Index Nominum

International Drug Directory

Index Nominum
International Drug Directory

Internationales Arzneistoff- und Arzneimittelverzeichnis

Répertoire international des substances médicamenteuses et spécialités pharmaceutiques

Edited by
pharmaSuisse, Swiss Pharmaceutical Society

Herausgegeben von
pharmaSuisse, Schweizerischer Apothekerverband
Publié par
pharmaSuisse, Société Suisse de Pharmacie

19th completely revised and enlarged edition
19., vollständig überarbeitete und erweiterte Auflage
19e édition, totalement revue et actualisée

MedPharm

Publisher's address

pharmaSuisse
Swiss Pharmaceutical Society
Stationsstrasse 12
CH-3097 Bern-Liebefeld

Including a CD-ROM with 13,000 adresses and links to pharmaceutical manufacturers world-wide. The addresses are given in the form of an Excel file, which can be read with the Microsoft® Excel Viewer (provided on the CD-ROM).

Bibliographic information published by Deutsche Nationalbibliothek
Deutsche Nationalbibliothek lists this publication in the Deutsche Nationalbiografie;
Detailed bibliographic data is available in the internet at http://dnb.ddb.de

ISBN 978-3-8047-5042-5

www.medpharm.de
Birkenwaldstrasse 44, D-70191 Stuttgart
Printed in Germany
Typesetting: Dörr + Schiller GmbH, Stuttgart
Printing and Binding: Druckerei C. H. Beck, Nördlingen
Coverdesign: Atelier Schäfer, Esslingen

Table of Contents / Inhaltsverzeichnis / Table des matières

General Statements

Allgemeine Bemerkungen

Généralités

I. Objectives and purpose

For 50 years, the Index Nominum has been the indispensable standard reference work on medications, proprietary (trade) names, synonyms, chemical structures and therapeutic classes of substances, providing orientation in the international pharmaceutical market. For the sake of clarity and enhanced user-friendliness, only medications containing a single active substance are listed, with the exception of certain fixed compound medications.

II. Languages

The Index Nominum is published in English. The choice of language reflects the worldwide importance of this reference work. Because of this, the International Nonproprietary Names (INN) suggested by the World Health Organization (WHO) are given in their official English form, differentiating between the **prop**osed and the **rec**ommended **INN**s. All other official designations are given in the language of the country of origin or in Latin.

III. Actual 19th edition

The 19th edition of the Index Nominum has been completely revised and updated.

- The monographs are compiled in a separate section and comprise 3894 medications and derivatives. A clear layout and visual aids provide a quick overview over International Nonproprietary Names (INN), systematic chemical names, official and inofficial synonyms, the German, French, Spanish and Latin drug names and commercial trademarks from nearly al countries of the world.
- The mono-substance medications from 124 countries are covered in their entirety and 47 additional countries are covered in part, making a total of 171 countries represented.
- The index contains 67 518 proprietary names and 11 591 synonyms.
- A valuable search aid is offered by the additional drug/ATC code index.
- Including a CD-ROM with over 12 730 addresses and links to the manufacturers, having listed products in the current edition.

IV. Structure

The general statements are followed by the therapeutic classes of substances arranged alphabetically in English with their German and French translations, the ATC- and

I. Ziel und Zweck

Index Nominum ist seit 50 Jahren **das** einschlägige und unentbehrliche Standardwerk über Arzneistoffe, Markennamen, Synonyma, chemische Strukturen und therapeutische Stoffklassen zur Orientierung im internationalen Pharmamarkt. Zur Wahrung der Übersichtlichkeit und zur Erhöhung der Benutzerfreundlichkeit sind – mit Ausnahme einiger fixer Kombinationspräparate – nur Monopräparate aufgeführt.

II. Sprache

Der Index Nominum erscheint in englischer Sprache. Die Wahl entspricht der weltweiten Bedeutung dieses Referenzwerks. Die von der Weltgesundheitsorganisation (WHO) vorgeschlagenen internationalen Freinamen (International Nonproprietary Names, INN) sind daher in ihrer offiziellen englischen Form aufgeführt (dabei wird zwischen vorgeschlagenen (**prop**osed) und empfohlenen (**rec**ommended) **INN** unterschieden). Alle übrigen offiziellen Bezeichnungen sind in der Sprache des Ursprungslandes oder lateinisch angegeben.

III. Die aktuelle 19. Auflage

Index Nominum erscheint in seiner 19. Auflage inhaltlich und im Erscheinungsbild mit neuem Gesicht:
Die Monographien sind in einem separaten Teil zusammengestellt und umfassen 3894 Arzneistoffe und Derivate. Ein klares Layout und optische Hilfen verschaffen einen raschen Überblick über die internationalen Freinamen (INN), chemischen Bezeichnungen, offiziellen Synonyme, die deutschen, französischen, spanischen und lateinischen Stoffnamen sowie die Namen der Handelspräparate aus nahezu allen Ländern der Erde.

- Komplett abgedeckt werden die humanmedizinischen Monopräparate von 124 Ländern, 47 weitere Länder sind teilweise erfasst. Insgesamt werden also 171 Länder durch dieses Werk abgedeckt.
- Das Register enthält 67 518 Markennamen und 11 591 Synonyme.
- Wertvolle Suchhilfen bieten die zusätzlichen ATC und neu auch ATCvet Wirkstoff-Register.
- Beigelegt eine CD-ROM mit 12 730 Adressen und Links zu Herstellern deren Produkte in der aktuellen Ausgabe aufgelistet sind.

I. But et utilité

Index Nominum est depuis 50 ans l'ouvrage de référence sur les principes actifs, noms de marque, synonymes, structures chimiques et classes thérapeutiques des médicaments indispensable à une bonne connaissance du marché pharmaceutique international. Par souci de clarté et pour en faciliter l'emploi au lecteur, seuls les produits contenant un seul principe actif (monosubstances) – à l'exception de quelques associations médicamenteuses fixes – y sont répertoriés.

II. Langue

L'Index Nominum paraît en langue anglaise. Ce choix est dicté par l'importance mondiale de cet ouvrage de référence. Ainsi, les dénominations communes internationales ou DCI (International Nonproprietary Names, INN) sont données dans leur forme officielle en anglais (on y distingue les DCI proposées (**prop**osed) et recommandées (**rec**ommended) **INN**). Toutes les autres dénominations officielles sont données dans la langue du pays d'origine ou en latin.

III. Actuelle 19e édition

La 19e édition de l'Index Nominum paraît sous un nouveau visage, tant sur le plan du contenu que de la présentation:
Les monographies, désormais réunies dans une section séparée, comprennent 3894 principes actifs et dérivés. Sa disposition claire et ses aides visuelles permettent d'avoir un aperçu rapide des dénominations communes internationales (DCI ou INN), des noms chimiques, des synonymes officiels, des noms des substances en allemand, en français, en espagnol et en latin ainsi que des noms de spécialités pharmaceutiques pour pratiquement tous les pays du monde.

- Les préparations avec un seul principe actif à usage humain ont été décrites intégralement pour 124 pays; 47 autres pays ont été traités partiellement. Ainsi 171 pays au total sont couverts.
- Le registre contient 67 518 noms de marque et 11 591 synonymes.
- De précieuses aides à la recherche sont incluses dans les registres des codes ATC et maintenant ATCvet/principes actifs.
- Inclus un CD-ROM contenant 12 730 adresses et liens de fabricants ayant des produits mentionne dans l'édition actuelle.

ATCvet-classifications, abbreviations and symbols, monographs about medications in alphabetical order, an alphabetical index of medications, synonyms and commercial medications, a drug index of the ATC and ATCvet classifications.
As a rule, the monographs give the International Nonproprietary Name (INN), followed by the Latin, German, French, Italian and Spanish designations (where available), the therapeutic class of the substance, the ATC and ATCvet code, the CAS number, the empirical formula with the molecular mass, the chemical designation, the structural formula, official and inofficial synonyms, the titles of the monographs of the corresponding pharmacopoeias and finally the alphabetical list of the proprietary names with information provided by the manufacturer (name, country codes: ISO 3166). This is followed by the individual derivatives of the corresponding substance in bold. Their clear differentiation was a major goal set for this reference work. In view of the fact that the information coming from certain countries was not always totally accurate, it was sometimes a considerable task.

V. Pharmacopoeias

For each substance that is listed in a pharmacopoeia, Index Nominum gives the corresponding title of the monograph. The standards of the European Pharmacopoeia (Ph. Eur.) are valid in Austria, Belgium, Bosnia-Herzegovina, Bulgaria, Croatia, Cyprus, the Czech Republic, Denmark, Estonia, Finland, France, Germany, Greece, Hungary, Iceland, Ireland, Italy, Latvia, Lithuania, Luxembourg, Macedonia, Malta, Montenegro, the Netherlands, Norway, Poland, Portugal, Romania, Serbia, the Slovak Republic, Slovenia, Spain, Sweden, Switzerland, Turkey and the United Kingdom of Great Britain and Northern Ireland. In addition, it is possible that national monographs may also be valid.

VI. Pharmacopoeias

For each listed substance, all proprietary (trade) names that could be gathered from the available literature are mentioned. It was very important to provide the greatest possible completeness, but gaps may still be present. We would therefore be very grateful if our readers notify us of any missing medications (e-mail: indexnominum@pharmasuisse.org). We would like to stress that the proprietary names mentioned in this collection in no way imply an endorsement on our part. The Index Nominum lists – with a few exceptions – only medications containing a single active compound. Proprietary names are designated as such with the registered symbol (®).

IV. Aufbau

Den allgemeinen Bemerkungen folgen die therapeutischen Stoffklassen, alphabetisch in Englisch mit deutscher und französischer Übersetzung, die ATC- und ATCvet-Klassifikationen, Abkürzungen und Symbole, die Arzneistoff-Monographien in alphabetischer Reihenfolge, ein alphabetisches Register der Arzneistoffe, Synonyme und Handelpräparate sowie die Register der ATC/ATCvet-Klassifikationen.
Die Monographien sind in der Regel nach den internationalen Freinamen **INN** gegliedert, gefolgt von der (falls vorhanden) lateinischen, deutschen, französischen, italienischen und spanischen Arzneistoffbezeichnung, den therapeutischen Stoffklassen, den ATC- und ATCvet-Codes, der CAS-Nummer, der Brutto-Formel mit der Molekülmasse, der chemischen Bezeichnung, der Strukturformel, den offiziellen und inoffiziellen Synonyma, den Monographietiteln der entsprechenden Pharmakopöen und schließlich der alphabetischen Liste von Markennamen mit Angaben des Herstellers (Name, Ländercodes: ISO 3166). Weiter folgen – deutlich markiert – die einzelnen Derivate der jeweiligen Substanz. Deren klare Unterscheidung ist eine wichtige Zielsetzung des Nachschlagewerks, was allerdings angesichts der teilweise ungenauen Informationen aus gewissen Ländern nicht immer einfach zu bewerkstelligen ist.

V. Pharmakopöen

Im Index Nominum wird für jede Substanz, die in einer Pharmakopöe aufgeführt ist, der entsprechende Monographietitel angegeben. Für Belgien, Bosnien-Herzegowina, Bulgarien, Dänemark, Deutschland, Estland, Finnland, Frankreich, Griechenland, das Vereinigte Königreich Grossbritannien und Nordirland, Irland, Island, Italien, Kroatien, Lettland, Litauen, Luxembourg, Malta, Montenegro, Mazedonien, die Niederlande, Norwegen, Österreich, Polen, Portugal, Rumänien, Schweden, die Schweiz, die Serbische Republik, Slowenien, die Slowakei, Spanien, die Tschechische Republik, die Türkei, Ungarn und Zypern gelten die Standards des Europäischen Arzneibuches (Ph. Eur.). Zusätzlich sind auch national gültige Monographien möglich.

VI. Registrierte Markennamen

Für jede aufgeführte Substanz sind alle Markennamen, die aus der vorhandenen Literatur zusammengetragen werden konnten, erwähnt. Auf größtmögliche Vollständigkeit wurde Wert gelegt. Trotzdem können Lücken vorkommen. Wir sind den Leserinnen und Lesern deshalb dankbar, wenn sie uns allfällig fehlende Präparate melden (e – Mail: indexnominum@pharmasuisse.org). Betonen möchten wir, dass

IV. Structure

La partie faisant suite aux généralités contient les classes thérapeutiques, dans l'ordre alphabétique en anglais avec traduction en allemand et en français, les classifications ATC et ATCvet, les abréviations et symboles, les monographies des substances actives classées dans l'ordre alphabétique, les synonymes et les préparations commerciales, ainsi que les registres des classifications ATC et ATCvet.
En règle générale, la structure des monographies comporte en tête la dénomination commune internationale en anglais (**INN**) du principe actif, suivie (dans la mesure où elles existent) de ses dénominations latine, allemande, française, italienne et espagnole; viennent ensuite les classes thérapeutiques, les codes ATC, ATCvet, le numéro CAS, la formule brute avec masse moléculaire, le nom chimique, la formule structurale, les synonymes officiels et non officiels, les titres des monographies dans les pharmacopées respectives et enfin la liste alphabétique des noms de marque avec mention du fabricant (nom, codes de pays: ISO 3166). S'y ajoutent tous les dérivés connus – clairement marqués – du principe actif. La distinction claire entre les différents dérivés est l'un des objectifs essentiels de cet ouvrage, pas toujours facile à réaliser, vu l'inexactitude partielle des informations provenant de certains pays.

V. Pharmacopées

L'Index Nominum indique, pour chaque substance répertoriée dans une pharmacopée, le titre de la monographie correspondante. L'Allemagne, l'Autriche, la Belgique, la Bosnie-Herzégovine, la Bulgarie, Chypre, la Croatie, le Danemark, l'Estonie, l'Espagne, la Finlande, la France, la Grèce, le Royaume-Uni de Grande-Bretagne et d'Irlande du Nord, la Hongrie, l'Irlande, l'Islande, l'Italie, la Lettonie, la Lituanie, le Luxembourg, la Macédoine, Malte, la Monténégro, la Norvège, les Pays-Bas, la Pologne, le Portugal, la Roumanie, la Serbie, la Slovaquie, la Slovénie, la Suède, la Suisse, la République Tchèque et la Turquie appliquent les standards de la Pharmacopée Européenne (Ph. Eur.). On peut également trouver des monographies établies selon des normes nationales.

VI. Marques déposées

Pour chaque substance active répertoriée, l'Index Nominum mentionne tous les noms de marque qui ont pu être relevés dans la littérature existante. Les auteurs ont eu souci d'établir un relevé aussi complet que possible. Des lacunes peuvent toutefois subsister.
Aussi remercions-nous les lecteurs de nous signaler toute préparation qui ne figurerait pas dans l'ouvrage (e-mail:indexnominum@pharmasuisse.org). Nous tenons à

VII. Acknowledgements

The Index Nominum was published for the first time in 1957 under the direction of Dr. Hans-Peter Jaspersen and continued to be updated and expanded. We are indebted to the present Index Nominum team, under the project leadership of Dr. Daniel Bourquin, together with his closest collaborators Andrea Kunz, Gabriela Zbinden, Dr. Christina Kast (up to May 2007) and Silvia Schaller – Allemann (office assistant until April 2007). Also we are indebted to the following external collaborators:

Andrea Aebischer (Vet)
Lilian Bernasconi (Pharm)
Fabienne Biétry (Pharm)
Béatrice von Bonin (Med)
Martina Burri (biomed. Wissenschaften)
Sabrina Burri (Bio/Chem)
Michael Eymann (Chem)
Andreas Gstöhl (Bio)
Jonas Hahn (Med)
Nicole Klingler (Med)
Melanie Kocher (Vet)
Andrea Meier (Phil. 1)
Rahel Meinen (Med)
Christian Merz (Med)
Fabio Mohn (Bio)
Selina Monn (Chem)
Yann Panchaud (Vet)
Fiona Reilly (Med)
Nora Renz (Med)
Karin Rothenbühler (Pharm)
Katrin Schäfer (Vet)
Alexandre Scherer (Vet)
Eliane Schmid (Bio)
Fabienne Schulthess (Mikrobio)
Thomas Schumacher (Bio/Sport)
Julia Stalder (Phil. 1)
Carole Walther (Vet)
Petra Weber (Pharm)
Ninja Wegmüller (Med)
Marc Wehrli (Med)
Stefanie Wenger (Med)
Benjamin Wyler (Chem)
Erika Zaugg (Anästhesie/Phil. 1)
Christian Zehnder (Phil. 1)
Franziska Zollinger (Med)

The considerable effort of all involved persons contributed to the success of this present reedition. Last but not least, we are also indebted to the users of the Index Nominum and hope sincerely that this work serves them well.

SWISS PHARMACEUTICAL SOCIETY/
PHARMASUISSE
Dominique Jordan, president

die in dieser Sammlung erwähnten Markennamen in keiner Weise Empfehlungen unsererseits darstellen. Der Index Nominum listet – mit einigen Ausnahmen – nur Monopräparate auf. Die Markennamen werden mit ® bezeichnet.

VII. Dank

Der Index Nominum wurde erstmals 1957 unter der Führung von Dr. Hans-Peter Jaspersen herausgegeben und in der Folge ständig aktualisiert und erweitert. Unser Dank gebührt dem jetzigen Index Nominum Team, unter der Projektleitung von Dr. Daniel Bourquin, zusammen mit seinen engsten Mitarbeiterinnen Andrea Kunz, Gabriela Zbinden, Dr. Christina Kast (bis im Mai 2007) und Silvia Schaller – Allemann (Sekretariat bis April 2007). Ebenso danken wir den externen Mitarbeiterinnen und Mitarbeiter:

Andrea Aebischer (Vet)
Lilian Bernasconi (Pharm)
Fabienne Biétry (Pharm)
Béatrice von Bonin (Med)
Martina Burri (biomed. Wissenschaften)
Sabrina Burri (Bio/Chem)
Michael Eymann (Chem)
Andreas Gstöhl (Bio)
Jonas Hahn (Med)
Nicole Klingler (Med)
Melanie Kocher (Vet)
Andrea Meier (Phil. 1)
Rahel Meinen (Med)
Christian Merz (Med)
Fabio Mohn (Bio)
Selina Monn (Chem)
Yann Panchaud (Vet)
Fiona Reilly (Med)
Nora Renz (Med)
Karin Rothenbühler (Pharm)
Katrin Schäfer (Vet)
Alexandre Scherer (Vet)
Eliane Schmid (Bio)
Fabienne Schulthess (Mikrobio)
Thomas Schumacher (Bio/Sport)
Julia Stalder (Phil. 1)
Carole Walther (Vet)
Petra Weber (Pharm)
Ninja Wegmüller (Med)
Marc Wehrli (Med)
Stefanie Wenger (Med)
Benjamin Wyler (Chem)
Erika Zaugg (Anästhesie/Phil. 1)
Christian Zehnder (Phil. 1)
Franziska Zollinger (Med)

Der grosse Einsatz aller Beteiligter verhalf zum Gelingen dieser vorliegenden Neuauflage. Unser Dank gilt jedoch nicht zuletzt auch den Benutzerinnen und Benutzern des Index Nominum, hoffend, dass ihnen das Werk viele gute Dienste leisten wird.

SCHWEIZERISCHER APOTHEKER-VERBAND/PHARMASUISSE
Der Präsident
Dominique Jordan

souligner que la mention d'une marque dans l'Index Nominum ne saurait être considérée comme une recommandation du produit de notre part. A quelques exceptions près, l'Index Nominum ne répertorie que des monosubstances. Les noms de marque sont désignés par ®.

VII. Remerciements

La première édition de l'Index Nominum a été publiée en 1957 sous la direction du Dr Hans-Peter Jaspersen; par la suite, l'ouvrage a été périodiquement remis à jour et complété. Nos remerciements vont à l'équipe actuelle de l'Index Nominum, sous la direction du directeur du projet Dr Daniel Bourquin ainsi qu'à ses plus proches collaboratrices Andrea Kunz, Gabriela Zbinden, Dr. Christina Kast (jusqu'au mois du mai 2007) et Silvia Schaller – Allemann (secrétariat jusqu'au mois d'avril 2007). Nous remercions également les collaboratrices et collaborateurs externes.

Andrea Aebischer (vét)
Lilian Bernasconi (pharm)
Fabienne Biétry (pharm)
Béatrice von Bonin (méd)
Martina Burri (bioméd. sciences)
Sabrina Burri (bio, chim)
Michael Eymann (chim)
Andreas Gstöhl (bio)
Jonas Hahn (méd)
Nicole Klingler (méd)
Melanie Kocher (vét)
Andrea Meier (phil. 1)
Rahel Meinen (méd)
Christian Merz (méd)
Fabio Mohn (bio)
Yann Panchaud (vét)
Fiona Reilly (méd)
Nora Renz (méd)
Karin Rothenbühler (pharm)
Katrin Schäfer (vét)
Alexandre Scherer (vét)
Eliane Schmid (bio)
Fabienne Schulthess (microbio)
Thomas Schumacher (bio, Sport)
Julia Stalder (phil. 1)
Carole Walther (vét)
Petra Weber (pharm)
Ninja Wegmüller (méd)
Marc Wehrli (méd)
Stefanie Wenger (méd)
Benjamin Wyler (chim)
Erika Zaugg (Anästhesie, phil. 1)
Christian Zehnder (phil. 1)
Franziska Zollinger (méd)

Le grand engagement de tous a contribué à la réussite de cette réédition présente. Enfin, nous tenons aussi à remercier tout spécialement les utilisateurs de l'Index Nominum en espérant que cet ouvrage leur rendra de grands et nombreux services.

SOCIETE SUISSE DE PHARMACIE/
PHARMASUISSE
Le président
Dominique Jordan

Therapeutic category	Therapeutische Stoffklassen	Classes thérapeutiques

A

ACE inhibitor	ACE-Hemmer	Inhibiteur de l'ACE
Acidifier	Säuerungsmittel	Acidifiant
Adrenal cortex hormone	Nebennierenrinden-Hormon	Hormone corticosurrénale
Adrenal cortex hormone, glucocorticoid	Nebennierenrinden-Hormon, Glucocorticoid	Hormone corticosurrénale, glucocorticoïde
Adrenal cortex hormone, mineralocorticoid	Nebennierenrinden-Hormon, Mineralocorticoid	Hormone corticosurrénale, minéralocorticoïde
Adrenal gland therapeutic agent (don't use)	Nebennierenwirksames Medikament	Médicament contre les affections surrénales
Adrenergic blocking agent	Sympatholyticum	Adrénolytique
α-Adrenergic blocking agent	α-Sympatholyticum	α-Adrénolytique
α_2-Adrenergic blocking agent	α_2-Sympatholyticum	α_2-Bloquant
β-Adrenergic blocking agent	β-Sympatholyticum	β-Bloquant
β_1-Adrenergic blocking agent	β_1-Sympatholyticum	β_1-Bloquant
β_2-Adrenergic blocking agent	β_2-Sympatholyticum	β_2-Bloquant
Adrenocorticosteroid biosynthesis inhibitor	Hemmer der Nebennierenrinden-Hormon-Sekretion	Inhibiteur de la sécrétion corticosurrénale
Alcohol withdrawal agent	Alkohol-Entwöhnungsmittel	Désaccoutumant de l'alcoolisme
Aldosterone antagonist	Aldosteron Antagonist	antagoniste d'aldostérone
Alkalinizer	Alkalisierendes Mittel	Alcalinisant
Amino acid	Aminosäure	Acide aminé
Anabolic	Anabolicum	Anabolisant
Anabolic [vet.]	Anabolicum [vet.]	Anabolisant [vet.]
Analeptic	Analepticum	Analeptique
Analgesic	Analgeticum	Analgésique
Analgesic [vet.]	Analgeticum [vet.]	Analgésique [vet.]
Analgesic, external	Analgeticum, extern	Analgésique, externe
Androgen	Androgen	Androgène
Androgen [vet.]	Androgen [vet.]	Androgène [vet.]
Anesthetic inhalation	Inhalationsnarkotikum	Anesthésique général, par inhalation
Anesthetic, local	Lokalanästhetikum	Anesthésique local
Angiogenesis inhibitor	Angiogenesis Inhibitor	inhibiteur d'angiogenèse
Angiotensin agonist	Angiotensin-Agonist	Agoniste de l'angiotensine
Angiotensin-II antagonist	Angiotensin-II-Antagonist	Antagoniste de l'angiotensine II
Anitsense oligonucleotide	Antisense Oligonukleotid	oligonucléotide antisens
Anorexic	Anorektikum	Anorexigène
Antacid	Antacidum	Antacide
Anterior pituitary hormone	Hypophysenvorderlappen-Hormon	Hormone anté-hypophysaire
Anterior pituitary hormone antagonist	Vorderer Hypophysenlappen-Hormon-Antagonist	antagoniste de l'hormone d'adénohypophyse
Anterior pituitary hormone, adrenocorticotropic hormone, ACTH	Hypophysenvorderlappen-Hormon, adrenocorticotropes Hormon, ACTH	Hormone anté-hypophysaire, adrenocorticotropic hormone, ACTH
Anterior pituitary hormone, growth hormone, GH	Hypophysenvorderlappen-Hormon, Wachstumshormon, GH	Hormone anté-hypophysaire, growth hormone, GH
Anterior pituitary hormone, Thyroidea stimulierendes Hormon, TSH	Hypophysenvorderlappen-Hormon, thyroid stimulating hormone, TSH	Hormone anté-hypophysaire, thyroid stimulating hormone, TSH
Anthelmintic	Anthelminticum	Anthelminthique
Anthelmintic [vet.]	Anthelminticum [vetr.]	Anthelminthique [vetr.]
Antiacne	Aknemittel	Anti-acnéique
Antiallergic agent	Antiallergicum	Anti-allergique
Antianaemic agent	Antianämicum	Anti-anémique
Antianaemic agent [vet.]	Antianämicum	Anti-anémique
Antiandrogen	Antiandrogen	Anti-androgène
Antiarrhythmic agent	Antiarrhythmicum	Anti-arythmique
Antiasthenia agent	Antiasthenikum	Anti-asthénique
Antiasthmatic agent	Antiasthmaticum	Anti-asthmatique
Antibiotic	Antibioticum	Antibiotique
Antibiotic [vet.]	Antibioticum [vetr.]	Antibiotique [vetr.]
Antibiotic, aminoglycoside	Aminoglykosid-Antibioticum	Antibiotique, aminoside
Antibiotic, beta-lactam	Beta-Lactam-Antibioticum	Antibiotique, beta-lactam
Antibiotic, cephalosporin	Antibioticum, Cephalosporin	Antibiotique, céphalosporine
Antibiotic, cephalosporin, cephalosporinase-resistant	Antibioticum, Cephalosporin, cephalosporinasefest	Antibiotique, céphalosporine, résistante à la céphalosporinase
Antibiotic, cephalosporin, cephalosporinase-sensitive	Antibioticum, Cephalosporin, cephalosporinase-empfindlich	Antibiotique, céphalosporine, sensible à la céphalosporinase
Antibiotic, chloramphenicol	Chloramphenicol-Antibioticum	Antibiotique, parent du chloramphénicol
Antibiotic, gyrase inhibitor	Antibioticum, Gyrasehemmer	Antibiotique, inhibiteur de la gyrase
Antibiotic, gyrase inhibitor [vet.]	Antibioticum, Gyrasehemmer [vet.]	Antibiotique, inhibiteur de la gyrase [vet.]
Antibiotic, ketolide	Ketolid-Antibiotikum	Antibiotique, ketolide

Antibiotic, lincomycin	Lincomycin-Antibioticum	Antibiotique, parent de la lincomycine
Antibiotic, macrolide	Makrolid-Antibiotikum	Antibiotique, macrolide
Antibiotic, monobactam	Antibioticum, Monobactam	Antibiotique, monobactame
Antibiotic, oxazolidinone	Oxazolidinon-Antibiotikum	Antibiotique oxazolidinone
Antibiotic, penicillin, broad-spectrum	Antibioticum, Penicillin, Breitspektrum	Antibiotique, pénicilline, large spectre
Antibiotic, penicillin, penicillinase-resistant	Antibioticum, Penicillin, penicillinasefest	Antibiotique, pénicilline, résistante à la pénicillinase
Antibiotic, penicillin, penicillinase-sensitive	Antibioticum, Penicillin, penicillinase-empfindlich	Antibiotique, pénicilline, sensible à la pénicillinase
Antibiotic, polypeptide	Polypeptid-Antibioticum	Antibiotique polypeptidique
Antibiotic, tetracycline	Antibioticum, Tetrazyclin	Antibiotique, tétracycline
Anticancer	Antikrebsmittel	anticancéreux
Anticholinergic	Anticholinergicum	anticholinergique
Anticoagulant	Antikoagulans	Anticoagulant
Anticoagulant, platelet aggregation inhibitor	Antikoagulans, Plättchenaggregationshemmer	Anticoagulant, anti-agrégant plaquettaire
Anticoagulant, thrombolytic agent	Antikoagulans, Thrombolyticum	Anticoagulant, fibrinolytique
Anticoagulant, vitamin K antagonist	Antikoagulans, Vitamin K-Antagonist	Anticoagulant, antagoniste de la vitamine K
Anticonvulsant	Anticonvulsivum	antiépileptique
Antidepressant	Antidepressivum	Antidépresseur
Antidepressant, MAO-inhibitor	Antidepressivum, MAO-Hemmer	Antidépresseur, inhibiteur de la monoamine-oxydase
Antidepressant, tetracyclic	Antidepressivum, tetrazyklisch	Antidépresseur, tetracyclique
Antidepressant, tricyclic	Antidepressivum, tricyclisch	Antidépresseur, tricyclique
Antidiabetic agent	Antidiabeticum	Hypoglycémiant
Antidiabetic agent, oral	Antidiabeticum, peroral	Antidiabétique, oral
Antidiarrhoeal agent	Antidiarrhoicum	Antidiarrhéique
Antidiuretic	Antidiureticum	Antidiurétique
Antidote	Antidotum	Antidote
Antidote against folic acid antagonists	Antidotum gegen Folsäureantagonisten	Antidote contre les antagonistes de l'acide folique
Antidote in methemoglobinemia	Antidotum bei Methämoglobinämie	Antidote, méthémoglobinémie
Antidote, anticoagulant antagonist	Antidotum gegen Antikoagulantien	Antidote, antagoniste des anticoagulants
Antidote, benzodiazepines	Antidotum, Benzodiazepine	Antidote, benzodiazépines
Antidote, chelating agent	Antidotum, Chelatbildner	Antidote, chélateur
Antidote, cholinesterase reactivator	Antidotum gegen Cholinesterasehemmer	Antidote, réactivateur des cholinestérases
Antidote, curare antagonist	Antidotum, Curareantagonist	Antidote, antagoniste des curarisants
Antidote, insulin antagonist	Antidotum, Insulinantagonist	Antidote, antagoniste de l'insuline
Antidote, ion-exchange resin	Antidotum, Ionenaustauscher	Antidote, résine échangeuse d'ions
Antidote, morphine antagonist	Antidotum, Morphinantagonist	Antidote, antagoniste de la morphine
Antiemetic	Antiemeticum	Anti-émétique
Antiepileptic	Antiepilepticum	Antiépileptique
Antiestrogen	Antioestrogen	Anti-oestrogène
Antifibrinolytic	Antifibrinolyticum	antifibrinolytique
Antiflatulent	Antiflatulenzmittel	Antiflatulent
Antifungal agent	Antimycoticum	Antifongique
Antifungal agent [vet.]	Antimycoticum [vet.]	Antifongique [vet.]
Antifungal, imidazole, topic	Antipilzmittel, Imidazol, topisch	antifongique, imidazole, topique
Antihemorrhoidal agent	Antihämorrhoidenmittel	Antihémorrhoidaire
Antihistaminic agent	Antihistaminikum	Antihistaminique
Antihypercalcemic agent (obsolet)	Antihyperkalzämikum	Antihypercalcémique
Antihyperlipidemic agent	Lipidsenker	Hypolipémiant
Antihypertensive agent	Antihypertensivum	Antihypertenseur
Antihypnotic agent [vet.]	Antihypnotikum [vet.]	Antihypnotique [vet.]
Antihypotensive agent	Antihypotensivum	Hypertenseur
Antiinfective agent	Antiinfektiöser Wirkstoff	Médicament antiinfectieux
Antiinfective agent, antibacterial agent [vet.]	Antiinfektiöser Wirkstoff [vet.]	Antiinfectieux [vet.]
Antiinfective, nitrofuran-derivative	Antiinfektiöser Wirkstoff, Nitrofuran-Derivat	Antiinfectieux, dérivé de la nitrofuran ne
Antiinfective, quinolin-derivative	Antiinfektiöser Wirkstoff, Chinolin-Derivat	Antiinfectieux, dérivé de la quinoléine
Antiinfective, sulfonamid	Antiinfektiöser Wirkstoff, Sulfonamid	Antiinfectieux, sulfamide
Antiinfective, sulfonamid [vet.]	Antiinfektiöser Wirkstoff, Sulfonamid [vet.]	Antiinfectieux, sulfamide [vet.]
Antiinflammatory agent	Antiphlogisticum	Anti-inflammatoire
Antiinflammatory agent [vet.]	Antiphlogisticum [vet.]	Anti-inflammatoire [vet.]
Anti-inflammatory, non-steroidal	Entzündungshemmer, nicht steroidal	anti-inflammatoire, non stéroidal
Antileprotic agent	Leprostaticum	Antilépreux
Antimicrobial agent	Antimikrobielles Medikament	Médicament antibactérien
Antimigraine agent	Migränemittel	Antimigraineux
Antineoplastic agent	Cytostaticum	Cytostatique
Antineoplastic, alkylating agent	Cytostaticum, Alkylierungsmittel	Cytostatique, agent alkylant
Antineoplastic, antibiotic	Cytostaticum, Antibioticum	Cytostatique, antibiotique
Antineoplastic, antimetabolite	Cytostaticum, Antimetabolit	Cytostatique, antimétabolite
Antineoplastic, antimitotic	Cytostaticum, Mitosehemmstoff	Cytostatique, bloquant de la mitose
Antineoplastic, immunosuppressant	Cytostaticum, Immunsuppressivum	Cytostatique, immunosuppresseur
Antineoplastic, radioactive isotope	Cytostaticum, Radio-Isotop	Cytostatique, isotope radioactif
Antiparasitic agent	Medikament gegen Parasiten	Médicament antiparasitaire
Antiparasitic agent [vet.]	Medikament gegen Parasiten [vetr.]	Médicament antiparasitaire [vetr.]
Antiparkinsonian	Antiparkinsonmittel	Antiparkinsonien

Antiparkinsonian, central anticholinergic	Antiparkinsonmittel, zentrales Anticholinergicum	Antiparkinsonien, anticholinergique central
Antiparkinsonian, dopaminergic	Antiparkinsonmittel, Dopaminergicum	Antiparkinsonien, agoniste dopaminergique
Antiprogesterone	Antiprogesteron	Anti-progestérone
Antiprogesterone [vet.]	Antiprogesteron [vet.]	Anti-progestérone [vet.]
Antiprotozoal agent	Antiprotozoikum	Antiprotozoaire
Antiprotozoal agent [vet.]	Antiprotozoikum [vet.]	Antiprotozoaire [vet.]
Antiprotozoal agent, amebicide	Antiprotozoikum, Amöbicid	Antiprotozoaire, anti-amibien
Antiprotozoal agent, antimalarial	Antiprotozoicum, Malariamittel	Antiprotozoaire, antipaludéen
Antiprotozoal agent, balantidiacidal	Antiprotozoicum, Mittel gegen Balantidiasis	Antiprotozoaire, balantidiacide
Antiprotozoal agent, coccidiocidal	Antiprotozoicum, Mittel gegen Coccidiosen	Antiprotozoaire, coccidiocide
Antiprotozoal agent, coccidiocidal [vet.]	Antiprotozoikum, Mittel gegen Coccidiosen [vet.]	Antiprotozoaire, coccidiocide [vet.]
Antiprotozoal agent, cryptosporidial	Antiprotozoikum, Mittel gegen Cryptosporidiosis	Antiprotozoaire, cryptosporidiose
Antiprotozoal agent, giardiacidal	Antiprotozoicum, Mittel gegen Giardiasis	Antiprotozoaire, giardiacide
Antiprotozoal agent, leishmaniocidal	Antiprotozoikum, Mittel gegen Leishmaniosen	Antiprotozoaire, antileishmanien
Antiprotozoal agent, toxoplasmocidal	Antiprotozoikum, Mittel gegen Toxoplasmose	Antiprotozoaire, toxoplasmocide
Antiprotozoal agent, trichomonacidal	Antiprotozoicum, Trichomonadicid	Antiprotozoaire, trichomonacide
Antiprotozoal agent, trypanocidal	Antiprotozoicum, Mittel gegen Trypanosomen	Antiprotozoaire, trypanocide
Antipruritic	Antipruriginosum	Antiprurigineux
Antipsoriatic	Antipsoriatikum	Antipsoriasique
Antipyretic	Antipyreticum	Antipyrétique
Antirheumatoid agent	Antirheumaticum	Antirhumatismal
Antirheumatoid agent, external	Antirheumatikum, topisch	Antirhumatismal, externe
Antiseptic	Antisepticum	Antiseptique
Antiseptic [vet.]	Antisepticum [vet.]	Antiseptique [vet.]
Antiseptic, vaginal	Vaginalantisepticum	Antiseptique vaginal
Antispasmodic agent	Spasmolyticum	Spasmolytique
Antithyroid agent	Thyreostaticum	Antithyroïdien
Antitubercular agent	Tuberkulostatikum	Antituberculeux
Antitussive agent	Antitussivum	Antitussif
Antiviral agent	Mittel gegen Viren	Antiviral
Antiviral agent [vet.]	Antivirales Agens [vet.]	antiviraux [vet.]
Antiviral agent used in treatment of hepatitis B infection	Antivirale Mittel gegen Hepatitis B	Antiviral agent used in treatment of hepatitis B infection
Antiviral agent, anti HIV	Antivirales Mittel zur Behandlung von HIV-Infektionen	Antiviral, anti-VIH
Antiviral agent, HIV protease inhibitor	Antivirales Mittel, HIV-Protease-Hemmer	Antiviral, inhibiteur de la protéase du VIH
Antiviral agent, HIV protease inhibitor, nonpeptidic	Antivirales Mittel, HIV-Protease-Hemmer, nichtpeptisch	Antiviral, inhibiteur de la protéase du VIH, nonpeptique
Antiviral agent, HIV reverse transcriptase inhibitor	Antivirales Mittel, HIV Reverse-Transkriptase-Hemmer	Antiviral, inhibiteur de la rétrotranscriptase du VIH
Anxiolytic	Anxiolyticum	anxiolytique
Appetite stimulant	Appetitförderndes Mittel	Orexigène
Astringent	Adstringens	Astringent
Autacoid	Gewebshormon	Autacoïde
Autacoid, histamine	Gewebshormon, Histamin	Autacoïde, histamine
Autacoid, polypeptide	Gewebshormon, Polypeptid	Autacoïde, polypeptide
Autacoid, prostaglandin (obsolet use Prostaglandin)	Gewebshormon, Prostaglandin	Autacoïde, prostaglandine
Autacoid, prostaglandin [vet.] (obsolet use Prostaglandin)	Gewebshormon, Prostaglandin [vet.]	Autacoïde, prostaglandine [vet.]
Autacoid, serotonin	Gewebshormon, Serotonin	Autacoïde, sérotonine
Auxiliary	Hilfsstoff	Adjuvant

B

Bacterial protein synthesis inhibitor	Bacterial protein synthesis inhibitor	Bacterial protein synthesis inhibitor
Bile acid sequestrant	Gallensäurebinder	agent séquestrant des acides biliaires
Blood-coagulation factor	Koagulansfaktor	Facteur de coagulation
Bronchodilator	Bronchospasmolyticum	Bronchodilatateur

C

Calcium antagonist	Calciumantagonist	Antagoniste du calcium
Calcium regulating agent	Calciumregulator	Agent régulateur du calcium
Cardiac agent	Cardiacum	Médicament cardiaque
Cardiac glycoside	Herzglykosid	Glucoside cardiotonique
Cardiac stimulant, cardiotonic agent	Cardiotonicum	Cardiotonique
Cataract treatment	Mittel zur Kataraktbehandlung	Traitement de la cataracte
Cerumenolytic	Cerumenolyticum	cérumenolytique
Chelating agent	Chelator	chélateur
Chemotherapeutic	Chemotherapeuticum	chimiothérapeutique

Chemotherapeutic [vet.]	Chemotherapeuticum [vet.]	chimiothérapique [vét.]
Choleretic	Choleretucum	Cholérétique
Cholesterol absorption inhibitor, intestinal	Cholesterin- Absorptionshemmer, intestinal	Inhibiteur de l'absorption du cholesterol intestinal
Cholinergic	Cholinergikum	Cholinergique
Colony stimulating factor, granulocyte, G-CSF	Mittel zur Granulozytenstimulation	Stimulation des granulocytes
Colony stimulating factor, granulocyte-macrophage, GM-CSF	Mittel zur Granulozyten-Makrophagenstimulation	Stimulation des granulocytes-macrophages
COMT inhibitor	COMT-Hemmer	Inhibiteur de la COMT
Contact lens material	Kontaktlinsenmaterial	Matériel pour verres de contact
Contact lens solution	Kontaktlinsenflüssigkeit	Solution pour verres de contact
Contraceptive	Contraceptivum	Contraceptif
Contraceptive [vet.]	Contraceptivum [vet.]	Contraceptif [vet.]
Contraceptive, spermicidal agent	Contraceptivum, Spermicid	Contraceptif, spermicide
Contrast medium	Kontrastmittel	Opacifiant
Contrast medium, angiography	Kontrastmittel, Angiographie	Opacifiant, angiographie
Contrast medium, bronchography	Kontrastmittel, Bronchographie	Opacifiant, bronchographie
Contrast medium, cholecysto-cholangiography	Kontrastmittel, Cholecysto-cholangiographie	Opacifiant, cholécysto-cholangiographie
Contrast medium, hysterosalpingography	Kontrastmittel, Hysterosalpingographie	Opacifiant, hystérosalpingographie
Contrast medium, lymphography	Kontrastmittel, Lymphographie	Opacifiant, lymphographie
Contrast medium, myelography	Kontrastmittel, Myelographie	Opacifiant, myélographie
Contrast medium, NMR-tomography	Kontrastmedium, NMR-Tomographie	Opacifiant, RMN-tomographie
Contrast medium, radiography	Kontrastmittel, Radiographie	Opacifiant, radiculographie
Contrast medium, stomach and gut	Kontrastmittel, Magen und Darm	Opacifiant, tractus gastro-intestinal
Contrast medium, urography	Kontrastmittel, Urographie	Opacifiant, urographie
Coronary vasodilator	Koronardilatator	Vasodilatateur, coronarien
COX-2 inhibitor	COX – 2 Inhibitor	inhibiteur de la cyclo-oxygénase-2
COX-2 inhibitor [vet.]	COX – 2 Inhibitor [vet.]	inhibiteur de la cyclo-oxygénase-2 [vet.]
Cytochrome P450 activator	Cytochrom P450 Aktivator	activateur du cytochrome P450
Cytochrome P450 inhibitor	Cytochrom P450 Inhibitor	inhibiteur du cytochrome P450
Cytostatic agent, cytostaticum	Cytostaticum	cytostatique
Cytotoxic agent	Cytotoxicum	cytotoxique

D

Dermatological agent	Dermaticum	Agent dermatologique
Dermatological agent, antimitotic	Dermaticum, Mitosehemmstoff	Agent dermatologique, antimitotique
Dermatological agent, antiperspirant	Dermaticum, Mittel gegen Hyperhidrosis	Agent dermatologique, antihidrotique
Dermatological agent, antipsoriatic	Dermaticum, Psoriasismittel	Agent dermatologique, antipsoriatique
Dermatological agent, antiseborrheic	Dermaticum, Antiseborrhoicum	Agent dermatologique, antiséborrhéique
Dermatological agent, caustic	Dermaticum, Atzmittel	Agent dermatologique, caustique
Dermatological agent, demelanizing	Dermaticum, Depigmentierungsmittel	Agent dermatologique, agent de dépigmentation
Dermatological agent, deodorant	Dermaticum, Desodorans	Agent dermatologique, désodorisant
Dermatological agent, emollient	Dermaticum, Emolliens	Agent dermatologique, émollient
Dermatological agent, keratolytic	Dermaticum, Keratolyticum	Agent dermatologique, kératolytique
Dermatological agent, local fungicide	Dermaticum, lokales Antimycoticum	Agent dermatologique, antifongique local
Dermatological agent, melanizing	Dermaticum, Pigmentierungsmittel	Agent dermatologique, agent de pigmentation
Dermatological agent, skin protectant	Dermaticum, Hautschutzmittel	Agent dermatologique, protecteur de la peau
Dermatological agent, sunscreen	Dermaticum, Sonnenschutzmittel	Agent dermatologique, antisolaire
Dermatological agent, topical antiseptic	Dermaticum, topisches Antisepticum	Agent dermatologique, antiseptique topique
Desinfectant	Desinfektionsmittel	Désinfectant
Desinfectant [vet.]	Desinfektionsmittel [vet.]	Désinfectant [vet.]
Diagnostic	Diagnosticum	Diagnostic
Diagnostic agent	Diagnosticum	Agent diagnostique
Diagnostic, allergy	Diagnosticum, Allergie	Diagnostic, allergie
Diagnostic, blood volume	Diagnosticum, Blutvolumen	Diagnostic, volume sanguin
Diagnostic, cardiac function	Diagnosticum, Herzfunktion	Diagnostic, fonction cardiaque
Diagnostic, gall-bladder function	Diagnosticum, Gallenblasenfunktion	Diagnostic, fonction biliaire
Diagnostic, gastric function	Diagnosticum, Magenfunktion	Diagnostic, fonction de l'estomac
Diagnostic, intestinal function	Diagnosticum, Darmfunktion	Diagnostic, fonction intestinal
Diagnostic, kidney function	Diagnosticum, Nierenfunktion	Diagnostic, fonction des reins
Diagnostic, liver function	Diagnosticum, Leberfunktion	Diagnostic, fonction du foie
Diagnostic, ophthalmic	Diagnosticum, Ophthalmologie	Diagnostic en ophthalmologie
Diagnostic, pancreas function	Diagnosticum, Pancreasfunktion	Diagnostic, fonction pancréatique
Diagnostic, pituitary function	Diagnosticum, Hypophysenfunktion	Diagnostic, fonction hypophysaire
Diagnostic, thyroid function	Diagnosticum, Schilddrüsenfunktion	Diagnostic, fonction thyroïdienne
Dialysis solution	Dialyse Lösung	Solution de dialyse
Dietary agent	Diäteticum	Diététique
Diuretic	Diureticum	Diurétique
Diuretic, aldosterone antagonist	Diureticum, Aldosteronantagonist	Diurétique, antagoniste de l'aldostérone
Diuretic, benzothiadiazide	Thiazid-Diureticum	Diurétique, benzothiadiazide
Diuretic, carbonic anhydrase inhibitor	Diureticum, Carboanhydrasehemmer	Diurétique, inhibiteur de l'anhydrase carbonique
Diuretic, loop	Schleifendiureticum	Diurétique de l'anse

Diuretic, potassium-sparing	Diureticum, kaliumsparend	Diurétique, d'épargne du potassium
Dopamine agonist	Dopamin-Agonist	Agoniste dopaminérgique
Drug acting on the blood and the bloodforming organs	Medikament mit Wirkung auf das Blut und das blutbildende System	Médicament agissant sur le sang et l'hémato-poièse
Drug acting on the cardiovascular system	Medikament mit Wirkung auf Herz und Kreislauf	Médicament de l'appareil cardiovasculaire
Drug acting on the central nervous system	Medikament mit Wirkung auf das Zentralnervensystem	Médicament du système nerveux central
Drug acting on the complex of varicose symptoms	Mittel zur Behandlung des varikösen Symptomenkomplexes	Traitement du complexe de symptômes variqueux
Drug acting on the digestive tract (obsolet)	Medikament mit Wirkung auf die Verdauungsorgane	Médicament de l'appareil digestif
Drug acting on the peripheral nervous system	Medikament mit Wirkung auf das periphere Nervensystem	Médicament du système nerveux périphérique
Drug acting on the respiratory system	Medikament mit Wirkung auf den Respirationstrakt	Médicament de l'appareil respiratoire
Drug affecting the renal function and the urinary tract	Medikament mit Wirkung auf die Nieren und die ableitenden Harnwege	Médicament agissant sur les reins et les voies urinaires
Drug for metabolic disease treatment	Medikament bei Stoffwechselstörungen	Médicament contre les troubles du métabolisme

E

Ear-wax softening agent	Cerumen-Erweichungsmittel	Céruménolytique
Ectoparasiticide [vet.]	Ectoparasitiucum [vet.]	agent contre d'ectoparasites
Emetic	Emeticum	Emétique
Endothelin antagonist	Endothelin-Antagonist	Antagoniste de l'endothéline
Enzyme	Enzym	Enzyme
Enzyme inducer	Enzym-Induktor	Inducteur d'enzyme
Enzyme inhibitor	Enzym-Inhibitor	Inhibiteur d'enzyme
Enzyme inhibitor, $(H^+ + K^+)$ ATPase	Enzym-Inhibitor, $(H^+ + K^+)$ ATPase	Inhibiteur d'enzyme, $(H^+ + K^+)$ ATPase
Enzyme inhibitor, 5α-reductase	Enzym-Inhibitor, 5α-Reduktase	Inhibiteur d'enzyme, 5α-réductase
Enzyme inhibitor, aldosereductase	Enzym-Inhibitor, Aldosereduktase	Inhibiteur d'enzyme, aldosereductase
Enzyme inhibitor, aromatase	Enzym-Inhibitor, Aromatase	Inhibiteur d'enzyme, aromatase
Enzyme inhibitor, decarboxylase	Enzym-Inhibitor, Decarboxylase	Inhibiteur d'enzyme, décarboxylase
Enzyme inhibitor, histidinedecarboxylase	Enzym-Inhibitor, Histidindecarboxylase	Inhibiteur d'enzyme, histidinedécarboxylase
Enzyme inhibitor, lipid peroxidation	Enzym-Inhibitor, Lipidperoxidase	Inhibiteur d'enzyme, peroxidase lipidique
Enzyme inhibitor, monoaminoxydase type B	Enzym-Inhibitor, Monoaminoxidase Typ B	Inhibiteur d'enzyme, monoamine-oxydase type B
Enzyme inhibitor, neuraminidase, influenza virus	Enzym Inhibitor, Neuraminidase, Influenza Virus	inhibiteur d'enzyme, neuraminidase, virus de la grippe
Enzyme inhibitor, protease	Enzym-Inhibitor, Protease	Inhibiteur d'enzyme, protéase
Enzyme inhibitor, β-glucuronidase	Enzym-Inhibitor, β-Glucuronidase	Inhibiteur d'enzyme, β-glucuronidase
Enzyme inhibitor, β-lactamase	Enzym-Inhibitor, β-Lactamase	Inhibiteur d'enzyme, β-lactamase
Enzyme inhibitor, tyrosinehydroxylase	Enzym-Inhibitor, Tyrosinhydroxylase	Inhibiteur d'enzyme, tyrosinehydroxylase
Enzyme inhibitor, urease	Enzym-Inhibitor, Urease	Inhibiteur d'enzyme, uréase
Enzyme, fibrinolytic	Enzym, fibrinolytisch	Enzyme fibrinolytique
Enzyme, proteolytic	Enzym, proteolytisch	Enzyme protéolytique
Enzyme, proteolytic (don't use)	Enzym, proteolytisch	Enzyme protéolytique
Enzyme, replacement therapy	Enzym, Substitutionstherapie	Enzyme, thérapie de substitution
Epidermal Growth Factor Receptor – tyrosine kinase inhibitor	Epidermaler Wachstumsfaktor Rezeptor Inhibitor	antagoniste du récepteur du facteur de croissance de l'épiderme
Estrogen	Oestrogen	Oestrogène
Expectorant	Expectorans	Expectorant
Extra pituitary gonadotropic hormone, FSH- and LH-like action (1:1)	Extrahypophysäres gonadotropes Hormon, FSH- und LH-Wirkung (1:1)	Hormone gonadotrope extrahypophysaire, action FSH et LH (1:1)
Extra pituitary gonadotropic hormone, FSH-like action	Extrahypophysäres gonadotropes Hormon, FSH-Wirkung	Hormone gonadotrope extrahypophysaire, action FSH
Extra pituitary gonadotropic hormone, LH-like action	Extrahypophysäres gonadotropes Hormon, LH-Wirkung	Hormone gonadotrope extrahypophysaire, action LH

F

Fibrinoblast Growth Factor, human	Fibrinoblasten Wachstumsfaktor, human	facteur de croissance des fibrinoblasts
Fibrinolytic agent	Fibrinolyticum	fibrinolytique
Fluid replenisher	Flüssigkeitsersatz	Apport de liquide
Free oxygen radical scavenger	Freier Sauerstoffradikalfänger	Capteur du radical libre de l'oxygène

G

GABA receptor agonist	GABA Rezeptor Agonist	agoniste du récepteur GABA
GABA receptor antagonist	GABA Rezeptor Antagonist	antagoniste de GABA
Ganglioplegic	Ganglioplegicum	Ganglioplégique

Gastric secretory inhibitor	Magensaftsekretionshemmer	Inhibiteur de la sécrétion gastrique
Gastric secretory stimulant	Magensaftsekretionsförderer	Stimulateur de la sécrétion gastrique
Gastrointestinal agent	Mittel gegen Störungen des Magen-Darm-Traktes	Médicament des affections gastro-intestinales
General anesthetic	Narcoticum	Anesthésique général
Genetic disorder agent	Agens bei genetische Funktionsstörung	agent contre des troubles génétiques
Glaucoma treatment	Mittel zur Glaucombehandlung	Traitement du glaucome
Glucocorticoid, inhalative	Glucocorticoid, inhalativ	glucocorticoides
Glutamate antagonist	Glutamate Antagonist	antagoniste du glutamate
Gonadorelin inhibitor	Gonadorelin-Inhibitor	Inhibiteur de la gonadoreline
Gonadotropin inhibitor	Gonadotropinhemmer	Inhibiteur de la gonadotropine
Gonadotropin stimulant	Gonadotropin-stimulierendes Hormon	Stimulateur de la gonadotrophine
Growth factor	Wachstumsfaktor	Facteur de croissance
Growth factor, haematopoietic	Wachstumsfaktor, haematopoietisch	facteur de croissance, hématopoitique
Growth hormone antagonist	Wachstumshormon Antagonist	antagoniste de l'hormone de croissance
Growth stimulant [vet.]	Wachstumsförderer [vet.]	Elément de croissance [vet.]
Gynecological agent	Gynaekologicum	Médicament gynécologique

H

Hallucinogenic	Psychodyslepticum	Hallucinogène
Hemostatic agent	Hämostaticum	Hémostatique
Hemostatic agent, gastrointestinal tract	Hämostaticum, Gastrointestinal-Trakt	Hémostatique, voie gastrointestinale
Heparin, low molecular weight – LMWH	Heparin, niedermolekular – LMWH	héparine de faible poids moléculaire
Hepatic protectant	Hepaticum	Hépatoprotecteur
Hepatitis treatment	Hepatitis-Behandlung	Traitement de l'hépatite
Herbicide	Herbizid	Herbicide
Histamine, H_1-receptor agonist	Histamin, H_1-Agonist	Histamine, agoniste du récepteur H_1
Histamine, H_1-receptor antagonist	Histamin, H_1-Antagonist	Histamine, antagoniste du récepteur H_1
Histamine, H_2-receptor agonist	Histamin, H_2-Agonist	Histamine, agoniste du récepteur H_2
Histamine, H_2-receptor antagonist	Histamin, H_2-Antagonist	Histamine, antagoniste du récepteur H_2
Hormone, enzyme	Hormon, Enzym	Hormone, enzyme
Hyperemic agent	Hyperämisierendes Mittel	Hyperémiant
Hyperglycemic	Hyperglycämicum	Hyperglycémiant
Hypnotic	Hypnoticum	hypnotique
Hypnotic, sedative	Hypnoticum, Sedativum	Hypnotique, sédatif
Hypnotic, sedative [vet.]	Hypnoticum, Sedativum [vetr.]	Hypnotique, sédatif [vetr.]
Hypoglycemic	Hypoglycemicum	hypoglycémiant
Hypooxaluric agent	Mittel gegen Oxalaturie	Hypooxalurique
Hypothalamic hormone	Hypothalamus-Hormon	Hormone hypothalamique
Hypothalamic hormone, corticotropin releasing hormone, CRH	Hypothalamus-Hormon, corticotropin releasing hormone, CRH	Hormone hypothalamique, corticotropin releasing hormone, CRH
Hypothalamic hormone, growth hormone inhibiting factor, GIF	Hypothalamus-Hormon, growth hormone inhibiting factor, GIF	Hormone hypothalamique, growth hormone inhibiting factor, GIF
Hypothalamic hormone, growth hormone release inhibiting factor, GH-RIF	Hypothalamus-Hormon, growth hormone release inhibiting factor, GH-RIF	Hormone hypothalamique, growth hormone release inhibiting factor, GH-RIF
Hypothalamic hormone, growth hormone releasing hormone, GH-RH	Hypothalamus-Hormon, growth hormone releasing hormone, GH-RH	Hormone hypothalamique, growth hormone releasing hormone, GH-RH
Hypothalamic hormone, luteinizing hormone releasing hormone, LH-RH	Hypothalamus-Hormon, luteinizing hormone releasing hormone, LH-RH	Hormone hypothalamique, luteinizing hormone releasing hormone, LH-RH
Hypothalamic hormone, prolactin inbibiting factor, PIF	Hypothalamus-Hormon, prolactin inhibiting factor, PIF	Hormone hypothalamique, prolactin inhibiting factor, PIF
Hypothalamic hormone, prolactin releasing hormone, PRH	Hypothalamus-Hormon, prolactin releasing hormone, PRH	Hormone hypothalamique, prolactin releasing hormone, PRH
Hypothalamic hormone, thyrotropin releasing hormone, TRH	Hypothalamus-Hormon, thyrotropin releasing hormone, TRH	Hormone hypothalamique, thyrotropin releasing hormone, TRH

I

If canal blocker	If-Kanal Blocker	inhibiteur du canal IF
Immunomodulator	Immunmodulator	Immunomodulateur
Immunostimulant	Immunstimulans	Immunostimulant
Immunosuppressant	Immunsuppressivum	Immunosuppresseur
Impotency agent	Medikament gegen erektile Dysfunktion	Médiament contre la dysfunction erectile
Inhibitor 5-lipoxygenase [vet.]	5-Lipoxygenase-Inhibitor [vet.]	inhibiteur 5-lipoxygenase [vét.]
Insect repellent	Repellens	Repellent
Insecticide	Insektizid	Insecticide
Insecticide [vet.]	Insektizid [vet.]	Insecticide [vet.]
Insulin	Insulin	Insuline
Insulin analog, recombinant human	Rekombinantes Humaninsulin, analog	Insuline humaine recombinate (analogue)
Insulin human	Humaninsulin	Insuline humaine
Insulin with both rapid and intermediate action	Insulin mit schneller und intermediärer Wirkung	insuline avec action rapide et intermédiaire
Insulin with intermediate action	Insulin mit intermediärer Wirkung	Insuline avec action intermediaire

Insulin with intermediate action (lente)	Insulin mit intermediärer Wirkung (lente)	Insuline avec action intermediaire (lente)
Insulin with intermediate action (semilente)	Insulin mit intermediärer Wirkung (semilente)	Insuline avec action intermediaire (semilente)
Insulin with prolonged action	Langwirkendes Insulin	Insuline avec action prolongée
Insulin with prolonged action (ultralente)	Langwirkendes Insulin (ultralente)	Insuline avec action prolongée (ultralente)
Insulin with rapid action (normal)	Insulin mit kurzer Wirkung (Altinsulin)	Insuline avec action rapide (normal)
Insulin, modified	Modifiziertes Insulin	Insuline modifiée
Intravenous anesthetic	Narcoticum, intravenös	Anesthésique général, intraveineux
Iodide therapeutic agent	Jodtherapeuticum	Thérapeutique à l'iode
iron chelator	Eisenchelator	chélateur de fer

L

Lactation suppressant	Laktationshemmer	Inhibiteur de la lactation
Laxative	Laxans	Laxatif
Laxative, bulk-forming	Laxans, Füllmittel	Laxatif, agissant par effet de masse
Laxative, cathartic	Laxans, motilitätssteigernd	Laxatif, irritant
Leprostatic agent, antileprotic agent	Leprostaticum, Antileproticum	antilépreux
Leukotrien receptor antagonist	Leukotrienrezeptorantagonist	antagoniste du récepteur de la leucotriène
LH-RH-agonist	LH-RH-Agonist	Agoniste de LH-RH
LH-RH-agonist [vet.]	LH-RH-Agonist [vetr.]	Agoniste de LH-RH [vetr.]
LH-RH-antagonist	LH-RH-Antagonist	Antagoniste de LH-RH
Local anesthetic	Lokalanästhetikum	Anesthésique local

M

M_3 muscarin receptor antagonist, selective	M_3 Muskarin Rezeptor Antagonist, selektiv	antagoniste du récepteur muscarine M_3
Mineral agent	Mineralstoff-Supplement	Apport de minéraux
Mineral agent [vet.]	Mineralstoff-Supplement [vet.]	Apport de minéraux [vet.]
Miotic agent	Mioticum	Miotique
Monoclonal antibody	Monoklonaler Antikörper	anticorps monoclonal
Mucolytic agent	Mucolyticum	Mucolytique
Mucolytic agent [vet.]	Mucolyticum [vet.]	Mucolytique [vet.]
Muscle relaxant	Zentrales Muskelrelaxans	Myorelaxant
Mydriatic agent	Mydriaticum	Mydriatique

N

Narcotic	Narcoticum	narcotique
Neuroleptic	Neurolepticum	Neuroleptique
Neuromuscular blocking agent	Muskelrelaxans	Curarisant
Neuroprotective	Neuroprotectivum	protecteur des neurons
Neurotransmitter	Neurotransmitter	neurotransmetteur
Neurotransmitter agonist	Neurotransmitter Agonist	agoniste de neurotransmetteur
Neurotransmitter antagonist	Neurotransmitter Antagonist	antagoniste de neurotransmetteur
Nicotine withdrawal agent	Nikotin-Entwöhnungsmittel	Désaccoutumant du tabagisme
Nootropic	Nootropicum	Nootropique
Nutrient	Nährpräparat	Apport nutritif

O

Obsolete substance (don't use = history)	Obsolete Substanz	Substance obsolète
Odontostomatologic agent	Odontostomatologicum	Odonto-stomatologique
Ophthalmic agent	Ophthalmologicum	Médicament ophthalmologique
Opioid analgesic	Narkotisches Analgeticum	Analgésique, morphinique
µ-Opioid receptor antagonist	µ-Opioid Rezeptor Antagonist	antagoniste du récepteur d'opioïde
Osmotic diuretic	Osmodiureticum	Diurétique, osmotique
Oto-rhino-laryngologic agent	Oto-Rhino-Laryngologicum	Médicament oto-rhino-laryngologique
Ovulation stimulating hormone [vet.]	Ovulationsstimulierendes Hormon [vetr.]	Hormone stimulateur de l'ovulation [vetr.]
Oxytocic	Oxytocicum	Oxytocique
Oxytocin antagonist	Oxytocin-Antagonist	Antagoniste de l' Oxytocine

P

Pancreatic enzyme	Pancreas-Enzym	Enzyme pancréatique
Pancreatic enzyme, amylolytic (don't use)	Pancreas-Enzym, amylolytisch	Enzyme pancréatique, amylolytique
Pancreatic enzyme, lipolytic (don't use)	Pancreas-Enzym, lipolytisch	Enzyme pancréatique, lipolytique
Parasympatholytic agent	Parasympatholyticum	Parasympatholytique
Parasympathomimetic agent	Parasympathomimeticum	Parasympathomimétique
Parasympathomimetic agent, cholinesterase inhibitor	Parasympathomimeticum, Cholinesterasehemmer	Parasympathomimétique, inhibiteur des cholinestérases
Parasympathomimetic agent, direct acting	Parasympathomimeticum, direkt wirkend	Parasympathomimétique, direct

Parathyroid hormone	Nebenschilddrüsen-Hormon	Hormone parathyroidienne
Pediculocide	Mittel gegen Pediculosis	Pédiculocide
Peristaltic stimulant	Peristaltikstimulans	Stimulateur peristaltique
Pharmaceutic aid	Pharmazeutischer Hilfsstoff	Adjuvant pharmaceutique
Pharmaceutic aid, antioxidant	Pharmazeutischer Hilfsstoff, Antioxidans	Adjuvant pharmaceutique, antioxidant
Pharmaceutic aid, colouring agent	Pharmazeutischer Hilfsstoff, Farbstoff	Adjuvant pharmaceutique, colorant
Pharmaceutic aid, denaturant	Pharmazeutischer Hilfsstoff, Denaturierungsmittel	Adjuvant pharmaceutique, dénaturant
Pharmaceutic aid, flavouring agent	Pharmazeutischer Hilfsstoff, Geschmackskorrigens	Adjuvant pharmaceutique, aromatisant
Pharmaceutic aid, preservative	Pharmazeutischer Hilfsstoff, Konservierungsmittel	Adjuvant pharmaceutique, agent conservateur
Pharmaceutic aid, surfactant	Pharmazeutischer Hilfsstoff, oberflächenaktive Substanz	Adjuvant pharmaceutique, agent surfactif
Phosphate binder	Phosphatbinder	Liant de phosphat
Photosensitizing agent	Photosensibilisierendes Mittel	Agent photosensibilisant
Pituitary hormone	Hypophysen-Hormon	Hormone hypophysaire
Plasmaexpander	Plasmaexpander	Succédané du plasma
Posterior pituitary hormone	Hypophysenhinterlappen-Hormon	Hormone post-hypophysaire
Posterior pituitary hormone antagonist	Hinterer Hypophysenlappen Hormon Antagonist	antagoniste de l'hormone de la neurohypophyse
Posterior pituitary hormone, antidiuretic hormone, ADH	Hypophysenhinterlappen-Hormon, antidiuretisches Hormon, ADH	Hormone post-hypophysaire, antidiuretic hormone, ADH
Progestin	Gestagen	Progestatif
Prolactin inhibitor	Prolactinhemmer	Inhibiteur de la prolactine
Prophylactic	Prophylacticum	Prophylactique
Prophylactic (don't use)	Prophylacticum	Prophylactique
Prophylactic, dental caries	Prophylacticum, Zahnkaries	Prophylactique, carie dentaire
Prophylactic, iodine therapy	Prophylacticum, Jodtherapie	Prophylactique, thérapie à l'iode
Prophylactic, radiology (use Radioprotective agent)	Prophylacticum, Radiologie	Prophylactique, radiologie
Prostaglandin	Prostaglandin	Prostaglandine
Prostaglandin (use the other Prostaglandin)	Prostaglandin	Prostaglandine
Prostaglandin, corpus luteum regression [vet.] (obsolet)	Prostaglandin, luteolytisch [vet.]	Prostaglandine, lutéolytique [vet.]
Protein	Protein	protéine
Proteinase inhibitor (don't use)	Proteinase-Hemmer	Inhibiteur de la protéinase
Psychostimulant	Psychotonicum	Psychostimulant
Psychotherapeutic agent	Psychopharmakon	Medicament psychotrope

R

Radiodiagnostic agent	Radiodiagnosticum	Agent radiodiagnostique
Radioprotective agent	Schutzmittel, Radiologie	Agent de protection contre les radiations
Renin Angiotensin system inhibitor	Inhibitor Renin-Angiotensin-System	Inhibiteur de système rénine-angiotensine
Respiratory stimulant	Atemanaleptikum	Augmente le rendement pulmonaire

S

Scabicide	Antiscabiosum	Antiscabieux
Sclerosing agent	Varizenverödungsmittel	Sclérosant veineux
Sedative	Sedativum	Sédatif
Selective melatonin receptor agonist	Selective melatonin receptor agonist	Selective melatonin receptor agonist
Serotonin agonist	Serotonin-Agonist	Agoniste de la sérotonine
Serotonin antagonist	Serotonin-Antagonist	Antagoniste de la sérotonine
Sex hormone	Sexualhormon	Hormone sexuelle
Sex hormone, female	Weibliches Sexualhormon	Hormone sexuelle féminine
Sex hormone, male	Männliches Sexualhormon	Hormone sexuelle masculine
Spasmodic agent	Spasmodicum	Spasmodique
Stimulant of lachrymal secretion	Tränenstimulation	Stimulation de la sécrétion des larmes
Surgical material	Chirurgisches Material	Matériel chirurgical
Surgical material, tissue adhesive	Chirurgisches Material, Gewebekleber	Matériel chirurgical, adhésif pour tissus
Sweetening agent	Süssstoff	Edulcorant
α_1-Sympathomimetic agent	α_1-Sympathomimeticum	α_1-Sympathomimétique
Sympathomimetic agent	Sympathomimeticum	Sympathomimétique
α-Sympathomimetic agent	α-Sympathomimeticum	α-Sympathomimétique
α_2-Sympathomimetic agent	α_2-Sympathomimeticum	α_2-Sympathomimétique
β-Sympathomimetic agent	β-Sympathomimeticum	β-Sympathomimétique
β_1-Sympathomimetic agent	β_1-Sympathomimeticum	β_1-Sympathomimétique
β_2-Sympathomimetic agent	β_2-Sympathomimeticum	β_2-Sympathomimétique

T

Thrombin inhibitor	Thrombin Inhibitor	inhibiteur du thrombine
Thymoleptic	Thymolepticum	Thymoanaleptique

Thyroid hormone	Schilddrüsenhormon	Hormone thyroïdienne
Thyroid therapeutic agent	Schilddrüsenwirksames Medikament	Médicament contre les affections thyroïdiennes
Thyrotropin analogue	Thyrotropin-Analogon	hormone thyréotrope
Tocolytic	Tokolyticum	tocolytique
Tonic	Tonikum	Stimulant
Topical	lokal wirksames Mittel, Topicum	topique
Tranquilizer	Tranquilizer	Tranquillisant
Treatment of cholesterol gallstones	Mittel zur Auflösung von Cholesterol-Gallensteinen	Traitement des calculs biliaires de cholestérol
Treatment of gastric ulcera	Ulkus-Therapeutikum	Traitement de l'ulcère gastrique
Treatment of gout	Gicht-Therapeutikum	Traitement de la goutte
Treatment of Paget's disease (obsolet)	Mittel zur Behandlung von Morbus Paget	Traitement de la maladie de Paget
Tyrosine kinase inhibitor	Tyrosin Kinase Inhibitor	inhibiteur de la kinase de tyrosine

U

Ultraviolet screen	UV-Schutz	Protection UV
Uricostatic agent	Uricostaticum	Inhibiteur de la synthèse urique
Uricosuric agent	Uricosuricum	Uricosurique
Urinary tract antiseptic	Harnwegsantisepticum	Antiinfectieux urinaire
Uterorelaxant	Uterusrelaxierendes Mittel	Utéro-relaxant

V

Varia	Varia	Varia
Vascular agent	Gefässmittel	Vasculotrope
Vascular Endothelial Growth Factor antagonist	Gefässendothel Wachstumsfaktor – Antagonist, VEGF – Antagonist	antagoniste du facteur de croissance endothélial vasculaire
Vascular protectant	Vasoprotector	Vasculoprotecteur
Vasoconstrictor	Vasoconstrictor	Vasoconstricteur
Vasoconstrictor ORL	Vasoconstrictor ORL	Vasoconstricteur ORL
Vasoconstrictor ORL, local	Vasoconstrictor ORL, lokal	Vasoconstricteur ORL, action locale
Vasoconstrictor ORL, systemic	Vasoconstrictor ORL, systemisch	Vasoconstricteur ORL, action générale
Vasodilator	Vasodilatator	Vasodilatateur
Vasodilator, cerebral	Vasodilatator, cerebral	Vasodilatateur, cérébral
Vasodilator, peripheric	Vasodilatator, peripher	Vasodilatateur, périphérique
Veinotonic agent	Venotonicum	Veinotonique
Vitamin	Vitamin	Vitamine
Vitamin A	Vitamin A	Vitamine A
Vitamin B_1	Vitamin B_1	Vitamine B_1
Vitamin B_2	Vitamin B_2	Vitamine B_2
Vitamin B_6	Vitamin B_6	Vitamine B_6
Vitamin B_{12}	Vitamin B_{12}	Vitamine B_{12}
Vitamin B-complex	Vitamin B-Komplex	Complexe des vitamines B
Vitamin C	Vitamin C	Vitamine C
Vitamin D	Vitamin D	Vitamine D
Vitamin D analogue	Vitamin D Analogon	Analogue de la vitamine D
Vitamin E	Vitamin E	Vitamine E
Vitamin K	Vitamin K	Vitamine K
Vitamin, nutrient	Vitamin, Nährpräparat	Vitamine, apport nutritif
Vitiligo treatment	Vitiligobehandlung	Traitement de vitiligo

W

Withdrawal agent	Entwöhnungsmittel	Désaccoutumant
Wound healing	Wundheilmittel	Cicatrisant

ATC Classification	ATC-Klassifikation	Classification ATC
Anatomical Therapeutical Chemical Classification of the WHO	Anatomische, therapeutische, chemische Klassifikation der WHO	Classification anatomique, thérapeutique, chimique de l'OMS

A = ALIMENTARY TRACT AND METABOLISM
A01 = STOMATOLOGICAL PREPARATIONS
A01A = STOMATOLOGICAL PREPARATIONS
A01AA = Caries prophylactic agents
A01AA01 = Sodium fluoride
A01AA02 = Sodium monofluorophosphate
A01AA03 = Olaflur
A01AA04 = Stannous fluoride
A01AA30 = Combinations
A01AA51 = Sodium fluoride, combinations
A01AB = Antiinfectives and antiseptics for local oral treatment
A01AB02 = Hydrogen peroxide
A01AB03 = Chlorhexidine
A01AB04 = Amphotericin B
A01AB05 = Polynoxylin
A01AB06 = Domiphen
A01AB07 = Oxyquinoline
A01AB08 = Neomycin
A01AB09 = Miconazole
A01AB10 = Natamycin
A01AB11 = Various
A01AB12 = Hexetidine
A01AB13 = Tetracycline
A01AB14 = Benzoxonium chloride
A01AB15 = Tibezonium iodide
A01AB16 = Mepartricin
A01AB17 = Metronidazole
A01AB18 = Clotrimazole
A01AB19 = Sodium perborate
A01AB21 = Chlortetracycline
A01AB22 = Doxycycline
A01AB23 = Minocycline
A01AC = Corticosteroids for local oral treatment
A01AC01 = Triamcinolone
A01AC02 = Dexamethasone
A01AC03 = Hydrocortisone
A01AC54 = Prednisolone, combinations
A01AD = Other agents for local oral treatment
A01AD01 = Epinephrine
A01AD02 = Benzydamine
A01AD05 = Acetylsalicylic acid
A01AD06 = Adrenalone
A01AD07 = Amlexanox
A01AD11 = Various
A02 = DRUGS FOR ACID RELATED DISORDERS
A02A = ANTACIDS
A02AA = Magnesium compounds
A02AA01 = Magnesium carbonate
A02AA02 = Magnesium oxide
A02AA03 = Magnesium peroxide
A02AA04 = Magnesium hydroxide
A02AA05 = Magnesium silicate
A02AA10 = Combinations
A02AB = Aluminium compounds
A02AB01 = Aluminium hydroxide
A02AB02 = Algeldrate
A02AB03 = Aluminium phosphate
A02AB04 = Dihydroxialumini sodium carbonate
A02AB05 = Aluminium acetoacetate
A02AB06 = Aloglutamol
A02AB07 = Aluminium glycinate
A02AB10 = Combinations
A02AC = Calcium compounds
A02AC01 = Calcium carbonate
A02AC02 = Calcium silicate
A02AC10 = Combinations
A02AD = Combinations and complexes of aluminium, calcium and magnesium compounds
A02AD01 = Ordinary salt combinations
A02AD02 = Magaldrate
A02AD03 = Almagate
A02AD04 = Hydrotalcite
A02AD05 = Almasilate
A02AF = Antacids with antiflatulents
A02AF01 = Magaldrate and antiflatulents
A02AF02 = Ordinary salt combinations and antiflatulents
A02AG = Antacids with antispasmodics
A02AH = Antacids with sodium bicarbonate
A02AX = Antacids, other combinations
A02B = DRUGS FOR PEPTIC ULCER AND GASTRO-OESOPHAGEAL REFLUX DISEASE (GORD)
A02BA = H2-receptor antagonists
A02BA01 = Cimetidine
A02BA02 = Ranitidine
A02BA03 = Famotidine
A02BA04 = Nizatidine
A02BA05 = Niperotidine
A02BA06 = Roxatidine
A02BA07 = Ranitidine bismuth citrate
A02BA08 = Lafutidine
A02BA51 = Cimetidine, combinations
A02BA53 = Famotidine, combinations
A02BB = Prostaglandins
A02BB01 = Misoprostol
A02BB02 = Enprostil
A02BC = Proton pump inhibitors
A02BC01 = Omeprazole
A02BC02 = Pantoprazole
A02BC03 = Lansoprazole
A02BC04 = Rabeprazole
A02BC05 = Esomeprazole
A02BD = Combinations for eradication of Helicobacter pylori
A02BD01 = Omeprazole, amoxicillin and metronidazole
A02BD02 = Lansoprazole, tetracycline and metronidazole

A02BD03 = Lansoprazole, amoxicillin and metronidazole
A02BD04 = Pantoprazole, amoxicillin and clarithromycin
A02BD05 = Omeprazole, amoxicillin and clarithromycin
A02BD06 = Esomeprazole, amoxicillin and clarithromycin
A02BX = Other drugs for peptic ulcer and gastro-oesophageal reflux disease (GORD)
A02BX01 = Carbenoxolone
A02BX02 = Sucralfate
A02BX03 = Pirenzepine
A02BX04 = Methiosulfonium chloride
A02BX05 = Bismuth subcitrate
A02BX06 = Proglumide
A02BX07 = Gefarnate
A02BX08 = Sulglicotide
A02BX09 = Acetoxolone
A02BX10 = Zolimidine
A02BX11 = Troxipide
A02BX12 = Bismuth subnitrate
A02BX13 = Alginic acid
A02BX51 = Carbenoxolone, combinations excl. psycholeptics
A02BX71 = Carbenoxolone, combinations with psycholeptics
A02BX77 = Gefarnate, combinations with psycholeptics
A02X = OTHER DRUGS FOR ACID RELATED DISORDERS
A03 = DRUGS FOR FUNCTIONAL GASTROINTESTINAL DISORDERS
A03A = DRUGS FOR FUNCTIONAL BOWEL DISORDERS
A03AA = Synthetic anticholinergics, esters with tertiary amino group
A03AA01 = Oxyphencyclimine
A03AA03 = Camylofin
A03AA04 = Mebeverine
A03AA05 = Trimebutine
A03AA06 = Rociverine
A03AA07 = Dicycloverine
A03AA08 = Dihexyverine
A03AA09 = Difemerine
A03AA30 = Piperidolate
A03AB = Synthetic anticholinergics, quaternary ammonium compounds
A03AB01 = Benzilone
A03AB02 = Glycopyrronium
A03AB03 = Oxyphenonium
A03AB04 = Penthienate
A03AB05 = Propantheline
A03AB06 = Otilonium bromide
A03AB07 = Methantheline
A03AB08 = Tridihexethyl
A03AB09 = Isopropamide
A03AB10 = Hexocyclium
A03AB11 = Poldine
A03AB12 = Mepenzolate
A03AB13 = Bevonium
A03AB14 = Pipenzolate
A03AB15 = Diphemanil
A03AB16 = (2-benzhydryloxyethyl)diethyl-methylammonium iodide
A03AB17 = Tiemonium iodide
A03AB18 = Prifinium bromide
A03AB19 = Timepidium bromide
A03AB21 = Fenpiverinium
A03AB53 = Oxyphenonium, combinations
A03AC = Synthetic antispasmodics, amides with tertiary amines
A03AC02 = Dimethylaminopropionylphenothiazine
A03AC04 = Nicofetamide
A03AC05 = Tiropramide
A03AD = Papaverine and derivatives
A03AD01 = Papaverine
A03AD02 = Drotaverine
A03AD30 = Moxaverine
A03AE = Drugs acting on serotonin receptors
A03AE01 = Alosetron
A03AE02 = Tegaserod
A03AE03 = Cilansetron
A03AX = Other drugs for functional bowel disorders
A03AX01 = Fenpiprane
A03AX02 = Diisopromine
A03AX03 = Chlorbenzoxamine
A03AX04 = Pinaverium
A03AX05 = Fenoverine
A03AX06 = Idanpramine
A03AX07 = Proxazole
A03AX08 = Alverine
A03AX09 = Trepibutone
A03AX10 = Isometheptene
A03AX11 = Caroverine
A03AX12 = Phloroglucinol
A03AX13 = Silicones
A03AX30 = Trimethyldiphenylpropylamine
A03AX58 = Alverine, combinations
A03B = BELLADONNA AND DERIVATIVES, PLAIN
A03BA = Belladonna alkaloids, tertiary amines
A03BA01 = Atropine
A03BA03 = Hyoscyamine
A03BA04 = Belladonna total alkaloids
A03BB = Belladonna alkaloids, semisynthetic, quaternary ammonium compounds
A03BB01 = Butylscopolamine
A03BB02 = Methylatropine
A03BB03 = Methylscopolamine
A03BB04 = Fentonium
A03BB05 = Cimetropium bromide
A03C = ANTISPASMODICS IN COMBINATION WITH PSYCHOLEPTICS
A03CA = Synthetic anticholinergic agents in combination with psycholeptics
A03CA01 = Isopropamide and psycholeptics
A03CA02 = Clidinium and psycholeptics
A03CA03 = Oxyphencyclimine and psycholeptics
A03CA04 = Otilonium bromide and psycholeptics
A03CA05 = Glycopyrronium and psycholeptics
A03CA06 = Bevonium and psycholeptics
A03CA07 = Ambutonium and psycholeptics
A03CA08 = Diphemanil and psycholeptics
A03CA30 = Emepronium and psycholeptics
A03CA34 = Propantheline and psycholeptics

A03CB = Belladonna and derivatives in combination with psycholeptics
A03CB01 = Methylscopolamine and psycholeptics
A03CB02 = Belladonna total alkaloids and psycholeptics
A03CB03 = Atropine and psycholeptics
A03CB04 = Methylhomatropine and psycholeptics
A03CB31 = Hyoscyamine and psycholeptics
A03CC = Other antispasmodics in combination with psycholeptics
A03D = ANTISPASMODICS IN COMBINATION WITH ANALGESICS
A03DA = Synthetic anticholinergic agents in combination with analgesics
A03DA01 = Tropenzilone and analgesics
A03DA02 = Pitofenone and analgesics
A03DA03 = Bevonium and analgesics
A03DA04 = Ciclonium and analgesics
A03DA05 = Camylofin and analgesics
A03DA06 = Trospium and analgesics
A03DA07 = Tiemonium iodide and analgesics
A03DB = Belladonna and derivatives in combination with analgesics
A03DB04 = Butylscopolamine and analgesics
A03DC = Other antispasmodics in combination with analgesics
A03E = ANTISPASMODICS AND ANTICHOLINERGICS IN COMBINATION WITH OTHER DRUGS
A03EA = Antispasmodics, psycholeptics and analgesics in combination
A03ED = Antispasmodics in combination with other drugs
A03F = PROPULSIVES
A03FA = Propulsives
A03FA01 = Metoclopramide
A03FA02 = Cisapride
A03FA03 = Domperidone
A03FA04 = Bromopride
A03FA05 = Alizapride
A03FA06 = Clebopride
A04 = ANTIEMETICS AND ANTINAUSEANTS
A04A = ANTIEMETICS AND ANTINAUSEANTS
A04AA = Serotonin (5HT3) antagonists
A04AA01 = Ondansetron
A04AA02 = Granisetron
A04AA03 = Tropisetron
A04AA04 = Dolasetron
A04AA05 = Palonosetron
A04AD = Other antiemetics
A04AD01 = Scopolamine
A04AD02 = Cerium oxalate
A04AD04 = Chlorobutanol
A04AD05 = Metopimazine
A04AD10 = Dronabinol
A04AD11 = Nabilone
A04AD12 = Aprepitant
A04AD51 = Scopolamine, combinations
A04AD54 = Chlorobutanol, combinations
A05 = BILE AND LIVER THERAPY
A05A = BILE THERAPY
A05AA = Bile acid preparations
A05AA01 = Chenodeoxycholic acid
A05AA02 = Ursodeoxycholic acid
A05AB = Preparations for biliary tract therapy
A05AB01 = Nicotinyl methylamide
A05AX = Other drugs for bile therapy
A05AX01 = Piprozolin
A05AX02 = Hymecromone
A05AX03 = Cyclobutyrol
A05B = LIVER THERAPY, LIPOTROPICS
A05BA = Liver therapy
A05BA01 = Arginine glutamate
A05BA03 = Silymarin
A05BA04 = Citiolone
A05BA05 = Epomediol
A05BA06 = Ornithine oxoglurate
A05BA07 = Tidiacic arginine
A05C = DRUGS FOR BILE THERAPY AND LIPOTROPICS IN COMBINATION
A06 = LAXATIVES
A06A = LAXATIVES
A06AA = Softeners, emollients
A06AA01 = Liquid paraffin
A06AA02 = Docusate sodium
A06AA51 = Liquid paraffin, combinations
A06AB = Contact laxatives
A06AB01 = Oxyphenisatine
A06AB02 = Bisacodyl
A06AB03 = Dantron
A06AB04 = Phenolphthalein
A06AB05 = Castor oil
A06AB06 = Senna glycosides
A06AB07 = Cascara
A06AB08 = Sodium picosulfate
A06AB09 = Bisoxatin
A06AB20 = Contact laxatives in combination
A06AB30 = Contact laxatives in combination with belladonna alkaloids
A06AB52 = Bisacodyl, combinations
A06AB53 = Dantron, combinations
A06AB56 = Senna glycosides, combinations
A06AB57 = Cascara, combinations
A06AB58 = Sodium picosulfate, combinations
A06AC = Bulk producers
A06AC01 = Ispaghula (psylla seeds)
A06AC02 = Ethulose
A06AC03 = Sterculia
A06AC05 = Linseed
A06AC06 = Methylcellulose
A06AC07 = Triticum (wheat fibre)
A06AC08 = Polycarbophil calcium
A06AC51 = Ispaghula, combinations
A06AC53 = Sterculia, combinations
A06AC55 = Linseed, combinations
A06AD = Osmotically acting laxatives
A06AD01 = Magnesium carbonate
A06AD02 = Magnesium oxide
A06AD03 = Magnesium peroxide
A06AD04 = Magnesium sulfate
A06AD10 = Mineral salts in combination
A06AD11 = Lactulose
A06AD12 = Lactitol
A06AD13 = Sodium sulfate

A06AD14 = Pentaerithrityl
A06AD15 = Macrogol
A06AD16 = Mannitol
A06AD17 = Sodium phosphate
A06AD18 = Sorbitol
A06AD19 = Magnesium citrate
A06AD21 = Sodium tartrate
A06AD61 = Lactulose, combinations
A06AD65 = Macrogol, combinations
A06AG = Enemas
A06AG01 = Sodium phosphate
A06AG02 = Bisacodyl
A06AG03 = Dantron, incl. combinations
A06AG04 = Glycerol
A06AG06 = Oil
A06AG07 = Sorbitol
A06AG10 = Docusate sodium, incl. combinations
A06AG11 = Laurilsulfate, incl. combinations
A06AG20 = Combinations
A06AX = Other laxatives
A06AX01 = Glycerol
A06AX02 = Carbon dioxide producing drugs
A07 = ANTIDIARRHEALS, INTESTINAL ANTIINFLAMMATORY/ANTIINFECTIVE AGENTS
A07A = INTESTINAL ANTIINFECTIVES
A07AA = Antibiotics
A07AA01 = Neomycin
A07AA02 = Nystatin
A07AA03 = Natamycin
A07AA04 = Streptomycin
A07AA05 = Polymyxin B
A07AA06 = Paromomycin
A07AA07 = Amphotericin B
A07AA08 = Kanamycin
A07AA09 = Vancomycin
A07AA10 = Colistin
A07AA11 = Rifaximin
A07AA51 = Neomycin, combinations
A07AA54 = Streptomycin, combinations
A07AB = Sulfonamides
A07AB02 = Phthalylsulfathiazole
A07AB03 = Sulfaguanidine
A07AB04 = Succinylsulfathiazole
A07AC = Imidazole derivatives
A07AC01 = Miconazole
A07AX = Other intestinal antiinfectives
A07AX01 = Broxyquinoline
A07AX02 = Acetarsol
A07AX03 = Nifuroxazide
A07AX04 = Nifurzide
A07B = INTESTINAL ADSORBENTS
A07BA = Charcoal preparations
A07BA01 = Medicinal charcoal
A07BA51 = Medicinal charcoal, combinations
A07BB = Bismuth preparations
A07BC = Other intestinal adsorbents
A07BC01 = Pectin
A07BC02 = Kaolin
A07BC03 = Crospovidone
A07BC04 = Attapulgite
A07BC05 = Diosmectite
A07BC30 = Combinations
A07BC54 = Attapulgite, combinations
A07C = ELECTROLYTES WITH CARBOHYDRATES
A07CA = Oral rehydration salt formulations
A07D = ANTIPROPULSIVES
A07DA = Antipropulsives
A07DA01 = Diphenoxylate
A07DA02 = Opium
A07DA03 = Loperamide
A07DA04 = Difenoxin
A07DA05 = Loperamide oxide
A07DA52 = Morphine, combinations
A07DA53 = Loperamide, combinations
A07E = INTESTINAL ANTIINFLAMMATORY AGENTS
A07EA = Corticosteroids acting locally
A07EA01 = Prednisolone
A07EA02 = Hydrocortisone
A07EA03 = Prednisone
A07EA04 = Betamethasone
A07EA05 = Tixocortol
A07EA06 = Budesonide
A07EA07 = Beclometasone
A07EB = Antiallergic agents, excl. corticosteroids
A07EB01 = Cromoglicic acid
A07EC = Aminosalicylic acid and similar agents
A07EC01 = Sulfasalazine
A07EC02 = Mesalazine
A07EC03 = Olsalazine
A07EC04 = Balsalazide
A07F = ANTIDIARRHEAL MICROORGANISMS
A07FA = Antidiarrheal microorganisms
A07FA01 = Lactic acid producing organisms
A07FA02 = Saccharomyces boulardii
A07FA51 = Lactic acid producing organisms, combinations
A07X = OTHER ANTIDIARRHEALS
A07XA = Other antidiarrheals
A07XA01 = Albumin tannate
A07XA02 = Ceratonia
A07XA03 = Calcium compounds
A07XA04 = Racecadotril
A07XA51 = Albumin tannate, combinations
A08 = ANTIOBESITY PREPARATIONS, EXCL. DIET PRODUCTS
A08A = ANTIOBESITY PREPARATIONS, EXCL. DIET PRODUCTS
A08AA = Centrally acting antiobesity products
A08AA01 = Phentermine
A08AA02 = Fenfluramine
A08AA03 = Amfepramone
A08AA04 = Dexfenfluramine
A08AA05 = Mazindol
A08AA06 = Etilamfetamine
A08AA07 = Cathine
A08AA08 = Clobenzorex
A08AA09 = Mefenorex
A08AA10 = Sibutramine
A08AA56 = Ephedrine, combinations
A08AB = Peripherally acting antiobesity products
A08AB01 = Orlistat
A09 = DIGESTIVES, INCL. ENZYMES

A09A = DIGESTIVES, INCL. ENZYMES
A09AA = Enzyme preparations
A09AA01 = Diastase
A09AA02 = Multienzymes (lipase, protease etc.)
A09AA03 = Pepsin
A09AA04 = Tilactase
A09AB = Acid preparations
A09AB01 = Glutamic acid hydrochloride
A09AB02 = Betaine hydrochloride
A09AB03 = Hydrochloric acid
A09AB04 = Citric acid
A09AC = Enzyme and acid preparations, combinations
A09AC01 = Pepsin and acid preparations
A09AC02 = Multienzymes and acid preparations
A10 = DRUGS USED IN DIABETES
A10A = INSULINS AND ANALOGUES
A10AB = Insulins and analogues for injection, fast-acting
A10AB01 = Insulin (human)
A10AB02 = Insulin (beef)
A10AB03 = Insulin (pork)
A10AB04 = Insulin lispro
A10AB05 = Insulin aspart
A10AB06 = Insulin glulisine
A10AB30 = Combinations
A10AC = Insulins and analogues for injection, intermediate-acting
A10AC01 = Insulin (human)
A10AC02 = Insulin (beef)
A10AC03 = Insulin (pork)
A10AC04 = Insulin lispro
A10AC30 = Combinations
A10AD = Insulins and analogues for injection, intermediate-acting combined with fast-acting
A10AD01 = Insulin (human)
A10AD02 = Insulin (beef)
A10AD03 = Insulin (pork)
A10AD04 = Insulin lispro
A10AD05 = Insulin aspart
A10AD30 = Combinations
A10AE = Insulins and analogues for injection, long-acting
A10AE01 = Insulin (human)
A10AE02 = Insulin (beef)
A10AE03 = Insulin (pork)
A10AE04 = Insulin glargine
A10AE05 = Insulin detemir
A10AE30 = Combinations
A10AF = Insulins and analogues, for inhalation
A10AF01 = Insulin (human)
A10B = BLOOD GLUCOSE LOWERING DRUGS, EXCL. INSULINS
A10BA = Biguanides
A10BA01 = Phenformin
A10BA02 = Metformin
A10BA03 = Buformin
A10BB = Sulfonamides, urea derivatives
A10BB01 = Glibenclamide
A10BB02 = Chlorpropamide
A10BB03 = Tolbutamide
A10BB04 = Glibornuride
A10BB05 = Tolazamide
A10BB06 = Carbutamide
A10BB07 = Glipizide
A10BB08 = Gliquidone
A10BB09 = Gliclazide
A10BB10 = Metahexamide
A10BB11 = Glisoxepide
A10BB12 = Glimepiride
A10BB31 = Acetohexamide
A10BC = Sulfonamides (heterocyclic)
A10BC01 = Glymidine
A10BD = Combinations of oral blood glucose lowering drugs
A10BD01 = Phenformin and sulfonamides
A10BD02 = Metformin and sulfonamides
A10BD03 = Metformin and rosiglitazone
A10BD04 = Glimepiride and rosiglitazone
A10BF = Alpha glucosidase inhibitors
A10BF01 = Acarbose
A10BF02 = Miglitol
A10BF03 = Voglibose
A10BG = Thiazolidinediones
A10BG01 = Troglitazone
A10BG02 = Rosiglitazone
A10BG03 = Pioglitazone
A10BX = Other blood glucose lowering drugs, excl. insulins
A10BX01 = Guar gum
A10BX02 = Repaglinide
A10BX03 = Nateglinide
A10BX04 = Exenatide
A10X = OTHER DRUGS USED IN DIABETES
A10XA = Aldose reductase inhibitors
A10XA01 = Tolrestat
A11 = VITAMINS
A11A = MULTIVITAMINS, COMBINATIONS
A11AA = Multivitamins with minerals
A11AA01 = Multivitamins and iron
A11AA02 = Multivitamins and calcium
A11AA03 = Multivitamins and other minerals, incl. combinations
A11AA04 = Multivitamins and trace elements
A11AB = Multivitamins, other combinations
A11B = MULTIVITAMINS, PLAIN
A11BA = Multivitamins, plain
A11C = VITAMIN A AND D, INCL. COMBINATIONS OF THE TWO
A11CA = Vitamin A, plain
A11CA01 = Retinol (vit A)
A11CA02 = Betacarotene
A11CB = Vitamin A and D in combination
A11CC = Vitamin D and analogues
A11CC01 = Ergocalciferol
A11CC02 = Dihydrotachysterol
A11CC03 = Alfacalcidol
A11CC04 = Calcitriol
A11CC05 = Colecalciferol
A11CC06 = Calcifediol
A11CC07 = Paricalcitol
A11CC20 = Combinations
A11D = VITAMIN B1, PLAIN AND IN COMBINATION WITH VITAMIN B6 AND B12
A11DA = Vitamin B1, plain
A11DA01 = Thiamine (vit B1)

A11DA02 = Sulbutiamine
A11DA03 = Benfotiamine
A11DB = Vitamin B1 in combination with vitamin B6 and/or vitamin B12
A11E = VITAMIN B-COMPLEX, INCL. COMBINATIONS
A11EA = Vitamin B-complex, plain
A11EB = Vitamin B-complex with vitamin C
A11EC = Vitamin B-complex with minerals
A11ED = Vitamin B-complex with anabolic steroids
A11EX = Vitamin B-complex, other combinations
A11G = ASCORBIC ACID (VITAMIN C), INCL. COMBINATIONS
A11GA = Ascorbic acid (vitamin C), plain
A11GA01 = Ascorbic acid (vit C)
A11GB = Ascorbic acid (vitamin C), combinations
A11GB01 = Ascorbic acid (vit C) and calcium
A11H = OTHER PLAIN VITAMIN PREPARATIONS
A11HA = Other plain vitamin preparations
A11HA01 = Nicotinamide
A11HA02 = Pyridoxine (vit B6)
A11HA03 = Tocopherol (vit E)
A11HA04 = Riboflavin (vit B2)
A11HA05 = Biotin
A11HA06 = Pyridoxal phosphate
A11HA07 = Inositol
A11HA30 = Dexpanthenol
A11HA31 = Calcium pantothenate
A11HA32 = Pantethine
A11J = OTHER VITAMIN PRODUCTS, COMBINATIONS
A11JA = Combinations of vitamins
A11JB = Vitamins with minerals
A11JC = Vitamins, other combinations
A12 = MINERAL SUPPLEMENTS
A12A = CALCIUM
A12AA = Calcium
A12AA01 = Calcium phosphate
A12AA02 = Calcium glubionate
A12AA03 = Calcium gluconate
A12AA04 = Calcium carbonate
A12AA05 = Calcium lactate
A12AA06 = Calcium lactate gluconate
A12AA07 = Calcium chloride
A12AA08 = Calcium glycerylphosphate
A12AA09 = Calcium citrate lysine complex
A12AA10 = Calcium glucoheptonate
A12AA11 = Calcium pangamate
A12AA12 = Calcium acetate anhydrous
A12AA20 = Calcium (different salts in combination)
A12AA30 = Calcium laevulate
A12AX = Calcium, combinations with other drugs
A12B = POTASSIUM
A12BA = Potassium
A12BA01 = Potassium chloride
A12BA02 = Potassium citrate
A12BA03 = Potassium hydrogentartrate
A12BA04 = Potassium hydrogencarbonate
A12BA05 = Potassium gluconate
A12BA30 = Combinations
A12BA51 = Potassium chloride, combinations
A12C = OTHER MINERAL SUPPLEMENTS
A12CA = Sodium
A12CA01 = Sodium chloride
A12CA02 = Sodium sulfate
A12CB = Zinc
A12CB01 = Zinc sulfate
A12CB02 = Zinc gluconate
A12CB03 = Zinc protein complex
A12CC = Magnesium
A12CC01 = Magnesium chloride
A12CC02 = Magnesium sulfate
A12CC03 = Magnesium gluconate
A12CC04 = Magnesium citrate
A12CC05 = Magnesium aspartate
A12CC06 = Magnesium lactate
A12CC07 = Magnesium levulinate
A12CC08 = Magnesium pidolate
A12CC09 = Magnesium orotate
A12CC10 = Magnesium oxide
A12CC30 = Magnesium (different salts in combination)
A12CD = Fluoride
A12CD01 = Sodium fluoride
A12CD02 = Sodium monofluorophosphate
A12CD51 = Fluoride, combinations
A12CE = Selenium
A12CE01 = Sodium selenate
A12CE02 = Sodium selenite
A12CX = Other mineral products
A13 = TONICS
A13A = TONICS
A14 = ANABOLIC AGENTS FOR SYSTEMIC USE
A14A = ANABOLIC STEROIDS
A14AA = Androstan derivatives
A14AA01 = Androstanolone
A14AA02 = Stanozolol
A14AA03 = Metandienone
A14AA04 = Metenolone
A14AA05 = Oxymetholone
A14AA06 = Quinbolone
A14AA07 = Prasterone
A14AA08 = Oxandrolone
A14AA09 = Norethandrolone
A14AB = Estren derivatives
A14AB01 = Nandrolone
A14AB02 = Ethylestrenol
A14AB03 = Oxabolone cipionate
A14B = OTHER ANABOLIC AGENTS
A15 = APPETITE STIMULANTS
A16 = OTHER ALIMENTARY TRACT AND METABOLISM PRODUCTS
A16A = OTHER ALIMENTARY TRACT AND METABOLISM PRODUCTS
A16AA = Amino acids and derivatives
A16AA01 = Levocarnitine
A16AA02 = Ademetionine
A16AA03 = Glutamine
A16AA04 = Mercaptamine
A16AA05 = Carglumic acid
A16AA06 = Betaine
A16AB = Enzymes
A16AB01 = Alglucerase
A16AB02 = Imiglucerase

A16AB03 = Agalsidase alfa
A16AB04 = Agalsidase beta
A16AB05 = Laronidase
A16AB06 = Sacrosidase
A16AB07 = Alglucosidase alfa
A16AB08 = Galsulfase
A16AB09 = Idursulfase
A16AX = Various alimentary tract and metabolism products
A16AX01 = Tioctic acid
A16AX02 = Anethole trithione
A16AX03 = Sodium phenylbutyrate
A16AX04 = Nitisinone
A16AX05 = Zinc acetate
A16AX06 = Miglustat
A16AX07 = Sapropterin

B = BLOOD AND BLOOD FORMING ORGANS
B01 = ANTITHROMBOTIC AGENTS
B01A = ANTITHROMBOTIC AGENTS
B01AA = Vitamin K antagonists
B01AA01 = Dicoumarol
B01AA02 = Phenindione
B01AA03 = Warfarin
B01AA04 = Phenprocoumon
B01AA07 = Acenocoumarol
B01AA08 = Ethyl biscoumacetate
B01AA09 = Clorindione
B01AA10 = Diphenadione
B01AA11 = Tioclomarol
B01AB = Heparin group
B01AB01 = Heparin
B01AB02 = Antithrombin III
B01AB04 = Dalteparin
B01AB05 = Enoxaparin
B01AB06 = Nadroparin
B01AB07 = Parnaparin
B01AB08 = Reviparin
B01AB09 = Danaparoid
B01AB10 = Tinzaparin
B01AB11 = Sulodexide
B01AB12 = Bemiparin
B01AB51 = Heparin, combinations
B01AC = Platelet aggregation inhibitors excl. heparin
B01AC01 = Ditazole
B01AC02 = Cloricromen
B01AC03 = Picotamide
B01AC04 = Clopidogrel
B01AC05 = Ticlopidine
B01AC06 = Acetylsalicylic acid
B01AC07 = Dipyridamole
B01AC08 = Carbasalate calcium
B01AC09 = Epoprostenol
B01AC10 = Indobufen
B01AC11 = Iloprost
B01AC13 = Abciximab
B01AC15 = Aloxiprin
B01AC16 = Eptifibatide
B01AC17 = Tirofiban
B01AC18 = Triflusal
B01AC19 = Beraprost
B01AC21 = Treprostinil
B01AC30 = Combinations
B01AD = Enzymes
B01AD01 = Streptokinase
B01AD02 = Alteplase
B01AD03 = Anistreplase
B01AD04 = Urokinase
B01AD05 = Fibrinolysin
B01AD06 = Brinase
B01AD07 = Reteplase
B01AD08 = Saruplase
B01AD09 = Ancrod
B01AD10 = Drotrecogin alfa (activated)
B01AD11 = Tenecteplase
B01AD12 = Protein C
B01AE = Direct thrombin inhibitors
B01AE01 = Desirudin
B01AE02 = Lepirudin
B01AE03 = Argatroban
B01AE04 = Melagatran
B01AE05 = Ximelagatran
B01AE06 = Bivalirudin
B01AX = Other antithrombotic agents
B01AX01 = Defibrotide
B01AX04 = Dermatan sulfate
B01AX05 = Fondaparinux
B02 = ANTIHEMORRHAGICS
B02A = ANTIFIBRINOLYTICS
B02AA = Amino acids
B02AA01 = Aminocaproic acid
B02AA02 = Tranexamic acid
B02AA03 = Aminomethylbenzoic acid
B02AB = Proteinase inhibitors
B02AB01 = Aprotinin
B02AB02 = Alfa1 antitrypsin
B02AB03 = C1-inhibitor
B02AB04 = Camostat
B02B = VITAMIN K AND OTHER HEMOSTATICS
B02BA = Vitamin K
B02BA01 = Phytomenadione
B02BA02 = Menadione
B02BB = Fibrinogen
B02BB01 = Human fibrinogen
B02BC = Local hemostatics
B02BC01 = Absorbable gelatin sponge
B02BC02 = Oxidized cellulose
B02BC03 = Tetragalacturonic acid hydroxymethylester
B02BC05 = Adrenalone
B02BC06 = Thrombin
B02BC07 = Collagen
B02BC08 = Calcium alginate
B02BC09 = Epinephrine
B02BC10 = Fibrinogen, human
B02BC30 = Combinations
B02BD = Blood coagulation factors
B02BD01 = Coagulation factor IX, II, VII and X in combination
B02BD02 = Coagulation factor VIII
B02BD03 = Factor VIII inhibitor bypassing activity
B02BD04 = Coagulation factor IX
B02BD05 = Coagulation factor VII

B02BD06 = Von Willebrand factor and coagulation factor VIII in combination
B02BD07 = Coagulation factor XIII
B02BD08 = Eptacog alfa (activated)
B02BD09 = Nonacog alfa
B02BD30 = Thrombin
B02BX = Other systemic hemostatics
B02BX01 = Etamsylate
B02BX02 = Carbazochrome
B02BX03 = Batroxobin
B03 = ANTIANEMIC PREPARATIONS
B03A = IRON PREPARATIONS
B03AA = Iron bivalent, oral preparations
B03AA01 = Ferrous glycine sulfate
B03AA02 = Ferrous fumarate
B03AA03 = Ferrous gluconate
B03AA04 = Ferrous carbonate
B03AA05 = Ferrous chloride
B03AA06 = Ferrous succinate
B03AA07 = Ferrous sulfate
B03AA08 = Ferrous tartrate
B03AA09 = Ferrous aspartate
B03AA10 = Ferrous ascorbate
B03AA11 = Ferrous iodine
B03AB = Iron trivalent, oral preparations
B03AB01 = Ferric sodium citrate
B03AB02 = Saccharated iron oxide
B03AB03 = Sodium feredetate
B03AB04 = Ferric hydroxide
B03AB05 = Dextriferron
B03AB06 = Ferric citrate
B03AB07 = Chondroitin sulfate-iron complex
B03AB08 = Ferric acetyl transferrin
B03AB09 = Ferric proteinsuccinylate
B03AC = Iron trivalent, parenteral preparations
B03AC01 = Dextriferron
B03AC02 = Saccharated iron oxide
B03AC03 = Iron-sorbitol-citric acid complex
B03AC05 = Ferric sorbitol gluconic acid complex
B03AC06 = Ferric oxide dextran complex
B03AC07 = Ferric sodium gluconate complex
B03AD = Iron in combination with folic acid
B03AD01 = Ferrous amino acid complex
B03AD02 = Ferrous fumarate
B03AD03 = Ferrous sulfate
B03AD04 = Dextriferron
B03AE = Iron in other combinations
B03AE01 = Iron, vitamin B12 and folic acid
B03AE02 = Iron, multivitamins and folic acid
B03AE03 = Iron and multivitamins
B03AE04 = Iron, multivitamins and minerals
B03AE10 = Various combinations
B03B = VITAMIN B12 AND FOLIC ACID
B03BA = Vitamin B12 (cyanocobalamin and analogues)
B03BA01 = Cyanocobalamin
B03BA02 = Cyanocobalamin tannin complex
B03BA03 = Hydroxocobalamin
B03BA04 = Cobamamide
B03BA05 = Mecobalamin
B03BA51 = Cyanocobalamin, combinations
B03BA53 = Hydroxocobalamin, combinations
B03BB = Folic acid and derivatives
B03BB01 = Folic acid
B03BB51 = Folic acid, combinations
B03X = OTHER ANTIANEMIC PREPARATIONS
B03XA = Other antianemic preparations
B03XA01 = Erythropoietin
B03XA02 = Darbepoetin alfa
B05 = BLOOD SUBSTITUTES AND PERFUSION SOLUTIONS
B05A = BLOOD AND RELATED PRODUCTS
B05AA = Blood substitutes and plasma protein fractions
B05AA01 = Albumin
B05AA02 = Other plasma protein fractions
B05AA03 = Fluorocarbon blood substitutes
B05AA05 = Dextran
B05AA06 = Gelatin agents
B05AA07 = Hydroxyethylstarch
B05AA08 = Hemoglobin crosfumaril
B05AA09 = Hemoglobin raffimer
B05B = I.V. SOLUTIONS
B05BA = Solutions for parenteral nutrition
B05BA01 = Amino acids
B05BA02 = Fat emulsions
B05BA03 = Carbohydrates
B05BA04 = Protein hydrolysates
B05BA10 = Combinations
B05BB = Solutions affecting the electrolyte balance
B05BB01 = Electrolytes
B05BB02 = Electrolytes with carbohydrates
B05BB03 = Trometamol
B05BC = Solutions producing osmotic diuresis
B05BC01 = Mannitol
B05BC02 = Carbamide
B05C = IRRIGATING SOLUTIONS
B05CA = Antiinfectives
B05CA01 = Cetylpyridinium
B05CA02 = Chlorhexidine
B05CA03 = Nitrofural
B05CA04 = Sulfamethizole
B05CA05 = Taurolidine
B05CA06 = Mandelic acid
B05CA07 = Noxytiolin
B05CA08 = Ethacridine lactate
B05CA09 = Neomycin
B05CA10 = Combinations
B05CB = Salt solutions
B05CB01 = Sodium chloride
B05CB02 = Sodium citrate
B05CB03 = Magnesium citrate
B05CB04 = Sodium bicarbonate
B05CB10 = Combinations
B05CX = Other irrigating solutions
B05CX01 = Glucose
B05CX02 = Sorbitol
B05CX03 = Glycine
B05CX04 = Mannitol
B05CX10 = Combinations
B05D = PERITONEAL DIALYTICS
B05DA = Isotonic solutions
B05DB = Hypertonic solutions
B05X = I.V. SOLUTION ADDITIVES
B05XA = Electrolyte solutions

B05XA01 = Potassium chloride
B05XA02 = Sodium bicarbonate
B05XA03 = Sodium chloride
B05XA04 = Ammonium chloride
B05XA05 = Magnesium sulfate
B05XA06 = Potassium phosphate, incl. comb. with other potassium salts
B05XA07 = Calcium chloride
B05XA08 = Sodium acetate
B05XA09 = Sodium phosphate
B05XA10 = Magnesium phosphate
B05XA11 = Magnesium chloride
B05XA12 = Zinc chloride
B05XA13 = Hydrochloric acid
B05XA14 = Sodium glycerophosphate
B05XA15 = Potassium lactate
B05XA16 = Cardioplegia solutions
B05XA30 = Combinations of electrolytes
B05XA31 = Electrolytes in combination with other drugs
B05XB = Amino acids
B05XB01 = Arginine hydrochloride
B05XB02 = Alanyl glutamine
B05XB03 = Lysine
B05XC = Vitamins
B05XX = Other i. v. solution additives
B05XX02 = Trometamol
B05Z = HEMODIALYTICS AND HEMOFILTRATES
B05ZA = Hemodialytics, concentrates
B05ZB = Hemofiltrates
B06 = OTHER HEMATOLOGICAL AGENTS
B06A = OTHER HEMATOLOGICAL AGENTS
B06AA = Enzymes
B06AA02 = Fibrinolysin and desoxyribonuclease
B06AA03 = Hyaluronidase
B06AA04 = Chymotrypsin
B06AA07 = Trypsin
B06AA10 = Desoxyribonuclease
B06AA11 = Bromelains
B06AA55 = Streptokinase, combinations
B06AB = Other hem products
B06AB01 = Hematin

C = CARDIOVASCULAR SYSTEM
C01 = CARDIAC THERAPY
C01A = CARDIAC GLYCOSIDES
C01AA = Digitalis glycosides
C01AA01 = Acetyldigitoxin
C01AA02 = Acetyldigoxin
C01AA03 = Digitalis leaves
C01AA04 = Digitoxin
C01AA05 = Digoxin
C01AA06 = Lanatoside C
C01AA07 = Deslanoside
C01AA08 = Metildigoxin
C01AA09 = Gitoformate
C01AA52 = Acetyldigoxin, combinations
C01AB = Scilla glycosides
C01AB01 = Proscillaridin
C01AB51 = Proscillaridin, combinations
C01AC = Strophantus glycosides
C01AC01 = G-strophanthin
C01AC03 = Cymarin
C01AX = Other cardiac glycosides
C01AX02 = Peruvoside
C01B = ANTIARRHYTHMICS, CLASS I AND III
C01BA = Antiarrhythmics, class Ia
C01BA01 = Quinidine
C01BA02 = Procainamide
C01BA03 = Disopyramide
C01BA04 = Sparteine
C01BA05 = Ajmaline
C01BA08 = Prajmaline
C01BA12 = Lorajmine
C01BA51 = Quinidine, combinations excl. psycholeptics
C01BA71 = Quinidine, combinations with psycholeptics
C01BB = Antiarrhythmics, class Ib
C01BB01 = Lidocaine
C01BB02 = Mexiletine
C01BB03 = Tocainide
C01BB04 = Aprindine
C01BC = Antiarrhythmics, class Ic
C01BC03 = Propafenone
C01BC04 = Flecainide
C01BC07 = Lorcainide
C01BC08 = Encainide
C01BD = Antiarrhythmics, class III
C01BD01 = Amiodarone
C01BD02 = Bretylium tosilate
C01BD03 = Bunaftine
C01BD04 = Dofetilide
C01BD05 = Ibutilide
C01BG = Other class I antiarrhythmics
C01BG01 = Moracizine
C01BG07 = Cibenzoline
C01C = CARDIAC STIMULANTS EXCL. CARDIAC GLYCOSIDES
C01CA = Adrenergic and dopaminergic agents
C01CA01 = Etilefrine
C01CA02 = Isoprenaline
C01CA03 = Norepinephrine
C01CA04 = Dopamine
C01CA05 = Norfenefrine
C01CA06 = Phenylephrine
C01CA07 = Dobutamine
C01CA08 = Oxedrine
C01CA09 = Metaraminol
C01CA10 = Methoxamine
C01CA11 = Mephentermine
C01CA12 = Dimetofrine
C01CA13 = Prenalterol
C01CA14 = Dopexamine
C01CA15 = Gepefrine
C01CA16 = Ibopamine
C01CA17 = Midodrine
C01CA18 = Octopamine
C01CA19 = Fenoldopam
C01CA21 = Cafedrine
C01CA22 = Arbutamine
C01CA23 = Theodrenaline
C01CA24 = Epinephrine
C01CA30 = Combinations

C01CA51 = Etilefrine, combinations
C01CE = Phosphodiesterase inhibitors
C01CE01 = Amrinone
C01CE02 = Milrinone
C01CE03 = Enoximone
C01CE04 = Bucladesine
C01CX = Other cardiac stimulants
C01CX06 = Angiotensinamide
C01CX07 = Xamoterol
C01CX08 = Levosimendan
C01D = VASODILATORS USED IN CARDIAC DISEASES
C01DA = Organic nitrates
C01DA02 = Glyceryl trinitrate
C01DA04 = Methylpropylpropanediol dinitrate
C01DA05 = Pentaerithrityl tetranitrate
C01DA07 = Propatylnitrate
C01DA08 = Isosorbide dinitrate
C01DA09 = Trolnitrate
C01DA13 = Eritrityl tetranitrate
C01DA14 = Isosorbide mononitrate
C01DA20 = Organic nitrates in combination
C01DA38 = Tenitramine
C01DA52 = Glyceryl trinitrate, combinations
C01DA54 = Methylpropylpropanediol dinitrate, combinations
C01DA55 = Pentaerithrityl tetranitrate, combinations
C01DA57 = Propatylnitrate, combinations
C01DA58 = Isosorbide dinitrate, combinations
C01DA59 = Trolnitrate, combinations
C01DA63 = Eritrityl tetranitrate, combinations
C01DA70 = Organic nitrates in combination with psycholeptics
C01DB = Quinolone vasodilators
C01DB01 = Flosequinan
C01DX = Other vasodilators used in cardiac diseases
C01DX01 = Itramin tosilate
C01DX02 = Prenylamine
C01DX03 = Oxyfedrine
C01DX04 = Benziodarone
C01DX05 = Carbocromen
C01DX06 = Hexobendine
C01DX07 = Etafenone
C01DX08 = Heptaminol
C01DX09 = Imolamine
C01DX10 = Dilazep
C01DX11 = Trapidil
C01DX12 = Molsidomine
C01DX13 = Efloxate
C01DX14 = Cinepazet
C01DX15 = Cloridarol
C01DX16 = Nicorandil
C01DX18 = Linsidomine
C01DX19 = Nesiritide
C01DX51 = Itramin tosilate, combinations
C01DX52 = Prenylamine, combinations
C01DX53 = Oxyfedrine, combinations
C01DX54 = Benziodarone, combinations
C01E = OTHER CARDIAC PREPARATIONS
C01EA = Prostaglandins
C01EA01 = Alprostadil
C01EB = Other cardiac preparations
C01EB02 = Camphora
C01EB03 = Indometacin
C01EB04 = Crataegus glycosides
C01EB05 = Creatinolfosfate
C01EB06 = Fosfocreatine
C01EB07 = Fructose 1,6-diphosphate
C01EB09 = Ubidecarenone
C01EB10 = Adenosine
C01EB11 = Tiracizine
C01EB12 = Tedisamil
C01EB13 = Acadesine
C01EB15 = Trimetazidine
C01EB16 = Ibuprofen
C01EB17 = Ivabradine
C01EB18 = Ranolazine
C01EX = Other cardiac combination products
C02 = ANTIHYPERTENSIVES
C02A = ANTIADRENERGIC AGENTS, CENTRALLY ACTING
C02AA = Rauwolfia alkaloids
C02AA01 = Rescinnamine
C02AA02 = Reserpine
C02AA03 = Combinations of rauwolfia alkaloids
C02AA04 = Rauwolfia alkaloids, whole root
C02AA05 = Deserpidine
C02AA06 = Methoserpidine
C02AA07 = Bietaserpine
C02AA52 = Reserpine, combinations
C02AA53 = Combinations of rauwolfia alkoloids, combinations
C02AA57 = Bietaserpine, combinations
C02AB = Methyldopa
C02AB01 = Methyldopa (levorotatory)
C02AB02 = Methyldopa (racemic)
C02AC = Imidazoline receptor agonists
C02AC01 = Clonidine
C02AC02 = Guanfacine
C02AC04 = Tolonidine
C02AC05 = Moxonidine
C02AC06 = Rilmenidine
C02B = ANTIADRENERGIC AGENTS, GANGLION-BLOCKING
C02BA = Sulfonium derivatives
C02BA01 = Trimetaphan
C02BB = Secondary and tertiary amines
C02BB01 = Mecamylamine
C02BC = Bisquaternary ammonium compounds
C02C = ANTIADRENERGIC AGENTS, PERIPHERALLY ACTING
C02CA = Alpha-adrenoreceptor antagonists
C02CA01 = Prazosin
C02CA02 = Indoramin
C02CA03 = Trimazosin
C02CA04 = Doxazosin
C02CA06 = Urapidil
C02CC = Guanidine derivatives
C02CC01 = Betanidine
C02CC02 = Guanethidine
C02CC03 = Guanoxan
C02CC04 = Debrisoquine
C02CC05 = Guanoclor
C02CC06 = Guanazodine
C02CC07 = Guanoxabenz

C02D = ARTERIOLAR SMOOTH MUSCLE, AGENTS ACTING ON
C02DA = Thiazide derivatives
C02DA01 = Diazoxide
C02DB = Hydrazinophthalazine derivatives
C02DB01 = Dihydralazine
C02DB02 = Hydralazine
C02DB03 = Endralazine
C02DB04 = Cadralazine
C02DC = Pyrimidine derivatives
C02DC01 = Minoxidil
C02DD = Nitroferricyanide derivatives
C02DD01 = Nitroprusside
C02DG = Guanidine derivatives
C02DG01 = Pinacidil
C02K = OTHER ANTIHYPERTENSIVES
C02KA = Alkaloids, excl. rauwolfia
C02KA01 = Veratrum
C02KB = Tyrosine hydroxylase inhibitors
C02KB01 = Metirosine
C02KC = MAO inhibitors
C02KC01 = Pargyline
C02KD = Serotonin antagonists
C02KD01 = Ketanserin
C02KX = Other antihypertensives
C02KX01 = Bosentan
C02KX02 = Ambrisentan
C02L = ANTIHYPERTENSIVES AND DIURETICS IN COMBINATION
C02LA = Rauwolfia alkaloids and diuretics in combination
C02LA01 = Reserpine and diuretics
C02LA02 = Rescinnamine and diuretics
C02LA03 = Deserpidine and diuretics
C02LA04 = Methoserpidine and diuretics
C02LA07 = Bietaserpine and diuretics
C02LA08 = Rauwolfia alkaloids, whole root and diuretics
C02LA09 = Syrosingopine and diuretics
C02LA50 = Comb. of rauwolfia alkaloids and diuretics incl. other combinations
C02LA51 = Reserpine and diuretics, combinations with other drugs
C02LA52 = Rescinnamine and diuretics, combinations with other drugs
C02LA71 = Reserpine and diuretics, combinations with psycholeptics
C02LB = Methyldopa and diuretics in combination
C02LB01 = Methyldopa (levorotatory) and diuretics
C02LC = Imidazoline receptor agonists in combination with diuretics
C02LC01 = Clonidine and diuretics
C02LC05 = Moxonidine and diuretics
C02LC51 = Clonidine and diuretics, combinations with other drugs
C02LE = Alpha-adrenoreceptor antagonists and diuretics
C02LE01 = Prazosin and diuretics
C02LF = Guanidine derivatives and diuretics
C02LF01 = Guanethidine and diuretics
C02LG = Hydrazinophthalazine derivatives and diuretics
C02LG01 = Dihydralazine and diuretics
C02LG02 = Hydralazine and diuretics
C02LG03 = Picodralazine and diuretics
C02LG51 = Dihydralazine and diuretics, combinations with other drugs
C02LG73 = Picodralazine and diuretics, combinations with psycholeptics
C02LK = Alkaloids, excl. rauwolfia, in combination with diuretics
C02LK01 = Veratrum and diuretics
C02LL = MAO inhibitors and diuretics
C02LL01 = Pargyline and diuretics
C02LN = Serotonin antagonists and diuretics
C02LX = Other antihypertensives and diuretics
C02LX01 = Pinacidil and diuretics
C02N = COMBINATIONS OF ANTIHYPERTENSIVES IN ATC-GR. C02
C03 = DIURETICS
C03A = LOW-CEILING DIURETICS, THIAZIDES
C03AA = Thiazides, plain
C03AA01 = Bendroflumethiazide
C03AA02 = Hydroflumethiazide
C03AA03 = Hydrochlorothiazide
C03AA04 = Chlorothiazide
C03AA05 = Polythiazide
C03AA06 = Trichlormethiazide
C03AA07 = Cyclopenthiazide
C03AA08 = Methyclothiazide
C03AA09 = Cyclothiazide
C03AA13 = Mebutizide
C03AB = Thiazides and potassium in combination
C03AB01 = Bendroflumethiazide and potassium
C03AB02 = Hydroflumethiazide and potassium
C03AB03 = Hydrochlorothiazide and potassium
C03AB04 = Chlorothiazide and potassium
C03AB05 = Polythiazide and potassium
C03AB06 = Trichlormethiazide and potassium
C03AB07 = Cyclopenthiazide and potassium
C03AB08 = Methyclothiazide and potassium
C03AB09 = Cyclothiazide and potassium
C03AH = Thiazides, combinations with psycholeptics and/or analgesics
C03AH01 = Chlorothiazide, combinations
C03AH02 = Hydroflumethiazide, combinations
C03AX = Thiazides, combinations with other drugs
C03AX01 = Hydrochlorothiazide, combinations
C03B = LOW-CEILING DIURETICS, EXCL. THIAZIDES
C03BA = Sulfonamides, plain
C03BA02 = Quinethazone
C03BA03 = Clopamide
C03BA04 = Chlortalidone
C03BA05 = Mefruside
C03BA07 = Clofenamide
C03BA08 = Metolazone
C03BA09 = Meticrane
C03BA10 = Xipamide
C03BA11 = Indapamide
C03BA12 = Clorexolone
C03BA13 = Fenquizone
C03BA82 = Clorexolone, comb. with psycholeptics
C03BB = Sulfonamides and potassium in combination

C03BB02 = Quinethazone and potassium
C03BB03 = Clopamide and potassium
C03BB04 = Chlortalidone and potassium
C03BB05 = Mefruside and potassium
C03BB07 = Clofenamide and potassium
C03BC = Mercurial diuretics
C03BC01 = Mersalyl
C03BD = Xanthine derivatives
C03BD01 = Theobromine
C03BK = Sulfonamides, combinations with other drugs
C03BX = Other low-ceiling diuretics
C03BX03 = Cicletanine
C03C = HIGH-CEILING DIURETICS
C03CA = Sulfonamides, plain
C03CA01 = Furosemide
C03CA02 = Bumetanide
C03CA03 = Piretanide
C03CA04 = Torasemide
C03CB = Sulfonamides and potassium in combination
C03CB01 = Furosemide and potassium
C03CB02 = Bumetanide and potassium
C03CC = Aryloxyacetic acid derivatives
C03CC01 = Etacrynic acid
C03CC02 = Tienilic acid
C03CD = Pyrazolone derivatives
C03CD01 = Muzolimine
C03CX = Other high-ceiling diuretics
C03CX01 = Etozolin
C03D = POTASSIUM-SPARING AGENTS
C03DA = Aldosterone antagonists
C03DA01 = Spironolactone
C03DA02 = Potassium canrenoate
C03DA03 = Canrenone
C03DA04 = Eplerenone
C03DB = Other potassium-sparing agents
C03DB01 = Amiloride
C03DB02 = Triamterene
C03E = DIURETICS AND POTASSIUM-SPARING AGENTS IN COMBINATION
C03EA = Low-ceiling diuretics and potassium-sparing agents
C03EA01 = Hydrochlorothiazide and potassium-sparing agents
C03EA02 = Trichlormethiazide and potassium-sparing agents
C03EA03 = Epitizide and potassium-sparing agents
C03EA04 = Altizide and potassium-sparing agents
C03EA05 = Mebutizide and potassium-sparing agents
C03EA06 = Chlortalidone and potassium-sparing agents
C03EA07 = Cyclopenthiazide and potassium-sparing agents
C03EA12 = Metolazone and potassium-sparing agents
C03EA13 = Bendroflumethiazide and potassium-sparing agents
C03EA14 = Butizide and potassium-sparing agents
C03EB = High-ceiling diuretics and potassium-sparing agents
C03EB01 = Furosemide and potassium-sparing agents
C03EB02 = Bumetanide and potassium-sparing agents
C04 = PERIPHERAL VASODILATORS
C04A = PERIPHERAL VASODILATORS
C04AA = 2-amino-1-phenylethanol derivatives
C04AA01 = Isoxsuprine
C04AA02 = Buphenine
C04AA31 = Bamethan
C04AB = Imidazoline derivatives
C04AB01 = Phentolamine
C04AB02 = Tolazoline
C04AC = Nicotinic acid and derivatives
C04AC01 = Nicotinic acid
C04AC02 = Nicotinyl alcohol (pyridylcarbinol)
C04AC03 = Inositol nicotinate
C04AC07 = Ciclonicate
C04AD = Purine derivatives
C04AD01 = Pentifylline
C04AD02 = Xantinol nicotinate
C04AD03 = Pentoxifylline
C04AD04 = Etofylline nicotinate
C04AE = Ergot alkaloids
C04AE01 = Ergoloid mesylates
C04AE02 = Nicergoline
C04AE04 = Dihydroergocristine
C04AE51 = Ergoloid mesylates, combinations
C04AE54 = Dihydroergocristine, combinations
C04AF = Enzymes
C04AF01 = Kallidinogenase
C04AX = Other peripheral vasodilators
C04AX01 = Cyclandelate
C04AX02 = Phenoxybenzamine
C04AX07 = Vincamine
C04AX10 = Moxisylyte
C04AX11 = Bencyclane
C04AX17 = Vinburnine
C04AX19 = Suloctidil
C04AX20 = Buflomedil
C04AX21 = Naftidrofuryl
C04AX23 = Butalamine
C04AX24 = Visnadine
C04AX26 = Cetiedil
C04AX27 = Cinepazide
C04AX28 = Ifenprodil
C04AX30 = Azapetine
C04AX32 = Fasudil
C05 = VASOPROTECTIVES
C05A = ANTIHEMORRHOIDALS FOR TOPICAL USE
C05AA = Products containing corticosteroids
C05AA01 = Hydrocortisone
C05AA04 = Prednisolone
C05AA05 = Betamethasone
C05AA06 = Fluorometholone
C05AA08 = Fluocortolone
C05AA09 = Dexamethasone
C05AA10 = Fluocinolone acetonide
C05AA11 = Fluocinonide
C05AB = Products containing antibiotics
C05AD = Products containing local anesthetics
C05AD01 = Lidocaine
C05AD02 = Tetracaine
C05AD03 = Benzocaine
C05AD04 = Cinchocaine
C05AD05 = Procaine
C05AD06 = Oxetacaine

C05AD07 = Pramocaine
C05AX = Other antihemorrhoidals for topical use
C05AX01 = Aluminium preparations
C05AX02 = Bismuth preparations, combinations
C05AX03 = Other preparations, combinations
C05AX04 = Zinc preparations
C05AX05 = Tribenoside
C05B = ANTIVARICOSE THERAPY
C05BA = Heparins or heparinoids for topical use
C05BA01 = Organo-heparinoid
C05BA02 = Sodium apolate
C05BA03 = Heparin
C05BA04 = Pentosan polysulfate sodium
C05BA51 = Heparinoid, combinations
C05BA53 = Heparin, combinations
C05BB = Sclerosing agents for local injection
C05BB01 = Monoethanolamine oleate
C05BB02 = Polidocanol
C05BB03 = Invert sugar
C05BB04 = Sodium tetradecyl sulfate
C05BB05 = Phenol
C05BB56 = Glucose, combinations
C05BX = Other sclerosing agents
C05BX01 = Calcium dobesilate
C05BX51 = Calcium dobesilate, combinations
C05C = CAPILLARY STABILIZING AGENTS
C05CA = Bioflavonoids
C05CA01 = Rutoside
C05CA02 = Monoxerutin
C05CA03 = Diosmin
C05CA04 = Troxerutin
C05CA05 = Hidrosmin
C05CA51 = Rutoside, combinations
C05CA53 = Diosmin, combinations
C05CA54 = Troxerutin, combinations
C05CX = Other capillary stabilizing agents
C05CX01 = Tribenoside
C07 = BETA BLOCKING AGENTS
C07A = BETA BLOCKING AGENTS
C07AA = Beta blocking agents, non-selective
C07AA01 = Alprenolol
C07AA02 = Oxprenolol
C07AA03 = Pindolol
C07AA05 = Propranolol
C07AA06 = Timolol
C07AA07 = Sotalol
C07AA12 = Nadolol
C07AA14 = Mepindolol
C07AA15 = Carteolol
C07AA16 = Tertatolol
C07AA17 = Bopindolol
C07AA19 = Bupranolol
C07AA23 = Penbutolol
C07AA27 = Cloranolol
C07AA57 = Sotalol, combination packages
C07AB = Beta blocking agents, selective
C07AB01 = Practolol
C07AB02 = Metoprolol
C07AB03 = Atenolol
C07AB04 = Acebutolol
C07AB05 = Betaxolol
C07AB06 = Bevantolol
C07AB07 = Bisoprolol
C07AB08 = Celiprolol
C07AB09 = Esmolol
C07AB10 = Epanolol
C07AB11 = S-atenolol
C07AB12 = Nebivolol
C07AB13 = Talinolol
C07AB52 = Metoprolol, combination packages
C07AG = Alpha and beta blocking agents
C07AG01 = Labetalol
C07AG02 = Carvedilol
C07B = BETA BLOCKING AGENTS AND THIAZIDES
C07BA = Beta blocking agents, non-selective, and thiazides
C07BA02 = Oxprenolol and thiazides
C07BA05 = Propranolol and thiazides
C07BA06 = Timolol and thiazides
C07BA07 = Sotalol and thiazides
C07BA12 = Nadolol and thiazides
C07BA68 = Metipranolol and thiazides, combinations
C07BB = Beta blocking agents, selective, and thiazides
C07BB02 = Metoprolol and thiazides
C07BB03 = Atenolol and thiazides
C07BB04 = Acebutolol and thiazides
C07BB06 = Bevantolol and thiazides
C07BB07 = Bisoprolol and thiazides
C07BB52 = Metoprolol and thiazides, combinations
C07BG = Alpha and beta blocking agents and thiazides
C07BG01 = Labetalol and thiazides
C07C = BETA BLOCKING AGENTS AND OTHER DIURETICS
C07CA = Beta blocking agents, non-selective, and other diuretics
C07CA02 = Oxprenolol and other diuretics
C07CA03 = Pindolol and other diuretics
C07CA17 = Bopindolol and other diuretics
C07CA23 = Penbutolol and other diuretics
C07CB = Beta blocking agents, selective, and other diuretics
C07CB02 = Metoprolol and other diuretics
C07CB03 = Atenolol and other diuretics
C07CB53 = Atenolol and other diuretics, combinations
C07CG = Alpha and beta blocking agents and other diuretics
C07CG01 = Labetalol and other diuretics
C07D = BETA BLOCKING AGENTS, THIAZIDES AND OTHER DIURETICS
C07DA = Beta blocking agents, non-selective, thiazides and other diuretics
C07DA06 = Timolol, thiazides and other diuretics
C07DB = Beta blocking agents, selective, thiazides and other diuretics
C07DB01 = Atenolol, thiazides and other diuretics
C07E = BETA BLOCKING AGENTS AND VASODILATORS
C07EA = Beta blocking agents, non-selective, and vasodilators
C07EB = Beta blocking agents, selective, and vasodilators
C07F = BETA BLOCKING AGENTS AND OTHER ANTIHYPERTENSIVES

C07FA = Beta blocking agents, non-selective, and other antihypertensives
C07FA05 = Propranolol and other antihypertensives
C07FB = Beta blocking agents, selective, and other antihypertensives
C07FB02 = Metoprolol and other antihypertensives
C07FB03 = Atenolol and other antihypertensives
C08 = CALCIUM CHANNEL BLOCKERS
C08C = SELECTIVE CALCIUM CHANNEL BLOCKERS WITH MAINLY VASCULAR EFFECTS
C08CA = Dihydropyridine derivatives
C08CA01 = Amlodipine
C08CA02 = Felodipine
C08CA03 = Isradipine
C08CA04 = Nicardipine
C08CA05 = Nifedipine
C08CA06 = Nimodipine
C08CA07 = Nisoldipine
C08CA08 = Nitrendipine
C08CA09 = Lacidipine
C08CA10 = Nilvadipine
C08CA11 = Manidipine
C08CA12 = Barnidipine
C08CA13 = Lercanidipine
C08CA14 = Cilnidipine
C08CA15 = Benidipine
C08CA55 = Nifedipine, combinations
C08CX = Other selective calcium channel blockers with mainly vascular effects
C08CX01 = Mibefradil
C08D = SELECTIVE CALCIUM CHANNEL BLOCKERS WITH DIRECT CARDIAC EFFECTS
C08DA = Phenylalkylamine derivatives
C08DA01 = Verapamil
C08DA02 = Gallopamil
C08DA51 = Verapamil, combinations
C08DB = Benzothiazepine derivatives
C08DB01 = Diltiazem
C08E = NON-SELECTIVE CALCIUM CHANNEL BLOCKERS
C08EA = Phenylalkylamine derivatives
C08EA01 = Fendiline
C08EA02 = Bepridil
C08EX = Other non-selective calcium channel blockers
C08EX01 = Lidoflazine
C08EX02 = Perhexiline
C08G = CALCIUM CHANNEL BLOCKERS AND DIURETICS
C08GA = Calcium channel blockers and diuretics
C08GA01 = Nifedipine and diuretics
C09 = AGENTS ACTING ON THE RENIN-ANGIOTENSIN SYSTEM
C09A = ACE INHIBITORS, PLAIN
C09AA = ACE inhibitors, plain
C09AA01 = Captopril
C09AA02 = Enalapril
C09AA03 = Lisinopril
C09AA04 = Perindopril
C09AA05 = Ramipril
C09AA06 = Quinapril
C09AA07 = Benazepril
C09AA08 = Cilazapril
C09AA09 = Fosinopril
C09AA10 = Trandolapril
C09AA11 = Spirapril
C09AA12 = Delapril
C09AA13 = Moexipril
C09AA14 = Temocapril
C09AA15 = Zofenopril
C09AA16 = Imidapril
C09B = ACE INHIBITORS, COMBINATIONS
C09BA = ACE inhibitors and diuretics
C09BA01 = Captopril and diuretics
C09BA02 = Enalapril and diuretics
C09BA03 = Lisinopril and diuretics
C09BA04 = Perindopril and diuretics
C09BA05 = Ramipril and diuretics
C09BA06 = Quinapril and diuretics
C09BA07 = Benazepril and diuretics
C09BA08 = Cilazapril and diuretics
C09BA09 = Fosinopril and diuretics
C09BA12 = Delapril and diuretics
C09BA13 = Moexipril and diuretics
C09BA15 = Zofenopril and diuretics
C09BB = ACE inhibitors and calcium channel blockers
C09BB02 = Enalapril and calcium channel blockers
C09BB05 = Ramipril and calcium channel blockers
C09BB10 = Trandolapril and calcium channel blockers
C09BB12 = Delapril and calcium channel blockers
C09C = ANGIOTENSIN II ANTAGONISTS, PLAIN
C09CA = Angiotensin II antagonists, plain
C09CA01 = Losartan
C09CA02 = Eprosartan
C09CA03 = Valsartan
C09CA04 = Irbesartan
C09CA05 = Tasosartan
C09CA06 = Candesartan
C09CA07 = Telmisartan
C09CA08 = Olmesartan medoxomil
C09D = ANGIOTENSIN II ANTAGONISTS, COMBINATIONS
C09DA = Angiotensin II antagonists and diuretics
C09DA01 = Losartan and diuretics
C09DA02 = Eprosartan and diuretics
C09DA03 = Valsartan and diuretics
C09DA04 = Irbesartan and diuretics
C09DA06 = Candesartan and diuretics
C09DA07 = Telmisartan and diuretics
C09DA08 = Olmesartan medoxomil and diuretics
C09DB = Angiotensin II antagonists and calcium channel blockers
C09DB01 = Valsartan and amlodipine
C09X = OTHER AGENTS ACTING ON THE RENIN-ANGIOTENSIN SYSTEM
C09XA = Renin-inhibitors
C09XA01 = Remikiren
C09XA02 = Aliskiren
C10 = LIPID MODIFYING AGENTS
C10A = LIPID MODIFYING AGENTS, PLAIN
C10AA = HMG CoA reductase inhibitors
C10AA01 = Simvastatin

C10AA02 = Lovastatin
C10AA03 = Pravastatin
C10AA04 = Fluvastatin
C10AA05 = Atorvastatin
C10AA06 = Cerivastatin
C10AA07 = Rosuvastatin
C10AA08 = Pitavastatin
C10AB = Fibrates
C10AB01 = Clofibrate
C10AB02 = Bezafibrate
C10AB03 = Aluminium clofibrate
C10AB04 = Gemfibrozil
C10AB05 = Fenofibrate
C10AB06 = Simfibrate
C10AB07 = Ronifibrate
C10AB08 = Ciprofibrate
C10AB09 = Etofibrate
C10AB10 = Clofibride
C10AC = Bile acid sequestrants
C10AC01 = Colestyramine
C10AC02 = Colestipol
C10AC03 = Colextran
C10AC04 = Colesevelam
C10AD = Nicotinic acid and derivatives
C10AD01 = Niceritrol
C10AD02 = Nicotinic acid
C10AD03 = Nicofuranose
C10AD04 = Aluminium nicotinate
C10AD05 = Nicotinyl alcohol (pyridylcarbinol)
C10AD06 = Acipimox
C10AX = Other lipid modifying agents
C10AX01 = Dextrothyroxine
C10AX02 = Probucol
C10AX03 = Tiadenol
C10AX04 = Benfluorex
C10AX05 = Meglutol
C10AX06 = Omega-3-triglycerides
C10AX07 = Magnesium pyridoxal 5-phosphate glutamate
C10AX08 = Policosanol
C10AX09 = Ezetimibe
C10B = LIPID MODIFYING AGENTS, COMBINATIONS
C10BA = HMG CoA reductase inhibitors in combination with other lipid modifying agents
C10BA01 = Lovastatin and nicotinic acid
C10BA02 = Simvastatin and ezetimibe
C10BX = HMG CoA reductase inhibitors, other combinations
C10BX01 = Simvastatin and acetylsalicylic acid
C10BX02 = Pravastatin and acetylsalicylic acid
C10BX03 = Atorvastatin and amlodipine

D = DERMATOLOGICALS
D01 = ANTIFUNGALS FOR DERMATOLOGICAL USE
D01A = ANTIFUNGALS FOR TOPICAL USE
D01AA = Antibiotics
D01AA01 = Nystatin
D01AA02 = Natamycin
D01AA03 = Hachimycin
D01AA04 = Pecilocin
D01AA06 = Mepartricin
D01AA07 = Pyrrolnitrin
D01AA08 = Griseofulvin
D01AA20 = Combinations
D01AC = Imidazole and triazole derivatives
D01AC01 = Clotrimazole
D01AC02 = Miconazole
D01AC03 = Econazole
D01AC04 = Chlormidazole
D01AC05 = Isoconazole
D01AC06 = Tiabendazole
D01AC07 = Tioconazole
D01AC08 = Ketoconazole
D01AC09 = Sulconazole
D01AC10 = Bifonazole
D01AC11 = Oxiconazole
D01AC12 = Fenticonazole
D01AC13 = Omoconazole
D01AC14 = Sertaconazole
D01AC15 = Fluconazole
D01AC16 = Flutrimazole
D01AC20 = Combinations
D01AC52 = Miconazole, combinations
D01AC60 = Bifonazole, combinations
D01AE = Other antifungals for topical use
D01AE01 = Bromochlorosalicylanilide
D01AE02 = Methylrosaniline
D01AE03 = Tribromometacresol
D01AE04 = Undecylenic acid
D01AE05 = Polynoxylin
D01AE06 = 2-(4-chlorphenoxy)-ethanol
D01AE07 = Chlorphenesin
D01AE08 = Ticlatone
D01AE09 = Sulbentine
D01AE10 = Ethyl hydroxybenzoate
D01AE11 = Haloprogin
D01AE12 = Salicylic acid
D01AE13 = Selenium sulfide
D01AE14 = Ciclopirox
D01AE15 = Terbinafine
D01AE16 = Amorolfine
D01AE17 = Dimazole
D01AE18 = Tolnaftate
D01AE19 = Tolciclate
D01AE20 = Combinations
D01AE21 = Flucytosine
D01AE22 = Naftifine
D01AE23 = Butenafine
D01AE54 = Undecylenic acid, combinations
D01B = ANTIFUNGALS FOR SYSTEMIC USE
D01BA = Antifungals for systemic use
D01BA01 = Griseofulvin
D01BA02 = Terbinafine
D02 = EMOLLIENTS AND PROTECTIVES
D02A = EMOLLIENTS AND PROTECTIVES
D02AA = Silicone products
D02AB = Zinc products
D02AC = Soft paraffin and fat products
D02AD = Liquid plasters
D02AE = Carbamide products
D02AE01 = Carbamide
D02AE51 = Carbamide, combinations
D02AF = Salicylic acid preparations
D02AX = Other emollients and protectives

D02B = PROTECTIVES AGAINST UV-RADIATION
D02BA = Protectives against UV-radiation for topical use
D02BA01 = Aminobenzoic acid
D02BA02 = Octinoxate
D02BB = Protectives against UV-radiation for systemic use
D02BB01 = Betacarotene
D03 = PREPARATIONS FOR TREATMENT OF WOUNDS AND ULCERS
D03A = CICATRIZANTS
D03AA = Cod-liver oil ointments
D03AX = Other cicatrizants
D03AX01 = Cadexomer iodine
D03AX02 = Dextranomer
D03AX03 = Dexpanthenol
D03AX04 = Calcium pantothenate
D03AX05 = Hyaluronic acid
D03AX06 = Becaplermin
D03AX07 = Glyceryl trinitrate
D03AX08 = Isosorbide dinitrate
D03AX09 = Crilanomer
D03AX10 = Enoxolone
D03B = ENZYMES
D03BA = Proteolytic enzymes
D03BA01 = Trypsin
D03BA02 = Clostridiopeptidase
D03BA52 = Clostridiopeptidase, combinations
D04 = ANTIPRURITICS, INCL. ANTIHISTAMINES, ANESTHETICS, ETC.
D04A = ANTIPRURITICS, INCL. ANTIHISTAMINES, ANESTHETICS, ETC.
D04AA = Antihistamines for topical use
D04AA01 = Thonzylamine
D04AA02 = Mepyramine
D04AA03 = Thenalidine
D04AA04 = Tripelennamine
D04AA09 = Chloropyramine
D04AA10 = Promethazine
D04AA12 = Tolpropamine
D04AA13 = Dimetindene
D04AA14 = Clemastine
D04AA15 = Bamipine
D04AA22 = Isothipendyl
D04AA32 = Diphenhydramine
D04AA33 = Diphenhydramine methylbromide
D04AA34 = Chlorphenoxamine
D04AB = Anesthetics for topical use
D04AB01 = Lidocaine
D04AB02 = Cinchocaine
D04AB03 = Oxybuprocaine
D04AB04 = Benzocaine
D04AB05 = Quinisocaine
D04AB06 = Tetracaine
D04AB07 = Pramocaine
D04AX = Other antipruritics
D05 = ANTIPSORIATICS
D05A = ANTIPSORIATICS FOR TOPICAL USE
D05AA = Tars
D05AC = Antracen derivatives
D05AC01 = Dithranol
D05AC51 = Dithranol, combinations
D05AD = Psoralens for topical use
D05AD01 = Trioxysalen
D05AD02 = Methoxsalen
D05AX = Other antipsoriatics for topical use
D05AX01 = Fumaric acid
D05AX02 = Calcipotriol
D05AX03 = Calcitriol
D05AX04 = Tacalcitol
D05AX05 = Tazarotene
D05AX52 = Calcipotriol, combinations
D05B = ANTIPSORIATICS FOR SYSTEMIC USE
D05BA = Psoralens for systemic use
D05BA01 = Trioxysalen
D05BA02 = Methoxsalen
D05BA03 = Bergapten
D05BB = Retinoids for treatment of psoriasis
D05BB01 = Etretinate
D05BB02 = Acitretin
D05BX = Other antipsoriatics for systemic use
D05BX51 = Fumaric acid derivatives, combinations
D06 = ANTIBIOTICS AND CHEMOTHERAPEUTICS FOR DERMATOLOGICAL USE
D06A = ANTIBIOTICS FOR TOPICAL USE
D06AA = Tetracycline and derivatives
D06AA01 = Demeclocycline
D06AA02 = Chlortetracycline
D06AA03 = Oxytetracycline
D06AA04 = Tetracycline
D06AX = Other antibiotics for topical use
D06AX01 = Fusidic acid
D06AX02 = Chloramphenicol
D06AX04 = Neomycin
D06AX05 = Bacitracin
D06AX07 = Gentamicin
D06AX08 = Tyrothricin
D06AX09 = Mupirocin
D06AX10 = Virginiamycin
D06AX11 = Rifaximin
D06AX12 = Amikacin
D06B = CHEMOTHERAPEUTICS FOR TOPICAL USE
D06BA = Sulfonamides
D06BA01 = Silver sulfadiazine
D06BA02 = Sulfathiazole
D06BA03 = Mafenide
D06BA04 = Sulfamethizole
D06BA05 = Sulfanilamide
D06BA06 = Sulfamerazine
D06BA51 = Silver sulfadiazine, combinations
D06BB = Antivirals
D06BB01 = Idoxuridine
D06BB02 = Tromantadine
D06BB03 = Aciclovir
D06BB04 = Podophyllotoxin
D06BB05 = Inosine
D06BB06 = Penciclovir
D06BB07 = Lysozyme
D06BB08 = Ibacitabine
D06BB09 = Edoxudine
D06BB10 = Imiquimod
D06BB11 = Docosanol

D06BX = Other chemotherapeutics
D06BX01 = Metronidazole
D06C = ANTIBIOTICS AND CHEMOTHERAPEUTICS, COMBINATIONS
D07 = CORTICOSTEROIDS, DERMATOLOGICAL PREPARATIONS
D07A = CORTICOSTEROIDS, PLAIN
D07AA = Corticosteroids, weak (group I)
D07AA01 = Methylprednisolone
D07AA02 = Hydrocortisone
D07AA03 = Prednisolone
D07AB = Corticosteroids, moderately potent (group II)
D07AB01 = Clobetasone
D07AB02 = Hydrocortisone butyrate
D07AB03 = Flumetasone
D07AB04 = Fluocortin
D07AB05 = Fluperolone
D07AB06 = Fluorometholone
D07AB07 = Fluprednidene
D07AB08 = Desonide
D07AB09 = Triamcinolone
D07AB10 = Alclometasone
D07AB11 = Hydrocortisone buteprate
D07AB19 = Dexamethasone
D07AB21 = Clocortolone
D07AB30 = Combinations of corticosteroids
D07AC = Corticosteroids, potent (group III)
D07AC01 = Betamethasone
D07AC02 = Fluclorolone
D07AC03 = Desoximetasone
D07AC04 = Fluocinolone acetonide
D07AC05 = Fluocortolone
D07AC06 = Diflucortolone
D07AC07 = Fludroxycortide
D07AC08 = Fluocinonide
D07AC09 = Budesonide
D07AC10 = Diflorasone
D07AC11 = Amcinonide
D07AC12 = Halometasone
D07AC13 = Mometasone
D07AC14 = Methylprednisolone aceponate
D07AC15 = Beclometasone
D07AC16 = Hydrocortisone aceponate
D07AC17 = Fluticasone
D07AC18 = Prednicarbate
D07AC19 = Difluprednate
D07AC21 = Ulobetasol
D07AD = Corticosteroids, very potent (group IV)
D07AD01 = Clobetasol
D07AD02 = Halcinonide
D07B = CORTICOSTEROIDS, COMBINATIONS WITH ANTISEPTICS
D07BA = Corticosteroids, weak, combinations with antiseptics
D07BA01 = Prednisolone and antiseptics
D07BA04 = Hydrocortisone and antiseptics
D07BB = Corticosteroids, moderately potent, combinations with antiseptics
D07BB01 = Flumetasone and antiseptics
D07BB02 = Desonide and antiseptics
D07BB03 = Triamcinolone and antiseptics
D07BB04 = Hydrocortisone butyrate and antiseptics
D07BC = Corticosteroids, potent, combinations with antiseptics
D07BC01 = Betamethasone and antiseptics
D07BC02 = Fluocinolone acetonide and antiseptics
D07BC03 = Fluocortolone and antiseptics
D07BC04 = Diflucortolone and antiseptics
D07BD = Corticosteroids, very potent, combinations with antiseptics
D07C = CORTICOSTEROIDS, COMBINATIONS WITH ANTIBIOTICS
D07CA = Corticosteroids, weak, combinations with antibiotics
D07CA01 = Hydrocortisone and antibiotics
D07CA02 = Methylprednisolone and antibiotics
D07CA03 = Prednisolone and antibiotics
D07CB = Corticosteroids, moderately potent, combinations with antibiotics
D07CB01 = Triamcinolone and antibiotics
D07CB02 = Fluprednidene and antibiotics
D07CB03 = Fluorometholone and antibiotics
D07CB04 = Dexamethasone and antibiotics
D07CB05 = Flumetasone and antibiotics
D07CC = Corticosteroids, potent, combinations with antibiotics
D07CC01 = Betamethasone and antibiotics
D07CC02 = Fluocinolone acetonide and antibiotics
D07CC03 = Fludroxycortide and antibiotics
D07CC04 = Beclometasone and antibiotics
D07CC05 = Fluocinonide and antibiotics
D07CC06 = Fluocortolone and antibiotics
D07CD = Corticosteroids, very potent, combinations with antibiotics
D07CD01 = Clobetasol and antibiotics
D07X = CORTICOSTEROIDS, OTHER COMBINATIONS
D07XA = Corticosteroids, weak, other combinations
D07XA01 = Hydrocortisone
D07XA02 = Prednisolone
D07XB = Corticosteroids, moderately potent, other combinations
D07XB01 = Flumetasone
D07XB02 = Triamcinolone
D07XB03 = Fluprednidene
D07XB04 = Fluorometholone
D07XB05 = Dexamethasone
D07XB30 = Combinations of corticosteroids
D07XC = Corticosteroids, potent, other combinations
D07XC01 = Betamethasone
D07XC02 = Desoximetasone
D07XC03 = Mometasone
D07XC04 = Diflucortolone
D07XD = Corticosteroids, very potent, other combinations
D08 = ANTISEPTICS AND DISINFECTANTS
D08A = ANTISEPTICS AND DISINFECTANTS
D08AA = Acridine derivatives
D08AA01 = Ethacridine lactate
D08AA02 = Aminoacridine
D08AA03 = Euflavine
D08AB = Aluminium agents
D08AC = Biguanides and amidines
D08AC01 = Dibrompropamidine

D08AC02 = Chlorhexidine
D08AC03 = Propamidine
D08AC04 = Hexamidine
D08AC05 = Polihexanide
D08AC52 = Chlorhexidine, combinations
D08AD = Boric acid products
D08AE = Phenol and derivatives
D08AE01 = Hexachlorophene
D08AE02 = Policresulen
D08AE03 = Phenol
D08AE04 = Triclosan
D08AE05 = Chloroxylenol
D08AE06 = Biphenylol
D08AF = Nitrofuran derivatives
D08AF01 = Nitrofural
D08AG = Iodine products
D08AG01 = Iodine/octylphenoxypolyglycolether
D08AG02 = Povidone-iodine
D08AG03 = Iodine
D08AG04 = Diiodohydroxypropane
D08AH = Quinoline derivatives
D08AH01 = Dequalinium
D08AH02 = Chlorquinaldol
D08AH03 = Oxyquinoline
D08AH30 = Clioquinol
D08AJ = Quaternary ammonium compounds
D08AJ01 = Benzalkonium
D08AJ02 = Cetrimonium
D08AJ03 = Cetylpyridinium
D08AJ04 = Cetrimide
D08AJ05 = Benzoxonium chloride
D08AJ06 = Didecyldimethylammonium chloride
D08AJ57 = Octenidine, combinations
D08AJ58 = Benzethonium chloride, combinations
D08AJ59 = Dodeclonium bromide, combinations
D08AK = Mercurial products
D08AK01 = Mercuric amidochloride
D08AK02 = Phenylmercuric borate
D08AK03 = Mercuric chloride
D08AK04 = Mercurochrome
D08AK05 = Mercury, metallic
D08AK06 = Thiomersal
D08AK30 = Mercuric iodide
D08AL = Silver compounds
D08AL01 = Silver nitrate
D08AL30 = Silver
D08AX = Other antiseptics and disinfectants
D08AX01 = Hydrogen peroxide
D08AX02 = Eosin
D08AX03 = Propanol
D08AX04 = Tosylchloramide sodium
D08AX05 = Isopropanol
D08AX06 = Potassium permanganate
D08AX07 = Sodium hypochlorite
D08AX08 = Ethanol
D08AX53 = Propanol, combinations
D09 = MEDICATED DRESSINGS
D09A = MEDICATED DRESSINGS
D09AA = Medicated dressings with antiinfectives
D09AA01 = Framycetin
D09AA02 = Fusidic acid
D09AA03 = Nitrofural
D09AA04 = Phenylmercuric nitrate
D09AA05 = Benzododecinium
D09AA06 = Triclosan
D09AA07 = Cetylpyridinium
D09AA08 = Aluminium chlorohydrate
D09AA09 = Povidone-iodine
D09AA10 = Clioquinol
D09AA11 = Benzalkonium
D09AA12 = Chlorhexidine
D09AA13 = Iodoform
D09AB = Zinc bandages
D09AB01 = Zinc bandage without supplements
D09AB02 = Zinc bandage with supplements
D09AX = Soft paraffin dressings
D10 = ANTI-ACNE PREPARATIONS
D10A = ANTI-ACNE PREPARATIONS FOR TOPICAL USE
D10AA = Corticosteroids, combinations for treatment of acne
D10AA01 = Fluorometholone
D10AA02 = Methylprednisolone
D10AA03 = Dexamethasone
D10AB = Preparations containing sulfur
D10AB01 = Bithionol
D10AB02 = Sulfur
D10AB03 = Tioxolone
D10AB05 = Mesulfen
D10AD = Retinoids for topical use in acne
D10AD01 = Tretinoin
D10AD02 = Retinol
D10AD03 = Adapalene
D10AD04 = Isotretinoin
D10AD05 = Motretinide
D10AD51 = Tretinoin, combinations
D10AD54 = Isotretinoin, combinations
D10AE = Peroxides
D10AE01 = Benzoyl peroxide
D10AE51 = Benzoyl peroxide, combinations
D10AF = Antiinfectives for treatment of acne
D10AF01 = Clindamycin
D10AF02 = Erythromycin
D10AF03 = Chloramphenicol
D10AF04 = Meclocycline
D10AF51 = Clindamycin, combinations
D10AF52 = Erythromycin, combinations
D10AX = Other anti-acne preparations for topical use
D10AX01 = Aluminium chloride
D10AX02 = Resorcinol
D10AX03 = Azelaic acid
D10AX04 = Aluminium oxide
D10AX30 = Various combinations
D10B = ANTI-ACNE PREPARATIONS FOR SYSTEMIC USE
D10BA = Retinoids for treatment of acne
D10BA01 = Isotretinoin
D10BX = Other anti-acne preparations for systemic use
D10BX01 = Ichtasol
D11 = OTHER DERMATOLOGICAL PREPARATIONS
D11A = OTHER DERMATOLOGICAL PREPARATIONS
D11AA = Antihidrotics
D11AC = Medicated shampoos

D11AC01 = Cetrimide
D11AC02 = Cadmium compounds
D11AC03 = Selenium compounds
D11AC06 = Povidone-iodine
D11AC08 = Sulfur compounds
D11AC09 = Xenysalate
D11AC30 = Others
D11AE = Androgens for topical use
D11AE01 = Metandienone
D11AF = Wart and anti-corn preparations
D11AX = Other dermatologicals
D11AX01 = Minoxidil
D11AX02 = Gamolenic acid
D11AX03 = Calcium gluconate
D11AX04 = Lithium succinate
D11AX05 = Magnesium sulfate
D11AX06 = Mequinol
D11AX08 = Tiratricol
D11AX09 = Oxaceprol
D11AX10 = Finasteride
D11AX11 = Hydroquinone
D11AX12 = Pyrithione zinc
D11AX13 = Monobenzone
D11AX14 = Tacrolimus
D11AX15 = Pimecrolimus
D11AX16 = Eflornithine
D11AX17 = Cromoglicic acid
D11AX18 = Diclofenac
D11AX52 = Gamolenic acid, combinations
D11AX57 = Collagen, combinations

G = GENITO URINARY SYSTEM AND SEX HORMONES
G01 = GYNECOLOGICAL ANTIINFECTIVES AND ANTISEPTICS
G01A = ANTIINFECTIVES AND ANTISEPTICS, EXCL. COMBINATIONS WITH CORTICOSTEROIDS
G01AA = Antibiotics
G01AA01 = Nystatin
G01AA02 = Natamycin
G01AA03 = Amphotericin B
G01AA04 = Candicidin
G01AA05 = Chloramphenicol
G01AA06 = Hachimycin
G01AA07 = Oxytetracycline
G01AA08 = Carfecillin
G01AA09 = Mepartricin
G01AA10 = Clindamycin
G01AA11 = Pentamycin
G01AA51 = Nystatin, combinations
G01AB = Arsenic compounds
G01AB01 = Acetarsol
G01AC = Quinoline derivatives
G01AC01 = Diiodohydroxyquinoline
G01AC02 = Clioquinol
G01AC03 = Chlorquinaldol
G01AC05 = Dequalinium
G01AC06 = Broxyquinoline
G01AC30 = Oxyquinoline
G01AD = Organic acids
G01AD01 = Lactic acid
G01AD02 = Acetic acid
G01AD03 = Ascorbic acid
G01AE = Sulfonamides
G01AE01 = Sulfatolamide
G01AE10 = Combinations of sulfonamides
G01AF = Imidazole derivatives
G01AF01 = Metronidazole
G01AF02 = Clotrimazole
G01AF04 = Miconazole
G01AF05 = Econazole
G01AF06 = Ornidazole
G01AF07 = Isoconazole
G01AF08 = Tioconazole
G01AF11 = Ketoconazole
G01AF12 = Fenticonazole
G01AF13 = Azanidazole
G01AF14 = Propenidazole
G01AF15 = Butoconazole
G01AF16 = Omoconazole
G01AF17 = Oxiconazole
G01AF18 = Flutrimazole
G01AF20 = Combinations of imidazole derivatives
G01AG = Triazole derivatives
G01AG02 = Terconazole
G01AX = Other antiinfectives and antiseptics
G01AX01 = Clodantoin
G01AX02 = Inosine
G01AX03 = Policresulen
G01AX05 = Nifuratel
G01AX06 = Furazolidone
G01AX09 = Methylrosaniline
G01AX11 = Povidone-iodine
G01AX12 = Ciclopirox
G01AX13 = Protiofate
G01AX14 = Lactobacillus fermentum
G01AX15 = Copper usnate
G01AX66 = Octenidine, combinations
G01B = ANTIINFECTIVES/ANTISEPTICS IN COMBINATION WITH CORTICOSTEROIDS
G01BA = Antibiotics and corticosteroids
G01BC = Quinoline derivatives and corticosteroids
G01BD = Antiseptics and corticosteroids
G01BE = Sulfonamides and corticosteroids
G01BF = Imidazole derivatives and corticosteroids
G02 = OTHER GYNECOLOGICALS
G02A = OXYTOCICS
G02AB = Ergot alkaloids
G02AB01 = Methylergometrine
G02AB02 = Ergot alkaloids
G02AB03 = Ergometrine
G02AC = Ergot alkaloids and oxytocin incl. analogues, in combination
G02AC01 = Methylergometrine and oxytocin
G02AD = Prostaglandins
G02AD01 = Dinoprost
G02AD02 = Dinoprostone
G02AD03 = Gemeprost
G02AD04 = Carboprost
G02AD05 = Sulprostone
G02AX = Other oxytocics
G02B = CONTRACEPTIVES FOR TOPICAL USE
G02BA = Intrauterine contraceptives

G02BA01 = Plastic IUD
G02BA02 = Plastic IUD with copper
G02BA03 = Plastic IUD with progestogen
G02BB = Intravaginal contraceptives
G02BB01 = Vaginal ring with progestogen and estrogen
G02C = OTHER GYNECOLOGICALS
G02CA = Sympathomimetics, labour repressants
G02CA01 = Ritodrine
G02CA02 = Buphenine
G02CA03 = Fenoterol
G02CB = Prolactine inhibitors
G02CB01 = Bromocriptine
G02CB02 = Lisuride
G02CB03 = Cabergoline
G02CB04 = Quinagolide
G02CB05 = Metergoline
G02CC = Antiinflammatory products for vaginal administration
G02CC01 = Ibuprofen
G02CC02 = Naproxen
G02CC03 = Benzydamine
G02CC04 = Flunoxaprofen
G02CX = Other gynecologicals
G02CX01 = Atosiban
G03 = SEX HORMONES AND MODULATORS OF THE GENITAL SYSTEM
G03A = HORMONAL CONTRACEPTIVES FOR SYSTEMIC USE
G03AA = Progestogens and estrogens, fixed combinations
G03AA01 = Etynodiol and estrogen
G03AA02 = Quingestanol and estrogen
G03AA03 = Lynestrenol and estrogen
G03AA04 = Megestrol and estrogen
G03AA05 = Norethisterone and estrogen
G03AA06 = Norgestrel and estrogen
G03AA07 = Levonorgestrel and estrogen
G03AA08 = Medroxyprogesterone and estrogen
G03AA09 = Desogestrel and estrogen
G03AA10 = Gestodene and estrogen
G03AA11 = Norgestimate and estrogen
G03AA12 = Drospirenone and estrogen
G03AA13 = Norelgestromin and estrogen
G03AB = Progestogens and estrogens, sequential preparations
G03AB01 = Megestrol and estrogen
G03AB02 = Lynestrenol and estrogen
G03AB03 = Levonorgestrel and estrogen
G03AB04 = Norethisterone and estrogen
G03AB05 = Desogestrel and estrogen
G03AB06 = Gestodene and estrogen
G03AB07 = Chlormadinone and estrogen
G03AC = Progestogens
G03AC01 = Norethisterone
G03AC02 = Lynestrenol
G03AC03 = Levonorgestrel
G03AC04 = Quingestanol
G03AC05 = Megestrol
G03AC06 = Medroxyprogesterone
G03AC07 = Norgestrienone
G03AC08 = Etonogestrel
G03AC09 = Desogestrel
G03B = ANDROGENS
G03BA = 3-oxoandrosten (4) derivatives
G03BA01 = Fluoxymesterone
G03BA02 = Methyltestosterone
G03BA03 = Testosterone
G03BB = 5-androstanon (3) derivatives
G03BB01 = Mesterolone
G03BB02 = Androstanolone
G03C = ESTROGENS
G03CA = Natural and semisynthetic estrogens, plain
G03CA01 = Ethinylestradiol
G03CA03 = Estradiol
G03CA04 = Estriol
G03CA06 = Chlorotrianisene
G03CA07 = Estrone
G03CA09 = Promestriene
G03CA53 = Estradiol, combinations
G03CA57 = Conjugated estrogens
G03CB = Synthetic estrogens, plain
G03CB01 = Dienestrol
G03CB02 = Diethylstilbestrol
G03CB03 = Methallenestril
G03CB04 = Moxestrol
G03CC = Estrogens, combinations with other drugs
G03CC02 = Dienestrol
G03CC03 = Methallenestril
G03CC04 = Estrone
G03CC05 = Diethylstilbestrol
G03CC06 = Estriol
G03D = PROGESTOGENS
G03DA = Pregnen (4) derivatives
G03DA01 = Gestonorone
G03DA02 = Medroxyprogesterone
G03DA03 = Hydroxyprogesterone
G03DA04 = Progesterone
G03DB = Pregnadien derivatives
G03DB01 = Dydrogesterone
G03DB02 = Megestrol
G03DB03 = Medrogestone
G03DB04 = Nomegestrol
G03DB05 = Demegestone
G03DB06 = Chlormadinone
G03DB07 = Promegestone
G03DC = Estren derivatives
G03DC01 = Allylestrenol
G03DC02 = Norethisterone
G03DC03 = Lynestrenol
G03DC04 = Ethisterone
G03DC05 = Tibolone
G03DC06 = Etynodiol
G03DC31 = Methylestrenolone
G03E = ANDROGENS AND FEMALE SEX HORMONES IN COMBINATION
G03EA = Androgens and estrogens
G03EA01 = Methyltestosterone and estrogen
G03EA02 = Testosterone and estrogen
G03EA03 = Prasterone and estrogen
G03EB = Androgen, progestogen and estrogen in combination
G03EK = Androgens and female sex hormones in combination with other drugs
G03EK01 = Methyltestosterone
G03F = PROGESTOGENS AND ESTROGENS IN COMBINATION

G03FA = Progestogens and estrogens, fixed combinations
G03FA01 = Norethisterone and estrogen
G03FA02 = Hydroxyprogesterone and estrogen
G03FA03 = Ethisterone and estrogen
G03FA04 = Progesterone and estrogen
G03FA05 = Methylnortestosterone and estrogen
G03FA06 = Etynodiol and estrogen
G03FA07 = Lynestrenol and estrogen
G03FA08 = Megestrol and estrogen
G03FA09 = Noretynodrel and estrogen
G03FA10 = Norgestrel and estrogen
G03FA11 = Levonorgestrel and estrogen
G03FA12 = Medroxyprogesterone and estrogen
G03FA13 = Norgestimate and estrogen
G03FA14 = Dydrogesterone and estrogen
G03FA15 = Dienogest and estrogen
G03FA16 = Trimegestone and estrogen
G03FA17 = Drospirenone and estrogen
G03FB = Progestogens and estrogens, sequential preparations
G03FB01 = Norgestrel and estrogen
G03FB02 = Lynestrenol and estrogen
G03FB03 = Chlormadinone and estrogen
G03FB04 = Megestrol and estrogen
G03FB05 = Norethisterone and estrogen
G03FB06 = Medroxyprogesterone and estrogen
G03FB07 = Medrogestone and estrogen
G03FB08 = Dydrogesterone and estrogen
G03FB09 = Levonorgestrel and estrogen
G03FB10 = Desogestrel and estrogen
G03FB11 = Trimegestone and estrogen
G03G = GONADOTROPINS AND OTHER OVULATION STIMULANTS
G03GA = Gonadotropins
G03GA01 = Chorionic gonadotrophin
G03GA02 = Human menopausal gonadotrophin
G03GA03 = Serum gonadotrophin
G03GA04 = Urofollitropin
G03GA05 = Follitropin alfa
G03GA06 = Follitropin beta
G03GA07 = Lutropin alfa
G03GA08 = Choriogonadotropin alfa
G03GB = Ovulation stimulants, synthetic
G03GB01 = Cyclofenil
G03GB02 = Clomifene
G03GB03 = Epimestrol
G03H = ANTIANDROGENS
G03HA = Antiandrogens, plain
G03HA01 = Cyproterone
G03HB = Antiandrogens and estrogens
G03HB01 = Cyproterone and estrogen
G03X = OTHER SEX HORMONES AND MODULATORS OF THE GENITAL SYSTEM
G03XA = Antigonadotropins and similar agents
G03XA01 = Danazol
G03XA02 = Gestrinone
G03XB = Antiprogestogens
G03XB01 = Mifepristone
G03XC = Selective estrogen receptor modulators
G03XC01 = Raloxifene
G04 = UROLOGICALS
G04B = OTHER UROLOGICALS, INCL. ANTISPASMODICS
G04BA = Acidifiers
G04BA01 = Ammonium chloride
G04BA03 = Calcium chloride
G04BC = Urinary concrement solvents
G04BD = Urinary antispasmodics
G04BD01 = Emepronium
G04BD02 = Flavoxate
G04BD03 = Meladrazine
G04BD04 = Oxybutynin
G04BD05 = Terodiline
G04BD06 = Propiverine
G04BD07 = Tolterodine
G04BD08 = Solifenacin
G04BD09 = Trospium
G04BD10 = Darifenacin
G04BE = Drugs used in erectile dysfunction
G04BE01 = Alprostadil
G04BE02 = Papaverine
G04BE03 = Sildenafil
G04BE04 = Yohimbin
G04BE05 = Phentolamine
G04BE06 = Moxisylyte
G04BE07 = Apomorphine
G04BE08 = Tadalafil
G04BE09 = Vardenafil
G04BE30 = Combinations
G04BE52 = Papaverine, combinations
G04BX = Other urologicals
G04BX01 = Magnesium hydroxide
G04BX03 = Acetohydroxamic acid
G04BX06 = Phenazopyridine
G04BX10 = Succinimide
G04BX11 = Collagen
G04BX12 = Phenyl salicylate
G04BX13 = Dimethyl sulfoxide
G04C = DRUGS USED IN BENIGN PROSTATIC HYPERTROPHY
G04CA = Alpha-adrenoreceptor antagonists
G04CA01 = Alfuzosin
G04CA02 = Tamsulosin
G04CA03 = Terazosin
G04CB = Testosterone-5-alpha reductase inhibitors
G04CB01 = Finasteride
G04CB02 = Dutasteride
G04CX = Other drugs used in benign prostatic hypertrophy
G04CX01 = Pygeum africanum
G04CX02 = Serenoa repens
G04CX03 = Mepartricin

H = SYSTEMIC HORMONAL PREPARATIONS, EXCL. SEX HORMONES AND INSULINS
H01 = PITUITARY AND HYPOTHALAMIC HORMONES AND ANALOGUES
H01A = ANTERIOR PITUITARY LOBE HORMONES AND ANALOGUES
H01AA = ACTH
H01AA01 = Corticotropin
H01AA02 = Tetracosactide
H01AB = Thyrotropin

H01AB01 = Thyrotropin
H01AC = Somatropin and somatropin agonists
H01AC01 = Somatropin
H01AC02 = Somatrem
H01AC03 = Mecasermin
H01AC04 = Sermorelin
H01AX = Other anterior pituitary lobe hormones and analogues
H01AX01 = Pegvisomant
H01B = POSTERIOR PITUITARY LOBE HORMONES
H01BA = Vasopressin and analogues
H01BA01 = Vasopressin
H01BA02 = Desmopressin
H01BA03 = Lypressin
H01BA04 = Terlipressin
H01BA05 = Ornipressin
H01BA06 = Argipressin
H01BB = Oxytocin and analogues
H01BB01 = Demoxytocin
H01BB02 = Oxytocin
H01BB03 = Carbetocin
H01C = HYPOTHALAMIC HORMONES
H01CA = Gonadotropin-releasing hormones
H01CA01 = Gonadorelin
H01CA02 = Nafarelin
H01CA03 = Histrelin
H01CB = Antigrowth hormone
H01CB01 = Somatostatin
H01CB02 = Octreotide
H01CB03 = Lanreotide
H01CC = Anti-gonadotropin-releasing hormones
H01CC01 = Ganirelix
H01CC02 = Cetrorelix
H02 = CORTICOSTEROIDS FOR SYSTEMIC USE
H02A = CORTICOSTEROIDS FOR SYSTEMIC USE, PLAIN
H02AA = Mineralocorticoids
H02AA01 = Aldosterone
H02AA02 = Fludrocortisone
H02AA03 = Desoxycortone
H02AB = Glucocorticoids
H02AB01 = Betamethasone
H02AB02 = Dexamethasone
H02AB03 = Fluocortolone
H02AB04 = Methylprednisolone
H02AB05 = Paramethasone
H02AB06 = Prednisolone
H02AB07 = Prednisone
H02AB08 = Triamcinolone
H02AB09 = Hydrocortisone
H02AB10 = Cortisone
H02AB11 = Prednylidene
H02AB12 = Rimexolone
H02AB13 = Deflazacort
H02AB14 = Cloprednol
H02AB15 = Meprednisone
H02AB17 = Cortivazol
H02B = CORTICOSTEROIDS FOR SYSTEMIC USE, COMBINATIONS
H02BX = Corticosteroids for systemic use, combinations
H02BX01 = Methylprednisolone, combinations
H02C = ANTIADRENAL PREPARATIONS
H02CA = Anticorticosteroids
H02CA01 = Trilostane
H03 = THYROID THERAPY
H03A = THYROID PREPARATIONS
H03AA = Thyroid hormones
H03AA01 = Levothyroxine sodium
H03AA02 = Liothyronine sodium
H03AA03 = Combinations of levothyroxine and liothyronine
H03AA04 = Tiratricol
H03AA05 = Thyroid gland preparations
H03B = ANTITHYROID PREPARATIONS
H03BA = Thiouracils
H03BA01 = Methylthiouracil
H03BA02 = Propylthiouracil
H03BA03 = Benzylthiouracil
H03BB = Sulfur-containing imidazole derivatives
H03BB01 = Carbimazole
H03BB02 = Thiamazole
H03BB52 = Thiamazole, combinations
H03BC = Perchlorates
H03BC01 = Potassium perchlorate
H03BX = Other antithyroid preparations
H03BX01 = Diiodotyrosine
H03BX02 = Dibromotyrosine
H03C = IODINE THERAPY
H03CA = Iodine therapy
H04 = PANCREATIC HORMONES
H04A = GLYCOGENOLYTIC HORMONES
H04AA = Glycogenolytic hormones
H04AA01 = Glucagon
H05 = CALCIUM HOMEOSTASIS
H05A = PARATHYROID HORMONES AND ANALOGUES
H05AA = Parathyroid hormones and analogues
H05AA01 = Parathyroid gland extract
H05AA02 = Teriparatide
H05AA03 = Parathyroid hormone
H05B = ANTI-PARATHYROID AGENTS
H05BA = Calcitonin preparations
H05BA01 = Calcitonin (salmon synthetic)
H05BA02 = Calcitonin (pork natural)
H05BA03 = Calcitonin (human synthetic)
H05BA04 = Elcatonin
H05BX = Other anti-parathyroid agents
H05BX01 = Cinacalcet

J = ANTIINFECTIVES FOR SYSTEMIC USE
J01 = ANTIBACTERIALS FOR SYSTEMIC USE
J01A = TETRACYCLINES
J01AA = Tetracyclines
J01AA01 = Demeclocycline
J01AA02 = Doxycycline
J01AA03 = Chlortetracycline
J01AA04 = Lymecycline
J01AA05 = Metacycline
J01AA06 = Oxytetracycline
J01AA07 = Tetracycline
J01AA08 = Minocycline

J01AA09 = Rolitetracycline
J01AA10 = Penimepicycline
J01AA11 = Clomocycline
J01AA12 = Tigecycline
J01AA20 = Combinations of tetracyclines
J01AA56 = Oxytetracycline, combinations
J01B = AMPHENICOLS
J01BA = Amphenicols
J01BA01 = Chloramphenicol
J01BA02 = Thiamphenicol
J01BA52 = Thiamphenicol, combinations
J01C = BETA-LACTAM ANTIBACTERIALS, PENICILLINS
J01CA = Penicillins with extended spectrum
J01CA01 = Ampicillin
J01CA02 = Pivampicillin
J01CA03 = Carbenicillin
J01CA04 = Amoxicillin
J01CA05 = Carindacillin
J01CA06 = Bacampicillin
J01CA07 = Epicillin
J01CA08 = Pivmecillinam
J01CA09 = Azlocillin
J01CA10 = Mezlocillin
J01CA11 = Mecillinam
J01CA12 = Piperacillin
J01CA13 = Ticarcillin
J01CA14 = Metampicillin
J01CA15 = Talampicillin
J01CA16 = Sulbenicillin
J01CA17 = Temocillin
J01CA18 = Hetacillin
J01CA20 = Combinations
J01CA51 = Ampicillin, combinations
J01CE = Beta-lactamase sensitive penicillins
J01CE01 = Benzylpenicillin
J01CE02 = Phenoxymethylpenicillin
J01CE03 = Propicillin
J01CE04 = Azidocillin
J01CE05 = Pheneticillin
J01CE06 = Penamecillin
J01CE07 = Clometocillin
J01CE08 = Benzathine benzylpenicillin
J01CE09 = Procaine benzylpenicillin
J01CE10 = Benzathine phenoxymethylpenicillin
J01CE30 = Combinations
J01CF = Beta-lactamase resistant penicillins
J01CF01 = Dicloxacillin
J01CF02 = Cloxacillin
J01CF03 = Meticillin
J01CF04 = Oxacillin
J01CF05 = Flucloxacillin
J01CG = Beta-lactamase inhibitors
J01CG01 = Sulbactam
J01CG02 = Tazobactam
J01CR = Combinations of penicillins, incl. beta-lactamase inhibitors
J01CR01 = Ampicillin and enzyme inhibitor
J01CR02 = Amoxicillin and enzyme inhibitor
J01CR03 = Ticarcillin and enzyme inhibitor
J01CR04 = Sultamicillin
J01CR05 = Piperacillin and enzyme inhibitor
J01CR50 = Combinations of penicillins
J01D = OTHER BETA-LACTAM ANTIBACTERIALS
J01DB = First-generation cephalosporins
J01DB01 = Cefalexin
J01DB02 = Cefaloridine
J01DB03 = Cefalotin
J01DB04 = Cefazolin
J01DB05 = Cefadroxil
J01DB06 = Cefazedone
J01DB07 = Cefatrizine
J01DB08 = Cefapirin
J01DB09 = Cefradine
J01DB10 = Cefacetrile
J01DB11 = Cefroxadine
J01DB12 = Ceftezole
J01DC = Second-generation cephalosporins
J01DC01 = Cefoxitin
J01DC02 = Cefuroxime
J01DC03 = Cefamandole
J01DC04 = Cefaclor
J01DC05 = Cefotetan
J01DC06 = Cefonicide
J01DC07 = Cefotiam
J01DC08 = Loracarbef
J01DC09 = Cefmetazole
J01DC10 = Cefprozil
J01DC11 = Ceforanide
J01DD = Third-generation cephalosporins
J01DD01 = Cefotaxime
J01DD02 = Ceftazidime
J01DD03 = Cefsulodin
J01DD04 = Ceftriaxone
J01DD05 = Cefmenoxime
J01DD06 = Latamoxef
J01DD07 = Ceftizoxime
J01DD08 = Cefixime
J01DD09 = Cefodizime
J01DD10 = Cefetamet
J01DD11 = Cefpiramide
J01DD12 = Cefoperazone
J01DD13 = Cefpodoxime
J01DD14 = Ceftibuten
J01DD15 = Cefdinir
J01DD16 = Cefditoren
J01DD54 = Ceftriaxone, combinations
J01DD62 = Cefoperazone, combinations
J01DE = Fourth-generation cephalosporins
J01DE01 = Cefepime
J01DE02 = Cefpirome
J01DF = Monobactams
J01DF01 = Aztreonam
J01DH = Carbapenems
J01DH02 = Meropenem
J01DH03 = Ertapenem
J01DH51 = Imipenem and enzyme inhibitor
J01E = SULFONAMIDES AND TRIMETHOPRIM
J01EA = Trimethoprim and derivatives
J01EA01 = Trimethoprim
J01EA02 = Brodimoprim
J01EB = Short-acting sulfonamides
J01EB01 = Sulfaisodimidine
J01EB02 = Sulfamethizole

J01EB03 = Sulfadimidine
J01EB04 = Sulfapyridine
J01EB05 = Sulfafurazole
J01EB06 = Sulfanilamide
J01EB07 = Sulfathiazole
J01EB08 = Sulfathiourea
J01EB20 = Combinations
J01EC = Intermediate-acting sulfonamides
J01EC01 = Sulfamethoxazole
J01EC02 = Sulfadiazine
J01EC03 = Sulfamoxole
J01EC20 = Combinations
J01ED = Long-acting sulfonamides
J01ED01 = Sulfadimethoxine
J01ED02 = Sulfalene
J01ED03 = Sulfametomidine
J01ED04 = Sulfametoxydiazine
J01ED05 = Sulfamethoxypyridazine
J01ED06 = Sulfaperin
J01ED07 = Sulfamerazine
J01ED08 = Sulfaphenazole
J01ED09 = Sulfamazone
J01ED20 = Combinations
J01EE = Combinations of sulfonamides and trimethoprim, incl. derivatives
J01EE01 = Sulfamethoxazole and trimethoprim
J01EE02 = Sulfadiazine and trimethoprim
J01EE03 = Sulfametrole and trimethoprim
J01EE04 = Sulfamoxole and trimethoprim
J01EE05 = Sulfadimidine and trimethoprim
J01EE06 = Sulfadiazine and tetroxoprim
J01EE07 = Sulfamerazine and trimethoprim
J01F = MACROLIDES, LINCOSAMIDES AND STREPTOGRAMINS
J01FA = Macrolides
J01FA01 = Erythromycin
J01FA02 = Spiramycin
J01FA03 = Midecamycin
J01FA05 = Oleandomycin
J01FA06 = Roxithromycin
J01FA07 = Josamycin
J01FA08 = Troleandomycin
J01FA09 = Clarithromycin
J01FA10 = Azithromycin
J01FA11 = Miocamycin
J01FA12 = Rokitamycin
J01FA13 = Dirithromycin
J01FA14 = Flurithromycin
J01FA15 = Telithromycin
J01FF = Lincosamides
J01FF01 = Clindamycin
J01FF02 = Lincomycin
J01FG = Streptogramins
J01FG01 = Pristinamycin
J01FG02 = Quinupristin/dalfopristin
J01G = AMINOGLYCOSIDE ANTIBACTERIALS
J01GA = Streptomycins
J01GA01 = Streptomycin
J01GA02 = Streptoduocin
J01GB = Other aminoglycosides
J01GB01 = Tobramycin
J01GB03 = Gentamicin
J01GB04 = Kanamycin
J01GB05 = Neomycin
J01GB06 = Amikacin
J01GB07 = Netilmicin
J01GB08 = Sisomicin
J01GB09 = Dibekacin
J01GB10 = Ribostamycin
J01GB11 = Isepamicin
J01M = QUINOLONE ANTIBACTERIALS
J01MA = Fluoroquinolones
J01MA01 = Ofloxacin
J01MA02 = Ciprofloxacin
J01MA03 = Pefloxacin
J01MA04 = Enoxacin
J01MA05 = Temafloxacin
J01MA06 = Norfloxacin
J01MA07 = Lomefloxacin
J01MA08 = Fleroxacin
J01MA09 = Sparfloxacin
J01MA10 = Rufloxacin
J01MA11 = Grepafloxacin
J01MA12 = Levofloxacin
J01MA13 = Trovafloxacin
J01MA14 = Moxifloxacin
J01MA15 = Gemifloxacin
J01MA16 = Gatifloxacin
J01MA17 = Prulifloxacin
J01MA18 = Pazufloxacin
J01MA19 = Garenoxacin
J01MB = Other quinolones
J01MB01 = Rosoxacin
J01MB02 = Nalidixic acid
J01MB03 = Piromidic acid
J01MB04 = Pipemidic acid
J01MB05 = Oxolinic acid
J01MB06 = Cinoxacin
J01MB07 = Flumequine
J01R = COMBINATIONS OF ANTIBACTERIALS
J01RA = Combinations of antibacterials
J01RA01 = Penicillins, combinations with other antibacterials
J01RA02 = Sulfonamides, combinations with other antibacterials (excl. trimethoprim)
J01RA03 = Cefuroxime, combinations with other antibacterials
J01RA04 = Spiramycin, combinations with other antibacterials
J01X = OTHER ANTIBACTERIALS
J01XA = Glycopeptide antibacterials
J01XA01 = Vancomycin
J01XA02 = Teicoplanin
J01XB = Polymyxins
J01XB01 = Colistin
J01XB02 = Polymyxin B
J01XC = Steroid antibacterials
J01XC01 = Fusidic acid
J01XD = Imidazole derivatives
J01XD01 = Metronidazole
J01XD02 = Tinidazole
J01XD03 = Ornidazole
J01XE = Nitrofuran derivatives
J01XE01 = Nitrofurantoin

J01XE02 = Nifurtoinol
J01XX = Other antibacterials
J01XX01 = Fosfomycin
J01XX02 = Xibornol
J01XX03 = Clofoctol
J01XX04 = Spectinomycin
J01XX05 = Methenamine
J01XX06 = Mandelic acid
J01XX07 = Nitroxoline
J01XX08 = Linezolid
J01XX09 = Daptomycin
J02 = ANTIMYCOTICS FOR SYSTEMIC USE
J02A = ANTIMYCOTICS FOR SYSTEMIC USE
J02AA = Antibiotics
J02AA01 = Amphotericin B
J02AA02 = Hachimycin
J02AB = Imidazole derivatives
J02AB01 = Miconazole
J02AB02 = Ketoconazole
J02AC = Triazole derivatives
J02AC01 = Fluconazole
J02AC02 = Itraconazole
J02AC03 = Voriconazole
J02AC04 = Posaconazole
J02AX = Other antimycotics for systemic use
J02AX01 = Flucytosine
J02AX04 = Caspofungin
J02AX05 = Micafungin
J02AX06 = Anidulafungin
J04 = ANTIMYCOBACTERIALS
J04A = DRUGS FOR TREATMENT OF TUBERCULOSIS
J04AA = Aminosalicylic acid and derivatives
J04AA01 = Aminosalicylic acid
J04AA02 = Sodium aminosalicylate
J04AA03 = Calcium aminosalicylate
J04AB = Antibiotics
J04AB01 = Cycloserine
J04AB02 = Rifampicin
J04AB03 = Rifamycin
J04AB04 = Rifabutin
J04AB05 = Rifapentine
J04AB30 = Capreomycin
J04AC = Hydrazides
J04AC01 = Isoniazid
J04AC51 = Isoniazid, combinations
J04AD = Thiocarbamide derivatives
J04AD01 = Protionamide
J04AD02 = Tiocarlide
J04AD03 = Ethionamide
J04AK = Other drugs for treatment of tuberculosis
J04AK01 = Pyrazinamide
J04AK02 = Ethambutol
J04AK03 = Terizidone
J04AK04 = Morinamide
J04AM = Combinations of drugs for treatment of tuberculosis
J04AM01 = Streptomycin and isoniazid
J04AM02 = Rifampicin and isoniazid
J04AM03 = Ethambutol and isoniazid
J04AM04 = Thioacetazone and isoniazid
J04AM05 = Rifampicin, pyrazinamide and isoniazid
J04AM06 = Rifampicin, pyrazinamide, ethambutol and isoniazid
J04B = DRUGS FOR TREATMENT OF LEPRA
J04BA = Drugs for treatment of lepra
J04BA01 = Clofazimine
J04BA02 = Dapsone
J04BA03 = Aldesulfone sodium
J05 = ANTIVIRALS FOR SYSTEMIC USE
J05A = DIRECT ACTING ANTIVIRALS
J05AA = Thiosemicarbazones
J05AA01 = Metisazone
J05AB = Nucleosides and nucleotides excl. reverse transcriptase inhibitors
J05AB01 = Aciclovir
J05AB02 = Idoxuridine
J05AB03 = Vidarabine
J05AB04 = Ribavirin
J05AB06 = Ganciclovir
J05AB09 = Famciclovir
J05AB11 = Valaciclovir
J05AB12 = Cidofovir
J05AB13 = Penciclovir
J05AB14 = Valganciclovir
J05AB15 = Brivudine
J05AC = Cyclic amines
J05AC02 = Rimantadine
J05AC03 = Tromantadine
J05AD = Phosphonic acid derivatives
J05AD01 = Foscarnet
J05AD02 = Fosfonet
J05AE = Protease inhibitors
J05AE01 = Saquinavir
J05AE02 = Indinavir
J05AE03 = Ritonavir
J05AE04 = Nelfinavir
J05AE05 = Amprenavir
J05AE06 = Lopinavir
J05AE07 = Fosamprenavir
J05AE08 = Atazanavir
J05AE09 = Tipranavir
J05AE10 = Darunavir
J05AF = Nucleoside and nucleotide reverse transcriptase inhibitors
J05AF01 = Zidovudine
J05AF02 = Didanosine
J05AF03 = Zalcitabine
J05AF04 = Stavudine
J05AF05 = Lamivudine
J05AF06 = Abacavir
J05AF07 = Tenofovir disoproxil
J05AF08 = Adefovir dipivoxil
J05AF09 = Emtricitabine
J05AF10 = Entecavir
J05AF11 = Telbivudine
J05AG = Non-nucleoside reverse transcriptase inhibitors
J05AG01 = Nevirapine
J05AG02 = Delavirdine
J05AG03 = Efavirenz
J05AH = Neuraminidase inhibitors
J05AH01 = Zanamivir
J05AH02 = Oseltamivir

J05AR	=	Antivirals for treatment of HIV infections, combinations
J05AR01	=	Zidovudine and lamivudine
J05AR02	=	Lamivudine and abacavir
J05AR03	=	Tenofovir disoproxil and emtricitabine
J05AR04	=	Zidovudine, lamivudine and abacavir
J05AR05	=	Zidovudine, lamivudine and nevirapine
J05AR06	=	Emtricitabine, tenofovir disoproxil and efavirenz
J05AX	=	Other antivirals
J05AX01	=	Moroxydine
J05AX02	=	Lysozyme
J05AX05	=	Inosine pranobex
J05AX06	=	Pleconaril
J05AX07	=	Enfuvirtide
J06	=	IMMUNE SERA AND IMMUNOGLOBULINS
J06A	=	IMMUNE SERA
J06AA	=	Immune sera
J06AA01	=	Diphtheria antitoxin
J06AA02	=	Tetanus antitoxin
J06AA03	=	Snake venom antiserum
J06AA04	=	Botulinum antitoxin
J06AA05	=	Gas-gangrene sera
J06AA06	=	Rabies serum
J06B	=	IMMUNOGLOBULINS
J06BA	=	Immunoglobulins, normal human
J06BA01	=	Immunoglobulins, normal human, for extravascular adm.
J06BA02	=	Immunoglobulins, normal human, for intravascular adm.
J06BB	=	Specific immunoglobulins
J06BB01	=	Anti-D (rh) immunoglobulin
J06BB02	=	Tetanus immunoglobulin
J06BB03	=	Varicella/zoster immunoglobulin
J06BB04	=	Hepatitis B immunoglobulin
J06BB05	=	Rabies immunoglobulin
J06BB06	=	Rubella immunoglobulin
J06BB07	=	Vaccinia immunoglobulin
J06BB08	=	Staphylococcus immunoglobulin
J06BB09	=	Cytomegalovirus immunoglobulin
J06BB10	=	Diphtheria immunoglobulin
J06BB11	=	Hepatitis A immunoglobulin
J06BB12	=	Encephalitis, tick borne immunoglobulin
J06BB13	=	Pertussis immunoglobulin
J06BB14	=	Measles immunoglobulin
J06BB15	=	Mumps immunoglobulin
J06BB16	=	Palivizumab
J06BB30	=	Combinations
J06BC	=	Other immunoglobulins
J06BC01	=	Nebacumab
J07	=	VACCINES
J07A	=	BACTERIAL VACCINES
J07AC	=	Anthrax vaccines
J07AC01	=	Anthrax antigen
J07AD	=	Brucellosis vaccines
J07AD01	=	Brucella antigen
J07AE	=	Cholera vaccines
J07AE01	=	Cholera, inactivated, whole cell
J07AE02	=	Cholera, live attenuated
J07AE51	=	Cholera, combinations with typhoid vaccine, inactivated, whole cell
J07AF	=	Diphtheria vaccines
J07AF01	=	Diphtheria toxoid
J07AG	=	Hemophilus influenzae B vaccines
J07AG01	=	Hemophilus influenzae B, purified antigen conjugated
J07AG51	=	Hemophilus influenzae B, combinations with toxoids
J07AG52	=	Hemophilus influenzae B, combinations with pertussis and toxoids
J07AH	=	Meningococcal vaccines
J07AH01	=	Meningococcus A, purified polysaccharides antigen
J07AH02	=	Other meningococcal monovalent purified polysaccharides antigen
J07AH03	=	Meningococcus, bivalent purified polysaccharides antigen
J07AH04	=	Meningococcus, tetravalent purified polysaccharides antigen
J07AH05	=	Other meningococcal polyvalent purified polysaccharides antigen
J07AH06	=	Meningococcus B, outer membrane vesicle vaccine
J07AH07	=	Meningococcus C, purified polysaccharides antigen conjugated
J07AJ	=	Pertussis vaccines
J07AJ01	=	Pertussis, inactivated, whole cell
J07AJ02	=	Pertussis, purified antigen
J07AJ51	=	Pertussis, inactivated, whole cell, combinations with toxoids
J07AJ52	=	Pertussis, purified antigen, combinations with toxoids
J07AK	=	Plague vaccines
J07AK01	=	Plague, inactivated, whole cell
J07AL	=	Pneumococcal vaccines
J07AL01	=	Pneumococcus, purified polysaccharides antigen
J07AL02	=	Pneumococcus, purified polysaccharides antigen conjugated
J07AM	=	Tetanus vaccines
J07AM01	=	Tetanus toxoid
J07AM51	=	Tetanus toxoid, combinations with diphtheria toxoid
J07AM52	=	Tetanus toxoid, combinations with tetanus immunoglobulin
J07AN	=	Tuberculosis vaccines
J07AN01	=	Tuberculosis, live attenuated
J07AP	=	Typhoid vaccines
J07AP01	=	Typhoid, oral, live attenuated
J07AP02	=	Typhoid, inactivated, whole cell
J07AP03	=	Typhoid, purified polysaccharide antigen
J07AP10	=	Typhoid, combinations with paratyphi types
J07AR	=	Typhus (exanthematicus) vaccines
J07AR01	=	Typhus exanthematicus, inactivated, whole cell
J07AX	=	Other bacterial vaccines
J07B	=	VIRAL VACCINES
J07BA	=	Encephalitis vaccines
J07BA01	=	Encephalitis, tick borne, inactivated, whole virus
J07BA02	=	Encephalitis, Japanese, inactivated, whole virus
J07BB	=	Influenza vaccines
J07BB01	=	Influenza, inactivated, whole virus

J07BB02 = Influenza, purified antigen
J07BC = Hepatitis vaccines
J07BC01 = Hepatitis B, purified antigen
J07BC02 = Hepatitis A, inactivated, whole virus
J07BC20 = Combinations
J07BD = Measles vaccines
J07BD01 = Measles, live attenuated
J07BD51 = Measles, combinations with mumps, live attenuated
J07BD52 = Measles, combinations with mumps and rubella, live attenuated
J07BD53 = Measles, combinations with rubella, live attenuated
J07BD54 = Measles, combinations with mumps, rubella and varicella, live attenuated
J07BE = Mumps vaccines
J07BE01 = Mumps, live attenuated
J07BF = Poliomyelitis vaccines
J07BF01 = Poliomyelitis oral, monovalent live attenuated
J07BF02 = Poliomyelitis oral, trivalent, live attenuated
J07BF03 = Poliomyelitis, trivalent, inactivated, whole virus
J07BG = Rabies vaccines
J07BG01 = Rabies, inactivated, whole virus
J07BH = Rota virus diarrhea vaccines
J07BH01 = Rota virus, live attenuated
J07BJ = Rubella vaccines
J07BJ01 = Rubella, live attenuated
J07BJ51 = Rubella, combinations with mumps, live attenuated
J07BK = Varicella zoster vaccines
J07BK01 = Varicella, live attenuated
J07BK02 = Zoster, live attenuated
J07BL = Yellow fever vaccines
J07BL01 = Yellow fever, live attenuated
J07BM = Papillomavirus vaccines
J07BM01 = Papillomavirus (human types 6, 11, 16, 18)
J07BM02 = Papillomavirus (human types 16, 18)
J07BX = Other viral vaccines
J07C = BACTERIAL AND VIRAL VACCINES, COMBINED
J07CA = Bacterial and viral vaccines, combined
J07CA01 = Diphtheria-poliomyelitis-tetanus
J07CA02 = Diphtheria-pertussis-poliomyelitis-tetanus
J07CA03 = Diphtheria-rubella-tetanus
J07CA04 = Hemophilus influenzae B and poliomyelitis
J07CA05 = Diphtheria-hepatitis B-pertussis-tetanus
J07CA06 = Diphtheria-hemophilus influenzae B-pertussis-poliomyelitis-tetanus
J07CA07 = Diphtheria-hepatitis B-tetanus
J07CA08 = Hemophilus influenzae B and hepatitis B
J07CA09 = Diphtheria-hemophilus influenzae B-pertussis-poliomyelitis-tetanus-hepatitis B
J07CA10 = Typhoid-hepatitis A
J07CA11 = Diphtheria-hemophilus influenzae B-pertussis-tetanus-hepatitis B
J07CA12 = Diphtheria-pertussis-poliomyelitis-tetanus-hepatitis B
J07X = OTHER VACCINES

L = ANTINEOPLASTIC AND IMMUNOMODULATING AGENTS
L01 = ANTINEOPLASTIC AGENTS
L01A = ALKYLATING AGENTS
L01AA = Nitrogen mustard analogues
L01AA01 = Cyclophosphamide
L01AA02 = Chlorambucil
L01AA03 = Melphalan
L01AA05 = Chlormethine
L01AA06 = Ifosfamide
L01AA07 = Trofosfamide
L01AA08 = Prednimustine
L01AB = Alkyl sulfonates
L01AB01 = Busulfan
L01AB02 = Treosulfan
L01AB03 = Mannosulfan
L01AC = Ethylene imines
L01AC01 = Thiotepa
L01AC02 = Triaziquone
L01AC03 = Carboquone
L01AD = Nitrosoureas
L01AD01 = Carmustine
L01AD02 = Lomustine
L01AD03 = Semustine
L01AD04 = Streptozocin
L01AD05 = Fotemustine
L01AD06 = Nimustine
L01AD07 = Ranimustine
L01AG = Epoxides
L01AG01 = Etoglucid
L01AX = Other alkylating agents
L01AX01 = Mitobronitol
L01AX02 = Pipobroman
L01AX03 = Temozolomide
L01AX04 = Dacarbazine
L01B = ANTIMETABOLITES
L01BA = Folic acid analogues
L01BA01 = Methotrexate
L01BA03 = Raltitrexed
L01BA04 = Pemetrexed
L01BB = Purine analogues
L01BB02 = Mercaptopurine
L01BB03 = Tioguanine
L01BB04 = Cladribine
L01BB05 = Fludarabine
L01BB06 = Clofarabine
L01BB07 = Nelarabine
L01BC = Pyrimidine analogues
L01BC01 = Cytarabine
L01BC02 = Fluorouracil
L01BC03 = Tegafur
L01BC04 = Carmofur
L01BC05 = Gemcitabine
L01BC06 = Capecitabine
L01BC52 = Fluorouracil, combinations
L01BC53 = Tegafur, combinations
L01C = PLANT ALKALOIDS AND OTHER NATURAL PRODUCTS
L01CA = Vinca alkaloids and analogues
L01CA01 = Vinblastine
L01CA02 = Vincristine
L01CA03 = Vindesine
L01CA04 = Vinorelbine
L01CB = Podophyllotoxin derivatives
L01CB01 = Etoposide

L01CB02 = Teniposide
L01CC = Colchicine derivatives
L01CC01 = Demecolcine
L01CD = Taxanes
L01CD01 = Paclitaxel
L01CD02 = Docetaxel
L01CX = Other plant alkaloids and natural products
L01CX01 = Trabectedin
L01D = CYTOTOXIC ANTIBIOTICS AND RELATED SUBSTANCES
L01DA = Actinomycines
L01DA01 = Dactinomycin
L01DB = Anthracyclines and related substances
L01DB01 = Doxorubicin
L01DB02 = Daunorubicin
L01DB03 = Epirubicin
L01DB04 = Aclarubicin
L01DB05 = Zorubicin
L01DB06 = Idarubicin
L01DB07 = Mitoxantrone
L01DB08 = Pirarubicin
L01DB09 = Valrubicin
L01DC = Other cytotoxic antibiotics
L01DC01 = Bleomycin
L01DC02 = Plicamycin
L01DC03 = Mitomycin
L01X = OTHER ANTINEOPLASTIC AGENTS
L01XA = Platinum compounds
L01XA01 = Cisplatin
L01XA02 = Carboplatin
L01XA03 = Oxaliplatin
L01XB = Methylhydrazines
L01XB01 = Procarbazine
L01XC = Monoclonal antibodies
L01XC01 = Edrecolomab
L01XC02 = Rituximab
L01XC03 = Trastuzumab
L01XC04 = Alemtuzumab
L01XC05 = Gemtuzumab
L01XC06 = Cetuximab
L01XC07 = Bevacizumab
L01XC08 = Panitumumab
L01XD = Sensitizers used in photodynamic/radiation therapy
L01XD01 = Porfimer sodium
L01XD03 = Methyl aminolevulinate
L01XD04 = Aminolevulinic acid
L01XD05 = Temoporfin
L01XD06 = Efaproxiral
L01XE = Protein kinase inhibitors
L01XE01 = Imatinib
L01XE02 = Gefitinib
L01XE03 = Erlotinib
L01XE04 = Sunitinib
L01XE05 = Sorafenib
L01XE06 = Dasatinib
L01XX = Other antineoplastic agents
L01XX01 = Amsacrine
L01XX02 = Asparaginase
L01XX03 = Altretamine
L01XX05 = Hydroxycarbamide
L01XX07 = Lonidamine
L01XX08 = Pentostatin
L01XX09 = Miltefosine
L01XX10 = Masoprocol
L01XX11 = Estramustine
L01XX14 = Tretinoin
L01XX16 = Mitoguazone
L01XX17 = Topotecan
L01XX18 = Tiazofurine
L01XX19 = Irinotecan
L01XX22 = Alitretinoin
L01XX23 = Mitotane
L01XX24 = Pegaspargase
L01XX25 = Bexarotene
L01XX27 = Arsenic trioxide
L01XX29 = Denileukin diftitox
L01XX32 = Bortezomib
L01XX33 = Celecoxib
L01XX35 = Anagrelide
L01XY = Combinations of antineoplastic agents
L02 = ENDOCRINE THERAPY
L02A = HORMONES AND RELATED AGENTS
L02AA = Estrogens
L02AA01 = Diethylstilbestrol
L02AA02 = Polyestradiol phosphate
L02AA03 = Ethinylestradiol
L02AA04 = Fosfestrol
L02AB = Progestogens
L02AB01 = Megestrol
L02AB02 = Medroxyprogesterone
L02AB03 = Gestonorone
L02AE = Gonadotropin releasing hormone analogues
L02AE01 = Buserelin
L02AE02 = Leuprorelin
L02AE03 = Goserelin
L02AE04 = Triptorelin
L02AX = Other hormones
L02B = HORMONE ANTAGONISTS AND RELATED AGENTS
L02BA = Anti-estrogens
L02BA01 = Tamoxifen
L02BA02 = Toremifene
L02BA03 = Fulvestrant
L02BB = Anti-androgens
L02BB01 = Flutamide
L02BB02 = Nilutamide
L02BB03 = Bicalutamide
L02BG = Enzyme inhibitors
L02BG01 = Aminogluthetimide
L02BG02 = Formestane
L02BG03 = Anastrozole
L02BG04 = Letrozole
L02BG05 = Vorozole
L02BG06 = Exemestane
L02BX = Other hormone antagonists and related agents
L02BX01 = Abarelix
L03 = IMMUNOSTIMULANTS
L03A = CYTOKINES AND IMMUNOMODULATORS
L03AA = Colony stimulating factors
L03AA02 = Filgrastim
L03AA03 = Molgramostim
L03AA09 = Sargramostim

L03AA10 = Lenograstim
L03AA12 = Ancestim
L03AA13 = Pegfilgrastim
L03AB = Interferons
L03AB01 = Interferon alfa natural
L03AB02 = Interferon beta natural
L03AB03 = Interferon gamma
L03AB04 = Interferon alfa-2a
L03AB05 = Interferon alfa-2b
L03AB06 = Interferon alfa-n1
L03AB07 = Interferon beta-1a
L03AB08 = Interferon beta-1b
L03AB09 = Interferon alfacon-1
L03AB10 = Peginterferon alfa-2b
L03AB11 = Peginterferon alfa-2a
L03AB60 = Peginterferon-alfa-2b, combinations
L03AC = Interleukins
L03AC01 = Aldesleukin
L03AC02 = Oprelvekin
L03AX = Other cytokines and immunomodulators
L03AX01 = Lentinan
L03AX02 = Roquinimex
L03AX03 = BCG vaccine
L03AX04 = Pegademase
L03AX05 = Pidotimod
L03AX07 = Poly I:C
L03AX08 = Poly ICLC
L03AX09 = Thymopentin
L03AX10 = Immunocyanin
L03AX11 = Tasonermin
L03AX12 = Melanoma vaccine
L03AX13 = Glatiramer acetate
L03AX14 = Histamine dihydrochloride
L04 = IMMUNOSUPPRESSIVE AGENTS
L04A = IMMUNOSUPPRESSIVE AGENTS
L04AA = Selective immunosuppressive agents
L04AA01 = Ciclosporin
L04AA02 = Muromonab-CD3
L04AA03 = Antilymphocyte immunoglobulin (horse)
L04AA04 = Antithymocyte immunoglobulin (rabbit)
L04AA05 = Tacrolimus
L04AA06 = Mycophenolic acid
L04AA08 = Daclizumab
L04AA09 = Basiliximab
L04AA10 = Sirolimus
L04AA11 = Etanercept
L04AA12 = Infliximab
L04AA13 = Leflunomide
L04AA14 = Anakinra
L04AA15 = Alefacept
L04AA16 = Afelimomab
L04AA17 = Adalimumab
L04AA18 = Everolimus
L04AA19 = Gusperimus
L04AA21 = Efalizumab
L04AA22 = Abetimus
L04AA23 = Natalizumab
L04AA24 = Abatacept
L04AX = Other immunosuppressive agents
L04AX01 = Azathioprine
L04AX02 = Thalidomide
L04AX03 = Methotrexate
L04AX04 = Lenalidomide
M = MUSCULO-SKELETAL SYSTEM
M01 = ANTIINFLAMMATORY AND ANTI-RHEUMATIC PRODUCTS
M01A = ANTIINFLAMMATORY AND ANTI-RHEUMATIC PRODUCTS, NON-STEROIDS
M01AA = Butylpyrazolidines
M01AA01 = Phenylbutazone
M01AA02 = Mofebutazone
M01AA03 = Oxyphenbutazone
M01AA05 = Clofezone
M01AA06 = Kebuzone
M01AB = Acetic acid derivatives and related substances
M01AB01 = Indometacin
M01AB02 = Sulindac
M01AB03 = Tolmetin
M01AB04 = Zomepirac
M01AB05 = Diclofenac
M01AB06 = Alclofenac
M01AB07 = Bumadizone
M01AB08 = Etodolac
M01AB09 = Lonazolac
M01AB10 = Fentiazac
M01AB11 = Acemetacin
M01AB12 = Difenpiramide
M01AB13 = Oxametacin
M01AB14 = Proglumetacin
M01AB15 = Ketorolac
M01AB16 = Aceclofenac
M01AB17 = Bufexamac
M01AB51 = Indometacin, combinations
M01AB55 = Diclofenac, combinations
M01AC = Oxicams
M01AC01 = Piroxicam
M01AC02 = Tenoxicam
M01AC04 = Droxicam
M01AC05 = Lornoxicam
M01AC06 = Meloxicam
M01AE = Propionic acid derivatives
M01AE01 = Ibuprofen
M01AE02 = Naproxen
M01AE03 = Ketoprofen
M01AE04 = Fenoprofen
M01AE05 = Fenbufen
M01AE06 = Benoxaprofen
M01AE07 = Suprofen
M01AE08 = Pirprofen
M01AE09 = Flurbiprofen
M01AE10 = Indoprofen
M01AE11 = Tiaprofenic acid
M01AE12 = Oxaprozin
M01AE13 = Ibuproxam
M01AE14 = Dexibuprofen
M01AE15 = Flunoxaprofen
M01AE16 = Alminoprofen
M01AE17 = Dexketoprofen
M01AE51 = Ibuprofen, combinations
M01AE53 = Ketoprofen, combinations
M01AG = Fenamates
M01AG01 = Mefenamic acid
M01AG02 = Tolfenamic acid
M01AG03 = Flufenamic acid

M01AG04 = Meclofenamic acid
M01AH = Coxibs
M01AH01 = Celecoxib
M01AH02 = Rofecoxib
M01AH03 = Valdecoxib
M01AH04 = Parecoxib
M01AH05 = Etoricoxib
M01AH06 = Lumiracoxib
M01AX = Other antiinflammatory and antirheumatic agents, non-steroids
M01AX01 = Nabumetone
M01AX02 = Niflumic acid
M01AX04 = Azapropazone
M01AX05 = Glucosamine
M01AX07 = Benzydamine
M01AX12 = Glucosaminoglycan polysulfate
M01AX13 = Proquazone
M01AX14 = Orgotein
M01AX17 = Nimesulide
M01AX18 = Feprazone
M01AX21 = Diacerein
M01AX22 = Morniflumate
M01AX23 = Tenidap
M01AX24 = Oxaceprol
M01AX25 = Chondroitin sulfate
M01AX68 = Feprazone, combinations
M01B = ANTIINFLAMMATORY/ANTIRHEUMATIC AGENTS IN COMBINATION
M01BA = Antiinflammatory/antirheumatic agents in combination with corticosteroids
M01BA01 = Phenylbutazone and corticosteroids
M01BA02 = Dipyrocetyl and corticosteroids
M01BA03 = Acetylsalicylic acid and corticosteroids
M01BX = Other antiinflammatory/antirheumatic agents in combination with other drugs
M01C = SPECIFIC ANTIRHEUMATIC AGENTS
M01CA = Quinolines
M01CA03 = Oxycinchophen
M01CB = Gold preparations
M01CB01 = Sodium aurothiomalate
M01CB02 = Sodium aurotiosulfate
M01CB03 = Auranofin
M01CB04 = Aurothioglucose
M01CB05 = Aurotioprol
M01CC = Penicillamine and similar agents
M01CC01 = Penicillamine
M01CC02 = Bucillamine
M01CX = Other specific antirheumatic agents
M02 = TOPICAL PRODUCTS FOR JOINT AND MUSCULAR PAIN
M02A = TOPICAL PRODUCTS FOR JOINT AND MUSCULAR PAIN
M02AA = Antiinflammatory preparations, non-steroids for topical use
M02AA01 = Phenylbutazone
M02AA02 = Mofebutazone
M02AA03 = Clofezone
M02AA04 = Oxyphenbutazone
M02AA05 = Benzydamine
M02AA06 = Etofenamate
M02AA07 = Piroxicam
M02AA08 = Felbinac
M02AA09 = Bufexamac
M02AA10 = Ketoprofen
M02AA11 = Bendazac
M02AA12 = Naproxen
M02AA13 = Ibuprofen
M02AA14 = Fentiazac
M02AA15 = Diclofenac
M02AA16 = Feprazone
M02AA17 = Niflumic acid
M02AA18 = Meclofenamic acid
M02AA19 = Flurbiprofen
M02AA21 = Tolmetin
M02AA22 = Suxibuzone
M02AA23 = Indometacin
M02AA24 = Nifenazone
M02AA25 = Aceclofenac
M02AB = Capsicum preparations and similar agents
M02AC = Preparations with salicylic acid derivatives
M02AX = Other topical products for joint and muscular pain
M02AX02 = Tolazoline
M02AX03 = Dimethyl sulfoxide
M02AX10 = Various
M03 = MUSCLE RELAXANTS
M03A = MUSCLE RELAXANTS, PERIPHERALLY ACTING AGENTS
M03AA = Curare alkaloids
M03AA01 = Alcuronium
M03AA02 = Tubocurarine
M03AA04 = Dimethyltubocurarine
M03AB = Choline derivatives
M03AB01 = Suxamethonium
M03AC = Other quaternary ammonium compounds
M03AC01 = Pancuronium
M03AC02 = Gallamine
M03AC03 = Vecuronium
M03AC04 = Atracurium
M03AC05 = Hexafluronium
M03AC06 = Pipecuronium bromide
M03AC07 = Doxacurium chloride
M03AC08 = Fazadinium bromide
M03AC09 = Rocuronium bromide
M03AC10 = Mivacurium chloride
M03AC11 = Cisatracurium
M03AX = Other muscle relaxants, peripherally acting agents
M03AX01 = Botulinum toxin
M03B = MUSCLE RELAXANTS, CENTRALLY ACTING AGENTS
M03BA = Carbamic acid esters
M03BA01 = Phenprobamate
M03BA02 = Carisoprodol
M03BA03 = Methocarbamol
M03BA04 = Styramate
M03BA05 = Febarbamate
M03BA51 = Phenprobamate, combinations excl. psycholeptics
M03BA52 = Carisoprodol, combinations excl. psycholeptics
M03BA53 = Methocarbamol, combinations excl. psycholeptics
M03BA71 = Phenprobamate, combinations with psycholeptics

M03BA72 = Carisoprodol, combinations with psycholeptics
M03BA73 = Methocarbamol, combinations with psycholeptics
M03BB = Oxazol, thiazine, and triazine derivatives
M03BB02 = Chlormezanone
M03BB03 = Chlorzoxazone
M03BB52 = Chlormezanone, combinations excl. psycholeptics
M03BB53 = Chlorzoxazone, combinations excl. psycholeptics
M03BB72 = Chlormezanone, combinations with psycholeptics
M03BB73 = Chlorzoxazone, combinations with psycholeptics
M03BC = Ethers, chemically close to antihistamines
M03BC01 = Orphenadrine (citrate)
M03BC51 = Orphenadrine, combinations
M03BX = Other centrally acting agents
M03BX01 = Baclofen
M03BX02 = Tizanidine
M03BX03 = Pridinol
M03BX04 = Tolperisone
M03BX05 = Thiocolchicoside
M03BX06 = Mephenesin
M03BX07 = Tetrazepam
M03BX08 = Cyclobenzaprine
M03BX30 = Fenyramidol
M03C = MUSCLE RELAXANTS, DIRECTLY ACTING AGENTS
M03CA = Dantrolene and derivatives
M03CA01 = Dantrolene
M04 = ANTIGOUT PREPARATIONS
M04A = ANTIGOUT PREPARATIONS
M04AA = Preparations inhibiting uric acid production
M04AA01 = Allopurinol
M04AA02 = Tisopurine
M04AA03 = Febuxostat
M04AA51 = Allopurinol, combinations
M04AB = Preparations increasing uric acid excretion
M04AB01 = Probenecid
M04AB02 = Sulfinpyrazone
M04AB03 = Benzbromarone
M04AB04 = Isobromindione
M04AC = Preparations with no effect on uric acid metabolism
M04AC01 = Colchicine
M04AC02 = Cinchophen
M04AX = Other antigout preparations
M04AX01 = Urate oxidase
M05 = DRUGS FOR TREATMENT OF BONE DISEASES
M05B = DRUGS AFFECTING BONE STRUCTURE AND MINERALIZATION
M05BA = Bisphosphonates
M05BA01 = Etidronic acid
M05BA02 = Clodronic acid
M05BA03 = Pamidronic acid
M05BA04 = Alendronic acid
M05BA05 = Tiludronic acid
M05BA06 = Ibandronic acid
M05BA07 = Risedronic acid
M05BA08 = Zoledronic acid
M05BB = Bisphosphonates, combinations
M05BB01 = Etidronic acid and calcium, sequential
M05BB02 = Risedronic acid and calcium, sequential
M05BB03 = Alendronic acid and colecalciferol
M05BC = Bone morphogenetic proteins
M05BC01 = Dibotermin alfa
M05BC02 = Eptotermin alfa
M05BX = Other drugs affecting bone structure and mineralization
M05BX01 = Ipriflavone
M05BX02 = Aluminium chlorohydrate
M05BX03 = Strontium ranelate
M09 = OTHER DRUGS FOR DISORDERS OF THE MUSCULO-SKELETAL SYSTEM
M09A = OTHER DRUGS FOR DISORDERS OF THE MUSCULO-SKELETAL SYSTEM
M09AA = Quinine and derivatives
M09AA01 = Hydroquinine
M09AA72 = Quinine, combinations with psycholeptics
M09AB = Enzymes
M09AB01 = Chymopapain
M09AB52 = Trypsin, combinations
M09AX = Other drugs for disorders of the musculo-skeletal system
M09AX01 = Hyaluronic acid

N = NERVOUS SYSTEM
N01 = ANESTHETICS
N01A = ANESTHETICS, GENERAL
N01AA = Ethers
N01AA01 = Diethyl ether
N01AA02 = Vinyl ether
N01AB = Halogenated hydrocarbons
N01AB01 = Halothane
N01AB02 = Chloroform
N01AB03 = Methoxyflurane
N01AB04 = Enflurane
N01AB05 = Trichloroethylene
N01AB06 = Isoflurane
N01AB07 = Desflurane
N01AB08 = Sevoflurane
N01AF = Barbiturates, plain
N01AF01 = Methohexital
N01AF02 = Hexobarbital
N01AF03 = Thiopental
N01AG = Barbiturates in combination with other drugs
N01AG01 = Narcobarbital
N01AH = Opioid anesthetics
N01AH01 = Fentanyl
N01AH02 = Alfentanil
N01AH03 = Sufentanil
N01AH04 = Phenoperidine
N01AH05 = Anileridine
N01AH06 = Remifentanil
N01AH51 = Fentanyl, combinations
N01AX = Other general anesthetics
N01AX01 = Droperidol
N01AX03 = Ketamine
N01AX04 = Propanidid
N01AX05 = Alfaxalone
N01AX07 = Etomidate

N01AX10	=	Propofol
N01AX11	=	Hydroxybutyric acid
N01AX13	=	Nitrous oxide
N01AX14	=	Esketamine
N01AX63	=	Nitrous oxide, combinations
N01B	=	ANESTHETICS, LOCAL
N01BA	=	Esters of aminobenzoic acid
N01BA01	=	Metabutethamine
N01BA02	=	Procaine
N01BA03	=	Tetracaine
N01BA04	=	Chloroprocaine
N01BA05	=	Benzocaine
N01BA52	=	Procaine, combinations
N01BB	=	Amides
N01BB01	=	Bupivacaine
N01BB02	=	Lidocaine
N01BB03	=	Mepivacaine
N01BB04	=	Prilocaine
N01BB05	=	Butanilicaine
N01BB06	=	Cinchocaine
N01BB07	=	Etidocaine
N01BB08	=	Articaine
N01BB09	=	Ropivacaine
N01BB10	=	Levobupivacaine
N01BB20	=	Combinations
N01BB51	=	Bupivacaine, combinations
N01BB52	=	Lidocaine, combinations
N01BB53	=	Mepivacaine, combinations
N01BB54	=	Prilocaine, combinations
N01BB57	=	Etidocaine, combinations
N01BB58	=	Articaine, combinations
N01BC	=	Esters of benzoic acid
N01BC01	=	Cocaine
N01BX	=	Other local anesthetics
N01BX01	=	Ethyl chloride
N01BX02	=	Dyclonine
N01BX03	=	Phenol
N01BX04	=	Capsaicin
N02	=	ANALGESICS
N02A	=	OPIOIDS
N02AA	=	Natural opium alkaloids
N02AA01	=	Morphine
N02AA02	=	Opium
N02AA03	=	Hydromorphone
N02AA04	=	Nicomorphine
N02AA05	=	Oxycodone
N02AA08	=	Dihydrocodeine
N02AA09	=	Diamorphine
N02AA10	=	Papaveretum
N02AA51	=	Morphine, combinations
N02AA58	=	Dihydrocodeine, combinations
N02AA59	=	Codeine, combinations excl. psycholeptics
N02AA79	=	Codeine, combinations with psycholeptics
N02AB	=	Phenylpiperidine derivatives
N02AB01	=	Ketobemidone
N02AB02	=	Pethidine
N02AB03	=	Fentanyl
N02AB52	=	Pethidine, combinations excl. psycholeptics
N02AB72	=	Pethidine, combinations with psycholeptics
N02AC	=	Diphenylpropylamine derivatives
N02AC01	=	Dextromoramide
N02AC03	=	Piritramide
N02AC04	=	Dextropropoxyphene
N02AC05	=	Bezitramide
N02AC52	=	Methadone, comb. excl. psycholeptics
N02AC54	=	Dextropropoxyphene, comb. excl. psycholeptics
N02AC74	=	Dextropropoxyphene, comb. with psycholeptics
N02AD	=	Benzomorphan derivatives
N02AD01	=	Pentazocine
N02AD02	=	Phenazocine
N02AE	=	Oripavine derivatives
N02AE01	=	Buprenorphine
N02AF	=	Morphinan derivatives
N02AF01	=	Butorphanol
N02AF02	=	Nalbuphine
N02AG	=	Opioids in combination with antispasmodics
N02AG01	=	Morphine and antispasmodics
N02AG02	=	Ketobemidone and antispasmodics
N02AG03	=	Pethidine and antispasmodics
N02AG04	=	Hydromorphone and antispasmodics
N02AX	=	Other opioids
N02AX01	=	Tilidine
N02AX02	=	Tramadol
N02AX03	=	Dezocine
N02AX52	=	Tramadol, combinations
N02B	=	OTHER ANALGESICS AND ANTIPYRETICS
N02BA	=	Salicylic acid and derivatives
N02BA01	=	Acetylsalicylic acid
N02BA02	=	Aloxiprin
N02BA03	=	Choline salicylate
N02BA04	=	Sodium salicylate
N02BA05	=	Salicylamide
N02BA06	=	Salsalate
N02BA07	=	Ethenzamide
N02BA08	=	Morpholine salicylate
N02BA09	=	Dipyrocetyl
N02BA10	=	Benorilate
N02BA11	=	Diflunisal
N02BA12	=	Potassium salicylate
N02BA14	=	Guacetisal
N02BA15	=	Carbasalate calcium
N02BA16	=	Imidazole salicylate
N02BA51	=	Acetylsalicylic acid, combinations excl. psycholeptics
N02BA55	=	Salicylamide, combinations excl. psycholeptics
N02BA57	=	Ethenzamide, combinations excl. psycholeptics
N02BA59	=	Dipyrocetyl, combinations excl. psycholeptics
N02BA65	=	Carbasalate calcium combinations excl. psycholeptics
N02BA71	=	Acetylsalicylic acid, combinations with psycholeptics
N02BA75	=	Salicylamide, combinations with psycholeptics
N02BA77	=	Ethenzamide, combinations with psycholeptics
N02BA79	=	Dipyrocetyl, combinations with psycholeptics

N02BB = Pyrazolones
N02BB01 = Phenazone
N02BB02 = Metamizole sodium
N02BB03 = Aminophenazone
N02BB04 = Propyphenazone
N02BB05 = Nifenazone
N02BB51 = Phenazone, combinations excl. psycholeptics
N02BB52 = Metamizole sodium, combinations excl. psycholeptics
N02BB53 = Aminophenazone, combinations excl. psycholeptics
N02BB54 = Propyphenazone, combinations excl. psycholeptics
N02BB71 = Phenazone, combinations with psycholeptics
N02BB72 = Metamizole sodium, combinations with psycholeptics
N02BB73 = Aminophenazone, combinations with psycholeptics
N02BB74 = Propyphenazone, combinations with psycholeptics
N02BE = Anilides
N02BE01 = Paracetamol
N02BE03 = Phenacetin
N02BE04 = Bucetin
N02BE05 = Propacetamol
N02BE51 = Paracetamol, combinations excl. psycholeptics
N02BE53 = Phenacetin, combinations excl. psycholeptics
N02BE54 = Bucetin, combinations excl. psycholeptics
N02BE71 = Paracetamol, combinations with psycholeptics
N02BE73 = Phenacetin, combinations with psycholeptics
N02BE74 = Bucetin, combinations with psycholeptics
N02BG = Other analgesics and antipyretics
N02BG02 = Rimazolium
N02BG03 = Glafenine
N02BG04 = Floctafenine
N02BG05 = Viminol
N02BG06 = Nefopam
N02BG07 = Flupirtine
N02BG08 = Ziconotide
N02C = ANTIMIGRAINE PREPARATIONS
N02CA = Ergot alkaloids
N02CA01 = Dihydroergotamine
N02CA02 = Ergotamine
N02CA04 = Methysergide
N02CA07 = Lisuride
N02CA51 = Dihydroergotamine, combinations
N02CA52 = Ergotamine, combinations excl. psycholeptics
N02CA72 = Ergotamine, combinations with psycholeptics
N02CB = Corticosteroid derivatives
N02CB01 = Flumedroxone
N02CC = Selective serotonin (5HT1) agonists
N02CC01 = Sumatriptan
N02CC02 = Naratriptan
N02CC03 = Zolmitriptan
N02CC04 = Rizatriptan
N02CC05 = Almotriptan
N02CC06 = Eletriptan
N02CC07 = Frovatriptan
N02CX = Other antimigraine preparations
N02CX01 = Pizotifen
N02CX02 = Clonidine
N02CX03 = Iprazochrome
N02CX05 = Dimetotiazine
N02CX06 = Oxetorone
N03 = ANTIEPILEPTICS
N03A = ANTIEPILEPTICS
N03AA = Barbiturates and derivatives
N03AA01 = Methylphenobarbital
N03AA02 = Phenobarbital
N03AA03 = Primidone
N03AA04 = Barbexaclone
N03AA30 = Metharbital
N03AB = Hydantoin derivatives
N03AB01 = Ethotoin
N03AB02 = Phenytoin
N03AB03 = Amino(diphenylhydantoin) valeric acid
N03AB04 = Mephenytoin
N03AB05 = Fosphenytoin
N03AB52 = Phenytoin, combinations
N03AB54 = Mephenytoin, combinations
N03AC = Oxazolidine derivatives
N03AC01 = Paramethadione
N03AC02 = Trimethadione
N03AC03 = Ethadione
N03AD = Succinimide derivatives
N03AD01 = Ethosuximide
N03AD02 = Phensuximide
N03AD03 = Mesuximide
N03AD51 = Ethosuximide, combinations
N03AE = Benzodiazepine derivatives
N03AE01 = Clonazepam
N03AF = Carboxamide derivatives
N03AF01 = Carbamazepine
N03AF02 = Oxcarbazepine
N03AF03 = Rufinamide
N03AG = Fatty acid derivatives
N03AG01 = Valproic acid
N03AG02 = Valpromide
N03AG03 = Aminobutyric acid
N03AG04 = Vigabatrin
N03AG05 = Progabide
N03AG06 = Tiagabine
N03AX = Other antiepileptics
N03AX03 = Sultiame
N03AX07 = Phenacemide
N03AX09 = Lamotrigine
N03AX10 = Felbamate
N03AX11 = Topiramate
N03AX12 = Gabapentin
N03AX13 = Pheneturide
N03AX14 = Levetiracetam
N03AX15 = Zonisamide
N03AX16 = Pregabalin
N03AX17 = Stiripentol
N03AX30 = Beclamide
N04 = ANTI-PARKINSON DRUGS
N04A = ANTICHOLINERGIC AGENTS
N04AA = Tertiary amines

N04AA01 = Trihexyphenidyl
N04AA02 = Biperiden
N04AA03 = Metixene
N04AA04 = Procyclidine
N04AA05 = Profenamine
N04AA08 = Dexetimide
N04AA09 = Phenglutarimide
N04AA10 = Mazaticol
N04AA11 = Bornaprine
N04AA12 = Tropatepine
N04AB = Ethers chemically close to antihistamines
N04AB01 = Etanautine
N04AB02 = Orphenadrine (chloride)
N04AC = Ethers of tropine or tropine derivatives
N04AC01 = Benzatropine
N04AC30 = Etybenzatropine
N04B = DOPAMINERGIC AGENTS
N04BA = Dopa and dopa derivatives
N04BA01 = Levodopa
N04BA02 = Levodopa and decarboxylase inhibitor
N04BA03 = Levodopa, decarboxylase inhibitor and COMT inhibitor
N04BA04 = Melevodopa
N04BA05 = Melevodopa and decarboxylase inhibitor
N04BA06 = Etilevodopa and decarboxylase inhibitor
N04BB = Adamantane derivatives
N04BB01 = Amantadine
N04BC = Dopamine agonists
N04BC01 = Bromocriptine
N04BC02 = Pergolide
N04BC03 = Dihydroergocryptine mesylate
N04BC04 = Ropinirole
N04BC05 = Pramipexole
N04BC06 = Cabergoline
N04BC07 = Apomorphine
N04BC08 = Piribedil
N04BC09 = Rotigotine
N04BD = Monoamine oxidase B inhibitors
N04BD01 = Selegiline
N04BD02 = Rasagiline
N04BX = Other dopaminergic agents
N04BX01 = Tolcapone
N04BX02 = Entacapone
N04BX03 = Budipine
N05 = PSYCHOLEPTICS
N05A = ANTIPSYCHOTICS
N05AA = Phenothiazines with aliphatic side-chain
N05AA01 = Chlorpromazine
N05AA02 = Levomepromazine
N05AA03 = Promazine
N05AA04 = Acepromazine
N05AA05 = Triflupromazine
N05AA06 = Cyamemazine
N05AA07 = Chlorproethazine
N05AB = Phenothiazines with piperazine structure
N05AB01 = Dixyrazine
N05AB02 = Fluphenazine
N05AB03 = Perphenazine
N05AB04 = Prochlorperazine
N05AB05 = Thiopropazate
N05AB06 = Trifluoperazine
N05AB07 = Acetophenazine
N05AB08 = Thioproperazine
N05AB09 = Butaperazine
N05AB10 = Perazine
N05AC = Phenothiazines with piperidine structure
N05AC01 = Periciazine
N05AC02 = Thioridazine
N05AC03 = Mesoridazine
N05AC04 = Pipotiazine
N05AD = Butyrophenone derivatives
N05AD01 = Haloperidol
N05AD02 = Trifluperidol
N05AD03 = Melperone
N05AD04 = Moperone
N05AD05 = Pipamperone
N05AD06 = Bromperidol
N05AD07 = Benperidol
N05AD08 = Droperidol
N05AD09 = Fluanisone
N05AE = Indole derivatives
N05AE01 = Oxypertine
N05AE02 = Molindone
N05AE03 = Sertindole
N05AE04 = Ziprasidone
N05AF = Thioxanthene derivatives
N05AF01 = Flupentixol
N05AF02 = Clopenthixol
N05AF03 = Chlorprothixene
N05AF04 = Tiotixene
N05AF05 = Zuclopenthixol
N05AG = Diphenylbutylpiperidine derivatives
N05AG01 = Fluspirilene
N05AG02 = Pimozide
N05AG03 = Penfluridol
N05AH = Diazepines, oxazepines and thiazepines
N05AH01 = Loxapine
N05AH02 = Clozapine
N05AH03 = Olanzapine
N05AH04 = Quetiapine
N05AK = Neuroleptics, in tardive dyskinesia
N05AK01 = Tetrabenazine
N05AL = Benzamides
N05AL01 = Sulpiride
N05AL02 = Sultopride
N05AL03 = Tiapride
N05AL04 = Remoxipride
N05AL05 = Amisulpride
N05AL06 = Veralipride
N05AL07 = Levosulpiride
N05AN = Lithium
N05AN01 = Lithium
N05AX = Other antipsychotics
N05AX07 = Prothipendyl
N05AX08 = Risperidone
N05AX09 = Clotiapine
N05AX10 = Mosapramine
N05AX11 = Zotepine
N05AX12 = Aripiprazole
N05AX13 = Paliperidone
N05B = ANXIOLYTICS
N05BA = Benzodiazepine derivatives
N05BA01 = Diazepam
N05BA02 = Chlordiazepoxide
N05BA03 = Medazepam
N05BA04 = Oxazepam

N05BA05 = Potassium clorazepate
N05BA06 = Lorazepam
N05BA07 = Adinazolam
N05BA08 = Bromazepam
N05BA09 = Clobazam
N05BA10 = Ketazolam
N05BA11 = Prazepam
N05BA12 = Alprazolam
N05BA13 = Halazepam
N05BA14 = Pinazepam
N05BA15 = Camazepam
N05BA16 = Nordazepam
N05BA17 = Fludiazepam
N05BA18 = Ethyl loflazepate
N05BA19 = Etizolam
N05BA21 = Clotiazepam
N05BA22 = Cloxazolam
N05BA23 = Tofisopam
N05BA56 = Lorazepam, combinations
N05BB = Diphenylmethane derivatives
N05BB01 = Hydroxyzine
N05BB02 = Captodiame
N05BB51 = Hydroxyzine, combinations
N05BC = Carbamates
N05BC01 = Meprobamate
N05BC03 = Emylcamate
N05BC04 = Mebutamate
N05BC51 = Meprobamate, combinations
N05BD = Dibenzo-bicyclo-octadiene derivatives
N05BD01 = Benzoctamine
N05BE = Azaspirodecanedione derivatives
N05BE01 = Buspirone
N05BX = Other anxiolytics
N05BX01 = Mephenoxalone
N05BX02 = Gedocarnil
N05BX03 = Etifoxine
N05C = HYPNOTICS AND SEDATIVES
N05CA = Barbiturates, plain
N05CA01 = Pentobarbital
N05CA02 = Amobarbital
N05CA03 = Butobarbital
N05CA04 = Barbital
N05CA05 = Aprobarbital
N05CA06 = Secobarbital
N05CA07 = Talbutal
N05CA08 = Vinylbital
N05CA09 = Vinbarbital
N05CA10 = Cyclobarbital
N05CA11 = Heptabarbital
N05CA12 = Reposal
N05CA15 = Methohexital
N05CA16 = Hexobarbital
N05CA19 = Thiopental
N05CA20 = Etallobarbital
N05CA21 = Allobarbital
N05CA22 = Proxibarbal
N05CB = Barbiturates, combinations
N05CB01 = Combinations of barbiturates
N05CB02 = Barbiturates in combination with other drugs
N05CC = Aldehydes and derivatives
N05CC01 = Chloral hydrate
N05CC02 = Chloralodol
N05CC03 = Acetylglycinamide chloral hydrate
N05CC04 = Dichloralphenazone
N05CC05 = Paraldehyde
N05CD = Benzodiazepine derivatives
N05CD01 = Flurazepam
N05CD02 = Nitrazepam
N05CD03 = Flunitrazepam
N05CD04 = Estazolam
N05CD05 = Triazolam
N05CD06 = Lormetazepam
N05CD07 = Temazepam
N05CD08 = Midazolam
N05CD09 = Brotizolam
N05CD10 = Quazepam
N05CD11 = Loprazolam
N05CD12 = Doxefazepam
N05CD13 = Cinolazepam
N05CE = Piperidinedione derivatives
N05CE01 = Glutethimide
N05CE02 = Methyprylon
N05CE03 = Pyrithyldione
N05CF = Benzodiazepine related drugs
N05CF01 = Zopiclone
N05CF02 = Zolpidem
N05CF03 = Zaleplon
N05CM = Other hypnotics and sedatives
N05CM01 = Methaqualone
N05CM02 = Clomethiazole
N05CM03 = Bromisoval
N05CM04 = Carbromal
N05CM05 = Scopolamine
N05CM06 = Propiomazine
N05CM07 = Triclofos
N05CM08 = Ethchlorvynol
N05CM09 = Valerian
N05CM10 = Hexapropymate
N05CM11 = Bromides
N05CM12 = Apronal
N05CM13 = Valnoctamide
N05CM15 = Methylpentynol
N05CM16 = Niaprazine
N05CM17 = Melatonin
N05CM18 = Dexmedetomidine
N05CX = Hypnotics and sedatives in combination, excl. barbiturates
N05CX01 = Meprobamate, combinations
N05CX02 = Methaqualone, combinations
N05CX03 = Methylpentynol, combinations
N05CX04 = Clomethiazole, combinations
N05CX05 = Emepronium, combinations
N05CX06 = Dipiperonylaminoethanol, combinations
N06 = PSYCHOANALEPTICS
N06A = ANTIDEPRESSANTS
N06AA = Non-selective monoamine reuptake inhibitors
N06AA01 = Desipramine
N06AA02 = Imipramine
N06AA03 = Imipramine oxide
N06AA04 = Clomipramine
N06AA05 = Opipramol
N06AA06 = Trimipramine
N06AA07 = Lofepramine
N06AA08 = Dibenzepin

N06AA09 = Amitriptyline
N06AA10 = Nortriptyline
N06AA11 = Protriptyline
N06AA12 = Doxepin
N06AA13 = Iprindole
N06AA14 = Melitracen
N06AA15 = Butriptyline
N06AA16 = Dosulepin
N06AA17 = Amoxapine
N06AA18 = Dimetacrine
N06AA19 = Amineptine
N06AA21 = Maprotiline
N06AA23 = Quinupramine
N06AB = Selective serotonin reuptake inhibitors
N06AB02 = Zimeldine
N06AB03 = Fluoxetine
N06AB04 = Citalopram
N06AB05 = Paroxetine
N06AB06 = Sertraline
N06AB07 = Alaproclate
N06AB08 = Fluvoxamine
N06AB09 = Etoperidone
N06AB10 = Escitalopram
N06AF = Monoamine oxidase inhibitors, non-selective
N06AF01 = Isocarboxazid
N06AF02 = Nialamide
N06AF03 = Phenelzine
N06AF04 = Tranylcypromine
N06AF05 = Iproniazide
N06AF06 = Iproclozide
N06AG = Monoamine oxidase A inhibitors
N06AG02 = Moclobemide
N06AG03 = Toloxatone
N06AX = Other antidepressants
N06AX01 = Oxitriptan
N06AX02 = Tryptophan
N06AX03 = Mianserin
N06AX04 = Nomifensine
N06AX05 = Trazodone
N06AX06 = Nefazodone
N06AX07 = Minaprine
N06AX08 = Bifemelane
N06AX09 = Viloxazine
N06AX10 = Oxaflozane
N06AX11 = Mirtazapine
N06AX13 = Medifoxamine
N06AX14 = Tianeptine
N06AX15 = Pivagabine
N06AX16 = Venlafaxine
N06AX17 = Milnacipran
N06AX18 = Reboxetine
N06AX19 = Gepirone
N06AX21 = Duloxetine
N06AX22 = Agomelatine
N06AX23 = Desvenlafaxine
N06B = PSYCHOSTIMULANTS, AGENTS USED FOR ADHD AND NOOTROPICS
N06BA = Centrally acting sympathomimetics
N06BA01 = Amfetamine
N06BA02 = Dexamfetamine
N06BA03 = Metamfetamine
N06BA04 = Methylphenidate
N06BA05 = Pemoline
N06BA06 = Fencamfamin
N06BA07 = Modafinil
N06BA08 = Fenozolone
N06BA09 = Atomoxetine
N06BA10 = Fenetylline
N06BC = Xanthine derivatives
N06BC01 = Caffeine
N06BC02 = Propentofylline
N06BX = Other psychostimulants and nootropics
N06BX01 = Meclofenoxate
N06BX02 = Pyritinol
N06BX03 = Piracetam
N06BX04 = Deanol
N06BX05 = Fipexide
N06BX06 = Citicoline
N06BX07 = Oxiracetam
N06BX08 = Pirisudanol
N06BX09 = Linopirdine
N06BX10 = Nizofenone
N06BX11 = Aniracetam
N06BX12 = Acetylcarnitine
N06BX13 = Idebenone
N06BX14 = Prolintane
N06BX15 = Pipradrol
N06BX16 = Pramiracetam
N06BX17 = Adrafinil
N06BX18 = Vinpocetine
N06C = PSYCHOLEPTICS AND PSYCHOANALEPTICS IN COMBINATION
N06CA = Antidepressants in combination with psycholeptics
N06CA01 = Amitriptyline and psycholeptics
N06CA02 = Melitracen and psycholeptics
N06CB = Psychostimulants in combination with psycholeptics
N06D = ANTI-DEMENTIA DRUGS
N06DA = Anticholinesterases
N06DA01 = Tacrine
N06DA02 = Donepezil
N06DA03 = Rivastigmine
N06DA04 = Galantamine
N06DX = Other anti-dementia drugs
N06DX01 = Memantine
N06DX02 = Ginkgo biloba
N07 = OTHER NERVOUS SYSTEM DRUGS
N07A = PARASYMPATHOMIMETICS
N07AA = Anticholinesterases
N07AA01 = Neostigmine
N07AA02 = Pyridostigmine
N07AA03 = Distigmine
N07AA30 = Ambenonium
N07AA51 = Neostigmine, combinations
N07AB = Choline esters
N07AB01 = Carbachol
N07AB02 = Bethanechol
N07AX = Other parasympathomimetics
N07AX01 = Pilocarpine
N07AX02 = Choline alfoscerate
N07B = DRUGS USED IN ADDICTIVE DISORDERS
N07BA = Drugs used in nicotine dependence
N07BA01 = Nicotine

N07BA02 = Bupropion
N07BA03 = Varenicline
N07BB = Drugs used in alcohol dependence
N07BB01 = Disulfiram
N07BB02 = Calcium carbimide
N07BB03 = Acamprosate
N07BB04 = Naltrexone
N07BC = Drugs used in opioid dependence
N07BC01 = Buprenorphine
N07BC02 = Methadone
N07BC03 = Levacetylmethadol
N07BC04 = Lofexidine
N07BC51 = Buprenorphine, combinations
N07C = ANTIVERTIGO PREPARATIONS
N07CA = Antivertigo preparations
N07CA01 = Betahistine
N07CA02 = Cinnarizine
N07CA03 = Flunarizine
N07CA04 = Acetylleucine
N07CA52 = Cinnarizine, combinations
N07X = OTHER NERVOUS SYSTEM DRUGS
N07XA = Gangliosides and ganglioside derivatives
N07XX = Other nervous system drugs
N07XX01 = Tirilazad
N07XX02 = Riluzole
N07XX03 = Xaliproden
N07XX04 = Hydroxybutyric acid

P = ANTIPARASITIC PRODUCTS, INSECTICIDES AND REPELLENTS
P01 = ANTIPROTOZOALS
P01A = AGENTS AGAINST AMOEBIASIS AND OTHER PROTOZOAL DISEASES
P01AA = Hydroxyquinoline derivatives
P01AA01 = Broxyquinoline
P01AA02 = Clioquinol
P01AA04 = Chlorquinaldol
P01AA05 = Tilbroquinol
P01AA52 = Clioquinol, combinations
P01AB = Nitroimidazole derivatives
P01AB01 = Metronidazole
P01AB02 = Tinidazole
P01AB03 = Ornidazole
P01AB04 = Azanidazole
P01AB05 = Propenidazole
P01AB06 = Nimorazole
P01AB07 = Secnidazole
P01AC = Dichloroacetamide derivatives
P01AC01 = Diloxanide
P01AC02 = Clefamide
P01AC03 = Etofamide
P01AC04 = Teclozan
P01AR = Arsenic compounds
P01AR01 = Arsthinol
P01AR02 = Difetarsone
P01AR03 = Glycobiarsol
P01AR53 = Glycobiarsol, combinations
P01AX = Other agents against amoebiasis and other protozoal diseases
P01AX01 = Chiniofon
P01AX02 = Emetine
P01AX04 = Phanquinone
P01AX05 = Mepacrine
P01AX06 = Atovaquone
P01AX07 = Trimetrexate
P01AX08 = Tenonitrozole
P01AX09 = Dihydroemetine
P01AX10 = Fumagillin
P01AX52 = Emetine, combinations
P01B = ANTIMALARIALS
P01BA = Aminoquinolines
P01BA01 = Chloroquine
P01BA02 = Hydroxychloroquine
P01BA03 = Primaquine
P01BA06 = Amodiaquine
P01BB = Biguanides
P01BB01 = Proguanil
P01BB02 = Cycloguanil embonate
P01BB51 = Proguanil, combinations
P01BC = Methanolquinolines
P01BC01 = Quinine
P01BC02 = Mefloquine
P01BD = Diaminopyrimidines
P01BD01 = Pyrimethamine
P01BD51 = Pyrimethamine, combinations
P01BE = Artemisinin and derivatives
P01BE01 = Artemisinin
P01BE02 = Artemether
P01BE03 = Artesunate
P01BE04 = Artemotil
P01BE05 = Artenimol
P01BE52 = Artemether, combinations
P01BX = Other antimalarials
P01BX01 = Halofantrine
P01C = AGENTS AGAINST LEISHMANIASIS AND TRYPANOSOMIASIS
P01CA = Nitroimidazole derivatives
P01CA02 = Benznidazole
P01CB = Antimony compounds
P01CB01 = Meglumine antimonate
P01CB02 = Sodium stibogluconate
P01CC = Nitrofuran derivatives
P01CC01 = Nifurtimox
P01CC02 = Nitrofural
P01CD = Arsenic compounds
P01CD01 = Melarsoprol
P01CD02 = Acetarsol
P01CX = Other agents against leishmaniasis and trypanosomiasis
P01CX01 = Pentamidine isethionate
P01CX02 = Suramin sodium
P01CX03 = Eflornithine
P02 = ANTHELMINTICS
P02B = ANTITREMATODALS
P02BA = Quinoline derivatives and related substances
P02BA01 = Praziquantel
P02BA02 = Oxamniquine
P02BB = Organophosphorous compounds
P02BB01 = Metrifonate
P02BX = Other antitrematodal agents
P02BX01 = Bithionol
P02BX02 = Niridazole
P02BX03 = Stibophen
P02BX04 = Triclabendazole
P02C = ANTINEMATODAL AGENTS

P02CA = Benzimidazole derivatives
P02CA01 = Mebendazole
P02CA02 = Tiabendazole
P02CA03 = Albendazole
P02CA04 = Ciclobendazole
P02CA05 = Flubendazole
P02CA06 = Fenbendazole
P02CA51 = Mebendazole, combinations
P02CB = Piperazine and derivatives
P02CB01 = Piperazine
P02CB02 = Diethylcarbamazine
P02CC = Tetrahydropyrimidine derivatives
P02CC01 = Pyrantel
P02CC02 = Oxantel
P02CE = Imidazothiazole derivatives
P02CE01 = Levamisole
P02CF = Avermectines
P02CF01 = Ivermectin
P02CX = Other antinematodals
P02CX01 = Pyrvinium
P02CX02 = Bephenium
P02D = ANTICESTODALS
P02DA = Salicylic acid derivatives
P02DA01 = Niclosamide
P02DX = Other anticestodals
P02DX01 = Desaspidin
P02DX02 = Dichlorophen
P03 = ECTOPARASITICIDES, INCL. SCABICIDES, INSECTICIDES AND REPELLENTS
P03A = ECTOPARASITICIDES, INCL. SCABICIDES
P03AA = Sulfur containing products
P03AA01 = Dixanthogen
P03AA02 = Potassium polysulfide
P03AA03 = Mesulfen
P03AA04 = Disulfiram
P03AA05 = Thiram
P03AA54 = Disulfiram, combinations
P03AB = Chlorine containing products
P03AB01 = Clofenotane
P03AB02 = Lindane
P03AB51 = Clofenotane, combinations
P03AC = Pyrethrines, incl. synthetic compounds
P03AC01 = Pyrethrum
P03AC02 = Bioallethrin
P03AC03 = Phenothrin
P03AC04 = Permethrin
P03AC51 = Pyrethrum, combinations
P03AC52 = Bioallethrin, combinations
P03AC53 = Phenothrin, combinations
P03AC54 = Permethrin, combinations
P03AX = Other ectoparasiticides, incl. scabicides
P03AX01 = Benzyl benzoate
P03AX02 = Copper oleinate
P03AX03 = Malathion
P03AX04 = Quassia
P03B = INSECTICIDES AND REPELLENTS
P03BA = Pyrethrines
P03BA01 = Cyfluthrin
P03BA02 = Cypermethrin
P03BA03 = Decamethrin
P03BA04 = Tetramethrin
P03BX = Other insecticides and repellents
P03BX01 = Diethyltoluamide
P03BX02 = Dimethylphthalate
P03BX03 = Dibutylphthalate
P03BX04 = Dibutylsuccinate
P03BX05 = Dimethylcarbate
P03BX06 = Etohexadiol

R = RESPIRATORY SYSTEM
R01 = NASAL PREPARATIONS
R01A = DECONGESTANTS AND OTHER NASAL PREPARATIONS FOR TOPICAL USE
R01AA = Sympathomimetics, plain
R01AA02 = Cyclopentamine
R01AA03 = Ephedrine
R01AA04 = Phenylephrine
R01AA05 = Oxymetazoline
R01AA06 = Tetryzoline
R01AA07 = Xylometazoline
R01AA08 = Naphazoline
R01AA09 = Tramazoline
R01AA10 = Metizoline
R01AA11 = Tuaminoheptane
R01AA12 = Fenoxazoline
R01AA13 = Tymazoline
R01AA14 = Epinephrine
R01AB = Sympathomimetics, combinations excl. corticosteroids
R01AB01 = Phenylephrine
R01AB02 = Naphazoline
R01AB03 = Tetryzoline
R01AB05 = Ephedrine
R01AB06 = Xylometazoline
R01AB07 = Oxymetazoline
R01AB08 = Tuaminoheptane
R01AC = Antiallergic agents, excl. corticosteroids
R01AC01 = Cromoglicic acid
R01AC02 = Levocabastine
R01AC03 = Azelastine
R01AC04 = Antazoline
R01AC05 = Spaglumic acid
R01AC06 = Thonzylamine
R01AC07 = Nedocromil
R01AC08 = Olopatadine
R01AC51 = Cromoglicic acid, combinations
R01AD = Corticosteroids
R01AD01 = Beclometasone
R01AD02 = Prednisolone
R01AD03 = Dexamethasone
R01AD04 = Flunisolide
R01AD05 = Budesonide
R01AD06 = Betamethasone
R01AD07 = Tixocortol
R01AD08 = Fluticasone
R01AD09 = Mometasone
R01AD11 = Triamcinolone
R01AD52 = Prednisolone, combinations
R01AD53 = Dexamethasone, combinations
R01AD57 = Tixocortol, combinations
R01AD60 = Hydrocortisone, combinations
R01AX = Other nasal preparations
R01AX01 = Calcium hexamine thiocyanate

R01AX02 = Retinol
R01AX03 = Ipratropium bromide
R01AX05 = Ritiometan
R01AX06 = Mupirocin
R01AX07 = Hexamidine
R01AX08 = Framycetin
R01AX10 = Various
R01AX30 = Combinations
R01B = NASAL DECONGESTANTS FOR SYSTEMIC USE
R01BA = Sympathomimetics
R01BA01 = Phenylpropanolamine
R01BA02 = Pseudoephedrine
R01BA03 = Phenylephrine
R01BA51 = Phenylpropanolamine, combinations
R01BA52 = Pseudoephedrine, combinations
R01BA53 = Phenylephrine, combinations
R02 = THROAT PREPARATIONS
R02A = THROAT PREPARATIONS
R02AA = Antiseptics
R02AA01 = Ambazone
R02AA02 = Dequalinium
R02AA03 = Dichlorobenzyl alcohol
R02AA05 = Chlorhexidine
R02AA06 = Cetylpyridinium
R02AA09 = Benzethonium
R02AA10 = Myristyl-benzalkonium
R02AA11 = Chlorquinaldol
R02AA12 = Hexylresorcinol
R02AA13 = Acriflavinium chloride
R02AA14 = Oxyquinoline
R02AA15 = Povidone-iodine
R02AA16 = Benzalkonium
R02AA17 = Cetrimonium
R02AA18 = Hexamidine
R02AA19 = Phenol
R02AA20 = Various
R02AB = Antibiotics
R02AB01 = Neomycin
R02AB02 = Tyrothricin
R02AB03 = Fusafungine
R02AB04 = Bacitracin
R02AB30 = Gramicidin
R02AD = Anesthetics, local
R02AD01 = Benzocaine
R02AD02 = Lidocaine
R02AD03 = Cocaine
R02AD04 = Dyclonine
R03 = DRUGS FOR OBSTRUCTIVE AIRWAY DISEASES
R03A = ADRENERGICS, INHALANTS
R03AA = Alpha- and beta-adrenoreceptor agonists
R03AA01 = Epinephrine
R03AB = Non-selective beta-adrenoreceptor agonists
R03AB02 = Isoprenaline
R03AB03 = Orciprenaline
R03AC = Selective beta-2-adrenoreceptor agonists
R03AC02 = Salbutamol
R03AC03 = Terbutaline
R03AC04 = Fenoterol
R03AC05 = Rimiterol
R03AC06 = Hexoprenaline
R03AC07 = Isoetarine
R03AC08 = Pirbuterol
R03AC09 = Tretoquinol
R03AC10 = Carbuterol
R03AC11 = Tulobuterol
R03AC12 = Salmeterol
R03AC13 = Formoterol
R03AC14 = Clenbuterol
R03AC15 = Reproterol
R03AC16 = Procaterol
R03AC17 = Bitolterol
R03AH = Combinations of adrenergics
R03AK = Adrenergics and other drugs for obstructive airway diseases
R03AK01 = Epinephrine and other drugs for obstructive airway diseases
R03AK02 = Isoprenaline and other drugs for obstructive airway diseases
R03AK03 = Fenoterol and other drugs for obstructive airway diseases
R03AK04 = Salbutamol and other drugs for obstructive airway diseases
R03AK05 = Reproterol and other drugs for obstructive airway diseases
R03AK06 = Salmeterol and other drugs for obstructive airway diseases
R03AK07 = Formoterol and other drugs for obstructive airway diseases
R03B = OTHER DRUGS FOR OBSTRUCTIVE AIRWAY DISEASES, INHALANTS
R03BA = Glucocorticoids
R03BA01 = Beclometasone
R03BA02 = Budesonide
R03BA03 = Flunisolide
R03BA04 = Betamethasone
R03BA05 = Fluticasone
R03BA06 = Triamcinolone
R03BA07 = Mometasone
R03BA08 = Ciclesonide
R03BB = Anticholinergics
R03BB01 = Ipratropium bromide
R03BB02 = Oxitropium bromide
R03BB03 = Stramoni preparations
R03BB04 = Tiotropium bromide
R03BC = Antiallergic agents, excl. corticosteroids
R03BC01 = Cromoglicic acid
R03BC03 = Nedocromil
R03BX = Other drugs for obstructive airway diseases, inhalants
R03BX01 = Fenspiride
R03C = ADRENERGICS FOR SYSTEMIC USE
R03CA = Alpha- and beta-adrenoreceptor agonists
R03CA02 = Ephedrine
R03CB = Non-selective beta-adrenoreceptor agonists
R03CB01 = Isoprenaline
R03CB02 = Methoxyphenamine
R03CB03 = Orciprenaline
R03CB51 = Isoprenaline, combinations
R03CB53 = Orciprenaline, combinations
R03CC = Selective beta-2-adrenoreceptor agonists
R03CC02 = Salbutamol
R03CC03 = Terbutaline

R03CC04 = Fenoterol
R03CC05 = Hexoprenaline
R03CC06 = Isoetarine
R03CC07 = Pirbuterol
R03CC08 = Procaterol
R03CC09 = Tretoquinol
R03CC10 = Carbuterol
R03CC11 = Tulobuterol
R03CC12 = Bambuterol
R03CC13 = Clenbuterol
R03CC14 = Reproterol
R03CC53 = Terbutaline, combinations
R03CK = Adrenergics and other drugs for obstructive airway diseases
R03D = OTHER SYSTEMIC DRUGS FOR OBSTRUCTIVE AIRWAY DISEASES
R03DA = Xanthines
R03DA01 = Diprophylline
R03DA02 = Choline theophyllinate
R03DA03 = Proxyphylline
R03DA04 = Theophylline
R03DA05 = Aminophylline
R03DA06 = Etamiphylline
R03DA07 = Theobromine
R03DA08 = Bamifylline
R03DA09 = Acefylline piperazine
R03DA10 = Bufylline
R03DA11 = Doxofylline
R03DA20 = Combinations of xanthines
R03DA51 = Diprophylline, combinations
R03DA54 = Theophylline, combinations excl. psycholeptics
R03DA55 = Aminophylline, combinations
R03DA57 = Theobromine, combinations
R03DA74 = Theophylline, combinations with psycholeptics
R03DB = Xanthines and adrenergics
R03DB01 = Diprophylline and adrenergics
R03DB02 = Choline theophyllinate and adrenergics
R03DB03 = Proxyphylline and adrenergics
R03DB04 = Theophylline and adrenergics
R03DB05 = Aminophylline and adrenergics
R03DB06 = Etamiphylline and adrenergics
R03DC = Leukotriene receptor antagonists
R03DC01 = Zafirlukast
R03DC02 = Pranlukast
R03DC03 = Montelukast
R03DC04 = Ibudilast
R03DX = Other systemic drugs for obstructive airway diseases
R03DX01 = Amlexanox
R03DX02 = Eprozinol
R03DX03 = Fenspiride
R03DX05 = Omalizumab
R03DX06 = Seratrodast
R03DX07 = Roflumilast
R05 = COUGH AND COLD PREPARATIONS
R05C = EXPECTORANTS, EXCL. COMBINATIONS WITH COUGH SUPPRESSANTS
R05CA = Expectorants
R05CA01 = Tyloxapol
R05CA02 = Potassium iodide
R05CA03 = Guaifenesin
R05CA04 = Ipecacuanha
R05CA05 = Althea root
R05CA06 = Senega
R05CA07 = Antimony pentasulfide
R05CA08 = Creosote
R05CA09 = Guaiacolsulfonate
R05CA10 = Combinations
R05CA11 = Levoverbenone
R05CB = Mucolytics
R05CB01 = Acetylcysteine
R05CB02 = Bromhexine
R05CB03 = Carbocisteine
R05CB04 = Eprazinone
R05CB05 = Mesna
R05CB06 = Ambroxol
R05CB07 = Sobrerol
R05CB08 = Domiodol
R05CB09 = Letosteine
R05CB10 = Combinations
R05CB11 = Stepronin
R05CB12 = Tiopronin
R05CB13 = Dornase alfa (desoxyribonuclease)
R05CB14 = Neltenexine
R05CB15 = Erdosteine
R05D = COUGH SUPPRESSANTS, EXCL. COMBINATIONS WITH EXPECTORANTS
R05DA = Opium alkaloids and derivatives
R05DA01 = Ethylmorphine
R05DA03 = Hydrocodone
R05DA04 = Codeine
R05DA05 = Opium alkaloids with morphine
R05DA06 = Normethadone
R05DA07 = Noscapine
R05DA08 = Pholcodine
R05DA09 = Dextromethorphan
R05DA10 = Thebacon
R05DA11 = Dimemorfan
R05DA12 = Acetyldihydrocodeine
R05DA20 = Combinations
R05DB = Other cough suppressants
R05DB01 = Benzonatate
R05DB02 = Benproperine
R05DB03 = Clobutinol
R05DB04 = Isoaminile
R05DB05 = Pentoxyverine
R05DB07 = Oxolamine
R05DB09 = Oxeladin
R05DB10 = Clofedanol
R05DB11 = Pipazetate
R05DB12 = Bibenzonium bromide
R05DB13 = Butamirate
R05DB14 = Fedrilate
R05DB15 = Zipeprol
R05DB16 = Dibunate
R05DB17 = Droxypropine
R05DB18 = Prenoxdiazine
R05DB19 = Dropropizine
R05DB20 = Combinations
R05DB21 = Cloperastine
R05DB22 = Meprotixol
R05DB23 = Piperidione

R05DB24 = Tipepidine
R05DB25 = Morclofone
R05DB26 = Nepinalone
R05DB27 = Levodropropizine
R05DB28 = Dimethoxanate
R05F = COUGH SUPPRESSANTS AND EXPECTORANTS, COMBINATIONS
R05FA = Opium derivatives and expectorants
R05FA01 = Opium derivatives and mucolytics
R05FA02 = Opium derivatives and expectorants
R05FB = Other cough suppressants and expectorants
R05FB01 = Cough suppressants and mucolytics
R05FB02 = Cough suppressants and expectorants
R05X = OTHER COLD COMBINATION PREPARATIONS
R06 = ANTIHISTAMINES FOR SYSTEMIC USE
R06A = ANTIHISTAMINES FOR SYSTEMIC USE
R06AA = Aminoalkyl ethers
R06AA01 = Bromazine
R06AA02 = Diphenhydramine
R06AA04 = Clemastine
R06AA06 = Chlorphenoxamine
R06AA07 = Diphenylpyraline
R06AA08 = Carbinoxamine
R06AA09 = Doxylamine
R06AA52 = Diphenhydramine, combinations
R06AA54 = Clemastine, combinations
R06AA56 = Chlorphenoxamine, combinations
R06AA57 = Diphenylpyraline, combinations
R06AB = Substituted alkylamines
R06AB01 = Brompheniramine
R06AB02 = Dexchlorpheniramine
R06AB03 = Dimetindene
R06AB04 = Chlorphenamine
R06AB05 = Pheniramine
R06AB06 = Dexbrompheniramine
R06AB07 = Talastine
R06AB51 = Brompheniramine, combinations
R06AB52 = Dexchlorpheniramine, combinations
R06AB54 = Chlorphenamine, combinations
R06AB56 = Dexbrompheniramine, combinations
R06AC = Substituted ethylene diamines
R06AC01 = Mepyramine
R06AC02 = Histapyrrodine
R06AC03 = Chloropyramine
R06AC04 = Tripelennamine
R06AC05 = Methapyrilene
R06AC06 = Thonzylamine
R06AC52 = Histapyrrodine, combinations
R06AC53 = Chloropyramine, combinations
R06AD = Phenothiazine derivatives
R06AD01 = Alimemazine
R06AD02 = Promethazine
R06AD03 = Thiethylperazine
R06AD04 = Methdilazine
R06AD05 = Hydroxyethylpromethazine
R06AD06 = Thiazinam
R06AD07 = Mequitazine
R06AD08 = Oxomemazine
R06AD09 = Isothipendyl
R06AD52 = Promethazine, combinations
R06AD55 = Hydroxyethylpromethazine, combinations
R06AE = Piperazine derivatives
R06AE01 = Buclizine
R06AE03 = Cyclizine
R06AE04 = Chlorcyclizine
R06AE05 = Meclozine
R06AE06 = Oxatomide
R06AE07 = Cetirizine
R06AE09 = Levocetirizine
R06AE51 = Buclizine, combinations
R06AE53 = Cyclizine, combinations
R06AE55 = Meclozine, combinations
R06AK = Combinations of antihistamines
R06AX = Other antihistamines for systemic use
R06AX01 = Bamipine
R06AX02 = Cyproheptadine
R06AX03 = Thenalidine
R06AX04 = Phenindamine
R06AX05 = Antazoline
R06AX07 = Triprolidine
R06AX08 = Pyrrobutamine
R06AX09 = Azatadine
R06AX11 = Astemizole
R06AX12 = Terfenadine
R06AX13 = Loratadine
R06AX15 = Mebhydrolin
R06AX16 = Deptropine
R06AX17 = Ketotifen
R06AX18 = Acrivastine
R06AX19 = Azelastine
R06AX21 = Tritoqualine
R06AX22 = Ebastine
R06AX23 = Pimethixene
R06AX24 = Epinastine
R06AX25 = Mizolastine
R06AX26 = Fexofenadine
R06AX27 = Desloratadine
R06AX28 = Rupatadine
R06AX53 = Thenalidine, combinations
R06AX58 = Pyrrobutamine, combinations
R07 = OTHER RESPIRATORY SYSTEM PRODUCTS
R07A = OTHER RESPIRATORY SYSTEM PRODUCTS
R07AA = Lung surfactants
R07AA01 = Colfosceril palmitate
R07AA02 = Natural phospholipids
R07AA30 = Combinations
R07AB = Respiratory stimulants
R07AB01 = Doxapram
R07AB02 = Nikethamide
R07AB03 = Pentetrazol
R07AB04 = Etamivan
R07AB05 = Bemegride
R07AB06 = Prethcamide
R07AB07 = Almitrine
R07AB08 = Dimefline
R07AB09 = Mepixanox
R07AB52 = Nikethamide, combinations
R07AB53 = Pentetrazol, combinations
R07AX = Other respiratory system products
R07AX01 = Nitric oxide

S = SENSORY ORGANS
S01 = OPHTHALMOLOGICALS
S01A = ANTIINFECTIVES
S01AA = Antibiotics
S01AA01 = Chloramphenicol
S01AA02 = Chlortetracycline
S01AA03 = Neomycin
S01AA04 = Oxytetracycline
S01AA05 = Tyrothricin
S01AA07 = Framycetin
S01AA09 = Tetracycline
S01AA10 = Natamycin
S01AA11 = Gentamicin
S01AA12 = Tobramycin
S01AA13 = Fusidic acid
S01AA14 = Benzylpenicillin
S01AA15 = Dihydrostreptomycin
S01AA16 = Rifamycin
S01AA17 = Erythromycin
S01AA18 = Polymyxin B
S01AA19 = Ampicillin
S01AA20 = Antibiotics in combination with other drugs
S01AA21 = Amikacin
S01AA22 = Micronomicin
S01AA23 = Netilmicin
S01AA24 = Kanamycin
S01AA25 = Azidamfenicol
S01AA30 = Combinations of different antibiotics
S01AB = Sulfonamides
S01AB01 = Sulfamethizole
S01AB02 = Sulfafurazole
S01AB03 = Sulfadicramide
S01AB04 = Sulfacetamide
S01AB05 = Sulfafenazol
S01AD = Antivirals
S01AD01 = Idoxuridine
S01AD02 = Trifluridine
S01AD03 = Aciclovir
S01AD05 = Interferon
S01AD06 = Vidarabine
S01AD07 = Famciclovir
S01AD08 = Fomivirsen
S01AD09 = Ganciclovir
S01AX = Other antiinfectives
S01AX01 = Mercury compounds
S01AX02 = Silver compounds
S01AX03 = Zinc compounds
S01AX04 = Nitrofural
S01AX05 = Bibrocathol
S01AX06 = Resorcinol
S01AX07 = Sodium borate
S01AX08 = Hexamidine
S01AX09 = Chlorhexidine
S01AX10 = Sodium propionate
S01AX11 = Ofloxacin
S01AX12 = Norfloxacin
S01AX13 = Ciprofloxacin
S01AX14 = Dibrompropamidine
S01AX15 = Propamidine
S01AX16 = Picloxydine
S01AX17 = Lomefloxacin
S01AX18 = Povidone-iodine
S01AX19 = Levofloxacin
S01AX21 = Gatifloxacin
S01AX22 = Moxifloxacin
S01B = ANTIINFLAMMATORY AGENTS
S01BA = Corticosteroids, plain
S01BA01 = Dexamethasone
S01BA02 = Hydrocortisone
S01BA03 = Cortisone
S01BA04 = Prednisolone
S01BA05 = Triamcinolone
S01BA06 = Betamethasone
S01BA07 = Fluorometholone
S01BA08 = Medrysone
S01BA09 = Clobetasone
S01BA10 = Alclometasone
S01BA11 = Desonide
S01BA12 = Formocortal
S01BA13 = Rimexolone
S01BA14 = Loteprednol
S01BA15 = Fluocinolone acetonide
S01BB = Corticosteroids and mydriatics in combination
S01BB01 = Hydrocortisone and mydriatics
S01BB02 = Prednisolone and mydriatics
S01BB03 = Fluorometholone and mydriatics
S01BB04 = Betamethasone and mydriatics
S01BC = Antiinflammatory agents, non-steroids
S01BC01 = Indometacin
S01BC02 = Oxyphenbutazone
S01BC03 = Diclofenac
S01BC04 = Flurbiprofen
S01BC05 = Ketorolac
S01BC06 = Piroxicam
S01BC07 = Bendazac
S01BC08 = Salicylic acid
S01BC09 = Pranoprofen
S01C = ANTIINFLAMMATORY AGENTS AND ANTIINFECTIVES IN COMBINATION
S01CA = Corticosteroids and antiinfectives in combination
S01CA01 = Dexamethasone and antiinfectives
S01CA02 = Prednisolone and antiinfectives
S01CA03 = Hydrocortisone and antiinfectives
S01CA04 = Fluocortolone and antiinfectives
S01CA05 = Betamethasone and antiinfectives
S01CA06 = Fludrocortisone and antiinfectives
S01CA07 = Fluorometholone and antiinfectives
S01CA08 = Methylprednisolone and antiinfectives
S01CA09 = Chloroprednisone and antiinfectives
S01CA10 = Fluocinolone acetonide and antiinfectives
S01CA11 = Clobetasone and antiinfectives
S01CB = Corticosteroids/antiinfectives/mydriatics in combination
S01CB01 = Dexamethasone
S01CB02 = Prednisolone
S01CB03 = Hydrocortisone
S01CB04 = Betamethasone
S01CB05 = Fluorometholone
S01CC = Antiinflammatory agents, non-steroids and antiinfectives in combination
S01CC01 = Diclofenac and antiinfectives
S01E = ANTIGLAUCOMA PREPARATIONS AND MIOTICS1)

S01EA = Sympathomimetics in glaucoma therapy
S01EA01 = Epinephrine
S01EA02 = Dipivefrine
S01EA03 = Apraclonidine
S01EA04 = Clonidine
S01EA05 = Brimonidine
S01EA51 = Epinephrine, combinations
S01EB = Parasympathomimetics
S01EB01 = Pilocarpine
S01EB02 = Carbachol
S01EB03 = Ecothiopate
S01EB04 = Demecarium
S01EB05 = Physostigmine
S01EB06 = Neostigmine
S01EB07 = Fluostigmine
S01EB08 = Aceclidine
S01EB09 = Acetylcholine
S01EB10 = Paraoxon
S01EB51 = Pilocarpine, combinations
S01EB58 = Aceclidine, combinations
S01EC = Carbonic anhydrase inhibitors
S01EC01 = Acetazolamide
S01EC02 = Diclofenamide
S01EC03 = Dorzolamide
S01EC04 = Brinzolamide
S01EC05 = Methazolamide
S01ED = Beta blocking agents
S01ED01 = Timolol
S01ED02 = Betaxolol
S01ED03 = Levobunolol
S01ED04 = Metipranolol
S01ED05 = Carteolol
S01ED06 = Befunolol
S01ED51 = Timolol, combinations
S01ED52 = Betaxolol, combinations
S01ED54 = Metipranolol, combinations
S01ED55 = Carteolol, combinations
S01EE = Prostaglandin analogues
S01EE01 = Latanoprost
S01EE02 = Unoprostone
S01EE03 = Bimatoprost
S01EE04 = Travoprost
S01EX = Other antiglaucoma preparations
S01EX01 = Guanethidine
S01EX02 = Dapiprazole
S01F = MYDRIATICS AND CYCLOPLEGICS
S01FA = Anticholinergics
S01FA01 = Atropine
S01FA02 = Scopolamine
S01FA03 = Methylscopolamine
S01FA04 = Cyclopentolate
S01FA05 = Homatropine
S01FA06 = Tropicamide
S01FA56 = Tropicamide, combinations
S01FB = Sympathomimetics excl. antiglaucoma preparations
S01FB01 = Phenylephrine
S01FB02 = Ephedrine
S01FB03 = Ibopamine
S01G = DECONGESTANTS AND ANTIALLERGICS
S01GA = Sympathomimetics used as decongestants
S01GA01 = Naphazoline
S01GA02 = Tetryzoline
S01GA03 = Xylometazoline
S01GA04 = Oxymetazoline
S01GA05 = Phenylephrine
S01GA06 = Oxedrine
S01GA51 = Naphazoline, combinations
S01GA52 = Tetryzoline, combinations
S01GA53 = Xylometazoline, combinations
S01GA55 = Phenylephrine, combinations
S01GA56 = Oxedrine, combinations
S01GX = Other antiallergics
S01GX01 = Cromoglicic acid
S01GX02 = Levocabastine
S01GX03 = Spaglumic acid
S01GX04 = Nedocromil
S01GX05 = Lodoxamide
S01GX06 = Emedastine
S01GX07 = Azelastine
S01GX08 = Ketotifen
S01GX09 = Olopatadine
S01GX10 = Epinastine
S01GX51 = Cromoglicic acid, combinations
S01H = LOCAL ANESTHETICS
S01HA = Local anesthetics
S01HA01 = Cocaine
S01HA02 = Oxybuprocaine
S01HA03 = Tetracaine
S01HA04 = Proxymetacaine
S01HA05 = Procaine
S01HA06 = Cinchocaine
S01HA07 = Lidocaine
S01HA30 = Combinations
S01J = DIAGNOSTIC AGENTS
S01JA = Colouring agents
S01JA01 = Fluorescein
S01JA02 = Rose bengal sodium
S01JA51 = Fluorescein, combinations
S01JX = Other ophthalmological diagnostic agents
S01K = SURGICAL AIDS
S01KA = Viscoelastic substances
S01KA01 = Hyaluronic acid
S01KA02 = Hypromellose
S01KA51 = Hyaluronic acid, combinations
S01KX = Other surgical aids
S01KX01 = Chymotrypsin
S01L = OCULAR VASCULAR DISORDER AGENTS
S01LA = Antineovascularisation agents
S01LA01 = Verteporfin
S01LA02 = Anecortave
S01LA03 = Pegaptanib
S01LA04 = Ranibizumab
S01X = OTHER OPHTHALMOLOGICALS
S01XA = Other ophthalmologicals
S01XA01 = Guaiazulen
S01XA02 = Retinol
S01XA03 = Sodium chloride, hypertonic
S01XA04 = Potassium iodide
S01XA05 = Sodium edetate
S01XA06 = Ethylmorphine
S01XA07 = Alum
S01XA08 = Acetylcysteine
S01XA09 = Iodoheparinate

S01XA10 = Inosine
S01XA11 = Nandrolone
S01XA12 = Dexpanthenol
S01XA13 = Alteplase
S01XA14 = Heparin
S01XA15 = Ascorbic acid
S01XA20 = Artificial tears and other indifferent preparations
S02 = OTOLOGICALS
S02A = ANTIINFECTIVES
S02AA = Antiinfectives
S02AA01 = Chloramphenicol
S02AA02 = Nitrofural
S02AA03 = Boric acid
S02AA04 = Aluminium acetotartrate
S02AA05 = Clioquinol
S02AA06 = Hydrogen peroxide
S02AA07 = Neomycin
S02AA08 = Tetracycline
S02AA09 = Chlorhexidine
S02AA10 = Acetic acid
S02AA11 = Polymyxin B
S02AA12 = Rifamycin
S02AA13 = Miconazole
S02AA14 = Gentamicin
S02AA15 = Ciprofloxacin
S02AA30 = Antiinfectives, combinations
S02B = CORTICOSTEROIDS
S02BA = Corticosteroids
S02BA01 = Hydrocortisone
S02BA03 = Prednisolone
S02BA06 = Dexamethasone
S02BA07 = Betamethasone
S02C = CORTICOSTEROIDS AND ANTIINFECTIVES IN COMBINATION
S02CA = Corticosteroids and antiinfectives in combination
S02CA01 = Prednisolone and antiinfectives
S02CA02 = Flumetasone and antiinfectives
S02CA03 = Hydrocortisone and antiinfectives
S02CA04 = Triamcinolone and antiinfectives
S02CA05 = Fluocinolone acetonide and antiinfectives
S02CA06 = Dexamethasone and antiinfectives
S02CA07 = Fludrocortisone and antiinfectives
S02D = OTHER OTOLOGICALS
S02DA = Analgesics and anesthetics
S02DA01 = Lidocaine
S02DA02 = Cocaine
S02DA30 = Combinations
S02DC = Indifferent preparations
S03 = OPHTHALMOLOGICAL AND OTOLOGICAL PREPARATIONS
S03A = ANTIINFECTIVES
S03AA = Antiinfectives
S03AA01 = Neomycin
S03AA02 = Tetracycline
S03AA03 = Polymyxin B
S03AA04 = Chlorhexidine
S03AA05 = Hexamidine
S03AA06 = Gentamicin
S03AA07 = Ciprofloxacin
S03AA08 = Chloramphenicol
S03AA30 = Antiinfectives, combinations
S03B = CORTICOSTEROIDS
S03BA = Corticosteroids
S03BA01 = Dexamethasone
S03BA02 = Prednisolone
S03BA03 = Betamethasone
S03C = CORTICOSTEROIDS AND ANTIINFECTIVES IN COMBINATION
S03CA = Corticosteroids and antiinfectives in combination
S03CA01 = Dexamethasone and antiinfectives
S03CA02 = Prednisolone and antiinfectives
S03CA04 = Hydrocortisone and antiinfectives
S03CA05 = Fludrocortisone and antiinfectives
S03CA06 = Betamethasone and antiinfectives
S03D = OTHER OPHTHALMOLOGICAL AND OTOLOGICAL PREPARATIONS

V = VARIOUS
V01 = ALLERGENS
V01A = ALLERGENS
V01AA = Allergen extracts
V01AA01 = Feather
V01AA02 = Grass pollen
V01AA03 = House dust
V01AA04 = Mould fungus and yeast fungus
V01AA05 = Tree pollen
V01AA07 = Insects
V01AA08 = Food
V01AA09 = Textiles
V01AA10 = Flowers
V01AA11 = Animals
V01AA20 = Various
V03 = ALL OTHER THERAPEUTIC PRODUCTS
V03A = ALL OTHER THERAPEUTIC PRODUCTS
V03AB = Antidotes
V03AB01 = Ipecacuanha
V03AB02 = Nalorphine
V03AB03 = Edetates
V03AB04 = Pralidoxime
V03AB05 = Prednisolone and promethazine
V03AB06 = Thiosulfate
V03AB08 = Sodium nitrite
V03AB09 = Dimercaprol
V03AB13 = Obidoxime
V03AB14 = Protamine
V03AB15 = Naloxone
V03AB16 = Ethanol
V03AB17 = Methylthioninium chloride
V03AB18 = Potassium permanganate
V03AB19 = Physostigmine
V03AB20 = Copper sulfate
V03AB21 = Potassium iodide
V03AB22 = Amyl nitrite
V03AB23 = Acetylcysteine
V03AB24 = Digitalis antitoxin
V03AB25 = Flumazenil
V03AB26 = Methionine
V03AB27 = 4-dimethylaminophenol
V03AB29 = Cholinesterase
V03AB31 = Prussian blue
V03AB32 = Glutathione

V03AB33 = Hydroxocobalamin
V03AB34 = Fomepizole
V03AC = Iron chelating agents
V03AC01 = Deferoxamine
V03AC02 = Deferiprone
V03AC03 = Deferasirox
V03AE = Drugs for treatment of hyperkalemia and hyperphosphatemia
V03AE01 = Polystyrene sulfonate
V03AE02 = Sevelamer
V03AE03 = Lanthanum carbonate
V03AF = Detoxifying agents for antineoplastic treatment
V03AF01 = Mesna
V03AF02 = Dexrazoxane
V03AF03 = Calcium folinate
V03AF04 = Calcium levofolinate
V03AF05 = Amifostine
V03AF06 = Sodium folinate
V03AF07 = Rasburicase
V03AF08 = Palifermin
V03AF09 = Glucarpidase
V03AG = Drugs for treatment of hypercalcemia
V03AG01 = Sodium cellulose phosphate
V03AH = Drugs for treatment of hypoglycemia
V03AH01 = Diazoxide
V03AK = Tissue adhesives
V03AM = Drugs for embolisation
V03AN = Medical gases
V03AN01 = Oxygen
V03AN02 = Carbon dioxide
V03AN03 = Helium
V03AN04 = Nitrogen
V03AN05 = Medical air
V03AX = Other therapeutic products
V03AZ = Nerve depressants
V03AZ01 = Ethanol
V04 = DIAGNOSTIC AGENTS
V04B = URINE TESTS
V04C = OTHER DIAGNOSTIC AGENTS
V04CA = Tests for diabetes
V04CA01 = Tolbutamide
V04CA02 = Glucose
V04CB = Tests for fat absorption
V04CB01 = Vitamin A concentrates
V04CC = Tests for bile duct patency
V04CC01 = Sorbitol
V04CC02 = Magnesium sulfate
V04CC03 = Sincalide
V04CC04 = Ceruletide
V04CD = Tests for pituitary function
V04CD01 = Metyrapone
V04CD03 = Sermorelin
V04CD04 = Corticorelin
V04CD05 = Somatorelin
V04CE = Tests for liver functional capacity
V04CE01 = Galactose
V04CE02 = Sulfobromophthalein
V04CF = Tuberculosis diagnostics
V04CF01 = Tuberculin
V04CG = Tests for gastric secretion
V04CG01 = Cation exchange resins
V04CG02 = Betazole
V04CG03 = Histamine phosphate
V04CG04 = Pentagastrin
V04CG05 = Methylthioninium chloride
V04CG30 = Caffeine and sodium benzoate
V04CH = Tests for renal function
V04CH01 = Inulin and other polyfructosans
V04CH02 = Indigo carmine
V04CH03 = Phenolsulfonphthalein
V04CH04 = Alsactide
V04CH30 = Aminohippuric acid
V04CJ = Tests for thyreoidea function
V04CJ01 = Thyrotropin
V04CJ02 = Protirelin
V04CK = Tests for pancreatic function
V04CK01 = Secretin
V04CK02 = Pancreozymin (cholecystokinin)
V04CK03 = Bentiromide
V04CL = Tests for allergic diseases
V04CM = Tests for fertility disturbances
V04CM01 = Gonadorelin
V04CX = Other diagnostic agents
V06 = GENERAL NUTRIENTS
V06A = DIET FORMULATIONS FOR TREATMENT OF OBESITY
V06AA = Low-energy diets
V06B = PROTEIN SUPPLEMENTS
V06C = INFANT FORMULAS
V06CA = Nutrients without phenylalanine
V06D = OTHER NUTRIENTS
V06DA = Carbohydrates/proteins/minerals/vitamins, combinations
V06DB = Fat/carbohydrates/proteins/minerals/vitamins, combinations
V06DC = Carbohydrates
V06DC01 = Glucose
V06DC02 = Fructose
V06DD = Amino acids, incl. combinations with polypeptides
V06DE = Amino acids/carbohydrates/minerals/vitamins, combinations
V06DF = Milk substitutes
V06DX = Other combinations of nutrients
V07 = ALL OTHER NON-THERAPEUTIC PRODUCTS
V07A = ALL OTHER NON-THERAPEUTIC PRODUCTS
V07AA = Plasters
V07AB = Solvents and diluting agents, incl. irrigating solutions
V07AC = Blood transfusion, auxiliary products
V07AD = Blood tests, auxiliary products
V07AN = Incontinence equipment
V07AR = Sensitivity tests, discs and tablets
V07AS = Stomi equipment
V07AT = Cosmetics
V07AV = Technical disinfectants
V07AX = Washing agents etc.
V07AY = Other non-therapeutic auxiliary products
V07AZ = Chemicals and reagents for analysis
V08 = CONTRAST MEDIA
V08A = X-RAY CONTRAST MEDIA, IODINATED

V08AA = Watersoluble, nephrotropic, high osmolar X-ray contrast media
V08AA01 = Diatrizoic acid
V08AA02 = Metrizoic acid
V08AA03 = Iodamide
V08AA04 = Iotalamic acid
V08AA05 = Ioxitalamic acid
V08AA06 = Ioglicic acid
V08AA07 = Acetrizoic acid
V08AA08 = Iocarmic acid
V08AA09 = Methiodal
V08AA10 = Diodone
V08AB = Watersoluble, nephrotropic, low osmolar X-ray contrast media
V08AB01 = Metrizamide
V08AB02 = Iohexol
V08AB03 = Ioxaglic acid
V08AB04 = Iopamidol
V08AB05 = Iopromide
V08AB06 = Iotrolan
V08AB07 = Ioversol
V08AB08 = Iopentol
V08AB09 = Iodixanol
V08AB10 = Iomeprol
V08AB11 = Iobitridol
V08AB12 = Ioxilan
V08AC = Watersoluble, hepatotropic X-ray contrast media
V08AC01 = Iodoxamic acid
V08AC02 = Iotroxic acid
V08AC03 = Ioglycamic acid
V08AC04 = Adipiodone
V08AC05 = Iobenzamic acid
V08AC06 = Iopanoic acid
V08AC07 = Iocetamic acid
V08AC08 = Sodium iopodate
V08AC09 = Tyropanoic acid
V08AC10 = Calcium iopodate
V08AD = Non-watersoluble X-ray contrast media
V08AD01 = Ethyl esters of iodised fatty acids
V08AD02 = Iopydol
V08AD03 = Propyliodone
V08AD04 = Iofendylate
V08B = X-RAY CONTRAST MEDIA, NON-IODINATED
V08BA = Barium sulfate containing X-ray contrast media
V08BA01 = Barium sulfate with suspending agents
V08BA02 = Barium sulfate without suspending agents
V08C = MAGNETIC RESONANCE IMAGING CONTRAST MEDIA
V08CA = Paramagnetic contrast media
V08CA01 = Gadopentetic acid
V08CA02 = Gadoteric acid
V08CA03 = Gadodiamide
V08CA04 = Gadoteridol
V08CA05 = Mangafodipir
V08CA06 = Gadoversetamide
V08CA07 = Ferric ammonium citrate
V08CA08 = Gadobenic acid
V08CA09 = Gadobutrol
V08CA10 = Gadoxetic acid
V08CA11 = Gadofosveset
V08CB = Superparamagnetic contrast media
V08CB01 = Ferumoxsil
V08CB02 = Ferristene
V08CB03 = Iron oxide, nanoparticles
V08CX = Other magnetic resonance imaging contrast media
V08CX01 = Perflubron
V08D = ULTRASOUND CONTRAST MEDIA
V08DA = Ultrasound contrast media
V08DA01 = Microspheres of human albumin
V08DA02 = Microparticles of galactose
V08DA03 = Perflenapent
V08DA04 = Microspheres of phospholipids
V08DA05 = Sulfur hexafluoride
V09 = DIAGNOSTIC RADIOPHARMACEUTICALS
V09A = CENTRAL NERVOUS SYSTEM
V09AA = Technetium (99mTc) compounds
V09AA01 = Technetium (99mTc) exametazime
V09AA02 = Technetium (99mTc) bicisate
V09AB = Iodine (123I) compounds
V09AB01 = Iodine iofetamine (123I)
V09AB02 = Iodine iolopride (123I)
V09AB03 = Iodine ioflupane (123I)
V09AX = Other central nervous system diagnostic radiopharmaceuticals
V09AX01 = Indium (111In) pentetic acid
V09B = SKELETON
V09BA = Technetium (99mTc) compounds
V09BA01 = Technetium (99mTc) oxidronic acid
V09BA02 = Technetium (99mTc) medronic acid
V09BA03 = Technetium (99mTc) pyrophosphate
V09BA04 = Technetium (99mTc) butedronic acid
V09C = RENAL SYSTEM
V09CA = Technetium (99mTc) compounds
V09CA01 = Technetium (99mTc) pentetic acid
V09CA02 = Technetium (99mTc) succimer
V09CA03 = Technetium (99mTc) mertiatide
V09CA04 = Technetium (99mTc) gluceptate
V09CA05 = Technetium (99mTc) gluconate
V09CX = Other renal system diagnostic radiopharmaceuticals
V09CX01 = Sodium iodohippurate (123I)
V09CX02 = Sodium iodohippurate (131I)
V09CX03 = Sodium iothalamate (125I)
V09CX04 = Chromium (51Cr) edetate
V09D = HEPATIC AND RETICULO ENDOTHELIAL SYSTEM
V09DA = Technetium (99mTc) compounds
V09DA01 = Technetium (99mTc) disofenin
V09DA02 = Technetium (99mTc) etifenin
V09DA03 = Technetium (99mTc) lidofenin
V09DA04 = Technetium (99mTc) mebrofenin
V09DA05 = Technetium (99mTc) galtifenin
V09DB = Technetium (99mTc), particles and colloids
V09DB01 = Technetium (99mTc) nanocolloid
V09DB02 = Technetium (99mTc) microcolloid
V09DB03 = Technetium (99mTc) millimicrospheres
V09DB04 = Technetium (99mTc) tin colloid
V09DB05 = Technetium (99mTc) sulfur colloid
V09DB06 = Technetium (99mTc) rheniumsulfide colloid

V09DB07 = Technetium (99mTc) phytate
V09DX = Other hepatic and reticulo endothelial system diagnostic radiopharmaceuticals
V09DX01 = Selenium (75Se) tauroselcholic acid
V09E = RESPIRATORY SYSTEM
V09EA = Technetium (99mTc), inhalants
V09EA01 = Technetium (99mTc) pentetic acid
V09EA02 = Technetium (99mTc) technegas
V09EA03 = Technetium (99mTc) nanocolloid
V09EB = Technetium (99mTc), particles for injection
V09EB01 = Technetium (99mTc) macrosalb
V09EB02 = Technetium (99mTc) microspheres
V09EX = Other respiratory system diagnostic radiopharmaceuticals
V09EX01 = Krypton (81mKr) gas
V09EX02 = Xenon (127Xe) gas
V09EX03 = Xenon (133Xe) gas
V09F = THYROID
V09FX = Various thyroid diagnostic radiopharmaceuticals
V09FX01 = Technetium (99mTc) pertechnetate
V09FX02 = Sodium iodide (123I)
V09FX03 = Sodium iodide (131I)
V09G = CARDIOVASCULAR SYSTEM
V09GA = Technetium (99mTc) compounds
V09GA01 = Technetium (99mTc) sestamibi
V09GA02 = Technetium (99mTc) tetrofosmin
V09GA03 = Technetium (99mTc) teboroxime
V09GA04 = Technetium (99mTc) human albumin
V09GA05 = Technetium (99mTc) furifosmin
V09GA06 = Technetium (99mTc) stannous agent labelled cells
V09GA07 = Technetium (99mTc) apcitide
V09GB = Iodine (125I) compounds
V09GB01 = Fibrinogen (125I)
V09GB02 = Iodine (125I) human albumin
V09GX = Other cardiovascular system diagnostic radiopharmaceuticals
V09GX01 = Thallium (201Tl) chloride
V09GX02 = Indium (111In) imciromab
V09GX03 = Chromium (51Cr) chromate labelled cells
V09H = INFLAMMATION AND INFECTION DETECTION
V09HA = Technetium (99mTc) compounds
V09HA01 = Technetium (99mTc) human immunoglobulin
V09HA02 = Technetium (99mTc) exametazime labelled cells
V09HA03 = Technetium (99mTc) antigranulocyte antibody
V09HA04 = Technetium (99mTc) sulesomab
V09HB = Indium (111In) compounds
V09HB01 = Indium (111In) oxinate labelled cells
V09HB02 = Indium (111In) tropolonate labelled cells
V09HX = Other diagnostic radiopharmaceuticals for inflammation and infection detection
V09HX01 = Gallium (67Ga) citrate
V09I = TUMOUR DETECTION
V09IA = Technetium (99mTc) compounds
V09IA01 = Technetium (99mTc) antiCarcino-EmbryonicAntigen antibody
V09IA02 = Technetium (99mTc) antimelanoma antibody
V09IA03 = Technetium (99mTc) pentavalent succimer
V09IA04 = Technetium (99mTc) votumumab
V09IA05 = Technetium (99mTc) depreotide
V09IA06 = Technetium (99mTc) arcitumomab
V09IB = Indium (111In) compounds
V09IB01 = Indium (111In) pentetreotide
V09IB02 = Indium (111In) satumomab pendetide
V09IB03 = Indium (111In) antiovariumcarcinoma antibody
V09IB04 = Indium (111In) capromab pendetide
V09IX = Other diagnostic radiopharmaceuticals for tumour detection
V09IX01 = Iobenguane (123I)
V09IX02 = Iobenguane (131I)
V09IX03 = Iodine (125I) CC49-monoclonal antibody
V09IX04 = Fludeoxyglucose (18F)
V09X = OTHER DIAGNOSTIC RADIOPHARMACEUTICALS
V09XA = Iodine (131I) compounds
V09XA01 = Iodine (131I) norcholesterol
V09XA02 = Iodocholesterol (131I)
V09XA03 = Iodine (131I) human albumin
V09XX = Various diagnostic radiopharmaceuticals
V09XX01 = Cobalt (57Co) cyanocobalamine
V09XX02 = Cobalt (58Co) cyanocobalamine
V09XX03 = Selenium (75Se) norcholesterol
V09XX04 = Ferric (59Fe) citrate
V10 = THERAPEUTIC RADIOPHARMACEUTICALS
V10A = ANTIINFLAMMATORY AGENTS
V10AA = Yttrium (90Y) compounds
V10AA01 = Yttrium (90Y) citrate colloid
V10AA02 = Yttrium (90Y) ferrihydroxide colloid
V10AA03 = Yttrium (90Y) silicate colloid
V10AX = Other antiinflammatory therapeutic radiopharmaceuticals
V10AX01 = Phosphorous (32P) chromicphosphate colloid
V10AX02 = Samarium (153Sm) hydroxyapatite colloid
V10AX03 = Dysprosium (165Dy) colloid
V10AX04 = Erbium (169Er) citrate colloid
V10AX05 = Rhenium (186Re) sulfide colloid
V10AX06 = Gold (198Au) colloidal
V10B = PAIN PALLIATION (BONE SEEKING AGENTS)
V10BX = Various pain palliation radiopharmaceuticals
V10BX01 = Strontium (89Sr) chloride
V10BX02 = Samarium (153Sm) lexidronam
V10BX03 = Rhenium (186Re) etidronic acid
V10X = OTHER THERAPEUTIC RADIOPHARMACEUTICALS
V10XA = Iodine (131I) compounds
V10XA01 = Sodium iodide (131I)
V10XA02 = Iobenguane (131I)
V10XA53 = Tositumomab/iodine (131I) tositumomab
V10XX = Various therapeutic radiopharmaceuticals
V10XX01 = Sodium phosphate (32P)
V10XX02 = Ibritumomab tiuxetan [90Y]
V20 = SURGICAL DRESSINGS

ATCvet Classification	**ATCvet-Klassifikation**	**Classification ATCvet**
Anatomical Therapeutical Chemical Classification of Veterinary Drugs	Anatomische, therapeutische, chemische Klassifikation von Arzneistoffen für Tiere	Classification anatomique, thérapeutique, chimique de substances vétérinaires

QA = ALIMENTARY TRACT AND METABOLISM
QA01 = STOMATOLOGICAL PREPARATIONS
QA01A = STOMATOLOGICAL PREPARATIONS
QA01AA = Caries prophylactic agents
QA01AA01 = Sodium fluoride
QA01AA02 = Sodium monofluorophosphate
QA01AA03 = Olaflur
QA01AA04 = Stannous fluoride
QA01AA30 = Combinations
QA01AA51 = Sodium fluoride, combinations
QA01AB = Antiinfectives and antiseptics for local oral treatment
QA01AB02 = Hydrogen peroxide
QA01AB03 = Chlorhexidine
QA01AB04 = Amphotericin B
QA01AB05 = Polynoxylin
QA01AB06 = Domiphen
QA01AB07 = Oxyquinoline
QA01AB08 = Neomycin
QA01AB09 = Miconazole
QA01AB10 = Natamycin
QA01AB11 = Various
QA01AB12 = Hexetidine
QA01AB13 = Tetracycline
QA01AB14 = Benzoxonium chloride
QA01AB15 = Tibezonium iodide
QA01AB16 = Mepartricin
QA01AB17 = Metronidazole
QA01AB18 = Clotrimazole
QA01AB19 = Sodium perborate
QA01AB20 = Antiinfectives for local oral treatment, combinations
QA01AB21 = Chlortetracycline
QA01AB22 = Doxycycline
QA01AB23 = Minocycline
QA01AC = Corticosteroids for local oral treatment
QA01AC01 = Triamcinolone
QA01AC02 = Dexamethasone
QA01AC03 = Hydrocortisone
QA01AC54 = Prednisolone, combinations
QA01AD = Other agents for local oral treatment
QA01AD01 = Epinephrine
QA01AD02 = Benzydamine
QA01AD05 = Acetylsalicylic acid
QA01AD06 = Adrenalone
QA01AD07 = Amlexanox
QA01AD11 = Various
QA02 = DRUGS FOR ACID RELATED DISORDERS
QA02A = ANTACIDS
QA02AA = Magnesium compounds
QA02AA01 = Magnesium carbonate
QA02AA02 = Magnesium oxide
QA02AA03 = Magnesium peroxide
QA02AA04 = Magnesium hydroxide
QA02AA05 = Magnesium silicate
QA02AA10 = Combinations
QA02AB = Aluminium compounds
QA02AB01 = Aluminium hydroxide
QA02AB02 = Algeldrate
QA02AB03 = Aluminium phosphate
QA02AB04 = Dihydroxialumini sodium carbonate
QA02AB05 = Aluminium acetoacetate
QA02AB06 = Aloglutamol
QA02AB07 = Aluminium glycinate
QA02AB10 = Combinations
QA02AC = Calcium compounds
QA02AC01 = Calcium carbonate
QA02AC02 = Calcium silicate
QA02AC10 = Combinations
QA02AD = Combinations and complexes of aluminium, calcium and magnesium compounds
QA02AD01 = Ordinary salt combinations
QA02AD02 = Magaldrate
QA02AD03 = Almagate
QA02AD04 = Hydrotalcite
QA02AD05 = Almasilate
QA02AF = Antacids with antiflatulents
QA02AF01 = Magaldrate and antiflatulents
QA02AF02 = Ordinary salt combinations and antiflatulents
QA02AG = Antacids with antispasmodics
QA02AH = Antacids with sodium bicarbonate
QA02AX = Antacids, other combinations
QA02B = DRUGS FOR PEPTIC ULCER AND GASTRO-OESOPHAGEAL REFLUX DISEASE (GORD)
QA02BA = H2-receptor antagonists
QA02BA01 = Cimetidine
QA02BA02 = Ranitidine
QA02BA03 = Famotidine
QA02BA04 = Nizatidine
QA02BA05 = Niperotidine
QA02BA06 = Roxatidine
QA02BA07 = Ranitidine bismuth citrate
QA02BA08 = Lafutidine
QA02BA51 = Cimetidine, combinations
QA02BA53 = Famotidine, combinations
QA02BB = Prostaglandins
QA02BB01 = Misoprostol
QA02BB02 = Enprostil
QA02BC = Proton pump inhibitors
QA02BC01 = Omeprazole
QA02BC02 = Pantoprazole
QA02BC03 = Lansoprazole
QA02BC04 = Rabeprazole
QA02BC05 = Esomeprazole
QA02BD = Combinations for eradication of Helicobacter pylori
QA02BD01 = Omeprazole, amoxicillin and metronidazole

QA02BD02 = Lansoprazole, tetracycline and metronidazol
QA02BD03 = Lansoprazole, amoxixillin and metronidazol
QA02BD04 = Pantoprazole, amoxicillin and clarithromycin
QA02BD05 = Omeprazole, amoxicillin and clarithromycin
QA02BD06 = Esomeprazole, amoxicillin and clarithromycin
QA02BX = Other drugs for peptic ulcer and gastro-oesophageal reflux disease (GORD)
QA02BX01 = Carbenoxolone
QA02BX02 = Sucralfate
QA02BX03 = Pirenzepine
QA02BX04 = Methiosulfonium chloride
QA02BX05 = Bismuth subcitrate
QA02BX06 = Proglumide
QA02BX07 = Gefarnate
QA02BX08 = Sulglicotide
QA02BX09 = Acetoxolone
QA02BX10 = Zolimidine
QA02BX11 = Troxipide
QA02BX12 = Bismuth subnitrate
QA02BX13 = Alginic acid
QA02BX51 = Carbenoxolone, combinations excl. psycholeptics
QA02BX71 = Carbenoxolone, combinations with psycholeptics
QA02BX77 = Gefarnate, combinations with psycholeptics
QA02X = OTHER DRUGS FOR ACID RELATED DISORDERS
QA03 = DRUGS FOR FUNCTIONAL GASTROINTESTINAL DISORDERS
QA03A = DRUGS FOR FUNCTIONAL BOWEL DISORDERS
QA03AA = Synthetic anticholinergics, esters with tertiary amino group
QA03AA01 = Oxyphencyclimine
QA03AA03 = Camylofin
QA03AA04 = Mebeverine
QA03AA05 = Trimebutine
QA03AA06 = Rociverine
QA03AA07 = Dicycloverine
QA03AA08 = Dihexyverine
QA03AA09 = Difemerine
QA03AA30 = Piperidolate
QA03AB = Synthetic anticholinergics, quaternary ammonium compounds
QA03AB01 = Benzilone
QA03AB02 = Glycopyrronium
QA03AB03 = Oxyphenonium
QA03AB04 = Penthienate
QA03AB05 = Propantheline
QA03AB06 = Otilonium bromide
QA03AB07 = Methantheline
QA03AB08 = Tridihexethyl
QA03AB09 = Isopropamide
QA03AB10 = Hexocyclium
QA03AB11 = Poldine
QA03AB12 = Mepenzolate
QA03AB13 = Bevonium
QA03AB14 = Pipenzolate
QA03AB15 = Diphemanil
QA03AB16 = (2-benzhydryloxyethyl)diethyl-methylammonium iodide
QA03AB17 = Tiemonium iodide
QA03AB18 = Prifinium bromide
QA03AB19 = Timepidium bromide
QA03AB21 = Fenpiverinium
QA03AB53 = Oxyphenonium, combinations
QA03AB90 = Benzetimide
QA03AB92 = Carbachol
QA03AB93 = Neostigmin
QA03AC = Synthetic antispasmodics, amides with tertiary amines
QA03AC02 = Dimethylaminopropionylphenothiazine
QA03AC04 = Nicofetamide
QA03AC05 = Tiropramide
QA03AD = Papaverine and derivatives
QA03AD01 = Papaverine
QA03AD02 = Drotaverine
QA03AD30 = Moxaverine
QA03AE = Drugs acting on serotonin receptors
QA03AE01 = Alosetron
QA03AE02 = Tegaserod
QA03AE03 = Cilansetron
QA03AX = Other drugs for functional bowel disorders
QA03AX01 = Fenpiprane
QA03AX02 = Diisopromine
QA03AX03 = Chlorbenzoxamine
QA03AX04 = Pinaverium
QA03AX05 = Fenoverine
QA03AX06 = Idanpramine
QA03AX07 = Proxazole
QA03AX08 = Alverine
QA03AX09 = Trepibutone
QA03AX10 = Isometheptene
QA03AX11 = Caroverine
QA03AX12 = Phloroglucinol
QA03AX13 = Silicones
QA03AX30 = Trimethyldiphenylpropylamine
QA03AX58 = Alverine, combinations
QA03AX63 = Silicones, combinations
QA03AX90 = Physiostigmin
QA03AX91 = Macrogol ricinoleat (NFN)
QA03B = BELLADONNA AND DERIVATIVES, PLAIN
QA03BA = Belladonna alkaloids, tertiary amines
QA03BA01 = Atropine
QA03BA03 = Hyoscyamine
QA03BA04 = Belladonna total alkaloids
QA03BB = Belladonna alkaloids, semisynthetic, quaternary ammonium compounds
QA03BB01 = Butylscopolamine
QA03BB02 = Methylatropine
QA03BB03 = Methylscopolamine
QA03BB04 = Fentonium
QA03BB05 = Cimetropium bromide
QA03C = ANTISPASMODICS IN COMBINATION WITH PSYCHOLEPTICS
QA03CA = Synthetic anticholinergic agents in combination with psycholeptics
QA03CA01 = Isopropamide and psycholeptics
QA03CA02 = Clidinium and psycholeptics

QA03CA03 = Oxyphencyclimine and psycholeptics
QA03CA04 = Otilonium bromide and psycholeptics
QA03CA05 = Glycopyrronium and psycholeptics
QA03CA06 = Bevonium and psycholeptics
QA03CA07 = Ambutonium and psycholeptics
QA03CA08 = Diphemanil and psycholeptics
QA03CA30 = Emepronium and psycholeptics
QA03CA34 = Propantheline and psycholeptics
QA03CB = Belladonna and derivatives in combination with psycholeptics
QA03CB01 = Methylscopolamine and psycholeptics
QA03CB02 = Belladonna total alkaloids and psycholeptics
QA03CB03 = Atropine and psycholeptics
QA03CB04 = Methylhomatropine and psycholeptics
QA03CB31 = Hyoscyamine and psycholeptics
QA03CC = Other antispasmodics in combination with psycholeptics
QA03D = ANTISPASMODICS IN COMBINATION WITH ANALGESICS
QA03DA = Synthetic anticholinergic agents in combination with analgesics
QA03DA01 = Tropenzilone and analgesics
QA03DA02 = Pitofenone and analgesics
QA03DA03 = Bevonium and analgesics
QA03DA04 = Ciclonium and analgesics
QA03DA05 = Camylofin and analgesics
QA03DA06 = Trospium and analgesics
QA03DA07 = Tiemonium iodine and analgesics
QA03DB = Belladonna and derivatives in combination with analgesics
QA03DB04 = Butylscopolamine and analgesics
QA03DC = Other antispasmodics in combination with analgesics
QA03E = ANTISPASMODICS AND ANTICHOLINERGICS IN COMBINATION WITH OTHER DRUGS
QA03EA = Antispasmodics, psycholeptics and analgesics in combination
QA03ED = Antispasmodics in combination with other drugs
QA03F = PROPULSIVES
QA03FA = Propulsives
QA03FA01 = Metoclopramide
QA03FA02 = Cisapride
QA03FA03 = Domperidone
QA03FA04 = Bromopride
QA03FA05 = Alizapride
QA03FA06 = Clebopride
QA03FA90 = Physiostigmine
QA04 = ANTIEMETICS AND ANTINAUSEANTS
QA04A = ANTIEMETICS AND ANTINAUSEANTS
QA04AA = Serotonin (5HT3) antagonists
QA04AA01 = Ondansetron
QA04AA02 = Granisetron
QA04AA03 = Tropisetron
QA04AA04 = Dolasetron
QA04AA05 = Palonosetron
QA04AD = Other antiemetics
QA04AD01 = Scopolamine
QA04AD02 = Cerium oxalate
QA04AD04 = Chlorobutanol
QA04AD05 = Metopimazine
QA04AD10 = Dronabinol
QA04AD11 = Nabilone
QA04AD12 = Aprepitant
QA04AD51 = Scopolamine, combinations
QA04AD54 = Chlorobutanol, combinations
QA04AD90 = Maropitant
QA05 = BILE AND LIVER THERAPY
QA05A = BILE THERAPY
QA05AA = Bile acid preparations
QA05AA01 = Chenodeoxycholic acid
QA05AA02 = Ursodeoxycholic acid
QA05AB = Preparations for biliary tract therapy
QA05AB01 = Nicotinyl methylamide
QA05AX = Other drugs for bile therapy
QA05AX01 = Piprozoline
QA05AX02 = Hymecromone
QA05AX03 = Cyclobutyrol
QA05AX90 = Menbutone
QA05B = LIVER THERAPY, LIPOTROPICS
QA05BA = Liver therapy
QA05BA01 = Arginine glutamate
QA05BA03 = Silymarin
QA05BA04 = Citiolone
QA05BA05 = Epomediol
QA05BA06 = Ornithine oxoglurate
QA05BA07 = Tidiacic arginine
QA05BA90 = Methionine
QA05C = DRUGS FOR BILE THERAPY AND LIPOTROPICS IN COMBINATION
QA06 = LAXATIVES
QA06A = LAXATIVES
QA06AA = Softeners, emollients
QA06AA01 = Liquid paraffin
QA06AA02 = Docusate sodium
QA06AA51 = Liquid paraffin, combinations
QA06AB = Contact laxatives
QA06AB01 = Oxyphenisatine
QA06AB02 = Bisacodyl
QA06AB03 = Dantron
QA06AB04 = Phenolphthalein
QA06AB05 = Castor oil
QA06AB06 = Senna glycosides
QA06AB07 = Cascara
QA06AB08 = Sodium picosulfate
QA06AB09 = Bisoxatin
QA06AB20 = Contact laxatives in combination
QA06AB30 = Contact laxatives in combination with belladonna alkaloids
QA06AB52 = Bisacodyl, combinations
QA06AB53 = Dantron, combinations
QA06AB56 = Senna glycosides, combinations
QA06AB57 = Cascara, combinations
QA06AB58 = Sodium picosulfate, combinations
QA06AC = Bulk producers
QA06AC01 = Ispaghula (psylla seeds)
QA06AC02 = Ethulose
QA06AC03 = Sterculia
QA06AC05 = Linseed
QA06AC06 = Methylcellulose
QA06AC07 = Triticum (wheat fibre)
QA06AC08 = Polycarbophil calcium

QA06AC51 = Ispaghula, combinations
QA06AC53 = Sterculia, combinations
QA06AC55 = Linseed, combinations
QA06AD = Osmotically acting laxatives
QA06AD01 = Magnesium carbonate
QA06AD02 = Magnesium oxide
QA06AD03 = Magnesium peroxide
QA06AD04 = Magnesium sulfate
QA06AD10 = Mineral salts in combination
QA06AD11 = Lactulose
QA06AD12 = Lactitol
QA06AD13 = sodium sulfate
QA06AD14 = Pentaerythritol
QA06AD15 = Macrogol
QA06AD16 = Mannitol
QA06AD17 = Sodium phosphate
QA06AD18 = Sorbitol
QA06AD19 = Magnesium citrate
QA06AD21 = Sodium tartrate
QA06AD61 = Lactulose, combinations
QA06AD65 = Macrogol, combinations
QA06AG = Enemas
QA06AG01 = Sodium phosphate
QA06AG02 = Bisacodyl
QA06AG03 = Dantron, incl. combinations
QA06AG04 = Glycerol
QA06AG06 = Oil
QA06AG07 = Sorbitol
QA06AG10 = Docusate sodium, incl. combinations
QA06AG11 = Laurilsulfate, incl. combinations
QA06AG20 = Combinations
QA06AX = Other laxatives
QA06AX01 = Glycerol
QA06AX02 = Carbon dioxide producing drugs
QA07 = ANTIDIARRHEALS, INTESTINAL ANTI-INFLAMMATORY/ANTIINFECTIVE AGENTS
QA07A = INTESTINAL ANTIINFECTIVES
QA07AA = Antibiotics
QA07AA01 = Neomycin
QA07AA02 = Nystatin
QA07AA03 = Natamycin
QA07AA04 = Streptomycin
QA07AA05 = Polymyxin B
QA07AA06 = Paromomycin
QA07AA07 = Amphotericin B
QA07AA08 = Kanamycin
QA07AA09 = Vancomycin
QA07AA10 = Colistin
QA07AA11 = Rifaximin
QA07AA51 = Neomycin, combinations
QA07AA54 = Streptomycin, combinations
QA07AA90 = Dihydrostreptomycin
QA07AA91 = Gentamicin
QA07AA92 = Apramycin
QA07AA93 = Bacitracin
QA07AA99 = Antibiotics, combinations
QA07AB = Sulfonamides
QA07AB02 = Phthalylsulfathiazole
QA07AB03 = Sulfaguanidine
QA07AB04 = Succinylsulfathiazole
QA07AB20 = Sulfonamides, combinations
QA07AB90 = Formosulfathiazole
QA07AB92 = Phthalylsulfathiazole, combinations
QA07AB99 = Combinations
QA07AC = Imidazole derivatives
QA07AC01 = Miconazole
QA07AX = Other intestinal antiinfectives
QA07AX01 = Broxyquinoline
QA07AX02 = Acetarsol
QA07AX03 = Nifuroxazide
QA07AX04 = Nifurzide
QA07AX90 = Poly (2-propenal, 2-propenoic acid)
QA07B = INTESTINAL ADSORBENTS
QA07BA = Charcoal preparations
QA07BA01 = Medicinal charcoal
QA07BA51 = Medicinal charcoal, combinations
QA07BB = Bismuth preparations
QA07BC = Other intestinal adsorbents
QA07BC01 = Pectin
QA07BC02 = Kaolin
QA07BC03 = Crospovidone
QA07BC04 = Attapulgite
QA07BC05 = Diosmectite
QA07BC30 = Combinations
QA07BC54 = Attapulgite, combinations
QA07C = ELECTROLYTES WITH CARBOHYDRATES
QA07CQ = Oral rehydration formulations for veterinary use
QA07CQ01 = Oral electrolytes
QA07CQ02 = Oral electrolytes and carbohydrates
QA07D = ANTIPROPULSIVES
QA07DA = Antipropulsives
QA07DA01 = Diphenoxylate
QA07DA02 = Opium
QA07DA03 = Loperamide
QA07DA04 = Difenoxin
QA07DA05 = Loperamide oxide
QA07DA52 = Morphine, combinations
QA07DA53 = Loperamide, combinations
QA07E = INTESTINAL ANTIINFLAMMATORY AGENTS
QA07EA = Corticosteroids acting locally
QA07EA01 = Prednisolone
QA07EA02 = Hydrocortisone
QA07EA03 = Prednisone
QA07EA04 = Betamethasone
QA07EA05 = Tixocortol
QA07EA06 = Budesonide
QA07EA07 = Beclometasone
QA07EB = Antiallergic agents, excl. corticosteroids
QA07EB01 = Cromoglicic acid
QA07EC = Aminosalicylic acid and similar agents
QA07EC01 = Sulfasalazine
QA07EC02 = Mesalazine
QA07EC03 = Olsalazine
QA07EC04 = Balsalazide
QA07F = ANTIDIARRHEAL MICROORGANISMS
QA07FA = Antidiarrheal microorganisms
QA07FA01 = Lactic acid producing organisms
QA07FA02 = Saccharomyces boulardii
QA07FA51 = Lactic acid producing organisms, combinations
QA07FA90 = Probiotics

QA07X = OTHER ANTIDIARRHEALS
QA07XA = Other antidiarrheals
QA07XA01 = Albumin tannate
QA07XA02 = Ceratonia
QA07XA03 = Calcium compounds
QA07XA04 = Racecadotril
QA07XA51 = Albumin tannate, combinations
QA07XA90 = Aluminium salicylates, basic
QA07XA91 = Zinc oxide
QA07XA99 = Other antidiarrheals, combinations
QA08 = ANTIOBESITY PREPARATIONS, EXCL. DIET PRODUCTS
QA08A = ANTIOBESITY PREPARATIONS, EXCL. DIET PRODUCTS
QA08AA = Centrally acting antiobesity products
QA08AA01 = Phentermine
QA08AA02 = Fenfluramine
QA08AA03 = Amfepramone
QA08AA04 = Dexfenfluramine
QA08AA05 = Mazindol
QA08AA06 = Etilamfetamine
QA08AA07 = Cathine
QA08AA08 = Clobenzorex
QA08AA09 = Mefenorex
QA08AA10 = Sibutramine
QA08AA56 = Ephedrine, combinations
QA08AB = Peripherally acting antiobesity products
QA08AB01 = Orlistat
QA08AB90 = Mitratapide
QA08AB91 = Dirlotapide
QA09 = DIGESTIVES, INCL. ENZYMES
QA09A = DIGESTIVES, INCL. ENZYMES
QA09AA = Enzyme preparations
QA09AA01 = Diastase
QA09AA02 = Multienzymes (lipase, protease etc)
QA09AA03 = Pepsin
QA09AA04 = Tilactase
QA09AB = Acid preparations
QA09AB01 = Glutamic acid hydrochloride
QA09AB02 = Betaine hydrochloride
QA09AB03 = Hydrochloric acid
QA09AB04 = Citric acid
QA09AC = Enzyme and acid preparations, combinations
QA09AC01 = Pepsin and acid preparations
QA09AC02 = Multienzymes and acid preparations
QA10 = DRUGS USED IN DIABETES
QA10A = INSULINS AND ANALOGUES
QA10AB = Insulins and analogues for injection, fast-acting
QA10AB01 = Insulin (human)
QA10AB02 = Insulin (beef)
QA10AB03 = Insulin (pork)
QA10AB04 = Insulin lispro
QA10AB05 = Insulin aspart
QA10AB06 = Insulin glulisine
QA10AB30 = Combinations
QA10AC = Insulins and analogues for injection, intermediate-acting
QA10AC01 = Insulin (human)
QA10AC02 = Insulin (beef)
QA10AC03 = Insulin (pork)
QA10AC04 = Insulin lispro
QA10AC30 = Combinations
QA10AD = Insulins and analogues for injection, intermediate-acting combined with fast-acting
QA10AD01 = Insulin (human)
QA10AD02 = Insulin (beef)
QA10AD03 = Insulin (pork)
QA10AD04 = Insulin lispro
QA10AD05 = Insulin aspart
QA10AD30 = Combinations
QA10AE = Insulins and analogues for injection, long-acting
QA10AE01 = Insulin (human)
QA10AE02 = Insulin (beef)
QA10AE03 = Insulin (pork)
QA10AE04 = Insulin glargine
QA10AE05 = Insulin detemir
QA10AE30 = Combinations
QA10AF = Insulins and analogues, for inhalation
QA10AF01 = Insulin (human)
QA10B = BLOOD GLUCOSE LOWERING DRUGS, EXCL. INSULINS
QA10BA = Biguanides
QA10BA01 = Phenformin
QA10BA02 = Metformin
QA10BA03 = Buformin
QA10BB = Sulfonamides, urea derivatives
QA10BB01 = Glibenclamide
QA10BB02 = Chlorpropamide
QA10BB03 = Tolbutamide
QA10BB04 = Glibornuride
QA10BB05 = Tolazamide
QA10BB06 = Carbutamide
QA10BB07 = Glipizide
QA10BB08 = Gliquidone
QA10BB09 = Gliclazide
QA10BB10 = Metahexamide
QA10BB11 = Glisoxepide
QA10BB12 = Glimepiride
QA10BB31 = Acetohexamide
QA10BC = Sulfonamides (heterocyclic)
QA10BC01 = Glymidine
QA10BD = Combinations of oral blood glucose lowering drugs
QA10BD01 = Phenformin and sulfonamides
QA10BD02 = Metformin and sulfonamides
QA10BD03 = Metformin and rosiglitazone
QA10BD04 = Glimepiride and rosiglitazone
QA10BF = Alpha glucosidase inhibitors
QA10BF01 = Acarbose
QA10BF02 = Miglitol
QA10BF03 = Voglibose
QA10BG = Thiazolidinediones
QA10BG01 = Troglitazone
QA10BG02 = Rosiglitazone
QA10BG03 = Pioglitazone
QA10BX = Other blood glucose lowering drugs, excl. insulins
QA10BX01 = Guar gum
QA10BX02 = Repaglinide
QA10BX03 = Nateglinide
QA10BX04 = Exenatide
QA10X = OTHER DRUGS USED IN DIABETES
QA10XA = Aldose reductase inhibitors

QA10XA01 = Tolrestat
QA11 = VITAMINS
QA11A = MULTIVITAMINS, COMBINATIONS
QA11AA = Multivitamins with minerals
QA11AA01 = Multivitamins and iron
QA11AA02 = Multivitamins and calcium
QA11AA03 = Multivitamins and other minerals, incl. combinations
QA11AA04 = Multivitamins and trace elements
QA11AB = Multivitamins, other combinations
QA11B = MULTIVITAMINS, PLAIN
QA11BA = Multivitamines, plain
QA11C = VITAMIN A AND D, INCL. COMBINATIONS OF THE TWO
QA11CA = Vitamin A, plain
QA11CA01 = Retinol (vit A)
QA11CA02 = Betacarotene
QA11CB = Vitamin A and D in combination
QA11CC = Vitamin D and analogues
QA11CC01 = Ergocalciferol
QA11CC02 = Dihydrotachysterol
QA11CC03 = Alfacalcidol
QA11CC04 = Calcitriol
QA11CC05 = Colecalciferol
QA11CC06 = Calcifediol
QA11CC07 = Paricalcitol
QA11CC20 = Combinations
QA11D = VITAMIN B1, PLAIN AND IN COMBINATION WITH VITAMIN B6 AND B12
QA11DA = Vitamin B1, plain
QA11DA01 = Thiamine (vit B1)
QA11DA02 = Sulbutiamine
QA11DA03 = Benfotiamine
QA11DB = Vitamin B1 in combination with vitamin B6 and/or vitamin B12
QA11E = VITAMIN B-COMPLEX, INCL. COMBINATIONS
QA11EA = Vitamin B-complex, plain
QA11EB = Vitamin B-complex, with vitamin C
QA11EC = Vitamin B-complex, with minerals
QA11ED = Vitamin B-complex, with anabolic steroids
QA11EX = Vitamin B-complex, other combinations
QA11G = ASCORBIC ACID (VITAMIN C), INCL. COMBINATIONS
QA11GA = Ascorbic acid (vitamin C), plain
QA11GA01 = Ascorbic acid (vit C)
QA11GB = Ascorbic acid (vitamin C), combinations
QA11GB01 = Ascorbic acid (vit C) and calcium
QA11H = OTHER PLAIN VITAMIN PREPARATIONS
QA11HA = Other plain vitamin preparations
QA11HA01 = Nicotinamide
QA11HA02 = Pyridoxine (vit B6)
QA11HA03 = Tocopherol (vit E)
QA11HA04 = Riboflavin (vit B2)
QA11HA05 = Biotin
QA11HA06 = Pyridoxal phosphate
QA11HA07 = Inositol
QA11HA30 = Dexpanthenol
QA11HA31 = Calcium pantothenate
QA11HA32 = Pantethine
QA11HA90 = Betacarotene
QA11J = OTHER VITAMIN PRODUCTS, COMBINATIONS
QA11JA = Combinations of vitamins
QA11JB = Vitamins with minerals
QA11JC = Vitamins, other combinations
QA12 = MINERAL SUPPLEMENTS
QA12A = CALCIUM
QA12AA = Calcium
QA12AA01 = Calcium phosphate
QA12AA02 = Calcium glubionate
QA12AA03 = Calcium gluconate
QA12AA04 = Calcium carbonate
QA12AA05 = Calcium lactate
QA12AA06 = Calcium lactate gluconate
QA12AA07 = Calcium chloride
QA12AA08 = Calcium glycerophosphate
QA12AA09 = Calcium citrate lysine complex
QA12AA10 = Calcium glucoheptonate
QA12AA11 = Calcium pangamate
QA12AA12 = Calcium acetate anhydrous
QA12AA20 = Calcium (different salts in combination)
QA12AA30 = Calcium laevulate
QA12AX = Calcium, combinations with other drugs
QA12B = POTASSIUM
QA12BA = Potassium
QA12BA01 = Potassium chloride
QA12BA02 = Potassium citrate
QA12BA03 = Potassium hydrogentartrate
QA12BA04 = Potassium hydrogencarbonate
QA12BA05 = Potassium gluconate
QA12BA30 = Combinations
QA12BA51 = Potassium chloride, combinations
QA12C = OTHER MINERAL SUPPLEMENTS
QA12CA = Sodium
QA12CA01 = Sodium chloride
QA12CA02 = Sodium sulfate
QA12CB = Zinc
QA12CB01 = Zinc sulfate
QA12CB02 = Zinc gluconate
QA12CB03 = Zinc protein complex
QA12CC = Magnesium
QA12CC01 = Magnesium chloride
QA12CC02 = Magnesium sulfate
QA12CC03 = Magnesium gluconate
QA12CC04 = Magnesium citrate
QA12CC05 = Magnesium aspartate
QA12CC06 = Magnesium lactate
QA12CC07 = Magnesium levulinate
QA12CC08 = Magnesium pidolate
QA12CC09 = Magnesium orotate
QA12CC10 = Magnesium oxide
QA12CC30 = Magnesium (different salts in combination)
QA12CD = Fluoride
QA12CD01 = Sodium fluoride
QA12CD02 = Sodium monofluorophosphate
QA12CD51 = Fluoride, combinations
QA12CE = Selenium
QA12CE01 = Sodium selenate
QA12CE02 = Sodium selenite
QA12CE99 = Selenium, combinations
QA12CX = Other mineral products
QA12CX90 = Toldimfos

QA12CX91 = Butafosfan
QA12CX99 = Other mineral products, combinations
QA13 = TONICS
QA13A = TONICS
QA14 = ANABOLIC AGENTS FOR SYSTEMIC USE
QA14A = ANABOLIC STEROIDS
QA14AA = Androstan derivatives
QA14AA01 = Androstanolone
QA14AA02 = Stanozolol
QA14AA03 = Metandienone
QA14AA04 = Metenolone
QA14AA05 = Oxymetholone
QA14AA06 = Quinbolone
QA14AA07 = Prasterone
QA14AA08 = Oxandrolone
QA14AA09 = Norethandrolone
QA14AB = Estren derivatives
QA14AB01 = Nandrolone
QA14AB02 = Ethylestrenol
QA14AB03 = Oxabolone cipionate
QA14B = OTHER ANABOLIC AGENTS
QA15 = APPETITE STIMULANTS
QA16 = OTHER ALIMENTARY TRACT AND METABOLISM PRODUCTS
QA16A = OTHER ALIMENTARY TRACT AND METABOLISM PRODUCTS
QA16AA = Amino acids and derivatives
QA16AA01 = Levocarnitine
QA16AA02 = Ademethionine
QA16AA03 = Glutamine
QA16AA04 = Mercaptamine
QA16AA05 = Carglutamic acid
QA16AA06 = Betaine
QA16AA51 = Levocarnitine, combinations
QA16AB = Enzymes
QA16AB01 = Alglucerase
QA16AB02 = Imiglucerase
QA16AB03 = Agalsidase alfa
QA16AB04 = Agalsidase beta
QA16AB05 = Laronidase
QA16AB06 = Sacrosidase
QA16AB07 = Alglucosidase alfa
QA16AB08 = Galsulfase
QA16AB09 = Idursulfase
QA16AX = Various alimentary tract and metabolism products
QA16AX01 = Tioctic acid
QA16AX02 = Anethole trithione
QA16AX03 = Sodium phenylbutyrate
QA16AX04 = Nitisinone
QA16AX05 = Zinc acetate
QA16AX06 = Miglustat
QA16AX07 = Sapropterin
QA16Q = OTHER ALIMENTARY TRACT AND METABOLISM PRODUCTS FOR VETERINARY USE
QA16QA = Drugs for treatment of acetonemia
QA16QA01 = Propylene glycol
QA16QA02 = Sodium propionate
QA16QA03 = Glycerol
QA16QA04 = Ammonium lactate
QA16QA05 = Clanobutin
QA16QA52 = Sodium propionate, combinations
QB = BLOOD AND BLOOD FORMING ORGANS
QB01 = ANTITHROMBOTIC AGENTS
QB01A = ANTITHROMBOTIC AGENTS
QB01AA = Vitamin K antagonists
QB01AA01 = Dicoumarol
QB01AA02 = Phenindione
QB01AA03 = Warfarin
QB01AA04 = Phenprocoumon
QB01AA07 = Acenocoumarol
QB01AA08 = Ethyl biscoumacetate
QB01AA09 = Clorindione
QB01AA10 = Diphenadione
QB01AA11 = Tioclomarol
QB01AB = Heparin group
QB01AB01 = Heparin
QB01AB02 = Antithrombin III
QB01AB04 = Dalteparin
QB01AB05 = Enoxaparin
QB01AB06 = Nadroparin
QB01AB07 = Parnaparin
QB01AB08 = Reviparin
QB01AB09 = Danaparoid
QB01AB10 = Tinzaparin
QB01AB11 = Sulodexide
QB01AB12 = Bemiparin
QB01AB51 = Heparin, combinations
QB01AC = Platelet aggregation inhibitors, excl. heparin
QB01AC01 = Ditazole
QB01AC02 = Cloricromen
QB01AC03 = Picotamide
QB01AC04 = Clopidogrel
QB01AC05 = Ticlopidine
QB01AC06 = Acetylsalicylic acid
QB01AC07 = Dipyridamole
QB01AC08 = Carbasalate calcium
QB01AC09 = Epoprostenol
QB01AC10 = Indobufen
QB01AC11 = Iloprost
QB01AC13 = Abciximab
QB01AC15 = Aloxiprin
QB01AC16 = Eptifibatide
QB01AC17 = Tirofiban
QB01AC18 = Triflusal
QB01AC19 = Beraprost
QB01AC21 = Treprostinil
QB01AC30 = Combinations
QB01AD = Enzymes
QB01AD01 = Streptokinase
QB01AD02 = Alteplase
QB01AD03 = Anistreplase
QB01AD04 = Urokinase
QB01AD05 = Fibrinolysin
QB01AD06 = Brinase
QB01AD07 = Reteplase
QB01AD08 = Saruplase
QB01AD09 = Ancrod
QB01AD10 = Drotrecogin alfa
QB01AD11 = Tenecteplase
QB01AD12 = Protein C
QB01AE = Direct thrombin inhibitors

QB01AE01 = Desirudin
QB01AE02 = Lepirudin
QB01AE03 = Argatroban
QB01AE04 = Melagatran
QB01AE05 = Ximelagatran
QB01AE06 = Bivalirudin
QB01AX = Other antithrombotic agents
QB01AX01 = Defibrotide
QB01AX04 = Dermatan sulfate
QB01AX05 = Fondaparinux
QB02 = ANTIHEMORRHAGICS
QB02A = ANTIFIBRINOLYTICS
QB02AA = Amino acids
QB02AA01 = Aminocapronic acid
QB02AA02 = Tranexamic acid
QB02AA03 = Aminomethylbenzoic acid
QB02AB = Proteinase inhibitors
QB02AB01 = Aprotinin
QB02AB02 = Alfa1 antitryptin
QB02AB03 = C1-inhibitor
QB02AB04 = Camostat
QB02B = VITAMIN K AND OTHER HEMOSTATICS
QB02BA = Vitamin K
QB02BA01 = Phytomenadione
QB02BA02 = Menadione
QB02BB = Fibrinogen
QB02BB01 = Human fibrinogen
QB02BC = Local hemostatics
QB02BC01 = Absorbable gelatin sponge
QB02BC02 = Oxidized cellulose
QB02BC03 = Tetragalacturonic acid hydroxymethylester
QB02BC05 = Adrenalone
QB02BC06 = Thrombin
QB02BC07 = Collagen
QB02BC08 = Calcium alginate
QB02BC09 = Epinephrine
QB02BC10 = Fibrinogen, human
QB02BC30 = Combinations
QB02BD = Blood coagulation factors
QB02BD01 = Coagulation factor IX, II, VII and X in combination
QB02BD02 = Coagulation factor VIII
QB02BD03 = Factor VIII inhibitor bypassing activity
QB02BD04 = Coagulation factor IX
QB02BD05 = Coagulation factor VII
QB02BD06 = Von Willebrand factor and coagulation factor VIII in combination
QB02BD07 = Coagulation factor XIII
QB02BD08 = Eptacog alfa (activated)
QB02BD09 = Nonacog alfa
QB02BD30 = Thrombin
QB02BX = Other systemic hemostatics
QB02BX01 = Etamsylate
QB02BX02 = Carbazochrome
QB02BX03 = Batroxobin
QB03 = ANTIANEMIC PREPARATIONS
QB03A = IRON PREPARATIONS
QB03AA = Iron bivalent, oral preparations
QB03AA01 = Ferrous glycine sulfate
QB03AA02 = Ferrous fumarate
QB03AA03 = Ferrous gluconate
QB03AA04 = Ferrous carbonate
QB03AA05 = Ferrous chloride
QB03AA06 = Ferrous succinate
QB03AA07 = Ferrous sulfate
QB03AA08 = Ferrous tartrate
QB03AA09 = Ferrous aspartate
QB03AA10 = Ferrous ascorbate
QB03AA11 = Ferrous iodine
QB03AB = Iron trivalent, oral preparations
QB03AB01 = Ferric sodium citrate
QB03AB02 = Saccharated iron oxide
QB03AB03 = Sodium feredetate
QB03AB04 = Ferric hydroxide
QB03AB05 = Dextriferron
QB03AB06 = Ferric citrate
QB03AB07 = Chondroitin sulfate-iron complex
QB03AB08 = Ferric acetyl transferrin
QB03AB09 = Ferric proteinsuccinylate
QB03AB90 = Iron dextran
QB03AC = Iron trivalent, parenteral preparations
QB03AC01 = Dextriferron
QB03AC02 = Saccharated iron oxide
QB03AC03 = Iron-sorbitol-citric acid complex
QB03AC05 = Ferric sorbitol gluconic acid complex
QB03AC06 = Ferric oxide dextran complex
QB03AC07 = Ferric sodium gluconate complex
QB03AC90 = Iron dextran
QB03AC91 = Gleptoferron
QB03AC92 = Ferric hydroxide saccharose
QB03AD = Iron in combination with folic acid
QB03AD01 = Ferrous amino acid complex
QB03AD02 = Ferrous fumarate
QB03AD03 = Ferrous sulfate
QB03AD04 = Dextriferron
QB03AE = Iron in other combinations
QB03AE01 = Iron, vitamin B12 and folic acid
QB03AE02 = Iron, multivitamins and folic acid
QB03AE03 = Iron and multivitamins
QB03AE04 = Iron, multivitamins and minerals
QB03AE10 = Various combinations
QB03B = VITAMIN B12 AND FOLIC ACID
QB03BA = Vitamin B12 (cyanocobalamin and analogues)
QB03BA01 = Cyanocobalamin
QB03BA02 = Cyanocobalamin tannin complex
QB03BA03 = Hydroxocobalamin
QB03BA04 = Cobamamide
QB03BA05 = Mecobalamin
QB03BA51 = Cyanocobalamin, combinations
QB03BA53 = Hydroxocobalamin, combinations
QB03BB = Folic acid and derivatives
QB03BB01 = Folic acid
QB03BB51 = Folic acid, combinations
QB03X = OTHER ANTIANEMIC PREPARATIONS
QB03XA = Other antianemic preparations
QB03XA01 = Erythropoietin
QB03XA02 = Darbepoetin alfa
QB05 = BLOOD SUBSTITUTES AND PERFUSION SOLUTIONS
QB05A = BLOOD AND RELATED PRODUCTS
QB05AA = Blood substitutes and plasma protein fractions
QB05AA01 = Albumin

QB05AA02 = Other plasma protein fractions
QB05AA03 = Fluorocarbon blood substitutes
QB05AA05 = Dextran
QB05AA06 = Gelatin agents
QB05AA07 = Hydroxyethylstarch
QB05AA08 = Hemoglobin crosfumaril
QB05AA09 = Hemoglobin raffimer
QB05AA90 = Hemoglobin glutamer
QB05B = I.V. SOLUTIONS
QB05BA = Solutions for parenteral nutrition
QB05BA01 = Amino acids
QB05BA02 = Fat emulsions
QB05BA03 = Carbohydrates
QB05BA04 = Protein hydrolysates
QB05BA10 = Combinations
QB05BB = Solutions affecting the electrolyte balance
QB05BB01 = Electrolytes
QB05BB02 = Electrolytes with carbohydrates
QB05BB03 = Trometamol
QB05BC = Solutions producing osmotic diuresis
QB05BC01 = Mannitol
QB05BC02 = Carbamide
QB05C = IRRIGATING SOLUTIONS
QB05CA = Antiinfectives
QB05CA01 = Cetylpyridinium
QB05CA02 = Chlorhexidine
QB05CA03 = Nitrofural
QB05CA04 = Sulfamethizole
QB05CA05 = Taurolidine
QB05CA06 = Mandelic acid
QB05CA07 = Noxytiolin
QB05CA08 = Ethacridine lactate
QB05CA09 = Neomycin
QB05CA10 = Combinations
QB05CB = Salt solutions
QB05CB01 = Sodium chloride
QB05CB02 = Sodium citrate
QB05CB03 = Magnesium citrate
QB05CB04 = Sodium bicarbonate
QB05CB10 = Combinations
QB05CX = Other irrigating solutions
QB05CX01 = Glucose
QB05CX02 = Sorbitol
QB05CX03 = Glycine
QB05CX04 = Mannitol
QB05CX10 = Combinations
QB05D = PERITONEAL DIALYTICS
QB05DA = Isotonic solutions
QB05DB = Hypertonic solutions
QB05X = I.V. SOLUTION ADDITIVES
QB05XA = Electrolyte solutions
QB05XA01 = Potassium chloride
QB05XA02 = Sodium bicarbonate
QB05XA03 = Sodium chloride
QB05XA04 = Ammonium chloride
QB05XA05 = Magnesium sulfate
QB05XA06 = Potassium phosphate incl. combinations with other potassium salts
QB05XA07 = Calcium chloride
QB05XA08 = Sodium acetate
QB05XA09 = Sodium phosphate
QB05XA10 = Magnesium phosphate
QB05XA11 = Magnesium chloride
QB05XA12 = Zinc chloride
QB05XA13 = Hydrochloric acid
QB05XA14 = Sodium glycerophosphate
QB05XA15 = Potassium lactate
QB05XA16 = Cardioplegia solutions
QB05XA30 = Combinations of electrolytes
QB05XA31 = Electrolytes in combination with other drugs
QB05XB = Amino acids
QB05XB01 = Arginine hydrochloride
QB05XB02 = Alanyl glutamine
QB05XB03 = Lysine
QB05XC = Vitamins
QB05XX = Other i. v. solution additives
QB05XX02 = Trometamol
QB05Z = HEMODIALYTICS AND HEMOFILTRATES
QB05ZA = Hemodialytics, concentrates
QB05ZB = Hemofiltrates
QB06 = OTHER HEMATOLOGICAL AGENTS
QB06A = OTHER HEMATOLOGICAL AGENTS
QB06AA = Enzymes
QB06AA02 = Fibrinolysin and desoxyribonuclease
QB06AA03 = Hyaluronidase
QB06AA04 = Chymotrypsin
QB06AA07 = Trypsin
QB06AA10 = Desoxyribonuclease
QB06AA11 = Bromelains
QB06AA55 = Streptokinase, combinations
QB06AB = Other hem products
QB06AB01 = Hematin
QC = CARDIOVASCULAR SYSTEM
QC01 = CARDIAC THERAPY
QC01A = CARDIAC GLYCOSIDES
QC01AA = Digitalis glycosides
QC01AA01 = Acetyldigitoxin
QC01AA02 = Acetyldigoxin
QC01AA03 = Digitalis leaves
QC01AA04 = Digitoxin
QC01AA05 = Digoxin
QC01AA06 = Lanatoside C
QC01AA07 = Deslanoside
QC01AA08 = Metildigoxin
QC01AA09 = Gitoformate
QC01AA52 = Acetyldigoxin, combinations
QC01AB = Scilla glycosides
QC01AB01 = Proscillaridin
QC01AB51 = Proscillaridin, combinations
QC01AC = Strophantus glycosides
QC01AC01 = G-strophanthin
QC01AC03 = Cymarin
QC01AX = Other cardiac glycosides
QC01AX02 = Peruvoside
QC01B = ANTIARRYTHMICS, CLASS I AND III
QC01BA = Antiarrhythmics, class Ia
QC01BA01 = Quinidine
QC01BA02 = Procainamide
QC01BA03 = Disopyramide
QC01BA04 = Sparteine
QC01BA05 = Ajmaline
QC01BA08 = Prajmaline
QC01BA12 = Lorajmine

QC01BA51 = Quinidine, combinations excl. psycholeptics
QC01BA71 = Quinidine, combinations with psycholeptics
QC01BB = Antiarrhythmics, class Ib
QC01BB01 = Lidocaine
QC01BB02 = Mexiletine
QC01BB03 = Tocainide
QC01BB04 = Aprindine
QC01BC = Antiarrhythmics, class Ic
QC01BC03 = Propafenone
QC01BC04 = Flecainide
QC01BC07 = Lorcainide
QC01BC08 = Encainide
QC01BD = Antiarrhythmics, class III
QC01BD01 = Amiodarone
QC01BD02 = Bretylium tosilate
QC01BD03 = Bunaftine
QC01BD04 = Dofetilide
QC01BD05 = Ibutilide
QC01BG = Other class I antiarrhythmics
QC01BG01 = Moracizine
QC01BG07 = Cibenzoline
QC01C = CARDIAC STIMULANTS EXCL. CARDIAC GLYCOSIDES
QC01CA = Adrenergic and dopaminergic agents
QC01CA01 = Etilefrine
QC01CA02 = Isoprenaline
QC01CA03 = Norepinephrine
QC01CA04 = Dopamine
QC01CA05 = Norfenefrine
QC01CA06 = Phenylephrine
QC01CA07 = Dobutamine
QC01CA08 = Oxedrine
QC01CA09 = Metaraminol
QC01CA10 = Methoxamine
QC01CA11 = Mephentermine
QC01CA12 = Dimetofrine
QC01CA13 = Prenalterol
QC01CA14 = Dopexamine
QC01CA15 = Gepefrine
QC01CA16 = Ibopamine
QC01CA17 = Midodrine
QC01CA18 = Octopamine
QC01CA19 = Fenoldopam
QC01CA21 = Cafedrine
QC01CA22 = Arbutamine
QC01CA23 = Theodrenaline
QC01CA24 = Epinephrine
QC01CA30 = Combinations
QC01CA51 = Etilefrine, combinations
QC01CE = Phosphodiesterase inhibitors
QC01CE01 = Amrinone
QC01CE02 = Milrinone
QC01CE03 = Enoximone
QC01CE04 = Bucladesine
QC01CE90 = Pimobendane
QC01CX = Other cardiac stimulants
QC01CX06 = Angiotensinamide
QC01CX07 = Xamoterol
QC01CX08 = Levosimendan
QC01D = VASODILATATORS USED IN CARDIAC DISEASE
QC01DA = Organic nitrates
QC01DA02 = Glyceryl trinitrate
QC01DA04 = Methylpropylpropanediol dinitrate
QC01DA05 = Pentaerithrityl tetranitrate
QC01DA07 = Propatylnitrate
QC01DA08 = Isosorbide dinitrate
QC01DA09 = Trolnitrate
QC01DA13 = Eritrityl tetranitrate
QC01DA14 = Isosorbide mononitrate
QC01DA20 = Organic nitrates in combination
QC01DA38 = Tenitramine
QC01DA52 = Glyceryl trinitrate, combinations
QC01DA54 = Methylpropylpropanediol dinitrate, combinations
QC01DA55 = Pentaerithrityl tetranitrate, combinations
QC01DA57 = Propatylnitrate, combinations
QC01DA58 = Isosorbide dinitrate, combinations
QC01DA59 = Trolnitrate, combinations
QC01DA63 = Eritrityl tetranitrate, combinations
QC01DA70 = Organic nitrates in combination with psycholeptics
QC01DB = Quinolone vasodilators
QC01DB01 = Flosequinan
QC01DX = Other vasodilators used in cardiac diseases
QC01DX01 = Itramin tosilate
QC01DX02 = Prenylamine
QC01DX03 = Oxyfedrine
QC01DX04 = Benziodarone
QC01DX05 = Carbocromen
QC01DX06 = Hexobendine
QC01DX07 = Etafenone
QC01DX08 = Heptaminol
QC01DX09 = Imolamine
QC01DX10 = Dilazep
QC01DX11 = Trapidil
QC01DX12 = Molsidomine
QC01DX13 = Efloxate
QC01DX14 = Cinepazet
QC01DX15 = Cloridarol
QC01DX16 = Nicorandil
QC01DX18 = Linsidomine
QC01DX19 = Nesiritide
QC01DX51 = Itramin tosilate, combinations
QC01DX52 = Prenylamine, combinations
QC01DX53 = Oxyfedrine, combinations
QC01DX54 = Benziodarone, combinations
QC01E = OTHER CARDIAC PREPARATIONS
QC01EA = Prostaglandins
QC01EA01 = Alprostadil
QC01EB = Other cardiac preparations
QC01EB02 = Camphora
QC01EB03 = Indometacin
QC01EB04 = Crataegus glycosides
QC01EB05 = Creatinolfosfate
QC01EB06 = Fosfocreatine
QC01EB07 = Fructose 1,6-diphosphate
QC01EB09 = Ubidecarenone
QC01EB10 = Adenosine
QC01EB11 = Tiracizine
QC01EB12 = Tedisamil
QC01EB13 = Acadesine
QC01EB15 = Trimetazidine
QC01EB16 = Ibuprofen

QC01EB17 = Ivabradine
QC01EB18 = Ranolazine
QC01EX = Other cardiac combination products
QC02 = ANTIHYPERTENSIVES
QC02A = ANTIADRENERGIC AGENTS, CENTRALLY ACTING
QC02AA = Rauwolfia alkaloids
QC02AA01 = Rescinnamine
QC02AA02 = Reserpine
QC02AA03 = Combinations of rauwolfia alkaloids
QC02AA04 = Rauwolfia alkaloids, whole root
QC02AA05 = Deserpidine
QC02AA06 = Methoserpidine
QC02AA07 = Bietaserpine
QC02AA52 = Reserpine, combinations
QC02AA53 = Combinations of rauwolfia alkaloids, combinations
QC02AA57 = Bietaserpine, combinations
QC02AB = Methyldopa
QC02AB01 = Methyldopa (levorotatory)
QC02AB02 = Methyldopa (racemic)
QC02AC = Imidazoline receptor agonists
QC02AC01 = Clonidine
QC02AC02 = Guanfacine
QC02AC04 = Tolonidine
QC02AC05 = Moxonidine
QC02AC06 = Rilmenidine
QC02B = ANTIADRENERGIC AGENTS, GANGLION-BLOCKING
QC02BA = Sulfonium derivatives
QC02BA01 = Trimetaphan
QC02BB = Secondary and tertiary amines
QC02BB01 = Mecamylamine
QC02BC = Bisquaternary ammonium compounds
QC02C = ANTIADRENERGIC AGENTS, PERIPHERALLY ACTING
QC02CA = Alpha-adrenoreceptor antagonists
QC02CA01 = Prazosin
QC02CA02 = Indoramin
QC02CA03 = Trimazosin
QC02CA04 = Doxazosin
QC02CA06 = Urapidil
QC02CC = Guanidine derivatives
QC02CC01 = Betanidine
QC02CC02 = Guanethidine
QC02CC03 = Guanoxan
QC02CC04 = Debrisoquine
QC02CC05 = Guanoclor
QC02CC06 = Guanazodine
QC02CC07 = Guanoxabenz
QC02D = ARTERIOLAR SMOOTH MUSCLE, AGENTS ACTING ON
QC02DA = Thiazide derivatives
QC02DA01 = Diazoxide
QC02DB = Hydrazinophtalazine derivatives
QC02DB01 = Dihydralazine
QC02DB02 = Hydralazine
QC02DB03 = Endralazine
QC02DB04 = Cadralazine
QC02DC = Pyrimidine derivatives
QC02DC01 = Minoxidil
QC02DD = Nitroferricyanide derivatives
QC02DD01 = Nitroprusside
QC02DG = Guanidine derivatives
QC02DG01 = Pinacidil
QC02K = OTHER ANTIHYPERTENSIVES
QC02KA = Alcaloids, excl. rauwolfia
QC02KA01 = Veratrum
QC02KB = Tyrosine hydroxylase inhibitors
QC02KB01 = Metirosine
QC02KC = MAO inhibitors
QC02KC01 = Pargyline
QC02KD = Serotonin antagonists
QC02KD01 = Ketanserin
QC02KX = Other antihypertensives
QC02KX01 = Bosentan
QC02KX02 = Ambrisentan
QC02L = ANTIHYPERTENSIVES AND DIURETICS IN COMBINATION
QC02LA = Rauwolfia alkaloids and diuretics in combination
QC02LA01 = Reserpine and diuretics
QC02LA02 = Rescinnamine and diuretics
QC02LA03 = Deserpidine and diuretics
QC02LA04 = Methoserpidine and diuretics
QC02LA07 = Bietaserpine and diuretics
QC02LA08 = Rauwolfia alkaloids, whole root and diuretics
QC02LA09 = Syrosingopine and diuretics
QC02LA50 = Combinations of rauwolfia alkaloids and diuretics incl. other combinations
QC02LA51 = Reserpine and diuretics, combinations with other drugs
QC02LA52 = Rescinnamine and diuretics, combinations with other drugs
QC02LA71 = Reserpine and diuretics, combinations with psycholeptics
QC02LB = Methyldopa and diuretics in combination
QC02LB01 = Methyldopa (levorotatory) and diuretics
QC02LC = Imidazoline receptor agonists in combination with diuretics
QC02LC01 = Clonidine and diuretics
QC02LC05 = Moxonidine and diuretics
QC02LC51 = Clonidine and diuretics, combinations with other drugs
QC02LE = Alpha-adrenoreceptor antagonists and diuretics
QC02LE01 = Prazosin and diuretics
QC02LF = Guanidine derivatives and diuretics
QC02LF01 = Guanethidine and diuretics
QC02LG = Hydrazinophthalazine derivatives and diuretics
QC02LG01 = Dihydralazine and diuretics
QC02LG02 = Hydralazine and diuretics
QC02LG03 = Picodralazine and diuretics
QC02LG51 = Dihydralazine and diuretics, combinations with other drugs
QC02LG73 = Picodralazine and diuretics, combinations with psycholeptics
QC02LK = Alkaloids, excl. rauwolfia, in combination with diuretics
QC02LK01 = Veratrum and diuretics
QC02LL = MAO inhibitors and diuretics
QC02LL01 = Pargyline and diuretics
QC02LN = Serotonin antagonists and diuretics
QC02LX = Other antihypertensives and diuretics

QC02LX01 = Pinacidil and diuretics
QC02N = COMBINATIONS OF ANTIHYPERTENSIVES IN ATCvet GR. QC02
QC03 = DIURETICS
QC03A = LOW-CEILING DIURETICS, THIAZIDES
QC03AA = Thiazides, plain
QC03AA01 = Bendroflumethiazide
QC03AA02 = Hydroflumethiazide
QC03AA03 = Hydrochlorothiazide
QC03AA04 = Chlorothiazide
QC03AA05 = Polythiazide
QC03AA06 = Trichlormethiazide
QC03AA07 = Cyclopenthiazide
QC03AA08 = Methyclothiazide
QC03AA09 = Cyclothiazide
QC03AA13 = Mebutizide
QC03AA56 = Trichlormethiazide, combinations
QC03AB = Thiazides and potassium in combination
QC03AB01 = Bendroflumethiazide and potassium
QC03AB02 = Hydroflumethiazide and potassium
QC03AB03 = Hydrochlorothiazide and potassium
QC03AB04 = Chlorothiazide and potassium
QC03AB05 = Polythiazide and potassium
QC03AB06 = Trichlormethiazide and potassium
QC03AB07 = Cyclopenthiazide and potassium
QC03AB08 = Methyclothiazide and potassium
QC03AB09 = Cyclothiazide and potassium
QC03AH = Thiazides, combinations with psycholeptics and/or analgesics
QC03AH01 = Chlorothiazide, combinations
QC03AH02 = Hydroflumethiazide, combinations
QC03AX = Thiazides, combinations with other drugs
QC03AX01 = Hydrochlorothiazide, combinations
QC03B = LOW-CEILING DIURETICS, EXCL. THIAZIDES
QC03BA = Sulfonamides, plain
QC03BA02 = Quinethazone
QC03BA03 = Clopamide
QC03BA04 = Chlortalidone
QC03BA05 = Mefruside
QC03BA07 = Clofenamide
QC03BA08 = Metolazone
QC03BA09 = Meticrane
QC03BA10 = Xipamide
QC03BA11 = Indapamide
QC03BA12 = Clorexolone
QC03BA13 = Fenquizone
QC03BA82 = Clorexolone, combinations with psycholeptics
QC03BB = Sulfonamides and potassium in combination
QC03BB02 = Quinethazone and potassium
QC03BB03 = Clopamide and potassium
QC03BB04 = Chlortalidone and potassium
QC03BB05 = Mefruside and potassium
QC03BB07 = Clofenamide and potassium
QC03BC = Mercurial diuretics
QC03BC01 = Mersalyl
QC03BD = Xantine derivatives
QC03BD01 = Theobromine
QC03BK = Sulfonamides, combinations with other drugs
QC03BX = Other low-ceiling diuretics
QC03BX03 = Cicletanine
QC03C = HIGH-CEILING DIURETICS
QC03CA = Sulfonamides, plain
QC03CA01 = Furosemide
QC03CA02 = Bumetanide
QC03CA03 = Piretanide
QC03CA04 = Torasemide
QC03CB = Sulfonamides and potassium in combination
QC03CB01 = Furosemide and potassium
QC03CB02 = Bumetanide and potassium
QC03CC = Aryloxyacetic acid derivatives
QC03CC01 = Etacrynic acid
QC03CC02 = Tienilic acid
QC03CD = Pyrazolone derivatives
QC03CD01 = Muzolimine
QC03CX = Other high-ceiling diuretics
QC03CX01 = Etozolin
QC03D = POTASSIUM-SPARING AGENTS
QC03DA = Aldosterone antagonists
QC03DA01 = Spironolactone
QC03DA02 = Potassium canrenoate
QC03DA03 = Canrenone
QC03DA04 = Eplerenone
QC03DB = Other potassium-sparing agents
QC03DB01 = Amiloride
QC03DB02 = Triamterene
QC03E = DIURETICS AND POTASSIUM-SPARING AGENTS IN COMBINATION
QC03EA = Low-ceiling diuretics and potassium-sparing agents
QC03EA01 = Hydrochlorothiazide and potassium-sparing agents
QC03EA02 = Trichlormethiazide and potassium-sparing agents
QC03EA03 = Epitizide and potassium-sparing agents
QC03EA04 = Altizide and potassium-sparing agents
QC03EA05 = Mebutizide and potassium-sparing agents
QC03EA06 = Chlortalidone and potassium-sparing agents
QC03EA07 = Cyclopenthiazide and potassium-sparing agents
QC03EA12 = Metolazone and potassium-sparing agents
QC03EA13 = Bendroflumethiazide and potassium-sparing agents
QC03EA14 = Butizide and potassium-sparing agents
QC03EB = High-ceiling diuretics and potassium-sparing agents
QC03EB01 = Furosemide and potassium-sparing agents
QC03EB02 = Bumetanide and potassium-sparing agents
QC04 = PERIPHERAL VASODILATORS
QC04A = PERIPHERAL VASODILATORS
QC04AA = 2-amino-1-phenylethanol derivatives
QC04AA01 = Isoxsuprine
QC04AA02 = Buphenine
QC04AA31 = Bamethan
QC04AB = Imidazoline derivatives
QC04AB01 = Phentolamine
QC04AB02 = Tolazoline
QC04AC = Nicotinic acid and derivatives
QC04AC01 = Nicotinic acid
QC04AC02 = Nicotinyl alcohol (pyridylcarbinol)

QC04AC03 = Inositol nicotinate
QC04AC07 = Ciclonicate
QC04AD = Purine derivatives
QC04AD01 = Pentifylline
QC04AD02 = Xantinol nicotinate
QC04AD03 = Pentoxifylline
QC04AD04 = Etofylline nicotinate
QC04AD90 = Propentofylline
QC04AE = Ergot alkaloids
QC04AE01 = Ergoloid mesylates
QC04AE02 = Nicergoline
QC04AE04 = Dihydroergocristine
QC04AE51 = Ergoloid mesylates, combinations
QC04AE54 = Dihydroergocristine, combinations
QC04AF = Enzymes
QC04AF01 = Kallidinogenase
QC04AX = Other peripheral vasodilators
QC04AX01 = Cyclandelate
QC04AX02 = Phenoxybenzamine
QC04AX07 = Vincamine
QC04AX10 = Moxisylyte
QC04AX11 = Bencyclane
QC04AX17 = Vinburnine
QC04AX19 = Suloctidil
QC04AX20 = Buflomedil
QC04AX21 = Naftidrofuryl
QC04AX23 = Butalamine
QC04AX24 = Visnadine
QC04AX26 = Cetiedil
QC04AX27 = Cinepazide
QC04AX28 = Ifenprodil
QC04AX30 = Azapetine
QC04AX32 = Fasudil
QC05 = VASOPROTECTIVES
QC05A = ANTIHEMORRHOIDALS FOR TOPICAL USE
QC05AA = Products containing corticosteroids
QC05AA01 = Hydrocortisone
QC05AA04 = Prednisolone
QC05AA05 = Betamethasone
QC05AA06 = Fluorometholone
QC05AA08 = Fluocortolone
QC05AA09 = Dexametasone
QC05AA10 = Fluocinolone acetonide
QC05AA11 = Fluocinonide
QC05AB = Products containing antibiotics
QC05AD = Products containing local anesthetics
QC05AD01 = Lidocaine
QC05AD02 = Tetracaine
QC05AD03 = Benzocaine
QC05AD04 = Cinchocaine
QC05AD05 = Procaine
QC05AD06 = Oxetacaine
QC05AD07 = Pramocaine
QC05AX = Other antihemorrhoidals for topical use
QC05AX01 = Aluminium preparations
QC05AX02 = Bismuth preparations, combinations
QC05AX03 = Other preparations, combinations
QC05AX04 = Zinc preparations
QC05AX05 = Tribenoside
QC05B = ANTIVARICOSE THERAPY
QC05BA = Heparins or heparinoids for topical use
QC05BA01 = Organo-heparinoid
QC05BA02 = Sodium apolate
QC05BA03 = Heparin
QC05BA04 = Pentosan polysulfate sodium
QC05BA51 = Heparinoid, combinations
QC05BA53 = Heparin, combinations
QC05BB = Sclerosing agents for local injection
QC05BB01 = Monoethanolamine oleat
QC05BB02 = Polidocanol
QC05BB03 = Invert sugar
QC05BB04 = Sodium tetradecyl sulfate
QC05BB05 = Phenol
QC05BB56 = Glucose, combinations
QC05BX = Other sclerosing agents
QC05BX01 = Calcium dobesilate
QC05BX51 = Calcium dobesilate, combinations
QC05C = CAPILLARY STABILIZING AGENTS
QC05CA = Bioflavonoids
QC05CA01 = Rutoside
QC05CA02 = Monoxerutin
QC05CA03 = Diosmin
QC05CA04 = Troxerutin
QC05CA05 = Hidrosmin
QC05CA51 = Rutoside, combinations
QC05CA53 = Diosmin, combinations
QC05CA54 = Troxerutin, combinations
QC05CX = Other capillary stabilizing agents
QC05CX01 = Tribenoside
QC07 = BETA BLOCKING AGENTS
QC07A = BETA BLOCKING AGENTS
QC07AA = Beta blocking agents, non-selective
QC07AA01 = Alprenolol
QC07AA02 = Oxprenolol
QC07AA03 = Pindolol
QC07AA05 = Propranolol
QC07AA06 = Timolol
QC07AA07 = Sotalol
QC07AA12 = Nadolol
QC07AA14 = Mepindolol
QC07AA15 = Carteolol
QC07AA16 = Tertatolol
QC07AA17 = Bopindolol
QC07AA19 = Bupranolol
QC07AA23 = Penbutolol
QC07AA27 = Cloranolol
QC07AA57 = Sotalol, combination packages
QC07AA90 = Carazolol
QC07AB = Beta blocking agents, selective
QC07AB01 = Practolol
QC07AB02 = Metoprolol
QC07AB03 = Atenolol
QC07AB04 = Acebutolol
QC07AB05 = Betaxolol
QC07AB06 = Bevantolol
QC07AB07 = Bisoprolol
QC07AB08 = Celiprolol
QC07AB09 = Esmolol
QC07AB10 = Epanolol
QC07AB11 = S-atenolol
QC07AB12 = Nebivolol
QC07AB13 = Talinolol
QC07AB52 = Metoprolol, combination packages
QC07AG = Alpha and beta blocking agents
QC07AG01 = Labetalol

QC07AG02 = Carvedilol
QC07B = BETA BLOCKING AGENTS AND THIAZIDES
QC07BA = Beta blocking agents, non-selective and thiazides
QC07BA02 = Oxprenolol and thiazides
QC07BA05 = Propranolol and thiazides
QC07BA06 = Timolol and thiazides
QC07BA07 = Sotalol and thiazides
QC07BA12 = Nadolol and thiazides
QC07BA68 = Metipranolol and thiazides, combinations
QC07BB = Beta blocking agents, selective, and thiazides
QC07BB02 = Metoprolol and thiazides
QC07BB03 = Atenolol and thiazides
QC07BB04 = Acetobutol and thiazides
QC07BB06 = Bevantolol and thiazides
QC07BB07 = Bisoprolol and thiazides
QC07BB52 = Metoprolol and thiazides, combinations
QC07BG = Alpha and beta blocking agents and thiazides
QC07BG01 = Labetalol and thiazides
QC07C = BETA BLOCKING AGENTS AND OTHER DIURETICS
QC07CA = Beta blocking agents, non-selective and other diuretics
QC07CA02 = Oxprenolol and other diuretics
QC07CA03 = Pindolol and other diuretics
QC07CA17 = Biopindolol and other diuretics
QC07CA23 = Penbutolol and other diuretics
QC07CB = Beta blocking agents, selective, and other diuretics
QC07CB02 = Metoprolol and other diuretics
QC07CB03 = Atenolol and other diuretics
QC07CB53 = Atenolol and other diuretics, combinations
QC07CG = Alpha and beta blocking agents and other diuretics
QC07CG01 = Labetalol and other diuretics
QC07D = BETA BLOCKING AGENTS, THIAZIDES AND OTHER DIURETICS
QC07DA = Beta blocking agents, non-selective, thiazides and other diuretics
QC07DA06 = Timolol, thiazides and other diuretics
QC07DB = Beta blocking agents, selective, thiazides and other diuretics
QC07DB01 = Atenolol, thiazides and other diuretics
QC07E = BETA BLOCKING AGENTS AND VASODILATATORS
QC07EA = Beta blocking agents, non-selective, and vasodilatators
QC07EB = Beta blocking agents, selective, and vasodilatators
QC07F = BETA BLOCKING AGENTS AND OTHER ANTIHYPERTENSIVES
QC07FA = Beta blocking agents, non-selective, and other antihypertensives
QC07FA05 = Propranolol and other antihypertensives
QC07FB = Beta blocking agents, selective, and other antihypertensives
QC07FB02 = Metoprolol and other antihypertensives
QC07FB03 = Atenolol and other antihypertensives
QC08 = CALCIUM CHANNEL BLOCKERS
QC08C = SELECTIVE CALCIUM CHANNEL BLOCKERS WITH MAINLY VASCULAR EFFECTS
QC08CA = Dihydropyridine derivatives
QC08CA01 = Amlodipine
QC08CA02 = Felodipine
QC08CA03 = Isradipine
QC08CA04 = Nicardipine
QC08CA05 = Nifedipine
QC08CA06 = Nimodipine
QC08CA07 = Nisoldipine
QC08CA08 = Nitrendipine
QC08CA09 = Lacidipine
QC08CA10 = Nilvadipine
QC08CA11 = Manidipine
QC08CA12 = Barnidipine
QC08CA13 = Lercanidipine
QC08CA14 = Cilnidipine
QC08CA15 = Benidipine
QC08CA55 = Nifedipine, combinations
QC08CX = Other selective calcium channel blockers with mainly vascular effects
QC08CX01 = Mibefradil
QC08D = SELECTIVE CALCIUM CHANNEL BLOCKERS WITH DIRECT CARDIAC EFFECT
QC08DA = Phenylalkylamine derivatives
QC08DA01 = Verapamil
QC08DA02 = Gallopamil
QC08DA51 = Verapamil, combinations
QC08DB = Benzothiazepine derivatives
QC08DB01 = Diltiazem
QC08E = NON-SELECTIVE CALCIUM CHANNEL BLOCKERS
QC08EA = Phenylalkylamine derivatives
QC08EA01 = Fendiline
QC08EA02 = Bepridil
QC08EX = Other non-selective calcium channel blockers
QC08EX01 = Lidoflazine
QC08EX02 = Perhexiline
QC08G = CALCIUM CHANNEL BLOCKERS AND DIURETICS
QC08GA = Calcium channel blockers and diuretics
QC08GA01 = Nifedipine and diuretics
QC09 = AGENTS ACTING ON THE RENIN-ANGIOTENSIN SYSTEM
QC09A = ACE INHIBITORS, PLAIN
QC09AA = ACE inhibitors, plain
QC09AA01 = Captopril
QC09AA02 = Enalapril
QC09AA03 = Lisinopril
QC09AA04 = Perindopril
QC09AA05 = Ramipril
QC09AA06 = Quinapril
QC09AA07 = Benazepril
QC09AA08 = Cilazapril
QC09AA09 = Fosinopril
QC09AA10 = Trandolapril
QC09AA11 = Spirapril
QC09AA12 = Delapril
QC09AA13 = Moexipril
QC09AA14 = Temocapril

QC09AA15 = Zofenopril
QC09AA16 = Imidapril
QC09B = ACE INHIBITORS, COMBINATIONS
QC09BA = ACE inhibitors and diuretics
QC09BA01 = Captopril and diuretics
QC09BA02 = Enalapril and diuretics
QC09BA03 = Lisinopril and diuretics
QC09BA04 = Perindopril and diuretics
QC09BA05 = Ramipril and diuretics
QC09BA06 = Quinapril and diuretics
QC09BA07 = Benazepril and diuretics
QC09BA08 = Cilazapril and diuretics
QC09BA09 = Fosinopril and diuretics
QC09BA12 = Delapril and diuretics
QC09BA13 = Moexipril and diuretics
QC09BA15 = Zofenopril and diuretics
QC09BB = ACE inhibitors and calcium channel blockers
QC09BB02 = Enalapril and calcium channel blockers
QC09BB05 = Ramipril and calcium channel blockers
QC09BB10 = Trandolapril and calcium channel blockers
QC09BB12 = Delapril and calcium channel blockers
QC09C = ANGIOTENSIN II ANTAGONISTS, PLAIN
QC09CA = Angiotensin II antagonists, plain
QC09CA01 = Losartan
QC09CA02 = Eprosartan
QC09CA03 = Valsartan
QC09CA04 = Irbesartan
QC09CA05 = Tasosartan
QC09CA06 = Candesartan
QC09CA07 = Telmisartan
QC09CA08 = Olmesartan medoxomil
QC09D = ANGIOTENSIN II ANTAGONISTS, COMBINATIONS
QC09DA = Angiotensin II antagonists and diuretics
QC09DA01 = Losartan and diuretics
QC09DA02 = Eprosartan and diuretics
QC09DA03 = Valsartan and diuretics
QC09DA04 = Irbesartan and diuretics
QC09DA06 = Candesartan and diuretics
QC09DA07 = Telmisartan and diuretics
QC09DA08 = Olmesartan medoxomil and diuretics
QC09DB = Angiotensin II antagonists and calcium channel blockers
QC09DB01 = Valsartan and amlodipine
QC09X = OTHER AGENTS ACTING ON THE RENIN-ANGIOTENSIN SYSTEM
QC09XA = Renin-inhibitors
QC09XA01 = Remikeren
QC09XA02 = Aliskiren
QC10 = SERUM LIPID REDUCING AGENTS
QC10A = CHOLESTEROL AND TRIGLYCERIDE REDUCERS
QC10AA = HMG CoA reductase inhibitors
QC10AA01 = Simvastatin
QC10AA02 = Lovastatin
QC10AA03 = Pravastatin
QC10AA04 = Fluvastatin
QC10AA05 = Atorvastatin
QC10AA06 = Cerivastatin
QC10AA07 = Rosuvastatin
QC10AA08 = Pitavastatin
QC10AA51 = Simvastatin, combinations
QC10AA52 = Lovastatin, combinations
QC10AA53 = Pravastatin, combinations
QC10AA55 = Atorvastatin, combinations
QC10AB = Fibrates
QC10AB01 = Clofibrate
QC10AB02 = Bezafibrate
QC10AB03 = Aluminium clofibrate
QC10AB04 = Gemfibrozil
QC10AB05 = Fenofibrate
QC10AB06 = Simfibrate
QC10AB07 = Ronifibrate
QC10AB08 = Ciprofibrate
QC10AB09 = Etofibrate
QC10AB10 = Clofibride
QC10AC = Bile acid sequestrants
QC10AC01 = Cholestyramine
QC10AC02 = Cholestipole
QC10AC03 = Colextran
QC10AC04 = Colesevelam
QC10AD = Nicotinic acid and derivatives
QC10AD01 = Niceritol
QC10AD02 = Nicotinic acid
QC10AD03 = Nicofuranose
QC10AD04 = Aluminium nicotinate
QC10AD05 = Nicotinyl alcohol (pyridylcarbinol)
QC10AD06 = Acipimox
QC10AX = Other cholesterol and triglyceride reducers
QC10AX01 = Dextrothyroxine
QC10AX02 = Probucol
QC10AX03 = Tiadenol
QC10AX04 = Benflurex
QC10AX05 = Meglutol
QC10AX06 = Omega-3-triglycerides
QC10AX07 = Magnesium pyridoxal 5-phosphate glutamate
QC10AX08 = Policosanol
QC10AX09 = Ezetimibe
QD = DERMATOLOGICALS
QD01 = ANTIFUNGALS FOR DERMATOLOGICAL USE
QD01A = ANTIFUNGALS FOR TOPICAL USE
QD01AA = Antibiotics
QD01AA01 = Nystatin
QD01AA02 = Natamycin
QD01AA03 = Hachimycin
QD01AA04 = Pecilocin
QD01AA06 = Mepartricin
QD01AA07 = Pyrrolnitrin
QD01AA08 = Griseofulvin
QD01AA20 = Combinations
QD01AC = Imidazole and triazole derivatives
QD01AC01 = Clotrimazole
QD01AC02 = Miconazole
QD01AC03 = Econazole
QD01AC04 = Chlormidazole
QD01AC05 = Isoconazole
QD01AC06 = Tiabendazole
QD01AC07 = Tioconazole
QD01AC08 = Ketoconazole
QD01AC09 = Sulconazole
QD01AC10 = Bifonazole
QD01AC11 = Oxiconazole

QD01AC12 = Fenticonazole
QD01AC13 = Omoconazole
QD01AC14 = Sertaconazole
QD01AC15 = Fluconazole
QD01AC16 = Flutrimazole
QD01AC20 = Combinations
QD01AC52 = Miconazole, combinations
QD01AC60 = Bifonazole, combinations
QD01AC90 = Enilconazole
QD01AE = Other antifungals for topical use
QD01AE01 = Bromochlorosalicylanilide
QD01AE02 = Methylrosaniline
QD01AE03 = Tribromometacresol
QD01AE04 = Undecylenic acid
QD01AE05 = Polynoxylin
QD01AE06 = 2-(4-chlorphenoxy)-ethanol
QD01AE07 = Chlorphenesin
QD01AE08 = Ticlatone
QD01AE09 = Sulbentine
QD01AE10 = Ethyl hydroxybenzoate
QD01AE11 = Haloprogin
QD01AE12 = Salicylic acid
QD01AE13 = Selenium sulfide
QD01AE14 = Ciclopirox
QD01AE15 = Terbinafine
QD01AE16 = Amorolfine
QD01AE17 = Dimazole
QD01AE18 = Tolnaftate
QD01AE19 = Tolciclate
QD01AE20 = Combinations
QD01AE21 = Flucytosine
QD01AE22 = Naftifine
QD01AE23 = Butenafine
QD01AE54 = Undecylenic acid, combinations
QD01AE91 = Bronopol
QD01AE92 = Bensuldazic acid
QD01B = ANTIFUNGALS FOR SYSTEMIC USE
QD01BA = Antifungals for systemic use
QD01BA01 = Griseofulvin
QD01BA02 = Terbinafine
QD02 = EMOLLIENTS AND PROTECTIVES
QD02A = EMOLLIENTS AND PROTECTIVES
QD02AA = Silicone products
QD02AB = Zinc products
QD02AC = Soft paraffin and fat products
QD02AD = Liquid plasters
QD02AE = Carbamide products
QD02AE01 = Carbamide
QD02AE51 = Carbamide, combinations
QD02AF = Salicylic acid preparations
QD02AX = Other emollients and protectives
QD02B = PROTECTIVES AGAINST UV-RADIATION
QD02BA = Protectives against UV-radiation for topical use
QD02BA01 = Aminobenzoic acid
QD02BA02 = Octyl methoxycinnamate
QD02BB = Protectives against UV-radiation for systemic use
QD02BB01 = Betacarotene
QD03 = PREPARATIONS FOR TREATMENT OF WOUNDS AND ULCERS
QD03A = CICATRIZANTS
QD03AA = Cod-liver oil ointments
QD03AX = Other cicatrizants
QD03AX01 = Cadexomer iodine
QD03AX02 = Dextranomer
QD03AX03 = Dexpanthenol
QD03AX04 = Calcium pantothenate
QD03AX05 = Hyaluronic acid
QD03AX06 = Becaplermin
QD03AX07 = Glyceryl trinitrate
QD03AX08 = Isosorbide dinitrate
QD03AX09 = Crilanomer
QD03AX10 = Enoxolone
QD03AX90 = Ketanserin
QD03B = ENZYMES
QD03BA = Proteolytic enzymes
QD03BA01 = Trypsin
QD03BA02 = Clostridiopeptidase
QD03BA52 = Clostridiopeptidase, combinations
QD04 = ANTIPRURITICS, INCL. ANTIHISTAMINES, ANESTHETICS, ETC.
QD04A = ANTIPRURITICS, INCL. ANTIHISTAMINES, ANESTHETICS, ETC.
QD04AA = Antihistamines for topical use
QD04AA01 = Thonzylamine
QD04AA02 = Mepyramine
QD04AA03 = Thenalidine
QD04AA04 = Tripelennamine
QD04AA09 = Chloropyramine
QD04AA10 = Promethazine
QD04AA12 = Tolpropamine
QD04AA13 = Dimetindene
QD04AA14 = Clemastine
QD04AA15 = Bamipine
QD04AA22 = Isothipendyl
QD04AA32 = Diphenhydramine
QD04AA33 = Diphenhydramine methylbromide
QD04AA34 = Chlorphenoxamine
QD04AB = Anesthetics for topical use
QD04AB01 = Lidocaine
QD04AB02 = Cinchocaine
QD04AB03 = Oxybuprocaine
QD04AB04 = Benzocaine
QD04AB05 = Quinisocaine
QD04AB06 = Tetracaine
QD04AB07 = Pramocaine
QD04AB51 = Lidocaine, combinations
QD04AX = Other antipruritics
QD05 = DRUGS FOR KERATOSEBORRHEIC DISORDERS (ATC HUMAN: ANTIPSORIATICS)
QD05A = DRUGS FOR KERATOSEBORRHEIC DISORDERS, TOPICAL USE (ATC HUMAN: ANTIPSORIATICS FOR TOPICAL USE)
QD05AA = Tars
QD05AC = Antracen derivatives
QD05AC01 = Dithranol
QD05AC51 = Dithranol, combinations
QD05AD = Psoralens for topical use
QD05AD01 = Trioxysalen
QD05AD02 = Methoxsalen

QD05AX = Other drugs for keratoseborrheic disorders for topical use (ATC human: Antipsoriatics for topical use)
QD05AX01 = Fumaric acid
QD05AX02 = Calcipotriol
QD05AX03 = Calcitriol
QD05AX04 = Tacalcitol
QD05AX05 = Tazarotene
QD05AX52 = Calcipotriol, combinations
QD05B = DRUGS FOR KERATOSEBORRHEIC DISORDERS, SYSTEMIC USE (ATC HUMAN: ANTIPSORIATICS FOR SYSTEMIC USE)
QD05BA = Psoralens for systemic use
QD05BA01 = Trioxysalen
QD05BA02 = Methoxsalen
QD05BA03 = Bergapten
QD05BB = Retinoids for systemic use
QD05BB01 = Etretinate
QD05BB02 = Acitretine
QD05BX = Other drugs for keratoseborrheic disorders for systemic use
QD05BX51 = Fumaric acid derivatives, combinations
QD06 = ANTIBIOTICS AND CHEMOTHERAPEUTICS FOR DERMATOLOGICAL USE
QD06A = ANTIBIOTICS FOR TOPICAL USE
QD06AA = Tetracycline and derivatives
QD06AA01 = Demeclocycline
QD06AA02 = Chlortetracycline
QD06AA03 = Oxytetracycline
QD06AA04 = Tetracycline
QD06AA52 = Chlortetracycline, combinations
QD06AA53 = Oxytetracycline, combinations
QD06AA54 = Tetracycline, combinations
QD06AX = Other antibiotics for topical use
QD06AX01 = Fusidic acid
QD06AX02 = Chloramphenicol
QD06AX04 = Neomycin
QD06AX05 = Bacitracin
QD06AX07 = Gentamicin
QD06AX08 = Tyrothricin
QD06AX09 = Mupirocin
QD06AX10 = Virginiamycin
QD06AX11 = Rifaximin
QD06AX12 = Amikacin
QD06AX99 = Other antibiotics for topical use, combinations
QD06B = CHEMOTHERAPEUTICS FOR TOPICAL USE
QD06BA = Sulfonamides
QD06BA01 = Silver sulfadiazine
QD06BA02 = Sulfathiazole
QD06BA03 = Mafenide
QD06BA04 = Sulfamethizole
QD06BA05 = Sulfanilamide
QD06BA06 = Sulfamerazine
QD06BA30 = Combinations of chemotherapeutics for topical use
QD06BA51 = Silver sulfadiazine, combinations
QD06BA53 = Mafenide, combinations
QD06BA90 = Formosulfathiazole
QD06BA99 = Sulfonamides, combinations
QD06BB = Antivirals
QD06BB01 = Idoxuridine
QD06BB02 = Tromantadine
QD06BB03 = Aciclovir
QD06BB04 = Podophyllotoxin
QD06BB05 = Inosine
QD06BB06 = Penciclovir
QD06BB07 = Lysozyme
QD06BB08 = Ibacitabine
QD06BB09 = Edoxudine
QD06BB10 = Imiquimod
QD06BB11 = Docosanol
QD06BX = Other chemotherapeutics
QD06BX01 = Metronidazole
QD06C = ANTIBIOTICS AND CHEMOTHERAPEUTICS, COMBINATIONS
QD07 = CORTICOSTEROIDS, DERMATOLOGICAL PREPARATIONS
QD07A = CORTICOSTEROIDS, PLAIN
QD07AA = Corticosteroids, weak (group I)
QD07AA01 = Methylprednisolone
QD07AA02 = Hydrocortisone
QD07AA03 = Prednisolone
QD07AB = Corticosteroids, moderately potent (group II)
QD07AB01 = Clobetasone
QD07AB02 = Hydrocortisone butyrate
QD07AB03 = Flumetasone
QD07AB04 = Fluocortin
QD07AB05 = Fluperolone
QD07AB06 = Fluorometholone
QD07AB07 = Fluprednidene
QD07AB08 = Desonide
QD07AB09 = Triamcinolone
QD07AB10 = Alclometasone
QD07AB11 = Hydrocortisone buteprate
QD07AB19 = Dexamethasone
QD07AB21 = Clocortolone
QD07AB30 = Combinations of corticosteroids
QD07AC = Corticosteroids, potent (group III)
QD07AC01 = Betamethasone
QD07AC02 = Fluclorolone
QD07AC03 = Desoximetasone
QD07AC04 = Fluocinolone acetonide
QD07AC05 = Fluocortolone
QD07AC06 = Diflucortolone
QD07AC07 = Fludroxycortide
QD07AC08 = Fluocinonide
QD07AC09 = Budesonide
QD07AC10 = Diflorasone
QD07AC11 = Amcinonide
QD07AC12 = Halometasone
QD07AC13 = Mometasone
QD07AC14 = Methylprednisolone aceponate
QD07AC15 = Beclometasone
QD07AC16 = Hydrocortisone aceponate
QD07AC17 = Fluticasone
QD07AC18 = Prednicarbate
QD07AC19 = Difluprednate
QD07AC21 = Ulobetasol
QD07AC90 = Resocortol butyrate
QD07AD = Corticosteroids, very potent (group IV)
QD07AD01 = Clobetasol

QD07AD02 = Halcinonide
QD07B = CORTICOSTEROIDS, COMBINATIONS WITH ANTISEPTICS
QD07BA = Corticosteroids, weak, combinations with antiseptics
QD07BA01 = Prednisolone and antiseptics
QD07BA04 = Hydrocortisone and antiseptics
QD07BB = Corticosteroids, moderately potent, combinations with antiseptics
QD07BB01 = Flumetasone and antiseptics
QD07BB02 = Desonide and antiseptics
QD07BB03 = Triamcinolone and antiseptics
QD07BB04 = Hydrocortisone butyrate and antiseptics
QD07BC = Corticosteroids, potent, combinations with antiseptics
QD07BC01 = Betamethasone and antiseptics
QD07BC02 = Fluocinolone acetonide and antiseptics
QD07BC03 = Fluocortolone and antiseptics
QD07BC04 = Diflucortolone and antiseptics
QD07BD = Corticosteroids, very potent, combinations with antiseptics
QD07C = CORTICOSTEROIDS, COMBINATIONS WITH ANTIBIOTICS
QD07CA = Corticosteroids, weak, combinations with antibiotics
QD07CA01 = Hydrocortisone and antibiotics
QD07CA02 = Methylprednisolone and antibiotics
QD07CA03 = Prednisolone and antibiotics
QD07CB = Corticosteroids, moderately potent, combinations with antibiotics
QD07CB01 = Triamcinolone and antibiotics
QD07CB02 = Fluprednidene and antibiotics
QD07CB03 = Fluorometholone and antibiotics
QD07CB04 = Dexamethasone and antibiotics
QD07CB05 = Flumetasone and antibiotics
QD07CC = Corticosteroids, potent, combinations with antibiotics
QD07CC01 = Betamethasone and antibiotics
QD07CC02 = Fluocinolone acetonide and antibiotics
QD07CC03 = Fludroxycortide and antibiotics
QD07CC04 = Beclometasone and antibiotics
QD07CC05 = Fluocinonide and antibiotics
QD07CC06 = Fluocortolone and antibiotics
QD07CD = Corticosteroids, very potent, combinations with antibiotics
QD07CD01 = Clobetasol and antibiotics
QD07X = CORTICOSTEROIDS, OTHER COMBINATIONS
QD07XA = Corticosteroids, weak, other combinations
QD07XA01 = Hydrocortisone
QD07XA02 = Prednisolone
QD07XB = Corticosteroids, moderately potent, other combinations
QD07XB01 = Flumetasone
QD07XB02 = Triamcinolone
QD07XB03 = Fluprednidene
QD07XB04 = Fluorometholone
QD07XB05 = Dexamethasone
QD07XB30 = Combinations of corticosteroids
QD07XC = Corticosteroids, potent, other combinations
QD07XC01 = Betamethasone
QD07XC02 = Desoximetasone
QD07XC03 = Mometasone
QD07XC04 = Diflucortolone
QD07XD = Corticosteroids, very potent, other combinations
QD08 = ANTISEPTICS AND DISINFECTANTS
QD08A = ANTISEPTICS AND DISINFECTANTS
QD08AA = Acridine derivatives
QD08AA01 = Ethacridine lactate
QD08AA02 = Aminoacridine
QD08AA03 = Euflavine
QD08AA99 = Acridine derivatives, combinations
QD08AB = Aluminium agents
QD08AC = Biguanides and amidines
QD08AC01 = Dibromopropamidine
QD08AC02 = Chlorhexidine
QD08AC03 = Propamidine
QD08AC04 = Hexamidine
QD08AC05 = Polihexanide
QD08AC52 = Chlorhexidine, combinations
QD08AC54 = Hexamidine, combinations
QD08AD = Boric acid products
QD08AE = Phenol and derivatives
QD08AE01 = Hexachlorophene
QD08AE02 = Policresulen
QD08AE03 = Phenol
QD08AE04 = Triclosan
QD08AE05 = Chloroxylenol
QD08AE06 = Biphenylol
QD08AE99 = Phenol and derivatives, combinations
QD08AF = Nitrofuran derivatives
QD08AF01 = Nitrofural
QD08AG = Iodine products
QD08AG01 = Iodine/octylphenoxypolyglycolether
QD08AG02 = Povidone-iodine
QD08AG03 = Iodine
QD08AG04 = Diiodohydroxypropane
QD08AG53 = Iodine, combinations
QD08AH = Quinoline derivatives
QD08AH01 = Dequalinium
QD08AH02 = Chlorquinaldol
QD08AH03 = Oxyquinoline
QD08AH30 = Clioquinol
QD08AJ = Quaternary ammonium compounds
QD08AJ01 = Benzalkonium
QD08AJ02 = Cetrimonium
QD08AJ03 = Cetylpyridinium
QD08AJ04 = Cetrimide
QD08AJ05 = Benzoxonium chloride
QD08AJ06 = Didecyldimethylammonium chloride
QD08AJ57 = Octenidine, combinations
QD08AJ58 = Benzethonium chloride, combinations
QD08AJ59 = Dodeclonium bromide, combinations
QD08AJ90 = Benzonium chloride
QD08AK = Mercurial products
QD08AK01 = Mercuric amidochloride
QD08AK02 = Phenylmercuric borate
QD08AK03 = Mercuric chloride
QD08AK04 = Mercurochrome
QD08AK05 = Mercury, metallic
QD08AK06 = Thiomersal
QD08AK30 = Mercuric iodide
QD08AK52 = Phenylmercuric borate, combinations
QD08AL = Silver compounds

QD08AL01 = Silver nitrate
QD08AL30 = Silver
QD08AX = Other antiseptics and disinfectants
QD08AX01 = Hydrogen peroxide
QD08AX02 = Eosin
QD08AX03 = Propanol
QD08AX04 = Tosylchloramide sodium
QD08AX05 = Isopropanol
QD08AX06 = Potassium permanganate
QD08AX07 = Sodium hypochlorite
QD08AX08 = Ethanol
QD08AX53 = Propanol, combinations
QD09 = MEDICATED DRESSINGS
QD09A = MEDICATED DRESSINGS
QD09AA = Medicated dressings with antiinfectives
QD09AA01 = Framycetin
QD09AA02 = Fusidic acid
QD09AA03 = Nitrofural
QD09AA04 = Phenylmercuric nitrate
QD09AA05 = Benzododecinium
QD09AA06 = Triclosan
QD09AA07 = Cetylpyridinium
QD09AA08 = Aluminium chlorohydrate
QD09AA09 = Povidone-iodine
QD09AA10 = Clioquinol
QD09AA11 = Benzalkonium
QD09AA12 = Chlorhexidine
QD09AA13 = Iodoform
QD09AB = Zinc bandages
QD09AB01 = Zinc bandage without supplements
QD09AB02 = Zinc bandage with supplements
QD09AX = Soft paraffin dressings
QD10 = ANTI-ACNE PREPARATIONS
QD10A = ANTI-ACNE PREPARATIONS FOR TOPICAL USE
QD10AA = Corticosteroides, combinations for treatment of acne
QD10AA01 = Fluorometholone
QD10AA02 = Methylprednisolone
QD10AA03 = Dexamethasone
QD10AB = Preparations containing sulfur
QD10AB01 = Bithionol
QD10AB02 = Sulfur
QD10AB03 = Tioxolone
QD10AB05 = Mesulfen
QD10AD = Retinoids for topical use in acne
QD10AD01 = Tretinoin
QD10AD02 = Retinol
QD10AD03 = Adapalene
QD10AD04 = Isotretinoin
QD10AD05 = Motretinide
QD10AD51 = Tretinoin, combinations
QD10AD54 = Isotretinoin, combinations
QD10AE = Peroxides
QD10AE01 = Benzoyl peroxide
QD10AE51 = Benzoyl peroxide, combinations
QD10AF = Antiinfectives for treatment of acne
QD10AF01 = Clindamycin
QD10AF02 = Erythromycin
QD10AF03 = Chloramphenicol
QD10AF04 = Meclocycline
QD10AF51 = Clindamycin, combinations
QD10AF52 = Erythromycine, combinations
QD10AX = Other anti-acne preparations for topical use
QD10AX01 = Aluminium chloride
QD10AX02 = Resorcinol
QD10AX03 = Azelaic acid
QD10AX04 = Aluminium oxide
QD10AX30 = Various combinations
QD10B = ANTI-ACNE PREPARATIONS FOR SYSTEMIC USE
QD10BA = Retinoids for treatment of acne
QD10BA01 = Isotretinoin
QD10BX = Other anti-acne preparations for systemic use
QD10BX01 = Ichtasol
QD11 = OTHER DERMATOLOGICAL PREPARATIONS
QD11A = OTHER DERMATOLOGICAL PREPARATIONS
QD11AA = Antihidrotics
QD11AC = Medicated shampoos
QD11AC01 = Cetrimide
QD11AC02 = Cadmium compounds
QD11AC03 = Selenium compounds
QD11AC06 = Povidone-iodine
QD11AC08 = Sulfur compounds
QD11AC09 = Xenysalate
QD11AC30 = Others
QD11AE = Androgens for topical use
QD11AE01 = Metandienone
QD11AF = Wart and anti-corn preparations
QD11AX = Other dermatologicals
QD11AX01 = Minoxidil, topical
QD11AX02 = Gamolenic acid
QD11AX03 = Calcium gluconate
QD11AX04 = Lithium succinate
QD11AX05 = Magnesium sulphate
QD11AX06 = Mequinol
QD11AX08 = Tiratricol
QD11AX09 = Oxaceprol
QD11AX10 = Finasteride
QD11AX11 = Hydroquinone
QD11AX12 = Pyrithione zinc
QD11AX13 = Monobenzone
QD11AX14 = Tacrolimus
QD11AX15 = Pimecrolimus
QD11AX16 = Eflornithine
QD11AX17 = Cromoglicic acid
QD11AX18 = Diclofenac
QD11AX52 = Gamolenic acid, combinations
QD11AX57 = Collagen, combinations
QD11AX90 = Benzylperoxide
QD51 = PRODUCTS FOR THE TREATMENT OF CLAWS AND HOOFS
QG = GENITO URINARY SYSTEM AND SEX HORMONES
QG01 = GYNECOLOGICAL ANTIINFECTIVES AND ANTISEPTICS
QG01A = ANTIINFECTIVES AND ANTISEPTICS, EXCL. COMBINATIONS WITH CORTICOSTEROIDS
QG01AA = Antibiotics
QG01AA01 = Nystatin
QG01AA02 = Natamycin
QG01AA03 = Amphotericin B

QG01AA04 = Candicidin
QG01AA05 = Chloramphenicol
QG01AA06 = Hachimycin
QG01AA07 = Oxytetracycline
QG01AA08 = Carfecillin
QG01AA09 = Mepartricin
QG01AA10 = Clindamycin
QG01AA11 = Pentamycin
QG01AA51 = Nystatin, combinations
QG01AA55 = Choramphenicol, combinations
QG01AA90 = Tetracycline
QG01AA91 = Gentamicin
QG01AA99 = Antibiotics, combinations
QG01AB = Arsenic compounds
QG01AB01 = Acetarsol
QG01AC = Quinoline derivatives
QG01AC01 = Diiodohydroxyquinoline
QG01AC02 = Clioquinol
QG01AC03 = Chlorquinaldol
QG01AC05 = Dequalinium
QG01AC06 = Broxyquinoline
QG01AC30 = Oxyquinoline
QG01AC90 = Acriflavinium chloride
QG01AC99 = Combinations
QG01AD = Organic acids
QG01AD01 = Lactic acid
QG01AD02 = Acetic acid
QG01AD03 = Ascorbic acid
QG01AE = Sulfonamides
QG01AE01 = Sulfatolamide
QG01AE10 = Combinations of sulfonamides
QG01AF = Imidazole derivatives
QG01AF01 = Metronidazole
QG01AF02 = Clotrimazole
QG01AF04 = Miconazole
QG01AF05 = Econazole
QG01AF06 = Ornidazole
QG01AF07 = Isoconazole
QG01AF08 = Tioconazole
QG01AF11 = Ketoconazole
QG01AF12 = Fenticonazole
QG01AF13 = Azanidazole
QG01AF14 = Propenidazole
QG01AF15 = Butoconazole
QG01AF16 = Omoconazole
QG01AF17 = Oxiconazole
QG01AF18 = Flutrimazole
QG01AF20 = Combinations of imidazole derivatives
QG01AG = Triazole derivatives
QG01AG02 = Terconazole
QG01AX = Other antiinfectives and antiseptics
QG01AX01 = Clodantoin
QG01AX02 = Inosine
QG01AX03 = Policresulen
QG01AX05 = Nifuratel
QG01AX06 = Furazolidone
QG01AX09 = Methylrosaniline
QG01AX11 = Povidone-iodine
QG01AX12 = Ciclopirox
QG01AX13 = Protiofate
QG01AX14 = Lactobacillus fermentum
QG01AX15 = Copper usnate
QG01AX66 = Octenidine, combinations
QG01AX90 = Nitrofural
QG01AX99 = Other antiinfectives and antiseptics, combinations
QG01B = ANTIINFECTIVES/ANTISEPTICS IN COMBINATION WITH CORTICOSTERIODS
QG01BA = Antibiotics and corticosteroids
QG01BC = Quinoline derivatives and corticosteroids
QG01BD = Antiseptics and corticosteroids
QG01BE = Sulfonamides and corticosteroids
QG01BF = Imidazole derivatives and corticosteroids
QG02 = OTHER GYNECOLOGICALS
QG02A = OXYTOCICS
QG02AB = Ergot alkaloids
QG02AB01 = Methylergometrine
QG02AB02 = Ergot alkaloids
QG02AB03 = Ergometrine
QG02AB53 = Ergometrine, combinations
QG02AC = Ergot alkaloids and oxytocin incl. analogues, in combination
QG02AC01 = Methylergometrine and oxytocin
QG02AC90 = Ergometrine and oxytocin
QG02AD = Prostaglandins
QG02AD01 = Dinoprost
QG02AD02 = Dinoprostone
QG02AD03 = Gemeprost
QG02AD04 = Carboprost
QG02AD05 = Sulprostone
QG02AD90 = Cloprostenol
QG02AD91 = Luprostiol
QG02AD92 = Fenprostalene
QG02AD93 = Tiaprost
QG02AD94 = Alfaprostol
QG02AD95 = Etiproston
QG02AX = Other oxytocics
QG02B = CONTRACEPTIVES FOR TOPICAL USE
QG02BA = Intrauterine contraceptives
QG02BA01 = Plastic IUD
QG02BA02 = Plastic IUD with copper
QG02BA03 = Plastic IUD with progestogens
QG02BB = Intravaginal contraceptives
QG02BB01 = Vaginal ring with progestogen and estrogen
QG02C = OTHER GYNECOLOGICALS
QG02CA = Sympathomimetics, labour repressants
QG02CA01 = Ritodrine
QG02CA02 = Buphenine
QG02CA03 = Fenoterol
QG02CA90 = Vetrabutin
QG02CA91 = Clenbuterol
QG02CB = Prolactine inhibitors
QG02CB01 = Bromocriptine
QG02CB02 = Lisuride
QG02CB03 = Cabergoline
QG02CB04 = Quinagolide
QG02CB05 = Metergoline
QG02CC = Antiinflammatory products for vaginal administration
QG02CC01 = Ibuprofen
QG02CC02 = Naproxen
QG02CC03 = Benzydamine
QG02CC04 = Flunoxaprofen
QG02CX = Other gynecologicals

QG02CX01 = Atosiban
QG02CX90 = Denaverine
QG03 = SEX HORMONES AND MODULATORS OF THE GENITAL SYSTEM
QG03A = HORMONAL CONTRACEPTIVES FOR SYSTEMIC USE
QG03AA = Progestogens and estrogens, fixed combinations
QG03AA01 = Etynodiol and estrogen
QG03AA02 = Quingestanol and estrogen
QG03AA03 = Lynestrenol and estrogen
QG03AA04 = Megestrol and estrogen
QG03AA05 = Norethisterone and estrogen
QG03AA06 = Norgestrel and estrogen
QG03AA07 = Levonorgestrel and estrogen
QG03AA08 = Medroxyprogesterone and estrogen
QG03AA09 = Desogestrel and estrogen
QG03AA10 = Gestodene and estrogen
QG03AA11 = Norgestimate and estrogen
QG03AA12 = Drospirenone and estrogen
QG03AA13 = Norelgestromin and estrogen
QG03AB = Progestogens and estrogens, sequential products
QG03AB01 = Megestrol and estrogen
QG03AB02 = Lynestrenol and estrogen
QG03AB03 = Levonorgestrel and estrogen
QG03AB04 = Norethisterone and estrogen
QG03AB05 = Desogestrel and estrogen
QG03AB06 = Gestodene and estrogen
QG03AB07 = Chlormadinone and estrogen
QG03AC = Progestogens
QG03AC01 = Norethisterone
QG03AC02 = Lynestrenol
QG03AC03 = Levonorgestrel
QG03AC04 = Quingestanol
QG03AC05 = Megestrol
QG03AC06 = Medroxyprogesterone
QG03AC07 = Norgestrienone
QG03AC08 = Etonogestrel
QG03AC09 = Desogestrel
QG03B = ANDROGENS
QG03BA = 3-oxoandrosten (4) derivatives
QG03BA01 = Fluoxymesterone
QG03BA02 = Methyltestosterone
QG03BA03 = Testosterone
QG03BB = 5-androstanon (3) derivatives
QG03BB01 = Mesterolone
QG03BB02 = Androstanolone
QG03C = ESTROGENS
QG03CA = Natural and semisynthetic estrogens, plain
QG03CA01 = Ethinylestradiol
QG03CA03 = Estradiol
QG03CA04 = Estriol
QG03CA06 = Chlorotrianisene
QG03CA07 = Estrone
QG03CA09 = Promestriene
QG03CA53 = Estradiol, combinations
QG03CA57 = Conjugated estrogens
QG03CB = Synthetic estrogens, plain
QG03CB01 = Dienestrol
QG03CB02 = Diethylstilbestrol
QG03CB03 = Methallenestril
QG03CB04 = Moxestrol
QG03CC = Estrogens, combinations with other drugs
QG03CC02 = Dienestrol
QG03CC03 = Methallenestril
QG03CC04 = Estrone
QG03CC05 = Diethylstilbestrol
QG03CC06 = Estriol
QG03D = PROGESTOGENS
QG03DA = Pregnen (4) derivatives
QG03DA01 = Gestonorone
QG03DA02 = Medroxyprogesterone
QG03DA03 = Hydroxyprogesterone
QG03DA04 = Progesterone
QG03DA90 = Proligeston
QG03DB = Pregnadien derivatives
QG03DB01 = Dydrogesterone
QG03DB02 = Megestrol
QG03DB03 = Medrogestone
QG03DB04 = Nomegestrol
QG03DB05 = Demegestone
QG03DB06 = Chlormadinone
QG03DB07 = Promegestone
QG03DC = Estren derivatives
QG03DC01 = Allylestrenol
QG03DC02 = Norethisterone
QG03DC03 = Lynestrenol
QG03DC04 = Ethisterone
QG03DC05 = Tibolone
QG03DC06 = Etynodiol
QG03DC31 = Methylestrenolone
QG03DX = Other progestogens
QG03DX90 = Altrenogest
QG03DX91 = Delmadinone
QG03E = ANDROGENS AND FEMALE SEX HORMONES IN COMBINATION
QG03EA = Androgens and estrogens
QG03EA01 = Methyltestosterone and estrogen
QG03EA02 = Testosterone and estrogen
QG03EA03 = Prasterone and estrogen
QG03EB = Androgen, progestogen and estrogen in combination
QG03EK = Androgens and female sex hormones in combination with other drugs
QG03EK01 = Methyltestosterone
QG03F = PROGESTOGENS AND ESTROGENS IN COMBINATION
QG03FA = Progestogens and estrogens, combinations
QG03FA01 = Norethisterone and estrogen
QG03FA02 = Hydroxyprogesterone and estrogen
QG03FA03 = Ethisterone and estrogen
QG03FA04 = Progesterone and estrogen
QG03FA05 = Methylnortestosterone and estrogen
QG03FA06 = Etynodiol and estrogen
QG03FA07 = Lynestrenol and estrogen
QG03FA08 = Megestrol and estrogen
QG03FA09 = Noretynodrel and estrogen
QG03FA10 = Norgestrel and estrogen
QG03FA11 = Levonorgestrel and estrogen
QG03FA12 = Medroxyprogesterone and estrogen
QG03FA13 = Norgestimate and estrogen
QG03FA14 = Dydrogesterone and estrogen
QG03FA15 = Dienogest and estrogen
QG03FA16 = Trimegestone and estrogen
QG03FA17 = Drospirenone and estrogen

QG03FB = Progestogens and estrogens, sequential preparations
QG03FB01 = Norgestrel and estrogen
QG03FB02 = Lynestrenol and estrogen
QG03FB03 = Chlormadinone and estrogen
QG03FB04 = Megestrol and estrogen
QG03FB05 = Norethisterone and estrogen
QG03FB06 = Medroxyprogesterone and estrogen
QG03FB07 = Medrogestone and estrogen
QG03FB08 = Dydrogesterone and estrogen
QG03FB09 = Levonorgestrel and estrogen
QG03FB10 = Desogestrel and estrogen
QG03FB11 = Trimegestone and estrogen
QG03G = GONADOTROPINS AND OTHER OVULATION STIMULANTS
QG03GA = Gonadotropins
QG03GA01 = Chorionic gonadotrophin
QG03GA02 = Human menopausal gonadotrophin
QG03GA03 = Serum gonadotrophin
QG03GA04 = Urofollitropin
QG03GA05 = Follitropin alfa
QG03GA06 = Follitropin beta
QG03GA07 = Lutropin alfa
QG03GA08 = Choriogonadotropin alfa
QG03GA90 = Follicle stimulating hormone-pituitary
QG03GA99 = Gonadotropins, combinations
QG03GB = Ovulation stimulants, synthetic
QG03GB01 = Cyclofenil
QG03GB02 = Clomifene
QG03GB03 = Epimestrol
QG03H = ANTIANDROGENS
QG03HA = Antiandrogens, plain
QG03HA01 = Cyproterone
QG03HB = Antiandrogens and estrogens
QG03HB01 = Cyproterone and estrogen
QG03X = OTHER SEX HORMONES AND MODULATORS OF THE GENITAL SYSTEM
QG03XA = Antigonadotropins and similar agents
QG03XA01 = Danazol
QG03XA02 = Gestrinone
QG03XA90 = Anti-Pmsg
QG03XB = Antiprogestogens
QG03XB01 = Mifepristone
QG03XB90 = Aglepristone
QG03XC = Selective estrogen receptor modulators
QG03XC01 = Raloxifene
QG04 = UROLOGICALS
QG04B = OTHER UROLOGICALS, INCL. ANTISPASMODICS
QG04BA = Acidifiers
QG04BA01 = Ammonium chloride
QG04BA03 = Calcium chloride
QG04BA90 = Methionine
QG04BC = Urinary concrement solvents
QG04BC90 = Tiopronin
QG04BD = Urinary antispasmodics
QG04BD01 = Emepronium
QG04BD02 = Flavoxate
QG04BD03 = Meladrazine
QG04BD04 = Oxybutynin
QG04BD05 = Terodiline
QG04BD06 = Propiverine
QG04BD07 = Tolterodine
QG04BD08 = Solifenacin
QG04BD09 = Trospium
QG04BD10 = Darifenacin
QG04BE = Drugs used in erectile dysfunction
QG04BE01 = Alprostadil
QG04BE02 = Papaverine
QG04BE03 = Sildenafil
QG04BE04 = Yohimbin
QG04BE05 = Phentolamin
QG04BE06 = Moxisylyte
QG04BE07 = Apomorphine
QG04BE08 = Tadalafil
QG04BE09 = Vardenafil
QG04BE30 = Combinations
QG04BE52 = Papaverine, combinations
QG04BQ = Urinary alkalizers
QG04BQ01 = Sodium bicarbonate
QG04BX = Other urologicals
QG04BX01 = Magnesium hydroxide
QG04BX03 = Acetohydroxamic acid
QG04BX06 = Phenazopyridine
QG04BX10 = Succinimide
QG04BX11 = Collagen
QG04BX12 = Phenyl salicylate
QG04BX13 = Dimethyl sulfoxide
QG04BX56 = Phenazopyridine, combinations
QG04BX90 = Ephedrine
QG04BX91 = Phenylpropanolamin
QG04C = DRUGS USED IN BENIGN PROSTATIC HYPERTROPHY
QG04CA = Alpha-adrenoreceptor antagonists
QG04CA01 = Alfuzosin
QG04CA02 = Tamsulosin
QG04CA03 = Terazocin
QG04CB = Testosterone-5-alpha reductase inhibitors
QG04CB01 = Finasteride
QG04CB02 = Dutasteride
QG04CX = Other drugs used in benign prostatic hypertrophy
QG04CX01 = Pygeum africanum
QG04CX02 = Serenoa repens
QG04CX03 = Mepartricin
QG51 = ANTIINFECTIVES AND ANTISEPTICS FOR INTRAUTERINE USE
QG51A = ANTIINFECTIVES AND ANTISEPTICS FOR INTRAUTERINE USE
QG51AA = Antibiotics
QG51AA01 = Oxytetracycline
QG51AA02 = Tetracycline
QG51AA04 = Gentamicin
QG51AA06 = Rifaximin
QG51AA30 = Combinations of antibiotics
QG51AC = Quinolone derivatives
QG51AC30 = Combinations of quinolone derivatives
QG51AD = Antiseptics
QG51AD01 = Povidone-iodine
QG51AD02 = Policresulen
QG51AD30 = Combinations of antiseptics
QG51AE = Sulfonamides
QG51AE10 = Combinations of sulfonamides
QG51AF = Imidazole derivatives
QG51AF30 = Combinations of imidazole derivatives

QG51AX = Other antiinfectives and antiseptics for intrauterine use
QG51AX01 = Amoxicillin
QG51AX02 = Cefapirin
QG51AX30 = Combinations of other antiinfectives and antiseptics for intrauterine use
QG51B = ANTIINFECTIVES/ANTISEPTICS FOR INTRAUTERINE USE, COMBINATIONS
QG51BA = Antibiotics, combinations with other substances
QG51BC = Quinolone derivatives, combinations with other substances
QG51BD = Antiseptics, combinations with other substances
QG51BE = Sulfonamides, combinations with other substances
QG51BF = Imidazole derivatives, combinations with other substances
QG52 = PRODUCTS FOR TEATS AND UDDER
QG52A = DISINFECTANTS
QG52B = TEAT CANAL DEVICES
QG52C = EMOLLIENTS
QG52X = VARIOUS PRODUCTS FOR TEATS AND UDDER
QH = SYSTEMIC HORMONAL PREPARATIONS, EXCL. SEX HORMONES AND INSULIN
QH01 = PITUITARY AND HYPOTHALAMIC HORMONES AND ANALOGUES
QH01A = ANTERIOR PITUITARY LOBE HORMONES AND ANALOGUES
QH01AA = ACTH
QH01AA01 = Corticotropin
QH01AA02 = Tetracosactide
QH01AB = Thyrotrophin
QH01AB01 = Thyrotrophin
QH01AC = Somatropin and somatropin agonists
QH01AC01 = Somatropin
QH01AC02 = Somatrem
QH01AC03 = Mecasermin
QH01AC04 = Sermorelin
QH01AX = Other anterior pituitary lobe hormones and analogues
QH01AX01 = Pegvisomant
QH01B = POSTERIOR PITUITARY LOBE HORMONES
QH01BA = Vasopressin and analogues
QH01BA01 = Vasopressin
QH01BA02 = Desmopressin
QH01BA03 = Lypressin
QH01BA04 = Terlipressin
QH01BA05 = Ornipressin
QH01BA06 = Argipressin
QH01BB = Oxytocin and analogues
QH01BB01 = Demoxytocin
QH01BB02 = Oxytocin
QH01BB03 = Carbetocin
QH01C = HYPOTHALAMIC HORMONES
QH01CA = Gonadotropin-releasing hormones
QH01CA01 = Gonadorelin
QH01CA02 = Nafarelin
QH01CA03 = Histrelin
QH01CA90 = Buserelin
QH01CA91 = Fertirelin
QH01CA92 = Lecirelin
QH01CA93 = Deslorelin
QH01CA94 = Azagly-nafarelin
QH01CB = Antigrowth hormone
QH01CB01 = Somatostatin
QH01CB02 = Octreotide
QH01CB03 = Lanreotide
QH01CC = Anti-gonadrotropin-releasing hormones
QH01CC01 = Ganirelix
QH01CC02 = Cetrorelix
QH02 = CORTICOSTEROIDS FOR SYSTEMIC USE
QH02A = CORTICOSTEROIDS FOR SYSTEMIC USE, PLAIN
QH02AA = Mineralocorticoids
QH02AA01 = Aldosterone
QH02AA02 = Fludrocortisone
QH02AA03 = Desoxycortone
QH02AB = Glucocorticoids
QH02AB01 = Betamethasone
QH02AB02 = Dexamethasone
QH02AB03 = Fluocortolone
QH02AB04 = Methylprednisolone
QH02AB05 = Paramethasone
QH02AB06 = Prednisolone
QH02AB07 = Prednisone
QH02AB08 = Triamcinolone
QH02AB09 = Hydrocortisone
QH02AB10 = Cortisone
QH02AB11 = Prednylidene
QH02AB12 = Rimexolone
QH02AB13 = Deflazacort
QH02AB14 = Cloprednol
QH02AB15 = Meprednisone
QH02AB17 = Cortivazol
QH02AB30 = Combinations of glucocorticoids
QH02AB56 = Prednisolone, combinations
QH02AB57 = Prednisone, combinations
QH02AB90 = Flumetasone
QH02B = CORTICOSTEROIDS FOR SYSTEMIC USE, COMBINATIONS
QH02BX = Corticosteroids for systemic use, combinations
QH02BX01 = Methylprednisolone, combinations
QH02BX90 = Dexamethasone, combinations
QH02C = ANTIADRENAL PREPARATIONS
QH02CA = Anticorticosteroids
QH02CA01 = Trilostane
QH03 = THYROID THERAPY
QH03A = THYROID PREPARATIONS
QH03AA = Thyroid hormones
QH03AA01 = Levothyroxine sodium
QH03AA02 = Liothyronine sodium
QH03AA03 = Combinations of levothyroxine and liothyronine
QH03AA04 = Tiratricol
QH03AA05 = Thyroid gland preparations
QH03B = ANTITHYROID PREPARATIONS
QH03BA = Thiouracils
QH03BA01 = Methylthiouracil
QH03BA02 = Propylthiouracil

QH03BA03 = Benzylthiouracil
QH03BB = Sulfur-containing imidazole derivatives
QH03BB01 = Carbimazole
QH03BB02 = Thiamazole
QH03BB52 = Thiamazole, combinations
QH03BC = Perchlorates
QH03BC01 = Potassium perchlorate
QH03BX = Other antithyroid preparations
QH03BX01 = Diiodotyrosine
QH03BX02 = Dibromotyrosine
QH03C = IODINE THERAPY
QH03CA = Iodine therapy
QH04 = PANCREATIC HORMONES
QH04A = GLYCOGENOLYTIC HORMONES
QH04AA = Glycogenolytic hormones
QH04AA01 = Glucagon
QH05 = CALCIUM HOMEOSTASIS
QH05A = PARATHYROID HORMONES AND ANALOGUES
QH05AA = Parathyroid hormones and analogues
QH05AA01 = Parathyroid gland extract
QH05AA02 = Teriparatide
QH05AA03 = Parathyroid hormone
QH05B = ANTI-PARATHYROID AGENTS
QH05BA = Calcitonin preparations
QH05BA01 = Calcitonin (salmon synthetic)
QH05BA02 = Calcitonin (pork natural)
QH05BA03 = Calcitonin (human synthetic)
QH05BA04 = Elcatonin
QH05BX = Other anti-parathyroid agents
QH05BX01 = Cinacalcet
QI = IMMUNOLOGICALS
QI01 = IMMUNOLOGICALS FOR AVES
QI01A = DOMESTIC FOWL
QI01AA = Inactivated viral vaccines
QI01AA01 = Avian infectious bursal (Gumboro) disease virus vaccine
QI01AA02 = Newcastle disease virus/paramyxovirus vaccine
QI01AA03 = Avian infectious bronchitis virus vaccine
QI01AA04 = Avian reovirus vaccine
QI01AA05 = Avian adenovirus vaccine
QI01AA06 = Avian infectious bronchitis virus vaccine + Avian infectious bursal (Gumboro) disease virus vaccine + Newcastle disease virus/ paramyxovirus vaccine + Avian rhinotracheitis virus vaccine
QI01AA07 = Avian infectious bronchitis virus vaccine + Avian infectious bursal (Gumboro) disease virus vaccine + Newcastle disease virus/ paramyxovirus vaccine + Avian rhinotracheitis virus vaccine + Avian adenovirus vaccine
QI01AA08 = Avian infectious bronchitis virus vaccine + Avian infectious bursal (Gumboro) disease virus vaccine + Newcastle disease virus/ paramyxovirus vaccine
QI01AA09 = Newcastle disease virus/paramyxovirus vaccine + Avian infectious bursal (Gumboro) disease virus vaccine + Avian adenovirus vaccine
QI01AA10 = Avian infectious bronchitis virus vaccine + Newcastle disease virus/paramyxovirus vaccine
QI01AA11 = Avian infectious bursal (Gumboro) disease virus vaccine + Newcastle disease virus/ paramyxovirus vaccine
QI01AA12 = Newcastle disease virus/paramyxovirus vaccine + Avian adenovirus vaccine accine + Avian adenovirus vaccine
QI01AA13 = Newcastle disease virus/paramyxovirus vaccine + Avian infectious bronchitis virus vaccine + Avian adenovirus vaccine
QI01AA14 = Avian infectious bronchitis virus vaccine + Avian adenovirus vaccine
QI01AA15 = Avian infectious bronchitis virus vaccine + Avian infectious bursal (Gumboro) disease virus vaccine
QI01AA16 = Avian infectious bronchitis virus vaccine + Avian infectious bursal (Gumboro) disease virus vaccine + Newcastle disease virus/ paramyxovirus vaccine +Avian reovirus vaccine
QI01AA17 = Avian rhinotracheitis virus vaccine
QI01AA18 = Avian infectious bronchitis virus vaccine + Newcastle disease virus/paramyxovirus vaccine + Avian adenovirus vaccine + Avian rhinotracheitis virus vaccine
QI01AA19 = Avian infectious bronchitis virus vaccine + Avian infectious bursal (Gumboro) disease virus vaccine + Newcastle disease virus/ paramyxovirus vaccine + Avian adenovirus vaccine
QI01AA20 = Newcastle disease virus/paramyxovirus vaccine + Avian rhinotracheitis virus vaccine
QI01AA21 = Avian infectious bronchitis virus vaccine + Newcastle disease virus/paramyxovirus vaccine + Avian rhinotracheitis virus vaccine
QI01AA22 = Avian infectious bursal (Gumboro) disease virus vaccine + Avian reovirus vaccine
QI01AA23 = Avian influenza virus vaccine
QI01AB = Inactivated bacterial vaccines (including Mycoplasma, Toxoid and Chlamydia vaccines)
QI01AB01 = Salmonella vaccine
QI01AB02 = Pasteurella vaccine
QI01AB03 = Mycoplasma vaccine
QI01AB04 = Haemophilus vaccine
QI01AB05 = Escherichia vaccine
QI01AB06 = Erysipelothrix vaccine
QI01AB07 = Ornithobacterium vaccine
QI01AC = Inactivated bacterial vaccines and antisera
QI01AD = Live viral vaccines
QI01AD01 = Avian rhinotracheitis virus vaccine
QI01AD02 = Avian encephalomyelitis virus vaccine
QI01AD03 = Avian herpes virus vaccine (Mareks disease)
QI01AD04 = Chicken anaemia vaccine
QI01AD05 = Avian adenovirus vaccine
QI01AD06 = Newcastle disease virus/paramyxovirus vaccine
QI01AD07 = Avian infectious bronchitis virus vaccine

QI01AD08 = Avian infectious laryngotracheitis virus vaccine
QI01AD09 = Avian infectious bursal disease virus vaccine (Gumboro disease)
QI01AD10 = Avian reovirus vaccine
QI01AD11 = Avian infectious bursal (Gumboro) disease virus vaccine + Newcastle disease virus/paramyxovirus vaccine
QI01AD12 = Avian pox virus vaccine
QI01AD13 = Avian leucosis virus vaccine
QI01AD14 = Avian reticuloendotheliosis vaccine
QI01AD15 = Avian infectious bursal disease virus vaccine (Gumboro disease) + Avian herpes virus vaccine (Marek's disease)
QI01AE = Live bacterial vaccines
QI01AE01 = Salmonella vaccine
QI01AE02 = Pasteurella vaccine
QI01AE03 = Mycoplasma vaccine
QI01AE04 = Escherichia vaccine
QI01AE05 = Erysipelothrix vaccine
QI01AF = Live bacterial and viral vaccines
QI01AG = Live and inactivated bacterial vaccines
QI01AH = Live and inactivated viral vaccines
QI01AI = Live viral and inactivated bacterial vaccines
QI01AJ = Live and inactivated viral and bacterial vacciness
QI01AK = Inactivated viral and live bacterial vaccines
QI01AL = Inactivated viral and inactivated bacterial vaccines
QI01AL01 = Inactivated Newcastle disease virus/paramyxovirus vaccine + inactivated Escherichia vaccine + Inactivated Pasteurella vaccine
QI01AL02 = Inactivated Newcastle disease virus/paramyxovirus vaccine + inactivated Avian infectious bronchitis virus vaccine + inactivated Haemophilus vaccine
QI01AL03 = Inactivated Newcastle disease virus/paramyxovirus vaccine + inactivated Haemophilus vaccine
QI01AL04 = Inactivated Newcastle disease virus/paramyxovirus vaccine + inactivated Pasteurella vaccine
QI01AL05 = Inactivated Newcastle disease virus/paramyxovirus vaccine + inactivated Avian infectious bronchitis virus vaccine + inactivated Avian adenovirus vaccine + inactivated Haemophilus vaccine
QI01AL06 = Inactivated Newcastle disease virus/paramyxovirus vaccine + inactivated Avian infectious bronchitis virus vaccine + inactivated Escherichia vaccine + inactivated Pasteurella vaccine
QI01AM = Antisera, immunoglobulin preparations, and antitoxins
QI01AN = Live parasitic vaccines
QI01AN01 = Coccidia vaccine
QI01AO = Inactivated parasitic vaccines
QI01AO01 = Coccidia vaccine
QI01AP = Live fungal vaccines
QI01AQ = Inactivated fungal vaccines
QI01AR = In vivo diagnostic preparations
QI01AS = Allergens
QI01AT = Colostrum preparations and substitutes
QI01AU = Other live vaccines
QI01AV = Other inactivated vaccines
QI01AX = Other immunologicals
QI01B = DUCK
QI01BA = Inactivated viral vaccines
QI01BA01 = Inactivated duck parvovirus vaccine + inactivated goose parvovirus vaccine
QI01BB = Inactivated bacterial vaccines (including Mycoplasma, Toxoid and Chlamydia vaccines)
QI01BC = Inactivated bacterial vaccines and antisera
QI01BD = Live viral vaccines
QI01BD01 = Duck enteritis virus vaccine
QI01BD02 = Duck hepatitis virus vaccine
QI01BD03 = Duck parvovirus vaccine
QI01BE = Live bacterial vaccines
QI01BF = Live bacterial and viral vaccines
QI01BG = Live and inactivated bacterial vaccines
QI01BH = Live and inactivated viral vaccines
QI01BH01 = Live Goose parvovirus vaccine + inactivated Duck parvovirus vaccine
QI01BI = Live viral and inactivated bacterial vaccines
QI01BJ = Live and inactivated viral and bacterial vaccines
QI01BK = Inactivated viral and live bacterial vaccines
QI01BL = Inactivated viral and inactivated bacterial vaccines
QI01BM = Antisera, immunoglobulin preparations, and antitoxins
QI01BN = Live parasitic vaccines
QI01BO = Inactivated parasitic vaccines
QI01BP = Live fungal vaccines
QI01BQ = Inactivated fungal vaccines
QI01BR = In vivo diagnostic preparations
QI01BS = Allergens
QI01BT = Colostrum preparations and substitutes
QI01BU = Other live vaccines
QI01BV = Other inactivated vaccines
QI01BX = Other immunologicals
QI01C = TURKEY
QI01CA = Inactivated viral vaccines
QI01CA01 = Turkey paramyxovirus vaccine
QI01CA02 = Turkey paramyxovirus vaccine + Turkey rhinotracheitis virus vaccine
QI01CA03 = Newcastle disease virus/paramyxovirus vaccine + Avian adenovirus vaccine
QI01CB = Inactivated bacterial vaccines (including Mycoplasma, Toxoid and Chlamydia vaccines)
QI01CB01 = Pasteurella vaccine + Erysipelothrix vaccine
QI01CB02 = Erysipelothrix vaccine
QI01CC = Inactivated bacterial vaccines and antisera
QI01CD = Live viral vaccines
QI01CD01 = Turkey rhinotracheitis virus vaccine
QI01CD02 = Turkey herpes virus vaccine
QI01CE = Live bacterial vaccines
QI01CF = Live bacterial and viral vaccines
QI01CG = Live and inactivated bacterial vaccines
QI01CH = Live and inactivated viral vaccines

QI01CI = Live viral and inactivated bacterial vaccines
QI01CJ = Live and inactivated viral and bacterial vaccines
QI01CK = Inactivated viral and live bacterial vaccines
QI01CL = Inactivated viral and inactivated bacterial vaccines
QI01CL01 = Inactivated Newcastle disease virus/ paramyxovirus vaccine + inactivated Avian adenovirus vaccine + inactivated Avian influenza virus vaccine + inactivated Pasteurella vaccine
QI01CM = Antisera, immunoglobulin preparations, and antitoxins
QI01CN = Live parasitic vaccines
QI01CO = Inactivated parasitic vaccines
QI01CP = Live fungal vaccines
QI01CQ = Inactivaated fungal vaccines
QI01CR = In vivo diagnostic preparations
QI01CS = Allergens
QI01CT = Colostrum preparations and substitutes
QI01CU = Other live vaccines
QI01CV = Other inactivated vaccines
QI01CX = Other immunologicals
QI01D = GOOSE
QI01DA = Inactivated viral vaccines
QI01DB = Inactivated bacterial vaccines (including Mycoplasma, Toxoid and Chlamydia vaccines)
QI01DC = Inactivated bacterial vaccines and antisera
QI01DD = Live viral vaccines
QI01DD01 = Goose parvovirus vaccine
QI01DE = Live bacterial vaccines
QI01DF = Live bacterial and viral vaccines
QI01DG = Live and inactivated bacterial vaccines
QI01DH = Live and inactivated viral vaccines
QI01DI = Live viral and inactivated bacterial vaccines
QI01DJ = Live and inactivated viral and bacterial vaccines
QI01DK = Inactivated viral and live bacterial vaccines
QI01DL = Inactivated viral and inactivated bacterial vaccines
QI01DM = Antisera, immunoglobulin preparations, and antitoxins
QI01DM01 = Goose parvovirus antiserum
QI01DN = Live parasitic vaccines
QI01DO = Inactivated parasitic vaccines
QI01DP = Live fungal vaccines
QI01DQ = Inactivated fungal vaccines
QI01DR = In vivo diagnostic preparations
QI01DS = Allergens
QI01DT = Colostrum preparations and substitutes
QI01DU = Other live vaccines
QI01DV = Other inactivated vaccines
QI01DX = Other immunologicals
QI01E = PIGEON
QI01EA = Inactivated viral vaccines
QI01EA01 = Pigeon paramyxovirus vaccine
QI01EB = Inactivated bacterial vaccines (including Mycoplasma, Toxoid and Chlamydia vaccines)
QI01EC = Inactivated bacterial vaccines and antisera
QI01ED = Live viral vaccines
QI01ED01 = Pigeon pox virus vaccine
QI01EE = Live bacterial vaccines
QI01EE01 = Salmonella vaccine
QI01EF = Live bacterial and viral vaccines
QI01EG = Live and inactivated bacterial vaccines
QI01EH = Live and inactivated viral vaccines
QI01EH01 = Live Pigeon pox virus vaccine + inactivated Pigeon paramyxovirus vaccine
QI01EI = Live viral and inactivated bacterial vaccines
QI01EJ = Live and inactivated viral and bacterial vaccines
QI01EK = Inactivated viral and live bacterial vaccines
QI01EL = Inactivated viral and inactivated bacterial vaccines
QI01EM = Antisera, immunoglobulin preparations, and antitoxins
QI01EN = Live parasitic vaccines
QI01EO = Inactivated parasitic vaccines
QI01EP = Live fungal vaccines
QI01EQ = Inactivated fungal vaccines
QI01ER = In vivo diagnostic preparations
QI01ES = Allergens
QI01ET = Colostrum preparations and substitutes
QI01EV = Other inactivated vaccines
QI01EX = Other immunologicals
QI01F = PHEASANT
QI01G = QUAIL
QI01H = PARTRIDGE
QI01I = OSTRICH
QI01K = PET BIRDS
QI01KA = Inactivated viral vaccines
QI01KA01 = Pacheco's virus vaccine/herpesvirus vaccine
QI01KB = Inactivated bacterial vaccines (including Mycoplasma, Toxoid and Chlamydia vaccines)
QI01KC = Inactivated bacterial vaccines and antisera
QI01KD = Live viral vaccines
QI01KD01 = Canary pox virus vaccine
QI01KD02 = Pacheco's virus vaccine/herpesvirus vaccine
QI01KE = Live bacterial vaccines
QI01KF = Live bacterial and viral vaccines
QI01KG = Live and inactivated bacterial vaccines
QI01KH = Live and inactivated viral vaccines
QI01KI = Live viral and inactivated bacterial vaccines
QI01KJ = Live and inactivated viral and bacterial vaccines
QI01KK = Inactivated viral and live bacterial vaccines
QI01KL = Inactivated viral and inactivated bacterial vaccines
QI01KM = Antisera, immunoglobulin preparations, and antitoxins
QI01KN = Live parasitic vaccines
QI01KO = Inactivated parasitic vaccines
QI01KP = Live fungal vaccines
QI01KQ = Inactivated fungal vaccines
QI01KR = In vivo diagnostic preparations
QI01KS = Allergens
QI01KT = Colostrum preparations and substitutes

QI01KU = Other live vaccines
QI01KV = Other inactivated vaccines
QI01KX = Other immunologicals
QI01X = AVES, OTHERS
QI02 = IMMUNOLOGICALS FOR BOVIDAE
QI02A = CATTLE
QI02AA = Inactivated viral vaccines
QI02AA01 = Bovine viral diarrhea vaccine (BVD)
QI02AA02 = Bovine respiratory syncytial virus vaccine (BRSV)
QI02AA03 = Bovine rhinotracheitis virus vaccine (IBR)
QI02AA04 = Foot and mouth disease virus vaccine
QI02AA05 = Bovine parainfluenza virus vaccine + Bovine adenovirus vaccine + Bovine reovirus vaccine
QI02AA06 = Bovine parainfluenza virus vaccine + Bovine adenovirus vaccine + Bovine reovirus vaccine + Bovine rhinotracheitis virus vaccine
QI02AA07 = Bovine parainfluenza virus vaccine + Bovine adenovirus vaccine + Bovine reovirus vaccine + Bovine respiratory syncytial virus vaccine
QI02AB = Inactivated bacterial vaccines (including Mycoplasma, Toxoid and Chlamydia vaccines)
QI02AB01 = Clostridium vaccine
QI02AB02 = Mycobacterium vaccine
QI02AB03 = Leptospira vaccine
QI02AB04 = Pasteurella vaccine
QI02AB05 = Salmonella vaccine
QI02AB06 = Escherichia vaccine
QI02AB07 = Coxiella vaccine + Chlamydia vaccine
QI02AB08 = Escherichia vaccine + Salmonella vaccine + Pasteurella vaccine + Streptococcus vaccine
QI02AB09 = Escherichia vaccine + Salmonella vaccine
QI02AB10 = Escherichia vaccine + Salmonella vaccine + Pasteurella vaccine
QI02AB11 = Clostridium vaccine + Pasteurella vaccine
QI02AB12 = Clostridium vaccine + Salmonella vaccine
QI02AB13 = Escherichia vaccine + Streptococcus vaccine
QI02AB14 = Pasteurella vaccine + Streptococcus vaccines + Corynebacterium vaccine
QI02AB15 = Chlamydia vaccine
QI02AB16 = Streptococcus vaccines + Staphylococcus vaccines + Pseudomona vaccine + Corynebacterium vaccine
QI02AC = Inactivated bacterial vaccines and antisera
QI02AD = Live viral vaccines
QI02AD01 = Bovine rhinotracheitis virus vaccine (IBR)
QI02AD02 = Bovine viral diarrhea vaccine (BVD)
QI02AD03 = Bovine viral diarrhea vaccine + Bovine respiratory syncytial virus vaccine
QI02AD04 = Bovine respiratory syncytial virus vaccine (BRSV)
QI02AD05 = Bovine parainfluenza virus vaccine
QI02AD06 = Bovine rhinotracheitis virus vaccine + Bovine parainfluenza virus vaccine
QI02AD07 = Bovine respiratory syncytial virus vaccine + Bovine parainfluenza virus vaccine
QI02AD08 = Bovine rotavirus vaccine + Bovine coronavirus vaccine
QI02AD09 = Bovine rotavirus vaccine
QI02AD10 = Bovine coronavirus vaccine
QI02AE = Live bacterial vaccines
QI02AE01 = Mycobacterium vaccine
QI02AE02 = Salmonella vaccine
QI02AE03 = Escherichia vaccine
QI02AE04 = Bacillus anthracis vaccine
QI02AF = Live bacterial and viral vaccines
QI02AG = Live and inactivated bacterial vaccines
QI02AH = Live and inactivated viral vaccines
QI02AI = Live viral and inactivated bacterial vaccines
QI02AI01 = Live Bovine rotavirus vaccine + live Bovine coronavirus vaccine + inactivated Escherichia vaccine
QI02AJ = Live and inactivated viral and bacterial vaccines
QI02AK = Inactivated viral and live bacterial vaccines
QI02AL = Inactivated viral and inactivated bacterial vaccines
QI02AL01 = Inactivated Bovine rotavirus vaccine + inactivated Bovine coronavirus vaccine + inactivated Escherichia
QI02AL02 = Inactivated Bovine rotavirus vaccine + inactivated Bovine coronavirus vaccine + inactivated Parvovirus vaccine + inactivated Escherichia
QI02AL03 = Inactivated Bovine rotavirus vaccine + inactivated Escherichia vaccine
QI02AL04 = Inactivated Bovine parainfluenza virus vaccine + inactivated Bovine respiratory syncytial virus vaccine + inactivated Pasteurella vaccine
QI02AL05 = Inactivated Bovine rotavirus vaccine + inactivated Bovine coronavirus vaccine + inactivated Clostridium vaccine + inactivated Escherichia vaccine
QI02AM = Antisera, immunoglobulin preparations, and antitoxins
QI02AM01 = Escherichia antiserum
QI02AM02 = Salmonella antiserum
QI02AM03 = Pasteurella antiserum + Salmonella antiserum + Streptococcus antiserum + Escherichia antiserum
QI02AM04 = Escherichia antiserum + Pneumococci antiserum
QI02AM05 = Bovine rotavirus antiserum + Bovine coronavirus antiserum + Escherichia antiserum
QI02AM06 = Salmonella antiserum + Pasteurella antiserum + Escherichia antiserum
QI02AM07 = Salmonella antiserum + Escherichia antiserum
QI02AM08 = Pasteurella antiserum
QI02AN = Live parasitic vaccines
QI02AN01 = Dictyocaulus vaccine
QI02AO = Inactivated parasitic vaccines
QI02AO01 = Dictyocaulus vaccine
QI02AP = Live fungal vaccines
QI02AP01 = Trichophyton vaccine
QI02AQ = Inactivated fungal vaccines

QI02AQ01 = Trichophyton vaccine
QI02AR = In vivo diagnostic preparations
QI02AR01 = Bovine tuberculin PPD
QI02AR02 = Avian tuberculin PPD
QI02AS = Allergens
QI02AT = Colostrum preparations and substitutes
QI02AT01 = Escherichia
QI02AU = Other live vaccines
QI02AV = Other inactivated vaccines
QI02AX = Other immunologicals
QI02B = BUFFALO
QI02X = BOVIDAE, OTHERS
QI03 = IMMUNOLOGICALS FOR CAPRIDAE
QI03A = GOAT
QI03AA = Inactivated viral vaccines
QI03AB = Inactivated bacterial vaccines (including Mycoplasma, Toxoid and Chlamydia vaccines)
QI03AB01 = Mycobacterium vaccine
QI03AC = Inactivated bacterial vaccines and antisera
QI03AD = Live viral vaccines
QI03AE = Live bacterial vaccines
QI03AE01 = Mycobacterium vaccine
QI03AF = Live bacterial and viral vaccines
QI03AG = Live and inactivated bacterial vaccines
QI03AH = Live and inactivated viral vaccines
QI03AI = Live viral and inactivated bacterial vaccines
QI03AJ = Live and inactivated viral and bacterial vaccines
QI03AK = Inactivated viral and live bacterial vaccines
QI03AL = Inactivated viral and inactivated bacterial vaccines
QI03AM = Antisera, immunoglobulin preparations, and antitoxins
QI03AN = Live parasitic vaccines
QI03AO = Inactivated parasitic vaccines
QI03AP = Live fungal vaccines
QI03AQ = Inactivated fungal vaccines
QI03AR = In vivo diagnostic preparations
QI03AS = Allergens
QI03AT = Colostrum preparations and substitutes
QI03AU = Other live vaccines
QI03AV = Other inactivated vaccines
QI03AX = Other immunologicals
QI03X = CAPRIDAE, OTHERS
QI04 = IMMUNOLOGICALS FOR OVIDAE
QI04A = SHEEP
QI04AA = Inactivated viral vaccines
QI04AA01 = Louping ill virus vaccine
QI04AA02 = Bluetongue virus vaccine
QI04AB = Inactivated bacterial vaccines (including Mycoplasma, Toxoid and Chlamydia vaccines)
QI04AB01 = Clostridium vaccine
QI04AB02 = Pasteurella vaccine
QI04AB03 = Bacteroides vaccine
QI04AB04 = Escherichia vaccine
QI04AB05 = Clostridium vaccine + Pasteurella vaccine
QI04AB06 = Chlamydia vaccine
QI04AB08 = Erysipelothrix vaccine
QI04AB09 = Mycobacterium vaccine
QI04AC = Inactivated bacterial vaccines and antisera
QI04AD = Live viral vaccines
QI04AD01 = Orf virus vaccine/Contagious Pustular Dermatitis vaccine
QI04AE = Live bacterial vaccines
QI04AE01 = Chlamydia vaccine
QI04AE02 = Listeria vaccine
QI04AE03 = Mycobacterium vaccine
QI04AF = Live bacterial and viral vaccines
QI04AG = Live and inactivated bacterial vaccines
QI04AH = Live and inactivated viral vaccines
QI04AI = Live viral and inactivated bacterial vaccines
QI04AJ = Live and inactivated viral and bacterial vaccines
QI04AK = Inactivated viral and live bacterial vaccines
QI04AL = Inactivated viral and inactivated bacterial vaccines
QI04AM = Antisera, immunoglobulin preparations, and antitoxins
QI04AM01 = Pasteurella antiserum
QI04AM02 = Clostridium antiserum
QI04AN = Live parasitic vaccines
QI04AN01 = Toxoplasma vaccine
QI04AO = Inactivated parasitic vaccines
QI04AP = Live fungal vaccines
QI04AQ = Inactivated fungal vaccines
QI04AR = In vivo diagnostic preparations
QI04AS = Allergens
QI04AT = Colostrum preparations and substitutes
QI04AU = Other live vaccines
QI04AV = Other inactivated vaccines
QI04AX = Other immunologicals
QI04X = OVIDAE, OTHERS
QI05 = IMMUNOLOGICALS FOR EQUIDAE
QI05A = HORSE
QI05AA = Inactivated viral vaccines
QI05AA01 = Equine influenza virus vaccine
QI05AA03 = Equine rhinopneumonitis virus vaccine + Equine reovirus vaccine + Equine influenza virus vaccine
QI05AA04 = Equine rhinopneumonitis virus vaccine + Equine influenza virus vaccine
QI05AA05 = Equine rhinopneumonitis virus vaccine
QI05AA06 = Equine reovirus vaccine
QI05AA07 = Equine arteritis virus vaccine
QI05AA08 = Equine parapox virus vaccine
QI05AA09 = Equine rotavirus vaccine
QI05AB = Inactivated bacterial vaccines (including Mycoplasma, Toxoid and Chlamydia vaccines)
QI05AB01 = Streptococcus vaccine
QI05AB02 = Actinobacillus vaccine + Escherichia vaccine + Salmonella vaccine + Streptococcus vaccine
QI05AB03 = Clostridium vaccine
QI05AC = Inactivated bacterial vaccines and antisera
QI05AD = Live viral vaccines
QI05AD01 = Equine rhinopneumonitis virus vaccine
QI05AD02 = Equine influenza virus vaccine
QI05AE = Live bacterial vaccines
QI05AF = Live bacterial and viral vaccines
QI05AG = Live and inactivated bacterial vaccines
QI05AH = Live and inactivated viral vaccines

QI05AI = Live viral and inactivated bacterial vaccines
QI05AI01 = Equine influenza virus vaccine + clostridium vaccine
QI05AJ = Live and inactivated viral and bacterial vaccines
QI05AK = Inactivated viral and live bacterial vaccines
QI05AL = Inactivated viral and inactivated bacterial vaccines
QI05AL01 = Inactivated Equine influenza virus vaccine + inactivated Clostridium vaccine
QI05AM = Antisera, immunoglobulin preparations, and antitoxins
QI05AM01 = Clostridium antiserum
QI05AM02 = Antilipopolysacharide antiserum
QI05AM03 = Actinobacillus antiserum + Escherichia antiserum + Salmonella antiserum + Streptococcus antiserum
QI05AN = Live parasitic vaccines
QI05AO = Inactivated parasitic vaccines
QI05AP = Live fungal vaccines
QI05AP01 = Trichophyton vaccine
QI05AQ = Inactivated fungal vaccines
QI05AQ01 = Trichophyton vaccine
QI05AQ02 = Trichophyton vaccine + Microsporum vaccine
QI05AR = In vivo diagnostic preparations
QI05AR01 = Mallein
QI05AS = Allergens
QI05AT = Colostrum preparations and substitutes
QI05AU = Other live vaccines
QI05AV = Other inactivated vaccines
QI05AX = Other immunologicals
QI05B = AZININE/DONKEY
QI05C = HYBRIDE
QI05X = EQUIDAE, OTHERS
QI06 = IMMUNOLOGICALS FOR FELIDAE
QI06A = CAT
QI06AA = Inactivated viral vaccines
QI06AA01 = Feline leukaemia virus vaccine
QI06AA02 = Feline panleucopenia virus/parvovirus vaccine
QI06AA03 = Rabies virus vaccine + Feline rhinotracheitis virus vaccine + Feline calicivirus vaccine
QI06AA04 = Feline rhinotracheitis virus vaccine + Feline calicivirus vaccine + Feline panleucopenia virus/parvovirus vaccine
QI06AA05 = Feline rhinotracheitis virus vaccine + Feline calicivirus vaccine
QI06AA06 = Feline infectious peritonitis virus vaccine
QI06AA07 = Feline calicivirus vaccine
QI06AA08 = Feline rhinotracheitis virus vaccine
QI06AA09 = Feline panleucopenia virus vaccine + Feline calcivirus vaccine + Feline rhinotracheitis virus vaccine + Rabies virus vaccine
QI06AA10 = Feline immunodeficiency virus vaccine
QI06AB = Inactivated bacterial vaccines (including Mycoplasma, Toxoid and Chlamydia vaccines)
QI06AC = Inactivated bacterial vaccines and antisera
QI06AC01 = Chlamydia vaccine
QI06AC02 = Bordetella vaccine
QI06AD = Live viral vaccines
QI06AD01 = Feline panleucopenia virus/parvovirus vaccine
QI06AD02 = Feline infectious peritonitis virus vaccine
QI06AD03 = Feline rhinotracheitis virus vaccine + Feline calicivirus vaccine
QI06AD04 = Feline panleucopenia virus/parvovirus vaccine + Feline rhinotracheitis virus vaccine + Feline calicivirus vaccine
QI06AD05 = Feline panleucopenia virus/parvovirus vaccine + Feline rhinotracheitis virus vaccine
QI06AD06 = Feline parapox virus vaccine
QI06AE = Live bacterial vaccines
QI06AE01 = Chlamydia vaccine
QI06AE02 = Bordetella vaccine
QI06AF = Live bacterial and viral vaccine
QI06AF01 = Feline panleucopenia virus/parvovirus vaccine + Feline rhinotracheitis virus vaccine + Feline calicivirus vaccine + Chlamydia vaccine
QI06AG = Live and inactivated bacterial vaccines
QI06AH = Live and inactivated viral vaccines
QI06AH01 = Live Feline rhinotracheitis virus vaccine + live Feline calicivirus vaccine + inactivated Feline panleucopenia virus/parvovirus vaccine
QI06AH02 = Live Feline panleucopenia virus/parvovirus vaccine + inactivated rabies virus vaccine
QI06AH03 = Live Feline rhinotracheitis virus vaccine + inactivated Feline panleucopenia virus/parvovirus vaccine
QI06AH04 = Live Feline panleucopenia virus/parvovirus vaccine + inactivated rabies virus vaccine + inactivated Feline rhinotracheitis virus vaccine + inactivated Feline calicivirus vaccine
QI06AH05 = Live Feline panleucopenia virus/parvovirus vaccine + live Feline rhinotracheitis virus vaccine + live Feline calicivirus vaccine + inactivated rabies virus vaccine
QI06AH06 = Live Feline panleucopenia virus/parvovirus vaccine + inactivated Feline rhinotracheitis virus vaccine + inactivated Feline calicivirus vaccine
QI06AH07 = Live Feline panleucopenia virus/parvovirus vaccine + live Feline rhinotracheitis virus vaccine + live Feline calicivirus vaccine + inactivated Feline leukaemia virus vaccine
QI06AH08 = Live Feline rhinotracheitis virus vaccine + inactivated Feline calicivirus antigen
QI06AH09 = Live Feline rhinotracheitis virus vaccine + live Feline panleucopenia virus/parvovirus vaccine + inactivated Feline calicivirus antigen
QI06AI = Live viral and inactivated bacterial vaccines
QI06AI01 = Live Feline panleucopenia virus/parvovirus vaccine + live Feline rhinotracheitis virus vaccine + live Feline calicivirus vaccine + inactivated Chlamydia vaccine

QI06AI02 = Live Feline rhinotracheitis virus vaccine + live Feline calicivirus vaccine + inactivated Chlamydia vaccine
QI06AI03 = Live Feline panleucopenia virus/parvovirus vaccine + live Feline rhinotracheitis virus vaccine + live Feline calicivirus vaccine + live Feline leukaemia virus vaccine + inactivated Chlamydia vaccine
QI06AJ = Live and inactivated viral and bacterial vaccines
QI06AJ01 = Live Feline rhinotracheitis virus vaccine + live Feline calicivirus vaccine + inactivated Feline panleucopenia virus/parvovirus vaccine + live Chlamydia vaccine
QI06AJ02 = Live Feline rhinotracheitis virus vaccine + inactivated Feline calicivirusantigen + live Chlamydia vaccine
QI06AJ03 = Live Feline rhinotracheitis virus vaccine + inactivated Feline calicivirus antigen + live Feline panleucopenia virus/parvovirus vaccine + live Chlamydia vaccine
QI06AK = Inactivated viral and live bacterial vaccines
QI06AL = Inactivated viral and inactivated bacterial vaccines
QI06AL01 = Inactivated Feline panleucopenia virus/parvovirus vaccine + inactivated Feline rhinotracheitis virus vaccine + inactivated Feline calicivirus vaccine + inactivated Feline infectious Feline leukaemia virus vaccine + inactivated Chlamydia vaccine
QI06AL02 = Inactivated Feline panleucopenia virus/parvovirus vaccine + inactivated Feline rhinotracheitis virus vaccine + inactivated Feline calicivirus vaccine + inactivated Chlamydia vaccine
QI06AL03 = Inactivated Feline rhinotracheitis virus vaccine + inactivated Feline calicivirus vaccine + inactivated Chlamydia vaccine
QI06AM = Antisera, immunoglobulin preparations, and antitoxins
QI06AM01 = Feline panleucopenia virus/parvovirus antiserum + Feline rhinotracheitis virus antiserum + Feline calicivirus antiserum
QI06AN = Live parasitic vaccines
QI06AO = Inactivated parasitic vaccines
QI06AP = Live fungal vaccines
QI06AP01 = Trichophyton vaccine
QI06AP02 = Trichophyton vaccine + Microsporum vaccine
QI06AQ = Inactivated fungal vaccines
QI06AQ01 = Trichophyton vaccine + Microsporum vaccine
QI06AQ02 = Microsporum vaccine
QI06AR = In vivo diagnostic preparations
QI06AS = Allergens
QI06AT = Colostrum preparations and substitutes
QI06AU = Other live vaccines
QI06AV = Other inactivated vaccines
QI06AX = Other immunologicals
QI06X = FELIDAE, OTHERS
QI07 = IMMUNOLOGICALS FOR CANIDAE
QI07A = DOG
QI07AA = Inactivated viral vaccines
QI07AA01 = Canine parvovirus vaccine
QI07AA02 = Rabies virus vaccine
QI07AA03 = Canine parainfluenza virus vaccine + Canine reovirus vaccine + Canine influenza virus vaccine
QI07AA04 = Canine parainfluenza virus vaccine
QI07AA05 = Canine adenovirus vaccine
QI07AA06 = Canine herpesvirus vaccine
QI07AB = Inactivated bacterial vaccines (including Mycoplasma, Toxoid and Chlamydia vaccines)
QI07AB01 = Leptospira vaccine
QI07AB02 = Staphylococcus vaccine
QI07AB03 = Bordetella vaccine
QI07AB04 = Borrelia vaccine
QI07AC = Inactivated bacterial vaccines and antisera
QI07AD = Live viral vaccines
QI07AD01 = Canine parvovirus vaccine
QI07AD02 = Canine distemper virus vaccine + Canine adenovirus vaccine + Canine parvovirus vaccine
QI07AD03 = Canine distemper virus vaccine + Canine parvovirus vaccine
QI07AD04 = Canine distemper virus vaccine + Canine adenovirus vaccine + Canine parvovirus vaccine + Canine parainfluenza virus vaccine
QI07AD05 = Canine distemper virus vaccine
QI07AD06 = Canine distemper virus vaccine + Canine adenovirus vaccine
QI07AD07 = Canine distemper virus vaccine + Canine parainfluenza virus vaccine
QI07AD08 = Canine parainfluenza virus vaccine
QI07AD09 = Canine parvovirus vaccine + Canine parainfluenza virus vaccine
QI07AD10 = Canine distemper virus vaccine + Canine adenovirus vaccine + Canine parainfluenza virus vaccine
QI07AD11 = Canine coronavirus vaccine
QI07AD12 = Canine coronavirus vaccine + Canine parvovirus vaccine
QI07AD13 = Canine parapox virus vaccine
QI07AD14 = Canine distemper virus vaccine based on measles virus
QI07AE = Live bacterial vaccines
QI07AE01 = Bordetella vaccine
QI07AF = Live bacterial and viral vaccine
QI07AG = Live and inactivated bacterial vaccines
QI07AH = Live and inactivated viral vaccines
QI07AH01 = Live Canine distemper virus vaccine + inactivated Canine adenovirus vaccine + inactivated Canine parvovirus vaccine
QI07AH02 = Live Canine parainfluenza virus vaccine + inactivated Canine parvovirus vaccine
QI07AH03 = Live Canine distemper virus vaccine + live Canine parainfluenza virus vaccine + inactivated Canine adenovirus vaccine + inactivated Canine parvovirus vaccine
QI07AH04 = Live Canine distemper virus vaccine + live Canine parvovirus vaccine + inactivated Canine coronavirus vaccine
QI07AI = Live viral and inactivated bacterial vaccines

QI07AI01 = Live Canine distemper virus vaccine + live Canine adenovirus vaccine + inactivated Leptospira vaccine
QI07AI02 = Live Canine distemper virus vaccine + live Canine adenovirus vaccine + live Canine parainfluenza virus vaccine + live Canine parvovirus vaccine + inactivated Leptospira vaccine
QI07AI03 = Live Canine distemper virus vaccine + live Canine adenovirus vaccine + live Canine parvovirus vaccine + inactivated Leptospira vaccine
QI07AI04 = Live Canine distemper virus vaccine + inactivated Leptospira vaccine
QI07AI05 = Live Canine parvovirus vaccine + inactivated Leptospira vaccine
QI07AI06 = Live Canine distemper virus vaccine + live Canine parvovirus vaccine + inactivated Leptospira vaccine
QI07AI07 = Live Canine parvovirus vaccine + live Canine parainfluenza virus vaccine + inactivated Leptospira vaccine
QI07AI08 = Live Canine parainfluenza virus vaccine + inactivated Leptospira vaccine
QI07AJ = Live and inactivated viral and bacterial vaccines
QI07AJ01 = Live Canine distemper virus vaccine + inactivated Canine adenovirus vaccine + inactivated rabies vaccine + inactivated Leptospira vaccine
QI07AJ02 = Live Canine distemper virus vaccine + inactivated Canine adenovirus vaccine + inactivated Leptospira vaccine
QI07AJ03 = Live Canine distemper virus vaccine + inactivated Canine adenovirus vaccine + inactivated Canine parvovirus vaccine + inactivated Leptospira vaccine
QI07AJ04 = Live Canine distemper virus vaccine + inactivated Canine adenovirus vaccine + inactivated Canine parvovirus vaccine + inactivated rabies vaccine + inactivated Leptospira vaccine
QI07AJ05 = Live Canine distemper virus vaccine + live Canine adenovirus vaccine + live Canine parvovirus vaccine + inactivated rabies vaccine + inactivated Leptospira vaccine
QI07AJ06 = Live Canine distemper virus vaccine + live Canine adenovirus vaccine + live parainfl.virus vaccine + live Canine parvovirus vaccine + inactivated rabies vaccine + inactivated Leptospira vaccine
QI07AJ07 = Live Canine distemper virus vaccine + live Canine adenovirus vaccine + inactivated rabies vaccine + inactivated Leptospira vaccine
QI07AJ08 = Live Canine distemper virus vaccine + live Canine adenovirus vaccine + inactivated Canine parvovirus vaccine + inactivated Leptospira vaccine
QI07AJ09 = Live Canine distemper virus vaccine + live Canine adenovirus vaccine + live Canine parvovirus vaccine + inactivated Leptospira vaccine
QI07AJ10 = Live Canine distemper virus vaccine + live Canine adenovirus vaccine + live parainfl.virus vaccine + live Canine parvovirus vaccine + inactivated Canine coronavirus vaccine + inactivated Leptospira vaccine
QI07AJ11 = Live Canine parvovirus vaccine + live Canine parainfluenza virus vaccine + inactivated Leptospira vaccine + inactivated Canine coronavirus vaccine
QI07AJ12 = Live Canine parainfluenza virus vaccine + inactivated Leptospira vaccine + inactivated Canine coronavirus vaccine
QI07AK = Inactivated viral and live bacterial vaccines
QI07AL = Inactivated viral and inactivated bacterial vaccines
QI07AL01 = Inactivated rabies virus vaccine + inactivated Leptospira vaccine
QI07AL02 = Inactivated rabies virus vaccine + inactivated Canine parvovirus vaccine + inactivated Leptospira vaccine
QI07AL03 = Inactivated Canine distemper virus vaccine + inactivated Canine adenovirus vaccine + inactivated Canine parvovirus vaccine + inactivated rabies virus vaccine + inactivated Leptospira vaccine
QI07AL04 = Inactivated Canine parvovirus vaccine + inactivated Leptospira vaccine
QI07AL05 = Inactivated Bordetella vaccine + inactivated Canine parainfluenza virus vaccine
QI07AM = Antisera, immunoglobulin preparations, and antitoxins
QI07AM01 = Canine distemper antiserum + Canine adenovirus antiserum + Canine parvovirus antiserum + Leptospira antiserum
QI07AM02 = Anti lipopolysacharide antiserum
QI07AM03 = Canine distemper antiserum + Canine adenovirus antiserum + Canine parvovirus antiserum
QI07AN = Live parasitic vaccines
QI07AO = Inactivated parasitic vaccines
QI07AP = Live fungal vaccines
QI07AQ = Inactivated fungal vaccines
QI07AQ01 = Trichophyton + Microsporum vaccine
QI07AQ02 = Microsporum vaccine
QI07AR = In vivo diagnostic preparations
QI07AS = Allergens
QI07AT = Colostrum preparations and substitutes
QI07AU = Other live vaccines
QI07AV = Other inactivated vaccines
QI07AX = Other immunologicals
QI07B = FOX
QI07BA = Inactivated viral vaccines
QI07BB = Inactivated bacterial vaccines (including Mycoplasma, Toxoid and Chlamydia vaccines)
QI07BC = Inactivated bacterial vaccines and antisera
QI07BD = Live viral vaccines
QI07BE = Live bacterial vaccines
QI07BF = Live bacterial and viral vaccines
QI07BG = Live and inactivated bacterial vaccines
QI07BH = Live and inactivated viral vaccines

QI07BI = Live viral and inactivated bacterial vaccines
QI07BJ = Live and inactivated viral and bacterial vaccines
QI07BK = Inactivated viral and live bacterial vaccines
QI07BL = Inactivated viral and inactivated bacterial vaccines
QI07BM = Antisera, immunoglobulin preparations, and antitoxins
QI07BN = Live parasitic vaccines
QI07BO = Inactivated parasitic vaccines
QI07BP = Live fungal vaccines
QI07BQ = Inactivated fungal vaccines
QI07BR = In vivo diagnostic preparations
QI07BS = Allergens
QI07BT = Colostrum preparations and substitutes
QI07BU = Other live vaccines
QI07BV = Other inactivated vaccines
QI07BX = Other immunologicals
QI07X = CANIDAE, OTHERS
QI07XA = Inactivated viral vaccines
QI07XB = Inactivated bacterial vaccines (including Mycoplasma, Toxoid and Chlamydia vaccines)
QI07XC = Inactivated bacterial vaccines and antisera
QI07XD = Live viral vaccines
QI07XE = Live bacterial vaccines
QI07XF = Live bacterial and viral vaccines
QI07XG = Live and inactivated bacterial vaccines
QI07XH = Live and inactivated viral vaccines
QI07XI = Live viral and inactivated bacterial vaccines
QI07XJ = Live and inactivated viral and bacterial vaccines
QI07XK = Inactivated viral and live bacterial vaccines
QI07XL = Inactivated viral and inactivated bacterial vaccines
QI07XM = Antisera, immunoglobulin preparations, and antitoxins
QI07XN = Live parasitic vaccines
QI07XO = Inactivated parasitic vaccines
QI07XP = Live fungal vaccines
QI07XQ = Inactivated fungal vaccines
QI07XR = In vivo diagnostic preparations
QI07XS = Allergens
QI07XT = Colostrum preparations and substitutes
QI07XU = Other live vaccines
QI07XV = Other inactivated vaccines
QI07XX = Other immunologicals
QI08 = IMMUNOLOGICALS FOR LEPORIDAE
QI08A = RABBIT
QI08AA = Inactivated viral vaccines
QI08AA01 = Rabbit haemorrhagic disease virus vaccine
QI08AA02 = Rabbit distemper virus vaccine
QI08AB = Inactivated bacterial vaccines (including Mycoplasma, Toxoid and Chlamydia vaccines)
QI08AB01 = Pasteurella vaccine + Bordetella vaccine
QI08AB02 = Pasteurella vaccine
QI08AC = Inactivated bacterial vaccines and antisera
QI08AD = Live viral vaccines
QI08AD01 = Shope fibroma virus vaccine
QI08AD02 = Myxomatosis virus vaccine
QI08AE = Live bacterial vaccines
QI08AF = Live bacterial and viral vaccines
QI08AG = Live and inactivated bacterial vaccines
QI08AH = Live and inactivated viral vaccines
QI08AH01 = Live Myxomatosis virus vaccine + inactivated Rabbit haemorrhagic disease virus vaccine
QI08AI = Live viral and inactivated bacterial vaccines
QI08AJ = Live and inactivated viral and bacterial vaccines
QI08AK = Inactivated viral and live bacterial vaccines
QI08AL = Inactivated viral and inactivated bacterial vaccines
QI08AM = Antisera, immunoglobulin preparations, and antitoxins
QI08AN = Live parasitic vaccines
QI08AO = Inactivated parasitic vaccines
QI08AP = Live fungal vaccines
QI08AQ = Inactivated fungal vaccines
QI08AQ01 = Trichophyton + Microsporum vaccine
QI08AR = In vivo diagnostic preparations
QI08AS = Allergens
QI08AT = Colostrum preparations and substitutes
QI08AU = Other live vaccines
QI08AV = Other inactivated vaccines
QI08AX = Other immunologicals
QI08B = HARE
QI08X = LEPORIDAE, OTHERS
QI09 = IMMUNOLOGICALS FOR SUIDAE
QI09A = PIG
QI09AA = Inactivated viral vaccines
QI09AA01 = Aujeszky's disease virus vaccine
QI09AA02 = Porcine parvovirus vaccine
QI09AA03 = Porcine influenza virus vaccine
QI09AA04 = Aujeszky's disease virus vaccine + Porcine influenza virus vaccine
QI09AA05 = Porcine reproductive and respiratory syndrome (PRRS) virus vaccine
QI09AA06 = Classical Swine fever virus vaccine
QI09AA07 = Porcine circovirus vaccine
QI09AB = Inactivated bacterial vaccines (including Mycoplasma, Toxoid and Chlamydia vaccines)
QI09AB01 = Treponema vaccine
QI09AB02 = Escherichia vaccine
QI09AB03 = Erysipelothrix vaccine
QI09AB04 = Bordetella vaccine + Pasteurella vaccine
QI09AB05 = Pasteurella vaccine
QI09AB06 = Actinobacillus/Haemophilus vaccine + Pasteurella vaccine
QI09AB07 = Actinobacillus/Haemophilus vaccine
QI09AB08 = Escherichia vaccine + Clostridium vaccine
QI09AB09 = Escherichia vaccine + Erysipelothrix vaccine
QI09AB10 = Pasteurella vaccine + Staphylococcus vaccine + Corynebacterium vaccine
QI09AB11 = Escherichia vaccine + Pasteurella vaccine + Salmonella vaccine + Streptococcus vaccine
QI09AB12 = Clostridium vaccine
QI09AB13 = Mycoplasma vaccine
QI09AB14 = Salmonella vaccine

QI09AB15 = Escherichia + Erysipelothrix + Clostridium
QI09AB16 = Bordetella vaccine + Pasteurella vaccine + Mycoplasma vaccine
QI09AB17 = Mycoplasma vaccine + Haemophilus vaccine
QI09AC = Inactivated bacterial vaccines and antisera
QI09AD = Live viral vaccines
QI09AD01 = Aujeszky's disease virus vaccine
QI09AD02 = Porcine transmissable gastro-enteritis (TGE) virus vaccine
QI09AD03 = Porcine reproductive and respiratory syndrome (PRRS) virus vaccine
QI09AD04 = Classical Swine fever virus vaccine
QI09AE = Live bacterial vaccines
QI09AE01 = Erysipelothrix vaccine
QI09AE02 = Salmonella vaccine
QI09AE03 = Escherichia vaccine
QI09AE04 = Lawsonia vaccine
QI09AF = Live bacterial and viral vaccines
QI09AG = Live and inactivated bacterial vaccines
QI09AH = Live and inactivated viral vaccines
QI09AH01 = Live Aujeszky's disease virus vaccine + inactivated Porcine influenza virus vaccine
QI09AI = Live viral and inactivated bacterial vaccines
QI09AJ = Live and inactivated viral and bacterial vaccines
QI09AK = Inactivated viral and live bacterial vaccines
QI09AL = Inactivated viral and inactivated bacterial vaccines
QI09AL01 = Inactivated Porcine parvovirus vaccine + inactivated Erysipelothrix vaccine
QI09AL02 = Inactivated Porcine rotavirus vaccine + inactivated Escherichia vaccine
QI09AL03 = Inactivated Porcine parvovirus + inactivated Escherichia vaccine + inactivated Erysipelothrix vaccine
QI09AL04 = Inactivated Porcine influenza virus vaccine + inactivated Erysipelothrix vaccine
QI09AL05 = Inactivated Porcine transmissable gastro-enteritis virus vaccine + inactivated Escherichia vaccine + inactivated Clostridium vaccine
QI09AL06 = Inactivated Porcine parvovirus + inactivated Porcine influenza virus vaccine + inactivated Erysipelothrix vaccine
QI09AL07 = Inactivated Porcine parvovirus vaccine + inactivated Erysipelothrix vaccine + inactivated Leptospira vaccine
QI09AM = Antisera, immunoglobulin preparations, and antitoxins
QI09AM01 = Escherichia antiserum
QI09AM02 = Pasteurella antiserum
QI09AM03 = Erysipelothrix antiserum
QI09AM04 = Clostridium antiserum
QI09AN = Live parasitic vaccines
QI09AO = Inactivated parasitic vaccines
QI09AP = Live fungal vaccines
QI09AQ = Inactivated fungal vaccines
QI09AR = In vivo diagnostic preparations
QI09AS = Allergens
QI09AT = Colostrum preparations and substitutes
QI09AU = Other live vaccines
QI09AV = Other inactivated vaccines
QI09AX = Other immunologicals
QI09X = SUIDAE, OTHERS
QI10 = IMMUNOLOGICALS FOR PISCES
QI10A = ATLANTIC SALMON
QI10AA = Inactivated viral vaccines
QI10AA01 = Pancreatic disease virus vaccine
QI10AB = Inactivated bacterial vaccines (including Mycoplasma, Toxoid and Chlamydia vaccines)
QI10AB01 = Aeromonas vaccine
QI10AB02 = Aeromonas vaccine + Vibrio vaccine
QI10AB03 = Aeromonas vaccine + Moritella vaccine + Vibrio vaccine
QI10AC = Inactivated bacterial vaccines and antisera
QI10AD = Live viral vaccines
QI10AE = Live bacterial vaccines
QI10AF = Live bacterial and viral vaccines
QI10AG = Live and inactivated bacterial vaccines
QI10AH = Live and inactivated viral vaccines
QI10AI = Live viral and inactivated bacterial vaccines
QI10AJ = Live and inactivated viral and bacterial vaccines
QI10AK = Inactivated viral and live bacterial vaccines
QI10AL = Inactivated viral and inactivated bacterial vaccines
QI10AL01 = Inactivated IPN virus vaccine + inactivated Aeromonas vaccine + inactivated Vibrio vaccine
QI10AM = Antisera, immunoglobulin preparations, and antitoxins
QI10AN = Live parasitic vaccines
QI10AO = Inactivated parasitic vaccines
QI10AP = Live fungal vaccines
QI10AQ = Inactivated fungal vaccines
QI10AR = In vivo diagnostic preparations
QI10AS = Allergens
QI10AT = Colostrum preparations and substitutes
QI10AU = Other live vaccines
QI10AV = Other inactivated vaccines
QI10AX = Other immunologicals
QI10B = RAINBOW TROUT
QI10BA = Inactivated viral vaccines
QI10BB = Inactivated bacterial vaccines (including Mycoplasma, Toxoid and Chlamydia vaccines)
QI10BB01 = Vibrio vaccine
QI10BB02 = Aeromonas vaccine – Vibrio vaccine
QI10BB03 = Yersinia vaccine
QI10BC = Inactivated bacterial vaccines and antisera
QI10BD = Live viral vaccines
QI10BE = Live bacterial vaccines
QI10BF = Live bacterial and viral vaccines
QI10BG = Live and inactivated bacterial vaccines
QI10BH = Live and inactivated viral vaccines
QI10BI = Live viral and inactivated bacterial vaccines
QI10BJ = Live and inactivated viral and bacterial vaccines
QI10BK = Inactivated viral and live bacterial vaccines
QI10BL = Inactivated viral and inactivated bacterial vaccines

QI10BM = Antisera, immunoglobulin preparations, and antitoxins
QI10BN = Live parasitic vaccines
QI10BO = Inactivated parasitic vaccines
QI10BP = Live fungal vaccines
QI10BQ = Inactivated fungal vaccines
QI10BR = In vivo diagnostic preparations
QI10BS = Allergens
QI10BT = Colostrum preparations and substitutes
QI10BU = Other live vaccines
QI10BV = Other inactivated vaccines
QI10BX = Other immunologicals
QI10C = CARP
QI10D = TURBOT
QI10E = ORNAMENTAL FISH
QI10X = PISCES, OTHERS
QI11 = IMMUNOLOGICALS FOR RODENTS
QI11A = RAT
QI11B = MOUSE
QI11C = GUINEA-PIG
QI11X = RODENTS, OTHERS
QI20 = IMMUNOLOGICALS FOR OTHER SPECIES
QI20A = RED DEER
QI20AA = Inactivated viral vaccines
QI20AB = Inactivated bacterial vaccines (including Mycoplasma, Toxoid and Chlamydia vaccines)
QI20AB01 = Mycobacteria vaccine
QI20AC = Inactivated bacterial vaccines and antisera
QI20AD = Live viral vaccines
QI20AE = Live bacterial vaccines
QI20AF = Live bacterial and viral vaccines
QI20AG = Live and inactivated bacterial vaccines
QI20AH = Live and inactivated viral vaccines
QI20AI = Live viral and inactivated bacterial vaccines
QI20AJ = Live and inactivated viral and bacterial vaccines
QI20AK = Inactivated viral and live bacterial vaccines
QI20AL = Inactivated viral and inactivated bacterial vaccines
QI20AM = Antisera, immunoglobulin preparations, and antitoxins
QI20AN = Live parasitic vaccines
QI20AO = Inactivated parasitic vaccines
QI20AP = Live fungal vaccines
QI20AQ = Inactivated fungal vaccines
QI20AR = In vivo diagnostic preparations
QI20AS = Allergens
QI20AT = Colostrum preparations and substitutes
QI20AU = Other live vaccines
QI20AV = Other inactivated vaccines
QI20AX = Other immunologicals
QI20B = REINDEER
QI20C = MINK
QI20CA = Inactivated viral vaccines
QI20CA01 = Mink enteritis virus vaccine
QI20CB = Inactivated bacterial vaccines (including Mycoplasma, Toxoid and Chlamydia vaccines)
QI20CC = Inactivated bacterial vaccines and antisera
QI20CD = Live viral vaccines
QI20CD01 = Mink distemper virus vaccine
QI20CE = Live bacterial vaccines
QI20CF = Live bacterial and viral vaccines
QI20CG = Live and inactivated bacterial vaccines
QI20CH = Live and inactivated viral vaccines
QI20CI = Live viral and inactivated bacterial vaccines
QI20CJ = Live viral and inactivated viral and bacterial vaccines
QI20CJ01 = Live Mink distemper virus vaccine + Inactivated Mink enteritisvirus vaccine/parvovirus vaccine + Inactivated Clostridium vaccine + Inactivated Pseudomonas vaccine
QI20CK = Inactivated viral and live bacterial vaccines
QI20CL = Inactivated viral and inactivated bacterial vaccines
QI20CL01 = Mink enteritisvirus vaccine/parvovirus vaccine + Inactivated Clostridium vaccine + Inactivated Pseudomonas vaccine
QI20CL02 = Mink enteritisvirus vaccine/parvovirus vaccine + Inactivated Clostridium vaccine
QI20CM = Antisera, immunoglobulin preparations, and antitoxins
QI20CN = Live parasitic vaccines
QI20CO = Inactivated parasitic vaccines
QI20CP = Live fungal vaccines
QI20CQ = Inactivated fungal vaccines
QI20CR = In vivo diagnostic preparations
QI20CS = Allergens
QI20CT = Colostrum preparations and substitutes
QI20CU = Other live vaccines
QI20CV = Other inactivated vaccines
QI20CX = Other immunologicals
QI20D = FERRET
QI20DA = Inactivated viral vaccines
QI20DB = Inactivated bacterial vaccines (including Mycoplasma, Toxoid and Chlamydia vaccines)
QI20DC = Inactivated bacterial vaccines and antisera
QI20DD = Live viral vaccines
QI20DE = Live bacterial vaccines
QI20DF = Live bacterial and viral vaccines
QI20DG = Live and inactivated bacterial vaccines
QI20DH = Live and inactivated viral vaccines
QI20DI = Live viral and inactivated bacterial vaccines
QI20DJ = Live and inactivated viral and bacterial vaccines
QI20DK = Inactivated viral and live bacterial vaccines
QI20DL = Inactivated viral and inactivated bacterial vaccines
QI20DM = Antisera, immunoglobulin preparations, and antitoxins
QI20DN = Live parasitic vaccines
QI20DO = Inactivated parasitic vaccines
QI20DP = Live fungal vaccines
QI20DQ = Inactivated fungal vaccines
QI20DR = In vivo diagnostic preparations
QI20DS = Allergens
QI20DT = Colostrum preparations and substitutes
QI20DU = Other live vaccines
QI20DV = Other inactivated vaccines

QI20DX = Other immunologicals
QI20E = SNAKE
QI20F = BEE
QI20X = OTHERS
QJ = ANTIINFECTIVES FOR SYSTEMIC USE
QJ01 = ANTIBACTERIALS FOR SYSTEMIC USE
QJ01A = TETRACYCLINES
QJ01AA = Tetracyclines
QJ01AA01 = Demeclocycline
QJ01AA02 = Doxycycline
QJ01AA03 = Chlortetracycline
QJ01AA04 = Lymecycline
QJ01AA05 = Metacycline
QJ01AA06 = Oxytetracycline
QJ01AA07 = Tetracycline
QJ01AA08 = Minocycline
QJ01AA09 = Rolitetracycline
QJ01AA10 = Penimepicycline
QJ01AA11 = Clomocycline
QJ01AA12 = Tigecycline
QJ01AA20 = Combinations of tetracyclines
QJ01AA53 = Chlortetracycline, combinations
QJ01AA56 = Oxytetracycline, combinations
QJ01B = AMPHENICOLS
QJ01BA = Amphenicols
QJ01BA01 = Chloramphenicol
QJ01BA02 = Thiamphenicol
QJ01BA52 = Thiamphenicol, combinations
QJ01BA90 = Florfenicol
QJ01BA99 = Amphenicols, combinations
QJ01C = BETA-LACTAM ANTIBACTERIALS, PENICILLINS
QJ01CA = Penicillins with extended spectrum
QJ01CA01 = Ampicillin
QJ01CA02 = Pivampicillin
QJ01CA03 = Carbenicillin
QJ01CA04 = Amoxicillin
QJ01CA05 = Carindacillin
QJ01CA06 = Bacampicillin
QJ01CA07 = Epicillin
QJ01CA08 = Pivmecillinam
QJ01CA09 = Azlocillin
QJ01CA10 = Mezlocillin
QJ01CA11 = Mecillinam
QJ01CA12 = Piperacillin
QJ01CA13 = Ticarcillin
QJ01CA14 = Metampicillin
QJ01CA15 = Talampicillin
QJ01CA16 = Sulbenicillin
QJ01CA17 = Temocillin
QJ01CA18 = Hetacillin
QJ01CA20 = Combinations
QJ01CA51 = Ampicillin, combinations
QJ01CE = Beta-lactamase sensitive penicillins
QJ01CE01 = Benzylpenicillin
QJ01CE02 = Phenoxymethylpenicillin
QJ01CE03 = Propicillin
QJ01CE04 = Azidocillin
QJ01CE05 = Pheneticillin
QJ01CE06 = Penamecillin
QJ01CE07 = Clometocillin
QJ01CE08 = Benzathine benzylpenicillin
QJ01CE09 = Procaine penicillin
QJ01CE10 = Benzathine phenoxymethylpenicillin
QJ01CE30 = Combinations
QJ01CE90 = Penethamate hydroiodide
QJ01CF = Beta-lactamase resistant penicillins
QJ01CF01 = Dicloxacillin
QJ01CF02 = Cloxacillin
QJ01CF03 = Meticillin
QJ01CF04 = Oxacillin
QJ01CF05 = Fucloxacillin
QJ01CG = Beta-lactamase inhibitors
QJ01CG01 = Sulbactam
QJ01CG02 = Tazobactam
QJ01CR = Combinations of penicillins, incl. beta-lactamase inhibitors
QJ01CR01 = Ampicillin and enzyme inhibitor
QJ01CR02 = Amoxicillin and enzyme inhibitor
QJ01CR03 = Ticarcillin and enzyme inhibitor
QJ01CR04 = Sultamicillin
QJ01CR05 = Piperacillin and enzyme inhibitor
QJ01CR50 = Combinations of penicillins
QJ01D = OTHER BETA-LACTAM ANTIBACTERIALS
QJ01DB = First-generation cephalosporins
QJ01DB01 = Cefalexin
QJ01DB02 = Cefaloridine
QJ01DB03 = Cefalotin
QJ01DB04 = Cefazolin
QJ01DB05 = Cefadroxil
QJ01DB06 = Cefazedone
QJ01DB07 = Cefatrizine
QJ01DB08 = Cefapirin
QJ01DB09 = Cefradine
QJ01DB10 = Cefacetrile
QJ01DB11 = Cefroxadine
QJ01DB12 = Ceftezole
QJ01DC = Second-generation cephalosporins
QJ01DC01 = Cefoxitin
QJ01DC02 = Cefuroxime
QJ01DC03 = Cefamandole
QJ01DC04 = Cefaclor
QJ01DC05 = Cefotetan
QJ01DC06 = Cefonicide
QJ01DC07 = Cefotiam
QJ01DC08 = Loracarbef
QJ01DC09 = Cefmetazole
QJ01DC10 = Cefprozil
QJ01DC11 = Ceforanide
QJ01DD = Third-generation cephalosporins
QJ01DD01 = Cefotaxime
QJ01DD02 = Ceftazidime
QJ01DD03 = Cefsulodin
QJ01DD04 = Ceftriaxone
QJ01DD05 = Cefmenoxime
QJ01DD06 = Latamoxef
QJ01DD07 = Ceftizoxime
QJ01DD08 = Cefixime
QJ01DD09 = Cefodizime
QJ01DD10 = Cefetamet
QJ01DD11 = Cefpiramide
QJ01DD12 = Cefoperazone
QJ01DD13 = Cefpodoxime

QJ01DD14 = Ceftibuten
QJ01DD15 = Cefdinir
QJ01DD16 = Cefditoren
QJ01DD54 = Ceftriaxone, combinations
QJ01DD62 = Cefoperazone, combinations
QJ01DD90 = Ceftiofur
QJ01DD91 = Cefovecin
QJ01DE = Fourth-generation cephalosporins
QJ01DE01 = Cefepime
QJ01DE02 = Cefpirome
QJ01DE90 = Cefquinome
QJ01DF = Monobactams
QJ01DF01 = Aztreonam
QJ01DH = Carbapenems
QJ01DH02 = Meropenem
QJ01DH03 = Ertapenem
QJ01DH51 = Imipenem and enzyme inhibitor
QJ01E = SULFONAMIDES AND TRIMETHOPRIM
QJ01EA = Trimethoprim and derivatives
QJ01EA01 = Trimethoprim
QJ01EA02 = Brodimoprim
QJ01EQ = Sulfonamides
QJ01EQ01 = Sulfapyrazole
QJ01EQ02 = Sulfamethizole
QJ01EQ03 = Sulfadimidine
QJ01EQ04 = Sulfapyridine
QJ01EQ05 = Sulfafurazole
QJ01EQ06 = Sulfanilamide
QJ01EQ07 = Sulfathiazole
QJ01EQ08 = Sulfaphenazole
QJ01EQ09 = Sulfadimethoxine
QJ01EQ10 = Sulfadiazine
QJ01EQ11 = Sulfamethoxazole
QJ01EQ12 = Sulfachlorpyridazine
QJ01EQ13 = Sulfadoxine
QJ01EQ14 = Sulfatroxazol
QJ01EQ15 = Sulfamethoxypyridazine
QJ01EQ16 = Sulfazuinoxaline
QJ01EQ30 = Combinations of sulfonamides
QJ01EQ59 = Sulfadimethoxine, combinations
QJ01EW = Combinations of sulfonamides and trimethoprim, incl. derivatives
QJ01EW03 = Sulfadimidine and trimethoprim
QJ01EW09 = Sulfadimethoxine and trimethoprim
QJ01EW10 = Sulfadiazine and trimethoprim
QJ01EW11 = Sulfamethoxazole and trimethoprime
QJ01EW12 = Sulfachlorpyridazine and trimethoprim
QJ01EW13 = Sulfadoxine and trimethoprim
QJ01EW14 = Sulfatroxazol and trimethoprim
QJ01EW15 = Sulfamethoxypyridazine and trimethoprim
QJ01EW16 = Sulfaquinoxaline and trimethoprim
QJ01EW17 = Sulfamonomethoxine and trimethoprim
QJ01EW18 = Sulfamerazine and trimethoprim
QJ01EW30 = Combinations of sulfonamides and trimethoprim
QJ01F = MACROLIDES, LINCOSAMIDES AND STREPTOGRAMINS
QJ01FA = Macrolides
QJ01FA01 = Erythromycin
QJ01FA02 = Spiramycin
QJ01FA03 = Midecamycin
QJ01FA05 = Oleandomycin
QJ01FA06 = Roxithromycin
QJ01FA07 = Josamycin
QJ01FA08 = Troleandomycin
QJ01FA09 = Clarithromycin
QJ01FA10 = Azithromycin
QJ01FA11 = Miocamycin
QJ01FA12 = Rokitamycin
QJ01FA13 = Dirithromycin
QJ01FA14 = Flurithromycin
QJ01FA15 = Telithromycin
QJ01FA90 = Tylosin
QJ01FA91 = Tilmicosin
QJ01FA92 = Acetyl isovaleryl tylosin
QJ01FA93 = Kitasamycin
QJ01FA94 = Tulathromycin
QJ01FA95 = Gamithromycin
QJ01FF = Lincosamides
QJ01FF01 = Clindamycin
QJ01FF02 = Lincomycin
QJ01FF52 = Lincomycin, combinations
QJ01FG = Streptogramins
QJ01FG01 = Pristinamycin
QJ01FG02 = Quinupristin/dalfopristin
QJ01FG90 = Virginiamycin
QJ01G = AMINOGLYCOSIDE ANTIBACTERIALS
QJ01GA = Streptomycins
QJ01GA01 = Streptomycin
QJ01GA02 = Streptoduocin
QJ01GA90 = Dihydrostreptomycin
QJ01GB = Other aminoglycosides
QJ01GB01 = Tobramycin
QJ01GB03 = Gentamicin
QJ01GB04 = Kanamycin
QJ01GB05 = Neomycin
QJ01GB06 = Amikacin
QJ01GB07 = Netilmicin
QJ01GB08 = Sisomicin
QJ01GB09 = Dibekacin
QJ01GB10 = Ribostamycin
QJ01GB11 = Isepamicin
QJ01GB90 = Apramycin
QJ01M = QUINOLONE AND QUINOXALINE ANTIBACTERIALS
QJ01MA = Fluoroquinolones
QJ01MA01 = Ofloxacin
QJ01MA02 = Ciprofloxacin
QJ01MA03 = Pefloxacin
QJ01MA04 = Enoxacin
QJ01MA05 = Temafloxacin
QJ01MA06 = Norfloxacin
QJ01MA07 = Lomefloxacin
QJ01MA08 = Fleroxacin
QJ01MA09 = Sparfloxacin
QJ01MA10 = Rufloxacin
QJ01MA11 = Grepafloxacin
QJ01MA12 = Levofloxacin
QJ01MA13 = Trovafloxacin
QJ01MA14 = Moxifloxacin
QJ01MA15 = Gemifloxacin
QJ01MA16 = Gatifloxacin
QJ01MA17 = Prulifloxacin
QJ01MA18 = Pazufloxacin

QJ01MA19 = Garenoxacin
QJ01MA90 = Enrofloxacin
QJ01MA92 = Danofloxacine
QJ01MA93 = Marbofloxacin
QJ01MA94 = Difloxacin
QJ01MA95 = Orbifloxacin
QJ01MA96 = Ibafloxacin
QJ01MB = Other quinolones
QJ01MB01 = Rosoxacin
QJ01MB02 = Nalidixic acid
QJ01MB03 = Piromidic acid
QJ01MB04 = Pipemidic acid
QJ01MB05 = Oxolinic acid
QJ01MB06 = Cinoxacin
QJ01MB07 = Flumequine
QJ01MQ = Quinoxalines
QJ01MQ01 = Olaquindox
QJ01R = COMBINATIONS OF ANTIBACTERIALS
QJ01RA = Combinations of antibacterials
QJ01RA01 = Penicillins, combinations with other antibacterials
QJ01RA02 = Sulfonamides, combinations with other antibacterials excl. trimethoprim
QJ01RA03 = Cefuroxime, combinations with other antibacterials
QJ01RA04 = Spiramycin, combinations with other antibacterials
QJ01RA90 = Tetracyclines, combinations with other antibacterials
QJ01RA91 = Macrolides, combinations with other antibacterials
QJ01RA92 = Amphenicols, combinations with other antibacterials
QJ01RA94 = Lincosamides, combinations with other antibacterials
QJ01RA95 = Polymyxins, combinations with other antibacterials
QJ01RA96 = Quinolones, combinations with other antibacterials
QJ01RV = Combinations of antibacterials and other substances
QJ01RV01 = Antibacterials and corticosteroids
QJ01X = OTHER ANTIBACTERIALS
QJ01XA = Glycopeptide antibacterials
QJ01XA01 = Vancomycin
QJ01XA02 = Teicoplanin
QJ01XB = Polymyxins
QJ01XB01 = Colistin
QJ01XB02 = Polymyxin B
QJ01XC = Steroid antibacterials
QJ01XC01 = Fusidic acid
QJ01XD = Imidazole derivatives
QJ01XD01 = Metronidazole
QJ01XD02 = Tinidazole
QJ01XD03 = Ornidazole
QJ01XE = Nitrofuran derivatives
QJ01XE01 = Nitrofurantoin
QJ01XE02 = Nifurtoinol
QJ01XQ = Pleuromutilins
QJ01XQ01 = Tiamulin
QJ01XQ02 = Valnemulin
QJ01XX = Other antibacterials
QJ01XX01 = Fosfomycin
QJ01XX02 = Xibornol
QJ01XX03 = Clofoctol
QJ01XX04 = Spectinomycin
QJ01XX05 = Methenamine
QJ01XX06 = Mandelic acid
QJ01XX07 = Nitroxoline
QJ01XX08 = Linezolid
QJ01XX09 = Daptomycin
QJ01XX55 = Methenamine, combinations
QJ01XX93 = Furaltadone
QJ02 = ANTIMYCOTICS FOR SYSTEMIC USE
QJ02A = ANTIMYCOTICS FOR SYSTEMIC USE
QJ02AA = Antibiotics
QJ02AA01 = Amphotericin
QJ02AA02 = Hachimycin
QJ02AB = Imidazole derivatives
QJ02AB01 = Miconazole
QJ02AB02 = Ketoconazole
QJ02AB90 = Clotrimazole
QJ02AC = Triazole derivatives
QJ02AC01 = Fluconazole
QJ02AC02 = Itraconazole
QJ02AC03 = Voriconazole
QJ02AC04 = Posaconazole
QJ02AX = Other antimycotics for systemic use
QJ02AX01 = Flucytosine
QJ02AX04 = Caspofungin
QJ02AX05 = Micafungin
QJ02AX06 = Anidulafungin
QJ04 = ANTIMYCOBACTERIALS
QJ04A = DRUGS FOR TREATMENT OF TUBERCULOSIS
QJ04AA = Aminosalicylic acid and derivatives
QJ04AA01 = Aminosalicylic acid
QJ04AA02 = Sodium aminosalicylate
QJ04AA03 = Calcium aminosalicylate
QJ04AB = Antibiotics
QJ04AB01 = Cycloserine
QJ04AB02 = Rifampicin
QJ04AB03 = Rifamycin
QJ04AB04 = Rifabutin
QJ04AB05 = Rifapentin
QJ04AB30 = Capreomycin
QJ04AC = Hydrazides
QJ04AC01 = Isoniazid
QJ04AC51 = Isoniazid, combinations
QJ04AD = Thiocarbamide derivatives
QJ04AD01 = Protionamide
QJ04AD02 = Tiocarlide
QJ04AD03 = Ethionamide
QJ04AK = Other drugs for the treatment of tuberculosis
QJ04AK01 = Pyrazinamide
QJ04AK02 = Ethambutol
QJ04AK03 = Terizidone
QJ04AK04 = Morinamide
QJ04AM = Combinations of drugs for the treatment of tuberculosis
QJ04AM01 = Streptomycin and isoniazid
QJ04AM02 = Rifampicin and isoniazid
QJ04AM03 = Ethambutol and isoniazid
QJ04AM04 = Thioacetazone and isoniazid

QJ04AM05 = Rifampicin, pyrazinamide and isoniazid
QJ04AM06 = Rifampicin, pyrazinamide, ethambutol and isoniazid
QJ04B = DRUGS FOR TREATMENT OF LEPRA
QJ04BA = DRUGS FOR TREATMENT OF LEPRA
QJ04BA01 = Clofazimine
QJ04BA02 = Dapsone
QJ04BA03 = Adesulfone sodium
QJ05 = ANTIVIRALS FOR SYSTEMIC USE
QJ05A = DIRECT ACTING ANTIVIRALS
QJ05AA = Thiosemicarbazones
QJ05AA01 = Metisazone
QJ05AB = Nucleosides and nucleotides excl. reverse transcriptase inhibitors
QJ05AB01 = Aciclovir
QJ05AB02 = Idoxuridine
QJ05AB03 = Vidarabine
QJ05AB04 = Ribavirin
QJ05AB06 = Ganciclovir
QJ05AB09 = Famciclovir
QJ05AB11 = Valaciclovir
QJ05AB12 = Cidofovir
QJ05AB13 = Penciclovir
QJ05AB14 = Valganciclovir
QJ05AB15 = Brivudine
QJ05AC = Cyclic amines
QJ05AC02 = Rimantadine
QJ05AC03 = Tromantadine
QJ05AD = Phosphonic acid derivatives
QJ05AD01 = Foscarnet
QJ05AD02 = Fosfonet
QJ05AE = Protease inhibitors
QJ05AE01 = Saquinavir
QJ05AE02 = Indinavir
QJ05AE03 = Ritonavir
QJ05AE04 = Nelfinavir
QJ05AE05 = Amprenavir
QJ05AE06 = Lopinavir
QJ05AE07 = Fosamprenavir
QJ05AE08 = Atazanavir
QJ05AE09 = Tipranavir
QJ05AE10 = Darunavir
QJ05AF = Nucleoside and nucleotide reverse transcriptase inhibitors
QJ05AF01 = Zidovudine
QJ05AF02 = Didanosine
QJ05AF03 = Zalcitabine
QJ05AF04 = Stavudine
QJ05AF05 = Lamivudine
QJ05AF06 = Abacavir
QJ05AF07 = Tenofovir disoproxil
QJ05AF08 = Adefovir dipivoxil
QJ05AF09 = Emtricitabine
QJ05AF10 = Entecavir
QJ05AF11 = Telbivudine
QJ05AG = Non-nucleoside reverse transcriptase inhibitors
QJ05AG01 = Nevirapine
QJ05AG02 = Delavirdine
QJ05AG03 = Efavirenz
QJ05AH = Neuraminidase inhibitors
QJ05AH01 = Zanamivir
QJ05AH02 = Oseltamivir
QJ05AR = Antivirals for treatment of HIV infections, combinations
QJ05AR01 = Zidovudine and lamivudine
QJ05AR02 = Lamivudine and abacavir
QJ05AR03 = Tenofovir disoproxil and emtricitabine
QJ05AR04 = Zidovudine, lamivudine and abacavir
QJ05AR05 = Zidovudine, lamivudine and nevirapine
QJ05AR06 = Emtricitabine, tenofovir disoproxil and efavirenz
QJ05AX = Other antivirals
QJ05AX01 = Moroxydine
QJ05AX02 = Lysozyme
QJ05AX05 = Inosine pranobex
QJ05AX06 = Pleconaril
QJ05AX07 = Enfuvirtide
QJ51 = ANTIBACTERIALS FOR INTRAMAMMARY USE
QJ51A = TETRACYCLINES FOR INTRAMAMMARY USE
QJ51AA = Tetracyclines
QJ51AA03 = Chlortetracycline
QJ51AA06 = Oxytetracycline
QJ51AA07 = Tetracycline
QJ51AA53 = Chlortetracycline, combinations
QJ51B = AMPHENICOLS FOR INTRAMAMMARY USE
QJ51BA = Amphenicols
QJ51BA01 = Chloramphenicol
QJ51BA02 = Thiamphenicol
QJ51BA90 = Florfenicol
QJ51C = BETA-LACTAM ANTIBACTERIALS, PENICILLINS, FOR INTRAMAMMARY USE
QJ51CA = Pencillins with extended spectrum
QJ51CA01 = Ampicillin
QJ51CA51 = Ampicillin, combinations
QJ51CE = Beta-lactamase sensitive penicillins
QJ51CE01 = Benzylpenicillin
QJ51CE09 = Procaine penicillin
QJ51CE59 = Procaine penicillin, combinations
QJ51CE90 = Phenetamate
QJ51CF = Beta-lactamase resistant penicillins
QJ51CF01 = Dicloxacillin
QJ51CF02 = Cloxacillin
QJ51CF03 = Meticillin
QJ51CF04 = Oxacillin
QJ51CF05 = Flucloxacillin
QJ51CR = Combinations of pencillins and/or beta-lactamase inhibitors
QJ51CR01 = Ampicillin and enzyme inhibitor
QJ51CR02 = Amoxicillin and enzyme inhibitor
QJ51CR50 = Combinations of penicillins
QJ51D = OTHER BETA-LACTAM ANTIBACTERIALS FOR INTRAMAMMARY USE
QJ51DA = Cephalosporins and related substances
QJ51DA01 = Cefalexin
QJ51DA04 = Cefazolin
QJ51DA06 = Cefuroxime
QJ51DA30 = Cefapirin
QJ51DA32 = Cefoperazon
QJ51DA34 = Cefacetril
QJ51DA90 = Cefalonium
QJ51DA91 = Ceftiofur

QJ51DA92 = Cefquinome
QJ51E = SULFONAMIDES AND TRIMETHOPRIM FOR INTRAMAMMARY USE
QJ51EA = Trimethoprim and derivatives
QJ51EA01 = Trimethoprim
QJ51F = MACROLIDES AND LINCOSAMIDES FOR INTRAMAMMARY USE
QJ51FA = Macrolides
QJ51FA01 = Erythromycin
QJ51FA02 = Spiramycin
QJ51FA90 = Tylosin
QJ51FF = Lincosamides
QJ51FF90 = Pirlimycin
QJ51G = AMINOGLYCOSIDE ANTIBACTERIALS FOR INTRAMAMMARY USE
QJ51GA = Streptomycins
QJ51GA90 = Dihydrostreptomycin
QJ51GB = Other aminoglycosides
QJ51GB03 = Gentamicin
QJ51GB90 = Apramycin
QJ51R = COMBINATION OF ANTIBACTERIALS FOR INTRAMAMMARY USE
QJ51RA = Tetracyclines, combinations with other antibacterials
QJ51RA01 = Chlortetracycline, combinations with other antibacterials
QJ51RB = Amphenicols, combinations with other antibacterials
QJ51RB01 = Chloramphenicol, combinations with other antibacterials
QJ51RC = Beta-lactam antibacterials, penicillins, combinations with other antibacterials
QJ51RC04 = Procaine penicillin, dihydrostreptomycin, sulfadimidin
QJ51RC20 = Ampicillin, combinations with other antibacterials
QJ51RC21 = Pivampicillin, combinations with other antibacterials
QJ51RC22 = Benzylpenicillin, combinations with other antibacterials
QJ51RC23 = Procaine penicillin, combinations with other antibacterials
QJ51RC24 = Benzathine benzylpenicillin, combinations with other antibacterials
QJ51RC25 = Penethamate hydroiodide, combinations with other antibacterials
QJ51RC26 = Cloxacillin, combinations with other antibacterials
QJ51RD = Other beta-lactam antibacterials, combinations with other antibacterials
QJ51RD01 = Cefalexin, combinations with other antibacterials
QJ51RD34 = Cefacetrile, combinations with other antibacterials
QJ51RF = Macrolides and lincosamides, combinations with other antibacterials
QJ51RF01 = Spiramycin, combinations with other antibacterials
QJ51RF02 = Erythromycin, combinations with other antibacterials
QJ51RF03 = Lincomycin, combinations with other antibacterials
QJ51RG = Aminoglycoside antibacterials, combinations
QJ51RG01 = Neomycin, combinations with other antibacterials
QJ51RV = Combinations of antibacterials and other substances
QJ51RV01 = Antibacterials and corticosteroids
QJ51RV02 = Antibacterials, antimycotics and corticosteroids
QJ51X = OTHER ANTIBACTERIALS FOR INTRAMAMMARY USE
QJ51XB = Polymyxins
QJ51XB01 = Colistin
QJ51XB02 = Polymyxin B
QJ51XX = Other antibacterials for intramammary use
QJ51XX01 = Rifaximin
QJ54 = ANTIMYCOBACTERIALS FOR INTRAMAMMARY USE
QJ54A = DRUGS FOR MYCOBACTERIAL INFECTIONS
QJ54AB = Antibiotics
QJ54AB02 = Rifampicin
QJ54AB03 = Rifamycin
QL = ANTINEOPLASTIC AND IMMUNOMODULATING AGENTS
QL01 = ANTINEOPLASTIC AGENTS
QL01A = ALKYLATING AGENTS
QL01AA = Nitrogen mustard analogues
QL01AA01 = Cyclophosphamide
QL01AA02 = Chlorambucil
QL01AA03 = Melphalan
QL01AA05 = Chlormethine
QL01AA06 = Ifosfamide
QL01AA07 = Trofosfamide
QL01AA08 = Prednimustine
QL01AB = Alkyl sulfonates
QL01AB01 = Busulfan
QL01AB02 = Treosulfan
QL01AB03 = Mannosulfan
QL01AC = Ethylene imines
QL01AC01 = Thiotepa
QL01AC02 = Triaziquone
QL01AC03 = Carboquone
QL01AD = Nitrosoureas
QL01AD01 = Carmustine
QL01AD02 = Lomustine
QL01AD03 = Semustine
QL01AD04 = Streptozocin
QL01AD05 = Fotemustine
QL01AD06 = Nimustine
QL01AD07 = Ranimustine
QL01AG = Epoxides
QL01AG01 = Etoglucid
QL01AX = Other alkylating agents
QL01AX01 = Mitobronitol
QL01AX02 = Pipobroman
QL01AX03 = Temozolomide
QL01AX04 = Dacarbazine
QL01B = ANTIMETABOLITES
QL01BA = Folic acid analogues
QL01BA01 = Methotrexate
QL01BA03 = Raltitrexed
QL01BA04 = Pemetrexed

QL01BB = Purine analogues
QL01BB02 = Mercaptopurine
QL01BB03 = Tioguanine
QL01BB04 = Cladribine
QL01BB05 = Fudarabine
QL01BB06 = Clofarabine
QL01BB07 = Nelarabine
QL01BC = Pyrimidine analogues
QL01BC01 = Cytarabine
QL01BC02 = Fluorouracil
QL01BC03 = Tegafur
QL01BC04 = Carmofur
QL01BC05 = Gemcitabine
QL01BC06 = Capecitabine
QL01BC52 = Fluorouracil, combinations
QL01BC53 = Tegafur, combinations
QL01C = PLANT ALKALOIDS AND OTHER NATURAL PRODUCTS
QL01CA = Vinca alkaloids and analogues
QL01CA01 = Vinblastine
QL01CA02 = Vincristine
QL01CA03 = Vindesine
QL01CA04 = Vinorelbine
QL01CB = Podophyllotoxin derivatives
QL01CB01 = Etoposide
QL01CB02 = Teniposide
QL01CC = Colchicine derivatives
QL01CC01 = Demecolcine
QL01CD = Taxanes
QL01CD01 = Paclitaxel
QL01CD02 = Docetaxel
QL01CX = Other plant alkaloids and natural products
QL01CX01 = Trabectedin
QL01D = CYTOTOXIC ANTIBIOTICS AND RELATED SUBSTANCES
QL01DA = Actinomycines
QL01DA01 = Dactinomycin
QL01DB = Anthracyclines and related substances
QL01DB01 = Doxorubicin
QL01DB02 = Daunorubicin
QL01DB03 = Epirubicin
QL01DB04 = Aclarubicin
QL01DB05 = Zorubicin
QL01DB06 = Idarubicin
QL01DB07 = Mitoxantrone
QL01DB08 = Pirarubicin
QL01DB09 = Valrubicin
QL01DC = Other cytotoxic antibiotics
QL01DC01 = Bleomycin
QL01DC02 = Plicamycin
QL01DC03 = Mitomycin
QL01X = OTHER ANTINEOPLASTIC AGENTS
QL01XA = Platinum compounds
QL01XA01 = Cisplatin
QL01XA02 = Carboplatin
QL01XA03 = Oxaliplatin
QL01XB = Methylhydrazines
QL01XB01 = Procarbazine
QL01XC = Monoclonal antibodies
QL01XC01 = Edrecolomab
QL01XC02 = Rituximab
QL01XC03 = Trastuzumab
QL01XC04 = Alemtuzumab
QL01XC05 = Gemtuzumab
QL01XC06 = Cetuximab
QL01XC07 = Bevacizumab
QL01XC08 = Panitumumab
QL01XD = Sensitizers used in photodynamic/radiation therapy
QL01XD01 = Porfimer sodium
QL01XD03 = Methyl aminolevulinate
QL01XD04 = Aminolevulinic acid
QL01XD05 = Temoporfin
QL01XD06 = Efaproxiral
QL01XE = Protein kinase inhibitors
QL01XE01 = Imatinib
QL01XE02 = Gefitinib
QL01XE03 = Erlotinib
QL01XE04 = Sunitinib
QL01XE05 = Sorafenib
QL01XE06 = Dasatinib
QL01XX = Other antineoplastic agents
QL01XX01 = Amsacrine
QL01XX02 = Asparaginase
QL01XX03 = Altretamine
QL01XX05 = Hydroxycarbamide
QL01XX07 = Lonidamine
QL01XX08 = Pentostatin
QL01XX09 = Miltefosine
QL01XX10 = Masoprocol
QL01XX11 = Estramustine
QL01XX14 = Tretinoin
QL01XX16 = Mitoguazone
QL01XX17 = Topotecan
QL01XX18 = Tiazofurin
QL01XX19 = Irinotecan
QL01XX22 = Alitretinoin
QL01XX23 = Mitotane
QL01XX24 = Pegaspargase
QL01XX25 = Bexarotene
QL01XX27 = Arsenic trioxide
QL01XX29 = Denileukin diftitox
QL01XX32 = Bortezomib
QL01XX33 = Celecoxib
QL01XX35 = Anagrelide
QL01XY = Combinations of antineoplastic agents
QL02 = ENDOCRINE THERAPY
QL02A = HORMONES AND RELATED AGENTS
QL02AA = Estrogens
QL02AA01 = Diethylstilbestrol
QL02AA02 = Polyestradiol phosphate
QL02AA03 = Ethinylestradiol
QL02AA04 = Fosfestrol
QL02AB = Progestogens
QL02AB01 = Megestrol
QL02AB02 = Medroxyprogesterone
QL02AB03 = Gestonorone
QL02AE = Gonadotropin releasing hormone analogues
QL02AE01 = Buserelin
QL02AE02 = Leuprorelin
QL02AE03 = Goserelin
QL02AE04 = Triptorelin
QL02AX = Other hormones
QL02B = HORMONE ANTAGONISTS AND RELATED AGENTS

QL02BA = Anti-estrogens
QL02BA01 = Tamoxifen
QL02BA02 = Toremifene
QL02BA03 = Fulvestrant
QL02BB = Anti-androgens
QL02BB01 = Flutamide
QL02BB02 = Nilutamide
QL02BB03 = Bicalutamide
QL02BG = Enzyme inhibitors
QL02BG01 = Aminogluthetimide
QL02BG02 = Formestane
QL02BG03 = Anastrozole
QL02BG04 = Letrozole
QL02BG05 = Vorozole
QL02BG06 = Exemestane
QL02BX = Other hormone antagonists and related agents
QL02BX01 = Abarelix
QL03 = IMMUNOSTIMULANTS
QL03A = CYTOKINES AND IMMUNOMODULATORS
QL03AA = Colony stimulating factors
QL03AA02 = Filgrastim
QL03AA03 = Molgramostim
QL03AA09 = Sargramostim
QL03AA10 = Lenograstim
QL03AA12 = Ancestim
QL03AA13 = Pegfilgrastim
QL03AB = Interferons
QL03AB01 = Interferon alfa natural
QL03AB02 = Interferon beta natural
QL03AB03 = Interferon gamma
QL03AB04 = Interferon alfa-2a
QL03AB05 = Interferon alfa-2b
QL03AB06 = Interferon alfa-n1
QL03AB07 = Interferon beta-1a
QL03AB08 = Interferon beta-1b
QL03AB09 = Interferon alfacon-1
QL03AB10 = Peginterferon alfa-2b
QL03AB11 = Peginterferon alfa-2a
QL03AB60 = Peginterferon-alfa-2b, combinations
QL03AC = Interleukins
QL03AC01 = Aldesleukin
QL03AC02 = Oprelvekin
QL03AX = Other cytokines and immunomodulators
QL03AX01 = Lentinan
QL03AX02 = Roquinimex
QL03AX03 = BCG vaccine
QL03AX04 = Pegademase
QL03AX05 = Pidotimod
QL03AX07 = Poly I:C
QL03AX08 = Poly ICLC
QL03AX09 = Thymopentin
QL03AX10 = Immunocyanin
QL03AX11 = Tasonermin
QL03AX12 = Melanoma vaccine
QL03AX13 = Glatiramer acetate
QL03AX14 = Histamine dihydrochloride
QL04 = IMMUNOSUPPRESSIVE AGENTS
QL04A = IMMUNOSUPPRESSIVE AGENTS
QL04AA = Selective immunosuppressive agents
QL04AA01 = Ciclosporin
QL04AA02 = Muromonab-CD3
QL04AA03 = Antilymphocyte immunoglobulin (horse)
QL04AA04 = Antithymocyte immunoglobulin (rabbit)
QL04AA05 = Tacrolimus
QL04AA06 = Mycophenolic acid
QL04AA08 = Daclizumab
QL04AA09 = Basiliximab
QL04AA10 = Sirolimus
QL04AA11 = Etanercept
QL04AA12 = Infliximab
QL04AA13 = Leflunomide
QL04AA14 = Anakinra
QL04AA15 = Alefacept
QL04AA16 = Afelimomab
QL04AA17 = Adalimumab
QL04AA18 = Everolimus
QL04AA19 = Gusperimus
QL04AA21 = Efalizumab
QL04AA22 = Abetimus
QL04AA23 = Natalizumab
QL04AA24 = Abatacept
QL04AX = Other immunosuppressive agents
QL04AX01 = Azathioprine
QL04AX02 = Thalidomide
QL04AX03 = Methotrexate
QL04AX04 = Lenalidomide
QM = MUSCULO-SKELETAL SYSTEM
QM01 = ANTIINFLAMMATORY AND ANTIRHEUMATIC PRODUCTS
QM01A = ANTIINFLAMMATORY AND ANTIRHEUMATIC PRODUCTS, NON-STEROIDS
QM01AA = Butylpyrazolidines
QM01AA01 = Phenylbutazone
QM01AA02 = Mofebutazone
QM01AA03 = Oxyphenbutazone
QM01AA05 = Clofezone
QM01AA06 = Kebuzone
QM01AA90 = Suxibuzone
QM01AA99 = Combinations
QM01AB = Acetic acid derivatives and related substances
QM01AB01 = Indometacin
QM01AB02 = Sulindac
QM01AB03 = Tolmetin
QM01AB04 = Zomepirac
QM01AB05 = Diclofenac
QM01AB06 = Alclofenac
QM01AB07 = Bumadizone
QM01AB08 = Etodolac
QM01AB09 = Lonazolac
QM01AB10 = Fentiazac
QM01AB11 = Acemetacin
QM01AB12 = Difenpiramide
QM01AB13 = Oxametacin
QM01AB14 = Proglumetacin
QM01AB15 = Ketorolac
QM01AB16 = Aceclofenac
QM01AB17 = Bufexamac
QM01AB51 = Indometacin, combinations
QM01AB55 = Diclofenac, combinations
QM01AC = Oxicams
QM01AC01 = Piroxicam
QM01AC02 = Tenoxicam

QM01AC04 = Droxicam
QM01AC05 = Lornoxicam
QM01AC06 = Meloxicam
QM01AE = Propionic acid derivatives
QM01AE01 = Ibuprofen
QM01AE02 = Naproxen
QM01AE03 = Ketoprofen
QM01AE04 = Fenoprofen
QM01AE05 = Fenbufen
QM01AE06 = Benoxaprofen
QM01AE07 = Suprofen
QM01AE08 = Pirprofen
QM01AE09 = Flurbiprofen
QM01AE10 = Indoprofen
QM01AE11 = Tiaprofenic acid
QM01AE12 = Oxaprozin
QM01AE13 = Ibuproxam
QM01AE14 = Dexibuprofen
QM01AE15 = Flunoxaprofen
QM01AE16 = Alminoprofen
QM01AE17 = Dexketoprofen
QM01AE51 = Ibuprofen, combinations
QM01AE53 = Ketoprofen, combinations
QM01AE90 = Vedaprofen
QM01AE91 = Carprofen
QM01AE92 = Tepoxalin
QM01AG = Fenamates
QM01AG01 = Mefenamic acid
QM01AG02 = Tolfenamic acid
QM01AG03 = Flufenamic acid
QM01AG04 = Meclofenamic acid
QM01AG90 = Flunixin
QM01AH = Coxibs
QM01AH01 = Celecoxib
QM01AH02 = Rofecoxib
QM01AH03 = Valdecoxib
QM01AH04 = Parecoxib
QM01AH05 = Etoricoxib
QM01AH06 = Lumiracoxib
QM01AH90 = Firocoxib
QM01AH91 = Robenacoxib
QM01AX = Other antiinflammatory and antirheumatic agents, non-steroids
QM01AX01 = Nabumetone
QM01AX02 = Niflumic acid
QM01AX04 = Azapropazone
QM01AX05 = Glucosamine
QM01AX07 = Benzydamine
QM01AX12 = Glucosaminoglycan polysulfate
QM01AX13 = Proquazone
QM01AX14 = Orgotein
QM01AX17 = Nimesulide
QM01AX18 = Feprazone
QM01AX21 = Diacerein
QM01AX22 = Morniflumate
QM01AX23 = Tenidap
QM01AX24 = Oxaceprol
QM01AX25 = Chondroitin sulfate
QM01AX52 = Niflumic acid, combinations
QM01AX68 = Feprazone, combinations
QM01AX90 = Pentosan polysulfate
QM01AX91 = Aminopropionitrile
QM01AX99 = Combinations
QM01B = ANTIINFLAMMATORY/ANTIRHEUMATIC AGENTS IN COMBINATION
QM01BA = Antiinflammatory/antirheumatic agents in combination with corticosteroids
QM01BA01 = Phenylbutazone and corticosteroids
QM01BA02 = Dipyrocetyl and corticosteroids
QM01BA03 = Acetylsalicylic acid and corticosteroids
QM01BA99 = Combinations
QM01BX = Other antiinflammatory/antirheumatic agents in combination with other drugs
QM01C = SPECIFIC ANTIRHEUMATIC AGENTS
QM01CA = Quinolines
QM01CA03 = Oxycinchopen
QM01CB = Gold preparations
QM01CB01 = Sodium aurothiomalate
QM01CB02 = Sodium aurothiosulfate
QM01CB03 = Auranofin
QM01CB04 = Aurothioglucose
QM01CB05 = Aurotioprol
QM01CC = Penicillamine and similar agents
QM01CC01 = Penicillamine
QM01CC02 = Bucillamine
QM02 = TOPICAL PRODUCTS FOR JOINT AND MUSCULAR PAIN
QM02A = TOPICAL PRODUCTS FOR JOINT AND MUSCULAR PAIN
QM02AA = Antiinflammatory preparations, non-steroids for topical use
QM02AA01 = Phenylbutazone
QM02AA02 = Mofebutazone
QM02AA03 = Clofezone
QM02AA04 = Oxyphenbutazone
QM02AA05 = Benzydamine
QM02AA06 = Etofenamate
QM02AA07 = Piroxicam
QM02AA08 = Felbinac
QM02AA09 = Bufexamac
QM02AA10 = Ketoprofen
QM02AA11 = Bendazac
QM02AA12 = Naproxen
QM02AA13 = Ibuprofen
QM02AA14 = Fentiazac
QM02AA15 = Diclofenac
QM02AA16 = Feprazone
QM02AA17 = Niflumic acid
QM02AA18 = Meclofenamic acid
QM02AA19 = Flurbiprofen
QM02AA21 = Tolmetin
QM02AA22 = Suxibuzone
QM02AA23 = Indometacin
QM02AA24 = Nifenazone
QM02AA25 = Aceclofenac
QM02AA99 = Antiinflammatory preparations, non-steroids for topical use, combinations
QM02AB = Capsicum preparations and similar agents
QM02AC = Preparations with salicylic acid derivatives
QM02AC99 = Preparations with salicylic acid derivatives, combinations
QM02AQ = Blistering agents
QM02AX = Other topical products for joint and muscular pain
QM02AX02 = Tolazoline
QM02AX03 = Dimethyl sulfoxide

QM02AX10 = Various
QM02AX53 = Dimethyl sulfoxide, combinations
QM03 = MUSCLE RELAXANTS
QM03A = MUSCLE RELAXANTS, PERIPHERALLY ACTING AGENTS
QM03AA = Curare alkaloids
QM03AA01 = Alcuronium
QM03AA02 = Tubocurarine
QM03AA04 = Dimethyltubocurarine
QM03AB = Choline derivatives
QM03AB01 = Suxamethonium
QM03AC = Other quaternary ammonium compounds
QM03AC01 = Pancuronium
QM03AC02 = Gallamine
QM03AC03 = Vecuronium
QM03AC04 = Atracurium
QM03AC05 = Hexafluronium
QM03AC06 = Pipecuronium bromide
QM03AC07 = Doxacurium chloride
QM03AC08 = Fazadinium bromide
QM03AC09 = Rocuronium bromide
QM03AC10 = Mivacurium chloride
QM03AC11 = Cisatracuricum
QM03AX = Other muscle relaxants, peripherally acting agents
QM03AX01 = Botulinum toxin
QM03B = MUSCLE RELAXANTS, CENTRALLY ACTING AGENTS
QM03BA = Carbamic acid esters
QM03BA01 = Phenprobamate
QM03BA02 = Carisoprodol
QM03BA03 = Methocarbamol
QM03BA04 = Styramate
QM03BA05 = Febarbamate
QM03BA51 = Phenprobamate, combinations excl. psycholeptics
QM03BA52 = Carisoprodol, combinations excl. psycholeptics
QM03BA53 = Methocarbamol, combinations excl. psycholeptics
QM03BA71 = Phenprobamate, combinations with psycholeptics
QM03BA72 = Carisoprodol, combinations with psycholeptics
QM03BA73 = Methocarbamol, combinations with psycholeptics
QM03BA99 = Combinations
QM03BB = Oxazol, thiazine, and triazine derivatives
QM03BB02 = Chlormezanone
QM03BB03 = Chlorzoxazone
QM03BB52 = Chlormezanone, combinations excl. psycholeptics
QM03BB53 = Chlorzoxazone, combinations excl. psycholeptics
QM03BB72 = Chlormezanone, combinations with psycholeptics
QM03BB73 = Chlorzoxazone, combinations with psycholeptics
QM03BC = Ethers, chemically close to antihistamines
QM03BC01 = Orphenadrine (citrate)
QM03BC51 = Orphenadrine, combinations
QM03BX = Other centrally acting agents
QM03BX01 = Baclofen
QM03BX02 = Tizanidine
QM03BX03 = Pridinol
QM03BX04 = Tolperisone
QM03BX05 = Thiocolchicoside
QM03BX06 = Mephenesin
QM03BX07 = Tetrazepam
QM03BX08 = Cyclobenzaprine
QM03BX30 = Fenyramidol
QM03BX90 = Guaifenesin
QM03C = MUSCLE RELAXANTS, DIRECTLY ACTING AGENTS
QM03CA = Dantrolene and derivatives
QM03CA01 = Dantrolene
QM04 = ANTIGOUT PREPARATIONS
QM04A = ANTIGOUT PREPARATIONS
QM04AA = Preparations inhibiting uric acid production
QM04AA01 = Allopurinol
QM04AA02 = Tisopurine
QM04AA03 = Febuxostat
QM04AA51 = Allopurinol, combinations
QM04AB = Preparations increasing uric acid excretion
QM04AB01 = Probenecid
QM04AB02 = Sulfinpyrazone
QM04AB03 = Benzpromarone
QM04AB04 = Isobromindione
QM04AC = Preparations with no effect on uric acid metabolism
QM04AC01 = Colchicine
QM04AC02 = Cinchophen
QM04AX = Other antigout preparations
QM04AX01 = Urate oxidase
QM05 = DRUGS FOR TREATMENT OF BONE DISEASES
QM05B = DRUGS AFFECTING BONE STRUCTURE AND MINERALIZATION
QM05BA = Bisphosphonates
QM05BA01 = Etidronic acid
QM05BA02 = Clodronic acid
QM05BA03 = Pamidronic acid
QM05BA04 = Alendronic acid
QM05BA05 = Tiludronic acid
QM05BA06 = Ibandronic acid
QM05BA07 = Risedronic acid
QM05BA08 = Zoledronic acid
QM05BB = Bisphosphonates, combinations
QM05BB01 = Etidronic acid and calcium, sequential
QM05BB02 = Risedronic acid and calcium, sequential
QM05BB03 = Alendronic acid and colecalciferol
QM05BC = Bone morphogenetic proteins
QM05BC01 = Dibotermin alfa
QM05BC02 = Eptotermin alfa
QM05BX = Other drugs affecting bone structure and mineralization
QM05BX01 = Ipriflavone
QM05BX02 = Aluminium chlorohydrate
QM05BX03 = Strontium ranelate
QM09 = OTHER DRUGS FOR DISORDERS OF THE MUSCULO-SKELETAL SYSTEM
QM09A = OTHER DRUGS FOR DISORDERS OF THE MUSCULO-SKELETAL SYSTEM
QM09AA = Quinine and derivatives
QM09AA01 = Hydroquinine

QM09AA72 = Quinine, combinations with psycholeptics
QM09AB = Enzymes
QM09AB01 = Chymopapain
QM09AB52 = Trypsin, combinations
QM09AX = Other drugs for disorders of the musculo-skeletal system
QM09AX01 = Hyaluronic acid
QM09AX99 = Combinations
QN = NERVOUS SYSTEM
QN01 = ANESTHETICS
QN01A = ANESTHETICS, GENERAL
QN01AA = Ethers
QN01AA01 = Diethyl ether
QN01AA02 = Vinyl ether
QN01AB = Halogenated hydrocarbons
QN01AB01 = Halothane
QN01AB02 = Chloroform
QN01AB03 = Methoxyflurane
QN01AB04 = Enflurane
QN01AB05 = Trichloroethylene
QN01AB06 = Isoflurane
QN01AB07 = Desflurane
QN01AB08 = Sevoflurane
QN01AF = Barbiturates, plain
QN01AF01 = Methohexital
QN01AF02 = Hexobarbital
QN01AF03 = Thiopental
QN01AF90 = Thiamylal
QN01AG = Barbiturates in combination with other drugs
QN01AG01 = Narcobarbital
QN01AH = Opioid anesthetics
QN01AH01 = Fentanyl
QN01AH02 = Alfentanil
QN01AH03 = Sufentanil
QN01AH04 = Phenoperidine
QN01AH05 = Anileridine
QN01AH06 = Remifentanil
QN01AH51 = Fentanyl, combinations
QN01AX = Other general anesthetics
QN01AX01 = Droperidol
QN01AX03 = Ketamine
QN01AX04 = Propanidid
QN01AX05 = Alfaxalone
QN01AX07 = Etomidate
QN01AX10 = Propofol
QN01AX11 = Hydroxybutyric acid
QN01AX13 = Nitrous oxide
QN01AX14 = Esketamine
QN01AX63 = Nitrous oxide, combinations
QN01AX91 = Azaperone
QN01AX92 = Benzocaine
QN01AX93 = Tricaine mesilate
QN01AX99 = Other general anesthetics, combinations
QN01B = ANESTHETICS, LOCAL
QN01BA = Esters of aminobenzoic acid
QN01BA01 = Metabutethamine
QN01BA02 = Procaine
QN01BA03 = Tetracaine
QN01BA04 = Chloroprocaine
QN01BA05 = Benzocaine
QN01BA52 = Procaine, combinations
QN01BB = Amides
QN01BB01 = Bupivacaine
QN01BB02 = Lidocaine
QN01BB03 = Mepivacaine
QN01BB04 = Prilocaine
QN01BB05 = Butanilicaine
QN01BB06 = Cinchocaine
QN01BB07 = Etidocaine
QN01BB08 = Articaine
QN01BB09 = Ropivacaine
QN01BB10 = Levobupivacaine
QN01BB20 = Combinations
QN01BB51 = Bupivacaine, combinations
QN01BB52 = Lidocaine, combinations
QN01BB53 = Mepivacaine, combinations
QN01BB54 = Prilocaine, combinations
QN01BB57 = Etidocaine, combinations
QN01BB58 = Articaine, combinations
QN01BC = Esters of benzoic acid
QN01BC01 = Cocaine
QN01BX = Other local anesthetics
QN01BX01 = Ethyl chloride
QN01BX02 = Dyclonine
QN01BX03 = Phenol
QN01BX04 = Capsaicin
QN02 = ANALGESICS
QN02A = OPIOIDS
QN02AA = Natural opium alkaloids
QN02AA01 = Morphine
QN02AA02 = Opium
QN02AA03 = Hydromorphone
QN02AA04 = Nicomorphine
QN02AA05 = Oxycodone
QN02AA08 = Dihydrocodeine
QN02AA09 = Diamorphine
QN02AA10 = Papaveretum
QN02AA51 = Morphine, combinations
QN02AA58 = Dihydrocodeine, combinations
QN02AA59 = Codeine, combinations
QN02AA79 = Codeine, combinations with psycholeptics
QN02AB = Phenylpiperidine derivatives
QN02AB01 = Ketobemidone
QN02AB02 = Pethidine
QN02AB03 = Fentanyl
QN02AB52 = Pethidine, combinations excl. psycholeptics
QN02AB53 = Fentanyl, combinations excl. psycholeptics
QN02AB72 = Pethidine, combinations with psycholeptics
QN02AB73 = Fentanyl, combinations with psycholeptics
QN02AC = Diphenylpropylamine derivatives
QN02AC01 = Dextromoramide
QN02AC03 = Piritramide
QN02AC04 = Dextropropoxyphene
QN02AC05 = Bezitramide
QN02AC52 = Methadone, combinations excl. psycholeptics
QN02AC54 = Dextropropoxyphene, combinations excl. psycholeptics
QN02AC74 = Dextropropoxyphene, combinations with psycholeptics
QN02AD = Benzomorphan derivatives
QN02AD01 = Pentazocine
QN02AD02 = Phenazocine

QN02AE = Oripavine derivatives
QN02AE01 = Buprenorphine
QN02AE90 = Etorphine
QN02AE99 = Oripavine derivatives, combinations
QN02AF = Morphinan derivatives
QN02AF01 = Butorphanol
QN02AF02 = Nalbuphine
QN02AG = Opioids in combination with antispasmodics
QN02AG01 = Morphine and antispasmodics
QN02AG02 = Ketobemidone and antispasmodics
QN02AG03 = Pethidine and antispasmodics
QN02AG04 = Hydromorphone and antispasmodics
QN02AX = Other opioids
QN02AX01 = Tilidine
QN02AX02 = Tramadol
QN02AX03 = Dezocine
QN02AX52 = Tramadol, combinations
QN02B = OTHER ANALGESICS AND ANTIPYRETICS
QN02BA = Salicylic acid and derivatives
QN02BA01 = Acetylsalicylic acid
QN02BA02 = Aloxiprin
QN02BA03 = Choline salicylate
QN02BA04 = Sodium salicylate
QN02BA05 = Salicylamide
QN02BA06 = Salsalate
QN02BA07 = Ethenzamide
QN02BA08 = Morpholine salicylate
QN02BA09 = Dipyrocetyl
QN02BA10 = Benorilate
QN02BA11 = Diflunisal
QN02BA12 = Potassium salicylate
QN02BA14 = Guacetisal
QN02BA15 = Carbasalate calcium
QN02BA16 = Imidazole salicylate
QN02BA51 = Acetylsalicylic acid, combinations excl. psycholeptics
QN02BA55 = Salicylamide, combinations excl. psycholeptics
QN02BA57 = Ethenzamide, combinations excl. psycholeptics
QN02BA59 = Dipyrocetyl, combinations excl. psycholeptics
QN02BA65 = Carbasalate calcium, combinations excl. psycholeptics
QN02BA71 = Acetylsalicylic acid, combinations with psycholeptics
QN02BA75 = Salicylamide, combinations with psycholeptics
QN02BA77 = Ethenzamide, combinations with psycholeptics
QN02BA79 = Dipyrocetyl, combinations with psycholeptics
QN02BB = Pyrazolones
QN02BB01 = Phenazone
QN02BB02 = Metamizole sodium
QN02BB03 = Aminophenazone
QN02BB04 = Propyphenazone
QN02BB05 = Nifenazone
QN02BB51 = Phenazone, combinations excl. psycholeptics
QN02BB52 = Metamizole sodium, combinations excl. psycholeptics
QN02BB53 = Aminophenazone, combinations excl. psycholeptics
QN02BB54 = Propyphenazone, combinations excl. psycholeptics
QN02BB71 = Phenazone, combinations with psycholeptics
QN02BB72 = Metamizole sodium, combinations with psycholeptics
QN02BB73 = Aminophenazone, combinations with psycholeptics
QN02BB74 = Propyphenazone, combinations with psycholeptics
QN02BE = Anilides
QN02BE01 = Paracetamol
QN02BE03 = Phenacetin
QN02BE04 = Bucetin
QN02BE05 = Propacetamol
QN02BE51 = Paracetamol, combinations excl. psycholeptics
QN02BE53 = Phenacetin, combinations excl. psycholeptics
QN02BE54 = Bucetin, combinations excl. psycholeptics
QN02BE71 = Paracetamol, combinations with psycholeptics
QN02BE73 = Phenacetin, combinations with psycholeptics
QN02BE74 = Bucetin, combinations with psycholeptics
QN02BG = Other analgesics and antipyretics
QN02BG02 = Rimazolium
QN02BG03 = Glafenine
QN02BG04 = Floctafenine
QN02BG05 = Viminol
QN02BG06 = Nefopam
QN02BG07 = Flupirtine
QN02BG08 = Ziconotide
QN02C = ANTIMIGRAINE PREPARATIONS
QN02CA = Ergot alkaloids
QN02CA01 = Dihydroergotamine
QN02CA02 = Ergotamine
QN02CA04 = Methysergide
QN02CA07 = Lisuride
QN02CA51 = Dihydroergotamine, combinations
QN02CA52 = Ergotamine, combinations excl. psycholeptics
QN02CA72 = Ergotamine, combinations with psycholeptics
QN02CB = Corticosteroid derivatives
QN02CB01 = Flumedroxone
QN02CC = Selective serotonin (5HT1) agonists
QN02CC01 = Sumatriptan
QN02CC02 = Naratriptan
QN02CC03 = Zolmitriptan
QN02CC04 = Rizatriptan
QN02CC05 = Almotriptan
QN02CC06 = Eletriptan
QN02CC07 = Frovatriptan
QN02CX = Other antimigraine preparations
QN02CX01 = Pizotifen
QN02CX02 = Clonidine
QN02CX03 = Iprazochrome
QN02CX05 = Dimetotiazine

QN02CX06 = Oxetorone
QN03 = ANTIEPILEPTICS
QN03A = ANTIEPILEPTICS
QN03AA = Barbiturates and derivatives
QN03AA01 = Methylphenobarbital
QN03AA02 = Phenobarbital
QN03AA03 = Primidone
QN03AA04 = Barbexaclone
QN03AA30 = Metharbital
QN03AB = Hydantoin derivatives
QN03AB01 = Ethotoin
QN03AB02 = Phenytoin
QN03AB03 = Amino(diphenylhydantoin) valeric acid
QN03AB04 = Mephenytoin
QN03AB05 = Fosphenytoin
QN03AB52 = Phenytoin, combinations
QN03AB54 = Mephenytoin, combinations
QN03AC = Oxazolidine derivatives
QN03AC01 = Paramethadione
QN03AC02 = Trimethadione
QN03AC03 = Ethadione
QN03AD = Succinimide derivatives
QN03AD01 = Ethosuximide
QN03AD02 = Phensuximide
QN03AD03 = Mesuximide
QN03AD51 = Ethosuximide, combinations
QN03AE = Benzodiazepine derivatives
QN03AE01 = Clonazepam
QN03AF = Carboxamide derivatives
QN03AF01 = Carbamazepine
QN03AF02 = Oxcarbazepine
QN03AF03 = Rufinamide
QN03AG = Fatty acid derivatives
QN03AG01 = Valproic acid
QN03AG02 = Valpromide
QN03AG03 = Aminobutyric acid
QN03AG04 = Vigabatrin
QN03AG05 = Progabide
QN03AG06 = Tiagabine
QN03AX = Other antiepileptics
QN03AX03 = Sultiame
QN03AX07 = Phenacemide
QN03AX09 = Lamotrigine
QN03AX10 = Felbamate
QN03AX11 = Topiramate
QN03AX12 = Gabapentin
QN03AX13 = Pheneturide
QN03AX14 = Levetiracetam
QN03AX15 = Zonisamide
QN03AX16 = Pregabalin
QN03AX17 = Stiripentol
QN03AX30 = Beclamide
QN04 = ANTI-PARKINSON DRUGS
QN04A = ANTICHOLINERGIC AGENTS
QN04AA = Tertiary amines
QN04AA01 = Trihexyphenidyl
QN04AA02 = Biperiden
QN04AA03 = Metixene
QN04AA04 = Procyclidine
QN04AA05 = Profenamine
QN04AA08 = Dexetimide
QN04AA09 = Phenglutarimide
QN04AA10 = Mazaticol
QN04AA11 = Bornaprine
QN04AA12 = Tropatepine
QN04AB = Ethers, chemically close to antihistamines
QN04AB01 = Etanautine
QN04AB02 = Orphenadrine (chloride)
QN04AC = Ethers of tropine or tropine derivatives
QN04AC01 = Benzatropine
QN04AC30 = Etybenzatropine
QN04B = DOPAMINERGIC AGENTS
QN04BA = Dopa and dopa derivatives
QN04BA01 = Levodopa
QN04BA02 = Levodopa and decarboxylase inhibitor
QN04BA03 = Levodopa, decarboxylase inhibitor and COMT inhibitor
QN04BA04 = Melevodopa
QN04BA05 = Melevodopa and decarboxylase inhibitor
QN04BA06 = Etilevodopa and decarboxylase inhibitor
QN04BB = Adamantane derivatives
QN04BB01 = Amantadine
QN04BC = Dopamine agonists
QN04BC01 = Bromochriptine
QN04BC02 = Pergolide
QN04BC03 = Dihydroergocryptine mesylate
QN04BC04 = Ropinirole
QN04BC05 = Pramipexole
QN04BC06 = Cabergoline
QN04BC07 = Apomorphine
QN04BC08 = Piribedil
QN04BC09 = Rotigotine
QN04BD = Monoamine oxidase B inhibitors
QN04BD01 = Selegiline
QN04BD02 = Rasagiline
QN04BX = Other dopaminergic agents
QN04BX01 = Tolcapone
QN04BX02 = Entacapone
QN04BX03 = Budipine
QN05 = PSYCHOLEPTICS
QN05A = ANTIPSYCHOTICS
QN05AA = Phenothiazines with aliphatic side-chain
QN05AA01 = Chlorpromazine
QN05AA02 = Levopromazine
QN05AA03 = Promazine
QN05AA04 = Acepromazine
QN05AA05 = Triflupromazine
QN05AA06 = Cyamemazine
QN05AA07 = Chlorproethazine
QN05AB = Phenothiazines with piperazine structure
QN05AB01 = Dixyrazine
QN05AB02 = Fluphenazine
QN05AB03 = Perphenazine
QN05AB04 = Prochlorperazine
QN05AB05 = Thiopropazate
QN05AB06 = Trifluoperazine
QN05AB07 = Acetophenazine
QN05AB08 = Thioproperazine
QN05AB09 = Butaperazine
QN05AB10 = Perazine
QN05AC = Phenothiazines with piperidine structure
QN05AC01 = Periciazine
QN05AC02 = Thioridazine
QN05AC03 = Mesoridazine
QN05AC04 = Pipotiazine
QN05AD = Butyrophenone derivatives

QN05AD01 = Haloperidol
QN05AD02 = Trifluperidol
QN05AD03 = Melperone
QN05AD04 = Moperone
QN05AD05 = Pipamperone
QN05AD06 = Bromperidol
QN05AD07 = Benperidol
QN05AD08 = Droperidol
QN05AD09 = Fluanisone
QN05AD90 = Azaperone
QN05AE = Indole derivatives
QN05AE01 = Oxypertine
QN05AE02 = Molindone
QN05AE03 = Sertindole
QN05AE04 = Ziprasidone
QN05AF = Thioxanthene derivatives
QN05AF01 = Flupentixol
QN05AF02 = Clopenthixol
QN05AF03 = Chlorprothixene
QN05AF04 = Tiotixene
QN05AF05 = Zuclopenthixol
QN05AG = Diphenylbutylpiperidine derivatives
QN05AG01 = Fluspirilene
QN05AG02 = Pimozide
QN05AG03 = Penfluridol
QN05AH = Diazepines, oxazepines and thiazepines
QN05AH01 = Loxapine
QN05AH02 = Clozapine
QN05AH03 = Olanzapine
QN05AH04 = Quetiapine
QN05AK = Neuroleptics, in tardive dyskinesia
QN05AK01 = Tetrabenazine
QN05AL = Benzamides
QN05AL01 = Sulpiride
QN05AL02 = Sultopride
QN05AL03 = Tiapride
QN05AL04 = Remoxipride
QN05AL05 = Amisulpride
QN05AL06 = Veralaprid
QN05AL07 = Levosulpiride
QN05AN = Lithium
QN05AN01 = Lithium
QN05AX = Other antipsychotics
QN05AX07 = Prothipendyl
QN05AX08 = Risperidone
QN05AX09 = Clotiapine
QN05AX10 = Mosapramine
QN05AX11 = Zotepine
QN05AX12 = Aripiprazole
QN05AX13 = Paliperidone
QN05AX90 = Amperozide
QN05B = ANXIOLYTICS
QN05BA = Benzodiazepine derivatives
QN05BA01 = Diazepam
QN05BA02 = Chlordiazepoxide
QN05BA03 = Medazepam
QN05BA04 = Oxazepam
QN05BA05 = Potassium clorazepate
QN05BA06 = Lorazepam
QN05BA07 = Adinazolam
QN05BA08 = Bromazepam
QN05BA09 = Clobazam
QN05BA10 = Ketazolam
QN05BA11 = Prazepam
QN05BA12 = Alprazolam
QN05BA13 = Halazepam
QN05BA14 = Pinazepam
QN05BA15 = Camazepam
QN05BA16 = Nordazepam
QN05BA17 = Fludiazepam
QN05BA18 = Ethyl loflazepate
QN05BA19 = Etizolam
QN05BA21 = Clotiazepam
QN05BA22 = Cloxazolam
QN05BA23 = Tofisopam
QN05BA56 = Lorazepam, combinations
QN05BB = Diphenylmethane derivatives
QN05BB01 = Hydroxyzine
QN05BB02 = Captodiame
QN05BB51 = Hydroxyzine, combinations
QN05BC = Carbamates
QN05BC01 = Meprobamate
QN05BC03 = Emylcamate
QN05BC04 = Mebutamate
QN05BC51 = Meprobamate, combinations
QN05BD = Dibenzo-bicyclo-octadiene derivatives
QN05BD01 = Benzoctamine
QN05BE = Azaspirodecanedione derivatives
QN05BE01 = Buspirone
QN05BX = Other anxiolytics
QN05BX01 = Mefenoxalone
QN05BX02 = Gedocarnil
QN05BX03 = Etifoxine
QN05C = HYPNOTICS AND SEDATIVES
QN05CA = Barbiturates, plain
QN05CA01 = Pentobarbital
QN05CA02 = Amobarbital
QN05CA03 = Butobarbital
QN05CA04 = Barbital
QN05CA05 = Aprobarbital
QN05CA06 = Secobarbital
QN05CA07 = Talbutal
QN05CA08 = Vinylbital
QN05CA09 = Vinbarbital
QN05CA10 = Cyclobarbital
QN05CA11 = Heptabarbital
QN05CA12 = Reposal
QN05CA15 = Methohexital
QN05CA16 = Hexobarbital
QN05CA19 = Thiopental
QN05CA20 = Etallobarbital
QN05CA21 = Allobarbital
QN05CA22 = Proxibarbal
QN05CB = Barbiturates, combinations
QN05CB01 = Combinations of barbiturates
QN05CB02 = Barbiturates in combination with other drugs
QN05CC = Aldehydes and derivatives
QN05CC01 = Chloral hydrate
QN05CC02 = Chloralodol
QN05CC03 = Acetylglycinamide chloral hydrate
QN05CC04 = Dichloralphenazone
QN05CC05 = Paraldehyde
QN05CD = Benzodiazepine derivatives
QN05CD01 = Flurazepam
QN05CD02 = Nitrazepam

QN05CD03 = Flunitrazepam
QN05CD04 = Estazolam
QN05CD05 = Triazolam
QN05CD06 = Lormetazepam
QN05CD07 = Temazepam
QN05CD08 = Midazolam
QN05CD09 = Brotizolam
QN05CD10 = Quazepam
QN05CD11 = Loprazolam
QN05CD12 = Doxefazepam
QN05CD13 = Cinolazepam
QN05CD90 = Climazolam
QN05CE = Piperidinedione derivatives
QN05CE01 = Glutethimide
QN05CE02 = Methyprylon
QN05CE03 = Pyrithyldione
QN05CF = Benzodiazepine related drugs
QN05CF01 = Zopiclone
QN05CF02 = Zolpidem
QN05CF03 = Zaleplon
QN05CM = Other hypnotics and sedatives
QN05CM01 = Methaqualone
QN05CM02 = Clomethiazole
QN05CM03 = Bromisoval
QN05CM04 = Carbromal
QN05CM05 = Scopolamine
QN05CM06 = Propiomazine
QN05CM07 = Triclofos
QN05CM08 = Ethchlorvynol
QN05CM09 = Valerian
QN05CM10 = Hexapropymate
QN05CM11 = Bromides
QN05CM12 = Apronal
QN05CM13 = Valnoctamide
QN05CM15 = Methylpentynol
QN05CM16 = Niaprazine
QN05CM17 = Melatonin
QN05CM18 = Dexmedetomidine
QN05CM90 = Detomidine
QN05CM91 = Medetomidine
QN05CM92 = Xylazine
QN05CM93 = Romifidine
QN05CM94 = Metomidate
QN05CX = Hypnotics and sedatives in combination, excl. barbiturates
QN05CX01 = Meprobamate, combinations
QN05CX02 = Methaqualone, combinations
QN05CX03 = Methylpentynol, combinations
QN05CX04 = Clomethiazole, combinations
QN05CX05 = Emepronium, combinations
QN05CX06 = Dipiperonylaminoethanol, combinations
QN06 = PSYCHOANALEPTICS
QN06A = ANTIDEPRESSANTS
QN06AA = Non-selective monoamine reuptake inhibitors
QN06AA01 = Desipramine
QN06AA02 = Imipramine
QN06AA03 = Imipramine oxide
QN06AA04 = Clomipramine
QN06AA05 = Opipramol
QN06AA06 = Trimipramine
QN06AA07 = Lofepramine
QN06AA08 = Dibenzepin
QN06AA09 = Amitriptyline
QN06AA10 = Nortriptyline
QN06AA11 = Protriptyline
QN06AA12 = Doxepine
QN06AA13 = Iprindole
QN06AA14 = Melitracen
QN06AA15 = Butriptyline
QN06AA16 = Dosulepin
QN06AA17 = Amoxapine
QN06AA18 = Dimetacrine
QN06AA19 = Amineptine
QN06AA21 = Maprotiline
QN06AA23 = Quinupramine
QN06AB = Selective serotonin reuptake inhibitors
QN06AB02 = Zimeldine
QN06AB03 = Fluoxetine
QN06AB04 = Citalopram
QN06AB05 = Paroxetine
QN06AB06 = Sertraline
QN06AB07 = Alaproclate
QN06AB08 = Fluvoxamine
QN06AB09 = Etoperidone
QN06AB10 = Escitalopram
QN06AF = Monoamine oxidase inhibitors, non-selective
QN06AF01 = Isocarboxazide
QN06AF02 = Nialamide
QN06AF03 = Phenelzine
QN06AF04 = Tranylcypromine
QN06AF05 = Iproniazide
QN06AF06 = Iproclozide
QN06AG = Monoamine oxidase A inhibitors
QN06AG02 = Moclobemide
QN06AG03 = Toloxatone
QN06AX = Other antidepressants
QN06AX01 = Oxitriptan
QN06AX02 = Tryptophan
QN06AX03 = Mianserin
QN06AX04 = Nomifensine
QN06AX05 = Trazodone
QN06AX06 = Nefazodone
QN06AX07 = Minaprine
QN06AX08 = Bifemalane
QN06AX09 = Viloxazine
QN06AX10 = Oxaflozane
QN06AX11 = Mirtazapine
QN06AX13 = Medifoxamine
QN06AX14 = Tianeptine
QN06AX15 = Pivagabine
QN06AX16 = Venlafaxine
QN06AX17 = Milnacipran
QN06AX18 = Reboxetine
QN06AX19 = Gepirone
QN06AX21 = Duloxetine
QN06AX22 = Agomelatine
QN06AX23 = Desvenlafaxine
QN06AX90 = Selegiline
QN06B = PSYCHOSTIMULANTS, AGENTS USED FOR ADHD AND NOOTROPICS
QN06BA = Centrally acting sympathomimetics
QN06BA01 = Amfetamine
QN06BA02 = Dexamfetamine
QN06BA03 = Metamfetamine

QN06BA04 = Methylphenidate
QN06BA05 = Pemoline
QN06BA06 = Fencamfamin
QN06BA07 = Modafinil
QN06BA08 = Fenozolone
QN06BA09 = Atomoxetine
QN06BA10 = Fenetylline
QN06BC = Xanthine derivatives
QN06BC01 = Caffeine
QN06BC02 = Propentofylline
QN06BX = Other psychostimulants and nootropics
QN06BX01 = Meclofenoxate
QN06BX02 = Pyritinol
QN06BX03 = Piracetam
QN06BX04 = Deanol
QN06BX05 = Fipexide
QN06BX06 = Citicoline
QN06BX07 = Oxiracetam
QN06BX08 = Pirisudanol
QN06BX09 = Linopirdine
QN06BX10 = Nizofenone
QN06BX11 = Aniracetam
QN06BX12 = Acetylcarnitine
QN06BX13 = Idebenone
QN06BX14 = Prolintane
QN06BX15 = Pipradrol
QN06BX16 = Pramiracetam
QN06BX17 = Adrafinil
QN06BX18 = Vinpocetine
QN06C = PSYCHOLEPTICS AND PSYCHOANALEPTICS IN COMBINATION
QN06CA = Antidepressants in combination with psycholeptics
QN06CA01 = Amitriptyline and psycholeptics
QN06CA02 = Melitracen and psycholeptics
QN06CB = Psychostimulants in combination with psycholeptics
QN06D = ANTI-DEMENTIA DRUGS
QN06DA = Anticholinesterases
QN06DA01 = Tacrine
QN06DA02 = Donepezil
QN06DA03 = Rivastigmine
QN06DA04 = Galantamine
QN06DX = Other anti-dementia drugs
QN06DX01 = Memantine
QN06DX02 = Ginkgo biloba
QN07 = OTHER NERVOUS SYSTEM DRUGS
QN07A = PARASYMPATHOMIMETICS
QN07AA = Anticholinesterases
QN07AA01 = Neostigmine
QN07AA02 = Pyridostigmine
QN07AA03 = Distigmine
QN07AA30 = Ambenonium
QN07AA51 = Neostigmine, combinations
QN07AB = Choline esters
QN07AB01 = Charbachol
QN07AB02 = Bethanechol
QN07AX = Other parasympatomimetics
QN07AX01 = Pilocarpine
QN07AX02 = Choline alfoscerate
QN07B = DRUGS USED IN ADDICTIVE DISORDERS
QN07BA = Drugs used in nicotine dependence
QN07BA01 = Nicotine
QN07BA02 = Bupropion
QN07BA03 = Varenicline
QN07BB = Drugs used in alcohol dependence
QN07BB01 = Disulfiram
QN07BB02 = Calcium carbimide
QN07BB04 = Naltrexone
QN07BC = Drugs used in opioid dependence
QN07BC01 = Buprenorphine
QN07BC02 = Methadone
QN07BC03 = Levacetylmethadol
QN07BC04 = Lofexidine
QN07BC51 = Buprenorphine, combinations
QN07C = ANTIVERTIGO PREPARATIONS
QN07CA = Antivertigo preparations
QN07CA01 = Betahistine
QN07CA02 = Cinnarizine
QN07CA03 = Flunarizine
QN07CA04 = Acetylleucine
QN07CA52 = Cinnarizine, combinations
QN07X = OTHER NERVOUS SYSTEM DRUGS
QN07XA = Gangliosides and ganglioside derivatives
QN07XX = Other nervous system drugs
QN07XX01 = Tirilazad
QN07XX02 = Riluzole
QN07XX03 = Xaliproden
QN07XX04 = Hydroxybutyric acid
QN51 = PRODUCTS FOR ANIMAL EUTHANASIA
QN51A = PRODUCTS FOR ANIMAL EUTHANASIA
QN51AA = Barbiturates
QN51AA01 = Pentobarbital
QN51AA02 = Secobarbital
QN51AA30 = Combinations of barbiturates
QN51AA51 = Pentobarbital, combinations
QN51AA52 = Secobarbital, combinations
QN51AX = Other products for animal euthanasia
QN51AX50 = Combinations
QP = ANTIPARASITIC PRODUCTS, INSECTICIDES AND REPELLANTS
QP51 = ANTIPROTOZOALS
QP51A = AGENTS AGAINST PROTOZOAL DISEASES
QP51AA = Nitroimidazole derivatives
QP51AA01 = Metronidazole
QP51AA02 = Tinidazole
QP51AA03 = Ornidazole
QP51AA04 = Azanidazole
QP51AA05 = Propenidazole
QP51AA06 = Nimorazole
QP51AA07 = Dimetridazole
QP51AA08 = Ronidazole
QP51AA09 = Carnidazole
QP51AA10 = Ipronidazole
QP51AB = Antimony compounds
QP51AB01 = Meglumine antimonate
QP51AB02 = Sodium stibogluconate
QP51AC = Nitrofuran derivatives
QP51AC01 = Nifurtimox
QP51AC02 = Nitrofural
QP51AD = Arsenic compounds
QP51AD01 = Arsthinol

QP51AD02 = Difetarsone
QP51AD03 = Glycobiarsol
QP51AD04 = Melarsoprol
QP51AD05 = Acetarsol
QP51AD06 = Melarsamin
QP51AD53 = Glycobiarsol, combinations
QP51AE = Carbanilides
QP51AE01 = Imidocarb
QP51AE02 = Suramin sodium
QP51AE03 = Nicarbazine
QP51AF = Aromatic diamidines
QP51AF01 = Diminazen
QP51AF02 = Pentamidine
QP51AF03 = Phenamidine
QP51AG = Sulfonamides, plain and in combinations
QP51AG01 = Sulfadimidine
QP51AG02 = Sulfadimethoxine
QP51AG03 = Sulfaquinoxaline
QP51AG04 = Sulfaclozine
QP51AG30 = Combinations of sulfonamides
QP51AG53 = Sulfaquinoxaline, combinations
QP51AH = Pyranes and hydropyranes
QP51AH01 = Salinomycin
QP51AH02 = Lasalocid
QP51AH03 = Monensin
QP51AH04 = Narasin
QP51AH54 = Narasin, combinations
QP51AJ = Triazines
QP51AJ01 = Toltrazuril
QP51AJ02 = Clazuril
QP51AJ03 = Diclazuril
QP51AX = Other antiprotozoal agents
QP51AX01 = Chiniofon
QP51AX02 = Emetine
QP51AX03 = Phanquinone
QP51AX04 = Mepacrine
QP51AX05 = Nifursol
QP51AX06 = Homidium
QP51AX07 = Diminazen
QP51AX08 = Halofuginone
QP51AX09 = Amprolium
QP51AX10 = Maduramicin
QP51AX11 = Arprinocid
QP51AX12 = Dinitolmide
QP51AX13 = Robenidine
QP51AX14 = Decoquinate
QP51AX15 = Tiamulin
QP51AX16 = Aminonitrothiazol
QP51AX17 = Ethopabate
QP51AX18 = Diaveridine
QP51AX19 = Isometamidium
QP51AX20 = Quinapyramine
QP51AX21 = Parvaquone
QP51AX22 = Buparvaquone
QP51AX23 = Fumagillin
QP51AX30 = Combinations of other protozoal agents
QP51AX59 = Amprolium, combinations
QP51B = AGENTS AGAINST COCCIDIOSIS – OPTIONAL CLASSIFICATION
QP51C = AGENTS AGAINST AMOEBIOSIS AND HISTOMONOSIS – OPTIONAL CLASSIFICATION
QP51D = AGENTS AGAINST LEISHMANIOSIS AND TRYPANOSOMOSIS – OPTIONAL CLASSIFICATION
QP51E = AGENTS AGAINST BABESIOSIS AND THEILERIOSIS – OPTIONAL CLASSIFICATION
QP51X = OTHER ANTIPROTOZOAL AGENTS – OPTIONAL CLASSIFICATION
QP52 = ANTHELMINTICS
QP52A = ANTHELMINTICS
QP52AA = Quinoline derivatives and related substances
QP52AA01 = Praziquantel
QP52AA02 = Oxamniquine
QP52AA04 = Epsiprantel
QP52AA30 = Combinations of quinoline derivatives and related substances
QP52AA51 = Praziquantel, combinations
QP52AA54 = Epsiprantel, combinations
QP52AB = Organophosphorous compounds
QP52AB01 = Metrifonate
QP52AB02 = Bromfenofos
QP52AB03 = Dichlorvos
QP52AB04 = Haloxon
QP52AB06 = Naftalofos
QP52AB51 = Metrifonate, combinations
QP52AC = Benzimidazoles and related substances
QP52AC01 = Triclabendazole
QP52AC02 = Oxfendazole
QP52AC03 = Parbendazole
QP52AC04 = Thiophanate
QP52AC05 = Febantel
QP52AC06 = Netobimine
QP52AC07 = Oxibendazole
QP52AC08 = Cambendazole
QP52AC09 = Mebendazole
QP52AC10 = Tiabendazole
QP52AC11 = Albendazole
QP52AC12 = Flubendazole
QP52AC13 = Fenbendazole
QP52AC30 = Combinations of benzimidazoles and related substances
QP52AC52 = Oxfendazole, combinations
QP52AC55 = Febantel, combinations
QP52AC57 = Oxibendazole, combinations
QP52AE = Imidazothiazoles
QP52AE01 = Levamisole
QP52AE02 = Tetramisole
QP52AE30 = Combinations of imidazothiazoles
QP52AE51 = Levamisole, combinations
QP52AE52 = Tetramisole, combinations
QP52AF = Tetrahydropyrimidines
QP52AF01 = Morantel
QP52AF02 = Pyrantel
QP52AF03 = Oxantel
QP52AF30 = Combinations of tetrahydropyrimidines
QP52AG = Phenol derivatives, incl. salicylanilides
QP52AG01 = Dichlorophene
QP52AG02 = Hexachlorophene
QP52AG03 = Niclosamide
QP52AG04 = Resorantel
QP52AG05 = Rafoxanide
QP52AG06 = Oxyclozanide

QP52AG07 = Bithionol
QP52AG08 = Nitroxinil
QP52AG09 = Closantel
QP52AH = Piperazine and derivatives
QP52AH01 = Piperazine
QP52AH02 = Diethylcarbamazine
QP52AX = Other anthelmintic agents
QP52AX01 = Nitroscanate
QP52AX02 = Bunamidine hydrochloride
QP52AX03 = Phenotiazine
QP52AX04 = Dibutyltindilaurate
QP52AX05 = Destomycin A
QP52AX06 = Halodone
QP52AX07 = Butylchoride
QP52AX08 = Thiacetarsamid
QP52B = AGENTS AGAINST TREMATODOSIS, OPTIONAL CLASSIFICATION
QP52C = AGENTS AGAINST NEMATODOSIS, OPTIONAL CLASSIFICATION
QP52D = AGENTS AGAINST CESTODOSIS, OPTIONAL CLASSIFICATION
QP52X = OTHER ANTHELMINTIC AGENTS, OPTIONAL CLASSIFICATION
QP53 = ECTOPARACITICIDES, INSECTICIDES AND REPELLENTS
QP53A = ECTOPARASITICIDES FOR TOPICAL USE, INCL. INSECTICIDES
QP53AA = Sulfur-containing products
QP53AA01 = Mesulfen
QP53AA02 = Cymiazol
QP53AB = Chlorine-containing products
QP53AB01 = Clofenotane
QP53AB02 = Lindane
QP53AB03 = Bromociclen
QP53AB04 = Tosylchloramide
QP53AB51 = Clofenotane, combinations
QP53AB52 = Lindane, combinations
QP53AC = Pyrethrins and pyrethroids
QP53AC01 = Pyrethrum
QP53AC02 = Bioallethrin
QP53AC03 = Phenothrin
QP53AC04 = Permethrin
QP53AC05 = Flumethrin
QP53AC06 = Cyhalothrin
QP53AC07 = Flucythrinate
QP53AC08 = Cypermethrin
QP53AC10 = Fluvalinate
QP53AC11 = Deltamethrin
QP53AC12 = Cyfluthrin
QP53AC13 = Tetramethrin
QP53AC14 = Fenvalerate
QP53AC15 = Acrinathrin
QP53AC30 = Combinations of pyrethrines
QP53AC51 = Pyrethrum, combinations
QP53AC54 = Permethrin, combinations
QP53AC55 = Flumethrin, combinations
QP53AD = Amidines
QP53AD01 = Amitraz
QP53AD51 = Amitraz, combinations
QP53AE = Carbamates
QP53AE01 = Carbaril
QP53AE02 = Propoxur
QP53AE03 = Bendiocarb
QP53AF = Organophosphorous compounds
QP53AF01 = Phoxime
QP53AF02 = Metrifonate
QP53AF03 = Dimpylate
QP53AF04 = Dichlorvos
QP53AF05 = Heptenofos
QP53AF06 = Phosmet
QP53AF07 = Fention
QP53AF08 = Coumafos
QP53AF09 = Propetamphos
QP53AF10 = Cythioate
QP53AF11 = Bromophos
QP53AF12 = Malathion
QP53AF13 = Quintiophos
QP53AF14 = Tetrachlorvinphos
QP53AF16 = Bromfenvinphos
QP53AF17 = Azamethiphos
QP53AF54 = Dichlorvos, combinations
QP53AG = Organic acids
QP53AG01 = Formic acid
QP53AG02 = Lactic acid
QP53AG03 = Oxalic acid
QP53AX = Other ectoparasiticides for topical use
QP53AX02 = Fenvalerate
QP53AX03 = Quassia
QP53AX04 = Crotamiton
QP53AX11 = Benzylbenzoate
QP53AX13 = Nicotine
QP53AX14 = Bromoprofylat
QP53AX15 = Fipronil
QP53AX16 = Malachite green
QP53AX17 = Imidacloprid
QP53AX18 = Calcium oxide
QP53AX19 = Formaldehyde
QP53AX22 = Thymol
QP53AX23 = Pyriproxifen
QP53AX24 = Dicyclanil
QP53AX25 = Metaflumizone
QP53AX26 = Pyriprole
QP53AX30 = Combinations of other ectoparasiticides for topical use
QP53AX65 = Fipronil, combinations
QP53AX73 = Pyriproxifen, combinations
QP53B = ECTOPARASITICIDES FOR SYSTEMIC USE
QP53BB = Organophosphorous compounds
QP53BB01 = Cythioate
QP53BB02 = Fenthion
QP53BB03 = Phosmet
QP53BB04 = Stirofos
QP53BC = Chitin synthesisinhibitors
QP53BC01 = Lufenuron
QP53BC02 = Diflubenzuron
QP53BC03 = Teflubenzuron
QP53BC51 = Lufenuron, combinations
QP53BD = Insect growth regulators, excl. chitin synthesis inhibitors
QP53BD01 = Methoprene
QP53BD51 = Methoprene, combinations
QP53BX = Other ectoparasiticides for systemic use
QP53BX02 = Nitenpyram
QP53G = REPELLENTS
QP53GX = Various repellents

QP53GX01 = Diethyltoluamide
QP53GX02 = Dimethylphtalate
QP53GX03 = Dibutylsuccinate
QP53GX04 = Ethohexadiol
QP54 = ENDECTOCIDES
QP54A = MACROCYCLIC LACTONES
QP54AA = Avermectins
QP54AA01 = Ivermectin
QP54AA02 = Abamectin
QP54AA03 = Doramectin
QP54AA04 = Eprinomectin
QP54AA05 = Selamectin
QP54AA06 = Emamectin
QP54AA51 = Ivermectin, combinations
QP54AA52 = Abamectin, combinations
QP54AB = Milbemycins
QP54AB01 = Milbemycin
QP54AB02 = Moxidectin
QP54AB51 = Milbemycin, combinations
QP54AB52 = Moxidectin, combinations
QP54AX = Other macrocyclic lactones
QR = RESPIRATORY SYSTEM
QR01 = NASAL PREPARATIONS
QR01A = DECONGESTANTS AND OTHER NASAL PREPARATIONS FOR TOPICAL USE
QR01AA = Sympathomimetics, plain
QR01AA02 = Cyclopentamine
QR01AA03 = Ephedrine
QR01AA04 = Phenylephrine
QR01AA05 = Oxymetazoline
QR01AA06 = Tetryzoline
QR01AA07 = Xylometazoline
QR01AA08 = Naphazoline
QR01AA09 = Tramazoline
QR01AA10 = Metizoline
QR01AA11 = Tuaminoheptane
QR01AA12 = Fenoxazoline
QR01AA13 = Tymazoline
QR01AA14 = Epinephrine
QR01AB = Sympathomimetics, combinations excl. corticosteroids
QR01AB01 = Phenylephrine
QR01AB02 = Naphazoline
QR01AB03 = Tetryzoline
QR01AB05 = Ephedrine
QR01AB06 = Xylometazoline
QR01AB07 = Oxymetazoline
QR01AB08 = Tuaminoheptane
QR01AC = Antiallergic agents, excl. corticosteroids
QR01AC01 = Cromoglicic acid
QR01AC02 = Levocabastine
QR01AC03 = Azelastine
QR01AC04 = Antazoline
QR01AC05 = Spaglumic acid
QR01AC06 = Thonzylamine
QR01AC07 = Nedocromil
QR01AC51 = Cromoglicic acid, combinations
QR01AD = Corticosteroids
QR01AD01 = Beclometasone
QR01AD02 = Prednisolone
QR01AD03 = Dexamethasone
QR01AD04 = Flunisolide
QR01AD05 = Budesonide
QR01AD06 = Betamethasone
QR01AD07 = Tixocortol
QR01AD08 = Fluticasone
QR01AD09 = Mometasone
QR01AD11 = Triamcinolone
QR01AD52 = Prednisolone, combinations
QR01AD53 = Dexamethasone, combinations
QR01AD57 = Tixocortol, combinations
QR01AD60 = Hydrocortisone, combinations
QR01AX = Other nasal preparations
QR01AX01 = Calcium hexamine thiocyanate
QR01AX02 = Retinol
QR01AX03 = Ipratropium bromide
QR01AX05 = Ritiometan
QR01AX06 = Mupirocin
QR01AX07 = Hexamidine
QR01AX08 = Framycetin
QR01AX10 = Various
QR01AX30 = Combinations
QR01B = NASAL DECONGESTANTS FOR SYSTEMIC USE
QR01BA = Sympathomimetics
QR01BA01 = Phenylpropanolamine
QR01BA02 = Pseudoephedrine
QR01BA03 = Phenylephrine
QR01BA51 = Phenylpropanolamine, combinations
QR01BA52 = Pseudoephedrine, combinations
QR01BA53 = Phenylephrine, combinations
QR02 = THROAT PREPARATIONS
QR02A = THROAT PREPARATIONS
QR02AA = Antiseptics
QR02AA01 = Ambazone
QR02AA02 = Dequalinium
QR02AA03 = Dichlorobenzyl alcohol
QR02AA05 = Chlorhexidine
QR02AA06 = Cetylpyridinum
QR02AA09 = Benzethonium
QR02AA10 = Myristyl-benzalkonium
QR02AA11 = Chlorquinaldol
QR02AA12 = Hexylresorcinol
QR02AA13 = Acriflavinium chloride
QR02AA14 = Oxyquinoline
QR02AA15 = Povidone-iodine
QR02AA16 = Benzalkonium
QR02AA17 = Cetrimonium
QR02AA18 = Hexamidine
QR02AA19 = Phenol
QR02AA20 = Various
QR02AB = Antibiotics
QR02AB01 = Neomycin
QR02AB02 = Tyrothricin
QR02AB03 = Fusafungine
QR02AB04 = Bacitracin
QR02AB30 = Gramicidin
QR02AD = Anesthetics, local
QR02AD01 = Benzocaine
QR02AD02 = Lidocaine
QR02AD03 = Cocaine
QR02AD04 = Dyclonine
QR03 = DRUGS FOR OBSTRUCTIVE AIRWAY DISEASES
QR03A = ADRENERGICS, INHALANTS

QR03AA = Alpha- and beta-adrenoreceptor agonists
QR03AA01 = Epinephrine
QR03AB = Non-selective beta-adrenoreceptor agonists
QR03AB02 = Isoprenaline
QR03AB03 = Orciprenaline
QR03AC = Selective beta-2-adrenoreceptor agonists
QR03AC02 = Salbutamol
QR03AC03 = Terbutaline
QR03AC04 = Fenoterol
QR03AC05 = Rimiterol
QR03AC06 = Hexoprenaline
QR03AC07 = Isoetarine
QR03AC08 = Pirbuterol
QR03AC09 = Tretoquinol
QR03AC10 = Carbuterol
QR03AC11 = Tulobuterol
QR03AC12 = Salmeterol
QR03AC13 = Formoterol
QR03AC14 = Clenbuterol
QR03AC15 = Reproterol
QR03AC16 = Procaterol
QR03AC17 = Bitolterol
QR03AH = Combinations of adrenergics
QR03AK = Adrenergics and other drugs for obstructive airway diseases
QR03AK01 = Epinephrine and other drugs for obstructive airway diseases
QR03AK02 = Isoprenaline and other drugs for obstructive airway diseases
QR03AK03 = Fenoterol and other drugs for obstructive airway diseases
QR03AK04 = Salbutamol and other drugs for obstructive airway diseases
QR03AK05 = Reproterol and other drugs for obstructive airway diseases
QR03AK06 = Salmeterol and other drugs for obstructive airway diseases
QR03AK07 = Formoterol and other drugs for obstructive airway diseases
QR03B = OTHER DRUGS FOR OBSTRUCTIVE AIRWAY DISEASES, INHALANTS
QR03BA = Glucocorticoids
QR03BA01 = Beclometasone
QR03BA02 = Budesonide
QR03BA03 = Flunisolide
QR03BA04 = Betamethasone
QR03BA05 = Fluticasone
QR03BA06 = Triamcinolone
QR03BA07 = Mometasone
QR03BA08 = Ciclesonide
QR03BB = Anticholinergics
QR03BB01 = Ipratropium bromide
QR03BB02 = Oxitropium bromide
QR03BB03 = Stramoni preparations
QR03BB04 = Tiotropium bromide
QR03BC = Antiallergic agents, excl. corticosteroids
QR03BC01 = Cromoglicic acid
QR03BC03 = Nedocromil
QR03BX = Other drugs for obstructive airway diseases, inhalants
QR03BX01 = Fenspiride
QR03C = ADRENERGICS FOR SYSTEMIC USE
QR03CA = Alpha- and beta-adrenoreceptor agonists
QR03CA02 = Ephedrine
QR03CB = Non-selective beta-adrenoreceptor agonists
QR03CB01 = Isoprenaline
QR03CB02 = Methoxyphenamine
QR03CB03 = Orciprenaline
QR03CB51 = Isoprenaline, combinations
QR03CB53 = Orciprenaline, combinations
QR03CC = Selective beta-2-adrenoreceptor agonists
QR03CC02 = Salbutamol
QR03CC03 = Terbutaline
QR03CC04 = Fenoterol
QR03CC05 = Hexoprenaline
QR03CC06 = Isoetarine
QR03CC07 = Pirbuterol
QR03CC08 = Procaterol
QR03CC09 = Tretoquinol
QR03CC10 = Carbuterol
QR03CC11 = Tulobuterol
QR03CC12 = Bambuterol
QR03CC13 = Clenbuterol
QR03CC14 = Reproterol
QR03CC53 = Terbutaline, combinations
QR03CC90 = Clenbuterol, combinations
QR03CK = Adrenergics and other drugs for obstructive airway diseases
QR03D = OTHER SYSTEMIC DRUGS FOR OBSTRUCTIVE AIRWAY DISEASES
QR03DA = Xanthines
QR03DA01 = Diprophylline
QR03DA02 = Choline theophyllinate
QR03DA03 = Proxyphylline
QR03DA04 = Theophylline
QR03DA05 = Aminophylline
QR03DA06 = Etamiphylline
QR03DA07 = Theobromine
QR03DA08 = Bamifylline
QR03DA09 = Acefylline piperazine
QR03DA10 = Bufylline
QR03DA11 = Doxofylline
QR03DA20 = Combinations
QR03DA51 = Diprophylline, combinations
QR03DA54 = Theophylline, combinations excl. psycholeptics
QR03DA55 = Aminophylline, combinations
QR03DA57 = Theobromine, combinations
QR03DA74 = Theophylline, combinations with psycholeptics
QR03DA90 = Propentofylline
QR03DB = Xanthines and adrenergics
QR03DB01 = Diprophylline and adrenergics
QR03DB02 = Choline theophyllinate and adrenergics
QR03DB03 = Proxyphylline and adrenergics
QR03DB04 = Theophylline and adrenergics
QR03DB05 = Aminophylline and adrenergics
QR03DB06 = Etamiphylline and adrenergics
QR03DC = Leukotriene receptor antagonists
QR03DC01 = Zafirlukast
QR03DC02 = Pranlukast
QR03DC03 = Montelukast
QR03DC04 = Ibudilast

QR03DX = Other systemic drugs for obstructive airway diseases
QR03DX01 = Amlexanox
QR03DX02 = Eprozinol
QR03DX03 = Fenspiride
QR03DX05 = Omalizumab
QR03DX06 = Seratrodast
QR03DX07 = Roflumilast
QR05 = COUGH AND COLD PREPARATIONS
QR05C = EXPECTORANTS, EXCL. COMBINATIONS WITH COUGH SUPPRESSANTS
QR05CA = Expectorants
QR05CA01 = Tyloxapol
QR05CA02 = Potassium iodide
QR05CA03 = Guaifenesin
QR05CA04 = Ipecacuanha
QR05CA05 = Althea root
QR05CA06 = Senega
QR05CA07 = Antimony pentasulfide
QR05CA08 = Creosote
QR05CA09 = Guaiacolsulfonate
QR05CA10 = Combinations of expectorants
QR05CA11 = Levoverbenone
QR05CB = Mucolytics
QR05CB01 = Acetylcysteine
QR05CB02 = Bromhexine
QR05CB03 = Carbocisteine
QR05CB04 = Eprazinone
QR05CB05 = Mesna
QR05CB06 = Ambroxol
QR05CB07 = Sobrerol
QR05CB08 = Domiodol
QR05CB09 = Letosteine
QR05CB10 = Combinations of mycolytics
QR05CB11 = Stepronin
QR05CB12 = Tiopronin
QR05CB13 = Dornase alfa (desoxyribonuclease)
QR05CB14 = Neltenexine
QR05CB15 = Erdosteine
QR05CB90 = Dembrexine hydrochloride
QR05D = COUGH SUPPRESSANTS, EXCL. COMBINATIONS WITH EXPECTORANTS
QR05DA = Opium alkaloids and derivatives
QR05DA01 = Ethylmorphine
QR05DA03 = Hydrocodone
QR05DA04 = Codeine
QR05DA05 = Opium alkaloids with morphine
QR05DA06 = Normethadone
QR05DA07 = Noscapine
QR05DA08 = Pholcodine
QR05DA09 = Dextromethorphan
QR05DA10 = Thebacon
QR05DA11 = Dimemorfan
QR05DA12 = Acetyldihydrocodeine
QR05DA20 = Combinations of opium alkaloids and derivatives
QR05DA90 = Butorphanol
QR05DB = Other cough suppressants
QR05DB01 = Benzonatate
QR05DB02 = Benproperine
QR05DB03 = Clobutinol
QR05DB04 = Isoaminile
QR05DB05 = Pentoxyverine
QR05DB07 = Oxolamine
QR05DB09 = Oxeladin
QR05DB10 = Clofedanol
QR05DB11 = Pipazetate
QR05DB12 = Bibenzonium bromide
QR05DB13 = Butamirate
QR05DB14 = Fedrilate
QR05DB15 = Zipeprol
QR05DB16 = Dibunate
QR05DB17 = Droxypropine
QR05DB18 = Prenoxdiazine
QR05DB19 = Dropropizine
QR05DB20 = Combinations
QR05DB21 = Cloperastine
QR05DB22 = Meprotixol
QR05DB23 = Piperidione
QR05DB24 = Tipepidine
QR05DB25 = Morclofone
QR05DB26 = Nepinalone
QR05DB27 = Levodropropizine
QR05DB28 = Dimethoxanate
QR05F = COUGH SUPPRESSANTS AND EXPECTORANTS, COMBINATIONS
QR05FA = Opium derivatives and expectorants
QR05FA01 = Opium derivatives and mucolytics
QR05FA02 = Opium derivatives and expectorants
QR05FB = Other cough suppressants and expectorants
QR05FB01 = Cough suppressants and mucolytics
QR05FB02 = Cough suppressants and expectorants
QR05X = OTHER COLD COMBINATION PREPARATIONS
QR06 = ANTIHISTAMINES FOR SYSTEMIC USE
QR06A = ANTIHISTAMINES FOR SYSTEMIC USE
QR06AA = Aminoalkyl ethers
QR06AA01 = Bromazine
QR06AA02 = Diphenhydramine
QR06AA04 = Clemastine
QR06AA06 = Chlorphenoxamine
QR06AA07 = Diphenylpyraline
QR06AA08 = Carbinoxamine
QR06AA09 = Doxylamine
QR06AA52 = Diphenhydramine, combinations
QR06AA54 = Clemastine, combinations
QR06AA56 = Chlorphenoxamine, combinations
QR06AA57 = Diphenylpyraline, combinations
QR06AB = Substituted alkylamines
QR06AB01 = Brompheniramine
QR06AB02 = Dexchlorpheniramine
QR06AB03 = Dimetindene
QR06AB04 = Chlorpheniramine
QR06AB05 = Pheniramine
QR06AB06 = Dexbrompheniramine
QR06AB07 = Talastine
QR06AB51 = Brompheniramine, combinations
QR06AB52 = Dexchlorpheniramine, combinations
QR06AB54 = Chlorpheniramine, combinations
QR06AB56 = Dexbrompheniramine, combinations
QR06AC = Substituted ethylene diamines
QR06AC01 = Mepyramine

QR06AC02 = Histapyrrodine
QR06AC03 = Chloropyramine
QR06AC04 = Tripelennamine
QR06AC05 = Methapyrilene
QR06AC06 = Thonzylamine
QR06AC52 = Histapyrrodine, combinations
QR06AC53 = Chloropyramine, combinations
QR06AD = Phenothiazine derivatives
QR06AD01 = Alimemazine
QR06AD02 = Promethazine
QR06AD03 = Thiethylperazine
QR06AD04 = Methdilazine
QR06AD05 = Hydroxyethylpromethazine
QR06AD06 = Thiazinam
QR06AD07 = Mequitazine
QR06AD08 = Oxomemazine
QR06AD09 = Isothipendyl
QR06AD52 = Promethazine, combinations
QR06AD55 = Hydroxyethylpromethazine, combinations
QR06AE = Piperazine derivatives
QR06AE01 = Buclizine
QR06AE03 = Cyclizine
QR06AE04 = Chlorcyclizine
QR06AE05 = Meclozine
QR06AE06 = Oxatomide
QR06AE07 = Cetirizine
QR06AE09 = Levocetirizine
QR06AE51 = Buclizine, combinations
QR06AE53 = Cyclizine, combinations
QR06AE55 = Meclozine, combinations
QR06AK = Combinations of antihistamines
QR06AX = Other antihistamines for systemic use
QR06AX01 = Bamipine
QR06AX02 = Cyproheptadine
QR06AX03 = Thenalidine
QR06AX04 = Phenindamine
QR06AX05 = Antazoline
QR06AX07 = Triprolidine
QR06AX08 = Pyrrobutamine
QR06AX09 = Azatadine
QR06AX11 = Astemizole
QR06AX12 = Terfenadine
QR06AX13 = Loratadine
QR06AX15 = Mebhydrolin
QR06AX16 = Deptropine
QR06AX17 = Ketotifen
QR06AX18 = Acrivastine
QR06AX19 = Azelastine
QR06AX21 = Tritoqualine
QR06AX22 = Ebastine
QR06AX23 = Pimethixene
QR06AX24 = Epinastine
QR06AX25 = Mizolastine
QR06AX26 = Fexofenadine
QR06AX27 = Desloratadine
QR06AX28 = Rupatadine
QR06AX53 = Thenalidine, combinations
QR06AX58 = Pyrrobutamine, combinations
QR07 = OTHER RESPIRATORY SYSTEM PRODUCTS
QR07A = OTHER RESPIRATORY SYSTEM PRODUCTS
QR07AA = Lung surfactants
QR07AA01 = Colfosceril palmitate
QR07AA02 = Natural phospholipids
QR07AA30 = Combinations
QR07AB = Respiratory stimulants
QR07AB01 = Doxapram
QR07AB02 = Nikethamide
QR07AB03 = Pentetrazol
QR07AB04 = Etamivan
QR07AB05 = Bemegride
QR07AB06 = Prethcamide
QR07AB07 = Almitrine
QR07AB08 = Dimefline
QR07AB09 = Mepixanox
QR07AB52 = Nikethamide, combinations
QR07AB53 = Pentetrazol, combinations
QR07AB99 = Respiratory stimulants, combinations
QR07AX = Other respiratory system products
QR07AX01 = Nitric oxide
QS = SENSORY ORGANS
QS01 = OPHTHALMOLOGICALS
QS01A = ANTIINFECTIVES
QS01AA = Antibiotics
QS01AA01 = Chloramphenicol
QS01AA02 = Chlortetracycline
QS01AA03 = Neomycin
QS01AA04 = Oxytetracycline
QS01AA05 = Tyrothricin
QS01AA07 = Framycetin
QS01AA09 = Tetracycline
QS01AA10 = Natamycin
QS01AA11 = Gentamicin
QS01AA12 = Tobramycin
QS01AA13 = Fusidic acid
QS01AA14 = Benzylpenicillin
QS01AA15 = Dihydrostreptomycin
QS01AA16 = Rifamycin
QS01AA17 = Erythromycin
QS01AA18 = Polymyxin B
QS01AA19 = Ampicillin
QS01AA20 = Antibiotics in combination with other drugs
QS01AA21 = Amikacin
QS01AA22 = Micronomicin
QS01AA23 = Netilmicin
QS01AA24 = Kanamycin
QS01AA25 = Azidamfenikol
QS01AA30 = Combinations of different antibiotics
QS01AA90 = Cloxacillin
QS01AB = Sulfonamides
QS01AB01 = Sulfamethizole
QS01AB02 = Sulfafurazole
QS01AB03 = Sulfadicramide
QS01AB04 = Sulfacetamide
QS01AB05 = Sulfafenazol
QS01AD = Antivirals
QS01AD01 = Idoxuridine
QS01AD02 = Trifluridine
QS01AD03 = Aciclovir
QS01AD05 = Interferon
QS01AD06 = Vidarabine
QS01AD07 = Famciclovir
QS01AD08 = Fomivirsen
QS01AD09 = Ganciclovir

QS01AX = Other antiinfectives
QS01AX01 = Mercury compounds
QS01AX02 = Silver compounds
QS01AX03 = Zinc compounds
QS01AX04 = Nitrofural
QS01AX05 = Bibrocathol
QS01AX06 = Resorcinol
QS01AX07 = Sodium borate
QS01AX08 = Hexamidine
QS01AX09 = Chlorhexidine
QS01AX10 = Sodium propionate
QS01AX11 = Ofloxacin
QS01AX12 = Norfloxacin
QS01AX13 = Ciprofloxacin
QS01AX14 = Dibrompropamidine
QS01AX15 = Propamidine
QS01AX16 = Picloxydine
QS01AX17 = Lomefloxacin
QS01AX18 = Povidone-iodine
QS01AX19 = Levofloxacin
QS01AX21 = Gatifloxacin
QS01AX22 = Moxifloxacin
QS01B = ANTIINFLAMMATORY AGENTS
QS01BA = Corticosteroids, plain
QS01BA01 = Dexamethasone
QS01BA02 = Hydrocortisone
QS01BA03 = Cortisone
QS01BA04 = Prednisolone
QS01BA05 = Triamcinolone
QS01BA06 = Betamethasone
QS01BA07 = Fluorometholone
QS01BA08 = Medrysone
QS01BA09 = Clobetasone
QS01BA10 = Alclometasone
QS01BA11 = Desonide
QS01BA12 = Formocortal
QS01BA13 = Rimexolone
QS01BA14 = Loteprednol
QS01BA15 = Fluocinolone acetonide
QS01BB = Corticosteroids and mydriatics in combination
QS01BB01 = Hydrocortisone and mydriatics
QS01BB02 = Prednisolone and mydriatics
QS01BB03 = Fluorometholone and mydriatics
QS01BB04 = Betamethasone and mydriatics
QS01BC = Antiinflammatory agents, non-steroids
QS01BC01 = Indometacin
QS01BC02 = Oxyphenbutazone
QS01BC03 = Diclofenac
QS01BC04 = Flurbiprofen
QS01BC05 = Ketorolac
QS01BC06 = Piroxicam
QS01BC07 = Bendazac
QS01BC08 = Salicylic acid
QS01BC09 = Pranoprofen
QS01C = ANTIINFLAMMATORY AGENTS AND ANTIINFECTIVES IN COMBINATION
QS01CA = Corticosteroids and antiinfectives in combination
QS01CA01 = Dexamethasone and antiinfectives
QS01CA02 = Prednisolone and antiinfectives
QS01CA03 = Hydrocortisone and antiinfectives
QS01CA04 = Fluocortolone and antiinfectives
QS01CA05 = Betamethasone and antiinfectives
QS01CA06 = Fludrocortisone and antiinfectives
QS01CA07 = Fluorometholone and antiinfectives
QS01CA08 = Methylprednisolone and antiinfectives
QS01CA09 = Chloroprednisone and antiinfectives
QS01CA10 = Fluocinolone acetonide and antiinfectives
QS01CA11 = Clobetasone and antiinfectives
QS01CB = Corticosteroids/antiinfectives/mydriatics in combination
QS01CB01 = Dexamethasone
QS01CB02 = Prednisolone
QS01CB03 = Hydrocortisone
QS01CB04 = Betamethasone
QS01CB05 = Fluorometholone
QS01CC = Antiinflammatory agents, non-steroids and antiinfectives in combination
QS01CC01 = Diclofenac and antiinfectives
QS01E = ANTIGLAUCOMA PREPARATIONS AND MIOTICS
QS01EA = Sympathomimetics in glaucoma therapy
QS01EA01 = Epinephrine
QS01EA02 = Dipivefrine
QS01EA03 = Apraclonidine
QS01EA04 = Clonidine
QS01EA05 = Brimonidine
QS01EA51 = Epinephrine, combinations
QS01EB = Parasympathomimetics
QS01EB01 = Pilocarpine
QS01EB02 = Carbachol
QS01EB03 = Ecothiopate
QS01EB04 = Demecarium
QS01EB05 = Physostigmine
QS01EB06 = Neostigmine
QS01EB07 = Fluostigmine
QS01EB08 = Aceclidine
QS01EB09 = Acetylcholine
QS01EB10 = Paraoxon
QS01EB51 = Pilocarpine, combinations
QS01EB58 = Aceclidine, combinations
QS01EC = Carbonic anhydrase inhibitors
QS01EC01 = Acetazolamide
QS01EC02 = Diclofenamide
QS01EC03 = Dorzolamide
QS01EC04 = Brinzolamide
QS01EC05 = Methazolamide
QS01ED = Beta blocking agents
QS01ED01 = Timolol
QS01ED02 = Betaxolol
QS01ED03 = Levobunolol
QS01ED04 = Metipranolol
QS01ED05 = Carteolol
QS01ED06 = Befunolol
QS01ED51 = Timolol, combinations
QS01ED52 = Betaxolol, combinations
QS01ED54 = Metipranolol, combinations
QS01ED55 = Carteolol, combinations
QS01EE = Prostaglandin analogues
QS01EE01 = Latanoprost
QS01EE02 = Unoprostone
QS01EE03 = Bimatoprost
QS01EE04 = Travoprost
QS01EX = Other antiglaucoma preparations
QS01EX01 = Guanethidine

QS01EX02 = Dapiprazole
QS01F = MYDRIATICS AND CYCLOPLEGICS
QS01FA = Anticholinergics
QS01FA01 = Atropine
QS01FA02 = Scopolamine
QS01FA03 = Methylscopolamine
QS01FA04 = Cyclopentolate
QS01FA05 = Homatropine
QS01FA06 = Tropicamide
QS01FA56 = Tropicamide, combinations
QS01FB = Sympathomimetics, excl. antiglaucoma preparations
QS01FB01 = Phenylephrine
QS01FB02 = Ephedrine
QS01FB03 = Ibopamine
QS01FB90 = Oxedrine
QS01FB99 = Sympathomimetics, combinations
QS01G = DECONGESTANTS AND ANTIALLERGICS
QS01GA = Sympathomimetics used as decongestants
QS01GA01 = Naphazoline
QS01GA02 = Tetryzoline
QS01GA03 = Xylometazoline
QS01GA04 = Oxymetazoline
QS01GA05 = Phenylephrine
QS01GA06 = Oxedrine
QS01GA51 = Naphazoline, combinations
QS01GA52 = Tetryzoline, combinations
QS01GA53 = Xylometazoline, combinations
QS01GA55 = Phenylephrine combinations
QS01GA56 = Oxedrine, combinations
QS01GX = Other antiallergics
QS01GX01 = Cromoglicic acid
QS01GX02 = Levocabastine
QS01GX03 = Spaglumic acid
QS01GX04 = Nedocromil
QS01GX05 = Lodoxamide
QS01GX06 = Emedastine
QS01GX07 = Azelastine
QS01GX08 = Ketotifen
QS01GX09 = Olopatadine
QS01GX10 = Epinastine
QS01GX51 = Cromoglicic acid, combinations
QS01H = LOCAL ANESTHETICS
QS01HA = Local anesthetics
QS01HA01 = Cocaine
QS01HA02 = Oxybuprocaine
QS01HA03 = Tetracaine
QS01HA04 = Proxymetacaine
QS01HA05 = Procaine
QS01HA06 = Cinchocaine
QS01HA07 = Lidocaine
QS01HA30 = Combinations
QS01J = DIAGNOSTIC AGENTS
QS01JA = Colouring agents
QS01JA01 = Fluorescein
QS01JA02 = Rose bengal sodium
QS01JA51 = Fluorescein, combinations
QS01JX = Other ophthalmological diagnostic agents
QS01K = SURGICAL AIDS
QS01KA = Viscoelastic substances
QS01KA01 = Hyaluronic acid
QS01KA02 = Hypromellose
QS01KA51 = Hyaluronic acid, combinations
QS01KX = Other surgical aids
QS01KX01 = Chymotrypsin
QS01L = OCULAR VASCULAR DISORDER AGENTS
QS01LA = Antineovascularisation agents
QS01LA01 = Verteporfin
QS01LA02 = Anecortave
QS01LA03 = Pegaptanib
QS01LA04 = Ranibizumab
QS01X = OTHER OPHTHALMOLOGICALS
QS01XA = Other ophthalmologicals
QS01XA01 = Guaiazulen
QS01XA02 = Retinol
QS01XA03 = Sodium chloride, hypertonic
QS01XA04 = Potassium iodide
QS01XA05 = Sodium edetate
QS01XA06 = Ethylmorphine
QS01XA07 = Alum
QS01XA08 = Acetylcysteine
QS01XA09 = Iodoheparinate
QS01XA10 = Inosine
QS01XA11 = Nandrolone
QS01XA12 = Dexpanthenol
QS01XA13 = Alteplase
QS01XA14 = Heparin
QS01XA15 = Ascorbic acid
QS01XA20 = Artificial tears and other indifferent preparations
QS01XA90 = Ciclosporin
QS01XA91 = Pirenoxin
QS02 = OTOLOGICALS
QS02A = ANTIINFECTIVES
QS02AA = Antiinfectives
QS02AA01 = Chloramphenicol
QS02AA02 = Nitrofural
QS02AA03 = Boric acid
QS02AA04 = Aluminium acetotartrate
QS02AA05 = Clioquinol
QS02AA06 = Hydrogen peroxide
QS02AA07 = Neomycin
QS02AA08 = Tetracycline
QS02AA09 = Chlorhexidine
QS02AA10 = Acetic acid
QS02AA11 = Polymyxin B
QS02AA12 = Rifamycin
QS02AA13 = Miconazole
QS02AA14 = Gentamicin
QS02AA15 = Ciprofloxacin
QS02AA30 = Antiinfectives, combinations
QS02AA57 = Neomycin, combinations
QS02B = CORTICOSTEROIDS
QS02BA = Corticosteroids
QS02BA01 = Hydrocortisone
QS02BA03 = Prednisolone
QS02BA06 = Dexamethasone
QS02BA07 = Betamethasone
QS02C = CORTICOSTEROIDS AND ANTIINFECTIVES IN COMBINATION
QS02CA = Corticosteroids and antiinfectives in combination
QS02CA01 = Prednisolone and antiinfectives
QS02CA02 = Flumetasone and antiinfectives

QS02CA03 = Hydrocortisone and antiinfectives
QS02CA04 = Triamcinolone and antiinfectives
QS02CA05 = Fluocinolone acetonide and antiinfectives
QS02CA06 = Dexamethasone and antiinfectives
QS02CA07 = Fludrocortisone and antiinfectives
QS02CA90 = Betamethasone and antiinfectives
QS02CA91 = Mometasone and antiinfectives
QS02D = OTHER OTOLOGICALS
QS02DA = Analgesics and anesthetics
QS02DA01 = Lidocaine
QS02DA02 = Cocaine
QS02DA30 = Combinations
QS02DC = Indifferent preparations
QS02Q = ANTIPARASITICS
QS02QA = Antiparasitics
QS02QA01 = Lindane
QS02QA02 = Sulfiram
QS02QA03 = Ivermectin
QS02QA51 = Lindane, combinations
QS03 = OPHTHALMOLOGICAL AND OTOLOGICAL PREPARATIONS
QS03A = ANTIINFECTIVES
QS03AA = Antiinfectives
QS03AA01 = Neomycin
QS03AA02 = Tetracycline
QS03AA03 = Polymyxin B
QS03AA04 = Chlorhexidine
QS03AA05 = Hexamidine
QS03AA06 = Gentamicin
QS03AA07 = Ciprofloxacin
QS03AA08 = Chloramphenicol
QS03AA30 = Antiinfectives, combinations
QS03B = CORTICOSTEROIDS
QS03BA = Corticosteroids
QS03BA01 = Dexamethasone
QS03BA02 = Prednisolone
QS03BA03 = Betamethasone
QS03C = CORTICOSTEROIDS AND ANTIINFECTIVES IN COMBINATION
QS03CA = Corticosteroids and antiinfectives in combination
QS03CA01 = Dexamethasone and antiinfectives
QS03CA02 = Prednisolone and antiinfectives
QS03CA04 = Hydrocortisone and antiinfectives
QS03CA05 = Fludrocortisone and antiinfectives
QS03CA06 = Betamethasone and antiinfectives
QS03D = OTHER OPHTHALMOLOGICAL AND OTOLOGICAL PREPARATIONS
QV = VARIOUS
QV03 = ALL OTHER THERAPEUTIC PRODUCTS
QV03A = ALL OTHER THERAPEUTIC PRODUCTS
QV03AA = DRUGS USED IN ALCOHOL DEPENDENCE
QV03AA01 = Disulfiram
QV03AA02 = Calcium carbimide
QV03AA03 = Acamprosate
QV03AB = Antidotes
QV03AB01 = Ipecacuanha
QV03AB02 = Nalorphine
QV03AB03 = Edetates
QV03AB04 = Pralidoxime
QV03AB05 = Prednisolone and promethazine
QV03AB06 = Thiosulfate
QV03AB08 = Sodium nitrite
QV03AB09 = Dimercaprol
QV03AB13 = Obidoxime
QV03AB14 = Protamine
QV03AB15 = Naloxone
QV03AB16 = Ethanol
QV03AB17 = Methylthioninium chloride
QV03AB18 = Potassium permanganate
QV03AB19 = Physostigmine
QV03AB20 = Copper sulfate
QV03AB21 = Potassium iodide
QV03AB22 = Amyl nitrite
QV03AB23 = Acetylcysteine
QV03AB24 = Digitalis antitoxin
QV03AB25 = Flumazenil
QV03AB26 = Methionine
QV03AB27 = 4-dimethylaminophenol
QV03AB29 = Cholinesterase
QV03AB30 = Naltrexone
QV03AB31 = Prussian blue
QV03AB32 = Glutathione
QV03AB33 = Hydroxocobalamine
QV03AB34 = Fomepizole
QV03AB90 = Atipamezole
QV03AB91 = Sarmazenil
QV03AB92 = Diprenorfin
QV03AC = Iron-chelating agents
QV03AC01 = Deferoxamine
QV03AC02 = Deferiprone
QV03AC03 = Deferasirox
QV03AE = Drugs for treatment of hyperkalemia and hypophosphatemia
QV03AE01 = Polystyrene sulfonate
QV03AE02 = Sevelamer
QV03AE03 = Lanthanum carbonate
QV03AF = Detoxifying agents for antineoplastic treatment
QV03AF01 = Mesna
QV03AF02 = Dexrazoxane
QV03AF03 = Calcium folinate
QV03AF04 = Calcium levofolinate
QV03AF05 = Amifostine
QV03AF06 = Sodium folinate
QV03AF07 = Rasburicase
QV03AF08 = Palifermin
QV03AF09 = Glucarpidase
QV03AG = Drugs for treatment of hypercalcemia
QV03AG01 = Sodium cellulose phosphate
QV03AH = Drugs for treatment of hypoglycemia
QV03AH01 = Diazoxide
QV03AK = Tissue adhesives
QV03AM = Drugs for embolisation
QV03AN = Medical gases
QV03AN01 = Oxygen
QV03AN02 = Carbon dioxide
QV03AN03 = Helium
QV03AN04 = Nitrogen
QV03AN05 = Medical air
QV03AX = Other therapeutic products
QV03AZ = Nerve depressants
QV03AZ01 = Ethanol

QV04 = DIAGNOSTIC AGENTS
QV04B = URINE TESTS
QV04C = OTHER DIAGNOSTIC AGENTS
QV04CA = Tests for diabetes
QV04CA01 = Tolbutamide
QV04CA02 = Glucose
QV04CB = Tests for fat absorption
QV04CB01 = Vitamin A concentrates
QV04CC = Tests for bile duct patency
QV04CC01 = Sorbitol
QV04CC02 = Magnesium sulfate
QV04CC03 = Sincalide
QV04CC04 = Ceruletide
QV04CD = Tests for pituitary function
QV04CD01 = Metyrapone
QV04CD03 = Sermorelin
QV04CD04 = Corticorelin
QV04CD05 = Somatorelin
QV04CE = Tests for liver functional capacity
QV04CE01 = Galactose
QV04CE02 = Sulfobromophtalein
QV04CF = Tuberculosis diagnostics
QV04CF01 = Tuberculin
QV04CG = Tests for gastric secretion
QV04CG01 = Cation exchange resins
QV04CG02 = Betazole
QV04CG03 = Histamine phosphate
QV04CG04 = Pentagastrin
QV04CG05 = Methylthioninium chloride
QV04CG30 = Caffeine and sodium benzoate
QV04CH = Tests for renal function
QV04CH01 = Inulin and other polyfructosans
QV04CH02 = Indigo carmine
QV04CH03 = Phenolsulfonphthalein
QV04CH04 = Alsactide
QV04CH30 = Aminohippuric acid
QV04CJ = Tests for thyreoidea function
QV04CJ01 = Thyrotrophin
QV04CJ02 = Protirelin
QV04CK = Tests for pancreatic function
QV04CK01 = Secretin
QV04CK02 = Pancreozymin (cholecystokinin)
QV04CK03 = Bentiromide
QV04CL = Tests for allergic diseases
QV04CM = Tests for fertility disturbances
QV04CM01 = Gonadorelin
QV04CQ = Tests for mastitis
QV04CV = Tests for respiratory function
QV04CV01 = Lobeline
QV04CX = Other diagnostic agents
QV06 = GENERAL NUTRIENTS
QV06A = DIET FORMULATIONS FOR TREATMENT OF OBESITY
QV06AA = Low-energy diets
QV06B = PROTEIN SUPPLEMENTS
QV06C = INFANT FORMULAS
QV06CA = Nutrients without phenylalanine
QV06D = OTHER NUTRIENTS
QV06DA = Carbohydrates/proteins/minerals/vitamins, combinations
QV06DB = Fat/carbohydrates/proteins/minerals/vitamins, combinations
QV06DC = Carbohydrates
QV06DC01 = Glucose
QV06DC02 = Fructose
QV06DD = Amino acids, incl. combinations with polypeptides
QV06DE = Amino acids/carbohydrates/minerals/vitamins, combinations
QV06DF = Milk substitutes
QV06DX = Other combinations of nutrients
QV07 = ALL OTHER NON-THERAPEUTIC PRODUCTS
QV07A = ALL OTHER NON-THERAPEUTIC PRODUCTS
QV07AA = Plasters
QV07AB = Solvents and diluting agents, incl. irrigating solutions
QV07AC = Blood transfusion, auxiliary products
QV07AD = Blood tests, auxiliary products
QV07AN = Incontinence equipment
QV07AQ = Other non-therapeutic veterinary products
QV07AR = Sensitivity tests, discs and tablets
QV07AS = Stomi equipment
QV07AT = Cosmetics
QV07AV = Technical disinfectants
QV07AX = Washing agents etc.
QV07AY = Other non-therapeutic auxiliary products
QV07AZ = Chemicals and reagents for analysis
QV08 = CONTRAST MEDIA
QV08A = X-RAY CONTRAST MEDIA, IODINATED
QV08AA = Watersoluble, nephrotropic, high osmolar X-ray contrast media
QV08AA01 = Diatrizoic acid
QV08AA02 = Metrizoic acid
QV08AA03 = Iodamide
QV08AA04 = Iotalamic acid
QV08AA05 = Ioxitalamic acid
QV08AA06 = Ioglicic acid
QV08AA07 = Acetrizoic acid
QV08AA08 = Iocarmic acid
QV08AA09 = Methiodal
QV08AA10 = Diodone
QV08AB = Watersoluble, nephrotropic, low osmolar X-ray contrast media
QV08AB01 = Metrizamide
QV08AB02 = Iohexol
QV08AB03 = Ioxaglic acid
QV08AB04 = Iopamidol
QV08AB05 = Iopromide
QV08AB06 = Iotrolan
QV08AB07 = Ioversol
QV08AB08 = Iopentol
QV08AB09 = Iodixanol
QV08AB10 = Iomeprol
QV08AB11 = Iobitridol
QV08AB12 = Ioxilan
QV08AC = Watersoluble, hepatotropic X-ray contrast media
QV08AC01 = Iodoxamic acid
QV08AC02 = Iotroxic acid
QV08AC03 = Ioglycamic acid
QV08AC04 = Adipiodone
QV08AC05 = Iobenzamic acid
QV08AC06 = Iopanoic acid

QV08AC07 = Iocetamic acid
QV08AC08 = Sodium iopodate
QV08AC09 = Tyropanoic acid
QV08AC10 = Calcium iopodate
QV08AD = Non-watersoluble X-ray contrast media
QV08AD01 = Ethyl esters of iodised fatty acids
QV08AD02 = Iopydol
QV08AD03 = Propyliodone
QV08AD04 = Iofendylate
QV08B = X-RAY CONTRAST MEDIA, NON-IODINATED
QV08BA = Barium sulfate containing X-ray contrast media
QV08BA01 = Barium sulfate with suspending agents
QV08BA02 = Barium sulfate without suspending agents
QV08C = MAGNETIC RESONANCE IMAGING CONTRAST MEDIA
QV08CA = Paramagnetic contrast media
QV08CA01 = Gadopentetic acid
QV08CA02 = Gadoteric acid
QV08CA03 = Gadodiamide
QV08CA04 = Gadoteridol
QV08CA05 = Mangafodipir
QV08CA06 = Gadoversetamide
QV08CA07 = Ferric ammonium citrate
QV08CA08 = Gadobenic acid
QV08CA09 = Gadobutrol
QV08CA10 = Gadoxetic acid
QV08CA11 = Gadofosveset
QV08CB = Superparamagnetic contrast media
QV08CB01 = Ferumoxsil
QV08CB02 = Ferristene
QV08CB03 = Iron oxide, nanoparticles
QV08CX = Other magnetic resonance imaging contrast media
QV08CX01 = Perflubron
QV08D = ULTRASOUND CONTRAST MEDIA
QV08DA = Ultrasound contrast media
QV08DA01 = Microspheres of human albumin
QV08DA02 = Microparticles of galactose
QV08DA03 = Perflenapent
QV08DA04 = Microspheres of phospholipids
QV08DA05 = Sulfur hexafluoride
QV09 = DIAGNOSTIC RADIOPHARMACEUTICALS
QV09A = CENTRAL NERVOUS SYSTEM
QV09AA = Technetium (99mTc) compounds
QV09AA01 = Technetium (99mTc) exametazime
QV09AA02 = Technetium (99mTc) bicisate
QV09AB = Iodine (123I) compounds
QV09AB01 = Iodine iofetamine (123I)
QV09AB02 = Iodine iolopride (123I)
QV09AB03 = Iodine ioflupane (123I)
QV09AX = Other central nervous system diagnostic radiopharmaceuticals
QV09AX01 = Indium (111In) pentetic acid
QV09B = SKELETON
QV09BA = Technetium (99mTc) compounds
QV09BA01 = Technetium (99mTc) oxidronic acid
QV09BA02 = Technetium (99mTc) medronic acid
QV09BA03 = Technetium (99mTc) pyrophosphate
QV09BA04 = Technetium (99mTc) butedronic acid
QV09C = RENAL SYSTEM
QV09CA = Technetium (99mTc) compounds
QV09CA01 = Technetium (99mTc) pentetic acid
QV09CA02 = Technetium (99mTc) succimer
QV09CA03 = Technetium (99mTc) mertiatide
QV09CA04 = Technetium (99mTc) gluceptate
QV09CA05 = Technetium (99mTc) gluconate
QV09CX = Other renal system diagnostic radiopharmaceuticals
QV09CX01 = Sodium iodohippurate (123I)
QV09CX02 = Sodium iodohippurate (131I)
QV09CX03 = Sodium iothalamate (125I)
QV09CX04 = Chromium (51Cr) edetate
QV09D = HEPATIC AND RETICULO ENDOTHELIAL SYSTEM
QV09DA = Technetium (99mTc) compounds
QV09DA01 = Technetium (99mTc) disofenin
QV09DA02 = Technetium (99mTc) etifenin
QV09DA03 = Technetium (99mTc) lidofenin
QV09DA04 = Technetium (99mTc) mebrofenin
QV09DA05 = Technetium (99mTc) galtifenin
QV09DB = Technetium (99mTc), particles and colloids
QV09DB01 = Technetium (99mTc) nanocolloid
QV09DB02 = Technetium (99mTc) microcolloid
QV09DB03 = Technetium (99mTc) millimicrospheres
QV09DB04 = Technetium (99mTc) tin colloid
QV09DB05 = Technetium (99mTc) sulfur colloid
QV09DB06 = Technetium (99mTc) rheniumsulfide colloid
QV09DB07 = Technetium (99mTc) phytate
QV09DX = Other hepatic and reticulo endothelial system diagnostic radiopharmaceuticals
QV09DX01 = Selenium (75Se) tauroselcholic acid
QV09E = RESPIRATORY SYSTEM
QV09EA = Technetium (99mTc), inhalants
QV09EA01 = Technetium (99mTc) pentetic acid
QV09EA02 = Technetium (99mTc) technegas
QV09EA03 = Technetium (99mTc) nanocolloid
QV09EB = Technetium (99mTc), particles for injection
QV09EB01 = Technetium (99mTc) macrosalb
QV09EB02 = Technetium (99mTc) microspheres
QV09EX = Other respiratory system diagnostic radiopharmaceuticals
QV09EX01 = Krypton (81mKr) gas
QV09EX02 = Xenon (127Xe) gas
QV09EX03 = Xenon (133Xe) gas
QV09F = THYROID
QV09FX = Various thyroid diagnostic radiopharmaceuticals
QV09FX01 = Technetium (99mTc) pertechnetate
QV09FX02 = Sodium iodide (123I)
QV09FX03 = Sodium iodide (131I)
QV09G = CARDIOVASCULAR SYSTEM
QV09GA = Technetium (99mTc) compounds
QV09GA01 = Technetium (99mTc) sestamibi
QV09GA02 = Technetium (99mTc) tetrofosmin
QV09GA03 = Technetium (99mTc) teboroxime
QV09GA04 = Technetium (99mTc) human albumin
QV09GA05 = Technetium (99mTc) furifosmin
QV09GA06 = Technetium (99mTc) stannous agent labelled cells
QV09GA07 = Technetium (99mTc) apcitide

QV09GB = Iodine (125I) compounds
QV09GB01 = Fibrinogen (125I)
QV09GB02 = Iodine (125I) human albumin
QV09GX = Other cardiovascular system diagnostic radiopharmaceuticals
QV09GX01 = Thallium (201Tl) chloride
QV09GX02 = Indium (111In) imciromab
QV09GX03 = Chromium (51Cr) chromate labelled cells
QV09H = INFLAMMATION AND INFECTION DETECTION
QV09HA = Technetium (99mTc) compounds
QV09HA01 = Technetium (99mTc) human immunoglobulin
QV09HA02 = Technetium (99mTc) exametazime labelled cells
QV09HA03 = Technetium (99mTc) antigranulocyte antibody
QV09HA04 = Technetium (99mTc) sulesomab
QV09HB = Indium (111In) compounds
QV09HB01 = Indium (111In) oxinate labelled cells
QV09HB02 = Indium (111In) tropolonate labelled cells
QV09HX = Other diagnostic radiopharmaceuticals for inflammation and infection detection
QV09HX01 = Gallium (67Ga) citrate
QV09I = TUMOUR DETECTION
QV09IA = Technetium (99mTc) compounds
QV09IA01 = Technetium (99mTc) antiCarcinoEmbryonicAntigen antibody
QV09IA02 = Technetium (99mTc) antimelanoma antibody
QV09IA03 = Technetium (99mTc) pentavalent succimer
QV09IA04 = Technetium (99mTc) votumumab
QV09IA05 = Technetium (99mTc) depreotide
QV09IA06 = Technetium (99mTc) arcitumomab
QV09IB = Indium (111In) compounds
QV09IB01 = Indium (111In) pentetreotide
QV09IB02 = Indium (111In) satumomab pendetide
QV09IB03 = Indium (111In) antiovariumcarcinoma antibody
QV09IB04 = Indium (111In) capromab pendetide
QV09IX = Other diagnostic radiopharmaceuticals for tumour detection
QV09IX01 = Iobenguane (123I)
QV09IX02 = Iobenguane (131I)
QV09IX03 = Iodine (125I) CC49-monoclonal antibody
QV09IX04 = Fludeoxyglucose (18F)
QV09X = OTHER DIAGNOSTIC RADIOPHARMACEUTICALS
QV09XA = Iodine (131I) compounds
QV09XA01 = Iodine (131I) norcholesterol
QV09XA02 = Iodocholesterol (131I)
QV09XA03 = Iodine (131I) human albumin
QV09XX = Various diagnostic radiopharmaceuticals
QV09XX01 = Cobalt (57Co) cyanocobalamine
QV09XX02 = Cobalt (58Co) cyanocobalamine
QV09XX03 = Selenium (75Se) norcholesterol
QV09XX04 = Ferric (59Fe) citrate
QV10 = THERAPEUTIC RADIOPHARMACEUTICALS
QV10A = ANTIINFLAMMATORY AGENTS
QV10AA = Yttrium (90Y) compounds
QV10AA01 = Yttrium (90Y) citrate colloid
QV10AA02 = Yttrium (90Y) ferrihydroxide colloid
QV10AA03 = Yttrium (90Y) silicate colloid
QV10AX = Other antiinflammatory therapeutic radiopharmaceuticals
QV10AX01 = Phosphorous (32P) chromicphosphate colloid
QV10AX02 = Samarium (153Sm) hydroxyapatite colloid
QV10AX03 = Dysprosium (165Dy) colloid
QV10AX04 = Erbium (169Er) citrate colloid
QV10AX05 = Rhenium (186Re) sulfide colloid
QV10AX06 = Gold (198Au) colloidal
QV10B = PAIN PALLIATION (BONE SEEKING AGENTS)
QV10BX = Various pain palliation radiopharmaceuticals
QV10BX01 = Strontium (89Sr) chloride
QV10BX02 = Samarium (153Sm) lexidronam
QV10BX03 = Rhenium (186Re) etidronic acid
QV10X = OTHER THERAPEUTIC RADIOPHARMACEUTICALS
QV10XA = Iodine (131I) compounds
QV10XA01 = Sodium iodide (131I)
QV10XA02 = Iobenguane (131I)
QV10XA53 = Tositumomab/iodine (131I) tositumomab
QV10XX = Various therapeutic radiopharmaceuticals
QV10XX01 = Sodium phosphate (32P)
QV10XX02 = Ibritumomab tiuxetan [90Y]
QV20 = SURGICAL DRESSINGS

Abbreviations and Symbols / Abkürzungen und Symbole / Abréviations et symboles

ATC = Anatomical Therapeutical Chemical

BAN = British Approved Name
BANM = British Approved Name Modified
BP = British Pharmacopoeia
BPC = British Pharmaceutical Codex

CAS-Nr. = Chemical Abstracts Service Registry

D = German
DAB = Deutsches Arzneibuch
DAC = Deutscher Arzneimittel-Codex
DCF = Dénomination Commune Française
DCIT = Denominazione Comune Italiana

F = French
F.U. = Farmacopea Ufficiale della Repubblica Italiana

I = Italian
IS = Inofficial Synonym
IUPAC = International Union of Pure and Applied Chemistry

JAN = Japanese Accepted Name
JP = Japanese Pharmacopoeia (see also Ph. Jap.)

L = Latin

M_r = molecular mass

NF = The National Formulary (USA)

ÖAB = Österreichisches Arzneibuch
OS = Official Synonym

PH = Pharmacvopoeia Name
Ph. Eur. = European Pharmacopoeia / Pharmacopée Européenne / Europäisches Arzneibuch
Ph. Franç. = Pharmacopée Française
Ph. Helv. = Pharmacopoea Helvetica
Ph. Int. = Pharmacopoea Internationalis
Ph. Jap. = The Japanese Pharmacopoeia (see also JP)
Ph. Nord. = Pharmacopoea Nordica
PhBs = Pharmacopoea Bohemoslovaca
Prop.INN = Proposed International Nonproprietary Name (WHO)

Rec.INN = Recommended International Non-proprietary Name (WHO)

S = Spanish

USAN = United States Adopted Name
USP = The United States Pharmacopoeia

[vet.] = Veterinary

WHO = Word Health Organization

 = Chemical Formula
® = Registered Trade Name
 = Therapeutic Category

Country Codes — Ländercodes — Codes des pays

AD = Andorra
AE = United Arab Emirates
AF = Afghanistan
AG = Antigua and Barbuda
AI = Anguilla
AL = Albania
AM = Armenia
AN = Netherlands Antilles
AO = Angola
AQ = Antarctica
AR = Argentina
AS = American Samoa
AT = Austria
AU = Australia
AW = Aruba
AZ = Azerbaijan
BA = Bosnia and Herzegovina
BB = Barbados
BD = Bangladesh
BE = Belgium
BF = Burkina Faso
BG = Bulgaria
BH = Bahrain
BI = Burundi
BJ = Benin
BM = Bermuda
BN = Brunei Darussalam
BO = Bolivia
BR = Brazil
BS = Bahamas
BT = Bhutan
BV = Bouvet Island
BW = Botswana
BY = Belarus
BZ = Belize
CA = Canada
CC = Cocos (Keeling) Islands
CF = Central African Republic
CG = Congo Republic (Brazzaville)
CH = Switzerland
CI = Cote D'Ivoire (Ivory Coast)
CK = Cook Islands
CL = Chile
CM = Cameroon
CN = China
CO = Colombia
CR = Costa Rica
CU = Cuba
CV = Cape Verde
CX = Christmas Island
CY = Cyprus
CZ = Czech Republic
DE = Germany
DJ = Djibouti
DK = Denmark
DM = Dominica
DO = Dominican Republic
DZ = Algeria
EC = Ecuador
EE = Estonia
EG = Egypt
EH = Western Sahara
ER = Eritrea
ES = Spain
ET = Ethiopia
FI = Finland
FJ = Fiji
FK = Falkland Islands (Malvinas)
FM = Micronesia
FO = Faroe Islands
FR = France
FX = France, Metropolitan
GA = Gabon
GB = United Kingdom
GD = Grenada
GE = Georgia
GF = French Guiana
GH = Ghana
GI = Gibraltar
GL = Greenland
GM = Gambia
GN = Guinea
GP = Guadeloupe
GQ = Equatorial Guinea
GR = Greece
GS = S. Georgia and S. Sandwich Is
GT = Guatemala
GU = Guam
GW = Guinea-Bissau
GY = Guyana
HK = Hong Kong
HM = Heard and McDonald Islands
HN = Honduras
HR = Croatia (Hrvatska)
HT = Haiti
HU = Hungary
ID = Indonesia
IE = Ireland
IL = Israel
IN = India
IO = British Indian Ocean Territor
IQ = Iraq
IR = Iran
IS = Iceland
IT = Italy
JM = Jamaica
JO = Jordan
JP = Japan
KE = Kenya
KG = Kyrgyzstan
KH = Cambodia
KI = Kiribati (Gilbert)
KM = Comoros
KN = S. Kitts and Nevis
KP = Korea (North)
KR = Korea (South)
KW = Kuwait
KY = Cayman Islands
KZ = Kazakhstan
LA = Laos
LB = Lebanon
LC = S. Lucia
LI = Liechtenstein
LK = Sri Lanka
LR = Liberia
LS = Lesotho
LT = Lithuania
LU = Luxembourg
LV = Latvia
LY = Libya
MA = Morocco
MC = Monaco
MD = Moldova
ME = Montenegro
MG = Madagascar
MH = Marshall Islands
MK = Macedonia
ML = Mali
MM = Myanmar
MN = Mongolia
MO = Macau
MP = Northern Mariana Islands
MQ = Martinique
MR = Mauritania
MS = Montserrat
MT = Malta
MU = Mauritius
MV = Maldives
MW = Malawi
MX = Mexico
MY = Malaysia
MZ = Mozambique
NA = Namibia
NC = New Caledonia
NE = Niger
NF = Norfolk Island
NG = Nigeria
NI = Nicaragua
NL = Netherlands
NO = Norway
NP = Nepal
NR = Nauru
NT = Neutral Zone
NU = Niue
NZ = New Zealand (Aotearoa)
OM = Oman
PA = Panama
PE = Peru

PF = French Polynesia
PG = Papua New Guinea
PH = Philippines
PK = Pakistan
PL = Poland
PM = S. Pierre and Miquelon
PN = Pitcairn
PR = Puerto Rico
PT = Portugal
PW = Palau
PY = Paraguay
QA = Qatar
RE = Reunion
RO = Romania
RS = Republic of Serbia
RU = Russian Federation
RW = Rwanda
SA = Saudi Arabia
Sb = Solomon Islands
SC = Seychelles
SD = Sudan
SE = Sweden
SG = Singapore
SH = S. Helena
SI = Slovenia
SJ = Svalbard and Jan Mayen Island
SK = Slovak Republic
SL = Sierra Leone
SM = San Marino
SN = Senegal
SO = Somalia
SR = Suriname
ST = S. Tome and Principe
SV = El Salvador
SY = Syria
SZ = Swaziland
TC = Turks and Caicos Islands
TD = Chad
TF = French Southern Territories
TG = Togo
TH = Thailand
TJ = Tajikistan
TK = Tokelau
TM = Turkmenistan
TN = Tunisia
TO = Tonga
TP = East Timor
TR = Turkey
TT = Trinidad and Tobago
TV = Tuvalu
TW = Taiwan
TZ = Tanzania
UA = Ukraine
UG = Uganda
UM = US Minor Outlying Islands
US = United States
UY = Uruguay
UZ = Uzbekistan
VA = Vatican City State (Holy See)
VC = S. Vincent and the Grenadines
VE = Venezuela
VG = Virgin Islands (British)
VI = Virgin Islands (U.S.)
VN = Vietnam
VU = Vanuatu
WF = Wallis and Futuna Islands
WS = Samoa
YE = Yemen
YT = Mayotte
YU = Yugoslavia
ZA = South Africa
ZM = Zambia
ZR = Zaire
ZW = Zimbabwe

Drug Monographs

Arzneistoff-Monographien

Monographies des substances médicamenteuses

Abacavir (Rec.INN)

L: Abacavirum
I: Abacavir
D: Abacavir
F: Abacavir
S: Abacavir

Antiviral agent, HIV reverse transcriptase inhibitor

ATC: J05AF06
ATCvet: QJ05AF06
CAS-Nr.: 0136470-78-5 C_{14}-H_{18}-N_{6}-O
M_r 286.358

2-Cyclopentene-1-methanol, 4-[2-amino-6-(cyclopropylamino)-9H-purin-9-yl]-

(1S,4R)-4-[2-Amino-6-(cyclopropylamino)-9H-purin-9-yl]-2-cyclopentene-1-methanol (WHO)

(1S,4R)-4-[2-Amino-6-(cyclopropylamino)-9H-purin-9-yl]cyclopent-2-en-1-methanol (IUPAC)

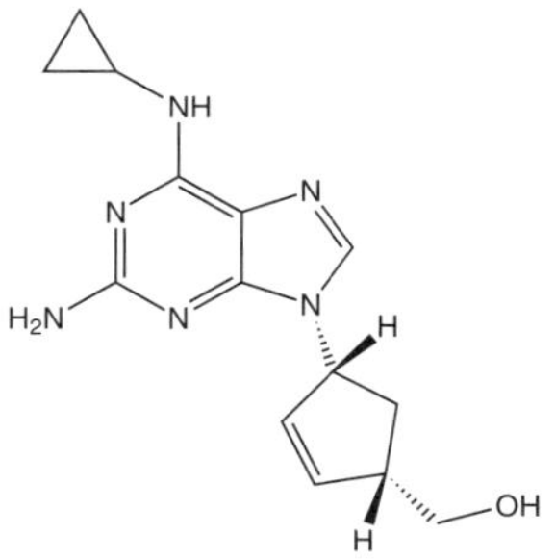

OS: *Abacavir [BAN]*

Abacavir Elea® (Elea: AR)
Ziagen® (Glaxo: ES)
Ziagen® (GlaxoSmithKline: HR, PE, ZA)

– hemisulfate:

CAS-Nr.: 0188062-50-2
OS: *Abacavir Sulphate (2:1) BANM*
OS: *Abacavir Sulfate USAN*
IS: *1592 U 89 sulfate (Glaxo Wellcome, GB)*

Abamune® (Cipla: IN)
Filabac® (Filaxis: AR)
Plusabcir® (Dosa: AR)
Zepril® (Richmond: AR)
Ziagenavir® (GlaxoSmithKline: AR, BR, MX, TH)
Ziagen® (Glaxo Group: AT, LU)
Ziagen® (Glaxo Wellcome: PT, SI)
Ziagen® (GlaxoSmithKline: AG, AN, AU, AW, BB, BE, CA, CH, CL, CR, CZ, DE, DK, DO, EC, ES, FI, FR, GB, GD, GR, GT, GY, HK, HN, IE, IL, IS, IT, JM, LC, NI, NL, NO, NZ, PA, PL, PT, RO, RS, RU, SE, SG, SV, TR, TT, US, VC, ZA)

Abarelix (USAN)

L: Abarelixum
D: Abarelix
F: Abarelix
S: Abarelix

LH-RH-antagonist

ATC: L02BX01
ATCvet: QL02BX01
CAS-Nr.: 0183552-38-7 C_{72}-H_{95}-Cl-N_{14}-O_{14}
M_r 1416.06

N-Acetyl-3-(2-naphthyl)-D-alanyl-4-chloro-D-phenylalanyl-3-(3-pyridyl)-D-alanyl-L-seryl-N-methyl-L-tyrosyl-D-asparaginyl-L-leucyl-N^6-isopropyl-L-lysyl-L-prolyl-D-alaninamide (USAN)

N-Acetyl-3-(2-naphthyl)-D-alanyl-4-chlor-D-phenylalanyl-3-(3-pyridyl)-D-alanyl-seryl-N-methyltyrosyl-D-asparaginyl-leucyl-N(6)-isopropyllsyl-prolyl-D-alaninamid (IUPAC)

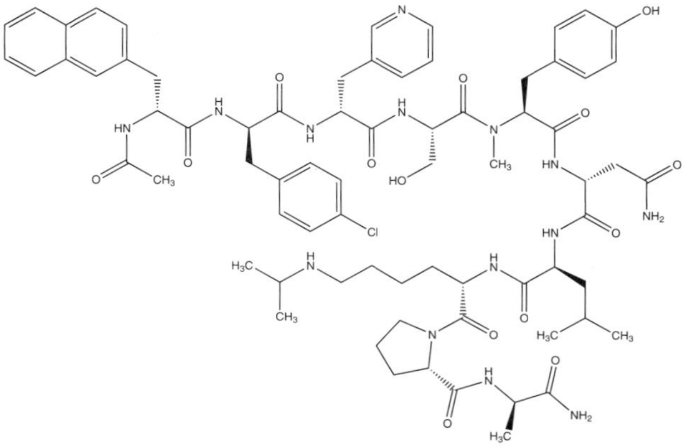

IS: *PPI-149 (Praecis, US)*
IS: *R3827 (Praecis, US)*

Plenaxis® (Praecis: US)

Abatacept (Rec.INN)

L: Abataceptum
D: Abatacept
F: Abatacept
S: Abatacept

Immunomodulator

Monoclonal antibody

ATC: L04AA24
ATCvet: QL04AA24
CAS-Nr.: 0332348-12-6 C_{3750}-H_{5872}-N_{982}-O_{1154}-S_{38}
M_r 84395.11

1-25-oncostatin M (human precursor) fusion protein with CTLA-4 (antigen) (human) fusion protein with immunoglobulin G1 (human heavy chain fragment), bimoleucular (146 -> 146')-disulfide (WHO)

Cytotoxic t-lymphocyte-associated antigen 4 immunglobulin

OS: *Abatacept [BAN]*
IS: *BMS 188667 Bristol-Myers Squibb, US*
IS: *CTLA4Ig*

IS: *BMS*

Orencia® (Bristol-Myers Squibb: AR, CA, DE, US)

Abciximab (Rec.INN)

L: Abciximabum
I: Abciximab
D: Abciximab
F: Abciximab
S: Abciximab

Anticoagulant, platelet aggregation inhibitor

ATC: B01AC13
CAS-Nr.: 0143653-53-6 C_{2101}-H_{3229}-N_{55}-O_{673}-S_{15}
M_r 47462.71

Immunoglobulin G (human-mouse monoclonal c7E3 clone p7E3V^{H}hC^{γ}4 Fab fragment anti-human glycoprotein IIb/IIIa receptor), disulfide with human-mouse monoclonal c7E3 clone p7E3V^{K}hC^{K} light chain

OS: *Abciximab [BAN, USAN]*
IS: *c7E3*

ReoPro® (Centocor: AT, CZ, DK, LU, NO, PL)
ReoPro® (Lilly: AU, BE, BR, CA, CH, CL, DE, ES, FI, GB, GR, HK, IE, IL, IN, IS, IT, LK, MX, MY, NL, NZ, PE, PH, RO, RS, RU, SE, SG, TH, US, ZA)
Réopro® (Lilly: FR)

Acamprosate (Rec.INN)

L: Acambrosatum
I: Acamprosato
D: Acambrosat
F: Acambrosate
S: Acambrosato

Alcohol withdrawal agent
Psychotherapeutic agent

ATC: N07BB03
CAS-Nr.: 0077337-76-9 C_5-H_{11}-N-O_4-S
M_r 181.213

3-Acetamido-1-propanesulfonic acid

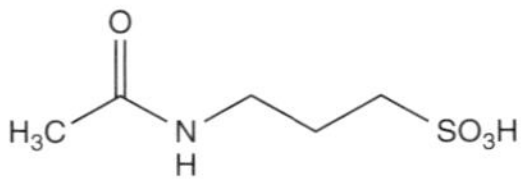

OS: *Acamprosate [BAN, DCF]*
IS: *AOTA*
IS: *N-Acetylhomotaurine*

Aotal® (Merck Lipha Santé: FR)
Campral® (Merck: NO)
Zulex® (Almirall: ES)

– calcium salt:

CAS-Nr.: 0077337-73-6
OS: *Acamprosate Calcium BANM, USAN*
IS: *Diacamprosatum calcicum*
PH: Acamprosate Calcium Ph. Eur. 5, BP 2007
PH: Acamprosatum calcicum Ph. Eur. 5
PH: Acamprosat-Calcium Ph. Eur. 5

Besobrial® (Merck Generics: ZA)
Campral® (Alphapharm: AU)
Campral® (AWD.pharma: DE)
Campral® (Forest: US)
Campral® (Merck: AR, AT, BE, BR, CH, CL, CZ, DE, ES, GB, HU, IE, LU, NL, PL, SE, TR)
Campral® (Merck Santé: DK)

Acarbose (Rec.INN)

L: Acarbosum
I: Acarbosio
D: Acarbose
F: Acarbose
S: Acarbosa

Antidiabetic agent, oral

ATC: A10BF01
CAS-Nr.: 0056180-94-0 C_{25}-H_{43}-N-O_{18}
M_r 645.629

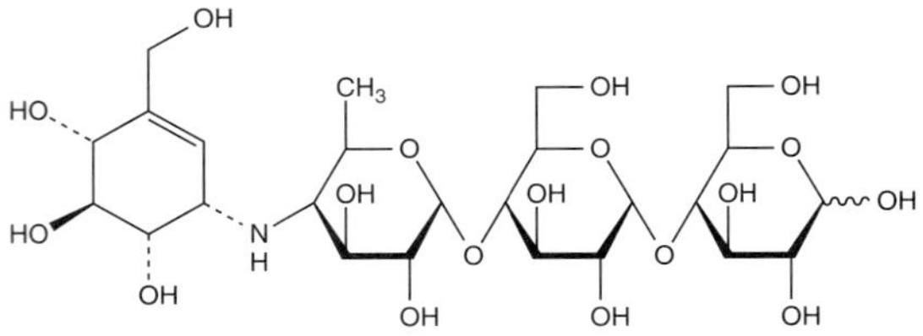

OS: *Acarbose [BAN, DCF, USAN]*
IS: *Bay g 5421*
PH: Acarbose [Ph. Eur. 5, BP 2007]

Asucrose® (Wockhardt: IN)
Carbose® (Alco: BD)
Carbos® (Ibn Sina: BD)
Dorobay® (Domesco: VN)
Glicobase® (Bayer: IT)
Glucar® (Glenmark: LK)
Gluco-A® (Acme: BD)
Glucobay® (Bayer: AE, AN, AR, AT, AU, AW, BA, BB, BD, BE, BH, BM, BR, BS, BZ, CA, CH, CL, CN, CO, CR, CY, CZ, DE, DK, DO, EC, EG, ES, GB, GR, GT, HK, HN, HR, HT, HU, ID, IE, IN, IR, IS, IT, JM, JO, JP, KE, KW, KY, LB, LU, MT, MX, MY, NI, NL, NO, NZ, OM, PA, PE, PH, PL, PT, QA, RO, RS, RU, SA, SD, SE, SG, SI, SV, TH, TR, TT, TZ, UG, VN, ZA)
Glucobay® (Dr. Fisher: NL)
Glucobay® (EU-Pharma: NL)
Glucobay® (Eureco: NL)
Glucobay® (Euro: NL)
Glucobay® (Paranova: AT)
Gluconase® (Therapharma: PH)
Glucor® (Bayer: FR)
Glumida® (Pensa: ES)
Glynose® (Abdi Ibrahim: TR)
Incardel® (Pisa: MX)
Prandase® (Agis: IL)
Precose® (Bayer: US)
Sincrosa® (Alpharma: MX)

Acebutolol (Rec.INN)

L: Acebutololum
I: Acebutololo
D: Acebutolol
F: Acébutolol
S: Acebutolol

β-Adrenergic blocking agent

ATC: C07AB04
CAS-Nr.: 0037517-30-9 C_{18}-H_{28}-N_2-O_4
M_r 336.442

Butanamide, N-[3-acetyl-4-[2-hydroxy-3-[(1-methylethyl)amino]propoxy]phenyl]-, (±)-

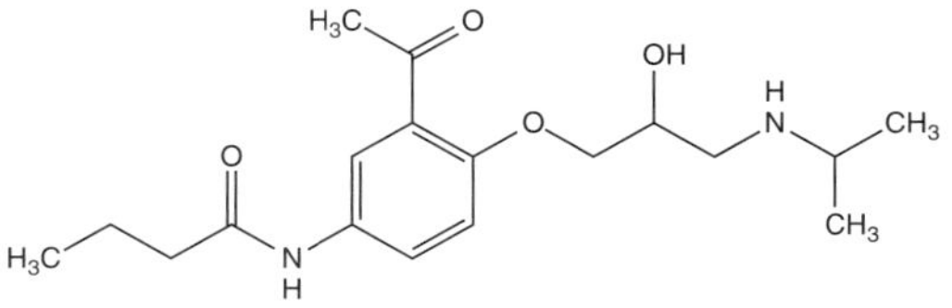

OS: *Acebutolol [BAN, DCF, USAN]*
IS: *RP 21823*

ACB® (Pacific Pharm Merck: SG)
Acebutolol Teva® (Teva: BE)
Grifobutol® (Chile: CL)
Sectral® (Sanofi-Aventis: BE)

– hydrochloride:

CAS-Nr.: 0034381-68-5
OS: *Acebutolol Hydrochloride BANM, USAN*
IS: *M & B 17803 A (May & Baker, GB)*
IS: *IL 17803 A*
PH: Acébutolol (chlorhydrate d') Ph. Eur. 5
PH: Acebutololi hydrochloridum Ph. Eur. 5
PH: Acebutolol Hydrochloride Ph. Eur. 5, JP XIV, USP 30, BP 2007
PH: Acebutololhydrochlorid Ph. Eur. 5

Abutol® (Schwarz: PL)
ACB® (Pacific: NZ)
Acebirex® (Winthrop: CZ)
Acebutolol Alternova® (Alternova: FI)
Acebutolol Heumann® (Heumann: DE)
Acebutolol Hydrochloride® (Mylan: US)
Acebutolol Hydrochloride® (Par: US)
Acebutolol Hydrochloride® (Watson: US)
Acecor® (Doppel: CZ)
Acetanol® (Chugai: JP)
Acébutolol Biogaran® (Biogaran: FR)
Acébutolol EG® (EG Labo: FR)
Acébutolol G Gam® (G Gam: FR)
Acébutolol Ivax® (Ivax: FR)
Acébutolol Merck® (Merck Génériques: FR)
Acébutolol RPG® (RPG: FR)
Acébutolol Sandoz® (Sandoz: FR)
Acébutolol Winthrop® (Winthrop: FR)
Apo-Acebutolol® (Apotex: CA, SG)
Apo-Acebutol® (Apotex: CZ)
Diasectral® (Aventis: DK)
Diasectral® (Sanofi-Aventis: FI)
Espesil® (Orion: FI)
Gen-Acebutolol® (Genpharm: CA)
Novo-Acebutolol® (Novopharm: CA)
Nu-Acebutolol® (Nu-Pharm: CA)
Prent® (Bayer: IT, NL, PT, TR)
Prent® (gepepharm: DE)
Rhotral® (Sanofi-Aventis: CA)
Sandoz Acebutolol® (Sandoz: CA)
Sectral® (Aventis: CZ, IE, IT, LU, ZA)
Sectral® (Aventis Pharma: ID)
Sectral® (Balkanpharma: BG)
Sectral® (ESP Pharma: US)
Sectral® (Italfarmaco: ES)
Sectral® (Kanebo: JP)
Sectral® (Polfa Grodzisk: PL)
Sectral® (Sanofi-Aventis: CA, FR, GB, HK, IL, NL, SG, VN)

Aceclidine (Rec.INN)

L: Aceclidinum
I: Aceclidina
D: Aceclidin
F: Acéclidine
S: Aceclidina

Miotic agent
Parasympathomimetic agent, direct acting

ATC: S01EB08
CAS-Nr.: 0000827-61-2 C_9-H_{15}-N-O_2
M_r 169.229

1-Azabicyclo[2.2.2]octan-3-ol, acetate (ester)

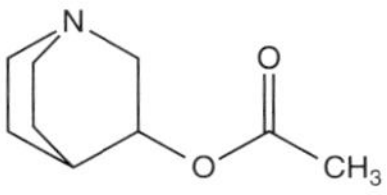

OS: *Aceclidine [DCF, USAN]*
IS: *AL 304*
IS: *3-Quinuclidinol acetate (ester) (WHO)*

– hydrochloride:

CAS-Nr.: 0006109-70-2
IS: *C 162 D*

Glaucocare® (Thea: LU, NL)
Glaunorm® (Farmigea: IT)

Aceclofenac (Rec.INN)

L: Aceclofenacum
D: Aceclofenac
F: Acéclofénac
S: Aceclofenaco

Antiinflammatory agent
Analgesic

ATC: M01AB16,M02AA25
ATCvet: QM02AA25
CAS-Nr.: 0089796-99-6 C_{16}-H_{13}-Cl_2-N-O_4
M_r 354.19

Glycolic acid, [o-(2,6-dichloroanilino)phenyl]acetate (ester)

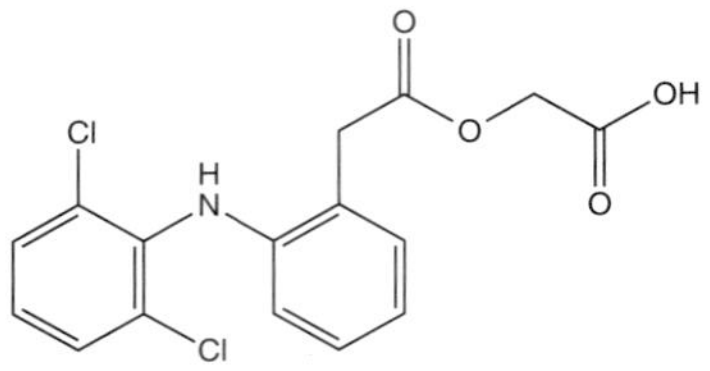

OS: *Aceclofenac [BAN]*
OS: *Acéclofénac [DCF]*
PH: Aceclofenac [Ph. Eur. 5, BP 2007]
PH: Aceclofenacum [Ph. Eur. 5]
PH: Acéclofénac [Ph. Eur. 5]

Aceclofenaco® (Medicalex: CO)
Aceclonac® (Verisfield: GR)
Aceclo® (Aristo: IN)
Acefenac® (General Pharma: BD)
Aceflan® (União: BR)
Acenac® (Medicon: BD)
Aclofen® (Globe: BD)
Aclo® (Alco: BD)
Aflamil® (Gedeon Richter: RO)
Aflamin® (Gedeon Richter: HU)
Air-Tal® (Almirall: BE, LU)
Airtal Difucrem® (Almirall: ES, PT)
Airtal® (Almirall: BF, BJ, CG, CI, CM, ES, GA, IT, MG, ML, MU, NE, PT, SN, TG)
Airtal® (Prodes: ES)
Apeclo® (Apex: BD)
Aros® (Globe: BD)
Barcan® (UCB: DK)
Beofenac® (Almirall: AT, DE)
Beofenac® (Rodleben: DE)
Berlofen® (Elea: AR)
Biofenac® (Almirall: BE, LU, NL, NL)
Biofenac® (Dr. Fisher: NL)
Biofenac® (EU-Pharma: NL)
Biofenac® (UCB: GR)
Bristaflam® (Almirall: MX)
Bristaflam® (Bristol-Myers Squibb: EC, PE)
Cartrex® (Almirall: FR)
Ceclofen® (Renata: BD)
Celofen® (ACI: BD)
Clof® (Bio-Pharma: BD)
Ena® (Asiatic Lab: BD)
Falcol® (Bayer: ES)
Falcol® (Farma Lepori: ES)
Flexi® (Square: BD)
Gerbin Difucrem® (Valeant: ES)
Gerbin® (Valeant: ES)
Gladio® (Abiogen: IT)
Kafenac® (Almirall: IT)
Mervan® (Aristopharma: BD)
Movex® (Opsonin: BD)
Movon® (Ipca: IN)
Noak® (Orion: BD)
Nofenac® (Drug International: BD)
Painex® (Chemist: BD)
Preservex® (UCB: GB)
Proflam® (Bristol-Myers Squibb: BR)
Reservix® (Incepta: BD)
Rheuma® (Mystic: BD)
Sanein® (Farmaceuticos Almirall: ES)
Sapclo® (Shamsul Alamin: BD)
Sovipan® (Sanofi-Synthelabo: GR)
Tuffox® (Eskayef: BD)
Xerifen® (Peoples: BD)
Zolfin® (Beximco: BD)

Acediasulfone Sodium (Rec.INN)

L: Acediasulfonum Natricum
I: Acediasulfone sodico
D: Acediasulfon natrium
F: Acédiasulfone sodique
S: Acediasulfona sodica

Antiinfective, sulfonamid

CAS-Nr.: 0000127-60-6 C_{14}-H_{13}-N_2-Na-O_4-S
M_r 328.328

Glycine, N-[4-[(4-aminophenyl)sulfonyl]phenyl]-, monosodium salt

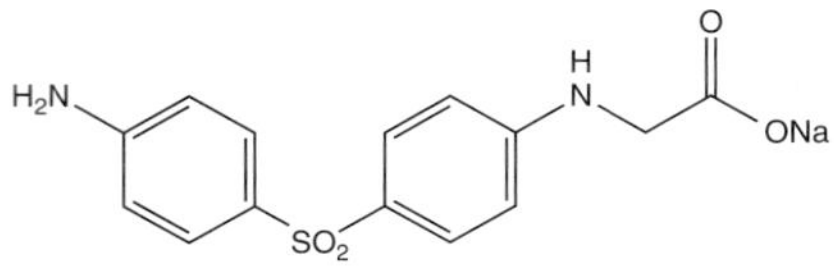

OS: *Acédiasulfone sodique [DCF]*
OS: *Acediasulfone Sodium [USAN]*
IS: *Glycinodiasulfone*
IS: *Sulfon*

Dermac Jabon® (Stiefel: CR, DO, GT, HN, NI, PA, SV)

Acefylline Piperazine (Rec.INN)

L: Acefyllinum Piperazinum
I: Acefillina piperazina
D: Acefyllin piperazin
F: Acéfylline pipérazine
S: Acefilina piperazina

Antiasthmatic agent
Cardiac stimulant, cardiotonic agent
Diuretic

ATC: R03DA09
CAS-Nr.: 0018833-13-1
C_{22}-H_{30}-N_{10}-O_8;(C_9-H_{10}-N_4-O_4)*C_4-H_{10}-N_2
M_r 562.582

7H-Purine-7-acetic acid, 1,2,3,6-tetrahydro-1,3-dimethyl-2,6-dioxo-, compd. with piperazine (2:1)

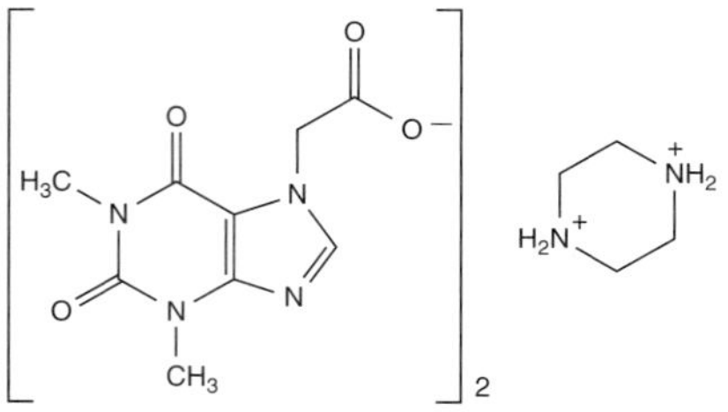

OS: *Acefylline Piperazine [BAN, USAN]*
OS: *Acéfylline pipérazine [DCF]*
IS: *Acefyllinpiperazinum*
IS: *Acepifylline*
IS: *MH 532*

Epicophylline® (Eipico: AE, BH, EG, IQ, JO, KW, LB, LY, OM, QA, SA, SD, YE)
Etaphylline® (Corsa: ID)
Etaphylline® (Sanofi-Synthelabo: ID)

Aceglatone (Rec.INN)

L: Aceglatonum
D: Aceglaton
F: Acéglatone
S: Aceglatona

Enzyme inhibitor, β-glucuronidase

CAS-Nr.: 0000642-83-1 C_{10}-H_{10}-O_8
M_r 258.19

D-Glucaric acid, di-λ-lactone, 2,5-diacetate

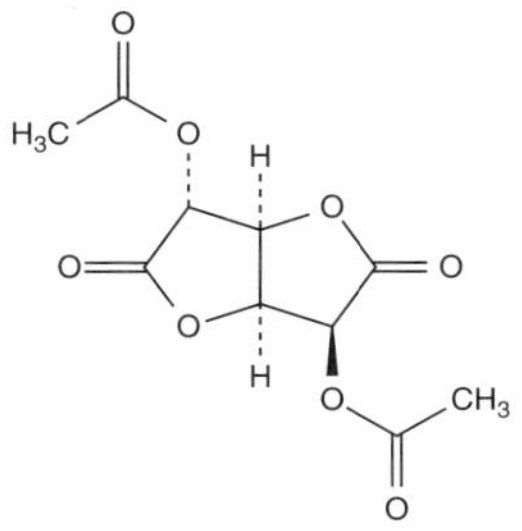

OS: *Aceglatone [USAN]*
IS: *Aceglatonum*

Glucaron® (Chugai: JP)

Aceglutamide (Rec.INN)

L: Aceglutamidum
D: Aceglutamid
F: Acéglutamide
S: Aceglutamida

Psychostimulant

CAS-Nr.: 0002490-97-3 C_7-H_{12}-N_2-O_4
M_r 188.193

L-Glutamine, N2-acetyl-

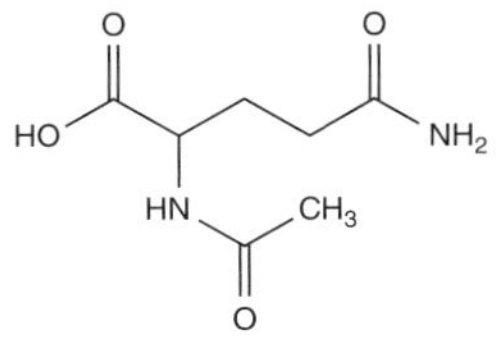

OS: *Acéglutamide [DCF]*

– complex with $Al(OH)_3$:

CAS-Nr.: 0012607-92-0
OS: *Aceglutamide Aluminum USAN*
IS: *KW-110*

Glumal® (Kyowa: JP)
Glumal® (Liade: ES)

Acemannan (Rec.INN)

L: Acemannanum
D: Acemannan
F: Acemannan
S: Acemanan

Antiviral agent
Immunomodulator

CAS-Nr.: 0110042-95-0

Highly acetylated, polydispersed, linear mannan obtained from the mucilage of Aloe barbadensis, Miller (Aloe vera)

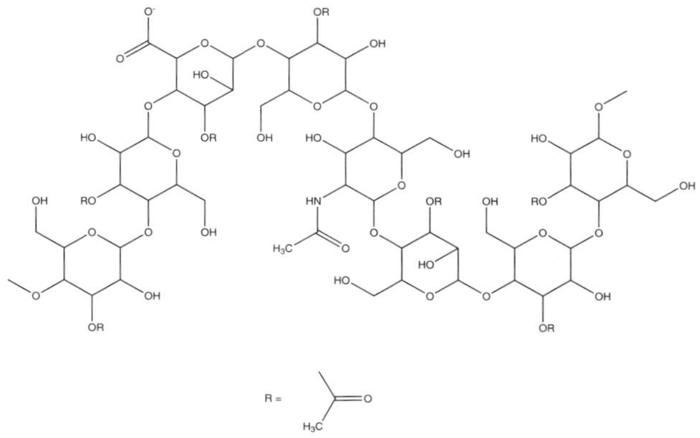

OS: *Acemannan [USAN]*

Carrisyn® (Carrington: US)

Acemetacin (Rec.INN)

L: Acemetacinum
I: Acemetacina
D: Acemetacin
F: Acémétacine
S: Acemetacina

Antiinflammatory agent

ATC: M01AB11
CAS-Nr.: 0053164-05-9 C_{21}-H_{18}-Cl-N-O_6
M_r 415.835

1H-Indole-3-acetic acid, 1-(4-chlorobenzoyl)-5-methoxy-2-methyl-, carboxymethyl ester

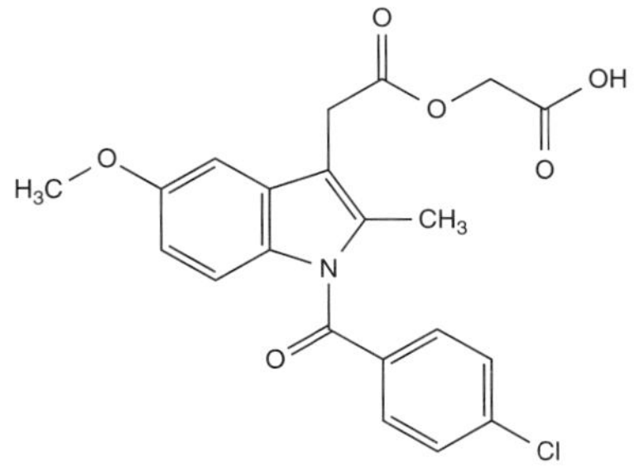

OS: *Acemetacin [BAN, JAN]*
OS: *Acemetacina [DCIT]*
IS: *Bay f 4975 (Bayer, GB)*
IS: *TVX 1322*
IS: *K 708 (Kowa, JP)*

Acemetacin Stada® (Stada: DE)
Acemetacin-CT® (CT: DE)

Acemetacin® (CT: DE)
Acemetacin® (Heumann: DE)
Acemetacin® (Sandoz: DE)
Acemetacin® (Stada: DE)
Acemetadoc® (Docpharm: DE)
Acemetax® (Drossapharm: CH)
Acemix® (Bioprogress: IT)
Acephlogont® (Azupharma: DE)
Azeat® (mibe: DE)
Baydol® (Bayer: CO)
Efficort Crema Hidrofilica® (Galderma: PE)
Emflex® (Merck: GB)
Espledol® (Fher: ES)
Flamarion® (Pharma Investi: CL)
Gamespir® (Cosmopharm: GR)
Mocetasin® (Jin Yang Pharm: VN)
Oldan® (Europharma: ES)
Pranex® (Bayer: EC)
Rantudal® (Menarini: GR)
Rantudil® (Bayer: LU, MX, PH, PL, RO, TR)
Rantudil® (Bial: PT)
Rantudil® (Goodwill: HU)
Rantudil® (Tropon: DE, LU, RS)
Rantudil® (Viatris: DE)
Rheutrop® (Kolassa: AT)
Rheutrop® (Tropon: DE)
Tilur® (Drossapharm: CH)

Acenocoumarol (Rec.INN)

L: Acenocoumarolum
I: Acenocumarolo
D: Acenocoumarol
F: Acénocoumarol
S: Acenocumarol

Anticoagulant, vitamin K antagonist

ATC: B01AA07
CAS-Nr.: 0000152-72-7 C_{19}-H_{15}-N-O_6
M_r 353.339

2H-1-Benzopyran-2-one, 4-hydroxy-3-[1-(4-nitrophenyl)-3-oxobutyl]-

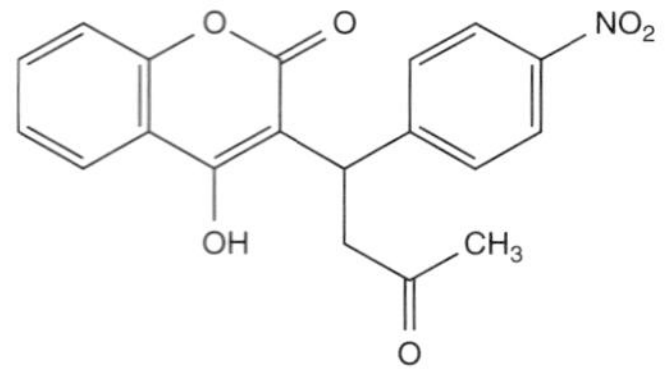

OS: *Acénocoumarol [DCF]*
OS: *Acenocoumarol [BAN, USAN]*
OS: *Acenocumarolo [DCIT]*
OS: *Nicoumalone [BAN]*
IS: *Nicumalon*
IS: *G 23350*
PH: Acenocoumarol [BP 2007, NF XIV]

Acenocoumarol 1A® (Apothecon: NL)
Acenocoumarol Actavis® (Actavis: NL)
Acenocoumarol CF® (Centrafarm: NL)
Acenocoumarol Merck® (Merck Generics: NL)
Acenocoumarol PCH® (Pharmachemie: NL)
Acenocoumarol ratiopharm® (Ratiopharm: NL)
Acenocoumarol Sandoz® (Sandoz: NL)
Acenocumarol® (Dosa: AR)
Acenocumarol® (Laropharm: RO)
Acenocumarol® (Polfa Warszawa: PL)
Acenox® (Pasteur: CL)
Acitrom® (Sarabhai: IN)
Antitrom® (Lazar: AR)
Azecar® (Bagó: AR)
Coarol® (Andromaco: CL)
Cumarol® (Elea: AR)
Fortonol® (Microsules: AR)
Isquelium® (Rider: CL)
Mini-Sintrom® (Novartis: FR)
Neo-Sintrom® (Novartis: CL)
Pabi-Acenocoumarol® (Polfa Pabianice: PL)
Sinkum® (Jugoremedija: RS)
Sinthrome® (Alliance: GB)
Sintrom® (Novartis: AR, AT, BE, BG, CH, ES, ET, FR, GH, GR, IL, IT, KE, LU, LY, MT, NG, NL, PL, PT, RO, SD, SI, TZ, ZW)
Sintrom® (Paladin: CA)
Syncumar® (ICN: PL, RS)
Syncumar® (Valeant: HU)
Trombostop® (Terapia: RO)

Acepromazine (Rec.INN)

L: Acepromazinum
I: Acepromazina
D: Acepromazin
F: Acépromazine
S: Acepromazina

Hypnotic, sedative [vet.]
Hypnotic

ATC: N05AA04
ATCvet: QN05AA04
CAS-Nr.: 0000061-00-7 C_{19}-H_{22}-N_2-O-S
M_r 326.465

Ethanone, 1-[10-[3-(dimethylamino)propyl]-10H-phenothiazin-2-yl]-

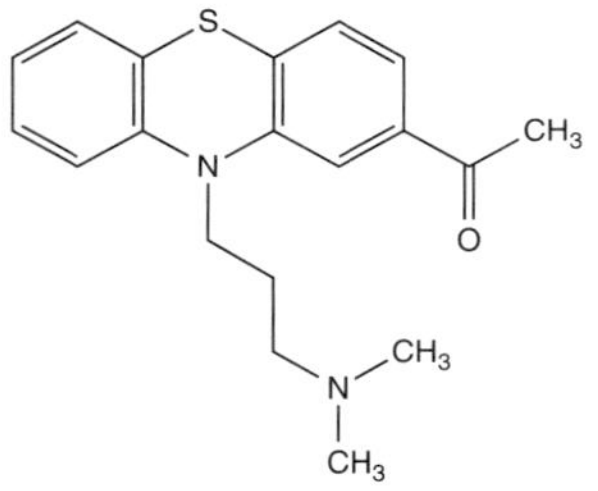

OS: *Acepromazine [BAN, DCF]*
OS: *Acepromazina [DCIT]*
IS: *Acetylpromazin*
IS: *CB 1522*
IS: *RP 7214*

Kalmivet® [vet.] (Vetoquinol: BE)
Vetranquil® [vet.] (Ceva: PT)

– maleate:

CAS-Nr.: 0003598-37-6
OS: *Acepromazine Maleate BANM, USAN*
PH: Acépromazine (maléate acide d') Ph. Franç. IX
PH: Acetylpromazinum maleas Ph. Jap. 1961
PH: Acepromazine Maleate USP 30

PH: Acepromazine Maleate BPvet 2007

Acemav® [vet.] (Mavlab: AU)
Acepril® [vet.] (Delvet: AU)
Aceproject® (Vetus: US)
Acepromazine Maleate® [vet.] (Boehringer Ingelheim Vetmedica: US)
Acepromazine Maleate® [vet.] (Butler: US)
Acepromazine Maleate® [vet.] (IVX: US)
Acepromazine Maleate® [vet.] (Vedco: US)
Aceprom® [vet.] (Bayer Animal Health: ZA)
Aceprom® [vet.] (Dopharma: NL)
Aceprotabs® [vet.] (Vetus: US)
Acetazine® [vet.] (Eurovet: NL)
Ace® [vet.] (Virbac: NZ)
ACP® [vet.] (Cypharm: IE)
ACP® [vet.] (Delvet: AU)
ACP® [vet.] (Novartis Animal Health: NZ)
ACP® [vet.] (Vericor: GB)
Calmivet® [vet.] (Stricker: CH)
Calmivet® [vet.] (Univete: PT)
Calmivet® [vet.] (Vetoquinol: AU, FR, LU, NL)
Hatolen® [vet.] (Dutch Farm Veterinary: NL)
Kavmos® [vet.] (AFI: IT)
Killitam® [vet.] (Ati: IT)
Neuroleptil® [vet.] (A.S.T.: NL)
Neurotranq® [vet.] (Alfasan: NL)
Neurotranq® [vet.] (Virbac: ZA)
Oralject Sedazine ACP® [vet.] (Bomac: NZ)
Plegicil® (Pharmaxim: DK)
Plegicil® (Sanofi-Aventis: TR)
Plegicil® (Seid: ES)
Plegicil® [vet.] (Pharmacia Animal Health: SE)
Prequillan® [vet.] (Arovet: CH)
Prequillan® [vet.] (Fatro: IT)
PromAce® [vet.] (Fort Dodge: US)
Promex® [vet.] (Apex: AU)
Sedalin® [vet.] (Vetochas: DE)
Sedalin® [vet.] (Vetoquinol: AT, CH, GB, NL)
Sedazine-ACP® [vet.] (Vetsearch: AU)
Vanastress® [vet.] (Vana: AT)
Vetranquil® [vet.] (Albrecht: DE)
Vetranquil® [vet.] (Biokema: CH)
Vetranquil® [vet.] (Ceva: DE, NL)
Vetranquil® [vet.] (Richter: AT)
Vétranquil® [vet.] (Ceva: FR)

Acetazolamide (Rec.INN)

L: Acetazolamidum
I: Acetazolamide
D: Acetazolamid
F: Acétazolamide
S: Acetazolamida

Diuretic, carbonic anhydrase inhibitor

ATC: S01EC01
CAS-Nr.: 0000059-66-5 C_4-H_6-N_4-O_3-S_2 M_r 222.252

Acetamide, N-[5-(aminosulfonyl)-1,3,4-thiadiazol-2-yl]-

2-Acetamido-1,3,4-thiadiazole-5-sulfonamide

N-(5-Sulfamoyl-1,3,4-thiadiazol-2-yl)acetamid

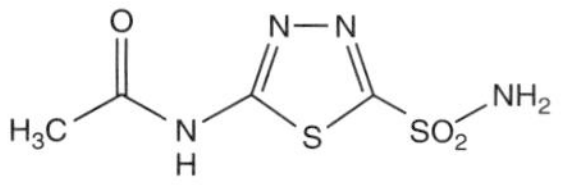

OS: *Acetazolamide [BAN, DCF, DCIT, JAN, USAN]*
IS: *RP 5172*
PH: Acetazolamid [Ph. Eur. 5]
PH: Acetazolamide [Ph. Eur. 5, JP XIV, USP 30, Ph. Int. 4]
PH: Acetazolamidum [Ph. Eur. 5, Ph. Int. 4]
PH: Acétazolamide [Ph. Eur. 5]

Acemox® (Acme: BD)
Acetadiazol® (Grin: MX)
Acetazolamida L.CH.® (Chile: CL)
Acetazolamida® (Mintlab: CL)
Acetazolamide Sandoz® (Sandoz: NL)
Acetazolamide Tablets® (Agepha: AT)
Acetazolamide Tablets® (Lannett: US)
Acetazolamide Tablets® (Mutual: US)
Acetazolamide Tablets® (Taro: US)
Acetazolamide Tablets® (United Research: US)
Acetazolamide Tablets® (Watson: US)
Acetazolamid® (Agepha: AT)
Acetazolamid® (Remedica: CY)
Apo-Acetazolamida® (Apotex: PE)
Apo-Acetazolamide® (Apotex: CA, HK, SG, VN)
Azomid® (Al Pharm: ZA)
Carbinib® (Edol: PT)
Cetamid® (Eurogenerics: PH)
Diacarb® (Polpharma: RU)
Diamox Depot® (Goldshield: IS, NO, SE)
Diamox® (Duramed: US)
Diamox® (Goldshield: AT, DE, DK, GB, IE, IS, LU, NL, NO, SE)
Diamox® (Healthcare Logistics: NZ)
Diamox® (Lederle: ID, IL)
Diamox® (Pharmafrica: ZA)
Diamox® (Procaps: CO)
Diamox® (Sanofi-Aventis: FR)
Diamox® (Teofarma: IT)
Diamox® (Wyeth: AR, AU, BR, CZ, ES, HR, IN, PE, TH)
Diamox® [vet.] (Goldshield: GB)
Diazomid® (Sanofi-Aventis: TR)
Diluran® (Leciva: CZ)
Diuramid® (medphano: DE)
Diuramid® (Polpharma: PL)
Défiltran® (Dexo: FR)
Edemox® (Chiesi: ES)
Ederen® (Terapia: RO)
Genephamide® (Genepharm: PE)
Glaucomed® (Roemmers: CO)
Glaupax® (Omnivision: CH, DE)
Glaupax® (Orion: AE, BH, EG, IE, JO, KW, LB)
Huma-Zolamide® (Teva: HU)
Remox® (Reman Drug: BD)
Uramox® (Taro: IL)
Ödemin® (Santen: FI)

– sodium salt:

CAS-Nr.: 0001424-27-7
OS: *Acetazolamide Sodium USAN*
PH: Acetazolamide Sodium USP 24

Acetazolamide Sodium® [inj.] (Bedford: US)
Acetazolamide Sodium® [inj.] (Hospira: US)
Acetazolamide® (Ben Venue: IL)
Diamox® [inj.] (Goldshield: AT, DE, FI, GB, IE, NL)
Diamox® [inj.] (Healthcare Logistics: NZ)
Diamox® [inj.] (PSI: BE)
Diamox® [inj.] (Sigma: AU)
Diamox® [inj.] (Wyeth: AT, US)
Vetamox® [vet.] (Fort Dodge: US)

Acetohexamide (Rec.INN)

L: Acetohexamidum
I: Acetoesamide
D: Acetohexamid
F: Acétohexamide
S: Acetohexamida

Antidiabetic agent

ATC: A10BB31
CAS-Nr.: 0000968-81-0 — C_{15}-H_{20}-N_2-O_4-S
M_r 324.42

Benzenesulfonamide, 4-acetyl-N-[(cyclohexylamino)carbonyl]-

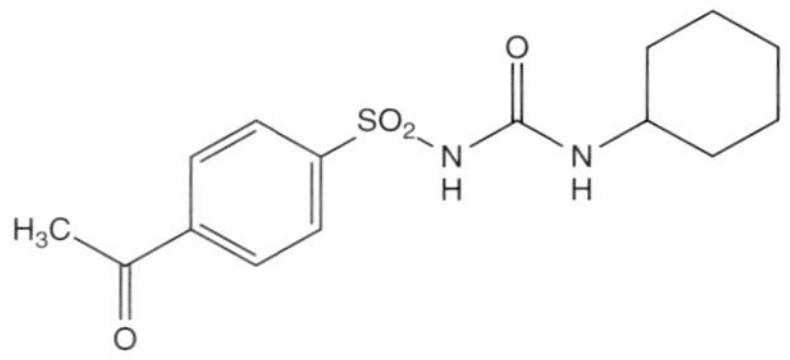

OS: *Acetohexamide [BAN, DCF, USAN, JAN]*
OS: *Acetoesamide [DCIT]*
PH: Acetohexamide [BP 2002, USP 30, JP XIV]

Acetohexamide® (Barr: US)
Acetohexamide® (Geneva: US)
Acetohexamide® (Major: US)
Acetohexamide® (Rosemont: US)
Acetohexamide® (Schein: US)
Dimelin® (Shionogi: JP)

Acetohydroxamic Acid (Rec.INN)

L: Acidum Acetohydroxamicum
D: Acetohydroxamsäure
F: Acide acétohydroxamique
S: Acido acetohidroxamico

Enzyme inhibitor, urease

ATC: G04BX03
CAS-Nr.: 0000546-88-3 — C_2-H_5-N-O_2
M_r 75.072

Acetamide, N-hydroxy-

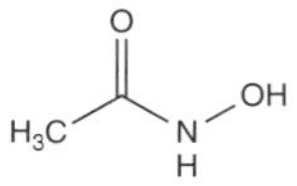

OS: *Acetohydroxamic Acid [USAN]*
OS: *Acétohydroxamique (acide) [DCF]*
PH: Acetohydroxamic Acid [USP 30]

Lithostat® (Mission: US)
Uronefrex® (Robert: ES)

Acetylaminonitropropoxybenzene

D: 5'-Nitro-2'-propoxyacetanilid

Antiinflammatory agent

CAS-Nr.: 0000553-20-8 — C_{11}-H_{14}-N_2-O_4
M_r 238.253

Acetamide, N-(5-nitro-2-propoxyphenyl)-

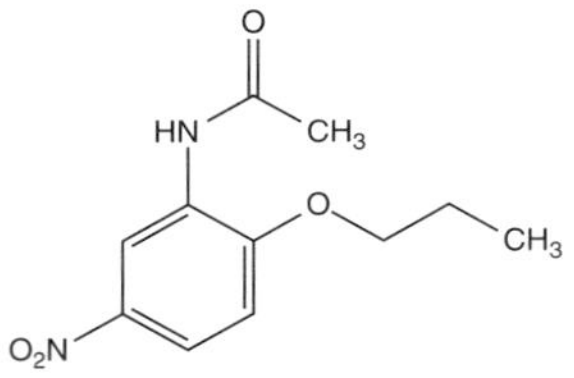

IS: *Pronilide*
PH: Acetylaminonitropropoxybenzenum [2.AB-DDR]

Falimint® (Berlin-Chemie: RU)

Acetylcholine Chloride (Rec.INN)

L: Acetylcholini Chloridum
I: Acetilcolina cloruro
D: Acetylcholin chlorid
F: Chlorure d'Acétylcholine
S: Cloruro de acetilcolina

Parasympathomimetic agent, direct acting

CAS-Nr.: 0000060-31-1 — C_7-H_{16}-Cl-N-O_2
M_r 181.665

Ethanaminium, 2-(acetyloxy)-N,N,N-trimethyl-, chloride

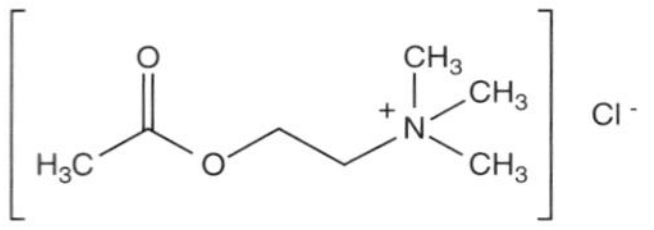

OS: *Acétylcholine (chlorure d') [DCF]*
OS: *Acetylcholine Chloride [BAN, USAN]*
PH: Acétylcholine (chlorure d') [Ph. Eur. 5]
PH: Acetylcholine Chloride [JP XIV, USP 30, Ph. Eur. 5]
PH: Acetylcholini chloridum [Ph. Eur. 5]
PH: Acetylcholinchlorid [Ph. Eur. 5]

Acetil colina® (Oftalmoquimica: CO)
Acetilcolina Cusi® (Alcon: ES)
Miochol E® (Ciba Vision: RO)
Miochol E® (Novartis: AR, CH)
Miochol E® (Novartis Ophthalmics: IL)
Miochol E® (Thea: NL)
Miochol-E® (Al Pharm: ZA)
Miochol-E® (Novartis: DE, FI, GB, GR, ID, IL, IT, LU, TR, US)
Miochol-E® (Novartis Ophthalmics: SE)
Miochole® (Eumedica: BE)
Miochole® (Novartis: FR)
Miochol® (Bournonville: NL)
Miochol® (Ciba Vision: IT)
Miochol® (Concept: IL)
Miochol® (Novartis: AU, CH, NZ)

Miochol® (Novartis Ophthalmics: US)
Miovisin® (Farmigea: IT)

Acetylcysteine (Rec.INN)

L: Acetylcysteinum
I: Acetilcisteina
D: Acetylcystein
F: Acétylcystéine
S: Acetilcisteina

Antidote
Mucolytic agent

ATC: R05CB01,S01XA08,V03AB23
ATCvet: QR05BC01
CAS-Nr.: 0000616-91-1 C_5-H_9-N-O_3-S
M_r 163.197

L-Cysteine, N-acetyl-

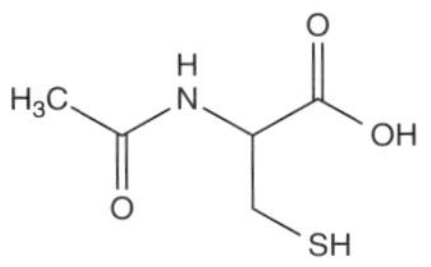

OS: *Acetylcysteine [BAN, DCF, USAN]*
OS: *Acetilcisteina [DCIT]*
IS: *NAC-TB*
PH: Acetylcystein [Ph. Eur. 5]
PH: Acetylcysteine [Ph. Eur. 5, USP 30]
PH: Acetylcysteinum [Ph. Eur. 5]
PH: Acétylcystéine [Ph. Eur. 5]

Abinac® [vet.] (Trebifarma: IT)
AC-Pulmin® (Vomelin: HU)
ACC eco® (Sandoz: CH)
ACC Hexal® (Hexal: AT, DE)
ACC Saft® (Salutas Pharma: RS)
ACC-100-Hexal® (Hexal: LU)
ACC-100® (Hexal: LU)
ACC-100® (Salutas Pharma: RO, RS)
ACC-200® (Hexal: LU)
ACC-200® (Salutas Pharma: RO, RS)
ACC-600® (Hexal: LU)
ACC-600® (Salutas Pharma: RO)
ACC-Akut 600® (Hexal: LU)
ACC-Injekt® (Hexal: LU)
ACC-Injekt® (Salutas Pharma: RO)
ACC-Long® (Hexal: CZ, LU)
ACC® (Hexal: AT, DE, LU, PL, RU, ZA)
ACC® (Hexanel: CZ)
ACC® (Nycomed: AT)
ACC® (Sandoz: CH, HU)
ACC® [vet.] (Hexal: DE)
Acehasan® (Hasan: VN)
Acemucol® (Streuli: CH)
Acemuc® (betapharm: DE)
Acemuc® (Sanofi-Aventis: VN)
Acemuk® (Investi: AR)
Acetabs® (Krewel: DE)
Acetadote® (Cumberland: US)
Acetaps® (Krewel: DE)
Acetein® (Senju: JP)
Acetilcisteina Acost® (Acost: ES)
Acetilcisteina Angenerico® (Angenerico: IT)
Acetilcisteina Angenerico® (Angenérico: ES)
Acetilcisteina Bexal® (Bexal: ES)
Acetilcisteina Cinfamed® (Cinfa: ES)
Acetilcisteina Cinfa® (Cinfa: ES)
Acetilcisteina Davur® (Davur: ES)
Acetilcisteina Eg® (EG: IT)
Acetilcisteina Farmasierra® (Farmasierra: ES)
Acetilcisteina Hexal® (Hexal: IT)
Acetilcisteina Merck® (Merck: ES)
Acetilcisteina Normon® (Normon: ES)
Acetilcisteina Pensa® (Pensa: ES)
Acetilcisteina Ratiopharm® (Ratiopharm: ES, IT)
Acetilcisteina Sandoz® (Sandoz: ES)
Acetilcisteina Tarbis® (Tarbis: ES)
Acetilcisteina Ur® (Uso Racional: ES)
Acetilcisteina® (Medicalex: CO)
Acetilcisteina® (Ratiopharm: ES)
Acetilcisteinã LPH® (Labormed Pharma: RO)
Acetin® (LBS: TH)
Acetylcystein AstraZeneca® (AstraZeneca: SE)
Acetylcystein Cimex® (Cimex: CH)
Acetylcystein F.T. Pharma® (F.T. Pharma: VN)
Acetylcystein Genericon® (Genericon: AT)
Acetylcystein Helvepharm® (Helvepharm: CH)
Acetylcystein Heumann® (Heumann: DE)
Acetylcystein Merck NM® (Merck NM: SE)
Acetylcystein Nycomed® (Nycomed: AT)
Acetylcystein Ratiopharm® (ratiopharm: DE)
Acetylcystein SAD® (SAD: DK)
Acetylcystein Trom® (Trommsdorff: DE, TR)
Acetylcysteine Bexal® (Bexal: BE)
Acetylcysteine CF® (Centrafarm: NL)
Acetylcysteine EG® (Eurogenerics: BE)
Acetylcysteine Gf® (Genfarma: NL)
Acetylcysteine Hemofarm® (Hemofarm: RU)
Acetylcysteine Hexal® (Hexal: NL)
Acetylcysteine Imphos® (Imphos: NL)
Acetylcysteine Katwijk® (Katwijk: NL)
Acetylcysteine PCH® (Pharmachemie: NL)
Acetylcysteine ratiopharm® (Ratiopharm: BE)
Acetylcysteine Samenwerkende Apothekers® (Samenwerkende Apothekers: NL)
Acetylcysteine Solution® (Mayne: US)
Acetylcysteine Teva® (Teva: BE)
Acetylcysteine Topgen® (Topgen: BE)
Acetylcysteine Zambon® (Zambon: NL)
Acetylcysteine-Eurogenerics® (Eurogenerics: LU)
Acetylcysteine-Zambon® (Zambon: LU)
Acetylcysteine® (Apothecon: NL)
Acetylcysteine® (Delphi: NL)
Acetylcysteine® (Etos: NL)
Acetylcysteine® (Eurogenerics: LU)
Acetylcysteine® (GenRx: NL)
Acetylcysteine® (Health Support Ltd: NZ)
Acetylcysteine® (Healthypharm: NL)
Acetylcysteine® (Karib: NL)
Acetylcysteine® (Leidapharm: NL)
Acetylcysteine® (Leyden: NL)
Acetylcysteine® (Samenwerkende Apothekers: NL)
Acetylcysteine® (Sandoz: CA)
Acetylcysteine® (SDG: NL)
Acetylcysteine® (Zambon: NL)
Acetyphar® (Unicophar: BE)
Acetyst® (Ritsert: DE)
Acypront® (Mack: EC)
Ac® (Lanpharm: AR)

Acétylcystéine Biogaran® (Biogaran: FR)
Acétylcystéine G Gam® (G Gam: FR)
Acétylcystéine Merck® (Merck Génériques: FR)
Acétylcystéine Sandoz® (Sandoz: FR)
Aeromuc® (Astellas: AT)
Aeromuc® (Fujisawa: AT)
Aflux® (Tecnoquimicas: CO)
Altersol® (IBSA: IT)
Asist® (Bilim: TR)
Asixintai® (Minsheng: CN)
Azubronchin® (Azupharma: DE)
Bisolbruis® (Boehringer Ingelheim: NL)
Bromuc® (Klinge: DE)
Bronkyl® (Weifa: NO)
Brunac® (Bio-Gen: TR)
Brunac® (Bruschettini: IT, RO)
Chricetyl® (Chrispa: GR)
Cimexyl® (Sanova: AT)
Dampo Mucopect® (Bayer: NL)
DemoLibral® (Vifor: CH)
Docacetyl® (Docpharma: BE, LU)
Drenaflen® (Italpharma: EC)
durabronchal® (Merck dura: DE)
Dynamucil® (Siphar: CH)
Ecomucyl® (Sandoz: CH)
Equimucil® [vet.] (Acme: IT)
Equimucin® [vet.] (CP: DE, LU, NL)
Equimucin® [vet.] (Provet: CH)
Equimucin® [vet.] (Scanvet: FI)
Equimucin® [vet.] (Virbac: FR)
Euronac® (Europhta: MC)
Exomuc® (Bouchara: BF, BJ, CF, CG, CI, CM, DZ, FR, GA, GN, LU, MG, ML, MR, MU, NE, SN, TD, TG, ZR)
Exomuc® (Bouchara-Recordati: HK, VN)
Extal® (Talya Farma: TR)
Flemex-AC® (Gemardi: TH)
Flucil-EF® (Masa Lab: TH)
Flucil® (Masa Lab: TH)
Fluimucil® (EU-Pharma: NL)
Fluimucil® (Eureco: NL)
Fluimucil® (Euro: NL)
Fluimucil® (Medcor: NL)
Fluimucil® (Profarma: PE)
Fluimucil® (Sermmitr: TH)
Fluimucil® (Zambon: AT, BR, CH, CO, DE, DZ, EC, ES, FR, HK, HU, ID, IT, LU, MY, NL, PL, PT, RO, RS, RU, SG, TH)
Fluimukan® (Lek: BA, HR, SI)
Flumil Antibiotico® (Pharmazam: ES)
Flumil® (Pharmazam: ES)
Flumonac® (Zambon: ES)
Frenacil® (McNeil: ES)
Granon® (Nycomed: DK)
Génac® (Genévrier: FR)
Hidonac® (Zambon: HK, IT, RO)
Hoestbruistabletten acetylcysteïne® (Dynadro: NL)
Hoestil® (Pharbita: NL)
Ilube® [+ Hypromellose] (Alcon: GB, IE)
Ilube® [vet.] (Alcon: GB)
Kantrenol® (Mentinova: GR)
L-Cimexyl® (Cimex: CH, CZ)
Libramucil® (Librapharm: EC)
Lindolys® (Lindopharm: DE)
Lysodrop® (Viatris: BE)
Lysomucil® (Zambon: BE, LU)
Lysox® (Menarini: BE, LU)
Menaxol® (Menarini: CR, DO, GT, HN, NI, PA, SV)
Mentopin® (Genesis: TR)
Merck-Acetylcysteine® (Merck: BE)
Mucil® (TO Chemicals: TH)
Mucisol® (Deca: IT)
Muco-Mepha® (Mepha: CH)
Muco-X® (Axapharm: CH)
Mucoaliv® (Cinfa: ES)
Mucobene® (Merckle: CZ, DE)
Mucobene® (Ratiopharm: AT)
Mucocetil® (UCI: BR)
Mucocil® (Novartis: NL)
Mucocil® (Utopian: TH)
Mucofial® (Pliva: IT)
Mucofluid® (Spirig: CH)
Mucofrin® (Epifarma: IT)
Mucolair® (3M: LU)
Mucolator® (Abbott: FR, LU)
Mucolibex® (Bexal: ES)
Mucolid® (Synthesis: CO)
Mucolitico® (Sanitas: CL)
Mucolysin® (Sandoz: DK)
Mucomix® (Samarth: IN)
Mucomyst® (AstraZeneca: DK, FI, IS, NO)
Mucomyst® (Bristol-Myers Squibb: AT, AU, BE, BF, BI, BJ)
Mucomyst® (Bristol-Myers squibb: CF)
Mucomyst® (Bristol-Myers Squibb: CG, CI, CM, FR, GA, GN, LU)
Mucomyst® (Bristol-Myers squibb: MG)
Mucomyst® (Bristol-Myers Squibb: ML, MR, MU, NE, NL, SN, TD, TG, ZR)
Mucomyst® (UPSA: FR)
Mucomyst® (Wellspring: CA)
Muconex® (Abdi Ibrahim: TR)
Muconex® (Tripharma: RU)
Mucoporetta® (Aco Hud: FI)
Mucospire® (Rosa-Phytopharma: FR)
Mucostop® (Mepha: CH)
Mucotic® (BL Hua: TH)
Mucovim® (VIM Spectrum: RO)
Mucoxan® (IBSA: IT)
Mucoza® (Pond's: TH)
Mucret® (AstraZeneca: AT, DE)
Mucret® (pharma-stern: DE)
Muxatil® (Inti: PE)
Mysoven® (Greater Pharma: TH)
Myxofat® (Fatol: DE)
N-Ac-Ratiopharm® (Ratiopharm: RU)
N-Acetilcisteina EG® (EG: IT)
N-Acetilcisteina Pliva® (Pliva: IT)
NAC 1A Pharma® (1A Pharma: DE)
NAC AbZ® (AbZ: DE)
NAC accedo® (Accedo: DE)
NAC AL® (Aliud: CZ, DE, HU)
NAC AWD® (AWD: DE)
Nac Long® (Viatris: TH)
NAC Sandoz® (Sandoz: DE)
NAC von ct® (CT: DE)
NAC-axcount® (Axcount: DE)
NAC-CT® (CT: DE)
NAC-findusFit® (findusFit: DE)
NAC-Hemofarm® (Hemofarm: RS)
NAC-Hemopharm® (Hemopharm: DE)

NAC-ratiopharm® (ratiopharm: DE, LU)
NAC-Stada® (Stadapharm: DE)
Nac® (Basel: TR)
NeoCitran Hustenlöser® (Novartis Consumer Health: CH)
Oxxa® (Toprak: TR)
Parvolex® (GlaxoSmithKline: ZA)
Parvolex® (Mayne: AU, HK, MY, NZ)
Parvolex® (UCB: GB, IE)
Parvolex® [vet.] (UCB: GB)
Pectomucil® (Qualiphar: BE, LU)
Pharcetil® (Pharbita: NL)
Pulmovent® (Boehringer Ingelheim: AT)
Reolin® (Hochland: IL)
Rinofluimucil® (Zambon: CO)
Secresol® (Permamed: CH)
Siccoral® (Sanova: AT)
Siccoral® (Temmler: DE)
Siran® (ASTA Medica: ID)
Siran® (Temmler: DE, IL)
Siran® (Temmler Pharma: RO)
Solmucol® (Aspen: ZA)
Solmucol® (Bioiberica: ES)
Solmucol® (Fidia: IT)
Solmucol® (Genévrier: FR)
Solmucol® (IBSA: CH, CZ, CZ, HU, NL)
Solmucol® (Schering-Plough: LU)
Solv-AC T® (Vomelin: HU)
Solvomed® (Kwizda: AT)
Spatam® (Myung In: SG)
Sputopur® (Teva: HU)
Syntemucol® (Synteza: PL)
Tirocular® (Angelini: IT)
Tirocular® (Lepori: PT)
Tixair® (Madaus: FR)
Touxium Mucolyticum® (SMB: LU)
Trebon-N® (Uni-Pharma: GR)
Tussicom® (Sanofi-Aventis: PL)
Ultraflu® (Pliva: IT)
Vetemucil® [vet.] (Acme: IT)
Viskoferm® (Nordic Drugs: SE)
Zifluvis® (Bioquifar: CO)

– sodium salt:

CAS-Nr.: 0019542-74-6

ACC injekt® (Hexal: CZ, DE, RU)
Acetylcysteine Sodium® (Abbott: US)
Acetylcysteine Sodium® (American Regent: US)
Acetylcysteine Sodium® (Bedford: US)
Acetylcysteine Sodium® (Dey: US)
Acetylcysteine Sodium® (Mayne: US)
Acetylcysteine Sodium® (Roxane: US)
Ecomucyl® [inj.] (Sandoz: CH)
Mucomyst® (AstraZeneca: NO)
Mucomyst® (Bristol-Myers Squibb: AU, NL)
Mucomyst® (Sandoz: US)
Mucosil® (Dey: US)
Salicyline® [vet.] (Franvet: FR)

Acetyldigoxin

D: alpha-Acetyldigoxin

⚕ Cardiac glycoside

ATC: C01AA02
CAS-Nr.: 0005511-98-8

C_{43}-H_{66}-O_{15}
M_r 823.001

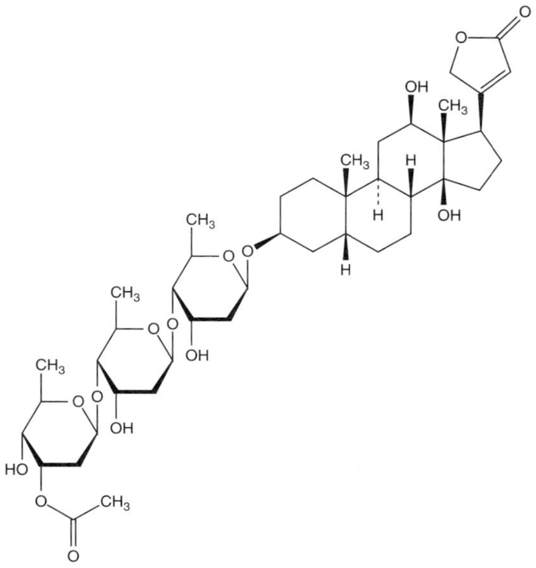

IS: *AD 125*
IS: *Desglucolanatosid C*
PH: alpha-Acetyldigoxinum [OeAB]

Cedigossina® (Sandoz: IT)
Lanatilin® (Wabosan: AT)

– β-isomer:

CAS-Nr.: 0005355-48-6
IS: *Betagoxin*
PH: β-Acetyldigoxin DAC
PH: β-Acetyldigoxin Ph. Eur. 5

Beta-Acetyldigoxin mibe® (mibe: DE)
Beta-Acetyldigoxin R.A.N.® (R.A.N.: DE)
Beta-Acetyldigoxin-ratiopharm® (ratiopharm: DE)
Corotal® (Rösch & Handel: AT)
Digostada® (Stadapharm: DE)
Digotab® (AWD.pharma: DE)
digox von ct® (CT: DE)
Digoxin Didier® (Hormosan: DE)
Novodigal® (mibe: DE)
Novodigal® (Viatris: AT)
Stillacor® (Wolff: DE)
β-Acetyldigoxin RAN® (R.A.N.: DE)
β-Acetyldigoxin-ratiopharm® (ratiopharm: DE)

Acetyldihydrocodeine

L: Acetyldihydrocodeini
D: Acetyldihydrocodein

Antitussive agent

ATC: R05DA12
ATCvet: QR05DA12
CAS-Nr.: 0003861-72-1 C_{20}-H_{25}-N-O_4
M_r 343.43

4,5-Epoxy-3-methoxy-9a-methylmorphinan-6-yl acetate

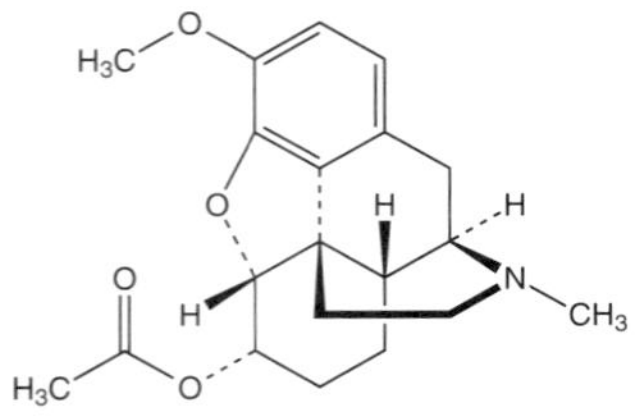

– hydrochloride:

Acetylcodone® (UCB: BE, LU)

Acetylleucine (Rec.INN)

L: Acetylleucinum
D: Acetylleucin
F: Acetylleucine
S: Acetileucina

Antiemetic

ATC: N07CA04
CAS-Nr.: 0000099-15-0 C_8-H_{15}-N-O_3
M_r 173.218

DL-Leucine, N-acetyl-

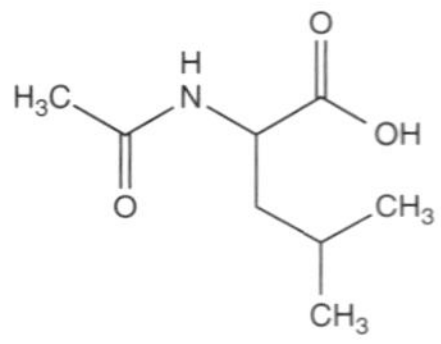

OS: *Acétylleucine [DCF]*
IS: *RP 7452*

Tanganil® (Pierre Fabre: BF, BJ, CF, CG, CI, CM, DZ, FR, GA, GN, MG, ML, MR, NE, SN, TD, TG, VN, ZR)

Acexamic Acid (Rec.INN)

L: Acidum Acexamicum
D: Acexaminsäure
F: Acide acexamique
S: Acido acexamico

Dermatological agent
Wound healing

CAS-Nr.: 0000057-08-9 C_8-H_{15}-N-O_3
M_r 173.218

Hexanoic acid, 6-(acetylamino)-

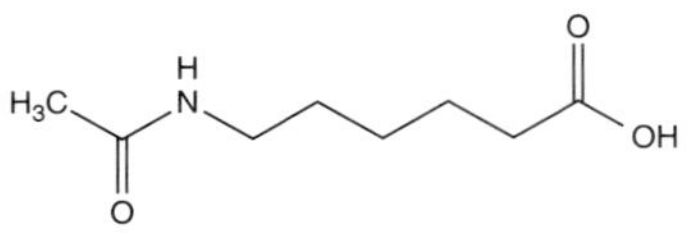

OS: *Acexamic Acid [BAN, USAN]*
OS: *Acide acéxamique [DCF]*
IS: *Acide acexamicum*
IS: *CY 153A*

– sodium salt:

Acido acexamico Austral® (Austral: AR)
Plastenan® (Eumedica: BE, LU)
Plastenan® (Italfarmaco: IT)
Plastenan® (Johnson & Johnson: FR)
Plastenan® (Sanofi-Aventis: AR)
Plastenan® (Sanofi-Synthelabo: BR)
Recoveron® (Armstrong: CR, DO, GT, HN, MX, NI, PA, SV)
Restaurene® (Ivax: AR)

– zinc salt:

CAS-Nr.: 0070020-71-2
OS: *Zinc Acexamate BANM*
PH: Zinc Acexamate Ph. Eur. 5
PH: Zinci acexamas Ph. Eur. 5
PH: Zinc (Acéxamatd de) Ph. Eur. 5
PH: Zinkacexamat Ph. Eur. 5

Copinal® (Viñas: ES)

Aciclovir (Rec.INN)

L: Aciclovirum
I: Aciclovir
D: Aciclovir
F: Aciclovir
S: Aciclovir

Antiviral agent

ATC: D06BB03,J05AB01,S01AD03
CAS-Nr.: 0059277-89-3 C_8-H_{11}-N_5-O_3
M_r 225.226

6H-Purin-6-one, 2-amino-1,9-dihydro-9-[(2-hydroxyethoxy)methyl]-

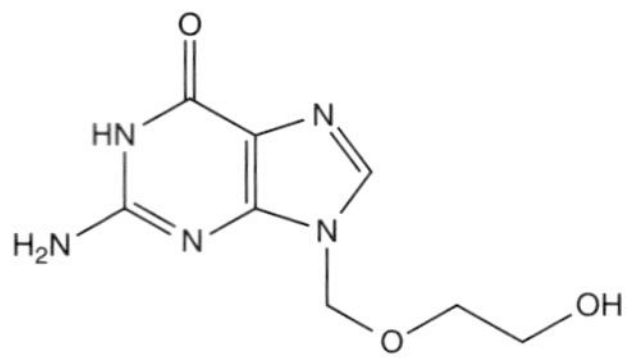

OS: *Aciclovir [BAN, DCF, DCIT, JAN]*
OS: *Acyclovir [USAN]*
IS: *ACG*
IS: *Acycloguanosine*
IS: *BW 248 U*
IS: *ACV*
PH: Acyclovir [USP 30]
PH: Aciclovirum [Ph. Eur. 5]
PH: Aciclovir [Ph. Eur. 5]

A.C.V.® (Greater Pharma: TH)
Abbovir® (Abbott: PL)
Abduce® (Farmanic: GR)
Acerpes® (Hexal: AT)
Acerpes® (Investi: AR)
Acerpes® (Riemser: DE)
Acevir® [emuls.] (AC Farma: PE)
Acic Cream® (Rowex: IE)
Acic-Fieberblasencreme® (Hexal: AT)
Acic-Ophtal® (Winzer: DE)
Aciclin® (Fidia: IT)
Aciclo Ahimsa® (Ahimsa: AR)
Aciclo Basics® (Basics: DE)
Aciclo-CT® (CT: DE)
Aciclobene® (Ratiopharm: AT)
Aciclobeta® (betapharm: DE)
Aciclodan® (Pharmacodane: DK)
Aciclomed® (Ethimed: BE)
Aciclophar® (Teva: BE)
Aciclor® (Leti: CR, DO, GT, HN, NI, PA, SV)
Aciclosan® (Sanofi-Aventis: HU)
Aciclosina® (Cipan: PT)
Aciclostad® (Stada: AT, GE)
Aciclostad® (Stadapharm: DE)
Aciclostad® (VP: ES)
Aciclovir 1A Farma® (1A Farma: DK)
Aciclovir 1A Pharma® (1A Pharma: AT, DE)
Aciclovir ABC® (ABC: IT)
Aciclovir Agen® (Agen: ES)
Aciclovir Aguettant® (Aguettant: FR)
Aciclovir AG® [tab.] (American Generics: PE)
Aciclovir Allen® (Allen: AT, IT)
Aciclovir Alonga® (Sanofi-Synthelabo: ES)
Aciclovir Alpharma® (Alpharma: NL)
Aciclovir Alterna® (Alterna Farmaceutici: IT)
Aciclovir AL® (Aliud: CZ, DE, HU)
Aciclovir Angenérico® (Angenérico: PT)
Aciclovir Bayvit® (Bayvit: ES)
Aciclovir Bestpharma® [sol.-inj.] (Bestpharma: PE)
Aciclovir Bexal® (Bexal: BE, ES, PT)
Aciclovir Biogaran® (Biogaran: FR)
Aciclovir Centrum® (Centrum: ES)
Aciclovir Chemo Technic® (Liconsa: ES)
Aciclovir Ciclum® (Ciclum: PT)
Aciclovir Cinfa® (Cinfa: ES)
Aciclovir Combino® (Combino: ES)
Aciclovir Cream® (Actavis: GE)
Aciclovir Cuve® (Perez Gimenez: ES)
Aciclovir Dakota Pharm® (Dakota: FR)
Aciclovir DBL® (Mayne: SG)
Aciclovir DOC® (DOC Generici: IT)
Aciclovir Dorom® (Dorom: IT)
Aciclovir Ebewe® (Ebewe: AT)
Aciclovir Edigen® (Edigen: ES)
Aciclovir EG® (EG: IT)
Aciclovir EG® (EG Labo: FR)
Aciclovir EG® (Eurogenerics: BE, LU)
Aciclovir Esteve® (Esteve: ES)
Aciclovir findusFit® (findusFit: DE)
Aciclovir Fmndtria® [tab.] (Farmindustria: PE)
Aciclovir G Gam® (G Gam: FR)
Aciclovir Genericon® (Genericon: AT)
Aciclovir Generis® (Generis: PT)
Aciclovir Genfar® (Expofarma: CL)
Aciclovir Genfar® (Genfar: CO, EC, PE)
Aciclovir Hemopharm® (Hemopharm: DE)
Aciclovir Heumann® (Heumann: DE)
Aciclovir Hexal® (Hexal: DK, IT, NO, RU)
Aciclovir Hexal® (Sandoz: FI)
Aciclovir HTP® (Healthypharm: NL)
Aciclovir IDI® (IDI: IT)
Aciclovir Iqfarma® [tab.] (Iqfarma: PE)
Aciclovir Ivax® (Ivax: FR)
Aciclovir Jet® (Jet: IT)
Aciclovir Katwijk® (Katwijk: NL)
Aciclovir Kern® (Kern: ES)
Aciclovir Klast® (Linden: DE)
Aciclovir L.CH.® (Chile: CL)
Aciclovir Labesfal® (Labesfal: PT)
Aciclovir Lafedar® (Lafedar: AR)
Aciclovir LCH® (Ivax: PE)
Aciclovir Lindopharm® (Lindopharm: DE)
Aciclovir Lisan® (Lisan: CR)
Aciclovir Mabo® (Mabo: ES)
Aciclovir Martian® (LKM: AR)
Aciclovir Mayne® (Mayne: BE, DE)
Aciclovir Merck NM® (Merck NM: SE)
Aciclovir Merck® (Merck: ES)
Aciclovir Merck® (Merck Generics: IT)
Aciclovir Merck® (Merck Génériques: FR)
Aciclovir MF® [tab./emuls.] (Marfan: PE)
Aciclovir MK® (Bonima: BZ, CR, GT, HN, NI, PA, SV)
Aciclovir MK® (MK: CO)
Aciclovir Mundogen® (Mundogen: ES)
Aciclovir Northia® (Northia: AR)
Aciclovir Pasteur® (Pasteur: CL)
Aciclovir Perugen® [tab./emuls.] (Perugen: PE)
Aciclovir Pharmagenus® (Pharmagenus: ES)
Aciclovir PHC® (Pharmachemie: NL)
Aciclovir Pliva® (Pliva: ES, IT)
Aciclovir Qualix® (Qualix: ES)
Aciclovir Ranbaxy® (Ranbaxy: SE)
Aciclovir Ranbaxy® (Sabora: FI)
Aciclovir Ratiopharm® (Ratiopharm: AT, BE)
Aciclovir Ratiopharm® (ratiopharm: DE)
Aciclovir Ratiopharm® (Ratiopharm: IT, NL, PT)
Aciclovir Recordati® (Recordati: IT)
Aciclovir RPG® (RPG: FR)
Aciclovir Samenwerkende Apothekers® (Samenwerkende Apothekers: NL)
Aciclovir Sandoz® (Sandoz: FR, IT, NL)
Aciclovir T.S.® (Farmaceutici T.S.: IT)
Aciclovir Tablets® (Actavis: GE)
Aciclovir Teva® (Teva: IT)
Aciclovir Winthrop® (Winthrop: FR, PT)
Aciclovir Zydus® (Zydus: FR)
Aciclovir-200-von-Ct® (CT: LU)
Aciclovir-800-von-Ct® (CT: LU)
Aciclovir-Akri® (Akrihin: RU)
Aciclovir-Austropharm® (Ebewe: AT)
Aciclovir-BC® (Biochemie: AU)
Aciclovir-CT® (CT: DE)
Aciclovir-CT® (Tempelhof: LU)
Aciclovir-Eurogenerics® (Eurogenerics: LU)
Aciclovir-Genthon® (Genthon: LU)
Aciclovir-Glaxo Wellcome® (GlaxoSmithKline: LU)
Aciclovir-Mayne® (Mayne: LU)
Aciclovir® (1A Pharma: AT)
Aciclovir® (AC Farma: PE)
Aciclovir® (Aliud: CZ)

Aciclovir® (Alpharma: GB, NO)
Aciclovir® (Amat: AT)
Aciclovir® (Apothecon: NL)
Aciclovir® (Arena: RO)
Aciclovir® (Balkanpharma: BG)
Aciclovir® (Centrafarm: NL)
Aciclovir® (Chemopharma: CL)
Aciclovir® (Colmed: PE)
Aciclovir® (Cristália: BR)
Aciclovir® (Dynadro: NL)
Aciclovir® (Egis: RO)
Aciclovir® (Etos: NL)
Aciclovir® (Eurobase: NL)
Aciclovir® (Farmo Andina: PE)
Aciclovir® (G&R: PE)
Aciclovir® (Gedeon Richter: RO)
Aciclovir® (Genfarma: NL)
Aciclovir® (GenRx: NL)
Aciclovir® (Genthon: NL)
Aciclovir® (Genus: GB)
Aciclovir® (GlaxoSmithKline: NL)
Aciclovir® (GMP: GE)
Aciclovir® (Grünenthal: PE)
Aciclovir® (Hexal: NL)
Aciclovir® (Hillcross: GB)
Aciclovir® (HPS: NL)
Aciclovir® (Induquimica: PE)
Aciclovir® (IPhSA: CL)
Aciclovir® (Jelfa: PL)
Aciclovir® (Katwijk: NL)
Aciclovir® (Kring: NL)
Aciclovir® (La Sante: PE)
Aciclovir® (Lansier: PE)
Aciclovir® (Laropharm: RO)
Aciclovir® (LCG: PE)
Aciclovir® (Leidapharm: NL)
Aciclovir® (Lek: BA)
Aciclovir® (Medek: DO)
Aciclovir® (Mintlab: CL)
Aciclovir® (Neo Quimica: BR)
Aciclovir® (Nizhpharm: RU)
Aciclovir® (Ozone Laboratories: RO)
Aciclovir® (Payam Neda: BR)
Aciclovir® (Pentacoop: CO, PE)
Aciclovir® (Pfizer: CL, GB)
Aciclovir® (Pharmacia: AU)
Aciclovir® (Pharmethica: NL)
Aciclovir® (Quilab: PE)
Aciclovir® (Ranbaxy: GB, NL, NO)
Aciclovir® (Repmedicas: PE)
Aciclovir® (Samenwerkende Apothekers: NL)
Aciclovir® (SDG: NL)
Aciclovir® (Sterwin: GB)
Aciclovir® (Terapia: RO)
Aciclovir® (Terbol: PE)
Aciclovir® (Teva: GB)
Aciclovir® (Wockhardt: GB, GE)
Aciclovivax® (Ivax: FR)
Acic® (Hexal: DE, LU)
Acic® (Salutas: GE)
Aciherp® (TAD: LU)
Acihexal® (Hexal: AU)
Aciklovir Stada® (Stada: SE)
Aciklovir® (Merck NM: NO)
Aciklovir® (Remevita: RS)
Aciklovir® (Zdravlje: RS)
Acitop® (Cipla: ZA)
Acivirex® (Mediproducts: GT, NI, SV)
Acivir® (Cipla: AU, IL, IN)
Acivir® (Pacific: NZ)
Acivir® (Pharmacodane: DK)
Acivir® (Spirig: CH)
Acix® (Hexal: PL)
Aclovirax® (Marching Pharmaceutical: HK)
Aclovir® (Lek: SI)
Aclovir® (Ratiopharm: FI)
Activir® (GlaxoSmithKline: AT, FR, ZA)
Acyclo-V® (Alphapharm: AU)
Acyclo-V® (CTS: IL)
Acyclostad® (Stada: FI, GE, HU, NL)
Acyclovid® (Pharmimpex: GE)
Acyclovir Denk® (Denk: DE)
Acyclovir Domesco® (Domesco: VN)
Acyclovir Helvepharm® (Helvepharm: CH)
Acyclovir Hexpharm® (Hexpharm: ID)
Acyclovir Indo Farma® (Indofarma: ID)
Acyclovir Stada® (Stada: HK, SG, TH, VN)
Acyclovir-Mepha® (Mepha: CH)
Acyclovir-Teva® (Teva: IL)
Acyclovir® (Actavis: US)
Acyclovir® (GAMA: GE)
Acyclovir® (GMP: GE)
Acyclovir® (Hi-Tech: US)
Acyclovir® (Indofarma: ID)
Acyclovir® (Medicalex: CO)
Acyclovir® (Meditrend: IL)
Acyclovir® (Memphis: CO)
Acyclovir® (Pentacoop: EC)
Acyclovir® (Ranbaxy: US)
Acyclovir® (Teva: US)
Acyclovir® (Watson: US)
Acyclox® (Amat: AT)
Acyl® (Biofarma: TR)
Acyrax® (Orion: FI)
Acyvir® (Apotec: HK)
Acyvir® (Glaxo Allen: IT)
Acyvir® (H.G.: EC)
Acyvir® (Pharmasant: TH)
Acy® (Ecobi: IT)
Adco-Acyclovir® (Al Pharm: ZA)
Aklovir® (Sandoz: TR)
Alovir® (Caber: IT)
Amitrox® (Pharmathen: GR)
Amodivyr® (Copernico: IT)
Anclomax® (Blausiegel: BR)
Antivir® (Sanofi-Aventis: PL)
Antix® (Antula: FI, NO)
Anti® (Antula: SE)
Apo-Acyclovir® (Apotex: AN, BB, BM, BS, CA, GY, HT, JM, KY, NZ, SG, SR, TT)
Apofarm® (Gezzi: AR)
Asiclo® (Asiatic Lab: BD)
Asiviral® (Terra: TR)
Aviral® (Medley: BR)
Aviral® (Mepha: CH)
Avirase® (Lampugnani: IT)
Avirodine® (Kela: BE)
Avirox® (Sandoz: DK)
Avix® (Ibirn: IT)
Avorax® (Pan Pharma: LK)

Avorax® (Xepa-Soul Pattinson: HK, SG)
Avyclor® (Farma 1: IT)
Avyplus® (Epifarma: IT)
Avysal® (Selvi: IT)
Awirol® (ICN: PL)
Azovir® (Medikon: ID)
Bearax® (Beacons: SG)
Bel Labial® (Farmalider: ES)
Biozirox® (Aurora: GR)
Blistex Antiviral® (Key: AU)
Cargosil® (Genepharm: GR, RO)
Cevinolon® (Bros: GR)
Chemists' Own Cold Sore Cream® (Chemists: AU)
Ciclavix® (Luper: BR)
Cicloferon® (Liomont: DO, GT, MX, PA, SV)
Cicloviral® (Incobra: CO)
Cicloviral® (Medinfar: PT)
Citivir® (CT: IT)
Clinovir® (Bangkok: TH)
Clinovir® (Pharos: ID)
Clirbest® (Best: MX)
Clopes® (Metiska: ID)
Clovika® (Ikapharmindo: ID)
Clovimix® [tab./inj./emuls.] (Amex: PE)
Clovin® (Nakornpatana: TH)
Cloviral® (Antibiotice: RO)
Cloviran® (Bestpharma: CL)
Clovirax® (Pharmalliance: DZ)
Clovirax® (Remek: GR)
Clovira® (M & H: TH)
Cloviril® [caps.] (Bassa: PE)
Clovir® (Ibn Sina: BD)
Clyvorax® (Unipharm: MX)
Colsor® (Seng Thai: TH)
Compaclovir® (Bioindustria: EC)
Cusiviral® (Alcon: ES, HK, PL)
Cusiviral® (Alcon Cusi: SG)
Cyclivex® (Aspen: ZA)
Cyclomed® (Medibrands: IL)
Cyclorax® (Atlantic: TH)
Cyclostad® (Stada: PH)
Cyclovax® (Ebewe: HK)
Cyclovax® (Remedica: CY)
Cyclovex® (Opso Saline: BD)
Cycloviran Medichrom® (Medichrom: GR)
Cycloviran® (Sigma Tau: IT)
Cyclovir® (Cadila: IN, LK)
Cyclovir® (Zydus: RU)
Danovir® (Dankos: ID, ID)
DBL Aciclovir® (Faulding/DBL: TH)
Dioxis® (Hexa: AR)
Docaciclo® (Docpharma: BE, LU)
Dravyr® (Drug Research: IT, SG)
Ductovirax® (Lab. Ducto: BR)
Dynexan® (Kreussler: DE)
Eduvir® (Otto: ID)
Efriviral® (Aesculapius: IT)
Elvirax® (Malaysia Chemist: SG)
Entir® (Unison: HK, SG, TH)
Erlvirax® (Malaysia Chemist: SG)
Erpaclovir® (Med-One: GR)
Erpizon® (Demo: GR)
Esavir® (Boniscontro & Gazzone: IT)
Etasisen® (Rafarm: GR)
Euclivir® (TAD: IT)
Euroclovir® (Europharm: HK)
Eurovir® (Saval: EC)
Eurovir® (Saval Eurolab: CL)
Euvirox® (Europharm: RO)
Exviral® (Kwizda: AT)
Fada Aciclovir® (Fada: AR)
Faulviral® (Mayne: PT)
Fibrilan® (Farmedia: GR)
Fuviron® (Proge: IT)
Geavir® (Hexal: DK)
Geavir® (Sandoz: SE)
Gen-Acyclovir® (Genpharm: CA)
GenRX Aciclovir® (GenRX: AU)
Hagevir® (Cosmopharm: GR)
Hascovir® (Hasco: PL)
Helposol® (Help: GR)
Helvevir® (Helvepharm: CH)
Hemon® (Norma: GR)
Hermixsofex® (Medi Sofex: PT)
Hernovir® (Nobel: BA, TR)
Herpavir® (TAD: DK)
Herpenon® (Polipharm: TH)
Herperax® (Micro Labs: LK)
Herperax® (Schein: PE)
Herpesil® (Hexal: BR)
Herpesin® (Lachema: BG, CZ, RO)
Herpesin® (Pliva: BA, RO)
Herpesnil® (Sofar: IT)
Herpetad® (TAD: DE, LU)
Herpex® (Hexal: PL)
Herpex® (Torrent: IN)
Herpiclof® (Nufarindo: ID)
Herpleks® (Belupo: BA)
Herplex® (Belupo: HR)
Herpolips® (Berner: FI)
Herpolips® (Stada: NL)
HerpoMed® (S. Med: AT)
Hervirex® (Hexpharm: ID)
Herzkur® (Chrispa: GR)
Iliaclor® (Depofarma: IT)
Immunovir® (PRC: IT)
Inavir® (Indofarma: ID)
Ipaviran® (NCSN: IT)
Ipsovir® (Ipso-Pharma: IT)
Isavir® [sol.-inj.] (Schein: PE)
Juviral® (Juta: DE)
Juviral® (Q-Pharm: DE)
Kendix® (EG Labo: FR)
Kenrovir® (Darya-Varia: ID)
Kralvir-Us® (Kral: GT, SV)
Kruidvat Koortslipcrème® (Pharmethica: NL)
Laciken® (Kendrick: MX)
Lermex® (Sriprasit: TH)
Libravir® (Librapharm: EC)
Lisovyr® (Elea: AR)
Lisovyr® (Mintlab: CL)
Lovire® (Ranbaxy: ZA)
Lovir® (Douglas: AU, NZ)
Lovir® (Ranbaxy: PE, RO, SG)
Mapox® (Fresenius: AT)
Mapox® (Niddapharm: LU)
Mapox® (Stada: DE)
Marvir® (Lam Thong: TH)
Matrovir® (Konimex: ID)
Maynar® (Novag: ES)

Medovir® (Medochemie: BG, BH, CY, HK, IQ, JO, LK, OM, RU, SD, SG, UA, YE)
Menova® [emuls.] (Avsa: PE)
Milavir® (Novartis: ES)
Neldim® (Vilco: GR)
Neviran® (So.Se.: IT)
Nevirz® (Guardian: ID)
Nockwoo Acyclovir® (Welfide: VN)
Nor-Clovir® (Teramed: SV)
Norum® (Chew Brothers: TH)
Novirax® (Drug International: BD)
Novirex® (Drug International: BD)
Nu-Acyclovir® (Nu-Pharm: CA)
Nycovir® (Nycomed: AT)
Oftavir® (Saval: EC)
Oftavir® (Saval Nicolich: CL)
Opthavir® (Grin: MX)
Pharmacare-Acyclovir® (Aspen: ZA)
Pharmaniaga Aciclovir® (Pharmaniaga: MY)
Poviral® (Kalbe: ID)
Poviral® (Roemmers: AR)
Previum® (Chefaro: NL)
Provirsan® (Pro.Med: CZ)
Provirsan® (Pro.Med.CS: BA)
Provir® (Biokem: TR)
Pulibex® (Mentinova: GR)
Qualiclovir® (Quality: HK)
Quavir® (Soho: ID)
Ranvir® (Ranbaxy: CZ, TH)
ratio-Acyclovir® (Ratiopharm: CA)
Raxclo® (Apotex: PH)
Rexan® (Istituto Chim. Internazionale: IT)
Riduvir® (Francia: IT)
Roidil® (Acromax: EC)
Sanavir® (Biologici: IT)
Scanovir® (Tempo: ID)
Sevirax® (Gaco: BD)
Silovir® (Eczacibasi: TR)
Simplevir® (Dr. Collado: DO)
Simplex® (Nycomed: AT)
Simplex® (Ophtha: NO)
Soothelip® (Actavis: GB)
Sophivir® (Sophia: MX)
Supra-Vir® (Trima: IL)
Supraviran® (Grünenthal: AT, DE, LU)
Telviran® (Egis: HU)
Uni Vir® (União: BR)
Uniclovyr® (Roster: PE)
Uniplex® (Uni-Pharma: GR)
Vacrax® (Samchully: SG)
Vermis® (Utopian: TH)
Verpir® (Kleva: GR)
Vidaclovir® (Vida: HK)
Vilerm® (Siam Bheasach: TH)
Viraban® (AFT: NZ)
Viralief® (Clonmel: IE)
Viratac® (Multichem: NZ)
Viratop® (Topgen: BE)
Virax-Puren® (Alpharma: DE)
Viraxy® (GDH: TH)
Vircella® (Galenium: ID)
Vircidal® (Chalver: CO)
Vircovir® (Corsa: ID)
Virdam® (Pyridam: ID)
Virestat® (Liferpal: MX)
Virest® (Hovid: HK, PH, SG)
Vireth® (Ethica: ID)
Virex® (Biogen: CO)
Virherpes® (Pensa: ES)
Virine® (Nipa: BD)
Virless® (Yung Shin: SG)
Virmen Oftalmico® (Menarini: ES)
Virmen Topico® (Menarini: ES)
Virobis® (California: CO)
Viroclear® (Christo Pharmaceutical: HK)
Virogon® (Silom: TH)
Virolan® (Olan-Kemed: TH)
Virolex® (Krka: BA, CZ, HR, HU, PL, RO, SI)
ViroMed® (Progress: TH)
ViroMed® (S. Med: AT)
ViroMed® (Slovakofarma: CZ)
Vironida LCH® [sol.] (Ivax: PE)
Vironida® (Chile: CL)
Viropox® (Lerd Singh: TH)
Virosil® (Saba: TR)
Virostatic® (Pablo Cassara: AR)
Virovir® (Corsa: ID)
Virpes® (Bernofarm: ID)
Virtaz® (Fahrenheit: ID)
Virucalm® (Zambon: CH)
Virucid® (Universal Pharmaceutical: HK)
Viruderm® (Cinfa: ES)
Virules® (Kimia: ID)
Virupos® (Biem: TR)
Virupos® (Ursapharm: DE)
Virusan® (Inti: PE)
Virusteril® (Biospray: GR)
Virux® (Square: BD)
Virzin® (Dermapharm: DE)
Vivax® (Osoth: TH)
Vivir® (Unison: TH)
Vivorax® (Cadila: RU)
Voraclor® (Lafare: IT)
Vyrohexal® (Hexal: ZA)
Wariviron® (Ritter: DO, HN, PA, SV)
Xiclovir® (Lazar: AR)
Xorovir® (Kwizda: PL)
Xorox® (Kwizda: AT)
Zeramil® (Elpen: GR)
Zevin® (Biolab: HK, TH)
Zidovimm® (Anfarm: GR)
Zinolium Aciclovir® (Nycomed: NL)
Ziverone® (Rayere: MX)
Zocovin® (TO Chemicals: TH)
Zoliparin® (Mann: DE)
Zoral® (DHA: HK, SG)
Zoraxin® (Duopharma: HK)
Zorax® (Sunward: SG)
Zorel® (Ferron: ID)
Zoter® (Interbat: ID)
Zov 800® (Glaxo Wellcome: PT)
Zovirax Ofthalmic Ointment® (GlaxoSmithKline: ES, HK, NZ)
Zovirax® [tabs./susp./ungt.] (Biovail: US)
Zovirax® [tabs./susp./ungt.] (Draxis: RS)
Zovirax® [tabs./susp./ungt.] (Glaxo Wellcome: PT)
Zovirax® [tabs./susp./ungt.] (GlaxoSmithKline: AE, AG, AN, AR, AT, AU, AW, BB, BD, BE, BG, BH, BR, CA, CH, CL, CR, CZ, DE, DO, EC, ES, FI, FR, GB, GD, GE, GR, GT, GY, HK, HN, HR, HU, ID, IL, IN, IR, IT, JM,

KW, LC, LK, LU, MX, MY, NI, NL, NO, NZ, OM, PA, PE, PL, PT, QA, RO, RS, RU, SE, SG, SV, TH, TR, TT, US, VC, VN, ZA)
Zovirax® [tabs./susp./ungt.] (GlaxoSmithKline Consumer Healthcare: SE)
Zovirax® [tabs./susp./ungt.] (Paranova: AT)
Zovirax® [tabs./susp./ungt.] (Wellcome: IE)
Zovirax® [vet.] (GlaxoSmithKline: GB)
Zovir® (GlaxoSmithKline: IS)
Zoylex® (Dropesac: PE)
Zoylex® (Meizler: BR)
Zumasid® (Prima: ID)
Zyclorax® (Mugi: ID)
Zyvir® (Cadila: KE)

– **sodium salt:**

CAS-Nr.: 0069657-51-8
OS: *Acyclovir Sodium USAN*
IS: *BW 248 U (Burroughs Wellcome, US)*

Aciclobene Pulver® (Ratiopharm: AT)
Aciclovir Abbott® (Abbott: ES)
Aciclovir Ebewe® (Ebewe: AT)
Aciclovir Filaxis® (Filaxis: AR)
Aciclovir Genfarma® (Genfarma: ES)
Aciclovir Ges® (Ges Genericos: ES)
Aciclovir Intravenous Infusion DBL® (Mayne: HK)
Aciclovir Mayne® (Mayne: DK, ES, FI, IT, NO, SE)
Aciclovir Ratiopharm® (ratiopharm: DE)
Aciclovir Sala® (Ramon: ES)
Aciclovir Sandoz® (Sandoz: ES)
Aciclovir Tedec® (Tedec Meiji: ES)
Aciclovir-Austropharm® (Ebewe: AT)
Aciclovir® (Filaxis: AR)
Aciclovir® (Genthon: NL)
Aciclovir® (Genus: GB)
Aciclovir® (Hospira: NL)
Aciclovir® (Mayne: GB, NL, NZ)
Acic® [inj.] (Hexal: DE, LU)
Acihexal Intravenous Infusion® (Hexal: AU)
Acivir® (DeltaSelect: DE)
Acyclovir Abbott® (Abbott: TH)
Acyclovir Sodium for Injection® (Abraxis: US)
Acyclovir Sodium for Injection® (Bedford: US)
Acyclovir Sodium for Injection® (Sicor: US)
Acyclovir Sodium Injection® (Abraxis: US)
Acyclovir Sodium Injection® (Mayne: CA)
Acyclovir-Mepha i.v.® (Mepha: CH)
Acyclovir® (Alpharma: NO)
Acyrax® [inj.] (Orion: FI)
Cicloviral i.v.® (Medinfar: PT)
Geavir® [inj.] (Sandoz: SE)
Herpesin® (Pliva: CZ, HU)
Herpesin® (Pliva Lachema: PL)
Heviran® (Polpharma: PL)
Klovireks-L® (Mustafa Nevzat: TR)
Nycovir® (Nycomed: AT)
Supraviran i.v.® (Grünenthal: AT, DE)
Virmen® (Menarini: ES)
Virolex® (Krka: HU)
Xorox® (Kwizda: AT, CZ, RO)
Zovirax® [inj.] (Glaxo Wellcome: PT)
Zovirax® [inj.] (GlaxoSmithKline: AT, BE, BG, BR, CH, CR, DE, DO, ES, FI, FR, GB, GT, HN, MX, NI, NL, NZ, PA, PE, PH, SE, SV, TR, US)
Zovir® (GlaxoSmithKline: DK, IS)

Acipimox (Rec.INN)

L: Acipimoxum
I: Acipimox
D: Acipimox
F: Acipimox
S: Acipimox

⚕ Antihyperlipidemic agent

ATC: C10AD06
CAS-Nr.: 0051037-30-0 C_6-H_6-N_2-O_3
M_r 154.134

Pyrazinecarboxylic acid, 5-methyl-, 4-oxide

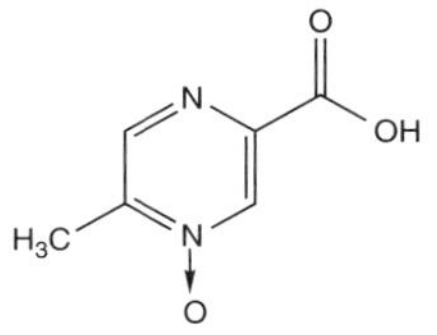

OS: *Acipimox [BAN, DCF, DCIT, USAN]*
IS: *K 9321*

Nedios® (Altana: NL)
Olbemox® (Pharmacia: DE)
Olbetam® (Erbapharma: ID)
Olbetam® (Euro: NL)
Olbetam® (Medcor: NL)
Olbetam® (Pfizer: AT, BE, CH, CL, DK, GB, HK, HU, IL, NL, NZ, SG, TH, ZA)
Olbetam® (Pharmacia: BG, BR, CZ, GR, IT, LU, RO)

Acitretin (Rec.INN)

L: Acitretinum
I: Acitretina
D: Acitretin
F: Acitretine
S: Acitretina

⚕ Dermatological agent, antipsoriatic

ATC: D05BB02
CAS-Nr.: 0055079-83-9 C_{21}-H_{26}-O_3
M_r 326.439

Nonatetraenoic acid, 9-(4-methoxy-2,3,6-trimethylphenyl)-3,7-dimethyl, (all-E)-

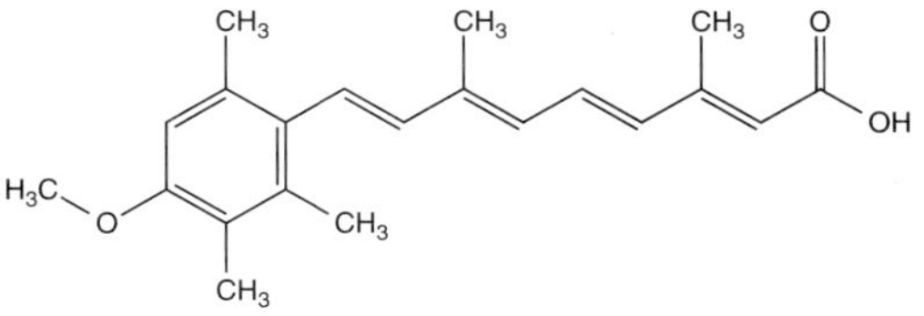

OS: *Acitretin [BAN, USAN]*
OS: *Acitrétine [DCF]*
IS: *Etretin*
IS: *Ro 10-1670 (Roche)*
PH: Acitretin [Ph. Eur. 5]
PH: Acitretinum [Ph. Eur. 5]
PH: Acitrétine [Ph. Eur. 5]

Acetec® (Dr Reddys: IN)
Neo-Tigason® (Roche: BE, TH)
Neotigason® (Andreu: ES)
Neotigason® (Connetics: US)

Neotigason® (EU-Pharma: NL)
Neotigason® (Eureco: NL)
Neotigason® (Euro: NL)
Neotigason® (Roche: AE, AR, AT, AU, BA, BE, BG, BR, BW, CA, CH, CL, CN, CO, CR, CY, CZ, DE, DK, DO, DZ, EC, EE, ES, ET, FI, FR, GB, GH, GR, HK, HN, HR, HU, IE, IL, IQ, IR, IS, IT, JM, JO, KE, KR, KW, LK, LT, LU, LV, LY, MA, MD, MU, MW, MX, MY, NA, NG, NI, NL, NO, NZ, OM, PA, PE, PH, PK, PL, PT, QA, RO, RS, RU, SA, SD, SE, SG, SI, SK, SV, TH, TN, TR, TT, TW, TZ, UG, UY, VE, ZA, ZM, ZW)
Neotigason® [vet.] (Roche: GB)
Soriatane® (Roche: CA, FR)

Aclarubicin (Rec.INN)

L: Aclarubicinum
D: Aclarubicin
F: Aclarubicine
S: Aclarubicina

Antineoplastic, antibiotic

ATC: L01DB04
CAS-Nr.: 0057576-44-0 C_{42}-H_{53}-N-O_{15}
M_r 811.896

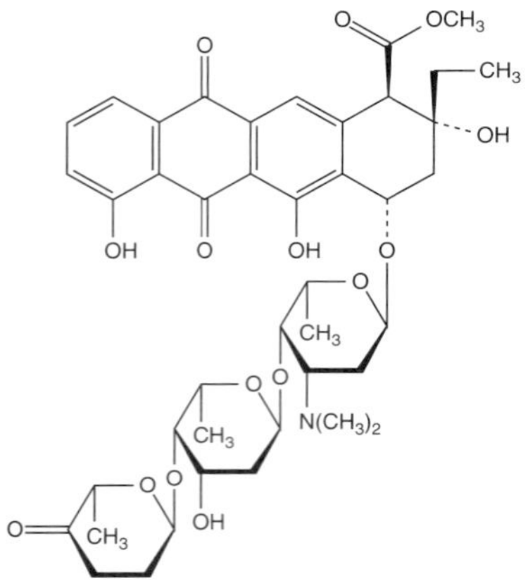

OS: *Aclarubicin [BAN, USAN]*
OS: *Aclarubicine [DCF]*
IS: *ACLA*
IS: *Aclacinomycine A*

- hydrochloride:
CAS-Nr.: 0075443-99-1
OS: *Aclarubicin Hydrochloride BANM*
PH: Aclarubicin Hydrochloride JP XIV

Aclacinon® (Yamanouchi: JP)
Aclarubicin Ebewe® (Ebewe: AT)

Aclatonium Napadisilate (Rec.INN)

L: Aclatonii Napadisilas
D: Aclatonium napadisilat
F: Napadisilate d'Aclatonium
S: Napadisilato de aclatonio

Antispasmodic agent
Parasympathomimetic agent

CAS-Nr.: 0055077-30-0 C_{30}-H_{46}-N_2-O_{14}-S_2
M_r 722.838

Ethanaminium, 2-[2-(acetyloxy)-1-oxopropoxy]-N,N,N-trimethyl-, 1,5-naphthalenedisulfonate (2:1)

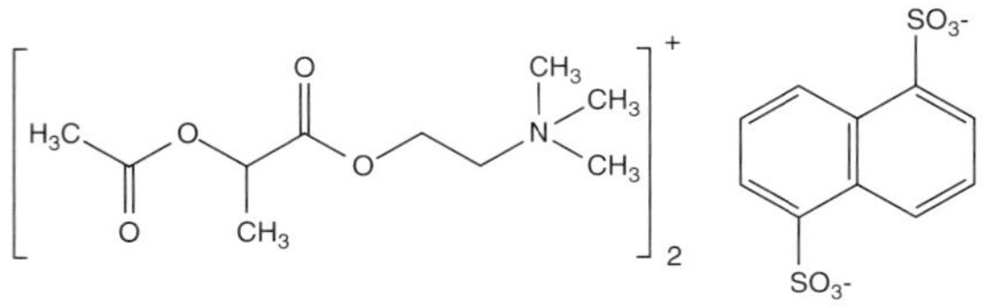

OS: *Aclatonium Napadisilate [BAN, JAN, USAN]*
IS: *SKF 100916-J*
IS: *TM 723 (Toyama, JP)*
IS: *Aclatonium Napadisylate*

Abovis® (Toyama: JP)

Acrivastine (Rec.INN)

L: Acrivastinum
I: Acrivastina
D: Acrivastin
F: Acrivastine
S: Acrivastina

Histamine, H_1-receptor antagonist

ATC: R06AX18
CAS-Nr.: 0087848-99-5 C_{22}-H_{24}-N_2-O_2
M_r 348.454

2-Propenoic acid, 3-[6-[1-(4-methylphenyl)-3-(1-pyrrolidinyl)-1-propenyl]-2-pyridinyl]-, (E,E)-

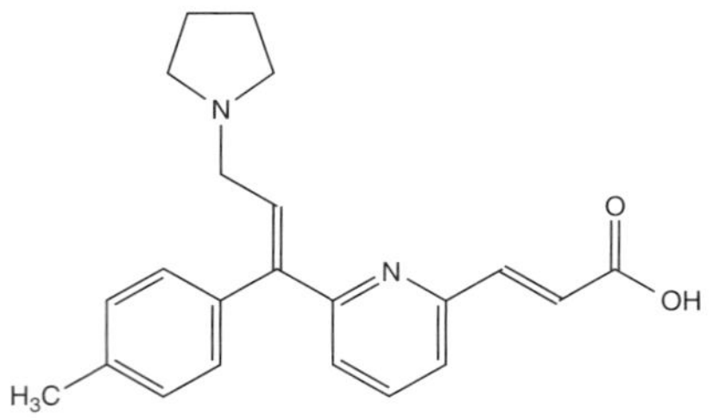

OS: *Acrivastine [BAN, DCF, USAN]*
IS: *BW 825C (Wellcome)*

Benadryl® (Pfizer: DK, FI)
Benadryl® (Pfizer Consumer Healthcare: GB)
Semprex® (EU-Pharma: NL)
Semprex® (Eureco: NL)
Semprex® (Euro: NL)
Semprex® (GlaxoSmithKline: AE, AT, BD, BH, CH, CZ, GB, GE, HK, IR, KW, MY, NL, OM, PH, QA, RU, SE, SG, TH, TR, ZA)
Semprex® (Wellcome-GB: IT)

Actarit (Rec.INN)

L: Actaritum
D: Actarit
F: Actarit
S: Actarit

Immunomodulator

CAS-Nr.: 0018699-02-0 C_{10}-H_{11}-N-O_3
M_r 193.2

(p-Acetamidophenyl)acetic acid [WHO]

Acetic acid, (p-acetamidophenyl)- [USAN]

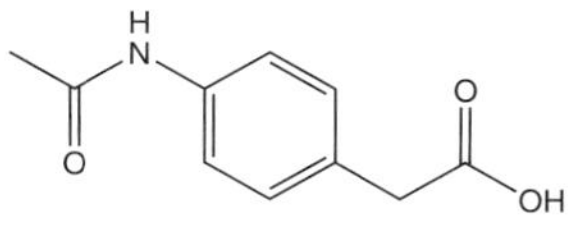

OS: *Actarit [JAN, USAN]*
IS: *BRN 1640927*
IS: *CCRIS 3777*
IS: *EINECS 242-511-3*
IS: *MS 932*
IS: *Moba*
IS: *NSC 170317*
IS: *Orcl (Nippon Shinyaku, Japan)*
IS: *Orkul*

Mover® (Mitsubishi: JP)
Mover® (Nikken: JP)
Orcl® (Shinyaku: JP)

Actinoquinol (Rec.INN)

L: Actinoquinolum
I: Actinochinolo
D: Actinoquinol
F: Actinoquinol
S: Actinoquinol

Ultraviolet screen

CAS-Nr.: 0015301-40-3 C_{11}-H_{11}-N-O_4-S
M_r 253.279

5-Quinoline-sulfonic acid, 8-ethoxy-

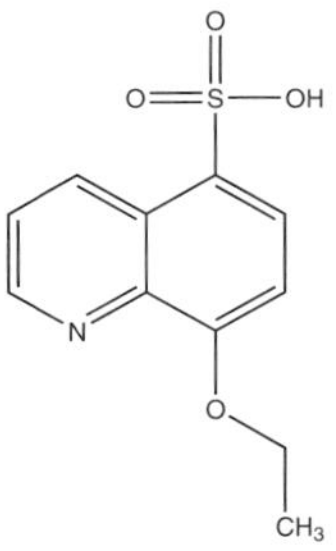

IS: *Actinochinolum*
IS: *Etoquinol*
IS: *8-Ethoxy-5-chinolinsulfonsäure*

– sodium salt:

CAS-Nr.: 0007246-07-3
OS: *Actinoquinol Sodium USAN*
IS: *Sodium etoquinol*
IS: *Sodium tequinol*

Ultra Augenschutz-Augentropfen® (Provita: AT)

Adalimumab (Rec.INN)

L: Adalimumabum
D: Adalimumab
F: Adalimumab
S: Adalimumab

Antirheumatoid agent
Monoclonal antibody

ATC: L04AA17
ATCvet: QL04AA17
CAS-Nr.: 0331731-18-1

Immunoglobulin G 1 (human monoclonal D2E7 heavy chain anti-human tumor necrosis factor), disulfide with human monoclonal D2E7kappa-chain, dimer (WHO)

OS: *Adalimumab [USAN, BAN]*
IS: *D 2E7*
IS: *LU 200134*

Humira® (Abbott: AR, AT, AU, BE, BR, CA, CH, CL, CZ, DE, DK, ES, FI, FR, GB, HK, HR, HU, IE, IL, IS, IT, LU, MX, NL, NO, NZ, PL, PT, SE, SG, SI, TR, US)
Humira® (Eurim: DE)
Trudexa® (Abbott: LU, NL)

Adapalene (Rec.INN)

L: Adapalenum
I: Adapalene
D: Adapalen
F: Adapalene
S: Adapaleno

Antiacne

ATC: D10AD03
CAS-Nr.: 0106685-40-9 C_{28}-H_{28}-O_3
M_r 412.532

6-[3-(1-Adamantyl)-4-methoxyphenyl]-2-naphthoic acid

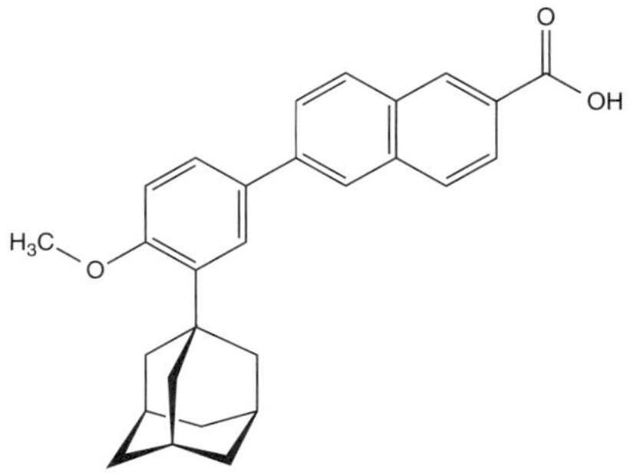

OS: *Adapalene [BAN, USAN]*
OS: *Adapalène [DCF]*
IS: *CD 271*

Acure® (Hong Wo: HK)
Adaferin® (Galderma: CR, DO, GR, GT, HN, IL, IN, MX, NI, PA, SV)
Adapne® (Cinetic: AR)
Adiamil® (Mediderm: CL)
Diferin® (Promed: SI)
Differine® (Galderma: CZ, ES, FR)
Differin® (AB: AT)

A

Differin® (Galderma: AR, AU, BE, BR, CA, CH, CL, CN, CO, DE, FI, GB, HK, HU, IE, IS, IT, LU, NO, NZ, PE, PL, PT, SE, SG, TH, US, ZA)
Differin® (Liba: TR)
Flamir® (Bago: CL)
Fona® (Square: BD)
Palexil® (Koçak: TR)
Panalene® (Panalab: AR)
Redap® (Galderma: DK)
Sinac® (Andromaco: AR)

Adefovir (Rec.INN)

L: Adefovirum
D: Adefovir
F: Adefovir
S: Adefovir

Hepatitis treatment

Antiviral agent, HIV reverse transcriptase inhibitor
ATCvet: QJ05AF08
CAS-Nr.: 0106941-25-7 C_8-H_{12}-N_5-O_4-P
M_r 273.19

Phosphonic acid, [[2-(6-Amino-9H-purin-9-yl)ethoxy]methyl]-

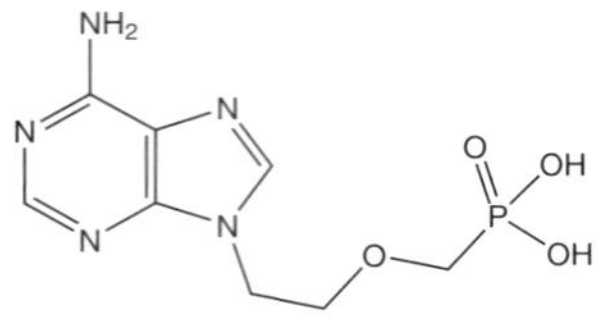

OS: *Adefovir [BAN, USAN]*
IS: *GS 0393*

– dipivoxil:

CAS-Nr.: 0142340-99-6
OS: *Adefovir Dipivoxil BANM, USAN*
IS: *GS 0840 (Gilead Sciences, US)*
IS: *Piv2 PMEA*
IS: *Bis (pom) PMEA*
IS: *Preveon (Bristol-Myers Squibb, US)*

Adesera® (Cipla: IN)
Biovir® (Ivax: AR)
Hepsera® (Er-Kim: TR)
Hepsera® (Gilead: AT, AU, CA, CY, CZ, DE, DK, EE, ES, FR, GB, GR, HU, IE, IS, IT, LT, LU, LV, MT, NL, NO, PH, PL, SI, SK, US)
Hepsera® (GlaxoSmithKline: AR, BR, CL, CN, HK, ID, IL, MX, MY, SG, TH, VN)
Hepsera® (Muir Hutchinson: NZ)
Hepsera® (Swedish Orphan: FI, SE)
Hepsera® (TRB Chemedica: CH)
Hepsera® (UCB: BE)
Infovir® (Incepta: BD)

Ademetionine (Rec.INN)

L: Ademetioninum
I: Ademetionina
D: Ademetionin
F: Ademetionin
S: Ademetionina

Antiinflammatory agent

Antirheumatoid agent

ATC: A16AA02
CAS-Nr.: 0029908-03-0 C_{15}-H_{22}-N_6-O_5-S
M_r 398.461

Adenosine, 5'-[(3-amino-3-carboxypropyl)methylsulfonio]-5'-deoxy-, hydroxide, inner salt

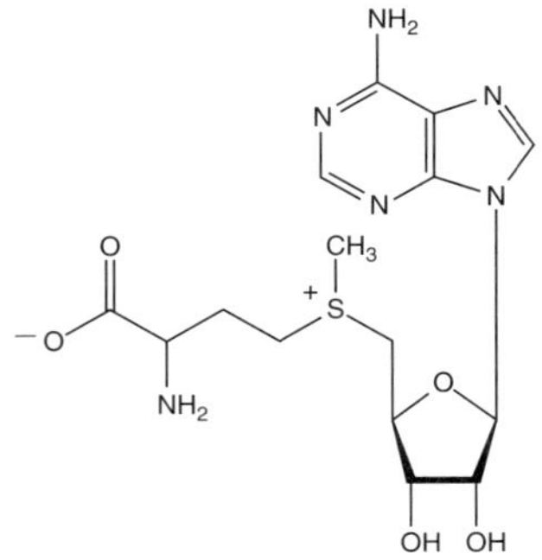

OS: *Ademetionine [USAN]*
IS: *Adenosylmethionin*

Donamet® (Abbott: IT)
Heptor® (Verofarm: RU)
S Amet Parenteral® (Europharma: ES)
Samyr® (Abbott: IT)
Transmetil® (Abbott: CN, IT)
Transmetil® (Boehringer Ingelheim: CO)
Tunik® (Baliarda: AR)

– tosilate disulfate:

CAS-Nr.: 0058994-55-1
IS: *Ademetionine disulfate di-p-toluenesulfonate*

Gumbaral® (AWD.pharma: DE)
Heptral® (Abbott: RU)
Transmetil® (Abbott: CZ)

Adenine (USP)

L: Adeninum
I: Adenina
D: Adenin
F: Adenine
S: Adenina

Vitamin B-complex

CAS-Nr.: 0000073-24-5 C_5-H_5-N_5
M_r 135.145

1H-Purin-6-amine

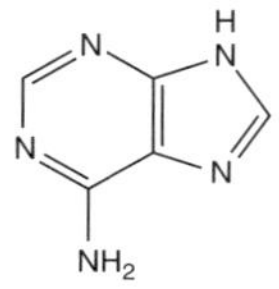

OS: *Adénine [DCF]*
IS: *Vitamine B_4*
PH: Adenine [Ph. Eur. 5, USP 30]
PH: Adenin [Ph. Eur. 5]
PH: Adeninum [Ph. Eur. 5]
PH: Adénine [Ph. Eur. 5]

Leuco-4® (Expanscience: FR)

Adenosine (USAN)

L: Adenosinum
I: Adenosina
D: Adenosin
F: Adénosine
S: Adenosina

Antiarrhythmic agent

ATC: C01EB10
CAS-Nr.: 0000058-61-7 C_{10}-H_{13}-N_5-O_4
M_r 267.264

Adenosine

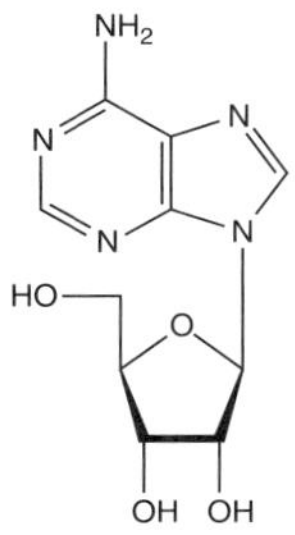

OS: *Adenosine [BAN, USAN]*
IS: *Ado*
IS: *Adeninribosid*
PH: Adenosin [Ph. Eur. 5]
PH: Adenosine [USP 30, Ph. Eur. 5]
PH: Adenosinum [Ph. Eur. 5]
PH: Adénosine [Ph. Eur. 5]

Adenocard® (Astellas: CA, US)
Adenocard® (Libbs: BR)
Adenocor® (Aventis: IE, NZ)
Adenocor® (GlaxoSmithKline: RO)
Adenocor® (Sanofi-Aventis: BE, FI, GB, HU, IL, MY, NO, PL, SG)
Adenocor® (Sanofi-Synthelabo: AU, BG, CO, CZ, DK, ES, GR, LU, NL, PE, TH, ZA)
Adenoject® (Sun: IN)
Adenoscan® (Astellas: US)
Adenoscan® (Sanofi-Aventis: DE, GB, HK, IT)
Adenoscan® (Sanofi-Synthelabo: AT, AU, ES)
Adenosin Ebewe® (Ebewe: AT, CZ, VN)
Adenosin Item® (Carinopharm: DE)
Adenosin Item® (Item: DK, NO, SE)
Adenosina Biol® (Biol: AR)
Adenosine Injection® (Abraxis: US)
Adenosine Injection® (Baxter: US)
Adenosine Injection® (Bedford: US)
Adenosine Injection® (Sicor: US)
Adrekar® (Kwizda: AT)
Adrekar® (Sanofi-Aventis: DE)
Adrekar® (Sanofi-Synthelabo: AT)
Adénoscan® (Sanofi-Aventis: FR)
Cardiovert® (Sanofi-Synthelabo: PH)
Krenosin® (Sanofi-Aventis: CH, FR, IT, MX)
Tricor® (Sanofi-Aventis: CL)

– phosphate disodium salt:

PH: Adenosinmonophosphat-Dinatrium-Hydrat DAB

AMP 5® [vet.] (Nature Vet: AU)

Adenosine Phosphate (Rec.INN)

L: Adenosini Phosphas
D: Adenosin phosphat
F: Phosphate d'Adénosine
S: Fosfato de adenosina

Vasodilator

CAS-Nr.: 0000061-19-8 C_{10}-H_{14}-N_5-O_7-P
M_r 347.242

5'-Adenylic acid

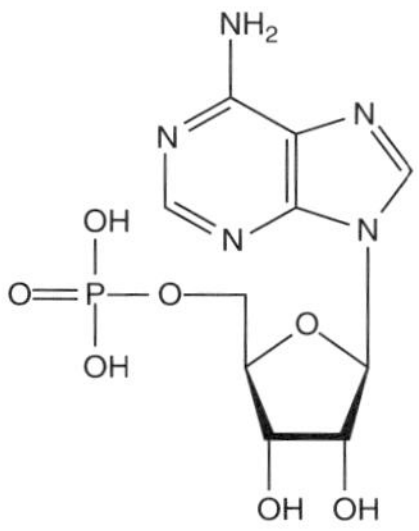

OS: *Adenosine Phosphate [BAN, USAN]*
OS: *Adénosine (phosphate d') [DCF]*
OS: *Monophosadénine [DCF]*
IS: *Adenosinum*
IS: *Adenylic acid*
IS: *AMP*
IS: *Phosaden*
IS: *Vitamin B_8*
IS: *Adenosin-5-monophosphat*

Adényl® (Aérocid: FR)
AMP 5® [vet.] (Vetpharm: NZ)
ATP Daiichi® (Daiichi: HK)

Adipiodone (Rec.INN)

L: Adipiodonum
D: Adipiodon
F: Adipiodone
S: Adipiodona

Contrast medium, cholecysto-cholangiography

ATC: V08AC04
CAS-Nr.: 0000606-17-7 C_{20}-H_{14}-I_6-N_2-O_6
M_r 1139.752

Benzoic acid, 3,3'-[(1,6-dioxo-1,6-hexanediyl)diimino]bis[2,4,6-triiodo-

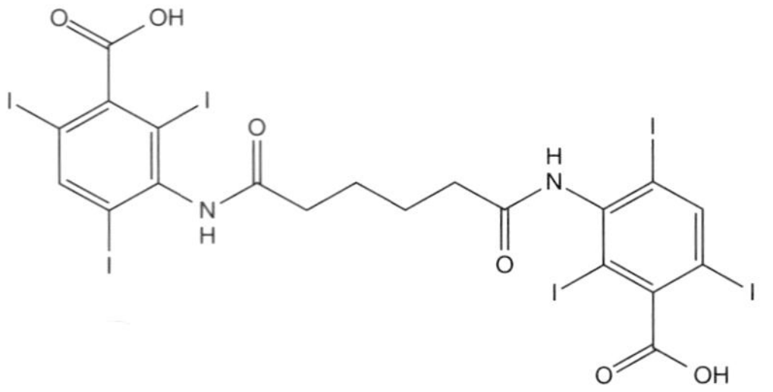

OS: *Adipiodone [BAN, DCF, JAN]*
OS: *Iodipamide [USAN, BAN]*
IS: *Bilignostum (USSRP)*
PH: Adipiodone [JP XIII]
PH: Adipiodonum [PhBs IV]
PH: Iodipamide [USP 26]

– meglumine:

CAS-Nr.: 0003521-84-4
OS: *Adipiodone Meglumine BANM*
IS: *Adipiodone, comp. with N-methylglucamine*
IS: *Iodipamide Meglumine*
PH: Adipiodone Meglumine Injection JP XIII
PH: Iodipamide Meglumine [Injection] BP 2002, USP 26

Cholografin Meglumine® (Bracco: US)

Adrafinil (Rec.INN)

L: Adrafinilum
D: Adrafinil
F: Adrafinil
S: Adrafinilo

Psychostimulant

ATC: N06BX17
CAS-Nr.: 0063547-13-7 C_{15}-H_{15}-N-O_3-S
M_r 289.355

Acetamide, 2-[(diphenylmethyl)sulfinyl]-N-hydroxy-

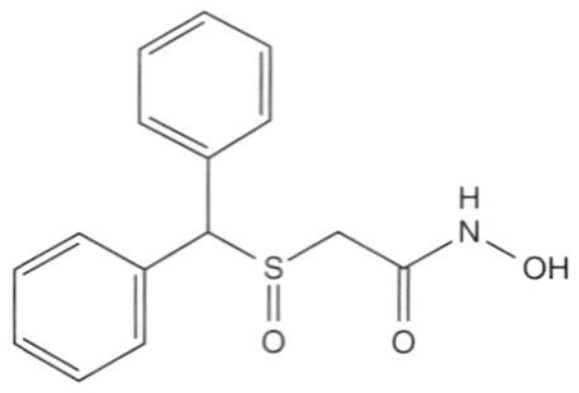

OS: *Adrafinil [DCF, USAN]*
IS: *CRL 40028*

Olmifon® (Cephalon: FR)

Adrenalone (Prop.INN)

L: Adrenalonum
I: Adrenalone
D: Adrenalon
F: Adrénalone
S: Adrenalona

Hemostatic agent
Vasoconstrictor

ATC: A01AD06,B02BC05
CAS-Nr.: 0000099-45-6 C_9-H_{11}-N-O_3
M_r 181.197

Ethanone, 1-(3,4-dihydroxyphenyl)-2-(methylamino)-

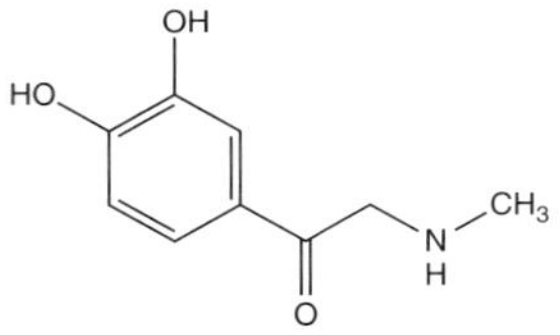

OS: *Adrénalone [DCF]*
OS: *Adrenalone [DCIT, USAN]*
IS: *Adrenonum*

– hydrochloride:

CAS-Nr.: 0000062-13-5
IS: *Chlorure d'adrénalonium*

Stryphnasal® (Truw: DE)

Afloqualone (Rec.INN)

L: Afloqualonum
D: Afloqualon
F: Afloqualone
S: Aflocualona

Neuromuscular blocking agent

CAS-Nr.: 0056287-74-2 C_{16}-H_{14}-F-N_3-O
M_r 283.318

4(3H)-Quinazolinone, 6-amino-2-(fluoromethyl)-3-(2-methylphenyl)-

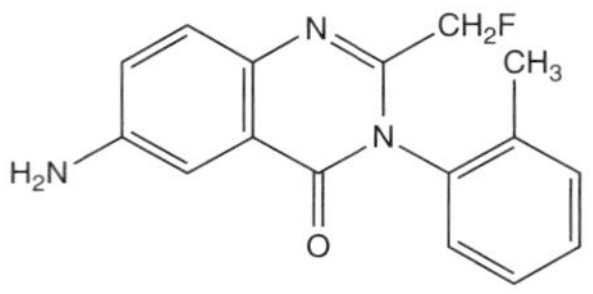

OS: *Afloqualone [JAN]*
IS: *HQ 495*
PH: Afloqualone [JP XIV]

Airomate® (Sawai: JP)
Arofuto® (Tanabe: JP)

Agalsidase Alfa (Rec.INN)

L: Agalsidasum alfa
D: Agalsidase alfa
F: Agalsidase alfa
S: Agalsidasa alfa

⚕ Enzyme, replacement therapy

ATC: A16AB03
CAS-Nr.: 0104138-64-9 C_{2029}-H_{3080}-N_{544}-O_{587}-S_{27}

Alpha-galactosidase (human clone, lambdaAG18 isoenzyme A subunit protein moiety reduced)

Human alpha-galactosidase isoenzyme A, isolated from human cell line, clone RAG100, glycoform alpha [WHO]

OS: *Agalsidase Alfa [BAN, USAN]*
IS: *Alpha-galactosidase*
IS: *EC 3.2.1.22.*

Replagal® (Drac: CH)
Replagal® (Kemofarmacija: SI)
Replagal® (Orphan: AU)
Replagal® (Paladin: CA)
Replagal® (Shire: ES, GB)
Replagal® (Shire Human: SE)
Replagal® (TKT Europe: AT, BE, CZ, DE, DK, GR, HR, IL, IS, IT, LU, NL, RO)

Agalsidase Beta (Rec.INN)

L: Agalsidasum beta
D: Agalsidase beta
F: Agalsidase beta
S: Agalsidasa beta

⚕ Enzyme, replacement therapy

ATC: A16AB04
CAS-Nr.: 0104138-64-9

Alpha-galactosidase (human clone, lambdaAG18 isoenzyme A subunit protein moiety reduced), glycoform beta [WHO]

OS: *Agalsidase Beta [USAN]*
IS: *Alpha galactosidase A*
IS: *Fabrase*
IS: *Recombinant human alpha-galactosidase A*

Fabrazyme® (Genzyme: AT, BE, CA, CH, CZ, DE, DK, ES, FI, FR, HR, IL, IT, LU, NL, NO, PL, SE, SI, US)

Aglepristone (Rec.INN)

L: Aglepristonum
D: Aglepriston
F: Aglepristone
S: Aglepristona

⚕ Antiprogesterone [vet.]

ATCvet: QG03XB09
CAS-Nr.: 0124478-60-0 C_{29}-H_{37}-N-O_2
M_r 431.62

11β-[p-(dimethylamino)phenyl]-17β-hydroxy-17-[(Z)-propenyl]estra-4,9-dien-3-one

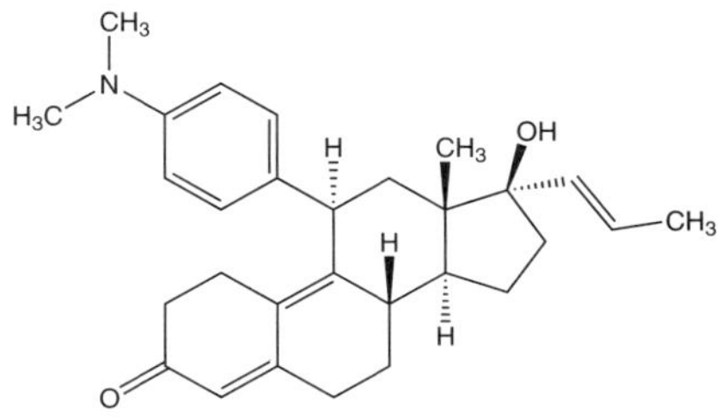

OS: *Aglepristone [DCF, USAN]*

Alizine® [vet.] (Virbac: FR)
Alizin® (Virbac: AU)
Alizin® [vet.] (Biofarm: FI)
Alizin® [vet.] (Virbac: AU, CH, DE, GB, IT, LU, NL, NZ, PT)

Agomelatine (Rec.INN)

L: Agomelatinum
D: Agomelatin
F: Agomélatine
S: Agomelatina

⚕ Antidepressant

ATC: N06AX22
ATCvet: QN06AX22
CAS-Nr.: 0138112-76-2 C_{15}-H_{17}-N-O_2
M_r 243.3

N-[2-(7-methoxy-1-naphthyl)ethyl]acetamide (WHO)

N-[2-(7-Methoxynaphth-1-yl)ethyl]acetamid (IUPAC)

Acetamide, N-(2-(7-methoxy-1-naphthylenyl)ethyl)- (CAS)

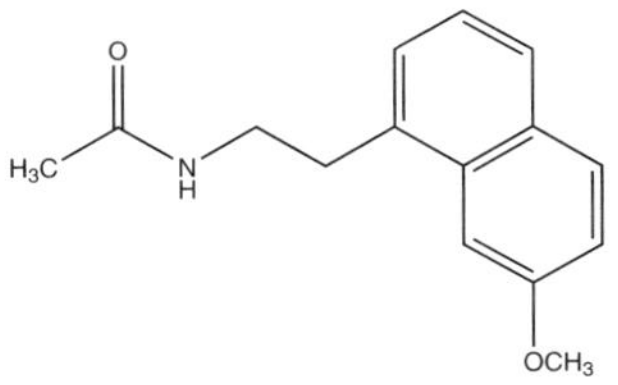

OS: *Agomelatine [USAN]*
OS: *Agomelatine [DCF]*
IS: *S-20098 (Servier, FR)*
IS: *S-20304*

Valdoxan® (Servier: DE, FR)

Ajmaline (DCF)

D: Ajmalin

⚕ Antiarrhythmic agent

ATC: C01BA05
CAS-Nr.: 0004360-12-7 C_{20}-H_{26}-N_2-O_2
M_r 326.448

Ajmalan-17,21-diol, (17R,21α)-

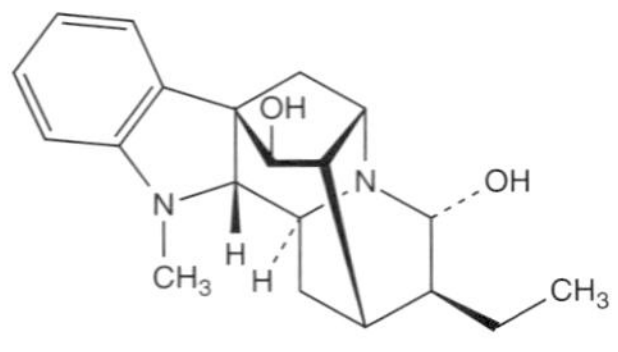

OS: *Ajmaline [JAN, USAN]*
IS: *Rauwolfine*
PH: Aimalinum [PhBs IV]
PH: Ajmalina [F.U. IX]
PH: Ajmaline [BP 1980, JP XIV]
PH: Ajmalinum [2.AB-DDR, Ph. Helv. VI]
PH: Ajmalinu [- monohydricum OeAB]

Gilurytmal® (Kali: LU)
Gilurytmal® (Lacer: ES)
Gilurytmal® (Solvay: AT, BG, CZ, DE)

Alacepril (Rec.INN)

D: Alacepril
F: Alacepril
S: Alacepril

ACE-inhibitor

CAS-Nr.: 0074258-86-9 — C_{20}-H_{26}-N_2-O_5-S, M_r 406.508

N-[1-[(S)-3-Mercapto-2-methylpropionyl]-L-prolyl]-3-phenyl-L-alanine acetate

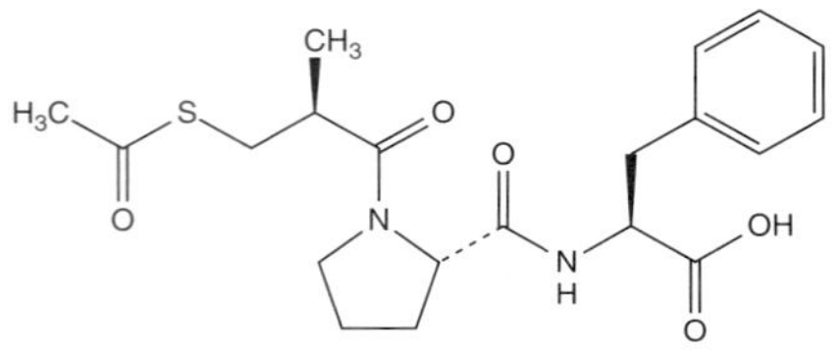

OS: *Alacepril [USAN]*
IS: *DU 1219 (Dainikon, Japan)*

Cetapril® (Dainippon: JP)

Alanine, β-

D: beta-Alanin
F: bêta- Alanine

Amino acid

CAS-Nr.: 0000107-95-9 — C_3-H_7-N-O_2, M_r 89.099

Propionic acid, 3-Amino-

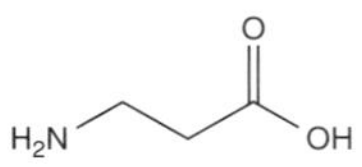

IS: *Beta Alaninum*
IS: *beta- Ala*
IS: *beta-Aminopropionsäure*
IS: *2-Carboxyethylamine*
IS: *AI3-18470*
IS: *FEMA No. 3252*
IS: *NSC 7603*

Abufène® (Bouchara: BF, BJ, CF, CG, CI, CM, DZ, FR, GA, GN, MG, ML, MR, MU, NE, RO, SN, TG, ZR)

Alatrofloxacin (Rec.INN)

L: Alatrofloxacinum
D: Alatrofloxacin
F: Alatrofloxacine
S: Alatrofloxacino

Antibiotic, gyrase inhibitor

CAS-Nr.: 0146961-76-4 — C_{26}-H_{25}-F_3-N_6-O_5, M_r 558.546

L-Alaninamide, L-alanyl-N-[3-[6-carboxy-8-(2,4-difluorophenyl)-3-fluoro-5,8-dihydro-5-oxo-1,8-naphthyridin-2-yl]-3-azabicyclo[3.1.0]hex-6-yl]-

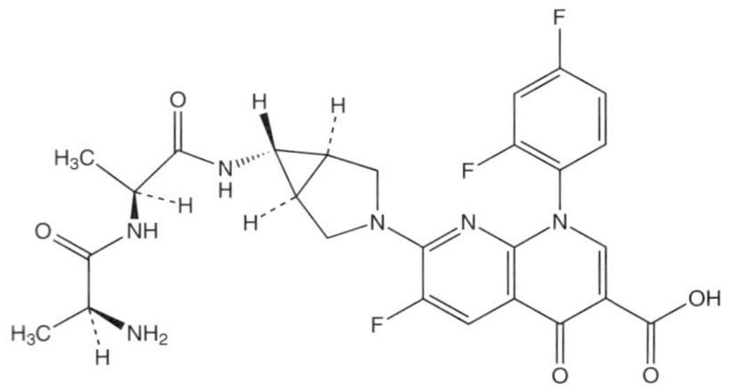

- mesilate:

CAS-Nr.: 0146961-77-5
OS: *Alatrofloxacin Mesylate USAN*
IS: *CP 116517-27 (Pfizer, US)*

Trovan® [inj.] (Pfizer: DE, US)

Albendazole (Rec.INN)

L: Albendazolum
I: Albendazolo
D: Albendazol
F: Albendazole
S: Albendazol

Anthelmintic

ATC: P02CA03
ATCvet: QP52AC11
CAS-Nr.: 0054965-21-8 — C_{12}-H_{15}-N_3-O_2-S, M_r 265.342

Carbamic acid, [5-(propylthio)-1H-benzimidazol-2-yl]-, methyl ester

Methyl 5-propylthio-1*H*-benzimidazol-2-ylcarbamate

Methyl 5-(propylthio)-2-benzimidazolecarbamate WHO

Methyl [5-(propylthio)-2-benzimidazolcarbamat IUPAC

Methyl [5-(propylsulfanyl)benzimidazol-2-yl]carbamat

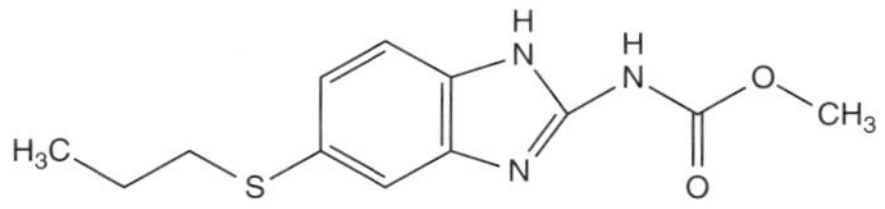

OS: *Albendazole [BAN, DCF, JAN, USAN]*
IS: *SKF 62979 (GlaxoSmithKline, US)*
PH: Albendazole [Ph. Eur. 5, Ph. Int. 4, USP 30]
PH: Albendazolum [Ph. Eur. 5, Ph. Int. 4]
PH: Albendazol [Ph. Eur. 5]

Abentel® (Aristopharma: BD)
Abentel® (Atlantic Lab: TH)
Actifuge® [vet.] (Biové: FR)
Adazol® (Acromax: EC)
Adazol® (Rowa: PE)
Albamax® (Ziska: BD)
Albatel® (TO Chemicals: TH)
Albazol® [vet.] (Gräub: CH)
Alba® (IQB: BR)
Alba® (Navana: BD)
Albendanova® [tab.] (Chemnova: PE)
Albendazol Fmndtria® [tab./susp.] (Farmindustria: PE)
Albendazol Genfar® (Genfar: CO, EC, PE)
Albendazol Iqfarma® [susp.] (Iqfarma: PE)
Albendazol MK® (MK: CO)
Albendazole Indo Farma® (Indofarma: ID)
Albendazol® (Blaskov: CO)
Albendazol® (Britania: PE)
Albendazol® (Ducto: BR)
Albendazol® (Farmandina: EC)
Albendazol® (Farmo Andina: PE)
Albendazol® (Grünenthal: PE)
Albendazol® (Induquimica: PE)
Albendazol® (ISP: PE)
Albendazol® (La Sante: PE)
Albendazol® (Labofar: PE)
Albendazol® (LCG: PE)
Albendazol® (Medicalex: CO)
Albendazol® (Medick: CO)
Albendazol® (Memphis: CO)
Albendazol® (Monsanti: PE)
Albendazol® (Neo Quimica: BR)
Albendazol® (Pentacoop: CO, EC)
Albendazol® (Qualicont: PE)
Albendazol® (Quilab: PE)
Albendazol® (Repmedicas: PE)
Albendazol® (Roxfarma: PE)
Albendazol® [vet.] (Ancare: NZ)
Albendazol® [vet.] (Animedic: DE)
Albendazol® [vet.] (Animedica: AT)
Albendazol® [vet.] (Farvet: PE)
Albendazol® [vet.] (Western: AU)
Albenda® (Milano: TH)
Albendol® (Micro Labs: LK)
Albenil® [vet.] (Virbac: GB)
Albensure® [vet.] (Animax: GB)
Albenza® (GlaxoSmithKline Pharm.: US)
Albenzol® (ECU: EC)
Alben® (Biolab: TH)
Alben® (Bios: PE)
Alben® (Eskayef: BD)
Alben® (Infabra: BR)
Alben® [vet.] (Virbac: AU)
Albex® [vet.] (Agrovete: PT)
Albex® [vet.] (Chanelle: GB, IE)
Albex® [vet.] (Shiba: YE)
Albex® [vet.] (Stricker: CH)
Albezole® (Khandelwal: IN)
Albizol® (Opsonin: BD)
Alda® (Thai Nakorn Patana: TH)
Aldex® (Gaco: BD)
Aldin® (Techno: BD)
Alentin® (Renata: BD)
Alfuca® (Kenyaku: TH)
Alin® (Millet Roux: BR)
Allverm® [vet.] (Crown Animals: GB)
Almex® (Square: BD)
Alphin® (Beximco: BD)
Alzed® (General Pharma: BD)
Alzental® (Shin Poong: SG)
Alzol® (Pharmasant: TH)
Analon Galeno® (La Santé: CO)
Andazol® (Biofarma: TR)
Anthel® (Shiwa: TH)
Anzol® (Apex: BD)
Apardu-6® (Feltrex: DO)
Apzol® (Apex: BD)
Asen® (Sanofi-Aventis: BD)
Asiben® (Asiatic Lab: BD)
Avadyl® (Lacofarma: DO)
Avir® (Ariston: EC)
Azole® (Bio-Pharma: BD)
Ben-A® (Acme: BD)
Bendex-400® (Cipla: ZA)
Bilutac® [vet.] (Pfizer Santé Animale: FR)
Bimenal® (Alkaloid: RS)
Borotel® [compr.] (Bolivar Farma: PE)
Bruzol® (Bruluart: MX)
Captec Extender® [vet.] (Merial: AU)
Ceprazol Lch® (Ivax: PE)
Ceprazol® (Chile: CL)
Ceprazol® (Ivax: PE)
Chuben® (Alco: BD)
Ciclopar® (Weider: CO)
Combantrin® (Pfizer: IN)
Concentrat VO 64® [vet.] (Sogeval: FR)
Crede Mintic Elbezole® [vet.] (Experto: ZA)
Dalben® (Krka: BA, SI)
Digezanol® (Hormona: MX)
Disthelm® [vet.] (Noé: FR)
Duador® (Gedeon Richter: RO)
Eben® (Edruc: BD)
Elmin® (Jayson: BD)
Emanthal® (M.M.: IN)
Endospec® [vet.] (Bimeda: GB)
Eskazole® (Armstrong: MX)
Eskazole® (GlaxoSmithKline: AT, AU, DE, IL, NL, RO)
Eskazole® (Morrith: ES)
Estazol® (Ibn Sina: BD)
Ethizol® (Ethical: DO)
Extender® [vet.] (Merial: NZ)
Fagol® (PharmaBrand: EC)
Fintel® [tab./susp.] (Medco: PE)
Gardal® [vet.] (Intervet: IT, ZA)
Gendazel® (GDH: TH)
Helben® (Mecosin: ID)
Imavermil® (IMA: BR)
Infesen® (Drug International: BD)
Italbenzol® (Italpharma: EC)
Krimizole® (Mystic: BD)
Labenda® (Progress: TH)
Langa Cattle Drench® [vet.] (Elangeni: ZA)
Leo® (Charoen Bhaesaj: TH)

Librabendazol® (Librapharm: EC)
Lomax® (Rarpe: NI)
Luban® (Rephco: BD)
Manoverm® (March: TH)
Mebel® (Medicon: BD)
Mebenix® (Cimed: BR)
Mediamix V Disthelm® [vet.] (Noé: FR)
Mesin® (Unison: TH)
Monoben® (GlaxoSmithKline: BD)
Monodox® (Proanmed: CO)
Monozol® (EMS: BR)
Mycotel® (SM Pharm: TH)
Nemadet® [vet.] (Nufarm: AU, NZ)
Nematox® (Chemist: BD)
Nemozole® (Ipca: IN, LK, RU)
Nubend® (Kopran: LK)
Nuwhite® [vet.] (Merial: AU)
Obedozol® (Seres: CO)
Ovispec® [vet.] (Janssen Animal Health: GB)
Parasin® (Aché: BR)
Prodose® [vet.] (Virbac: ZA)
Proftril® [vet.] (Ceva: FR)
Rotopar® (Chalver: CO, EC, HN, PA, SV)
Rumifuge® [vet.] (Sogeval: FR)
Rycoben® [vet.] (Novartis Animal Health: AU, GB)
Sintel® (ACI: BD)
Sinvermin® [vet.] (Hoechst Vet: PT)
Strategik Broad Spectrum Drench® [vet.] (Jurox: AU)
Suifazol® (Suiphar: DO)
Tazep® [tab./susp.] (Francor: PE)
Ten-400® (Medopharm: VN)
Tramazole® [vet.] (Tulivin: GB)
Triben® (Ambee: BD)
Unizol® (Infaca: DO)
Valbazen® [vet.] (Gräub: CH)
Valbazen® [vet.] (Orion: SE)
Valbazen® [vet.] (Pfizer: AT, CH, IT, LU, NL, NO, ZA)
Valbazen® [vet.] (Pfizer Animal: AU, DE)
Valbazen® [vet.] (Pfizer Animal Health: BE, GB, IE, NZ, US)
Valbazen® [vet.] (Pfizer Santé Animale: FR)
Valbazen® [vet.] (Schering-Plough Animal: NZ)
Valben® [vet.] (Calier: PT)
Vastus® (Sandoz: AR)
Vermid® (Somatec: BD)
Vermigen® (Genamerica: EC)
Vermin-Plus® (Streger: MX)
Vermin® (Nipa: BD)
Vermital® (Elofar: BR)
Vermitan® [vet.] (Ceva: DE)
Vermixide® (Polipharm: TH)
Vermoil® (Farmo Quimica: CL)
Vetdose2® [vet.] (Virbac: ZA)
Veteol® [vet.] (Eurovet: NL)
Womiban® (Blue Cross: LK)
Xadem® (California: CO)
Zeben® (Siam Bheasach: TH)
Zela® (Unison: TH)
Zentel® (GlaxoSmithKline: AE, AG, AN, AU, AW, BB, BH, BR, CH, CL, CO, CR, CY, CZ, DO, EC, EG, FR, GD, GT, GY, HN, IN, IQ, JM, JO, KW, LB, LC, LY, MT, MX, NI, OM, PA, PE, PH, PL, PT, QA, RO, SA, SD, SG, SV, SY, TH, TT, VC, VN, YE, ZA)
Zentel® (SmithKline Beecham-F: IT)
Zentel® (Vianex: GR)
Zenzera® (Bangkok: TH)
Zestaval® (Remedica: CY)
Zoben® (Amico: BD)
Zolben® (Sanofi-Synthelabo: BR)

– oxide:

CAS-Nr.: 0054029-12-8
OS: *Albendazole oxide BAN, USAN*
IS: *Ricobendazole*
IS: *Rycobendazole*
IS: *RS-8852*
IS: *(+-)-Albendazole sulfoxide*

Intervet Feedlot Drench® [vet.] (Intervet: ZA)

Alclometasone (Rec.INN)

L: Alclometasonum
I: Alclometasone
D: Alclometason
F: Alclométasone
S: Alclometasona

Antiinflammatory agent

ATC: D07AB10,S01BA10
CAS-Nr.: 0067452-97-5 C_{22}-H_{29}-Cl-O_5
M_r 408.924

Pregna-1,4-diene-3,20-dione, 7-chloro-11,17,21-trihydroxy-16-methyl-, (7α,11β,16α)-

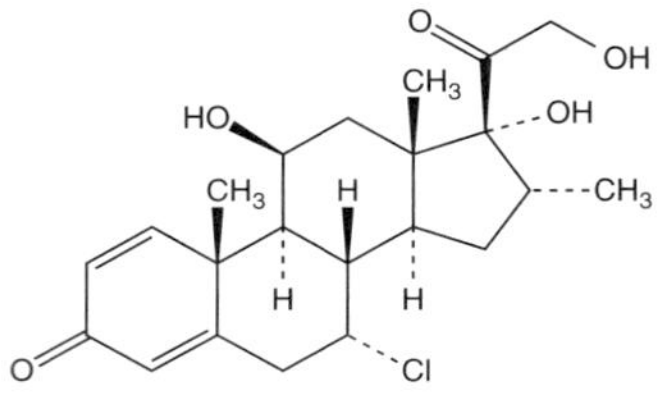

OS: *Alclometasone [BAN, DCIT]*
OS: *Alclométasone [DCF]*

– 17α,21-dipropionate:

CAS-Nr.: 0066734-13-2
OS: *Alclometasone Dipropionate BANM, USAN*
IS: *Sch 22 219 (Schering, US)*
PH: Alclometasone Dipropionate USP 30

Acloderm® (Plough: CO)
Aclovate® (Pharmaderm: US)
Afloderm® (Belupo: BA, CZ, HR, RS, RU, SI)
Alclomethasone Dipropionate® (Fougera: US)
Alclomethasone Dipropionate® (Taro: US)
Almeta® (Shionogi: JP)
Cloderm® (Ikapharmindo: ID)
Delonal® (Essex: DE)
Legederm® (Schering-Plough: IT)
Logoderm® (Schering-Plough: AU)
Lomesone® (Schering: GR)
Miloderme® (Schering-Plough: PT)
Modrasone® (Pliva: GB, IE)
Perderm® (Schering-Plough: HK, ID)

Alcuronium Chloride (Rec.INN)

L: Alcuronii Chloridum
D: Alcuronium chlorid
F: Chlorure d'Alcuronium
S: Cloruro de alcuronio

Neuromuscular blocking agent

CAS-Nr.: 0015180-03-7 C_{44}-H_{50}-Cl_2-N_4-O_2
M_r 737.824

Toxiferine I, 4,4'-didemethyl-4,4'-di-2-propenyl-, dichloride

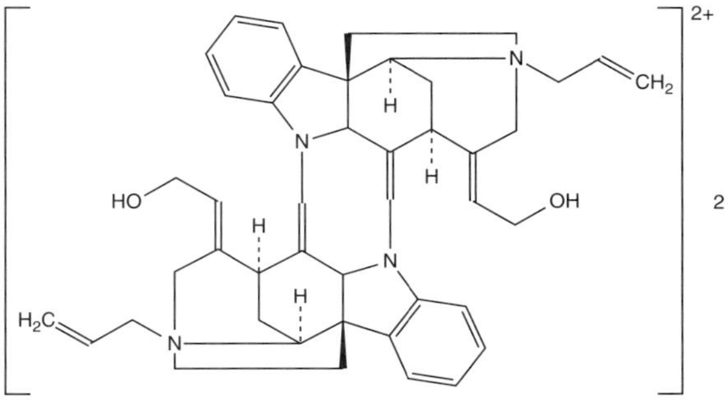

OS: *Alcuronium Chloride [BAN, JAN, USAN]*
IS: *Alcuronum*
IS: *Ro 4-3816 (Roche, DE)*
PH: Alcuronii chloridum [Ph. Eur. 5, Ph. Int. 4]
PH: Alcuronium Chloride [Ph. Eur. 5, Ph. Int. 4]
PH: Alcuronium (chlorure d') [Ph. Eur. 5]
PH: Alcuroniumchlorid [Ph. Eur. 5]

Alloferin® (Pharmaco: ZA)
Alloferin® (Valeant: AT, CZ, DE, GB, NL)

Aldesleukin (Rec.INN)

L: Aldesleukinum
I: Aldesleuchina
D: Aldesleukin
F: Aldesleukine
S: Aldesleukina

Antineoplastic agent
Immunomodulator

ATC: L03AC01
ATCvet: QL03AC01
CAS-Nr.: 0110942-02-4 C_{690}-H_{1115}-N_{177}-O_{203}-S_6
M_r 15600

125-L-serine-2-133-interleukin 2 (human reduced) WHO

Des-alanyl-1, serine-125 human interleukin-2 BAN

2-133-Interleukin 2 (human reduced), 125-L-serine- USAN

OS: *Aldesleukin [BAN, USAN]*
OS: *Aldesleukine [DCF]*
OS: *Aldesleuchina [DCIT]*
IS: *IL-2*
IS: *recombinant human interleukin-2*
IS: *r-serHulL-2*
IS: *Interleukin-2 human [1-des-Ala, 125 Ser]*

Chiron IL-2® (Key: ZA)
Interleukina II® (Tecnofarma: CL)
Proleukin® (Asofarma: MX)
Proleukin® (Chiron: BE, CZ, DE, DK, ES, HK, IL, LU, NL, PL, US)
Proleukin® (Chiron-NL: IT)
Proleukin® (CSL: AU)
Proleukin® (Fresenius: AT)
Proleukin® (Novartis: CA, FR, GB, IE)
Proleukin® (ProReo: CH)
Proleukin® (Raffo: AR)
Proleukin® (Roche: TR)
Proleukin® (Tecnofarma: PE)
Proleukin® (Zodiac: BR)
Roncoleukin® (Biotech: RU)

Aldioxa (Rec.INN)

L: Aldioxum
D: Aldioxa
F: Aldioxa
S: Aldioxa

Antacid
Astringent
Dermatological agent

CAS-Nr.: 0005579-81-7 C_4-H_7-Al-N_4-O_5
M_r 218.12

Aluminum, [(2,5-dioxo-4-imidazolidinyl)urea-to]dihydroxy-

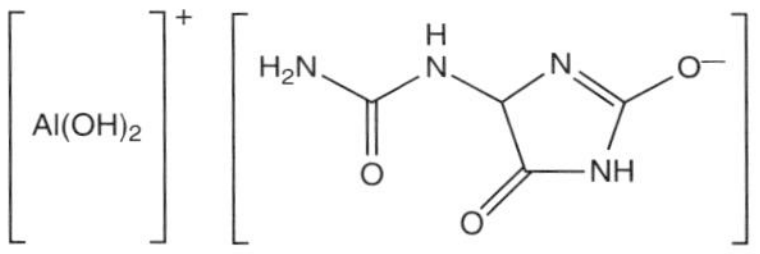

OS: *Aldioxa [DCF, JAN, USAN]*
IS: *Aluminium dihydroxyallantoinate*
PH: Aldioxa [JP XIV]

Alanetorin® (Nippon Kayaku: JP)
Alanta® (Kissei: JP)
Arlanto® (Nichiiko: JP)
Ascomp® (Chemiphar: JP)

Alefacept (Rec.INN)

L: Alefaceptum
D: Alefacept
F: Aléfacept
S: Alefacept

Antipsoriatic agent
Immunosuppressant

ATC: L04AA15
ATCvet: QL04AA15
CAS-Nr.: 0222535-22-0 C_{3264}-H_{5002}-N_{840}-O_{988}-S_{20}
M_r 72740.26

1-92-antigen LFA-3 (human) fusion protein with human immunoglobulin G1 (hinge-C_H2-C_H3 gamma1-chain), dimer [WHO]

OS: *Alefacept [BAN, USAN]*
IS: *BG 9273 (Biogen, USA)*

IS: *BG 9712 (Biogen, USA)*
IS: *Human LFA 3IgG fusion protein*
IS: *Leukocyte function-associated antigen-3*
IS: *LFA 3*
IS: *LFA 3CD2*
IS: *LFA 3TIP (Biogen)*
IS: *LFA-(92)IgG*
IS: *Recombinant LFA-3/IgG1 fusion protein*

Amevive® (Astellas: CA)
Amevive® (Biogen: AU, CH, US)

Alemtuzumab (Rec.INN)

L: Alemtuzumabum
D: Alemtuzumab
F: Alemtuzumab
S: Alemtuzumab

Immunomodulator

ATC: L01XC04
ATCvet: QL01XC04
CAS-Nr.: 0216503-57-0

Immunoglobulin G 1 (human-rat monoclonal CAMPATH-1Hgamma1-chain anti-human antigen CD52), disulfide with human-rat monoclonal CAMPATH-1H light chain, dimer [WHO]

OS: *Alemtuzumab [BAN, USAN]*
IS: *BW 7U*
IS: *LDP 03*
IS: *Monoklonaler Antikörper Anti-Lymphozyten, humanisiert*
IS: *Monoclonal anti-human lymphocyte antibody*
IS: *Monoclonal antilymphocyte antibody*

Campath® (Berlex: US)
Campath® (Schering: AR, RU)
Mabcampath® (Bayer: CH)
Mabcampath® (Berlex: CA)
Mabcampath® (Genzyme: DK, HU, LU, PL)
Mabcampath® (Ilex: GR, NO)
Mabcampath® (Ilex-GB: IT)
Mabcampath® (MedacSchering: DE)
Mabcampath® (Millennium: AT)
Mabcampath® (Schering: BA, BE, CZ, ES, FI, FR, GB, IE, IL, MX, NL, PT, RO, RS, SE, SG, TR)

Alendronic Acid (Rec.INN)

L: Acidum alendronicum
I: Acido alendronico
D: Alendronsäure
F: Acide alendronique
S: Acido alendronico

Calcium regulating agent

ATC: M05BA04
ATCvet: QM05BA04
CAS-Nr.: 0066376-36-1

C_4-H_{13}-N-O_7-P_2
M_r 249.098

Diphosphonic acid, 4-amino-1-hydroxybutylidene-

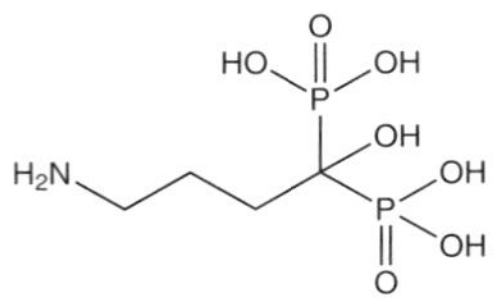

OS: *Alendronic Acid [BAN, USAN]*
IS: *AHButBP*
IS: *Alendronat*

Acide aléndronique Biogaran® (Biogaran: FR)
Alendor® (Pliva: BA, HR)
Alendronat Teva® (Teva: SE)
Alendronato Denver Farma® (Denver: AR)
Alendronato Northia® (Northia: AR)
Alendronstad® (Stada: AT)
Alendronsäure Interpharm® (Interpharm: AT)
Alendronsäure ratiopharm® (Ratiopharm: AT)
Arendal® (Pharma Investi: CL)
Berlex® (Duncan: AR)
Bifemelan® (La Santé: CO)
Fosamax® (TTN: TH)
Fosval® (Saval: CL)
Leodrin® (Gynopharm: CL)
Marvil® (Elisium: AR)
Marvil® (Farmindustria: PE)
Maxibone® (Unipharm: IL)
Osdronat® (Incobra: CO)
Oseotal® (Chemopharma: CL)
Oseotenk® (Biotenk: AR)
Oslene® (Triyasa: ID)
Ostex® (Garmisch: CO)
Pamoseo® (LKM: AR)
Tevanate® (Gry: DE)
Vegabon® (Koçak: TR)

– sodium salt:

CAS-Nr.: 0121268-17-5
OS: *Alendronate Sodium USAN*
OS: *Sodium Alendronate BANM*
IS: *G 704650 (Gentili, Italy)*
IS: *L 670 (Merck Sharp & Dohme)*
IS: *MK 217*
PH: Natriumalendronat Ph. Eur. 5
PH: Natrii alendronas Ph. Eur. 5
PH: Sodium Alendronate Ph. Eur. 5
PH: Sodium (alendronate de) Ph. Eur. 5
PH: Alendronate Sodium USP 30

Acido Alendronico® (AC Farma: PE)
Actimax® (Sandoz: AR)
Adronat® (Neopharmed: IT)
Adronat® (Tecnifar: PT)
Aldrox® (Pasteur: CL)
Alenato® (ICN: PL)
Alenato® (Valeant: AR)
Alenat® (Arrow: SE)
Alenax® (Merck: SI)
Alendil® (Farmoquimica: BR)
Alendon® (Beximco: BD)
Alendro-Q® (Juta: DE)
Alendromax® (Arrow: HU)
Alendron beta® (betapharm: DE)
Alendron Hexal® (Hexal: DE)
Alendron Hexal® (Sandoz: HU)

Alendron Sandoz® (Sandoz: DE)
Alendronat Arrow® (Arrow: DK, NO, SI)
Alendronat Mepha® (Mepha: CH)
Alendronat Merck NM® (Merck NM: DK, FI)
Alendronat-ratiopharm® (Ratiopharm: CZ)
Alendronat-ratiopharm® (ratiopharm: DK, HU, PL)
Alendronate Sodium® (Barr: US)
Alendronate-Teva® (Teva: CZ, IL)
Alendronato Genfar® (Expofarma: CL)
Alendronato Genfar® (Genfar: CO)
Alendronato MK® (MK: CO)
Alendronato Pliva® (Pliva: IT)
Alendronato ratiopharm® (Ratiopharm: IT)
Alendronato Teva® (Teva: IT)
Alendronato® (Farvet: PE)
Alendronato® (La Sante: PE)
Alendronato® (Lakor: CO)
Alendronato® (Pentacoop: CO)
Alendronat® (Grünenthal: PE)
Alendronat® (Zdravlje: RS)
Alendroninezuur Actavis® (Actavis: NL)
Alendroninezuur Ratiopharm® (Ratiopharm: NL)
Alendroninezuur Sandoz® (Sandoz: NL)
Alendronsäure AbZ® (AbZ: DE)
Alendronsäure AL® (Aliud: DE)
Alendronsäure AWD® (AWD.pharma: DE)
Alendronsäure Heumann® (Heumann: DE)
Alendronsäure Kwizda® (Kwizda: DE)
Alendronsäure Merck® (Merck dura: DE)
Alendronsäure ratiopharm® (ratiopharm: DE)
Alendronsäure STADA® (Stada: DK)
Alendronsäure STADA® (Stadapharm: DE)
Alendronsäure-CT® (CT: DE)
Alendros® (Abiogen: IT)
Alendros® (Zentiva: CZ)
Alovell® (Novell: ID)
Andante® (Sanovel: TR)
Apo-Alendronate® (Apotex: CA)
Arendal® (Ivax: AR)
Arendal® (Roemmers: PE)
Armol® (Bussié: CO, GT, HN, PA, SV)
Bifosa® (Troikaa: IN)
Blindafe® (Nucitec: MX)
Bonemax® (Dinçsa Ilaç: TR)
Brek® (TRB: AR)
Cleveron® (TRB: BR)
CO Alendronate® (Cobalt: CA)
Defixal® (Leti: CR, DO, GT, NI, PA, SV)
Denfos® (Dr Reddys: LK)
Dronal® (Euro: NL)
Dronal® (Sigma Tau: IT)
Dronat® (Fortbenton: AR)
Dronet® (Drug International: BD)
Endronax® (Sintofarma: BR)
Eucalen® (Biogen: CO)
Femide® (Newport: CR)
Findeclin® (Finadiet: AR)
Fixopan® (Farma: EC)
Fixopan® (Grupo Farma: GT, PA, SV)
Fosalan® (Merck Sharp & Dohme: IL)
Fosalen® (Genepharm: GR)
Fosalen® (Pinewood: IE)
Fosamax Lyfjaver® (Lyfjaver: IS)
Fosamax® (Delphi: NL)
Fosamax® (EU-Pharma: NL)
Fosamax® (Eureco: NL)
Fosamax® (Euro: NL)
Fosamax® (Merck: CO, PE, US)
Fosamax® (Merck Frosst: CA)
Fosamax® (Merck Sharp & Dohme: AN, AR, AT, AU, AW, BA, BB, BE, BR, BS, BZ, CH, CL, CN, CR, CZ, DE, DK, ES, FR, GB, GT, GY, HK, HN, HR, HU, ID, IE, IS, IT, JM, KY, LK, LU, MX, MY, NI, NL, NZ, PA, PH, PL, PT, RS, RU, SE, SG, SI, SV, TH, TR, TT, VN, ZA)
Fosamax® (MerckSharp&Dohme: RO)
Fosamax® (MSD: FI, NO)
Fosamax® (Nedpharma: NL)
Fosamax® (Vianex: GR)
Fosavance® (Merck Sharp & Dohme: AT)
Fosavance® (MSD: NO)
Fosfacid® (Collins: MX)
Fosmin® (Refasa: PE)
Fosteofos® (Arrow: CZ)
Fostepor® (Gerard: IE)
Fosval® (Saval: EC)
Gen-Alendronate® (Genpharm: CA)
Genalen® (Gentili: IT)
Holadren® (Chile: CL)
Holadren® (Ivax: PE)
Lafedam® (Elvetium: PE)
Lendronal® (Lafedar: AR)
Leodrin® (Gynopharm: CL)
Leodrin® (Pharmalab: PE)
Lindron® (Krka: BA, CZ, PL, RS, SI)
Minusorb® (UCI: BR)
Neobon® (GYNOpharm: CO)
Nichospor® (Nicholas: ID)
Nor-Ospor® (Teramed: SV)
Novo-Alendronate® (Novopharm: CA)
Osalen® (Anpharm: PL)
Osalen® (Eczacibasi: TR)
Osdren® (Mintlab: CL)
Osficar® (Lafrancol: CO)
Osso® (Grisi Hnos: MX)
Ostalert® (Verisfield: GR)
Ostel® (Square: BD)
Ostemax® (Polpharma: PL)
Ostenan® (Marjan: BR)
Ostenil® (Polfa Kutno: PL)
Osteobon® (Bagó: AR)
Osteobon® (Cipla: ZA)
Osteofar® (Elofar: BR)
Osteofar® (Fahrenheit: ID)
Osteofene® (Rontag: AR)
Osteofos® (Cipla: HK, LK)
Osteomax® (Abdi Ibrahim: TR)
Osteomel® (Clonmel: IE)
Osteomix® (Life: EC)
Osteonate® (Raffo: AR)
Osteoplus® (PharmaBrand: EC)
Osteoral® (Aché: BR)
Osteosan® (Silesia: CL)
Osteotrat® (Biosintética: BR)
Osteovan® (Donovan: GT)
Osticalcin® (Bioquifar: CO)
Ostolek® (Lek-AM: PL)
Pasodron® (Rider: CL)
PMS-Alendronate® (Pharmascience: CA)
Porosimax® (Frater: DZ)
Regenesis® (Elea: AR)

Rekostin® (Biofarm: PL)
Romax® (Rowex: IE)
Sedron® (Gedeon Richter: HU)
Silidral® (Spedrog-Caillon: AR)
Terost® (Ativus: BR)
Teva Nate® (J.D.C.: SI)
Teva Nate® (Teva: SI)
Tevanate® (Ivax: IE)
Tevanate® (Lemery: MX)
Tibolene® (Tecnoquimicas: CO)
Tilios® (Microsules: AR)
Trabecan-Teva® (Teva: HU)
Voroste® (Combiphar: ID)
Zondra® (Liomont: MX)

Alexitol Sodium (Rec.INN)

L: Alexitolum natricum
D: Alexitol natrium
F: Alexitol sodique
S: Alexitol sodico

⚕ Antacid

CAS-Nr.: 0066813-51-2

Sodium polyhydroxyaluminium monocarbonate hexitol complex

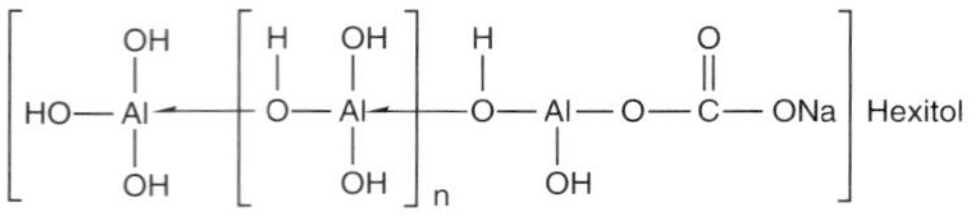

OS: *Alexitol sodique [DCF]*
OS: *Alexitol Sodium [BAN, USAN]*
IS: *Natriumpolyhydroxyaluminiummonocarbonat-Hexit-Komplex*

Actal® (ICN: TH)
Actal® (Valeant: HK, ID, SG)

Alfacalcidol (Rec.INN)

L: Alfacalcidolum
I: Alfacaldicolo
D: Alfacalcidol
F: Alfacalcidol
S: Alfacalcidol

⚕ Vitamin D

ATC: A11CC03
CAS-Nr.: 0041294-56-8

C_{27}-H_{44}-O_2
M_r 400.649

9,10-Secocholesta-5,7,10(19)-triene-1,3-diol, (1α,3β,5Z,7E)-

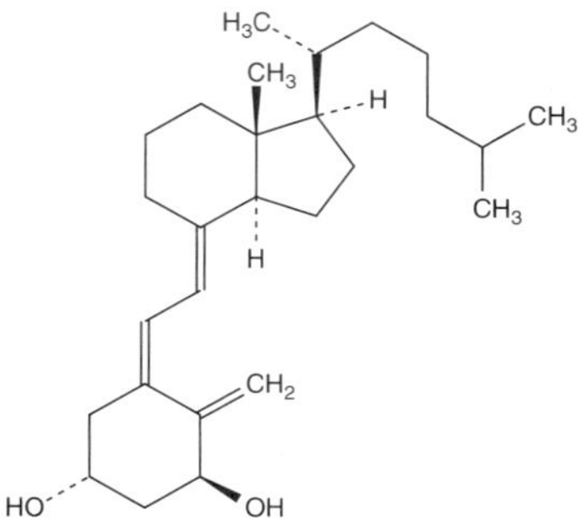

OS: *Alfacalcidol [BAN, JAN, USAN]*
OS: *Alfacalcidol [DCF]*
OS: *Alfacalcidolo [DCIT]*
IS: *1α-Hydroxy-vitamin D_3*
IS: *1α-Hydroxycholecalciferol*
IS: *1α-OHD_3*
IS: *EB 644 Leo, GB*
PH: Alfacalcidolum [Ph. Eur. 5]
PH: Alfacalcidol [Ph. Eur. 5]

1-Alpha Leo® (Leo: BE, LU)
Alfa D® (Gynopharm: CL)
Alfacalcidol® (Abbott: NL)
Alfacalcidol® (Medcor: NL)
Alfacalcidol® (Pharmachemie: NL)
Alfacip® (Cipla: LK)
Alfadiol® (GlaxoSmithKline: PL)
Alfad® (Altana: MX)
Alfad® (Biosintética: BR)
Alfakalcydol® (Instytut Farmaceutyczny: PL)
Alfarol® (Chugai: JP)
Alpha D3® (Gerolymatos: GR)
Alpha D3® (GlaxoSmithKline: IN)
Alpha D3® (J.D.C.: SI)
Alpha D3® (Med: TR)
Alpha D3® (Sidus: AR)
Alpha D3® (Teva: CN, CZ, HU, IL, RO, SG, TH)
Alpha D3® (Teva-NL: IT)
Alpha D3® (Zdravlje: RS)
Alpha-plus® (Genepharm: GR)
Alphabikal® (Demo: GR)
Alphacalcidol® (Euro: NL)
Alphazol® (Vocate: GR)
Bon-One® (Dipa: ID)
Bon-One® (Teijin: CN, SG, TH)
Bondiol® (Gry: DE)
Bondiol® (Teva: IL)
Dediol® (Leo-DK: IT)
Deril® (Ibirn: IT)
Diseon® (Teva: IT)
Diserinal® (Boniscontro & Gazzone: IT)
Doss® (AWD.pharma: DE)
Doss® (Gry: DE)
Eenalfadrie® (Pharmachemie: NL)
Eenalfadrie® (Teva: IL)
EinsAlpha® (Leo: DE)
Etalpha® (Leo: AT, CR, DK, DO, EC, ES, FI, GT, HN, IS, NL, NO, PA, PT, SE, SV)
Etalpha® (Nycomed: RU)
Etalpha® (Pentafarma: CL)
Etalpha® (Roemmers: CO)
Losefan® (Proel: GR)
Medi® (Mega: TH)
Minroset® (Win-Medicare: IN)
One-Alpha Europharma DK® (Leo: DK)
One-Alpha Leo® (LEO: GR)
One-Alpha Leo® (Leo: TH)
One-Alpha® (Abdi Ibrahim: TR)
One-Alpha® (Adcock Critical Care: ZA)
One-Alpha® (Darya-Varia: ID)
One-Alpha® (Leo: AN, BB, BD, CA, GB, HK, IE, IL, JM, LK, MY, NZ, SG, TH, TT)
Onealfa® (Teijin: JP)
Osteovile® (Pharmanel: GR)
Ostidil-D3® (K.B.R.: IT)

Sefal® (Farmaceutici T.S.: IT)
Un-Alfa® (Leo: FR)

Alfaprostol (Rec.INN)

L: Alfaprostolum
I: Alfaprostololo
D: Alfaprostol
F: Alfaprostol
S: Alfaprostol

Prostaglandin

CAS-Nr.: 0074176-31-1 — C_{24}-H_{38}-O_5, M_r 406.568

5-Heptenoic acid, 7-[2-(5-cyclohexyl-3-hydroxy-1-pentynyl)-3,5-dihydroxycyclopentyl]-, methyl ester, [1R-[1α(Z),2β(S*),3α,5α]]-

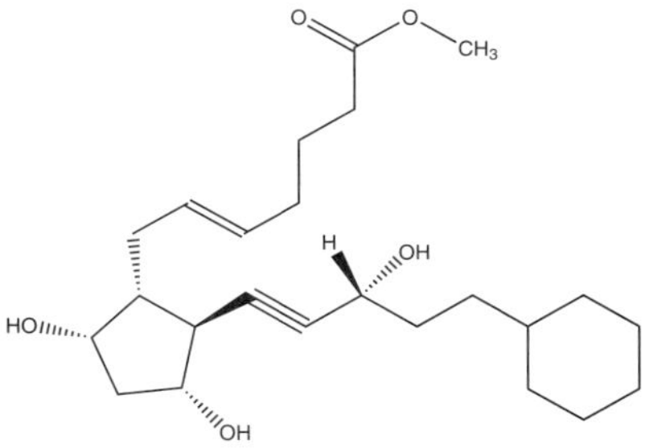

OS: *Alfaprostol [BAN, USAN]*
OS: *Alfaprostololo [DCIT]*
IS: *K 11941*
IS: *Ro 22-9000 (Roche, USA)*

Alfabédyl® [vet.] (Ceva: FR)
Alfavet® [vet.] (Vetem: US)
Gabbrostim® [vet.] (Boehringer Ingelheim: BE)
Gabbrostim® [vet.] (Ceva: NL, PT)

Alfatradiol (Rec.INN)

L: Alfatradiolum
D: Alfatradiol
F: Alfatradiol
S: Alfatradiol

Enzyme inhibitor, 5α-reductase
Topical

CAS-Nr.: 0000057-91-0 — C_{18}-H_{24}-O_2, M_r 272.38

Estra-1,3,5(10)-triene-3,17α-diol WHO

Estra-1,3,5(10)-trien-3,17α-diol IUPAC

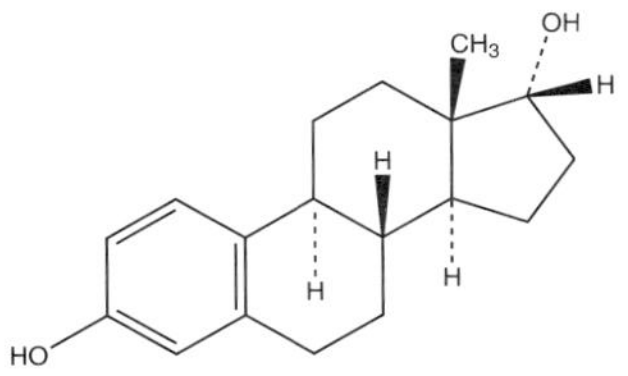

OS: *Alfatradiol [USAN]*
IS: *MX-4509 (Migenex, DE)*
IS: *17α-Estradiol*

Avicis® (Galderma: BR)
Avixis® (Galderma: AR)
Ell-Cranell® (Galderma: DE)
Pantostin® (Simons: DE)

Alfentanil (Prop.INN)

L: Alfentanilum
I: Alfentanile
D: Alfentanil
F: Alfentanil
S: Alfentanilo

Opioid analgesic

ATC: N01AH02
CAS-Nr.: 0071195-58-9 — C_{21}-H_{32}-N_6-O_3, M_r 416.547

Propanamide, N-[1-[2-(4-ethyl-4,5-dihydro-5-oxo-1H-tetrazol-1-yl)ethyl]-4-(methoxymethyl)-4-piperidinyl]-N-phenyl-

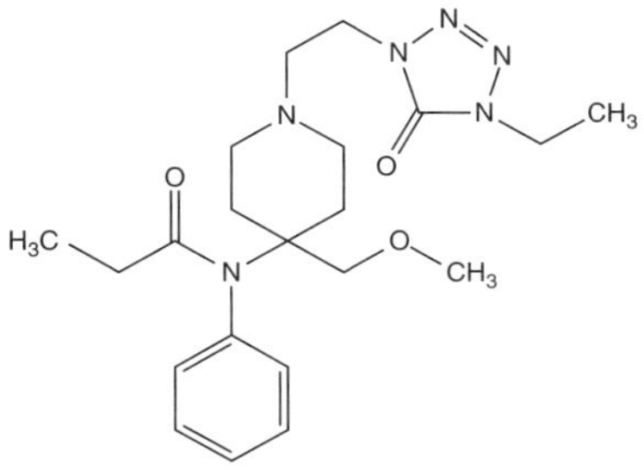

OS: *Alfentanil [BAN, DCF]*

Rapifen® (Janssen: HK, LU)

– hydrochloride (anhydrous):

CAS-Nr.: 0069049-06-5
OS: *Alfentanil Hydrochloride BANM, USAN*
IS: *R 39209*
PH: Alfentanil Hydrochloride Ph. Eur. 5, USP 30
PH: Alfentanili hydrochloridum Ph. Eur. 5
PH: Alfentanil (chlorhydrate d') Ph. Eur. 5
PH: Alfentanilhyddrochlorid Ph. Eur. 5

Alfast® (Cristália: BR)
Alfenta® (Abic: IL)
Alfenta® (Cristália: BR)
Alfenta® (Janssen: CA, US)
Fanaxal® (Esteve: ES)
Fentalim® (Angelini: IT)
Limifen® (Janssen: ES)
Rapifen® (AstraZeneca: AU)
Rapifen® (Janssen: AT, BE, BG, BR, CH, CR, CZ, DE, DK, DO, FI, FR, GB, GT, HN, HU, IL, NI, NL, NO, NZ, PA, RS, SE, SV, ZA)
Rapifen® (Janssen-Cilag: CL, TR)
Rapifen® [vet.] (Janssen Animal Health: GB)

Alfuzosin (Rec.INN)

L: Alfuzosinum
I: Alfuzosina
D: Alfuzosin
F: Alfuzosine
S: Alfuzosina

⚕ Antihypertensive agent
⚕ α-Adrenergic blocking agent

ATC: G04CA01
CAS-Nr.: 0081403-80-7 C_{19}-H_{27}-N_5-O_4
M_r 389.475

2-Furancarboxamide, N-[3-[(4-amino-6,7-dimethoxy-2-quinazolinyl)methylamino]propyl]tetrahydro-

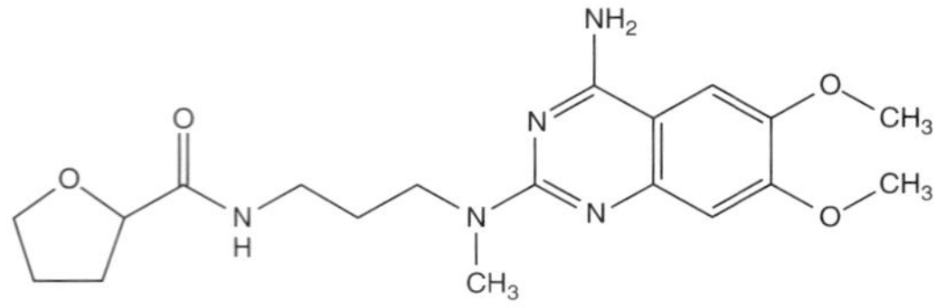

OS: *Alfuzosin [BAN]*
OS: *Alfuzosine [DCF]*
OS: *Alfuzosina [DCIT]*

Alfuzosine Biogaran® (Biogaran: FR)
Dalfaz® (Sanofi-Aventis: AR)
Flotral® (Ranbaxy: IN)
Xantral® (Sanofi-Synthelabo: PE)

– hydrochloride:

CAS-Nr.: 0081403-68-1
OS: *Alfuzosin Hydrochloride BANM, USAN*
IS: *SL 77499-10 (Synthélabo, France)*
PH: Alfuzosini hydrochloridum Ph. Eur. 5
PH: Alfuzosin Hydrochloride Ph. Eur. 5
PH: Alfuzosine (chlorhydrate d') Ph. Eur. 5
PH: Alfuzosinhydrochlorid Ph. Eur. 5

Alfetim® (Beecham: ES)
Alfetim® (Morrith: ES)
Alfetim® (Sanofi-Aventis: HU)
Alfunar® (Apogepha: DE)
Alfusin® (TAD: DE)
Alfuzosin AbZ® (AbZ: DE)
Alfuzosin Actavis® (Alpharma: SE)
Alfuzosin AL® (Aliud: DE)
Alfuzosin AWD® (AWD: DE)
Alfuzosin beta® (betapharm: DE)
Alfuzosin Copyfarm® (Copyfarm: DK)
Alfuzosin Hexal® (Hexal: DE, DK)
Alfuzosin Hexal® (Sandoz: SE)
Alfuzosin Hydrochlorid ratiopharm® (Ratiopharm: FI)
Alfuzosin Hydrochloride Sandoz® (Sandoz: FI)
Alfuzosin Merck NM® (Merck NM: SE)
Alfuzosin ratiopharm® (ratiopharm: DE)
Alfuzosin ratiopharm® (Ratiopharm: SE)
Alfuzosin Sandoz® (Sandoz: CH, DE, DK)
Alfuzosin Stada® (Stada: DE, SE)
Alfuzosin Winthrop® (Sanofi-Aventis: CH)
Alfuzosin Winthrop® (Sanofi-Synthelabo: DK)
Alfuzosin Winthrop® (Winthrop: DE)
Alfuzosin-1A Pharma® (1A Farma: DK)
Alfuzosin-1A Pharma® (1A Pharma: DE)
Alfuzosin-CT® (CT: DE)
Alfuzosin-dura® (Merck dura: DE)
Alfuzosine® (Centrafarm: NL)
Alfuzosine® (Delphi: NL)
Alfuzosine® (EU-Pharma: NL)
Alfuzosine® (Euro: NL)
Alfuzosine® (Sanofi-Synthelabo: NL)
Alfuzosine® (Stada: NL)
Alfu® (Rowex: IE)
Benestan® (Sanofi-Synthelabo: ES, PT)
Benprotan® (Clonmel: IE)
Dalfaz® (Sanofi-Aventis: PL, RU)
Mittoval® (Euro: NL)
Mittoval® (Nedpharma: NL)
Mittoval® (Sanofi-Aventis: IT)
Unibenestan® (Sanofi-Synthelabo: ES)
Union Uno® (Sanofi-Synthelabo: LU)
Urion® (Altana: DE)
Urion® (Sanofi-Synthelabo: LU, NL)
Urion® (Zambon: FR)
Uroxatral® (Medcor: NL)
Uroxatral® (Sanofi-Aventis: AR, CL, US)
Uroxatral® (Sanofi-Synthelabo: DE)
Xatger® (Gerard: IE)
Xatral Uno® (Sanofi-Aventis: CH)
Xatral Uno® (Sanofi-Synthelabo: CZ, IS, LU)
Xatral® (Delphi: NL)
Xatral® (Dr. Fisher: NL)
Xatral® (EU-Pharma: NL)
Xatral® (Eureco: NL)
Xatral® (Euro: NL)
Xatral® (Sanofi-Aventis: BE, BF, BJ, BR, CA, CG, CH, CI, CM, FI, FR, GA, GB, GE, GN, HK, IE, IL, IT, MG, ML, MU, MX, MY, NE, NO, RO, RS, SE, SG, SN, TD, TG, TR, VN, ZR)
Xatral® (Sanofi-Synthelabo: AT, CO, CR, CZ, DK, DO, EC, GR, GT, HN, ID, LU, NI, NL, PA, PH, SV, TH, ZA)

Algeldrate (Prop.INN)

L: Algeldratum
I: Algeldrato
D: Algeldrat
F: Algeldrate
S: Algeldrato

⚕ Antacid

ATC: A02AB02
CAS-Nr.: 0001330-44-5 Al-H_3-O_3.nH_2O
M_r 78

Aluminum hydroxide ($Al(OH)_3$), hydrate

$Al(OH)_3 \cdot nH_2O$

OS: *Algeldrate [USAN]*
OS: *Algeldrato [DCIT]*
IS: *Alcid*
IS: *Alokreen*
IS: *Gastralun*
IS: *W 4600*
IS: *Aluminiumorthohydroxid*
IS: *Aluminiumhydroxid, kolloidal*
IS: *Hydrargillit*

IS: *Tonerdehydrat*
IS: *Trioxo-aluminium(III)-säure*
PH: Aluminii oxidum hydricum [Ph. Eur. 4]
PH: Aluminum Hydroxide Gel, Dried [JP XIV, USP 26]
PH: Aluminiumoxid, Wasserhaltig, Algeldrat [Ph. Eur. 4]
PH: Aluminium oxide, hydrated [Ph. Eur. 4]
PH: Aluminium (oxyde d') hydraté [Ph. Eur. 4]

Acix® (Zentiva: CZ)
Actal® (Valeant: LK)
AlternaGEL® (J & J Merck: US)
Alu-Cap® (3M: GB, IL, KE, MA, US, ZA, ZW)
Alu-Cap® (United Drug: IE)
Alu-Tab® (3M: AU, NZ, US)
Aludrox® (Pfizer Consumer Healthcare: IE)
Aludrox® (Riemser: DE, SI)
Aludrox® (Wyeth: IN)
Alugel® (Chefaro: ES)
Alugel® (Philopharm: DE)
Alumag® (Beacons: SG)
Alumag® (Teva: IL)
Aluminio Hidroxido L.CH® (Chile: CL)
Aluminio Hidroxido S.O.® (Pasteur: CL)
Alusal® (Polfa Grodzisk: PL)
Amphojel® (Akromed: ZA)
Amphojel® (Aurium: CA)
Amphojel® (Whitehall: AU)
Amphojel® (Wyeth: TR, US)
Anti-Phosphat Gry® (Brady: AT)
anti-phosphat® (Bichsel: CH)
anti-phosphat® (Brady: AT)
anti-phosphat® (Gry: DE)
Brasivil® (Stiefel: DE)
Diovol® (Wallace: IN)
Hidroxido de Aluminio® (Bestpharma: CL)
Hidroxido de Aluminio® (Mintlab: CL)
Maalox® (Aventis: IE)
Maalox® (Sanofi-Aventis: GE)
Mucogel® (Forest: GB)
Noacid® (Infabra: BR)
Pepsamar® (Angelini: PT)
Pepsamar® (Gador: AR)
Pepsamar® (Sanofi-Aventis: ES)
Pepsamar® (Sanofi-Synthelabo: BR, CO)
Rocgel® (Tonipharm: BF, BJ, CF, CG, CI, CM, DZ, FR, GA, ML, MR, NE, SN, TD, TG)

Alginic Acid (BAN)

L: Acidum alginicum
I: Acido Alginico
D: Alginsäure
F: Acide alginique

⚕ Pharmaceutic aid
⚕ Treatment of gastric ulcera

CAS-Nr.: 0009005-32-7

A polyuronic acid composed of residues of D-mannuonic and L-guluronic acids obtained chiefly by extraction of algae belonging to the Phaeophyceae

OS: *Alginic Acid [BAN, USAN]*
OS: *Acide alginique [DCF]*
IS: *Norgine*
IS: *Polymannuronic Acid*
IS: *E 400*
IS: *A 2830-9*
PH: Alginsäure [Ph. Eur. 5]
PH: Acidum alginicum [Ph. Eur. 5, Ph. Int. 4]
PH: Acide alginique [Ph. Eur. 5]
PH: Alginic Acid [Ph. Eur. 5, Ph. Int. 4, USP 30]

– sodium salt:

CAS-Nr.: 0009005-38-3
OS: *Sodium Alginate USAN*
IS: *E 401*
IS: *Sodium Polymannuronate*
PH: Sodium Alginate BP 2002, Ph. Eur. 5, USP 30

Alginatol® (Nizhpharm: RU)
Natalsidum® (Nizhpharm: RU)
Reflufin® (Farmaser: CO)

Alglucerase (Rec.INN)

L: Alglucerasum
D: Alglucerase
F: Alglucerase
S: Alglucerasa

⚕ Enzyme, replacement therapy

ATC: A16AB01
CAS-Nr.: 0143003-46-7 C_{2532}-H_{3854}-N_{672}-O_{711}-S_{16}
M_r 55600.364

Glucosylceramidase (human placenta isoenzyme protein moiety reduced)

OS: *Alglucerase [BAN, USAN]*
OS: *Alglucérase [DCF]*
IS: *AD900*

Ceredase® (Genzyme: ES, IL, NL, US)

Alglucosidase alfa (Rec.INN)

L: Alglucosidasum alfa
D: Alglucosidase alfa
F: Alglucosidase alfa
S: Alglucosidasa alfa
ATC: A16AB07
ATCvet: QA16AB07
CAS-Nr.: 0420784-05-0
C_{4490}-H_{6823}-N_{1197}-O_{1298}-S_{32}
M_r 99364.54

human lysosomal prepro-α-glucosidase-(57-952)-peptide 199-arginine-223-histidine variant (WHO)

α-Glucosidase, human, rekombiniert

Recombinant human α-Glucosidase
IS: *rhGAA*
IS: *Genzyme-1*
IS: *Pompase*

Myozyme® (Genzyme: CA, DE, DK, ES, FI, NL, SE, US)

Alimemazine (Rec.INN)

L: Alimemazinum
D: Alimemazin
F: Alimémazine
S: Alimemazina

Histamine, H_1-receptor antagonist
Neuroleptic

ATC: R06AD01
CAS-Nr.: 0000084-96-8 C_{18}-H_{22}-N_2-S
M_r 298.454

10H-Phenothiazine-10-propanamine, N,N,β-trimethyl-

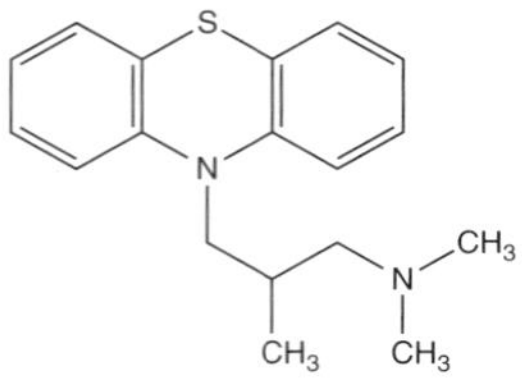

OS: *Alimémazine [DCF]*
OS: *Trimeprazine [BAN, USAN]*
OS: *Alimemazine [BAN]*
IS: *Methylpromazine*
IS: *Bayer 1219 (Bayer)*
IS: *RP 6549*
IS: *SKF 5277*

Repeltin® (Pierre Fabre: DE)
Theralene® (Aventis: LU)
Vallergan® [vet.] (Castlemead: GB)

– tartrate:

CAS-Nr.: 0004330-99-8
OS: *Alimemazine Tartrate BANM*
OS: *Trimeprazine Tartrate USAN*
IS: *Trimeprazine Tartrate*
PH: Alimémazine (tartrate d') Ph. Franç. X
PH: Alimemazine Tartrate BP 2007, JP XIV
PH: Trimeprazine Tartrate BP 2007, USP 30

Nedeltran® (Sanofi-Aventis: NL)
Panectyl® (Erfa: CA)
Sirop Teyssedre® (Bailleul: FR)
Theralene® (Sanofi-Aventis: BE, VN)
Theralen® (Sanofi-Aventis: SE)
Théralène® (UCB: FR)
Vallergan® (Aventis: AU, IS, NO, NZ, ZA)
Vallergan® (Sanofi-Aventis: GB, IE)
Variargil® (Italfarmaco: ES)

Aliskiren (Rec.INN)

L: Aliskirenum
D: Aliskiren
F: Aliskirene
S: Aliskireno

Antihypertensive agent
renin antagonist

ATC: C09XA02
ATCvet: QC09XA02
CAS-Nr.: 0173334-57-1 C_{30}-H_{53}-N_3-O_6
M_r 551.76

(2S,4S,5S,7S)-5-amino-*N*-(2-carbamoyl-2-methylpropyl)-4-hydroxy-2-isopropyl-7-[4-methoxy-3-(3-methoxypropoxy)benzyl]-8-methylnonanamide (WHO)

(2S,4S,5S,7S)-5-amino-*N*-(2-carbamoyl-2-methylpropyl)-4-hydroxy-2-isopropyl-7-[4-methoxy-3-(3-methoxypropoxy)benzyl]-8-methylnonanamid (IUPAC)

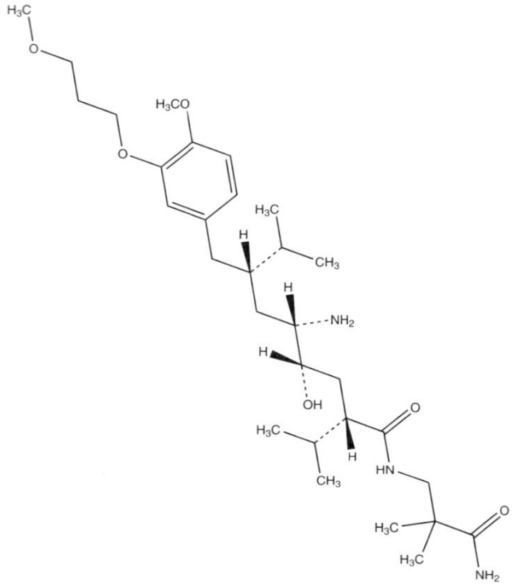

OS: *Aliskiren [USAN]*
IS: *SSP100 (Novartis, CH)*
IS: *Tekturna*

Rasilez® (Novartis: CH, US)
Tekturna® (Novartis: US)

Alitretinoin (Rec.INN)

L: Alitretinoinum
D: Alitretinoin
F: Alitretinoine
S: Alitretinoina

Antineoplastic agent

CAS-Nr.: 0005300-03-8 C_{20}-H_{28}-O_2
M_r 300.444

(2E,4E,6Z,8E)-3,7-dimethyl-9-(2,6,6-trimethyl-1-cyclohexen-1yl)-2,4,6,8-nonatetraenoic acid [WHO]

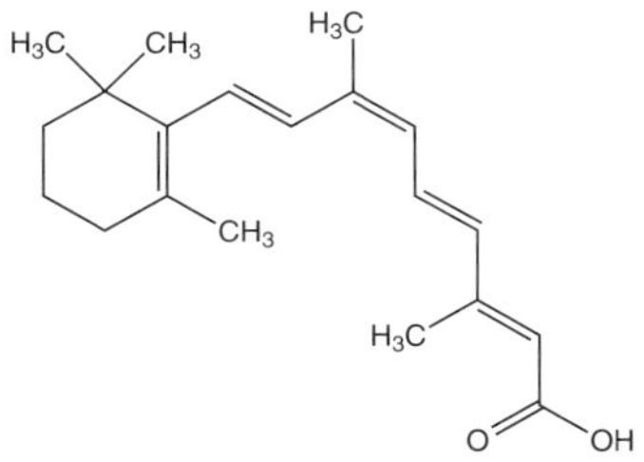

OS: *Alitretinoin [BAN, USAN]*
IS: *9-cis-Retinoic acid*
IS: *CCRIS 7098*

Panretin® (Andromaco: CL)
Panretin® (Bioprofarma: AR)
Panretin® (Glaxo Group: LU)
Panretin® (Ligand: NL, US)
Panretin® (Zeneus: DE, FR)

Alizapride (Rec.INN)

L: Alizapridum
I: Alizapride
D: Alizaprid
F: Alizapride
S: Alizaprida

Antiemetic
Dopamine agonist

ATC: A03FA05
CAS-Nr.: 0059338-93-1 C_{16}-H_{21}-N_5-O_2
M_r 315.394

1H-Benzotriazole-5-carboxamide, 6-methoxy-N-[[1-(2-propenyl)-2-pyrrolidinyl]methyl]-

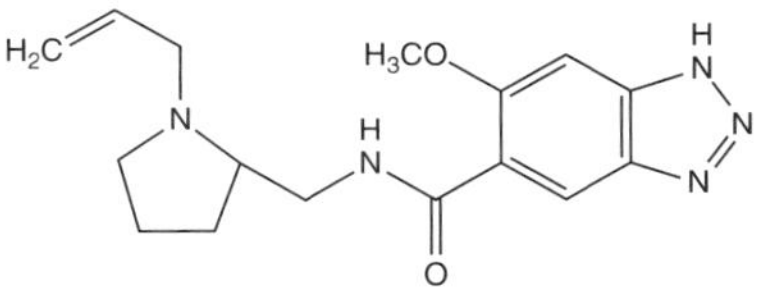

OS: *Alizapride [DCF, USAN, DCIT]*

– hydrochloride:

CAS-Nr.: 0059338-87-3

Gastriveran® (Finadiet: AR)
Limican® (Acarpia-P: IT)
Litican® (Sanofi-Aventis: BE)
Litican® (Sanofi-Synthelabo: LU, NL)
Plitican® (Sanofi-Aventis: FR)
Plitican® (Sanofi-Synthelabo: CO)
Superan® (Sanofi-Synthelabo: BR)
Vergentan® (Sanofi-Aventis: DE)

Allantoin (USAN)

L: Allantoinum
I: Allantoina
D: Allantoin
F: Allantoine
S: Alantoína

Dermatological agent, antipsoriatic
Wound healing

CAS-Nr.: 0000097-59-6 C_4-H_6-N_4-O_3
M_r 158.132

Urea, (2,5-dioxo-4-imidazolidinyl)-

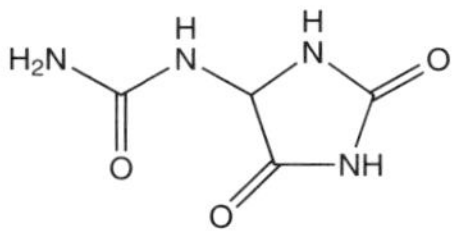

OS: *Allantoïne [DCF]*
OS: *Allantoin [BAN, USAN]*
IS: *Cordianine*
PH: Allantoin [Ph. Eur. 5, USP 30]
PH: Allantoinum [Ph. Eur. 5]
PH: Allantoine [Ph. Eur. 5]

Alantan® (Unia: PL)
Alphosyl® (GlaxoSmithKline: GB)
Alphosyl® (Intra: IE)
Masse Cream® (Ethnor: IN)

Allopurinol (Rec.INN)

L: Allopurinolum
I: Allopurinolo
D: Allopurinol
F: Allopurinol
S: Alopurinol

Uricostatic agent

ATC: M04AA01
CAS-Nr.: 0000315-30-0 C_5-H_4-N_4-O
M_r 136.127

4H-Pyrazolo[3,4-d]pyrimidin-4-one, 1,5-dihydro-

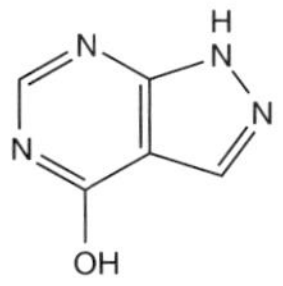

OS: *Allopurinol [BAN, DCF, USAN]*
OS: *Allopurinolo [DCIT]*
IS: *Bloxanth*
IS: *BW 56-158*
IS: *HPP*
IS: *NSC 1390*
IS: *E 861*
PH: Allopurinol [Ph. Eur. 5, Ph. Int. 4, JP XIV, USP 30]
PH: Allopurinolum [Ph. Eur. 5, Ph. Int. 4]

Abopur® (Norton Healthcare: DK)
Adenock® (Tanabe: JP)
Alfadiman® (Lazar: AR)
Algut® (Merck: ID)

Alinol® (Pharmasant: TH)
Allo AbZ® (AbZ: DE)
allo von ct® (CT: DE)
Allo-basan® (Sandoz: CH)
Allo-CT® (CT: DE)
Allo-Efeka® (Riemser: DE)
Allo-Puren® (Alpharma: DE)
Allobeta® (betapharm: DE)
Allohexal® (Hexal: AU, DE, NZ)
Allonol® (Ratiopharm: FI)
Allopin® (GDH: TH)
Allopurinol 1A Farma® (1A Farma: DK)
Allopurinol 1A Pharma® (1A Pharma: DE)
Allopurinol AbZ® (AbZ: DE)
Allopurinol acis® (acis: DE)
Allopurinol Adico® (Adico: CH)
Allopurinol Alpharma ApS® (Alpharma: SG)
Allopurinol Alpharma® (Alpharma: NL)
Allopurinol AL® (Aliud: DE)
Allopurinol Beacons® (Beacons: SG)
Allopurinol Bexal® (Bexal: BE)
Allopurinol Biogaran® (Biogaran: FR)
Allopurinol CF® (Centrafarm: NL)
Allopurinol Craveri® (Craveri: AR)
Allopurinol Dak® (Nycomed: DK)
Allopurinol DHA® (DHA: SG)
Allopurinol Domesco® (Domesco: VN)
Allopurinol dura® (Merck dura: DE)
Allopurinol EG® (Eurogenerics: BE)
Allopurinol Fabra® (Fabra: AR)
Allopurinol Gador® (Gador: AR)
Allopurinol Gen Med® (Gen Med: AR)
Allopurinol Genericon® (Genericon: AT)
Allopurinol Gf® (Genfarma: NL)
Allopurinol Helvepharm® (Helvepharm: CH)
Allopurinol Heumann® (Heumann: DE)
Allopurinol Hexal® (Hexal: AT, DE, NL)
Allopurinol Indo Farma® (Indofarma: ID)
Allopurinol Ivax® (Ivax: FR)
Allopurinol Lindo® (Lindopharm: DE)
Allopurinol Merck® (Merck Generics: NL)
Allopurinol Merck® (Merck Génériques: FR)
Allopurinol Nordic® (Nordic Drugs: SE)
Allopurinol Nycomed® (Nycomed: SE)
Allopurinol Nyco® (Pharmachemie: NL)
Allopurinol Phoenix® (Phoenix: AR)
Allopurinol ratiopharm® (Ratiopharm: BE)
Allopurinol ratiopharm® (ratiopharm: DE, LU)
Allopurinol RPG® (RPG: FR)
Allopurinol Sandoz® (Sandoz: AT, DE, FR, NL)
Allopurinol Stada® (Stada: DE)
Allopurinol Wellcome® (GlaxoSmithKline: NL)
Allopurinol Zydus® (Zydus: FR)
Allopurinol-Egis® (Egis: RU)
Allopurinol-Eurogenerics® (Eurogenerics: LU)
Allopurinol-Glaxo Wellcome® (GlaxoSmithKline: LU)
Allopurinolo Molteni® (Molteni: IT)
Allopurinolo Teva® (Teva: IT)
Allopurinol® (Alpharma: GB)
Allopurinol® (Arena: RO)
Allopurinol® (ASTA Medica: BR)
Allopurinol® (Eurogenerics: LU)
Allopurinol® (Generics: GB)
Allopurinol® (Hexal: NL)
Allopurinol® (Hillcross: GB)
Allopurinol® (Katwijk: NL)
Allopurinol® (mibe: DE)
Allopurinol® (Pharmachemie: NL)
Allopurinol® (Sandoz: AR)
Allopurinol® (SIC: GE)
Allopurinol® (Teva: GB)
Allopurinol® (Wockhardt: GB)
Allopur® (Nycomed: NO)
Allopur® (Sandoz: CH)
Alloril® (Dexxon: IL)
Allosig® (Fawns & McAllan: AU)
Allostad® (Stada: AT)
Allotyrol® (Sandoz: AT)
Allozym® (Sawai: JP)
Allupol® (Polfa Grodzisk: PL)
Allurit® (Teofarma: IT)
Alopron® (Remedica: ET, GH, KE, TZ)
Alopurinol Faes® (Faes: ES)
Alopurinol Iqfarma® (Iqfarma: PE)
Alopurinol Mundogen® (Mundogen: ES)
Alopurinol Normon® (Normon: CR, ES, GT, HN, NI, PA, SV)
Alopurinol Ratiopharm® (Ratiopharm: ES, PT)
Alopurinol® (Belupo: BA, HR, SI)
Alopurinol® (Bestpharma: CL)
Alopurinol® (Chemopharma: CL)
Alopurinol® (Medick: CO)
Alopurinol® (Memphis: CO)
Alopurinol® (Mintlab: CL)
Alopurinol® (Pasteur: CL)
Alopurinol® (Zdravlje: RS)
Alositol® (Tanabe: JP)
Alpurase® (Biolink: PH)
Alpuric® (Socobom: BE, LU)
Alurin® (Mediproducts: GT)
Anoprolin® (Shoji: JP)
Anzief® (Chemiphar: JP)
Apnol® (Pharmaland: TH)
Apo-Allopurinol® (Apotex: CA, CZ, SG, VN)
Apurin® (GEA: IS)
Apurin® (Hexal: AT, NL)
Apurin® (Sandoz: FI)
Apurol® (Siegfried: TH)
Arturic® (Actavis: FI)
Arturic® (Alpharma: NO)
Atisuril® (Altana: MX)
Benoxuric® (Bernofarm: ID)
Bleminol® (gepepharm: DE)
Caplenal® (Glynn: CZ)
Capurate® (Sigma: AU)
Cellidrin® (Hennig: DE)
Cellidrin® (Sanofi: CH)
Clint® (Medochemie: BH, CY, ET, OM, SD, TZ)
Docallopu® (Docpharma: BE)
Domedol® (Domesco: VN)
dura AL® (Merck dura: DE)
Esloric® (Square: BD)
Etindrax® (Valdecasas: MX)
Foligan® (Desma: DE)
GenRX Allopurinol® (GenRX: AU)
Gewapurol® (Pharmaselect: AT)
Gichtex® (Gerot: AT)
Gotapurin® (Schein: PE)
Hexanurat® (Sandoz: DK)

Isoric® (Interbat: ID)
Jenapurinol® (Jenapharm: DE)
Kemorinol® (Phyto: ID)
Ketanrift® (Ohta: JP)
Ketobun-A® (Isei: JP)
Llanol® (United Americans: ID)
Lonol® (Garec: ZA)
Loricid® (Littman: PH)
Masaton® (Zensei: JP)
Medoric® (Medifive: TH)
Mephanol® (Mepha: CH)
Milurit® (Egis: CZ, HK, HU, PL, RO)
Milurit® (UCB: DE)
Neufan® (Teikoku: JP)
Nilapur® (Nicholas: ID)
No-Uric® (Eipico: AE, BH, EG, IQ, JO, KW, LB, LY, OM, QA, SA, SD, YE)
Novo-Purol® (Novopharm: CA)
Progout® (Alphapharm: AU, SG)
Progout® (Pacific: NZ)
Proxuric® (Mecosin: ID)
Puribel® (Bruluart: MX)
Puricemia® (Sanbe: ID)
Puricin® (Shiwa: TH)
Puricos® (Aspen: ZA)
Puride® (Polipharm: TH)
Purinase® (L.R. Imperial: PH)
Purinol® (Pinewood: IE)
Purinol® (Ratiopharm: AT, CZ, RU)
Puritenk® (Biotenk: AR)
Redurate® (Alliance: ZA)
Remid® (TAD: DE)
Reucid® (Otto: ID)
Riball® (Mitsui: JP)
Rinolic® (Global: ID)
Rolab-Allopurinol® (Sandoz: ZA)
Sandoz Allopurinol® (Sandoz: ZA)
Sinoric® (Mersifarma: ID)
Soluric® (Uni-Pharma: GR)
Stradumel® (Pharmathen: GR)
Takanarumin® (Takata: JP)
Talol® (Saval: CL)
Tipuric® (Clonmel: IE)
Tylonic® (Metiska: ID)
Ucorex® (Healthcare: BD)
Unizuric-300® (Quimica y Farmacia: MX)
Uribenz® (R.A.N.: DE)
Uricad® (Great Eastern: TH)
Uricad® (Westmont: TH)
Urica® (Prima: ID)
Uricnol® (Kimia: ID)
Uriconorm® (Streuli: CH)
Uriprim® (Bial: PT)
Uripurinol® (Azupharma: DE)
Urogotan A® (Silesia: CL)
Uroquad® (Rajawali: ID)
Uroquad® (Remedica: KE)
Urosin® (Paranova: AT)
Urosin® (Roche: AT, CO)
Valeric® (Atlantic: TH)
Xanol® (Pharmasant: TH)
Xanturic® (Pyridam: ID)
Zilopur® (Apsen: BR)
Zurim® (Atral: PT)
Zylapour® (Farmanic: GR)
Zylol® (Teva: IL)
Zyloprim® (GlaxoSmithKline: AG, AN, AW, BB, CA, CR, DO, GD, GT, GY, HN, JM, LC, MX, NI, PA, PH, SV, TT, VC, ZA)
Zyloprim® (Prometheus: US)
Zyloprim® (Sigma: AU)
Zyloric® (Faes: ES)
Zyloric® (GlaxoSmithKline: AE, AT, BH, BR, CH, CL, CZ, DE, FI, FR, GB, GR, HK, ID, IE, IL, IN, IR, IT, KW, LU, MY, NL, NO, OM, PE, PL, QA, SE, SG, TH)
Zyloric® (SMB: BE)
Zyloric® (Vitoria: PT)
Zyloric® (Wellcome: ES)
Zyloric® [vet.] (GlaxoSmithKline: GB)
Zyloric® [vet.] (mibe: DE)
Ürikoliz® (Sandoz: TR)

– sodium salt:

Aloprim® (Nabi: US)
Apurin® [inj.] (Hexal: NL)

Allylestrenol (Rec.INN)

L: Allylestrenolum
I: Allilestrenolo
D: Allylestrenol
F: Allylestrénol
S: Alilestrenol

⚕ Progestin

ATC: G03DC01
CAS-Nr.: 0000432-60-0 C_{21}-H_{32}-O
M_r 300.487

Estr-4-en-17-ol, 17-(2-propenyl)-, (17β)-

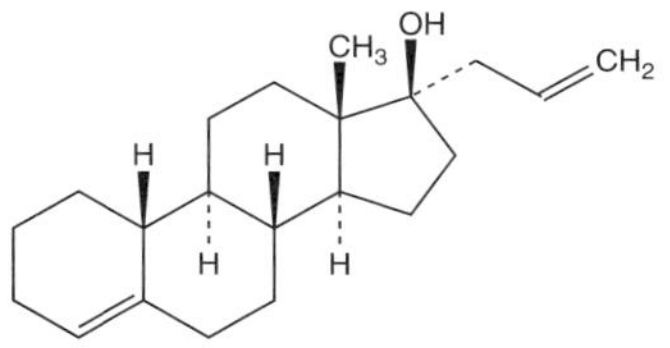

OS: *Allylestrénol [DCF]*
OS: *Allylestrenol [BAN, USAN]*
OS: *Allilestrenolo [DCIT]*
IS: *Allyloestrenol*

Alilestrenol® (Terapia: RO)
Gestanon® (Organon: AT, ES, IT)
Gravynon® (Kimia: ID)
Maintane Tab.® (Jagson Pal: IN)
Preabor® (Sanbe: ID)
Pregnolin® (Dexa Medica: ID)
Premaston® (Kalbe: ID)
Premaston® (Kalbe Farma: LK)
Prestrenol® (Interbat: ID)
Profar® (Organon: IN)
Turinal® (Gedeon Richter: SG)
Turinal® (Medimpex: CZ)

Almagate (Rec.INN)

L: Almagatum
D: Almagat
F: Almagate
S: Almagato

Antacid

ATC: A02AD03
CAS-Nr.: 0066827-12-1

C_2-H_{14}-Al_2-Mg_6-O_{20}.$_4H_2O$
M_r 630.034

Magnesium, [carbonato(2-)]heptahydroxy(aluminum)tri-, dihydrate

OS: *Almagate [USAN, BAN]*
IS: *LAS 3876 (Almirall, Spain)*
PH: Almagate [Ph. Eur. 5, BP 2007]

Almax Forte® (Almirall: ES)
Almax® (Almirall: ES, MX)
Obetine® (Alpro: ES)

Almasilate (Rec.INN)

L: Almasilatum
D: Almasilat
F: Almasilate
S: Almasilato

Antacid

ATC: A02AD05
CAS-Nr.: 0071205-22-6 Al_2-Mg-O_8-Si_2.nH_2O

Magnesium aluminosilicate hydrate

OS: *Almasilate [BAN, USAN]*
IS: *Aluminium magnesium silicate hydrate*
IS: *Magnesium aluminosilicate hydrate (WHO)*
PH: Almasilatum [2. AB-DDR]

Alubifar® (Rottapharm: ES)
Dysticum® [vet.] (Albrecht: DE)
Dysticum® [vet.] (Serumber: DE)
Dysticum® [vet.] (Weinboeh: DE)
Dysticum® [vet.] (Weinböhla: AT)
Megalac® (Krewel: DE)
Simagel® (Philopharm: DE)

Alminoprofen (Rec.INN)

L: Alminoprofenum
D: Alminoprofen
F: Alminoprofène
S: Alminoprofeno

Antiinflammatory agent
Analgesic

ATC: M01AE16
CAS-Nr.: 0039718-89-3

C_{13}-H_{17}-N-O_2
M_r 219.289

Benzeneacetic acid, α-methyl-4-[(2-methyl-2-propenyl)amino]-

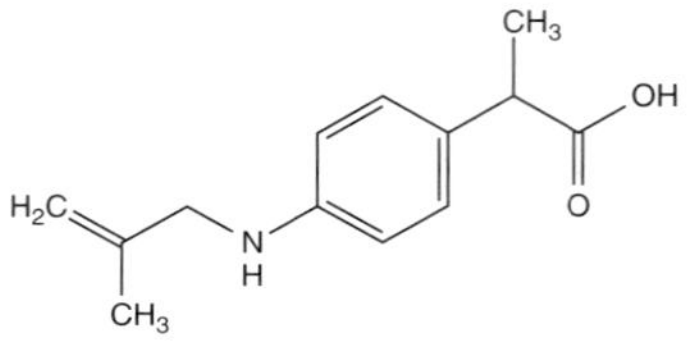

OS: *Alminoprofène [DCF]*
OS: *Alminoprofen [JAN, USAN]*
IS: *EB 382*

Minalfène® (Bouchara: FR, LU)

Almitrine (Rec.INN)

L: Almitrinum
D: Almitrin
F: Almitrine
S: Almitrina

Respiratory stimulant
Analeptic

ATC: R07AB03
CAS-Nr.: 0027469-53-0

C_{26}-H_{29}-F_2-N_7
M_r 477.588

1,3,5-Triazine-2,4-diamine, 6-[4-[bis(4-fluorophenyl)methyl]-1-piperazinyl]-N,N'-di-2-propenyl-

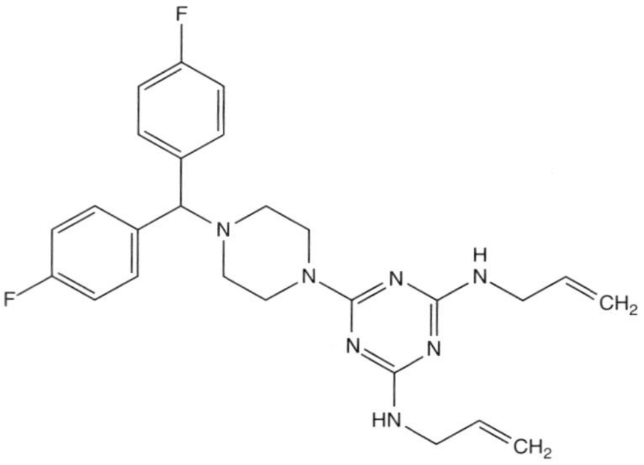

OS: *Almitrine [BAN, DCF]*
OS: *Almitrine Mesylate [USAN]*
IS: *S 2620*

– dimesilate:

CAS-Nr.: 0029608-49-9
OS: *Almitrine Mesylate USAN*

Armanor® (Servier: PL, RU)
Vectarion® (Euthérapie: FR)
Vectarion® (Servier: BR, DE, DK, ES, IE, LU, PT, VN)

Almotriptan (Rec.INN)

L: Almotriptanum
D: Almotriptan
F: Almotriptan
S: Almotriptan

⚕ Antimigraine agent
⚕ Serotonin agonist

ATC: N02CC05
CAS-Nr.: 0154323-57-6 C_{17}-H_{25}-N_3-O_2-S
M_r 335.47

1-[[[3-[2-(dimethylamino)ethyl]indol-5-yl]methyl]sulfonyl]pyrrolidine [WHO]

3-[2-(Dimethylamino)ethyl]-5-(pyrrolidinosulfonylmethyl)indol [IUPAC]

Pyrrolidine, 1-[[[3-[2-(dimethylamino)ethyl]-1H-indol-5-yl]methyl]sulfonyl]- [USAN]

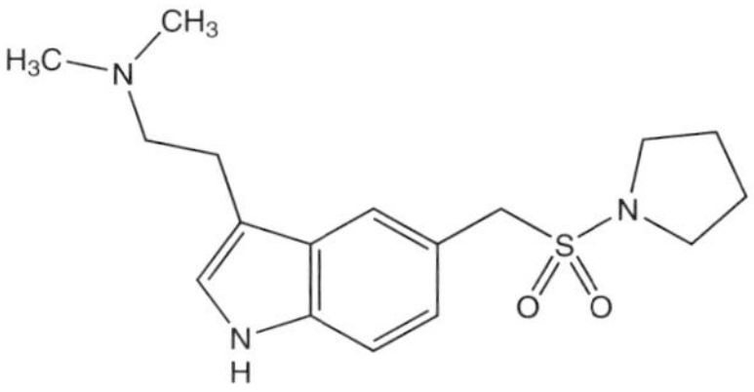

OS: *Almotriptan [BAN, USAN]*
IS: *LAS 31416 (Almirall, E)*

Almogran® (Organon: IE)
Almorgan® (Almirall: DE)

– malate:

CAS-Nr.: 0181183-52-8
OS: *Almotriptan Malate USAN*
IS: *Almotriptan[(RS)-hydroxysuccinat]*
IS: *PNU 180638 E (Pharmacia Upjohn, USA)*
IS: *LAS 31416 D,L-malate acid*
IS: *Amignul (Almirall, Spain)*

Almogran® (Almirall: AT, BE, DE, DK, ES, FR, IS, IT, LU, NL, NO, PR, PT)
Almogran® (Dainippon: JP)
Almogran® (Merz: CH)
Almogran® (Nycomed: SE)
Almogran® (Organon: GB, IE)
Almotrex® (Almirall: IT)
Amignul® (Almirall: LU, NL)
Amignul® (Uriach: ES)
Axert® (Janssen: CA)
Axert® (Ortho: US)

Alosetron (Rec.INN)

L: Alosetronum
D: Alosetron
F: Alosétron
S: Alosetrón

⚕ Serotonin antagonist
⚕ Antiemetic

ATC: A03AE01
CAS-Nr.: 0122852-42-0 C_{17}-H_{18}-N_4-O
M_r 294.36

1H-Pyrido(4,3-b)indol-1-one, 2,3,4,5-tetrahydro-5-methyl-2-((5-methyl-1H-imidazol-4-yl)methyl)-

2,3,4,5-Tetrahydro-5-methyl-2-[(5-methylimidazol-4-yl)methyl]-1H-pyrido[4,3-b]indol-1-one [WHO]

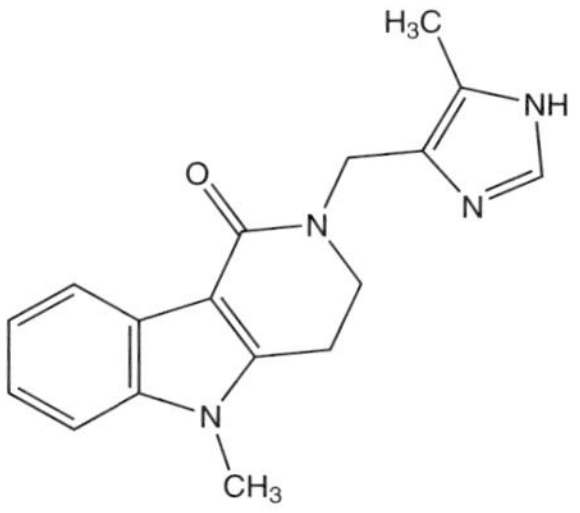

OS: *Alosetron [BAN]*
IS: *GR 68755X (Glaxo)*

– hydrochloride:

CAS-Nr.: 0122852-69-1
OS: *Alosetron Hydrochloride BANM, USAN*
IS: *GR 68755C (Glaxo)*

Lotronex® (GlaxoSmithKline: BR, KR, PR)
Lotronex® (GlaxoSmithKline Pharm.: US)

Aloxiprin (Rec.INN)

L: Aloxiprinum
D: Aloxiprin
F: Aloxiprine
S: Aloxiprina

⚕ Antiinflammatory agent
⚕ Analgesic
⚕ Antipyretic

ATC: B01AC15,N02BA02
CAS-Nr.: 0009014-67-9

Polymeric condensation product of aluminium oxide and o-acetylsalicylic acid

OS: *Aloxiprin [BAN, USAN]*
OS: *Aloxiprine [DCF]*
PH: Aloxiprin [BP 2007]
PH: Aloxiprinum [PhBs IV]

Superpyrin® (Medicamenta: CZ)

Alpha-1 protease inhibitor

D: Alpha1 proteinase inhibitor human

⚕ Enzyme inhibitor, protease

ATC: B02AB02
ATCvet: QB02AB02
CAS-Nr.: 0088943-21-9
IS: *Alpha1-Antitrypsin (human)*
IS: *α1-Antitrypsin*
IS: *α1-Trypsin inhibitor*
IS: *Prolastin*
IS: *α1-Antiprotease*
IS: *Alpha1-Antiproteinase (human)*
IS: *A1-PI*

Aralast® (Baxter: US)
Prolastina® (Bayer: ES)
Prolastin® (Bayer: DE, US)
Prolastin® (Talecris: CA)
Trypsone® (Grifols: ES)
Zemaira® (ZLB Behring: US)

Alprazolam (Rec.INN)

L: Alprazolamum
I: Alprazolam
D: Alprazolam
F: Alprazolam
S: Alprazolam

⚕ Tranquilizer

ATC: N05BA12
CAS-Nr.: 0028981-97-7 C_{17}-H_{13}-Cl-N_4
M_r 308.781

4H-[1,2,4]Triazolo[4,3-a][1,4]benzodiazepine, 8-chloro-1-methyl-6-phenyl-

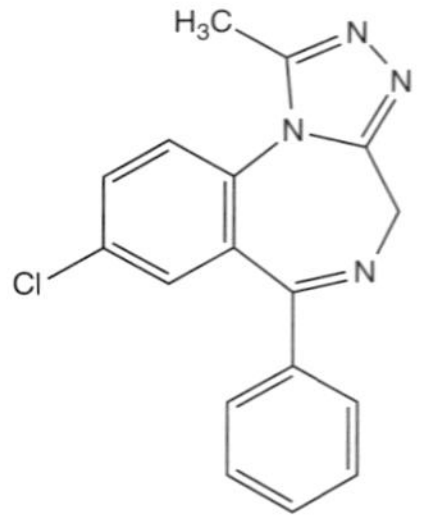

OS: *Alprazolam [BAN, DCF, DCIT, JAN, USAN]*
IS: *U 31889 (Upjohn, USA)*
IS: *D 65 MT*
PH: Alprazolam [JP XIV, Ph. Eur. 5, USP 30]
PH: Alprazolamum [Ph. Eur. 5]

Adax® (Saval: CL, EC)
Afobam® (Anpharm: PL)
Afobam® (Egis: PL)
Alcelam® (Pharmasant: TH)
Alganax® (Guardian: ID)
Alkrazil® (Kral: GT)
Alnax® (Masa Lab: TH)
Alpaz® (Farmindustria: PE)
Alpa® (Asiatic Lab: BD)
Alplax® (Gador: AR)
Alpralid® (CTS: IL)
Alpraphar® (Unicophar: BE)
Alprastad® (Stada: AT)
Alpravecs® (Marvecs: IT)
Alprax® (Arrow: AU)
Alprax® (Torrent: IN, TH)
Alprazig® (Baldacci: IT)
Alprazolam ABC® (ABC: IT)
Alprazolam AbZ® (AbZ: DE)
Alprazolam Actavis® (Actavis: NL)
Alprazolam Allen® (Allen: IT)
Alprazolam Alternova® (Alternova: FI)
Alprazolam AL® (Aliud: DE)
Alprazolam Arcana® (Arcana: AT)
Alprazolam A® (Apothecon: NL)
Alprazolam Bexal® (Bexal: BE, PT)
Alprazolam Biogaran® (Biogaran: FR)
Alprazolam CF® (Centrafarm: NL)
Alprazolam Cinfa® (Cinfa: ES)
Alprazolam Copyfarm® (Copyfarm: DK)
Alprazolam Denver® (Denver: AR)
Alprazolam Dexa Medica® (Dexa Medica: ID)
Alprazolam Diasa® (Diasa: ES)
Alprazolam Disphar® (Disphar: NL)
Alprazolam DOC® (DOC Generici: IT)
Alprazolam Edigen® (Edigen: ES)
Alprazolam EG® (EG: IT)
Alprazolam EG® (EG Labo: FR)
Alprazolam EG® (Eurogenerics: BE)
Alprazolam Esteve® (Esteve: ES)
Alprazolam Fabra® (Fabra: AR)
Alprazolam G Gam® (G Gam: FR)
Alprazolam Hexal® (Hexal: IT, NL)
Alprazolam Intensol® (Roxane: US)
Alprazolam Iqfarma® (Iqfarma: PE)
Alprazolam Katwijk® (Katwijk: NL)
Alprazolam Kern® (Kern: ES)
Alprazolam L.CH.® (Chile: CL)
Alprazolam Lch® (Ivax: PE)
Alprazolam LPH® (Labormed Pharma: RO)
Alprazolam Mabo® (Mabo: ES)
Alprazolam Merck NM® (Merck NM: FI, SE)
Alprazolam Merck® (Merck: CO, ES, NL)
Alprazolam Merck® (Merck Generics: IT)
Alprazolam Merck® (Merck Genéricos: PT)
Alprazolam MF® (Marfan: PE)
Alprazolam Microsules® (Microsules: AR)
Alprazolam MK® (Bonima: CR, DO, GT, HN, NI, PA, SV)
Alprazolam Normon® (Normon: ES)
Alprazolam Northia® (Northia: AR)
Alprazolam PCD® (Pharmacodane: DK)
Alprazolam PCH® (Pharmachemie: NL)
Alprazolam Pfizer® (Pfizer: DK)
Alprazolam Pharmagenus® (Pharmagenus: ES)
Alprazolam Pliva® (Pliva: ES)
Alprazolam Qualix® (Qualix: ES)
Alprazolam Ratiopharm® (Ratiopharm: AT, BE)
Alprazolam Ratiopharm® (ratiopharm: DE)
Alprazolam Ratiopharm® (Ratiopharm: ES, IT, NL, PT)
Alprazolam RPG® (RPG: FR)
Alprazolam Sandoz® (Sandoz: BE, DE, ES, FR, IT, NL)
Alprazolam Sigma Tau® (Sigma Tau: IT)
Alprazolam Stada® (Stada: ES)
Alprazolam Tarbis® (Tarbis: ES)
Alprazolam Teva® (Teva: BE, IT)

Alprazolam Winthrop® (Winthrop: FR)
Alprazolam Zydus® (Zydus: FR)
Alprazolam-DP® (Douglas: AU)
Alprazolam-Merck® (Merck: LU)
Alprazolam-Sandoz® (Sandoz: LU)
Alprazolamum® (Pfizer: NL)
Alprazolam® (Arcana: AT)
Alprazolam® (Bago: CL)
Alprazolam® (Dexa Medica: ID)
Alprazolam® (Farmo Andina: PE)
Alprazolam® (GenRx: NL)
Alprazolam® (Gianfarma: PE)
Alprazolam® (Grünenthal: PE)
Alprazolam® (Hersil: PE)
Alprazolam® (Induquimica: PE)
Alprazolam® (IPhSA: CL)
Alprazolam® (La Santé: CO)
Alprazolam® (Lakor: CO)
Alprazolam® (LCG: PE)
Alprazolam® (Mintlab: CL)
Alprazolam® (Mylan: US)
Alprazolam® (Sandoz: US)
Alprazol® (Casasco: AR)
Alprazomed® (Ethimed: BE)
Alprazomerck® (Generics: PL)
Alpraz® (SMB: BE, LU)
Alprocontin® (Modi-Mundipharma: IN)
Alprox® (Orion: DK, FI, IE, IL, PL)
Altral® (Neuropharma: AR)
Altrox® (Torrent: BR)
Alviz® (Pharos: ID)
Alzam® (Parke-Med: ZA)
Alzam® (Psicofarma: MX)
Alzolam® (Sun: BD, RU)
Amziax® (Soubeiran Chobet: AR)
Anax® (Millimed: TH)
Anpress® (Condrugs: TH)
Ansietyl® (Cipa: PE)
Ansiolit® (Gutis: CR, DO, NI)
Anxirid® (Aspen: ZA)
Anzion® (Farmaline: TH)
Apo-Alprazolam® (Apotex: AN, BB, BM, BS, GY, HT, JM, KY, SR, TT)
Apo-Alpraz® (Apotex: CA, SG)
Apraz® (Schering-Plough: BR)
Atarax® (Mersifarma: ID)
Azaxol® (Remedica: CY)
Azor® (Aspen: ZA)
Becede® (Vannier: AR)
Benzolam® (Bagó: CO)
Bestrol® (Cetus: AR)
Calmax® (Ergha: IE)
Calmlet® (Sunthi: ID)
Calmol® (Temis-Lostalo: AR)
Cassadan® (Temmler: DE)
Constan® (Takeda: JP)
CPL Alliance Alprazolam® (Alliance: ZA)
Daclor® (Rowe: DO)
Dixin® (Pauly: CO)
Dizolam Atlantic® (Atlantic: TH)
Docalprazo® (Docpharma: BE, LU)
Duazolam® (Osmopharm: DO)
Emeral® (Roemmers: AR)
Es-3® (Ethical: DO)
Farmapram® (Investigacion Farmaceutica: MX)
Feprax® (Ferron: ID)
Frixitas® (Novell: ID)
Frontal® (Pfizer: BR)
Frontal® (Solvay: IT)
Frontin® (Egis: CZ, HU, RO)
Gen-Alprazolam® (Genpharm: CA)
GenRX Alprazolam® (GenRX: AU)
Gerax® (Gerard: IE)
Grifoalpram® (Chile: CL)
Helex® (Krka: BA, CZ, HR, RO, RS)
Helex® (KRKA: RU)
Helex® (Krka: SI)
Irizz® (Probiomed: MX)
Isoproxal® (Lazar: AR)
Kalma® (Alphapharm: AU)
Kelaxanal® (Kela: BE)
Krama® (Duncan: AR)
Ksalol® (Galenika: RS)
Librazolam® (Librapharm: EC)
Marzolam® (March: TH)
Marzolan® (March: TH)
Meprax® (LAM: DO)
Merck-Alprazolam® (Merck Generics: ZA)
Mialin® (Biomedica Foscama: IT)
Misar® (Belupo: HR)
Mithra-Alprazolam® (Mithra: LU)
Nalion® (Medochemie: HK)
Nervus® (Fluter: DO)
Neupax® (Armstrong: MX)
Neurol® (Zentiva: CZ, PL, RO, RU)
Niravam® (Schwarz: US)
Nirvan® (Tecnoquimicas: CO)
Novo-Alprazol® (Novopharm: CA)
Pacyl® (Jagson Pal: IN)
Paxal® (Actavis: IS)
Pazolam® (Atral: PE, PT)
Pharnak® (Pharmaland: TH)
Pharnax® (Pharmaland: TH)
Prazam® (Royal Pharma: CL)
Prazin® (Hikma: AE, BH, EG, IQ, JO, KW, LB, LY, OM, QA, SA, SD, SY, TN, YE)
Prazolex® (Gedeon Richter: RO)
Prenadona® (Ariston: AR)
Prinox® (Andromaco: AR)
Psicosedol® (Spedrog-Caillon: AR)
Sanerva® (Royal Pharma: CL)
Saturnil® (Adelco: GR)
Serelam® (General Pharma: BD)
Serenil® (ABL: PE)
Siampraxol® (Siam Bheasach: TH)
Tafil® (Pfizer: CR, DK, GT, HN, IS, MX, NI, PA, SV)
Tafil® (Pharmacia: DE)
Tapofen® (Gutis: CR, DO, NI)
Tazun® (Sun Pharma: MX)
Tensium® (Baliarda: AR)
Tensivan® (Psipharma: CO)
Thiprasolan® (Lamsa: AR)
Topazolam® (Topgen: BE)
Trankimazin® (Pfizer: ES)
Tranquinal® (Bago: PE)
Tranquinal® (Bagó: AR, CR, GT, HN, NI, PA, SV)
Tranquinal® (Merck Bagó: BR)
Tricalma Retard® (Sanofi-Aventis: CL)
Tricalma® (Roemmers: PE)
Tricalma® (Sanofi-Aventis: CL)

Valeans® (Valeas: IT)
Xanacine® (Progress: TH)
Xanagis® (Agis: IL)
Xanal® (Dr.Abidi: GE)
Xanax XR® (Pfizer: RO, US)
Xanax® (Eczacibasi: TR)
Xanax® (Navana: BD)
Xanax® (Pfizer: AR, BA, BE, CA, CH, CZ, FR, GB, GE, HK, HR, HU, ID, IE, IL, LU, MY, NL, NL, NZ, PL, PT, SG, SI, US)
Xanax® (Pharmacia: AU, BG, CO, DE, ET, GH, GR, IT, KE, LR, PE, RO, RS, RW, SL, TH, TZ, UG, ZW)
Xanax® [vet.] (Pfizer Animal Health: GB)
Xanor® (Pfizer: AT, FI, NO, SE, ZA)
Xiemed® (Medifive: TH)
Zaxan® (Hemofarm: RS)
Zemhexal® (Hexal: AU)
Zolam® (Stadmed: IN)
Zolarem® (Aegis: RS)
Zolarem® (Egis: RO)
Zolax® (Beximco: BD)
Zolium® (Incepta: BD)
Zomiren® (Krka: PL)
Zopax® (Cipla: ZA)
Zotran® (Pfizer: CL)
Zypraz® (Kalbe: ID)

Alprenolol (Rec.INN)

L: Alprenololum
I: Aprenololo
D: Alprenolol
F: Alprénolol
S: Alprenolol

β-Adrenergic blocking agent

ATC: C07AA01
CAS-Nr.: 0013655-52-2 C_{15}-H_{23}-N-O_2
M_r 249.359

2-Propanol, 1-[(1-methylethyl)amino]-3-[2-(2-propenyl)phenoxy]-

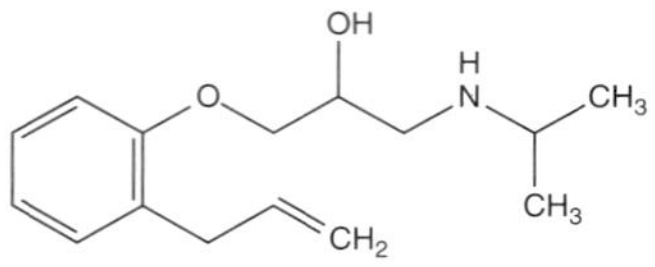

OS: *Alprenolol [BAN, DCF]*
OS: *Aprenololo [DCIT]*
IS: *H 561/28*

– hydrochloride:

CAS-Nr.: 0013707-88-5
OS: *Alprenolol Hydrochloride BANM, JAN, USAN*
IS: *H 56/28*
PH: Alprenolol Hydrochloride Ph. Eur. 5, JP XIV, USP 30
PH: Alprenololi hydrochloridum Ph. Eur. 5
PH: Alprénolol (chlorhydrate d') Ph. Eur. 5
PH: Alprenololhydrochlorid Ph. Eur. 5

Alprenolol® (Remedica: CY)
Regletin® (Teikoku Hormone: JP)

Alprostadil (Rec.INN)

L: Alprostadilum
I: Alprostadil
D: Alprostadil
F: Alprostadil
S: Alprostadil

Prostaglandin
Vasodilator

ATC: C01EA01,G04BE01
CAS-Nr.: 0000745-65-3 C_{20}-H_{34}-O_5
M_r 354.492

Prost-13-en-1-oic acid, 11,15-dihydroxy-9-oxo-, (11α,13E,15S)-

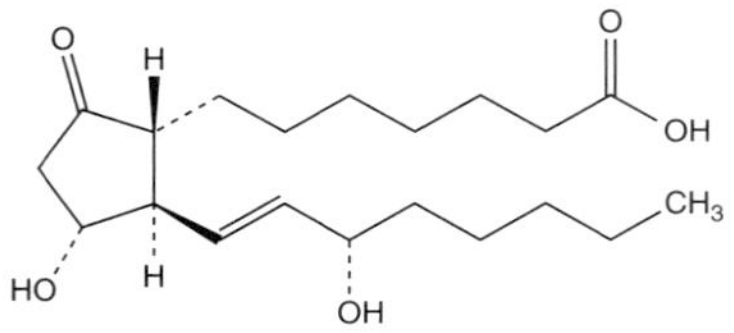

OS: *Alprostadil [BAN, DCF, DCIT, JAN, USAN]*
IS: *PGE_1*
IS: *Prostaglandin E_1*
IS: *U 10136 (Upjohn, USA)*
PH: Alprostadil [USP 30, Ph. Eur. 5]
PH: Alprostadilum [Ph. Eur. 5]

Alprostadil Pharmacia® (Pharmacia: ES)
Alprostadil® (Bedford: US)
Alprostadil® (Novopharm: CA)
Alprostadil® (Sicor: US)
Alprostan® (Leciva: CZ)
Alprostan® (Zentiva: RU)
Alprostapint® (BAG: CZ)
Alprostapint® (Gebro: AT, AT)
Alprostapint® (Pint Pharma: HU, IL)
Alprostin® (Pfizer: SI)
Aplicav® (Libbs: BR)
Bondil® (Meda: NO, SE)
Cardiobron® (Fada: AR)
Caverject® (Pfizer: AT, BE, BR, CA, CH, CL, CR, CZ, DK, FI, FR, FR, GB, GT, HK, HN, HU, ID, IE, IL, IS, MY, NI, NL, NO, NZ, PA, PL, PT, RU, SE, SG, SV, US)
Caverject® (Pharmacia: AU, BG, CO, DE, ES, IT, PE, RO, TH, ZA)
Caverject® (Pharmacia & Upjohn: SI)
Edex® (Schwarz: FR, US)
Karon® (Zentiva: CZ)
Liple® (Mitsubishi: JP)
Minprog® (Pfizer: AT)
Minprog® (Pharmacia: DE)
Muse® (AstraZeneca: AU, RO)
Muse® (Janssen: ID, IL, ZA)
Muse® (Meda: CH, DE, DK, FI, FR, GB, IE, LU, NL)
Muse® (Paladin: CA)
Muse® (Vivus: US)
Prolisina VR® (Pfizer: AR)
Prostin Pediatrico® (Pfizer: CL)
Prostin VR® (Pfizer: BE, CA, CH, GB, HR, HU, IL, IN, MY, NL, NZ, PL, PT, TH, US, ZA)
Prostin VR® (Pharmacia: AU, CO, CZ, GR, IT)
Prostine VR® (Abbott: AU)
Prostine VR® (Pfizer: FR, HK, IN)

Prostine® (Pfizer: FR)
Prostivas® (Pfizer: DK, FI, NO, SE)
Vasaprostan® (Schwarz: RO, RU)
Viridal® (Schwarz: DE, GB, IE, IT)

– alfadex:

OS: *Alprostadil Alfadex BAN, JAN*
IS: *Alprostadil α-Cyclodextrin*
IS: *PGE1 α-CD*
PH: Alprostadil Alfadex JP XIV

Alprostar® (Recordati: IT)
Prostandin® (Ono: JP)
Prostavasin® (Biosintética: BR)
Prostavasin® (Gebro: AT)
Prostavasin® (Schwarz: AT, CN, CZ, DE, HK, LU, PL)
Prostavasin® (Schwarz-D: IT)
Prostavasin® (Sidus: AR)
Sugiran® (Pensa: ES)
Vasoprost® (Esteve: PT)
Viridal® (Schwarz: GB)

Alteplase (Rec.INN)

L: Alteplasum
I: Alteplasi
D: Alteplase
F: Alteplase
S: Alteplasa

⚕ Anticoagulant, thrombolytic agent

ATC: B01AD02,S01XA13
CAS-Nr.: 0105857-23-6 C_{2569}-H_{3894}-N_{746}-O_{781}-S_{40}
M_r 59011.271

Plasminogen activator (human tissue-type protein moiety), glycoform α

OS: *Alteplase [BAN, USAN]*
IS: *rt-PA (recombinant)*
IS: *t-PA*
PH: Alteplase [USP 30]
PH: Alteplase for Injection [Ph. Eur 5, USP 30]
PH: Alteplasum ad iniectabile [Ph. Eur 5]
PH: Alteplase zur Injektion [Ph. Eur 5]
PH: Altéplase pour solution injectable [Ph. Eur 5]

Actilyse® (Boehringer Ingelheim: AR, AT, AU, BE, BR, CH, CL, CO, CZ, DE, DK, DZ, ES, FI, FR, GB, GE, GR, HK, HR, HU, ID, IE, IL, IS, IT, LU, MX, MY, NL, NO, NZ, PE, PL, PT, RO, RS, RU, SE, SG, SI, TH, TR, ZA)
Actilyse® (German Remedies: IN)
Activacin® (Kyowa: JP)
Activase® (Genentech: US)
Activase® (Roche: CA)
Cathflo® (Genentech: US)
Cathflo® (Roche: CA)
Grtpa® (Mitsubishi: JP)

Altrenogest (Rec.INN)

L: Altrenogestum
D: Altrenogest
F: Altrénogest
S: Altrenogest

⚕ Progestin

CAS-Nr.: 0000850-52-2 C_{21}-H_{26}-O_2
M_r 310.439

Estra-4,9,11-trien-3-one, 17-hydroxy-17-(2-propenyl)-, (17β)-

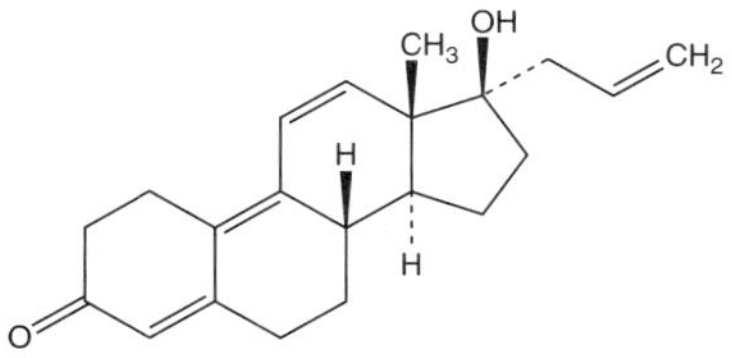

OS: *Altrenogest [BAN, DCF, USAN]*
IS: *A 35957*
IS: *A 41300*
IS: *RH 2267*
IS: *RU 2267 (Roussel-Uclaf, France)*

Altresyn® [vet.] (Ceva: FR)
Matrix® [vet.] (Intervet: US)
Regu-Mate® [vet.] (Intervet: US)
Regumate® [vet.] (Hoechst Animal Health: BE)
Regumate® [vet.] (Intervet: AU, DE, FI, FR, GB, IT, LU, NL, NZ, PT)
Regumate® [vet.] (Janssen Animal Health: DE)
Regumate® [vet.] (Janssen Santé Animale: FR)
Regumate® [vet.] (Veterinaria: CH)

Altretamine (Rec.INN)

L: Altretaminum
D: Altretamin
F: Altrétamine
S: Altretamina

⚕ Antineoplastic agent

ATC: L01XX03
CAS-Nr.: 0000645-05-6 C_9-H_{18}-N_6
M_r 210.303

1,3,5-Triazine-2,4,6-triamine, N,N,N',N',N",N"-hexamethyl-

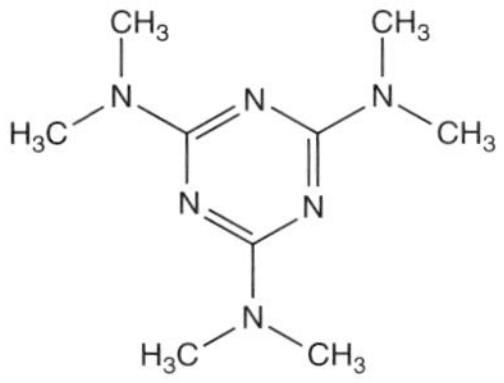

OS: *Altretamine [BAN, DCF, USAN]*
IS: *Hexamethylmelamine (WHO)*
IS: *NSC 13875*
IS: *RB 1515*
PH: Altretamine [USP 30]

Altretamine® (Pharmachemie: NL)
Hexalen® (American Taiwan Biopharm: TH)
Hexalen® (IDIS: NL)

Hexalen® (Lilly: CA)
Hexalen® (Mayne: AU)
Hexalen® (US Bioscience: US)

Aluminium Sulfate

L: Aluminii sulfas
D: Aluminiumsulfat

Astringent
Dermatological agent, antiperspirant
Antiinfective agent

CAS-Nr.: 0010043-01-3 Al_2-O_{12}-S_3
M_r 342.15

Aluminium Sulfate (anhydrous)

Aluminium Sulphate (anhydrous)

Dialuminiumtrisulfat (IUPAC)

OS: *Aluminium Sulfate [USAN]*
IS: *Aluminium sulfuricum*
IS: *Aluminium sulphate*
IS: *Dialuminium trisulfate*
IS: *E520*
IS: *Sulfuric acid, aluminium salt (3:2)*
IS: *Alunogenite*
IS: *Aluminium trisulfate*
IS: *Dialuminium sulfate*
IS: *Dialuminium sulphate*
IS: *Sulfatodialuminium disulfate*
IS: *Nalco 7530*
PH: Aluminium Sulphate [Ph. Eur. 5]
PH: Aluminum Sulfate [Ph. Int. 4, USP 30]
PH: Aluminii sulfas [Ph. Int. 4]

Stingose® (Hamilton: HK)
Stingose® (Pfizer: AU)

Aluminum Acetate (USP)

D: Aluminiumacetat

Astringent
Dermatological agent

CAS-Nr.: 0000139-12-8 C_6-H_9-Al-O_6
M_r 204.118

Acetic acid, aluminium salt

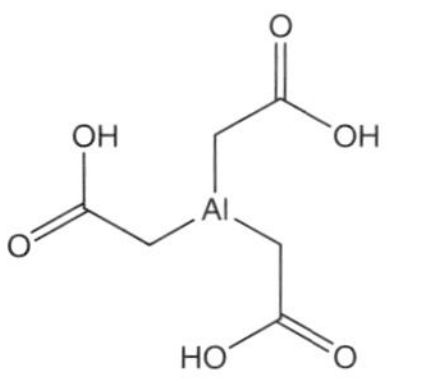

OS: *Aluminium Acetate [USAN]*
IS: *Burow's solution*
IS: *Buro-Sol Concentrate*
IS: *Domebora (Bayer)*
PH: Aluminiumacetat, Basisches [DAC]
PH: Aluminum acetate, topical solution [USP 30]

Acenova® (Novaderma: CO)
Acetato de aluminio® (Lakor: CO)
Acetato de aluminio® (Ophalac: CO)
Acid mantle® (Bayer: CO, CR, DO, GT, HN, NI, PA, SV)
Acidel® (Dermacare: CO)
Alsol® (Athenstaedt: DE)
Alsol® (Egis: HU)
Altacet® (Lek: PL)
Aluminiumacetat-Tartrat-Lösung DAB® (Athenstaedt: DE)
Dermofresc® (California: CO)
Domeboro® (Bayer: CO, CR, DO, GT, HN, NI, PA, SV)
Essitol® (Athenstaedt: DE)

Aluminum Chloride (USAN)

I: Aluminio cloruro esaidrato
D: Aluminiumchlorid-Hexahydrat
F: Chlorure d'aluminium hexahydraté

Astringent

ATC: D10AX01
ATCvet: QD10AX01
CAS-Nr.: 0007784-13-6 Al-Cl_3.$_6H_2O$
M_r 241.43

Aluminium chloride, hexahydarte (USAN)

OS: *Aluminium Chloride [USAN]*
IS: *CCRIS 5552*
IS: *AI3-01918*
IS: *Aluminium-trichlorid-6-Wasser*
IS: *Aluminiumchlorid-6-Wasser*
PH: Aluminium Chloride Hexahydrate [Ph. Eur. 5]
PH: Aluminum Chloride [USP 30]

Alumpak® (Valeant: AR)
Anhydrol® (Dermal: GB, IE, IL)
Antidral® (Polfa Kutno: PL)
Driclor® (Stiefel: AU, GB, HK, IE, SG, ZA)
Drysol® (Dispolab: CL)
Etiaxil® (Interdelta: CH)
Gargarisma® (Krewel: DE)
Mallebrin® (Krewel: DE)
Odaban® (Petrus: AU)
Xerac® (Dispolab: CL)

Aluminum Chlorohydrate (USAN)

L: Aluminium hydroxydatum chloratum hydratum

Dermatological agent, antiperspirant

CAS-Nr.: 0012042-91-0 Al_2-Cl-O_5-H_5.H_2O
M_r 174.45

Aluminum chloride hydroxide, $Al_2Cl(OH)_5$, hydrate

OS: *Aluminum Chlorohydrate [USAN]*
IS: *Aluminium hydroxychlorid*
IS: *Aluminum chlorhydroxide*
IS: *Aluminum hydroxychloride*
IS: *Dialuminium-chlorid-pentahydroxid*
PH: Aluminum Chlorohydrate [USP 30]

Aloxan Derma® (Promedico: IL)
Antizweet Vloeistof FNA® (FNA: NL)
Gelsica® (Resinag: CH)

Phosphonorm® (Medice: DE)
Phosphonorm® (Salmon: CH)
Sodorant® (Stiefel: AR)
Terkur® (Orva: TR)

Aluminum Phosphate, Dried (BP)

D: Aluminium-phosphat
F: Phosphate d'aluminium

Antacid

CAS-Nr.: 0007784-30-7 — Al-O_4-P, M_r 121.95

Phosphoric acid, aluminum salt (1:1)

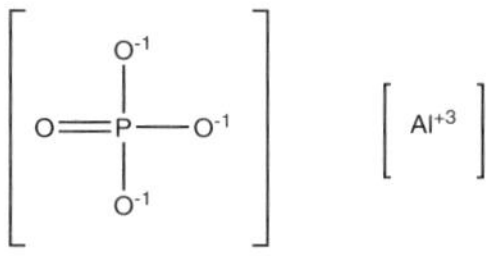

OS: *Aluminium Phosphate [USAN]*
IS: *Ulgel*
PH: Aluminium (phosphate d') [Ph. Franç. X]
PH: Aluminium Phosphate, Dried [BP 2007]

Gasterin® (Slovakofarma: CZ)

– hydrated:

PH: Aluminium Phosphate, Hydrated Ph. Eur. 5
PH: Aluminii phosphas hydricus Ph. Eur. 5
PH: Aluminum Phosphate Gel USP 30
PH: Wasserhaltiges Aluminiumphosphat Ph. Eur. 5
PH: Aluminium (phosphate d') hydraté Ph. Eur. 5

Alfogel® (Galenika: RS)
Fosfalugel® (Astellas: IT)
Gelatum Aluminii phosphorici® (Aflofarm: PL)
Gelatum Aluminii phosphorici® (Vis: PL)
Gelatum Aluminii phosphorici® (Ziololek: PL)
Phosphalugel® (Astellas: FR, PT, RU)
Phosphalugel® (Boehringer Ingelheim: DZ, VN)
Phosphalugel® (Kolassa: AT)
Phosphalugel® (Yamanouchi: BE, DE)
Phosphaluvet® [vet.] (Boehringer Ingelheim: FR)
Stoccel P® (HG.Pharm: VN)

Alverine (Rec.INN)

L: Alverinum
D: Alverin
F: Alvérine
S: Alverina

Antispasmodic agent

ATC: A03AX08
CAS-Nr.: 0000150-59-4 — C_{20}-H_{27}-N, M_r 281.446

Benzenepropanamine, N-ethyl-N-(3-phenylpropyl)-

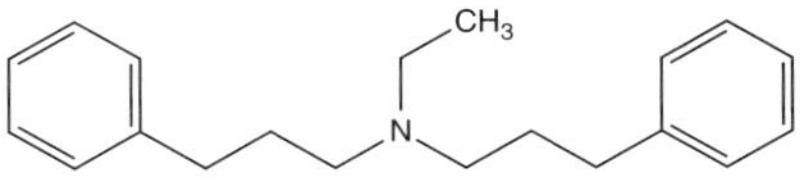

OS: *Dipropyline [DCF]*
OS: *Alverine [BAN]*
IS: *Phenpropaminum*

– citrate:

CAS-Nr.: 0005560-59-8
OS: *Alverine Citrate BANM, USAN*
PH: Alverine Citrate NF XIII
PH: Alverine citrate Ph. Eur. 5

Dospasmin® (Domesco: VN)
Eftispasmin® (F.T. Pharma: VN)
Gastrodog® [vet.] (Vetoquinol: FR)
Profenil® (Yik Kwan: HK)
Spasmaverine® (Sanofi-Aventis: VN)
Spasmaverine® (Soho: ID)
Spasmine® (Norgine: BE, LU)
Spasmolina® (Synteza: PL)
Spasmonal® (Norgine: AE, AN, BB, BH, BS, BW, CY, GB, HK, IE, IQ, JM, JO, KE, KW, LB, LK, LY, OM, PH, QA, SA, SD, SG, TH, TT, UG, ZW)

Amantadine (Prop.INN)

L: Amantadinum
I: Amantadina
D: Amantadin
F: Amantadine
S: Amantadina

Antiparkinsonian
Antiviral agent

ATC: N04BB01
CAS-Nr.: 0000768-94-5 — C_{10}-H_{17}-N, M_r 151.256

Tricyclo[3.3.1.1^{3,7}]decan-1-amine

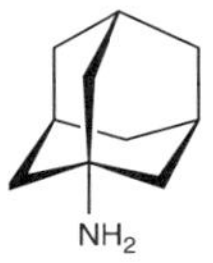

OS: *Amantadine [BAN, DCF]*
OS: *Amantadina [DCIT]*
IS: *1-Adamantanamine (WHO)*
IS: *GP 38026*
IS: *Ly 38982*
IS: *1-Adamantylazan*

Amantadin-CT® (CT: DE)
Amantrel® (Cipla: IN)
Parkadina® (Basi: PT)
Profil® (Atral: PT)

– hydrochloride:

CAS-Nr.: 0000665-66-7
OS: *Amantadine Hydrochloride BANM, USAN*
IS: *1-Adamantanamine hydrochloride*
IS: *EXP 105-1*
IS: *Ly 37407*
PH: Amantadine (chlorhydrate d') Ph. Eur. 5
PH: Amantadinhydrochlorid Ph. Eur. 5
PH: Amantadini hydrochloridum Ph. Eur. 5
PH: Amantadine Hydrochloride Ph. Eur. 5, JP XIV, USP 30

Adekin® (Desitin: DE)
Amanta AbZ® (AbZ: DE)
Amantadin Holsten® (Holsten: DE)
Amantadin Stada® (Stadapharm: DE)
Amantadin-HCl Sandoz® (Sandoz: DE)
Amantadin-ratiopharm® (ratiopharm: DE)
Amantadina Level® (Ern: ES)
Amantadina Llorente® (Llorente: ES)
Amantadina® (Ophalac: CO)
Amantadine Hydrochloride® (Hi-Tech: US)
Amantadine Hydrochloride® (Morton Grove: US)
Amantadine Hydrochloride® (Sandoz: US)
Amantadine Hydrochloride® (Upsher-Smith: US)
Amantadine Quality Pharm® (Quality: HK)
Amantagamma® (Wörwag Pharma: DE)
Amantan® (Altana: BE, LU)
Amazolon® (Sawai: JP)
Amixx® (Krewel: DE)
Atarin® (Leiras: FI)
Endantadine® (Bristol-Myers Squibb: CA)
Gen-Amantadine® (Genpharm: CA)
InfectoFlu® (Infectopharm: DE)
Kinestrel® (Psicofarma: MX)
Lysovir® (Alliance: GB)
Mantadan® (Boehringer Ingelheim: IT)
Mantadix® (Bristol-Myers Squibb: FR)
Mantadix® (Du Pont: LU)
Mantidan® (Eurofarma: BR)
Paritrel® (Trima: IL)
Prayanol® (Sanitas: CL)
Symetrel® (Pliva: SI)
Symmetrel® (Alliance: GB)
Symmetrel® (Bristol-Myers Squibb: CA)
Symmetrel® (Endo: US)
Symmetrel® (Novartis: AU, CH, GR, IE, NL, NZ, SG, ZA)
Symmetrel® [vet.] (Alliance: GB)
Viregyt-K® (Egis: CZ, HU, PL, RO)
Virosol® (Phoenix: AR)
Virucid® (Hofmann: AT)
Zintergia® (Novamed: CO)

– sulfate:

CAS-Nr.: 0031377-23-8
IS: *1-Adamantanamine sulfate (ASK)*
IS: *Amantadinhemisulfat*
PH: Amantadinsulfat DAC 1997

A-Parkin® (Dexxon: IL)
a.m.t.® (acis: DE)
Amantadin AL® (Aliud: DE)
Amantadin beta® (betapharm: DE)
Amantadin Hexal® (Hexal: DE)
Amantadin-neuraxpharm® (neuraxpharm: DE)
Amantadin-ratiopharm® (ratiopharm: DE)
Amantadin-Serag® (Serag-Wiessner: DE)
Amantadin-Sulfat Sandoz® (Sandoz: DE)
Amantadina Merck® (Merck: CO)
Amantadinsulfat Fresenius® (Fresenius: AT)
Amantadinsulfat gespag® (Gespag: AT)
Amantix® (Grupo Farma: CO)
Amantix® (Merz: PL)
Aman® (Hexal: DE)
Aman® (Neuro Hexal: DE)
Hofcomant® (Kolassa: AT)
Infex® (Merz: DE)
PK-Merz-Schoeller® (Kolassa: AT)
PK-Merz® (Assos: TR)
PK-Merz® (Darier: MX)
PK-Merz® (Megapharm: IL)
PK-Merz® (Merz: AE, CH, CR, CY, CZ, DE, DO, EG, GT, HK, HN, HU, JO, KW, LB, LU, MT, OM, PA, RS, RU, SA, SD, SV, YE)
Tregor® (Hormosan: DE)

Ambazone (Rec.INN)

L: Ambazonum
D: Ambazon
F: Ambazone
S: Ambazona

Antiseptic
Desinfectant

ATC: R02AA01
CAS-Nr.: 0000539-21-9 C_8-H_{11}-N_7-S
M_r 237.306

Hydrazinecarbothioamide, 2-[4-[(aminoiminomethyl)hydrazono]-2,5-cyclohexadien-1-ylidene]-

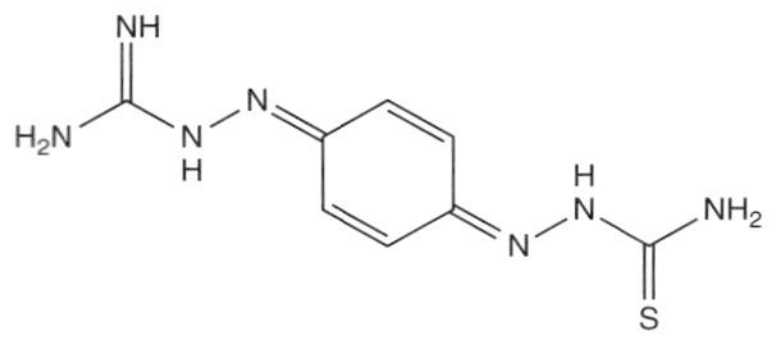

OS: *Ambazone [BAN, DCF, USAN]*
IS: *DC 0572*
PH: Ambazonum [2.AB-DDR]

Ambasept® (Magistra: RO)
Faringosept „L“® (Terapia: RO)
Faringosept® (Akrihin: RU)
Faringosept® (Terapia: CZ, PL, RO)

Ambenonium Chloride (Rec.INN)

L: Ambenonii Chloridum
D: Ambenonium chlorid
F: Chlorure d'Ambénonium
S: Cloruro de ambenonio

Parasympathomimetic agent, cholinesterase inhibitor

CAS-Nr.: 0000115-79-7 C_{28}-H_{42}-Cl_4-N_4-O_2
M_r 608.484

Benzenemethanaminium, N,N'-[(1,2-dioxo-1,2-ethanediyl)bis(imino-2,1-ethanediyl)]bis[2-chloro-N,N-diethyl-, dichloride

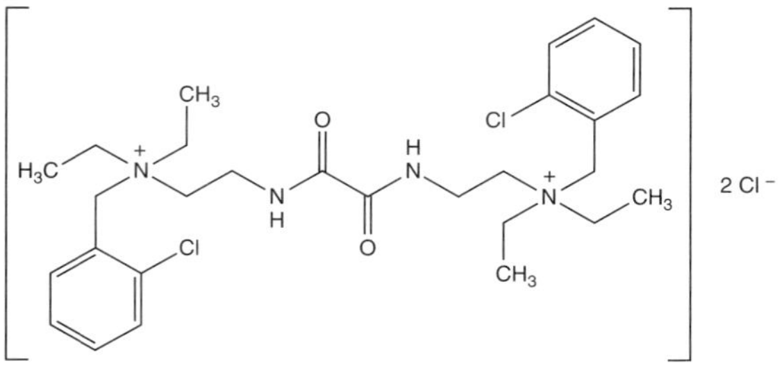

OS: *Ambenonium Chloride [BAN, JAN, USAN]*

IS: *Ambenonum*
IS: *Ambestigminum chloridum*
IS: *Oxazyl*
IS: *Win 8077 (Winthrop, USA)*
PH: Ambenonium Chloride [JP XIV, USP XX]

Mytelase® (Sanofi-Aventis: FR, HU, PL, SE, US)
Mytelase® (Sanofi-Synthelabo: CZ)

Ambrisentan (Rec.INN)

L: Ambrisentanum
D: Ambrisentan
F: Ambrisentan
S: Ambrisentán

Endothelin antagonist
Vasoconstrictor
Antihypertensive agent

ATC: C02KX02
ATCvet: QC02KX02
CAS-Nr.: 0177036-94-1 C_{22}-H_{22}-N_2-O_4
M_r 378.42

(+-)-(2S)-2-[(4,6-Dimethylpyrimidin-2-yl)oxy]-3-methoxy-3,3-diphenylpropanoic acid WHO

(S)-2-(4,6-Dimethylpyrimidin-2-yloxy)-3-methoxy-3,3-diphenylpropionsäure IUPAC

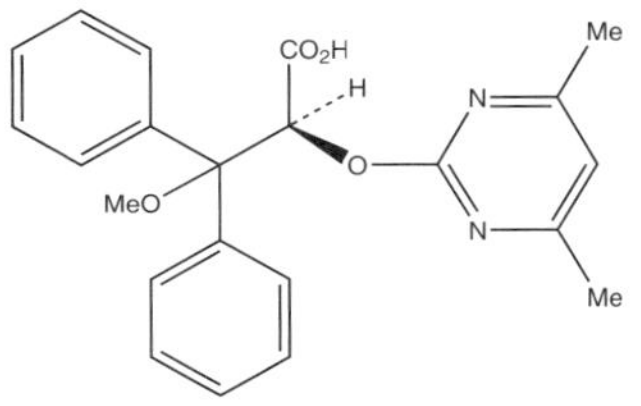

OS: *Ambrisentan [BAN, USAN]*
IS: *BSF 208075*
IS: *LU 208075*

Letairis® (Gilead: US)

Ambroxol (Rec.INN)

L: Ambroxolum
I: Ambroxolo
D: Ambroxol
F: Ambroxol
S: Ambroxol

Expectorant
Mucolytic agent

ATC: R05CB06
CAS-Nr.: 0018683-91-5 C_{13}-H_{18}-Br_2-N_2-O
M_r 378.107

Cyclohexanol, 4-[[(2-amino-3,5-dibromophenyl)methyl]amino]-, trans-

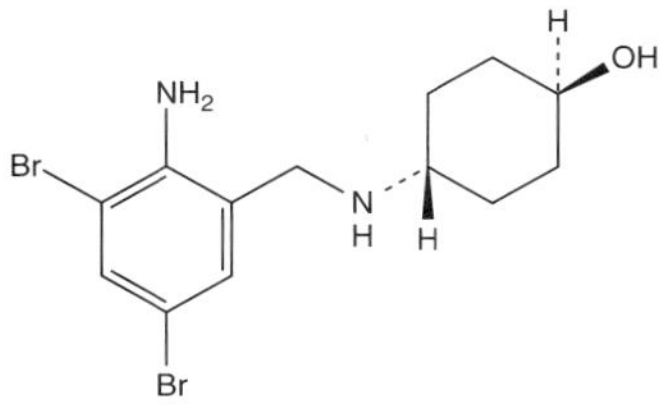

OS: *Ambroxol [BAN, DCF, USAN]*
OS: *Ambroxolo [DCIT]*

Ambrohexal® [inj.] (Hexal: PL)
Ambromox® (Farmindustria: PE)
Ambrosandoz® (Hexal: RO)
Ambrosol® (Pliva: PL)
Ambroxol Domesco® (Domesco: VN)
Ambroxol Jarabe® (Chemopharma: CL)
Ambroxol L.CH.® (Chile: CL)
Ambroxol® (SIC: GE)
Ambroxol® (Sopharma: GE)
Ampromed® (Millimed: TH)
Brommer® (Mersifarma: ID)
Bronco Penamox® (Sanitas: PE)
Bronco-Amoxidin® (Medifarma: PE)
Broncodex® (Laser: PE)
Broncoterol® (Bago: PE)
Brondil® (Magnachem: DO)
Bronpamox® (Pharmalab: PE)
Bronpax® (Pharmalab: PE)
Brox® (Navana: BD)
Duracef Mucolitico® (Bristol-Myers Squibb: PE)
Fada Ambroxol® (Fada: AR)
Femex® (Globe: BD)
Fluidasa® (Farmindustria: PE)
Fluidin® (Ativus: BR)
Intibroxol® (Inti: PE)
Mucibron® (Lab. Neo Quím.: BR)
Mucosol® (Beximco: BD)
Mucosurf® (Elifarma: PE)
Mukinol® (ASTA Medica: ID)
Muxol® (Saval: EC, PE)
Nufanibrox® (Nufarindo: ID)
Promukus® (Mecosin: ID)
Prospec® (Apotex: PE)
Pulmolan® (GMP: GE)
Simusol® (Siam Bheasach: TH)
Sohopect® (Soho: ID)
Suibroxol® (Suiphar: DO)
Suprima-Kof® (Shreya: RU)
Tabcin® (Bayer: BG)
Tocalm® (Prater: CL)
Tusilin® (Abdi Ibrahim: TR)
Vaksan® (Boehringer Ingelheim: CO)

– hydrochloride:
CAS-Nr.: 0015942-05-9
OS: *Ambroxol Hydrochloride BANM, JAN*
IS: *NA 872 (Thomae, D)*
PH: Ambroxolhydrochlorid Ph. Eur. 5
PH: Ambroxol Hydrochloride Ph. Eur. 5
PH: Ambroxol (chlorhydrate d') Ph. Eur. 5
PH: Ambroxoli hydrochloridum Ph. Eur. 5

Abrolen® (Specifar: GE)
Acocontin® (Modi-Mundipharma: IN)
Acolyt® (Modi-Mundipharma: IN)
Acorex® (Apex: BD)
Aflegan® (ICN: PL)
Ambolar® (Dar-Al-Dawa: AE, BH, IQ, JO, KW, LB, LY, MT, NG, OM, QA, RO, SA, SD, SO, TN, YE)
Ambolyt® (Incepta: BD)
Amboten® (Eskayef: BD)
Amboxol® (Bristol-Myers Squibb: BG)
Ambreks Surup® (Nobel: TR)
Ambril® (Desma: DE)
Ambril® (Merck: AR, ID)
Ambro AbZ® (AbZ: DE)
Ambro-Hemopharm® (Hemopharm: DE)
Ambro-Puren® (Alpharma: DE)
Ambrobene retard® (Ratiopharm: AT)
Ambrobene® (Merckle: GE)
Ambrobene® (Ratiopharm: AT, CZ)
Ambrobene® (ratiopharm: HU)
Ambrobene® (Ratiopharm: RU)
Ambrobeta® (betapharm: DE)
Ambrobiotic® (Saidal: DZ)
Ambrodil® (Aristo: IN)
Ambrodoc® (Docpharm: DE)
Ambrofur® (Ivax: MX)
Ambrohexal® (Hexal: AT, DE, LU, PL, RO, RU)
Ambrohexal® (Sandoz: HU)
AMBROinfant® (RubiePharm: DE)
Ambrokral® (Kral: GT, SV)
Ambroksol® (Altana: PL)
Ambrolan® (Lannacher: AT)
Ambrolex® (GlaxoSmithKline: PH)
Ambrolite® (Tablets: LK)
Ambrolitic® (Chiesi: ES)
Ambroloes® (Hexal: DE, LU)
Ambrolytic® (Chiesi: DO, GT, HN, NI, SV)
Ambrolytic® (Samakeephaesaj: TH)
Ambrol® (Deva: TR)
Ambrol® (Fresenius: AT)
Ambrol® (Shiwa: TH)
Ambrosan® (Pro.Med: CZ, GE, PL)
Ambrosan® (Pro.Med.: RU)
Ambrosan® (Pro.Med.CS: BA)
Ambrotos® (Recalcine: CL)
Ambrotus® (Epifarma: IT)
Ambroxan® (M & H: TH)
Ambroxol 1A Pharma® (1A Pharma: AT, DE)
Ambroxol AbZ® (AbZ: DE)
Ambroxol acis® (acis: DE)
Ambroxol AL® (Aliud: CZ, DE, RO)
Ambroxol Aphar® (Litaphar: ES)
Ambroxol Bexal® (Bexal: ES)
Ambroxol BIG® (Benedetti: IT)
Ambroxol Biogaran® (Biogaran: FR)
Ambroxol Cinfa® (Cinfa: ES)
Ambroxol Clorhidrato® (Bestpharma: CL)
Ambroxol Clorhidrat® (Arena: RO)
Ambroxol Ecar® (Ecar: CO)
Ambroxol Edigen® (Edigen: ES)
Ambroxol EG® (EG Labo: FR)
Ambroxol Farmoz® (Farmoz: PT)
Ambroxol Feltrex® (Feltrex: DO)
Ambroxol Fluidox® (Baldacci: PT)
Ambroxol G Gam® (G Gam: FR)
Ambroxol Gen-Far® (Genfar: PE)
Ambroxol Genericon® (Genericon: AT)
Ambroxol Genfar® (Expofarma: CL)
Ambroxol Genfar® (Genfar: CO, EC)
Ambroxol Heumann® (Heumann: DE)
Ambroxol Indo Farma® (Indofarma: ID)
Ambroxol Ivax® (Ivax: FR)
Ambroxol Jet® (Jet: IT)
Ambroxol Krewel Meuselbach® (Krewel: DE)
Ambroxol Lch® (Ivax: PE)
Ambroxol Lindo® (Lindopharm: DE)
Ambroxol Merck® (Merck Génériques: FR)
Ambroxol MK® (Bonima: BZ, CR, DO, GT, HN, NI, PA, SV)
Ambroxol MK® (MK: CO)
Ambroxol Normon® (Normon: CR, ES, GT, HN, NI, PA, SV)
Ambroxol PB® (Docpharm: DE)
Ambroxol Q® (Biogal: RO)
Ambroxol Q® (Teva: HU)
Ambroxol ratiopharm® (ratiopharm: DE)
Ambroxol ratiopharm® (Ratiopharm: ES, IT)
Ambroxol ratiopharm® (ratiopharm: LU)
Ambroxol Sandoz® (Sandoz: DE, FR, IT)
Ambroxol Stada® (Stada: DE)
Ambroxol Union Health® (Union Health: IT)
Ambroxol Vramed® (Sopharma: RU)
Ambroxol Winthrop® (Winthrop: FR)
Ambroxol Zydus® (Zydus: FR)
Ambroxol-CT® (CT: DE, RO)
Ambroxol-Hemofarm® (Hemofarm: RU)
Ambroxol-Ratiopharm® (ratiopharm: LU)
Ambroxol-Richter® (Gedeon Richter: RU)
Ambroxolo Angenerico® (Angenerico: IT)
Ambroxolo Big® (Benedetti: IT)
Ambroxolo EG® (EG: IT)
Ambroxolo Hexal® (Hexal: IT)
Ambroxolo Jet® (Jet: IT)
Ambroxolo ratiopharm® (Ratiopharm: IT)
Ambroxolo Sandoz® (Sandoz: IT)
Ambroxolo Union Health® (Union Health: IT)
Ambroxol® (Aflofarm: PL)
Ambroxol® (Aliud: CZ)
Ambroxol® (Egis: RO)
Ambroxol® (Farmandina: EC)
Ambroxol® (Farmo Andina: PE)
Ambroxol® (Farmoz: PT)
Ambroxol® (GlaxoSmithKline: RO)
Ambroxol® (La Sante: PE)
Ambroxol® (Medicalex: CO)
Ambroxol® (Medick: CO)
Ambroxol® (Memphis: CO)
Ambroxol® (Mintlab: CL)
Ambroxol® (Penta Arzneimittel: DE)
Ambroxol® (Rarpe: NI)
Ambroxol® (Roxfarma: PE)
Ambroxol® (SIC: GE)
Ambroxol® (Terapia: RO)
Ambroxol® (VIM Spectrum: RO)
Ambroxol® [vet.] (Nature Vet: AU)
Ambrox® (Shiba: YE)
Ambrox® (Square: BD)
Ambrox® (Thai Nakorn Patana: TH)
Ambro® (Hemofarm: RS)
Ambro® (Hexal: PL)

Amobronc® (Istituto Chim. Internazionale: IT)
Amtuss® (Unison: TH)
Amxol® (Biolab: SG)
Amxol® (Biopharm: TH)
Anabron® (Millet Roux: BR)
Apracur® (H. Medica: AR)
Atrivex® (Multicare: PH)
Atus® (Metapharma: IT)
Axol® (Bayer: MX)
Axol® (Yung Shin: SG)
Beneflux® (Atral: PE)
Benflux® (Atral: PT)
Betalitik® (Mahakam: ID)
Bisolaryn® (Boehringer Ingelheim: LU)
Brogal® (Rayere: MX)
Bronchopront® (Mack: CZ, EC, ID, LU, TH)
Bronchopront® (Pfizer: DE)
Bronchowern® (Wernigerode: DE)
Broncoflux® (Farmasa: BR)
Broncoliber® (Tecnimede: PT)
Broncol® (Pharmaland: TH)
Broncot® (K2 Pharmacare: CL)
Broncoxan® (Trifarma: PE)
Broncozol® (Mugi: ID)
Broxal® (Bernofarm: ID)
Broxitrol® (Pharmacare: PH)
Broxolam® (Acromax: EC)
Broxol® (Boniscontro & Gazzone: IT)
Broxol® (Carnot: MX)
Broxol® (Masa Lab: TH)
Broxol® (Mundipharma: AT)
Brufix® (Krugher: IT)
Buten® (Osmopharm: DO)
Cloridrato de Ambroxol® (Abbott: BR)
Cloridrato de Ambroxol® (Cristália: BR)
Cloridrato de Ambroxol® (EMS: BR)
Cloridrato de Ambroxol® (Fármaco: BR)
Cloridrato de Ambroxol® (Lab. Neo Quím.: BR)
Cloridrato de Ambroxol® (Medley: BR)
Cloridrato de Ambroxol® (Teuto: BR)
Cortos® (Raffo: AR)
Deflegmin® (ICN: PL)
Dinobroxol® (Daiichi Sankyo: ES)
Doxycyclin AL® (Aliud: CZ)
Drenoxol® (Vitoria: PT)
duramucal® (Merck dura: DE)
Epexol® (Sanbe: ID)
Expit® (Ritsert: DE)
Extropect® (Guardian: ID)
Flavamed® (Berlin-Chemie: PL, RS)
Fluibron® (ABL: PE)
Fluibron® (Andromaco: CL)
Fluibron® (Chiesi: IT)
Fluibron® (Farmalab: BR)
Fluibron® (Santa-Farma: TR)
Fluidrenol® (Medi Sofex: PT)
Fluixol® (Cristalfarma: IT)
Fluomit® (Chile: CL)
Fluxol® (UCI: BR)
frenopect® (Riemser: DE)
Frubizin® akut (Boehringer Ingelheim: DE)
Gunapect® (Sunthi: ID)
Halixol® (Egis: CZ, HU, RU)
Hipotosse® (Clintex: PT)
Imidin® (Wernigerode: DE)
Interpec® (Interbat: ID)
Ital-Ultra® (Italmex: MX)
Lafayette Ambroxol HCl® (Lafayette: PH)
Lamox® (Jugoremedija: RS)
Lapimuc® (Lapi: ID)
Larylin Husten-Löser® (Cheplapharm: DE)
Lasolvan® (Boehringer Ingelheim: RU)
Lindoxyl® (Meda: DE)
Lintos® (Alfa Wassermann: IT)
Liquidix® (Novartis: IN)
Loexom® (IQFA: MX)
Max® (Unison: SG, TH)
Mbroxol® (Benham: BD)
Medovent® (Medochemie: TH)
Mepebrox® (Medica Pedia: PH)
Mintamox® (Mintlab: CL)
Misovan® (TO Chemicals: TH)
Motosol® (Boehringer Ingelheim: ES)
Movent® (Community: TH)
Mucabrox® (Streuli: CH)
Mucera® (Otto: ID)
Mucibron® (Normon: ES)
Muciclar® (Piam: IT)
Mucifar® (Farmoquimica: DO)
Muco-Aspecton® (Krewel: DE)
Muco-Tablinen® (Winthrop: DE)
Mucoangin® (Boehringer Ingelheim: AT, BE, CH, DE, DK, HU, LU, MX, NL, PL, RO, SE)
Mucoaricodil® (Menarini: IT)
Mucobron® (OFF: IT)
Mucobroxol® (Mundipharma: DE)
Mucobroxol® (Vijosa: GT, HN, NI, PA, SV)
Mucodic® (Medicine Supply: TH)
Mucodos® (HemPhar: DO)
Mucodrenol® (Medinfar: PT)
Mucolam® (LAM: DO)
Mucolan® (Milano: TH)
Mucolica® (Ikapharmindo: ID)
Mucolid® (Greater Pharma: TH)
Mucolin® (Abbott: BR)
Mucolin® (Knoll: BR)
Mucolisin® (Actavis: GE)
Mucolite® (APM: AE, BG, BH, IQ, JO, KW, LB, LY, NG, OM, QA, SA, SD, SY, TN, YE)
Mucolite® (Dr Reddys: LK)
Mucomed® (Medifive: TH)
Mucomex® (Greater Pharma: TH)
Mucopect® (Boehringer Ingelheim: ID)
Mucopect® (Tempo: ID)
Mucopec® (MacroPhar: TH)
Mucophlogat® (Azupharma: DE)
Mucophlogat® (Jenapharm: CZ)
Mucosal® (Boehringer Ingelheim: JP)
Mucosan® (Boehringer Ingelheim: ES)
Mucosan® (Fher: ES)
Mucosin S Medem® (Zentiva: CZ)
Mucosin® (Zentiva: RO)
Mucosolvan® (Boehringer Ingelheim: AT, BG, BR, CL, CO, CR, CY, CZ, DE, DO, GR, GT, HK, HN, IT, JO, KE, MX, MY, NI, PA, PL, PT, RO, RS, SD, SG, SV, TH, VN)
Mucosolvan® (Galena: CZ)
Mucosolvon® (Boehringer Ingelheim: AR, CH)
Mucos® (Meprofarm: ID)
Mucovibrol® (Liomont: DO, GT, MX, PA, SV)

Mucoxine F® (Pharmasant: TH)
Mucoxin® (Rocnarf: EC)
Mucoxol® (Tempo: ID)
Mucozan® (Pond's: TH)
Mukobron® (Polfa Grodzisk: PL)
Mukoral® (Biofarma: TR)
Musalten® (Continentales: MX)
Musocan® (Sriprasit: TH)
Muxol® (Leurquin: FR, LU, RO)
Muxol® (Saval: CL, PE)
Myrox® (ACI: BD)
Naxpa® (Novag: ES)
Neo-Bronchol® (Paul Bolder: CZ)
Neossolvan® (Neo Quimica: BR)
Nor-Mucoll® (Teramed: HN, SV)
Nucobrox® (Bangkok: TH)
Oxolvan® (Bruluart: MX)
Pediasolvan® (United Pharma: VN)
Polibroxol® (Polipharm: TH)
Probec® (Farmoquimica: BR)
Pulmor® (Drogsan: TR)
Pulmotin® (Serum-Werk: DE)
Pädiamuc® (Pädia: DE)
Rarproxol® (Rarpe: HN, NI, SV)
Secretil® (Caber: IT)
Secrolisin® (Chefar: EC)
Sekretovit® (Boehringer Ingelheim: MX)
Sekrol® (Bilim: TR)
Septacin® (Chinoin: CR, GT, MX, NI, PA, SV)
Shinoxol® (Yung Shin: SG)
Silopect® (Pyridam: ID)
Slair® (La Santé: CO)
Solvolan® (krka: BG)
Solvolan® (Krka: CZ, HU, SI)
stas-Hustenlöser® (Stada: DE)
Strepsils Chesty Cough® (Olic: TH)
Streptuss AX® (Boots: TH)
Subrox® (Sued: DO)
Surbronc® (Boehringer Ingelheim: BE, FR, LU)
Surfactal® (Boehringer Ingelheim: IT)
Surfactil® (Farmion: BR)
Tauxolo® (SIT: IT)
Tavinex® (Hexa: AR)
Transbroncho® (Kalbe: ID)
Transmuco® (Dankos: ID)
Trimexine® (Valeant: MX)
Tunitol-BX® (Streger: MX)
Tuss Hustenlöser® (Rentschler: DE)
Tussal Expectorans® (Biofarm: PL)
Viscomucil® (Istituto Biologico Chem.: IT)
Zobrixol® (Natrapharm: PH)

– acefyllinate:

CAS-Nr.: 0096989-76-3
IS: *Acebrofillin*

Ambromucil® (Malesci: IT)
Brismucol® (Bristol-Myers Squibb: CO, EC)
Broncomnes® (Bracco: IT)
Brondilat® (Aché: BR)
Surfolase® (Lepori: PT)
Surfolase® (Pharmacia: IT)

Amcinonide (Rec.INN)

L: Amcinonidum
D: Amcinonid
F: Amcinonide
S: Amcinonida

Adrenal cortex hormone, glucocorticoid

ATC: D07AC11
CAS-Nr.: 0051022-69-6 C_{28}-H_{35}-F-O_7
M_r 502.588

Pregna-1,4-diene-3,20-dione, 21-(acetyloxy)-16,17-[cyclopentylidenebis(oxy)]-9-fluoro-11-hydroxy-, (11β,16α)-

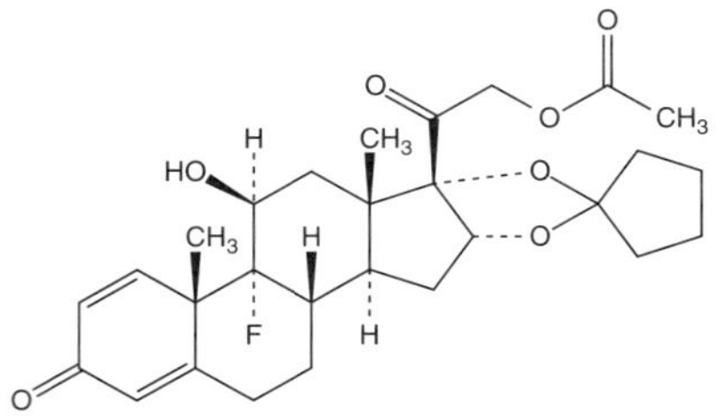

OS: *Amcinonide [BAN, DCF, USAN]*
IS: *Amcinopol*
IS: *CL 34699 (Lederle, USA)*
IS: *Triamcinolonacetatcyclopentanonid*
PH: Amcinonide [USP 30]

Amciderm® (Hermal: DE)
Amciderm® (Pharmasant: TH)
Amcininide® (Taro: US)
Amicla® (Erfa: BE, LU)
Amicla® (Wyeth: NL)
Cyclocort® (Astellas: US)
Cyclocort® (Stiefel: CA)
ratio-Amcinonide® (Ratiopharm: CA)
Taro-Amcinonide® (Taro: CA)
Visisderm® (Wyeth: TH)

Amezinium Metilsulfate (Rec.INN)

L: Amezinii Metilsulfas
D: Amezinium metilsulfat
F: Métilsulfate d'Amézinium
S: Metilsulfato de amezinio

Antihypotensive agent
Sympathomimetic agent

CAS-Nr.: 0030578-37-1 C_{12}-H_{15}-N_3-O_5-S
M_r 313.342

Pyridazinium, 4-amino-6-methoxy-1-phenyl-, methyl sulfate

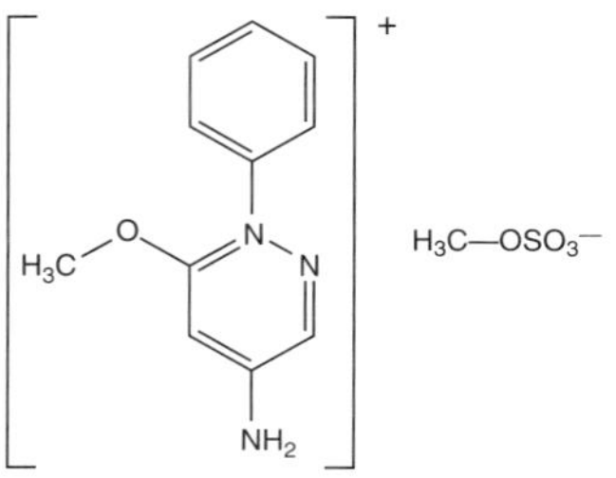

OS: *Amezinium Metilsulfate [JAN, USAN]*

IS: *LU 1631*

Regulton® (Abbott: BE)
Regulton® (Nordmark: LU)
Regulton® (Teofarma: DE)
Risumic® (Dainippon: JP)
Supratonin® (Grünenthal: DE)

Amfenac (Rec.INN)

L: Amfenacum
D: Amfenac
F: Amfénac
S: Amfenaco

⚕ Antiinflammatory agent
⚕ Analgesic
⚕ Antipyretic

CAS-Nr.: 0051579-82-9 — C_{15}-H_{13}-N-O_3 — M_r 255.279

Benzeneacetic acid, 2-amino-3-benzoyl-

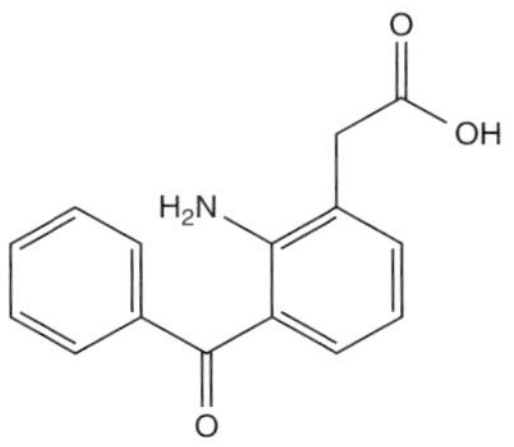

OS: *Amfenac [BAN]*

– sodium salt:

CAS-Nr.: 0061618-27-7
OS: *Amfenac Sodium BANM, USAN*
IS: *AHR 5850*

Fenazox® (Meiji: JP)

Amfepramone (Prop.INN)

L: Amfepramonum
I: Amfepramone
D: Amfepramon
F: Amfépramone
S: Anfepramona

⚕ Anorexic

ATC: A08AA03
CAS-Nr.: 0000090-84-6 — C_{13}-H_{19}-N-O — M_r 205.305

1-Propanone, 2-(diethylamino)-1-phenyl-

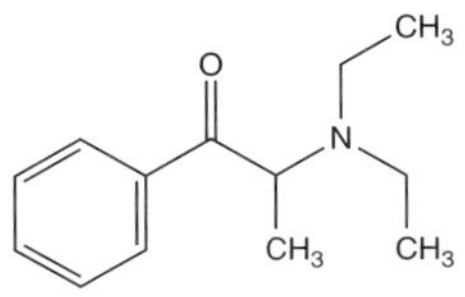

OS: *Amfépramone [DCF]*
OS: *Diethylpropion [BAN, USAN]*
OS: *Amfepramone [DCIT]*
IS: *2-Diethylaminopropiophenon (ASK, IUPAC)*
IS: *2-(Diethylamino)propiophenone (WHO)*
IS: *T 712 (D)*

Prothin® (Quality: HK)
Sacin® (Labomed: CL)

– hydrochloride:

CAS-Nr.: 0000134-80-5
OS: *Diethylpropion Hydrochloride BANM*
IS: *Adipan*
IS: *Anorex*
IS: *Makethin*
IS: *Modulor*
IS: *Natorexic*
PH: Diethylpropion Hydrochloride BP 1993, USP 26

Atractil® (Trenker: LU)
Dietil Retard® (Trenker: TH)
Dualid® (ASTA Medica: BR)
Hipofagin® (Sigma: BR)
Ifa Norex® (Investigacion Farmaceutica: MX)
Inibex-S® (Medley: BR)
Neobes® (Medix: CR, DO, GT, HN, MX, NI, PA, SV)
Regenon® (Sanova: AT)
Regenon® (Temmler: DE, DK, TH)
Regenon® (Temmler Pharma: RO)
Regenon® (Trenker: LU)
Regenon® (TTN: TH)
Tenuate Dospan® (Al Pharm: ZA)
Tenuate Dospan® (Aventis: AU, PE)
Tenuate Dospan® (Sanofi-Aventis: US)
Tenuate® (Artegodan: DE)
Tenuate® (Aventis: AU)
Tenuate® (Bruno: IT)
Tenuate® (Sanofi-Aventis: CA, US)
Tenuate® (Wira: DE)

– resinate:

Atractil® (Europharm: HK)
Atractil® (Trenker: TH)

Amfetamine (Rec.INN)

L: Amfetaminum
I: Amfetamina
D: Amfetamin
F: Amfétamine
S: Anfetamina

⚕ Psychostimulant

ATC: N06BA01
CAS-Nr.: 0000300-62-9 — C_9-H_{13}-N — M_r 135.213

Benzeneethanamine, α-methyl-, (±)-

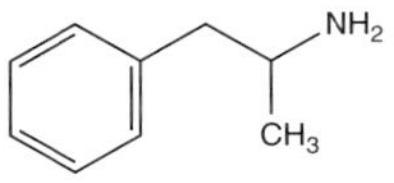

OS: *Amfetamina [DCIT]*
OS: *Amphetamine [BAN, DCF, USAN]*
OS: *Amfetamine [BAN]*
IS: *Benzpropamin*
IS: *CERM 1767*
IS: *Phenylisopropylamin*
IS: *Racemic Desoxynorephedrine*

Anfetamina L.CH.® (Chile: CL)

- **sulfate:**

CAS-Nr.: 0000060-13-9
OS: *Amfetamine Sulphate BANM*
OS: *Amphetamine Sulfate USAN*
IS: *Amphetamine Sulphate*
IS: *Phenylaminopropanum racemicum sulfuricum*
IS: *Phenaminum (USSRP)*
PH: Amfetaminsulfat Ph. Eur. 5
PH: Amphétamine (sulfate d') Ph. Eur. 5
PH: Amphetamine Sulfate USP 30
PH: Amfetamine Sulphate Ph. Eur. 5
PH: Amphetamini sulfas Ph. Eur. 5, Ph. Int. II, Ph. Jap. 1971

Amfetamin Actavis® (Actavis: IS)

Amfetaminil (Rec.INN)

L: Amfetaminilum
D: Amfetaminil
F: Amfétaminil
S: Anfetaminilo

Psychostimulant

CAS-Nr.: 0017590-01-1 — C_{17}-H_{18}-N_2, M_r 250.351

Benzeneacetonitrile, α-[(1-methyl-2-phenylethyl)amino]-

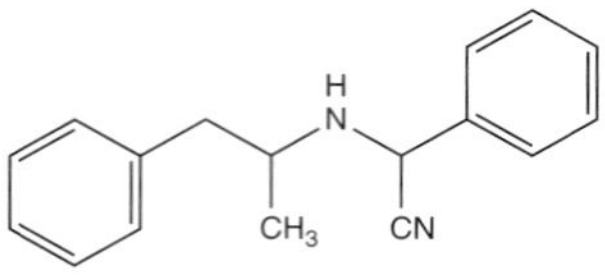

OS: *Amfetaminil [USAN]*
IS: *Amphetaminil*
PH: Amfetaminilum [2.AB-DDR]

AN 1® (Krugmann: DE)

Amidefrine Mesilate (Rec.INN)

L: Amidefrini Mesilas
D: Amidefrin mesilat
F: Mésilate d'Amidéfrine
S: Mesilato de amidefrina

Vasoconstrictor ORL, local

CAS-Nr.: 0001421-68-7 — C_{11}-H_{20}-N_2-O_6-S_2, M_r 340.421

Methanesulfonamide, N-[3-[1-hydroxy-2-(methylamino)ethyl]phenyl]-, monomethanesulfonate (salt)

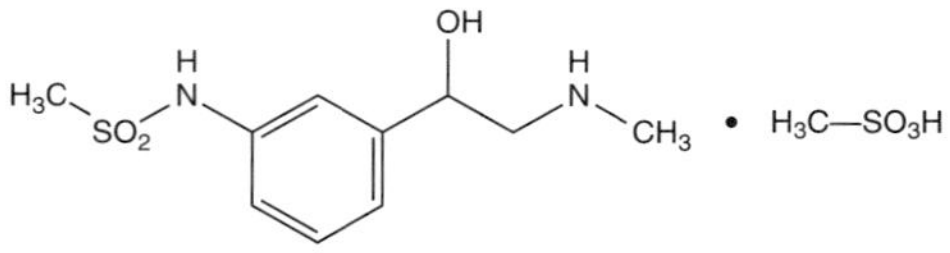

OS: *Amidephrine Mesylate [USAN]*
OS: *Amidéfrine, mésylate d' [DCF]*
IS: *Amidefrini mesylas*
IS: *MJ 5190*
IS: *MJ 1996*

Fentrinol® (Fresenius: AT)

Amifostine (Rec.INN)

L: Amifostinum
I: Amifostina
D: Amifostin
F: Amifostine
S: Amifostina

Antidote
Radioprotective agent

ATC: V03AF05
CAS-Nr.: 0020537-88-6 — C_5-H_{15}-N_2-O_3-P-S, M_r 214.225

S-[2-[(3-Aminopropyl)amino]ethyl] dihydrogen phosphorothioate

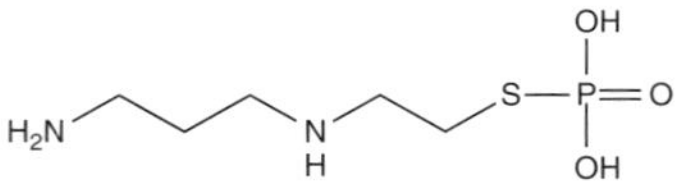

OS: *Amifostine [BAN, DCF, USAN]*
IS: *Ethiofos (USAN)*
IS: *Gammaphos*
IS: *NSC 296961*
IS: *WR 2721*
IS: *YM 08310 (Yamanouchi, Japan)*

Amiphos® (Dabur: IN)
Ethyol® (Er-Kim: TR)
Ethyol® (Essex: DE)
Ethyol® (Lilly: CA)
Ethyol® (MedImmune: NL, US)
Ethyol® (Medimmune-NL: IT)
Ethyol® (Schering-Plough: AU, BE, BR, CL, CO, CR, CZ, DO, ES, FI, FR, GT, HN, ID, MX, NZ, PE, RO, SE, TH)
Ethyol® (Teva: IL)
Ethyol® (USB Farma: PL)

- **trihydrate:**

CAS-Nr.: 0112901-68-5
PH: Amifostine USP 30

Erifostine® (Teva: AR)
Ethyol® (Essex: CH)

Amikacin (Rec.INN)

L: Amikacinum
I: Amikacina
D: Amikacin
F: Amikacine
S: Amikacina

Antibiotic, aminoglycoside

ATC: D06AX12,J01GB06,S01AA21
CAS-Nr.: 0037517-28-5 C_{22}-H_{43}-N_5-O_{13}
M_r 585.636

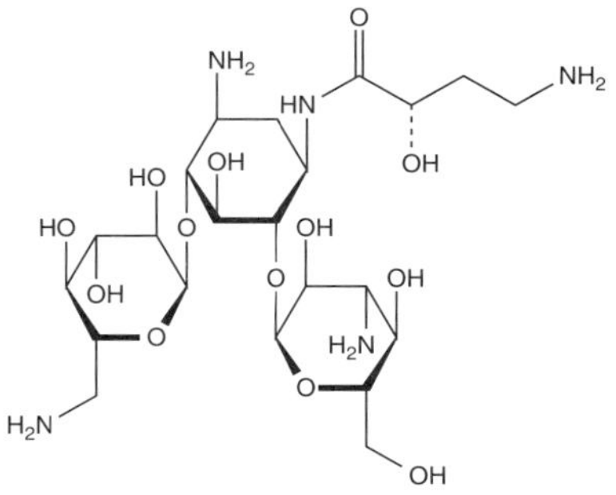

OS: *Amikacin [BAN, USAN]*
OS: *Amikacine [DCF]*
OS: *Amikacina [DCIT]*
PH: Amikacin [Ph. Eur. 5, Ph. Int. 4, USP 30]
PH: Amikacinum [Ph. Eur. 5, Ph. Int. 4]
PH: Amikacine [Ph. Eur. 5]

Amikacina Braun® (Braun: ES)
Amikacina Duncan® (Duncan: AR)
Amikacina Klonal® (Klonal: AR)
Amikacina L.CH.® (Chile: CL)
Amikacina Perugen® (Perugen: PE)
Amikacina Richet® (Richet: AR)
Amikacina Richmond® (Richmond: AR)
Amikacine-Mayne® (Mayne: LU)
Amikacin® (Biomed: NZ)
Amikalen® (Ethicalpharma: PE)
Amikin® (Bristol-Myers Squibb: HR, RS)
Amikin® (Jadran: BA, HR)
Amiklin® (Bristol-Myers Squibb: FR)
Briklin® (Vianex: GR)
Cinkamin® (Richmond: PE)
Farcyclin® (Faran: GR)
Flexelite® (Bros: GR)
Glumikin® (Terbol: PE)
Kacina® (Avsa: PE)
Mikacin® (LCG: PE)

– sulfate:

CAS-Nr.: 0039831-55-5
OS: *Amikacin Sulfate USAN*
OS: *Amikacin Sulphate BANM*
IS: *BB-K8*
IS: *Amikacin bis(hydrogensulfat)*
PH: Amikacini sulfas Ph. Eur. 5, Ph. Int. 4
PH: Amikacin Sulfate JP XIV, Ph. Int. 4, USP 30
PH: Amikacin Sulphate Ph. Eur. 5
PH: Amikacinsulfat Ph. Eur. 5
PH: Amikacine (sulfate d') Ph. Eur. 5

Agnicin® (Parggon: MX)
Akacin® (Atlantic: TH)
Akamin® (Indunidas: EC)
Akicin® (GDH: TH)
Akim® (Acromax: EC)
Alostil® (Prafa: ID)
Amicacina® (Neo Quimica: BR)
Amicacina® (Northia: AR)
Amicasil® (Finixfarm: GR)
Amicasil® (Pharmatex: IT)
Amicilon® (Ariston: BR)
Amicin® (Biochem: IN)
Amifuse® [vet.] (Vetus: US)
Amiglyde-V® [vet.] (Fort Dodge: US)
Amiject® [vet.] (Vetus: US)
Amikabiot® (Trifarma: PE)
Amikacide® (UAP: PH)
Amikacin Bidiphar® (Bidiphar: VN)
Amikacin Fresenius® (Bodene: ZA)
Amikacin Fresenius® (Fresenius: DE)
Amikacin Injection DBL® (DBL/Faulding: BD)
Amikacin Injection DBL® (Mayne: AU)
Amikacin Injection Meiji® (Meiji: TH)
Amikacin Sulfate Injection® (Abbott: US)
Amikacin Sulfate Injection® (AstraZeneca: US)
Amikacin Sulfate Injection® (Bedford: US)
Amikacin Sulfate Injection® (Hospira: US)
Amikacin Sulfate Injection® (Sandoz: CA)
Amikacin Sulfate Injection® (Sicor: US)
Amikacin Sulfate Pediatric Injection® (Abbott: US)
Amikacin Sulfate Pediatric Injection® (AstraZeneca: US)
Amikacin Sulfate Pediatric Injection® (Bedford: US)
Amikacin Sulfate Pediatric Injection® (Faulding: US)
Amikacin Sulfate Pediatric Injection® (Gensia: US)
Amikacin Sulfate Pediatric Injection® (SoloPak: US)
Amikacin Sulfate® [vet.] (IVX: US)
Amikacina Ahimsa® (Ahimsa: AR)
Amikacina Biocrom® (Biocrom: AR)
Amikacina Combino Pharm® (Combino: ES)
Amikacina Fabra® (Fabra: AR)
Amikacina Fmndtria® (Farmindustria: PE)
Amikacina Larjan® (Veinfar: AR)
Amikacina Lch® (LCH Newpharm: PE)
Amikacina Normon® (Normon: CR, DO, ES, GT, HN, NI, PA, SV)
Amikacina Teva® (Teva: IT)
Amikacina® (ATM: PE)
Amikacina® (Bestpharma: CL)
Amikacina® (Biocrom: PE)
Amikacina® (Biosano: CL)
Amikacina® (Blaskov: CO)
Amikacina® (Britania: PE)
Amikacina® (Ecar: CO)
Amikacina® (Farmo Andina: PE)
Amikacina® (Medic Inyec: PE)
Amikacina® (Pentacoop: CO)
Amikacina® (Sanderson: CL)
Amikacina® (Vitalis: PE)
Amikacina® (Vitrofarma: PE)
Amikacine Aguettant® (Aguettant: FR)
Amikacine Dakota Pharm® (Dakota: FR)
Amikacine Mayne® (Mayne: BE, NL)
Amikacine Merck® (Merck Génériques: FR)
Amikacin® (Banyu: JP)
Amikacin® (Galenika: RS)

Amikacin® (Mayne: AU, GB, NZ)
Amikacin® [vet.] (Phoenix: US)
Amikacin® [vet.] (VetTek: US)
Amikafur® (Ivax: MX)
Amikan® (Anfarm: GR)
Amikan® (So.Se.: IT)
Amikasol® (Samakeephaesaj: TH)
Amikavet® [vet.] (Merial: IT)
Amikayect® (Grossman: MX)
Amiketem® [inj.] (I.E. Ulagay: TR)
Amikin® (Bristol-Myers Squibb: AU, BG, CH, CO, CR, CZ, EC, ET, GB, GB, GE, GT, HK, HN, HU, ID, IE, KE, NI, NZ, PA, PE, PH, PL, RO, SG, SV, TH, TZ, UG, ZA)
Amikin® (Mead Johnson: MX)
Amikin® (Sandoz: US)
Amiklin® (Bristol-Myers Squibb: TR, VN)
Amikozit® [inj.] (Eczacibasi: RO, TR, YE)
Amik® (Farmigea: IT)
AMK-500® (Pisa: EC)
AMK® (Richmond: PE)
Amukin® (Bristol-Myers Squibb: BE, LU, NL)
Anbikin® (ANB: TH)
Anibikin® (ANB: TH)
BB-K8® (Bristol-Myers Squibb: IT)
Behkacin® (Suiphar: DO)
Biclin® (Bristol-Myers Squibb: ES, MX, PT)
Biklin® (Bristol-Myers Squibb: AR, AT, DE, FI, SE)
Biodacyna® (Bioton: PL)
Biokacin® (Rayere: MX)
Biomikin® (Paill: BZ, HN, SV)
Biorisan® (Vocate: GR)
Chemacin® (CT: IT)
Dramigel® (Drug Research: IT)
Durocin® (Antor: GR)
Fromentyl® (Mentinova: GR)
Glukamin® (H.G.: EC)
Greini® (Fada: AR)
Kacin® (ACI: BD)
Kancin Gap® (Gap: GR)
Karmikin® (Bruluart: MX)
Kormakin® (Korea: PH)
Lanomycin® (Pharmathen: GR)
Lifermycin® (Leovan: GR)
Likacin® (Lisapharma: HU, IL, IT)
Lukadin® (Sancarlo: IT)
May Amikacin® (May Pharma: PH)
Mediamik® (Medisint: IT)
Miacin® (Hikma: AE, BH, EG, IQ, JO, KW, LB, LY, OM, QA, SA, SD, SY, TN, YE)
Micalpha® (Chrispa: GR)
Migracin® (Max Farma: IT)
Mikan® (Boniscontro & Gazzone: IT)
Mikasin® (Dankos: ID)
Mikavir® (Salus: IT)
Nekacin® (New Research: IT)
Novamin® (Bristol-Myers Squibb: BR)
Opekacin® (O.P.V.: VN)
Oprad® (Cryopharma: MX)
Orlobin® (Help: RO)
Orlobin® (Medicus: GR)
Pierami® (Fournier: IT, RO)
Psudonil® (Drug International: BD)
Remikin® (Remedina: GR)
Riklinak® (Rivero: AR)
Rovericlin® (S.J.A.: GR)
Selaxa® (Proel: GR)
Selemycin® (Medochemie: LK, RU)
Siamik® (Siam Bheasach: TH)
Sulfato de Amicacina® (EMS: BR)
Sulfato de Amicacina® (Eurofarma: BR)
Sulfato de Amicacina® (Teuto: BR)
Tipkin® (TP Drug: TH)
Tybikin® (M & H: TH)
Uzix® (Rafarm: GR)
Vijomikin® (Vijosa: GT, HN, PA, SV)
Yectamid® (Collins: MX)

Amilomer (Rec.INN)

L: Amilomerum
D: Amilomer
F: Amilomere
S: Amilomero

Pharmaceutic aid

CAS-Nr.: 0042615-49-6

Microspheres produced by reaction of partially hydrolysed starch with epichlorohydrin, quickly degradable by amylase (with half-life of less than 120 minutes)

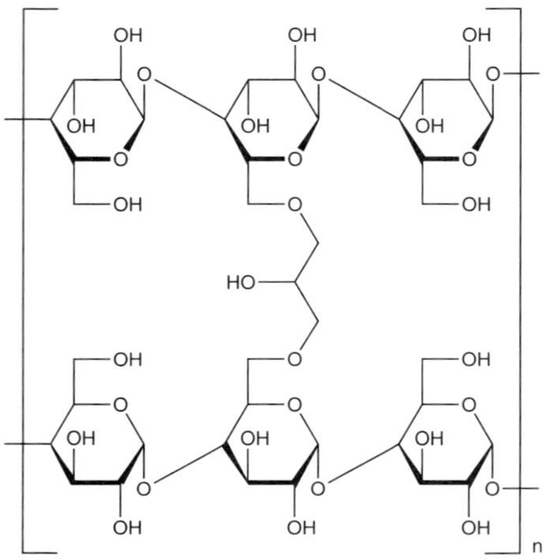

OS: *Amilomer [USAN]*

Spherex® (Pharmacia: DE)

Amiloride (Rec.INN)

L: Amiloridum
I: Amiloride
D: Amilorid
F: Amiloride
S: Amilorida

Diuretic, potassium-sparing

ATC: C03DB01
CAS-Nr.: 0002609-46-3 C_6-H_8-Cl-N_7-O
M_r 229.65

Pyrazinecarboxamide, 3,5-diamino-N-(aminoiminomethyl)-6-chloro-

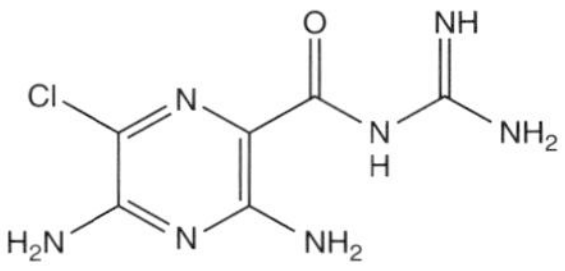

OS: *Amiloride [BAN, DCF, DCIT]*
IS: *Amipramizide*
IS: *Amipramidin*

Amiclaran® (Slovakofarma: CZ, SK)

– hydrochloride dihydrate:

CAS-Nr.: 0017440-83-4
OS: *Amiloride Hydrochloride BANM, USAN*
IS: *Amipramidine*
IS: *MK 870*
PH: Amiloride Hydrochloride Ph. Eur. 5, Ph. Int. 4, USP 30
PH: Amiloridi hydrochloridum Ph. Eur. 5, Ph. Int. 4
PH: Amiloridhydrochlorid Ph. Eur. 5
PH: Amiloride (chlorhydrate d') Ph. Eur. 5

Alverix® (Remedica: CY)
Amiclaran® (Zentiva: CZ)
Amilamont® (Rosemont: GB)
Amilorid Merck NM® (Merck NM: SE)
Amiloride Alpharma Aps® (Alpharma: SG)
Amiloride Hydrochloride® (Par: US)
Amiloride® (Alpharma: GB)
Amiloride® (Biomed: NZ)
Amiloride® (Hillcross: GB)
Amiloride® (Teva: GB)
Amiloride® (Wockhardt: GB)
Amitrid® (Leiras: FI)
Apo-Amiloride® (Apotex: CA)
Apo-Amilzide® (Apotex: CZ)
Kaluril® (Alphapharm: AU)
Loradur® (Merckle: CZ)
Loradur® (Ratiopharm: AT)
Midamor® (Cahill May Roberts: IE)
Midamor® (Merck: US)
Midamor® (Merck Sharp & Dohme: AT, AU, NL)
Modamide® (Substipharm: FR)
Moduret® (Bristol-Myers Squibb: IE)

Aminaphtone

D: Aminafton

Drug acting on the complex of varicose symptoms

CAS-Nr.: 0014748-94-8 — C_{18}-H_{15}-N-O_4, M_r 309.328

1,2,4-Naphthalenetriol, 3-methyl-, 2-(4-aminobenzoate)

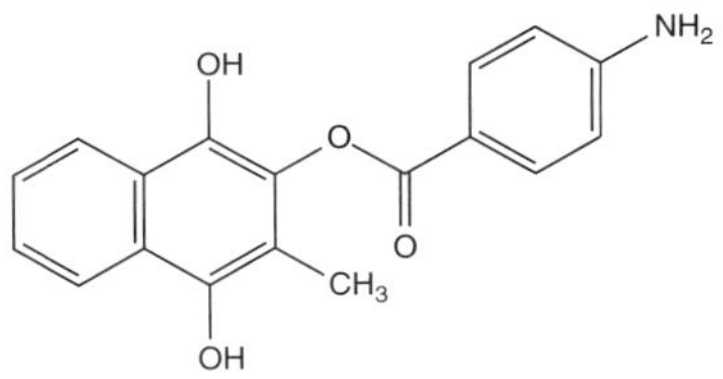

IS: *Aminafton*

IS: *Menatriolo*

Capilarema® (Baldacci: BR, PT)
Capilarema® (Zambon: ES)
Capillarema® (Baldacci: IT)

Amineptine (Rec.INN)

L: Amineptinum
D: Amineptin
F: Amineptine
S: Amineptina

Antidepressant, tricyclic

ATC: N06AA19
CAS-Nr.: 0057574-09-1 — C_{22}-H_{27}-N-O_2, M_r 337.468

Heptanoic acid, 7-[(10,11-dihydro-5H-dibenzo[a,d]cyclohepten-5-yl)amino]-

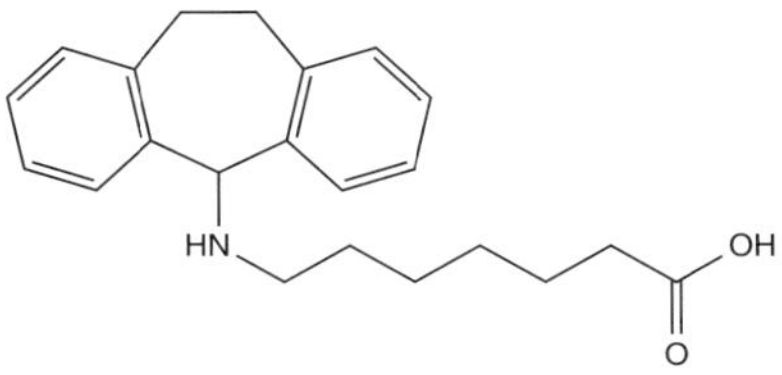

OS: *Amineptine [DCF, USAN]*
IS: *EU 1694*
IS: *S 1694*

Survector® (Servier: BR)

Aminobenzoic Acid (USP)

L: Acidum 4-aminobenzoicum
D: p-Aminobenzoesäure
F: Acide aminobenzoique

Dermatological agent, sunscreen

ATC: D02BA01
CAS-Nr.: 0000150-13-0 — C_7-H_7-N-O_2, M_r 137.143

Benzoic acid, amino-

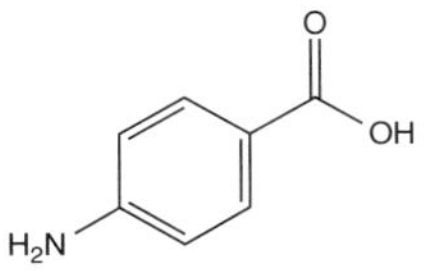

OS: *Aminobenzoïque (acide) [DCF]*
OS: *Aminobenzoic Acid [USAN]*
IS: *PAB*
IS: *PABA (INCI)*
IS: *Vitamine Bx*
IS: *Vitamine H'*
IS: *4-Aminobenzoesäure (IUPAC)*
PH: Acidum aminobenzoicum [2.AB-DDR]
PH: Acidum para-aminobenzoicum [OeAB, PhBs IV]
PH: Acidum paraminobenzoicum [Ph. Helv. 8]
PH: Aminobenzoic Acid [BP 2003, USP 30]
PH: 4-Aminobenzoesäure [DAC]
PH: 4-Aminobenzoic Acid [Ph. Eur. 5]
PH: p-Aminobenzoic Acid [USP 30]

Hachemina® (Medea: ES)
Pabasun® (Zydus: FR)
Paraminan® (Zydus: FR)
Paraminol® (Franco-Indian: IN)

- **potassium salt:**

CAS-Nr.: 0000138-84-1
OS: *Aminobenzoate Potassium USAN*
IS: *KPAB*
IS: *Potassium p-aminobenzoate*
PH: Aminobenzoate Potassium USP 30

Potaba® (Glenwood: AT, CA, DE, GB, US)

- **calcium salt:**

Aflogol® (Sanitas: CL)

Aminobutyric Acid, λ- (JAN)

D: 4-Aminobuttersäure

⚕ Antihypertensive agent
⚕ Drug acting on the central nervous system

CAS-Nr.: 0000056-12-2 — $C_4\text{-}H_9\text{-}N\text{-}O_2$, M_r 103.126

Butanoic acid, 4-amino-

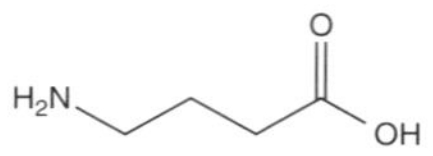

OS: *Gamma-Aminobutyric acid [JAN]*
IS: *GABA*
IS: *Gamma-aminobutyric Acid*
IS: *4-Aminobutansäure*
IS: *Piperidic acid*

Bainto® (TP Drug: TH)
Gammalon® (Daiichi: HK, JP, TH)
Gammar® (Nikkho: BR)

Aminocaproic Acid (Rec.INN)

L: Acidum Aminocaproicum
I: Acido aminocaproico
D: Aminocapronsäure
F: Acide aminocaproïque
S: Acido aminocaproico

⚕ Hemostatic agent

ATC: B02AA01
CAS-Nr.: 0000060-32-2 — $C_6\text{-}H_{13}\text{-}N\text{-}O_2$, M_r 131.18

Hexanoic acid, amino-

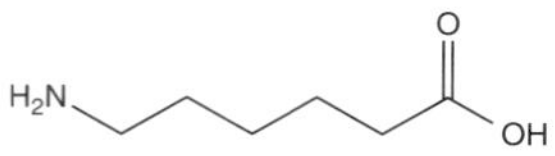

OS: *Acide aminocaproïque [DCF]*
OS: *Aminocaproic Acid [BAN, USAN]*
OS: *Acido aminocaproico [DCIT]*
IS: *CY 116*
IS: *CL 10304*
IS: *Eaca*
IS: *JD 177*
PH: Acidum aminocaproicum [Ph. Eur. 5]
PH: Aminocaproic Acid [Ph. Eur. 5, USP 30]
PH: Aminocapronsäure [Ph. Eur. 5]
PH: Aminocaproique (acide) [Ph. Eur. 5]

Acepramin® (Pannonpharma: HU)
Acidum Aminocapronicum 5%® (Liqvor: GE)
Amicar® (Lederle: AU)
Amicar® (Wyeth: ZA)
Amicar® (Xanodyne: US)
Aminocaproic Acid® (American Regent: US)
Aminocaproic Acid® (Hospira: US)
Aminocaproic Acid® (VersaPharm: US)
Caproamin Fides® (Rottapharm: ES)
Caprolex® (Techno: BD)
Caprolisin® (Malesci: IT)
Caprolisin® (Menarini: BD)
Epsicaprom® (Bial: PT)
Hemocid® (GlaxoSmithKline: IN)
Hemosin® (Chemist: BD)
Ipsilon® (Nikkho: BR)
Ipsilon® (Nova Argentia: AR)
Solutio Acidi Aminocapronici 5%® (Pharma Tech: GE)

Aminoglutethimide (Rec.INN)

L: Aminoglutethimidum
I: Aminoglutetimide
D: Aminoglutethimid
F: Aminoglutéthimide
S: Aminoglutetimida

⚕ Antineoplastic agent

CAS-Nr.: 0000125-84-8 — $C_{13}\text{-}H_{16}\text{-}N_2\text{-}O_2$, M_r 232.291

2,6-Piperidinedione, 3-(4-aminophenyl)-3-ethyl-

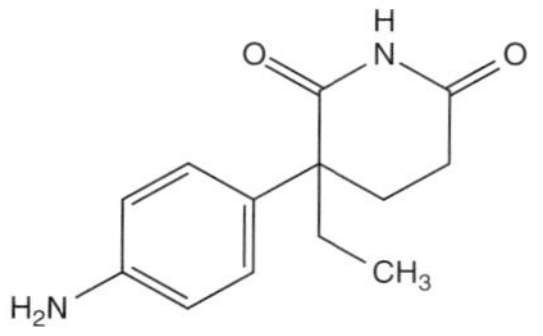

OS: *Aminoglutethimide [BAN, USAN]*
OS: *Aminoglutéthimide [DCF]*
IS: *Ba 16038*
IS: *Elipten*
IS: *C 16038-BA*
PH: Aminoglutethimide [Ph. Eur. 5, USP 30]
PH: Aminoglutethimidum [Ph. Eur. 5]
PH: Aminoglutéthimide [Ph. Eur. 5]
PH: Aminoglutethimid [Ph. Eur. 5]

Aminoglutetimid® (Actavis: GE)
Cytadren® (Ciba Vision: US)
Cytadren® (Novartis: AU)
Mamomit® (Pliva: BA, HR, RU)
Orimetene® (Novartis: HK)
Orimeten® (Novartis: AT, BG, BR, CZ, DE, ES, ET, GH, IT, KE, LU, LY, MT, NG, NL, SD, TZ, ZA, ZW)
Rogluten® (Sindan: RO)

Aminohydroxybutyric Acid, λ-

D: 4-Amino-3-hydroxybuttersäure

⚕ Antiepileptic
⚕ Vasodilator

CAS-Nr.: 0000352-21-6 — C_4-H_9-N-O_3, M_r 119.126

Butanoic acid, 4-amino-3-hydroxy-

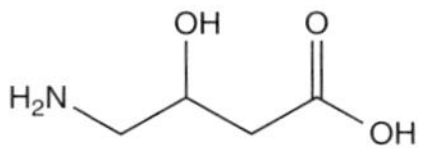

IS: *Bussamina*
IS: *Buxamine*
IS: *GABOB*
IS: *4-Amino-3-hydroxybuyric acid*

Bogil® (Llorente: ES)
Gabimex® (Sanofi-Aventis: AR)
Gamibetal® (Dansk: BR)
Gamibetal® (Italmex: MX)
Gamibetal® (Ono: JP)
Gamibetal® (SIT: IT)

Aminolevulinic Acid

D: 5-Amino-4-oxopentansäure

⚕ Antineoplastic agent
⚕ Photosensitizing agent

ATC: L01XD03
CAS-Nr.: 0000106-60-5 — C_5-H_9-N-O_3, M_r 131.13

Levulinic acid, 5-amino-

Pentanoic acid, 5-amino-4-oxo- [NLM]

5-Amino-4-oxopentanoic acid

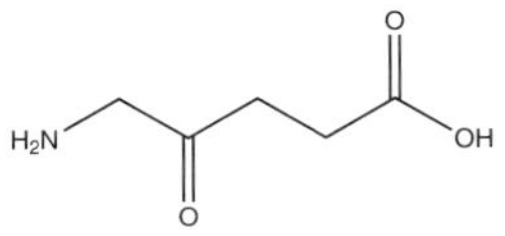

IS: *ALA*
IS: *ALA-PDT*
IS: *5-ALA-PDT*
IS: *delta-Aminolevulinic Acid*

– hydrochloride:

CAS-Nr.: 0005451-09-2
OS: *Aminolevulinic Acid Hydrochloride USAN*
IS: *5-Aminolevulinate hydrochloride*
IS: *EINECS 226-679-5*
IS: *NSC 18509*

Levulan® (DUSA: US)

Aminomethylbenzoic Acid

D: 4-(Aminomethyl)benzoesäure

⚕ Hemostatic agent

ATC: B02AA03
CAS-Nr.: 0000056-91-7 — C_8-H_9-N-O_2, M_r 151.17

Benzoic acid, 4-(aminomethyl)-

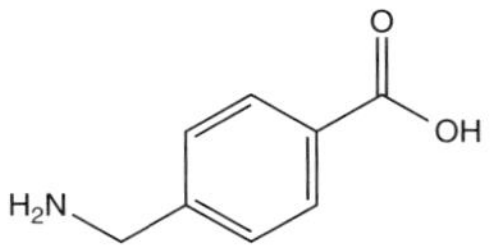

IS: *PAMBA*
PH: Acidum aminomethylbenzoicum [2.AB-DDR, PhBs IV]
PH: Aminomethylbenzoesäure [DAC]

Gumbix® (Riemser: DE)
Gumbix® (Solvay: AT, CZ)
Pamba® (Altana: CZ)
Pamba® (Altana Pharma Oranienburg: DE)
Pamba® (Oranienburger: CZ)

Aminonitrothiazole

D: 5-Nitro-2-thiazolamin

⚕ Antiprotozoal agent [vet.]

CAS-Nr.: 0000121-66-4 — C_3-H_3-N_3-O_2-S, M_r 145.147

5-Nitro-2-thiazolamine

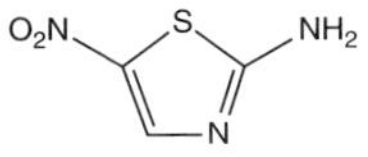

PH: Aminonitrothiazolum [Ph. Nord. 63]

JBL Oodinol® [vet.] (Keller: CH)

Aminophenazone (Rec.INN)

L: Aminophenazonum
I: Aminofenazone
D: Aminophenazon
F: Aminophénazone
S: Aminofenazona

⚕ Analgesic
⚕ Antipyretic

ATC: N02BB03
CAS-Nr.: 0000058-15-1 — C_{13}-H_{17}-N_3-O, M_r 231.309

3H-Pyrazol-3-one, 4-(dimethylamino)-1,2-dihydro-1,5-dimethyl-2-phenyl-

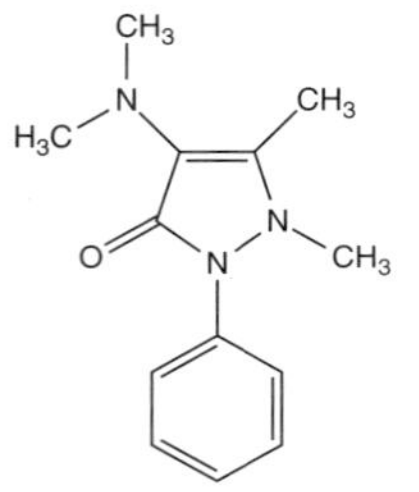

OS: *Aminophénazone [DCF]*
OS: *Aminofenazone [DCIT]*
OS: *Amynopyrine [USAN]*
IS: *Amidofebrin*
IS: *Amidophenazon*
IS: *Amidopyrin*
IS: *Diamin*
IS: *Dimethylaminaphenazon*
IS: *Dimethylaminoantipyrin*
IS: *Dipyrin*
IS: *Pyramidon*
PH: Aminofenazone [F.U. IX]
PH: Aminophenazonum [PhBs IV, Ph. Helv. VI, Ph. Int. II]
PH: Aminopyrinum [JP X]
PH: Amminofenazone [F.U. VIII]
PH: Dimethylaminophenazonum [OeAB]

Amidophen® (Balkanpharma: BG)
Demalgonil® (Sanofi-Aventis: HU)

Aminophylline (Prop.INN)

L: Aminophyllinum
I: Aminofillina
D: Aminophyllin
F: Aminophylline
S: Aminofilina

Antiasthmatic agent
Cardiac stimulant, cardiotonic agent
Diuretic

ATC: R03DA05
CAS-Nr.: 0000317-34-0 C_{16}-H_{24}-N_{10}-O_4
M_r 420.468

1H-Purine-2,6-dione, 3,7-dihydro-1,3-dimethyl-, compd. with 1,2-ethanediamine (2:1)

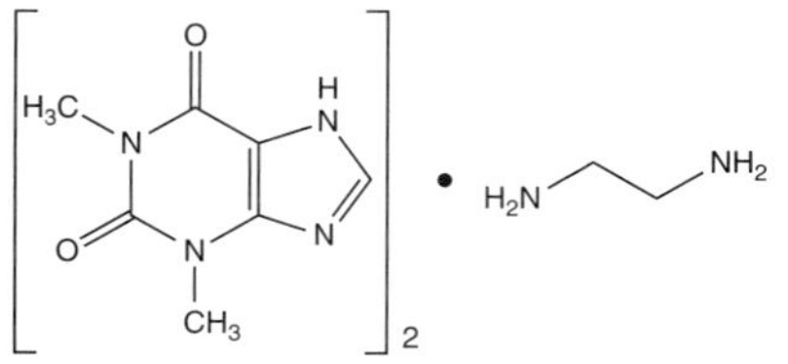

OS: *Aminophylline [BAN, DCF, JAN, USAN]*
IS: *Etofillina*
IS: *Theophyllin-Ethylendiamin-Hydrat*
PH: Aminofillina [F.U. IX]
PH: Aminophylline [BP 2007, JP XIV, Ph. Int. 4, USP 30]
PH: Aminophyllinum [Ph. Int. 4]
PH: Théophylline-éthylènediamine [Ph. Franç. X]
PH: Theophyllinum Aethylendiaminum, -hydricum [OeAB]
PH: Theophyllinum et ethylenediaminum [Ph. Eur. 4]
PH: Theophyllinum-ethylenediaminum [Ph. Eur. 5]

Aminocardol® (Novartis: TR)
Aminocont® (Mundipharma: FI)
Aminofilin Retard® (Jugoremedija: RS)
Aminofilina Ariston® (Ariston: EC)
Aminofilina Biocrom® (Biocrom: AR)
Aminofilina Braun® (Braun: PT)
Aminofilina Fabra® (Fabra: AR)
Aminofilina L.CH.® (Chile: CL)
Aminofilina Larjan® (Veinfar: AR)
Aminofilina Northia® (Northia: AR)
Aminofilina® (Apolo: AR)
Aminofilina® (Bestpharma: CL)
Aminofilina® (Bio EEL: RO)
Aminofilina® (Biosano: CL)
Aminofilina® (Cristália: BR)
Aminofilina® (Farmjug: PL)
Aminofilina® (Mintlab: CL)
Aminofilina® (Neo Quimica: BR)
Aminofilina® (Novartis: BR)
Aminofilina® (Sanderson: CL)
Aminofilina® (Trifarma: PE)
Aminofilin® (Fampharm: RS)
Aminofilin® (Galenika: RS)
Aminofilin® (Hemofarm: BA, RS)
Aminofilin® (Srbolek: RS)
Aminofilinã® (Arena: RO)
Aminofillina® (Mayne: IT)
Aminoima® (IMA: BR)
Aminomal® (Malesci: IT)
Aminomal® (Menarini: BD)
Aminophyllin Fresenius® (Bodene: ZA)
Aminophyllin Indo Farma® (Indofarma: ID)
Aminophylline Atlantic® (Atlantic: SG, TH)
Aminophylline DBL® (Mayne: SG)
Aminophylline Demo® (Demo: GR)
Aminophylline DF® (Barre: US)
Aminophylline DF® (Interstate Drug Exchange: US)
Aminophylline DF® (Roxane: US)
Aminophylline DF® (Rugby: US)
Aminophylline DF® (Schein: US)
Aminophylline Injection BP® (Mayne: AU, NZ)
Aminophylline® (Actavis: US)
Aminophylline® (Ambee: BD)
Aminophylline® (American Regent: US)
Aminophylline® (GAMA: GE)
Aminophylline® (Hameln: GB)
Aminophylline® (Hospira: CA, US)
Aminophylline® (Mayne: AU)
Aminophylline® (Roxane: US)
Aminophylline® (Sigma: AU)
Aminophylline® (Teva: IL)
Aminophylline® (West-Ward: US)
Aminophyllinum Retard® (Lek: CZ)
Aminophyllinum Retard® (Novartis: BD)
Aminophyllinum® (Jugoremedija: RS)
Aminophyllinum® (Lek: BA, CZ, HR, HU, SI)
Aminophyllinum® (Pliva: PL)
Aminophyllin® (Altana Pharma Oranienburg: DE)
Aminophyllin® (Aspen: ZA)

Aminophyllin® (Biopharm: GE)
Aminophyllin® (Nycomed: NO)
Aminyllin® [vet.] (Mavlab: AU)
Amofilin® (Schein: PE)
Apnex® (Bosnalijek: BA)
Asmafilin® (Casel: TR)
Asmalia® (Umeda: TH)
Aspen Theophyllin® (Aspen: ZA)
Brolin® (Delta: BD)
Cardiomin® (Andromaco: CL)
Cardirenal® (Lanpharm: AR)
Cardophyllin® (Hamilton: AU)
Cardophyllin® (Sanofi-Aventis: BD)
Carena® [inj.] (Biofarma: TR)
Diaphyllin Venosum® (Gedeon Richter: HU)
Diaphyllin® (Egis: HU)
Diaphyllin® (Gedeon Richter: HU, VN)
Eufilina® (Altana: ES)
Euphyllin® (Altana: AE, BH, EG, IQ, IR, JO, KW, LB, LU, LY, OM, QA, SA)
Euphyllin® (Biopharm: GE)
Euphyllin® (Byk: CZ)
Euphyllin® (Pharos: ID)
Fadafilina® (Fada: AR)
Filinsel® (Osel: TR)
Filin® (Opsonin: BD)
Filotempo® (Viatris: PT)
Larjanfilina® (Veinfar: AR)
Larnox® (Beximco: BD)
Merck-Aminophylline® (Merck Generics: ZA)
Min-I-Jet Aminophylline® (UCB: GB)
Miofilin® (Zentiva: RO)
Miozone® (Ozone Laboratories: RO)
Mundiphyllin® (Mundipharma: AT, DE)
Neophyllin® (Eisai: JP)
Novphyllin® (Actavis: GE)
Novphyllin® (Balkanpharma: BG)
Phyllocontin Continus® (Mahakam: ID)
Phyllocontin Continus® (Napp: GB, IE)
Phyllocontin® (Napp: GB, IE)
Phyllocontin® (Pharmafrica: ZA)
Phyllocontin® (Purdue Frederick: US)
Phyllocontin® (Purdue Pharma: CA)
Phyllotemp® (Mundipharma: DE)
Restophyllin® (Gaco: BD)
Richergan® (Medco: PE)
Sabax Aminophylline® (Critical Care: ZA)
Solution of Eufilin® (Batfarma: GE)
Syntophyllin® (Biotika: CZ)
Syntophyllin® (Zentiva: CZ)
Tari-Dog® [vet.] (TVM: FR)
Tefamin® (Recordati: IT)
Teofillina-Etilendiammina® (Biologici: IT)
Teofillina-Etilendiammina® (Fisiopharma: IT)
Teofillina-Etilendiammina® (Galenica: IT)
Teofillina-Etilendiammina® (ISF: IT)
Teofillina-Etilendiammina® (Monico: IT)
Teofillina-Etilendiammina® (Salf: IT)
Theofylline FNA® (FNA: NL)
Theophyllin EDA-ratiopharm® (ratiopharm: DE)

Aminosalicylic Acid (USP)

D: 4-Aminosalicylsäure

Antitubercular agent

ATC: J04AA01
CAS-Nr.: 0000065-49-6 — $C_7\text{-}H_7\text{-}N\text{-}O_3$, M_r 153.143

Benzoic acid, amino-2-hydroxy-

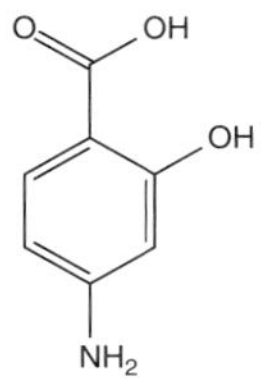

OS: *Aminosalicylic Acid [USAN]*
IS: *Para-aminosalicylic acid*
IS: *PAS (DCF)*
IS: *Pasalicylum*
PH: Acidum paraminosalicylicum [OeAB]
PH: Aminosalicylic Acid [USP 30]

Mesacol® (Sun: BD, TH)
Paser® (Jacobus: US)
PAS® (Koçak: TR)

– sodium salt:

CAS-Nr.: 0006018-19-5
OS: *Sodium (aminosalicylate de) DCF*
OS: *Aminosalicylate Sodium USAN*
IS: *Sodium para-aminosalicylate*
IS: *para-Aminosalicylsaures Natrium-2-Wasser (ASK)*
PH: Aminosalicylate Sodium USP 30
PH: Natrii aminosalicylas Ph. Helv. 9
PH: Natrii para-aminosalicylas Ph. Int. II, Ph. Jap. 1971
PH: Natrium para-aminosalicylicum OeAB, PhBs IV
PH: Sodium Aminosalicylate BP 1980
PH: Sodio aminosalicilato F.U. IX
PH: Sodium Aminosalicylate Dihydrate Ph. Eur. 5

Pas Atlantic® (Atlantic: TH)
Pas Sodium® (Atlantic: TH)
Pas-Fatol N® (Fatol: DE)
Pask-Akri® (Akrihin: RU)
Quadrasa® (Norgine: CZ, FR, IT, LU)
Salf-Pas® (Salf: IT)

Amiodarone (Rec.INN)

L: Amiodaronum
I: Amiodarone
D: Amiodaron
F: Amiodarone
S: Amiodarona

Coronary vasodilator

ATC: C01BD01
CAS-Nr.: 0001951-25-3 — $C_{25}\text{-}H_{29}\text{-}I_2\text{-}N\text{-}O_3$, M_r 645.317

Methanone, (2-butyl-3-benzofuranyl)[4-[2-(diethylamino)ethoxy]-3,5-diiodophenyl]-

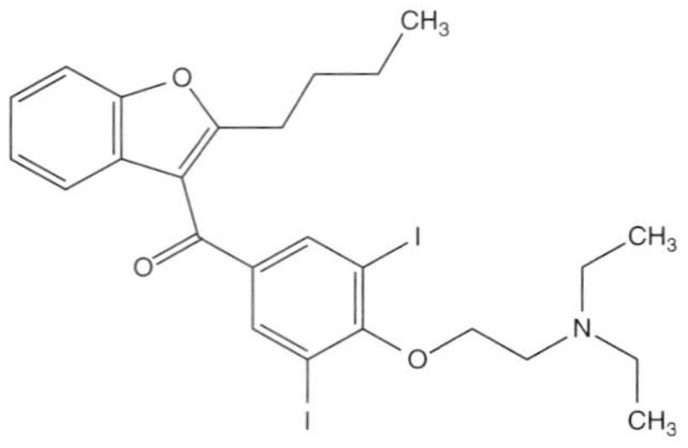

OS: *Amiodarone [BAN, DCF, DCIT, USAN]*
IS: *SKF 33134-A*

Amadaron® (Berlin: TH)
Amiodaron Cf® (Centrafarm: NL)
Amiodaron Hcl Alpharma® (Alpharma: NL)
Amiodaron Hcl® (Hexal: NL)
Amiodarona Fmndtria® [tab.] (Farmindustria: PE)
Amiodarona L.CH.® (Chile: CL)
Amiodarona MK® (MK: CO)
Amiodarona Northia® (Northia: AR)
Amiodarona Vannier® (Vannier: AR)
Amiodarona® [tab.] (AC Farma: PE)
Amiodarone Sandoz® (Sandoz: FR)
Amiokordin® (Krka: BA, GE, HR, PL, SI)
Aratac® (Alphapharm: SG)
Atlansil® (Roemmers: PE)
Cardiodarone® (Otechestvennye Lekarstva: RU)
Cardiogesic® (LAM: DO)
Cardiron® (Drug International: BD)
Cordarone® [inj.] (Sanofi-Aventis: HR, IE, VN)
Cordarone® [inj.] (Sanofi-Synthelabo: PE, SI)
Coronax® (Fabop: AR)
Fada Amiodarona® (Fada: AR)
ratio-Amiodarone® (Ratiopharm: CA)
Ritmocardyl® (Bago: PE)
Sedacorone® (Ebewe: VN)

– hydrochloride:

CAS-Nr.: 0019774-82-4
OS: *Amiodarone Hydrochloride BANM, JAN*
IS: *L 3428*
PH: Amiodarone (chlorhydrate d') Ph. Eur. 5
PH: Amiodaroni hydrochloridum Ph. Eur. 5
PH: Amiodaronhydrochlorid Ph. Eur. 5
PH: Amiodarone Hydrochloride Ph. Eur. 5

Amiobal® (Baldacci: BR)
Amiocar® (Klonal: AR)
Amiodacore® (CTS: IL)
Amiodarex® (Sanofi-Aventis: DE)
Amiodaron 1A Pharma® (1A Pharma: DE)
Amiodaron AL® (Aliud: DE)
Amiodaron AWD® (AWD: DE)
Amiodaron AZU® (Azupharma: DE)
Amiodaron beta® (betapharm: DE)
Amiodaron Ebewe® (Ebewe: AT)
Amiodaron Hcl A® (Apothecon: NL)
Amiodaron Hcl Gf® (Genfarma: NL)
Amiodaron Hcl Katwijk® (Katwijk: NL)
Amiodaron Hcl Merck® (Merck Generics: NL)
Amiodaron Hcl PCH® (Pharmachemie: NL)
Amiodaron Hcl Sandoz® (Sandoz: NL)
Amiodaron Heumann® (Heumann: DE)
Amiodaron Lindo® (Lindopharm: DE)
Amiodaron Sandoz® (Sandoz: CA, DE)
Amiodaron Stada® (Stadapharm: DE)
Amiodaron-Austropharm® (Ebewe: AT)
Amiodaron-CT® (CT: DE)
Amiodaron-Mepha® (Mepha: CH)
Amiodaron-ratiopharm® (ratiopharm: DE)
Amiodarona Baldacci® (Baldacci: PT)
Amiodarona Clorhidrato® (Bestpharma: CL)
Amiodarona Clorhidrato® (Biosano: CL)
Amiodarona Clorhidrato® (Mintlab: CL)
Amiodarona Clorhidrato® (Rider: CL)
Amiodarona Clorhidrato® (Sanderson: CL)
Amiodarona Duncan® (Duncan: AR)
Amiodarona Fabra® (Fabra: AR)
Amiodarona Generis® (Generis: PT)
Amiodarona Labesfal® (Labesfal: PT)
Amiodarona Larjan® (Veinfar: AR)
Amiodarona Merck® (Merck Genéricos: PT)
Amiodarona Northia® (Northia: AR)
Amiodarona® (Berenguer Infale: ES)
Amiodarona® (Chemopharma: CL)
Amiodarona® (La Santé: CO)
Amiodarona® (Lakor: CO)
Amiodarona® (Pentacoop: CO)
Amiodarona® (Terapia: RO)
Amiodarone Bexal® (Bexal: BE)
Amiodarone Biogaran® (Biogaran: FR)
Amiodarone cloridrato Bioindustria Lim® (Bioindustria Lim: IT)
Amiodarone EG® (EG Labo: FR)
Amiodarone EG® (Eurogenerics: BE)
Amiodarone Farma® (Farma 1: IT)
Amiodarone G Gam® (G Gam: FR)
Amiodarone HCl® (Bedford: US)
Amiodarone Hydrochloride Injection® (Abraxis: US)
Amiodarone Hydrochloride Injection® (Akorn: US)
Amiodarone Hydrochloride Injection® (Apotex: US)
Amiodarone Hydrochloride Injection® (Bedford: US)
Amiodarone Hydrochloride Injection® (Ben Venue: US)
Amiodarone Hydrochloride Injection® (Bioniche: US)
Amiodarone Hydrochloride Injection® (Hospira: US)
Amiodarone Hydrochloride Injection® (IMS: US)
Amiodarone Hydrochloride Injection® (Mayne: AU, NZ, US)
Amiodarone Hydrochloride Injection® (Sicor: US)
Amiodarone Ivax® (Ivax: FR)
Amiodarone Merck® (Merck Generics: IT)
Amiodarone Merck® (Merck Génériques: FR)
Amiodarone PH&T® (PH&T: IT)
Amiodarone ratiopharm® (Ratiopharm: IT)
Amiodarone RPG® (RPG: FR)
Amiodarone Sandoz® (Sandoz: IT)
Amiodarone Winthrop® (Sanofi-Aventis: CH)
Amiodarone Winthrop® (Winthrop: FR, IT)
Amiodarone-Akri® (Akrihin: RU)
Amiodarone-Eurogenerics® (Eurogenerics: LU)
Amiodarone-Merck® (Generics: LU)
Amiodarone® (Actavis: GE)

Amiodarone® (Alphapharm: US)
Amiodarone® (Alpharma: GB)
Amiodarone® (Aurosal: US)
Amiodarone® (Barr: US)
Amiodarone® (Eurogenerics: LU)
Amiodarone® (Generics: GB)
Amiodarone® (Hillcross: GB)
Amiodarone® (International Medication Systems: GB)
Amiodarone® (Martindale: GB)
Amiodarone® (Novopharm: CA)
Amiodarone® (Sandoz: US)
Amiodarone® (Sanofi-Synthelabo: LU)
Amiodarone® (Taro: US)
Amiodarone® (Teva: GB, US)
Amiodarone® (TO Chemicals: TH)
Amiodaronhydrochloride® (Sanofi-Synthelabo: NL)
Amiodaron® (Balkanpharma: BG)
Amiodaron® (Belupo: BA, HR, SI)
Amiodaron® (Zdravlje: RS)
Amiodaronă LPH® (Labormed Pharma: RO)
Amiodaronă® (Arena: RO)
Amiodaronă® (Laropharm: RO)
Amiodar® (Micro Labs: LK)
Amiodar® (Sandoz: CH)
Amiodar® (Sigma Tau: IT)
Amiodex® (EMS: BR)
amiodura® (Merck dura: DE)
Amiogamma® (Wörwag Pharma: DE)
Amiohexal® (Hexal: CZ, DE)
Amiohexal® (Sandoz: HU)
Amiokordin® (Krka: CZ, RO)
Amiorit® (Synthesis: CO, DO)
Ancaron® (Taisho: JP)
Ancoron® (Libbs: BR)
Angoron® (Sanofi-Synthelabo: GR)
Angoten® (Microsules: AR)
Apo-Amiodarone® (Apotex: CA)
Aratac® (Alphapharm: AU)
Aratac® (Merck: TH)
Aratac® (Pacific: NZ)
Arycor® (Sanofi-Synthelabo: CO, ZA)
Asulblan® (Fada: AR)
Atlansil® (Pharma Investi: CL)
Atlansil® (Roemmers: AR)
Atlansil® (Sanofi-Aventis: BR)
Braxan® (Armstrong: MX)
Cardilor® (Grace: ET)
Cardilor® (Pharmanova: ZW)
Cardilor® (Remedica: BH, CY, JO, OM, SD, YE)
Cardilor® (Siho Trading: SD)
Cardilor® (Twokay: KE)
Cardinorm® (Hexal: AU)
Cloridrato de Amiodarona® (Biosintética: BR)
Cor Mio® (Hexal: BR)
Corbionax® (Winthrop: FR)
Cordan® (Sandoz: DK)
Cordarex® (Sanofi-Aventis: DE)
Cordarone X® [vet.] (Sanofi-Synthelabo: GB)
Cordarone® (Aventis: BA, NZ)
Cordarone® (Krka: CZ)
Cordarone® (Lek: BA)
Cordarone® (Sanofi Torrent: IN)
Cordarone® (Sanofi Winthrop: RS)
Cordarone® (Sanofi-Aventis: BE, CH, FI, FR, GB, GE, HK, HR, HU, IE, IT, MX, MY, NO, PL, RU, SE, SG, TR, VN)
Cordarone® (Sanofi-Synthelabo: AE, AU, AU, BH, CO, CR, CY, CZ, DK, DO, EC, EG, GT, HN, ID, IS, JO, KW, LB, LU, NI, NL, OM, PA, PE, PH, PT, QA, RO, SA, SI, SV, TH, ZA)
Cordarone® (Wyeth: CA, US)
Cornaron® (TAD: DE)
Coronal® (Ratio: DO)
Coronovo® (Sandoz: AR)
Daritmin® (Gedeon Richter: RO)
Daronal® (Heimdall: CO)
Escodaron® (Streuli: CH)
Eurythmic® (Troikaa: IN)
Gen-Amiodarone® (Genpharm: CA)
GenRX Amiodarone® (GenRX: AU)
Hexarone® (Hexal: ZA)
Kandarone® (Darya-Varia: ID)
Keritmon® (Best: MX)
Merck-Amiodarone® (Merck: BE)
Miocor® (UCI: BR)
Miodaron® (Biosintética: BR)
Miodar® (Osmopharm: DO)
Miodrone® (Alodial: PT)
Mioritmin® (Helcor: RO)
Miotenk® (Biotenk: AR)
MTW-Amiodaron® (MTW: DE)
Nodis® (Temis-Lostalo: AR)
Novo-Amiodarone® (Novopharm: CA)
Opacorden® (Polpharma: PL)
Pacerone® (Upsher-Smith: US)
Pacet® (Beximco: BD)
PMS-Amiodarone® (Pharmascience: CA)
Procor® (Unipharm: IL)
Rhythmiodarone® (Pharmstandart: RU)
Rithmik® (Arrow: AU)
Ritmocardyl® (Bago: CL)
Ritmocardyl® (Sanofi-Aventis: AR)
Rivodaron® (Rivopharm: CZ)
Rytmarone® (Leurquin: FR)
Sandoz Amiodarone® (Sandoz: CA)
Sedacoron® (Ebewe: AT, CZ, HU, RO, RS, RU)
Tiaryt® (Fahrenheit: ID)
Trangorex® (Sanofi-Synthelabo: ES)

Amisulpride (Rec.INN)

L: Amisulpridum
I: Amisulpride
D: Amisulprid
F: Amisulpride
S: Amisulprida

⚕ Antispasmodic agent
⚕ Neuroleptic

ATC: N05AL05
CAS-Nr.: 0071675-85-9 C_{17}-H_{27}-N_3-O_4-S
M_r 369.493

Benzamide, 4-amino-N-[(1-ethyl-2-pyrrolidinyl)methyl]-5-(ethylsulfonyl)-2-methoxy-

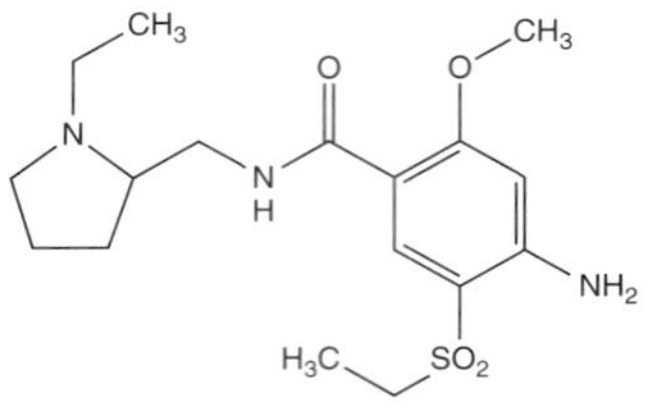

OS: *Amisulpride [BAN, DCF, USAN]*
IS: *Aminosultopride*
IS: *AST*
IS: *DAN 2163*
PH: Amisulpride [Ph. Eur. 5]
PH: Amisulpridum [Ph. Eur. 5]
PH: Amisulprid [Ph. Eur. 5]

Amisulid® (Temmler: DE)
Amisulprid AAA-Pharma® (AAA Pharma: DE)
Amisulprid AL® (Aliud: DE)
Amisulprid dura® (Merck: DE)
Amisulprid Hexal® (Hexal: DE)
Amisulprid Lich® (Winthrop: DE)
Amisulprid Sandoz® (Sandoz: DE)
Amisulprid STADA® (Stadapharm: DE)
Amisulprid-biomo® (biomo: DE)
Amisulprid-Hormosan® (Hormosan: DE)
Amisulprid-neuraxpharm® (neuraxpharm: DE)
Amisulprid-ratiopharm® (ratiopharm: DE)
Amisulpride Biogaran® (Biogaran: FR)
Amisulpride Chinoin® (Sanofi-Aventis: HU)
Amisulpride G Gam® (G Gam: FR)
Amisulpride Merck® (Merck Génériques: FR)
Amisulpride Sandoz® (Sandoz: FR)
Amisulpride Winthrop® (Winthrop: FR)
Amisulpride Zydus® (Zydus: FR)
Amitrex® (Sanofi-Aventis: HU)
Amitrex® (Sanofi-Synthelabo: PT)
Deniban® (Sanofi-Aventis: IT)
Deniban® (Sanofi-Synthelabo: CO, CR, CZ, DO, EC, GT, HN, NI, PA, PE, SV)
Enorden® (Finadiet: AR)
Socian® (Sanofi-Aventis: CL)
Socian® (Sanofi-Synthelabo: BR, CO, PT)
Solian® (Sanofi-Aventis: BE, CH, FR, GB, HK, IE, IL, IT, MX, NO, PL, RU, SG, TR, VN)
Solian® (Sanofi-Synthelabo: AT, AU, CZ, DE, DK, ES, GR, IS, LU, PH, RO, SI, ZA)
Sulamid® (Baldacci: IT)

Amitraz (Prop.INN)

L: Amitrazum
D: Amitraz
F: Amitraz
S: Amitraz

Insecticide
ATCvet: QP53AD01,QP53AD51
CAS-Nr.: 0033089-61-1

C_{19}-H_{23}-N_3
M_r 293.423

Methanimidamide, N'-(2,4-dimethylphenyl)-N-[[(2,4-dimethylphenyl)imino]methyl]-N-methyl-

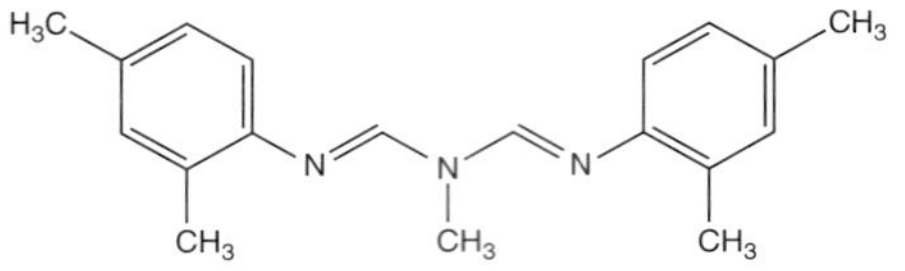

OS: *Amitraz [BAN, USAN]*
IS: *U 36059 (Upjohn, USA)*
IS: *BTS 27419*
PH: Amitraz [USP 30, BPvet 2007]

Aludex® [vet.] (Hoechst Vet: IE)
Aludex® [vet.] (Intervet: GB)
Amidip® [vet.] (Virbac: ZA)
Amitik® [vet.] (Coopers Animal Health: AU)
Amitix® [vet.] (Schering-Plough Animal: ZA)
Amitraz® (Bayer: AU)
Amitraz® [vet.] (MDB: ZA)
Amitraz® [vet.] (Virbac: DE)
Apivar® [vet.] (Véto-Pharma: FR)
Biocani-Tique® [vet.] (Véto-Centre: FR)
Crede Ecto Imatraz® [vet.] (Experto: ZA)
Cutic® [vet.] (Vetem: IT)
Ectodex® [vet.] (Hoechst Vet: AU)
Ectodex® [vet.] (Intervet: DE, FR, NL, NZ, ZA)
Ectodex® [vet.] (Veterinaria: CH)
Milbitraz® [vet.] (Bayer Animal Health: ZA)
Mitaban® [vet.] (Pharmacia: US)
Nokalt® [vet.] (Ourofino: ZA)
Nu-Tic® [vet.] (Nufarm: AU)
Point-Guard® [vet.] (Hoechst-Roussel: US)
Preventic® [vet.] (Allerderm: US)
Preventic® [vet.] (Virbac: AU, BE, CH, DE, IT, LU, NZ, ZA)
Propour® [vet.] (Virbac: ZA)
Préventic® [vet.] (Virbac: FR)
Pulvex® [vet.] (Model: ZA)
Taktic® [vet.] (Hoechst Animal Health: BE)
Taktic® [vet.] (Hoechst Vet: AU, IE)
Taktic® [vet.] (Hoechst-Roussel: US)
Taktic® [vet.] (Intervet: AT, FR, GB, IT, NL, NZ, ZA)
Taktic® [vet.] (Leo: DK)
Taktic® [vet.] (Veterinaria: CH)
Top-Line® [vet.] (Hoechst Animal Health: BE)
Topline® [vet.] (Hoechst Vet: IE, PT)
Topline® [vet.] (Intervet: GB)
Triatix® [vet.] (Cooper: ZA)

Amitriptyline (Rec.INN)

L: Amitriptylinum
I: Amitriptilina
D: Amitriptylin
F: Amitriptyline
S: Amitriptilina

Antidepressant, tricyclic

ATC: N06AA09
CAS-Nr.: 0000050-48-6

C_{20}-H_{23}-N
M_r 277.414

1-Propanamine, 3-(10,11-dihydro-5H-dibenzo[a,d]cyclohepten-5-ylidene)-N,N-dimethyl-

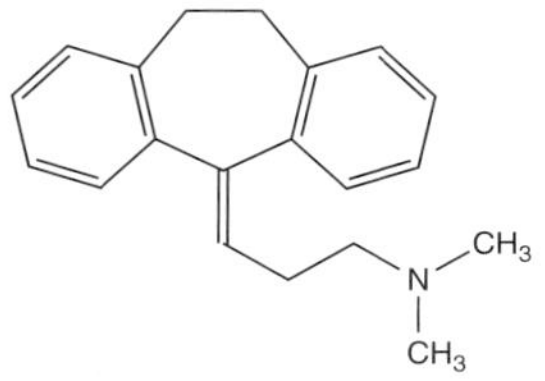

OS: *Amitriptyline [BAN, DCF]*
OS: *Amitriptilina [DCIT]*
IS: *MK 230*
IS: *N 750*
IS: *Ro 4-1575*

Amitriptilin-Grindex® (Aversi: GE)
Amitriptilin-Grindex® (Grindex: GE)
Amitriptilina Iqfarma® (Iqfarma: PE)
Amitriptilina L.CH.® (Chile: CL)
Amitriptilina Merck® (Merck: CO)
Amitriptilina® (Lakor: CO)
Amitriptilina® (Medick: CO)
Amitriptilina® (Memphis: CO)
Amitriptiline® (Darou: GE)
Amitriptiline® (GMP: GE)
Amitriptiline® (Medopharm: GE)
Amitriptiline® (Zentiva: GE)
Amitriptinova® (Chemnova: PE)
Amitriptylin Hcl Gf® (Genfarma: NL)
Amitriptylin Hcl® (Hexal: NL)
Amitriptyline HCl ratiopharm® (Ratiopharm: NL)
Amitriptyline-Lans® (Masterlek: RU)
Amitriptyline® (Arpimed: GE)
Apo-Amitriptyline® (Apotex: SG, VN)
Laroxyl® (Roche: BW, ET, GH, KE, MU, MW, NA, NG, SD, TZ, UG, ZM, ZW)
Trepiline® (Aspen: ZA)

– hydrochloride:

CAS-Nr.: 0000549-18-8
OS: *Amitriptyline Hydrochloride BANM, USAN*
PH: Amitriptyline (chlorhydrate d') Ph. Eur. 5
PH: Amitriptyline Hydrochloride JP XIV, Ph. Eur. 5, Ph. Int. 5, USP 30
PH: Amitriptylinhydrochlorid Ph. Eur. 5
PH: Amitriptylini hydrochloridum Ph. Eur. 5, Ph. Int. 4
PH: Amitriptylinium chloratum Ph. Eur. 5
PH: Amitriptylinum hydrochloricum Ph. Eur. 5

Adepril® (Teofarma: IT)
Amilin® (Actavis: IS)
Amilin® (Opsonin: BD)
Amineurin® (Hexal: DE, LU)
Amirol® (Remedica: CY)
Amitriptilin R. Desitin® (Desitin: RO)
Amitriptilina Clorhidrato® (Bestpharma: CL)
Amitriptilina Clorhidrato® (Mintlab: CL)
Amitriptilinã® (Arena: RO)
Amitriptilinã® (Terapia: RO)
Amitriptylin beta® (betapharm: DE)
Amitriptylin Dak® (Nycomed: DK)
Amitriptylin Desitin® (Declimed: DE)
Amitriptylin Hcl CF® (Centrafarm: NL)
Amitriptylin Hcl Sandoz® (Sandoz: NL)
Amitriptylin Nycomed® (Nycomed: GE)
Amitriptylin RPh® (Rodleben: DE)
Amitriptylin Slovakofarma® (Slovakofarma: CZ)
Amitriptylin-CT® (CT: DE)
Amitriptylin-dura® (Merck dura: DE)
Amitriptylin-neuraxpharm® (neuraxpharm: DE)
Amitriptylin-Sandoz® (Sandoz: DE)
Amitriptyline Glaxo® (GlaxoSmithKline: BD)
Amitriptyline HCl Actavis® (Actavis: NL)
Amitriptyline HCl CF® (Centrafarm: NL)
Amitriptyline HCl PCH® (Pharmachemie: NL)
Amitriptyline HCl Sandoz® (Sandoz: NL)
Amitriptylinehydrochloride® (Katwijk: NL)
Amitriptyline® (Alpharma: GB)
Amitriptyline® (Rosemont: GB)
Amitriptylinum® (ICN: PL)
Amitriptylin® (Slovakofarma: CZ)
Amitriptylin® (Zentiva: RU)
Amitrip® (Pacific: NZ)
Amit® (General Pharma: BD)
Amytril® (Cristália: BR)
Amyzol® (Lek: BA, HR, SI)
Anapsique® (Psicofarma: MX)
Apo-Amitriptyline® (Apotex: CA)
Apo-Amitriptyline® (Apotex Inc.: RU)
Deprelio® (Estedi: ES)
Elatrol® (Teva: IL)
Elavil® (AstraZeneca: US)
Elavil® (Substipharm: FR)
Endep® (Alphapharm: AU)
Laroxyl® (Roche: FR, IT, TR)
Limbatril® (ICN: DE)
Normaln® (Sawai: JP)
Novo-Triptyn® (Novopharm: CA)
Novoprotect® (Merck dura: DE)
Pantrop® (Lundbeck: AT)
Polytanol® (Pharmasant: TH)
Psiquium® (Psipharma: CO)
Qualitripitine® (Quality: HK)
Redomex® (Lundbeck: BE, LU)
Rolab-Amitriptyline Hcl® (Sandoz: ZA)
Sarotena® (Lundbeck: IN)
Saroten® (Bayer: DE)
Saroten® (Gerolymatos: GR)
Saroten® (Lundbeck: AE, AT, BD, BH, CH, DK, EG, IQ, IR, IS, JO, KW, LB, LK, OM, QA, RU, SA, SD, SE, YE, ZA)
Sarotex® (Lundbeck: NL, NO)
Stelminal® (Coup: GR)
Syneudon® (Krewel: DE)
Teperin® (ExtractumPharma: HU)
Triptafen® (Allphar: IE)
Triptafen® (Goldshield: GB)
Tripta® (Atlantic: SG, TH)
Triptilin® (I.E. Ulagay: TR)
Triptizol® (SIT: IT)
Triptyline® (Medifive: TH)
Triptyl® (Orion: FI)
Trip® (Medicon: BD)
Tryptal® (Unipharm: IL)
Tryptanol® (Merck: BR)
Tryptanol® (Merck Sharp & Dohme: AR, AU, MX, TH, ZA)
Tryptin® (Square: BD)
Tryptizol® (Cahill May Roberts: IE)

Tryptizol® (Merck Sharp & Dohme: AT, BE, CH, LU, NL, PT, SE)
Tryptizol® (Neurogard: ES)
Tryptomer® (Merind: IN)
Uxen Retard® (Sanofi-Aventis: AR)

Amitriptylinoxide (Rec.INN)

L: Amitriptylinoxidum
D: Amitriptylinoxid
F: Amitriptylinoxyde
S: Amitriptilinoxido

Antidepressant, tricyclic

CAS-Nr.: 0004317-14-0 C_{20}-H_{23}-N-O
M_r 293.414

1-Propanamine, 3-(10,11-dihydro-5H-dibenzo[a,d]cyclohepten-5-ylidene)-N,N-dimethyl-, N-oxide

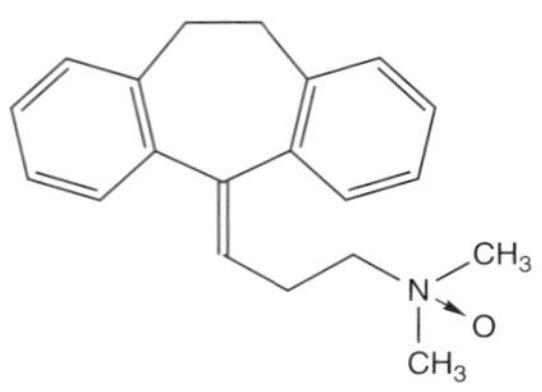

OS: *Amitriptylinoxide [DCF, USAN]*

– dihydrate:

Amioxid-neuraxpharm® (neuraxpharm: DE)
Equilibrin® (Aventis: DE, LU)

Amlexanox (Rec.INN)

L: Amlexanoxum
D: Amlexanox
F: Amlexanox
S: Amlexanoxo

Antiallergic agent
Bronchodilator

ATC: A01AD07,R03DX01
CAS-Nr.: 0068302-57-8 C_{16}-H_{14}-N_2-O_4
M_r 298.308

5H-[1]Benzopyrano[2,3-b]pyridine-3-carboxylic acid, 2-amino-7-(1-methylethyl)-5-oxo-

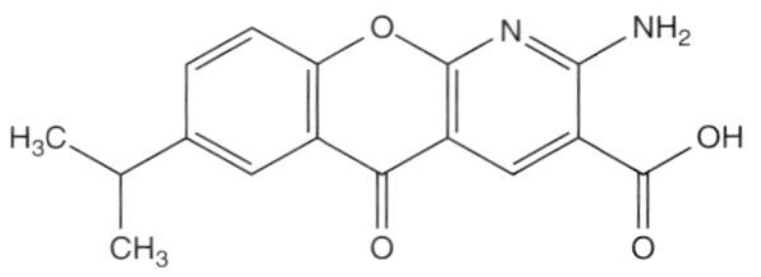

OS: *Amlexanox [BAN, JAN, USAN]*
IS: *AA 673*
IS: *CHX 3673 (Chemex, USA)*

Aftasol® (Meda: FI)
Aphthasol® (GlaxoSmithKline Pharm.: US)
Elics® (Senju: JP)
Miraftil® (Zambon: LU, NL)
OraDisc A® (Access: US)
Solfa® (Takeda: JP)

Amlodipine (Rec.INN)

L: Amlodipinum
I: Amlodipina
D: Amlodipin
F: Amlodipine
S: Amlodipino

Calcium antagonist

ATC: C08CA01
CAS-Nr.: 0088150-42-9 C_{20}-H_{25}-Cl-N_2-O_5
M_r 408.89

3,5-Pyridinedicarboxylic acid, 2-[(2-aminoethoxy)methyl]-4-(2-chlorophenyl)-1,4-dihydro-6-methyl-, 3-ethyl 5-methylester, (±)-

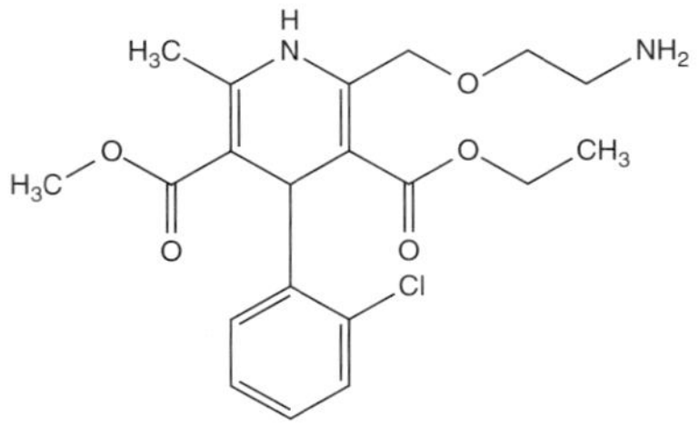

OS: *Amlodipine [BAN, DCF]*
OS: *Amlodipina [DCIT]*

Abloom® (Duncan: AR)
Adipin® (GMP: GE)
Akridipin® (Akrihin: RU)
Aldan® (Polfarmex: PL)
Alopres® (Zdravlje: RS)
Amaday® (Ajanta: GE)
Amdipin® (Lafrancol: CO, PE)
Amdocal® (Beximco: BD)
Amlocard® (AWD: DE)
Amlocard® (Drug International: BD)
Amlocar® [tab.] (Refasa: PE)
Amloc® (Bago: CL)
Amloc® (Pharmalab: PE)
Amlodil® (Bosnalijek: BA, RS, RU)
Amlodipin Cipla® (Cipla: HR)
Amlodipin Domesco® (Domesco: VN)
Amlodipin Stada® (Stada: AT)
Amlodipina Calox® (Calox: CR, NI, PA)
Amlodipina Farmoz® (Farmoz: PT)
Amlodipina Vannier® (Vannier: AR)
Amlodipina® (Blaskov: CO)
Amlodipina® (Ethical: DO)
Amlodipine Bexal® (Bexal: BE)
Amlodipine EG® (Eurogenerics: BE, LU)
Amlodipine Katwijk® (Katwijk: NL)
Amlodipine Merck® (Merck Generics: NL)
Amlodipine Ratiopharm® (Ratiopharm: BE)
Amlodipine Sandoz® (Sandoz: BE)
Amlodipine-Sandoz® (Sandoz: LU)
Amlodipine® (Arpimed: GE)
Amlodipine® (Canonpharma: RU)
Amlodipino Dotrea® (Kern: ES)
Amlodipino Genfar® (Expofarma: CL)
Amlodipino Genfar® (Genfar: CO, EC, PE)
Amlodipino MK® (Bonima: BZ, CR, DO, GT, HN, NI, PA, SV)
Amlodipino Ranbaxy® (Ranbaxy: ES)
Amlodipino® (Chemopharma: CL)

Amlodipino® (G&R: PE)
Amlodipino® (La Sante: PE)
Amlodipino® (Medicalex: CO)
Amlodipino® (Pasteur: CL)
Amlodipino® (Pentacoop: CO)
Amlodipin® (Remevita: RS)
Amlodipin® (Srbolek: RS)
Amlodipin® (VIM Spectrum: RO)
Amlodip® (Heimdall: CO)
Amlodis® (Eczacibasi: TR)
Amlofel® (Feltrex: DO)
Amlogal® (SMB: BE)
Amlohexal® (Hexal: RO, RS)
Amlomark® (Marksman: BD)
Amlopin® (Lek: RS)
Amlopin® (USV: LK)
Amlor® (Pfizer: BE, LU)
Amlosin® (Doctor's Chemical Work: BD)
Amlosyn® (Synthesis: CO, DO)
Amlovas® (Drogsan: TR)
Amlovas® (Home Pharma: PE)
Amlovas® (Popular: BD)
Amocal® (Opsonin: BD)
Amodipin® (Delta: BD)
Amonex® (Belupo: BA, HR)
Amtas® [tab.] (Intas: GE, PE)
Angipec® (Lamsa: AR)
Calchek® (Avsa: PE)
Calchek® (Ipca: RU)
Calium® (Medicon: BD)
Calvasc® (Unimed & Unihealth: BD)
Cardipin® (Renata: BD)
CCB® (Orion: BD)
Cordil® (Techno: BD)
Deten® (Siam Bheasach: TH)
Dilopin® (Münir Sahin: TR)
Doc Amlodipine® (Docpharma: BE)
Dopin® (Medicon: BD)
Emlon® (Bio-Pharma: BD)
Fada Amlodipina® (Fada: AR)
Goritel® (Italchem: EC)
Hipertensal® (Finadiet: AR)
Imped® (Rephco: BD)
Ipin® (Chemist: BD)
Lopin® (Edruc: BD)
Lopin® (Farmal: HR)
Maxidipin® (Ethical: DO)
Merck Amlodipine® (Merck: BE)
Monodipin® (Galenika: RS)
Nipidol® (Biofarma: TR)
Nolmoten® [compr.] (Tecnofarma: PE)
Norvasc® (Pfizer: AN, BB, DO, GY, HR, HT, JM, TT)
Oralcam® (Landsteiner: MX)
Perten® (Fluter: DO)
Pressat® (Biolab: BR)
Rustin® (Ergha: IE)
Sidopin® (Eskayef: BD)
Stamlo® (Dr Reddys: PE)
Tensocard® [tab.] (AC Farma: PE)
Terloc® (Chile: CL)
Vasopin® (Silva: BD)
Vasten® [tab.] (Quality: PE)
Vazkor® (Deva: TR)
Vazotal® (Hemofarm: RS)
Vesocal® (Rangs: BD)
Xelcard® (Healthcare: BD)

– besilate:

CAS-Nr.: 0111470-99-6
OS: *Amlodipine Besylate USAN*
OS: *Amlodipine Besilate BANM, JAN*
IS: *UK 48340-26 (Pfizer)*
PH: Amlodipine Besilate Ph. Eur. 5
PH: Amlodipini besilas Ph. Eur. 5
PH: Amlodipinbesilat Ph. Eur. 5
PH: Amlodipine (bésilate d') Ph. Eur. 5
PH: Amlodipine Besylate USP 30

Agen® (Leciva: CZ)
Agen® (Zentiva: PL)
Amdipin® (Labomed: CL)
Amlibon® (Biochemie: CR, DO, GT, NI, PA, SV)
Amlo TAD® (TAD: DE)
Amlobesilat-Sandoz® (Sandoz: DE)
Amlobeta® besilat (betapharm: DE)
Amlobeta® besilat Heumann (Heumann: DE)
Amlocor® (Torrent: BR)
Amloc® (Pfizer: AR, AT)
Amlodac® (Zydus: IN)
Amlodeq® (Rottapharm: ES)
Amlodine® (Quesada: AR)
Amlodin® (Sumitomo: JP)
Amlodipin AWD® (AWD: DE)
Amlodipin besilat 1A Pharma® (1A Pharma: DE)
Amlodipin besilat Heumann® (Heumann: DE)
Amlodipin besyl Mepha® (Mepha: CH)
Amlodipin Cimex® (Cimex: CH)
Amlodipin corax® (corax: DE)
Amlodipin Hexal® (Hexal: DE)
Amlodipin Interpharm® (Interpharm: AT)
Amlodipin Stada® (Stada: VN)
Amlodipin Winthrop® (Winthrop: DE)
Amlodipin-corax® (corax: DE)
Amlodipina Alpharma® (Alpharma: PT)
Amlodipina Alter® (Alter: PT)
Amlodipina Amlocor® (Cipan: PT)
Amlodipina Angenérico® (Angenérico: PT)
Amlodipina Baldacci® (Baldacci: PT)
Amlodipina Bexal® (Bexal: PT)
Amlodipina Cardionox® (Alodial: PT)
Amlodipina Drime® (Confar: PT)
Amlodipina Gen Med® (Gen Med: AR)
Amlodipina Generis® (Generis: PT)
Amlodipina Ilab® (Inmunolab: AR)
Amlodipina J. Neves® (Neves: PT)
Amlodipina Jaba® (Jaba: PT)
Amlodipina Labesfal® (Labesfal: PT)
Amlodipina Mepha® (Mepha: PT)
Amlodipina Mibral® (Pentafarma: PT)
Amlodipina Northia® (Northia: AR)
Amlodipina Ratiopharm® (Ratiopharm: PT)
Amlodipina ratio® (Ratio: DO)
Amlodipina Richet® (Richet: AR)
Amlodipina Winthrop® (Winthrop: PT)
Amlodipine Apotex® (Apotex: NL)
Amlodipino Alter® (Alter: ES)
Amlodipino Calier® (Kern: ES)
Amlodipino Colorkern® (Kern: ES)
Amlodipino Gelkern® (Kern: ES)
Amlodipino Indukern® (Kern: ES)
Amlodipino Kern® (Kern: ES)

Amlodipino MK® (MK: CO)
Amlodipino Ratiopharm® (Ratiopharm: ES)
Amlodipino Sandoz® (Sandoz: ES)
Amlodipino Siegfried® (Kern: ES)
Amlokard® (Sanovel: GE, TR)
Amlong® (Micro Labs: LK)
Amlong® (Micro Labs Ltd: PE)
Amlopine® (Berlin: TH)
Amlopin® (Acme: BD)
Amlopin® (Berlin: TH)
Amlopin® (Lek: BA, HR, PL, SI)
Amlopp® (Cipla: CZ)
Amlopres® (Cipla: GE, IN, VN)
Amloratio® (ratiopharm: PL)
Amlor® (Farma: EC)
Amlor® (Pfizer: BF, BJ, CF, CG, CI, CM, ES, FR, GA, GN, MG, ML, MR, MU, NE, SN, TD, TG, VN, ZR)
Amlosun® (Sun: BD, LK)
Amlotens® (Klonal: AR)
Amlotop® (Makis Pharma: RU)
Amlovasc® (Hexal: BR)
Amlovas® (Leti: CR, DO, GT, HN, NI, PA, SV)
Amlovas® (Unique: RU)
Amlozek® (Adamed: CZ, PL)
Amlozek® (Kéri: HU)
Amlo® (Actavis: IS)
Amtim® (Ampharco: VN)
Amze® (Penn: AR)
Anexa® (Microsules: AR)
Angiofilina® (Fabra: AR)
Anlodipin® (Baldacci: BR)
Anlodipin® (Rocnarf: EC)
Antacal® (Errekappa: IT)
Apitim® (HG.Pharm: VN)
Apo-Amlo® (Apotex: CZ)
Apresa® (Slovakofarma: CZ)
Arteriosan® (Laboratorios: AR)
Astudal® (Almirall: ES)
Avistar® (Wermar: MX)
Besilato de amlodipina® (Neo Quimica: BR)
Cab® (ACI: BD)
Calchek® (General Pharma: BD)
Calchek® (Ipca: IN)
Calpres® (Temis-Lostalo: AR)
Calvasc® (Douglas: NZ)
Camlodin® (Square: BD)
Cardicol® (Magnachem: DO)
Cardilopin® (Egis: CZ, HU, PL, RU)
Cardinor® (Tecnoquimicas: CO)
Cardionox® (Alodial: PT)
Cardiorex® (Bagó: AR)
Cardivas® (Sidus: AR)
Cordarex® (Biosintética: BR)
Cordi Cor® (Actavis: RU)
Cordipina® (Farmasa: BR)
Coroval® (Sandoz: AR)
Cristacor® (Lek: RO)
Dronalden® (Denver: AR)
Eucoran® (Biogen: CO)
Hasanlor® (Hasan: VN)
Ilduc® (Baliarda: AR)
Istin® (Pfizer: GB, IE)
Istin® [vet.] (Pfizer Animal Health: GB)
Kerniox® (Kern: ES)
Lama® (Stadmed: IN)
Locard® (Jayson: BD)
Lodimax® (O.P.V.: VN)
Lodipar® (Osmopharm: DO, EC)
Lodipin® (Aristopharma: BD)
Lodipin® (Dr. Collado: DO)
Lodipres® (LAM: DO)
Lovas® (Millimed: TH)
Mitokor® (Biotenk: AR)
Monopina® (Bioindustria: IT)
Monovas® (Mustafa Nevzat: BA, TR)
Myodura® (Wockhardt: IN)
Nexotensil® (Nexo: AR)
Nicord® (Marjan: BR)
Noloten® [compr.] (Tecnofarma: PE)
Nor-Lodipina® (Teramed: SV)
Norlopin® (Saba: TR)
Normodipine® (Gedeon Richter: CZ, HU, RS, RU, VN)
Normodipine® (Medimpex: BB, JM, TT)
Normodipine® (Polfa Grodzisk: PL)
Normopres® (ARIS: TR)
Nortwin® (Cipla: ZA)
Norvadin® (Abdi Ibrahim: TR)
Norvasc® (Gödecke: DE)
Norvasc® (Mack: RS)
Norvasc® (Parke Davis: DE)
Norvasc® (Pfizer: AT, AU, BA, BR, BZ, CA, CH, CL, CN, CR, CZ, DE, DK, EG, ET, FI, GE, GH, GM, GR, GT, HK, HN, HU, IL, IS, IT, JP, KE, LK, LR, MW, MY, NG, NI, NL, NO, NZ, PA, PE, PH, PL, PT, RO, RS, RU, SD, SE, SG, SI, SL, SV, TH, TR, US, ZA)
Norvask® (Pfizer: ID, SG)
Norvas® (Pfizer: CO, ES, MX)
Omelar Cardio® (Obolenskoe: RU)
Orcal® (Lek: CZ)
Pelmec® (Casasco: AR)
Presdeten® (Alter: ES)
Presilam® (Pasteur: CL)
Presovasc® (Pharmavita: CL)
Roxflan® (Merck: BR)
Sistopress® (Mavi: MX)
Stamlo® (Dr Reddys: LK)
Tensigal® (Ivax: CZ)
Tensivask® (Dexa Medica: ID)
Tensodin® (Ativus: BR)
Terloc® (Ivax: AR)
Tervalon® (Lazar: AR)
Vasocal® (Rowe: CR, DO, EC, GT, HN, NI, PA, SV)
Vasocard® (Abfar: TR)
Vasonorm® (Koçak: TR)
Vasotop® (Life: EC)
Vasten® (Farmacol: CO)
Vilpin® (Pliva: HR, PL)
Zorem® (Pliva: CZ)
Zundic® (Raffo: AR)

– **maleate:**

CAS-Nr.: 0088150-47-4
OS: *Amlodipine Maleate BANM, USAN*
IS: *UK 48340-11 (Pfizer)*

Amdixal® (Prima: ID)
Amlid® (Pinewood: IE)
Amlipin® (Teva: HU)
Amlist® (Gerard: IE)
Amlo eco® (Sandoz: CH)

Amlo Wolff® (Wolff: DE, NL)
amlo-corax® (corax: DE)
Amlo-Q® (Juta: DE)
Amlo-Q® (Q-Pharm: DE)
Amlo-Teva® (Teva: DE)
Amlobeta® (betapharm: DE)
Amlocard® (AWD.pharma: DE)
Amloc® (Pharma Dynamics: ZA)
Amlode® (Rowex: IE)
Amlodinova® (Krka: AT)
Amlodipin 1A Farma® (1A Farma: DK)
Amlodipin 1A Pharma® (1A Pharma: AT)
Amlodipin 1A Pharma® (1a Pharma: HU)
Amlodipin AAA-Pharma® (AAA Pharma: DE)
Amlodipin AbZ® (AbZ: DE)
Amlodipin accedo® (Accedo: DE)
Amlodipin Actavis® (Actavis: DK, FI, NO, SE)
Amlodipin Alternova® (Alternova: DK, FI)
Amlodipin Arcana® (Arcana: AT)
Amlodipin Arrow® (Arrow: SE)
Amlodipin Basics® (Basics: DE)
Amlodipin Dexcel® (Dexcel: DE)
Amlodipin Durascan® (DuraScan: DK)
Amlodipin Enna® (Ennapharma: FI)
Amlodipin Hexal® (Hexal: AT, DK, NO)
Amlodipin Hexal® (Sandoz: FI, HU, SE)
Amlodipin IVAX® (Ivax: DE, NL, SE)
Amlodipin IVAX® (Teva: FI)
Amlodipin Merck NM® (Merck NM: FI, SE)
Amlodipin Orion® (Orion: DK, FI)
Amlodipin PCD® (Pharmacodane: DK)
Amlodipin Pharma&Co® (Pharma&Co: AT)
Amlodipin Ranbaxy® (Ranbaxy: SE)
Amlodipin Ranbaxy® (Sabora: FI)
Amlodipin ratiopharm® (Ratiopharm: AT, CZ)
Amlodipin ratiopharm® (ratiopharm: DE)
Amlodipin ratiopharm® (Ratiopharm: FI)
Amlodipin ratiopharm® (ratiopharm: HU)
Amlodipin ratiopharm® (Ratiopharm: NL, SE)
Amlodipin Winthrop® (Sanofi-Aventis: CH)
Amlodipin-CT® (CT: DE)
Amlodipin-Hexal® (Hexal: LU)
Amlodipin-Ratiopharm® (ratiopharm: LU)
Amlodipina Merck® (Merck Genéricos: PT)
Amlodipine CF® (Centrafarm: NL)
Amlodipine Lichtenstein® (Winthrop: NL)
Amlodipine Pch® (Pharmachemie: NL)
Amlodipine Ranbaxy® (Ranbaxy: NL)
Amlodipine Sandoz® (Sandoz: NL)
Amlodipine Winthrop® (Winthrop: CH)
Amlodipine-Teva® (Cimex: IL)
Amlodipine® (Apothecon: NL)
Amlodipine® (AWD Pharma: NL)
Amlodipine® (Focus: NL)
Amlodipine® (Generics: NL)
Amlodipine® (Hexal: NL)
Amlodipine® (Sandoz: NL)
Amlodipine® (Tenlec: NL)
Amlodipin® (Copyfarm: NO)
Amlodipin® (ratiopharm: NO)
Amlodoc® (Docpharm: DE)
Amlodowin® (Chinoin: HU)
Amlohyp® (Hexal: AT)
AmloLich® (Winthrop: DE)
Amlostad® (Stada: NL)
Amlow® (Unipharm: IL)
Hipres® (Krka: CZ)
Myostin® (Ivax: IE)
Sigamlo® (Sigapharm: DE)
Tenox® (Krka: BA, HR, HU, PL, RO, RS)
Tenox® (KRKA: RU)
Tenox® (Krka: SI)

– mesilate:

OS: *Amlodipine Mesylate BANM*

Amlibon® (Sandoz: MX)
Amlo TAD® (TAD: DE)
AMLO-ISIS® (Actavis: DE)
Amlobeta mesilat® (betapharm: DE)
Amloclair® (Hennig: DE)
Amlodigamma® (Wörwag Pharma: DE, GE)
Amlodilan® (Lannacher: AT)
Amlodipin 1A Pharma® (1A Pharma: DE)
Amlodipin Alpharma® (Actavis: FI)
Amlodipin Alpharma® (Alpharma: DK, NO, SE)
Amlodipin AL® (Aliud: DE, RO)
Amlodipin axcount® (Axcount: DE)
Amlodipin Copyfarm® (Copyfarm: DK, FI, SE)
Amlodipin dura® (Merck dura: DE)
Amlodipin Gea® (GEA: DK)
Amlodipin Genericon® (Genericon: AT)
Amlodipin Helvepharm® (Helvepharm: CH)
Amlodipin Hexal® (Hexal: DE, NL)
Amlodipin Kwizda® (Kwizda: DE)
Amlodipin Mesilat-Hexal® (Hexal: LU)
Amlodipin Sandoz eco® (Sandoz: CH)
Amlodipin Sandoz® (Sandoz: AT, CH, DE, DK, SE)
Amlodipin Stada® (Stada: SE)
Amlodipin Stada® (Stadapharm: DE)
Amlodipin Teva® (Teva: CH)
Amlodipin-Mepha® (Mepha: CH)
Amlodipina Sandoz® (Sandoz: PT)
Amlodipinemesilaat CF® (Centrafarm: NL)
Amlodipinemesilaat Ratiopharm® (Ratiopharm: NL)
Amlodipine® (Alpharma: NL)
Amlodipine® (Betapharm: NL)
Amlodipine® (Hexal: NL)
Amlodipine® (Stichting: NL)
Amlodipinmesilat 1A Pharma® (1A Pharma: DE)
Amlopin® (Spirig: CH)
Amloreg® (Farmaconsult: LU)
Amloreg® (ratiopharm: LU)
Amlotan® (Clonmel: IE)
Amlovasc® (Streuli: CH)
Amparo® (mibe: DE)

Amobarbital (Rec.INN)

L: Amobarbitalum
I: Amobarbital
D: Amobarbital
F: Amobarbital
S: Amobarbital

⚕ Hypnotic

ATC: N05CA02
CAS-Nr.: 0000057-43-2

C_{11}-H_{18}-N_2-O_3
M_r 226.285

2,4,6(1H,3H,5H)-Pyrimidinetrione, 5-ethyl-5-(3-methylbutyl)-

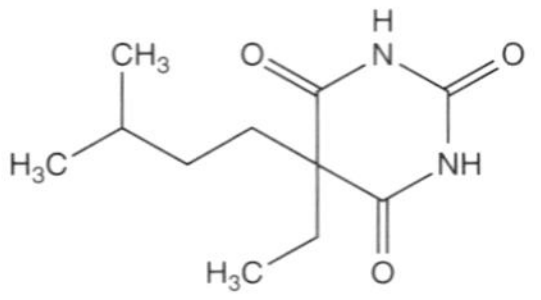

OS: *Amobarbital [BAN, DCF, JAN, USAN]*
IS: *Amylobarbital*
IS: *Amylobarbitone*
IS: *Acidum isoamylaethylbarbituricum*
IS: *Barbamylum (USSRP)*
PH: Amobarbital [Ph. Eur. 5, JP XIV, USP XXII]
PH: Amobarbitalum [Ph. Eur. 5, Ph. Int. II]

Amytal® (Ranbaxy: US)
Dorlotyn® (ExtractumPharma: HU)
Isomytal® (Shinyaku: JP)

– sodium salt:

CAS-Nr.: 0000064-43-7
OS: *Amobarbital Sodium BANM, USAN*
IS: *Amylobarbitone Sodium*
IS: *Natrium isoamylaethylbarbituricum*
PH: Amobarbital-Natrium Ph. Eur. 5
PH: Amobarbital sodique Ph. Eur. 5
PH: Amobarbital Sodium Ph. Eur. 5, JP XIV, USP 30
PH: Amobarbitalum natricum Ph. Eur. 5, Ph. Int. II

Amital® (Arena: RO)
Amytal Sodium® (Ranbaxy: US)
Sodium Amytal® (Flynn: GB)
Sodium Amytal® (Lilly: IE)
Tuinal® (Flynn: GB)

Amodiaquine (Rec.INN)

L: Amodiaquinum
D: Amodiaquin
F: Amodiaquine
S: Amodiaquina

Antiprotozoal agent, antimalarial

ATC: P01BA06
CAS-Nr.: 0000086-42-0 C_{20}-H_{22}-Cl-N_3-O
M_r 355.876

Phenol, 4-[(7-chloro-4-quinolinyl)amino]-2-[(diethylamino)methyl]-

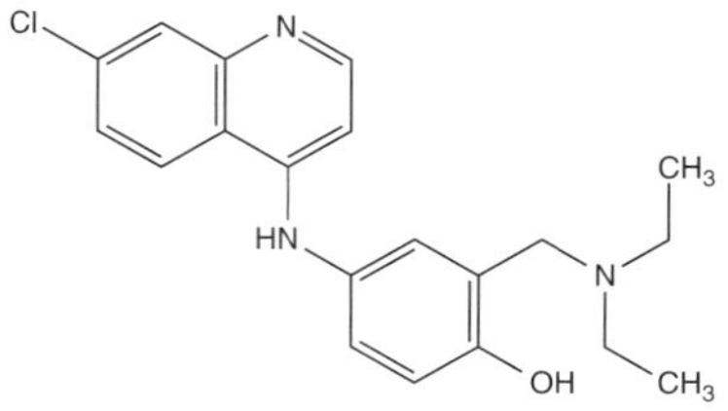

OS: *Amodiaquine [BAN, DCF, USAN]*
IS: *Amodiachin*
IS: *CAM-AQ 1*
IS: *SN 10751*
PH: Amodiaquine [Ph. Int. 4, USP 30]
PH: Amodiaquinum [Ph. Int. 4]

Basoquin® (Pfizer: IN)

– dihydrochloride:

CAS-Nr.: 0006398-98-7
OS: *Amodiaquine Hydrochloride BANM, USAN*
IS: *Chlorhydrate d'amodiaquine*
PH: Amodiaquine (chlorhydrate d') Ph. Franç. X
PH: Amodiaquine Hydrochloride BP 1988, Ph. Int. 4, USP 30
PH: Amodiaquini hydrochloridum Ph. Int. 4

Amodiaquine® (Remedica: CY)
Camoquin® (Pfizer: BF, BJ, CG, CI, CM, GA, GN, IN, ML, MR, NE, SN, TG)
Creaquine® (Bailly: BF, BJ, CF, CG, CI, CM, GA, GN, ML, MR, NE, SN, TD, TG, ZR)
Flavoquine® (Sanofi-Aventis: FR)

Amogastrin (Rec.INN)

L: Amogastrinum
D: Amogastrin
F: Amogastrine
S: Amogastrina

Gastric secretory stimulant

CAS-Nr.: 0016870-37-4 C_{35}-H_{46}-N_6-O_8-S
M_r 710.873

L-Phenylalaninamide, N-[(1,1-dimethylpropoxy)carbonyl]-L-tryptophyl-L-methionyl-L-α-aspartyl-

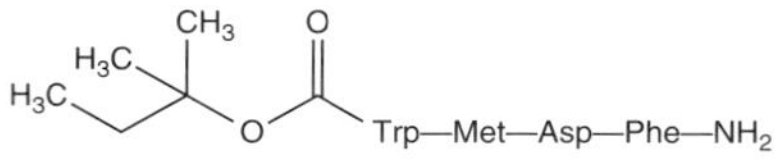

OS: *Amogastrin [USAN]*

Gastopsin® (Nippon Kayaku: JP)

Amorolfine (Rec.INN)

L: Amorolfinum
I: Amorolfina
D: Amorolfin
F: Amorolfine
S: Amorolfina

Dermatological agent, local fungicide

ATC: D01AE16
CAS-Nr.: 0078613-35-1 C_{21}-H_{35}-N-O
M_r 317.521

(±)-cis-2,6-Dimethyl-4-[2-methyl-3-(p-tert-pentylphenyl)propyl]morpholine

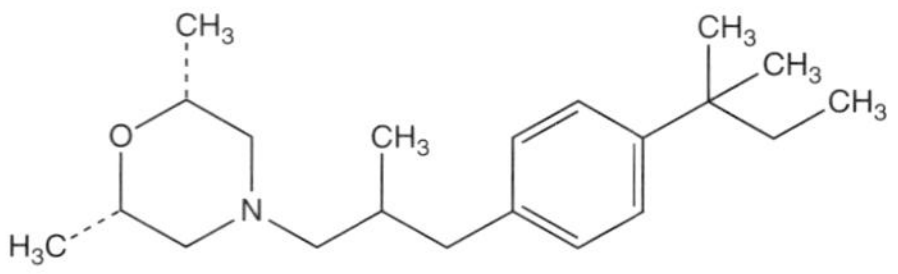

OS: *Amorolfine [BAN, DCF, USAN]*
IS: *Ro 14-4767/000 (Roche)*
IS: *Ro 14-4767/002 (Roche)*

Loceryl® (Galderma: AR, BR, CL, CO, HK, LU, ZA)

– hydrochloride:

CAS-Nr.: 0078613-38-4
OS: *Amorolfine Hydrochloride BANM*

IS: *Ro 14-4767/002 (Roche)*

Curanail® (Galderma: GB)
Loceryl® [emuls. lös.] (AB: AT)
Loceryl® [emuls. lös.] (Galderma: AU, BE, BR, CH, CN, CR, CZ, DE, DK, DO, FI, GB, GR, GT, HN, HR, HU, IE, IS, MX, NI, NO, NZ, PA, PE, PL, SE, SG, SV)
Loceryl® [emuls. lös.] (Promed: SI)
Locetar® (Galderma: ES, IT, PT)
Locéryl® (Galderma: FR)
Micocide® (Atlas: AR)
Odenil® (Isdin: ES)
Pekiron® (Kyorin: JP)

Amosulalol (Rec.INN)

L: Amosulalolum
D: Amosulalol
F: Amosulalol
S: Amosulalol

Antihypertensive agent
α-Adrenergic blocking agent
β-Adrenergic blocking agent

CAS-Nr.: 0085320-68-9 C_{18}-H_{24}-N_2-O_5-S
M_r 380.47

(±)-5-(1-Hydroxy-2-[[2-(o-methoxyphenoxy)ethyl]amino]ethyl)-o-toluenesulfonamide

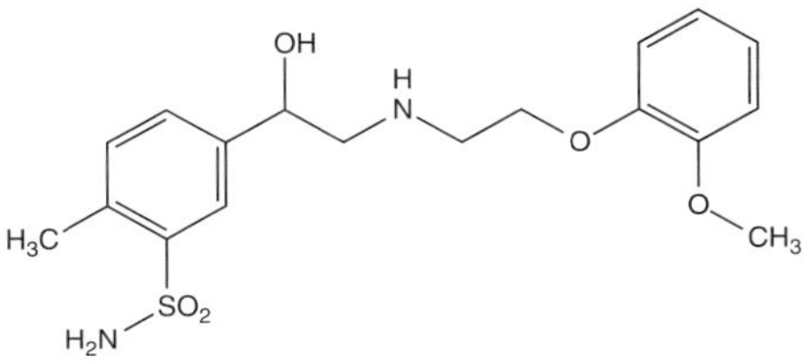

OS: *Amosulalol [USAN]*
IS: *YM 09538 (Yamanouchi, Japan)*

– hydrochloride:
CAS-Nr.: 0070958-86-0

Lowgan® (Yamanouchi: JP)

Amoxapine (Rec.INN)

L: Amoxapinum
D: Amoxapin
F: Amoxapine
S: Amoxapina

Antidepressant, tricyclic

ATC: N06AA17
CAS-Nr.: 0014028-44-5 C_{17}-H_{16}-Cl-N_3-O
M_r 313.795

Dibenz[b,f][1,4]oxazepine, 2-chloro-11-(1-piperazinyl)-

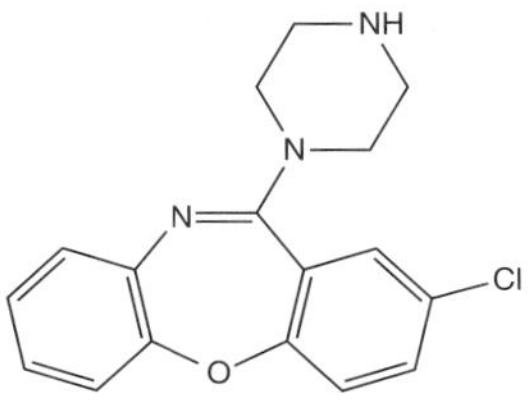

OS: *Amoxapine [BAN, DCF, USAN]*
IS: *CL 67772 (Lederle, USA)*
PH: Amoxapine [JP XIV, USP 30]

Amoxapine® (Sandoz: US)
Amoxapine® (Watson: US)
Asendin® (Lederle: ID)
Asendin® (Wyeth: US)
Demolox® (Wyeth: ES, IN)
Défanyl® (Eisai: FR)

Amoxicillin (Rec.INN)

L: Amoxicillinum
I: Amoxicillina
D: Amoxicillin
F: Amoxicilline
S: Amoxicilina

Antibiotic, penicillin, broad-spectrum
Antibiotic, penicillin, penicillinase-sensitive

ATC: J01CA04
ATCvet: QJ01CA04
CAS-Nr.: 0026787-78-0 C_{16}-H_{19}-N_3-O_5-S
M_r 365.418

4-Thia-1-azabicyclo[3.2.0]heptane-2-carboxylic acid, 6-[[amino(4-hydroxyphenyl)acetyl]amino]-3,3-dimethyl-7-oxo-, [2S-[2α,5α,6β(S*)]]-

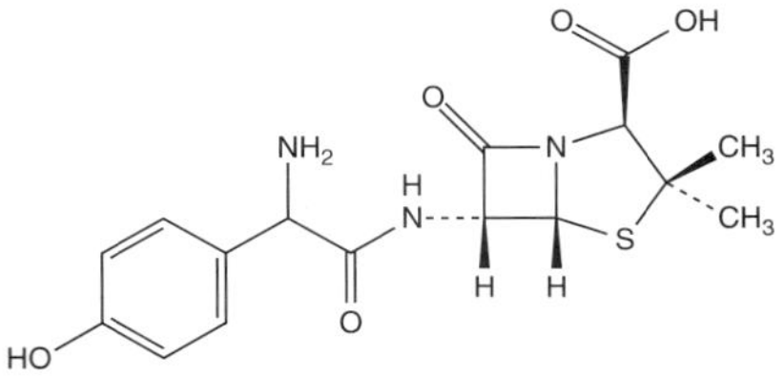

OS: *Amoxicillin [BAN, JAN, USAN]*
OS: *Amoxicilline [DCF]*
OS: *Amoxicillina [DCIT]*
IS: *BRL 2333*
IS: *Amoxycillin*

Abiolex® (ABL: PE)
Abiolex® (Andromaco: CL)
Aclam® [+ Clavulanic Acid] (Lapi: ID)
Aclav® [+ Clavulanic acid] (Columbia: AR)
Adbiotin® (Bayer: CO)
Adco-Amoclav® [+ Clavulanic Acid] (Ranbaxy: ZA)
Alcevan® (Farminter: PE)
Alfoxil® (Abfar: TR)
Almacin® (Alkaloid: BA, HR)
Almacin® (Bilim: RS)
Amobiotic® (Bernofarm: ID)
Amobiotic® (Chile: CL)

Amoclan® [+ Clavulanic Acid] (Hikma: AE, BH, EG, IQ, JO, KW, LB, LY, OM, QA, SA, SD, SY, TN, YE)
Amoksicilin® (Belupo: BA, HR)
Amoksicilin® (Hemofarm: RS)
Amoksicilin® (Remevita: RS)
Amolex Duo® [+ Clavulanic acid] (Andromaco: CL)
Amoquin® (Vetipharm: PE)
Amoval® (Saval: CL, EC, PE)
Amovet® [vet.] (Orion: FI)
Amoxacin® (Shiba: YE)
Amoxapen® (GlaxoSmithKline: AG, AN, AW, BB, GD, GY, JM, LC, TT, VC)
Amoxapen® (Remedica: ET, GH, HK, SG, TZ)
Amoxcillin® (Greater Pharma: TH)
Amoxen® (Kope Trading: PE)
Amoxi-CT® (CT: DE)
Amoxi-C® (Pharma-C: PE)
Amoxi-Ped® (Stiefel: BR)
Amoxibron® (Kinder: BR)
Amoxicher® (Chefar: EC)
Amoxicilina Bestpharma® (Bestpharma: PE)
Amoxicilina Genfar® (Genfar: CO, EC, PE)
Amoxicilina Iqfarma® (Iqfarma: PE)
Amoxicilina L.CH.® (Chile: CL)
Amoxicilina Labesfal® (Labesfal: PT)
Amoxicilina LCH® (Ivax: PE)
Amoxicilina MF® (Marfan: PE)
Amoxicilina MK® (Bonima: BZ, CR, DO, GT, HN, NI, PA, SV)
Amoxicilina MK® (MK: CO)
Amoxicilina Pentacoop® (Pentacoop: PE)
Amoxicilina Perugen® (Perugen: PE)
Amoxicilina Sant Gall® (Sant: AR)
Amoxicilina Trifarma® (Trifarma: PE)
Amoxicilina UQP® (UQP: PE)
Amoxicilina® (AC Farma: PE)
Amoxicilina® (Blaskov: CO)
Amoxicilina® (Britania: PE)
Amoxicilina® (Cimed: BR)
Amoxicilina® (Ducto: BR)
Amoxicilina® (EMS: BR)
Amoxicilina® (Farmandina: EC)
Amoxicilina® (Farmo Andina: PE)
Amoxicilina® (Hersil: PE)
Amoxicilina® (Infabra: BR)
Amoxicilina® (Iqfarma: PE)
Amoxicilina® (La Sante: PE)
Amoxicilina® (LCG: PE)
Amoxicilina® (Medicalex: CO)
Amoxicilina® (Medick: CO)
Amoxicilina® (Medifarma: PE)
Amoxicilina® (Memphis: CO)
Amoxicilina® (Mintlab: CL)
Amoxicilina® (Mission Pharma.: PE)
Amoxicilina® (Pentacoop: CO)
Amoxicilina® (Quimica Hindu: PE)
Amoxicilina® (Salufarma: PE)
Amoxicilina® (Sant: AR)
Amoxicilina® (Sherfarma: PE)
Amoxicilina® (Trifarma: PE)
Amoxicilină® (Antibiotice: RO)
Amoxicilină® (Arena: RO)
Amoxicillin Domesco® (Domesco: VN)
Amoxicillin Vatchem® (Vatchem: GE)
Amoxicillin-ratiopharm comp® [+ Clavulanic Acid] (ratiopharm: DE)
Amoxicilline Bexal® (Bexal: BE)
Amoxicilline Merck® (Generics: LU)
Amoxicilline Merck® (Merck Generics: NL)
Amoxicilline Teva® (Teva: BE)
Amoxicilline-NM Generics® (Generics: LU)
Amoxicilline-Sandoz® (Sandoz: LU)
Amoxicilline® (Hemofarm: GE)
Amoxicilline® (Phitopharm: GE)
Amoxicillin® (GMP: GE)
Amoxicillin® (Greater Pharma: TH)
Amoxicillin® (Kunming Baker Norton: CN)
Amoxicillin® (Remedica: RS)
Amoxiclav Bexal® [+ Clavulanic Acid] (Bexal: BE)
Amoxiclin® (Iqfarma: PE)
Amoxidal® (Roemmers: CO, PE)
Amoxidin® [susp. caps.] (Medifarma: PE)
Amoxiga® (La Santé: CO)
Amoxigran® (Unifarm: PE)
Amoxil-Bencard® (GlaxoSmithKline: TH)
Amoxillin® (Esseti: IT)
Amoxillin® (GlaxoSmithKline: AE, BH, IR, KW, OM, QA)
Amoxillin® (Pharos: ID)
Amoxil® (GlaxoSmithKline: BR, EC, LK, NZ, PE, SG, US)
Amoxil® (Pliva: BA)
Amoxinga® (Inga: LK)
Amoxipen® [susp.] (Lusa: PE)
Amoxiphar® (Unicophar: BE)
Amoxipoten® (Del Bel: AR)
Amoxitenk® [+ Clavulanic acid] (Biotenk: AR)
Amoxival® [vet.] (Fort Dodge: PT)
Amoxivan® (Khandelwal: IN)
Amoxy M H® (M & H: TH)
Amoxycillin Indo Farma® (Indofarma: ID)
Amoxydar® (Dar-Al-Dawa: AE, BH, IQ, JO, KW, LB, LY, MT, NG, OM, QA, SA, SD, SO, TN, YE)
Amoxypen® (Socobom: LU)
Apmox® [susp.] (Ethicalpharma: PE)
Augbactam® [+Clavulanic Acid] (Mekophar: VN)
Augmaxcil® [+ Clavulanic Acid] (Triomed: ZA)
Augmentin-BID® [+ Clavulanic acid] (GlaxoSmith-Kline: CL)
Augmentin® [+ Clavulanic Acid potassium salt] (Aktuapharma: BE)
Augmentin® [+ Clavulanic Acid potassium salt] (GlaxoSmithKline: AU, BD, BE, EC, MY)
Augmentin® [+ Clavulanic Acid] (GlaxoSmith-Kline: IN, PH)
Augmex® [+ Clavulanic acid] (Korea: PH)
Augpen® [+Clavulanic Acid] (Pharmadica: TH)
Axcil® (Astron: LK)
Bactimed® (3DDD Pharma: BE)
Benzibron Amoxicilina® [caps. susp.] (Abeefe Bristol: PE)
Biclavuxil® [+ Clavulanic Acid] (Qualipharm: CR, DO, GT, PA)
Biditin® [+ Calvulanic Acid] (Medikon: ID)
Bimoxyl® [vet.] (Bimeda: GB)
Bio-Amoksiklav® [+ Clavulanic Acid] (Biotech: ZA)
Biofast® [vet.] (Boehringer Ingelheim: IT)
Bioment Bid® [+ Clavulanic Acid] (Fako: TR)
Biotamoxal® (Hexa: AR)

Bioxyllin® (Medifarma: ID)
Bromexilina® [caps. susp.] (Lusa: PE)
Cefamoxil® (Finlay: HN)
Clamohexal® [+ Clavulanic Acid Potassium salt] (Hexal: AU)
Clamoxyl® [vet.] (Gräub: CH)
Clamoxyl® [vet.] (Pfizer: NO)
Clamoxyl® [vet.] (Pfizer Animal: PT)
Clamoxyl® [vet.] (Pfizer Animal Health: BE)
Clavinex® [+ Clavulanic Acid potassium salt] (Saval: CL)
Clavoxilina-Bid® [+ Clavulanic acid] (Pediapharm: CL)
Clavulin BD® [+ Clavulanic Acid potassium salt] (GlaxoSmithKline: BR)
Clavulin Junior® [+ Clavulanic Acid] (GlaxoSmith-Kline: CO)
Clavulin® [+ Clavulanic Acid potassium salt] (Arrow: AU)
Clavulox®[vet.] (Pfizer Animal Health: NZ)
Clofamox® (Lamsa: AR)
Clonamox® (Clonmel: IE)
Co-Amoxiclav Indo Farma® [+ Clavulanic Acid] (Indofarma: ID)
Coamox® (Community: TH)
Comsikla® [+ Clavulanic Acid] (Combiphar: ID)
Curamoxytab® (Curalis: LU)
Curam® [+ Clavulanic Acid] (Biochemie: CO, TH)
Curam® [+ Clavulanic Acid] (Sandoz: CZ, SG, ZA)
Danoclav® [+ Clavulanic Acid] (Alpharma: ID)
Danoxilin® (Alpharma: ID)
Decamox® (Hemas: LK)
Deltamox® [vet.] (Delvet: AU)
Derinox® [tab.] (Farmindustria: PE)
Dibional® [+ Clavulanic Acid] (Rivero: AR)
Docamoclav® [+ Clavulanic Acid] (Docpharma: BE)
Docamoclav® [+ Clavulanic Acid] (Ranbaxy: LU)
Duazat® [+ Clavulanic Acid] (Mecosin: ID)
Dunox® (Duncan: AR)
Duomox® (Yamanouchi: BG, CZ)
Duphamox® [vet.] (Fort Dodge: BE, PT)
Duphamox® [vet.] (Solvay: GB)
Duzimicin® (Prati: BR)
E.Mox® (Eipico: AE, BH, EG, IQ, JO, KW, LB, LY, OM, QA, SA, SD, YE)
Ecumox® (ECU: EC)
Enhancin® [+ Clavulanic Acid potassium salt] (Ranbaxy: LK, SG)
Epicocillin® (Eipico: AE, BH, EG, IQ, JO, KW, LB, LY, OM, QA, SA, SD, YE)
Farmoxyl® [syrup] (Fahrenheit: ID)
Felinamox® [vet.] (Fort Dodge: BE)
Fimoxyclav® [+ Clavulanic Acid potassium salt] (Sanofi-Aventis: BD)
Geramox® (Gerard: IE)
Glifapen® [+ Diclofenac sodium salt] (Ronnet: AR)
Gramidil® (EG Labo: LU)
Gramidil® (Leurquin: LU)
Grunamox® (Grünenthal: LU, PE)
H-Pambiotico® (Hisubiette: CO)
Hamoxillin® (Safire Pharma: HK)
Hiconcil® (Bristol-Myers Squibb: LU)
Hiconcil® (Krka: BA, PL, SI)
Hipen® (Cadila: IN)
Ibremox® [caps. susp.] (Infermed: PE)
Ikamoxyl® (Ikapharmindo: ID)
Imacillin® (AstraZeneca: DK, NO)
Imaxilin® (América: CO)
Improvox® [+ Clavulanic Acid] (Tempo: ID)
Infectomox® (Infectopharm: DE)
Isimoxin® (Kedrion: IT)
Julphamox® (Gulf: RO)
Kemosilin® (Phyto: ID)
Klamentin® [+Clavulanic acid] (HG.Pharm: VN)
Klavocin® [+ Clavulanic Acid potassium salt] (Pliva: BA, HR)
Largopen® [inj.] (Bilim: TR)
Leomoxyl® (Guardian: ID)
Magnimox® [caps. susp. tab.] (Magma: PE)
Medoclav® [+ Calvulanic Acid] (Medochemie: RO, RU)
Merck-Amoxiclav® [+ Clavulanic Acid] (Merck: BE)
Moxacin® (Domesco: VN)
Moxadent® (Vitoria: PT)
Moxan® (Garec: ZA)
Moxbio-L® [susp.] (Magma: PE)
Moxilanic® (Pediapharm: CL)
Moxilanic® (Pharmabiotics: CL)
Moxilin® (Forty-Two: TH)
Moxipen® (Xepa-Soul Pattinson: SG)
Moxitop® (Topgen: BE)
Moxyclav® [+ Clavulanic Acid] (Group: ZA)
Moxylan® [vet.] (Jurox: NZ)
Moxylin® (Life: EC)
Mox® (Ranbaxy: IN)
Neogram® (Legrand: CO)
Novamox® (Cipla: IN)
Novamox® (Markos: PE)
Novoxil® (Luper: BR)
Opsamox® (Novartis Pharma: PE)
Optamox® (Pharma Investi: CL)
Oraminax® (B.A. Farma: PT)
Ospamox® [tab. susp.] (Biochemie: AE, BH, CR, CY, DO, GT, JO, KW, LB, NI, OM, PA, QA, SA, SD, SV, YE)
Ospamox® [tab. susp.] (Novartis: GR)
Ospamox® [tab. susp.] (Roemmers: PE)
Ospamox® [tab. susp.] (Sandoz: AT, PL, RO, RS)
Palentin® [+ Clavulanic Acid potassium salt] (Phapros: ID)
Paracilina® [vet.] (Organon Vet: PT)
Paracilline® [vet.] (Mycofarm: BE)
Pehamoxil® (Phapros: ID)
Penamox® [caps. susp.] (Sanitas: PE)
Penmox® (Coronet: ID)
Pinamox® (Pinewood: IE)
PMS-Amoxicillin® (Pharmascience: CA)
Prafamoc® [+ Clavulanic Acid] (Prafa: ID)
Princimox® (Bristol-Myers Squibb: ET, KE, TZ, UG)
Promoxil® (Medpro: ZA)
Protamox® [+ Calvulanic Acid] (Armoxindo: ID)
Pulmoxil Amoxicilina® [caps. susp.] (Laser: PE)
Quali-Mentin® [+ Clavulanic Acid] (Quality: HK)
Ranoxil® (Ranbaxy: RO)
Ranoxyl® [susp.] (Ranbaxy: LK, PE)
Reichamox® (Medreich: HK)
Remoxin® (Rephco: BD)
Rolab-Amoclav® [+ Clavulanic Acid] (Sandoz: ZA)
Samox® (Seven Stars: TH)

Sandoz Co-Amoxyclav® [+ Clavulanic Acid] (Sandoz: ZA)
Servamox® (Biochemie: CO, TH)
Shamoxil® (Shaphaco: IQ, YE)
Sinacilin® (Galenika: RS)
Solpenox® (Solas: ID)
Spectroxyl® (Sandoz: CH)
SPMC Amoxycillin® (SPMC: LK)
Stabox® [vet.] (Virbac: GB)
Stevencillin® (Rafarm: GR)
Sulbacin® [+Sulbactam] (Unichem: IN, LK)
Supermoxil® [caps. susp.] (Terbol: PE)
Syneclav® [+ Calvulanic Acid] (Coronet: ID)
Synergin® [+ Clavulanic Acid] (Hemas: LK)
Synulox®[vet.] (Pfizer: AT, CH, NO)
Topramoxin® [Susp.] (Toprak: TR)
Triamox® (Bagó: CO)
Trifamox® [caps. susp.] (Bagó: CO)
Trifamox® [caps. susp.] (Trifarma: PE)
Trimosin® (SSK: TR)
Velamox® [caps. susp.] (Abeefe Bristol: PE)
Vet-Cillin® [vet.] (Ceva: IT)
Vetrimoxin® [vet.] (Sanofi-Synthelabo: BE)
Viaclav® [+ Clavulanic Acid] (Dankos: ID)
Vulamox® [+ ClavulanicAcid] (Ethica: ID)
Vulamox® [+ ClavulanicAcid] (Grünenthal: CO)
Xiclav® [+ Clavulanic Acid] (Bosnalijek: BA)
Xiclav® [+ Clavulanic Acid] (Phapros: ID)
Xiltrop® (Tropica: ID)
Zumafen® [+ Clavulanic Acid] (Prima: ID)

– sodium salt:

CAS-Nr.: 0034642-77-8
OS: *Amoxicillin Sodium BANM, USAN*
PH: Amoxicillin-Natrium Ph. Eur. 5
PH: Amoxicillinum natricum Ph. Eur. 5
PH: Amoxicillin Sodium Ph. Eur. 5
PH: Amoxicilline sodique Ph. Eur. 5

Aktil® [+ Clavulanic Acid potassium salt] [inj.] (Gedeon Richter: HU)
Amicosol® [inj.] [+ Clavulanic Acid potassium salt] (Sandoz: CH)
Amitron® (Torlan: ES)
Amocillin® (CAPS: ZA)
Amocla® [+Clavulanic Acid potassium salt] (Medline: TH)
Amoclen® (Zentiva: CZ)
Amoksiklav® [+ Clavulanic Acid, potassium salt] (Lek: PL)
Amoxclav-Sandoz® [+ Clavulanic Acid potassium salt] (Sandoz: DE)
Amoxi Gobens® [inj.] (Normon: ES)
Amoxicilina Clav Combino® [+ Clavulanic Acid, potassium salt] (Combino: ES)
Amoxicilina Clav Domac® [+ Clavulanic Acid potassium salt] (Lesvi: ES)
Amoxicilina Clav Domac® [+ Clavulanic Acid potassium salt] (Vita: ES)
Amoxicilina Clav Frous® [+ Clavulanic Acid Potassium salt] (Farmaprojects: ES)
Amoxicilina Clav Generis® [+ Clavulanic Acid potassium salt] (Generis: ES)
Amoxicilina Clav IPS® [+ Clavulanic Acid potassium salt] (IPS: ES)
Amoxicilina Clav Sala® [+ Clavulanic Acid potassium salt] (Ramon: ES)
Amoxicilina Clav Sandoz® [+ Clavulanic Acid potassium salt] (Sandoz: ES)
Amoxicilina Lafedar® (Lafedar: AR)
Amoxicilina® (Richet: AR)
Amoxicillina e Acido Clavulanico Teva® [+ Clavulanic Acid potassium salt] (Teva: IT)
Amoxicillina K24® (K24: IT)
Amoxicilline/Clavulanzuur® [+ Clavulanic Acid potassium salt] (Pharmachemie: NL)
Amoxicillin® (Wockhardt: GB)
Amoxidal® (Roemmers: AR)
Amoxil® [inj.] (GlaxoSmithKline: AU, GB, GR, ID, IE, LK, PE, PH)
Amoxisel® [vet.] (Selecta: DE)
Amoxi® (Renata: BD)
Amoxsan® [inj.] (Sanbe: ID)
Aspen Fisamox® (Aspen: AU)
Augmentan i.v.® [+ Clavulanic Acid potassium salt] (GlaxoSmithKline: DE)
Augmentin i.v.® [+ Clavulanic acid potassium salt] (GlaxoSmithKline: AT, CH, CL, CR, DO, GB, GT, HN, IE, NI, PA, SV)
Augmentin i.v.® [+ Clavulanic acid potassium salt] (Krka: SI)
Augmentin inj® [+Clavulanic acid potassium salt] (GlaxoSmithKline: VN)
Augmentine® [+ Clavulanic Acid potassium salt] (GlaxoSmithKline: ES)
Augmentin® [+ Clavulanic Acid potassium salt] (GlaxoSmithKline: AT, BA, CZ, ES, FR, GB, GE, HK, IL, IS, IT, MX, NL, NZ, PH, PL, RO, RU, SI)
Avlomox® (ACI: BD)
Bactox® [inj.] (Innotech: FR)
Clamoxyl® [inj.] (Aktuapharma: BE)
Clamoxyl® [inj.] (GlaxoSmithKline: AT, BE, CH, ES, FR, LU, NL)
Clamoxyl® [vet.] (Pfizer: IT)
Clavamox® [+ Clavulanic Acid potassium salt] (Bial: PT)
Clavamox® [+ Clavulanic Acid potassium salt] (Kalbe Farma: LK)
Clavamox® [+ Clavulanic Acid potassium salt] (Sandoz: AT)
Clavamox® [+ Clavulanic Acid potassium salt] (Taro: IL)
Clavaseptin®[vet.] (Vetoquinol: CH, FR)
Clavulin IV® [+ Clavulanic Acid potassium salt] (GlaxoSmithKline: BR)
Co-Amoxi-Mepha® [inj.] [+ Clavulanic Acid potassium salt] (Mepha: CH)
Co-Amoxicillin Sandoz® [+ Calvulanic Acid potassium salt] (Sandoz: CH)
Co-amoxiclav® [+ Clavulanic Acid potassium salt] (Wockhardt: GB)
Fimoxyl® (Sanofi-Aventis: BD)
Fisamox for Injection® (Aventis: AU)
Ibiamox® [inj.] (Douglas: NZ)
Ibiamox® [inj.] (IBI: IT)
Ibiamox® [inj.] (Siam Bheasach: TH)
Megamox® [inj.] (ACME: LK)
Moxacil® (Square: BD)
Moxacin® [inj.] (CSL: AU)
Moxcil TP® (TP Drug: TH)

Moxicle® [+ Clavulanic Acid potassium salt] (Daewoong: TH)
Moxicle® [+ Clavulanic Acid potassium salt] (TTN: TH)
Moxilin® (Acme: BD)
Moxin® (Opsonin: BD)
Novabritine® [inj.] (GlaxoSmithKline: BE, LU)
Nufamox® [inj.] (Nufarindo: ID)
Pamecil® (Medochemie: HK)
Remoxil® [inj.] (I.E. Ulagay: TR)
Suplentin® [+ Clavulanic Acid potassium salt] (Pasteur: PH)
Taromentin® [+ Clavulanic Acid potassium salt] [inj.] (Polfa Tarchomin: PL)
Trifamox® [inj.] (Bagó: AR)
Triodanin® (Norma: GR)

– trihydrate:

CAS-Nr.: 0061336-70-7
OS: *Amoxicillin Trihydrate BANM*
OS: *Amoxicillin USAN*
IS: *BRL 2333 (Beecham, USA)*
PH: Amoxicillin JP XIV, USP 30
PH: Amoxicilline trihydratée Ph. Eur. 5
PH: Amoxicillin trihydrate Ph. Eur. 5, Ph. Int. 4
PH: Amoxicillinum trihydricum Ph. Int. 4
PH: Amoxicillin Trihydrat Ph. Eur. 5

A-Lennon Amoxycillin® (Aspen: ZA)
A.F.S. Amoxcilin® [vet.] (Controlled Medications Pty Ltd: AU)
Abba® [+ Clavulanic Acid potassium salt] (Fidia: IT)
Abdimox® (Tunggal: ID)
Abiclav® [+ Clavulanic acid potassium salt] (Lindopharm: DE)
Abiotyl® (Biocrom: AR)
Acarbixin® [+ Clavulanic Acid potassium salt] (Quimica Son's: MX)
Acromox® (Acromax: EC)
Acticillin® (British Dispensary: TH)
Actimoxi® (Clariana: ES)
Adco-Amoxycillin® (Al Pharm: ZA)
Aescamox® [vet.] (Aesculaap: NL)
Agerpen® (Reig Jofre: ES)
Agram® (Pierre Fabre: BF, BJ, CF, CG, CI, CM, DZ, FR, GA, GN, MG, ML, MR, NE, SN, TD, TG, ZR)
Aktil® [+ Clavulanic Acid potassium salt] (Gedeon Richter: HU)
Alfamox® (Teofarma: IT)
Almorsan® (TRB: AR)
Alpha Amoxyclav® [+clavulanic acid potassium salt] (Alpha: NZ)
Alphamox® (Alphapharm: AU)
Amacin® (Asian: TH)
Amagesan® (Ritsert: DE)
Ambilan® [+ Clavulanic Acid potassium salt] (Chile: CL)
Ambilan® [+ Clavulanic Acid potassium salt] (Ivax: PE)
Amicil® (Unipharm: MX)
Amimox® (AstraZeneca: SE)
Amitron® (Torlan: ES)
Amixen® (Laboratorios: AR)
Amixen® [+ Clavulanic acid] (Laboratorios: AR)
Amix® (Ashbourne: GB)
Amobay CL® [+ Clavulanic Acid potassium salt] (Bayer: MX)
Amobay® (Bayer: MX)
Amocillin Hexal® (Hexal: ZA)
Amoclan Hexal® [+ Clavulanic Acid potassium salt] (Hexal: AT)
Amoclan Hexal® [+ Clavulanic Acid potassium salt] (Sandoz: HU)
Amoclane® [+ Clavulanic Acid] (Eurogenerics: BE, LU)
Amoclan® [+ Clavulanic Acid potassium salt] (Hikma: AE, BH, EG, IQ, JO, KW, LB, LY, OM, QA, SA, SD, SY, TN, YE)
Amoclan® [+ Clavulanic Acid potassium salt] (Katwijk: NL)
Amoclavam® [+ Clavulanic Acid potassium salt] (B.A. Farma: PT)
Amoclave® [+ Clavulanic Acid potassium salt] (Bial: ES)
Amoclave® [+ Clavulanic Acid potassium salt] (Hexal: DE)
Amoclav® [+ Clavulanic Acid potassium salt] (Casasco: AR)
Amoclav® [+ Clavulanic Acid potassium salt] (Hexal: DE)
Amoclav® [+ Clavulanic Acid potassium salt] (Rowex: IE)
Amoclav® [+ Clavulanic Acid potassium salt] (Techno: BD)
Amocla® [+ Clavulanic Acid potassium salt] (Penmix: SG)
Amoclen® (Spofa: CZ)
Amoclen® (Zentiva: CZ)
Amocrin® (Allen: IT)
Amodex® (Bouchara: FR)
Amodex® (Continental Pharm: DZ)
Amoflamisan® (Beecham: ES)
Amoflamisan® (Morrith: ES)
Amoflux® (Lampugnani: IT)
Amohexal® (Hexal: AU)
Amoklavin® [+ Clavulanic Acid potassium salt] (Deva: GE, TR)
Amoksiklav® [+ Clavulanic Acid potassium salt] (Lek: BA, CZ, IS, PL, RO, RS, RU, SI, TH)
Amoksiklav® [+ Clavulanic Acid potassium salt] (Lek Ljubljana: HK)
Amoksiklav® [+ Clavulanic Acid potassium salt] (Sandoz: CN, TR)
Amoksina® (Mustafa Nevzat: TR)
Amolex® [+ Clavulanic Acid potassium salt] (ABL: PE)
Amolin® (Takeda: JP)
Amopen® (Balkanpharma: BG)
Amorion® (Orion: FI)
Amosine® (Mugi: ID)
Amosin® (Sanli: TR)
Amosin® (Sintez: RU)
Amosol® (So.Se.: IT)
Amossicillina Triidrato® [vet.] (Adisseo: IT)
Amotaks® (Polfa Tarchomin: PL)
Amotid® (Bio-Pharma: BD)
Amox-G® (Klonal: AR)
Amoxal® (GlaxoSmithKline: CO)
Amoxanil® [vet.] (Animedic: DE)
Amoxan® [vet.] (Ufamed: CH)

Amoxapen® (Remedica: CY)
Amoxaren® (Areu: ES)
Amoxa® (Atlantic Lab: TH)
Amoxclav-Sandoz® [+ Clavulanic Acid potassium salt] (Sandoz: DE)
Amoxi 1A Pharma® (1A Pharma: DE)
Amoxi AbZ® (AbZ: DE)
Amoxi Gobens® [caps./liqu.oral] (Normon: DO, ES, GT, NI, SV)
Amoxi HP® (Sanol: DE)
Amoxi HP® (Schwarz: DE)
Amoxi L.U.T.® (Pharmafrid: DE)
Amoxi Pch® (Pharmachemie: NL)
Amoxi-Clavulan AL® [+ Clavulanic Acid potassium salt] (Aliud: DE)
Amoxi-Clavulan Stada® [+ Clavulanic Acid potassium salt] (Stadapharm: DE)
Amoxi-CT® (CT: DE)
Amoxi-Diolan® (Meda: DE)
Amoxi-Drop® [vet.] (Pfizer Animal Health: US)
Amoxi-Gobens® (Normon: DO, GT, SV)
Amoxi-Hefa® (Sanavita: DE)
Amoxi-Hefa® (Wernigerode: DE)
Amoxi-Hexal® (Hexal: DE, LU)
Amoxi-infant® (RubiePharm: DE)
Amoxi-Inject® [vet.] (Pfizer Animal Health: US)
Amoxi-Lich® (Winthrop: DE)
Amoxi-Mast® [vet.] (Schering-Plough: US)
Amoxi-Mepha® (Mepha: CH)
Amoxi-saar® [+ Clavulanic Acid potassium salt] (MIP: DE)
Amoxi-Sandoz® (Sandoz: DE)
Amoxi-Sleecol® [vet.] (Albrecht: DE)
Amoxi-Tablinen® (Winthrop: DE)
Amoxi-Wolff® (Wolff: DE)
Amoxibacter® (Rubio: ES)
Amoxibel® (Luper: BR)
Amoxibeta® (betapharm: DE)
Amoxibol® [vet.] (Serumber: DE)
Amoxibos® (Bosnalijek: BA)
Amoxicap® (Hovid: SG)
Amoxicap® (Unifarm: PE)
Amoxicat® [vet.] (Biokema: CH)
Amoxicilina AFSA® (Antibioticos: ES)
Amoxicilina AG® (American Generics: PE)
Amoxicilina Ariston® (Ariston: EC)
Amoxicilina Beecham® (Beecham: ES)
Amoxicilina Belmac® (Belmac: ES)
Amoxicilina Bohm® (Bohm: ES)
Amoxicilina Bohm® (Generfarma: ES)
Amoxicilina Cinfa® (Cinfa: ES)
Amoxicilina Clav AFSA® [+ Clavulanic Acid potassium salt] (Antibioticos: ES)
Amoxicilina Clav Alter® [+ Clavulanic Acid potassium salt] (Alter: ES)
Amoxicilina Clav Belmac® [+ Clavulanic Acid potassium salt] (Belmac: ES)
Amoxicilina Clav Bexal® [+ Clavulanic Acid, potassium salt] (Bexal: ES)
Amoxicilina Clav Cinfa® [+ Clavulanic Acid, potassium salt] (Cinfa: ES)
Amoxicilina Clav Davur® [+ Clavulanic Acid potassium salt] (Davur: ES)
Amoxicilina Clav Farmalider® [+ Clavulanic Acid potassium salt] (Farmalider: ES)
Amoxicilina Clav Juventus® [+ Clavulanic Acid potassium salt] (Juventus: ES)
Amoxicilina Clav Merck® [+ Clavulanic Acid potassium salt] (Merck: ES)
Amoxicilina Clav Mundogen® [+ Clavulanic Acid, potassium salt] (Mundogen: ES)
Amoxicilina Clav Normon® [+ Clavulanic Acid potassium salt] (Normon: ES)
Amoxicilina Clav Ratiopharm® [+ Clavulanic Acid, potassium salt] (Ratiopharm: ES)
Amoxicilina Clav Rotifarma® [+ Clavulanic Acid potassium salt] (Rotifarma: ES)
Amoxicilina Clav Sandoz® [+ Clavulanic Acid potassium salt] (Sandoz: ES)
Amoxicilina Clav Teva® [+ Clavulanic Acid potassium salt] (Teva: ES)
Amoxicilina Clav Ur® [+ Clavulanic Acid potassium salt] (Cantabria: ES)
Amoxicilina Cuve® (Perez Gimenez: ES)
Amoxicilina Davur® (Davur: ES)
Amoxicilina Drawer® (Drawer: AR)
Amoxicilina e ácido clavulânico Alpharma® [+ Clavulanic Acid potassium salt] (Alpharma: PT)
Amoxicilina e ácido clavulânico Bexal® [+ Clavulanic Acid potassium salt] (Bexal: PT)
Amoxicilina e ácido clavulânico Generis® [+ Clavulanic Acid potassium salt] (Generis: PT)
Amoxicilina e ácido clavulânico Germed® [+ Calvulanic Acid potassium salt] (Germed: PT)
Amoxicilina e ácido clavulânico Jaba® [+ Clavulanic Acid potassium salt] (Jaba: PT)
Amoxicilina e ácido clavulânico Labesfal® [+ Clavulanic Acid potassium salt] (Labesfal: PT)
Amoxicilina e ácido clavulânico Mepha® [+ Clavulanic Acid potassium salt] (Mepha: PT)
Amoxicilina e ácido clavulânico Merck® [+ Clavulanic Acid potassium salt] (Merck Genéricos: PT)
Amoxicilina e ácido clavulânico Ratiopharm® [+ Clavulanic Acid potassium salt] (Ratiopharm: PT)
Amoxicilina e ácido clavulânico Sandoz® [+Clavulanic Acid potassium salt] (Sandoz: PT)
Amoxicilina Edigen® (Edigen: ES)
Amoxicilina Esteve® (Esteve: ES)
Amoxicilina Fecofar® (Fecofar: AR)
Amoxicilina Fmndtria® (Farmindustria: PE)
Amoxicilina Forte® (Lek: RO)
Amoxicilina Juventus® (Juventus: ES)
Amoxicilina Medipharma® (Medipharma: AR)
Amoxicilina Mundogen® (Mundogen: ES)
Amoxicilina Normon® (Normon: ES)
Amoxicilina Ratiopharm® (Ratiopharm: ES)
Amoxicilina Richet® (Richet: AR)
Amoxicilina Rotifarma® (Rotifarma: ES)
Amoxicilina Sabater® (Generfarma: ES)
Amoxicilina Sandoz® (Sandoz: ES)
Amoxicilina Teva® (Teva: ES)
Amoxicilina Ur® (Uso Racional: ES)
Amoxicilina Vannier® (Vannier: AR)
Amoxicilina/Clavulanico Richet® [+ Clavulanic Acid potassium salt] (Richet: AR)
Amoxicilina® (Bestpharma: CL)
Amoxicilina® (Medley: BR)
Amoxiciline/Clavulanzuur® [+ Clavulanic Acid potassium salt] (Alpharma: NL)

Amoxiciline/Clavulanzuur® [+ Clavulanic Acid potassium salt] (Apothecon: NL)
Amoxiciline/Clavulanzuur® [+ Clavulanic Acid potassium salt] (Centrafarm: NL)
Amoxiciline/Clavulanzuur® [+ Clavulanic Acid potassium salt] (Disphar: NL)
Amoxiciline/Clavulanzuur® [+ Clavulanic Acid potassium salt] (Genfarma: NL)
Amoxiciline/Clavulanzuur® [+ Clavulanic Acid potassium salt] (Hexal: NL)
Amoxiciline/Clavulanzuur® [+ Clavulanic Acid potassium salt] (Merck Generics: NL)
Amoxiciline/Clavulanzuur® [+ Clavulanic Acid potassium salt] (Pharmachemie: NL)
Amoxiciline/Clavulanzuur® [+ Clavulanic Acid potassium salt] (Sandoz: NL)
Amoxiciline/Clavulanzuur® [+ Clavulanic Acid potassium salt] (Yamanouchi: NL)
Amoxicilină® (Europharm: RO)
Amoxicilină® (Lek: RO)
Amoxicilină® (Mark: RO)
Amoxicilină® (Ozone Laboratories: RO)
Amoxicillin „Faro“® (Faromed: AT)
Amoxicillin AbZ® (AbZ: DE)
Amoxicillin acis® (acis: DE)
Amoxicillin AL® (Aliud: CZ, DE)
Amoxicillin and Clavulante Potassium® [+ Clavulanic Acid potassium salt] (Ranbaxy: US)
Amoxicillin and Clavulante Potassium® [+ Clavulanic Acid potassium salt] (Sandoz: US)
Amoxicillin and Clavulante Potassium® [+ Clavulanic Acid potassium salt] (Teva: US)
Amoxicillin AZU® (Azupharma: DE)
Amoxicillin Generics® (Merck NM: FI)
Amoxicillin Helvepharm® (Helvepharm: CH)
Amoxicillin Hexal® (Hexal: ZA)
Amoxicillin Hexpharm® (Hexpharm: ID)
Amoxicillin Merck NM® (Merck NM: DK, SE)
Amoxicillin NM Pharma® (Generics: IS)
Amoxicillin PB® (Docpharm: DE)
Amoxicillin plus Heumann® [+ Clavulanic Acid potassium salt] (Heumann: DE)
Amoxicillin ratiopharm® (Ratiopharm: AT)
Amoxicillin RX® (RX: TH)
Amoxicillin Sandoz® (Sandoz: CH, SE)
Amoxicillin Scand Pharm® (Generics: IS)
Amoxicillin Schoeller Chemie® [vet.] (Schoeller: AT)
Amoxicillin Slovakofarma® (Slovakofarma: CZ)
Amoxicillin Stada® (Stadapharm: DE)
Amoxicillin Tablets® (Teva: US)
Amoxicillin-B® (Teva: HU)
Amoxicillin-ratiopharm comp.® [+ Clavulanic Acid potassium salt] (Ratiopharm: CZ)
Amoxicillin-ratiopharm comp.® [+ Clavulanic Acid potassium salt] (ratiopharm: DE, LU)
Amoxicillin-ratiopharm® (Ratiopharm: AT, CZ)
Amoxicillin-ratiopharm® (ratiopharm: DE, LU)
Amoxicillin-Slovakofarma® (Slovakofarma: CZ)
Amoxicillina ABC® (ABC: IT)
Amoxicillina Allen® (Allen: IT)
Amoxicillina Angenerico® (Angenerico: IT)
Amoxicillina Bioprogress® (Bioprogress: IT)
Amoxicillina Copernico® (Copernico: IT)
Amoxicillina DOC® (DOC Generici: IT)
Amoxicillina e Acido clavulanico ABC® [+ Clavulanic Acid potassium salt] (ABC: IT)
Amoxicillina e Acido clavulanico Alter® [+ Clavulanic Acid potassium salt] (Alter: IT)
Amoxicillina e Acido clavulanico DOC® [+ Clavulanic Acid potassium salt] (DOC Generici: IT)
Amoxicillina e Acido clavulanico EG® [+ Clavulanic Acid potassium salt] (EG: IT)
Amoxicillina e Acido Clavulanico Hexal® [+ Clavulanic Acid potassium salt] (Hexal: IT)
Amoxicillina e Acido Clavulanico Jet® [+ Clavulanic Acid potassium salt] (Jet: IT)
Amoxicillina e Acido Clavulanico Merck Generics® [+ Clavulanic Acid potassium salt] (Merck: IT)
Amoxicillina e Acido Clavulanico Ranbaxy® [+ Clavulanic Acid potassium salt] (Ranbaxy: IT)
Amoxicillina e Acido Clavulanico Ratiopharm® [+ Clavulanic Acid potassium salt] (Ratiopharm: IT)
Amoxicillina e Acido Clavulanico Sandoz GmbH® [+ Clavulanic Acid potassium salt] (Sandoz: IT)
Amoxicillina e Acido Clavulanico Teva® [+ Clavulanic Acid potassium salt] (Teva: IT)
Amoxicillina e Acido clavulanico Teva® [+ Clavulanic Acid potassium salt] (Teva: IT)
Amoxicillina EG® (EG: IT)
Amoxicillina Francia® (Francia: IT)
Amoxicillina Hexal® (Hexal: IT)
Amoxicillina Jet® (Jet: IT)
Amoxicillina Merck® (Merck Generics: IT)
Amoxicillina OFF® (OFF: IT)
Amoxicillina Pantafarm® (Pantafarm: IT)
Amoxicillina Pliva® (Pliva: IT)
Amoxicillina ratiopharm® (Ratiopharm: IT)
Amoxicillina Sandoz® (Sandoz: IT)
Amoxicillina Tad® (TAD: IT)
Amoxicillina Teva® (Teva: IT)
Amoxicillina Triidrato® [vet.] (Ascor: IT)
Amoxicillina Union Health® (Union Health: IT)
Amoxicilline Alpharma® (Alpharma: NL)
Amoxicilline A® (Apothecon: NL)
Amoxicilline Biogaran® (Biogaran: FR)
Amoxicilline BMS® (UPSA: BF, BI, BJ, CF, CG, CI, CM, GA, GN, MG, ML, MR, MU, NE, SN, TD, TG)
Amoxicilline CF® (Centrafarm: NL)
Amoxicilline EG® (EG Labo: FR)
Amoxicilline EG® (Eurogenerics: BE)
Amoxicilline FLX® (Karib: NL)
Amoxicilline GF® (Genfarma: NL)
Amoxicilline Hexal® (G Gam: FR)
Amoxicilline Ivax® (Ivax: FR)
Amoxicilline Merck® (Merck Génériques: FR)
Amoxicilline Panpharma® (Panpharma: FR)
Amoxicilline ratiopharm® (Ratiopharm: BE)
Amoxicilline RPG® (RPG: FR)
Amoxicilline Sandoz® (Sandoz: BE, FR, NL)
Amoxicilline Winthrop® (Winthrop: FR)
Amoxicilline Zydus® (Zydus: FR)
Amoxicilline-acide clavulanique G Gam® [+ Clavulanic Acid potassium salt] (G Gam: FR)
Amoxicilline-Acide clavulanique Sandoz® [+ Clavulanic Acid potassium salt] (Sandoz: FR)
Amoxicilline-Eurogenerics® (Eurogenerics: LU)

Amoxicilline/Acide clavulanique Biogaran® [+ Clavulanic Acid potassium salt] (Biogaran: FR)
Amoxicilline/acide clavulanique EG® [+ Clavulanic Acid potassium salt] (EG Labo: FR)
Amoxicilline/Acide Clavulanique Merck® [+ Clavulanic Acid potassium salt] (Merck Génériques: FR)
Amoxicilline/Acide Clavulanique RPG® [+ Clavulanic Acid potassium salt] (RPG: FR)
Amoxicilline/Acide Clavulanique Winthrop® [+ Clavulanic Acid potassium salt] (Winthrop: FR)
Amoxicilline® (Alfasan: NL)
Amoxicilline® (Delphi: NL)
Amoxicilline® (Dopharma: NL)
Amoxicilline® (GenRx: NL)
Amoxicilline® (Hexal: NL)
Amoxicilline® (Karib: NL)
Amoxicilline® (Katwijk: NL)
Amoxicilline® (Lagap: NL)
Amoxicilline® (Yamanouchi: NL)
Amoxicillin® (Aliud: CZ)
Amoxicillin® (Alpharma: GB)
Amoxicillin® (Arrow: GB)
Amoxicillin® (Benedetti: IT)
Amoxicillin® (Dankos: ID)
Amoxicillin® (Hemofarm: RU)
Amoxicillin® (Hillcross: GB)
Amoxicillin® (Kent: GB)
Amoxicillin® (Merck NM: NO)
Amoxicillin® (Teva: GB, US)
Amoxicillin® [vet.] (Albrecht: DE)
Amoxicillin® [vet.] (Alma: DE)
Amoxicillin® [vet.] (Alvetra: DE)
Amoxicillin® [vet.] (Bioptive: DE)
Amoxicillin® [vet.] (Chevita: DE)
Amoxicillin® [vet.] (CP: DE)
Amoxicillin® [vet.] (Klat: DE)
Amoxicillin® [vet.] (Riemser Animal: DE)
Amoxicillin® [vet.] (Serumber: DE)
Amoxicillin® [vet.] (WDT: DE)
Amoxicina Oriental® (Oriental: AR)
AmoxiClav 1A Pharma® [+ Clavulanic Acid potassium salt] (1A Pharma: DE)
Amoxiclav accedo® [+ Clavulanic Acid potassium salt] (Accedo: DE)
Amoxiclav AWD® [+ Clavulanic Acid potassium salt] (AWD: DE)
Amoxiclav Basics® [+ Clavulanic Acid potassium salt] (Basics: DE)
Amoxiclav beta® [+ Clavulanic Acid potassium salt] (betapharm: DE)
Amoxiclav-CT® [+ Clavulanic Acid potassium salt] (CT: DE)
Amoxiclav-Puren® [+ Clavulanic Acid potassium salt] (Alpharma: DE)
Amoxiclav-Sandoz® [+ Clavulanic Acid potassium salt] (Sandoz: BE, LU)
Amoxiclav-Teva® [+ Clavulanic Acid potassium salt] (Teva: BE, IL)
AmoxiClavulan 1A Pharma® [+ Clavulanic Acid potassium salt] (1A Pharma: AT, DE)
Amoxiclav® [+ Clavulanic Acid potassium salt] (CT: DE)
Amoxiclav® [+ Clavulanic Acid potassium salt] (Pisa: MX)
Amoxiclav®[vet.] (CP: DE)
Amoxicler® (Monserrat: AR)
Amoxicomp Genericon® [+ Clavulanic Acid potassium salt] (Genericon: AT)
Amoxicon® (Medicon: BD)
Amoxidal® (Roemmers: AR)
Amoxidoc® (Docpharm: DE)
Amoxidog® [vet.] (Biokema: CH)
amoxidura® [+ Clavulanic Acid potassium salt] (Merck dura: DE)
Amoxid® [vet.] (Tre I: IT)
Amoxifar® (Farmoquimica: BR)
Amoxifar® (Zambon: BR)
Amoxifur® (Ivax: MX)
Amoxigrand® (Ahimsa: AR)
Amoxigrand® [+ Clavulanic acid] (Ahimsa: AR)
Amoxigran® (Hovid: SG)
AmoxiHefa® (Riemser: DE)
Amoxihexal® (Chemische Fabrik: CZ)
Amoxihexal® (Hexal: AT, CZ, DE, LU)
Amoxiklav® [+ Clavulanic Acid] (Lek: GE)
Amoxilag® (Lagap: NL)
Amoxilan® (Lannacher: AT)
Amoxillat® (Azupharma: DE)
Amoxillin® (Alpharma: NO)
Amoxillin® (Benedetti: IT)
Amoxil® (German Remedies: IN)
Amoxil® (GlaxoSmithKline: AU, BD, BR, EC, GB, ID, IE, MX, PH, US, ZA)
Amoxil® (Lampugnani: IT)
Amoxil® (Pliva: HR)
Amoxil® [vet.] (Jurox: AU)
Amoximerck® (Merck dura: DE)
Amoxin Comp® [+ Clavulanic Acid potassium salt] (Ratiopharm: FI)
Amoxina® (Aesculapius: IT)
Amoxina® (Hexal: BR)
Amoxindox® [vet.] (Doxal: IT)
Amoxinsol® [vet.] (Vetoquinol: GB, IE)
Amoxin® (Ratiopharm: FI)
Amoxin® (Therapeutics: BD)
Amoxin® [vet.] (Alvetra: DE)
Amoxin® [vet.] (Vetcare: FI)
Amoxipen Cl® [+ Amocicilline trihydrate] (Lusa: PE)
Amoxipen Cl® [+ Clavulanix Acid potassium salt:] (Lusa: PE)
Amoxipenil® (Bago: CL)
Amoxipenil® (Montpellier: AR)
Amoxipen® (Grünenthal: DE)
Amoxiplus ratiopharm® [+ Clavulanic Acid potassium salt] (Ratiopharm: AT)
Amoxiplus® [+ Clavulanic Acid potassium salt] (Antibiotice: RO)
Amoxipoten® (Del Bel: AR)
Amoxip® (Interpharm: LK)
Amoxisane® [vet.] (Dopharma: NL)
Amoxisol® [vet.] (Bayer Animal: PT)
Amoxisol® [vet.] (Vetoquinol: GB)
Amoxistad plus® [+ Clavulanic Acid potassium salt] (Stada: AT)
Amoxistad® (Stada: AT)
Amoxitenk® (Biotenk: AR)
Amoxival® [vet.] (Fort Dodge: IT)
Amoxival® [vet.] (Scanvet: FI)

Amoxival® [vet.] (Sogeval: FR, NL)
Amoxivan® (Khandelwal: IN)
Amoxivet® (Valeant: MX)
Amoxi® (CT: DE)
Amoxi® (Generics: IL)
Amoxi® (Mar: AR)
Amoxi® (Renata: BD)
Amoxi® (Schwarz: DE)
Amoxi® [vet.] (Pfizer Animal Health: US)
Amoxol® (Pablo Cassara: AR)
Amoxon® (Jayson: BD)
Amoxoral® [vet.] (Lely: NL)
Amoxport® (Newport: CR, DO, GT, HN, NI, PA, SV)
Amoxsan® (Sanbe: ID)
Amoxy P® (PP Lab: TH)
Amoxycare® [vet.] (Animalcare: GB)
Amoxycillin Bright Future® (Bright Future Pharm: HK)
Amoxycillin Sandoz® (Sandoz: AU)
Amoxycillin Trihydrate® [vet.] (C.C.D. Animal Health: AU)
Amoxycillin Trihydrate® [vet.] (Ceva: ZA)
Amoxycillin-DP® (Douglas: AU)
Amoxycilline® [vet.] (Dopharma: NL)
Amoxycillin® [vet.] (Agrotech: AU)
Amoxycillin® [vet.] (Apex: AU)
Amoxycillin® [vet.] (CCD: AU)
Amoxyclav®[vet.] (Apex: AU)
Amoxylin® (Biomedis: TH)
Amoxylin® (Great Eastern: TH)
Amoxylin® [vet.] (Ceva: NL)
Amoxypen® (Farmabel: LU)
Amoxypen® (Grünenthal: DE)
Amoxypen® (Socobom: BE)
Amoxypen® [vet.] (Intervet: GB, IE)
Amoxyplus® [+ Clavulanic Acid potassium salt] (Novag: ES)
Amoxysol® [vet.] (Bayer: IT)
Amoxyvet® [vet.] (Eurovet: BE, NL)
Amoxy® (B L Hua: TH)
Amoxy® [vet.] (Dopharma: NL)
Amox® (Doctor's Chemical Work: BD)
Amox® (KG Italia: IT)
Amox® [vet.] (Bremer: AT)
Amox® [vet.] (CP: DE)
Amox® [vet.] (Klat: DE)
Amox® [vet.] (Riemser Animal: DE)
Amox® [vet.] (Serumber: DE)
Amplamox® (Biolab: BR)
Amplamox® (Tecnifar: PT)
Ampliron® (Siegfried: MX)
Amsaxilina® (Antibioticos: MX)
Amyn® (Kopran: LK)
Ancla® [+ Clavulanic Acid potassium salt] (Meprofarm: ID)
Anival® [+ Clavulanic Acid potassium salt] (Errekappa: IT)
Antif® (Rangs: BD)
Apamox® (Bmartin: ES)
Apamox® (F5 Profas: ES)
Apamox® (Pliva: ES)
Apo-Amoxi Clav® [+ Clavulanic Acid potassium salt] (Apotex: CA)
Apo-Amoxi® [susp. caps.] (Apotex: CA, CZ, NZ, PE, PL, SG)
Apoxy® (Apex: BD)
Aproxal® (Elpen: GR)
Aquacil® [vet.] (Cypharm: IE)
Aquacil® [vet.] (Vericor: GB)
Arcamox® (Armoxindo: ID)
Ardineclav® [+ Clavulanic Acid potassium salt] (Antibioticos: ES)
Ardine® (Antibioticos: ES)
Aristomox® (Aristopharma: BD)
Aroxin® (DHA: HK, SG)
Asiamox® (Asian: TH)
Atenac® (Lacofarma: DO)
Atoksilin® (Atabay: TR)
Augamox® [+ Clavulanic Acid potassium salt] (Shiba: YE)
Augmentan® [+ Clavulanic Acid potassium salt] (GlaxoSmithKline: DE)
Augmentin ES® [+ Clavulanic acid potassium salt] (GlaxoSmithKline: CL, PE, US)
Augmentin oral® [+Clavulanic acid potassium salt] (GlaxoSmithKline: CL, VN)
Augmentin Trio® [+ Clavulanic Acid potassium salt] (GlaxoSmithKline: CH)
Augmentin-BID® [+ Clavulanic Acid potassium salt] (GlaxoSmithKline: AG, AN, AW, BB, CL, CR, DO, GD, GT, GY, HN, ID, IL, JM, LC, NI, PA, SV, TR, TT, VC)
Augmentin-Duo® [+ Clavulanic Acid potassium salt] (GlaxoSmithKline: AT, AU, CH, CZ, GB, IE)
Augmentin-Duo® [+ Clavulanic Acid potassium salt] (SmithKline Beecham: AT)
Augmentine Plus® [+ Clavulanic Acid potassium salt] (GlaxoSmithKline: ES)
Augmentine® [+ Clavulanic Acid potassium salt] (D.A.C.: IS)
Augmentine® [+ Clavulanic Acid potassium salt] (GlaxoSmithKline: ES)
Augmentin® [+ Clavulanic Acid potassium salt] (Boehringer Ingelheim: PH)
Augmentin® [+ Clavulanic Acid potassium salt] (Euro: NL)
Augmentin® [+ Clavulanic Acid potassium salt] (GlaxoSmithKline: AE, AT, AU, BA, BH, CH, CR, CZ, DO, ES, FI, FR, GB, GE, GR, GT, HK, HN, HR, HU, ID, IE, IN, IR, IS, IT, KW, LK, LU, MX, NI, NL, NZ, OM, PA, PE, PL, PT, QA, RO, RS, RU, SG, SI, SV, TH, US, ZA)
Augmentin® [+ Clavulanic Acid potassium salt] (Krka: SI)
Augmentin® [+ Clavulanic Acid potassium salt] (Medcor: NL)
Augmentin® [+ Clavulanic Acid potassium salt] (Paranova: AT)
Augmentin® [+ Clavulanic Acid potassium salt] (Teva: HU)
Augmex® [+ Clavulanic Acid potassium salt] (GlaxoSmithKline: PE)
Avimox® [vet.] (Immuno-Vet: ZA)
Avlomox® (ACI: BD)
Axillin® [vet.] (Virbac: FR)
Aziclav® [+ Clavulanic Acid potassium salt] (Spirig: CH)
Azillin® (Spirig: CH)
B-Amoxi® [vet.] (Biokema: CH)
Bactamox® (Aventis: CR, DO, GT, HN, NI, PA, SV)
Bactamox® (Renata: BD)

Bactoclav® [+ Clavulanate potassium] (OEP: PH)
Bactox® (Innotech: FR, RS)
Bellacid® (Soho: ID)
Bellamox® [+ Calvulanic Acid potassium salt] (Soho: ID)
Benoxil® (Benham: BD)
Betaclav® [+ Clavulanic Acid potassium salt] (Corsa: ID)
Betaklav® [+ Clavulanic Acid potassium salt] (Krka: CZ, SI)
Betamox® (Be-Tabs: ZA)
Betamox® (Duopharma: HK)
Betamox® [+ Clavulanic Acid potassium salt] (Cipan: PT)
Betamox® [vet.] (Arovet: CH)
Betamox® [vet.] (Bomac: NZ)
Betamox® [vet.] (Norbrook: AU, GB, IE, NL)
Betamox® [vet.] (VAAS: IT)
Betamox® [vet.] (Vet Medic: FI)
Bgramin® (Douglas: AU)
Bi Moxal® [+ Clavulanic acid potassium salt] (Elea: AR)
Biclavuxil® [+ Clavulanic Acid potassium salt] (Qualipharm: CR, DO, GT, PA)
Bimoxyl® [vet.] (Advanced Verterinary Supplies: AU)
Bimoxyl® [vet.] (Bimeda: GB)
Bimoxyl® [vet.] (Reamor: NZ)
Bimoxyl® [vet.] (VetPharma: SE)
Bimox® (California: CO)
Bintamox® (Hexpharm: ID)
Bioamoxi® [vet.] (Biové: FR, PT)
Bioamoxi® [vet.] (V.M.D.: LU)
Biocilline® [vet.] (Floris: NL)
Bioclavid® [+ Clavulanic Acid potassium salt] (Novartis: GR)
Bioclavid® [+ Clavulanic Acid potassium salt] (Sandoz: AR, DK, FI, NL, PH, RO, SE)
Biomoxil® (Biochem: IN)
Biomox® [vet.] (Intervet: US)
Biotornis® [vet.] (Ornis: FR)
Bioxilina plus® [+ Clavulanic acid potassium salt] (Northia: AR)
Bioxilina® (Northia: AR)
Bitoxil® (Sanofi-Aventis: BD)
Blumox® (Blue Cross: LK)
Borbalan® (Spyfarma: ES)
Bradimox® (Astellas: IT)
Bristamox® [susp. caps.] (Abeefe Bristol: PE)
Bristamox® [susp. caps.] (Bristol-Myers Squibb: BF, BJ)
Bristamox® [susp. caps.] (Bristol-Myers squibb: CF)
Bristamox® [susp. caps.] (Bristol-Myers Squibb: CG, CI, CM, DJ, EC, FR, GA, GH, GN)
Bristamox® [susp. caps.] (Bristol-Myers squibb: MG)
Bristamox® [susp. caps.] (Bristol-Myers Squibb: ML, MR, MU, NE, SN, TD, TG)
Britamox® (Reig Jofre: ES)
Brondix® (Pentafarm: ES)
Burmicin® [+ Clavulanic Acid potassium salt] (Instituto Farmacologia: ES)
Calmoxyl® (GlaxoSmithKline: AT)
Cavumox® [+ Clavulanic Acid potassium salt] (Siam Pharmaceutical: TH)
Chemoxilin® (Chemist: BD)
Chenamox® (Bioindustria: EC)
Ciblor® [+ Clavulanic Acid potassium salt] (Pierre Fabre: FR)
Cilamox® (Sigma: AU)
Cipamox® (Cipan: PT)
Clabat® [+ Calvulanic Acid potassium salt] (Interbat: ID)
Clamentin® [+ Clavulanic Acid potassium salt] (Xixia: ZA)
Clamicil® [+Clavulanic Acid potassium salt] (Uni: CO)
Clamicil® [+Clavulanic Acid potassium salt] (Unipharm: GT, HN, NI, SV)
Clamobit® [+ Clavulanic acid] (Hexpharm: ID)
Clamohexal® [+ Clavulanic Acid Potassium salt] (Hexal: AU)
Clamonex® [+ Clavulanic Acid potassium salt] (Yungjin: SG)
Clamovid® [+ Clavulanic Acid potassium salt] (Hovid: HK, SG)
Clamoxin® [+ Clavulanic Acid] (Maver: MX)
Clamoxyl® (GlaxoSmithKline: AT, AU, CH, ES, FR, LU, NL, PT, VN)
Clamoxyl® (Paranova: AT)
Clamoxyl® (Solco: DE)
Clamoxyl® [+ Clavulanic Acid potassium salt] (GlaxoSmithKline: AU)
Clamoxyl® [vet.] (Agrovete: PT)
Clamoxyl® [vet.] (Pfizer: AT, CH, CH, LU, NO, ZA)
Clamoxyl® [vet.] (Pfizer Animal: DE)
Clamoxyl® [vet.] (Pfizer Animal Health: GB, IE)
Clamoxyl® [vet.] (Pfizer Santé Animale: FR)
Claneksi® [+ Calvulanic Acid potassium salt] (Sanbe: ID)
Clanic® [+ Clavulanic Acid potassium salt] (Lancasco: GT, SV)
Clapharin® [+ Clavulanic Acid potassium salt] (Alternova: FI)
Clavamel® [+ Clavulanic Acid potassium salt] (Clonmel: IE)
Clavamox® [+ Clavulanic Acid potassium salt] (Cimex: IL)
Clavamox® [+ Clavulanic Acid potassium salt] (GlaxoSmithKline: LU)
Clavamox® [+ Clavulanic Acid potassium salt] (Grünenthal: CH)
Clavamox® [+ Clavulanic Acid potassium salt] (Kalbe: ID)
Clavamox® [+ Clavulanic Acid potassium salt] (Kalbe Farma: LK)
Clavamox® [+ Clavulanic Acid potassium salt] (Sandoz: AT)
Clavamox®[vet.] (Pfizer Animal Health: US)
Clavepen® [+ Clavulanic Acid potassium salt] (Allen: ES)
Clavepen® [+ Clavulanic Acid potassium salt] (Almirall: ES)
Clavepen® [+ Clavulanic Acid potassium salt] (Clintex: PT)
Clavinex® [+ Clavulanic Acid potassium salt] (Saval: PE)
Clavipen® [+ Clavulanic Acid potassium salt] (Bruluagsa: MX)
Clavobay®[vet.] (Bayer Sante Animale: FR)

Clavobay®[vet.] (Norbrook: AT, NL, PT)
Clavoral®[vet.] (A.S.T.: NL)
Clavoxilin Plus® [+ Clavulanic Acid potassium salt] (Atral: PE)
Clavoxilina-Bid® [+ Clavulanic acid potassium salt] (Recalcine: CL)
Clavubactin®[vet.] (Le Vet: LU, NL, PT)
Clavubactin®[vet.] (Vetcare: FI)
Clavucid® [+ Clavulanic Acid potassium salt] (Recordati: ES)
Clavucid® [+ Clavulanic Acid potassium salt] (Yamanouchi: BE)
Clavucilline® [+ Clavulanic acid potassium salt] (Pharmalliance: DZ)
Clavucyd® [+ Clavulanic Acid potassium salt] (Unipharm: MX)
Clavulin® [+ Clavulanic Acid potassium salt] (Arrow: AU)
Clavulin® [+ Clavulanic Acid potassium salt] (Fournier: IT)
Clavulin® [+ Clavulanic Acid potassium salt] (GlaxoSmithKline: BR, CO)
Clavulin® [+ Clavulanic Acid potassium salt] (GlaxoSmithKline Consumer Healthcare: CA)
Clavulin® [+ Clavulanic Acid potassium salt] (Sanfer: MX)
Clavulox® [+ Clavulanic Acid potassium salt] (GlaxoSmithKline: AR)
Clavulox®[vet.] (Pfizer Animal: AU)
Clavulox®[vet.] (Pfizer Animal Health: NZ)
Clavumox® [+ Clavulanic Acid potassium salt] (Farmindustria: PE)
Clavumox® [+ Clavulanic Acid potassium salt] (GlaxoSmithKline: RO)
Clavumox® [+ Clavulanic Acid potassium salt] (Group: ZA)
Clavumox® [+ Clavulanic Acid potassium salt] (Pharmacia: ES)
Clavurion® [+ Clavulanic Acid potassium salt] (Orion: FI)
Clavuxil® [+ Clavulanic Acid potassium salt] (Qualipharm: CR, DO, GT, NI, PA)
Clonamox® (Clonmel: IE)
Clonamox® (Pannonpharma: HU)
Cloximar Duo® [+ Clavulanic acid potassium salt] (Dupomar: AR)
Co Amoxin® (Coll: ES)
Co-Amoxi-Mepha® [+ Clavulanic Acid potassium salt] (Mepha: CH)
Co-Amoxi-ratiopharm® [+ Clavulanic Acid potassium salt] (Ratiopharm: BE)
Co-Amoxi-ratiopharm® [+ Clavulanic Acid potassium salt] (ratiopharm: HU)
Co-Amoxicillin Sandoz® [+ Clavulanic Acid potassium salt] (Sandoz: CH)
Co-Amoxilan EG® [+ Clavulanic Acid potassium salt] (Eurogenerics: LU)
Cofamix Amoxicilline® [vet.] (Coophavet: FR)
Cofamox® [vet.] (Coophavet: FR)
Corsamox® (Corsa: ID)
Creacil® (Bailly: BF, BJ, CF, CG, CI, CM, GA, GN, MG, ML, MR, NE, SN, TD, TG, ZR)
Croxilex-BID® [+ clavulanic Acid potassium salt] (I.E. Ulagay: TR)
Curam® [+ Clavulanic Acid potassium salt] (Biochemie: CR, CZ, DO, GT, HK, NI, PA, SV)
Curam® [+ Clavulanic Acid potassium salt] (Novartis Pharma: PE)
Curam® [+ Clavulanic Acid potassium salt] (Sandoz: HU, PL)
Damoxy® (Dabur: IN, LK)
Darzitil plus® [+ Clavulanic Acid potassium salt] (Fabra: AR)
Darzitil® (Fabra: AR)
Darzitil® [+ Sulbactam pivoxil] (Fabra: AR)
Daxet® [+ Clavulanic Acid potassium salt] (Fahrenheit: ID)
Demoksil® (Deva: TR)
Demoxil Plus® [+ Clavulanic Acid potassium salt] (Drug International: BD)
Demoxil® (Drug International: BD)
Dexyclav® [+ Clavulanic Acid potassium salt] (Dexa Medica: ID)
Dexymox® (Dexa Medica: ID)
Dimopen® (Bruluagsa: MX)
Dispamox® (Lek: RO)
Dobriciclin® (Quimifar: ES)
Docamoxici® (Docpharma: BE)
DP Amoxicilline/Clavulaanzuur® [+ Clavulanic Acid potassium salt] (Disphar: NL)
Duomox® (Astellas: CZ, PL, RO)
Duomox® (Yamanouchi: HU)
Duonasa® [+ Clavulanic Acid potassium salt] (Normon: DO, ES, GT, SV)
Duphamox® [vet.] (Fort Dodge: BE, DE, FR, GB, NL)
Duphamox® [vet.] (Interchem: IE)
Duphamox® [vet.] (Scanvet: FI)
Duphamox® [vet.] (Wyeth: AT, CH)
Duzimicin® (Prati: BR)
E-Mox® (E.I.P.I.C.O.: RO)
E-Mox® (Edruc: BD)
Easymox® (Cardiologix: DE)
Edamox® (Ebewe: HK)
Efpenix® (Toyo Jozo: JP)
Enhancin® [+ Clavulanic Acid potassium salt] (Ranbaxy: CZ, HU, PE, RS)
Ephamox® (Europharm: RO)
Eramox® (Nycomed: AT)
Erphamoxy® (Erlimpex: ID)
Escamox® (Streuli: CH)
espa-moxin® (esparma: DE)
Ethimox® (Ethica: ID)
Eupeclanic® [+ Clavulanic Acid potassium salt] (Uriach: ES)
Eupen® (Uriach: CR, DO, ES, GT, HN, NI, PA, SV)
Fabamox® (Fabop: AR)
Fada Amoxicilina® (Fada: AR)
Farmoxil® (Elofar: BR)
Fimoxyl® (Sanofi-Aventis: BD)
Flemoclav Solutab® [+Clavulanic acid] (Astellas: RU)
Flemoxin Solutab® (Astellas: DK, PT, RU)
Flemoxin Solutab® (Yamanouchi: LU, NL)
Flemoxin® (East India: IN)
Flemoxin® (Gerolymatos: GR)
Flemoxin® (Yamanouchi: BE, IS, LU, NL)
Flemoxon® [tabs] (Eurolab: AR)
Flemoxon® [tabs] (Merck: BR, CO)
Flubiotic® (Pharmazam: ES)

Flui-Amoxicillin® (Zambon: DE)
Fluidixine® [vet.] (Vetoquinol: LU)
Flémoxine® (Astellas: FR)
Forcid Solutab® [+ Clavulanic Acid potassium salt] (Astellas: PT, RO)
Forcid® [+ Clavulanic Acid potassium salt] (Astellas: PL)
Forcid® [+ Clavulanic Acid potassium salt] (Yamanouchi: CZ, HU, LU, NL, ZA)
Framox® [vet.] (Franvet: FR)
Fugentin® [+ Clavulanic Acid potassium salt] (Elpen: SG)
Gammamix® [vet.] (Nuova ICC: IT)
Gen-Amoxicillin® (Genpharm: CA)
Genamox® (General Pharma: BD)
GenRX Amoxycillin and Clavulanic Acid® [+ Clavulanic Acid potassium salt] (GenRX: AU)
GenRX Amoxycillin® (GenRX: AU)
Geramox® (Gerard: IE)
Germentin® [+ Clavulanic Acid potassium salt] (Gerard: IE)
Gexcil® (Genesis: PH)
Gimaclav® [+ Clavulanic Acid potassium salt] (Collins: MX)
Gimalxina® (Collins: MX)
Globamax® (One Pharma: PH)
Globapen® (GXI: PH)
Gonoform® (Ratiopharm: AT)
Goxallin® (Mecosin: ID)
Gramaxin® [+ Clavulanic Acid potassium salt] (Antibioticos: MX)
Grinsil Clavulanico® [+ Clavulanic Acid potassium salt] (Nova Argentia: AR)
Grinsil® (Nova Argentia: AR)
Grisil® [+ Clavulanic Acid potassium salt] (Nova Argentia: AR)
Grunamox® (Grünenthal: EC, PE)
HeliClear® (Wyeth: GB)
Hi-Mox® (Hudson: BD)
Hiconcil® (Bristol-Myers Squibb: BE, BF, BJ, BR)
Hiconcil® (Bristol-Myers squibb: CF)
Hiconcil® (Bristol-Myers Squibb: CG, CI, CM, DZ, FR, GA, GN, LU)
Hiconcil® (Bristol-Myers squibb: MG)
Hiconcil® (Bristol-Myers Squibb: ML, MR, MU, NE, SN, TD, TG, ZR)
Hiconcil® (Krka: PL, SI)
Hiconcil® (Medimet: BD)
Homer® [+ Clavulanic Acid potassium salt] (So.Se.: IT)
Hosboral® (Quimifar: ES)
Hostamox® [vet.] (Hoechst Vet: IE, PT)
Hostamox® [vet.] (Intervet: DE)
Hydramox® (Caber: IT)
Imacillin® (AstraZeneca: NO, SE)
Imadrax® (Sandoz: DK)
Imox® (Ipca: IN, LK)
Inamox® (Indofarma: ID)
Inciclav® [+ Calvulanic Acid] (Indofarma: ID)
Infectomox® (Cimex: CZ)
Infectomox® (Infectopharm: DE)
InfectoSupramox® [+ Clavulanic Acid potassium salt] (Infectopharm: DE)
Inmupen® [+ Clavulanic Acid potassium salt] (Llorente: ES)
Intermoxil® (Interbat: ID)
Ipcamox® (National Druggists: ZA)
Julphamox® (Julpharma: EC)
Jutamox® (Juta: DE)
Jutamox® (Q-Pharm: DE)
Kalmoxillin® (Kalbe: ID)
Kamoxin® (Chew Brothers: TH)
Kanex® [+ Clavulanic Acid potassium salt] (Lacofarma: DO)
Kelsopen® [+ Clavulanic Acid potassium salt] (Faes: ES)
Kelsopen® [+ Clavulanic Acid potassium salt] (Reig Jofre: ES)
Kesium®[vet.] (Sogeval: FR)
Kimoxil® (Kimia: ID)
Klamoks® [+ Clavulanic Acid potassium salt] (Bilim: TR)
Klatocillin® [vet.] (Klat: DE)
Klavax BID® (Farmal: HR)
Klavox® [+ Clavulanic Acid potassium salt] (Pliva: IT)
Klavunat® [+ Clavulanic Acid potassium salt] (Atabay: TR)
Klavupen® [+ Clavulanic Acid potassium salt] (Toprak: TR)
Klonalmox® [+ Clavulanic Acid potassium salt] (Klonal: AR)
Kruxade® [+ Clavulanic Acid potassium salt] (Krugher: IT)
Lafayette Amoxicillin® (Lafayette: PH)
Lansiclav® [+ Clavulanic Acid potassium salt] (Landson: ID)
Lapimox® (Lapi: ID)
Largopen® (Bilim: TR)
Leomycillin® (Guardian: ID)
Libramox® (Librapharm: EC)
Littmox® (Littman: PH)
Longamox® [vet.] (Intervet: IT)
Longamox® [vet.] (Univete: PT)
Longamox® [vet.] (Vetochas: DE)
Longamox® [vet.] (Vetoquinol: CH, FR)
Loxyl® (Asiatic Lab: BD)
Loxyn® (Anglo-French: IN)
Maconcil® (Hexpharm: ID)
Manmox® (T Man: TH)
Maxamox® (Sandoz: AU)
Maxcil® (Triomed: ZA)
Medimox® (Medikon: ID)
Medocyl® (Westmont: ID)
Megamox® [+ Clavulanic Acid potassium salt] (Hikma: CZ)
Megamox® [caps.] (ACME: LK)
Meixil® (Meiji: TH)
Merck-Amoxicilline® (Merck: BE)
Mestamox® (Metiska: ID)
Microamox® [vet.] (Tre I: IT)
Milamox® (Milano: TH)
Mixcilin® (Gramon: AR)
Mokbios® (Mersifarma: ID)
Moksilin® (Sandoz: TR)
Monamox® (Amico: BD)
Mondex® [+ Clavulanic Acid potassium salt] (SF: IT)
Mopen® (Firma: IT)
Mopen® (Menarini: CR, DO, GT, HN, NI, PA, SV)

Morgenxil® (Llorente: ES)
Moxacil® (Square: BD, LK)
Moxacin® [caps./liqu.oral] (CSL: AU)
Moxaclav® [+ Clavulanic Acid potassium salt] (Square: BD)
Moxaline® (Bristol-Myers Squibb: LU)
Moxapen® (Nipa: BD)
Moxapen® (Olan-Kemed: TH)
Moxarin® (Codal Synto: LK)
Moxatid® (Marksman: BD)
Moxcil TP® (TP Drug: TH)
Moxcin® (General Drugs House: TH)
Moxiclav® [+ Clavulanic Acid potassium salt] (Medochemie: BG, BH, CY, HK, IQ, JO, MY, OM, SD, SG, YE)
Moxilcap® (Masa Lab: TH)
Moxilen® (Medochemie: BH, CY, HK, IQ, JO, LK, OM, RO, SD, SG)
Moxilin® (Acme: BD)
Moximed® (Unison: TH)
Moxin® (Opsonin: BD)
Moxipan® (Thai Nakorn Patana: TH)
Moxiplus® (Medley: BR)
Moxiren® (Istituto Chim. Internazionale: IT)
Moxitab® (Medline: TH)
Moxitral® (Austral: AR)
Moxlin® [+ Clavulanic Acid potassium salt] (Merck: MX)
Moxlin® [caps] (Merck: ID)
Moxlin® [caps] (Pacific Pharm: HK)
Moxtid® (Sunthi: ID)
Moxylan® [vet.] (Jurox: AU)
Moxypen® (Aspen: ZA)
Moxypen® (Teva: IL)
Moxyvit® (Vitamed: IL)
Mumox® (Shamsul Alamin: BD)
Myclav® [+ Clavulanic Acid] (Unichem: LK)
Mymoxcil® (Mystic: BD)
Mymox® (Unichem: LK)
Natravox® [+ Clavulanic acid potassium salt] (Natrapharm: PH)
Neo Vet-Cillin® [vet.] (Vetem: IT)
Neo-Ampiplus® (Menarini: IT)
Neoduplamox® [+ Clavulanic Acid potassium salt] (Procter & Gamble: IT)
Neotetranase® (Rottapharm: IT)
Nisamox®[vet.] (Fort Dodge: FR, GB, IT)
Nisamox®[vet.] (Norbrook: NL, PT)
Nobactam® (Microsules: AR)
Noroclav®[vet.] (Norbrook: AU, GB, LU, NL, NZ, PT)
Noroclav®[vet.] (Ufamed: CH)
Noroclav®[vet.] (VAAS: IT)
Novabritine® (GlaxoSmithKline: LU)
Novamoxin® (Novopharm: CA)
Novamox® (Cipla: IN)
Novamox® (Hexal: PL)
Novamox® (Multicare: PH)
Novamox® [+ Clavulanic Acid potassium salt] (Aché: BR)
Novo-Clavamoxin® [+ Clavulanic Acid potassium salt] (Novopharm: CA)
Novocilin® (Aché: BR)
Nu-Amoxi® (Nu-Pharm: CA)
Nuclav® [+Clavulanic Acid potassium salt] (Abbott: IN)
Nufaclav® [+ Clavulanic Acid] (Nufarindo: ID)
Nufamox® (Nufarindo: ID)
Nuvoclav® [+ Clavulanic Acid potassium salt] (Mugi: ID)
Octacilline® [vet.] (Eurovet: NL)
Odontocilina® (Lamosan: EC)
Opimox® (Otto: ID)
Optamox® [+ Clavulanic Acid potassium salt] (Roemmers: AR)
Oralmox® (Pulitzer: IT)
Oramox® (Antigen: IE)
Orixyl® (Orion: BD)
Ospamox® (BC: DE)
Ospamox® (Biochemie: HK)
Ospamox® (Lek: RU)
Ospamox® (Sandoz: CZ, HU, ID, SG)
Oximar® (Dupomar: AR)
Pamocil® (Farma 1: IT)
Pamoxil® (Peoples: BD)
Panklav® [+ Clavulanic Acid potassium salt] (Hemofarm: RS, RU)
Paracillina® [vet.] (Intervet: IT)
Paracilline® [vet.] (Intervet: NL)
Paracillin® [vet.] (Intervet: AT, AU)
Paracillin® [vet.] (Veterinaria: CH)
Parkemoxin® [vet.] (Animedic: DE)
Pasetocin® (Kyowa: JP)
Pediamox® (United Pharma: VN)
Penamox® (Hikma: AE, BH, IQ, JO, KW, SA, SY)
Penamox® (Sanfer: MX)
Penamox® (Tecnimede: PT)
Penifarma® (Farmacol: CO)
Penilan® [+ Clavulanic Acid potassium salt] (Vitoria: PT)
Penmox® (Techno: BD)
Pentamox® (GlaxoSmithKline: BD)
Penvicilin® (Gemballa: BR)
Perlium Amoxival® [vet.] (Sogeval: FR)
Pinaclav® [+ Clavulanic Acid potassium salt] (Pinewood: IE)
Plamox® (Vitarum: AR)
Polymox® (Hormona: MX)
Polypen® [vet.] (Dopharma: NL)
Pondnoxcill® (Pond's: TH)
Primoxil® (Prima: ID)
Promox® (Chemist: BD)
Promox® (Medreich: HK)
Pulmoxyl® (Brown & Burk: LK)
Pulmoxyl® (Cosma: TH)
Qualamox® [vet.] (Merial: GB)
Ramoclav® [+ Clavulanic Acid potassium salt] (Ranbaxy: PL)
Ranbaxy-Amoxy® (Apotex: NZ)
Rancil® (Ranbaxy: TH)
Ranclav® [+ Clavulanic Acid potassium salt] (Ranbaxy: TH, ZA)
Ranmoxy® (Ranbaxy: ZA)
Ranoxyl® [caps.] (Ranbaxy: HK, LK, PE, TH)
Rapiclav® [+Clavulanic Acid potassium salt] (Ipca: RU)
Recomox® (Recon: LK)
Remamox® (Reman Drug: BD)
Remoxil® (I.E. Ulagay: TR)

Remoxil® (Remedy: BD)
Remoxy® (Apex: BD)
Respicilin® (Haller: BR)
Riclasip® [+ Clavulanic Acid potassium salt] (Grünenthal: MX)
Rimoxyl® [vet.] (Richter: AT)
Rimox® [vet.] (Agrovete: PT)
Robamox-V® [vet.] (Fort Dodge: US)
Robamox® (Combiphar: ID)
Robamox® (Robins: US)
Rolab-Amoxycillin® (Sandoz: ZA)
Ronemox® (Nicholas: IN)
Roxilin® [vet.] (Norbrook: AT)
S M Amox® (SM Pharm: TH)
Sapox® (Alco: BD)
Scannoxyl® (Tempo: ID)
Servamox CLV® [+ Clavulanic acid Potassium salt] (Novartis: MX)
Servamox® (Sandoz: MX)
Servimox® (Novartis: BD)
Sia-Mox® (Siam Bheasach: TH)
Sievert® (Pliva: IT)
Sil-a-mox® (Silom: TH)
Silamox® (Prafa: ID)
Simox® (Silva: BD)
Sinamox® (Ibn Sina: BD)
Sintopen® (Magis: IT)
Sinufin® [+ Clavulanic Acid] (Ivax: MX)
SK-Mox® (Eskayef: BD)
SM Amox® (SM Pharm: TH)
Sol-U-Mox® [vet.] (Bomac: AU)
Solciclina® (Solfran: MX)
Solmox® [vet.] (Fort Dodge: IT)
Somacill® [vet.] (Intervet: IT)
Spectramox® (Alliance: ZA)
Spektramox® [+ Clavulanic Acid potassium salt] (AstraZeneca: SE)
Stabox® [vet.] (Virbac: CH, GB, IT, PT)
Sulbamox IBL® [+ Sulbactam pivoxil] (Bago: CL)
Sumox® (Sued: DO)
Suplentin® [+ Clavulanic Acid] (Pasteur: PH)
Supramox® (Grünenthal: AT)
Supramox® (Meprofarm: ID)
Supramox® (Sandoz: CH)
Supramox® [vet.] (Fatro: IT)
Suramox® [vet.] (Virbac: FR, LU, NL)
Surpas® [+ Clavulanic acid potassium] (Sandoz: ID)
Symoxyl® (Sarabhai: IN)
Synulox®[vet.] (Pfizer: AT, CH, FI, IT, LU, NL, NO, NO, ZA)
Synulox®[vet.] (Pfizer Animal: DE, PT)
Synulox®[vet.] (Pfizer Animal Health: BE, GB)
Synulox®[vet.] (Pfizer Santé Animale: FR)
T.V.Mox® (T Man: TH)
Taclor®[vet.] (TVM: FR)
Tamox® [vet.] (Animedic: DE)
Tamox® [vet.] (Ogris: AT)
Taromentin® [+ Clavulanic Acid potassium salt] [tabl.] (Polfa Tarchomin: PL)
Tecamox® [vet.] (Virbac: NZ)
Telmox® (Sandoz: AR)
Tiwimox® (Landson: ID)
Tolodina® (Estedi: ES)
Topcillin® (Dankos: ID)
Topramoxin® [tabs.] (Toprak: TR)
TrifamoxIBL® [+Sulbactam pivoxil] (Bago: RU)
Trifamox® [comp./susp.] (Bagó: AR)
Trimox® (Sandoz: US)
Triodanin® (Norma: GR)
Trioxyl® [vet.] (Tulivin: GB)
Trioxyl® [vet.] (Univet: IE)
Tycil® (Beximco: BD)
Tymox® (Somatec: BD)
Ultramox® (APM: AE, BG, BH, IQ, JO, KW, LB, LY, NG, OM, QA, SA, SD, SY, TN, YE)
Ultramox® (Globe: BD)
Uniao Amoxicilina® (União: BR)
Unimox® (Gaco: BD)
Unimox® (Unison: HK, SG, TH)
Velamox CL® [+ Clavulanic Acid potassium salt] (Abeefe Bristol: PE)
Velamox® (Mediolanum: IT)
Velamox® (Sigma: BR)
Vet-Alfida® [vet.] (Esteve Veterinaria: PT)
Vetamoxil® [vet.] (Vetlima: PT)
Vetramox® [vet.] (Ceva: NL)
Vetremox® [vet.] (Vetrepharm: GB)
Vetrimoxin® [vet.] (Ceva: DE, FR, GB, NL, PT)
Vetrimoxin® [vet.] (Vetem: IT)
Vetrimoxin® [vet.] (VetPharma: SE)
Vibramox® (Pyridam: ID)
Vidamox® [vet.] (Vericor: GB)
Wedemox® [vet.] (WDT: DE)
Wiamox® (Landson: ID)
Widecillin® (Meiji: ID, JP)
Xalotina® (Richmond: AR)
Xalyn-Or® (Atlantis: MX)
Xiclav® [+ Clavulanic Acid potassium salt] (Lannacher: AT)
Xinamod® [+ Clavulanic Acid potassium salt] (Proge: IT)
Zimoxyl® (Ziska: BD)
Zimox® (Pharmacia: IT)
Zoobiotic® [vet.] (Calier: PT)
Zoxil® (Xixia: ZA)
Zymoxyl® (Blooming Fields: PH)

Amphotericin B (Rec.INN)

L: Amphotericinum B
I: Amfotericina B
D: Amphotericin B
F: Amphotéricine B
S: Amfotericina B

Antibiotic
Antifungal agent

CAS-Nr.: 0001397-89-3 C_{47}-H_{73}-N-O_{17}
M_r 924.111

Amphotericin B

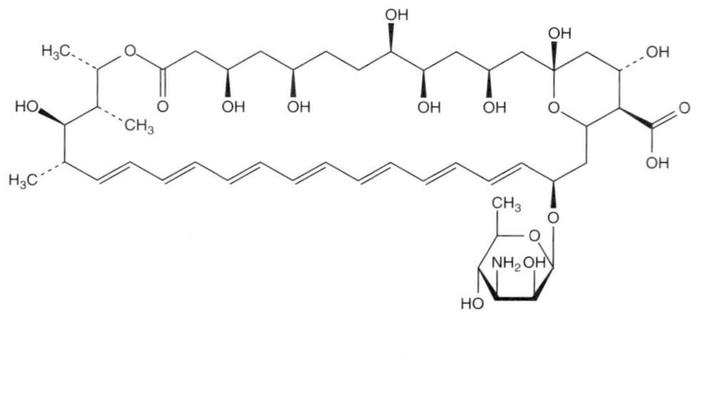

OS: *Amphotericin B [BANM, USAN, JAN]*
OS: *Amphotéricine B [DCF]*
OS: *Amfotericina B [DCIT]*
IS: *RP 17774*
PH: Amfotericina B [Ph. Eur. 5]
PH: Amphotericin B [JP XIV, Ph. Eur. 5, Ph. Int. 4, USP 30]
PH: Amphotericinum B [Ph. Eur. 5, Ph. Int. 4]

Abelcet® (Amgen: AU)
Abelcet® (Bioprofarma: AR)
Abelcet® (Cephalon: DE, FI, GB, IE, SE)
Abelcet® (Elan: ES, GR, HU, IS, IT, LU, NL, NO, SG)
Abelcet® (Esteve: PT)
Abelcet® (Liposome: CZ, US)
Abelcet® (Merck Bagó: BR)
Abelcet® (Onko-Koçsel: TR)
Abelcet® (Pensa: ES)
Abelcet® (Wyeth: BE)
Abelcet® (Zeneus: AT, DK, FR)
Ambisome® (Astellas: CA, US)
Ambisome® (Er-Kim: TR)
Ambisome® (Fresenius: AT, CH)
Ambisome® (Gador: AR)
Ambisome® (Gilead: AU, DE, DK, ES, FR, GB, IE, IS, IT, NL, NO, NZ, PL, TH, US)
Ambisome® (Key: ZA)
Ambisome® (Medicopharmacia: SI)
Ambisome® (NeXstar: IL, NL)
Ambisome® (Orphan: SE)
Ambisome® (Swedish Orphan: FI)
Ambisome® (UCB: BE, LU)
Amfotericina B® (Bestpharma: CL)
Ampho Moronal® (Dermapharm: AT, CH, DE)
Amphocil® (Gamida: IL)
Amphocil® (Hemat: TR)
Amphocil® (InterMune: IS, NL)
Amphocil® (Mayne: MY)
Amphocil® (Torrex: AT, CZ, HR, PL, RS, SI)
Amphocin® (Pfizer: US)
Amphotec® (Three Rivers: US)
Amphotericin B Biolab® (Biopharm: TH)
Amphotericin B BMS® (Bristol-Myers Squibb: AT)
Amphotericin B® (Bristol-Myers Squibb: BG, CZ, DE)
Amphotericin B® (Jadran: HR)
Amphotericin B® (Teva: US)
Amphotericin B® (X-Gen: US)
Anfotericina B Bestpharma® (Bestpharma: PE)
Anfotericina B® (Eurofarma: BR)
Anfotericina Fada® (Fada: AR)
Anfotericina Richet® (Cosma: TH)
Anfotericina Richet® (Richet: AR)
Fengkesong® (Asia Pioneer: CN)
Fengkesong® (Shanghai Pharma Group: CN)
Fungilin Lozenges® (Bristol-Myers Squibb: NZ)
Fungilin® (Bristol-Myers Squibb: AU, GB, IT)
Fungizone® (Abeefe Bristol: PE)
Fungizone® (Bristol-Myers Squibb: AU, BE, BF, BJ, CA)
Fungizone® (Bristol-Myers squibb: CF)
Fungizone® (Bristol-Myers Squibb: CG, CH, CI, CM, DK, DZ, FI, FR, GA, GB, GN, HK, HU, ID, IE, IS, IT, KE, LU)
Fungizone® (Bristol-Myers squibb: MG)
Fungizone® (Bristol-Myers Squibb: ML, MR, MU, NE, NG, NL, NO, NZ, PH, RS, SE, SG, SN, TD, TG, TH, TR, TZ, UG, ZA, ZR)
Fungizone® (Sandoz: US)
Fungizone® (Sarabhai: IN)
Fungizone® [vet.] (Bristol-Myers Squibb: GB)
Fungizon® (Bristol-Myers Squibb: BR, CL)
Terix® (Lemery: MX)

– compound with sodium cholesterol sulfate (1:1):

CAS-Nr.: 0120895-52-5
IS: *Amphotericin B sodium cholerteryl complex*
IS: *Amphotericin Sodium Cholesterol Sulfate Complex*
IS: *C-AmB*

Amphocil® (Alza: IE)
Amphocil® (Cambridge Laboratories: GB)
Amphocil® (Lemery: MX)
Amphocil® (Sequus: ES)
Amphocil® (Torrex: HU)
Amphocil® (Vitaflo: SE)
Amphocil® (Zodiac: BR)
Anfotericina B Combino Pharm® (Combino: ES)

Ampicillin (Rec.INN)

L: Ampicillinum
I: Ampicillina
D: Ampicillin
F: Ampicilline
S: Ampicilina

Antibiotic, penicillin, broad-spectrum
Antibiotic, penicillin, penicillinase-sensitive

ATC: J01CA01,S01AA19
ATCvet: QJ01CA01
CAS-Nr.: 0000069-53-4 C_{16}-H_{19}-N_3-O_4-S
M_r 349.418

4-Thia-1-azabicyclo[3.2.0]heptane-2-carboxylic acid, 6-[(aminophenylacetyl)amino]-3,3-dimethyl-7-oxo-, [2S-[2α,5α,6β(S*)]]-

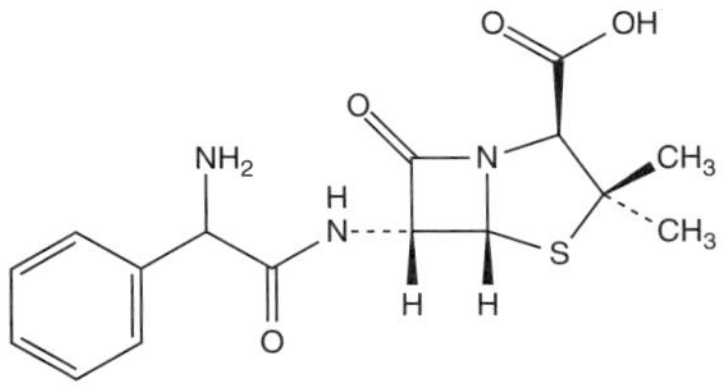

OS: *Ampicilline [DCF, USAN]*
OS: *Ampicillin [BAN]*
OS: *Ampicillina [DCIT]*
IS: *AY 6108 (Ayerst, USA)*
IS: *BRL 1341*
IS: *Geocillin*
IS: *P 50*
IS: *SQ 17382*
IS: *BA 7305*
IS: *Bayer 5427 (Bayer)*
IS: *HI 63 (Toyo Jozo, Japan)*
PH: Ampicillin [Ph. Int. 4, USP 30]
PH: Ampicillin, Anhydrous [JP XIV, Ph. Eur. 5]

PH: Ampicilline anhydre [Ph. Eur. 5]
PH: Ampicillinum [Ph. Int. 4]
PH: Ampicillinum anhydricum [Ph. Eur. 5]
PH: Ampicillin, Wasserfreies [Ph. Eur. 5]

AB-Fortimicin® [inj.] (Magma: PE)
Albipenal® [vet.] (Intervet: AT)
Albipen® [vet.] (Intervet: IT, LU, NL, PT)
Albipen® [vet.] (Mycofarm: BE)
Albipen® [vet.] (Veterinaria: CH)
Alfasilin® (Fako: TR)
Ambezetal® (Cimed: BR)
Amfipen® [vet.] (Intervet: GB, IE)
Amipenix® [caps.] (Toyo Jozo: JP)
Ampecu® (ECU: EC)
Ampen® (Medosan: IT)
Ampi-Dry® [vet.] (Prodivet: BE)
Ampi-kel® [vet.] (Kela: PT)
Ampi-kel® [vet.] (Wolfs: BE)
Ampi-Quim® (Quimica y Farmacia: MX)
Ampibenza® [inj.] (Terbonova: PE)
Ampibex® (Life: EC)
Ampicher® (Chefar: EC)
Ampicilina + Sulbactam® [+ Sulbactam] (Blaskov: CO)
Ampicilina 500® (Iqfarma: PE)
Ampicilina Etyc® (Etyc: CO)
Ampicilina Fmndtria® [caps. susp.] (Farmindustria: PE)
Ampicilina Genfar® [caps./susp./inj.] (Genfar: CO, EC, PE)
Ampicilina Inyectable Pentacoop® [inj.] (Pentacoop: PE)
Ampicilina LCH® [susp./compr.] (Chile: CL)
Ampicilina LCH® [susp./compr.] (Ivax: PE)
Ampicilina Lusa® [inj.] (Lusa: PE)
Ampicilina Markos® [caps.] (Markos: PE)
Ampicilina MF® [caps./susp.] (Marfan: PE)
Ampicilina MK® (Bonima: CR, DO, GT, HN, NI, PA, SV)
Ampicilina MK® (MK: CO)
Ampicilina Pentacoop® [tab./susp./caps.] (Pentacoop: PE)
Ampicilina Perugen® [caps.] (Perugen: PE)
Ampicilina UQP® [caps.] (UQP: PE)
Ampicilina® [caps./susp./inj./tab.] (AC Farma: PE)
Ampicilina® [caps./susp./inj./tab.] (Biocrom: PE)
Ampicilina® [caps./susp./inj./tab.] (Blaskov: CO)
Ampicilina® [caps./susp./inj./tab.] (Britania: PE)
Ampicilina® [caps./susp./inj./tab.] (D.N.M.: PE)
Ampicilina® [caps./susp./inj./tab.] (Farmandina: EC)
Ampicilina® [caps./susp./inj./tab.] (Farmo Andina: PE)
Ampicilina® [caps./susp./inj./tab.] (Hersil: PE)
Ampicilina® [caps./susp./inj./tab.] (Iqfarma: PE)
Ampicilina® [caps./susp./inj./tab.] (Kope Trading: PE)
Ampicilina® [caps./susp./inj./tab.] (La Sante: PE)
Ampicilina® [caps./susp./inj./tab.] (LCG: PE)
Ampicilina® [caps./susp./inj./tab.] (Medicalex: CO)
Ampicilina® [caps./susp./inj./tab.] (Medick: CO)
Ampicilina® [caps./susp./inj./tab.] (Medifarma: PE)
Ampicilina® [caps./susp./inj./tab.] (Memphis: CO)
Ampicilina® [caps./susp./inj./tab.] (Mintlab: CL)
Ampicilina® [caps./susp./inj./tab.] (Pentacoop: CO, EC)
Ampicilina® [caps./susp./inj./tab.] (Quimica Hindu: PE)
Ampicilina® [caps./susp./inj./tab.] (Trifarma: PE)
Ampicilina® [caps./susp./inj./tab.] (Vitalis: PE)
Ampicilina® [caps./susp./inj./tab.] (Vitrofarma: PE)
Ampicilin® (Alkaloid: BA, RS)
Ampicilin® (Hemofarm: RS)
Ampicilină Forte® (Mark: RO)
Ampicilină® (Antibiotice: RO)
Ampicilină® (Arena: RO)
Ampicilină® (Europharm: RO)
Ampicilină® (Farmaco: RO)
Ampicilină® (Lek: RO)
Ampicilină® (Ozone Laboratories: RO)
Ampicilină® (Zentiva: RO)
Ampicillin Domesco® (Domesco: VN)
Ampicillina® (Fisiopharma: IT)
Ampicilline® (Bristol-Myers Squibb: BF)
Ampicilline® (Bristol-Myers squibb: CF)
Ampicilline® (Bristol-Myers Squibb: CI, GA, GN, ML, MR, NE, TD, TG)
Ampicillin® (Actavis: GE)
Ampicillin® (Alpharma: GB)
Ampicillin® (Arterium: GE)
Ampicillin® (Batfarma: GE)
Ampicillin® (Dankos: ID)
Ampicillin® (GMP: GE)
Ampicillin® (Kent: GB)
Ampicillin® (Phitopharm: GE)
Ampicillin® (Vogen: GE)
Ampicyn® (Siam Bheasach: TH)
Ampidar® (Dar-Al-Dawa: AE, BH, IQ, JO, KW, LB, LY, MT, NG, OM, QA, RO, SA, SD, SO, TN, YE)
Ampifen® [vet.] (Intervet: GB)
Ampilux® [vet.] (Fendigo: BE)
Ampil® (Acromax: EC)
Ampinox® (Lamsa: AR)
Ampipen® (CAPS: ZA)
Ampipen® (Wyeth: IN)
Ampisina® (Mustafa Nevzat: TR)
Ampisina® [inj.] (Mustafa Nevzat: TR)
Ampitab® [vet.] (Vetoquinol: AT)
Ampitrex® (Feltrex: DO)
Amplacilina® (Eurofarma: BR)
Amplital® (Pharmacia: IT)
Amplizer® (OFF: IT)
Amporal® [vet.] (Prodivet: BE)
Amprexyl® (Unison: TH)
Apo-Ampi® [caps./susp.] (Apotex: CZ, PE)
Bacterinil® (Luper: BR)
Binotal® (Bayer: BR)
Bipencil® (Biochimico: BR)
Bisolvon Ampicilina® [susp./caps./inj.] (Boehringer Ingelheim: PE)
Campicilin® (Cadila: IN)
Cilim® [caps.] (Mission Pharma.: PE)
Clonamp® (Clonmel: IE)
Dentacilina® (Medifarma: PE)
Deripen® (Schering: EC)
Dexabron AB® [inj.] (Markos: PE)
Diferin® (Grossman: MX)
Exactum® (Life: EC)
Flamicina® [tabs] (Ivax: MX)

Gonocilin® (União: BR)
Gramcilina® (Medley: BR)
H-Ambiotico® (Hisubiette: CO)
Hiperbiotico® [vet.] (Atral Animal: PT)
Ingacillin® (Inga: LK)
Ipacillin® (Avsa: PE)
Ipcacillin® [caps.] (Avsa: PE)
Libracilina® (Librapharm: EC)
Magnapen® [caps./tab./susp./inj.] (Magma: PE)
Maxibroncol® [inj.] (Atral: PE)
Meprizina® [susp./caps./sol.] (Schein: PE)
Negopen® (Deva: TR)
Neo Terbocilin® [susp./inj./caps.] (Terbol: PE)
Novapen® (Pinewood: IE)
Omnipen® (Novartis Pharma: PE)
Omnipen® (Wyeth: US)
Omnipen® [vet.] (Fort Dodge: US)
Parenzyme Ampicillina® (Medley: BR)
Penactam inj.® [+ Sulbactam] (Krka: SI)
Penbiotic® (Bernofarm: ID)
Penbisin® (I.E. Ulagay: TR)
Penbritin® [susp.] (Chemidex: GB)
Penbritin® [susp.] (GlaxoSmithKline: AE, BH, IE, IR, KW, OM, PE, QA, TH)
Penbritin® [susp.] (Pliva: BA, HR, SI)
Penibrin® [caps./liqu.oral] (Sandoz: IL)
Penipen® [pulv.-susp.] (Ethicalpharma: PE)
Penstabil® (Spofa: CZ)
Pentrexyl® (Abeefe Bristol: PE)
Pentrexyl® (Bristol-Myers Squibb: BE, IT, LU, RS)
Pentrexyl® (Galenika: RS)
Phapin® (Phapros: ID)
Praticilin® (Prati: BR)
Principen® [caps.] (Vetipharm: PE)
Prodicillin® [vet.] (Prodivet: BE)
Roscillin® [caps.] (Ranbaxy: PE)
Seskasilin Süsp.® (SSK: TR)
Shacillin® (Shaphaco: IQ, YE)
Silina® (Bilim: TR)
Sintelin® [caps./susp./sol.-inj.] (Medifarma: PE)
Tandrexin® (Sintofarma: BR)
Ultracillin® (APM: AE, BG, BH, IQ, JO, KW, LB, LY, NG, OM, QA, SA, SD, SY, TN, YE)
Unasyn® [+ Sulbactam] (Pfizer: CL, ID, PE)
Uniao Ampicilina® (União: BR)
Urobiotic® (Hexal: BR)

- **benzathine:**

IS: *Ampicilline, comp. with N,N'-dibenzylethylene-diamine*

Durapen® (De Mayo: BR)

- **benzathine and sodium salt:**

Amplotal® (Medley: BR)
Maxicilina INY® (Antibioticos: ES)
Optacilin® (Altana: BR)
Retarpen® (Septa: ES)
Ultrapenil® (Vir: ES)
Viccilin® (Meiji: ID)

- **sodium salt:**

CAS-Nr.: 0000069-52-3
OS: *Ampicillin Sodium BANM, JAN, USAN*
IS: *Sodium P-50*
PH: Ampicillin-Natrium Ph. Eur. 5
PH: Ampicillin Sodium JP XIV, Ph. Eur. 5, Ph. Int. 5, USP 30
PH: Ampicillinum natricum Ph. Eur. 5, Ph. Int. 4
PH: Ampicilline sodique Ph. Eur. 5

A-Pen® (Orion: FI)
Acmecilin® (Acme: BD)
Alfasid® (Fako: TR)
Alphapen® (Unipharm: MX)
Alpovex® (Rivero: AR)
Amblosin® (Sanofi-Aventis: BD)
Aminoxidin-Sulbactam® [+ Sulbactam sodium salt] (Fada: AR)
Amipicillin-ratiopharm comp.® [+ Sulbactam sodium salt] (ratiopharm: DE)
Amp Equine® [vet.] (Pfizer Animal Health: US)
Ampexin® (Opsonin: BD)
Ampi-bis plus® [+ Sulbactam sodium salt] (Northia: AR)
Ampi-bis® [inj.] (Northia: AR)
Ampi-Dry® [vet.] (Atarost: DE)
Ampicilin Biotika® (Biotika: CZ)
Ampicilina con Sulbactam® [+ Sulbactam sodium salt] (Bestpharma: CL)
Ampicilina Drawer® (Drawer: AR)
Ampicilina Llorente® (Llorente: ES)
Ampicilina MK® [inj.] (MK: CO)
Ampicilina® (Drawer: AR)
Ampicilina® (EMS: BR)
Ampicilina® (Neo Quimica: BR)
Ampicillin „Grünenthal“® (Grünenthal: AT)
Ampicillin + Sulbactam DeltaSelect® [+ Sulbactam sodium salt] (DeltaSelect: DE)
Ampicillin and Sulbactam for Injection® [+ Sulbactam sodium salt] (Baxter: US)
Ampicillin Cooper® (Cooper: GR)
Ampicillin Hexal® [+ Sulbactam sodium salt] (Hexal: DE)
Ampicillin Indo Farma® [inj.] (Indofarma: ID)
Ampicillin Pliva® (Pliva: CZ)
Ampicillin Sodium for Injection® (Biopharm: GE)
Ampicillin Sodium® (Novopharm: CA)
Ampicillin Sodium® (Sandoz: US)
Ampicillin-Fresenius Vials® (Bodene: ZA)
Ampicillin-ratiopharm comp.® [+ Sulbactam potassium salt] (ratiopharm: DE)
Ampicillin-ratiopharm® (ratiopharm: DE)
Ampicillin/Sulbactam Kabi® [+ Sulbactam sodium salt] (Fresenius: DE)
Ampicillina Biopharma® (Biopharma: IT)
Ampicillina Sodica® (Fisiopharma: IT)
Ampicillina Sodica® (OFF: IT)
Ampicilline Gf® (Genfarma: NL)
Ampicilline Panpharma® (Panpharma: FR)
Ampicillin® (Balkanpharma: BG)
Ampicillin® (Biotika: CZ)
Ampicillin® (Novopharm: CA)
Ampicillin® (Pliva: CZ)
Ampicillin® (Polfa Tarchomin: PL)
Ampicillin® (Vitamed: IL)
Ampicilllina e Sulbactam IBI® [+Sulbactam sodium salt:] (IBI: IT)
Ampicin® (Square: BD)
Ampifac® [vet.] (Virbac: FR)

Ampigen SB® [+ Sulbactam sodium salt] (Fabra: AR)
Ampigen Simple® (Fabra: AR)
Ampiject® [vet.] (Coophavet: FR)
Ampilin® (Atlantic: SG)
Ampilin® (Atlantic Lab: TH)
Ampilin® (Hetero: IN)
Ampilux® (Tubilux: IT)
Ampina® [vet.] (Virbac: FR)
Ampiplus Simplex® (Menarini: AE, BH, CY, EG, IQ, IT, IT, JO, KW, LB, LY, MA, MT, OM, QA, SA, SD, SY, TN, YE)
Ampiplus® [+ Sulbactam sodium salt] (Antibiotice: RO)
Ampisid® [+ Sulbactam sodium salt] [inj.] (Mustafa Nevzat: GE, TR)
Ampisulcillin® [+ Sulbactam sodium salt] (Zdravlje: RS)
Amplacilina® [inj.] (Eurofarma: BR)
Amplisol® [vet.] (Intervet: IT)
Amplisul® [+ Sulbactam sodium salt] (Chalver: CO)
Amplital® [inj.] (Pharmacia: IT)
Ampra MH® (M & H: TH)
Amsapen® (Antibioticos: MX)
Antibiopen® [inj.] (Antibioticos: ES)
Aspen Ampicyn® (Aspen: AU)
Austrapen® [inj.] (CSL: AU)
Bactilina® (Richmond: AR)
Begalin-P® [+ Sulbactam sodium salt] (Pfizer: GR)
Bethacil® [+ Sulbactam sodium salt] [inj.] (Bioindustria: IT)
Binotal® (Bayer: AT, CO)
Binotal® (Grünenthal: DE)
Britapen® [inj.] (Reig Jofre: ES)
Britapen® [inj.] (SmithKline Beecham: ES)
Cilinon® (Ariston: BR)
Cinam® [+ Sulbactam sodium salt] (Sanbe: ID)
Combicid® [+ Sulbactam sodium salt] (Bilim: TR)
Compomix V Ampicilline® [vet.] (Noé: FR)
Decilina® (Klonal: AR)
Dodacin® [+Sulbactam sodium salt] (Domesco: VN)
Doktacillin® (AstraZeneca: AT, SE)
Duobaktam® [+ Sulbactam sodium salt] (Eczacibasi: TR)
Duobak® [+ Sulbactam sodium salt] (Koçak: TR)
Duocid® [+ Sulbactam sodium salt] [inj.] (Pfizer: TR)
Ficillin® (Sanofi-Aventis: BD)
Flamicina® [inj.] (Ivax: MX)
Gobemicina® [inj.] (Normon: ES)
Hiperbiotico® (Atral: PT)
Histopen® (Laboratorios: AR)
Ibimicyn® (Douglas: AU)
Ibimicyn® (IBI: IT)
Isticilline® (Norma: GR)
May Ampicillin® (May Pharma: PH)
Nobecid® [+ Sulbactam sodium salt] (Nobel: TR)
Nuvapen® [inj.] (Reig Jofre: ES)
Omnipen® (Sandoz: MX)
Pamecil® [inj.] (Medochemie: RO)
Panacta® (Panpharma: PH)
Pen-A® (Renata: BD)
Penbritin Veterinary Injectable® [vet.] (Pfizer Animal Health: IE)
Penbritin® [inj.] (GlaxoSmithKline: AE, BH, ID, IE, IR, KW, OM, PE, QA)
Penbritin® [inj.] (Hormona: MX)
Penibrin® [inj.] (Teva: IL)
Pentrexyl® (Bristol-Myers Squibb: BE, BG, DK, GR, IT, LU, MX, NL, NO)
Pentrexyl® (IBI: CZ)
Prixin® [+ Sulbactam Sodium salt] (Richmond: AR)
Ranamp® (Ranbaxy: ZA)
Roscillin® (Ranbaxy: IN)
Sanpicillin® [inj.] (Sanbe: ID)
Standacillin® [inj.] (Sandoz: AT, HU)
Sulbacin® [vial] [+ Sulbactam sodium salt] (Unichem: LK, VN)
Sulbaksit® [+ Sulbactam sodium salt] (Tüm Ekip: TR)
Sulcid® [+ Sulbactam sodium salt] (I.E. Ulagay: TR)
Sultamicilina Richet® [+ Sulbactam sodium salt] (Richet: AR)
Sultasid® [+ Sulbactam sodium salt] (Toprak: TR)
Sultibac® [+ Sulbactam sodium salt] (Biofarma: TR)
Totapen® [inj.] (Bristol-Myers Squibb: FR)
Trifacilina® (Bagó: AR)
Unacid® [+ Sulbactam sodium salt] [inj.] (Pfizer: DE)
Unasyn i.m./i.v.® [+ Sulbactam sodium salt] (Pfizer: CO, RO, TH)
Unasyn-S® [+ Sulbactam sodium salt] (Pfizer: JP)
Unasyna® [+ Sulbactam sodium salt] (Pfizer: AR)
Unasyn® [+ Sulbactam sodium salt] (Farmasierra: ES)
Unasyn® [+ Sulbactam sodium salt] (Pfizer: AE, AT, BH, BR, BZ, CN, CO, CR, CY, CZ, EG, GE, GT, HN, HU, ID, IL, IT, JO, KW, LB, MY, NI, OM, PA, SA, SG, SV, US, VN)
Unasyn® [+ Sulbactam sodium salt] (Polfa Tarchomin: PL)
Viccillin® [inj.] (Meiji: TH)

– trihydrate:

CAS-Nr.: 0007177-48-2
OS: *Ampicillin Trihydrate BANM*
PH: Ampicilline trihydratée Ph. Eur. 5
PH: Ampicillin-Trihydrat Ph. Eur. 5
PH: Ampicillin Trihydrate Ph. Eur. 5, Ph. Int. 4
PH: Ampicillinum Trihydratum Ph. Int. II
PH: Ampicillinum trihydricum Ph. Eur. 5

Acmecilin® (Acme: BD)
Alphacin® (Alphapharm: AU)
Ambiopi® (Mersifarma: ID)
Amblosin® (Sanofi-Aventis: BD)
Amcillin® (Alpharma: ID)
Amcillin® (Stada: TH)
Amfipen Soluble Powder® [vet.] (Intervet: IE)
Amicillin® (Alpharma: ID)
Amilin® (B L Hua: TH)
Ampexin® (Opsonin: BD)
Ampi Bol® [vet.] (Pfizer Animal Health: US)
Ampi Ject® [vet.] (Pfizer Animal Health: US)
Ampi-bis® (Northia: AR)
Ampi-Tab® [vet.] (Pfizer Animal Health: US)
Ampibos® (Bosnalijek: BA)
Ampicaps® [vet.] (Bimeda: GB)
Ampicare® [vet.] (Animalcare: GB)
Ampicat® [vet.] (Virbac: FR)

Ampicilina Biocrom® (Biocrom: AR)
Ampicilina Fecofar® (Fecofar: AR)
Ampicilina Llorente® (Llorente: ES)
Ampicilina Richet® (Richet: AR)
Ampicilina Sintesina® (Sintesina: AR)
Ampicilina® (Bestpharma: CL)
Ampicilina® (EMS: BR)
Ampicilina® (Infabra: BR)
Ampicilina® (Neo Quimica: BR)
Ampicilină Forte® (Farmex: RO)
Ampicillan® [vet.] (Alfasan: NL)
Ampicillin Indo Farma® (Indofarma: ID)
Ampicillin Stada® (Stada: DE)
Ampicillin Trihydras® (Darnitsa: GE)
Ampicillin Trihydras® (Severnaya Zvezda: GE)
Ampicillin Trihydrate® [vet.] (Hanford: US)
Ampicillin Trihydrous® (Biopharm: GE)
Ampicillin Vana® (Vana: AT)
Ampicillin Vepidan® (Vepidan: DK)
Ampicillin-ratiopharm® (ratiopharm: DE)
Ampicillina® [vet.] (Nuova ICC: IT)
Ampicilline 5G Cadril® [vet.] (Coophavet: FR)
Ampicilline Franvet® [vet.] (Franvet: FR)
Ampicillin® (Balkanpharma: BG)
Ampicillin® (Hemofarm: RU)
Ampicillin® (Leciva: CZ)
Ampicillin® [vet.] (Alfasan: NL)
Ampicillin® [vet.] (Alma: DE)
Ampicillin® [vet.] (Animedic: DE)
Ampicillin® [vet.] (Bioptive: DE)
Ampicillin® [vet.] (Chevita: DE)
Ampicillin® [vet.] (CP: DE)
Ampicillin® [vet.] (Dopharma: NL)
Ampicillin® [vet.] (Eurovet: NL)
Ampicillin® [vet.] (H.J.M.: NL)
Ampicillin® [vet.] (Kela: NL)
Ampicillin® [vet.] (Klat: DE)
Ampicillin® [vet.] (Vana: AT)
Ampicil® (Medley: BR)
Ampicin® [vet.] (Intervet: IT)
Ampicler® (Monserrat: AR)
Ampidog® [vet.] (Biokema: CH)
Ampidog® [vet.] (Virbac: FR)
Ampidox® [vet.] (Izo: IT)
Ampifarma® (Lacofarma: DO)
Ampifarma® [vet.] (Chemifarma: IT)
Ampifar® (Benedetti: IT)
Ampifar® (Farmoquimica: BR)
Ampigen Simple® (Fabra: AR)
Ampigrand® (Ahimsa: AR)
Ampik® (Kopran: LK)
Ampilan® (Kronos: EC)
Ampilin® (Atlantic Lab: TH)
Ampilin® (Hetero: IN)
Ampillin® (PP Lab: TH)
Ampiplus® (Menarini: ES, IT)
Ampiplus® (Tecefarma: ES)
Ampirex® (Jayson: BD)
Ampisan® [vet.] (Alma: DE)
Ampisel® [vet.] (Selecta: DE)
Ampisina® (Ibn Sina: BD)
Ampisol® [vet.] (Coophavet: FR)
Ampisol® [vet.] (Dopharma: NL)
Ampisus® [vet.] (Alvetra: DE)
Ampitab® [vet.] (Vetochas: DE)
Ampitab® [vet.] (Vetoquinol: AT, CH, GB, NL)
Ampitac® [vet.] (Bayer Animal Health: ZA)
Ampitenk® (Biotenk: AR)
Ampitras® [vet.] (Phoenix: NZ)
Ampivet® [vet.] (Boehringer Ingelheim: SE)
Ampivet® [vet.] (Virbac: AT, CH)
Ampiwerfft® [vet.] (Alvetra u. Werfft: AT)
Ampiwerfft® [vet.] (Sanochemia: CH)
Ampiwerfft® [vet.] (Werfft-Chemie: AT)
Ampixen® (Oriental: AR)
Ampi® (Interbat: ID)
Ampi® (Northia: AR)
Ampi® [vet.] (Dopharma: NL)
Ampi® [vet.] (Doxal: IT)
Ampi® [vet.] (Eurovet: NL)
Ampi® [vet.] (Kela: NL)
Ampi® [vet.] (Norbrook: NL)
Amplirex® [vet.] (Intervet: IT)
Amplital® (Pharmacia: IT)
Amplital® [vet.] (Vetem: IT)
Ampra MH® (M & H: TH)
Ampro® (Thai Nakorn Patana: TH)
Antibiopen® [caps./liqu.oral] (Antibioticos: ES)
Arcocillin® [caps.] (Armoxindo: ID)
Arcocillin® [caps.] (ICN: US)
Atecilina® (Gramon: AR)
Avlocillin® (ACI: BD)
Be-Ampicil® (Be-Tabs: ZA)
Binotal® (Bayer: CO, EC, ID, MX)
Biocilin® (Biochem: IN)
Biopenam® (Mecosin: ID)
Biopensyn® (Medifarma: ID)
Bremcillin® (Landson: ID)
Britapen® (Reig Jofre: ES)
Britapen® (SmithKline Beecham: ES)
Brodacillin® (Medifarma: ID)
Brupen® (Bruluagsa: MX)
Cetacillin® (Soho: ID)
Champicin® (Chemist: BD)
Chevipar® [vet.] (Chevita: AT)
Cofamix Ampicilline® [vet.] (Coophavet: FR)
Compropen® [vet.] (Schering-Plough Vet: PT)
Corsacillin® (Corsa: ID)
Dancillin® (Dankos: ID)
Dhacillin® (DHA: SG)
Duphacillin® [vet.] (Fort Dodge: GB, NL)
Duphacillin® [vet.] (Scanvet: FI)
Duplocin® (Doctor's Chemical Work: BD)
Embacillin® [vet.] (Fort Dodge: GB)
Ephicilin® (Europharm: RO)
Epicocillin® (E.I.P.I.C.O.: RO)
Eracillin® (Chew Brothers: TH)
Expicin® (Quimica Son's: MX)
Fabopcilina® (Fabop: AR)
Fada Ampicilina® (Fada: AR)
Ficillin® (Sanofi-Aventis: BD)
Flamicina® (Ivax: MX)
Frommicillin® [vet.] (Klat: DE)
Gobemicina® (Normon: ES)
Gotas de Pentrexyl® (Bristol-Myers Squibb: MX)
H-Ambiotico® (Hisubiette: CO)
H.G. Ampicilin® (H.G.: EC)
Hiperbiotico® (Atral: PT)
Histopen® (Laboratorios: AR)
Ikacillin® (Ikapharmindo: ID)

Intramin® [vet.] (Floris: NL)
Julphapen® (Julpharma: EC)
Kalpicilin® (Kalbe: ID)
Kamocillin® (Chemico: BD)
Kana-kel® [vet.] (Kela: PT)
Kemocil® (Phyto: ID)
Makrosilin® (Atabay: TR)
Marovilina® (Atlantis: MX)
Medicillin® (Medicon: BD)
Navamox® (Navana: BD)
Neosilin® (Sanli: TR)
Norobrittin® [vet.] (Norbrook: GB, IE, NL)
Novencil® (Italpharma: EC)
Novo-Ampicillin® (Novopharm: CA)
Omnipen® (Sandoz: MX)
Opicillin® (Otto: ID)
Pamecil® (Medochemie: BH, CY, OM, SD)
Pamedox® (Medochemie: HK)
Parpicillin® (Prafa: ID)
Pen-A® (Renata: BD)
Penbritin Injectable Suspension® [vet.] (Pfizer Animal Health: IE)
Penbritin® (Bournonville: LU)
Penbritin® (GlaxoSmithKline: ID, ZA)
Penbritin® (Hormona: MX)
Penbritin® (SmithKline Beecham: PH)
Pencotrex® (BL Hua: TH)
Penodil® (Remedica: CY, ET, KE, SD, ZW)
Penstabil® (Ivax: CZ)
Penstabil® (medphano: DE)
Pentrexyl® [caps./liqu.oral] (Bristol-Myers Squibb: ET, HK, KE, MX, NL, TH, TZ, UG)
Petercillin® (Aspen: ZA)
Polyflex® [vet.] (Fort Dodge: US)
Polypen® (Combiphar: ID)
Praxavet Ampi-15® [vet.] (Boehringer Ingelheim: NL)
Primacillin® (Medikon: ID)
Primapen® (Prima: ID)
Princillin® [vet.] (Norbrook: US, US)
Principen® (Sandoz: US)
Rolab-Ampicillin® (Sandoz: ZA)
Roscillin® (Ranbaxy: IN)
Sanpicillin® (Sanbe: ID)
Semicillin® (Sanofi-Aventis: HU)
Seskasilin Kapsül® (SSK: TR)
Siampicil® (Siam Bheasach: TH)
Spectracil® (Alliance: ZA)
Standacillin® (Biochemie: AE, BH, CY, ID, JO, KW, LB, OM, QA, SA, SD, YE)
Standacillin® (Sandoz: AT, RO, SG)
Sumapen® (Westmont: TH)
Synthetin® (Pharmaco: BD)
Synthocilin® (Pharmaceutical Co: IN)
Totapen® (Bristol-Myers Squibb: DZ, FR)
Trifacilina® (Bagó: AR)
Ultrapen® (United Americans: ID)
Vacillin® (Atlantic: TH)
Vetamplius® [vet.] (Fatro: IT)
Viccillin® (Meiji: ID, TH)
Vidocillin® [vet.] (Vericor: GB)
Welticilina® (Welt: AR)
Xepacillin® (Metiska: ID)
Xeracil® (Xeragen: ZA)

Ampiroxicam (Rec.INN)

L: Ampiroxicamum
D: Ampiroxicam
F: Ampiroxicam
S: Ampiroxicam

Antiinflammatory agent

CAS-Nr.: 0099464-64-9 C_{20}-H_{21}-N_3-O_7-S
M_r 447.47

4-[1-(Ethoxycarbonyloxy)ethoxy]-2-methyl-N-(2-pyridyl)-2H-1,2-benzothiazine-3-carboxamide 1,1-dioxide

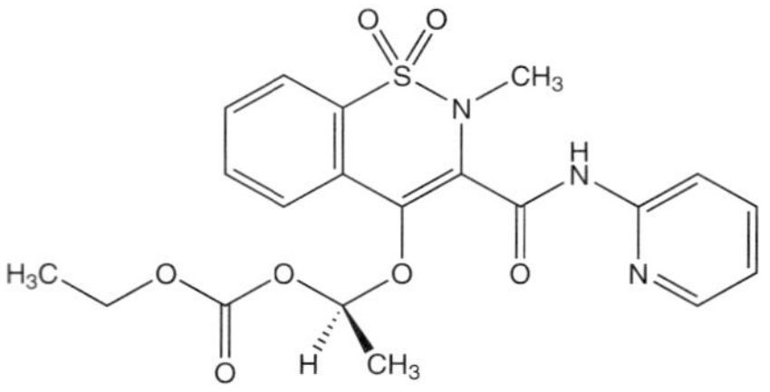

OS: *Ampiroxicam [BAN, JAN, USAN]*
IS: *CP 65703 (Pfizer, Great Britain)*

Flucam® (Pfizer: JP)

Amprenavir (Rec.INN)

L: Amprenavirum
D: Amprenavir
F: Amprenavir
S: Amprenavir

Antiviral agent, HIV protease inhibitor

ATC: J05AE05
CAS-Nr.: 0161814-49-9 C_{25}-H_{35}-N_3-O_6-S
M_r 505.69

Carbamic acid, (3-(((4-aminophenyl)sulfonyl)(2-methylpropyl)amino)-2-hydroxy-1-(- phenylmethyl)propyl)-, tetrahydro-3-furanyl ester, (3S-(3R*(1S*,2R*)))-

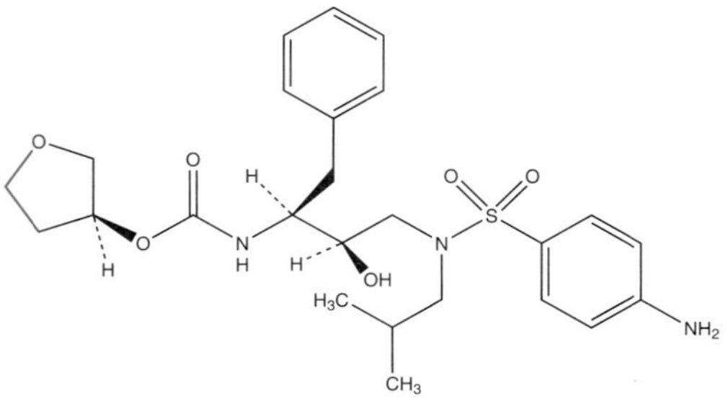

OS: *Amprenavir [DCF, JAN, USAN, BAN]*
IS: *KVX 478*
IS: *VX 478*
IS: *141 W 94*

Agenerase® (Glaxo Group: LU)
Agenerase® (Glaxo Group Limited-GB: IT)
Agenerase® (Glaxo Wellcome: PT, SI)
Agenerase® (GlaxoSmithKline: AR, AT, BE, BR, CA, CH, CL, DE, ES, FI, FR, GB, GR, IE, IL, IS, MX, NL, PL, RO, TR, US)

Amprolium (Rec.INN)

L: Amprolium
D: Amprolium
F: Amprolium
S: Amprolio

Antiprotozoal agent, coccidiocidal [vet.]

CAS-Nr.: 0000121-25-5 — C_{14}-H_{19}-Cl-N_4, M_r 278.796

Pyridinium, 1-[(4-amino-2-propyl-5-pyrimidinyl)methyl]-2-methyl-, chloride

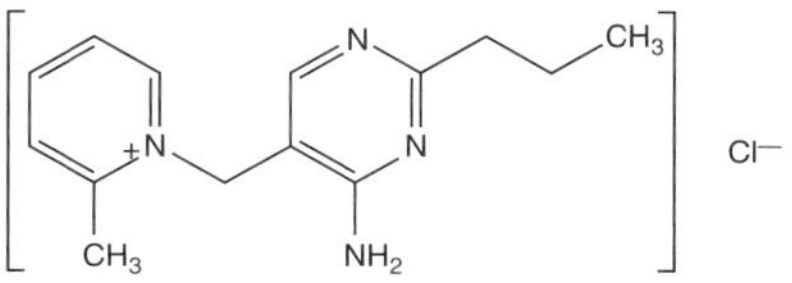

OS: *Amprolium [BAN, DCF, USAN]*
PH: Amprolium [USP 30]
PH: Amprolium (chlorhydrate d') pour usage vétérinaire [Ph. Franç. X]

Amprolium® [vet.] (Adisseo: IT)
Amprolium® [vet.] (IVX: US)
Amprol® [vet.] (Merial: PT)
Amprovine® [vet.] (Merial: US)
Corid® [vet.] (Merial: US)
Coxiprol® [vet.] (PCL: NZ)

– hydrochloride:

CAS-Nr.: 0000137-88-2
OS: *Amprolium Hydrochloride BANM*
OS: *Amprolium Hydrochloride BPvet 2007*
IS: *Amprocidi chloridum*
IS: *Amprolium hydrochloridum ad usum veterinarium*
IS: *Chlorhydrate d'Amprolium pour usage veterinaire*

Amprolium® (All Farm Animal Health: AU)
Amprolium® [vet.] (All Farm Animal Health: AU)
Amprolium® [vet.] (Ascor: IT)
Coxoid® [vet.] (Harkers: GB)
Némaprol® [vet.] (Noé: FR)

Amrinone (Rec.INN)

L: Amrinonum
I: Amrinone
D: Amrinon
F: Amrinone
S: Amrinona

Cardiac stimulant, cardiotonic agent
Vasodilator

ATC: C01CE01
CAS-Nr.: 0060719-84-8 — C_{10}-H_9-N_3-O, M_r 187.212

[3,4'-Bipyridin]-6(1H)-one, 5-amino-

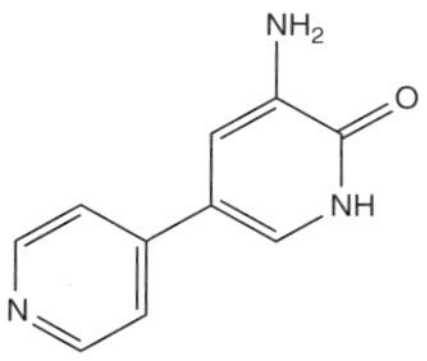

OS: *Amrinone [BAN, DCF, DCIT]*
OS: *Inamrinone [USAN]*
IS: *AWD 08-250*
IS: *Win 40680 (Winthrop, USA)*
PH: Inamrinone [USP 30]

Amcoral® (Meiji: JP)
Amcoral® (Sterling Winthrop: JP)
Cartonic® (Yamanouchi: JP)
Inocor® (Sanofi-Synthelabo: BE)

– lactate:

CAS-Nr.: 0075898-90-7
IS: *Inamrinone Lactate AHFS (USA)*

Amicor® (Samarth: IN)
Inamrinone Injection® (Baxter: US)
Inamrinone Injection® (Bedford: US)
Inamrinone Injection® (Hospira: US)
Inocor® (Sanofi-Aventis: IL)
Inocor® (Sanofi-Synthelabo: BR)
Wincoram® (Sanofi-Synthelabo: ES)

Amsacrine (Prop.INN)

L: Amsacrinum
D: Amsacrin
F: Amsacrine
S: Amsacrina

Antineoplastic agent

ATC: L01XX01
CAS-Nr.: 0051264-14-3 — C_{21}-H_{19}-N_3-O_3-S, M_r 393.473

Methanesulfonamide, N-[4-(9-acridinylamino)-3-methoxyphenyl]-

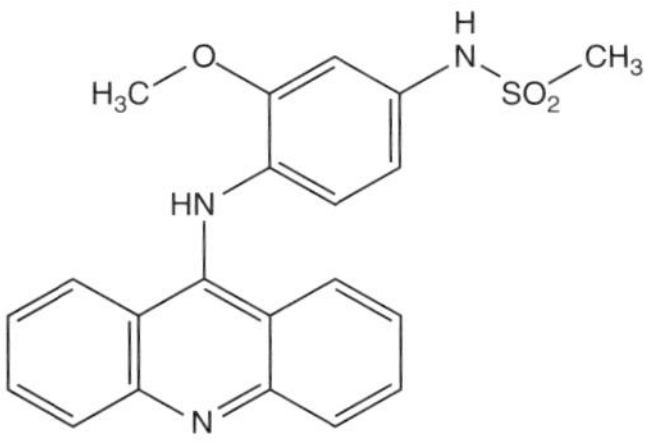

OS: *Amsacrine [BAN, DCF, USAN]*
IS: *CI 880 (Parke Davis, USA)*
IS: *m-AMSA*

Amekrin® (Pfizer: DK, SE)
Amsa® (Erfa: CA)
Amsidine® (Pfizer: BE, LU, NL)
Amsidyl® (Gödecke: CZ, DE)
Amsidyl® (Parke Davis: AU)
Amsidyl® (Pfizer: CH)

– lactate:

OS: *Amsacrine Lactate BANM*

Amsidine® (Goldshield: GB)

Amtolmetin Guacil (Rec.INN)

L: Amtolmetinum guacilum
I: Amtolmetina guacile
D: Amtolmetin guacil
F: Amtolmetine guacil
S: Amtolmetina guacilo

Antiinflammatory agent
Analgesic
Antipyretic

CAS-Nr.: 0087344-06-7 C_{24}-H_{24}-N_2-O_5
M_r 420.476

N-[(1-Methyl-5-p-toluoylpyrrol-2-yl)acetyl]glycine o-methoxyphenyl ester

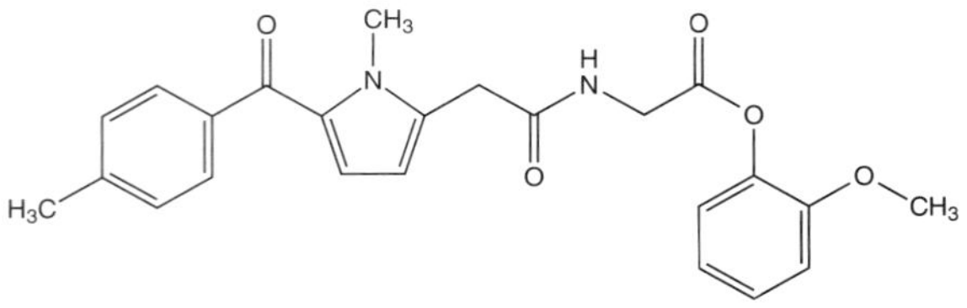

OS: *Amtolmetin Guacil [USAN]*
IS: *MED 15*
IS: *ST 679*

Artricol® (Medosan: IT)
Artromed® (Medosan: IT)
Eufans® (Sigma Tau: IT)

Amyl Nitrite (USP)

L: Amylium nitrosum
I: Amile nitrito
D: Isopentylnitrit
F: Nitrite d'amyle

Vasodilator
Antidote

CAS-Nr.: 0000110-46-3 C_5-H_{11}-N-O_2
M_r 117.15

A mixture of nitrous acid, 2-methylbutyl ester, and nitrous acid, 3-methylbutyl ester

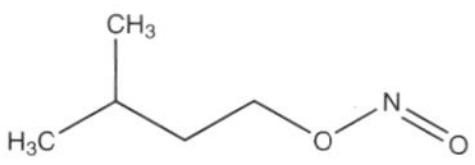

OS: *Amyl Nitrite [JAN, USAN]*
IS: *Salpetrigsäure-isoamylester*
IS: *iso-Amylnitrit*
PH: Amyl Nitrite [USP 30]

Amyl Nitrite® (Baxter: NZ)
Amyl Nitrite® (James Alexander: US)
Amyl Nitrite® (X-Gen: US)

Amylase, Alpha- (USAN)

D: alpha-Amylase
F: Alpha-amylase

Enzyme

CAS-Nr.: 0009000-90-2

Amylase, α-

OS: *Alpha Amylase [USAN]*
IS: *Ptyalin*
PH: α-Amylase [USP 30]

Maxilase® (Sanofi-Aventis: BF, BJ, CF, CG, CI, CM, FR, GA, GN, MG, ML, MR, MU, NE, SN, TD, TG, ZR)
Maxilase® (Sanofi-Synthelabo: LU, PT)
Megamylase® (Leurquin: LU)
Mégamylase® (Leurquin: FR)

Amylocaine (BAN)

D: Amylocain
F: Amyleine

Local anesthetic

CAS-Nr.: 0000644-26-8 C_{14}-H_{21}-N-O_2
M_r 235.332

2-Butanol, 1-(dimethylamino)-2-methyl-, benzoate (ester)

1-(Dimethylaminomethyl)-1-methylpropyl benzoate

1-(Dimethylaminomethyl)-1-methylpropyl benzoat (IUPAC)

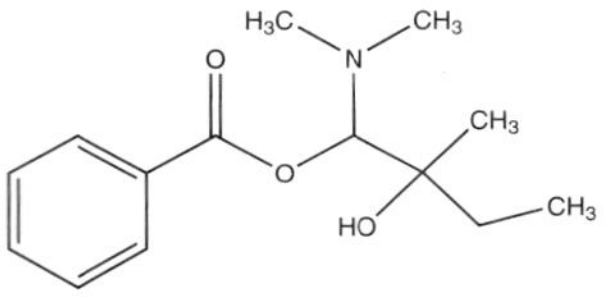

OS: *Amyléine [DCF]*
OS: *Amylocaine [BAN, USAN]*
IS: *Amylein*

– hydrochloride:

CAS-Nr.: 0000532-59-2
PH: Amyléine (chlorhydrate d') Ph. Franç. IX

Dolodent® (Gilbert: FR)

Anagrelide (Rec.INN)

L: Anagrelidum
D: Anagrelid
F: Anagrelide
S: Anagrelida

Anticoagulant, platelet aggregation inhibitor

ATC: L01XX35
ATCvet: QL01XX35
CAS-Nr.: 0068475-42-3 C_{10}-H_7-Cl_2-N_3-O
M_r 256.09

Imidazo[2,1b]quinazolin-2(3H)-one, 6,7-dichloro-1,5-dihydro-

6,7-Dichlor-1,5-dihydroimidazo[2,1-b]chinazolin-2-on (IUPAC)

6,7-Dichloro-1,5-dihydroimidazo[2,1-b]quinazolin-2(3H)-one (WHO)

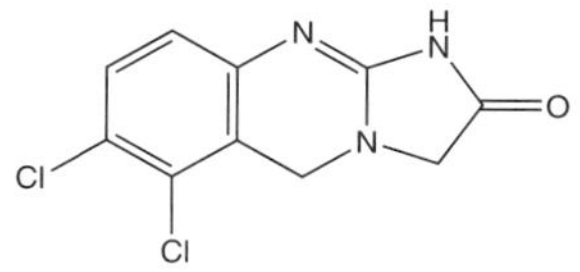

OS: *Anagrelide [BAN]*

Tromboreductin® (Orpha Devel: SI)
Xagrid® (Shire: IE)

– hydrochloride:
CAS-Nr.: 0058579-51-4
OS: *Anagrelide Hydrochloride USAN*
IS: *BL 4162A (Bristol-Myers Squibb, USA)*
IS: *BMY 26538-01*

Agrelid® (Ariston: AR)
Agrylin® (Orphan: AU)
Agrylin® (Roberts: IL)
Agrylin® (Shire: CA, US)
Agrylin® (Tema: ZA)
Anagrelide® (Alphapharm: US)
Anagrelide® (Health Support Ltd: NZ)
Gen-Anagrelide® (Genpharm: CA)
PMS-Anagrelide® (Pharmascience: CA)
Sandoz Anagrelide® (Sandoz: CA)
Thromboreductin® (AOP: RS)
Thromboreductin® (Dem Ilaç: TR)
Thromboreductin® (Mayne: HK)
Thromboreductin® (Orpha Devel: CZ)
Thromboreductin® (Orphan: AT)
Thromboreductin® (Pharmachemie: ID)
Xagrid® (LCA: BE)
Xagrid® (Opopharma: CH)
Xagrid® (Shire: DE, DK, ES, FR, GB, IT, LU, NL, NO)
Xagrid® (Swedish Orphan: FI, SE)

Anakinra (Rec.INN)

L: Anakinrum
D: Anakinra
F: Anakinra
S: Anakinra

Antirheumatoid agent
Immunosuppressant

ATC: L04AA14
CAS-Nr.: 0143090-92-0 C_{759}-H_{1186}-N_{208}-O_{232}-S_{10}
M_r 17258.52

N^2-L-Methionylinterleukin 1 receptor antagonist (human isoform x reduced) [WHO]

Interleukin 1 receptor antagonist (human isoform x reduced), N2-L-methionyl [USAN]

OS: *Anakinra [BAN, USAN]*
IS: *rhIL-1ra*
IS: *Antril (Synergen)*
IS: *IRAP*

Kineret® (Amgen: AT, AU, CA, DE, DK, ES, FI, FR, GB, IE, IS, LU, NL, NO, PL, PT, SE, US)
Kineret® (Amgen Europe - NL: IT)
Kineret® (Genesis: GR)

Anastrozole (Rec.INN)

L: Anastrozolum
D: Anastrozol
F: Anastrozole
S: Anastrozol

Antineoplastic agent
Enzyme inhibitor, aromatase

ATC: L02BG03
CAS-Nr.: 0120511-73-1 C_{17}-H_{19}-N_5
M_r 293.389

α,α,α',α'-Tetramethyl-5-(1H-1,2,4-triazol-1-ylmethyl)-m-benzenediacetonitrile

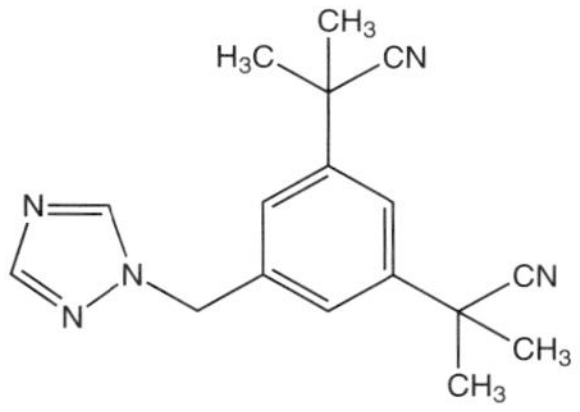

OS: *Anastrozole [BAN, USAN]*
IS: *ICI-D 1033 (Zeneca, Great Britain)*
IS: *ZD 1033 (Zeneca, Great Britain)*

Altraz® (Alkem: IN)
Anastraze® (Sandoz: AR)
Anastrozol Microsules® (Microsules: AR)
Anastrozol Rontag® (Rontag: AR)
Anastrozol® [tab.] (Induquimica: PE)
Anebol® (Gador: AR)
Arimidex® (AstraZeneca: AE, AG, AN, AR, AT, AU, AW, BA, BD, BE, BG, BH, BM, BO, BR, BS, BY, BZ, CA, CH, CL, CN, CO, CR, CY, CZ, DE, DK, DO, EC, EG, ES, ET, FI, FR, GB, GD, GE, GH, GR, GT, GY, HK, HK, HN, HR, HT, HU, ID, IE, IL, IN, IQ, IS, IT, JM, JO, JP, KE, KH, KR, KW, KZ, LB, LC, LK, LU, LV, LY)
Arimidex® (Astrazeneca: MK)
Arimidex® (AstraZeneca: MT, MW, MX, MY, MZ, NG, NI, NL, NO, NZ, OM, PA, PE, PH, PK, PL, PT, PY, QA, RO, RS, RU, SA, SD, SE, SG, SI, SK, SR, SV, SY, TH, TR, TT, TW, TZ, UA, UG, US, UY, VC, VE, VN, YE, ZA, ZM, ZW)
Arimidex® (Dowelhurst: NL)
Arimidex® (Dr. Fisher: NL)
Arimidex® (EU-Pharma: NL)
Arimidex® (Eureco: NL)
Arimidex® (Euro: NL)
Arimidex® (Sindan: RO)
Aromenal® (Panalab: AR)
Atrozol® (Vipharm: PL)
Distalene® (Ivax: AR)
Gondonar® (Teva: AR)
Leprofen® (LKM: AR)
Pantestone® (Filaxis: AR)
Puricap® (Richmond: AR)

Trozolet® (Tecnofarma: CL, CO, PE)
Trozolite® (Raffo: AR)

Ancestim (Rec.INN)

L: Ancestimum
D: Ancestim
F: Ancestim
S: Ancestim

Colony stimulating factor, granulocyte-macrophage, GM-CSF

ATC: L03AA12
CAS-Nr.: 0163545-26-4 C_{1662}-H_{2650}-N_{422}-O_{512}-S_{18}
M_r 37318.42

N-L-Methionyl-1-165-hematopoietic cell growth factor KL (human clone V19.8:hSCF162), dimer [USAN]

OS: *Ancestim [USAN]*
IS: *AMJ 9302*
IS: *c-Kit ligand*
IS: *Human SCF*
IS: *human SCF - Amgen*
IS: *Human stem cell factor*
IS: *Kit ligand*
IS: *Mast cell growth factor*
IS: *r-met HuSCF*
IS: *Recombinant methionyl human stem cell factor*
IS: *Steel factor*
IS: *Stem cell factor*
IS: *Stem cell factor - Amgen*
IS: *SCF*
IS: *SCF - Amgen*

Stemgen® (Amgen: AU, CA, NZ)

Androstanolone (Rec.INN)

L: Androstanolonum
I: Androstanolone
D: Androstanolon
F: Androstanolone
S: Androstanolona

Androgen
Anabolic

ATC: A14AA01
CAS-Nr.: 0000521-18-6 C_{19}-H_{30}-O_2
M_r 290.449

Androstan-3-one, 17-hydroxy-, (5α,17β)-

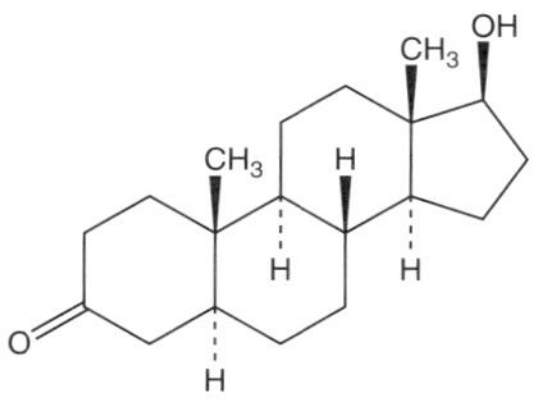

OS: *Androstanolone [BAN, DCF, DCIT]*
IS: *Dihydrotestosterone*
IS: *Stanolone*
PH: Stanolone [BP 1980]

Andractim® (Besins: BE, FR, LU)
Andractim® (Piette: TH)

Anetholtrithion (JAN)

D: Anetholtrithion
F: Anétholtrithione

Choleretic

ATC: A16AX02
CAS-Nr.: 0000532-11-6 C_{10}-H_8-O-S_3
M_r 240.354

3H-1,2-Dithiole-3-thione, 5-(4-methoxyphenyl)-

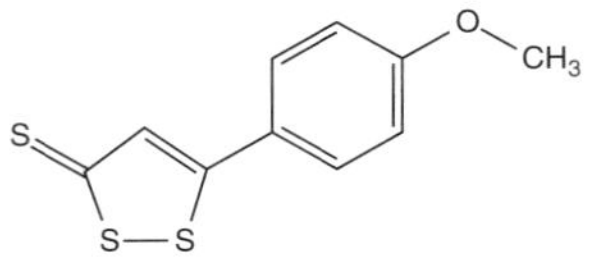

OS: *Anétholtrithione [DCF]*
OS: *Anetholtrithion [USAN]*
IS: *ADT*
IS: *Anethole dithiolthione*
IS: *ANTT*
IS: *TPMP*
IS: *SKF 1717*

Atenentol® (Sawai: JP)
Mucinol® (Winthrop: DE)
Sonicur® (Solvay: ES)
Sulfarlem® (EG Labo: FR)
Sulfarlem® (Eurogenerics: BE, LU)
Sulfarlem® (Pro Concepta: CH)

Anidulafungin (Rec.INN)

L: Anidulafunginum
D: Anidulafungin
F: Anidulafungine
S: Anidulafungina

Antifungal agent

ATC: J02AX06
ATCvet: QJ02AX06
CAS-Nr.: 0166663-25-8 C_{58}-H_{73}-N_7-O_{17}
M_r 1140.24

(4*R*,5*R*)-4,5-dihydroxy-N^2-[[4"-(pentyloxy)-p-terphenyl-4-yl]carbonyl]-L-ornithyl-L-threonyl-*trans*-4-hydroxy-L-prolyl-(S)-4-hydroxy-4(*p*-hydroxyphenyl)-L-threonyl-L-threonyl-(3S,4S)-3-hydroxy-4-methyl-L-proline cyclic (6->1)-peptide (WHO)

Echinocandin B, 1-[(4*R*,5*R*)-4,5-dihydroxy-N^2-[[4"-(pentyloxy)[1,1':4',1"-terphenyl]-4-yl]carbonyl]-L-ornithine]- (USAN)

OS: *Anidulafungin [USAN]*
IS: *LY303366 (Lilly, US)*
IS: *V-Echinocandin*
IS: *VEC*
IS: *LY-307853*
IS: *LY-329960*
IS: *LY-333006*

IS: *VER-002*

Eraxis® (Pfizer: US)

Aniracetam (Rec.INN)

L: Aniracetamum
I: Aniracetam
D: Aniracetam
F: Aniracetam
S: Aniracetam

Nootropic

ATC: N06BX11
CAS-Nr.: 0072432-10-1 C_{12}-H_{13}-N-O_3
M_r 219.246

2-Pyrrolidinone, 1-(4-methoxybenzoyl)-

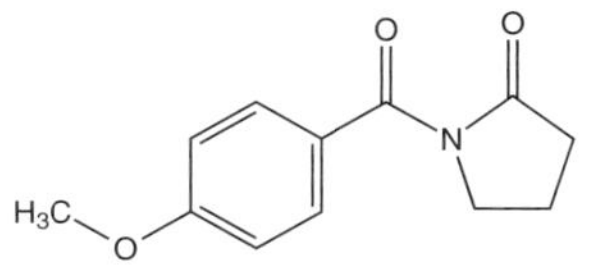

OS: *Aniracetam [JAN, USAN]*
IS: *Ro 135057*

Ampamet® (Menarini: IT)
Pergamid® (Pfizer: AR)

Anisindione (Rec.INN)

L: Anisindionum
D: Anisindion
F: Anisindione
S: Anisindiona

Anticoagulant, vitamin K antagonist

CAS-Nr.: 0000117-37-3 C_{16}-H_{12}-O_3
M_r 252.272

1H-Indene-1,3(2H)-dione, 2-(4-methoxyphenyl)-

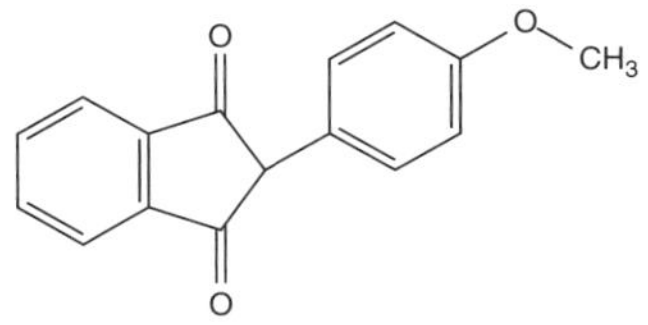

OS: *Anisindione [BAN, DCF, USAN]*
IS: *SPE 2792*
PH: Anisindione [NF XIII]

Miradon® (Schering-Plough: US)

Anistreplase (Rec.INN)

L: Anistreplasum
D: Anistreplase
F: Anistreplase
S: Anistreplasa

Anticoagulant, thrombolytic agent

ATC: B01AD03
CAS-Nr.: 0081669-57-0

Anisoylated (human) lys-plasminogen streptokinase activator complex (1:1)

OS: *Anistreplase [BAN, DCF, USAN]*
IS: *APSAC*
IS: *BRL 26921*

Eminase® (Carinopharm: DE)
Eminase® (Pharmateam: IL)
Eminase® (Roberts: US)
Eminase® (SmithKline Beecham: AT)
Eminase® (Torrex: AT)
Eminase® (Tramedico: BE, NL)

Antazoline (Rec.INN)

L: Antazolinum
I: Antazolina
D: Antazolin
F: Antazoline
S: Antazolina

Histamine, H_1-receptor antagonist

ATC: R01AC04,R06AX05
CAS-Nr.: 0000091-75-8 C_{17}-H_{19}-N_3
M_r 265.369

1H-Imidazole-2-methanamine, 4,5-dihydro-N-phenyl-N-(phenylmethyl)-

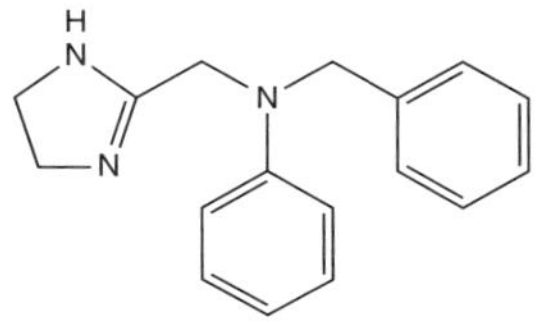

OS: *Antazoline [BAN, DCF]*
OS: *Antazolina [DCIT]*
IS: *5512-M*
IS: *M 5512*
IS: *PM 265*

– hydrochloride:
CAS-Nr.: 0002508-72-7
OS: *Antazoline Hydrochloride BANM, USAN*
IS: *Phenazoline hydrochloride*
PH: Antazoline (chlorhydrate d') Ph. Eur. 5
PH: Antazolini hydrochloridum Ph. Eur. 5, Ph. Int. II
PH: Antazolinhydrochlorid Ph. Eur. 5
PH: Antazoline Hydrochloride Ph. Eur. 5, USP XV

Phenazolinum® (Polfa Warszawa: PL)

Antithrombin III (Rec.INN)

L: Antithrombinum III
I: Antitrombina III
D: Antithrombin III
F: Antithrombine III
S: Antithrombina III

Anticoagulant

ATC: B01AB02
CAS-Nr.: 0052014-67-2

Antithrombin III. The source of the product should be indicated

OS: *Antithrombin III [BAN, USAN]*
OS: *Antitrombina III [DCIT]*
IS: *Antitrombin III umana concentrata liofilizzata*
IS: *Concentratum antithrombini III cryodesiccati sanguinis humani*
PH: Antithrombinum III humanum densatum cryodessicatum [Ph. Eur. 5]
PH: Antithrombine III humaine (concentré d') cryodesséchée [Ph. Eur. 5]
PH: Antithrombin III Concentrate [Ph. Eur. 5]
PH: Antithrombin-III-Konzentrat vom Menschen (gefriergetrocknet) [Ph. Eur. 5]
PH: Antithrombin III Human [USP 30]
PH: Antithrombin III [USP 30]
PH: Antithrombin III Concentrate, Human [Ph. Eur. 5]

Aclotine® (Lab Français du Fractionnement: FR)
Anbinex® (Grifols: DE, ES)
Anbin® (Grifols-E: IT)
Anbin® (Instituto Grifols: ES)
Antithrombin III Baxter® (Baxter: DK, PL, RS, SE)
Antithrombin III Grifols® (Grifols: CZ, DE)
Antithrombin III Immuno® (Baxter: CZ, HR, NL)
Antitrombin III® (Baxter: HU)
Antitrombin III® (Grifols: CZ)
Antitrombina III Grifols® (Grifols: AR, CL)
Antitrombina III Immuno® (Baxter-A: IT)
Antitrombine III Immuno® (Baxter: NL)
AT III® (Baxter: DE)
AT III® (Immuno: BR)
AT III® (Kedrion: IT)
Atenativ® (Biovitrum: NL)
Atenativ® (Octapharma: AT, DE, DK, ES, FI, HR, HU, NO, SE)
Atenativ® (Octapharma-A: IT)
Kybernin P® (Aventis: AT, BR, IT)
Kybernin P® (Aventis Behring: HU)
Kybernin P® (Aventis Pharma: ID)
Kybernin P® (CSL Behring: CH)
Kybernin P® (Dexa Medica: ID)
Kybernin P® (Farma-Tek: TR)
Kybernin P® (Gerolymatos: GR)
Kybernin P® (Pharmagent: SI)
Kybernin P® (ZLB Behring: CZ, DE, ES, HR, LU, RS)
Kybernin® (Aventis: AR, AT)
Kybernin® (ZLB Behring: DE)
Octati® (Octapharma: MX)
Thrombhibin® (Baxter: AT)
Thrombotrol-VF® (CSL: AU)
Thrombotrol® (CSL: NZ)

Apomorphine (BAN)

I: Apomorfina
D: Apomorphin
F: Apomorphine
S: Apomorfina

Emetic
Dopamine agonist
Impotency agent

ATC: N04BC07
CAS-Nr.: 0000058-00-4 C_{17}-H_{17}-N-O_2
M_r 267.333

4H-Dibenzo[de,g]quinoline-10,11-diol, 5,6,6a,7-tetrahydro-6-methyl

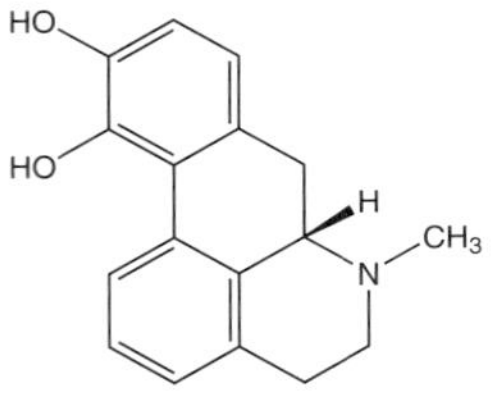

OS: *Apomorphine [BAN, DCF]*
IS: 6αβ-*Aporphine-10,11-diol*

Apomorfina L.CH.® (Chile: CL)

– hydrochloride:

CAS-Nr.: 0041372-20-7
OS: *Apomorphine Hydrochloride BANM, USAN*
IS: *Chlorhydrate d'apomorphine*
PH: Apomorphine Hydrochloride Ph. Eur. 5, USP 30
PH: Apomorphini hydrochloridum Ph. Eur. 5, Ph. Int. II
PH: Apomorphinhydrochlorid Ph. Eur. 5
PH: Apormorphine (chlorhydrate d') Ph. Eur. 5

Apo go Pen® (Britannia: GB)
Apo go Pen® (Forum: AT)
Apo go Pen® (Italfarmaco: ES)
Apo go Pen® (Licher: DE)
APO-go® (Britannia: GB)
APO-go® (Cephalon: DE)
APO-go® (Clonmel: IE)
APO-go® (Farmadent: SI)
APO-go® (Forum: AT, HU, NL)
APO-go® (Gen: TR)
APO-go® (ITF: GR)
APO-go® (Teva: IL)
Apofin® (Chiesi: IT)
Apokinon® (Aguettant: FR)
Apokinon® (Buxton: AR)
Apokyn® (Mylan: US)
Apomine® (Baxter: NZ)
Apomorphin-Teclapharm® (Teclapharm: DE)
Apomorphine Hydrochloride® [vet.] (Albrecht: DE)
Apomorphine Hydrochloride® [vet.] (Jurox: AU)
Apomorphine Hydrochloride® [vet.] (WDT: DE)
Apomorphine® [vet.] (Jurox: NZ)
Britaject® (Lilly: NL)
Ixense® (Takeda: AT, DE, JP, LU, TH)
Ixense® (Takeda Europe R&D-GB: IT)

Uprima® (Abbott: AT, CO, CZ, DE, ES, FR, GB, HU, IS, IT, LU, NL, PE, RO, SI, TH, ZA)

Apraclonidine (Rec.INN)

L: Apraclonidinum
I: Apraclonidina
D: Apraclonidin
F: Apraclonidine
S: Apraclonidina

Glaucoma treatment

α_2-Sympathomimetic agent

ATC: S01EA03
CAS-Nr.: 0066711-21-5 C_9-H_{10}-Cl_2-N_4
M_r 245.119

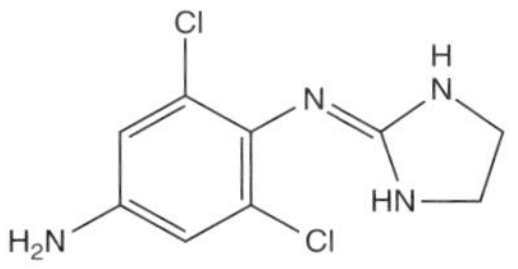

OS: *Apraclonidine [BAN]*
IS: *AL 02145*
IS: *Aplonidine*
IS: *p-Aminoclonidine*

– hydrochloride:

CAS-Nr.: 0073218-79-8
OS: *Apraclonidine Hydrochloride BANM, USAN*
IS: *ALO 2145*
PH: Apraclonidine Hydrochloride USP 30

Iodipine® (Alcon: CH, FI)
Iopidine® (Alcon: AT, AU, BE, BW, CA, CH, DE, DK, ER, ET, FI, FR, GB, GH, GR, HK, IE, IL, IT, KE, LU, MW, NA, NG, NL, NO, NZ, PT, SE, SG, TR, TZ, UG, US, ZA, ZM, ZW)
Iopimax® (Alcon: ES)

Apramycin (Rec.INN)

L: Apramycinum
D: Apramycin
F: Apramycine
S: Apramicina

Antibiotic [vet.]

CAS-Nr.: 0037321-09-8 C_{21}-H_{41}-N_5-O_{11}
M_r 539.609

4-O-[3alpha-Amino-6alpha-[(4-amino-4-deoxy-alpha-D-glucopyranosyl)oxyl]-2,3,4,4abeta,6,7,8,8aalpha-octahydro-8beta-hydroxy-7beta-(methylamino)pyrano[3,2-b]pyran-2alpha-yl]-2-deoxy-D-streptamine

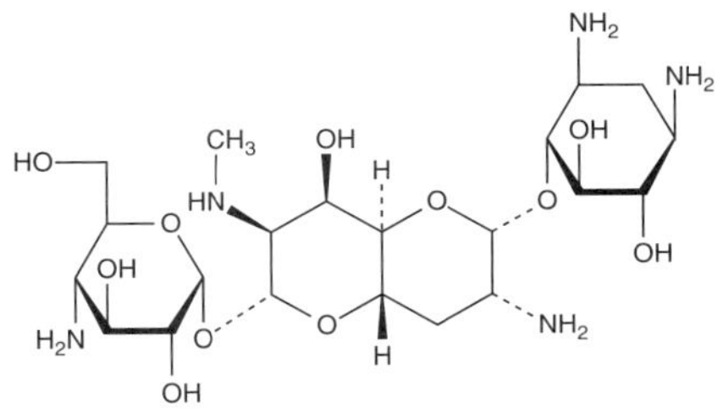

OS: *Apramycin [BAN, USAN]*
IS: *EL 857*
IS: *Nebramycin-Faktor 2*

Apralan® [vet.] (Elanco: AU, ZW)
Apralan® [vet.] (Lilly: NL)
Apralan® [vet.] (Selectchemie: CH)

– sulfate:

CAS-Nr.: 0041194-16-5
OS: *Apramycin Sulphate BANM*
PH: Apramycin Sulphate BPvet 2007

Apralane® [vet.] (Richter: AT)
Apralan® [vet.] (Animedic: DE)
Apralan® [vet.] (Elanco: AU, DE, GB, IE, NZ, US)
Apralan® [vet.] (Lilly: IT, NL)
Apralan® [vet.] (Lilly Vet: FR, PT)
Apralan® [vet.] (Richter: AT)
Apramycin Sulfate® (Balkanpharma: BG)
Aprapharm® [vet.] (Bomac: AU)
Concentrat VO 57® [vet.] (Sogeval: FR)
Santamix Apramycine® [vet.] (Santamix: FR)

Aprepitant (Rec.INN)

L: Aprepitantum
D: Aprepitant
F: Aprepitant
S: Aprepitant

Antiemetic

ATC: A04AD12
ATCvet: QA04AD12
CAS-Nr.: 0170729-80-3 C_{23}-H_{21}-F_4-N_4-O_3
M_r 534.43

3H-1,2,4-Triazol-3-one, 5[[(2R,3S)-2-[(1R)-1-[3,5-bis(trifluoromethyl)phenyl]ethoxy]-3-(4-fluorophenyl-4-morpholinyl]methyl]-1,2-dihydro-

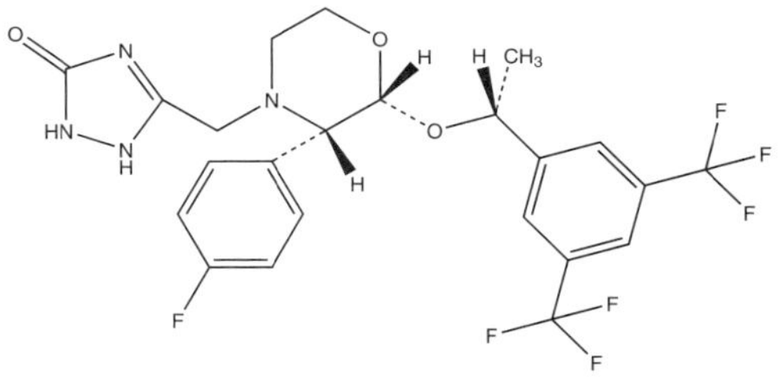

OS: *Aprepitant [USAN]*
IS: *MK 0869 (Merck)*
IS: *L 754030*
IS: *L-754939 (Merck, USA)*

Emend® (Merck: US)
Emend® (Merck Sharp & Dohme: AR, AT, AU, BE, BR, CH, CL, DE, DK, ES, FR, GB, GR, HK, IE, IS, IT, LU, MX, MY, NL, NZ, PT, RU, SE, SG, SI, TR)
Emend® (MSD: FI, NO)

Aprindine (Rec.INN)

L: Aprindinum
D: Aprindin
F: Aprindine
S: Aprindina

⚕ Antiarrhythmic agent

ATC: C01BB04
CAS-Nr.: 0037640-71-4 C_{22}-H_{30}-N_2
M_r 322.502

1,3-Propanediamine, N-(2,3-dihydro-1H-inden-2-yl)-N',N'-diethyl-N-phenyl-

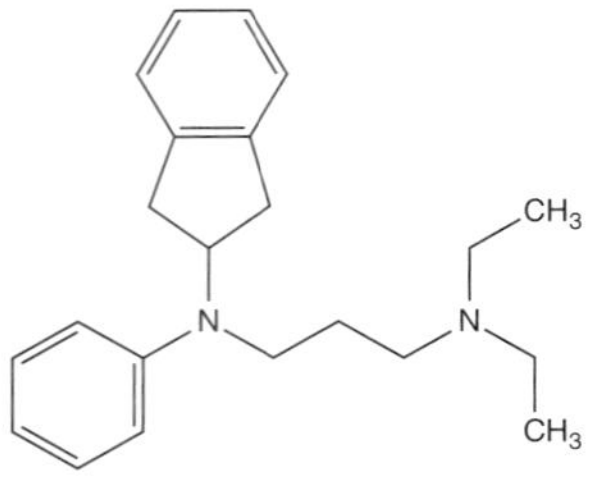

OS: *Aprindine [BAN, DCF, USAN]*
IS: *AC 1802*
IS: *Compound 99170*

– hydrochloride:

CAS-Nr.: 0033237-74-0
OS: *Aprindine Hydrochloride JAN, USAN*
IS: *Compound 83846 (Lilly, USA)*

Fiboran® (Nycomed: LU, NL)
Ritmusin® (Gebro: AT)

Aprotinin (Rec.INN)

L: Aprotininum
I: Aprotinina
D: Aprotinin
F: Aprotinine
S: Aprotinina

⚕ Enzyme inhibitor, protease

ATC: B02AB01
CAS-Nr.: 0009087-70-1 C_{284}-H_{432}-N_{84}-O_{79}-S_7
M_r 6500

Trypsin inhibitor, pancreatic basic

OS: *Aprotinin [BAN, USAN]*
OS: *Aprotinine [DCF]*
OS: *Aprotinina [DCIT]*
OS: *Aprotinin Solution [JAN]*
IS: *Bayer A-128*
IS: *Riker 52 G*
IS: *RP 9921*
IS: *Antilysin AHFS (USA)*
PH: Aprotinin [Ph. Eur. 5, USP 30]
PH: Aprotininum [Ph. Eur. 5]
PH: Aprotinine [Ph. Eur. 5]

Antilysin Spofa® (Leciva: CZ)
Antilysin Spofa® (Spofa: CZ)
Aprotex® (Verofarm: RU)
Aprotinina® (Bestpharma: CL)
Aprotinina® (Teva: AR)
Contrykal® (Pliva: RU)
Gordox® (Gedeon Richter: CZ, HU, RO, RU)
Hetailin® (Livzon Zhuhai: CN)
Pantinol® (Gerot: AT)
Protosol® (Kamada: IL)
Quagu-Test® (Fada: AR)
Rivilina® (Rivero: AR)
Traskolan® (Jelfa: PL)
Trasylol® (Bayer: AE, AT, AU, BE, BH, BR, CA, CH, CL, CO, CY, CZ, DE, DK, EG, ES, FI, FR, GB, HK, HU, ID, IR, IT, JO, KW, LB, LU, MT, MX, MY, NL, NZ, OM, PE, PL, QA, RO, RS, RU, SA, SD, SE, SG, SI, TR, US, ZA)

Arbekacin (Rec.INN)

L: Arbekacinum
D: Arbekacin
F: Arbekacine
S: Arbekacina

⚕ Antibiotic, aminoglycoside

CAS-Nr.: 0051025-85-5 C_{22}-H_{44}-N_6-O_{10}
M_r 552.654

O-3-Amino-3-deoxy-α-D-glucopyranosyl-(1-4)-O-[2,6-diamino-2,3,4,6-tetradeoxy-α-D-erythro-hexopyranosyl-(1-6)-N'-[(2S)-4-amino-2-hydroxybutyryl]-2-deoxy-L-streptamine

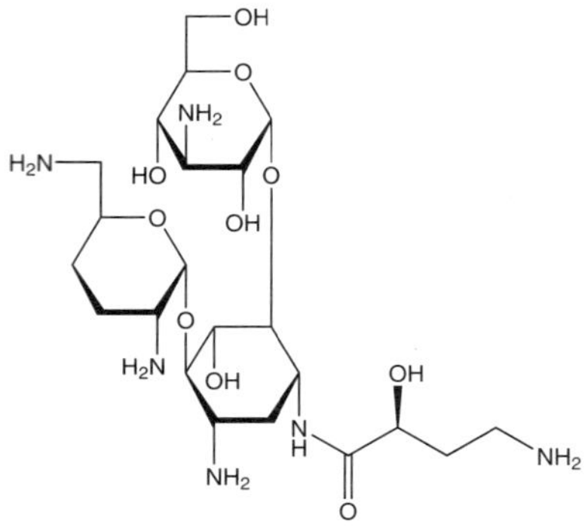

OS: *Arbékacine [DCF]*
OS: *Arbekacin [USAN]*
IS: *1665-RB*
IS: *AHB-DBK*
IS: *HABA-Dibekacin*
IS: *HABA-DKB*
IS: *HBK*

– sulfate:

CAS-Nr.: 0104931-87-5
OS: *Arbekacin Sulfate JAN*
IS: *Arbekacin sulphate*
PH: Arbekacin Sulfate JP XIV

Habekacin® (Meiji: JP)

Arcitumomab (Rec.INN)

L: Arcitumomabum
I: Arcitumomab
D: Arcitumomab
F: Arcitumomab
S: Arcitumomab

⚕ Diagnostic agent

CAS-Nr.: 0154361-48-5

☞ Immunoglobulin G 1 (mouse monoclonal IMMU-4 Fab' fragment λ-chain antihuman antigen CEA), disulfide with mouse monoclonal IMMU-4 light chain

OS: *Arcitumomab [USAN]*
IS: *IMMU-4*

CEA-Scan® (Immunomedics: LU)
Cea-Scan® (Immunomedics: NL)
CEA-Scan® (Immunomedics Europe-NL: IT)

Arformoterol (Rec.INN)

L: Arformoterolum
D: Arformoterol
F: Arformoterol
S: Arformoterol

⚕ Bronchodilator
⚕ Antiasthmatic agent

CAS-Nr.: 0067346-49-0 C_{19}-H_{24}-N_2-O_4
M_r 344.4

☞ *N*-{2-hydroxy-5-[(1R)-1-hydroxy-2-{[(2R)-1-(4-methoxyphenyl)propan-2-yl]amino}ethyl]phenyl}formamide (WHO)

☞ *N*-{2-Hydroxy-5-[(1R,4R)-1-hydroxy-5-(4-methoxyphenyl)-4-methyl-3azapentyl]phenyl}-formamid (IUPAC)

☞ Formamide, *N*-[2-hydroxy-5-[(1*R*)-1-hydroxy-2-[[(1*R*)-2-(4-methoxyphenyl)-1-methylethyl]amino]ethyl]phenyl]-

☞ Formamide, N-(2-hydroxy-5-(1-hydroxy-2-((2-(4-methoxyphenyl)-1-methylethyl)amino)ethyl)phenyl)-, (R-(R*,R*))-

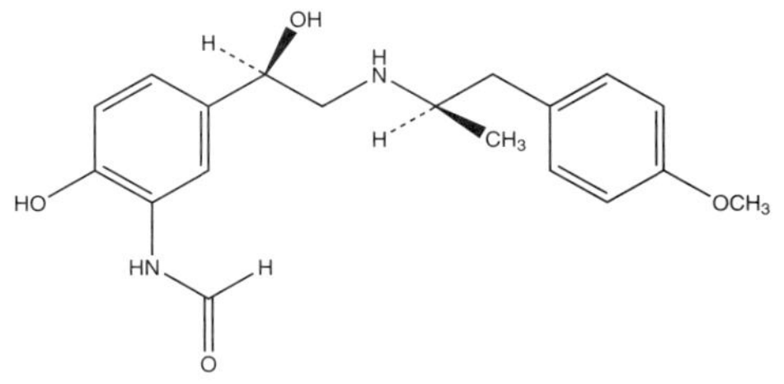

IS: *(-)-Formoterol*
IS: *(R,R)-Formoterol*

– tartrate:

CAS-Nr.: 0200815-49-2
OS: *Arformoterol tartrate USAN*
IS: *(R,R)-Eformoterol tartrate*
IS: *(R,R)-Formoterol tartrate*

Brovana® (Sepracor: US)

Argatroban (Rec.INN)

L: Argatrobanum
D: Argatroban
F: Argatroban
S: Argatroban

⚕ Anticoagulant, platelet aggregation inhibitor

ATC: B01AE03
ATCvet: QB01AE03
CAS-Nr.: 0074863-84-6 C_{23}-H_{36}-N_6-O_5-S
M_r 508.661

☞ (2R,4R)-4-Methyl-1-[(S)-N^2-[[(RS)-1,2,3,4-tetrahydro-3-methyl-8-quinolyl]sulfonyl]arginyl]pipecolic acid

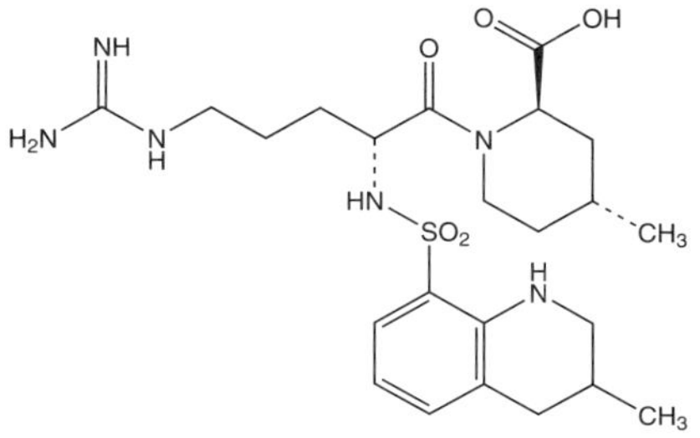

OS: *Argatroban [BAN, JAN, USAN]*
IS: *Argipidine*
IS: *MQPA*
IS: *MCI 9038 (Mitsubishi, Japan)*

Arganova® (Mitsubishi: NL)
Argatra® (Mitsubishi: DE)
Novastan® (Biovitrum: SE)
Novastan® (Mitsubishi: NO)

– monohydrate:

CAS-Nr.: 0141396-28-3
IS: *Argipidine*
IS: *DK 7419*
IS: *MCI 9038*
IS: *MD 805 (Mitsubishi, Japan)*
IS: *OM 805*
IS: *GN 1600*

Argatroban® (Encysive: US)
Novastan® (Mitsubishi: JP)

Arginine (Rec.INN)

L: Argininum
I: Arginina
D: Arginin
F: Arginine
S: Arginina

⚕ Amino acid
⚕ Hepatic protectant

CAS-Nr.: 0000074-79-3 C_6-H_{14}-N_4-O_2
M_r 174.218

☞ L-Arginine

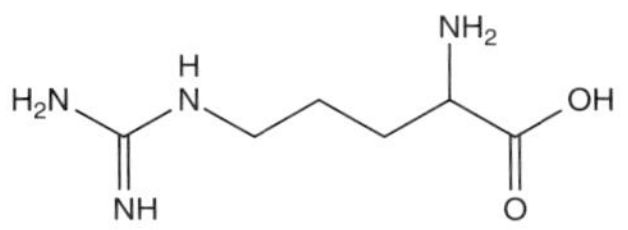

OS: *Arginine [DCF, USAN]*
OS: *Arginina [DCIT]*
IS: *Arg*
IS: *(S)-2-Amino-5-guanidinopentansäure*
PH: Arginin [Ph. Eur. 5]
PH: Arginine [Ph. Eur. 5, USP 30]
PH: Argininum [Ph. Eur. 5]

Bioarginina® (Damor: IT, IT)
Rocmaline® (Fresenius: AT)

- **aspartate:**

CAS-Nr.: 0007675-83-4
IS: *L-Asparaginsäure, Mono-L-arginin-Salz*
PH: Arginine (aspartate d') Ph. Franç. X
PH: Arginine aspartate Ph. Eur. 5

Argenon® (Donovan: GT)
Asparten® (Grünenthal: PT)
Bio Energol Plus® (Astellas: PT)
Dynamisan® (Novartis Consumer Health: CH)
Lacorene® (Spedrog-Caillon: AR)
Pargine® (Viatris: LU)
Potenciator® (Faes: CR, GT, HN, NI, PA, SV)
Potenciator® (Iquinosa: ES)
Reforgan® (Nikkho: BR)
Sangenor® (Mundipharma: AT)
Sargenor® (Meda: FR)
Sargenor® (Viatris: ES, IT, LU, PT, RO, VN)
Sargisthene® (Meda: ES)
Sorbenor® (Casen: ES)
Targifor® (Aventis: BR, EC)

- **glutamate:**

CAS-Nr.: 0004320-30-3
OS: *Arginine Glutamate BAN, JAN, USAN*
IS: *Glutaminsäure, Argininsalz*

Dynamisan® (Mipharm: IT)
Dynamisan® (Novartis Santé Familiale: FR)
Energitum® (Zambon: FR)

- **hydrochloride:**

CAS-Nr.: 0001119-34-2
OS: *Arginine Hydrochloride USAN*
IS: *Chlorhydrate d'arginine*
PH: Arginine Hydrochloride Ph. Eur. 5, JP XIV, USP 30
PH: Argininhydrochlorid Ph. Eur. 5
PH: Arginini hydrochloridum Ph. Eur. 5
PH: Arginine (chlorhydrate d') Ph. Eur. 5

Arginina® (Curtis: PL)
Arginine Stada® (Stada: VN)
Arginine Veyron® (Pierre Fabre: FR, VN)
Arginine® (Biomed: NZ)
L-Arginin Hydrochlorid Braun® (Braun: DE)
L-Arginin Hydrochlorid Fresenius® (Fresenius: DE, LU)
M-L-Argininhydrochlorid pfrimmer® (Baxter: DE)
R-Gene® (Pharmacia: US)

- **oxoglurate:**

IS: *Arginine 2-oxoglutarate*
IS: *Argininhemioxoglurat*
IS: *2-Oxoglutarsäure, L-Arginin-Salz 1:2*

Eucol® (Tradiphar: FR)

Argipressin (Rec.INN)

L: Argipressinum
I: Argipressina
D: Argipressin
F: Argipressine
S: Argipresina

⚕ Posterior pituitary hormone, antidiuretic hormone, ADH

ATC: H01BA06
CAS-Nr.: 0000113-79-1 C_{46}-H_{65}-N_{15}-O_{12}-S_2
M_r 1084.296

Vasopressin, 8-L-arginine-

H—Cys—Tyr—Phe—Glu(NH$_2$)—Asp(NH$_2$)—Cys—Pro—Arg—Gly—NH$_2$

OS: *Argipressin [BAN, USAN]*
OS: *Argipressina [DCIT]*
IS: *8-Argininevasopressin (WHO)*

Pitressin® (Goldshield: GB, IE)
Pitressin® (Interchemia: CZ)
Pitressin® (Parke Davis: DE)

Aripiprazole (Rec.INN)

L: Aripiprazolum
D: Aripiprazol
F: Aripiprazole
S: Aripiprazol

⚕ Neuroleptic

ATC: N05AX12
ATCvet: QN05AX12
CAS-Nr.: 0129722-12-9 C_{23}-H_{27}-Cl_2-N_3-O_2
M_r 448.38

7-[4-[4-(2,3-Dichlorophenyl)-1-piperazinyl]butoxy]-3,4-dihydrocarbostyril [WHO]

2(1H)-Quinolinone, 7-(4-(4-(2,3-dichlorophenyl)-1-piperazinyl)butoxy)-3,4-dihydro- [USAN]

7-{4-[4-(2,3-Dichlorphenyl)piperazin-1-yl]butoxy}-3,4-dihydro-1H-chinolin-2-on (IUPAC)

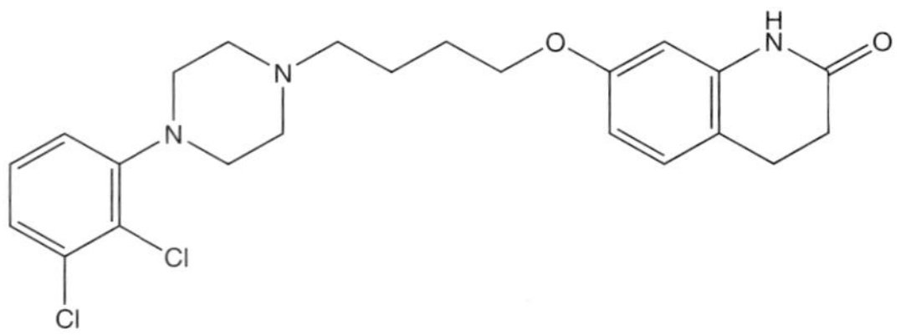

OS: *Aripiprazole [BAN, USAN]*
IS: *Abilitat*
IS: *OPC 31 (Otsuka, Japan)*
IS: *OPC 14597 (Otsuka, Japan)*
IS: *29967 (ASK Nr.)*

Abilify® (Bristol-Myers Squibb: AU, BE, BR, CH, CL, DE, ES, FI, FR, GB, IE, IT, MX, NL, RO, SE, SG, TR, US)
Abilify® (Eurim: DE)

Abilify® (Otsuka: AT, CZ, DK, HK, HU, ID, IS, LU, NO, PH, SI, US)
Ariprazole® (General Pharma: BD)
Aripra® (Incepta: BD)
Arlemide® (Rontag: AR)
Azymol® (Drugtech-Recalcine: CL)
Groven® (Filaxis: AR)
Ilimit® (Pharma Investi: CL)
Irazem® (Roemmers: AR)
Real One® (Nicholas: IN)
Siblix® (Beta: AR)

Armodafinil (Rec.INN)

L: Armodafinilum
D: Armodafinil
F: Armodafinil
S: Armodafinilo

Psychostimulant
α-Sympathomimetic agent
Drug acting on the central nervous system

CAS-Nr.: 0112111-43-0 C_{15}-H_{15}-N-O_2-S
M_r 273.35

2-[(R)-(Diphenylmethyl)sulfinyl])acetamide WHO

2-[(R)-(Diphenylmethyl)sulfinyl])acetamid IUPAC

Acetamide, 2-((diphenylmethyl)sulfinyl)-, (-)-

(-)-2-((R)-(Diphenylmethyl)sulfinyl)acetamide

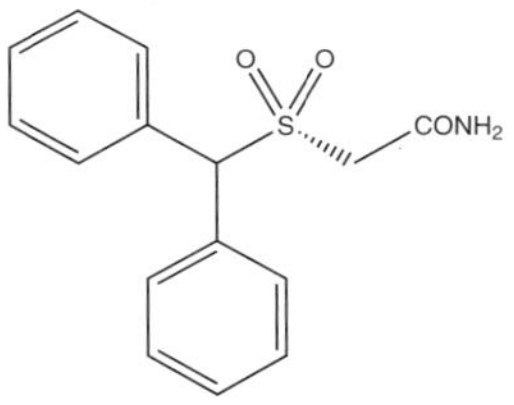

IS: *CEP 10953*
IS: *CRL 40982*
IS: *R-Modafinil (Cephalon, US)*
IS: *(R)-(-)Modafinil*
IS: *(-)-Modafinil*
IS: *Modafinil-R isomer*

Nuvigil® (Cephalon: US)

Arotinolol (Rec.INN)

L: Arotinololum
D: Arotinolol
F: Arotinolol
S: Arotinolol

Antiarrhythmic agent

CAS-Nr.: 0068377-92-4 C_{15}-H_{21}-N_3-O_2-S_3
M_r 371.543

2-Thiophenecarboxamide, 5-[2-[[3-[(1,1-dimethylethyl)amino]-2-hydroxypropyl]thio]-4-thiazolyl]-, (±)-

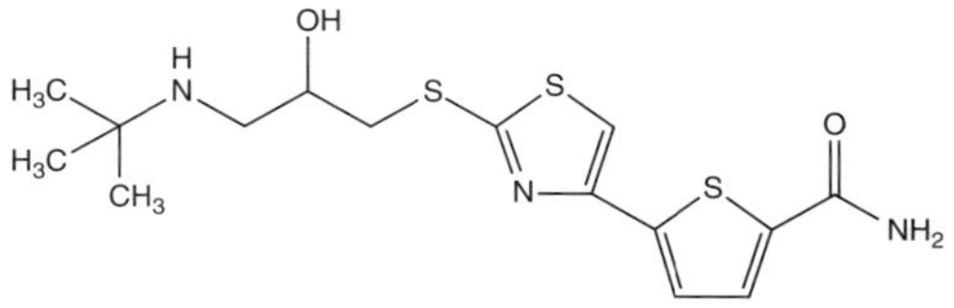

OS: *Arotinolol [USAN]*
IS: *S 596*

– hydrochloride:

OS: *Arotinolol Hydrochloride JAN*
PH: Arotinolol Hydrochloride JP XIV

Almarl® (Dainippon: CN)
Almarl® (Sumitomo: JP)

Arsenic

D: Arsen elementar
ATC: L01XX27
CAS-Nr.: 0007440-38-2 As
M_r 74.92

OS: *Arsenic [USAN]*
IS: *Arsenia*
IS: *Black Arsenic*
IS: *Colloidal Arsenic*
IS: *Grey Arsenic*
IS: *HSDB 509*
IS: *Metallic Arsenic*
IS: *Solid Arsenic*
PH: Arsenic [Ph. Eur. 5, USP 30]

– trioxide:

CAS-Nr.: 0001327-53-3
OS: *Anhydride arsénieux DCF*
OS: *Arsenic Trioxide JAN, USAN*
IS: *Acide arsénieux*
IS: *Acidum arsenicum anhydricum*
IS: *Arsenic (III) oxide*
IS: *Arsenic oxide*
IS: *Arsenic sesquioxide*
IS: *Arsenic white, solid*
IS: *Arsenicum album*
IS: *Arsenige Säure*
IS: *Arsenious acid*
IS: *Arsenious acid, solid*
IS: *Arsenious anhydride*
IS: *Arsenious oxide*
IS: *Arsenious oxide anhydride*
IS: *Arsenite*
IS: *Arsenolites*
IS: *Arsodent*
IS: *Claudelite*
IS: *Claudetite*
IS: *Crude arsenic*
IS: *Diarsenic trioxide*
IS: *White arsenic*
PH: Arsenic Trioxide JP XIV, USP 30

Arsenic Trioxide® (AFT: NZ)
Trisenox® (Cell Therapeutics: AT, CZ, DE, ES, IT, KR, LU, TW)
Trisenox® (Cephalon: FR, GB, NL, PL, US)
Trisenox® (Raffo: AR)

Artemether (Rec.INN)

L: Artemetherum
D: Artemether
F: Artemether
S: Artemero

Antiprotozoal agent, antimalarial

ATC: P01BE02
CAS-Nr.: 0071963-77-4 $C_{16}\text{-}H_{26}\text{-}O_{5}$
M_r 298.38

3,12-Epoxy-12H-pyrano(4,3-j)-1,2-benzodioxepin, decahydro-10-methoxy-3,6,9-trimethyl-,(3-alpha,5a-beta,6-beta,8a-beta,9-alpha,12-beta,12aR)-,(+)-

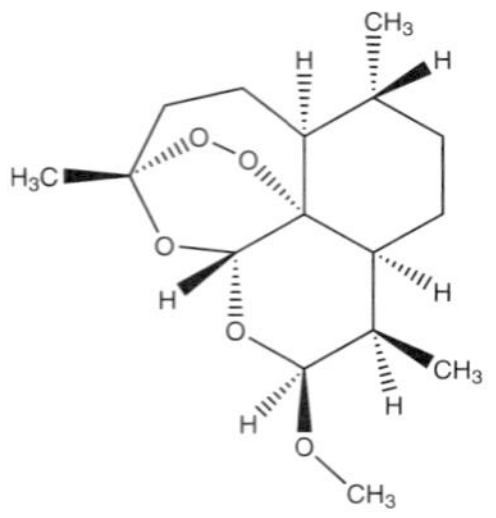

OS: *Artemether [BAN, USAN]*
PH: Artemetherum [Ph. Int. 4]
PH: Artemether [Ph. Int. 4]

Coartem® [+ Lumefantrine] (Novartis: BF, BJ, CF, CG, CI, CM, GA, GN, MG, ML, MR, NE, SN, TD, TG, ZR)
Larither® (Ipca: IN)
Paluther® (Aventis: GH, KE, NG, ZW)
Paluther® (Howse & McGeorge: UG)
Paluther® (Sanofi-Aventis: BD, BR)
Riamet® [+ Lumefantrine] (Novartis: AT, AU, CH, DE, GB, LU, SE)

Artesunate (Rec.INN)

L: Artesunatum
D: Artesunat
F: Artesunate
S: Artesunato

Antiprotozoal agent, antimalarial

ATC: P01BE03
CAS-Nr.: 0182824-33-5 $C_{19}\text{-}H_{28}\text{-}O_{8}$
M_r 384.433

(3R,5aS,6R,8aS,9R,10S,12R,12aR)-Decahydro-3,6,9-trimethyl-3,12-epoxy-12H-pyrano(4,3-j)-1,2-benzodioxepin-10-ol, hydrogen succinate [WHO]

4-Oxo-4-(((3R,5aS,6R,8aS,9R,10S,12R,12aR)-3,6,9-trimethyldecahydro-3,12-epoxypyrano(4,3-j)-1,2-benzodioxepin-10-yl hydrogen butanedioate

Butanedioic acid, mono((3R,5aS,6R,8aS,9R,10S,12R,12aR)-decahydro-3,6,9-trimethyl-3,12-epoxy-12H-pyrano(4,3-j)-1,2-benzodioxepin-10-yl) ester

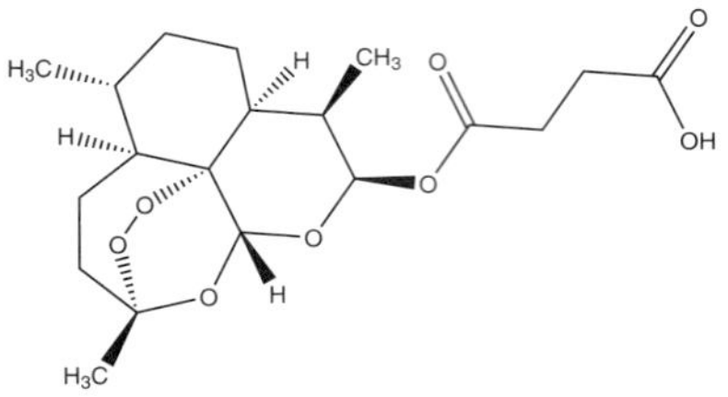

OS: *Artesunate [USAN, BAN]*
IS: *Artesunic Acid*
IS: *ARTS*
PH: Artesunatum [Ph. Int. 4]
PH: Artesunate [Ph. Int. 4]

Arsumax® (Sanofi-Synthelabo: GH, KE, MT, NG, TZ, UG)
Artesunate Atlantic® (Atlantic: TH)
Falcigo® (Cadila: IN)
Plasmotrim® (Amcron: TH)
Plasmotrim® (Mepha: TT)

Articaine (Rec.INN)

L: Articainum
I: Articaina
D: Articain
F: Articaïne
S: Articaina

Local anesthetic

ATC: N01BB08
CAS-Nr.: 0023964-58-1 $C_{13}\text{-}H_{20}\text{-}N_{2}\text{-}O_{3}\text{-}S$
M_r 284.383

2-Thiophenecarboxylic acid, 4-methyl-3-[[1-oxo-2-(propylamino)propyl]amino]-, methyl ester

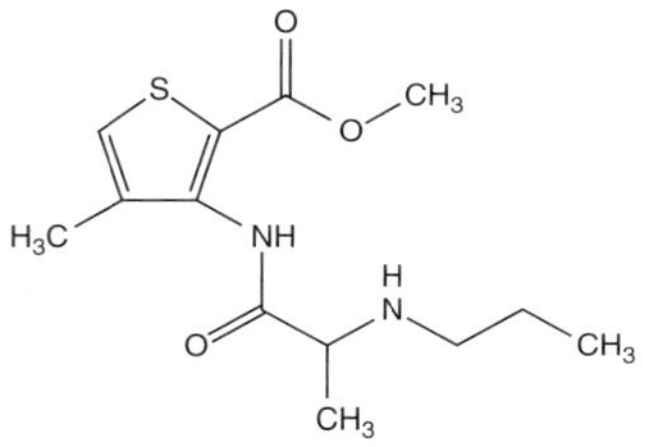

OS: *Articaïne [DCF]*
OS: *Articaine [BAN, USAN]*
OS: *Carticaine [BAN]*
IS: *Hoe 045 (Hoechst)*
IS: *Hoe 40045*

– hydrochloride:
CAS-Nr.: 0023964-57-0
OS: *Articaine Hydrochloride BANM, USAN*
IS: *Carticaine Hydrochloride*
PH: Articaine Hydrochloride BP, Ph. Eur. 5

Cystocain® (Jugoremedija: RS)
Septocaine® (Septodont: US)
Ultracain® (Aventis: AT, DE)
Ultracain® (Sanofi-Aventis: GE, NL, TR)

Ascorbic Acid (Rec.INN)

L: Acidum Ascorbicum
I: Acido ascorbico
D: Ascorbinsäure
F: Acide ascorbique
S: Acido ascorbico

Vitamin C

ATC: G01AD03,S01XA15
CAS-Nr.: 0000050-81-7 C_6-H_8-O_6
M_r 176.13

L-Ascorbic acid

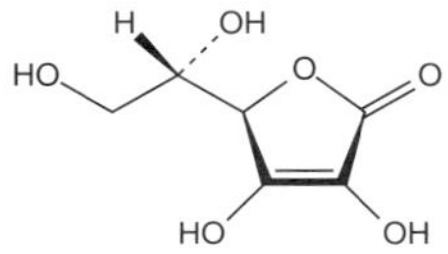

OS: *Acide ascorbique [DCF]*
OS: *Ascorbic acid [BAN, JAN, USAN]*
OS: *Acido ascorbico [DCIT]*
IS: *Vitamin C*
IS: *E 300 (EU-number)*
IS: *L-xylo-Ascorbinsäure*
IS: *3-Oxo-L-gulofuranolactone (enolic form, WHO)*
PH: Acidum ascorbicum [Ph. Eur. 5, Ph. Int. 4]
PH: Ascorbic Acid [JP XIV, Ph. Eur. 5, Ph. Int. 4, USP 30]
PH: Ascorbinsäure [Ph. Eur. 5]
PH: Ascorbique (acide) [Ph. Eur. 5]

Acidi Ascorbinici Dragee® (Biostimulator: GE)
Acidi Ascorbinici Solution 5%® (Biostimulator: GE)
Acido Ascorbico Bayer® (Bayer: ES)
Acido Ascorbico® (Biosano: CL)
Acido Ascorbico® (Dynacren: IT)
Acido Ascorbico® (Ecobi: IT)
Acido Ascorbico® (IFI: IT)
Acido Ascorbico® (Infabra: BR)
Acido Ascorbico® (Lachifarma: IT)
Acido Ascorbico® (Sanderson: CL)
Acido Ascorbico® (Sella: IT)
Acido Ascorbico® (Valma: CL)
Acidum Ascorbicum Biotika® (Biotika: CZ)
Acidum Ascorbinicum® (Altaivitaminy: GE)
Acidum Ascorbinicum® (Batfarma: GE)
Acidum Ascorbinicum® (Sanitas: GE)
Additiva Vitamin C® (Scheffler: DE, IT, LU)
Additiva Witamina C® (Natur Produkt: PL)
Alpha Ascorbic Acid® (Alpha: NZ)
Apo-Ascorbic Acid® (Apotex: NZ)
Apo-C® (Apotex: CA, CZ)
Arkovital C® (Arkopharma: FR)
Ascirvit® [vet.] (Teknofarma: IT)
Asco-C® (Pharmaco: BD)
Ascobex® (Beximco: BD)
Ascorbate® [vet.] (Ati: IT)
Ascorbic Acid Injection DBL® (Mayne: AU, NZ)
Ascorbic Acid-Fresenius® (Bodene: ZA)
Ascorbic Acid® (Actavis: GB)
Ascorbic Acid® (American Regent: US)
Ascorbic Acid® (Barre: US)
Ascorbic Acid® (Batfarma: GE)
Ascorbic Acid® (Bedford: US)
Ascorbic Acid® (Bioniche: CA)
Ascorbic Acid® (Biopharm: GE)
Ascorbic Acid® (Century: US)
Ascorbic Acid® (Dixon-Shane: US)
Ascorbic Acid® (Geneva: US)
Ascorbic Acid® (Goldline: US)
Ascorbic Acid® (Lannett: US)
Ascorbic Acid® (Lyphomed: US)
Ascorbic Acid® (Mayne: AU)
Ascorbic Acid® (MidWest: NZ)
Ascorbic Acid® (Moore: US)
Ascorbic Acid® (Multichem: NZ)
Ascorbic Acid® (Roxane: US)
Ascorbic Acid® (Rugby: US)
Ascorbic Acid® (Taylor: US)
Ascorbic Acid® (UCB: GB)
Ascorbic Acid® (UDL: US)
Ascorbic Acid® (Wyeth: US)
Ascorbic Acid® [vet.] (C.C.D. Animal Health: AU)
Ascorbin Vitamin C® (Montavit: AT)
Ascorbinezuur CF® (Centrafarm: NL)
Ascorbinezuur FNA® (FNA: NL)
Ascorbinezuur GF® (Genfarma: NL)
Ascorbinezuur PCH® (Pharmachemie: NL)
Ascorbinezuur Ratiopharm® (Ratiopharm: NL)
Ascorbin® (Orion: FI, SG)
Ascorell® (Sanorell: DE)
Ascorgem® (Gemi: PL)
Ascorvit® (Jenapharm: DE)
Ascoson® (Jayson: BD)
Ascospectin® [vet.] (Ascor: IT)
Ascovit® (Jenapharm: DE)
Askorbin® (Kimia: ID)
Bekamin C Forte® (Kimia: ID)
Biferce® (Sanbe: ID)
Bio-Ci® (Ceccarelli: IT)
Bio-C® (Fidia: RS)
Bioagil® (Merck: AT)
Bonalet-Cee® (AM-Europharma: PH)
Burgerstein Vitamin C® (Antistress: CH)
Béres C-vitamin® (Béres: HU)
C Mon® (PP Lab: TH)
C'Nergil® (Medinfar: PT)
C-Komplex® (Natural Life: AR)
C-Plan® (Aroma: TR)
C-Serum Gel® (Latinfarma: CO, PE)
C-tabs® (Ferrosan: FI)
C-Tamin® (Rekah: IL)
C-Tard® (Wyeth Consumer Healthcare: IT)
C-Up® (Domesco: VN)
C-Vimin® (AstraZeneca: FI)
C-Vimin® (BioPhausia: SE)
C-Vimin® (Inti: PE)
C-Vit Gum® (Nobel: TR)
C-Vitamin Pharmavit® (Bristol-Myers Squibb: HU)
C-Vitamin® (ACO: SE)
C-Vitamin® (Asofarma: AR)
C-Vitamin® (Teva: HU)
C-Vit® (Novartis Consumer Health: AT)
C-Will® (SPB: TH)
C-Will® (Will: BE, LU, NL, TH, TH)
C500® (Rekah: IL)
Capcee® (Silva: BD)
Carezee® (Pharmacare: PH)
Ce-Limo® (Hermes: DE)

Ce-Limo® (Viatris: AT)
Ce-Vi-Sol® (Mead Johnson: CR, GT, HN, NI, PA, SV)
Cebion Infantil/Masticable® (Merck: CL)
Cebion light® (Merck: CO)
Cebion Retard® (GlaxoSmithKline: LU)
Cebion Vitamin C® (Merck: AT)
Cebion Vitamin C® (Merck Consumer Health: SG)
Cebion® (Bracco: IT)
Cebion® (Merck: AT, BR, CL, CO, CZ, DE, EC, ES, HU, PE, PL)
Cebion® (Merck KGaA: RO)
Cecon® (Abbott: IT, PH)
Cecon® (Acme: BD)
Cecon® (Pfizer: IN)
Cecrisina® (Janssen: PT)
Ceegram® (Incepta: BD)
Ceelin® (United Pharma: VN)
Ceevit® (Square: BD)
Cegrovit® (Grossmann: EC)
Celascon Vitamin C® (Zentiva: RU)
Celaskon effervescens® (Slovakofarma: CZ)
Celaskon® (Leciva: CZ)
Celaskon® (Slovakofarma: BG, CZ)
Celaskon® (Zentiva: CZ)
Celin® (GlaxoSmithKline: BD, IN)
Celuflex® (Lagos: AR)
Cemin® (Life: EC)
Cenolate® (Hospira: US)
Cenol® (Vesale: LU)
Cerovit® (Pharmatech: PE)
Cetamine® (Wolfs: BE, LU)
Cetebe® (GlaxoSmithKline: AT, BG, DE, HU, PL, RO)
Cetebe® (GlaxoSmithKline Consumer Healthcare: CH)
Cetozone® (De Mayo: BR)
Cevalin® (Bio-Pharma: BD)
Cevi-Bid® (Lee: US)
CeVi-tabs® (Ferrosan: FI)
Cevidrops® (Centrapharm: LU)
Cevikap® (Medana: PL)
Cevion® (Healthcare: BD)
Cevita® (F.T. Pharma: VN)
Cevitil® (E.I.P.I.C.O.: RO)
Cevitil® (Eipico: AE, BH, EG, IQ, JO, KW, LB, LY, OM, QA, SA, SD, YE)
Cewin® (Sanofi-Aventis: AR)
Cewin® (Sanofi-Synthelabo: BR)
Champs® (Upha: ID, SG)
Chemo-C® (Chemist: BD)
Chewable Vitamin C® (Perrigo: IL)
Chewce® (Navana: BD)
Chewette C® (Unifarm: PE)
Cimille® (QualiFarma: IT)
Citravit® (Pharmstandart: RU)
Citrocola® (Argenfarma: AR)
Citron® (Infabra: BR)
Citrovit-L.S.® (Interpharm: EC)
Citrovit® (McNeil: ES)
Citrovit® (Sanofi-Aventis: BR)
Cofavit C® [vet.] (Coophavet: FR)
Crevet L® (Prater: CL)
Crevet® (Prater: CL)
Crevet® (Qualipharm: PE)
CVit® (Bosnalijek: BA)
D-Cee® (Doctor's Chemical Work: BD)
Dayvital® (Will: NL)
Demovit C® (Vifor: CH)
Dr.Scheffler Vitamin C® (Scheffler: LU)
Dull-C® (Freeda: US)
Duo-C® (Geymonat: IT)
Dynaphos-C® (Sofar: IT)
Eff-Pha Vitamin C® (HG.Pharm: VN)
Equivit C® [vet.] (Esteve: IT)
Esvit C Efervescente® (Chile: CL)
Esvit C® (Chile: CL)
Esvit-C Lch® (Ivax: PE)
Extrace® (Ethica: ID)
Femiprim® (Armstrong: MX)
Fit-C® (Soho: ID)
Flavettes® (Upha: ID, SG)
Flavorcee® (Arco: US)
Forum C® (Strathmann: DE)
Gevit® (Globe: BD)
Grip Caps C® (Infabra: BR)
Grumivit® (Piemont: IT)
Gynefix® (Ivax: AR)
Haliborange® (Seven Seas: IE)
Hasan-C 1000® (Hasan: VN)
Healtheries Vitamin C® (Healtheries: NZ)
Hermes Cevitt® (Hermes: DE, HR, HU, RO)
Hi-C® (Eskayef: BD)
Hicee® (Takeda: JP, TH)
Ido-C® (Abigo: SE)
Ikacee® (Ikapharmindo: ID)
Iroviton Vitamin C® (Schmidgall: AT)
Iroviton-Irocovit C® (Schmidgall: AT)
Juvit® (Hasco: PL)
Lemovit® (Procaps: CO)
Lemovit® (Ziska: BD)
Limcee® (Sarabhai: IN)
Macalvit® (Novartis Consumer Health: DE)
Med-C® (Millimed: TH)
Mega-C® (Edruc: BD)
Microvit Extra-C® [vet.] (Adisseo: AU)
Midy Vitamine C® (GlaxoSmithKline: FR)
Mintavit-C® (Mintlab: CL)
Mita-C® (Milano: TH)
Monovitan C® (Pliva: PL)
Multi-tabs Vitamin C® (Ferrosan: BG)
Multiperla-C® (APM: AE, BG, BH, IQ, JO, KW, LB, LY, NG, OM, QA, SA, SD, SY, TN, YE)
Nycoplus C-vitamin® (Nycomed: NO)
Ophtavit C® (Novartis: LU)
Ophtavit C® (Omega: BE)
Ophtavit C® (Omnivision: LU)
Ovit-C® (Opsonin: BD)
Pascorbin® (Pascoe: DE)
Pedcee® (Medica Pedia: PH)
Plivit C® (Pliva: BA, HR, SI)
Poremax-C® (Orion: FI)
Proflavanol C® (Usana: CA)
Redoxon® (Bayer: AR, AT, AT, AU, BE, CH, CL, CO, ES, GB, HK, IE, IL, IT, KE, LU, MX, NL, PE, PL, PT, RO, TR, TZ, UG, ZA, ZM)
Redoxon® (Roche: BR)
Repta-C® [vet.] (Vetafarm: AU)
Richtasol C® [vet.] (Ausrichter: AU)
Rovisol C® [vet.] (Bayer: BE)
Rubex® (Rice Steele: IE)
Serum 15 CKL® (Dispolab: CL)

Sicovit C® (Zentiva: RO)
Sinesmin® (Best: MX)
SPMC Ascorbic Acid® (SPMC: LK)
Supervit® (Alfa: PE)
Supravit C® (Kendy: BG)
Suvic® (Amico: BD)
Sweeta C® (Combiphar: ID)
SweetCee® (Chew Brothers: TH)
Synum® (biosyn: DE)
Taxofit Vitamin C® (Klosterfrau: AT)
Teddy-C® (Community: TH)
Thompson's Vitamin C® (Thompson: NZ)
Univit-C® (United Pharmaceutical: AE, BH, IQ, JO, LY, OM, QA, SA, SD, YE)
Univit® (Unifarm: IT)
Upsa-C® (Bristol-Myers Squibb: BE)
Upsa-C® (UPSA: BF, BI, BJ, CF, CG, CI, CM, GA, GN, MG, ML, MR, MU, NE, SN, TD, TG, ZR)
Upsavit Vitamin C® (Bristol-Myers Squibb: GE, HR, RO)
Upsavit Vitamin C® (UPSA: BG)
Upsavit-C® (Bristol-Myers Squibb: BE)
Vagi-C® (ISSE: TR)
Vagi-C® (Taurus: DE)
Vasco® (Opsonin: BD)
VC-250® (Aristopharma: BD)
Veesina® (Ibn Sina: BD)
Vi-C® (Sam-On: IL)
Vi-Cê® (Novartis: BR)
Vibovit C® (Polfa Kutno: PL)
Vicefar® (Biofarm: PL)
Vicenrik® (Fada: AR)
Vici Monico® (Monico: IT)
Vicitra® (Novamed: CO)
Vicks Vitamin C® (Procter & Gamble: US)
Vit.C Agepha® (Agepha: AT)
Vita C® (Freeda: US)
Vita C® [vet.] (Vetafarm: AU)
Vita Fizz C® (Hexa: AR)
Vita-C Vétoquinol® [vet.] (Vetoquinol: FR)
Vita-Cedol® (Remedica: CY, ET, GH, KE, TZ)
Vita-C® (Vitabalans: FI)
Vitabiol-C® (I.E. Ulagay: TR)
Vitacil® (Provenco: EC)
Vitacimin Sweetlets® (Takeda: TH)
Vitacimin-Cee® (Takeda: TH)
Vitacimin® (Refasa: PE)
Vitacimin® (Takeda: ID)
Vitac® (Sanofi-Aventis: CL)
Vitajek Ascorbic Acid® [vet.] (Jurox: AU)
Vital C® (Pharmalliance: DZ)
Vitalene® [vet.] (Fatro: IT)
Vitalong C TRC® (Bernofarm: ID)
Vitamin C 100® (Balkanpharma: BG)
Vitamin C Atlantic® (Atlantic: TH)
Vitamin C Domesco® (Domesco: VN)
Vitamin C Kimia® (Kimia: ID)
Vitamin C Pharmasant® (Silom: TH)
Vitamin C Rotexmedica® (Rotexmedica: DE)
Vitamin C Soho/Ethica® (Ethica: ID)
Vitamin C Soho/Ethica® (Soho: ID)
Vitamin C Streuli® (Streuli: CH)
Vitamin C Vitalan® (Vitalan: TH)
Vitamin C-1000 Gisand® (Gisand: CH)
Vitamin C-Injektopas® (Pascoe: AT, DE)
Vitamin C-loges® (Loges: DE)
Vitamin C-mp® (medphano: DE)
Vitamin C-ratiopharm® (ratiopharm: DE)
Vitamin C® (Actavis: GE)
Vitamin C® (Balkanpharma: BG)
Vitamin C® (Batfarma: GE)
Vitamin C® (Biomeda: BG)
Vitamin C® (Egis: HU)
Vitamin C® (Ethica: ID)
Vitamin C® (Fampharm: RS)
Vitamin C® (Galenika: BA, RS)
Vitamin C® (Hemofarm: RU)
Vitamin C® (Kimia: ID)
Vitamin C® (Krka: SI)
Vitamin C® (Laropharm: RO)
Vitamin C® (Maccabi Care: IL)
Vitamin C® (OTW: DE)
Vitamin C® (Pascoe: AT)
Vitamin C® (Perrigo: IL)
Vitamin C® (Powergenics: AR)
Vitamin C® (Replekfarm: RS)
Vitamin C® (Sedico: RO)
Vitamin C® (Sigmapharm: RS)
Vitamin C® (Slovakofarma: BG)
Vitamin C® (Soho: ID)
Vitamin C® (Wörwag Pharma: DE)
Vitamin C® (Zorka: RS)
Vitamin C® [vet.] (Nature Vet: AU)
Vitamin C® [vet.] (Vetochas: DE)
Vitamin-C-Nosik® (Eurogenerics: LU)
Vitamina C Alter® (Alter: PT)
Vitamina C Angelini® (Angelini: IT)
Vitamina C Bayer® (Bayer: IT)
Vitamina C Bil® (Biologici: IT)
Vitamina C Bracco® (Bracco: IT)
Vitamina C Drawer® (Drawer: AR)
Vitamina C Ecar® (Ecar: CO)
Vitamina C Genfar® (Expofarma: CL)
Vitamina C Genfar® (Genfar: CO, EC)
Vitamina C MG® (MD&D International: PE)
Vitamina C MK® (MK: CO)
Vitamina C Natumed® (Natumed: PE)
Vitamina C Richmond® (Richmond: AR)
Vitamina C Roche® (Bayer: ES, IT)
Vitamina C Salf® (Salf: IT)
Vitamina C Vita Orale® (Sanofi-Aventis: IT)
Vitamina C® (Antibiotice: RO)
Vitamina C® (Arion: PE)
Vitamina C® (Ducto: BR)
Vitamina C® (Garden House: AR)
Vitamina C® (Genfar: PE)
Vitamina C® (Geyer: BR)
Vitamina C® (Hexal: BR)
Vitamina C® (ISA: AR)
Vitamina C® (La Sante: PE)
Vitamina C® (Lafarmen: AR)
Vitamina C® (Legrand EMS: BR)
Vitamina C® (Mineralin: CO)
Vitamina C® (Mintlab: CL)
Vitamina C® (Natural Life: AR)
Vitamina C® (Neo Quimica: BR)
Vitamina C® (Pentacoop: EC, PE)
Vitamina C® (Pharmex: RO)
Vitamina C® (Schering-Plough: BR)
Vitamina C® (Sunshine: PE)

Vitamina C® (Synteza: PL)
Vitamina C® (Tecnonat: AR)
Vitaminac® (Confar: PT)
Vitamine C Cobaye® [vet.] (Virbac: FR)
Vitamine C Oberlin® (UPSA: FR)
Vitamine C Qualiphar® (Qualiphar: BE)
Vitamine C Teva® (Teva: BE)
Vitamine C UPSA® (UPSA: DZ, FR)
Vitamine C® [vet.] (Dopharma: NL)
Vitamine-C-Qualiphar® (Qualiphar: LU)
Vitaminum C® (Aflofarm: PL)
Vitaminum C® (GlaxoSmithKline: PL)
Vitaminum C® (Hasco: PL)
Vitaminum C® (Herbapol-Wroclaw: PL)
Vitaminum C® (Pliva: PL)
Vitaminum C® (Polfa Grodzisk: PL)
Vitaminum C® (Polfa Kutno: PL)
Vitaminum C® (Polfarmex: PL)
Vitascorbol® (Cooper: FR)
Vorange® (DHA: SG)
Witamina C® (Bristol-Myers Squibb: PL)
Witamina C® (Pliva: PL)
Xon-Ce® (Kalbe: ID)
Xon-Ce® (Kalbe Farma: LK)

– calcium salt:

CAS-Nr.: 0005743-27-1
OS: *Calcium Acetate JAN*
IS: *Ascorbinsäure calcium*
IS: *E 302 (EU-number)*
PH: Calcium Ascorbate Ph. Eur. 5, USP 30
PH: Calcii ascorbas Ph. Eur. 5
PH: Calciumascorbat Ph. Eur. 5
PH: Calcium (ascorbate de) Ph. Eur. 5

Allsan Vitamin C® (Biomed: CH)
Ascorbate de Calcium Richard® (Richard: FR)
Bio-C-Vitamin® (Pharma Nord: FI, NO)
Bio-C-Vitamin® (Pharma Nord ApS: TH)
Calcascorbin® (Pharmonta: AT)
Calcium Ascorbate® (Freeda: US)
Cevi Drops® (Centrapharm: BE, LU)
Ester-Vit® (Bilim: TR)

– iron salt:

CAS-Nr.: 0024808-52-4
IS: *Ferrum ascorbicum*

Ascofer® (Arena: RO)
Ascofer® (Gerda: FR)

– sodium salt:

CAS-Nr.: 0000134-03-2
OS: *Ascorbato di sodio DCIT*
IS: *Sodium derivative of 3-oxo-L-gulofuranolactone (WHO)*
IS: *Ascorbinsäure natrium*
IS: *E 301 (EU-number)*
IS: *Natrium ascorbinicum*
PH: Sodium Ascorbate Ph. Eur. 5, USP 30
PH: Natrii ascorbas Ph. Eur. 5
PH: Natriumascorbat Ph. Eur. 5
PH: Ascorbate sodique Ph. Eur. 5

Ascorbin® (Montavit: AT)
Askorbinsyre SAD® (SAD: DK)
C Monovit® (Esseti: IT)
C-Vitamin® (ACO: SE)
Cebion® (Merck KGaA: DE)
Cevitol® (Lannacher: AT)
Laroscorbine® (Bayer Santé Familiale: FR)
Necta C® (Maver: CL, PE)
Puru-C® (Vitabalans: FI)
Vitamin C Genericon® (Genericon: AT)
Vitamine C UPSA® (UPSA: FR)
Vitasol C® [vet.] (Richter: AT)

Asiaticoside

D: Asiaticosid

Drug acting on the complex of varicose symptoms
Vascular protectant
Wound healing

CAS-Nr.: 0016830-15-2 C_{48}-H_{78}-O_{19}
M_r 959.152

O-6-Deoxy-alpha-L-mannopyranosyl-(1.4)-O-beta-D-glucopyranosyl-(1.6)-beta-D-glucopyranosyl (2alpha,3beta,4alpha)-2,3,23-trihydroxyurs-12-en-28-oate

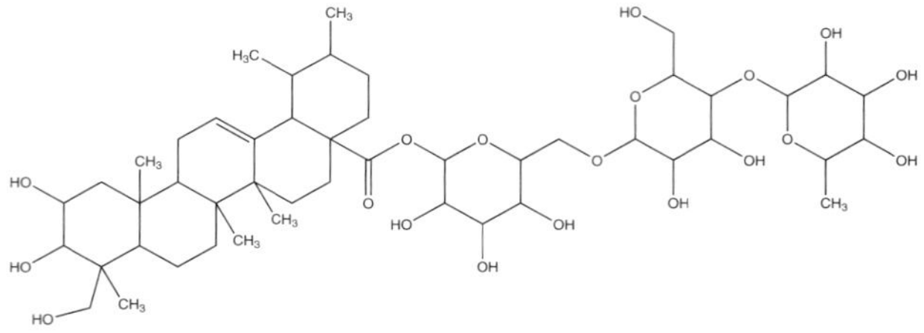

Madecassol® (Confar: PT)

Asparaginase (USAN)

D: Asparaginase
F: Asparaginase

Antineoplastic agent

ATC: L01XX02
CAS-Nr.: 0009015-68-3

Enzyme isolated from *Escherichia coli*, or obtained from other sources

OS: *Asparaginase [DCF, USAN]*
OS: *Colaspase [BAN]*
OS: *L-Asparaginase [JAN]*
OS: *Crisantaspase [BAN]*
IS: *L-ASP*
IS: *L-Asparagine amidohydrolase*
IS: *NSC 109229*
IS: *A-ase*
IS: *ASN-ase*

Asparaginase medac® (Medac: DE)
Asparaginase medac® (medac: PL)
Asparaginase medac® (Medac: RO)
Elspar® (Merck: US)
Elspar® (Prodome: BR)
Erwinase® (Ipsen: DE, GR, IE, NL, TH)
Erwinase® (NZMS: NZ)

Erwinase® (Speywood: CZ)
Erwinase® [vet.] (Ipsen: GB)
Kidrolase® (Aventis: CZ)
Kidrolase® (CTS: IL)
Kidrolase® (OPi: FR)
L-Asparaginasa Filaxis® (Filaxis: AR)
L-Asparaginase Medac® (Biochem: GR)
Laspar® (Aspen: ZA)
Leunase® (Aventis: AU, NZ)
Leunase® (Biochem: IN)
Leunase® (Indra: ID)
Leunase® (Kyowa: CN, HK, JP, LK, MY, PH, SG, TH)
Leunase® (Kyowa Hakko Kogyo: VN)
Leunase® (Onko-Koçsel: TR)
Leunase® (Sanfer: MX)
Paronal® (Christiaens: BE, NL)

Aspartame (Rec.INN)

L: Aspartamum
I: Aspartame
D: Aspartam
F: Aspartam
S: Aspartamo

Dietary agent
Pharmaceutic aid, flavouring agent
Sweetening agent

CAS-Nr.: 0022839-47-0 C_{14}-H_{18}-N_2-O_5 M_r 294.318

L-Phenylalanine, N-L-α-aspartyl-, 1-methyl ester

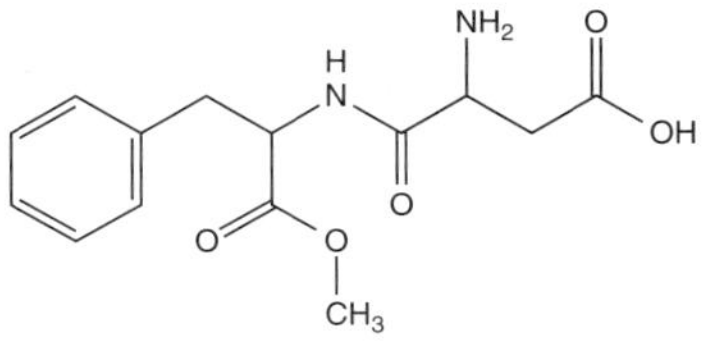

OS: *Aspartame [BAN, DCIT, USAN]*
OS: *Aspartam [DCF]*
IS: *SC 18862*
IS: *E 951*
PH: Aspartam [Ph. Eur. 5]
PH: Aspartame [Ph. Eur. 5, USP 30]
PH: Aspartamum [Ph. Eur. 5]

Aspamic® (Domesco: VN)
Aspartam F.T. Pharma® (F.T. Pharma: VN)
Aspartil® (Münir Sahin: TR)
Canderel® (ARIS: TR)
Canderel® (Muro: US)
Demi-Canderel® (ARIS: TR)
Dietacil® (IMA: BR)
Dietaswett® (PharmaBrand: EC)
Diyet-Tat® (Eczacibasi: TR)
Dulcoryl® (Pfizer: PE)
Dulzets® (ECU: EC)
Equal® (Merisant: TH)
Espar® (Greater Pharma: TH)
Menocal® (Ecar: CO)
Nutra-tat® (Atabay: TR)
Sanpa® (Bilim: TR)
Slap® (Temis-Lostalo: AR)
Stac® (Carrion: PE)
Start® (Cibran: BR)
Sucret® (Sintofarma: BR)
Sucrol® (Acme: BD)
Sukrin® (Carrion: PE)
Zuttyl® (Cofana: PE)

Aspartic Acid (Rec.INN)

L: Acidum asparticum
I: Acido aspartico
D: Aspartinsäure
F: Acide aspartique
S: Acido aspartico

Amino acid

CAS-Nr.: 0000056-84-8 C_4-H_7-N-O_4 M_r 133.11

Aspartic acid

L-Aspartic acid (WHO)

L-Asparaginsäure (IUPAC)

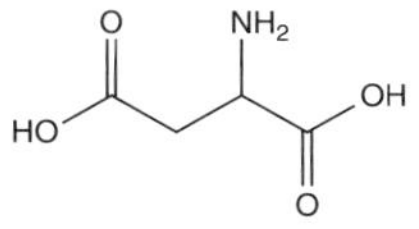

OS: *Aspartic Acid [USAN]*
OS: *Aspartique (acide) [DCF]*
OS: *Acido aspartico [DCIT]*
IS: *(S)-Aminobutandisäure*
IS: *Asp*
IS: *L-Aspartinsäure (ASK)*
IS: *2255 (ASK Nr.)*
PH: Aspartinsäure [Ph. Eur. 5]
PH: Acidum asparticum [Ph. Eur. 5]
PH: Aspartic Acid [Ph. Eur. 5, USP 30]
PH: Aspartique (acide) [Ph. Eur. 5]

– iron salt:

IS: *Ferroaspartat*

Spartocine® (UCB: DE, FI)

– magnesium and potassium salt:

CAS-Nr.: 0014842-81-0
OS: *Potassium Aspartate and Magnesium Aspartate USAN*
IS: *Wy-2837*
IS: *Wy-2838*

Aspara® (Tanabe: JP)
Elozell® (Fresenius: AT)
K-Mag® (Blackmores: AU)
Maycardin® (Mayrhofer: AT)
Panangin® (Gedeon Richter: CN, RO, RU)
Renapar® (Fahrenheit: ID)
Trommcardin® (Jacoby: AT)
Trommcardin® (Trommsdorff: DE)

– magnesium salt:

CAS-Nr.: 0018962-61-3
IS: *Magnesium-L-asparaginat (UPAC)*
IS: *Magnesiumaspartat (ASK)*

PH: Magnesiumhydrogenaspartat-Tetrahydrat, Racemisches DAB
PH: Magnesio aspartato acido F.U. IX

Asmag® (Farmapol: PL)
Basti-Mag® (Bastian: DE)
Cormagnesin® (Wörwag Pharma: DE, LU, RU)
Mag-Min® (Selmag: CH)
Magium® (Hexal: DE, LU)
Magnaspart® (MIP: DE)
Magnaspart® (Rosen: DE)
Magnefar® (Biofarm: PL)
Magnerot® (Wörwag Pharma: DE)
Magnesium Asparticum® (Filofarm: PL)
Magnesium Biomed® (Biomed: CH)
Magnesium Sandoz® (Novartis: LU)
Magnesium Sandoz® (Sandoz: CH, DE)
Magnesium Verla® (Kwizda: AT)
Magnesium Verla® (Rowa: IE)
Magnesium Verla® (Verla: DE)
Magnesium Vital® (Vifor: CH)
magnesium von ct® (CT: DE)
Magnesium-ratiopharm® (ratiopharm: DE)
Magvital® (Panderma: AT)
Mg 5-Granoral® (Vifor: CH)
Mg 5-Longoral® (Artesan: DE)
Mg 5-Longoral® (Cassella-med: DE)
Mg 5-Longoral® (Kolassa: AT)
Mg 5-Longoral® (Vifor: CH)
Mg 5-Oraleff® (Vifor: CH)
Mg-nor® (Teofarma: DE)
Mg5-Granulat® (Artesan: DE)
Mg5-Granulat® (Cassella-med: DE)
Mg5-Granulat® (Klosterfrau: DE)
Mégamag® (Mayoly-Spindler: FR)
Solmag® (ProReo: CH)
Togasan Magnesium® (Togal: DE)

– magnesium salt hydrobromide:

IS: *Magnesium-L-asparaginat-hydrobromid-3-Wasser (IUPAC)*
IS: *Magnesiumaspartat-hydrochlorid-3-Wasser (ASK)*

Vernelan® (Verla: DE)

– magnesium salt hydrochloride:

IS: *Magnesium-L-asparaginat-hydrochlorid-3-Wasser (IUPAC)*
IS: *Magnesiumaspartat-hydrochlorid-3-Wasser (ASK)*

Emgecard® (Kwizda: AT)
Emgecard® (Mayrhofer: AT)
Emgecard® (Verla: DE)
Magnesiocard® (Biomed: CH)
Magnesiocard® (Taymed: TR)
Magnesiocard® (Tecnimede: PT)
Magnesiocard® (Verla: DE, HU)
Trofocard® (Uni-Pharma: GR)

– potassium salt:

CAS-Nr.: 0002001-89-0
OS: *L-Asparate Potassium JAN*
IS: *Dipotassium aspartate (INCI)*
IS: *K-Asparaginsäure, Kaliumsalz (1:2)*
IS: *Kaliumaspartat (ASK)*
PH: Kaliumhydrogenaspartat-Hemihydrat DAB
PH: Kaliumhydrogenaspartat-Hemihydrat, Racemisches DAB

Acespargin® (Filofarm: PL)
Aspar-K® (Tanabe: ID)
Aspara-K® (Tanabe: JP)
K-Flebo® (Hardis: IT)

– zinc salt:

IS: *Zinc aspartate*
IS: *Zincum asparagicum*

Unizink® (Köhler: DE)
zinkotase® (biosyn: DE)

Aspirin (BAN)

L: Acidum acetylsalicylicum
I: Acido acetilsalicilico
D: Acetylsalicylsäure
F: Acide acétylsalicylique
S: Ácido acetylsalicílico

Antiinflammatory agent
Anticoagulant, platelet aggregation inhibitor
Analgesic
Antipyretic

CAS-Nr.: 0000050-78-2 C_9-H_8-O_4
M_r 180.163

Benzoic acid, 2-(acetyloxy)-
2-Acetoxybenzoic acid
2-Carboxyphenyl acetate

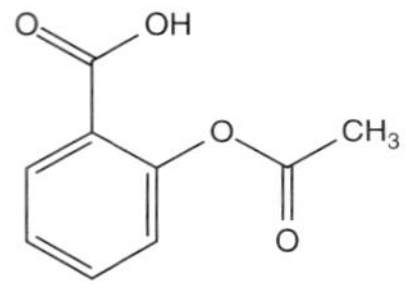

OS: *Acide acétylsalicylique [DCF]*
OS: *Aspirin [JAN, BAN, USAN]*
IS: *ASA*
IS: *ASS*
PH: Acétylsalicylique (acide) [Ph. Eur. 5]
PH: Acetylsalicylsäure [Ph. Eur. 5]
PH: Acidum acetylsalicylicum [Ph. Eur. 5, Ph. Int. 4]
PH: Aspirin [USP 30]
PH: Acetylsalicylic Acid [JP XIV, Ph. Eur. 5]

A.A.S. 500® (GlaxoSmithKline: PT)
A.S.A.® (Apex: BD)
AAS® (Pharmavit: CZ)
AAS® (Sanofi-Aventis: AR, ES)
AAS® (Sanofi-Synthelabo: BR)
Acard® (Polfa Warszawa: PL)
ACC 100® (Hexal: LU)
ACC 100® (Salutas: GE)
ACC 100® (Salutas Fahlberg: CZ)
ACC 200® (Salutas: GE)
ACC 200® (Salutas Fahlberg: CZ)
ACC Hot® (Salutas: GE)
ACC-Long® (Salutas: GE)
Acekapton® (Strallhofer: AT)
Acenterine® (Christiaens: BE, NL)

Acenterine® (Nycomed: LU)
Acepral® (Saidal: DZ)
Acesal® (Altana: DE)
Acesal® (Geymonat: IT)
Acesan® (Sun-Farm: PL)
Acetisal® (Galenika: RS, RS)
Acetosal® (Rekah: IL)
Acetyl Salicylic Acid® (MidWest: NZ)
Acetylsalicyl zuur Samenwerkende Apothekers® (Samenwerkende Apothekers: NL)
Acetylsalicylsaure-RPM® (ratiopharm: LU)
Acetylsalicylsyre SAD® (SAD: DK)
Acetylsalicylzuur Actavis® (Actavis: NL)
Acetylsalicylzuur A® (Apothecon: NL)
Acetylsalicylzuur CF® (Centrafarm: NL)
Acetylsalicylzuur EB® (Eurobase: NL)
Acetylsalicylzuur HTP® (Healthypharm: NL)
Acetylsalicylzuur Katwijk® (Katwijk: NL)
Acetylsalicylzuur Merck® (Merck: NL)
Acetylsalicylzuur PCH® (Pharmachemie: NL)
Acetylsalicylzuur ratiopharm® (Ratiopharm: NL)
Acetylsalicylzuur Sandoz® (Sandoz: NL)
Acetylsalicylzuur® (Etos: NL)
Acetylsalicylzuur® [vet.] (Eurovet: NL)
Acetysal effervescens® (Balkanpharma: BG)
Acetysal pH 8® (Balkanpharma: BG)
Acetysal® (Actavis: GE)
Acetysal® (Balkanpharma: BG)
Acetysal® (Jugoremedija: RS)
Acid Acetilsalicilic Tamponat® (Gedeon Richter: RO)
Acid Acetilsalicilic Tamponat® (Santa: RO)
Acid Acetilsalicilic® (Magistra: RO)
Acid Acetilsalicilic® (Zentiva: RO)
Acido Acetilsal Mundogen® (Mundogen: ES)
Acido Acetilsalicilico Angenerico® (Angenerico: IT)
Acido Acetilsalicilico Mundogen® (Mundogen: ES)
Acido Acetilsalicilico® (AFOM: IT, IT)
Acido Acetilsalicilico® (Bestpharma: CL)
Acido Acetilsalicilico® (Ducto: BR)
Acido Acetilsalicilico® (Ecobi: IT)
Acido Acetilsalicilico® (Farmacologico: IT)
Acido Acetilsalicilico® (IFI: IT)
Acido Acetilsalicilico® (Infabra: BR)
Acido Acetilsalicilico® (Neo Quimica: BR)
Acido Acetilsalicilico® (OFF: IT)
Acido Acetilsalicilico® (Ophalac: CO)
Acido Acetilsalicilico® (Pasteur: CL)
Acido Acetilsalicilico® [vet.] (Virbac: PT)
Acido Acetilsalicílico Ratiopharm® (Ratiopharm: PT)
Acidum Acetylsalicylicum Darnica® (Darnitsa: GE)
Acidum Acetylsalicylicum® (Batfarma: GE)
Aciprin CV® (ACI: BD)
Actorin® (BL Hua: TH)
Acylpyrin Effervescens® (Herbacos: CZ)
Acylpyrin® (Slovakofarma: CZ)
Adiro® (Bayer: ES)
Adprin B® (Pfeiffer: US)
Albyl-E® (Nycomed: NO)
Albyl® minor (Recip: SE)
Algo-Bebe® (Lokman: TR)
Alidor® (Aventis: BR)
Alidor® (IMA: BR)
Alka Seltzer® (Bayer: CZ, DE, ES, GB, IL)
Alka Seltzer® (Bayer Consumer: CA)
Alka-Seltzer® (Bayer: AT, BE, CH, CO, CZ, DE, FI, GE, HU, IS, IT, LU, NL, PL, PT, RO, RU, SE, SI, TH, US)
Alka-Seltzer® (Bayer Santé Familiale: FR)
Amisprin® (Amico: BD)
Anasprin-S® (Pharmaco: BD)
Anbol® (Galenika: RS)
Andol® (Pliva: BA, HR, RS, SI)
Angettes® (Bristol-Myers Squibb: GB)
Angiprin® (Rephco: BD)
Anopyrin® (Slovakofarma: BG, CZ)
Antalyre® (Boehringer Ingelheim: FR)
Aptor® (Nicholas: ID)
Aristopirin® (Ariston: EC)
ASA 50® (German Remedies: IN)
ASA-ratio ® (Ratiopharm: IT)
ASA-Ratiopharm® (Ratiopharm: FI)
ASA-Tabs® (Streuli: CH)
Asabrin® (Biokem: TR)
Asacard® (Flamel: NL)
Asaflow® (Sandipro: BE, LU)
Asaphen® (Pharmascience: CA)
Asaprin® (Helcor: RO)
ASA® (Curtis: PL)
ASA® (ExtractumPharma: HU)
ASA® (German Remedies: IN)
Asa® [vet.] (Doxal: IT)
Ascardia® (Pharos: ID)
Ascopir® [vet.] (VAAS: IT)
Ascriptin® (Aventis: IL)
Ascriptin® (Novartis: US)
Asinpirine® (I.E. Ulagay: TR)
Ask pH8® (Habit: RS)
Aspec® (PSM: NZ)
Aspegic® (Sanofi-Synthelabo: GH, KE, MT, NG, TZ, UG)
Aspent-M® (Ranbaxy: TH)
Aspenter® (Terapia: RO)
Aspent® (Ranbaxy: TH)
Asperan® (Perrigo: BG)
Aspergum® (Heritage: US)
Aspergum® (Schering-Plough: US)
Asperivo® (Rivopharm: CH)
Aspicard® (Osmopharm: DO)
Aspicor® (Fampharm: RS)
Aspicot® (Concept: IN)
Aspilet-Thrombo® (United Pharma: VN)
Aspilets® (Great Eastern: TH)
Aspilets® (LR: PH)
Aspilets® (United American: TH)
Aspilets® (United Americans: ID)
Aspil® [vet.] (Mavlab: AU)
Aspimason® (Arion: PE)
Aspimax® (Laropharm: RO)
Aspimec® (Mecosin: ID)
Aspin-100® (Cipla: LK)
Aspinal® (Münir Sahin: TR)
Aspinat® (Otechestvennye Lekarstva: RU)
Aspirem® (Remedica: BH, JO, OM, SD, YE)
Aspiricor® (Bayer: AT)
Aspirin Adult® (AmerisourceBergen: US)
Aspirin Adult® (Geri-Care: US)
Aspirin Adult® (Ivax: US)
Aspirin Adult® (Magno-Humphries: US)
Aspirin Akut® (Bayer: AT)

Aspirin Bayer® (Balkanpharma: BG)
Aspirin Bayer® (Bayer: ID, NO, SG)
Aspirin BD® (British Dispensary: TH)
Aspirin Cardio® (Bayer: CH, RU)
Aspirin Children's® (AmerisourceBergen: US)
Aspirin Children's® (Cardinal Health: US)
Aspirin Children's® (Eckerd: US)
Aspirin Children's® (Ivax: US)
Aspirin Children's® (Major: US)
Aspirin Children's® (PDK: US)
Aspirin Children's® (Qualitest: US)
Aspirin Children's® (Rugby: US)
Aspirin Children's® (URL: US)
Aspirin Delayed Release Tablets® (Time-Cap: US)
Aspirin Delayed Release Tablets® (United Research: US)
Aspirin Direct® (Bayer: BA, BG, HR)
Aspirin Domesco® (Domesco: VN)
Aspirin for Children® (Geri-Care: US)
Aspirin Protect® (Bayer: BA, CZ, DE, HR)
Aspirin Suppositories® (Consolidated Midland: US)
Aspirin Suppositories® (Paddock: US)
Aspirin TAH® (Bayer: BG)
Aspirina Biocrom® (Biocrom: AR)
Aspirina Buffered® (Bayer: BR)
Aspirina Cardiologica® (Ethical: DO)
Aspirina Fabra® (Fabra: AR)
Aspirina Fecofar® (Fecofar: AR)
Aspirina Prevent® (Bayer: BR)
Aspirina Protect® (Bayer: MX)
Aspirina Vent-3® (Vent-3: AR)
Aspirina® (Bayer: CL, CO, ES, IT, PE, PT)
Aspirina® (Benitol: AR, AR)
Aspirina® (Gervasi: ES)
Aspirina® (Gezzi: AR)
Aspirina® (Klonal: AR)
Aspirine Biotic® (Saidal: DZ)
Aspirine Coophavet® [vet.] (Coophavet: FR)
Aspirine du Rhône® (Bayer Santé Familiale: FR)
Aspirine pH8® (3M: FR)
Aspirine Protect® (Bayer: FR, NL)
Aspirine UPSA® (Bristol-Myers Squibb: BF, BJ, CG, CI, CM, DZ, FR, GA, GN)
Aspirine UPSA® (Bristol-Myers squibb: MG)
Aspirine UPSA® (Bristol-Myers Squibb: ML, MR, NE, SN, TD, TG, ZR)
Aspirinetas® (Bayer: AR)
Aspirinetta® (Bayer: IT)
Aspirine® (Bayer: BE, LU, NL)
Aspirine® (Medcor: NL)
Aspirine® [vet.] (Coophavet: FR)
Aspirin® (AmerisourceBergen: US)
Aspirin® (Balkanpharma: BG)
Aspirin® (Bayer: AE, AT, BA, BH, CH, CY, CZ, DE, DK, EG, FI, GR, HR, HU, IL, IR, JO, KE, KW, LB, MT, NG, NL, OM, PL, QA, RO, RS, RU, SA, SD, SE, SI)
Aspirin® (Bayer Consumer: CA)
Aspirin® (Biopharm: GE)
Aspirin® (Cardinal Health: US)
Aspirin® (Martindale: GB)
Aspirin® (Medicine Shoppe: US)
Aspirin® (Miles: US)
Aspirin® (PDK: US)
Aspirin® (Qualitest: US)
Aspirin® (Sandoz: GB)
Aspirin® [vet.] (Agri Labs.: US)
Aspirin® [vet.] (AgriPharm: US)
Aspirin® [vet.] (Aspen: US)
Aspirin® [vet.] (Butler: US)
Aspirin® [vet.] (DurVet: US)
Aspirin® [vet.] (First Priority: US)
Aspirin® [vet.] (Phoenix: US)
Aspirin® [vet.] (RXV: US)
Aspirin® [vet.] (Vedco: US)
Aspirin® [vet.] (Wendt: US)
Aspirisucre® (Arkomédika: FR)
Aspisal® (LNK international: BG)
Asprim® (Magnachem: DO)
Aspro Calssic® (Klosterfrau: AT)
Aspro Cardio® (Bayer: NL)
Aspro® (Bayer: AT, AU, BE, CH, CZ, DE, HU, IT, LU, NL, NZ, PT)
Aspro® (Bayer Santé Familiale: FR)
Asrina® (Pharmasant: TH)
ASS 1A Pharma® (1A Pharma: DE)
ASS accedo® (Accedo: DE)
ASS AL® (Aliud: DE)
ASS Atid® (Dexcel: DE)
ASS gamma® (Wörwag Pharma: DE)
ASS Genericon® (Genericon: AT)
ASS Hexal® (Hexal: AT, DE)
ASS mini von CT® (CT: DE)
ASS ratiopharm® (Ratiopharm: AT)
ASS ratiopharm® (ratiopharm: DE)
ASS Sandoz® (Sandoz: DE)
ASS Stada® (Stadapharm: DE)
ASS Tad® (TAD: DE)
ASS-CT® (CT: DE)
ASS-Isis® (Alpharma: DE)
ASS-Kreuz® (R.A.N.: DE)
ASS® (Genericon: AT)
Astika® (Ikapharmindo: ID)
Astrix® (Faulding: PH)
Astrix® (Mayne: AU, HK, SG)
Astrix® (Medimpex: CZ)
Astrix® (Teva: HU)
Ataspin® (Atabay: TR)
Babyprin® (Pfizer: TR)
Baludon® (Bayer: SI)
Bamyl® (AstraZeneca: CN)
Bamyl® (Ellem: SE)
Bayaspirina® (Bayer: AR)
Bayaspirin® (Bayer: CN, JP)
Bayer Aspirin Cardio® (Bayer: ZA)
Bayer Aspirin Extra Strength® (Bayer: US)
Bayer Aspirin® (Bayer: AU, PH, TH, US, ZA)
Bayer Children's Chewable® (Miles: US)
Bayer® (Bayer Consumer Care: US)
Be-Tabs Aspirin® (Be-Tabs: ZA)
Bestpirin® (Polfa Kutno: PL)
Bex® (Bayer: AU)
Bioplak® (Ern: ES)
Bisolgripin® (Boehringer Ingelheim: NL)
Bodrexin® (Tempo: ID)
Bokey® (Yung Shin: SG)
Bospyrin® (Bosnalijek: BA)
Buffered Pirin® (Pennex: IL)
Bufferin® (Bristol-Myers Squibb: CA, IT, PE, US)
Caid® (Jayson: BD)
Caprin® (Pinewood: IE)

Caprin® (Sinclair: GB)
CardiASK® (Canonpharma: RU)
Cardioaspirina® (Bayer: AR, CL, CO, PE)
Cardioaspirine® (Bayer: BE, LU)
Cardioaspirin® (Bayer: ID, IT)
Cardiopirin® (Dexcel: IL)
Cardiopirin® (Lannacher: HR, RS)
Cardiopirin® (PharmaSwiss: SI)
Cardioton® (Farpasa: PE)
Cardiphar® (Teva: BE)
Cardiprin® (Reckitt Benckiser: AU, LK, NZ)
Cardoprin® (Jalalabad: BD)
Cardopyrin® (Gaco: BD)
Cartia® (GlaxoSmithKline: AU, HK, IL)
Cartia® (GlaxoSmithKline Consumer Healthcare: NZ)
Cartia® (Lusofarmaco: PT)
Carva® (Square: BD)
Cemirit® (Bayer: IT)
Ceto® (Bernofarm: ID, ID)
Children's Bayer Chewable Aspirin® (Bayer: US)
Claragine® (Bayer Santé Familiale: FR)
Coated Aspirin® (Bayer Consumer: CA)
Colfarit® (Bayer: AT, HU)
Cor-Aspi® (Corfarma: PE)
Cor-As® (Zdravlje: RS)
Coralat® (LAM: DO)
Coraspin® (Bayer: TR)
Cortal® (GlaxoSmithKline: PH)
Darosal® (Heca: NL)
DBL Aspirin® (Mayne: AU)
Desenfriolito® (Schering-Plough: AR)
Dextropirine® [vet.] (Biové: FR)
Disgren® (Pasteur: CL)
Disperin® (Orion: FI)
Dispril® (ARIS: TR)
Dispril® (Reckitt Benckiser: BE, LU, NO)
Disprin® (Reckitt Benckiser: AU, BD, GB, HK, IE, NZ, SG, ZA, ZA)
Dominal® (Chile: CL)
Douxo® [vet.] (Sepval: FR)
Dusil® (Alpharma: SG)
Dynasprin® (USV: IN)
Easprin® (Harvest: US)
Ecasil® (Biolab: BR)
Ecopirin® (Abdi Ibrahim: TR)
Ecoprin® (Sam-On: IL)
Ecosprin® (Acme: BD)
Ecosprin® (Sidmak: IN)
Ecotrin® (GlaxoSmithKline: CL, PE, US)
Ecotrin® (Link: AU, NZ)
Ecotrin® (Pharmafrica: ZA)
Ecotrin® (Schering-Plough: AR)
Encopirin® (Omega Rex: PL)
Encopyrin® (Jayson: BD)
Entrarin® (Asian: TH)
Equi-Spirin® [vet.] (Vedco: US)
Eras® (Unimed & Unihealth: BD)
Ethics Aspirin® (Multichem: NZ)
Europirin T® (Europharm: RO)
Europirin® (Europharm: RO)
Farmasal® (Fahrenheit: ID)
Fluicor® (Maver: CL)
Galocard® (Galenus: PL)
Genacote® (Ivax: US)
Genasprin® (Sanofi-Aventis: BD)
Geniol® (GlaxoSmithKline: AR)
Genuine Bayer Aspirin® (Bayer: US)
Globoid® (Nycomed: NO)
Godamed® (Pfleger: DE, IL)
Golden-Udder® [vet.] (Shep-Fair: GB)
Grippesin® (Biocrom: AR)
Halfprin® (Kramer: US)
Hassapirin-Puro® (Mintlab: CL)
Herz ASS® (Gerot: AT)
Herz-Ass-Ratiopharm® (ratiopharm: LU)
HerzASS-ratiopharm® (Ratiopharm: AT)
HerzASS-ratiopharm® (ratiopharm: DE, LU)
Herzschutz ASS ratiopharm® (Ratiopharm: AT)
Hjerdyl® (Sandoz: DK)
Hjertemagnyl® (Nycomed: DK)
Idotyl® (Ferrosan: DK)
IMA Acido Acetilsalicilico® (IMA: BR)
Inyesprin Forte® (Grünenthal: EC)
Isaspin® (SSK: TR)
Kalipyrin Lite® (Pennex: BG)
Kalmopyrin® (Gedeon Richter: HU)
Ketoconazol MK® (Bayer: AT)
Kilios® (Pharmacia: IT)
Lo-Aspirin® (Be-Tabs: ZA)
Lowasa® (Mayne: IE)
Macrolvet® [vet.] (Divasa: PT)
Magnaprin® (Rugby: US)
Magnecyl® (Pfizer: SE)
Magnyl DAK® (Nycomed: DK)
Magnyl SAD® (SAD: DK)
Magnyl® (Actavis: IS)
Medibudget Schmerztabletten ASS® (Medibudget: CH)
Mejoralito® (Farpasa: PE)
Mejoral® (Farpasa: PE)
Melhoral Infantil® (DM: BR)
Melhoral® (DM: BR)
Microfined Aspro Tablets® (Bayer: ZA)
Micropirin® (Dexcel: GB, IL)
Midol® (Hemofarm: RS)
Migraspirina® (Bayer: PT)
Miniasal® (Altana Pharma Oranienburg: DE)
Myoprin® (Desatnik: ZA)
Naspro® (Nicholas: ID)
Neospin® (Edruc: BD)
New Asper® (Specifar: BG)
Nipas® (Galena: PL)
Norwich® (Chattem: US)
Novasen® (Novopharm: CA)
Nu-Seals® (Alliance: GB, IE)
Nu-Seals® (Lilly: BG, ET, KE, TZ, UG)
Nuevapina® (Fabop: AR)
Okal Infantil® (Puerto Galiano: ES)
Opon® (Gripin: TR)
Palaprin® [vet.] (VRX: US)
Pharmaspirin® (Sodhan: TR)
Piricard® (Dr. Collado: DO)
Polocard® (Polpharma: PL)
Polopiryna® (Polpharma: PL)
Primaspan® (Orion: FI)
Procardin® (Medikon: ID)
Proficar® (Polfarmex: PL)
Pyralvex® (PMP: TR)
Resprin® (Rice Steele: IE)

Restor® (Prima: ID)
Rheumatine® [vet.] (Sherley's: GB)
Rhonal® (Aventis: BG, ES, PE)
Rompirin® (Antibiotice: RO)
Salicilina® (Faes: ES)
Salicil® [vet.] (Tre I: IT)
Salic® (Darrow: BR)
Salipads® (Galderma: BR)
Salospir® (Uni-Pharma: GR)
Salycilina® (Upsifarma: PT)
Santasal N® (Merckle: DE)
Saspryl® (Inibsa: ES)
Saspryl® (Teva: IL)
Sedergine® (Bristol-Myers Squibb: BE, LU)
Sedergine® (Uriach: ES)
Seferin® (GDH: TH)
Solprin® (Reckitt Benckiser: AU, NZ)
Solrin® (Opsonin: BD)
Solupsa® (Upsamedica: LU)
Solusal® (Konimex: ID)
Sonopain® (Sophien: DE)
SPMC Aspirin® (SPMC: LK)
Spren® (Sigma: AU)
St. Joseph Aspirin Adult® (McNeil: US)
Sureprin® (Integrity: US)
Tampyrine® (SMB: LU)
Termovet® [vet.] (Divasa: PT)
Tevapirin® (Teva: IL)
Thomapyrin® (Boehringer Ingelheim: AT)
Thrombace® (Drossapharm: CH)
Thrombo Aspilets® (United Americans: ID)
Thrombo ASS® (Lannacher: AT, BG, RO, RU)
Thrombo ASS® (Merck: PE)
Thrombo AS® (Merck: CL)
Thrombostad® (Stada: AT)
Tiatral SR® (Novartis: CH)
Togal Mono® (Sanova: AT)
Togal® (Togal: LU, NL)
Togal® ASS (Ars Vitae: CH)
Togal® ASS (Togal: DE, LU)
Toldex® (Bial: PT)
Treo® (Pfizer: IS)
Tromalyt® (Farmaser: CO)
Tromalyt® (Madaus: ES)
Tromalyt® (Neo-Farmacêutica: PT)
Trombaspin® (GMP: GE)
Trombyl® (Pfizer: SE)
Upsalgin-N® (Bristol-Myers Squibb: GR)
Upsarin® (Bristol-Myers Squibb: GE, PL)
Upsarin® (UPSA: BG, CZ)
V-As® (Progress: TH)
Valpirine® [vet.] (Sogeval: FR)
Vetrin® [vet.] (King: US)
Vincent's Powders® (Bayer: AU)
ZORprin® (Par: US)

– calcium salt:

CAS-Nr.: 0000069-46-5

Nötras® (Liba: TR)

– lysine salt:

CAS-Nr.: 0062952-06-1
OS: *Aspirin Lysine BANM*
IS: *DL-Lysinmono(acetylsalicylat)*
IS: *DL-Lysin O-acetylsalicylat*

Acetilsalicilato de lisina Labesfal® (Labesfal: PT)
Alcacyl Instant-Pulver® (Novartis: CH)
ASL Normon® (Normon: ES)
Aspegic Inject® [inj] (Sanofi-Aventis: CH)
Aspegic® (Cantabria: ES)
Aspegic® (Sanofi-Aventis: BE, CH, FR, HU, IT, VN)
Aspegic® (Sanofi-Synthelabo: CZ, LU, NL, PT)
Aspicalm Medichrom® (Medichrom: GR)
Aspidol® (Piam: IT)
Aspirina Richet® (Richet: AR)
Aspirin® [Inj] (Bayer: DE)
Aspisol® (Bayer: DE)
Aspégic® (Sanofi-Aventis: CH, FR, NL)
Cardegic® (Sanofi-Aventis: BE)
Cardegic® (Sanofi-Synthelabo: LU, NL)
Cardiosolupsan® (Bristol-Myers Squibb: FR)
Cardirene® (Sanofi-Aventis: IT)
Coraspir® (Armstrong: MX)
Decitriol® (Richmond: AR)
Delgesic® (Linden: DE)
Egicalm® (Sanofi-Synthelabo: GR)
Flectadol® (Sanofi-Aventis: IT)
Inyesprin® (Andromaco: ES)
Inyesprin® (Grunenthal: ES)
Kardegic® (Sanofi-Aventis: FR, HU, MX)
Kardegic® (Sanofi-Synthelabo: CZ)
Kardégic® (Sanofi-Aventis: CH, FR)
Laspal® (Sanofi-Aventis: PL)
Solusprin® (Bioresearch: ES)
Vetalgine® [vet.] (Pharmtech: AU)
Vétalgine® [vet.] (Ceva: FR)

– magnesium salt:

CAS-Nr.: 0000132-49-0

Mobidin® (Ascher: US)

– sodium salt:

CAS-Nr.: 0000493-53-8
IS: *Acetylsalicylic acid sodium salt*
IS: *Acetylsalicylsaeure Natriumsalz*
IS: *Aspirin-Natrium*
IS: *EINECS 207-777-7*
IS: *Sodium Aspirin*

Catalgine® (Aérocid: FR)

Aspoxicillin (Rec.INN)

L: Aspoxicillinum
D: Aspoxicillin
F: Aspoxicilline
S: Aspoxicillina

⚕ Antibiotic, penicillin, penicillinase-sensitive

CAS-Nr.: 0063358-49-6 C_{21}-H_{27}-N_5-O_7-S
M_r 493.557

(2S,5R,6R)-6-[(2R)-2-[(2R)-2-Amino-3-(methylcarbamoyl)propionamidol]-2-(p-hydroxyphenyl)acetamido]-3,3-dimethyl-7-oxo-4-thia-1-azabicyclo[3.2.0]-heptane-2-carboxylic acid

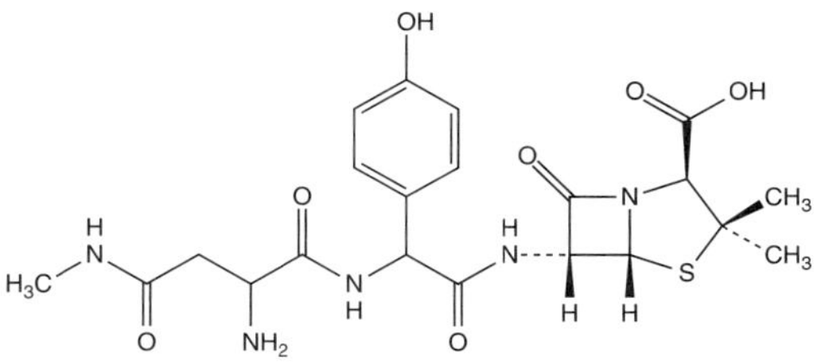

OS: *Aspoxicillin [USAN]*
IS: *TA 058 (Tanabe, Japan)*
PH: Aspoxicillin [JP XIV]

Doyle® (Tanabe: JP)

Astromicin (Prop.INN)

L: Astromicinum
D: Astromicin
F: Astromicine
S: Astromicina

Antibiotic, aminoglycoside

CAS-Nr.: 0055779-06-1 C_{17}-H_{35}-N_5-O_6
M_r 405.517

L-chiro-Inositol, 4-amino-1-[(aminoacetyl)methylamino]-1,4-dideoxy-3-O-(2,6-diamino-2,3,4,6,7-pentadeoxy-β-L-lyxo-heptopyranosyl)-6-O-methyl-

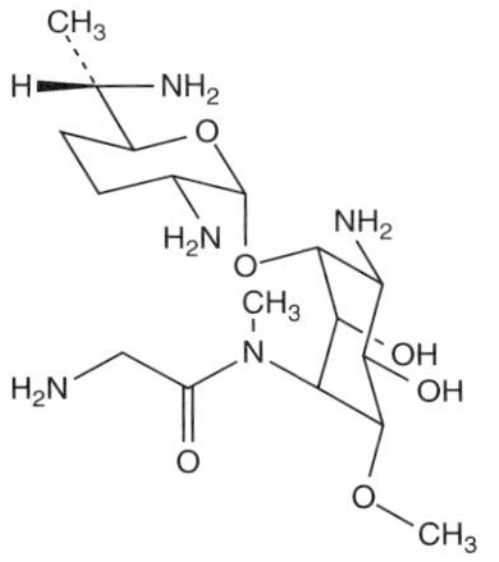

IS: *Abbott 44747*
IS: *KW 1070 (Kyowa Hakko, Japan)*

– sulfate:

CAS-Nr.: 0072275-67-3
OS: *Astromicin Sulfate USAN*
IS: *Abbott 44747 (Abbott, USA)*
PH: Astromicin Sulfate JP XIV

Fortimicin® (Kyowa: JP)

Atazanavir (Prop.INN)

L: Atazanavirum
D: Atazanavir
F: Atazanavir
S: Atazanavir

Antiviral agent, HIV protease inhibitor

ATC: J05AE08
ATCvet: QJ05AE08
CAS-Nr.: 0198904-31-3 C_{38}-H_{52}-N_6-O_7
M_r 704.87

Dimethyl (3S,8S,9S,12S)-9-benzyl-3,12-di-tert-butyl-8-hydroxy-4,11-dioxo-6-[4-(2-pyridyl)benzyl]-2,5,6,10,13-pentaazatetradecanedioate (WHO)

(3S,8S,9S,12S)-9-benzyl-3,12-bis(1,1-diméthyléthyl)-8-hydroxy-4,11-dioxo-6-[4-(pyridin-2-yl)benzyl]-2,5,6,10,13-pentaazatétradécanedioate de diméthylene (WHO)

(3S,8S,9S,12S)-3,12-bis(1,1-dimethylethyl)-8-hydoxy-4,11-dioxo-9-(phenylmethyl)-6-((4-(2-pyridinyl)phenyl)methyl)-2,5,6,10,13-pentaazatetradecanedioic acid dimethyl ester

(S)-{1-[N'-[(2S,3S)-2-Hydroxy-3-((S-methoxycarbonylamino-3,3-dimethylbutyrylamino)-4- phenylbutyl]-N'-(4-pyridin-2-ylbenzyl)hydrazinocarbonyl]-2,2-dimetehylethylpropyl} carbaminsäuremethylester (IUPAC)

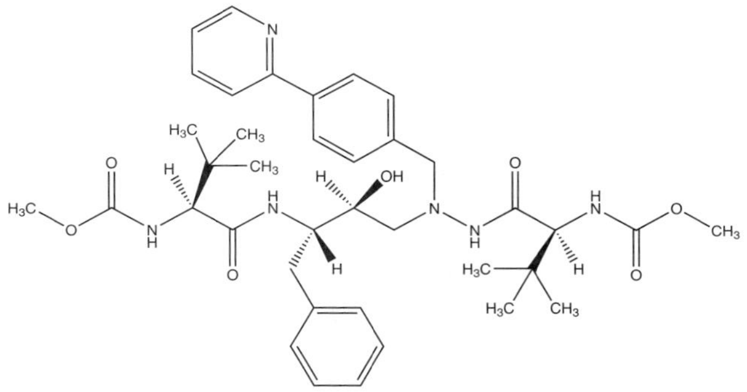

OS: *Atazanavir [BAN, USAN]*
IS: *BMS 232632 (Bristol-Myers Squibb, US)*
IS: *CGP 73547 (Novartis, CH)*
IS: *Latazanavir*
IS: *Zrivida*

Reyataz® (Bristol-Myers Squibb: AR, CL, IE, RU)

– sulfate:

CAS-Nr.: 0229975-97-7
OS: *Atazanavir Sulfate USAN*
OS: *Atazanavir Sulphate BAN*
IS: *BMS-232632-05 (Bristol-Myers Squibb, US)*

Reyataz® (Bristol-Myers Squibb: AT, CA, CH, CZ, DE, DK, ES, FI, FR, GB, HK, HU, IS, IT, LU, MX, NL, NO, NZ, PL, PT, RO, SE, SG, SI, TH, US)

Atenolol (Rec.INN)

L: Atenololum
I: Atenolol
D: Atenolol
F: Aténolol
S: Atenolol

β_1-Adrenergic blocking agent

ATC: C07AB03
CAS-Nr.: 0029122-68-7 C_{14}-H_{22}-N_2-O_3
M_r 266.35

Benzeneacetamide, 4-[2-hydroxy-3-[(1-methylethyl)amino]propoxy]-

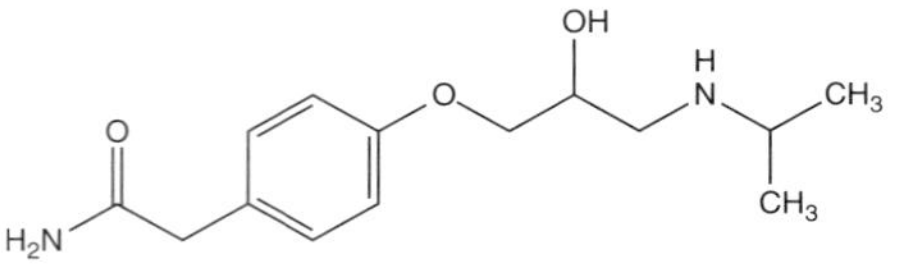

OS: *Atenolol [BAN, DCF, DCIT, JAN, USAN]*
IS: *ICI 66082 (Zeneca. GB)*
PH: Atenolol [Ph. Eur. 5, Ph. Int. 4, USP 30]
PH: Atenololum [Ph. Eur. 5, Ph. Int. 4]
PH: Aténolol [Ph. Eur. 5]

Ablok® (Biolab: BR)
Adco-Atenolol® (Al Pharm: ZA)
Adenamin® (Farmamust: GR)
Aminol® (Bosnalijek: BA)
Amolin® (Ergha: IE)
Angipress® (Biosintética: BR)
Anol® (Medicon: BD)
Anselol® (Douglas: AU)
Apo-Atenol® (Apotex: AN, BB, BM, BS, CA, CZ, GY, HT, JM, KY, SG, SR, TT, VN)
Arcablock® (Amat: AT)
Atcard® (Utopian: TH)
Ate AbZ® (AbZ: DE)
Ate Lich® (Winthrop: DE)
Atebeta® (betapharm: DE)
Ateblocor® (Pro.Med: CZ)
Atebloc® (Socobom: LU)
Atecard® (Dabur: IN, LK)
Atecor® (Rowex: IE)
Atecor® (Win-Medicare: RO)
Atehexal® (Hexal: AT, AU, DE, LU)
Atehexal® (Salutas Fahlberg: CZ)
Atenblock® (Merck NM: FI)
Atendol® (CT: IT)
Atendol® (Pohl: DE)
Atenet® (Nycomed: DK)
Atenex® (Recon: LK)
Atenil® (Sandoz: CH)
Atenix® (Ashbourne: GB)
Ateni® (Gerard: IE)
Ateno-ISIS® (Actavis: DE)
Atenobal® (Baldacci: BR)
Atenobene® (Merckle: CZ, DE)
Atenobene® (Ratiopharm: AT)
Atenobene® (ratiopharm: HU)
Atenoblock® (Klonal: AR)
Atenocor® (Helcor: RO)
Atenodan® (Pharmacodane: DK)
Atenogamma® (Wörwag Pharma: DE)
Atenogen® (Antigen: IE)
Atenolan® (Lannacher: AT)
Atenolol 1A Pharma® (1A Pharma: AT, DE)
Atenolol AbZ® (AbZ: DE)
Atenolol acis® (acis: DE)
Atenolol Actavis® (Actavis: IS)
Atenolol Alpharma® (Alpharma: NL, NO, SG)
Atenolol Alternova® (Alternova: FI)
Atenolol Alter® (Alter: ES, PT)
Atenolol AL® (Aliud: CZ, DE, HU)
Atenolol Atid® (Dexcel: DE)
Atenolol AWD® (AWD: DE)
Atenolol A® (Apothecon: NL)
Atenolol Beacons® (Beacons: SG)
Atenolol Bexal® (Bexal: ES, PT)
Atenolol Biotenk® (Biotenk: AR)
Atenolol CF® (Centrafarm: NL)
Atenolol Cinfa® (Cinfa: ES)
Atenolol Disphar® (Disphar: NL)
Atenolol Eb® (Eurobase: NL)
Atenolol Edigen® (Edigen: ES)
Atenolol EG® (Eurogenerics: BE)
Atenolol Fabra® (Fabra: AR)
Atenolol FLX® (Karib: NL)
Atenolol Gador® (Gador: AR)
Atenolol Gen Med® (Gen Med: AR)
Atenolol Genericon® (Genericon: AT)
Atenolol Genericon® (Medox: CH)
Atenolol Generis® (Generis: PT)
Atenolol GF® (Genfarma: NL)
Atenolol Helvepharm® (Helvepharm: CH)
Atenolol Heumann® (Heumann: DE)
Atenolol Katwijk® (Katwijk: NL)
Atenolol L.CH.® (Chile: CL)
Atenolol LCG® (LCG: PE)
Atenolol Lindo® (Lindopharm: DE)
Atenolol LPH® (Labormed Pharma: RO)
Atenolol Merck NM® (Merck NM: DK, SE)
Atenolol Merck® (Merck Generics: NL)
Atenolol Merck® (Merck Genéricos: PT)
Atenolol Merck® (Merck Génériques: FR)
Atenolol Microsules® (Microsules: AR)
Atenolol MK® (MK: CO)
Atenolol Mundogen® (Mundogen: ES)
Atenolol NM Pharma® (Gerard: IS)
Atenolol Nordic® (Nordic Drugs: SE)
Atenolol Normon® (Normon: DO, ES)
Atenolol Nycomed® (Nycomed: GE, SE)
Atenolol PB® (Docpharm: DE)
Atenolol PCH® (Pharmachemie: NL)
Atenolol Pharmavit® (Bristol-Myers Squibb: HU)
Atenolol Pliva® (Pliva: HR, SI)
Atenolol Quesada® (Quesada: AR)
Atenolol Ratiopharm® (Ratiopharm: AT, ES, PT)
Atenolol Sandoz® (Sandoz: BE, DE, ES, FI, FR, LU, NL, PT, SE, ZA)
Atenolol Stada® (Stada: AT)
Atenolol Stada® (Stadapharm: DE)
Atenolol Teva® (Teva: BE)
Atenolol UQP® [tab.] (UQP: PE)
Atenolol Vannier® (Vannier: AR)

Atenolol von ct® (CT: DE)
Atenolol von ct® (Tempelhof: LU)
Atenolol Zydus® (Zydus: FR)
Atenolol-50-von-CT® (CT: LU)
Atenolol-Akri® (Akrihin: RU)
Atenolol-Eurogenerics® (Eurogenerics: LU)
Atenolol-Mepha® (Mepha: CH)
Atenolol-ratiopharm® (Ratiopharm: BE)
Atenolol-ratiopharm® (ratiopharm: DE)
Atenolol-ratiopharm® (Ratiopharm: RU)
Atenolol-Sandoz® (Sandoz: LU)
Atenolol-Wolff® (Wolff: DE)
Atenololo Almus® (Almus: IT)
Atenololo Alter® (Alter: IT)
Atenololo Angenerico® (Angenerico: IT)
Atenololo DOC® (DOC Generici: IT)
Atenololo EG® (EG: IT)
Atenololo Hexal® (Hexal: IT)
Atenololo Merck® (Merck Generics: IT)
Atenololo Pliva® (Pliva: IT)
Atenololo ratiopharm® (Ratiopharm: IT)
Atenololo RK® (Errekappa: IT)
Atenololo Sandoz® (Sandoz: IT)
Atenololo Teva® (Teva: IT)
Atenololo Union Health® (Union Health: IT)
Atenolol® (AC Farma: PE)
Atenolol® (Actavis: GB, GE)
Atenolol® (Aliud: CZ)
Atenolol® (Alter: ES)
Atenolol® (Avsa: PE)
Atenolol® (Balkanpharma: BG)
Atenolol® (Berenguer Infale: ES)
Atenolol® (Bestpharma: CL)
Atenolol® (Biopharm: RU)
Atenolol® (Boi: ES)
Atenolol® (Britania: PE)
Atenolol® (Farmakos: RS)
Atenolol® (G&R: PE)
Atenolol® (GAMA: GE)
Atenolol® (Gedeon Richter: RO)
Atenolol® (GenRx: NL)
Atenolol® (GMP: GE)
Atenolol® (Grünenthal: PE)
Atenolol® (Hexal: NL)
Atenolol® (Hillcross: GB)
Atenolol® (Ipca: RU)
Atenolol® (IPhSA: CL)
Atenolol® (Iqfarma: PE)
Atenolol® (Labot: PE)
Atenolol® (Laropharm: RO)
Atenolol® (LCG: PE)
Atenolol® (Makis Pharma: RU)
Atenolol® (Marfan: PE)
Atenolol® (Merck NM: NO)
Atenolol® (Mintlab: CL)
Atenolol® (Mission Pharma.: PE)
Atenolol® (Neo Quimica: BR)
Atenolol® (Normon: ES)
Atenolol® (Pharmacin: NL)
Atenolol® (Pliva: BA, RU, SI)
Atenolol® (Polpharma: PL)
Atenolol® (Ratiopharm: ES)
Atenolol® (Remevita: RS)
Atenolol® (Rompharm: RU)
Atenolol® (Sanitas: CL)
Atenolol® (Sanofi-Aventis: PL)
Atenolol® (Shreya: RU)
Atenolol® (Terapia: RO)
Atenolol® (Tillomed: GB)
Atenolol® (Tiofarma: NL)
Atenolol® (Wockhardt: GB, GE)
Atenolol® (Zdravlje: RS)
Atenol® (AstraZeneca: BR)
Atenol® (Coopers: BR)
Atenol® (CT: IT)
Atenol® (Pfizer: FI)
Atenol® (TO Chemicals: TH)
Atenomel® (Clonmel: IE)
Atenopress® (Hexal: BR)
Atenoric® (Neo Quimica: BR)
Atenor® (Pharmalliance: DZ)
Atenor® (Sandoz: DK)
Atenotop® (Topgen: BE)
Atenotyrol® (Sandoz: AT)
Atenovit® (Vitarum: AR)
Aten® (Kopran: LK)
Aten® (Zydus: IN)
Atephar® (Unicophar: BE)
Atermin® (Magis: IT)
Atestad® (Stada: PH)
Athenol® (SMB: LU)
Atin® (Jayson: BD)
Atoken® (Kendrick: MX)
Atol® (Mystic: BD)
Aténolol Biogaran® (Biogaran: FR)
Aténolol EG® (EG Labo: FR)
Aténolol G Gam® (G Gam: FR)
Aténolol Irex® (Irex: FR)
Aténolol Ivax® (Ivax: FR)
Aténolol RPG® (RPG: FR)
Aténolol Sandoz® (Sandoz: FR)
Aténolol Winthrop® (Winthrop: FR)
Azectol® (Help: GR)
B-Card® (Nipa: BD)
Beta-bloquin® (Ethical: DO)
Betablok® (Kalbe: ID)
Betabloquin® (Ethical: DO)
Betacard® (Torrent: IN, RU)
Betacar® (Sanofi-Aventis: CL)
Betanex® (Dr Reddys: LK)
Betanol® (Sanofi-Aventis: BD)
Betasec® (Opsonin: BD)
Betasyn® (Jacoby: AT)
Betatop® (IPRAD: FR)
Biofilen® (Degort's: MX)
Blikonol® (Pharmathen: GR)
Blocotenol® (Azupharma: DE)
Blocotenol® (Biochemie: CR, DO, GT, NI, PA, SV)
Blocotenol® (Jenapharm: CZ)
Blocotenol® (Novartis: GR)
Blocotenol® (Sandoz: RO)
Blokium® (Almirall: BJ, CG, CI, CM, EG, ES, GA, GH, KE, MG, ML, MU, NE, SD, SN, TG, TZ, ZM)
Blokium® (Procaps: CO)
Blokium® (Prodes: ES, HU)
Blotex® (Sandoz: MX)
Bpnol® (Delta: BD)
Cardaten® [tab.] (Schein: PE)
Cardaxen® (Spirig: CH)
Cardilock® (Alco: BD)

Cardipro® (Square: BD)
CO Atenolol® (Cobalt: CA)
Coratol® (Scan: TH)
Corotenol® (Mepha: AE, BH, CY, EG, IQ, JO, KW, LB, OM, QA, SA, TT)
Cuxanorm® (TAD: DE)
Docateno® (Docpharma: BE, LU)
Durabeta® (Littman: PH)
duratenol® (Merck dura: DE)
Enol® (Edruc: BD)
Ephitensin® (Europharm: RO)
Etnol® (Bio-Pharma: BD)
Evitocor® (Apogepha: DE)
Fabotenol® (Fabop: AR)
Fada Atenolol® (Fada: AR)
Farnormin® (Fahrenheit: ID)
Fealin® (Bros: GR)
Felobits® (Duncan: AR)
Galol® (Elpen: GR)
Gen-Atenolol® (Genpharm: CA)
GenRX Atenolol® (GenRX: AU)
Grifotenol® (Chile: CL)
Hexa-Blok® (Hexal: ZA)
Hiblok® (Nufarindo: ID)
Hypernol® (DHA: SG)
Hypoten® (Hikma: AE, BH, EG, IQ, KW, LB, LY, OM, QA, RO, SA, SD, SY, TN, YE)
Ilaten® (Lamsa: AR)
Internolol® (Interbat: ID)
Ivax-Atenolol® (Biotech: ZA)
Jenatenol® (Jenapharm: DE)
Juvental® (Hennig: DE)
Labotensil® (Labomed: CL)
Lo-Ten® (Pacific: NZ)
Lonet® (Beximco: BD)
Lonol® (Khandelwal: IN)
Lopres® (Orion: BD)
Lorten® (GlaxoSmithKline: BD)
Merck-Atenolol® (Merck: BE)
Mesonex® (Adelco: GR)
Mezarid® (Genepharm: GR)
Myocord® (Ivax: AR)
Neatenol® (Fides Ecopharma: ES)
Neatenol® (Rottapharm: ES)
Neocardon® (Gap: GR)
Neotenol® (Biobras: BR)
Nolol® (Lacofarma: DO)
Nolol® (Pharmaland: TH)
Normalol® (Dexxon: IL)
Normaten® (Navana: BD)
Normaten® (Xepa-Soul Pattinson: HK, SG)
Normitab® (Nabiqasim: LK)
Normiten® (Abic: IL)
Normocard® (Polfa Warszawa: PL)
Norpress® (Chemico: BD)
Nortan® (Sanofi-Aventis: TR)
Nortelol® (Aventis: TH)
Noten® (Alphapharm: AU, SG)
Novaten® [tab.] (Dropesac: PE)
Novo-Atenol® (Novopharm: CA)
Oraday® (Biolab: TH)
Ormidol® (Belupo: BA, HR, SI)
Panapres® (Hemofarm: RS)
Pharmaniaga Atenolol® (Pharmaniaga: MY)
Plenacor® (Bagó: AR, CO)
Plenacor® (Merck: BR)
PMS-Atenolol® (Pharmascience: CA)
Precinol® (Doctor's Chemical Work: BD)
Preloc® (Unison: TH)
Prenolol® (Berlin: SG, TH)
Prenormine® (AstraZeneca: AR)
Prinorm® (Galenika: BA, RS)
RAN-Atenolol® (Ranbaxy: CA)
ratio-Atenolol® (Ratiopharm: CA)
Recard® (Rephco: BD)
Rolab-Atenolol® (Sandoz: ZA)
Sandoz Atenolol® (Sandoz: CA)
Seles Beta® (Schwarz: IT)
Selobloc® (Lagap: CH)
Stadmed Beta® (Stadmed: IN)
Synarome® (Faran: GR)
Tanser® (Ciclum: ES)
Telvodin® (Ivax: AR)
Ten-Bloka® (Aspen: ZA)
Tenblok® (Kimia: ID)
Tenoblock® (Leiras: FI)
Tenocard® (Aristopharma: BD)
Tenocor® (AC Farma: PE)
Tenocor® (Merck: TH)
Tenoloc® (Acme: BD)
Tenolol® (Ipca: IN, LK, SG)
Tenolol® (Siam Bheasach: TH)
Tenolol® (United Pharmaceutical: AE, BH, IQ, LY, OM, QA, SA, SD, YE)
Tenol® (Masa Lab: TH)
Tenomax® (Boniscontro & Gazzone: IT)
Tenoprin® (Ratiopharm: FI)
Tenoren® (ACI: BD)
Tenoretic® (AstraZeneca: AE, AT, BH, CY, GE, IQ, KW, LB, LY, MT, OM, PE, PH, QA, SA, YE)
Tenoret® (AstraZeneca: AE, BH, CY, IQ, KW, LB, LY, MT, OM, QA, SA, YE)
Tenormin® (AstraZeneca: AE, AG, AN, AT, AU, AW, BE, BG, BH, BM, BS, BZ, CA, CH, CR, CY, CZ, DE, DO, EC, ES, ET, GB, GD, GE, GH, GT, GY, HK, HN, HR, HT, ID, IE, IQ, IT, JM, KE, KW, LB, LC, LK, LY, MT, MW, MX, MY, MZ, NG, NI, NL, OM, PA, PE, PH, PT, QA, SA, SD, SG, SI, SR, SV, TH, TT, TZ, UG, US, VC, VN, YE, ZA, ZM, ZW)
Tenormin® (Cana: GR)
Tenormin® (Nicholas: IN)
Tenormin® (Pfizer: DK, NO, SE)
Tenormin® (Pharmapartner: BE)
Tenormin® [vet.] (AstraZeneca: GB)
Tenostat® (Apotex: PH)
Tensig® (Sigma: AU)
Tensimin® (Pasteur: PH)
Tensimin® (Unique: IN)
Tensinorm® (Medikon: ID)
Tensinor® (Abdi Ibrahim: TR)
Tetalin® (Pharmasant: TH)
Therabloc® (Therapharma: PH)
Tozolden® (Denver: AR)
Trantalol® (Pinewood: IE)
Tredol® (Aegis: AE, BG, BH, IQ, KW, LB, LY, MA, NG, OM, QA, SA, SD, SY, TN, YE)
Ténormine® (AstraZeneca: FR)
Umoder® (Rafarm: GR)
Uniloc® (Nycomed: DK, NO)

Vascoten® (Medochemie: BH, HK, IQ, JO, MY, OM, RO, RU, SD, SG, TH, YE)
Vasocard® (Popular: BD)
Velorin® (Pharmadica: TH)
Velorin® (Remedica: CY, PH)
Vericordin® (Lazar: AR)
Zenolen® (Eurogenerics: PH)
Zumablok® (Prima: ID)

Atipamezole (Rec.INN)

L: Atipamezolum
D: Atipamezol
F: Atipamezole
S: Atipamezol

α_2-Adrenergic blocking agent
ATCvet: QV03AB90
CAS-Nr.: 0104054-27-5 C_{14}-H_{16}-N_2
M_r 212.302

4-(2-Ethyl-2-indanyl)imidazole

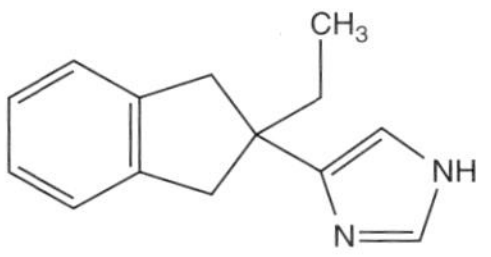

OS: *Atipamezole [BAN, USAN]*
IS: *MPV 1248 (Farmos Group, Finland)*

Antisedan® [vet.] (Pfizer Animal Health: BE, NZ)

– hydrochloride:

CAS-Nr.: 0104075-48-1
OS: *Atipamezole Hydrochloride BANM*

Antisedan® [vet.] (Novartis Animal Health: AU, ZA)
Antisedan® [vet.] (Orion: DK, FI, NO, SE)
Antisedan® [vet.] (Pfizer: AT, CH, LU, NL, US)
Antisedan® [vet.] (Pfizer Animal: DE, PT)
Antisedan® [vet.] (Pfizer Animal Health: GB)
Antisedan® [vet.] (Pfizer Consumer Healthcare: IE)
Antisedan® [vet.] (Pfizer Santé Animale: FR)

Atomoxetine (Rec.INN)

L: Atomoxetinum
D: Atomoxetin
F: Atomoxétine
S: Atomoxetina

Antidepressant

ATC: N06BA09
ATCvet: QN06BA09
CAS-Nr.: 0083015-26-3 C_{17}-H_{21}-N-O
M_r 255.36

(-)-N-Methyl-3-phenyl-3-(o-tolyloxy)propylamine [WHO]

Benzenepropanamine, N-methyl-gamma-(2-methylphenoxy)-, (gammaR)- [NLM]

(R)-(-)-N-Methyl-3-phenyl-3-(o-tolyloxy)propylamin (IUPAC)

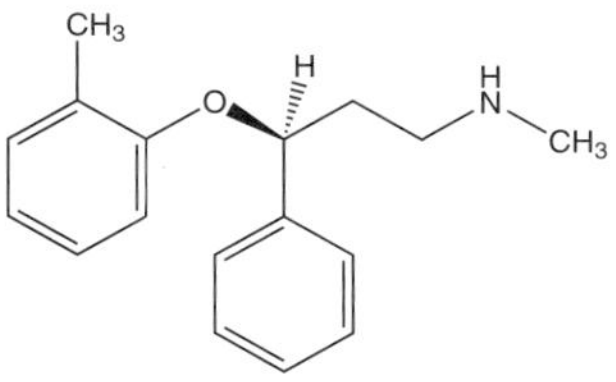

OS: *Atomoxetine [BAN]*
OS: *Tomoxetine [DCI]*
IS: *(-)-Tomoxetine*
IS: *Tomoxetine*

– hydrochloride:

CAS-Nr.: 0082248-59-7
OS: *Atomoxetine Hydrochloride USAN*
IS: *LY 135252*
IS: *LY 139602*
IS: *LY 139603*
IS: *Tomoxetine hydrochloride*

Deaten® (Andromaco: CL)
Recit® (Gador: AR)
Strattera® (Lilly: AR, AU, CA, CL, DE, FI, GB, HK, IE, MX, MY, NL, NO, NZ, RO, RU, SE, SG, SI, US)

Atorvastatin (Rec.INN)

L: Atorvastatinum
I: Atorvastatina
D: Atorvastatin
F: Atorvastatine
S: Atorvastatina

Antihyperlipidemic agent

ATC: C10AA05
CAS-Nr.: 0134523-00-5 C_{33}-H_{35}-F-N_2-O_5
M_r 558.663

1H-Pyrrole-1-heptanoic acid, 2-(4-fluorophenyl)-β,δ-dihydroxy-5-(1-methylethyl)-3-phenyl-4-[(phenylamino)carbonyl]-, [R-(R*,R*)]-

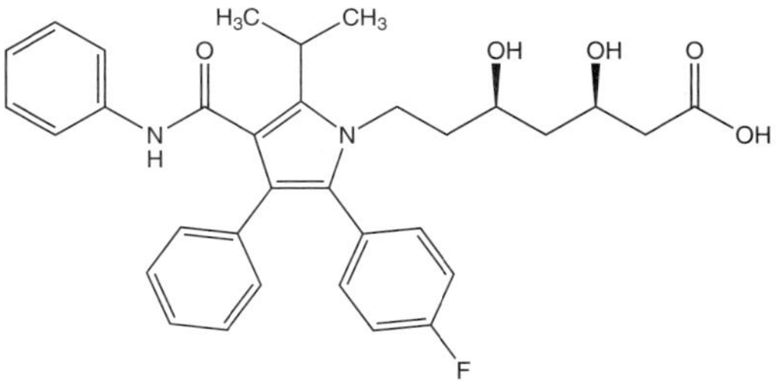

OS: *Atorvastatin [BAN]*
IS: *YM 548 (Yamanouchi)*

Astin® (Jayson: BD)
Atarva® (Duncan: AR)
Atasin® (ACI: BD)
Atorhasan® (Hasan: VN)
Atoris® (Krka: BA, HR, PL, RS)
Atoris® (KRKA: RU)
Atoris® (Krka: SI)
Atorlip® (Lafrancol: CO)
Atorsyn® (Synthesis: CO)

Atorvastan® (Biotenk: AR)
Atorvastatin Domesco® (Domesco: VN)
Atorvastatina Genfar® (Expofarma: CL)
Atorvastatina Genfar® (Genfar: CO)
Atorvastatina MK® (MK: CO)
Atorvastatina Northia® (Northia: AR)
Atorvastatina® (La Sante: PE)
Atorvastatina® (Medicalex: CO)
Atorvastatina® (Pasteur: CL)
Atorvastatina® (Pentacoop: CO)
Atorvastatina® (Volta: CL)
Atorvox® (Pliva: BA, HR)
Atovin® (Alco: BD)
Avastatin® (Edruc: BD)
Avas® (Opsonin: BD)
Citalor® (Pfizer: BR)
Colostat® (Ibn Sina: BD)
Dislipor® (Andromaco: CL)
Divastin® (Drug International: BD)
Farmalip® (Farmacoop: CO)
Glustar® (La Santé: CO)
Hipolipin® (Chalver: CO)
Hipolixan® (Pasteur: CL)
Lipex® (Orion: BD)
Lipicut® (Rangs: BD)
Lipifen® (Raffo: AR)
Lipinor® (Rephco: BD)
Lipitin® (General Pharma: BD)
Lipitor® (Pfizer: IE)
Lipobi® (Nipa: BD)
Lipotropic® (Drugtech-Recalcine: CL)
Lipotropic® (Pharmalab: PE)
Lipox® (Chile: CL)
Lipox® (Ivax: PE)
Liptonorm® (Pharmsintes: RU)
Locol® (Popular: BD)
Lowden® (Saval Eurolab: CL)
Nivecol® (Heimdall: CO)
Normalip® (Quesada: AR)
Plan® (Craveri: AR)
Sortis® (Gödecke: DE)
Sortis® (Mack: DE)
Sortis® (Parke Davis: DE)
Sortis® (Pfizer: BA, DE, HR, PL, RO, RS, SI)
Stacor® (Unimed & Unihealth: BD)
Taven® (Renata: BD)
TCL-R® (Aristopharma: BD)
TG-Tor® (Unichem: VN)
Torid® (Trima: IL)
Torvacard® (Zentiva: RU)
Torvast Orifarm® (Pfizer: DK)
Tulip® (Lek: BA, HR, RS, SI)
Vass® (Novartis: BD)
Vastatin® (Edruc: BD)
Xelpid® (Healthcare: BD)
Zarator® (Phoenix: AR)
Zurinel® (Prater: CL)

- **calcium salt:**

CAS-Nr.: 0134523-03-8
OS: *Atorvastatin Calcium BANM, USAN*
OS: *Atorvastatina calcio DCIT*
IS: *CI 981 (Parke Davis, USA)*

Alvastin® (ARIS: TR)
Ampliar® (Casasco: AR)
Anzitor® (Square: BD)
Atenfar® (Medipharm: CL)
Ateroclar® (Beta: AR)
Ateroz® (Bilim: TR)
Atocor® (Dr Reddys: LK)
Atoris® (Krka: CZ, HU)
Atorlip® (Cipla: LK)
Atorlip® (HG.Pharm: VN)
Atorlip® (Pharmavita: CL)
Atorva Teva® (Teva: HU)
Atorvastatin Richet® (Richet: AR)
Atorvastatina L.B.A.® (Lba: AR)
Atorvastatina® (Mintlab: CL)
Atorvastatina® (Rider: CL)
Atorvastatina® (Sanitas: CL)
Atorvastatine® (EU-Pharma: NL)
Atorvastatine® (Eureco: NL)
Atorvastatine® (Euro: NL)
Atorvastatine® (Medcor: NL)
Atorva® (Cadila: LK)
Atorva® (Zydus: IN)
Atorvox® (Gedeon Richter: HU)
Ator® (Sanovel: TR)
Atovarol® (Procaps: CO)
Atova® (Beximco: BD)
Axo® (Bussié: CO, DO, GT, PA, SV)
Aztor® (Sun: LK)
Cardyl® (Euro: NL)
Cardyl® (Pfizer: ES)
Cardyn® (Abdi Ibrahim: TR)
Divator® (Drogsan: TR)
Edy® (Best: CO)
Finlipol® (Microsules: AR)
Hypolip® (Pharmaconsult: HU)
Kolestor® (Eczacibasi: TR)
Liparex® (Finadiet: AR)
Lipibec® (Ivax: AR)
Lipicare® (Tecnoquimicas: CO)
Lipicon® (Eskayef: BD)
Lipistad® (Stada: VN)
Lipitaksin® (Fako: TR)
Lipitor Lyfjaver® (Lyfjaver: IS)
Lipitor® (Elea: AR)
Lipitor® (Pfizer: AE, AU, BE, BE, BH, BR, BZ, CA, CL, CN, CO, CR, CY, DK, EG, FI, GB, GR, GT, HK, HN, ID, IL, IS, JO, KE, KW, LB, LU, MX, MY, NI, NL, NO, NZ, OM, PA, PH, SA, SE, SG, SV, TH, TR, US, VN, ZA)
Lipocambi® (Laboratorios: AR)
Lipofin® (Fabop: AR)
Liponorm® (Lazar: AR)
Liporest® (Centaur: IN)
Lipostop® (Denver: AR)
Lipovastatin® (Klonal: AR)
Liprimar® (Pfizer: GE, HU, RU)
Lowlipen® (Biogen: CO)
Plan® (Craveri: AR)
Prevencor® (Almirall: ES)
Prevencor® (Euro: NL)
Prevencor® (Stephar: NL)
Saphire® (Sanovel: TR)
Sortis® (Gödecke: DE)
Sortis® (Parke Davis: DE)
Sortis® (Pfizer: AT, CH, CZ, DE, HU)
Storvas® (Ranbaxy: LK, PE)

Tahor® (Pfizer: BF, BJ, CF, CG, CI, CM, FR, GA, GN, ML, MR, NE, SN, TD, TG, ZR)
Tarden® (Abdi Ibrahim: TR)
TG-tor® (Unichem: LK)
Tiginor® (Incepta: BD)
Torivas® (Baliarda: AR)
Torvacard® (Zentiva: CZ, HU, PL)
Torvast® (Pfizer: IT)
Totalip® (Guidotti: IT)
Tulip® (Lek: CZ, PL, RU)
Vasolip® (Unique: LK)
Vastat® (Bosnalijek: BA)
Vastina® (Penn: AR)
Zarator® (Euro: NL)
Zarator® (Nedpharma: NL)
Zarator® (Pfizer: CL, DK, ES, GR, IS, PT)

Atosiban (Rec.INN)

L: Atosibanum
D: Atosiban
F: Atosiban
S: Atosiban

Tocolytic

ATC: G02CX01
CAS-Nr.: 0090779-69-4 C_{43}-H_{67}-N_{11}-O_{12}-S_2
M_r 994.24

1-(3-Mercaptopropionic acid)-2-[3-(p-ethoxyphenyl)-D-alanine]-4-L-threonine-8-L-ornithineoxytocin [WHO]

Oxytocin, 1-(3-mercaptopropanoic acid)-2-(O-ethyl-D-tyrosine)-4-L-threonine-8-L-ornithine- [USAN]

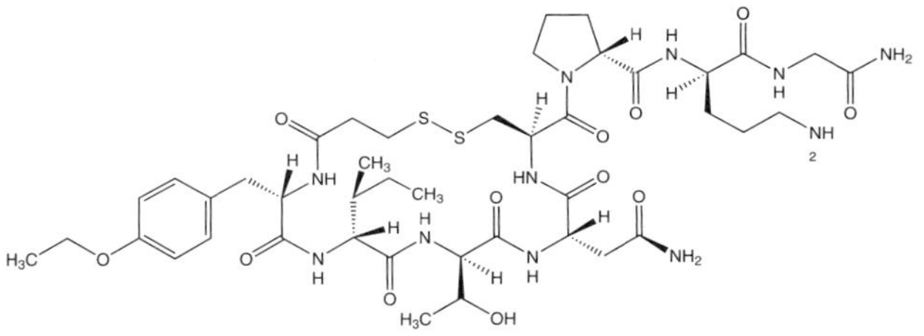

OS: *Atosiban [BAN, USAN]*
IS: *ORF 22164 (Ortho, Raritan, NJ)*
IS: *RWJ 22164 (Ferring Pharmaceuticals AB, SE)*
IS: *Antocin II*
IS: *CAP 440*
IS: *CAP 476*
IS: *deTVT*
IS: *dTVT*
IS: *F 314*

Tractocile® (Ferring: AR, MX)

– acetate:

Atosiban® (Ferring: IL)
Tractocile® (Ferring: AE, AT, BA, BE, BH, CH, CZ, DE, DK, EG, ES, FI, FR, GB, GR, HK, HR, HU, IE, JO, KW, LB, LU, MY, NL, NO, OM, PK, PL, QA, RS, SA, SE, SY, TR, YE, ZA)
Tractocile® (Ferring AB-S: IT)
Tractocile® (Pharmaco: NZ)

Atovaquone (Rec.INN)

L: Atovaquonum
I: Atovaquone
D: Atovaquon
F: Atovaquone
S: Atovacuona

Antiprotozoal agent

ATC: P01AX06
CAS-Nr.: 0095233-18-4 C_{22}-H_{19}-Cl-O_3
M_r 366.844

Naphthoquinone, 2-[trans-4-(p-chlorophenyl)cyclohexyl]-3-hydroxy-1,4-

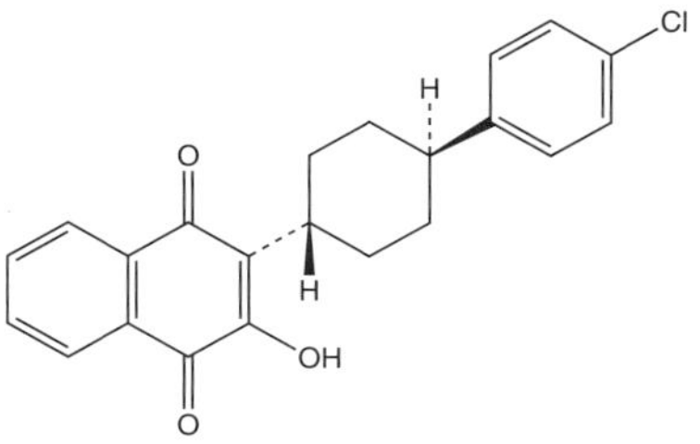

OS: *Atovaquone [BAN, USAN]*
IS: *566C (Burroughs Wellcome)*
IS: *566C80 (Burroughs Wellcome)*
IS: *Compound 566 (Burroughs Wellcome)*
PH: Atovaquone [USP 30]

Malarone® [+ Proguanil hydrochloride] (GlaxoSmithKline: AT, AU, CA, CH, DE, ES, FI, FR, GB, HK, IE, IT, LU, MY, NO, NZ, SE, SG, TH, US)
Mepron® (GlaxoSmithKline: CA, US)
Wellvone® (GlaxoSmithKline: AT, AU, BE, CH, DE, ES, FR, GB, GR, NL, SE, ZA)
Wellvone® (Wellcome-GB: IT)

Atracurium Besilate (Rec.INN)

L: Atracurii Besilas
I: Atracurio Besilato
D: Atracurium besilat
F: Besilate d'Atracurium
S: Besilato de atracurio

Neuromuscular blocking agent

CAS-Nr.: 0064228-81-5 C_{65}-H_{82}-N_2-O_{18}-S_2
M_r 1243.511

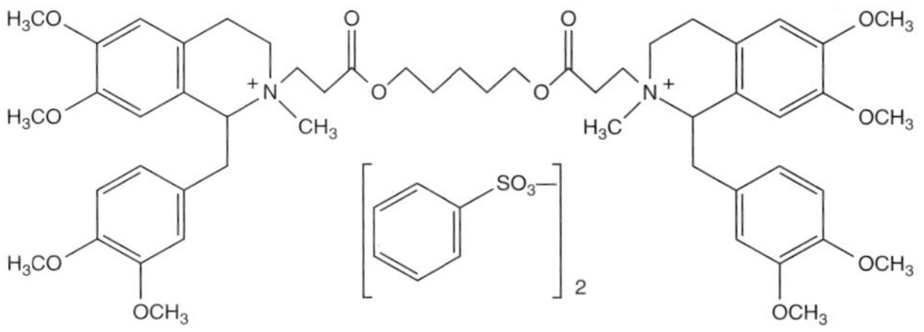

OS: *Atracurium Besylate [USAN]*
OS: *Atracurium Besilate [BAN]*
OS: *Atracurio Besilato [DCIT]*
IS: *33 A 74*
IS: *BW 33A (Wellcome, GB)*
PH: Atracurio besilato [F.U. IX]
PH: Atracurium Besilate [BP 2007, Ph. Eur. 5]
PH: Atracurium Besylate [USP 30]

Abbocurium® (Abbott: PL)
Acurmil® (Lisapharma: IT)
Atracur Amex® (Amex: PE)
Atracurio Besilato Mayne® (Mayne: IT)
Atracurio Besilato® (Abbott: PE)
Atracurio Besilato® (Biosano: CL)
Atracurio Besilato® (Sanderson: CL)
Atracurio Gray® (Gray: AR)
Atracurium Besylate Abbott® (Abbott: TH)
Atracurium Besylate DBL® (Mayne: HK, NZ)
Atracurium Besylate Injection® (Mayne: AU, US)
Atracurium Besylate® (Abbott: AU)
Atracurium Besylate® (Baxter Healthcare: US)
Atracurium Besylate® (Bedford: US)
Atracurium Besylate® (Hospira: US)
Atracurium Besylate® (Mayne: SG, US)
Atracurium Besylate® (Sicor: US)
Atracurium Besylate® (Tempo: ID)
Atracurium curamed® (Curamed: DE)
Atracurium Fabra® (Fabra: AR)
Atracurium Gemepe® (Gemepe: AR)
Atracurium Gobbi® (Gobbi: AR)
Atracurium Hameln® (Hameln: DE, NL)
Atracurium Helm® (Helm: NL)
Atracurium Hexal® (Hexal: DE)
Atracurium Northia® (Northia: AR)
Atracurium-DeltaSelect® (DeltaSelect: DE)
Atracurium-DeltaSelect® (Deltaselect: RS)
Atracurium-Hameln® (Hameln: IT)
Atracuriumbesilaat® (Genthon: NL)
Atracuriumbesilat DeltaSelect® (DeltaSelect: AT)
Atracurium® (Genthon: CZ)
Atracurium® (Mayne: GB, SG)
Atrelax® (Unimed & Unihealth: BD)
Besilato Atracurio Inibsa® (Inibsa: ES)
Besilato de Atracurio® (Bestpharma: CL)
Dematrac® [inj.] (Dem Ilaç: TR)
Faulcurium® (Mayne: PT)
Gelolagar® (Fada: AR)
Laurak® (Vita: ES)
Mycurium® (Taro: IL)
Relatrac® [inj.] (Ecar: CO)
Relatrac® [inj.] (Schein: PE)
Tracrium® (GlaxoSmithKline: AE, AG, AN, AR, AT, AU, AW, BB, BD, BE, BG, BH, BR, CH, CL, CZ, DE, EC, ES, FR, GB, GD, GE, GR, GY, HK, HU, ID, IL, IN, IR, IT, JM, KW, LC, LU, MX, MY, NL, NZ, OM, PE, PH, PL, QA, RO, RS, RU, SE, SG, SI, TH, TR, TT, VC, VN, ZA)
Tracrium® (Hospira: US)
Tracrium® [vet.] (GlaxoSmithKline: GB)
Tracurix® (Richmond: AR)
Tracuron® (Scott: AR)
Tracur® (Cristália: BR)

Atropine (BAN)

L: Atropinum
I: Atropina
D: Atropin
F: Atropine
S: Atropina

Parasympatholytic agent

ATC: A03BA01,S01FA01
ATCvet: QS01FA01
CAS-Nr.: 0000051-55-8 C_{17}-H_{23}-N-O_3
M_r 289.381

Benzeneacetic acid, α-(hydroxymethyl)- 8-methyl-8-azabicyclo[3.2.1]oct-3-yl ester endo-(±)-

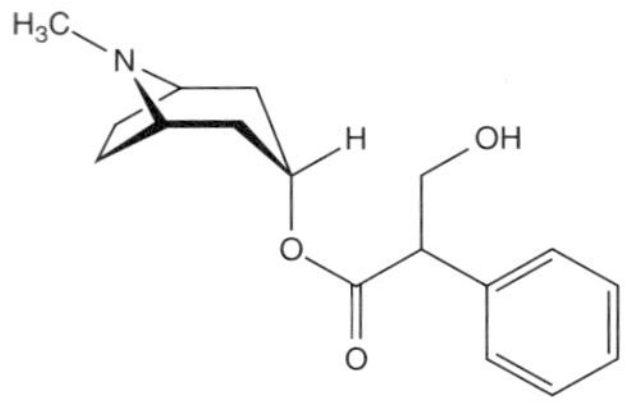

OS: *Atropine [USAN, BAN, DCF]*
IS: *(±)-Hyoscyamine*
IS: *d,l-Hyoscyamine*
IS: *(RS)-Tropinyltropat*
PH: Atropine [BPC 1979, USP 30, Ph. Eur. 5]
PH: Atropinum [2.AB-DDR, Ph. Helv. 8]

AtroPen® (Meridian: US)
Atropina Northia® (Northia: AR)
Atropina Solucion Oftalmica® (Biosano: CL)
Atropina® (Aventis: PE)
Atropina® (Northia: AR)
Atropinesulfaat CF® (Centrafarm: NL)
Atropinesulfaat PCH® (Pharmachemie: NL)
Atropinol® (Dr. Winzer: RO)
Oogdruppels Atropine® [vet.] (Alfasan: NL)

– sulfate:

CAS-Nr.: 0005908-99-6
OS: *Atropine Sulphate BANM*
OS: *Atropine Sulfate USAN*
PH: Atropine (sulfate d') Ph. Eur. 5
PH: Atropine Sulfate JP XIV, Ph. Int. 4, USP 30
PH: Atropine Sulphate Ph. Eur. 5
PH: Atropini sulfas Ph. Eur. 5, Ph. Int. 4
PH: Atropinsulfat Ph. Eur. 5

A-Tropin® (Acme: BD)
Atrocare® [vet.] (Animalcare: GB)
Atrodrops® [vet.] (Ceva: NL)
Atroject® [vet.] (Vetus: US)
Atropin Biotika® (Biotika: CZ)
Atropin Dak® (Nycomed: DK)
Atropin Dispersa® (Omnivision: DE, LU)
Atropin EDO® (Mann: DE)
Atropin Merck NM® (Merck NM: SE)
Atropin Minims® (Chauvin: NO)
Atropin PS® (Pharma-Skan: DK)
Atropin SAD® (SAD: DK)
Atropin sulfat® (Verofarm: RS)
Atropin-POS® (Ursapharm: CZ, DE)
Atropina Apolo® (Apolo: AR)
Atropina Braun® (Braun: ES, PT)

Atropina Farmigea® (Farmigea: IT)
Atropina Llorens® (Llorens: ES)
Atropina Lux® (Allergan Ph.-Eir: IT)
Atropina Solfato® (Bioindustria Lim: IT)
Atropina Solfato® (Fisiopharma: IT)
Atropina Solfato® (Galenica: IT)
Atropina Solfato® (Mayne: IT)
Atropina Solfato® (Monico: IT)
Atropina Solfato® (Salf: IT)
Atropina Sulfato Ecar® (Ecar: CO)
Atropina Sulfato Serra® (Serra Pamies: ES)
Atropina Sulfato® (Biosano: CL)
Atropina Sulfato® (Lansier: PE)
Atropina Sulfato® (Richmond: AR)
Atropina Sulfato® (Sanderson: CL)
Atropina Sulfato® (Trifarma: PE)
Atropina® (Allergan: BR)
Atropina® (Farmigea: IT)
Atropina® (Life: EC)
Atropina® (Saval Nicolich: CL)
Atropine Aguettant® [vet.] (Aguettant: FR)
Atropine Care® (Akorn: US)
Atropine Covan® (Al Pharm: ZA)
Atropine Eye Ointment® [vet.] (Jurox: AU)
Atropine Faure® (Europhta: MC)
Atropine Faure® (Novartis: CH)
Atropine FNA® (FNA: NL)
Atropine Injection® (AstraZeneca: AU)
Atropine Injection® (CSL: AU)
Atropine Injection® (International Medication Systems: GB)
Atropine Injection® (Pharmacia: AU)
Atropine Injection® [vet.] (Apex: AU)
Atropine Injection® [vet.] (Phoenix: NZ)
Atropine Injection® [vet.] (Vedco: US)
Atropine Injection® [vet.] (Vetus: US)
Atropine Minims® (Chauvin: BE, NL)
Atropine Novartis Ophthalmics® (Novartis Ophthalmics: SG)
Atropine Novartis® (Novartis: TH)
Atropine Sulfaat® (Centrafarm: NL)
Atropine Sulfate Cooper® (Cooper: GR)
Atropine Sulfate Demo® (Demo: GR, TH)
Atropine Sulfate Injection BP® (AstraZeneca: AU, NZ)
Atropine Sulfate Injection BP® (CSL: AU)
Atropine Sulfate Injection BP® (DBL: NZ)
Atropine Sulfate Injection BP® (Pharmacia: AU)
Atropine Sulfate Lavoisier® (Chaix et du Marais: FR)
Atropine Sulfate® (Abraxis: US)
Atropine Sulfate® (Akorn: US)
Atropine Sulfate® (American Pharmaceutical Partners: US)
Atropine Sulfate® (Bausch & Lomb: US)
Atropine Sulfate® (Fawns & McAllan: AU)
Atropine Sulfate® (Fougera: US)
Atropine Sulfate® (Hospira: CA, US)
Atropine Sulfate® (IMS: US)
Atropine Sulfate® (Qualitest: US)
Atropine Sulfate® (Rekah: IL)
Atropine Sulfate® (Sandoz: CA)
Atropine Sulfate® (Teva: IL)
Atropine Sulfate® [vet.] (Ati: IT)
Atropine Sulfate® [vet.] (Butler: US)
Atropine Sulfate® [vet.] (Phoenix: US)
Atropine Sulfate® [vet.] (RXV: US)
Atropine Sulfate® [vet.] (VetTek: US)
Atropine Sulfate® [vet.] (Western: US)
Atropine Sulphate Atlantic® (Atlantic: SG, TH)
Atropine Sulphate-Fresenius® (Bodene: ZA)
Atropine Sulphate® (Edruc: BD)
Atropine Sulphate® (Rekah: IL)
Atropine Sulphate® (Teva: IL)
Atropine-OSL® (Opso Saline: BD)
Atropinesulfaat HPS® (HPS: NL)
Atropinesulfaat® (IMS: NL)
Atropine® (Chemist: BD)
Atropine® (CSL: NZ)
Atropine® (Jayson: BD)
Atropine® (Martindale: GB)
Atropine® (Novartis: AU)
Atropine® (Viatris: BE)
Atropine® (Vitamed: IL)
Atropine® (Wockhardt: GB)
Atropine® [vet.] (Alfasan: NL)
Atropine® [vet.] (Apex: AU)
Atropine® [vet.] (Bayer Animal Health: ZA)
Atropine® [vet.] (Eurovet: NL)
Atropine® [vet.] (Phoenix: NZ)
Atropini sulfas® (Belupo: BA, HR, SI)
Atropini sulfas® (Ethica: ID)
Atropinium sulfuricum Streuli® (Streuli: CH)
Atropinsulfat Braun® (Braun: DE, LU)
Atropinsulfat Lannacher® (Lannacher: AT)
Atropinsulfat® (Köhler: DE)
Atropinum sulfuricum Eifelfango® (Eifelfango: DE)
Atropinum Sulfuricum Nycomed® (Nycomed: AT)
Atropinum Sulfuricum® (Egis: HU)
Atropinum Sulfuricum® (Polfa Warszawa: PL)
Atropinum Sulfuricum® [vet.] (WDT: DE)
Atropinum Sulphuricum® (VSM: NL)
Atropin® (Biotika: CZ)
Atropin® (Hemomont: RS)
Atropin® (Leiras: FI)
Atropin® (Novartis Ophthalmics: SE)
Atropin® (Nycomed: NO)
Atropin® [inj.] (Biofarma: TR)
Atropin® [inj.] (Drogsan: TR)
Atropin® [inj.] (Galen: TR)
Atropin® [inj.] (Osel: TR)
Atropisa® (Schein: PE)
Atropisol® (Novartis Ophthalmics: US)
Atropocil® (Edol: PT)
Atropt® (Healthcare Logistics: NZ)
Atropt® (Sigma: AU)
Atrosite® [vet.] (Ilium Veterinary Products: AU)
Atrosol® (Sanovel: TR)
Atrospan® (Fischer: IL)
Bell Pino-Atrin® (Bell: IN)
Bellafit N® (Streuli: CH)
Bellapan® (Farmapol: PL)
Cendo Tropine® (Cendo: ID)
Colircusi Atropina® (Alcon: ES, PT)
Colirio Ocul Atropina® (Novartis: ES)
Dhamotil® [+Diphenoxylate HCl] (DHA: SG)
Diphenoxylate and Atropine Sulfate® [+ Diphenoxylate hydrochloride] (Roxane: US)
Dolospam Lch® (Ivax: PE)
Dysurgal® (MaxMedic: DE)

Endotropina® (Fada: AR)
Ilium Atropine Eye Ointment® [vet.] (Ilium Veterinary Products: AU)
Isopto Atropina® (Alcon: AR, PE)
Isopto Atropine® (Alcon: BE, BW, CA, ER, ET, GB, GH, IE, KE, LK, LU, MW, NA, NG, SG, TH, TZ, UG, US, ZA, ZM, ZW)
Isopto Atropine® [vet.] (Alcon: GB, SE)
Isopto Atropin® (Alcon: IS, SE)
Isotic Cycloma® (Fahrenheit: ID)
Isotop® [vet.] (Alcon: SE)
Itropin® (Nipa: BD)
Lomotil® [+ Diphenoxylate hydrochloride] (ARIS: TR)
Lomotil® [+ Diphenoxylate hydrochloride] (Goldshield: GB, IE)
Lomotil® [+ Diphenoxylate hydrochloride] (Pfizer: ET, GH, HK, NG, SG, US)
Lomotil® [+ Diphenoxylate hydrochloride] (Pharmacia: AU)
Lomotil® [+ Diphenoxylate hydrochloride] (RPG: IN)
Lonox® [+ Diphenoxylate hydrochloride] (Pfizer Consumer Health: US)
Merck-Atropine Sulphate® (Merck Generics: ZA)
Micro Atropine Injection® (Micro: ZA)
Min-I-Jet Atropine Sulphate® (UCB: GB)
Minims Atropine Sulphate® (Bausch & Lomb: NZ)
Minims Atropine Sulphate® (Chauvin: GB)
Minims Atropine Sulphate® (Novartis: FI)
Minims Atropinesulfaat® (Chauvin: NL)
Minims Atropine® (Chauvin: IE)
Minims Atropine® [vet.] (Chauvin: BE, GB, IE)
Minims Atropinsulfat® (Chauvin: AT)
Mydripine® (Gaco: BD)
Ocu-Tropine® (Ocumed: US)
Oft Cusi Atropina® (Alcon: ES)
Ryuato® (Santen: JP)
Sabax Atropine® (Critical Care: ZA)
Sal-Tropine® (Hope: US)
Stellatropine® (Lohmann & Rauscher: BE, LU)
Sulfat de Atropină® (Zentiva: RO)
Sulfate d'Atropine-Chauvin® (Chauvin: LU)
Sulfato de Atropina Biol® (Biol: AR)
Sulfato de Atropina Larjan® (Veinfar: AR)
Sulfato de Atropina® (Geyer: BR)
Sultropin® [vet.] (Sorologico: PT)
VT Doses Atropine® [vet.] (Virbac: FR)
Ximex Optitrop® (Konimex: ID)

Atropine Oxide (Rec.INN)

L: Atropini Oxydum
I: Atropina ossido
D: Atropinoxid
F: Atropine-oxyde
S: Oxido de atropina

Antispasmodic agent

CAS-Nr.: 0004438-22-6 — C_{17}-H_{23}-N-O_4, M_r 305.381

Benzeneacetic acid, α-(hydroxymethyl)- 8-methyl-8-azabicyclo[3.2.1]oct-3-yl ester endo-(±)-, N-oxide

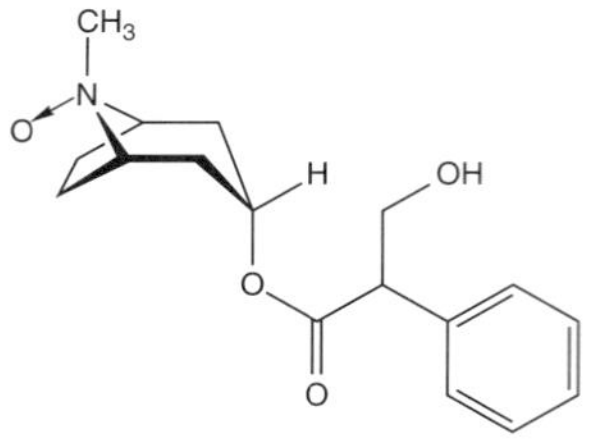

OS: *Atropina ossido [DCIT]*
IS: *Atropini oxidum*
IS: *Genatropine*

Apitropin® (Amman Pharm: RO)

Attapulgite (Ph. Eur.)

I: Attapulgite
D: Attapulgit
F: Attapulgite
S: Attapulgite

Antacid

ATC: A07BC04
CAS-Nr.: 0001337-76-4

Attapulgite is a purified native hydrated aluminium magnesium silicate essentially consisting of the clay mineral palygorskite [BP]

OS: *Attapulgite [DCF]*
IS: *Palygorskit*
IS: *Aluminium-magnesium-hydroxy-silicat*
PH: Aluminium-Magnesium-Silicat [Ph. Eur. 5]
PH: Aluminii magnesii silicas [Ph. Eur. 5, Ph. Int. 4]
PH: Aluminium (silicate d') et de magnésium [Ph. Eur. 5]
PH: Aluminium magnesium silicate [Ph. Eur. 5, Ph. Int. 4]

Actapulgite® (Beaufour Ipsen: CH)
Actapulgite® (Ipsen: BE, FR, LU)
Actapulgite® (Uhlmann-Eyraud: CH)
Attapulgite® (Ivax: US)
Donngel® (Wyeth: US)
Entox-P® (Wyeth: TH)
Kaopectate® (Johnson & Johnson Merck: CA)
Neointestopan® (Transatlantic International: RU)
Teradi® (Global: ID)

– activated:

OS: *Activated Attapulgite USAN*
PH: Activated Attapulgite BP 2007, USP 30

Atta® (Unichem: TH)
Diasorb® (Columbia: US)
Enterogit® (Soho: ID)
Gastrosorb® (Synco: HK)
Kaotate® (Pfizer: ID)
Neo Enterodiastop® (Combiphar: ID)
Neo Koniform® (Konimex: ID)
New Diatabs® (Medifarma: ID)
New Diatabs® (United Pharma: VN)
Rheaban® (Pfizer: US)

Tapurae® (Lapi: ID)
Tinda® (Shin Long: TW)

Auranofin (Rec.INN)

L: Auranofinum
I: Auranofin
D: Auranofin
F: Auranofine
S: Auranofina

Antirheumatoid agent

ATC: M01CB03
CAS-Nr.: 0034031-32-8 — C_{20}-H_{34}-Au-O_9-P-S
M_r 678.492

Gold, (1-thio-β-D-glucopyranose 2,3,4,6-tetraacetato-S)(triethylphosphine)-

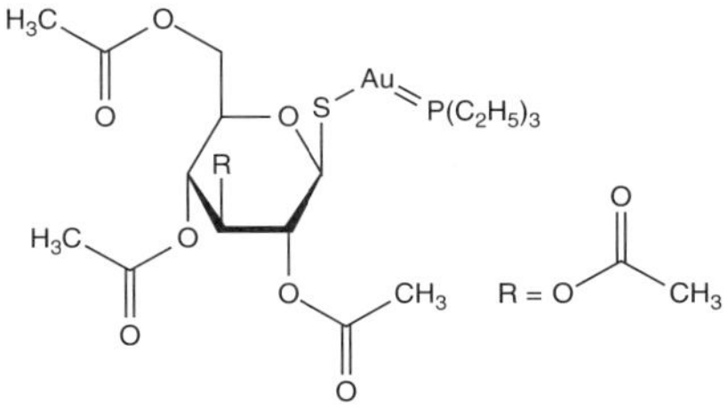

OS: *Auranofin [BAN, DCIT, JAN, USAN]*
OS: *Auranofine [DCF]*
IS: *SKF D-39162*

Auropan® (Krka: CZ, SI)
Goldar® (Zydus: IN)
Ridauran® (Pierre Fabre: FR)
Ridaura® (Astellas: DE, GB, IT, PT)
Ridaura® (Doetsch Grether: CH)
Ridaura® (Euro: NL)
Ridaura® (GlaxoSmithKline: AE, BH, IR, KW, NL, OM, QA)
Ridaura® (Goldshield: AT, DK, FI, HK, IE, IL, NO)
Ridaura® (Link: AU, NZ)
Ridaura® (Pharmafrica: ZA)
Ridaura® (Prometheus: US)
Ridaura® (Recordati: ES)
Ridaura® (SmithKline Beecham: BR)
Ridaura® (Vianex: GR)
Ridaura® (Yamanouchi: BE, LU, NL)
Ridaura® [vet.] (Astellas: GB)

Aurothioglucose (USP)

D: Aurothioglucose

Antirheumatoid agent

ATC: M01CB04
CAS-Nr.: 0012192-57-3 — C_6-H_{11}-Au-O_5-S
M_r 392.184

Gold, (1-thio-D-glucopyranosato)-

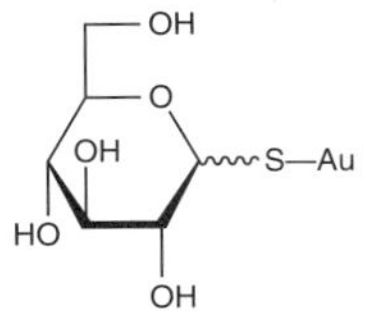

OS: *Aurothioglucose [USAN]*
IS: *Gold Thioglucose*
IS: *(1-D-Glucosylthio)gold*
IS: *(1-D-Glucosylthio)gold (ASK, IUPAC)*
PH: Aurothioglucose [USP 30]

Auromyose® (Organon: NL)
Solganal® (Schering: DE, US)
Solganal® (Schering-Plough: IL)

Aurotioprol

D: Aurotioprol natrium
F: Aurothiopropanolsulfonate de sodium

Antirheumatoid agent

ATC: M01CB05
CAS-Nr.: 0027279-43-2 — C_3-H_6-Au-Na-O_4-S_2
M_r 390.161

Aurate(1-), [2-hydroxy-3-mercapto-1-propanesulfonato(2-)]-, sodium

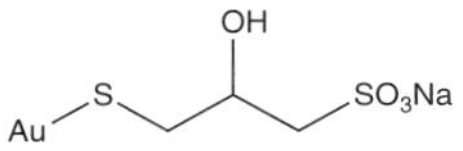

OS: *Aurothiopropanolsulfonate de sodium [DCF]*
IS: *Natrium 3-(aurothio)-2-hydroxypropansulfonat (IUPAC)*
PH: Sodium (aurothiopropanolsulfonate de) [Ph. Franç. X]

Allochrysine® (Genopharm: FR)

Avilamycin (Rec.INN)

L: Avilamycinum
I: Avilamicina
D: Avilamycin
F: Avilamycine
S: Avilamycina

Antibiotic [vet.]

CAS-Nr.: 0011051-71-1

An antibiotic obtained from cultures of *Streptomyces viridochromogenes*, or the same substance produced by any other means; consists mainly of Avilamycin A

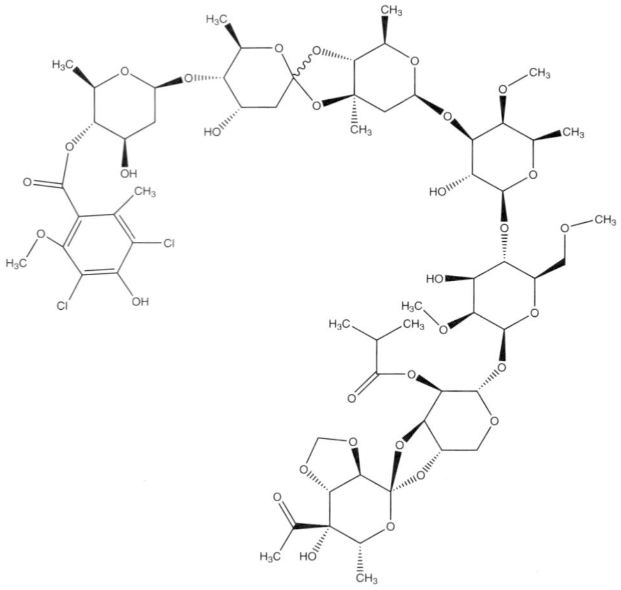

OS: *Avilamycin [BAN, USAN]*
IS: *LY 048740 (Lilly)*
IS: *HSDB 7029*

Maxus® [vet.] (Elanco: GB)
Surmax® [vet.] (Elanco: AU, NZ, ZA)

Azacitidine (Rec.INN)

L: Azacitidinum
D: Azacitidin
F: Azacitidine
S: Azacitidina

Antineoplastic agent

CAS-Nr.: 0000320-67-2 C_8-H_{12}-N_4-O_5
M_r 244.224

1,3,5-Triazin-2(1H)-one, 4-amino-1-β-D-ribofuranosyl-

OS: *Azacitidine [USAN]*
IS: *Ladakamycin*
IS: *U 18496*

Vidaza® (Er-Kim: TR)
Vidaza® (Lipomed: CH)
Vidaza® (Pharmion: US)

Azamethiphos (BAN)

D: Azamethiphos

Insecticide [vet.]
ATCvet: QP53AF17
CAS-Nr.: 0035575-96-3 C_9-H_{10}-Cl-N_2-O_5-P-S
M_r 324.68

S-[(6-Chloro-2,3-dihydro-2-oxo-1,3-oxazolo[4,5-*b*]pyridin-3-yl)methyl]-*O,O*-dimethylphosphorothioate

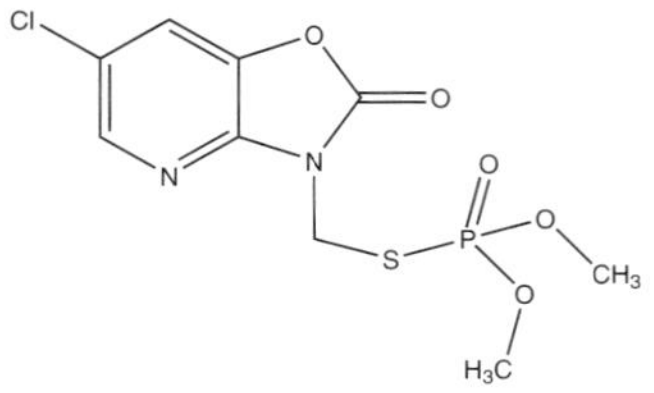

OS: *Azamethiphos [BAN, USAN]*
IS: *CGA 18809*
IS: *OMS No 1825*

Actogard® [vet.] (Novartis Santé Animale: FR)
Alfacron® [vet.] (Novartis Animal Health: AU)
Alfacron® [vet.] (Novartis Santé Animale: FR)
Salmosan® [vet.] (Novartis: NO)
Salmosan® [vet.] (Novartis Animal Health: GB)

Azanidazole (Rec.INN)

L: Azanidazolum
I: Azanidazolo
D: Azanidazol
F: Azanidazole
S: Azanidazol

Antiprotozoal agent, trichomonacidal

ATC: G01AF13,P01AB04
CAS-Nr.: 0062973-76-6 C_{10}-H_{10}-N_6-O_2
M_r 246.23

2-Pyrimidinamine, 4-[2-(1-methyl-5-nitro-1H-imidazol-2-yl)ethenyl]-, (E)-

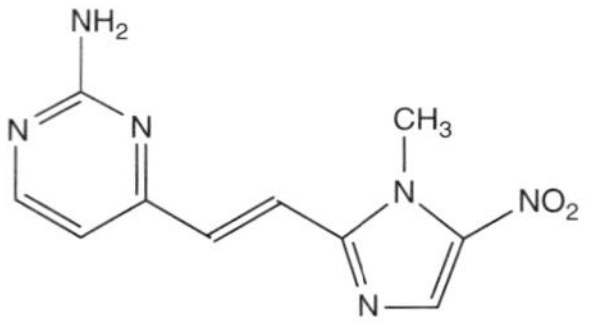

OS: *Azanidazole [BAN, USAN]*
OS: *Azanidazolo [DCIT]*

Triclose® (Q-Med: IT)

Azapentacene

D: Azapentacen

Ophthalmic agent

CAS-Nr.: 0003863-80-7 C_{18}-H_{12}-N_4-Na_2-O_6-S
M_r 490.43

Quinoxalino(2,3-*b*)phenazine, 5,12-dihydro-,sulfonate, sodium salt (1:2:2)

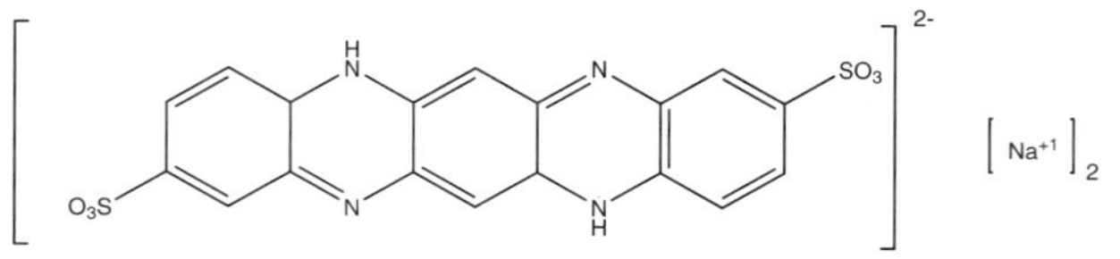

IS: *Phacolysine*

Lutrax® (Alcon: PE)
Quinax® (Alcon: BA, HK, PL, RO, RS, SG, TH)

Azaperone (Rec.INN)

L: Azaperonum
D: Azaperon
F: Azapérone
S: Azaperona

Hypnotic, sedative [vet.]

CAS-Nr.: 0001649-18-9 C_{19}-H_{22}-F-N_3-O
M_r 327.415

1-Butanone, 1-(4-fluorophenyl)-4-[4-(2-pyridinyl)-1-piperazinyl]-

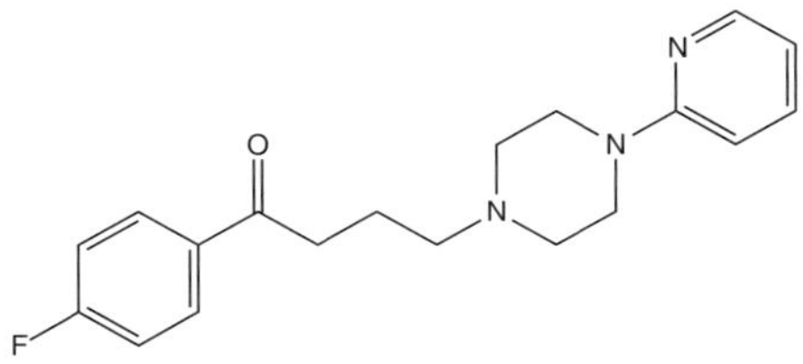

OS: *Azaperone [BAN, DCF, USAN]*
IS: *R 1929*
PH: Azaperone [USP 30]
PH: Azaperone for veterinary use [Ph. Eur. 5]
PH: Azaperonum ad usum veterinarium [Ph. Eur. 5]
PH: Azaperon für Tiere [Ph. Eur. 5]
PH: Azapérone pour usage vétérinaire [Ph. Eur. 5]

Stresnil® [vet.] (Ausrichter: NZ)
Stresnil® [vet.] (Bayer Animal Health: ZA)
Stresnil® [vet.] (Biokema: CH)
Stresnil® [vet.] (Boehringer Ingelheim: AU)
Stresnil® [vet.] (Esteve Veterinaria: PT)
Stresnil® [vet.] (Janssen: AT, BE, IE, IT, LU, NL)
Stresnil® [vet.] (Janssen Animal Health: DE, GB)
Stresnil® [vet.] (Janssen Santé Animale: FR)
Stresnil® [vet.] (Schering-Plough: US)

Azapropazone (Rec.INN)

L: Azapropazonum
I: Azapropazone
D: Azapropazon
F: Azapropazone
S: Azapropazona

Antiinflammatory agent
Analgesic
Antipyretic

ATC: M01AX04
CAS-Nr.: 0013539-59-8 C_{16}-H_{20}-N_4-O_2
M_r 300.376

1H-Pyrazolo[1,2-a][1,2,4]benzotriazine-1,3(2H)-dione, 5-(dimethylamino)-9-methyl-2-propyl-

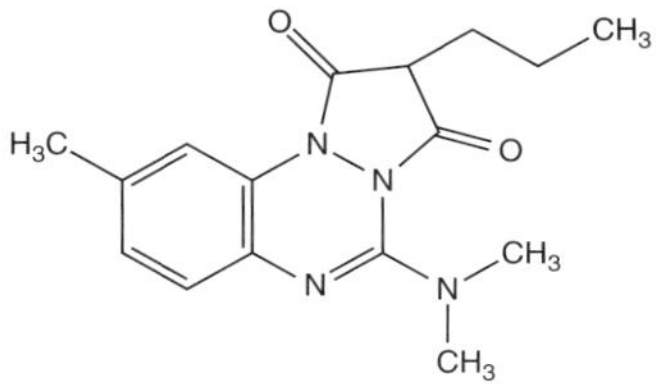

OS: *Apazone [USAN]*
OS: *Azapropazone [BAN, DCF, DCIT]*
IS: *AHR 3018*
IS: *Cinnopropazone*
IS: *MI 85 Di*

– dihydrate:

IS: *Mi 85*
PH: Azapropazone BP 2007

Prolixan® (Dagra: NL)
Prolixan® (Jacoby: AT)
Prolixan® (Malesci: IT)
Prolixan® (Neves: PT)
Prolixan® (Siegfried: CH)
Rheumox® (Goldshield: GB, IE)
Rheumox® (Robins: US)

Azasetron (Rec.INN)

L: Azasetronum
D: Azasetron
F: Azasétron
S: Azasetron

Antiemetic
Serotonin antagonist

CAS-Nr.: 0123040-69-7 C_{17}-H_{20}-Cl-N_3-O_3
M_r 349.82

(+/-)-N-(3-Chinuclidinyl)-6-chlor-3,4-dihydro-4-methyl-3-oxo-2H-1,4-benzoxazin-8-carboxamid [IUPAC]

N-1-azabicyclo(2.2.2)oct-3-yl-6-chloro-3,4-dihydro-4-methyl-3-oxo-2H-1,4-benzoxazine-8-carboxamide [IPUR]

(+/-)-6-Chloro-3,4-dihydro-4-methyl-3-oxo-N-3-quinuclidinyl-2H-1,4-benzoxazine-8-carboxamide [WHO]

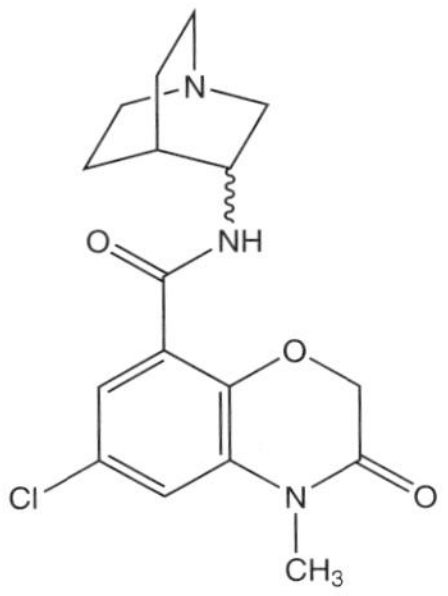

OS: *Nazasetron [JAN]*
OS: *Azasetron [USAN]*
IS: *EP 313393*
IS: *US 4892872*

- **monohydrochloride:**
  CAS-Nr.: 0141922-90-9
  OS: *Azasetron Hydrochloride JAN*
  IS: *Y 25130 (Yoshitomi, Japan)*

  Serotone® (Mitsubishi: JP)
  Serotone® (Welfide: KR)

Azatadine (Rec.INN)

L: **Azatadinum**
I: **Azatadina**
D: **Azatadin**
F: **Azatadine**
S: **Azatadina**

Antiallergic agent
Histamine, H_1-receptor antagonist

ATC: R06AX09
CAS-Nr.: 0003964-81-6 C_{20}-H_{22}-N_2
M_r 290.416

5H-Benzo[5,6]cyclohepta[1,2-b]pyridine, 6,11-dihydro-11-(1-methyl-4-piperidinylidene)-

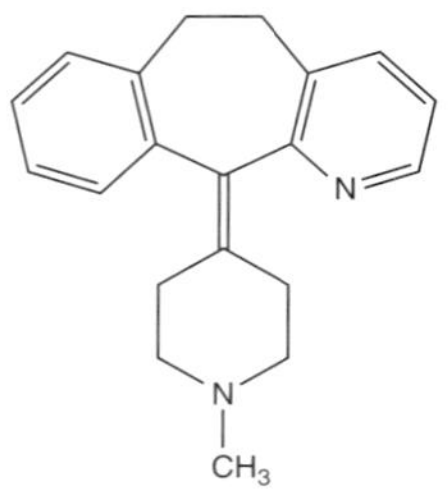

OS: *Azatadine [BAN, DCF]*
OS: *Azatadina [DCIT]*
IS: *Sch 10649 (Schering, USA)*

- **dimaleate:**
  CAS-Nr.: 0003978-86-7
  OS: *Azatadine Maleate BANM, USAN*
  IS: *Sch 10649 (Schering, USA)*
  PH: Azatadine Maleate USP 30

  Idulamine® (Plough: CO)
  Lergocil® (Juste: ES)
  Optimine® (Key: US)
  Optimine® (Schering: CA)
  Optimine® (Schering-Plough: LU)
  Zadine® (Schering-Plough: AU, ID, SG)

Azathioprine (Rec.INN)

L: **Azathioprinum**
I: **Azatioprina**
D: **Azathioprin**
F: **Azathioprine**
S: **Azatioprina**

Immunosuppressant

ATC: L04AX01
CAS-Nr.: 0000446-86-6 C_9-H_7-N_7-O_2-S
M_r 277.285

1H-Purine, 6-[(1-methyl-4-nitro-1H-imidazol-5-yl)thio]-

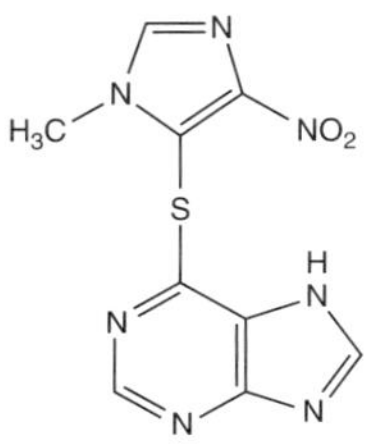

OS: *Azathioprine [BAN, DCF, USAN]*
OS: *Azatioprina [DCIT]*
IS: *BW 57-322*
IS: *NSC-39084*
PH: Azathioprin [Ph. Eur. 5]
PH: Azathioprine [JP XIV, Ph. Eur. 5, Ph. Int. 4, USP 30]
PH: Azathioprinum [Ph. Eur. 5, Ph. Int. 4]

Apo-Azathioprine® (Apotex: CA)
Aza-Q® (Juta: DE)
Aza-Q® (Q-Pharm: DE)
Azafalk® (Falk: DE)
Azahexal® (Hexal: AU)
Azaimun® (mibe: DE)
Azamedac® (Medac: DE)
Azamun® (Douglas: AU, NZ)
Azamun® (Leiras: CZ, FI)
Azamun® (Pharmaplan: ZA)
Azanin® (Tanabe: JP)
Azapin® (Arrow: AU)
Azapress® (Aspen: ZA)
Azaprine® (Ivax: CZ)
Azarek® (Hexal: DE, LU)
Azarek® (Sandoz: CH)
Azasan® (Salix: US)
azathiodura® (Merck dura: DE)
Azathioprin 1A Pharma® (1A Pharma: DE)
Azathioprin acis® (acis: DE)
Azathioprin Actavis® (Actavis: DK, SE)
Azathioprin AL® (Aliud: DE)
Azathioprin beta® (betapharm: DE)
Azathioprin Copyfarm® (Copyfarm: DK)
Azathioprin Heumann® (Heumann: DE)
Azathioprin Hexal® (Hexal: AT, DE)
Azathioprin Ratiopharm® (ratiopharm: DE, DK)
Azathioprin Stada® (Stadapharm: DE)
Azathioprin-Puren® (Alpharma: DE)
Azathioprina Carrion® (Carrion: PE)
Azathioprine Alpharma® (Alpharma: NL)
Azathioprine Bexal® (Bexal: BE)
Azathioprine Cf® (Centrafarm: NL)
Azathioprine Gf® (Genfarma: NL)
Azathioprine Katwijk® (Katwijk: NL)
Azathioprine Merck® (Merck Generics: NL)
Azathioprine Merck® (Merck Génériques: FR)
Azathioprine PCH® (Med: TR)
Azathioprine PCH® (Pharmachemie: NL)
Azathioprine Pharmachemie® (Chemipharm: GR)
Azathioprine Pharmachemie® (Pharmachemie: ID, TH)
Azathioprine Ratiopharm® (Ratiopharm: NL)
Azathioprine Sandoz® (Sandoz: DE, NL)
Azathioprine® (Alpharma: GB)
Azathioprine® (Atafarm: TR)

Azathioprine® (Betapharm: NL)
Azathioprine® (Hexal: NL)
Azathioprine® (Hillcross: GB)
Azathioprine® (Kent: GB)
Azathioprine® (Mylan: US)
Azathioprine® (Pharmachemie: MY)
Azathioprine® (Roxane: US)
Azathioprine® (Sandoz: US)
Azathioprine® (Vis: PL)
Azatioprin Merck NM® (Merck NM: SE)
Azatioprina Asofarma® (Raffo: AR)
Azatioprina Carrion® [tab.] (Carrion: PE)
Azatioprina Dosa® (Dosa: AR)
Azatioprina Filaxis® (Filaxis: AR)
Azatioprina Hexal® (Hexal: IT)
Azatioprina Rontag® (Rontag: AR)
Azatioprina Tuteur® (Teva: AR)
Azatioprina Wellcome® (Wellcome-GB: IT)
Azatioprina® (Bestpharma: CL)
Azatioprina® (Pharmachemie: PE)
Azatioprina® (Tecnofarma: CL)
Azatrilem® (Lemery: MX)
Azopi® (Generics: IL)
Azoran® (RPG: IN)
Colinsan® (Ferring: DE)
Gen-Azathioprine® (Genpharm: CA)
GenRX Azathioprine® (GenRX: AU)
Immunoprin® (Ashbourne: GB)
Imuger® (Gerard: IE)
Imunen® (Cristália: BR)
Imuprin® (Remedica: CY, ET, GH, KE, TZ)
Imuran® (EU-Pharma: NL)
Imuran® (GlaxoSmithKline: AE, AG, AN, AR, AU, AW, BA, BB, BD, BE, BG, BH, BR, CA, CL, CN, CZ, EC, GB, GD, GE, GY, HK, HR, HU, ID, IE, IL, IN, IR, JM, KW, LC, LU, MX, MY, NL, NZ, OM, PE, PH, PL, QA, RO, RS, SG, SI, TH, TR, TT, VC, ZA)
Imuran® (Prometheus: US)
Imuran® [vet.] (GlaxoSmithKline: GB)
Imurek® (Eurim: AT)
Imurek® (GlaxoSmithKline: AT, CH, DE)
Imurek® (Paranova: AT)
Imurel® (Celltech: ES)
Imurel® (GlaxoSmithKline: DK, FI, FR, IS, NO, SE)
Merck-Azathioprine® (Merck: BE)
Novo-Azathioprine® (Novopharm: CA)
Thioprine® (Alphapharm: AU)
Thioprine® (Pacific: NZ)
Transimune® (Troikaa: IN)
Zaprine® (Hexal: ZA)
Zytrim® (Merckle: DE)

– sodium salt:

CAS-Nr.: 0055774-33-9
OS: *Azathioprine Sodium USAN*
PH: Azathioprine Sodium for Injection USP 26

Azathioprine Sodium® [inj.] (Bedford: US)
Azathioprine® (Pharmachemie: LK, NL)
Imuran® [inj.] (Glaxo Wellcome: HR)
Imuran® [inj.] (GlaxoSmithKline: CA, GB, IE, NL, NZ, TR)
Imuran® [inj.] (Prometheus: US)
Imurek® [inj.] (GlaxoSmithKline: AT, CH, DE)

Azelaic Acid (Rec.INN)

L: Acidum acelaicum
I: Acido azelaico
D: Azelainsäure
F: Acide azelaique
S: Acido azelaico

Antiacne
Dermatological agent

ATC: D10AX03
CAS-Nr.: 0000123-99-9 C_9-H_{16}-O_4
M_r 188.227

Nonanedioic acid

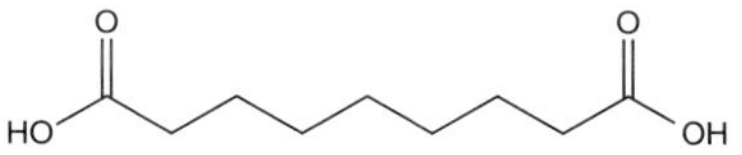

OS: *Azelaic Acid [USAN]*
OS: *Azélaïque (acide) [DCF]*
IS: *Anchoic acid*
IS: *Lepargylic acid*
IS: *ZK 62498 (Schering, Germany)*
IS: *Nonandisäure*
PH: Azelainsäure [DAC]

Acne-Derm® (Unia: PL)
Acnezaic® (Pfizer Consumer Health Care: IT)
Aknoren® (Herbacos: CZ)
Alenzantyl® (Chrispa: GR)
Azedose® (Faran: GR)
Azelac® (Med-One: GR)
Azelaic Acid Novexal® (Novexal: GR)
Azelaic Acid Proel® (Proel: GR)
Azelaic Acid S.J.A.® (S.J.A.: GR)
Azelan® (Schering: BR)
Azelaxine® (Velka: GR)
Azelderm® (Kleva: GR)
Azelderm® (Orva: TR)
Azelec® (Acme: BD)
Azelex® (Allergan: US)
Cevigen® (Bros: GR)
Chemilaic® (Iasis: GR)
Cutacelan® (Schering: AR, CO, EC, PE)
Exazen® (Vocate: GR)
Finacea® (Berlex: US)
Finacea® (Intendis: DK, FR, IS, IT, MX, NO, TR)
Finacea® (Schering: AU, ES, SE)
Finacea® (Valeant: GB)
Finevin® (Berlex: US)
Forcilen® (Specifar: GR)
Hascoderm® (Hasco: PL)
Kenedril® (Biospray: GR)
Noreskin® (Genepharm: GR)
Opilet® (Rafarm: GR)
Prevolac® (Cosmopharm: GR)
Rino-Azetin® (UCI: BR)
Skinoderm® (Pharma Clal: IL)
Skinoren® (Bayer: CH)
Skinoren® (Intendis: CZ, DE, DK, FR, NO, PL, RU, TR)
Skinoren® (Schering: AE, AT, AU, BA, BE, BG, BH, CY, EG, ES, FI, GR, HK, HR, HU, ID, IE, IQ, IS, IT, JO, KW, LB, LU, LY, OM, PH, PT, QA, RO, RS, SA, SD, SE, SG, SI, TH, YE, ZA)
Sonalent® (Chrispa: GR)
Zelicrema® (Biomedica-Chemica: GR)

Zeliderm® (Viñas: ES)
Zeliris® (Sanbe: ID)
Zorkenil® (Uni-Pharma: GR)
Zumilin® (Farmedia: GR)

Azelastine (Rec.INN)

L: Azelastinum
I: Azelastina
D: Azelastin
F: Azélastine
S: Azelastina

Antiallergic agent
Antiasthmatic agent
Antihistaminic agent

ATC: R01AC03,R06AX19
CAS-Nr.: 0058581-89-8 C_{22}-H_{24}-Cl-N_3-O
M_r 381.914

1(2H)-Phthalazinone, 4-[(4-chlorophenyl)methyl]-2-(hexahydro-1-methyl-1H-azepin-4-yl)-

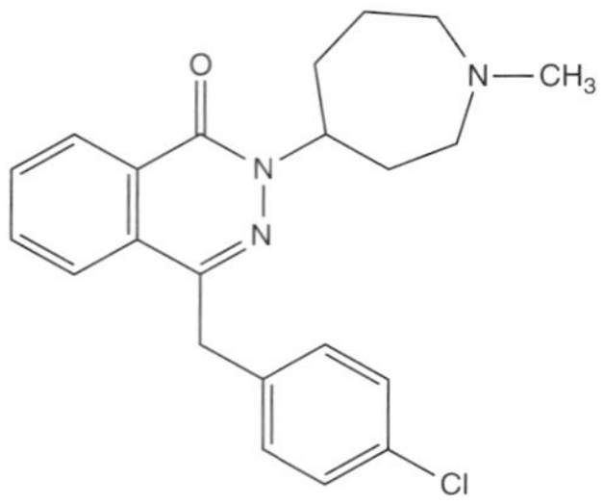

OS: *Azelastine [BAN]*
OS: *Azélastine [DCF]*

– hydrochloride:

CAS-Nr.: 0079307-93-0
OS: *Azelastine Hydrochloride BANM, USAN, JAN*
IS: *A 5610*
IS: *E 0659*
IS: *W 2979 A*
PH: Azelastine Hydrochloride BP
PH: Azelastine Hydrochloride Ph. Eur. 5

Afluon® (Meda: ES)
Alager® (Denver: AR)
Alerdual® (Théa: FR)
Allergodil® (ASTA Medica: AE, BH, CY, EG, IQ, JO, KW, LB, LY, OM)
Allergodil® (Asta Medica: PE)
Allergodil® (ASTA Medica: QA, SA, SD)
Allergodil® (Asta Medica: SI)
Allergodil® (ASTA Medica: SY, YE)
Allergodil® (Gen: TR)
Allergodil® (Meda: AT, CH, DE, FR, GE, RO)
Allergodil® (Pharmadorf: AR)
Allergodil® (Pliva: RU)
Allergodil® (Viatris: BE, CZ, DK, HU, IT, LU, NL, PL, PT)
Allergospray® (Meda: AT)
Amelor® (Tecnoquimicas: CO)
Amsler® (Antibioticos: MX)
Astelin® (Medpointe: US)
Astelin® (Sanfer: MX)
Az Ofteno® (Sophia: MX)
Az Ofteno® (Volta: CL)
Azelastina Viatris® (Meda: ES)
Azelast® (Sigma: BR)
Azelone® (Korea: PH)
Azelvin® (Novartis: NO, SE)
Azeptin® (Eisai: JP)
Azep® (ASTA Medica: HK, ID)
Azep® (German Remedies: IN)
Azep® (Sigma: AU)
Azep® (Transfarma: TH)
Azep® (Viatris: CN)
Brixia® (Pharma Investi: CL)
Brixia® (Poen: AR)
Cloridrato de Azelastina® (EMS: BR)
Corifina® (Lepori: ES)
Lasticom® (Asta Medica-D: IT)
Lastin® (Meda: FI, NO, SE)
Loxin® (Mann: DE)
Oculastin® (Thea: NL)
Optilast® (ASTA Medica: IL)
Optilast® (Meda: GB)
Optivar® (Medpointe: US)
Otrivin Azelastine® (Novartis Consumer Health: NL)
Otrivin Heuschnupfen® (Novartis Consumer Health: CH)
Otrivine Anti-Allergie® (Novartis Consumer Health: BE)
Rhinolast® (ASTA Medica: IL)
Rhinolast® (Meda: GB, IE)
Rhinolast® (Thebe: ZA)
Rino-Lastin® (ASTA Medica: BR)
Vividrin akut Azelastin® (Mann: DE)
Xanaes® (Klonal: AR)

Azidamfenicol (Rec.INN)

L: Azidamfenicolum
D: Azidamfenicol
F: Azidamfénicol
S: Azidanfenicol

Antibiotic, chloramphenicol

ATC: S01AA25
CAS-Nr.: 0013838-08-9 C_{11}-H_{13}-N_5-O_5
M_r 295.25

Acetamide, 2-azido-N-[2-hydroxy-1-(hydroxymethyl)-2-(4-nitrophenyl)ethyl]-, [R-(R*,R*)]-

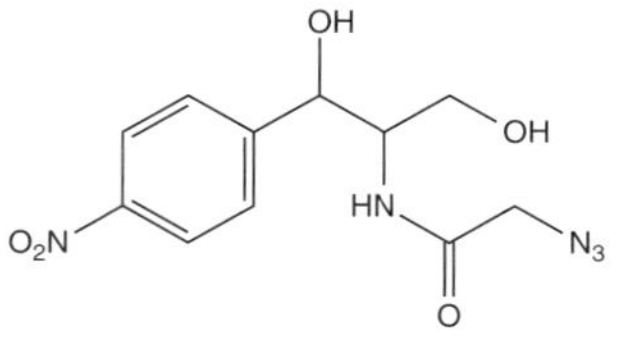

OS: *Azidamfenicol [BAN, DCF, USAN]*
IS: *AAM*
IS: *Bayer 52910 (Bayer)*
IS: *Bay f 4797*
PH: Azidamfenicolum [2.AB-DDR]

Ophthalmo-Azaphenicol® (Galena: CZ)
Posifenicol® (Ursapharm: DE)
Thilocanfol® (Alcon: DE)
Thilocof® (Farmex: GR)

Azidocillin (Rec.INN)

L: **Azidocillinum**
I: **Azidocillina**
D: **Azidocillin**
F: **Azidocilline**
S: **Azidocilina**

⚕ Antibiotic, penicillin, penicillinase-sensitive

ATC: J01CE04
CAS-Nr.: 0017243-38-8 C_{16}-H_{17}-N_5-O_4-S
M_r 375.422

4-Thia-1-azabicyclo[3.2.0]heptane-2-carboxylic acid, 6-[(azidophenylacetyl)amino]-3,3-dimethyl-7-oxo-, [2S-[2α,5α,6β(S*)]]-

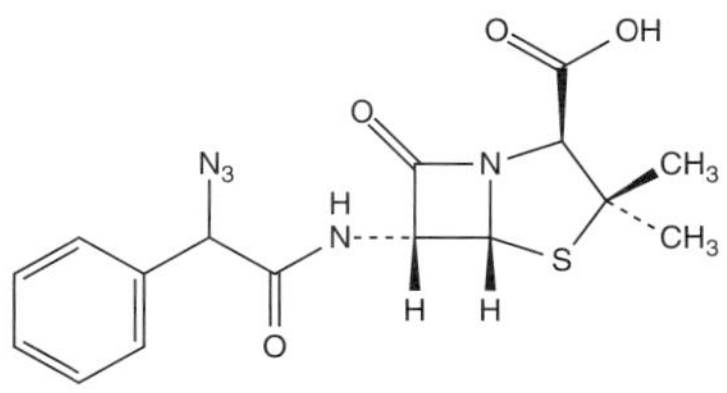

OS: *Azidocillin [BAN, USAN]*
OS: *Azidocillina [DCIT]*
IS: *BRL 2534*
IS: *SPC 297-D*

– sodium salt:

CAS-Nr.: 0035334-12-4

InfectoBicillin H-Tabletten® (Infectopharm: DE)
Longatren® (Bayer: AT)

Azintamide (Rec.INN)

L: **Azintamidum**
D: **Azintamid**
F: **Azintamide**
S: **Azintamida**

⚕ Choleretic

CAS-Nr.: 0001830-32-6 C_{10}-H_{14}-Cl-N_3-O-S
M_r 259.762

Acetamide, 2-[(6-chloro-3-pyridazinyl)thio]-N,N-diethyl-

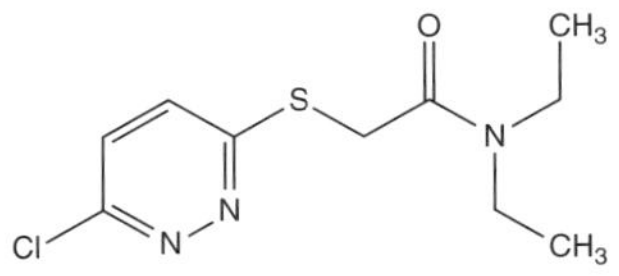

OS: *Azintamide [USAN]*
IS: *Azinthiamide*
IS: *ST 9067*
IS: *X 23 (Klinge Pharma, Germany)*

Ora-Gallin purum® (Nycomed: AT)

Azithromycin (Rec.INN)

L: **Azithromycinum**
I: **Azitromicina**
D: **Azithromycin**
F: **Azithromycine**
S: **Azithromicina**

⚕ Antibiotic, macrolide

ATC: J01FA10
CAS-Nr.: 0083905-01-5 C_{38}-H_{72}-N_2-O_{12}
M_r 749.014

Homoerythromycin A, 9-deoxo-9a-aza-9a-methyl-9a-

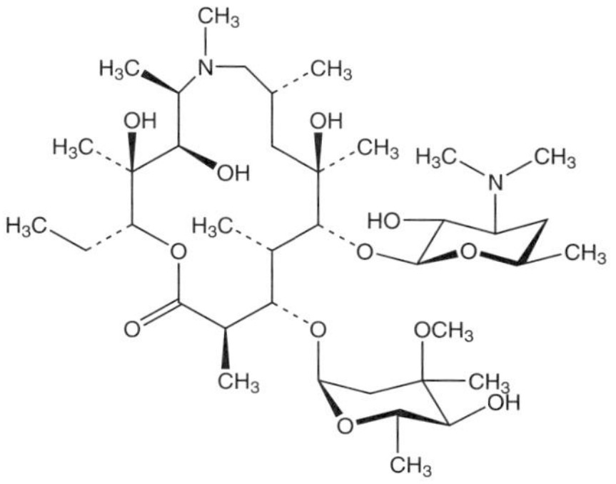

OS: *Azithromycin [BAN, USAN]*
OS: *Azithromycine [DCF]*
IS: *CP 62993 (Pfizer, USA)*
IS: *DCH 3*
IS: *XZ 450 (Pfizer)*
PH: Azithromycin [Ph. Eur. 5]

Abacten® (ABL: PE)
Abacten® (Andromaco: CL)
Adefin® (Finlay: HN)
Asipral® (Labomed: CL)
Astro® (Eurofarma: BR)
AzaSite® (Inspire: US)
Azatril® (Actavis: GE)
Azatril® (Balkanpharma: BG)
Azee® (Cipla: VN)
Azeltin® (Biofarma: TR)
Azibact® (Lindopharm: DE)
Azicid® (Merck: HU)
Azicin® (Opsonin: BD)
Azicu® [caps./susp.] (Amex: PE)
Azihexal® (Hexal: LU)
Azilide® [tab.] (Micro Labs Ltd: PE)
Azimac® (GMP: GE)
Azimix® (Ativus: BR)
Azimycin® (Polfa Tarchomin: PL)
Azinil® (Apex: BD)
Aziphar® (Mekophar: VN)
Azirox® (Navana: BD)
Azithro Meda® (Meda: DE)
Azithrobeta® (betapharm: DE)
Azithromycin Hexal® (Hexal: DE, DK, NO)
Azithromycin Hexal® (Sandoz: FI)
Azithromycin Sandoz® (Sandoz: AT, CH, DE, DK, FI)
Azithromycin Stada® (Stada: DE)
Azithromycin Winthrop® (Winthrop: DE)
Azithromycin-ratiopharm® (Ratiopharm: AT)
Azithromycin-ratiopharm® (ratiopharm: DE)
Azithrox® (Pharmstandart: RU)

Azithrus® (Sintez: RU)
Azitomicin Lek® (Lek: SI)
Azitral® [compr.] (Roemmers: PE)
Azitral® [compr.] (Sanitas: AR)
Azitrolit® [compr.] (Terbonova: PE)
Azitromicina Davur® (Davur: ES)
Azitromicina Dupomar® (Dupomar: AR)
Azitromicina Fmndtria® (Farmindustria: PE)
Azitromicina Genfar® [tab./susp.] (Expofarma: CL)
Azitromicina Genfar® [tab./susp.] (Genfar: CO, EC, PE)
Azitromicina L.Ch.® (Chile: CL)
Azitromicina LCH® [compr.] (Ivax: PE)
Azitromicina Merck® (Merck: CO)
Azitromicina MK ® (Bonima: BZ, CR, DO, GT, HN, NI, PA, SV)
Azitromicina MK ® (MK: CO)
Azitromicina Nexo® (Nexo: AR)
Azitromicina Perugen® [tab.] (Perugen: PE)
Azitromicina Rigar® (Rigar: PA)
Azitromicina® [tab./caps./susp./compr.] (AC Farma: PE)
Azitromicina® [tab./caps./susp./compr.] (Baldacci: PT)
Azitromicina® [tab./caps./susp./compr.] (Bexal: PT)
Azitromicina® [tab./caps./susp./compr.] (Britania: PE)
Azitromicina® [tab./caps./susp./compr.] (Ethical: DO)
Azitromicina® [tab./caps./susp./compr.] (Farmachif: PE)
Azitromicina® [tab./caps./susp./compr.] (Farmandina: EC)
Azitromicina® [tab./caps./susp./compr.] (Farmedic: PE)
Azitromicina® [tab./caps./susp./compr.] (Farmo Andina: PE)
Azitromicina® [tab./caps./susp./compr.] (G&R: PE)
Azitromicina® [tab./caps./susp./compr.] (Grünenthal: PE)
Azitromicina® [tab./caps./susp./compr.] (Induquimica: PE)
Azitromicina® [tab./caps./susp./compr.] (IPhSA: CL)
Azitromicina® [tab./caps./susp./compr.] (La Sante: PE)
Azitromicina® [tab./caps./susp./compr.] (Marfan: PE)
Azitromicina® [tab./caps./susp./compr.] (Medicalex: CO)
Azitromicina® [tab./caps./susp./compr.] (Mintlab: CL)
Azitromicina® [tab./caps./susp./compr.] (Mission Pharma.: PE)
Azitromicina® [tab./caps./susp./compr.] (Pentacoop: CO)
Azitromicina® [tab./caps./susp./compr.] (Repmedicas: PE)
Azitromicina® [tab./caps./susp./compr.] (Sanitas: CL)
Azitromin® (Farma: EC)
Azitromin® (Farmasa: BR)
Azitrom® (Ethical: DO)
Azitropharma® [tab.] (Intipharma: PE)
Azitrotek® (Deva: GE, TR)
Azitrox® (Lamsa: AR)
Azitrox® (Zentiva: CZ, PL, RO)
Azitro® (Deva: GE, TR)
Aziwok Kidtab® (Wockhardt: IN)
Aziwok® (Wockhardt: RU)
Azomac® (General Pharma: BD)
Azomax® (Koçak: TR)
Azromax® (Niche: IE)
Azro® (Eczacibasi: TR)
Aztrin® (Pharos: ID)
Biosine® (Pharmalat: GT)
Clindal AZ® (Merck: BR)
Donozyt® (Donovan: GT, SV)
Doromax® (Domesco: VN)
Doyle® (Raffo: AR)
Eritrosima® (Quimioterapica: BR)
Ezith® (Edruc: BD)
Faxin® (Fluter: DO)
Fuqixing® (Changzheng: CN)
Hemomycin® (Hemofarm: RS, RU)
Inedol® [caps./susp.] (Unimed: PE)
Koptin® (Chinoin: MX)
Macrozit® [tab.] (Garmisch: CO)
Macrozit® [tab.] (Medco: PE)
Macrozit® [tab.] (Silva: BD)
Magnabiotic® (Magnachem: DO)
Mazitrom® (União: BR)
Misultina® (Laboratorios: AR)
Naxocina® (Rontag: AR)
Neozith® (Marksman: BD)
Novo-Azithromycin® (Novopharm: CA)
Odaz® (Unimed & Unihealth: BD)
Ricilina® (Pharmabiotics: CL)
Setron® [susp./caps.] (Pharmalab: PE)
Sumamed® (Pliva: BA, CZ, HR, RO, RS, SI)
Tobyl® (Librapharma: CO)
Tremac® (Sanovel: TR)
Trex® [susp./compr.] (Saval: EC, PE)
Trex® [susp./compr.] (Saval Eurolab: CL)
Tri Azit® [susp.] (Medifarma: PE)
Tromic® (Infaca: DO)
Tromix® [susp./tab.] (Lafrancol: CO, PE)
Ultrabac® (Life: EC)
Z-3® [tab.] (Infermed: PE)
Zetamax® (Pfizer: RU)
Zeto® (Unipharm: IL)
Zibramax® (Guardian: ID)
Zifin® (Fahrenheit: ID)
Zimericina® (América: CO)
Zirocin® (Kwang Dong Pharm: VN)
Zithromax® (Gödecke: DE)
Zithromax® (Parke Davis: DE)
Zithromax® (Pfizer: AU, CN, DE, NL, TH, ZA)
Zitrofar® [caps.] (Maquifarma: PE)
Zitrolab® [tab.] (Labofar: PE)
Zitrolid® (Otechestvennye Lekarstva: RU)
Zitromax® (Pfizer: BR, LU, PE, TR)
Zitroneo® (Neo Quimica: BR)
Zycin® (Cadila: LK)
Zycin® (Globe: BD)
Zycin® (Interbat: ID)
Zymycin® (Ampharco: VN)

– **dihydrate:**

CAS-Nr.: 0117772-70-0

OS: *Azithromycin USAN*
PH: Azithromycin USP 30

Altezym® (Alter: ES)
Amsati® (Antibioticos: MX)
Artricina® (Laboratorios San Luis: DO)
Aruzilina® (Leti: CR, DO, GT, HN, NI, PA, SV)
Arzomicin® (Altana: AR)
Arzomicin® (Rowe: DO)
Atizor® (Medipharm: CL)
Azadose® (Pfizer: FR)
Azalid® (Orion: BD)
Azenil® (Pfizer: IL)
Azi-Teva® (Teva: DE)
Azibiot® (Euromex: MX)
Azibiot® (Krka: PL, SI)
Azicine® (Stada: VN)
Azimax® (EMS: BR)
Azimax® (Pfizer: BF, BJ, CF, CG, CI, CM, GA, GN, ML, MR, NE, SN, TD, TG, ZR)
Azimex® (Drug International: BD)
Azimin® (California: CO)
Azimit® (IPhSA: CL)
Azin® (Acme: BD)
Aziphar® (Alpharma: MX)
Azithral® (Alembic: IN, LK, VN)
Azithrex® (Pharmamed: BA)
Azithrocin® (Beximco: BD)
Azithromax® (Ziska: BD)
Azithromycin 1A Farma® (1A Farma: DK)
Azithromycin 1A Pharma® (1A Pharma: DE)
Azithromycin AbZ® (AbZ: DE)
Azithromycin accedo® (Accedo: DE)
Azithromycin AL® (Aliud: DE)
Azithromycin AWD® (AWD: DE)
Azithromycin Bidiphar® (Bidiphar: VN)
Azithromycin dura® (Merck dura: DE)
Azithromycin Kwizda® (Kwizda: DE)
Azithromycin Merck NM® (Merck NM: FI)
Azithromycin ratiopharm® (ratiopharm: DE, DK)
Azithromycin ratiopharm® (Ratiopharm: FI)
Azithromycin Spirig® (Spirig: CH)
Azithromycin Stada® (Stadapharm: DE)
Azithromycin Winthrop® (Winthrop: DE)
Azithromycin-CT® (CT: DE)
Azithromycin® (Abraxis: US)
Azithromycin® (Pliva: US)
Azithromycin® (Sandoz: US)
Azithromycin® (Teva: US)
Azitral® (Shreya: RU)
Azitrax® (Farmoquimica: BR)
Azitrix® (Tecnimede: PT)
Azitro Generics® (Merck Generics: NL)
Azitrocin® (Pfizer: IT, MX)
Azitrohexal® (Sandoz: MX)
Azitrolan® (Lanpharm: AR)
Azitromax® (Pfizer: NO, SE)
Azitromerck® (Merck Generics: NL)
Azitromicina 3Z® (Jaba: PT)
Azitromicina Alter® (Alter: ES, PT)
Azitromicina Angenérico® (Angenérico: PT)
Azitromicina Arafarma® (Arafarma: ES)
Azitromicina Azimed® (Daquimed: PT)
Azitromicina Azitrix® (Tecnimede: PT)
Azitromicina Baldacci® (Baldacci: PT)
Azitromicina Bayvit® (Stada: ES)
Azitromicina Bexal® (Bexal: ES, PT)
Azitromicina Calox® (Calox: CR, DO, HN, NI, PA)
Azitromicina Ciclum® (Ciclum: PT)
Azitromicina Cinfa® (Cinfa: ES)
Azitromicina Cuve® (Perez Gimenez: ES)
Azitromicina Farmabion® (Farmabion: ES)
Azitromicina Farmoz® (Farmoz: PT)
Azitromicina Fimol® (Busto: ES)
Azitromicina Generis® (Generis: PT)
Azitromicina Juventus® (Juventus: ES)
Azitromicina Kern® (Kern: ES)
Azitromicina Labesfal® (Labesfal: PT)
Azitromicina Lavinol® (Lesvi: ES)
Azitromicina Lavinol® (Vita: ES)
Azitromicina Mabo® (Mabo: ES)
Azitromicina Mepha® (Mepha: PT)
Azitromicina Merck® (Merck: ES)
Azitromicina Merck® (Merck Genéricos: PT)
Azitromicina Neofarmiz® (Neo-Farmacêutica: PT)
Azitromicina Northia® (Northia: AR)
Azitromicina Pharmagenus® (Pharmagenus: ES)
Azitromicina Ratiopharm® (Ratiopharm: ES)
Azitromicina Richet® (Richet: AR)
Azitromicina Rubio® (Rubio: ES)
Azitromicina Sandoz® (Sandoz: ES, RO)
Azitromicina Tarbis® (Tarbis: ES)
Azitromicina Ur® (Uso Racional: ES)
Azitromicina Zitrozina® (Neves: PT)
Azitromicina® (Ciclum: PT)
Azitromicina® (Labesfal: PT)
Azitrona® (Klonal: AR)
Azitroxil® (De Mayo: BR)
Aziwok® (Wockhardt: BW, GH, IN, KE, LK, LS, MW, NA, SD, SZ, TZ, UG, ZM)
Azix® (Amico: BD)
Azi® (Sigma: BR)
Azomax® (Unipharm: MX)
Azomex® (Bosnalijek: BA)
Azo® (Delta: BD)
Azro® (Eczacibasi: YE)
Azyth® (Novartis: BD)
AZ® (Aristopharma: BD)
Binozyt® (Biochemie: CR, DO, GT, NI, PA, SV)
Binozyt® (Novartis: CO)
Clearsing® (Duncan: AR)
CO Azithromycin® (Cobalt: CA)
Cronopen® (Elea: AR)
Fabramicina® (Fabra: AR)
Goxil® (Pharmacia: ES)
Ilozin® (Doctor's Chemical Work: BD)
Kromicin® (Farmacoop: CO)
Macromax® (ICN: PL)
Macromax® (Valeant: AR)
Macrozit® (Liomont: MX)
Maczith® (Bio-Pharma: BD)
Medimacrol® (Mediproducts: GT)
Mezatrin® (Sanbe: ID)
Neblic® (Lazar: AR)
Neofarmiz® (Neo-Farmacêutica: PT)
Nifostin® (Penn: AR)
Nor-Zimax® (Teramed: SV)
Novatrex® (Aché: BR)
Novozitron® (Hexa: AR)
Odazyth® (ACI: BD)
Opeazitro® (O.P.V.: VN)

Oranex® (Farmacom: PL)
Orobiotic® (Fortbenton: AR)
Pediagesic® (LAM: DO)
Penalox® (Rephco: BD)
Phagocin® (Shamsul Alamin: BD)
PMS-Azythromycin® (Pharmascience: CA)
Ranzith® (Rangs: BD)
ratio-Azithromycin® (Ratiopharm: CA)
Respazit® (Somatec: BD)
Ribotrex® (Pierre Fabre: IT)
Romycin® (Ibn Sina: BD)
Rozith® (Healthcare: BD)
Sandoz Azithromycin® (Sandoz: CA)
Selimax® (Libbs: BR)
Sitrox® (Biotenk: AR)
Sumamed® (Pliva: CZ, HU, PL, RU)
Talcilina® (Ronnet: AR)
Tanezox® (Microsules: AR)
Texis® (Atlantis: MX)
Tobil® (Janssen: EC)
Toraseptol® (Vita: ES)
Triamid® (Beta: AR)
Tridosil® (Incepta: BD)
Tritab® (Sidus: AR)
Trozocina® (Sigma Tau: IT)
Truxa® (Asofarma: MX)
Ultreon® (Pfizer: DE)
Vectocilina® (Panalab: AR)
Vinzam® (Almirall: ES)
Vinzam® (Funk: ES)
Zaret® (Bussié: CO, GT, PA, SV)
Zemycin® (Gaco: BD)
Zentavion® (Vita: ES)
Zertalin® (Collins: MX)
Zi-Factor® (Verofarm: RU)
Zibac® (Popular: BD)
Zimax® (Square: BD, LK)
Zistic® (Bernofarm: ID)
Zithrin® (Renata: BD)
Zithrocin® (Unique: RU)
Zithromac® (Pfizer: JP)
Zithromax® (Gödecke: DE)
Zithromax® (Paranova: AT)
Zithromax® (Parke Davis: DE)
Zithromax® (Pfizer: AE, AN, AT, AU, BB, BF, BH, BJ, BZ, CA, CF, CG, CH, CI, CL, CM, CR, CY, DE, DO, EG, ET, FI, FR, GA, GB, GH, GM, GN, GR, GT, GY, HK, HN, HT, ID, IE, IL, IN, JM, JO, KE, KW, LB, LR, MG, ML, MR, MU, MW, MY, NE, NG, NI, NL, NZ, OM, PA, PT, SA, SD, SG, SL, SN, SV, TD, TG, TT, US, VN, ZA, ZR)
Zithrox® (Eskayef: BD)
Zitrex® (Medicon: BD)
Zitrim® (Procaps: CO)
Zitrobifan® (Bifan: CO)
Zitrocin® (Galex: SI)
Zitrocin® (Pliva: CZ, HU)
Zitroken® (Kendrick: MX)
Zitromax D.A.C.® (D.A.C.: IS)
Zitromax® (Pfizer: AR, BE, BR, CO, DK, ES, IS, IT)
Zitrotek® (Pfizer: TR)
Zmax® (Pfizer: US)
Zomax® (Hikma: AE, BH, EG, IQ, JO, KW, LB, LY, OM, QA, SA, SD, SY, TN, YE)

Azlocillin (Rec.INN)

L: Azlocillinum
I: Azlocillina
D: Azlocillin
F: Azlocilline
S: Azlocilina

Antibiotic, penicillin, broad-spectrum

ATC: J01CA09
CAS-Nr.: 0037091-66-0 C_{20}-H_{23}-N_5-O_6-S
M_r 461.514

(2S,5R,6R)-3,3-Dimethyl-7-oxo-6-[(R)-2-(2-oxo-1-imidazolidinecarboxamido)-2-phenylacetamido]-4-thia-1-azabicyclo[3.2.0]heptane-2-carboxylic acid

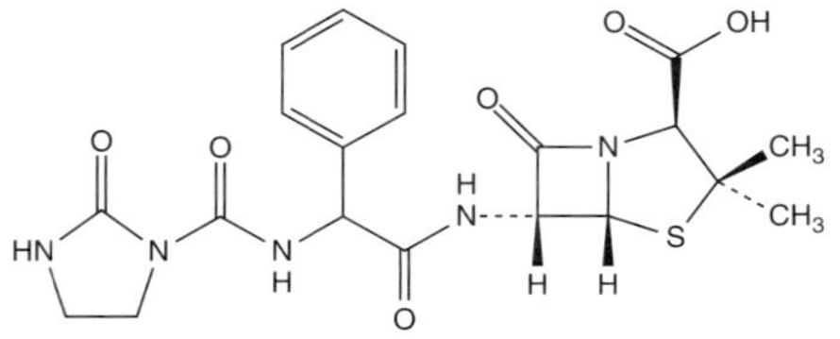

OS: *Azlocillin [BAN, USAN]*
OS: *Azlocilline [DCF]*
OS: *Azlocillina [DCIT]*
IS: *Bay e 6905*
PH: Azlocillin for Injection [USP 23]

– sodium salt:

CAS-Nr.: 0037091-65-9
OS: *Azlocillin Sodium BANM, USAN*
IS: *BAY e 6905 (Bayer, Germany)*
PH: Azlocillin Sodium BP 1999, USP 23

Azlocillin® (Actavis: GE)
Azlocillin® (Balkanpharma: BG)

Azosemide (Rec.INN)

L: Azosemidum
D: Azosemid
F: Azosémide
S: Azosemida

Diuretic, loop

CAS-Nr.: 0027589-33-9 C_{12}-H_{11}-Cl-N_6-O_2-S_2
M_r 370.85

Benzenesulfonamide, 2-chloro-5-(1H-tetrazol-5-yl)-4-[(2-thienylmethyl)amino]-

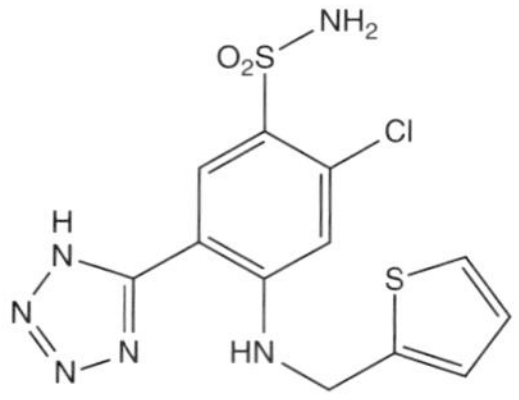

OS: *Azosemide [USAN]*
IS: *PLE 1053 Boehringer Mannheim, Germany*

Diart® (Sanwa Kagaku: JP)

Aztreonam (Rec.INN)

L: Aztreonamum
I: Aztreonam
D: Aztreonam
F: Aztréonam
S: Aztreonam

⚕ Antibiotic

ATC: J01DF01
CAS-Nr.: 0078110-38-0 C_{13}-H_{17}-N_5-O_8-S_2
M_r 435.449

Propanoic acid, 2-[[[1-(2-amino-4-thiazolyl)-2-[(2-methyl-4-oxo-1-sulfo-3-azetidinyl)amino]-2-oxoethylidene]amino]oxy]-2-methyl-, [2S-[2α,3β(Z)]]-

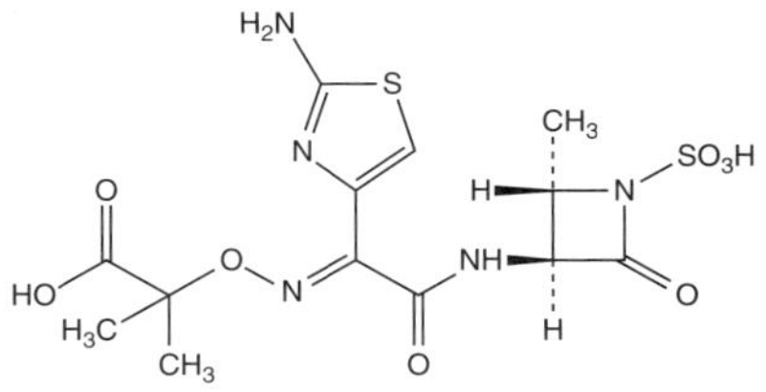

OS: *Aztreonam [BAN, USAN, DCIT]*
OS: *Aztréonam [DCF]*
IS: *SQ 26776 (Squibb, USA)*
PH: Aztreonam [USP 30, JP XIV]

Azactam® (Abeefe Bristol: PE)
Azactam® (Bristol-Myers Squibb: AT, AU, BE, BR, CH, CZ, DE, EC, ES, ET, FI, GB, GR, ID, IE, IT, KE, LU, NL, NO, NZ, PH, PL, PT, SE, SG, TZ, UG, US, ZA)
Azactam® (Elan: US)
Azactam® (Sanofi-Aventis: FR)
Azenam® (Aristo: IN)
Aztreonam® (Richet: AR)
Aztreotic® (Kleva: GR)
Primbactam® (Menarini: IT)
Squibb-Azactam® (Bristol-Myers Squibb: CO)

Bacampicillin (Rec.INN)

L: Bacampicillinum
I: Bacampicillina
D: Bacampicillin
F: Bacampicilline
S: Bacampicilina

Antibiotic, penicillin, broad-spectrum
Antibiotic, penicillin, penicillinase-sensitive

ATC: J01CA06
CAS-Nr.: 0050972-17-3 C_{21}-H_{27}-N_3-O_7-S
M_r 465.537

(2S,5R,6R)-6-[(R)-(2-Amino-2-phenylacetamido)]-3,3-dimethyl-7-oxo-4-thia-1-azabicyclo[3.2.0]heptane-2-carboxylic acid ester with Ethyl 1-hydroxyethyl carbonate [WHO]

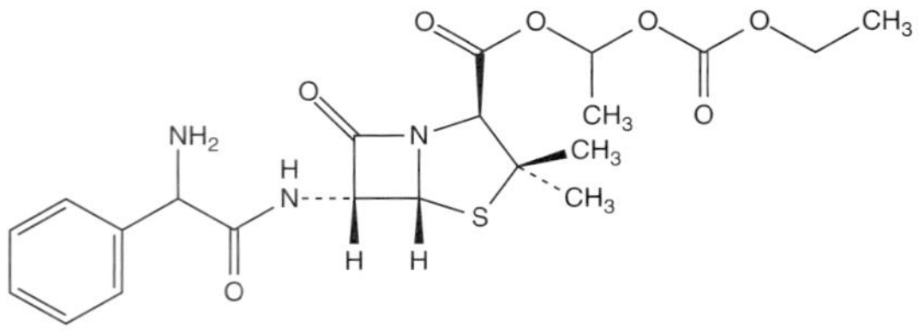

OS: *Bacampicillin [BAN]*
OS: *Bacampicilline [DCF]*
OS: *Bacampicillina [DCIT]*
IS: *Carampicillin*
IS: *EPC 272*

Bacampicin® (Pharmacia: LU)
Bakamsilin® (Koçak: TR)
Penbak® (Eczacibasi: TR)
Penglobe® (AstraZeneca: TH)

– hydrochloride:

CAS-Nr.: 0037661-08-8
OS: *Bacampicillin Hydrochloride BANM, USAN*
PH: Bacampicillin Hydrochloride Ph. Eur. 5, JP XIV, USP 30
PH: Bacampicillini hydrochloridum Ph. Eur. 5
PH: Bacampicillin hydrochlorid Ph. Eur. 5
PH: Bacampicilline (chlorhydrate de) Ph. Eur. 5

Ambacamp® (Pharmacia: DE)
Ambaxino® (Pharmacia: ES)
Bacacil® (Rottapharm: IT)
Bacagen® (Boniscontro & Gazzone: IT)
Bacampicillina ABC® (ABC: IT)
Bacampicillina Angenerico® (Angenerico: IT)
Bacampicillina EG® (EG: IT)
Bacampicillina K24® (K24: IT)
Bacampicillina KBR® (K.B.R.: IT)
Bacampicillina Merck® (Merck Generics: IT)
Bacampicillina Pliva® (Pliva: IT)
Bacampicillina Sandoz® (Sandoz: IT)
Bacampicin® (Pharmacia: LU)
Bacasint® (Piam: IT)
Bacattiv® (Farma 1: IT)
Bacillin® (Lafare: IT)
Bakam® (De Salute: IT)
Campixen® (IBI: IT)
Penglobe® (AstraZeneca: AT, CZ, ES, FR, IN, IT, LU)
Penglobe® (Bristol-Myers Squibb: NL)
Pharmaniaga Bacampicillin® (Pharmaniaga: MY)
Rebacil® (Lisapharma: IT)
Spectrobid® (Pfizer: US)
Winnipeg® (Selvi: IT)

Bacitracin (Rec.INN)

L: Bacitracinum
I: Bacitracina
D: Bacitracin
F: Bacitracine
S: Bacitracina

Antibiotic, polypeptide

ATC: D06AX05,R02AB04
ATCvet: QA07AA93
CAS-Nr.: 0001405-87-4

Bacitracin

OS: *Bacitracin [BAN, JAN, USAN]*
OS: *Bacitracine [DCF]*
OS: *Bacitracina [DCIT]*
PH: Bacitracin [Ph. Eur. 5, Ph. Int. 4, USP 30]
PH: Bacitracine [Ph. Eur. 5]
PH: Bacitracinum [Ph. Eur. 5, Ph. Int. 4]

Baci-IM® (Pharma-Tek: US)
Baci-Rx® (X-Gen: US)
Baciguent® (Johnson & Johnson Merck: CA)
Baciguent® (Lee: US)
Baciject® (SteriMax: CA)
Bacimycin® (Alpharma: NO)
Bacitracin for Injection® (Pfizer: US)
Bacitracin for Injection® (Schein: US)
Bacitracin® (Akorn: US)
Bacitracin® (Fougera: US)
Bacitracin® (Pfizer: CA)
Solu-Tracin® [vet.] (Alpharma: US)

– zinc salt:

CAS-Nr.: 0001405-89-6
OS: *Bacitracin Zinc BANM, USAN*
IS: *E 700*
PH: Bacitracine-zinc Ph. Eur. 5
PH: Bacitracinum zincum Ph. Eur. 5, Ph. Int. 4
PH: Bacitracin Zinc Ph. Eur. 5, Ph. Int. 4, USP 30
PH: Bacitracin-Zink Ph. Eur. 5

Albac® [vet.] (Alpharma: US)
Albac® [vet.] (APS: NZ)
Albac® [vet.] (Instavet: ZA)
Albac® [vet.] (OzBioPharm: AU)
Anchor Zinc Bacitracin® [vet.] (Pennfield: US)
Baciferm® [vet.] (Alpharma: US)
Baciferm® [vet.] (Fort Dodge: US)
Bacitracin Zinc & Polymyxin B Sulfate® [+ Polymyxin B sulfate] (Fougera: US)
Bacitracin Zinc® (Actavis: US)
Bacitracin Zinc® (Rugby: US)
Bacivet® [vet.] (Alpharma: FR)
Virbac Zn Bacitracin® [vet.] (Virbac: ZA)
Zeba-Rx® (Pharma-Tek: US)

– methylene disalicylate:

CAS-Nr.: 0001405-88-5
OS: *Bacitracin Methylene Disalicylate USAN*

IS: *BMD*
IS: *MD bacitracin*
IS: *Kemitracin 10*
PH: Bacitracin methylene disalicylate USP 30

BMD-100 Antibiotic Feed Premix® [vet.] (Biopharm: AU)
BMD-100 Antibiotic Feed Premix® [vet.] (OzBioPharm: AU)
BMD® [vet.] (Alpharma: US)
BMD® [vet.] (APS: NZ)
BMD® granulated 10% [vet.] (Instavet: ZA)

Baclofen

L: Baclofenum
I: Baclofeno
D: Baclofen
F: Baclofene
S: Baclofeno

Antispasmodic agent

ATC: M03BX01
CAS-Nr.: 0001134-47-0

Benzenepropanoic acid, β-(aminomethyl)-4-chloro-

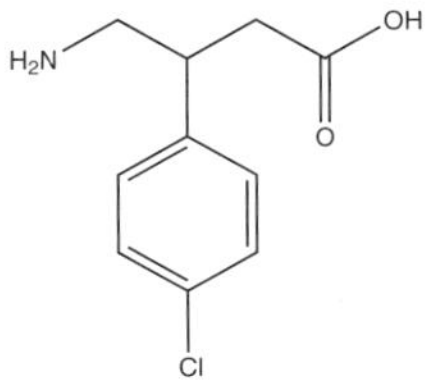

OS: *Baclofen [BAN, JAN, USAN]*
OS: *Baclofène [DCF]*
OS: *Baclofene [DCIT]*
IS: *Ba 34647*
PH: Baclofen [Ph. Eur. 5, JP XIV, USP 30]
PH: Baclofenum [Ph. Eur. 5]
PH: Baclofène [Ph. Eur. 5]

Alpha-Baclofen® (Alpha: NZ)
Apo-Baclofen® (Apotex: CA, SG)
Baclofen Actavis® (Actavis: NL)
Baclofen AL® (Aliud: DE)
Baclofen AWD® (AWD.pharma: DE)
Baclofen A® (Apothecon: NL)
Baclofen dura® (Merck dura: DE)
Baclofen Intrathecal® (Novartis: NZ)
Baclofen Merck® (Merck Generics: NL)
Baclofen PCH® (Pharmachemie: NL)
Baclofen Pharmadica® (Pharmadica: TH)
Baclofen Polpharma® (Polpharma: CZ)
Baclofen ratiopharm® (Ratiopharm: NL)
Baclofen Sandoz® (Sandoz: NL)
Baclofen Sintetica® (Sintetica: CH)
Baclofen-ratiopharm® (ratiopharm: DE)
Baclofen® (Actavis: US)
Baclofen® (Alphapharm: US)
Baclofen® (Alpharma: GB)
Baclofen® (Hexal: NL)
Baclofen® (Hillcross: GB)
Baclofen® (Major: US)
Baclofen® (Polfa: HR)
Baclofen® (Polpharma: CZ, HU, PL)
Baclofen® (Sandoz: GB)
Baclofen® (Teva: GB, US)
Baclofen® (Upsher-Smith: US)
Baclofen® (Watson: US)
Baclofène Winthrop® (Winthrop: FR)
Baclon® (Leiras: FI)
Baclopar® (Gerard: IE)
Baclosal® (M & H: TH)
Baclosal® (Unipharm: IL)
Baclosan® (Polpharma: RU)
Baclo® (Douglas: AU)
Bafen® (MacroPhar: TH)
Baklofen Merck NM® (Merck NM: DK, FI, SE)
Baklofen NM Pharma® (Gerard: IS)
Baklofen® (Merck NM: NO)
Clofen® (Alphapharm: AU)
Colmifen® (Remedica: CY)
Gabalon® (Daiichi: JP)
Gen-Baclofen® (Genpharm: CA)
GenRX Baclofen® (GenRX: AU)
Lebic® (Alpharma: DE)
Lioresal® (Eurim: AT)
Lioresal® (Medtronic: US)
Lioresal® (Novartis: AG, AN, AR, AT, AU, AW, BB, BD, BE, BM, BR, BS, CA, CH, CN, DE, DK, ES, ET, FI, GB, GD, GH, GY, HK, HT, HU, ID, IE, IL, IN, IS, IT, JM, KE, KY, LC, LK, LU, MT, MY, NG, NL, NO, PH, PT, RO, SE, SG, TH, TR, TT, TZ, VC, ZA, ZW)
Lioresal® (Novartis Consumer Health: HR)
Lioresal® (Paranova: AT)
Lioresal® (Salus: SI)
Lioresyl® (Novartis: CL)
Liorésal® (Novartis: FR)
Lyflex® (Chemidex: GB)
Merck-Baclofen® (Merck: BE)
Miorel® (Kleva: GR)
Norton-Baclofen® (Biotech: ZA)
Pacifen® (Pacific: NZ)
PMS-Baclofen® (Pharmascience: CA)
ratio-Baclofen® (Ratiopharm: CA)
Stelax® (Arrow: AU)
Vioridon® (Viofar: GR)

Balsalazide (Rec.INN)

L: Balsalazidum
D: Balsalazid
F: Balsalazide
S: Balsalazida

Antiinflammatory agent
Gastrointestinal agent

ATC: A07EC04
CAS-Nr.: 0080573-04-2 C_{17}-H_{15}-N_3-O_6
M_r 357.32

Benzoic acid, 5-[[4-[[(2-carboxyethyl)amino]carbonyl]phenyl]azo]-2-hydroxy-, (E)-

(E)-5-[[p-[(2-Carboxyethyl)carbamoyl]phenyl]azo]salicylic acid [WHO]

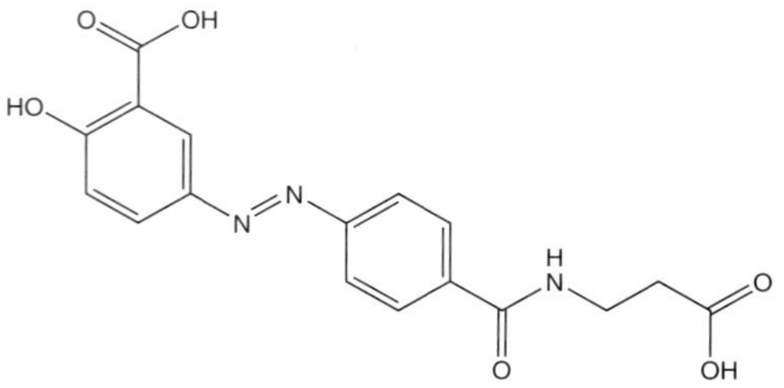

OS: *Balsalazide [BAN]*
IS: *Prodrug of Mesalamine (5-aminosalicylic aci 5-ASA)"*
IS: *Mesalamine (5-aminosalicylic aci 5-ASA), Prodrug of"*
IS: *BX 661 A (Biorex, GB)*

Balsalazida® (Monte: AR)
Benoquin® (Ivax: AR)
Intazide® (INTAS: IN)

– disodium salt, dihydrate:

CAS-Nr.: 0150399-21-6
OS: *Balsalazide Sodium BANM*
OS: *Balsalazide Disodium USAN*
IS: *BX 661 A (Biorex, GB)*

Balzide® (Menarini: IT)
Colazal® (Salix: US)
Colazide® (Shire: GB)
Colazid® (Meda: SE)
Colazid® (Shire: NO)
Premid® (Shire: DK)

Bambermycin (Prop.INN)

L: Bambermycinum
D: Bambermycin
F: Bambermycine
S: Bambermicina

Antibiotic

CAS-Nr.: 0011015-37-5

Antibiotic complex, containing mainly moenomycin A and C, obtained from cultures of *Streptomyces bambergiensis*

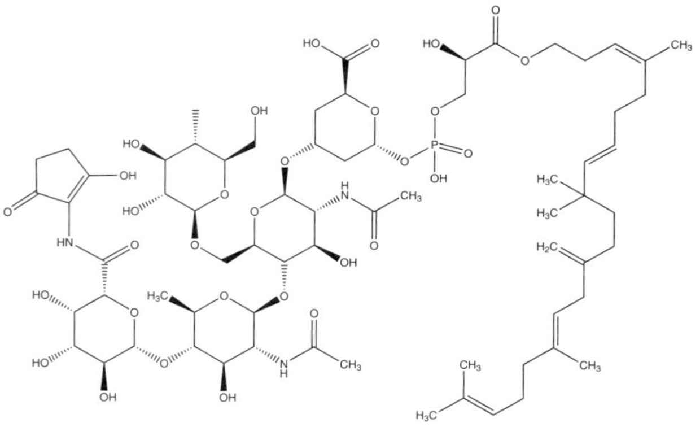

OS: *Bambermycin [BAN]*
OS: *Bambermycins [USAN]*
IS: *Flavophospholipol*
IS: *Moenomycin*

Flaveco® [vet.] (Eco: GB, ZA)
Flaveco® [vet.] (International Animal Health: AU)
Flavomycin® [vet.] (ADM: US)
Flavomycin® [vet.] (Huvepharma: US)
Flavomycin® [vet.] (Intervet: AU, GB, ZA)
Flavomycin® [vet.] (North American: US)
Gainpro® [vet.] (Huvepharma: US)
Gainpro® [vet.] (Intervet: AU)

Bambuterol (Rec.INN)

L: Bambuterolum
I: Bambuterolo
D: Bambuterol
F: Bambuterol
S: Bambuterol

Antiasthmatic agent

β_2-Sympathomimetic agent

ATC: R03CC12
CAS-Nr.: 0081732-65-2 C_{18}-H_{29}-N_3-O_5
M_r 367.46

(±)-5-[2-(tert-Butylamino)-1-hydroxyethyl]-m-phenylene bis(dimethylcarbamate)

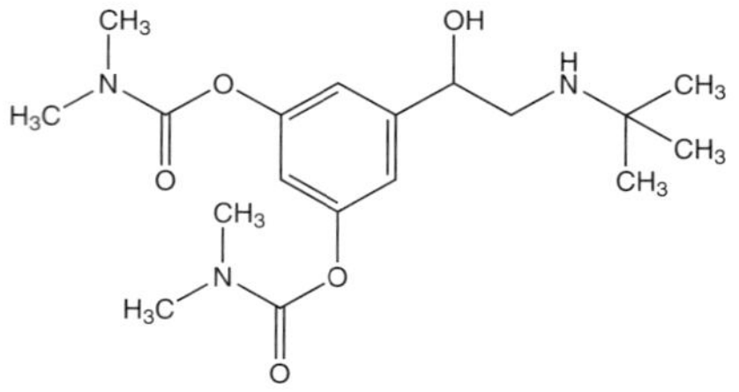

OS: *Bambuterol [BAN, USAN]*
OS: *Bambutérol [DCF]*

Buterol® (ACI: BD)

– hydrochloride:

CAS-Nr.: 0081732-46-9
OS: *Bambuterol Hydrochloride BANM*
IS: *KWD 2183*
PH: Bambuteroli hydrochloridum Ph. Eur. 5
PH: Bambuterol Hydrochloride Ph. Eur. 5
PH: Bambutérol (chlorhydrate de) Ph. Eur. 5
PH: Bambuterolhydrochlorid Ph. Eur. 5

Aerodyl® (Silva: BD)
Bambec® (AstraZeneca: AT, BH, BR, CN, DE, DK, EG, FR, GB, GE, GR, HU, ID, IS, KH, KR, NO, PH, PK, QA, SE, SG, TH, TT, TW, VN)
Bambec® (AstraZeneca AB-S: IT)
Bambec® (Epsilon: ES)
Bambec® (pharma-stern: DE)
Bambudil® (Cipla: IN, LK)
Bambutol® (Chemist: BD)
Betaday® (Sun: LK)
Dilator® (Eskayef: BD)
Oxeol Orifarm® (AstraZeneca: DK)
Oxeol Paranova® (AstraZeneca: DK)
Oxéol® (AstraZeneca: FR)

Bamethan (Rec.INN)

L: Bamethanum
I: Bametano
D: Bamethan
F: Baméthan
S: Bametan

Vasodilator, peripheric

ATC: C04AA31
CAS-Nr.: 0003703-79-5 — C_{12}-H_{19}-N-O_2
M_r 209.294

Benzenemethanol, α-[(butylamino)methyl]-4-hydroxy-

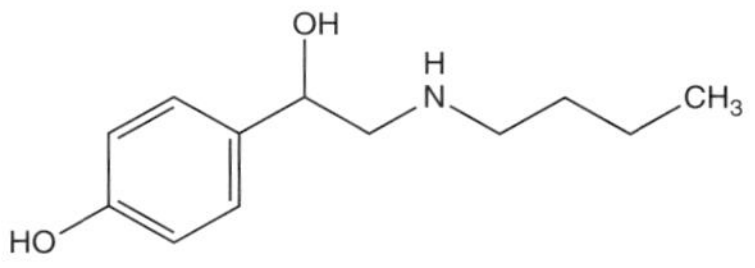

OS: *Bamethan [BAN]*
OS: *Baméthan [DCF]*
OS: *Bametano [DCIT]*
IS: *Butyl-Nor-Sympatol*
IS: *Butyl-nor-synephrin*
IS: *P 138*

Vasolat® (Sopharma: BG)

– succinate:

Provascul® (Gerot: AT)

– sulfate:

CAS-Nr.: 0005716-20-1
OS: *Bamethan Sulfate USAN*
OS: *Bamethan Sulphate BANM*
IS: *BOL*
PH: Bamethansulfat DAC
PH: Bamethanum sulfuricum DAB 7-DDR
PH: Bamethan Sulfate JP XIV

Dilartan® (Duncan: AR)
Emasex A® (Eurim: DE)
Vasculat® (Boehringer Ingelheim: BR)

Bamifylline (Rec.INN)

L: Bamifyllinum
I: Bamipina
D: Bamifyllin
F: Bamifylline
S: Bamifilina

Bronchodilator
Cardiac stimulant, cardiotonic agent

ATC: R03DA08
CAS-Nr.: 0002016-63-9 — C_{20}-H_{27}-N_5-O_3
M_r 385.486

1H-Purine-2,6-dione, 7-[2-[ethyl(2-hydroxyethyl)amino]ethyl]-3,7-dihydro-1,3-dimethyl-8-(phenylmethyl)-

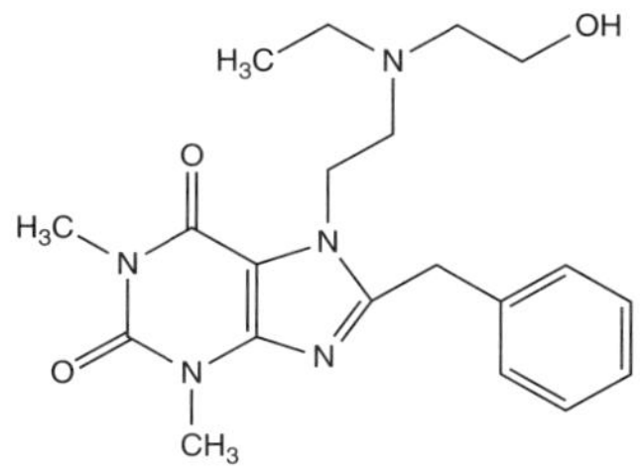

OS: *Bamifylline [BAN, DCF]*
OS: *Bamipina [DCIT]*
IS: *BAX 2739 Z*
IS: *AC 3810*
IS: *CB 8102*

– hydrochloride:

CAS-Nr.: 0020684-06-4
OS: *Bamifylline Hydrochloride USAN*
IS: *AC 3810*
IS: *BAX 2739 Z*
IS: *CB 8102*

Bamifix® (Chiesi: CY, EG, IT, JO, KW, LB, OM, SA, SY)
Bamifix® (Farmalab: BR)
Bamixol® (Pulitzer: IT)
Briofil® (Teofarma: IT)
Trentadil® (Christiaens: BE, LU)
Trentadil® (UCB: FR)

Bamipine (Rec.INN)

L: Bamipinum
I: Bamipina
D: Bamipin
F: Bamipine
S: Bamipina

Antiallergic agent
Histamine, H_1-receptor antagonist

ATC: D04AA15,R06AX01
CAS-Nr.: 0004945-47-5 — C_{19}-H_{24}-N_2
M_r 280.421

4-Piperidinamine, 1-methyl-N-phenyl-N-(phenylmethyl)-

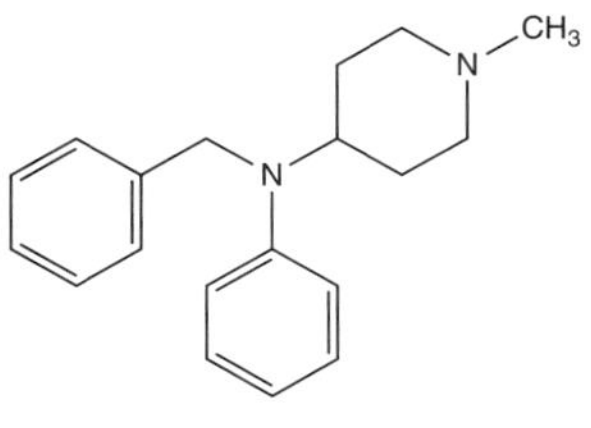

OS: *Bamipine [BAN, DCF, USAN]*
OS: *Bamipina [DCIT]*
IS: *Piperamine*

– dihydrochloride:

CAS-Nr.: 0001229-69-2

Soventol® (Knoll: BG)

- **lactate:**

CAS-Nr.: 0061670-09-5

Soventol Gelee® (Oramon: AT)
Soventol Gel® (Medice: DE)
Soventol® (Knoll: BG)
Soventol® (Medice: DE)
Soventol® (Nicholas: IN)
Soventol® (Oramon: LU, NL, PL)

Barbexaclone (Rec.INN)

L: Barbexaclonum
I: Barbexaclone
D: Barbexaclon
F: Barbexaclone
S: Barbexaclona

Antiepileptic

ATC: N03AA04
CAS-Nr.: 0004388-82-3

C_{22}-H_{33}-N_3-O_3 * C_{10}-H_{21}-N
M_r 387.536

2,4,6(1H,3H,5H)-Pyrimidinetrione, 5-ethyl-5-phenyl-, compd. with (S)-N,α-dimethylcyclohexaneethanamine (1:1)

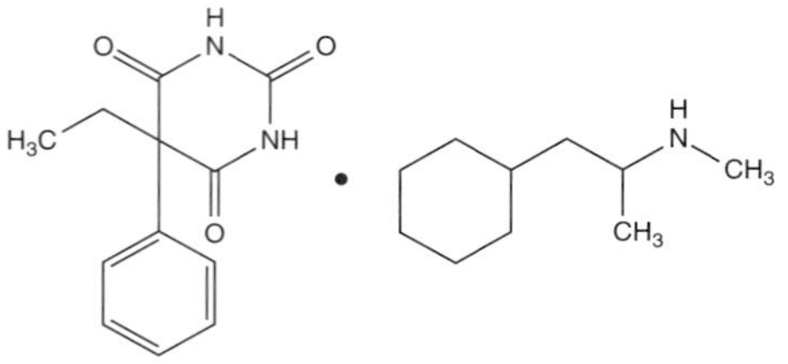

OS: *Barbexaclone [DCIT, USAN]*
IS: *SU 42*

Maliasin® (Abbott: AT, CH, IT, TR)
Maliasin® (BC: DE)
Maliasin® (Knoll: BR)

Barium Sulfate (USAN)

L: Barii sulfas
I: Bario solfato
D: Barium sulfat
F: Baryum (sulfate de)
S: Bario sulfato

Contrast medium, stomach and gut

CAS-Nr.: 0007727-43-7

Ba-S-O_4
M_r 233.4

Sulfuric acid, barium salt (1:1)

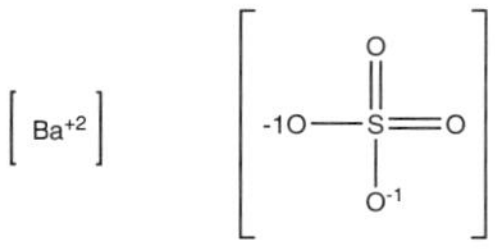

OS: *Barium Sulfate [JAN, USAN]*
IS: *Schwerspat*
PH: Barii sulfas [Ph. Eur. 5, Ph. Int. 4]
PH: Bariumsulfat [Ph. Eur. 5]
PH: Barium Sulfate [JP XIV, Ph. Int. 4, USP 30]
PH: Barium Sulphate [Ph. Eur. 5]
PH: Baryum (sulfate de) [Ph. Eur. 5]

Anatrast® (Mallinckrodt: US)
Bar-Test® (Glenwood: US)
Baricol® (E-Z-EM: LU, NL)
Baricon® (Mallinckrodt: US)
Barigraf A.D.® (Schering: CL)
Barigraf® (Juste: ES)
Barigraf® (Justesa: AR)
Barijum sulfat® (Zorka: RS)
Barilux® (Sanochemia: DE)
Bario Biocrom® (Biocrom: AR)
Bario Denver® (Denver: AR)
Bario Llorente® (Llorente: ES)
Bariofarma® (Varifarma: AR)
Bariogel® (Cristália: BR)
Bariotest® (Schering-Plough: BR)
Bario® (Lba: AR)
Bario® (Temis-Lostalo: AR)
Barium Sulfuricum® (Sopharma: BG)
Baro-cat® (Mallinckrodt: US)
Barobag® (Mallinckrodt: US)
Barosperse® (Mallinckrodt: AR, US)
Barytgen® (Fushimi: JP)
Bear-E-Bag® (Mallinckrodt: US)
Bear-E-Yum® (Mallinckrodt: US)
CAT-Barium® (Bracco: CH)
CAT-Barium® (E-Z-EM: US)
Cat-Pak® (E-Z-EM: US)
CheeTah® (Mallinckrodt: US)
Disperbarium® (Rovi: ES)
E-Z-AC® (E-Z-EM: US)
E-Z-Cat® (E-Z-EM: CZ, HU, IL, US)
E-Z-Cat® (Opakim: TR)
E-Z-Cat® (Temis-Lostalo: AR)
E-Z-HD® (E-Z-EM: CZ, HU, IL, IS, NL, US)
E-Z-HD® (Opakim: TR)
E-Z-Paque H.D.® (Codali: LU)
E-Z-Paque H.D.® (Infarmed: BE)
E-Z-Paque® (E-Z-EM: HU, IL, US)
Ene Mark® (Mallinckrodt: US)
Enecat® (Mallinckrodt: US)
Eneset® (Mallinckrodt: US)
Entero VU® (E-Z-EM: IL)
Entero VU® (Temis-Lostalo: AR)
Entrobar® (Mallinckrodt: US)
Epi-C® (Mallinckrodt: US)
Flo-Coat® (Mallinckrodt: US)
Gastrobário® (Bial: PT)
Gastropaque® (Temis-Lostalo: AR)
HD 200® (Mallinckrodt: US)
Imager ac® (Mallinckrodt: US)
Intropaste® (Mallinckrodt: US)
Liqui-Coat HD® (Mallinckrodt: US)
Liquid Polibar® (E-Z-EM: IL, NL, NL)
mede-SCAN® (Mallinckrodt: US)
Medebar® (Mallinckrodt: US)
Medebar® (Medefield: AU)
Medescan® (Medefield: AU)
Microbar® (Bracco: CH)
Micropaque CT® (Guerbet: AT, CZ, DE)
Micropaque H.D.® (Guerbet: AT, CZ, DE, FR, NL, PT)
Micropaque® (Codali: BE, LU)
Micropaque® (Delpharm: CZ)

Micropaque® (Guerbet: AT, CH, CZ, DE, DK, FR, HU, PT)
Micropaque® (R+N: GR)
Microtrast® (Codali: BE, LU)
Microtrast® (Guerbet: AT, CZ, DE, DK, FR, HU, PT)
Mixobar Colon® (Astra Tech: NO)
Mixobar Colon® (E-Z-EM: SE)
Mixobar® (E-Z-EM: DK)
Mixobar® (Initios: FI)
Opti-UP® (Medatek: TR)
Opti-UP® (Varifarma: AR)
Polibar ACB® (E-Z-EM: CZ, HU, IL, IS, NL, RO)
Polibar® (Bracco: CH)
Polibar® (Codali: LU)
Polibar® (E-Z-EM: NL, US)
Polibar® (Infarmed: BE)
Polibar® (Opakim: TR)
Prepcat® (Mallinckrodt: US)
Prontobario® (Bracco: IT)
Prontobario® (Ewopharma: CZ)
Prontobario® (Gerot: AT)
R-X® (Yenisehir: TR)
Radyobarit® (Yeni: TR)
Scannotrast® (Gerot: AT)
Scheribar® (Schering: AR)
Sitzmarks® (Dominguez: AR)
Sol-O-Pake® (E-Z-EM: US)
Sulfat de Bariu (Pro Röntgen)® (Flora Farm: RO)
T.A.C. Esofago® (Bracco: IT)
Tixobar® (AstraZeneca: AU)
Tixobar® (Justesa: AR)
Tomocat® (Mallinckrodt: US)
Tonopaque® (Mallinckrodt: US)
Top-Cat® (Varifarma: AR)
Ultra-R® (E-Z-EM: US)

Barnidipine (Rec.INN)

L: Barnidipinum
D: Barnidipin
F: Barnidipine
S: Barnidipino

Calcium antagonist

ATC: C08CA12
CAS-Nr.: 0104713-75-9 C_{27}-H_{29}-N_3-O_6 M_r 491.559

(+)-(3'S,4S)-1-Benzyl-3-pyrrolidinyl methyl 1,4-dihydro-2,6-dimethyl-4-(m-nitrophenyl)-3,5-pyridinedicarboxylate

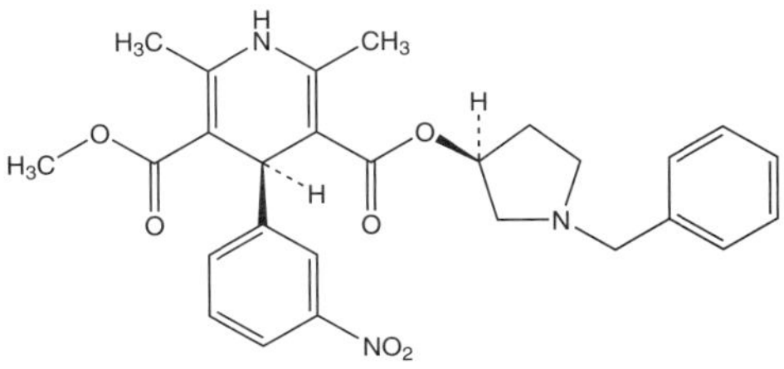

OS: *Barnidipine [JAN, USAN]*
IS: *LY 198561 (Lilly)*
IS: *Mepirodipine*
IS: *YM 09730-5 (Yamanouchi, Japan)*

Vasexten® (Tecnoquimicas: CO)

– hydrochloride:
CAS-Nr.: 0104757-53-1

Cyress® (Yamanouchi: NL)
Hypoca® (Astellas: CN)
Hypoca® (Yamanouchi: JP, TH)
Libradin® (Andromaco: ES)
Libradin® (Santa-Farma: TR)
Libradin® (Sigma Tau: IT)
Libradin® (Yamanouchi: NL)
Osipine® (Fournier: IT)
Vasexten® (Astellas: CZ)
Vasexten® (Fournier: LU)
Vasexten® (Gerolymatos: GR)
Vasexten® (Italfarmaco: IT)
Vasexten® (Yamanouchi: BE, NL, PE)

Basiliximab (Rec.INN)

L: Basiliximabum
D: Basiliximab
F: Basiliximab
S: Basiliximab

Immunomodulator

CAS-Nr.: 0179045-86-4

Immunoglobulin G 1 (human-mouse monoclonal CH1621 heavy chain antihuman interleukin 2 receptor), disulfide with human-mouse monoclonal CH1621 light chain, dimer

OS: *Basiliximab [BAN, DCF, USAN]*
IS: *CHI 621*
IS: *chRFT 5*
IS: *SDZ CHI 621 (Sandoz)*

Simulect® (Novartis: AR, AU, BE, BR, CA, CH, CL, CN, CO, CZ, DE, DK, ES, FI, FR, GB, GR, HK, HU, IE, IL, IS, IT, LK, LU, MX, MY, NL, NO, NZ, PH, PL, PT, RO, RS, RU, SE, SG, SI, TH, TR, US, VN, ZA)
Simulect® (Novartis Consumer Health: HR)
Simulect® (Novartis Pharma: PE)

Batroxobin (Rec.INN)

L: Batroxobinum
I: Batroxobina
D: Batroxobin
F: Batroxobine
S: Batroxobina

Hemostatic agent

ATC: B02BX03
CAS-Nr.: 0009039-61-6

Proteinase, Bothrops atrox serine

OS: *Batroxobine [DCF]*
OS: *Batroxobina [DCIT]*
OS: *Batroxobin [JAN, USAN]*
IS: *Reptilase*

Defibrase® (Fujisawa: JP)
Defibrase® (Gerot: AT, AT)
Defibrase® (Serono: DE)

- **mixt. with factor-x activator:**

IS: *Hemocoagulase*

Reptilase® (Knoll: DE)
Reptilase® (Llorente: ES)
Reptilase® (Troikaa: IN)

Becaplermin (Rec.INN)

L: Becaplerminum
D: Becaplermin
F: Becaplermine
S: Becaplermina
ATC: D03AX
CAS-Nr.: 0165101-51-9 C_{1064}-H_{1720}-N_{324}-O_{304}-S_{18}
M_r 24496.16

Recombinant human platelet-derived growth factor B [WHO]

OS: *Becaplermin [BAN, USAN]*
IS: *rhPDGF-BB*
IS: *RWJ 60235 (Chiron, US)*
IS: *Recombinant human platelet-derived growth factor B (WHO)*

Regranex® (Ethicon: FR)
Regranex® (Janssen: AT, CA, CH, DE, GB, IL, MX, NL)
Regranex® (McNeil Pharmaceutical: US)
Regranex® (Vita: ES)

Beclometasone (Rec.INN)

L: Beclometasonum
I: Beclometasone
D: Beclometason
F: Béclométasone
S: Beclometasona

Adrenal cortex hormone, glucocorticoid

ATC: A07EA07,D07AC15,R01AD01,R03BA01
CAS-Nr.: 0004419-39-0 C_{22}-H_{29}-Cl-O_5
M_r 408.924

Pregna-1,4-diene-3,20-dione, 9-chloro-11,17,21-trihydroxy-16-methyl-, (11β,16β)-

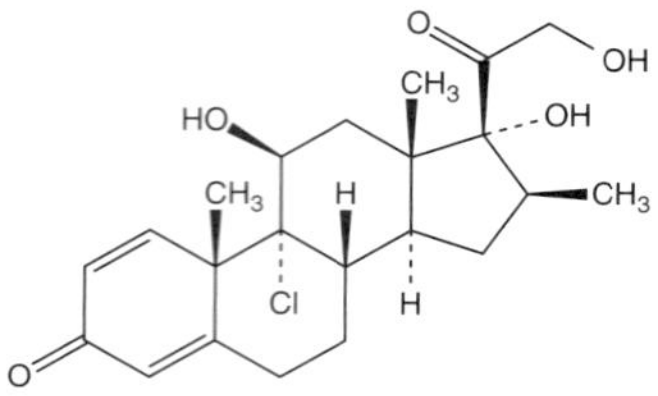

OS: *Beclometasone [BAN, DCIT]*
OS: *Béclométasone [DCF]*
IS: *Beclomethasone*
IS: *BMJ 5800*

Beclometason Alpharma® (Alpharma: NL)
Beclometason Sandoz® (Sandoz: NL)
Beclometasona® (Fabra: AR)
Rynconox® (Biogen: CO)

- **17α,21-dipropionate:**

CAS-Nr.: 0005534-09-8

OS: *Beclomethasone Dipropionate USAN, JAN*
OS: *Beclometasone Dipropionate BANM*
IS: *DPB (Schering, USA)*
IS: *Sch 18020 W (Schering, USA)*
PH: Beclometasoni dipropionas anhydricum Ph. Eur. 5
PH: Beclomethasone Dipropionate USP 30
PH: Beclometasondipropionat anhydrat Ph. Eur. 5
PH: Béclométasone (dipropionate de) anhydre Ph. Eur. 5
PH: Beclometasone Dipropionate JP XIV, Ph. Int. 4
PH: Beclometasone Dipropionate anhydrous/monohyrate Ph. Eur. 5
PH: Beclometasoni dipropionas Ph. Int. 4

AeroBec Autohaler® (3M: GB)
AeroBec Autohaler® (Ivax: DE, NO)
AeroBec Forte® (3M: GB)
AeroBec® (3M: GB, NL)
AeroBec® (Ivax: DE, DK, NO, SE)
AeroBec® (Teva: FI)
Aerocortin® (3M: AT)
Aerotrop® (Pacific: NZ)
Alanase® (CSL: NZ)
Aldecina® (Schering-Plough: BR, CR, DO, GT, HN)
Aldecin® (Schering-Plough: AU, CZ, HU, RO)
Alerfin® (Farmalab: BR)
Apo-Beclomethasone® (Apotex: AN, BB, BM, BS, CA, GY, HT, JM, KY, SR, TT)
Ascon® (Acme: BD)
Asmabec Clickhaler® (Celltech: ES)
Asmabec Clickhaler® (UCB: FR, GB, IE)
Atomase® (Douglas: TH)
Atomase® (TTN: TH)
Bececo Easyhaler® (Sandoz: CH)
Beclacin® (Kaigai: JP)
Beclacin® (Morishita: JP)
Beclate Aquanase® (Cipla: ZA)
Beclate® (Cipla: HK, IN, LK, ZA)
Beclazone Easy Breathe® (Ivax: IE)
Beclazone Easy Breathe® (Teva: GB)
Beclazone® (Airflow: NZ)
Beclazone® (Galena: CZ)
Beclazone® (Hong Kong Medical: HK)
Beclazone® (Ivax: MX)
Beclazone® (Teva: GB)
Beclazone® [vet.] (Ivax: GB)
Beclo Asma® (Aldo Union: ES)
Beclo Asma® (Aldo-Union: SG)
Beclo Asma® (Iberofarma: PE)
Beclo AZU® (Azupharma: DE)
Beclo Rino® (Estedi: ES)
Beclo-Rhino® (Goldshield: IE)
Beclo-Rhino® (Sanofi-Synthelabo: LU)
Beclo-Sandoz® (Sandoz: DE)
Beclobreathe Sandoz® (Sandoz: DE)
Beclocort® (GlaxoSmithKline: RO)
Beclodin® (Chiesi: NL)
Beclod® (Acme: BD)
Becloenema® (Estedi: ES)
Becloforte® (Allen & Hanburys: AU)
Becloforte® (EU-Pharma: NL)
Becloforte® (Glaxo Wellcome: SI)
Becloforte® (GlaxoSmithKline: AE, AG, AN, AW, BB, BD, BG, BH, CZ, ES, ES, GB, GD, GE, GY, IL, IR, JM, KW, LC, NL, OM, QA, RO, RS, TH, TT, VC, ZA)

Becloforte® [vet.] (GlaxoSmithKline: GB)
BecloHexal® (Hexal: DE)
Beclojet® (Chiesi: DZ, FR)
Beclomet Easyhaler® (Alpharma: ID)
Beclomet Easyhaler® (Ferrer: ES)
Beclomet Easyhaler® (Lannacher: AT)
Beclomet Easyhaler® (Meda: DK, NO, SE)
Beclomet Easyhaler® (Orion: CZ, MY, SG, TH)
Beclomet Nasal Aqua® (Alpharma: ID)
Beclomet Nasal Aqua® (Orion: CZ, DE, SG, TH)
Beclometason FNA® (FNA: NL)
Beclometason Gf® (Genfarma: NL)
Beclometason Norton® (Docpharma: LU)
beclometason von ct® (CT: DE)
Beclometason-CT® (CT: DE)
Beclometason-ratiopharm® (ratiopharm: DE)
Beclometasona Merck® (Merck: CO)
Beclometasona MK® (MK: CO)
Beclometasona® (Chemopharma: CL)
Beclometasona® (Ophalac: CO)
Beclometasone Cyclocaps® (Teva: GB)
Beclometasone DOC® (DOC Generici: IT)
Beclometasone® (Generics: GB)
Beclometasone® (Teva: GB)
Beclometason® (Hexal: NL)
Beclometason® (Ivax: NL)
Beclometason® (Pharmachemie: NL)
Beclometatop® (Topgen: BE)
Beclometazona Memphis® (Memphis: CO)
Beclomet® (Alpharma: ID)
Beclomet® (Harn Thai: TH)
Beclomet® (Lannacher: AT)
Beclomet® (Orion: AE, BH, CZ, DE, FI, KW)
Beclomin® (Square: BD)
Beclonarin® (Rappai: CH)
Beclonasal® (Orion: FI)
Beclone® (Leurquin: FR)
Beclophar® (Teva: BE)
Beclorhinol® (Asche: DE)
BecloSandoz® (Sandoz: DE)
Beclosema® (Etex: CL)
Beclosol® (GlaxoSmithKline: BR)
Beclosona® (Spyfarma: ES)
Becloson® (Bestpharma: CL)
Beclospin® (Chiesi: FR)
Beclotaide® (GlaxoSmithKline: PT)
Becloturmant® (Asche: DE)
Beclovent® (GlaxoSmithKline Pharm.: US)
Becodisks® (GlaxoSmithKline: CZ, GB, HK, LK, ZA)
Becodisk® (GlaxoSmithKline: CH, LU, PL)
Beconase Aqua® (GlaxoSmithKline: BE, GE, IS, LU)
Beconase Aqueous® (GlaxoSmithKline: TH)
Beconase AQ® (GlaxoSmithKline Pharm.: US)
Beconase® (Allen: ES)
Beconase® (Allen & Hanburys: IE)
Beconase® (EU-Pharma: NL)
Beconase® (Euro: NL)
Beconase® (Glaxo Wellcome: SI)
Beconase® (GlaxoSmithKline: AE, AG, AN, AU, AW, BB, BD, BG, BH, CH, CL, CR, CZ, DE, DK, DO, EC, FI, GB, GD, GE, GT, GY, HK, HN, ID, IL, IR, IS, JM, KW, LC, LU, MX, NI, NL, NZ, OM, PA, PE, QA, RO, RS, SV, TT, US, VC, ZA)
Beconasol® (GlaxoSmithKline: CH)
Becospray® (Square: BD)
Becotide Nasal® (GlaxoSmithKline: NO)
Becotide® (Allen & Hanburys: AU, IE)
Becotide® (Eureco: NL)
Becotide® (Euro: NL)
Becotide® (Glaxo Wellcome: SI)
Becotide® (GlaxoSmithKline: AE, AG, AN, AT, AW, BA, BB, BD, BG, BH, CR, CZ, DO, EC, ES, GB, GD, GE, GR, GT, GY, HN, ID, IL, IR, JM, KW, LC, LU, MX, NI, NL, OM, PA, PE, QA, RO, RS, RU, SE, SV, TH, TT, VC, ZA)
Becotide® (Menarini International-L: IT)
Beklamet® (Osel: TR)
Beklazon® (Bilim: TR)
Bemase® (TTN: TH)
Bemedrex Easyhaler® (Orion: FR)
Betsuril® (Almirall: ES)
Betsuril® (Berenguer Infale: ES)
Bronchocort® (Astellas: DE)
Bronco-Turbinal® (Valeas: IT)
Bronconox® (Biogen: CO)
Butosol® (Iberofarma: PE)
Béclométasone Merck® (Merck Génériques: FR)
Béconase® (GlaxoSmithKline: FR)
Bécotide® (GlaxoSmithKline: FR)
Ciplametazon® (Biotoscana: CO)
Cleniderm® (Chiesi: IT)
Cleniderm® (Soho: ID)
Clenil Forte® (Chiesi: CY, EG, ID, JO, KW, LB, LK, OM, SA, SY)
Clenil Forte® (Darya-Varia: ID)
Clenil Nasal Aquoso® (Farmalab: BR)
Clenilexx® (Promedica: IT)
Clenil® (Chiesi: CY, CZ, EG, GR, ID, IT, JO, KW, LB, LK, NL, OM, RO, RU, SA, SY)
Clenil® (Darya-Varia: ID)
Clenil® (Farmalab: BR)
Clenil® (Pacific: TH)
Clickhaler Beclometason dipropionaat® (Innovata: NL)
Clipper® (Chiesi: IT)
Cortare® (Ivax: PL)
Cyclocaps Beclometason® (PB: DE)
Cycloson® (Pharmachemie: LK, ZA)
Decasona® (Alter: ES)
Decomit® (Beximco: BD, SG)
Destap 250® (Chile: CL)
Destap 50® (Chile: CL)
Destap SF® (Chile: CL)
Dobipro® (Salus: MX)
Easyhaler Beclometasone® (Ranbaxy: GB)
Ecobec® (Ivax: CZ, FR, HU, RO, RS)
Filair Forte® (3M: GB)
Filair Forte® (Medsan: TR)
Filair® (3M: CL, GB)
Filair® (Medsan: TR)
Flumates® (Mintlab: CL)
Gen-Beclo AQ® (Genpharm: CA)
Herolan Lch® (Ivax: PE)
Humex Rhume des Foins Béclométasone® (Urgo: FR)
Iriniozol® (Rafarm: GR)
Junik® (Astellas: DE)
Klostenal® (Bracco: IT)
Livocabmit Beclomethason® (McNeil: DE)
Menaderm simplex® (Menarini: IT)

Menaderm simple® (Menarini: AR, CR, DO, ES, GT, HN, NI, PA, SV)
Miflasona® (Novartis: BR)
Miflasone® (Novartis: CG, CI, CM, FR, GA, MG, MU, SN)
Miflason® (Novartis: CZ)
Nasobec Aqueous® (Teva: GB)
Nasobec® (Galena: CZ)
Nasobec® (Ivax: IE, RO, RS)
Nasobec® (Norton: PL)
Nasobec® (Teva: GB)
Nexxair® (Schwarz: FR)
Prolair® (3M: FR)
Prontinal® (Dompé: IT)
Propaderm® (GlaxoSmithKline: GB)
Propaderm® (Shire: CA)
Propavent® (GlaxoSmithKline: AR)
Pulvinal® Beclometasone (Trinity-Chiesi: GB)
Qvar Autohaler® (3M: NZ)
Qvar Autohaler® (Lavipharm: GR)
Qvar Autohaler® (Teva: GB)
Qvar Autohaler® (UCB: ES, LU)
Qvar® (3M: AR, AU, CA, CR, GB, GT, HN, MY, NZ, PA, SV, ZA)
Qvar® (Euro: NL)
Qvar® (Ivax: FR, IE, NL)
Qvar® (Lavipharm: GR)
Qvar® (Medcor: NL)
Qvar® (Teva: CH, GB, US)
Qvar® (UCB: BE, ES, LU)
ratio-Beclometasone® (Ratiopharm: CA)
ratioAllerg® (ratiopharm: DE)
Recto Menaderm NF® (Menarini: AR, ES)
Respocort® (3M: AU)
Respocort® (Lavipharm: GR)
Rhinivict® (Dermapharm: DE)
Rino Clenil® (Chiesi: IT, LK)
Rino-Clenil® (Chiesi: CY, EG, IT, JO, KW, LB, OM, SA, SY)
Rino-Clenil® (Multipharma: NL)
Rinoclenil® (Chiesi: IT)
Rinosol® (Biospray: GR)
Rinosol® (Pablo Cassara: AR)
Rivanase AQ® (Riva: CA)
Rolab-Beclomethasone® (Sandoz: ZA)
Sanasthmax® (Asche: DE)
Sanasthmyl® (GlaxoSmithKline: DE)
Topster® (Sofar: IT)
Turbinal® (Valeas: IT)
Vancenase® (Schering: US)
Vanceril® (Schering: US)
Ventide® (GlaxoSmithKline: PE)
Ventnaze® (Aspen: ZA)
Ventolair® (Ivax: DE)
Viarex® (Beza: ET)
Viarex® (Care: TZ)
Viarex® (Howse & McGeorge: UG)
Viarex® (Schering-Plough: IL, KE)
Viarex® (Supreme: NG)

– salicylate:

Dereme® (Menarini: ES)

Befunolol (Rec.INN)

L: Befunololum
I: Befunololo
D: Befunolol
F: Béfunolol
S: Befunolol

⚕ Glaucoma treatment
⚕ β-Adrenergic blocking agent

ATC: S01ED06
CAS-Nr.: 0039552-01-7 C_{16}-H_{21}-N-O_4
M_r 291.354

Ethanone, 1-[7-[2-hydroxy-3-[(1-methylethyl)amino]propoxy]-2-benzofuranyl]-

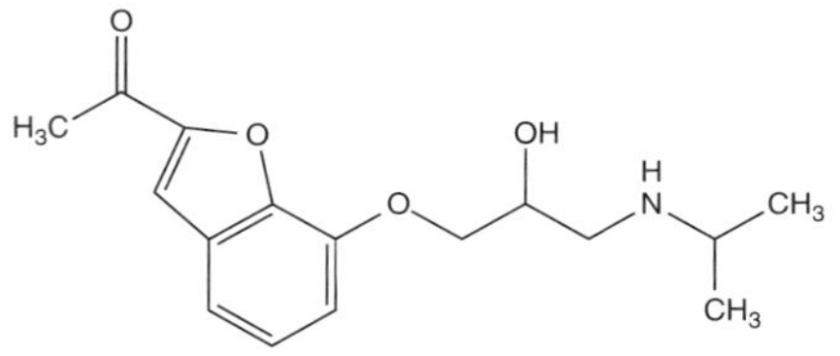

OS: *Béfunolol [DCF]*
OS: *Befunololo [DCIT]*
OS: *Befunolol [USAN]*
IS: *BFE-60*

– hydrochloride:

CAS-Nr.: 0039543-79-8
OS: *Befunolol Hydrochloride JAN*

Bentos® (Europhta: MC)
Bentos® (Kaken: JP)
Betaclar® (Angelini: IT)
Glauconex® (Alcon: AT)

Bekanamycin (Rec.INN)

L: Bekanamycinum
I: Bekanamicina
D: Bekanamycin
F: Békanamycine
S: Bekanamicina

⚕ Antibiotic, aminoglycoside

CAS-Nr.: 0004696-76-8 C_{18}-H_{37}-N_5-O_{10}
M_r 483.544

D-Streptamine, O-3-amino-3-deoxy-α-D-glucopyranosyl-(1-6)-O-[2,6-diamino-2,6-dideoxy-α-D-glucopyranosyl-(1-4)]-2-deoxy-

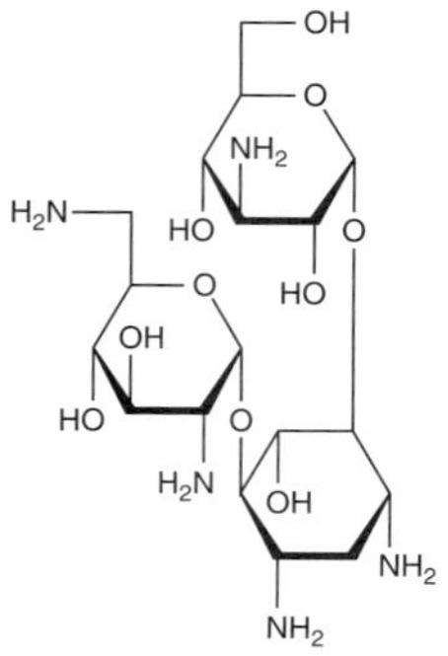

OS: *Bekanamycine [DCIT, USAN]*

IS: *KDM*
IS: *NK 1006*
IS: *Kanamycin B (WHO)*
IS: *Nebramycin-Faktor 5*

– sulfate:

CAS-Nr.: 0070550-99-1
OS: *Bekanamycin Sulfate JAN*
PH: Bekanamycin Sulfate JP XIV

Kanendomycin® (Meiji: JP)

Bemiparin sodium (Rec.INNN)

L: Bemiparinum natricum
D: Bemiparin natrium
F: Bemiparine sodique
S: Bemiparina sodica

Anticoagulant
Anticoagulant, thrombolytic agent
Heparin, low molecular weight - LMWH

ATC: B01AB12
CAS-Nr.: 0009041-08-1

Sodium salt of depolymerized heparin obtained by alkaline degradation of quaternary ammonium salt of heparin from pork intestinal mucosa; the majority of the components have a 2-*O*-sulfo-4-enepyranosuronic acid structure at the non-reducing end and a 2-*N*,6-*O*-disulfo-D-glucosamine structure at the reducing end of their chain (WHO)

OS: *Bemiparin Sodium [BAN, USAN]*
IS: *Heparin, low-molecular-weight, second generation*

Badyket® (Menarini: AR, GT, HN, NI, PA, SV)
Hibor® (Eczacibasi Baxter: TR)
Hibor® (Rovi: ES)
Ivorat® (Gineladius: AT)
Ivor® (Pan Quimica Farmaceutica: AT, ES)
Ivor® (Sigma Tau: IT)
Zibor® (Amdipharm: GB)
Zibor® (Menarini: SI)

Benactyzine (Rec.INN)

L: Benactyzinum
D: Benactyzin
F: Bénactyzine
S: Benacticina

Tranquilizer
Bronchodilator

CAS-Nr.: 0000302-40-9 C_{20}-H_{25}-N-O_3
M_r 327.43

Benzeneacetic acid, α-hydroxy-α-phenyl-, 2-(diethylamino)ethyl ester

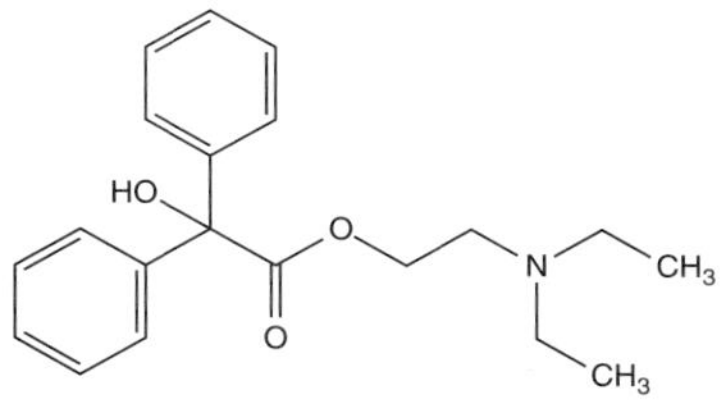

OS: *Benactyzine [BAN, DCF, USAN]*
IS: *Win 5606*

– methobromide:

CAS-Nr.: 0003166-62-9
IS: *IEM 275*
PH: Methylbenactyzium Bromide JP XIII

Finalin-G® (Yamanouchi: JP)

Benazepril (Rec.INN)

L: Benazeprilum
I: Benazepril
D: Benazepril
F: Bénazépril
S: Benazepril

ACE-inhibitor

ATC: C09AA07
ATCvet: QC09AA07
CAS-Nr.: 0086541-75-5 C_{24}-H_{28}-N_2-O_5
M_r 424.508

1H-1-Benzazepine-1-acetic acid, 3-[[1-(ethoxycarbonyl)-3-phenylpropyl]-amino]-2,3,4,5-tetrahydro-2-oxo-, [S-(R*,R*)]-

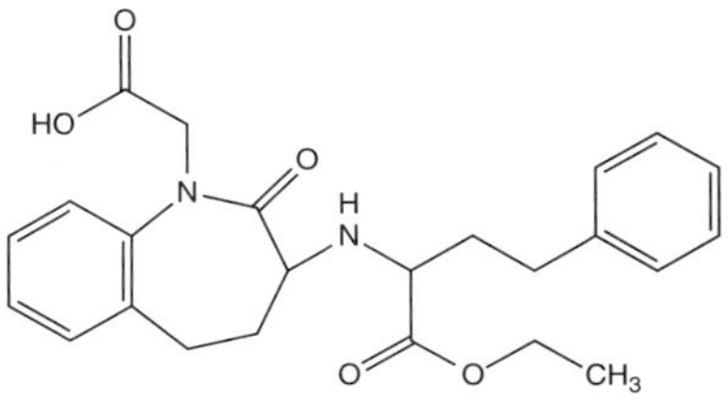

OS: *Benazepril [BAN, DCIT, JAN]*
OS: *Bénazépril [DCF]*

Benazepril Sandoz® (Hexal: RO)
Benazepril® (Teva: IL)

– hydrochloride:

CAS-Nr.: 0086541-74-4
OS: *Benazepril Hydrochloride BANM, USAN*
IS: *CGS 14824 A (Ciba)*
PH: Benazepril hydrochloride USP 30

Benace® (Novartis: IN)
Benazepril 1A Pharma® (1A Pharma: DE)
Benazepril AL® (Aliud: DE)
Benazepril beta® (betapharm: DE)
Benazepril HCL Pharmascope® (Pharmascope: NL)
Benazepril Heumann® (Heumann: DE)
Benazepril Hexal® (Hexal: DE)
Benazepril Kwizda® (Kwizda: DE)

Benazepril Winthrop® (Winthrop: DE)
Benazepril-Hexal® (Hexal: LU)
Boncordin® (Sandoz: AR)
Briem® (Pierre Fabre: FR)
Cibacen® (Meda: DE, DK, IE, IS, LU, NL)
Cibacen® (Novartis: AG, AN, AT, AW, BB, BE, BM, BS, CH, ES, ET, GD, GE, GH, GR, GY, HT, ID, IL, IT, JM, KE, KY, LC, MT, NG, PH, RO, SD, TR, TT, TZ, VC, ZW)
Cibace® (Novartis: ZA)
Cibacène® (Meda: FR, FR)
Cibadrex® (Meda: LU)
Cibadrex® (Novartis: ET, GH, IT, KE, MT, NG, SD, TZ, ZW)
Fortekor® [vet.] (Novartis: BE, FI, IE, IT, LU, NL, NO)
Fortekor® [vet.] (Novartis Animal Health: AT, AU, GB, NZ, PT, ZA)
Fortekor® [vet.] (Novartis Santé Animale: FR)
Fortekor® [vet.] (Novartis Tiergesundheit: CH, DE)
Fortekor® [vet.] (Novartis Veterinärmedicin: SE)
Labopal® (GlaxoSmithKline: ES)
Labopal® (Morrith: ES)
Lisonid® (Actavis: PL)
Lotensin® (Novartis: BR, CA, CN, HU, PL, RU, US)
Tensanil® (Savio: IT)
Zinadril® (Errekappa: IT)

Bencyclane (Rec.INN)

L: Bencyclanum
I: Benciclano
D: Bencyclan
F: Bencyclane
S: Benciclano

Vasodilator, peripheric

ATC: C04AX11
CAS-Nr.: 0002179-37-5 C_{19}-H_{31}-N-O
M_r 289.467

1-Propanamine, N,N-dimethyl-3-[[1-(phenylmethyl)cycloheptyl]oxy]-

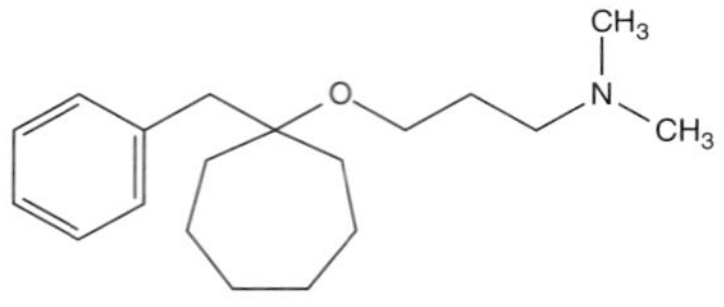

OS: *Bencyclane [DCF]*
OS: *Bencyclano [DCIT]*

– fumarate:

CAS-Nr.: 0014286-84-1
OS: *Bencyclane Fumarate USAN*
IS: *EGYT 201*
PH: Bencyclane Fumarate JP XIII

Angiodel® (Organon: TR)
Fludilat® (Organon: BD, BR, BR, ES, ID, TH)
Fludilat® (UCB: DE)
Halidor® (Egis: CZ, HU, PL, RO, RU)
Halidor® (Sumitomo: JP)
Ludilat® (Organon: AT, ES)

Bendamustine (Rec.INN)

L: Bendamustinum
D: Bendamustin
F: Bendamustine
S: Bendamustina

Antineoplastic agent

CAS-Nr.: 0016506-27-7 C_{16}-H_{21}-Cl_2-N_3-O_2
M_r 358.274

1H-Benzimidazole-2-butanoic acid, 5-[bis(2-chloroethyl)amino]-1-methyl-

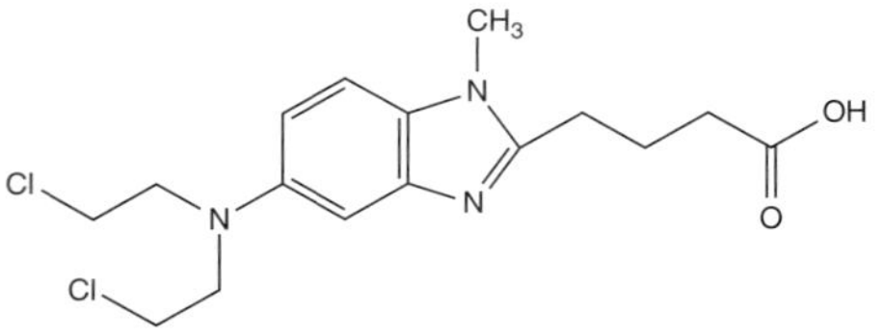

OS: *Bendamustine [USAN]*
IS: *CIMET 3393*
IS: *IMET 3393*

– hydrochloride:

IS: *IMET 3393*
PH: Bendamustinum hydrochloricum 2.AB-DDR

Ribomustin® (Mundipharma: DE)

Bendazac (Rec.INN)

L: Bendazacum
I: Bendazac
D: Bendazac
F: Bendazac
S: Bendazaco

Antiinflammatory agent

ATC: M02AA11,S01BC07
CAS-Nr.: 0020187-55-7 C_{16}-H_{14}-N_2-O_3
M_r 282.308

Acetic acid, [[1-(phenylmethyl)-1H-indazol-3-yl]oxy]-

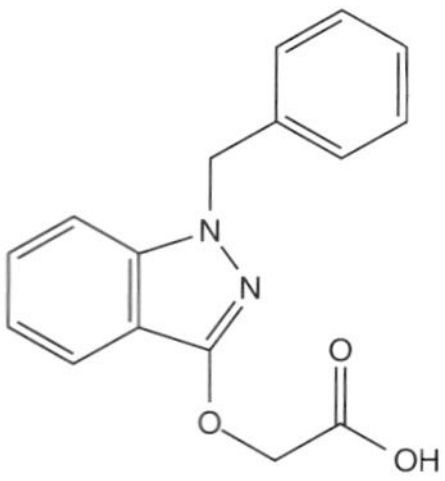

OS: *Bendazac [BAN, DCF, DCIT, JAN, USAN]*
IS: *AF 983 (Angelini, Italy)*

Dogalina® [vet.] (Esteve: IT)
Versus® (Angelini: IT)
Zildasac® (Chugai: JP)

– lysine salt:

CAS-Nr.: 0081919-14-4
OS: *Bendazac Lysine BANM*
OS: *Bendazac lisina DCIT*
IS: *AF 1934*

Bendalina® (Angelini: IT)
Bendalina® (Lepori: PT)
Bendalina® (Roche: PT)

Bendazol (Rec.INN)

L: Bendazolum
D: Bendazol
F: Bendazol
S: Bendazol

Vasodilator

CAS-Nr.: 0000621-72-7 — C_{14}-H_{12}-N_2, M_r 208.27

1H-Benzimidazole, 2-(phenylmethyl)-

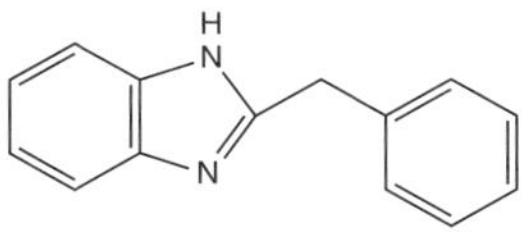

OS: *Bendazol [DCF, USAN]*
OS: *Bendazolo [DCIT]*

Dibazol® (Biopharm: GE)

Bendiocarb

D: Bendiocarb

Insecticide

CAS-Nr.: 0022781-23-3 — C_{11}-H_{13}-N-O_4, M_r 223.235

Methylcarbamic acid 2,3-(isopropylidenedioxy)phenyl ester

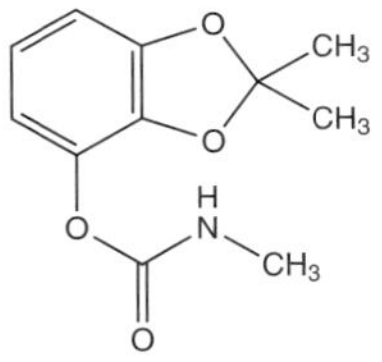

IS: *NC 6897*

Bovicare® pour-on [vet.] (Virbac: AU)
Exil Tick off® [vet.] (Francodex: NL)
Ficam Gold Cattle Dust® [vet.] (Bayer Animal Health: AU)
Niltime® [vet.] (Virbac: NZ)
Parasitex® [vet.] (Virbac: CH)

Bendroflumethiazide (Rec.INN)

L: Bendroflumethiazidum
I: Bendroflumetiazide
D: Bendroflumethiazid
F: Bendrofluméthiazide
S: Bendroflumetiazida

Diuretic, benzothiadiazide

ATC: C03AA01
CAS-Nr.: 0000073-48-3 — C_{15}-H_{14}-F_3-N_3-O_4-S_2, M_r 421.427

2H-1,2,4-Benzothiadiazine-7-sulfonamide, 3,4-dihydro-3-(phenylmethyl)-6-(trifluoromethyl)-, 1,1-dioxide

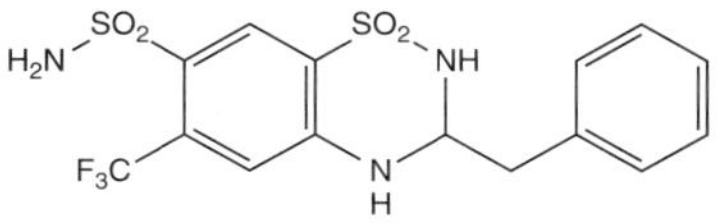

OS: *Bendrofluméthiazide [DCF]*
OS: *Bendroflumethiazide [BAN, JAN, USAN]*
IS: *Benzydroflumethiazide*
IS: *Benzylhydroflumethiazide*
IS: *BE 724-A*
IS: *FT 81*
IS: *Bendrofluazide*
PH: Bendrofluméthiazide [Ph. Eur. 5]
PH: Bendroflumethiazid [Ph. Eur. 5]
PH: Bendroflumethiazide [Ph. Eur. 5, USP 30]
PH: Bendroflumethiazidum [Ph. Eur. 5, Ph. Int. II]

Aprinox® (Abbott: EG, OM)
Aprinox® (Knoll: AU)
Aprinox® (Sovereign: GB)
Bendroflumethiazide® (Alpharma: GB)
Bendroflumethiazide® (Generics: GB)
Bendroflumethiazide® (Hillcross: GB)
Bendroflumethiazide® (Teva: GB)
Bezide® (Carlisle: AG, AN, AW, BB, BS, BZ, GD, GY, JM, LC, SR, TT, VC)
Centyl® (Leo: DK, GB, IE, IS, NO)
Low Centyl K® (Leo: IE)
Naturetin® (Apothecon: US)
Naturetin® (Bristol-Myers Squibb: US)
Naturetin® (Princeton: US)
Neo-Naclex® (GlaxoSmithKline: NZ)
Neo-NaClex® (Goldshield: GB)
Salures® (Pfizer: SE)

Benexate (Rec.INN)

L: Benexato
D: Benexat
F: Benexate
S: Benexatum

Treatment of gastric ulcera

CAS-Nr.: 0078718-52-2 — C_{23}-H_{27}-N_3-O_4, M_r 409.499

Benzoic acid, 2-[[[4-[[(aminoiminomethyl)amino]methyl]cyclohexyl]carbonyl]oxy]-, phenylmethyl ester, trans-

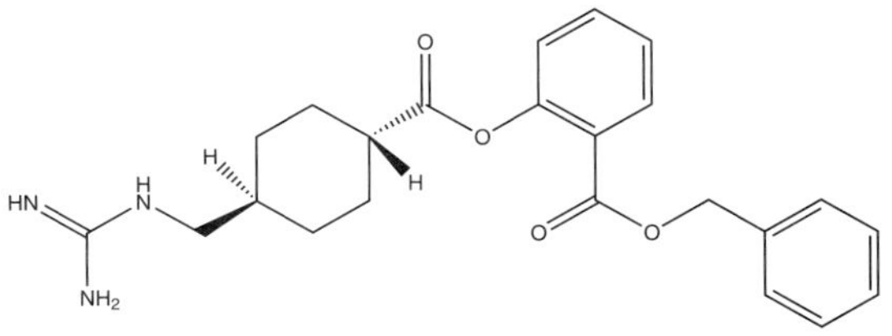

OS: *Benexate [USAN]*

– hydrochloride, β-cyclodextrine clathrate:

Lonmiel® (Teikoku Kagaku: JP)
Ulgut® (Shionogi: JP)

Benfluorex (Prop.INN)

L: Benfluorexum
I: Benfluorex
D: Benfluorex
F: Benfluorex
S: Benfluorex

⚕ Antihyperlipidemic agent

ATC: C10AX04
CAS-Nr.: 0023602-78-0 C_{19}-H_{20}-F_3-N-O_2
M_r 351.379

Ethanol, 2-[[1-methyl-2-[3-(trifluoromethyl)phenyl]ethyl]amino]-, benzoate (ester)

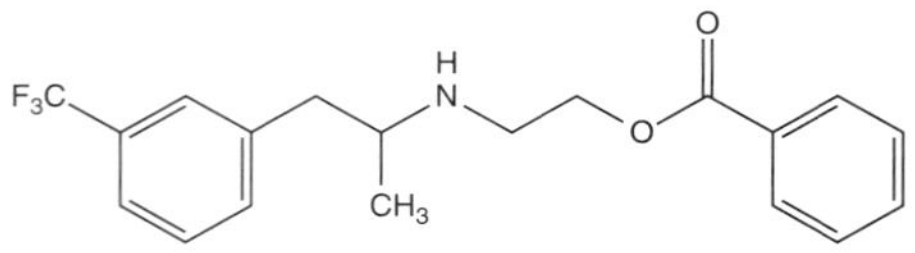

OS: *Benfluorex [BAN, DCF, DCIT, USAN]*
IS: *S 780*
IS: *SE 780*
IS: *JP 992*

Lipophoral® (Servier: GR)
Mediaxal® (Servier: HK, MY)

– hydrochloride:

CAS-Nr.: 0023642-66-2
OS: *Benfluorex Hydrochloride BANM*
PH: Benfluorex Hydrochloride Ph. Eur. 5
PH: Benfluorexi hydrochloridum Ph. Eur. 5
PH: Benfluorexhydrochlorid Ph. Eur. 5
PH: Benfluorex (chlorhydrate de) Ph. Eur. 5

Mediator® (Biopharma: FR)
Mediator® (Servier: LU, PT, VN)
Mediaxal® (Servier: AN, AN, AW, BB, BM, BS, BZ, GD, GY, JM, KY, LC, SG, TT, VC)
Mediaxal® (Servier-F: IT)

Benfotiamine (Rec.INN)

L: Benfotiaminum
D: Benfotiamin
F: Benfotiamine
S: Benfotiamina

⚕ Vitamin B_1

ATC: A11DA03
ATCvet: QA11DA03
CAS-Nr.: 0022457-89-2 C_{19}-H_{23}-N_4-O_6-P-S
M_r 466.463

Benzenecarbothioic acid, S-[2-[[(4-amino-2-methyl-5-pyrimidinyl)methyl]formylamino]-1-[2-(phosphonooxy)ethyl]-1-propenyl] ester

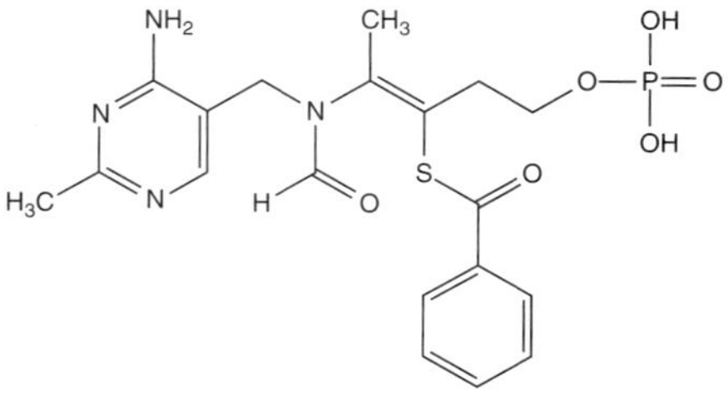

OS: *Benfotiamine [DCF, JAN, USAN]*
IS: *Benzoylthiaminemonophosphate*
IS: *CB 8088*

Benfogamma® (Wörwag Pharma: BG, CZ, DE, HU, PL, RO, RU)
Biotamin® (Sankyo: JP)
Biotowa® (Towa Yakuhin: JP)
Milgamma® (Wörwag Pharma: DE)
Neurostop® (Lacer: ES)

Benidipine (Rec.INN)

L: Benidipinum
D: Benidipin
F: Benidipine
S: Benidipino

⚕ Calcium antagonist

ATC: C08CA15
ATCvet: QC08CA15
CAS-Nr.: 0105979-17-7 C_{28}-H_{31}-N_3-O_6
M_r 505.586

(±)-(R*)-3-[(R*)-1-Benzyl-3-piperidyl] methyl 1,4-dihydro-2,6-dimethyl-4-(m-nitrophenyl)-3,5-pyridinedicarboxylate

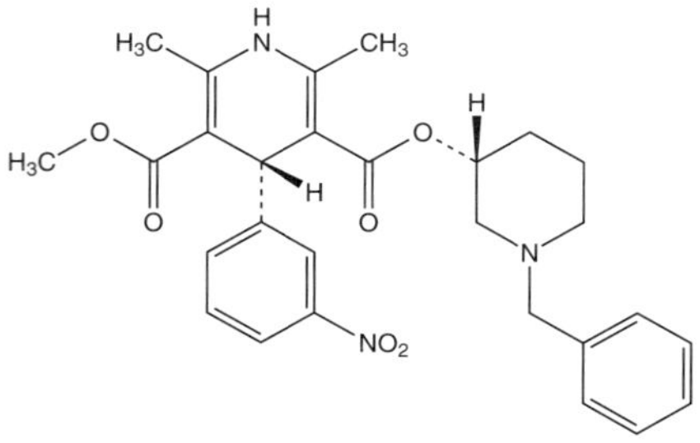

OS: *Benidipine [USAN]*
IS: *Nakadipine*

– hydrochloride:

CAS-Nr.: 0091599-74-5
OS: *Benidipine Hydrochloride JAN*
IS: *KW 3049 (Kyowa Hakko, Japan)*

Caritec® (Stancare: IN)
Coniel® (Deva: GE)
Coniel® (Kyowa: CN, JP, PH)

Benorilate (Rec.INN)

L: Benorilatum
I: Benorilato
D: Benorilat
F: Bénorilate
S: Benorilato

⚕ Antiinflammatory agent
⚕ Analgesic
⚕ Antipyretic

ATC: N02BA10
CAS-Nr.: 0005003-48-5 C_{17}-H_{15}-N-O_5
M_r 313.317

Benzoic acid, 2-(acetyloxy)-, 4-(acetylamino)phenyl ester

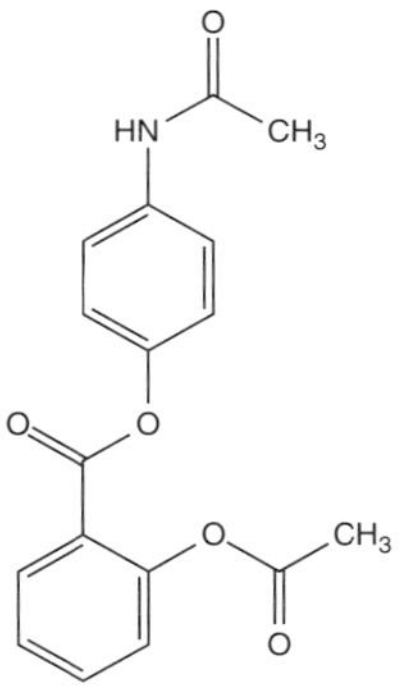

OS: *Benorilate [BAN, USAN]*
OS: *Bénorilate [DCF]*
OS: *Benorilato [DCIT]*
IS: *Fenasprate*
IS: *Paracetamol O-acetylsalicylate*
IS: *Win 11450 (Winthrop, USA)*
IS: *Benorylate*
PH: Benorilate [BP 2007]

Bentum® (Zambon: ID)
Salipran® (UCB: FR)

Benperidol (Rec.INN)

L: Benperidolum
I: Benperidolo
D: Benperidol
F: Benpéridol
S: Benperidol

Neuroleptic

ATC: N05AD07
CAS-Nr.: 0002062-84-2 C_{22}-H_{24}-F-N_3-O_2
M_r 381.464

2H-Benzimidazol-2-one, 1-[1-[4-(4-fluorophenyl)-4-oxobutyl]-4-piperidinyl]-1,3-dihydro-

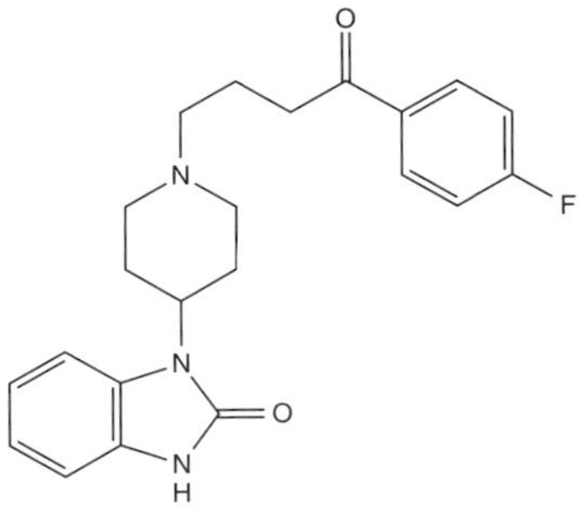

OS: *Benperidol [BAN, DCF, USAN]*
OS: *Benperidolo [DCIT]*
IS: *McN-JR-4584*
IS: *R 4584*
IS: *CB 8089*
PH: Benperidol [Ph. Eur. 5]
PH: Benperidolum [Ph. Eur. 5]
PH: Benpéridol [Ph. Eur. 5]

Anquil® (Concord: GB)
Anquil® (Janssen: IE)
Benperidol-neuraxpharm® (neuraxpharm: DE)
Frenactil® (Janssen: BE, LU, NL)

Glianimon® (Bayer: DE)
Glianimon® (Menarini: GR)

Benproperine (Rec.INN)

L: Benproperinum
I: Benproperina
D: Benproperin
F: Benpropérine
S: Benproperina

Antitussive agent

ATC: R05DB02
CAS-Nr.: 0002156-27-6 C_{21}-H_{27}-N-O
M_r 309.457

Piperidine, 1-[1-methyl-2-[2-(phenylmethyl)phenoxy]ethyl]-

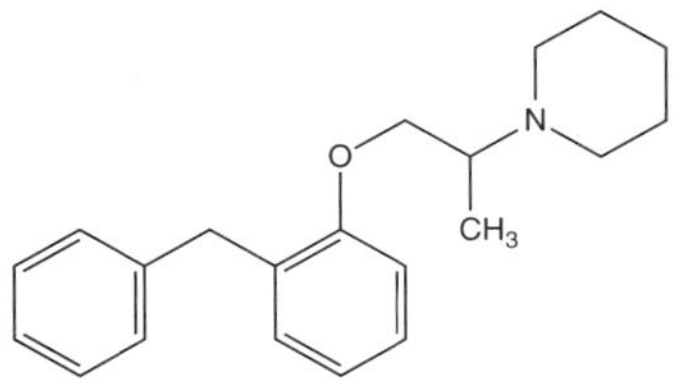

OS: *Benproperine [USAN]*

Cofrel® (Pfizer: HK)

– dihydrogen phosphate:

CAS-Nr.: 0003563-76-6
OS: *Benproperine Phosphate JAN*
IS: *ASA 158/5*

Flaveric® (Pfizer: JP)
Tussafug® (Robugen: DE)

Benserazide (Rec.INN)

L: Benserazidum
I: Benserazide
D: Benserazid
F: Bensérazide
S: Benserazida

Antiparkinsonian
Enzyme inhibitor, decarboxylase

CAS-Nr.: 0000322-35-0 C_{10}-H_{15}-N_3-O_5
M_r 257.26

DL-Serine, 2-[(2,3,4-trihydroxyphenyl)methyl]hydrazide

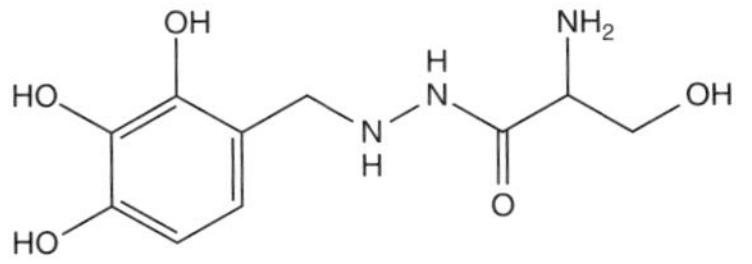

OS: *Benserazide [BAN, DCF, DCIT, USAN]*
IS: *Ro 4-4602 (Hoffmann La Roche, D)*

Levodopa-Benserazide® [+ Levodopa] (Lafedar: AR)
Levopar® [+ Levodopa] (Hexal: DE)
Levopar® [+ Levodopa] (Teva: IL)
Madopar® [+ Levodopa] (Roche: AR)

- **hydrochloride:**

CAS-Nr.: 0014046-64-1
OS: *Benserazide Hydrochloride BANM*
PH: Benserazidi hydrochloridum Ph. Eur. 5
PH: Bensérazide (chlorhydrate de) Ph. Eur. 5
PH: Benserazidhydrochlorid Ph. Eur. 5
PH: Benserazide Hydrochloride JP XIV

Levodopa comp. B Stada® [+ Levodopa] (Stadapharm: DE)
Madopar Quick® [+ Levodopa] (Roche: IS)
Madopark® [+ Levodopa] (Roche: SE)
Madopar® [+ Levodopa] (Eurim: AT)
Madopar® [+ Levodopa] (Galenika: RS)
Madopar® [+ Levodopa] (Leciva: CZ)
Madopar® [+ Levodopa] (Novartis: CZ)
Madopar® [+ Levodopa] (Paranova: AT)
Madopar® [+ Levodopa] (Roche: AL, AM, AT, AU, AW, AZ, BA, BE, BG, BH, BO, BR, BY, CA, CH, CI, CL, CN, CO, CR, CU, CZ, DE, DK, DO, EE, ES, FI, FR, GB, GE, GN, GR, GT, HK, HN, HR, HU, ID, IE, IR, IS, IT, JM, JP, KH, KR, KZ, LA, LB, LK, LT, LU, LV, LY, MA, MD, MR, MU, MX, MY, NI, NL, NO, NZ, PA, PE, PH, PL, PT, PY, RO, RS, RU, SA, SG, SI, SK, SN, SV, SY, TH, TM, TN, TR, TT, TW, UY, UZ, VE, VN, ZA)
Madopar® [+ Levodopa] (Terapia: RO)
Modopar® [+ Levodopa] (Eureco: NL)
Modopar® [+ Levodopa] (Euro: NL)
Modopar® [+ Levodopa] (Roche: FR)
Pardoz® [+ Levodopa] (Kalbe: ID)
PK-Levo® [+ Levodopa] (Merz: DE)
Prolopa® [+ Levodopa] (Roche: BE, BR, CL, LU)
Restex® [+ Levodopa] (Roche: AT, DE)

Bentazepam (Rec.INN)

L: Bentazepamum
D: Bentazepam
F: Bentazépam
S: Bentazepam

Psychotherapeutic agent

CAS-Nr.: 0029462-18-8 — C_{17}-H_{16}-N_2-O-S, M_r 296.395

2H-[1]Benzothieno[2,3-e]-1,4-diazepin-2-one, 1,3,6,7,8,9-hexahydro-5-phenyl-

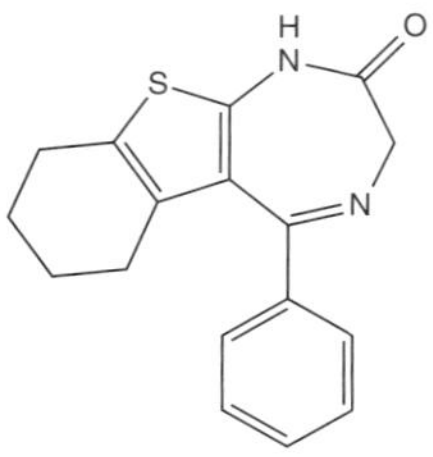

OS: *Bentazepam [USAN]*
IS: *QM-6008*
IS: *CI 718 (Parke Davis, USA)*

Tiadipona® (Abbott: ES)

Benzalkonium Chloride (Rec.INN)

L: Benzalkonii Chloridum
I: Benzalconio cloruro
D: Benzalkonium chlorid
F: Chlorure de Benzalkonium
S: Cloruro de benzalconio

Antiseptic
Contraceptive, spermicidal agent
Desinfectant

CAS-Nr.: 0008001-54-5

Quaternary ammonium compounds, alkylbenzyldimethyl, chlorides

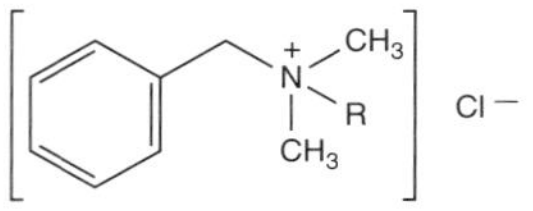

OS: *Benzalkonium [DCF]*
OS: *Benzalkonium Chloride [BAN, JAN, USAN]*
OS: *Benzalconio cloruro [DCIT]*
PH: Benzalkonii chloridum [Ph. Eur. 5, Ph. Int. 4]
PH: Benzalkonium (chlorure de) [Ph. Eur. 5]
PH: Benzalkoniumchlorid [Ph. Eur. 5]
PH: Benzalkonium Chloride [JP XIV, Ph. Eur. 5, Ph. Int. 4, USP 30]

Aeroclens® [vet.] (Battle: GB)
Alfa C® (Bracco: IT)
Amuclean® (Amuchina: IT)
Ark Klens® [vet.] (Vetark: GB)
Bacteriol® (Bacteriol: AR)
Bano intimo clasica ® (Robins: CO)
Benalcon® (Pierrel: IT)
Benzalconio Cloruro® (Dynacren: IT)
Benzalconio Cloruro® (New.Fa.dem.: IT)
Benzalconio Cloruro® (Olcelli: IT)
Benzalkonium Chloride® [vet.] (Apex: AU)
Bepanthen Antiseptic Cream® (Bayer: AU)
Bergagyn® (Bergamon: IT)
Cedium Benzalkonium® (Qualiphar: BE)
Cedium® (Qualiphar: LU)
Chevisept® [vet.] (Fendigo: BE)
Citrosil® (Manetti Roberts: IT)
Contracept M® (Magistra: RO)
Cutasept® (Beiersdorf: CH)
Dermax® (Dermal: GB)
Dermobarrina® (Reccius: CL)
Dimill® (SIT: IT)
Disigien® (AFOM: IT)
Disintyl® (Zeta: IT)
Disteril® (Lachifarma: IT)
Espadol® (Reckitt Benckiser: AR)
Farma 12® (Farmacol: CO)
Fido's Hydrobath Flush & Kennel Disinfectant Cleaner® [vet.] (Mavlab: AU)
Germosept® (Medipharm: CL)
Ghinix® (Pharmafem: AR)
Ionax® (Galderma: SG)
Ionax® (Owen: US)
Iridina Light® (Montefarmaco OTC: IT)
Killavon® (Lysoform: DE)
Lacribase® (Tubilux: IT)

Lasermin® (Laser: PE)
Laudamonium® (Ecolab: DE)
Lozione Vittoria® (Polifarma: IT)
Marinol® [vet.] (Vericor: GB)
Maxisteril® (Germo: IT)
Methylene Blue® [vet.] (Sinclair: GB)
Mini Ovulo Lanzas® (Ipsen: ES)
Narix® (Cimed: BR)
Neo-Desogen® (Rusch: IT)
Pharmatex® (Agis: IL)
Pharmatex® (Innotech: DZ, FR, HU, RS, RU)
Pharmatex® (Innothera: BG, RO)
Pharmatex® (Innothéra: LU)
Pharmatex® (Raymos: AR)
Pharmatex® (Sidefarma: PT)
Pose-Bac® (Pose: TH)
Pupilla Light® (Alfa Wassermann: IT)
Rashfree® (Pfizer: IN)
Rino-Ped® (Stiefel: BR)
Rinoflux® (IMA: BR)
Rinosoro® (Farmasa: BR)
Roccal® [vet.] (Vetoquinol: BE)
Sangen® (Marco Viti: IT)
Saquat® (Ramini: IT)
Sguardi® (Farmigea: IT)
Sinustrat® (Zurita: BR)
Sirigen® (Angelini: IT)
SNIF® (Eurofarma: BR)
Sorine Pediàtrico® (Aché: BR)
Spermatex® (Shreya: RU)
Stable and Kennel Disinfectent® [vet.] (Virbac: AU)
Steramin® (Formenti: IT)
Stilla Delicato® (Angelini: IT)
Veterinary Antiseptic Spray® [vet.] (Battle: GB)
Video-light® (Euroderm OTC: IT)
Zefan® (Drogsan: TR)
Zefiran® (Sandoz: TR)
Zefol® (Akdeniz: TR)
Zefort® (Merkez: TR)
Zefsolin® (Oro: TR)
Zephiran® (Sanofi-Aventis: US)
Zorkasept® (Zorka: RS)

Benzathine Benzylpenicillin (Rec.INN)

L: Benzathini Benzylpenicillinum
I: Benzilpenicillina benzatinica
D: Benzylpenicillin-Benzathin
F: Benzathine benzylpénicilline
S: Bencilpenicilina benzatínica

Antibiotic, penicillin, penicillinase-sensitive

ATC: J01CE08
CAS-Nr.: 0001538-09-6 C_{48}-H_{56}-N_6-O_8-S_2
M_r 909.156

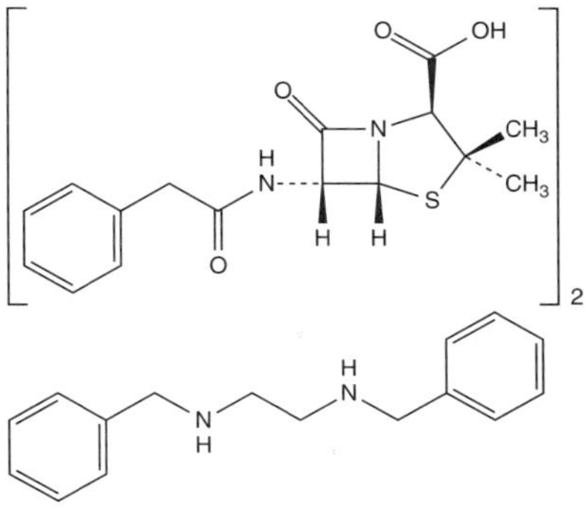

OS: *Benzathine Benzylpenicillin [BAN]*
OS: *Benzylpénicilline benzathine [DCF]*
OS: *Benzilpenicillina benzatinica [DCIT]*
OS: *Penicillin G Benzathine [USAN]*
IS: *Benzethacil*
IS: *Benzathine Penicillin*
PH: Benzylpenicillin, Benzathine [Ph. Eur. 5, Ph. Int. 4]
PH: Benzathini benzylpenicillinum [Ph. Int. 4]
PH: Benzylpenicillin-Benzathin [Ph. Eur. 5]
PH: Benzylpénicilline benzathine [Ph. Eur. 5]
PH: Benzylpenicillinum benzathini [JPX]
PH: Benzylpenicillinum benzathinum [Ph. Eur. 5]
PH: Penicillin G Benzathine [USP 30]

Bencelin® (Antibioticos: MX)
Bencilpenicilina Benzatina® (Volta: CL)
Benzanil® (Roche: MX)
Benzapen® (Square: BD)
Benzapen® (Tüm Ekip: TR)
Benzathine Penicillin-Fresenius Vials® (Bodene: ZA)
Benzatina Bencilpenicilina LCH® (Ivax: PE)
Benzatina Bencilpenicilina® (Marfan: PE)
Benzatron® (Ariston: BR)
Benzetacil L.A.® (Biochemie: CO)
Benzetacil L.A.® (Wyeth: CR, DO, GT, HN, NI, PA, SV)
Benzetacil® (Antibioticos: ES)
Benzetacil® (Eurofarma: BR)
Benzetacil® (Novartis Pharma: PE)
Benzetacil® (Sandoz: MX)
Benzetacil® (Wyeth: AR, BR)
Benzilpenicilina Benzatina® (Neo Quimica: BR)
Benzilpenicilina Benzatinica® (Vitalis: PE)
Benzilpenicillina Benzatinica Biopharma® (Biopharma: IT)
Benzilpenicillina Benzatinica® (Fisiopharma: IT)
Benzoside® (Grünenthal: EC)
Bicillin LA® (Akromed: ZA)
Bicillin LA® (Healthcare Logistics: NZ)

Bicillin LA® (King: US)
Bicillin LA® (Lederle: AU)
Biconcilina BZ® (Life: EC)
Bpen® (Opsonin: BD)
Cepacilina® (Reig Jofre: ES)
Debecylina® (Polfa Tarchomin: PL)
Deposilin® (I.E. Ulagay: TR)
Diamine Penicillin® (Renata: BD)
Diamine® (Magnachem: DO)
Diaminocillina® (Fournier: IT)
Durabiotic® (Sandoz: IL)
Extencilline® (Sanofi-Aventis: FR, RU)
Galtamicina® (Northia: AR)
Lapen® (Jayson: BD)
Lentocilin-S® (Atral: PT)
Lentopenil® (Grossman: MX)
Longacilin® (Biolab: BR)
Moldamin® (Antibiotice: RO)
P-Benza® (LCG: PE)
Pan Benzathine Benylpenicillin® (Healthcare Logistics: NZ)
Penadur L.A.® (Sunthi: ID)
Penadur L.A.® (Vesale: BE)
Penadur L.A.® (Wyeth: AE, AO, BH, BW, CY, EG, GH, ID, JO, KE, KW, LB, MT, MW, MZ, NA, NG, OM, QA, SA, SC, TH, TZ, UG, YE, ZW)
Penadur® (Vesale: LU)
Penadur® (Wyeth: GR)
Pencom® (Alembic: IN)
Pendepon® (Biotika: CZ, SK)
Pendiben LA® (Schein: PE)
Pendiben® (Comerciosa: EC)
Pendysin® (mibe Jena: DE)
Penicilina Benzatinica MF® (Marfan: PE)
Penicilina G Benzatina L.CH.® (Chile: CL)
Penicilina G Benzatinica Fabra® (Fabra: AR)
Penicilina G Benzatinica Klonal® (Klonal: AR)
Penicilina G Benzatinica Lafedar® (Lafedar: AR)
Penicilina G Benzatinica Richet® (Richet: AR)
Penicilina G Benzatinica® (Ecar: CO)
Penicilina G Benzatinica® (Memphis: CO)
Penicilina G Benzatinica® (Pentacoop: CO)
Penicilina G Benzatinica® (Vitrofarma: PE)
Penicilina G. Benzatina® (Bestpharma: CL)
Penidural® (Yamanouchi: NL)
Penidure® (Wyeth: IN)
Penilente® (Novo Nordisk: EG, GH, KE, NG, SD, TZ, UG, ZA, ZM)
Permapen® (Pfizer: US)
Pisacilina® (Schein: PE)
Retarpen® (Biochemie: AE, BH, CY, JO, KW, LB, OM, QA, SA, SD, YE)
Retarpen® (Sandoz: AR, AT, CZ, HU, RO, SG)
Tardocillin® (Infectopharm: DE)
Terbocyl® (Terbol: PE)
Unicil L.A.® (Uni: CO)
Unicil® (Unipharm: MX)
Wycillina® (Pharmacia: IT)

Benzatropine (Rec.INN)

L: Benzatropinum
I: Benzatropina
D: Benzatropin
F: Benzatropine
S: Benzatropina

Antiparkinsonian, central anticholinergic

ATC: N04AC01
CAS-Nr.: 0000086-13-5 C_{21}-H_{25}-N-O
M_r 307.441

8-Azabicyclo[3.2.1]octane, 3-(diphenylmethoxy)-8-methyl-, endo-

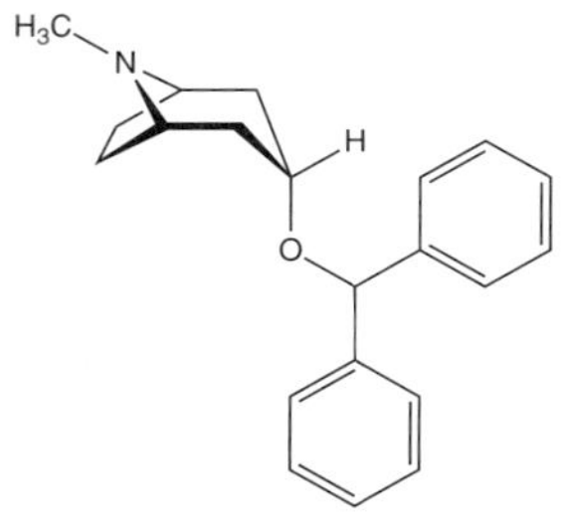

OS: *Benzatropine [BAN, DCF]*
OS: *Benzatropina [DCIT]*
OS: *Benztropine [BAN]*
IS: *3-(Diphenylmethoxy)tropane (WHO)*
IS: *MK 02*
IS: *Tropin-benzylhydrylether (IUPAC)*

– mesilate:

CAS-Nr.: 0000132-17-2
OS: *Benzatropine Mesilate BANM, JAN*
OS: *Benzatropine Mesylate USAN*
IS: *Benzatropine methanesulfonate*
IS: *MK 02*
IS: *Benztropine Mesylate*
PH: Benztropine Mesylate USP 30
PH: Benzatropine Mesilate BP 2007

Apo-Benztropine® (Apotex: CA, CZ)
Benztropine Mesylate® (CorePharma: US)
Benztropine Mesylate® (Par: US)
Benztropine Mesylate® (Pliva: US)
Benztropine Mesylate® (Rising Pharmaceuticals: US)
Benztropine Mesylate® (Upsher-Smith: US)
Benztrop® (AFT: NZ)
Benztrop® (Pharmalab: AU)
Cogentin® (Merck: US)
Cogentin® (Merck Sharp & Dohme: AT, AU, GB, HK, NL, NZ, TH)

B

Benzbromarone (Rec.INN)

L: Benzbromaronum
I: Benzbromarone
D: Benzbromaron
F: Benzbromarone
S: Benzobromarona

Uricosuric agent

ATC: M04AB03
CAS-Nr.: 0003562-84-3 C_{17}-H_{12}-Br_2-O_3
M_r 424.083

Methanone, (3,5-dibromo-4-hydroxyphenyl)(2-ethyl-3-benzofuranyl)-

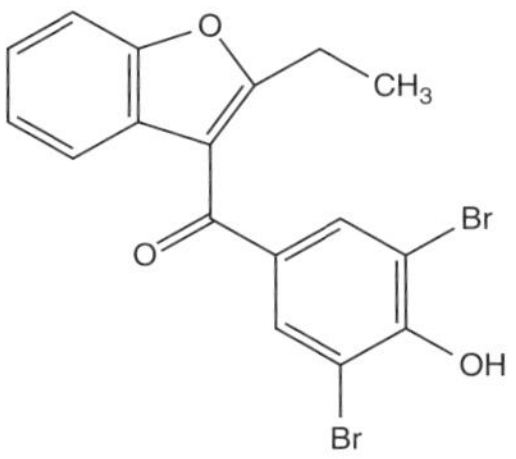

OS: *Benzbromarone [BAN, DCF, DCIT, JAN, USAN]*
IS: *L 2214*
IS: *MJ 10061 (Mead Johnson, USA)*
PH: Benzbromaron [Ph. Eur. 5]
PH: Benzbromaronum [Ph. Eur. 5, Ph. Helv. 8]
PH: Benzbromarone [Ph. Eur. 5, JP XIV]

Benzbromaron AL® (Aliud: DE)
Benzbromaron-ratiopharm® (ratiopharm: DE)
Desuric® (OTL Pharma: NL)
Desuric® (Sanofi-Synthelabo: AE, BE, BH, CY, EG, JO, KW, LB, OM, QA, SA)
Narcaricin® (ASTA Medica: BR)
Narcaricin® (Heumann: DE, TH)
Narcaricin® (Rotam Reddy: CN)
Uricovac® (Kwizda: AT)
Uricovac® (Sanofi-Synthelabo: AT)
Urinorm® (Sanofi-Synthelabo: ES)
Urinorm® (Torii: JP)

Benzethonium Chloride (Rec.INN)

L: Benzethonii Chloridum
I: Benzetonio cloruro
D: Benzethonium chlorid
F: Chlorure de Benzéthonium
S: Cloruro de bencetonio

Antiseptic
Desinfectant

CAS-Nr.: 0000121-54-0 C_{27}-H_{42}-Cl-N-O_2
M_r 448.093

Benzenemethanaminium, N,N-dimethyl-N-[2-[2-[4-(1,1,3,3-tetramethylbutyl)phenoxy]ethoxy]ethyl]-, chloride

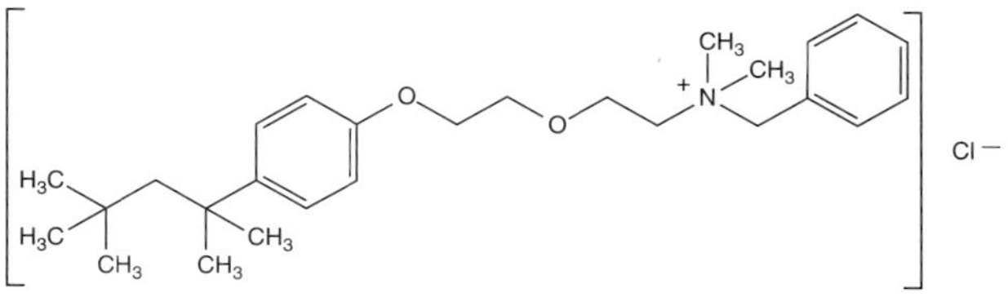

OS: *Benzethonium Chloride [BAN, USAN]*
OS: *Benzéthonium [DCF]*
OS: *Benzetonio cloruro [DCIT]*
PH: Benzethoni chloridum [Ph. Int. II]
PH: Benzethonium Chloride [Ph. Eur. 5, JP XIV, USP 30]
PH: Benzethonii chloridum [Ph. Eur. 5]
PH: Benzethoniumchlorid [Ph. Eur. 5]
PH: Benzéthonium (chlorure de) [Ph. Eur. 5]

Narketan® [vet.] (Chassot: DE)

Benzetimide (Rec.INN)

L: Benzetimidum
D: Benzetimid
F: Benzétimide
S: Bencetimida

Antiparkinsonian, central anticholinergic

CAS-Nr.: 0119391-55-8 C_{23}-H_{26}-N_2-O_2
M_r 362.481

[3,4'-Bipiperidine]-2,6-dione, 3-phenyl-1'-(phenylmethyl)-

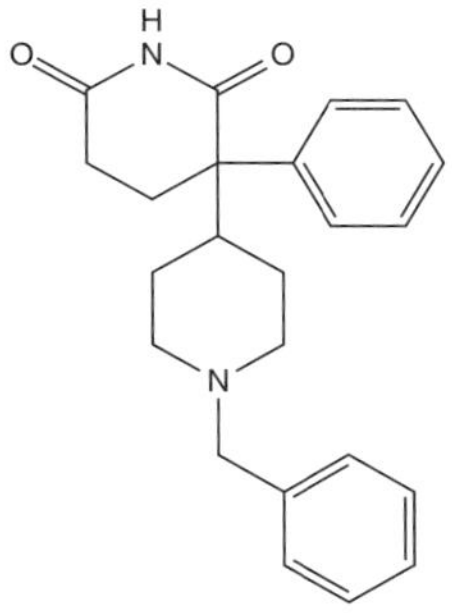

Spasmentral® [vet.] (Janssen: BE)

– hydrochloride:

CAS-Nr.: 0005633-14-7
OS: *Benzetimide Hydrochloride USAN*
IS: *McN-JR 4929-11*
IS: *R 4929*

Spasmentral® [vet.] (Janssen: BE)
Spasmentral® [vet.] (Janssen Animal Health: DE)
Spasmentral® [vet.] (Veterinaria: CH)

Benzfetamine (Rec.INN)

L: Benzfetaminum
I: Benzfetamina
D: Benzfetamin
F: Benzfétamine
S: Benzfetamina

⚕ Anorexic

CAS-Nr.: 0000156-08-1 C_{17}-H_{21}-N
M_r 239.365

Benzeneethanamine, N,α-dimethyl-N-(phenylmethyl)-, (+)-

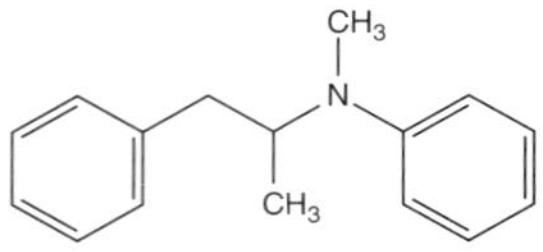

OS: *Benzphetamine [DCF, BAN, USAN]*
OS: *Benzfetamine [BAN]*
OS: *Benzfetamina [DCIT]*
IS: *N-Benzyl-methamphetamin*

– hydrochloride:
CAS-Nr.: 0005411-22-3
PH: Benzphetamine Hydrochloride USP 30

Didrex® (Pfizer: US)

Benziodarone (Rec.INN)

L: Benziodaronum
I: Benziodarone
D: Benziodaron
F: Benziodarone
S: Benciodarona

⚕ Coronary vasodilator

ATC: C01DX04
CAS-Nr.: 0000068-90-6 C_{17}-H_{12}-I_2-O_3
M_r 518.083

Methanone, (2-ethyl-3-benzofuranyl)(4-hydroxy-3,5-diiodophenyl)-

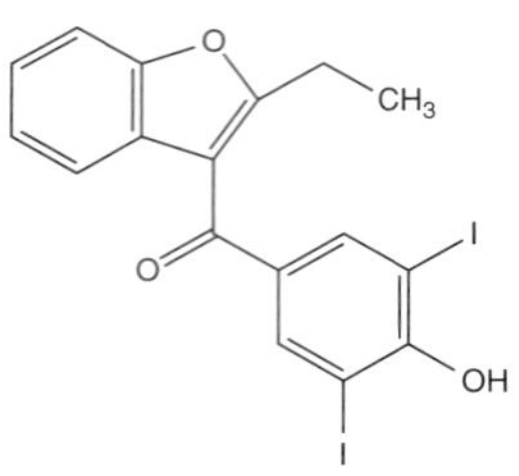

OS: *Benziodarone [BAN, DCF, DCIT, JAN, USAN]*
IS: *L 2329*

Retrangor® (Sanofi-Synthelabo: BR)

Benznidazole (Rec.INN)

L: Benznidazolum
D: Benznidazol
F: Benznidazole
S: Benznidazol

⚕ Antiprotozoal agent

ATC: P01CA02
CAS-Nr.: 0022994-85-0 C_{12}-H_{12}-N_4-O_3
M_r 260.268

1H-Imidazole-1-acetamide, 2-nitro-N-(phenylmethyl)-

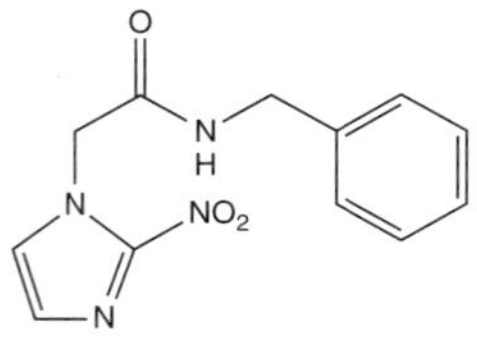

OS: *Benznidazole [USAN]*
IS: *Ro 07-1051*
PH: Benznidazolum [Ph. Int. 4]
PH: Benznidazole [Ph. Int. 4]

Radanil® (Roche: AR)

Benzocaine (Rec.INN)

L: Benzocainum
I: Benzocaina
D: Benzocain
F: Benzocaïne
S: Benzocaina

⚕ Local anesthetic

ATC: C05AD03,D04AB04,N01BA05,R02AD01
ATCvet:
QN01AX92,QC05AD03,QD04AB04,QN01BA05,-QR02AD01
CAS-Nr.: 0000094-09-7 C_9-H_{11}-N-O_2
M_r 165.197

Benzoic acid, 4-amino-, ethyl ester

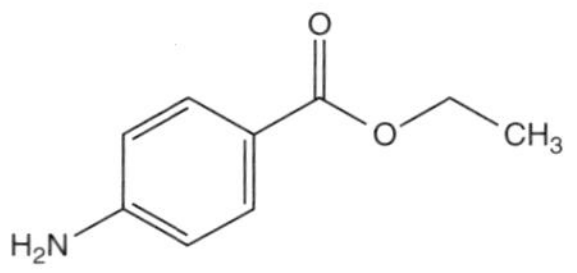

OS: *Benzocaine [BAN, USAN]*
OS: *Benzocaïne [DCF]*
OS: *Benzocaina [DCIT]*
IS: *Anesthesine*
IS: *Ethoforme*
IS: *Euphagine*
IS: *Orthesine*
IS: *Parathesine*
IS: *Rhaetocaine*
IS: *Solu-H*
IS: *Aethylum para-aminobenzoicum*
IS: *Norcainum Anaesthesinum (USSRP)*
IS: *Ethyl p-aminobenzoate (WHO)*
PH: Benzocain [Ph. Eur. 5]
PH: Benzocaine [Ph. Eur. 5, Ph. Int. 4, USP 30]
PH: Benzocainum [Ph. Eur. 5, Ph. Int. 4]

PH: Ethyl Aminobenzoate [JP XIII]

AAA® (Bayer: ZA)
AAA® (Manx: GB)
AeroCAINE® (Graham: US)
AeroTHERM® (Graham: US)
Americaine® (Celltech: US)
Anacaine® (Gordon: US)
Anadent® (Taro: IL)
Anaestherit® (Sanova: AT)
Anaesthesin® (Ritsert: DE)
Anbesol® (Wyeth: US)
Babee® (Pfeiffer: US)
Baby Gel® (Medibrands: IL)
Baby Orajel Forte® (Sanitas: CL)
Baby Orajel® (Hand-Prod: PL)
Baby Orajel® (Sanitas: CL)
Babydent® (Stada: CZ, DE, HU)
Baran-mild N® (Mickan: DE)
BBDent® (Maver: CL)
Benzocaine® (CMC: US)
Benzocaine® (Rugby: US)
Benzocol® (Hauck: US)
BiCOZENE® (Novartis: US)
BurnEze® (SSL: GB)
Burntame® (Otis: US)
Cepacol® (Combe: US)
Cerax® (Millet: AR)
Chiggerex® (Scherer: US)
Chiggertox® (Scherer: US)
Children's Vicks Chloraseptic Sore Throat Lozenges® (Procter & Gamble: US)
Chloraseptic® (Procter & Gamble: US)
Dentispray® (Ferraz: PT)
Dentispray® (Viñas: ES)
Dermoplast® (Medtech: US)
Dermopur® (Prolab: PL)
Detane® (Del: US)
Foille® (Blistex: US)
Garhocaina® (Farpag: CO)
Gartricin® (Cantabria: ES)
Hurricaine® (Beutlich: US)
Hurricaine® (Clarben: ES)
Hurricaine® (Vedefar: LU)
Ivarest® (Blistex: US)
Kank-a® (Blistex: US)
Labocane® (Combe: DE)
Lanacane® (Combe: ES, IL)
Lanacone® (Combe: US)
Lodoc® (Columbia: AR)
Mycinettes® (Pfeiffer: US)
Nani Pre Dental® (Alter: ES)
Orabase® (Colgate: US)
Orajel® (Del: US)
Orajel® (Hand-Prod: PL)
Orajel® (Sanitas: CL)
Orogel® (Square: BD)
Oticaina® (Bussié: CO)
Otocain® (Monarch: US)
Outgro® (Medtech: US)
Rhulicream® (Rhydelle: US)
Solarcaine® (Schering-Plough: BR, US)
Spec-T® (Bristol-Myers Squibb: US)
Subcutin® (Ritsert: DE)
Sédorectal® [vet.] (Coophavet: FR)
Topex® (Sultan: US)
Topispray® (Clarben: ES)
Vicks Chloraseptic® (Procter & Gamble: US)
Vicks® (Procter & Gamble: US)
Zahnerol N Dr. Janssen's Zahnungsbalsam® (Janssen W.: DE)
Zilactin-B® (Zila: CA, US)

Benzododecinium Chloride (Rec.INN)

L: Benzododecinii Chloridum
I: Benzododecinio cloruro
D: Benzododecinium chlorid
F: Chlorure de Benzododécinium
S: Cloruro de benzododecinio

Antiseptic
Desinfectant

CAS-Nr.: 0000139-07-1 — C_{21}-H_{38}-Cl-N, M_r 340.07

Benzenemethanaminium, N-dodecyl-N,N-dimethyl-, chloride

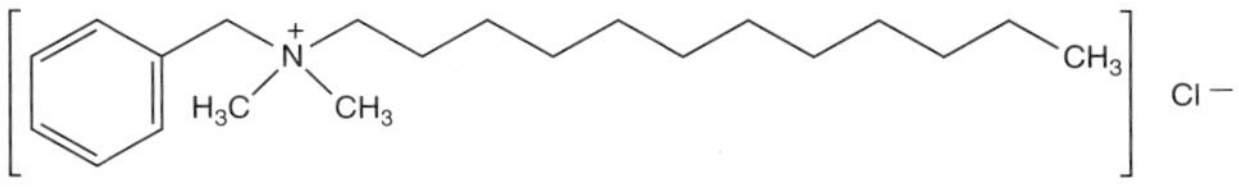

OS: *Benzododécinium [DCF]*
OS: *Benzododecinio cloruro [DCIT]*
OS: *Benzododecinium Chloride [USAN]*
IS: *Benzyldodecyldimethylammonium chloride (WHO)*

– hydrobromide:

PH: Benzododecinium bromatum PhBs IV
PH: Benzododécinium (bromure de) Ph. Franç. X

Ajatin® (Slovakofarma: CZ, SK)
Benzododecinium® (Thea: LU)
Benzododécinium Chibret® (Théa: FR)
Prorhinel® (Interdelta: CH)
Prorhinel® (Novartis Santé Familiale: FR)
Prorhinel® (Stiefel: DE)
Rhinédrine® (Cooper: FR)

Benzonatate (Rec.INN)

L: Benzonatatum
D: Benzonatat
F: Benzonatate
S: Benzonatato

Antitussive agent

ATC: R05DB01
CAS-Nr.: 0000104-31-4 — C_{30}-H_{53}-N-O_{11}, M_r 603.764

Benzoic acid, 4-(butylamino)-, 3,6,9,12,15,18,21,24,27-nonaoxaoctacos-1-yl ester

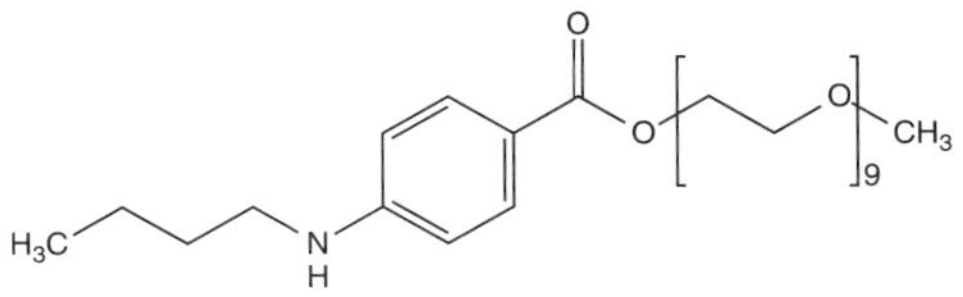

OS: *Benzonatate [BAN, USAN]*

IS: *KM 65*
PH: Benzonatate [USP 30]

Capsicof® (Gelcaps: MX)
Nafatosin® (Nafar: MX)
Tesalon® (Novartis: MX)
Tessalon® (Forest: US)
Velpro® (Alpharma: MX)

Benzoxonium Chloride (Rec.INN)

L: Benzoxonii Chloridum
I: Benzoxonio cloruro
D: Benzoxonium chlorid
F: Chlorure de Benzoxonium
S: Cloruro de benzoxonio

Antiseptic
Desinfectant

ATC: A01AB14,D08AJ05
CAS-Nr.: 0019379-90-9 C_{23}-H_{42}-Cl-N-O_2
M_r 400.049

Benzenemethanaminium, N-dodecyl-N,N-bis(2-hydroxyethyl)-, chloride

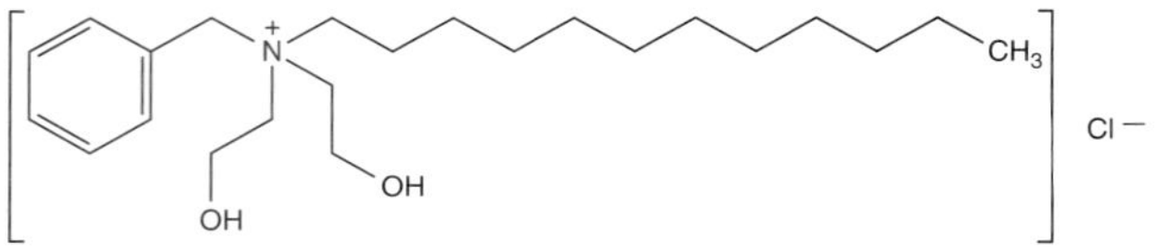

OS: *Benzoxonio cloruro [DCIT]*
OS: *Benzoxonium Chloride [USAN]*
IS: *D 301*

Alcolex® (Labomed: CL)
Bactofen® (Teleflex: IT)
Bialcol® (Novartis: CL)
Bialcol® (Novartis Consumer Health: IT)
Orofar® (Novartis: LU)
Orofar® (Novartis Consumer Health: BE)

Benzoyl Peroxide (USAN)

L: Benzoylis peroxydum cum aqua
I: Benzoil perossido
D: Benzoylperoxid
F: Benzoyle (peroxyde de) hydraté
S: Benzoilo peroxido

Antiacne
Dermatological agent, keratolytic

ATC: D10AE01
CAS-Nr.: 0000094-36-0 C_{14}-H_{10}-O_4
M_r 242.234

Peroxide, dibenzoyl

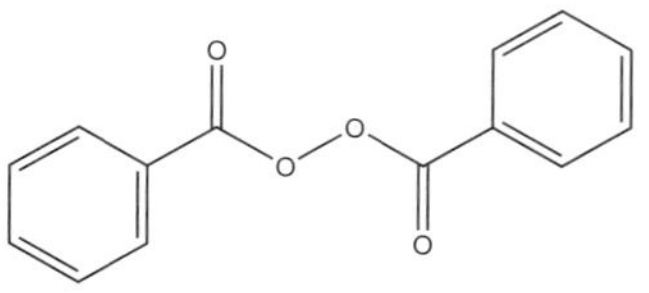

OS: *Benzoyl peroxide [USAN]*
IS: *Dibenzoylperoxid (IUPAC, ASK-S)*
PH: Benzoyl Peroxide, Hydrous [Ph. Eur. 5 , Ph. Int. 4, USP 30]
PH: Benzoylperoxid, Wasserhaltiges [Ph. Eur. 5]
PH: Benzoyle (peroxyde de) hydraté [Ph. Eur. 5]
PH: Benzoylis peroxydum cum aqua [Ph. Eur. 5, Ph. Int. 4]

Acetoxyl® (Stiefel: US)
Acetoxyl® (Valeo: CA)
Acnase® (Zurita: BR)
Acne Derm® (Fischer: IL)
Acnecide® (Galderma: GB, IE)
Acnepas® (Atlas: AR)
Acnesan® (Fortbenton: AR)
Acnetick®-10 (Robins: CO)
Acnexyl® (Pharmasant: TH)
Aknefug BP® (Orva: TR)
Aknefug BP® (Spirig: CH)
Aknefug-oxid® (Wolff: CZ, DE, HU)
Akneroxid® (Boots: BE, NL, PL)
Akneroxid® (Hermal: AT, CZ, DE, HU, LU, MY, SG)
Akneroxid® (Reckitt Benckiser: CH)
Aknex® (Gebro: CH)
Aksil® (Embil: TR)
Antopar® (Lek: CZ, SI)
B.P.O. Combustin® (Combustin: DE)
Basiron AC® (Galderma: FI, NO)
Basiron® (Galderma: DK, FI, SE)
Benacne® (Wyeth Pharmaceuticals: PT)
Benoxid® (Nycomed: IT)
Benoxygel® (Stiefel: ES)
Benoxyl® (Stiefel: AE, AG, AN, AW, BB, BH, BR, BS, CA, EG, GD, HT, IE, IR, JM, JO, KE, KW, LB, LC, MX, OM, QA, SA, SY, TN, TT, US, YE, ZA, ZW)
Benzac AC Wash® (Galderma: BR, CL, NZ, PE)
Benzac AC® (Galderma: BR, CL, CO, CR, DO, GT, HN, IL, MX, NI, NZ, PA, PE, SG, SV, TH, ZA)
Benzac Wash® (Galderma: LU)
Benzac W® (Galderma: GR, NL, PE)
Benzacne® (Altana: PL)
Benzac® (Galderma: AU, BE, CA, CH, IT, LU, NL, PT, US)
Benzac® (Liba: TR)
Benzac® (Owen: US)
Benzaderm® (Mex-América: MX)
Benzagel® (Darrow: BR)
Benzagel® (Dermik: US)
Benzagel® (Galderma: BR)
Benzaknen® (Galderma: AT, DE)
Benzapur® (Herbapol-Poznan: PL)
Benzihex® (Galderma: AR, CN)
Benzoile Perossido® (Dynacren: IT)
Benzolac® (Surya: ID)
Benzoylperoxide Katwijk® (Katwijk: NL)
Benzoylperoxide PCH® (Pharmachemie: NL)
Benzoylperoxide Samenwerkende Apothekers® (Samenwerkende Apothekers: NL)
Benzoyt® (Riemser: DE)
Benzperox® (medphano: DE)
Brevoxyl® (Gabriel: GR)
Brevoxyl® (Stiefel: AU, BE, DE, FI, FR, GB, HK, IE, NO, NZ, PL, RO, SE, SG, TH, US)
Canoderm® [vet.] (Gräub: CH)
Canoderm® [vet.] (Schoeller: AT)
Caress® (Renata: BD)
Clearamed® (Boots: ES, NL)

Clearamed® (Procter & Gamble: ES)
Clearasil Ultra® (Procter & Gamble: IT)
Clearasil Ultra® (Reckitt Benckiser: NZ)
Clearex Gel® (Medibrands: IL)
Cordes BPO® (Ichthyol: DE)
Cutacnyl® (Galderma: FR)
Dercome® (Wolff: DE, HR, RS)
Dermoxyl® (Stiefel: BR)
Desquam-X® (Westwood Squibb: US)
Desquam-X® (Westwood-Squibb: CA)
Eclaran® (Pierre Fabre: BG, CZ, FR, LU, PT, VN)
Ecnagel P.B.® (Valuge: AR)
Effacne® (Roche-Posay: FR)
Inoxitan® (Galena: CZ)
Klinoxid® (Valeant: DE)
Lubexyl® (Permamed: CH, PL)
Lubexyl® (Phoenix Pharma: HU)
Marduk® (S&K: DE)
Neutrogena Acne Mask® (Neutrogena: PE)
Neutrogena Acne® (Neutrogena: PE)
Oxiderma® (Galderma: ES)
Oxypor® (Latinfarma: CO)
Oxy® (GlaxoSmithKline: NL)
Oxy® (Mentholatum: IL)
Oxy® (Norcliff-Thayer: US)
Oxy® (Reckitt Benckiser: AU)
Oxy® (Rohto: VN)
Pangel® (Pannoc: BE)
Pannogel® (CS: FR)
Pannogel® (Schering: DE)
Panoxyl® (Bassa: PE)
Panoxyl® (Sanova: AT)
Panoxyl® (Stiefel: AE, AU, BE, BH, BR, CA, CO, CR, DE, DO, EG, ES, FR, GB, GT, HK, HN, IE, IL, IR, IS, IT, JO, KE, KW, LB, LU, NI, NL, NO, NZ, OM, PA, QA, SA, SG, SV, SY, TH, TN, US, YE, ZA, ZW)
Pansulfox® (Stiefel: CL)
Paracne® (Panalab: AR)
Paxcutol® [vet.] (Virbac: BE, CH, FR, GB, NL, PT)
PB Gel® (Lagos: AR)
Peroxacne® (Isdin: ES)
Peroxiben® (Isdin: CL, ES)
Peroxyderm® [vet.] (Vetochas: DE)
Peroxyderm® [vet.] (Vetoquinol: AT, CH, NL)
Persadox® (Owen: US)
Persol Gel® (Wallace: IN)
Pimplex® (Konimex: ID)
Polybenza AQ® (Roi: ID)
Pyoben® [vet.] (Virbac: NZ)
Reloxyl® (Euroderm RDC: IT)
Sanoxit® (Galderma: DE)
Scherogel® (Pannoc: LU)
Scherogel® (Schering: AT)
Sebodex® [vet.] (Prodivet: BE)
Solucel® (Stiefel: ES)
Solugel® (Stiefel: AR, BR, CA, CL, DO, GT, HN, MX, NI, PA, PE, SV)
Sterke benzoylperoxide® (Samenwerkende Apothekers: NL)
Stioxyl® (Stiefel: SE, US)
Stop Espinilla Normaderm® (Productos Capilares: ES)
Tendox® (Chefaro: NL)
Tiltis® (Euroderm: AR)
Ultra-Clear-A-Med® (Procter & Gamble: AT)
Vixiderm® (Valeant: AR)

Benzydamine (Rec.INN)

L: Benzydaminum
I: Benzidamina
D: Benzydamin
F: Benzydamine
S: Bencidamina

Antiinflammatory agent
Analgesic
Antipyretic

ATC: A01AD02,G02CC03,M01AX07,M02AA05
CAS-Nr.: 0000642-72-8 C_{19}-H_{23}-N_3-O
M_r 309.423

1-Propanamine, N,N-dimethyl-3-[[1-(phenylmethyl)-1H-indazol-3-yl]oxy]-

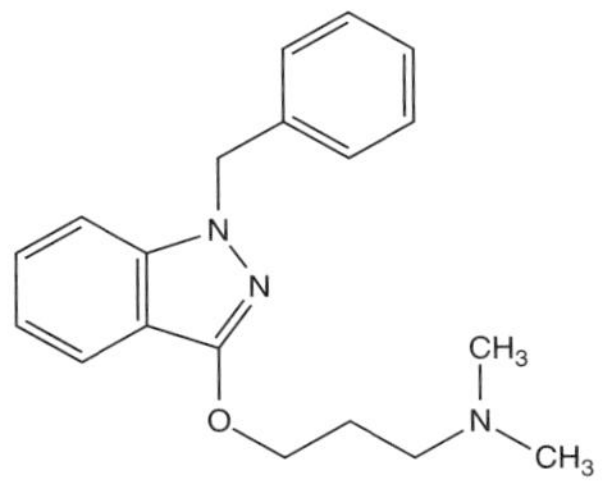

OS: *Benzydamine [BAN, DCF]*
OS: *Benzidamina [DCIT]*
IS: *C 1523*
PH: Benzydaminum [Ph. Nord.]

Amigdazol NF® (Markos: PE)
Apo-Benzydamine® (Apotex: CA)
Difflam® (3M: AU)
Top Flog® (União: BR)

– hydrochloride:

CAS-Nr.: 0000132-69-4
OS: *Benzydamine Hydrochloride BANM, USAN*
IS: *AF 864 Angelini*
PH: Benzydamine Hydrochloride BP 2007

Afloben® (Benedetti: IT)
Andolex® (3M: DK, IS, SE, ZA)
Bencidamina® (Bouzen: AR)
Benzidan® (Deva: TR)
Benzirin® (Fater: IT)
Benzirin® (Tecnoquimicas: CO)
Benzitrat® (Biolab: BR)
Bucco-Tantum® (Bayer: CH)
Bucodrin® (Bristol-Myers Squibb: PE)
Ciflogex® (Cimed: BR)
Dantum® (Europharm: HK)
Difflam® (3M: AU, GB, HK, KE, LU, MA, MY, NZ, SG, TH, ZA, ZW)
Difflam® (Meda: IE)
Easy Gel® (Teva: IL)
Encicort-H® (Gianfarma: PE)
Ernex® (Casasco: AR)
Farengil® (Eczacibasi: TR)
Flogi-Ped® (Stiefel: BR)
Flogo-Rosa® (Aché: BR)

Flogoral® (Aché: BR)
Flogoral® (Lepori: PT)
Ginesal® (Farmigea: IT)
Hascosept® (Hasco: PL)
Lonol® (Boehringer Ingelheim: MX)
Momen Gel® (Angelini: PT)
Multum® (Lampugnani: IT)
Neoflogin® (Neo Quimica: BR)
Novo-Benzydamine® (Novopharm: CA)
Opalgyne® (Innotech: FR)
PMS-Benzydamine® (Pharmascience: CA, HK)
ratio-Benzydamine® (Ratiopharm: CA)
Rosalgin® (A.C.R.A.F: HR)
Rosalgin® (Farma Lepori: ES)
Rosalgin® (Lepori: PT)
Sandival® (Bouzen: AR)
Saniflor® (Esseti: IT)
Tanflex® (Abdi Ibrahim: TR)
Tantum Lemon® (CSC: AT, RO, RS)
Tantum Lozenges® (Soho: ID)
Tantum Rosa® (Angelini: BG, PL)
Tantum Rosa® (CSC: AT, DE, HU, RO, RS, RU)
Tantum Rosa® (Medicom: CZ)
Tantum Topico® (Farma Lepori: ES)
Tantum Uva® (Sanitas: PE)
Tantum Verde® (A.C.R.A.F. SPA: LU)
Tantum Verde® (Angelini: BG, PL, PT)
Tantum Verde® (Aziende Chimiche: RS)
Tantum Verde® (Aziende Chimichi: NL)
Tantum Verde® (CSC: AT, DE, HU, RO, RS, RU, SI)
Tantum Verde® (Farma Lepori: ES)
Tantum Verde® (Medicom: CZ)
Tantum Verde® (Santa-Farma: TR)
Tantum Verde® (Soho: ID)
Tantum® (3M: CA)
Tantum® (A.C.R.A.F: HR)
Tantum® (Angelini: BG, IT, PL)
Tantum® (Chefaro: NL)
Tantum® (CSC: AT, RO, SI)
Tantum® (Eipico: AE, BH, EG, IQ, JO, KW, LB, LY, OM, QA, SA, SD, YE)
Tantum® (Farma Lepori: ES)
Tantum® (Medicom: CZ)
Tantum® (Organon: BD)
Tantum® (Sanitas: PE)
Tantum® (Santa-Farma: TR)
Tantum® (Soho: ID)
Ternex® (Abdi Ibrahim: TR)
Vantal® (Grossman: CR, DO, GT, HN, MX, NI, PA, SV)
Verax® (Tosi A: HK)

– salicylate:

CAS-Nr.: 0059831-61-7
IS: *Benzasal*

Fulgium® (Boots: ES)
Fulgium® (Teofarma: ES)

Benzyl Benzoate (USP)

L: Benzylis benzoas
I: Benzile benzoato
D: Benzyl benzoat
F: Benzoate de benzyle

⚕ Scabicide

ATC: P03AX01
CAS-Nr.: 0000120-51-4 C_{14}-H_{12}-O_2
M_r 212.25

Benzoic acid, phenylmethyl ester

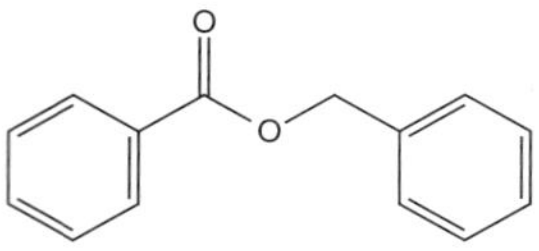

OS: *Benzyl Benzoate [USAN]*
IS: *Acarobenzyl*
IS: *Benzevan*
IS: *Spasmodine*
IS: *Benzoesäurebenzylester*
PH: Benzylbenzoat [Ph. Eur. 5]
PH: Benzyl Benzoate [JP XIII, Ph. Eur. 5, Ph. Int. 4, USP 30]
PH: Benzyle (benzoate de) [Ph. Eur. 5]
PH: Benzylis benzoas [Ph. Eur. 5, Ph. Int. 4]

Acarcid® (Cristália: BR)
Acaril-S® (Medifarma: PE)
Acarilbial® (Bial: PT)
Acaril® (Allergopharma: DE)
Acaril® (Medifarma: PE)
Acarsan® (Biosintética: BR)
Antiscabiosum® (Strathmann: DE)
Ascabiol® (Aspen: ZA)
Ascabiol® (Aventis: AU)
Ascabiol® (Sanofi-Aventis: BD, GB)
Benosol® (Amico: BD)
Benzemul® (McGloin: AU)
Benzibel® (Luper: BR)
Benzil benzoat Jadran® (Jadran: HR)
Benzoat de Benzil® (Mark: RO)
Benzoato de bencilo AL® (Qualicont: PE)
Benzoato de bencilo MK® (MK: CO)
Benzoato de bencilo® (Pentacoop: CO, EC)
Benzoato de bencilo® (Roxfarma: PE)
Benzoato de benzila® (Cimed: BR)
Benzoato de benzila® (Ducto: BR)
Benzogal® (Rafarm: GR)
Benzylbenzoate® (Nizhpharm: RU)
Cabisol® (Chemist: BD)
Carr & Day & Martin Killitch® [vet.] (Quay Equestrian: GB)
Hastilan® (Continentales: MX)
Killitch® [vet.] (Carr & Day & Martin: GB)
LOM-Benzoato de benzila® (Osorio de Moraes: BR)
Mange Treatment® [vet.] (Legear: US)
Miticocan® (Aché: BR)
Novoscabin® (Polon: PL)
Sarnacur® (Laser: PE)
Scabicon® (Medicon: BD)
Scabiex® (Rekah: IL)
Scabin® (Abdi Ibrahim: TR)

Scabin® (Balkanpharma: BG)
Scabisol® (Balkanpharma: BG)
Scabisol® (Jayson: BD)
Scabitox® (Bosnalijek: BA)
Sweet Itch Plus® [vet.] (Pettifer: GB)

Benzyl Hydroxybenzoate (BP)

L: Benzylis hydroxybenzoas
D: Benzyl 4-hydroxybenzoat

Antiseptic
Desinfectant

CAS-Nr.: 0000094-18-8 C_{14}-H_{12}-O_3
M_r 228.25

Benzoic acid, 4-hydroxy-, phenylmethyl ester

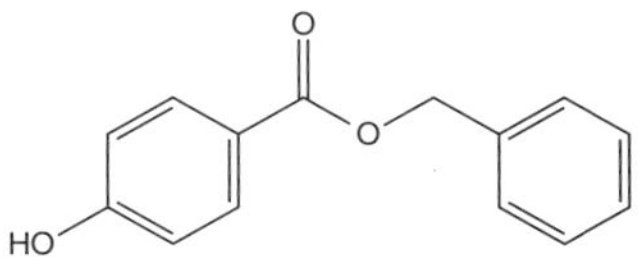

IS: *4-Hydroxybenzoesäurebenzylester*
IS: *Benzyl 4-hydroxybenzoat*
IS: *Benzylparaben*
IS: *Parahydroxybenzoate de benzyle*
PH: Benzyl Hydroxybenzoate [BP 2007, Ph. Int. 4]
PH: Benzylis hydroxybenzoas [Ph. Int. 4]

Nisapulvol® (Mayoly-Spindler: FR, MY)
Nisaseptol® (Mayoly-Spindler: FR)
Nisasol® (Mayoly-Spindler: FR)

Benzylhydrochlorothiazide (JAN)

D: Benzylhydrochlorothiazid

Antihypertensive agent
Diuretic

CAS-Nr.: 0001824-50-6 C_{14}-H_{14}-Cl-N_3-O_4-S_2
M_r 387.866

2H-1,2,4-Benzothiadiazine-7-sulfonamide, 6-chloro-3,4-dihydro-3-(phenylmethyl)-, 1,1-dioxide

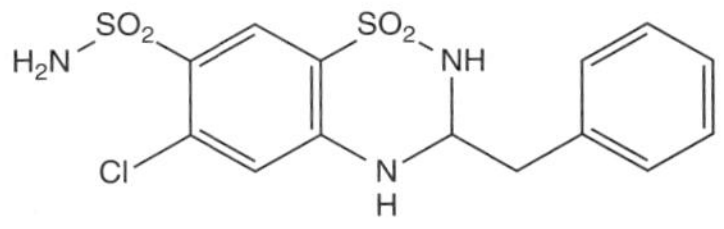

OS: *Benzylhydrochlorothiazide [JAN, USAN]*

Behyd® (Kyorin: JP)

Benzylpenicillin (Rec.INN)

L: Benzylpenicillinum
D: Benzylpenicillin
F: Benzylpénicilline
S: Bencilpenicilina

Antibiotic, penicillin, penicillinase-sensitive

ATC: J01CE01,S01AA14
ATCvet: QJ01CE01
CAS-Nr.: 0000061-33-6 C_{16}-H_{18}-N_2-O_4-S
M_r 334.4

4-Thia-1-azabicyclo[3.2.0]heptane-2-carboxylic acid, 3,3-dimethyl-7-oxo-6-[(phenylacetyl)amino]- [2S-(2α,5α,6β)]-

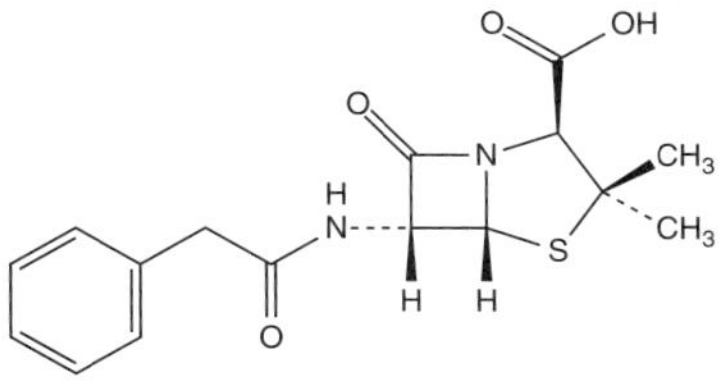

OS: *Benzylpenicillin [BAN, USAN]*
IS: *Penicillin G*

Benzilpenicillin® (Batfarma: GE)
Devapen® (Deva: GE, TR)
Kristalize Penicillin G® (I.E. Ulagay: TR)
Pan-Peni G® (Panpharma: RS)
Penicillin G Sodium Panpharma® (Universal Pharmaceutical: HK)
Penicilline-Continental® [vet.] (Kela: LU)
Pentids® (Sarabhai: IN)
Pentin-LA® (Bilim: TR)
Prokain Penicilin G® (Biotika: CZ)

– calcium salt:

Novocillin® [vet.] (Boehringer Ingelheim: NO, SE)

– potassium salt:

CAS-Nr.: 0000113-98-4
OS: *Benzylpenicillin Potassium BANM, JAN*
OS: *Benzylpénicilline potassique DCF*
OS: *Penicillin G Potassium USAN*
OS: *Benzilpenicilline potassica DCIT*
PH: Benzylpénicilline potassique Ph. Eur. 5
PH: Benzylpenicillin-Kalium Ph. Eur. 5
PH: Benzylpenicillin Potassium JP XIV, Ph. Eur. 5, Ph. Int. 4
PH: Benzylpenicillinum kalicum Ph. Eur. 5, Ph. Int. 4
PH: Penicillin G Potassium USP 30

Aviapen® [vet.] (Serumber: DE)
Benzilpenicillina Potassica Biopharma® (Biopharma: IT)
Cibramicin® (Cibran: BR)
Crystacillin® (Pliva: BA, HR, SI)
Kristapen® (Deva: TR)
Kristasil® (Bilim: TR)
Masticillin® [vet.] (Bayer Animal: DE)
Mastitis-Suspension-N® [vet.] (Alvetra: DE)
Or-pen® (Ortega: US)
Pen-Syn® (Wyeth: BR)
Penicilin G® (Biotika: CZ)
Penicilină G Potasică® (Antibiotice: RO)

Penicillin G Potassium® (Baxter: US)
Penicillin G Potassium® [vet.] (Agri Labs.: US)
Penicillin G Potassium® [vet.] (Bristol-Myers Squibb: TH)
Penicillina G potassica® (Bristol-Myers Squibb: IT)
Penicilline-G Potassium® (I.E. Ulagay: TR)
Penicillinum crystallisatum® (Polfa Tarchomin: PL)
Penicillin® (Teva: HU)
Pensilina® (Tüm Ekip: TR)
Pfizerpen® (Pfizer: US)
R-Pen® [vet.] (ID Russell: US)
Solu-Pen® [vet.] (Wade Jones: US)

– sodium salt:

CAS-Nr.: 0000069-57-8
OS: *Benzylpenicillin Sodium BANM*
OS: *Benzylpénicilline sodique DCF*
OS: *Penicillin G Sodium USAN*
OS: *Benzilpenicillina sodica DCIT*
IS: *Penicillin-G-Natrium*
PH: Benzylpénicilline sodique Ph. Eur. 5
PH: Benzylpenicillin-Natrium Ph. Eur. 5
PH: Benzylpenicillin Sodium JPIX, Ph. Eur. 5, Ph. Int. 4
PH: Benzylpenicillinum natricum Ph. Eur. 5, Ph. Int. 4
PH: Penicillin G Sodium USP 30

Aulicin® [vet.] (Albrecht: DE)
Bencilpenicilina Fmndtria® (Farmindustria: PE)
Bencilpenicilina Sodica LCH® (Ivax: PE)
Bencilpenicilina Sodica® (Trifarma: PE)
Bencilpenicilina Sodica® (Volta: CL)
Benpen® (CSL: AU, NZ)
Bensylpenicillin AstraZeneca® (AstraZeneca: SE)
Benzatec® (CAPS: ZA)
Benzyl Penicillin-Fresenius Vials® (Bodene: ZA)
Benzyl Penicillin® (Renata: BD)
Benzylpenicillin „Panpharma“® (Panpharma: NO)
Benzylpenicillin Cooper® (Cooper: GR)
Benzylpenicillin Panpharma® (Panpharma: DK, FI)
Benzylpenicilline natrium® [vet.] (Eurovet: NL)
Biconcilina S® (Life: EC)
Crystapen® (Britannia: GB, IE)
Crystapen® [vet.] (Schering-Plough: IE)
Geepenil® (Orion: FI)
Natrium-penicilline G® (Yamanouchi: NL)
Novopen® (Novo Nordisk: ZA)
Pen-G® (Opsonin: BD)
Pengesod® (Lakeside: MX)
Penibiot® (Normon: ES)
Penicilina G Llorente® (Llorente: ES)
Penicilina G Sodica Drawer® (Drawer: AR)
Penicilina G Sodica Fabra® (Fabra: AR)
Penicilina G Sodica Genfar® (Genfar: CO)
Penicilina G Sodica Klonal® (Klonal: AR)
Penicilina G Sodica L.CH.® (Chile: CL)
Penicilina G Sodica Lafedar® (Lafedar: AR)
Penicilina G Sodica Larjan® (Veinfar: AR)
Penicilina G Sodica MF® (Marfan: PE)
Penicilina G Sodica Richet® (Richet: AR)
Penicilina G Sodica® (Bristol-Myers Squibb: CO)
Penicilina G Sodica® (Memphis: CO)
Penicilina G Sodica® (Pentacoop: CO)
Penicilina G Sodica® (Vitrofarma: PE)
Penicilina G. Sodica® (Bestpharma: CL)
Penicilina Northia® (Northia: AR)
Penicilina Sodica Fada® (Fada: AR)
Penicilina Sodica® (Blaskov: CO)
Penicilinã G Sodicã® (Antibiotice: RO)
Penicillin Alpharma® (Alpharma: IS)
Penicillin G Jenapharm® (mibe Jena: DE)
Penicillin G Natrium® [vet.] (Albrecht: DE)
Penicillin G Natrium® [vet.] (Selecta: DE)
Penicillin G Sodium® (Novartis: NZ)
Penicillin G Sodium® (Novopharm: CA)
Penicillin G Sodium® (Sandoz: IL, PL, SG, US)
Penicillin G Sodium® (Vitamed: IL)
Penicillin G-Natrium Sandoz® (Sandoz: AT, HU)
Penicillin Grünenthal® (Grünenthal: CH, DE)
Penicillin G® (Actavis: GE)
Penicillin Leo® (Leo: DK)
Penicillin Natrium Streuli® [vet.] (Streuli: CH)
Penicillin Rosco® (Rosco: DK)
Penicilline® (Kela: BE)
Penicilline® [vet.] (Kela: BE)
Penicillin® (Alpharma: NO)
Penicillin® (Balkanpharma: BG)
Penilente® (Novo Nordisk: EG, GH, KE, NG, SD, TZ, UG, ZM)
Penilevel® (Ern: ES)
Pisacilina® (Comerciosa: EC)
Pénicilline G Panpharma® (Panpharma: FR)
Sodiopen® (Reig Jofre: ES)
Sodipen® [inj.] (Antibioticos: MX)
Terbocilina® (Terbol: PE)
Unicil 1 Mega® (Uni: CO)
Unicilina® (Antibioticos: ES)
Unicil® (Uni: CO)
Unicil® (Unipharm: MX)

Benzylthiouracil

D: Benzylthiouracil
F: Benzylthiouracile

Antithyroid agent

ATC: H03BA03
CAS-Nr.: 0033086-27-0 C_{11}-H_{10}-N_2-O-S
M_r 218.281

6-Benzyl-2,3-dihydro-2-thioxopyrimidin-4(1H)-one

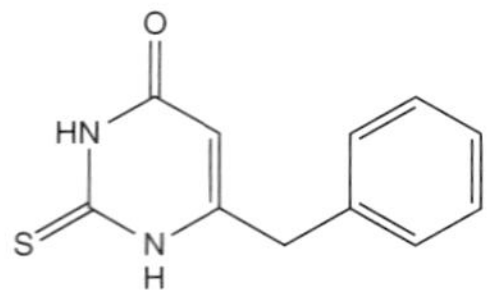

OS: *Benzylthiouracile [DCF]*

Basdene® (Bouchara-Recordati: VN)
Basdène® (Bouchara: DZ, FR)

Bepridil (Rec.INN)

L: Bepridilum
D: Bepridil
F: Bépridil
S: Bepridil

⚕ Antiarrhythmic agent
⚕ Calcium antagonist

ATC: C08EA02
CAS-Nr.: 0064706-54-3 C_{24}-H_{34}-N_2-O
M_r 366.556

1-Pyrrolidineethanamine, β-[(2-methylpropoxy)methyl]-N-phenyl-N-(phenylmethyl)-

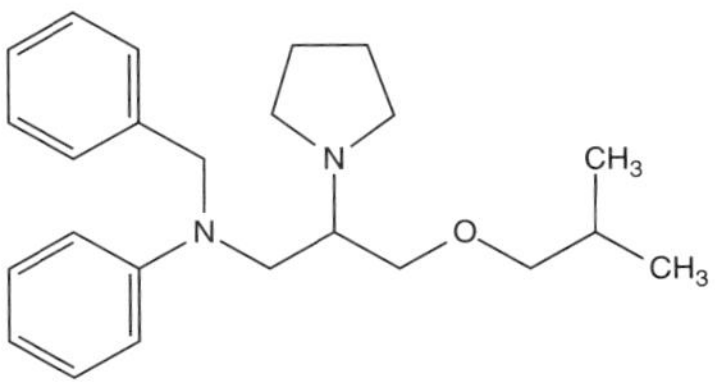

OS: *Bepridil [BAN, DCF]*
IS: *CERM 1978*
IS: *Org 5730 (Organon, GB)*

– hydrochloride:

CAS-Nr.: 0074764-40-2
OS: *Bepridil Hydrochloride BANM, USAN*
IS: *Org 5730*

Bepricor® (Organon: JP)
Unicordium® (Organon: FR)
Vascor® (Organon: ES)
Vascor® (Ortho: US)

Beractant (USAN)

D: Beractant

⚕ Drug acting on the respiratory system

CAS-Nr.: 0108778-82-1

A modified bovine lung extract containing mostly phospholipids, modified by the addition of dipalmitoylphosphatidylcholine (DPPC), palmitic acid and tripalmitin

OS: *Beractant [BAN, USAN]*
IS: *A 60386X*
IS: *Surfactant TA*

Alveofact® (Boehringer Ingelheim: PL)
Surfacten® (Mitsubishi: JP)
Survanta® (Abbott: AE, AT, AU, BE, BH, CA, CH, CL, CO, CR, CZ, DE, DO, EG, ES, GB, GR, GT, HK, HN, HU, ID, IQ, IR, JO, KW, LB, LU, MX, MY, NI, NL, NZ, OM, PA, PH, PL, QA, SA, SV, SY, TR, YE, ZA)
Survanta® (Ross: US)

Beraprost (Rec.INN)

L: Beraprostum
D: Beraprost
F: Beraprost
S: Beraprost

⚕ Anticoagulant, platelet aggregation inhibitor
⚕ Prostaglandin
⚕ Vasodilator

ATC: B01AC19
ATCvet: QB01AC19
CAS-Nr.: 0088430-50-6 C_{24}-H_{30}-O_5
M_r 398.504

(±)-(1R,2R,3aS,8bS)-2,3,3a,8b-Tetrahydro-2-hydroxy-1-[(E)-(3S,4RS)-3-hydroxy-4-methyl-1-octen-6-ynyl]-1H-cyclopenta[b]benzofuran-5-butyric acid

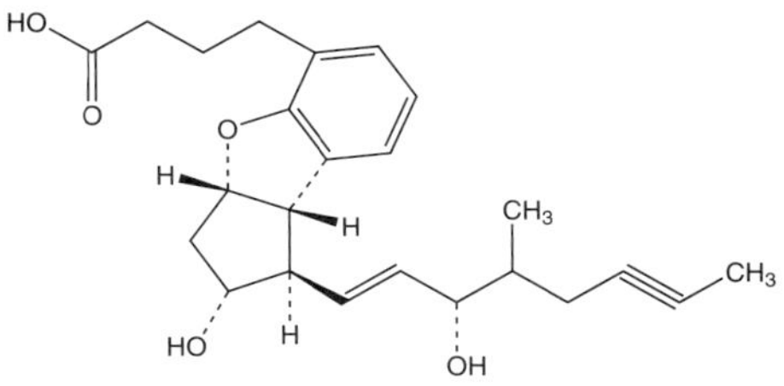

OS: *Beraprost [USAN]*
IS: *ML 1229 Marion Merrell Dow, USA*
IS: *ML 201229 Marion Merrell Dow, USA*

– sodium salt:

CAS-Nr.: 0088475-69-8
OS: *Beraprost Sodium JAN, USAN*
IS: *ML 1129*
IS: *TRK 100 (Toray, Japan)*

Dorner® (Astellas: CN)
Dorner® (Toray: JP)
Dorner® (Yamanouchi: TH)
Procylin® (Kaken: JP)

Bergapten

D: Bergapten
F: Bergaptene

⚕ Dermatological agent, melanizing

ATC: D05BA03
CAS-Nr.: 0000484-20-8 C_{12}-H_8-O_4
M_r 216.196

7H-Furo[3,2-g][1]benzopyran-7-one, 4-methoxy-

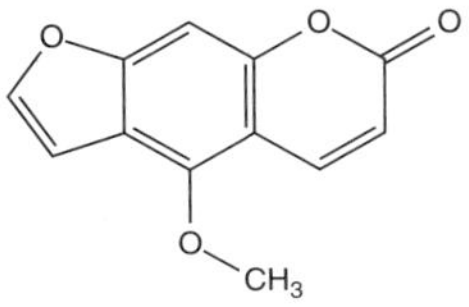

OS: *Bergaptène [DCF]*
IS: *5-Methoxypsoralen*
IS: *5-MOP*
IS: *4-Methoxyfuro[3,2-g]cumarin IUPAC*

B

Geralen® (Gerot: AT)
Pentaderm® (Dermatech: AU)

Betacarotene (Rec.INN)

L: Betacarotenum
I: Betacarotene
D: Betacaroten
F: Bétacarotène
S: Betacaroteno

Dermatological agent, sunscreen

ATC: A11CA02,D02BB01
CAS-Nr.: 0007235-40-7 C_{40}-H_{56} M_r 536.888

β,β-Carotene

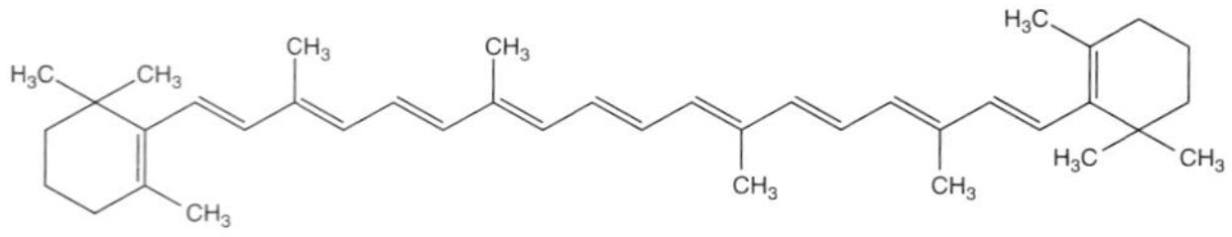

OS: *Beta Carotene [USAN]*
OS: *Béta-carotène [DCF]*
IS: *Cl 40800*
IS: *C-Orange 11*
IS: *E 160a*
PH: Beta Carotene [USP 30]
PH: Betacarotene [Ph. Eur. 5]
PH: Betacarotenum [Ph. Eur. 5]
PH: Bétacarotène [Ph. Eur. 5]
PH: Betacarotin [Ph. Eur. 5]

Beta Karoten® (Chance: PL)
Beta-Carotene Gisand® (Gisand: CH)
Betacaroteno® (A.M. Farma Activ: AR)
Betacaroteno® (Lafarmen: AR)
Betacaroteno® (Natumed: PE)
Betacaroteno® (Natural Life: AR)
Blackmores Betacarotene® (Blackmores: TH)
Burgerstein Beta-Carotin® (Antistress: CH)
Carofertin® [vet.] (Alvetra u. Werfft: AT)
Carofertin® [vet.] (Animedic: DE)
Caroplus® [vet.] (VAAS: IT)
Carotaben® (Hermal: AT, DE, LU)
Carotaben® (Merck: NL)
Carotaben® (Reckitt Benckiser: CH)
Carotana® (Twardy: DE)
Carotinora® (Twardy: DE)
Carovit® (Koçak: TR)
Eye-Viton Beta Carotene® (Pharmatech: PE)
Solvin® (Interpharm: EC)
Vitamina A® (Arion: PE)

Betahistine (Rec.INN)

L: Betahistinum
I: Betaistina
D: Betahistin
F: Bétahistine
S: Betahistina

Autacoid, histamine

ATC: N07CA01
CAS-Nr.: 0005638-76-6 C_8-H_{12}-N_2 M_r 136.204

2-Pyridineethanamine, N-methyl-

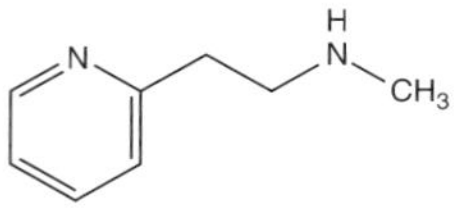

OS: *Betahistine [BAN, DCF]*
OS: *Betaistina [DCIT]*
IS: *PT 9*

Agiserc® (Agis: IL)
Vestibo® (Actavis: GE, RU)

– dihydrochloride:

CAS-Nr.: 0005579-84-0
OS: *Betahistine Hydrochloride USAN*
OS: *Betahistine Dihydrochloride BANM*
PH: Betahistine Dihydrochloride Ph. Eur. 5
PH: Betahistine hydrochloride USP 30

Antivom® (Uni-Pharma: GR)
Avertin® (Biogen: CZ)
Beta-Histina Bexal® (Bexal: PT)
Beta-Histina Generis® (Generis: PT)
Beta-Histina Merck® (Merck Genéricos: PT)
Betagen® (Merck: HU)
Betahirex® (Sanofi-Synthelabo: CZ)
Betahistin Copyfarm® (Copyfarm: FI)
Betahistin ratiopharm® (Ratiopharm: AT)
Betahistine Actavis® (Actavis: NL)
Betahistine A® (Apothecon: NL)
Betahistine Biphar® (Solvay: FR)
Betahistine CF® (Centrafarm: NL)
Betahistine Dihydrochloride-Generics® (Generics: LU)
Betahistine Disphar® (Disphar: NL)
Betahistine FLX® (Karib: NL)
Betahistine Katwijk® (Katwijk: NL)
Betahistine Merck® (Merck Generics: NL)
Betahistine PCH® (Pharmachemie: NL)
Betahistine ratiopharm® (Ratiopharm: NL)
Betahistine Sandoz® (Sandoz: NL)
Betahistine Teva® (Teva: BE)
Betahistine Zydus® (Zydus: FR)
Betahistine-IPS® (IPS: LU)
Betahistine® (Alternova: NL)
Betahistine® (GenRx: NL)
Betahistine® (Hexal: NL)
Betahistine® (Solvay: NL)
Betahistine® (Sunve: CN)
Betahistine® (Wise: NL)
Betahistinidihydrochlorid Arcana® (Arcana: AT)
Betahistop® (Topgen: BE)
Betaserc® (Eurim: AT)

Betaserc® (Paranova: AT)
Betaserc® (Solvay: AT, BD, BE, BG, BR, CH, CZ, DE, DK, EC, FI, FR, GR, HK, HR, HR, HU, ID, IS, LK, LU, MY, NL, PL, PT, RO, RU, SG, SI, TR, VN)
Betistine® (Rafa: IL)
By-Vertin® (Ergha: IE)
Bétahistine Biogaran® (Biogaran: FR)
Bétahistine EG® (EG Labo: FR)
Bétahistine G Gam® (G Gam: FR)
Bétahistine Ivax® (Ivax: FR)
Bétahistine Merck® (Merck Génériques: FR)
Bétahistine RPG® (RPG: FR)
Bétahistine Sandoz® (Sandoz: FR)
Bétahistine Winthrop® (Winthrop: FR)
Docbetahi® (Docpharma: BE, LU)
Fidium® (Rottapharm: ES)
Fortamid® (Formenti: IT)
Histimerck® (Generics: PL)
Labirin® (Apsen: BR)
Lectil® (Bouchara: FR, LU)
Menaril® (Incepta: BD)
Meniex® (Fortbenton: AR)
Merck-Betahistine® (Merck: BE)
Microser® (Altana: AR)
Microser® (Formenti: IT, RO)
Microser® (Grünenthal: CL, EC, PE)
Microser® (Prodotti Formenti: CZ, HU, PL)
Novo-Betahistine® (Novopharm: CA)
Ronistina® (Rontag: AR)
Serc® (Italmex: MX)
Serc® (Schering: ZA)
Serc® (Solvay: AU, CA, ES, FR, GB, IE, NZ, PH, TH)
Serc® (Unimed: US)
Sincrover® (CT: IT)
Travelmin® (Roux-Ocefa: AR)
Urutal® (Belupo: BA, HR, RS, SI)
Vasomotal® (Solvay: DE)
Vasoserc® (Abdi Ibrahim: TR)
Vergo® (Pacific: NZ)
Vertigon® (Gerard: IE)
Vertin® (Solvay: IN)
Vertiserc® (Solvay: IT)
Verum® (Grünenthal: CO)

– dimesilate:

CAS-Nr.: 0054856-23-4
OS: *Betahistine Mesilate BANM, JAN*
IS: *Betahistine methanesulfonate*
PH: Betahistine Mesilate Ph. Eur. 5, JP XIV
PH: Betahistini mesilas Ph. Eur. 5
PH: Betahistindimesilat Ph. Eur. 5
PH: Bétahistine (mésilate de) Ph. Eur. 5

Aequamen® (Altana: DE)
Behistin® (Pharmasant: TH)
Betahistin AL® (Aliud: DE)
Betahistin ratiopharm® (Ratiopharm: AT)
Betahistin ratiopharm® (ratiopharm: DE)
Betahistin Stada® (Stadapharm: DE)
Betahistine EG® (Eurogenerics: BE)
Betahistine-Eurogenerics® (Eurogenerics: LU)
Betavert® (Hennig: DE)
Deanosart® (Isei: JP)
Extovyl® (Dexo: FR)
Melopat® (Medopharm: DE)
Meniace® (Ohta: JP)
Menietol® (Taiyo: JP)
Menitazine® (Towa Yakuhin: JP)
Merislon® (Eisai: CN, CR, DO, GT, HK, ID, JP, MY, SG, SV, TH, VN)
Merislon® (Square: BD)
Merlin® (TO Chemicals: TH)
Mertigo® (Dexa Medica: ID)
Novirex® (Infaca: DO)
Remark® (Zoki: JP)
Ribrain® (Galenica: GR)
Ribrain® (Yamanouchi: DE)
Versilon® (Mersifarma: ID)

Betaine

D: Betain
F: Betaine

Choleretic
Hepatic protectant

ATC: A16AA06
CAS-Nr.: 0000107-43-7 C_5-H_{11}-N-O_2
M_r 117.153

Methanaminium, 1-carboxy-N,N,N-trimethyl-, hydroxide, inner salt

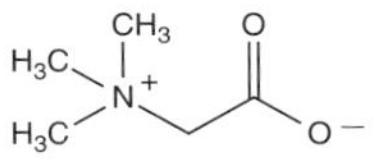

OS: *Bétaïne [DCF]*
IS: *Trimethylammonioacetat (IUPAC)*

Cystadane® (Orphan: AU, DE, US)
Cystadan® (Orphan: IL)

– aspartate:

CAS-Nr.: 0052921-08-1

Somatyl® (Teofarma: IT)

– citrate:

CAS-Nr.: 0017671-50-0

Betaina Manzoni® (Geymonat: IT)
Citrate de Betaine® (Ipsen: LU)
Citrate de Bétaïne Beaufour® (Ipsen: LU)
Citrate de Bétaïne biotic® (Saidal: DZ)
Citrate de Bétaïne Dexo® (Dexo: FR)
Citrate de Bétaïne UPSA® (UPSA: BF, BJ, CF, CG, CI, CM, FR, GA, GN, MG, ML, MR, NE, SN, TD, TG, ZR)
Citrate de bétaïne® (Ivax: FR)

– hydrochloride:

CAS-Nr.: 0000590-46-5
OS: *Betaine hydrochloride USAN*
PH: Betainhydrochlorid DAC
PH: Betainum hydrochloricum OeAB
PH: Betaine hydrochloride USP 30

Gastrobul® (Codali: LU)
Gastrobul® (Guerbet: NL)

Betamethasone (Rec.INN)

L: **Betamethasonum**
I: **Betametasone**
D: **Betamethason**
F: **Bétaméthasone**
S: **Betametasona**

⚕ Adrenal cortex hormone, glucocorticoid

ATC: A07EA04,C05AA05,D07AC01,D07XC01,H02AB01,R01AD06,R03BA04,S01BA06,S01CB04,S02BA07,S03BA03
ATCvet: QD07AC01
CAS-Nr.: 0000378-44-9 C_{22}-H_{29}-F-O_5 M_r 392.474

Pregna-1,4-diene-3,20-dione, 9-fluoro-11,17,21-trihydroxy-16-methyl-, (11β,16β)-

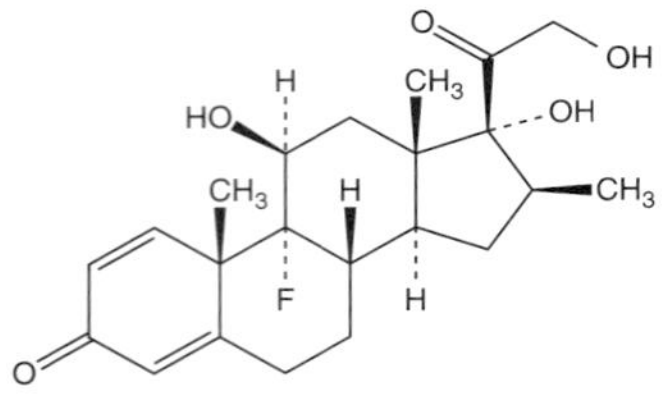

OS: *Betamethasone [BAN, DCF, USAN]*
OS: *Betametasone [DCIT]*
IS: *Sch 4831*
IS: *Visubeta*
IS: *Flubenisolone USA (AHFS)*
PH: Betamethason [Ph. Eur. 5]
PH: Betamethasone [JP XIV, Ph. Eur. 5, Ph. Int. 4, USP 30]
PH: Betamethasonum [Ph. Eur. 5, Ph. Int. 4]
PH: Bétaméthasone [Ph. Eur. 5]

Alersan® (Hexal: BR)
Benoson® (Bernofarm: ID)
Bepronate® (Pharmasant: TH)
Betacorten® (Trima Unipharm: SG)
Betacort® (Pablo Cassara: AR)
Betametasona Biocrom® (Biocrom: AR)
Betametasona Genfar® (Genfar: CO, EC)
Betametasona L.CH.® (Chile: CL)
Betametasona® (Mintlab: CL)
Betametasona® (Pentacoop: CO)
Betamethason „Pasteur Merieux Connaught"® (Norbrook: AT)
Betamethason Norbrook® [vet.] (Norbrook: AT)
Betamethason Pharmafrid® (Pharmafrid: DE)
Betamethasone Yung Shin® (Yung Shin: SG)
Betamethason® (Hexal: NL)
Betameth® (Chew Brothers: TH)
Betasone-G® [compr.] (Klonal: AR)
Betason® (Kimia: ID)
Betazon® (Jadran: HR)
Bethasone® (Greater Pharma: TH)
Betnelan® (GlaxoSmithKline: AE, BD, BH, BR, IN, IR, KW, LU, OM, PH, QA)
Betnelan® (UCB: GB, IE)
Betnesol® (GlaxoSmithKline: LU)
Betsolan® [vet.] (Schering: NL)
Betsolan® [vet.] (Schering-Plough: IE)
Betsolan® [vet.] (Schering-Plough Veterinary: GB)
Butasona Fabra® (Fabra: AR)
Celestamine N® (Essex: DE)
Celestan® (Aesca: AT)
Celestone® (Essex: CH, CO)
Celestone® (Schering: PE)
Celestone® (Schering-Plough: AG, AN, AR, AW, BB, BE, BM, BR, BS, BZ, CR, CZ, DO, GD, GT, GY, HN, HT, IT, JM, KY, LC, LU, MX, NL, PT, TR, US)
Cidoten® (White's: CL)
Coid® (Lamsa: AR)
Coritex® (Bago: CL)
Corteroid® (Montpellier: AR)
Cortibet® (Junin: PE)
Célestène® (Schering-Plough: FR)
Deltalaf® (Lanpharm: AR)
Dermesone® (Dar-Al-Dawa: AE, BH, IQ, JO, KW, LB, LY, MT, NG, OM, QA, SA, SD, SO, TN, YE)
Exabet® (Fahrenheit: ID)
Inflazona® (Chalver: PE)
Medobeta® (Medochemie: LK)
Norbet® [vet.] (Norbrook: GB)
Persivate® (Aspen: ZA)
Seroderm® (Casel: TR)
Walacort® (Wallace: IN)

– 21-acetate:

CAS-Nr.: 0000987-24-6
OS: *Betamethasone Acetate BANM, JAN, USAN*
IS: *Betamethasoni acetas*
PH: Betamethasone Acetate Ph. Eur. 5, USP 30
PH: Betamethasoni acetas Ph. Eur. 5
PH: Betamethasonacetat Ph. Eur. 5
PH: Bétaméthasone (acétate de) Ph. Eur. 5

Betacrono-Doce® (Paill: SV)
Celeston Chronodose® (Schering-Plough: LU, NO)
Celestone® (Schering-Plough: BE)
Cevicort® (Cevallos: AR)

– 21-acetate and 21-(disodium phosphate):

Betametasona Lafedar® (Lafedar: AR)
Betametasona® (Lafedar: AR)
Butasona Fabra R.L.® (Fabra: AR)
Celesdepot® (Schering-Plough: PT)
Celestan biphase® (Aesca: AT)
Celestan Depot® (Essex: DE)
Celeston bifas® (Schering-Plough: SE)
Celestone Chronodose® (Essex: CH)
Celestone Chronodose® (Schering-Plough: AU, FI, GR, IL, NZ)
Celestone Cronodose® (Essex: CO)
Celestone Cronodose® (Schering: PE)
Celestone Cronodose® (Schering-Plough: CR, DO, ES, GT, HN, IL, IT)
Celestone Soluspan® (Schering: CA)
Celestone Soluspan® (Schering-Plough: BR, US)
Celeston® (Schering-Plough: DK)
Celestovet® [vet.] (Provet: CH)
Cevicort® (Cevallos: AR)
Cidoten Rapilento® (White's: CL)
Célestène Chronodose® (Schering-Plough: FR)
Dacam Rapi-Lento® (Chile: CL)
Inflacor Retard® (Chalver: CO, EC, PE)
Inflazona Retard® (Chalver: PE)

- **17α-benzoate:**

CAS-Nr.: 0022298-29-9
OS: *Betamethasone Benzoate USAN*
IS: *W 5975*
PH: Betamethasone Benzoate USP 30

Beben® (Pfizer: IT)
Sensitex® (Kinder: BR)
Topicasone® (Franco-Indian: IN)

- **17α,21-dipropionate:**

CAS-Nr.: 0005593-20-4
OS: *Betamethasone Dipropionate BANM, USAN*
IS: *Sch 11460 (Schering, USA)*
PH: Betamethasone Dipropionate Ph. Eur. 5, JP XIV, USP 30
PH: Betamethasoni dipropionas Ph. Eur. 5
PH: Betamethasondipropionat Ph. Eur. 5
PH: Bétaméthasone (dipropionate de) Ph. Eur. 5

Alersan® (Hexal: BR)
Alphatrex® (Savage: US)
Beloderm® (Belupo: BA, CZ, HR, RS, RU, SI)
Beprogel® (Hoe: LK, SG)
Beprogel® (Summit: TH)
Beprosone® (Chew Brothers: TH)
Beprosone® (Hoe: LK, SG)
Betacort® (Pablo Cassara: AR)
Betacort® (Trifarma: PE)
Betamesol® (Proge: IT)
Betametasona Dipropionato L.CH.® (Chile: CL)
Betametasona Gen-Far® (Genfar: PE)
Betametasona Iqfarma® (Iqfarma: PE)
Betametasona Lch® (Ivax: PE)
Betametasona® (Bago: CL)
Betametasona® (Mintlab: CL)
Betametasona® (Sanitas: CL)
Betametasone Dipropionato C&RF® (C&RF: IT)
Betametasone Dipropionato Sandoz® (Sandoz: IT)
Betametasone Dipropionato® (Ecobi: IT)
Betametasone Dipropionato® (Sandoz: IT)
Betamethasone Dipropionate® (Actavis: US)
Betamethasone Dipropionate® (Fougera: US)
Betamethasone Dipropionate® (Warrick: US)
Betamil® (E Merck: LK)
Betatopic® (Andromaco: AR)
Blacor® (LKM: AR)
Cortimax® (AC Farma: PE)
Cortispec® (Euroderm: AR)
Cortixyl® (Bristol-Myers Squibb: PE)
Cremirit® (Mintlab: CL)
Daivobet® (CSL: AU)
Daivobet® (Leo: CH, NO)
Del-Beta® (Del Ray: US)
Dermizol® (Roux-Ocefa: AR)
Dexacort Depot® (Sanitas: PE)
Diprocel® (Schering-Plough: HK, MY, SG)
Diproderm® (Aesca: AT)
Diproderm® (Eurim: AT)
Diproderm® (Lansier: PE)
Diproderm® (Schering-Plough: DK, ES, FI, IS, NO, SE)
Diproforte® (Aesca: AT)
Diprogenta® (Aesca: AT)
Diprogenta® (Schering-Plough: BR)
Diprolene Glycol® (Schering: CA)
Diprolene® (Essex: CL)
Diprolene® (Schering-Plough: AG, AN, AW, BB, BE, BM, BS, BZ, GD, GY, HT, IL, JM, KY, LC, LU, PL, TR, US)
Diprolen® (Essex: CH)
Diprolen® (Schering-Plough: DK, FI, SE)
Diprolène® (Schering-Plough: FR)
Diprosalic® (Aesca: AT)
Diprosalic® (Eurim: AT)
Diprosalic® (Schering: PE)
Diprosalic® (Schering-Plough: BE, CZ, IS, LU, SE)
Diprosis® (Essex: DE)
Diprosone® (Essex: CH, DE)
Diprosone® (EU-Pharma: NL)
Diprosone® (Eureco: NL)
Diprosone® (Euro: NL)
Diprosone® (Key: CO)
Diprosone® (Schering: CA, US)
Diprosone® (Schering-Plough: AR, AU, BE, BR, CR, CZ, DO, ET, FR, GB, GT, HK, HN, ID, IE, IL, IT, KE, LU, MY, NZ, PL, PT, SG, SI, TH)
Diprospan® (Essex: CL)
Diprotop® (Schering-Plough: TH)
Diprovate® (Ranbaxy: LK)
Disopranil® (Prater: CL)
Eleuphrat® (Schering: AU)
Kuterid® (Lek: BA, CZ, HR, PL, SI)
Labosona® (Labomed: CL)
Maxivate® (Westwood Squibb: US)
Mesonta® (Galenium: ID)
Metavate® (Drug International: BD)
Metonate® (Otto: ID)
Mexiderm® (Bio-Pharma: BD)
Oftasona P® (Nicolich: PE)
Oviskin® (Dankos: ID)
Propioform® (Schering-Plough: GR)
Psorion® (ICN: US)
Quiacort® (Euroderm: AR)
ratio-Topilene® (Ratiopharm: CA)
ratio-Topisone® (Ratiopharm: CA)
Rinderon-DP® (Shionogi: JP)
Scanderma® (Tempo: ID)
Sinacort® (Ibn Sina: BD)
Skizon® (Hexpharm: ID)
Soluderme® (Schering-Plough: PT)
Taro-Sone® (Taro: CA)
Topiderm® (Farmindustria: PE)
Verilona® (Derma 3: PE)
Viltern® (Drag Pharma: CL)

- **17α,21-dipropionate and 21-(disodium phosphate):**

Cronocorteroid® (Montpellier: AR)
Cronolevel® (Essex: CL)
Cronolevel® (Schering-Plough: AR, MX)
Diprofos® (Plough: CO)
Dipronova® (Unipharm: CR, GT, HN, MX, NI, SV)
Diprophos® (Aesca: AT)
Diprophos® (Essex: CH)
Diprophos® (Schering-Plough: BE, CZ, HU, LU, PL, RO, RS)
Diprosan® (Schering-Plough: MX)
Diprosone Depot® (Essex: DE)
Diprospan Inyectable® (Essex: CL)
Diprospan® (Schering: PE)

Diprospan® (Schering-Plough: BR, CN, CR, DK, DO, GT, HK, HN, IL, IS, TH, TR)
Diprospan® (Undra: CO)
Diprostène® (Schering-Plough: FR)
Flosteron® (Krka: BA, HR, SI)
Propiochrone® (Schering-Plough: GR)
Uniao Betametasona® (União: BR)
Valerpan® (Gutis: CR, DO, NI)

- **21-(disodium phosphate):**

CAS-Nr.: 0000151-73-5
OS: *Betamethasone Sodium Phosphate BANM, JAN,USAN*
PH: Betamethasone Sodium Phosphate Ph. Eur. 5, JP XIV, USP 30
PH: Betamethasoni natrii phosphas Ph. Eur. 5
PH: Betamethasondihydrogenphosphat-Dinatrium Ph. Eur. 5
PH: Bétaméthasone (phosphate sodique de) Ph. Eur. 5

B-S-P® (Legere: US)
Bentelan® (Defiante: IT)
Beta-Stulln® (Pharma Stulln: DE)
Betacrono-Doce® (Paill: SV)
Betam-Ophtal® (Sanbe: ID)
Betam-Ophtal® (Winzer: DE)
Betametasona Fosfato Disodico® (Biosano: CL)
Betametasona Lafedar® [inj.] (Lafedar: AR)
Betametasona Sodio Fosfato® (Sanderson: CL)
Betametasona® (Pentacoop: CO)
Betametasona® (Roux-Ocefa: AR)
Betametasone L.F.M.® (Farmacologico: IT)
Betanoid® (Aspen: ZA)
Betapred® (Orphan: SE)
Betapred® (Swedish Orphan: FI)
Betasone-G® [gtt.] (Klonal: AR)
Betnesol® (Aspen: ZA)
Betnesol® (Defiante: AT)
Betnesol® (Devries: IL)
Betnesol® (GlaxoSmithKline: AE, AG, AG, AN, AN, AW, AW, BB, BB, BD, BG, BH, DE, GD, GD, GY, GY, IN, IR, JM, JM, KW, LC, LC, LU, NL, OM, QA, TT, TT, VC, VC)
Betnesol® (Shire: CA)
Betnesol® (Sigma Tau: CH, DE, FR, IT)
Betnesol® (UCB: GB, IE)
Betoblock® (Mediproducts: GT)
Betricin® (Nipa: BD)
Betsolan® [vet.] (Schering-Plough: US)
Betsolan® [vet.] (Schering-Plough Veterinary: GB)
Celestan® [inj.] (Essex: DE)
Celestone Phosphate® (Schering-Plough: US)
Celestone solucion oftalmica® (Plough: CO)
Celestone® [inj.] (Essex: CH, CO)
Celestone® [inj.] (Schering: PE, US)
Celestone® [inj.] (Schering-Plough: AR, BE, BR, CR, DO, ES, GT, HN, ID, IT, MX, PL, RO, SG)
Celeston® [inj.] (Schering-Plough: SE)
Cidoten Inyectable® (White's: CL)
Corteroid® (Montpellier: AR)
Célestène® [inj.] (Schering-Plough: FR)
Dacam® (Chile: CL)
Decamil Betametasona® (Incobra: CO)
Diprofast® (Schering-Plough: MX)
Diprospan® (Key: EC)
Erispan® (Maver: MX)
Inflacor® (Chalver: CO, DO, EC, GT, HN, PA, SV)
Lenasone® (Aspen: ZA)
Methasol® (Gaco: BD)
Oftasona-P® (Saval: EC)
Oftasona-P® (Saval Nicolich: CL)
Ophtamesone® (Dar-Al-Dawa: AE, BH, IQ, JO, KW, LB, LY, MT, NG, OM, QA, RO, SA, SD, SO, TN, YE)
Solu-Celestan® (Aesca: AT)
Vista-Methasone® [vet.] (Martindale Animalhealth: GB)

- **17α-valerate:**

CAS-Nr.: 0002152-44-5
OS: *Betamethasone Valerate BANM, USAN*
IS: *B 17-V*
IS: *Betamethasoni valeras*
IS: *Betamethason-17-pentanoat*
PH: Betamethasone Valerate JP XIV, Ph. Eur. 5, Ph. Int. 4, USP 30
PH: Betamethasoni valeras Ph. Eur. 5, Ph. Int. 4
PH: Betamethasonvalerat Ph. Eur. 5
PH: Bétaméthasone (valérate de) Ph. Eur. 5

Adco-Betamethasone® (Al Pharm: ZA)
Alphacort® (Pharmac: ID)
Antroquoril® (Schering-Plough: AU)
Bemetson® (Orion: FI)
Bemon® (Riemser: DE)
Bennasone® (Silom: TH)
Besone® (Atlantic: SG, TH)
Bessasone® (Pharmaland: TH)
Beta Cream® (Pacific: NZ)
Beta Ointment® (Pacific: NZ)
Beta Scalp Application® (Pacific: NZ)
Beta-Val® (Teva: US)
Beta-Wolff® (Wolff: DE)
Betacap® (Dermal: GB, IE)
Betacorten® (Trima: IL)
BetaCreme Lichtenstein® (Winthrop: DE)
Betacrem® (Hersil: PE)
Betaderm® (E.I.P.I.C.O.: RO)
Betaderm® (Eipico: AE, BH, EG, IQ, JO, KW, LB, LY, OM, QA, SA, SD, YE)
Betaderm® (Taro: CA)
Betafoam® (Cipla: IN)
Betagalen® (Galen: DE)
Betametasona Ahimsa® (Ahimsa: AR)
Betametasona Biocrom® (Biocrom: AR)
Betametasona L.D.A.® (L.D.A.: AR)
Betametasona Lafedar® [extern.] (Lafedar: AR)
Betametasona MK® (Bonima: BZ, CR, DO, GT, HN, NI, PA, SV)
Betametasona® (Andromaco: CL)
Betamethason Gf® (Genfarma: NL)
Betamethason PCH® (Pharmachemie: NL)
Betamethason Sandoz® (Sandoz: NL)
Betamethasone Valerate® (Paddock: US)
Betamethason® (Fagron: NL)
Betameth® (Osoth: TH)
Betariem® (Bioglan: DE)
BetaSalbe KSK® (KSK Pharma: DE)
BetaSalbe Lichenstein® (Winthrop: DE)
Betasone® (DHA: SG)
Betasone® (Klonal: AR)
Betatrex® (Savage: US)

Betaval® (APM: AE, BG, BH, IQ, JO, KW, LB, LY, NG, OM, QA, SA, SD, SY, TN, YE)
Beta® (Chew Brothers: TH)
Betesil® (IBSA: IT)
Betnelan V® (GlaxoSmithKline: BE, LU)
Betnelan® (GlaxoSmithKline: NL)
Betnesalic® (GlaxoSmithKline: FR)
Betnesalic® (Meda: DE)
Betnesol® [vet.] (GlaxoSmithKline: DE)
Betnesol® [vet.] (UCB: GB)
Betneval® (GlaxoSmithKline: FR)
Betnoderm® (ACO Hud: SE)
Betnovate-RD® (GlaxoSmithKline: GB)
Betnovate® (Celltech: ES)
Betnovate® (Glaxo: ES)
Betnovate® (Glaxo Wellcome: PT)
Betnovate® (GlaxoSmithKline: AE, AG, AN, AR, AT, AW, BA, BB, BD, BG, BH, CH, CZ, GB, GD, GR, GY, HK, ID, IE, IN, IR, JM, KW, LC, LK, MX, NZ, OM, PE, PH, QA, SG, TH, TR, TT, VC, VN, ZA)
Betnovate® (Sigma: AU)
Betnovat® (GlaxoSmithKline: DK, FI, IS, NO, SE)
Betodermin® (Mugi: ID)
Betopic® (Armoxindo: ID)
Betosone® (TO Chemicals: TH)
Bettamousse® (Berren: FI)
Bettamousse® (Celltech: DK, ES)
Bettamousse® (Evans: IL)
Bettamousse® (Mipharm: IT)
Bettamousse® (UCB: GB, IE)
Bettamousse® (Vitaflo: NO, SE)
Bipro® (Kenyaku: TH)
Blamy® (Duncan: AR)
Buccobet® (DB: FR)
Butasona Fabra® (Fabra: AR)
Camnovate® (Camden: SG)
Celestan-V® (Essex: DE)
Celestoderm-V® (Essex: CH)
Celestoderm-V® (Key: ES)
Celestoderm-V® (Schering: CA)
Celestoderm-V® (Schering-Plough: CZ, ET, GR, ID, IT, KE, TR)
Celestoderm® (Key: CO, ES)
Celestoderm® (Schering-Plough: FI)
Celeston valerat® (Schering-Plough: SE)
Celestone M® (Schering-Plough: AU)
Celeston® valerat [vet.] (Schering-Plough: SE)
Cidoten-V® (White's: CL)
Cilestoderme® (Schering-Plough: PT)
Cordes Beta Creme® (Ichthyol: DE)
Cordes Beta Salbe® (Ichthyol: DE)
Corsaderm® (Corsa: ID)
Corteroid® (Montpellier: AR)
Cortic-DS® (Fawns & McAllan: AU)
Cortiderma® (Mertens: AR)
Cortival® (Fawns & McAllan: AU)
Célestoderm® (Schering-Plough: FR)
Deflatop® (Astellas: DE)
Dermasone® (ICM: SG)
Dermobet® (Infabra: BR)
Dermosol® (Iwaki: JP)
Dermoval® (Luper: BR)
Derzid® (Unison: SG, TH)
Ecoval® (GlaxoSmithKline: IT)
Flogozyme® (Norma: GR)
Galinocort® (Vilco: GR)
Lazar® (Lazar: AR)
Lenovate® (Aspen: ZA)
Leuven® (Latinfarma: CO, PE)
Linola Cort beta® (Wolff: DE)
Locason Scalp® (Proel: GR)
Luxiq® (Connetics: US)
Movithiol® (Farmanic: GR)
Muhibeta V® (Shoji: JP)
Multiderm® (Farmindustria: PE)
Osmoran® (Rafarm: GR)
Polynovate® (Pharmasant: TH)
Prevex B® (Stiefel: TH)
Prevex B® (TCD: CA)
ratio-Ectosone® (Ratiopharm: CA)
Repivate® (Xeragen: ZA)
Sebo Scalp Tonic® (Chew Brothers: TH)
Soderm® (Dermapharm: DE)
Spel® (Silesia: CL)
Tokuderm® (Taiho: JP)
Topik® (Omega: LU)
Topivate® (Qestmed: ZA)
Vabeta® (Edol: PT)
Valbet® (Biolab: TH)
Valbet® (Lupin: IN)
Valederm® (Stiefel: AR)
Valisone® (Schering: CA, US)
Vari-Betamethasone® (Danene: ZA)
Vason® (Prima: ID)

– valeroacetate:

IS: *Betamethasone 21-acetate 17_valerate*

Beta 21® (IDI: IT)
Betnovat® [vet.] (GlaxoSmithKline: NO)

Betaxolol (Rec.INN)

L: Betaxololum
I: Betaxolol
D: Betaxolol
F: Bétaxolol
S: Betaxolol

⚕ β_1-Adrenergic blocking agent

ATC: C07AB05,S01ED02
CAS-Nr.: 0063659-18-7 — C_{18}-H_{29}-N-O_3, M_r 307.44

2-Propanol, 1-[4-[2-(cyclopropylmethoxy)ethyl]phenoxy]-3-[(1-methylethyl)amino]-

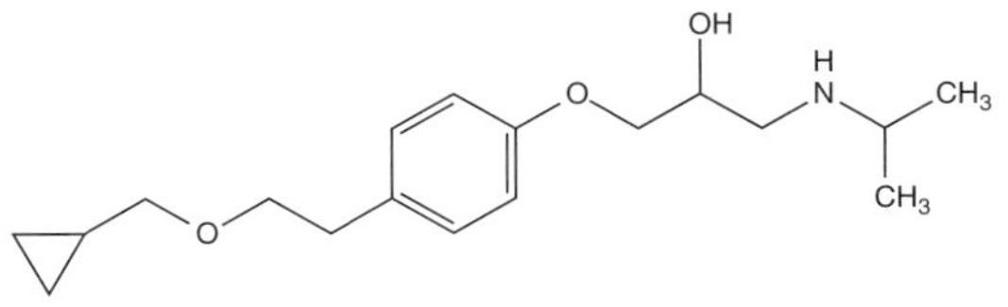

OS: *Betaxolol [BAN, DCF, DCIT]*
IS: *SL 75212*
IS: *ALO 1401-02*

Betaksolol® (Srbolek: RS)
Betaxolol L.CH.® (Chile: CL)
Betaxolol® (Biosano: CL)
Betaxolol® (Terapia: RO)

– hydrochloride:

CAS-Nr.: 0063659-19-8
OS: *Betaxolol Hydrochloride BANM, USAN*
IS: *SL 75212-10*
PH: Betaxolol Hydrochloride Ph. Eur. 5, USP 30
PH: Betaxololi hydrochloridum Ph. Eur. 5
PH: Bétaxolol (chlorhydrate de) Ph. Eur. 5
PH: Betaxololhydrochlorid Ph. Eur. 5

Armament® (Faran: GR)
Bemaz® (Chile: CL)
Beof® (Saval: EC)
Beof® (Saval Nicolich: CL)
Bertocil® (Edol: PT)
Betabion® (Bioton: PL)
Betac® (Medochemie: RO, RU)
Betasel® (Alcon: AR)
Betaxa® (Zentiva: CZ)
Betaxolol Alcon® (Alcon: ES, LU)
Betaxolol FDC® (FDC: NL)
Betaxolol Hydrochloride® (Akorn: US)
Betaxolol Hydrochloride® (Amide: US)
Betaxolol Hydrochloride® (Apotex: US)
Betaxolol Hydrochloride® (Bausch & Lomb: US)
Betaxolol Hydrochloride® (Falcon: US)
Betoptic S® (Alcon: AT, BA, BD, BR, CH, CL, CN, CO, CR, EC, GT, HK, HN, HU, IL, LK, MX, NI, NL, NO, NZ, PA, PE, RO, RS, SE, SI, SV, TH, TR, US)
Betoptic S® (EU-Pharma: NL)
Betoptic S® (Euro: NL)
Betoptic® (Alcon: AU, BA, BE, BR, BW, CA, CH, CL, CZ, DK, ER, ES, ET, FI, FR, GB, GH, GR, HK, HR, HU, IE, IL, IS, IT, KE, LU, MW, NA, NG, NO, NZ, PE, PL, PT, RO, SE, SG, SI, TH, TR, TZ, UG, US, ZA, ZM, ZW)
Betoptic® (Bipharma: NL)
Betoptima® (Alcon: DE, ID)
Betoquin® (Ioquin: AU)
BTX-HA® (Sophia: MX)
Cloridrato de Betaxolol® (Alcon: BR)
Cloridrato de Betaxolol® (Cristália: BR)
Davixolol® (Davi: PT)
Eifel® (Rafarm: GR)
Kerlone® (Boots: ES)
Kerlone® (Lavipharm: GR)
Kerlone® (Sanofi-Aventis: BE, DE, MY, SG, US)
Kerlone® (Sanofi-Synthelabo: LU)
Kerlone® (Schwarz: FR)
Kerlong® (Mitsubishi: JP)
Kerlon® (Sanofi-Aventis: FI, IT)
Kerlon® (Sanofi-Synthelabo: NL)
Lokren® (Sanofi-Aventis: GE, PL, RU)
Lokren® (Sanofi-Synthelabo: CZ, RO)
Optibetol® (Polfa Warszawa: PL)
Optibet® (Sanbe: ID)
Optipres® (Cipla: RO)
Presmin® (Latinofarma: BR)
Tonobexol® (Novartis: AR)

Bethanechol Chloride (BAN)

L: Bethanecholi chloridum
I: Betanecolo cloruro
D: Bethanecholchlorid

Parasympathomimetic agent, direct acting

CAS-Nr.: 0000590-63-6 C_7-H_{17}-Cl-N_2-O_2
M_r 196.683

1-Propanaminium, 2-[(aminocarbonyl)oxy]-N,N,N-trimethyl-, chloride

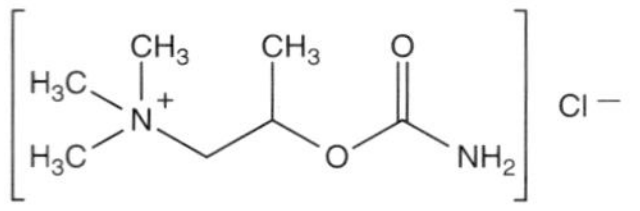

OS: *Bethanechol chloride [BAN, JAN, USAN]*
IS: *Carbamylmethylcholine chloride*
IS: *Mecothane*
IS: *(2-Carbamoyloxypropyl)trimethylammonium chlorid (IUPAC)*
PH: Bethanechol Chloride [JP XIV, USP 30]

Bethanechol Chloride® (Actavis: US)
Bethanechol Chloride® (Pliva: US)
Bethanechol Chloride® (Ranbaxy: US)
Bethanechol Chloride® (Upsher-Smith: US)
Bethanechol Chloride® (Wockhardt: US)
Duvoid® (Roberts: US)
Duvoid® (Shire: CA)
Liberan® (Apsen: BR)
Miotonachol® (Fortbenton: AR)
Myocholine-Glenwood® (Glenwood: DE, LU)
Myocholine-Glenwood® (Infarmed: BE)
Myocholine-Glenwood® (Vifor: CH)
Myocholine® (Glenwood: AT, DE)
Myotonachol® (Glenwood: US)
Myotonine® (Glenwood: GB, US)
Myotonine® [vet.] (Glenwood: GB)
PMS-Bethanechol® (Pharmascience: CA)
Ucholine® (M & H: TH)
Urecholine® (Merck: US)
Urecholine® (Merck Sharp & Dohme: AU, IT)
Urecholine® (Odyssey: US)
Urocarb® (Hamilton: AU)
Urotone® (Samarth: IN)

Bevacizumab (Rec.INN)

L: Bevacizumabum
D: Bevacizumab
F: Bévacizumab
S: Bevacizumab

Anticancer

Monoclonal antibody

ATC: L01XC07
ATCvet: QL01XC07
CAS-Nr.: 0216974-75-3

C_{6638}-H_{10160}-N_{1720}-O_{2108}-S_{44}
M_r 149196.82

Immunoglobulin G1 (human-mouse monoclonal rhuMAb-VEGF gamma-chain anti-human vascular endothelial growth factor), disulfide with human-mouse monoclonal rhuMab-VEGF light chain, dimer (WHO)

OS: *Bevacizumab [USAN]*
IS: *anti-VEGF Mab*
IS: *rhuMAb-VEGF*
IS: *Anti-VEGF monoclonal antibody*
IS: *VEGF light chain, dimer (WHO)*

Altuzan® (Roche: TR)
Avastin® (Genentech: US)
Avastin® (Roche: AR, AT, AU, BA, CA, CH, CL, CZ, DE, DK, ES, FI, FR, GB, GE, HK, HR, HU, IE, IL, IS, IT, LU, MX, NL, NO, NZ, PH, PL, PT, RO, RS, SE, SG, TH, TW, US, ZA)
Avastin® (Roche Diagnostic: DZ)

Bexarotene (Rec.INN)

L: Bexarotenum
D: Bexaroten
F: Bexarotene
S: Bexaroteno

Antineoplastic agent

CAS-Nr.: 0153559-49-0 C_{24}-H_{28}-O_2
M_r 348.49

4-[1-(5,6,7,8,-Tetrahydro-3,5,5,8,8-pentamethyl-2-naphtalenyl)ethenyl]benzoic acid [USAN]

p-[1-(5,6,7,8,-Tetrahydro-3,5,5,8,8-pentamethyl-2-naphthyl)vinyl]benzoic acid [WHO]

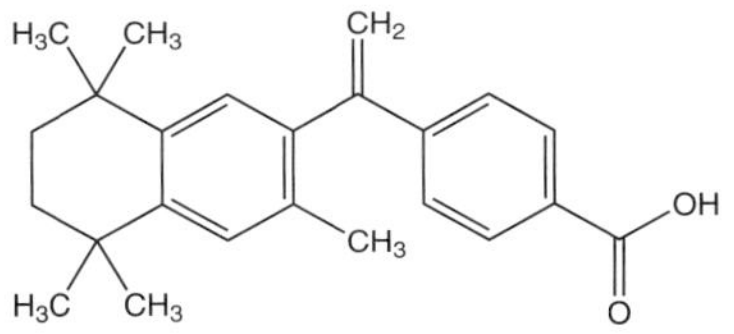

OS: *Bexarotene [BAN, USAN]*
IS: *Targretyn (Ligand)*
IS: *Targrexin (Ligand)*
IS: *LGD 1069*
IS: *LG 100069*

Targretin® (Alfa Wassermann: IT)
Targretin® (Andromaco: CL)
Targretin® (Cephalon: FI, GB, IE, SE)
Targretin® (Elan: DE)
Targretin® (Ferrer: ES)
Targretin® (Ligand: AT, DK, LU, NL, NO, US)
Targretin® (Zeneus: FR)

Bezafibrate (Rec.INN)

L: Bezafibratum
I: Bezafibrato
D: Bezafibrat
F: Bézafibrate
S: Bezafibrato

Antihyperlipidemic agent

ATC: C10AB02
CAS-Nr.: 0041859-67-0 C_{19}-H_{20}-Cl-N-O_4
M_r 361.829

Propanoic acid, 2-[4-[2-[(4-chlorobenzoyl)amino]ethyl]phenoxy]-2-methyl-

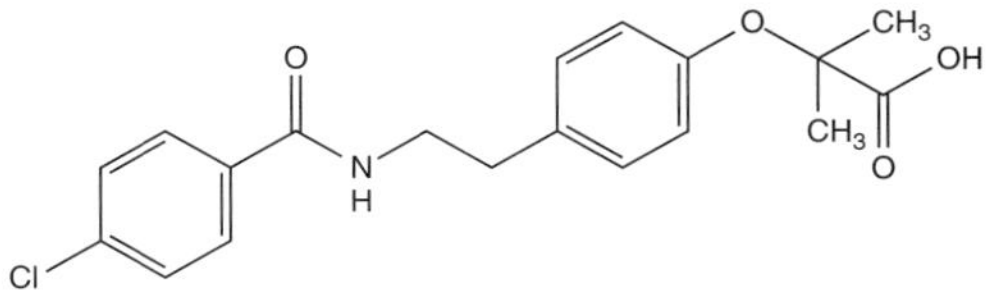

OS: *Bezafibrate [BAN, DCF, USAN]*
OS: *Bezafibrato [DCIT]*
IS: *BM 15075*
PH: Bezafibrate [Ph. Eur. 5]
PH: Bezafibrat [Ph. Eur. 5]
PH: Bézafibrate [Ph. Eur. 5]
PH: Bezafibratum [Ph. Eur. 5]

Azufibrat® (Azupharma: DE)
Befibrat® (Hennig: DE)
Bexalcor® (Sandoz: MX)
Beza 1A Pharma® (1A Pharma: DE)
Beza AbZ® (AbZ: DE)
Bezabeta® (betapharm: DE)
Bezacur® (Hexal: AT, DE, LU)
Bezacur® (Investi: AR)
Bezadoc® (Docpharm: DE)
Bezafibrat 1A Pharma® (1A Pharma: AT, DE)
Bezafibrat AbZ® (AbZ: DE)
Bezafibrat AL® (Aliud: DE)
Bezafibrat Arcana® (Arcana: AT)
Bezafibrat Genericon® (Genericon: AT)
Bezafibrat Heumann® (Heumann: DE)
Bezafibrat Hexal® (Hexal: DE, LU)
Bezafibrat Lannacher® (Lannacher: AT)
Bezafibrat PB® (Docpharm: DE)
Bezafibrat ratiopharm® (Ratiopharm: AT)
Bezafibrat Sandoz® (Sandoz: DE)
Bezafibrat Stada® (Stada: SG)
Bezafibrat Stada® (Stadapharm: DE)
Bezafibrat-CT® (CT: DE)
Bezafibrat-ratiopharm® (ratiopharm: DE)
Bezafibrate® (Generics: GB)
Bezafibrate® (Hennig: IL)
Bezafibrate® (Indofarma: ID)
Bezafibrato Genfar® (Genfar: EC)
Bezafibrato® (Memphis: CO)
Bezafibrat® (Hexal: DE)
Bezagamma® (Wörwag Pharma: DE)
Bezalip® (Nicholas: IN)
Bezalip® (Rajawali: ID)
Bezalip® (Roche: AE, AR, AT, BE, BH, BR, BW, CA, CH, CO, CR, CZ, DE, DK, DO, EC, ES, ET, FI, FR, GB, GH, GR, GT, HK, HN, HU, IL, IT, JO, JP, KE, LK, LU, MU, MW, MX, NA, NG, NI, NL, NZ, PA, PE, PH, PL, PT, RO,

RU, SA, SD, SE, SG, SV, TH, TW, TZ, UG, VE, ZA, ZM, ZW)
Bezamerck® (Merck dura: DE)
Bezamidin® (Pliva: PL)
Bezamil® (Milano: TH)
Bezastad retard® (Stada: AT)
Bezastad® (Stada: AT, PH)
Bezatol® (Kissei: JP)
Brufiza® (Bruluart: MX)
Béfizal® (Roche: FR)
Cedur® (Roche: BE, BR, CH, DE, LU)
Difaterol® (Bial: ES)
Elpi Lip® (Elea: AR)
Eulitop® (Roche: BE, ES, LU)
Fibalip® (Pacific: NZ)
Hadiel® (Piam: IT)
Lacromid® (Remedica: CY)
Lesbest® (Best: MX)
Lipocor® (Efroze: LK)
Lipox® (TAD: DE)
Nebufurd Retard® (Fabra: AR)
Neptalip® (Rayere: MX)
Nimus® (Tecnofarma: CL)
Norlip® (Unipharm: IL)
Oralipin® (Roche: CL)
Polyzalip® (Pharmasant: TH)
Raset® (Unison: TH)
Reducterol® (Elfar: ES)
Regadrin B® (Berlin Chemie: VN)
Regadrin B® (Berlin-Chemie: CZ, DE, RO)
Sandoz Bezafibrate® (Sandoz: ZA)
Saprame® (Probiomed: MX)
Sklerofibrat® (Merckle: DE)
Verbital® (Faran: GR)
Zafibral® (Medochemie: SG)
Zimbacol® (Link: GB)

Bibenzonium Bromide (Rec.INN)

L: Bibenzonii Bromidum
I: Bibenzonio bromuro
D: Bibenzonium bromid
F: Bromure de Bibenzonium
S: Bromuro de bibenzonio

Antitussive agent

ATC: R05DB12
CAS-Nr.: 0015585-70-3 C_{19}-H_{26}-Br-N-O
M_r 364.327

Ethanaminium, 2-(1,2-diphenylethoxy)-N,N,N-trimethyl-, bromide

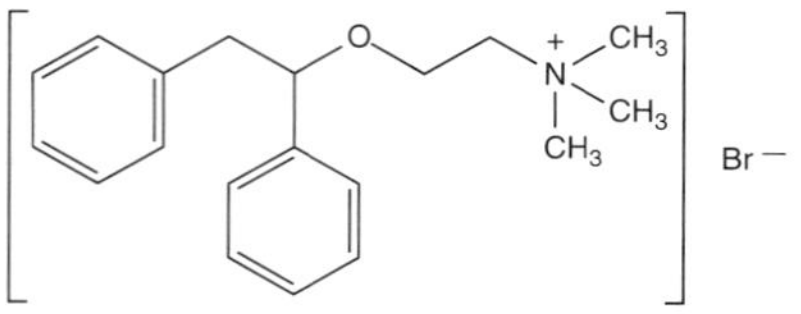

OS: *Bibenzonium Bromide [BAN, USAN]*
OS: *Bibenzonio bromuro [DCIT]*
IS: *Bibenzonum*
IS: *ES 132*

Lysbex® (Provita: AT)

Bibrocathol (Rec.INN)

L: Bibrocatholum
D: Bibrocathol
F: Bibrocathol
S: Bibrocatol

Antiseptic
Desinfectant

ATC: S01AX05
CAS-Nr.: 0006915-57-7 C_6-H-Bi-Br_4-O_3
M_r 649.654

1,3,2-Benzodioxabismole, 4,5,6,7-tetrabromo-2-hydroxy-

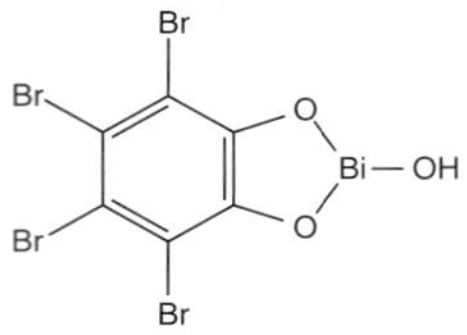

OS: *Bibrocathol [DCF, USAN]*
IS: *Bismucatebrol*
IS: *Bibrocathin*
PH: Bibrocatholum [DAB 7-DDR, Ph. Nord. 63]

Noviform® (Meda: SE)
Noviform® (Novartis: DE, LU)
Posiformin® (Ursapharm: DE)

Bicalutamide (Rec.INN)

L: Bicalutamidum
D: Bicalutamid
F: Bicalutamide
S: Bicalutamida

Antiandrogen

ATC: L02BB03
CAS-Nr.: 0090357-06-5 C_{18}-H_{14}-F_4-N_2-O_4-S
M_r 430.39

(±)-4'-Cyano-α,α,α-trifluoro-3-[(p-fluorophenyl)sulfonyl]-2-methyl-m-lactotoluidide

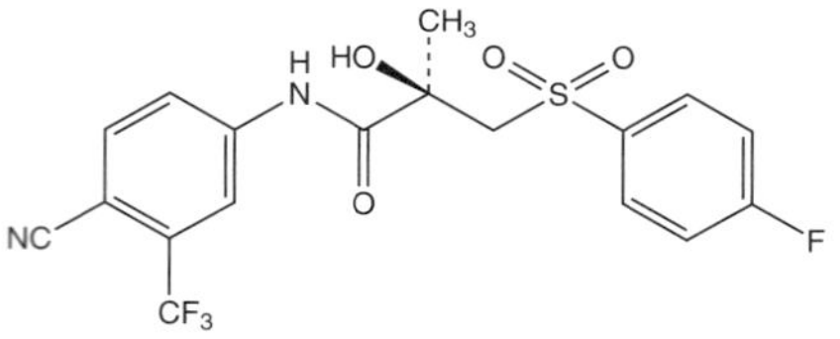

OS: *Bicalutamide [BAN, DCF, USAN]*
IS: *ICI 176334 (Zeneca, Great Britain)*

Androxinon® (Schering: AR)
Bicalutamid ratiopharm® (Ratiopharm: FI)
Bicalutamida Delta Farma® (Delta Farma: AR)
Bicalutamida Servycal® (Servycal: AR)
Bicalutamida Varifarma® (Varifarma: AR)
Bicalutamida® (Kampar: CL)
Bicavan® (Avansor: FI)
Bidrostat® (Bioprofarma: AR)
Bilumid® (Verofarm: RU)
Bilutamid® (Pharmaconsult: HU)
Bosconar® (Teva: AR)
Calumid® (Gedeon Richter: HU, RU)

Caluran® (Ranbaxy: IN)
Casodex® (AstraZeneca: AE, AG, AN, AR, AT, AT, AW, BA, BE, BH, BM, BR, BS, BZ, CA, CH, CL, CN, CO, CR, CY, CZ, DE, DK, DO, EC, EG, ES, ET, FI, FR, GB, GD, GE, GH, GR, GT, GY, HK, HN, HR, HT, HU, ID, IE, IL, IQ, IS, IT, JM, JO, KE, KW, LB, LC, LK, LU, LY, MT, MW, MX, MY, MZ, NG, NI, NL, NO, OM, PA, PE, PH, PL, PT, QA, RO, RS, RU, SA, SD, SE, SG, SI, SR, SV, SY, TH, TR, TT, TZ, UG, US, VC, YE, ZA, ZM, ZW)
Casodex® (D.A.C.: IS)
Casodex® (Delphi: NL)
Casodex® (Dowelhurst: NL)
Casodex® (Dr. Fisher: NL)
Casodex® (EU-Pharma: NL)
Casodex® (Eureco: NL)
Casodex® (Eurim: AT)
Casodex® (Euro: NL)
Casodex® (Nedpharma: NL)
CO Bicalutamide® (Cobalt: CA)
Cosudex® (AstraZeneca: AU, NZ)
Dimalan® (Filaxis: AR)
Finaband® (Microsules: AR)
Gepeprostin® (Sandoz: AR)
Imda® (Dosa: AR)
Liberprost® (LKM: AR)
Lutamidal® (Tecnofarma: CL, CO, PE)
Lutamidal® (Zodiac: BR)
Novo-Bicalutamide® (Novopharm: CA)
PMS-Bicalutamide® (Pharmascience: CA)
Procalut® (Koçak: TR)
Raffolutil® (Raffo: AR)
ratio-Bicalutamide® (Ratiopharm: CA)
Sandoz Bicalutamide® (Sandoz: CA)

Biclotymol (Rec.INN)

L: Biclotymolum
D: Biclotymol
F: Biclotymol
S: Biclotimol

⚕ Antiseptic
⚕ Desinfectant

CAS-Nr.: 0015686-33-6 — C_{21}-H_{26}-Cl_2-O_2
M_r 381.339

2,2'-Methylenebis(6-chlorothymol)

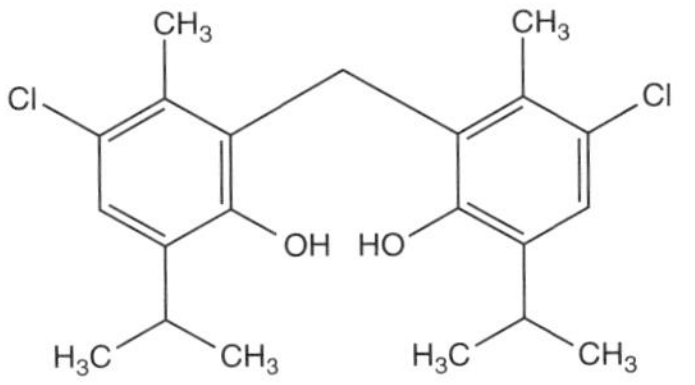

OS: *Biclotymol [DCF, USAN]*

Hexaspray® (Bouchara: BF, BJ, CG, CI, CM, DZ, FR, GA, LU, MG, ML, SN, TG)
Hexaspray® (Bouchara-Recordati: HK, RU, VN)
Humex® (Urgo: FR)
Solutricine Biclotymol® (Sanofi-Aventis: FR)

Bifemelane (Rec.INN)

D: Bifemelan
F: Bifemelane
S: Bifemelano

⚕ Nootropic
⚕ Psychotherapeutic agent

ATC: N06AX08
CAS-Nr.: 0090293-01-9 — C_{18}-H_{23}-N-O
M_r 269.42

N-Methyl-4-[(α-phenyl-o-tolyl)oxy]butylamine

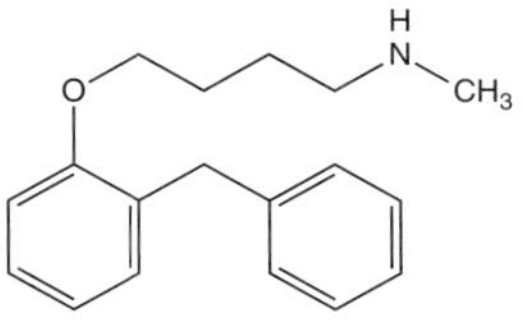

OS: *Bifemelane [USAN]*
IS: *MCI 2016*

– hydrochloride:
CAS-Nr.: 0062232-46-6
OS: *Bifemelane Hydrochloride JAN*

Cordinal® (Roemmers: PE)
Cordinal® (Spedrog-Caillon: AR)
Neurocine® (Ivax: AR)
Neurolea® (Elea: AR)

Bifonazole (Rec.INN)

L: Bifonazolum
I: Bifonazolo
D: Bifonazol
F: Bifonazole
S: Bifonazol

⚕ Dermatological agent, local fungicide

ATC: D01AC10
CAS-Nr.: 0060628-96-8 — C_{22}-H_{18}-N_2
M_r 310.406

1H-Imidazole, 1-([1,1'-biphenyl]-4-ylphenylmethyl)-

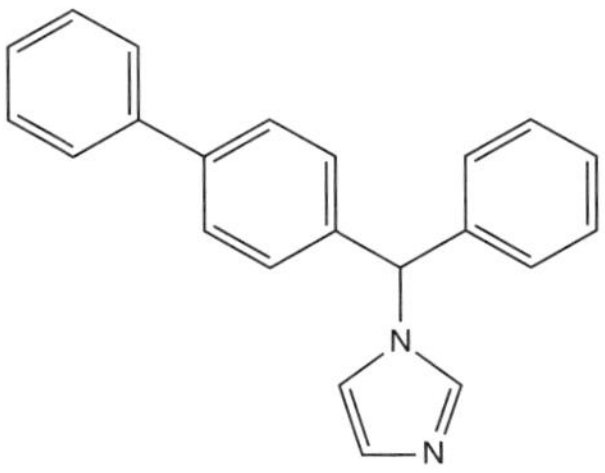

OS: *Bifonazole [BAN, DCF, JAN, USAN]*
OS: *Bifonazolo [DCIT]*
IS: *Bay h 4502 (Bayer, Germany)*
PH: Bifonazole [Ph. Eur. 5, JP XIV]
PH: Bifonazolum [Ph. Eur. 5]
PH: Bifonazol [Ph. Eur. 5]

Aeroderma® (Farmanic: GR)
Agispor® (Agis: IL)
Amycor® (Merck Lipha Santé: FR)

Azolmen® (Menarini: IT)
Biazol® (Gedeon Richter: RO)
Bicutrin® (Srbolek: RS)
Bifazol® (Bayer: IT)
Bifized® (Iasis: GR)
Bifokey® (Inkeysa: ES)
Bifomyk® (Bioglan: DE)
Bifonazol Genfar® (Genfar: CO, PE)
Bifonazol Hexal® (Hexal: DE)
Bifonazol L.CH.® (Chile: CL)
Bifonazol-SL® (Slovakofarma: CZ)
Bifonazole-Teva® (Teva: IL)
Bifonazole® (Vitamed: IL)
Bifonazol® (Bago: CL)
Bifonazol® (Slovakofarma: CZ)
Bifon® (Dermapharm: DE)
Bifon® (Genepharm: GR)
Bifunal® (Actavis: GE)
Bifunal® (Balkanpharma: BG)
Bimicot® (Euroderm: AR)
Canesten Extra Bifonazol® (Bayer: DE)
Canestene Derm Bifonazole® (Bayer: BE, LU)
Canestene Onychoset Bifonazole® (Bayer: LU)
Canesten® (Bayer: AT, AU, DE, HU, NZ)
Chemists' Own Bifonazole® (Chemists: AU)
Fungiderm® (Biospray: GR)
Fungiderm® (Nycomed: AT)
Fungotopic® (Chile: CL)
Helpovion® (Medicus: GR)
Kavaderm® (Relyo: GR)
Levelina® (Ern: ES)
Micomicen® (Labomed: CL)
Micosol® (Pablo Cassara: AR)
Multifung® (Rider: CL)
Myco-Flusemidon® (Anfarm: GR)
Myco-Flusemidon® (Anfarm Hellas: RO)
Mycosporan® (Bayer: CL, SE)
Mycospor® (Bayer: AE, AN, AU, AW, BB, BG, BH, BM, BR, BS, BZ, CN, CO, CR, CY, CZ, DE, DO, EC, EG, ES, GR, GT, HK, HN, HT, HU, ID, IR, JM, JO, KE, KW, KY, LB, LU, MT, MX, NI, NL, OM, PA, PE, PL, PT, QA, RO, RU, SA, SD, SI, SV, TR, TT, TZ, UG, ZA)
Mycospor® (Bayhealth: ES)
Neltolon® (Pharmathen: GR)
Rye® (Rafarm: GR)
Sinamida® (Gezzi: AR)

Bimatoprost (Rec.INN)

L: Bimatoprostum
D: Bimatoprost
F: Bimatoprost
S: Bimatoprost

⚕ Glaucoma treatment
⚕ Ophthalmic agent

ATC: S01EE03
ATCvet: QS01EE03
CAS-Nr.: 0155206-00-1 C_{25}-H_{37}-N-O_4
M_r 415.63

(Z)-7-[(1R,2R,3R,5S)-3,5-Dihydroxy-2-[(1E,3S)-3-hydroxy-5-phenyl-1-pentenyl]cyclopentyl]-N-ethyl-5-heptenamide [WHO]

5-Heptenamide, 7-[3,5-dihydroxy-2-(3-hydroxy-5-phenyl-1-pentenyl)cyclopentyl]-N-ethyl-, [1R-1[(Z),2(1E,3S*)3,5]]- [USAN]

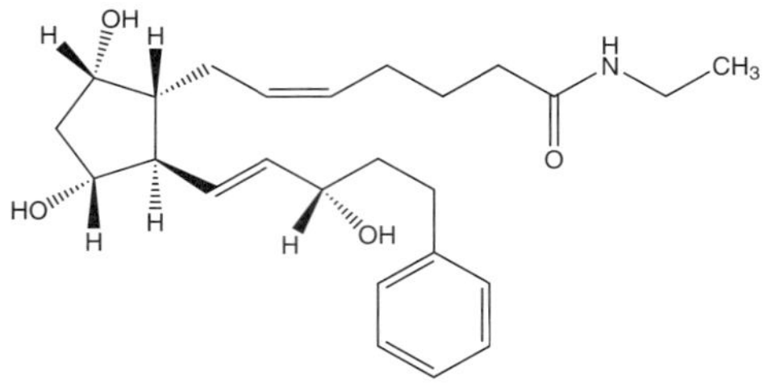

OS: *Bimatoprost [BAN, USAN]*
IS: *AGN 192024 (Allergan, USA)*
IS: *17-Phenyl-18,19,20-trinorprostaglandin F2alpha ethylamide*

Lumigan® (Abdi Ibrahim: TR)
Lumigan® (Allergan: AR, AT, AU, BE, BR, CA, CH, CL, CO, CR, CZ, DK, ES, FI, FR, GB, GR, GT, HK, HR, HU, IE, IL, IS, IT, LU, MX, MY, NL, NO, NZ, PA, PL, PR, SE, SG, SI, SV, TH, US, ZA)
Lumigan® (Pharm-Allergan: DE)
Lumigan® [vet.] (Allergan: GB)

Binifibrate (Rec.INN)

L: Binifibratum
D: Binifibrat
F: Binifibrate
S: Binifibrato

⚕ Antihyperlipidemic agent

CAS-Nr.: 0069047-39-8 C_{25}-H_{23}-Cl-N_2-O_7
M_r 498.929

3-Pyridinecarboxylic acid, 2-[2-(4-chlorophenoxy)-2-methyl-1-oxopropoxy]-1,3-propanediyl ester

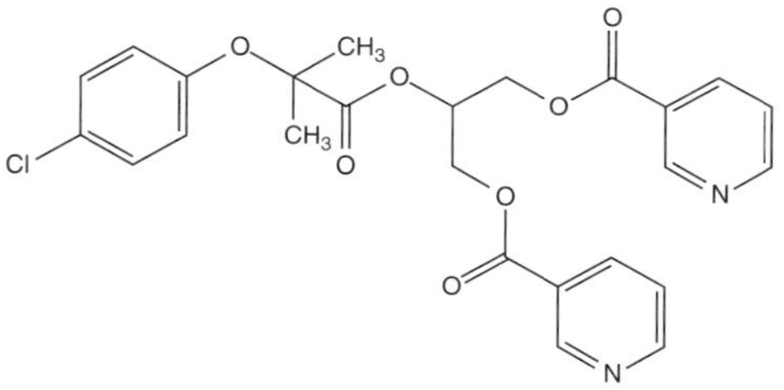

OS: *Binifibrate [USAN]*
IS: *WAC 104*

Antopal® (Bama: ES)
Biniwas® (Chiesi: DO, ES, GT, HN, NI, SV)

Bioallethrin (BAN)

D: Bioallethrin
F: Bioalléthrine

⚕ Insecticide

ATC: P03AC02
CAS-Nr.: 0000584-79-2 C_{19}-H_{26}-O_3
M_r 302.42

(RS)-3-Allyl-2-methyl-4-oxocyclopent-2-enyl (1R,3R)-2,2-dimethyl-3-(2-methylprop-1-enyl)cyclopropanecarboxylate

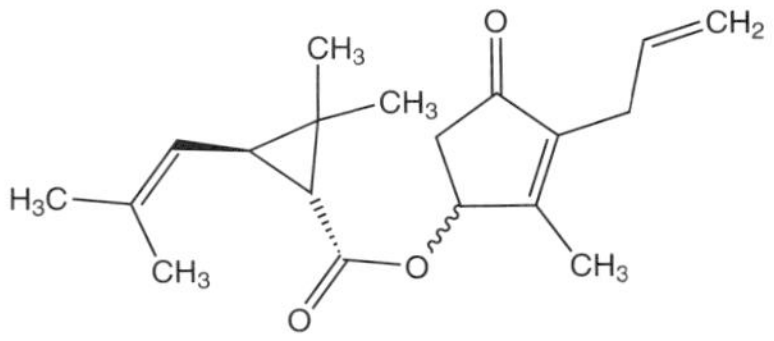

OS: *Bioallethrin [BAN, USAN]*
OS: *Depalletrine [DCF]*
IS: *Allethrin I*
IS: *EPA Pesticide Chemical Code 004003*
IS: *RU 27436*

Duocide® [vet.] (Allerderm: US)
Ectoskin® [vet.] (Virbac: FR)
Mycodex® [vet.] (Pfizer: US)

Biotin (Rec.INN)

L: Biotinum
I: Biotina
D: Biotin
F: Biotine
S: Biotina

⚕ Vitamin B-complex

ATC: A11HA05
CAS-Nr.: 0000058-85-5 C_{10}-H_{16}-N_2-O_3-S
M_r 244.318

1H-Thieno[3,4-d]imidazole-4-pentanoic acid, hexahydro-2-oxo-, [3aS-(3aα,4β,6aα)]-

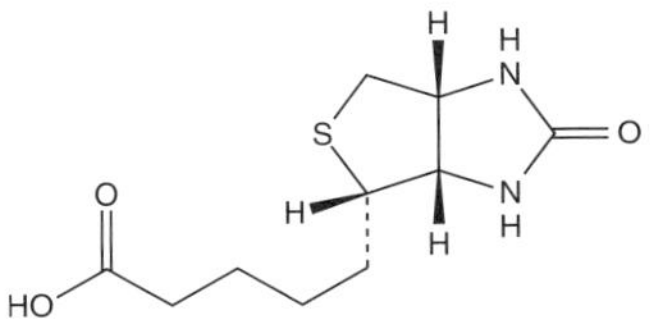

OS: *Biotine [DCF]*
OS: *Biotina [DCIT]*
OS: *Biotin [JAN, USAN]*
IS: *Coenzym R*
IS: *Skin factor*
IS: *Vitamine H*
IS: *Vitamin B7*
IS: *VItamin Bw*
IS: *β-Biotin*
PH: Biotin [Ph. Eur. 5, USP 30]
PH: Biotinum [Ph. Eur. 5]
PH: Biotin [Ph. Eur. 5]
PH: Biotine [Ph. Eur. 5]

Aminosam® (Szama: AR)
BIO-H-TIN® (e+b Pharma: AT, DE)
Bio-H-Tin® (Gebro: CH)
BIO-H-TIN® (Pfleger: DE)
Biocare® [vet.] (Crown Animals: GB)
Biocare® [vet.] (Novartis Animal Health: AU)
Biodermatin® (Lafare: IT)
Biokur® (Biocur: DE)
Biotin beta® (betapharm: DE)
Biotin Hermes® (Hermes: DE)
Biotin Heumann® (Heumann: DE)
Biotin Hexal® (Hexal: DE)
Biotin IMPULS® (Elasten: DE)
Biotin Stada® (Stadapharm: DE)
Biotin-ASmedic® (Dyckerhoff: DE)
Biotin-Biomed® (Biomed: CH)
Biotin-ratiopharm® (ratiopharm: DE)
Biotine Bayer® (Bayer Santé Familiale: FR)
Biotine® [vet.] (Eurovet: NL)
Biotin® (Al Pharm: ZA)
Biotin® (Defuen: AR)
Biotin® [vet.] (Nature Vet: AU)
Biotin® [vet.] (Prodivet: BE)
Biotisan® (Hübner: FI)
Curatin® (Sanova: AT)
Deacura® (Dermapharm: DE)
Diathynil® (Sigma Tau: IT)
Gabiotan® [vet.] (Albrecht: DE)
Gabiotan® [vet.] (Gräub: CH)
Gabiotan® [vet.] (Richter: AT)
Gabunat® (Strathmann: DE)
Hoof® [vet.] (Myca: AU)
Hoof® [vet.] (NRM: NZ)
Medobiotin® (Matilek: TR)
Medobiotin® (Medopharm: DE)
Microvit Extra Biotin® [vet.] (Adisseo: AU)
Natubiotin® (Dermapharm: DE)
Natuderm® (Rodisma-Med: DE)
Nebiotin® (CGM: IT)
Panabiotin® (Panalab: AR)
Rombellin® (Merz: CH)
Rombellin® (Simons: DE)
Ungiotin® [vet.] (Chassot: DE)
Ungiotin® [vet.] (Vetoquinol: CH)

– sodium salt:
Medebiotin® (Medea: ES)

Biperiden (Rec.INN)

L: Biperidenum
I: Biperidene
D: Biperiden
F: Bipéridène
S: Biperideno

⚕ Antiparkinsonian, central anticholinergic

ATC: N04AA02
CAS-Nr.: 0000514-65-8 C_{21}-H_{29}-N-O
M_r 311.473

B

1-Piperidinepropanol, α-bicyclo[2.2.1]hept-5-en-2-yl-α-phenyl-

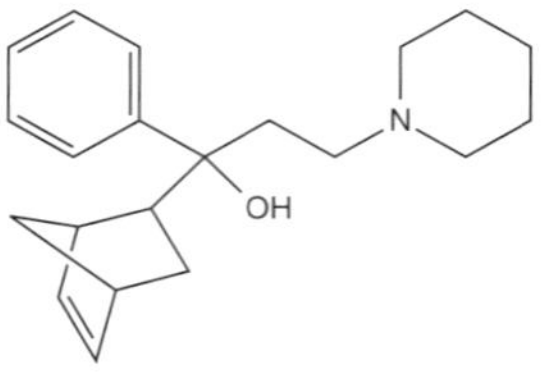

OS: *Biperiden [BAN, USAN, JAN]*
OS: *Bipéridène [DCF]*
OS: *Biperidene [DCIT]*
IS: *KL 373*
IS: *α-5-Norbornen-2-yl-α-phenyl-1-piperidinepropanol (WHO)*
PH: Biperiden [Ph. Int. 4, USP 30]
PH: Biperidenum [Ph. Int. 4]

Benzum® (Carrion: PE)
Biperideno Northia® (Northia: AR)
Biperideno Vannier® (Vannier: AR)
Biperideno® (AC Farma: PE)
Biperideno® (Perugen: PE)
Mendilex® (Alkaloid: BA, HR, RS)

- hydrochloride:

CAS-Nr.: 0001235-82-1
OS: *Biperiden Hydrochloride BANM, USAN, JAN*
PH: Biperiden Hydrochloride JP XIV, Ph. Eur. 5, Ph. Int. 4, USP 30
PH: Biperideni hydrochloridum Ph. Eur. 5, Ph. Int. 4
PH: Biperidenhydrochlorid Ph. Eur. 5
PH: Bipéridène (chlorhydrate de) Ph. Eur. 5

Akineton LP® (DB: FR)
Akineton® (Abbott: AR, AT, AU, CL, CO, CZ, ES, GB, HU, JO, LB, LU, NL, PE, PH, RO, RS, SA, SI, TR, US, ZA)
Akineton® (Desma: AT, AT, BA, CH, DE, PL, SI)
Akineton® (Ebewe: HR)
Akineton® (Eurim: AT)
Akineton® (Knoll: BR, CR, DO, GT, HN, NI, PA, SV)
Akineton® (Laboratorio Farmaceutico: DK, FI, IE)
Akineton® (Paranova: AT)
Akineton® (Pharmacobel: BE)
Akineton® (S.I.T.: IS, NO)
Akineton® (SIT: IT, SE)
Akineton® (Vianex: GR)
Berofin® (Sanofi-Aventis: AR)
Biperiden-neuraxpharm® (neuraxpharm: DE)
Biperiden-ratiopharm® (ratiopharm: DE)
Biperideno Cevallos® (Cevallos: AR)
Biperideno Dosa® (Dosa: AR)
Biperideno Duncan® (Duncan: AR)
Biperideno Rospaw® (Rospaw: AR)
Cinetol® (Cristália: BR)
Cloridrato de Biperideno® (Abbott: BR)
Dekinet® (Rafa: IL)
Denzolam® (Denver: AR)
Dyskinon® (Nicholas: IN)
Ipsatol® (Orion: FI)
Kinex® (Psicofarma: MX)
Sinekin® (Fabop: AR)

- lactate:

CAS-Nr.: 0007085-45-2
OS: *Biperiden Lactate BANM, USAN*
IS: *α-5-Norbornen-2-yl-α-phenyl-1-piperidinepropanol lactate (salt)*
PH: Biperiden Lactate Injection USP 30

Akineton® [inj.] (Abbott: CO, ES, HU, NL, PE, RO, RS, SI, TR)
Akineton® [inj.] (Desma: AT, AT, BA, CH, DE, PL, SI)
Akineton® [inj.] (Ebewe: CZ)
Akineton® [inj.] (Knoll: CR, DO, GT, HN, NI, PA, SV, US)
Akineton® [inj.] (Laboratorio Farmaceutico: FI)
Akineton® [inj.] (S.I.T.: NO)
Akineton® [inj.] (SIT: IT, SE)
Biperiden-neuraxpharm® (neuraxpharm: DE)

Bisacodyl (Rec.INN)

L: **Bisacodylum**
I: **Bisacodil**
D: **Bisacodyl**
F: **Bisacodyle**
S: **Bisacodilo**

Laxative, cathartic

ATC: A06AB02,A06AG02
CAS-Nr.: 0000603-50-9 C_{22}-H_{19}-N-O_4
M_r 361.404

Phenol, 4,4'-(2-pyridinylmethylene)bis-, diacetate (ester)

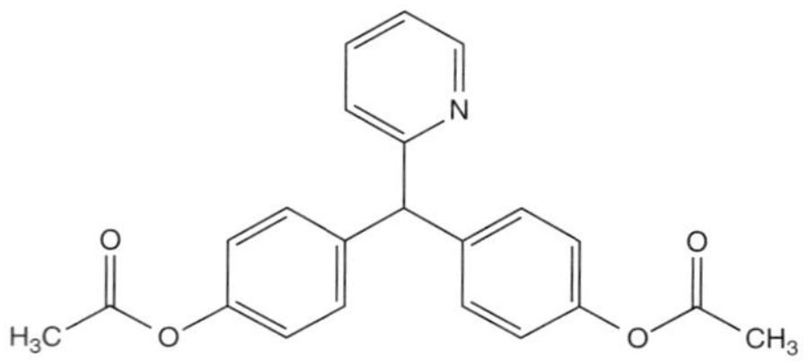

OS: *Bisacodyl [DCF, BAN, USAN]*
OS: *Bisacodil [DCIT]*
IS: *Spirolax*
IS: *La 96 a*
PH: Bisacodyl [Ph. Eur. 5, JP XIV, USP 30]
PH: Bisacodylum [Ph. Eur. 5]
PH: Bisacodyle [Ph. Eur. 5]

Agaroletten® (Pfizer Consumer Healthcare: DE)
Alaxa® (Angelini: IT)
Alophen® (Numark: US)
Alsylax® (Boehringer Ingelheim: CL)
Anulax® (ECU: EC)
Apo-Bisacodyl® (Apotex: CA, SG, VN)
Atzirut® (CTS: IL)
Axea Lax® (Axea: DE)
Bekunis Bisacodyl® (Merz: CH)
Bekunis Bisacodyl® (roha: DE)
Bekunis Bisacodyl® (Roha: NL)
Bicolax® (Armoxindo: ID)
Bicolax® (Europharm: RO)
Bisac-Evac® (G & W: US)
Bisacodil® (Terapia: RO)
Bisacodyl CF® (Centrafarm: NL)
Bisacodyl EG® (Eurogenerics: BE)
Bisacodyl Gf® (Genfarma: NL)
Bisacodyl Journeyline® (Marel: NL)

Bisacodyl Katwijk® (Katwijk: NL)
Bisacodyl Kring® (Kring: NL)
Bisacodyl PCH® (Pharmachemie: NL)
Bisacodyl Samenwerkende Apothekers® (Samenwerkende Apothekers: NL)
Bisacodyl Sandoz® (Sandoz: NL)
Bisacodyl Suppositories® (Petrus: AU)
Bisacodyl Teva® (Teva: BE)
Bisacodyl Uniserts® (Upsher-Smith: US)
Bisacodyl Yung Shin® (Yung Shin: SG)
Bisacodyl-Akri® (Akrihin: RU)
Bisacodyl-Hemofarm® (Hemofarm: RU)
Bisacodyl-K® (Krka: CZ)
Bisacodyl-Nizpharm® (Nizhpharm: RU)
Bisacodyl® (Actavis: RU)
Bisacodyl® (GlaxoSmithKline: PL, RU)
Bisacodyl® (ICN: PL)
Bisacodyl® (Krka: CZ)
Bisacodyl® (Petrus: AU)
Bisacodyl® (Remedica: CY)
Bisacodyl® (Rompharm: RU)
Bisakol® (Yeni: TR)
Bisalax® (Actavis: GE)
Bisalax® (Aspen: AU)
Bisalax® (Balkanpharma: BG)
Bisalax® (Pharbita: NL)
Bisalax® (Sopharma: BG)
Bisaphar® (Unicophar: BE)
Bisco-Zitron® (Biscova: DE)
Carter's Little Pills® (Carter: US)
Carters® (Church & Dwight: CA)
Carters® (Therabel: BE, LU)
Confetto Falqui C.M.® (Falqui: IT)
Conlax® (Continental-Pharm: TH)
Contalax® (Fischer: IL)
Contalax® (Omega: FR)
Correctol® (Schering-Plough: US)
Demolaxin® (Vifor: CH)
Drix® (Hermes: DE)
Dulco Laxo® (Boehringer Ingelheim: ES)
Dulco Laxo® (Gervasi: ES)
Dulco-Lax® (Boehringer Ingelheim: GB, IE)
Dulcolax Bisacodyl® (Boehringer Ingelheim: BE, CH, LU)
Dulcolax Lyfjaver® (Lyfjaver: IS)
Dulcolax® (Boehringer Ingelheim: AE, AG, AN, AN, AR, AT, AW, BA, BB, BE, BG, BH, BM, BR, BS, CA, CH, CO, CY, DE, DK, EG, FR, GB, GD, GY, HK, HR, HT, ID, IE, IQ, IS, IT, JM, JO, KE, KW, KY, LB, LC, LK, LU, LY, MT, MX, MY, NL, NO, NZ, OM, PE, PH, PT, QA, RO, RU, SA, SD, SE, SG, SI, TH, TT, VC, YE, ZA)
Dulcolax® (German Remedies: IN)
Dulcolax® (Novartis: US)
Dulcolax® (Zdravlje: RS)
Duralax® (Opsonin: BD)
Durolax® (Boehringer Ingelheim: AU)
Emulax® (British Dispensary: TH)
Feen-A-Mint® (Schering-Plough: US)
Fenolax® (ICN: BG)
Fenolax® (Polfa: CZ)
Fleet Bisacodyl® (Fleet: AU, US)
Fleet Laxative Preparations® (Fleet: AU)
Fleet Laxative® (Baxter: NZ)
Florisan N® (Boehringer Ingelheim: DE)
Freshen Bisacodyl Laxative® (Al Pharm: ZA)
Gencolax® (GDH: TH)
Gentlax® (Purdue Pharma: CA)
Hemolax® (Hemopharm: DE)
Henafurine® (Delattre: BE)
Julax® (Shreya: IN)
Kadolax® (BL Hua: TH)
Laxacod® (Galenium: ID)
Laxadin® (Teva: IL)
Laxadyl® (APM: AE, BG, BH, IQ, KW, LB, LY, NG, OM, QA, SA, SD, SY, TN, YE)
Laxagetten® (CT: DE)
Laxamag® (Magistra: RO)
Laxamex® (Konimex: ID)
Laxamin® (Temis-Lostalo: AR)
Laxanin® (Schwarzhaupt: DE)
Laxans-ratiopharm® (ratiopharm: DE, LU)
Laxatol® (Sicomed: RO)
Laxbene® (Merckle: DE)
Laxbene® (Ratiopharm: AT)
Laxcodyl® (Pharmasant: TH)
Laxeerdragees® (Leidapharm: NL)
Laxeertabletten Bisacodyl® (Dynadro: NL)
Laxeertabletten Bisacodyl® (Etos: NL)
Laxeertabletten Bisacodyl® (Healthypharm: NL)
Laxeertabletten Bisacodyl® (SDG: NL)
Laxitab® (Ranbaxy: TH)
Laxysat Bürger® (Ysatfabrik: DE)
Lün-Lax® (Lünpharma: DE)
Marienbader Pillen N® (Riemser: DE)
Medibudget Abführdragées® (Medibudget: CH)
Mediolax® (Medice: DE)
Megalax® (Al Pharm: ZA)
Melaxan® (Mecosin: ID)
Modaton® (Montpellier: AR)
Moderlax® (Atral: PT)
Mucinum® (Pharmethic: BE)
Muxol® (Vifor: CH)
Normalene® (Montefarmaco OTC: IT)
Nosik-Lax® (Omega: BE)
Nourilax® (Chefaro: NL)
Novolax® (Krka: BA, SI)
Panlax® (Hemofarm: RS)
Perilax® (Nordic Drugs: DK)
Prepacol® (Codali: BE, LU)
Prepacol® (Guerbet: AT, DE, FR)
Prontolax® (Streuli: CH)
Purgo-Pil® (Qualiphar: BE, LU)
Puritone Bisacodyl Laxative® (Al Pharm: ZA)
Pyrilax® (Berlin-Chemie: BG, CZ, DE)
ratio-Bisacodyl® (Ratiopharm: CA)
Rytmil® (Richardson-Vicks: US)
Satolax-10® (Sato: JP)
Sekolaks® (Sanli: TR)
Solaxtabs® (Sophien: DE)
SPMC Bisacodyl® (SPMC: LK)
Stadalax® (Stada: CZ, DE, HU, RO)
Stixenil® (Union Health: IT)
Stolax® (Sanbe: ID)
Tavolax® (Vifor: CH)
Tempo-Lax® (Hommel: DE, LU)
tempolax® (Hommel: DE)
Tirgon® (McNeil: DE)
Toilax® (Multipharma: NL)
Toilax® (Orion: AE, BH, DK, EG, FI, IE, IS, JO, KW, LB, NO, OM, QA, SE, YE)

Toilax® (Sandoz: NL)
Trekpleister Laxeerdragees® (Marel: NL)
Vacolax® (Atlantic: TH)
Verecolene C.M.® (GlaxoSmithKline VH: IT)
Vinco® (OTW: DE)

Bisbentiamine (Rec.INN)

L: Bisbentiaminum
I: Bisbentiamina
D: Bisbentiamin
F: Bisbentiamine
S: Bisbentiamina

Vitamin B_1

CAS-Nr.: 0002667-89-2 C_{38}-H_{42}-N_8-O_6-S_2
M_r 770.954

Formamide, N,N'-[dithiobis[2-[2-(benzoyloxy)ethyl]-1-methyl-2,1-ethenediyl]]bis[N-[(4-amino-2-methyl-5-pyrimidinyl)methyl]-

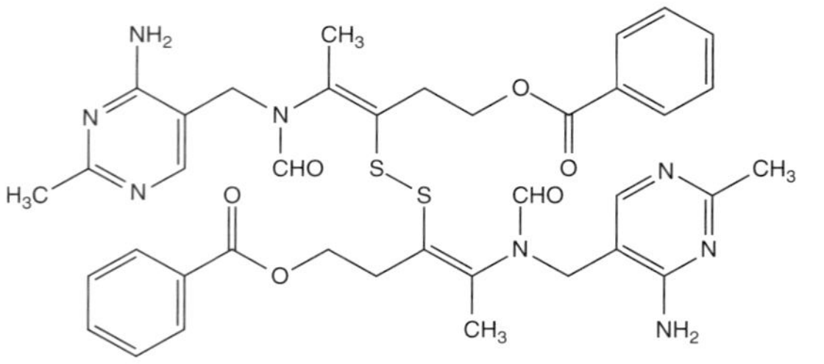

OS: *Bisbentiamine [JAN, USAN]*
IS: *Benzoylthiamine disulfide*
IS: *BTD*

Beston® (Tanabe: ID, JP)

Bismuth Subgallate (USAN)

L: Bismuthi subgallas
I: Bismuto gallato basico
D: Basisches Bismutgallat
F: Bismuth (sous-gallate de)

Antiseptic
Desinfectant

CAS-Nr.: 0000099-26-3 C_7-H_5-Bi-O_7
M_r 394.097

1,3,2-Benzodioxabismole-5-carboxylic acid, 2,7-dihydroxy-

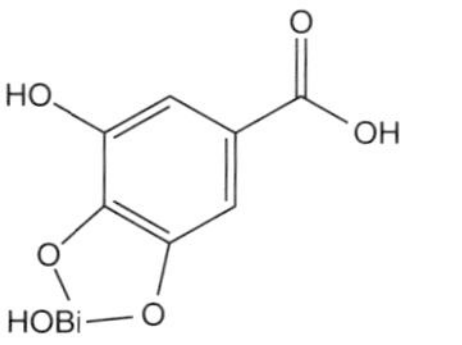

OS: *Bismuth Subgallate [USAN, JAN]*
IS: *B.S.G.*
IS: *Basic Bismuth Gallate*
IS: *Derbinolum*
IS: *Wismutgallathydroxid*
IS: *Wismutgallat, basisches (ASK)*
PH: Bismutgallat, Basisches [Ph. Eur. 5]
PH: Bismuth (sous-gallate de) [Ph. Eur. 5]
PH: Bismuth Subgallate [Ph. Eur. 5, JP XIV, USP 30]
PH: Bismuthi subgallas [Ph. Eur. 5]

Anusol® (Pfizer: IE)
Dermatol® (Aroma: TR)
Dermatol® (Merkez: TR)
Dermatol® (Oro: TR)
Dermatol® (Sifa: TR)
Rowatanal® (Rowa: IE)

Bismuth Subnitrate (Ph. Eur.)

L: Bismuthi subnitras ponderosum
D: Bismutnitrat, Schweres, basisches
F: Bismuth (sous nitrate de) lourd

Antidiarrhoeal agent
Dermatological agent
Treatment of gastric ulcera

ATC: A02BX12
CAS-Nr.: 0001304-85-4

$Bi_5O(OH)_9(NO_3)_4$

OS: *Bismuth Subnitrate [USAN]*
IS: *Nitrate basique de bismuth (PH6)*
IS: *Wismutsubnitrat*
PH: Bismuthi subnitras [Ph. Int. II]
PH: Bismuth Subnitrate [USP 30, JP XIV]
PH: Bismuthi subnitras ponderosum [Ph. Eur. 5]
PH: Bismutnitrat, Schweres, Basisches [Ph. Eur. 5]
PH: Bismuth (sous nitrate de) lourd [Ph. Eur. 5]
PH: Bismuth Subnitrate, Heavy [Ph. Eur. 5]

Angass® (Medice: DE)
Granions de Bismuth® (Granions: MC)
Orbeseal® [vet.] (Pfizer: FI)
Orbeseal® [vet.] (Pfizer Animal: DE)
Orbeseal® [vet.] (Pfizer Santé Animale: FR)
Teatseal® [vet.] (Pfizer Animal Health: NZ)

Bismuth Subsalicylate (USAN)

L: Bismuthi Subsalicylas
I: Bismuto salicilato basico
D: Bismutsalicylat
F: Bismuth (sous-salicylate de)

Antidiarrhoeal agent
Treatment of gastric ulcera

CAS-Nr.: 0014882-18-9 C_7-H_5-Bi-O_4
M_r 362.097

Bismuth, (2-hydroxybenzoato-O1,O2)oxo-

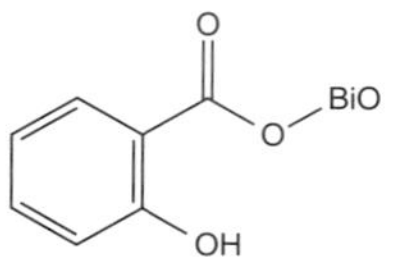

OS: *Bismuth Subsalicylate [USAN, JAN]*
IS: *Wismutsalicylat, basisches*
IS: *Wismutsubsalicylat*
PH: Bismuth (sous-salicylate de) [Ph. Eur. 5]
PH: Bismuthi Subsalicylas [Ph. Int. II, Ph. Eur. 5]
PH: Bismutsalicylat, basisches [Ph. Eur. 5]

PH: Bismuth Subsalicylate [USP 30, Ph. Eur. 5]

Amebismo® (O.P.V.: VN)
Bisbacter® (Lafrancol: CO)
Bismukote Paste® [vet.] (Vedco: US)
Bismusal Suspension® [vet.] (RXV: US)
Bismusol® [vet.] (First Priority: US)
Corrective Suspension® [vet.] (Phoenix: US)
Equi-Phar Bismukote Paste® [vet.] (Vedco: US)
Gastro-Bismol® (Farmaline: TH)
Gastro-Cote® [vet.] (Butler: US)
Kalbeten® (Sam-On: IL)
PalaBIS® [vet.] (VRX: US)
Palapectate® [vet.] (VRX: US)
Pepto-Bismol® (Procter & Gamble: US)
Pepto-Zil® (DM: BR)
Scantoma® (Tempo: ID)
Sesamoil® (Gezzi: AR)
Subsalicilato de Bismuto® (LCG: PE)
Trigastronol® (Escaned: ES)

Bismuthate, Tripotassium Dicitrato-

D: Trikalium-bismuth(III)-dicitrat

⚕ Antacid
⚕ Treatment of gastric ulcera

ATC: A02BX05
CAS-Nr.: 0057644-54-9 C_{12}-H_{10}-Bi-K_3-O_{14}
M_r 704.492

1,2,3-Propanetricarboxylic acid, 2-hydroxy-, bismuth($^{3+}$) potassium salt (2:1:3)

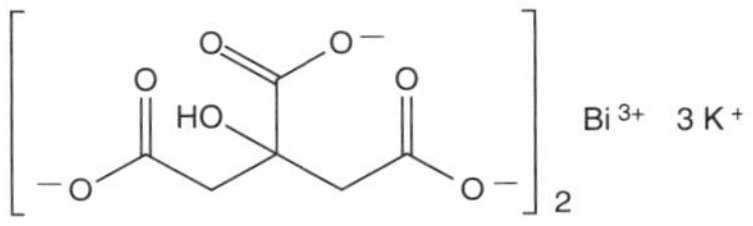

IS: *Bismuth subcitrate*

Bicit HP® (Hemofarm: RS)
Bismucar® (Refasa: PE)
Bismutol® (Medco: PE)
Colipax® (Markos: PE)
De-Noltab® (Astellas: GB, IE)
De-Nol® (Astellas: IT, RO, RU)
De-Nol® (Brocades: SG)
De-Nol® (CSL: NZ)
De-Nol® (Eczacibasi: TR)
De-Nol® (Gerolymatos: GR)
De-Nol® (PN Gerolymatos: TH)
De-Nol® (Yamanouchi: BE, BG, CZ, ID, NL)
Denol® (Yamanouchi: ZA)
Gastro-Pack® (Farmindustria: PE)
Gastrodenol® (Astellas: ES)
Helibix® (Silesia: PE)
Lesux® (Zdravlje: RS)
Pepsitol® (Idem Plus: PE)
Peptulan® (Farmasa: BR)
Sucrato® (Armstrong: MX)
Trymo® (Raptakos Brett: IN)

Bisoprolol (Rec.INN)

L: Bisoprololum
I: Bisoprololo
D: Bisoprolol
F: Bisoprolol
S: Bisoprolol

⚕ Antiarrhythmic agent
⚕ β_1-Adrenergic blocking agent

ATC: C07AB07
CAS-Nr.: 0066722-44-9 C_{18}-H_{31}-N-O_4
M_r 325.456

2-Propanol, 1-[4-[[2-(1-methylethoxy)ethoxy]methyl]phenoxy]-3-[(1-methylethyl)amino]-

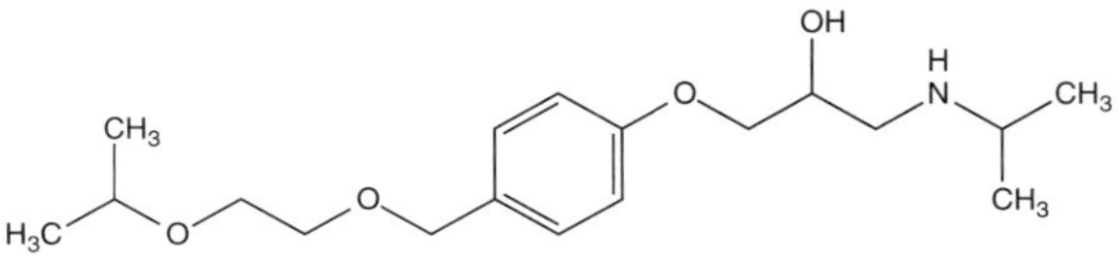

OS: *Bisoprolol [BAN, DCF, USAN]*
IS: *RS 35887-00-10-3 (Syntex, USA)*
IS: *EMD 33512 (Lederle, USA)*

Adco-Bisocor® (Al Pharm: ZA)
Biso-Hennig® (Hennig: DE)
Byol® (Lek: BA, HR, RO, RS, SI)
Corocalm® (TAD: DE)
Emconcor® (Merck: ES)
Emcor® (GMP: GE)

– fumarate:

CAS-Nr.: 0104344-23-2
OS: *Bisoprolol Fumarate BANM, USAN*
IS: *EMD 33512*
IS: *Bisoprolol fumarat (2:1)*
IS: *CL 297939 (Lederle, USA)*
PH: Bisoprolol Fumarate USP 30

Apo-Bisoprolol® (Apotex: CA)
Bicor® (Alphapharm: AU)
Bilol® (Sandoz: CH)
Bioglan Bisoprololfumaraat® (Niche: NL)
Bipranix® (Ashbourne: GB)
Biprol® (Makis Pharma: RU)
Biso AbZ® (AbZ: DE)
Biso Lich® (Winthrop: DE)
Biso-Puren® (Alpharma: DE)
BisoAPS® (APS: DE)
Bisobeta® (betapharm: DE)
Bisoblock® (Keri: NL)
Bisoblock® (Keri Pharma: SI)
Bisoblock® (Kéri: HU)
Bisobloc® (Azupharma: DE)
Bisocard® (Hexal: PL)
Bisocard® (ICN: CZ)
Bisocard® (Valeant: HU, RU)
Bisocor® (Actavis: DK)
Bisocor® (Kwizda: AT)
Bisocor® (Niche: IE)
Bisogamma® (Wörwag Pharma: CZ, DE, HU, RO, RU)
Bisogen® (Merck: HU)
Bisohexal® (Hexal: DE, PL, ZA)

Bisolol® (Rafa: IL)
Bisomerck® (Merck: FI, SE)
Bisomerck® (Merck dura: DE)
Bisomerck® (Merck KGaA: RO)
Bisopine® (Pinewood: IE)
Bisoprolol 1 A Pharma® (1A Pharma: DE)
Bisoprolol AbZ® (AbZ: DE)
Bisoprolol Actavis® (Actavis: FI)
Bisoprolol Alpharma® (Alpharma: DK, SE)
Bisoprolol AL® (Aliud: DE)
Bisoprolol Arcana® (Arcana: AT)
Bisoprolol AWD® (AWD.pharma: DE)
Bisoprolol Basics® (Basics: DE)
Bisoprolol Bexal® (Bexal: PT)
Bisoprolol Biochemie® (Novartis: GR)
Bisoprolol Biogaran® (Biogaran: FR)
Bisoprolol CF® (Centrafarm: NL)
Bisoprolol Dexa® (Dexa Medica: ID)
Bisoprolol dura® (Merck dura: DE)
Bisoprolol Edigen® (Edigen: ES)
Bisoprolol EG® (Eurogenerics: BE, LU)
Bisoprolol Farmasierra® (Farmasierra: ES)
Bisoprolol Fumarate® (Alpharma: GB)
Bisoprolol Fumarate® (Eon: US)
Bisoprolol Fumarate® (Generics: GB)
Bisoprolol Fumarate® (Mutual: US)
Bisoprolol Fumarate® (Teva: GB)
Bisoprolol G Gam® (G Gam: FR)
Bisoprolol Gf® (Genfarma: NL)
Bisoprolol Hemifumarate-Genthon® (Genthon: LU)
Bisoprolol Heumann® (Heumann: DE)
Bisoprolol Hexal® (Sandoz: HU)
Bisoprolol Merck® (Merck: AT, ES)
Bisoprolol Merck® (Merck Generics: NL)
Bisoprolol Merck® (Merck Génériques: FR)
Bisoprolol Ratiopharm® (Ratiopharm: AT, BE, CZ)
Bisoprolol Ratiopharm® (ratiopharm: DE)
Bisoprolol Ratiopharm® (Ratiopharm: ES, FI)
Bisoprolol Ratiopharm® (ratiopharm: HU)
Bisoprolol Ratiopharm® (Ratiopharm: SE)
Bisoprolol RPG® (RPG: FR)
Bisoprolol Sandoz® (Sandoz: AT, BE, DE, ES, FI, FR, NL, PT, SE)
Bisoprolol Stada® (Stada: DK, SE)
Bisoprolol Stada® (Stadapharm: DE)
Bisoprolol Sumol® (Sumol: ES)
Bisoprolol TAD® (TAD: DE)
Bisoprolol Teva® (Teva: BE, DE)
Bisoprolol VEM® (Medis: DE)
Bisoprolol Zydus® (Zydus: FR)
Bisoprolol-corax® (corax: DE)
Bisoprolol-CT® (CT: DE)
Bisoprolol-fumaraat Alpharma® (Alpharma: NL)
Bisoprolol-Sandoz® (Sandoz: LU)
BisoprololfumaraatA® (Apothecon: NL)
BisoprololfumaraatPCH® (Pharmachemie: NL)
Bisoprololfumaraat® (Genthon: NL)
Bisoprololfumaraat® (Hexal: NL)
Bisoprololfumaraat® (Medcor: NL)
Bisoprololfumaraat® (Niche: NL)
Bisoprololfumaraat® (Ranbaxy: NL)
Bisoprololfumarat Katwijk® (Katwijk: NL)
Bisoprololi Ennapharma® (Ennapharma: FI)
Bisoprolol® (Eon: US)
Bisoprolol® (Jugoremedija: RS)
Bisoprolol® (Mutual: US)
Bisoprolol® (Sandoz: AT)
Bisopromerck® (Merck: HR, PL)
Bisoprotop® (Topgen: BE)
Bisoratio® (ratiopharm: PL)
Bisostad® (Stada: AT)
Cardensiel® (Merck Lipha Santé: FR)
Cardicor® (Bayer: IT)
Cardicor® (Merck: DK, GB, IE, NL)
Cardiloc® (Unipharm: IL)
Cardiocor® (Wyeth: FR)
Concor Cor® (Merck: AT, CZ, HR, LU)
Concor Cor® (Merck KGaA: RO)
Concor Cor® (Nycomed: GE, RU)
Concor® (Bracco: IT)
Concor® (Merck: AR, AT, BR, CH, CL, CO, CR, CZ, DE, DO, EC, GT, HK, HN, HR, HU, ID, IN, LU, MX, MY, NI, PA, PE, PL, SG, SI, SV, TH, TR)
Concor® (Merck Generics: ZA)
Concor® (Merck KGaA: CN, IL, RO, RS)
Concor® (Nycomed: GE, RU)
Congescor® (Merck Pharma: IT)
Corbis® (Roemmers: AR)
Cordalin® (AWD.pharma: DE)
Corectin® (Biofarm: PL)
Corentel® [compr.] (Roemmers: PE)
Coronal® (Zentiva: RU)
Coviogal® (Teva: HU)
Detensiel® (Merck Lipha Santé: FR)
Docbisopro® (Docpharma: BE, LU)
Emcolol® (Gerard: IE)
Emconcor® (Merck: BE, DK, ES, FI, NO, SE)
Emcor DECO® (Euro: NL)
Emcor DECO® (Merck: NL)
Emcor® (Merck: GB, IE, NL)
Emoncor® (Merck: ES)
Euradal® (Lacer: ES)
Fondril® (Procter & Gamble: DE)
Fumarato de Bisoprolol® (Hexal: BR)
Isoten® (Wyeth: BE)
Jutabis® (Juta: DE)
Jutabis® (Q-Pharm: DE)
Kordobis® (Pliva: SI)
Lostaprolol® (Temis-Lostalo: AR)
Maintate® (Tanabe: ID, JP)
Merck-Bisoprolol® (Merck: BE)
Monocor® (Biovail: CA)
Monocor® (Wyeth: GB)
MTW-Bisoprolol® (MTW: DE)
Novo-Bisoprolol® (Novopharm: CA)
Orloc® (Orion: FI)
Pactens® (Galenica: GR)
Pluscor® (Bayer: IT)
Rivacor® (Lannacher: AT)
Rivocor® (Pro.Med: CZ)
Sandoz Bisoprolol® (Sandoz: CA)
Sequacor® (Bracco: IT)
Soprol® (Helsinn: IE)
Zebeta® (Barr: US)

Bisoxatin (Rec.INN)

L: Bisoxatinum
D: Bisoxatin
F: Bisoxatine
S: Bisoxatina

⚕ Laxative

ATC: A06AB09
CAS-Nr.: 0017692-24-9 C_{20}-H_{15}-N-O_4
M_r 333.35

2H-1,4-Benzoxazin-3(4H)-one, 2,2-bis(4-hydroxyphenyl)-

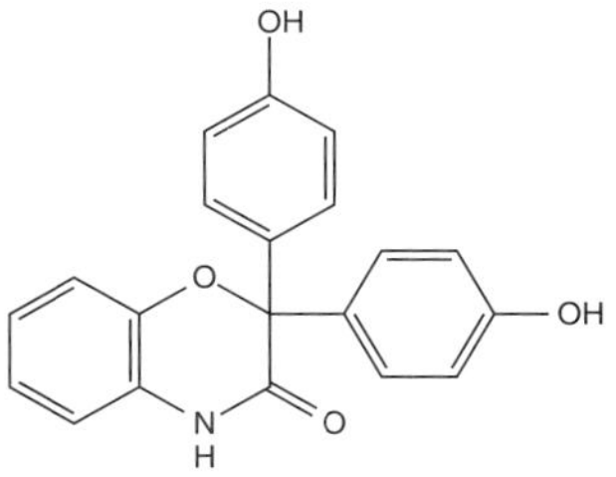

OS: *Bisoxatin [BAN, JAN]*
IS: *La 271 a*

– diacetate:

CAS-Nr.: 0014008-48-1
OS: *Bisoxatin Acetate USAN*
IS: *Wy 8138 (Wyeth, USA)*

Wylaxine® (Omega: BE, LU)

Bisulepin

D: Bisulepin

⚕ Antiallergic agent
⚕ Histamine, H_1-receptor antagonist

CAS-Nr.: 0005802-61-9 C_{17}-H_{19}-N-S_2
M_r 301.469

1-Propanamine, N,N-dimethyl-3-thieno[2,3-c][2]benzothiepin-4(9H)-ylidene-

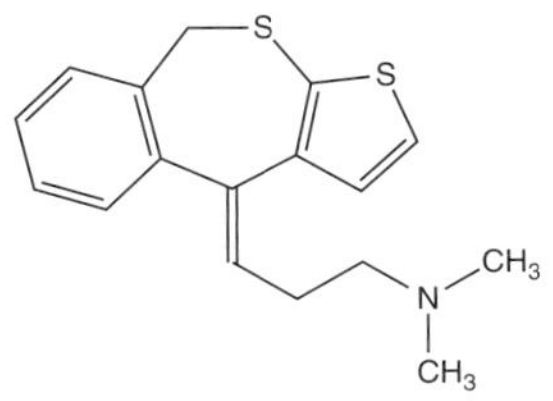

– hydrochloride:

CAS-Nr.: 0001154-12-7
PH: Bisulepinium chloratum PhBs IV

Dithiaden® (Leciva: CZ)

Bitolterol (Rec.INN)

L: Bitolterolum
I: Bitolterolo
D: Bitolterol
F: Bitoltérol
S: Bitolterol

⚕ Bronchodilator

ATC: R03AC17
CAS-Nr.: 0030392-40-6 C_{28}-H_{31}-N-O_5
M_r 461.566

Benzoic acid, 4-methyl-, 4-[2-[(1,1-dimethylethyl)amino]-1-hydroxyethyl]-1,2-phenylene ester

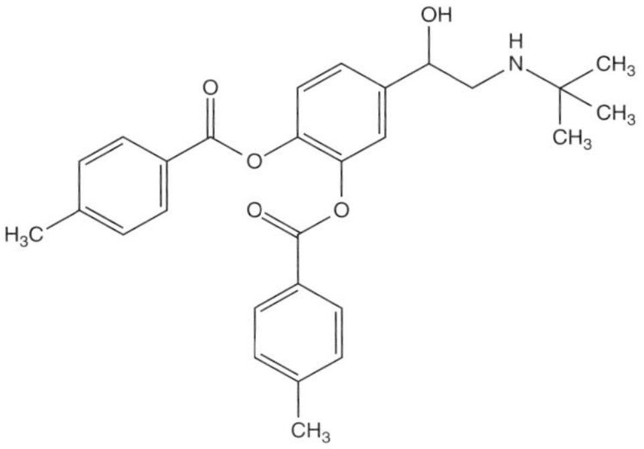

OS: *Bitolterol [BAN, DCF]*
IS: *S 1540 (Shionogi, Japan)*
IS: *Win 32784 (Sterling-Winthrop, USA)*

– mesilate:

CAS-Nr.: 0030392-41-7
OS: *Bitolterol Mesylate USAN*
OS: *Bitolterol Mesilate BANM*
IS: *Bitolterol methanesulfonate*
IS: *Win 32784 (Sterling-Winthrop, USA)*

Tornalate® (Dura/ Elan Pharmaceuticals: US)

Bivalirudin (Rec.INN)

L: Bivalirudinum
D: Bivalirudin
F: Bivalirudine
S: Bivalirudina

⚕ Anticoagulant, thrombolytic agent

ATC: B01AE06
ATCvet: QB01AE06
CAS-Nr.: 0128270-60-0 C_{98}-H_{138}-N_{24}-O_{33}
M_r 2180.3

L-Leucine, D-phenylalanyl-L-prolyl-L-arginyl-L-prolylglycylglycylglycylglycyl-L-asparaginylglycyl-L-alpha-aspartyl-L-phenylalanyl-L-alpha-glutamyl-L-alpha-glutamyl-L-isoleucyl-L-prolyl-L-alpha-glutamyl-L-alpha-glutamyl-L-tyrosyl- [USAN]

D-Phenylalanyl-L-prolyl-L-arginyl-L-prolylglycylglycylglycylglycyl-L-asparaginylglycyl-L-calpha-aspartyl-L-phenylalanyl-L-alpha-glutamyl-L-alpha-glutamyl-L-isoleucyl-L-prolyl-L-alpha-glutamyl-L-alpha-glutamyl-L-tyrosyl-L-leucine [WHO]

H-D-Phe-Pro-Arg-Pro-Gly-Gly-Gly-Gly-Asn-Gly-Asp-Phe-Glu-Glu-Ile-Pro-Glu-Glu-Tyr-Leu-OH [WHO]

OS: *Bivalirudin [BAN, USAN]*
IS: *BG 8967 (Biogen)*
IS: *Hirulog (Biogen, US)*

Angiomax® (Andromaco: CL)
Angiomax® (Bagó: AR)
Angiomax® (CSL: AU, NZ)
Angiomax® (Oryx: CA)
Angiomax® (The Medicines Company: IL, US)
Angiox® (Ferrer: ES)
Angiox® (Leiras: FI)
Angiox® (Nycomed: DE, FR, GB, GE, IE, IT, SE)
Angiox® (The Medicines Company: AT, DK, HU, IS, LU, NL, NO, PL)

Bleomycin (Prop.INN)

L: Bleomycinum
I: Bleomicina
D: Bleomycin
F: Bléomycine
S: Bleomicina

Antineoplastic, antibiotic

ATC: L01DC01
CAS-Nr.: 0011056-06-7

A mixture of glycopeptide antibiotics isolated from a strain of *Streptomyces verticillus*

OS: *Bleomycin [BAN]*
OS: *Bléomycine [DCF]*
IS: *NSC 125066*

Bileco® [inj.] (Elvetium: PE)
Blenamax® (Pharmachemie: ID, PE)
Bleocin® [inj.] (Khandelwal: IN)
Bleocris® (LKM: AR)
Bleoloem® (Lemery: LK)
Bleomicina Dosa® (Dosa: AR)
Bleomicina® (Bestpharma: CL)
Bleomicina® (Kampar: CL)
Bleomin® (Teva: BE)
Bleomycin Hexal® (Hexal: DE)
Bleomycin PCH® (Pharmachemie: NL)
Blexit® (Chile: CL)
Cytorich® (Richmond: AR, PE)

– hydrochloride:

CAS-Nr.: 0067763-87-5
OS: *Bleomycin Hydrochloride JAN*
PH: Bleomycin Hydrochloride JP XIV, Ph. Int. 4
PH: Bleomycini hydrochloridum Ph. Int. 4

Bleocin® (Kalbe: ID)
Bleocin® (Nippon Kayaku: CZ, HU, JP, RS)
Bleocin® (Nippon Shinyaku: TH)
Bleocin® (Onko-Koçsel: TR)
Bleocin® (Vianex: GR)
Bleo® (Nippon Kayaku: JP)
Blocamicina® (Gador: AR)
Nikableocina® (Pfizer: CL)

– sulfate:

CAS-Nr.: 0009041-93-4
OS: *Bleomycin Sulfate JAN, USAN*
OS: *Bleomycin Sulphate BANM*
PH: Bleomycini sulfas Ph. Eur. 5, Ph. Int. 4
PH: Bleomycin Sulfate JP XIV, Ph. Int. 4, USP 30
PH: Bleomycinsulfat Ph. Eur. 5
PH: Bléomycine (sulfat de) Ph. Eur. 5
PH: Bleomycin Sulphate Ph. Eur. 5

Bileco® (Ivax: AR)
Blenamax® (Pharmachemie: TH)
Blenamax® (Shinnick: AU)
Blenoxane® (Bristol-Myers Squibb: AU, BR, CA, NZ, PH, US, ZA)
Bleo S® (Nippon Kayaku: JP)
Bleo S® (Nippon Shinyaku: TH)
BLEO-cell® (cell pharm: DE)
Bleo-Kyowa® (Kyowa: GB)
Bleocin® (Krka: SI)
Bleocin® (Nippon Kayaku: PL, RO)
Bleolem® (Key: ZA)
Bleolem® (Lemery: MX, PE, TH)
Bleomax® (Cryopharma: MX)
Bleomedac® (Medac: DE)
Bleomicina Almirall® (Prasfarma: ES)
Bleomicina Asofarma® (Raffo: AR)
Bleomicina Crinos® (Crinos: IT)
Bleomicina Nippon Kayaku® (Euro Nippon Kayaku-D: IT)
Bleomicina® (Almirall: ES)
Bleomicina® (Aventis: IT)
Bleomicina® (Zodiac: BR)
Bleomycin Baxter® (Baxter: AT, CH, DK, IS, NZ, SE)
Bleomycin Baxter® (Baxter Oncology: NO)
Bleomycin Cancernova® (Cancernova: DE)
Bleomycin Sulfate® (Bedford: US)
Bleomycin Sulfate® (Mayne: AU, CA, HK, MY, NZ, SG, US)
Bleomycin Sulfate® (Sicor: US)
Bleomycin-Teva® (Teva: HU, IL)
Bleomycine® (Aventis: LU)
Bleomycine® (Sanofi-Aventis: BE)
Bleomycin® (Baxter: FI, IL)
Bleomycin® (Refasa: PE)
Bléomycine Bellon® (Sanofi-Aventis: FR)
Bonar® (Biosintética: BR)
Oncobleocin® (Biotoscana: CL)
Tecnomicina® (Zodiac: BR)

Boldenone (Rec.INN)

L: Boldenonum
D: Boldenon
F: Boldénone
S: Boldenona

Anabolic

Androgen

CAS-Nr.: 0000846-48-0 C_{19}-H_{26}-O_2
M_r 286.417

Androsta-1,4-dien-3-one, 17-hydroxy-, (17β)-

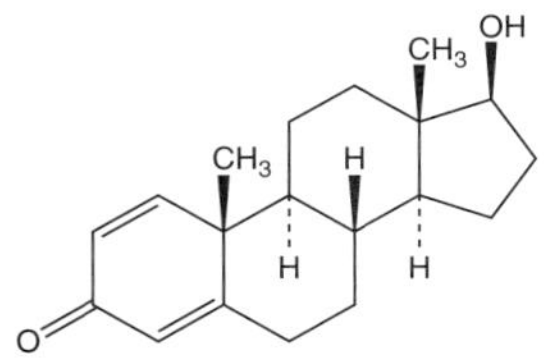

OS: *Boldenone [BAN]*

- **undecylenate:**

CAS-Nr.: 0013103-34-9
OS: *Boldenone Undecenoate BANM*
OS: *Boldenone Undecylenate USAN*
IS: *Ba 29038*

Boldebal-H® [vet.] (Ilium Veterinary Products: AU)
Boldenone® [vet.] (Jurox: AU)
Equipoise® [vet.] (Fort Dodge: US)
Sybolin® [vet.] (Ranvet: AU)

Bopindolol (Rec.INN)

L: Bopindololum
D: Bopindolol
F: Bopindolol
S: Bopindolol

Antihypertensive agent
β-Adrenergic blocking agent

ATC: C07AA17
CAS-Nr.: 0062658-63-3 C_{23}-H_{28}-N_2-O_3
M_r 380.497

2-Propanol, 1-[(1,1-dimethylethyl)amino]-3-[(2-methyl-1H-indol-4-yl)oxy]-, benzoate (ester), (±)-

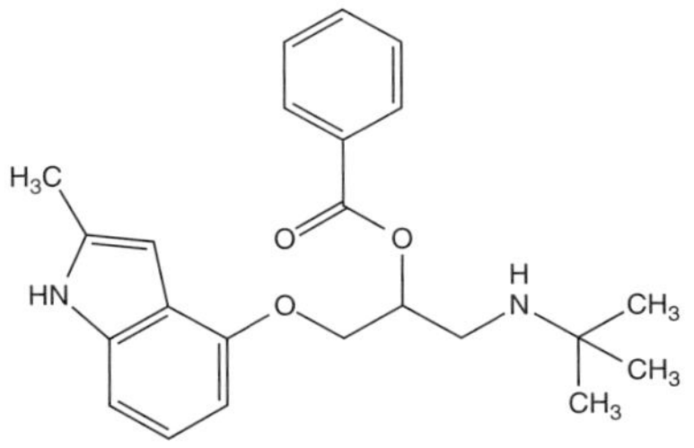

OS: *Bopindolol [USAN]*
IS: *LT 31-200*

Sandonorm® (Novartis: ET, GH, KE, LY, MT, NG, SD, TZ, ZW)

- **malonate:**

CAS-Nr.: 0082857-38-3
OS: *Bopindolol Malonate JAN*

Sandonorm® (Egis: HU)
Sandonorm® (Novartis: AT, CH)
Sandonorm® (Zentiva: CZ)

Boric Acid (Ph.Eur)

L: Acidum Boricum
I: Acido Borico
D: Borsäure
F: Acide Borique

Antiseptic
Antibiotic
Desinfectant

ATC: S02AA03
CAS-Nr.: 0010043-35-3 B-H_3-O_3
M_r 61.83

Boric Acid

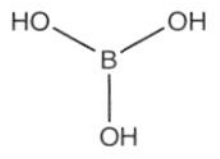

OS: *Boric Acid [JAN, USAN]*
IS: *E 284 (EU-Nummer)*
IS: *Orthoborsäure (ASK-S)*
PH: Borsäure [Ph. Eur. 5]
PH: Boric Acid [Ph. Eur. 5, USP 30]
PH: Acidum Boricum [Ph. Eur. 5]
PH: Acide Borique [Ph. Eur. 5]

Acido Borico® (AFOM: IT)
Acido Borico® (Alleanza: IT)
Acido Borico® (Dynacren: IT)
Acido Borico® (Farmacologico: IT)
Acido Borico® (Farve: IT)
Acido Borico® (Lachifarma: IT)
Acido Borico® (Marco Viti: IT)
Acido Borico® (New.Fa.dem.: IT)
Acido Borico® (Nova Argentia: IT)
Acido Borico® (Ramini: IT)
Acido Borico® (Sella: IT)
Acido Borico® (Zeta: IT)
Acidum Boricum® (Eubiotics: GE)
Borasol® (Prolab: PL)
Boric Acid Ointment® (Fougera: US)
Boric Acid® (Fougera: US)
Boric Acid® (PSM: NZ)
Boric Acid® (Vitamed: IL)
Masc Gemiderma® (Gemi: PL)
Otiborin® (Santen: FI)
Unguentum Acidi Borici® (Herbacos: CZ)
Unguentum® (Herbacos: CZ)

Bornaprine (Rec.INN)

L: Bornaprinum
I: Bornaprina
D: Bornaprin
F: Bornaprine
S: Bornaprina

Antiparkinsonian

ATC: N04AA11
CAS-Nr.: 0020448-86-6 C_{21}-H_{31}-N-O_2
M_r 329.489

Bicyclo[2.2.1]heptane-2-carboxylic acid, 2-phenyl-, 3-(diethylamino)propyl ester

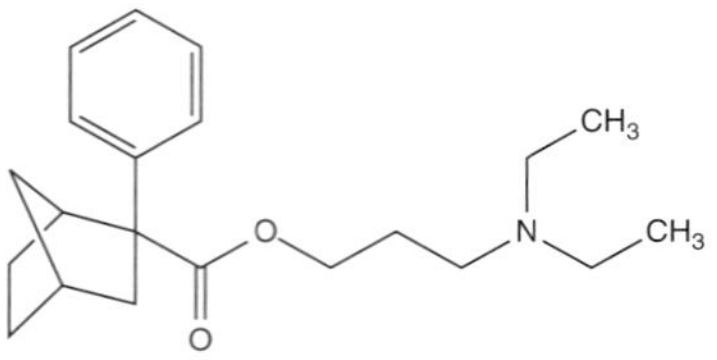

OS: *Bornaprine [BAN, USAN]*
IS: *Kr 399*

– hydrochloride:

CAS-Nr.: 0026908-91-8

Sormodren® (Abbott: AT, DE, TR)
Sormodren® (Ebewe: AT)
Sormodren® (Teofarma: IT)

Bortezomib (Prop.INN)

L: Bortezomibum
D: Bortezomib
F: Bortézomib
S: Bortezomib

Antineoplastic agent

ATC: L01XX32
ATCvet: QL01XX32
CAS-Nr.: 0179324-69-7 C_{19}-H_{25}-B-N_4-O_4
M_r 384.24

Boronic acid, [(1R)-3-methyl-1-[[(2S)-1-oxo-3-phenyl-2[(pyrazinylcarbonyl)amino]propyl]amino]butyl]- (USAN)

{(1R)-3-methyl-1-[(2S)-3-phenyl-2-(pyrazin-2-carboxamido)propanamido]butyl}boronic acid (WHO)

N-[(1S)-1-benzyl-2-{[(1R)-1-(dihydroxyboranyl)-3-methylbutyl]-amino}-2-oxoethyl]- pyrazinecarboxamid (IUPAC)

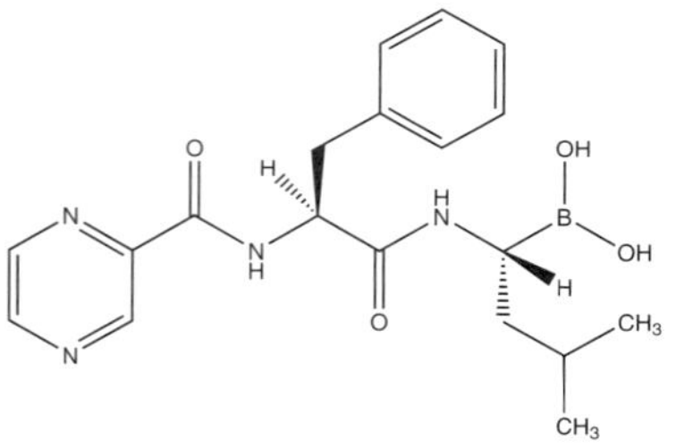

OS: *Bortezomib [USAN, BAN]*
IS: *PS-341*
IS: *LDP-341*
IS: *MLN-341*
IS: *NSC 681239*
IS: *MG 341*

Velcade® (Ben Venue: CN)
Velcade® (Janssen: AR, AT, BE, CA, CH, DE, DK, ES, FI, FR, GB, HK, HR, HU, IL, IS, IT, JP, LU, MX, NL, NO, PL, RO, RS, RU, SE, TH)
Velcade® (Janssen-Cilag: CL, TR, VN)
Velcade® (Millenium: CZ)
Velcade® (Millennium: US)

Bosentan (Rec.INN)

L: Bosentanum
I: Bosentano
D: Bosentan
F: Bosentan
S: Bosentán

Endothelin antagonist
Antihypertensive agent

ATC: C02K
CAS-Nr.: 0147536-97-8 C_{27}-H_{29}-N_5-O_6-S
M_r 551.63

p-tert-butyl-N-[6-(2-hydroxyethoxy)-5-(o-methoxyphenoxy)-2-(2-pyrimidinyl)-4-pyrimidinyl]benzenesulfonamide [WHO]

Benzenesulfonamide, 4-(1,1-dimethylethyl)-N-[6-(2-hydroxyethoxy)-5-(2-methoxyphenoxy)[2,2'-bipyrimidin]-4-yl] [USAN]

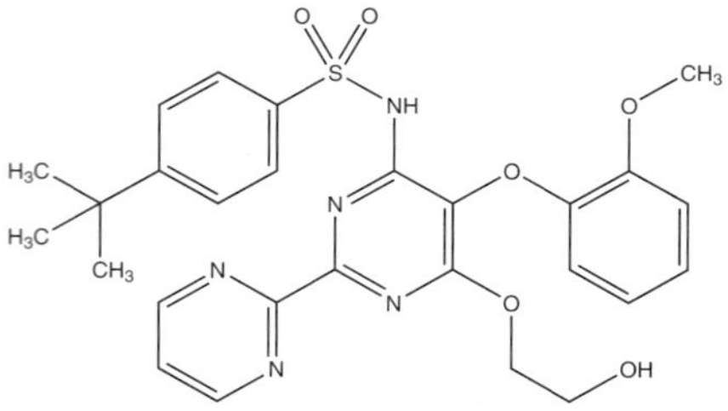

OS: *Bosentan [BAN, USAN]*
IS: *Ro 47-0203 (Roche, Switzerland)*

– monohydrate:

CAS-Nr.: 0157212-55-0
OS: *Bosentan USAN*
IS: *Ro 47-0203/029 (Roche, USA)*

Tracleer® (Actelion: AT, AU, CA, CH, CZ, DE, DK, ES, FR, GB, HU, IE, IL, IS, IT, LU, NL, NO, SE, SG, TR, US)
Tracleer® (Healthcare Logistics: NZ)
Tracleer® (Pharma Logistics: BE)
Tracleer® (Swedish Orphan: FI)

Botulinum A Toxin (Ph. Eur.)

L: Toxinum botulinicum typum A
D: Clostridium botulinum Toxin Typ A

Neuromuscular blocking agent

ATC: M03AX01
CAS-Nr.: 0093384-43-1

Neurotoxin produced by *Clostridium botulinum*
IS: *Botulinum Neurotoxin A*
IS: *Botulinum Toxin Type A*
IS: *Clostridium botulinum A Toxin*
IS: *Neurotoxin A Botulinum*
IS: *Oculinum*
IS: *Toxin Botulinum A*
PH: Botulinum toxin type A for injection [Ph. Eur. 5]
PH: Toxinum botulinicum typum A ad iniectabile [Ph. Eur. 5]

Botox® (Abdi Ibrahim: TR)
Botox® (Allergan: AR, AT, AU, BE, CA, CH, CL, CO, CR, CZ, DK, ES, FI, FR, GB, GR, GT, HK, HR, HU, IE, IL,

IS, LK, LU, MX, MY, NL, NO, NZ, PA, PL, RS, RU, SE, SG, SV, TH, US, ZA)
Botox® (Allergan Ph.-Eir: IT)
Botox® (Pharm-Allergan: DE)
Dysport® (Beaufour Ipsen: HR, HU, MY, RO, SG)
Dysport® (Biosintética: BR)
Dysport® (Gen: TR)
Dysport® (Ipsen: AT, BE, CZ, DE, DK, ES, FI, FR, GB, GR, HK, IE, IL, IS, IT, LU, NL, NO, PL, PT, RS, RU, SE, TH)
Dysport® (NZMS: NZ)
Dysport® (Pharmacia: AU)
Dysport® (PharmaSwiss: SI)
Prosigne® (Cristália: BR)
Vistabel® (Allergan: CH, DK, ES, FI, FR, GB, NO, SE)
Vistabel® (Pharm-Allergan: DE)
Vistabex® (Allergan: IT)
Xeomin® (Merz: DE)

Botulinum B Toxin

D: Clostridium botulinum Toxin Typ B

Neuromuscular blocking agent

ATC: M03AX01
CAS-Nr.: 0093384-44-2

Neurotoxin produced by *Clostridium botulinum*
IS: *AN 072*
IS: *BotB*
IS: *Botulismus Toxin Typ B*
IS: *Clostridium botulinum Toxin Typ B*
IS: *Toxin botulique B*
IS: *Botulinumtoxin B*
IS: *BoNTB*

Myobloc® (Elan: US)
Neurobloc® (Cephalon: GB, IE)
Neurobloc® (Elan: AT, DE, ES, IT)
Neurobloc® (Esteve: PT)
Neurobloc® (Solstice: LU, NL)
Neurobloc® (Zeneus: FR)

Botulism Antitoxin (USAN)

D: Botulismus Antitoxin
F: Antitoxine botulinique

Immunostimulant
OS: *Botulism Antitoxin [USAN]*
IS: *Botulism Immune Globulin IV (human)*
IS: *Immunoserum Botulinicum*
PH: Botulinum Antitoxin [Ph. Eur. 5]
PH: Botulism Antitoxin [USP 30]
PH: Botulinum Antitoxin [BP]

BabyBIG® [Inj. Infus.] (Department of Health: US)

Bovactant (BAN)

Drug acting on the respiratory system

An extract of bovine lung containing about 92% of phospholipids, 3.2% of cholesterol, 0.6% of surfactant-associated hydrophobic proteins and 0.4% of free fatty acid

OS: *Bovactant [BAN, USAN]*
IS: *Bovactans*
IS: *SF-R1 1*

Alveofact® (Boehringer Ingelheim: AT, BR, CZ, DE, LU, TR)
Alvofact® (Boehringer Ingelheim: LU, NL)

Bretylium Tosilate (Rec.INN)

L: Bretylii Tosilas
I: Bretilio tosilato
D: Bretylium tosilat
F: Tosilate de Brétylium
S: Tosilato de bretilio

Antihypertensive agent

ATC: C01BD02
CAS-Nr.: 0000061-75-6 C_{18}-H_{24}-Br-N-O_3-S
M_r 414.36

Benzenemethanaminium, 2-bromo-N-ethyl-N,N-dimethyl-, salt with 4-methylbenzenesulfonic acid (1:1)

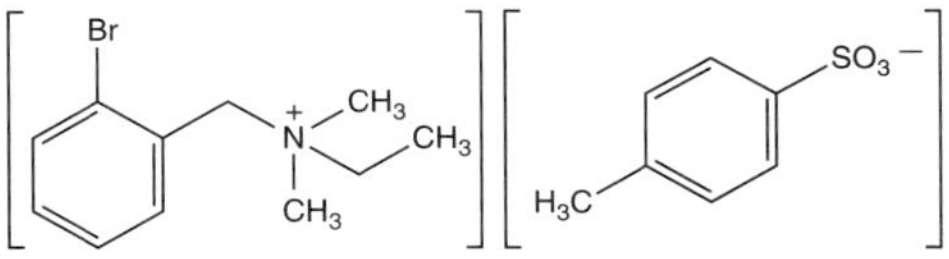

OS: *Bretylium [DCF]*
OS: *Bretylium Tosylate [USAN]*
OS: *Bretylium Tosilate [BAN]*
OS: *Bertilio tosilato [DCIT]*
IS: *Bretylum*
IS: *Hypotyl*
IS: *ASL 603 (DuPont, USA)*
IS: *373 C 57*
PH: Bretylium Tosylate [USP 30]
PH: Bretylium Tosilate [BP 2007]

Bretylate® (GlaxoSmithKline: AE, BH, CY, CZ, IR, JO, KW, LB, OM, QA, SY, YE)
Bretylium Tosylate® (American Regent: US)
Bretylium Tosylate® (Elkins-Sinn: US)
Bretylium Tosylate® (Hospira: US)
Bretylium Tosylate® (IMS: US)
Bretylol® (Du Pont: US)

Brimonidine (Rec.INN)

L: Brimonidinum
I: Brimonidina
D: Brimonidin
F: Brimonidine
S: Brimonidina

Glaucoma treatment
α_2-Sympathomimetic agent

ATC: S01EA05
CAS-Nr.: 0059803-98-4 C_{11}-H_{10}-Br-N_5
M_r 292.151

6-Quinoxalinamine, 5-bromo-N-(4,5-dihydro-1H-imidazol-2-yl)-

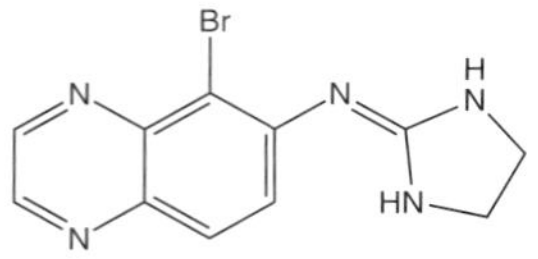

OS: *Brimonidine [BAN]*

– tartrate:
CAS-Nr.: 0079570-19-7
OS: *Brimonidine Tartrate BANM, USAN*
IS: *AGN 190342 LF (Allergan, US)*
IS: *UK 14304-18 (Eastmann, GB)*

Agglad ofteno® (Sophia: MX)
Agglad ofteno® (Volta: CL)
Alphagan® (Abdi Ibrahim: TR)
Alphagan® (Allergan: AR, AU, BE, BR, CA, CH, CL, CO, CO, CR, CZ, DK, ES, FI, FR, GB, GT, HK, HR, HU, IE, IL, IL, IT, LU, MX, MY, NL, NO, NZ, PA, PE, PE, PL, RS, SE, SG, SI, SV, TH, TH, US, ZA)
Alphagan® (Alvia: GR)
Alphagan® (EU-Pharma: NL)
Alphagan® (Pharm-Allergan: AT, DE)
Apo-Brimonidide® (Apotex: CA)
Brimonidine AFT® (AFT: NZ)
Brimonidine Tartrate® (Bausch & Lomb: US)
Brimonidine Tartrate® (Falcon: US)
Brimopress® (Pharma Investi: CL)
Brimopress® (Poen: AR)
Brimo® (Klonal: AR)
Enidin® (Allergan: AU)
Iobrim® (FDC: IN)
Nor-Tenz® (Grin: MX)
Oftalmotonil® (Bausch & Lomb: AR)
PMS-Brimonidine Tartrate® (Pharmascience: CA)
ratio-Brimonidine® (Ratiopharm: CA)

Brinzolamide (Rec.INN)

L: Brinzolamidum
D: Brinzolamid
F: Brinzolamide
S: Brinzolamida

Glaucoma treatment

ATC: S01EC04
CAS-Nr.: 0138890-62-7 C_{12}-H_{21}-N_3-O_5-S_3
M_r 383.51

2H-Thieno[3,2-e]-1,2-thiazine-6-sulfonamide, 4-(ethylamino)-3,4-dihydro-2-(3-methoxypropyl)-, 1,1-dioxide, (R)-

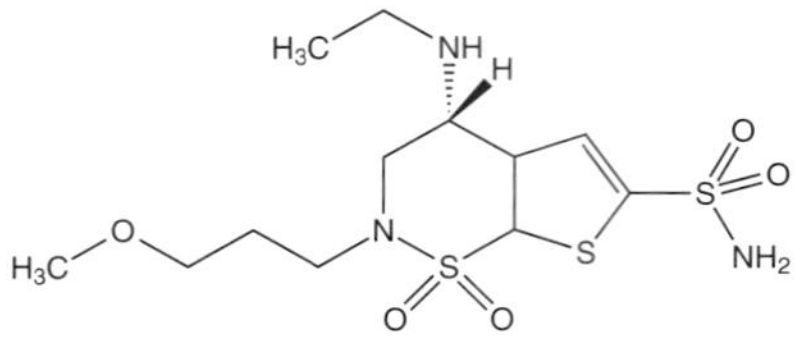

OS: *Brinzolamide [USAN, BAN]*
IS: *AL 4862 (Alcon, USA)*
PH: Brinzolamide [USP 30]

Alcon Azopt® (Alcon: IL)
Azoptic® (Alcon: ZA)
Azopt® (Alcon: AR, AT, AU, BA, BE, BR, CA, CH, CL, CN, CO, CR, CZ, DE, DK, EC, ES, FI, FR, GB, GR, GT, HK, HN, HR, HU, ID, IE, IS, IT, LK, LU, MX, NI, NL, NO, NZ, PA, PE, PL, PT, RO, RS, SE, SG, SI, SV, TH, TR, US)
Azopt® [vet.] (Alcon: GB)

Brivudine (Rec.INN)

L: Brivudinum
D: Brivudin
F: Brivudine
S: Brivudina

Antiviral agent

ATC: J05AB15
ATCvet: QJ05AB15
CAS-Nr.: 0069304-47-8 C_{11}-H_{13}-Br-N_2-O_5
M_r 333.145

(E)-5-(2-bromovinyl)-2'-deoxyuridine

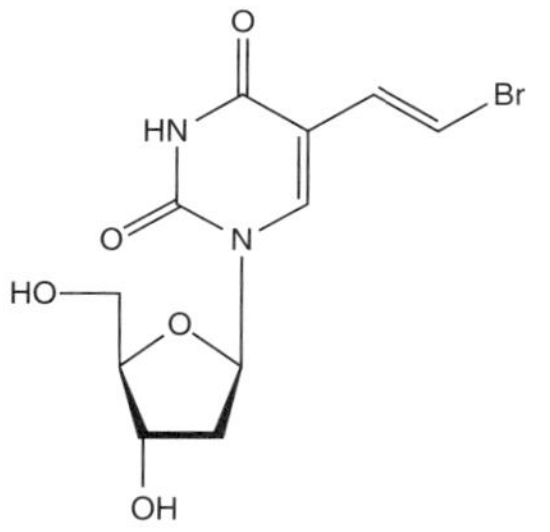

OS: *Brivudine [USAN]*

Bridic® (Menarini: PT)
Brival® (Berlin-Chemie: RO)
Brivex® (Menarini: CH)
Brivirac® (Menarini: IT)
Brivuzost® (Berlin-Chemie: HR, RS)
Mevir® (Guidotti: AT)
Nervinex® (Menarini: ES)
Nervol® (Retrain: ES)
Premovir® (Sanolabor: SI)
Virocid® (Berlin Chemie: BA)
Zecovir® (Guidotti: IT)
Zerpex® (Guidotti: LU)
Zerpex® (Menarini: LU)
Zonavir® (Guidotti: LU)
Zonavir® (Menarini: LU)
Zostevir® (Berlin-Chemie: CZ)
Zostex® (Berlin-Chemie: DE)

Zostex® (I.E. Ulagay: TR)
Zostydol® (Guidotti: ES)
Zostydol® (Menarini: AR)

Bromazepam (Rec.INN)

L: Bromazepamum
I: Bromazepam
D: Bromazepam
F: Bromazépam
S: Bromazepam

Tranquilizer

ATC: N05BA08
CAS-Nr.: 0001812-30-2 C_{14}-H_{10}-Br-N_3-O
M_r 316.164

2H-1,4-Benzodiazepin-2-one, 7-bromo-1,3-dihydro-5-(2-pyridinyl)-

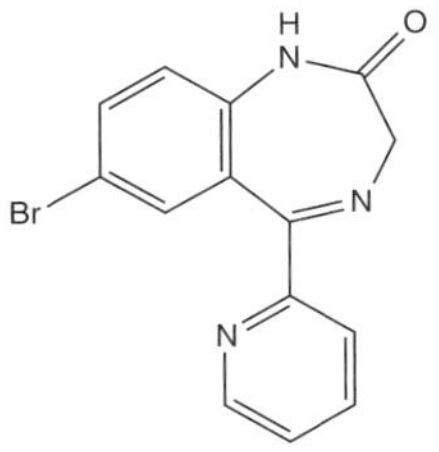

OS: *Bromazepam [BAN, DCF, USAN, DCIT, JAN]*
IS: *Ro 5-3350 (Roche, USA)*
PH: Bromazepamum [Ph. Eur. 5]
PH: Bromazepam [Ph. Eur. 5, JP XIV]
PH: Bromazépam [Ph. Eur. 5]

Akamon® (Medochemie: BH, CY, HK, IQ, JO, OM, SD, SK, YE)
Anconevron® (Farmanic: GR)
Ansiogen-3® (Generix: DO, GT, HN, SV)
Ansiosel® (Psipharma: CO)
Ansioter® (Lancasco: GT, HN)
Ansium® (Bristol-Myers Squibb: PE)
Anxiocalm® (Socobom: BE, LU)
Anxopam® (Popular: BD)
Anxyrex® (Winthrop: FR)
Apo-Bromazepam® (Apotex: AN, BB, BM, BS, CA, GY, HT, JM, KY, SR, TT)
Atemperator® (Ivax: AR)
Benedorm® (Ariston: AR)
Bopam® (Opsonin: BD)
Brazepam® (Aspen: ZA)
Brixopan® (Epifarma: IT)
Bromalex® (Vitoria: PT)
BromaLich® (Winthrop: DE)
Bromam® (Sandoz: DK)
Bromatop® (Topgen: BE)
Bromazanil® (Hexal: DE, LU)
Bromazep-CT® (CT: DE)
Bromazepam 1A Pharma® (1A Pharma: DE)
Bromazepam ABC® (ABC: IT)
Bromazepam Allen® (Allen: IT)
Bromazepam Almus® (Almus: IT)
Bromazepam Alpharma® (Alpharma: NL)
Bromazepam Alter® (Alter: IT)
Bromazepam AL® (Aliud: DE)
Bromazepam A® (Apothecon: NL)
Bromazepam beta® (betapharm: DE)
Bromazepam CF® (Centrafarm: NL)
Bromazepam DOC® (DOC Generici: IT)
Bromazepam EG® (EG: IT)
Bromazepam EG® (Eurogenerics: BE)
Bromazepam Fmndtria® (Farmindustria: PE)
Bromazepam Genericon® (Genericon: AT)
Bromazepam GF® (Genfarma: NL)
Bromazepam Heumann® (Heumann: DE)
Bromazepam Hexal® (Hexal: IT)
Bromazepam L.CH.® (Chile: CL)
Bromazepam Lannacher® (Lannacher: AT)
Bromazepam Lch® (Ivax: PE)
Bromazepam LPH® (Labormed Pharma: RO)
Bromazepam Merck® (Merck: CO)
Bromazepam MF® (Marfan: PE)
Bromazepam MK® (Bonima: CR, DO, GT, HN, NI, PA, SV)
Bromazepam MK® (MK: CO)
Bromazepam PCH® (Pharmachemie: NL)
Bromazepam Sandoz® (Sandoz: IT, NL, ZA)
Bromazepam Sigma Tau Generics® (Sigma Tau: IT)
Bromazepam Temis® (Temis-Lostalo: AR)
Bromazepam Teva® (Teva: BE, IT)
Bromazepam Vannier® (Vannier: AR)
Bromazepam Zydus® (Zydus: FR)
Bromazepam-Eurogenerics® (Eurogenerics: LU)
Bromazepam-neuraxpharm® (neuraxpharm: DE)
Bromazepam-ratiopharm® (Ratiopharm: BE)
Bromazepam-ratiopharm® (ratiopharm: DE)
Bromazepam-ratiopharm® (Ratiopharm: IT)
Bromazepam® (Actavis: NL)
Bromazepam® (Apothecon: NL)
Bromazepam® (Farmo Andina: PE)
Bromazepam® (Hersil: PE)
Bromazepam® (Hexal: NL)
Bromazepam® (Induquimica: PE)
Bromazepam® (Lakor: CO)
Bromazepam® (Memphis: CO)
Bromazepam® (Mintlab: CL)
Bromazepam® (Perugen: PE)
Bromazepam® (Pharmachemie: NL)
Bromazepam® (Ratiopharm: NL)
Bromazepam® (Sandoz: NL)
Bromazepam® (Slavia Pharm: RO)
Bromazepam® (Terapia: RO)
Bromazepam® (Zorka: RS)
Bromazephar® (Unicophar: BE)
Bromazep® (Orion: BD)
Bromaze® (Hexal: ZA)
Bromazépam Biogaran® (Biogaran: FR)
Bromazépam EG® (EG Labo: FR)
Bromazépam G Gam® (G Gam: FR)
Bromazépam Ivax® (Ivax: FR)
Bromazépam Merck® (Merck Génériques: FR)
Bromazépam RPG® (RPG: FR)
Bromazépam Sandoz® (Sandoz: FR)
Bromazépam Winthrop® (Winthrop: FR)
Bromidem® (Sandipro: BE, LU)
Bronium® (Doctor's Chemical Work: BD)
Brozepax® (Biosintética: BR)
Calmepam® (GlaxoSmithKline: RO)
Compendium® (Polifarma: IT)
Creosedin® (Rontag: AR)
Deptran® (Enila: BR)
Dipax® (Markos: PE)

Docbromaze® (Docpharma: BE)
durazanil® (Merck dura: DE)
Equisedin® (Lazar: AR)
Estomina® (Fabra: AR)
Evagelin® (Help: GR)
Fabozepam® (Fabop: AR)
Fada Bromazepam® (Fada: AR)
Finaten® (Microsules: AR)
Gasmol® (Richmond: AR)
Gen-Bromazepam® (Genpharm: CA)
Gityl® (Krewel: DE)
Kelalexan® (Kela: BE)
Laxonil® (Rephco: BD)
Laxyl® (Square: BD)
Lectopam® (Roche: CA)
Lekotam® (Lek: BA, HR, SI)
Lenitin® (Teva: IL)
Lexatin® (Roche: ES)
Lexaurin® (Krka: BA, CZ, HR, RS, SI)
Lexilium® (Alkaloid: BA, HR, RS, SI)
Lexilium® (Remedica: CY, ET, KE, SD, ZW)
Lexomil® (Roche: FR)
Lexopam® (United Pharmaceutical: AE, BH, IQ, JO, LY, OM, QA, SA, SD, YE)
Lexostad® (Stadapharm: DE)
Lexotanil® (Roche: AR, AT, BD, CH, CL, CZ, DE, GE, GR, LK, NL, RO)
Lexotan® (Actavis: GE)
Lexotan® (Roche: AE, AR, AT, AU, AW, BE, BH, BJ, BO, BR, BW, CA, CG, CI, CL, CM, CO, CR, CY, DE, DK, DO, EC, EE, ES, ET, FR, GA, GB, GE, GH, GN, GR, GT, HK, HK, HN, ID, IE, IS, IT, JM, JO, JP, KE, KH, KW, LA, LK, LT, LU, LV, MA, MD, ML, MU, MW, MX, MY, NA, NG, NI, NL, OM, PA, PE, PH, PK, PL, PT, PY, QA, RO, RU, SA, SD, SG, SV, TG, TH, TT, TW, TZ, UG, UY, VE, VN, ZA, ZM, ZR, ZW)
Lexotan® (Roche RX: SG)
Libronil-R® (Coup: GR)
neo OPT® (Optimed: DE)
Nervium® (De Mayo: BR)
Neural® (Gross: BR)
Neurilan® (Gross: BR)
Neurozepam® (Sandoz: AR)
Nightus® (Beximco: BD)
Normoc® (Merckle: DE)
Notens® (Aristopharma: BD)
Notorium® (Adelco: GR)
Novazepam® (Sigma: BR)
Novo-Bromazepam® (Novopharm: CA)
Nulastres® (Duncan: AR)
Octanyl® (Bagó: AR, CO, CR, DO, GT, HN, NI, PA, SV)
Otedram® (Psicofarma: MX)
Pascalium® (Pharmathen: GR)
Quiétiline® (Sciencex: FR)
Relaxil® (Dansk: BR)
Restol® (Eskayef: BD)
Sedam® (Hexal: PL)
Siesta® (Incepta: BD)
Sipcar® (Laboratorios: AR)
Somalium® (Aché: BR)
Tenapam® (General Pharma: BD)
Tenil® (Acme: BD)
Totasedan® (Roemmers: PE)
Transomil® (Saidal: DZ)
Tritopan® (Klonal: AR)
Ultramidol® (Winthrop: PT)
Uniao Bromazepam® (União: BR)
Xionil® (Novartis: BD)
Zepam® (ACI: BD)

Bromelains (Rec.INN)

L: Bromelaina
I: Bromelaina
D: Bromelaine
F: Bromelaïnes
S: Bromelaina

Antiinflammatory agent
Enzyme

ATC: B06AA11
CAS-Nr.: 0009001-00-7

A concentrate of proteolytic enzymes derived from the pineapple plant, *Ananas sativus*

OS: *Bromelains [BAN, USAN]*
OS: *Broméläines [DCF]*
OS: *Bromelaina [DCIT]*
OS: *Bromelain [JAN]*
IS: *Bromelaina*
IS: *Bromelin*

Ananase Forte® (Sanofi-Aventis: CL)
Ananase® (Delta: PT)
Ananase® (Rottapharm: IT)
Bromelain-POS® (Ursapharm: DE)
Dontisanin® (Aventis: DE)
Extranase® (Rottapharm: FR)
Internase® (Quality: HK)
Mucozym® (Mucos: DE)
Proteozym® (Wiedemann: DE)
Traumanase® (Cassella-med: DE)
Traumanase® (Klosterfrau: DE)
Traumanase® (Sanofi-Aventis: CH)
Wobenzym® (Mucos: DE)

Bromfenac (Rec.INN)

L: Bromfenacum
D: Bromfenac
F: Bromfenac
S: Bromfenaco

Antiinflammatory agent
Analgesic

CAS-Nr.: 0091714-94-2 C_{15}-H_{12}-Br-N-O_3
M_r 334.171

Benzeneacetic acid, 2-amino-3-(4-bromobenzoyl)-

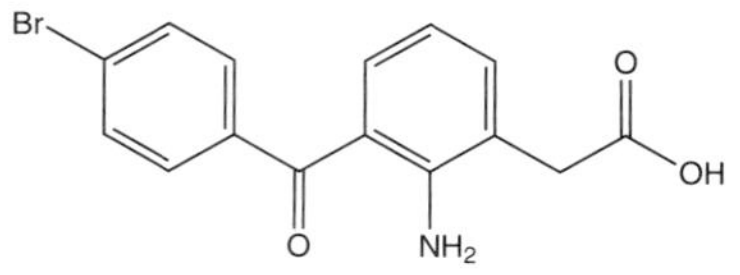

– sodium salt sesquihydrate:

OS: *Bromfenac Sodium USAN*
IS: *AHR 10282-B (Robins, USA)*

Bronuck® (Senju: JP)
Xibrom® (Ista: US)

Bromhexine (Rec.INN)

L: **Bromhexinum**
I: **Bromexina**
D: **Bromhexin**
F: **Bromhexine**
S: **Bromhexina**

Expectorant

ATC: R05CB02
ATCvet: QR05CB02
CAS-Nr.: 0003572-43-8 C_{14}-H_{20}-Br_2-N_2
M_r 376.134

Benzenemethanamine, 2-amino-3,5-dibromo-N-cyclohexyl-N-methyl-

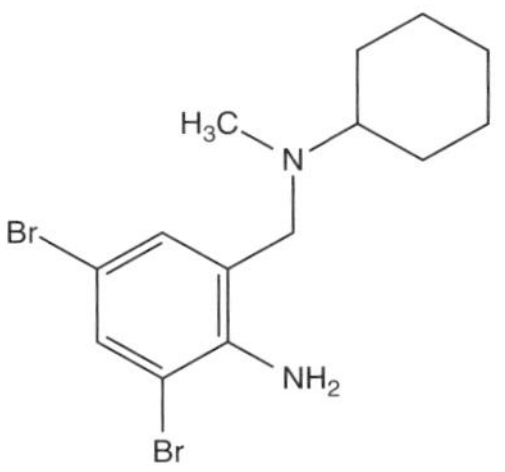

OS: *Bromhexine [BAN, DCF]*
OS: *Bromexina [DCIT]*

A-Cold® (Acme: BD)
Acrobronquiol® (Acromax: EC)
Bisolex® (Pliva: BA, HR)
Bromhexina Jarabe® (Chemopharma: CL)
Bromhexina® (Elifarma: PE)
Bromhexina® (UQP: PE)
Bromhexini hydrochloridum PCH® (Pharmachemie: NL)
Bromhex® (Qualiphar: LU)
Bronco Magimox® (Magma: PE)
Broncobiot® (Medifarma: PE)
Broncomax® (Medco: PE)
Brondilax® (Vitarum: AR)
Expectosan® (Excelentia: AR)
Fluibron® (Chiesi: CY, EG, JO, KW, LB, OM, SA, SY)
Flumed® (Andromaco: CL)
Ispromex® (ISP: PE)
Klear® (Procaps: CO)
Mucaryl® (Marksman: BD)
Mucobron® (Corsa: ID)
N-Hexin® (Nipa: BD)
Orabiot® (Sherfarma: PE)
Solubron® (Elifarma: PE)
Tostop® (Savant: AR)

– hydrochloride:

CAS-Nr.: 0000611-75-6
OS: *Bromhexine Hydrochloride BANM, USAN, JAN*
IS: *NA 274*
IS: *Tauglicolo*
PH: Bromhexine (chlorhydrate de) Ph. Eur. 5
PH: Bromhexine Hydrochloride Ph. Eur. 5, JP XIV
PH: Bromhexinhydrochlorid Ph. Eur. 5
PH: Bromhexini hydrochloridum Ph. Eur. 5

Amiorel® (Boehringer Ingelheim: AR)
Aparsonin® (Merckle: DE)
Aseptobron® (Temis-Lostalo: AR)
Asovon® (Progress: TH)
Axistal® (Asian: TH)
Balsasulf® (Fabra: AR)
Biosolvon® (Boehringer Ingelheim: TH)
Bislan® (Yung Shin: SG)
Bisoltab® (MacroPhar: TH)
Bisolvon® (Boehringer Ingelheim: AE, AG, AN, AR, AT, AU, AW, BA, BB, BE, BH, BM, BR, BS, CH, CL, CO, CY, DE, DK, EG, ES, FI, FR, GD, GY, HK, HR, HT, ID, IE, IQ, IS, IT, JM, JO, JP, KE, KW, KY, LC, LK, LU, LY, MT, MX, NL, NO, NZ, OM, PE, PH, PT, QA, RO, SA, SD, SE, SG, SI, TH, TT, VC, VN, ZA)
Bisolvon® (Zdravlje: RS)
Bisolvon® [vet.] (Bayer Animal Health: ZA)
Bisolvon® [vet.] (Boehringer Ingelheim: AT, CH, IE, NL, SE)
Bisolvon® [vet.] (Boehringer Ingelheim Animals: NZ)
Bisolvon® [vet.] (Boehringer Ingelheim Vetmedica: GB)
Bisolvon® [vet.] (Boehrvet: DE)
Bisol® (Shiba: YE)
Bomexin® (Pond's: TH)
Brolyt® (Alco: BD)
Bromeksin® (Oro: TR)
Bromek® (Koçak: TR)
Bromexidryl® (Klonal: AR)
Bromex® (PP Lab: TH)
Bromex® (Qualiphar: BE, BE, LU)
Bromex® (Somatec: BD)
Bromhexin ACO® (ACO: SE)
Bromhexin BC® (Berlin-Chemie: DE, RO)
Bromhexin Berlin-Chemie® (Berlin-Chemie: CZ, DE, RU)
Bromhexin Clorhidrat® (Terapia: RO)
Bromhexin Dak® (Nycomed: DK)
Bromhexin Domesco® (Domesco: VN)
Bromhexin EEL® (Bio EEL: RO)
Bromhexin Eu Rho® (Eu Rho: DE)
Bromhexin F.T. Pharma® (F.T. Pharma: VN)
Bromhexin KM® (Krewel: CZ)
Bromhexin Krewel Meuselbach® (Krewel: DE)
Bromhexin-CT® (CT: DE, LU)
Bromhexin-ratiopharm® (ratiopharm: DE)
Bromhexina Clorhidrato L.CH.® (Chile: CL)
Bromhexina Clorhidrato® (Bestpharma: CL)
Bromhexina Clorhidrato® (Mintlab: CL)
Bromhexina Clorhidrato® (Volta: CL)
Bromhexina Ilab® (Inmunolab: AR)
Bromhexina Lafedar® (Lafedar: AR)
Bromhexina MK® (Bonima: CR, DO, GT, HN, NI, PA, SV)
Bromhexina MK® (MK: CO)
Bromhexina Sintesina® (Sintesina: AR)
Bromhexine EG® (Eurogenerics: BE)
Bromhexine Nycomed® (Nycomed: RU)
Bromhexine-Eurogenerics® (Eurogenerics: LU)
Bromhexine® (Arpimed: GE)
Bromhexine® (Mexin: IN)
Bromhexin® (Actavis: GE)
Bromhexin® (Antibiotice: RO)
Bromhexin® (Arena: RO)

Bromhexin® (Balkanpharma: BG)
Bromhexin® (Berlin-Chemie: CZ)
Bromhexin® (Egis: CZ)
Bromhexin® (Helcor: RO)
Bromhexin® (Krewel: CZ, DE, PL)
Bromhexin® (Labormed Pharma: RO)
Bromhexin® (Laropharm: RO)
Bromhexin® (Magistra: RO)
Bromhexin® (Salutas Fahlberg: CZ)
Bromhexin® (Slavia Pharm: RO)
Bromhexin® (TIS Farmaceutic: RO)
Bromika® (Ikapharmindo: ID)
Bromocal® (Caldeira & Metelo: PT)
Bromolit® (Peoples: BD)
Bromoson® (Unison: TH)
Bromso® (TO Chemicals: TH)
Bromxine Atlantic® (Atlantic: TH)
Bromxine® (Atlantic: SG)
Bromxine® (GDH: TH)
Bromxin® (Masa Lab: TH)
Bronchi-Mereprine® (Novum: BE)
Bronchosan® (Slovakofarma: CZ)
Bronclear® (Polipharm: TH)
Broncocalmine Oriental® (Oriental: AR)
Broncokin® (Geymonat: IT)
Bronhosolv® (Laropharm: RO)
Bronkese® (Aspen: ZA)
Bronquisedan Elixir® (Gramon: AR)
Bronquisedan® (Gramon: AR)
Bronquisol® (JGB: CO)
Brontuss M® (Patric: CO)
Broomhexine HCl A® (Apothecon: NL)
Broomhexine HCl Gf® (Genfarma: NL)
Broomhexine HCl Katwijk® (Katwijk: NL)
Broomhexine HCl Kring® (Kring: NL)
Broomhexine HCl PCH® (Pharmachemie: NL)
Broomhexine HCl Samenwerkende Apothekers® (Samenwerkende Apothekers: NL)
Broomhexine HCl Sandoz® (Sandoz: NL)
Broomhexine HCl® (Leidapharm: NL)
Broomhexine HCl® (Marel: NL)
Broomhexine HCl® (Pharmethica: NL)
Broxine® (General Pharma: BD)
Catarrosine® (Fecofar: AR)
Cloridrato de Bromexina® (Medley: BR)
Darolan® (Heca: NL)
Dexolut® (Dexa Medica: ID)
Disol® (Siam Bheasach: TH)
Dosulvon® (Domesco: VN)
Dur-Elix® (3M: AU)
Duro-Tuss Mucolytic® (3M: NZ, SG)
Dutross® (Thai Nakorn Patana: TH)
Ethisolvan® (Ethica: ID)
Ethisolvan® (Soho: ID)
Exolit® (Medline: TH)
Exolit® (Medochemie: BH, CY, ET, IQ, JO, OM, SD, TZ, YE)
Exovon® (Bernofarm: ID)
Farmavon® (Fahrenheit: ID)
Flecoxin® (Remedica: CY, ET, GH, KE, TZ)
Flegamina® (Pliva: PL)
Flegamina® (Polfa: CZ)
Flubron® [vet.] (Intervet: FR)
Fulpen A® (Sawai: JP)
H.G. Bromhexina® (H.G.: EC)
Hexolyt® (Prima: ID)
Hexon® (Global: ID)
Hoestdrank Broomhexine HCl® (Dynadro: NL)
Hoestdrank Broomhexine HCl® (Etos: NL)
Hoestdrank Broomhexine HCl® (Healthypharm: NL)
Hoestdrank Broomhexine HCl® (SDG: NL)
Hustab P® (Phapros: ID)
Hustentabs-ratiopharm® (ratiopharm: DE)
Ida® (Forty-Two: TH)
Jarabe® (Lasifarma: AR)
Kruidvat Broomhexine HCl ® (Marel: NL)
Kruidvat Broomhexine HCl ® (Pharmethica: NL)
Kruidvat Hoestelixer® (Pharmethica: NL)
Lisi-Tos® (Vannier: AR)
Lisomucin® (Cipan: PT)
Lorbi® (Lba: AR)
Manovon® (March: TH)
Medipekt® (Orion: FI)
Mihexine® (Milano: TH)
Movex® (Vitamed: IL)
Mucine® (Silom: TH)
Mucodine® [vet.] (Delvet: AU)
Mucohexine® [vet.] (Apex: AU)
Mucohexin® (Sanbe: ID)
Mucokron® (Kronos: EC)
Mucola® (Samakeephaesaj: TH)
Mucolisin® (ECU: EC)
Mucolyt® (Incepta: BD)
Mucosolvan® (Kalbe: ID)
Mucovin® (Leiras: FI)
Mucoxine F® (Pharmasant: TH)
Mucoxin® (Pharmasant: TH)
Munil® (Opsonin: BD)
Muprel® (Andromaco: MX)
Musol® (Unimed & Unihealth: BD)
Namir® (Duncan: AR)
Nastizol® (Bagó: AR)
No-Tos® (Quimica Medical: AR)
Noravert® (Tecnoquimicas: CO)
Normoflex® (Merck Sharp & Dohme: MX)
Ohexine® (Greater Pharma: TH)
Oleovac® (Infabi: EC)
Omniapharm® (Merckle: DE)
Paxirasol® (Egis: CZ, HU)
Poncosolvon® (Armoxindo: ID)
Pulmosan® (Gezzi: AR)
Quentan® [vet.] (Animedic: DE)
Quentan® [vet.] (Boehringer Ingelheim: IT)
Quentan® [vet.] (Boehringer Ingelheim Santé Animale: FR)
Romitox® (Proanmed: CO)
Romulin® (Chew Brothers: TH)
Solvax® (Pharmac: ID)
Solvex® (Teva: IL)
Solvinex® (Meprofarm: ID)
Solvin® (Ipca: LK, RU)
Solvolin® (Drossapharm: CH)
Spulyt® (Beximco: BD)
Sputen® (Silva: BD)
Streptuss Broomhexinehydrochloride® (Boots: NL)
Tesacof® (Novartis: MX)
Thephidron® (Combiphar: ID)
Toscalmin® (Benitol: AR)
Tosseque® (Medinfar: PT)

Tostop® (Savant: AR)
Tromadil® (Biolab: TH)
Vasican® (DHA: SG)
Viscol® (Liba: TR)

Bromocriptine (Rec.INN)

L: Bromocriptinum
I: Bromocriptina
D: Bromocriptin
F: Bromocriptine
S: Bromocriptina

Antiparkinsonian, dopaminergic
Prolactin inhibitor

ATC: G02CB01,N04BC01
CAS-Nr.: 0025614-03-3 C_{32}-H_{40}-Br-N_5-O_5
M_r 654.622

Ergotaman-3',6',18-trione, 2-bromo-12'-hydroxy-2'-(1-methylethyl)-5'-(2-methylpropyl)-, (5'α)-

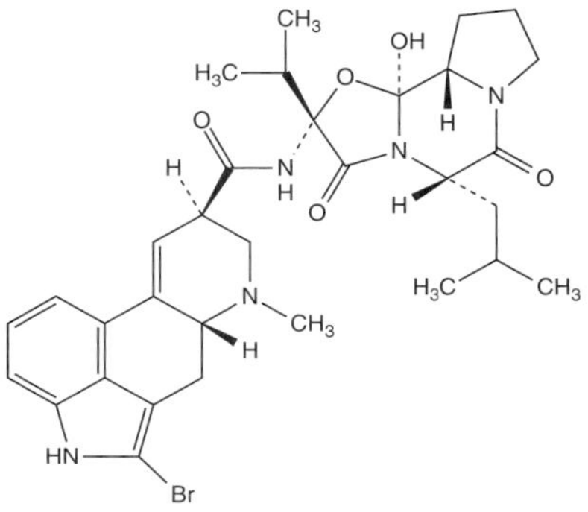

OS: *Bromocriptine [BAN, DCF, USAN]*
OS: *Bromocriptina [DCIT]*
IS: *CB-154 Novartis*

Brameston® (Comerciosa: EC)
Brocriptin® (Biofarm: RO)
Bromocriptina Iqfarma® (Iqfarma: PE)
Bromocriptina® (Medicalex: CO)
Bromokriptin® (Zdravlje: RS)
Grifocriptina Lch® (Ivax: PE)
Kriptonal® (Chemopharma: CL)
Parlodel® (Meda: FR, NL)
Parlodel® (Novartis: ES, TR)
Parlodel® (Novartis Pharma: PE)
Ronalin® (Hikma: AE, BH, EG, IQ, JO, KW, LB, LY, OM, QA, SA, SD, SY, TN, YE)
Sifrol® (Boehringer Ingelheim: TH)

– mesilate:

CAS-Nr.: 0022260-51-1
OS: *Bromocriptine Mesylate USAN*
OS: *Bromocriptine Mesilate BANM, JAN*
IS: *Bromocriptine methanesulfonate*
IS: *CB 154 (Sandoz, CH)*
PH: Bromocriptine Mesylate USP 30
PH: Bromocriptini mesilas Ph. Eur. 5
PH: Bromocriptine (mésilate de) Ph. Eur. 5
PH: Bromocriptine Mesilate Ph. Eur. 5, JP XIV
PH: Bromocriptinmesilat Ph. Eur. 5

Alpha Bromocriptine® (Apotex: NZ)
Apo-Bromocriptine® (Apotex: CA, HK, SG)
Bomoting® (Gedeon Richter: CN)
Brameston® (Remedica: ET, KE, SD, ZW)
Brocaden® (Pharmasant: TH)
Bromed® (Kolassa: AT)
Bromed® (Schoeller: AT)
Bromergon® (Lek: HR, PL, SI)
Bromergon® (Novartis: BD)
Bromergon® (Zuellig: TH)
Bromo-Kin® (Winthrop: FR)
Bromocorn® (Filofarm: PL)
Bromocrel® (Hexal: DE)
Bromocrel® (Neuro Hexal: DE)
Bromocriptin AbZ® (AbZ: DE)
Bromocriptin beta® (betapharm: DE)
Bromocriptin Hexal® (Hexal: DE)
Bromocriptin Sandoz® (Sandoz: DE)
Bromocriptin-CT® (CT: DE)
Bromocriptin-ratiopharm® (ratiopharm: DE)
Bromocriptin-Richter® (Gedeon Richter: GE, HK, HU, RU)
bromocriptin-TEVA® (Teva: DE)
Bromocriptina Dorom® (Dorom: IT)
Bromocriptina Dorom® (Poli: RO)
Bromocriptina Generis® (Generis: PT)
Bromocriptine Mesylate® (Lek: US)
Bromocriptine Mesylate® (Rosemont: US)
Bromocriptine Mesylate® (Sandoz: US)
Bromocriptine-Richter® (Gedeon Richter: BD, SG)
Bromocriptine® (Alpharma: GB)
Bromocriptin® (Lindopharm: DE)
Bromtine® (Duopharma: BD, HK)
Criten® (Tecnofarma: CL)
Elkrip® (Phapros: ID)
Ergolaktyna® (Polfa Grodzisk: PL)
Grifocriptina® (Chile: CL)
Gynodel® (Il-Ko: TR)
kirim gyn® (Taurus: DE)
kirim® (Taurus: DE)
Kripton® (Alphapharm: AU)
Lactafal® [vet.] (Eurovet: NL)
Medocriptine® (Interchemia: CZ)
Medocriptine® (Medochemie: BD, BG, CZ, HK, LK)
Parilac® (Teva: IL)
Parlodel® (Meda: FI, FR, FR, IE, NO, NO)
Parlodel® (Novartis: AR, AT, AU, BD, BE, BG, BR, CA, CH, CL, CN, CO, CZ, DK, ES, ET, GB, GH, GR, HK, ID, IL, IS, IT, KE, LK, LY, MT, MY, NG, NL, PH, PL, PT, RU, SD, SG, TH, TZ, US, ZA, ZW)
Parlodel® (Novartis Pharma: PE)
Parlodel® (Sandoz: MX)
Parlodel® [vet.] (Novartis Animal Health: GB)
PMS-Bromocriptine® (Pharmascience: CA)
Pravidel® (Meda: SE)
Pravidel® (Novartis: DE, LU)
Prigost® (Rider: CL)
Pseudogravin® [vet.] (Alvetra u. Werfft: AT)
Serocryptin® (Dipa: ID)
Serocryptin® (Serono: IT)
Sicriptin® (Serum Institute: IN)
Suplac® (Biolab: TH)
Umprel® (Novartis: AT)

Bromopride (Rec.INN)

L: Bromopridum
I: Bromopride
D: Bromoprid
F: Bromopride
S: Bromoprida

Antiemetic

ATC: A03FA04
CAS-Nr.: 0004093-35-0 C_{14}-H_{22}-Br-N_3-O_2
M_r 344.26

Benzamide, 4-amino-5-bromo-N-[2-(diethylamino)ethyl]-2-methoxy-

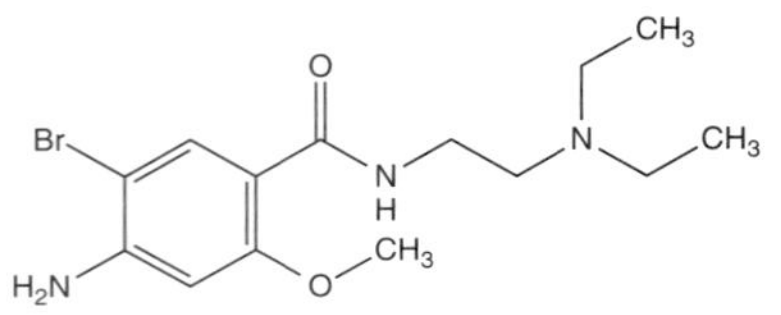

OS: *Bromopride [DCF, DCIT. USAN]*
IS: *VAL 13081*

Bromopan® (UCI: BR)
Bymaral® (Alkaloid: RS)
Digecap® (Sigma: BR)
Digerex® (De Mayo: BR)
Digesan® (Sanofi-Aventis: BR)
Digesprid® (Lab. Neo Quím.: BR)
Digestina® (União: BR)
Movipride® (Merck: CR, DO, GT, HN, NI, PA, SV)
Pangest® (Farmasa: BR)
Plamet® (Libbs: BR)
Pridecil® (Farmalab: BR)
Valopride® (Pharmafar: IT)

Bromperidol (Rec.INN)

L: Bromperidolum
I: Bromperidolo
D: Bromperidol
F: Brompéridol
S: Bromperidol

Neuroleptic

ATC: N05AD06
CAS-Nr.: 0010457-90-6 C_{21}-H_{23}-Br-F-N-O_2
M_r 420.325

1-Butanone, 4-[4-(4-bromophenyl)-4-hydroxy-1-piperidinyl]-1-(4-fluorophenyl)-

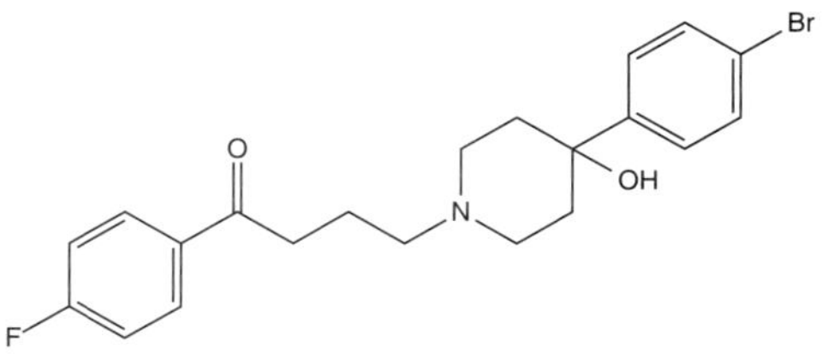

OS: *Bromperidol [BAN, DCF, DCIT, JAN, USAN]*
IS: *Azurene*
IS: *Bromoperidol*
IS: *R 11333*
IS: *CC 2489 (Cilag, Switzerland)*
PH: Bromperidol [Ph. Eur. 5]
PH: Bromperidolum [Ph. Eur. 5]
PH: Brompéridol [Ph. Eur. 5]

Brofed® (Pharmaland: TH)
Bromodol® (Janssen: AR)
Erodium® (Ivax: AR)
Impromen® (Formenti: IT)
Impromen® (Janssen: BE, DE, LU, NL, TH)
Tesoprel® (Celltech: DE)

- decanoate:

CAS-Nr.: 0075067-66-2
OS: *Bromperidol Decanoate BANM, USAN*
IS: *R 46541 (Janssen, Belgium)*
PH: Bromperidol Decanoate Ph. Eur. 5
PH: Bromperidoli Decanoas Ph. Eur. 5
PH: Bromperidoldecanoat Ph. Eur. 5
PH: Brompéridol (décanoate de) Ph. Eur. 5

Bromodol Decanoato® (Janssen: AR)
Impromen decanoas® (Janssen: LU, NL)

Brompheniramine (Rec.INN)

L: Brompheniraminum
I: Bromfeniramina
D: Brompheniramin
F: Bromphéniramine
S: Bromfeniramina

Antiallergic agent
Histamine, H_1-receptor antagonist

ATC: R06AB01
CAS-Nr.: 0000086-22-6 C_{16}-H_{19}-Br-N_2
M_r 319.248

2-Pyridinepropanamine, λ-(4-bromophenyl)-N,N-dimethyl-

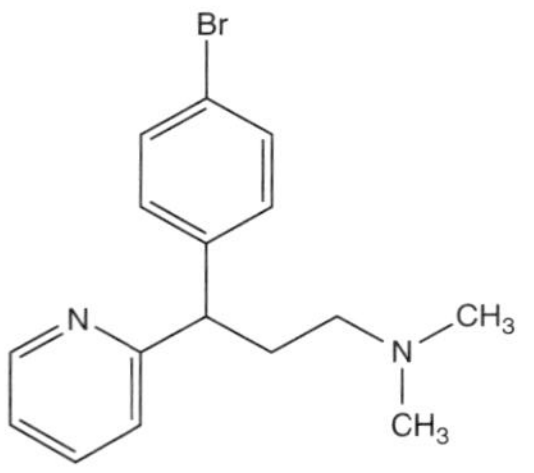

OS: *Brompheniramine [BAN, DCF, DCIT]*
IS: *Bromprophenpyridamine*
IS: *D 721*

- maleate:

CAS-Nr.: 0000980-71-2
OS: *Brompheniramine Maleate BANM, USAN*
IS: *Bromdylamine maleate, p-*
IS: *Brompheniramine maleate*
PH: Brompheniramine Maleate Ph. Eur. 5, USP 30
PH: Brompheniramini maleas Ph. Eur. 5
PH: Brompheniraminhydrogenmaleat Ph. Eur. 5
PH: Bromphéniramine (maléate de) Ph. Eur. 5

Babycold® (Pharmasant: TH)
Bomine® (Pharmasant: TH)
Brompheniramine Maleate® (Forest: US)
Brompheniramine Maleate® (Major: US)
Brompheniramine Maleate® (Schein: US)

Brompheniramine Maleate® (Steris: US)
Brompheniramine Pharmasant® (Pharmasant: TH)
Dimegan® (Dexo: FR)
Dimegan® (Kreussler: DE)
Dimetane-Ten® (Robins: US)
Dimetane® (Whitehall-Robins: US)
Dimetane® (Wyeth: TH)
Dimotane® (Robins: US)
Lodrane® (ECR: US)

Bronopol (Rec.INN)

L: Bronopolum
D: Bronopol
F: Bronopol
S: Bronopol

Pharmaceutic aid, preservative
ATCvet: QD01AE91
CAS-Nr.: 0000052-51-7 C_3-H_6-Br-N-O_4
M_r 199.991

1,3-Propanediol, 2-bromo-2-nitro-

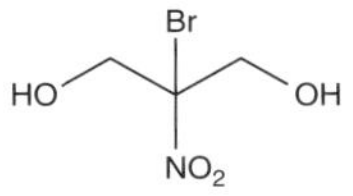

OS: *Bronopol [BAN, JAN, USAN]*
PH: Bronopol [BP 2007]

Pyceze® [vet.] (Novartis Animal Health: GB)
Pyceze® [vet.] (Novartis Tiergesundheit: CH)

Brotizolam (Rec.INN)

L: Brotizolamum
I: Brotizolam
D: Brotizolam
F: Brotizolam
S: Brotizolam

Hypnotic

ATC: N05CD09
CAS-Nr.: 0057801-81-7 C_{15}-H_{10}-Br-Cl-N_4-S
M_r 393.695

6H-Thieno[3,2-f][1,2,4]triazolo[4,3-a][1,4]diazepine, 2-bromo-4-(2-chlorophenyl)-9-methyl-

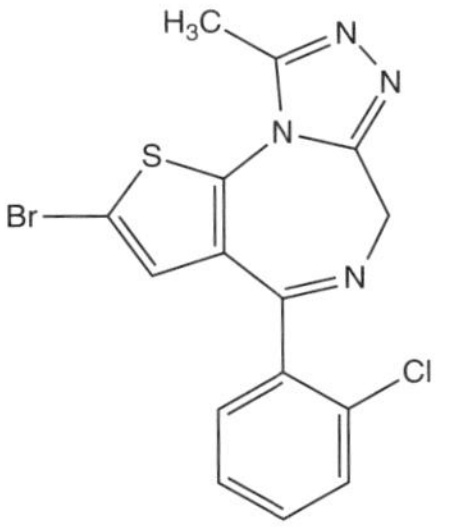

OS: *Brotizolam [BAN, DCF, DCIT, JAN, USAN]*
IS: *WE 941-BS*
IS: *WE 941 Boehringer Ingelheim, DE*
PH: Brotizolam [Ph. Eur. 5]

Bondormin® (Rafa: IL)
Brotizolam-Teva® (Teva: IL)
Dormex® (Recalcine: CL)
Lendormin® (Boehringer Ingelheim: BE, DE, HU, IT, JP, LU, NL, PT, RS, ZA)
Lendorm® (Boehringer Ingelheim: AT)
Lindormin® (Boehringer Ingelheim: CO, MX)
Mederantil® [vet.] (Boehringer Ingelheim: BE, CH, IE)
Mederantil® [vet.] (Boehringer Ingelheim Animals: NZ)
Mederantil® [vet.] (Boehringer Ingelheim Santé Animale: FR)
Mederantil® [vet.] (Boehrvet: DE)
Mederantil® [vet.] (Vetlima: PT)
Noctilan® (Boehringer Ingelheim: CL)
Sintonal® (Europharma: ES)

Brovanexine (Rec.INN)

L: Brovanexinum
D: Brovanexin
F: Brovanexine
S: Brovanexina

Mucolytic agent

CAS-Nr.: 0054340-61-3 C_{24}-H_{28}-Br_2-N_2-O_4
M_r 568.308

Benzamide, 4-(acetyloxy)-N-[2,4-dibromo-6-[(cyclohexylmethylamino)methyl]phenyl]-3-methoxy-

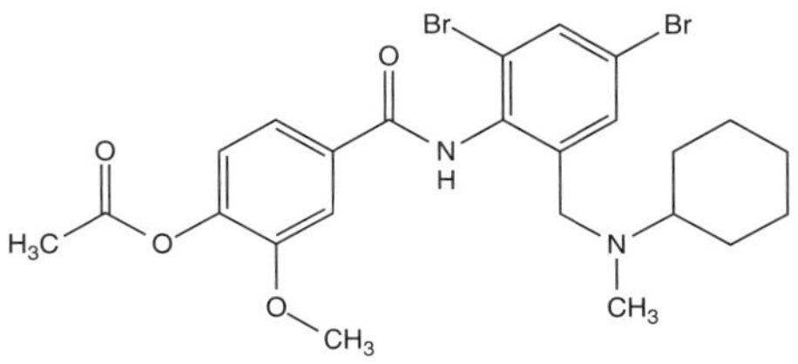

OS: *Brovanexine [USAN]*
IS: *UR 389 (Uriach, Spain)*

– hydrochloride:
CAS-Nr.: 0054340-60-2
IS: *BR 222 Hokuriku, JP*

Broncimucil® (Uriach: ES)
Bronquimucil® (Dansk: BR)
Bronquimucil® (Uriach: ES)

Brovincamine (Rec.INN)

L: Brovincaminum
D: Brovincamin
F: Brovincamine
S: Brovincamina

Vasodilator

CAS-Nr.: 0057475-17-9 C_{21}-H_{25}-Br-N_2-O_3
M_r 433.351

Eburnamenine-14-carboxylic acid, 11-bromo-14,15-dihydro-14-hydroxy-, methyl ester, (3α,14β,16α)-

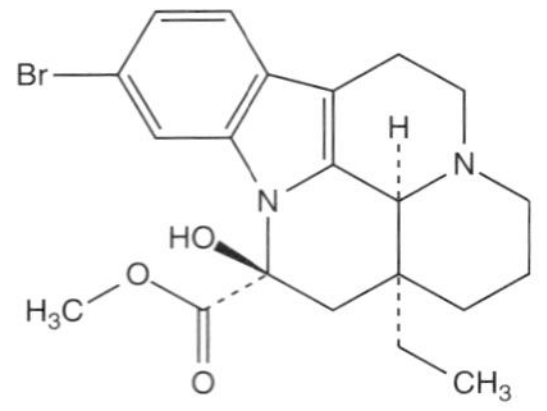

OS: *Brovincamine [USAN]*
IS: *BV 26-723*

Sarbromin® (Sankyo: JP)

Broxyquinoline (Rec.INN)

L: Broxyquinolinum
I: Broxiquinolina
D: Broxyquinolin
F: Broxyquinoline
S: Broxiquinolina

Antiprotozoal agent, amebicide

ATC: A07AX01,G01AC06,P01AA01
CAS-Nr.: 0000521-74-4 C_9-H_5-Br_2-N-O
M_r 302.949

8-Quinolinol, 5,7-dibromo-

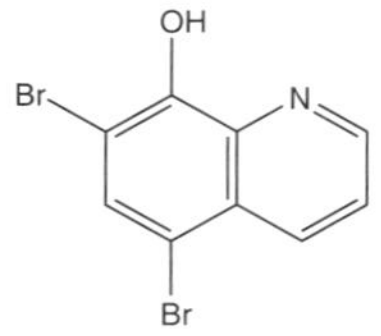

OS: *Broxyquinoline [DCF, USAN]*
OS: *Broxichinolina [DCIT]*
IS: *Broxichinolinum*
IS: *Diromo*
IS: *UCB 5055*

Starogyn® (Leiras: FI)

Bucillamine (Rec.INN)

L: Bucillaminum
D: Bucillamin
F: Bucillamine
S: Bucillamina

Antirheumatoid agent

ATC: M01CC02
CAS-Nr.: 0065002-17-7 C_7-H_{13}-N-O_3-S_2
M_r 223.311

L-Cysteine, N-(2-mercapto-2-methyl-1-oxopropyl)-

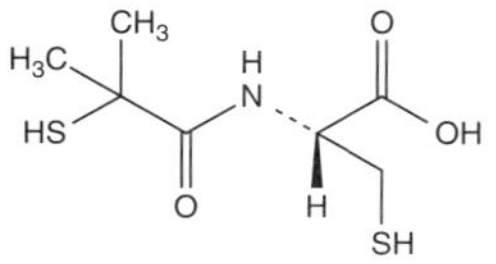

OS: *Bucillamine [JAN, USAN]*
IS: *SA 96*

Rimatil® (Santen: JP)

Bucladesine (Rec.INN)

L: Bucladesinum
D: Bucladesin
F: Bucladesine
S: Bucladesina

Cardiac stimulant, cardiotonic agent

ATC: C01CE04
CAS-Nr.: 0000362-74-3 C_{18}-H_{24}-N_5-O_8-P
M_r 469.41

N-(9-β-D-Ribofuranosyl-9H-purin-6-yl)butyramide cyclic 3',5'-(hydrogen phosphate)-2'-butyrate

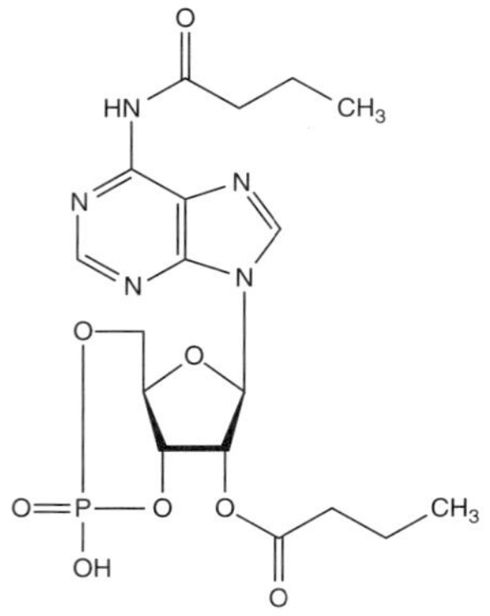

OS: *Bucladesine [USAN]*

– sodium salt:

Actosin® (Daiichi: JP)

Buclizine (Rec.INN)

L: Buclizinum
I: Buclizina
D: Buclizin
F: Buclizine
S: Buclizina

Antiallergic agent

Histamine, H_1-receptor antagonist

ATC: R06AE01
CAS-Nr.: 0000082-95-1 C_{28}-H_{33}-Cl-N_2
M_r 433.042

Piperazine, 1-[(4-chlorophenyl)phenylmethyl]-4-[[4-(1,1-dimethylethyl)phenyl]methyl]-

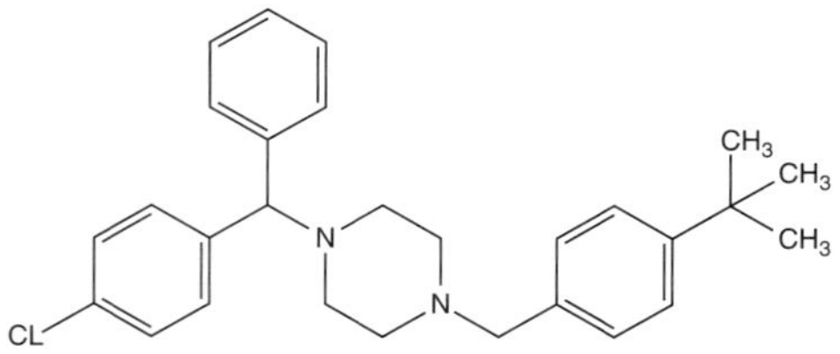

OS: *Buclizine [BAN, DCF]*
OS: *Buclizina [DCIT]*
IS: *Histabutizine*
IS: *AR 2526*

Buclixin® (Rocnarf: EC)

– dihydrochloride:

CAS-Nr.: 0000129-74-8

OS: *Buclizine Hydrochloride BANM, USAN*
IS: *UCB 4445*
PH: Buclizine Hydrochloride BP 2007

Aphilan® [tabl.] (UCB: FR)
Buclina® (Sanofi-Aventis: BR)
Buclina® (Vedim: PT)
Buclizine Beacons® (Beacons: SG)
Longifene® (Al Pharm: ZA)
Longifene® (UCB: BE, IN, LU, MY, TR)
Postadoxine® (GXI: PH)
Postafen® (Sanofi-Aventis: BR)
Proapetit® (Farmaser: CO)
Trianorex® (Patric: CO)

Bucolome (Rec.INN)

L: Bucolomum
I: Bucolomo
D: Bucolom
F: Bucolome
S: Bucolomo

Antiinflammatory agent

CAS-Nr.: 0000841-73-6 C_{14}-H_{22}-N_2-O_3
M_r 266.35

2,4,6(1H,3H,5H)-Pyrimidinetrione, 5-butyl-1-cyclohexyl-

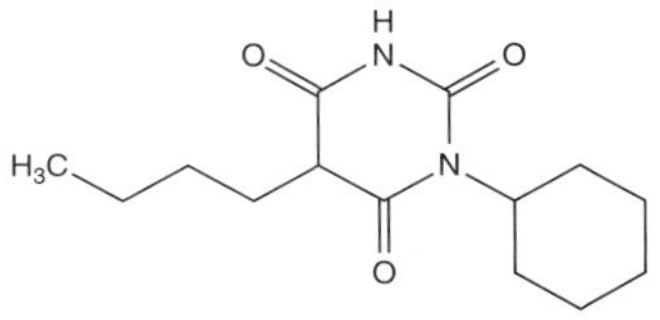

OS: *Bucolomo [DCIT]*
OS: *Bucolome [JAN, USAN]*
IS: *Bucolomun*
IS: *TBA 300*

Paramidin® (Takeda: JP)

Budesonide (Rec.INN)

L: Budesonidum
I: Budesonide
D: Budesonid
F: Budésonide
S: Budesonida

Adrenal cortex hormone, glucocorticoid

ATC: A07EA06,D07AC09,R01AD05,R03BA02
CAS-Nr.: 0051333-22-3 C_{25}-H_{34}-O_6
M_r 430.547

Pregna-1,4-diene-3,20-dione, 16,17-[butylidenebis(oxy)]-11,21-dihydroxy-, (11β,16α)-

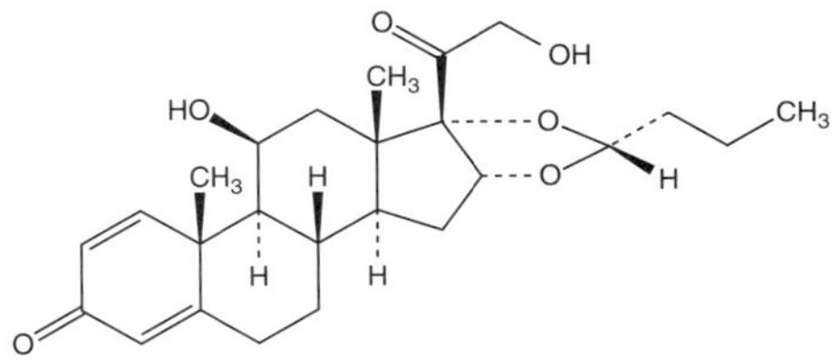

OS: *Budesonide [BAN, DCIT, JAN, USAN]*
OS: *Budésonide [DCF]*
IS: *S 1320*
PH: Budesonide [Ph. Eur. 5, USP 30]
PH: Budesonidum [Ph. Eur. 5]
PH: Budesonid [Ph. Eur. 5]
PH: Budésonide [Ph. Eur. 5]

Aero-Bud® (Andromaco: CL)
Aeronid® (Beximco: BD)
Aerovent® (Pablo Cassara: AR)
Aerovial® (Recalcine: CL)
Aircort® (Italchimici: IT)
Aldesonit® (Help: GR)
Apulein® (Gedeon Richter: CZ)
Aquacort® (Lindopharm: DE)
Asmavent® (UAP: PH)
Assieme Turbohaler® [+ Formoterol fumarate dihydrate] (Tecnifar: PT)
Astrocast® (Chrispa: GR)
Aurid® (Pharmathen: GR)
B-Cort bronquial® (Librapharma: CO)
B-Cort nasal acuso® (Librapharma: CO)
Benacort® (Pulmomed: RU)
Benarin® (Pulmomed: RU)
Benosid® (Farmasan: DE)
Bidien® (IDI: IT)
Biosonide® (Medicus: GR)
Budair® (Mepro: CL)
Budamax® (PMC: AU)
Budapp® (Dermapharm: DE)
Budasmal® (Chile: CL)
Budecol® (AstraZeneca: GR)
Budecort® (Astellas: DE)
Budecort® (AstraZeneca: BR)
Budecort® (Cipla: TH)
Budeflam® (Cipla: ZA)
BudeLich® (Winthrop: DE)
Budenase AQ® (Cipla: LK, VN)
Budenite® (Pharmanel: GR)
Budenofalk® (ARIS: TR)
Budenofalk® (Biotoscana: CL)
Budenofalk® (Codali: BE, LU)
Budenofalk® (Darya-Varia: ID)
Budenofalk® (Dr Falk: IE)
Budenofalk® (Falk: CZ, DE, DK, ES, GB, HU, LU, PH, PL, RO, SG)
Budenofalk® (Meda: FI, SE)
Budenofalk® (Salus: SI)
Budenofalk® (Tramedico: NL)
Budenofalk® (Vifor: CH)
Buderhin® (GlaxoSmithKline: PL)
Budes Nasenspray® (Hexal: DE)
Budesan® (Biospray: GR)
Budesoderm® (Verisfield: GR)
Budesogen® (Merck: HU)
Budesonal® (Verisfield: GR)
Budesonid acis® (acis: DE)
Budesonid AL® (Aliud: DE)
Budesonid Arrow® (Arrow: SE)
Budesonid Heumann® (Heumann: DE)
Budesonid Merck NM® (Merck NM: SE)
Budesonid Merck® (Merck dura: DE)
Budesonid Sandoz® (Sandoz: DE)
Budesonid Stada® (Stadapharm: DE)
Budesonid-CT® (CT: DE)
Budesonid-ratiopharm® (ratiopharm: DE)

Budesonida Aldo Union® (Aldo Union: ES)
Budesonida Nasal Aldo Union® (Aldo Union: ES)
Budesonida nasal Memphis® (Memphis: CO)
Budesonida Nasal Merck® (Merck: ES)
Budesonida® (Chemopharma: CL)
Budesonide Alpharma® (Alpharma: NL)
Budesonide A® (Apothecon: NL)
Budesonide CF® (Centrafarm: NL)
Budesonide Cyclocaps® (Teva: GB)
Budesonide Easyhaler Bexal® (Bexal: BE)
Budesonide GF® (Genfarma: NL)
Budesonide Inhalatiepoeder® (Pharbita: NL)
Budesonide Katwijk® (Katwijk: NL)
Budesonide Merck® (Merck Generics: NL)
Budesonide Nevel® (Pharmachemie: NL)
Budesonide Norma® (Norma: GR)
Budesonide PCH® (Pharmachemie: NL)
Budesonide PH&T® (PH&T: NL)
Budesonide Pharmachem® (Pharmachem: GR)
Budesonide Sandoz® (Sandoz: NL)
Budesonide Viatris® (Viatris: IT)
Budesonide® (Generics: GB)
Budesonide® (Hexal: NL)
Budesonide® (Kromme Rijn: NL)
Budesonide® (Pharmachemie: NL)
Budesonide® (Viatris: NL)
Budesonido Angenérico® (Angenérico: PT)
Budesonido Generis® (Generis: PT)
Budesonido Merck® (Merck Genéricos: PT)
Budesonido Novolizer® (Viatris: PT)
Budesonid® (Orion: FI)
Budeson® (Acme: BD)
Budeson® (Altana: AR)
Budeson® (Rafa: IL)
Budes® (Hexal: DE)
Budes® Easyhaler® (Hexal: DE)
Budiair® (Asche: DE)
Budiair® (Torrex: AT, SI)
Budiar® (Torrex: CZ)
Budicort® (Teva: IL)
Budison® (Wolff: DE)
Budo San® (Falk: PT)
Budo-san® (Merck: AT)
Budosan® (Falk: HR, RS)
Budésonide Sandoz® (Sandoz: FR)
Bunase® (TTN: TH)
Busonal® (Bevo: GR)
Busonid® (Biosintética: BR)
Butacort® (Pacific: NZ)
Butekont® (Med-One: GR)
Clebudan Aqua® (Grünenthal: CL)
Clebudan Nasal® (Grünenthal: CL)
Clebudan® (Grünenthal: CL)
Cortasm® (Zambon: BR)
Cortinasal® (Spirig: CH)
Cuteral® (Panalab: AR)
Cyclocaps Budesonid® (PB: DE)
Cycortide® (Pharmachemie: LK)
Dedostryl® (Antor: GR)
Demotest® (Farmacusi: ES)
Demotest® (Pierre Fabre: ES)
Desonax® (LPB: IT)
Dexalocal® (Farmanic: GR)
Disver® (Novamed: CO)
Docbudeso® (Docpharma: BE, LU)
Easi-Cort® (Ivax: CZ)
Eltair® (Douglas: SG, TH)
Eltair® (Scharper: IT)
Eltair® (TTN: TH)
Entocir® (AstraZeneca: IT)
Entocord D.A.C.® (D.A.C.: IS)
Entocord Enema® (AstraZeneca: ES)
Entocord Orifarm® (AstraZeneca: DK)
Entocord® (AstraZeneca: ES, ZA)
Entocort CIR® (AstraZeneca: CH)
Entocort CR® (AstraZeneca: GB, IE)
Entocort EC® (AstraZeneca: US)
Entocort Enema® (AstraZeneca: BR, CH, ES, GB, LU, PT)
Entocort Klysma® (AstraZeneca: NL)
Entocort Klysma® (Dr. Fisher: NL)
Entocort Klysma® (EU-Pharma: NL)
Entocort Klysma® (Eureco: NL)
Entocort Klysma® (Euro: NL)
Entocort Klyzma® (AstraZeneca: CZ)
Entocort® (AstraZeneca: AE, AR, AT, AU, BE, BH, BR, CA, CY, CZ, DE, DK, FI, FR, GB, GE, HK, HU, IL, IQ, IS, KW, LB, LU, LY, MT, MX, NL, NO, NZ, OM, PL, PT, QA, SA, SE, SG, TR, US, YE)
Entocort® (EU-Pharma: NL)
Entocort® (Euro: NL)
Esonide® (Kleva: GR, SG)
Farlidone® (Farmilia: GR)
Fentonal® (Osmopharm: DO)
Gen-Budesonide AQ® (Genpharm: CA)
Giona Easyhaler® (Meda: DK, NO, SE)
Giona Easyhaler® (Orion: AT, CZ, MY, TH)
Horacort® (Instytut Farmaceutyczny: PL)
Hypersol® (Pablo Cassara: AR)
Inflacort® (Bilim: TR)
Inflammide® (Boehringer Ingelheim: AR, CL, CO, CZ, EC, ID, MY, PE, SG, TH, ZA)
Inflanaze® (Boehringer Ingelheim: ZA)
Kesol® (PH&T: IT)
Lydenal® (Biomedica-Chemica: GR)
Merck-Rhinobudesonide® (Sanofi-Aventis: BE)
Miflonide® (Novartis: AT, BE, BR, CH, CO, CR, DE, DK, DO, ES, GR, GT, HN, HU, IL, IT, NI, PA, PL, PT, SV, TR)
Miflonid® (Novartis: CZ)
Miflonil® (Novartis: FR)
Miflo® (Promedica: IT)
Minalerg® (Minerva: GR)
Nasocort® (Teva: IL)
Nastizol® (Bagó: AR)
Neo Rinactive® (M4: ES)
Neplit Easyhaler® (Berlin-Chemie: HU)
Neplit Easyhaler® (Menarini: SI)
Neumocort® (Pablo Cassara: AR)
Neumotex® (Phoenix: AR)
Novolizer Budesonide® (Meda: GB, IE)
Novolizer Budesonide® (Viatris: AT, BE, LU)
Novopulm Novolizer® (Meda: ES)
Novopulmon Novolizer® (Meda: FR)
Novopulmon® (ASTA Medica: BR)
Novopulmon® (Meda: DE)
Numark® (Boehringer Ingelheim: MX)
Obecirol® (Farmedia: GR)
Obusonid® (Velka: GR)
Olfex® (Bial: ES)

Olfosonide® (Iasis: GR)
Olyspal® (Cosmopharm: GR)
Proetzonide® (Dallas: AR)
Pulairmax® (Ivax: DK)
Pulmaxan® (AstraZeneca: IT)
Pulmax® (Ivax: CZ, DE)
Pulmicort Nasal Turbuhaler® (AstraZeneca: CL)
Pulmicort Paranova® (AstraZeneca: DK)
Pulmicort Respules® (AstraZeneca: CH, GB, PE, VN)
Pulmicort SinGad® (AstraZeneca: DK)
Pulmicort Suspension Nebulizacion® (AstraZeneca: ES)
Pulmicort Topinasal® (AstraZeneca: DE)
Pulmicort Topinasal® (pharma-stern: DE)
Pulmicort Turbohaler® (AstraZeneca: AE, AT, BG, BH, CH, CO, CY, CZ, EG, ET, GB, GH, IQ, JO, KE, KW, LB, LU, LY, MT, MW, MZ, NG, OM, PT, QA, SA, SD, SY, TZ, UG, US, YE, ZM, ZW)
Pulmicort Turbuhaler D.A.C:® (D.A.C.: IS)
Pulmicort Turbuhaler Europharma DK® (AstraZeneca: DK)
Pulmicort Turbuhaler® (AstraZeneca: BR, CZ, DE, ES, FR, IS, NO, NZ, PE, RO, RU, SI, TH, TR)
Pulmicort® (Aktuapharma: BE)
Pulmicort® (AstraZeneca: AG, AN, AT, AU, AW, BE, BM, BR, BS, BZ, CA, CH, CN, CO, CR, CZ, DE, DK, DO, ES, FI, FR, GB, GD, GE, GR, GT, GY, HK, HN, HT, HU, ID, IE, IN, IS, JM, LC, LK, LU, MX, MY, NI, NL, NO, NZ, PA, PE, PL, PT, RO, RS, RU, SE, SG, SR, SV, TH, TR, TT, US, VC, VN, ZA)
Pulmicort® (Delphi: NL)
Pulmicort® (Dowelhurst: NL)
Pulmicort® (Dr. Fisher: NL)
Pulmicort® (EU-Pharma: NL)
Pulmicort® (Eureco: NL)
Pulmicort® (Euro: NL)
Pulmicort® (Medcor: NL)
Pulmicort® (Nedpharma: NL)
Pulmicort® (pharma-stern: DE)
Pulmictan® (Faes: PE)
Pulmictan® (Reig Jofre: ES)
Pulmo-lisoflam® (Pfizer: AR)
Pulmovent® (Medis: RS, SI)
Recupex® (Bestpharma: CL)
Resata® (Rafarm: GR)
Respicort® (Mundipharma: DE)
Rhinobros® (Bros: GR)
Rhinobudesonide-Merck® (Merck: LU)
Rhinocort Aqua® (AstraZeneca: AE, AG, AN, AT, AW, BH, BM, BS, BZ, CA, CL, CO, CR, CY, CZ, DK, DO, EG, ES, ET, GB, GD, GH, GT, GY, HN, HT, ID, IQ, IS, JM, JO, KE, KW, LB, LC, LK, LU, LY, MT, MW, MZ, NG, NI, OM, PA, PE, QA, RO, SA, SD, SR, SV, SY, TH, TT, TZ, UG, US, VC, VN, YE, ZM, ZW)
Rhinocort D.A.C.® (D.A.C.: IS)
Rhinocort Hayfever® (AstraZeneca: AU)
Rhinocort Turbuhaler® (AstraZeneca: IE, IS, NO)
Rhinocort® (AstraZeneca: AT, AU, BE, BG, CA, CH, CN, CZ, DK, ES, FI, FR, GB, GE, HK, HU, IN, IS, IT, MX, MY, NL, NO, PE, PL, SE, SG, TR, US, ZA)
Rhinocort® (Delphi: NL)
Rhinocort® (EU-Pharma: NL)
Rhinocort® (Eureco: NL)
Rhinocort® (Euro: NL)
Rhinocort® (Medcor: NL)
Rhinocort® (pharma-stern: DE)
Rhinoside® (Biomedica-Chemica: GR)
Rhinosol® (AstraZeneca: DK)
Ribujet® (Chiesi: ES)
Ribuspir® (Torrex: SI)
Rilast Turbuhaler® [+ Formoterol fumarate dihydrate] (Esteve: ES)
Rino-B® (Pablo Cassara: AR)
Rinolet Aqua® (Home Pharma: PE)
Rinoster® (Zwitter: GR)
Simbicort® [+Formoterol fumarate dihydrate] (AstraZeneca: RU)
Sonidal® (Specifar: GR)
Spirocort® (AstraZeneca: AR, DK)
Spirocort® (Simesa: IT)
Symbicort Turbuhaler® [+ Formoterol fumarate dihydrate] (AstraZeneca: CL)
Symbicort® [+ Formoterol fumarate dihydrate] (AstraZeneca: AU, BE, BR, CN, ES, HK, HR, IE, NO, NZ, PT, RS, SG, TR, VN)
Tafen Nasal® (Lek: BA, CZ, HR, RU, SI)
Tafen Novolizer® (Lek: BA, HR, RS, SI)
Tafen® (Lek: BA, CZ, PL, RO, SI)
Talgan® (Anfarm: GR)
Timalar® (Biogen: CO)
Udesogel® (Faran: GR)
Udesospray® (Faran: GR)
Vericort® (Viofar: GR)
Vinecort® (Genepharm: GR)
Xavin® (Ivax: IT)
Zefecort® (Vocate: GR)
Zycort® (Square: BD)
Zymacter® (Remedina: GR)

Budipine (Rec.INN)

L: Budipinum
D: Budipin
F: Budipine
S: Budipino

Antiparkinsonian

CAS-Nr.: 0057982-78-2 C_{21}-H_{27}-N
M_r 293.457

Piperidine, 1-(1,1-dimethylethyl)-4,4-diphenyl-

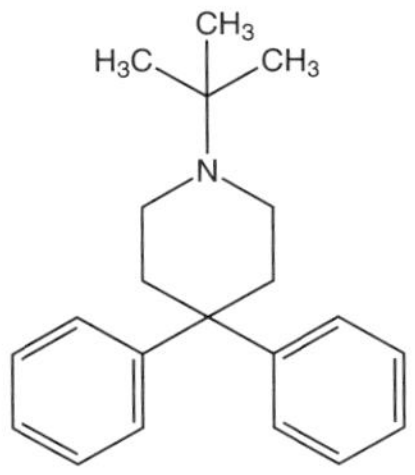

OS: *Budipine [USAN]*
IS: *BY 701 (Byk Gulden, Germany)*

– hydrochloride:

CAS-Nr.: 0063661-61-0

Parkinsan® (Lundbeck: DE)

Budralazine (Rec.INN)

L: Budralazinum
D: Budralazin
F: Budralazine
S: Budralazina

Antihypertensive agent
Vasodilator

CAS-Nr.: 0036798-79-5 C_{14}-H_{16}-N_4
M_r 240.322

4-Methyl-3-penten-2-one (1-phthalazinyl)hydrazone

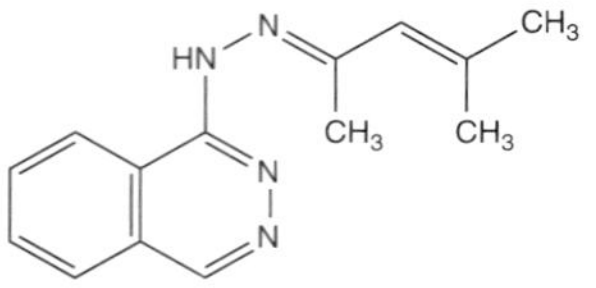

OS: *Budralazine [JAN, USAN]*
IS: *DJ 1461 (Daiichi Seiyaku, Japan)*

Buterazine® (Daiichi: JP)

Bufexamac (Rec.INN)

L: Bufexamacum
I: Bufexamac
D: Bufexamac
F: Bufexamac
S: Bufexamaco

Antiinflammatory agent
Analgesic
Antipyretic

ATC: M02AA09
CAS-Nr.: 0002438-72-4 C_{12}-H_{17}-N-O_3
M_r 223.278

Benzeneacetamide, 4-butoxy-N-hydroxy-

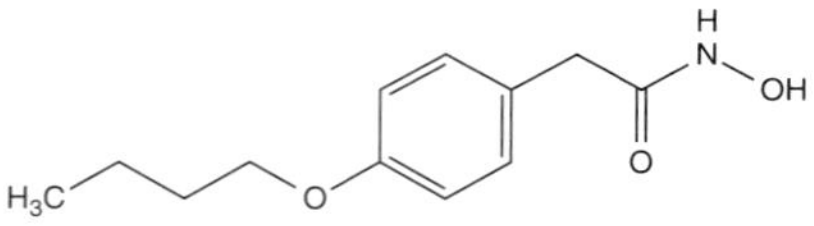

OS: *Bufexamac [BAN, DCF, DCIT, JAN, USAN]*
IS: *CP 1044 J3*
PH: Bufexamac [Ph. Eur. 5 , JP XIV]
PH: Bufexamacum [Ph. Eur. 5]

Anderm® (Takeda: JP)
Bufal® (PF: LU)
Bufederm® (Galenpharma: DE)
Bufexamac-ratiopharm® (ratiopharm: DE)
Bufexan® (Lannacher: AT)
Droxaryl® (Continental: AE, JO, KW, LB, SD)
Droxaryl® (Pfizer: LU)
Droxaryl® (Sanofi-Synthelabo: NL)
Droxaryl® (Sanova: AT)
duradermal® (Merck dura: DE)
Fansamac® (Farmigea: IT)
Isoderm® (Orva: TR)
Jomax® (Taurus: DE)
Malipuran® (Pfizer: DE)
Paraderm® (Whitehall: AU)
Parfenac® (Chefaro: NL)
Parfenac® (Dermapharm: AT, CH)
Parfenac® (Riemser: DE)
Parfenac® (Wyeth: FR)
Parfenac® (Wyeth Pharmaceuticals: PT)
Viafen® (Novartis Consumer Health: IT)
Windol® (Dermapharm: DE)

Buflomedil (Rec.INN)

L: Buflomedilum
I: Buflomedil
D: Buflomedil
F: Buflomédil
S: Buflomedil

Vasodilator, peripheric

ATC: C04AX20
CAS-Nr.: 0055837-25-7 C_{17}-H_{25}-N-O_4
M_r 307.397

1-Butanone, 4-(1-pyrrolidinyl)-1-(2,4,6-trimethoxyphenyl)-

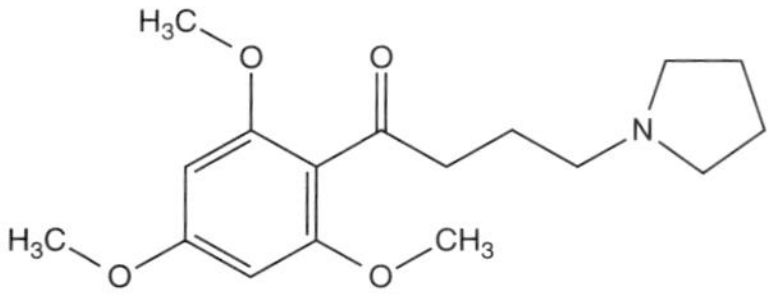

OS: *Buflomedil [BAN, DCF, DCIT, USAN]*
IS: *LL 1656*

Buflomedil L.CH.® (Chile: CL)
Buflomedil® (Andromaco: CL)
Buflomed® (Scott: AR)
Buflomédil G Gam® (G Gam: FR)
Lofton® (Abbott: AR)

– hydrochloride:

CAS-Nr.: 0035543-24-9
OS: *Buflomedil Hydrochloride BANM*
PH: Buflomedil Hydrochloride Ph. Eur. 5
PH: Buflomedili hydrochloridum Ph. Eur. 5
PH: Buflomedilhydrochlorid Ph. Eur. 5
PH: Buflomédil (chlorhydrate de) Ph. Eur. 5

Arteriol® (Gador: AR)
Bladiron® (Anfarm: GR)
Botamiral® (Biospray: GR)
Bufedil® (Abbott: BR, DE)
Buflan® (Fournier: IT)
Buflo AbZ® (AbZ: DE)
Buflo-POS® (Ursapharm: DE)
Buflo-Puren® (Alpharma: DE)
Buflocit® (CT: IT)
Buflodil® (Medichrom: GR)
Buflohexal® (Hexal: AT, DE, LU)
Buflomed Genericon® (Genericon: AT)
Buflomedil 1A Pharma® (1A Pharma: DE)
Buflomedil EG® (Eurogenerics: BE)
Buflomedil Fada® (Fada: AR)
Buflomedil HCL Med-One® (Med-One: GR)
Buflomedil Heumann® (Heumann: DE)
Buflomedil Lafedar® (Lafedar: AR)
Buflomedil Lindo® (Lindopharm: DE)
Buflomedil Ratiopharm® (ratiopharm: DE)
Buflomedil Ratiopharm® (Ratiopharm: PT)

Buflomedil Stada® (Stadapharm: DE)
Buflomedil Zydus® (Zydus: FR)
Buflomedil-1A Pharma® (Alpharma: DE)
Buflomedil-CT® (CT: DE)
Buflomédil Biogaran® (Biogaran: FR)
Buflomédil EG® (EG Labo: FR)
Buflomédil Merck® (Merck Génériques: FR)
Buflomédil RPG® (RPG: FR)
Buflomédil Sandoz® (Sandoz: FR)
Buflotop® (Topgen: BE)
Buflox® (Hexal: PL)
Buvasodil® (ICN: PL)
Chlorofarm-S® (Biostam: GR)
Complamin Buflomedil® (Riemser: DE)
Cordimedil® (Kleva: GR)
Defluina® (Aventis: DE)
Dialon-T® (Specifar: GR)
Dicasin® (Mentinova: GR)
Docbuflome® (Docpharma: BE, LU)
Farmidil® (Relyo: GR)
Flomed® (Pulitzer: IT)
Flubir® (Norma: GR)
Fonzylane® (Cephalon: FR)
Gaveril® (Bevo: GR)
Ikelan® (Medochemie: CN)
Irrodan® (Biomedica Foscama: CN, HK, IT, TH)
Kelomedil® (Kela: BE)
Lofton® (Abbott: AR, ES)
Loftyl® (Abbott: AT, BE, CH, CO, GR, ID, IT, LU, NL, PE, PT, ZA)
Loftyl® (Euro: NL)
Meligran® (Coup: GR)
Ostramont® (Chrispa: GR)
Palimodon® (Pharmathen: GR)
Penpurin® (Elpen: GR)
Sinoxis® (Hosbon: ES)
Sulodil® (Viofar: GR)
Thiocodin® (Bros: GR)
Vanogel® (Faran: GR)
Vardolin® (Help: GR)
Zelian® (Rafarm: GR)

Buformin (Prop.INN)

L: Buforminum
I: Buformina
D: Buformin
F: Buformine
S: Buformina

Antidiabetic agent

ATC: A10BA03
CAS-Nr.: 0000692-13-7 — C_6-H_{15}-N_5, M_r 157.236

Imidodicarbonimidic diamide, N-butyl-

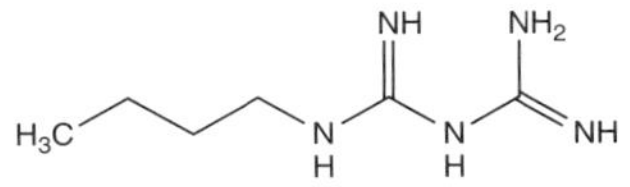

OS: *Buformin [USAN]*
OS: *Buformina [DCIT]*
IS: *1-Butylbiguanide (WHO)*
IS: *DBV*
IS: *Glybigide*
IS: *W 37*
IS: *Butformin*

Silubin Retard® (Andromaco: ES)
Silubin Retard® (Grünenthal: RO)

– **hydrochloride:**

CAS-Nr.: 0001190-53-0
PH: Buforminium chloratum PhBs IV

Adebit® (Sanofi-Aventis: HU)
Adebit® (Sanofi-Synthelabo: CZ)
Dibetos® (Kodama: JP)
Silubin Retard® (Grünenthal: CZ)
Silubin® (Andromaco: ES)
Silubin® (Grünenthal: CZ)

Bumadizone (Rec.INN)

L: Bumadizonum
I: Bumadizone
D: Bumadizon
F: Bumadizone
S: Bumadizona

Antiinflammatory agent
Analgesic

ATC: M01AB07
CAS-Nr.: 0003583-64-0 — C_{19}-H_{22}-N_2-O_3, M_r 326.405

Propanedioic acid, butyl-, mono(1,2-diphenylhydrazide)

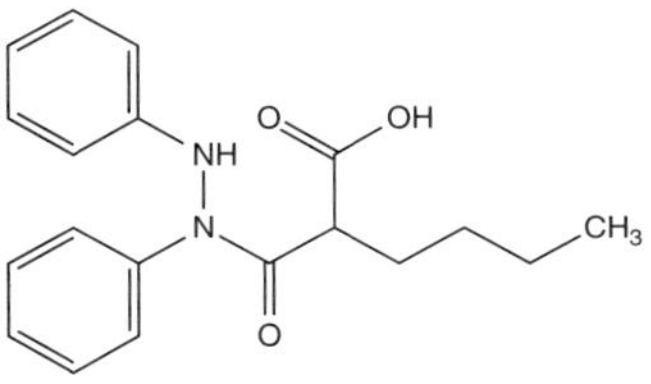

OS: *Bumadizone [DCF, DCIT, USAN]*
IS: *B 64114 (Byk Gulden, Germany)*

– **calcium salt:**

CAS-Nr.: 0069365-73-7

Desflam® (Merck: MX)

Bumetanide (Rec.INN)

L: Bumetanidum
I: Bumetanide
D: Bumetanid
F: Bumétanide
S: Bumetanida

Diuretic, loop

ATC: C03CA02
CAS-Nr.: 0028395-03-1 — C_{17}-H_{20}-N_2-O_5-S, M_r 364.427

Benzoic acid, 3-(aminosulfonyl)-5-(butylamino)-4-phenoxy-

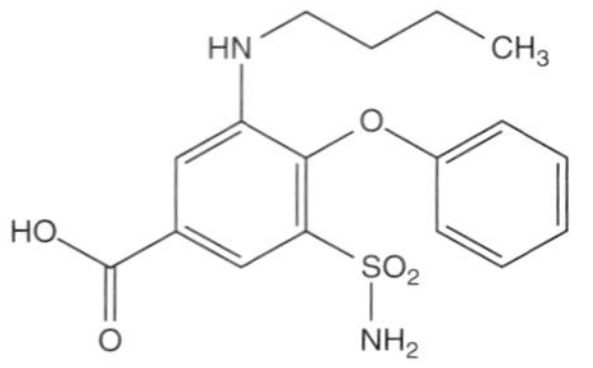

OS: *Bumetanide [BAN, DCF, DCIT, JAN, USAN]*
IS: *Ro 10-6338 (Roche, USA)*
IS: *CS 380 (Sankyo, Japan)*
PH: Bumetanide [Ph. Eur. 5, JP XIV, USP 30]
PH: Bumetanidum [Ph. Eur. 5]
PH: Bumétanide [Ph. Eur. 5]
PH: Bumetanid [Ph. Eur. 5]

Bumetanid Copyfarm® (Copyfarm: DK)
Bumetanide Alpharma® (Alpharma: NL)
Bumetanide A® (Apothecon: NL)
Bumetanide CF® (Centrafarm: NL)
Bumetanide Gf® (Genfarma: NL)
Bumetanide Katwijk® (Katwijk: NL)
Bumetanide Merck® (Merck Generics: NL)
Bumetanide PCH® (Pharmachemie: NL)
Bumetanide Sandoz® (Sandoz: NL)
Bumetanide Tabletts® (Baxter: US)
Bumetanide Tabletts® (Bedford: US)
Bumetanide Tabletts® (Eon: US)
Bumetanide Tabletts® (Hospira: US)
Bumetanide Tabletts® (Mylan: US)
Bumetanide Tabletts® (Sicor: US)
Bumetanide Tabletts® (Teva: US)
Bumetanide Tabletts® (UDL: US)
Bumetanide® (Actavis: GB)
Bumetanide® (Generics: GB)
Bumetanide® (Hexal: NL)
Bumetanide® (Hillcross: GB)
Bumetanide® (Leo: GB, NL)
Bumetanide® (Niche: NL)
Bumetanide® (Teva: GB)
Bumetanid® (Remedica: CY)
Bumex® (Roche: US)
Burinax® (Solvay: BR)
Burinex® (Al Pharm: ZA)
Burinex® (CSL: AU, NZ)
Burinex® (Leo: AN, AT, BB, BE, CA, CH, CR, DE, DK, DO, FR, GB, GT, HK, HN, IE, JM, LK, LU, NL, NO, PA, SE, SG, SV, TT)
Burinex® (Pharmagan: SI)
Burinex® (Sigma Tau: IT)
Drenural® (Grossman: MX)
Fordiuran® (Boehringer Ingelheim: ES)
Fordiuran® (Farmacusi: ES)
Fordiuran® (Thomae: DE)
Lunetoron® (Sankyo: JP)
Miccil® (Senosiain: DO, GT, HN, MX, PA, SV)
Yurinex® (Hemofarm: RS)

Bunazosin (Rec.INN)

L: Bunazosinum
D: Bunazosin
F: Bunazosine
S: Bunazosina

α-Adrenergic blocking agent

CAS-Nr.: 0080755-51-7 C_{19}-H_{27}-N_5-O_3
M_r 373.475

1H-1,4-Diazepine, 1-(4-amino-6,7-dimethoxy-2-quinazolinyl)hexahydro-4-(1-oxobutyl)-

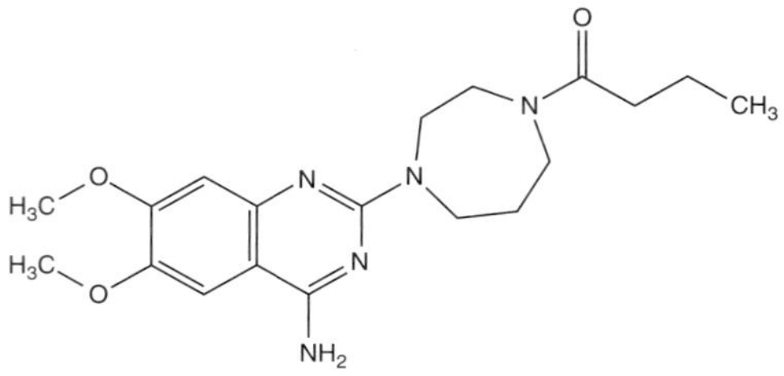

OS: *Bunazosin [USAN]*
IS: *E 643*

- hydrochloride:

CAS-Nr.: 0052712-76-2
OS: *Bunazosin Hydrochloride JAN*
PH: Bunazosin Hydrochloride JP XIV

Andante® (Boehringer Ingelheim: DE)
Detantol® (Eisai: ID, JP, TH)

Buphenine (Rec.INN)

L: Bupheninum
I: Bufenina
D: Buphenin
F: Buphénine
S: Bufenina

Vasodilator, peripheric
Sympathomimetic agent

ATC: C04AA02,G02CA02
CAS-Nr.: 0000447-41-6 C_{19}-H_{25}-N-O_2
M_r 299.419

Benzenemethanol, 4-hydroxy-α-[1-[(1-methyl-3-phenylpropyl)amino]ethyl]-

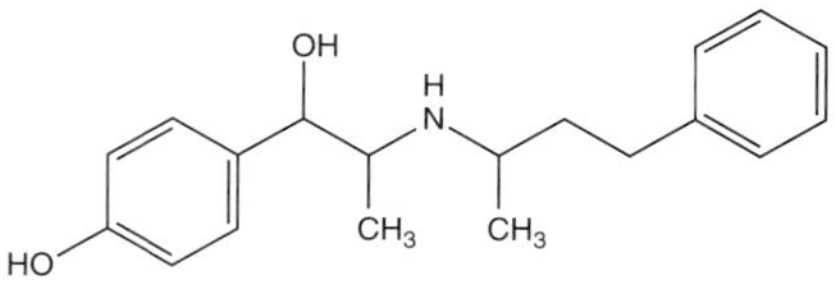

OS: *Buphenine [BAN, DCF]*
OS: *Bufenina [DCIT]*
IS: *Nylidrinum*
IS: *phenyl-butyl-norsuprifene*
IS: *CS 6712*
IS: *SKF 1700-A*

- hydrochloride:

CAS-Nr.: 0000849-55-8
OS: *Nylidrin Hydrochlorid USAN*

IS: *CS 6712*
IS: *Nylidrin Hydrochloride*
PH: Nylidrin Hydrochloride USP XXII

Arlidin® (Erfa: CA)
Arlidin® (Grossman: MX)
Arlidin® (USV: IN)
Dilydrin® (Willvonseder & Marchesani: AT)
Opino® (Wabosan: AT)

Bupivacaine (Rec.INN)

L: **Bupivacainum**
I: **Bupivacaina**
D: **Bupivacain**
F: **Bupivacaïne**
S: **Bupivacaina**

Local anesthetic

ATC: N01BB01
CAS-Nr.: 0002180-92-9 — C_{18}-H_{28}-N_2-O, M_r 288.442

2-Piperidinecarboxamide, 1-butyl-N-(2,6-dimethyl-phenyl)-

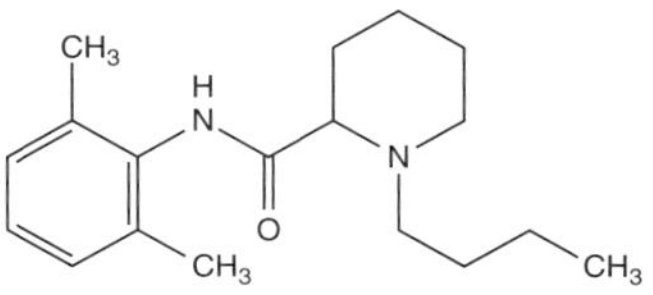

OS: *Bupivacaine [BAN, DCF]*
OS: *Bupivacaina [DCIT]*
IS: *Win 11318*

Bucaine® (Hikma: AE, BH, EG, IQ, JO, KW, LB, LY, OM, QA, SA, SD, SY, TN, YE)
Bupinest® (Trifarma: PE)
Bupivacaine HCl PCH® (Pharmachemie: NL)
Bupivacaină® (Terapia: RO)

– hydrochloride:

CAS-Nr.: 0014252-80-3
OS: *Bupivacaine Hydrochloride BANM, USAN*
IS: *AH 2250*
IS: *LAC-43*
IS: *Pyridinecarboxamide*
IS: *Win 11318*
PH: Bupivacaïne (chlorhydrate de) Ph. Eur. 5
PH: Bupivacaine Hydrochloride Ph. Eur. 5, Ph. Int. 4, USP 30
PH: Bupivacainhydrochlorid Ph. Eur. 5
PH: Bupivacaini hydrochloridum Ph. Eur. 5, Ph. Int. 4

Abocain® (Unimed & Unihealth: BD)
Bicain® (Orion: FI)
Bucaine® [vet.] (Bomac: NZ)
Bucain® (DeltaSelect: AT, DE)
Bucain® (Pharma-Marketing: HU)
Bupibil® (Biologici: IT)
Bupicaina® (Scott: AR)
Bupicain® (Monico: IT)
Bupiforan® (Baxter: IT, NL)
Bupigobbi® (Gobbi: AR)
Bupinex® (Richmond: AR)
Bupirop® (Ropsohn: CO, PE)
Bupisen® (Galenica: IT)
Bupisolver® (Solver: IT)
Bupivacain ACS Dobfar Info® (ACS: CH)
Bupivacain Jenapharm® (Jenapharm: DE)
Bupivacain SAD® (SAD: DK)
Bupivacain Sintetica® (Sintetica: CH)
Bupivacain Spinal® (SAD: DK)
Bupivacaina Angelini® (Angelini: IT)
Bupivacaina Boniscontro e Gazzone® (Boniscontro & Gazzone: IT)
Bupivacaina Braun® (Braun: ES, PT)
Bupivacaina Clorhidrato Hiperbarica® (Sanderson: CL)
Bupivacaina Clorhidrato® (Bestpharma: CL)
Bupivacaina Clorhidrato® (Biosano: CL)
Bupivacaina Clorhidrato® (Sanderson: CL)
Bupivacaina Fisiopharma® (Fisiopharma: IT)
Bupivacaina Gemepe® (Gemepe: AR)
Bupivacaina Hiperbarica® (Biosano: CL)
Bupivacaina Recordati® (Recordati: IT)
Bupivacaine Bioren® (Bioren: CH)
Bupivacaine DeltaSelect® (DeltaSelect: CZ, NL)
Bupivacaine HCl ratiopharm® (Ratiopharm: NL)
Bupivacaine Hydrochloride® (DeltaSelect: CZ)
Bupivacaine Hydrochloride® (Hospira: US)
Bupivacaine Hydrochloride® (Pharmacia: AU)
Bupivacaine Injection BP® (Pharmacia: AU)
Bupivacaine® (Goldshield: GB)
Bupivacaine® (Pharmacia: AU)
Bupivacainum hydrochloricum® (Polfa Warszawa: PL)
Bupivacaïne Aguettant® (Aguettant: FR)
Bupixamol® (Molteni: IT)
Bupi® (Comiesa Druc: PE)
Carbostesin® (AstraZeneca: AT, CH, DE)
Cloridrato de Bupivacaina® (Abbott: BR)
Dolanaest® (Gebro: AT)
Dolanaest® (Strathmann: DE)
Duracain® (Sintetica: CH)
Kamacaine® (Kamada: IL)
Macaine® (Al Pharm: ZA)
Marcain spinal tung® (AstraZeneca: DK, IS, NO, SE)
Marcain Spinal® (AstraZeneca: DK, HK, IS, LK, NO, SE)
Marcaina® (AstraZeneca: BR, IT, PT)
Marcaine Spinal® (AstraZeneca: CZ, ID, IL, NZ, RO, RS, TH)
Marcaine® (AstraZeneca: AE, AG, AN, AW, BE, BG, BH, BM, BS, BZ, CY, CZ, EG, ET, GD, GE, GH, GY, HT, IL, IQ, JM, JO, KE, KW, LB, LC, LU, LY, MT, MW, MZ, NG, NL, OM, PL, QA, RO, RS, SA, SD, SI, SR, SY, TR, TT, TZ, UG, VC, YE, ZM, ZW)
Marcaine® (Hospira: CA, US)
Marcain® (AstraZeneca: AU, DK, GB, HK, HU, ID, IS, LK, MY, NO, NZ, SE, SG, TH, VN)
Marcain® (Sarabhai: IN)
Marcain® [vet.] (AstraZeneca: GB)
Marcaïne® (AstraZeneca: FR)
Micro Bupivacaine® (Micro: ZA)
Neocaina® (Cristália: BR)
Neocaina® (Ethicalpharma: PE)
Sensorcaine® (AstraZeneca: CA, IN, PH, US)
Svedocain Sin Vasoconstr® (Inibsa: ES)

Svedocain® (Inibsa: ES)
Ultracaine® (Jayson: BD)

Bupranolol (Rec.INN)

L: Bupranololum
I: Bupranololo
D: Bupranolol
F: Bupranolol
S: Bupranolol

Glaucoma treatment
β-Adrenergic blocking agent

ATC: C07AA19
CAS-Nr.: 0014556-46-8 C_{14}-H_{22}-Cl-N-O_2
M_r 271.79

2-Propanol, 1-(2-chloro-5-methylphenoxy)-3-[(1,1-dimethylethyl)amino]-

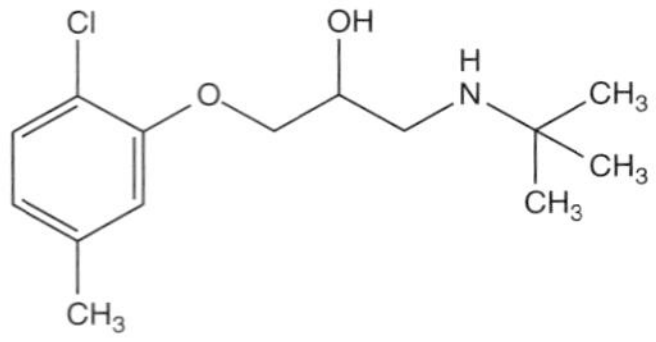

OS: *Bupranolol [DCF, USAN]*
OS: *Bupranololo [DCIT]*
IS: *KL 255*

– hydrochloride:

CAS-Nr.: 0015148-80-8
OS: *Bupranolol Hydrochloride JAN*
IS: *B 1312*
IS: *KL 255*
PH: Bupranolol Hydrochloride JP XIV

betadrenol® (Desma: DE)
betadrenol® (Schwarz: IT)

Buprenorphine (Rec.INN)

L: Buprenorphinum
I: Buprenorfina
D: Buprenorphin
F: Buprénorphine
S: Buprenorfina

Opioid analgesic

ATC: N07BC51,N02AE01
ATCvet: QN02AE01
CAS-Nr.: 0052485-79-7 C_{29}-H_{41}-N-O_4
M_r 467.657

6,14-Ethenomorphinan-7-methanol, 17-(cyclopropylmethyl)-α-(1,1-dimethylethyl)-4,5-epoxy-18,19-dihydro-3-hydroxy-6-methoxy-α-methyl-, [5α,7α(S)]-

21-Cyclopropyl-7alpha-[(S)-1-hydroxy-1,2,2-trimethylpropyl]-6,14-endo-ethano-6,7,8,14-tetrahydrooripavine (WHO)

(5R,6R,6R,7R,9R,13S,14S)-17-Cyclopropylmethyl-7-[(S)-3,3-dimethyl-2-hydroxybutan-2-yl-]-6-methoxy-4,5-epoxy-6,14-ethanomorphinan-3-ol (IUPAC)

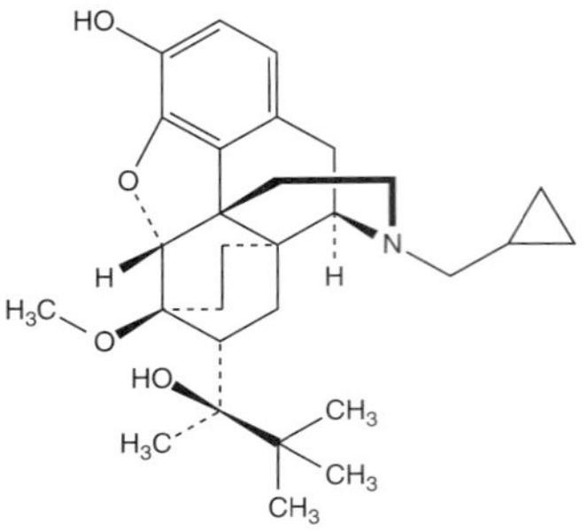

OS: *Buprenorphine [BAN, DCF]*
OS: *Buprenorfina [DCIT]*
IS: *6029-M (Reckitt & Colman, Great Britain)*
PH: Buprenorphine [Ph. Eur. 5]
PH: Buprenorphinum [Ph. Eur. 5]
PH: Buprenorphin [Ph. Eur. 5]
PH: Buprénorphine [Ph. Eur. 5]

Butrans® [TTS] (Napp: GB, IE)
Nopan® (CTS: IL)
Norspan® (Grünenthal: DE)
Norspan® (Mundipharma: NO, SE)
Norspan® (Norpharma: DK)
Transtec® (Formenti: IT)
Transtec® (Grunenthal: ES)
Transtec® (Grünenthal: AT, BE, CH, CL, CZ, DE, DK, HR, HU, LU, MX, PL, PT, RU, SI)
Transtec® (Napp: GB, IE)
Tridol® (Grünenthal: SI)

– hydrochloride:

CAS-Nr.: 0053152-21-9
OS: *Buprenorphine Hydrochloride BANM, JAN, USAN*
IS: *CL 112302 (Lederle, USA)*
IS: *NIH 8805*
IS: *RX 6029-M (Reckitt & Colman, Great Britain)*
IS: *UM 952*
PH: Buprenorphine Hydrochloride Ph. Eur. 5, USP 30
PH: Buprenorphini hydrochloridum Ph. Eur. 5
PH: Buprenorphinhydrochlorid Ph. Eur. 5
PH: Buprénorphine (chlorhydrate de) Ph. Eur. 5

Brospina® (Pisa: MX)
Bunondol® (Polfa Warszawa: PL)
Buprenex® (Reckitt Benckiser: US)
Buprenorfin 1A Farma ® (1A Farma: DK)
Buprenorphin DeltaSelect® (DeltaSelect: DE)
Buprenorphine Hydrochloride® (Bedford: US)
Buprenorphine Hydrochloride® (Hospira: US)
Buprex® (Esteve: ES)
Buprex® (Reckitt & Colman: US)
Buprex® (Schering: PE)
Buprex® (Schering-Plough: ES)
Buprine® (Siam Bheasach: TH)
Buprénorphine Arrow® (Arrow: FR)
Norphin® (Unichem: IN)
Pentorel® (Khandelwal: IN)
Prefin® (Key: ES)
Subutex® (Aesca: AT)
Subutex® (Essex: CH, DE, IT)

Subutex® (Reckitt & Benckiser: IL)
Subutex® (Reckitt Benckiser: AU, US)
Subutex® (Schering-Plough: BE, CZ, DK, ES, FI, FR, GB, GR, HK, HR, ID, IE, IS, LU, MY, NO, SE, SG, SI)
Temgesic® (Aesca: AT)
Temgesic® (Essex: CH, DE)
Temgesic® (Grünenthal: DE)
Temgesic® (Kirby: EC)
Temgesic® (Reckitt Benckiser: AU, NZ)
Temgesic® (Reckitt Benckiser-UK: IT)
Temgesic® (Schering-Plough: BE, BR, CR, CZ, DK, DO, FI, GB, GT, HK, LU, MX, NL, NO, SE, TH)
Temgésic® (Schering-Plough: FR)
Tremgesic® (Essex: DE)
Vetergesic® [vet.] (Alstoe: GB)

Bupropion (Rec.INN)

L: Bupropionum
D: Bupropion
F: Bupropione
S: Bupropiona

Antidepressant

ATC: N07BA02
CAS-Nr.: 0034911-55-2 C_{13}-H_{18}-Cl-N-O
M_r 239.747

1-Propanone, 1-(3-chlorophenyl)-2-[(1,1-dimethyl-ethyl)amino]-, (±)-

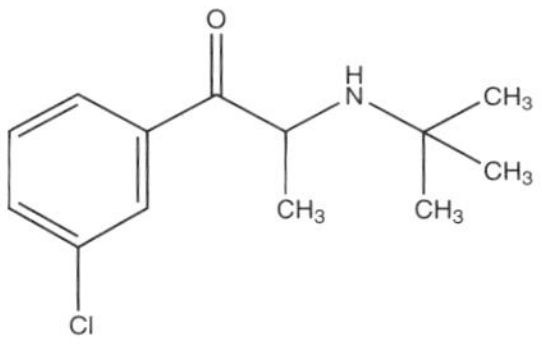

OS: *Bupropion [BAN]*
OS: *Amfebutamone [BAN]*

Buxon® (Saval: CL)
Wellbutrin® (GlaxoSmithKline: MX)

– hydrochloride:

CAS-Nr.: 0031677-93-7
OS: *Amfebutamone Hydrochloride BANM*
OS: *Bupropion Hydrochloride USAN*
IS: *BW 323*
IS: *WB*

Bupropion Hydrochloride® (Eon: US)
Bupropion Hydrochloride® (Global: US)
Bupropion Hydrochloride® (Mylan: US)
Bupropion Hydrochloride® (Sandoz: US)
Bupropion Hydrochloride® (Teva: US)
Bupropion Hydrochloride® (UDL: US)
Bupropion Hydrochloride® (Watson: US)
Butrew® (Quimico: MX)
Corzen® (GlaxoSmithKline: NL)
Dosier® (Tecnofarma: CL)
Elontril® (GlaxoSmithKline: DE)
Novo-Bupropion® (Novopharm: CA)
Odranal® (Raffo: AR)
Odranal® (Tecnofarma: CO)
Quomem® (GlaxoSmithKline: LU, NL, TH)
Quomem® (SmithKline Beecham: ES)
Sandoz Bupropion® (Sandoz: CA)
Wellbutrin Paranova® (GlaxoSmithKline: CZ, DK)
Wellbutrin® (Biovail: CA)
Wellbutrin® (GlaxoSmithKline: AG, AN, AR, AW, BA, BB, CL, CO, CR, CZ, DO, EC, GD, GT, GY, HK, HN, HU, JM, LC, NI, PA, RO, SG, SV, TT, US, VC, ZA)
Zetron® (Libbs: BR)
Zyban® (Biovail: CA)
Zyban® (Dr. Fisher: NL)
Zyban® (EU-Pharma: NL)
Zyban® (Euro: NL)
Zyban® (Glaxo Wellcome: PT)
Zyban® (GlaxoSmithKline: AG, AN, AT, AU, AW, BA, BB, BE, BR, CH, CZ, DE, DK, FI, FR, GB, GD, GY, HK, HR, IE, IL, IN, IS, IT, JM, LC, LU, NL, NO, NZ, PL, RO, RS, SE, SG, SI, TR, TT, US, VC, ZA)
Zybex® (Beximco: BD)
Zyntabac® (Euro: NL)
Zyntabac® (GlaxoSmithKline: ES, NL)
Zyntabac® (Medcor: NL)
Zyntabac® (Nedpharma: NL)

Buserelin (Rec.INN)

L: Buserelinum
I: Buserelina
D: Buserelin
F: Buséréline
S: Buserelina

Antineoplastic agent
LH-RH-agonist

ATC: L02AE01
ATCvet: QH01CA90
CAS-Nr.: 0057982-77-1 C_{60}-H_{86}-N_{16}-O_{13}
M_r 1239.508

Luteinizing hormone-releasing factor (pig), 6-[O-(1,1-dimethylethyl)-D-serine]-9-(N-ethyl-L-prolinamide)-10-deglycinamide-

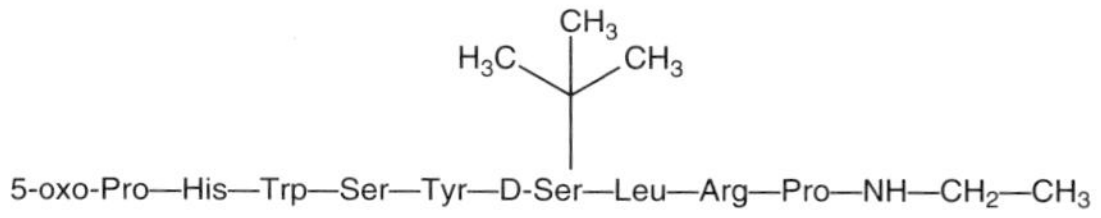

OS: *Buserelin [BAN]*
OS: *Buséréline [DCF]*
OS: *Buserelina [DCIT]*
IS: *Hoe 766*
IS: *S 746766*
PH: Buserelin [Ph. Eur. 5]
PH: Buserelinum [Ph. Eur. 5]
PH: Buséréline [Ph. Eur. 5]

Receptal® [vet.] (Hoechst Vet: IE, PT)
Receptal® [vet.] (Intervet: GB)
Suprefact® (Aventis: SG)

– acetate:

CAS-Nr.: 0068630-75-1
OS: *Buserelin Acetate BANM, JAN, USAN*
IS: *Hoe 766*

Bigonist® (Sanofi-Aventis: FR)
Buserelin aniMedica® [vet.] (Animedic: DE)
Buserol® [vet.] (Gräub: CH)

Profact® (Aventis: DE)
Receptal® [vet.] (Aventis: DE)
Receptal® [vet.] (Hoechst Animal Health: BE)
Receptal® [vet.] (Intervet: AT, AU, DE, FI, IT, NL, NO, NZ, SE, ZA)
Receptal® [vet.] (Veterinaria: CH)
Réceptal® [vet.] (Intervet: FR)
Suprecur® (Aventis: AT, DK, NO)
Suprecur® (Galen: DE)
Suprecur® (Sanofi-Aventis: FI, GB, HK, IE, NL, SE, TR)
Suprefact Depot® (Aventis: AT, BR, CZ, ES, NO, TH)
Suprefact Depot® (Sanofi-Aventis: HU, IL, PT)
Suprefact E® (Aventis: TH)
Suprefact® (Aventis: AT, BR, CZ, DK, ES, GR, IL, IS, IT, LU, NO, NZ, RS, SI, ZA)
Suprefact® (EU-Pharma: NL)
Suprefact® (Eureco: NL)
Suprefact® (Euro: NL)
Suprefact® (Medcor: NL)
Suprefact® (Sanofi-Aventis: AR, BE, CA, CH, FI, FR, GB, HU, IE, MY, NL, PT, SE, SG, TR)

Buspirone (Rec.INN)

L: Buspironum
I: Buspirone
D: Buspiron
F: Buspirone
S: Buspirona

Tranquilizer

ATC: N05BE01
CAS-Nr.: 0036505-84-7 C_{21}-H_{31}-N_5-O_2
M_r 385.529

8-Azaspiro[4.5]decane-7,9-dione, 8-[4-[4-(2-pyrimidinyl)-1-piperazinyl]butyl]-

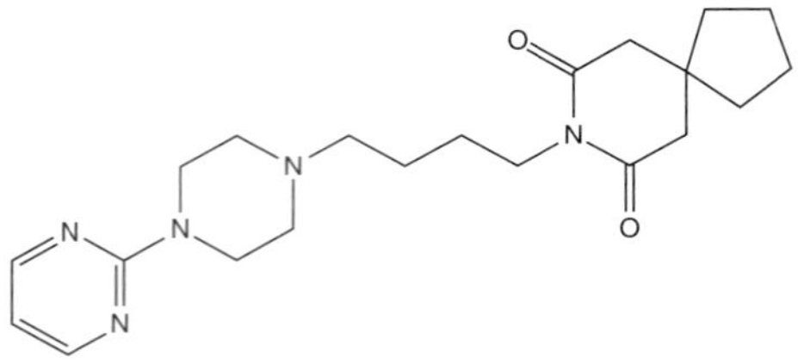

OS: *Buspirone [BAN, DCF, DCIT]*

Buspirona Genfar® (Genfar: CO)
Buspirone HCL® (Torpharm: US)
Gen-Buspirone® (Genpharm: CA)
Nervostal® (Farmanic: GR)
Tran-Q® (Guardian: ID)

– hydrochloride:

CAS-Nr.: 0033386-08-2
OS: *Buspirone Hydrochloride BANM, USAN*
IS: *MJ 90221-1*
PH: Buspirone Hydrochloride USP 30, Ph. Eur. 5

Anchocalm® (Genepharm: GR)
Ansial® (Vita: ES)
Ansitec® (Libbs: BR)
Ansiten® (Azevedos: PT)
Antipsichos® (Proel: GR)
Anxiolan® (Medochemie: TH)
Anxiron® (ICN: CZ)
Anxiron® (Valeant: HU)
Anxut® (Eisai: DE)
Apo-Buspirone® (Apotex: CA)
Bergamol® (Medichrom: GR)
Bespar® (Bristol-Myers Squibb: DE)
Bespar® (Hormosan: DE)
Bespar® (Vianex: GR)
Boronex® (Remedina: GR)
Busansil® (Lepori: PT)
Buscalm® (Wockhardt: IN)
Busipron-Egis® (Egis: CZ)
Busiral® (Shiba: YE)
Buspanil® (Novartis: BR)
Buspar® (Bristol-Myers Squibb: AT, AU, BE, BR, CA, CH, DK, ES, FR, GB, HK, ID, IE, IT, LU, NL, NO, PT, SE, US, ZA)
Buspar® (Orion: FI)
Buspar® [vet.] (Bristol-Myers Squibb: GB)
Buspiron Alpharma® (Actavis: FI)
Buspiron Alpharma® (Alpharma: DK, NL, SE)
Buspiron HCl Actavis® (Actavis: NL)
Buspiron HCl CF® (Centrafarm: NL)
Buspiron HCl Merck® (Merck Generics: NL)
Buspiron Hcl PCH® (Pharmachemie: NL)
Buspiron HCl Sandoz® (Sandoz: NL)
Buspiron Merck NM® (Merck NM: SE)
Buspiron-Egis® (Egis: CZ)
Buspirona® (Lisan: CR)
Buspirone Actavis® (Actavis: IS)
Buspirone HCL® (Geneva: US)
Buspirone HCL® (KV Pharmaceutical: US)
Buspirone HCL® (Zenith Goldline: US)
Buspirone hydrochloride Novexal® (Novexal: GR)
Buspirone Hydrochloride® (Aegis: US)
Buspirone Hydrochloride® (Ethex: US)
Buspirone Hydrochloride® (Galen: GB)
Buspirone Hydrochloride® (Mylan: US)
Buspirone Hydrochloride® (Par: US)
Buspirone Hydrochloride® (Sandoz: US)
Buspirone Hydrochloride® (Teva: US)
Buspirone Hydrochloride® (Watson: US)
Buspirone Merck® (Merck Génériques: FR)
Buspirone® (Remedica: CY)
Buspiron® (Alpharma: NO)
Buspiron® (Egis: CZ)
Buspiron® (Merck NM: NO)
Buspon® (Deva: TR)
Busp® (Hexal: DE)
CO Buspirone® (Cobalt: CA)
Epsilat® (Coup: GR)
Hiremon® (Demo: GR)
Hobatstress® (Finixfarm: GR)
Komasin® (Mentinova: GR)
Lanamont® (Chrispa: GR)
Lebilon® (Pharmathen: GR)
Ledion® (Help: GR)
Loxapin® (Norma: GR)
Mabuson® (Polfa Pabianice: PL)
Nadrifor® (Kleva: GR)
Nevrorestol® (Bros: GR)
Norbal® (Relyo: GR)
Novo-Buspirone® (Novopharm: CA)
Pacific Buspirone® (Pacific: NZ)
Pasrin® (Aspen: ZA)

Paxon® (Saval Eurolab: CL)
Pendium® (Biospray: GR)
PMS-Buspirone® (Pharmascience: CA)
Psibeter® (B.A. Farma: PT)
Relax® (Ariston: EC)
Relax® (Ethical: DO)
Sorbon® (Unipharm: IL)
Spamilan® (Anpharm: PL)
Spitomin® (Egis: HU, RO)
Stressigal® (Anfarm: GR)
Stressigal® (Anfarm Hellas: RO)
Svitalark® (Leovan: GR)
Tensispes® (Specifar: GR)
Umolit® (Rafarm: GR)
Xiety® (Lapi: ID)

Busulfan (Rec.INN)

L: Busulfanum
I: Busulfano
D: Busulfan
F: Busulfan
S: Busulfano

Antineoplastic, alkylating agent

ATC: L01AB01
CAS-Nr.: 0000055-98-1 $C_6\text{-}H_{14}\text{-}O_6\text{-}S_2$
M_r 246.298

1,4-Butanediol, dimethanesulfonate

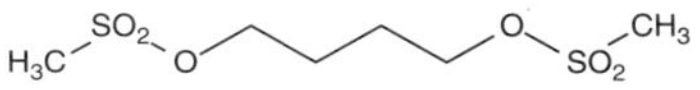

OS: *Busulfan [BAN, DCF, USAN]*
OS: *Busulphan [BAN]*
IS: *BUS*
IS: *CB 2041*
IS: *GT 41*
IS: *Myelosanum (USSRP)*
IS: *Tetramethylendi(methansulfonat) (IUPAC)*
PH: Busulfan [JP XIV, Ph. Eur. 5, Ph. Int. 4, USP 30]
PH: Busulfanum [Ph. Eur. 5, Ph. Int. 4]

Busilvex® (PF: LU)
Busilvex® (Pierre Fabre: AT, CZ, DE, DK, ES, FR, GB, IT, NL, NO, PL, SE)
Busilvex® (Robapharm: CH)
Busulfano Allen® (Allen: ES)
Busulfano® (Bestpharma: CL)
Busulfan® (GlaxoSmithKline: ES)
Busulfex® (Biem: TR)
Busulfex® (ESP Pharma: US)
Busulfex® (ESP Pharma Kirin: HK)
Busulfex® (Orphan: IL)
Myleran® (GlaxoSmithKline: AE, AG, AN, AR, AT, AU, AW, BB, BD, BE, BG, BH, BR, CA, CL, CZ, DE, GB, GD, GY, HK, IL, IN, IR, IS, IT, JM, KW, LC, LU, MX, NL, NZ, OM, PL, QA, RO, RU, SE, SG, SI, TH, TR, TT, US, VC, ZA)
Myleran® (Wellcome: IE)
Myleran® [vet.] (GlaxoSmithKline: GB)
Myléran® (GlaxoSmithKline: FR)

Butamben (USAN)

D: Butyl 4-aminobenzoat
F: Butoforme

Local anesthetic

CAS-Nr.: 0000094-25-7 $C_{11}\text{-}H_{15}\text{-}N\text{-}O_2$
M_r 193.251

Benzoic acid, 4-amino-, butyl ester

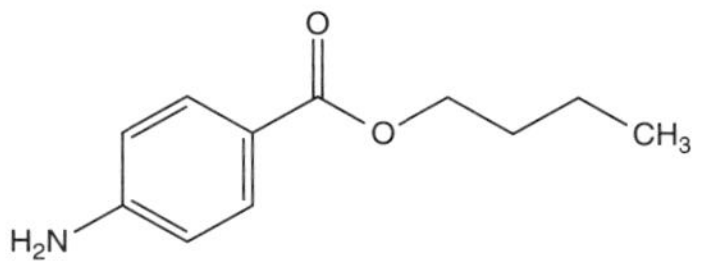

OS: *Butoforme [DCF]*
OS: *Butamben [USAN]*
IS: *Butyl aminobenzoate*
IS: *Butylcaine*
IS: *Butyl PABA*
PH: Butamben [USP 30]
PH: Butoforme [Ph. Franç. X]

– picrate:

CAS-Nr.: 0000577-48-0
OS: *Butamben Picrate USAN*
IS: *Abbott 34842 (Abbott, USA)*

Picrato de Butaban® (Medifarma: PE)
Picrato de Butesin® (Abbott: PE)
Ungüento Picrato de Butisin® (Abbott: BR)

Butamirate (Rec.INN)

L: Butamiratum
I: Butamirato
D: Butamirat
F: Butamirate
S: Butamirato

Antitussive agent

ATC: R05DB13
CAS-Nr.: 0018109-80-3 $C_{18}\text{-}H_{29}\text{-}N\text{-}O_3$
M_r 307.44

Benzeneacetic acid, α-ethyl-, 2-[2-(diethylamino)ethoxy]ethyl ester

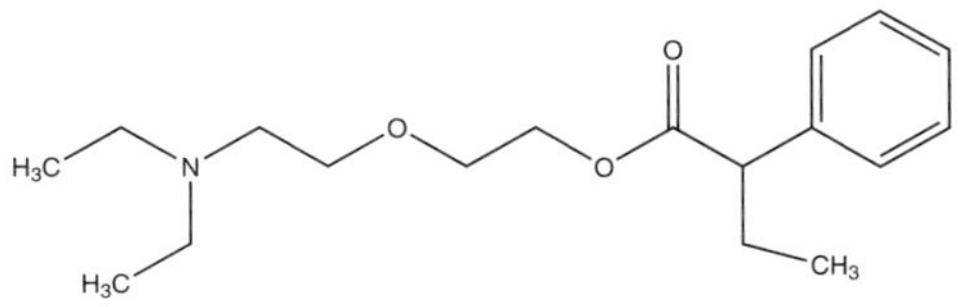

OS: *Butamirate [BAN, DCF]*
OS: *Butamirato [DCIT]*
IS: *HH 197*
IS: *Butamyrate*

Codimin® (Biomedica-Chemica: GR)
Safarol Medichrom® (Medichrom: GR)
Tusosedal® (Terapia: RO)

– citrate:

CAS-Nr.: 0018109-81-4
OS: *Butamirate Citrate USAN*

IS: *Abbott 36581 (Abbott)*
IS: *HH 197*

Antis® (Gerolymatos: GR)
Antitoss® (Kleva: GR)
Betavix® (Genepharm: GR)
Boutavixal® (Proel: GR)
Butacodin® (Zarbi: GR)
Butamirol® (Rarpe: NI)
Butamir® (Pharmanel: GR)
Butiran® (Ecobi: IT)
Butrin® (Farmilia: GR)
Buvastin® (Elpen: GR)
Chemisolv® (Iasis: GR)
Chributan® (Chrispa: GR)
Codexine-R® (Coup: GR)
DemoTussol® (Vifor: CH)
Dosodos® (Beta: AR)
Drosten® (Vocate: GR)
Kreval® (Dr. F. Frik: TR)
Lenistar® (Pulitzer: IT)
Leogumil® (Leovan: GR)
Lexosedin® (Union Health: IT)
Minatuss® (Minerva: GR)
Neocitran Antitussive® (Novartis: HU)
NeoCitran Hustenstiller® (Novartis Consumer Health: CH)
Nontoss® (Verisfield: GR)
Novamir® (Chrispa: GR)
Oaxen® (Rafarm: GR)
Omnitus® (Hemofarm: RS)
Panatus® (Krka: BA, HR, SI)
Pandigal® (Biospray: GR)
Pintal® (Specifar: GR)
Quintex® (Therabel: BE, LU)
Roctylan® (Farmedia: GR)
Rondover® (Iapharm: GR)
Sinecod® (Medis: SI)
Sinecod® (Novartis: AE, BD, BG, BH, CZ, GE, GR, IQ, JO, KW, LB, LU, NL, OM, PL, PT, QA, RO, RU, SA, TH, TR, YE)
Sinecod® (Novartis Consumer Health: BE, CH, EG, HR, HU, IT)
Sinecod® (Novartis Pharma: PE)
Sinetus® (Galenika: RS)
Stilex® (Farmanic: GR)
Supremin® (Pliva: HR, PL)
Talasa® (Andromaco: AR)
Tossec® (Klonal: AR)
Tussin® (Ivax: CZ)
Velkacet® (Velka: GR)
Verocod® (Viofar: GR)
Zetapron® (Uni-Pharma: GR)

Butanoic acid, 4-hydroxy-

D: 4-Hydroxybuttersäure

Drug acting on the central nervous system

CAS-Nr.: 0000591-81-1 — C_4-H_8-O_3, M_r 104.1

4-Hydroxybutyric acid

4-Hydroxybutanoic acid

4-Hydroxybuttersäure (IUPAC)

4-Hydroxybutansäure

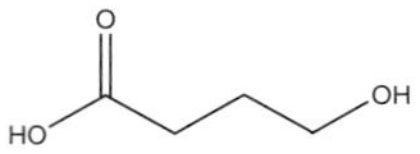

IS: *gamma-Hydroxybutyrate*
IS: *GHB*
IS: *4-03-00-00774 (Beilstein Handbook Reference)*
IS: *BRN 1720582*

– sodium salt:

CAS-Nr.: 0000502-85-2
OS: *Sodium oxybate USAN*
IS: *Wy-3478 (Wyeth, US)*
IS: *NSC-84223*
IS: *gamma-OH*
IS: *Sodium gammahydroxybutyrate*
IS: *Butanoic acid, 4-hydroxy-, monosodium salt*
IS: *Gam-OH*
IS: *Natriioxy butyras*

Alcover® (CT: IT)
Alcover® (Gerot: AT)
Gamma-OH® (SERB: FR)
Somsanit® (Köhler: DE)
Xyrem® (Jazz: US)
Xyrem® (UCB: CH, DE, DK, ES, FI, FR, IE, NL, NO, SE)
Xyrem® (UCB Pharma: SI)

Butenafine (Rec.INN)

L: Butenafinum
D: Butenafin
F: Butenafine
S: Butenafina

Antifungal agent

ATC: D01AE
CAS-Nr.: 0101828-21-1 — C_{23}-H_{27}-N, M_r 317.479

Naphthalenemethylamine, N-(p-tert-butylbenzyl)-N-methyl-1-

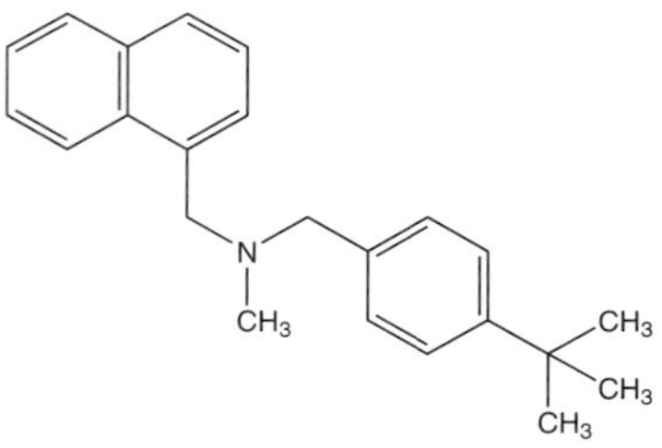

OS: *Butenafine [BAN]*

Fintop® (Glenmark: IN)

– hydrochloride:

CAS-Nr.: 0101827-46-7
OS: *Butenafine Hydrochloride BANM, USAN*
IS: *KP 363*

Dermacom® (Tecnofarma: CL)
Funcid® (Adenphar: PH)
Lotrimin Ultra® (Schering-Plough: US)
Mentax® (Agis: IL)

Mentax® (Kaken: JP)
Mentax® (Mylan: US)
Volley® (Hisamitsu: JP)
Zaxem® (UCB: LU)

Butetamate (Rec.INN)

L: Butetamatum
I: Butetamato
D: Butetamat
F: Butétamate
S: Butetamato

Antispasmodic agent
Bronchodilator

CAS-Nr.: 0014007-64-8 C_{16}-H_{25}-N-O_2
M_r 263.386

Benzeneacetic acid, α-ethyl-, 2-(diethylamino)ethyl ester

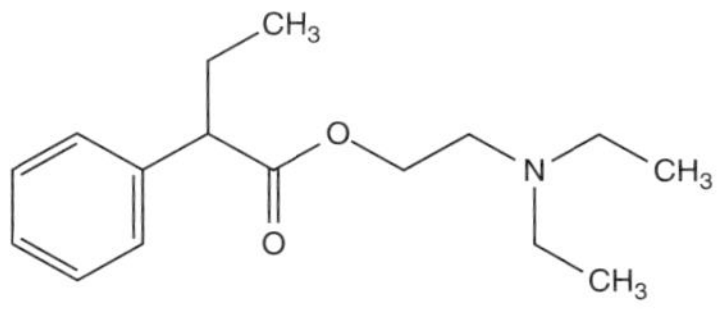

OS: *Butetamate [BAN, USAN]*
IS: *Abuphenine*
IS: *Diphenamine*
IS: *Phenetin*
IS: *Butethamate*
IS: *HH 105*

– citrate:

CAS-Nr.: 0013900-12-4
OS: *Butetamate Citrate BANM*
IS: *Butethamate Citrate*
IS: *HH 105*
PH: Butetamatdihydrogencitrat DAB 1999

Heliphenicol® (Ariston: AR)

Butobarbital (BAN)

L: Butobarbitalum
I: Butobarbital
D: Butobarbital
F: Butobarbital

Hypnotic

CAS-Nr.: 0000077-28-1 C_{10}-H_{16}-N_2-O_3
M_r 212.258

2,4,6(1H,3H,5H)-Pyrimidinetrione, 5-butyl-5-ethyl-

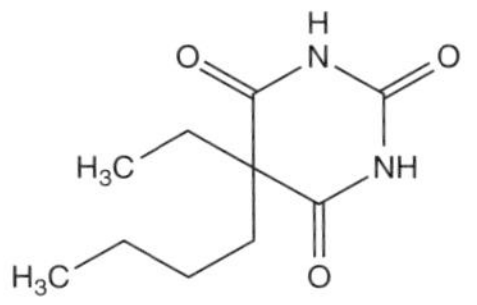

OS: *Butobarbital [DCF, DCIT, BAN]*
OS: *Butethal [USAN]*
IS: *Butenil*
IS: *Butethal*
IS: *Butobarbitone*
PH: Acidum aethylbutylbarbituricum [OeAB]
PH: Butobarbital [BP 1999, Ph. Franç. X]
PH: Butobarbitale [F.U. IX]
PH: Butobarbitalum [Ph. Eur. II, Ph. Helv. VII]

Soneryl® (Concord: GB)

Butoconazole (Rec.INN)

L: Butoconazolum
I: Butoconazolo
D: Butoconazol
F: Butoconazole
S: Butoconazol

Antifungal agent

ATC: G01AF15
CAS-Nr.: 0064872-76-0 C_{19}-H_{17}-Cl_3-N_2-S
M_r 411.775

1H-Imidazole, 1-[4-(4-chlorophenyl)-2-[(2,6-dichlorophenyl)thio]butyl]-, (±)-

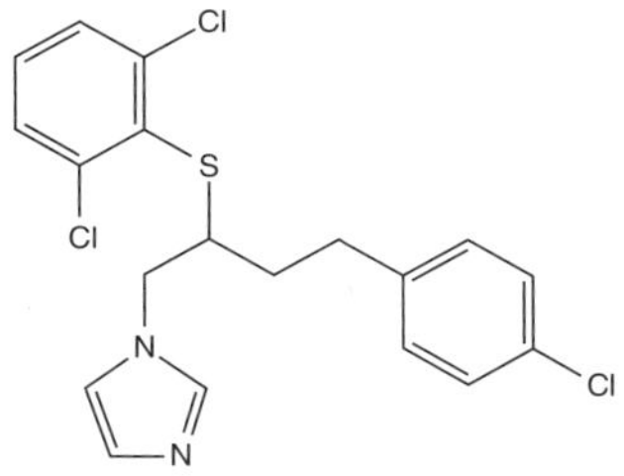

OS: *Butoconazole [BAN, DCF]*

Gynofort® (Gedeon Richter: RU)

– nitrate:

CAS-Nr.: 0064872-77-1
OS: *Butoconazole Nitrate BANM, USAN*
IS: *RS 35887-00-10-3 (Syntex, US)*
IS: *RS 35887 (Syntex, US)*
PH: Butoconazole nitrate USP 30

Femstat® (Bayer: CH, US)
Femstat® (Grünenthal: CO, EC)
Gynafem® (Representaciones e Investigaciones Medicas: MX)
Gynazole-1® (Ferring: CA)
Gynazole-1® (Ther-Rx: US, US)
Gynazol® (Gedeon Richter: HU)
Gynezole-1® (Ther-Rx: US)
Gynomyk® (Jolly-Jatel: FR)
Gynomyk® (Will: BE, LU, NL)
Mycelex-3® (Bayer: US)

Butopiprine (Rec.INN)

L: Butopiprinum
D: Butopiprin
F: Butopiprine
S: Butopiprina

Antitussive agent

CAS-Nr.: 0055837-15-5 C_{19}-H_{29}-N-O_3
M_r 319.451

1-Piperidineacetic acid, α-phenyl-, 2-butoxyethyl ester

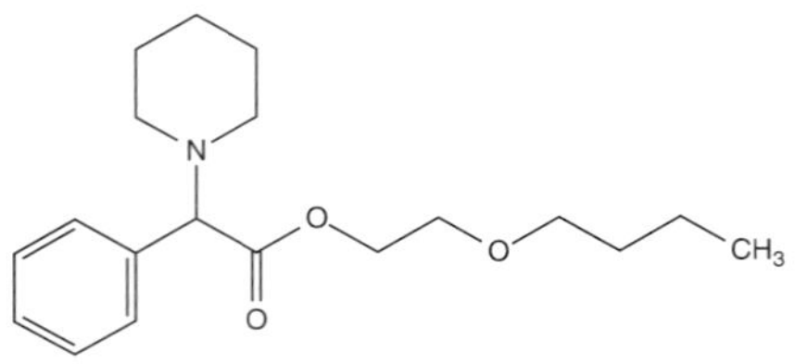

OS: *Butopiprine [DCF, USAN]*

- **hydrobromide:**

CAS-Nr.: 0060595-56-4
IS: *LD 2351*

Félitussyl® [vet.] (Sogeval: FR)

Butorphanol (Rec.INN)

L: Butorphanolum
I: Butorfanolo
D: Butorphanol
F: Butorphanol
S: Butorfanol

Analgesic
Antitussive agent

ATC: N02AF01
CAS-Nr.: 0042408-82-2 C_{21}-H_{29}-N-O_2
M_r 327.473

Morphinan-3,14-diol, 17-(cyclobutylmethyl)-

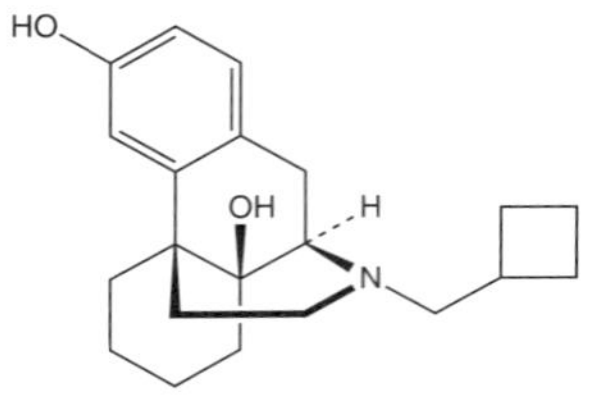

OS: *Butorphanol [BAN, USAN]*
IS: *BC-2627*

Alvegesic® [vet.] (Sanochemia: CH)
Torbutrol® [vet.] (Fort Dodge: GB)

- **tartrate:**

CAS-Nr.: 0058786-99-5
OS: *Butorphanol Tartrate BANM, USAN*
IS: *levo-BC 2627*
PH: Butorphanol Tartrate USP 30

Apo-Butorphanol® (Apotex: CA)
Butomidor® [vet.] (Ausrichter: AU)
Butomidor® [vet.] (Richter: AT)
Butorphanol Tartrate Injection® (Mayne: US)
Butorphanol Tartrate® (Baxter: US)
Butorphanol Tartrate® (Bedford: US)
Butorphanol Tartrate® (Hospira: US)
Butorphanol Tartrate® (Mylan: US)
Butorphanol Tartrate® (Novex: US)
Butorphanol Tartrate® (Roxane: US)
Butorphanol Tartrate® [vet.] (IVX: US)
Butorphanol® (Roxane: US)
Butorphic® [vet.] (Lloyd: NZ)
Butrum® (Aristo: IN)
Dolorex® [vet.] (Intervet: AU, IT, NZ, US)
Dolorex® [vet.] (Veterinaria: CH)
Moradol® (Galenika: RS)
Morphasol® [vet.] (Gräub: CH)
PMS-Butorphanol® (Pharmascience: CA)
Stadol NS® (Bristol-Myers Squibb: CA, US)
Stadol NS® (Cephalon: US)
Stadol® (Bristol-Myers Squibb: PH, RU, US)
Stadol® (Cephalon: US)
Stadol® (Sandoz: US)
Torbugesic® [vet.] (Fort Dodge: AU, FR, GB, IE, US)
Torbutrol® [vet.] (Fort Dodge: US)

Butriptyline (Rec.INN)

L: Butriptylinum
I: Butriptilina
D: Butriptylin
F: Butriptyline
S: Butriptilina

Antidepressant, tricyclic

ATC: N06AA15
CAS-Nr.: 0035941-65-2 C_{21}-H_{27}-N
M_r 293.457

5H-Dibenzo[a,d]cycloheptene-5-propanamine, 10,11-dihydro-N,N,β-trimethyl-, (±)-

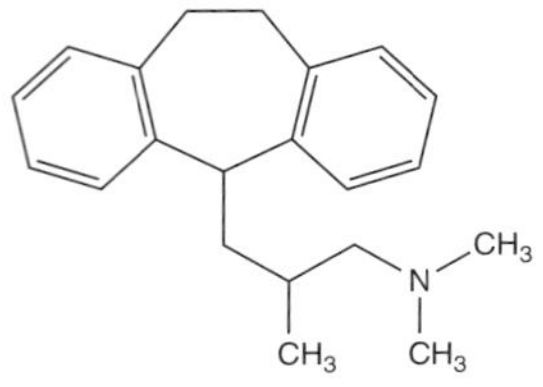

OS: *Butriptyline [BAN, DCF]*

- **hydrochloride:**

CAS-Nr.: 0005585-73-9
OS: *Butriptyline Hydrochloride BANM, USAN*
IS: *AY 62014*

Evadyne® (Wyeth: CO)

Butropium Bromide (Rec.INN)

L: Butropii Bromidum
D: Butropium bromid
F: Bromure de Butropium
S: Bromuro de butropio

Antispasmodic agent
Parasympatholytic agent

CAS-Nr.: 0029025-14-7 C_{28}-H_{38}-Br-N-O_4
M_r 532.522

8-Azoniabicyclo[3.2.1]octane, 8-[(4-butoxyphenyl)methyl]-3-(3-hydroxy-1-oxo-2-phenylpropoxy)-8-methyl-, bromide, [3(S)-endo]-

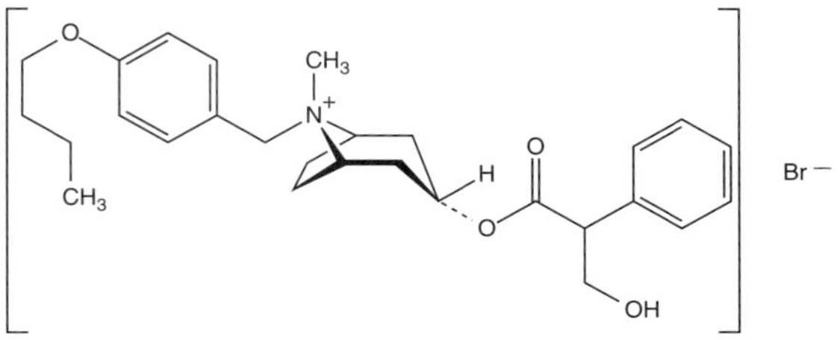

OS: *Butropium (bromure de) [DCF]*
OS: *Butropium Bromide [JAN, USAN]*
IS: *E 344*
PH: Butropium Bromide [JP XIV]

Butropan® (Maruko: JP)
Coliopan® (Eisai: ID, JP, MY)

C_1Esterase inhibitor

D: C_1 Esterase inhibitor
S: Inhibidor de la C1 esterasa

Protein
Antifibrinolytic
Enzyme inhibitor, protease
C_1-inhibitor, human
IS: *Complement C_1 Esterase inhibitor*

Berinert® (Aventis: AR)
Berinert® (CSL Behring: CH)
Berinert® (ZLB Behring: AT, DE)
C1 Inattivatore Umano® (Baxter: IT)
C1 Inhibitor S-TIM® (Baxter Vertrieb: AT)
Cetor® (Sanquin: NL)

Cabergoline (Rec.INN)

L: Cabergolinum
I: Cabergolina
D: Cabergolin
F: Cabergoline
S: Cabergolina

Prolactin inhibitor

ATC: G02CB03,N04BC06
ATCvet: QG02CB03
CAS-Nr.: 0081409-90-7 C_{26}-H_{37}-N_5-O_2
M_r 451.632

1-[(6-Allylergolin-8β-yl)carbonyl]-1-[(3-(dimethylamino)propyl]-3-ethylurea

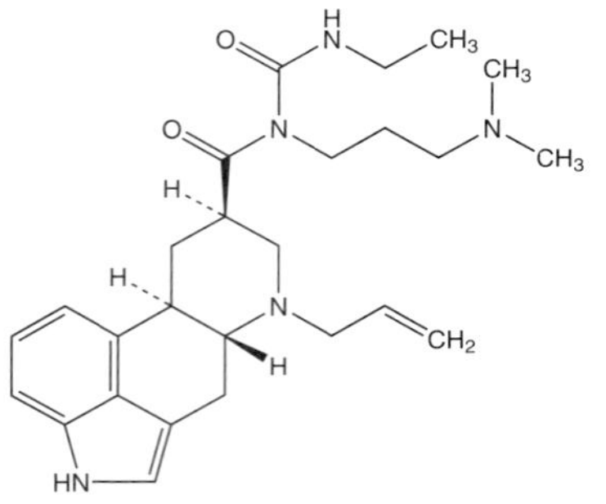

OS: *Cabergoline [BAN, USAN]*
OS: *Cabergolina [DCIT]*
IS: *FCE 21336 (Farmitalia Carlo Erba, Italy)*
PH: Cabergoline [Ph. Eur. 5]

Actualene® (Carlo Erba: IT)
Cabaseril® (Pfizer: AT)
Cabaseril® (Pharmacia: DE)
Cabaser® (Pfizer: AR, AU, CH, DK, FI, GB, IE, IL, NO, SE)
Cabaser® (Pharmacia: IT, RS)
CABERGO-TEVA® (Teva: DE)
Cabergolin AL® (Aliud: DE)
Cabergolin dura® (Merck dura: DE)
Cabergolin Hexal® (Hexal: DE)
Cabergolin Sandoz® (Sandoz: DE)
Cabergolin Stada® (Stadapharm: DE)
Cabergolin-CT® (CT: DE)
Cabergolin-ratiopharm® (ratiopharm: DE)
Cabergolina® (Monte: AR)
Caberlin® (Sun: IN)
Caberpar® (Rontag: AR)
Cabeser® (Pfizer: TR)
Cieldom® (Teva: AR)
Dostinex® (Delphi: NL)
Dostinex® (Dr. Fisher: NL)
Dostinex® (Euro: NL)
Dostinex® (Kenfarma: ES)
Dostinex® (Medcor: NL)
Dostinex® (Paladin: CA)
Dostinex® (Pfizer: AR, AT, AU, BE, BR, CH, CL, CR, CZ, DK, FI, FR, GB, GE, GT, HK, HN, IE, IL, IS, MX, MY, NI, NL, NO, NZ, PA, PL, PT, RO, RU, SE, SG, SV, TR)
Dostinex® (Pharmacia: BG, CO, DE, GR, IT, LU, PE, ZA)
Galastop® [vet.] (Biokema: CH)
Galastop® [vet.] (Boehringer Ingelheim: BE)
Galastop® [vet.] (Boehringer Ingelheim Vetmedica: GB)
Galastop® [vet.] (Ceva: DE, FR, NL, PT)
Galastop® [vet.] (Orion: FI)
Galastop® [vet.] (Richter: AT)
Galastop® [vet.] (Vetem: IT, NO)
Galastop® [vet.] (VetPharma: SE)
Kabergolin Ivax® (Ivax: SE)
Lac Stop® (Rontag: AR)
Lactamax® (Beta: AR)
Sogilen® (Pharmacia: ES)
Sostilar® (Pfizer: BE)
Sostilar® (Pharmacia: LU)
Triaspar® (Beta: AR)

Cadexomer (Rec.INN)

L: Cadexomerum
D: Cadexomer
F: Cadexomere
S: Cadexomero

Dermatological agent
Wound healing
Carboxymethylated microspheres produced by reaction of partially hydrolysed starch with epichlorhydrin; slowly degradable by amylase

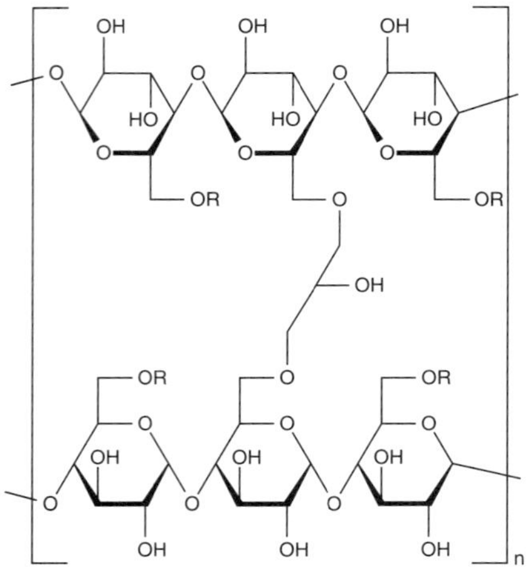

R: -H or $-CH_2-COOH$

OS: *Cadexomère [DCF]*

- **complex with iodine:**

CAS-Nr.: 0094820-09-4
OS: *Cadexomer Iodine BAN, USAN*

Iodoflex® (Smith & Nephew: GB, IE, NZ, SG)
Iodosorb® (Almirall: ES)
Iodosorb® (Lannacher: AT)
Iodosorb® (Smith & Nephew: AU, CA, CH, DE, DK, FI, GB, IT, NL, NZ, SE)
Iodosorb® (Smith Nephew: ES)

Cadmium Sulfide

D: Cadmium-sulfat-Wasser

⚕ Dermatological agent, antiseborrheic

CAS-Nr.: 0010124-36-4 $Cd\text{-}SO_{4\cdot 2\cdot 67}H_2O$
M_r 144.46

Biocadmio® (Uriach: ES)

Cadralazine (Rec.INN)

L: Cadralazinum
I: Cadralazina
D: Cadralazin
F: Cadralazine
S: Cadralazina

⚕ Antihypertensive agent
⚕ Vasodilator

ATC: C02DB04
CAS-Nr.: 0064241-34-5 $C_{12}\text{-}H_{21}\text{-}N_5\text{-}O_3$
M_r 283.35

∽ Ethyl 6-[ethyl(2-hydroxypropyl)amino]-3-pyridazinecarbazate

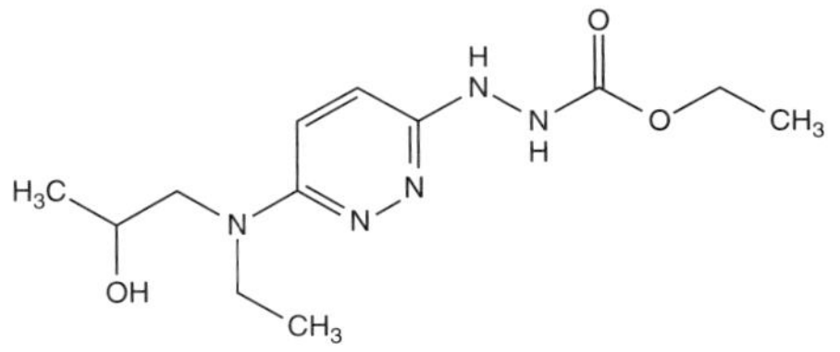

OS: *Cadralazine [BAN, DCF, JAN, USAN]*
OS: *Cadralazina [DCIT]*
IS: *ISF 2469 (ISF, Italy)*

Cadraten® (GlaxoSmithKline: IT)
Presmode® (Dainippon: JP)

Caffeine (BAN)

L: Coffeinum
I: Caffeina
D: Coffein
F: Caféine

⚕ Psychostimulant
⚕ Analeptic

ATC: N06BC01
CAS-Nr.: 0000058-08-2 $C_8\text{-}H_{10}\text{-}N_4\text{-}O_2$
M_r 194.208

∽ 1H-Purine-2,6-dione, 3,7-dihydro-1,3,7-trimethyl-

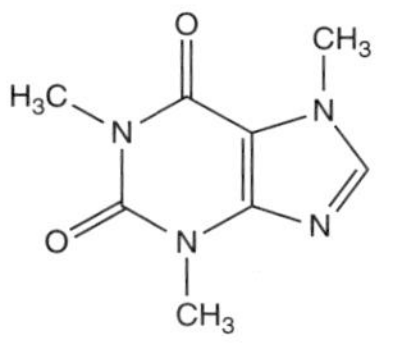

OS: *Caféine [DCF]*
OS: *Caffeine [BAN, JAN, USAN]*
IS: *Guaranin*
IS: *Methyltheobromin*
IS: *Thein*
IS: *1,3,7-Trimethylxanthin*
IS: *Cafein*
PH: Caffeine [Ph. Eur. 5, Ph. Int. 4, USP 30]
PH: Caffein [- Anhydrous JP XIV]
PH: Coffeinum [Ph. Eur. 5, Ph. Int. 4]
PH: Coffein [Ph. Eur. 5]
PH: Caféine [Ph. Eur. 5]

Cafeina 25% Fada® (Fada: AR)
Cafeina Larjan® (Veinfar: AR)
Cafeina Richmond® (Richmond: AR)
Caffedrine® (Thompson: US)
Caffein Biomed® (Biomed: NZ)
Caffeine Tablets® (Major: US)
Coffeavet® [vet.] (Vana: AT)
Coffein Richter® [vet.] (Richter: AT)
Coffeinum N® (Merck dura: DE)
Coffeinum purum® (Berlin-Chemie: DE)
Coffein® (Medikalla: FI)
Coffekapton® (Strallhofer: AT)
Cofi-Tabs® (Vitabalans: FI)
Durvitan® (Seid: ES)
Guarana® (Fitomax: PE)
Koffein Recip® (Recip: SE)
Koffinatin® (Actavis: IS)
No Doz® (Bristol-Myers Squibb: US)
No Doz® (Key: NZ)
Percoffedrinol N® (Passauer: DE)
Percutafeine® (PF: LU)
Percutafeine® (Pierre Fabre: AR)
Percutaféine® (Pierre Fabre: FR)
Quick-Pep® (Thompson: US)
Taxigen® (Sherfarma: PE)
Vivarin® (GlaxoSmithKline: US)
Wake-up® (Adrem: CA)

- **citrate:**

CAS-Nr.: 0000069-22-7
OS: *Caffeine Citrate USAN*
PH: Coffeinum citricum 2.AB-DDR, OeAB
PH: Coffeincitrat DAC
PH: Caffeine Citrate USP 28

Cafcit® (Boehringer Ingelheim: US)
Caffein Biomed® (Biomed: NZ)
Citrate de Caféine Cooper® (Cooper: FR)

- **sodium benzoate:**

CAS-Nr.: 0008000-95-1
IS: *Koffein-Natriumbenzoat*
PH: Caffeine and Sodium Benzoate JP XIV
PH: Coffein-Natriumbenzoat DAB

PH: Coffeinum-Natrium benzoicum OeAB

Caffeine and Sodium Benzoate Injection® (Taylor: US)
Caffeine and Sodium Benzoate Injection® (UDL: US)
Coffein Benzoat Sodium® (Biopharm: GE)
Coffeinum Natrium Benzoicum® (Pliva: PL)
Kofex® (GlaxoSmithKline: PL)

– monohydrate:

CAS-Nr.: 0005743-12-4
OS: *Caffeine monohydrate BAN, JAN*
IS: *Caffeine hydrate*
PH: Caffeine Monohydrate Ph. Eur. 5
PH: Caféine monohydratée Ph. Eur. 5
PH: Coffein-Monohydrat Ph. Eur. 5
PH: Coffeinum monohydricum Ph. Eur. 5

Calcifediol (Rec.INN)

L: Calcifediolum
I: Calcifedilo
D: Calcifediol
F: Calcifédiol
S: Calcifediol

Vitamin D

ATC: A11CC06
CAS-Nr.: 0019356-17-3 C_{27}-H_{44}-O_2
M_r 400.649

9,10-Secocholesta-5,7,10(19)-triene-3,25-diol, (3β,5Z,7E)-

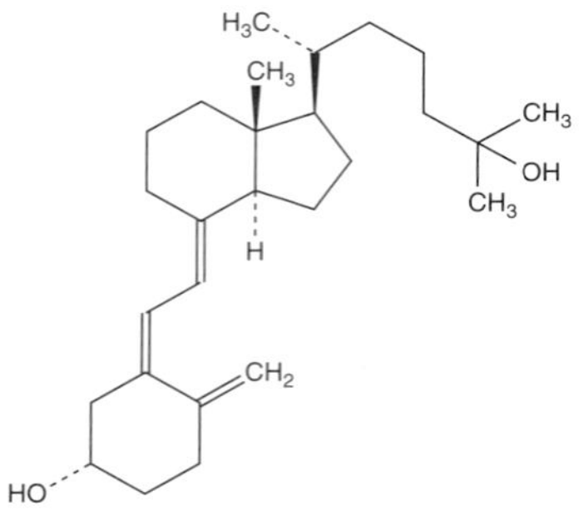

OS: *Calcifediol [BAN, DCF, USAN]*
OS: *Calcifedilo [DCIT]*
IS: *5,6-cis-25-hydroxycholecalciferol*
IS: *U 32070 E*

Amos Anti Melkzierktestoot® [vet.] (Dutch Farm Veterinary: NL)
Calderol® (Organon: US)
Dedrogyl® (Aventis: DE)
Dedrogyl® (DB: FR)
Dedrogyl® (Pharmacobel: BE)
Devisol® (Instytut Farmaceutyczny: PL)
Didrogyl® (Bruno: IT)
Dédrogyl® (DB: FR)
Hidroferol® (Faes: CR, DO, ES, GT, HN, NI, PA, SV)
Vitaject D3® [vet.] (Dopharma: NL)

– 5,6-*trans*-25-hydroxycholecalciferol:

CAS-Nr.: 0063283-36-3
OS: *Calcifediol USAN*

PH: Calcifediol Ph. Eur. 5, USP 30
PH: Calcifediolum Ph. Eur. 5
PH: Calcifedilo Ph. Eur. 5

Precalcy® [vet.] (Coophavet: FR)

Calcipotriol (Rec.INN)

L: Calcipotriolum
I: Calcipotriolo
D: Calcipotriol
F: Calcipotriol
S: Calcipotriol

Dermatological agent, antipsoriatic

ATC: D05AX02
CAS-Nr.: 0112965-21-6 C_{27}-H_{40}-O_3
M_r 412.617

(5Z,7E,22E,24S)-24-Cyclopropyl-9,10-secochola-5,7,10(19),22-tetraene-1α,3β,24-triol

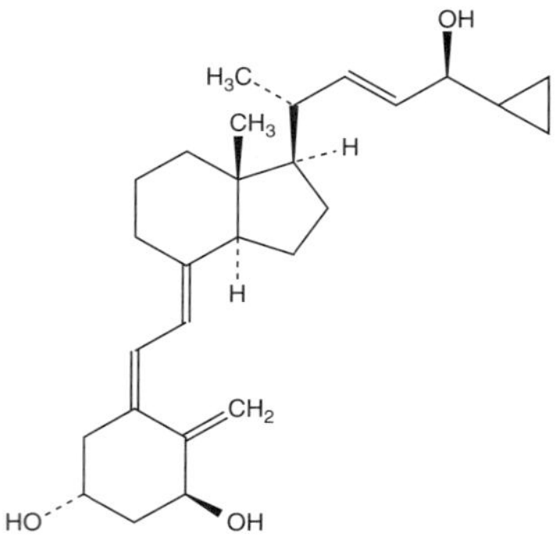

OS: *Calcipotriene [USAN]*
OS: *Calcipotriol [BAN, DCF]*
IS: *MC 903 (Leo)*
PH: Calcipotriol anhydrous [Ph. Eur. 5]
PH: Calcipotriol monohydrate [Ph. Eur. 5]

Calcipotriol Hexal® (Hexal: DE)
Calcipotriol Sandoz® (Sandoz: DE)
Calcipotriol® (Eureco: NL)
Calcipotriol® (Medcor: NL)
Daivonex® (Aktuapharma: NL)
Daivonex® (Andromaco: AR, CL)
Daivonex® (CSL: AU)
Daivonex® (Darya-Varia: ID)
Daivonex® (Dr. Fisher: NL)
Daivonex® (Eureco: NL)
Daivonex® (EuroCept: NL)
Daivonex® (Farmacusi: ES)
Daivonex® (Formenti: IT)
Daivonex® (Leo: AN, BB, BD, BE, CH, CN, CR, CZ, DE, DK, DO, EC, FI, FR, GT, HK, HN, HU, IL, IS, JM, LK, LU, MY, NL, NO, NZ, PA, PH, PL, PT, RO, SE, SG, SV, TH, TT)
Daivonex® (Leo Pharma: VN)
Daivonex® (Nycomed: RU)
Daivonex® (Pharmagan: SI)
Daivonex® (Roche: BR)
Daivonex® (Roemmers: CO)
Daivonex® (Valeant: MX)
Daivonex® (Win-Medicare: IN)
Dovonex® (Al Pharm: ZA)
Dovonex® (Leo: CA, GB)

Dovonex® (LEO: GR)
Dovonex® (Leo: IE)
Dovonex® (Teikoku: JP)
Dovonex® (Warner Chilcott: US)
Eukadar® (Darier: MX)
Psorcutan® (Intendis: DE)
Psorcutan® (Schering: AT, CZ, IT, TR)
Sorel® (Lek: BA, PL, RO, SI)

Calcitonin (Rec.INN)

L: Calcitoninum
I: Calcitonina
D: Calcitonin
F: Calcitonine
S: Calcitonina

⚕ Calcium regulating agent
⚕ Thyroid hormone

ATC: H05BA,H05BA01,H05BA02,H05BA03
CAS-Nr.: 0009007-12-9

Calcitonin

OS: *Calcitonin [BAN, USAN]*
OS: *Calcitonin Salmon [JAN]*
OS: *Calcitonine [DCF]*
OS: *Calcitonin (Pork) [BANM]*
OS: *Calcitonin (Salmon) [BANM]*
OS: *Calcitonina [DCIT]*
OS: *Salcatonin [BAN]*
IS: *Thyrocalcitonin*
PH: Calcitonin (Pork) [BP 1999]
PH: Calcitonine de saumon [Ph. Eur. 5]
PH: Calcitoninum humanum [Ph. Helv. 9]
PH: Calcitoninum salmonis [Ph. Eur. 5]
PH: Calcitonin vom Lachs [Ph. Eur. 5]
PH: Calcitonina porcina [F.U. IX]
PH: Calcitonin (Salmon) [Ph. Eur. 5]

Acticalcin® (TRB: BR)
Alciton® [salmon] (Kleva: GR)
Apo-Calcitonin® (Apotex: CA)
Aurocalcin® [salmon] (Aurora: GR)
Biocalcin® [salmon] (Bio-Gen: TR)
Biocalcin® [salmon] (Esseti: IT)
Biostin® [salmon] (Teva: HU)
Brosidon® [salmon] (Bros: GR)
Cadens® [salmon] (Zambon: FR)
Calci-10® [salmon] (Pharmathen: GR)
Calcihexal® [salmon] (Hexal: DE, PL)
Calcimar® [salmon] (Sanofi-Aventis: CA)
Calciosint® [salmon] (Pulitzer: IT)
Calcioton® [salmon] (Sancarlo: IT)
Calciplus® [salmon] (Alvia: GR)
Calcitonin Novartis® (Novartis: AT)
Calcitonin Pharmachem® [salmon] (Pharmachem: GR)
Calcitonin Rotexmedica® [salmon] (Rotexmedica: DE)
Calcitonin Sandoz® [salmon] (Sandoz: DE)
Calcitonin-CT® [salmon] (CT: DE)
Calcitonin-ratiopharm® [salmon] (ratiopharm: DE)
Calcitonina Almirall® [salmon] (Almirall: ES)
Calcitonina de Salmão Farmoz® [salmon] (Farmoz: PT)
Calcitonina de Salmão Generis® (Generis: PT)
Calcitonina de Salmão Ostinate® [salmon] (Grünenthal: PT)
Calcitonina Hubber® (ICN: ES)
Calcitonina Hubber® [salmon] (ICN: ES)
Calcitonina Hubber® [salmon] (Onko-Koçsel: TR)
Calcitonina Medical® (Quimica Medical: AR)
Calcitonina Sandoz® [salmon] (Novartis: AR, IT)
Calcitonine Pharmy II® [salmon] (Pharmy: FR)
Calcitonine Sandoz® [salmon] (Sandoz: FR, NL)
Calcitonin® [salmon] (Jelfa: PL)
Calciton® (Pharmalab: PE)
Calcitoran® (Teikoku Hormone: JP)
Calco® [salmon] (Iasis: GR)
Calco® [salmon] (Lisapharma: HU, IT, TH)
Calnisan® [salmon] (Gynopharm: CL)
Calogen® [salmon] (Almirall: ES)
Calogen® [salmon] (Prodes: ES)
Calsynar® [salmon] (Aventis: ES, GR, LU)
Calsynar® [salmon] (Eczacibasi: TR)
Calsynar® [salmon] (Sanofi-Aventis: BE, BR)
Calsyn® [salmon] (Sanofi-Aventis: FR, PT)
Caltine® [salmon] (Ferring: CA)
Casalm® [salmon] (Alfa Wassermann: IT)
Casalm® [salmon] (Pfizer: AT)
Catonin® [salmon] (Magis: IT)
Cibacalcine® [human] (Novartis: FR, LU)
Cibacalcin® [human] (Novartis: AT, AU, ET, GH, IL, IT, KE, LY, MT, NG, SD, TZ, US, ZW)
Crocalcin® [salmon] (Boehringer Ingelheim: GR)
Forcaltionin® [vet.] (Strakan: GB)
Forcaltonin® [salmon] (Unigene: NL)
Fortical® [nasal] (Upsher-Smith: US)
Genecalcin® [salmon] (Genepharm: GR)
Iricalcin® [salmon] (Vocate: GR)
Kalcitonin® (Srbolek: RS)
Kaoke® (Lisapharma: CN)
Karil® (Novartis: DE, LU)
Latonina® [salmon] (Faran: GR)
Miacalcic® [salmon] (LPB: IT)
Miacalcic® [salmon] (Novartis: AT, AU, BA, BD, BE, BG, BR, CH, CL, CN, CO, CR, CZ, DK, DO, EC, ES, ET, FI, FR, GB, GE, GH, GR, GT, HK, HN, HU, ID, IL, IN, IS, IT, KE, LY, MT, MX, MY, NG, NI, NO, NZ, PA, PH, PL, PT, RO, RS, RU, SD, SE, SG, SI, SV, TH, TR, TZ, VN, ZA, ZW)
Miacalcic® [salmon] (Novartis Consumer Health: HR)
Miacalcic® [salmon] (Novartis Pharma: PE)
Miacalcic®[vet.] (Novartis Animal Health: GB)
Miacalcin® [salmon] (Novartis: CA, LU, US)
Miadenil® [salmon] (Anfarm: GR)
Miadenil® [salmon] (Francia: IT)
Neostesin® [salmon] (Nycomed: GR)
Norcalcin® [salmon] (Biomedica-Chemica: GR)
Nylex® [salmon] (Proel: GR, RO)
Oseototal® [salmon] (Faes: ES)
Oseum® [salmon] (Grossman: MX)
Ospor® [salmon] (Merck: ES)
Osseocalcina® [salmon] (Normal: PT)
Osteobion® [salmon] (Centrum: ES)
Osteobion® [salmon] (Merck: ES)
Osteocalcin® [salmon] (Tosi: IT)
Osteodon® [salmon] (Biosaúde: PT)
Osteodon® [salmon] (Leciva: CZ)

Osteodon® [salmon] (Lek: SI)
Osteostabil® [salmon] (Jenapharm: DE)
Osteos® [salmon] (TAD: DE)
Osteovis® [salmon] (Nuovo: IT)
Ostetan® (Alacan: ES)
Ostifix® [salmon] (Farmedia: GR)
Ostostabil® [salmon] (Jenapharm: DE)
Rafacalcin® [salmon] (Rafarm: GR)
Rothrin® [salmon] (Iapharm: GR)
Salcat® [salmon] (Pfizer: PT)
Salco® [salmon] (Lisapharma: IL)
Salmocalcin® (Farmed: TR)
Salmofar® [salmon] (Lafare: IT)
Salmoten® [salmon] (A.Di.Pharm: GR)
Sandoz Calcitonin® (Sandoz: CA)
Steocalcin® [salmon] (Christiaens: BE)
Tendolon® [salmon] (Elpen: GR)
Tonocalcin® [salmon] (Alfa Wassermann: BD, IT, PL, TH)
Tonocalcin® [salmon] (Medicom: CZ)
Tonocalcin® [salmon] (Santa-Farma: TR)
Tonocalcin® [salmon] (Schiapparelli: RO)
Tonocalcin® [salmon] (Tempo: ID)
Tonocaltin® [salmon] (Bama: ES)
Tonocaltin® [salmon] (Zambon: ES)
Tosicalcin® [salmon] (Pharmanel: GR)
Transcalcium® [salmon] (Verisfield: GR)
Ucecal® [salmon] (UCB: AT, ES, LU, TR)
Velkacalcin® [salmon] (Velka: GR)
Zycalcit® [salmon] (Cadila: IN)

- **hydrochloride:**

Cibacalcin® [human] (Novartis: DE)

- **acetate:**

Calcitonin AZU® [salmon] (Azupharma: DE)
Calcitonin Stada® [salmon] (Stada: BA)
Calcitonin Stada® [salmon] (Stadapharm: DE)
Karil® [salmon] (Novartis: DE, LU)

Calcitriol (Rec.INN)

L: Calcitriolum
I: Calcitriolo
D: Calcitriol
F: Calcitriol
S: Calcitriol

⚕ Vitamin D

ATC: A11CC04,D05AX03
CAS-Nr.: 0032222-06-3 C_{27}-H_{44}-O_3
M_r 416.649

9,10-Secocholesta-5,7,10(19)-triene-1,3,25-triol, (1α,3β,5Z,7E)-

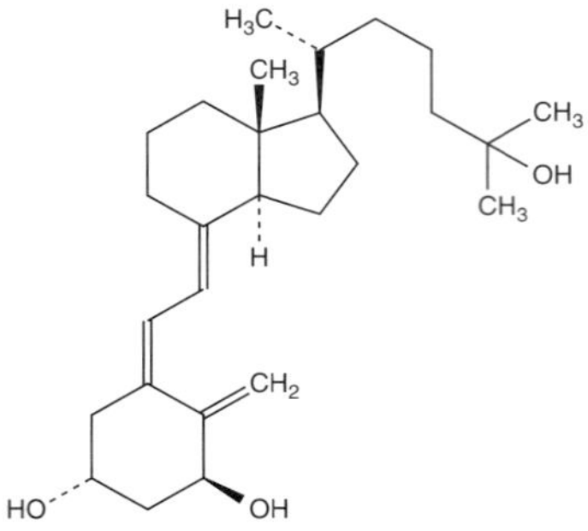

OS: *Calcitriol [BAN, DCF, USAN]*
OS: *Calcitrolo [DCIT]*
IS: *1,25-Dihydroxycholecalciferol*
IS: *1,25-Dihydroxyvitamin D_3*
IS: *Ro 21-5535 (Roche, USA)*
IS: *U 49562*
PH: Calcitriolum [Ph. Eur. 5]
PH: Calcitriol [Ph. Eur. 5, USP 30]

Altrol® (Gelcaps: MX)
Bocatriol® (Leo: AT, DE, DK)
Calcicreen® (Welfide: VN)
Calcijex® (Abbott: AT, AU, BR, CA, CL, CZ, ES, GB, HK, HU, ID, IL, IT, LU, MY, NL, PE, PL, PT, RO, SG, TR, US)
Calcijex® (Unimed & Unihealth: BD)
Calcitriol Gynopharm® (GYNOpharm: CO)
Calcitriol KyraMed® (KyraMed: DE)
Calcitriol Purissimus® (Purissimus: AR)
Calcitriol Roche® (Roche: CO, GR)
Calcitriol-Nefro® (Medice: DE)
Calcitriolo Jet® (Jet: IT)
Calcitriolo PH&T® (PH&T: IT)
Calcitriolo Teva® (Teva: IT, SG)
Calcitriol® (Ophalac: CO)
Calcitriol® (Pharmaceutical Partners of Canada: CA)
Calcitriol® (Roxane: US)
Calcitriol® (Salmon: CH)
Calcitrol-AFT® (AFT: NZ)
Caleobrol® (Tadt: CL)
Citrihexal® (Hexal: AU)
Decal® (Chalver: CO)
Decostriol® (Jenapharm: DE, MY)
Decostriol® (mibe: DE)
Dexiven® (Rivero: AR)
Dicaltrol® (Drug International: BD)
Difix® (Promedica: IT)
Encatrol® (Globe: BD)
GenRX Calcitriol® (GenRX: AU)
Gyneamsa® (Antibioticos: MX)
Hitrol® (Indofarma: ID)
Kalcytriol® (Instytut Farmaceutyczny: PL)
Kolkatriol® (Phapros: ID)
Kosteo® (Arrow: AU)
Lotravel® (LKM: AR)
Meditrol® (Mega: TH)
Nafartol® (Nafar: MX)
Orkey® (Young Poong Pharm: VN)
Oscal® (Dankos: ID)
Osteo D® (J.D.C.: SI)
Osteo D® (Teva: HU, RO)

Osteo-D® (Med: TR)
Osteod® (Teva: CZ)
Osteofem® (Kalbe: ID)
Osteotriol® (Gry: DE)
Otari® (Rafarm: GR)
Renatriol® (RenaCare: DE)
Rocaltrol® (EU-Pharma: NL)
Rocaltrol® (Eurim: AT)
Rocaltrol® (Paranova: AT)
Rocaltrol® (Roche: AE, AR, AT, AU, BA, BD, BE, BG, BO, BR, CA, CH, CL, CN, CO, CR, CU, CZ, DE, DK, DO, EC, EE, ES, FR, GB, GE, GH, GR, GT, HK, HN, HR, HU, ID, IE, IT, JM, JO, JP, KE, KH, KR, KW, LA, LK, LT, LU, LV, MK, MX, NL, NO, NP, NZ, OM, PE, PH, PK, PL, PT, QA, RO, RS, RU, SA, SE, SI, SK, SV, TH, TR, TT, TW, TZ, UG, US, UY, VE, VN, YE, ZA, ZM)
Rocaltrol® (Roche RX: SG)
Roical® (Shin Poong: BD, SG)
Rolsical® (Sun: IN)
Silcor® (Galderma: CO)
Silkis® (Euro: NL)
Silkis® (Galderma: BE, BR, CH, CL, CZ, DE, ES, FI, FR, GB, HU, IE, IS, IT, LU, MX, NL, NO, PL, PT, SG)
Silkis® (Promed: SI)
Sitriol® (Alphapharm: AU)
Tirocal® (Cryopharma: MX)
Trikal® (IBN: IT)

Calcium Bromolactobionate (anhydrous)

L: Calcii bromolactobionas
I: Calcibromobionato
D: Calcium-bromolactobionat
F: Calcibronat
S: Bromolactobionato de calcio

Sedative

CAS-Nr.: 0033659-28-8 — C_{24}-H_{42}-Br_2-Ca_2-O_{24}, M_r 954.54

Dicalcium bis(4-O-beta-D-galactopyranosyl-D-gluconat)-dibromid

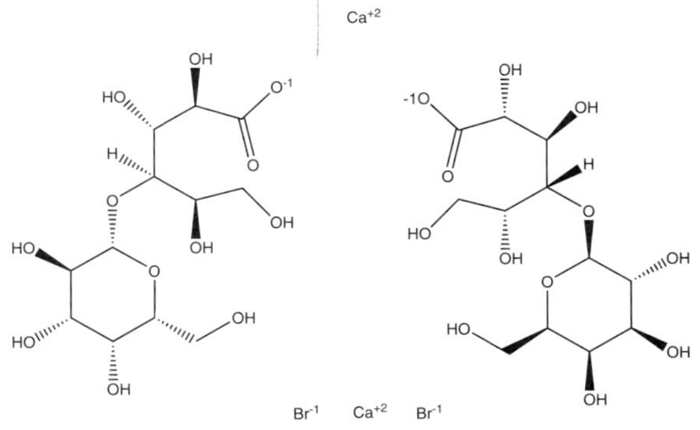

IS: *Calcium-bromolactobionat*
IS: *Calcium galactogluconate bromide*

Nervolta® (Volta: CL)

– hexahydrate:

IS: *Calcium bromide lactobionate hexahydrate*
IS: *Calcium-bromid-lactobionat-6-Wasser*
IS: *Calcium Galactogluconate Bromide*
IS: *Bromolactobionate de calcium*

Bromocalcio® (Pasteur: CL)
Calabron® (Biotika: CZ)
Calcibronat® (Granions: MC)
Calcibronat® (Teofarma: IT)

Calcium Carbimide (Rec.INN)

L: Calcii Carbimidum
D: Calcium carbimid
F: Carbimide calcique
S: Carbimida calcica

Alcohol withdrawal agent

ATC: N07BB02
CAS-Nr.: 0000156-62-7 — C-Ca-N_2, M_r 80.111

Cyanamide, calcium salt (1:1)

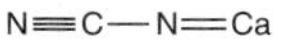

OS: *Calcium Carbimide [USAN]*
IS: *Calciumcarbimidum*
IS: *Kalkstickstoff*

Colme® (Croma: AT)
Colme® (Faes: ES)

Calcium Carbonate (USP)

L: Calcii carbonas
I: Calcio carbonato
D: Calciumcarbonat
F: Calcium (carbonate de)
S: Calcio carbonato

Antacid

ATC: A02AC01,A12AA04
CAS-Nr.: 0000471-34-1 — C-Ca-O_3, M_r 100.091

OS: *Precipitated Calcium Carbonate [JAN]*
OS: *Calcium Carbonate [USAN]*
IS: *Carbonic acid, calcium salt*
IS: *Creta preparata*
IS: *Precipitated chalk*
IS: *Cl 77220 (INCl)*
IS: *E 170 (EU-Nummer)*
PH: Calcii carbonas [Ph. Eur. 5, Ph. Int. 4]
PH: Calcium (carbonate de) [Ph. Eur. 5]
PH: Calciumcarbonat [Ph. Eur. 5]
PH: Calcium carbonate, precipitated [JP XIII]
PH: Calcium Carbonate [Ph. Eur. 5, Ph. Int. 4, USP 30]

A-Cal® (Acme: BD)
Acical® (ACI: BD)
Acidor® (Sherfarma: PE)
Adcal® (ProStrakan: GB)
Additiva Calcium® (Natur Produkt: PL)
Adiecal® (Francia: IT)
Alcamex® (Remek: GR)
Alka-Mints® (Bayer: US)
Andrews TUMS Antacid® (GlaxoSmithKline: AU)
Antacid® (Europharm: RO)
Apo-Cal® (Apotex: CA)
Apocal® (Apex: BD)
Aristocal® (Beximco: BD)

Biocalcium® (Bioprogress: IT)
Biolectra Calcium® (Hermes: AT, DE)
Bo-Ne-Ca® (S.T. Pharma: TH)
Bonacal® (Marksman: BD)
Bonec® (Orion: BD)
Béres Calcium® (Béres: HU)
Cacit® (Delphi: NL)
Cacit® (EU-Pharma: NL)
Cacit® (Eureco: NL)
Cacit® (Procter & Gamble: BE, FR, GB, IE, IT, NL)
Cal 500® (Pacific: BD)
Cal-Aid® (Indoco: IN)
Cal-Car® (Selvi: IT)
Cal-Sup® (3M: AU)
Calbisan® (Pantafarm: IT)
Calbon® (Aristopharma: BD)
Calbo® (Square: BD)
Calcanate® (S.T. Pharma: TH)
Calcarbonate® (Millimed: TH)
Calcarb® (Alco: BD)
Calcar® (Unison: TH)
Calcefor Cap® (Chile: CL)
Calcefor Cap® (Ivax: PE)
Calcefor Lch® (Ivax: PE)
Calcefor® (Chile: CL)
Calci-Aid® (Bayer: PH)
Calci-Chew® (Christiaens: BE)
Calci-Chew® (Dowelhurst: NL, NL)
Calci-Chew® (Dr. Fisher: NL)
Calci-Chew® (EU-Pharma: NL)
Calci-Chew® (Eureco: NL)
Calci-Chew® (Euro: NL)
Calci-Chew® (Medcor: NL)
Calci-Chew® (Nycomed: NL)
Calci-Chew® (R & D: US)
Calci-D® (Rephco: BD)
Calci-GRY® (Gry: DE)
Calci-Mix® (R & D: US)
Calci-Tab® (AFT: NZ)
Calcicarb® (Parma: HU)
Calcicar® (Incepta: BD)
Calcichew® (Leiras: FI)
Calcichew® (Nycomed: CZ, GE, HU, LU)
Calcichew® (Shire: GB, IE)
Calcidia® (Bayer Santé Familiale: FR)
Calcidose® (Opocalcium: FR)
Calcifil® (Gaco: BD)
Calcigamma® (Wörwag Pharma: DE)
Calcigol Plain® [vet.] (Pharmachem: AU)
Calcii Carbonatis® (Lekarna: SI)
Calcii-Min® (Pharmamin: BG)
Calcimagon® (Orion: DE)
Calcimed® (Hermes: DE)
Calcimed® (Vitamed: TR)
Calcimore® (Taro: IL)
Calcin® (Renata: BD)
Calcio 600 MK® (MK: CO)
Calcio Base Dupomar® (Dupomar: AR)
Calcio Base Vannier® (Vannier: AR)
Calcio Base Vent-3® (Vent-3: AR)
Calcio Carbonato EG® (EG: IT)
Calcio Savio® (Savio: IT)
Calciodie® (SPA: IT)
Calcional® (Spedrog-Caillon: AR)
Calciopiù® (Lafare: IT)
Calcioral® (Novartis: PT)
Calcioral® (Nycomed: GR)
Calcio® (Biotenk: AR)
Calcio® (Valma: CL)
Calcipharm® (Bristol-Myers Squibb: HU)
Calciprat® (IPRAD: FR)
Calcitab® (ITF: PT)
Calcite® (Riva: CA)
Calciton® (Chemist: BD)
Calcitridin® (Opfermann: DE)
Calcitugg® (Nycomed: SE)
Calciu Masticabil® (Nycomed: RO)
Calcium 1A Pharma® (1A Pharma: AT)
Calcium 600® (Rugby: US)
Calcium AL® (Aliud: DE)
Calcium beta® (betapharm: DE)
Calcium Bruis® (Pharmachemie: NL)
Calcium Carbonate® (Roxane: US)
Calcium Carbonate® (Weimer: CZ)
Calcium Carbonate® [vet.] (Apex: AU)
Calcium Central Poly® (Central Poly: TH)
Calcium D Sandoz® (Novartis Consumer Health: AT)
Calcium Dago-Steiner® (Steiner: DE)
Calcium dura® (Merck dura: DE)
Calcium effervescens® (Synteza: PL)
Calcium Factor® (Novartis: CL)
Calcium Fort Corbiere® (Sanofi-Aventis: VN)
Calcium Genericon® (Genericon: AT)
Calcium Hermes® (Hermes: HU)
Calcium Heumann® (Heumann: DE)
Calcium Hexal® (Hexal: DE, NL)
Calcium Klopfer® (Nycomed: AT)
Calcium Merck® (Merck Génériques: FR)
Calcium Nycomed® (Nycomed: CZ, GE)
Calcium Oyster Shell® (Novopharm: CA)
Calcium PCH® (Pharmachemie: NL)
Calcium Pharmavit® (Bristol-Myers Squibb: HU)
Calcium Pharmavit® (Chinoin: CZ)
Calcium S.Med® (S. Med: AT)
Calcium Stada® (Stadapharm: DE)
Calcium Upsavit® (Bristol-Myers Squibb: BG)
Calcium Verla® (Verla: DE)
calcium von ct® (CT: DE)
Calcium-Carbonat Salmon Pharma® (Salmon: CH)
Calcium-dura® (Merck dura: DE)
Calcium-Phosphatbinder Bichsel® (Bichsel: CH)
Calciumcarbonat Fresenius® (Fresenius: CH)
Calciumcarbonat Fresenius® (Fresenius Medical Care: DE)
Calciumcarbonat Sertürner® (Sertürner: DE)
Calciumcarbonat-Dial® (Germania: AT)
Calciumcarbonat® (Fresenius: DE)
Calcium® (Maccabi Care: IL)
Calcium® (Martindale: GB)
Calcium® (Medicine Supply: TH)
Calcium® (Navana: BD)
Calcium® (Polfa Grodzisk: PL)
Calcium® (Trianon: CA)
Calcivorin® (Mintlab: CL)
Caldical® (Ziska: BD)
Caldil® (Drug International: BD)
Caldoral® (Lafrancol: CO)
Calfor® (Asiatic Lab: BD)
Caljuven® (Aristopharma: BD)

Calkid® (Gaco: BD)
Calma® (Farma 1: IT)
Calmet® (Somatec: BD)
Calos® (Fahrenheit: ID)
Calperos® (Bouchara: DZ, FR, LU)
Calperos® (Pliva: PL)
Calperos® (Robapharm: CH)
Calpo® (Medicon: BD)
Calprimum® (D&A: FR)
Calprimum® (Iderne: FR)
Calsan® (Novartis: BR, ID)
Calsil® (Silva: BD)
Calsum® (Sriprasit: TH)
Caltab® (Masa Lab: TH)
Caltrate® (Lederle: IL)
Caltrate® (Whitehall: CO)
Caltrate® (Wyeth: AU, BR, CZ, FR, IE, MX, NZ, SG, US, ZA)
Caltrate® (Wyeth Consumer Healthcare: CA)
Caosina® (Ern: ES)
Caprimida® (Megahealth: CL)
Carbocalc® (Unison: TH)
Carbocal® (Farmasierra: ES)
Carbocal® (Globe: BD)
Carbonato Calcico® (Knop: CL)
Carbonato de calcio® (Pentacoop: CO)
Carbosint® (Boniscontro & Gazzone: IT)
Carbotop® (Pulitzer: IT)
Carbo® (Max Farma: IT)
Carb® (Opsonin: BD)
CC-Nefro® (Medice: DE)
Chooz® (Insight: US)
Cimascal® (Belmac: ES)
Costin® (General Pharma: BD)
Deltacal® [vet.] (Delvet: AU)
Densical® (Rubio: ES)
Densical® (Zambon: FR)
Dicarbosil® (BIRA: US)
Dreisacarb® (Brady: AT)
Dreisacarb® (Gry: DE)
Edical® (Edruc: BD)
Elcal Forte® (Andromaco: CL)
Elcal® (Andromaco: CL)
Eucalcic® (Altana: FR)
Fast® (Perrigo: IL)
Fixical® (Expanscience: FR)
Fortica® (S.T. Pharma: TH)
Frubiase® (Boehringer Ingelheim: DE)
FructiCal® (Jelfa: PL)
Frutical® (Jelfa: PL)
Hermes Biolectra Calcium® (Qualiphar: BE)
Ideos® (Helsinn: IE)
Idracal® (Bruno: IT)
Ipical® (Ibn Sina: BD)
Iroviton Calcium® (Schmidgall: AT)
Isocal® (Doctor's Chemical Work: BD)
Kalcidon® (Abigo: SE)
Kalcidon® (Verman: FI)
Kalcijev karbonat® (Gorenjske: SI)
Kalcijev karbonat® (Krka: BA, HR, SI)
Kalcijum karbonat® (Alkaloid: RS)
Kalcipos® (Recip: FI, SE)
Kalcitena® (ACO: SE)
Kalzonorm® (Merck: AT)
Levucal® (Pasteur: CL)
Liqui-Cal® (Advanced Nutritional Technology: US)
Lo-P-Caps® (ST Pharma: TH)
Lubical® (Lisapharma: IT)
Löscalcon® (Lilly: DE)
Maalox® (Novartis: US)
Mallamint® (Textilease: US)
Mastical® (Altana: ES)
Maxbon® (Gynea: ES)
Maxi-Kalz® (Viatris: AT, CZ)
Maxicalc® (ASTA Medica: BR)
Metocal® (Rottapharm: IT)
Mubonet® (Best: MX)
Mylanta® (J & J Merck: US)
Mylanta® (Johnson & Johnson: CN)
Myocal® (Nipa: BD)
Natecal D® (Eurofarma: BR)
Natecal® (Eurofarma: BR)
Natecal® (Italfarmaco: ES)
Natecal® (ITF: CL)
Nephro-Calci® (R & D: US)
Oracal® (Amico: BD)
Orocal® (Théramex: MC)
Orthocal® (Bio-Pharma: BD)
Os-Cal® (GlaxoSmithKline: US)
Os-Cal® (Sanofi-Aventis: BR, HK)
Os-Cal® (Wyeth: CA)
Oscal® (Unimed & Unihealth: BD)
Ospur Ca® (Sanofi-Synthelabo: DE)
Ostacid® (Rangs: BD)
Osteocal® (Genopharm: FR)
Osteocal® (Metlen: CO)
Osteocal® (Nicholas: ID)
Osteomin® (Altana: MX)
Osteoplus® (Merckle: DE)
Osteo® (Healtheries: NZ)
Ostocal® (Eskayef: BD)
Ostram® (Merck: TR)
Oystercal® (United Pharmaceutical: AE, BH, IQ, JO, LY, OM, QA, SA, SD, YE)
Peocal® (Peoples: BD)
Pharcal® (Community: TH)
Pluscal® (Sanitas: AR)
Prima-cal® (Prima: TH)
Procala® (Shamsul Alamin: BD)
Périсal® (Besins: FR)
Raffo-Ca® (Raffo: AR)
Recal® (New Farma: IT)
Remegel® (SSL: GB)
Rocal® (Healthcare: BD)
Sandocal® (Novartis: BD)
Sanidecal® (Sanitas: CL)
Savecal® (Ibirn: IT)
Steocar® (Christiaens: BE)
Steocar® (Nycomed: LU)
Strongcal® (Bestpharma: CL)
Super Cal® [vet.] (Vetafarm: AU)
Titralac® (3M: AU, GB, NZ, US)
Titralac® (Nycomed: NO)
Top Calcium® (Esseti: IT)
Tums E-X® (GlaxoSmithKline: IL, US)
Tums Ultra® (GlaxoSmithKline: IL)
Tums® (GlaxoSmithKline: AU, CA, IL, PH, US)
Tums® (Group: ZA)
Tzarevet® (CTS: IL)
Ultracalcium® (Temis-Lostalo: AR)

Uvasal® (GlaxoSmithKline: AR)
Vical Calcio® (Ecar: CO)
Vicalvit® (Polfa Kutno: PL)
Vitacalcin® (Slovakofarma: CZ)
Vivural® (Procter & Gamble: DE)
Weifa-Kalsium® (Weifa: NO)

Calcium Dobesilate (Rec.INN)

L: Calcii Dobesilas
I: Dobesilato di calcio
D: Calcium dobesilat
F: Dobésilate de calcium
S: Dobesilato calcico

Vascular protectant

ATC: C05BX01
CAS-Nr.: 0020123-80-2 C_{12}-H_{10}-Ca-O_{10}-S_2
M_r 418.412

Benzenesulfonic acid, 2,5-dihydroxy-, calcium salt (2:1)

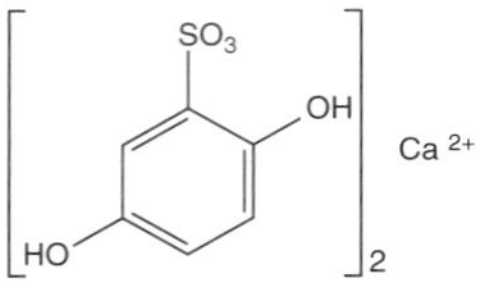

OS: *Dobesilato di calcio [DCIT]*
OS: *Dobésilate de calcium [DCF]*
OS: *Calcium Dobesilate [USAN$]*
IS: *Calciumdoxybensylat*
IS: *E 205*
PH: Calcium dobesilatum [2.AB-DDR]

Calcium dobesilate® (Aflofarm: PL)
Calcium dobesilate® (Galena: PL)
Calcium dobesilate® (Remedica: CY)
Danium® (Leciva: CZ)
Dexium® (Sanofi-Synthelabo: DE)
Doxi-Hem® (Hemofarm: RS, RU)
Doxi-OM® (OM: PT)
Doxilek® (Lek: BA, SI)
Doxiproct® (OM: CZ, HU, PE)
Doxium® (Abdi Ibrahim: TR)
Doxium® (Abiogen: IT)
Doxium® (Allergan: BR)
Doxium® (Altana: AR)
Doxium® (Ebewe: AT, HK)
Doxium® (Esteve: ES)
Doxium® (Eurim: AT)
Doxium® (Europhta: MC)
Doxium® (Labomed: CL)
Doxium® (OM: CH, CR, CZ, DO, EC, GT, HN, NI, PA, PH, PL, RO, SV)
Doxium® (Paranova: AT)
Doxium® (Robins: CO)
Doxium® (Sanofi-Synthelabo: BE)
Doxium® (Teva: HU)
Doxium® (Tramedico: LU)
Doxivenil® (OM: PE)
Duflemina® (Janssen: AR)
Eflevar® (Altana: AR)
Venocap® [vet.] (Farvet: PE)

– monohydrate:

CAS-Nr.: 0020123-80-2
PH: Calcii dobesilas monohydricum Ph. Eur. 5
PH: Calcium Dobesilate Monohydrate Ph. Eur. 5
PH: Calciumdobesilat-Monohydrat Ph. Eur. 5
PH: Calcium (dobésiltate de) monohydraté Ph. Eur. 5

Calcium dobesilate® (Hasco: PL)
Dobica® (Altana: CZ)
Dobica® (Altana Pharma Oranienburg: DE)
Doxilek® (Lek: HU, RO)
Doxium® (Grünenthal: MX)

Calcium Glubionate (Rec.INN)

L: Calcii glubionas
D: Calcium glubionat
F: Glubionate de calcium
S: Glucobionato calcico

Mineral agent

ATC: A12AA02
CAS-Nr.: 0012569-38-9 C_{18}-H_{32}-Ca-O_{19}.H_2O
M_r 610.554

Calcium, (4-O-β-D-galactopyranosyl-D-gluconato-O1)(D-gluconato-O1)-, monohydrate

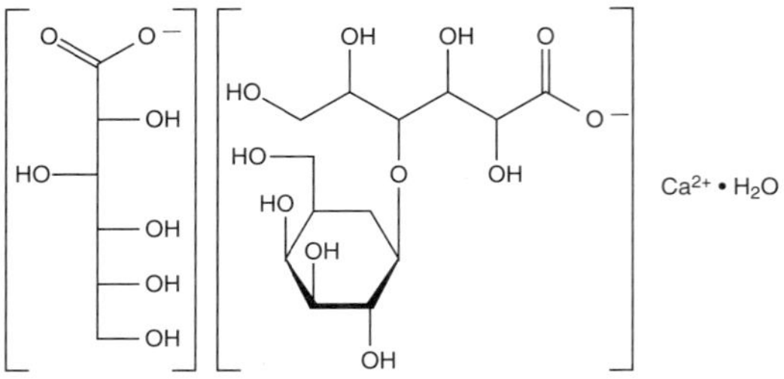

OS: *Calcium Glubionate [USAN]*
IS: *Calcium D-gluconate lactobionate monohydrate (USAN)*
IS: *Calciumglubionat*

Calciu Sandoz® (Novartis: RO)
Calcium Alko® (Genopharm: FR)
Calcium Médifa® (Genopharm: FR)
Calcium Pliva® (Pliva: PL)
Calcium Sandoz® (Novartis: AT, ID, IN, IT, LU, RS, SE, TR)
Calcium Sandoz® (Novartis Consumer Health: ES, HR, IL)
Calcium Sandoz® (Sandoz: CH, NL)
Calcium Slovakofarma® (Slovakofarma: CZ)
Calcium-Sandoz® (Alliance: GB)
Calcium-Sandoz® (Medis: SI)
Calcium-Sandoz® (Novartis: BG, CZ, ET, FI, GH, IN, IS, KE, LY, MT, NG, RS, SD, SE, TZ, ZW)
Calcium-Sandoz® (Novartis Consumer Health: NL)
Calcium-Sandoz® (Novartis OTC: SG)
Calcium-Sandoz® (Novartis Santé Familiale: FR)
Calcium-Sandoz® (Sandoz: CH, ZA)
Sandoz Calcium® (Novartis: BE)
Sandoz Calcium® (Sandoz: NL)
Satural® (Altana: PL)
Satural® (Polfarmex: PL)

Calcium Glucoheptonate (Prop.INN)

L: Calcii Glucoheptonas
D: Calcium glucoheptonat
F: Glucoheptonate de Calcium
S: Glucoheptonato calcico

⚕ Mineral agent

ATC: A12AA10
CAS-Nr.: 0017140-60-2 C_{14}-H_{26}-Ca-O_{16}
M_r 490.442

D-gluco-Heptonic acid, calcium salt (2:1), (2.xi.)-

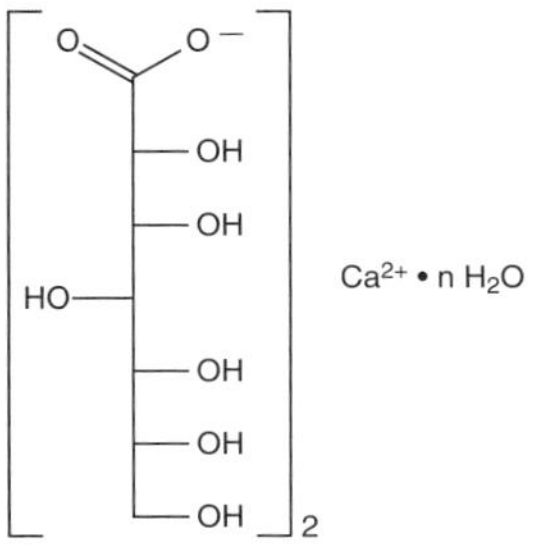

OS: *Calcium gluceptate [USAN]*
IS: *Glucoheptonate calcium salt*
IS: *Glucose monocarbonate calcium salt*
PH: Calcium Gluceptate [USP 30]
PH: Calcium (glucoheptonate de) [Ph. Eur. 5]
PH: Calciumglucoheptonat [Ph. Eur. 5]
PH: Calcium Glucoheptonate [Ph. Eur. 5]
PH: Calcii glugoheptonas [Ph. Eur. 5]

Calcium Gluceptate® (Abbott: IL)

Calcium Gluconate (USP)

L: Calcii Gluconas
D: Calciumgluconat
F: Calcium (gluconate de)

⚕ Antidote
⚕ Mineral agent

ATC: A12AA03,D11AX03
CAS-Nr.: 0000299-28-5 C_{12}-H_{22}-Ca-O_{14}
M_r 430.388

D-Gluconic acid, calcium salt (2:1)

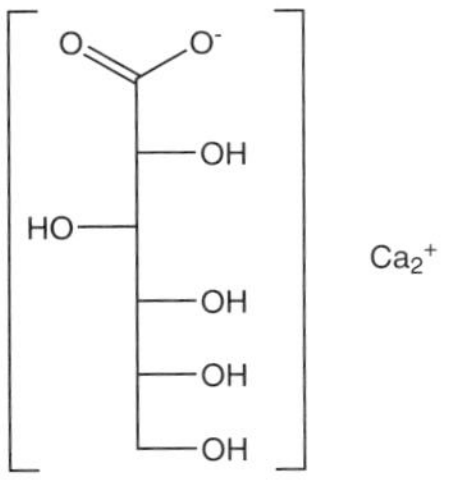

OS: *Calcium (gluconate de) [DCF]*
OS: *Calcium Gluconate [USAN]*
IS: *Calcium glyconate*
PH: Calcium Gluconate [USP 30, JP XIV]

Calci-kêl® [vet.] (Kela: NO)
Calcii Gluconas® (Ethica: ID)
Calcimusc® (Gedeon Richter: HU)
Calcio Gluconato® (Bioindustria Lim: IT)
Calcio Gluconato® (Fisiopharma: IT)
Calcio Gluconato® (Galenica: IT)
Calcio Gluconato® (Mintlab: CL)
Calcio Gluconato® (Monico: IT)
Calcio Gluconato® (Salf: IT)
Calcio® (Richmond: AR)
Calcium Braun® (Braun: DE)
Calcium Fresenius® (Fresenius: AT)
Calcium Gluconate® (Abraxis: US)
Calcium Gluconate® (American Regent: US)
Calcium Gluconate® (Chemist: BD)
Calcium Gluconate® (Hameln: GB)
Calcium Gluconate® (Hospira: US)
Calcium Gluconate® (Orion: NZ)
Calcium Gluconate® (Pharmaceutical Partners of Canada: CA)
Calcium Gluconate® (Pharmalab: AU)
Calcium gluconicum® (Espefa: PL)
Calcium gluconicum® (Farmapol: PL)
Calcium gluconicum® [vet.] (Jacoby: AT)
Calcium Norbrook® [vet.] (Norbrook: AT)
Calcium Pasteur® (Pasteur: CL)
Calcium-Jayson® (Jayson: BD)
Calcium-Sandoz® [inj.] (Medis: SI)
Calcium-Sandoz® [inj.] (Novartis: IN, NO)
Calciumgluconaat Gf® (Genfarma: NL)
Calciumgluconaat PCH® (Pharmachemie: NL)
Calciumgluconat Braun® (Braun: AT, FI, LU)
Calcium® (Batfarma: GE)
CBG® [vet.] (Pharmtech: AU)
Flopak Plain® [vet.] (Merial: AU)
Gluconat de Calciu® (Zentiva: RO)
Gluconate de Calcium Lavoisier® (Chaix et du Marais: FR)
Gluconato de Calcio Apolo® (Apolo: AR)
Gluconato de Calcio Ariston® (Ariston: EC)
Gluconato de Calcio Biol® (Biol: AR)
Gluconato de Calcio Drawer® (Drawer: AR)
Gluconato de Calcio® (Biosano: CL)
Gluconato de Calcio® (Sanderson: CL)
Hydrofluoric Acid® (Malaysia Chemist: SG)
Osteopharm® (Balkanpharma: BG)
Osteovit® (Balkanpharma: BG)

– monohydrate:

CAS-Nr.: 0018016-24-5
PH: Calcii gluconas Ph. Eur. 5, Ph. Int. 4
PH: Calciumgluconat Ph. Eur. 5
PH: Calcium (gluconate de) Ph. Eur. 5
PH: Calcio gluconato Ph. Eur. 5
PH: Calcium Gluconate JP XIV, Ph. Eur. 5, Ph. Int. 4, USP 30
PH: Calciumgluconat zur Herstellung von Parenterali Ph. Eur. 5
PH: Calcium (gluconate de) pour solution injectable Ph. Eur. 5
PH: Calcium Gluconate for Injection Ph. Eur. 5
PH: Calcii Gluconas ad iniectabile Ph. Eur. 5

Calcipot® (3M: DE, LU)
Calcium Biotika® (Biotika: CZ)
Calcium Gluconicum® (Balkanpharma: BG)
Calcium Gluconicum® (Braun: CZ)
Gluconato de Calcio Fada® (Fada: AR)

Calcium Levofolinate (Rec.INN)

L: Calcii levofolinas
D: Calcium levofolinat
F: Levofolinate de calcium
S: Levofolinato calcico

⚕ Antidote against folic acid antagonists

ATC: V03AF04
CAS-Nr.: 0080433-71-2 C_{20}-H_{21}-Ca-N_7-O_7
M_r 511.538

L-Glutamic acid, N-[4-[[(2-amino-5-formyl-1,4,5,6,7,8-hexahydro-4-oxo-6-pteridinyl)methyl]amino]benzoyl]-, calcium salt (1:1), (S)-

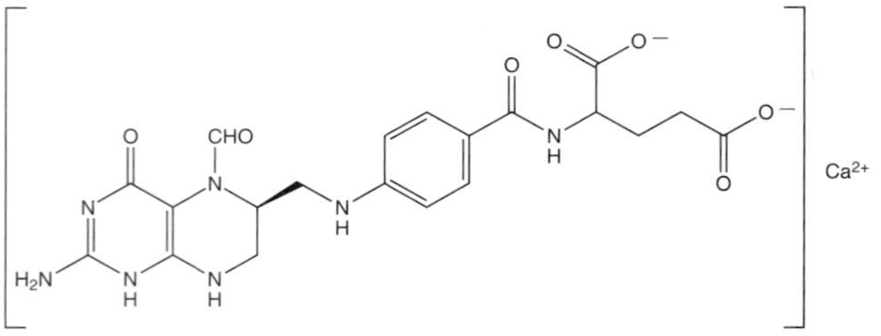

OS: *Calcium Levofolinate [BAN]*
OS: *Levoleucovorin Calcium [USAN]*
IS: *Levofolene*
IS: *CL 307782*

Elvorine® (Wyeth: BE, FR, LU)
Faulding-Leucovorin® (Mayne: BR)
Folaxin® (Zambon: ES)
Isovorin® (Wyeth: AT, BR, DK, ES, FI, GB, GR, IS, NO, SE, US, ZA)
Raycept® (Zambon: PT)

– pentahydrate:

PH: Calcium Levofolinate Pentahydrate Ph. Eur. 5
PH: Calcii levofolinas pentahydricus Ph. Eur. 5
PH: Calciumlevofolinat-Pentahydrat Ph. Eur. 5
PH: Lévofolinate calcique pentahydraté Ph. Eur. 5

Calcio Levofolinato Fidia® (Fidia: IT)
Calcio Levofolinato Teva® (Teva: IT)
Calciumlevofolinat Ebewe® (Ebewe: AT)
Calciumlevofolinat Ebewe® (Ferron: ID)
Divifolin® (Rottapharm: IT)
Folanemin® (Schering: IT)
Foliben® (Shire: IT)
Lederfolin® (Wyeth: IT)
Levofolene® (Schering: IT)

Calcium Levulinate (USP)

L: Calcii laevulinas
D: 4-Oxopentansäure, Calciumsalz
F: Caclium (lévulinate de)

⚕ Mineral agent

CAS-Nr.: 0000591-64-0 C_{10}-H_{18}-Ca-O_8
M_r 306.334

Pentanoic acid, 4-oxo-, calcium salt

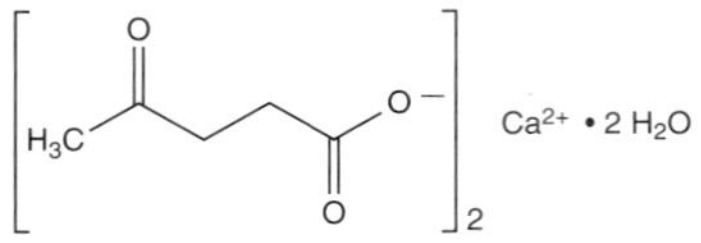

OS: *Calcium Levulinate [BAN, USAN]*
PH: Calcium Levulinate [USP 30]
PH: Calcium Levulinate Dihydrate [Ph. Eur. 5]
PH: Calcii laevulinas dihydricum [Ph. Eur. 5]
PH: Caclium (lévulinate de) dihydraté [Ph. Eur. 5]
PH: Calciumlävulinat-Dihydrat [Ph. Eur. 5]

Calcilin® (Laevosan: AT)
Calcium-Picken® [inj.] (Adeka: TR)

Calcium Pidolate

⚕ Mineral agent

CAS-Nr.: 0031377-05-6 C_{10}-H_{12}-Ca-N_2-O_6
M_r 296.306

L-Proline, 5-oxo-, calcium salt (2:1)

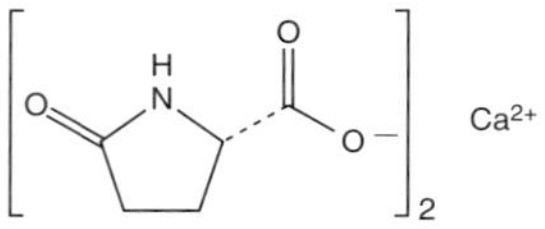

Ibercal® (Merck: ES)
Regucal® (Baliarda: AR)
Tepox Cal® (Stada: ES)

Calcium Trisodium Pentetate (Rec.INN)

L: Calcii Trinatrii Pentetas
D: Calcium-trinatrium pentetat
F: Pentétate de calcium trisodique
S: Pentetato calcico trisodico

⚕ Antidote, chelating agent

CAS-Nr.: 0012111-24-9 C_{14}-H_{18}-Ca-N_3-Na_3-O_{10}
M_r 497.378

Calciate(3-), [N,N-bis[2-[bis(carboxymethyl)amino]ethyl]glycinato(5-)]-, trisodium

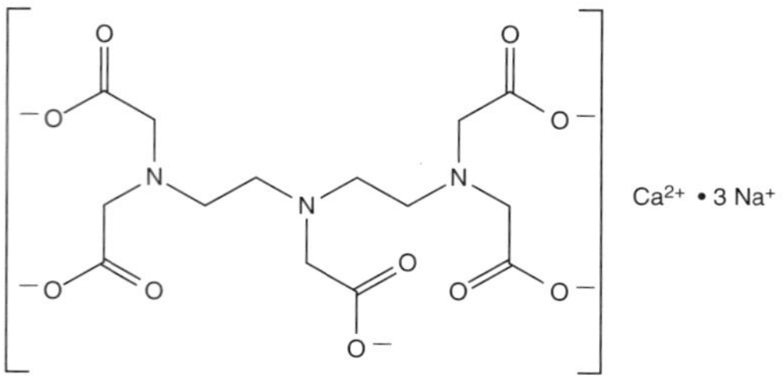

OS: *Calcium Trisodium Pentetate [BAN]*
OS: *Pentetate Calcium Trisodium [USAN]*
OS: *Pentétate de calcium trisodique [DCF]*
IS: *Ca-Chel-330*
IS: *NSC 34249*

Ditripentat-Heyl® (Heyl: DE)

Cambendazole (Rec.INN)

L: **Cambendazolum**
D: **Cambendazol**
F: **Cambendazole**
S: **Cambendazol**

Anthelmintic [vet.]

CAS-Nr.: 0026097-80-3 C_{14}-H_{14}-N_4-O_2-S
M_r 302.366

Carbamic acid, [2-(4-thiazolyl)-1H-benzimidazol-5-yl]-, 1-methylethyl ester

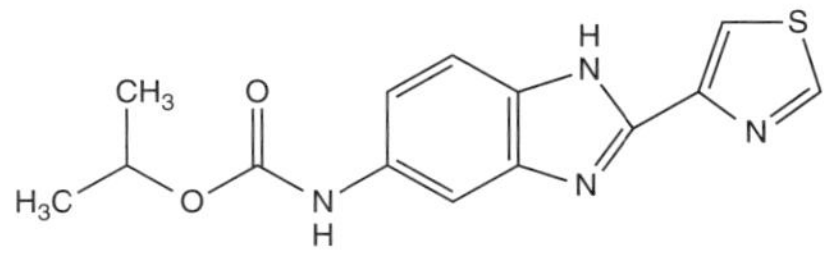

OS: *Cambendazole [BAN, DCF, USAN]*

Ascapilla® [vet.] (Chevita: AT)
Ascapilla® [vet.] (Fendigo: BE)
Cambem® (UCI: BR)

Camostat (Prop.INN)

L: **Camostatum**
D: **Camostat**
F: **Camostat**
S: **Camostat**

Enzyme inhibitor, protease

ATC: B02AB04
CAS-Nr.: 0059721-28-7 C_{20}-H_{22}-N_4-O_5
M_r 398.436

p-Guanidinobenzoic acid, ester with (p-hydroxyphenyl)acetic acid, ester with N,N-dimethylgylcolamide

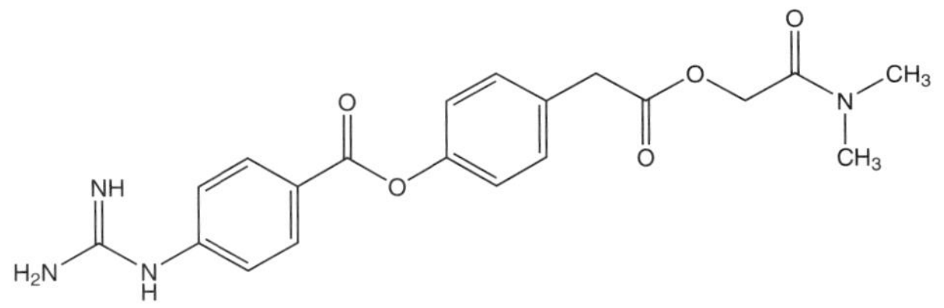

OS: *Camostat [USAN]*

– mesilate:

CAS-Nr.: 0059721-29-8
OS: *Camostat Mesilate JAN*
IS: *Armostat mesylate*
IS: *FOY 305*
IS: *FOY S 980*
PH: Camostat Mesilate JP XIV

Foipan® (Ono: JP)

Camphor USAN

L: **Camphora**
D: **Kampfer**
F: **Camphre**
S: **Canfora**

Antipruritic

CAS-Nr.: 0000076-22-2 C_{10}-H_{16}-O
M_r 152.23

Bicyclo[2.2.1]heptane-2-one, 1,7,7-trimethyl-

OS: *Camphor [USAN]*
IS: *Campher*
IS: *Kamfer*
IS: *Dextrocamphora*
IS: *Alcamfor*

Sanimastin® [vet.] (Virbac: DE)
Vaopin N® (Riemser: DE)

Camylofin (Rec.INN)

L: **Camylofinum**
I: **Camilofina**
D: **Camylofin**
F: **Camylofine**
S: **Camilofina**

Antispasmodic agent

CAS-Nr.: 0000054-30-8 C_{19}-H_{32}-N_2-O_2
M_r 320.485

Benzeneacetic acid, α-[[2-(diethylamino)ethyl]amino]-, 3-methylbutyl ester

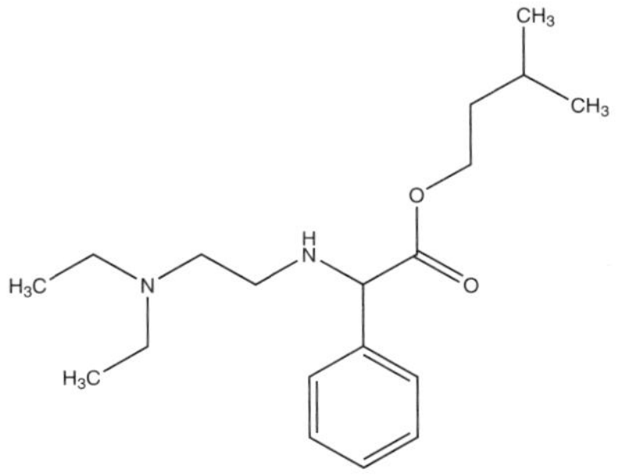

OS: *Camylofine [DCF]*
OS: *Camilofina [DCIT]*
OS: *Camylofin [USAN]*
IS: *Acamylophenin*

Anafortan® (Khandelwal: IN)

Candesartan (Rec.INN)

L: Candesartanum
I: Candesartan
D: Candesartan
F: Candesartan
S: Candesartan

Angiotensin-II antagonist
Antihypertensive agent

ATC: C09CA06
CAS-Nr.: 0139481-59-7 C_{24}-H_{20}-N_6-O_3
M_r 440.484

1H-Benzimidazole-7-carboxylic acid, 2-ethoxy-1-[[2'-(1H-tetrazol-5-yl)[1,1'-biphenyl]-4-yl]methyl]-

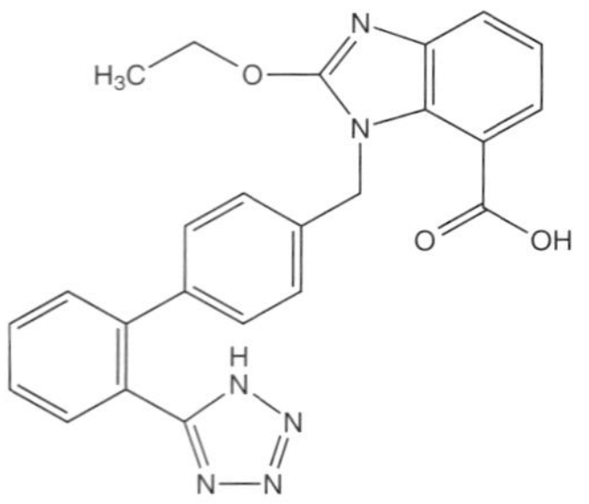

OS: *Candesartan [BAN, USAN]*
IS: *CV 11974 (Takeda, Japan)*

Candesartan Genfar® (Genfar: CO)
Candesar® (Stancare: IN)
Vesartan® (Chemist: BD)

– cilexetil:
CAS-Nr.: 0145040-37-5
OS: *Candesartan Cilexetil BANM, USAN*
IS: *Candesartan hexetil*
IS: *TCV 116 (Takeda, Japan)*

Amias „Orifarm"® (AstraZeneca: DK)
Amias Paranova® (AstraZeneca: DK)
Amias PharmaCoDane® (AstraZeneca: DK)
Amias® (Takeda: GB)
Arb® (Square: BD)
Atacand® (Aktuapharma: BE)
Atacand® (AstraZeneca: AE, AG, AN, AR, AT, AU, AW, BE, BH, BM, BR, BS, BZ, CA, CH, CL, CO, CR, CY, CZ, DE, DK, DO, DZ, EG, ES, FI, FR, GB, GD, GE, GH, GR, GT, GY, HN, HT, HU, IE, IL, IS, IT, JM, JO, KE, KR, KW, LB, LC, LK, LU, LV, MT, MX, MY, NI, NL, NO, NZ, OM, PA, PE, PL, PT, PY, QA, RO, RU, SA, SD, SE, SG, SI, SR, SV, TR, TT, US, UY, VC, VE, ZA, ZW)
Atacand® (EU-Pharma: NL)
Atacand® (Euro: NL)
Atacand® (IVAmed: DE)
Atacand® (pharma-stern: DE)
Atacand® (Promed: DE)
Ayra® (Sanovel: TR)
Bilaten® (Medipharm: CL)
Blopress® (Abbott: BR, CL, CO, CR, GT, HN, MX, NI, PA, PE, SV)
Blopress® (Euro: NL)
Blopress® (Seber: PT)
Blopress® (Takeda: AT, CH, DE, ES, HK, ID, IT, JP, MY, PH, TH)
Blox® (Saval Eurolab: CL)
Candesartan cilexetil® (Medcor: NL)
Candesartan Genfar® (Expofarma: CL)
Candesartan® (Stephar: NL)
Candesar® (Sued: DO)
Candesa® (General Pharma: BD)
Dacten® (Phoenix: AR)
Giran® (Aristopharma: BD)
Kenzen® (Takeda: FR)
Parapres® (Almirall: ES)
Ratacand® (AstraZeneca: IT)
Ratacand® (Euro: NL)
Tiadyl® (Abbott: AR)
Vesotan® (Rangs: BD)

Canrenone (Prop.INN)

L: Canrenonum
I: Canrenone
D: Canrenon
F: Canrénone
S: Canrenona

Diuretic, aldosterone antagonist

ATC: C03DA03
CAS-Nr.: 0000976-71-6 C_{22}-H_{28}-O_3
M_r 340.466

Pregna-4,6-diene-21-carboxylic acid, 17-hydroxy-3-oxo-, λ-lactone, (17α)-

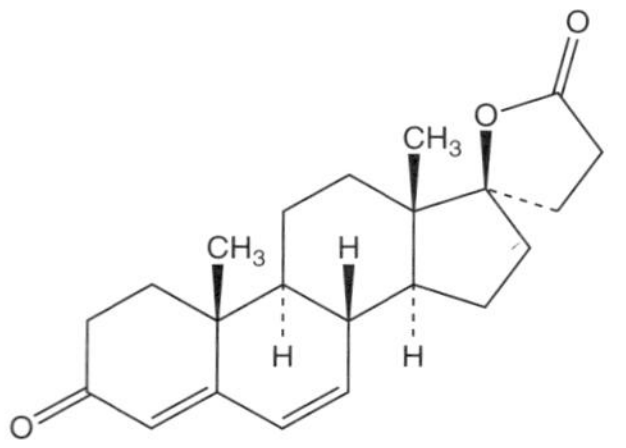

OS: *Canrenone [USAN, DCF, DCIT]*
IS: *RP 11614*
IS: *SC 9376*

Luvion® (GiEnne: IT)

Capecitabine (Rec.INN)

L: Capecitabinum
D: Capecitabin
F: Capecitabine
S: Capecitabina

Antineoplastic agent

ATC: L01BC06
CAS-Nr.: 0154361-50-9 C_{15}-H_{22}-F-N_3-O_6
M_r 359.371

Carbamic acid, [1-(5-deoxy-β-D-ribofuranosyl)-5-fluoro-1,2-dihydro-2-oxo-4-pyrimidinyl]-, pentyl ester

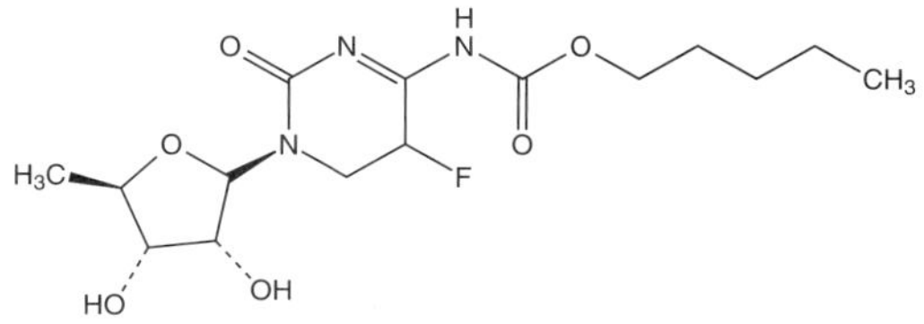

OS: *Capecitabine [BAN, USAN]*
IS: *Ro 09-1978/000 (Roche, USA)*
PH: Capecitabine [USP 30]

Categor® (Sandoz: AR)
Xabine® (Ranbaxy: IN)
Xeloda® (Roche: AE, AM, AR, AT, AU, AZ, BA, BD, BE, BG, BH, BR, BY, CA, CH, CL, CN, CO, CR, CY, CZ, DE, DK, DO, EC, EC, EE, EG, ES, FI, FR, GB, GE, GR, GT, HK, HN, HR, HU, ID, IE, IL, IN, IR, IS, IT, JM, JO, JP, KR, KW, KZ, LB, LK, LT, LU, LV, MA, MX, MY, NI, NL, NO, NZ, OM, PA, PE, PH, PK, PL, PT, PY, RO, RS, RU, SA, SE, SI, SK, SV, TH, TR, TT, TW, UA, US, UY, UZ, VE, VN, ZA)
Xeloda® (Roche Diagnostic: DZ)
Xeloda® (Roche RX: SG)

Capreomycin (Rec.INN)

L: Capreomycinum
D: Capreomycin
F: Capréomycine
S: Capreomicina

Antibiotic, polypeptide

ATC: J04AB30
CAS-Nr.: 0011003-38-6

Antibiotic produced by *Streptomyces capreolus*

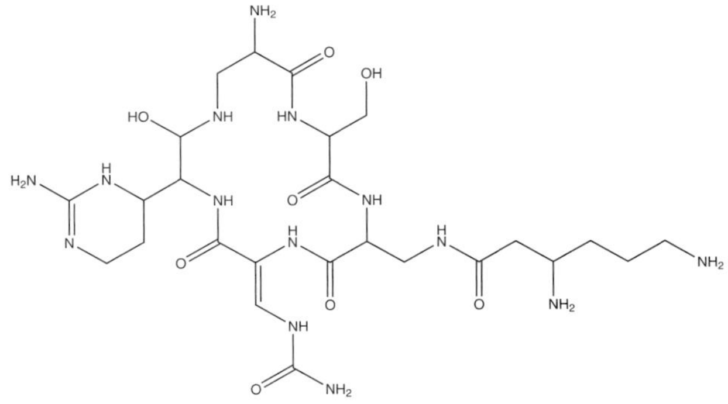

OS: *Capreomycin [BAN]*
OS: *Capréomycine [DCF]*
IS: *CAM*
IS: *Capromycin*
IS: *L 29275*

– disulfate:

CAS-Nr.: 0001405-37-4
OS: *Capreomycin Sulfate USAN*
OS: *Capreomycin Sulphate BANM*
PH: Capreomycin Sulfate USP 30
PH: Capreomycin Sulphate BP 2002

Capastat® (Dista: ES)
Capastat® (King: GB)
Capastat® (Lilly: AT, AU, CA, CZ, RU, US)
Lykocin® (Dr. Reddy's: RU)

Capsaicin

D: Capsaicin

Analgesic, external
Hyperemic agent

ATC: N01BX04
CAS-Nr.: 0000404-86-4 C_{18}-H_{27}-N-O_3
M_r 305.424

(E)-N-Vanillyl-8-methyl-6-noneamid

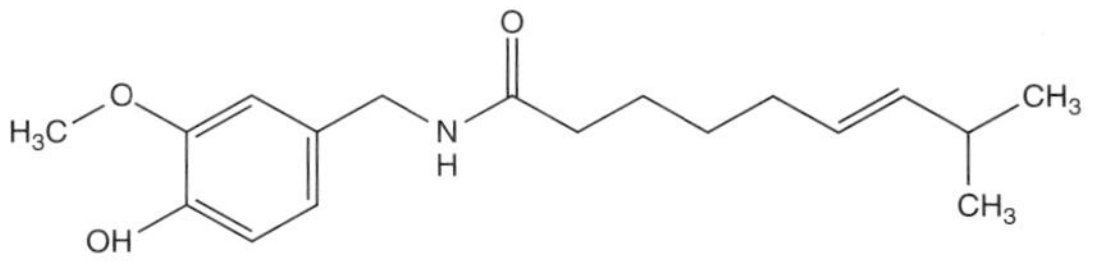

OS: *Capsaicin [USAN]*
PH: Capsaicin [USP 30]

Axsain® (Cephalon: GB)
Axsain® (Galen: US)
Capsaicin® (Valeo: CA)
Capsamol® (Wörwag Pharma: DE)
Capsaïcine® (FNA: NL)
Capsicin® (Viñas: ES)
Capsicum Farmaya® (Alacan: ES)
Capsidol® (Janssen: MX)
Capsidol® (Viñas: ES)
Capsina® (Bioglan: IS, NO, SE)
Capsin® (Fleming: US)
Casacine® (Latinfarma: CO)
Dolpyc® (Teofarma: IT)
Gelcen® (Centrum: ES)
Hansamedic® (Beiersdorf: LU)
Hansapflast ABC Wärme Pflaster® (Beiersdorf: LU)
Hansaplast med ABC® (Beiersdorf: DE)
Hansaterm® (Beiesdorf: ES)
Jucurba Capsicum Schmerzemulsion® (Strathmann: DE)
Katrum® (Smaller: ES)
Moment® (Apsen: BR)
Presyc® (Pasteur: CL)
Rheumamed® (Feldhoff: DE)
Thermo Bürger® (Ysatfabrik: DE)
Zacin® (Cephalon: GB, IE)
Zostrix® (AFT: NZ)
Zostrix® (GenDerm: US)
Zostrix® (Link: AU)
Zostrix® (Rafa: IL)

Captodiame (Prop.INN)

L: Captodiamum
D: Captodiam
F: Captodiame
S: Captodiamo

Tranquilizer

ATC: N05BB02
CAS-Nr.: 0000486-17-9 C_{21}-H_{29}-N-S_2
M_r 359.593

Ethanamine, 2-[[[4-(butylthio)phenyl]phenylmethyl]thio]-N,N-dimethyl-

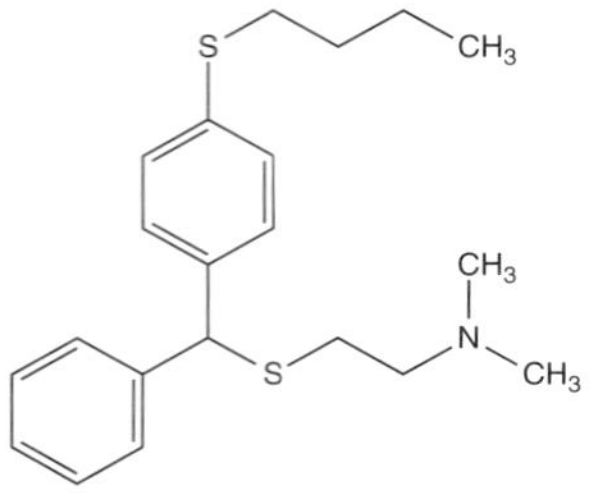

OS: *Captodiame [BAN]*
IS: *AY 55074*
IS: *N 68*

Covatine® (Bailly: FR)

Captopril (Rec.INN)

L: Captoprilum
I: Captopril
D: Captopril
F: Captopril
S: Captopril

ACE-inhibitor
Antihypertensive agent

ATC: C09AA01
CAS-Nr.: 0062571-86-2 C_9-H_{15}-N-O_3-S
M_r 217.289

L-Proline, 1-(3-mercapto-2-methyl-1-oxopropyl)-, (S)-

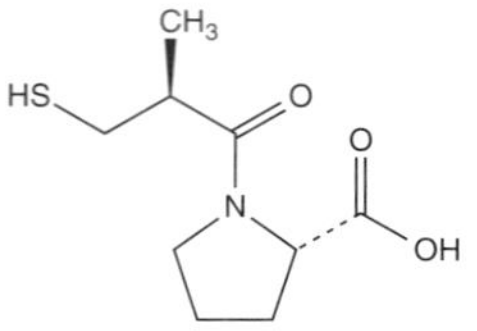

OS: *Captopril [BAN, DCF, DCIT, JAN, USAN]*
IS: *CEI*
IS: *SQ 14225*
PH: Captopril [JP XIV, Ph. Eur. 5, Ph. Int. 4, USP 30]
PH: Captoprilum [Ph. Eur. 5, Ph. Int. 4]

ACE-Hemmer von RAN® (Ran Novesia: DE)
ACE-Hemmer-ratiopharm® (ratiopharm: DE)
ACE-Hemmer® (R.A.N.: DE)
Acenorm® (Alphapharm: AU)
Acenorm® (Azupharma: DE)
Aceomel® (Clonmel: IE)
Aceomel® (Pannonpharma: HU)
Acepress® (Bernofarm: ID)
Acepress® (Bristol-Myers Squibb: IT)
Aceprilex® (Pliva: IT)
Acepril® (Bristol-Myers Squibb: GB)
Aceprotin® (Codal Synto: LK)
Aceril® (Dexcel: IL)
Aceten® (Biotech: ZA)
Aceten® (Wockhardt: GH, IN, KE, MW, RU, SD, SZ, TZ, UG, ZM)
Acetor® (Drug International: BD)
Adco-Captopril® (Al Pharm: ZA)
Adocor® (TAD: DE)
Alkadil® (Alkaloid: BA, CZ)
Alopresin® (Sanofi-Synthelabo: ES)
Altran® (Synthesis: CO)
Angiopril® (Torrent: RU)
Angiten® (Ibn Sina: BD)
Apo-Captopril® (Apotex: NZ)
Apo-Capto® (Apotex: AN, BB, BM, BS, CA, CZ, GY, HT, JM, KY, SG, SR, TT)
Bidipril® (Bidiphar: VN)
Brucap® (Bruluart: MX)
Capace® (Garec: ZA)
Capace® (Hexal: AT)
Capobal® (Baldacci: BR)
Capocard® (Dar-Al-Dawa: AE, BH, IQ, LB, LY, NG, OM, RO, SA, SD, SO, TN, YE)
Caposan® (Sanitas: PE)
Capoten® (Akrihin: RU)
Capoten® (Aktuapharma: BE)
Capoten® (Bristol-Myers Squibb: AU, BE, BR, CA, CL, CN, CO, CR, CZ, DK, ES, ET, FI, GB, GE, GR, GT, HK, HN, ID, IE, IS, IT, KE, LU, NI, NL, NO, NZ, PA, PE, PH, PT, RU, SE, SG, SV, TH, TZ, UG, ZA)
Capoten® (Par: US)
Capotril® (Alco: BD)
Capozide® (Bristol-Myers Squibb: GE, PE)
Caprill® (Pinewood: IE)
Capriltop® (Topgen: BE)
Capril® (Efroze: LK)
Capril® (Opsonin: BD)
Capril® (Suiphar: DO)
Caprine® [tab.] (Lafrancol: PE)
Captace® (Socobom: LU)
Captensin® (Kalbe: ID)
Capto AbZ® (AbZ: DE)
Capto Eu Rho® (Eu Rho: DE)
Capto Funcke® (medphano: DE)
Capto Lich® (Winthrop: DE)
Capto-corax® (corax: DE)
Capto-CT® (CT: DE)
Capto-dura® (Merck dura: DE)
Capto-Isis® (Alpharma: DE)
Capto-Puren® (Actavis: DE)
Captobeta® (betapharm: DE)
Captodoc® (Docpharm: DE)
Captoflux® (Hennig: DE)
Captogamma® (Wörwag Pharma: DE, HU)
Captohasan 25® (Hasan: VN)
Captohexal® (Hexal: AU, DE, LU, NZ, ZA)
Captolane® (Sanofi-Aventis: FR)
Captol® (Sandoz: DK)
Captomax® (Al Pharm: ZA)
Captomerck® (Merck dura: DE)
Captomin® (Ratiopharm: FI)
Captophar® (Unicophar: BE)

Captopren AG® [tab.] (American Generics: PE)
Captopren® (América: CO)
Captopress® (Lindopharm: DE)
Captopril 1A Pharma® (1A Pharma: DE)
Captopril ABC® (ABC: IT)
Captopril AbZ® (AbZ: DE)
Captopril Actavis® (Actavis: DK, FI, SE)
Captopril Alpharma® (Alpharma: NL, PT)
Captopril Alter® (Alter: ES)
Captopril AL® (Aliud: CZ, DE)
Captopril Apothecon® (Apothecon: ES, NL)
Captopril Atid® (Dexcel: DE)
Captopril axcount® (Axcount: DE)
Captopril Basics® (Basics: DE)
Captopril Bayvit® (Bayvit: ES)
Captopril Bexal® (Bexal: BE, ES, PT)
Captopril Biochemie® (Biochemie: CO)
Captopril Biogaran® (Biogaran: FR)
Captopril Boniscontro® (Boniscontro & Gazzone: IT)
Captopril CF® (Centrafarm: NL)
Captopril Ciclum® (Ciclum: PT)
Captopril Cinfa® (Cinfa: ES)
Captopril Copyfarm® (Copyfarm: DK)
Captopril Disphar® (Disphar: NL)
Captopril DOC® (DOC Generici: IT)
Captopril Domesco® (Domesco: VN)
Captopril Dorom® (Dorom: IT)
Captopril EB® (Eurobase: NL)
Captopril Edigen® (Edigen: ES)
Captopril EG® (EG: IT)
Captopril EG® (EG Labo: FR)
Captopril EG® (Eurogenerics: BE)
Captopril Esteve® (Esteve: ES)
Captopril Farmoz® (Farmoz: PT)
Captopril Gen-Far® (Genfar: PE)
Captopril Genericon® (Genericon: AT)
Captopril Generis® (Generis: PT)
Captopril Genfar® (Expofarma: CL)
Captopril Genfar® (Genfar: CO, EC)
Captopril Gf® (Genfarma: NL)
Captopril Hexal® (Hexal: IT)
Captopril Higea® (Hisubiette: CO)
Captopril Indo Farma® (Indofarma: ID)
Captopril Irex® (Winthrop: FR)
Captopril Ivax® (Ivax: FR)
Captopril Katwijk® (Katwijk: NL)
Captopril Labesfal® (Labesfal: PT)
Captopril LPH® (Labormed Pharma: RO)
Captopril Mabo® (Mabo: ES)
Captopril Magis® (Magis: IT)
Captopril MCC® (Magistra: RO)
Captopril Mepha® (Mepha: PT)
Captopril Merck NM® (Merck: DK)
Captopril Merck NM® (Merck NM: FI, SE)
Captopril Merck® (Merck: ES)
Captopril Merck® (Merck Generics: IT, NL)
Captopril Merck® (Merck Genéricos: PT)
Captopril Merck® (Merck Génériques: FR)
Captopril MK® (Bonima: BZ, CR, DO, GT, HN, NI, PA, SV)
Captopril MK® (MK: CO)
Captopril Mundogen® (Mundogen: ES)
Captopril Normon® (Normon: DO, ES)
Captopril Padro® (Padro: ES)
Captopril PB® (Docpharm: DE)
Captopril PCH® (Pharmachemie: NL)
Captopril Pfleger® (Pfleger: DE)
Captopril Pharmagenus® (Pharmagenus: ES)
Captopril Prilovase® (CPH: PT)
Captopril Ratiopharm® (Ratiopharm: AT, ES, IT, PT, SE)
Captopril Robert® (Robert: ES)
Captopril Rubio® (Rubio: ES)
Captopril Sandoz® (Sandoz: BE, DE, FR, LU, NL, PT, ZA)
Captopril Stada® (Stada: DK)
Captopril Stada® (Stadapharm: DE)
Captopril T.S.® (Farmaceutici T.S.: IT)
Captopril Tamarang® (Tamarang: ES)
Captopril Tarbis® (Tarbis: ES)
Captopril Teva® (Teva: BE, IL, IT)
Captopril Union Health® (Union Health: IT)
Captopril Verla® (Verla: DE)
Captopril Winthrop® (Winthrop: FR, PT)
Captopril Zydus® (Zydus: FR)
Captopril-50® (Gerard: LU)
Captopril-axcount® (AxiCorp: DE)
Captopril-axsan® (Axio: DE)
Captopril-EG® (Eurogenerics: LU)
Captopril-Mepha® (Mepha: CH)
Captopril-ratiopharm® (Ratiopharm: BE, IT)
Captopril-ratiopharm® (ratiopharm: LU)
Captopril-Ratio® (ratiopharm: LU)
Captoprilan® (Ethical: DO)
Captopril® (Actavis: NO)
Captopril® (Aliud: CZ)
Captopril® (Alpharma: GB, NO)
Captopril® (Apothecon: ES)
Captopril® (Arena: RO)
Captopril® (Bayvit: ES)
Captopril® (Bio EEL: RO)
Captopril® (Biofarm: PL)
Captopril® (Biopharm: RU)
Captopril® (Blaskov: CO)
Captopril® (Chemopharma: CL)
Captopril® (Cimed: BR)
Captopril® (D.N.M.: PE)
Captopril® (Delphi: NL)
Captopril® (Douglas: AU)
Captopril® (Ecar: CO)
Captopril® (Egis: PL, RO)
Captopril® (Esteve: ES)
Captopril® (Farmex: RO)
Captopril® (Farmindustria: PE)
Captopril® (Farvet: PE)
Captopril® (G&R: PE)
Captopril® (GAMA: GE)
Captopril® (GenRx: NL)
Captopril® (Gerard: LU)
Captopril® (Hersil: PE)
Captopril® (Hexal: NL)
Captopril® (Hillcross: GB)
Captopril® (Induquimica: PE)
Captopril® (Iqfarma: PE)
Captopril® (Jelfa: PL, RU)
Captopril® (Karib: NL)
Captopril® (La Sante: PE)
Captopril® (Labot: PE)
Captopril® (Laropharm: RO)

Captopril® (LCG: PE)
Captopril® (Marfan: PE)
Captopril® (Medicalex: CO)
Captopril® (Medis: DE)
Captopril® (Medley: BR)
Captopril® (Memphis: CO)
Captopril® (Merck: ES)
Captopril® (Merck NM: NO)
Captopril® (Neo Quimica: BR)
Captopril® (Normon: ES)
Captopril® (Pentacoop: CO, EC, PE)
Captopril® (Perugen: PE)
Captopril® (Polfarmex: PL)
Captopril® (Promed: RU)
Captopril® (Ratiopharm: ES)
Captopril® (Repmedicas: PE)
Captopril® (Rompharm: RU)
Captopril® (Shiba: YE)
Captopril® (Shreya: RU)
Captopril® (Sintofarm: RO)
Captopril® (Sintofarma: BR)
Captopril® (Svus: CZ)
Captopril® (Terapia: RO)
Captopril® (TG Farm: RS)
Captopril® (Wise: NL)
Captopril®[vet.] (Farvet: PE)
Captoprimed® (Ethimed: BE)
Captor® (Rowex: IE)
Captosina® (Ciclum: ES)
Captosol® (Sandoz: CH)
Captostad® (Stada: FI)
Captotec® (Hexal: BR)
Captral® (Silanes: MX)
Cardiace® (Triomed: ZA)
Cardiagen® (APS: DE)
Cardopril® (Beximco: BD)
Carencil® (Jaba: PT)
Casipril® (Tunggal: ID)
Catoplin® (Beacons: SG)
Catoprol® (Medley: BR)
Cesplon® (Esteve: ES)
cor tensobon® (Schwarz: DE)
Coronorm® (Wolff: DE)
Cregar® (Rafarm: GR)
Dardex® (Llorente: ES)
Dardex® (Pliva: ES)
Debax® (Gebro: AT)
Dexacap® (Dexa Medica: ID)
Dilabar® (Lesvi: ES)
Doccaptopri® (Docpharma: BE, LU)
Dotorin® (Domesco: VN)
Ecaten® (Ivax: MX)
Ecopace® (Goldshield: GB)
Enlace® (Wermar: MX)
Epicordin® (Solvay: DE)
Epsitron® (Remedica: CY, TH, VN)
Eukaptil® (Habit: RS)
Europril® (Europharm: RO)
Farmoten® (Fahrenheit: ID)
Forten® (Hexpharm: ID)
Gamapril® (GAMA: GE)
Garanil® (Zambon: ES)
Gemzil® (Pharmasant: TH)
Gen-Captopril® (Genpharm: CA)
GenRX Captopril® (GenRX: AU)
Geroten® (Gerard: IE)
Hipertex® (Rayere: MX)
Hipertil® (Normal: PT)
Hipocatril® (Cibran: BR)
Hipotensil® (Medinfar: PT)
Hypotensor® (Faran: GR)
Inapril® (Indofarma: ID)
Jucapt® (Juta: DE)
Jucapt® (Q-Pharm: DE)
Kapril® (Mustafa Nevzat: BA, TR)
Kaptopril Alkaloid® (Alkaloid: RS, SI)
Kaptopril Krka® (Krka: SI)
Kaptopril-K® (Krka: CZ)
Kaptopril® (GMP: GE)
Kaptopril® (Krka: BA, SI)
Kaptoril® (Deva: TR)
Katopil® (Galenika: BA, RS)
Katopril® (Actavis: IS)
Kelatoryn® (Kela: BE)
Kenolan® (Kendrick: MX)
Locap® (Sandoz: ID)
Lopirin® (Bristol-Myers Squibb: AT, CH, DE)
Lopril® (Bristol-Myers Squibb: BF, BJ)
Lopril® (Bristol-Myers squibb: CF)
Lopril® (Bristol-Myers Squibb: CG, CI, CM, DZ, FR, GA, GN)
Lopril® (Bristol-Myers squibb: MG)
Lopril® (Bristol-Myers Squibb: ML, MR, MU, NE, SN, TD, TG)
Lopril® (Orion: FI)
Lotensin® (Kimia: ID)
Maxipril® (Pulitzer: IT)
Merck-Captopril® (Merck: BE)
Merck-Captopril® (Merck Generics: ZA)
Metopril® (Metiska: ID)
Miniten® (United Pharma: RO)
Miniten® (United Pharmaceutical: AE, BH, IQ, LY, OM, QA, SA, SD, YE)
MTW-Captopril® (MTW: DE)
Mundil® (Mundipharma: DE)
Neo-Ipertas® (Norma: GR)
Nolectin® (Refasa: PE)
Normolose® (Adelco: GR)
Novo-Captoril® (Novopharm: CA)
Odupril® (Farmanic: GR)
Otoryl® (Otto: ID)
Pertacilon® (Elpen: GR)
Phamopril® (Phamos: DE)
PMS-Captopril® (Pharmascience: CA)
Praten® (Prafa: ID)
Prilpressin® (Legrand EMS: BR)
Properil® (Royal Pharma: CL)
Rilcapton® (Medochemie: LK, RO, SG, SK)
Ropril® (Aegis: AE, BG, BH, IQ, KW, LB, LY, MA, NG, OM, QA, SA, SD, SY, TN, YE)
Sancap® (Novartis: GR)
Scantensin® (Tempo: ID)
Sigacap® (Sigapharm: DE)
Sintofarma Captopril® (Sintofarma: BR)
Tenofax® (Prima: ID)
Tenpril® (Lisapharma: IT)
Tensicap® (Sanbe: ID)
Tensil® (Best: MX)
Tensiomin-Cor® (UCB: DE)
Tensiomin® (Egis: CZ, HK, HU, JM, TH)

Tensiomin® (Medimpex: BB, JM, TT)
Tensiomin® (UCB: DE)
Tensobon® (Coronet: ID)
Tensobon® (Schwarz: DE)
Tensoprel® (Rubio: CR, DO, ES, SG)
Tensopril® (Ivax: IE)
Tensoril® (Apotex: PH)
Tensostad® (Stadapharm: DE)
Topace® (Sigma: AU)
Topril® (Jayson: BD)
Trensin® (Rubio: PA, SV)
Vapril® (Phapros: ID)
Varaxil® (Merck: MX)
Vasostad® (Stada: PH)
Venopril® (Luper: BR)
Vidapril® (Angenérico: PT)
Zapto® (Aspen: ZA)
Zorkaptil® (Zorka: RS)

Carazolol (Rec.INN)

L: Carazololum
D: Carazolol
F: Carazolol
S: Carazolol

β-Adrenergic blocking agent

CAS-Nr.: 0057775-29-8 C_{18}-H_{22}-N_2-O_2
M_r 298.394

2-Propanol, 1-(9H-carbazol-4-yloxy)-3-[(1-methylethyl)amino]-

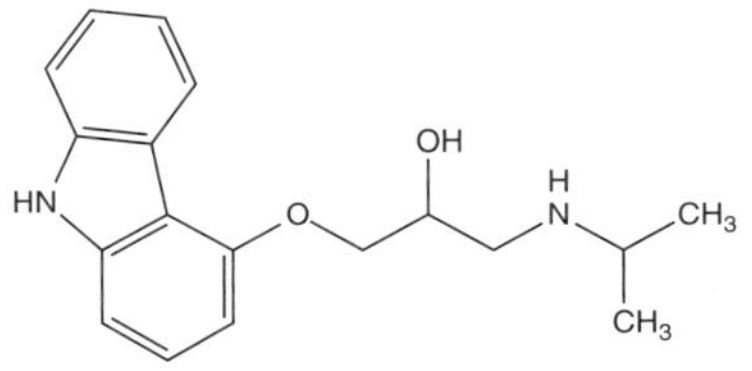

OS: *Carazolol [BAN, USAN]*
IS: *BM 51052*

Simpanorm® [vet.] (Fatro: IT)
Suacron® [vet.] (Pharmacia Animal Health: BE)
Suacron® [vet.] (Provet: CH)
Suacron® [vet.] (Richter: AT)

Carbachol (Rec.INN)

L: Carbacholum
I: Carbacolo
D: Carbachol
F: Carbachol
S: Carbacol

Miotic agent
Parasympathomimetic agent, direct acting

ATC: N07AB01,S01EB02
CAS-Nr.: 0000051-83-2 C_6-H_{15}-Cl-N_2-O_2
M_r 182.656

Ethanaminium, 2-[(aminocarbonyl)oxy]-N,N,N-trimethyl-, chloride

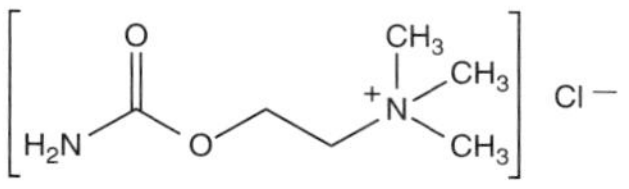

OS: *Carbachol [BAN, DCF, USAN]*
OS: *Carbacholine [DCF]*
OS: *Carbacolo [DCIT]*
IS: *Carbamylcholine chloride*
IS: *Choline chloride carbamate*
IS: *Cholinergol*
IS: *Samoryl*
IS: *Karbaminoylcholinchlorid (ÖAB)*
PH: Carbachol [Ph. Eur. 5, USP 30]
PH: Carbacholum [Ph. Eur. 5, Ph. Int. II,]
PH: Carbacolo [Ph. Eur. 5]

Carbachol® (NutraMax: US)
Carbachol® (Pharmachemie: NL)
Carbacolo Alfa Intes® (Alfa Intes: IT)
Carbamann® (Mann: DE)
Carbastat® (Novartis Ophthalmics: US)
Carboptic® (Optopics: US)
Isopto Carbachol® (Alcon: AU, BE, BW, CA, CZ, DE, ER, ET, GB, GH, IL, KE, LU, MW, NA, NG, TZ, UG, US, ZA, ZM, ZW)
Isopto Carbachol® (Bipharma: NL)
Isopto Carbachol® [vet.] (Alcon: GB)
Isopto-Carbachol® (Alcon: CZ)
Isopto-Karbakolin® (Alcon: SE)
Miostat® (Alcon: AU, BE, BR, CA, CH, CZ, FR, HU, IL, LU, NL, PL, RO, SE, SG, SI, TH, TR, US)
Mioticol® (Farmigea: IT)
Ophtechnics® (Albomed: DE)

Carbaethopendecine Bromide

Antiseptic
Desinfectant

CAS-Nr.: 0010567-02-9 C_{21}-H_{44}-Br-N-O_2
M_r 422.493

2-Hexadecanaminium, 1-ethoxy-N,N,N-trimethyl-1-oxo-, bromide

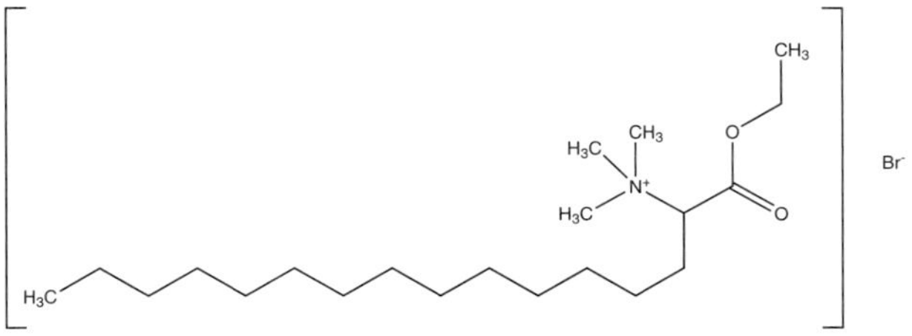

IS: *Alkonium bromide*
PH: Carbethopendecinium bromatum [PhBs IV]

Mucoseptonex® (Galena: BG)
Mukoseptonex® (Ivax: CZ)
Septonex® (Ivax: CZ)
Septonex® (Slovakofarma: SK)

Carbaldrate (Rec.INN)

L: Carbaldratum
D: Carbaldrat
F: Carbaldrate
S: Carbaldrato

Antacid

CAS-Nr.: 0041342-54-5 C-H_2-Al-Na-O_5.nH_2O

Aluminium-carbonate-hydroxyde complex

OS: *Carbaldrate [DCF]*
OS: *Dihydroxyaluminium Sodium Carbonate [USAN]*
IS: *Aluminium carbonate, basic*
IS: *DASC*
PH: Basic Aluminum Carbonate Gel [USP 24]

Alugastrin® (Polfa Lódz: PL)
Antacidum® (Pfizer: AT)
Basaljel® (Wyeth: US)
Dank® (Sandoz: TR)
Kompensan® (Alkaloid: HR)
Kompensan® (Pfizer: CH, DE, PT, TR)
Noacid® (OBA: DK)
Seskasid® (SSK: TR)

Carbamazepine (Rec.INN)

L: Carbamazepinum
I: Carbamazepina
D: Carbamazepin
F: Carbamazépine
S: Carbamazepina

Antiepileptic

ATC: N03AF01
CAS-Nr.: 0000298-46-4 C_{15}-H_{12}-N_2-O
M_r 236.281

5H-Dibenz[b,f]azepine-5-carboxamide

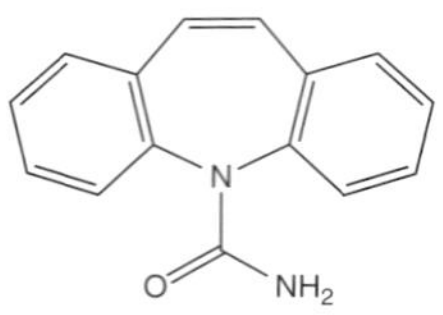

OS: *Carbamazepine [BAN, DCF, JAN, USAN]*
OS: *Carbamacepina [DCIT]*
IS: *G 32 883*
PH: Carbamazepin [Ph. Eur. 5]
PH: Carbamazepine [JP XIV, Ph. Eur. 5, Ph. Int. 4, USP 30]
PH: Carbamazepinum [Ph. Eur. 5, Ph. Int. 4]
PH: Carbamazépine [Ph. Eur. 5]

Actebral® (Pharmalab: PE)
Actebral® (Sanofi-Synthelabo: EC)
Actinerval® (Bago: RU)
Actinerval® (Bagó: AR)
Amizepin® (Polpharma: PL)
Antafit® (Polipharm: TH)
Apo-Carbamazepine® (Apotex: CA, CZ, HK, PE, SG, VN)
Apo-Carbamazepine® (Apotex Inc.: RU)
Atretol® (Athena: US)
Atretol® (Novartis: US)
Bamgetol® (Mersifarma: ID)
Basitrol® (Colliere: PE)
Biston® (Slovakofarma: CZ)
Biston® (Zentiva: CZ)
Brucarcer® (Bruluart: MX)
C.M.P.200® (Klonal: AR)
Carba AbZ® (AbZ: DE)
Carba-CT® (CT: DE)
Carbabeta® (betapharm: DE)
Carbadura® (Merck dura: DE)
Carbaflux® (Hennig: DE)
Carbagamma® (Wörwag Pharma: DE)
Carbagen® (Generics: GB)
Carbagramon® (Gramon: AR)
Carbaltpsin® (Akrihin: RU)
Carbamat® (Pfizer: AR)
Carbamazepin 1A Pharma® (1A Pharma: DE)
Carbamazepin AbZ® (AbZ: DE)
Carbamazepin Alpharma® (Alpharma: NL)
Carbamazepin AL® (Aliud: DE)
Carbamazepin Desitin® (Desitin: DE)
Carbamazepin EEL® (Bio EEL: RO)
Carbamazepin Heumann® (Heumann: DE)
Carbamazepin Hexal® (Hexal: DE)
Carbamazepin Sandoz® (Sandoz: DE)
Carbamazepin Stada® (Stadapharm: DE)
carbamazepin-biomo® (biomo: DE)
Carbamazepin-neuraxpharm® (neuraxpharm: DE)
Carbamazepin-ratiopharm® (ratiopharm: DE)
Carbamazepin-RPh® (Rodleben: DE)
Carbamazepina AG® (American Generics: PE)
Carbamazepina Alter® (Alter: ES, PT)
Carbamazepina Denver Farma® (Denver: AR)
Carbamazepina EG® (EG: IT)
Carbamazepina Fabra® (Fabra: AR)
Carbamazepina Fmndtria® (Farmindustria: PE)
Carbamazepina Gen-Far® (Genfar: PE)
Carbamazepina Generis® (Generis: PT)
Carbamazepina Genfar® (Genfar: CO, EC)
Carbamazepina Iqfarma® (Iqfarma: PE)
Carbamazepina L.CH.® (Chile: CL)
Carbamazepina Lch® (Ivax: PE)
Carbamazepina LPH® (Labormed Pharma: RO)
Carbamazepina Merck® (Merck Genéricos: PT)
Carbamazepina MF® (Marfan: PE)
Carbamazepina MK® (MK: CO)
Carbamazepina Normon® (Normon: CR, DO, ES, GT, HN, NI, PA, SV)
Carbamazepina Perugen® (Perugen: PE)
Carbamazepina Teva® (Teva: IT, RO)
Carbamazepina-ratiopharm® (Ratiopharm: IT)
Carbamazepina® (Arena: RO)
Carbamazepina® (Bestpharma: CL)
Carbamazepina® (Bouzen: AR)
Carbamazepina® (Eurofarma: BR)
Carbamazepina® (Farmo Andina: PE)
Carbamazepina® (Induquimica: PE)
Carbamazepina® (La Sante: PE)
Carbamazepina® (Laropharm: RO)
Carbamazepina® (LCG: PE)
Carbamazepina® (Medicalex: CO)
Carbamazepina® (Memphis: CO)
Carbamazepina® (Mintlab: CL)
Carbamazepina® (Ozone Laboratories: RO)

Carbamazepina® (Pasteur: CL)
Carbamazepina® (Pentacoop: CO)
Carbamazepina® (Sanitas: CL)
Carbamazepina® (Sintofarma: BR)
Carbamazepina® (UQP: PE)
Carbamazepine Actavis® (Actavis: NL)
Carbamazepine A® (Apothecon: NL)
Carbamazepine CF® (Centrafarm: NL)
Carbamazepine Indo Farma® (Indofarma: ID)
Carbamazepine Katwijk® (Katwijk: NL)
Carbamazepine Merck® (Merck Generics: NL)
Carbamazepine PCH® (Pharmachemie: NL)
Carbamazepine ratiopharm® (Ratiopharm: NL)
Carbamazepine Sandoz® (Sandoz: AU, NL)
Carbamazepine-Akri® (Akrihin: RU)
Carbamazepine-BC® (Biochemie: AU)
Carbamazepine® (Actavis: US)
Carbamazepine® (Alpharma: GB)
Carbamazepine® (Canonpharma: RU)
Carbamazepine® (Delphi: NL)
Carbamazepine® (Hillcross: GB)
Carbamazepine® (Morton Grove: US)
Carbamazepine® (Nycomed: GE)
Carbamazepine® (Taro: US)
Carbamazepin® (Actavis: GE)
Carbamazepin® (Balkanpharma: BG)
Carbamazepin® (GAMA: GE)
Carbamazepin® (GMP: GE)
Carbamazepin® (MTW: DE)
Carbamazepin® (Slavia Pharm: RO)
Carbamazépine G Gam® (G Gam: FR)
Carbamazépine Merck® (Merck Génériques: FR)
Carbapin® (Medifarma: PE)
Carbatol® (Dar-Al-Dawa: AE, BH, IQ, JO, KW, LB, LY, MT, NG, OM, QA, SA, SD, SO, TN, YE)
Carbatol® (Torrent: IN, TH)
Carbatrol® (Shire: US)
Carbavim® (VIM Spectrum: RO)
Carbazene® (Medifive: TH)
Carbazina® (Psicofarma: MX)
Carbazine® (United Pharmaceutical: AE, BH, IQ, JO, LY, OM, QA, SA, SD, YE)
Carbazin® (Eskayef: BD)
Carbepsil® (Helcor: RO)
Carbium® (Hexal: AU, DE, LU)
Carbium® (Neuro Hexal: DE)
Carbymal® (Katwijk: NL)
Carmapine® (Pharmasant: TH)
Carmaz® (Aristopharma: BD)
Carpine® (Atlantic: TH)
Carpin® (Novag: MX)
Carsol® (Sandoz: CH)
Carzepine® (Condrugs: TH)
Carzepin® (Hovid: HK)
Carzepin® (Unifarm: PE)
Cazep® (Opsonin: BD)
Cepilep® (ACI: BD)
Cetiril® (Librapharm: EC)
Cetiril® (Librapharma: CO)
Conformal® (Ivax: AR)
CP-Carba® (Christo Pharmaceutical: HK)
CPL Alliance Carbamazepine® (Alliance: ZA)
Degranol® (Aspen: ZA)
Deleptin® (Stada: AT)
Epial® (Alkaloid: SI)
Epilep® (Beximco: BD)
Epimaz® (Teva: GB)
Epitol® (Teva: US)
Eposal® (Novamed: CO)
Eposal® (Sanofi-Aventis: CL)
Equetro® (Shire: US)
espa-lepsin® (esparma: DE)
Finlepsin® (Asta Medica: CZ)
Finlepsin® (AWD Pharma: RO)
Finlepsin® (AWD.pharma: DE)
Finlepsin® (Pliva: RU)
Fokalepsin® (Lundbeck: DE)
Galepsin® (Galenika: RS)
Gamalepshin® (GAMA: GE)
Gen-Carbamazepine CR® (Genpharm: CA)
Gericarb® (Gerard: IE)
Hermolepsin® (Orion: SE)
Invol® (Lancasco: GT, SV)
Karazepin® (Terra: TR)
Karbalex® (Liba: TR)
Karbamazepin Dak® (Nycomed: DK)
Karbamazepin NM Pharma® (Gerard: IS)
Karbamazepin® (Merck NM: NO)
Karbapin® (Hemofarm: RS)
Karbasif® (Yeni: TR)
Karberol® (Münir Sahin: TR)
Kazepin® (Günsa: TR)
Lexin® (Fujinaga: JP)
Mapezine® (Siam Bheasach: TH)
Mazetol® (Sarabhai: IN)
Merck-Carbamazepine® (Merck: BE)
Neugeron® (Armstrong: CR, DO, GT, HN, MX, PA, SV)
Neurotol® (Orion: FI)
Neurotop retard® (Gerot: CZ)
Neurotop® (Gerot: AT, CH, CZ, HU, PL, RO, SG)
Novo-Carbamaz® (Novopharm: CA)
Panitol® (Pharmaland: TH)
PMS-Carbamazepine® (Pharmascience: CA)
Rolab-Carbamazepine® (Sandoz: ZA)
Sandoz Carbamazepine® (Sandoz: CA)
Sintofarma Carbamazepina® (Sintofarma: BR)
Sirtal® (Merck dura: DE)
Sirtal® (Sanofi-Synthelabo: AT)
Stazepine® (Polpharma: HU, RO)
Storilat® (Remedica: CY)
Taro-Carbamazepine® (Taro: CA)
Taver® (Medline: TH)
Taver® (Medochemie: RO)
Tegrebos® (Bosnalijek: BA)
Tegretal® (Novartis: CL, DE, LU)
Tegretard® (Cristália: BR)
Tegretol Retard Lyfjaver® (Lyfjaver: IS)
Tegretol Retard® (Eurim: AT)
Tegretol Retard® (Novartis: AT, GB, IS, NO)
Tegretol Retard® (Paranova: AT)
Tegretol® (Eurim: AT)
Tegretol® (Novartis: AG, AN, AR, AT, AU, AW, BB, BD, BE, BM, BR, BS, CA, CH, CN, CO, CR, CZ, DK, DO, DZ, EC, ES, ET, FI, GB, GD, GE, GH, GR, GT, GY, HK, HN, HT, HU, ID, IE, IL, IN, IS, IT, JM, KE, KY, LC, LK, LU, LY, MT, MX, MY, NG, NI, NL, NO, NZ, PA, PH, PL, PT, RO, RS, RU, SD, SE, SG, SV, TH, TR, TT, TZ, US, VC, VN, ZA, ZW)
Tegretol® (Novartis Pharma: PE)

Tegretol® (Paranova: AT)
Tegretol® (Pliva: BA, HR, SI)
Tegretol® [vet.] (Cephalon: GB)
Tegrital® (Novartis: IN)
Temporol® (Orion: AE, BH, EG, JO, KW, LB)
Teril® (Alphapharm: AU)
Teril® (Eczacibasi: TR)
Teril® (Merck: ID)
Teril® (Pacific: NZ)
Teril® (Taro: IL)
Ternal® (Fluter: DO)
Timonil® (Desitin: CH, CZ, DE, HU, IL, PL, RO)
Trimonil Retard® (Desitin: DK, SE)
Trimonil® (Desitin: NO)
Tégrétol® (Novartis: BF, BJ, CG, CI, CM, FR, GA, GN, MG, ML, MU, NE, SN, TG, ZR)
Vulsivan® (Psipharma: CO)
Zeptol® (Sun: BD, RU, TH)

Carbamoylphenoxyacetic Acid, o-

L: Acidum salamidaceticum
D: 2-Carbamoylphenoxyessigsäure

Antiinflammatory agent
Analgesic
Antipyretic

CAS-Nr.: 0025395-22-6 C_9-H_9-N-O_4
M_r 195.181

Acetic acid, [2-(aminocarbonyl)phenoxy]-

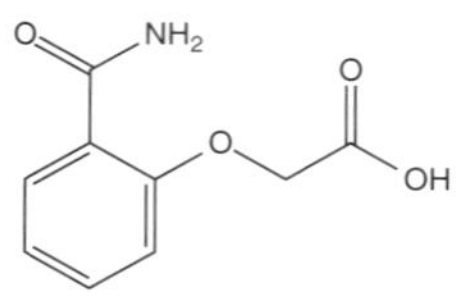

IS: *Salicylamid O-Acetic Acid*

– diethylamine:

IS: *(2-Carbamoylphenoxy)essigsäure, Diethylazansalz*
IS: *o-Carbamoylphenoxyessigsäure, Diethylaminsalz*

Akistin® (Pharmaselect: AT)

– sodium salt:

CAS-Nr.: 0003785-32-8
IS: *Sodium salamidacetate*

clinit-n® (Hormosan: DE)

Carbaril (Prop.INN)

L: Carbarilum
I: Carbarile
D: Carbaril
F: Carbaril
S: Carbarilo

Insecticide

CAS-Nr.: 0000063-25-2 C_{12}-H_{11}-N-O_2
M_r 201.23

1-Naphthalenol, methylcarbamate

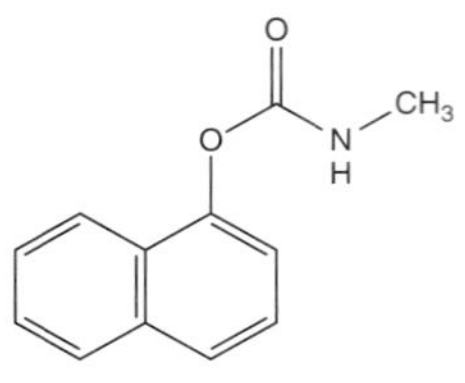

OS: *Carbaryl [BAN]*
OS: *Carbaril [USAN]*
IS: *ENT-23969*
IS: *1-Naphthyl methylcarbamate (WHO)*
PH: Carbarilum [2.AB-DDR]
PH: Carbaryl [BP 2007]

7-Dust® [vet.] (Troy: AU)
Adams Carbaryl Flea & Tick Shampoo® [vet.] (Pfizer Animal Health: US)
Antigale® [vet.] (Biové: FR)
Carbyl® [vet.] (Ceva: FR)
Carylderm® (Mundipharma: AT)
Carylderm® (SSL: GB)
Cat Flea Collar® [vet.] (Johnson's: GB)
Dog Flea Collar® [vet.] (Johnson's: GB)
Fido's Free-Itch® [vet.] (Mavlab: AU)
Flea & Tick Powder® [vet.] (Happy Jack: US)
Flea & Tick Powder® [vet.] (Performer: US)
Flea & Tick Powder® [vet.] (Vedco: US)
G-Wizz® [vet.] (Joseph Lyddy: AU)
Hafif® (Teva: IL)
Karbadip® [vet.] (Bayer Animal Health: ZA)
Mycodex Pet Shampoo with Carbaryl® [vet.] (Pfizer Animal Health: US)
Océgale® [vet.] (Virbac: FR)
Océnet® [vet.] (Virbac: FR)
Océpou® [vet.] (Virbac: FR)
Poudre insecticide Moureau® [vet.] (Avicopharma: FR)
Poudre insecticide Vetoquinol® [vet.] (Vetoquinol: FR)
Poutic® [vet.] (Ornis: FR)
Ritter's Tick and Flea Powder® [vet.] (Ritter: US)
Skatta Tick Flea Louse Powder® [vet.] (David Veterinary Laboratories: AU)
Y-Itch medicated Lotion® [vet.] (Joseph Lyddy: AU)

Carbasalate Calcium (Rec.INN)

L: Carbasalatum Calcicum
I: Calcio carbasalato
D: Carbasalat calcium
F: Carbasalate calcique
S: Carbasalato calcico

Analgesic
Antipyretic
Anticoagulant, platelet aggregation inhibitor

ATC: B01AC08,N02BA15
CAS-Nr.: 0005749-67-7 C_{19}-H_{18}-Ca-N_2-O_9
M_r 458.453

Benzoic acid, 2-(acetyloxy)-, calcium salt, compd. with urea (1:1)

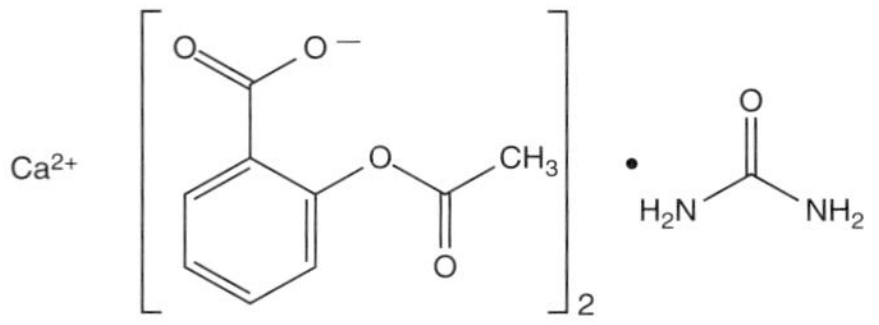

OS: *Carbasalate calcique [DCF]*
OS: *Carbaspirin Calcium [USAN]*
OS: *Carbasalate Calcium [BAN]*
IS: *Carbasalat calcium*
IS: *2-Acetoxybenzoesäure, Calciumsalz (2:1) - Harnstoff (1:1)*
PH: Carbasalate Calcium [Ph. Eur. 5]
PH: Carbasalatum calcicum [Ph. Eur. 5]
PH: Carbasalat-Calcium [Ph. Eur. 5]
PH: Carbasalate calcique [Ph. Eur. 5]

Alcacyl® (Novartis: CH)
Ascal Cardio® (Viatris: NL)
Ascal® (Farmasierra: ES)
Ascal® (Viatris: NL)
Carbasalaat calcium CF® (Centrafarm: NL)
Carbasalaatcalcium A® (Apothecon: NL)
Carbasalaatcalcium Katwijk® (Katwijk: NL)
Carbasalaatcalcium PCH® (Pharmachemie: NL)
Carbasalaatcalcium ratiopharm® (Ratiopharm: NL)
Carbasalaatcalcium Sandoz® (Sandoz: NL)
Carbasalaatcalcium® (Meda: NL)
Iromin® (Omegin: DE)
Iromin® (Schmidgall: AT)

Carbazochrome (Rec.INN)

L: Carbazochromum
I: Carbazocromo
D: Carbazochrom
F: Carbazochrome
S: Carbazocromo

Hemostatic agent

ATC: B02BX02
CAS-Nr.: 0000069-81-8 C_{10}-H_{12}-N_4-O_3
M_r 236.26

Hydrazinecarboxamide, 2-(1,2,3,6-tetrahydro-3-hydroxy-1-methyl-6-oxo-5H-indol-5-ylidene)-

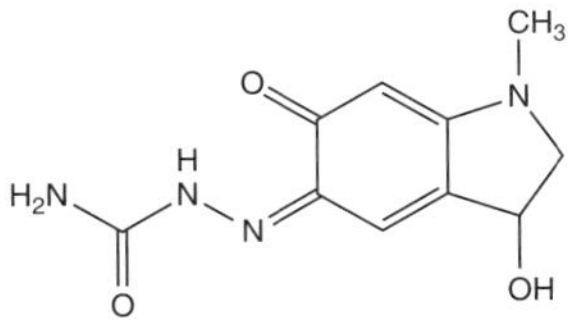

OS: *Carbazochrome [DCF, USAN]*
OS: *Carbazocromo [DCIT]*
IS: *Adrenochrome monosemicarbazone*
IS: *L 502*
PH: Carbazochromum [Ph. Jap. 1971]

Adrenoxyl® (Sanofi-Aventis: VN)
Adrenoxyl® [vet.] (Sanofi-Synthelabo: BE)
Adrinoxyl® (Techno: BD)
Anaroxyl® (Organon: BD, ID)

– sodium sulfonate:

CAS-Nr.: 0051460-26-5
OS: *Carbazochrome Sodium Sulfonate JAN*
IS: *AC 17*
PH: Carbazochrome Sodium Sulfonate JP XIV

Adobazone® (Sankei: JP)
Adonamin® C (MECT: JP)
Adona® (Farmindustria: PE)
Adona® (SIT: IT)
Adona® (Tanabe: ID, JP)
Adona® (Tanabe Seiyaku: HK)
Adrome® (Landson: ID)
Auzei® (Maruko: JP)
Chichina® (Fuso: JP)
Danochrom® (Dankos: ID)
Luoye® (Suzhou No 6: CN)
Neo-Hesna® (Takeda: TH)
Odanon® (Towa Yakuhin: JP)
Ranobi-V® (Isei: JP)
Sumlin® (Toyama: JP)
Tazin® (Grelan: JP)

Carbenicillin (Rec.INN)

L: Carbenicillinum
I: Carbenicillina
D: Carbenicillin
F: Carbénicilline
S: Carbenicilina

Antibiotic, penicillin, broad-spectrum

ATC: J01CA03
CAS-Nr.: 0004697-36-3 C_{17}-H_{18}-N_2-O_6-S
M_r 378.411

4-Thia-1-azabicyclo[3.2.0]heptane-2-carboxylic acid, 6-[(carboxyphenylacetyl)amino]-3,3-dimethyl-7-oxo-, [2S-(2α,5α,6β)]-

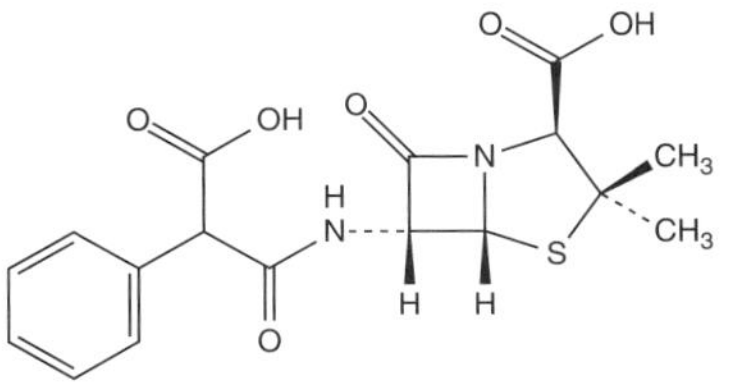

OS: *Carbenicillin [BAN]*
OS: *Carbénicilline [DCF]*
OS: *Carbenicillina [DCIT]*
IS: *BRL 2064*
IS: *CP 15639-2*
IS: *NSC 111071*
IS: *(α-Carboxybenzyl)penicillin (WHO)*

– disodium salt:

CAS-Nr.: 0004800-94-6
OS: *Carbenicillin Disodium USAN*
OS: *Carbenicillin Sodium BANM*
IS: *BRL 2064 (Beecham, USA)*
IS: *CP 15639-2 (Pfizer, USA)*
PH: Carbenicillin Disodium USP 30
PH: Carbenicillin Sodium Ph. Eur. 4, JP XIII
PH: Carbenicillinum natricum Ph. Eur. 4
PH: Carbenicillin-Dinatrium Ph. Eur. 4

PH: Carbénicilline sodique Ph. Eur. 4

Carbenicilinã® (Antibiotice: RO)
Pyopen® (GlaxoSmithKline: AE, BH, IR, KW, OM, QA)

Carbenoxolone (Rec.INN)

L: Carbenoxolonum
I: Carbenoxolone
D: Carbenoxolon
F: Carbénoxolone
S: Carbenoxolona

Antiinflammatory agent

ATC: A02BX01
CAS-Nr.: 0005697-56-3 C_{34}-H_{50}-O_7
M_r 570.774

Olean-12-en-29-oic acid, 3-(3-carboxy-1-oxopropoxy)-11-oxo-, (3β,20β)-

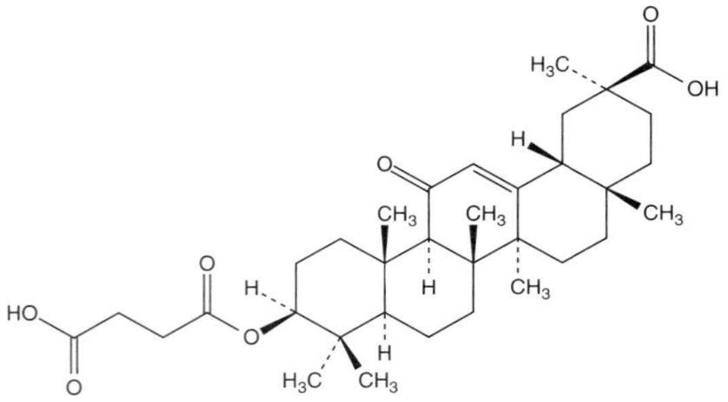

OS: *Carbenoxolone [BAN, DCIT]*
IS: *Enoxolone succinate*

– disodium salt:

CAS-Nr.: 0007421-40-1
OS: *Carbenoxolone Sodium BANM, USAN*
IS: *Disodium succinoyl glycyrrhetinate (INCI)*
PH: Carbenoxolone Sodium BP 2007

Bioral® (Smith & Nephew: AU)
Carbosan® (Rowa: BH, CR, CY, DO, GT, HN, HU, IE, JO, KW, MT, NI, OM, PA, SV)
Herpesan® (Rowa: BH, CR, CY, DO, GT, HK, HN, JO, KW, MT, MY, NI, OM, PA, PE, SG, SV)
Rowadermat® (Rösch & Handel: AT)
Sanodin® (Altana: ES)

Carbetocin (Rec.INN)

L: Carbetocinum
D: Carbetocin
F: Carbetocine
S: Carbetocina

Oxytocic

ATC: H01BB03
CAS-Nr.: 0037025-55-1 C_{45}-H_{69}-N_{11}-O_{12}-S
M_r 988.217

1-Butyric acid-2-[3-(p-methoxyphenyl)-L-alanine]oxytocin

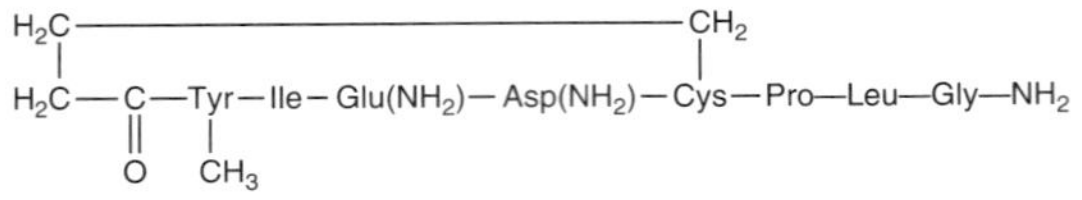

OS: *Carbetocin [BAN, USAN]*

Decomoton® [vet.] (Calier: PT)
Decomoton® [vet.] (Nordvacc: SE)
Depotocin® [vet.] (Veyx: DE)
Depotocin® [vet.] (WDT: DE)
Duratocin® (Ferring: AR, CA, CN, HK, MY, SG)
Hypophysin® [vet.] (Fort Dodge: IT)
Lonactene® (Ferring: MX)
LongActon® [vet.] (IDT: DE)
LongActon® [vet.] (VetCom-pharma: LU)
LongActon® [vet.] (Vital: CH)
Pabal® (Ferring: DE, GB)
Reprocine® [vet.] (VetCom-Pharma: NL)
Reprocine® [vet.] (Vetoquinol: FR)

Carbidopa (Rec.INN)

L: Carbidopum
I: Carbidopa
D: Carbidopa
F: Carbidopa
S: Carbidopa

Antiparkinsonian
Enzyme inhibitor, decarboxylase

CAS-Nr.: 0028860-95-9 C_{10}-H_{14}-N_2-O_4
M_r 226.242

Benzenepropanoic acid, α-hydrazino-3,4-dihydroxy-α-methyl-, (S)-

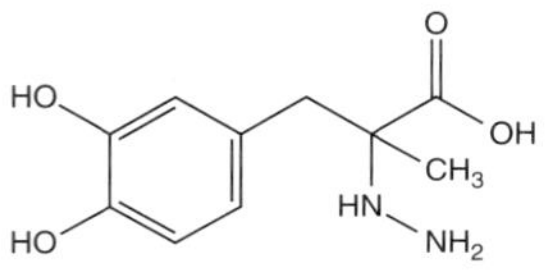

OS: *Carbidopa [BAN, DCF, USAN]*
IS: *HMD*
IS: *MK 486 (Merck, USA)*
PH: Carbidopa [JP XIV]

Antiparkin® [+ Levodopa] (GAMA: GE)
Apo-Levocarb® [+ Levodopa] (Apotex: CA)
Atamet® [+ Levodopa] (Athena: US)
Carbidopa + Levodopa® [+ Levodopa] (Lakor: CO)
Carbidopa + Levodopa® [+ Levodopa] (Memphis: CO)
Carbidopa + Levodopa® [+ Levodopa] (Neo Quimica: BR)
Carbidopa and Levodopa® [+ Levodopa] (Actavis: US)
Carbidopa and Levodopa® [+ Levodopa] (Apotex: US)
Carbidopa and Levodopa® [+ Levodopa] (Elan: US)
Carbidopa and Levodopa® [+ Levodopa] (Endo: US)
Carbidopa and Levodopa® [+ Levodopa] (Ethex: US)

Carbidopa and Levodopa® [+ Levodopa] (Global: US)
Carbidopa and Levodopa® [+ Levodopa] (Ivax: US)
Carbidopa and Levodopa® [+ Levodopa] (Mylan: US)
Carbidopa and Levodopa® [+ Levodopa] (Teva: US)
Carbidopa and Levodopa® [+ Levodopa] (UDL: US)
Carbidopa Levodopa Davur® [+ Levodopa] (Davur: ES)
Carbidopa/Levodopa® [+ Levodopa] (Teva: RO)
Carbilev® [+ Levodopa] (Aspen: ZA)
Cardopar® [+ Levodopa] (DHA: SG)
Carlevod® [+ Levodopa] (LKM: AR)
Cinetol® [+ Levodopa] (Abbott: CO, PE)
Co-Dopa® [+ Levodopa] (Unimed & Unihealth: BD)
Credanil® [+ Levodopa] (Remedica: RO)
Cronomet® (Merck Sharp & Dohme: BR)
Dopicar® [+ Levodopa] (Teva: IL)
Duellin® [+ Levodopa] (Egis: HU, RU)
Grifoparkin Lch® [+ Levodopa] (Ivax: PE)
Lebocar® [+ Levodopa] (Rontag: AR)
Lecarge® [+ Levodopa] (Klonal: AR)
LevoCar retard® [+ Levodopa] (Stada: AT)
Levodopa Carbidopa Sandoz® [+ Levodopa] (Sandoz: NL)
Levomet® [+ Levodopa] (Unison: SG, TH)
Licebral Amex® [+ Levodopa] (Amex: PE)
Lodosyn® (Bristol-Myers Squibb: US)
Nakom® [+ Levodopa] (Lek: BA, CZ, HR, PL, RO, RS, RU, SI)
Nakom® [+ Levodopa] (Merck Sharp & Dohme: SI)
Nervocur® [+ Levodopa] (Fabra: AR)
Novo-Levocarbidopa® [+ Levodopa] (Novopharm: CA)
Parcopa® [+ Levodopa] (Schwarz: US)
Parken® [+ Levodopa] (Psipharma: CO)
Parkidopa® [+ Levodopa] (Cristália: BR)
Parkinel® [+ Levodopa] (Bagó: AR)
Prikap® [+ Levodopa] (Elea: AR)
Sindopa® [+ Levodopa] (Pacific: NZ)
Sindrob® [+ Levodopa] (Farvet: PE)
Sinemet CR® [+ Levodopa] (Bristol-Myers Squibb: GB)
Sinemet CR® [+ Levodopa] (Merck Sharp & Dohme: AU, CH, CL, CN, HR, IL, NZ, PE)
Sinemet CR® [+ Levodopa] (MerckSharp&Dohme: RO)
Sinemet® [+ Levodopa] (Bristol-Myers Squibb: CA, ES, GB, IE, US)
Sinemet® [+ Levodopa] (Eurim: AT)
Sinemet® [+ Levodopa] (M & H: TH)
Sinemet® [+ Levodopa] (Merck: BR)
Sinemet® [+ Levodopa] (Merck Sharp & Dohme: AR, AT, AU, BE, CH, CO, CZ, HK, HR, IS, LK, LU, MY, NL, NZ, PE, PL, PT, SG, TR, ZA)
Sinemet® [+ Levodopa] (MSD: FI, NO)
Sinemet® [+ Levodopa] (Paranova: AT)
Sinemet® [+ Levodopa] (Vianex: GR)
Stalevo® [+Levodopa] (Novartis: BR)
Sulconar® [+ Levodopa] (Carrion: PE)
Syndopa® [+Levodopa] (Sun: BD, IN, LK, RU)
Tidomet® [+ Levodopa] (Torrent: RU, SG)
Zimox® [+ Levodopa] (Faran: RO)

– monohydrate:

CAS-Nr.: 0038821-49-7
OS: *Carbidopa JAN, USAN*
PH: Carbidopa Ph. Eur. 5, Ph. Int. 4, USP 30
PH: Carbidopum Ph. Eur. 5, Ph. Int. 4
PH: Carbidopa-Monohydrat Ph. Eur. 5

Carbidopa/Levodopa Sandoz® [+ Levodopa] (Sandoz: CH)
Carbidopa/Levodopa Teva® [+ Levodopa] (Teva-NL: IT)
Credanil® [+ Levodopa] (Remedica: CY)
dopadura® [+ Levodopa] (Merck dura: DE)
Duodopa® [+ Levodopa] (Neopharma: AT)
Duodopa® [+ Levodopa] (Orphan: DE, ES)
Duodopa® [+ Levodopa] (Solvay: DE, FI, GB, NL, NO, SE)
Duodopa® [+ Levodopa] (Torrent: BR)
Half Sinemet CR® [+Levodopa] (Bristol-Myers Squibb: GB)
isicom® [+ Levodopa] (Desitin: CZ, DE, RO)
Kardopal® [+ Levodopa] (Orion: FI)
Kinson® [+ Levodopa] (Alphapharm: AU)
Ledopsan® [+ Levodopa] (Bristol-Myers Squibb: ES)
Levo-C AL® [+ Levodopa] (Aliud: DE)
Levobeta® [+ Levodopa] (betapharm: DE)
Levocarb-GRY® [+ Levodopa] (Teva: DE)
Levocarb-TEVA® [+ Levodopa] (Teva: DE)
Levocomp® [+ Levodopa] (Hexal: DE)
Levodop-neuraxpharm® [+ Levodopa] (neuraxpharm: DE)
Levodopa C Stada® [+ Levodopa] (Stadapharm: DE)
Levodopa C. comp. AbZ® [+ Levodopa] (AbZ: DE)
Levodopa Carbidopa Sandoz® [+ Levodopa] (Sandoz: DE)
Levodopa comp TAD® [+ Levodopa] (TAD: DE)
Levodopa comp.-CT® [+ Levodopa] (CT: DE)
Levodopa+Carbidopa Ratiopharm® [+ Levodopa] (Ratiopharm: ES)
Levodopa-ratiopharm® [+ Levodopa] (ratiopharm: DE)
Levodopa/Carbidopa PCH® [+ Levodopa] (Pharmachemie: NL)
Levodopa/Carbidopa ratiopharm® [+ Levodopa] (Ratiopharm: SE)
Levodopa/Carbidopa STADA® [+ Levodopa] (Stada: NL)
Levodopa/Carbidopa STADA® [+ Levodopa] (Stadapharm: DE)
Levodopa/Carbidopa® [+ Levodopa] (Betapharm: NL)
Levodopa/Carbidopa® [+ Levodopa] (Hexal: NL)
Levodopa/Carbidopa® [+ Levodopa] (Stadapharm: DE)
Levohexal® [+ Levodopa] (Hexal: AU)
Levomed® [+ Levodopa] (Medochemie: HK)
Nacom® [+ Levodopa] (Bristol-Myers Squibb: DE)
Sinemet® [+ Levodopa] (Bristol-Myers Squibb: FR, IE, IT)
Sinemet® [+ Levodopa] (Merck Sharp & Dohme: CZ, HU, NL, SE)
Sinemet® [+ Levodopa] (Vianex: GR)
Striaton® [+ Levodopa] (Abbott: DE)

Carbimazole (Rec.INN)

L: Carbimazolum
I: Carbimazolo
D: Carbimazol
F: Carbimazol
S: Carbimazol

⚕ Antithyroid agent

ATC: H03BB01
CAS-Nr.: 0022232-54-8 C_7-H_{10}-N_2-O_2-S
M_r 186.237

1H-Imidazole-1-carboxylic acid, 2,3-dihydro-3-methyl-2-thioxo-, ethyl ester

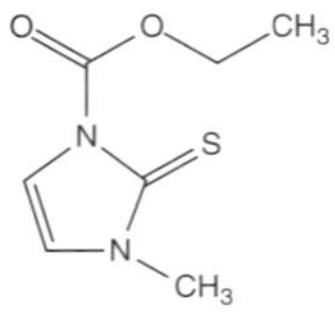

OS: *Carbimazole [BAN, DCF, USAN]*
OS: *Carbimazolo [DCIT]*
IS: *Athyromazole*
IS: *CG 1*
IS: *Ethyl 3-methyl-2-thioimidazoline-1-carboxylate (WHO)*
PH: Carbimazole [Ph. Eur. 5]
PH: Carbimazolum [Ph. Eur. 5, Ph. Int. II]
PH: Carbimazol [Ph. Eur. 5]

Camazol® (Xepa-Soul Pattinson: SG)
Carbimazol Gf® (Genfarma: NL)
Carbimazol Henning® (Henning Berlin: DE)
Carbimazol Henning® (Sanofi-Synthelabo: DE)
Carbimazol Hexal® (Hexal: DE)
Carbimazol PCH® (Pharmachemie: NL)
Carbimazol Slovakofarma® (Slovakofarma: CZ)
Carbimazole Christo® (Christo Pharmaceutical: HK)
Carbimazole Synco® (Synco: HK)
Carbimazole® (Remedica: CY, RO)
Carbimazol® (Slovakofarma: CZ)
Carbistad® (Stada: AT)
Car® (Lindopharm: DE)
Cazole® (International Medical: HK)
Cazole® (Malaysia Chemist: SG)
Neo Mercazole® (Nicholas: ID)
Neo Tomizol® (Tarbis: ES)
Neo-Mercazole® (Amdipharm: DK, IE, NO)
Neo-Mercazole® (Aspen: ZA)
Neo-Mercazole® (Link: AU)
Neo-Mercazole® (Nicholas: ID, IN)
Neo-Mercazole® [vet.] (Roche: GB)
Neomercazole® (Amdipharm: GB)
Neomercazole® (Aspen: ZA)
Neomercazole® (Merck: ID)
Néo-Mercazole® (CSP: FR)
Néo-Mercazole® (Pro Concepta: CH)
Thyrostat® (Ni-The: GR)
Tyrazol® (Orion: FI)

Carbinoxamine (Rec.INN)

L: Carbinoxaminum
I: Carbinoxamina
D: Carbinoxamin
F: Carbinoxamine
S: Carbinoxamina

⚕ Antiallergic agent
⚕ Histamine, H_1-receptor antagonist

ATC: R06AA08
CAS-Nr.: 0000486-16-8 C_{16}-H_{19}-Cl-N_2-O
M_r 290.798

Ethanamine, 2-[(4-chlorophenyl)-2-pyridinylmethoxy]-N,N-dimethyl-

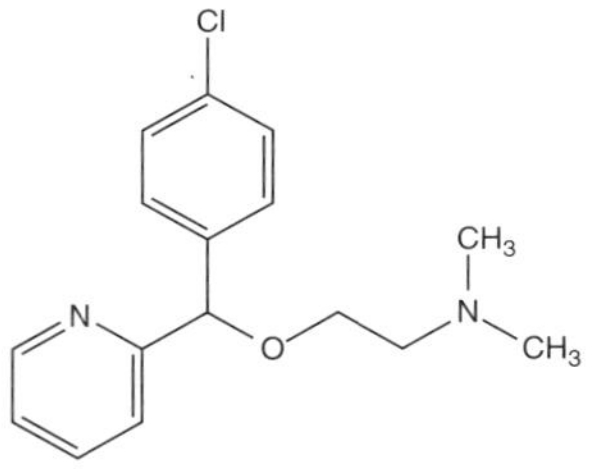

OS: *Carbinoxamine [BAN, DCF]*
IS: *E 112C*

– maleate:

CAS-Nr.: 0003505-38-2
OS: *Carbinoxamine Maleate BANM, JAN, USAN*
IS: *Carbinoxamini maleas*
PH: Carbinoxamine Maleate USP 30

Allergefon® (SERP: BF, BJ, CF, CG, CI, CM, FR, GA, GN, MG, ML, MR, MU, NE, SN, TD, TG, ZR)
Carbinoxamine Maleate® (Mikart: US)
Histin® (Kenyaku: TH)
Omega® (Omega: AR)
Palgic® (Pamlab: US)
Sinumine® (Maxi Medical: TH)

Carbocisteine (Rec.INN)

L: Carbocisteinum
I: Carbocisteina
D: Carbocistein
F: Carbocistéine
S: Carbocisteina

⚕ Mucolytic agent

ATC: R05CB03
CAS-Nr.: 0000638-23-3 C_5-H_9-N-O_4-S
M_r 179.197

L-Cysteine, S-(carboxymethyl)-

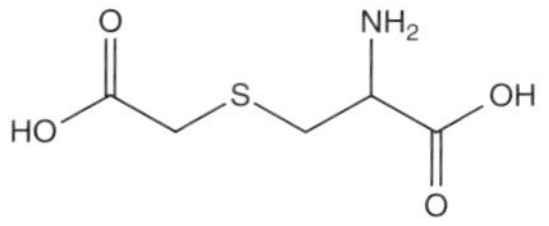

OS: *Carbocisteine [BAN]*
OS: *Carbocysteine [USAN]*
OS: *Carbocystéine [DCF]*
OS: *Carbocisteina [DCIT]*
IS: *AHR 3053 (Robins, USA)*

IS: *Carboxymethylcystein*
IS: *LJ 206*
PH: Carbocistéine [Ph. Eur. 5]
PH: Carbocisteinum [Ph. Eur. 5]
PH: Carbocistein [Ph. Eur. 5]
PH: Carbocisteine [Ph. Eur. 5]
PH: L-Carbocisteine [JP XIV]

Actifed® (Pfizer: FR)
Actithiol® (Almirall: ES)
Anatac® (Arafarma: ES)
Apotheke zur Eiche Mucolytikum® (Iromedica: CH)
Arbistin® (Altana: MX)
Betaphlem® (Be-Tabs: ZA)
Bocytin® (Asian: TH)
Broncathiol® (McNeil: FR)
Bronchette® (Aspen: ZA)
Broncho-Pectoralis Carbocisteine® (Medgenix: BE)
Bronchobos® (Bosnalijek: BA, RU)
Bronchokod® (Sanofi-Aventis: FR)
Broncholit® (Nicholas: ID)
Broncoclar® (UPSA: FR)
Broncomucil® (GlaxoSmithKline: IT)
Broncotusilan® (Pasteur: CL)
Bronkirex® (Winthrop: FR)
Bronquial-Om® (OM: PE)
Carbocisteina ABC® (ABC: IT)
Carbocisteina DOC® (DOC Generici: IT)
Carbocisteina Francia® (Francia: IT)
Carbocisteina Ramini® (Ramini: IT)
Carbocisteina ratiopharm® (Ratiopharm: IT)
Carbocisteina® (Terapia: RO)
Carbocisteína® (Cimed: BR)
Carbocistéine Biogaran® (Biogaran: FR)
Carbocistéine EG® (EG Labo: FR)
Carbocistéine G Gam® (G Gam: FR)
Carbocistéine Ivax® (Ivax: FR)
Carbocistéine Merck® (Merck Génériques: FR)
Carbocistéine RPG® (RPG: FR)
Carbocistéine Sandoz® (Sandoz: FR)
Carbocistéine Winthrop® (Winthrop: FR)
Carbocit® (CT: IT)
Carbocter® (Pharmasant: TH)
Carbolin® (Eskayef: BD)
Cimolan® (Pliva: HR)
Cisteine® (Thai Nakorn Patana: TH)
Co-Flem® (Aspen: ZA)
Coldin® (Sanofi-Aventis: CL)
Dampo Solvopect® (Bayer: NL)
Dimotapp® (Wyeth: FR)
Drill expectorant® (Pierre Fabre: FR, HU)
Drill Mucolítico® (Pierre Fabre: PT)
Estival® (Specifar: RO)
Exflem® (Stada: TH)
Exotoux® (Bouchara: FR)
Exputex® (Shire: IE)
Fayerex® (Lafayette: PH)
Fenorin® (Lek: CZ, HR, HU, SI)
Finatux® (Jaba: PT)
Flegnil® (Orion: BD)
Flemex® (Gemardi: TH)
Flemex® (Pfizer: ZA)
Flemgo® (Alliance: ZA)
Flemlite® (Garec: ZA)
Fluditec® (Innotech: FR, RU)
Fluidin Mucolitico® (Faes: ES)
Fluidol® (TIS Farmaceutic: RO)
Fluralex® (Lafayette: PH)
Fluvic® (Pierre Fabre: FR)
Genecar® (Genesis: PH)
Humex Expectorant® (Urgo: RO)
Iniston Mucolitico® (Pfizer: ES)
Lafayette Carbocisteine® (Lafayette: PH)
Lessmusec® (Brunel: ZA)
Lisomucil® (Sanofi-Synthelabo OTC: IT)
Lisomuc® (Elofar: BR)
Loviscol® (Robins: US)
Loviscol® (Wyeth: PH)
Mephathiol® (Mepha: CH)
Mical® (Sam-On: IL)
Muciclar® (Parke Davis: ID)
Muciclar® (Pfizer: BF, BJ, CG, CI, CM, FR, GA, GN, MG, ML, MR, MU, SN, TG)
Muco Rhinathiol® (Sanofi-Aventis: BE)
Muco Rhinathiol® (Sanofi-Synthelabo: LU)
Mucocil® (Prafa: ID)
Mucocis® (Drogsan: TR)
Mucocis® (So.Se.: IT)
Mucodyne® (Kyorin: JP)
Mucodyne® (Sanofi-Aventis: GB, IE, NL)
Mucodyne® (Zorka: RS)
Mucoflem® (Merck Generics: ZA)
Mucoflux® (Merck: BR)
Mucogen® (Antigen: IE)
Mucolase® (Lampugnani: IT)
Mucoless® (Pfizer: ZA)
Mucolex® (Fascino: TH)
Mucolex® (General Pharma: BD)
Mucolex® (Pfizer: PT)
Mucolin® (Sanofi-Aventis: MX)
Mucolisil® (Sanofi-Synthelabo: BR)
Mucolitic® (Altana: BR)
Mucolitic® (Nova Argentia: AR)
Mucolit® (CTS: IL)
Mucomed® (Medibrands: IL)
Mucomex® (Greater Pharma: TH)
Mucopront® (Kéri: HU)
Mucopront® (Mack: CZ, DE, ID, LU, TH)
Mucorhinathiol Mucoral® (Sanofi-Synthelabo: PT)
Mucosan® (United Pharma: VN)
Mucoseptal® (Actipharm: CH)
Mucosina® (Robins: CO)
Mucosin® (Europharm: HK)
Mucosol® (CTS: RO)
Mucosol® (Tosi: IT)
Mucospect® (Triomed: ZA)
Mucospect® (Universal Pharmaceutical: HK)
Mucostar® (Krugher: IT)
Mucotreis® (Ecobi: IT, RO)
Mucucistein® (Lab. Neo Quím.: BR)
Muflex® (TO Chemicals: TH)
Mukobron® (Biokem: TR)
Mukolina® (Pliva: PL)
Mukoliz® (Terra: TR)
Mukotik® (Koçak: TR)
Murhinal® (Farmaline: TH)
Neocitran Expectorant® (Novartis: HU)
Nokof® (Beximco: BD)
Oberland Apotheke Hustenlöser® (Iromedica: CH)
Pectodrill® (Pierre Fabre: ES, PL)

Pectosan Expectorant® (Cooper: FR)
Pectox® (Aventis: EC, PE)
Pectox® (Italfarmaco: ES)
Pectox® (Nattermann: DE)
Pharmakod expectorant® (Sanofi-Aventis: FR)
Polifluidil® (Chefaro: IT)
Polimucil® (Chefaro: IT)
Pulmiben® (ITF: PT)
Pulmoclase® (UCB: DE, IE, LU, NL, PT)
Rami Slijmoplossende Hoeststroop® (Chefaro: NL)
Ramipril Alpharma® (Alpharma: NL)
Recofluid® (Recordati: IT)
Reodyn® (Orion: FI)
Reomucil® (DOC Generici: IT)
Rhinathiol carbocisteine® (Sanofi-Synthelabo: NL)
Rhinathiol Mucolyticum® (Sanofi-Synthelabo: BE, LU)
Rhinathiol® (Pfizer: ID)
Rhinathiol® (Sanofi-Aventis: BF, BJ, CF, CG, CH, CI, CM, FR, GA, GN, HK, HU, MG, ML, MR, MU, MY, NE, RO, SG, SN, TD, TG, VN, ZR)
Rhinathiol® (Sanofi-Synthelabo: GH, ID, KE, MT, NG, NL, TH, TZ, UG)
Rhinex® (Stada: TH)
Romilar Mucolyticum® (Bayer: BE, LU)
S.C.M.C.® (Beacons: SG)
Sedotussin muco® (UCB: DE)
Siflex® (Siam Bheasach: TH)
Sinecod Tosse Fluidificante® (Novartis Consumer Health: IT)
Siroxyl® (Melisana: BE, LU)
Solmux Capsule® (Great Eastern: TH)
Solmux Capsule® (Westmont: TH)
Solmux Suspension® (Great Eastern: TH)
Solmux Suspension® (Pediatrica: TH)
Solmux® (United: LK, PH)
Solmux® (Westmont: ID)
Solucis® (Aesculapius: IT)
Solucis® (Pharma Marketing Group: HU)
Soludrill Expectorant® (Pierre Fabre: LU)
Solvopect® (Bayer: NL)
Throatsil Cbs® (Millimed: TH)
Tiptipot Mucolit® (CTS: IL)
Tossefluid® (Ribex: IT)
Transbronchin® (Viatris: DE)
Tusilexil® (Rowe: EC)
Tussantiol® (Medisa: CH)
Tussilène® (Zydus: FR)
Viscolex® (Pinewood: IE)
Viscoteina® (Iquinosa: ES)
Zymelytic® (Blooming Fields: PH)

– lysine salt:

Expelin® (Eurodrug: MX)
Fluifort® (Dompé: IT)
Fluifort® (Eurodrug: HK, TH)
Fluifort® (Pharma Riace: RU)
Mucovital® (Madaus: ES)
Pectox lisina® (Italfarmaco: ES)

– sodium salt:

CAS-Nr.: 0049673-84-9

Mucopront® (Mack: DE, EC)

Carbocromen (Rec.INN)

L: Carbocromenum
I: Carbocromene
D: Carbocromen
F: Carbocromène
S: Carbocromeno

Coronary vasodilator

ATC: C01DX05
CAS-Nr.: 0000804-10-4 C_{20}-H_{27}-N-O_5
M_r 361.446

Acetic acid, [[3-[2-(diethylamino)ethyl]-4-methyl-2-oxo-2H-1-benzopyran-7-yl]oxy]-, ethyl ester

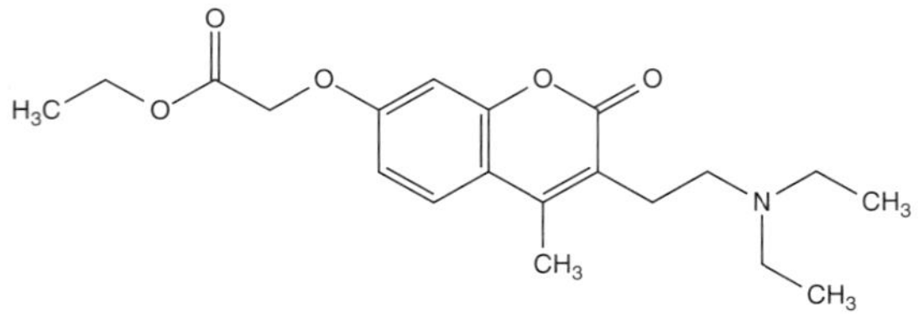

OS: *Carbocromène [DCF]*
OS: *Carbocromene [DCIT]*

– hydrochloride:

CAS-Nr.: 0000655-35-6
OS: *Chromonar Hydrochloride USAN*
OS: *Carbocromen Hydrochloride JAN*
IS: *A 27053*
IS: *AG-3*
IS: *Cassella 4489*
IS: *NSC 110430*
PH: Carbocromenium chloratum PhBs IV

Intensain® (Therabel: LU)

Carbomer (Rec.INN)

L: Carbomerum
I: Carbomer
D: Carbomer
F: Carbomère
S: Carbomero

Pharmaceutic aid

CAS-Nr.: 0054182-57-9

Polymer of acrylic acid, crosslinked with a polyfunctional agent

OS: *Carbomer [BAN, USAN]*
OS: *Carbomère [DCF]*
IS: *Carboxypolymethylen*
IS: *Carboxyvinylpolymer*
IS: *Carpolene*
IS: *Carbossipolimetilene*
PH: Carbomers [BP 2007, Ph. Eur. 5]
PH: Carbomer 910, 934, 934P, 940, 941, 1342 [USP 30]
PH: Carbomerum [Ph. Int. 4]
PH: Carbomère [Ph. Eur. 5]
PH: Carbomere [Ph. Eur. 5]
PH: Carbomer [Ph. Int. 4]

Alcon Eye Gel® (Alcon: BE)
AquaTears® (Novartis: AT)
Arufil® (Chauvin: DE)
Civigel® (Novartis: FR)
Conforgel® (Grin: MX)
Dacriogel® (Alcon: IT)
Dropgel® (EuPharmed: IT)
Dry Eye® (Bipharma: NL)
Gel-Larmes® (Théa: FR)
GelTears® (Chauvin: GB, IE)
GelTears® [vet.] (Chauvin: GB)
Lacrifluid® (Europhta: MC)
Lacrigel® (Europhta: MC)
Lacrigel® (Winzer: DE)
Lacrinorm F® (Bausch & Lomb: CH)
Lacrinorm® (Bausch & Lomb: CH)
Lacrinorm® (Chauvin: BE, FR, NL)
Lacrinorm® (Merck Frosst: CA)
Lacryvisc® (Alcon: CH, CL, CO, CZ, ES, FR, HK, MX, PT, SG, SI, TH, TR)
Lipolac® (Farma Lepori: ES)
Liposic® (Bausch & Lomb: AR, HK, PT)
Liposic® (Chauvin: FR, GB)
Liposic® (Dr. Fisher: NL)
Liposic® (Mann: DE, IE)
Liposic® (Tramedico: BE, NL)
Lipovisc® (Bausch & Lomb: IT)
Liquigel® (Pharm-Allergan: DE)
Liquivisc® (Allergan: GB, IE)
Ocugel® (Viatris: BE, LU)
Oftagel® (Santen: CZ, DK, FI, HU, IS, NO, PL, RU, SE)
Refresh® (Allergan: AR)
Siccafluid Gel Oftalmico® (Pharmacia: CO)
Siccafluid® (Farmila-Thea: IT)
Siccafluid® (Sidus: AR)
Siccafluid® (Thea: ES, NL, PT)
Siccafluid® (Théa: CH, FR)
Siccapos® (Ursapharm: DE)
Tears Naturale® (Alcon: AT)
Thilo-Tears® (Alcon: BE, DE, LU, NL)
Thilo-Tears® (Liba: TR)
Vidisic Edo® (Mann: LU)
Vidisic® (EU-Pharma: NL)
Vidisic® (Eureco: NL)
Vidisic® (Euro: NL)
Vidisic® (Mann: CZ, DE, LU, PL, RS)
Vidisic® (Mayne: IS)
Vidisic® (Tramedico: BE, NL)
Visc-Ophtal® (Winzer: DE)
Viscotears® (Ciba Vision: US)
Viscotears® (Novartis: AR, AU, BR, CH, CL, ES, FI, GB, NO)
Viscotears® (Novartis Ophthalmics: CO, SE)
Viscotears® [vet.] (Novartis Ophthalmics Animals: GB)
Viscotirs® (Novartis: IT)

Carboplatin (Rec.INN)

L: Carboplatinum
I: Carboplatino
D: Carboplatin
F: Carboplatine
S: Carboplatino

Antineoplastic agent

ATC: L01XA02
CAS-Nr.: 0041575-94-4 C_6-H_{12}-N_2-O_4-Pt
M_r 371.272

Platinum, diamine[1,1-cyclobutanedicarboxylato(2-)]-, (SP-4-2)-

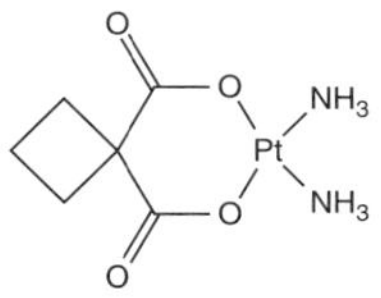

OS: *Carboplatin [BAN, JAN, USAN]*
OS: *Carboplatine [DCF]*
OS: *Carboplatino [DCIT]*
IS: *CBDCA*
IS: *IM-8*
IS: *NSC 241240*
IS: *JM-8 (Bristol-Myers, GB)*
PH: Carboplatin [Ph. Eur. 5, USP 30]
PH: Carboplatinum [Ph. Eur. 5]
PH: Carboplatine [Ph. Eur. 5]

Abic Carboplatin® (Teva: ZA)
Axicarb® (Apo Care: DE)
B-Platin® (Blausiegel: BR)
Bagotanilo® (Armstrong: MX)
Blastocarb® (Lemery: MX, PE)
Bonaplatin® (Baxter: PH)
Carbo-cell® (cell pharm: DE)
Carbokebir® (Aspen: AR)
Carbomedac® (Medac: DE)
Carboplamin® (Vianex: GR)
Carboplatin Abic® (Abic: HK, TH)
Carboplatin Amphar® (Atafarm: TR)
Carboplatin Cancernova® (Cancernova: DE)
Carboplatin DBL® [inj.] (Gerolymatos: GR)
Carboplatin DBL® [inj.] (Mayne: HK, MY, SG)
Carboplatin DBL® [inj.] (Orna: TR)
Carboplatin DBL® [inj.] (Tempo: ID)
Carboplatin Ebewe® (Ebewe: AT, CH, CZ, HU, IL, PL, RS, RU, SI, VN)
Carboplatin Ebewe® (Ferron: ID)
Carboplatin Ebewe® (InterPharma: NZ)
Carboplatin Ebewe® (Liba: TR)
Carboplatin Ebewe® (Pharmanel: GR)
Carboplatin for Injection® (Abraxis: US)
Carboplatin for Injection® (Bedford: US)
Carboplatin for Injection® (Mayne: AU, US)
Carboplatin for Injection® (Pharmacia: AU)
Carboplatin for Injection® (Pliva: US)
Carboplatin for Injection® (Teva: US)
Carboplatin Hexal® [inj.] (Hexal: DE)
Carboplatin Kalbe® (Kalbe: ID)
Carboplatin Mayne® (Mayne: DK, FI, IS, NO, SE)
Carboplatin Meda® (Meda: SE)
Carboplatin Pfizer® (Abic: TH)

Carboplatin Pfizer® (Pfizer: AT, DK, FI, IS, NZ, RS, SG)
Carboplatin Pharmacia® (Pfizer: VN)
Carboplatin Pliva® (Pliva: BA, HR, SI)
Carboplatin Sindan® (Sindan: RO)
Carboplatin Teva® (Med: TR)
Carboplatin Teva® (Teva: CZ, HU, SE)
Carboplatin-Ebewe® (Ebewe: TH)
Carboplatin-GRY® (Gry: DE)
Carboplatin-Medac® (medac: LU)
Carboplatin-ratiopharm® (ratiopharm: DE)
Carboplatina® (ASTA Medica: BR)
Carboplatina® (Biosintética: BR)
Carboplatina® (Mayne: BR)
Carboplatina® (Pharmacia: BR)
Carboplatine Aguettant® (Aguettant: FR)
Carboplatine Dakota Pharm® (Dakota: FR)
Carboplatine Ebewe® (Ebewe: RO)
Carboplatine G Gam® (G Gam: FR)
Carboplatine Mayne® (Mayne: BE, LU)
Carboplatine® (Mayne: NL)
Carboplatino Aguettant® (Serra Pamies: ES)
Carboplatino Blastocarb RU® [sol.-inj.] (Lemery: PE)
Carboplatino Delta Farma® (Delta Farma: AR)
Carboplatino Dosa® (Dosa: AR)
Carboplatino Faulding® (Mayne: ES)
Carboplatino Ferrer Farma® (Ferrer: ES)
Carboplatino Filaxis® (Filaxis: AR)
Carboplatino Ivax® (Ivax: AR)
Carboplatino Martian® (LKM: AR)
Carboplatino Mayne® (Mayne: IT)
Carboplatino Microsules® (Microsules: AR)
Carboplatino Pharmacia® (Pharmacia: ES, IT)
Carboplatino Raffo® (Raffo: AR)
Carboplatino Rontag® (Rontag: AR)
Carboplatino Servycal® (Servycal: AR, PE)
Carboplatino Sidus® (Sidus: AR)
Carboplatino Teva® (Teva-NL: IT)
Carboplatino Varifarma® (Varifarma: AR)
Carboplatino® (Baxter: CL)
Carboplatino® (Biolatina: CL)
Carboplatino® (Elvetium: PE)
Carboplatino® (Ivax: PE)
Carboplatino® (Kampar: CL)
Carboplatino® (Pfizer: CL, PE)
Carboplatino® (Royal Pharma: CL)
Carboplatino® (Teva: AR)
Carboplatinum Cytosafe-Pharmacia® (Pharmacia: LU)
Carboplatinum® (Pfizer: BE)
Carboplatin® (American Pharmaceutical Partners: US)
Carboplatin® (Mayne: GB, IE)
Carboplatin® (Pfizer: AT, HR, PL)
Carboplatin® (Pharmacia: BG)
Carboplatin® (Teva: GB, IL)
Carboplatin® (Wockhardt: GB)
Carboplatin® [inj.] (Mayne: AU, CA)
Carboplatin® [inj.] (Novopharm: CA)
Carboplatin® [inj.] (Pharmacia: AU)
Carboplat® (Asofarma: MX)
Carboplat® (Bristol-Myers Squibb: DE)
Carbosin® (Chemipharm: GR)
Carbosin® (Combiphar: ID)
Carbosin® (Emporio: SI)
Carbosin® (Er-Kim: TR)
Carbosin® (Med: TR)
Carbosin® (Nycomed: NO)
Carbosin® (Pacific: TH)
Carbosin® (Pharmachemie: LK, MY, NL, PE, ZA)
Carbosin® (Teva: BE)
Carbosol® (Sanova: AT)
Carbosol® (Schoeller: AT)
Carboxtie® (Bioprofarma: AR)
Cicloplatin® (Lachema: RO)
Cycloplatin® (Lachema: RS)
Cycloplatin® (Pliva: CZ, HU, RS, RU)
Cycloplatin® (Pliva Lachema: PL)
Cytosafe Carboplatina® (Pharmacia: BR)
Cytosafe Carboplatin® (Pfizer: ID)
DBL Carboplatin® (Faulding/DBL: TH)
Emorzim® (Pharmacia: GR)
Erbakar® (Kalbe: ID)
Faulding-Carboplatina® (Mayne: BR)
Haemato-carb® (Haemato: DE)
Kemocarb® (Dabur: IN, PH, TH)
Megaplatin® (Genepharm: GR)
Nealorin® (Prasfarma: ES)
Neocarbo® (Neocorp: DE)
Novoplatinum® (Mayne: PT)
O-Plat® (Richmond: PE)
Omilipis® (Richmond: AR, PE)
Oncocarbin® (Koçak: TR)
Oncocarb® (Biotoscana: CL)
Onkoplatin® (Onkoworks: DE)
ORCA-Carboplatin® (O.R.C.A.: DE)
P&U Carboplatin® (Pharmacia: ZA)
ParaGal® (Galenika: RS)
Paraplatine® (Bristol-Myers Squibb: FR)
Paraplatin® (Bristol-Myers Squibb: AT, BA, BE, BG, BR, CA, CH, CN, CZ, DK, ES, FI, GB, GR, HK, HR, HU, ID, IE, IS, IT, LU, MX, NL, NO, PH, PL, RS, SE, SG, TH, TR, US, ZA)
Paraplatin® (PharmaSwiss: SI)
Paraplatin® [vet.] (Bristol-Myers Squibb: GB)
Platamine® (Pfizer: BR)
Platinwas® (Chiesi: ES)
Platinwas® (Farma-Tek: TR)
Ribocarbo® (ribosepharm: DE)
Tecnocarb® (Zodiac: BR)

Carboprost (Rec.INN)

L: Carboprostum
D: Carboprost
F: Carboprost
S: Carboprost

Oxytocic
Prostaglandin

ATC: G02AD04
CAS-Nr.: 0035700-23-3

C_{21}-H_{36}-O_5
M_r 368.519

Prosta-5,13-dien-1-oic acid, 9,11,15-trihydroxy-15-methyl-, (5Z,9α,11α,13E,15S)-

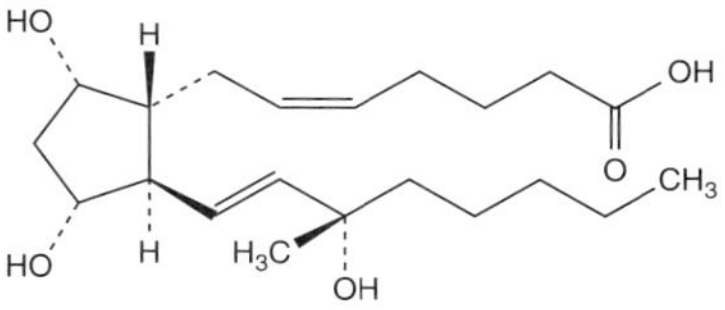

OS: *Carboprost [BAN, DCF, USAN]*
IS: *U 32921*
IS: *Methyldinoprost*
PH: Carboprost Tromethamine [USP 26]

Karboprost® (Pfizer: SI)
Prostin/15M® (Pharmacia: LU, RS)

– tromethamine:
CAS-Nr.: 0058551-69-2
OS: *Carboprost Trometamol BANM*
OS: *Carboprost Tromethamine USAN*
IS: *U 32921 E (Upjohn, USA)*
PH: Carboprost Tromethamine USP 30
PH: Carboprost trometamol Ph. Eur. 5

Hemabate® (Pfizer: CA, CN, GB)
Prostin 15M® (Pfizer: BA, BE, CZ, HR, NL, NZ)
Prostin 15M® (Pharmacia: BG, RS)
Prostinfenem® (Pfizer: DK, SE)
Prostodin® (AstraZeneca: IN)

Carboquone (Rec.INN)

L: Carboquonum
D: Carboquon
F: Carboquone
S: Carbocuona

Antineoplastic, alkylating agent

ATC: L01AC03
CAS-Nr.: 0024279-91-2 C_{15}-H_{19}-N_3-O_5
M_r 321.347

2,5-Cyclohexadiene-1,4-dione, 2-[2-[(aminocarbonyl)oxy]-1-methoxyethyl]-3,6-bis(1-aziridinyl)-5-methyl-

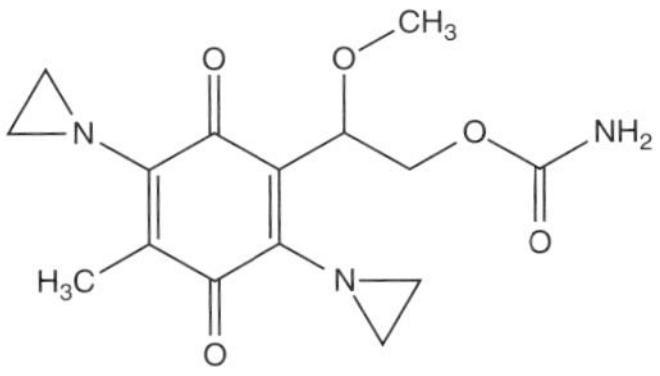

OS: *Carboquone [JAN, USAN]*
IS: *Carbazilquinone*
IS: *CS 310*

Esquinon® (Sankyo: JP)

Carbutamide (Rec.INN)

L: Carbutamidum
D: Carbutamid
F: Carbutamide
S: Carbutamida

Antidiabetic agent

ATC: A10BB06
CAS-Nr.: 0000339-43-5 C_{11}-H_{17}-N_3-O_3-S
M_r 271.347

Benzenesulfonamide, 4-amino-N-[(butylamino)carbonyl]-

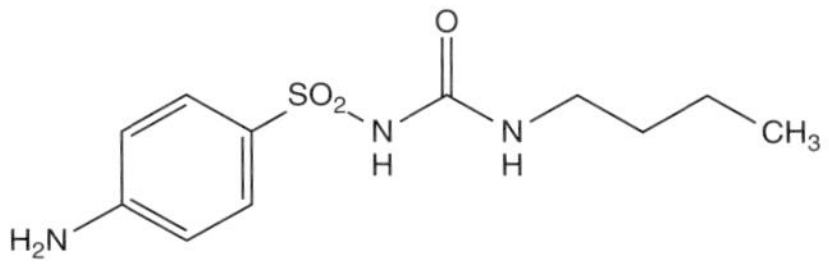

OS: *Carbutamide [BAN, DCF, USAN]*
IS: *Aminophenurobutane*
IS: *Antisukrin*
IS: *B.Z. 55*
IS: *Butylcarbamid*
IS: *Ca 1022*
IS: *Dicarbul*
IS: *Hypoglycamid*
IS: *Midosal*
IS: *S 524*
IS: *U 6987*
PH: Carbutamide [F.U. IX]
PH: Carbutamidum [DAB 7-DDR, Ph. Helv. VI]
PH: Glybutamide [Ph. Franç. IX]

Glucidoral® (Servier: FR)

Carfentanil (Rec.INN)

L: Carfentanilum
D: Carfentanil
F: Carfentanil
S: Carfentanilo

Opioid analgesic

CAS-Nr.: 0059708-52-0 C_{24}-H_{30}-N_2-O_3
M_r 394.52

Methyl 1-phenethyl-4-(N-phenylpropionamido)isonipecotate (WHO)

Methyl 1-phenethyl-4-(N-phenylpropionamido)-4-piperidylcarboxylat (IUPAC)

4-Piperidinecarboxylic acid, 4((1-oxopropyl)phenylamino)-1-(2-phenylethyl)-, methyl ester

4-Piperidinecarboxylic acid, 4-((1-oxopropyl)phenylamino)-1-(2-phenylethyl)-, methyl ester, 2-hydroxy-1,2,3-propanetricarboxylate (1:1)

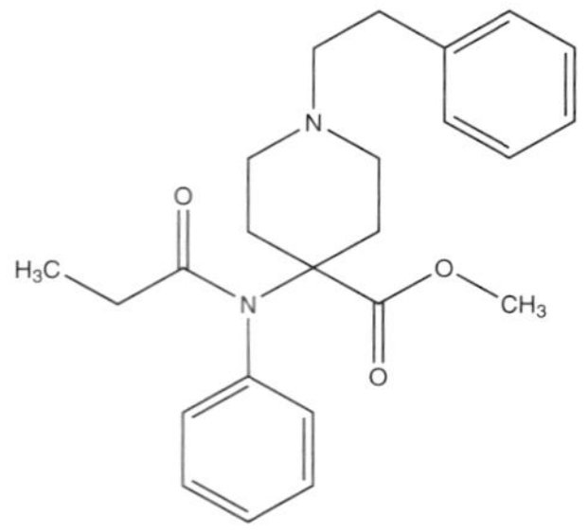

IS: *R 31833 (Janssen, B)*
IS: *5-22-13-00537*
IS: *BRN 0456976*

– citrate:

CAS-Nr.: 0061380-27-6
OS: *Carfentanil Citrate USAN*
IS: *R 33799 (Janssen, BE)*
IS: *EINECS 262-748-6*

Wildnil® (Wildlife: US)

Carglumic acid (Rec.INN)

L: Acidum carglumicum
D: Carglumsäure
F: Acide carglumique
S: Acido carglumico
ATC: A16AA05
ATCvet: QA16AA05
CAS-Nr.: 0001188-38-1 C_6-H_{10}-N_2-O_5
M_r 190.15

N-Carbamoyl-L-glutamic acid (WHO)

(S)-2-Ureidopentandisäure (IUPAC)

L-Glutamic acid, N-(aminocarbonyl)-

Acide (2S)-2-(carbamoylamino)pentanedioique (WHO)

Acido N-carbamoil-L-glutamico (WHO)

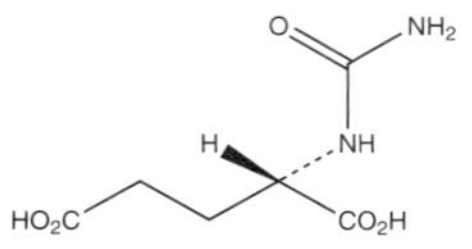

OS: *Carglumic acid [USAN]*
IS: *N-Carbamoyl-L-glutaminsäure*
IS: *N-Caramylglutamate*
IS: *Carbamino-L-glutamic acid*
IS: *Carbamylglutamic acid*
IS: *Ureidoglutaric acid*
IS: *L-N-Carbamoyl-L-glutamic acid*
IS: *Acide N-carbamyl L-glutamique*
IS: *Carglutamsäure*
IS: *Carglutamic acid*
IS: *Carglutaminsäure*

Carbaglu® (Orphan: AT, DE, ES, FR, GB, LU, NL, PL)
Carbaglu® (Orphan Europe: DK, IT)

Carindacillin (Prop.INN)

L: Carindacillinum
I: Carindacillina
D: Carindacillin
F: Carindacilline
S: Carindacilina

Antibiotic, penicillin, broad-spectrum

ATC: J01CA05
CAS-Nr.: 0035531-88-5 C_{26}-H_{26}-N_2-O_6-S
M_r 494.574

N-(2-Carboxy-3,3-dimethyl-7-oxo-4-thia-1-azabicyclo[3.2.0]hept-6-yl)-2-phenylmalonamic acid 1-(5-indanyl) ester

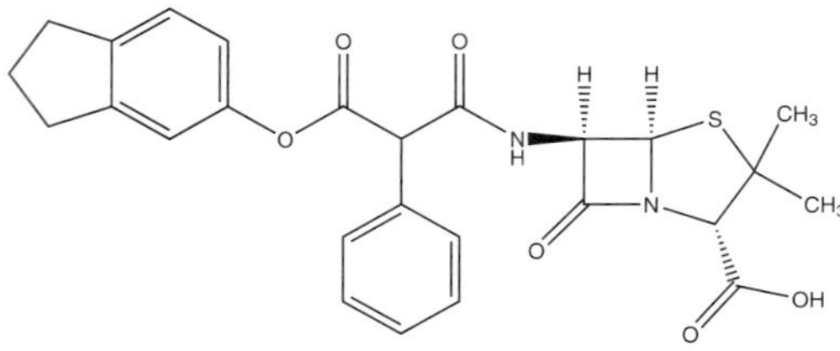

OS: *Carindacillin [BAN]*
OS: *Carindacilline [DCF]*
OS: *Carindacillina [DCIT]*
IS: *Indanylcarbenicilline*

– sodium salt:

CAS-Nr.: 0026605-69-6
OS: *Carbenicillin Indanyl Sodium USAN*
OS: *Carindacillin Sodium BANM, JAN*
IS: *CP 15464-2 (Pfizer, USA)*
IS: *Indanylcarbenicillin Sodium*
PH: Carbenicillin Indanyl Sodium USP 26

Geocillin® (Pfizer: US)

Carisoprodol (Rec.INN)

L: Carisoprodolum
I: Carisoprodol
D: Carisoprodol
F: Carisoprodol
S: Carisoprodol

Muscle relaxant

ATC: M03BA02
CAS-Nr.: 0000078-44-4 C_{12}-H_{24}-N_2-O_4
M_r 260.344

Carbamic acid, (1-methylethyl)-, 2-[[(aminocarbonyl)oxy]methyl]-2-methylpentyl ester

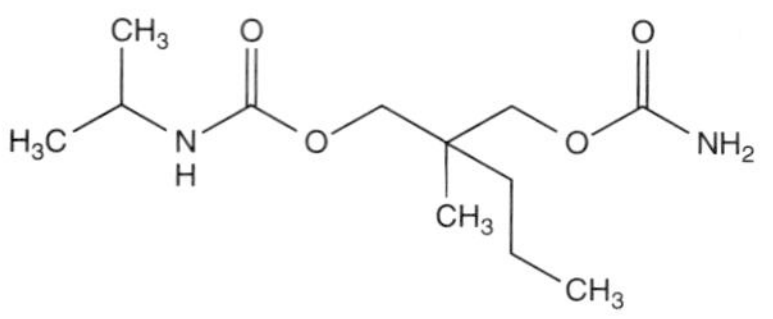

OS: *Carisoprodol [BAN, DCF, DCIT, USAN]*
IS: *Isomeprobamate*
IS: *Someprobamate*
IS: *CB 8019*
IS: *Carisoprodate AHFS (USA)*

IS: *Isobamate AHFS (USA)*
IS: *Isopropylmeprobamate AHFS (USA)*
PH: Carisoprodol [USP 30, Ph. Eur. 5]
PH: Carisoprodolum [Ph. Eur. 5]

Artifar® (Uni-Pharma: GR)
Carisoma® (Forest: GB)
Carisoma® (Wallace: IN)
Carisoprodol Sintesina® (Sintesina: AR)
Listaflex® (Finadiet: AR)
Mio Relax® (Belmac: ES)
Relasom® (Rafa: IL)
Sanoma® (Heilit: DE)
Somadril® (Actavis: DK)
Somadril® (Alpharma: IS, NO, SE)
Soma® (Medpointe: US)
Vanadom® (GM Pharmaceutical: US)

Carmellose (Rec.INN)

L: Carmellosum
I: Carmellosa
D: Carmellose
F: Carmellose
S: Carmelosa

Laxative, bulk-forming
Pharmaceutic aid

CAS-Nr.: 0009000-11-7
Cellulose, carboxymethyl ether

OS: *Carmellose [BAN, JAN]*
OS: *Carboxymethylcellulose [USAN]*
IS: *Carboxymethylcellulose*
IS: *Carboxyméthylcellulose réticulée*
IS: *CMC*
IS: *E 466 (EU-number)*
IS: *Polycarboxymethyl ether of Cellulose (WHO)*
PH: Carboxymethylcellulose [JP XIII]

Aquacel® (Werfen: AR)
Intrasite Applipak® (Smith & Nephew: ZA)
Intrasite Gel® (Smith & Nephew: GB)
Theratears® (Kivema: IL)

– sodium salt:

CAS-Nr.: 0009004-32-4
OS: *Carboxyméthylcellulose sodique DCF*
OS: *Carmellose Sodium BANM, JAN*
OS: *Carboxymethylcellulose Sodium USAN*
IS: *Tylose*
IS: *E 466 (EU-number)*
IS: *Poly(O-carboxymethyl)cellulose-Natriumsalz*
IS: *Carboxymethylcellulose sodium*
PH: Carmellose Sodium Ph. Eur. 5, Ph. Int. 4
PH: Carmellosum natricum Ph. Eur. 5, Ph. Int. 4
PH: Carmellose sodique Ph. Eur. 5
PH: Carmellose-Natrium Ph. Eur. 5
PH: Carboxymethylcellulose Sodium USP 30

Algoplaque® (Urgo: DE)
Cellufluid® (Allergan: CH, SE)
Cellufresh® (Allergan: AU, BR, ES, NZ, TH, ZA)
Cellufresh® (Pharm-Allergan: DE)
Cellumed® (Pharm-Allergan: DE)
Celluvisc® (Allergan: AU, CH, CO, DK, EC, ES, FI, FR, GB, IE, IT, MY, NL, NZ, SE, SG, TH, ZA)
Celluvisc® (Medcor: NL)
Celluvisc® (Pharm-Allergan: DE)
Celluvisc® [vet.] (Allergan: GB)
Freegen® (Ophtha: CO)
Gelilact® (Lagepha: BE)
Orabase® (Bristol-Myers Squibb: IE)
Orabase® (Convatec: GB)
Orahesive® (Convatec: GB)
Refresh Celluvisc® (Allergan: CO)
Refresh Contacts® (Allergan: AU)
Refresh Liquigel® (Allergan: AR, AU, CA, CL, CO, GT, HK, PA, SG)
Refresh Plus® (Allergan: CA, HK, MY, NZ, SG)
Refresh Tears® (Allergan: AR, AU, CA, CL, CO, CR, EC, GT, HK, IL, MY, NZ, PA, SG, SV)
Viscofresh® (Allergan: ES)

Carmofur (Rec.INN)

L: Carmofurum
D: Carmofur
F: Carmofur
S: Carmofur

Antineoplastic agent

ATC: L01BC04
CAS-Nr.: 0061422-45-5 C_{11}-H_{16}-F-N_3-O_3
M_r 257.279

1(2H)-Pyrimidinecarboxamide, 5-fluoro-N-hexyl-3,4-dihydro-2,4-dioxo-

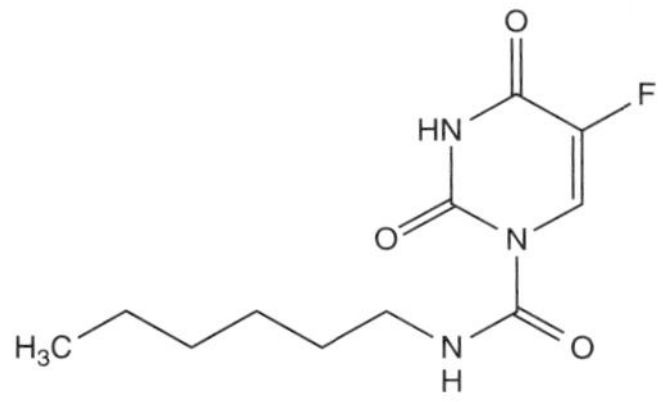

OS: *Carmofur [JAN, USAN]*
IS: *HCFU*
IS: *5-Fluor-1-hexylcarbamoyluracil*
PH: Carmofur [JP XIV]

Mirafur® (Orion: FI)

Carmustine (Rec.INN)

L: Carmustinum
I: Carmustina
D: Carmustin
F: Carmustine
S: Carmustina

Antineoplastic, alkylating agent

ATC: L01AD01
CAS-Nr.: 0000154-93-8 C_5-H_9-Cl_2-N_3-O_2
M_r 214.057

Urea, N,N'-bis(2-chloroethyl)-N-nitroso-

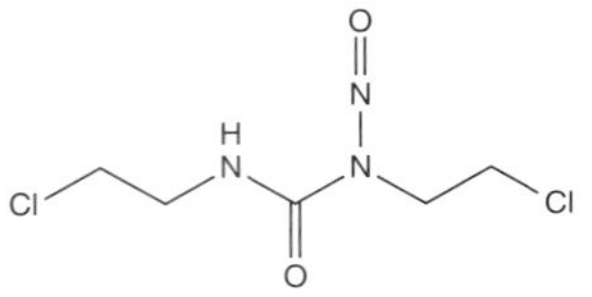

OS: *Carmustine [BAN, DCF, USAN]*
OS: *Carmustina [DCIT]*
IS: *BCNU*
IS: *NSC 409962*
IS: *SK 27702*
PH: Carmustine [Ph. Eur. 5]
PH: Carmustinum [Ph. Eur. 5]
PH: Carmustin [Ph. Eur. 5]

BCNU® (Bristol-Myers Squibb: HR)
BiCNU® (Abeefe Bristol: PE)
BiCNU® (Bristol-Myers Squibb: AR, AU, BA, CA, CI, CL, CZ, DZ, FR, GB, HK, HU, IE, NZ, PH, SG, US, ZA)
BiCNU® [vet.] (Bristol-Myers Squibb: GB)
Carmubris® (Bristol-Myers Squibb: AT, DE)
Gliadel Wafer® (Aventis: BR)
Gliadel Wafer® (Medison: IL)
Gliadel Wafer® (MGI: US)
Gliadel® (Dompé: IT)
Gliadel® (Esteve: PT)
Gliadel® (Guilford: NL)
Gliadel® (Link: GB)
Gliadel® (Orphan: AU)
Gliadel® (Pensa: ES)
Nitrumon® (Almirall: BE, LU)

Carnidazole (Prop.INN)

L: Carnidazolum
D: Carnidazol
F: Carnidazole
S: Carnidazol

Antiprotozoal agent [vet.]

CAS-Nr.: 0042116-76-7 C_8-H_{12}-N_4-O_3-S
M_r 244.284

Carbamothioic acid, [2-(2-methyl-5-nitro-1H-imidazol-1-yl)ethyl]-, O-methyl ester

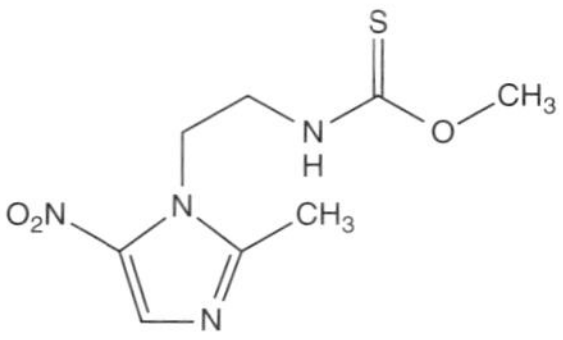

OS: *Carnidazole [BAN, USAN]*
IS: *R 25831 (Janssen)*

Carnidazole® (Wildlife: US)
Spartix® (Boehringer Ingelheim: AU)
Spartrix® (Avicopharma: FR)
Spartrix® (Boehringer Ingelheim: AU)
Spartrix® [vet.] (Bayer Animal Health: ZA)
Spartrix® [vet.] (Janssen: NL)
Spartrix® [vet.] (Janssen Animal Health: DE)
Spartrix® [vet.] (Moureau: FR)
Spartrix® [vet.] (Petlife: GB)
Spartrix® [vet.] (Wildlife: US)

Caroverine (Prop.INN)

L: Caroverinum
D: Caroverin
F: Carovérine
S: Caroverina

Antispasmodic agent

ATC: A03AX11
CAS-Nr.: 0023465-76-1 C_{22}-H_{27}-N_3-O_2
M_r 365.488

2(1H)-Quinoxalinone, 1-[2-(diethylamino)ethyl]-3-[(4-methoxyphenyl)methyl]-

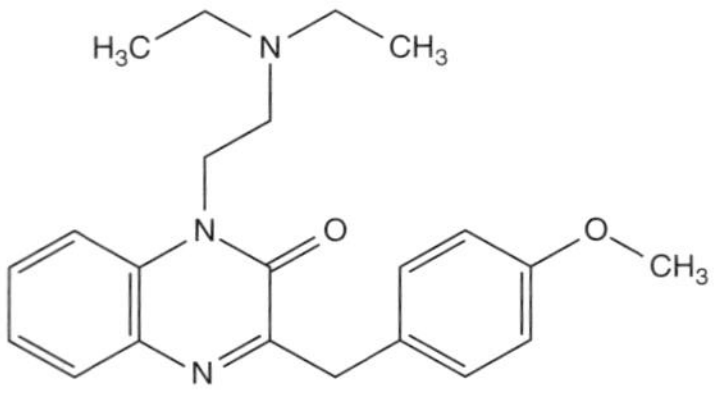

OS: *Caroverine [USAN]*
IS: *TP 201-1*

Spasmium® [caps.] (Sanova: AT)

– hydrochloride:

Delirex® (Sanova: AT)
Spasmium® [inj.] (Sanova: AT)
Tinnitin® (Sanova: AT)

Carpipramine (Rec.INN)

L: Carpipraminum
D: Carpipramin
F: Carpipramine
S: Carpipramina

Antidepressant, tricyclic

CAS-Nr.: 0005942-95-0 C_{28}-H_{38}-N_4-O
M_r 446.652

[1,4'-Bipiperidine]-4'-carboxamide, 1'-[3-(10,11-dihydro-5H-dibenz[b,f]azepin-5-yl)propyl]-

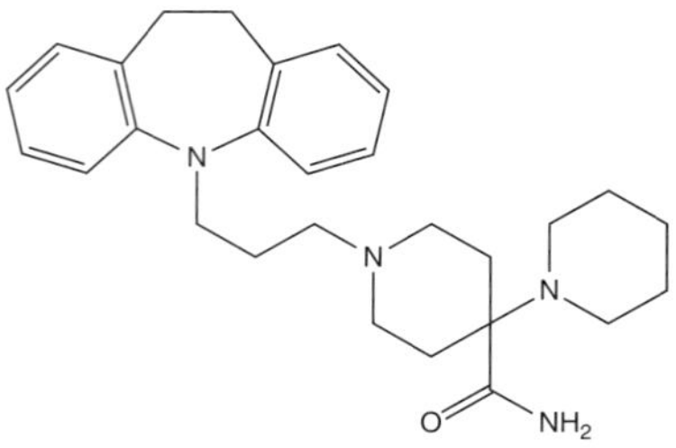

OS: *Carpipramine [DCF]*
IS: *Carbadipimidine*

– dihydrochloride:

OS: *Carpipramine Hydrochloride JAN, USAN*
IS: *PZ 1511*
IS: *RP 21679*

Defekton® (Mitsubishi: JP)
Prazinil® (Pierre Fabre: FR)

Carprofen (Rec.INN)

L: Carprofenum
D: Carprofen
F: Carprofène
S: Carprofeno

⚕ Antiinflammatory agent
⚕ Analgesic
⚕ Antipyretic
ATCvet: QM01AE91
CAS-Nr.: 0053716-49-7 C_{15}-H_{12}-Cl-N-O_2
M_r 273.721

9H-Carbazole-2-acetic acid, 6-chloro-α-methyl-, (±)-

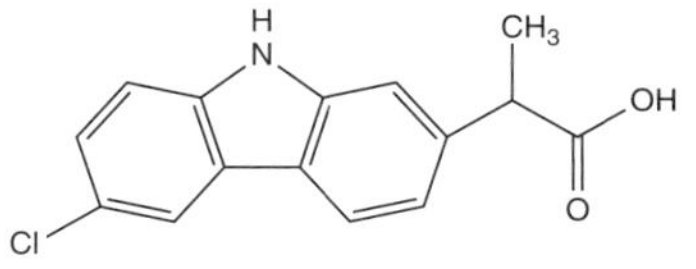

OS: *Carprofen [BAN, USAN]*
IS: *Ro 20-5720/000*
IS: *C 5720*
IS: *C 8012*

Carprodyl® [vet.] (Ceva: FR)
Carprofen® [vet.] (Apex: AU)
Norocarp® [vet.] (Norbrook: AU, GB, NZ, PT)
Norocarp® [vet.] (Scanvet: FI)
Norocarp® [vet.] (VAAS: IT)
Novocox® [vet.] (Impax: US)
Prolet® [vet.] (Jurox: NZ)
Rimadyl® [vet.] (Gräub: CH)
Rimadyl® [vet.] (Orion: SE)
Rimadyl® [vet.] (Pfizer: CH, FI, IT, LU, NL, NO, ZA)
Rimadyl® [vet.] (Pfizer Animal: AU, DE, PT)
Rimadyl® [vet.] (Pfizer Animal Health: BE, GB, NZ, US)
Rimadyl® [vet.] (Pfizer Consumer Healthcare: IE)
Rimadyl® [vet.] (Pfizer Santé Animale: FR)
Tergive® [vet.] (Parnell: AU, NZ)
Zenecarp® [vet.] (Cypharm: IE)
Zenecarp® [vet.] (Novartis: AU)

Carpronium Chloride (Rec.INN)

L: Carpronii Chloridum
D: Carpronium chlorid
F: Chlorure de Carpronium
S: Cloruro de carpronio

⚕ Parasympathomimetic agent

CAS-Nr.: 0013254-33-6 C_8-H_{18}-Cl-N-O_2
M_r 195.692

1-Butanaminium, 4-methoxy-N,N,N-trimethyl-4-oxo-, chloride

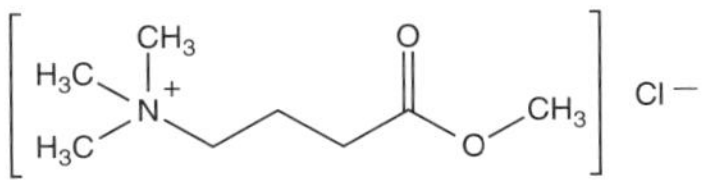

OS: *Carpronium Chloride [JAN, USAN]*
IS: *Carpronum*
IS: *T-G-ME*

Actinamin® (Daiichi: JP)
Furozin® Sol. (Daiichi: JP)

Carteolol (Rec.INN)

L: Carteololum
I: Carteololo
D: Carteolol
F: Cartéolol
S: Carteolol

⚕ Glaucoma treatment
⚕ β-Adrenergic blocking agent

ATC: C07AA15,S01ED05
CAS-Nr.: 0051781-06-7 C_{16}-H_{24}-N_2-O_3
M_r 292.388

2(1H)-Quinolinone, 5-[3-[(1,1-dimethylethyl)amino]-2-hydroxypropoxy]-3,4-dihydro-

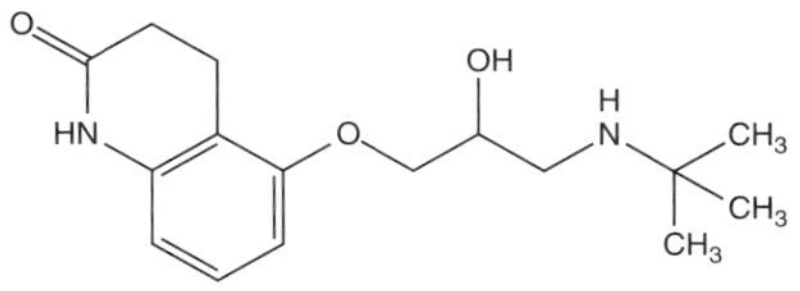

OS: *Carteolol [BAN]*
OS: *Cartéolol [DCF]*
OS: *Carteololo [DCIT]*

Tenoftal® (Klonal: AR)

– hydrochloride:

CAS-Nr.: 0051781-21-6
OS: *Carteolol Hydrochloride BANM, JAN, USAN*
IS: *Abbott 43326*
IS: *Carbonolol*
IS: *OPC 1085*
PH: Carteolol Hydrochloride BP 2007, JP XIV, USP 30, Ph. Eur. 5

Arteolol® (Lacer: ES)
Arteoptic® (Bausch & Lomb: CH)
Arteoptic® (Chauvin: LU, NL)
Arteoptic® (Novartis: CZ, DE, PL)
Arteoptic® (OM: PT)
Arteoptic® (Otsuka: ES, HK, JP, TH)
Carteabak® (Thea: LU)
Cartens® (Atlas: AR)
Carteolol HCL® (Novex: US)
Carteolol-Viatris® (Viatris: LU)
Carteolol® (Maigal: AR)
Carteol® (Abdi Ibrahim: TR)
Carteol® (Mann: CZ)
Carteol® (SIFI: IT, RO)
Carteol® (Viatris: BE, LU)
Cartéabak® (Théa: FR)
Cartéol® (Chauvin: FR)
Elebloc® (Alcon: AR, ES)
Endak® (Madaus: DE)
Fortinol® (Pharmanel: GR)
Glauteolol® (Valeant: AR)
Mikelan® (Merck Lipha Santé: FR)

Mikelan® (Otsuka: ES, ID, JP)
Poenglaucol® (Poen: AR)
Singlauc® (Bausch & Lomb: AR)
Teoptic® (Al Pharm: ZA)
Teoptic® (Novartis: GB, IE, NL)
Vinitus® (Rafarm: GR)

Carumonam (Rec.INN)

L: Carumonamum
D: Carumonam
F: Carumonam
S: Carumonam

Antibiotic

CAS-Nr.: 0087638-04-8 C_{12}-H_{14}-N_6-O_{10}-S_2
M_r 466.424

Acetic acid, (((2-((2-(((aminocarbonyl)oxy)methyl)-4-oxo-1-sulfo-3-azetidinyl)amino)-1-(2-amino-4-thiazolyl)-2-oxoethylidene)amino)oxy)-, (2S-(2alpha,3alpha(Z)))-

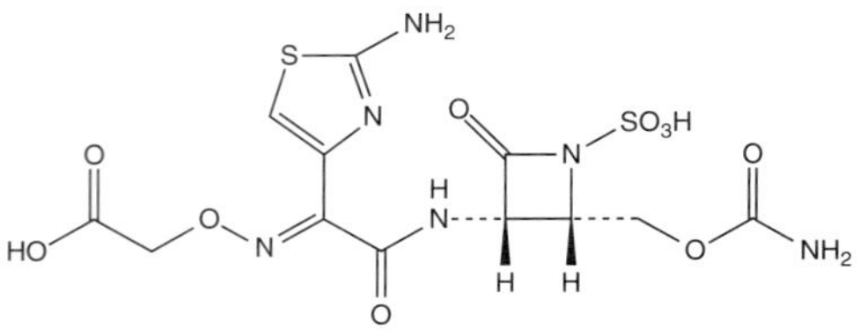

OS: *Carumonam [BAN]*
IS: *AMA 1080*
IS: *Ro 17-2301*

– sodium salt:

CAS-Nr.: 0086832-68-0
OS: *Carumonam Sodium BANM, JAN, USAN*
IS: *Ro 17-2301/006 (Roche, USA)*
PH: Carumonam Sodium JP XIV

Amasulin® (Takeda: JP)

Carvedilol (Rec.INN)

L: Carvedilolum
I: Carvedilolo
D: Carvedilol
F: Carvédilol
S: Carvedilol

Vasodilator
β_1-Adrenergic blocking agent

ATC: C07AG02
CAS-Nr.: 0072956-09-3 C_{24}-H_{26}-N_2-O_4
M_r 406.492

2-Propanol, 1-(9H-carbazol-4-yloxy)-3-[[2-(2-methoxyphenoxy)ethyl]amino]-, (±)-

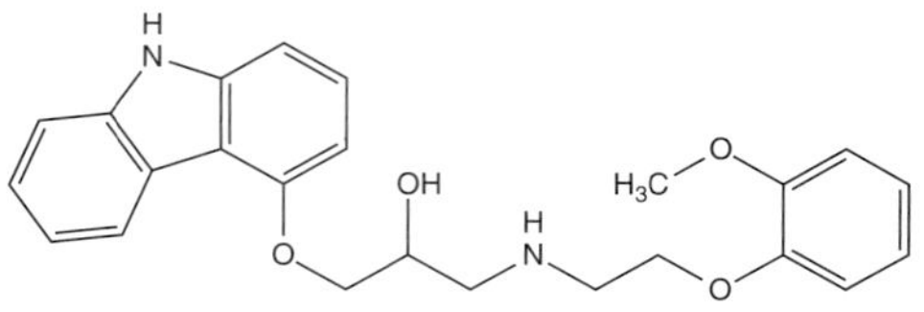

OS: *Carvedilol [BAN, JAN, USAN]*
OS: *Carvédilol [DCF]*
IS: *BM 14190 (Boehringer Mannheim)*
PH: Carvedilol [Ph. Eur. 5]
PH: Carvédilol [Ph. Eur. 5]

Acridilole® (Akrihin: RU)
Antibloc® (Craveri: AR)
Apo-Carvedilol® (Apotex: CA)
Apo-Carve® (Apotex: CZ)
Atram® (Leciva: CZ)
Atram® (Zentiva: PL, RO)
Betacar® [compr.] (Pharmalab: PE)
Betaplex® (Drugtech-Recalcine: CL)
Bidecar® (Baliarda: AR)
Biocard® (Niche: IE)
Blocar® (Bago: CL)
Caravel® (SPA: IT)
Cardigard® (Apex: BD)
Cardilol® (Libbs: BR)
Cardiol® (Roche: FI)
Cardivas® (Sun: LK, RU)
CarLich® (Winthrop: DE)
Carloc® (Cipla: HR, IN, ZA)
Carve TAD® (TAD: DE)
Carve-Q® (Juta: DE)
Carve-Q® (Q-Pharm: DE)
Carvecard® (AWD: DE)
Carvedexxon® (Dexcel: IL)
Carvedigamma® (Wörwag Pharma: CZ, DE, PL, RO, SI)
Carvedilol 1A Pharma® (1A Pharma: AT)
Carvedilol AbZ® (AbZ: DE)
Carvedilol accedo® (Accedo: DE)
Carvedilol Actavis® (Actavis: FI)
Carvedilol Alpharma® (Alpharma: NL)
Carvedilol Alternova® (Alternova: DK, FI, SE)
Carvedilol Alter® (Alter: ES)
Carvedilol AL® (Aliud: DE)
Carvedilol AWD® (AWD.pharma: DE)
Carvedilol A® (Apothecon: NL)
Carvedilol beta® (betapharm: DE)
Carvedilol Bexal® (Bexal: BE, ES, PT)
Carvedilol CF® (Centrafarm: NL)
Carvedilol Coronat® (Pentafarma: PT)
Carvedilol Depronal® (Vegal: ES)
Carvedilol dura® (Merck dura: DE)
Carvedilol Edigen® (Edigen: ES)
Carvedilol EG® (Eurogenerics: BE, LU)
Carvedilol Farmoz® (Farmoz: PT)
Carvedilol Gadur® (Vegal: ES)
Carvedilol Gasoc® (Vegal: ES)
Carvedilol Heumann® (Heumann: DE)
Carvedilol Hexal® (Hexal: AT, DE, DK, NO)
Carvedilol Hexal® (Sandoz: FI, HU, SE)
Carvedilol Katwijk® (Katwijk: NL)
Carvedilol KRKA® (Krka: DK)
Carvedilol Kwizda® (Kwizda: DE)
Carvedilol LPH® (Labormed Pharma: RO)
Carvedilol Merck® (Merck Generics: NL)
Carvedilol Merck® (Merck Genéricos: PT)
Carvedilol Northia® (Northia: AR)
Carvedilol Obolenskoe® (Obolenskoe: RU)
Carvedilol Orion Pharma® (Orion: DK, FI, SE)
Carvedilol PCD® (Pharmacodane: DK)
Carvedilol PCH® (Pharmachemie: NL)
Carvedilol Pharmagenus® (Pharmagenus: ES)

Carvedilol Ratiopharm® (Ratiopharm: AT, BE)
Carvedilol Ratiopharm® (ratiopharm: DK)
Carvedilol Ratiopharm® (Ratiopharm: ES, FI)
Carvedilol Ratiopharm® (ratiopharm: HU, NO, PL)
Carvedilol Ratiopharm® (Ratiopharm: PT)
Carvedilol Richet® (Richet: AR)
Carvedilol Sandoz® (Sandoz: BE, CH, DE, DK, ES, FI, NL, SE)
Carvedilol Spirig® (Spirig: CH)
Carvedilol STADA® (Stada: AT, DE, FI, SE)
Carvedilol Teva® (Teva: CH, CZ, DE, PL, SE)
Carvedilol UNP® (Actavis: DK)
Carvedilol Ur® (Uso Racional: ES)
Carvedilol Vegal® (Vegal: ES)
Carvedilol Wolff® (Wolff: DE)
Carvedilol-1A Pharma® (1A Pharma: DE)
carvedilol-corax® (corax: DE)
Carvedilol-CT® (CT: DE)
Carvedilol-Hexal® (Hexal: LU)
Carvedilol-Isis® (Actavis: DE)
Carvedilol-ratiopharm® (Genfarma: NL)
Carvedilol-ratiopharm® (Ratiopharm: CZ)
Carvedilol-ratiopharm® (ratiopharm: DE, LU)
Carvedilol-Ratio® (ratiopharm: LU)
Carvedilol-RPM® (ratiopharm: LU)
Carvedilol-RTP® (ratiopharm: LU)
Carvedilol-Sandoz® (Sandoz: LU)
Carvedilolo DOC® (DOC Generici: IT)
Carvedilolo EG® (EG: IT)
Carvedilolo Hexal® (Hexal: IT)
Carvedilolo Merck® (Merck Generics: IT)
Carvedilolo Sandoz® (Sandoz: IT)
Carvedilolo Teva® (Teva: IT)
Carvedilolo-ratiopharm® (Ratiopharm: IT)
Carvedilol® (Alpharma: NO)
Carvedilol® (Arrow: NL)
Carvedilol® (Helcor: RO)
Carvedilol® (Hexal: NL)
Carvedilol® (Makis Pharma: RU)
Carvedilol® (Ratiopharm: NL)
Carvedilol® (Sanitas: CL)
Carvedilol® (VIM Spectrum: RO)
Carvedil® (Bagó: AR)
Carvediol „Stada"® (Stada: AT)
Carved® (Ethical: DO)
Carvelol® (Belupo: HR)
Carvelol® (Roche: HR)
Carveq® (Ratiopharm: ES)
Carvestad® (Stada: VN)
Carvetone® (DuraScan: DK)
Carvetrend® (Galex: SI)
Carvetrend® (Pliva: BA, HR, PL, RU, SI)
Carvexal® (Sandoz: TR)
Carvida® (Delta: BD)
Carvidil® (Grindex: RU)
Carvilex® (Actavis: GE)
Carviloc® (Popular: BD)
Carvil® (Techno: BD)
Carvil® (Zydus: IN)
Carvipress® (Gentili: IT)
Carvista® (Incepta: BD)
Carvol® (Teva: HU)
Cavelon® (Drug International: BD)
Co-Dilatrend® (Roche: AT)
Colver® (Farmochimica: IT)
Corafen® (Laboratorios: AR)
Coreg® (GlaxoSmithKline: US)
Coreg® (Roche: BR, CR, DO, GT, HN, NI, PA, SV, US)
Corel® (Rephco: BD)
Coritensil® (Roux-Ocefa: AR)
Coronis® (Bilim: TR)
Coropres® (Roche: ES)
Cortop® (GMP: GE)
Corubin® (Lazar: AR)
Coryol® (Krka: BA, CZ, HR, HU, PL, RO, RS)
Coryol® (KRKA: RU)
Coryol® (Krka: SI)
Curcix® (So.Se.: IT)
Dilapress® (Beximco: BD)
Dilatrend® (ASTA Medica: BR)
Dilatrend® (Bosnalijek: BA)
Dilatrend® (Paranova: AT)
Dilatrend® (Roche: AE, AM, AR, AT, AU, AW, AZ, BA, BD, BE, BG, BH, BR, CH, CL, CN, CO, CR, CU, CY, CZ, DE, DK, DO, EC, EE, EG, ES, FI, FR, GB, GE, GH, GR, GT, HK, HN, HT, HU, ID, IE, IT, JM, JO, KE, KH, KW, KZ, LA, LB, LK, LT, LU, LV, MA, MK, MU, MX, MY, NI, NL, NO, NZ, OM, PA, PE, PH, PK, PL, PT, PY, QA, RO, RS, RU, SA, SE, SI, SK, SV, TH, TM, TR, TT, TW, UY, VE, VN, ZA)
Dilatrend® (Roche Diagnostic: DZ)
Dilatrend® (Roche RX: SG)
Dilbloc® (Roche: ID, PT, ZA)
Dilgard® (General Pharma: BD)
Dilocar® (Errekappa: IT)
Dilol® (Mystic: BD)
Dimetil® (mibe: DE)
Dimitone® (Roche: BE, DE, DK, LU)
Dimitone® (Teva: IL)
Diola® (Novartis: BD)
Divelol® (Baldacci: BR)
Doc Carvedilol® (Docpharma: BE, LU)
Dualten® (Saval Eurolab: CL)
Duobloc® (Sidus: AR)
Durol® (Square: BD)
Eucardic® (Roche: GB, IE, NL, SE)
Eucor® [compr.] (Dr. Collado: DO)
Filten® (Gador: AR)
Hipoten® (Klonal: AR)
Hybridil® (Roche: AT)
Isobloc® (Casasco: AR)
Karevdilol Scand Pharm® (Merck NM: SE)
Karvedilol Actavis® (Actavis: SE)
Karvedilol Arrow® (Arrow: SE)
Karvedilol Scand Pharm® (Merck NM: SE)
Karvedilol® (Habit: RS)
Karvedil® (ACI: BD)
Karvileks® (Zdravlje: RS)
Karvil® (Torrent: BR)
Kinetra® (Sanovel: TR)
Kredex® (Aktuapharma: BE)
Kredex® (Roche: AU, BE, DE, ES, FR, LU, NL, NO, SE)
Lodipres® (Chile: CL)
Merck-Carvedilol® (Merck: BE, LU)
Milenol® (Hemofarm: RS)
Nicorax® (Fluter: DO)
Off-Ten® (Medipharm: CL)
PMS-Carvedilol® (Pharmascience: CA)
Querto® (Altana: DE)
RAN-Carvedilol® (Ranbaxy: CA)

ratio-Carvedilol® (Ratiopharm: CA)
Rudoxil® (Phoenix: AR)
Sigadilol® (Sigapharm: DE)
Talliton® (Egis: CZ, HU, RO, RU)
Ucardol® (Unimed & Unihealth: BD)
V-Bloc® (Kalbe: ID)
Veraten® (Elea: AR)
Vesodil® (Rangs: BD)
Vivacor® (Anpharm: PL)

Casanthranol (USAN)

D: Casanthranol

Laxative, cathartic

CAS-Nr.: 0008024-48-4

A purified mixture of the anthranol glycosides derived from *Cascara sagrada*

OS: *Casanthranol [USAN]*
PH: Casanthranol [USP 30]

Cascalax® (Will: BE, LU, NL)

Caspofungin (Rec.INN)

L: Caspofunginum
D: Caspofungin
F: Caspofungine
S: Caspofungina

Antifungal agent

ATC: J02AX04
CAS-Nr.: 0162808-62-0 C_{52}-H_{88}-N_{10}-O_{15}
M_r 1093.5

(4R,5S)-5-[(2-Aminoethyl)amino]-N2-(10,12-dimethyltetradecanoyl)-4-hydroxy-L-ornithyl-L-threonyl-trans-4-hydroxy-L-prolyl-(S)-4-hydroxy-4-(p-hydroxyphenyl)-L-threonyl-threo-3-hydroxy-L-ornithyl-trans-3-hydroxy-L-proline cyclic (6-1)-peptide

N-{(2R,6S,9S,11R,12S,14aS,15S,20S,23S,25aS)-12-[(2-Aminoethyl)amino]-20-[(R)-3-amino-1-hydroxypropyl]-23-[(1S,2S)-1,2-dihydroxy-2-(4-hydroxyphenyl)ethyl]-2,11,15-trihydroxy-6-[(R)-1-hydroxyethyl]-5,8,14,19,22,15-hexaoxotetracosahydro-1H-dipyrrolo[2,1-c:2',1'-I][1,4,7,10,13,16]hexaazacyclohenicosen-9-yl)-10,12-dimethyltetradecanamid

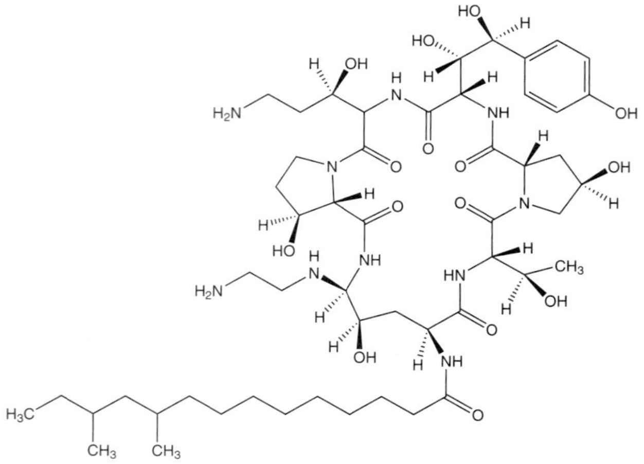

OS: *Caspofungin [BAN, USAN]*

Cancidas® (Merck Sharp & Dohme: IE)

– diacetate:

CAS-Nr.: 0179463-17-3
OS: *Caspofungin Acetate BAN, USAN*
IS: *L 743872*
IS: *MK 991 (Merck, US)*

Cancidas® (Merck: ES, PE, US)
Cancidas® (Merck Frosst: CA)
Cancidas® (Merck Sharp & Dohme: AR, AT, BA, BE, BR, CH, CL, CN, CO, CZ, DE, DK, DZ, FR, GB, HK, HR, HU, IL, IS, IT, LU, MX, MY, NL, NZ, PL, PR, RS, RU, SE, SG, SI, TH)
Cancidas® (MerckSharp&Dohme: RO)
Cancidas® (MSD: FI, NO)
Cancidas® (Vianex: GR)
Candidas® (Merck Sharp & Dohme: TR)
Caspofungin MSD® (Merck Sharp & Dohme: AT, DE, ES, IT)

Cathine (Prop.INN)

L: Cathinum
D: Cathin
F: Cathine
S: Catina

Anorexic

ATC: A08AA07
CAS-Nr.: 0000492-39-7 C_9-H_{13}-N-O
M_r 151.213

Benzenemethanol, α-(1-aminoethyl)-, [S-(R*,R*)]-

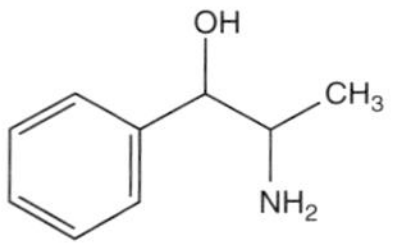

OS: *Cathine [USAN]*
IS: *D-Norpseudoephedrin*
IS: *Norisoephedrin*
IS: *Pseudonorephedrin*
IS: *E 50*

D-Norpseudoephedrine SR Osmopharm® (Osmopharm: TH)
D-Norpseudoephedrine SR Osmopharm® (TTN: TH)
Mirapront N® (Mack: TH)

– hydrochloride:

CAS-Nr.: 0002153-98-2
IS: *D-Norpseudoephedrin hydrochlorid (ASK)*
PH: DL-Cathinum hydrochloricum 2.AB-DDR

Antiadipositum X-112® (Hänseler: CH)
Antiadipositum X-112® (Riemser: DE)
Dietene® (Al Pharm: ZA)
Eetless® (Al Pharm: ZA)
Leanor® (Aspen: ZA)
Nobese® (Al Pharm: ZA)
Slim ,n Trim® (Al Pharm: ZA)

Cefacetrile (Prop.INN)

L: Cefacetrilum
I: Cefacetrile
D: Cefacetril
F: Céfacétrile
S: Cefacetrilo

Antibiotic, cephalosporin

ATC: J01DB10
CAS-Nr.: 0010206-21-0 C_{13}-H_{13}-N_3-O_6-S
M_r 339.337

5-Thia-1-azabicyclo[4.2.0]oct-2-ene-2-carboxylic acid, 3-[(acetyloxy)methyl]-7-[(cyanoacetyl)amino]-8-oxo-, (6R-trans)-

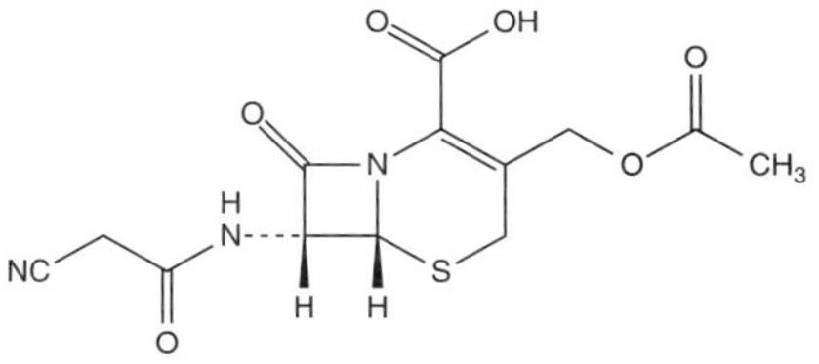

OS: *Cefacétrile [DCF]*
OS: *Cefacetrile [BAN]*
IS: *7-Cyanacetylamino-cephalosporansäure*

Vetrimast® [vet.] (Novartis: BE)

– sodium salt:

CAS-Nr.: 0023239-41-0
OS: *Cephacetrile Sodium USAN*
OS: *Cefacetrile Sodium BANM*
IS: *Ba 36278 A*
PH: Cephacetrile Sodium USP XX

Ubrocef® [vet.] (Boehringer Ingelheim: CH)
Ubrocef® [vet.] (Boehrvet: DE)
Vetimast® [vet.] (Novartis Animal Health: AT, GB)
Vetimast® [vet.] (Novartis Tiergesundheit: CH, DE)

Cefaclor (Prop.INN)

L: Cefaclorum
I: Cefacloro
D: Cefaclor
F: Cefaclor
S: Cefaclor

Antibiotic, cephalosporin, cephalosporinase-sensitive

ATC: J01DC04
CAS-Nr.: 0053994-73-3 C_{15}-H_{14}-Cl-N_3-O_4-S
M_r 367.8

5-Thia-1-azabicyclo[4.2.0]oct-2-ene-2-carboxylic acid, 7-[(aminophenylacetyl)amino]-3-chloro-8-oxo-, [6R-[6α,7β(R*)]]-

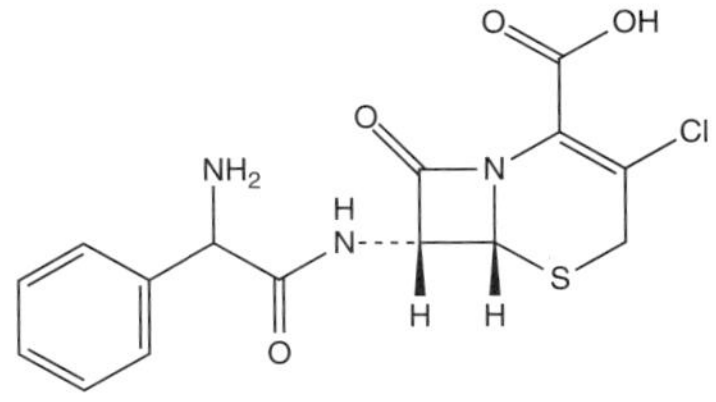

OS: *Cefaclor [BAN, DCF, USAN]*
OS: *Cefacloro [DCIT]*
IS: *Compound 99638 (Lilly, USA)*
IS: *Cephaclor (ASK)*

Adco-Cefaclor® (Al Pharm: ZA)
Afecton® (Help: GR)
Alfacet® (Galenika: RS)
Apo-Cefaclor® (Apotex: AN, BB, BM, BS, CA, GY, HT, JM, KY, SR, TT)
Camirox® (Norma: GR)
Ceclor AF® (Lilly: PE)
Ceclor® (Actavis: BA)
Ceclor® (Altana: MX)
Ceclor® (Cipa: PE)
Ceclor® (EuroCept: NL)
Ceclor® (Lilly: CR, DO, ET, GR, GT, HN, HU, IL, KE, LK, NI, PA, PH, RU, SI, SV, TZ, UG, US, ZA)
Ceclor® (Medinfar: PT)
Ceclor® (Polfa Kutno: PL)
Ceclor® (Sigma Tau: CH)
Ceclozone MR® (Ozone Laboratories: RO)
Cedoclor® (Hawon: VN)
Cefa-Cl® (Medis: SI)
Cefabac® (APM: AE, BG, BH, IQ, JO, KW, LB, LY, NG, OM, QA, SA, SD, SY, TN, YE)
Cefabac® (Pharmalab: PE)
Cefaclor Bidiphar® (Bidiphar: VN)
Cefaclor Biochemie® (Biochemie: CO)
Cefaclor MK® (Bonima: CR, DO, GT, HN, NI, PA, SV)
Cefaclor Normon® (Normon: ES)
Cefaclor PCH® (Pharmachemie: NL)
Cefaclor S250 Stada® (Stada: TH)
Cefaclor-Baker Norton® (Kunming Baker Norton: CN)
Cefaclor-Teva® (Teva: IL)
Cefacloril® (Remek: GR)
Cefaclor® (Alkaloid: RS)
Cefaclor® (Europharm: RO)
Cefaclor® (Hemofarm: RS)
Cefaclor® (Ozone Laboratories: RO)
Cefaclor® (Ranbaxy: US)
Cefaclor® (Remevita: RS)
Cefaclor® (Teva: US)
Cefaklon® (Klonal: AR)
Cefaklor® (Hemofarm: RO, RS)
Cefalan® [tabs. susp.] (Merck: MX)
Cefalon® (L.B.S.: VN)
Cefalor® (Vitamed: IL)
Cefaltrex® (Feltrex: DO)
Cefamid® (LAM: DO)
Cefcor® [caps./susp.] (Ranbaxy: PE)
Cefin® (Osmopharm: DO)
Cefkor® (Douglas: AU)
CEK® (Hexal: PL)
Cephlor® (Shiba: YE)
Cleancef® (Shin Poong: SG)
Cloracef® (Dar-Al-Dawa: AE, BH, IQ, JO, KW, LB, LY, MT, NG, OM, QA, RO, SA, SD, SO, TN, YE)
Cloracef® (Ethica: ID)
Cloracef® (Ranbaxy: ZA)
Clorad® (ACS: IT)
Céfaclor Merck® (Merck Génériques: FR)
Céfaclor RPG® (RPG: FR)
Distaclor® (Flynn: IE)
Distaclor® (Lilly: IN)
Faclor® (Novartis: BR)

C

Falcef® (Magnachem: DO)
Fredyren® (Rafarm: GR)
GenRX Cefaclor® (GenRX: AU)
Haxifal® (Erempharma: FR)
Infaclor® [caps.] (Schein: PE)
Infectocef® (Infectopharm: DE)
Keflor® (Alphapharm: AU)
Keflor® (Ranbaxy: CN, IN, LK)
Keftid® (Galen: IE)
Lilly-Cefaclor® (Lilly: ZA)
Losefar® (Eczacibasi: TR)
Medoclor® (Medochemie: HK, RO)
Mekocefaclor® (Mekophar: VN)
Nockwoo Cefaclor® (Welfide: VN)
Novo-Cefaclor® (Novopharm: CA)
Opeclor® (O.P.V.: VN)
Panclor® (Elpen: GR)
Panclor® (Polfa Grodzisk: PL)
Pinaclor® (Pinewood: IE)
Qualiphor® (Quality: HK)
Ranbaxy Cefaclor® (Douglas: NZ)
Razicef® (Balkanpharma: BG)
Rolab-Cefaclor® (Sandoz: ZA)
Soficlor® (Xepa-Soul Pattinson: SG)
Syntoclor® (Codal Synto: LK)
Taracef® (Krka: SI)
Ufoxilin® (Proel: GR)
Vercef® (Ranbaxy: HK, PL, PL, SG, TH, ZA)

– monohydrate:

CAS-Nr.: 0070356-03-5
OS: *Cefaclor JAN, USAN*
IS: *S 6472*
IS: *Cephaclor-1-Wasser (ASK)*
PH: Cefaclorum Ph. Eur. 5
PH: Cefaclor-Monohydrat Ph. Eur. 5
PH: Cefaclor Ph. Eur. 5, USP 30, JP XIV
PH: Céfaclor Ph. Eur. 5

Aclor® (Sandoz: AU)
Alfatil® (Tonipharm: FR)
Altaclor® (CT: IT)
Bacticef® (Mitim: IT)
Bactigram® (Magis: IT)
Biocef® (Novartis: BD)
Bixelor-C® (Bruluagsa: MX)
Capabiotic® (Fahrenheit: ID)
Castal® (Apotec: HK)
Cec Hexal® (Hexal: AT, RO)
CEC Sirup® (Salutas Fahlberg: CZ)
Ceclodyne® (Lek: RO)
Ceclor CD® (Aspen: AU)
Ceclor CD® (Lilly: BD)
Ceclor MR® (Lilly: HK, RO, SI, TR)
Ceclorbeta® (betapharm: DE)
Ceclor® (Altana: MX)
Ceclor® (Arcana: AT)
Ceclor® (Aspen: AU)
Ceclor® (Lilly: BD, BE, BR, CO, CZ, ES, HK, HU, ID, LU, NL, TR, US)
Ceclor® (Spaly: ES)
Cec® (Hexal: AT, DE)
CEC® (Hexal: DE)
Cec® (Hexal: DO, LU, ZA)
Cec® (Salutas Fahlberg: CZ)
Cef-Diolan® (Meda: DE)
Cefaclor 1A Pharma® (1A Pharma: DE)
Cefaclor ABC® (ABC: IT)
Cefaclor acis® (acis: DE)
Cefaclor AL® (Aliud: CZ, DE, HU)
Cefaclor AZU® (Azupharma: DE)
Cefaclor Basics® (Basics: DE)
Cefaclor beta® (betapharm: DE)
Cefaclor Bexal® (Bexal: ES)
Cefaclor DOC® (DOC Generici: IT)
Cefaclor Domesco® (Domesco: VN)
Cefaclor Eberth® (Friedrich: DE)
Cefaclor EG® (EG: IT)
Cefaclor Heumann® (Heumann: DE)
Cefaclor K24® (K24: IT)
Cefaclor Lindo® (Lindopharm: DE)
Cefaclor Merck® (Merck Generics: IT)
Cefaclor PB® (Docpharm: DE)
Cefaclor Pliva® (Pliva: IT)
Cefaclor Ranbaxy® (Ranbaxy: ES, NL)
Cefaclor Sandoz® (Sandoz: DE, IT)
Cefaclor Stada® (Stadapharm: DE)
Cefaclor-CT® (CT: DE)
Cefaclor-ratiopharm® (ratiopharm: DE)
Cefaclor-ratiopharm® (Ratiopharm: IT)
Cefaclor-Wolff® (Wolff: DE)
Cefaclor® (Aliud: CZ)
Cefaclor® (Alpharma: GB)
Cefaclor® (Generics: GB)
Cefaclor® (Hexal: NL)
Cefaclor® (Hillcross: GB)
Cefaclor® (Kent: GB)
Cefaclor® (Slovakofarma: CZ)
Cefaclor® (Teva: GB)
Cefager® (Gerard: IE)
Cefalan® (Merck: MX)
Cefalor® (Apotec: HK)
Cefastad® (Stada: AT)
Cefax® (1A Pharma: AT)
Ceflacid® (Collins: MX)
Ceflon® (Eskayef: BD)
Cefulton® (Fulton: IT)
Celco® (Unison: TH)
cephaclor von ct® (CT: DE)
Clocef® (Amico: BD)
Clorazer® (ACS: IT)
Clorotir® (Sandoz: PH)
Clorotir® (Zuellig: TH)
Distaclor® (Flynn: GB)
Distaclor® (Lilly: TH)
Doccefaclo® (Docpharma: BE)
Doccefaclo® (Ranbaxy: LU)
Dorf® (Ibirn: IT)
Douglas Cefaclor CD® (Douglas: AU)
Especlor® (Darya-Varia: ID)
Faklor® (Donovan: GT)
Fasiclor® (Maver: MX)
Geniclor® (Boniscontro & Gazzone: IT)
hefa clor® (Sanavita: DE)
hefa clor® (Suiphar: DO)
hefa clor® (Wernigerode: DE)
Hetaclox® (Faran: GR)
Karlor® (Lennon: AU)
Kefaclor® (Lerd Singh: TH)
Kefcin® (HG.Pharm: VN)
Keflor® (Alphapharm: AU)

Kefolor® (Actavis: FI)
Kefsid® (Fako: TR)
Keftid® (Galen: GB)
Kliacef® (So.Se.: IT)
Kloracef® (Bioton: PL)
Lafarclor® (Lafare: IT)
Loracef® (Square: BD)
Macovan® (Depofarma: IT)
Medikoncef® (Medikon: ID)
Navacef® (Navana: BD)
Necloral® (New Research: IT)
Novacef® (União: BR)
Omaspir® (DMG: IT)
Oralcef® (Geymonat: IT)
Oticlor® (Incepta: BD)
Panacef® (Valeas: IT)
Panoral® (Lilly: DE)
Performer® (Piam: IT)
Phacotrex® (Bros: GR)
Qualiceclor® (Quality: HK)
Remeclor® (Remedica: CY)
Sefalor® (Techno: BD)
Selviclor® (Selvi: IT)
Serviclor® (Sandoz: CZ, MX)
Sifaclor® (Siam Bheasach: TH)
Soficlor® (Xepa-Soul Pattinson: HK)
Suclor® (Sued: DO)
Tibifor® (Lisapharma: IT)
Valeclor® (Epifarma: IT)
Vercef MR® (Ranbaxy: CZ, HU, RO)
Vercef® (Ranbaxy: CZ, HU, RO, ZA)

Cefadroxil (Prop.INN)

L: Cefadroxilum
I: Cefadroxil
D: Cefadroxil
F: Céfadroxil
S: Cefadroxilo

Antibiotic, cephalosporin, cephalosporinase-sensitive

ATC: J01DB05
ATCvet: QJ01DB05
CAS-Nr.: 0050370-12-2 C_{16}-H_{17}-N_3-O_5-S
M_r 363.402

5-Thia-1-azabicyclo[4.2.0]oct-2-ene-2-carboxylic acid, 7-[[amino(4-hydroxyphenyl)acetyl]amino]-3-methyl-8-oxo-, [6R-[6α,7β(R*)]]-

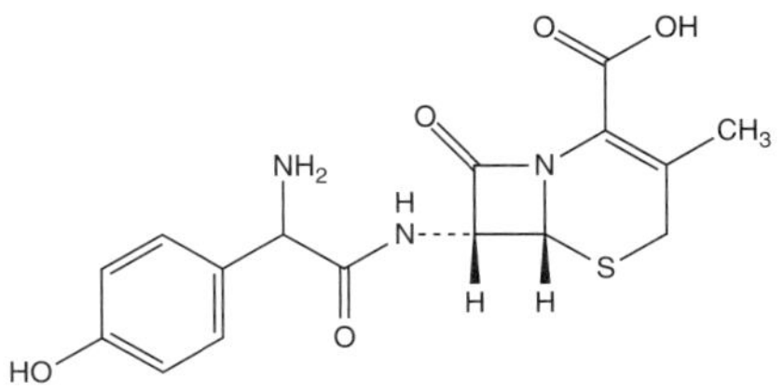

OS: *Cefadroxil [USAN, BAN, DCF, DCIT, JAN]*
IS: *BL-S 578 (Bristol, USA)*
IS: *Cephadroxil (ASK)*
IS: *MJF 11567-3*
PH: Cefadroxil [JP XIV, Ph. Eur. 4]
PH: Céfadroxil [Ph. Eur. 4]
PH: Cefadroxilum [Ph. Eur. 4]

Adocef® (Ziska: BD)
Adora® (Incepta: BD)
Amben® (Medochemie: HK)
Becedril® (Remedica: CY)
Biodroxil® (Biochemie: CO, CR, DO, GT, NI, PA, SV)
Biodroxil® (Roemmers: PE)
Biodroxil® (Sandoz: IL)
Biofaxil® (Lepori: PT)
Cedoxyl® (Hawon: VN)
Cedril® (ACI: BD)
Cedroxim® (Leti: CR, DO, GT, HN, NI, PA, SV)
Cefa-Cure® [vet.] (Intervet: SE)
Cefa-Drops® [vet.] (Fort Dodge: US)
Cefa-Tabs® [vet.] (Fort Dodge: GB, US)
Cefador® (Somatec: BD)
Cefadroxil Indo Farma® (Indofarma: ID)
Cefadroxil Merck® (Merck: LU)
Cefadroxil Merck® (Merck Genéricos: PT)
Cefadroxil-Sandoz® (Sandoz: LU)
Cefadroxilo Genfar® (Genfar: CO, EC)
Cefadroxilo® (AC Farma: PE)
Cefadroxilo® (Bestpharma: CL)
Cefadroxilo® (Britania: PE)
Cefadroxilo® (Farmandina: EC)
Cefadroxilo® (La Sante: PE)
Cefadroxilo® (Mintlab: CL)
Cefadroxil® (Ranbaxy: US)
Cefadroxil® (Sandoz: US)
Cefadur® (Okasa: VN)
Cefamar® (Mar: AR)
Cefamox® (Bristol-Myers Squibb: SE)
Cefatenk® (Biotenk: AR)
Cefa® (Ethical: DO)
Ceforan® (Antibiotice: RO)
Cefotrix® [caps.] (Terbonova: PE)
Cepha® (Fluter: DO)
Cipadur® (Cipla: ZA)
Céfadroxil G Gam® (G Gam: FR)
Droxil® (Rangs: BD)
Droxil® (United Pharmaceutical: AE, BH, IQ, JO, LY, OM, QA, SA, SD, YE)
Duracef® (Abeefe Bristol: PE)
Duracef® (Bristol-Myers Squibb: LU)
Duracef® (IBI: CZ)
Duracef® (Jadran: BA, HR)
Duricef® (Bristol-Myers Squibb: CA, SG)
Duricef® (Warner Chilcott: US)
Ficef® (Unimed & Unihealth: BD)
Galadrox® (Galenika: RS)
Kefdil® [caps.] (Dropesac: PE)
Licef® (Asiatic Lab: BD)
Maxan® (Mystic: BD)
Merck-Cefadroxil® (Merck: BE)
Novo-Cefadroxil® (Novopharm: CA)
Odoxil® (Lupin: IN)
Oracéfal® (Bristol-Myers Squibb: BF, BI, BJ)
Oracéfal® (Bristol-Myers squibb: CF)
Oracéfal® (Bristol-Myers Squibb: CG, CI, CM, FR, GA, GN)
Oracéfal® (Bristol-Myers squibb: MG)
Oracéfal® (Bristol-Myers Squibb: ML, MR, MU, NE, SN, TD, TG, ZR)
Q-cef® (Guardian: ID)
Renasistin® (Fahrenheit: ID)
Sefadol® (Techno: BD)

Sefanid® (Drug International: BD)
Sofidrox® (Xepa-Soul Pattinson: SG)
Vepan® (Indoco: IN)
Versatic® (Duncan: AR)
Wincocef® (XL: VN)

– monohydrate:

CAS-Nr.: 0066592-87-8
OS: *Cefadroxil USAN*
PH: Cefadroxil USP 30
PH: Cefadroxil monohydrate Ph. Eur. 5, BP 2007

Adroxef LCH® (Ivax: PE)
Adroxef® (Chile: CL)
Alxil® (Bernofarm: ID)
Ancefa® (Meprofarm: ID)
Apo-Cefadroxil® (Apotex: CA)
Arocef® (Eskayef: BD)
Baxan® (Bristol-Myers Squibb: GB)
Bidicef® (Medikon: ID)
Biodroxil® (Sandoz: CZ, ID, IL, PL)
Cedroxil® (Legrand EMS: BR)
Cedrox® (Hexal: DE)
Cedrox® (Hikma: AE, BH, EG, IQ, JO, KW, LB, LY, OM, QA, SA, SD, SY, TN, YE)
Cefa-Cure® [vet.] (Intervet: AU, IT, NL)
Cefa-Cure® [vet.] (Organon Vet: PT)
Cefa-Cure® [vet.] (Veterinaria: CH)
Cefacar® (Nova Argentia: AR)
Cefacile® (Bristol-Myers Squibb: PT)
Cefacilina® (Montpellier: AR)
Cefadril® (AGIPS: IT)
Cefadroxil AZU® (Azupharma: DE)
Cefadroxil beta® (betapharm: DE)
Cefadroxil Domesco® (Domesco: VN)
Cefadroxil Generics® (Merck NM: FI)
Cefadroxil Hexal® (Hexal: DE)
Cefadroxil Hexpharm® (Hexpharm: ID)
Cefadroxil Merck NM® (Merck NM: SE)
Cefadroxil Merck® (Merck: HU)
Cefadroxil Sandoz® (Sandoz: BE, DE, FI, SE)
Cefadroxilo Clariana Pico® (Clariana: ES)
Cefadroxilo MK® (Bonima: BZ, CR, DO, GT, HN, NI, PA, SV)
Cefadroxilo Sabater® (Generfarma: ES)
Cefadrox® (Pablo Cassara: AR)
Cefadrox® (Salutas Fahlberg: CZ)
Cefamox® (Bristol-Myers Squibb: BR, CL, SE)
Cefasin® (Sintesina: AR)
Cefat® (Sanbe: ID)
Cefradur® (Eczacibasi: TR)
Ceoxil® (Magis: IT)
Cephos® (CT: IT)
Cexyl® (Lek: RO)
Céfadroxil Biogaran® (Biogaran: FR)
Céfadroxil EG® (EG Labo: FR)
Céfadroxil G Gam® (G Gam: FR)
Céfadroxil Ivax® (Ivax: FR)
Céfadroxil Merck® (Merck Génériques: FR)
Céfadroxil Sandoz® (Sandoz: FR)
Dacef® (Aspen: ZA)
Dazel® (Lancasco: GT, HN, SV)
Dexacef® (Ferron: ID)
Doxef® (Kimia: ID)
Drocef® (Eurofarma: BR)
Droxil® (Klonal: AR)
Duracef® (Bristol-Myers Squibb: AT, BE, BG, CO, CR, CZ, EC, ET, FI, GE, GT, HK, HN, HU, KE, LU, MX, NI, PA, PL, RS, SV, TZ, UG, US, ZA)
Duracef® (Juste: ES)
Duricef® (Bristol-Myers Squibb: CA, ID, TR)
Duricef® (Warner Chilcott: US)
Fadrox® (La Santé: CO)
Foxil® (Ibirn: IT)
Grüncef® (Grünenthal: DE)
Kandicin® (Laboratorios: AR)
Kelfex® (Combiphar: ID)
Lapicef® (Lapi: ID)
Libroce f® (Hexpharm: ID)
Longcef® (Dankos: ID)
Lydroxil® (Hetero: IN)
Moxacef® (Bristol-Myers Squibb: GR, LU, NL)
Nor-Dacef® (Teramed: DO, GT, HN, NI, SV)
Odoxil® (Lupin: IN)
Opedroxil® (O.P.V.: VN)
Opicef® (Otto: ID)
Oradroxil® (Lampugnani: IT)
Osadrox® (Prima: ID)
Pyricef® (Pyridam: ID)
Qidrox® (Soho: ID)
Sedrofen® (Interbat: ID)
Staforin® (Kalbe: ID)
Teroxina® (Bruluagsa: MX)
Tisacef® (Metiska: ID)
Twicef® (Acme: BD)
Tycon® [cream] (Acme: BD)
Widrox® (Landson: ID)

Cefalexin (Prop.INN)

L: Cefalexinum
I: Cefalexina
D: Cefalexin
F: Céfalexine
S: Cefalexina

Antibiotic, cephalosporin, cephalosporinase-sensitive

ATC: J01DB01
ATCvet: QJ01DB01
CAS-Nr.: 0015686-71-2 C_{16}-H_{17}-N_3-O_4-S
M_r 347.402

5-Thia-1-azabicyclo[4.2.0]oct-2-ene-2-carboxylic acid, 7-[(aminophenylacetyl)amino]-3-methyl-8-oxo-, [6R-[6α,7β(R*)]]-

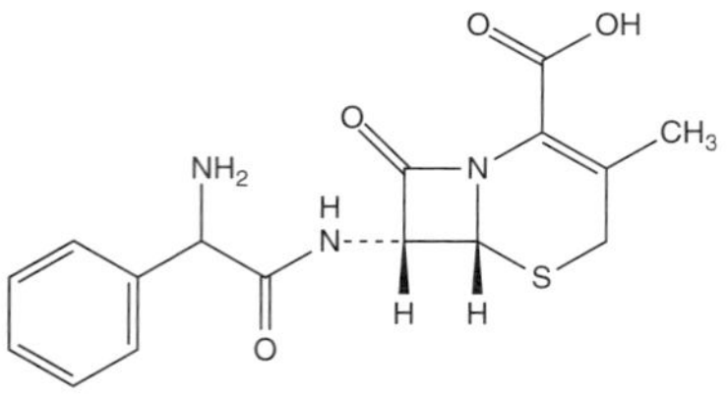

OS: *Céfalexine [DCF]*
OS: *Cefalexin [BAN]*
OS: *Cefalexina [DCIT]*
OS: *Cephalexin [USAN]*
OS: *Cephalexin [BAN]*
IS: *Lilly 66873*
IS: *SQ 20248*

Acelex® (Acme: BD)
Acrocep® (Ziska: BD)
Alexin® (Dabur: IN, LK)
Alexin® (Renata: BD)
Alsporin® (Renata: BD)
Anxer® (Unison: HK, TH, TH)
Apo-Cephalex® (Apotex: CA, PE)
Beliam® (Abbott: AR)
Betacef® (Biochimico: BR)
Bloflex® (Blooming Fields: PH)
Blucef® (Blue Cross: LK)
C-Fal® (LCG: PE)
Cefabroncol® (Medifarma: PE)
Cefacher® (Chefar: EC)
Cefacin-M® (Bright Future Pharm: HK)
Cefaclen® (Slovakofarma: CZ)
Cefaclen® (Spofa: CZ)
Cefadin® (Life: EC)
Cefadog® [vet.] (Biokema: CH)
Cefaleksin® (Belupo: BA, HR)
Cefaleksin® (Hemofarm: RS)
Cefaleksin® (Remevita: RS)
Cefaleksin® (Srbolek: RS)
Cefalexin Alkaloid® (Alkaloid: HR)
Cefalexin Domesco® (Domesco: VN)
Cefalexin Micro Labs® (Cosma: TH)
Cefalexina All Pro® (All Pro: AR)
Cefalexina Biocrom® (Biocrom: AR)
Cefalexina Genfar® (Genfar: CO, EC, PE)
Cefalexina Higea® (Hisubiette: CO)
Cefalexina Llorente® (Llorente: ES)
Cefalexina MK® (Bonima: BZ, CR, DO, GT, HN, NI, PA, SV)
Cefalexina MK® (MK: CO)
Cefalexina Vannier® (Vannier: AR)
Cefalexina® (Britania: PE)
Cefalexina® (La Sante: PE)
Cefalexina® (Medifarma: PE)
Cefalexina® (Neo Quimica: BR)
Cefalexina® (OFF: IT)
Cefalexina® (Pentacoop: CO, EC)
Cefalexin® (Alkaloid: BA, RS)
Cefalexin® (Alpharma: GB)
Cefalexin® (Arrow: GB)
Cefalexin® (Belupo: BA)
Cefalexin® (Generics: GB)
Cefalexin® (Hemofarm: RU)
Cefalexin® (Hillcross: GB)
Cefalexin® (Ranbaxy: GB)
Cefalexin® (Teva: GB)
Cefalex® (Drug International: BD)
Cefalin® (Europharm: RO)
Cefalin® (Pliva: HR)
Cefapoten® (Del Bel: AR)
Cefaseptin® [vet.] (ScanimalHealth: SE)
Cefaseptin® [vet.] (Vetoquinol: AT, CH)
Cefax® (Inga: LK)
Cefex® (Doctor's Chemical Work: BD)
Ceflalix® [tab.] (Labot: PE)
Cefosporen® (TRB: AR)
Cefovit® (Vitamed: IL)
Celaxin® (USV: LK)
Celexin® (Hovid: SG)
Celexin® (Pacific: BD)
Celexin® (Schering-Plough: BR)
Celexin® (Unifarm: PE)
Celex® (Millimed: TH)
Celinax® (Infabra: BR)
Cepa® (Globe: BD)
Cepexin® (GlaxoSmithKline: AT)
Cephadar® (Dar-Al-Dawa: AE, BH, IQ, JO, KW, LB, LY, MT, NG, OM, QA, SA, SD, SO, TN, YE)
Cephalen® (Beximco: BD, SG)
Cephalexin Indo Farma® (Indofarma: ID)
Cephalexin Merck® (Merck: HU)
Cephalexin® (Balkanpharma: BG)
Cephalexin® (Europharm: RO)
Cephalexin® (Lupin: US)
Cephalexin® (Ranbaxy: US)
Cephalobene® (Ratiopharm: AT)
Cephanmycin® (Yung Shin: SG)
Cephaxil® (Peoples: BD)
Cephaxin® (Biochem: IN)
Cephorum® [vet.] (Forum: GB)
Ceporexin® (Investi: AR)
Ceporex® (Galen: GB)
Ceporex® (Glaxo Wellcome: PT)
Ceporex® (GlaxoSmithKline: AE, BD, BH, EC, HK, IR, KW, LK, LU, OM, PE, PH, QA, TH)
Ceporex® (Pliva: BA, HR, SI)
Ceporex® [vet.] (Schering-Plough: BE, IE, LU)
Ceporex® [vet.] (Schering-Plough Animal: NZ)
Ceporex® [vet.] (Schering-Plough Vet: PT)
Ceporin® (Square: BD, LK)
Chemosef® (Chemist: BD)
Cilex® (Douglas: AU)
Céporexine® (GlaxoSmithKline: FR)
Decacef® (Hemas: LK)
Dermacef® [vet.] (Bayer: SE)
Edicef® (Edruc: BD)
Fada Cefalexina® (Fada: AR)
Falexim® [caps./susp.] (Terbol: PE)
HI-CEF® (Hudson: BD)
Ibilex® (Alphapharm: AU)
Ibilex® (IBI: IT)
Italcefal® (Bioindustria: EC)
Kefavet® [vet.] (Orion: SE)
Kefexin® (Orion: FI)
Keflex® (Actavis: PL)
Keflex® (Advancis: US)
Keflex® (Aspen: AU)
Keflex® (Flynn: IE)
Keflex® (Grupo Farma: PE)
Keflex® (Lilly: AT, BR, CA)
Keflex® (Nordmedica: IS)
Keflin® (Opsonin: BD)
Kemolexin® (Phyto: ID)
L-Keflex® (Shionogi: JP)
Lafayette Cefalexin® (Lafayette: PH)
Lexincef® (Serra Pamies: ES)
Lexin® (Biotenk: AR)
Lexin® (Grupo Farma: PE)
Lucef® (Domesco: VN)
Lyceplix® (Pharmacare: PH)
Madlexin® (Meiji: ID, JP)
Maksipor® (Fako: TR)
Medicef® (Mediproducts: GT, NI)
Medofalexin® (Medopharm: VN)
Medolexin® (Medochemie: BH, CY, IQ, JO, OM, SD, YE)

Navalexin® (Navana: BD)
Neorex® (Eskayef: BD)
Novo-Lexin® (Novopharm: CA)
Nu-Cephalex® (Nu-Pharm: CA)
Nufex® (General Pharma: BD)
Nufex® (RPG: IN)
Ohlexin® (Ohta: JP)
Oracef® (Krka: SI)
Oriphex® (Cadila: ER, ET, KE, LK, NG, TZ, UG, ZM, ZW)
Ospexina® (Biochemie: CO)
Ospexin® (Biochemie: AE, BH, CR, CY, DO, GT, HK, JO, KW, LB, NI, OM, PA, QA, SA, SD, SV, YE)
Ospexin® (Roemmers: PE)
Ospexin® (Sandoz: AT, ID, RO, SG)
Palitrex® (Galenika: RS)
Phexin® (GlaxoSmithKline: IN)
Pondnacef® (Pond's: TH)
Pralexin® (Prafa: ID)
Remasef® (Reman Drug: BD)
Rilexine® [vet.] (Virbac: AT, BE, CH, GB, LU, NZ, PT)
Rofex® (Nicholas: IN)
Rolab-Cephalexin® (Sandoz: ZA)
Rombox® [pulv.] (GlaxoSmithKline: PE)
Sanaxin® (Sandoz: AT)
Sefasin® (MacroPhar: TH)
Selex® (Orion: BD)
Sepexin® (Hetero: IN)
Sofilex® (Xepa-Soul Pattinson: HK, SG)
Sorlex® (Genesis: PH)
Sporidex® (Ranbaxy: IN, LK, PE, SG)
Sulquipen® (Bohm: ES)
Supralex® (Bio-Pharma: BD)
Syncl® (Toyo Jozo: JP)
Theralexin® (United Americans: ID, ID)
Therios® [vet.] (Fort Dodge: IT)
Therios® [vet.] (Sogeval: FR, LU, NL, PT)
Tokiolexin DS® (Isei: JP)
Torlasporin® (Torlan: ES)
Triblix® (Lamsa: AR)
Tycep® (Somatec: BD)
Ulflex® (Utopian: TH)
Uphalexin® (Upha: SG)
Zeplex® (M & H: TH)

– hydrochloride:

CAS-Nr.: 0105879-42-3
OS: *Cephalexin Hydrochloride USAN*
IS: *LY 061188*
PH: Cephalexin Hydrochloride USP 30

Facelit® (Collins: MX)
Keftab® (Dista: US)

– lysine salt:

CAS-Nr.: 0053950-14-4

Rilexine® [vet.] (Virbac: FR)

– monohydrate:

CAS-Nr.: 0023325-78-2
OS: *Cephalexin USAN*
OS: *Cefalexin JAN, BAN*
PH: Céfalexine Ph. Eur. 5
PH: Cefalexin monohydrate Ph. Eur. 5, JP XIV, BP 2003
PH: Cefalexilum Ph. Eur. 5
PH: Cephalexin USP 30

Aescephaline® [vet.] (Aesculaap: NL)
Aristocef® (Aristopharma: LK)
Avloxin® (ACI: BD)
Cefabiotic® (Bernofarm: ID)
Cefacat® [vet.] (Biokema: CH)
Cefadog quadri® [vet.] (Biokema: CH)
Cefaleksyna® (Polfa Tarchomin: PL)
Cefalexgobens® (Normon: ES)
Cefalexin Generics® (Merck NM: FI)
Cefalexin Merck NM® (Merck NM: SE)
Cefalexina Agrand® (Ahimsa: AR)
Cefalexina Argentia® (Nova Argentia: AR)
Cefalexina Drawer® (Drawer: AR)
Cefalexina Fabra® (Fabra: AR)
Cefalexina Fecofar® (Fecofar: AR)
Cefalexina Lafedar® (Lafedar: AR)
Cefalexina Northia® (Northia: AR)
Cefalexina Richet® (Richet: AR)
Cefalexina Sant Gall® (Sant: AR)
Cefalexina® (Arena: RO)
Cefalexina® (Infabra: BR)
Cefalexina® (Legrand EMS: BR)
Cefalexina® (OFF: IT)
Cefalexine® [vet.] (Dopharma: NL)
Cefalexin® (Lacofarma: DO)
Cefalexin® (Lek: RO)
Cefalexin® (Merck NM: NO)
Cefalexin® (Ozone Laboratories: RO)
Cefalexin® [vet.] (CP: DE)
Cefalexinã® (Antibiotice: RO)
Cefalexsane® [vet.] (Dopharma: NL)
Cefalver® (Maver: MX)
Cefaporin® (Acromax: EC)
Cefapoten® [compr.] (Del Bel: AR)
Cefaral® [vet.] (A.S.T.: NL)
Cefarinol® (Gramon: AR)
Cefaseptin® [vet.] (Vetoquinol: CH, FR, GB, NL)
Cefasporina Oriental® (Oriental: AR)
Cefaxon® (Ariston: BR)
Cefazid® [vet.] (Aristavet: AT)
Cefazid® [vet.] (Aristvet: DE)
Cefazid® [vet.] (Provet: CH)
Cefazid® [vet.] (WDT: DE)
Cefexin® (Unison: TH)
Ceflexin® (Luper: BR)
Ceforal® (Teva: IL)
Cefrin® (Julpharma: EC)
Cefxin® (Community: TH)
Celexin® (Atlantic: TH)
Cephabos® (Bosnalijek: BA)
Cephalex-CT® (CT: DE)
Cephalexin Remedica® (Ebewe: HK)
Cephalexin-ratiopharm® (ratiopharm: DE)
Cephalexine® [vet.] (Alfasan: NL)
Cephalexin® [vet.] (Apex: AU)
Cephalexyl® (Bangkok: TH)
Cephalobene® (Ratiopharm: AT)
Cepharoxin® (Pharos: ID)
Cephin® (GDH: TH)
Ceporex® (GlaxoSmithKline: BE, IT, MX)
Ceprax® (Anglopharma: CO)

Chassot-Cefaseptin® [vet.] (Vetochas: DE)
Cilex® (Douglas: AU)
CPL Alliance Cephalexin® (Alliance: ZA)
Céfacet® (Norgine: FR)
Doriman® (Vir: ES)
Fabotop® (Fabop: AR)
Farmalex® (Farmaline: TH)
Felexin® (Remedica: CY, ET, GH, HK, TH, TZ)
Forexine® (GXI: PH)
G-Cephalexin® (Gonoshasthaya: BD)
GenRX Cephalexin® (GenRX: AU)
H.G. Cefalexin® (H.G.: EC)
Ialex® (Lennon: AU)
Ibilex® (Siam Bheasach: TH)
ICFvet® [vet.] (ICF: IT)
Kefacin® (Shiba: YE)
Kefalex® (Ratiopharm: FI)
Kefalex® [vet.] (Vetcare: FI)
Kefavet® [vet.] (Orion: FI)
Kefexin® (Orion: AE, FI)
Keflaxina® (Hexal: BR)
Keflex® (Arcana: AT)
Keflex® (Aspen: AU, ZA)
Keflex® (EuroCept: NO)
Keflex® (Flynn: GB, IE)
Keflex® (Lilly: AT, BR, CO, CZ, ET, IL, KE, MX, PH, TH, TZ, UG)
Keflex® (Meda: SE)
Keflex® (Nordmedica: DK, IS)
Kefloridina® (Ciclum: ES)
Kefloridina® (Elanco: ES)
Kefloridina® (Lilly: ES)
Keforal® (EG: IT)
Keforal® (EuroCept: BE, LU, NL)
Keforal® (Ivax: AR)
Keforal® (Sciencex: FR)
Kefvet® [vet.] (Elanco: AU, NZ)
Lafarin® (Lafare: IT)
Lars® (Duncan: AR)
Lenocef® (Aspen: ZA)
Lexin® (Hikma: AE, IQ, JO, KW, SA, SY, YE)
Lorbicefax® (Lba: AR)
Medolexin® (Medochemie: HK)
Nafacil® (Tecnofarma: MX)
Nixelaf-C® (Bruluagsa: MX)
Novalexin® (Hexa: AR)
Optocef® (Bayer: MX)
Oracef® (Krka: CZ)
Ospexin® (Sandoz: CZ)
Paferxin® (Liferpal: MX)
Permvastat® (Permatec: AR)
Pyassan® (Sanofi-Aventis: HU)
Ranceph® (Ranbaxy: ZA)
Rilexine® [vet.] (Biofarm: FI)
Rilexine® [vet.] (Virbac: AU, CH, DE, FR, IT, NL, NZ)
SEF® (Mustafa Nevzat: TR)
Sepexin® (Hetero: IN)
Septilisin® (Bagó: AR)
Servicef® (Sandoz: MX)
Sialexin® (Siam Bheasach: TH)
Solulexin® (Duopharma: HK)
Sporahexal® (Hexal: AU)
Sporicef® (Ranbaxy: TH)
Sporidex® (Ranbaxy: TH)
Syntolexin® (Codal Synto: LK)
Tepaxin® (Takeda: ID)
Therios® [vet.] (Sogeval: FR)
Toflex® (TO Chemicals: TH)
Trexina® (Vitarum: AR)
Ultrasporin® (APM: AE, BG, BH, IQ, JO, KW, LB, LY, NG, OM, QA, SA, SD, SY, TN, YE)
Unilexin® (United Pharmaceutical: AE, BH, IQ, JO, LY, OM, QA, SA, SD, YE)
Velexina® (Klonal: AR)

– sodium salt:

PH: Cefalexina sodica F.U. IX

Cephalexin® [vet.] (Norbrook: NZ)
Safexin® [vet.] (Schering-Plough: IT)

– benzathine:

CAS-Nr.: 0015686-71-2

Rilexine® [vet.] (Virbac: AT, BE, FR, IT)

Cefalonium (Prop.INN)

L: Cefalonium
D: Cefalonium
F: Cefalonium
S: Cefalonio

Antibiotic [vet.]

CAS-Nr.: 0005575-21-3 C_{20}-H_{18}-N_4-O_5-S_2
M_r 458.51

3-(4-Carbamoylpyridylmethyl)-8-oxo-7-[alpha-(thien-2-yl)acetamido]-5-thia-1-azabicyclo[4.2.0]oct-2-ene-2-carboxylic acid

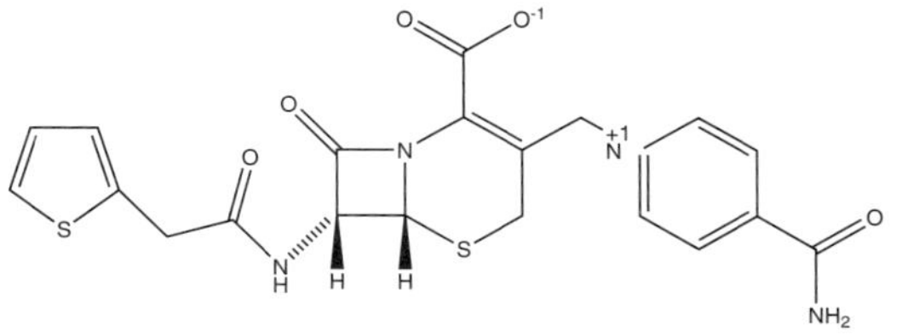

OS: *Cefalonium [BAN, USAN]*
OS: *Cephalonium [BAN]*
IS: *Lilly 41071*
PH: Cefalonium [BPvet 2007]

Cepravin Dry Cow® [vet.] (Schering-Plough: BE)
Cepravin Dry Cow® [vet.] (Schering-Plough Animal: NZ, ZA)
Cepravin Dry Cow® [vet.] (Schering-Plough Veterinary: GB)
Cepravin® [vet.] (Schering-Plough: IT, LU)
Cepravin® [vet.] (Schering-Plough Vet: PT)
Cepravin® [vet.] (Schering-Plough Veterinary: GB)
Cepravin® [vet.] (Schering-Plough Vétérinaire: FR)

Cefalotin (Prop.INN)

L: Cefalotinum
I: Cefalotina
D: Cefalotin
F: Céfalotine
S: Cefalotina

Antibiotic, cephalosporin, cephalosporinase-sensitive

ATC: J01DB03
CAS-Nr.: 0000153-61-7 C_{16}-H_{16}-N_2-O_6-S_2
M_r 396.444

5-Thia-1-azabicyclo[4.2.0]oct-2-ene-2-carboxylic acid, 3-[(acetyloxy)methyl]-8-oxo-7-[(2-thienylacetyl)amino]-, (6R-trans)-

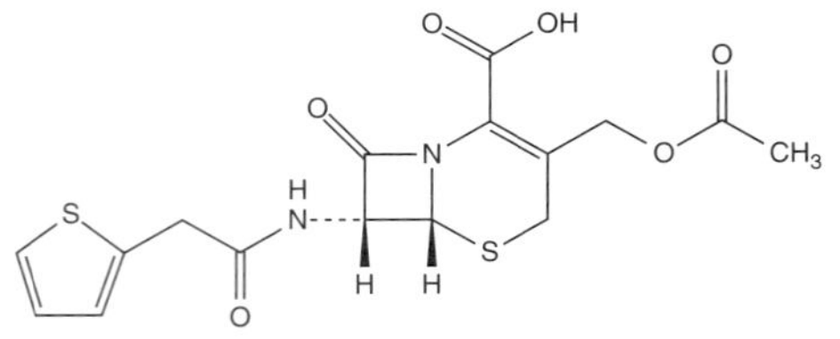

OS: *Cephalothin [DCF, BAN]*
OS: *Céfalotine [DCF]*
OS: *Cefalotin [BAN]*
OS: *Cefalotina [DCIT]*
PH: Cefalotinum [PhBs IV]

Cefade® (Klonal: AR)
Cefalotina 1G Fmndtria® (Farmindustria: PE)
Cefalotina Fmndtria® [sol.-inj.] (Farmindustria: PE)
Cefalotina MF® [sol.] (Marfan: PE)
Cefalotina® (Blaskov: CO)
Cefalotina® (Farmo Andina: PE)
Cefalotina® (Memphis: CO)
Cefalotina® (Vitalis: PE)
Cefalotina® (Vitrofarma: PE)
Kefalotin® (Inst. Biochimico: BR)

– sodium salt:

CAS-Nr.: 0000058-71-9
OS: *Cephalothin Sodium USAN*
OS: *Cefalotin Sodium BANM*
IS: *Lilly 38253*
PH: Cefalotin Sodium Ph. Eur. 5, JP XIV
PH: Cephalothin Sodium USP 30
PH: Cefalotinum natricum Ph. Eur. 5
PH: Cefalotin-Natrium Ph. Eur. 5
PH: Céfalotine sodique Ph. Eur. 5

Arecamin® (Northia: AR)
Cefadin® (Atlantic: SG)
Cefalotina 1g.Drawer® (Drawer: AR)
Cefalotina Biocrom® (Biocrom: AR)
Cefalotina Biopharma® (Biopharma: IT)
Cefalotina Fabra® (Fabra: AR)
Cefalotina Larjan® (Veinfar: AR)
Cefalotina Normon® (Normon: CR, DO, ES, HN, NI, PA, SV)
Cefalotina Richet® (Richet: AR)
Cefalotina Richmond® (Richmond: AR)
Cefalotina Sodica Spaly® (Spaly: ES)
Cefalotina Sodica® (Fisiopharma: IT)
Cefalotin® (ACS: NO)
Cefalotin® (Actavis: GE)
Cefalotin® (Biotika: CZ)
Cefalotinã® (Antibiotice: RO)
Cefariston® (Ariston: BR)
Cemastin® [vet.] (Bio98: IT)
Cephalothin Sodium for Injection® (Mayne: AU)
Cephalothin® (Balkanpharma: BG)
Cephation® (Meiji: ID, JP)
Coaxin® (Tobishi: JP)
Céfalotine Panpharma® (Panpharma: FR)
Dasuglor® (Fada: AR)
Famto® (Antibioticos: MX)
Fengsaixing® (Asia Pioneer: CN)
Fengsaixing® (Shanghai Pharma Group: CN)
Keflin® (Aspen: ZA)
Keflin® (EuroCept: NL, NO)
Keflin® (Ivax: AR)
Keflin® (Lilly: AT, AU, BR, CA, CO, CZ, ES, ET, IL, IT, KE, LU, PE, TZ, UG, US)
Keflin® (Sandoz: MX)
Kefolit® (Salus: MX)
Moraxine® (Fahrenheit: ID)

Cefamandole (Rec.INN)

L: Cefamandolum
I: Cefamandolo
D: Cefamandol
F: Céfamandole
S: Cefamandol

Antibiotic, cephalosporin

ATC: J01DC03
CAS-Nr.: 0034444-01-4 C_{18}-H_{18}-N_6-O_5-S_2
M_r 462.522

7-D-Mandelamido-3-[[(1-methyl-1H-tetrazol-5-yl)thio]methyl]-8-oxo-5-thia-1-azabicyclo[4.2.0]oct-2-ene-2-carboxylic acid

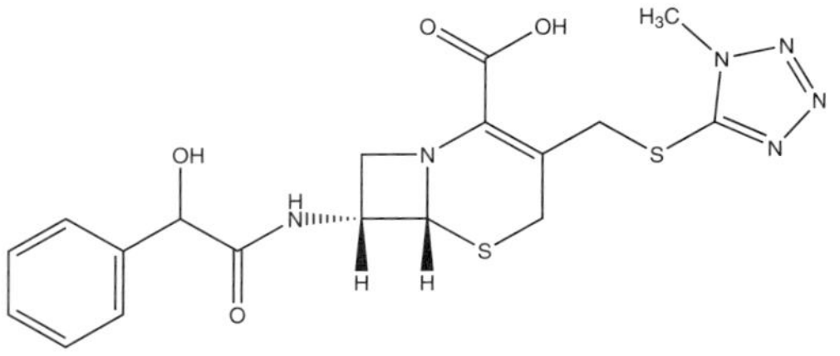

OS: *Cefamandole [BAN, DCF, USAN]*
OS: *Cefamandolo [DCIT]*
OS: *Cephamandole [BAN]*
IS: *CMT*
IS: *Compound 83405 (Lilly, USA)*

Cefmandol® (GDH: TH)
Mandol® (Lilly: LU)
Tarcefandol® (Polfa Tarchomin: PL)

– nafate:

CAS-Nr.: 0042540-40-9
OS: *Cefamandole Nafate BAN, USAN*
OS: *Cephamandole Nafate BAN*
IS: *Cefamandole formiate (ester), sodium salt*
IS: *Lilly 106 223*
PH: Cefamandole Nafate USP 30, Ph. Eur. 5
PH: Céfamandol (nafate de) Ph. Eur. 5
PH: Cefamandolnafat Ph. Eur. 5

PH: Cefamandoli nafas Ph. Eur. 5

Acemycin® (Elpen: GR)
Cefadol® (Atlantic: TH)
Cefamandolo K24® (K24: IT)
Cefamandol® (Actavis: GE)
Cefam® (Magis: IT)
Cefam® (Pharma Marketing Group: HU)
Cemado® (Francia: IT)
Cephamandole Nafate® (Mayne: NZ)
Céfamandole Panpharma® (Panpharma: FR)
Dardokef® (Darya-Varia: ID)
Dofacef® (Sanbe: ID)
Kertet® (Unison: TH)
Lampomandol® (AGIPS: IT)
Mancef® (Lafare: IT)
Mandokef® (Aspen: ZA)
Mandokef® (Astro: AT)
Mandokef® (Lilly: DE, ES, GR, IT, ZA)
Mandokef® (Teva: CH)
Mandol® (EuroCept: LU, NL)
Mandol® (Lilly: AU, BE, CA, CZ, ET, KE, LU, NL, NZ, RU, TH, TZ, UG, US)

Cefapirin (Prop.INN)

L: Cefapirinum
I: Cefapirina
D: Cefapirin
F: Céfapirine
S: Cefapirina

⚕ Antibiotic, cephalosporin, cephalosporinase-sensitive

ATC: J01DB08
CAS-Nr.: 0021593-23-7 C_{17}-H_{17}-N_3-O_6-S_2
M_r 423.473

5-Thia-1-azabicyclo[4.2.0]oct-2-ene-2-carboxylic acid, 3-[(acetyloxy)methyl]-8-oxo-7-[[(4-pyridinylthio)acetyl]amino]-, (6R-trans)-

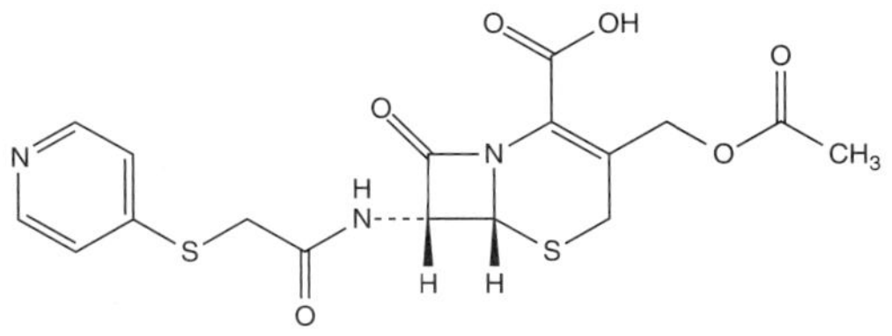

OS: *Cefapirin [BAN, DCF]*
OS: *Cefapirina [DCIT]*
PH: Cefapirin [Ph. Eur. 5, BP 2003]

Cefa-Safe® [vet.] (Intervet: IT, NL)
Metricure® [vet.] (Intervet: AU, DE, NZ)

– benzathine:

CAS-Nr.: 0097468-37-6
IS: *Cefapirine, comp. with N,N'-dibenzylethylenediamine*
PH: Cephapirin Benzathine USP 30

Cefa-Dri® [vet.] (Fort Dodge: US)
Cefa-Safe® [vet.] (Intervet: NZ)
Cefatron Asciutta® [vet.] (Fatro: IT)
Cephudder® [vet.] (Intervet: ZA)
Masti-Safe® [vet.] (Intervet: DE, DE)
Metricure® [vet.] (Intervet: DE, FR, GB, IT, NL)
Metricure® [vet.] (Veterinaria: CH)

– sodium salt:

CAS-Nr.: 0024356-60-3
OS: *Cefapirin Sodium BANM*
OS: *Cephapirin Sodium USAN*
OS: *Sodium Cefapirin JAN*
IS: *BL-P 1322 (Bristol, USA)*
PH: Cefapirina sodica F.U. IX
PH: Cephapirin Sodium USP 30
PH: Cefapirin Sodium JP XIV
PH: Cefapirin Sodium Ph. Eur. 5

Brisfirina® (Bristol-Myers Squibb: ES)
Cefa-Lak® [vet.] (Fort Dodge: US)
Cefadyl® (Apothecon: US)
Cefatrexyl® (Bristol-Myers Squibb: BG, CZ)
Cefatrex® (Bristol-Myers Squibb: GR)
Cefatron Lattazione® [vet.] (Fatro: IT)
Céfaloject® (Bristol-Myers Squibb: BF, BJ)
Céfaloject® (Bristol-Myers squibb: CF)
Céfaloject® (Bristol-Myers Squibb: CG, CI, CM, FR, GA, GN)
Céfaloject® (Bristol-Myers squibb: MG)
Céfaloject® (Bristol-Myers Squibb: ML, MR, NE, SN, TD, TG, ZR)

Cefatrizine (Prop.INN)

L: Cefatrizinum
I: Cefatrizina
D: Cefatrizin
F: Céfatrizine
S: Cefatrizina

⚕ Antibiotic, cephalosporin

ATC: J01DB07
CAS-Nr.: 0051627-14-6 C_{18}-H_{18}-N_6-O_5-S_2
M_r 462.522

5-Thia-1-azabicyclo(4.2.0)oct-2-ene-2-carboxylic acid, 7-((amino(4-hydroxyphenyl)acetyl)amino)-8-oxo-3-((1H-1,2,3-triazol-4-ylthio)methyl)-, (6R-(6alpha,7beta(R*)))-

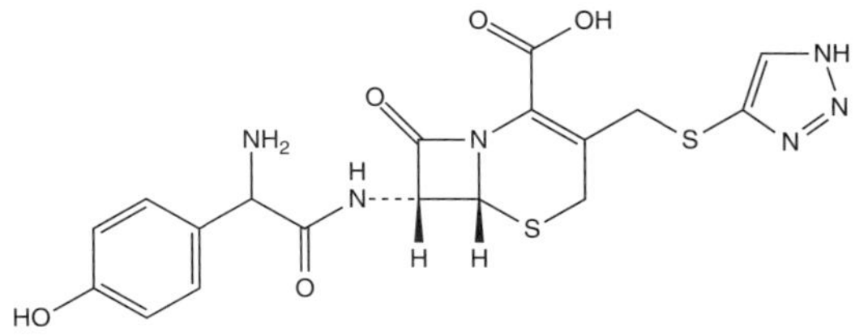

OS: *Cefatrizine [BAN, DCF, USAN]*
OS: *Cefatrizina [DCIT]*
IS: *BL-S 640*
IS: *SKF 60771*

Céfaperos® [gel] (Bristol-Myers Squibb: BJ)
Céfaperos® [gel] (Bristol-Myers squibb: CF)
Céfaperos® [gel] (Bristol-Myers Squibb: CG, CI, CM, FR, GA, GN)
Céfaperos® [gel] (Bristol-Myers squibb: MG)
Céfaperos® [gel] (Bristol-Myers Squibb: ML, MR, MU, NE, SN, TD, TG)
Fica-F® (Farmamust: GR)
Klevasin® (Kleva: GR)

C

Macropen® [caps./susp.] (Menarini: DO, EC, GT, HN, NI, PA, PT, SV)
Specicef-N® (Specifar: GR)

- **comp. with propylene glycole:**

CAS-Nr.: 0064217-62-5
OS: *Cefatrizine Proylene Glycol BANM*
IS: *BL-S 640 (Bristol, USA)*
IS: *SKF 60771*
IS: *S 640 P*
PH: Propylene Glycol Cefatrizine JP XIV
PH: Cefatrizinum propylen glycolum Ph. Eur. 5
PH: Cefatrizin-Propylenglycol Ph. Eur. 5
PH: Cefatrizine Propylene Glycol Ph. Eur. 5
PH: Céfatrizine propylèneglycol Ph. Eur. 5

Anfagladin® (Anfarm: GR)
Axelorax® (Proel: GR)
Banadroxin® (Farmanic: GR)
Biotrixina® (Benedetti: IT)
Cefaperos® (Bristol-Myers Squibb: BE, LU)
Cefatrix® (Levofarma: IT)
Cefatrizine Adelco® (Adelco: GR)
Ceftazin® (Remedina: GR)
Cetrinox® (Magis: IT)
Cetrizin® (Elpen: GR)
Cetrizin® (Magis: IT)
Clomin® (Mentinova: GR)
Céfaperos® (Bristol-Myers squibb: CF)
Céfaperos® (Bristol-Myers Squibb: CG, CI, CM, FR, GA, GN, LU)
Céfaperos® (Bristol-Myers squibb: MG)
Céfaperos® (Bristol-Myers Squibb: ML, MR, MU, NE, SN, TD, TG)
Céfatrizine Biogaran® (Biogaran: FR)
Céfatrizine EG® (EG Labo: FR)
Céfatrizine Ivax® (Ivax: FR)
Céfatrizine Merck® (Merck Génériques: FR)
Faretrizin® (Lafare: IT)
Gertemycin® (Faran: GR)
Ipatrizina® (IPA: IT)
Izerin® (Rafarm: GR)
Kentacef® (Bristol-Myers Squibb: GR)
Ketrizin® (Esseti: IT)
Liamycin® (Coup: GR)
Liferost® (Leovan: GR)
Lingopen® (Viofar: GR)
Miracef® (Tosi: IT)
Nibocin® (Biospray: GR)
Northiron® (Norma: GR)
Phacobiotic® (Bros: GR)
Relyovix® (Relyo: GR)
Trixilan® (Chrispa: GR)
Trixilan® (Pulitzer: IT)
Trizina® (Francia: IT)
Vagotrosin® (Pharmathen: GR)

Cefazolin (Prop.INN)

L: **Cefazolinum**
I: **Cefazolina**
D: **Cefazolin**
F: **Céfazoline**
S: **Cefazolina**

Antibiotic, cephalosporin, cephalosporinase-sensitive

ATC: J01DB04
CAS-Nr.: 0025953-19-9 C_{14}-H_{14}-N_8-O_4-S_3
M_r 454.526

(6R,7R)-3-[[(5-Methyl-1,3,4-thiadiazol-2-yl)thio]methyl]-8-oxo-7-[2-(1H-tetrazol-1-yl)acetamido]-5-thia-1-azabicyclo[4.2.0]-oct-2-ene-2-carboxylic acid

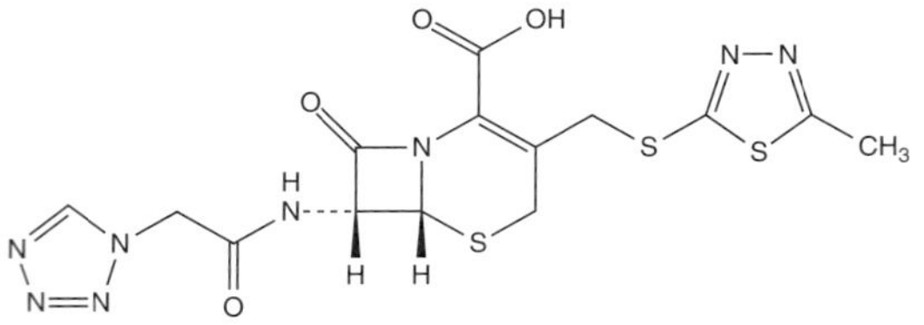

OS: *Cefazolin [BAN, USAN]*
OS: *Céfazoline [DCF]*
OS: *Cefazolina [DCIT]*
OS: *Cephazolin [BAN]*
PH: Cefazolin [USP 30]

Cefacidal Par® [inj.] (Abeefe Bristol: PE)
Cefacidal® (Bristol-Myers Squibb: LU, ZA)
Cefazolin Indo Farma® (Indofarma: ID)
Cefazolina Bestpharma® [sol.inj.] (Bestpharma: PE)
Cefazolina Biocrom® (Biocrom: AR)
Cefazolina USP® [sol.-inj.] (Rhovic: PE)
Cefazolina® (Eurofarma: BR)
Cefazolina® (LCG: PE)
Cefazolina® (Memphis: CO)
Cefazolina® (Vitalis: PE)
Cefazoline-Sandoz® (Sandoz: LU)
Cefazolin® (Chephasaar: RS)
Cefazolin® (Krka: SI)
Cefazolin® (SIC: RS)
Cefovet® [vet.] (Merial: AT, FR, IT, LU, PT)
Cefzolin® (Utopian: TH)
Celidocin® [vet.] (Merial: DE)
Cezolin® (Inst. Biochimico: BR)
Fazolin® (Siam Bheasach: TH)
Galecef® (Galenika: RS)
Servazolin® (Sandoz: NL)
Zolimed® (Unison: TH)

- **sodium salt:**

CAS-Nr.: 0027164-46-1
OS: *Cefazolin Sodium BANM, USAN*
IS: *Lilly 46083*
IS: *SKF 41558*
IS: *Cephazolin Sodium*
IS: *Cephazolin-Natrium*
PH: Cefazolin Sodium Ph. Eur. 5, JP XIV, USP 30
PH: Cefazolinum natricum Ph. Eur. 5
PH: Cefazolin-Natrium Ph. Eur. 5
PH: Céfazoline sodique Ph. Eur. 5

Acef® (KG Italia: IT)
Ancef® (GlaxoSmithKline Pharm.: US)
Areuzolin® (Areu: ES)
Azolin® (Biochem: IN)
Basocef® (DeltaSelect: DE)
Biofazolin® (Bioton: PL)
Biozolin® (Novartis: GR)
Biozolin® (Sandoz: ID)
Brizolina® (Bristol-Myers Squibb: ES)
Caricef® (Antibioticos: ES)
Caricef® (Reig Jofre: ES)
Cefabiozim® (IPA: IT)
Cefacidal® (Bristol-Myers Squibb: BE, EC, LU, NL, ZA)
Cefadrex® (Vir: ES)
Cefalin® (Atlantic: TH)
Cefalomicina® (Bagó: AR)
Cefamezin® (Aventis: BR)
Cefamezin® (Dankos: ID)
Cefamezin® (Eczacibasi: RU, TR)
Cefamezin® (Fujisawa: JP, TH)
Cefamezin® (Gador: AR)
Cefamezin® (Hikma: JO, SY)
Cefamezin® (Krka: CZ, SI)
Cefamezin® (Pharmacia: IT)
Cefamezin® (Sigma: AU)
Cefamezin® (Teva: IL)
Cefamezin® (Yamanouchi: NL)
Cefazillin® (TP Drug: TH)
Cefazil® (Italfarmaco: IT)
Cefazolin Bidiphar® (Bidiphar: VN)
Cefazolin Biochemie® (Biochemie: AE, BH, CY, CZ, JO, KW, LB, OM, QA, SA, SD, TH, YE)
Cefazolin for Injection® (Braun: US)
Cefazolin Hexal® (Hexal: DE)
Cefazolin Hikma® (Hikma: DE)
Cefazolin Meiji® (Meiji: TH)
Cefazolin Sandoz® (Sandoz: AT, AU, CH, HU, PL, RO, SG)
Cefazolin Sodium® (Abraxis: US)
Cefazolin Sodium® (Apotex: US)
Cefazolin Sodium® (Mayne: NZ)
Cefazolin Sodium® (Sandoz: US)
Cefazolin Sodium® (Watson: US)
Cefazolin-Fresenius Vials® (Bodene: ZA)
Cefazolin-Natrium® (Biosintez: RU)
Cefazolin-saar® (MIP: DE)
Cefazolina ACS Dobfar® (ACS: IT)
Cefazolina Bioprogress® (Bioprogress: IT)
Cefazolina Dorom® (Dorom: IT)
Cefazolina Fabra® (Fabra: AR)
Cefazolina Francia® (Francia: IT)
Cefazolina Genfar® (Genfar: CO)
Cefazolina K24® (K24: IT)
Cefazolina Llorente® (Llorente: ES)
Cefazolina Merck® (Merck Generics: IT)
Cefazolina Normon® (Normon: ES)
Cefazolina Northia® (Northia: AR)
Cefazolina Pliva® (Pliva: IT)
Cefazolina Reig Jofre® (Reig Jofre: ES)
Cefazolina Richet® (Richet: AR)
Cefazolina Sodica® (Eurofarma: BR)
Cefazolina Teva® (Teva: IT)
Cefazolina Union Health® (Union Health: IT)
Cefazolina® (Bestpharma: CL)
Cefazolina® (Bristol-Myers Squibb: BR)
Cefazolina® (Volta: CL)
Cefazoline CF® (Centrafarm: NL)
Cefazoline Merck® (Merck Generics: NL)
Cefazoline Panpharma® (Panpharma: CZ)
Cefazoline Sandoz® (Sandoz: BE)
Cefazolinenatrium Sandoz® (Sandoz: NL)
Cefazoline® (Panpharma: CZ)
Cefazolin® (Actavis: GE)
Cefazolin® (Balkanpharma: BG)
Cefazolin® (Biochemie: CZ)
Cefazolin® (Biopharm: RU)
Cefazolin® (Novartis: NZ)
Cefazolin® (Novopharm: CA)
Cefazolin® (Shreya: RU)
Cefazol® (Dankos: ID)
Cefazol® (GDH: TH)
Cefozin® [inj.] (Bilim: TR)
Cellozina® (Cellofarm Farmacêutica: BR)
Cephazolin Fresenius® (Fresenius: DE)
Cephazolin Sodium for Injection DBL® (Mayne: AU)
Cephazolin Sodium® [inj.] (Baxter: NZ)
Cephazolin Sodium® [inj.] (Mayne: AU)
Cephazolin® (Novartis: NZ)
Cezol® [inj.] (Deva: TR)
Cromezin® (So.Se.: IT)
Céfacidal® (Bristol-Myers Squibb: BF, BJ)
Céfacidal® (Bristol-Myers squibb: CF)
Céfacidal® (Bristol-Myers Squibb: CG, CI, CM, FR, GA, GN)
Céfacidal® (Bristol-Myers squibb: MG)
Céfacidal® (Bristol-Myers Squibb: ML, MR, MU, NE, SN, TG)
Céfazoline Panpharma® (Panpharma: FR)
Davurzolina® (Davur: ES)
Eqizolin® [inj.] (Tüm Ekip: TR)
Fazoplex® (Inkeysa: ES)
Fonvicol® (Panpharma: PH)
Gencefal® (Llorente: ES)
Iespor® (I.E. Ulagay: TR)
Intrazolina® (Torlan: ES)
Intrazoline® (LDP: RU)
Kefazin® (Vitamed: IL)
Kefol® (Irisfarma: ES)
Kefol® (Lilly: ES)
Kefzol® (Astro: AT)
Kefzol® (EuroCept: LU, NL)
Kefzol® (Lilly: AT, AU, CA, CZ, ET, HR, IL, KE, PE, RU, TZ, UG, US)
Kefzol® (Nordmedica: IS)
Kefzol® (Sandoz: ZA)
Kefzol® (Teva: CH)
Kurgan® (Normon: ES)
Lyzolin® (Lyka: IN)
Lyzolin® (Lyka Labs: RO)
M-Cefazolin® (Multichem: NZ)
Maksiporin® (Atlas: TR)
May Cefazolin® (May Pharma: PH)
Nefazol® (New Research: IT)
Orizolin® (Cadila: ER, ET, KE, NG, TZ, UG, ZM, ZW)
Orizolin® (Zydus: RU)
Pharmacare-Cefazolin® (Aspen: ZA)
Ranzol® (Ranbaxy: ZA)
Recef® (Farma 1: IT)

C

Reflin® (Ranbaxy: IN, PE)
Sabax Cefazolin® (Critical Care: ZA)
Sefamax® (Nobel: TR)
Sefazol® (Mustafa Nevzat: BA, TR)
Sicef® (Benedetti: IT)
Tarfazolin® (Polfa Tarchomin: PL)
Tasep® (IPS: ES)
Tecfazolina® (Bohm: ES)
Totacef® (Bristol-Myers Squibb: HU, IT, RS)
Vifazolin® (Vianex: GR)
Vulmizolin® (Biotika: CZ)
Zefa M H® (M & H: TH)
Zolicef® (Bristol-Myers Squibb: AT)
Zolicef® (Unison: TH)
Zolival® (Septa: ES)

Cefbuperazone (Rec.INN)

L: Cefbuperazonum
D: Cefbuperazon
F: Cefbupérazone
S: Cefbuperazona

Antibiotic, cephalosporin

CAS-Nr.: 0076610-84-9 C_{22}-H_{29}-N_9-O_9-S_2
M_r 627.684

(6R,7S)-7-[(2R,3S)-2-(4-Ethyl-2,3-dioxo-1-piperazinecarboxamido)-3-hydroxybutyramido]-7-methoxy-3-[(1-methyl-1H-tetrazol-5-yl)-thio]methyl]-8-oxo-5-thia-1-azabicyclo[4.2.0]oct-2-ene-2-carboxylic acid

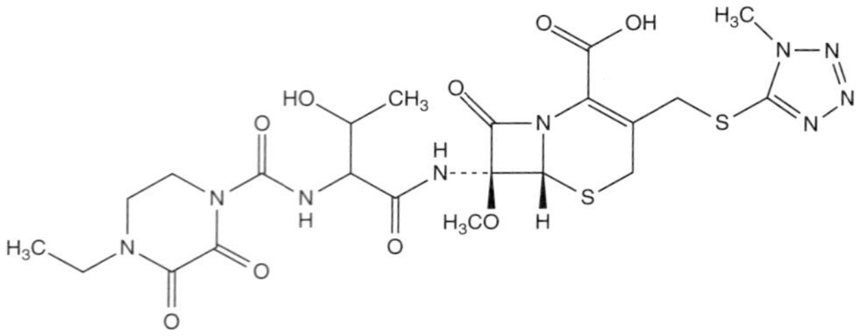

OS: *Cefbuperazone [USAN]*
IS: *T 1982 (Toyama, Japan)*

Tomiporan® (Toyama: JP)

Cefcapene (Rec.INN)

L: Cefcapenum
D: Cefcapen
F: Cefcapène
S: Cefcapeno

Antibiotic, cephalosporin, cephalosporinase-resistant

ATC: J01DA
CAS-Nr.: 0135889-00-8 C_{17}-H_{19}-N_5-O_6-S_2
M_r 453.5

(6R,7R)-7-[(Z)-2-(2-Amino-4-thiazolyl)-2-pentenamido]-3-(hydroxymethyl)-8-oxo-5-thia-1-azabicyclo[4.2.0]oct-2-ene-2-carboxylic acid, carbamate (ester) [WHO]

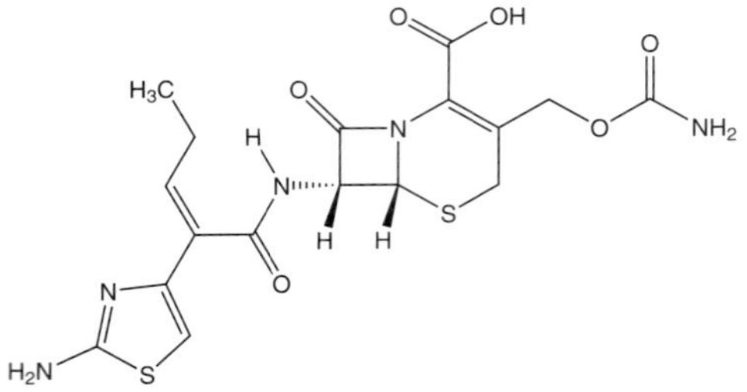

OS: *Cefcapene [USAN]*
IS: *S 1006*

– pivoxil hydrochloride:
OS: *Cefcapene pivoxil hydrochloride JAN*
IS: *S 1108 (Shionogi, Japan)*
IS: *CFPN-PI*
IS: *Flumax*
PH: Cefcapene Pivoxil Hydrochloride JP XIV

Flomox® (Shionogi: JP)

Cefdinir (Rec.INN)

L: Cefdinirum
D: Cefdinir
F: Cefdinir
S: Cefdinir

Antibiotic, cephalosporin

ATC: J01DD15
CAS-Nr.: 0091832-40-5 C_{14}-H_{13}-N_5-O_5-S_2
M_r 395.428

(-)-(6R,7R)-7-[2-(2-Amino-4-thiazoly)glyoxylamido]-8-oxo-3-vinyl-5-thia-1-azabicyclo[4.2.0]oct-2-ene-2-carboxylic acid, 7^2-(Z)-oxime

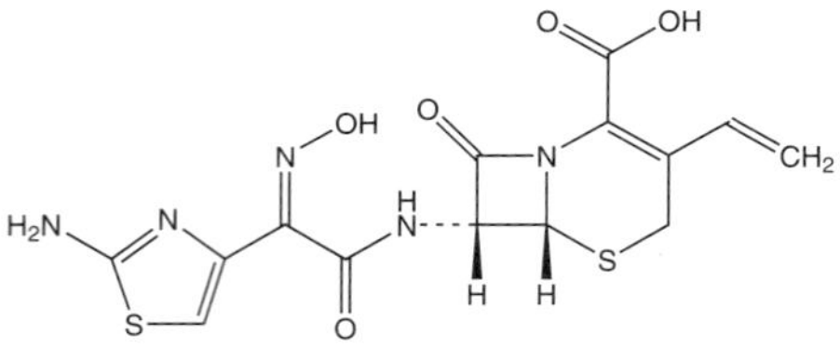

OS: *Cefdinir [BAN, USAN]*
IS: *CI 983 (Parke Davis, USA)*
IS: *FK 482*
PH: Cefdinir [JP XIV]

Adinir® (Acme: BD)
Aldinir® (Alembic: VN)
Cefdir® (Square: BD)
Cefida® (Renata: BD)
Cefzon® (Fujisawa: JP)
Omnicef® (Abbott: US)
Omnicef® (Hikma: AE, BH, EG, IQ, JO, KW, LB, LY, OM, QA, SA, SD, SY, TN, YE)
Omnicef® (Janssen: MX)
Omnicef® (Pfizer: TH, VN)
Sefdin® (Unichem: IN)

Cefditoren (Rec.INN)

L: Cefditorenum
D: Cefditoren
F: Cefditorene
S: Cefditoreno

Antibiotic, cephalosporin

ATC: J01DD16
ATCvet: QJ01DD16
CAS-Nr.: 0104145-95-1 C_{19}-H_{18}-N_6-O_5-S_3
M_r 506.593

(+)-(6R,7R)-7-[2-(2-Amino-4-thiazolyl)glyoxylamido]-3-[(Z)-2-(4-methyl-5-thiazolyl)vinyl]-8-oxo-5-thia-1-azabicyclo[4.2.0]oct-2-ene-2-carboxylic acid, 7[2]-(Z)-(O-methyloxime)

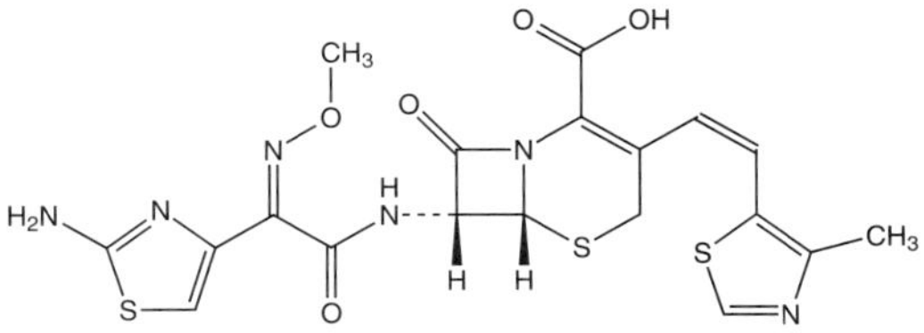

OS: *Cefditoren [USAN]*
IS: *Cefoviten*

Cefditran® (Ranbaxy: IN)

– pivoxil:

CAS-Nr.: 0117467-28-4
OS: *Cefditoren Pivoxil JAN*
IS: *ME 1207 (Meiji Seika, Japan)*
PH: Cefditoren Pivoxil JP XIV

Dovida® (Tedec Meiji: ES)
Meiact® (Meiji: CN, ID, JP, TH)
Meiact® (Shantou Meiji: CN)
Meiact® (Tedec Meiji: ES)
Spectracef® (Abdi Ibrahim: TR)
Spectracef® (Bayer: MX)
Spectracef® (Purdue Pharma: US)
Spectracef® (Tedec Meiji: ES, LU)
Telo® (Uriach: ES)

Cefepime (Rec.INN)

L: Cefepimum
D: Cefepim
F: Cefepime
S: Cefepima

Antibiotic, cephalosporin

ATC: J01DE01
CAS-Nr.: 0088040-23-7 C_{19}-H_{24}-N_6-O_5-S_2
M_r 480.581

1-[[(6R,7R)-7-[2-(2-Amino-4-thiazolyl)glyoxylamido]-2-carboxy-8-oxo-5-thia-1-azabicyclo[4.2.0]oct-2-en-3-yl]methyl-1-methylpyrrolidinium hydroxyde, inner salt, 7[2]-(Z)-(O-methyloxime)

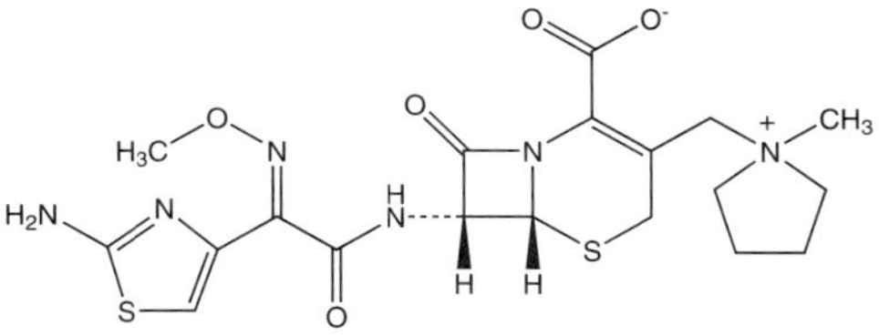

OS: *Cefepime [BAN, USAN]*
OS: *Céfépime [DCF]*
IS: *BMY 28142 (Bristol-Myers Squibb, USA)*
IS: *CFPM*

Ceficad® (Cadila: IN)
Cefimen-K® (Klonal: AR)
Cefim® (Hemofarm: RS)
Fada Cefepime® (Fada: AR)
Maxicef® (Galenika: RS)
Topra® (GMP: GE)
Xenim® (Opsonin: BD)

– dihydrochloride:

CAS-Nr.: 0123171-59-5
OS: *Cefepime Hydrochloride BANM, USAN*
IS: *Cefepime Hydrochloride Monohydrate*
IS: *BMY 28142 2HCl.H20*
PH: Cefepime Hydrochloride USP 30
PH: Cefepime Dihydrochloride JP XIV
PH: Cefepime dihydrochloride monohydrate Ph. Eur. 5

Axépim® (Bristol-Myers Squibb: BF, BI, BJ, CG, CI, CM, FR, GA, GN, ML, MU, NE, SN, TD, TG, ZR)
Cefdipime® (Renata: BD)
Cefepime Richet® (Richet: AR)
Cefepime® (Northia: AR)
Cepimax® (Bristol-Myers Squibb: PH)
Cepimex® (Bristol-Myers Squibb: IT)
Cepimex® (Bruno: IT)
Cepim® (Polifarma: IT)
Maxcef® (Bristol-Myers Squibb: AR, BR)
Maxef® (Salus: MX)
Maxipime® (Abeefe Bristol: PE)
Maxipime® (Bristol-Myers Squibb: AT, AU, BE, BG, CA, CH, CL, CN, CO, CR, CZ, DE, EC, ES, FI, GT, HK, HN, HU, ID, IE, IT, LU, MX, MY, NI, NL, NZ, PA, PL, PT, RO, RS, RU, SE, SG, SV, TH, TR, VN, ZA)
Maxipime® (Elan: US)
Maxipime® (Jadran: BA, HR)
Maxipime® (PharmaSwiss: SI)
Maxipime® (Vianex: GR)
Ultrapime® (Incepta: BD)
Unisef® (Mustafa Nevzat: TR)

Cefixime (Rec.INN)

L: Cefiximum
D: Cefixim
F: Cefixime
S: Cefixima

Antibiotic, cephalosporin

ATC: J01DD08
CAS-Nr.: 0079350-37-1 C_{16}-H_{15}-N_5-O_7-S_2
M_r 453.466

(Z)-7-[2-(2-Aminothiazol-4-yl)-2-(carboxymethoxyimino)acetamido]-3-vinyl-3-cephem-4-carboxylic acid

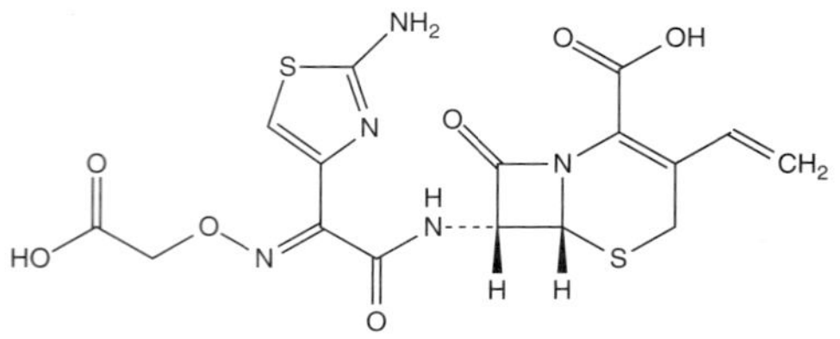

OS: *Cefixime [USAN, BAN, JAN]*
OS: *Céfixime [DCF]*
IS: *FK 027*
IS: *FR 17027 (Fujisawa, Japan)*
PH: Cefixime [JP XIV]

Afixime® (Asiatic Lab: BD)
Afix® (Aristopharma: BD)
Bestcef® (Bio-Pharma: BD)
Cefim® (ACI: BD)
Cefixim Domesco® (Domesco: VN)
Cefixim HG.Pharm® (HG.Pharm: VN)
Cefixim MKP® (Mekophar: VN)
Cefixim-100 XL Lab® (XL: VN)
Cefixima Baldacci® (Baldacci: PT)
Cefixima Generis® (Generis: PT)
Cefixima Genfar® (Genfar: CO)
Cefixima Germed® (Germed: PT)
Cefixima Jaba® (Jaba: PT)
Cefixima Labesfal® (Labesfal: PT)
Cefixim® (Alkaloid: HR)
Cefixim® (Ibn Sina: BD)
Cefixoral® (Menarini: IT)
Cefix® (Globe: BD)
Cefspan® (Astellas: TH)
Cefspan® (Fujisawa: JP)
Cefspan® (Kalbe: ID)
Cefspan® (O.P.V.: VN)
Ceftid® (Opsonin: BD)
Ceftoral® (Vianex: GR)
Cefurex® (Amico: BD)
Cephoral® (Astellas: CH)
Ceptik® (Interbat: ID)
CFIX® (Fujisawa: JP)
Cipcef® (Cipla: VN)
Comsporin® (Combiphar: ID)
Covocef-N® (Anfarm: GR)
Devoxim® (Procaps: CO)
Duracef® (Navana: BD)
Eficef® (Antibiotice: RO)
Emixef® (Incepta: BD)
Excef® (Chemist: BD)
Exiben® (Benham: BD)
Fefexim® (Doctor's Chemical Work: BD)
Fexim® (Doctor's Chemical Work: BD)
Fixef® (Dankos: ID)
Fixime® (Merck Generics: ZA)
Fixiphar® (Pharos: ID)
Fixx® (Unichem: VN)
G-Fix® (Gaco: BD)
Infix® (Indofarma: ID)
Keor® (Rephco: BD)
Lanfix® (Landson: ID)
Loxim® (Techno: BD)
Maxicef® [compr.] (Atral: PE)
Novacef® (Gador: AR)
Odacef® (Unimed & Unihealth: BD)
Ofex® (Delta: BD)
Orcef® (Renata: BD)
Orfix® (Mystic: BD)
Pancef® (Alkaloid: BA, RS, SI)
Plenax® (Merck: BR)
Prexim® (Ziska: BD)
Roxim® (Eskayef: BD)
Sofix® (Soho: ID)
Spancef® (Medikon: ID)
Spaxim® (Prima: ID)
Starcef® (Dexa Medica: ID)
Supran® (Teva: IL)
Supraxim® (Silva: BD)
Suprax® (Dankos: ID)
Suprax® (Eczacibasi: TR)
Suprax® (Gedeon Richter: RU)
Suprax® (Hikma: AE, BH, EG, IQ, JO, KW, LB, LY, OM, QA, SA, SD, SY, TN, YE)
Suprax® (Lupin: US)
Suprax® (Sanofi-Aventis: CA, GB, IE)
Suprax® (Sumitomo: JP)
Suprax® (Wyeth: IT)
T-Cef® (Drug International: BD)
Tgocef® (Somatec: BD)
Tifaxcin® (XL: VN)
Tregecef® (Medichem: PH)
Tricef® (Bial: PT)
Tricef® (Merck: AT, CL)
Tricef® (Merck KGaA: DE)
Tricef® (Yamanouchi: LU)
Truso® (Orion: BD)
Ultraxime® (Pediatrica: PH)
Unixime® (Firma: IT)
Urotricef® (Merck: CL)
Zefral® (UAP: PH)
Zimaks® (Bilim: TR)

– trihydrate:

CAS-Nr.: 0125110-14-7
OS: *Cefixime USAN*
PH: Cefixime Ph. Eur. 5, USP 30
PH: Cefiximum Ph. Eur. 5
PH: Cefixim Ph. Eur. 5
PH: Céfixime Ph. Eur. 5

Aerocef® (Astellas: AT)
Aerocef® (Fujisawa: AT)
Cef-3® (Square: BD)
Cefixdura® (Merck dura: DE)
Cefixim 1A Pharma® (1A Pharma: DE)
Cefixim beta® (betapharm: DE)
Cefixim Hexal® (Hexal: AT, DE)
Cefixim Sandoz® (Sandoz: AT, DE)

Cefixim-CT® (CT: DE)
Cefixim-ratiopharm® (ratiopharm: DE)
Cefixima Farmoz® (Farmoz: PT)
Cefixima Normon® (Normon: ES)
Cefixima Sandoz® (Sandoz: AT, DE, ES)
Cefixim® (Merck: AT)
Cephoral® (Merck: DE)
Denvar® (Merck: CR, DO, ES, GT, HN, MX, NI, PA, PE, SV)
Fix-A® (Acme: BD)
Fixim® (Unipharm: CR, GT, HN, NI, SV)
Fixim® (Yamanouchi: NL)
Fixx® (Unichem: IN)
Infectoopticef® (Infectopharm: DE)
Maxpro® (Meprofarm: ID)
Necopen® (Esteve: ES)
Neocef® (Atral: PT)
Oroken® (Sanofi-Aventis: BF, BJ, CF, CG, CI, CM, FR, GA, GN, MG, ML, MR, MU, NE, SN, TD, TG, ZR)
Profix® (Medicon: BD)
Sporetik® (Sanbe: ID)
Suprax® (Astellas: DE)
Suprax® (Gedeon Richter: CZ, HU)
Texit® (Apex: BD)
Tocef® (Bernofarm: ID)
Tocef® (General Pharma: BD)
Triocef® (Nipa: BD)
Triocim® (Beximco: BD)
Uro Cephoral® (Merck KGaA: DE)
Uro-Cephoral® (Merck: DE)
Vixcef® (Bagó: AR)

Cefmenoxime (Rec.INN)

L: Cefmenoximum
D: Cefmenoxim
F: Cefménoxime
S: Cefmenoxima

Antibiotic, cephalosporin

ATC: J01DD05
CAS-Nr.: 0065085-01-0 C_{16}-H_{17}-N_9-O_5-S_3
M_r 511.582

(6R,7R)-7-[2-(2-Amino-4-thiazolyl)glyoxylamido]-3-[[(1-methyl-1H-tetrazol-5-yl)thio]methyl]-8-oxo-5-thia-1-azabicyclo[4.2.0]oct-2-ene-2-carboxylic acid 7²-(Z)-(O-methyloxime)

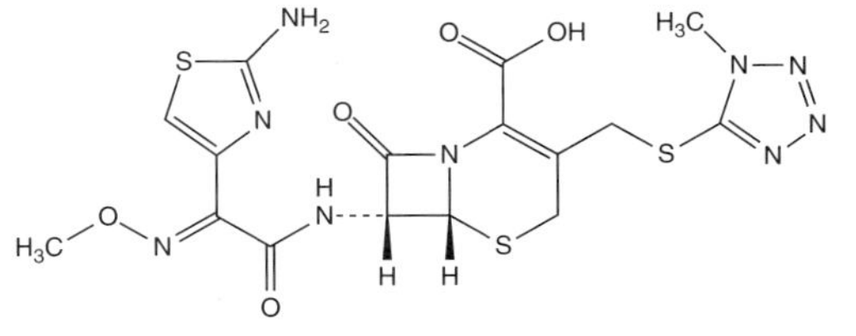

OS: *Cefménoxime [DCF]*
IS: *SCE 1365 (Takeda, Japan)*

– hydrochloride:

CAS-Nr.: 0075738-58-8
OS: *Cefmenoxime hemihydrochloride JAN*
OS: *Cefmenoxime Hydrochloride JAN, USAN*
IS: *Abbott 50192 (Abbott, USA)*
IS: *Cefmenoxim hemihydrochlorid*
PH: Cefmenoxime Hydrochloride JP XVI, USP 30

Bestcall® (Takeda: JP)
Bestron® (Senju: JP)
Tacef® (Grünenthal: AT)
Tacef® (Takeda: JP)
Tacef® (Vianex: GR)

Cefmetazole (Rec.INN)

L: Cefmetazolum
D: Cefmetazol
F: Cefmétazole
S: Cefmetazol

Antibiotic, cephalosporin

ATC: J01DC09
CAS-Nr.: 0056796-20-4 C_{15}-H_{17}-N_7-O_5-S_3
M_r 471.551

(6R,7R)-7-[2-[(Cyanomethyl)thio]acetamido]-7-methoxy-3-[[(1-methyl-1H-tetrazol-5-yl)thio]methyl]-8-oxo-5-thia-1-azabicyclo[4.2.0]oct-2-ene-2-carboxylic acid

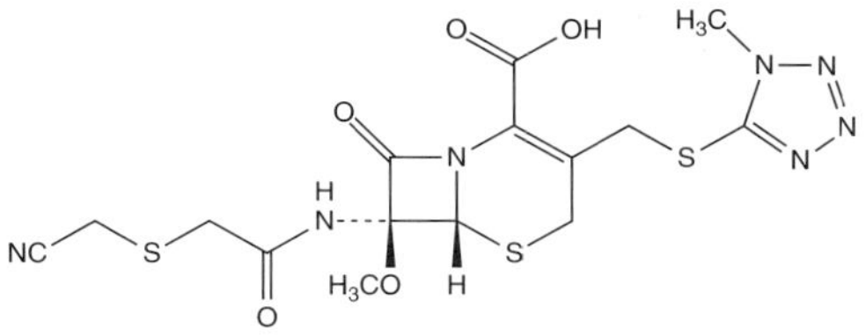

OS: *Cefmetazole [USAN]*
IS: *CS 1170 (Sankyo, Japan)*
IS: *SKF 83088 (Smith Kline & French, USA)*
IS: *U 72791 (Upjohn, USA)*
PH: Cefmetazole [USP 30]

– sodium salt:

CAS-Nr.: 0056796-39-5
OS: *Cefmetazole Sodium JAN, USAN*
IS: *U 72791 A (Upjohn, USA)*
PH: Cefmetazole Sodium JP XIV, USP 30

Cefmetazon® (Sankyo: CN, ID, JP)
Metafar® (Lafare: IT)
Metax® (Kemifar: IT)

Cefminox (Prop.INN)

L: Cefminoxum
D: Cefminox
F: Cefminox
S: Cefminox

Antibiotic, cephalosporin

CAS-Nr.: 0075481-73-1 C_{16}-H_{21}-N_7-O_7-S_3
M_r 519.594

(6R,7S)-7-[2-[[(S)-2-Amino-2-carboxyethyl]thio]acetamido]-7-methoxy-3-[[(1-methyl-1H-tetrazol-5-yl)thio]-1-methyl]-8-oxo-5-thia-1-azabicyclo[4.2.0]oct-2-ene-2-carboxylic acid

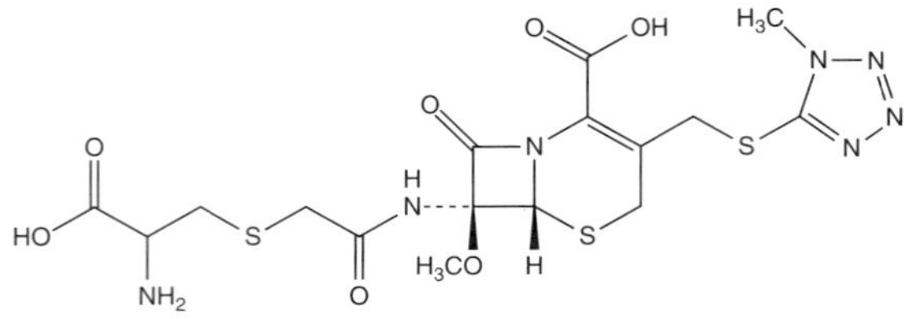

OS: *Cefminox [USAN]*

- **sodium salt:**

OS: *Cefminox Sodium JAN*
IS: *MT 141 (Meiji Seika, Japan)*
PH: Cefminox Sodium JP XIV

Meicelin® (Meiji: CN, JP, TH)
Tencef® (Tedec Meiji: ES)

Cefodizime (Rec.INN)

L: Cefodizimum
I: Cefodizima
D: Cefodizim
F: Céfodizime
S: Cefodizima

Antibiotic, cephalosporin

ATC: J01DD09
CAS-Nr.: 0069739-16-8 C_{20}-H_{20}-N_6-O_7-S_4
M_r 584.68

(6R,7R)-7-[2-(2-Amino-4-thiazolyl)glyoxylamido]-3-[[[5-(carboxymethyl)-4-methyl-2-thiazolyl]thio]methyl]-8-oxo-5-thia-1-azabicyclo[4.2.0]oct-2-ene-2-carboxylic acid 7^2-(Z)-(O-methyloxime)

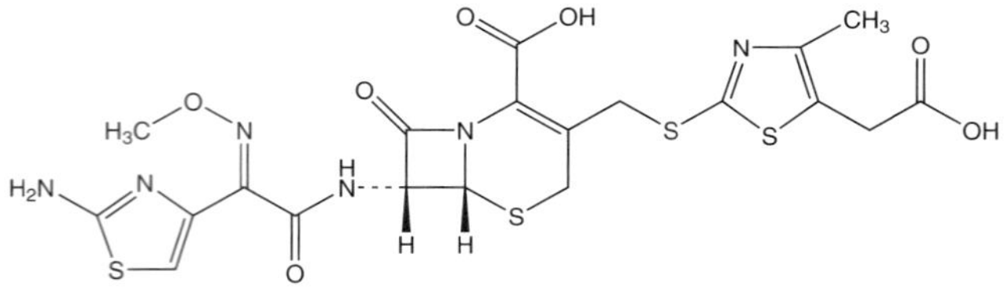

OS: *Cefodizime [BAN, USAN]*
OS: *Céfodizime [DCF]*
IS: *CDZM*
IS: *HR 221 (Hoechst Marion Roussel, Germany)*

- **disodium salt:**

CAS-Nr.: 0086329-79-5
OS: *Cefodizime Sodium BANM, JAN*
IS: *HR 221 (Hoechst)*
IS: *S 771221 B*
IS: *THR 221*

Diezime® (Recordati: IT)
Kenicef® (Taiho: JP)
Modivid® (Aventis: CR, DO, GT, HN, IT, NI, PA, SV)
Modivid® (Medac: DE)
Modivid® (Sanofi-Aventis: PT, TR)
Neucef® (Aventis: JP)
Timecef® (Aventis: AT, BR)
Timecef® (Lepetit: IT)

Cefonicid (Rec.INN)

L: Cefonicidum
I: Cefonicid
D: Cefonicid
F: Céfonicide
S: Cefonicid

Antibiotic, cephalosporin

ATC: JO1DC06
CAS-Nr.: 0061270-58-4 C_{18}-H_{18}-N_6-O_8-S_3
M_r 542.582

(6R,7R)-7-[(R)-Mandelamido]-8-oxo-3-[[[1-(sulfomethyl)-1H-tetrazol-5-yl]thio]methyl]-5-thia-1-azabicyclo[4.2.0]oct-2-ene-2-carboxylic acid

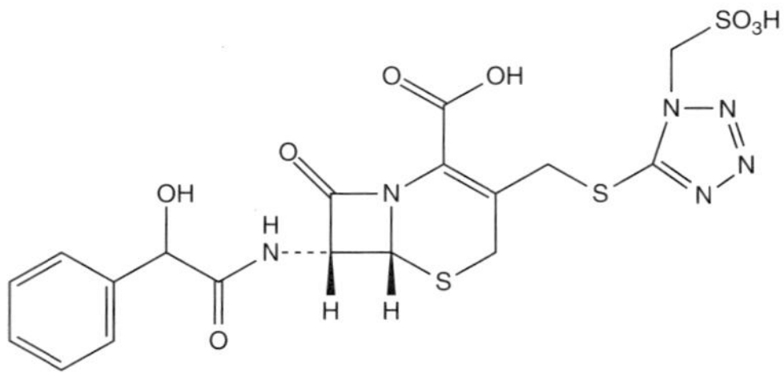

OS: *Cefonicid [BAN, DCIT]*
OS: *Céfonicide [DCF]*

Cefonicid IBI® (IBI: IT)
Monocef® (Goldshield: IL)

- **disodium salt:**

CAS-Nr.: 0061270-78-8
OS: *Cefonicid Sodium BANM, USAN*
IS: *SKF D 75073-Z 2 (Smith Kline & French, USA)*
PH: Cefonicid Sodium USP 30

Abiocef® (IBI: IT)
Bacid® (Farma 1: IT)
Biocil® (Ibirn: IT)
Bioticic® (PS Pharma: IT)
Cefobacter® (AGIPS: IT)
Cefodie® (Cristalfarma: IT)
Cefok® (K.B.R.: IT)
Cefonicid ABC® (ABC: IT)
Cefonicid Copernico® (Copernico: IT)
Cefonicid DOC® (DOC Generici: IT)
Cefonicid Dorom® (Dorom: IT)
Cefonicid EG® (EG: IT)
Cefonicid K24® (K24: IT)
Cefonicid Merck® (Merck Generics: IT)
Cefonicid Pantafarm® (Pantafarm: IT)
Cefonicid Pliva® (Pliva: IT)
Cefonicid Sandoz® (Sandoz: IT)
Cefonicid T.S.® (Farmaceutici T.S.: IT)
Cefonicid Teva® (Teva: IT)
Cefonicid Union Health® (Union Health: IT)
Cefonicid-ratiopharm® (Ratiopharm: IT)
Cefoplus® (Aesculapius: IT)
Chefir® (Drug Research: IT)
Daycef® (Sar.Pharm.: IT)
Diespor® (Biomedica Foscama: IT)
Emidoxin® (Magis: IT)

Epicef® (F.D. Farmaceutici: IT)
Fonicid® (Lafare: IT)
Framecef® (Levofarma: IT)
Ipacid® (IPA: IT)
Krucef® (Krugher: IT)
Lisa® (Lisapharma: IL, IT)
Maxid® (So.Se.: IT)
Modicef® (Ipso-Pharma: IT)
Modiem® (Piam: IT)
Monobios® (CT: IT)
Monobiotic® (Ecobi: IT)
Monocid® (Decomed: PT)
Monocid® (Rottapharm: ES)
Monocid® (Shire: IT)
Necid® (New Research: IT)
Nokid® (TAD: IT)
Parecid® (Proge: IT)
Praticef® (Caber: IT)
Raikocef® (Mediolanum: IT)
Sintocef® (Pulitzer: IT)
Sofarcid® (Sofar: IT)
Valecid® (Depofarma: IT)

– sodium salt:

CAS-Nr.: 0071420-79-6
OS: *Cefonicid Monosodium USAN*
IS: *SKF D-75073-Z*

Cefonicid Sodium-New Asiatic Pharm® (New Asiatic Pharm: CN)
Cefonicid Sodium® (Shanghai Pharma Group: CN)
Cefonicid-Teva® (Teva: IL)
Cefonicida Alter® (Alter: ES)
Cefonicida Bayvit® (Bayvit: ES)
Cefonicida Combino Pharm® (Combino: ES)
Cefonicida Edigen® (Edigen: ES)
Cefonicida Farmabion® (Farmabion: ES)
Cefonicida IPS® (IPS: ES)
Cefonicida Normon® (Normon: ES)
Cefonicida Pharmagenus® (Pharmagenus: ES)
Cefonicida Pliva® (Pliva: ES)
Cefonicida Rubio® (Rubio: ES)
Cefonicida Ur® (Cantabria: ES)
Cefonicida Vita® (Vita: ES)
Monocid® (GlaxoSmithKline: RO)
Monocid® (Rottapharm: ES)
Monocid® (Shire: IT)
Monocid® (SmithKline: ES)
Unidie Fournier® (Fournier: ES)

Cefoperazone (Rec.INN)

L: Cefoperazonum
I: Cefoperazone
D: Cefoperazon
F: Céfopérazone
S: Cefoperazona

⚕ Antibiotic, cephalosporin

ATC: J01DD12
CAS-Nr.: 0062893-19-0 C_{25}-H_{27}-N_9-O_8-S_2
M_r 645.701

(6R,7R)-7-[(R)-2-(4-Ethyl-2,3-dioxo-1-piperazinecarboxamido)-2-(p-hydroxyphenyl)acetamido]-3-[[(1-methyl-1H-tetrazol-5-yl)thio]methyl]-8-oxo-5-thia-1-azabicyclo[4.2.0]oct-2-ene-2-carboxylic acid

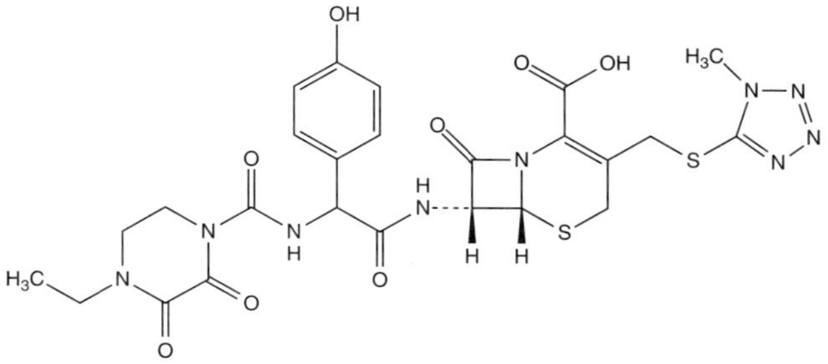

OS: *Cefoperazone [BAN, DCF, DCIT]*
IS: *CP 52640*

Betamicetina® [vet.] (Esteve Veterinaria: PT)
Cefotron® [vet.] (Pfizer Animal: PT)
Lyzone® (Lyka Labs: RO)
Pathozone® [vet.] (Pfizer Animal Health: BE)
Peracef® [vet.] (Pfizer: AT, CH)
Peracef® [vet.] (Pfizer Animal: DE)
Sulperason® [+Sulbactam] (Pfizer: RU)

– sodium salt:

CAS-Nr.: 0062893-20-3
OS: *Cefoperazone Sodium BANM, USAN*
IS: *CP 52640-2 (Pfizer, USA)*
IS: *T 1551*
PH: Cefoperazone Sodium JP XIV, USP 30, Ph. Eur. 5
PH: Cefoperazonum natricum Ph. Eur. 5
PH: Cefoperazon-Natrium Ph. Eur. 5
PH: Céfopérazone sodique Ph. Eur. 5

Bifopezon® (Bidiphar: VN)
Bifotik® (Sanbe: ID)
Biocefazon® (Bioton: PL)
Bioperazone® (Biopharma: IT)
Cefapor® (L.B.S.: VN)
Cefobid® (Farmasierra: ES)
Cefobid® (Pfizer: AE, AT, CL, CN, CO, CZ, CZ, GE, HK, HR, ID, JO, JP, OM, PL, RU, SG, TH, TR, US)
Cefobis® (Pfizer: VN)
Cefomycin® (Cadila: IN)
Cefoperazona con Sulbactam® [+ Sulbactam sodium salt] (Bestpharma: CL)
Cefoperazona Fabra® (Fabra: AR)
Cefoperazona Richet® (Richet: AR)
Cefoperazona Richmond® (Richmond: AR)
Cefoperazona® [+ Sulbactam sodium salt] (Richet: AR)
Cefoper® (Menarini: IT)
Cefozone® (Atlantic: SG, TH)
Cefozon® (E.I.P.I.C.O.: RO)
Ceperatam® (Hawon: VN)
Dardum® (Lisapharma: IT, PL, SG)
Farecef® (Lafare: IT)
Ferzobat® (Interbat: ID)
Logafox® (Meprofarm: ID)
Magnamycin® (Pfizer: IN)
Medocef® (Medochemie: BG, CN, RO, RU, SK, TH, UA)
Pathocef® [vet.] (Pfizer Animal Health: GB)

Pathozone® [vet.] (Pfizer: IT, NL)
Pathozone® [vet.] (Pfizer Animal: PT)
Pathozone® [vet.] (Pfizer Santé Animale: FR)
Stabixin® (Fahrenheit: ID)
Starmast® [vet.] (Intervet: IT)
Sulcef® [+Sulbactam sodium salt] (Medochemie: RU)
Sulperazon® [+ Sulbactam sodium salt] (Pfizer: CL, CN, CO, CZ, GE, HK, JP, PE, PL, TR, VN)

Ceforanide (Rec.INN)

L: Ceforanidum
D: Ceforanid
F: Céforanide
S: Ceforanida

Antibiotic, cephalosporin

ATC: J01DC11
ATCvet: QJ01DC11
CAS-Nr.: 0060925-61-3 C_{20}-H_{21}-N_7-O_6-S_2
M_r 519.578

(6R,7R)-7-[2-(alpha-Amino-2-tolyl)acetamido]-3-[[[1-(carboxymethyl)-1H-tetrazol-5-yl]thio]methyl]-8-oxo-5-thia-1-azabicyclo[4.2.0]oct-2-ene-2-carboxylic acid

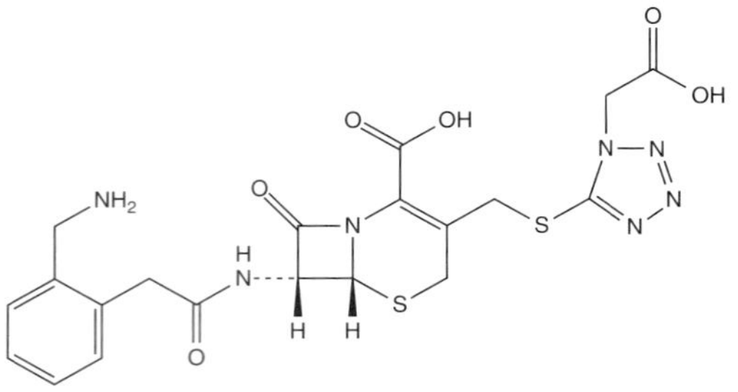

OS: *Ceforanide [BAN, DCF, USAN]*
IS: *BL-S 786 (Bristol, USA)*
PH: Ceforanide [USP 30]

Precef® (Bristol-Myers Squibb: BE, LU, US)

Cefoselis (Rec.INN)

L: Cefoselisum
D: Cefoselis
F: Cefoselis
S: Cefoselis

Antibiotic, cephalosporin

CAS-Nr.: 0122841-10-5 C_{19}-H_{22}-N_8-O_6-S_2
M_r 522.585

(-)-5-Amino-2-[[(6R,7R)-7-[2-(2-amino-4-thiazolyl)glyoxylamido]-2-carboxy-8-oxo-5-thia-1-azabicyclo[4.2.0]oct-2-en-3-yl]methyl]-1-(2-hydroxyethyl)pyrazolium hydroxyde, inner salt, 7^2-(Z)-(O-methyloxime) [WHO]

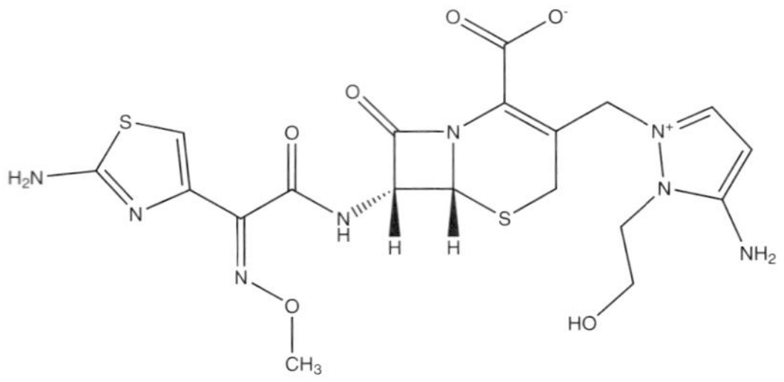

OS: *Cefoselis [USAN]*

– sulfate:
CAS-Nr.: 0122841-12-7
OS: *Cefoselis sulfate JAN*
IS: *FK 037 (Fujisawa, Japan)*
PH: Cefoselis Sulfate JP XIV

Wincef® (Fujisawa: JP)

Cefotaxime (Rec.INN)

L: Cefotaximum
I: Cefotaxima
D: Cefotaxim
F: Céfotaxime
S: Cefotaxima

Antibiotic, cephalosporin

ATC: J01DD01
CAS-Nr.: 0063527-52-6 C_{16}-H_{17}-N_5-O_7-S_2
M_r 455.482

(6R,7R)-7-[2-(2-Amino-4-thiazolyl)glyoxylamido]-3-(hydroxymethyl)-8-oxo-5-thia-1-azabicyclo[4.2.0]oct-2-ene-2-carboxylic acid alpha-(O-methyloxime), acetate (ester)

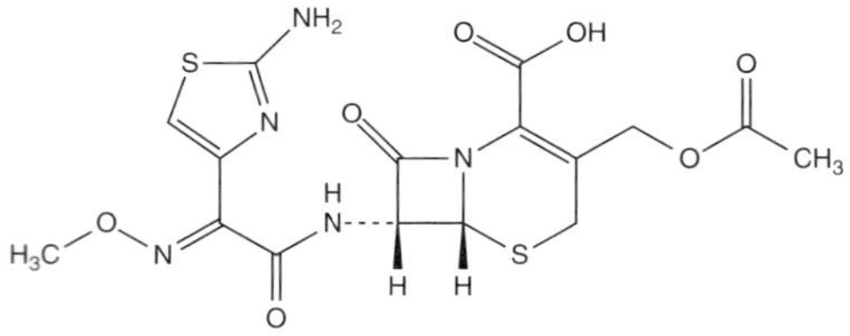

OS: *Cefotaxime [BAN, DCF]*
OS: *Cefotaxima [DCIT]*
IS: *RU 24662*

Cefotaxim Hikma® (Hikma: DE)
Cefotaxim Lek® (Lek: RU)
Cefotaxima Bestpharma® [sol.-inj.] (Bestpharma: PE)
Cefotaxima Genfar® (Genfar: CO)
Cefotaxima® (Blaskov: CO)
Cefotaxima® (Britania: PE)
Cefotaxima® (Ethicalpharma: PE)
Cefotaxima® (La Sante: PE)
Cefotaxima® (Memphis: CO)
Cefotaxima® (Pentacoop: CO)
Cefotaxima® (Vitalis: PE)

Cefotaxime® (Promed: RU)
Cefotaxone® (Bidiphar: VN)
Cefotax® (T3A: HU)
Cefotrial® [sol.-inj.] (Terbol: PE)
Ceftax® [sol.-inj.] (Ranbaxy: PE)
Ceftazidime® (Unique: RU)
Celaxin® (Life: EC)
Ciltiren® (Vocate: GR)
Claforan® [inj.] (Aventis: ZA)
Eftax® [inj.] (Ranbaxy: PE)
Flemycin® (Elpen: GR)
Fotexina® [inj.] (Schein: PE)
Gloryfen® (Help: GR)
Gramotax® (Brown & Burk: LK)
Grifotaxima Lch® [inj.] (LCH Newpharm: PE)
Intrataxime® (LDP: RU)
Kefotax® (Sandoz: ZA)
Kepoxin® (Biochimico: BR)
Naspor® (Genepharm: GR, PE)
Phacocef® (Bros: GR)
Pharmacare-Cefotaxime® (Aspen: ZA)
Sab-Cefotaxime® (Critical Care: ZA)
Solubilax® (Rafarm: GR)
Spirosine® (Faran: GR)
Talcef® (Avsa: PE)
Talcef® (Ipca: RU)
Tarcefoksym® (Polfa Tarchomin: RU)
Taxim® (Bosnalijek: BA)
Tolycar® (Jugoremedija: RS)
Totam® (Cipla: ZA)

– **sodium salt:**

CAS-Nr.: 0064485-93-4
OS: *Cefotaxime Sodium BANM, USAN*
IS: *CTX*
IS: *HR 756*
IS: *RU 24756*
PH: Cefotaxime Sodium Ph. Eur.5, JP XIV, USP 30
PH: Cefotaximum natricum Ph. Eur.5
PH: Cefotaxim-Natrium Ph. Eur.5
PH: Céfotaxime sodique Ph. Eur.5

Abricef® (Actavis: GE)
Abricef® (Balkanpharma: BG)
Aximad® (Pulitzer: IT)
Batixim® (So.Se.: IT)
Baxima® (Sandoz: ID)
Betaksim® (Mustafa Nevzat: BA, TR)
Biocef® (Otto: ID)
Biosint® (Liomont: MX)
Biotaksym® (Bioton: PL)
Biotaxime® (Biolab: TH)
Biotax® (Biochem: IN)
Cefacolin® (Northia: AR)
Cefalekol® (Teva: HU)
Cefomic® (L.B.S.: VN)
Cefomic® (LBS: TH)
Cefomit® (Magis: IT)
Ceforan® (Ampharco: VN)
Ceforan® (GDH: TH)
Ceforan® (Meizler: BR)
Cefor® (Meiji: ID)
Cefotaksim® (Farmal: HR)
Cefotaksim® (Lek: BA, SI)
Cefotaksim® (Zdravlje: RS)
Cefotamax® (Avsa: PE)
Cefotamax® (Cellofarm Farmacêutica: BR)
Cefotax T3A® (T3A: RO)
Cefotaxim Abbott® (Abbott: AT)
Cefotaxim ACS® (ACS: DK, NO)
Cefotaxim Carino® (Carinopharm: DE)
Cefotaxim Copyfarm® (Copyfarm: SE)
Cefotaxim curasan® (DeltaSelect: DE)
Cefotaxim Hexal® (Hexal: DE)
Cefotaxim MIP® (MIP: PL)
Cefotaxim PCH® (Pharmachemie: NL)
Cefotaxim Sandoz® (Sandoz: BE, DE, DK, NL, SE)
Cefotaxim Stragen® (Stragen: DK, SE)
Cefotaxim Teva® (Teva: SE)
Cefotaxim-ratiopharm® (ratiopharm: DE)
Cefotaxim-Sandoz® (Sandoz: LU)
Cefotaxima ABC® (ABC: IT)
Cefotaxima Biochemie® (Biochemie: CO)
Cefotaxima Centrum® (Centrum: ES)
Cefotaxima Chiesi® (Chiesi: ES)
Cefotaxima Combino Pharm® (Combino: ES)
Cefotaxima CT® (CT: IT)
Cefotaxima Domac® (Lesvi: ES)
Cefotaxima Edigen® (Edigen: ES)
Cefotaxima EG® (EG: IT)
Cefotaxima Fabra® (Fabra: AR)
Cefotaxima Generis® (Generis: ES)
Cefotaxima Ges® (Ges Genericos: ES)
Cefotaxima ICN® (ICN: ES)
Cefotaxima IPS® (IPS: ES)
Cefotaxima Jet® (Jet: IT)
Cefotaxima Klonal® (Klonal: AR)
Cefotaxima Level® (Ern: ES)
Cefotaxima Normon® (Normon: ES)
Cefotaxima Pantafarm® (Pantafarm: IT)
Cefotaxima Pliva® (Pliva: IT)
Cefotaxima Richet® (Richet: AR)
Cefotaxima Sala® (Ramon: ES)
Cefotaxima Sandoz® (Sandoz: ES, IT)
Cefotaxima Sodica® [inj.] (Eurofarma: BR)
Cefotaxima Tad® (TAD: IT)
Cefotaxima Teva® (Teva: IT)
Cefotaxima Torlan® (Torlan: ES)
Cefotaxima/Grifotaxima® (Payam Neda: BR)
Cefotaxima® (Bestpharma: CL)
Cefotaxima® (Volta: CL)
Cefotaxime ACS Dobfar® (ACS: IT)
Cefotaxime Drawer® (Drawer: AR)
Cefotaxime Hexpharm® (Hexpharm: ID)
Cefotaxime IBI® (IBI: IT)
Cefotaxime Indo Farma® (Indofarma: ID)
Cefotaxime Lek® (Lek: CZ)
Cefotaxime Max Farma® (Max Farma: IT)
Cefotaxime Mayne® (Mayne: IT)
Cefotaxime Merck® (Merck Generics: IT)
Cefotaxime Piam® (Piam: IT)
Cefotaxime PRC® (PRC: IT)
Cefotaxime Sandoz® (Mayne: AU)
Cefotaxime Sodium for Injection® (Abraxis: US)
Cefotaxime Sodium for Injection® (DBL: NZ)
Cefotaxime Sodium for Injection® (Mayne: AU)
Cefotaxime® (AFT: NZ)
Cefotaxime® (Biopharm: RU)
Cefotaxime® (Lek: CZ, RO)
Cefotaxime® (Shreya: RU)
Cefotaxime® (SIC: RS)

Cefotaxime® (Wockhardt: GB)
Cefotaxim® (ACS: NO)
Cefotaxim® (Antibiotice: RO)
Cefotaxim® (Indofarma: ID)
Cefotax® (Atlantic: TH)
Cefotax® (Chugai: JP)
Cefotax® (E.I.P.I.C.O.: RO)
Cefotax® (Infaca: DO)
Cefotax® (Roussel: JP)
Cefot® (Magnachem: DO)
Ceftaran® (Thai Nakorn Patana: TH)
Ceftaxan® (Umeda: TH)
Ceftax® (Hikma: AE, BH, CZ, EG, IQ, JO, KW, LB, LY, OM, QA, SA, SD, SY, TN, YE)
Centiax® (Errekappa: IT)
Clacef® (Dexa Medica: ID, SG)
Claforan® (Aventis: AU, CR, CZ, DK, DO, EC, ES, GH, GR, GT, HN, IN, IS, KE, LU, NG, NI, PA, PE, PH, SI, SV, TH, ZW)
Claforan® (Aventis Pharma: ID)
Claforan® (Hoechst: BR)
Claforan® (ICN: CZ)
Claforan® (Lepetit: IT)
Claforan® (Roussel: VN)
Claforan® (Sanofi-Aventis: AT, BD, BE, CA, CH, DE, FI, FR, GB, GE, HK, HU, IE, IL, MX, NL, RU, SE, SG, US)
Claraxim® (Siam Bheasach: TH)
Clatax® (Fahrenheit: ID)
Combicef® (Combiphar: ID)
Céfotaxime Dakota Pharm® (Dakota: FR)
Céfotaxime Panpharma® (Panpharma: FR)
Deforan® [inj.] (Deva: TR)
Diabac® (Drug International: BD)
Efotax® (Meprofarm: ID)
Fontax® (Unison: TH)
Fortax® (Dankos: TH)
Fot-Amsa® (Antibioticos: MX)
Fotax® (M & H: TH)
Fotexina® (Comerciosa: EC)
Fotexina® (Ecar: CO)
Fotexina® (Pisa: MX)
Foxim® (Dankos: ID)
Goforan® (Guardian: ID)
Incetax® (Indofarma: ID)
Kalfoxim® (Kalbe: ID)
Kalfoxim® (Kalbe Farma: LK)
Klafotaxim® (Be-Tabs: ZA)
Lancef® (Landson: ID)
Lapixime® (Lapi: ID)
Letynol® (Norma: GR)
Lirgosin® (Fidia: IT)
Lyforan® (Hetero: IN)
Lyforan® (Lyka Labs: RO)
Makrocef® (Krka: BA, SI)
Mastovet® (Pharmathen: GR)
Maxcef® (Square: BD)
Medotaxime® (SRS Pharmaceuticals: VN)
Molelant® (Chrispa: GR)
Motaxim® (Millimed: TH)
Omnatax® (Nicholas: IN)
Opetaxime 1g IM/IV® (O.P.V.: VN)
Oritaxim® (Cadila: RU)
Pantaxin® (Panpharma: PH)
Primafen® (Aventis: ES)
Ralopar® (Sanofi-Aventis: PT)
Rantaksym® (Ranbaxy: PL)
Refotax® (Farma 1: IT)
Reftax® (Ranbaxy: ZA)
Rycef® (Interbat: ID)
Salocef® (New Research: IT)
Sefagen® (Bilim: TR)
Sefotak® (Eczacibasi: RO, TR)
Sefotak® (ICN: CZ)
Soclaf® (Soho: ID)
Spectrocef® (Epifarma: IT)
Starclaf® (Pharos: ID)
Stoparen® (Anfarm: GR)
Tafocex® (Finmedical: IT)
Tarcefoksym® (Polfa Tarchomin: PL)
Taxcef® (Ranbaxy: CZ)
Taxegram® (Sanbe: ID)
Taximax® (Nufarindo: ID)
Taxime® (Pharmatex: IT)
Taxim® (Acme: BD)
Taxocef® (Toprak: TR)
Tebruxim® (Bruluagsa: MX)
Terasep® (Fada: AR)
Tirotax® (Sandoz: HU, MX, NL, PL)
Tizoxim® (Richmond: AR, PE)
Valoran® (Medochemie: HK)
Xame® (Lisapharma: IT)
Xendin® (Salus: MX)
Zariviz® (Aventis: IT)
Zetaxim® (Wockhardt: IN)
Zimanel® (Proge: IT)

Cefotetan (Rec.INN)

L: Cefotetanum
I: Cefotetan
D: Cefotetan
F: Céfotétan
S: Cefotetán

Antibiotic, cephalosporin

ATC: J01DC05
CAS-Nr.: 0069712-56-7 C_{17}-H_{17}-N_7-O_8-S_4
M_r 575.633

(6R,7S)-4-[[2-Carboxy-7-methoxy-3-[[(1-methyl-1H-tetrazol-5-yl)thio]methyl]-8-oxo-5-thia-1-azabicyclo[4.2.0]oct-2-ene-7-yl)carbamoyl]-1,3-dithietane-Delta2,alpha-malonamic acid

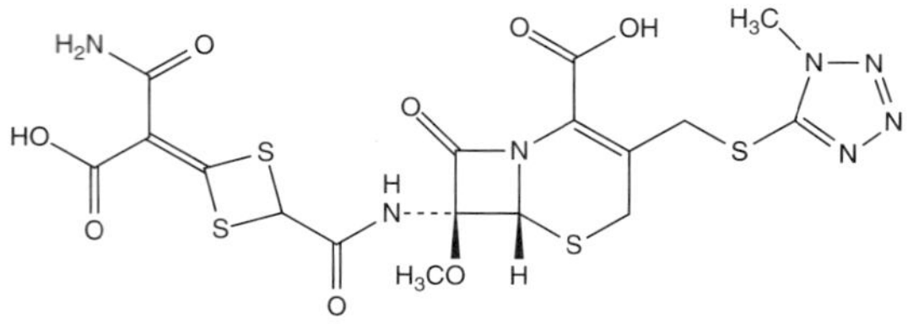

OS: *Cefotetan [BAN, DCIT, USAN]*
OS: *Céfotétan [DCF]*
IS: *ICI 156834 (Zeneca, GB)*
IS: *YM 09330 (Yamanouchi, Japan)*
PH: Cefotetan [JP XIV, USP 30]

– disodium salt:

CAS-Nr.: 0074356-00-6
OS: *Cefotetan Disodium USAN*

OS: *Cefotetan Sodium JAN*
IS: *YM 09330*
PH: Cefotetan Disodium USP 26

Apatef® (AstraZeneca: IT)
Apatef® (Lederle: AU)
Cefotan® (AstraZeneca: US)
Cefotan® (Wyeth: CA)
Yamatetan® (Yamanouchi: JP)

Cefotiam (Rec.INN)

L: Cefotiamum
D: Cefotiam
F: Céfotiam
S: Cefotiam

Antibiotic, cephalosporin

ATC: J01DC07
CAS-Nr.: 0061622-34-2 C_{18}-H_{23}-N_9-O_4-S_3
M_r 525.652

(6R,7R)-7-[2-(2-Amino-4-thiazolyl)acetamido]-3-[[[1-[2-(dimethylamino)ethyl]-1H-tetrazol-5-yl]thio]methyl]-8-oxo-5-thia-1-azabicyclo[4.2.0]oct-2-ene-2-carboxylic acid

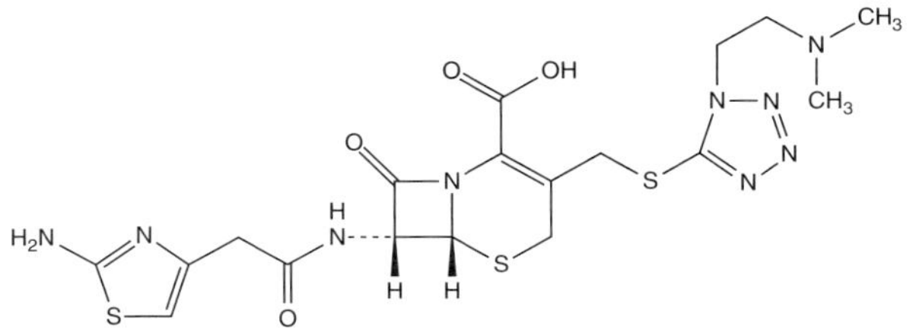

OS: *Cefotiam [BAN]*
OS: *Céfotiam [DCF]*
IS: *CGP 14221/E*
IS: *CGP/E*
IS: *CTM*

Aspil® (Fahrenheit: ID)

– dihydrochloride:

CAS-Nr.: 0066309-69-1
OS: *Cefotiam Hydrochloride BANM, JAN, USAN*
IS: *Abbott 48999 (Abbott, USA)*
IS: *CGP 14221/E*
IS: *SCE 963 (Takeda, Japan)*
PH: Cefotiam Hydrochloride JP XIV, USP 30

Cefradol® (Ferron: ID)
Ceradolan® (Takeda: ID, PH, SG, TH)
Fodiclo® (Interbat: ID)
Fotaram® (Sanbe: ID)
Pansporin® (Takeda: JP)
Spizef® (Grünenthal: AT, DE)
Spizef® (Takeda: JP)

– hexetil hydrochloride:

OS: *Cefotiam Hexetil Hydrochloride JAN*
PH: Cefotiam Hexetil Hydrochloride JP XIV

Ceradolan® (Takeda: ID)
Pansporin T® (Takeda: JP)
Taketiam® (Takeda: FR)
Texodil® (Grünenthal: FR)

Cefoxitin (Rec.INN)

L: Cefoxitinum
I: Cefoxitina
D: Cefoxitin
F: Céfoxitine
S: Cefoxitina

Antibiotic, cephalosporin, cephalosporinase-resistant

ATC: J01DC01
CAS-Nr.: 0035607-66-0 C_{16}-H_{17}-N_3-O_7-S_2
M_r 427.462

5-Thia-1-azabicyclo[4.2.0]oct-2-ene-2-carboxylic acid, 3-[[(aminocarbonyl)oxy]methyl]-7-methoxy-8-oxo-7-[(2-thienylacetyl)amino]-, (6R-cis)-

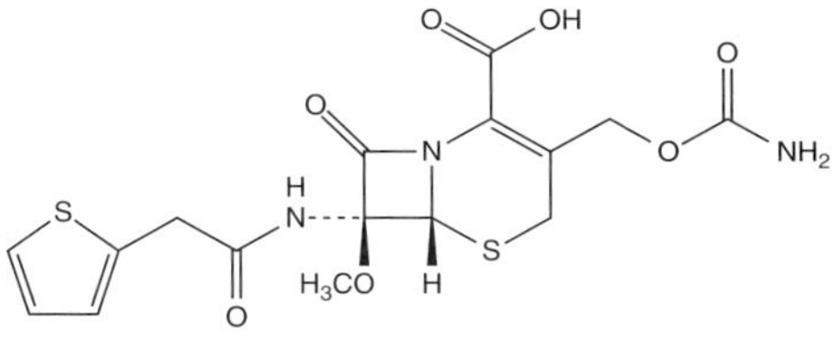

OS: *Cefoxitin [BAN, USAN]*
OS: *Céfoxitine [DCF]*
OS: *Cefoxitina [DCIT]*
IS: *CFX*

Atralxitina® (Atral: PE)
Céfoxitine Panpharma® (Panpharma: FR)

– sodium salt:

CAS-Nr.: 0033564-30-6
OS: *Cefoxitin Sodium BANM, USAN, JAN*
IS: *L 620 388*
IS: *MK 306 (Merck, USA)*
PH: Cefoxitin Sodium Ph. Eur. 5, JP XIV, USP 30
PH: Cefoxitinum natricum Ph. Eur. 5
PH: Cefoxitin-Natrium Ph. Eur. 5
PH: Céfoxitine sodique Ph. Eur. 5

Cefociclin® (Francia: IT)
Cefoxin® (Merck Sharp & Dohme: TH)
Cefoxitin Sodium for Injection DBL® (Mayne: AU)
Cefoxitin Sodium® (Abraxis: US)
Cefoxitin Sodium® (Apotex: US)
Cefoxitin Sodium® (Baxter: US)
Cefoxitin Sodium® (Braun: US)
Cefoxitina Normon® (Normon: ES)
Cefoxitina Richet® (Richet: AR)
Cefoxitin® (Novopharm: CA)
Cefoxona® (Richmond: AR, PE)
Cefox® (Millimed: TH)
Ceftixin® (Siam Bheasach: TH)
Cefxitin® (Siam Bheasach: TH)
Maxotin® (Unison: TH)
Mefoxil® (Vianex: GR)
Mefoxin® (Cahill May Roberts: IE)
Mefoxin® (Merck: AE, BH, CY, EG, IQ, IR, JO, KW, LB, OM, PE, QA, SA, SD, SY, US, YE)
Mefoxin® (Merck Sharp & Dohme: AN, AR, AU, AW, BB, BR, BS, BZ, CZ, GY, JM, KY, LU, NL, PH, PT, TT, ZA)
Mefoxin® (Visufarma: IT)
Mefoxitin® (Infectopharm: AT, DE)
Mefoxitin® (Merck Sharp & Dohme: AT, DE, ES)
Panafox® (Panpharma: PH)

Propoten® (Biochimico: BR)
Sabax Cefoxitin® (Critical Care: ZA)

Cefpiramide (Rec.INN)

L: Cefpiramidum
D: Cefpiramid
F: Cefpiramide
S: Cefpiramida

⚕ Antibiotic, cephalosporin

ATC: J01DD11
CAS-Nr.: 0070797-11-4 C_{25}-H_{24}-N_8-O_7-S_2
M_r 612.667

5-Thia-1-azabicyclo[4.2.0]oct-2-ene-2-carboxylic acid, 7-[[[[(4-hydroxy-6-methyl-3-pyridinyl)-carbonyl]amino](4-hydroxyphenyl)acetyl]amino]-3-[[(1-methyl-1H-tetrazol-5-yl)thio]methyl]-8-oxo-, [6R-[6α,-7β(R*)]]-

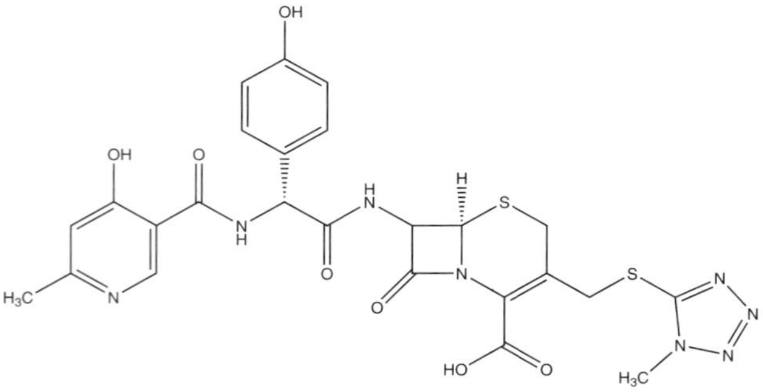

OS: *Cefpiramide [DCF, USAN]*
IS: *CPM*
IS: *Wy 44635 (Wyeth, USA)*
PH: Cefpiramide [USP 30]

– sodium salt:

CAS-Nr.: 0074849-93-7
OS: *Cefpiramide Sodium JAN, USAN*
IS: *SM 1652 (Sumitomo, Japan)*
PH: Cefpiramide Sodium JP XIV

Sepatren® (Sumitomo: JP)
Tamicin® (Lek: SI)

Cefpirome (Rec.INN)

L: Cefpiromum
D: Cefpirom
F: Cefpirome
S: Cefpiroma

⚕ Antibiotic, cephalosporin

ATC: J01DE02
CAS-Nr.: 0084957-29-9 C_{22}-H_{22}-N_6-O_5-S_2
M_r 514.598

1-(((6R,7R)-7-[2-(2-Amino-4-thiazolyl)glyoxylamido]-2-carboxy-8-oxo-5-thia-1-azabicyclo[4.2.0]oct-2-en-3-yl)methyl)-6,7-dihydro-5H-1-pyrindinium hydroxide, inner salt

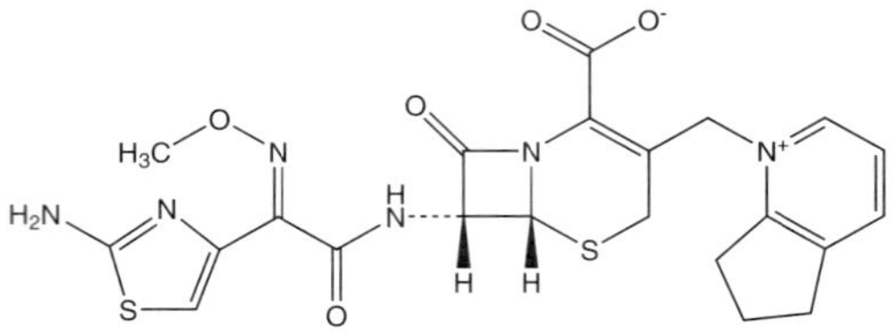

OS: *Cefpirome [BAN, DCF]*
IS: *CPR*
IS: *HR 810 (Hoechst Marion Roussel, Germany)*

Cefir® (Fahrenheit: ID)
Cefrin® (Dexa Medica: ID)
Cefrom® (Aventis Pharma: ID)
Cefron® [inj.] (Aventis: PE)
Romicef® (Meprofarm: ID)

– sulfate:

CAS-Nr.: 0098753-19-6
OS: *Cefpirome Sulfate USAN*
OS: *Cefpirome Sulphate BANM*
PH: Cefpirome Sulfate JP XIV

Cefrom® (Aventis: AU, CR, DO, GT, IN, LU, PE, PH, RS, SV, TH, ZA)
Cefrom® (Sanofi-Aventis: AT, FR, NL, RO)
Keiten® (Chugai: JP)

Cefpodoxime (Rec.INN)

L: Cefpodoximum
I: Cefpodoxima
D: Cefpodoxim
F: Cefpodoxime
S: Cefpodoxima

⚕ Antibiotic, cephalosporin, cephalosporinase-resistant

ATC: J01DD13
CAS-Nr.: 0080210-62-4 C_{15}-H_{17}-N_5-O_6-S_2
M_r 427.471

(+)-(6R,7R)-7-[2-(2-amino-4-thiazolyl)glyoxylamido]-3-(methoxymethyl)-8-oxo-5-thia-1-azabicyclo[4.2.0]oct-2-ene-2-carboxylic acid, 7^2-(Z)-(O-methlyloxime)

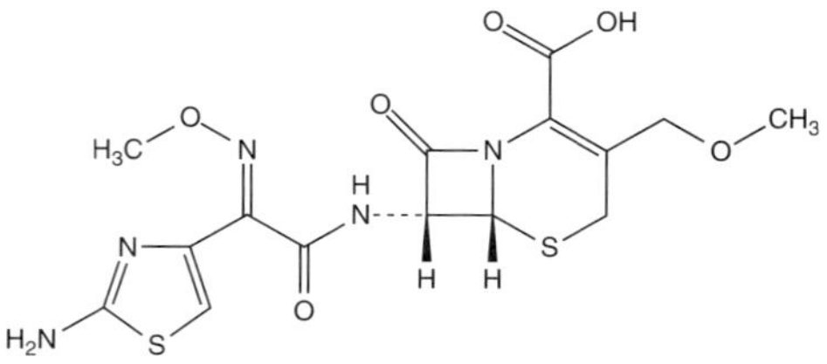

OS: *Cefpodoxime [BAN, DCF]*
IS: *R 3763*
IS: *CS 807 (Sankyo, Japan)*

Epoxim® (Peoples: BD)
Tambac® (Cadila: LK)

– proxetil:

CAS-Nr.: 0087239-81-4
OS: *Cefpodoxime Proxetil BANM, USAN*
IS: *CPDX-PR*
IS: *CS 807*
IS: *U 76252 (Upjohn)*
PH: Cefpodoxime Proxetil USP 30

Banan® (Sandoz: ID)
Banan® (Sankyo: CN, HK, JP, PH, TH)
Biocef® (Sandoz: AT)
Cefdox® (ACI: BD)
Cefirax® (Saval: CL)
Cefobid® (Unimed & Unihealth: BD)
Cefodox® (Erfa: LU)
Cefodox® (Sanofi-Aventis: IE)
Cefodox® (Scharper: IT)
Cefpo Basics® (Basics: DE)
Cefpodoxim AL® (Aliud: DE)
Cefpodoxim beta® (betapharm: DE)
Cefpodoxim Hexal® (Hexal: DE)
Cefpodoxim Sandoz® (Sandoz: CH, DE)
Cefpodoxim STADA® (Stadapharm: DE)
Cefpodoxim-1A Pharma® (1A Pharma: DE)
Cefpodoxim-CT® (CT: DE)
Cefpodoxim-dura® (Merck dura: DE)
Cefpodoxim-ratiopharm® (ratiopharm: DE)
Cefpodoxime Proxetil® (Ranbaxy: US)
Cepdoxim® (Alco: BD)
Cepodem® (Ranbaxy: CN, LK, ZA)
Cepodem® (Stancare: IN)
Desbac® (General Pharma: BD)
Dofixim® (Ibn Sina: BD)
Garia® (Daiichi Sankyo: ES)
Instana® (Farmacusi: ES)
Kelbium® (Daiichi Sankyo: ES)
Kelbium® (Faes: ES)
Orelox® (Aventis: IT, ZA)
Orelox® (Erfa: LU)
Orelox® (Sankyo: DE)
Orelox® (Sanofi-Aventis: BF, BJ, BR, CF, CG, CH, CI, CM, FR, GA, GB, GN, MG, ML, MR, MU, MX, NE, NL, SE, SN, TD, TG, ZR)
Otreon® (Daiichi Sankyo: ES)
Otreon® (Sankyo: AT, IT, NL)
Pedicef® (Orion: BD)
Podomexef® (Daiichi Sankyo: CH)
Podomexef® (Sankyo: DE)
Sefox® (Navana: BD)
Simplicef® [vet.] (Pharmacia: US)
Starin® (Eskayef: BD)
Taxetil® (Aristopharma: BD)
Trucef® (Renata: BD)
Vantin® (Pharmacia: US)
Vercef® (Beximco: BD)
Weijiexin® (Sunve: CN)
Ximeprox® (Incepta: BD)

Cefprozil (Rec.INN)

L: Cefprozilum
I: Cefprozil
D: Cefprozil
F: Cefprozil
S: Cefprozilo

⚕ Antibiotic, cephalosporin

ATC: J01DC10
CAS-Nr.: 0092665-29-7 C_{18}-H_{19}-N_3-O_5-S
M_r 389.44

(6R,7R)-7-[(R)-2-amino-2-(p-hydroxyphenyl)acetamido]-8-oxo-3-propenyl-5-thia-1-azabicyclo[4.2.0]oct-2-ene-2-carboxylic acid

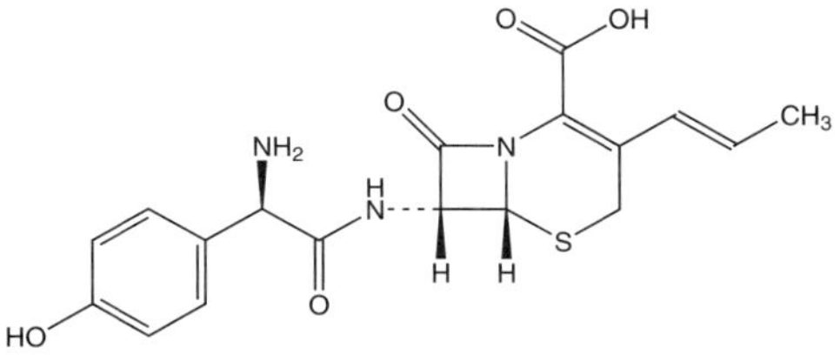

OS: *Cefprozil [BAN, DCF, USAN]*
IS: *BMY 28100 (Bristol-Myers Squibb)*
IS: *CFPZ*
IS: *CPR*

Arzimol® (Belmac: ES)
Brisoral® (Bristol-Myers Squibb: ES)
Cefzil® (Bristol-Myers Squibb: CA, CN, ID, PL, RO, RS, US)
Cefzil® (Jadran: HR)
Cefzil® (PharmaSwiss: SI)
Precef® (Apothecon: ES)
Refzil® (Ranbaxy: IN)
Serozil® (Bristol-Myers Squibb: TR)

– monohydrate:

CAS-Nr.: 0121123-17-9
OS: *Cefprozil USAN*
IS: *BMY 28100-03-800 (Bristol-Myers-Squibb, USA)*
PH: Cefprozil USP 30

Cefprozil® (Lupin: US)
Cefprozil® (Ranbaxy: US)
Cefprozil® (Sandoz: US)
Cefprozil® (Teva: US)
Cefzil® (Bristol-Myers Squibb: BR, CZ, HU)
Cronocef® (ICN: IT)
Procef® (Bristol-Myers Squibb: AT, CH, CO, CR, EC, GR, GT, HK, HN, NI, PA, PT, SG, SV, TH, ZA)
Procef® (Dompé: IT)
Prozef® (Bristol-Myers Squibb: ZA)
Radacefe® (Bristol-Myers Squibb: PT)
Rozicel® (Bristol-Myers Squibb: IT)

Cefquinome (Rec.INN)

L: Cefquinomum
D: Cefquinom
F: Cefquinome
S: Cefquinoma

⚕ Antibiotic, cephalosporin

CAS-Nr.: 0084957-30-2 C_{23}-H_{24}-N_6-O_5-S_2
M_r 528.625

(Z)-7-[2-(2-Amino-1,3-thiazol-4-yl)-2-(methoxyimino)acetamido]-3-(5,6,7,8-tetrahydroquinolinio-methyl)-3-cephem-4-carboxylate

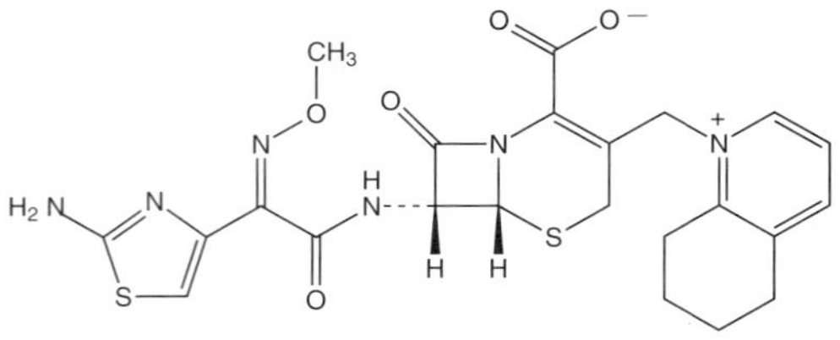

OS: *Cefquinome [BAN]*
IS: *HR 111V (Hoechst, Germany)*

Cephaguard® [vet.] (Intervet: GB)
Cobactan® [vet.] (Hoechst Animal Health: BE)
Cobactan® [vet.] (Hoechst Vet: PT)
Cobactan® [vet.] (Intervet: IT, NL, NZ)

– sulfate:

CAS-Nr.: 0118443-89-3
OS: *Cefquinome Sulfate USAN*
OS: *Cefquinome Sulphate BANM*
IS: *HR 111 V-sulfate (Hoechst-Roussel, USA)*

Cephaguard® [vet.] (Hoechst Vet: IE)
Cobactan® [vet.] (Intervet: AT, DE, FR, IT, LU, NZ, ZA)
Cobactan® [vet.] (Veterinaria: CH)

Cefradine (Rec.INN)

L: Cefradinum
I: Cefradina
D: Cefradin
F: Céfradine
S: Cefradina

⚕ Antibiotic, cephalosporin, cephalosporinase-sensitive

ATC: J01DB09
CAS-Nr.: 0038821-53-3 C_{16}-H_{19}-N_3-O_4-S
M_r 349.418

5-Thia-1-azabicyclo[4.2.0]oct-2-ene-2-carboxylic acid, 7-[(amino-1,4-cyclohexadien-1-ylacetyl)amino]-3-methyl-8-oxo-, [6R-[6α,7β(R*)]]-

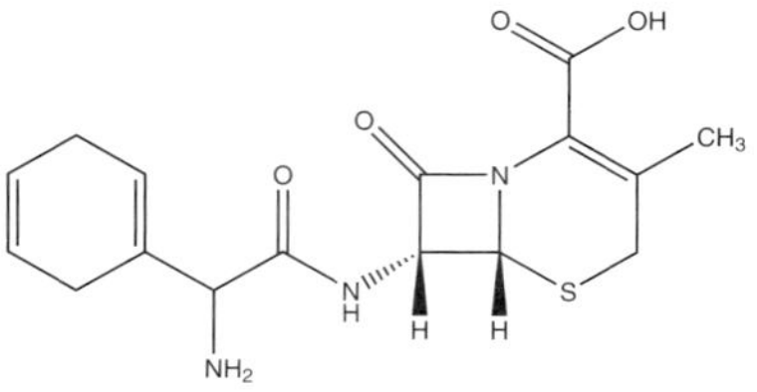

OS: *Cephradine [USAN, BAN]*
OS: *Céfradine [DCF]*
OS: *Cefradine [BAN, JAN]*
OS: *Cefradina [DCIT]*
IS: *SQ 11436 (Squibb, USA)*
IS: *SKF D 39304 (Smith Kline & French, USA)*
PH: Cefradine [Ph. Eur. 5, JP XIV, BP 2007]
PH: Cephradine [USP 30]
PH: Cefradinum [Ph. Eur. 5]
PH: Cefradin [Ph. Eur. 5]
PH: Céfradine [Ph. Eur. 5]

Abac® (Chemist: BD)
Ancef® (Unimed & Unihealth: BD)
Aphrin® (Apex: BD)
Avlosef® (ACI: BD)
Belocef® (Amico: BD)
Benocef® (Benham: BD)
Betasef® (Alco: BD)
Bifradin® (Bidiphar: VN)
Cefadin® (Ziska: BD)
Cefad® (Mystic: BD)
Cefdin® (Medicon: BD)
Ceflin® (Nipa: BD)
Cefradina Fmndtria® (Farmindustria: PE)
Cefradina Genfar® (Expofarma: CL)
Cefradina Genfar® (Genfar: CO, PE)
Cefradina L.CH.® (Chile: CL)
Cefradina LCH® (Ivax: PE)
Cefradina MK® (MK: CO)
Cefradinal® (Terbol: PE)
Cefradina® (AC Farma: PE)
Cefradina® (Bestpharma: CL)
Cefradina® (Blaskov: CO)
Cefradina® (Farmo Andina: PE)
Cefradina® (La Santé: CO)
Cefradina® (LCG: PE)
Cefradina® (Memphis: CO)
Cefradina® (Mintlab: CL)
Cefradina® (Pentacoop: CO, EC, PE)
Cefradina® (Terbol: PE)
Cefradina® (Vitalis: PE)
Cefradina® (Vitrofarma: PE)
Cefradine® (Generics: GB)
Cefradine® (Teva: GB)
Cefradur® (Atral: PT)
Cefra® (Donovan: GT)
Cefril® (Bristol-Myers Squibb: ZA)
Cephadin® (Square: BD)
Cephran® (Opsonin: BD)
Cephra® (Opsonin: BD)
Cephra® (Remedy: BD)
Ceproval® (Peoples: BD)
Cusef® (Delta: BD)
Dexef® (Dexo: FR)
Dicef® (Drug International: BD)
Dynacef® (Dexa Medica: ID)
Ecosporina® (Ecobi: IT)
Efrad® (Edruc: BD)
Eusef® (Globe: BD)
Extracef® (Aristopharma: BD, LK)
Intracef® (Beximco: BD)
Kefdrin® (GlaxoSmithKline: BD)
Kelsef® (Zydus: FR)
Lebac® (Square: BD)
Lindex® (Rangs: BD)
Lisacef® (Lisapharma: IT)
Lovecef® (Medikon: ID)

Medicef® (Medicon: BD)
Mega-Cef® (Hudson: BD)
Nicef® (Galen: GB)
Polycef® (Renata: BD)
Procef® (Incepta: BD)
Q-Sef® (Quantum: BD)
Reocef® (Rephco: BD)
Rocef® (Healthcare: BD)
Sefin® (Orion: BD)
Sefrad® (Sanofi-Aventis: BD)
Sefril® (Acme: BD)
Sefril® (Bristol-Myers Squibb: AT)
Sefro® (Navana: BD)
Senadex® (Biolink: PH)
Septacef® (Reig Jofre: ES)
Septacef® (Septa: ES)
Septa® (Doctor's Chemical Work: BD)
Sicef® (Silva: BD)
Sinaceph® (Ibn Sina: BD)
SK-Cef® (Eskayef: BD)
Sporin® (Marksman: BD)
Supracef® (Bio-Pharma: BD)
Tafril® (Polfa Tarchomin: PL)
Terbodina II® [inj.] (Terbol: PE)
Torped® (Orion: BD)
Tydin® (Somatec: BD)
Ultrasef® (Jayson: BD)
Valodin® (Hilton: LK)
Vecef® (Asiatic Lab: BD)
Velocef® [inj./caps./susp.] (Abeefe Bristol: PE)
Velocef® [inj./caps./susp.] (Bristol-Myers Squibb: ES)
Velogen® (General Pharma: BD)
Velosef® (Bristol-Myers Squibb: BE, CA, ET, GB, HK, ID, IE, KE, LU, NL, NZ, PT, TZ, UG, US)
Veracef® (Bristol-Myers Squibb: CO)
Zecef® (Gaco: BD)
Zeefra® (Bouchara: BF, CI, DZ, FR, GA, LU, MG, ML, SN)
Zeefra® (Bouchara-Recordati: HK)

Cefroxadine (Rec.INN)

L: Cefroxadinum
I: Cefroxadina
D: Cefroxadin
F: Céfroxadine
S: Cefroxadina

Antibiotic, cephalosporin

ATC: J01DB11
CAS-Nr.: 0051762-05-1 — C_{16}-H_{19}-N_3-O_5-S
M_r 365.418

5-Thia-1-azabicyclo[4.2.0]oct-2-ene-2-carboxylic acid, 7-[(amino-1,4-cyclohexadien-1-ylacetyl)amino]-3-methoxy-8-oxo-, [6R-[6α,7β(R*)]]-

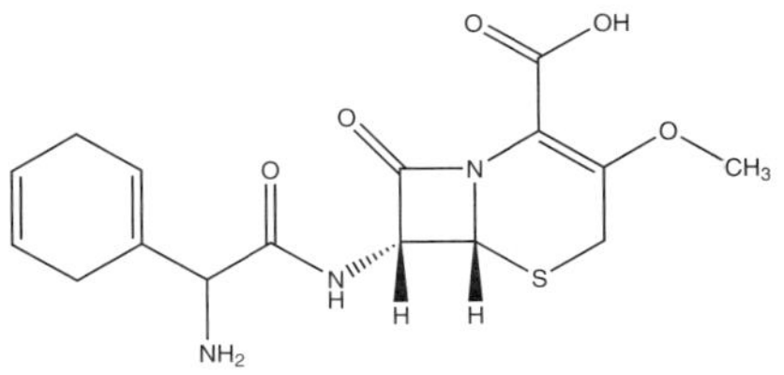

OS: *Cefroxadine [DCF, DCIT, USAN]*
IS: *CGP 9000*
PH: Cefroxadine [JP XIV]

Kanzacin® (Taisho: JP)

Cefsulodin (Rec.INN)

L: Cefsulodinum
D: Cefsulodin
F: Céfsulodine
S: Cefsulodina

Antibiotic, cephalosporin

ATC: J01DD03
CAS-Nr.: 0062587-73-9 — C_{22}-H_{20}-N_4-O_8-S_2
M_r 532.562

4-Carbamoyl-1-[[(6R,7R)-2-carboxy-8-oxo-7-[(2R)-2-phenyl-2-sulfoacetamido]-5-thia-1-azabicyclo[4.2.0]oct-2-en-3-yl]methyl]pyridinium hydroxide, inner salt

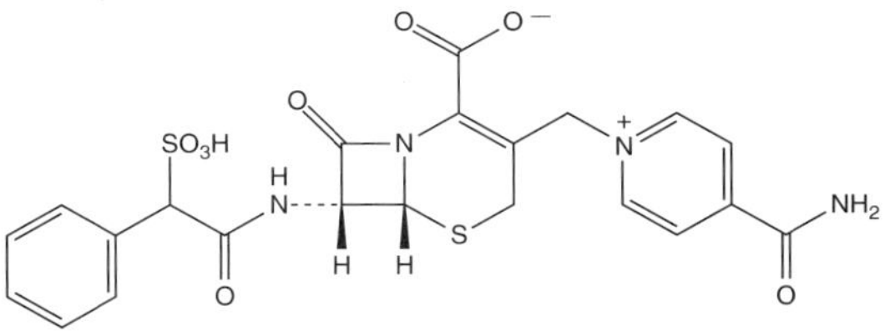

OS: *Cefsulodin [BAN]*
OS: *Cefsulodine [DCF]*
IS: *CGP 7174/E*
IS: *SCE 129*
IS: *Sulcephalosporin*

– sodium salt:
CAS-Nr.: 0052152-93-9
OS: *Cefsulodin Sodium BANM, JAN, USAN*
IS: *Abbott 46811*
IS: *CGP 7174/E (Ciba-Geigy, Switzerland)*
IS: *SCE 129*
PH: Cefsulodin Sodium JP XIV

Monaspor® (Grünenthal: AT)
Monaspor® (Novartis: ET, GH, KE, LY, MT, NG, SD, TZ, ZW)
Pyocéfal® (Takeda: FR)
Takesulin® (Takeda: JP)

Ceftazidime (Rec.INN)

L: Ceftazidimum
I: Ceftazidima
D: Ceftazidim
F: Ceftazidime
S: Ceftazidima

Antibiotic, cephalosporin

ATC: J01DD02
CAS-Nr.: 0072558-82-8 — C_{22}-H_{22}-N_6-O_7-S_2
M_r 546.598

1-[[(6R,7R)-7-[2-(2-Amino-4-thiazolyl)glyoxylamido]-2-carboxy-8-oxo-5-thia-1-azabicyclo[4.2.0]oct-2-en-3-yl]methyl]pyrimidinium hydroxyde, inner salt, 72-(Z)-[O-(1-carboxy-1-methylethyl)oxime]

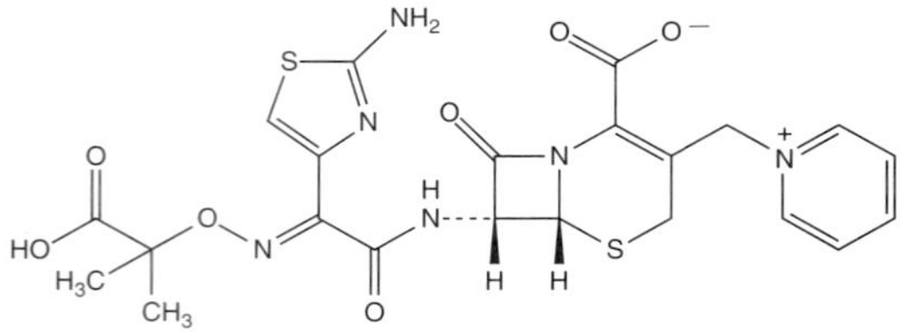

OS: *Ceftazidime [USAN, BAN, DCF, JAN]*
OS: *Ceftazidima [DCIT]*
IS: *CAZ*
IS: *GR 20263*
PH: Ceftazidime [JP XIV]

Bestum® (Wockhardt: RU)
Biotum® (Bioton: PL)
Cef-Dime® (Millimed: TH)
Cefazid® (Renata: BD)
Cefazima® (Inst. Biochimico: BR)
Cefpiran® [inj.] (Refasa: PE)
Ceftacef® [inj.] (Terbonova: PE)
Ceftamil® (Antibiotice: RO)
Ceftazidim Eberth® (Eberth: DE)
Ceftazidim Hexal® (Hexal: DE)
Ceftazidima 1G Fmndtria® (Farmindustria: PE)
Ceftazidima Bestpharma® [sol.-inj.] (Bestpharma: PE)
Ceftazidima Biocrom® (Biocrom: AR)
Ceftazidima Fmndtria® [inj.] (Farmindustria: PE)
Ceftazidima Genfar® (Genfar: CO)
Ceftazidima MF® [inj.] (Marfan: PE)
Ceftazidima® [inj.] (Biocrom: PE)
Ceftazidime® (Pharmaceutical Partners of Canada: CA)
Ceftazidim® (Biopharm: RU)
Ceftazidim® (Habit: RS)
Ceftazidina® [inj.] (Vitalis: PE)
Ceftazim® (Aristopharma: BD)
Ceftidin® (Hetero: IN)
Ceftidin® (Lyka Labs: RO)
Ceftram Amex® [inj.] (Amex: PE)
Ceftrum® (Drug International: BD)
Ceptaz® (GlaxoSmithKline Pharm.: US)
Cetazime® (T3A: HU, RO)
Dimase® (Unison: TH)
Fengdaxin® (Asia Pioneer: CN)
Fengdaxin® (Shanghai Pharma Group: CN)
Forcas® (Hemofarm: RS)
Fortaz® (GlaxoSmithKline: BR, US)
Fortum® (GlaxoSmithKline: AT, CN, GB, IN, PE, PL, SI)
Fortum® [vet.] (GlaxoSmithKline: GB)
Iesetum® (I.E. Ulagay: TR)
Kefadim® (Lilly: LU)
Kefadin® [vet.] (Lilly: GB)
Kefzim® (Lilly: ZA)
Mirocef® (Pliva: BA, HR, PL)
Pharodime® (Pharos: ID)
Serozid® (Opsonin: BD)
Sidobac® (Incepta: BD)
Tazidime® (Lilly: US)
Tenicef® (Pliva: HR)
Zidim® (Orion: BD)
Zitum® (ACI: BD)
Zytaz® (Cadila: IN)

– pentahydrate:

CAS-Nr.: 0078439-06-2
OS: *Ceftazidime USAN*
PH: Ceftazidim Ph. Eur. 5
PH: Ceftazidimum Ph. Eur. 53
PH: Ceftazidime USP 30, Ph. Eur. 5

Bicefzidim® (Bidiphar: VN)
Cedizim® (Farma 1: IT)
Cef-4® (Siam Bheasach: TH)
Cefazime® (Cheil: SG)
Ceffotan® (Proanmed: CO)
Cefodimex® (L.B.S.: VN)
Cefodime® (LBS: TH)
Cefortam® (Glaxo Wellcome: PT)
Ceftazidim Hexal® (Hexal: DE)
Ceftazidim PCH® (Pharmachemie: NL)
Ceftazidim Sandoz® (Sandoz: AT, DE, DK, FI, NL, NO, SE)
Ceftazidim-Pharmore® (Pharmore: DE)
Ceftazidim-ratiopharm® (ratiopharm: DE)
Ceftazidima Allen® (Allen: IT)
Ceftazidima Alter® (Alter: IT)
Ceftazidima Biopharma® (Biopharma: IT)
Ceftazidima CT® (CT: IT)
Ceftazidima DOC® (DOC Generici: IT)
Ceftazidima EG® (EG: IT)
Ceftazidima Fabra® (Fabra: AR)
Ceftazidima Gen Med® (Gen Med: AR)
Ceftazidima Klonal® (Klonal: AR)
Ceftazidima Larjan® (Veinfar: AR)
Ceftazidima Merck® (Merck: IT)
Ceftazidima Northia® (Northia: AR)
Ceftazidima Pliva® (Pliva: IT)
Ceftazidima ratiopharm® (Ratiopharm: IT)
Ceftazidima Richet® (Richet: AR)
Ceftazidima Sandoz® (Sandoz: IT)
Ceftazidima Teva® (Teva: IT)
Ceftazidima® (Bestpharma: CL)
Ceftazidima® (Volta: CL)
Ceftazidime Dexa Medica® (Dexa Medica: ID)
Ceftazidime Hexpharm® (Hexpharm: ID)
Ceftazidime® (Wockhardt: GB)
Ceftim® (Glaxo Allen: IT)
Ceftum® (Ferron: ID)
Cetazum® (Landson: ID)
Crima® (Fada: AR)
Dizatec® (Genetic: IT)
Extimon® (Interbat: ID)
Fortadim® (Umeda: TH)
Fortam® (GlaxoSmithKline: CH, ES)
Fortaz® (GlaxoSmithKline: BR, CA, US)
Fortumset® (GlaxoSmithKline: FR)
Fortum® (GlaxoSmithKline: AE, AG, AN, AR, AT, AU, AW, BA, BB, BD, BG, BH, CL, CR, CZ, DE, DK, DO, EC, FR, GB, GD, GE, GT, GY, HK, HN, HU, ID, IE, IL, IR, IS, JM, KW, LC, LK, MX, MY, NI, NL, NO, NZ, OM, PA, PE, PH, QA, RO, RS, RU, SE, SG, SV, TH, TR, TT, VC, VN, ZA)
Forzid® (Atlantic: TH)
Fribat® (Epifarma: IT)

Ftazidime® (Lilly: GR)
Glazidim® (GlaxoSmithKline: BE, FI, IT, LU)
Izadima® (Ecar: CO)
Izadima® (Schein: PE)
Kefadim® (Lilly: BR, CZ, ET, KE, LU, TZ, UG)
Kefamin® (Elanco: ES)
Kefamin® (Lilly: ES)
Kefazim® [inj.] (Astro: AT)
Lacedim® (Lapi: ID)
Lemoxol® (Demo: GR)
Liotixil® (Pulitzer: IT)
Malocef® (Pharmanel: GR)
Novocral® (Help: GR)
Panzid® (Valda: IT)
Pluseptic® (Duncan: AR)
Solvetan® (GlaxoSmithKline: GR)
Spectrum® (Sigma Tau: IT)
Starcef® (Firma: IT)
Tazalux® (Sandoz: NL)
Tazicef® (Hospira: US)
Tazidif® (Fidia: IT)
Tazidime® (Lilly: US)
Tazid® (Square: BD)
Thidim® (Kalbe: ID)
Tinacef® (Richmond: AR, PE)
Tottizim® (So.Se.: IT)
Zefidim® (Dankos: ID)
Zeftam M H® (M & H: TH)
Zibac® (Fahrenheit: ID)

Cefteram (Rec.INN)

L: Cefteramum
D: Cefteram
F: Cefteram
S: Cefteram

⚕ Antibiotic, cephalosporin

CAS-Nr.: 0082547-58-8 C_{16}-H_{17}-N_9-O_5-S_2
M_r 479.522

(+)-(6R,7R)-7-[2-(2-Amino-4-thiazolyl)glyoxylamido]-3-[(5-methyl-2H-tetrazol-2-yl)methyl]-8-oxo-5-thia-1-azabicyclo[4.2.0]oct-2-ene-2-carboxylic acid, 72-(Z)-(O-methyloxime)

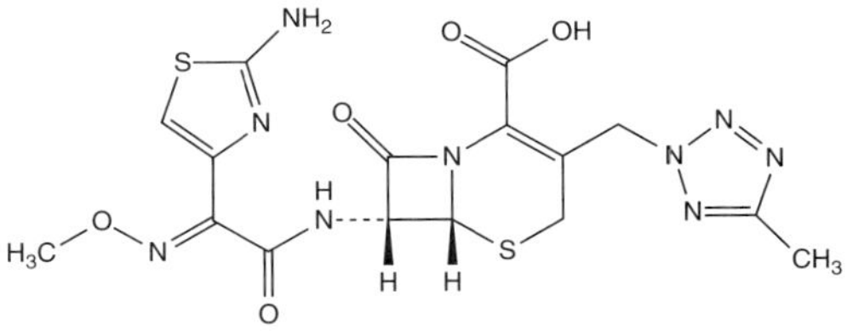

OS: *Cefteram [USAN]*
IS: *Ro 195247 (Roche, USA)*
IS: *T 2525 (Toyama, Japan)*

– pivoxil:

OS: *Cefteram Pivoxil JAN*
PH: Cefteram Pivoxil JP XIV

Tomiron® (Toyama: CN, JP)

Ceftezole (Rec.INN)

L: Ceftezolum
I: Ceftezolo
D: Ceftezol
F: Ceftézole
S: Ceftezol

⚕ Antibiotic, cephalosporin

ATC: J01DB12
CAS-Nr.: 0026973-24-0 C_{13}-H_{12}-N_8-O_4-S_3
M_r 440.499

5-Thia-1-azabicyclo[4.2.0]oct-2-ene-2-carboxylic acid, 8-oxo-7-[(1H-tetrazol-1-ylacetyl)amino]-3-[(1,3,4-thiadiazol-2-ylthio)methyl]-, (6R-trans)-

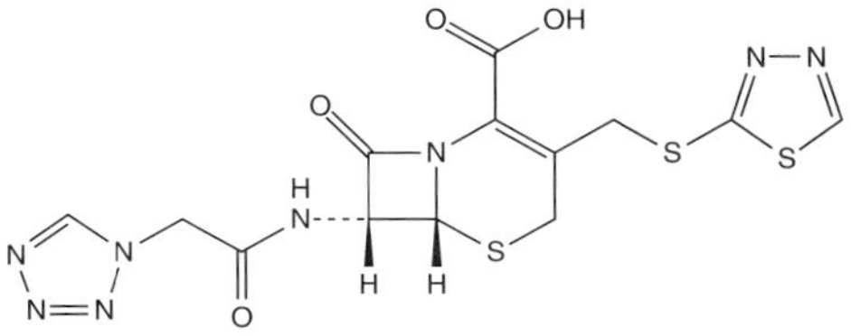

OS: *Ceftezolo [DCIT]*
OS: *Ceftezole [JAN, USAN]*
IS: *CG-B 3 Q*
IS: *Demethylcefazolin*

– sodium salt:

CAS-Nr.: 0041136-22-5
OS: *Ceftezole Sodium JAN*
IS: *CG-B3Q*

Alomen® (Pliva: IT)

Ceftibuten (Rec.INN)

L: Ceftibutenum
I: Ceftibutene
D: Ceftibuten
F: Ceftibutene
S: Ceftibuteno

⚕ Antibiotic, cephalosporin

ATC: J01DD14
CAS-Nr.: 0097519-39-6 C_{15}-H_{14}-N_4-O_6-S_2
M_r 410.437

5-Thia-1-azabicyclo[4.2.0]oct-2-ene-2-carboxylic acid, 7-[[2-(2-amino-4-thiazolyl)-4-carboxy-1-oxo-2-butenyl]-amino]-8-oxo-, [6R-[6α,7β(Z)]]-

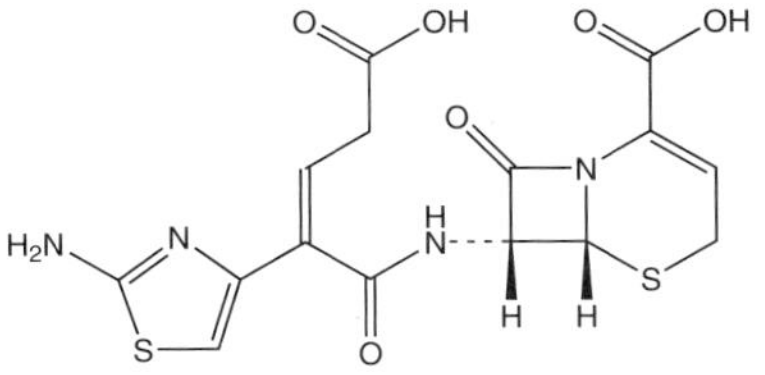

OS: *Ceftibuten [BAN, USAN]*
OS: *Ceftibutène [DCF]*
IS: *7432-S (Schering-Plough, USA)*
IS: *SH 39720 (Schering-Plough, USA)*
PH: Ceftibuten [JP XIV]

Biocef® (Zambon: ES)
Caedax® (Aesca: AT)

Caedax® (Schering-Plough: GR, PT)
Cedax® (Essex: CH, EC)
Cedax® (Schering-Plough: CZ, ES, HR, IL, IT, MX, RO, SE, SI)
Isocef® (Recordati: IT)
Seftem® (Shionogi: JP)

- **dihydrate:**

CAS-Nr.: 0118081-34-8

Cedax® (Schering-Plough: AG, AN, AW, BB, BD, BM, BS, BZ, CR, DO, GD, GT, GY, HK, HN, HT, HU, ID, JM, KY, LC, MY, PL, RS, SG, TH)
Cedax® (Shionogi: US)
Keimax® (Essex: DE)
Procadax® (Fulford: IN)

Ceftiofur (Rec.INN)

L: Ceftiofurum
D: Ceftiofur
F: Ceftiofur
S: Ceftiofur

Antibiotic, cephalosporin
ATCvet: QJ01DA90
CAS-Nr.: 0080370-57-6 C_{19}-H_{17}-N_5-O_7-S_3
M_r 523.575

(6R,7R)-7-[2-(2-Amino-4-thiazolyl)glyoxylamido]-3-(mercaptomethyl)-8-oxo-5-thia-1-azabicyclo[4.2.0]oct-2-ene-2-carboxylic acid, 72-(Z)-(O-methyloxime), 2-furoate (ester)

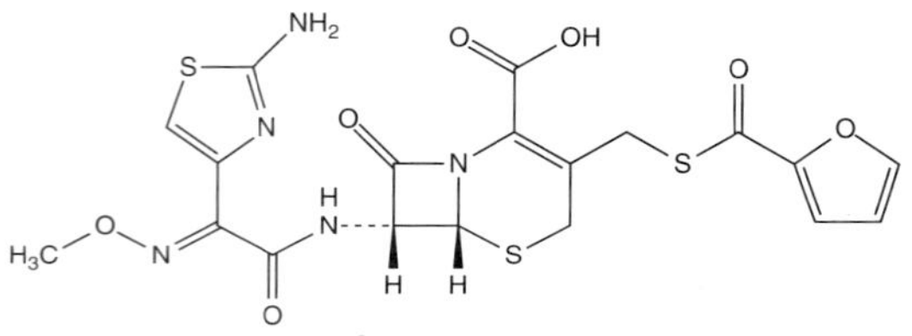

OS: *Ceftiofur [BAN, DCF]*
IS: *CM 31916*

Excenel® [vet.] (Pharmacia Animal Health: BE)
Naxcel® [vet.] (Pfizer: CH)
Naxcel® [vet.] (Pfizer Santé Animale: FR)

- **hydrochloride:**

CAS-Nr.: 0103980-44-5
OS: *Ceftiofur Hydrochloride BANM, USAN*
IS: *U 64279 A (Upjohn, USA)*

Excenel RTU® [vet.] (Pfizer: AT, CH, NL)
Excenel RTU® [vet.] (Pfizer Animal Health: NZ)
Excenel RTU® [vet.] (Pfizer Santé Animale: FR)
Excenel RTU® [vet.] (Pharmacia: DE, IT, US)
Excenel RTU® [vet.] (Pharmacia Animal Health: GB, IE)
Spectramast® [vet.] (Pharmacia: US)

- **sodium salt:**

CAS-Nr.: 0104010-37-9
OS: *Ceftiofen Sodium USAN*
OS: *Ceftiofur Sodium BANM*
IS: *U 64279 E*
IS: *CM 31-916 (Sanofi, France)*

Accent® [vet.] (Bomac: NZ)
Accent® [vet.] (Jurox: AU)
Accent® [vet.] (Schering-Plough: CO)
Excenel® [vet.] (Pfizer: AT, CH, LU, NL, ZA)
Excenel® [vet.] (Pfizer Animal: DE)
Excenel® [vet.] (Pfizer Animal Health: NZ)
Excenel® [vet.] (Pfizer Santé Animale: FR)
Excenel® [vet.] (Pharmacia: AU, IT)
Excenel® [vet.] (Pharmacia Animal Health: GB, IE, SE)
Naxcel® [vet.] (Pharmacia: US)

Ceftizoxime (Rec.INN)

L: Ceftizoximum
I: Ceftizoxima
D: Ceftizoxim
F: Céftizoxime
S: Ceftizoxima

Antibiotic, cephalosporin

ATC: J01DD07
CAS-Nr.: 0068401-81-0 C_{13}-H_{13}-N_5-O_5-S_2
M_r 383.417

5-Thia-1-azabicyclo[4.2.0]oct-2-ene-2-carboxylic acid, 7-[[(2-amino-4-thiazolyl)(methoxyimino)acetyl]amino]-8-oxo-, [6R-[6α,7β(Z)]]-

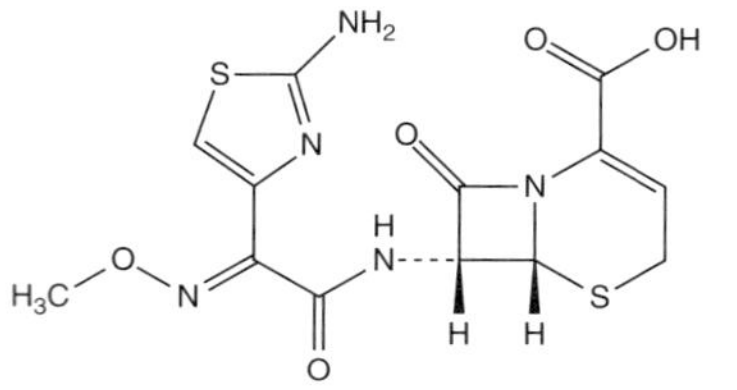

OS: *Ceftizoxime [BAN, DCF, USAN]*
OS: *Ceftizoxima [DCIT]*
IS: *CFX*
IS: *CTZ*
IS: *CZX*
IS: *FR 13749*

- **sodium salt:**

CAS-Nr.: 0068401-82-1
OS: *Ceftizoxime Sodium BANM, JAN, USAN*
IS: *FK 749*
IS: *FR 13749*
IS: *FX 749*
IS: *SKF 88373-Z (Smith Kline & French, USA)*
PH: Ceftizoxime Sodium JP XIV, USP 30

Cefizox® (Dankos: ID)
Cefizox® (Eczacibasi: TR)
Cefizox® (Fujisawa: US)
Cefizox® (GlaxoSmithKline: IN)
Cefizox® (Hikma: AE, BH, EG, IQ, JO, KW, LB, LY, OM, QA, SA, SD, SY, TN, YE)
Cefizox® (SmithKline: ES)
Cefizox® (Yamanouchi: NL)
Eposerin® (Pharmacia: IT)

Ceftriaxone (Rec.INN)

L: **Ceftriaxonum**
I: **Ceftriaxone**
D: **Ceftriaxon**
F: **Ceftriaxone**
S: **Ceftriaxona**

⚕ Antibiotic, cephalosporin

ATC: J01DD04
CAS-Nr.: 0073384-59-5 C_{18}-H_{18}-N_8-O_7-S_3
M_r 554.602

(6R,7R)-7-[2-(2-Amino-4-thiazolyl)glyoxylamido]-3-[[(2,5-dihydro-6-hydroxy-2-methyl-5-oxo-as-triazin-3-yl)thio]methyl]-8-oxo-5-thia-1-azabicyclo[4.2.0]oct-2-ene-2-carboxylic acid 72-(Z)-(O-methyloxime)

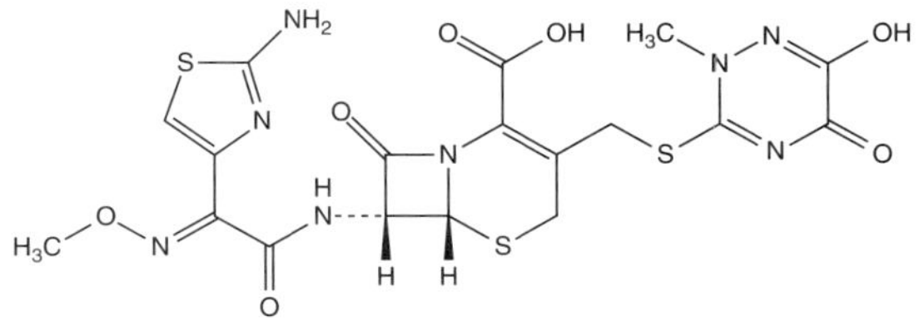

OS: *Ceftriaxone [BAN, DCF, DCIT]*
IS: *CTRX*

Acantex® (Roche: AR)
Antibacin® (Elpen: SG)
Azaran® (Hemofarm: RS, RU)
Betasporina® [sol.-inj.] (Atral: PE)
Cefalogen® [sol.-inj.] (Refasa: PE)
Cefaxona® [inj.] (Schein: PE)
Cefort® (Antibiotice: RO)
Cefotrix® (T3A: HU)
Cefridem® [inj.] (Dem Ilaç: TR)
Cefriex® (Novell: ID)
Ceftriakson® (Habit: RS)
Ceftriakson® (Pliva: BA)
Ceftriakson® (Remevita: RS)
Ceftriakson® (Zdravlje: RS)
Ceftriamex® [inj.] (Amex: PE)
Ceftriaxon ACS Dobfar Generics® (ACS: NO)
Ceftriaxon-MIP® (Chephasaar: RS)
Ceftriaxona Bestpharma® [sol.-inj.] (Bestpharma: PE)
Ceftriaxona Biocrom® (Biocrom: AR)
Ceftriaxona Duncan® (Duncan: AR)
Ceftriaxona Feltrex® (Feltrex: DO)
Ceftriaxona Fmndtria® [inj.] (Farmindustria: PE)
Ceftriaxona Generis® (Generis: PT)
Ceftriaxona Genfar® (Genfar: CO)
Ceftriaxona Labesfal® (Labesfal: PT)
Ceftriaxona LCH® [inj.] (Ivax: PE)
Ceftriaxona MF® [inj.] (Marfan: PE)
Ceftriaxona MK® (Bonima: BZ, CR, DO, GT, HN, NI, PA, SV)
Ceftriaxona Richet® (Richet: AR)
Ceftriaxona USP® [inj.] (Rhovic: PE)
Ceftriaxona® (Biocrom: PE)
Ceftriaxona® (Blaskov: CO)
Ceftriaxona® (Britania: PE)
Ceftriaxona® (Ethicalpharma: PE)
Ceftriaxona® (Farmo Andina: PE)
Ceftriaxona® (LCG: PE)
Ceftriaxona® (Medek: DO)
Ceftriaxona® (Memphis: CO)
Ceftriaxona® (Pentacoop: CO)
Ceftriaxona® (Vitalis: PE)
Ceftriaxone Biogaran® (Biogaran: FR)
Ceftriaxone Genepharm® (Genepharm: RO)
Ceftriaxone TP® (TP Drug: TH)
Ceftriaxon® [inj.] (Terbol: PE)
Ceftriazona® (Ethicalpharma: PE)
Ceftridex® (Life: EC)
Ceftrifin® (Wockhardt: RU)
Ceftrilem® (Lemery: MX)
Ceftrione® (Bidiphar: VN)
Ceftrox® (Meiji: ID)
Cephalox® (Guardian: ID)
Cephaxon® (Toprak: TR)
Farcef® (Faran: GR, RS)
Fraxone® (Merck Generics: ZA)
Gamaxon® (GAMA: GE)
Ificef® (Unique: RU)
Incephin® (Indofarma: ID)
Lidacef® (Pliva: HR)
Longaceph® (Galenika: RS)
Medocephine® (SRS Pharmaceuticals: VN)
Oricef® (Healthcare: BD)
Pan-Ceftriaxone® (Panpharma: IL)
Pharmacare-Ceftriaxone® (Aspen: ZA)
Racexon® (GlaxoSmithKline: RO)
Rivacefin® (Rivero: AR)
Rocephin® (Roche: IL, ZA)
Rociject® (Sandoz: ZA)
Rowecef® (Rowe: CR, DO, HN, NI, PA, SV)
Roxcef® (APM: AE, BG, BH, IQ, JO, KW, LB, LY, NG, OM, QA, SA, SD, SY, TN, YE)
Sabax Ceftriaxone® (Critical Care: ZA)
Samixon® (Hikma: AE, BH, CZ, EG, IQ, JO, KW, LB, LY, OM, QA, SA, SD, SY, TN, YE)
Soltrimox® (Richmond: AR, PE)
Starxon® (Interbat: ID)
Stericef® (Ipca: RU)
Tercef® (Actavis: GE)
Tercef® (Balkanpharma: BG)
Terfacef® (Sanbe: ID)
Torocef® (Torrent: RU)
Tracef® (Suiphar: DO)
Trefacef® (Sanbe: ID)
Tregecin® (Medichem: PH)
Triacef® (Unison: TH)
Triaxon® (Koçak: TR)
Unacefin® (Fako: TR)

– disodium salt:

CAS-Nr.: 0104376-79-6
OS: *Ceftriaxone Sodium BANM, USAN*
IS: *R 13-9904 (Roche, USA)*
PH: Ceftriaxone Sodium Ph. Eur. 5, USP 30, JP XIV
PH: Ceftriaxonum natricum Ph. Eur. 5
PH: Ceftriaxon-Dinatrium Ph. Eur. 5
PH: Ceftriaxone sodique Ph. Eur. 5

Acantex® (Roche: CL)
Aciphin® (ACI: BD)
Amcef® (Antibioticos: MX)
Antibacin® (Elpen: GR)
Arixon® (Beximco: BD)
Aurofox® (Salus: MX)

Axobat® (Lisapharma: IT)
Axon® (Aristopharma: BD)
Axtar® (Uni: CO)
Axtar® (Unipharm: CR, GT, HN, MX, NI, PA, SV)
Azatyl® (Remedina: GR)
Baktisef® (Sanovel: TR)
Benaxona® (Ivax: MX)
Bioteral® (Northia: AR)
Biotrakson® (Bioton: PL)
Biotriax® (Sandoz: ID)
Bioxon® (Otto: ID)
Bixon® (Biores: IT)
Bresec® (Vocate: GR)
Broadced® (Kalbe: ID)
Broadced® (Kalbe Farma: LK)
Brospec® (Prafa: ID)
Cef-3® (Siam Bheasach: TH)
Cef-Zone® (Millimed: TH)
Cefaday® [inj.] (Biofarma: TR)
Cefaxona® [inj.] (Ecar: CO)
Cefaxona® [inj.] (Pisa: MX)
Cefaxone® (Shin Poong: SG)
Cefaxon® (Kimia: ID)
Cefine® (Thai Nakorn Patana: TH)
Cefixon® (Techno: BD)
Cefomax® (Bagó: AR)
Cefonova® (Alternova: SE)
Cefotrix® (Eberth: AT, DE, DK)
Cefotrix® (T3A: RO)
Cefraden® (Merck: MX)
Cefrag® (Magis: IT)
Ceftizone® (Renata: BD)
Ceftrex® (Biolab: TH)
Ceftrianol® (Liomont: MX)
Ceftrian® (Chalver: CO, EC, GT, PA, PE, SV)
Ceftriaxon Copyfarm® (Copyfarm: NO, SE)
Ceftriaxon DeltaSelect® (DeltaSelect: AT, DE, NL)
Ceftriaxon Eberth® (Eberth: NL)
Ceftriaxon Hexal® (Hexal: DE)
Ceftriaxon Hikma® (Hikma: DE)
Ceftriaxon MIP® (MIP: PL)
Ceftriaxon PCH® (Pharmachemie: NL)
Ceftriaxon Sandoz® (Sandoz: AT, CH, DE, NL)
Ceftriaxon Stragen® (Stragen: FI)
Ceftriaxon Torrex® (Torrex: AT, CZ, RO)
Ceftriaxon-ratiopharm® (ratiopharm: DE)
Ceftriaxon-ratiopharm® (Ratiopharm: FI)
Ceftriaxon-saar® (MIP: DE)
Ceftriaxona Ahimsa® (Ahimsa: AR)
Ceftriaxona Andreu® (Andreu: ES)
Ceftriaxona Biochemie® (Biochemie: CO)
Ceftriaxona Biol® (Biol: AR)
Ceftriaxona Combino Pharm® (Combino: ES)
Ceftriaxona Drawer® (Drawer: AR)
Ceftriaxona Edigen® (Edigen: ES)
Ceftriaxona Fabra® (Fabra: AR)
Ceftriaxona Gen Med® (Gen Med: AR)
Ceftriaxona Ges® (Ges Genericos: ES)
Ceftriaxona ICN® (ICN: ES)
Ceftriaxona LDP Torlan® (Inibsa: ES)
Ceftriaxona Mesporin® (Mepha: PT)
Ceftriaxona Normon® (Normon: CR, DO, ES, GT, HN, NI, PA, SV)
Ceftriaxona Sala® (Ramon: ES)
Ceftriaxona® (Bestpharma: CL)
Ceftriaxona® (Mintlab: CL)
Ceftriaxona® (Volta: CL)
Ceftriaxone „Biochemie"® (Biochemie: TH)
Ceftriaxone ABC® (ABC: IT)
Ceftriaxone ACS Dobfar® (ACS: IT)
Ceftriaxone Aguettant® (Aguettant: FR)
Ceftriaxone Allen® (Allen: IT)
Ceftriaxone Alter® (Alter: IT)
Ceftriaxone Biopharma® (Biopharma: IT)
Ceftriaxone Dakota Pharm® (Dakota: FR)
Ceftriaxone DOC® (DOC Generici: IT)
Ceftriaxone EG® (EG: IT)
Ceftriaxone EG® (EG Labo: FR)
Ceftriaxone Farma Uno® (Farma 1: IT)
Ceftriaxone for Injection® (Abraxis: US)
Ceftriaxone for Injection® (Apotex: US)
Ceftriaxone for Injection® (Baxter: US)
Ceftriaxone for Injection® (Braun: US)
Ceftriaxone for Injection® (Hospira: US)
Ceftriaxone for Injection® (Sandoz: US)
Ceftriaxone G Gam® (G Gam: FR)
Ceftriaxone Hexal® (Hexal: IT)
Ceftriaxone Hexpharm® (Hexpharm: ID)
Ceftriaxone Indo Farma® (Indofarma: ID)
Ceftriaxone Irex® (Winthrop: FR)
Ceftriaxone Ivax® (Ivax: FR)
Ceftriaxone Jet® (Jet: IT)
Ceftriaxone Leiras® (Leiras: FI)
Ceftriaxone Levofarma® (Levofarma: IT)
Ceftriaxone Merck® (Merck: BE)
Ceftriaxone Merck® (Merck Generics: IT)
Ceftriaxone N & P® (N. & P.: IT)
Ceftriaxone Novexal® (Novexal: GR)
Ceftriaxone Orion® (Orion: FI)
Ceftriaxone Panpharma® (Panpharma: FR)
Ceftriaxone Piam® (Piam: IT)
Ceftriaxone Pliva® (Pliva: IT, PL, SI)
Ceftriaxone ratiopharm® (Ratiopharm: IT)
Ceftriaxone RPG® (RPG: FR)
Ceftriaxone San Carlo® (Sancarlo: IT)
Ceftriaxone Sandoz® (Sandoz: AU, BE, FR, IT, RO)
Ceftriaxone Savio® (Savio: IT)
Ceftriaxone Selvi® (Selvi: IT)
Ceftriaxone Sodium for Injection DBL® (Mayne: AU)
Ceftriaxone Sodium® (Wockhardt: GB)
Ceftriaxone Tad® (TAD: IT)
Ceftriaxone Teva® (Teva: IL, IT)
Ceftriaxone Union Health® (Union Health: IT)
Ceftriaxone Winthrop® (Winthrop: FR, IT)
Ceftriaxone-Sandoz® (Sandoz: LU)
Ceftriaxone® (AFT: NZ)
Ceftriaxone® (Genus: GB)
Ceftriaxone® (Pliva: GB)
Ceftriaxone® (SIC: RS)
Ceftriaxone® (TP Drug: TH)
Ceftriaxon® (Hexal: DE)
Ceftriaxon® (Slovakofarma: CZ)
Ceftriaxon® (Torrex: AT)
Ceftriaz® (Klonal: AR)
Ceftriphin® (GDH: TH)
Ceftron® (Square: BD, LK)
Cefxon® (Lapi: ID)
Cetriaf® (Magnachem: DO)
Chevron® (Pasteur: PH)

Criax® (Meprofarm: ID)
Davixon® (New Research: IT)
Daytrix® (CT: IT)
Desefin® (Deva: TR)
Diaxone® (Euro-Pharma: IT)
Dicephin® (Drug International: BD)
Eftry® (Krugher: IT)
Elfaxone® (MR Pharma: NL)
Elpicef® (Fahrenheit: ID)
Enocef® (Sanofi-Aventis: BD)
Eqiceft® [inj.] (Tüm Ekip: TR)
Exempla® (Fada: AR)
Exephin® (Incepta: BD)
Exogran® (Sandoz: NL)
Fidato® (Fidia: IT)
Forsef® (Bilim: TR)
Frineg® (Epifarma: IT)
Gladius® (Pharmanel: GR)
Glorixone® (Medicus: GR)
Grifotriaxona Lch® (Ivax: PE)
Grifotriaxona® (Chile: CL)
Iesef® (I.E. Ulagay: TR)
Iliaxone® (Farmaurino: IT)
Intrix® (Pharos: ID)
Kappacef® (Errekappa: IT)
Keftriaxone® (Vitamed: IL)
Labilex® (Pharmathen: GR, RS)
Lendacin® (Lek: BA, CZ, HR, PL, RO, RS, RU, SI)
Lendacin® (Teva: HU)
Lopratin® (Sandoz: NL)
Lyceft® (Hetero: IN)
Medaxone® (Medochemie: RO, RU)
Medaxonum® (Medochemie: HK)
Megion® (Biochemie: CR, DO, GT, NI, PA, SV)
Megion® (Novartis: BD)
Megion® (Sandoz: HU, MX, PH)
Mesporin® (Mepha: HK)
Mesporin® (Mepharm: MY)
Monocef i.v.® (Aristo: IN)
Monoxar® (Proge: IT)
Nevakson® (Mustafa Nevzat: BA, TR)
Nilson® (Pantafarm: IT)
Novosef® (Eczacibasi: CZ, RO, RU, TR, YE)
Oframax® (Ranbaxy: CZ, IN, PE, PL, RO, SG, TH, ZA)
Olicef® (Krka: SI)
Opeceftri 1G IV® (O.P.V.: VN)
Panatrix® (Pulitzer: IT)
Pantoxon® (Aesculapius: IT)
Pantrixon® (Panpharma: PH)
Parcef® (Jayson: BD)
Peo® (GMP: GE)
Powercef® (Wockhardt: IN)
Ragex® (AGIPS: IT)
Retrokor® (Korea: PH)
Rinxofay® (Umeda: TH)
Rocefalin® (Roche: ES)
Rocefin® (Roche: BR, CO, IT)
Rocephalin® (Roche: DK, FI, IS, NO, SE)
Rocephin® (Medcor: NL)
Rocephin® (Roche: AE, AL, AM, AR, AT, AU, AW, AZ, BA, BD, BE, BF, BH, BJ, BO, BR, BY, CA, CG, CH, CI, CL, CM, CN, CO, CR, CU, CZ, DE, DK, DO, EC, ES, ET, FI, GA, GB, GE, GH, GN, GR, GT, HK, HN, HR, HU, ID, IE, IL, IS, IT, JM, JO, JP, KE, KH, KR, KW, KZ, LA, LB, LK, LU, MA, MG, ML, MX, MY, NG, NI, NL, NO, NZ, OM, PA, PE, PH, PK, PL, PT, PY, QA, RO, RS, RU, SA, SD, SE, SN, SV, TG, TH, TN, TR, TT, TW, TZ, UG, US, UY, UZ, VE, VN, ZA, ZR, ZW)
Rocephin® (Roche RX: SG)
Rocéphine® (Roche: FR)
Rofine® (Ampharco: VN)
Setriox® (Selvi: IT)
Sirtap® (So.Se.: IT)
Socef® (Soho: ID)
Tacex® [inj.] (Probiomed: MX)
Tartriakson® (Polfa Tarchomin: PL)
Terbac® [inj.] (Syntex: MX)
Torocef® (Torrent: IN)
Travilan® (Anfarm: GR)
Traxon® (Opsonin: BD)
Trexofin® (Cheil: SG)
Triaken® [inj.] (Kendrick: MX)
Triaxone® (Julpharma: EC)
Triax® (Bosnalijek: BA)
Triax® (Taro: IL)
Tricefin® (Dexa Medica: ID, SG)
Tricephin® (Atlantic: TH)
Trijec® (Landson: ID)
Trixonex® (L.B.S.: VN)
Trixone® (LBS: TH)
Trizon® (Acme: BD)
Tyason® (Combiphar: ID)
Ugotrex® (Rafarm: GR)
Uto Ceftriaxone® (Utopian: TH)
Valexime® (Depofarma: IT)
Veracol® (Demo: GR, RS)
Vertex® (Orion: BD)
Zefaxone® (M & H: TH)
Zeftrix® (Dankos: ID)

Cefuroxime (Rec.INN)

L: Cefuroximum
I: Cefuroxima
D: Cefuroxim
F: Céfuroxime
S: Cefuroxima

Antibiotic, cephalosporin, cephalosporinase-resistant

ATC: J01DC02
CAS-Nr.: 0055268-75-2 C_{16}-H_{16}-N_4-O_8-S
M_r 424.404

(6R,7R)-7-[2-(2-Furyl)glyoxylamido]-3-(hydroxymethyl)-8-oxo-5-thia-1-azabicyclo[4.2.0]oct-2-ene-2-carboxylic acid (Z)-mono-(O-methyloxime)-carbamate (ester)

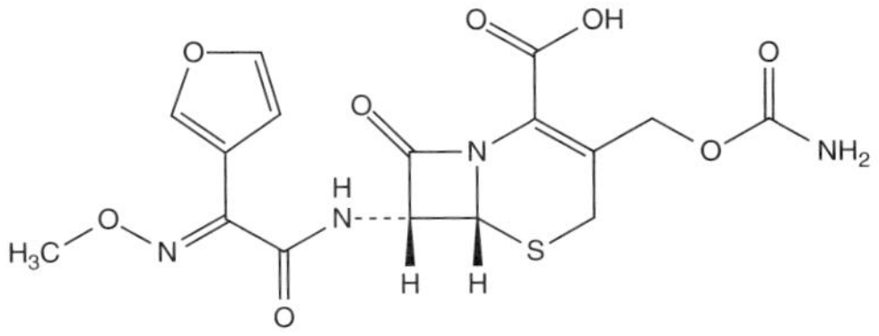

OS: *Cefuroxime [BAN, DCF, USAN]*
OS: *Cefuroxima [DCIT]*

Antibioxime® [sol.-inj.] (Atral: PE)
Axycef® (Lek: RO)
Cefagen® (Maver: MX)

Ceftal® (Rowex: IE)
Cefurim® (GDH: TH)
Cefurim® (Teva: BE)
Cefuroksim® (Habit: RS)
Cefuron® [inj.] (Avsa: PE)
Cefuroxim Bipharma® (Bipharma: NL)
Cefuroxim Domesco® (Domesco: VN)
Cefuroxim EB® (Eurobase: NL)
Cefuroxim-MIP® (Chephasaar: RS)
Cefuroxima Genfar® (Genfar: CO)
Cefuroxima Ges® (Ges Genericos: ES)
Cefuroxima® (Arena: RO)
Cefuroxima® (Farmindustria: PE)
Cefuroxima® (Memphis: CO)
Cefuroxima® (Vitalis: PE)
Cefuroxime Actavis® (Actavis: GE)
Cefuroxime Bexal® (Bexal: BE)
Cefuroxime Perfusion-Glaxo Wellcome® (GlaxoSmithKline: LU)
Cefuroxime Sandoz® (Sandoz: RO)
Cefuroxime-Generics® (Generics: LU)
Cefurox® (Prafa: ID)
Cupax® (Kleva: GR)
Doc Cefuroxime® (Docpharma: LU)
Doc Cefuroxim® (Docpharma: BE)
Doroxim® (Domesco: VN)
Fucerox® [sol.-inj.] (Schein: PE)
Interbion® (Biospray: GR)
Kesint® [inj.] (Amex: PE)
Nilacef® (Hemofarm: RS)
Panaxim® (Panpharma: PH)
Quincef® (Mekophar: VN)
Sharox® (Fahrenheit: ID)
Spectrazol® [vet.] (Schering-Plough: BE)
Supracef® [tab.] (Pharmalab: PE)
Zinacef® [vet.] (GlaxoSmithKline: GB)
Zonef® (Unison: TH)

- **axetil:**

CAS-Nr.: 0064544-07-6
OS: *Cefuroxime Axetil BANM, USAN, JAN*
IS: *CCI 15641*
IS: *Cefuroxime 1-acetoxyethyl*
PH: Cefuroxime Axetil Ph. Eur. 5, USP 30, JP XIV
PH: Cefuroximum axetili Ph. Eur. 5
PH: Cefuroximaxetil Ph. Eur. 5
PH: Céfuroxime axétil Ph. Eur. 5

Aksef® (Nobel: TR)
Anbacim® (Sanbe: ID)
Apo-Cefuroxime® (Apotex: CA)
Axetil® (Alco: BD)
Axet® (Orion: BD)
Axim® (Aristopharma: BD)
Axurocef® (China: TH)
Bifuroxim® (Bidiphar: VN)
Bioracef® (Bioton: PL)
Cefabiot® (Sandoz: MX)
Cefaks® (Deva: GE, TR)
Cefatin® (Roche: TR)
Cefotil® (Square: BD)
Ceftin® (GlaxoSmithKline: CA, US)
Cefu TAD® (TAD: DE)
cefudura® (Merck dura: DE)
Cefuhexal® (Hexal: DE, LU)
Cefuhexal® [vet.] (Hexal: DE)
Cefuracet® (Siegfried: MX)
Cefurax® (Lindopharm: DE, IL)
Cefurim eco® (Sandoz: CH)
Cefuro-Puren® (Actavis: DE)
Cefurox asics® (Basics: DE)
Cefurox-Wolff® (Wolff: DE)
Cefuroxim AL® (Aliud: DE)
Cefuroxim AWD® (AWD: DE)
Cefuroxim axcount® (Axcount: DE)
Cefuroxim beta® (betapharm: DE)
Cefuroxim Heumann® (Heumann: DE)
Cefuroxim Hexal® (Hexal: AT)
Cefuroxim Sandoz® (Sandoz: AT, CH, DE)
Cefuroxim Stada® (Stadapharm: DE)
Cefuroxim-CT® (CT: DE)
Cefuroxim-Mepha® (Mepha: CH)
Cefuroxim-ratiopharm® (ratiopharm: DE)
Cefuroxima Biochemie® (Biochemie: CO)
Cefuroxima Fabra® (Fabra: AR)
Cefuroxima Klonal® (Klonal: AR)
Cefuroxima Larjan® (Veinfar: AR)
Cefuroxima Richet® (Richet: AR)
Cefuroximaxetil® (Sandoz: NL)
Cefuroximaxetil® (Stichting: NL)
Cefuroxime axetil Proel® (Proel: GR)
Cefuroxime Axetil® (Apotex: US)
Cefuroxime Axetil® (Ranbaxy: US)
Cefuroxim® (Hexal: NL)
Cefurox® (GlaxoSmithKline: AR)
Cerox-A® (ACI: BD)
Ceroxime® (Asiatic Lab: BD)
Ceroxime® (Ranbaxy: RO)
Ceroxim® (Ranbaxy: CN, HU, IL, LK, PE, PL, RS, ZA)
Cethixim® (Ethica: ID)
Cetoxil® [tabs] (Ivax: MX)
Curocef® (GlaxoSmithKline: CL)
Céfuroxime Merck® (Merck Génériques: FR)
Céfuroxime Sandoz® (Sandoz: FR)
Cépazine® (Novaxo: FR)
Efox® (Farmal: HR)
Elobact® (GlaxoSmithKline: DE)
Enfexia® (Bilim: TR)
Feacef® (Bros: GR)
Foucacillin® (Coup: GR)
Froxime® (Dar-Al-Dawa: AE, BH, IQ, JO, KW, LB, LY, MT, NG, OM, QA, SA, SD, SO, TN, YE)
Furaxil® (Remedina: GR)
Furocef® (Renata: BD)
Furoxime® (Siam Bheasach: TH)
Genephoxal® (Genepharm: GR)
Haginat® (HG.Pharm: VN)
Kalcef® [caps] (Kalbe: ID)
Kenacef® (Medikon: ID)
Kilbac® (Incepta: BD)
Magnaspor® (Ranbaxy: MX, TH)
Menat® (Mystic: BD)
Mevecan® (Help: GR)
Mextil® (Bio-Pharma: BD)
Naroxit® (Hexpharm: ID)
Nelabocin® (Pharmathen: GR)
Nivador® (Menarini: ES)
Novador® (Novartis: MX)
Novocef® (Pliva: BA, HR, PL)
Novuroxim® (Pliva: HR)
Oraceftin® (Fako: TR)

Oraxim® (Malesci: IT)
ratio-Cefuroxime® (Ratiopharm: CA)
Sandoz-Cefuroxime® (Sandoz: ZA)
Sedopan® (Norma: GR)
Sefaktil® (Drogsan: TR)
Sefuroks® (Eczacibasi: TR)
Sefurox® (Sanofi-Aventis: BD)
Sefur® (Opsonin: BD)
Selan® (Iquinosa: ES)
Tilexim® (Caber: IT)
Til® (Apex: BD)
Xorimax® (Sandoz: CZ, HU, PL, RS)
Zamur® (Mepha: PL)
Zinacef® [tab.] (GlaxoSmithKline: CN, PH)
Zinadol® (GlaxoSmithKline: GR)
Zinat® (GlaxoSmithKline: CH)
Zinmax Domesco® (Domesco: VN)
Zinnat® [tab./susp./..] (Duncan: PH)
Zinnat® [tab./susp./..] (Etex: CL)
Zinnat® [tab./susp./..] (GlaxoSmithKline: AE, AG, AN, AT, AU, AW, BA, BB, BD, BE, BG, BH, BR, CO, CR, CZ, DE, DK, DO, EC, ES, FI, FR, GB, GD, GE, GT, GY, HK, HN, HR, HU, ID, IE, IL, IR, IS, IT, JM, KW, LC, LK, LU, MX, MY, NI, NL, NZ, OM, PA, PE, PL, QA, RO, RU, SE, SG, SI, SV, TH, TR, TT, VC, VN, ZA)
Zinoxime® (Montrose: CZ)
Zipos® (Alodial: PT)
Zoref® (Glaxo Allen: IT)
Zoref® (Glaxo Wellcome: PT)

– sodium salt:

CAS-Nr.: 0056238-63-2
OS: *Cefuroxime Sodium BANM, USAN, JAN*
IS: *Glaxo 640/359 (Glaxo, Germany)*
PH: Cefuroxime Sodium Ph. Eur. 5, JP XIV, USP 30
PH: Cefuroximum natricum Ph. Eur. 5
PH: Cefuroxim-Natrium Ph. Eur. 5
PH: Céfuroxime sodique Ph. Eur. 5

Aksef® (Nobel: TR)
Anaptivan® (Help: GR)
Anbacim® (Sanbe: ID)
Axetine® (GlaxoSmithKline: BE)
Axetine® (Medochemie: BG, CN, CZ, LK, RO, RU, SK, TH)
Biociclin® (Francia: IT)
Biofuroksym® (Bioton: PL)
Cavumox® (SRS Pharmaceuticals: VN)
Cefaks® [inj.] (Deva: GE, TR)
Cefamar® (Firma: IT)
Cefamar® (Menarini: TH)
Cefofix® (Hikma: NL)
Cefogram® (Richmond: AR, PE)
Cefoprim® (Esseti: IT)
Cefurin® (Magis: HU, IT)
Cefuroxim Astro® (Astro: AT)
Cefuroxim Bidiphar® (Bidiphar: VN)
Cefuroxim DeltaSelect® (DeltaSelect: DE)
Cefuroxim Fresenius® (Fresenius: DE)
Cefuroxim Hexal® (Hexal: DE)
Cefuroxim Hikma® (Hikma: DE)
Cefuroxim PCH® (Pharmachemie: NL)
Cefuroxim Rotexmedica® (Rotexmedica: DE)
Cefuroxim Sandoz® (Sandoz: SE)
Cefuroxim Scand Pharm® (Generics: IS)
Cefuroxim Stragen® (Stragen: DK, FI, SE)
Cefuroxim-saar® (MIP: DE)
Cefuroxima Ahimsa® (Ahimsa: AR)
Cefuroxima Bexal® (Bexal: PT)
Cefuroxima Chiesi® (Chiesi: ES)
Cefuroxima Combino Pharm® (Combino: ES)
Cefuroxima IPS Farma® (IPS: ES)
Cefuroxima K24® (K24: IT)
Cefuroxima Larjan® (Veinfar: AR)
Cefuroxima Normon® (Normon: ES)
Cefuroxima Richet® (Richet: AR)
Cefuroxima Sala® (Ramon: ES)
Cefuroxima® (Bestpharma: CL)
Cefuroxime Biochemie® (Biochemie: TH)
Cefuroxime for Injection® (Braun: US)
Cefuroxime Orion Pharma® (Orion: FI)
Cefuroxime Panpharma® (Panpharma: RO)
Cefuroxime Sodium® (Abraxis: US)
Cefuroxime Sodium® (Mayne: NZ)
Cefuroxime-Teva® (Teva: IL)
Cefuroxime® (Pharmaceutical Partners of Canada: CA)
Cefuroxim® (FarmaPlus: NO)
Cefuroxim® (Generics: NL)
Cefuroxim® (Sandoz: NL)
Cefuroxim® (Stragen: NO)
Cefurox® (GlaxoSmithKline: AR)
Celocid® (Ferron: ID)
Cemurox® (Pharmachemie: LK)
Cerofene® (Medicus: GR)
Ceruxim® (Antor: GR)
Cervin® (Pasteur: PH)
Cipofix® (Cipla: ZA)
Curocef Inyectable® (GlaxoSmithKline: CL)
Curocef® (GlaxoSmithKline: AT)
Curoxima® (GlaxoSmithKline: ES)
Curoxime® (Glaxo Wellcome: PT)
Curoxim® (GlaxoSmithKline: IT)
Céfuroxime Panpharma® (Panpharma: FR)
Deltacef® (Pulitzer: IT)
Duxima® (Ecobi: IT)
Fada Cefuroxima® (Fada: AR)
Fredyr® (Rafarm: GR)
Furex® (Drug International: BD)
Furex® (Lafare: IT)
Furobioxin® (Salus: MX)
Furoxime® (Siam Pharmaceutical: TH)
Furoxim® (L.B.S.: VN)
Furoxim® (Lannacher: AT)
Galemin® (Pharmanel: GR)
Gonif® (Kleva: GR)
Infekor® (Korea: PH)
Ipacef® (IPA: IT)
Itorex® (Pharma Italia: IT)
Kalcef® [inj.] (Kalbe: ID)
Kefstar® (Wockhardt: RU)
Kefurim® (Vitamed: IL)
Kefurox® (Lilly: ET, KE, LU, TZ, UG, US)
Kesint® (Copernico: IT)
Ketocef® (Pliva: BA, HR, RU, SI)
Kilbac® [susp.] (Incepta: BD)
Lafurex® (Lafare: IT)
Lifurom® (Lilly: ZA)
Lifurox® (Elanco: ES)
Lifurox® (Lilly: ES, IT)
Lifuzar® (Lilly: PH)

C

Maxil® (Fournier: RO)
Maxil® (Hikma: AE, BH, EG, IQ, JO, KW, LB, LY, OM, QA, SA, SD, SY, TN, YE)
May Cefuroxime® (May Pharma: PH)
Medaxime® (Specpharm: ZA)
Medoxem® (Pharmacypria Hellas: GR)
Mosalan® (Chrispa: GR)
Multisef® (Mustafa Nevzat: BA, TR)
Nipogalin® (Anfarm: GR)
Normafenac® (Norma: GR)
Novador® (Novartis: MX)
Oxtercid® (Interbat: ID)
Pan-Cefuroxime® (Panpharma: IL)
Pharmacare-Cefoxitin® (Aspen: ZA)
Pharmacare-Cefuroxime® (Aspen: ZA)
Plixym® (Pliva: PL)
Receant® (Remedina: GR)
Roxbi® (Sandoz: ID)
Shincef® (Shin Poong: SG)
Spectrazol® [vet.] (Schering-Plough Animal: NZ, ZA)
Supacef® (GlaxoSmithKline: IN)
Supero® (Lifepharma: IT)
Tarsime® (Polfa Tarchomin: PL)
Tvindal® (Krka: SI)
Vekfazolin® (Faran: GR)
Xorim® (Sandoz: HU, PL)
Xorufec® (Antibioticos: MX)
Yaxing® (New Asiatic Pharm: CN)
Yaxing® (Shanghai Pharma Group: CN)
Yokel® (Bros: GR)
Zegen® (UAP: PH)
Zetagal® (Elpen: GR)
Zilisten® (Demo: GR)
Zinacef® (GlaxoSmithKline: AE, AG, AN, AW, BA, BB, BD, BE, BG, BH, BR, CA, CH, CN, CO, CZ, DE, DK, FI, GB, GD, GE, GR, GY, HK, HU, ID, IE, IL, IR, IS, JM, KW, LC, LK, LU, MY, NL, NO, NZ, OM, PH, PL, QA, RO, RS, RU, SE, SG, SI, TH, TT, US, VC, VN, ZA)
Zinnat® [inj.] (GlaxoSmithKline: EC, FR, MX, PE, TR)
Zinocep® (Glaxo Allen: IT)

Celecoxib (Rec.INN)

L: Celecoxibum
D: Celecoxib
F: Célécoxib
S: Celecoxib

Antiinflammatory agent
Analgesic

ATC: M01AH01,L01XX33
ATCvet: QL01XX03
CAS-Nr.: 0169590-42-5 C_{17}-H_{14}-F_3-N_3-O_2-S
M_r 381.389

4-(5-(4-Methylphenyl)-3-(trifluoromethyl)-1H-pyrazol-1-yl)benzenesulfonamide [IUPAC]

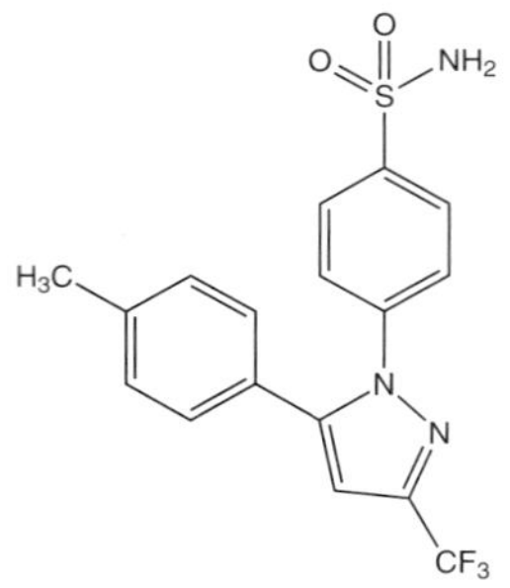

OS: *Celecoxib [BAN, USAN]*
IS: *SC 58635 (Searle, USA)*
IS: *YM 177 (Searle, USA)*

Acicox® (ACI: BD)
Aclarex® (Pfizer: GR)
Artilog® (Pharmacia: IT)
Artix® (Pharmalab: PE)
Artose® (Medopharm: VN)
Artroxil® (Tecnoquimicas: CO)
Caditar® (Farmindustria: PE)
Cedetrex® (Feltrex: DO)
Celcox® (Trima: IL)
Celebra® (Pfizer: BR, CL, CR, DK, FI, GT, HN, IL, IS, NI, NO, PA, SE, SV)
Celebrex® (EU-Pharma: NL)
Celebrex® (Eureco: NL)
Celebrex® (Euro: NL)
Celebrex® (Medcor: NL, NL)
Celebrex® (Parke Davis: DE)
Celebrex® (Pfizer: AE, AR, AT, AU, BE, BH, CA, CH, CI, CM, CN, CY, CZ, DE, EG, FR, GA, GB, GE, HK, HR, HU, ID, IE, JO, KW, LB, MX, MY, NL, NZ, OM, PH, PL, PT, RO, RS, RU, SA, SG, SI, SN, TH, TH, US, VN, ZA)
Celebrex® (Pharmacia: CO, ES, GR, IT, LU, PE)
Celebrex® (Searle: DE)
Celebrex® (Yamanouchi: JP)
Celecoxib Domesco® (Domesco: VN)
Celecoxib Genfar® (Genfar: CO)
Celecoxib MK® (MK: CO)
Celecoxib Teva® (Teva: IL)
Celecoxib® (Eureco: NL)
Celecoxib® (Induquimica: PE)
Celecoxib® (La Santé: CO)
Celecoxib® (Medicalex: CO)
Celecoxib® (Pentacoop: CO)
Celecoxib® (Richet: AR)
Celeflan® (Ratio: DO)
Celenta® (Incepta: BD)
Celex® (Medicon: BD)
Celib® (Unichem: IN)
Celosti® (HG.Pharm: VN)
Celox-R® (Renata: BD)
Celoxib® (Ziska: BD)
Cicloxx-2® (Farmacol: CO)
Ciox® (Unimed & Unihealth: BD)
Cloxib® (Klonal: AR)
Colcibra® (Ranbaxy: LK, PE)
Cox-B® (Beximco: BD)
Coxbit® (Somatec: BD)
Coxib® (Alco: BD)
Coxtenk® (Biotenk: AR)

Cyclo-2® (Medicon: BD)
Dicoxib® (Drug International: BD)
Dilox® (Novamed: CO)
Ezy® (Eskayef: BD)
Impedil® [caps.] (Ethical: DO)
Lexfin® (Farmacoop: CO)
Miodar® (Garmisch: CO)
Oberak® (Donovan: GT)
Onsenal® (Pfizer: AT, CZ, DE, DK, ES, LU, NL, SE)
Radicacine® (Panalab: AR)
Revibra® (Dr Reddys: LK)
Selecox® (Square: BD)
Solexa® (Medinfar: PT)
Solexa® (Pfizer: IT, NL)
Solexa® (Pharmacia: LU)
Zycel® (Cadila: IN, LK)

Celiprolol (Rec.INN)

L: Celiprololum
I: Celiprololo
D: Celiprolol
F: Céliprolol
S: Celiprolol

β-Adrenergic blocking agent

ATC: C07AB08
CAS-Nr.: 0056980-93-9 C_{20}-H_{33}-N_3-O_4
M_r 379.514

Urea, N'-[3-acetyl-4-[3-[(1,1-dimethylethyl)amino]-2-hydroxypropoxy]phenyl]-N,N-diethyl-

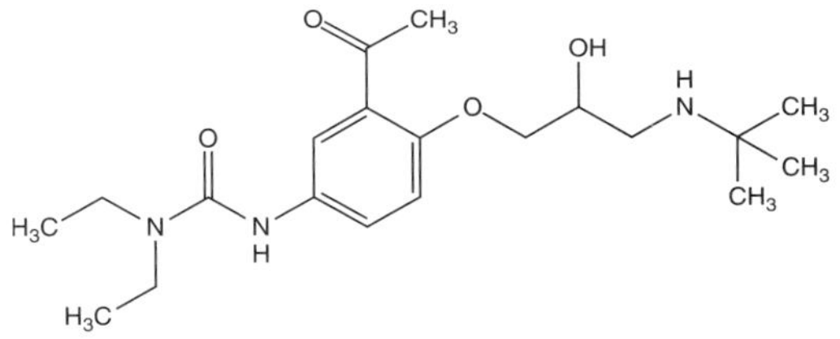

OS: *Celiprolol [BAN]*
OS: *Céliprolol [DCF]*
IS: *ST 1396*
IS: *UL/1677*

Celiprolol PCH® (Pharmachemie: NL)

– hydrochloride:

CAS-Nr.: 0057470-78-7
OS: *Celiprolol Hydrochloride BANM, USAN*
IS: *REV 5320 A (Revlon, USA)*
IS: *ST 1396*
PH: Celiprolol hydrochloride Ph. Eur. 5

Cardem® (Aventis: ES)
Celipress® (Eskayef: BD)
Celipres® (Ranbaxy: PL, RO)
Celipro Lich® (Winthrop: DE)
Celiprogamma® (Wörwag Pharma: DE)
Celiprolol Alternova® (Alternova: FI)
Celiprolol Wörwag® (Wörwag Pharma: NL)
Celiprolol Zydus® (Zydus: FR)
Celiprolol-CT® (CT: DE)
Celiprolol-ratiopharm® (ratiopharm: DE)
Celiprolol® (EU-Pharma: NL)
Celiprolol® (Euro: NL)
Celiprolol® (Generics: GB)
Celiprolol® (Medcor: NL)
Celiprolol® (Teva: GB)
Celip® (Basics: DE)
Celol® (Pacific: NZ)
Cordiax® (Crinos: IT)
Célectol® (Sanofi-Aventis: FR)
Céliprolol Biogaran® (Biogaran: FR)
Céliprolol EG® (EG Labo: FR)
Céliprolol Ivax® (Ivax: FR)
Céliprolol Merck® (Merck Génériques: FR)
Céliprolol RPG® (RPG: FR)
Céliprolol Sandoz® (Sandoz: FR)
Céliprolol Winthrop® (Winthrop: FR)
Dilanorm® (Sanofi-Aventis: NL)
Doccelipro® (Docpharma: BE)
Doccelipro® (Ranbaxy: LU)
Merck-Celiprolol® (Merck: BE, LU)
Selectol® (Aventis: GR, IE)
Selectol® (Gerot: AT)
Selectol® (Leiras: FI)
Selectol® (Pfizer: BE, DE)
Selectol® (Pharmacia: LU)
Selectol® (Sanofi-Aventis: CH, CL, HK)
Selectol® (Shinyaku: JP)
Selecturon® (Gerot: AT)
Tenoloc® (Zentiva: CZ)

Cellulose Sodium Phosphate (USAN)

D: Natrium-Cellulose-Phosphat

Antidote, ion-exchange resin
Calcium regulating agent

CAS-Nr.: 0068444-58-6

Cellulose, dihydrogenphosphate, disodium salt

OS: *Cellulose Sodium Phosphate [USAN]*
IS: *NCP*
IS: *Sodium Cellulose Phosphate*
PH: Cellulose Sodium Phosphate [USP 30]

Anacalcit® (Belmac: ES)
Calcibind® (Mission: US)

Celmoleukin (Rec.INN)

L: Celmoleukinum
D: Celmoleukin
F: Celmoleukine
S: Celmoleukina

Antineoplastic agent
Immunomodulator

CAS-Nr.: 0094218-72-1 C_{693}-H_{1118}-N_{178}-O_{203}-S_7
M_r 15416.767

Interleukin 2 (human clone pTIL2-21a, protein moiety)

OS: *Celmoleukin [USAN]*
IS: *Interleukin 2 (IUPAC, WHO)*

Celeuk® (Takeda: JP)

Cerivastatin (Rec.INN)

L: Cerivastatinum
I: Cerivastatina
D: Cerivastatin
F: Cerivastatine
S: Cerivastatina

Antihyperlipidemic agent

ATC: C10AA06
CAS-Nr.: 0145599-86-6 C_{26}-H_{34}-F-N-O_5
M_r 459.568

6-Heptenoic acid, 7-[4-(4-fluorophenyl)-5-(methoxymethyl)-2,6-bis(1-methylethyl)-3-pyridinyl]-3,5-dihydroxy-[S-[R*,S*-(E)]]-

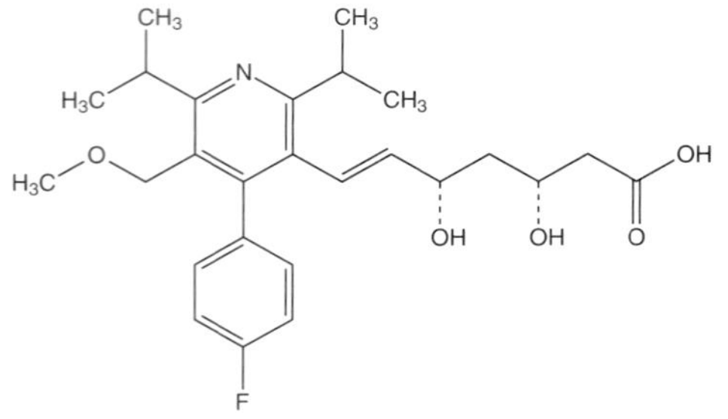

OS: *Cerivastatin [BAN]*
OS: *Cerivastatine [DCF]*

- sodium salt:

CAS-Nr.: 0143201-11-0
OS: *Cerivastatin Sodium BANM, USAN*
IS: *Bay W 6228 (Bayer, Germany)*

Baycol® (Bayer: US, ZA)
Lipobay® (Bayer: AE, AT, BH, CY, EG, ID, IR, IT, JO, JP, KE, KW, LB, MT, NL, OM, QA, SA, SD, SI, TZ, UG)

Certoparin Sodium (Rec.INN)

L: Certoparinum natricum
D: Certoparin natrium
F: Certoparine sodique
S: Certoparina sodica

Anticoagulant

Sodium salt of depolymerized heparin obtained by isoamyl nitrite degradation of heparin from pork intestinal mucosa

OS: *Certoparin Sodium [BAN, USAN]*
IS: *Certoparin*
IS: *Heparin niedermolekular 5-7 natrium*

Frahepan® (Krka: HR)
Mono-Embolex® (Novartis: DE)
Sandoparin® (Novartis: CH)
Sandoparin® (Sandoz: AT, HU)
Troparin® [inj.] (Biochemie: CZ)

Ceruletide (Rec.INN)

L: Ceruletidum
I: Ceruletide
D: Ceruletid
F: Cérulétide
S: Ceruletida

Diagnostic, pancreas function

ATC: V04CC04
CAS-Nr.: 0017650-98-5 C_{58}-H_{73}-N_{13}-O_{21}-S_2
M_r 1352.472

Caerulein

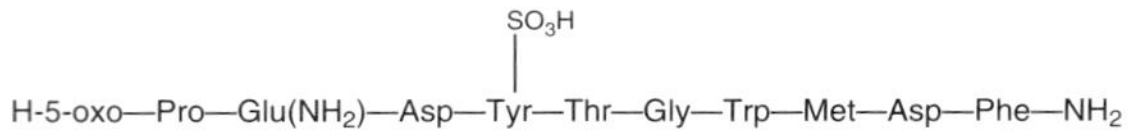

OS: *Ceruletide [BAN, DCF, DCIT, USAN]*
IS: *FI 6934*
IS: *FI 6934 F/16264*

- diethylamine:

CAS-Nr.: 0071247-25-1
OS: *Ceruletide Diethylamine BANM, USAN*

Takus® (Pfizer: DE)
Takus® (Pharmacia: CZ)

Cethexonium (DCF)

D: Cethexonium
F: Céthexonium

Antiseptic
Desinfectant

ATC: D08AJ
CAS-Nr.: 0006810-42-0 C_{24}-H_{50}-N-O

N-Hexadecyl-2-hydroxy-N,N-dimethylcyclohexanaminium [NLM]

Cyclohexanaminium, N-hexadecyl-2-hydroxy-N,N-dimethyl-

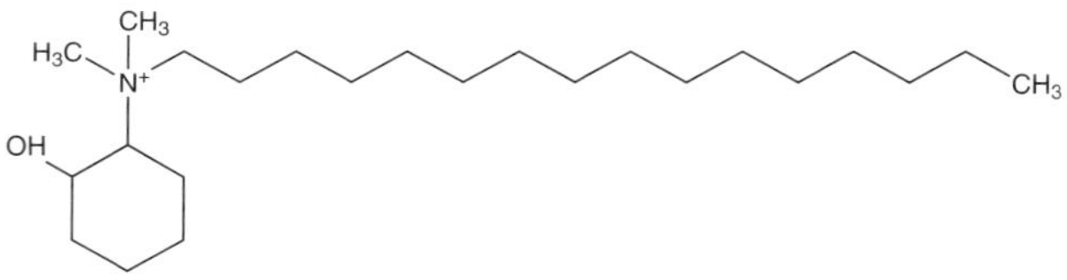

OS: *Céthexonium [DCF]*

- hydrobromide:

CAS-Nr.: 0001794-74-7

Bactyl® (Europhta: MC)
Biocidan® (Menarini: FR)
Monosept® (Horus: FR)

Cetirizine (Rec.INN)

L: Cetirizinum
I: Cetirizina
D: Cetirizin
F: Cétirizine
S: Cetirizina

Histamine, H_1-receptor antagonist

ATC: R06AE07
CAS-Nr.: 0083881-51-0 C_{21}-H_{25}-Cl-N_2-O_3
M_r 388.901

Acetic acid, [2-[4-[(4-chlorophenyl)phenylmethyl]-1-piperazinyl]ethoxy]-

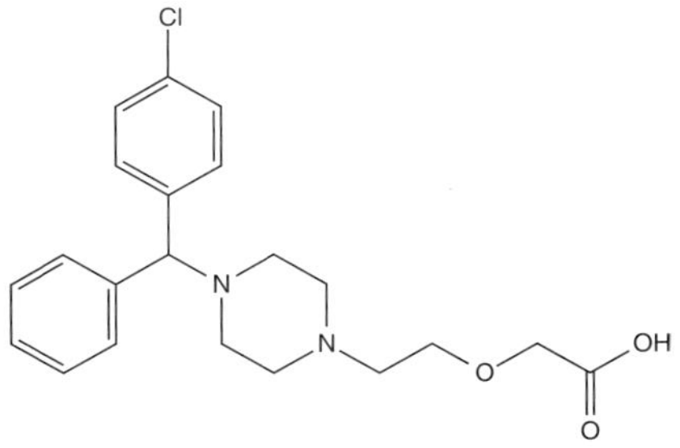

OS: *Cetirizine [BAN]*
OS: *Cétirizine [DCF]*

Alercet® (Interpharm: EC)
Alercet® (Unimed: PE)
Alerfrin® (Suiphar: DO)
Alermizol NF® (Pharmalab: PE)
Alertek® (GMP: GE)
Alertop® (Chile: CL)
Alerza® (Ipca: RU)
Asitrol® (Asiatic Lab: BD)
Celerg® (Helcor: RO)
Cerex® (Hexal: CZ)
Cerini® (Sanbe: ID)
Cesil® (Silva: BD)
Cetiderm® (Dermapharm: DE)
Cetirax® (Pauly: CO)
Cetirinax® (Actavis: GE, RU)
Cetirizina Genfar® (Expofarma: CL)
Cetirizina Genfar® (Genfar: CO)
Cetirizina® (Cetus: AR)
Cetirizine Hexal® (Hexal: RU)
Cetirizine PCH® (Pharmachemie: NL)
Cetirizine-Merck® (Merck: LU)
Cetirizine-Ratiopharm® (Ratiopharm: BE)
Cetirizine-Ratiopharm® (ratiopharm: LU)
Cetitev® (Lemery: MX)
Hamiltosin® (Rafarm: GR)
Histalen® (Andromaco: CL)
Histarizina® (Patric: CO)
Histax® (Pediapharm: CL)
Histimed® (3DDD Pharma: BE)
Hitrizin Film Tablet® (Deva: TR)
Hitrizin Oral Damla® (Deva: TR)
Hitrizin Surup® (Deva: TR)
Letizen® (Krka: BA, HR, RO, RS, SI)
Merck-Cetirizine® (Merck: BE)
Rentrex® (Umeda: TH)
Rhinodina® (Roddome: EC)
Sanaler® (Sanitas: CL)
Virlix® (UCB: LU)
Zyrfar® (Farmacoop: CO)

– dihydrochloride:

CAS-Nr.: 0083881-52-1
OS: *Cetirizine Hydrochloride BANM, USAN*
IS: *P 071*
PH: Cetirizine Hydrochloride Ph. Eur. 5
PH: Cetirizini dihydrochloridum Ph. Eur. 5
PH: Cetirizindihydrochlorid Ph. Eur. 5
PH: Cétirizine (dichlorhydrate de) Ph. Eur. 5

Acer® (ratiopharm: PL)
Acidrine® (Novamed: CO)
Acidrine® (Solvay: BG)
Acitrin® (ACI: BD)
Acura® (Nordic Drugs: NO, SE)
Adco-Cetirizine® (Al Pharm: ZA)
Adezio® (Pan Pharma: LK)
Adezio® (Xepa-Soul Pattinson: HK, SG)
Agelmin® (Kleva: GR)
Alarex® (Popular: BD)
Alatrol® (Square: BD)
Alenstran® (Chrispa: GR)
Alercet® (Procaps: CO, DO)
Alercet® (Unimed: PE)
Alercina® (Cinfa: ES)
Alerest® (Community: TH)
Alergoxal® (Bros: GR)
Alerid® (Cipla: CZ, IN, RO, VN)
Alerid® (Neopharma: HU)
Alerlisin® (Menarini: ES)
Alermed® (Lek-AM: PL)
Alerpasol® (Provenco: EC)
Alerrid® (Vedim: ES)
Alerviden® (Biochem: CO)
Alerzina® (Lek-AM: PL)
Alesof-10® (XL: GE)
Allecet® (Cipla: ZA)
Allercet® (Brown & Burk: LK)
Allercet® (Cosma: TH)
Allerid C® (Multichem: NZ)
Allermine® (Merck Generics: ZA)
Allerset® (Santa-Farma: TR)
Allertec® (Polfa Warshavskiy: RU)
Allertec® (Polfa Warszawa: PL)
Alnix® (Westmont: PH)
Alnok® (Sandoz: DK)
Alzyr® (Actavis: FI)
Alzytec® (Samchully: SG)
Amazina® (Osmopharm: DO)
Amertil® (Biofarm: PL)
Analergin® (Ivax: CZ)
Apo-Cetirizine® (Apotex: CA, NZ)
Arzedyn® (Leovan: GR)
Asytec® (Actavis: DK)
Atopix® (Pablo Cassara: AR)
Atrizin® (Beximco: BD)
Atrol® (Ziska: BD)
Auroxizine® (Aurora: GR)
Bebexin® (Demo: GR)
Benaday® (Pfizer: DK)
Benadryl® (Pfizer Consumer Healthcare: GB)
Betarhin® (Mahakam: ID)
Blezamont® (Iasis: GR)
Cabal® (Dallas: AR)
Ceratio® (ratiopharm: PL)

Certirec® (Paill: DO, SV)
Cerzin-Mepha® (Mepha: CH)
Cet eco® (Sandoz: CH)
CetAlergin® (ICN: PL)
Cetalerg® (AWD.pharma: DE)
Cetallerg® (Sandoz: CH)
Ceterifug® (Pädia: DE)
Ceti TAD® (TAD: DE)
Ceti-Puren® (Actavis: DE)
Ceticad® (Cadila: IN)
Cetidac® (Eurolab: AR)
Cetiderm® (Dermapharm: AT)
Cetidura® (Merck dura: DE)
Cetigen® (Merck: HU)
Cetihexal® (Hexal: BR)
Cetihis® (Unison: TH)
Cetil von ct® (CT: DE)
CetiLich® (Winthrop: DE)
Cetimerck® (Merck Genericos: ES)
Cetinax® (Medopharm: VN)
Cetiram® (Specifar: GR)
CetirHexal® (Hexal: AT)
Cetirigamma® (Wörwag Pharma: DE)
Cetiristad® (Stada: AT)
Cetirizin 1 A Pharma® (1A Pharma: DE)
Cetirizin Actavis® (Actavis: CH)
Cetirizin Alpharma® (Alpharma: AT, DK, NO, SE)
Cetirizin Alternova® (Alternova: AT, DK, FI)
Cetirizin AL® (Aliud: DE)
Cetirizin AZU® (Azupharma: DE)
Cetirizin Basics® (Basics: DE)
Cetirizin beta® (betapharm: DE)
Cetirizin BMM Pharma® (BMM: FI, NO, SE)
Cetirizin Copyfarm® (Copyfarm: SE)
Cetirizin Domesco® (Domesco: VN)
Cetirizin EP® (ExtractumPharma: HU)
Cetirizin Genericon® (Genericon: AT)
Cetirizin Generics® (Merck NM: FI, SE)
Cetirizin Helvepharm® (Helvepharm: CH)
Cetirizin Heumann® (Heumann: DE)
Cetirizin Hexal® (Hexal: DE, DK, NL, NO)
Cetirizin Hexal® (Sandoz: FI, HU, SE)
Cetirizin Irex® (Agis: CZ)
Cetirizin Merck NM® (Merck: DK)
Cetirizin Merck NM® (Merck NM: SE)
Cetirizin PCD® (Pharmacodane: DK)
Cetirizin ratiopharm® (Ratiopharm: AT)
Cetirizin ratiopharm® (ratiopharm: DE, DK, HU)
Cetirizin Samenwerkende Apothekers® (Samenwerkende Apothekers: NL)
Cetirizin Sandoz® (Sandoz: AT, DE, FI, NL, SE)
Cetirizin Stada® (Stada: DE, SE)
Cetirizin TEVA® (Teva: DE)
Cetirizin Winthrop® (Sanofi-Aventis: FI)
Cetirizin-ADGC® (KSK Pharma: DE)
Cetirizin-CT® (CT: DE)
Cetirizin-Hemopharm® (Hemopharm: DE)
Cetirizin-ratiopharm® (Ratiopharm: CZ)
Cetirizin-ratiopharm® (ratiopharm: DE)
Cetirizin-ratiopharm® (Ratiopharm: FI)
Cetirizin-SL® (Slovakofarma: CZ)
Cetirizina Acost® (Acost: ES)
Cetirizina Alpharma® (Alpharma: PT)
Cetirizina Alter® (Alter: ES, PT)
Cetirizina Angenerico® (Angenérico: ES)
Cetirizina Baldacci® (Baldacci: PT)
Cetirizina Belmac® (Belmac: ES)
Cetirizina Bexal® (Bexal: ES, PT)
Cetirizina Ciclum® (Ciclum: PT)
Cetirizina Cinfa® (Cinfa: ES)
Cetirizina Davur® (Davur: ES)
Cetirizina Dermogen® (Dermogen: ES)
Cetirizina Diclorhidrato® (Bestpharma: CL)
Cetirizina Diclorhidrato® (Rider: CL)
Cetirizina Farmabion® (Farmabion: ES)
Cetirizina Farmalider® (Farmalider: ES)
Cetirizina Farmoz® (Farmoz: PT)
Cetirizina Feltrex® (Feltrex: DO)
Cetirizina Generis® (Generis: PT)
Cetirizina Generix® (Sandoz: ES)
Cetirizina Germed® (Generis: PT)
Cetirizina Histatec® (Cipan: PT)
Cetirizina Iqfarma® (Iqfarma: PE)
Cetirizina Jaba® (Jaba: PT)
Cetirizina Labesfal® (Labesfal: PT)
Cetirizina Mepha® (Mepha: PT)
Cetirizina Merck® (Merck: ES)
Cetirizina Merck® (Merck Genéricos: PT)
Cetirizina Normon® (Normon: ES)
Cetirizina Ranbaxy® (Ranbaxy: ES)
Cetirizina Ratiopharm® (Ratiopharm: CZ, ES, PT)
Cetirizina Rigar® (Rigar: PA)
Cetirizina Rimafar® (Rimafar: ES)
Cetirizina Sandoz® (Sandoz: ES)
Cetirizina Teva® (Teva: ES)
Cetirizina Ur® (Uso Racional: ES)
Cetirizina Winthrop® (Winthrop: ES, PT)
Cetirizina® (AC Farma: PE)
Cetirizina® (La Sante: PE)
Cetirizina® (Lisan: CR)
Cetirizina® (Medicalex: CO)
Cetirizindihydrochlorid Arcana® (Arcana: AT)
Cetirizine Alpharma® (Alpharma: NL)
Cetirizine A® (Apothecon: NL)
Cetirizine Bexal® (Bexal: BE)
Cetirizine Biochemie® (Novartis: GR)
Cetirizine CF® (Centrafarm: NL)
Cetirizine Chefaro® (Chefaro: NL)
Cetirizine Copyfarm® (Copyfarm: NL)
Cetirizine Dermapharm® (Dermapharm: NL)
Cetirizine EG® (Eurogenerics: BE)
Cetirizine Hexal® (Hexal: ZA)
Cetirizine hydrochloride Novexal® (Novexal: GR)
Cetirizine Katwijk® (Katwijk: NL)
Cetirizine Losan® (Losan: NL)
Cetirizine Merck® (Merck Generics: NL)
Cetirizine Samenwerkende Apothekers® (Samenwerkende Apothekers: NL)
Cetirizine Sandoz® (Sandoz: BE, CZ, NL, SI)
Cetirizine Teva® (Teva: BE)
Cetirizine UCB® (UCB: BE, LU)
Cetirizine-EG® (Eurogenerics: LU)
Cetirizinedihydrochloride Gf® (Genfarma: NL)
Cetirizine® (Actavis: GB)
Cetirizine® (Healthypharm: NL)
Cetirizine® (Sandoz: GB)
Cetirizin® (Laropharm: RO)
Cetirizin® (Merck NM: NO)
Cetirizin® (ratiopharm: NO)
Cetirizin® (Slovakofarma: CZ)

Cetirlan® (Krewel: DE)
Cetitev® (Lemery: MX)
Cetizine® (Lazar: AR)
Cetizin® (Acme: BD)
Cetriler® (Roux-Ocefa: AR)
Cetril® (Chemist: BD)
Cetrimed® (Medifive: TH)
Cetrine® (Chalver: CO, EC, GT, HN, PA, PE, SV)
Cetrine® (Dr Reddys: LK, SG, TH)
Cetrine® (Dr. Reddy's: RU)
Cetrine® (Rowex: IE)
Cetrin® (Drug International: BD)
Cetrin® (Spirig: CH)
Cetrin® (Teva: HU)
Cetripharm® (Actavis: HU)
Cetrivax® (Norton: PL)
Cetriwal® (Wallace: IN)
Cetrixal® (Prima: ID)
Cetrixin® (Iqfarma: PE)
Cetrizen® (Norton: PL)
Cetrizet® (Sun: BD, IN, LK, TH)
Cetrizin® (Alpharma: NO)
Cetrizin® (Serono: BR)
Cetrizin® (TO Chemicals: SG, TH)
Cetryn® (Tripharma: TR)
Cetymin® (Galenium: ID)
Cetyrol® (Sandoz: AT)
Cetyryzyna Egis® (Egis: PL)
Ceza® (Pharmaland: TH)
Cezil® (Ampharco: VN)
Cezin® (Medicon: BD)
Ceziren® (Pharmanel: GR)
Cidron® (Sandoz: SE)
Cirizine® (Biospray: GR)
Cistamine® (LBS: TH)
Citin® (Opsonin: BD)
Cizin® (Nipa: BD)
Coolips® (Mintlab: CL)
Cotalil® (Life: EC)
Coulergin® (Alter: ES)
Cyzine® (Pharmasant: TH)
Cétirizine Biogaran® (Biogaran: FR)
Cétirizine Merck® (Merck Génériques: FR)
Cétirizine RPG® (RPG: FR)
Cétirizine Sandoz® (Sandoz: FR)
Cétirizine Winthrop® (Winthrop: FR)
Doccetiri® (Docpharma: BE, LU)
Dorotec® (Domesco: VN)
Dyno® (Rephco: BD)
Dyzin® (Amico: BD)
Ekon® (Blue Cross: LK)
Etizin® (Edruc: BD)
Falergi® (Fahrenheit: ID)
Fatec® (Fascino: TH)
Findaler® (Medipharm: CL)
Formistin® (Lusofarmaco: IT)
Gardex® (Nordic Drugs: FI)
Gentiran® (Vocate: GR)
Heinix® (Verman: FI)
Hi-Trol® (Hudson: BD)
Hisaler® (Bago: PE)
Histafren® (Uni-Pharma: GR)
Histalen® (Andromaco: CL)
Histal® [comp./sir.] (Ethical: DO)
Histasin® (Actavis: IS)
Histatec® (Streuli: CH)
Histax® (Recalcine: CL)
Histazine® (Trima: IL)
Histec® (Orion: FI)
Histek® (Helsinn: IE)
Histica® (M & H: TH)
Histrine® (Ferron: ID)
Humex Allergie Cétirizine® (Urgo: FR)
Incidal-OD Cetirizine® (Bayer: TH)
Incidal-OD® (Bayer: ID)
Kalven® (Farmoquimica: DO)
Kenicet® (Kendrick: MX)
Kilsol® (Biomedica-Chemica: GR)
Lambeta® (Farmedia: GR)
Lergium® (Medco: PE)
Lergy® (Sanovel: TR)
Letizen® (Krka: CZ, PL, SI)
Merzin® (Kéri: HU)
Mycetra® (Mystic: BD)
Noler® (Alco: BD)
Nosemin® (Ibn Sina: BD)
Ozen® (Pharos: ID)
Parlazin® (Egis: HU, RU)
Pharmaniaga Cetirizine® (Pharmaniaga: MY)
Procet® (Somatec: BD)
Ralizon® (Leovan: GR)
Ratioalerg® (Ratiopharm: ES)
ratioAllerg® (Ratiopharm: AT)
Razene® (Pacific: NZ)
Reactine® (Pfizer: BE, CA, CZ, DE, ES, FR, LU, MX, NL, NO, SE)
Remitex® (Bago: CL)
Ressital® (Biofarma: TR)
Revaniltabs® (Chefaro: NL)
Rhinil® (Aristopharma: BD)
Rhizin® (Recon: LK)
Rigotax® (Prater: CL)
Risina® (Tempo: ID)
Rizin® (Gaco: BD)
Riz® (Orion: BD)
Rydian® (Guardian: ID)
Rynset® (ARIS: TR)
Ryvel® (Novell: ID)
Ryzen® (UCB: ID)
Salvalerg® (GlaxoSmithKline: AR)
Sandoz Cetirizine 2HCl® (Sandoz: ZA)
Satrol® (Shamsul Alamin: BD)
Senirex® (Algol: FI)
Setin® (Siam Bheasach: TH)
Setiral® (Toprak: TR)
Siterin® (UCB: FI)
Sixacina® (Rider: CL)
Spatanil® (Farmanic: GR)
Stopaler® (LKM: AR)
Sutac® (Sriprasit: TH)
Talerdin® (Gutis: CR, NI)
Telarix® (Help: GR)
Terizin® (Seoul Pharm: SG)
Texa® (Pharma Dynamics: ZA)
Tiramin® (Renata: BD)
Tirizin® (Fluter: DO)
Tirizin® (Lannacher: AT)
Tiriz® (Lapi: ID)
Tradaxin® (SBL: MX)
Trin® (Globe: BD)

Triofan Allergie® (Vifor: CH)
Trizin® (Navana: BD)
Triz® (Indoco: IN, TH)
Unamine® (Unison: TH)
Unicet® (Cosma: TH)
Virlix® (GlaxoSmithKline: MX, PH)
Virlix® (Lacer: ES)
Virlix® (Mediolanum: IT)
Virlix® (Pliva: PL)
Virlix® (Sanofi-Aventis: FR)
Vitinelin® (Antor: GR)
Yenizin® (Yeni: TR)
Zeda® (Verisfield: GR)
Zenriz® (Pyridam: ID)
Zensil® (Silom: TH)
Zepholin® (Genepharm: GR)
Zeran® (APM: AE, BG, BH, IQ, JO, KW, LB, LY, NG, OM, QA, SA, SD, SY, TN, YE)
Zermed® (Progress: TH)
Zertine® (Farmaline: TH)
Zetalerg® (UCI: BR)
Zetir® (Abbott: BR)
Zetir® (Rodleben: DE)
Zetop® (Alliance: ZA)
Zetrinal® (Tripharma: RU)
Zetri® (Magnachem: DO)
Zinal® (Unimed & Unihealth: BD)
Zinetrin® (Stiefel: BR)
Ziptek® (UCB: GR)
Zirpine® (Pinewood: IE)
Zirtec® (UCB: IT)
Zirtek® (UCB: AT, GB, IE)
Zirtene® (Gerard: IE)
Znupril® (Velka: GR)
Zodac® (Zentiva: CZ, GE, RU)
Zyllergy® (Dexcel: IL)
Zymed® (Millimed: TH)
Zyncet® (Unichem: LK)
Zynor® (Ivax: IE)
Zyrac® (Osoth: TH)
Zyrazine® (British Dispensary: TH)
Zyrcon® (Condrugs: TH)
Zyrex® (Masa Lab: TH)
Zyrlex® (UCB: SE)
Zyrtecset® (UCB: FR)
Zyrtec® (Aktuapharma: BE)
Zyrtec® (Alfa: PE)
Zyrtec® (APS: CH)
Zyrtec® (Euro: NL)
Zyrtec® (GlaxoSmithKline: AG, AN, AW, BB, BR, CL, CR, DO, GD, GT, GY, HN, JM, LC, NI, PA, SV, TT, VC)
Zyrtec® (Librapharma: CO)
Zyrtec® (Medis: SI)
Zyrtec® (Pfizer: GE, US)
Zyrtec® (Pharmabroker: NZ)
Zyrtec® (Rontag: AR)
Zyrtec® (Solvay: RU)
Zyrtec® (UCB: AT, AU, BE, BF, BJ, CF, CG, CH, CI, CM, CZ, DE, DE, DK, DZ, ES, FI, FR, GA, GN, HK, HU, IN, LU, MG, ML, MR, MU, MX, MY, NE, NL, NO, PH, PT, RO, SG, SN, TD, TG, TH, TR, TR, US, ZA, ZR)
Zyrtec® (Vedim: PL)
Zyx® (Biofarm: PL)

Cetraxate (Rec.INN)

L: Cetraxatum
D: Cetraxat
F: Cétraxate
S: Cetraxato

Gastrointestinal agent

CAS-Nr.: 0034675-84-8 — C_{17}-H_{23}-N-O_4, M_r 305.381

Benzenepropanoic acid, 4-[[[4-(aminomethyl)cyclohexyl]carbonyl]oxy]-, trans-

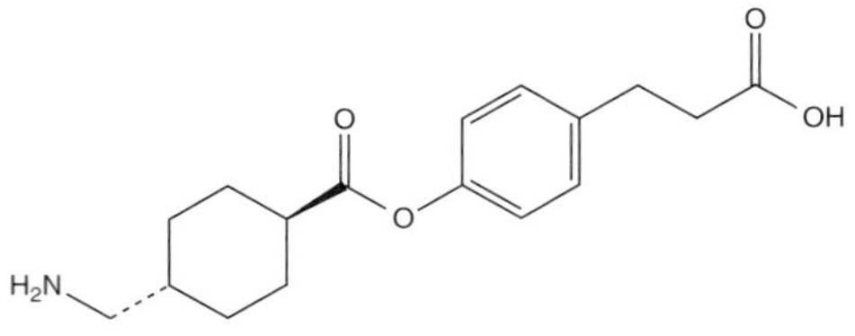

IS: *CEP-t-AMCHA*
IS: *DV 1006*

– hydrochloride:

CAS-Nr.: 0027724-96-5
OS: *Cetraxate Hydrochloride USAN*
IS: *DV 1006 (Daiichi Seiyaku, Japan)*
PH: Cetraxate Hydrochloride JP XIV

Neuer® (Daiichi: JP)
Traxat® (Kalbe: ID)

Cetrimide (Rec.INN)

L: Cetrimidum
I: Cetrimide
D: Cetrimid
F: Cétrimide
S: Cetrimida

Antiseptic
Desinfectant

ATC: D08AJ04,D11AC01
CAS-Nr.: 0000505-86-2

Mixture of chiefly tetradecyltrimethylammonium bromide with smaller amounts of dodecyltrimethylammonium bromide and hexadecyltrimethylammonium bromide

$$\left[(H_3C)_3N\text{—}(CH_2)_n\text{—}CH_3\right]^+ \; Br^-$$

n = 11, 13, 15

OS: *Cetrimide [BAN, JAN, USAN]*
OS: *Cétrimide [DCF]*
IS: *Zetrimid*
PH: Cetrimid [Ph. Eur. 5]
PH: Cetrimide [Ph. Eur. 5, Ph. Int. 4, USP 30]
PH: Cetrimidum [Ph. Eur. 5, Ph. Int. 4]
PH: Cétrimide [Ph. Eur. 5]

Boucren® (Bouzen: AR)
Burnol® (Boots: SG)
Cetavlex® (AstraZeneca: AE, BH, CY, EG, IQ, JO, KW, LB, LY, MT, OM, QA, SA, SY, YE)
Cetavlex® (Bioglan: IS)

Cetavlex® (Derma: GB)
Cetavlex® (Tramedico: LU)
Cetavlon® (AstraZeneca: ES)
Cetavlon® (Pierre Fabre: BF, BJ, CF, CG, CI, CM, FR, GA, GN, MG, ML, MR, NE, SN, TD, TG, VN, ZR)
Cetavlon® (VJ Bartlett: ZA)
Cetream® [vet.] (Pettifer: GB)
Cetriad® [vet.] (Fort Dodge: GB)
Cetrimide Shampoo® (Orion: NZ)
Cetrimide® (Orion: NZ)
Cetrimide® (PSM: NZ)
Cetrimide® (Vitamed: IL)
Cevlodil® (Saidal: DZ)
Foot Rot Aerosol® [vet.] (Battle: GB)
Sorbicet® (Bouzen: AR)
Stérilène® (Gifrer Barbezat: FR)
Vanodine Udder Salve® [vet.] (Evans Vanodine: GB)
Vesagex® (Rybar: IE)
Veterinary Wound Powder® [vet.] (Battle: GB)
Vetzyme Veterinary Skin Cream® [vet.] (Seven Seas: GB)
Vidisic® (Angelini: PT)
Vidisic® (Mann: CZ, DE, IE)
Vidisic® (Riel: AT)
Woundcare Powder® [vet.] (Animalcare: GB)

Cetrimonium (DCF)

D: Cetrimonium
F: Cétrimonium
S: Cetrimonio

⚕ Antiseptic
⚕ Desinfectant

ATC: D08AJ02
CAS-Nr.: 0006899-10-1 C_{19}-H_{42}-N

Ammonium, hexadecyltrimethyl- [NLM]

1-Hexadecanaminium, N,N,N-trimethyl-

Hexadecyltrimethyl ammonium [IUPAC]

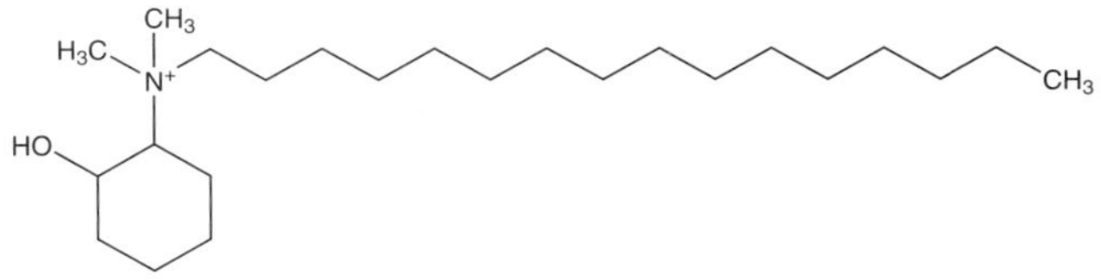

OS: *Cétrimonium [DCF]*
IS: *Cetrimonum*

- **hydrochloride:**

CAS-Nr.: 0000112-02-7
OS: *Cetrimonium Chloride BAN*

Surfaktivo® (Stiefel: AR)

- **tosilate:**

CAS-Nr.: 0000138-32-9
IS: *Cetrimonium tosylate*

Intima® (Erbapharma: ID)
Sterilene® (Amsa: IT)

- **bromide:**

CAS-Nr.: 0000057-09-0
OS: *Cetrimonio bromuro DCIT*
OS: *Cetrimonium Bromide BAN, USAN*
PH: Cetrimonii bromidum Ph. Int. II
PH: Cetrimonium bromide USP 30

Aknex Cleaning® (Gebro: CH)
Cetyl® (Eras: TR)
Turisan® (Turimed: CH)

Cetrorelix (Rec.INN)

L: Cetrorelixum
D: Cetrorelix
F: Cetrorelix
S: Cetrorelix

⚕ LH-RH-antagonist

ATC: H01CC02
CAS-Nr.: 0120287-85-6 C_{70}-H_{92}-Cl-N_{17}-O_{14}
M_r 1431.07

Acetyl-3-(2-naphthyl)-D-alanyl-4-chlorphenyl-D-alanyl-3-(3-pyridyl)-D-alanyl-L-seryl-L-tyrosyl-N'-carbamoyl-D-ornithyl-L-leucyl-L-arginyl-L-prolyl-D-alaninamid [IUPAC]

N-Acetyl-3-(2-naphthyl)-D-alanyl-p-chloro-D-phenylalanyl-3-(3-pyridyl)-D-alanyl-L-seryl-L-tyrosyl-N5-carbamoyl-D-ornithyl-L-leucyl-L-arginyl-L-prolyl-D-alanin-amide [WHO]

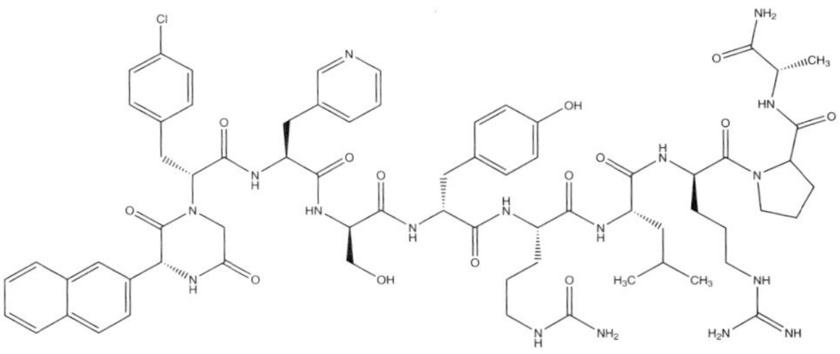

OS: *Cetrorelix [BAN, USAN, DCF]*
IS: *SB 75 (Asta)*

- **acetate:**

CAS-Nr.: 0145672-81-7
OS: *Cetrorelix Acetate USAN*
IS: *D 20761 (Asta)*
IS: *NS 75A*
IS: *SB 075*

Cetrotide® (Asta Medica: SI)
Cetrotide® (Baxter: IL)
Cetrotide® (Baxter Oncology: RS)
Cetrotide® (DKSH: ID)
Cetrotide® (Douglas: NZ)
Cetrotide® (Merck Serono: RO)
Cetrotide® (Serono: AR, AT, AU, BD, BE, CA, CZ, DE, DK, ES, FI, FR, GB, GR, HK, HR, HU, IE, IS, IT, LU, NL, NO, PL, PT, RU, SE, SG, TH, TR, US)
Cetrotide® (Serono Pharma: CH)
Cetrotide® (Serum Institute: IN)

Cetuximab (Rec.INN)

L: Cetuximabum
D: Cetuximab
F: Cétuximab
S: Cetuximab

⚕ Immunomodulator
⚕ Antineoplastic agent

ATC: L01XC06
ATCvet: QL01XC06
CAS-Nr.: 0205923-56-4

Immunoglobulin G 1 (human-mouse monoclonal C 225 gamma 1 - chain anti-human epidermal growth factor receptor), disulfide with human-mouse monoclonal C 225 kappa - chain, dimer (WHO)

OS: *Cetuximab [USAN]*
IS: *C 225 (ImClone, USA)*
IS: *IMC-C 225 (ImClone, USA)*

Erbitux® (Boehringer Ingelheim: CN)
Erbitux® (Bristol-Myers Squibb: US)
Erbitux® (ImClone: US)
Erbitux® (Merck: AR, AT, CH, CL, CZ, DE, DK, ES, FI, GB, HK, HR, HU, IE, IL, LU, MX, MY, NO, SE, SG)
Erbitux® (Merck KGaA: CN, NL, RS)
Erbitux® (Merck Lipha Santé: FR)
Erbitux® (Merck Pharma: IT)
Etazim® (Benedetti: IT)

Cetylpyridinium (DCF)

D: Cetylpyridinium
F: Cétylpyridinium

⚕ Antiseptic
⚕ Desinfectant

ATC: D08AJ03
CAS-Nr.: 0007773-52-6 C_{21}-H_{38}-N

Pyridinium, 1-hexadecyl-

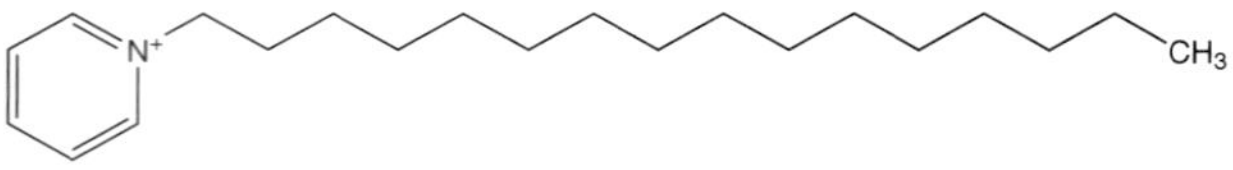

OS: *Cétylpyridinium [DCF]*

- chloride:

CAS-Nr.: 0000123-03-5
OS: *Cetilpiridinio cloruro DCIT*
OS: *Cetylpyridinium Chloride BAN, USAN*

Bat Zeta® (Zeta: IT)
Borocaina® (Alfa Wassermann: IT)
Cepacol® (Aventis: PE, SG, TH)
Cepacol® (Bayer: AU)
Cepacol® (Sanofi-Aventis: BR, HK)
Cetafilm® (Balkanpharma: BG)
Cetilsan® (Sella: IT)
Dobendan® (Boots: AT, DE)
Farin Gola® (Montefarmaco OTC: IT)
Freesept® (Rider: CL)
Frubizin® (Boehringer Ingelheim: DE)
Golacetin® (Vaillant: IT)
Golafair® (Iodosan: IT)
Gurgol Pastilhas® (DM: BR)
Halset® (Alpe: SI)
Halset® (Biofarm: PL)
Halset® (Gebro: CZ, HU)
Halset® (Novartis Consumer Health: AT)
Halstabletten® (ratiopharm: DE)
Honeygola® (Wyeth Consumer Healthcare: IT)
Merocets® (SSL: GB, IE)
Neo Cepacol® (Aventis: IT)
Neo Formitrol® (Mipharm: IT)
Neoseptolete® (Krka: SI)
Novoptine® (Gifrer Barbezat: FR)
Oralsept® (ECU: EC)
Orasept® (Silom: TH)
Pastilhas Cepacol® (Aventis: BR)
Penipastil® (Casel: TR)
Pyrisept® (Weifa: NO)
Trociletas® (Streger: MX)
Universal Throat Lollies® (Universal: ZA)

- chloride monohydrate:

CAS-Nr.: 0006004-24-6
OS: *Cetylpyridinium Chloride BAN*
PH: Cetylpyridinii chloridum Ph. Eur. 5, Ph. Int. II
PH: Cétylpyridinium (chlorure de) Ph. Eur. 5
PH: Cetylpyridiniumchlorid Ph. Eur. 5
PH: Cetylpyridinium Chloride Ph. Eur. 5, USP 30

Menthosept® (Polfa Lódz: PL)

Cevimeline (Rec.INN)

L: Cevimelinum
D: Cevimelin
F: Céviméline
S: Cevimelina

⚕ Nootropic

CAS-Nr.: 0107233-08-9 C_{10}-H_{17}-N-O-S
M_r 199.32

(+/-)-cis-2-Methylspiro[1,3-oxathiolane-5,3'-quinuclidine] [WHO]

cis-2-Methylspiro(1,3-oxathiolane-5,3')quinuclidine hydrochloride hydrate (2:2:1) [NLM]

Spiro(1-azabicyclo(2.2.2)octane-3,5'-(1,3)oxathiolane), 2'-methyl-, hydrochloride, hydrate (2:1), cis- [NLM]

Spiro[1-azabicyclo[2.2.2]octane-3,5'-[1,3]oxathiolane], 2'-methyl-, cis- [USAN]

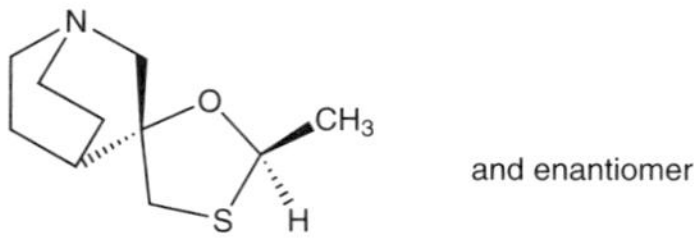

IS: *AF 102F*

- hydrochloride:

CAS-Nr.: 0153504-70-2
OS: *Cevimeline Hydrochloride USAN*
IS: *AF 102 B*
IS: *Cevimeline hydrochloride hemihydrate (NLM)*

IS: *FKS 508*
IS: *SND 5088*
IS: *SNI 2011*
IS: *SNK 508*
IS: *Saligren (Nippon Kayaku, Japan)*

Evoxac® (Daiichi: JP, US)

Charcoal, Activated

L: Carbo activatus
D: Kohle, medizinische
F: Charbon active
S: Carbone attivato

Antidiarrhoeal agent
Antidote
Pharmaceutic aid

ATC: A07BA
CAS-Nr.: 0016291-96-6
OS: *Medicinal Carbon [JAN]*
OS: *Charcoal, Activated [USAN]*
IS: *Aktivkohle*
IS: *Carbo medicinalis*
IS: *Adsorbierende Kohle*
IS: *Charcoal*
IS: *Holzkohle, gereinigte*
IS: *E 153*
IS: *Charbon medicinal*
IS: *Medizinische Kohle*
IS: *Medicinal Carbon*
PH: Charcoal, Activated [Ph. Eur. 5, Ph. Int. 4, USP 30]
PH: Medizinische Kohle [Ph. Eur. 5]
PH: Charbon activé [Ph. Eur. 5]
PH: Carbo activatus [Ph. Eur. 5, Ph. Int. 4]

Actidose-Aqua® (Cambridge Laboratories: GB)
Actidose-Aqua® (Paddock: US)
Actidose-Aqua® [vet.] (Cambridge Laboratories: GB)
Actidose® (Paddock: US)
Activate Charcoal® (SIC: GE)
Adsorba® (Gambro: US)
Aktivt kul Norit® (Norit: DK)
Aqueous Charcodote® (Pharmascience: SG)
Arkocapsulas Carbon Veg® (Arkochim: ES)
Arkogélules Charbon Végétal® (Arkopharma: FR)
BCK® [vet.] (Fort Dodge: GB)
Bekarbon® (Kimia: ID)
Biocarbon® (Trenka: AT)
Ca-r-bon® (Greater Pharma: TH)
Carbo activatus® (Egis: HU)
Carbo Medicinalis „Chepharin“® (Pannonpharma: HU)
Carbo Medicinalis Sanova® (Sanova: AT)
Carbo Medicinalis® (Fampharm: RS)
Carbo Medicinalis® (ICN: PL)
Carbo Medicinalis® (Jadran: HR)
Carbo Medicinalis® (Leiras: FI)
Carbo Medicinalis® (Polfa: CZ)
Carbo Medicinalis® (Salus: SI)
Carbomix® (Beacon: GB)
Carbomix® (Leiras: FI)
Carbomix® (Mayne: IE)
Carbomix® (Norit NV-NL: IT)
Carbomix® (Omega: FR)
Carbomix® (Selena Fournier: SE)
Carbomix® [vet.] (Meadow Animals: GB)
Carbon Belloc® (Spedrog-Caillon: AR)
Carbon Eczane® (Eczane: AR)
Carbon Medical® (H. Medica: AR)
Carbon Oriental® (Oriental: AR)
Carbon-vegetal® (Fitomax: PE)
Carbone Belloc® (Vaillant: IT)
Carbon® (Lainco: ES)
Carbophos® (Tradiphar: FR)
Carbosorb® (AFT: NZ)
Carbosorb® (Imuna: CZ)
Carbosorb® (Pharmacia: AU)
Carbotox® (Schwarz: CZ)
Carbovital® [vet.] (Moureau: FR)
Charbon de belloc® (Omega: FR)
CharcoAid® (Little Remedies: US)
Charcoal Camden® (Camden: SG)
Charcoal Plus DS® (Kramer: US)
Charcoal® (Mason: US)
Charcoal® (Red Seal: NZ)
CharcoCaps® (Requa: US)
Charcodote® (Genmedix: IL)
Charcodote® (Pharmascience: HK)
Charcodote® (Pliva: GB)
Charcotabs® (Key: AU)
Colocarb® (Expanpharm: FR)
Exarex® (Sandoz: ZA)
EZ-Char® (Paddock: US)
Formocarbine® (GlaxoSmithKline: FR)
Insta-Char® (Kerr: US)
Kohle-Compretten® (Merck: DE, LU, NO)
Kohle-Hevert® (Hevert: DE)
Kohle-Pulvis® (Köhler: DE)
Kohle-Tabletten Boxo-Pharm® (Cheplapharm: DE)
Kolemed® (Rösch & Handel: AT)
Kolsuspension® (Abigo: SE)
Linotar® (Sandoz: ZA)
Linotar® (Trans Dermal: AU)
Liqui-Char-Vet® [vet.] (Arnolds: GB)
Liqui-Char® (Monarch: US)
Liqui-Char® (Oxford: GB)
Mamograf® (Temis-Lostalo: AR)
Medicinsko oglje® (Gorenjske: SI)
Medikol® (Selena Fournier: SE)
Minicam® (Gramon: AR)
Norit Carbomix® (Norit: AT)
Norit Carbomix® (Wolfs: BE)
Norit® (Norit: AT, IL, NL, RO)
Norit® (Wolfs: BE, LU)
Toxicarb® (SERB: FR)
Ultra Adsorb® (Lainco: ES)
Ultracarbon® (Merck: DE, TH)
Ultracarbon® (Merck Consumer Health: SG)

Chenodeoxycholic Acid (Rec.INN)

L: Acidum chenodeoxycholicum
I: Acido chenodessicolico
D: Chenodeoxycholsäure
F: Acide chénodésoxycholique
S: Acido quenodeoxicólico

Treatment of cholesterol gallstones

ATC: A05AA01
ATCvet: QA05AA01
CAS-Nr.: 0000474-25-9 C_{24}-H_{40}-O_4
M_r 392.57

Cholan-24-oic acid, 3,7-dihydroxy-, (3α,5β,7α)-

3α,7α-Dihydroxy-5β-cholan-24-oic acid

(3α,5β,7α)-3,7-Dihydroxy-cholan-24-oic acid WHO

3α,7α-Dihydroxy-5β-cholanic acid

Anthropodesoxycholic acid

Gallodesoxycholic acid

17β-(1-methyl-3-carboxypropyl)etiocholane-3α,7α-diol

3α,7α-Dihydroxy-5β-cholan-24-säure IUPAC

3α,7α-Dihydroxycholanic acid

7α-Hydroxylithocholic acid

5β-Cholan-24-oic acid, 3α,7α-dihydroxy-

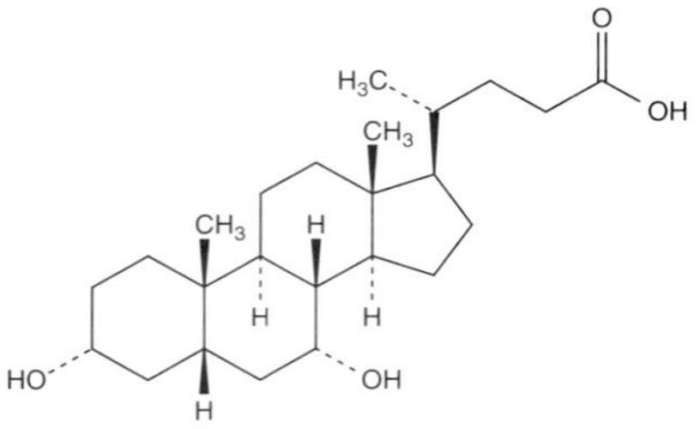

OS: *Acide chénodésoxycholique [DCF]*
OS: *Acido chenodessicolico [DCIT]*
OS: *Chenodeoxycholic Acid [BAN, JAN]*
OS: *Chenodiol [USAN]*
IS: *ACDC*
IS: *CDC*
IS: *CDCA*
IS: *Chenic Acid*
IS: *Chenossil*
IS: *Chenosäure*
IS: *Chenix (Solvay Pharmaceuticals, US)*
PH: Chenodeoxycholic Acid [Ph. Eur. 5, USP 30]
PH: Acidum chenodeoxycholicum [Ph. Eur. 5]
PH: Chenodeoxycholsäure [Ph. Eur. 5]
PH: Chénodésoxycholique (acide) [Ph. Eur. 5]

Chenocol® (Yamanouchi: JP)
Chenofalk® (ARIS: TR)
Chenofalk® (Codali: LU)
Chenofalk® (Darya-Varia: ID)
Chenofalk® (Falk: DE)
Chenofalk® (Merck: AT)
Chenofalk® (Rafa: IL)
Chenofalk® (Tramedico: NL)
Quenobilan® (Estedi: ES)
Sulobil® (Atlantis: MX)

Chloral Hydrate (BAN)

L: Chlorali hydras
I: Cloralio idrato
D: Chloralhydrat
F: Chloral (hydrate de)

Hypnotic

ATC: N05CC01
CAS-Nr.: 0000302-17-0 C_2-H_3-Cl_3-O_2
M_r 165.396

1,1-Ethanediol, 2,2,2-trichloro-

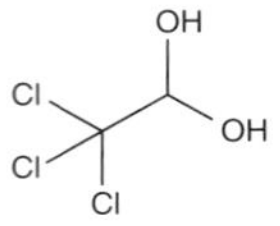

OS: *Chloral (hydrate de) [DCF]*
OS: *Chloral Hydrate [BAN, USAN]*
IS: *Trichloroethylidene glycol*
PH: Chloral (hydrate de) [Ph. Eur 5]
PH: Chloralhydrat [Ph. Eur 5]
PH: Chloral Hydrate [JP XIV, Ph. Eur 5, Ph. Int. 4, USP 30]
PH: Chlorali hydras [Ph. Eur. 5, Ph. Int. 4]

Aquachloral® (PolyMedica: US)
Chloral Hydrate Odan® (Odan: CA)
Chloral Hydrate Suppositories® (G & W: US)
Chloral Hydrate® (Biomed: NZ)
Chloral Hydrate® (Health Support Ltd: NZ)
Chloral Hydrate® (Orion: AU)
Chloraldurat® (Lubapharm: CH)
Chloraldurat® (Pohl: DE)
Chloraldurat® (Tramedico: NL)
Chloralhydraat FNA® (FNA: NL)
Escre® (SSP: JP)
Kloral SAD® (SAD: DK)
Medianox® (Grossmann: CH)
Nervifene® (Interdelta: CH)

– comp. with betaine:
Welldorm® (Alphashow: GB)

Chlorambucil (Rec.INN)

L: Chlorambucilum
I: Clorambucile
D: Chlorambucil
F: Chlorambucil
S: Clorambucilo

Antineoplastic, alkylating agent

ATC: L01AA02
CAS-Nr.: 0000305-03-3 C_{14}-H_{19}-Cl_2-N-O_2
M_r 304.216

Benzenebutanoic acid, 4-[bis(2-chloroethyl)amino]-

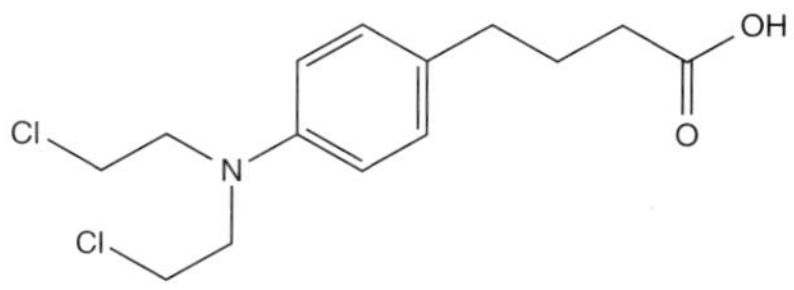

OS: *Chlorambucil [BAN, DCF, USAN]*
OS: *Clorambucil [DCIT]*
IS: *CB 1348*
IS: *Chlorbutin*
IS: *CLB*
PH: Chlorambucil [Ph. Eur. 5, Ph. Int. 4, USP 30]
PH: Chlorambucilum [Ph. Eur. 5, Ph. Int. 4]

Chloraminophène® (Techni-Pharma: MC)
Leukeran® (Dr. Fisher: NL)
Leukeran® (Eureco: NL)
Leukeran® (GlaxoSmithKline: AE, AG, AN, AR, AT, AU, AW, BB, BD, BE, BG, BH, BR, CA, CH, CL, CN, CZ, DE, FI, GB, GD, GY, HK, IL, IN, IR, IS, JM, KW, LC, LU, MX, NL, NO, NZ, OM, PH, PL, QA, RO, RU, SE, SG, SI, TH, TR, TT, US, VC, ZA)
Leukeran® (Wellcome: ES, IE)
Leukeran® (Wellcome-GB: IT)
Leukeran® [vet.] (GlaxoSmithKline: GB)

Chloramphenicol (Rec.INN)

L: Chloramphenicolum
I: Cloramfenicolo
D: Chloramphenicol
F: Chloramphénicol
S: Cloramfenicol

Antibiotic, chloramphenicol

ATC: D06AX02,D10AF03,G01AA05,J01BA01,S01AA01,-S02AA01
CAS-Nr.: 0000056-75-7 C_{11}-H_{12}-Cl_2-N_2-O_5
M_r 323.137

Acetamide, 2,2-dichloro-N-[2-hydroxy-1-(hydroxymethyl)-2-(4-nitrophenyl)ethyl]-, [R-(R*,R*)]-

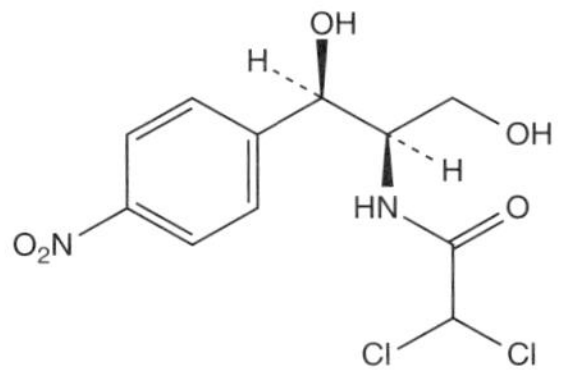

OS: *Chloramphenicol [BAN, DCF, USAN]*
OS: *Cloramfenicolo [DCIT]*
IS: *Juvamycetin*
IS: *Mediamycetin*
IS: *CN 3005*
PH: Chloramphenicol [JP XIV, Ph. Eur. 5, Ph. Int. 4, USP 30]
PH: Chloramphenicolum [Ph. Eur. 5, Ph. Int. 4]
PH: Chloramphénicol [Ph. Eur. 5]

A-Phenicol® (Acme: BD)
Abefen® (Schein: PE)
Amphicol® [vet.] (John: US)
Amplobiotic® (Prati: BR)
Anacetin® [vet.] (Boehringer Ingelheim Vetmedica: US)
Antibi-Otic® (Seng Thai: TH)
Archifen Eye® (Archifar: TH)
Aristophen® (Aristopharma: BD)
Atralfenicol® [vet.] (Atral Animal: PT)
Cendo Fenicol® (Cendo: ID)
Chemicetina® (Fournier: IT)
Chlooramfenicol Bournonville® (Bournonville: NL)
Chlooramfenicol HPS® (HPS: NL)
Chlooramfenicol Minims® (Chauvin: NL)
Chlooramfenicol POS® (Ursapharm: NL)
Chlor-B® [vet.] (Delvet: AU)
Chlora-Tabs® [vet.] (Evsco: US)
Chloracil® (Siam Bheasach: TH)
Chloramex® (Alpharma: ID)
Chloramex® (Aspen: ZA)
Chloramex® (Renata: BD)
Chloramno® (Milano: TH)
Chloramphenicol Agepha® (Agepha: AT)
Chloramphenicol Bidiphar® (Bidiphar: VN)
Chloramphenicol Biokema® [vet.] (Biokema: CH)
Chloramphenicol Hovid® (Hovid: SG)
Chloramphenicol Hudson® (Hudson: BD)
Chloramphenicol Indo Farma® (Indofarma: ID)
Chloramphenicol Krka® (Krka: HR)
Chloramphenicol Leciva® (Leciva: CZ)
Chloramphenicol Ophthalmic® (King: US)
Chloramphenicol-Bournonville® (Teva: LU)
Chloramphenicol-Erfa® (Erfa: LU)
Chloramphenicol-Spray® [vet.] (Albrecht: DE)
Chloramphenicol-Spray® [vet.] (Alma: DE)
Chloramphenicol-Spray® [vet.] (CP: DE)
Chloramphenicol-Spray® [vet.] (Riemser Animal: DE)
Chloramphenicol-Spray® [vet.] (WDT: DE)
Chloramphenicol® (Alcon: BW, ER, ET, GH, KE, MW, NA, NG, TZ, UG, ZA, ZM, ZW)
Chloramphenicol® (Bournonville: LU)
Chloramphenicol® (Chauvin: LU)
Chloramphenicol® (Erfa: BE)
Chloramphenicol® (Galenika: RS)
Chloramphenicol® (GAMA: GE)
Chloramphenicol® (GlaxoSmithKline: LU)
Chloramphenicol® (King: US)
Chloramphenicol® (Krka: BA, SI)
Chloramphenicol® (Martindale: GB)
Chloramphenicol® (Remedica: CY)
Chloramphenicol® (Thea: BE)
Chloramphenicol® (Viatris: BE)
Chloramphenicol® [vet.] (Altana vet: US)
Chloramphenicol® [vet.] (Chevita: DE)
Chloramphenicol® [vet.] (Delvet: AU)
Chloramphenicol® [vet.] (Eon: US)
Chloramphenicol® [vet.] (Fort Dodge: GB, IE)
Chloramphenicol® [vet.] (Pharmaceutical Ventures: US)
Chloramphenicol® [vet.] (Serumber: DE)
Chloramsaar N® (MIP: DE)
Chlorasol® [vet.] (Evsco: US)
Chlorawerfft® [vet.] (Alvetra u. Werfft: AT)
Chlorbiotic® (Bernofarm: ID)
Chlorcol® (Al Pharm: ZA)
Chloricol® [vet.] (Evsco: US)
Chlornitromycin Ointment® (Actavis: GE)

Chloroamno® (Milano: TH)
Chlorofair® (Pharmafair: US)
Chloromycetin Ear Drops® (Pfizer: AU, NZ)
Chloromycetin Eye Drops® (Pfizer: AU)
Chloromycetin® (Elea: AR)
Chloromycetin® (Goldshield: GB, IE)
Chloromycetin® (Monarch: US)
Chloromycetin® (Pfizer: AT, AU, BZ, CL, CR, ES, FI, GT, HN, IS, NI, PA, PE, SE, SV, ZA)
Chloromycetin® [vet.] (Fort Dodge: US)
Chloromycetin® [vet.] (Pharmacia Animal Health: GB)
Chloromycin® (Pharmaco: BD)
Chloropal® (Schoeller: AT)
Chloroph® (Seng Thai: TH)
Chloropt Eye Ointment® [vet.] (Delvet: AU)
Chloroptic® (Allergan: IL)
Chlorosan® (Shiba: YE)
Chlorosol® [vet.] (Gräub: CH)
Chlorphenicol® (Rekah: IL)
Chlorphen® (CAPS: ZA)
Chlorphen® (Nipa: BD)
Chlorsig® (Pharmaco: NZ)
Chlorsig® (Sigma: AU)
Cloramfenicol® (Arena: RO)
Cloramfenicol® (Bestpharma: CL)
Cloramfenicol® (Mintlab: CL)
Cloramfenicol® (Saval: EC)
Cloramfeni® (Sophia: MX)
Cloramicina® (Qualipharm: CR, GT, NI, PA)
Cloramidina® (Armoxindo: ID)
Clorampast® (Pasteur: CL)
Cloram® (Ibn Sina: BD)
Cloranfenicol Bestpharma® [inj.] (Bestpharma: PE)
Cloranfenicol LCH® (Chile: CL)
Cloranfenicol LCH® (Ivax: PE)
Cloranfenicol MF® [caps.] (Marfan: PE)
Cloranfenicol Nicolich® (Saval Nicolich: CL)
Cloranfenicol® (Allergan: BR, BR)
Cloranfenicol® (Britania: PE)
Cloranfenicol® (Farmo Andina: PE)
Cloranfenicol® (G&R: PE)
Cloranfenicol® (Labofar: PE)
Cloranfenicol® (Mission Pharma.: PE)
Cloranfenicol® (Quilab: PE)
Cloranfenicol® (Rosaura: PE)
Cloranfen® [inj.] (Terbol: PE)
Cloran® (Grin: MX)
Cloraxin® (F.T. Pharma: VN)
Clorin® (Lansier: PE)
Clorocil® (Edol: PT)
Cloromisan® (Sanitas: PE)
Cloroptic® (Allergan: EC, PE)
Cogetine® (GDH: TH)
Colain® (Darya-Varia: ID)
Colircusi Chloramphenicol® (Alcon: ES)
Colircusi Cloranfenicol® (Alcon: ES)
Colirio Ocul Cloranfenicol® (Laus: ES)
Colme® (Interbat: ID)
Colsancetine® (Sanbe: ID)
Combicetin® (Combiphar: ID)
Cusi Chloramphenicol® (Alcon: PL)
Cysticat® [vet.] (Sepval: FR)
Cébénicol® (Chauvin: FR, LU)
Detreomycyna® (Chema: PL)
Duricol® [vet.] (Nylos: US)
Edrumycetin® (Edruc: BD)
Empeecetin® (Nufarindo: ID)
Enkacetyn® (Kimia: ID)
Epiphenicol® (Eipico: AE, BH, EG, IQ, JO, KW, LB, LY, OM, QA, SA, SD, YE)
Farmicetina® (Rontag: AR)
Fenicol® (Armoxindo: ID)
Fenicol® (Medifarma: PE)
Fenicol® (Pharmasant: TH)
Fionicol® (Sanofi-Aventis: BD)
G-Chloramphenicol® (Gonoshasthaya: BD)
Gemitin Oftalmico® (S.M.B. Farma: CL)
Gemitin® (S.M.B. Farma: CL)
Genercin® (GDH: TH)
Gerafen® (Genesis: PH)
Globenicol® (Yamanouchi: NL)
Gloveticol® [vet.] (Mycofarm: BE)
Halomycetin® (Wabosan: AT)
Hloramfenikol® (Alkaloid: RS)
Hloramkol® (Hemomont: RS)
Icol® (ACI: BD)
Ikamicetin® (Ikapharmindo: ID)
Isopto Fenicol® (Alcon: AR, BE, BW, ER, ES, ET, GH, IS, KE, LK, MW, NA, NG, SG, TZ, UG, ZA, ZM, ZW)
Isotic Salmicol® (Fahrenheit: ID)
Kemicetine Ophtalmic® (Pharmacia: TH)
Kemicetine® (Deva: TR)
Kemicetine® (Kalbe: ID)
Kemicetine® (Mac: IN)
Kemicetine® (Pharmacia: TH)
Kemicetin® (Pfizer: AT)
Kemipen® (Elpen: GR)
Klonalfenicol® (Klonal: AR)
Kloramfenikol CCS® (CCS: SE)
Kloramfenikol Dak® (Nycomed: DK)
Kloramfenikol Minims® (Chauvin: NO)
Kloramfenikol SAD® (SAD: DK)
Kloramfenikol® (Novartis Ophthalmics: SE)
Kloramfenikol® (Nycomed: NO)
Kloramfenikol® [vet.] (Nycomed: NO)
Koro® (M & H: TH)
Lacrybiotic® [vet.] (Vetoquinol: FR)
Laevomycetin® (Biopharm: GE)
Lafayette Chloramphenicol® (Lafayette: PH)
Lanacetine® (Landson: ID)
Levomycetin® (Chew Brothers: TH)
Levomycetin® (Provita: AT)
Mecocetin® (Mecosin: ID)
Medichol® [vet.] (Boehringer Ingelheim Vetmedica: US)
Medophenicol® (Medochemie: BD)
Minims Chloramphenicol® (Bausch & Lomb: AU, NZ)
Minims Chloramphenicol® (Chauvin: GB, IE, NL, SG)
Minims Chloramphenicol® (Novartis: FI)
Miroptic® (Bago: PE)
Miroptic® (Bagó: CO)
Monofree Chlooramfenicol® (Thea: NL)
Mycetin® (Farmigea: IT)
Mychel-Vet® [vet.] (Pfizer Animal Health: US)
Mycochlorin® (SM Pharm: TH)
Neophenicol® (Westmont: ID)
Nicolmycetin® (Unison: TH)

Ocu-Chlor® (Ocumed: US)
Oft Cusi Cloramfenicol® (Alcon: ES)
Oftacin® (Medihealth: PE)
Oftacin® (Roemmers: CO)
Oftacin® (Scandinavia: PE)
Oftalmolosa Cusi Chloramphenicol® (Alcon: ES)
Oftalmolosa Cusi Chloramphenicol® (Alcon Cusi: SG)
Oftan Akvakol® (Santen: FI)
Oftan Chlora® (Santen: FI)
Oftan Kloramfenikol® (Santen: FI)
Oleomycetin® (Agepha: AT)
Oleomycetin® (Winzer: DE)
Oliphenicol® (AM-Europharma: PH)
Ophtacol® (Drug International: BD)
Ophtalon® [vet.] (TVM: FR)
Ophthalmo-Chloramphenicol Leciva® (Zentiva: CZ)
Opsaram® (Thai PD Chemicals: TH)
Opsomycetin® (Opsonin: BD)
Opsophenicol® (Opso Saline: BD)
Optichlor® (Jayson: BD)
Optichlor® [vet.] (Ilium Veterinary Products: AU)
Opticol® (Asiatic Lab: BD)
Oto-Plus® (Edruc: BD)
Palmicol® (Otto: ID)
Paraxin® (Nicholas: IN)
Pediachlor® (Pediatrica: PH)
Pentamycetin® (Sandoz: CA)
Pharmacetin Otic® (Olan-Kemed: TH)
Phenicol® (Vitamed: IL)
Pluscloran® (Sintesina: AR)
Poenfenicol® (Poen: AR)
Posifenicol C® (Ursapharm: DE)
Quemicetina® (LCG: PE)
Quemicetina® (Pfizer: BR)
Quemicetina® (Rontag: AR)
Reclor® (Sarabhai: IN)
Reco® (Global: ID)
Ribocine® (Dexa Medica: ID)
Rolab-Chloramphenicol® (Sandoz: ZA)
Septicol-Kapseln® [vet.] (Streuli: CH)
Septicol® (Streuli: CH)
Sificetina® (SIFI: IT)
Sificetina® (Sifi: PE)
Sificetina® (SIFI: RO)
Silmycetin® (Silom: TH)
Solucao Otológica de Cloranfenicol® (Ducto: BR)
Spersanicol® (Novartis: BD, ID)
Spersanicol® (Novartis Ophthalmics: CO, PE)
SPMC Chloramphenicol® (SPMC: LK)
SQ-Mycetin® (Square: BD)
Suprachlor® (Meprofarm: ID)
Supraphen® (Gaco: BD)
Synthomycine® (Abic: IL)
Synthomycine® (Teva: IL)
Synthomycin® [ophthalm./otogtt.] (Abic: IL)
Synthomycin® [ophthalm./otogtt.] (GAMA: GE)
Synthomycin® [ophthalm./otogtt.] (Nizhpharm: RU)
Tevcocin® [vet.] (IVX: US)
Thilocanfol C® (Alcon: DE)
Tifobiotic® [caps./susp.] (Medifarma: PE)
Uni Fenicol® (União: BR)
Uniclor® (Roster: PE)
Unison® (Unison: TH)
Ursa-Fenol® (Farmex: GR)
Vanafen Ophtalmic® (Atlantic: TH)
Vanafen Otologic® (Atlantic Lab: TH)
Vanafen-S® (Atlantic: TH)
Vanmycetin® (FDC: IN)
Viceton® [vet.] (Cross Vetpharm: US)
Vitamfenicolo® (Tubilux: IT)
Vitamycetin® (Wyeth: IN)
Westenicol® (Bruluart: MX)
Xepanicol® (Xepa-Soul Pattinson: HK)
Ximex Avicol® (Konimex: ID)

– palmitate:

CAS-Nr.: 0000530-43-8
OS: *Chloramphenicol Palmitate BANM, JAN, USAN*
IS: *Detreopal*
PH: Chloramphénicol (palmitate de) Ph. Eur. 5
PH: Chloramphenicoli palmitas Ph. Eur. 5, Ph. Int. 4, Ph. Jap. 1976
PH: Chloramphenicolpalmitat Ph. Eur. 5
PH: Chloramphenicol Palmitate Ph. Eur. 5, Ph. Int. 4, USP 30

Alfa Cloromicol® (H.G.: EC)
Chemicetina® (Inde: ES)
Chlornitromycin® (Actavis: GE)
Chlornitromycin® (Balkanpharma: BG)
Chloro-Sleecol® [vet.] (Albrecht: DE)
Chloromycetin Palmitat® [vet.] (Fort Dodge: US)
Chloromycetin Palmitat® [vet.] (Pfizer: AT)
Chloromycetin Palmitat® [vet.] (Pfizer Animal: DE)
Chloromycetin® (Pfizer: BZ, CL, CR, GT, HN, NI, PA, SV)
Chloropal® [vet.] (Gräub: CH)
Chloropal® [vet.] (Schoeller: AT)
Chlorosin® (GDH: TH)
Cloranfenicol Richet® (Richet: AR)
Cloranfenicol® (Lab. Neo Quím.: BR)
Colsancetine® (Sanbe: ID)
Combicetin® (Combiphar: ID)
Feniclor® (Luper: BR)
Kemocol® (Phyto: ID)
Lanacetine® (Landson: ID)
Mycochlorin® (Sermmitr: TH)
Mycolicine® [vet.] (Virbac: FR)
Palmicol® (Otto: ID)
Parkefelin Palmitat® [vet.] (Pharmacia: DE)
Pluscloran® (Sintesina: AR)
Quemicetina® [syrup] (Carlo Erba: BR)
Vitamycetin® (Wyeth: IN)
Xepanicol® (Metiska: ID)

– stearate:

Quemicetina® (Tecnoquimicas: CO)

– succinate:

CAS-Nr.: 0003544-94-3
IS: *CMS (Parke Davis)*
PH: Chloramphenicolum succinicum 2.AB-DDR

Chloramphenicol ICN® (ICN: CZ)
Cloranfenicol Fabra® (Fabra: AR)
Cloranfenicol Succinato® (Oysa: PE)
Quemicetina® [inj.] (LCG: PE)

Quemicetina® [inj.] (Tecnoquimicas: CO)

- **succinate sodium salt:**

CAS-Nr.: 0000982-57-0
OS: *Chloramphenicol Sodium Succinate BANM, USAN*
PH: Chloramphenicoli natrii succinas Ph. Eur. 5, Ph. Int. 4, Ph. Jap. 1976
PH: Chloramphenicol Sodium Succinate Ph. Eur. 5, Ph. Int. 4, USP 30
PH: Chloramphénicol (succinate sodique de) Ph. Eur. 5
PH: Chloramphenicolhydrogensuccinat-Natrium Ph. Eur. 5

Abefen® (Ecar: CO)
Acromaxfenicol® (Acromax: EC)
Anuar® (Pfizer: AR)
Arifenicol® (Ariston: BR)
Bioticaps® (Richet: AR)
Chloramphenicol Sodium Succinate Sterile® (Abraxis: US)
Chloramphenicol succinat® (Arco: NO)
Chloramphenicol Valeant® (Valeant: CZ)
Chloranic® (Norma: GR)
Chloromycetin Sodium Succinate® (Monarch: US)
Chloromycetin Succinate® [inj.] (Link: NZ)
Chloromycetin Succinate® [inj.] (Pfizer: AU)
Chloromycetin® (Elea: AR)
Chloromycetin® (Erfa: CA)
Chloromycetin® (Monarch: US)
Chloromycetin® (Pfizer: HK)
Cloramfenicolo Succinato Sodico® (Fisiopharma: IT)
Cloramfenicol® (Antibiotice: RO)
Cloramfenicol® (Bestpharma: CL)
Cloranfenicol MK® (MK: CO)
Cogenate® (GDH: TH)
Colsancetine® [inj.] (Sanbe: ID)
Kemicetine Succinate® (Pfizer: GB)
Kemicetine® (Deva: TR)
Kemicetine® (Kalbe: ID)
Kemicetine® (Pfizer: GB, HK)
Kemicetine® [vet.] (Pfizer Animal Health: GB)
Kloramfenikol succinat® (Pfizer: SE)
Klorasüksinat® (I.E. Ulagay: TR)
May Chloramphenicol® (May Pharma: PH)
Normofenicol Iny® [inj.] (Normon: ES)
Paraxin® (Roche: DE)
Quemicetina Succinato® [inj.] (Rontag: AR)
Quemicetina® (Pfizer: CL)
Sintomicetina® (Medley: BR)
Synchlolim® (Atlantic: TH)
Vitamfenicolo® (Tubilux: IT)

Chlordiazepoxide (Rec.INN)

L: Chlordiazepoxidum
I: Clordiazepossido
D: Chlordiazepoxid
F: Chlordiazépoxide
S: Clordiazepoxido

Tranquilizer

ATC: N05BA02
CAS-Nr.: 0000058-25-3 C_{16}-H_{14}-Cl-N_3-O
M_r 299.768

3H-1,4-Benzodiazepin-2-amine, 7-chloro-N-methyl-5-phenyl-, 4-oxide

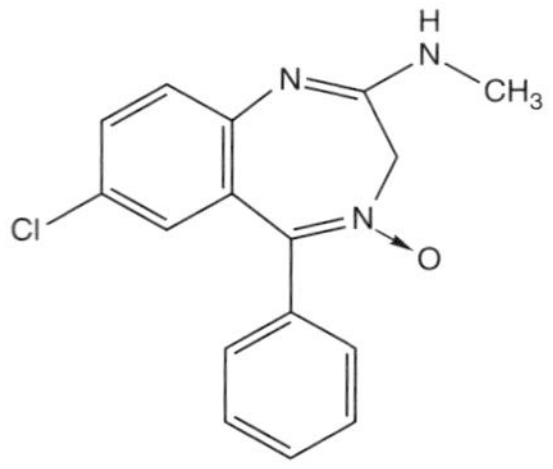

OS: *Chlordiazepoxide [USAN, BAN, JAN, DCF]*
OS: *Clordiazepossido [DCIT]*
IS: *Diazefonate*
IS: *Dizepin*
IS: *Droxol*
IS: *Methaminodiazepoxide*
PH: Chlordiazepoxide [Ph. Eur. 5, JP XIV, USP 30]
PH: Chlordiazepoxidum [Ph. Eur. 5]
PH: Chlordiazepoxid [Ph. Eur. 5]
PH: Chlordiazépoxide [Ph. Eur. 5]

Chloordiazepoxide Actavis® (Actavis: NL)
Chloordiazepoxide CF® (Centrafarm: NL)
Chloordiazepoxide FLX® (Karib: NL)
Chloordiazepoxide PCH® (Pharmachemie: NL)
Chloordiazepoxide ratiopharm® (Ratiopharm: NL)
Chloordiazepoxide Sandoz® (Sandoz: NL)
ChloordiazepoxideAlpharma® (Alpharma: NL)
Clordiazepoxido L.CH.® (Chile: CL)
Defobin® (Leciva: CZ)
Elenium® (Polfa: CZ)
Elenium® (Polfa Tarchomin: PL, RU)
Elenium® (Polfa Tarchomin S. A.: HU)
Equilibrium® (Jagson Pal: IN)
Iremal® (Remedica: CY)
Klopoxid Dak® (Nycomed: DK)
Klordiazepoxid Actavis® (Actavis: IS)
Librium® (Nicholas: IN)
Librium® (Pharmaco: ZA)
Librium® (Teva: HU)
Librium® (Valeant: DE, GB, HK, IE)
Multum® (Rosen: DE)
Oasil® (Gap: GR)
Paxium® (Jaba: PT)
Radepur® (Asta Medica: CZ)
Radepur® (AWD.pharma: DE)
Risolid® (Actavis: FI)
Risolid® (Alpharma: DK)

- **hydrochloride:**

CAS-Nr.: 0000438-41-5

OS: *Chlordiazepoxide Hydrochloride BANM, JAN, USAN*
IS: *CDP 10*
IS: *NSC 115748*
IS: *Ro 5-0690*
PH: Chlordiazépoxide (chlorhydrate de) Ph. Eur. 5
PH: Chlordiazepoxide Hydrochloride Ph. Eur. 5, USP 30
PH: Chlordiazepoxidhydrochlorid Ph. Eur. 5
PH: Chlordiazepoxidi hydrochloridum Ph. Eur. 5

Apo-Chlordiazepoxide® (Apotex: CA)
Benpine® (Atlantic: SG, TH)
Cetabrium® (Soho: ID)
Chlordiazepoxide Hydrochloride® (Amide: US)
Chlordiazepoxide Hydrochloride® (Barr: US)
Chlordiazepoxide Hydrochloride® (United Research: US)
Chlordiazepoxide Hydrochloride® (Watson: US)
Chlordiazepoxide® (Alpharma: GB)
Chlordiazepoxide® (Hillcross: GB)
Cozep® (Pharmasant: TH)
Epoxide® (PP Lab: TH)
Huberplex® (ICN: ES)
Huberplex® (Teofarma: ES)
Kalmocaps® (Medix: DO, GT, HN, NI, SV)
Klorpo® (Beacons: SG)
Librium® (ICN: IT)
Librium® (Valeant: GB, US)
O.C.M.® (Gobbi: AR)
Omnalio® (Estedi: ES)
Psico Blocan® (Estedi: ES)
Psicosedin® (Farmasa: BR)
Tensinyl® (Medichem: ID)

Chlorhexidine (Rec.INN)

L: Chlorhexidinum
I: Clorexidina
D: Chlorhexidin
F: Chlorhexidine
S: Clorhexidina

Antiseptic
Desinfectant

ATC: A01AB03,B05CA02,D08AC02,D09AA12,R02AA05,S01AX09,S02AA09,S03AA04
CAS-Nr.: 0000055-56-1 C_{22}-H_{30}-Cl_2-N_{10}
M_r 505.482

2,4,11,13-Tetraazatetradecanediimidamide, N,N"-bis(4-chlorophenyl)-3,12-diimino-

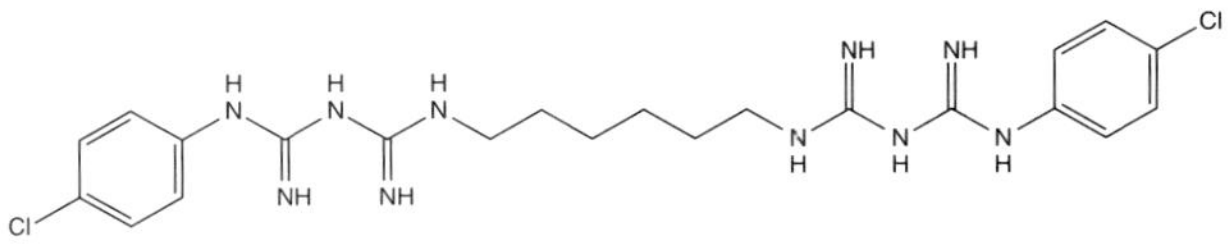

OS: *Chlorhexidine [BAN, DCF]*
OS: *Clorexidina [DCIT]*

Dentisept® [vet.] (Albrecht: DE)
Dentisept® [vet.] (Gräub: CH)
Dentisept® [vet.] (Schoeller: AT)
Deosan Uddercream® [vet.] (DiverseyLever: GB)
Dipklaar® [vet.] (DeLaval: NL)
Elugel® (Pierre Fabre: AR)
Elugel® (Pierre Fabre Sante: SG)
Hexascrub® (Shiba: YE)
Hexicon® (Nizhpharm: RU)
Lenisan® [vet.] (Ferring: GB)
Logic Ear Cleaner® [vet.] (Fort Dodge: GB)
Minosep® (Minorock: ID)
Oralgene® (Maver: CL)
Oralon® (ACI: BD)
Oraseptic® (Pharmaco: BD)
Ortoxine® (Volta: CL)
Pyoderm® [vet.] (Virbac: ZA)
Sterol® (Pharmaco: BD)
Teat Shield® [vet.] (Fil: NZ)

– diacetate:

CAS-Nr.: 0000056-95-1
OS: *Chlorhexidine Acetate BANM*
PH: Chlorhexidine Diacetate Ph. Eur. 5, Ph. Int. 4
PH: Chlorhexidini diacetas Ph. Eur. 5, Ph. Int. 4
PH: Chlorhexidindiacetat Ph. Eur. 5
PH: Chlorhexidine (acétate de) Ph. Eur. 5

Bactigras® (Braun: DE)
Bactigras® (Smith & Nephew: AU, GB, ID, TH, ZA)
Chlorhexidine® (Baxter: GB)
Cicajet® [vet.] (Virbac: FR)
Hibitane Acetate® (AstraZeneca: ID)
Kleenocid® (Agepha: AT)
Klorhexidin Fresenius Kabi® (Fresenius: SE)
Klorhexidin Galderma® (Galderma: DK)
Klorhexidin SAD® (SAD: DK)
Klorhexidin® (Fresenius: NO)
Medisepta® (Medgenix: BE)
Nolvasan® [vet.] (Fort Dodge: GB, US)
Privasan® [vet.] (First Priority: US)
Sterets® (Mölnlycke: GB)
Travahex® (Baxter: FI)
Uro-tainer chloorhexidinediacetaat® (Braun: NL)
Uro-Tainer Chlorhexidine® (Braun: CH, LU)
Vitawund® (Novartis Consumer Health: AT)

– digluconate:

CAS-Nr.: 0018472-51-0
OS: *Chlorhexidine Gluconate BANM, USAN*
IS: *AY 5312*
IS: *Chlorhexidine D-Digluconate*
PH: Chlorhexidine Gluconate Solution JP XIV, USP 30
PH: Chlorhexidini digluconatis solutio Ph. Eur. 5
PH: Chlorhexidindigluconat-Lösung Ph. Eur. 5
PH: Chlorhexidine Digluconate Solution Ph. Eur. 5
PH: Chlorhexidine (digluconate de), solution de Ph. Eur. 5

Acriflex® (Thornton & Ross: GB)
Alcoxidine® (Vitamed: IL)
Alfa Blue® (Alfa-Laval: GB)
Alfa Red® (Alfa-Laval: GB)
Antiminth® (Costec: AR)
Apo-Chlorhexidine® (Apotex: CA)
Aseptosan® (Finlay: HN)
Avagard® (3M: US)
Aviclens® [vet.] (Vetafarm: AU)
Baby Shield® (Hoe: SG)
Bacard Antiseptic Cleanser® (Chew Brothers: TH)

Bactoscrub® (Vitamed: IL)
Bactosept® (Vitamed: IL)
Baxil® (Erfa: BE, LU)
Benodent® (Cardinal Health: IT)
Betasept® (Purdue Frederick: US)
Biguanex® (Denver: AR)
Biocanisspray® [vet.] (Véto-Centre: FR)
Biopatch® (J & J Merck: US)
Biorgasept® (Biorga: FR)
Broxodin® (SIT: IT)
Bucogel® (Gador: AR)
Bucoral® (Provenco: EC)
Bucoseptil® (Sanitas: CL)
C-20® (Osoth: TH)
C-Dip® [vet.] (Kilco: GB)
Cedium Chlorhexidine® (Qualiphar: BE)
Cepton® (LPC: GB)
Cetavlon Antisepsie® (Pierre Fabre: FR)
Chemiscrub® (Multichem: NZ)
Chloorhexidine FNA® (FNA: NL)
Chloorhexidinedigluconaat® (Fresenius: NL)
Chlorehexamed® (GlaxoSmithKline: NL)
Chlorexivet® [vet.] (Orsco: FR)
Chlorex® [vet.] (Synthèse Elevage: FR)
Chlorhexamed® (GlaxoSmithKline: AT, LU)
Chlorhexamed® (GlaxoSmithKline Consumer Healthcare: CH, DE)
Chlorhexidindigluconat-Lösung® (Engelhard: DE)
Chlorhexidine Gilbert® (Gilbert: FR)
Chlorhexidine Gluconate® (Actavis: US)
Chlorhexidine Gluconate® (Apotex: US)
Chlorhexidine Gluconate® (Butler: US)
Chlorhexidine Gluconate® (Hi-Tech: US)
Chlorhexidine Gluconate® (Morton Grove: US)
Chlorhexidine Gluconate® (Multichem: NZ)
Chlorhexidine Gluconate® (Novex: US)
Chlorhexidine Gluconate® (Teva: US)
Chlorhexidine Irrigation® (Pfizer: NZ)
Chlorhexidine Irrigation® (Pharmacia: AU)
Chlorhexidine Ivax® (Ivax: FR)
Chlorhexidine Mybacin® (Greater Pharma: TH)
Chlorhexidine Obsteric Lotion 1%® (Orion: AU)
Chlorhexidine Pre Op® (Orion: NZ)
Chlorhexidine® (Orion: NZ)
Chlorhexidine® [vet.] (VM: AU)
Chlorhexidinpuder® (Riemser: DE)
Chlorhex® [vet.] (Jurox: AU)
Chlorhex® [vet.] (Milano: TH)
Chlorhex® [vet.] (VetXX: FR)
Chlorohex® (Colgate-Palmolive: AU, GB)
Chlorostat® (King: US)
CHX Dental Gel® (Dentsply: DE)
Cidegol® (Hofmann & Sommer: DE)
Cleardent® (Medibrands: IL)
Clemispray® [vet.] (Omega Pharma France: FR)
Cloder® (Nobel: TR)
Clorexan® (IMS: IT)
Clorexidina Gluconato® (Dynacren: IT)
Clorexidina Gluconato® (IFI: IT)
Clorexidina Gluconato® (OFF: IT)
Clorexidina Pierrel Farmaceutici® (Pierrel: IT)
Clorhexidina Lacer® (Lacer: DO, GT, HN, SV)
Clorhexidina Sanitas® (Sanitas: IT)
Clorhexol® (Farpag: CO)
Clorosan® (Lachifarma: IT)
Clorxil® (Pan Quimica Farmaceutica: ES)
Collunovar® (Dexo: FR)
Corsodyl® (Eureco: NL)
Corsodyl® (Euro: NL)
Corsodyl® (GlaxoSmithKline: BE, BG, CZ, FI, FR, GB, HK, IE, IL, IS, IT, LU, NL, NO, RO, SI)
Corsodyl® (GlaxoSmithKline Consumer Healthcare: LK, SE)
Corsodyl® (Group: ZA)
Cristalcrom® (Cinfa: ES)
Cristalmina® (Salvat: ES)
Curafil® (Betamadrileño: ES)
Cuvefilm® (Perez Gimenez: ES)
DeBug® (Orion: NZ)
Delco Spray® [vet.] (Ecolab: NL)
Dentagel® (Farpag: CO)
Dentohexin® (Streuli: CH)
Dentosmin® (Riemser: DE)
Deosan Teat-Ex® [vet.] (DiverseyLever: GB)
Deosan Teatcare® [vet.] (DiverseyLever: GB)
Deratin® (Normon: DO, ES, GT)
Dermaplast® (IVF Hartmann: CH)
Dermaspraid® Chlorhexidine (Bayer Santé Familiale: FR)
Dermcare Pyohex® [vet.] (Pfizer Animal Health: NZ)
Deroxen® [vet.] (Teknofarma: IT)
Descutan® (Fresenius: SE)
Dialens® (Bausch & Lomb: PT)
Diaseptyl® (Pierre Fabre: FR)
Dosiseptine® (Gifrer Barbezat: FR)
Dynexan Proaktiv® (Kreussler: DE)
Ekuba® (Teofarma: IT)
Eludril® (Dolisos: BE)
Eludril® (PF: LU)
Elugel® (Pierre Fabre: RU)
Exoseptoplix® (Tonipharm: FR)
Fada Clorhexidina® (Fada: AR)
Farmer's Disinfectant® [vet.] (Novartis Animal Health: AU)
Frubilurgyl® (Boehringer Ingelheim: DE)
Gargarex® (Berko: TR)
Gingisan® [vet.] (Vetochas: DE)
Gingisan® [vet.] (Vetoquinol: CH)
Gluconate de Chlorhexidine Gifrer® (Gifrer Barbezat: FR)
Golasan® (Dynacren: IT)
Hansamedic® (Beiersdorf: BE)
Hansamed® (Beiersdorf: DE)
Hansaplast med Spray® (Beiersdorf: DE)
Heksolin® (Oro: TR)
Hexacon® (Shiba: YE)
Hexadent® (Actavis: IS)
Hexadyl Mouthwash® (Shiba: YE)
Hexarinse® [vet.] (Virbac: DE)
Hexawash Skin Claenser® [vet.] (Apex: AU)
Hexene® (Osoth: TH)
Hexident® (Ipex: SE)
Hexide® (Milano: TH)
Hexidin® (Genericon: AT)
Hexil® (Inmunolab: AR)
Hexiscrub® (ACI: BD)
Hexitane® (ACI: BD)
Hexodane® (ICM: SG)
Hexoscrub® (ICM: SG)

Hibibos® (Bosnalijek: BA)
Hibiclens® (Regent: US)
Hibideks DAP® (Galenika: RS)
Hibideks® (Galenika: RS)
Hibident® (Group: ZA)
Hibident® (SmithKline Beecham: AT)
Hibidil® (CSP: FR)
Hibidil® (Globopharm: CH)
Hibidil® (SSL: BE, LU)
Hibiguard® (SSL: BE, LU)
Hibimax® (AstraZeneca: ES)
Hibimax® (Mab Dental: ES)
Hibiscrub® (AstraZeneca: AE, BH, CY, EG, ES, ID, IQ, JO, KW, LB, LY, MT, OM, PE, QA, SA, SY, YE, ZA)
Hibiscrub® (CSP: FR)
Hibiscrub® (Globopharm: CH)
Hibiscrub® (Mab Dental: ES)
Hibiscrub® (Mölnlycke: GB)
Hibiscrub® (Regent: IS, NL, NO, SE)
Hibiscrub® (Scott: AR)
Hibiscrub® (SSL: BE, LU, TH)
Hibiscrud® [vet.] (Schering-Plough Veterinary: GB)
Hibisol® (AstraZeneca: AE, BH, CY, EG, ID, IQ, JO, KW, LB, LY, MT, OM, QA, SA, SY, YE)
Hibisol® (Mölnlycke: GB)
Hibisprint® (CSP: FR)
Hibistat® (Regent: US)
Hibital® (Globopharm: CH)
Hibitane Obstetric® (Derma: GB)
Hibitane® (AstraZeneca: AE, AU, BH, BR, CY, EG, ID, IQ, JO, KW, LB, LY, MT, OM, QA, SA, SY, YE, ZA)
Hibitane® (Bioglan: DK, IS, NO, SE)
Hibitane® (CSP: FR)
Hibitane® (GlaxoSmithKline: ES)
Hibitane® (Globopharm: CH)
Hibitane® (Mölnlycke: GB)
Hibitane® (SSL: BE, LU, TH)
Hibitane® (Tramedico: BE, LU)
Hibitane® (VJ Bartlett: ZA)
Hibitane® [vet.] (Coopers Animal Health: AU)
Hibitane® [vet.] (Ecolab: NZ)
Hibitan® [vet.] (Schering-Plough Vétérinaire: FR)
Hidine® (Thai PD Chemicals: TH)
Hydrex® (Adams: LU, TH)
Hydrex® (Ecolab: GB, NL)
Irrisol Chloorhexidine® (Baxter: NL)
Klorhexidinsprit Fresenius Kabi® (Fresenius: NO, SE)
Klorhexol® (Leiras: FI)
Klorhex® (Drogsan: TR)
Laclorhex® (Sertex: AR)
Lauvir® (Pierre Fabre: LU)
Lemocin CX® (Novartis Consumer Health: DE)
Lifo-Scrub® (Braun: CH, PT)
Maskin® (Maruishi: JP)
Master-Aid® (Pietrasanta: IT)
Medident® (Medibrands: IL)
Mediscrub® (Medikon: ID)
Mefren® (Novartis Consumer Health: BE)
Menalmina® (Orravan: ES)
Merfène® (Novartis Santé Familiale: FR)
Meridol® (Gaba: DE)
Microshield 2® (Johnson & Johnson: AU)
Microshield 4® (Johnson & Johnson: AU)
Microshield 5® (Johnson & Johnson: AU)
Microshield Tincture® (Johnson & Johnson: AU)
Microshield® (Johnson & Johnson: NZ)
Minoscrub® (Minorock: ID)
Neomercurocromo bianco® (SIT: IT)
Neoxene® (Ecobi: IT)
Neoxinal® (Farmec: IT)
Nur 1 Tropfen - Chlorhexidin® (One Drop Only: DE)
Oralgene® (Maver: CL)
Orexidine® [vet.] (MP: FR)
Orlenta® (Wyeth: PE)
Oroheks® (Abdi Ibrahim: TR)
Orosept® (Triomed: ZA)
Parodongyl® [vet.] (Virbac: DE)
Paroex® (Pharmadent: FR)
Peridex® (Zila: CA, US)
Perio-Aid® (Dentaid: CL)
Perio-Clor® (Dr. Collado: DO)
PerioChip® (AstraZeneca: BR)
PerioChip® (Bonaccorsi: CH)
PerioChip® (Dexcel: LU, NL, NO, US)
PerioChip® (Dexcel-Pharma: DK)
PerioChip® (Dexxon: IL)
PerioChip® (Vitaflo: SE)
Periodent® (Grimberg: AR)
Periodil® (Pharmatrix: AR)
PerioGard® (Colgate: US)
Periokin® (Pasteur: CL)
Perioxidin® (Andromaco: CL)
Perioxidin® (Procaps: CO)
Pervinox® (Phoenix: AR)
Pharma-Dentix® (Germiphene: IL)
Plac-Out® (Laboratorios: AR)
Plak Out® (Altana: IT)
Plak Out® (Santa Med: RO)
Plak-Out® (KerrHawe: CH)
Plidex® (Bristol-Myers Squibb: PE)
Plurexid® (UCB: FR)
Prexidine® (Expanscience: FR)
Pyohex® [vet.] (Dermacare-Vet: AU)
Q-Bac® (Pose: TH)
Resichlor® [vet.] (Virbac: AU)
Rexadine® [vet.] (Mavlab: AU)
Riotane® (Orion: NZ)
Savlon® [vet.] (Schering-Plough Veterinary: GB)
Septadin® (Actavis: GE)
Septadin® (Balkanpharma: BG)
Septalone® (Teva: IL)
Septal® (Teva: IL)
Septeal® (PF: LU)
Septisan® (Cederroth: ES)
Septofervex® (Bristol-Myers Squibb: PL)
Septofort® (Bristol-Myers Squibb: HU)
Septofort® (Walmark: CZ)
Septol® (Teva: IL)
Septéal® (Pierre Fabre: FR)
Shampooing Chlorhexidine® [vet.] (Omega Pharma France: FR)
Soludrill sans sucre® (Pierre Fabre: LU)
Star-Uddercream® [vet.] (DiverseyLever: GB)
Sterets H® (Seton: IL)
Sterets Unisept® (Mölnlycke: GB)
Sterilon® (Boots: BE, ES, NL)
Sterilon® (Bournonville: LU)
Summer C-Dip® [vet.] (Kilco: GB)

Summer Masodip® [vet.] (Evans Vanodine: GB)
Superheks® (Eczacibasi: TR)
Superspray® [vet.] (Novartis Animal Health: GB)
Tarodent® (Taro: IL)
Teatcare® [vet.] (Ancare: NZ)
Tedox® [vet.] (Merial: AU)
Trachisan® (Engelhard: DE)
Ultracare Teatshield® [vet.] (Fil: NZ)
Unisept® (Mölnlycke: GB)
Unisept® (Seton: IL)
Urgospray® (Fournier: ES)
V-Tabur® (Vitamed: IL)
Ventrosteril® (Actavis: GE)
Ventrosteril® (Balkanpharma: BG)
Vetasept® [vet.] (Animalcare: GB)
Vetderm® [vet.] (Vetpharm: NZ)
Veterinary Alpine Chlorhexidine Disinfectant® [vet.] (Novartis Animal Health: AU)
Videorelax® (SIFI: IT)
Videorelax® (Sifi: PE)
Vitawund® (Novartis Consumer Health: AT)
Xylodent® (Rekah: IL)

– dihydrochloride:

CAS-Nr.: 0003697-42-5
OS: *Chlorhexidine Hydrochloride BANM, USAN*
IS: *AY 5312 (Ayerst, USA)*
PH: Chlorhexidine Hydrochloride JP XIV
PH: Chlorhexidini dihydrochloridum Ph. Eur. 5, Ph. Int. 4
PH: Chlorhexidindihydrochlorid Ph. Eur. 5
PH: Chlorhexidine (chlorhydrate de) Ph. Eur. 5
PH: Chlorhexidine Dihydrochloride Ph. Eur. 5, Ph. Int. 4

AB® (Saval: CL)
Astrexine® (UCB: BE, LU)
Broomhexine® [vet.] (Dopharma: NL)
Broomhexine® [vet.] (Kela: NL)
Broxolvon® [vet.] (Eurovet: NL)
Cathejell S® (Pfleger: DE)
Freshmel® (Chile: CL)
Golasan® (Dynacren: IT)
Golaseptine® (SMB: BE, LU)
Granegan® (Bestpharma: CL)
Graneodin® (Bristol-Myers Squibb: CL)
Hexoraletten® (Pfizer: CZ)
Hibitane® (GlaxoSmithKline: NL)
Lenil® (Zeta: IT)
Mefren® (Novartis: LU)
Merfen® (Novartis: BE)
Nolargin® (Eurogenerics: BE)
Nolvasan® [vet.] (Fort Dodge: US)
Pixidin® (Sanico: BE)
Rudduck's Antiseptiv Intra-uterine Pessary® [vet.] (Sykes Vet: AU)
Sterilon® (Boots: BE)

Chlormadinone (Rec.INN)

L: Chlormadinonum
I: Clormadinone
D: Chlormadinon
F: Chlormadinone
S: Clormadinona

Progestin

ATC: G03DB06
CAS-Nr.: 0001961-77-9 C_{21}-H_{27}-Cl-O_3
M_r 362.897

Pregna-4,6-diene-3,20-dione, 6-chloro-17-hydroxy-

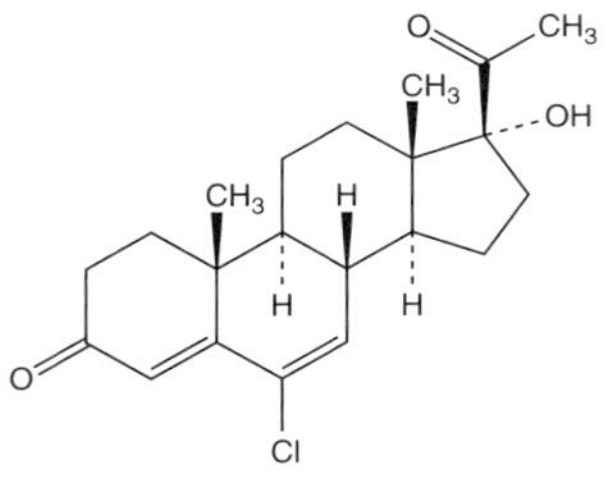

OS: *Chlormadinone [BAN, DCF]*
OS: *Clormadinone [DCIT]*

– 17α-acetate:

CAS-Nr.: 0000302-22-7
OS: *Chlormadinone Acetate BANM, JAN, USAN*
IS: *NSC 92338*
IS: *ICI 39575*
IS: *RS 1280*
IS: *STG 155*
PH: Chlormadinone (acétate de) Ph. Franç. X
PH: Chlormadinone Acetate BP 1968, JP XIV
PH: Chlormadinonum aceticum 2.AB-DDR, PhBs IV

Anifertil® [vet.] (Animedic: DE)
Anifertil® [vet.] (Gräub: CH)
Chlormadinon Jenapharm® (Jenapharm: DE)
Chlormadinone Merck® (Merck Génériques: FR)
Chlormadinone Sandoz® (Sandoz: FR)
Chronosyn® [vet.] (Veterinaria: CH)
Cyclonorm® [vet.] (Streuli: CH)
Lutoral® (Pfizer: MX)
Lutéran® (Sanofi-Aventis: FR)
Prococyd® (Showa Yakuhin Kako: JP)
Prostal® (Teikoku Hormone: JP)
Synchrogest® [vet.] (Richter: AT)
Synchrosyn® [vet.] (Alvetra u. Werfft: AT)
Synchrosyn® [vet.] (Pfizer Animal: DE)
Synchrosyn® [vet.] (Veterinaria: CH)

Chlormethine (Rec.INN)

L: Chlormethinum
D: Chlormethin
F: Chlorméthine
S: Clormetina

Antineoplastic, alkylating agent

ATC: L01AA05
CAS-Nr.: 0000051-75-2 C_5-H_{11}-Cl_2-N
M_r 156.053

Ethanamine, 2-chloro-N-(2-chloroethyl)-N-methyl-

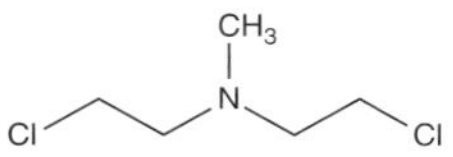

OS: *Chlorméthine [DCF]*
OS: *Mustine [BAN]*
OS: *Chlormethine [BAN]*
IS: *Chlorethazine*
IS: *Klormetin*
IS: *C 6866*
IS: *N-Lost (VO)*
IS: *Mechlorethamin*
IS: *Stickstofflost*
IS: *T 1024*

– hydrochloride:

CAS-Nr.: 0000055-86-7
OS: *Chlormethine Hydrochloride BANM*
OS: *Mechlorethamine Hydrochlorid USAN*
IS: *HN_2*
IS: *Mebichloramine hydrochloride*
IS: *Mitoxine*
IS: *Nitrogen Mustard*
IS: *NSC 762*
IS: *Mustine Hydrochloride*
PH: Chlorméthine (chlorhydrate de) Ph. Franç. IX
PH: Chlormethini hydrochloridum Ph. Int. 4
PH: Mechlorethamine Hydrochloride USP 30
PH: Mustine Hydrochloride BP 2002
PH: Chlormethine Hydrochloride BP 2002, Ph. Int. 4

Caryolysine® (Genopharm: FR)
Mustargen® (Merck: US)
Mustargen® (Merck Frosst: CA)
Mustargen® (Merck Sharp & Dohme: AT, CZ, IL)
Mustargen® (Pro Concepta: CH)

Chlormidazole (Rec.INN)

L: Chlormidazolum
I: Clormidazolo
D: Chlormidazol
F: Chlormidazole
S: Clormidazol

Antifungal agent

CAS-Nr.: 0003689-76-7 — C_{15}-H_{13}-Cl-N_2, M_r 256.739

1H-Benzimidazole, 1-[(4-chlorophenyl)methyl]-2-methyl-

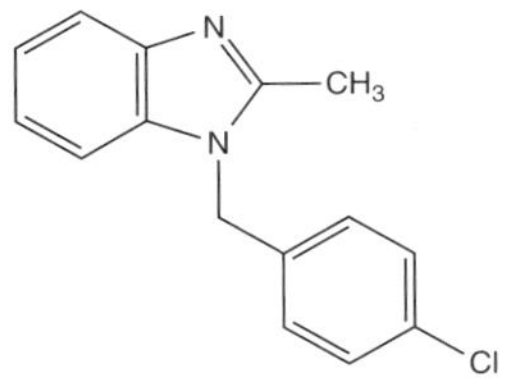

OS: *Chlormidazole [BAN, USAN]*
OS: *Clormidazolo [DCIT]*
IS: *Clomidazolum*
IS: *H 115*

– hydrochloride:

CAS-Nr.: 0054118-67-1

Unifungicid® (Unia: PL)

Chloroacetic Acid

D: Monochloressigsäure

Dermatological agent, caustic

CAS-Nr.: 0000079-11-8 — C_2-H_3-Cl-O_2, M_r 94.496

Acetic acid, chloro-

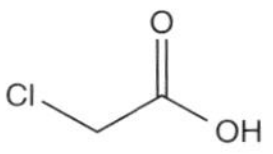

IS: *MCA*
IS: *Monochloroacetic Acid*

Acetocaustin® (Meda: CH)
Acetocaustin® (Temmler: DE)
Warzenmittel Marquart® (Sanova: AT)

Chloroprocaine (Rec.INN)

L: Chloroprocainum
D: Chloroprocain
F: Chloroprocaïne
S: Cloroprocaina

Local anesthetic

ATC: N01BA04
CAS-Nr.: 0000133-16-4 — C_{13}-H_{19}-Cl-N_2-O_2, M_r 270.765

Benzoic acid, 4-amino-2-chloro-, 2-(diethylamino)ethyl ester

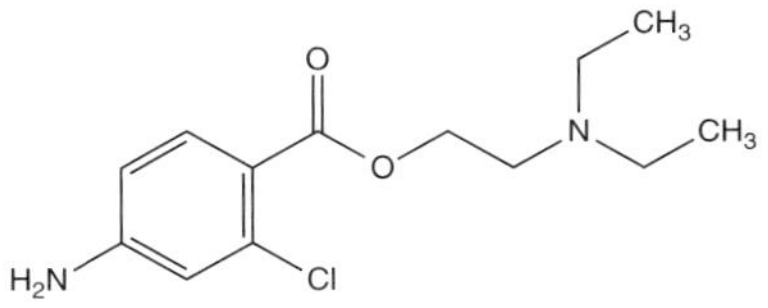

– hydrochloride:

CAS-Nr.: 0003858-89-7
OS: *Chloroprocaine Hydrochloride USAN*
PH: Chloroprocaine Hydrochloride USP 30
PH: Chlorprocainum hydrochloricum DAB 7-DDR

Chloroprocaine Hydrochloride Injection® (Bedford: US)
Chloroprocaine Hydrochloride Injection® (Hospira: US)
Chloroprocaine® (Abbott: IL)
Ivracain® (Sintetica: CH)
Nesacaine® (AstraZeneca: CA, CH, US)
Nesacain® (AstraZeneca: CH)

Chloropyramine (Rec.INN)

L: Chloropyraminum
D: Chloropyramin
F: Chloropyramine
S: Cloropiramina

Antiallergic agent
Histamine, H_1-receptor antagonist

ATC: D04AA09,R06AC03
CAS-Nr.: 0000059-32-5 C_{16}-H_{20}-Cl-N_3
M_r 289.816

1,2-Ethanediamine, N-[(4-chlorophenyl)methyl]-N',N'-dimethyl-N-2-pyridinyl-

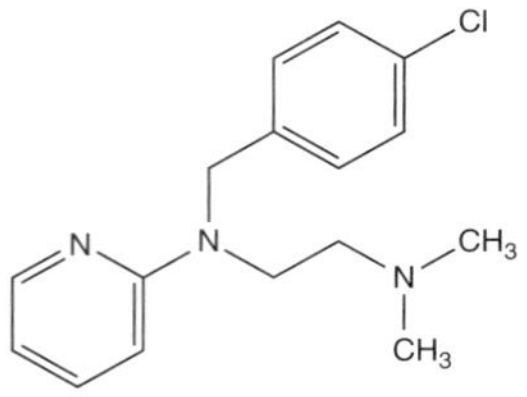

OS: *Chlorpyramine [BAN, DCF, USAN]*
OS: *Halopyramine [BAN]*
IS: *Chlortripelennamine*
IS: *G 12144*

Allergosan® (Sopharma: BG, GE)

– hydrochloride:

CAS-Nr.: 0006170-42-9

Antiapin® (Balkanpharma: BG)
Avapena® (Sandoz: MX)
Suprastin® (Egis: HU, RU)
Synopen® (Pliva: BA, HR, RS)

Chloroquine (Rec.INN)

L: Chloroquinum
I: Clorochina
D: Chloroquin
F: Chloroquine
S: Cloroquina

Antiprotozoal agent, antimalarial
Antirheumatoid agent

ATC: P01BA01
CAS-Nr.: 0000054-05-7 C_{18}-H_{26}-Cl-N_3
M_r 319.886

1,4-Pentanediamine, N4-(7-chloro-4-quinolinyl)-N1,N1-diethyl-

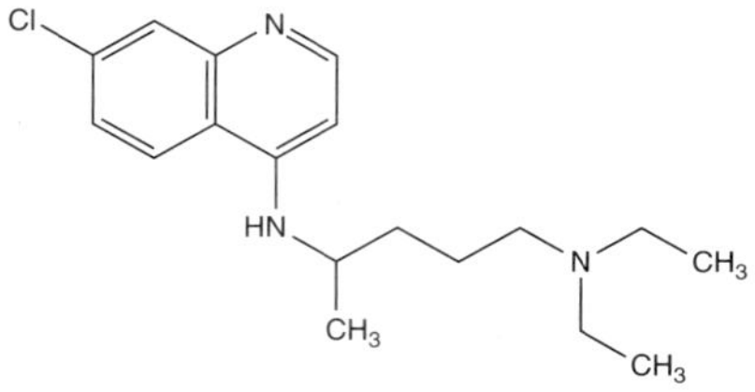

OS: *Chloroquine [BAN, DCF, USAN]*
OS: *Clorochina [DCIT]*
IS: *Chlorochinum*
IS: *RP 3377*
IS: *SN 7618*
IS: *T 53561*
IS: *W 7618*
IS: *Win 244*
IS: *Chingaminum (USSRP)*
PH: Chloroquine [USP 30]

Chloroquine Indo Farma® (Indofarma: ID)
Cloroquina® [tab./compr.] (Cipa: PE)
Cloroquina® [tab./compr.] (Ivax: PE)
Delagil® (Valeant: RU)
Diroquine® (Atlantic: TH)
Maliaquine® (Sriprasit: TH)
Nivaquine® (Sanofi-Aventis: AR)

– hydrochloride:

CAS-Nr.: 0003545-67-3
PH: Chloroquine Hydrochloride Injection USP 30

Aralen Hydrochloride® [inj.] (Sanofi-Synthelabo: US)
Cloroquina Lch® (Ivax: PE)
Cloroquina® (Cristália: BR)

– phosphate:

CAS-Nr.: 0000050-63-5
OS: *Chloroquine Phosphate BANM, USAN*
IS: *Malaquin*
IS: *Mesylith*
PH: Chloroquine (phosphate de) Ph. Eur. 5
PH: Chloroquine Phosphate Ph. Eur. 5, Ph. Int. 4, USP 30
PH: Chloroquini diphosphas Ph. Int. II, Ph. Jap. 1971
PH: Chloroquini phosphas Ph. Eur. 5, Ph. Int. 4
PH: Chloroquinphosphat Ph. Eur. 5

Aloquin® (Alco: BD)
Aralen Phosphate® (Sanofi-Synthelabo: US)
Aralen® (Sanofi-Aventis: MX, US)
Aralen® (Sanofi-Synthelabo: AE, BH, CY, EG, GH, JO, KE, KW, LB, MT, NG, OM, PE, QA, SA, TZ, UG)
Arechin® (Polfa Pabianice: PL)
Avloclor® (AstraZeneca: AE, BH, CY, EG, ET, GB, GH, ID, IE, IL, IQ, JO, KE, KW, LB, LY, MT, MW, MZ, NG, OM, QA, SA, SD, SY, TZ, UG, YE, ZM, ZW)
Avloquin® (ACI: BD)
Chlorochin Berlin-Chemie® (Berlin-Chemie: DE)
Chlorochin® (Streuli: CH)
Chloroquine Phosphate® (Global: US)
Chloroquine Phosphate® (Remedica: CY)
Chloroquine Phosphate® (West-Ward: US)
Chloroquinedifosfaat PCH® (Pharmachemie: NL)
Chloroson® (Hudson: BD)
Chlorquin® (Aspen: AU, NZ)
Clo-Kit® (Indoco: IN)
Clorochina Bayer® (Bayer-D: IT)
Clorochina Fosfato® (Ecobi: IT)
Cloroquina Fosfato® (Bestpharma: CL)
Cloroquina L.CH.® (Chile: CL)
Cloroquina Llorente® (Llorente: ES)
Cquin® (Opsonin: BD)
Delagil® (ICN: CZ)
Delagil® (Valeant: HU)
Emquin® (Merck: IN)
G-Chloroquine® (Gonoshasthaya: BD)
Genocin® (GDH: TH)

Heliopar® (Orion: FI)
Jasochlor® (Jayson: BD)
Kinder Cloroquina® (Kinder: BR)
Klorokinfosfat Recip® (Recip: IS, SE)
Klorokinfosfat® (Nycomed: NO)
Lariago® (Ipca: IN)
Malarex® (Actavis: DK)
Malarex® (Alpharma: ID)
Malarex® (Dumex: AE, BH, CY, EG, IQ, JO, KW, LB, LY, OM, QA, SA, SD, YE)
Malarivon® (Wallace: GH, GM, KE, NG, SD)
Maquine® (Shaphaco: IQ, YE)
Melubrin® (Solus: IN)
Mexaquin® (Konimex: ID)
Nivaquine-P® (Aventis Pharma: ID)
Nivaquine-P® (Nicholas: IN)
Nivaquine-P® (Sanofi-Aventis: BD)
Novo-Chloroquine® (Novopharm: CA)
P Proquine® (Picharn: TH)
Quinolex® (Globe: BD)
Resochina® (Bayer: PT)
Resochin® (Bayer: AE, AT, BH, CY, DE, EG, ID, IN, IR, IT, JO, KE, KW, LB, MT, OM, QA, SA, SD, TZ, UG)
Resochin® (Kern: ES)
Riboquin® (Dexa Medica: ID)
Rolab-Choroquine Phosphate® (Sandoz: ZA)
SPMC Chloroquine Phosphate® (SPMC: LK)
Weimerquin® (Biokanol: DE)

– sulfate:

CAS-Nr.: 0000132-73-0
OS: *Chloroquine Sulphate BANM*
PH: Chloroquine (sulfate de) Ph. Eur. 5
PH: Chloroquine Sulphate Ph. Eur. 5
PH: Chloroquini sulfas Ph. Eur. 5, Ph. Int. 4
PH: Chloroquinsulfat Ph. Eur. 5
PH: Chloroquine Sulfate Ph. Int. 4

Chloroquine Sulphate® (Sanofi-Aventis: GB)
Daramal® (GlaxoSmithKline: ZA)
Mirquin® (Mirren: ZA)
Nivaquine® (ACE: NL)
Nivaquine® (Aventis: GH, KE, LU, NG, ZA, ZW)
Nivaquine® (Aventis Pharma: ID)
Nivaquine® (Howse & McGeorge: UG)
Nivaquine® (Sanofi-Aventis: BE, CH, FR, GB, NL)
Plasmoquine® (Medchem: ZA)

Chlorothiazide (Rec.INN)

L: Chlorothiazidum
I: Clorotiazide
D: Chlorothiazid
F: Chlorothiazide
S: Clorotiazida

⚕ Diuretic, benzothiadiazide

ATC: C03AA04
CAS-Nr.: 0000058-94-6 C_7-H_6-Cl-N_3-O_4-S_2
M_r 295.725

2H-1,2,4-Benzothiadiazine-7-sulfonamide, 6-chloro-, 1,1-dioxide

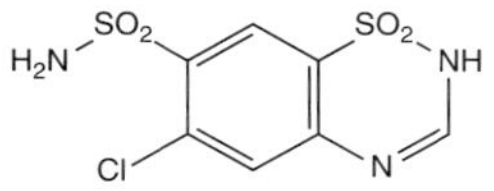

OS: *Chlorothiazide [BAN, DCF, DCIT, USAN]*
IS: *Mechlozid*
IS: *Uroflux*
PH: Chlorothiazid [Ph. Eur. 5]
PH: Chlorothiazide [Ph. Eur. 5, USP 30]
PH: Chlorothiazidum [Ph. Eur. 5, Ph. Int. II]

Chloorthiazide Gf® (Genfarma: NL)
Chlorothiazide® (Biomed: NZ)
Chlorothiazide® (Mylan: US)
Chlorothiazide® (UDL: US)
Chlorothiazide® (West-Ward: US)
Chlotride® (Amrad: AU)
Chlotride® (Merck Sharp & Dohme: NL)
Diuril® (Merck: US)
Diuril® [vet.] (Merial: US)

– sodium salt:

CAS-Nr.: 0007085-44-1
OS: *Chlorothiazide Sodium USAN*
PH: Chlorothiazide Sodium USP 26

Diuril® [inj.] (Merck: US)

Chlorothymol

L: Chlorothymolum
D: Chlorthymol

⚕ Desinfectant

CAS-Nr.: 0000089-68-9 C_{10}-H_{13}-Cl-O
M_r 184.66

Thymol, 6-chloro-

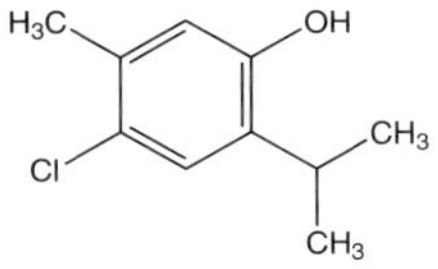

OS: *Chlorothymol [USAN]*
IS: *Monochlorthymol*
IS: *EPA Pestizide Chemical Code 080403*
IS: *6-Chlorothymol*

Caniprevent® [vet.] (Virbac: DE)
Pioral® (Teofarma: IT)

Chloroxine (USAN)

⚕ Antiinfective, quinolin-derivative
⚕ Dermatological agent, antiseborrheic

CAS-Nr.: 0000773-76-2 C_9-H_5-Cl_2-N-O
M_r 214.049

8-Quinolinol, 5,7-dichloro-

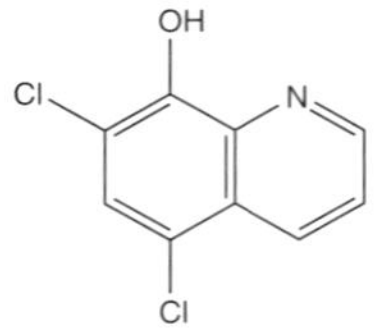

OS: *Chloroxine [USAN]*
IS: *SQ 16401*

Endiaron® (Galena: CZ)
Endiaron® (Herbacos: CZ)
Endiaron® (Infusia: CZ)
Endiaron® (Zentiva: CZ)

Chloroxylenol (Rec.INN)

L: Chloroxylenolum
I: Cloroxilenolo
D: Chloroxylenol
F: Chloroxylénol
S: Cloroxilenol

Antiseptic
Desinfectant

ATC: D08AE05
CAS-Nr.: 0000088-04-0 C_8-H_9-Cl-O
M_r 156.61

Phenol, 4-chloro-3,5-dimethyl-

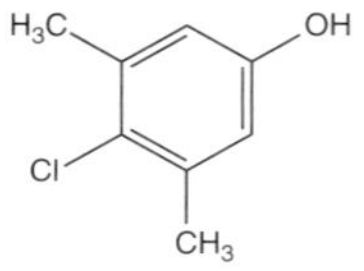

OS: *Chloroxylenol [BAN, DCF, USAN]*
IS: *Parachlorometaxylenol*
IS: *Chlorxylenol (DAC)*
PH: Chloroxylenol [BP 2002, USP 30]
PH: Chlorxylenol [DAC]

B-33® (Ethical: DO)
Dettol® (Reckitt Benckiser: AU, BD, BE, HK, LU, NL, TH)
Espadol® (Reckitt Benckiser: AR)
Klorosept® (Shiba: YE)

Chlorphenamine (Rec.INN)

L: Chlorphenaminum
I: Clorfenamina
D: Chlorphenamin
F: Chlorphénamine
S: Clorfenamina

Antiallergic agent
Histamine, H_1-receptor antagonist

CAS-Nr.: 0000132-22-9 C_{16}-H_{19}-Cl-N_2
M_r 274.798

2-Pyridinepropanamine, λ-(4-chlorophenyl)-N,N-dimethyl-

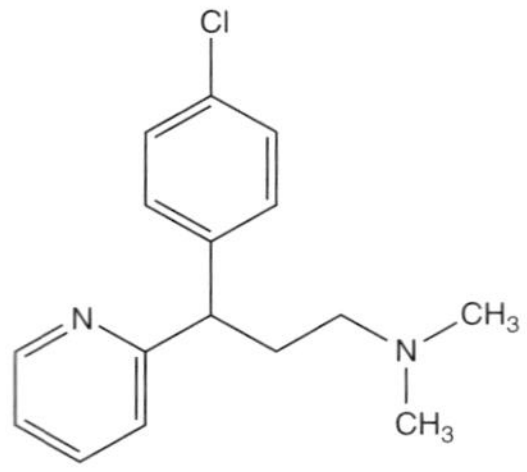

OS: *Chlorpheniramine [BAN]*
OS: *Chlorphénamine [DCF]*
OS: *Chlorphenamine [BAN]*
OS: *Clorfenamina [DCIT]*
IS: *Chlorprophenpyridamin*

Alergical Inyectable® (Hersil: PE)
Antihistamin NF® (Iqfarma: PE)
Broncalène® (McNeil: FR)
Chlorpheniramine® (Health Support Ltd: NZ)
Citobal® (Medco: PE)
Clopheniramin Domesco® (Domesco: VN)
Clorfenamina Iqfarma® (Iqfarma: PE)
Clorfenamina® (Sanitas: CL)
Clorfeniramina® (Ecar: CO)
Clorfeniramina® (Pentacoop: CO)
Cloro Alergan® (Sanitas: PE)
Iramine® [vet.] (Mavlab: AU)
Z-Histamine® (Ziska: BD)

– maleate:

CAS-Nr.: 0000113-92-8
OS: *Chlorpheniramine Maleate BANM, USAN*
OS: *Chlorphenamine Maleate BANM*
IS: *Chlorhistapyridamine*
IS: *Chlorprophenpyridamine maleate*
IS: *Lentostamin*
IS: *Chlorphenamini hydrogenmaleas*
PH: Chlorphénamine (maléate de) Ph. Eur. 5
PH: Chlorphenaminhydrogenmaleat Ph. Eur. 5
PH: Chlorphenamini hydrogenomaleas Ph. Int. 4
PH: Chlorphenamini maleas Ph. Eur. 5
PH: Chlorpheniramine Maleate JP XIV, USP 30
PH: Chlorphenamine Maleate Ph. Eur. 5
PH: Chlorphenamine Hydrogen Maleate Ph. Int. 4

Ahiston® (Teva: IL)
Alergidryl® (Klonal: AR)
Alergitrat® (Fecofar: AR)
Aller-Chlor® (Rugby: US)
Allerfin® (APM: AE, BG, BH, IQ, JO, KW, LB, LY, NG, OM, QA, SA, SD, SY, TN, YE)
Allergex® (Al Pharm: ZA)
Allergex® (Jalalabad: BD)
Allergin® (PP Lab: TH)
Allergo® (Therapeutics: BD)
Allermine® (Astron: LK)
Allermine® (Renata: BD)
Antadex-H® (Continentales: MX)
Antihistaminico Llorens® (Llorens: ES)
Antista® (Square: BD)
Biocin® (Bio-Pharma: BD)
Cadistin® (Cadila: ER, ET, KE, NG, TZ, UG, ZM, ZW)
Chlo-Amine® (Bayer: US)
Chlor-Trimeton® (Schering-Plough: US)

Chlorderma® [vet.] (Vetoquinol: FR)
Chlorleate® (Silom: TH)
Chlorphenamine® (Actavis: GB)
Chlorphenamine® (Hillcross: GB)
Chlorphenamine® (Link: GB)
Chlorphenamine® (Teva: GB)
Chlorphenon® (Soho: ID)
Chlorpheno® (Milano: TH)
Chlorpyrimine® (Atlantic: SG, TH)
Clomin® (Alco: BD)
Cloramin® (Orion: BD)
Clorfenamina Maleato L.CH.® (Chile: CL)
Clorfenamina Maleato® (Bestpharma: CL)
Clorfenamina Maleato® (Biosano: CL)
Clorfenamina Maleato® (Elifarma: PE)
Clorfenamina Maleato® (Farvet: PE)
Clorfenamina Maleato® (Induquimica: PE)
Clorfenamina Maleato® (Lusa: PE)
Clorfenamina Maleato® (Marfan: PE)
Clorfenamina Maleato® (Mintlab: CL)
Clorfenamina Maleato® (Qualicont: PE)
Clorfenamina Maleato® (Rider: CL)
Clorfenamina Maleato® (Roxfarma: PE)
Clorfenamina Maleato® (Sanderson: CL)
Clorfenamina Maleato® (Sanitas: PE)
Clorfenamina® (Pasteur: CL)
Clorfeniramina® (Hersil: PE)
Clorfeniramina® (Lafedar: AR)
Clorfeniramina® (Pentacoop: PE)
Clorfeniramin® (Labormed Pharma: RO)
Cloro-Trimeton® (Schering-Plough: MX)
Clorotrimeton® (Key: CO)
Clorprimeton® (Essex: CL)
Cohistan® (Biomedis: TH)
Cohistan® (Medifarma: ID)
Derimeton® (Bruluart: MX)
Distamin® (Doctor's Chemical Work: BD)
Efidac 24® (Hogil: US)
Expilin® (Gaco: BD)
Hisnul® (Somatec: BD)
Histacin® (Jayson: BD)
Histadyl® (Rephco: BD)
Histafen® (Douglas: NZ)
Histalex® (Acme: BD)
Histal® (Carlisle: AG, AN, AW, BB, BS, BZ, GD, GY, JM, LC, SR, TT, VC)
Histal® (Opsonin: BD)
Histamil® [vet.] (Ilium Veterinary Products: AU)
Histanol® (Chemist: BD)
Histason® (Hudson: BD)
Histatab® (Pharmasant: TH)
Histatapp® (Pharmasant: TH)
Histaton® (Lusa: PE)
Histat® (Shiba: YE)
Hitagen® (General Pharma: BD)
Horamine® (Unifarm: PE)
Istamex® (Adelco: GR)
Kloramin® (BL Hua: TH)
Lentostamin® (SIT: IT)
Lentostamin® (Srbolek: RS)
Mystacin® (Mystic: BD)
Neo Antergan® [vet.] (Vetem: IT)
Neomallermin-Tr® (Taiyo: JP)
Nipolen® (Mintlab: CL)
Novo-Pheniram® (Novopharm: CA)
Orphen® (Solas: ID)
Pehachlor® (Phapros: ID)
Pheramin® (Amico: BD)
Piriton® (GlaxoSmithKline: AE, BD, BH, GB, IE, IR, KW, LK, OM, QA, SG, TH)
Piriton® [vet.] (GlaxoSmithKline: GB)
Polaramine® (Schering-Plough: AW, BB, BM, BS, BZ, GD, GY, HT, JM, KY, LC)
Prodel® (Pasteur: CL)
Rhineton® (Be-Tabs: ZA)
Ristacin® (Apex: BD)
Safamin® (Benham: BD)
Scadan® (Medipharm: CL)
Sinamin® (Ibn Sina: BD)
Teldrin® (Hogil: US)
Trimeton® (Schering-Plough: IT)
Winkol® (Globe: BD)

Chlorphenesin Carbamate (USAN)

D: Chlorphenesin carbamat

Muscle relaxant

CAS-Nr.: 0000886-74-8 C_{10}-H_{12}-Cl-N-O_4
M_r 245.666

1,2-Propanediol, 3-(4-chlorophenoxy)-, 1-carbamate

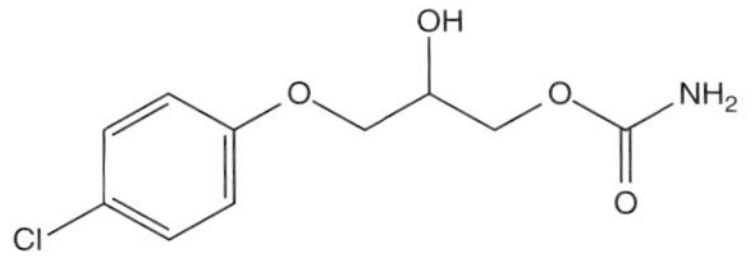

OS: *Chlorphenesin Carbamate [JAN, USAN]*
IS: *U 19646*
PH: Chlorphenesin Carbamate [JP XIV]

Rinlaxer® (Taisho: JP)

Chlorphenethazine

D: Chlorphenethazin

Antiemetic
Muscle relaxant
Neuroleptic
Tranquilizer

CAS-Nr.: 0002095-24-1 C_{16}-H_{17}-Cl-N_2-S
M_r 304.842

10H-Phenothiazine-10-ethanamine, 2-chloro-N,N-dimethyl-

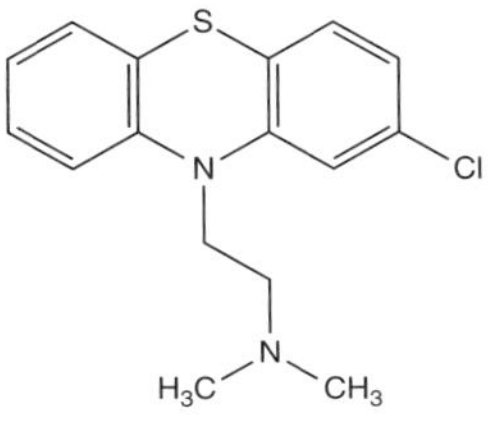

IS: *CDP*

– hydrochloride:

PH: Chlorphenethazinum hydrochloricum 2.AB-DDR

Marophen® (Jenapharm: DE)

Chlorphenoxamine (Rec.INN)

L: Chlorphenoxaminum
D: Chlorphenoxamin
F: Chlorphénoxamine
S: Clorfenoxamina

Antiallergic agent

Histamine, H_1-receptor antagonist

ATC: D04AA34,R06AA06
CAS-Nr.: 0000077-38-3 C_{18}-H_{22}-Cl-N-O
M_r 303.834

Ethanamine, 2-[1-(4-chlorophenyl)-1-phenylethoxy]-N,N-dimethyl-

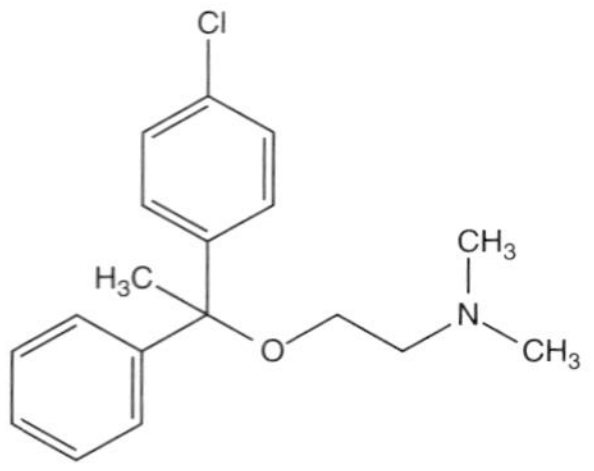

OS: *Chlorphenoxamine [BAN, DCF]*
IS: *C 172*

– hydrochloride:

CAS-Nr.: 0000562-09-4
OS: *Chlorphenoxamine Hydrochloride USAN*
PH: Chlorphenoxaminhydrochlorid DAC

Allergex® (Eipico: AE, BH, EG, IQ, JO, KW, LB, LY, OM, QA, SA, SD, YE)
Clorevan® (Ariston: BR)
Sistral® (I.E. Ulagay: TR)
Systral® (ASTA Medica: ID)
Systral® (Fresenius: AT)
Systral® (I.E. Ulagay: TR)
Systral® (Meda: DE)
Systral® (Sidefarma: PT)
Systral® (Transfarma: TH)
Systral® (Viatris: LU)

Chlorproethazine (Rec.INN)

L: Chlorproethazinum
D: Chlorproethazin
F: Chlorproéthazine
S: Clorproetazina

Muscle relaxant

Neuroleptic

ATC: N05AA07
CAS-Nr.: 0000084-01-5 C_{19}-H_{23}-Cl-N_2-S
M_r 346.923

10H-Phenothiazine-10-propanamine, 2-chloro-N,N-diethyl-

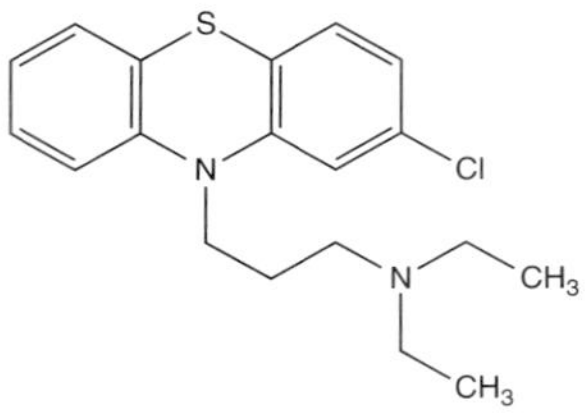

OS: *Chlorproéthazine [DCF]*

– hydrochloride:

CAS-Nr.: 0004611-02-3
OS: *Chlorproethazine Hydrochloride USAN*
IS: *RP 4909*

Neuriplege® (Sicomed: RO)
Neuriplège® (Genévrier: FR)

Chlorpromazine (Rec.INN)

L: Chlorpromazinum
I: Clorpromazina
D: Chlorpromazin
F: Chlorpromazine
S: Clorpromazina

Neuroleptic

ATC: N05AA01
CAS-Nr.: 0000050-53-3 C_{17}-H_{19}-Cl-N_2-S
M_r 318.869

10H-Phenothiazine-10-propanamine, 2-chloro-N,N-dimethyl-

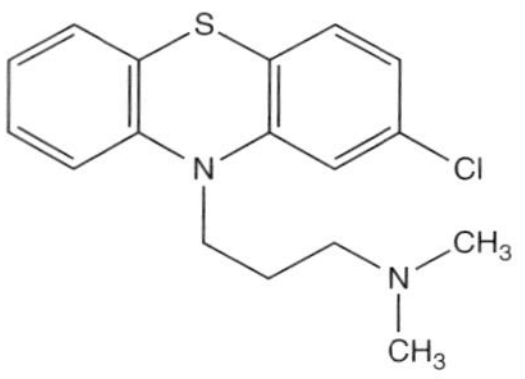

OS: *Chlorpromazine [BAN, DCF, USAN]*
OS: *Clorpromazina [DCIT]*
IS: *HL 5746*
IS: *RP 4560*
IS: *SKF 2601-A*
PH: Chlorpromazine [BP 2002, USP 30]

Ampliactil® (Sanofi-Aventis: AR)
Chlormazine® (Pharmasant: TH)
Clorpromazina L.CH.® (Chile: CL)
Clorpromazina® (Pasteur: CL)
Largactil® (Aventis: CR, DO, ES, GT, HN, IS, NI, PA, PE, SV)
Largactil® (Eczacibasi: TR)
Largactil® (Galenika: RS)
Pogetol® (Pharmasant: TH)
Promactil® (Combiphar: ID)
Thorazine® [rect.-supp.] (GlaxoSmithKline: US)
Thorazine® [rect.-supp.] (Scios: US)

– hydrochloride:

CAS-Nr.: 0000069-09-0

OS: *Chlorpromazine Hydrochloride BANM, USAN*
IS: *Aminazinum*
PH: Chlorpromazine Hydrochloride JP XIV, Ph. Eur. 5, Ph. Int. 4, USP 30
PH: Chlorpromazini hydrochloridum Ph. Eur. 5, Ph. Int. 4
PH: Chlorpromazinhydrochlorid Ph. Eur. 5
PH: Chlorpromazine (chlorhydrate de) Ph. Eur. 5

Amplictil® (Sanofi-Aventis: BR)
Cepezet® (Mersifarma: ID)
Chloorpromazine FNA® (FNA: NL)
Chlorazin® (Balkanpharma: BG)
Chlorazin® (Streuli: CH)
Chlorpromazine Hydrochloride® (Roxane: US)
Chlorpromazine® (Goldshield: GB)
Chlorpromazine® (Hillcross: GB)
Chlorpromazine® (Orion: AU)
Chlorpromazine® (Remedica: CY)
Chlorpromazine® (Rosemont: GB)
Chlorpromazine® (Teva: GB)
Chlorpromed® (Medifive: TH)
Clonazine® (Clonmel: IE)
Clordelazin® (Zentiva: RO)
Clorpromazina Cevallos® (Cevallos: AR)
Clorpromazina Clorhidrato® (Bestpharma: CL)
Clorpromazina Clorhidrato® (Biosano: CL)
Clorpromazina Clorhidrato® (Rider: CL)
Clorpromazina Clorhidrato® (Sanderson: CL)
Clorpromazina Cloridrato® (Nova Argentia: IT)
Clorpromazina Cloridrato® (Salf: IT)
Clorpromazina Duncan® (Duncan: AR)
Cltonactil® (Clonmel: IE)
Conrax® (Fada: AR)
Duncan® (Pharmaland: TH)
Fenactil® (Jelfa: PL)
Fenactil® (Polfa Warszawa: PL)
Fenactil® (Unia: PL)
Hibernal® (Egis: HU)
Hibernal® (Sanofi-Aventis: SE)
Klorpromar® (Orion: FI)
Largactil® (Aventis: AU, DK, ES, GH, GR, IT, KE, NG, NO, NZ, PE, ZA, ZW)
Largactil® (Aventis Pharma: ID)
Largactil® (Sanofi-Aventis: BD, CL, FR, GB, MX)
Largactil® (Vitoria: PT)
Largactil® [vet.] (Hawgreen: GB)
Longactil® (Cristália: BR)
Matcine® (Atlantic: SG, TH)
Meprosetil® (Meprofarm: ID)
Merck-Chlorpromazine HCl® (Merck Generics: ZA)
Novo-Chlorpromazine® (Novopharm: CA)
Opsonil® (Opsonin: BD)
Plegomazin® (Egis: CZ, RO)
Propaphenin® (Rodleben: DE)
Prozine® (Utopian: TH)
Prozin® (Lusofarmaco: IT)
Solidon® (Adelco: GR)
Taroctyl® (Taro: IL)
Thorazine® (GlaxoSmithKline: PH, US)
Thorazine® (Scios: US)
Zuledine® (Demo: GR)

Chlorpropamide (Rec.INN)

L: Chlorpropamidum
I: Clorpropamide
D: Chlorpropamid
F: Chlorpropamide
S: Clorpropamida

Antidiabetic agent

ATC: A10BB02
CAS-Nr.: 0000094-20-2 C_{10}-H_{13}-Cl-N_2-O_3-S
M_r 276.744

Benzenesulfonamide, 4-chloro-N-[(propylamino)carbonyl]-

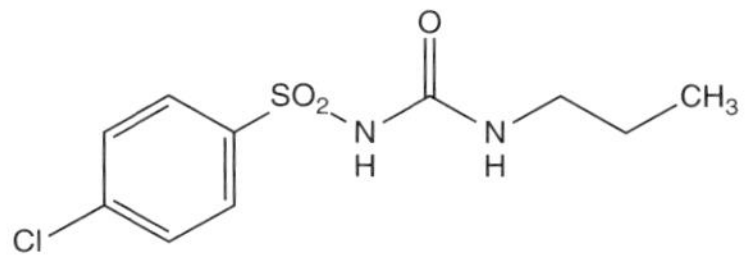

OS: *Chlorpropamide [BAN, DCF, DCIT, JAN, USAN]*
IS: *Hoechst 18810 (Hoechst)*
IS: *P 607*
IS: *U 9818*
PH: Chlorpropamide [Ph. Eur. 5, JP XIV, USP 30]
PH: Chlorpropamidum [Ph. Eur. 5]
PH: Chlorpropamid [Ph. Eur. 5]
PH: Chlorpropamide [Ph. Eur. 5]

Abemide® (Kobayashi Kako: JP)
Anti-D® (Beacons: SG)
Apo-Chlorpropamide® (Apotex: CA, VN)
Apo-Clorpropamida® (Apotex: PE)
Chlorpropamid® (Remedica: CY)
Clorpropamida L.CH.® (Chile: CL)
Clorpropamida® (Bestpharma: CL)
Clorpropamida® (Pasteur: CL)
Clorpropamida® (Sanitas: CL)
Copamide® (Dey's Medical Stores: IN)
Diabeedol® (Sripasit: TH)
Diabemide® (Guidotti: IT)
Diabinese® (Alkaloid: BA)
Diabinese® (Farmasierra: ES)
Diabinese® (Pfizer: AN, AR, AU, BB, BR, BZ, CL, CO, CR, DO, EG, ET, GH, GM, GR, GT, GY, HK, HN, HT, ID, IL, IT, JM, KE, LR, MW, MX, NG, NI, PA, PH, SD, SL, SV, TH, TT, US, ZA)
Diabitex® (Rekah: IL)
Diamide® (Astron: LK)
Dibecon® (Central Poly: TH)
Glycemin® (Siam Bheasach: TH)
Hypomide® (Aspen: ZA)
Novo-Propamide® (Novopharm: CA)
Propamide® (Atlantic: SG, TH)
Sucranase® (Dar-Al-Dawa: AE, BH, IQ, JO, KW, LB, LY, MT, NG, OM, QA, SA, SD, SO, TN, YE)
Tesmel® (Phyto: ID)
Trane® (Omega: AR)

Chlorprothixene (Rec.INN)

L: Chlorprothixenum
I: Clorprotixene
D: Chlorprothixen
F: Chlorprothixène
S: Clorprotixeno

Neuroleptic

ATC: N05AF03
CAS-Nr.: 0000113-59-7 C_{18}-H_{18}-Cl-N-S
M_r 315.862

1-Propanamine, 3-(2-chloro-9H-thioxanthen-9-ylidene)-N,N-dimethyl-, (Z)-

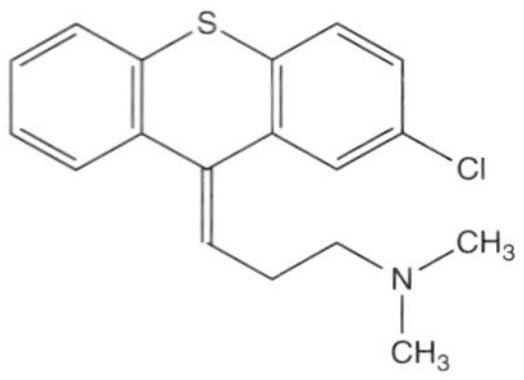

OS: *Chlorprothixene [BAN, DCF, JAN, USAN]*
OS: *Clorprotixene [DCIT]*
IS: *N 714*
IS: *Ro 4-0403*
PH: Chlorprothixen [DAC]

Diabinese® (Pfizer: PE)
Seda-Kel® [vet.] (Wolfs: BE)
Truxal® (Lundbeck: DE, DK, FI)

– acetate:

CAS-Nr.: 0058889-16-0

Truxal® [inj.] (Lundbeck: AT, HU, NL)

– citrate:

Truxal® (Lundbeck: AT, NL)

– hydrochloride:

CAS-Nr.: 0006469-93-8
OS: *Chlorprothixene Hydrochloride BANM*
PH: Chlorprothixene Hydrochloride Ph. Eur. 5
PH: Chlorprothixeni hydrochloridum Ph. Eur. 5
PH: Chlorprothixenhydrochlorid Ph. Eur. 5
PH: Chlorprothixène (chlorhydrate de) Ph. Eur. 5

Chlorprothixen Holsten® (Holsten: DE)
Chlorprothixen Leciva® (Zentiva: CZ)
Chlorprothixen-neuraxpharm® (neuraxpharm: DE)
Chlorprothixen® (Zentiva: PL, RU)
Truxaletten® (Lundbeck: AT, CH)
Truxalettes® (Lundbeck: LU)
Truxal® (Lundbeck: AE, AT, BH, CH, DE, EG, FI, HU, IQ, IR, IS, JO, KW, LB, NL, NO, OM, QA, RU, SA, SD, SE, YE)

Chlorpyrifos (BAN)

D: Chlorpyrifos
F: Chlorpyriphos

Insecticide
Enzyme inhibitor

CAS-Nr.: 0002921-88-2 C_9-H_{11}-Cl_3-N-O_3-P-S
M_r 350.57

O,O-Diethyl O-3,5,6-trichloro-2-pyridyl phosphorothioate

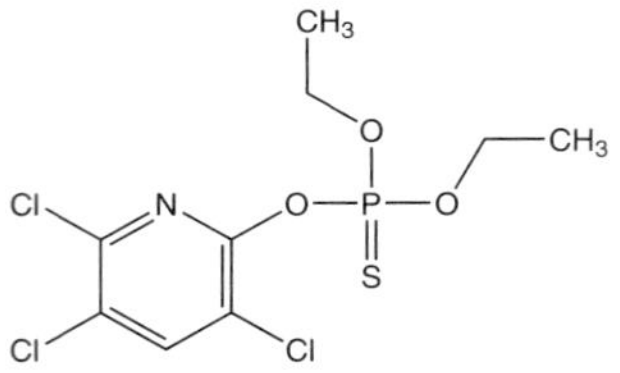

OS: *Chlorpyrifos [BAN, USAN]*
IS: *Dursban*
IS: *EPA Pestizide Chemical Code 059101*
IS: *XRM 429*
IS: *XRM 5160*

3-X Flea Tick & Mange Collar for Cats® [vet.] (Happy Jack: US)
3-X Flea Tick & Mange Collar for Dogs® [vet.] (Happy Jack: US)
Ban-Guard Dip for Dogs® [vet.] (Allerderm: US)
Dursban Dip for Dogs® [vet.] (Davis: US)
Enduracide Dip for Dogs® [vet.] (Happy Jack: US)
Exelpet® [vet.] (Exelpet: AU)
Flea & Tick Dip for Dogs® [vet.] (Performer: US)
Paracide II Shampoo® [vet.] (Happy Jack: US)
Pet Care 11-Month Flea Collar for Dogs® [vet.] (DurVet: US)
Pet Care Dip for Dogs® [vet.] (DurVet: US)
Pulvex® [vet.] (Model: ZA)
Sardex® [vet.] (Happy Jack: US)
Streaker® [vet.] (Happy Jack: US)
Vet-Kem® [vet.] (Bayer Animal: NZ)
Xterminate® [vet.] (Ancare: NZ)
Zodiac® [vet.] (Novartis: AU)

Chlorquinaldol (Rec.INN)

L: Chlorquinaldolum
I: Clorchinaldolo
D: Chlorquinaldol
F: Chlorquinaldol
S: Clorquinaldol

Dermatological agent, topical antiseptic
Antifungal agent

ATC: D08AH02,G01AC03,P01AA04,R02AA11
CAS-Nr.: 0000072-80-0 C_{10}-H_7-Cl_2-N-O
M_r 228.076

8-Quinolinol, 5,7-dichloro-2-methyl-

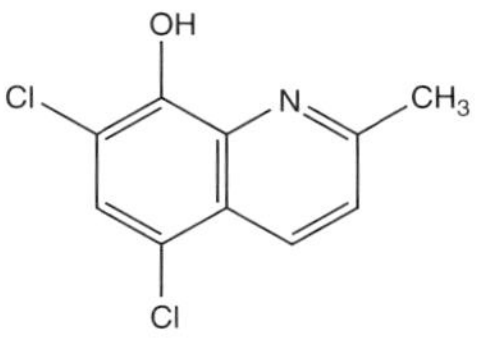

OS: *Chlorquinaldol [BAN, DCF, USAN]*
OS: *Clorchinaldolo [DCIT]*
IS: *Chlorchinaldol*
IS: *G 1204*
IS: *Hydroxydichlorquinaldin*
PH: Chlorquinaldol [DAC]
PH: Chlorchinaldolum [PhBs IV]

Chlorchinaldin® (Chema: PL)
Chlorchinaldin® (ICN: PL)
Clorchinaldol® (Arena: RO)
Clorchinaldol® (Zentiva: RO)
Saprosan® (Sintofarm: RO)

Chlortalidone (Rec.INN)

L: Chlortalidonum
I: Clortalidone
D: Chlortalidon
F: Chlortalidone
S: Clortalidona

Diuretic

ATC: C03BA04
CAS-Nr.: 0000077-36-1 C_{14}-H_{11}-Cl-N_2-O_4-S
M_r 338.772

Benzenesulfonamide, 2-chloro-5-(2,3-dihydro-1-hydroxy-3-oxo-1H-isoindol-1-yl)-

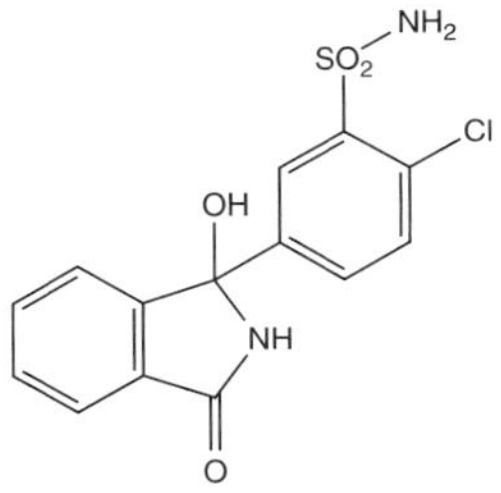

OS: *Chlortalidone [BAN, DCF]*
OS: *Chlorthalidone [USAN, BAN]*
OS: *Clortalidone [DCIT]*
IS: *G 33182*
IS: *NSC 69200*
IS: *Phthalamudine*
PH: Chlortalidone [Ph. Eur. 5]
PH: Chlorthalidone [USP 30]
PH: Chlortalidonum [Ph. Eur. 5, Ph. Int. 4]
PH: Chlortalidon [Ph. Eur. 5]
PH: Chlortalidone [Ph. Eur. 5, Ph. Int. 4]

Apo-Chlorthalidone® (Apotex: CA)
Aquadon® (Rekah: IL)
Chloortalidon Alpharma® (Alpharma: NL)
Chloortalidon A® (Apothecon: NL)
Chloortalidon CF® (Centrafarm: NL)
Chloortalidon FLX® (Karib: NL)
Chloortalidon Gf® (Genfarma: NL)
Chloortalidon Merck® (Merck Generics: NL)
Chloortalidon PCH® (Pharmachemie: NL)
Chloortalidon Sandoz® (Sandoz: NL)
ChloortalidonKatwijk® (Katwijk: NL)
Chloortalidon® (GenRx: NL)
Chloortalidon® (Hexal: NL)
Chlortalidone EG® (Eurogenerics: BE)
Chlortalidone-Eurogenerics® (Eurogenerics: LU)
Chlortalidone® (Eurogenerics: LU)
Chlorthalidone® (Mylan: US)
Chlorthalidone® (Pliva: US)
Chlorthalidone® (UDL: US)
Clortalidona® (Northia: AR)
Clortalil® (EMS: BR)
Euretico® (Casasco: AR)
Hidropharm® (Alpharma: MX)
Higrotona® (Novartis: ES)
Higroton® (Novartis: BR)
Higroton® (Sandoz: MX)
Hydrosan® (Wabosan: AT)
Hygroton® (Alliance: GB)
Hygroton® (mibe: DE)
Hygroton® (Novartis: AG, AN, AR, AT, AU, AW, BA, BB, BE, BM, BS, CH, ET, GD, GH, GR, GY, HT, ID, JM, KE, KY, LC, LU, LY, MT, NG, NL, NZ, PL, PT, SD, TT, TZ, VC, ZA, ZW)
Hygroton® (Pliva: BA, HR, SI)
Hygroton® (Sandoz: HU)
Hythalton® (Sarabhai: IN)
Igroton® (Novartis: IT)
Saluretin® (Actavis: GE)
Saluretin® (Balkanpharma: BG)
Thalitone® (Monarch: US)
Urandil® (Zentiva: CZ, PL)

Chlortetracycline (Rec.INN)

L: Chlortetracyclinum
I: Clortetraciclina
D: Chlortetracyclin
F: Chlortétracycline
S: Clortetraciclina

Antibiotic, tetracycline

ATC: A01AB21,D06AA02,J01AA03,S01AA02
CAS-Nr.: 0000057-62-5 C_{22}-H_{23}-Cl-N_2-O_8
M_r 478.896

7-Chloro-4-dimethylamino-1,4,4a,5,5a,6,11,12a-octahydro-3,6,10,12,12a-pentahydroxy-6-methyl-1,11-dioxo-2-naphthacenecarboxamide

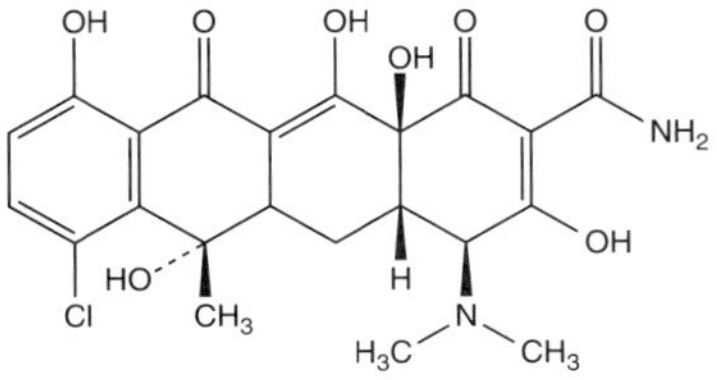

OS: *Chlortetracycline [BAN]*
OS: *Chlortétracycline [DCF]*
OS: *Clortetraciclina [DCIT]*
IS: *A 377*
IS: *NRRL 2209*
IS: *SF 66*

Aureomicina® [vet.] (Fort Dodge: PT)
Aureomycin® [vet.] (Alpharma: US)
Aureomycin® [vet.] (Boehrvet: DE)
Aurofac® [vet.] (Instavet: ZA)
Aurofac® [vet.] (Scanvet: FI)
Aurogran® [vet.] (Vericor: GB)
Chlortetra Spray® [vet.] (Fendigo: BE)
Chlortetracyclin® [vet.] (Animedic: DE)
Chlortetracyclin® [vet.] (Bioptive: DE)
Chlortetracyclin® [vet.] (Pennfield: US)
Chlortet® [vet.] (Eco: GB, ZA)
Clortetraciclina® [vet.] (Ceva: IT)
Clortetraciclina® [vet.] (Chemifarma: IT)
Clortetraciclina® [vet.] (Nuova Veterinaria: IT)
Clortetrasol® [vet.] (Nuova Veterinaria: IT)
Clortetra® [vet.] (Adisseo: IT)
Clor® [vet.] (Doxal: IT)
CLTC® [vet.] (Pfizer Animal Health: US)
Metricyclin Kela® [vet.] (Wolfs: BE)
Pennchlor® [vet.] (Pennfield: US)
Percrison® [vet.] (Ceva: IT)
Phenix® [vet.] (Virbac: ZA)

– **hydrochloride:**

CAS-Nr.: 0000064-72-2
OS: *Chlortetracycline Hydrochloride BANM, USAN*
IS: *SF 66*
PH: Chlortetracycline Hydrochloride Ph. Eur. 5, Ph. Int. 4, USP 30
PH: Chlortetracyclini hydrochloridum Ph. Eur. 5, Ph. Int. 4
PH: Chlortetracyclinhydrochlorid Ph. Eur. 5
PH: Chlortétracycline (chlorhydrate de) Ph. Eur. 5

Aurecil® (Edol: PT)
Aureomicina® (Wyeth: IT)
Aureomycine® (Viatris: BE)
Aureomycin® (Erfa: BE, LU)
Aureomycin® (Lederle: AU)
Aureomycin® (Riemser: DE)
Aureomycin® (Summit: TH)
Aureomycin® (Wyeth: AT, NL, US, ZA)
Aureomycin® [vet.] (A.S.T.: NL)
Aureomycin® [vet.] (C.C.D. Animal Health: AU)
Aureomycin® [vet.] (Fort Dodge: AU, GB, US)
Aureosup® [vet.] (Cypharm: IE)
Aurofac® [vet.] (Alpharma: AU, FR, GB)
Aurofac® [vet.] (Bomac: NZ)
Aurofac® [vet.] (Selectchemie: CH)
Aurogran® [vet.] (Cypharm: IE)
Auromix® [vet.] (Pharmacia Animal Health: GB, IE)
Auréomycine Cooper® (Cooper: FR)
Auréomycine Evans® (UCB: FR)
Auréomycine Merial® [vet.] (Merial: FR)
B-Aureo® [vet.] (Biokema: CH)
Calf Scour® [vet.] (Boehringer Ingelheim Vetmedica: US)
Centrauréo® [vet.] (Virbac: FR)
Chevicet® [vet.] (Chevita: AT)
Chloortetra® [vet.] (Dopharma: NL)
Chlor-Tetracyclin Stricker® [vet.] (Stricker: CH)
Chlora-Cycline® [vet.] (RXV: US)
Chlormax® [vet.] (Alpharma: US)
Chlorocyclinum® (Chema: PL)
Chlorosol® [vet.] (Vetoquinol: GB)
Chlorsol® [vet.] (Vetoquinol: GB)
Chlortafac® [vet.] (Ascor: IT)
Chlortet Soluble® [vet.] (ADM: US)
Chlortetracyclin-HCL® [vet.] (Animedic: DE)
Chlortetracyclin-HCL® [vet.] (Bioptive: DE)
Chlortetracyclin-Hydrochlorid® [vet.] (Animedic: DE)
Chlortetracyclin-Hydrochlorid® [vet.] (Klat: DE)
Chlortetracycline Uterine Boluses® [vet.] (Vetoquinol: IE)
Chlortetracycline® [vet.] (Pennfield: US)
Chlortetracycline® [vet.] (Vetoquinol: LU)
Chlortetracyclin® [vet.] (Chevita: DE)
Chlortralim® (Atlantic: HK, SG, TH)
Chlortétracycline Vétoquinol® [vet.] (Vetoquinol: FR)
Clorbiotic® [vet.] (Tre I: IT)
Clortetraciclina® [vet.] (Ascor: IT)
Clortetraciclina® [vet.] (Tre I: IT)
Colircusi Aureomicina® (Alcon: ES)
CTC Blauspray® [vet.] (Albrecht: DE)
CTC Blauspray® [vet.] (Novartis Tiergesundheit: DE)
CTC-Eco® [vet.] (International Animal Health: AU)
CTC® [vet.] (Doxal: IT)
CTC® [vet.] (DurVet: US)
CTC® [vet.] (Eurovet: AT, NL)
CTC® [vet.] (Univet: IE)
Cyclo Spray® [vet.] (Eurovet: LU)
Cyclo Spray® [vet.] (Gräub: CH)
Cyclo Spray® [vet.] (Virbac: FR, IT)
Cyclospray® [vet.] (Gräub: CH)
Dermosa Aureomicina® (Farmacusi: ES)
Fermycin® [vet.] (Boehringer Ingelheim Vetmedica: US)
Intercrison® [vet.] (Intervet: IE)
Intermycin® [vet.] (Alvetra u. Werfft: AT)
Isospen® [vet.] (Teknofarma: IT)
Keet Life® [vet.] (Hartz: US)
Oft Cusi Aureomicina® (Alcon: ES)
Oftalmolosa Cusi Aureomicina® (Cusi: ES)
Perlium Pulmoval® [vet.] (Sogeval: FR)
Pharmachlor® [vet.] (Pharmtech: AU)
Pulmoval® [vet.] (Sogeval: FR)
Santamix Chlortetracycline® [vet.] (Santamix: FR)
SF Mix® [vet.] (Alpharma: US)
Tricon Powder® [vet.] (Apex: AU)
Triple C® [vet.] (Vetafarm: AU)
Ucamix V Chlortetracycline® [vet.] (Noé: FR)

Chlorzoxazone (Rec.INN)

L: Chlorzoxazonum
I: Clorzoxazone
D: Chlorzoxazon
F: Chlorzoxazone
S: Clorzoxazona

⚕ Muscle relaxant

ATC: M03BB03
CAS-Nr.: 0000095-25-0 C_7-H_4-Cl-N-O_2
M_r 169.569

2(3H)-Benzoxazolone, 5-chloro-

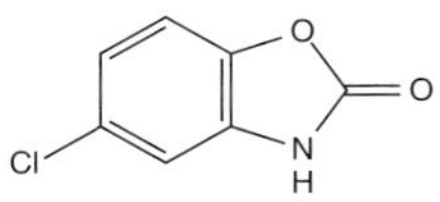

OS: *Chlorzoxazone [BAN, DCF, USAN]*
OS: *Clorzoxazone [DCIT]*
IS: *MI 315*
PH: Chlorzoxazon [DAC]
PH: Chlorzoxazone [USP 30]
PH: Chlorzoxazonum [JP X]

Chlorzoxane® (Actavis: US)
Chlorzox® (Pharmasant: TH)
Clorzoxazon® (Gedeon Richter: RO)
Clorzoxazonă® (Arena: RO)
Clorzoxazonă® (Sintofarm: RO)
Flogodisten® (Bago: PE)
Klorzoxazon Dak® (Nycomed: DK)
Myoflexin® (Sanofi-Aventis: HU)
Myoflex® (Pliva: BA, HR)
Paraflex® (AstraZeneca: DK, SE)
Paraflex® (Janssen: ZA)
Paraflex® (Organon: ES)
Paraflex® (Santa-Farma: TR)
Parafon Forte DSC® (Ethnor: IN)
Parafon Forte DSC® (Organon: ES)
Parafon Forte DSC® (Ortho: US)
Solaxin® (Eisai: HK, ID, JP)

Choline (DCF)

D: Cholin
F: Choline

Choleretic

CAS-Nr.: 0000062-49-7 C_5-H_{14}N-O

2-Hydroxy-N,N,N-trimethylanaminium

Ethanaminium, 2-hydroxy-N,N,N-trimethyl-

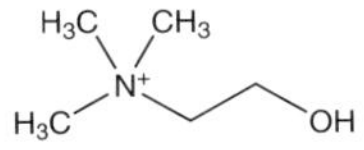

OS: *Choline [DCF]*
IS: *2-Hydroxyethyltrimethylammonium*

– hydrogencitrate:

CAS-Nr.: 0000077-91-8
OS: *Choline Dihydrogen Citrate NF XII, USAN*

Choline dihydrogen citrate® (Freeda: US)

– orotate:

CAS-Nr.: 0024381-49-5

Hepato-Fardi® (Fardi: ES)

– stearate:

CAS-Nr.: 0023464-76-8

Chomelanum® (Brady: AT)
Chomelanum® (Schur: DE)

Choline Alfoscerate (Rec.INN)

L: Cholini alfosceras
D: Cholin alfoscerat
F: Alfoscerate de choline
S: Alfoscerato de colina

Parasympathomimetic agent

ATC: N07AX02
CAS-Nr.: 0028319-77-9 C_8-H_{20}-N-O_6-P
M_r 257.228

Choline hydroxide, (R)-2,3-dihydroxypropyl hydrogen phosphate, inner salt

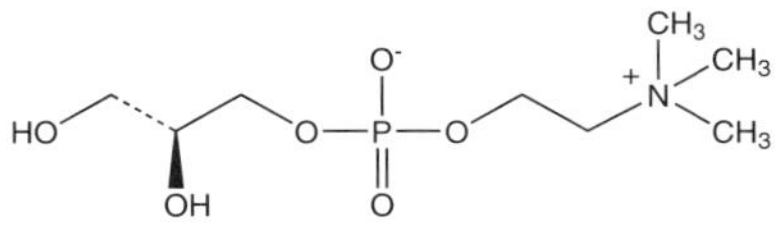

OS: *Choline Alfoscerate [USAN]*
IS: *Choline Glycerophosphate*
IS: *GPC L-α*
IS: *L-alpha-Glycerylphosphorylcholine*
IS: *α-GPC*
IS: *Glicerofosfato de colina*
IS: *Glycerophosphate de choline*

Brezal® (Novartis: IT)
Cerepro® (Verofarm: RU)
Delecit® (MDM: IT)
Gliatilin® (CSC: RU)
Gliatilin® (Italfarmaco: CZ, IT, PL)

Choline Salicylate (Rec.INN)

L: Cholini Salicylas
D: Cholin salicylat
F: Salicylate de Choline
S: Salicilato de colina

Antiinflammatory agent
Analgesic
Antipyretic

ATC: N02BA03
CAS-Nr.: 0002016-36-6 C_{12}-H_{19}-N-O_4
M_r 241.294

Ethanaminium, 2-hydroxy-N,N,N-trimethyl-, salt with 2-hydroxybenzoic acid (1:1)

OS: *Choline Salicylate [BAN, USAN]*
PH: Choline Salicylate Solution [BP 2002]

Arthropan® (Purdue Frederick: US)
Audax® (Mundipharma: DE)
Audax® (Norpharma: IS)
Audax® (SSL: IE)
Bonjela® (Reckitt Benckiser: GB)
Cholinex® (GlaxoSmithKline: PL, RO)
Herron Baby Teething Gel® (Herron: AU)
Mundisal® (Mundipharma: AT, CH, CZ, DE)
Ora-Sed® (Pfizer: HK)
Otinum® (ICN: PL)
Otinum® (Polfa: BG)
Otinum® (Valeant: RU)

- **magnesium salt:**

IS: *Choline Magnesium Trisalicylate*

Tricosal® (Qualitest: US)
Tricosal® (Vintage: US)
Trilisate® (Purdue Frederick: US)
Trilisate® (Purdue Pharma: CA)

Choline Theophyllinate (Rec.INN)

L: Cholini Theophyllinas
I: Colina teofillinato
D: Cholin theophyllinat
F: Théophyllinate de Choline
S: Teofilinato de colina

- Antiasthmatic agent
- Cardiac stimulant, cardiotonic agent
- Diuretic

ATC: R03DA02
CAS-Nr.: 0004499-40-5 C_{12}-H_{21}-N_5-O_3
M_r 283.35

Ethanaminium, 2-hydroxy-N,N,N-trimethyl-, salt with 3,7-dihydro-1,3-dimethyl-1H-purine-2,6-dione (1:1)

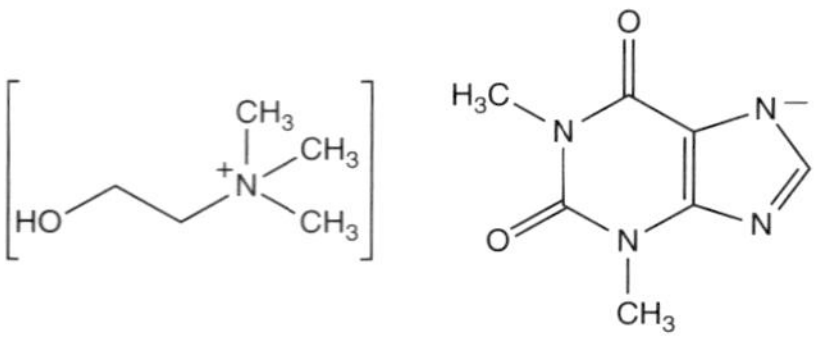

OS: *Choline Theophyllinate [BAN]*
OS: *Choline Theophylline [JAN]*
OS: *Colina teofillinato [DCIT]*
OS: *Oxtriphylline [USAN]*
PH: Choline Theophyllinate [BP 2002]
PH: Oxtriphylline [USP 30]

Brondecon® (Pfizer: AU)
Brondecon® (Pfizer Consumer Healthcare: NZ)
Choledyl® (Erfa: CA)
Choledyl® (Galenica: GR)
Choledyl® (Gamma: LK)
Choledyl® (Pfizer: BZ, CR, GT, HN, NI, PA, SV)
Euspirax® (Asche: DE)
Teovent® (AstraZeneca: SE)

Chondroitin Sulfate

D: Chondrotoinschwefelsäure

- Antirheumatoid agent
- Dermatological agent
- Ophthalmic agent

ATC: B03AB07
CAS-Nr.: 0009007-28-7

High viscosity mucopolysaccharides (glycosaminoglycans) with N-acetylchondrosine as a repeating unit and with one sulfate group per dissacharide unit [Merck Index]

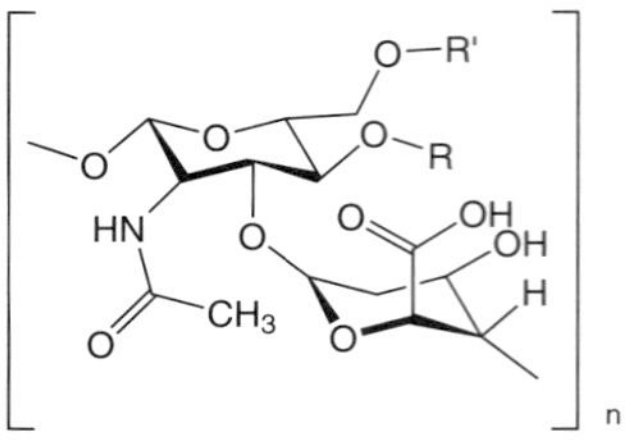

Chondroitin sulfate A: R = SO_3H R' = H
Chondroitin sulfate C: R = H R' = SO_3H

IS: *Chondroitin Sulfate (Merck)*
IS: *Chondroitinschwefelsäure*
IS: *Chondroitinsulfat*
IS: *Chondroitinsulfuric Acid*
IS: *Heparinoidum*
PH: Chondroitin sulfate [NF 22]

Adequan® [vet.] (Biokema: CH)
Adequan® [vet.] (Boehringer Ingelheim: AU)
Adequan® [vet.] (Janssen: IE, IT)
Adequan® [vet.] (Janssen Animal Health: DE, GB)
Adequan® [vet.] (Janssen Santé Animale: FR)
Adequan® [vet.] (Luitpold: US)
Chondroitine® [vet.] (SEOA: FR)
Chondroitin® (Status Salud: AR)
Condro San® (Bioiberica: ES)
Condrodin® (Bioiberica: ES)
Condrosulf® (Farma Lepori: ES)
Dunason® (Alcon: AR, BR, CR, GT, HN, NI, PA, SV)
Hirudoid Forte® (Diethelm: TH)
Hirudoid Forte® (Medinova: CH, HK)
Hirudoid Forte® (Sankyo: CZ)
Hirudoid Forte® (Santa-Farma: TR)
Hirudoid Forte® (Stada: DE, FI)
Hirudoid® (CFL: IN)
Hirudoid® (Daiichi Sankyo: ES)
Hirudoid® (Diethelm: TH)
Hirudoid® (Genus: GB)
Hirudoid® (Key: AU)
Hirudoid® (Medinova: CH, HK, ID, SG)
Hirudoid® (Sankyo: BR, CZ, DE, IS, IT, NO, PL, PT)
Hirudoid® (Selena Fournier: SE)
Hirudoid® (Stada: AT, DK)
Hirudoid® (Will: LU, NL)
Hirudoid® (Wilson: NZ)
Kondrogénine® [vet.] (Orsco: FR)
Lacrypos® (Alcon: BE, LU)
Lubrictin® (Klonal: AR)
Sanaven MPS® (Sankyo: DE)
Sanoven MPS® (Sankyo: DE)
Varidoid® (GDH: TH)

- **sodium salt:**

CAS-Nr.: 0039455-18-0
OS: *Chondroitin Sulphate Sodium BAN*
OS: *Chondroitin Sulfate Sodium USAN*
IS: *Chondroitin 4-Sulphate Sodium*
IS: *Dermatansulfat natrium*
PH: Chondroitin Sulfate Sodium USP 30
PH: Chondroitin sulphate sodium Ph. Eur. 5

Aclotan® (Piam: IT)
Bioflogil® (Spedrog-Caillon: AR)
Chondrosulf® (Genévrier: FR)
Chondrosulf® (Sanova: AT)
Condral® (Societa Prodotti Antibiotici: PL)
Condral® (SPA: IT)
Condrosulf® (CORNE: MX)
Condrosulf® (IBSA: CH, CZ, HU)
Condrosulf® (Labomed: CL)
Condrosulf® (Sanova: AT)
Ossin® (Basi: PT)
Recalcin® (Hasco: PL)
Structum® (PF: LU)
Structum® (Pierre Fabre: AR, BF, CG, CI, FR, GA, GN, ML, MR, NE, RU, SN)
Structum® (Pierre-Fabre: MX)
Structum® (Robapharm: CH)
Uracyst® (Stellar: CA)
Uropol-S® (Pohl: DE)

Chorionic Gonadotrophin (Rec.INN)

L: Gonadotrophinum chorionicum
I: Gonadotrofina corionica
D: Choriongonadotrophin
F: Gonadotrophine chorionique
S: Gonadotrofina corionica

Extra pituitary gonadotropic hormone, LH-like action

CAS-Nr.: 0009002-61-3
Gonadotropin, chorionic

OS: *Chorionic Gonadotrophin [BAN]*
OS: *Gonadotrofina corionica [DCIT]*
OS: *Gonadotropine chorionique [DCF]*
IS: *CG*
IS: *Dynatropin*
IS: *Gonadotropes Chorionhormon*
IS: *HCG*
IS: *LH 500*
PH: Choriongonadotropin [Ph. Eur. 4]
PH: Chorionic Gonadotrophin [JP XIV]
PH: Chorionic Gonadotropin [USP 26]
PH: Gonadotropine chorionique [Ph. Eur. 4]
PH: Gonadotropinum chorionicum [Ph. Eur. 4]
PH: Gonadotrophin, Chorionic [Ph. Eur. 4]

A.P.L.® (Akromed: ZA)
A.P.L.® (Wyeth: CL, US)
Choragon® (Er-Kim: TR)
Choragon® (Ferring: AE, BH, DE, EG, GB, HK, HU, IE, JO, KW, LB, MX, MY, NL, OM, PK, PL, QA, SA, SY, YE)
Chorex® (Hyrex: US)
Choriomon® (CORNE: MX)
Choriomon® (IBSA: CH)
Chorionic Gonadotropin® (Pharmaceutical Partners of Canada: CA)
Chorionic Gonadotropin® [vet.] (Watson: US)
Chortropin® [vet.] (United Vaccines: US)
Chorulon® [vet.] (Intervet: AT, AU, BE, FI, FR, GB, IE, LU, NL, NZ, US, ZA)
Chorulon® [vet.] (Organon Vet: PT)
Chorulon® [vet.] (Veterinaria: CH)
Corion® (Win-Medicare: IN)
Endocorion® (Elea: AR)
Follutein® [vet.] (Fort Dodge: US)
Gonacor® (Ferring: AR, CL)
Gonadotraphon LH® (Paines & Byrne: AE, BH, CY, LY, MT, OM)
Gonadotrophine chorionique „Endo“® (Organon: FR)
Gonasi HP® (Amsa: IT)
HCG Lepori® (Farma Lepori: ES)
LH Stricker® [vet.] (Stricker: CH)
Novarel® (Ferring: US)
Ovogest® [vet.] (Intervet: DE)
Predalon® (Organon: DE, ES)
Pregnesin® (Serono: DE, IT)
Pregnyl® (AKZO Nobel: BR)
Pregnyl® (Donmed: ZA)
Pregnyl® (Dr. Fisher: NL)
Pregnyl® (Eureco: NL)
Pregnyl® (Eurim: AT)
Pregnyl® (Euro: NL)
Pregnyl® (Organon: AE, AR, AT, AU, BD, BE, BH, CH, CL, CR, CY, CZ, DK, EG, ES, ET, FI, GB, GH, GR, GT, HK, HN, HU, ID, IE, IL, IQ, IR, IT, JO, KE, KW, LB, LK, LU, LY, MX, NI, NL, NO, OM, PE, PH, PL, QA, RO, RS, SA, SD, SE, SG, SY, TH, TR, TZ, US, YE, ZM, ZW)
Pregnyl® (Salus: SI)
Primogonyl® (Schering: CO, DE, EC)
Profasi HP® (Serono: BR, CA, ES, IT)
Profasi® (Dipa: ID)
Profasi® (Higiea: SI)
Profasi® (Serono: AT, AU, BE, GR, IE, LU, NL, PE, TH, US, ZA)
Profasi® (Serum Institute: IN)
Pubergen® (Uni-Sankyo: IN)
Werfachor® [vet.] (Alvetra u. Werfft: AT)
Werfachor® [vet.] (Sanochemia: CH)

– alfa:

CAS-Nr.: 0177073-44-8
OS: *Choriongonadotropin Alfa BAN, USAN*

Ovidrelle® (Bioglan: LU)
Ovidrelle® (Serono: ES)
Ovidrel® (DKSH: ID)
Ovidrel® (Douglas: NZ)
Ovidrel® (Serono: AR, AU, BR, CA, LK, SG, TH, US)
Ovitrelle® (Merck Serono: RO)
Ovitrelle® (Serono: AT, CZ, DE, DK, ES, FI, FR, GB, GR, HR, HU, IE, IL, IS, IT, NL, NO, PL, PT, RS, RU, SE, SI, TR)
Ovitrelle® (Serono Pharma: CH)

Chromocarb (Rec.INN)

L: Chromocarbum
I: Cromocarb
D: Chromocarb
F: Chromocarbe
S: Cromocarbo

Vascular protectant

CAS-Nr.: 0004940-39-0 C_{10}-H_6-O_4
M_r 190.158

4H-1-Benzopyran-2-carboxylic acid, 4-oxo-

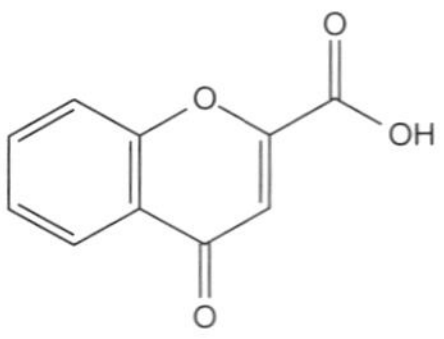

OS: *Chromocarbe [DCF]*
OS: *Cromocarb [DCIT, USAN]*
IS: *LP 1*

– diethylamine:

CAS-Nr.: 0023915-80-2
IS: *Chromocarb diethylazan*

Activadone Oftalmico® (Thea: ES)
Campel® (Chiesi: FR)
Fludarene® (Farmila-Thea: IT)
Fradilen® (Thea: PT)

Chymotrypsin (Rec.INN)

L: Chymotrypsinum
I: Chimotripsina
D: Chymotrypsin
F: Chymotrypsine
S: Quimotripsina

Antiinflammatory agent
Enzyme, proteolytic

ATC: B06AA04,S01KX01
CAS-Nr.: 0009004-07-3

Chymotrypsin

OS: *Chimotripsina [DCIT]*
OS: *Chymotrypsin [BAN, USAN]*
OS: *Chymotrypsine [DCF]*
PH: Chymotrypsin [Ph. Eur. 5, USP 30]
PH: Chymotrypsinum [Ph. Eur. 5]
PH: Chymotrypsin [Ph. Eur. 5]
PH: Chymotrypsine [Ph. Eur. 5]

Alfapsin® (Lyka: IN)
Alpha Chymotrypsin Bidiphar® (Bidiphar: VN)
Alphachymotrypsin Choay® (Sanofi-Aventis: VN)
Alphacutanée® (Leurquin: LU)

Cibenzoline (Rec.INN)

L: Cibenzolinum
D: Cibenzolin
F: Cibenzoline
S: Cibenzolina

Antiarrhythmic agent

ATC: C01BG07
CAS-Nr.: 0053267-01-9 C_{18}-H_{18}-N_2
M_r 262.362

1H-Imidazole, 2-(2,2-diphenylcyclopropyl)-4,5-dihydro-

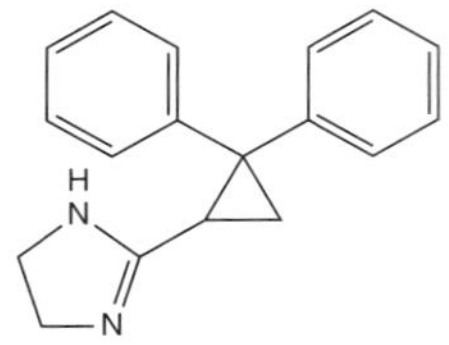

OS: *Cibenzoline [BAN, DCF]*
OS: *Cifenline [USAN]*
IS: *Ro 227796 (Roche, USA)*
IS: *UP 33901 (UPSA, F)*

Cipralan® (Continental: BE, LU)

– succinate:

CAS-Nr.: 0100678-32-8
OS: *Cibenzoline Succinate BANM, JAN*
OS: *Cifenline Succinate USAN*

Cibenol® (Fujisawa: JP)
Cipralan® (Bristol-Myers Squibb: FR)
Cipralan® (Continental: BE)
Exacor® (Pfizer: FR)

Ciclesonide (Rec.INN)

L: Ciclesonidum
D: Ciclesonid
F: Ciclesonide
S: Ciclesonida

Antiallergic agent
Antiasthmatic agent
Glucocorticoid, inhalative

ATC: R03BA08
ATCvet: QR03BA08
CAS-Nr.: 0141845-82-1 C_{32}-H_{44}-O_7
M_r 540.69

(R)-11beta,16alpha,17,21-tetrahydroxypregna-1,4-diene-3,20-dione cyclic 16,17-acetal with cyclohexanecarboxaldehyde, 21-isobutyrate (WHO)

16alpha,17-[(R)-Cyclohexylmethylendioxy]-11beta,21-dihydroxypregna-1,4-dien-3,20-dion 21-isobutyrat (IUPAC)

Pregna-1,4-diene-3,20-dione, 16,17-(((R)-cyclohexylmethylene)bis)oxy-11-hydroxy-21-(2-methyl-1-oxopropoxy)-, (11beta,16Ò)-

Pregna-1,4-diene-3,20-dione, 16,17-((cyclohexylmethylene)bis(oxy))-11-hydroxy-21-(2-methyl-1-oxopropoxy)-, (11beta,16Ò(R))-

(11beta,16Ò)-16,17-[[(R)-Cyclohexylmethylene]bis(oxy)]-11-hydroxy-21-(2-methyle-1-oxopropoxy)pregna-1,4-diene-3,20-dione

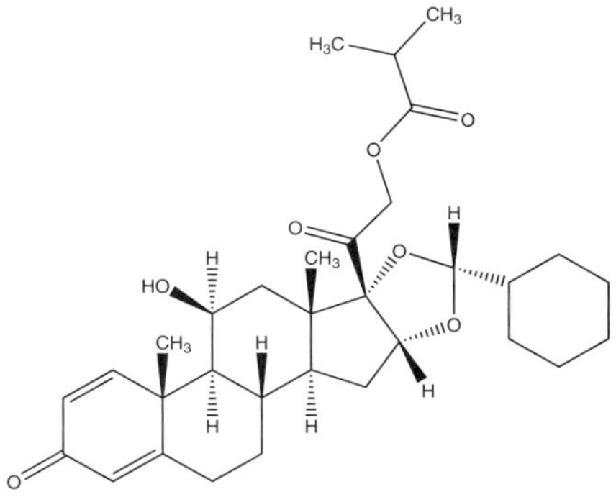

OS: *Ciclesonide [USAN]*
IS: *RPR 251526*
IS: *EL-876*
IS: *B-9207-015 (Byk Gulden Lomberg, DE)*
IS: *BY-9010 (Byk Gulden Lomberg, DE)*

Alvesco® (Altana: AR, AU, BA, BR, CA, CZ, DE, GB, HR, HU, IE, LU, MX, NL, PL, SI)
Alvesco® (Grünenthal: CL)
Alvesco® (Nycomed: GE, HK, RS)
Cicletex® (Phoenix: AR)
Omnaris® (Altana: US)
Omnaris® (Nycomed: GE)
Osonide® (Ranbaxy: IN)

Cicletanine (Rec.INN)

L: Cicletaninum
D: Cicletanin
F: Cicletanine
S: Cicletanina

Antihypertensive agent
Diuretic

ATC: C03BX03
CAS-Nr.: 0089943-82-8 C_{14}-H_{12}-Cl-N-O_2
M_r 261.71

(±)-3-(p-Chlorophenyl)-1,3-dihydro-6-methylfuro[3,4-c]pyridin-7-ol

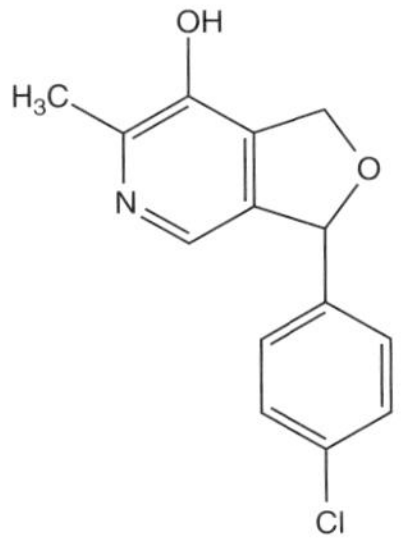

OS: *Cicletanine [BAN, USAN]*
OS: *Ciclétanine [DCF]*
IS: *BN 1270*
IS: *Win 90000 (Sterling-Winthrop, USA)*

– hydrochloride:

CAS-Nr.: 0082747-56-6
OS: *Cicletanine Hydrochloride BANM*

Justar® (Ipsen: DE)
Tenstaten® (Beaufour Ipsen: LU)
Tenstaten® (Ipsen: CZ, FR)

Ciclidrol

D: Ciclidrol

Mucodox® (Delta: PT)

Ciclopirox (Rec.INN)

L: Ciclopiroxum
I: Ciclopirox
D: Ciclopirox
F: Ciclopirox
S: Ciclopirox

Antifungal agent
Antiseptic

ATC: D01AE14,G01AX12
CAS-Nr.: 0029342-05-0 C_{12}-H_{17}-N-O_2
M_r 207.278

2(1H)-Pyridinone, 6-cyclohexyl-1-hydroxy-4-methyl-

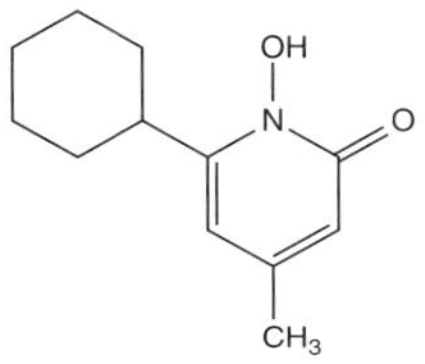

OS: *Ciclopirox [BAN, DCF, DCIT, USAN]*
IS: *HOE 296b*
PH: Ciclopirox [Ph. Eur. 5, USP 30]
PH: Ciclopiroxum [Ph. Eur. 5]

Batrafen® (Aventis: IL, NZ, PE, SI)
Batrafen® (Sanofi-Aventis: AT, DE, HK, HU, IT)
Batralan® (Lansier: PE)
Ciclopirox Winthrop® (Winthrop: DE)
Dermopirox® (Terapia: RO)
Fungirox® (UCI: BR)
Loprox Nail Lacquer® (Aventis Pharma: ID)
Loprox® [sol.] (Aventis: CR, DO, GT, HN, NI, PA, SV)
Loprox® [sol.] (Medicis: US)
Loprox® [sol.] (Sanofi-Aventis: MX)
Micopirox® (Pablo Cassara: AR)
Mycofen® (Nycomed: DK)
Mycoster® (PF: LU)
Mycoster® (Pierre Fabre: BF, BJ, CF, CG, CI, CM, FR, GA, GN, MG, ML, MR, NE, SN, TD, TG, ZR)
Nagel Batrafen® (Sanofi-Aventis: DE)
Penlac® (Dermik: US)
Penlac® (Sanofi-Aventis: CA)

– olamine:

CAS-Nr.: 0041621-49-2
OS: *Ciclopirox Olamine BANM, USAN*
IS: *Ciclopirox ethanolamine*
IS: *Cyclopiroxolamine*
IS: *Hoe 296 (Hoechst Marion Roussel, D)*
PH: Ciclopirox Olamine Ph. Eur. 5, USP 30

PH: Ciclopiroxum olaminum Ph. Eur. 5
PH: Ciclopirox-Olamin Ph. Eur. 5
PH: Ciclopirox olamine Ph. Eur. 5

Batrafen® (Abbott: CH)
Batrafen® (Aventis: AT, BG, CZ, EC, ES, NZ)
Batrafen® (Aventis Pharma: ID)
Batrafen® (Sanofi-Aventis: CL, DE, GE, HU, IL, IT, PL, RU)
Brumixol® (Bruschettini: IT)
Candimyc® (Viofar: GR)
Canolen® (Biofarma: BA, TR)
Ciclochem Vaginal® (Novag: ES)
Ciclochem® (Novag: ES)
Cicloderm® (Trima: IL)
Ciclopirox Hexal® (Hexal: DE)
Ciclopirox-ratiopharm® (ratiopharm: DE)
Ciclopoli® (Taurus: DE)
Dafnegil Neo® (Merz: CH)
Dafnegin® (Doppel: CZ)
Dafnegin® (Pharmacia: IT)
Dafnegin® (Poli: PL, RO)
Fungirox® (UCI: BR)
Fungopirox® (Ivax: PE)
Fungowas Vaginal® (Chiesi: ES)
Fungowas® (Chiesi: DO, ES, GT, HN, NI, SV)
Gidacid® (Infaca: DO)
Gino-Loprox® (Sanofi-Aventis: BR)
Hascofungin® (Hasco: PL)
Loprox® [ungt.] (Aventis: CR, DO, GT, HN, NI, PA, SV, TH)
Loprox® [ungt.] (Bipharma: NL)
Loprox® [ungt.] (Medicis: US)
Loprox® [ungt.] (Sanofi-Aventis: AR, BR, CA, MX)
Miclast® (Pierre Fabre: IT)
Micomicen® (Sanofi-Aventis: IT)
Micopirox® (D & M Pharma: CL)
Micopirox® (Pablo Cassara: AR)
Micoxolamina® (Mastelli: IT)
Mycoster® (Pierre Fabre: BF, BJ, CF, CG, CI, CM, FR, GA, GN, LU, MG, ML, MR, NE, PT, SN, TD, TG, VN, ZR)
Neo-Botacreme® (Norma: GR)
Neo-Mycodermol® (Adelco: GR)
Nibulen® (Sanofi-Aventis: TR)
Obytin® (Jugoremedija: RS)
Olamin® (Micro Labs: IN)
Pirolam® (Medana: PL)
Primax® (Bussié: CO)
Sebiprox® (Qualicare: CH)
Sebiprox® (Stiefel: DE, ES, FR, IT)
Stiemycin® (Stiefel: AR)
Stieprox® (Stiefel: AU, CA, DK, FI, HK, IE, NO, NZ, PL, SG, SI, TH)
Stiprox Shampoo® (Stiefel: CL, CR, DO, GT, HN, MX, NI, PA, SV)

Ciclosporin (Rec.INN)

L: Ciclosporinum
I: Ciclosporina
D: Ciclosporin
F: Ciclosporine
S: Ciclosporina

⚕ Immunosuppressant

ATC: L04AA01
CAS-Nr.: 0059865-13-3 C_{62}-H_{111}-N_{11}-O_{12}
M_r 1202.68

Cyclosporin A

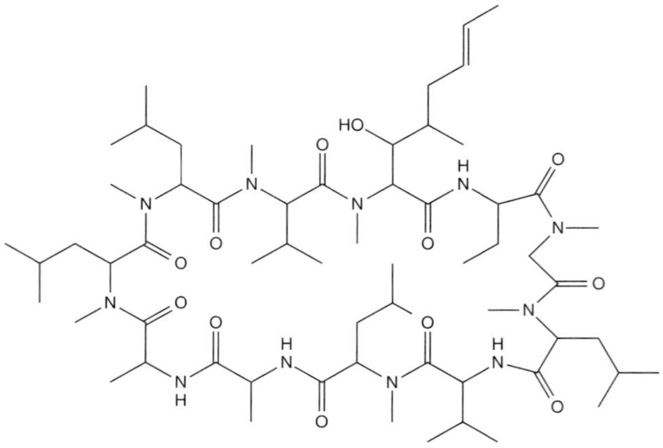

OS: *Ciclosporin [BAN]*
OS: *Ciclosporina [DCIT]*
OS: *Ciclosporine [DCF]*
OS: *Cyclosporine [USAN]*
OS: *Cyclosporin [BAN]*
IS: *CyA*
IS: *Cyclosporin A*
IS: *OL 27400*
PH: Ciclosporin [JP XIV, Ph. Eur. 5, Ph. Int. 4]
PH: Ciclosporinum [Ph. Eur. 5, Ph. Int. 4]
PH: Ciclosporin [Ph. Eur. 5]
PH: Ciclosporine [Ph. Eur. 5]
PH: Cyclosporine [USP 30]

Atopica® [vet.] (Novartis: LU, NL)
Atopica® [vet.] (Novartis Animal Health: AU, GB, NZ, PT, US)
Atopica® [vet.] (Novartis Santé Animale: FR)
Atopica® [vet.] (Novartis Tiergesundheit: CH, DE)
Atoplus® [vet.] (Novartis: IT)
Biosporin® (Biotoscana: CL)
Cermox® (Rontag: AR)
Ciclohexal® (Hexal: ZA)
Cicloral® (Hexal: AT, AU, DE, RO, RS)
Ciclosol® (Sandoz: CH)
Ciclosporin 1A-Pharma® (1A Pharma: DE)
Ciclosporin Hexal® (Hexal: RU)
Ciclosporina Bexal® (Bexal: PT)
Ciclosporina Generis® (Generis: PT)
Ciclosporina Jaba® (Jaba: PT)
Ciclosporine® (Hexal: NL)
Ciclosporin® (Biosintética: BR)
Ciklosporin IVAX® (Ivax: SE)
Consupren® (Bestpharma: CL)
Consupren® (Galena: TH)
Consupren® (Ivax: BA, CZ, HR)
Cyclosporine® (Banner: IL)

Cyclosporine® (Cristália: BR)
Cyclosporine® (Sidmark: US)
Cyclosporine® (Torpharm: US)
Cysporin® (Mayne: AU)
Deximune® (Dexcel: IL)
Equoral® (Chile: CL)
Equoral® (Ivax: CZ, HR, PL, RO)
Gengraf® (Abbott: CL, CN, HK, MY, PE, SG, TH, TR, US)
Immunosporin® (Novartis: DE)
Imusporin Ciclosporina® (Biotoscana: CO)
Imusporin® (Cipla: IN, LK)
Inmulen® [susp.] (Ethicalpharma: PE)
Modusik-A Ofteno® (Volta: CL)
Modusik-A® (Sophia: MX)
Neoimmun® (Kwizda: AT)
Neoral-Sandimmun® (Aktuapharma: BE)
Neoral-Sandimmun® (Novartis: BE)
Neoral® (Dr. Fisher: NL)
Neoral® (EU-Pharma: NL)
Neoral® (Eureco: NL)
Neoral® (Euro: NL)
Neoral® (Nedpharma: NL)
Neoral® (Novartis: AU, BD, CA, GB, IE, NL, NZ, US)
Neoral® [vet.] (Novartis Animal Health: GB)
Néoral® (Novartis: FR)
Optimmune-Canis® [vet.] (Schering-Plough: BE)
Optimmune® [vet.] (Essex: AT, DE)
Optimmune® [vet.] (Provet: CH)
Optimmune® [vet.] (Schering-Plough: IT, LU, US)
Optimmune® [vet.] (Schering-Plough Animal: AU, ZA)
Optimmune® [vet.] (Schering-Plough Veterinary: GB)
Optimmune® [vet.] (Schering-Plough Vétérinaire: FR)
Restasis® (Allergan: AR, BR, CL, MX, TH, US)
Sanda® (TTN: TH)
Sandimmun Neoral® (Eurim: AT)
Sandimmun Neoral® (Novartis: AR, AT, BA, BD, BG, BR, CH, CL, CN, CO, CR, CZ, DO, FI, GR, GT, HK, HN, HU, ID, IN, IS, IT, LK, MX, NI, NO, PA, PH, PL, PT, RO, RS, RU, SE, SG, SI, SV, TH, TR, VN)
Sandimmun Neoral® (Novartis Consumer Health: HR)
Sandimmun Neoral® (Novartis Pharma: PE)
Sandimmun Neoral® (Paranova: AT)
Sandimmune® (Novartis: CA, CZ, NL, US)
Sandimmune® (Sandoz: BR)
Sandimmun® (Eurim: AT)
Sandimmun® (Novartis: AT, AU, BA, BE, BR, CH, CL, CO, CZ, DE, DK, ES, ET, FI, FR, GB, GE, GH, GR, HU, ID, IE, IL, IS, IT, KE, LU, LY, MT, MX, MY, NG, NO, NZ, PL, PT, RS, RU, SD, SE, SI, TR, TZ, ZA, ZW)
Sandimmun® (Novartis Consumer Health: HR)
Sandimmun® (Novartis Pharma: PE)
Sandimmun® (Paranova: AT)
Sandoz Cyclosporine® (Sandoz: CA)
Sangcya® (SangStat: IL, US)
Supremunn® (Ivax: MX)
Tianke® (NCPC: CN)
Transporina® (Tadt: CL)

Cidofovir (Rec.INN)

L: Cidofovirum
D: Cidofovir
F: Cidofovir
S: Cidofovir

Antiviral agent

ATC: J05AB12
CAS-Nr.: 0113852-37-2 — C_8-H_{14}-N_3-O_6-P
M_r 279.2

Phosphonic acid, [[2-(4-amino-2-oxo-1(2H)-pyrimidinyl)-1-(hydroxymethyl)ethoxy]methyl]-, (S)-

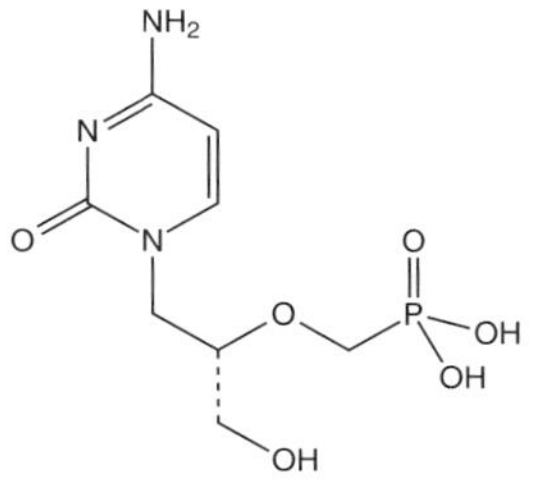

OS: *Cidofovir [BAN, USAN]*

Vistide® (Gilead: US)
Vistide® (Pfizer: AT, BE, CH, DE, FR, GB, LU, NL, PT)
Vistide® (Pharmacia: AU, CZ, ES, IT)

Cilastatin (Rec.INN)

L: Cilastatinum
I: Cilastatina
D: Cilastatin
F: Cilastatine
S: Cilastatina

Enzyme inhibitor

CAS-Nr.: 0082009-34-5 — C_{16}-H_{26}-N_2-O_5-S
M_r 358.464

2-Heptenoic acid, 7-[(2-amino-2-carboxyethyl)thio]-2-[[(2,2-dimethylcyclopropyl)carbonyl]amino]-, [R-[R*,S*-(Z)]]-

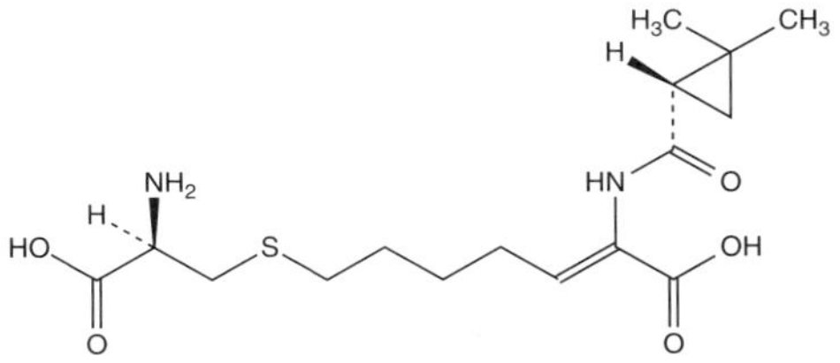

OS: *Cilastatin [BAN]*

Pelastin® [+ Imipenem] (Sanbe: ID)

– sodium salt:

CAS-Nr.: 0081129-83-1
OS: *Cilastatin Sodium BANM, JAN, USAN*
IS: *MK 791 (Merck, USA)*
PH: Cilastatin Sodium Ph. Eur. 5, USP 30
PH: Cilastatinum natricum Ph. Eur. 5
PH: Cilastatin-Natrium Ph. Eur. 5
PH: Cilastatine sodique Ph. Eur. 5

Bacqure® (Ranbaxy: CN)
Bacqure® [+ Imipenem] (Ranbaxy: PE)

Primaxin® [+ Imipenem] (Merck: US)
Primaxin® [+ Imipenem] (Merck Frosst: CA)
Primaxin® [+ Imipenem] (Merck Sharp & Dohme: AU, GB, NZ)
Tienam® [+ Imipenem monohydrate] (Merck Sharp & Dohme: BE, CH, CZ, DZ, FR, IT, LU, NL, PL, SE)
Tienam® [+ Imipenem monohydrate] (Merck-Sharp&Dohme: RO)
Tienam® [+ Imipenem monohydrate] (MSD: FI)
Tienam® [+ Imipenem] (Merck: PE)
Tienam® [+ Imipenem] (Merck Sharp & Dohme: BA, BR, CH, CL, CN, CO, CR, ES, GT, HK, HN, HR, HU, ID, IL, IS, LK, MY, NI, PA, PT, RS, RU, SG, SV, TH, TR, ZA)
Tienam® [+ Imipenem] (MSD: NO)
Zienam® [+ Imipenem monohydrate] (Merck Sharp & Dohme: AT, DE)

Cilazapril (Rec.INN)

L: Cilazaprilum
D: Cilazapril
F: Cilazapril
S: Cilazapril

ACE-inhibitor

ATC: C09AA08
CAS-Nr.: 0088768-40-5 C_{22}-H_{31}-N_3-O_5
M_r 417.52

6H-Pyridazino[1,2-a][1,2]diazepine-1-carboxylic acid, 9-[[1-(ethoxycarbonyl)-3-phenylpropyl]amino]octahydro-10-oxo-. [1S-[1α,9α(R*)]]-

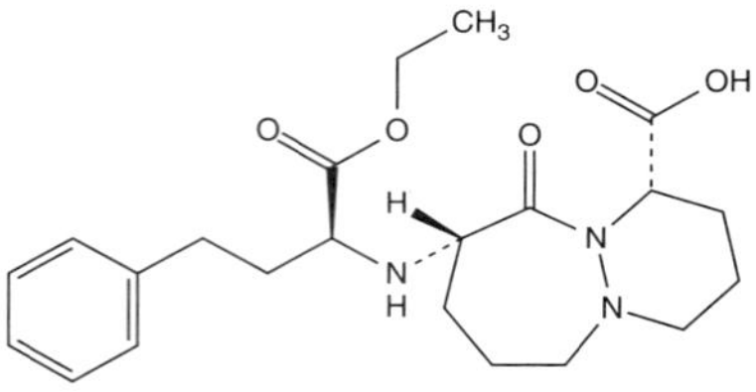

OS: *Cilazapril [BAN, JAN, DCF, USAN]*
IS: *Ro 31-2848 (Roche, GB)*

Cilazapril® (Habit: RS)
Cilazil® (Pliva: BA, HR, SI)
Dynorm® (Roche: DE)
Inhibace Roche® (Eurim: AT)
Inhibace Roche® (Paranova: AT)
Inhibace Roche® (Roche: AT)
Inhibace® (Bosnalijek: BA)
Inhibace® (Roche: AE, AM, AT, AZ, BE, BH, BR, CA, CH, CL, CL, CN, CO, CR, CZ, DE, DO, ES, FR, GB, GR, GT, HK, HN, HU, IE, IL, IS, IT, JP, KW, LB, LU, LV, MA, NI, NZ, OM, PA, PE, PH, PL, QA, RS, SE, SK, TH, TR, TW, UY, VE, ZA)
Inibace® (Roche: IT, LU, MX, PT)
Initiss® (Pharmacia: IT)
Inocar® (Solvay: ES)
Prilazid® (Galenika: RS)
Vascace® (Roche: GB, GR, IE, IL, PH)
Zobox® (Hemofarm: RS)

– monohydrate:
CAS-Nr.: 0092077-78-6

OS: *Cilazapril JAN, USAN*
PH: Cilazapril Ph. Eur. 5
PH: Cilazaprilum Ph. Eur. 5

Inhibace® (Andreu: ES)
Inhibace® (Bayer: AU)
Inhibace® (Roche: BE, CA, CZ, ES, PL)
Justor® (Chiesi: FR)
Novo-Cilazapril® (Novopharm: CA)
PMS-Cilazapril® (Pharmascience: CA)
Vascace® (Roche: GB)
Vascase® (Pfizer: PT)
Vascase® (Roche: BR, NL)

Cilnidipine (Rec.INN)

L: Cilnidipinum
D: Cilnidipin
F: Cilnidipine
S: Cilnidipino

Antihypertensive agent
Calcium antagonist

ATC: C08CA14
CAS-Nr.: 0132203-70-4 C_{27}-H_{28}-N_2-O_7
M_r 492.541

(±)-(E)-Cinnamyl 2-methoxyethyl 1,4-dihydro-2,6-dimethyl-4-(m-nitrophenyl)-3,5-pyridinedicarboxylate

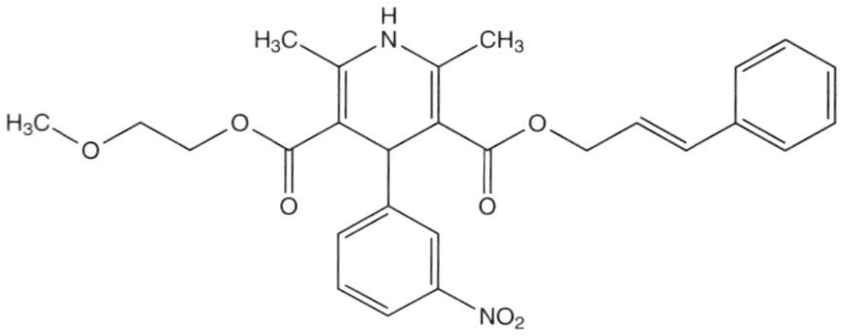

OS: *Cilnidipine [USAN]*
IS: *FRC 8653*

Atelec® (Morishita: JP)
Cinalong® (Fujirebio: JP)

Cilostazol (Prop.INN)

L: Cilostazolum
D: Cilostazol
F: Cilostazol
S: Cilostazol

Anticoagulant, platelet aggregation inhibitor
Vasodilator, cerebral

CAS-Nr.: 0073963-72-1 C_{20}-H_{27}-N_5-O_2
M_r 369.486

⌕ 2(1H)-Quinolinone, 6-[4-(1-cyclohexyl-1H-tetrazol-5-yl)butoxy]-3,4-dihydro-

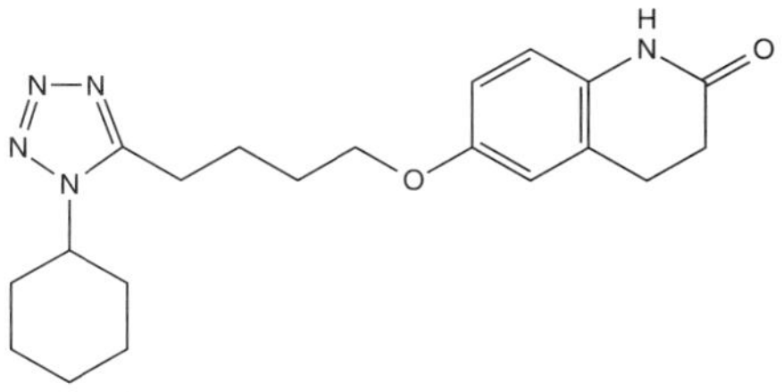

OS: *Cilostazol [BAN, JAN, USAN]*
IS: *OPC 13013 (Otsuka, Japan)*
IS: *OPC 21 (Otsuka, Japan)*
PH: Cilostazol [USP 30]

Aggravan® (Ferron: ID)
Agrezol® (Meprofarm: ID)
Artesol® (Drugtech-Recalcine: CL)
Cebralat® (Libbs: BR)
Cibrogan® (Roux-Ocefa: AR)
Cilodac® (Lupin: IN)
Cilostal® (Merck: AR)
Cilostazol® (Alphapharm: US)
Cilostazol® (Monte: AR)
Citaz® (Dankos: ID)
Ilostal® (Merck: CL)
Licuagen® (Elea: AR)
Naletal® (Guardian: ID)
Pletaal® (Janssen: AR)
Pletaal® (Otsuka: CN, HK, ID, JP, TH)
Pletal® (Otsuka: GB, US)
Pletal® (Schwarz: DE)
Policor® (Gador: AR)
Trastocir® (Ivax: AR)
Trombonot® (Penn: AR)
Vasogard® (Biosintética: BR)
Zocil® (Beximco: BD)

Cimetidine (Rec.INN)

L: Cimetidinum
I: Cimetidina
D: Cimetidin
F: Cimétidine
S: Cimetidina

⚕ Gastric secretory inhibitor
⚕ Histamine, H_2-receptor antagonist

ATC: A02BA01
CAS-Nr.: 0051481-61-9 — C_{10}-H_{16}-N_6-S, M_r 252.358

⌕ Guanidine, N-cyano-N'-methyl-N"-[2-[[(5-methyl-1H-imidazol-4-yl)methyl]thio]ethyl]-

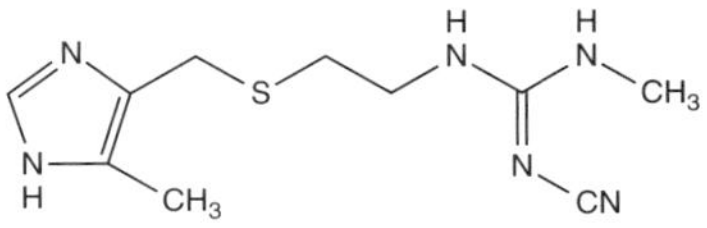

OS: *Cimetidina [DCIT]*
OS: *Cimetidine [BAN, DCF, JAN, USAN]*
IS: *SKF 92334 (Smith Kline & French, GB)*
PH: Cimetidine [JP XIV, Ph. Eur. 5, Ph. Int. 4, USP 30]
PH: Cimetidinum [Ph. Eur. 5, Ph. Int. 4]
PH: Cimetidin [Ph. Eur. 5]
PH: Cimétidine [Ph. Eur. 5]

Acinil® (Hexal: DK)
Adco-Cimetidine® (Al Pharm: ZA)
Aidar® (Pharmaland: TH)
Ali Veg® (GlaxoSmithKline: ES)
Alserine® (Samakeephaesaj: TH)
Altramet® (Lek: PL, SI)
Apo-Cimetidine® (Apotex: CA, NZ, VN)
Belomet® (Belupo: HR)
Benomet® (Bernofarm: ID)
Bio-Cimetidine® (Biotech: ZA)
Biomag® (Boniscontro & Gazzone: IT)
Brumetidina® (Bruschettini: IT)
Brumetidina® (Medopharm: VN)
C.M.D.® (Thai Nakorn Patana: TH)
Cedine® (Rowex: IE)
Cementin® (DHA: HK, SG)
Cemidin® (Dexxon: IL)
Cencamet® (Pharmasant: TH)
Ciclem® (Pharmacare: PH)
Cidine® (Medifive: TH)
Cigamet® (GDH: TH)
Cimagen® (Antigen: IE)
Cimal® (Alpharma: NO)
Cime AbZ® (AbZ: DE)
Cimebeta® (betapharm: DE)
Cimecodan® (Pharmacodane: DK)
Cimedine® (Dar-Al-Dawa: AE, BH, IQ, LB, LY, NG, OM, SA, SD, SO, TN, YE)
Cimedine® (F.T. Pharma: VN)
Cimegast® (ICN: PL)
Cimehexal® (Hexal: AU, DE, LU)
Cimeldine® (Clonmel: IE)
Cimet-P® (PP Lab: TH)
Cimetag® [compr.] (GlaxoSmithKline: AT)
Cimetag® [compr.] (Paranova: AT)
Cimetag® [compr.] (Teva: IL)
Cimetag® [inj.] (Teva: IL)
Cimetidin 1A Farma® (1A Farma: DK)
Cimetidin acis® (acis: DE)
Cimetidin AL® (Aliud: DE, HU)
Cimetidin Genericon® (Genericon: AT)
Cimetidin Hexal® (Hexal: NO)
Cimetidin Stada® (Stada: DE)
cimetidin von ct® (CT: DE)
Cimetidin-Mepha® (Mepha: CH)
Cimetidina EG® (EG: IT)
Cimetidina Teva® (Teva: IT)
Cimetidina® (Cimed: BR)
Cimetidina® (Lab. Ducto: BR)
Cimetidina® (Sanderson: CL)
Cimetidine Alpharma® (Alpharma: NL, SG)
Cimetidine A® (Apothecon: NL)
Cimetidine Beacons® (Beacons: SG)
Cimetidine CF® (Centrafarm: NL)
Cimetidine Disphar® (Disphar: NL)
Cimetidine EG® (Eurogenerics: BE)
Cimetidine Gf® (Genfarma: NL)
Cimetidine Indo Farma® (Indofarma: ID)
Cimetidine Merck® (Merck Generics: NL)
Cimetidine Oral Solution® (Actavis: US)
Cimetidine Oral Solution® (Duromed: US)
Cimetidine Oral Solution® (Endo: US)
Cimetidine Oral Solution® (Hi-Tech: US)

Cimetidine Oral Solution® (Morton Grove: US)
Cimetidine Oral Solution® (Pharmaceutical Associates: US)
Cimetidine Oral Solution® (Teva: US)
Cimetidine PCH® (Pharmachemie: NL)
Cimetidine Prafa® (Prafa: ID)
Cimetidine Sandoz® (Sandoz: BE, NL)
Cimetidine Teva® (Teva: BE)
Cimetidine-DP® (Disphar: NL)
Cimetidine-EG® (Eurogenerics: LU)
Cimetidine® (Actavis: RU)
Cimetidine® (Alpharma: GB)
Cimetidine® (Delphi: NL)
Cimetidine® (Dexcel: GB)
Cimetidine® (GenRx: NL)
Cimetidine® (Hexal: NL)
Cimetidine® (Hillcross: GB)
Cimetidine® (Karib: NL)
Cimetidine® (Katwijk: NL, NL)
Cimetidine® (Pharmacin: NL)
Cimetidine® (Teva: GB)
Cimetidine® (Wise: NL)
Cimetidin® (Balkanpharma: BG)
Cimetidinã® (Arena: RO)
Cimetid® (Opsonin: BD)
Cimetil® (Infabra: BR)
Cimetine® (Sriprasit: TH)
Cimetin® (ECU: EC)
Cimetin® (Hexal: BR)
Cimetin® (Orion: CZ)
Cimet® (Phapros: ID, ID)
Cimet® (Thiemann: DE)
Cimidine® (Berlin: TH)
CimLich® (Winthrop: DE)
Cimlok® (Be-Tabs: ZA)
Cimulcer® (Biolab: SG, TH)
Cim® (Decomed: PT)
Cimétidine G Gam® (G Gam: FR)
Cimétidine Merck® (Merck Génériques: FR)
Cinadine® (Garec: ZA)
Citidine® (Atlantic: HK, SG, TH)
Climatidine® (Climax: BR)
Clinimet® (Bangkok: TH)
Corsamet® (Corsa: ID)
Dina® (Sancarlo: IT)
Doccimeti® (Docpharma: BE, LU)
Duomet® (União: BR)
Duotric® (Asian: TH)
duraH2® (Merck dura: DE)
Dyspamet® (GlaxoSmithKline: AE, BH, CY, IR, JO, KW, LB, OM, QA, SY, YE)
Dyspamet® (Goldshield: IE)
Dyspamet® [vet.] (Goldshield: GB)
Etideme® (Montefarmaco OTC: IT)
Fremet® (Recordati: ES)
Galenamet® (Galen: IE)
Gastidine® (Vida: HK)
Gastrodin® (Shiwa: TH)
Gastroprotect® (Riemser: DE)
Gen-Cimetidine® (Genpharm: CA)
GenRX Cimetidine® (GenRX: AU)
Geramet® (Gerard: IE)
H2 Blocker-ratiopharm® (ratiopharm: DE, LU)
Hexamet® (Hexal: ZA)
Histodil® (Gedeon Richter: HU, RU)
Iwamet® (Masa Lab: TH)
Lafayette Cimetidine® (Lafayette: PH)
Lenamet® (Aspen: ZA)
Magicul® (Alphapharm: AU)
Manomet® (March: TH)
May Cimetidine® (May Pharma: PH)
Med-Gastramet® (Medicine Supply: TH)
Milamet® (Milano: TH)
Neutromed® [compr.] (Kwizda: AT)
Neutronorm® (Ebewe: AT)
Novamet® (GlaxoSmithKline: DK)
Novo-Cimetine® (Novopharm: CA)
Nu-Cimet® (Nu-Pharm: CA)
Nuardin® (Tramedico: BE, LU)
Nulcer® (Armoxindo: ID)
Nuradin® (Tramedico: BE)
Peptica® (Unison: TH)
Pharmaniaga Cimetidine® (Pharmaniaga: MY)
Pinamet® (Pinewood: IE)
Pondarmett® (Pond's: TH)
Primamet® (Lek: CZ)
Promet® (Millimed: TH)
Rinadine® (Pharmaland: TH)
Rolab-Cimetidine® (Sandoz: ZA)
Sabax Cimetidine® (Critical Care: ZA)
Sabax Cimetidine® (GlaxoSmithKline: ZA)
Sanmetidin® (Sanbe: ID)
Secadine Tablets® (Xixia: ZA)
Shintamet® (Yung Shin: SG)
Siamidine® (Siam Bheasach: TH)
Simaglen® (Unison: HK, TH)
Simex® (BL Hua: TH)
Sodexx® (Kwizda: AT)
Stomakon® (Biolab: BR)
Stomet® (Farmoquimica: BR)
Stomet® (Valda: IT)
Stomédine® (GlaxoSmithKline: FR)
Syncomet® (Synco: HK)
Tagamet® (Aspen: ZA)
Tagamet® (Axcan: FR)
Tagamet® (Chemidex: GB)
Tagamet® (GlaxoSmithKline: AE, AU, BE, BH, BR, CR, CY, DE, DO, ES, GB, GT, HK, HN, ID, IE, IL, IR, IT, JO, KW, LB, LU, MX, NI, NL, OM, PA, PE, PH, QA, SE, SG, SV, SY, TH, US, YE, ZA)
Tagamet® (PCO: NL)
Tagamet® (Smith Kline & French: PT)
Tagamet® (Vianex: GR)
Tagamet® [vet.] (GlaxoSmithKline: GB)
Tamper® (Gap: GR)
Temic® (Farma 1: IT)
Tenomet® (Remedica: CY)
Timet® (Aegis: AE, BG, BH, IQ, KW, LB, LY, MA, NG, OM, QA, SA, SD, SY, TN, YE)
Ulcedine® (Great Eastern: TH)
Ulcedine® (Sanofi-Synthelabo: BR)
Ulcedine® (United Americans: ID)
Ulcedine® (Westmont: TH)
Ulcedin® (AGIPS: IT)
Ulcedin® (Sanofi-Synthelabo: BR)
Ulcemet® (TO Chemicals: TH)
Ulcerfen® (Finadiet: AR)
Ulcibid® (Astron: LK)
Ulcimet® (Colliere: PE)
Ulcimet® (Farmasa: BR)

Ulcimet® (Polipharm: TH)
Ulcomedina® (De Salute: IT)
Ulcometin® (Ratiopharm: AT)
Ulcomet® (Italfarmaco: IT)
Ulcomet® (Medochemie: HK)
Ulcostad® (Stada: AT)
Ulcumet® (Soho: ID)
Ulis® (Lafare: IT)
Ulsikur® (Kalbe: ID)
Umamett® (Millimed: TH)
Xepamet® (Metiska: ID)
Xepamet® (Xepa-Soul Pattinson: SG)
Zardil® (Unison: TH)
Zitac® [vet.] (Intervet: FI, NL, PT)
Zitac® [vet.] (Veterinaria: CH)

- **hydrochloride:**

CAS-Nr.: 0070059-30-2
OS: *Cimetidine Hydrochloride BANM, USAN*
PH: Cimetidine Hydrochloride USP 30, Ph. Eur. 5
PH: Cimetidini hydrochloridum Ph. Eur. 5
PH: Cimetidinhydrochlorid Ph. Eur. 5
PH: Cimétidine (chlorhydrate de) Ph. Eur. 5

Brumetidina® (Bruschettini: IT)
Cimehexal® (Hexal: DE)
Cimetag® [inj.] (SmithKline Beecham: AT)
Cimetidin Interpharm® (Interpharm: AT)
Cimetidin Stada® [inj.] (Stada: DE)
cimetidin-CT® (CT: DE)
Cimetidine HCL® (Hospira: US)
Cimetidine Hydrochloride® (Endo: US)
Cimetidine Hydrochloride® (Hospira: US)
Cimetidine Hydrochloride® (Sicor: US)
Cimetidine Jelfa® (Jelfa: PL)
Cloridrato de Cimetidina® (EMS: BR)
Cloridrato de Cimetidina® (Teuto: BR)
H2 Blocker-ratiopharm® (ratiopharm: DE)
Primamet® (Lek: CZ)
Tagamet HCl® (GlaxoSmithKline: US)
Tagamet® (GlaxoSmithKline: DE, US)
Ulceracid® (Luper: BR)
Ulcometin® (Ratiopharm: AT)
Ulcostad® [inj.] (Stada: AT)

Cimetropium Bromide (Rec.INN)

L: Cimetropii bromidum
I: Cimetropio bromuro
D: Cimetropium bromid
F: Bromure de cimétropium
S: Bromuro de cimetropio

Parasympatholytic agent

ATC: A03BB05
CAS-Nr.: 0051598-60-8 — C_{21}-H_{28}-Br-N-O_4
M_r 438.365

3-Oxa-9-azoniatricyclo[3.3.1.02,4]nonane, 9-(cyclopropylmethyl)-7-(3-hydroxy-1-oxo-2-phenylpropoxy)-9-methyl-, bromide, [7(S)-(1α,2β,4β,5α,7β)]-

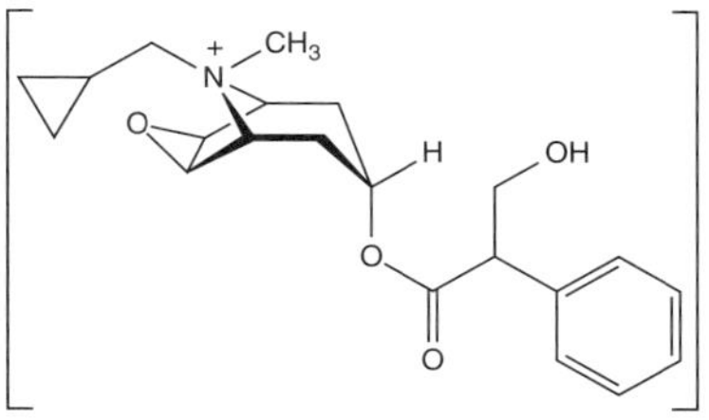

OS: *Cimetropium Bromide [USAN]*
IS: *DA 3177 (De Angeli, IT)*

Alginor® (Boehringer Ingelheim: IT)

Cinacalcet (Rec.INN)

L: Cinacalcetum
D: Cinacalcet
F: Cinacalcet
S: Cinacalcet
ATC: H05BX01
ATCvet: QH05BX01
CAS-Nr.: 0226256-56-0 — C_{22}-H_{22}-F_3-N
M_r 357.45

N-[(1R)-1-(1-naphthyl)ethyl]-3-[3-(trifluoromethyl)phenyl]propan-1-amine (WHO)

(R)-N-[1-(1-Naphthyl)ethyl]-3-[3-(trifluormethyl)phenyl]propan-1-amin (IUPAC)

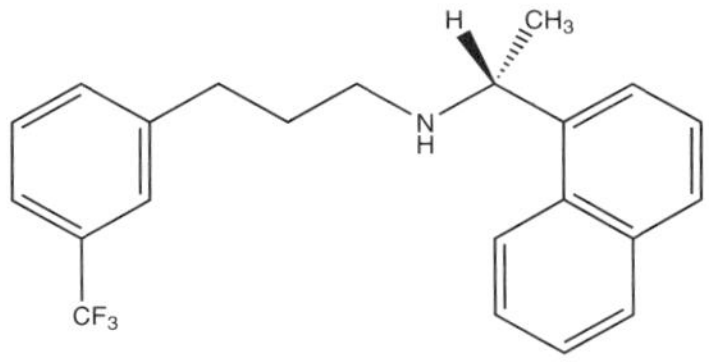

OS: *Cinacalcet [BAN]*
IS: *AMG 073 (Amgen)*

Mimpara® (Amgen: IE)

- **hydrochloride:**

CAS-Nr.: 0364782-34-3
OS: *Cinacalcet Hydrochloride USAN*
IS: *AMG073 HCl (Amgen)*
IS: *KRN-1493*

Mimpara® (Amgen: AT, CH, CZ, DE, DK, ES, FI, FR, GB, HU, IS, IT, LU, NL, NO, PL, SE, SI)
Parareg® (Amgen: NL)
Parareg® (Dompé: IT)
Parareg® (Dompé Biotec: LU)
Sensipar® (Amgen: CA, NZ, US)

Cinchocaine (Rec.INN)

L: Cinchocainum
I: Cincocaina
D: Cinchocain
F: Cinchocaïne
S: Cincocaina

Local anesthetic

ATC: C05AD04,D04AB02,N01BB06,S01HA06
CAS-Nr.: 0000085-79-0 C_{20}-H_{29}-N_3-O_2
M_r 343.482

4-Quinolinecarboxamide, 2-butoxy-N-[2-(diethylamino)ethyl]-

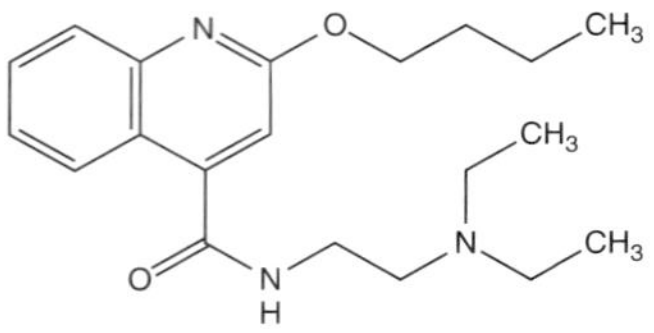

OS: *Cinchocaine [BAN]*
OS: *Cinchocaïne [DCF]*
OS: *Dibucaine [USAN]*
IS: *Dibucaine USA (AHFS)*
PH: Dibucaine [USP 30]
PH: Cinchocaine [BPC 1973]

Cincain® (Ipex: SE)
Nupercainal Ointment® (Novartis: US)
Nupercainal® (Novartis: US)

– hydrochloride:

CAS-Nr.: 0000061-12-1
OS: *Cinchocaine Hydrochloride BANM*
IS: *Percaine hydrochloride*
PH: Cinchocaine Hydrochloride Ph. Eur. 5
PH: Cinchocaini hydrochloridum Ph. Eur. 5
PH: Cinchocainhydrochlorid Ph. Eur. 5
PH: Cinchocaine (chlorhydrate de) Ph. Eur. 5
PH: Dibucaine Hydrochloride JP XIV, USP 30

DoloPosterine® (Kade: DE)
Nupercainal® (LPC: GB)
Nupercainal® (Novartis: AE, BD, BH, BR, IN, IQ, JO, KW, LB, OM, QA, SA, YE)
Nupercainal® (Novartis Consumer Health: EG)
Percamin® (Teikoku: JP)

Cinchophen (Rec.INN)

L: Cinchophenum
D: Cinchophen
F: Cinchophène
S: Cincofeno

Antiinflammatory agent
Analgesic
Antipyretic

ATC: M04AC02
CAS-Nr.: 0000132-60-5 C_{16}-H_{11}-N-O_2
M_r 249.274

4-Quinolinecarboxylic acid, 2-phenyl-

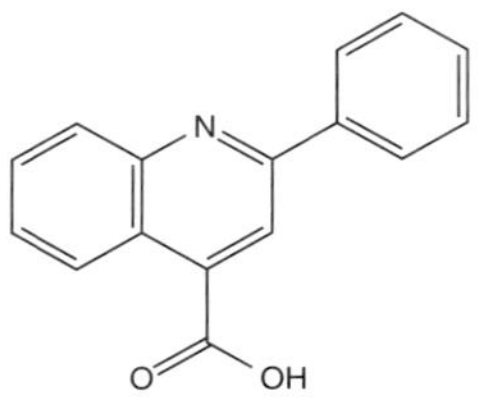

OS: *Cinchophen [BAN, USAN]*
OS: *Cinchophène [DCF]*
IS: *2-Phenylcinchoninic acid (WHO)*
PH: Acidum phenylchinolincarbonicum [OeAB IX]
PH: Cinchophenum [Ph. Helv. VI]
PH: Cincofene [F.U. VIII]

Cincain Ophtha® (Ophtha: DK)

Cinitapride (Rec.INN)

L: Cinitapridum
D: Cinitaprid
F: Cinitapride
S: Cinitaprida

Antiemetic

CAS-Nr.: 0066564-14-5 C_{21}-H_{30}-N_4-O_4
M_r 402.511

4-Amino-N-[1-(3-cyclohexen-1-ylmethyl)-4-piperidyl]-2-ethoxy-5-nitrobenzamide

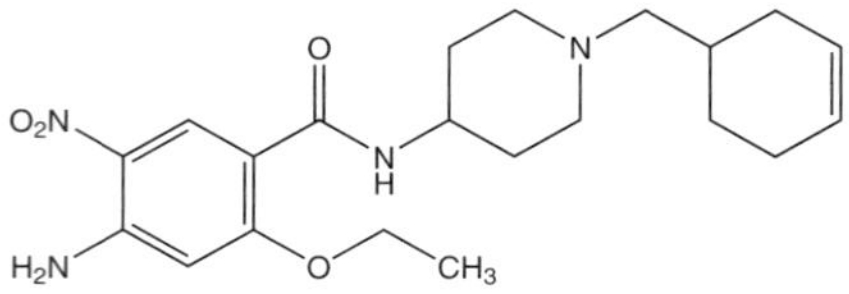

OS: *Cinitapride [USAN]*

Paxapride® (Sandoz: AR)

– tartrate:

CAS-Nr.: 0096623-56-2
IS: *LAS 17177*

Blaston® (Lacer: ES)
Cidine® (Recordati: ES)
Cinigest® (Baliarda: AR)
Pemix® (Almirall: MX)
Rogastril® (Roemmers: AR)

Cinnarizine (Rec.INN)

L: Cinnarizinum
I: Cinnarizina
D: Cinnarizin
F: Cinnarizine
S: Cinarizina

Antiemetic
Histamine, H_1-receptor antagonist

ATC: N07CA02
CAS-Nr.: 0000298-57-7 C_{26}-H_{28}-N_2
M_r 368.53

Piperazine, 1-(diphenylmethyl)-4-(3-phenyl-2-propenyl)-

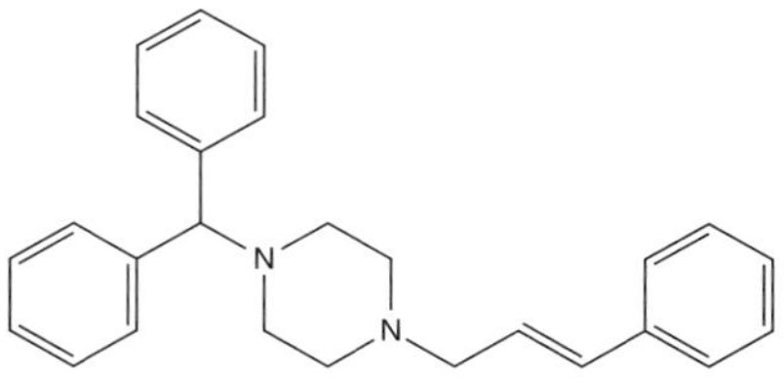

OS: *Cinnarizine [BAN, JAN, DCF, USAN]*
OS: *Cinnarizina [DCIT]*
IS: *MD 516*
IS: *R 516*
IS: *R 576*
IS: *R 1575*
PH: Cinnarizinum [Ph. Eur. 5]
PH: Cinnarizine [Ph. Eur. 5, JP XIII, Ph. Franç. X]
PH: Cinnarizin [Ph. Eur. 5]

Antigeron® (Farmasa: BR)
Avidazine® (Bell: IN)
C-Pela® (Thai Nakorn Patana: TH)
Celenid® (Biolab: TH)
Cenai® (Forty-Two: TH)
Cerebral® (Alexandria Co.: RO)
Cerebroad® (Chinta: TH)
Ceremin® (Polipharm: TH)
Cerepar® (Mepha: CH, EC, GT, HN, NI, PA, SV)
Cinadil® (Bristol-Myers Squibb: PE)
Cinageron® (Cibran: BR)
Cinageron® (Grünenthal: PE)
Cinargen Markos® (Markos: PE)
Cinarin® (Nipa: BD)
Cinarizin Lek® (Lek: CZ)
Cinarizina Inkey® (Inkeysa: ES)
Cinarizina L.CH.® (Chile: CL)
Cinarizina Lch® (Ivax: PE)
Cinarizina MF® (Marfan: PE)
Cinarizina MK® (Bonima: BZ, CR, GT, HN, NI, PA, SV)
Cinarizina Ratiopharm® (Ratiopharm: ES, PT)
Cinarizina® (Alkaloid: RO)
Cinarizina® (Bouzen: AR)
Cinarizina® (Inkeysa: ES)
Cinarizina® (Mintlab: CL)
Cinarizina® (Perugen: PE)
Cinarizina® (Quimifar: ES)
Cinarizina® (UQP: PE)
Cinarizin® (Bosnalijek: BA)
Cinarizin® (Jugoremedija: RS)
Cinarizin® (Laropharm: RO)
Cinarizin® (Lek: CZ, HR, SI)
Cinarizinã® (Arena: RO)
Cinaron® (Square: BD)
Cinaryl® (Opsonin: BD)
Cinarzin® (Ibn Sina: BD)
Cinazin® (Acme: BD)
Cinazyn® (Italchimici: IT)
Cinedil® (Alkaloid: CZ, RS)
Cinergil® (Labomed: CL)
Cinna-25® (Millimed: TH)
Cinnabene® (Ratiopharm: AT, CZ)
Cinnageron® (Streuli: CH)
Cinnarizin Domesco® (Domesco: VN)
Cinnarizin R.A.N.® (PE-Arzneimittel: DE)
Cinnarizin-Milve® (Sopharma: RU)
Cinnarizine Alpharma® (Alpharma: NL)
Cinnarizine A® (Apothecon: NL)
Cinnarizine CF® (Centrafarm: NL)
Cinnarizine EG® (Eurogenerics: BE)
Cinnarizine Gf® (Genfarma: NL)
Cinnarizine Katwijk® (Katwijk: NL)
Cinnarizine Kring® (Kring: NL)
Cinnarizine Merck® (Merck Generics: NL)
Cinnarizine PCH® (Pharmachemie: NL)
Cinnarizine Sandoz® (Sandoz: NL)
Cinnarizine-Eurogenerics® (Eurogenerics: LU)
Cinnarizine® (Actavis: RU)
Cinnarizine® (Alpharma: GB)
Cinnarizine® (Balkanpharma: BG)
Cinnarizine® (Eurogenerics: LU)
Cinnarizine® (Hillcross: GB)
Cinnarizine® (Leidapharm: NL)
Cinnarizine® (Marel: NL)
Cinnarizine® (Teva: GB)
Cinnarizinum® (Hasco: PL)
Cinnarizinum® (Polfa Warszawa: PL)
Cinnarizin® (Actavis: GE)
Cinnarizin® (Balkanpharma: BG)
Cinnarizin® (R.A.N.: DE)
Cinnarizin® (Sopharma: RU)
Cinnaron® (Remedica: CY, ET, KE, SD, SG, ZW)
Cinna® (Yung Shin: SG)
Cinnipirine® (Artu: NL)
Cinnipirine® (Kimia: ID)
Cinomyst® (Mystic: BD)
Cinon® (Azevedos: PT)
Cintigo® (Wallace: IN)
Cisaken® (Kendrick: MX)
Corathiem® (Ohta: JP)
Cronogeron® (Dansk: BR)
Derozin Gap® (Gap: GR)
Dismaren® (Sanofi-Aventis: AR)
Ectasil® (Anglopharma: CO)
Fabracin® (Fabra: AR)
Folcodal® (Ivax: AR)
Inarzin® (Beximco: BD)
Med-Circuron® (Medicine Supply: TH)
Medozine® (Medochemie: HK, TH)
Merron® (Mersifarma: ID)
Natropas® (Finadiet: AR)
Negaron® (Gaco: BD)
Nor-Gerom® (Teramed: DO, GT, HN, NI, PA, SV)
Oblant® (Degort's: MX)
Pericephal® (Arcana: AT)
Perifas® (Otto: ID)
Rolab-Cinnarizine® (Sandoz: ZA)
Sefal® (Nobel: TR)
Sepan® (Janssen: DK)
Siridone® (Chemopharma: CL)
Stugerina® (Hexal: BR)
Stugeron Forte® (Janssen: CR, CZ, DO, EC, GT, HN, LK, LU, NI, PA, PE, PT, RO, SV, ZA)
Stugeron Forte® (Krka: BA, HR, RS, SI)
Stugeron-Janssen® (Janssen-Cilag: VN)
Stugeron® (Esteve: ES)
Stugeron® (Ethnor: IN)
Stugeron® (Gedeon Richter: CZ, RU)

Stugeron® (Janssen: AE, AR, AT, BE, BG, BR, CH, CO, CY, CZ, EG, GB, GR, HK, HK, ID, IE, IT, JO, LB, LK, LU, MT, MX, PE, PH, PT, RO, SA, SD, TH, YE, ZA)
Stugeron® (Janssen-Cilag: CL)
Stugeron® (Krka: SI)
Stugeron® (Terapia: RO)
Stunarone® (Janssen: IL)
Stuno® (Milano: TH)
Stutgeron® (Janssen: AT, DE)
Suzaron® (Rephco: BD)
Toliman® (Scharper: IT)
Urizine® (Unison: SG, TH)
Vertigon® (Geno: IN)
Vertigon® (Nida: SG)
Vertisin® (Littman: PH)
Vertizine® (Bernofarm: ID)
Verzum® (Elofar: BR)
Vessel® (Farmion: BR)
Winpar® (Psicofarma: MX)
Zincin® (Aristopharma: BD)

– hydrochloride:

Celenid® (Biolab: SG, TH)
Cinerine® (Pharmasant: TH)
Cinnar® (Atlantic: SG, TH)
Cinnaza® (Pharmaland: TH)
Cinrizine® (Medifive: TH)
Linazine® (Asian: TH)
Manoron® (March: TH)
Siarizine® (Siam Pharmaceutical: TH)
Silicin® (Greater Pharma: TH)
Sorebral® (Condrugs: TH)
Vernarin® (Nakornpatana: TH)

Cinolazepam (Rec.INN)

L: Cinolazepamum
D: Cinolazepam
F: Cinolazepam
S: Cinolazepam

Sedative
Tranquilizer
Hypnotic

ATC: N05CD13
CAS-Nr.: 0075696-02-5 C_{18}-H_{13}-Cl-F-N_3-O_2
M_r 357.782

7-Chloro-5-(o-fluorophenyl)-2,3-dihydro-3-hydroxy-2-oxo-1H-1,4-benzodiazepine-1-propionitrile

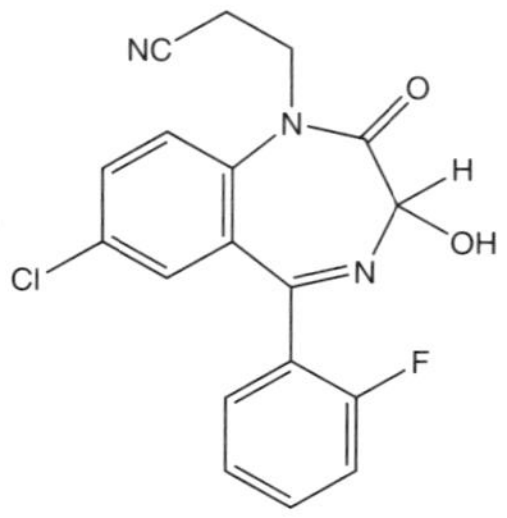

IS: *OX 373*

Gerodorm® (Gerot: AT, CZ, HU, RO)

Cinoxacin (Rec.INN)

L: Cinoxacinum
I: Cinoxacina
D: Cinoxacin
F: Cinoxacine
S: Cinoxacino

Antiinfective, quinolin-derivative
Antibiotic, gyrase inhibitor

ATC: J01MB06
CAS-Nr.: 0028657-80-9 C_{12}-H_{10}-N_2-O_5
M_r 262.232

[1,3]Dioxolo[4,5-g]cinnoline-3-carboxylic acid, 1-ethyl-1,4-dihydro-4-oxo-

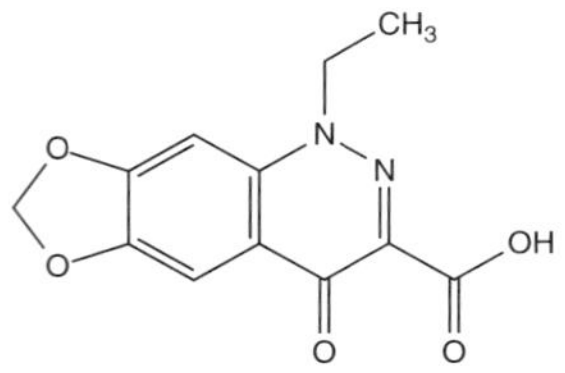

OS: *Cinobac [LLLIT]*
OS: *Cinoxacin [BAN, JAN, USAN]*
OS: *Cinoxacine [DCF]*
OS: *Cinoxacina [DCIT]*
IS: *64716 (Lilly, USA)*
PH: Cinoxacin [USP 30]

Cinobactin® (Lilly: ET, GR, KE, TZ, UG)
Cinobac® (Bruno: IT)
Cinobac® (Lilly: AT, ET, KE, NL, TZ, UG)
Cinocil® (Farma 1: IT)
Cinoxen® (Ibirn: IT)
Iristan-V® (Biostam: GR)
Nossacin® (Benedetti: IT)
Urocinox® (D & G: IT)
Uroc® (Lampugnani: IT)
Uronorm® (Alfa Wassermann: IT)
Uroxacin® (Malesci: IT)

Ciprofibrate (Rec.INN)

L: Ciprofibratum
D: Ciprofibrat
F: Ciprofibrate
S: Ciprofibrato

Antihyperlipidemic agent

ATC: C10AB08
CAS-Nr.: 0052214-84-3 C_{13}-H_{14}-Cl_2-O_3
M_r 289.155

Propanoic acid, 2-[4-(2,2-dichlorocyclopropyl)phenoxy]-2-methyl-

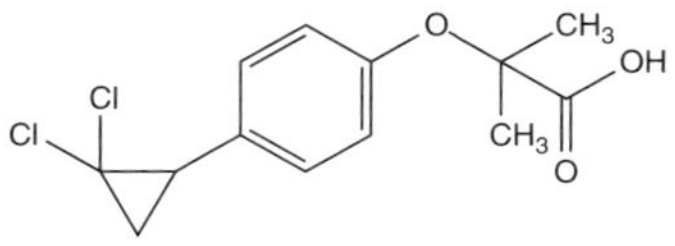

OS: *Ciprofibrate [BAN, DCF, USAN]*
IS: *Win 35833 (Winthrop, USA)*
PH: Ciprofibrate [Ph. Eur. 5]
PH: Ciprofibratum [Ph. Eur. 5]

Ciprofibrate Biogaran® (Biogaran: FR)
Ciprofibrate Merck® (Merck Génériques: FR)
Ciprofibrate RPG® (RPG: FR)
Ciprofibrate Sandoz® (Sandoz: FR)
Ciprofibrate Winthrop® (Winthrop: FR)
Estaprol® (Sanofi-Aventis: AR, CL)
Hiperlipen® (Sanofi-Synthelabo: CO, CR, DO, EC, GT, HN, NI, PA, SV)
Hyperlipen® (Sanofi-Aventis: BE, CH, NL)
Hyperlipen® (Sanofi-Synthelabo: LU)
Lipanor® (Sanofi-Aventis: FR, HU, IL, PL, RO, RS)
Lipanor® (Sanofi-Synthelabo: CZ, PT)
Merck-Ciprofibrate® (Merck: BE)
Modalim® (Sanofi-Aventis: GB, MY, NL, SG, VN)
Modalim® (Sanofi-Synthelabo: ID)
Oroxadin® (Sanofi-Aventis: BR, MX)
Savilen® (Sanofi-Synthelabo: GR)

Ciprofloxacin (Rec.INN)

L: Ciprofloxacinum
I: Ciprofloxacina
D: Ciprofloxacin
F: Ciprofloxacine
S: Ciprofloxacino

⚕ Antibiotic, gyrase inhibitor

ATC: J01MA02,S01AX13,S02AA15
ATCvet:
QS02AA15,QJ01MA02,QS01AX13,QS03AA07
CAS-Nr.: 0085721-33-1 C_{17}-H_{18}-F-N_3-O_3
M_r 331.361

3-Quinolinecarboxylic acid, 1-cyclopropyl-6-fluoro-1,4-dihydro-4-oxo-7-(1-piperazinyl)-

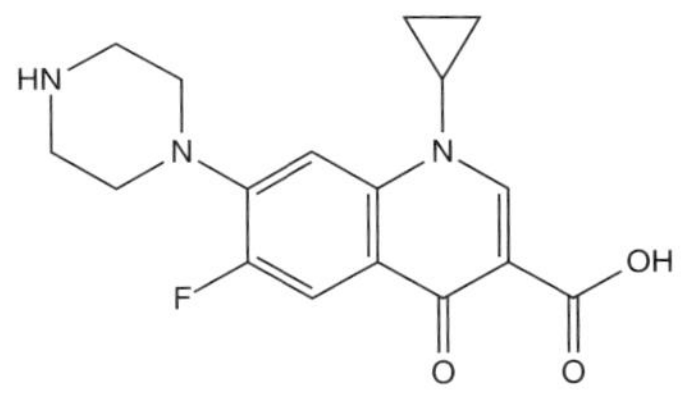

OS: *Ciprofloxacin [BAN, USAN]*
OS: *Ciprofloxacine [DCF]*
IS: *Bay q 3939*
PH: Ciprofloxacin [Ph. Eur. 5, Ph. Int. 4, USP 30]
PH: Ciprofloxacinum [Ph. Eur. 5, Ph. Int. 4]
PH: Ciprofloxacine [Ph. Eur. 5]

Adco-Ciprin® (Ranbaxy: ZA)
Alcon Ciloxan® (Alcon: RO)
Amplibiotic® (Fluter: DO)
Antox® (Mepha: CR, GT, HN, NI, PA, SV)
Apo-Ciprofloxacin® (Apotex: AN, BB, BM, BS, GY, HT, JM, KY, SR, TT)
Aristin-C ® (Anfarm: GR)
Aristin-C ® (Anfarm Hellas: RO)
Azociproflox® [tab.] (Magma: PE)
Bactiflox® (Medis: SI)
Bactiflox® (Mepha: EC)
Bactoflox® (Biochimico: BR)
Baquinor® (Sanbe: ID)
Bernoflox® (Bernofarm: ID)
Bidiprox® (Medikon: ID)
Biocipro® (Biospray: GR)
Biofloxcin® (Niche: IE)
C-Flox® (Intas: RS)
Cetafloxo® (Soho: ID)
Ciditan® [tab.] (Farminter: PE)
Cidrops® (Faran: GR)
Cifga® (HG.Pharm: VN)
Ciflan® (Azevedos: PT)
Cifloc® (Triomed: ZA)
Ciflolan® (Olan-Kemed: TH)
Ciflos® (Guardian: ID)
Cifloxal® (América: CO)
Cifloxin® (Farminter: PE)
Cifloxin® (Pharmabiotics: CL)
Cifloxin® (Rocnarf: EC)
Ciflox® [inj.] (Bayer: FR)
Ciflox® [inj.] (Medley: BR)
Cifran® (Ranbaxy: CN, PE, RS, ZA)
Cilab® (Biolab: TH)
Cilobact® (Oftalmoquimica: CO)
Ciloxan® [vet.] (Alcon: GB)
Cimoxen® (Lafrancol: CO, PE)
Cinaflox® [tab.] (Farmindustria: PE)
Cipflocin® (Asian: TH)
Ciphin® (Zentiva: CZ)
Cipla-Ciprofloxacin® (Cipla: ZA)
Ciploxx® (Cipla: ZA)
Ciplox® (Cipan: PT)
Ciplox® (Cipla: IL, IN, RO)
Cipon® (Unison: TH)
Ciprex® (Bosnalijek: RU)
Cipro Quin® (Antibiotice: RO)
Cipro XR® (Bayer: MX, US)
Cipro-C® [tab.] (Pharma-C: PE)
Cipro-Hexal® (Hexal: ZA)
Cipro-Plix® [tab.] (Bios Peru®: PE)
Ciprobac® [inj.] (Schein: PE)
Ciprobay® (Bayer: BA, CZ, DE, HR, HU, MY, SI)
Ciprobel® (Socobom: BE, LU)
Ciprobid® (Pharmadica: TH)
Ciprobiotic® (Ethical: DO)
Ciprocep® (TO Chemicals: TH)
Ciprocinal® (Zdravlje: RS)
Ciprocin® (E.I.P.I.C.O.: RO)
Ciprocin® (Eipico: AE, BH, EG, IQ, JO, KW, LB, LY, OM, QA, SA, SD, YE)
Ciprocin® (Eurofarma: BR)
Ciprodar® (Dar-Al-Dawa: AE, BH, IQ, JO, KW, LB, LY, MT, NG, OM, QA, RO, SA, SD, SO, TN, YE)
Ciprodex® [sol.] (Nicolich: PE)
Ciprodox® (Shreya: RU)
Ciprofar® (Elofar: BR)
Ciprofin® (Utopian: TH)
Ciprofloksacin® (Arrow: SI)
Ciprofloksacin® (Lek: SI)
Ciprofloxacin Domesco® (Domesco: VN)
Ciprofloxacin Hexpharm® (Hexpharm: ID)
Ciprofloxacin Hikma® (Hikma: NL)
Ciprofloxacin Indo Farma® (Indofarma: ID)
Ciprofloxacin Proel® (Proel: GR)
Ciprofloxacin Redibag® (Baxter: DE)
Ciprofloxacin-Ratiopharm® (ratiopharm: LU)
Ciprofloxacina Alter® (Alter: PT)
Ciprofloxacina Bexal® (Bexal: PT)
Ciprofloxacina Calox® (Calox: CR, NI, PA)
Ciprofloxacina Fabra® (Fabra: AR)

Ciprofloxacina Generis® (Generis: PT)
Ciprofloxacina Germed® (Germed: PT)
Ciprofloxacina Giroflox® (Tecnimede: PT)
Ciprofloxacina Megaflox® (Baldacci: PT)
Ciprofloxacina Merck® (Merck Genéricos: PT)
Ciprofloxacina MF® [tab.] (Marfan: PE)
Ciprofloxacina MK® (MK: CO)
Ciprofloxacina® (La Sante: PE)
Ciprofloxacina® (Medek: DO)
Ciprofloxacina® (Medicalex: CO)
Ciprofloxacina® (Memphis: CO)
Ciprofloxacina® (Rivero: AR)
Ciprofloxacine Bexal® (Bexal: BE)
Ciprofloxacine Farmabion® (Farmabion: NL)
Ciprofloxacine Merck® (Merck Generics: NL)
Ciprofloxacine Merck® (Merck Génériques: FR)
Ciprofloxacine PCH® (Pharmachemie: NL)
Ciprofloxacine Ratiopharm® (Ratiopharm: BE)
Ciprofloxacine Teva® (Teva: BE)
Ciprofloxacine® (Arrow: NL)
Ciprofloxacino Fmndtria® [tab.] (Farmindustria: PE)
Ciprofloxacino Genfar® (Expofarma: CL)
Ciprofloxacino Genfar® (Genfar: CO, EC, PE)
Ciprofloxacino Induquimica® [tab.] (Induquimica: PE)
Ciprofloxacino Iqfarma® [tab.] (Iqfarma: PE)
Ciprofloxacino L.CH.® (Chile: CL)
Ciprofloxacino Perugen® [tab.] (Perugen: PE)
Ciprofloxacino Rivero® [sol.-inj.] (ALM: PE)
Ciprofloxacino® (AC Farma: PE)
Ciprofloxacino® (Biocrom: PE)
Ciprofloxacino® (Blaskov: CO)
Ciprofloxacino® (Britania: PE)
Ciprofloxacino® (Carrion: PE)
Ciprofloxacino® (Chemopharma: CL)
Ciprofloxacino® (Farmachif: PE)
Ciprofloxacino® (Farmandina: EC)
Ciprofloxacino® (Farmo Andina: PE)
Ciprofloxacino® (Hersil: PE)
Ciprofloxacino® (Kope Trading: PE)
Ciprofloxacino® (Labofar: PE)
Ciprofloxacino® (Labot: PE)
Ciprofloxacino® (LCG: PE)
Ciprofloxacino® (Medic Inyec: PE)
Ciprofloxacino® (Medifarma: PE)
Ciprofloxacino® (Medispan: PE)
Ciprofloxacino® (Mintlab: CL)
Ciprofloxacino® (Mission Pharma.: PE)
Ciprofloxacino® (Monsanti: PE)
Ciprofloxacino® (Pentacoop: CO, PE)
Ciprofloxacino® (Quilab: PE)
Ciprofloxacino® (Repmedicas: PE)
Ciprofloxacino® (Sanderson: CL)
Ciprofloxacino® (Sherfarma: PE)
Ciprofloxacino® (Trifarma: PE)
Ciprofloxacino®[vet.] (Farvet: PE)
Ciprofloxacin® (Actavis: GE)
Ciprofloxacin® (Balkanpharma: BG)
Ciprofloxacin® (GAMA: GE)
Ciprofloxacin® (GMP: GE)
Ciprofloxacin® (Habit: RS)
Ciprofloxacin® (Jugoremedija: RS)
Ciprofloxacin® (Laropharm: RO)
Ciprofloxacin® (Promed: RU)
Ciprofloxacin® (Remedica: RS)
Ciprofloxacină LPH® (Labormed Pharma: RO)
Ciprofloxacină® (Zentiva: RO)
Ciproflox® (APM: AE, BG, BH, IQ, JO, KW, LB, LY, NG, OM, QA, SA, SD, SY, TN, YE)
Ciproflox® (Magma: PE)
Ciproflur® [tab.] (Salufarma: PE)
Ciprofur-F® [tab.] (Farmo Andina: PE)
Ciprogen® (General Drugs House: TH)
Ciprogen® (Xixia: ZA)
Ciprogis® (Agis: IL)
Ciproglen® (Glenmark: TH)
Ciprohexal® (Hexal: DE, LU)
Ciprolak® [sol.] (Akorn: PE)
Ciprolet® (Dr Reddys: LK, PE, SG)
Ciprolet® (Dr. Reddy's: RU)
Ciprolin® [inj./tab.] (Abeefe Bristol: PE)
Ciprol® (Medicon: BD)
Cipromax® (Markos: PE)
Cipromed® (Pliva: BA, HR)
Cipromed® (Promed: RU)
Cipromet® (Medimet: BD)
Cipropharma® [tab.] (Intipharma: PE)
Cipropharm® (Actavis: HU)
Ciproplix® (Bioplix-Biox: PE)
Ciproplus® [tab.] (Infermed: PE)
Ciprosan® (Shiba: YE)
Ciprosun® (Sun: TH)
Ciproval Otico® (Saval: CL)
Ciproval® (Saval: CL, EC)
Ciprowin® (Alembic: IN)
Ciproxacol® (Colliere: PE)
Ciproxan® [inj.] (Andreu: PE)
Ciproxan® [inj.] (Bayer: JP)
Ciproxan® [inj.] (Pond's: TH)
Ciproxil® (Haller: BR)
Ciproxina® [inj.] (Bayer: PE)
Ciproxine® (Aktuapharma: BE)
Ciproxine® (Bayer: BE, LU)
Ciproxino® (Andromaco: CL)
Ciproxin® (Bayer: CH, DE, GB, IE, IL, SE)
Ciprox® (Labofar: PE)
Ciprox® (Opso Saline: BD)
Ciprox® (Shaphaco: IQ, YE)
Ciprozone® (Ozone Laboratories: RO)
Cipro® [inj.] (Bayer: AR, CA, US)
Cipro® [inj.] (Uni: CO)
Ciprum® (Pliva: RO, SI)
Ciprum® (Schering: SI)
Cirflox-G® (Klonal: AR)
Ciriax® (Roemmers: AR, PE)
Cistimicina® [tab.] (Sherfarma: PE)
Citeral® (Alkaloid: HR, RS)
Corsacin® (Corsa: ID)
CPL Alliance Ciprofloxacin® (Alliance: ZA)
Crisacide® (LKM: AR)
Cuminol® (Gedeon Richter: RO)
Cyclowam® (Konimex: ID)
Cyflox® (Greater Pharma: TH)
Cylowam® (Konimex: ID)
Dynafloc® (Pharma Dynamics: ZA)
Efecti® (Apropo: PE)
Eni® [inj.] (Grossman: MX)
Espitacin® (Avsa: PE)
Fada Ciprofloxacina® (Fada: AR)

Floxbio® (Sandoz: ID)
Floxobid® (ACI: BD)
Forexin® (Pharmaland: TH)
Gamamax® (GAMA: GE)
Girabloc® (Hexpharm: ID)
Grifociprox LCH® [compr.] (Ivax: PE)
Grifociprox® (Chile: CL)
H.G. Ciprocap® (H.G.: EC)
Ificipro® (Unique: RU)
Infectocipro® (Infectopharm: DE)
Interflox® (Interbat: ID)
Italnik® (Italmex: MX)
Italprodin® (Italpharma: EC)
Lanciprox® (Lansier: PE)
Lapiflox® (Lapi: ID)
Libracin® (Libra: BD)
Loxacil® (Terapia: RO)
Loxan® (Tecnoquimicas: CO)
Marocen® (Hemofarm: RS)
Marocen® (Hemomont: RS)
Maxiflox® (Latinofarma: BR)
Mecoquin® (Mecosin: ID)
Medaflox® (Eurolab: AR)
Meflosin® (Metiska: ID)
Merck-Ciprofloxacine® (Merck: BE, LU)
Microflox-IV® (Quality: PE)
Microflox® (Micro Nova: LK)
Microsulf® (Microsules: AR)
Nefroquinolin® [tab.] (Gianfarma: PE)
Neofloxin® (Beximco: BD, SG)
Nilaflox® (Nicholas: ID)
Nor-Ciprox® (Teramed: GT, SV)
Novoxacil® [compr.] (Terbol: PE)
Ocefax® (Roux-Ocefa: AR)
Osmoflox® [tab./inj.] (Unimed: PE)
Otosec® (Unimed: PE)
Plenolyt® (Hospimedikka: EC)
Poli-Cifloxin® (Polipharm: TH)
Poncoflox® (Armoxindo: ID)
Probiox® [compr.] (Medco: PE)
Proflaxin® (Gutis: CR, DO, NI)
Proksi® (Lancasco: GT, HN, SV)
Proxacin® (Fako: TR)
Proxitor® (Combiphar: ID)
Qilaflox® (Solas: ID)
Quamiprox® (Nufarindo: ID)
Quinobact® (Nicholas: IN)
Quinobiotic® [tab.] (Alfa: PE)
Quinoflex® (Life: EC)
Quinopron® (Chalver: CO, EC, PE)
Quintor® (Torrent: IN, RU)
Quipro® (Librapharm: EC)
Roxin® (Efroze: LK)
Sandoz Ciprofloxacin® (Sandoz: ZA)
Sanset® (Sanovel: TR)
Scanax® (Tempo: ID)
Serviflox® (Novartis: BD, TH)
Serviflox® (Sandoz: RO)
Sifloks® (Eczacibasi: YE)
Siprobel® (Nobel: BA)
Siprogut® (Bilim: TR)
Siprosan® (Drogsan: TR)
Synalotic® (Astellas: ES)
Truoxin® (Helsinn: IE)
Uflox® [tab.] (Bolivar Farma: PE)
Ultramicina® (Q-Pharma: AR)
Uniflox® [sol.] (Roster: PE)
Urigram® [compr.] (Omdica: PE)
Uro 3000 NF® [caps.] (Trifarma: PE)
Uro-Ciproxin® (Bayer: TR)
Urobac® (Markos: PE)
Uroxin® (Unison: TH)
Viflox® (Tropica: ID)
Volinol® (Pyridam: ID)
Wiaflox® (Landson: ID)
Zolina® (Leti: CR, DO, GT, HN, NI, PA, SV)
Zumaflox® (Prima: ID)
Üro Ciproxin® (Bayer: TR)

– hydrochloride:

CAS-Nr.: 0086393-32-0
OS: *Ciprofloxacin Hydrochloride BANM, USAN*
IS: *Bay o 9867 (Bayer, Germany)*
PH: Ciprofloxacinhydrochlorid Ph. Eur. 5
PH: Ciprofloxacini hydrochloridum Ph. Eur. 5, Ph. Int. 4
PH: Ciprofloxacine (chlorhydrate de) Ph. Eur. 5
PH: Ciprofloxacin hydrochloride Ph. Eur. 5, Ph. Int. 4, USP 30

Aceoto® (Salvat: ES)
Aceoto® (Zambon: ES)
Adco-Ciprin® (Ranbaxy: ZA)
Afenoxin® (Faran: GR)
Aflox® (La Santé: CO)
Agyr® (Sandoz: AT)
Alcon cilox® (Alcon: CO, EC, ID)
Amiflox® (Amico: BD)
Ancipro® (Unimed & Unihealth: BD)
Angyr® (Shamsul Alamin: BD)
Apo-Ciproflox® (Apotex: CA)
Aprocin® (Aristopharma: BD)
Argeflox® (Nova Argentia: AR)
Aristin-C® (Anfarm: GR)
Atibax C® (Fabop: AR)
Bacproin® (Best: MX)
Bactiflox Lactab® (Mepha: EG, KW, TT)
Bactiflox® (Mepharm: MY)
Bactin® (Ibn Sina: BD)
Bactiprox® (Erlimpex: ID)
Baflox® (La Santé: CO)
Balepton® (Leovan: GR)
Baycip XR® (Bayer: CL)
Baycip® (Bayer: CL, ES)
Belmacina® (Cepa: ES)
Belmacina® (Pliva: ES)
Benprox® (Benham: BD)
Beuflox® (Incepta: BD)
Biamotil® (Allergan: BR)
Biotic® (TRB: AR)
Bivorilan® (Mentinova: GR)
Brubiol® (Bruluart: MX)
C-Floxacin® (SM Pharm: TH)
C-Flox® (Alpharma: AU)
Catex® (Cantabria: ES)
Cebran® (Blue Cross: LK)
Cero® (Gaco: BD)
Cetraxal Otico® (Salvat: CR, DO, ES, GT, HN, PA, SV)
Cetraxal® (Salvat: CR, DO, ES, GT, HN, HT, NI, PA, SV)
Ci-son's® (Quimica Son's: MX)
Cifin® (Pharmacodane: DK)

Ciflosin® (Deva: TR)
Cifloxager® (Gerard: IE)
Cifloxinal® (Pro.Med: CZ)
Cifloxinal® (Pro.Med.CS: BA)
Cifloxin® (Sandoz: HU)
Cifloxin® (Siam Bheasach: TH)
Ciflox® (Aché: BR)
Ciflox® (Bayer: FR)
Ciflox® (Lannacher: AT)
Ciflox® (Reman Drug: BD)
Ciflo® (Masa Lab: TH)
Cifox® (Rowex: IE)
Cifran® [tab.] (Merck: MX)
Cifran® [tab.] (Ranbaxy: CZ, HU, IN, LK, PE, PL, RO, TH, ZA)
Cigram® (Bussié: CO)
CiloQuin® (Ioquin: AU)
Cilovas® (Baliarda: AR)
Ciloxacin® (Alcon: CL)
Ciloxan® (Alcon: AR, AT, AU, BD, BE, BR, BW, CA, CH, CR, CZ, DE, DK, ER, ET, FR, GB, GH, GR, GT, HN, HU, IL, KE, LK, LU, MW, NA, NG, NI, NL, NZ, PA, PE, PL, SE, SG, SI, SV, TH, TR, TZ, UG, US, ZA, ZM, ZW)
Cilox® (Alcon: NO)
Cimogal® (Probiomed: MX)
Cinfloxine® (Medicine Supply: TH)
Cinoflax® (Ativus: BR)
Cip eco® (Sandoz: CH)
Cipcin® (Bio-Pharma: BD)
Cipflox® (Pacific: NZ)
Ciphin® (Slovakofarma: CZ)
Ciphin® (Zentiva: HU, PL)
Ciplon® (Techno: BD)
Ciplox® (Cipla: CZ, HK, IN, VN)
Ciplox® (Neopharma: HU)
Cipran® (Julpharma: EC)
Ciprasid® (Yeni: TR)
Cipreću® (ECU: EC)
Ciprenit Otico® (Lesvi: ES)
Ciprinol® (Krka: BA, CZ, HR, HU, NL, PL, RO, RS)
Ciprinol® (KRKA: RU)
Ciprinol® (Krka: SI)
Ciprin® (Nipa: BD)
Ciprin® (Pfizer: CH)
Cipro 1A Pharma® (1A Pharma: DE)
Cipro Basics® (Basics: DE)
Cipro Otico® (Alcon: AR)
Cipro XR® (Bayer: AR)
Cipro-A® (Acme: BD)
Cipro-C® (Chemist: BD)
Cipro-Kron® (Kronos: EC)
Cipro-Lich® (Winthrop: DE)
Cipro-Q® (Juta: DE)
Cipro-Q® (Q-Pharm: DE)
Cipro-Saar® (MIP: DE)
Cipro-Wolff® (Wolff: DE)
Ciprobay® (Bayer: AE, BA, BH, CY, CZ, DE, EG, HR, HU, IR, JO, KW, LB, MT, OM, PH, PL, QA, RO, RS, RU, SA, SD, SG, TH, VN, ZA)
Ciprobeta® (betapharm: DE)
Ciprobid® (Cadila: IN, LK)
Ciprobid® (Zydus: RU)
Ciprobiot® (Hexal: BR)
Ciprocin® (Square: BD)
Ciproctal® (Inkeysa: ES)
Ciprodex® (Dexcel: IL)
Ciprodoc® (Docpharm: DE)
ciprodura® (Merck dura: DE)
Ciprofat® (Fatol: DE)
Ciprofel® (Feltrex: DO)
ciproflox von ct® (CT: DE)
Ciproflox-CT® (CT: DE)
Ciproflox-Puren® (Actavis: DE)
Ciprofloxacin 1A Farma® (1A Farma: DK)
Ciprofloxacin 1A Pharma® (1A Pharma: AT)
Ciprofloxacin 1A Pharma® (1a Pharma: HU)
Ciprofloxacin AbZ® (AbZ: DE)
Ciprofloxacin Actavis® (Actavis: CH)
Ciprofloxacin Alpharma® (Alpharma: AT, NO)
Ciprofloxacin Alternova® (Alternova: DK, FI)
Ciprofloxacin AL® (Aliud: DE)
Ciprofloxacin Arcana® (Arcana: AT)
Ciprofloxacin Arrow® (Arrow: NO, SE)
Ciprofloxacin AWD® (AWD.pharma: DE)
Ciprofloxacin AZU® (Azupharma: DE)
Ciprofloxacin BMM Pharma® (BMM: DK, FI, SE)
Ciprofloxacin Copyfarm® (Copyfarm: DK, FI)
Ciprofloxacin Enna® (Ennapharma: FI)
Ciprofloxacin Genericon® (Genericon: AT)
Ciprofloxacin HCl® (Novex: US)
Ciprofloxacin HelvePharm® (Helvepharm: CH)
Ciprofloxacin Heumann® (Heumann: DE)
Ciprofloxacin Heumann® (Wieb: DE)
Ciprofloxacin Hexal® (Hexal: AT, DK, NO)
Ciprofloxacin Hexal® (Sandoz: FI, SE)
Ciprofloxacin Interpharm® (Interpharm: AT)
Ciprofloxacin KSK® (KSK Pharma: DE)
Ciprofloxacin Mepha® (Mepha: CH)
Ciprofloxacin Merck NM® (Merck NM: SE)
Ciprofloxacin Ophthalmic® (Bausch & Lomb: US)
Ciprofloxacin Ophthalmic® (Hi-Tech: US)
Ciprofloxacin Ophthalmic® (Novex: US)
Ciprofloxacin Pharma&Co® (Pharma&Co: AT)
Ciprofloxacin Pliva® (Pliva: HU)
Ciprofloxacin Ranbaxy® (Ranbaxy: SE)
Ciprofloxacin Ranbaxy® (Sabora: FI)
Ciprofloxacin ratiopharm® (Ratiopharm: AT, FI)
Ciprofloxacin ratiopharm® (ratiopharm: HU)
Ciprofloxacin real® (Dolorgiet: DE)
Ciprofloxacin Sandoz® (Sandoz: AT, CH, DE, FI, NL, SE)
Ciprofloxacin Stada® (Stada: SE)
Ciprofloxacin Stada® (Stadapharm: DE)
Ciprofloxacin Streuli® (Streuli: CH)
Ciprofloxacin TAD® (TAD: DE)
Ciprofloxacin-axcount® (Axcount: DE)
Ciprofloxacin-axsan® (Axio: DE)
Ciprofloxacin-BC® (Biochemie: AU)
Ciprofloxacin-ratiopharm® (ratiopharm: DE, LU)
Ciprofloxacin-ratiopharm® (Ratiopharm: NL)
Ciprofloxacin-Teva® (Teva: CH, IL)
Ciprofloxacina Alpharma® (Alpharma: PT)
Ciprofloxacina Biochemie® (Biochemie: CO)
Ciprofloxacina Biocrom® (Biocrom: AR)
Ciprofloxacina Ciclum® (Ciclum: PT)
Ciprofloxacina Denver Farma® (Denver: AR)
Ciprofloxacina Dorf® (Pharmadorf: AR)
Ciprofloxacina Duncan® (Duncan: AR)
Ciprofloxacina Fabra® (Fabra: AR)
Ciprofloxacina Farmoz® (Farmoz: PT)

Ciprofloxacina Labesfal® (Labesfal: PT)
Ciprofloxacina Lazar® [compr.] (Lazar: AR)
Ciprofloxacina Nixin® (Mepha: PT)
Ciprofloxacina Northia® (Northia: AR)
Ciprofloxacina Ratiopharm® (Ratiopharm: PT)
Ciprofloxacina Richet® (Richet: AR)
Ciprofloxacina Rigar® (Rigar: PA)
Ciprofloxacina Sandoz® (Sandoz: PT)
Ciprofloxacina® (Lab. Neo Quím.: BR)
Ciprofloxacina® (Lisan: CR)
Ciprofloxacine Alpharma® (Alpharma: NL)
Ciprofloxacine A® (Apothecon: NL)
Ciprofloxacine CF® (Centrafarm: NL)
Ciprofloxacine EG® (Eurogenerics: BE)
Ciprofloxacine Gf® (Genfarma: NL)
Ciprofloxacine Katwijk® (Katwijk: NL)
Ciprofloxacine Merck® (Merck Génériques: FR)
Ciprofloxacine RPG® (RPG: FR)
Ciprofloxacine Sandoz® (Sandoz: BE, FR)
Ciprofloxacine Winthrop® (Winthrop: FR)
Ciprofloxacine Zydus® (Zydus: FR)
Ciprofloxacine-EG® (Eurogenerics: LU)
Ciprofloxacine-Sandoz® (Sandoz: LU)
Ciprofloxacine® (Betapharm: NL)
Ciprofloxacine® (Hexal: NL)
Ciprofloxacine® (Krka: NL)
Ciprofloxacino Acost® (Acost: ES)
Ciprofloxacino Alter® (Alter: ES)
Ciprofloxacino Bayvit® (Stada: ES)
Ciprofloxacino Bexal® (Bexal: ES)
Ciprofloxacino Cinfamed® (Cinfa: ES)
Ciprofloxacino Cinfa® (Cinfa: ES)
Ciprofloxacino Combino Pharm® (Combino: ES)
Ciprofloxacino Cuve® (Perez Gimenez: ES)
Ciprofloxacino Davur® (Davur: ES)
Ciprofloxacino Edigen® (Edigen: ES)
Ciprofloxacino Generix® (GNR: ES)
Ciprofloxacino Grapa® (Grapa: ES)
Ciprofloxacino Juventus® (Juventus: ES)
Ciprofloxacino Kern® (Kern: ES)
Ciprofloxacino Lareq® (Lareq: ES)
Ciprofloxacino Lasa® (Ipsen: ES)
Ciprofloxacino Lepori® (Farma Lepori: ES)
Ciprofloxacino Liconsa® (Liconsa: ES)
Ciprofloxacino Mabo® (Mabo: ES)
Ciprofloxacino Merck® (Merck: ES)
Ciprofloxacino MK® (Bonima: BZ, CR, DO, GT, HN, HT, NI, PA, SV)
Ciprofloxacino Normon® (Normon: CR, DO, ES, GT, HN, NI, PA, SV)
Ciprofloxacino Ranbaxy® (Ranbaxy: ES)
Ciprofloxacino Ratiopharm® (Ratiopharm: ES)
Ciprofloxacino Sandoz® (Sandoz: ES)
Ciprofloxacino Sumol® (Sumol: ES)
Ciprofloxacino Taucip® (Sigma Tau: ES)
Ciprofloxacino Ur® (Cantabria: ES)
Ciprofloxacino Vir® (Vir: ES)
Ciprofloxacino® (Bestpharma: CL)
Ciprofloxacin® (ACS: NO)
Ciprofloxacin® (Actavis: GB)
Ciprofloxacin® (Biopharm: RU)
Ciprofloxacin® (Dr Reddys: US)
Ciprofloxacin® (Eon: US)
Ciprofloxacin® (Generics: GB)
Ciprofloxacin® (Pliva: GB)
Ciprofloxacin® (Ranbaxy: US)
Ciprofloxacin® (ratiopharm: NO)
Ciprofloxacin® (Sandoz: GB)
Ciprofloxacin® (Teva: GB, US)
Ciproflox® (Senosiain: SV)
Ciproflox® (Spirig: CH)
Ciproftal® (Procaps: CO)
Ciprofur® [tabs] (Ivax: MX)
Ciprogamma® (Wörwag Pharma: DE)
Ciprohexal® (Hexal: DE)
Ciproktan® (Koçak: TR)
Ciprolen® (Helcor: HU, RO)
Ciprolet® (Dr Reddys: LK, TH)
Ciprolex® (Mystic: BD)
Ciprolone® (Masterlek: RU)
Ciprolon® (Hikma: AE, BH, EG, IQ, JO, KW, LB, LY, OM, QA, SA, SD, SY, TN, YE)
Ciprol® (Arrow: AU)
Ciprol® (Bosnalijek: BA)
CiproMed® (Actavis: FI)
CiproMed® (S. Med: AT)
Cipromycin Medichrom® (Medichrom: GR)
Cipronatin® (Atabay: TR)
Cipronex® (Polpharma: PL)
Cipronil® (Silva: BD)
Cipron® (Edruc: BD)
Cipropol® (Polfa Grodzisk: PL)
Ciproquin® (Kopran: LK)
Ciproquin® (Marksman: BD)
Ciprorem® (Remedy: BD)
Ciprospes® (Specifar: GR)
Ciprostad® (Stada: AT)
Ciprotenk® (Biotenk: AR)
Ciproval Oftalmico® (Saval: PE)
Ciproval Oftalmico® (Saval Nicolich: CL)
Ciprowin® (Alembic: IN, LK)
Ciproxan® (Andreu: PE)
Ciproxan® (Bayer: JP)
Ciproxen® (Jess: BD)
Ciproxina® (Bayer: AN, AW, BB, BM, BS, BZ, CR, DO, EC, GT, HN, HT, JM, KY, MX, NI, PA, PE, PT, SV, TT)
Ciproxina® (M4: ES)
Ciproxin® (Bayer: AT, AU, CH, DK, FI, GB, GR, HK, ID, IS, IT, KE, NG, NL, NZ, RO, SE, TR, TZ, UG)
Ciproxin® (Paranova: AT)
Ciproxyl® (Farmaline: TH)
Ciprox® (Lindopharm: DE)
Ciprox® (Opsonin: BD)
Ciprozid® (Drug International: BD)
Ciproz® (Ziska: BD)
Cipro® (Bayer: AR, BR, CA, CO, US)
Cipro® (Biofarma: TR)
Ciprum® (Pliva: CZ, PL)
Cip® (Asiatic Lab: BD)
Ciriax® [compr.] (Roemmers: AR, PE)
Cirok® (Korea: PH)
Citeral® (Farmavita: BA)
Citrovenot® (Bros: GR)
Civell® (Novell: ID)
Civox® (Popular: BD)
Cloridrato de Ciprofloxacino® (Alcon: BR)
Cloridrato de Ciprofloxacino® (EMS: BR)
Cloridrato de Ciprofloxacino® (Hexal: BR)
Cloridrato de Ciprofloxacino® (Novartis: BR)
CO Ciprofloxacin® (Cobalt: CA)

Cobay® (Millimed: TH)
Coroflox® (Coronet: ID)
Cunesin® (Recordati: ES)
Cycin® (IL Dong: SG)
Cydonin® (Egis: HU)
D-Floxin® (Doctor's Chemical Work: BD)
Deoflox® (Delta: BD)
Disfabac® (Prafa: ID)
Docciproflo® (Docpharma: BE)
Docciproflo® (Ranbaxy: LU)
Dorociplo® (Domesco: VN)
Duflomex® (Alpharma: ID)
Dumaflox® (Alco: BD)
Eni® (Grossman: CR, DO, GT, HN, MX, NI, PA, SV)
Estecina® [compr./inj.] (Normon: CR, DO, ES, GT, HN, NI, PA, SV)
Euciprin® (Europharm: RO)
Exertial® (Baliarda: AR)
Eypro® (ACI: BD)
Felixene® (Chiesi: ES)
Felixene® (Quimifar: ES)
Fimoflox® (Phyto: ID)
Fiprox® (Sanofi-Aventis: BD)
Flobact® (Ophtha: CO)
Flociprin® [compr.] (Finixfarm: GR)
Flociprin® [compr.] (IBI: IT)
Flontin® (Renata: BD)
Floraxina® (Amhof: AR)
Floroxin® (United Pharmaceutical: AE, BH, IQ, JO, LY, OM, QA, SA, SD, YE)
Flovin® (Raam: MX)
Floxabid® (ACI: BD)
Floxacin® (Navana: BD)
Floxager® (Streger: MX)
Floxantina® (Degort's: MX)
Floxitab® (Jalalabad: BD)
Floxitul® (Randall: MX)
Flugram® (Bussié: GT, HN, PA, SV)
Forterra® (Help: GR)
Geflox® (General Pharma: BD)
Gen-Ciprofloxacin® (Genpharm: CA)
GenRX Ciprofloxacin® (GenRX: AU)
Ginorectol® (Kleva: GR, SG)
Giraflox® (Donovan: GT, SV)
Giraprox® (Farmacoop: CO)
Globuce® (Sigma Tau: ES)
Glossyfin® (Doctum: GR)
Grenis-Cipro® (Genepharm: GR, RO)
Gyracip® (Gry: DE)
H-Next® (Hisubiette: CO)
HI-Floxin® (Hudson: BD)
HI-Flox® (Ambee: BD)
Huberdoxina® (Labiana: RS)
Huberdoxina® (Valeant: ES)
Inciflox® (Indofarma: ID)
Isotic Renator® (Fahrenheit: ID)
Kapron® (Globe: BD)
Keciflox® (Pfleger: DE)
Keefloxin® (Angenérico: PT)
Kenzoflex® (Collins: MX)
Kifarox® (Kimia: ID)
Labentrol® (Chrispa: GR)
Ladinin® (Pharmathen: GR)
Laitun® (Pasteur: PH)
Lorbifloxacina® (Lba: AR)
Loxasid® (Toprak: TR)
Lox® (Apex: BD)
Lumen® (Lesvi: ES)
Maprocin® (Orion: BD)
Medociprin® (Interchemia: CZ)
Medociprin® (Medochemie: HK)
Mensipox® (Meprofarm: ID)
Microflox® (Cosma: TH)
Microrgan® [caps] (Liomont: MX)
Mitroken® [tabs] (Kendrick: MX)
Neoflox® (Central Pharm: BD)
Novidat® (Temis-Lostalo: AR)
Novo-Ciprofloxacin® (Novopharm: CA)
Novoquin® (Rayere: MX)
Numen® (Lesvi: ES)
Octabid® (Rephco: BD)
Oflono-3® (S.M.B. Farma: CL)
Ofoxin® (Zambon: BR)
Oftacilox® (Alcon: ES, IT, PT)
Oftaciprox® (Chile: CL)
Omaflaxina® (Biosintex: AR)
Opecipro® (O.P.V.: VN)
Opthaflox® (Grin: MX)
Orpic® (Aspen: ZA)
Osmoflox® (Roddome: EC)
Otociprin Otico® (Fardi: ES)
Otosat® (Lesvi: ES)
Otosec® (Procaps: CO)
Panotile Cipro® (Zambon: DE)
Patox® (Wermar: MX)
Peoflox® (Peoples: BD)
Phaproxin® (Phapros: ID)
Piprol® (Elfar: ES)
Plenolyt® (Madaus: ES)
PMS-Ciprofloxacin® (Pharmascience: CA)
Principrox® (Streuli: CH)
Procin® (Schering-Plough: BR)
Profloxin® (Clonmel: IE)
Profloxin® (Hexal: AU)
Proflox® (Interpharm: EC)
Proflox® (Pharmalliance: DZ)
Proflox® (Pharmasant: TH)
Proflox® (Sigma: BR)
Proquin XR® (Depomed: US)
Proquin® (Douglas: AU)
Protenil® (Acromax: EC)
Provay® (Hormona: MX)
Proxacin® (Polfa Warszawa: PL)
Quidex® (Ferron: ID)
Quinobiotic® (Alfa: PE)
Quinobiotic® (Pharos: ID)
Quinopron® (Chalver: CO)
Quinox® (Eskayef: BD)
Quipro® (Andromaco: CZ, ES)
Quipro® (Ciclum: ES)
RAN-Ciprofloxacin® (Ranbaxy: CA)
Ranflox® (Rangs: BD)
ratio-Ciprofloxacin® (Ratiopharm: CA)
Ravalton® (Rafarm: GR)
Remena® (Remedina: GR)
Renator® (Fahrenheit: ID)
Revion® (Norma: GR)
Rexner® (Casasco: AR)
Rigoran® (Lesvi: ES)
Rigoran® (Vita: ES)

Robinex® (Proanmed: CO)
Rocipro® (Healthcare: BD)
Roflazin® (Münir Sahin: TR)
Roxin® (I.E. Ulagay: TR)
Sancipro® (Actavis: DK)
Sandoz Ciprofloxacin® (Sandoz: CA)
Sepcen® (Centrum: ES)
Septicide® (Bagó: AR)
Septocipro Otico® (Lesvi: ES)
Septocipro® (Lesvi: ES)
Serviflox® (Sandoz: SG)
Sifloks® (Eczacibasi: RO, RU, TR)
Siprox® (Actavis: IS)
Sophixin® (Sophia: MX)
Spectra® (Jayson: BD)
Suiflox® [tabs] (Sandoz: MX)
Tam® (Alacan: ES)
Taro-Ciprofloxacin® (Taro: CA)
Tequinol® (Otto: ID)
Topistin® (Elpen: GR)
Tyflox® (Somatec: BD)
Ufexil® (Demo: GR, RO)
Ultraflox® (Cosma: TH)
Ultramicina® (Q-Pharma: ES)
Uniflox® (Bayer: FR)
Urigram F® (Omdica: PE)
Urodixin® (Gerolymatos: GR)
Uroxin® (Unison: HK, SG)
Velmonit® (Bayer: ES)
Vidintal® (Tunggal: ID)
Ximex Cylowam® (Konimex: ID)
Zoxan® (FDC: IN, LK)

– lactate:

CAS-Nr.: 0097867-33-9
OS: *Ciprofloxacin Lactate BANM*

Aspen Ciprofloxacin® (Cipla: ZA)
Baycip® (Bayer: CL, ES)
Cifloxin® (Pharmabiotics: CL)
Cifloxin® (Siam Bheasach: TH)
Cifran® [inj.] (Ranbaxy: IN, LK, PE, TH)
Cifrotil® (Tablets: VN)
Ciphin® [inj.] (Zentiva: PL)
Ciplox® [inj.] (Cipla: CZ, IN, VN)
Ciprain® (Maver: MX)
Ciprinol® [inj.] (Krka: CZ, PL, RO, SI)
Ciprobac® (Pisa: MX)
Ciprobay® [inj.] (Bayer: CN, CZ, DE, HR, HU, PH, RO, SG, TH)
Ciprobid® [inj.] (Cadila: IN)
Ciprofloxacin Dexa Medica® (Dexa Medica: ID)
Ciprofloxacino IFE® (Instituto Farmacologico: ES)
Ciprofloxacino Normon® (Normon: CR, DO, ES, GT, HN, NI, PA, SV)
Ciprofloxacino® (Bestpharma: CL)
Ciproflox® [inj.] (Senosiain: MX)
Ciprolet® [inj.] (Dr Reddys: TH)
Ciprom-H® (M & H: TH)
Ciprovid® (Millimed: TH)
Ciproxina® (Bayer: CR, DO, GT, HN, NI, PA, SV)
Ciproxin® [inj.] (Bayer: AT, AU, CH, FI, GB, GR, ID, IE, IS, IT, NL, NO, NZ, SE, TR)
Cipro® [inj.] (Bayer: CO, US)
Ciprum® [inj.] (Pliva: PL)
Estecina® [inf.] (Normon: ES)

Flociprin® [inj.] (IBI: IT)
Huberdoxina® (Valeant: ES)
Ificipro® (Unique: IN)
Jayacin® (Lucas: ID)
Mephaflox® (Mepha: PE)
Nafloxin® (Cooper: GR)
Proxacin® (Polfa Warszawa: PL)
Quidex® [inj.] (Ferron: ID)
Quinobact® [inj.] (Nicholas: IN)
Quinopron® (Chalver: GT, HN, PA, SV)
Rigoran® (Lesvi: ES)
Rigoran® (Vita: ES)
Ufexil® (Demo: IL)
Ultramicina® (Q-Pharma: ES)

Cisapride (Rec.INN)

L: Cisapridum
I: Cisapride
D: Cisaprid
F: Cisapride
S: Cisaprida

Antiemetic
Peristaltic stimulant

ATC: A03FA02
CAS-Nr.: 0081098-60-4 C_{23}-H_{29}-Cl-F-N_3-O_4
M_r 465.965

Benzamide, 4-amino-5-chloro-N-[1-[3-(4-fluorophenoxy)propyl]-3-methoxy-4-piperidinyl]-2-methoxy-, cis-

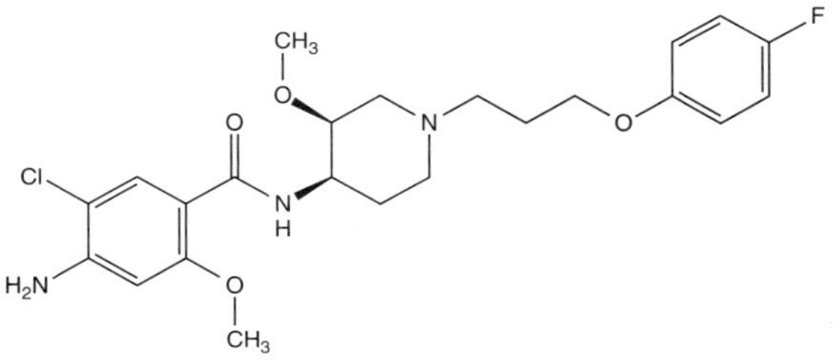

OS: *Cisapride [BAN, DCF, DCIT, JAN, USAN]*
IS: *R 51619 (Janssen, GB)*

Acpulsif® (Dexa Medica: ID)
Adamin® (Leti: DO, GT, PA, SV)
Cipasid® (Siam Bheasach: TH)
Cipride® (Biolab: TH)
Cipride® (Jalalabad: BD)
Cisapin® (Lerd Singh: TH)
Cisaprida Gen-Far® (Genfar: PE)
Cisaprida Genfar® (Genfar: CO, EC)
Cisaprida L.CH.® (Chile: CL)
Cisaprida® (AC Farma: PE)
Cisaprida® (La Sante: PE)
Cisaprida® (Mintlab: CL)
Cisaprida® (Pentacoop: PE)
Cisapride® (Vannier: AR)
Cisap® (Zdravlje: RS)
Cisarid® (Opsonin: BD)
Cisarid® (Pharmasant: TH)
Coordinax® (Janssen: BG)
Disflux® (Corsa: ID)
Enteropride® (Janssen: BR)
Ethiprid® (Ethica: ID)

Gasprid® (Polfa Kutno: PL)
Gastrokin® (Sanitas: CL)
Gastromet® (Recalcine: CL)
Gastromet® (Roemmers: PE)
Gastronax® (Galena: PL)
Gastropride® (Dar-Al-Dawa: BH, IQ, LB, LY, NG, OM, SA, SD, SO, TN, YE)
Guarposid® (Guardian: ID)
Hebacpyl® (LAM: DO)
Marovil® (Medipharm: CL)
Metison® (Unison: TH)
Ondax® (Saval Eurolab: CL)
Palcid® (Pharmadica: TH)
Plexus® (Pharmalab: PE)
Prepulsid 5® (Sanbe: ID)
Prepulsid® (Janssen: BR, IL, PT)
Pri-De-Sid® (Polipharm: TH)
Pridesia® (Sanbe: ID)
Pronetic® (Kalbe: ID)
Pulsitil® (Janssen: AT)
Stimulit® (Fahrenheit: ID)
Tadasil® (Bruluagsa: MX)
Tonocis® (Ivax: PE)

– monohydrate:

PH: Cisapridum monohydricum Ph. Eur. 5
PH: Cisaprid-Monohydrat Ph. Eur. 5
PH: Cisapride Monohydrate Ph. Eur. 5
PH: Cisapride monohydraté Ph. Eur. 5

Alimix® (Janssen: GB)
Alipride® (Centaur: IN)
Cinetic® (Biolab: BR)
Cisalone® (Sigma: IN)
Cispride® (Klonal: AR)
Enteropride® (Janssen: MX)
Fisiogastrol® (Salvat: CR, DO, ES, GT, HN, NI, PA, SV)
Kinestase® (Liomont: MX)
Profercol® (Best: MX)
Propulsid® (Janssen: US)
Pulsar® (Phoenix: AR)
Unamol® (Senosiain: DO, MX, SV)

Cisatracurium Besilate (Rec.INN)

L: Cisatracurii besilas
I: Cisatracurio besilato
D: Cisatracurium-Kation
F: Besilate de cisatracurium
S: Besilato de cisatracurio

⚕ Neuromuscular blocking agent

CAS-Nr.: 0096946-42-8 C_{65}-H_{82}-N_2-O_{18}-S_2
M_r 1243.511

Isoquinolinium, 2,2'-[1,5-pentanediylbis[oxy(3-oxo-3,1-propanediyl)]]bis[1-[(3,4-dimethoxyphenyl)methyl]-1,2,3,4-tetrahydro-6,7-dimethoxy-2-methyl-, dibenzenesulfonate, [1R-[1α,2α(1'R*,2'R*)]]-

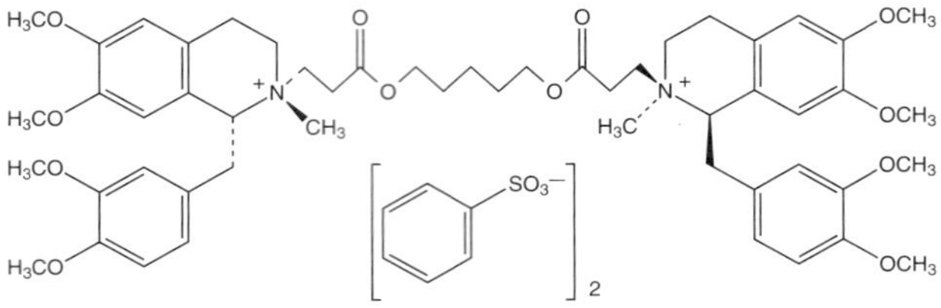

OS: *Cisatracurium Besylate [USAN]*
OS: *Cisatracurium Besilate [BAN]*
IS: *51W89 (Glaxo Wellcome, USA)*

Nimbex® (Abbott: CA)
Nimbex® (Glaxo Wellcome: PT, US)
Nimbex® (GlaxoSmithKline: AE, AG, AN, AT, AU, AW, BA, BB, BD, BE, BH, CH, CL, CR, CZ, DE, DK, DO, EC, ES, FI, FR, GB, GD, GR, GT, GY, HK, HN, HU, IR, JM, KW, LC, LU, MX, NI, NL, NO, OM, PA, PL, QA, RS, RU, SE, SI, SV, TH, TR, TT, VC, ZA)
Nimbex® (Wellcome-GB: IT)
Nimbex® [vet.] (GlaxoSmithKline: GB)
Nimbium® (GlaxoSmithKline: AR, BR)

Cisplatin (Rec.INN)

L: Cisplatinum
I: Cisplatino
D: Cisplatin
F: Cisplatine
S: Cisplatino

⚕ Antineoplastic agent

ATC: L01XA01
CAS-Nr.: 0015663-27-1 Cl_2-H_6-N_2-Pt
M_r 300.058

Platinum, diaminedichloro-, (SP-4-2)-

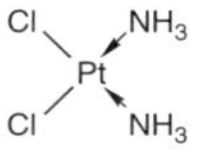

OS: *Cisplatin [BAN, JAN, USAN]*
OS: *Cisplatine [DCF]*
OS: *Cisplatino [DCIT]*
IS: *CACP*
IS: *CDDP*
IS: *Cis-DDP*
IS: *CPDC*
IS: *DDP*
IS: *NSC 119875*
IS: *PDD*
IS: *NK 801*
IS: *cis-Diamminedichloroplatinum*
IS: *cis-Platinum II*
PH: Cisplatin [Ph. Eur. 5, Ph. Int. 4, USP 30]
PH: Cisplatinum [Ph. Eur. 5, Ph. Int. 4]
PH: Cisplatine [Ph. Eur. 5]

Abiplatin® (Abic: TH)
Abiplatin® (Sanova: AT)
Abiplatin® (Teva: IL, ZA)

Blastolem® (Chile: CL)
Blastolem® (Lemery: MX, PE)
Cis-GRY® (Gry: DE)
Cis-Platinum® (Atafarm: TR)
Cisplamol® (Vianex: GR)
Cisplatex® (Eurofarma: BR)
Cisplatin Cytosafe® (Pfizer: NL)
Cisplatin David Bull® (Gerolymatos: GR)
Cisplatin DBL® (DBL/Faulding: BD)
Cisplatin DBL® (Mayne: HK, SG)
Cisplatin DBL® (Orna: TR)
Cisplatin DBL® (Tempo: ID)
Cisplatin Ebewe® (Ebewe: AT, CH, CZ, HK, HU, IL, LU, PL, RO, RS, TH, VN)
Cisplatin Ebewe® (Ferron: ID)
Cisplatin Ebewe® (InterPharma: NZ)
Cisplatin Ebewe® (Liba: TR)
Cisplatin Ebewe® (Pharmanel: GR)
Cisplatin Eurocept® (EuroCept: NL)
Cisplatin Hexal® (Hexal: DE)
Cisplatin Injection® (Mayne: AU, NZ)
Cisplatin Injection® (Pharmacia: AU)
Cisplatin Kalbe® (Kalbe: ID)
Cisplatin Mayne® (Mayne: DK, FI, NL, NO, SE)
Cisplatin medac® (Medac: DE)
Cisplatin medac® (medac: LU)
Cisplatin Meda® (Meda: SE)
Cisplatin NC® (Neocorp: DE)
Cisplatin NeoCorp® (Neocorp: DE)
Cisplatin Pfizer® (Pfizer: AT, FI, RS, SG)
Cisplatin Pharmacia® (Pfizer: VN)
Cisplatin Pliva® (Pliva: BA, HR, SI)
Cisplatin Teva® (Pharmachemie: RO)
Cisplatin Teva® (Teva: CZ, HU)
Cisplatin-Ebewe® (Ebewe: RU, TH)
Cisplatin-GRY® (Gry: DE)
Cisplatin-Medac® (medac: LU)
Cisplatin-Mepha® (Mepha: CH)
Cisplatin-Ribosepharm® (ribosepharm: DE)
Cisplatin-Teva® (Med: TR)
Cisplatin-Teva® (Teva: HU, NL)
Cisplatina® (ASTA Medica: BR)
Cisplatina® (Biosintética: BR)
Cisplatina® (Mayne: BR)
Cisplatina® (Pharmacia: BR)
Cisplatina® (Zodiac: BR)
Cisplatine Dakota® (Dakota: FR)
Cisplatine Mayne® (Mayne: BE, LU)
Cisplatine-Lilly® (Lilly: LU)
Cisplatine-Teva® (Teva: LU)
Cisplatine® (Hexal: NL)
Cisplatino Asofarma® (Asofarma: AR)
Cisplatino Asofarma® (Raffo: AR)
Cisplatino Blastolem RU® [sol.-inj.] (Lemery: PE)
Cisplatino Delta Farma® (Delta Farma: AR)
Cisplatino Ebewe® (Ebewe: IT)
Cisplatino Faulding® (Mayne: ES)
Cisplatino Ferrer Farma® (Ferrer: ES)
Cisplatino Martian® (LKM: AR)
Cisplatino Mayne® (Mayne: ES, IT)
Cisplatino Microsules® (Microsules: AR)
Cisplatino Pharmacia® (Pharmacia: ES, IT)
Cisplatino Rontag® (Rontag: AR)
Cisplatino Sandoz® (Sandoz: AR)
Cisplatino Segix® (Segix: IT)
Cisplatino Teva® (Teva: IT)
Cisplatino® (Almirall: ES)
Cisplatino® (Baxter: CL)
Cisplatino® (Biochemie: CO)
Cisplatino® (Biolatina: CL)
Cisplatino® (Funk: ES)
Cisplatino® (Ivax: PE)
Cisplatino® (Kampar: CL)
Cisplatino® (Mayne: IT)
Cisplatino® (Pfizer: CL, PE)
Cisplatino® (Ranbaxy: PE)
Cisplatino® (Teva: AR)
Cisplatinum-Onko® (Onko-Koçsel: TR)
Cisplatin® (Mayne: GB)
Cisplatin® (Pfizer: GB, HR)
Cisplatin® (Pliva: BA)
Cisplatin® (Teva: GB)
Cisplatin® (Wockhardt: GB)
Cisplatin® [inj.] (Abraxis: US)
Cisplatin® [inj.] (Baxter Healthcare: US)
Cisplatin® [inj.] (Bedford: US)
Cisplatin® [inj.] (Mayne: AU, CA)
Cisplatin® [inj.] (Pharmachemie: US)
Cisplatin® [inj.] (Pharmacia: AU)
Cisplatin® [inj.] (Sicor: US)
Cisplatin® [inj.] (Wockhardt: GB)
Cisplatyl® (Aventis: BR, GR)
Cisplatyl® (Sanofi-Aventis: FR)
Cisplat® (Biochem: IN)
Citoplatino® (Bellon-F: IT)
Cytoplatin® (Biotoscana: CL)
Cytosafe Cisplatin® (Pfizer: ID)
DBL Cisplaitn® (Faulding/DBL: TH)
Elvecis® (Ivax: AR)
Faulding-Cisplatina® (Mayne: BR)
Faulplatin® (Mayne: PT)
Kemoplat® (Dabur: IN, LK, PH, TH)
Lederplatin® (Pharmachemie: DK)
Neoplatin® (Bristol-Myers Squibb: ES)
Oncoplatin® (Koçak: TR)
P&U Cisplatina® (Pharmacia: BR)
P&U Cisplatin® (Pharmacia: ZA)
Placis® (Chiesi: ES)
Placis® (Farma-Tek: TR)
Platamine® (Pfizer: AR, PH)
Platamine® (Pharmacia: BG, GR, IT)
Platiblastin® (Pfizer: CH)
Platiblastin® (Pharmacia: DE)
Platidiam® (Lachema: RS)
Platidiam® (Pliva: CZ, HU, RO, RU)
Platidiam® (Pliva Lachema: PL)
PlatiGal® (Galenika: RS)
Platinex® (Bristol-Myers Squibb: BA, BG, DE, HR, IT, RS)
Platinex® (PharmaSwiss: SI)
Platino II Filaxis® (Filaxis: AR)
Platinol-AQ® (Bristol-Myers Squibb: US)
Platinol® (Bristol-Myers Squibb: AT, BE, CH, DK, FI, GE, GR, IS, LU, MX, NL, NO, PH, SE, TH)
Platinoxan® (Baxter: PH)
Platiran® (Bristol-Myers Squibb: BR)
Platistine® (Pfizer: BE)
Platistine® (Pharmacia: LU)
Platistin® (Pfizer: NO)
Platosin® (Chemipharm: GR)

Platosin® (Emporio: SI)
Platosin® (Pharmachemie: ID, LK, MY, NL, PE, TH, ZA)
Platosin® (Teva: BE, TH)
Pronto Platamine® (Pharmachemie-NL: IT)
Randa® (Nippon Kayaku: JP)
Sicatem® (Richmond: AR, PE)
Sinplatin® (Actavis: GE)
Sinplatin® (Sindan: RO)
Tecnoplatin® [inj.] (Zodiac: BR)
Unistin® (Meizler: BR)

Citalopram (Rec.INN)

L: Citalopramum
I: Citalopram
D: Citalopram
F: Citalopram
S: Citalopram

Antidepressant

ATC: N06AB04
CAS-Nr.: 0059729-33-8 C_{20}-H_{21}-F-N_2-O
M_r 324.408

1-[3-(Dimethylamino)propyl]-1-(p-fluorophenyl)-5-phthalancarbonitrile

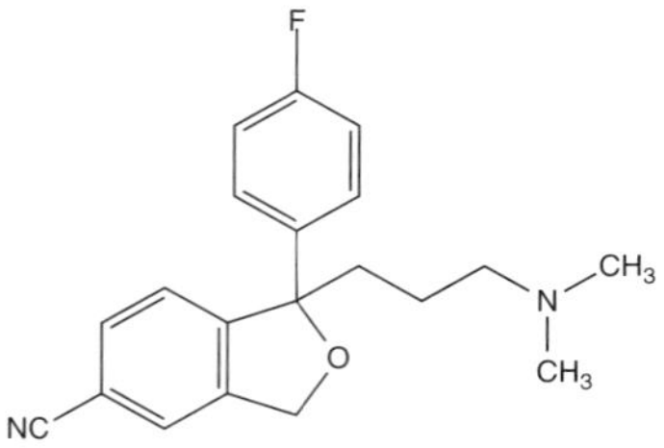

OS: *Citalopram [BAN, DCF, USAN]*
IS: *LU 10-171*

Actipram® (Chile: CL)
Alcytam® (Torrent: BR)
Aurex® (Hexal: PL)
Cipram® (Lundbeck: ID, SG, TH)
Citadur® (Sandoz: DK)
Citalon® (Lek: HR)
Citalopram Alpharma® (Alpharma: NL)
Citalopram Bexal® (Bexal: BE)
Citalopram CF® (Centrafarm: NL)
Citalopram Doc® (Docpharma: NL)
Citalopram Lacer® (Lacer: ES)
Citalorin® (Masterlek: RU)
Cital® (Hexal: AT)
Citol® (Tripharma: RU)
Citopam® (Sun: IN)
Lupram® (Lundbeck: PH)
Merck-Citalopram® (Merck: BE)
Oropram® (Actavis: GE)
Pisconor® (Ivax: AR)
Proximax® (Libbs: BR)
Seropram® [tabs] (Lundbeck: CZ, GR)
Starcitin® (Pliva: BA, HR)
Zebrak® (Royal Pharma: CL)

– hydrobromide:
CAS-Nr.: 0059729-32-7
OS: *Citalopram Hydrobromide BANM, USAN*
IS: *LU 10-171-B (Lundbeck, Denmark)*
IS: *Nitalapram Hydrobromide*
PH: Citalopram hydrobromide USP 30

Akarin® (Nycomed: DK)
Apo-Citalopram® (Apotex: CA, CZ)
Arpolax® (Incepta: BD)
Celapram® (Alphapharm: AU)
Celapram® (Pacific: NZ)
Celexa® (Forest: US)
Celexa® (Lundbeck: CA)
Celexa® (Pfizer: US)
Cerotor® (Torrex: CZ)
Cilift® (Aspen: ZA)
Cilon® (Sandoz: PL)
Cilopral Mepha® (Adico: CH)
Cimal® (Drugtech-Recalcine: CL)
Cziprager® (Gerard: IE)
Cipramil® (Healthcare Logistics: NZ)
Cipramil® (Lundbeck: AU, BE, DE, DK, FI, GB, IE, IL, IS, LU, NL, NO, PL, RO, RU, SE, SI, ZA)
Cipramil® (Novartis: CR, DO, GT, HN, NI, PA, SV)
Cipramil® (Silesia: CL, PE)
Cipram® (Lundbeck: AE, BH, EG, HK, IQ, IR, JO, KW, LB, MY, OM, QA, SA, SD, TR, YE)
Cipraprine® (Pinewood: IE, NL)
Ciprotan® (Clonmel: IE)
Cis® (Globe: BD)
Citadura® (Merck dura: DE)
Citagen® (Merck: HU)
Citaham® (Actavis: DK)
Citalec® (Leciva: CZ)
CitaLich® (Winthrop: DE)
Citalo-Q® (Juta: DE)
Citalo-Q® (Q-Pharm: DE)
Citalogamma® (Wörwag Pharma: DE)
Citalomerck® (Generics: RO)
Citalon® (Krewel: DE)
Citalon® (Sandoz: CZ, HU, SI)
Citalopram 1A Farma® (1A Farma: DK)
Citalopram 1A Pharma® (1A Pharma: AT, DE)
Citalopram AbZ® (AbZ: DE)
Citalopram AbZ® (Abz: NL)
Citalopram accedo® (Accedo: DE)
Citalopram Acost® (Acost: ES)
Citalopram Actavis® (Actavis: CZ, NL, SE)
Citalopram Allen® (Allen: IT)
Citalopram Alpharma® (Actavis: FI)
Citalopram Alpharma® (Alpharma: DK)
Citalopram Alternova® (Alternova: DK)
Citalopram Alter® (Alter: ES)
Citalopram AL® (Aliud: DE)
Citalopram Aphar® (Litaphar: ES)
Citalopram Arcana® (Arcana: AT)
Citalopram Arrow® (Arrow: DK, NZ, SE)
Citalopram Asol® (Asol: ES)
Citalopram AWD® (AWD: DE)
Citalopram A® (Arrow: NL)
Citalopram Basics® (Basics: DE)
Citalopram Bayvit® (Stada: ES)
Citalopram beta® (betapharm: DE)
Citalopram beta® (Betapharm: NL)
Citalopram Bexal® (Bexal: ES)
Citalopram Biogaran® (Biogaran: FR)
Citalopram biomo® (biomo: DE)

Citalopram Biotisane® (Korhispana: ES)
Citalopram Cantabria® (Cantabria: ES)
Citalopram Cinfa® (Cinfa: ES)
Citalopram CNSpharma® (CNSpharma: SE)
Citalopram Copyfarm® (Copyfarm: DK, SE)
Citalopram ct® (CT: NL)
Citalopram Cuve® (Cuvefarma: ES)
Citalopram Davur® (Davur: ES)
Citalopram Depronal® (Vegal: ES)
Citalopram dura® (Merck dura: DE)
Citalopram ecosol® (Sandoz: CH)
Citalopram Edigen® (Edigen: ES)
Citalopram Efarmes® (Efarmes: ES)
Citalopram EG® (EG: IT)
Citalopram EG® (Eurogenerics: BE)
Citalopram esparma® (esparma: DE)
Citalopram Farmalider® (Farmalider: ES)
Citalopram Farmaneu® (Merck: ES)
Citalopram FP® (Farmaprojects: NL)
Citalopram Frontier® (Alternova: FI)
Citalopram G Gam® (G Gam: FR)
Citalopram GEA® (Sandoz: SE)
Citalopram Genericon® (Genericon: AT)
Citalopram Generics® (Merck NM: FI)
Citalopram Gf® (Genfarma: NL)
Citalopram Goibela® (Cinfa: ES)
Citalopram Grapa® (Grapa: ES)
Citalopram HelvePharm® (Helvepharm: CH)
Citalopram Heumann® (Heumann: DE)
Citalopram Hexal® (Hexal: AT, DE, DK, IT, NO)
Citalopram Hexal® (Sandoz: FI, SE)
Citalopram Hydrobromide® (Alphapharm: US)
Citalopram Hydrobromide® (Apotex: US)
Citalopram Hydrobromide® (Roxane: US)
Citalopram Interpharm® (Interpharm: AT)
Citalopram Katwijk® (Katwijk: NL)
Citalopram Kern® (Kern: ES)
Citalopram Korhispana® (Korhispana: ES)
Citalopram Lareq® (Lareq: ES)
Citalopram Lichtenstein® (Lichtenstein: NL)
Citalopram Mabo® (Mabo: ES)
Citalopram Merck NM® (Merck NM: SE)
Citalopram Merck® (Merck: ES)
Citalopram Merck® (Merck Generics: CH, IT, NL)
Citalopram Merck® (Merck Génériques: FR)
Citalopram Molteni® (Molteni: IT)
Citalopram neuraxpharm® (neuraxpharm: DE)
Citalopram Neurax® (Neuraxpharm: NL)
Citalopram Normon® (Normon: ES)
Citalopram Omega® (Omega: NL)
Citalopram Orion® (Orion: FI)
Citalopram PCD® (Pharmacodane: DK)
Citalopram PCH® (Pharmachemie: NL)
Citalopram Pharmagenus® (Pharmagenus: ES)
Citalopram Pliva® (Pliva: CZ, SI)
Citalopram Pérez Giménez® (Perez Gimenez: ES)
Citalopram Ranbaxygen® (Ranbaxy: ES)
Citalopram Ranbaxy® (Ranbaxy: AT, ES, NL)
Citalopram Ranbaxy® (Sabora: FI)
Citalopram ratiopharm® (Ratiopharm: AT, CZ)
Citalopram ratiopharm® (ratiopharm: DE, DK)
Citalopram ratiopharm® (Ratiopharm: ES)
Citalopram ratiopharm® (ratiopharm: HU)
Citalopram ratiopharm® (Ratiopharm: IT, NL, SE)
Citalopram real® (Dolorgiet: DE)
Citalopram Rimafar® (Rimafar: ES)
Citalopram RPG® (RPG: FR)
Citalopram Sandoz® (Sandoz: AT, BE, CH, DE, DK, ES, FI, FR, IT, NL, SE)
Citalopram Stada® (Stada: ES, NL, SE)
Citalopram Stada® (Stadapharm: DE)
Citalopram Streuli® (Streuli: CH)
Citalopram Sumol® (Sumol: ES)
Citalopram TAD® (TAD: DE)
Citalopram Teva® (Teva: CH, DE, ES, SE)
Citalopram Tiefenbacher® (Alfred Tiefenbacher: NL)
Citalopram Torrex® (Torrex: AT, SI)
Citalopram Ur® (Uso Racional: ES)
Citalopram Uxa® (Uxafarma: ES)
Citalopram Vegal® (Vegal: ES)
Citalopram Winthrop® (Sanofi-Aventis: CH)
Citalopram Winthrop® (Winthrop: ES, FR, NL)
Citalopram-AWD® (AWD.pharma: DE)
Citalopram-CT® (CT: DE, LU)
Citalopram-Hexal® (Hexal: LU)
Citalopram-Hormosan® (Hormosan: DE)
Citalopram-ISIS® (Alpharma: DE)
Citalopram-Mepha® (Mepha: CH)
Citalopram-ratiopharm® (Ratiopharm: AT)
Citalopram-ratiopharm® (ratiopharm: DE)
Citalopram-ratiopharm® (Ratiopharm: FI)
Citalopram-Sandoz® (Sandoz: LU)
Citalopram® (Alpharma: NO)
Citalopram® (Biovail: US)
Citalopram® (Delphi: NL)
Citalopram® (Hexal: NL, RO)
Citalopram® (Northia: AR)
Citalopram® (ratiopharm: NO)
Citalopram® (Sandoz: GB)
Citalostad® (Stada: AT, RO)
Citalowin® (Chinoin: HU)
Citalox® (Merck: SI)
Citalvir® (Vir: ES)
Cital® (Biovena: PL)
Citapram® (General Pharma: BD)
Citapram® (Sandoz: HU)
Citaratio® (ratiopharm: PL)
Citara® (Fako: TR)
Citaxin® (Pliva: PL)
Cita® (Winthrop: CZ)
Citolap® (Tüm Ekip: TR)
Citol® (Abdi Ibrahim: TR)
Citox® (Sun Pharma: MX)
Citrex® (Deva: TR)
Citrol® (Rowex: IE)
Claropram® (Spirig: CH)
CO Citalopram® (Cobalt: CA)
Cortran® (Rider: CL)
Dalsan® (Egis: HU)
Elopram® (Recordati: IT)
Eostar® (Gerot: AT)
Eslopram® (Eczacibasi: TR)
Estabel® (Cantabria: ES)
Estabel® (Normon: ES)
Felipram® (Crinos: IT)
Feliximir® (Krugher: IT)
Finap® (Raffo: CL)
Frimaind® (So.Se.: IT)
Futuril® (BC: DE)

Futuril® (Sandoz: DE)
Gen-Citalopram® (Genpharm: CA)
Genprol® (Sandoz: ES)
GenRX Citalopram® (GenRX: AU)
Humorap® (Bagó: AR)
Lontax® (Fidia: NL)
Merck-Citalopram® (Merck: LU)
Novo-Citalopram® (Novopharm: CA)
Opra® (Actavis: RU)
Oropram® (Pharmaco: HU)
PMS-Citalopram® (Pharmascience: CA)
Pramcil® (Medipharm: CL)
Pramexyl® (Epifarma: IT)
Pram® (Lannacher: AT, RU)
Presar® (Tedec Meiji: ES)
Prisdal® (Almirall: ES)
Prisma® (Pasteur: CL)
RAN-Citalopram® (Ranbaxy: CA)
ratio-Citalopram® (Ratiopharm: CA)
Recital® (Unipharm: IL)
Relapaz® (Alter: ES)
Relaxol® (Biofarma: TR)
Return® (Euro-Pharma: IT)
Sandoz Citalopram® (Sandoz: CA)
Sepram® (Lundbeck: DE, FI)
Serital® (Temmler: DE)
Seropram® (Lundbeck: AR, AT, BG, CH, CZ, ES, FR, HU, IT, MX)
Seropram® (Paranova: AT)
Serotor® (Torrex: HU)
Setronil® (Chemopharma: CL)
Somac® (Belmac: ES)
Talam® (Arrow: AU)
Talohexal® (Hexal: AU)
Talomil® (Al Pharm: ZA)
Temperax® (Bago: CL)
Vodelax® (Sanovel: TR)
Zentius® (Pharma Investi: CL)
Zentius® (Roemmers: AR, CO)
Zyloram® (Ranbaxy: CZ, HU, RS)

– hydrochloride:

CAS-Nr.: 0085118-27-0

Cipramil® [inj./liqu.oral] (Lundbeck: DE, GB, IE, NL, RO, SE, SI)
Citalopram ABC® (ABC: IT)
Citalopram DOC® (DOC Generici: IT)
Citalopram DPB® (Molteni: IT)
Citalopram Eurogenerici® (EG: IT)
Citalopram Glaxo Allen® (Glaxo Allen: IT)
Citalopram Hexal® (Hexal: IT)
Citalopram Jet® (Jet: IT)
Citalopram Merck® (Merck: IT)
Citalopram Pliva® (Pliva: IT)
Citalopram ratiopharm® (Ratiopharm: BE, IT)
Citalopram Teva® (Teva: BE, IT)
Elopram® (Recordati: IT)
Kaidor® (Krugher: IT)
Lampopram® (Lampugnani: IT)
Marpram® (Marvecs: IT)
Percital® (Piam: IT)
Pram® (Lannacher: CZ)
Ricap® (Caber: IT)
Seropram® [inj.] (Lundbeck: CH, CZ, FR, HU, IT)

Sintopram® (Sintactica: IT)
Verisan® (CT: IT)

Citicoline (Prop.INN)

L: Citicolinum
I: Citicolina
D: Citicolin
F: Citicoline
S: Citicolina

Nootropic

ATC: N06BX06
CAS-Nr.: 0000987-78-0 C_{14}-H_{26}-N_4-O_{11}-P_2
M_r 488.342

Cytidine 5'-(trihydrogen diphosphate), mono[2-(trimethylammonio)ethyl] ester, hydroxide, inner salt

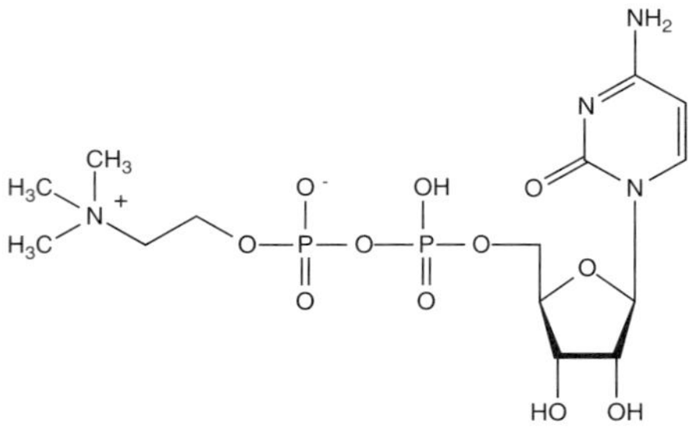

OS: *Citicoline [JAN]*
OS: *Citicolina [DCIT]*
OS: *Citidoline [DCF]*
IS: *CDPC*
IS: *Cytidine diphosphate choline*
IS: *CDP-Cholin*
IS: *Cytifin(5')diphosphocholin*

Brainact® (Dankos: ID)
Citifar® (Lafare: IT)
Complegel® (Boehringer Ingelheim: AR)
Difosfocin® (Magis: IT)
Emicholin F® (Dojin Iyaku: JP)
Emicholin F® (Nichiiko: JP)
Hipercol® (Angelini: PT)
Neulin® (Takeda: ID)
Nicholin® (Takeda: ID, JP, PH)
Nicholin® (Wyeth: IT)
Nicolsint® (Epifarma: IT)
Niticolin® (Morishita: JP)
Proneural® (Ethical: DO)
Reagin® (Baliarda: AR)
Recognan® (Toyo Jozo: JP)
Rupis® (Vitacain: JP)
Sintoclar® (Pulitzer: IT)
Somatrim® (Fluter: DO)
Somazina® (Andromaco: CL)
Somazina® (CPH: PT)
Somazina® (Ferrer: CR, DO, ES, GT, HN, NI, PA, PE, SV)
Somazina® (Solvay: BR)
Somazine® (Patriot: PH)
Startonyl® (Seber: PT)
Startonyl® (Torrex: AT)
Trausan® (Vitoria: PT)

– sodium salt:

CAS-Nr.: 0033818-15-4
OS: *Citicoline Sodium USAN*

Brassel® (Pharmacia: IT)
Cebroton® (Tubilux: IT)
Cidilin® (Errekappa: IT)
Citicolina Angenerico® (Angenerico: IT)
Citicolina Dorom® [inj.] (Dorom: IT)
Citicolina Jet® (Jet: IT)
Citicolina Pliva® (Pliva: IT)
Citicolina ratiopharm® (Ratiopharm: IT)
Citicolina Sandoz® (Sandoz: IT)
Citicoline Panpharma® (Panpharma: FR)
Citicolin® [inj.] (Piam: IT)
Flussorex® (Lampugnani: IT)
Gerolin® (CT: IT)
Link® (Savio: IT)
Logan® (Istituto Chim. Internazionale: IT)
Neurex® (Euro-Pharma: IT)
Neuroton® (Nuovo: IT)
Numatol® (Spyfarma: ES)
Onquevit® (Sandoz: MX)
Prelidita® (Novag: ES)
Sinkron® (Difass: IT)
Somazina® [inj.] (Andromaco: CL)
Somazina® [inj.] (CPH: PT)
Somazina® [inj.] (Ferrer: CR, DO, GT, HN, NI, PA, SV)
Somazina® [inj.] (Novag: MX)
Somazina® [inj.] (Solvay: BR)
Somazina® [inj.] (Temis-Lostalo: AR)

Citrulline, L- (DCF)

D: L-Citrullin
F: L-Citrulline

⚕ Amino acid
⚕ Hepatic protectant
⚕ Tonic

CAS-Nr.: 0000372-75-8 — C_6-H_{13}-N_3-O_3 — M_r 175.2

L-Ornithine, N5-(aminocarbonyl)-

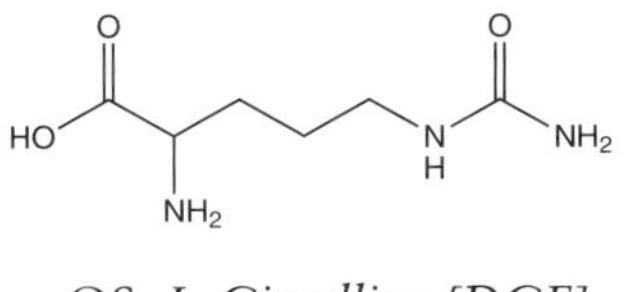

OS: *L-Citrulline [DCF]*
IS: *N5-Carbamoylornithin (IUPAC)*
PH: Citrullin [DAC]

– malate:

Biostimol® (Vita Health Care: CH)
Stimol® (Alpharma: ID)
Stimol® (Biocodex: FR, VN)
Stimol® (Perez Gimenez: ES)
Stimol® (PharmaRégie: RU)
Stimol® (Profarma: PE)
Stimufor® (Biocodex: LU)

Cladribine (Rec.INN)

L: Cladribinum
I: Cladribina
D: Cladribin
F: Cladribine
S: Cladribina

⚕ Antineoplastic, antimetabolite

ATC: L01BB04
CAS-Nr.: 0004291-63-8 — C_{10}-H_{12}-Cl-N_5-O_3 — M_r 285.706

2-Chloro-2'-deoxyadenosine

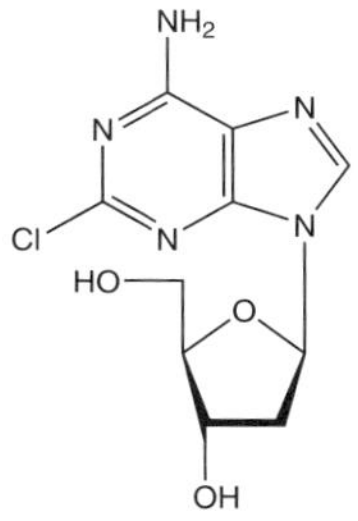

OS: *Cladribine [BAN, DCF, USAN]*
IS: *CdA*
IS: *RWJ 26251*
IS: *RWJ 26251-000*
IS: *Chlorodeoxyadenosine*
PH: Cladribine [Ph. Eur. 5, USP 30]

Biodribin® (Inst. Biotechn. i Antybiotykow: PL)
Cladribine for Injection® (Abraxis: US)
Cladribine for Injection® (Bedford: US)
Intocel® (Sidus: AR)
Leustatine® (Janssen: FR)
Leustatin® (Janssen: AT, AU, BE, BG, BR, CA, CH, CR, CZ, DE, DK, DO, ES, FI, GR, GT, HK, HN, IL, IS, IT, LU, NI, NL, NO, NZ, PA, PH, SE, SV, TH, ZA)
Leustatin® (Ortho Biotech: US)
Leustat® (Janssen: AR, AT, GB)
Litak® (Haupt: RO)
Litak® (Lipomed: AT, CH, CZ, DE, DK, FR, IL, NL, RS)
Litak® (Medifront: FI)
Litak® (Orphan: AU)
Litak® (ZLB Behring: LU)

Clanobutin (Rec.INN)

L: Clanobutinum
D: Clanobutin
F: Clanobutine
S: Clanobutina

⚕ Choleretic

CAS-Nr.: 0030544-61-7 — C_{18}-H_{18}-Cl-N-O_4 — M_r 347.802

⊙ Butanoic acid, 4-[(4-chlorobenzoyl)(4-methoxyphenyl)amino]-

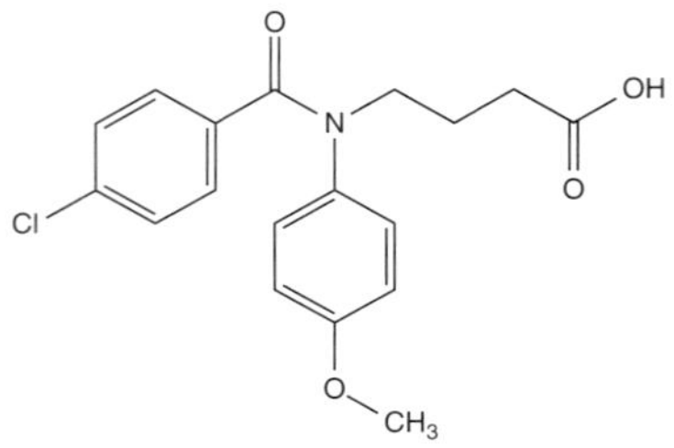

OS: *Clanobutin [USAN]*
IS: *B 6518 (Byk Gulden, Germany)*

Bykahépar® [vet.] (Schering-Plough: BE)

- **sodium salt:**

CAS-Nr.: 0074755-21-8

Bykahepar® [vet.] (Essex: AT)
Bykahepar® [vet.] (Provet: CH)
Bykahepar® [vet.] (Schering-Plough Animal: AU)
Bykahépar® [vet.] (Schering-Plough Vétérinaire: FR)

Clarithromycin (Rec.INN)

L: Clarithromycinum
I: Claritromicina
D: Clarithromycin
F: Clarithromycine
S: Clarithromycina

⚕ Antibiotic, macrolide

ATC: J01FA09
CAS-Nr.: 0081103-11-9 C_{38}-H_{69}-N-O_{13}
M_r 747.98

⊙ Methylerythromycin, 6-O-

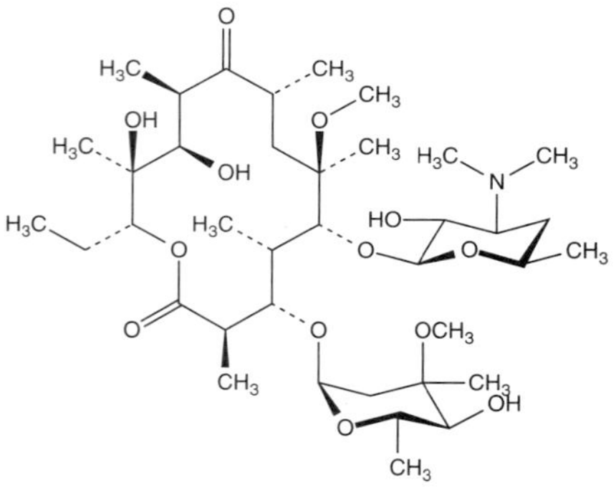

OS: *Clarithromycin [BAN, JAN, USAN]*
OS: *Clarithromycine [DCF]*
OS: *Claritromicina [DCIT]*
IS: *A 56268 (Abbott)*
IS: *TE 031 (Taisho, Japan)*
PH: Clarithromycin [USP 30, JP XIV, Ph. Eur. 5]

Abbotic® (Abbott: ID)
Adel® (Senosiain: MX)
Aeroxina® (Elea: AR)
Bacterfin® (Life: EC)
Bactirel® (Chalver: DO, GT, HN, PA, SV)
Biaxin® (Abbott: CA, DE, LU, NL, US)
Biclar® (Abbott: LU)
Bicrolid® (Sanbe: ID)
Binoclar® (Biochemie: CR, DO, GT, NI, SV)
Binoclar® (Novartis: BD)
Binoklar® (Sandoz: ID)
Bremon Unidia® (Pensa: ES)
Bremon® (Pensa: ES)
Clabact® (HG.Pharm: VN)
Clacee® (Abbott: ZA)
Clacina® (Biosaúde: PT)
Clacine® (Dankos: ID)
Clactirel® [tab.] (Chalver: PE)
Clambiotic® (Hexpharm: ID)
Clamicin® (Medley: BR)
Clamycin® (Sandoz: CH)
Clanil® (Acromax: EC)
Clapharma® (Alpharma: ID)
Clarac® (Douglas: AU, NZ)
Clarbact® (Ipca: RU)
Clarexid® (Pliva: BA, HR)
Claribac® (América: CO)
Claribac® (Lancasco: DO, GT, HN, SV)
Claribid® (Pfizer: IN)
Claribiotic® (Baliarda: AR)
Claribiot® [tab./pulv.] (Medco: PE)
Claricide® (Bilim: TR)
Claricin® (Acme: BD)
Claridar® (Dar-Al-Dawa: AE, BH, IQ, JO, KW, LB, LY, MT, NG, OM, QA, SA, SD, SO, TN, YE)
Clarilind® (Lindopharm: DE)
Clarimac® (Cadila: IN)
Clarimax® (Andromaco: CL)
Clarimax® (Montpellier: AR)
Clarimycin® (Amico: BD)
Clarin® (Drug International: BD)
Claripen® (Elpen: GR, SG)
Claritab® (Aché: BR)
Claritab® (Bidiphar: VN)
Clarithrobeta® (betapharm: DE)
Clarithrocin-Mepha® (Mepha: CH)
Clarithromycin 1A Pharma® (1A Pharma: AT, DE)
Clarithromycin AbZ® (AbZ: DE)
Clarithromycin accedo® (Accedo: DE)
Clarithromycin AL® (Aliud: DE)
Clarithromycin Arcana® (Arcana: AT)
Clarithromycin AWD® (AWD.pharma: DE)
Clarithromycin BASICS® (Basics: DE)
Clarithromycin Domesco® (Domesco: VN)
Clarithromycin dura® (Merck dura: DE)
Clarithromycin Grunenthal® (Grünenthal: SI)
Clarithromycin Heumann® (Heumann: DE)
Clarithromycin Hexal® (Hexal: AT, DE, DK)
Clarithromycin Hexal® (Sandoz: FI)
Clarithromycin Hexal® [vet.] (Albrecht: DE)
Clarithromycin Interpharm® (Interpharm: AT)
Clarithromycin Kwizda® (Kwizda: DE)
Clarithromycin Merck NM® (Merck NM: FI)
Clarithromycin PCD® (Pharmacodane: DK)
Clarithromycin Ratiopharm® (Ratiopharm: AT, CZ)
Clarithromycin Ratiopharm® (ratiopharm: DK, HU)
Clarithromycin Sandoz® (Sandoz: AT, CH, DE, DK, FI)
Clarithromycin Stada® (Stada: AT, DE)
Clarithromycin-CT® (CT: DE)
Clarithromycin-Hexal® (Hexal: LU)
Clarithromycin-ratiopharm® (Ratiopharm: CZ)

Clarithromycin-ratiopharm® (ratiopharm: DE)
Clarithromycin-ratiopharm® (Ratiopharm: FI)
Clarithromycin-ratiopharm® (ratiopharm: LU)
Clarithromycin-TEVA® (Teva: DE, IL)
Clarithromycine Abbott® (Abbott: BE, LU)
Clarithromycine Ratiopharm® (Ratiopharm: BE)
Clarithromycine Sandoz® (Sandoz: BE)
Clarithromycin® (Dava: US)
Clarithromycin® (GMP: GE)
Clarithromycin® (Ranbaxy: US)
Clarithromycin® (Remedica: RS)
Clarithromycin® (Roxane: US)
Clarithro® (Alembic: LK)
Clarith® (LBS: TH)
Clarith® (Taisho: JP)
Claritrol® (Librapharma: CO)
Claritromicina Alter® (Alter: ES, PT)
Claritromicina Angenérico® (Angenérico: PT)
Claritromicina Aphar® (Litaphar: ES)
Claritromicina Baldacci® (Baldacci: PT)
Claritromicina Bexal® (Bexal: ES, PT)
Claritromicina Combino Pharm® (Combino: ES)
Claritromicina Cuve® (Perez Gimenez: ES)
Claritromicina Edigen® (Edigen: ES)
Claritromicina Fabra® (Fabra: AR)
Claritromicina Farmoz® (Farmoz: PT)
Claritromicina Fmndtria® [tab.] (Farmindustria: PE)
Claritromicina Generis® (Generis: PT)
Claritromicina Genfar® [tab.] (Expofarma: CL)
Claritromicina Genfar® [tab.] (Genfar: CO, PE)
Claritromicina Germed® (Germed: PT)
Claritromicina Grapa® (Grapa: ES)
Claritromicina Jaba® (Jaba: PT)
Claritromicina Juventus® (Juventus: ES)
Claritromicina Kern® (Kern: ES)
Claritromicina Labesfal® (Labesfal: PT)
Claritromicina Mepha® (Mepha: PT)
Claritromicina Merck® (Merck Genericos: ES)
Claritromicina Merck® (Merck Genéricos: PT)
Claritromicina MK® (Bonima: BZ, CR, GT, HN, HT, NI, PA, SV)
Claritromicina MK® (MK: CO, EC)
Claritromicina Mundogen® (Mundogen: ES)
Claritromicina Normon® (Normon: ES)
Claritromicina Northia® (Northia: AR)
Claritromicina Pharmagenus® (Pharmagenus: ES)
Claritromicina Ratiopharm® (Ratiopharm: ES)
Claritromicina Richet® [inj.] (Richet: AR)
Claritromicina Sandoz® (Sandoz: AR, ES)
Claritromicina Tarbis® (Tarbis: ES)
Claritromicina Ur® (Uso Racional: ES)
Claritromicina® [tab./susp./compr.] (Abbott: BR)
Claritromicina® [tab./susp./compr.] (AC Farma: PE)
Claritromicina® [tab./susp./compr.] (Bestpharma: CL)
Claritromicina® [tab./susp./compr.] (Britania: PE)
Claritromicina® [tab./susp./compr.] (Chemopharma: CL)
Claritromicina® [tab./susp./compr.] (Chile: CL)
Claritromicina® [tab./susp./compr.] (EMS: BR)
Claritromicina® [tab./susp./compr.] (Farmandina: EC)
Claritromicina® [tab./susp./compr.] (G&R: PE)
Claritromicina® [tab./susp./compr.] (Grünenthal: PE)
Claritromicina® [tab./susp./compr.] (Induquimica: PE)
Claritromicina® [tab./susp./compr.] (La Sante: PE)
Claritromicina® [tab./susp./compr.] (LCG: PE)
Claritromicina® [tab./susp./compr.] (Medicalex: CO)
Claritromicina® [tab./susp./compr.] (Medley: BR)
Claritromicina® [tab./susp./compr.] (Merck: BR)
Claritromicina® [tab./susp./compr.] (Novartis: BR)
Claritromicina® [tab./susp./compr.] (Pentacoop: CO)
Claritromicină® (Zentiva: RO)
Claritromycine Alpharma® (Alpharma: NL)
Claritromycine A® (Apothecon: NL)
Claritromycine CF® (Centrafarm: NL)
Claritromycine GF® (Genfarma: NL)
Claritromycine Grünenthal® (Grünenthal: NL)
Claritromycine PCH® (Pharmachemie: NL)
Claritromycine Prolepha® (Prolepha: NL)
Claritromycine Ranbaxy® (Ranbaxy: NL)
Claritromycine Sandoz® (Sandoz: NL)
Claritromycine® (Hexal: NL)
Claritromycine® (Medcor: NL)
Clariwin® [tab.] (Micro Labs Ltd: PE)
Clarix® [tab.] (Labofar: PE)
Clari® (Hanmi: SG)
Clarogen® (Merck: SI)
Claromac® (Bosnalijek: BA)
Claromycin® (Gap: GR)
Claromycin® (Spirig: CH)
Claron® (Siam Bheasach: TH)
Clarosip® (Grünenthal: CL, CZ, DE, GB, IE, NL, SI)
Clarovil® (Beta: AR)
Clar® (Lyka Labs: RO)
Clasine® [tab.] (Lafrancol: PE)
Clathrocyn® (Hemofarm: RS)
Clatic® (Pasteur: CL)
Claxid® [susp./compr.] (ABL: PE)
Clonocid® (Clonmel: IE)
Clormicin® (Biochem: CO)
Clorom® (Rowex: IE)
Collitred® (Collins: MX)
Comtro® (Combiphar: ID)
Corixa® (Biotenk: AR)
Crixan-od® (Ranbaxy: MX)
Crixan® (Ranbaxy: LK, SG, TH)
Cyllind® (Abbott: DE)
Deklarit® (Deva: GE, TR)
DHA-Clarithromycin® (DHA: SG)
Euromicina® (Saval Eurolab: CL)
Ezumycin® (Rafarm: GR)
Fada Claritromicina® (Fada: AR)
Fascar® (Medline: TH)
Finasept® (Microsules: AR)
Fromilid® (Krka: BA, CZ, HR, HU, PL, RO, RS)
Fromilid® (KRKA: RU)
Fromilid® (Krka: SI)
GenRX Clarithromycin® (GenRX: AU)
Gervaken® (Kendrick: MX)
Hecobac® (Nufarindo: ID)
Heliclar® (Abbott: BE, LU)
HeliClear® (Wyeth: GB)
Helimox® (Interpharm: EC)

Helozym® (Gutis: CR, DO, NI)
Infex® [susp./compr.] (Pharmabiotics: CL)
Infex® [susp./compr.] (Pharmalab: PE)
IRA® (Pablo Cassara: AR)
Iset® (Casasco: AR)
Italclar® (Bioindustria: EC)
Kailasa® (Duncan: AR)
Kalecin® (Mekophar: VN)
Kalixocin® (Alpharma: AU)
Karin® (Unipharm: IL)
Klabax® [tab.] (Ranbaxy: CZ, HU, PE, PL, RO)
Klabet® (Wermar: MX)
Klabion® (Bioton: PL)
Klacid One® (Abbott: CH)
Klacid Unidia® (Abbott: ES)
Klacid UNO® (Abbott: AT, DE, HU)
Klacid® (Abbott: AE, AT, AU, BA, BH, CH, CN, CZ, DE, DK, EG, ES, FI, HK, HU, IE, IL, IQ, IR, IS, IT, JO, KW, LB, MY, NL, NO, NZ, OM, PL, PT, QA, RO, RU, SD, SE, SG, SI, SY, TH, TR, VN, YE, ZA)
Klacid® (Aktuapharma: NL)
Klacid® (Delphi: NL)
Klacid® (Dowelhurst: NL)
Klacid® (EU-Pharma: NL)
Klacid® (Eureco: NL)
Klacid® (Euro: NL)
Klacid® (Paranova: AT)
Klacina® (Tecnoquimicas: CO)
Klaciped® (Abbott: CH)
Klamaxin® (I.E. Ulagay: TR)
Klamicina® (Garmisch: CO)
Klaribac® (APM: AE, BG, BH, IQ, JO, KW, LB, LY, NG, OM, QA, SA, SD, SY, TN, YE)
Klaricid UD® (Abbott: BR, CL, CR, DO, GT, HN, NI, PA, PE, SV)
Klaricid XL® (Abbott: GB)
Klaricid® (Abbott: AR, BR, CL, CO, CR, DO, GB, GR, GT, HN, LK, MX, NI, PA, PE, PH, SV)
Klaricid® (Dainabot: JP)
Klaricid® (Unimed & Unihealth: BD)
Klaridex® (Dexcel: IL)
Klarid® (Kalbe: ID)
Klarid® (Kalbe Farma: LK)
Klariger® (Gerard: IE)
Klarimax® (Hayat: AE, BH, IQ, JO, LB, LY, OM, QA, SA, SD, YE)
Klaritromycin Stada® (Stada: SE)
Klarit® (Kral: GT)
Klarmin® (ICN: PL)
Klarmyn® (Sandoz: MX, PH)
Klarolid® (Sandoz: TR)
Klaromin® (Eczacibasi: RU, TR)
Klarpharma® (Alpharma: MX)
Klax® (Toprak: TR)
Klerimed® (Medochemie: HK, RO, RU, SG)
Kleromicin® (Aegis: RS)
Klonacid® (Klonal: AR)
Kofron Unidia® (Guidotti: ES)
Kofron® (Abbott: ES)
Kofron® (Guidotti: ES)
Krobicin® (Euromex: MX)
Lagur UD® (Boehringer Ingelheim: BR)
Lagur® [tab.] (Boehringer Ingelheim: BR, PE)
Laricid® (Biofarma: TR)
Lekoklar® (Lek: BA, CZ, HR, HU, PL, RO, SI)
Mabicrol® (Boehringer Ingelheim: CR, GT, HN, NI, PA, SV)
Macladin® (Guidotti: IT)
Maclar® (Abbott: AT, BE, LU)
Maclar® (Techno: BD)
Macrobid® (General Pharma: BD)
Macrol® (Sanovel: TR)
Macromicina® (Lamsa: AR)
Makcin® (Belupo: HR)
Mavid® (Abbott: DE)
Maxiclar® (Koçak: TR)
Megasid® (Fako: TR)
Merck-Clarithromycine® (Merck: BE)
Monocid® (Abbott: AT)
Mononaxy® (Cephalon: FR)
Monozeclar® (Abbott: FR)
Mus TC® (IPhSA: CL)
Naxy® (Cephalon: FR)
Neo-Clarosip® (Grünenthal: MX)
Onexid® (Korea: PH)
Opeclacine® (O.P.V.: VN)
Pharmaniaga Clarithromycin® (Pharmaniaga: MY)
Pre-Clar® (Chile: CL)
Preclar® [susp./compr.] (Ivax: PE)
Quedox® (Rayere: MX)
Remac® (Square: BD)
Ritromi® (Ratio: DO)
Rocin® (Hudson: BD)
Rolacin® (Beximco: BD)
Rolicytin® (Unipharm: GT, MX)
Taclar® (Polfa Tarchomin: PL)
Talicix® (Alter: ES)
Uniklar® (Mustafa Nevzat: TR)
Veclam® (Malesci: IT)
Vikrol® (Mavi: MX)
Xilin® (PharmaBrand: EC)
Zeclaren® (Vianex: GR)
Zeclar® (Abbott: FR)
Zeclar® (Orion: FI)
Zithromax® [vet.] (Abbott: GB)

– lactobionate:

Biclar IV® (Abbott: BE)
Clarithromycine EG® (Eurogenerics: BE, LU)
Claritromicina Richet® (Richet: AR)
Klacid® [inj.] (Abbott: AT, AT, CH, PL, PT, RO, SI)
Klacid® [inj.] (Salus: SI)
Klaricid I.V.® (Abbott: MX)

Clavulanic Acid (Rec.INN)

L: Acidum Clavulanicum
I: Acido clavulanico
D: Clavulansäure
F: Acide clavulanique
S: Acido clavulanico

Enzyme inhibitor, β-lactamase

CAS-Nr.: 0058001-44-8

C_8-H_9-N-O_5
M_r 199.17

4-Oxa-1-azabicyclo[3.2.0]heptane-2-carboxylic acid, 3-(2-hydroxyethylidene)-7-oxo-, [2R-(2α,3Z,5α)]-

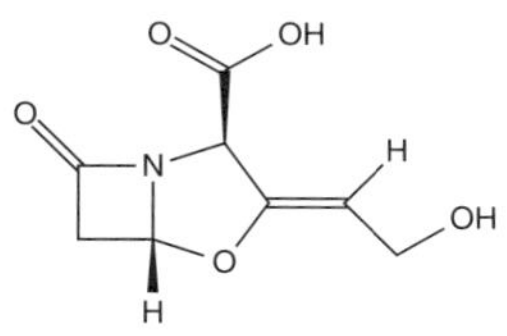

OS: *Acide clavulanique [DCF]*
OS: *Clavulanic Acid [BAN, USAN]*
OS: *Acido clavulanico [DCIT]*
IS: *BRL 14151*
IS: *BRL 25000*
IS: *MM 14151*

Aclam® [+ Amoxicillin] (Lapi: ID)
Aclav® [+ Amoxicillin] (Columbia: AR)
Adco-Amoclav® [+ Amoxicillin] (Ranbaxy: ZA)
Amoclane® [+ Amoxicillin trihydrate] (Eurogenerics: BE, LU)
Amoclan® [+ Amoxicillin] (Hikma: AE, BH, EG, IQ, JO, KW, LB, LY, OM, QA, SA, SD, SY, TN, YE)
Amolex Duo® [+ Amoxicillin] (Andromaco: CL)
Amoxicilina Clav Mundogen® [+ Amoxicillin, trihydrate] (Mundogen: ES)
Amoxicillin-ratiopharm comp® [+ Amoxicillin] (ratiopharm: DE)
AmoxiClav 1A Pharma® [+ Amoxicillin trihydrate] (1A Pharma: DE)
Amoxiclav beta® [+ Amoxicillin trihydrate] (betapharm: DE)
Amoxiclav Bexal® [+ Amoxicillin] (Bexal: BE)
Amoxiklav® [+ Amoxicillin trihydrate] (Lek: GE)
Amoxitenk® [+ Amoxicillin] (Biotenk: AR)
Amoxyclav® [+Amoxicillin trihydrate] (Apex: AU)
Augbactam® [+Amoxicillin] (Mekophar: VN)
Augmaxcil® [+ Amoxicillin] (Triomed: ZA)
Augmentin-BID® [+ Amoxicillin] (GlaxoSmithKline: CL)
Augmentin® [+ Amoxicillin] (GlaxoSmithKline: IN, PH)
Augmex® [+ Amoxicillin] (Korea: PH)
Augpen® [+Amoxicillin trihydrate] (Pharmadica: TH)
Biclavuxil® [+ Amoxicillin] (Qualipharm: CR, DO, GT, PA)
Biditin® [+ Amoxicillin] (Medikon: ID)
Bio-Amoksiklav® [+ Amoxicillin] (Biotech: ZA)
Bioment Bid® [+ Amoxicillin] (Fako: TR)
Clamobit® [+ Amoxicillin trihydrate] (Hexpharm: ID)
Clamoxin® [+ Amoxicillin trihydrate] (Maver: MX)
Clavaseptin®[vet.] (Vetoquinol: CH, FR)
Clavobay®[vet.] (Bayer Sante Animale: FR)
Clavobay®[vet.] (Norbrook: AT, NL, PT)
Clavoral®[vet.] (A.S.T.: NL)
Clavoxilina-Bid® [+ Amoxicillin] (Pediapharm: CL)
Clavubactin®[vet.] (Le Vet: LU, NL, PT)
Clavubactin®[vet.] (Vetcare: FI)
Clavulin Junior® [+ Amoxicillin] (GlaxoSmithKline: CO)
Clavulox®[vet.] (Pfizer Animal Health: NZ)
Co-Amoxiclav Indo Farma® [+ Amoxicillin] (Indofarma: ID)
Comsikla® [+ Amoxicillin] (Combiphar: ID)
Curam® [+ Amoxicillin] (Biochemie: CO, TH)
Curam® [+ Amoxicillin] (Sandoz: CZ, SG, ZA)
Danoclav® [+ Amoxicillin] (Alpharma: ID)
Dibional® [+ Amoxicillin] (Rivero: AR)
Docamoclav® [+ Amoxicillin] (Docpharma: BE)
Docamoclav® [+ Amoxicillin] (Ranbaxy: LU)
Duazat® [+ Amoxicillin] (Mecosin: ID)
Fleming® [+Amoxicillin] (Medreich: HK)
Flemoclav Solutab® [+Amoxicillin trihydrate] (Astellas: RU)
Improvox® [+ Amoxicillin] (Tempo: ID)
Inciclav® [+ Amoxicillin] (Indofarma: ID)
Klamentin® [+Amoxicillin] (HG.Pharm: VN)
Medoclav® [+ Amoxicilline] (Medochemie: RO, RU)
Merck-Amoxiclav® [+ Amoxicillin] (Merck: BE)
Moxlin® [+ Amoxicillin trihydrate] (Merck: MX)
Moxyclav® [+ Amoxicillin] (Group: ZA)
Myclav® [+ Amoxicillin trihydrate] (Unichem: LK)
Nufaclav® [+ Amoxillin trihydrate] (Nufarindo: ID)
Penilan® [+ Amoxicillin trihydrate] (Vitoria: PT)
Prafamoc® [+ Amoxicillin] (Prafa: ID)
Protamox® [+ Amoxicillin] (Armoxindo: ID)
Quali-Mentin® [+Amoxicillin] (Quality: HK)
Rolab-Amoclav® [+ Amoxicillin] (Sandoz: ZA)
Sandoz Co-Amoxyclav® [+ Amoxicillin] (Sandoz: ZA)
Sinufin® [+ Amoxicillin trihydrate] (Ivax: MX)
Suplentin® [+ Amoxicillin trihydrate] (Pasteur: PH)
Syneclav® [+ Amoxicillin] (Coronet: ID)
Synergin® [+ Amoxicillin] (Hemas: LK)
Synulox®[vet.] (Pfizer Animal Health: BE)
Viaclav® [+ Amoxicillin] (Dankos: ID)
Vulamox® [+ Amoxicillin] (Ethica: ID)
Vulamox® [+ Amoxicillin] (Grünenthal: CO)
Xiclav® [+ Amoxicillin] (Bosnalijek: BA)
Xiclav® [+ Amoxicillin] (Phapros: ID)
Zumafen® [+ Amoxicillin] (Prima: ID)

– potassium salt:

CAS-Nr.: 0061177-45-5
OS: *Clavulanate Potassium USAN*
OS: *Potassium Clavulanate BANM*
IS: *BRL 14151*
PH: Clavulanate Potassium USP 30
PH: Potassium Clavulanate Ph. Eur. 5, BP 2003
PH: Kalii clavulanas Ph. Eur. 5
PH: Kaliumclavulanat Ph. Eur. 5
PH: Clavulanate de Potassium Ph. Eur. 5

Abba® [+ Amoxicillin trihydrate] (Fidia: IT)
Abiclav® [+ Amoxicillin trihydrate] (Lindopharm: DE)
Acarbixin® [+ Amoxicillin trihydrate] (Quimica Son's: MX)
Aktil® [+ Amoxicillin sodium salt] [inj.] (Gedeon Richter: HU)
Aktil® [+ Amoxicillin trihydrate] (Gedeon Richter: HU)
Alpha Amoxyclav® [+Amoxicilline trihydrate] (Alpha: NZ)
Ambilan® [+ Amoxicilin trihydrate] (Chile: CL)
Ambilan® [+ Amoxicilin trihydrate] (Ivax: PE)
Amicosol® [inj.] [+ Amoxicillin sodium salt] (Sandoz: CH)
Amixen® [+ Amoxicillin] (Laboratorios: AR)

Amobay CL® [+ Amoxicillin trihydrate] (Bayer: MX)
Amoclan Hexal® [+ Amoxicillin trihydrate] (Hexal: AT)
Amoclan Hexal® [+ Amoxicillin trihydrate] (Sandoz: HU)
Amoclan® [+ Amoxicillin trihydrate] (Hikma: AE, BH, EG, IQ, JO, KW, LB, LY, OM, QA, SA, SD, SY, TN, YE)
Amoclan® [+ Amoxicillin trihydrate] (Katwijk: NL)
Amoclavam® [+ Amoxicillin trihydrate] (B.A. Farma: PT)
Amoclave® [+ Amoxicillin trihydrate] (Bial: ES)
Amoclave® [+ Amoxicillin trihydrate] (Hexal: DE)
Amoclav® [+ Amoxicillin trihydrate] (Casasco: AR)
Amoclav® [+ Amoxicillin trihydrate] (Hexal: DE)
Amoclav® [+ Amoxicillin trihydrate] (Rowex: IE)
Amoclav® [+ Amoxicillin trihydrate] (Techno: BD)
Amocla® [+ Amoxicillin trihydrate] (Medline: TH)
Amocla® [+ Amoxicillin trihydrate] (Penmix: SG)
Amoklavin® [+ Amoxicillin trihydrate] (Deva: GE, TR)
Amoksiklav® [+ Amoxicillin trihydrate] (Lek: BA, CZ, IS, PL, RO, RS, RU, SI, TH)
Amoksiklav® [+ Amoxicillin trihydrate] (Lek Ljubljana: HK)
Amoksiklav® [+ Amoxicillin trihydrate] (Sandoz: CN, TR)
Amoksiklav® [+ Amoxicillin, sodium salt] (Lek: PL)
Amolex® [+ Amoxicillin trihydrate] (ABL: PE)
Amoxclav-Sandoz® [+ Amoxicillin sodium salt] (Sandoz: DE)
Amoxclav-Sandoz® [+ Amoxicillin trihydrate] (Sandoz: DE)
Amoxi-Clavulan AL® [+ Amoxicillin trihydrate] (Aliud: DE)
Amoxi-Clavulan Stada® [+ Amoxicillin trihydrate] (Stadapharm: DE)
Amoxi-saar® [+ Amoxicillin trihydrate] (MIP: DE)
Amoxicilina Clav AFSA® [+ Amoxicillin trihydrate] (Antibioticos: ES)
Amoxicilina Clav Alter® [+ Amoxicillin trihydrate] (Alter: ES)
Amoxicilina Clav Belmac® [+ Amoxicilin trihydrate] (Belmac: ES)
Amoxicilina Clav Bexal® [+ Amoxicillin, trihydrate] (Bexal: ES)
Amoxicilina Clav Cinfa® [+ Amoxicillin, trihydrate] (Cinfa: ES)
Amoxicilina Clav Combino® [+ Amoxicillin, sodium salt] (Combino: ES)
Amoxicilina Clav Davur® [+ Amoxicillin trihydrate] (Davur: ES)
Amoxicilina Clav Domac® [+ Amoxicillin sodium salt] (Lesvi: ES)
Amoxicilina Clav Domac® [+ Amoxicillin sodium salt] (Vita: ES)
Amoxicilina Clav Farmalider® [+ Amoxicillin trihydrate] (Farmalider: ES)
Amoxicilina Clav Frous® [+ Amoxicillin sodium salt] (Farmaprojects: ES)
Amoxicilina Clav Generis® [+ Amoxicillin sodium salt] (Generis: ES)
Amoxicilina Clav IPS® [+ Amoxicillin sodium salt] (IPS: ES)
Amoxicilina Clav Juventus® [+ Amoxicillin trihydrate] (Juventus: ES)
Amoxicilina Clav Merck® [+ Amoxicillin trihydrate] (Merck: ES)
Amoxicilina Clav Normon® [+ Amoxicillin trihydrate] (Normon: ES)
Amoxicilina Clav Ratiopharm® [+ Amoxicillin, trihydrate] (Ratiopharm: ES)
Amoxicilina Clav Rotifarma® [+ Amoxicillin trihydrate] (Rotifarma: ES)
Amoxicilina Clav Sala® [+ Amoxicillin sodium salt] (Ramon: ES)
Amoxicilina Clav Sandoz® [+ Amoxicillin sodium salt] (Sandoz: ES)
Amoxicilina Clav Sandoz® [+ Amoxicillin trihydrate] (Sandoz: ES)
Amoxicilina Clav Teva® [+ Amoxicillin trihydrate] (Teva: ES)
Amoxicilina Clav Ur® [+ Amoxicillin trihydrate] (Cantabria: ES)
Amoxicilina e ácido clavulânico Alpharma® [+ Amoxicillin trihydrate] (Alpharma: PT)
Amoxicilina e ácido clavulânico Bexal® [+ Amoxicillin trihydrate] (Bexal: PT)
Amoxicilina e ácido clavulânico Generis® [+ Amoxicillin trihydrate] (Germed: PT)
Amoxicilina e ácido clavulânico Germed® [+ Amoxicillin trihydrate] (Germed: PT)
Amoxicilina e ácido clavulânico Jaba® [+ Amoxicillin trihydrate] (Jaba: PT)
Amoxicilina e ácido clavulânico Labesfal® [+ Amoxicillin trihydrate] (Labesfal: PT)
Amoxicilina e ácido clavulânico Mepha® [+ Amoxicillin trihydrate] (Mepha: PT)
Amoxicilina e ácido clavulânico Merck® [+ Amoxicillin trihydrate] (Merck Genéricos: PT)
Amoxicilina e ácido clavulânico Ratiopharm® [+ Amoxicillin trihydrate] (Ratiopharm: PT)
Amoxicilina e ácido clavulânico Sandoz® [+ Amoxicillin trihydrate] (Sandoz: PT)
Amoxicilina/Clavulanico Richet® [+ Amoxicillin trihydrate] (Richet: AR)
Amoxiciline/Clavulanzuur® [+ Amoxicillin trihydrate] (Alpharma: NL)
Amoxiciline/Clavulanzuur® [+ Amoxicillin trihydrate] (Apothecon: NL)
Amoxiciline/Clavulanzuur® [+ Amoxicillin trihydrate] (Centrafarm: NL)
Amoxiciline/Clavulanzuur® [+ Amoxicillin trihydrate] (Disphar: NL)
Amoxiciline/Clavulanzuur® [+ Amoxicillin trihydrate] (Genfarma: NL)
Amoxiciline/Clavulanzuur® [+ Amoxicillin trihydrate] (Hexal: NL)
Amoxiciline/Clavulanzuur® [+ Amoxicillin trihydrate] (Merck Generics: NL)
Amoxiciline/Clavulanzuur® [+ Amoxicillin trihydrate] (Pharmachemie: NL)
Amoxiciline/Clavulanzuur® [+ Amoxicillin trihydrate] (Sandoz: NL)
Amoxiciline/Clavulanzuur® [+ Amoxicillin trihydrate] (Yamanouchi: NL)
Amoxicillin and Clavulante Potassium® [+ Amoxicillin trihydrate] (Ranbaxy: US)

Amoxicillin and Clavulante Potassium® [+ Amoxicillin trihydrate] (Sandoz: US)
Amoxicillin and Clavulante Potassium® [+ Amoxicillin trihydrate] (Teva: US)
Amoxicillin plus Heumann® [+ Amoxicillin trihydrate] (Heumann: DE)
Amoxicillin-ratiopharm comp.® [+ Amoxicillin trihydrate] (Ratiopharm: CZ)
Amoxicillin-ratiopharm comp.® [+ Amoxicillin trihydrate] (ratiopharm: DE, LU)
Amoxicillina e Acido clavulanico ABC® [+ Amoxicillin trihydrate] (ABC: IT)
Amoxicillina e Acido clavulanico Alter® [+ Amoxicillin trihydrate] (Alter: IT)
Amoxicillina e Acido clavulanico DOC® [+ Amoxicillin trihydrate] (DOC Generici: IT)
Amoxicillina e Acido clavulanico EG® [+ Amoxicillin trihydrate] (EG: IT)
Amoxicillina e Acido Clavulanico Hexal® [+ Amoxicillin trihydrate] (Hexal: IT)
Amoxicillina e Acido Clavulanico Jet® [+ Amoxicillin trihydrate] (Jet: IT)
Amoxicillina e Acido Clavulanico Merck Generics® [+ Amoxicillin trihydrate] (Merck: IT)
Amoxicillina e Acido Clavulanico Ranbaxy® [+ Amoxicillin trihydrate] (Ranbaxy: IT)
Amoxicillina e Acido Clavulanico Ratiopharm® [+ Amoxicillin trihydrate] (Ratiopharm: IT)
Amoxicillina e Acido Clavulanico Sandoz GmbH® [+ Amoxicillin trihydrate] (Sandoz: IT)
Amoxicillina e Acido Clavulanico Teva® [+ Amoxicillin sodium salt] (Teva: IT)
Amoxicillina e Acido Clavulanico Teva® [+ Amoxicillin trihydrate] (Teva: IT)
Amoxicilline-acide clavulanique G Gam® [+ Amoxicillin trihydrate] (G Gam: FR)
Amoxicilline-Acide clavulanique Sandoz® [+ Amoxicillin trihydrate] (Sandoz: FR)
Amoxicilline/Acide clavulanique Biogaran® [+ Amoxicillin trihydrate] (Biogaran: FR)
Amoxicilline/acide clavulanique EG® [+ Amoxicillin trihydrate] (EG Labo: FR)
Amoxicilline/Acide Clavulanique Merck® [+ Amoxicillin trihydrate] (Merck Génériques: FR)
Amoxicilline/Acide Clavulanique RPG® [+ Amoxicillin trihydrate] (RPG: FR)
Amoxicilline/Acide Clavulanique Winthrop® [+ Amoxicillin trihydrate] (Winthrop: FR)
Amoxicilline/Clavulanzuur® [+ Amoxicillin sodium salt] (Pharmachemie: NL)
Amoxiclav accedo® [+ Amoxicillin trihydrate] (Accedo: DE)
Amoxiclav AWD® [+ Amoxicillin trihydrate] (AWD: DE)
Amoxiclav Basics® [+ Amoxicillin trihydrate] (Basics: DE)
Amoxiclav-CT® [+ Amoxicillin trihydrate] (CT: DE)
Amoxiclav-Puren® [+ Amoxicillin trihydrate] (Alpharma: DE)
Amoxiclav-Sandoz® [+ Amoxicillin trihydrate] (Sandoz: BE, LU)
Amoxiclav-Teva® [+ Amoxicillin trihydrate] (Teva: BE, IL)
AmoxiClavulan 1A Pharma® [+ Amoxicillin trihydrate] (1A Pharma: DE)
AmoxiClavulan 1A Pharma® [+ Amoxicillin trihydrate] (Hexal: AT)
Amoxiclav® [+ Amoxicillin trihydrate] (CT: DE)
Amoxiclav® [+ Amoxicillin trihydrate] (Pisa: MX)
Amoxiclav®[vet.] (CP: DE)
Amoxicomp Genericon® [+ Amoxicillin trihydrate] (Genericon: AT)
amoxidura® [+ Amoxicillin trihydrate] (Merck dura: DE)
Amoxigrand® [+ Amoxicillin] (Ahimsa: AR)
Amoxin Comp® [+ Amoxicillin trihydrate] (Ratiopharm: FI)
Amoxiplus ratiopharm® [+ Amoxicillin trihydrate] (Ratiopharm: AT)
Amoxiplus® [+ Amoxicillin trihydrate] (Antibiotice: RO)
Amoxistad plus® [+ Amoxicilline trihydrate] (Stada: AT)
Amoxyclav®[vet.] (Apex: AU)
Amoxyplus® [+ Amoxicillin trihydrate] (Novag: ES)
Ancla® [+ Amoxicillin trihydrate] (Meprofarm: ID)
Anival® [+ Amoxicillin trihydrate] (Errekappa: IT)
Apo-Amoxi Clav® [+ Amoxicillin trihydrate] (Apotex: CA)
Ardineclav® [+ Amoxicillin trihydrate] (Antibioticos: ES)
Augamox® [+ Amoxicillin trihydrate] (Shiba: YE)
Augmentan i.v.® [+ Amoxicillin sodium salt] (GlaxoSmithKline: DE)
Augmentan® [+ Amoxicillin trihydrate] (GlaxoSmithKline: DE)
Augmentin ES® [+ Amoxicillin trihydrate] (GlaxoSmithKline: CL, PE, US)
Augmentin i.v.® [+ Amoxicillin sodium salt] (GlaxoSmithKline: AT, CH, CL, CR, DO, GB, GT, HN, IE, NI, PA, SV)
Augmentin i.v.® [+ Amoxicillin sodium salt] (Krka: SI)
Augmentin inj® [+Amoxicillin sodium salt] (GlaxoSmithKline: VN)
Augmentin oral® [+Amoxicillin trihydrate] (GlaxoSmithKline: CL, VN)
Augmentin Trio® [+ Amoxicillin trihydrate] (GlaxoSmithKline: CH)
Augmentin-BID® [+ Amoxicillin trihydrate] (GlaxoSmithKline: CL, CR, DO, GT, HN, ID, IL, NI, PA, SV, TR)
Augmentin-Duo® [+ Amoxicillin trihydrate] (GlaxoSmithKline: AT, AU, CH, CZ, GB, IE)
Augmentin-Duo® [+ Amoxicillin trihydrate] (SmithKline Beecham: AT)
Augmentine Plus® [+ Amoxicillin trihydrate] (GlaxoSmithKline: ES)
Augmentine® [+ Amoxicillin sodium salt] (GlaxoSmithKline: ES)
Augmentine® [+ Amoxicillin trihydrate] (D.A.C.: IS)
Augmentine® [+ Amoxicillin trihydrate] (GlaxoSmithKline: ES)
Augmentin® [+ Amoxicillin sodium salt] (GlaxoSmithKline: AT, BA, CZ, ES, FR, GB, GE, HK, ID, IE, IS, IT, LU, MX, NL, NZ, PH, PL, RO, SI)

Augmentin® [+ Amoxicillin trihydrate] (Euro: NL)
Augmentin® [+ Amoxicillin trihydrate] (GlaxoSmithKline: AE, AT, AU, BA, BH, CH, CR, CZ, DO, ES, FI, FR, GB, GR, GT, HK, HN, HR, HU, ID, IE, IL, IN, IR, IS, IT, KW, LK, LU, MX, NI, NL, NZ, OM, PA, PE, PH, PL, PT, QA, RO, RS, RU, SG, SI, SV, TH, US, ZA)
Augmentin® [+ Amoxicillin trihydrate] (Krka: SI)
Augmentin® [+ Amoxicillin trihydrate] (Medcor: NL)
Augmentin® [+ Amoxicillin trihydrate] (Paranova: AT)
Augmentin® [+ Amoxicillin trihydrate] (Teva: HU)
Augmentin® [+ Amoxicillin] (Aktuapharma: BE)
Augmentin® [+ Amoxicillin] (GlaxoSmithKline: AU, BD, BE, EC, MY)
Augmex® [+ Amoxicillin trihydrate] (GlaxoSmithKline: PE)
Aziclav® [+ Amoxicillin trihydrate] (Spirig: CH)
Bactoclav® [+ Amoxicillin trihydrate] (OEP: PH)
Bellamox® [+ Amoxicillin trihydrate] (Soho: ID)
Betaclav® [+ Amoxicillin trihydrate] (Corsa: ID)
Betaklav® [+ Amoxicillin trihydrate] (Krka: CZ, SI)
Betamox® [+ Amoxicillin trihydrate] (Cipan: PT)
Bi Moxal® [+ Amoxicillin trihydrate] (Elea: AR)
Biclavuxil® [+ Amoxicillin trihydrate] (Qualipharm: CR, DO, GT, PA)
Bioclavid® [+ Amoxicillin trihydrate] (Novartis: GR)
Bioclavid® [+ Amoxicillin trihydrate] (Sandoz: AR, DK, FI, NL, PH, RO, SE)
Bioxilina plus® [+ Amoxicillin trihydrate] (Northia: AR)
Burmicin® [+ Amoxicillin trihydrate] (Instituto Farmacologia: ES)
Cavumox® [+ Amoxicillin trihydrate] (Siam Bheasach: TH)
Ciblor® [+ Amoxicillin trihydrate] (Pierre Fabre: FR)
Clabat® [+ Amoxicillin trihydrate] (Interbat: ID)
Clamentin® [+ Amoxicillin trihydrate] (Xixia: ZA)
Clamicil® [+ Amoxicillin trihydrate] (Uni: CO)
Clamicil® [+ Amoxicillin trihydrate] (Unipharm: GT, HN, NI, SV)
Clamohexal® [+ Amoxicillin] (Hexal: AU)
Clamonex® [+ Amoxicillin trihydrate] (Yungjin: SG)
Clamovid® [+ Amoxicillin trihydrate] (Hovid: HK, SG)
Clamoxyl® [+ Amoxicillin trihydrate] (GlaxoSmithKline: AU)
Claneksi® [+ Amoxicillin trihydrate] (Sanbe: ID)
Clanic® [+ Amoxicillin trihydrate] (Lancasco: GT, SV)
Clapharin® [+ Amoxicillin trihydrate] (Alternova: FI)
Clavamel® [+ Amoxicillin trihydrate] (Clonmel: IE)
Clavamox® [+ Amoxicillin sodium salt] (Bial: PT)
Clavamox® [+ Amoxicillin sodium salt] (Kalbe Farma: LK)
Clavamox® [+ Amoxicillin sodium salt] (Sandoz: AT)
Clavamox® [+ Amoxicillin sodium salt] (Taro: IL)
Clavamox® [+ Amoxicillin trihydrate] (Cimex: IL)
Clavamox® [+ Amoxicillin trihydrate] (GlaxoSmithKline: LU)
Clavamox® [+ Amoxicillin trihydrate] (Grünenthal: CH)
Clavamox® [+ Amoxicillin trihydrate] (Kalbe: ID)
Clavamox® [+ Amoxicillin trihydrate] (Kalbe Farma: LK)
Clavamox® [+ Amoxicillin trihydrate] (Sandoz: AT)
Clavamox®[vet.] (Pfizer Animal Health: US)
Claventin® [+ Ticarcillin disodium salt] (GlaxoSmithKline: FR)
Clavepen® [+ Amoxicillin trihydrate] (Allen: ES)
Clavepen® [+ Amoxicillin trihydrate] (Almirall: ES)
Clavepen® [+ Amoxicillin trihydrate] (Clintex: PT)
Clavinex® [+ Amoxicillin] (Saval: CL, PE)
Clavipen® [+ Amoxicillin trihydrate] (Bruluagsa: MX)
Clavoxilin Plus® [+ Amoxicillin trihydrate] (Atral: PE)
Clavoxilina-Bid® [+ Amoxicillin trihydrate] (Recalcine: CL)
Clavucid® [+ Amoxicillin trihydrate] (Recordati: ES)
Clavucid® [+ Amoxicillin trihydrate] (Yamanouchi: BE, LU)
Clavucilline® [+ Amoxicillin trihydrate] (Pharmalliance: DZ)
Clavucyd® [+ Amoxicillin trihydrate] (Unipharm: MX)
Clavulin BD® [+ Amoxicillin] (GlaxoSmithKline: BR)
Clavulin IV® [+ Amoxicillin sodium salt] (GlaxoSmithKline: BR)
Clavulin® [+ Amoxicillin trihydrate] (Arrow: AU)
Clavulin® [+ Amoxicillin trihydrate] (Fournier: IT)
Clavulin® [+ Amoxicillin trihydrate] (GlaxoSmithKline: BR, CA, CO)
Clavulin® [+ Amoxicillin trihydrate] (Sanfer: MX)
Clavulox® [+ Amoxicillin trihydrate] (GlaxoSmithKline: AR)
Clavulox®[vet.] (Pfizer Animal: AU)
Clavulox®[vet.] (Pfizer Animal Health: NZ)
Clavumox® [+ Amoxicillin trihydrate] (Farmindustria: PE)
Clavumox® [+ Amoxicillin trihydrate] (GlaxoSmithKline: RO)
Clavumox® [+ Amoxicillin trihydrate] (Group: ZA)
Clavumox® [+ Amoxicillin trihydrate] (Pharmacia: ES)
Clavurion® [+ Amoxicillin trihydrate] (Orion: FI)
Clavuxil® [+ Amoxicillin trihydrate] (Qualipharm: CR, DO, GT, NI, PA)
Cloximar Duo® [+ Amoxicillin trihydrate] (Dupomar: AR)
Co-Amoxi-Mepha® [+ Amoxicillin trihydrate] (Mepha: CH)
Co-Amoxi-Mepha® [inj.] [+ Amoxicillin sodium salt] (Mepha: CH)
Co-Amoxi-ratiopharm® [+ Amoxicillin trihydrate] (Ratiopharm: BE)
Co-Amoxi-ratiopharm® [+ Amoxicillin trihydrate] (ratiopharm: HU)
Co-Amoxicillin Sandoz® [+ Amoxicillin sodium salt] (Sandoz: CH)
Co-Amoxicillin Sandoz® [+ Amoxicillin trihydrate] (Sandoz: CH)

Co-amoxiclav® [+ Amoxicillin sodium salt] (Wockhardt: GB)
Co-Amoxilan EG® [+ Amoxicillin trihydrate] (Eurogenerics: LU)
Croxilex-BID® [+ Amoxicilline trihydrate] (I.E. Ulagay: TR)
Curam® [+ Amoxicillin trihydrate] (Biochemie: CR, CZ, DO, GT, HK, NI, PA, SV)
Curam® [+ Amoxicillin trihydrate] (Novartis Pharma: PE)
Curam® [+ Amoxicillin trihydrate] (Sandoz: HU, PL)
Darzitil plus® [+ Amoxicillin trihydrate] (Fabra: AR)
Daxet® [+ Amoxicillin trihydrate] (Fahrenheit: ID)
Demoxil Plus® [+ Amoxycillin trihydrate] (Drug International: BD)
Dexyclav® [+ Amoxicillin trihydrate] (Dexa Medica: ID)
DP Amoxicilline/Clavulaanzuur® [+ Amoxicillin trihydrate] (Disphar: NL)
Duonasa® [+ Amoxicillin trihydrate] (Normon: DO, ES, GT, SV)
Enhancin® [+ Amoxicillin trihydrate] (Ranbaxy: CZ, HU, PE, RS)
Enhancin® [+ Amoxicillin] (Ranbaxy: LK, SG)
Eupeclanic® [+ Amoxicillin trihydrate] (Uriach: ES)
Fimoxyclav® [+ Amoxycillin trihydrate] (Sanofi-Aventis: BD)
Forcid Solutab® [+ Amoxicillin trihydrate] (Astellas: PT, RO)
Forcid® [+ Amoxicillin trihydrate] (Astellas: PL)
Forcid® [+ Amoxicillin trihydrate] (Yamanouchi: CZ, HU, LU, NL, ZA)
Fugentin® [+ Amoxicillin trihydrate] (Elpen: SG)
GenRX Amoxycillin and Clavulanic Acid® [+ Amoxicillin trihydrate] (GenRX: AU)
Germentin® [+ Amoxicillin trihydrate] (Gerard: IE)
Gimaclav® [+ Amoxicillin trihydrate] (Collins: MX)
Gramaxin® [+ Amoxicillin trihydrate] (Antibioticos: MX)
Grinsil Clavulanico® [+ Amoxicillin trihydrate] (Nova Argentia: AR)
Grisil® [+ Amoxicilline trihydrate] (Nova Argentia: AR)
Homer® [+ Amoxicillin trihydrate] (So.Se.: IT)
InfectoSupramox® [+ Amoxicillin trihydrate] (Infectopharm: DE)
Inmupen® [+ Amoxicillin trihydrate] (Llorente: ES)
Kanex® [+ Amoxicilline trihydrate] (Lacofarma: DO)
Kelsopen® [+ Amoxicillin trihydrate] (Faes: ES)
Kelsopen® [+ Amoxicillin trihydrate] (Reig Jofre: ES)
Kesium®[vet.] (Sogeval: FR)
Klamoks® [+ Amoxicillin trihydrate] (Bilim: TR)
Klavax BID® [+ Amoxicillin trihydrate] (Farmal: HR)
Klavocin® [+ Amoxicillin] (Pliva: BA, HR)
Klavox® [+ Amoxicillin trihydrate] (Pliva: IT)
Klavunat® [+ Amoxicillin trihydrate] (Atabay: TR)
Klavupen® [+ Amoxicillin trihydrate] (Toprak: TR)
Klonalmox® [+ Amoxicillin trihydrate] (Klonal: AR)
Kruxade® [+ Amoxicillin trihydrate] (Krugher: IT)
Lansiclav® [+ Amoxicillin trihydrate] (Landson: ID)
Megamox® [+Amoxicilline] (Hikma: CZ)
Mondex® [+ Amoxicillin trihydrate] (SF: IT)
Moxaclav® [+ Amoxycillin trihydrate] (Square: BD)
Moxiclav® [+ Amoxicillin trihydrate] (Medochemie: BG, BH, CY, HK, IQ, JO, MY, OM, SD, SG, YE)
Moxicle® [+ Amoxicillin sodium salt:] (Daewoong: TH)
Moxicle® [+ Amoxicillin sodium salt:] (TTN: TH)
Natravox® [+ Amoxicillin trihydrate] (Natrapharm: PH)
Neoduplamox® [+ Amoxicillin trihydrate] (Procter & Gamble: IT)
Nisamox®[vet.] (Fort Dodge: FR, GB, IT)
Nisamox®[vet.] (Norbrook: NL, PT)
Noroclav®[vet.] (Norbrook: AU, GB, LU, NL, NZ, PT)
Noroclav®[vet.] (Ufamed: CH)
Noroclav®[vet.] (VAAS: IT)
Novamox® [+ Amoxicillin trihydrate] (Aché: BR)
Novo-Clavamoxin® [+ Amoxicillin trihydrate] (Novopharm: CA)
Nuclav® [+Amoxicillin trihydrate] (Abbott: IN)
Nuvoclav® [+ Amoxicillin trihydrate] (Mugi: ID)
Optamox® [+ Amoxicillin trihydrate] (Roemmers: AR)
Palentin® [+ Amoxicillin] (Phapros: ID)
Panklav® [+ Amoxicillin trihydrate] (Hemofarm: RU)
Pinaclav® [+Amoxicillin trihydrate] (Pinewood: IE)
Ramoclav® [+ Amoxicillin trihydrate] (Ranbaxy: PL)
Ranclav® [+ Amoxicillin trihydrate] (Ranbaxy: ZA)
Rapiclav® [+Amoxicillin trihydrate] (Ipca: RU)
Riclasip® [+ Amoxicillin trihydrate] (Grünenthal: MX)
Servamox CLV® [+ Amoxicillin Trihydrate] (Novartis: MX)
Spektramox® [+ Amoxicillin trihydrate] (AstraZeneca: SE)
Suplentin® [+ Amoxicllin sodium salt] (Pasteur: PH)
Surpas® [+ Amoxicillin trihydrate] (Sandoz: ID)
Synulox®[vet.] (Gräub: CH)
Synulox®[vet.] (Pfizer: AT, AT, CH, CH, FI, IT, LU, NL, NO, NO, ZA)
Synulox®[vet.] (Pfizer Animal: DE, PT)
Synulox®[vet.] (Pfizer Animal Health: GB)
Synulox®[vet.] (Pfizer Santé Animale: FR)
Taclor®[vet.] (TVM: FR)
Taromentin® [+ Amoxicillin sodium salt] [inj.] (Polfa Tarchomin: PL)
Taromentin® [+ Amoxicillin trihydrate] [tabl.] (Polfa Tarchomin: PL)
Timenten® [+ Ticarcillin disodium salt] (SmithKline Beecham: AT, BR)
Timentin® [+ Ticarcillin disodium salt] (GlaxoSmithKline: AE, AU, BE, BH, BR, CA, CR, CZ, DO, GB, GR, GT, HK, HN, IL, IN, IR, IT, KW, LK, LU, NI, NL, NZ, OM, PA, PL, QA, RO, RU, SV, US)
Velamox CL® [+ Amoxicillin trihydrate] (Bristol-Myers Squibb: PE)
Xiclav® [+ Amoxicillin trihydrate] (Lannacher: AT)
Xinamod® [+ Amoxicillin trihydrate] (Proge: IT)

Clazuril (Rec.INN)

L: Clazurilum
D: Clazuril
F: Clazuril
S: Clazurilo

⚕ Antiprotozoal agent, coccidiocidal [vet.]

CAS-Nr.: 0101831-36-1 — C_{17}-H_{10}-Cl_2-N_4-O_2, M_r 373.19

(+/-)-[2-chloro-4-(4,5-dihydro-3,5-dioxo-as-triazin-2(3H)-yl)phenyl]-(p-chlorophenyl)acetonitrile

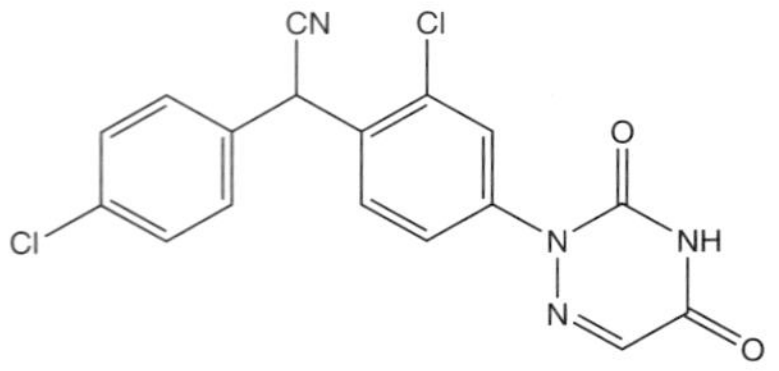

OS: *Clazuril [BAN, USAN]*
IS: *R 62690*
PH: Clazuril for veterinary use [Ph. Eur. 5]

Appertex® (Janssen: DE)
Appertex® [vet.] (Bayer Animal Health: ZA)
Appertex® [vet.] (Janssen: LU, NL)
Appertex® [vet.] (Janssen Animal Health: DE)
Appertex® [vet.] (Moureau: FR)
Appertex® [vet.] (Petlife: GB)

Clebopride (Rec.INN)

L: Clebopridum
I: Clebopride
D: Cleboprid
F: Clébopride
S: Cleboprida

⚕ Antiemetic

ATC: A03FA06
CAS-Nr.: 0055905-53-8 — C_{20}-H_{24}-Cl-N_3-O_2, M_r 373.892

Benzamide, 4-amino-5-chloro-2-methoxy-N-[1-(phenylmethyl)-4-piperidinyl]-

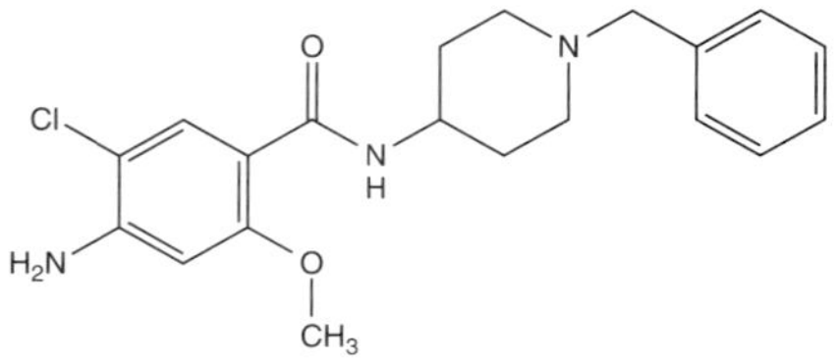

OS: *Clebopride [BAN, DCIT, USAN]*
IS: *LAS 9273*

- malate:

CAS-Nr.: 0057645-91-7
OS: *Clepopride Maleate JAN*
PH: Clebopridi malas Ph. Eur. 5
PH: Clebopride Malate Ph. Eur. 5
PH: Clébopride (malate de) Ph. Eur. 5
PH: Clebopridmalat Ph. Eur. 5

Clast® (Meiji: ID, JP)
Cleboril® (Almirall: ES)
Flatoril® (Almirall: ES)
Gastridin® (Laboratorios: AR)
Gastridin® (Microsules: AR)
Motilex® (Almirall: IT)

Clemastine (Rec.INN)

L: Clemastinum
I: Clemastina
D: Clemastin
F: Clémastine
S: Clemastina

⚕ Antiallergic agent
⚕ Histamine, H_1-receptor antagonist

ATC: D04AA14,R06AA04
CAS-Nr.: 0015686-51-8 — C_{21}-H_{26}-Cl-N-O, M_r 343.899

Pyrrolidine, 2-[2-[1-(4-chlorophenyl)-1-phenylethoxy]ethyl]-1-methyl-, [R-(R*,R*)]-

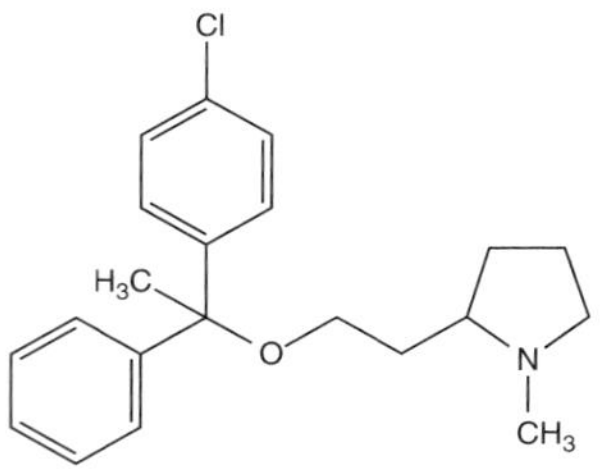

OS: *Clemastine [BAN, DCF, USAN]*
OS: *Meclastinum [DCF]*
OS: *Clemastina [DCIT]*
IS: *HS 592*
IS: *HS 834*
IS: *Mecloprodin*
IS: *Meclopyrolin*

Clemastine® (Polfa Warshavskiy: RU)
Clemastin® (Terapia: RO)
Tavegil® (Novartis: ES)
Tavegyl® (Krka: CZ)
Tavegyl® (Novartis: CO, IS, RO, TR, ZA)

- fumarate:

CAS-Nr.: 0014976-57-9
OS: *Clemastine Fumarate BANM, USAN*
PH: Clemastine Fumarate Ph. Eur. 5, JP XIV, USP 30
PH: Clemastini fumaras Ph. Eur. 5
PH: Clemastinfumarat Ph. Eur. 5
PH: Clémastine (fumarate de) Ph. Eur. 5

Agasten® (Novartis: BR)
Alagyl® (Sawai: JP)
Allehist-1® (Family Pharmacy: US)
Allehist-1® (Leader: US)
Allehist-1® (Medicine Shoppe: US)
Anti-Hist® (Teva: US)
Benanzyl® (Isei: JP)
Clamist® (Wander: IN)
Clemanil® (Kyoritsu: JP)
Clemastin „Sandoz“® (Novartis: AT)
Clemastine Fumarate® (Geneva: US)
Clemastinum® (Aflofarm: PL)
Clemastinum® (Polfa Warszawa: PL)

Clemastin® (Actavis: GE)
Clemastin® (Balkanpharma: BG)
Dayhist-1® (Drug Emporium: US)
Dayhist-1® (Kroger: US)
Dayhist-1® (Longs: US)
Dayhist-1® (Major: US)
Dayhist-1® (Perrigo: US)
Fuluminol® (Tatsumi Kagaku: JP)
Inbestan® (Maruko: JP)
Kinotomin® (Toa Eiyo: JP)
Lacretin® (Tanabe: JP)
Mallermin-F® (Taiyo: JP)
Marsthine® (Towa Yakuhin: JP)
Masletine® (Shinyaku: JP)
Piloral® (Nippon Kayaku: JP)
Tavegil® (Novartis: AG, AN, AW, BB, BM, BS, BS, GD, GE, GY, HT, JM, KY, LC, TT, VC)
Tavegil® (Novartis Consumer Health: DE, IT, NL)
Tavegil® [vet.] (Novartis Animal Health: GB)
Tavegyl® (Medis: SI)
Tavegyl® (Novartis: AE, AT, BG, BH, CH, CZ, DK, ET, GH, ID, IQ, JO, KE, KW, LB, LY, MT, NG, NL, OM, PT, QA, RU, SA, SD, SE, TR, TZ, YE)
Tavegyl® (Novartis Consumer Health: EG)
Tavist® (Novartis: IN, PT, US)
Telgin-G® (Taiyo: JP)
Xolamin® (Sanko: JP)

Clemizole Penicillin (Rec.INN)

L: Clemizolum Penicillinum
D: Clemizol-Penicillin
F: Clémizole Pénicilline
S: Clemizol-penicilina

Antiallergic agent
Antibiotic, penicillin, penicillinase-sensitive
Histamine, H_1-receptor antagonist

CAS-Nr.: 0006011-39-8 C_{35}-H_{38}-Cl-N_5-O_4-S
M_r 660.249

Benzylpenicillin combined with 1-p-Chlorobenzyl-2-(1-pyrrolidinylmethyl)benzimidazole

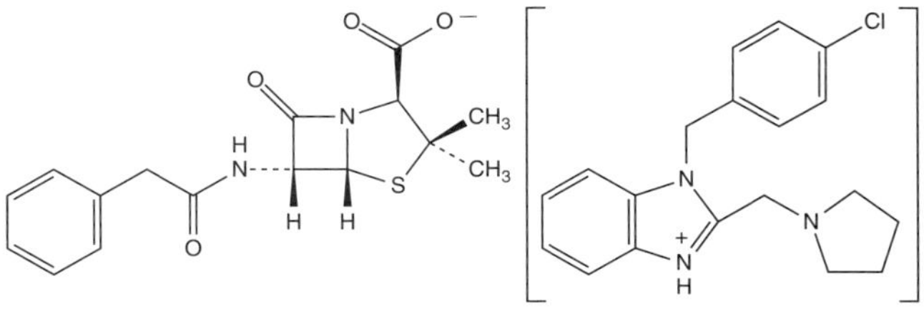

OS: *Clemizole Penicillin [BAN, USAN]*

Biconcilina C® (Life: EC)
Clemizol Penicilina Fmndtria® [sol.-inj.] (Farmindustria: PE)
Clemizol Penicilina® [sol.inj.] (LCG: PE)
Clemizol-Penicillin Grünenthal® (Grünenthal: DE)
Depocural Inyectable® [sol.-inj.] (Medifarma: PE)
Megacilina® (Grünenthal: EC)
Prevepen® (Grünenthal: CL)

Clenbuterol (Rec.INN)

L: Clenbuterolum
I: Clenbuterolo
D: Clenbuterol
F: Clenbutérol
S: Clenbuterol

Bronchodilator
β_2-Sympathomimetic agent

ATC: R03AC14,R03CC13
ATCvet: QR03CC13
CAS-Nr.: 0037148-27-9 C_{12}-H_{18}-Cl_2-N_2-O
M_r 277.196

Benzenemethanol, 4-amino-3,5-dichloro-α-[[(1,1-dimethylethyl)amino]methyl]-

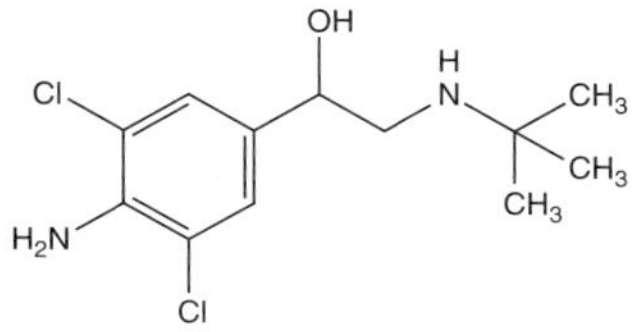

OS: *Clenbuterol [BAN, DCF, USAN]*
OS: *Clenbuterolo [DCIT]*
IS: *NAB 365*
IS: *P 5369*

Asmeren® (Labomed: CL)
Planipart® [vet.] (Boehringer Ingelheim: BE)
Spasmobronchal® [vet.] (Boehringer Ingelheim Animal: PT)

– hydrochloride:
CAS-Nr.: 0021898-19-1
OS: *Clenbuterol Hydrochloride BANM*
IS: *NAB 365 (Thomae, Germany)*
PH: Clenbuteroli hydrochloridum Ph. Eur. 5
PH: Clenbuterol Hydrochloride Ph. Eur. 5
PH: Clenbuterolhydrochlorid Ph. Eur. 5
PH: Clenbutérol (chlorhydrate de) Ph. Eur. 5

Broncopulmin® [vet.] (Jurox: AU)
Bronq-C® (Laboratorios: AR)
Claire Gel® [vet.] (Vetsearch: AU)
Clembumar® (Dupomar: AR)
Clenasma® (Biomedica Foscama: IT)
Clenbuterol® (Actavis: GE, RU)
Clenbuterol® (Balkanpharma: BG)
Clenbuterol® (Sopharma: RU)
Clenerol® [vet.] (Parnell: AU)
Clenovet® [vet.] (Serumber: DE)
Equipulmin® [vet.] (CP: DE)
Monores® (Valeas: IT)
Novegam® (Chinoin: CR, DO, GT, MX, NI, PA)
Oxibron® (Montpellier: AR)
Planipart® [vet.] (Bayer Animal Health: ZA)
Planipart® [vet.] (Boehringer Ingelheim: AU, IE, LU)
Planipart® [vet.] (Boehringer Ingelheim Animals: NZ)
Planipart® [vet.] (Boehringer Ingelheim Santé Animale: FR)
Planipart® [vet.] (Boehringer Ingelheim Vetmedica: GB)
Planipart® [vet.] (Boehrvet: DE)

Spiropent® (Boehringer Ingelheim: AT, CO, CZ, DE, ES, GR, HU, ID, IT, PE, PH)
Spiropent® (Teijin: JP)
Ventipulmin® [vet.] (Bayer Animal Health: ZA)
Ventipulmin® [vet.] (Boehringer Ingelheim: AT, AU, BE, CH, IE, IT, LU, NL, SE)
Ventipulmin® [vet.] (Boehringer Ingelheim Animals: NZ)
Ventipulmin® [vet.] (Boehringer Ingelheim Santé Animale: FR)
Ventipulmin® [vet.] (Boehringer Ingelheim Vetmedica: AT, GB, US)
Ventipulmin® [vet.] (Boehrvet: DE)
Ventipulmin® [vet.] (Vetcare: FI)
Ventolase® (Juste: ES)

Climazolam (Rec.INN)

Sedative

CAS-Nr.: 0059467-77-5 C_{18}-H_{13}-Cl_2-N_3
M_r 342.232

8-Chloro-6-(o-chlorophenyl)-1-methyl-4H-imidazo[1,5-a][1,4]benzodiazepine

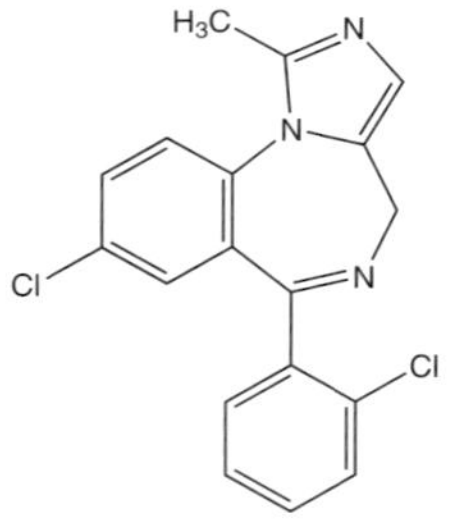

OS: *Climazolam [USAN]*

Climasol® [vet.] (Gräub: CH)

Clindamycin (Rec.INN)

L: Clindamycinum
I: Clindamicina
D: Clindamycin
F: Clindamycine
S: Clindamicina

Antibiotic, lincomycin

ATC: D10AF01,G01AA10,J01FF01
ATCvet: QJ01FF01
CAS-Nr.: 0018323-44-9 C_{18}-H_{33}-Cl-N_2-O_5-S
M_r 424.992

L-threo-α-D-galacto-Octopyranoside, methyl 7-chloro-6,7,8-trideoxy-6-[[(1-methyl-4-propyl-2-pyrrolidinyl)carbonyl]amino]-1-thio-, (2S-trans)-

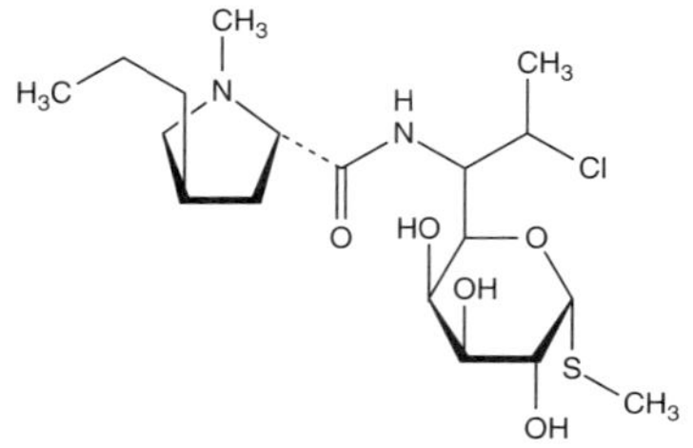

OS: *Clindamycin [BAN, USAN]*
OS: *Clindamycine [DCF]*
OS: *Clindamicina [DCIT]*
IS: *Chlorodeoxylincomycin*
IS: *Chlorolincomycin*
IS: *U 21251*

Antirobe® [vet.] (Pharmacia Animal Health: BE)
Chinacin-T® (Chinta: TH)
Clidets® [inj.] (Stiefel: MX)
Clinacin® [vet.] (Agrovete: PT)
Clinacin® [vet.] (VivaVet: SE)
Clinacnyl® (Galderma: CL)
Clindabuc® [vet.] (Sanofi-Synthelabo: BE)
Clindacin-V® (Magma: PE)
Clindacin® [caps./sol.-inj.] (Magma: PE)
Clindamax® [caps./inj.] (AC Farma: PE)
Clindamicina Biocrom® (Biocrom: AR)
Clindamicina Genfar® (Expofarma: CL)
Clindamicina Genfar® (Genfar: CO)
Clindamicina® (ATM: PE)
Clindamicina® (Blaskov: CO)
Clindamicina® (Britania: PE)
Clindamicina® (Farmo Andina: PE)
Clindamicina® (La Sante: PE)
Clindamicina® (Labot: PE)
Clindamicina® (LCG: PE)
Clindamicina® (Marfan: PE)
Clindamicina® (Oysa: PE)
Clindamicina® (Pentacoop: CO, PE)
Clindamicina® (Perugen: PE)
Clindamicina® (Quilab: PE)
Clindamicin® (Hemofarm: RU)
Clindamycin Dexa Medica® (Dexa Medica: ID)
Clindamycin Domesco® (Domesco: VN)
Clindamycin Hikma® (Hikma: DE)
Clindamycin-Fresenius® (Bodene: ZA)
Clindamycine PCH® (Pharmachemie: NL)
Clindamycin® (Dexa Medica: ID)
Clindamycin® (Hemofarm: RO)
Clindasome® (Hemofarm: RS)
Clindopax® (Lagos: AR)
Clinfol® (Tecnofarma: PE)
Clinmas® (Lapi: ID)
Daclin® (Tempo: ID)
Dalacin C® (Pfizer: PE, PT, RO)
Dalacin C® (Pharmacia & Upjohn: SI)
Dalacin C® [vet.] (Pfizer: CZ)
Dalacin V Ovulos® (Pharmacia: CO)
Dalacin® (Pfizer: AT, MY)
Dalacin® (Pharmacia & Upjohn: SI)
Damiclin® (Tecnoquimicas: CO)
Euroclin® [caps./sol.-inj.] (Chalver: PE)
Indanox® (Guardian: ID)
Klindamicin® (Hemofarm: RS)
Klindamycin® [caps.] (Umeda: TH)
Lindan® (Corsa: ID)
Niladacin® (Nicholas: ID)
Paradis® (Biomedica-Chemica: GR)
Probiotin® (Tropica: ID)
Prolic® (Sanbe: ID)
Toliken® (Norma: GR)
Xeldac® (Phapros: ID)
Zumatic® (Prima: ID)

– dihydrogen phosphate:
CAS-Nr.: 0024729-96-2

OS: *Clindamycin Phosphate BANM, USAN*
IS: *U 28508 (Upjohn, USA)*
PH: Clindamycin Phosphate JP XIV, Ph. Eur. 5, Ph. Int. 4, USP 30
PH: Clindamycini phosphas Ph. Eur. 5, Ph. Int. 4
PH: Clindamycin-2-dihydrogenphosphat Ph. Eur. 5
PH: Clindamycine (phosphate de) Ph. Eur. 5

Acnestop® (Euroderm: AR)
Arfarel® (Farmanic: GR)
Bactemicina® (Qualipharm: CR, DO, GT, PA)
Basocin® (Galderma: DE)
Bexon® (Tecnofarma: CO)
Botamycin-N® (Biospray: GR)
Cindala® (Medikon: ID)
Clamine-T® (Mecom: TR)
Cleocin Phosphate® (Pfizer: US)
Cleocin T® (Eczacibasi: TR)
Cleocin T® (Pfizer: US)
Cleocin T® (Pharmacia: PE)
Cleocin® [extern./inj.] (Eczacibasi: TR)
Cleocin® [extern./inj.] (Pfizer: AT, US)
Cleocin® [extern./inj.] (Pharmacia: IT)
Clidacin® (Vianex: GR)
Clidan® (Pablo Cassara: AR)
Clidets® (Stiefel: CL, CO)
Clinda Carino® (Carinopharm: DE)
CLINDA Stragen® (Stragen: DE)
Clinda-Derm® (Paddock: US)
Clinda-hameln® (DeltaSelect: DE)
Clinda-saar® [inj.] (MIP: DE)
Clinda-T® (Valeo: CA)
Clindacin® (Akrihin: RU)
Clindacin® (Panalab: AR)
Clindacne® (Homeofarm: PL)
Clindagel® (Galderma: SG, US)
Clindagel® (Vocate: GR)
Clindahexal injekt® (Hexal: DE)
Clindamicina Ahimsa® (Ahimsa: AR)
Clindamicina Biol® (Biol: AR)
Clindamicina Combino Pharm® (Combino: ES)
Clindamicina Fabra® (Fabra: AR)
Clindamicina Fosfato IBP® (IBP: IT)
Clindamicina Fosfato® (Sanderson: CL)
Clindamicina Fosfato® (Vitalis: PE)
Clindamicina IBI® (IBI: IT)
Clindamicina Klonal® (Klonal: AR)
Clindamicina Lafedar® (Lafedar: AR)
Clindamicina Larjan® (Veinfar: AR)
Clindamicina MK® (MK: CO)
Clindamicina Normon® (Normon: ES)
Clindamicina Northia® (Northia: AR)
Clindamicina Richet® (Richet: AR)
Clindamicina Richmond® (Richmond: AR)
Clindamicina Same® (Savoma: IT)
Clindamicina® (Bestpharma: CL)
Clindamicina® (Volta: CL)
Clindamycin Abbott® (Abbott: TH)
Clindamycin Hameln® (Hameln: FI)
Clindamycin Kabi® (Fresenius: DE)
Clindamycin MIP® (Chephasaar: PL)
Clindamycin MIP® (MIP: AT)
Clindamycin Phosphate® (AstraZeneca: US)
Clindamycin Phosphate® (Clay-Park: US)
Clindamycin Phosphate® (Glades: US)
Clindamycin Phosphate® (Hospira: US)
Clindamycin Phosphate® (Wyeth: US)
Clindamycin Proel® (Proel: GR)
Clindamycin ratiopharm® (Ratiopharm: AT, SE)
Clindamycin Sandoz® (Sandoz: DE)
Clindamycin Spirig® (Spirig: CH)
Clindamycin Stragen® (Stragen: DE, FI, SE)
Clindamycin-hameln® (Hameln: NL)
Clindamycin-ratiopharm® (Ratiopharm: AT)
Clindamycin-ratiopharm® (ratiopharm: DE)
Clindamycine Gf® (Genfarma: NL)
Clindamycine® (Hexal: NL)
Clindamycin® (Rafa: IL)
Clindamycin® (Sandoz: CA)
Clindamycin® (Stragen: NO)
Clindamyl® (APM: SY)
Clindasol® (Stiefel: CA)
Clindavid® (Millimed: TH)
Clindesse® (Ther-Rx: US)
Clindets® (Stiefel: CA, US)
Clindo® [inj.] (Hexal: PL)
Clinex® (Aristopharma: BD)
Clinika® (Medikon: ID)
Clinium® (Interbat: ID)
Clinott-P® [inj.] (MacroPhar: TH)
Clinwas® (Chiesi: ES)
Cliofar® [ungt.] (Farmoquimica: DO)
Cloridrato de Clindamicina® (Hexal: BR)
Cluvax® (Gynopharm: CL)
Cutaclin® [gel] (ICN: CR, DO, GT, HN, NI, PA, SV)
Cutaclin® [gel] (Valeant: MX)
Dacin-F® (Farmaline: TH)
Daclin® (Chile: CL)
Dalacin C Fosfato® [inj.] (Pfizer: CL, PT)
Dalacin C Fosfato® [inj.] (Pharmacia: IT)
Dalacin C Phosphate® (Pfizer: AU, CA, GB, ID, NZ)
Dalacin C Phosphat® [inj.] (Pfizer: AT)
Dalacin C® [inj.] (Pfizer: BA, BE, BR, CH, CR, GB, GT, HK, HN, HR, IE, IL, LU, MX, NI, NL, PA, PE, PH, PL, PT, RO, SG, SV, TH, VN)
Dalacin C® [inj.] (Pharmacia: BG, CO, CZ, GR)
Dalacin C® [vet.] (Pfizer Animal Health: GB)
Dalacin Ovulos® (Pfizer: CL)
Dalacin Topico® (Pharmacia: ES)
Dalacin T® (Euro: NL)
Dalacin T® (Pfizer: BR, CA, CH, CL, CZ, GB, HK, HR, HU, ID, IE, MX, NZ, PL, PT, SG, TH, VN)
Dalacin T® (Pharmacia: AU, BE, BG, CO, CZ, ET, GH, IT, KE, LR, NL, PE, RW, SL, TZ, UG, ZA, ZW)
Dalacin T® (Pharmacia & Upjohn: SI)
Dalacin T® (Willvonseder & Marchesani: AT)
Dalacin V Cream 2%® (Pharmacia: AU)
Dalacin Vaginal Cream® (Pfizer: HR, IL)
Dalacin Vaginal Cream® (Pharmacia: CZ, ES)
Dalacin Vaginal Ovule® (Pfizer: IL)
Dalacin Vaginal® (Pfizer: LU)
Dalacin Vaginal® (Pharmacia: ES, LU)
Dalacin V® (Pfizer: BR, CH, CL, CR, GT, HN, NI, PA, PT, SV)
Dalacin V® (Pharmacia: BG, CO, PE)
Dalacine T® (Pfizer: FR)
Dalacine® (Pfizer: FR)
Dalacin® (Dowelhurst: NL)
Dalacin® (EU-Pharma: NL)
Dalacin® (Eureco: NL)
Dalacin® (Paladin: CA)

Dalacin® (Pfizer: AR, AT, BE, CZ, DK, FI, GB, HR, HU, IE, IN, IS, MY, NO, PL, PT, SE)
Dalacin® (Pharmacia: ES, ZA)
Dalacin® (Pharmacia & Upjohn: SI)
Dalagis T® (Agis: IL)
Damicine® (Farmacoop: CO)
Damiclin V® (Tecnoquimicas: CO)
Dermabel® (Chile: CL)
Divanon® (Tecnofarma: CL)
Euroclin V® (Chalver: PE)
Euroclin® (Chalver: CO, EC, GT, HN, PA, SV)
Evoclin® (Connetics: US)
Fleminosan® (Pharmathen: GR)
Fosfato de Clindamicina® (Eurofarma: BR)
Fosfato de Clindamicina® (Payam Neda: BR)
Fouch® (Rafarm: GR)
Infex® (GYNOpharm: CO)
Klamoxyl® (Bruluart: MX)
Klimicin® [inj.] (Lek: BA, CZ, HR, HU, PL, TH)
Klindacin® (Polfa Tarchomin: PL)
Klindamycin® [inj.] (Umeda: TH)
Klindan® [inj.] (Bilim: TR)
Klindan® [inj.] (IDS: TH)
Klindaver® (Osel: TR)
Klinna® (Greater Pharma: TH)
Klinoksin® [inj.] (Deva: TR)
Klitopsin® [inj.] (Toprak: TR)
Lanacine® [inj.] (Lannacher: AT)
Lexis® (Mintlab: CL)
Luoqing® (Suzhou No 6: CN)
May Clindamycin® [inj.] (May Pharma: PH)
Mediklin® (Surya: ID)
Meneklin® (Tüm Ekip: TR)
Microxin-T® (Dr. Collado: DO)
Microxin-V® (Dr. Collado: DO)
Naxoclinda® (Rontag: AR)
Opiclam® (Otto: ID)
Rosil® (Siam Bheasach: TH)
Sobelin Solubile® [inj.] (Pfizer: DE)
Sobelin Vaginalcreme® (Pharmacia: DE)
Sotomycin® (Bros: GR)
Taro-Clindamycin® (Taro: CA)
Teclind® (Eurofarma: BR)
Topicil® (Douglas: NZ, SG)
Torgyn® (Raffo: AR)
Trexen® (Asofarma: MX)
Upderm® (Genepharm: GR)
Veldom® (Viofar: GR)
Velkaderm® (Velka: GR)
Ygielle® (Lamda: GR)
Z-Clindacin® (Panalab: AR)
Zindacline® (Astellas: FR)
Zindaclin® (Astellas: DE)
Zindaclin® (Crawford: GB, IE)
Zindaclin® (Fujisawa: BE)
Zindaclin® (Pliva: SI)
Zindaclin® (Strakan: LU)
Zindaclin® (Taro: IL)

– hydrochloride:

CAS-Nr.: 0021462-39-5
OS: *Clindamycin Hydrochloride BANM, USAN*
IS: *CDL 7*
IS: *Clinimycin hydrochloride*
PH: Clindamycinhydrochlorid Ph. Eur. 5
PH: Clindamycin Hydrochloride Ph. Eur. 5, USP 30
PH: Clindamycini hydrochloridum Ph. Eur. 5
PH: Clindamycine (chlorhydrate de) Ph. Eur. 5

Aclinda® (Azupharma: DE)
Albiotin® (Kalbe: ID)
Albiotin® (Kalbe Farma: LK)
Anerocid® (Ferron: ID)
Aniclindan® [vet.] (Animedic: DE)
Antirobe® [vet.] (Pfizer: AT, CH, FI, LU, NL, NO)
Antirobe® [vet.] (Pfizer Animal: AU, PT)
Antirobe® [vet.] (Pfizer Animal Health: NZ)
Antirobe® [vet.] (Pfizer Santé Animale: FR)
Antirobe® [vet.] (Pharmacia: IT, US)
Antirobe® [vet.] (Pharmacia Animal Health: GB, IE, SE)
Apo-Clindamycin® (Apotex: CA)
Bactemicina® (Qualipharm: CR, DO, GT, PA)
Biodaclin® (Rayere: MX)
Clendix® (Siegfried: MX)
Cleocin HCl® (Pfizer: US)
Cleocin® (Eczacibasi: TR)
Cleocin® (Pfizer: AT)
Cleocin® (Pharmacia: AU)
Cleorobe® [vet.] (Pfizer Animal: DE)
Clidacin-T® (United Pharmaceutical: AE, BH, IQ, JO, LY, OM, QA, SA, SD, YE)
Climadan® (Dankos: ID)
Clin-Sanorania® (Winthrop: DE)
Clinacin® (Shiba: YE)
Clinacin® [vet.] (Alstoe: GB)
Clinacin® [vet.] (Chanelle: GB, NL)
Clinacin® [vet.] (Intervet: AU)
Clinacin® [vet.] (Scanvet: FI)
Clinacin® [vet.] (WDT: DE)
Clinbercin® (Bernofarm: ID)
Clinda 1A Pharma® (1A Pharma: DE)
Clinda-saar® (MIP: DE)
Clinda-Wolff® (Wolff: DE)
Clindabeta® (betapharm: DE)
Clindabuc® [vet.] (Ceva: NL)
Clindabuc® [vet.] (Vetcare: FI)
Clindabuc® [vet.] (VetPharma: SE)
Clindacin® (Lannacher: PL)
Clindacin® (United Pharmaceutical: AE, BH, IQ, JO, LY, OM, QA, SA, SD, YE)
Clindacutin® [vet.] (A.S.T.: NL)
Clindacyl® [vet.] (Vetoquinol: GB)
Clindacyn® [vet.] (Intervet: IT)
Clindac® (Hexal: AT)
Clindadrops® [vet.] (Phoenix: US)
Clindahexal® (Hexal: DE, ZA)
Clindalind® (Lindopharm: DE)
Clindal® (One Pharma: PH)
Clindamycin 1A Pharma® (1A Pharma: AT, DE)
Clindamycin AbZ® (AbZ: DE)
Clindamycin acis® (acis: DE)
Clindamycin Alternova® (Alternova: DK)
Clindamycin AL® (Aliud: DE)
Clindamycin Bidiphar® (Bidiphar: VN)
Clindamycin curasan® (DeltaSelect: DE)
Clindamycin DeltaSelect® (DeltaSelect: DE)
Clindamycin dura® (Merck dura: DE)
Clindamycin findusFit® (findusFit: DE)
Clindamycin Heumann® (Heumann: DE)
Clindamycin Hydrochloride® [vet.] (IVX: US)

Clindamycin Indo Farma® (Indofarma: ID)
Clindamycin Klast® (Linden: DE)
Clindamycin Lindo® (Lindopharm: DE)
Clindamycin ratiopharm® (Ratiopharm: AT)
Clindamycin Sandoz® (Sandoz: AT, DE)
Clindamycin-CT® (CT: DE)
Clindamycin-MIP® (Chephasaar: RS)
Clindamycin-MIP® (MIP: AT, PL)
Clindamycin-ratiopharm® (ratiopharm: DE)
Clindamycine A® (Apothecon: NL)
Clindamycine FNA® (FNA: NL)
Clindamycine® (Hexal: NL)
Clindamycine® [vet.] (Eurovet: NL)
Clindamycin® (Actavis: GE)
Clindamycin® [vet.] (Balkanpharma: BG)
Clindamycin® [vet.] (CP: DE)
Clindamyl® (APM: AE, BG, BH, IQ, JO, KW, LB, LY, NG, OM, QA, SA, SD, TN, YE)
Clindastad® (Stadapharm: DE)
Clindexcin® (Mugi: ID)
Clindobion® [vet.] (Ceva: NL)
Clindoral® [vet.] (A.S.T.: NL)
Clindo® (Hexal: PL)
Clindrops® [vet.] (Vetus: US)
Clinium® (Interbat: ID)
Clinjos® (Meprofarm: ID)
Clinsol® [vet.] (Virbac: US)
Clintabs® [vet.] (Virbac: US)
Clintopic® (Valeant: AR)
Clin® [inj.] (I.E. Ulagay: TR)
Cliofar® [tabs.] (Farmoquimica: DO)
Comdasin® (Combiphar: ID)
Dacin-F® (Farmaline: TH)
Dacin® (Mersifarma: ID)
Dalacin C® [caps.] (Eurim: AT)
Dalacin C® [caps.] (Paranova: AT)
Dalacin C® [caps.] (Pfizer: AT, BA, BE, BR, CA, CH, CL, CR, GB, GT, HK, HN, HR, HU, ID, IE, IL, LU, MX, NI, NL, NZ, PA, PE, PH, PL, PT, SG, SV, TH, VN)
Dalacin C® [caps.] (Pharmacia: AU, BG, CO, CZ, ET, GH, GR, IT, KE, LR, RW, SL, TZ, UG, ZA, ZW)
Dalacin C® [caps.] (Pharmacia & Upjohn: SI)
Dalacine® (Pfizer: FR)
Dalacin® (Pfizer: AR, AT, BE, FI, IS, RU, SE)
Dalacin® (Pharmacia: ES)
Dalcap® (Unichem: IN)
Dentomycin® (Kreussler: DE)
Eficline® [vet.] (Virbac: DE)
Ethidan® (Ethica: ID)
Euroclin® (Chalver: CO, DO, EC, GT, HN, PA, SV)
Gen-Clindamycin® (Genpharm: CA)
Jutaclin® (Juta: DE)
Jutaclin® (Q-Pharm: DE)
Klamoxyl® (Bruluart: MX)
Klimicin® [Tbl] (Lek: HR, HU, PL, SI, TH)
Klin-Amsa® (Antibioticos: MX)
Klindagol® (Algol: FI)
Klindan® [cabs.] (Bilim: TR)
Klinoksin® [caps.] (Deva: TR)
Klitopsin® [caps.] (Toprak: TR)
Lacin® (Atlantic: TH)
Lanacine® (Lannacher: AT)
Lando® (Pyridam: ID)
Librodan® (Hexpharm: ID)
Lindacil® (Sandoz: MX)
Lindacyn® (Coronet: ID)
Lisiken® (Kendrick: MX)
May Clindamycin® [caps.] (May Pharma: PH)
Microxin® (Dr. Collado: DO)
Novo-Clindamycin® (Novopharm: CA)
Nufaclind® (Nufarindo: ID)
Opiclam® (Otto: ID)
Permycin® [vet.] (Vetoquinol: CH)
ratio-Clindamycin® (Ratiopharm: CA)
Sobelin® [caps.] (Pfizer: DE)
Tidact® (Yung Shin: SG)
Turimycin® (mibe Jena: DE)

– palmitate hydrochloride:

CAS-Nr.: 0025507-04-4
OS: *Clindamycin Palmitate Hydrochloride BANM, USAN*
IS: *U 25179 E (Upjohn, USA)*
PH: Clindamycin Palmitate Hydrochloride BP 1999, USP 30

Cleocin Pediatric® (Pfizer: US)
Clinda Lich® (Winthrop: DE)
Clinott® (MacroPhar: TH)
Dalacin C® (Pfizer: AT, BE, CA, CH, CR, GT, HN, ID, LU, MX, NI, NL, PA, PH, SV, VN)
Dalacin C® (Willvonseder & Marchesani: AT)
Dalacin® (Pfizer: AT, FI, NO, SE)
Sobelin Granulat® (Pfizer: DE)

Clinofibrate (Rec.INN)

L: Clinofibratum
D: Clinofibrat
F: Clinofibrate
S: Clinofibrato

Antihyperlipidemic agent

CAS-Nr.: 0030299-08-2 C_{28}-H_{36}-O_6 M_r 468.596

Butanoic acid, 2,2'-[cyclohexylidenebis(4,1-phenyleneoxy)]bis[2-methyl-

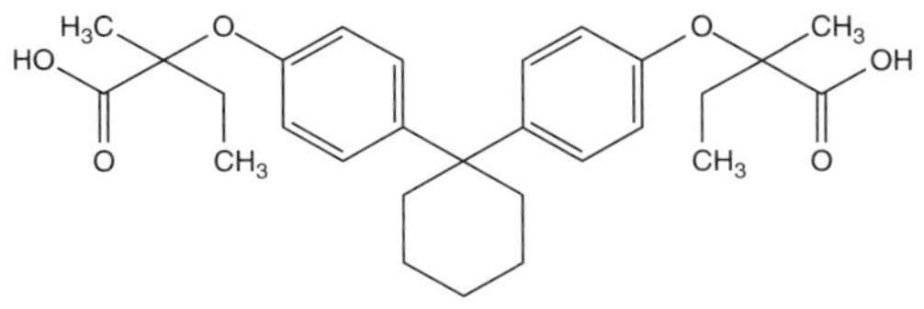

OS: *Clinofibrate [JAN, USAN]*
IS: *S 8527 (Sumitomo, Japan)*
PH: Clinofibrate [JP XIV]

Lipoclin® (Kwizda: AT)
Lipoclin® (Sumitomo: JP)

Clioquinol (Rec.INN)

L: Clioquinolum
I: Cliochinolo
D: Clioquinol
F: Clioquinol
S: Clioquinol

Antiinfective, quinolin-derivative
Antiprotozoal agent, amebicide

ATC: D08AH30,D09AA10,G01AC02,P01AA02,S02AA05
CAS-Nr.: 0000130-26-7 C_9-H_5-Cl-I-N-O
M_r 305.499

8-Quinolinol, 5-chloro-7-iodo-

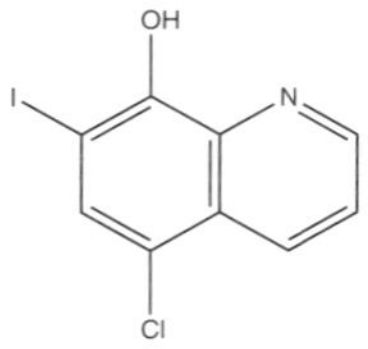

OS: *Chloroiodoquine [DCF]*
OS: *Clioquinol [BAN, DCF, USAN]*
OS: *Cliochinolo [DCIT]*
IS: *Enteromed*
IS: *Iodochlorhydroxyquin*
IS: *Iodochloroxychinoline*
IS: *SF 111*
IS: *Chinoform*
PH: Chinoformum [Ph. Jap. 1971]
PH: Chlorjodhydroxychinolinum [OeAB]
PH: Clioquinol [BP 2002, DAC, USP 30, Ph. Eur. 5]
PH: Clioquinolum [Ph. Eur. 5, Ph. Helv. 9]
PH: Iodoclorossichinolina [F.U. VIII]

Clioquinol Cream® (Clay-Park: US)
Dermoquinol® (East India: IN)
Dyzenterol® (Balkanpharma: BG)
Entero Quinol® (East India: IN)
Linola-sept® (Wolff: DE)
Stadmed Entrozyme® (Stadmed: IN)
Vioformo® (Novartis: MX)
Vioform® (Novartis: ET, GH, KE, LY, MT, NG, SD, TZ, ZW)

Clobazam (Rec.INN)

L: Clobazamum
I: Clobazam
D: Clobazam
F: Clobazam
S: Clobazam

Tranquilizer

ATC: N05BA09
CAS-Nr.: 0022316-47-8 C_{16}-H_{13}-Cl-N_2-O_2
M_r 300.75

1H-1,5-Benzodiazepin-2,4(3H,5H)-dione, 7-chloro-1-methyl-5-phenyl-

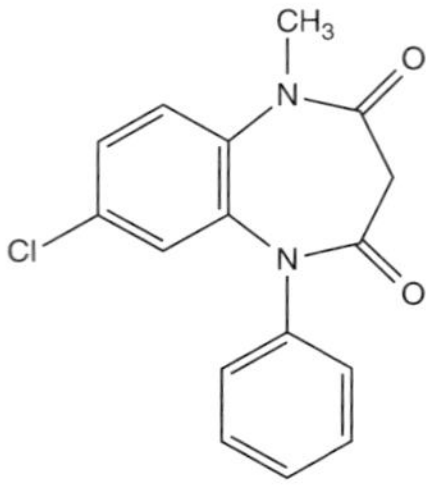

OS: *Clobazam [BAN, DCF, DCIT, USAN]*
IS: *H 4723*
IS: *HR 376*
IS: *LM 2717*
PH: Clobazam [BP 2003, Ph. Eur. 5]

Apo-Clobazam® (Apotex: CA)
Asabium® (Otto: ID)
Calm® (Bio-Pharma: BD)
Castilium® (Sanofi-Aventis: PT)
Clobam® (Square: BD)
Clobazam® (Dexa Medica: ID)
Clobazam® (Induquimica: PE)
Clobazam® (Opsonin: BD)
Clobid® (Medimet: BD)
Clobium® (Ferron: ID)
Clob® (Opsonin: BD)
Clozam® (Navana: BD)
Cosium® (Acme: BD)
Cozam® (Jalalabad: BD)
Danium® (Doctor's Chemical Work: BD)
Detens® (Orion: BD)
Ebazam® (Edruc: BD)
Frisium® (Aventis: AT, AU, CR, CZ, DE, DK, DO, GR, GT, HN, IN, IT, LK, LU, NI, NZ, PA, PE, SI, SV, TH)
Frisium® (Aventis Pharma: ID)
Frisium® (Sandoz: MX)
Frisium® (Sanofi-Aventis: BD, BE, BR, FI, GB, HK, HU, IE, IL, MY, NL, PL)
Grifoclobam Lch® (Ivax: PE)
Grifoclobam® (Chile: CL)
Karidium® (Sanofi-Aventis: AR)
Keolax® (Beximco: BD)
Lozam® (Chemist: BD)
Nebium® (Globe: BD)
Noanxit® (Rephco: BD)
Noiafren® (Aventis: ES)
Novo-Clobazam® (Novopharm: CA)
Prezium® (Nipa: BD)
Proclozam® (Meprofarm: ID)
ratio-Clobazam® (Ratiopharm: CA)
Tensnil® (Alco: BD)
Tranquil® (Ibn Sina: BD)
Urbadan® (Aventis: CO, CR, DO, EC, GT, HN, NI, PA, PE, SV)
Urbanil® (Aventis: BR)
Urbanil® (Sanofi-Aventis: PT)
Urbanol® (Sanofi-Synthelabo: ZA)
Urbanyl® (Sanofi-Aventis: CH, FR)
Venium® (Hudson: BD)

Clobenzorex (Rec.INN)

L: **Clobenzorexum**
D: **Clobenzorex**
F: **Clobenzorex**
S: **Clobenzorex**

Anorexic

ATC: A08AA08
CAS-Nr.: 0013364-32-4 — C_{16}-H_{18}-Cl-N, M_r 259.78

Benzeneethanamine, N-[(2-chlorophenyl)methyl]-α-methyl-, (+)-

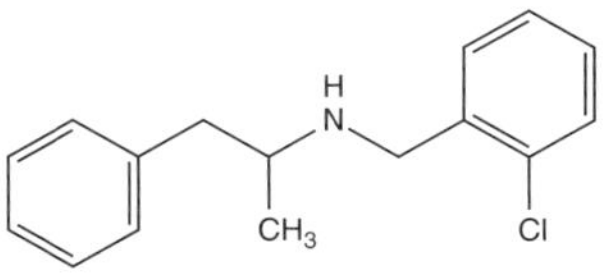

OS: *Clobenzorex [DCF, USAN]*
IS: *SD 271-12*

– hydrochloride:
CAS-Nr.: 0005843-53-8
IS: *Ba 7205*
IS: *SD 271-12*

Asenlix® (Aventis: CR, DO, GT, HN, NI, PA, SV)
Asenlix® (Sanofi-Aventis: MX)
Itravil-Ifa® (Investigacion Farmaceutica: MX)
Obeclox® (Medix: MX)

Clobetasol (Rec.INN)

L: **Clobetasolum**
I: **Clobetasolo**
D: **Clobetasol**
F: **Clobétasol**
S: **Clobetasol**

Adrenal cortex hormone, glucocorticoid
Dermatological agent

ATC: D07AD01
CAS-Nr.: 0025122-41-2 — C_{22}-H_{28}-Cl-F-O_4, M_r 410.916

Pregna-1,4-diene-3,20-dione, 21-chloro-9-fluoro-11,17-dihydroxy-16-methyl-, (11β,16β)-

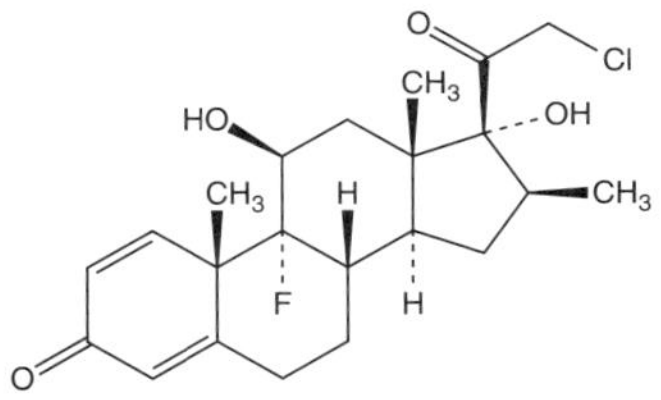

OS: *Clobetasol [BAN, DCF]*
OS: *Clobetasolo [DCIT]*

Amisol® (Medica Korea: SG)
Betasol® (Chew Brothers: TH)
Clobecort Amex® (Amex: PE)
Clobenate® (AC Farma: PE)
Clobetasol L.CH.® (Chile: CL)
Clobetasol MK® (Mark: RO)
Clobetasol® (Farvet: PE)
Clobetasol® (Hersil: PE)
Clobetasol® (Pasteur: CL)
Dermovate® (GlaxoSmithKline: EC)
Sua® (Derma 3: PE)

– 17α-propionate:
CAS-Nr.: 0025122-46-7
OS: *Clobetasol Propionate BANM, USAN*
IS: *CCI 4725*
IS: *GR 2/925*
PH: Clobetasolpropionat DAC
PH: Clobetasol Propionate BP 2002, USP 30
PH: Clobetasol propionate Ph. Eur. 5

Alticort® (Silesia: CL)
Amfacort® (Ampharco: VN)
Bersol® (Bernofarm: ID)
Betazol® (Roemmers: CO)
Butavate® (GlaxoSmithKline: GR)
Clarelux® (3M: GB)
Clarelux® (Pierre Fabre: DE)
Clinoderm® (Bangkok: TH)
Clob-X® (Galderma: BR, CL, CO)
Clobasone® (Pharmaland: TH)
Clobederm® (Actavis: GE)
Clobederm® (Balkanpharma: BG)
Clobederm® (Drug International: BD)
Clobederm® (Jelfa: PL)
Clobegalen® (Galen: DE)
Clobesol® (Aristopharma: BD, HK)
Clobesol® (GlaxoSmithKline: IT)
Clobesol® (Valeant: AR, BR, MX)
Clobetamil® (E Merck: LK)
Clobetasol acis® (acis: DE)
Clobetasol Dexa Medica® (Dexa Medica: ID)
Clobetasol Propionate® (Actavis: US)
Clobetasol Propionate® (Fougera: US)
Clobetasol Propionate® (Glades: US)
Clobetasol Propionate® (Taro: US)
Clobetasol Propionato MK® (Bonima: CR, DO, GT, HN, NI, PA, SV)
Clobetasol Propionato® (Mintlab: CL)
Clobetasol-17-propionaat® (Medcor: NL)
Clobetate® (Polipharm: TH)
Clobetazol® (Dermacare: CO)
Clobet® (Biolab: TH)
Clobevate® (Stiefel: US)
Clobexpro® (Galderma: MX)
Clobex® (Galderma: AR, CA, DE, US)
Clobezan® (Chalver: CO, PE)
Clodavan® (Medipharm: CL)
Cloderm® (Hoe: LK, SG)
Cloderm® (Summit: TH)
Cloderm® (United Pharmaceutical: AE, BH, IQ, JO, LY, OM, QA, SA, SD, YE)
Clonovate® (TO Chemicals: SG, TH)
Closol® (Fahrenheit: ID)
Clovate® (ACI: BD)
Clovate® (Celltech: ES)
Clovate® (Glaxo: ES)
Cormax® (Watson: US)
Cortopic® (Chile: CL)
Decloban® (Farmacusi: ES)
Dermacare® (Darrow: BR)
Dermaclob® (Cinetic: AR)

Dermacort® (Ibn Sina: BD)
Dermadex® (GlaxoSmithKline: AR)
Dermasil® (Silom: TH)
Dermasol® (Square: BD)
Dermatovate® (GlaxoSmithKline: MX)
Dermexane® (Pablo Cassara: AR)
Dermex® (Opsonin: BD)
Dermklobal® (Technilab: PL)
Dermol® (Pacific: NZ)
Dermosol® (Yung Shin: SG)
Dermoval® (GlaxoSmithKline: FR)
Dermovat Scalp® (GlaxoSmithKline: FI)
Dermovate® (EU-Pharma: NL)
Dermovate® (Euro: NL)
Dermovate® (Glaxo Wellcome: PT)
Dermovate® (GlaxoSmithKline: AE, AG, AN, AT, AW, BA, BB, BD, BE, BG, BH, CH, CL, CO, CR, CZ, DO, EC, GB, GD, GE, GT, GY, HK, HN, HU, ID, IE, IL, IR, JM, KW, LC, LK, LU, MY, NI, NL, OM, PA, PE, PH, PL, QA, RO, RU, SG, SV, TH, TR, TT, VC, VN, ZA)
Dermovate® (Taro: CA)
Dermovat® (GlaxoSmithKline: DK, FI, IS, NO, SE)
Dermoxinale® (GlaxoSmithKline: DE)
Dermoxin® (GlaxoSmithKline: DE)
Dhabesol® (DHA: HK, SG)
Dovate® (Aspen: ZA)
Eclo® (General Pharma: BD)
Embeline® (Healthpoint: US)
Eurobetsol® (Europharm: HK)
Exovate® (Beximco: BD)
Forderm® (Ferron: ID)
Gen-Clobetasol® (Genpharm: CA)
Ikaderm® (Ikapharmindo: ID)
Karison® (Dermapharm: DE)
Kloderma® (Surya: ID)
Klonat® (Prima: ID)
Lamodex® (Guardian: ID)
Lobate® (Nicholas: IN)
Lobevat® (Stiefel: CL, CO, CR, GT, HN, MX, NI, PA, SV)
Lotasbat® (Interbat: ID)
Medodermone® (Medochemie: BD, HK, LK, SG, TH)
Novate® (Blau Farma: PL)
Novo-Clobetasol® (Novopharm: CA)
Olux® (Connetics: US)
Olux® (Mipharm: IT)
Olux® (Pierre Fabre: LU, NL)
P-Vate® (Osoth: TH)
Pentasol® (Farmacoop: CO)
Powercort® (Glenmark: LK)
Psoderm® (Biokem: TR)
Psorex® (GlaxoSmithKline: BR)
Psovate® (Kurtsan: TR)
ratio-Clobetasol® (Ratiopharm: CA)
Ribatra® (Panalab: AR)
Rubocord® (Rafarm: GR)
Salac® (Andromaco: AR)
Skinovate® (Drug International: BD)
Steriderm-S® (Brown & Burk: LK)
Stivate® (Stiefel: TH)
Taro-Clobetasol® (Taro: CA)
Temovate® (GlaxoSmithKline: US)
Tenovate® (GlaxoSmithKline: IN)
Topifort® (Franco-Indian: IN)
Uniderm® (Unison: HK, SG, TH)
Univate® (Xepa-Soul Pattinson: SG)
Vida Clobetasol® (Vida: HK)
Xderm® (Bio-Pharma: BD)
Xenovate® (Aspen: ZA)
Xinder® (Fouchard: CL)

Clobetasone (Rec.INN)

L: Clobetasonum
I: Clobetasone
D: Clobetason
F: Clobétasone
S: Clobetasona

Adrenal cortex hormone, glucocorticoid
Dermatological agent

ATC: D07AB01,S01BA09
CAS-Nr.: 0054063-32-0 C_{22}-H_{26}-Cl-F-O_4
M_r 408.9

Pregna-1,4-diene-3,11,20-trione, 21-chloro-9-fluoro-17-hydroxy-16-methyl-, (16β)-

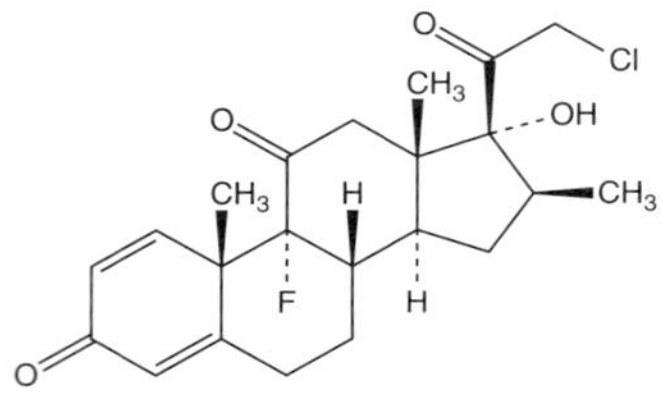

OS: *Clobetasone [BAN, DCF, DCIT]*

– 17α-butyrate:

CAS-Nr.: 0025122-57-0
OS: *Clobetasone Butyrate BANM, USAN*
IS: *GR 2/1214*
PH: Clobetasone Butyrate Ph. Eur. 5
PH: Clobetasoni butyras Ph. Eur. 5
PH: Clobetasonbutyrat Ph. Eur. 5
PH: Clobétasone (butyrate de) Ph. Eur. 5

Clobetason-17-butyraat® (Medcor: NL)
Clobet® (Angelini: IT)
Cloptison® (Merck Sharp & Dohme: NL)
Cortoftal® (Alcon: ES)
Emovate® (Celltech: ES)
Emovate® (EU-Pharma: NL)
Emovate® (Eureco: NL)
Emovate® (Euro: NL)
Emovate® (Glaxo: ES)
Emovate® (Glaxo Wellcome: PT)
Emovate® (GlaxoSmithKline: AT, CH, DE, NL)
Emovat® (GlaxoSmithKline: DK, FI, IS, SE)
Eumosone® (GlaxoSmithKline: IN)
Eumovate® (GlaxoSmithKline: AE, AG, AN, AW, BB, BD, BE, BG, BH, CA, CL, EC, GB, GD, GY, HK, IE, IL, IR, IT, JM, KW, LC, LU, MY, NZ, OM, PE, QA, SG, TH, TR, TT, VC, VN, ZA)
Eumovate® (Investi: AR)
Ezex® (Square: BD)
Miclo® (General Pharma: BD)
Rettavate® (GlaxoSmithKline: GR)
Sterisone® (Brown & Burk: LK)
Visucloben® (Visufarma: IT)

Clobutinol (Rec.INN)

L: **Clobutinolum**
I: **Clobutinolo**
D: **Clobutinol**
F: **Clobutinol**
S: **Clobutinol**

Antitussive agent

ATC: R05DB03
CAS-Nr.: 0014860-49-2 C_{14}-H_{22}-Cl-N-O
M_r 255.79

Benzeneethanol, 4-chloro-α-[2-(dimethylamino)-1-methylethyl]-α-methyl-

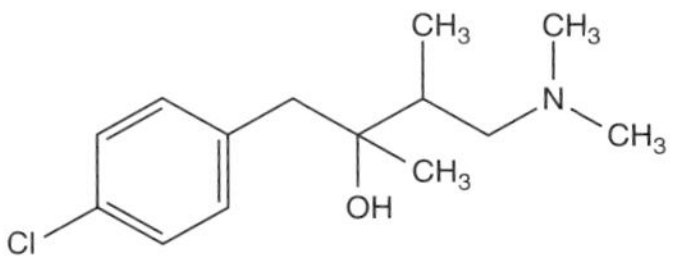

OS: *Clobutinol [DCF, USAN]*
IS: *Clobutinolum*
IS: *KAT 256*

Broncodual® (Chile: CL)
Iversal® (Bayer: BG)

- **hydrochloride:**

CAS-Nr.: 0001215-83-4
IS: *KAT 256*

Calfetos® (Medipharm: CL)
Clobotil® (Andromaco: CL)
Cloridrato de Clobutinol® (Medley: BR)
Clotobil-Forte® (Andromaco: CL)
Cloval® (Saval: CL)
Hustenstiller Stada® (Stada: DE)
Hustenstiller-ratiopharm Clobutinol® (ratiopharm: DE)
Mixtus® (Orion: FI)
Nullatuss Clobutinol® (Hofmann & Sommer: DE)
Proking® (Cetus: AR)
Pulbronc Simple® (Pediapharm: CL)
Rofatuss® (Rosen: DE)
Silomat® (Boehringer Ingelheim: AE, AR, AT, BE, BH, BR, CL, CO, CY, CZ, DE, DZ, EG, FI, FR, IQ, IT, JO, KW, LB, LU, LY, MT, MY, OM, PE, PT, QA, SA, SG, TH, YE)
stas Hustenstiller N® (Stada: DE)
Tussamed® (Hexal: RO)
Tussed® (Hexal: DE)
Zipertos® (Incobra: CO)

Clocapramine (Rec.INN)

L: **Clocapraminum**
D: **Clocapramin**
F: **Clocapramine**
S: **Clocapramina**

Neuroleptic

CAS-Nr.: 0047739-98-0 C_{28}-H_{37}-Cl-N_4-O
M_r 481.094

[1,4'-Bipiperidine]-4'-carboxamide, 1'-[3-(3-chloro-10,11-dihydro-5H-dibenz[b,f]azepin-5-yl)propyl]-

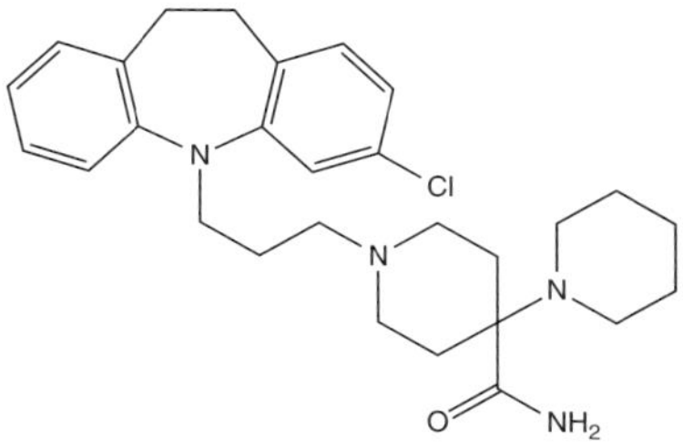

OS: *Clocapramine [USAN]*
IS: *Clocapraminum*
IS: *Y 4153*

- **dihydrochloride:**

CAS-Nr.: 0028058-62-0
OS: *Clocapramine Hydrochloride JAN*
IS: *Y 4153*
PH: Clocapramine Hydrochloride JP XIV

Clofekton® (Mitsubishi: JP)

Clocortolone (Rec.INN)

L: **Clocortolonum**
I: **Clocortolone**
D: **Clocortolon**
F: **Clocortolone**
S: **Clocortolona**

Adrenal cortex hormone, glucocorticoid
Dermatological agent

ATC: D07AB21
CAS-Nr.: 0004828-27-7 C_{22}-H_{28}-Cl-F-O_4
M_r 410.916

Pregna-1,4-diene-3,20-dione, 9-chloro-6-fluoro-11,21-dihydroxy-16-methyl-, (6α,11β,16α)-

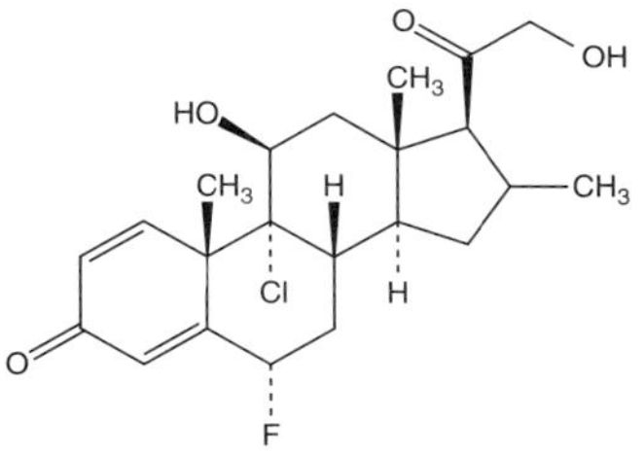

OS: *Clocortolone [DCF]*

- **21-pivalate:**

CAS-Nr.: 0034097-16-0
OS: *Clocortolone Pivalate USAN*
IS: *Clocortolone trimethylacetate*
IS: *SH 863*
PH: Clocortolone Pivalate USP 30

Cloderm® (Healthpoint: US)
Kabanimat® (Asche: DE)
Kaban® (Asche: DE)

Clodronic Acid (Rec.INN)

L: Acidum Clodronicum
I: Acido clodronico
D: Clodronsäure
F: Acide clodronique
S: Acido clodronico

⚕ Calcium regulating agent

ATC: M05BA02
CAS-Nr.: 0010596-23-3 $C-H_4-Cl_2-O_6-P_2$
M_r 244.883

Phosphonic acid, (dichloromethylene)bis-

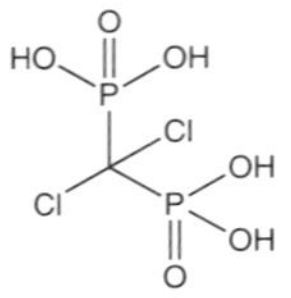

OS: *Clodronic Acid [BAN, USAN]*
OS: *Clodronique (acide) [DCF]*
OS: *Acido clodronico [DCIT]*

Ostac® (Boehringer Ingelheim: ID)
Ostac® (Roche: AT, CZ, DE, FR, GB, NL, SG)
Sindronat® (Actavis: GE)

– disodium salt:

CAS-Nr.: 0022560-50-5
OS: *Sodium Clodronate BANM*
OS: *Clodronato Disodium USAN*
IS: *BM 06.011*
IS: *Disodium clodronate*

Acido Clodronico Eg® (EG: IT)
Acido Clodronico Sandoz® (Sandoz: IT)
Acido Clodronico Union Health® (Union Health: IT)
Ascredar® (Roche: AT)
Bonefos® (Aventis: AU)
Bonefos® (Bayer: CH)
Bonefos® (Berlex: CA)
Bonefos® (Er-Kim: TR)
Bonefos® (EU-Pharma: NL)
Bonefos® (Euro: NL)
Bonefos® (Funk: ES)
Bonefos® (Medcor: NL)
Bonefos® (Schering: AT, BA, BE, BR, CL, CN, CZ, DE, DK, ES, FI, GB, HK, HR, HU, ID, IL, IS, LU, MX, MY, NL, NO, PL, PT, RO, RS, RU, SE, SG, SI, TH)
Bonefos® [vet.] (Boehringer Ingelheim Vetmedica: GB)
Clasteon® (Abiogen: IT)
Clasteon® (Oryx: CA)
Clastoban® (Schering: FR)
Climaclod® (Mastelli: IT)
Clodeosten® (Boniscontro & Gazzone: IT)
Clodrobon® (Schering: RO)
Clodron 1A Pharma® (1A Pharma: DE)
Clodron beta® (betapharm: DE)
Clodron Hexal® (Hexal: DE)
Clodronato ABC® (ABC: IT)
Clodronato Teva® (Teva: IT)
Clodron® (Fidia: IT)
Clody® (Promedica: IT)
Difosfonal® (SPA: IT)
Disodio Clodronato Alter® (Alter: IT)
Disodio Clodronato EG® (EG: IT)
Lodronat® (Paranova: AT)
Lodronat® (Roche: AT, CZ, RS)
Loron® (Roche: GB)
Lytos® (Roche: FR)
Moticlod® (Lisapharma: IT)
Niklod® (Savio: IT)
Ostac® (ASTA Medica: BR)
Ostac® (Boehringer Ingelheim: IL)
Ostac® (Roche: CH, DE, NL, PT, SE)
Osteonorm® (Piam: IT)
Osteostab® (Rottapharm: IT)
Sindronat® (Sindan: PL, RO)
Soclonat® (TB Technology: IT)

Clofarabine (Rec.INN)

L: Clofarabinum
D: Clofarabin
F: Clofarabine
S: Clofarabina

⚕ Antineoplastic, antimetabolite
⚕ Immunosuppressant
⚕ Dermatological agent, antipsoriatic

ATC: L01BB06
ATCvet: QL01BB06
CAS-Nr.: 0123318-82-1 $C_{10}-H_{11}-Cl-F-N_5-O_3$
M_r 303.68

2-Chloro-9-(2-deoxy-2-fluoro-beta-D-arabinofuranosyl)-9*H*-purin-6-amine (WHO)

9H-Purin-6-amine, 2-chloro-9-(2-deoxy-2-fluoro-beta-D-arabinofuranosyl)- (USAN)

2-Chlor-9-(2-desoxy-2-fluor-beta-D-arabinofuranosyl)purin-6-amin (IUPAC)

2-Chlor-9-(2-deoxy-2-fluor-beta-D-arabinofuranosyl)adenin

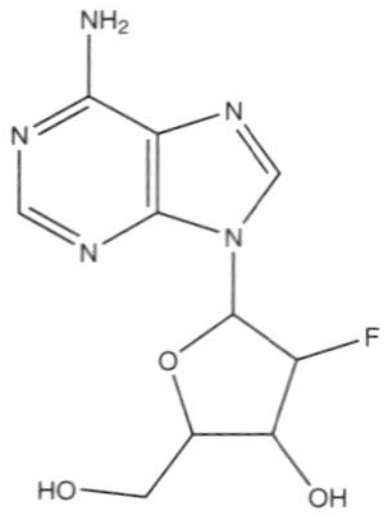

OS: *Clofarabine [USAN, BAN]*
IS: *Clofarex*
IS: *CAfdA*
IS: *Clolar*
IS: *C1-F-Ara-A*

Clofarabine® (Genzyme: US)
Clolar® (Genzyme: US)
Evoltra® (Bioenvision: DE)

Clofazimine (Rec.INN)

L: Clofaziminum
D: Clofazimin
F: Clofazimine
S: Clofazimina

Antileprotic agent

ATC: J04BA01
CAS-Nr.: 0002030-63-9 C_{27}-H_{22}-Cl_2-N_4
M_r 473.413

2-Phenazinamine, N,5-bis(4-chlorophenyl)-3,5-dihydro-3-[(1-methylethyl)imino]-

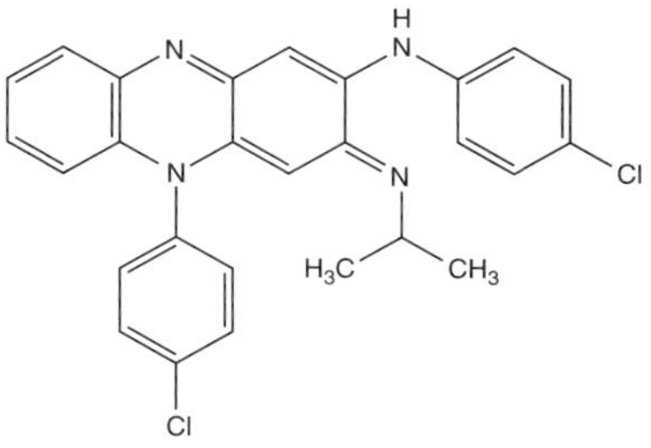

OS: *Clofazimine [BANM, USAN]*
IS: *B 663*
IS: *G 30320*
IS: *NSC 141046*
IS: *Riminophenazine*
PH: Clofazimine [BP 2002, Ph. Eur. 5, Ph. Franç. X, Ph. Int. 4, USP 30]
PH: Clofaziminum [Ph. Eur. 5, Ph. Int. 4]

Clofozine® (AstraZeneca: IN)
Hansepran® (Sarabhai: IN)
Lamcoin® (Pond's: TH)
Lamprene® (Novartis: AG, AN, AU, AW, BB, BM, BS, ET, GD, GH, GY, HT, JM, KE, KY, LC, LY, MT, NG, NZ, SD, TT, TZ, US, VC, ZW)
Lampren® (Novartis: NL)
Lampren® (Padro: ES)
Lamprène® (Novartis: FR)

Clofedanol (Rec.INN)

L: Clofedanolum
I: Clofedanolo
D: Clofedanol
F: Clofédanol
S: Clofedanol

Antitussive agent

ATC: R05DB10
CAS-Nr.: 0000791-35-5 C_{17}-H_{20}-Cl-N-O
M_r 289.807

Benzenemethanol, 2-chloro-α-[2-(dimethylamino)ethyl]-α-phenyl-

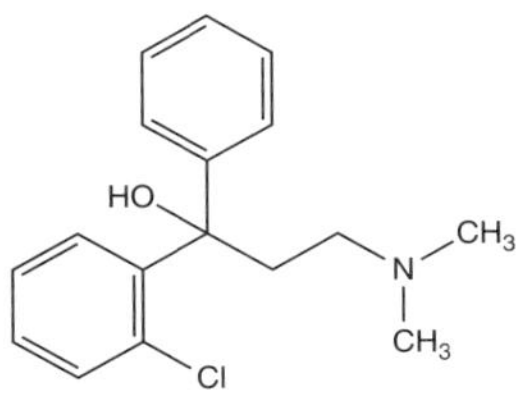

OS: *Clofedanol [BAN]*
OS: *Clofédanol [DCF]*
OS: *Clofedanolo [DCIT]*
OS: *Chlophedianol [BAN]*
IS: *Bayer 186*
IS: *SL 501*

Antitussin® (Sopharma: BG)

– hydrochloride:

CAS-Nr.: 0000511-13-7
OS: *Chlophedianol Hydrochloride USAN*
OS: *Clofedanol Hydrochloride BANM*
IS: *Bayer B 186*
IS: *SL 501*
PH: Clofedanol Hydrochloride JP XIV

Coldrin® (Shinyaku: JP)
Gentos® (Llorente: ES)
Ulone® (3M: CA)

Clofenvinfos (Rec.INN)

L: Clofenvinfosum
D: Clofenvinfos
F: Clofenvinfos
S: Clofenvinfos

Insecticide

CAS-Nr.: 0000470-90-6 C_{12}-H_{14}-Cl_3-O_4-P
M_r 359.57

Phosphoric acid, 2-chloro-1-(2,4-dichlorophenyl)ethenyl diethyl ester

2-Chloro-1-(2,4-dichlorophenyl)vinyl diethyl phosphate WHO

2-Chloro-1-(2,4-dichlorphenyl)vinyldiethylphosphat IUPAC

Phosphoric acid, 2-chloro-1-(2,4-dichlorophenyl)vinyl diethyl ester

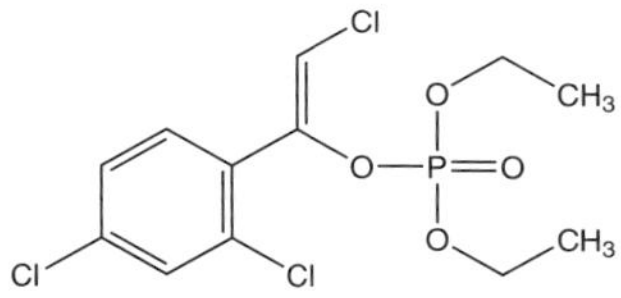

OS: *Chlorfenvinphos [BAN]*
OS: *Clofenvinfos [BAN]*
IS: *Clofenvinfosum*
IS: *SD 7859*
IS: *Apachlor*
IS: *Vinylphate*

Aerosol Sheep Dressing® [vet.] (Western: AU)
Coopers Supadip® [vet.] (Cooper: ZA)
Disnis NF® [vet.] (Bayer Animal Health: ZA)
Notix NF® [vet.] (Intervet: ZA)
Supona® [vet.] (Bayer Animal Health: ZA)
Supona® [vet.] (Fort Dodge: AU)
Tick Dressing S® [vet.] (Bayer Animal Health: ZA)

Clofibrate (Rec.INN)

L: Clofibratum
I: Clofibrato
D: Clofibrat
F: Clofibrate
S: Clofibrato

Antihyperlipidemic agent

ATC: C10AB01
CAS-Nr.: 0000637-07-0 C_{12}-H_{15}-Cl-O_3
M_r 242.702

Propanoic acid, 2-(4-chlorophenoxy)-2-methyl-, ethyl ester

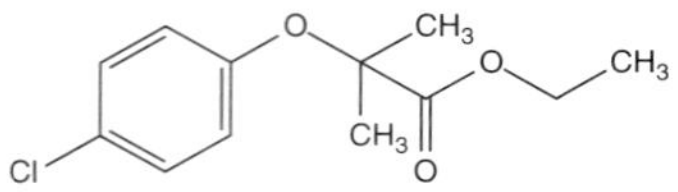

OS: *Clofibrate [BAN, DCF, JAN, USAN]*
OS: *Clofibrato [DCIT]*
IS: *AY 61123*
IS: *Chlorfenisate*
IS: *Chlorophenisate*
IS: *ICI 28257*
IS: *Lipomid*
IS: *MG 46*
IS: *NSC 79389*
IS: *Sklerolip*
PH: Clofibrat [Ph. Eur. 5]
PH: Clofibrate [Ph. Eur. 5, JP XIV, USP 30]
PH: Clofibratum [Ph. Eur. 5]

Arterioflexin® (Lannacher: AT)
Atromid® (Coopers: BR)
Clofibraat® (Centrafarm: NL)
Clofibrate® (Gallipot: US)
Elpi® (Elea: AR)
Lipilim® (Atlantic: HK)

Clofibric Acid (Rec.INN)

L: Acidum Clofibricum
I: Acido clofibrico
D: Clofibrinsäure
F: Acide clofibrique
S: Acido clofibrico

Antihyperlipidemic agent

CAS-Nr.: 0000882-09-7 C_{10}-H_{11}-Cl-O_3
M_r 214.648

Propanoic acid, 2-(4-chlorophenoxy)-2-methyl-

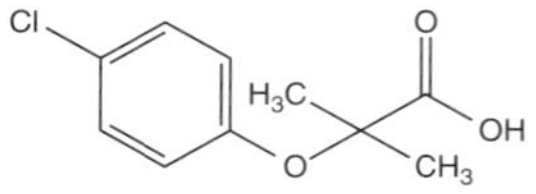

OS: *Acide clofibrique [DCF]*
OS: *Acido clofibrico [DCIT]*
OS: *Clofibric Acid [USAN]*
PH: Acidum clofibricum [2.AB-DDR]

– aluminium salt:

CAS-Nr.: 0024818-79-9
OS: *Aluminium Clofibrate BAN*
IS: *Alufibrat*

Claripex AL® (Sanofi-Synthelabo: BR)

– magnesium salt:

IS: *Clomag*
IS: *UR 112 (Uriach, E)*

Clofibrate Magnesico Chobet® (Soubeiran Chobet: AR)

Clofoctol (Rec.INN)

L: Clofoctolum
I: Clofoctolo
D: Clofoctol
F: Clofoctol
S: Clofoctol

Antiinfective agent

ATC: J01XX03
CAS-Nr.: 0037693-01-9 C_{21}-H_{26}-Cl_2-O
M_r 365.339

Phenol, 2-[(2,4-dichlorophenyl)methyl]-4-(1,1,3,3-tetramethylbutyl)-

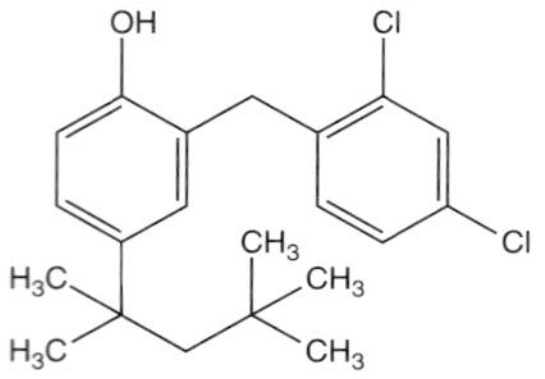

OS: *Clofoctol [DCF, USAN]*
OS: *Clofoctolo [DCIT]*

Gramplus® (Chiesi: IT)
Octofene® (Fournier: IT)

Clomethiazole (Rec.INN)

L: Clomethiazolum
D: Clomethiazol
F: Clométhiazole
S: Clometiazol

Hypnotic

ATC: N05CM02
CAS-Nr.: 0000533-45-9 C_6-H_8-Cl-N-S
M_r 161.65

Thiazole, 5-(2-chloroethyl)-4-methyl-

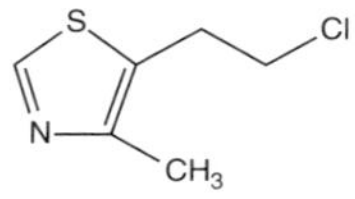

OS: *Chlormethiazole [BAN, USAN]*
OS: *Clometiazole [DCF]*
IS: *Chlorethiazole*
IS: *SCTZ*
PH: Clomethiazole [BP 2002]

Distraneurine® (AstraZeneca: ES, LU)
Distraneurin® (AstraZeneca: AT, CH, DE, NL, SI)
Heminevrin® (AstraZeneca: CZ, GB, IE)

– edisilate:

CAS-Nr.: 0001867-58-9
OS: *Chlormethiazole Edisilate BANM*
IS: *Clomethiazole 1,2-ethanedisulfonate*
IS: *Chlormethiazole edisylate*
PH: Clomethiazole Edisilate BP 2002

Distraneurin® (AstraZeneca: CH, DE, NL)
Heminevrin® (AstraZeneca: AE, BH, CY, CZ, EG, GB, HU, IE, IQ, IS, JO, KW, LB, LY, MT, NO, OM, PL, QA, SA, SE, SY, YE)

Clometocillin (Rec.INN)

L: Clometocillinum
D: Clometocillin
F: Clométocilline
S: Clometocilina

Antibiotic, penicillin, penicillinase-sensitive

ATC: J01CE07
CAS-Nr.: 0001926-49-4 — C_{17}-H_{18}-Cl_2-N_2-O_5-S
M_r 433.311

4-Thia-1-azabicyclo[3.2.0]heptane-2-carboxylic acid, 6-[[(3,4-dichlorophenyl)methoxyacetyl]amino]-3,3-dimethyl-7-oxo-, [2S-(2α,5α,6β)]-

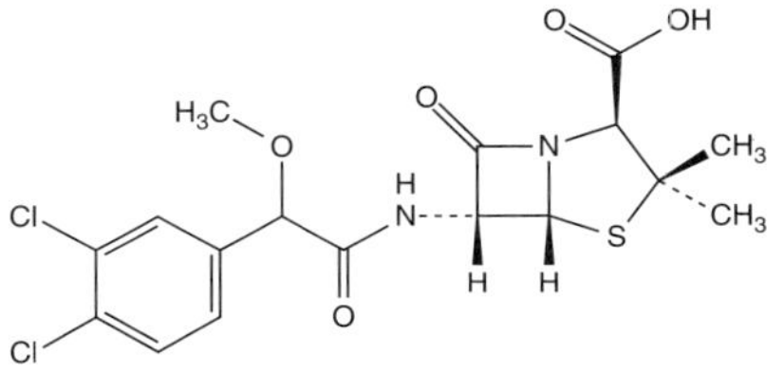

OS: *Clométocilline [DCF]*
OS: *Clometocillin [USAN]*
IS: *Penicilline 356*

– potassium salt:

CAS-Nr.: 0015433-28-0

Rixapen® (Menarini: BE, LU)

Clomifene (Rec.INN)

L: Clomifenum
I: Clomifene
D: Clomifen
F: Clomifène
S: Clomifeno

Gonadotropin stimulant

ATC: G03GB02
CAS-Nr.: 0000911-45-5 — C_{26}-H_{28}-Cl-N-O
M_r 405.97

Ethanamine, 2-[4-(2-chloro-1,2-diphenylethenyl)phenoxy]-N,N-diethyl-

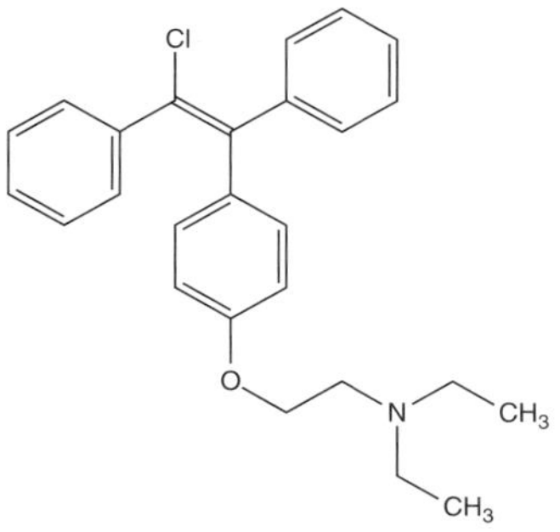

OS: *Clomifène [DCF]*
OS: *Clomifene [BAN, DCIT]*
IS: *Chloramiphene*
IS: *Clomiphene*
IS: *MER 41*

Biogen® (Sanitas: PE)
Clomifene® (Wockhardt: GE)

– citrate:

CAS-Nr.: 0000050-41-9
OS: *Clomiphene Citrate USAN*
OS: *Clomifene Citrate BANM*
IS: *MRL/41*
IS: *NSC 35770*
PH: Clomifene Citrate JP XIV, Ph. Eur. 5, Ph. Int. 4
PH: Clomifeni citras Ph. Eur. 5, Ph. Int. 4
PH: Clomiphene Citrate USP 30
PH: Clomifencitrat Ph. Eur. 5
PH: Clomifène (citrate de) Ph. Eur. 5

Blesifen® (Sanbe: ID)
Clofert® (Sigma: IN)
Clomhexal® (Hexal: AU, DE)
Clomhexal® (Salutas Fahlberg: CZ)
Clomid® (Al Pharm: ZA)
Clomid® (Aventis: AU, LU, TH)
Clomid® (Bruno: IT)
Clomid® (Duncan: PH)
Clomid® (Medley: BR)
Clomid® (Sanofi-Aventis: BE, CA, CH, FR, GB, IE, MY, NL, SG, US)
Clomifeencitraat CF® (Centrafarm: NL)
Clomifen Galen® (Galen: DE)
Clomifen-ratiopharm® (ratiopharm: DE)
Clomifene Hexpharm® (Hexpharm: ID)
Clomifene® (Remedica: RS)
Clomifene® (Wockhardt: GB)
Clomifeno Casen® (Casen: ES)
Clomifeno Ethical® (Ethical: DO)
Clomifen® (Galenpharma: DE)
Clomifen® (Leiras: FI)
Clomifert® (Dar-Al-Dawa: AE, BH, IQ, JO, KW, LB, LY, MT, NG, OM, QA, SA, SD, SO, TN, YE)
Clomifil® (Sunthi: ID)
Clomihexal® (Hexal: ZA)
Clomiphen Arcana® (Arcana: AT)
Clomiphen Citrate Anfarm® (Anfarm: GR)
Clomiphene Yung Shin® (Yung Shin: SG)
Clomoval® (United Pharmaceutical: AE, BH, IQ, JO, LY, OM, QA, SA, SD, YE)

Clostilbegyt® (Egis: BD, CZ, HK, HU, JM, MY, PL, RO, RU, SG)
Clostilbegyt® (Medimpex: BB, JM, TT)
Clostilbegyt® (medphano: DE)
Clovul® (Aristopharma: BD)
Dufine® (Inibsa: PT)
Duinum® (Medochemie: BH, CY, LK, OM, SD, SG, TH)
Fensipros® (Pharos: ID)
Fermid® (Gaco: BD)
Fermil® (Arrow: AU)
Fertilan® (Codal: CN)
Fertilin® (Unipharm: TR)
Fertilphen® (Landson: ID)
Fertil® (Beximco: BD)
Fertin® (Interbat: ID)
Fertomid® (Cipla: IN, ZA)
Genoclom® (Lapi: ID)
Genozym® (Nova Argentia: AR)
GenRX Clomiphene® (GenRX: AU)
Gonaphene® (Organon: TR)
Ikaclomin® (Teva: IL)
Klomen® (Koçak: TR)
Klomifen® (Belupo: BA, HR, RS, SI)
Mestrolin® (Darya-Varia: ID)
Omifin® (Aventis: CR, GT, HN, NI, PA, SV)
Omifin® (Effik: ES)
Omifin® (Sanofi-Aventis: MX)
Ova-mit® (Remedica: CY, ET, KE, PH, RO, SD, SG, ZW)
Ovamit® (Comerciosa: EC)
Ovamit® (Remedica: TH)
Ovinum® (Biolab: SG, TH)
Ovipreg® (Win-Medicare: IN)
Ovofar® (Organon: IN)
Ovuclon® (Incepta: BD)
Ovulet® (Renata: BD)
Pergotime® (Serono: BE, DE, DK, FR, IS, LU, NO, SE)
Phenate® (Alphapharm: SG)
Phenate® (Pacific: NZ)
Profertil® (Kalbe: ID)
Profertil® (Kalbe Farma: LK)
Prolifen® (Chiesi: CY, EG, JO, KW, LB, OM, SA, SY)
Prolifen® (Effik: IT)
Prolifen® (Merck: AT)
Provula® (Dexa Medica: ID, LK)
Reomen® (Eskayef: BD)
Serofene® (Serono: AR, BR, IT)
Serophene® (Dipa: ID)
Serophene® (Serono: AT, AU, BR, CA, IT, NL, PE, SG, TH, TR, US, ZA)
Serophene® (Serono Pharma: CH)
Serophene® (Teva: IL)
Serpafar® (Faran: GR)
Siphene® (Serum Institute: IN)
Zimaquin® (Gynopharm: CL)
Zimaquin® (Pharmalab: PE)

Clomipramine (Rec.INN)

L: Clomipraminum
I: Clomipramina
D: Clomipramin
F: Clomipramine
S: Clomipramina

Antidepressant, tricyclic

ATC: N06AA04
ATCvet: QN06AA04
CAS-Nr.: 0000303-49-1 C_{19}-H_{23}-Cl-N_2
M_r 314.863

5H-Dibenz[b,f]azepine-5-propanamine, 3-chloro-10,11-dihydro-N,N-dimethyl-

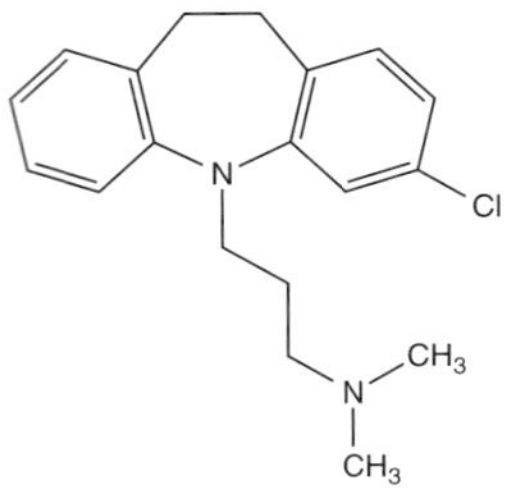

OS: *Clomipramine [BAN, DCF]*
OS: *Clomipramina [DCIT]*
IS: *Monochlorimipramin*
PH: Clomipraminum [Ph. Nord.]

Anafranil® (Novartis: AG, AN, AW, BB, BM, BS, ET, GD, GH, GY, HT, JM, KE, KY, LC, LY, MT, NG, SD, TT, TZ, VC, ZW)
Anafranil® (Pliva: BA, HR, SI)
Atenual® (Tecnofarma: CL)
Ausentron® (Chile: CL)
Clomipramin® (Promedic: RO)

– hydrochloride:

CAS-Nr.: 0017321-77-6
OS: *Clomipramine Hydrochloride BANM, JAN, USAN*
IS: *Chlorimipramine hydrochloride*
IS: *G 34586*
PH: Clomipramine (chlorhydrate de) Ph. Eur. 5
PH: Clomipramine Hydrochloride Ph. Eur. 5, JP XIV, USP 30
PH: Clomipramini hydrochloridum Ph. Eur. 5
PH: Clomipraminhydrochlorid Ph. Eur. 5

Anafranil CR® (Novartis: RU)
Anafranil retard® (Novartis: AT)
Anafranil SR® (Cephalon: GB)
Anafranil SR® (Novartis: BR, CH, CZ, GB)
Anafranil SR® (Novartis Pharma: PE)
Anafranil® (Cephalon: GB)
Anafranil® (Defiante: IT)
Anafranil® (Dolorgiet: DE, LU)
Anafranil® (Lynapharm: DZ, FR)
Anafranil® (Mallinckrodt: US)
Anafranil® (Novartis: AR, AT, AU, BD, BE, BG, BR, CH, CL, CN, CO, CZ, DK, ES, FI, GB, GR, HK, HU, ID, IE, IL, IN, IS, LK, LU, MY, NL, NO, PH, PT, RO, RS, RU, SE, SG, TH, TR, ZA)
Anafranil® (Novartis Pharma: PE)
Anafranil® (Oryx: CA)

Anafranil® (Pliva: SI)
Anafranil® (Polfa Kutno: PL)
Apo-Clomipramine® (Apotex: CA)
Clofranil® (Sun: BD, IN, RU, TH)
Clomicalm® [vet.] (Novartis: BE, FI, IE, IT, NL, NO)
Clomicalm® [vet.] (Novartis Animal Health: AU, GB, NZ, PT, US, ZA)
Clomicalm® [vet.] (Novartis Santé Animale: FR)
Clomicalm® [vet.] (Novartis Tiergesundheit: AT, CH, DE)
Clomicalm® [vet.] (Novartis Veterinärmedicin: SE)
Clomidep® (Pharmaplan: ZA)
Clomipramin Sandoz® (Sandoz: DE, NL)
clomipramin von ct® (CT: DE)
Clomipramin-neuraxpharm® (neuraxpharm: DE)
Clomipramin-ratiopharm® (ratiopharm: DE)
Clomipramine HCl Actavis® (Actavis: NL)
Clomipramine HCl Alpharma® (Alpharma: NL)
Clomipramine HCl A® (Apothecon: NL)
Clomipramine HCl CF® (Centrafarm: NL)
Clomipramine HCl Merck® (Merck Generics: NL)
Clomipramine HCl PCH® (Pharmachemie: NL)
Clomipramine HCl ratiopharm® (Ratiopharm: NL)
Clomipramine HCl Sandoz® (Sandoz: NL)
Clomipramine Hydrochloride® (Mylan: US)
Clomipramine Hydrochloride® (Sandoz: US)
Clomipramine Hydrochloride® (Taro: US)
Clomipramine Hydrochloride® (Teva: US)
Clomipramine Hydrochloride® (Watson: US)
Clomipramine Merck® (Merck Génériques: FR)
Clomipramine RPG® (RPG: FR)
Clomipramine Sandoz® (Sandoz: FR)
Clomipramine® (Alpharma: GB)
Clomipramine® (Generics: GB)
Clomipramine® (Hillcross: GB)
Clomipramine® (Merck: NL)
Clomipramine® (Pharmachemie: NL)
Clomipramine® (Ratiopharm: NL)
Clomipramine® (Remedica: CY)
Clomipramine® (Sandoz: NL)
Clomipramine® (Teva: GB)
Clopress® (Pacific: NZ)
CO Clomipramine® (Cobalt: CA)
Deprelin® (Farmo Quimica: CL)
Equinorm® [vet.] (Aspen: ZA)
Gen-Clomipramine® (Genpharm: CA)
GenRX Clomipramine® (GenRX: AU)
Hydiphen® (Asta Medica: CZ)
Hydiphen® (Temmler: DE)
Klomipramin Merck NM® (Merck NM: DK, SE)
Klomipramin NM Pharma® (Gerard: IS)
Klomipramin® (Merck NM: NO)
Maronil® (Unipharm: IL)
Placil® (Alphapharm: AU)
Zorial® (GlaxoSmithKline: HK)

Clonazepam (Rec.INN)

L: Clonazepamum
I: Clonazepam
D: Clonazepam
F: Clonazépam
S: Clonazepam

Antiepileptic

ATC: N03AE01
CAS-Nr.: 0001622-61-3 C_{15}-H_{10}-Cl-N_3-O_3
M_r 315.725

2H-1,4-Benzodiazepin-2-one, 5-(2-chlorophenyl)-1,3-dihydro-7-nitro-

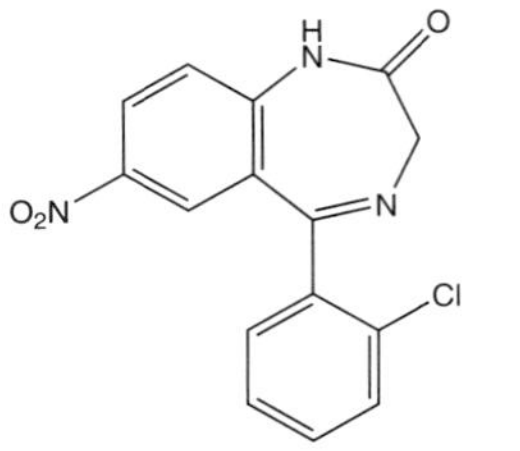

OS: *Clonazepam [BAN, DCF, DCIT, JAN, USAN]*
IS: *B-7*
IS: *Ro 5-4023*
PH: Clonazepam [Ph. Eur. 5, JP XIV, USP 30]
PH: Clonazepamum [Ph. Eur. 5]
PH: Clonazépam [Ph. Eur. 5]

Acepran® (Andromaco: CL)
Alerion® (Filaxis: AR)
Antelepsin® (Asta Medica: CZ)
Antelepsin® (Desitin: DE, GE)
Apo-Clonazepam® (Apotex: AN, BB, BM, BS, CA, GY, HT, JM, KY, SR, TT)
Arotril® (Aristopharma: BD)
Celaxin® (Pharmavita: CL)
Ciclox® (Sandoz: AR)
Clonabay® (Bayer: AR)
Clonagin® (Baliarda: AR)
Clonapam® (Chile: CL)
Clonapam® (Ivax: PE)
Clonapilep® (Bruluart: MX)
Clonax® (Beta: AR)
Clonazepam Dosa® (Dosa: AR)
Clonazepam Duncan® (Duncan: AR)
Clonazepam Fmndtria® (Farmindustria: PE)
Clonazepam Monte Verde® (Monte: AR)
Clonazepam Northia® (Northia: AR)
Clonazepamum® (Polfa Tarchomin: PL)
Clonazepam® (Mintlab: CL)
Clonazepam® (Polfa Tarchomin: RU)
Clonazepam® (Polfa Tarchomin S. A.: HU)
Cloner® (Vannier: AR)
Clonex® (Teva: IL)
Clonotril® (Remedica: CY)
Clonotril® (Torrent: BR)
Cloron® (Eskayef: BD)
Clozanil® (Sanitas: CL)
Clozer® (Sun Pharma: MX)
CO Clonazepam® (Cobalt: CA)
Coquan® (Psipharma: CO)
Diocam® (Elisium: AR)
Disopan® (Incepta: BD)
Edictum® (Phoenix: AR)

Epiclon® (General Pharma: BD)
Epitril® (Novartis: IN)
Flozepan® (Lazar: AR)
Gen-Clonazepam® (Genpharm: CA)
Iktorivil® (Roche: SE)
Induzepam® (Finadiet: AR)
Kenoket® (Kendrick: MX)
Klonopin® (Roche: US)
Kriadex® (Psicofarma: MX)
Landsen® (Sumitomo: JP)
Leptic® (Soubeiran Chobet: AR)
Lonazep® (Sun: BD, IN)
Neuryl® (Bago: CL)
Neuryl® (Bagó: AR)
Novo-Clonazepam® (Novopharm: CA)
Olimer® (Rontag: AR)
Pase® (Opsonin: BD)
Paxam® (Alphapharm: AU)
Paxam® (Pacific: NZ)
PMS-Clonazepam® (Pharmascience: CA)
Povanil® (Pharmasant: TH)
ratio-Clonazepam® (Ratiopharm: CA)
Ravotril® (Roche: CL)
Riuclonaz® (Medipharma: AR)
Rivatril® (Roche: FI)
Rivotril® (Euro: NL)
Rivotril® (Galenika: RS)
Rivotril® (Roche: AE, AL, AR, AT, AU, AW, AZ, BA, BD, BE, BG, BH, BJ, BO, BR, CA, CG, CH, CI, CL, CO, CR, CU, CY, CZ, DE, DK, DO, DZ, EC, EE, EG, ES, ET, FI, FR, GB, GE, GH, GR, GT, HK, HN, HR, HU, ID, IE, IL, IQ, IS, IT, JM, JO, JP, KE, KR, KW, KZ, LA, LB, LK, LT, LU, MA, MU, MX, MY, NI, NL, NO, NZ, OM, PA, PE, PH, PK, PL, PT, PY, QA, RS, RU, SA, SE, SG, SI, SK, SN, SV, TH, TM, TN, TR, TT, TW, TZ, UG, US, UY, UZ, VE, ZA, ZM, ZW)
Ropsil® (Medipharm: CL)
Sandoz Clonazepam® (Sandoz: CA)
Sedovanon® (Craveri: AR)
Sensaton® (Temis-Lostalo: AR)
Solfidin® (Rontag: AR)
Valpax® (Drugtech-Recalcine: CL)
Xetril® (Beximco: BD)
Zatrix® (Farmindustria: PE)
Zymanta® (Asofarma: MX)

Clonidine (Rec.INN)

L: Clonidinum
I: Clonidina
D: Clonidin
F: Clonidine
S: Clonidina

Antihypertensive agent
α_2-Sympathomimetic agent

ATC: C02AC01,N02CX02,S01EA04
CAS-Nr.: 0004205-90-7 C_9-H_9-Cl_2-N_3
M_r 230.101

1H-Imidazole-2-amine, N-(2,6-dichlorophenyl)-4,5-dihydro-

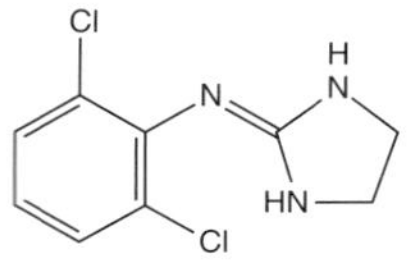

OS: *Clonidine [BAN, DCF, USAN]*
OS: *Clonidina [DCIT]*
IS: *Chlofazoline*
IS: *ST 155-BS*
PH: Clonidine [USP 30]

Adesipress-TTS® (Boehringer Ingelheim: IT)
Catapres-TTS® (Boehringer Ingelheim: NZ, US)
Catapresan TTS® (Boehringer Ingelheim: IT)
Catapres® [Inj.] (Boehringer Ingelheim: IE)
Clonidine Indo Farma® (Indofarma: ID)
Clonidină® (Arena: RO)
Clonidină® (Sintofarm: RO)
Clophelinum® (Halychpharm: GE)
Dixarit® (Boehringer Ingelheim: NL)
Hypodine® (Pharmasant: TH)
Paracefan® (Boehringer Ingelheim: DE)

– hydrochloride:

CAS-Nr.: 0004205-91-8
OS: *Clonidine Hydrochloride BANM, JAN, USAN*
IS: *ST 155*
PH: Clonidine (chlorhydrate de) Ph. Eur. 5
PH: Clonidine Hydrochloride Ph. Eur. 5, JP XIV, USP 30
PH: Clonidinhydrochlorid Ph. Eur. 5
PH: Clonidini hydrochloridum Ph. Eur. 5

Apo-Clonidine® (Apotex: CA)
Arkamin® (Unichem: IN)
Aruclonin® (Chauvin: CZ, DE, HU)
Atensina® (Boehringer Ingelheim: BR)
Catapresan® (AstraZeneca: SI)
Catapresan® (Boehringer Ingelheim: AT, CH, CL, CO, CZ, DE, DK, FI, GR, IS, IT, LU, NL, NO, PE, PT, SE)
Catapresan® (Fher: ES)
Catapressan® (Boehringer Ingelheim: BE, FR, LU)
Catapres® (Boehringer Ingelheim: AE, AG, AN, AU, AW, BB, BH, BM, BS, CA, CY, EG, GB, GB, GD, GY, HT, ID, IE, IE, IQ, JM, JO, JP, KE, KW, KY, LB, LC, LK, LY, MT, NZ, OM, PH, QA, SA, SD, TH, TT, US, VC, YE)
Catapres® (Navana: BD)
Catapres® (Zydus: IN)
Catapres® [vet.] (Boehringer Ingelheim Vetmedica: GB)
Clonid-Ophtal® (Winzer: DE)
Clonidin AWD® (AWD: DE)
Clonidin-ratiopharm® (ratiopharm: DE)
Clonidina Drawer® (Drawer: AR)
Clonidina Larjan® (Veinfar: AR)
Clonidine HCl Actavis® (Actavis: NL)
Clonidine HCl CF® (Centrafarm: NL)
Clonidine HCl PCH® (Pharmachemie: NL)
Clonidine HCl Sandoz® (Sandoz: NL)
Clonidine Hydrochloride® (Mylan: US)
Clonidine Hydrochloride® (Purepac: US)
Clonidine Hydrochloride® (UDL: US)
Clonidine® (Sandoz: GB)

Clonidural® (Richmond: AR)
Clonistada® (Stadapharm: DE)
Clonnirit® (Rafa: IL)
Dispaclonidin® (Omnivision: DE)
Dixarit® (Boehringer Ingelheim: AE, AU, BE, BH, CA, CY, EG, GB, HK, IE, IQ, JO, KE, KW, LB, LU, LY, MT, NL, NZ, OM, QA, SA, SD, YE, ZA)
Duraclon® (Roxane: US)
Edolglau® (Edol: PT)
Haemiton® (Asta Medica: CZ)
Haemiton® (AWD.pharma: DE)
Haemiton® (Medapa: CZ)
Iporel® (Jelfa: PL)
Isoglaucon® (Agepha: AT)
Isoglaucon® (Alcon: DE, ES, IT)
Menograine® (Aspen: ZA)
Mirfat® (Merckle: DE)
Normopresan® (Rafa: IL)
Novo-Clonidine® (Novopharm: CA)
Paracefan® (Boehringer Ingelheim: DE)

Clonixin (Rec.INN)

L: Clonixinum
D: Clonixin
F: Clonixine
S: Clonixino

Analgesic

CAS-Nr.: 0017737-65-4 — C_{13}-H_{11}-Cl-N_2-O_2 — M_r 262.701

3-Pyridinecarboxylic acid, 2-[(3-chloro-2-methylphenyl)amino]-

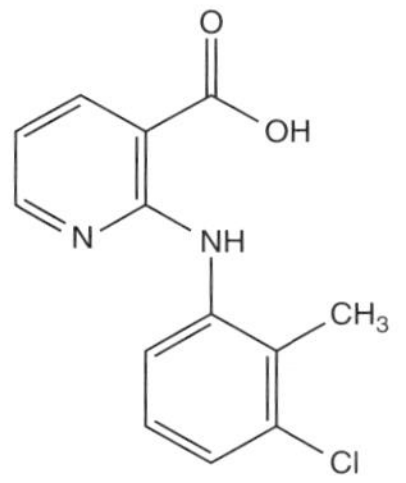

OS: *Clonixin [USAN]*
IS: *Sch 10304 (Schering, USA)*
IS: *CBA 93626*

Clonix® (Janssen: PT)

– lysine salt:

CAS-Nr.: 0055837-30-4
IS: *R 173 IX*

Algimate® (Jaba: PT)
Blonax® (Mintlab: CL)
Celex® (Farmo Quimica: CL)
Clonalgin® (Chemopharma: CL)
Clonixil® (Richmond: AR)
Clonixinato de lisina Duncan® (Duncan: AR)
Clonixinato de lisina Lazar® (Lazar: AR)
Clonixinato de lisina® (Biosano: CL)
Clonixinato de lisina® (Mintlab: CL)
Clonixinato de lisina® (Sanderson: CL)
Clonixin® (Jin Yang Pharm: VN)
Colmax® (Andromaco: CL)
Dentagesic® (Maver: CL)
Dolalgial® (Sanofi-Synthelabo: ES)
Dolamin® (Farmoquimica: BR)
Dolex® (Ivax: AR)
Dolorfin® (Bolivar Farma: PE)
Donodol® (Armstrong: MX)
Dorixina® (Roemmers: AR, CO, PE)
Dorixina® (Siegfried: MX)
Firac® (Grossman: MX)
Lafigesic® (Recalcine: CL)
Medigesic® (Maver: CL)
Nefersil® (Pharma Investi: CL)
Norzonol® (Drag Pharma: CL)
Prestodol® (Rayere: MX)
Sedepron® (Chinoin: MX)
Simar® (Mack: EC)
Traumicid® (Sanofi-Pasteur: CL)

Clopamide (Rec.INN)

L: Clopamidum
I: Clopamide
D: Clopamid
F: Clopamide
S: Clopamida

Diuretic

ATC: C03BA03
CAS-Nr.: 0000636-54-5 — C_{14}-H_{20}-Cl-N_3-O_3-S — M_r 345.854

Benzamide, 3-(aminosulfonyl)-4-chloro-N-(2,6-dimethyl-1-piperidinyl)-, cis-

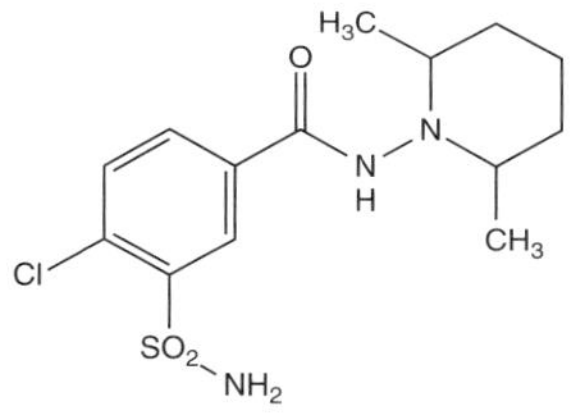

OS: *Clopamide [BAN, DCF, DCIT, USAN]*
IS: *Chlosudimeprimyl*
IS: *DT 327*

Brinaldix® (Egis: HU)
Brinaldix® (Novartis: DE, IN)
Brinaldix® (Sandoz: NL)
Clopamid® (ICN: PL)

Cloperastine (Rec.INN)

L: Cloperastinum
I: Cloperastina
D: Cloperastin
F: Clopérastine
S: Cloperastina

Antitussive agent

ATC: R05DB21
CAS-Nr.: 0003703-76-2 — C_{20}-H_{24}-Cl-N-O — M_r 329.872

Piperidine, 1-[2-[(4-chlorophenyl)phenylmethoxy]ethyl]-

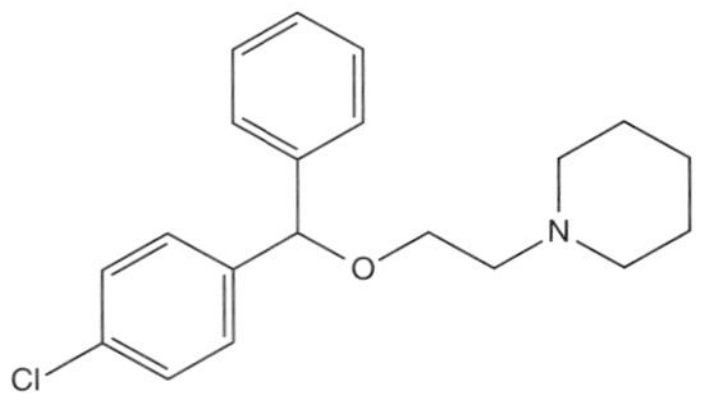

OS: *Cloperastina [DCIT]*
OS: *Cloperastine [USAN]*
IS: *HT 11*

Uncough® (Yung Shin: HK)

- fendizoate:

CAS-Nr.: 0085187-37-7
OS: *Cloperastine Fendizoate JAN*
IS: *Cloperastine hybenzoate*

Cloel® (Aesculapius: IT)
Clofend® (Fidia: IT)
Flutox® (Pharmazam: ES)
Mitituss® (Magis: IT)
Politosse® (Pharmacia: IT)
Privituss® (Mitim: IT)
Quik® (Valeas: IT)
Sekisan® (Almirall: ES)
Seki® [liqu.oral] (Zambon: BR, IT)

- hydrochloride:

CAS-Nr.: 0014984-68-0
OS: *Cloperastine Hydrochloride JAN*
PH: Cloperastine Hydrochloride JP XIV

Flutox® (Pharmazam: ES)
Lysotossil® (Zambon: BE, LU)
Nitossil® (Novartis Consumer Health: IT)
Novotossil® (Zambon: LU)
Sekin® (Almirall: BE)
Sekisan® (Almirall: ES)

Clopidogrel (Rec.INN)

L: Clopidogrelum
D: Clopidogrel
F: Clopidogrel
S: Clopidogrel

Anticoagulant, platelet aggregation inhibitor

ATC: B01AC04
CAS-Nr.: 0113665-84-2 C_{16}-H_{16}-Cl-N-O_2-S
M_r 321.824

Thieno[3,2-c]pyridine-5(4H)-acetic acid, α-(2-chlorophenyl)-6,7-dihydro-, methyl ester, (S)-

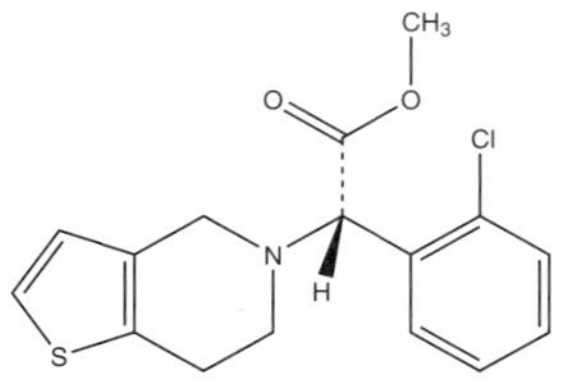

OS: *Clopidogrel [BAN, DCF]*
IS: *SR 25990*
PH: Clopidogrel [USP 30]

Anlet® (Globe: BD)
Areplex® (Adamed: PL)
Artevil® (Drugtech-Recalcine: CL)
Clavix® (Techno: BD)
Clont® (Opsonin: BD)
Clopidogrel Actavis® (Actavis: GE)
Clopidogrel® (Northia: AR)
Clopidogrel® (Pentacoop: CO)
Clopistad® (Stada: VN)
Clorel® (ACI: BD)
Dclot® (Acme: BD)
Diloxol® (Bilim: TR)
Iscover® (BMS: LU)
Iscover® (Bristol-Myers Squibb: AR, BR, ES)
Karum® (Sanovel: TR)
Leril® (Silva: BD)
Pigrel® (Jadran: HR)
Plavix® (Bristol-Myers Squibb: MY)
Plavix® (Sanofi: LU)
Plavix® (Sanofi-Aventis: AR, BR, ES, HK, MY, RS, RU)
Plavix® (Sanofi-Synthelabo: ID, TH, ZA)
Pleyar® (Casasco: AR)
Preclot® (Popular: BD)
Zyllt® (Krka: HR)

- hydrogen sulfate:

CAS-Nr.: 0135046-48-9
OS: *Clopidogrel Bisulfate USAN*
OS: *Clopidogrel Sulphate BANM*
IS: *SR 25990 C (Sanofi, France, USA)*
PH: Clopidogrel bisulfate USP 27

Anclog® (Square: BD)
Antiplaq® (Penn: AR)
Clodian® (Sandoz: AR)
Clognil® (Orion: BD)
Clopidrogen Bisulfate® (Apotex: US)
Clopid® (Drug International: BD)
Clopilet® (Sun: LK)
Clopivas® (Biotoscana: CO)
Clopivas® (Cipla: LK)
Clotinil® (Rephco: BD)
Dorel® (General Pharma: BD)
Flusan® (Farmacol: CO)
Free® (Nipa: BD)
Iscover® (Bristol-Myers Squibb: AU, CO, DE, GR, IT, MX, NL)
Lopirel® (Incepta: BD)
Nabratin® (Raffo: AR)
Nefazan® (Phoenix: AR)
Noklot® (Zydus: IN)
Odrel® (Beximco: BD)
Pladex® (Unimed & Unihealth: BD)
Plagrin® (Renata: BD)
Plavix® (Aventis: BA, NZ)
Plavix® (Bristol-Myers Squibb: FR, GB, NO, RO, SE, SG, US)
Plavix® (CTS: IL)
Plavix® (Navana: BD)
Plavix® (Sanofi Pharma: AT, DK)
Plavix® (Sanofi-Aventis: BE, CA, CH, CL, FI, FR, GB, GE, HR, HU, IE, IT, MX, NL, NO, PL, RO, SE, SG, SI, TR, VN)

Plavix® (Sanofi-Synthelabo: AU, CO, CR, CZ, DE, DO, EC, GR, GT, HN, IS, NI, PA, PE, PH, PT, SV, US)
Plavix® (Zuellig: TH)
Replet® (Healthcare: BD)
Terotrom® (Biogen: CO)
Themigrel® (Themis: LK)
Tisten® (Heimdall: CO)
Troken® (Bagó: AR)
Zillt® (KRKA: RU)
Zyllt® (Krka: BA, RS, SI)

Cloprednol (Rec.INN)

L: Cloprednolum
D: Cloprednol
F: Cloprednol
S: Cloprednol

Adrenal cortex hormone

ATC: H02AB14
CAS-Nr.: 0005251-34-3 C_{21}-H_{25}-Cl-O_5
M_r 392.881

Pregna-1,4,6-triene-3,20-dione, 6-chloro-11,17,21-trihydroxy-, (11β)-

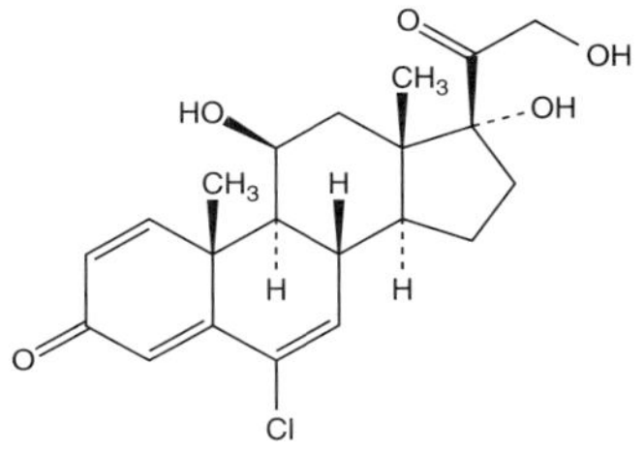

OS: *Cloprednol [BAN, DCF, USAN]*
IS: *RS 4691 (Syntex, USA)*

Syntestan® (Teofarma: DE)

Cloprostenol (Rec.INN)

L: Cloprostenolum
D: Cloprostenol
F: Cloprosténol
S: Cloprostenol

Prostaglandin
ATCvet: QG02AD90
CAS-Nr.: 0040665-92-7 C_{22}-H_{29}-Cl-O_6
M_r 424.924

5-Heptenoic acid, 7-(2-(4-(3-chlorophenoxy)-3-hydroxy-1-butenyl)-3,5-dihydroxycyclopentyl)-, (1-alpha-(Z),2-beta-(1E,3R*),3-alpha,5-alpha)- (+-)- (ChemIDplus)

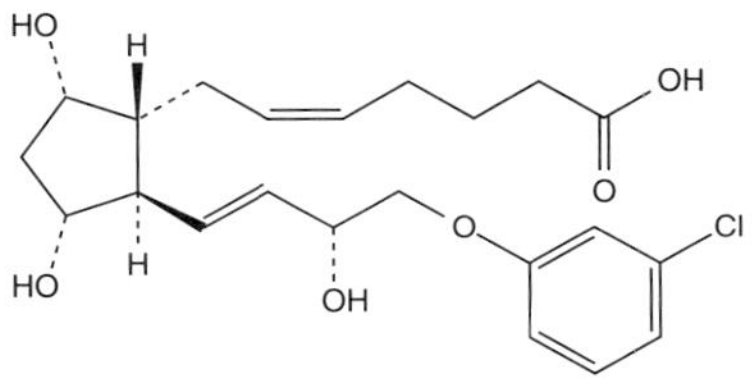

OS: *Cloprostenol [BAN]*

Cistrynol® [vet.] (Intervet: IT)
Dalmazin® [vet.] (Fatro: IT, LU, PT)
Dalmazin® [vet.] (Selecta: DE)
Dalmazin® [vet.] (Virbac: FR)
Estrotek® [vet.] (Ati: IT)
Estrumate® [vet.] (Schering-Plough: BE)
Gonadovet® [vet.] (Animedic: DE)
Planate® [vet.] (Schering-Plough: BE)
Preloban® [vet.] (Hoechst Animal Health: BE)
Prostol® [vet.] (Syva: PT)
Veteglan® [vet.] (Bio98: IT)
Veteglan® [vet.] (Calier: PT)

– sodium salt:

CAS-Nr.: 0055028-72-3
OS: *Cloprostenol Sodium BANM, USAN*
IS: *ICI 80996*

Cloprostenol® [vet.] (Bioptive: DE)
Cyclix® [vet.] (Intervet: DE, FR)
Estromil® [vet.] (Ilium Veterinary Products: AU)
Estroplan® [vet.] (Parnell: AU, NZ, US)
Estrumate® [vet.] (Essex: AT, DE)
Estrumate® [vet.] (Mallinckrodt: PT)
Estrumate® [vet.] (Provet: CH)
Estrumate® [vet.] (Schering-Plough: AU, IE, IT, LU, US)
Estrumate® [vet.] (Schering-Plough Animal: NZ, ZA)
Estrumate® [vet.] (Schering-Plough Veterinary: GB)
Estrumate® [vet.] (Schering-Plough Vétérinaire: FR)
Estrumat® [vet.] (Galena: FI)
Estrumat® [vet.] (Leo: DK)
Estrumat® [vet.] (Schering-Plough: SE)
Genestran® [vet.] (Albrecht: DE)
Genestran® [vet.] (Gräub: CH)
Genestran® [vet.] (Schoeller: AT)
Genestran® [vet.] (Vetcare: FI)
Genestran® [vet.] (Vetlima: PT)
Juramate® [vet.] (Jurox: AU, NZ)
PGF Veyx® [vet.] (Veyx: DE)
PGF Veyx® [vet.] (WDT: DE)
Planate® [vet.] (Schering-Plough: IE)
Planate® [vet.] (Schering-Plough Veterinary: GB)
Planate® [vet.] (Schering-Plough Vétérinaire: FR)

Clorazepate, Dipotassium (Rec.INN)

L: Dikalii Clorazepas
I: Clorazepato dipotassico
D: Dikalium clorazepat
F: Clorazépate dipotassique
S: Clorazepato dipotasico

Tranquilizer

CAS-Nr.: 0057109-90-7 C_{16}-H_{11}-Cl-K_2-N_2-O_4
M_r 408.934

1H-1,4-Benzodiazepin-3-carboxylic acid, 7-chloro-2,3-dihydro-2-oxo-5-phenyl-, monopotassium salt, compd. with potassium hydroxide (K(OH)) (1:1)

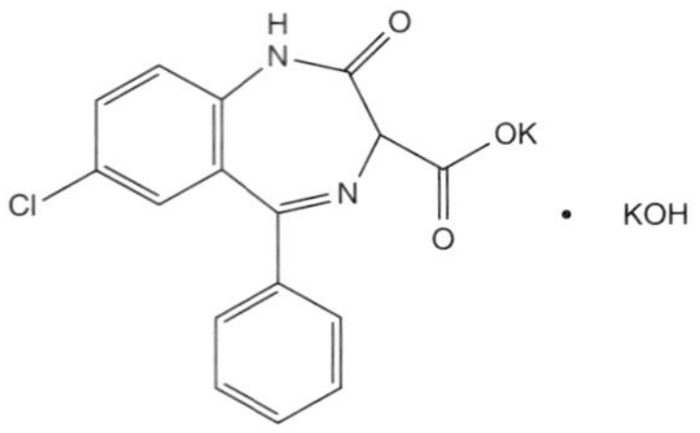

OS: *Clorazepate Dipotassium [JAN, USAN]*
OS: *Clorazépate dipotassique [DCF]*
OS: *Potassium Clorazepate [BANM]*
OS: *Clorazepato dipotassico [DCIT]*
IS: *Abbott 35616*
IS: *AH 3232*
IS: *CB 4306*
IS: *Ro 6-6616*
IS: *TR 19119*
PH: Clorazepate Dipotassium [USP 30]
PH: Clorazépate dipotassique [Ph. Eur. 4]
PH: Dikalii clorazepas [Ph. Eur. 4]
PH: Dipotassium Clorazepate [Ph. Eur. 4]
PH: Dikaliumclorazepat [Ph. Eur. 4]

Anksen® (Sanovel: TR)
Anxielax® (MacroPhar: TH)
Apo-Clorazepate® (Apotex: CA, SG)
Calner® (Medipharm: CL)
Cloramed® (Medifive: TH)
Cloranxen® (Polfa Kutno: PL)
Cloraxene® (TO Chemicals: TH)
ClorazeCaps® (Martec: US)
Clorazepaat dikalium Actavis® (Actavis: NL)
Clorazepaatdikalium CF® (Centrafarm: NL)
Clorazepaatdikalium PCH® (Pharmachemie: NL)
Clorazepate Dipotassium® (Remedica: CY)
Clorazepatum® (Sanofi-Aventis: NL)
ClorazeTabs® (Martec: US)
Diposef® (Unison: TH)
Dipot® (Asian: TH)
Flulium® (Pharmasant: TH)
GenXene® (Alra: US)
Justum® (Sandoz: AR)
Manotran® (March: TH)
Medipax® (Tecnifar: PT)
Mendon® (Dainippon: JP)
Modival® (Saval: CL)
Noctran® (Sanofi-Synthelabo: AE, BH, CY, EG, JO, KW, LB, OM, QA, SA)
Novo-Clopate® (Novopharm: CA)
Polizep® (Polipharm: TH)
Pomadom® (Pharmasant: TH)
Posene® (Pose: TH)
Sanor® (Biolab: TH)
Serene® (Pharmaland: TH)
Tencilan® (Finadiet: AR)
Trancap® (TP Drug: TH)
Tranclor® (Siam Bheasach: TH)
Trancon® (Condrugs: TH)
Tranex® (Zdravlje: RS)
Transene® (Sanofi Synthelabo-F: IT)
Tranxal® (CTS: IL)
Tranxene® (Boehringer Ingelheim: IE)
Tranxene® (Ovation: US)
Tranxene® (Sanofi-Aventis: BE, HK, MX, PL, RO)
Tranxene® (Sanofi-Synthelabo: AE, BH, CY, CZ, EG, GR, JO, KW, LB, LU, NL, OM, PT, QA, SA, TH, ZA)
Tranxene® [vet.] (Boehringer Ingelheim Vetmedica: GB)
Tranxilene® (Sanofi-Aventis: TR)
Tranxilene® (Sanofi-Synthelabo: BR)
Tranxilium® (Euro: NL)
Tranxilium® (Rider: CL)
Tranxilium® (Sanofi-Aventis: AR, CH)
Tranxilium® (Sanofi-Synthelabo: AT, DE, ES)
Tranxène® (Sanofi-Aventis: FR)
Tranxène® (Sanofi-Synthelabo: NL)
Uni-Tranxene® (Sanofi-Aventis: BE)
Uni-Tranxene® (Sanofi-Synthelabo: LU)
Zetran-5® (Masa Lab: TH)

Cloricromen (Rec.INN)

L: Cloricromenum
I: Cloricromene
D: Cloricromen
F: Cloricromene
S: Cloricromeno

Anticoagulant, platelet aggregation inhibitor
Vasodilator

ATC: B01AC02
CAS-Nr.: 0068206-94-0 C_{20}-H_{26}-Cl-N-O_5
M_r 395.888

Ethyl [[8-chloro-3-[2-(diethylamino)ethyl]-4-methyl-2-oxo-2H-1-benzopyran-7-yl]oxy]acetate

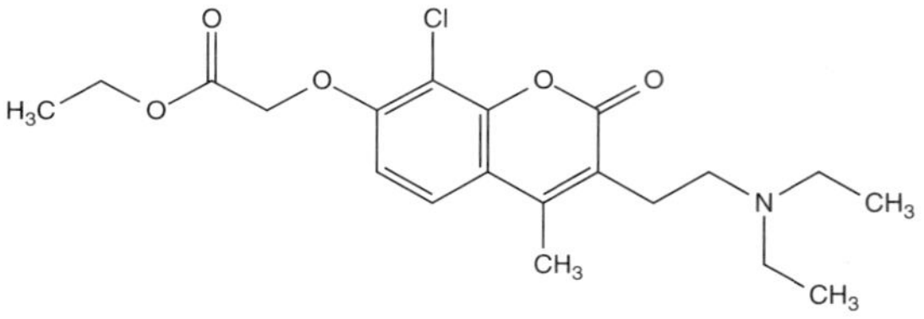

OS: *Cloricromene [DCIT]*
OS: *Cloricromen [USAN]*
IS: *AD 6 (Fidia, Italy)*

– hydrochloride:
CAS-Nr.: 0074697-28-2

Proendotel® (Bausch & Lomb: IT)

Closantel (Rec.INN)

L: Closantelum
D: Closantel
F: Closantel
S: Closantel

Anthelmintic

CAS-Nr.: 0057808-65-8 C_{22}-H_{14}-Cl_2-I_2-N_2-O_2
M_r 663.074

Benzamide, N-[5-chloro-4-[(4-chlorophenyl)cyano-methyl]-2-methylphenyl]-2-hydroxy-3,5-diiodo-

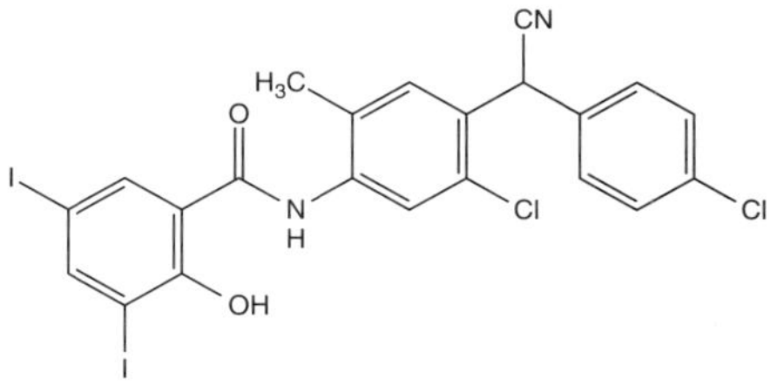

OS: *Closantel [BAN, USAN]*
IS: *R 31520 (Janssen, B)*

Closantel® [vet.] (Western: AU)
Closeco® [vet.] (Eco: ZA)
Closicare® [vet.] (Virbac: AU)
Flukiver® [vet.] (Bayer Animal Health: ZA)
Flukiver® [vet.] (Esteve Veterinaria: PT)
Flukiver® [vet.] (Janssen: BE, LU)
Flukiver® [vet.] (Janssen Animal Health: GB)
Flukiver® [vet.] (Janssen Santé Animale: FR)
Flukol® [vet.] (Young's: GB)
Pro-Inject® [vet.] (Virbac: ZA)
Prodose Yellow® [vet.] (Virbac: ZA)
Razar Plus® [vet.] (Coopers Animal Health: AU)
Seponver® [vet.] (Bayer Animal Health: ZA)
Seponver® [vet.] (Janssen: IT)
Seponver® [vet.] (Janssen Santé Animale: FR)
Super-Fluke® [vet.] (Intervet: ZA)
Sustain® [vet.] (Jurox: AU)
Tri-Dose® [vet.] (Intervet: ZA)
Vetdose4® [vet.] (Virbac: ZA)
Zipanver® [vet.] (Bayer Animal Health: ZA)

Clostebol (Rec.INN)

L: Clostebolum
D: Clostebol
F: Clostébol
S: Clostebol

Anabolic
Androgen

CAS-Nr.: 0001093-58-9 C_{19}-H_{27}-Cl-O_2
M_r 322.875

Androst-4-en-3-one, 4-chloro-17-hydroxy-, (17β)-

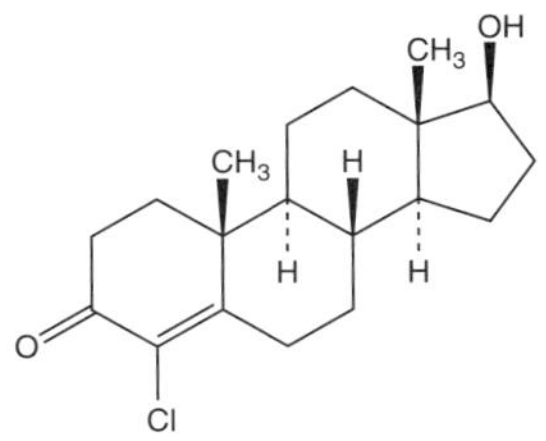

OS: *Clostébol [DCF]*
OS: *Clostebol [DCIT, USAN]*

– **17β-acetate:**

CAS-Nr.: 0000855-19-6
OS: *Clostebol Acetate BAN*
IS: *Chlortestosterone acetate*

Trofodermin® (Pharmacia: BG)

Clotiapine (Rec.INN)

L: Clotiapinum
I: Clotiapina
D: Clotiapin
F: Clotiapine
S: Clotiapina

Neuroleptic

ATC: N05AX09
CAS-Nr.: 0002058-52-8 C_{18}-H_{18}-Cl-N_3-S
M_r 343.882

Dibenzo[b,f][1,4]thiazepine, 2-chloro-11-(4-methyl-1-piperazinyl)-

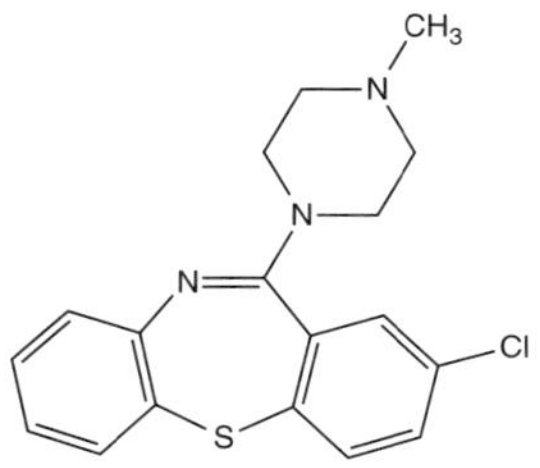

OS: *Clothiapine [USAN]*
OS: *Clotiapina [DCIT]*
OS: *Clotiapine [BAN, DCF]*
IS: *HF 2159*
IS: *LW-2159*
IS: *W 130*

Entumin® (Novartis: CH, ET, GH, IL, IT, KE, LY, MT, NG, SD, TZ, ZW)
Etomine® (Novartis: ZA)
Etumina® (Novartis: AR, ES)
Etumine® (Novartis: BE)

Clotiazepam (Prop.INN)

L: Clotiazepamum
I: Clotiazepam
D: Clotiazepam
F: Clotiazépam
S: Clotiazepam

Tranquilizer

ATC: N05BA21
CAS-Nr.: 0033671-46-4 C_{16}-H_{15}-Cl-N_2-O-S
M_r 318.826

2H-Thieno[2,3-e]-1,4-diazepin-2-one, 5-(2-chlorophenyl)-7-ethyl-1,3-dihydro-1-methyl-

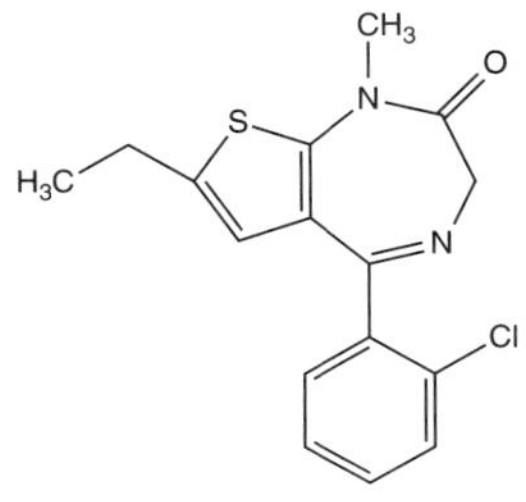

OS: *Clotiazepam [DCIT, JAN, USAN]*
OS: *Clotiazépam [DCF]*
IS: *Y 6047 (Yoshitomi, Japan)*
PH: Clotiazepam [JP XIV]

Clozan® (Pfizer: BE, LU)
Distensan® (Esteve: ES)
Rizen® (Formenti: IT)
Rize® (Mitsubishi: JP)
Rize® (Silesia: CL)
Tienor® (Farmaka: IT)
Vératran® (Shire: FR)

Clotrimazole (Rec.INN)

L: Clotrimazolum
I: Clotrimazolo
D: Clotrimazol
F: Clotrimazole
S: Clotrimazol

Antifungal agent

ATC: A01AB18,D01AC01,G01AF02
CAS-Nr.: 0023593-75-1 C_{22}-H_{17}-Cl-N_2
M_r 344.848

1H-Imidazole, 1-[(2-chlorophenyl)diphenylmethyl]-

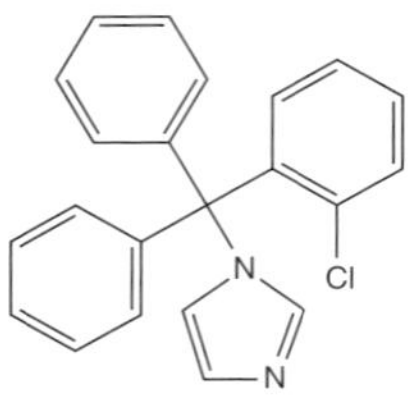

OS: *Clotrimazole [BAN, DCF, USAN]*
OS: *Clotrimazolo [DCIT]*
IS: *Bay 5097 (Bayer, D)*
IS: *Chlortritylimidazol*
IS: *FB b 5097*
IS: *PCPIM*
PH: Clotrimazole [Ph. Eur. 5, JP XIV, USP 30]
PH: Clotrimazolum [Ph. Eur. 5]
PH: Clotrimazol [Ph. Eur. 5]
PH: Clotrimazole [Ph. Eur. 5]
PH: Clotrimoxazole Vaginal Inserts [USP 27]

A-Por® (Aspen: ZA)
Abtrim® (Ashbourne: GB)
Adco-Clotrimazole® (Al Pharm: ZA)
Aflorix® (Gramon: AR)
Afun® (Square: BD)
Agisten® (Agis: IL)
Aknecolor® (Spirig: CH, CZ)
Altenal® (Rayere: MX)
Amfuncid® (Ampharco: VN)
Antifungol Hexal® (Hexal: DE)
Antifungol® (Hexal: DE, LU, RU)
Antifungol® (Salutas Pharma: RS)
Antimicotico® (Savoma: IT)
Aristen® (Aristopharma: BD)
Arnela 500® (Andromaco: CL)
Arnela® (Andromaco: CL)
Axasol® (Andromaco: CL)
Azutrimazol® (Azupharma: DE)
Cadenza® (Derma 3: PE)
Caginal® (Pond's: TH)
Canadine® (Thai Nakorn Patana: TH)
Canalba® (Aspen: ZA)
Canazol Lozenge® (TO Chemicals: TH)
Canazol® (TO Chemicals: TH)
Candaspor® (Be-Tabs: ZA)
Candazole® (Hoe: LK, SG)
Candazole® (Summit: TH)
Candibene® (Ratiopharm: AT, CZ)
Candibene® (ratiopharm: HU)
Candibene® (Ratiopharm: RU)
Candid-V3® (Union Medical: TH)
Candid® (Glenmark: LK, RU, TH)
Candid® (Neves: PT)
Candimon® (Andromaco: MX)
Candinox® (Charoen Bhaesaj: TH)
Candiphen® (Quimica Son's: MX)
Candistat® (Gutis: CR, DO, NI)
Candizole® (Aspen: ZA)
Canesten 1® (Bayer: BA, CZ, HR, KE, PE, SI, TH, TZ, UG)
Canesten 3® (Bayer: BA, RS)
Canesten 3® (Kern: RS)
Canesten Clotrimazol® (Bayer: AT, NZ)
Canesten Once® (Bayer: GB)
Canestene Derm Clotrimazole® (Bayer: BE, LU)
Canestene Gyn Clotrimazole® (Bayer: BE, LU)
Canestene® (Bayer: LU)
Canesten® (Bayer: AE, AN, AT, AU, AW, BA, BB, BG, BH, BM, BR, BS, BZ, CH, CL, CO, CY, CZ, DE, DK, EC, EG, ES, FI, GB, GR, HK, HR, HT, HU, ID, IE, IR, IT, JM, JO, KE, KW, KY, LB, MY, NG, NL, NO, NZ, OM, PE, PH, PL, PT, QA, RO, RS, RU, SA, SD, SE, SG, SI, TH, TR, TT, TZ, UG, ZA)
Canesten® (Bayer Consumer: CA)
Canesten® (Eureco: NL)
Canesten® (Euro: NL)
Canesten® (Kern: RS)
Canesten® (Leciva: CZ)
Canesten® (Square: BD)
Canesten® [vet.] (Bayer Animal Health: GB)
Canestol® (Lansier: PE)
Canifug® (Pharmagan: SI)
Canifug® (Wolff: CZ, DE, HR, HU)
Cantrim® (Rephco: BD)
Cenecon® (Pharmasant: TH)
Cestop® (Drag Pharma: CL)
Chemists' Own Clozole Vaginal Cream® (Chemists: AU)
Chingazol® (Chinta: TH)
Clodal® (Globe: BD)
Cloderm® (Dermapharm: DE)
Cloderm® (General Pharma: BD)
Clofeme Pessaries® (Hexal: AU)
Clogen Kit® (Laboratorios San Luis: DO)
Clomacin Vag.® (Bolivar Farma: PE)
Clomacin® (Bolivar Farma: PE)
Clomatin® (Lacofarma: DO)
Clomazen® (União: BR)
Clomazol vaginal® (Multichem: NZ)
Clomazol® (ECU: EC)
Clomazol® (Multichem: NZ)
Clomaz® (L.B.S.: VN)
Clonea® (Alphapharm: AU)
Clonitia® (Tunggal: ID)
Closcript® (Ranbaxy: ZA)
Clotil® (Medco: PE)
Clotreme® (Hexal: AU)
Clotri-Denk® (Denk: DE, ET, KE, NG, TZ, UG)
Clotri-Hemopharm® (Hemopharm: DE)

Clotricin Vaginal® (Sang Thai: TH)
Clotrigalen® (Galen: DE)
Clotrimaderm® (AFT: NZ)
Clotrimaderm® (Taro: IL)
Clotrimanova® (Chemnova: PE)
Clotrimazol 1A Pharma® (1A Pharma: DE)
Clotrimazol AbZ® (AbZ: DE)
Clotrimazol AL® (Aliud: CZ, DE, HU)
Clotrimazol Bayropharm® (Bayropharm: ES)
Clotrimazol Genericon® (Genericon: AT)
Clotrimazol Genfar® (Expofarma: CL)
Clotrimazol Genfar® (Genfar: CO)
Clotrimazol Gf® (Genfarma: NL)
Clotrimazol HBF® (Herbacos: CZ)
Clotrimazol HelvePharm® (Helvepharm: CH)
Clotrimazol Heumann® (Heumann: DE)
Clotrimazol Iqfarma® (Iqfarma: PE)
Clotrimazol L.CH.® (Chile: CL)
Clotrimazol Labesfal® (Labesfal: PT)
Clotrimazol Lch® (Ivax: PE)
Clotrimazol Lindo® (Lindopharm: DE)
Clotrimazol Merck® (Merck Generics: NL)
Clotrimazol MK® (Bonima: CR, GT, HN, NI, SV)
Clotrimazol MK® (Mark: RO)
Clotrimazol MK® (MK: CO)
Clotrimazol PCH® (Pharmachemie: NL)
Clotrimazol Ratiopharm® (Ratiopharm: PT)
Clotrimazol Sandoz® (Sandoz: DE, NL)
Clotrimazol Vagin Bayropharm® (Bayropharm: ES)
Clotrimazol-Akri® (Akrihin: RU)
Clotrimazol-CT® (CT: DE)
Clotrimazole-Teva® (Teva: IL)
Clotrimazole® (Alpharma: GB)
Clotrimazole® (GAMA: GE)
Clotrimazole® (Generics: GB)
Clotrimazole® (GlaxoSmithKline: RU)
Clotrimazole® (Magistra: RU)
Clotrimazole® (Rompharm: RU)
Clotrimazole® (Shreya: RU)
Clotrimazole® (Vitamed: IL)
Clotrimazolum® (Aflofarm: PL)
Clotrimazolum® (GlaxoSmithKline: CZ, PL)
Clotrimazolum® (Hasco: PL)
Clotrimazolum® (Homeofarm: PL)
Clotrimazolum® (Medana: PL)
Clotrimazolum® (Ziaja: PL)
Clotrimazol® (Antibiotice: RO)
Clotrimazol® (Bago: CL)
Clotrimazol® (Bestpharma: CL)
Clotrimazol® (Biofarm: RO)
Clotrimazol® (Blaskov: CO)
Clotrimazol® (Britania: PE)
Clotrimazol® (Carrion: PE)
Clotrimazol® (Centrafarm: NL)
Clotrimazol® (Dynadro: NL)
Clotrimazol® (EMS: BR)
Clotrimazol® (Etos: NL)
Clotrimazol® (Fagron: NL)
Clotrimazol® (Farmo Andina: PE)
Clotrimazol® (Farvet: PE)
Clotrimazol® (GlaxoSmithKline: BG, GE)
Clotrimazol® (Herbacos: CZ)
Clotrimazol® (Hersil: PE)
Clotrimazol® (Hyperion: RO)
Clotrimazol® (Induquimica: PE)
Clotrimazol® (IPhSA: CL)
Clotrimazol® (La Santé: CO)
Clotrimazol® (Lab. Neo Quím.: BR)
Clotrimazol® (Lisan: CR, NI)
Clotrimazol® (Magistra: RO)
Clotrimazol® (Medcor: NL)
Clotrimazol® (Medley: BR)
Clotrimazol® (Memphis: CO)
Clotrimazol® (Mintlab: CL)
Clotrimazol® (Pasteur: CL)
Clotrimazol® (Pentacoop: CO, EC, PE)
Clotrimazol® (Polfa Grodzisk: PL)
Clotrimazol® (Raymos: AR)
Clotrimazol® (Roxfarma: PE)
Clotrimazol® (SDG: NL)
Clotrimazol® (Terapia: RO)
Clotrimazol® (Zentiva: RO)
Clotrimin® (Medipharm: CL)
Clotrimix® (Eversil: BR)
Clotrim® (Acme: BD)
Clotrix® (Lamsa: AR)
Clotrizole® (Reman Drug: BD)
Clozole® (Cipla: AU)
Clozol® (AC Farma: PE)
Clozol® (Sandoz: TR)
Comat® (Milano: TH)
Corisol® (Sandoz: CH)
Cotren® (Biolab: SG, TH)
Cotrisan® (Sanitas: CL)
Covospor® (Al Pharm: ZA)
Creminem® (Mintlab: CL)
Cremolum® (Wolff: DE)
Cristan® (Shin Poong: SG)
Cst-Pose® (Pose: TH)
Cutamycon® (Chalver: CO, DO, EC, HN, PA, SV)
cutistad® (Stada: DE)
Defungo® (Siam Bheasach: TH)
Dequazol T® (Medifarma: PE)
Derma Fung® (Ethical: DO)
Dermasim® (ACI: BD)
Dermaten® (Pharmasant: TH)
Dermatin® (Pharco: RO)
Dermicol® (Lusa: PE)
Dermiplus-V® (Monsanti: PE)
Dermobene® (EMS: BR)
Dermosporin® (Nabiqasim: LK)
Diomicete® (Edol: PT)
durafungol® (Merck dura: DE)
Empecid® (Bayer: AR)
Epicort® (Best: CO)
Eximius® (Duncan: AR)
Factodin® (Faran: GR)
Femcare® (Schering-Plough: US)
Femizol Vaginal Cream® (Douglas: AU)
Fungicon® (Continental-Pharm: TH)
Fungidermo® (Cinfa: ES)
Fungiderm® (Greater Pharma: TH)
Fungiderm® (Konimex: ID)
Fungiderm® (Terra-Bio: DE)
Fungin® (Ibn Sina: BD)
Fungispor® (CAPS: ZA)
Fungizid-ratiopharm® (Ratiopharm: CZ)
Fungizid-ratiopharm® (ratiopharm: DE, LU)
Fungizol® (Reman Drug: BD)
Fungoid® (Pedinol: US)

Fungolisin S® (Farbioquimsa: PE)
Fungosten® (Mulda: TR)
Fungotox® (Mepha: CH)
Funzal® (Gynopharm: CL)
Gilt® (Lacoer: DE)
Gine Canesten® (Bayer: ES)
Gino Clotrimix® (Eversil: BR)
Gino-Canesten® (Bayer: BR, PT)
Gino-Lotremine® (Schering-Plough: PT)
Ginolotrimin® (Undra: CO)
Gromazol® (Grossmann: CH)
Gyne-Lotremin® (Schering-Plough: HK, ID)
Gyne-Lotrimin® (Schering-Plough: AU, US)
Gynebo® (Chew Brothers: TH)
GyneLotrimin® (Schering-Plough: US)
Gyno Canesten® (Bayer: BG, CN, CO, EC, IT, LU, TR)
Gyno-Canestene® (Bayer: BE)
Gyno-Canesten® (Bayer: CH, CL)
Gyno-Canesten® (Bayer-D: IT)
Gyno-Trimaze® (Garec: ZA)
Gynostatum® (Ranbaxy: LK)
Hexal Clofeme® (Hexal: AU)
Ikolan® (Investi: AR)
Imazol Krempasta® (Spirig: HR)
Imazol® (Karrer: DE)
Imazol® (Spirig: CZ, HR)
Imidil® (Hetero: IN)
Jenamazol® (Jenapharm: CZ, DE)
KadeFungin® (Kade: DE)
Kanesol® (Bernofarm: ID)
Kanezin® (Pharmadica: TH)
Kanis® (Gaco: BD)
Kansen® (Zdravlje: RS)
Kinasten® (Kinder: BR)
Klamacin® (B L Hua: TH)
Klomazole® (Klonal: AR)
Klotrimazol Merck NM® (Merck NM: SE)
Klotrimazol® (Merck NM: NO)
Kranos® (Nufarindo: ID)
Laboterol® (Labomed: CL)
Livomonil® (Varifarma: AR)
Lotremin® (Schering-Plough: AU, HK, ID)
Lotrimin AF® (Schering-Plough: US)
Lotrimin® (Schering-Plough: MX, US)
Lotrimin® (Undra: CO)
Lotrim® (Schering-Plough: US)
Manomazole® (March: TH)
Maret® (Mystic: BD)
Medaspor® (Medpro: ZA)
Medifungol® (Hexa: AR)
Medisten® (Medikon: ID)
Metrima® (F.T. Pharma: VN)
Micoclin® (Monserrat: AR)
Micofix C® (Tecnoquimicas: CO)
Micomazol® (Valeant: AR)
Micomisan® (Al Pharm: ZA)
Micomisan® (Hosbon: ES)
Micosan® (Bioplix-Biox: PE)
Micosan® (Incobra: CO)
Micosep® (Pablo Cassara: AR)
Micosten® (Hexal: BR)
Micotrim® (Schering-Plough: AR)
Micotrizol® (Eurofarma: BR)
Mycanden® (Ronnet: AR)
Mycelex-7® (Bayer: US)
Mycelex® (Alza: US)
Mycelex® (Bayer: US)
Myco-Hermal® (Hermal: IL, SG)
Mycoban® (Al Pharm: ZA)
Mycocid® (Chemo-Pharma: IN)
Mycofug® (Hermal: DE)
Mycofug® (Merck: AT)
Mycohexal 1® (Hexal: ZA)
Mycoril® (Remedica: CY, RS, SG)
Mycozole® (Osoth: TH)
Myko Cordes® (Ichthyol: AT, DE)
Mykofungin® (Riemser: DE)
Mykohaug® (betapharm: DE)
Neosten® (Beximco: BD)
Nestic® (Asian: TH)
Normospor® (Al Pharm: ZA)
Novacetol® (Prater: CL)
Oni® (Square: BD)
Oralten Troche® (Agis: IL)
Pan-Fungex® (Sanofi-Synthelabo: PT)
Panmicol® (Purissimus: AR)
Parvemaxol® (Chefaro: NL)
Pedikurol® (Ratiopharm: AT)
Plimycol® (Pliva: BA, HR, RS)
Sana Pie-Polvo® (Personal Products: PE)
Sastid® (Stiefel: SG)
SD-Hermal® (Hermal: DE)
Sinfung® (Denver: AR)
Statum® (Ranbaxy: LK)
Surfaz® (Franco-Indian: IN)
Taraten® (Polipharm: TH)
Telugren® (Royal Pharma: CL)
Tinatrim® (GlaxoSmithKline: BD)
Tinazol® (Popular: BD)
Topimazol® (Farmindustria: PE)
Topizol® (Douglas: AU)
Trimadan® (Dankos: ID)
Trimaze® (Garec: ZA)
Trimazole® (Opsonin: BD)
Undex® (Melisana: CH)
Uromykol® (MaxMedic: DE)
Vagiclot® (Finlay: HN)
Vagimen® (Menarini: CR, DO, GT, HN, NI, PA, SV)
Vamazole® (Nakornpatana: TH)
Vanesten® (Atlantic: TH)
Veltrim® [vet.] (Bayer Animal: US)
Warimazol® (Ritter: CR, DO, HN, PA, SV)
Xeraspor® (Qestmed: ZA)
Zenesten® (Doctor's Chemical Work: BD)

Cloxacillin (Rec.INN)

L: Cloxacillinum
I: Cloxacillina
D: Cloxacillin
F: Cloxacilline
S: Cloxacilina

⚕ Antibiotic, penicillin, penicillinase-resistant

ATC: J01CF02
CAS-Nr.: 0000061-72-3 C_{19}-H_{18}-Cl-N_3-O_5-S
M_r 435.893

6-[3-(o-Chlorophenyl)-5-methyl-4-isoxazolecarboxamido]-3,3-dimethyl-7-oxo-4-thia-1-azabicyclo[3.2.0]heptane-2-carboxylic acid

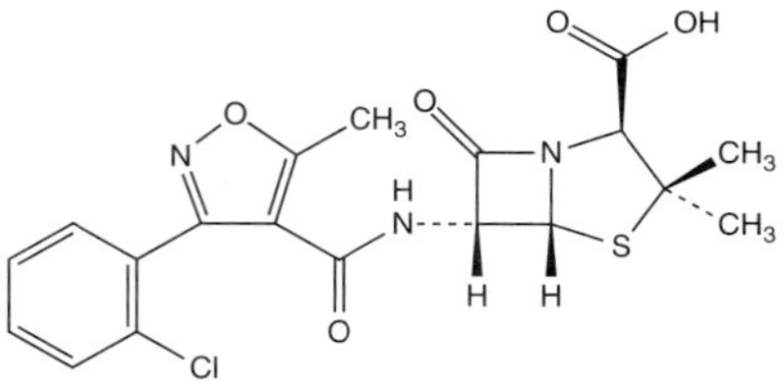

OS: *Cloxacillin [BAN]*
OS: *Cloxacillina [DCIT]*
OS: *Cloxacilline [DCF]*
IS: *BRL 1621*
PH: Cloxacillinum [Ph. Nord.]

Canesten® (Bayer: IS)
Cloxacilina LCH® [sol.-inj.] (Ivax: PE)
Cloxacilina® (Mintlab: CL)
Cloxacilina® (Volta: CL)
Cloxam® (MacroPhar: TH)
Cloxapen® (Pasteur: CL)
Cloxgen® (General Drugs House: TH)
Cloxil® (Astron: LK)
Cooperclox® [vet.] (Schering-Plough Vet: PT)
Decalox® (Hemas: LK)
Klatoclox® [vet.] (Klat: DE)
Kloxerate® [vet.] (Fort Dodge: BE, LU)
Masticlox® [vet.] (Merial: ZA)
Opticlox®[vet.] (Norbrook: AU, GB, NL)
Orbenil® (Sandoz: IL)
Orbenin® (Bournonville: LU)
Orbenin® (Eumedica: LU)
Orbenin® (GlaxoSmithKline: AE, AG, AN, AW, BB, BH, GD, GY, IR, JM, KW, LC, LU, OM, QA, TH, TT, VC)
Orbenin® (Pliva: BA, HR, SI)
Orbenin® [vet.] (Pfizer Animal Health: BE)
Prostafilina A® [caps.] (Abeefe Bristol: PE)
SPMC Cloxacillin® (SPMC: LK)
Staphnil® (Inga: LK)
Theraclox® (Therapharma: TH)
Ultraxin® (APM: AE, BG, BH, IQ, JO, KW, LB, LY, NG, OM, QA, SA, SD, SY, TN, YE)
Vaclox ® (Atlantic: TH)

– benzathine:

CAS-Nr.: 0023736-58-5
OS: *Cloxacillin Benzathine BANM, USAN*
IS: *Cloxacilline, comp. with N,N'-dibenzylethylenediamine*
PH: Cloxacillin Benzathine USP 30

Bimaclox® [vet.] (Bimeda: GB)
Boviclox® [vet.] (Norbrook: US)
Cepravin® [vet.] (Schering-Plough: AU)
Chanamast® [vet.] (Chanelle: GB)
Cloxacillin Norbrook® (Norbrook: AT)
Cloxacillin® [vet.] (Norbrook: AT)
Cloxacillin® [vet.] (Virbac: GB)
Cloxalene® [vet.] (Fatro: IT)
Cloxamam® [vet.] (Coophavet: FR)
Cloxavan® [vet.] (Vana: AT)
Cloxine® [vet.] (Virbac: FR)
Codilac® [vet.] (Codifar: BE)
Coxalin TS® [vet.] (Alvetra u. Werfft: AT)
Cuxavet TS® [vet.] (Ogris: AT)
Diclomam® [vet.] (Vetoquinol: FR, LU)
Dry-Clox® [vet.] (Fort Dodge: US)
Drycloxa-kel® [vet.] (Wolfs: BE)
Durodry DC® [vet.] (Pharmacia: AU)
Embaclox® [vet.] (Merial: GB)
Gelstaph® [vet.] (Pfizer: AT)
Juraclox® [vet.] (Jurox: AU)
Kloxerate-DC® [vet.] (Fort Dodge: GB)
Kloxérate® [vet.] (Fort Dodge: FR)
Masticillin® [vet.] (Intervet: ZA)
Mastivet® [vet.] (Divasa: PT)
Noroclox® [vet.] (Norbrook: AU, NZ, ZA)
Orbenin Dry Cow® [vet.] (Pfizer Animal Health: CH, GB, NZ)
Orbenin® (Pfizer: AT)
Orbenin® [vet.] (Pfizer: FI, IT, NL, ZA)
Orbenin® [vet.] (Pfizer Animal: AU, DE, PT)
Orbenin® [vet.] (Pfizer Animal Health: CH, GB, NZ)
Orbenin® [vet.] (Pfizer Santé Animale: FR)
Orbenin® [vet.] (Schering-Plough: US)
Orbenor® [vet.] (Pfizer Santé Animale: FR)
Tarigermel® [vet.] (Noé: FR)
Tetraclox® [vet.] (Pharmacia Animal Health: GB)
Vetoscon® [vet.] (Pfizer Animal: DE)
Vetriclox® [vet.] (Ceva: DE)

– sodium salt:

CAS-Nr.: 0007081-44-9
OS: *Cloxacillin Sodium BANM, JAN, USAN*
IS: *P 25*
IS: *BRL 1621 (Beecham, USA)*
PH: Cloxacillin Sodium JP XIV, Ph. Eur. 5, Ph. Int. 4, USP 30
PH: Cloxacillinum natricum Ph. Eur. 5, Ph. Int. 4
PH: Cloxacillin-Natrium Ph. Eur.5
PH: Cloxacilline (sodique) Ph. Eur. 5

A-Clox® (Acme: BD)
Anaclosil® [inj.] (Antibioticos: ES)
Anaclosil® [inj.] (Reig Jofre: ES)
Apo-Cloxi® (Apotex: CA, VN)
Bioclox® (Biochem: IN)
Clobex® (Beximco: BD)
Cloxa MH® (M & H: TH)
Cloxacilina Combino Phar® (Combino: ES)
Cloxacilina IPS® (IPS: ES)
Cloxacilina Normon® (Normon: ES)
Cloxacilina Sodica L.CH.® (Chile: CL)
Cloxacilina® (Bestpharma: CL)
Cloxacillin Sodium® (Apothecon: US)
Cloxacillin Sodium® (Cheshire: US)
Cloxacillin Sodium® (CompuMed: US)
Cloxacillin Sodium® (Quality Care: US)
Cloxacillin Sodium® (Raway: US)
Cloxacillin Sodium® (Teva: US)
Cloxacillin-Fresenius Vials® (Bodene: ZA)
Cloxacillina Sodica® (Fisiopharma: IT)
Cloxacillin® (ACS: NO)
Cloxacillin® (Alkaloid: RS)
Cloxacillin® (Balkanpharma: BG)
Cloxacillin® (Novopharm: CA)
Cloxacillin® (Remedica: CY)
Cloxacillin® (Vitamed: IL)
Cloxadar® (Dar-Al-Dawa: AE, BH, IQ, JO, KW, LB, LY, MT, NG, OM, QA, SA, SD, SO, TN, YE)

Cloxalin® (Siam Bheasach: TH)
Cloxamycin® [vet.] (Albrecht: DE)
Cloxanbin® (ANB: TH)
Cloxapan® (Thai Nakorn Patana: TH)
Cloxasian® (Asian: TH)
Cloxa® (B L Hua: TH)
Cloxgen® (General Drugs House: TH)
Cloxi-Z® (Ziska: BD)
Cloxicap® (Renata: BD)
Cloxillin BD® (British Dispensary: TH)
Cloxil® (Doctor's Chemical Work: BD)
Cloxil® (Ranbaxy: TH)
Cloxin® (Aspen: ZA)
Cloxin® (Opsonin: BD)
Cloxisyrup® (Renata: BD)
Cloxpen® (Drug International: BD)
Corbin® (Pharmadica: TH)
Dariclox® [vet.] (Schering-Plough: US)
Ekvacillin® (AstraZeneca: IS, NO, SE)
Encloxil® (Pharmacare: PH)
Eumacid® [vet.] (Pfizer Animal: DE)
Ficlox® (Sanofi-Aventis: BD)
G-Cloxacillin® (Gonoshasthaya: BD)
Greater-Gloxa® (Greater Pharma: TH)
HI-Clox® (Hudson: BD)
Ikaclox® (Ikapharmindo: ID)
K-Cil® (TP Drug: TH)
Lactocillin® [vet.] (Vetoquinol: CH)
Lafayette Cloxacillin® (Lafayette: PH)
Latocillin® [vet.] (Vetoquinol: CH)
Lidoxin® (Unison: SG, TH)
Loxacin® (Square: BD)
Loxavit® (Vitamed: IL)
Lysiclox® (GlaxoSmithKline: BD)
Meiclox® (Meiji: TH)
Meixam® (Meiji: ID)
Monoclox® (Medochemie: HK)
Navaclox® (Navana: BD)
Noroclox® [vet.] (Norbrook: GB, ZA)
Novo-Cloxin® (Novopharm: CA)
Orbenin® (Eumedica: LU)
Orbenin® (GlaxoSmithKline: ES, NL, ZA)
Orbenin® (SmithKline Beecham: PH)
Orbenin® [vet.] (Pfizer Animal Health: GB, NZ)
Orbenin® [vet.] (Pfizer Santé Animale: FR)
Orbénine® (Astellas: FR)
Penivet® [vet.] (Virbac: DE)
Penstaphon® (Bristol-Myers Squibb: BE)
Prostaphlin® (Bristol-Myers Squibb: HK)
Remaclox® (Reman Drug: BD)
Rolab-Cloxacillin® (Sandoz: ZA)
Serviclox® (Biochemie: TH)
Sinaclox® (Ibn Sina: BD)
Socloxin® (Olan-Kemed: TH)
Staflocil® (Orion: FI)
Staphyclox® (Norma: GR)
Syntarpen® (Polfa Tarchomin: PL)
Syntoclox® (Codal Synto: TH)
Vetriclox® [vet.] (Ceva: DE)
Wedeclox® [vet.] (WDT: DE)

Cloxazolam (Rec.INN)

L: Cloxazolamum
I: Cloxazolam
D: Cloxazolam
F: Cloxazolam
S: Cloxazolam

Tranquilizer

ATC: N05BA22
CAS-Nr.: 0024166-13-0 C_{17}-H_{14}-Cl_2-N_2-O_2
M_r 349.219

Oxazolo[3,2-d][1,4]benzodiazepin-6(5H)-one, 10-chloro-11b-(2-chlorophenyl)-2,3,7,11b-tetrahydro-

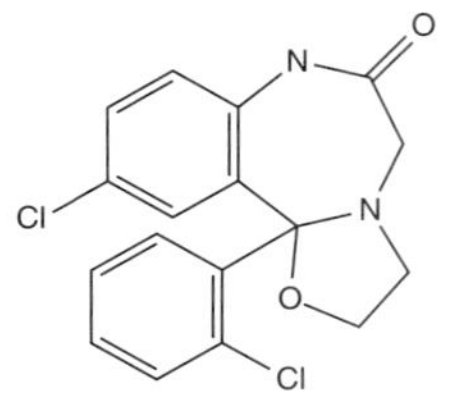

OS: *Cloxazolam [DCF, DCIT, JAN, USAN]*
IS: *Cloxazolazepam*
IS: *CS 370*
IS: *MT 14-411*
PH: Cloxazolam [JP XIV]

Akton® (Exel: BE, LU)
Cloxam® (Jaba: PT)
Clozal® (Sankyo: BR)
Elum® (Farmasa: BR)
Olcadil® (Novartis: BR, PT)
Sepazon® (Sankyo: JP)
Tolestan® (Roemmers: AR)

Clozapine (Rec.INN)

L: Clozapinum
I: Clozapina
D: Clozapin
F: Clozapine
S: Clozapina

Neuroleptic

ATC: N05AH02
CAS-Nr.: 0005786-21-0 C_{18}-H_{19}-Cl-N_4
M_r 326.84

5H-Dibenzo[b,e][1,4]diazepine, 8-chloro-11-(4-methyl-1-piperazinyl)-

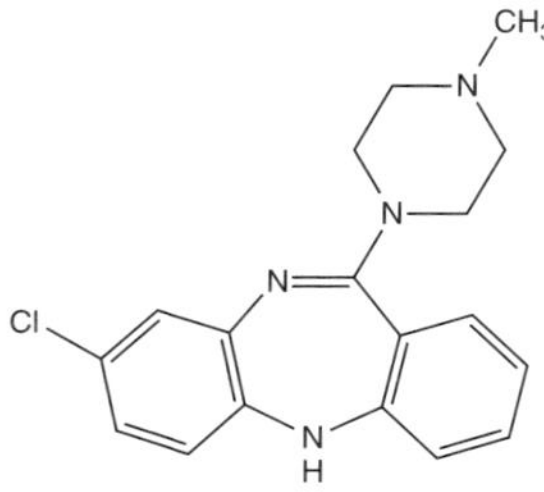

OS: *Clozapine [BAN, DCF, USAN]*
IS: *HF 1854*
IS: *LX 100-129*
IS: *W 108 (Dainippon, Japan)*
PH: Clozapinum [Ph. Eur. 5]

PH: Clozapine [Ph. Eur. 5, USP 30]
PH: Clozapin [Ph. Eur. 5]
PH: Clozapin [USP 26]

Apo-Clozapine® (Apotex: CA)
Azaleptinum® (Arpimed: GE)
Cloment® (Pharmaplan: ZA)
Clonex® (Adeka: TR)
Clopine® (Douglas: NZ)
Clopine® (Mayne: AU)
Clopin® (Sandoz: CH)
Clopsine® (Psicofarma: MX)
Cloril® (Atlantic: TH)
Clozapin 1A Pharma® (1A Pharma: DE)
Clozapin AbZ® (AbZ: DE)
Clozapin beta® (betapharm: DE)
Clozapin Desitin® (Synthon: CZ)
Clozapin dura® (Merck dura: DE)
Clozapin Hexal® (Hexal: DE, DK, NO)
Clozapin Hexal® (Salutas Pharma: RS)
Clozapin Hexal® (Sandoz: FI)
Clozapin Sandoz® (Sandoz: DE, NL)
Clozapin-CT® (CT: DE)
Clozapin-neuraxpharm® (neuraxpharm: DE)
Clozapin-ratiopharm® (ratiopharm: DE)
Clozapina Bexal® (Bexal: PT)
Clozapina Chiesi® (Chiesi: IT)
Clozapina Fabra® (Fabra: AR)
Clozapina Generis® (Generis: PT)
Clozapina Hexal® (Hexal: IT)
Clozapina Merck® (Merck: CO)
Clozapina MK® (MK: CO)
Clozapina Rospaw® (Rospaw: AR)
Clozapine Actavis® (Actavis: NL)
Clozapine Alpharma® (Actavis: FI)
Clozapine Alpharma® (Alpharma: DK, SE)
Clozapine A® (Apothecon: NL)
Clozapine Bexal® (Bexal: BE)
Clozapine Merck® (Merck Génériques: FR)
Clozapine Panpharma® (Panpharma: FR)
Clozapine PCH® (Pharmachemie: NL)
Clozapine ratiopharm® (Ratiopharm: NL)
Clozapine Sandoz® (Sandoz: NL)
Clozapine® (Alpharma: NO)
Clozapine® (Genthon: NL)
Clozapine® (Hexal: NL)
Clozapine® (Mylan: US)
Clozapine® (Remedica: RS)
Clozapine® (Teva: US)
Clozapine® (UDL: US)
Clozaril® (Novartis: AU, CA, GB, HK, ID, IE, MY, NZ, SG, TH, US)
Denzapine® (Denfleet: GB)
Elcrit® (Parke Davis: DE)
FazaClo® (Avanir: US)
Froidir® (Orion: FI)
Gen-Clozapine® (Genpharm: CA)
Klozapol® (Anpharm: PL)
Lanolept® (Lannacher: AT)
Lapenax® (Novartis: AR)
Leponex® (Novartis: AT, BA, BE, BG, CH, CL, CO, CR, CZ, DE, DK, DO, ES, FI, FR, GE, GR, GT, HN, HU, IL, IS, IT, LK, LU, NI, NL, NO, PA, PH, PL, PT, RO, RS, RU, SE, SI, SV, TR, VN, ZA)
Leponex® (Novartis Consumer Health: HR)
Leponex® (Novartis Pharma: PE)
Lozapine® (Taro: IL)
Lozapin® (Torrent: IN)
Sensipin® (Beximco: BD)
Sequax® (Ivax: AR)
Sizopin® (Sun: BD, IN, LK)
Sizoril® (Meprofarm: ID)
Zapen® (Psipharma: CO)

Cobamamide (Prop.INN)

L: Cobamamidum
I: Cobamamide
D: Cobamamid
F: Cobamamide
S: Cobamamida

Vitamin B_{12}

ATC: B03BA04
CAS-Nr.: 0013870-90-1 C_{72}-H_{100}-Co-N_{18}-O_{17}-P
M_r 1579.672

5'-Deoxyadenosylcobolamine

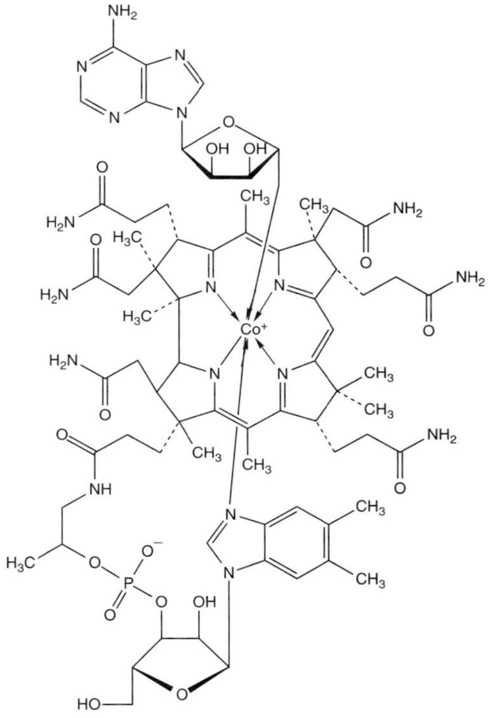

OS: *Dibencozide [DCF]*
OS: *Cobamamide [DCIT, USAN]*
IS: *Coenzyme B_{12}*
IS: *Dimebenzcozamide*
IS: *LM 176*

Aktibol® (Mustafa Nevzat: TR)
Bidicozan® (Bidiphar: VN)
Biotrefon-L® (Italmex: MX)
Calomide-S® (Yamanouchi: JP)
Cobaforte® (EG: IT)
Cobaltamin-S® (Wakamoto: JP)
Cobanzyme® (Aclaé Santé: FR)
Cobaxid® (Tecnifar: PT)
Cobazim® (Interbat: ID)
Coenzile® [vet.] (Fatro: IT)
Dobenzic® (Domesco: VN)
Enzicoba® (Farmasa: BR)

Heraclene® (Natrapharm: PH)
Indusil® (Recordati: IT)
Jaba B_{12}® (Jaba: PT)
Maxibol® (Sanofi-Aventis: MX)
Sanovit® (Altana: MX)
Sim 12® (Cipa: PE)
Xobalin® (Aventis: EC)
Zimadoce® (Rubio: ES)

Cocaine (BAN)

L: Cocainum
I: Cocaina
D: Cocain
F: Cocaine

Local anesthetic
Psychostimulant

ATC: N01BC01,R02AD03,S01HA01,S02DA02
CAS-Nr.: 0000050-36-2 C_{17}-H_{21}-N-O_4
M_r 303.365

8-Azabicyclo[3.2.1]octane-2-carboxylic acid, 3-(benzoyloxy)-8-methyl-, methyl ester, [1R-(exo,exo)]-

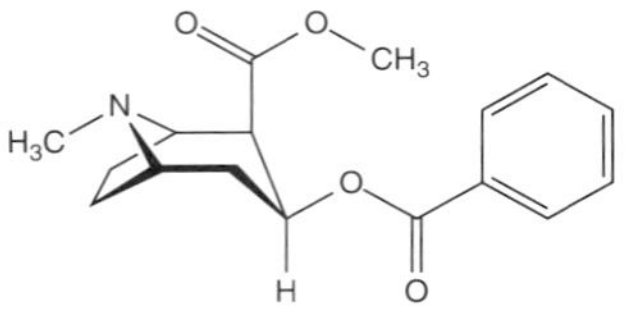

OS: *Cocaina [DCIT]*
OS: *Cocaïne [DCF]*
OS: *Cocaine [BAN, USAN]*
PH: Cocaine [BP 2002, USP 30]

– hydrochloride:

CAS-Nr.: 0000053-21-4
OS: *Cocaine Hydrochloride BANM, USAN*
PH: Cocaïne (chlorhydrate de) Ph. Eur. 5
PH: Cocaine Hydrochloride Ph. Eur. 5, JP XIV, USP 30
PH: Cocainhydrochlorid Ph. Eur. 5
PH: Cocaini hydrochloridum Ph. Eur. 5, Ph. Int. II

Cocaine Hydrochloride® (Roxane: US)
Kokain SAD® (SAD: DK)

Cocarboxylase (Rec.INN)

L: Cocarboxylasum
I: Cocarbossilasi
D: Co-carboxylase
F: Cocarboxylase
S: Cocarboxilasa

Vitamin B_1

CAS-Nr.: 0000154-87-0 C_{12}-H_{19}-Cl-N_4-O_7-P_2-S
M_r 460.77

Thiazolium, 3-[(4-amino-2-methyl-5-pyrimidinyl)methyl]-4-methyl-5-(4,6,6-trihydroxy-3,5-dioxa-4,6-diphosphahex-1-yl)-, chloride, P,P'-dioxide

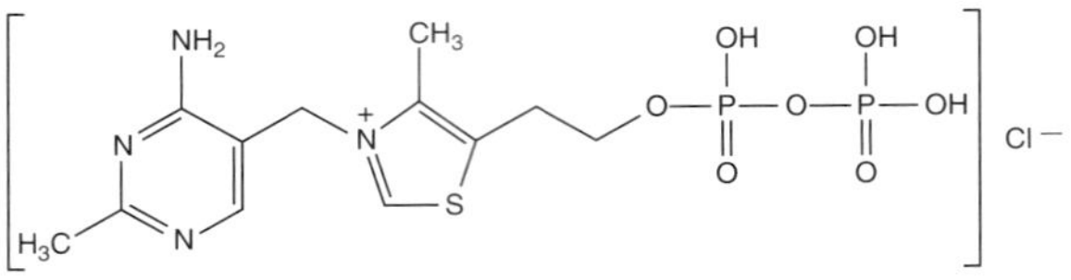

OS: *Cocarboxylase [BAN, DCF, JAN, USAN]*
OS: *Cocarbossilasi [DCIT]*
IS: *Diphosphothiamine*
IS: *Pyruvodehydrase*
IS: *Thiamine pyrophosphate (IUPAC)*
IS: *Co-Carboxylase*
IS: *DPT*
IS: *Pyrophosphoric ester of thiamine (WHO)*

Carzilasa® (Manuell: MX)
X-2® (Investigaciones Filosoficas: MX)

– hydrochloride:

CAS-Nr.: 0023883-45-6

Bivitasi® (Kedrion: IT)
Cocarboxylase Hydrochloric for Injection® (Biopharm: GE)
Cocarboxylase® (Jelfa: HU)
Cocarboxylasum® (Jelfa: PL)
Cocarboxylasum® (Polpharma: PL)

Codeine (BAN)

L: Codeinum
I: Codeina
D: Codein, wasserfrei
F: Codeine

Antitussive agent
Opioid analgesic

ATC: R05DA04
CAS-Nr.: 0000076-57-3 C_{18}-H_{21}-N-O_3
M_r 299.36

Morphinan-6-ol, 7,8-didehydro-4,5-epoxy-3-methoxy-17-methyl-, (5α,6α)-

Morphin-7-en-6α-ol, 4,5α-epoxy-3-methoxy-17-methyl-,

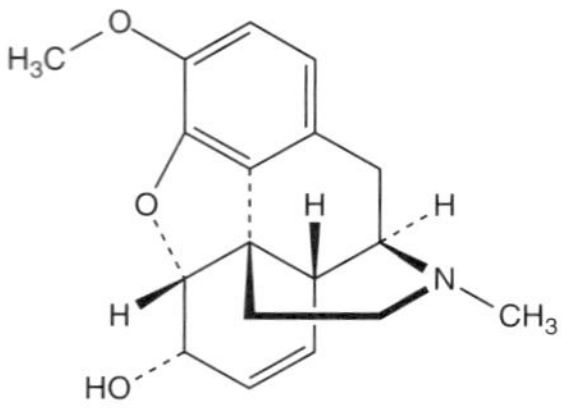

OS: *Codeine [BAN, USAN]*
IS: *3-Methylmorphin*
IS: *Morphine 3-methylether*

Broncho-Pectoralis Codeine® (Medgenix: BE)
Codeine HCl Gf® (Genfarma: NL)
Codeinefosfaat PCH® (Pharmachemie: NL)
Codipertussin® (Astellas: AT)
Codipront Retard® (Mack: DE)

Codipront Retard® (Pfizer: AT)
Codol® (Confar: PT)
Codulin® (Medea: ES)

– hydrochloride:

CAS-Nr.: 0001422-07-7
OS: *Codein Hydrochloride BANM*
PH: Codeine Hydrochloride Dihydrate Ph. Eur. 5
PH: Codeini hydrochloridum dihydricum Ph. Eur. 5
PH: Codéine (chlorhydrate de) dihydraté Ph. Eur. 5
PH: Codeinhydrochlorid-Dihydrat Ph. Eur. 5

Bisoltus® (Boehringer Ingelheim: ES)
Codeine HCl PCH® (Pharmachemie: NL)

– phosphate hemihydrate:

CAS-Nr.: 0041444-62-6
OS: *Codeine Phosphate BANM, USAN*
OS: *Codeine Phosphate JAN*
PH: Codeine Phosphate JP XIV, Ph. Int. 4, USP 30
PH: Codeini phosphas Ph. Int. 4
PH: Codeine phosphate hemihydrate Ph. Eur. 5
PH: Codeini phosphas hemihydricus Ph. Eur. 5
PH: Codeinphosphat-Hemihydrat Ph. Eur. 5
PH: Codéine (phosphate de) hémihydraté Ph. Eur. 5
PH: Codeine phosphate sesquihydrate Ph. Eur. 5

Actacode® (Sigma: AU)
Antitussivum Bürger® (Ysatfabrik: DE)
Bromocodeina® (Menarini: AE, BH, CY, EG, IQ, JO, KW, LB, LY, MA, MT, OM, QA, SA, SD, SY, TN, YE)
Bromophar® (Qualiphar: BE, LU)
Bronchicum® (Aventis: LU)
Bronchicum® (Cassella-med: DE)
Bronchicum® (Sanofi-Aventis: NL)
Bronchodine® (Pharmacobel: BE)
Bronchosedal Codeine® (Janssen: BE, LU)
Codant® (Antigen: IE)
Codedrill® (PF: LU)
Codedrill® (Pierre Fabre: FR)
Codein Knoll® (Abbott: CH)
Codein Slovakofarma® (Slovakofarma: CZ)
Codeine Linctus® (Alpharma: GB)
Codeine Linctus® (Teva: GB)
Codeine Phosphate Injection USP® (Mayne: AU)
Codeine Phosphate® (Douglas: NZ)
Codeine Phosphate® (Fawns & McAllan: AU)
Codeine Phosphate® (ICN: RO)
Codeine Phosphate® (Lilly: US)
Codeine Phosphate® (Mayne: NZ)
Codeine Phosphate® (PSM: NZ)
Codeine Phosphate® (Ranbaxy: US)
Codeine Phosphate® (Remedica: CY)
Codeine Phosphate® (Roxane: US)
Codeinefosfaat A® (Apothecon: NL)
Codeini phosphatis® (Alkaloid: BA, HR)
Codeini phosphatis® (Lekarna: SI)
Codeinsaft-CT® (CT: DE)
Codeintropfen-CT® (CT: DE)
Codeinum phosphoricum Berlin-Chemie® (Berlin-Chemie: DE)
Codeinum phosphoricum Compren® (Desma: DE)
Codeinum Phosphoricum® (Polfa Kutno: PL)
Codeinã Fosfat® (Labormed Pharma: RO)
Codeinã Fosforicã® (Bio EEL: RO)
Codeinã Fosforicã® (Fabiol: RO)
Codeinã Fosforicã® (Magistra: RO)
Codeinã® (Ozone Laboratories: RO)
Codeisan Jarabe® (Belmac: ES)
Codeisan® (Belmac: ES)
Codenfan® (Bouchara: FR)
Codeïnefosfaat Gf® (Genfarma: NL)
codi OPT® (Optimed: DE)
Codical® (Sam-On: IL)
Codicompren® (Desma: DE)
Codinex® (Pinewood: IE)
Codipertussin Hustensaft® (Tussin: DE)
Codipertussin® (Tussin: DE)
Fludan Codeina® (Faes: ES)
Fosfat de Codeina® (Sintofarm: RO)
Fosfat de Codeina® (Terapia: RO)
Fosfat de Codeinã® (Laropharm: RO)
Galcodine® (Galen: IE)
Galcodine® (Thornton & Ross: GB)
Glottyl® (Viatris: BE, LU)
Histaverin® (Estedi: ES)
Kodein Dak® (Nycomed: DK)
Kodein fosfat® (Alkaloid: RS)
Kodein fosfat® (Fampharm: RS)
Kodein Recip® (Recip: IS, SE)
Kodein SAD® (SAD: DK)
Kodeinijev Fosfat® (Alkaloid: SI)
Kodeinijev Fosfat® (Lekarna: SI)
Kodein® (Nycomed: NO)
Kodein® [vet.] (Nycomed: NO)
Lennon - Codeine Phosphate® (Aspen: ZA)
Makatussin® (Altana: DE)
Makatussin® (Gebro: CH)
Melrosum® (Aventis: LU)
Melrosum® (Sanofi-Aventis: NL)
Notusin® (Medea: ES)
Padéryl® (Gerda: FR)
Perduretas Codeina® (Medea: ES)
Pulmocodeina® (ECU: EC)
ratio-Codeine® (Ratiopharm: CA)
Rekod® (Rekah: IL)
Toseina® (Italfarmaco: ES)
Toseina® (ITF: PT)
Toularynx® (Qualiphar: BE, LU)
Tricodein Solco® (ICN: AT)
Tricodein Solco® (Solco: GH, SD)
Tricodein® (ICN Switzerland: AE, BH, CY, EG, JO, KW, LB, OM, QA, SA, SD, YE)
Tricodein® (Solco: DE)
Tryasol® (Wernigerode: DE)
Tussimag Codein-Tropfen® (Montavit: AT)
Tussoret® (MaxMedic: DE)
Tyrasol® (Wernigerode: DE)

– resinate:

OS: *Codeine Polistirex USAN*

Codipront mono® (Mack: DE, LU)
Codipront mono® (Pfizer: AT)

– sulfate:

OS: *Codein sulfate USAN*
PH: Codein sulfate USP 30

Codeine Contin® (Purdue Pharma: CA)
Codeine Sulfate® (Roxane: US)

- **monohydrate:**

CAS-Nr.: 0006059-47-8
OS: *Codéine DCF*
IS: *Morphin-3-methylether*
PH: Codeine Ph. Eur. 5, USP 30
PH: Codeinum Ph. Eur. 5
PH: Codein Ph. Eur. 5
PH: Codéine Ph. Eur. 5
PH: Codeinum monohydricum Ph. Int. 4
PH: Codeine Monohydrate Ph. Int. 4

Codicaps® (UCB: DE)
Optipect® (UCB: DE)

Cogalactoisomerase

D: Uridin-5'-(alpha-D-glucopyranosyl-dihydrogendiphosphat)

Enzyme
Hepatic protectant

CAS-Nr.: 0000133-89-1 C_{15}-H_{24}-N_2-O_{17}-P_2
M_r 566.317

Uridine 5'-(trihydrogen diphosphate), mono-α-D-glucopyranosyl ester

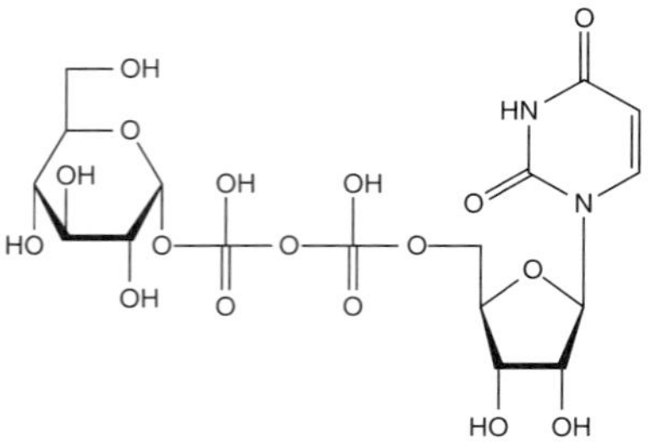

IS: *UDPG*
IS: *Uridin diphosphat glucose*
IS: *Cogalactoisomerse*

- **sodium salt:**

CAS-Nr.: 0028053-08-9

Bivitox® (Terapeutico: IT)
Epatoxil® (C&RF: IT)

Colchicine (USAN)

L: Colchicinum
I: Colchicina
D: Colchicin
F: Colchicine

Treatment of gout

ATC: M04AC01
CAS-Nr.: 0000064-86-8 C_{22}-H_{25}-N-O_6
M_r 399.452

Acetamide, N-(5,6,7,9-tetrahydro-1,2,3,10-tetramethoxy-9-oxobenzo[a]heptalen-7-yl)-, (S)-

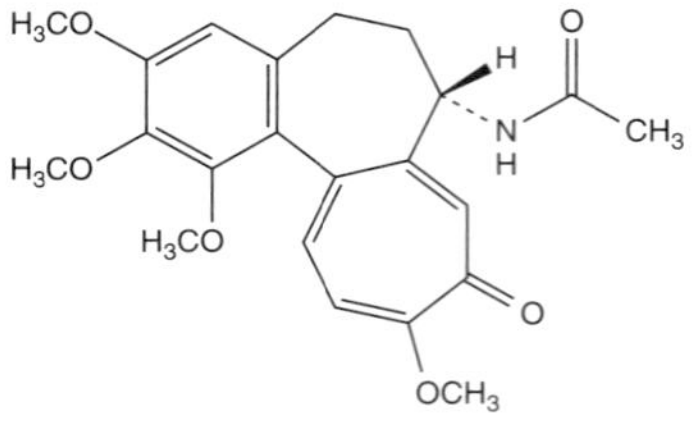

OS: *Colchicine [BAN, DCF, JAN]*
PH: Colchicin [Ph. Eur. 5]
PH: Colchicine [JP XIV, Ph. Eur. 5, Ph. Int. 4, USP 30]
PH: Colchicinum [Ph. Eur. 5, Ph. Int. 4]

Apsen Colchicina® (Apsen: BR)
Artrichine® (ECU: EC)
Cholchicin „Agepha“® (Agepha: AT)
Cochic® (Masa Lab: TH)
Colchicin Agepha® (Agepha: AT)
Colchicina L.CH.® (Chile: CL)
Colchicina Lirca® (Acarpia-P: IT)
Colchicina Phoenix® (Phoenix: AR)
Colchicina® (Apsen: BR)
Colchicina® (Bestpharma: CL)
Colchicina® (Enila: BR)
Colchicina® (Lakor: CO)
Colchicina® (Mintlab: CL)
Colchicina® (Pentacoop: CO)
Colchicina® (Phoenix: AR)
Colchicina® (Sanitas: CL)
Colchicindon® (Zydus: IN)
Colchicine A® (Apothecon: NL)
Colchicine Gf® (Genfarma: NL)
Colchicine Houdé® (ACP: LU)
Colchicine Houdé® (Aventis: ZA)
Colchicine Houdé® (Seid: ES)
Colchicine Houdé® (Spedrog-Caillon: AR)
Colchicine Opocalcium® (ACP: LU)
Colchicine Opocalcium® (Opocalcium: FR)
Colchicine PCH® (Pharmachemie: NL)
Colchicine-Odan® (Odan: CA)
Colchicine® (Abbott: US)
Colchicine® (ACP: BE)
Colchicine® (Bedford: US)
Colchicine® (Jaba: PT)
Colchicine® (Rafa: IL)
Colchicine® (Tiofarma: NL)
Colchicine® (Wockhardt: GB)
Colchicină® (Biofarm: RO)
Colchicină® (Fabiol: RO)
Colchicum-Dispert® (Dr. F. Frik: TR)
Colchicum-Dispert® (Solvay: BG, CZ, DE, HU, RU)
Colchily® (Pharmasant: TH)
Colchimedio® (Bussié: CO, DO, GT, HN, PA, SV)
Colchiquim® (Quimica y Farmacia: MX)
Colchisol® (Sanitas: PE)
Colchis® (Apsen: BR)
Colcine® (Fascino: TH)
Colcitrat® (UCI: BR)
Colcout® (Aspen: NZ)
Colgout® (Aspen: AU)
Colgout® (Christo Pharmaceutical: HK)
CP-Colchi® (Christo Pharmaceutical: HK)

Gout Tab® (Community: TH)
Goutichine® (Farmaline: TH)
Goutnil® (Inga: IN)
Kolchivan® (Donovan: GT)
Kolsin® (I.E. Ulagay: TR)
Lengout® (Lennon: AU)
Lennon - Colchicine® (Aspen: ZA)
Prochic® (Millimed: TH)
Recolfar® (Fahrenheit: ID)
Sixol® (Biomep: MX)
Tolchicine® (TO Chemicals: TH)
Xuric® (Craveri: AR)

Colecalciferol (Rec.INN)

L: Colecalciferolum
I: Colecalciferol
D: Colecalciferol
F: Colécalciférol
S: Colecalciferol

⚕ Vitamin D

ATC: A11CC05
CAS-Nr.: 0000067-97-0 C_{27}-H_{44}-O
M_r 384.649

9,10-Secocholesta-5,7,10(19)-trien-3-ol, (3β,5Z,7E)-

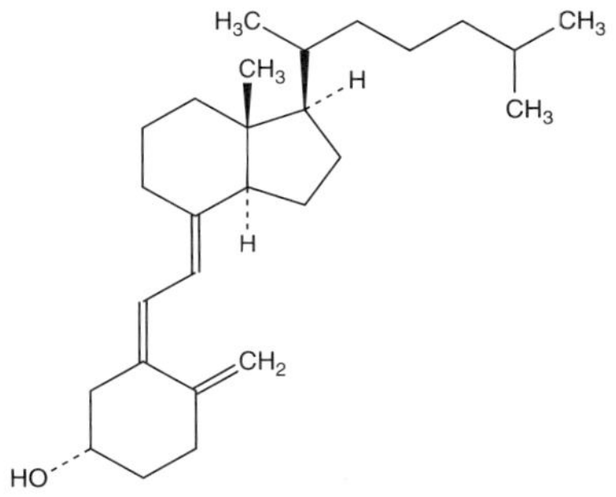

OS: *Cholecalciferol [DCF, JAN, BAN, USAN]*
OS: *Colecalciferol [BAN]*
OS: *Colecalciferolo [DCIT]*
IS: *D-Vita*
IS: *Vitamin D_3*
PH: Cholecalciferol [JP XIV, Ph. Eur. 5, USP 30]
PH: Cholecalciferolum [Ph. Eur. 5]
PH: Colecalciferolum [Ph. Int. 4]
PH: Cholécalciférol [Ph. Eur. 5]
PH: Colecalciferol [Ph. Int. 4]

Aderosol® (Quimica Medical: AR)
Aquadetrim® (Polpharma: RU)
Arachitol® (Solvay: IN)
Calcirol® (Cadila: IN)
D-Cure® (SMB: BE, LU)
D3-Vicotrat® (Heyl: DE)
D3-Vitamin® [vet.] (WDT: DE)
Debolin® (Chemist: BD)
Dedrei® (Opfermann: DE)
Deetipat® (Ferrosan: FI)
Degrafral® [vet.] (Gräub: CH)
Dekristol® (Jenapharm: DE)
Dekristol® (mibe: DE)
Devaron® (Solvay: NL)
Devikap® (Medana: PL)
Devit-3® (Deva: GE, TR)
Dibase® (Abiogen: IT)
Duphafral® [vet.] (AHP: CH)
Duphafral® [vet.] (Fort Dodge: BE, FR, IT, NL, PT)
Duphafral® [vet.] (Wyeth: AT)
Juvit D3® (Hasco: PL)
Laevovit D3® (Fresenius: AT)
Microvit D3® [vet.] (Adisseo: AU)
Neo Dohyfral D3® [inj.] (Solvay: NL)
Oleovit D3® (Fresenius: AT)
Ospur D3® (Sanofi-Synthelabo: DE)
Plivit D3® (Pliva: BA, HR, SI)
Raqui-D3® (Provenco: EC)
Raquiferol® (Indunidas: EC)
Romedat Vitamin D3® [vet.] (Atarost: DE)
Sicovit D_3® (Zentiva: RO)
Sterogyl® (Spedrog-Caillon: AR)
Tridelta® (Ceccarelli: IT)
Tétamophile® [vet.] (Vetoquinol: FR)
Ursovit® [vet.] (Serumber: DE)
Uvédose® (Crinex: FR, LU)
Valmetrol-3® (Valdecasas: MX)
Vi-De3® (Berko: TR)
Vi-De3® (Sanova: AT)
Vi-De3® (Wild: CH)
Vigantoletten® (Merck: AT, DE, LU, PL)
Vigantoletten® (Merck KGaA: RO)
Vigantol® (Merck: CZ, DE, HU, LU, PL)
Vigantol® (Merck KGaA: RO, RS)
Vigantol® (Nycomed: GE, RU)
Vitamin D Slovakofarma® (Slovakofarma: CZ)
Vitamin D3 Bioextra® (Bioextra: HU)
Vitamin D3 Bon® (Bouchara-Recordati: RU)
Vitamin D3 Fresenius® (Fresenius: HU)
Vitamin D3 Hevert® (Hevert: DE)
Vitamin D3 Streuli® (Streuli: CH)
Vitamin D3-Doms Adrian® (Bouchara: LU)
Vitamin D3® [vet.] (Alvetra: DE)
Vitamin D3® [vet.] (Ceva: DE)
Vitamin D3® [vet.] (CP: DE)
Vitamin D3® [vet.] (Streuli: CH, CH)
Vitamina D3 Berenguer® (Almirall: ES)
Vitamine D FNA® (FNA: NL)
Vitamine D3 BON® (Bouchara: DZ, FR)
Vitamine D3 BON® (Bouchara-Recordati: VN)
Vitamine D3 BON® (Doms-Adrian: LK)
Vitasol D_3® [vet.] (Richter: AT)
Zymad® (Novartis Santé Familiale: FR)

Colesevelam (Rec.INN)

L: Colesevelamum
D: Colesevelam
F: Colésévélam
S: Colesevelam

⚕ Antihyperlipidemic agent

ATC: C10AC04
CAS-Nr.: 0182815-43-6
$(C_3\text{-}H_7\text{-}N)_m(C_3\text{-}H_5\text{-}ClO)_n(C_{12}\text{-}H_{27}\text{-}Cl\text{-}N_2)_o(C_{13}\text{-}H_{27}\text{-}N)p$

2-Propen-1-amine polymer with (chlormethyl)oxirane, N,N,N-trimethyl-6-(2-propenyl-amino)-1-hexanaminium chloride, and N-2-propenyl-1-decanamine

Allylamine polymer with 1-chloro-2,3-epoxypropane, [6-(allylamino)hexyl]trimethylammonium chloride and N-allyldecylamine [WHO]

1-Hexaminium, N,N,N-trimethyl-6-(2-propenylamino)-, chloride, polymer with (chloromethyl)oxirane, 2-propen-4-amine and N-2-propenyl-1-decanamine [NLM)

Poly{[6-(allylamino)hexyl]trimethylammoniumchlorid-co-(allyl)(decyl)azan-co-allylazan-co-(chlormethyl)oxiran} (IUPAC)

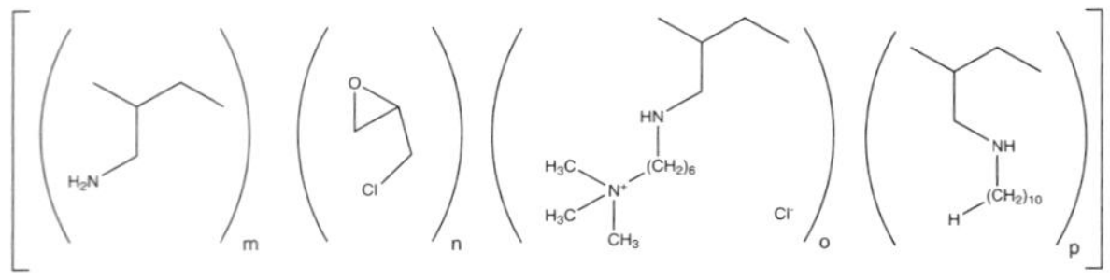

- **hydrochloride:**

CAS-Nr.: 0182815-44-7
OS: *Colesevelam Hydrochloride USAN*
IS: *C10A9*
IS: *CholestaGel (USA)*
IS: *GT 31104*
IS: *GT 31104 HB (Chemie Linz AG, AT)*

Cholestagel® (Genzyme: LU, NL)
Welchol® (Sankyo: US)

Colestipol (Rec.INN)

L: Colestipolum
D: Colestipol
F: Colestipol
S: Colestipol

Antihyperlipidemic agent

ATC: C10AC02
CAS-Nr.: 0026658-42-4

Copolymer of diethylenetriamine and 1-chloro-2,3-epoxypropane

OS: *Colestipol [BAN, DCF]*
IS: *U 26597 A*

- **hydrochloride:**

CAS-Nr.: 0037296-80-3
OS: *Colestipol Hydrochloride BANM, USAN*
PH: Colestipol Hydrochloride BP 2002, USP 30

Cholestabyl® (Fournier: DE)
Colestid® (Pfizer: BE, CA, CH, GB, IL, LU, NZ, PT, US)
Colestid® (Pharmacia: AU, BG, CZ, DE, ES, NL)
Colestid® (Pharmacia & Upjohn: SI)
Colestid® (Willvonseder & Marchesani: AT)
Colestipol Hydrochloride® (Global: US)
Lestid® (Pfizer: DK, FI, IS, NO, SE)

Colestyramine (Rec.INN)

L: Colestyraminum
I: Colestiramina
D: Colestyramin
F: Colestyramine
S: Colestiramina

Antihyperlipidemic agent

ATC: C10AC01
CAS-Nr.: 0011041-12-6

A styrene-divinylbenzene copolymer containing quaternary ammonium groups.

OS: *Colestyramine [BAN, DCF]*
OS: *Cholestyramine [BAN, USAN]*
IS: *Colestyraminum*
IS: *Divistyramine*
IS: *MK 325*
IS: *Holestiramin*
IS: *Cholestyramin-Harz*
PH: Cholestyramine Resin [USP 30]
PH: Colestyramine [BP 2002, Ph. Eur. 5]
PH: Colestyraminum [Ph. Eur. 5]

Cholestyramine® (Par: US)
Cholestyramine® (Sandoz: US)
Colesthexal® (Hexal: DE)
Colestiramina® (Bestpharma: CL)
Colestiramina® (Lakor: CO)
Colestiramina® (Medicalex: CO)
Colestyr-CT® (CT: DE)
Colestyramin findusFit® (findusFit: DE)
Colestyramin Hexal® (Hexal: DE)
Colestyramin Stada® (Stadapharm: DE)
Colestyramin-ratiopharm® (ratiopharm: DE)
Colestyramine Gf® (Genfarma: NL)
Colestyramine® (Pliva: GB)
Ipocol® (Lagap: CH)
Kolestran® (Sandoz: TR)
Lipocol-Merz® (Merz: DE)
Lismol® (Lesvi: ES)
Locholest® (Warner Chilcott: US)
PMS-Cholestyramine® (Pharmascience: CA, SG)
Prevalite® (Upsher-Smith: US)
Quantalan® (Bristol-Myers Squibb: AT, CH, DE)
Questran APM® (Bristol-Myers Squibb: ES)
Questran Light® (Bristol-Myers Squibb: AR, BR, GB, SG, TH)
Questran Light® (Par: US)
Questran Lite® (Bristol-Myers Squibb: AU, NZ, ZA)
Questran® (Bristol-Myers Squibb: AU, BE, BF, BJ, BR)
Questran® (Bristol-Myers squibb: CF)
Questran® (Bristol-Myers Squibb: CI, CM, CZ, DK, DZ, ES, FI, FR, GA, GB, GN, HK, ID, IE, IS, LU)
Questran® (Bristol-Myers squibb: MG)
Questran® (Bristol-Myers Squibb: MR, MU, NE, NL, NO, SE, SN, TD, TG)
Questran® (Mead Johnson: CO)
Questran® (Par: US)
Questran® [vet.] (Bristol-Myers Squibb: GB)
Resincolestiramina® (Rubio: CR, DO, ES, GT, PA, SG, SV, TH)
Resincolestiramina® (TTN: TH)
Vasosan® (Felgenträger: DE, PL)

– hydrochloride:

OS: *Colestyramine Chloride BANM*

Quantalan® (Bristol-Myers Squibb: PT)
Questran® (Bristol-Myers Squibb: ID, IT)
Questran® (Par: US)

Colextran (Rec.INN)

L: Colextranum
D: Colextran
F: Colextran
S: Colextrán

Antihyperlipidemic agent

ATC: C10AC03
CAS-Nr.: 0009015-73-0

Dextran 2-(diethylamino)ethyl ether

OS: *Colextran [USAN]*
IS: *DEAE-dextran*
IS: *Detaxtran*

– hydrochloride:

CAS-Nr.: 0009064-91-9

Dexide® (Rottapharm: ES)
Pulsar® (Medosan: IT)
Rationale® (Manetti Roberts: IT)

Colfosceril Palmitate (Rec.INN)

L: Colfosceríli palmitas
I: Colfosceril palmitato
D: Colfosceril palmitat
F: Palmitate de colfosceril
S: Palmitato de colfoscerio

Drug acting on the respiratory system

ATC: R07AA01
CAS-Nr.: 0000063-89-8 C_{40}-H_{80}-N-O_8-P
M_r 734.06

Choline hydroxide, dihydrogen phosphate, inner salt, ester with L-1,2-dipalmitin

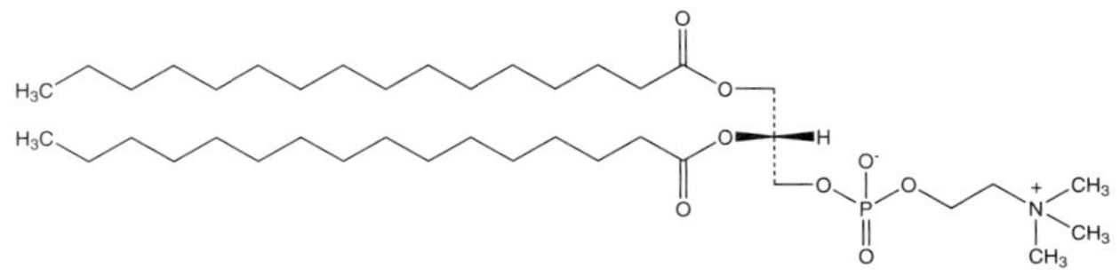

OS: *Colfosceril Palmitate [BAN, USAN]*
OS: *Colfoscéril (palmitate de) [DCF]*
IS: *129Y83 (Burroughs Wellcome, USA)*
IS: *Dipalmitoyl phosphatidylcholine*
IS: *DPPC*

Exosurf Neonatal® (Glaxo: ES)
Exosurf Neonatal® (GlaxoSmithKline: CL, IL)
Exosurf® (Glaxo Wellcome: US)
Exosurf® (GlaxoSmithKline: AE, AU, BG, BH, CZ, IR, KW, LU, NL, OM, QA)
Exosurf® (Wellcome: ES)
Exosurf® (Wellcome-GB: IT)

Colistin (Prop.INN)

L: Colistinum
I: Colistina
D: Colistin
F: Colistine
S: Colistina

Antibiotic, polypeptide

ATC: A07AA10,J01XB01
CAS-Nr.: 0001066-17-7

mixture of antimicrobial peptides produced by a strain of Bacillus polymyxa var. colistinus

antibiotic obtained from colistin sulphate by sulfomethylation with fromaldehyde and sodium bisulfite, sodium salt

OS: *Colistin [BAN]*
OS: *Colistine [DCF]*
OS: *Colistina [DCIT]*
IS: *W 1929*

Colistate® (Atlantic: TH)
Colistine® [vet.] (Eurovet: BE)
Coli® [vet.] (Wolfs: BE)
Sogecoli® [vet.] (Sogeval: FR)

– sulphomethate sodium:

CAS-Nr.: 0008068-28-8
OS: *Colistimethate Sodium BANM, USAN*
OS: *Colistiméthate sodique DCF*
OS: *Colistin Sodium Methanesulfonate JAN*
OS: *Colistimetato sodico DCIT*
IS: *Colistin Sulphomethate*
IS: *Colistin mesilat natrium*
PH: Colistiméthate sodique Ph. Eur. 5
PH: Colistimethate Sodium Ph. Eur. 5, USP 30
PH: Colistimethat-Natrium Ph. Eur. 5
PH: Colistimethatum natricum Ph. Eur. 5
PH: Colistin Sodium Methansulfonate JP XIV

Alficetin® (Nova Argentia: AR)
Colimicina® [inj.] (UCB: IT)
Colimycine® [inj.] (Aventis: CZ)
Colimycine® [inj.] (Sanofi-Aventis: FR)
Colimycin® (Lundbeck: DK, NO)
Coliracin® (Rafa: IL)
Colistimetato de Sodio Ges® (Ges Genericos: ES)
Colistimethate Sodium® (Paddock: US)
Colistimethate Sodium® (X-Gen: US)
Colistimethate® (SteriMax: CA)
Colistin Link® (Link: NZ)
Colistin Norma® (Norma: GR)
Colistin-Trockenstechampullen® (Grünenthal: AT)
Colistina Permatec® (Permatec: AR)
Colistina Richet® (Richet: AR)
Colistin® (Antibiotice: RO)
Colistin® (Grünenthal: CH, DE, NL)
Colistin® (Polfa Tarchomin: PL)
Colomycin® (Forest: AN, BB, BS, GB, HU, JM, LC, VC)
Colomycin® (Pharmax: AE, BH, CY, IE, JO, KW, LB, MT, OM, PK, QA, YE)
Coly-Mycin® (Erfa: CA)
Coly-Mycin® (Link: NZ)
Coly-Mycin® (Monarch: US)

Coly-Mycin® (Pfizer: AU)
First Guard® [vet.] (Alpharma: US)
Methacolimycin® (Kaken: JP)
Promixin® (Infectopharm: DE)
Promixin® (Profile: GB)
Promixin® (Profile Pharma: DK)

– sulfate:

CAS-Nr.: 0001264-07-8
OS: *Colistin Sulphate BANM*
OS: *Colistin Sulfate JAN, USAN*
IS: *Polymyxin E sulfate*
PH: Colistini sulfas Ph. Eur. 5, Ph. Jap. 1976
PH: Colistinsulfat Ph. Eur. 5
PH: Colistin Sulfate USP 30
PH: Colistin Sulphate Ph. Eur. 5

A.A. Colistine® [vet.] (A.A.-Vet: NL)
Acti Coli ® [vet.] (Biové: FR)
Animedistin® [vet.] (Animedic: DE)
B-COL® [vet.] (Biokema: CH)
Bac® [vet.] (Ascor: IT)
Belcomycine S® [vet.] (Coophavet: FR)
Belcomycine® (Sanofi-Aventis: NL)
Belomycine® [vet.] (Merial: BE)
Bioplex-Colistin® [vet.] (Alvetra u. Werfft: AT)
Biorepas® [vet.] (Biové: FR)
Carbophen® [vet.] (Serumber: DE)
Carbophen® [vet.] (Weinboeh: DE)
Cofacoli® [vet.] (Coophavet: FR)
Cofalac® [vet.] (Coophavet: FR)
Cofamix Colistine® [vet.] (Coophavet: FR)
Colibolus® [vet.] (Biové: FR)
Coligel® [vet.] (Veterinaria: CH)
Colimex® (Dumex: AE, BH, CY, EG, IQ, JO, KW, LB, LY, OM, QA, SA, SD, YE)
Colimicina® (UCB: IT)
Colimicina® [compr.] (Quimifar: ES)
Colimicin® [vet.] (Intervet: IT)
Colimix® [vet.] (Sintofarm: IT)
Colimycine® (Aventis: LU)
Colimycine® (Sanofi-Aventis: FR)
Colipate® [vet.] (Virbac: FR, PT)
Coliseptyl® [vet.] (Fendigo: BE)
Colisolution® [vet.] (Aesculaap: NL)
Colisol® [vet.] (Dopharma: NL)
Colistin-Tabletten® (Grünenthal: AT, DE)
Colistina solfato® [vet.] (Adisseo: IT)
Colistina solfato® [vet.] (Ascor: IT)
Colistina solfato® [vet.] (Ceva: IT)
Colistina solfato® [vet.] (Chemifarma: IT)
Colistina solfato® [vet.] (Doxal: IT)
Colistina solfato® [vet.] (Sintofarm: IT)
Colistina solfato® [vet.] (Tre I: IT)
Colistine buvable NOE® [vet.] (Noé: FR)
Colistine Franvet® [vet.] (Franvet: FR)
Colistine LACTO® [vet.] (Virbac: FR)
Colistine Véprol® [vet.] (Virbac: FR)
Colistine® (Alpharma: ID)
Colistine® [vet.] (Dopharma: NL)
Colistine® [vet.] (Dutch Farm Veterinary: NL)
Colistine® [vet.] (Eurovet: NL)
Colistine® [vet.] (Orffa: NL)
Colistine® [vet.] (Vetoquinol: BE)
Colistine® [vet.] (Virbac: ZA)
Colistinsulfat® [vet.] (Animedic: DE)
Colistinsulfat® [vet.] (Animedica: AT)
Colistinsulfat® [vet.] (Bioptive: DE)
Colistinsulfat® [vet.] (Klat: DE)
Colistinsulfat® [vet.] (V.M.D.: LU)
Colistin® (Grünenthal: AT, DE)
Colistin® (Zentiva: RO)
Colistin® [vet.] (Animedic: DE)
Colistin® [vet.] (Bioptive: DE)
Colistin® [vet.] (Chevita: DE)
Colistin® [vet.] (Inrophar: DE)
Colistin® [vet.] (Orffa: NL)
Colistisel® [vet.] (Selecta: DE)
Colivet S® [vet.] (Prodivet: BE)
Colivet® [vet.] (Ceva: FR)
Colivet® [vet.] (Prodivet: BE)
Colivet® [vet.] (Veyx: DE)
Colivet® [vet.] (WDT: DE)
Coli® [vet.] (Dutch Farm Veterinary: NL)
Colomycin® (Forest: GB)
Colomycin® (Pharmax: IE)
Compomix V Colisol® [vet.] (Noé: FR)
Compomix V Coli® [vet.] (Noé: FR)
Concentrat VO 49® [vet.] (Sogeval: FR)
Diarönt mono® (Rosen: DE)
Doxamicina® [vet.] (Doxal: IT)
Drinkmix® [vet.] (Dopharma: NL)
Enteristin® [vet.] (Ceva: IT)
Enterocol® [vet.] (Tre I: IT)
Enterogel® [vet.] (Virbac: NL)
Enterogram® [vet.] (Virbac: FR, PT)
Enteroxid® [vet.] (Animedic: DE)
Klato Col® [vet.] (Klat: DE)
Mastimyxin® [vet.] (Vetoquinol: CH)
Medivet-Poly® [vet.] (Medivet: CH)
Milicoli® [vet.] (Franvet: FR)
Promycin® [vet.] (V.M.D.: LU)
Santamix Colistine® [vet.] (Santamix: FR)
Sodicoly® [vet.] (Biové: FR)
Solucol® [vet.] (Virbac: FR)
ufamed Colistin® [vet.] (Ufamed: CH)
Vanacolin® [vet.] (Vana: AT)
Virgocilline® [vet.] (Coophavet: FR)
Vital Colistin® [vet.] (Vital: CH)
Walamycin® (Wallace: IN)

Conivaptan (Rec.INN)

L: Conivaptanum
D: Conivaptan
F: Conivaptan
S: Conivaptan

Cardiac agent
Vascular agent

CAS-Nr.: 0210101-16-9 C_{32}-H_{26}-N_4-O_2
M_r 498.57

4"-[(4,5-dihydro-2-methylimidazo[4,5-*d*][1]benzazepin-6(1*H*)-yl)carbonyl]-2-biphenylcarboxanilide (WHO)

N-{4-[(2-Methyl-4,5-dihydroimidazo[4,5-*d*][1]benzazepin-6-yl)carbonyl]phenyl}biphenyl-2-carboxamid (IUPAC)

(1,1'-Biphenyl)-2-carboxamide, N-(4-(4,5-dihydro-2-methylimidazo(4,5-d)(1)benzazepin-6(1H)-yl)carbonyl)phenyl)-

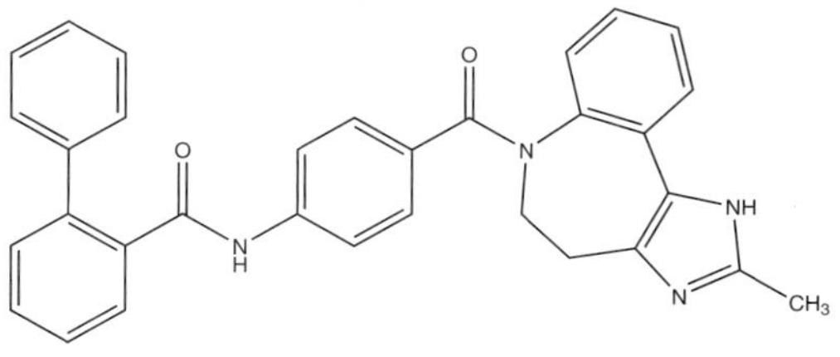

OS: *Conivaptan [USAN]*
IS: *YM 097 (Yamanouchi, JP)*

- **hydrochloride:**

CAS-Nr.: 0168626-94-6
OS: *Conivaptan hydrochloride USAN*
IS: *CI-1025 (Parke-Davis, US)*
IS: *YM 087 (Yamanouchi, JP)*

Vaprisol® (Astellas: US)

Corticorelin (Rec.INN)

L: Corticorelinum
D: Corticorelin
F: Corticoreline
S: Corticorelina

Diagnostic
Hypothalamic hormone, corticotropin releasing hormone, CRH
Corticotropin-releasing factor

OS: *Corticoréline [DCF]*
OS: *Corticorelin [USAN]*
IS: *Corticoliberin*
IS: *Corticotrophin-releasing Hormone*
IS: *Corticotrophin-RH*
IS: *CRF*
IS: *CRH*

CortiRel® (Curatis: DE)
CortiRel® (Meduna: DE)

- **triflutate:**

CAS-Nr.: 0121249-14-7
OS: *Corticorelin Ovine Triflutate USAN*
IS: *Corticorelin trifluoroacetate*
IS: *Corticorelin-vom-Menschen-triflutat (1:x) (ASK)*

CRH Ferring® (Ferring: AT, DE, NL)
Stimu-ACTH® (Ferring: FR)

Corticotropin (Rec.INN)

L: Corticotrophinum
I: Corticotropina
D: Corticotropin
F: Corticotrophine
S: Corticotrofina

Anterior pituitary hormone, adrenocorticotropic hormone, ACTH

ATC: H01AA01
CAS-Nr.: 0009002-60-2 C_{207}-H_{308}-N_{56}-O_{58}-S
M_r 4541.11

Corticotropin

OS: *Corticotrophin [DCF]*
OS: *Corticotropine [DCF]*
OS: *Corticotropin [BAN, USAN]*
IS: *Adrenocorticotropin*
IS: *Corticotrophin*
IS: *Kortikotropin*
PH: Corticotropin [Ph. Eur. 4, USP 30]
PH: Corticotropinum [Ph. Eur. 4]
PH: Corticotropinum pro injectione [JPX]
PH: Corticotropine [Ph. Eur. 4]

ACTH 40® (Hyrex: US)
ACTH 80® (Hyrex: US)
Acthar® (Questcor: US)
Acthelea® (Elea: AR)
ACTH® (Hyrex: US)
ACTH® (Lannacher: AT)
ACTH® (Pfizer: US)
ACTH® [vet.] (Cross Vetpharm: US)
ACTH® [vet.] (Virbac: AU)
Adrenomone® [vet.] (Summit: US)
H.P. Acthar® (Questcor: US)

Cortisone (Rec.INN)

L: Cortisonum
I: Cortisone
D: Cortison
F: Cortisone
S: Cortisona

Adrenal cortex hormone, glucocorticoid

ATC: H02AB10,S01BA03
CAS-Nr.: 0000053-06-5 C_{21}-H_{28}-O_5
M_r 360.455

Pregn-4-ene-3,11,20-trione, 17,21-dihydroxy-

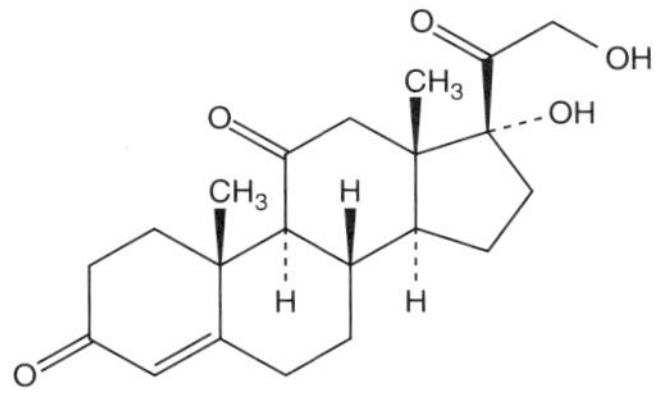

OS: *Cortisone [BAN, DCF, DCIT]*
IS: *Compound E (Kendall)*
IS: *Compound F (Wintersteiner und Pfiffner)*
IS: *Substanz Fa (Reichstein)*
PH: Cortisone [USP 30]

- **21-acetate:**
  CAS-Nr.: 0000050-04-4
  OS: *Cortisone Acetate BANM, USAN*
  PH: Cortisonacetat Ph. Eur. 5
  PH: Cortisone (acétate de) Ph. Eur. 5
  PH: Cortisone Acetate Ph. Eur. 5, JP XIV, USP 30
  PH: Cortisoni acetas Ph. Eur. 5, Ph. Int. II

  Adreson® (Organon: LU, NL)
  Cortate® (Aspen: AU)
  Cortison Ciba® (Novartis: CH, DE)
  Cortison Spofa® (Spofa: CZ)
  Cortisonacetaat Gf® (Genfarma: NL)
  Cortisonacetaat PCH® (Pharmachemie: NL)
  Cortisonacetaat® [vet.] (Kombivet: NL)
  Cortisone Acetate® (Pfizer: US)
  Cortisone Acetate® (Rekah: IL)
  Cortisone Acetate® (Remedica: CY)
  Cortisone Acetate® (Sanofi-Aventis: GB)
  Cortisone Acetate® (Valeant: CA)
  Cortisone Acetate® (West-Ward: US)
  Cortisone Acetato® (Dynacren: IT)
  Cortisone Acetato® (IFI: IT)
  Cortisone Roussel® (Sanofi-Aventis: FR)
  Cortison® (Merck: NL)
  Cortison® (Novartis: CZ)
  Cortison® (Nycomed: NO)
  Cortone Acetato® (Istituto Chim. Internazionale: IT)
  Cortone® (Merck: US)
  Cortone® (Merck Sharp & Dohme: AT)

Cortivazol (Prop.INN)

L: Cortivazolum
D: Cortivazol
F: Cortivazol
S: Cortivazol

Adrenal cortex hormone, glucocorticoid

ATC: H02AB17
CAS-Nr.: 0001110-40-3 C_{32}-H_{38}-N_2-O_5
M_r 530.676

2'H-Pregna-2,4,6-trieno[3,2-c]pyrazol-20-one, 21-(acetyloxy)-11,17-dihydroxy-6,16-dimethyl-2'-phenyl-, (11β,16α)-

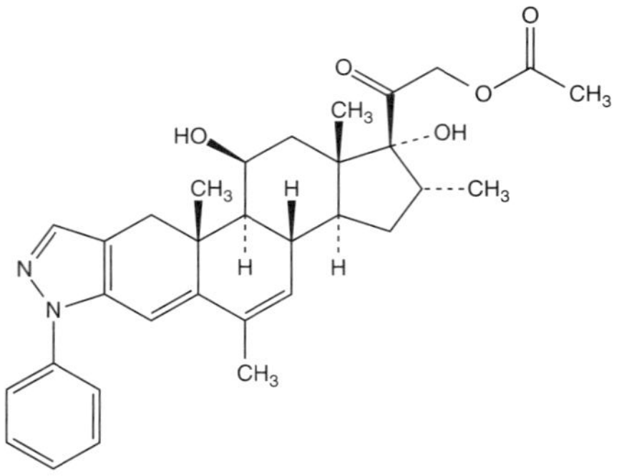

OS: *Cortivazol [DCF, USAN]*
IS: *H 3625*

Altim® (Sanofi-Aventis: FR)

Coumafos (Rec.INN)

L: Coumafosum
D: Coumafos
F: Coumafos
S: Cumafos

Anthelmintic [vet.]
Antiparasitic agent [vet.]

CAS-Nr.: 0000056-72-4 C_{14}-H_{16}-Cl-O_5-P-S
M_r 362.762

Phosphorothioic acid, O-(3-chloro-4-methyl-2-oxo-2H-1-benzopyran-7-yl) O,O-diethyl ester

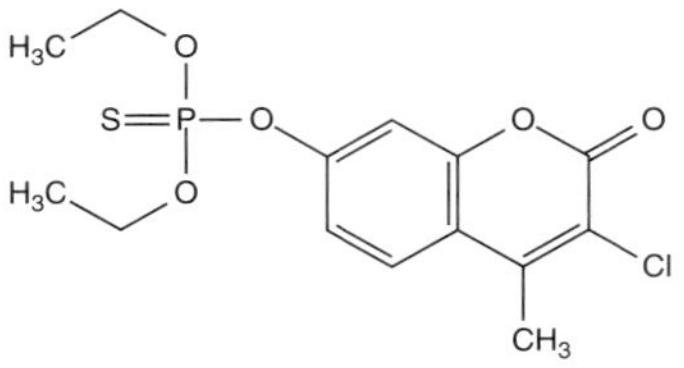

OS: *Coumafos [BAN]*
OS: *Coumaphos [USAN]*
IS: *Bayer 21/199*
IS: *Cumafosum*
IS: *Coumaphos*
IS: *7-Co-ral*

Ansutol® [vet.] (Bayer Animal: NZ)
Asuntol® [vet.] (Bayer: SE)
Asuntol® [vet.] (Bayer Animal: NZ)
Asuntol® [vet.] (Bayer Sante Animale: FR)
Bay-O-Pet Asuntol® [vet.] (Bayer Animal Health: AU)
CheckMite+® [vet.] (Provet: CH)
Co-Ral® (Bayer Consumer Care: US)
Meldane® [vet.] (Bayer Animal: US)
Perizin® [vet.] (Balkanpharma: BG)
Perizin® [vet.] (Bayer: AT)
Perizin® [vet.] (Bayer Animal: DE)
Perizin® [vet.] (Provet: CH)
Prozap Zipcide® (Loveland: US)
Purina® [vet.] (Purina: US)
Purina® [vet.] (Virbac: US)

Coumarin (DCF)

D: Cumarin
F: Coumarine

Drug acting on the complex of varicose symptoms
Vascular protectant

CAS-Nr.: 0000091-64-5 C_9-H_6-O_2
M_r 146.147

2H-1-Benzopyran-2-one

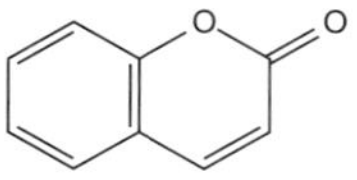

OS: *Coumarine [DCF]*
OS: *Coumarin [USAN]*
IS: *Tonka Bean Camphor*
PH: Cumarin [DAB 1999]

Esberiven® (Craveri: AR)
Venalot mono® (Schaper & Brümmer: DE, LU)

Creatinolfosfate (Rec.INN)

L: Creatinolfosfatum
I: Creatinolfosfato
D: Creatinolfosfat
F: Créatinolfosfate
S: Creatinolfosfato

Cardiac stimulant, cardiotonic agent

ATC: C01EB05
CAS-Nr.: 0006903-79-3 C_4-H_{12}-N_3-O_4-P
M_r 197.14

Guanidine, N-methyl-N-[2-(phosphonooxy)ethyl]-

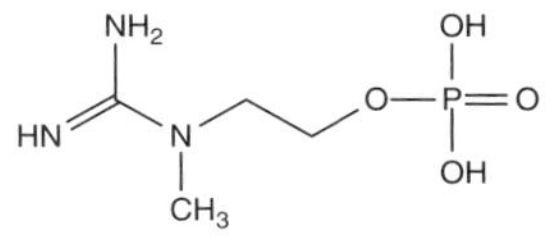

OS: *Creatinolfosfato [DCIT]*
OS: *Creatinolfosfate [USAN]*
IS: *COP*

– sodium salt:

Neoton® (Alfa Wassermann: CN, CZ, PL, RO)
Neoton® (CSC: RU)
Neoton® (Pharmacia: IT)

Croconazole (Rec.INN)

L: Croconazolum
D: Croconazol
F: Croconazol
S: Croconazol

Antifungal agent
Dermatological agent

CAS-Nr.: 0077175-51-0 C_{18}-H_{15}-Cl-N_2-O
M_r 310.788

1-[1-[o-[(m-Chlorobenzyl)oxy]phenyl]vinyl]imidazole

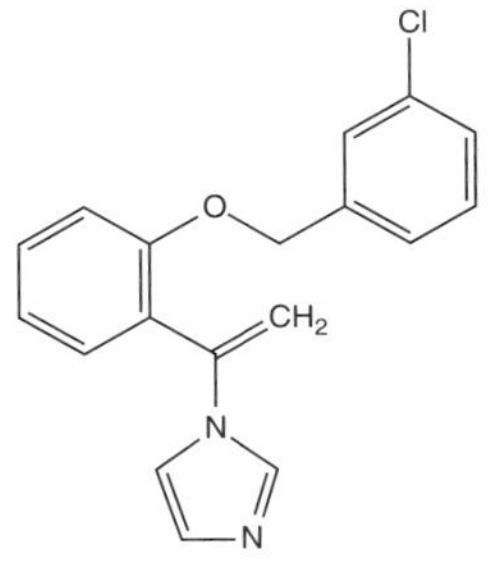

OS: *Croconazole [USAN]*
IS: *Cloconazole*

– hydrochloride:

CAS-Nr.: 0077174-66-4
OS: *Croconazole Hydrochloride JAN*
IS: *S 710674 (Shionogi, Japan)*
PH: Croconazole Hydrochloride JP XIV

Pilzcin® (Kolassa: AT)
Pilzcin® (Merz: DE)
Pilzcin® (Shionogi: JP)

Cromoglicic Acid (Rec.INN)

L: Acidum Cromoglicicum
I: Acido cromoglicico
D: Cromoglicinsäure
F: Acide cromoglicique
S: Acido cromoglícico

Antiallergic agent

ATC:
A07EB01,R01AC01,R03BC01,S01GX01,D11AX17
ATCvet: QD11AX17
CAS-Nr.: 0016110-51-3 C_{23}-H_{16}-O_{11}
M_r 468.381

4H-1-Benzopyran-2-carboxylic acid, 5,5'-[(2-hydroxy-1,3-propanediyl)bis(oxy)]bis[4-oxo-

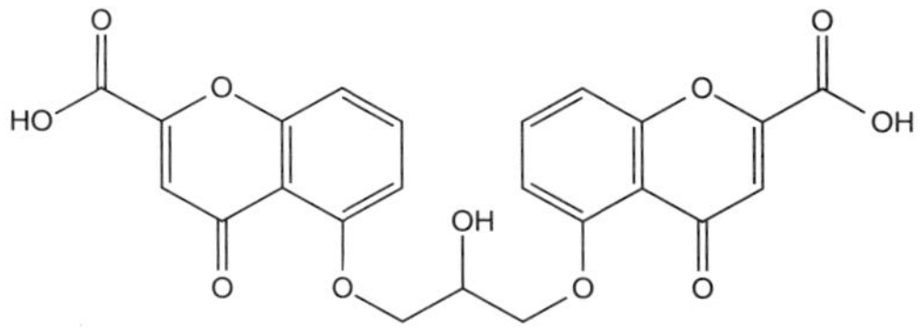

OS: *Acide cromoglicique [DCF]*
OS: *Cromoglicic Acid [BAN]*
OS: *Acido cromoglicico [DCIT]*
IS: *Cromoglycic Acid*
IS: *Cromolyn*

Cromo-Comod® (Ursapharm: IL)
Cromoglicaat® (Pharmachemie: NL)
Cromoglicato® (Blaskov: CO)
Icrom® (ACI: BD)
Ifiral® (Unique: LK, RU)
Noaler® (Biogen: CO)
Rilan Nasal® (UCI: BR)

– disodium salt:

CAS-Nr.: 0015826-37-6
OS: *Cromolyn Sodium USAN*
OS: *Sodium Cromoglicate BANM*
IS: *FPL 670*
IS: *Sodium Cromoglycate*
IS: *DNCG*
PH: Cromolyn Sodium USP 30
PH: Natrii cromoglicas Ph. Eur. 5, Ph. Int. 4
PH: Sodium Cromoglycate JP XIV, Ph. Int. 4
PH: Natriumcromoglicat Ph. Eur. 5
PH: Cromoglicate de sodium Ph. Eur. 5
PH: Sodium Cromoglicate Ph. Eur. 5

Acecromol® (Wolff: DE)
Acromax® (Agepha: AT)
Acticrom® (Euro-Pharma: IT)
Alerbul nasal® (Sanofi-Synthelabo: CO)
Alerbul oftalmico® (Sanofi-Synthelabo: CO)
Alercrom® (Grin: MX)
Alergocrom® (Aldo Union: ES)
Alerg® (1A Pharma: DE)
Allerg-Abak® (Thea: NL)
Allergo-COMOD® (Croma: AT)

Allergo-COMOD® (Ursapharm: CH, CZ, DE, NL, PL)
Allergocomod® (Biem: TR)
Allergocomod® (Europhta: MC)
Allergocrom® (Ursapharm: CZ, DE, GE, NL, PL)
Allergojovis® (Biomedica-Chemica: GR)
Allergostop® (Faran: GR)
Allergotin® (Cooper: GR)
Allergoval® (Köhler: DE)
Allersol® (Sanovel: TR)
Alloptrex® (Pierre Fabre: FR)
Apo-Cromolyn® (Apotex: CA)
Aristocrom® (Aristopharma: BD)
BernaMist® (Pfizer: US)
Botastin® (Biospray: GR)
Brunicrom® (Bruschettini: IT)
Claroftal® (Poen: AR)
Colimune® (Aventis: DE)
Croglina® (Edol: PT)
Crolom® (Bausch & Lomb: US)
Crom-Ophtal® (Sanbe: ID)
Crom-Ophtal® (Winzer: DE)
Cromabak® (Farmex: GR)
Cromabak® (Genop: ZA)
Cromabak® (Pfizer: SG)
Cromabak® (Santa-Farma: TR)
Cromabak® (Silroc: HK)
Cromabak® (Teva: LU)
Cromabak® (Thea: BE, IT, PT)
Cromabak® (Théa: CH, FR)
Cromadoses® (Théa: FR)
Cromal® (Cipla: HK, IN)
Cromal® (Mundipharma: AT)
Cromantal® (Alcon: IT)
Cromax® (Ophtha: CO)
Cromedal® (Quifarmed: CO)
Cromedil® (Europhta: MC)
CromeseInhalation® (Pharmacia: AU)
Cromo Asma® (Aldo Union: ES)
cromo von ct® (CT: DE)
Cromo-1A Pharma® (1A Pharma: DE)
Cromo-Asma® (Iberofarma: PE)
Cromo-CT® (CT: DE, RO)
Cromo-Ophtal® (Winzer: DE)
Cromo-pos® (Farmex: GR)
Cromo-ratiopharm® (ratiopharm: DE)
Cromo-Stulln® (Stulln: DE)
Cromoalergic® (Qualipharm: CR, GT, NI, PA)
Cromobene® (Ratiopharm: CZ)
Cromodex® (AC Farma: PE)
Cromodyn® (Rappai: CH)
Cromogen Easi-Breath® (Ivax: IE)
Cromogen Steri Neb® (Teva: GB)
Cromogen® (Ivax: CZ, IE)
Cromogen® (Norton: PL)
Cromogen® (Teva: GB)
Cromoglicaat dinatrium Alpharma® (Alpharma: NL)
Cromoglicaat dinatrium Hexal® (Hexal: NL)
Cromoglicaat Na CF® (Centrafarm: NL)
Cromoglicato de Sodio® (Medicalex: CO)
Cromoglicato de Sodio® (Ophalac: CO)
Cromoglicato Nasal Zyma® (Novartis Consumer Health: ES)
Cromoglicato Sod Fisons® (Sanofi-Aventis: ES)
Cromoglicato Sodico® (Pentacoop: CO)
Cromoglicin Heumann® (Heumann: DE)
Cromoglin® (Ratiopharm: AT, RU)
Cromoglycate Sodique EG® (Eurogenerics: BE)
Cromohexal® (Hexal: DE, LU, PL, RO, RU, ZA)
Cromohexal® (Salutas Fahlberg: CZ)
Cromohexal® (Sandoz: HU)
Cromolergin® (Hexal: DE)
Cromolergin® (Pharmanel: GR)
Cromolerg® (Allergan: BR)
Cromolind® (Lindopharm: DE)
Cromolin® (Roemmers: CO)
Cromolux® (AFT: NZ)
Cromolyn Sodium® (Actavis: US)
Cromolyn Sodium® (Akorn: US)
Cromolyn Sodium® (Alcon: US)
Cromolyn Sodium® (Bausch & Lomb: US)
Cromolyn Sodium® (Dey: US)
Cromolyn Sodium® (Morton Grove: US)
Cromolyn Sodium® (Novex: US)
Cromolyn Sodium® (Pacific: US)
Cromolyn Sodium® (Perrigo: US)
Cromolyn Sodium® (Respirare: US)
Cromolyn Sodium® (Roxane: US)
Cromolyn Sodium® (Teva: US)
Cromolyn Sodium® (Warrick: US)
Cromolyn® (Genmedix: IL)
Cromolyn® (Orion: AE, BH, CZ, DE, EG, JO, KW, LB)
Cromolyn® (Pharmascience: CA)
Cromonez-Pos® (Ursapharm: BE)
Cromopan® (Jayson: BD)
Cromophta-Pos® (Ursapharm: BE, LU)
Cromopp® (Dermapharm: DE)
Cromoptic® (Chauvin: FR)
Cromoptic® (Roster: PE)
Cromoptic® (Vitamed: IL)
Cromosoft® (Théa: FR)
Cromosol Ophta® (Sandoz: CH)
Cromosol® (ICN: CZ, PL)
Cromosol® (Sandoz: CH)
Cromovet® [vet.] (Schering-Plough: IE)
Cromoxal® (Hexal: PL)
Cronase® (Vitamed: IL)
Cropoz® (GlaxoSmithKline: PL)
Crorin® (Antibioticos: MX)
Cusicrom Oftalmico® (Alcon: ES)
Cusicrom® (Alcon: CZ, PL)
Cusicrom® (M4: ES)
Dadcrome® (Dar-Al-Dawa: AE, BH, IQ, JO, KW, LB, LY, MT, NG, OM, QA, RO, SA, SD, SO, TN, YE)
Diffusyl® (Farmasan: DE)
Dispacromil® (Omnivision: DE, LU)
DNCG iso® (Penta Arzneimittel: DE)
DNCG Mundipharma® (Mundipharma: DE)
DNCG PPS® (Penta Arzneimittel: DE)
DNCG Pädia® (Pädia: DE)
DNCG Stada® (Stada: AT)
DNCG Stada® (Stadapharm: DE)
DNCG Trom® (Trommsdorff: DE)
Duobetic® (Help: GR)
duracroman® (Merck dura: DE)
Epicrom® (Eipico: AE, BH, EG, IQ, JO, KW, LB, LY, OM, QA, SA, SD, YE)
Erystamine-K® (Biostam: GR)
Fanil® (Square: BD)

Farmacrom® (Alcon: ES)
Fenolip® (Angelini: PT)
Fenolip® (Lepori: PT)
Fintal® (Nicholas: IN)
Flui-DNCG® (Zambon: DE)
Fluvet® (Vianex: GR)
Frenal® (Pharmacia: IT)
Frenal® (Sigma Tau: ES)
Gastrocrom® (Azur Pharma: US)
Gastrofrenal® (Pharmacia: IT)
Gastrofrenal® (Sigma Tau: ES)
Glinor® (Ratiopharm: FI)
Hay-Crom® (Ivax: IE)
Hay-Crom® (Teva: GB)
Intal Nasal® (Aventis: BR)
Intal Spincaps® (Aventis: IE)
Intal Spincaps® (Douglas: NZ)
Intal Spincaps® (Sanofi-Aventis: GB)
Intal® (Aventis: AT, AU, ES, GH, KE, NG, TH, UG, ZW)
Intal® (Aventis Pharma: ID)
Intal® (Eurim: AT)
Intal® (Fujisawa: JP)
Intal® (King: US)
Intal® (Merck: CZ)
Intal® (Paranova: AT)
Intal® (Phoenix: AR)
Intal® (Sanofi-Aventis: BD, BR, DE, GB, GE, IE, MX, PT, RU, SG)
Intal® (Teva: HU)
Intercron® (Zambon: FR)
Iopanchol® (Genepharm: GR)
IsoCrom® (Pari: DE)
Itchin® (Gaco: BD)
Kaosyl® (Anfarm: GR)
Klonalcrom® (Klonal: AR)
Kromoglicin® (Stada: HR)
Kromolin® (Lek: SI)
Lecrolyn® (Santen: CZ, DK, FI, HU, NO, PL, RU, SE, TH)
Lomudal Nasal® (Aventis: NO)
Lomudal® (Aventis: DK, GR, IS, IT, LU, NO, PE)
Lomudal® (Sanofi-Aventis: BE, CH, FI, FR, IL, NL, SE)
Lomupren® (Aventis: DE)
Lomusol® (Aventis: LU)
Lomusol® (Merck: CZ)
Lomusol® (Sanofi-Aventis: BE, CH, FR, NL)
Lomusol® (Sigmapharm: AT)
Maxicrom® (Alcon: BR)
Miracrom® (Bagó: CO)
Multicrom® (Menarini: FR)
Nacromin® (Square: BD)
Nalcrom® (Aventis: CZ, IT)
Nalcrom® (Douglas: NZ)
Nalcrom® (Sanofi-Aventis: CA, CH, GB, IE, NL, PL)
Nalcron® (Sanofi-Aventis: FR)
Nasalcrom® (Pfizer: US)
Nasochrom® (Drug International: BD)
Natrijum Kromoglikat® (Unimed: RS)
Natriumcromoglicaat A® (Apothecon: NL)
Natriumcromoglicaat FLX® (Karib: NL)
Natriumcromoglicaat Gf® (Genfarma: NL)
Natriumcromoglicaat HPS® (Healthypharm: NL)
Natriumcromoglicaat PCH® (Pharmachemie: NL)
Natriumcromoglicaat Samenwerkende Apothekers® (Samenwerkende Apothekers: NL)
Natriumcromoglicaat Sandoz® (Sandoz: NL)
Natriumcromoglicaatl Katwijk® (Katwijk: NL)
Natriumcromoglicaat® (Basic Pharma: NL)
Natriumcromoglicaat® (Marel: NL)
Nazotral® (Best: CO)
Nebulasma® (Urbion: ES)
Nebulcrom® (Sanofi-Aventis: ES)
Novacrom® (Novartis: BD)
Oftacon® (Saval: EC, PE)
Oftacon® (Saval Nicolich: CL)
Operm® (Oftalmologica: PE)
Ophtacalm® (Chauvin: FR)
Opsocrom® (Opso Saline: BD)
Opticrom® (Allergan: CA, US)
Opticrom® (Aventis: AU, BR, DE, GH, KE, NG, TH, UG, ZW)
Opticrom® (Melisana: LU)
Opticrom® (Merck: CZ)
Opticrom® (Sanofi-Aventis: BE, CH, GB, IE, IL, MX, MY, NL, PT, SG)
Opticrom® (Teva: HU)
Opticron® (Cooper: FR)
Optipan® (Jayson: BD)
Optrex Allergy Eyes® (Reckitt Benckiser: NZ)
Otrivin hooikoorts® (Novartis Consumer Health: NL)
Pentatop® (Pentatop: DE)
PMS-Sodium Cromoglycate® (Pharmascience: HK)
Polcrom® (Polfa Warszawa: PL)
Poledin® (Pfizer: ES)
Pollyferm® (Nordic Drugs: SE)
Prevalin® (Chefaro: NL)
Primover® (Alcon: ES)
Pulmosin® (Fresenius: AT)
Pädiacrom® (Pädia: DE)
Renocil® (Farma Lepori: ES)
Rinilyn® (Chefaro: ES)
Rinofrenal® (Sigma Tau: ES)
Rynacrom M® (Aventis: SG, TH)
Rynacrom M® (Eczacibasi: TR)
Rynacrom® (Aventis: AU, GH, KE, NG, NZ, SG, ZW)
Rynacrom® (Sanofi-Aventis: GB, IE, MX)
Sificrom® (SIFI: IT)
Sodium Cromoglicate® (Alpharma: GB)
Spaziron® (Farmamust: GR)
Spralyn® (Salus: MX)
Stadaglicin® (Stada: HK, RO)
Stop-Allerg® (Genop: ZA)
Taleum® (Egis: HU)
Ufocollyre® (Proel: GR)
Vekfanol® (Faran: GR, RO)
Vicrom® (Aventis: IL, NZ)
Vividrin® (Gebro: CH)
Vividrin® (Kite: GR)
Vividrin® (Mann: DE, IE, LU, PL, RS, SG, TH)
Vividrin® (Riel: AT)
Vividrin® (Tramedico: BE, NL)
Zineli® (Rafarm: GR)
Zulboral® (Farmedia: GR)

Cropropamide (Prop.INN)

L: Cropropamidum
I: Cropropamide
D: Cropropamid
F: Cropropamide
S: Cropropamida

Analeptic

CAS-Nr.: 0000633-47-6 C_{13}-H_{24}-N_2-O_2
M_r 240.355

2-Butenamide, N-[1-[(dimethylamino)carbonyl]propyl]-N-propyl-

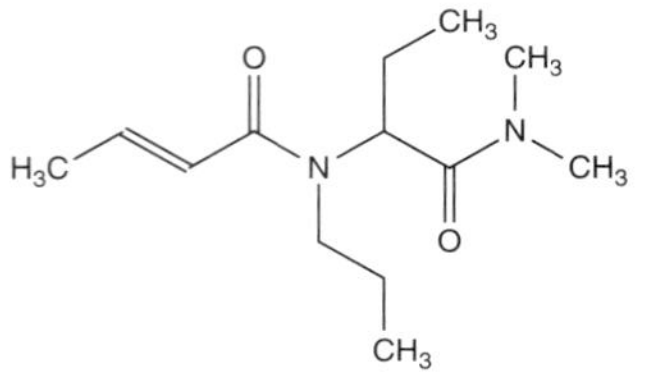

OS: *Cropropamide [BAN, DCF, DCIT, USAN]*

Micoren® [+ Crotetamide] (Novartis: IT)

Crotamiton (Rec.INN)

L: Crotamitonum
I: Crotamitone
D: Crotamiton
F: Crotamiton
S: Crotamiton

Scabicide

CAS-Nr.: 0000483-63-6 C_{13}-H_{17}-N-O
M_r 203.289

2-Butenamide, N-ethyl-N-(2-methylphenyl)-

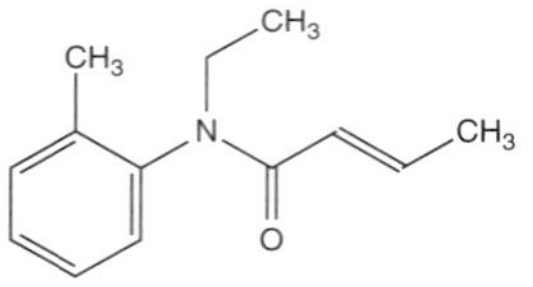

OS: *Crotamiton [BAN, DCF, JAN, USAN]*
OS: *Crotamitone [DCIT]*
IS: *G 7857*
PH: Crotamiton [Ph. Eur. 5, USP 30]
PH: Crotamitonum [Ph. Eur. 5]

Acomexol® (Armstrong: MX)
Crodex® (Gaco: BD)
Crotamitex® (gepepharm: DE)
Crotamiton® (Farmapol: PL)
Crotorax® (Sarabhai: IN)
Eraxil® (gepepharm: DE)
Euraxil® (Novartis: ES)
Eurax® (Bristol-Myers Squibb: US)
Eurax® (Medis: SI)
Eurax® (Novartis: AE, AG, AN, AU, AW, BB, BH, BM, BS, CH, CL, CO, ET, GD, GH, GY, HK, HT, IL, IQ, JM, JO, KE, KW, KY, LB, LC, LK, LU, LY, MT, MX, MY, NG, NO, OM, PT, QA, SA, SD, TT, TZ, VC, YE, ZA, ZW)
Eurax® (Novartis Consumer Health: AT, BE, EG, GB, IE, IT, NZ, VN)
Eurax® (Novartis OTC: SG)
Eurax® (Novartis Pharma: PE)
Eurax® (Novartis Santé Familiale: FR)
Marax® (Marching Pharmaceutical: HK)
Moz-Bite® (Hoe: SG)
Pielic® (Licol: CO)
Prusyn® (Sanofi-Synthelabo: CO)
Scabicin® (Fischer: IL)
Vaselastic® (Novamed: CO)
Veteusan® [vet.] (Richter: AT)
Veteusan® [vet.] (Veterinaria: CH)

Crotetamide (Rec.INN)

L: Crotetamidum
I: Crotetamide
D: Crotetamid
F: Crotétamide
S: Crotetamida

Analeptic

CAS-Nr.: 0006168-76-9 C_{12}-H_{22}-N_2-O_2
M_r 226.328

2-Butenamide, N-[1-[(dimethylamino)carbonyl]propyl]-N-ethyl-

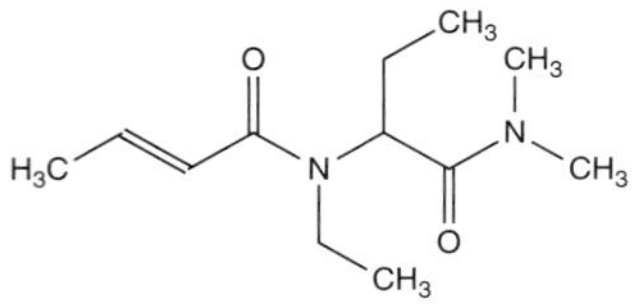

OS: *Crotetamide [BAN, DCIT, USAN]*
OS: *Crotétamide [DCF]*
IS: *Crotethamide*

Micoren® [+ Cropropamide] (Novartis: IT)

Cyamemazine (Rec.INN)

L: Cyamemazinum
D: Cyamemazin
F: Cyamémazine
S: Ciamemazina

Neuroleptic
Antihistaminic agent

ATC: N05AA06
CAS-Nr.: 0003546-03-0 C_{19}-H_{21}-N_3-S
M_r 323.467

10H-Phenothiazine-2-carbonitrile, 10-[3-(dimethylamino)-2-methylpropyl]-

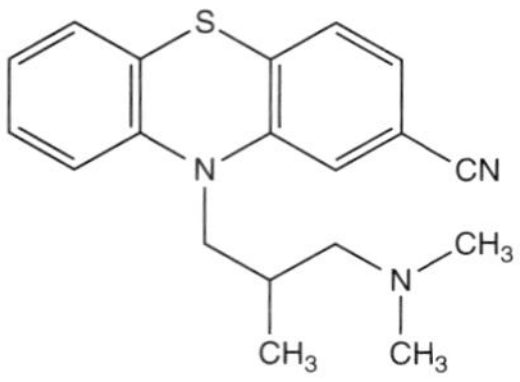

OS: *Cyamémazine [DCF]*
OS: *Cyamemazine [USAN]*
IS: *Cyamemazinum*
IS: *TH 2602*
IS: *Fl 6229*

IS: *RP 7204 (Rhone-Poulenc, France)*

Tercian® (Sanofi-Aventis: FR)
Tercian® (Vitoria: PT)

– tartrate:

Tercian® (Sanofi-Aventis: FR)
Tercian® (Vitoria: PT)

Cyanocobalamin (Rec.INN)

L: Cyanocobalaminum
I: Cianocobalamina
D: Cyanocobalamin
F: Cyanocobalamine
S: Cianocobalamina

Vitamin B_{12}

ATC: B03BA01
CAS-Nr.: 0000068-19-9 C_{63}-H_{88}-Co-N_{14}-O_{14}-P
M_r 1355.437

Vitamin B12

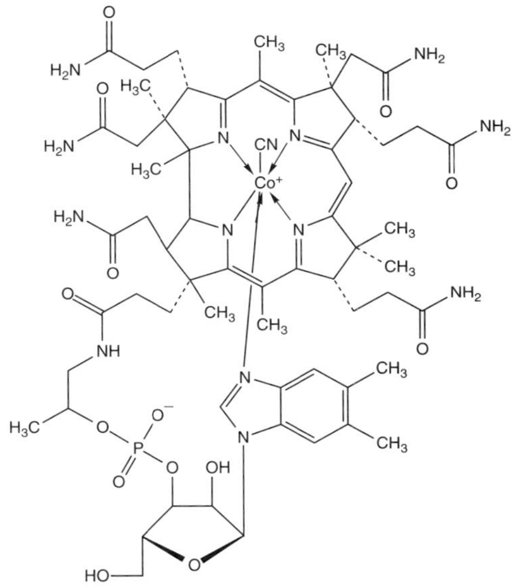

OS: *Cyanocobalamin [BAN, JAN, USAN]*
OS: *Cyanocobalamine [DCF]*
OS: *Cianocobalamina [DCIT]*
IS: *Bedumil*
IS: *Cycobemin*
IS: *Vitamin B12*
IS: *Cobalamin*
PH: Cyanocobalamin [JP XIV, Ph. Eur. 5, Ph. Int. 4, USP 30]
PH: Cyanocobalamine [Ph. Eur. 5]
PH: Cyanocobalaminum [Ph. Eur. 5, Ph. Int. 4]

Ambe 12® (Merckle: DE)
Ampavit® (ANB: TH)
AnivitB12® [vet.] (Animalcare: GB)
Arcored® (Armoxindo: ID)
B 12 Ankermann® (Wörwag Pharma: DE)
B12-ASmedic® (Dyckerhoff: DE)
B12-Rotexmedica® (Rotexmedica: DE)
B12-Steigerwald® (Steigerwald: DE)
B12® [vet.] (Novartis Animal Health: NZ)
Bedodeka® (Teva: IL)
Bedouza® (F.T. Pharma: VN)
Behepan® [comp.] (Pfizer: SE)
Betolvex® [compr.] (Actavis: FI)
Betolvex® [compr.] (Alpharma: IS, NO, SE)
Betolvex® [compr.] (Dumex: AE, BH, CY, EG, IQ, JO, KW, LB, LY, OM, QA, SA, SD, YE)
Betolvidon® (Abigo: SE)
Bevitex® (Pal Labs: IL)
Bolt B12® [vet.] (Parnell: NZ)
CaloMist® (Fleming: US)
Cianocobalamina® (Biosano: CL)
Cianocobalamina® (Sanderson: CL)
Cobalatec® (CAPS: ZA)
Cobalex® [vet.] (Jurox: NZ)
Cobamin Opht Soln® (Santen: HK)
Cromatonbic B12® (Menarini: ES)
Cromaton® (Menarini: LU)
Cyanamin TRC® (Bernofarm: ID)
Cyanocobalamine CF® (Centrafarm: NL)
Cyanocobalamin® (Amersham: NL)
Cyanocobalamin® (Biopharm: GE)
Cynomin-H® (Jayson: BD)
Cynovit® (Chemist: BD)
Cytacon® (Goldshield: GB, IE)
Cytamen Injection® (Mayne: AU)
Cytamen® (GlaxoSmithKline: BD)
Cytamen® (Mayne: AU)
Cytamen® (UCB: GB, IE)
Cytobion® (Merck: DE)
Dobetin® (Angelini: IT)
Dodex® (Deva: GE, TR)
Ecovitamine B12® (Horus: FR)
Epithéa® (Théa: FR)
Hämo-Vibolex® (Chephasaar: DE)
Ingavit B12® (Inga: LK)
Intravit 12® [vet.] (Norbrook: GB, NL, ZA)
Isopto B12® (M4: ES)
Jaba B12® (Jaba: PT)
Lennon Vitamin B12® (Aspen: ZA)
Lophakomp-B 12® (Lomapharm: DE)
Microvit B12® [vet.] (Adisseo: AU)
Mono Vitamin B12® (Horus: FR)
Nascobal® (Nastech: US)
Nascobal® (Questcor: US)
Nascobal® (Tzamal: IL)
Neurobene® (Merckle: CZ)
Novirell B Mono® (Sanorell: DE)
Novirell B12® (Sanorell: DE)
Optovite B12® (Normon: ES)
Permadoze oral® (Alpharma: PT)
Prolaject B12® [vet.] (Bomac: NZ)
Reticulogen® (Biomed: ES)
Reticulogen® (Lilly: IT)
Rojamin® (Life: EC)
Röwo Vitamin-B12® (Pharmakon: DE)
Sancoba® (Santen: JP)
Sicovit B_12® (Zentiva: RO)
Syxyl Vitamin B12® (Syxyl: DE)
Thersa® [vet.] (Ceva: FR)
Vegevit B12® (GR Lane Health: PL)
Vicapan N® (Merckle: DE)
Vitajek Vitamin B12® [vet.] (Jurox: AU)
Vitam Doce® (Frasca: AR)
Vitamin B 12 Injektionslösung® (Wiedemann: DE)
Vitamin B_{12} Amino® (Amino: CH)
Vitamin B_{12}® (Hemofarm: RS)

Vitamin B_{12}® (Krka: RS)
Vitamin B_{12}® (Sandoz: CA)
Vitamin B12 Amino® (Amino: CH)
Vitamin B12 Atlantic® (Atlantic: SG, TH)
Vitamin B12 Hevert® (Hevert: DE)
Vitamin B12 Jenapharm® (Jenapharm: DE)
Vitamin B12 Kimia® (Kimia: ID)
Vitamin B12 Krka® (Krka: HR, SI)
Vitamin B12 Lannacher® (Lannacher: AT)
Vitamin B12 Leciva® (Leciva: CZ)
Vitamin B12 Lichtenstein® (Winthrop: DE)
Vitamin B12 Recip® (Recip: SE)
Vitamin B12 Sanum® (Sanum-Kehlbeck: DE)
Vitamin B12 Soho/Ethica® (Ethica: ID)
Vitamin B12 Soho/Ethica® (Soho: ID)
Vitamin B12 WZF Polfa® (Polfa: CZ)
Vitamin B12-Injektopas® (Pascoe: DE)
Vitamin B12-loges® (Loges: DE)
Vitamin B12-ratiopharm® (ratiopharm: DE)
Vitamin B12® (Alkaloid: BA)
Vitamin B12® (Ethica: ID)
Vitamin B12® (Gedeon Richter: HU)
Vitamin B12® (Hemofarm: RS)
Vitamin B12® (Kimia: ID)
Vitamin B12® (Krka: BA, RS, SI)
Vitamin B12® (Maccabi Care: IL)
Vitamin B12® (Nycomed: NO)
Vitamin B12® (Rephco: BD)
Vitamin B12® (Soho: ID)
Vitamin B12® (Wiedemann: DE)
Vitamin B12® [vet.] (Bayer Animal Health: ZA)
Vitamin B12® [vet.] (Nature Vet: AU)
Vitamin B12® [vet.] (Selecta: DE)
Vitamina B12 Ecar® (Ecar: CO)
Vitamina B12® (Arion: PE)
Vitamina B12® (Ducto: BR)
Vitamina B12® (Neo Quimica: BR)
Vitamina B12® (Quimioterapica: BR)
Vitamina B12® (Sunshine: PE)
Vitamine B12 Aguettant® (Aguettant: FR)
Vitamine B12 Allergan® (Allergan: FR)
Vitamine B12 Bayer® (Bayer Santé Familiale: FR)
Vitamine B12 Delagrange® (Sanofi-Aventis: FR)
Vitamine B12 Gerda® (Gerda: FR)
Vitamine B12 Lavoisier® (Chaix et du Marais: FR)
Vitamine B12 Théa® (Théa: FR)
Vitamine B12® [vet.] (Aguettant: FR)
Vitamine B12® [vet.] (Alfasan: NL)
Vitamine B12® [vet.] (Vetoquinol: FR)
Vitaminum B12® (Polfa Warszawa: PL)
Vitarubin® (Streuli: CH)
Vitbee® [vet.] (Arnolds: GB)

– tannate:

Betolvex® [inj.] (Actavis: FI)
Betolvex® [inj.] (Alpharma: SE)
Betolvex® [inj.] (Dumex: AE, BH, CY, EG, IQ, JO, KW, LB, LY, OM, QA, SA, SD, YE)
Betolvex® [inj.] (Team medica: CH)
Permadoze® (Alpharma: PT)

Cyclandelate (Rec.INN)

L: Cyclandelatum
I: Ciclandelato
D: Cyclandelat
F: Cyclandélate
S: Ciclandelato

Vasodilator, peripheric

ATC: C04AX01
CAS-Nr.: 0000456-59-7 C_{17}-H_{24}-O_3
M_r 276.379

Benzeneacetic acid, α-hydroxy-, 3,3,5-trimethylcyclohexyl ester

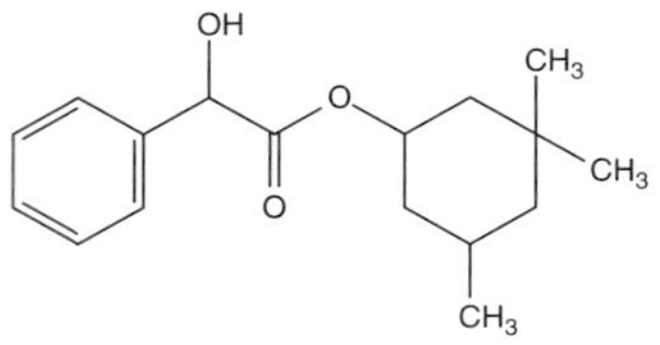

OS: *Cyclandelate [BAN, DCF, JAN, USAN]*
OS: *Ciclandelato [DCIT]*
IS: *BS 572*
PH: Cyclandelate [JP XIII, USP 30]

Ciclospasmol® (Yamanouchi: BE)
Cyclandelat Streuli® (Streuli: CH)
Cyclospasmol® (Astellas: PT)
Cyclospasmol® (Wyeth: US)
Cyclospasmol® (Yamanouchi: BE, LU, NL)
Natil® (3M: DE)
Natil® (Hormosan: DE)
Vascunormyl® (Alcon: FR)

Cyclizine (Rec.INN)

L: Cyclizinum
I: Ciclizina
D: Cyclizin
F: Cyclizine
S: Ciclizina

Antiemetic
Histamine, H_1-receptor antagonist

ATC: R06AE03
CAS-Nr.: 0000082-92-8 C_{18}-H_{22}-N_2
M_r 266.39

Piperazine, 1-(diphenylmethyl)-4-methyl-

OS: *Cyclizine [BAN, DCF]*
OS: *Ciclizina [DCIT]*
PH: Cyclizine [BP 2002, USP 23]

Valoid® (Amdipharm: GB)

– hydrochloride:

CAS-Nr.: 0000303-25-3
OS: *Cyclizine Hydrochloride BANM*
PH: Cyclizine Hydrochloride Ph. Eur. 5, USP 30
PH: Cyclizini hydrochloridum Ph. Eur. 5, Ph. Int. II
PH: Cyclizinhydrochlorid Ph. Eur. 5
PH: Cyclizine (chlorhydrate de) Ph. Eur. 5

Adco-Cyclizine® (Al Pharm: ZA)
Covamet® (Al Pharm: ZA)
Cyclizine FNA® (FNA: NL)
Cyclizine HCl CF® (Centrafarm: NL)
Cyclizine HCl PCH® (Pharmachemie: NL)
Cyclizine HCl® (Dynadro: NL)
Cyclizine HCl® (Etos: NL)
Cyclizine HCl® (Healthypharm: NL)
Cyclizine HCl® (SDG: NL)
Echnatol® (Wabosan: AT)
Kruidvat Reistabletten® (Pharmethica: NL)
Marezine® (Burroughs Wellcome: US)
Marezine® (Himmel: US)
Marzine® (Pfizer: CH, DK, FI, NO)
Medazine® (Medpro: ZA)
Nauzine® (Be-Tabs: ZA)
Reisfit® [vet.] (Beaphar: NL)
Valoid® (Amdipharm: GB, IE)
Valoid® [vet.] (CeNeS: GB)

– lactate:

CAS-Nr.: 0005897-19-8
OS: *Cyclizine Lactate BANM*

Valoid® [inj.] (AFT: NZ)
Valoid® [inj.] (Amdipharm: GB, IE)
Valoid® [inj.] (GlaxoSmithKline: ZA)

Cyclobarbital (Rec.INN)

L: Cyclobarbitalum
I: Ciclobarbital
D: Cyclobarbital
F: Cyclobarbital
S: Ciclobarbital

Hypnotic

ATC: N05CA10
CAS-Nr.: 0000052-31-3 C_{12}-H_{16}-N_2-O_3
M_r 236.28

2,4,6(1H,3H,5H)-Pyrimidinetrione, 5-(1-cyclohexen-1-yl)-5-ethyl-

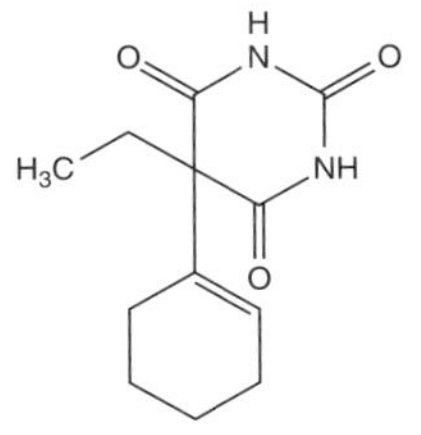

OS: *Cyclobarbital [BAN, DCF, USAN]*
OS: *Ciclobarbital [DCIT]*
IS: *Dormamed*
IS: *Hexemal*
IS: *Cyclobarbitone*
IS: *Zyklohexenylaethylbarbitursäure*
PH: Acidum cyclohexenylaethylbarbituricum [OeAB]
PH: Ciclobarbitale [F.U. IX]
PH: Cyclobarbitalum [Ph. Jap. 1976]

– calcium salt:

CAS-Nr.: 0005897-20-1
OS: *Cyclobarbital Calcium BANM, USAN*
IS: *Hexemalcalcium*
IS: *Hexodorm*
IS: *Neoclinal*
IS: *Cyclobarbitone Calcium*
PH: Calcium cyclohexenylaethylbarbituricum OeAB
PH: Ciclobarbitale calcico F.U. IX
PH: Cyclobarbital calcique Ph. Franç. X
PH: Cyclobarbital-Calcium DAB 1999
PH: Cyclobarbitalum calcicum PhBs IV, Ph. Eur. II, Ph. Helv. VII, Ph.Int. II,
PH: Cyclobarbital Calcium BP 1999

Cyclobenzaprine (Rec.INN)

L: Cyclobenzaprinum
I: Ciclobenzaprina
D: Cyclobenzaprin
F: Cyclobenzaprine
S: Ciclobenzaprina

Muscle relaxant
Antidepressant, tricyclic

ATC: M03BX08
CAS-Nr.: 0000303-53-7 C_{20}-H_{21}-N
M_r 275.398

1-Propanamine, 3-(5H-dibenzo[a,d]cyclohepten-5-ylidene)-N,N-dimethyl-

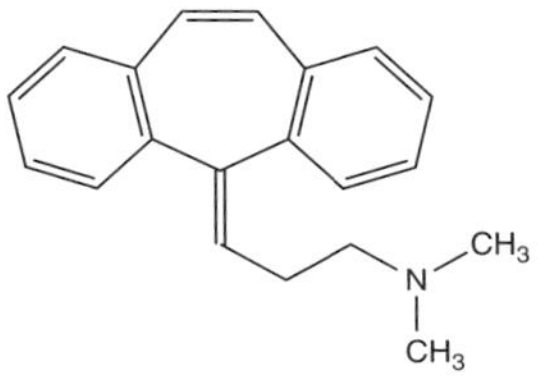

OS: *Ciclobenzaprina [DCIT]*
IS: *CBZ*
IS: *MK 130 (Merck, Germany)*
IS: *RP 9715*

Amrix® (ECR: US)
Medarex® (Medipharm: CL)
Relexil® (Chile: CL)

– hydrochloride:

CAS-Nr.: 0006202-23-9
OS: *Cyclobenzaprine Hydrochloride USAN*
PH: Cyclobenzaprine Hydrochloride USP 30

Apo-Cyclobenzaprine® (Apotex: CA)
Ciclamil® (Silesia: CL, PE)
Ciclobenzaprina® (Chile: CL)
Ciclobenzaprina® (IPhSA: CL)
Ciclobenzaprina® (Mintlab: CL)
Fibrox® (Saval: CL)
Flexeril® (Janssen: CA)
Flexeril® (McNeil: US)
Flexiban® (Merck Sharp & Dohme: CR, GT, HN, NI, PA, SV)
Flexiban® (SIT: IT)
Flexin® (Pasteur: CL)
Flexor® (Incepta: BD)
Gen-Cyclobenzaprine® (Genpharm: CA)
Masterelax® (Andromaco: CL)
Miosan® (Apsen: BR)

Mirtax® (Aché: BR)
Nostaden® (Mintlab: CL)
Novo-Cycloprine® (Novopharm: CA)
PMS-Cyclobenzaprine® (Pharmascience: CA)
ratio-Cyclobenzaprine® (Ratiopharm: CA)
Reflexan® (Pharma Investi: CL)
Tensamon® (Sanitas: CL)
Tensiomax® (Bago: CL)
Tensodox® (Pharmalab: PE)
Tensodox® (Recalcine: CL)
Tonalgen® (ABL: PE)
Tonalgen® (Andromaco: CL)
Yurelax® (ICN: ES)
Yurelax® (Organon: ES)
Ziclob® (Farmo Quimica: CL)

Cyclofenil (Prop.INN)

L: Cyclofenilum
I: Ciclofenil
D: Cyclofenil
F: Cyclofénil
S: Ciclofenilo

Gonadotropin stimulant

ATC: G03GB01
CAS-Nr.: 0002624-43-3 — C_{23}-H_{24}-O_4, M_r 364.445

Phenol, 4-[[4-(acetyloxy)phenyl]cyclohexylidene-methyl]-, acetate

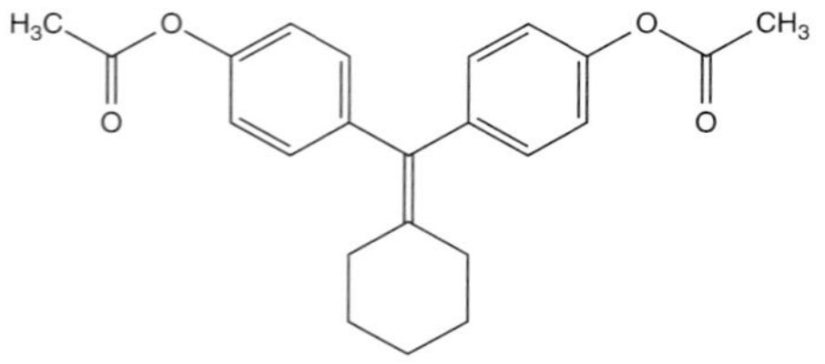

OS: *Cyclofenil [BAN, DCF, USAN]*
OS: *Ciclofenil [DCIT]*
IS: *F 6066*
IS: *ICI 48213*
IS: *H 3452*

Fertodur® (Schering: CO)
Menopax® (Aché: BR)
Neoclym® (Pharmacia: IT)

Cyclopenthiazide (Rec.INN)

L: Cyclopenthiazidum
D: Cyclopenthiazid
F: Cyclopenthiazide
S: Ciclopentiazida

Diuretic, benzothiadiazide

ATC: C03AA07
CAS-Nr.: 0000742-20-1 — C_{13}-H_{18}-Cl-N_3-O_4-S_2, M_r 379.887

2H-1,2,4-Benzothiadiazine-7-sulfonamide, 6-chloro-3-(cyclopentylmethyl)-3,4-dihydro-, 1,1-dioxide

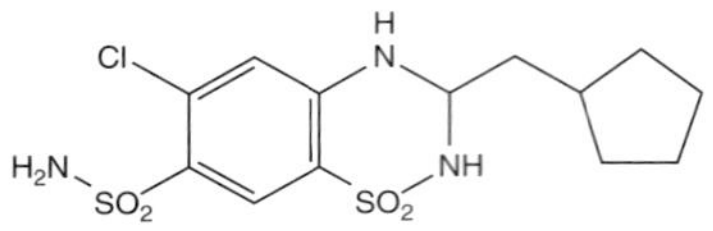

OS: *Cyclopenthiazide [BAN, USAN]*
IS: *Cyclomethiazid*
IS: *NSC 107679*
IS: *Su 8341*
PH: Cyclopenthiazide [BP 2002]

Navidrex® (Goldshield: GB)
Navidrex® (Novartis: AG, AN, AW, BB, BM, BS, GD, GY, HT, JM, KY, LC, TT, VC)

Cyclopentolate (Rec.INN)

L: Cyclopentolatum
I: Ciclopentolato
D: Cyclopentolat
F: Cyclopentolate
S: Ciclopentolato

Mydriatic agent
Parasympatholytic agent

ATC: S01FA04
CAS-Nr.: 0000512-15-2 — C_{17}-H_{25}-N-O_3, M_r 291.397

Benzeneacetic acid, α-(1-hydroxycyclopentyl)-, 2-(dimethylamino)ethyl ester

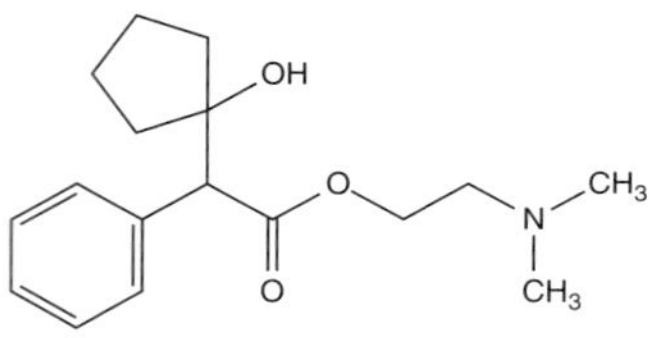

OS: *Cyclopentolate [BAN, DCF]*
OS: *Ciclopentolato [DCIT]*
IS: *GT 75*

Bell Pentolate® (Bell: IN)

– hydrochloride:

CAS-Nr.: 0005870-29-1
OS: *Cyclopentolate Hydrochloride BANM, JAN, USAN*
PH: Cyclopentolate Hydrochloride Ph. Eur. 5, JP XIV, USP 30
PH: Cyclopentolati hydrochloridum Ph. Eur. 5
PH: Cyclopentolathydrochlorid Ph. Eur. 5
PH: Cyclopentolate (chlorhydrate de) Ph. Eur. 5

AK-Pentolate® (Akorn: US)
Chlorhydrate de Cyclopentolate-Chauvin® (Chauvin: LU)
Chlorhydrate de cyclopentolate® (Chauvin: LU)
Ciclolux® (Allergan Ph.-Eir: IT)
Ciclopegic Llorens® (Llorens: ES)
Ciclopenal® (Alcon: AR)
Ciclopentolato Poen® (Poen: AR)
Cicloplegicedol® (Edol: PT)
Cicloplegico® (Allergan: BR)

Ciklopen® (Hemomont: RS)
Colircusi Cicloplejico® (Alcon: ES)
Cyclogyl® (Alcon: AU, BE, BW, CA, CH, CL, CZ, DK, ER, ET, GH, GR, IS, KE, MW, NA, NG, NL, NZ, PE, SE, SG, TH, TZ, UG, US, ZA, ZM, ZW)
Cyclomed® (Promed: RU)
Cyclomydri® (Alcon: NL)
Cyclopentolaat Minims® (Chauvin: NL)
Cyclopentolaat Monofree® (Bournonville: NL)
Cyclopentolate Hydrochloride® (Bausch & Lomb: US)
Cyclopentolate Hydrochloride® (Falcon: US)
Cyclopentolate Minims® (Chauvin: BE, NO)
Cyclopentolate Minims® (Schering: DE)
Cyclopentolat® (Alcon: AT, DE)
Cyclopentolat® (Novartis Ophthalmics: SE)
Cyclopentol® (Viatris: LU)
Cylate® (Ocusoft: US)
Cyplegin® (Santen: JP)
Humapent® (Teva: HU)
Minims Cyclopentolaathydrochloride® (Chauvin: NL)
Minims Cyclopentolat Hydrochlorid® (Chauvin: AT)
Minims Cyclopentolate Hydrochloride® (Bausch & Lomb: NZ)
Minims Cyclopentolate Hydrochloride® (Chauvin: AT, GB)
Minims Cyclopentolate Hydrochloride® (Chauvin Bausch & Lomb: HK)
Minims Cyclopentolate Hydrochloride® (Novartis: FI)
Minims Cyclopentolate® (Chauvin: IE, SG)
Minims Cyclopentolate® [vet.] (Chauvin: GB)
Monofree Cyclopentolaat HCl® (Thea: NL)
Mydrilate® (Intrapharm: GB, IE)
Mydrilate® [vet.] (Intrapharm: GB, IE)
Ocu-Pentolate® (Ocumed: US)
Sikloplejin® (Abdi Ibrahim: TR)
Skiacol® (Alcon: FR)
Zyklolat EDO® (Mann: DE, LU)

Cyclophosphamide (Rec.INN)

L: Cyclophosphamidum
I: Ciclofosfamide
D: Cyclophosphamid
F: Cyclophosphamide
S: Ciclofosfamida

Antineoplastic, alkylating agent

ATC: L01AA01
CAS-Nr.: 0000050-18-0 C_7-H_{15}-Cl_2-N_2-O_2-P
M_r 261.087

2H-1,3,2-Oxazaphosphorin-2-amine, N,N-bis(2-chloroethyl)tetrahydro-, 2-oxide

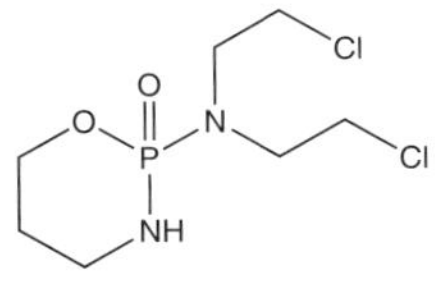

OS: *Cyclophosphamide [BAN, DCF, USAN]*
IS: *B 518*
IS: *CYP*
IS: *NSC 26271*
PH: Cyclophosphamide [JP XIV]

Alkyloxan® (Onko-Koçsel: TR)
Ciclofosfamida Dosa® (Dosa: AR)
Ciclofosfamida Filaxis® (Filaxis: AR)
Ciclofosfamida L.CH.® (Chile: CL)
Ciclofosfamida Martian® (LKM: AR)
Ciclofosfamida Microsules® (Microsules: AR)
Ciclofosfamida® (Bestpharma: CL)
Ciclofosfamida® (Biochemie: CO)
Ciclofosfamida® (Kampar: CL)
Ciclofosfamida® (Ranbaxy: PE)
Ciclofosfamida® (Tecnofarma: PE)
Cycloblastin® (Pfizer: NZ)
Cycloblastin® (Pharmacia: AU, ZA)
Cyclogal® (Galenika: RS)
Cyclophosphamid A-Pharma® (Baxter: DK)
Cyclophosphamide® (Kalbe: ID)
Cyclophosphamide® (Roxane: US)
Cycloxan® (Biochem: IN)
Cyloblastin® (Pfizer: NZ)
Cytophosphan® (Taro: IL)
Cytoxan® (Bristol-Myers Squibb: BG, CA, CZ, HU, PH, RS, US)
Endoxan Baxter® (Baxter: AT)
Endoxan-Asta Lyophilisate® (Baxter: ID)
Endoxan-Asta® (ASTA Medica: AE, BD, BH, CY, EG, IQ, JO, KW, LB, LK, LY, OM, QA, SA, SD, SY, YE)
Endoxan-Asta® (Baxter Vertrieb: AT)
Endoxan-Asta® (Transfarma: ID)
Endoxana® (ASTA Medica: IE)
Endoxana® (Baxter: GB)
Endoxana® [vet.] (Baxter: GB)
Endoxan® (ASTA Medica: BD)
Endoxan® (Asta Medica: SI)
Endoxan® (Aventis: ZA)
Endoxan® (Baxter: AU, BE, CL, CZ, FR, GR, HK, HR, IL, LU, NZ, PH, PL, RS, SI, TH)
Endoxan® (Baxter Oncology: SG)
Endoxan® (Baxter Vertrieb: AT)
Endoxan® (Eczacibasi Baxter: TR)
Endoxan® (German Remedies: IN)
Genoxal® (Prasfarma: ES)
Genuxal® (ASTA Medica: BR)
Ledoxan® (Dabur: PH, TH)
Ledoxina® (Chile: CL)
Ledoxina® (Lemery: PE)
Neosar® (Kalbe: ID)
Neosar® (Sicor: US)
Oncomide® (Khandelwal: PH)
Procytox® (Baxter: CA)
Sendoxan® (Baxter: IS)
Syklofosfamid® [inj.] (Atafarm: TR)

– monohydrate:

CAS-Nr.: 0006055-19-2
PH: Ciclofosfamide Ph. Eur. 5
PH: Cyclophosphamid Ph. Eur. 5
PH: Cyclophosphamide Ph. Eur. 5, Ph. Int. 4, USP 30
PH: Cyclophosphamidum Ph. Eur. 5, Ph. Int. 4

Cryofaxol® (Cryopharma: MX)
Cyclophosphamid-biosyn® (biosyn: DE)
Cyclophosphamide® (Baxter: US)

Cyclophosphamide® (Orion: CZ)
Cyclophosphamide® (Pfizer: GB)
Cyclostin® (Orion: DE)
Cyclostin® (Pharmacia: DE)
Endoxan-Baxter® (Baxter Oncology-D: IT)
Endoxan® (Baxter: CH, CZ, FR, HK, HU, LU, NL, RO, VN)
Endoxan® (Baxter Oncology: DE)
Endoxan® (Sindan: RO)
Ledoxina® (Lemery: MX)
Sendoxan® (Baxter: DK, FI, NO, SE)
Syklofosfamid® (Orion: FI)

Cycloserine (Rec.INN)

L: Cycloserinum
D: Cycloserin
F: Cyclosérine
S: Cicloserina

Antitubercular agent
Antibiotic

ATC: J04AB01
CAS-Nr.: 0000068-41-7 C_3-H_6-N_2-O_2
M_r 102.101

3-Isoxazolidinone, 4-amino-, (R)-

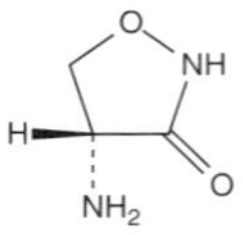

OS: *Cycloserine [BAN, DCF, USAN]*
IS: *Lilly 106-7*
IS: *MK 65*
IS: *PA 94*
IS: *Ro 1-9213*
IS: *SC 49088 (Searle)*
PH: Cicloserina [F.U. IX]
PH: Cycloserine [BP 1988, JP XIV, USP 30]
PH: Cycloserinum [PhBs IV, Ph. Int. II]

Cyclorine® (Lupin: IN)
Cycloserine Meji® (Meiji: HK, TH)
Cycloserine® (Aspen: AU)
Cycloserine® (Biopharm: RU)
Cycloserine® (King: GB)
Cycloserine® (Lilly: IL, RU)
Helpocerin® (Help: RO)
Neoseryn® [caps.] (AC Farma: PE)
Proserine® (Hawon: TH)
Seromycin® (Lilly: CA, US)
Siklocap® (Koçak: TR)

Cyfluthrin (BAN)

D: Cyfluthrin

Insecticide [vet.]

ATC: P03BA01
CAS-Nr.: 0068359-37-5 C_{22}-H_{18}-Cl_2-F-N-O_3
M_r 434.29

(RS)-alpha-Cyano-4-fluoro-3-phenoxybenzyl (1RS,3RS:1RS,3SR)-3-(2,2-dichlorovinyl)-2,2-dimethylcyclopropanecarboxylate

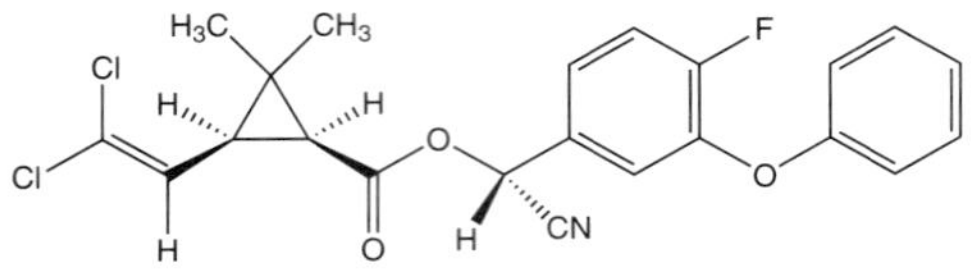

OS: *Cyfluthrin [BAN, USAN]*
IS: *Cyfoxylate*
IS: *Bay V1 1704 (Bayer, GB)*
IS: *EPA Pestizide Chemical Code 128831*

Bayofly Pour On® [vet.] (Bayer: BE, NO)
Bayofly Pour On® [vet.] (Bayer Animal: DE, PT)
Bayofly Pour On® [vet.] (Bayer Sante Animale: FR)
Cylence® [vet.] (Bayer: US)
Cylence® [vet.] (Bayer Animal Health: ZA)
Grenade® [vet.] (Schering-Plough Animal: NZ)
Solfac® [vet.] (Bayer: BE)
Solfac® [vet.] (Bayer Environmental Science: FR)

Cyhalothrin (BAN)

D: Cyhalothrin
F: Cyhalothrine

Insecticide

CAS-Nr.: 0068085-85-8 C_{23}-H_{19}-Cl-F_3-N-O_3
M_r 449.86

IN(RS)-α-Cyano-3-phenoxybenzyl (Z)-(1RS,3RS)-3-(2-chloro-3,3,3-trifluoropopenyl)-2,2-dimethyl-cyclopropanecarboxylate

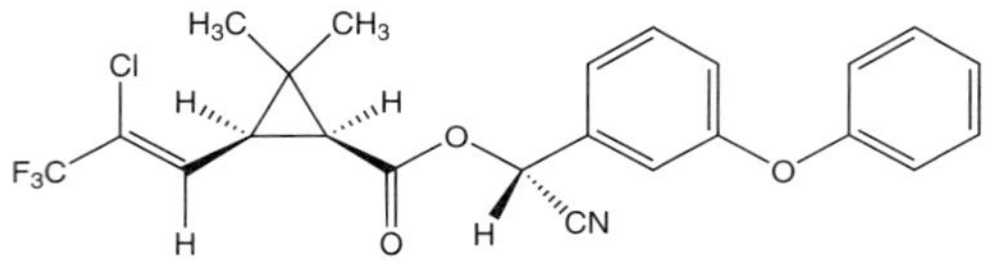

OS: *Cyhalothrin [BAN, USAN]*
IS: *EPA Pesticide Chemical Code 128867*
IS: *PP 563*
IS: *Lambdacyhalotrin*

Coopers Zero Tick® [vet.] (Cooper: ZA)
Coopertix® [vet.] (Schering-Plough: BE)
Cyhalothrin® [vet.] (Provet: CH)
Grenade® [vet.] (Comed: BE)
Spot on CY® [vet.] (Schering-Plough: IE)

Cypermethrin (BAN)

D: Cypermethrin

Insecticide
Pediculocide

ATC: P03BA02
ATCvet: QP53AC08
CAS-Nr.: 0052315-07-8 C_{22}-H_{19}-Cl_2-N-O_3
M_r 416.304

Cyclopropanecarboxylic acid, 3-(2,2-dichloroethenyl)-2,2-dimethyl-, cyano(3-phenoxyphenyl)methyl ester

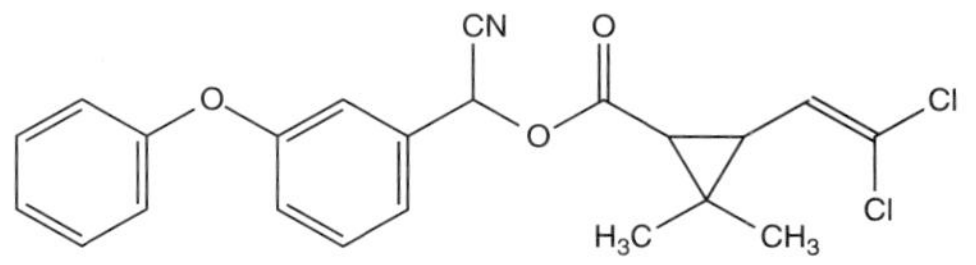

OS: *Cypermethrin [BAN, USAN]*
IS: *NRDC 149*

Ardap® [vet.] (WDT: DE)
Avalanche® [vet.] (Novartis Animal Health: NZ)
Bayopet Flygo® [vet.] (Bayer Animal Health: ZA)
Blitzdip® [vet.] (Bayer Animal Health: ZA)
Crede Ecto Cymetrin® [vet.] (Experto: ZA)
Crovect® [vet.] (Crown Animals: GB)
Cypafly Buffalo Fly Spray® [vet.] (Novartis Animal Health: AU)
Cypafly® [vet.] (Novartis: AU)
Cypercare® [vet.] (Ancare: NZ)
Cypercare® [vet.] (Virbac: AU)
Cyperdip® [vet.] (MDB: ZA)
Cypermil® [vet.] (Ourofino: ZA)
Cypertic® [vet.] (Omega Pharma France: FR)
Cypon® [vet.] (Novartis: AU)
Cypor® [vet.] (Novartis Animal Health: NZ)
Cyro-Fly® [vet.] (Jurox: AU)
Dead Mag® [vet.] (Novartis Animal Health: NZ)
Deltamethrin® [vet.] (Virbac: AU)
Demizine® pour-on [vet.] (Elanco: AU)
Deosan® [vet.] (Crown Animals: GB)
Deosect® [vet.] (Fort Dodge: GB)
Duracide® [vet.] (Coopers Animal Health: AU)
Duracide® [vet.] (Pfizer Animal Health: NZ)
Dysect® [vet.] (Fort Dodge: GB)
Ecofleece® [vet.] (Bimeda: GB)
Ectomin® [vet.] (Novartis Animal Health: NZ, ZA)
Ectopor® [vet.] (Novartis Animal Health: ZA)
Ectotrine® [vet.] (Vetoquinol: FR)
Ektomin® [vet.] (Novartis Tiergesundheit: CH)
Equiworld® [vet.] (Stride: ZA)
Excis® [vet.] (Vericor: GB)
Flectron® [vet.] (Fort Dodge: BE, DE, GB)
Flectron® [vet.] (Vetoquinol: FR)
Flectron® [vet.] (Whelehan: IE)
Hygienex Piretro® (Chalver: EC)
Ins® [vet.] (Chevita: DE)
Interdip® [vet.] (Intervet: ZA)
Kleenklip® [vet.] (Virbac: AU)
Langa-Dip® [vet.] (Elangeni: ZA)
Mira Flygo® [vet.] (Bayer Animal Health: ZA)
Outflank® [vet.] (Fort Dodge: AU)
Pro-Dip® [vet.] (Virbac: ZA)
Provinec® [vet.] (Vericor: GB)
Pulvex® [vet.] (Model: ZA)
Renegade® [vet.] (Fort Dodge: IT)
Renegade® [vet.] (Whelehan: IE)
Ripcord® [vet.] (BASF: NZ)
Robust® [vet.] (Novartis: AU)
Robust® [vet.] (Young's: GB)
Spurt® [vet.] (Western: AU)
Tick Grease® [vet.] (Bayer Animal Health: ZA)
Vanquish® [vet.] (Coopers Animal Health: AU)
Vanquish® [vet.] (Pfizer Animal Health: NZ)
Vanquish® [vet.] (Schering-Plough Animal: NZ)
Vector® [vet.] (Cypharm: IE)
Vector® [vet.] (Young's: GB)
Zetagard® [vet.] (Y-Tex: US)

Cyprodenate (Rec.INN)

L: Cyprodenatum
D: Cyprodenat
F: Cyprodénate
S: Ciprodenato

Psychostimulant

CAS-Nr.: 0015585-86-1 C_{13}-H_{25}-N-O_2
M_r 227.353

Cyclohexanepropanoic acid, 2-(dimethylamino)ethyl ester

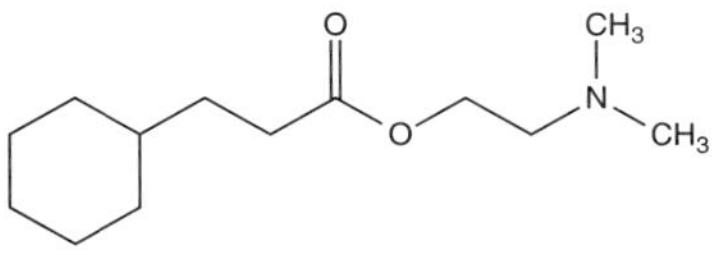

OS: *Cyprodénate [DCF]*
OS: *Cyprodenate [USAN]*
IS: *Cyprodémanol*
IS: *LB 125*
IS: *RD 406*

Actebral® (Menarini: LU)

Cyproheptadine (Rec.INN)

L: Cyproheptadinum
I: Ciproeptadina
D: Cyproheptadin
F: Cyproheptadine
S: Ciproheptadina

Antiallergic agent
Appetite stimulant
Histamine, H_1-receptor antagonist

ATC: R06AX02
CAS-Nr.: 0000129-03-3 C_{21}-H_{21}-N
M_r 287.409

Piperidine, 4-(5H-dibenzo[a,d]cyclohepten-5-ylidene)-1-methyl-

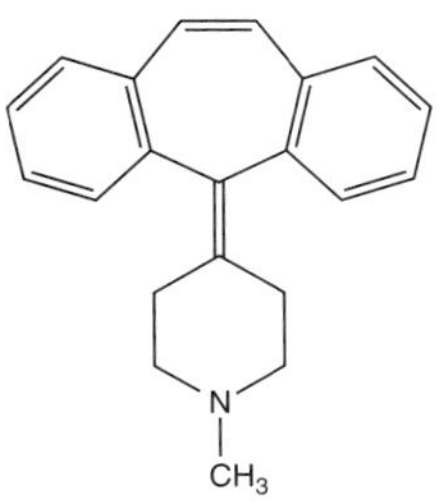

OS: *Cyproheptadine [BAN, DCF, JAN]*
OS: *Ciproeptadina [DCIT]*
IS: *Fl 5967*
IS: *HSp 1229 (MSD Sharp&Dome, Germany)*

Ciprovit® (Refasa: PE)
Cyheptine® (Greater Pharma: TH)
Cylat® (Lapi: ID)

Cyprono® (Milano: TH)
Cyprotol® (Actavis: GE)
Esprocy® (Nufarindo: ID)
Trimetabol® (Tecnoquimicas: CO)

- **hydrochloride:**

CAS-Nr.: 0000969-33-5
OS: *Cyproheptadine Hydrochloride BANM, USAN*
PH: Cyproheptadine Hydrochloride Ph. Eur. 5, JP XIV, USP 30

Alphahist® (Pharmac: ID)
Apetamin-P® (Tablets: LK)
Apeton® (Indonesian: ID)
Arictin® (Aristopharma: BD)
Arsigran® (Meprofarm: ID)
Cipla-Actin® (Cipla: ZA)
Ciplactin® (Cipla: IN, VN)
Ciproheptadină® (Terapia: RO)
Cyprogin® (Atlantic: HK, TH)
Cyproheptadine® (Alpharma: US)
Cyproheptadine® (Major: US)
Cyproheptadine® (Remedica: CY)
Cypromin® (Sawai: JP)
Cyprosian® (Asian: TH)
Cyprotec® (Chew Brothers: TH)
Ennamax® (Alpharma: ID)
Glocyp® (Global: ID)
Hepdine® (Pharmasant: TH)
Heptagyl® (Saidal: DZ)
Heptasan® (Sanbe: ID)
Ifrasarl® (Snowa: JP)
Klarivitina® (Clariana: ES)
Nebor® (Dankos: ID)
Operma® (Interbat: ID)
Periactine® (Merck Sharp & Dohme: BE, FR, IE)
Periactin® (Avantgarde: IT)
Periactin® (Merck: AE, BH, CY, EG, IQ, IR, JO, KW, LB, OM, QA, SA, SD, SY, US, YE)
Periactin® (Merck Sharp & Dohme: AT, AU, GB, LU, NL, NZ, SE, TH, ZA)
Periactin® (Sigma Tau: ES)
Periactin® [vet.] (Merck Sharp & Dohme Animals: GB)
Periatin® (Prodome: BR)
Peritol® (Egis: CZ, HU, JM, PL, RO, RU)
Peritol® (Medimpex: BB, JM, TT)
Peritol® (medphano: DE)
Peritol® (Themis: IN, LK)
Polytab® (Pharmasant: TH)
Poncohist® (Armoxindo: ID)
Practin® (Merind: IN)
Prakten® (Sandoz: TR)
Profut® (Mecosin: ID)
Prohessen® (Pharos: ID)
Pronicy® (Kalbe: ID)
Sinapdin® (Phyto: ID)
Sipraktin® (I.E. Ulagay: TR)

- **pyridoxalphosphate:**

IS: *Dihexazin*
IS: *Axoprol*

Viternum® (Juste: ES)
Viternum® (Labomed: CL)
Viternum® (OM: PT)
Viternum® (Senosiain: MX)
Viternum® (Tecnoquimicas: CO)

Cyproterone (Rec.INN)

L: Cyproteronum
I: Ciproterone
D: Cyproteron
F: Cyprotérone
S: Ciproterona

Antiandrogen

ATC: G03HA01
CAS-Nr.: 0002098-66-0 C_{22}-H_{27}-Cl-O_3
M_r 374.908

3'H-Cyclopropa[1,2]pregna-1,4,6-triene-3,20-dione, 6-chloro-1,2-dihydro-17-hydroxy-, (1β,2β)-

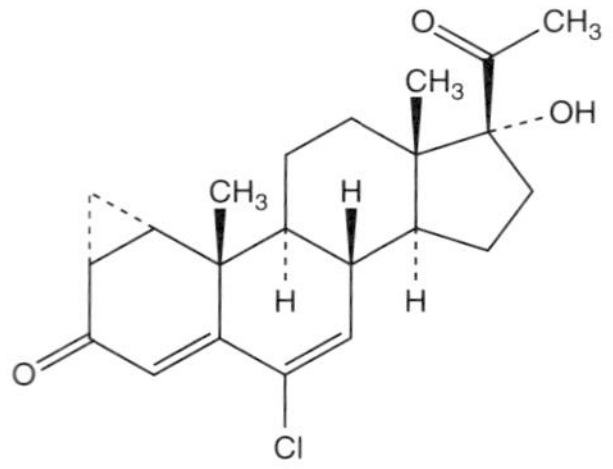

OS: *Cyproterone [BAN, DCF]*
OS: *Ciproterone [DCIT]*
IS: *SH 881*
IS: *SH 714*

Ciproterona Servycal® (Servycal: AR)

- **17α-acetate:**

CAS-Nr.: 0000427-51-0
OS: *Cyproterone Acetate BANM, JAN, USAN*
IS: *NSC 81430*
IS: *SH 80714*
PH: Cyproterone Acetate Ph. Eur. 5
PH: Cyproteroni acetas Ph. Eur. 5
PH: Cyproteronacetat Ph. Eur. 5
PH: Cyprotérone (acétate de) Ph. Eur. 5

Acétate de cyprotérone G Gam® (G Gam: FR)
Andelux® (Novartis: BR)
Andro-Diane® (Schering: AT, DE)
Androcur Depot® (Berlex: CA)
Androcur Depot® (Jenapharm: DE)
Androcur Depot® (Schering: AT, CZ, DE, NZ, RU)
Androcur® (Bayer: CH)
Androcur® (Berlex: CA, US)
Androcur® (Eurim: AT)
Androcur® (Gobbi: AR)
Androcur® (Jenapharm: DE)
Androcur® (Schering: AE, AT, AU, AU, BA, BE, BE, BH, BR, CI, CO, CY, CZ, CZ, DE, DK, DZ, EC, EG, ES, FI, FR, GB, GE, GR, HK, HR, HU, ID, IE, IE, IL, IQ, IT, IT, JO, KW, LB, LU, LY, MY, NL, NO, NZ, OM, PE, PH, PL, PT, QA, RO, RS, RU, SA, SD, SE, SG, SI, TH, TR, YE, ZA)
Androstat® (Bioprofarma: AR)
Apo-Cyproterone® (Apotex: CA)
Asoteron® (Raffo: AR)
Bagopront® (Armstrong: MX)
C.P.D.® (Ivax: AR)

Seprater® (Richmond: AR, PE)
Cetoteron® (Eurofarma: BR)
Ciclamil® (LKM: AR)
Cipla-Cyproterone Acetate® (Cipla: ZA)
Ciprofarma® (Varifarma: AR)
Ciproplex® (Teva: AR)
Ciprostat® (Apsen: BR)
Ciproterona acetato® (Biochemie: CO)
Ciproterona Delta Farma® (Delta Farma: AR)
Ciproterona Generis® (Generis: PT)
Ciproterona Microsules® (Microsules: AR)
Ciproterona Rontag® (Rontag: AR)
Ciproterona Sandoz® (Sandoz: AR)
Curandron® (Berlipharm: NL)
Curandron® (Schering: AT)
Cyprone® (Alphapharm: AU)
Cypron® (Generics: IL)
Cyproplex® (Combiphar: ID)
Cyproplex® (Pharmachemie: MY, NL, PE)
Cyproplex® (Teva: BE, CZ)
Cyprostat® (Schering: AU, DE, GB)
Cyproteron Merck NM® (Merck NM: SE)
Cyproteron NM Pharma® (Generics: IS)
Cyproteronacetaat Merck® (Merck Generics: NL)
Cyproteronacetaat PCH® (Pharmachemie: NL)
Cyproteronacetat dura® (Merck dura: DE)
Cyproteronacetat-GRY® (Gry: DE)
Cyproterone acetate-Generics® (Generics: LU)
Cyproterone Acetate-Generics® (Generics: LU)
Cyproterone Acetate® (Generics: GB)
Cyprotérone Biogaran® (Biogaran: FR)
Cyprotérone Merck® (Merck Génériques: FR)
Evilin® (Merck: PE)
Gen-Cyproterone® (Genpharm: CA)
GenRX Cyproterone® (GenRX: AU)
Novo-Cyproterone® (Novopharm: CA)
Omnigeriat® (Fabra: AR)
Procur 100® (Douglas: AU)
Procur® (Douglas: AU)
Purfilx® (Filaxis: AR)
Siterone® (Rex: NZ)
Virilit® (Jenapharm: DE)

Cyromazine (Rec.INN)

L: Cyromazinum
D: Cyromazin
F: Cyromazine
S: Ciromazina

Insecticide [vet.]
Antiparasitic agent [vet.]

CAS-Nr.: 0066215-27-8 C_6-H_{10}-N_6
M_r 166.18

N-Cyclopropyl-1,3,5-triazine-2,4,6-triamine

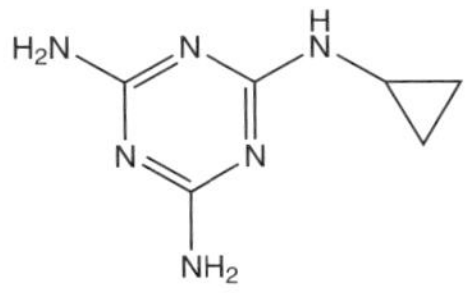

OS: *Cyromazine [BAN, USAN]*
IS: *CGA 72662*
IS: *Cyclopropylmelanine*
IS: *Cypromazine*

Concentrat VO 76® [vet.] (Sogeval: FR)
Cyprazin® [vet.] (Ancare: AU)
Cyrazin® [vet.] (Ancare: NZ)
Cyro-Fly® [vet.] (Jurox: NZ)
Hokoex® [vet.] (Zootech: FR)
Jetcon® (Nufarm: AU)
Larvadex® [vet.] (PCL: NZ)
Neporex® [vet.] (Novartis: BE)
Neporex® [vet.] (Novartis Santé Animale: FR)
Rearguard® [vet.] (Novartis: NL)
Venus® [vet.] (Norbrook: AU)
Vetrazin® [vet.] (Novartis: BE, IE)
Vetrazin® [vet.] (Novartis Animal Health: AU, GB, NZ, ZA)
Virbazine® [vet.] (Virbac: AU)

Cystine (Rec.INN)

L: Cystinum
D: Cystin
F: Cystine
S: Cystina

Amino acid

CAS-Nr.: 0000056-89-3 C_6-H_{12}-N_2-O_4-S_2
M_r 240.302

L-3,3'-Dithiobis(2-aminopropionic acid)

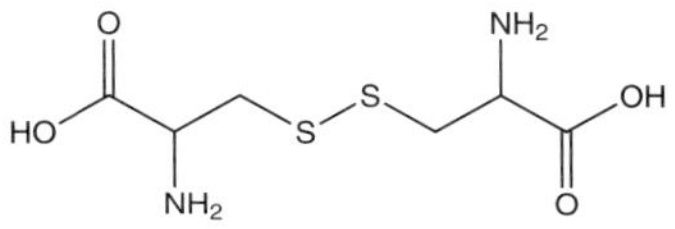

OS: *L-Cystine [DCF]*
OS: *Cystine [USAN]*
IS: *E921*
IS: *Levocystin*
IS: *Zystin*
PH: Cystinum [Ph. Eur. 5]
PH: Cystin [Ph. Eur. 5]
PH: Cystine [Ph. Eur. 5]
PH: L-Cystine [USP 30]

Cistidil® (IDI: IT)
Cistina Quimica Medica® (La Quimica: ES)
Crecil® (Viñas: ES)
Cystine AA Supplement® (Vitaflo: IE)
Gélucystine® (Jolly-Jatel: FR)

Cytarabine (Rec.INN)

L: Cytarabinum
I: Citarabina
D: Cytarabin
F: Cytarabine
S: Citarabina

Antineoplastic agent

ATC: L01BC01
CAS-Nr.: 0000147-94-4 C_9-H_{13}-N_3-O_5
M_r 243.233

2(1H)-Pyrimidinone, 4-amino-1-β-D-arabinofuranosyl-

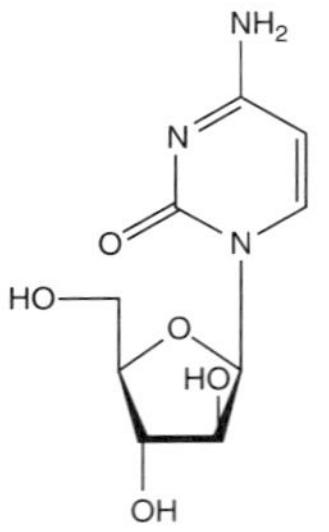

OS: *Cytarabine [BAN, DCF, JAN, USAN]*
OS: *Citarabina [DCIT]*
IS: *Arabinosylcytosine*
IS: *NSC 63878*
IS: *AC 1075*
IS: *U 19920*
IS: *Ara-C*
PH: Cytarabine [JP XIV, Ph. Eur. 5, Ph. Int. 4, USP 30]
PH: Cytarabinum [Ph. Eur. 5, Ph. Int. 4]
PH: Cytarabin [Ph. Eur. 5]

Alexan® (Ebewe: AT, CZ, DE, GE, HU, PL, RS, RU, VN)
Alexan® (Eczacibasi Baxter: TR)
Alexan® (EuroCept: NL)
Alexan® (Mack: ID, IL, RO, TH)
Alexan® (Neocorp: DE)
Alexan® (Pfizer: CL, GB)
Alexan® (Pharmacia: BR)
Alexan® (Pharmafrica: ZA)
Alexan® (Vitalpharma: BE)
Ara-cell® (cell pharm: DE)
Ara-cell® (Stada: AT)
Arabine® (Mayne: DK, FI, SE)
Aracytine® (Pfizer: FR)
Aracytin® (Pfizer: BR, CL)
Aracytin® (Pharmacia: CO, GR, IT)
Citafam® (Richmond: AR)
Citafan® (Richmond: PE)
Citagenin® (Ivax: AR, PE)
Citaloxan® (Mayne: PT)
Citarabina Filaxis® (Filaxis: AR)
Citarabina Martian® (LKM: AR)
Citarabina Mayne® (Mayne: IT)
Citarabina Microsules® (Microsules: AR)
Citarabina Pharmacia® (Pharmacia: ES)
Citarabina® (Baxter: CL)
Citarabina® (Kampar: CL)
Cylocide® (Shinyaku: JP)
Cyta-Cell® (Eurogenerics: BE, LU)
Cytarabin Hexal® (Hexal: DE)
Cytarabine CF® (Centrafarm: NL)
Cytarabine DBL® (Mayne: AU, HK, MY, SG)
Cytarabine DBL® (Orna: TR)
Cytarabine DBL® (Tempo: ID)
Cytarabine Faulding® (Pharmaplan: ZA)
Cytarabine Injection® (American Pharmaceutical: US)
Cytarabine Injection® (Mayne: CA, US)
Cytarabine Injection® (Pharmacia: AU)
Cytarabine Mayne® (Mayne: BE, NL)
Cytarabine Pfizer® (Pfizer: DK, FI, IS, SE)
Cytarabine-Mayne® (Mayne: LU)
Cytarabine® (Bedford: US)
Cytarabine® (Generics: IL)
Cytarabine® (Genmedix: IL)
Cytarabine® (Mayne: IE, NZ)
Cytarabine® (Onko-Koçsel: TR)
Cytarabine® (Pfizer: GB)
Cytarabin® (Pfizer: AT, NO)
Cytarine® (Dabur: IN, TH)
Cytonal® (Atafarm: TR)
Cytosar Cytosafe Vial® (Pharmacia: LU)
Cytosar-U® (Pfizer: ID, MY, US)
Cytosar® (Pfizer: BE, CA, CH, GE, HK, HR, HU, IL, LU, NL, PE, PL, PT, RO, RS, RU, SG, VN, ZA)
Cytosar® (Pharmacia: BG, CN, CZ, ET, GH, KE, LR, RW, SL, TH, TZ, UG, ZW)
Cytosar® (Pharmacia & Upjohn: SI)
Cytosar® (Willvonseder & Marchesani: AT)
Cytostar® (Pfizer: TH)
Cytostar® (Pharmacia: CZ, ZA)
Cytrabine® (Mayne: NZ)
Dabur Citarabine® (Dabur: PH)
DepoCyte® (Mundipharma: CH, DE, ES, FI, FR, SE)
DepoCyte® (Napp: GB)
DepoCyte® (Skye: AT, IS, IT, LU, NL, PL)
DepoCyte® (Skyepharma: DK)
DepoCyte® (SkyePharma: NO)
DepoCyt® (Enzon: US)
Erpalfa® (Alfa Intes: IT)
Laracit® (Chile: CL)
Laracit® (Lemery: MX, PE)
Medsara® (Asofarma: MX)
P&U Cytarabine® (Pharmacia: ZA)
Udicil® (Pharmacia: DE)

– hydrochloride:

CAS-Nr.: 0000069-74-9
OS: *Cytarabine Hydrochloride USAN*
IS: *AC 1075*
IS: *ARA-C*
IS: *U 19920 A*

Citab® (Eurofarma: BR)

Cythioate (BAN)

D: Cythioat
F: Cythioate

Insecticide [vet.]
ATCvet: QP53AF10,QP53BB01
CAS-Nr.: 0000115-93-5 C_8-H_{12}-N-O_5-P-S_2
M_r 297.28

O,O'-Dimethyl *O"*-(4-sulfamoylphenyl) phosphorothioate

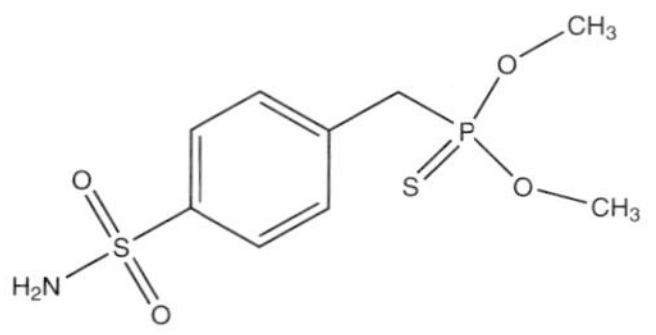

OS: *Cythioate [BAN, USAN]*
IS: *US 3005004*
IS: *US 3179560*
IS: *AC 26,691*

IS: *AI3-25640*
IS: *CL 26691*
IS: *EPA Pesticide Chemical Code 059501*

Cyflee® [vet.] (Bomac: NZ)
Cyflee® [vet.] (Fort Dodge: BE, LU, NL)
Ectocur® [vet.] (Ceva: NL)
Ectocur® [vet.] (Sanofi-Synthelabo: BE)
Exil Taboral® [vet.] (Fort Dodge: NL)
Free-Skin Cythioate® [vet.] (VAAS: IT)
Proban® [vet.] (Bayer Animal: US)
Proban® [vet.] (Boehringer Ingelheim: AU, BE)
Proban® [vet.] (Fort Dodge: US)
Pustikan® [vet.] (Omega Pharma France: FR)
Vectocyt® [vet.] (Ceva: NL)
Vectocyt® [vet.] (Omega Pharma France: FR)

Cytidine

D: Cytidin

Ophthalmic agent

CAS-Nr.: 0000065-46-3 C_9-H_{13}-N_3-O_5
M_r 243.233

1-β-D-Ribofuranosylcytosine

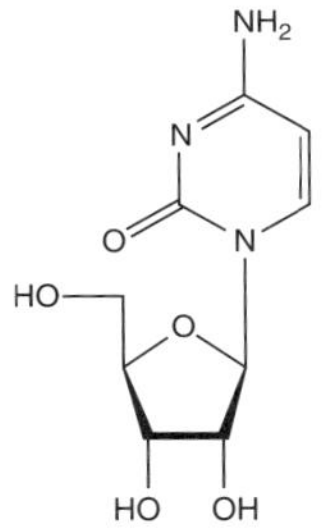

Posilent® (Ursapharm: DE)

Cytisine

D: Cytisin
F: Cytisine
S: Citisina

Analeptic

CAS-Nr.: 0000485-35-8 C_{11}-H_{14}-N_2-O
M_r 190.253

1,5-Methano-8H-pyrido[1,2-a][1,5]diazocin-8-one, 1,2,3,4,5,6-hexahydro-, (1R)-

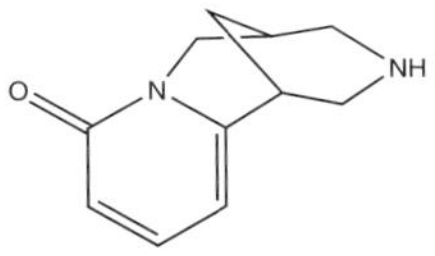

IS: *Baptitoxin*
IS: *Laburnin*
IS: *Sophorin*
IS: *Ulexin*

Tabex® (Sopharma: PL, RU)

Dacarbazine (Rec.INN)

L: Dacarbazinum
I: Dacarbazina
D: Dacarbazin
F: Dacarbazine
S: Dacarbazina

⚕ Antineoplastic agent

ATC: L01AX04
CAS-Nr.: 0004342-03-4 C_6-H_{10}-N_6-O
M_r 182.206

1H-Imidazole-4-carboxamide, 5-(3,3-dimethyl-1-triazenyl)-

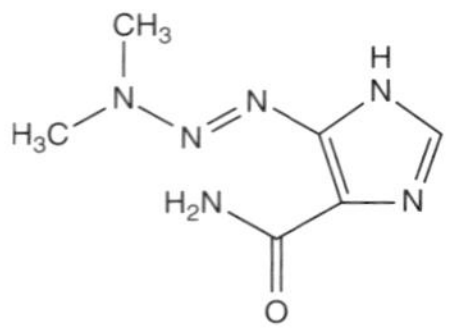

OS: *Dacarbazine [BAN, DCF, JAN, USAN]*
OS: *Dacarbazina [DCIT]*
IS: *Biocarbazine*
IS: *DIC*
IS: *DTFC*
IS: *DTIC*
IS: *DTIE*
IS: *NSC 45 388*
IS: *Dimethyl Triazeno Imidazol Carboxamide*
IS: *Imidazole Carboxamide*
PH: Dacarbazine [BP 2002, Ph. Int. 4, USP 30]
PH: Dacarbazinum [Ph. Int. 4]

D.T.I.C.® (Bayer: AU)
D.T.I® (Meizler: BR)
Dacarbacina® (Bestpharma: CL)
Dacarbazin Lachema® (Lachema: RO)
Dacarbazin Lachema® (Pliva: CZ, HU, RU)
Dacarbazin Pliva® (Pliva: SI)
Dacarbazina Almirall® (Prasfarma: ES)
Dacarbazina Bestpharm® [sol.-inj.] (Bestpharma: PE)
Dacarbazina Filaxis® (Filaxis: AR, PE)
Dacarbazina Mayne® (Mayne: ES)
Dacarbazina Medac® (Madaus: ES)
Dacarbazina® (Baxter: CL)
Dacarbazina® (Kampar: CL)
Dacarbazina® (Ranbaxy: PE)
Dacarbazine DBL® (Mayne: HK, MY)
Dacarbazine DBL® (Tempo: ID)
Dacarbazine for Injection® (American Pharmaceutical: US)
Dacarbazine for Injection® (Bedford: US)
Dacarbazine for Injection® (Mayne: AU, US)
Dacarbazine for Injection® (Sicor: US)
Dacarbazine Medac® (Medac: IL)
Dacarbazine Pliva® (Pliva: BA, HR)
Dacarbazine® (Mayne: AU, CA, NZ)
Dacarbazine® (Medac: GB)
Dacarbazine® (Teva: BE)
Dacarbazin® (Pliva: BA, CZ)
Dacarbazin® (Pliva Lachema: PL)
Dacarb® (Eurofarma: BR)
Dacarin® (VHB: IN)
Dacatic® (Orion: FI)
Dacin® (Lipomed: CH)
Daltrizen® (Sindan: RO)
Deticene® (Aventis: GR, PE, RS)
Deticene® (Bellon-F: IT)
Deticene® (Sanofi-Aventis: CL, IL, NL, PT, TR)
Detilem® (Lemery: MX)
DTIC® (Bayer: AT, ES, NZ, US, ZA)
Déticène® (Sanofi-Aventis: FR)
Fauldetic® (Mayne: PT)
Faulding-Dacarbazina® (Mayne: BR)
Oncocarbil® (LKM: AR)

– citrate:

Dacarbazine medac® (Medac: AT)
Dacarbazine Medac® (Medac: DK, NL, SE)
Dacarbazine Medac® (Schering: PT)
Dacarbazine® (Mayne: GB)
Dacarbazine® (Medac: GB)
Detimedac® (Medac: DE)
DTIC-Dome® [vet.] (Bayer: AT)
DTIC-Dome® [vet.] (Bayer Animal Health: GB)
DTIC-Dome® [vet.] (Miles: US)
DTIC-Dome® [vet.] (VHB: IN)

Dacisteine (Rec.INN)

L: Dacisteinum
D: Dacistein
F: Dacisteine
S: Dacisteina

⚕ Mucolytic agent

CAS-Nr.: 0018725-37-6 C_7-H_{11}-N-O_4-S
M_r 205.235

N-Acetyl-L-cysteine, acetate (ester)

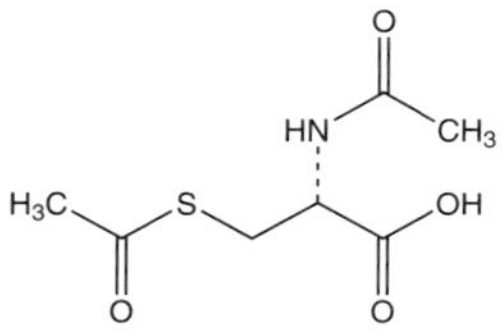

OS: *Dacistéine [DCF]*
OS: *Dacisteine [USAN]*
IS: *Diacetyl-3-mercaptoalanine, N,S-*
IS: *Diacetyl-L-cysteine, N,S-*
IS: *EL 1035*

Mucothiol® (Jolly-Jatel: FR)
Mucothiol® (Scat-F: IT)

Daclizumab (Rec.INN)

L: Daclizumabum
D: Daclizumab
F: Daclizumab
S: Daclizumab

⚕ Immunosuppressant

ATC: L04AA08
CAS-Nr.: 0152923-56-3
C_{6394}-H_{9888}-N_{1696}-O_{2012}-S_{44}
M_r 144129.038

Immunoglobulin G 1 (human-mouse monoclonal clone 1H4 λ-chain anti-human interleukin 2 receptor), disulfide with human-mouse monoclonal clone 1H4 light chain, dimer

OS: *Daclizumab [BAN, USAN]*
IS: *Ro 24-7375*

Zenapax® (Roche: AR, AT, AU, BE, BG, BR, BY, CA, CH, CL, CO, CZ, DE, DK, DO, EE, ES, FI, FR, GB, GR, GT, HK, HR, HU, IE, IL, IN, IR, IT, KR, LK, LT, LU, LV, MK, MX, NL, NO, NZ, PE, PH, PK, PL, PT, RO, RS, RU, SE, SG, SI, SK, TH, TR, TW, UA, US, UY, VE, ZA)

Dactinomycin (Rec.INN)

L: Dactinomycinum
I: Dactinomicina
D: Dactinomycin
F: Dactinomycine
S: Dactinomycina

Antineoplastic, antibiotic

ATC: L01DA01
CAS-Nr.: 0000050-76-0

C_{62}-H_{86}-N_{12}-O_{16}
M_r 1255.49

Actinomycin D

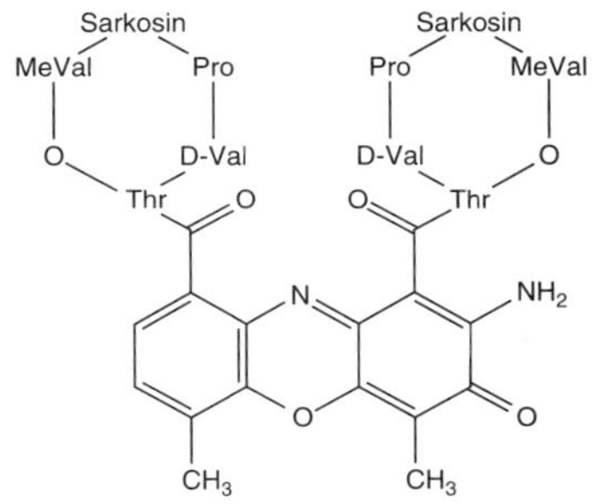

OS: *Dactinomycin [BAN, USAN]*
OS: *Dactinomicina [DCIT]*
IS: *ACT-D*
IS: *HBF 386*
IS: *Meractinomycin*
IS: *NSC 3053*
PH: Dactinomycin [Ph. Int. 4, USP 30]
PH: Actinomycin D [JP XIII]
PH: Dactinomycinum [Ph. Int. 4]

Ac-De® (Lemery: PE)
Cosmegen Lyovac® (Merck Sharp & Dohme: GB, IE)
Cosmegen® (Merck: US)
Cosmegen® (Merck Frosst: CA)
Cosmegen® (Merck Sharp & Dohme: AR, AU, BR, FR, GB, HK, IT, NZ, PH, TH, TR)
Cosmegen® (MSD: FI, NO)
Cosmegen® (Ovation: AT, SE)
Cosmegen® (Pro Concepta: CH)
Cosmegen® [vet.] (Merck Sharp & Dohme Animals: GB)
Dacmozen® (VHB: IN)
Dactinomicina® (Bestpharma: CL)
Lyovac Cosmegen® (Merck Sharp & Dohme: BE, CZ, DE, LU, NL, TH)

Dalteparin Sodium (Rec.INN)

L: Dalteparinum natricum
D: Dalteparin natrium
F: Daltéparine sodique
S: Dalteparina Sodica

Anticoagulant, platelet aggregation inhibitor

CAS-Nr.: 0009041-08-1

Sodium salt of depolymerized heparin

OS: *Dalteparin Sodium [BAN, USAN]*
OS: *Daltéparine sodique [DCF]*
IS: *Heparin, low-molecular-weight*
IS: *Kabi 2165*
IS: *Tedelparin 4-6*
IS: *CY 216*
PH: Dalteparin Sodium [Ph. Eur .5]
PH: Dalteparinum natricum [Ph. Eur. 5]
PH: Dalteparin-Natrium [Ph. Eur. 5]
PH: Daltéparine sodique [Ph. Eur. 5]

Boxol® (Pharmacia: ES)
Fragmine® (Pfizer: FR)
Fragmin® (Eurim: AT)
Fragmin® (Kissei: JP)
Fragmin® (Pfizer: AT, AU, BA, BE, BR, CA, CH, CL, CZ, DE, DK, ES, FI, GB, HK, HR, HU, IL, IS, LU, NL, NO, NZ, PH, PL, PT, RO, RU, SE, SG, SI, TR, US, ZA)
Fragmin® (Pharmacia: BG, CN, CO, GR, IT, PE, RS)
Fragmin® (Pharmacia & Upjohn: LK)
Ligofragmin® (Pfizer: AR)

Danaparoid Sodium (Rec.INN)

L: Danaparoidum natricum
D: Danaparoid natrium
F: Danaparoide sodique
S: Danaparoide sodico

Anticoagulant, platelet aggregation inhibitor

CAS-Nr.: 0083513-48-8

A low-molecular-weight heparinoid consisting of a mixture of the sodium salts of heparan sulfate (approx 84%), dermatan sulfate (approx 12%), and chondroitin-4-and 6 sulfates (approx 4%); derived from pig intest. muccosa

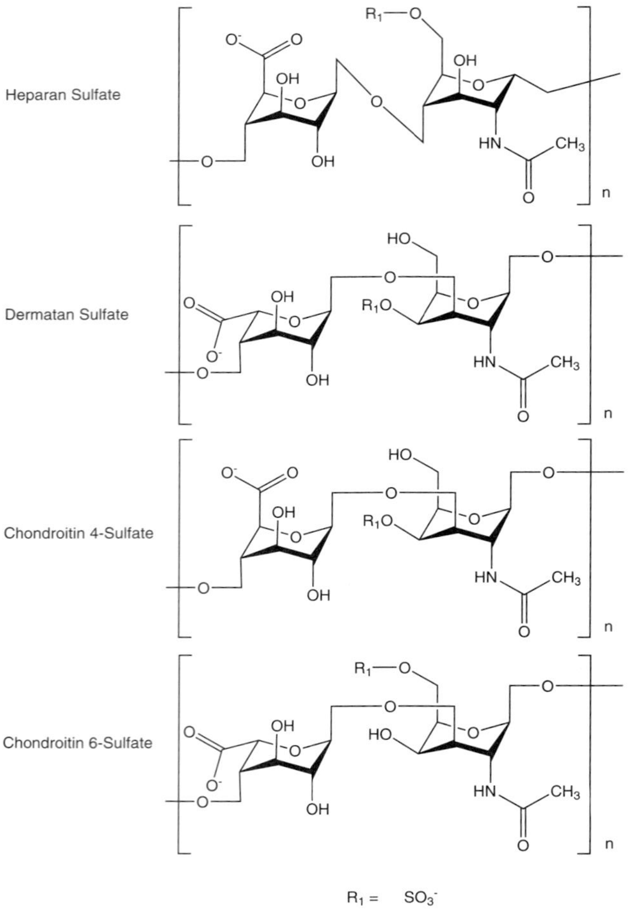

OS: *Danaparoid Sodium [BAN, USAN]*
IS: *Heparinoid, low-molecular-weight*
IS: *Org 10172*
PH: Danaparoid sodium [Ph. Eur. 5]

Orgaran® (Organon: AT, AU, BE, CA, CH, DE, FR, GB, LU, NL, SE, US)
Orgaran® (Pharmaco: NZ)

Danazol (Prop.INN)

L: Danazolum
I: Danazolo
D: Danazol
F: Danazol
S: Danazol

Gonadotropin inhibitor

ATC: G03XA01
CAS-Nr.: 0017230-88-5

C_{22}-H_{27}-N-O_2
M_r 337.468

Pregna-2,4-dien-20-yno[2,3-d]isoxazol-17-ol, (17α)-

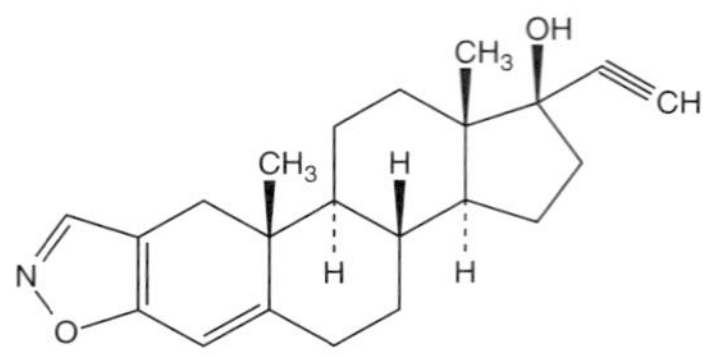

OS: *Danazol [BAN, DCF, JAN, USAN]*
OS: *Danazolo [DCIT]*
IS: *Win 17757*
PH: Danazol [USP 30]

Anargil® (Medochemie: BD, CZ, TH)
Azol® (Alphapharm: AU, SG)
Azol® (Merck: ID)
Cipladanogen® (Biotoscana: CO)
Cyclomen® (Sanofi-Aventis: CA)
Danamet® (Eskayef: BD)
Danasin® (Koçak: TR)
Danatrol® (Sanofi-Aventis: BE, CH, FR, IT, NL)
Danatrol® (Sanofi-Synthelabo: ES, GR, LU)
Danazol-ratiopharm® (ratiopharm: DE)
Danazol® (Alpharma: GB)
Danazol® (Barr: US)
Danazol® (Generics: GB)
Danazol® (GMP: GE)
Danazol® (Hillcross: GB)
Danazol® (Jelfa: PL)
Danazol® (Lannett: US)
Danazol® (Polfarmex: PL, RS)
Danazol® (Sanofi-Synthelabo: NL)
Danocrine® (Sanofi-Aventis: HK)
Danocrine® (Sanofi-Synthelabo: AU, ID, US)
Danodiol® (Comerciosa: EC)
Danodiol® (Remedica: ET, KE, SD, ZW)
Danogen® (Cipla: IN, LK, VN, ZA)
Danokrin® (Sanofi-Synthelabo: AT)
Danol® (Sanofi-Aventis: GB, IE, IL)
Danol® (Sanofi-Synthelabo: AE, BG, BH, CY, CZ, EG, JO, KW, LB, OM, QA, SA)
Danol® [vet.] (Sanofi-Synthelabo: GB)
Danoval® (Krka: CZ, HR, HU, SI)
Dogalact® [vet.] (Vetoquinol: LU)
Dzol® (Pacific: NZ)
Ectopal® (Codal Synto: TH)
Gonablok® (Win-Medicare: BD, IN)
Ladazol® (Al Pharm: ZA)
Ladogal® (Sanofi-Aventis: AR, BR, MX, MY, SG)
Ladogal® (Sanofi-Synthelabo: CO, PE, PH, TH)
Lozana® (Incepta: BD)
Novaprin® (Novag: MX)
Vabon® (Biolab: TH)
Zendol® (Serum Institute: IN)

Danofloxacin (Rec.INN)

L: Danofloxacinum
D: Danofloxacin
F: Danofloxacine
S: Danofloxacino

⚕ Antibiotic, gyrase inhibitor [vet.]
ATCvet: QJ01MA92
CAS-Nr.: 0112398-08-0 C_{19}-H_{20}-F-N_3-O_3
M_r 357.399

3-Quinolinecarboxylic acid, 1-cyclopropyl-6-fluoro-1,4-dihydro-7-(5-methyl-2,5-diazabicyclo[2.2.1]hept-2-yl)-4-oxo-

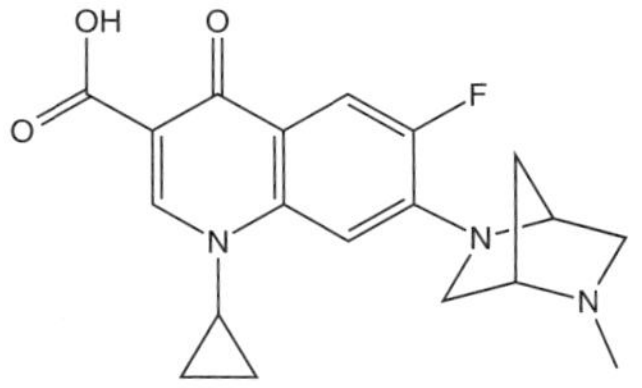

OS: *Danofloxacin [BAN]*
IS: *CP 76136*

A180® [vet.] (Pfizer Animal Health: US)
Advocin® [vet.] (Orion: SE)
Advocin® [vet.] (Pfizer: LU, NL)
Advocin® [vet.] (Pfizer Animal: PT)
Advocin® [vet.] (Pfizer Animal Health: IE)
Advovet® [vet.] (Pfizer: IT)
Danocin® [vet.] (Pfizer: NL)

– mesilate:
CAS-Nr.: 0119478-55-6
OS: *Danofloxacin Mesylate USAN*
OS: *Danofloxacin Mesilate BANM*
IS: *CP 76136-27 (Pfizer, USA)*

A180® [vet.] (Pfizer Santé Animale: FR)
Advocid® [vet.] (Pfizer: AT, CH)
Advocid® [vet.] (Pfizer Animal: DE)
Advocine® [vet.] (Pfizer Santé Animale: FR)
Advocin® [vet.] (Pfizer: FI, ZA)
Advocin® [vet.] (Pfizer Animal Health: GB)
Advovet bovini/suini® [vet.] (Pfizer: IT)

Dantrolene (Rec.INN)

L: Dantrolenum
I: Dantrolene
D: Dantrolen
F: Dantrolène
S: Dantroleno

⚕ Muscle relaxant

ATC: M03CA01
CAS-Nr.: 0007261-97-4 C_{14}-H_{10}-N_4-O_5
M_r 314.274

2,4-Imidazolidinedione, 1-[[[5-(4-nitrophenyl)-2-furanyl]methylene]amino]-

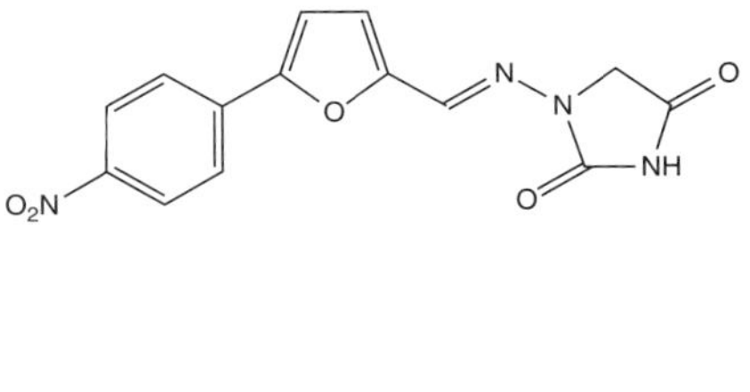

OS: *Dantrolene [BAN, DCF, DCIT, USAN]*
IS: *F 368*

– sodium salt:
CAS-Nr.: 0024868-20-0
OS: *Dantrolene Sodium BANM, JAN, USAN*
IS: *F 440*
PH: Dantrolene Sodium JP XIV, USP 30

Dantamacrin® (Procter & Gamble: AT, DE)
Dantamacrin® (Vifor: CH)
Dantrium Intravenoso® (Farmo Quimica: CL)
Dantrium Intravenous® (Procter & Gamble: CA, GB, US)
Dantrium® (Farmo Quimica: CL)
Dantrium® (Formenti Dott.: IT)
Dantrium® (Merck Lipha Santé: FR)
Dantrium® (Pfizer: NZ)
Dantrium® (Pharmacia: AU)
Dantrium® (Pharmaco: ZA)
Dantrium® (Procter & Gamble: BE, CA, DK, GB, IE, IL, LU, NL, US)
Dantrium® (Yamanouchi: JP)
Dantrium® [vet.] (Procter & Gamble Animals: GB)
Dantrolene Sodium® (Amide: US)
Dantrolene Sodium® (Global: US)
Dantroleno Sodico con Solvente® (Bestpharma: CL)
Dantrolen® (AstraZeneca: AR)
Dantrolen® (Cristália: BR)
Dantrolen® (Procter & Gamble: AT, CZ, DE, HU)
Dantrolen® (Vifor: CH)

Dantron (Rec.INN)

L: Dantronum
I: Dantrone
D: Dantron
F: Dantrone
S: Dantrona

⚕ Laxative, cathartic

ATC: A06AB03
CAS-Nr.: 0000117-10-2 C_{14}-H_8-O_4
M_r 240.218

9,10-Anthracenedione, 1,8-dihydroxy-

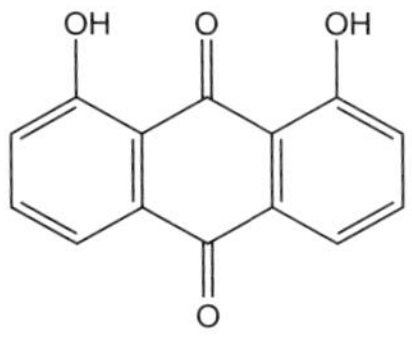

OS: *Dantron [BAN]*
OS: *Dantrone [DCF, DCIT]*
OS: *Danthron [BAN, USAN]*
IS: *Chrysazin*
IS: *Dianthone*
IS: *Dihydroxyanthrachinon*
PH: Danthron [USP XXI]
PH: Dantron [BP 2002, DAB 8]
PH: Dihydroxyanthrachinonum [OeAB]

Dantrolax® (Anglopharma: CO)
Pilules Vichy N.F.® (Spiphar: BE)

D

Dapiprazole (Rec.INN)

L: Dapiprazolum
I: Dapiprazolo
D: Dapiprazol
F: Dapiprazole
S: Dapiprazol

⚕ Glaucoma treatment
⚕ Psychotherapeutic agent
⚕ Neuroleptic

ATC: S01EX02
CAS-Nr.: 0072822-12-9 C_{19}-H_{27}-N_5
M_r 325.475

1,2,4-Triazolo[4,3-a]pyridine, 5,6,7,8-tetrahydro-3-[2-[4-(2-methylphenyl)-1-piperazinyl]ethyl]-

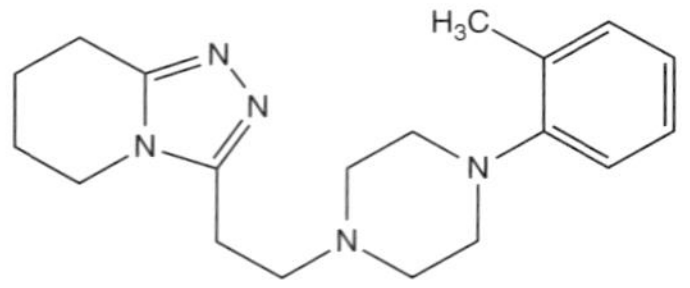

OS: *Dapiprazolo [DCIT]*

- hydrochloride:
CAS-Nr.: 0072822-13-0
OS: *Dapiprazole Hydrochloride USAN*
IS: *AF 2139 (Angelini, Italy)*

Benglau® (CSC: AT)
Glamidolo® (Angelini: IT)
Remydrial® (Winzer: DE)

Dapsone (Rec.INN)

L: Dapsonum
I: Dapsone
D: Dapson
F: Dapsone
S: Dapsona

⚕ Antileprotic agent

ATC: J04BA02
CAS-Nr.: 0000080-08-0 C_{12}-H_{12}-N_2-O_2-S
M_r 248.308

Benzenamine, 4,4'-sulfonylbis-

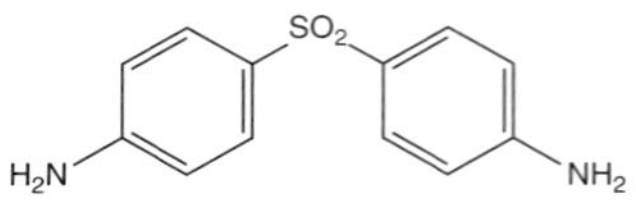

OS: *Dapsone [BAN, DCF, DCIT, USAN]*
OS: *Diaphénylsulfone [DCF]*
IS: *DADPS*
IS: *DDS*
IS: *Diphenason*
IS: *NSC 6091*
IS: *F 1358*
IS: *Diaphenylsulfon*
PH: Dapson [Ph. Eur. 5]
PH: Dapsone [Ph. Eur. 5, Ph. Int. 4, USP 30]
PH: Dapsonum [Ph. Eur. 5, Ph. Int. 4]

Aczone® (QLT: US)
Dapsoderm-X® (Mex-América: MX)
Dapson Gf® (Genfarma: NL)
Dapson PCH® (Pharmachemie: NL)
Dapson Scanpharm® (Scanpharm: DK)
Dapson-Fatol® (Fatol: DE)
Dapsone® (Alphapharm: AU)
Dapsone® (Alpharma: GB)
Dapsone® (Jacobus: US)
Dapsone® (Link: NZ)
Dapson® (Weifa: NO)
Daps® (Pfizer: AR)
Dopsan® (Pond's: TH)
Lennon-Dapsone® (Aspen: ZA)
Sulfona® (Orsade: ES)
Sulfone® [vet.] (Biokema: CH)

Daptomycin (Rec.INN)

L: Daptomycinum
D: Daptomycin
F: Daptomycine
S: Daptomicina

⚕ Antibiotic

ATC: JO1XX09
ATCvet: QJ01XX09
CAS-Nr.: 0103060-53-3 C_{72}-H_{101}-N_{17}-O_{26}
M_r 1620.7

N-decanoyl-L-tryptophyl-L-asparaginyl-L-aspartyl-L-threonylglycyl-L-ornithyl-L-aspartyl-D-alanyl-L-aspartylglycyl-D-seryl-threo-3-methyl-L-glutamyl-3-anthraniloyl-L-alanine,epsilon1-lactone (WHO)

N-decanoyl-L-tryptophyl-L-asparaginyl-Laspartyl-L-threonylglycyl-L-ornithyl-L-aspartyl-D-alanyl-L-aspartylglycyl-D-seryl-threo-3-methyl-L-glutamyl-3-anthraniloyl-L-alanine,1.13-3.4-lactone (BAN)

N-decanoyl-L-tryptophyl-L-asparaginyl-L-aspartyl-L-threonylglycyl-L-ornithyl-L-aspartyl-D-alanyl-L-aspartylglycyl-D-seryl-threo-3-methyl-L-glutamyl-3-anthraniloyl-L-alanine,epsilon1-lacton (IUPAC)

N-(1-Oxodecyl)-L-tryptophyl-Lasparaginyl-L-alfa-aspartyl-L-threonylglycyl-L-ornithyl-L-alfa-aspartyl-D-alanyl-L-alfa-aspartylglycyl-D-seryl-threo-3-methyl-L-alfa-glutamyl-gamma-(2-amminophenyl)-gamma-oxo-L-alfa-aminobutanoic acid epsilon1-lactone

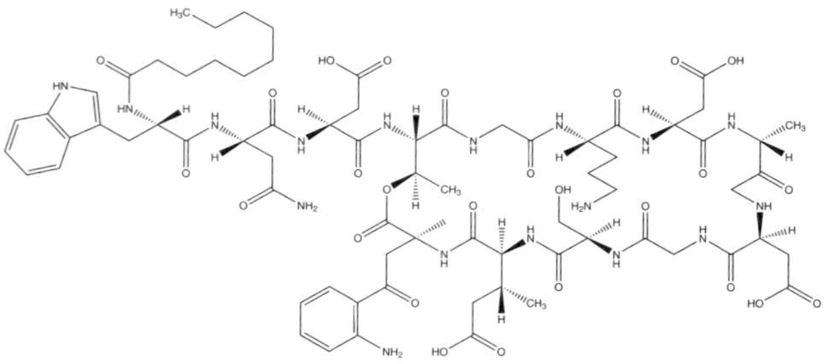

OS: *Daptomycin [BAN, USAN]*
IS: *LY-146032 (Lilly, US)*

Cidecin® (Cubist: US)
Cubicin® (Chiron: GB)
Cubicin® (Cubist: US)

Cubicin® (Novartis: CH, DE, ES, FI, FR, NO, SE)

Darbepoetin Alfa (Prop.INN)

L: Darbepoetinum alfa
D: Darbepoetin alfa
F: Darbepoetine alfa
S: Darbepoetina alfa

Antianaemic agent

ATC: B03XA02
CAS-Nr.: 0209810-58-2 C_{800}-H_{1300}-N_{228}-O_{224}-S_5 M_r 17857.78

Erythropoietin [30-asparagine, 32-threonine, 87-valine, 88-asparagine, 90-threonine] [human] [USAN]

OS: *Darbepoetin Alfa [BAN, USAN]*
IS: *Gen. hergestellt aus der chin. Hamsterzellinie CHO-K1*
IS: *NESP (Amgen)*
IS: *Novel erythropoesis stimulating protein*

Aranesp® (Amgen: AT, AU, BE, CA, CH, CZ, DE, DK, ES, FI, FR, GB, HU, IE, IL, IS, IT, LU, NL, NO, PL, PT, RO, RS, SE, SI, US)
Aranesp® (Amgen Kirin: HK)
Aranesp® (Eczacibasi: TR)
Aranesp® (Genesis: GR)
Aranest® (Amgen: ES)
Nespo® (Dompé: NL)
Nespo® (Dompé Biotec: IT)

Darifenacin (Rec.INN)

L: Darifenacinum
D: Darifenacin
F: Darifénacine
S: Darifenacina
ATC: G04BD10
ATCvet: QG04BD10
CAS-Nr.: 0133099-04-4 C_{28}-H_{30}-N_2-O_2 M_r 426.55

(S)-1-[2-(2,3-dihydro-5-benzofuranyl)ethyl]-α,α-diphenyl-3-pyrrolidineacetamide (WHO)

(S)-1-[2-(2,3-Dihydrobenzofuran-5-yl)ethyl]-Õ,α-diphenylpyrrolidin-3-acetamid (IUPAC)

(S)-2-{1-[2-(2,3-Dihydrobenzo[b]furan-5-yl)ethyl]pyrrolidin-3-yl}-2,2-diphenylacetamide (BAN)

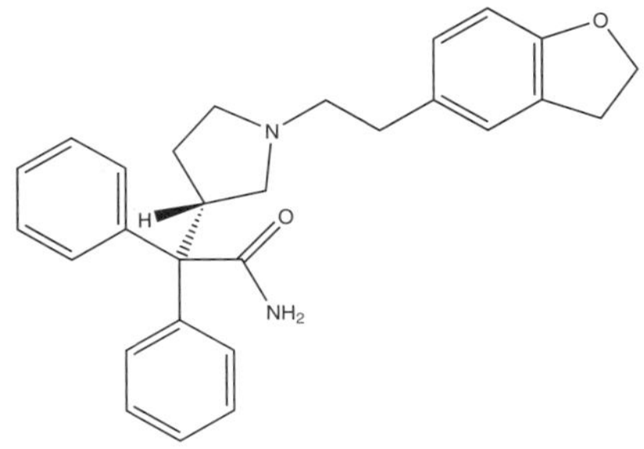

OS: *Darifenacin [BAN]*
IS: *UK 88525 (Pfizer, US)*
IS: *Dasifenacin*

– hydrobromide:

CAS-Nr.: 0133099-07-7
OS: *Darifenacin hydrobromide BANM*
IS: *UK 88525-04 (Pfizer, US)*

Emselex® (Bayer: DE)
Emselex® (Novartis: CH, CZ, DK, FI, HU, IS, LU, NO, RS, SE, SI)
Emselex® (Novartis Consumer Health: HR)
Enablex® (Novartis: CA, US)

Darunavir (Prop.INN)

L: Darunavirum
D: Darunavir
F: Darunavir
S: Darunavir

Antiviral agent, anti HIV
Antiviral agent

ATC: J05AE10
ATCvet: QJ05AE10
CAS-Nr.: 0206361-99-1 C_{27}-H_{37}-N_3-O_7-S M_r 547.73

(3*R*,3a*S*,6a*R*)-hexahydrofuro[2,3-*b*]furan-3-yl *N*-[(1*S*,2*R*)-1-benzyl-2-hydroxy-3-(*N*^{1}-isobutylsulfanilamido)propyl]carbamate (WHO)

(3*R*,3a*S*,6a*R*)-hexahydrofuro[2,3-*b*]furan-3-yl *N*-[(1*S*,2*R*)-1-benzyl-2-hydroxy-3-(*N*^{1}-isobutylsulfanilamido)propyl]carbamat (IUPAC)

N-((1S,2R)-3-(((4-Aminophenyl)sulfonyl)(2-methylpropyl)amino)-2-hydroxy-1-benzylpropyl)((1S,2R,5R)-4,6-dioxabicyclo(3.3.0)oct-2-yloxy)carboxamide

((1S,2R)-3-(((4-Aminophenyl)sulfonyl)(2-methylpropyl)amino)-2-hydroxy-1-(phenylmethyl)propyl)-carbamic acid (3R,3aS,6aR)-hexahydrofuro(2,3-b)furan-3-yl ester

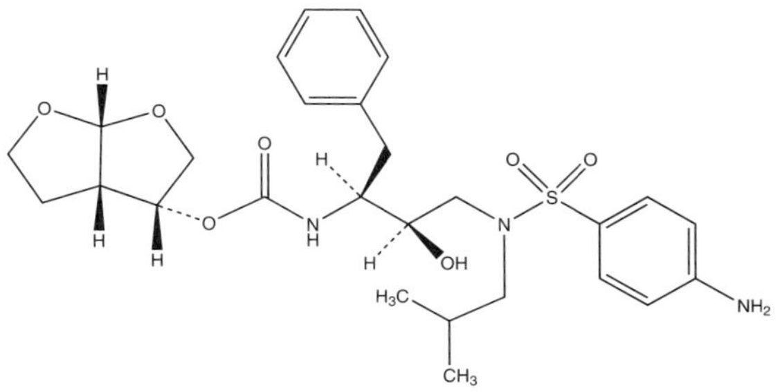

IS: *TMC 114 (Tibotec Pharmaceuticals, US)*
IS: *UIC 94017*
IS: *TMC-126*

Prezista® (Janssen: DE)
Prezista® (Tibotec: US)

Dasatinib (Prop.INN)

L: Dasatinibum
D: Dasatinib
F: Dasatinib
S: Dasatinib

⚕ Antineoplastic agent

ATC: L01XE06
ATCvet: QL01XE06
CAS-Nr.: 0302962-49-8 C_{22}-H_{26}-Cl-N_7-O_2-S
M_r 488.01

N-(2-chloro-6-methylphenyl)-2-({6-[4-(2-hydroxyethyl)piperazin-1-yl]-2-methylpyrimidin-4-yl}amino)-1,3-thiazole-5-carboxamide (WHO)

2-{6-[4-(2-Hydroxyethyl)piperazin-1-yl]-2-methylpyrimidin-4-ylamino}thiazol-5-carbonsäure(2-chlor-6-methylphenyl)amid (IUPAC)

5-Thiazolecarboxamide, N-(2-chloro-6-methylphenyl)-2-((6-(4-)2-hydroxyethyl)-1-piperazinyl)amino-

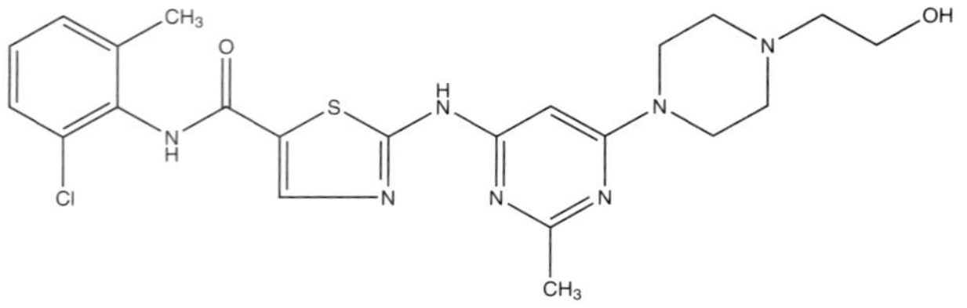

IS: *BMS 354825 (Bristol-Myers Squibb, US)*

Sprycel® (Bristol-Myers Squibb: AR, DE, US)

Daunorubicin (Rec.INN)

L: Daunorubicinum
I: Daunorubicina
D: Daunorubicin
F: Daunorubicine
S: Daunorubicina

⚕ Antineoplastic, antibiotic

ATC: L01DB02
CAS-Nr.: 0020830-81-3 C_{27}-H_{29}-N-O_{10}
M_r 527.539

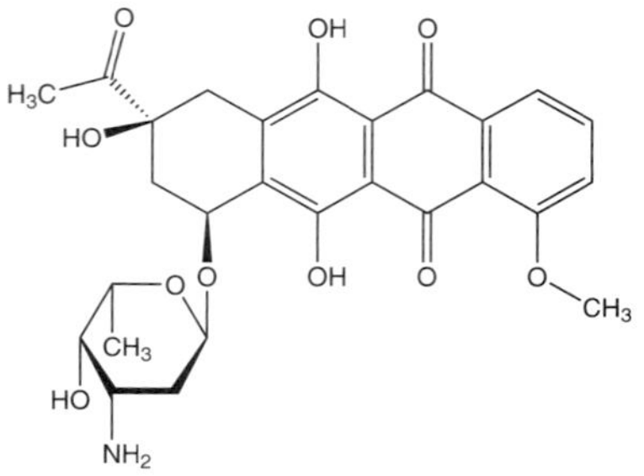

OS: *Daunorubicin [BAN]*
OS: *Daunorubicina [DCIT]*
OS: *Daunorubicine [DCF]*
IS: *Daunomycin*
IS: *DNR*
IS: *FI 6339*
IS: *NSC 82151*
IS: *RP 13057*
IS: *Rubidomycin*

Cerubidine® (Aventis: LU)
Cerubidine® (Erfa: CA)
Cerubidine® (Sanofi-Aventis: IL)
DaunoXome® (Fresenius: AT)
DaunoXome® (Gilead: DK, GB, US)
DaunoXome® (Swedish Orphan: FI)
Daurocina® (Chile: CL)

– hydrochloride:

CAS-Nr.: 0023541-50-6
OS: *Daunorubicin Hydrochloride BANM, USAN*
IS: *NDC 0082-4155*
PH: Daunorubicin Hydrochloride Ph. Eur. 5, USP 30
PH: Daunorubicini hydrochloridum Ph. Eur. 5
PH: Daunorubicinhydrochlorid Ph. Eur. 5
PH: Daunorubicine (chlorhydrate de) Ph. Eur. 5

Cerubidine® (Aventis: CZ)
Cerubidine® (Bedford: US)
Cerubidine® (Sanofi-Aventis: BE, CH, CL, NL)
Cerubidine® (Sicor: US)
Cerubidin® (Aventis: DK, NO)
Cerubidin® (Sanofi-Aventis: IE, SE)
Cérubidine® (Sanofi-Aventis: FR)
Daunoblastina® (Kalbe: ID)
Daunoblastina® (Kenfarma: ES)
Daunoblastina® (Pfizer: AR, BR, HK, HR, HU, ID, PE, PT, RO, SG, VN)
Daunoblastina® (Pharmacia: CZ, IT, RS)
Daunoblastin® (Pfizer: AT, BA, DE, ZA)
Daunoblastin® (Pharmachemie: ZA)
Daunomicina® (Deva: TR)
Daunomycin® (Pharmacia & Upjohn: LK)
Daunorrubicina® (Bestpharma: CL)
Daunorubicin HCL® (Tempo: ID)
Daunorubicin hydrochloride® (Mayne: AU, NZ)
Daunorubicin hydrochloride® (Novopharm: CA)
Daunorubicin hydrochloride® (Sicor: US)
Daunorubicin Pfizer® (Pfizer: SG)
Daunorubicin® (Abraxis: US)
Daunorubicin® (Pharmacia: AU)
Daunoxome® (Gilead: DE, FR, GB, GR, IE, NL)
Daunoxome® (Swedish Orphan: SE)
Maxidauno® (Varifarma: AR)
Oncodaunotec® (Biotoscana: CL)
Rubilem® [inj.] (Lemery: PE)

– citrate, liposomal:

CAS-Nr.: 0208308-13-0
IS: *Daunorubicin, liposomal*

DaunoXome® (Gilead: AU, DK, ES)
Daunoxome® (Gilead: ES)
DaunoXome® (Gilead: GB, IT, US)

Deanol (BAN)

D: Deanol
F: Demanol

⚕ Psychostimulant

CAS-Nr.: 0000108-01-0 C_4-H_{11}-N-O
M_r 89.142

⊶ Ethanol, 2-(dimethylamino)-

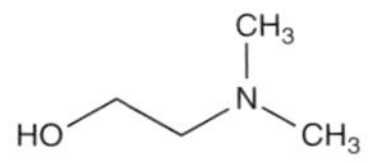

OS: *Deanol [BAN, USAN]*
OS: *Démanol [DCF]*
IS: *DMAE*

- **aceglumate:**

CAS-Nr.: 0003342-61-8
OS: *Démanol (acéglutamate de) DCF*
OS: *Deanol Aceglumate USAN*
IS: *CR 121*
IS: *Deanol N-acetylhydrogenglutamate*

Nooclerin® (Pik-Pharma: RU)
Risatarun® (Ravensberg: DE)

- **4-acetamidobenzoate:**

CAS-Nr.: 0003635-74-3
OS: *Deanol Acetamidobenzoate USAN*

Bimanol® (Polfa Pabianice: PL)

- **succinate:**

IS: *Deanol hemisuccinate*

Tonibral® (Bouchara: LU)

Decitabine (Rec.INN)

L: Decitabinum
D: Decitabin
F: Decitabine
S: Decitabina

⚕ Antineoplastic, antimetabolite

CAS-Nr.: 0002353-33-5 C_8-H_{12}-N_4-O_4
M_r 228.21

⊶ 4-Amino-1-(2-deoxy-*beta*-D-*erythro*-pentofuranosyl)-*s*-triazin-2(1*H*)-one (WHO)

⊶ 1,3,5-Triazin-2(1*H*)-one, 4-amino-1-(2-deoxy-*beta*-D-*erythro*-pentofuranosyl)- (USAN)

⊶ 5-aza-2'-deoxycytidine

⊶ 4-amino-1-(2-desoxy-*beta*-D-*erythro*-pentofuranosyl)-*s*-triazin-2(1*H*)-on (IUPAC)

⊶ 4-Amino-1-(2-desoxy-*beta*-D-ribofuranosyl)-1,3,5-triazin-2(1*H*)-on

⊶ s-Triazin-2(1H)-one, 4-amino-1-(2-deoxy-beta-D-erythro-pentofuranosyl)-

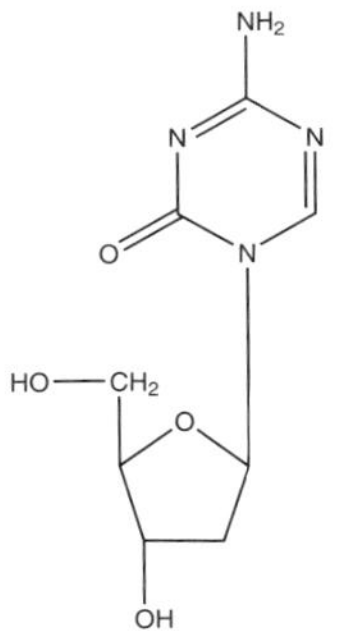

OS: *Decitabine [USAN, BAN]*
IS: *NSC-127716 (Pharmachemie, US)*
IS: *d-AZc*
IS: *5-azaCdR*
IS: *5-aza-DCyd*
IS: *Dezocitidine*

Dacogen® (MGI: US)

Decoquinate (Rec.INN)

L: Decoquinatum
D: Decoquinat
F: Décoquinate
S: Decoquinato

⚕ Antiprotozoal agent, coccidiocidal [vet.]

CAS-Nr.: 0018507-89-6 C_{24}-H_{35}-N-O_5
M_r 417.554

⊶ 3-Quinolinecarboxylic acid, 6-(decyloxy)-7-ethoxy-4-hydroxy-, ethyl ester

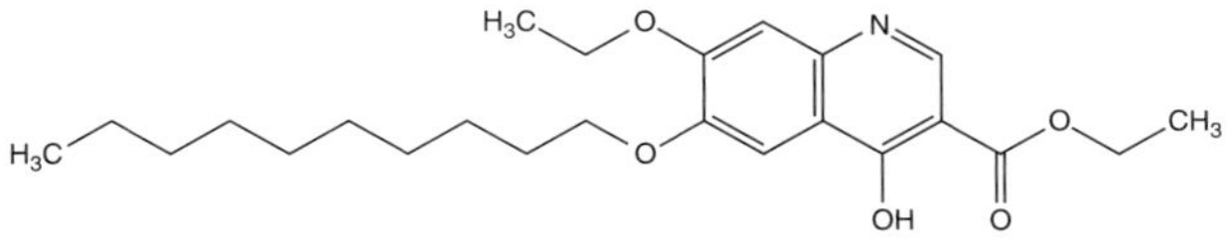

OS: *Decoquinate [BAN, USAN]*
IS: *HC 1528 (Hess & Clark)*
IS: *M & B 15497 (May & Baker, GB)*
PH: Decoquinate [USP 30]

Acti Decocci® [vet.] (Biové: FR)
Deccox® [vet.] (Alpharma: FR, US)
Deccox® [vet.] (APS: NZ)
Deccox® [vet.] (Forum: GB)
Deccox® [vet.] (Instavet: ZA)
Deccox® [vet.] (Merial: IE)
Decox® [vet.] (Alpharma: GB)
Decox® [vet.] (Forum: GB)
Rumicox® [vet.] (Sogeval: FR)
Santamix Decoquinate® [vet.] (Santamix: FR)
Ucamix V Décoquinate® [vet.] (Noé: FR)

Deferasirox (Rec.INN)

L: Deferasiroxum
D: Deferasirox
F: Deferasirox
S: Deferasirox

iron chelator
chelating agent

ATC: V03AC03
ATCvet: QV03AC03
CAS-Nr.: 0201530-41-8 C_{21}-H_{15}-N_3-O_4
M_r 373.36

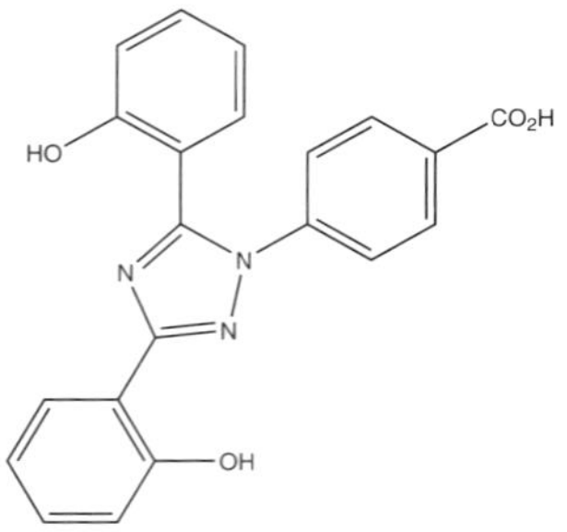

OS: *Deferasirox [USAN]*
IS: *ICL 670*
IS: *ICL 670A*
IS: *CGP-72670 (Novartis,CH)*

Exjade® (Novartis: AR, CH, DE, ES, FR, GB, HK, IL, MX, NL, NZ, SE, US)

Deferiprone (Rec.INN)

L: Deferipronum
D: Deferipron
F: Deferiprone
S: Deferiprona

Antidote, chelating agent

ATC: V03AC02
CAS-Nr.: 0030652-11-0 C_7-H_9-N-O_2
M_r 139.159

3-Hydroxy-1,2-dimethyl-4(1H)-pyridone

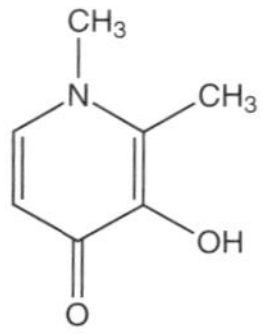

OS: *Deferiprone [BAN, DCF, USAN]*
IS: *Chelfer*
IS: *L1*

Ferriprox® (Apotek-GB: IT)
Ferriprox® (Apotex: AT, CZ, DK, HK, LU, MY, NL, NO)
Ferriprox® (Cankat: TR)
Ferriprox® (Chiesi: ES, FR)
Ferriprox® (Farmalab: BR)
Ferriprox® (Orphan: AU)
Ferriprox® (PFC Pharma Focus: CH)
Ferriprox® (Pharma Logistics: BE)
Ferriprox® (Purissimus: AR)
Ferriprox® (Swedish Orphan: DE, FI, GB, PT, SE)
Kelfer® (Cipla: IN)
Kelfer® (Vianex: GR)

Deferoxamine (Prop.INN)

L: Deferoxaminum
I: Deferoxamina
D: Deferoxamin
F: Déferoxamine
S: Deferoxamina

Antidote, chelating agent

ATC: V03AC01
CAS-Nr.: 0000070-51-9 C_{25}-H_{48}-N_6-O_8
M_r 560.719

Butanediamide, N'-[5-[[4-[[5-(acetylhydroxyamino)pentyl]amino]-1,4-dioxobutyl]hydroxyamino]pentyl]-N-(5-aminopentyl)-N-hydroxy-

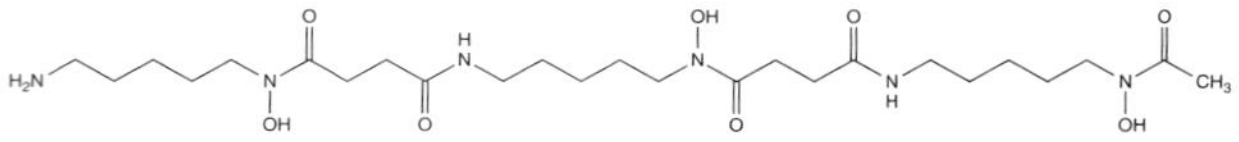

OS: *Deferoxamina [DCIT]*
OS: *Deferoxamine [DCF, USAN]*
OS: *Desferrioxamine [BAN]*
IS: *Desferrin*
IS: *DFOA*
IS: *Desferroxiamin B*

Desferal® (Novartis: AG, AN, AW, BB, BM, BS, ET, GD, GH, GY, HT, IN, JM, KE, KY, LC, LY, MT, NG, RU, SD, TT, TZ, VC, ZW)

– hydrochloride:

CAS-Nr.: 0001950-39-6
OS: *Deferoxamine Hydrochloride USAN*
IS: *Ba 29837*

Desferal® (Novartis: CZ)
Desfersal® (Novartis: CZ)

– mesilate:

CAS-Nr.: 0000138-14-7
OS: *Deferoxamine Mesylate USAN*
OS: *Desferrioxamine Mesilate BANM*
OS: *Deferoxamine Mesilate JAN*
IS: *Ba 33112*
IS: *Deferoxamine methanesulfonate*
IS: *DFOM*
IS: *Desferrioxamine Mesilate*
PH: Deferoxamine Mesylate USP 30
PH: Deferoxamini mesilas Ph. Eur. 5, Ph. Int. 4
PH: Deferoxamine Mesilate JP XIV, Ph. Eur. 5, Ph. Int. 4
PH: Déféroxamine (mésilate de) Ph. Eur. 5
PH: Deferoxaminmesilat Ph. Eur. 5

Deferoxamine-Teva® (Biogal: IL)
Deferoxaminmesilat Mayne® (Mayne: DE)
Desferal Mesylate® (Novartis: ID)
Desferal® (EU-Pharma: NL)
Desferal® (Eureco: NL)
Desferal® (Euro: NL)
Desferal® (Novartis: AR, AT, AU, BD, BE, BG, BR, CA, CH, CL, CN, DE, DK, FI, GB, GR, HK, HU, ID, IE, IL, IT,

LK, LU, MY, NL, NO, PL, PT, RO, SE, TH, TR, US, VN, ZA)
Desferal® [vet.] (Novartis Animal Health: GB)
Desferin® (Novartis: ES)
Desferrioxamine Mesylate DBL® (Mayne: AU, CA, HK, NZ, SG)
Desféral® (Novartis: FR)
Talifer® (Lemery: LK)

Defibrotide (Rec.INN)

L: Defibrotidum
I: Defibrotide
D: Defibrotid
F: Défibrotide
S: Defibrotida

Anticoagulant, thrombolytic agent

ATC: B01AX01
CAS-Nr.: 0083712-60-1

Polydeoxyribonucleotides of bovine lung

OS: *Defibrotide [BAN, DCIT, USAN]*

Noravid® (Aventis: IT)
Prociclide® (Crinos: IT)

Deflazacort (Rec.INN)

L: Deflazacortum
I: Deflazacort
D: Deflazacort
F: Déflazacort
S: Deflazacort

Adrenal cortex hormone, glucocorticoid

ATC: H02AB13
CAS-Nr.: 0014484-47-0 C_{25}-H_{31}-N-O_6 M_r 441.533

5'H-Pregna-1,4-dieno[17,16-d]oxazole-3,20-dione, 21-(acetyloxy)-11-hydroxy-2'-methyl-, (11β,16β)-

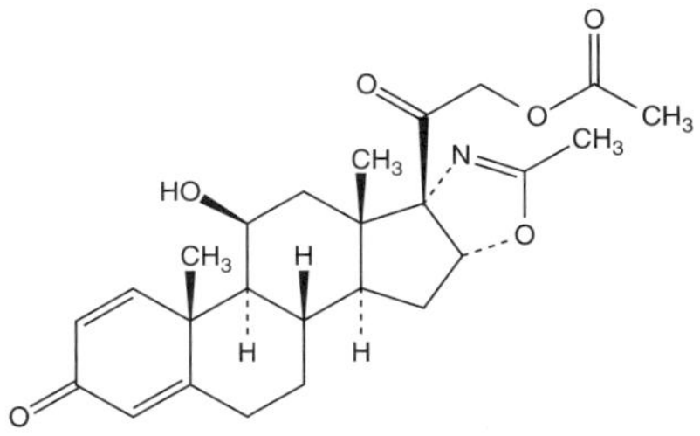

OS: *Deflazacort [BAN, DCIT, USAN]*
OS: *Déflazacort [DCF]*
IS: *Azacort*
IS: *DL 458-IT*
IS: *L 5458*
IS: *MDL 458*
IS: *Oxacort*

Azacortid® (Sanofi-Aventis: AR, CL)
Calcort® (Aventis: CR, DO, EC, GT, HN, LU, NI, PA, PE, SV)
Calcort® (Galenpharma: DE)
Calcort® (Sanofi-Aventis: BR, CH, MX)
Calcort® (Shire: GB, IE)
Clobak® (Incobra: CO, PE)
Cortax® (Ativus: BR)
Defas® (Rontag: AR)
Deflacort® (Galeno: PE)
Deflacort® (La Santé: CO)
Deflanil® (Libbs: BR)
Deflan® (Guidotti: IT)
Deflazacort Alter® (Alter: ES)
Deflazacort Cantabria® (Cantabria: ES)
Deflazacort MK® (MK: CO)
Deflazacort Sandoz® (Sandoz: ES)
Deflazacort® (Dosa: AR)
Deflazacort® (La Santé: CO)
Denacen® (Marjan: BR)
Dezacor® (Aventis: ES)
Dezacor® (Faes: ES)
Dezartal® (Andromaco: CL)
Flacort® (AC Farma: PE)
Flamirex® (Sanofi-Aventis: AR)
Flantadin® (Sanofi-Aventis: TR)
Flantadin® (Teofarma: IT)
Lantadin® (Aventis: CO, PE)
Rosilan® (Vitoria: PT)
Setatrep® (Lemery: MX)
Zamene® (Menarini: ES)

Dehydrocholic Acid (Rec.INN)

L: Acidum dehydrocholicum
I: Acido deidrocolico
D: Dehydrocholsäure
F: Acide déhydrocholique
S: Acido deidrocolico

Choleretic

CAS-Nr.: 0000081-23-2 C_{24}-H_{34}-O_5 M_r 402.536

Cholan-24-oic acid, 3,7,12-trioxo-, (5β)-

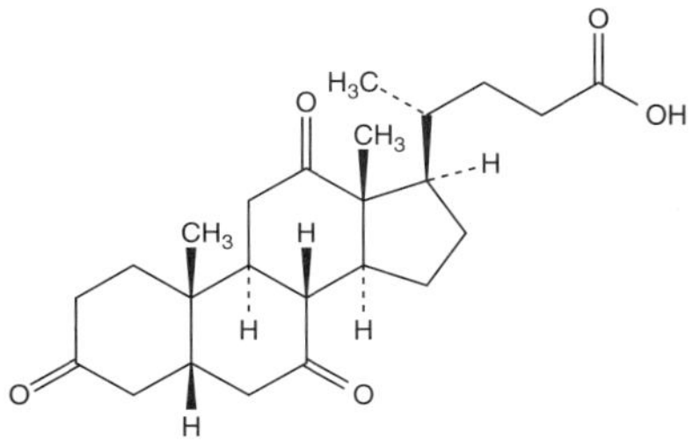

OS: *Acide déhydrocholique [DCF]*
OS: *Acido deidrocolico [DCIT]*
OS: *Dehydrocholic Acid [BAN, USAN]*
IS: *Dechocid*
PH: Acido deidrocolico [F.U. XI]
PH: Acidum dehydrocholicum [2.AB-DDR, OeAB, PhBs IV]
PH: Dehydrocholic Acid [JP XIV, USP 30]
PH: Dehydrocholsäure [DAC]

Acido Dehidrocolico L.CH.® (Chile: CL)
Cholan-HMB® (Ciba Vision: US)
Decholin® (Bayer: US)
Fiobilin® (Terapia: RO)
Raphacholin® (Herbapol-Wroclaw: PL)

Delapril (Rec.INN)

L: Delaprilum
I: Delapril
D: Delapril
F: Delapril
S: Delapril

ACE-inhibitor
Antihypertensive agent

ATC: C09AA12
CAS-Nr.: 0083435-66-9 — C_{26}-H_{32}-N_2-O_5
M_r 452.562

Ethyl-(S)-2-[[1-(S)-[(carboxymethyl)-2-indanylcarbamoyl]ethyl]amino]-4-phenylbutyrate

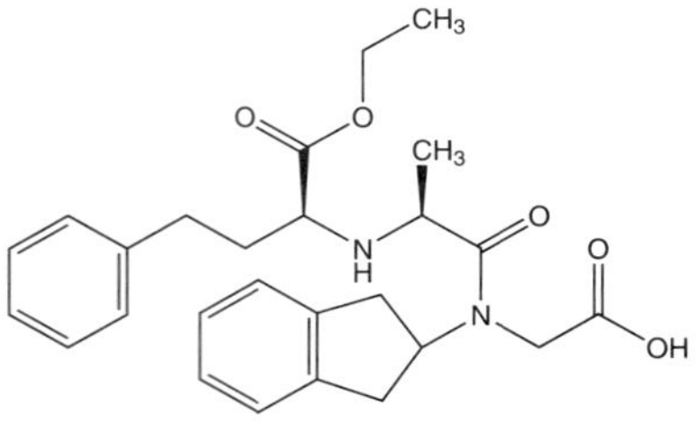

OS: *test [test]*
OS: *TEST [test]*

Beniod® (Chiesi: ES)
Delaket® (Chiesi: IT)
Trinordiol® (Chiesi: ES)

- hydrochloride:

CAS-Nr.: 0083435-67-0
OS: *Delapril Hydrochloride JAN, USAN*
IS: *Alindapril hydrochloride*
IS: *CV 3317*
IS: *REV 6000 A*

Adecut® (Takeda: JP)
Cupressin® (Takeda: ID, PH, SG)
Delakete® (Farmalab: BR)

Delavirdine (Rec.INN)

L: Delavirdinum
D: Delavirdin
F: Delavirdine
S: Delavirdina

Antiviral agent, HIV reverse transcriptase inhibitor

ATC: J05AG02
CAS-Nr.: 0136817-59-9 — C_{22}-H_{28}-N_6-O_3-S
M_r 456.586

Piperazine, 1-[-3-[(1-methylethyl)amino]-2-pyridinyl]-4-[[5-[(methylsulfonyl)amino]-1H-indol-2-yl]carbonyl]-

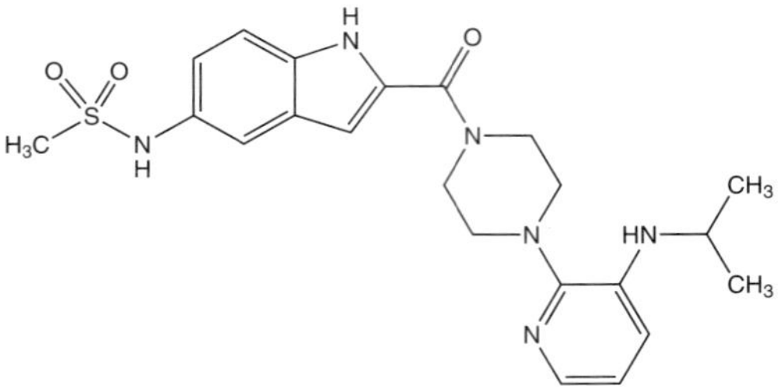

- mesilate:

CAS-Nr.: 0147221-93-0
OS: *Delavirdine Mesylate USAN*
IS: *U 90152 S (Upjohn, USA)*

Rescriptor® (Pfizer: CA, US)

Delmadinone (Rec.INN)

L: Delmadinonum
D: Delmadinon
F: Delmadinone
S: Delmadinona

Progestin
Antiandrogen

CAS-Nr.: 0015262-77-8 — C_{21}-H_{25}-Cl-O_3
M_r 360.881

Pregna-1,4,6-triene-3,20-dione, 6-chloro-17-hydroxy-

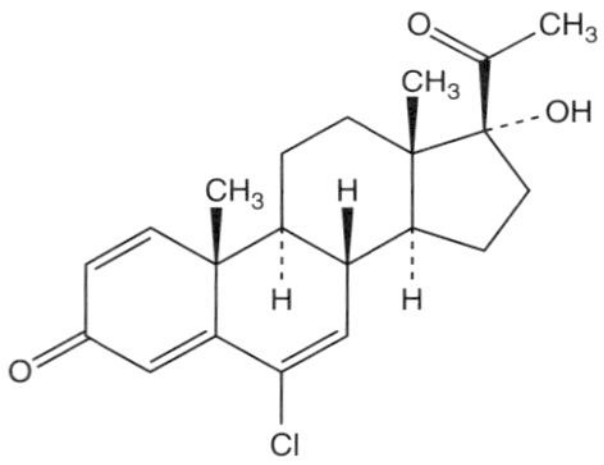

OS: *Delmadinone [BAN]*
IS: *1-Dehydrochlormadinon*

- 17α-acetate:

CAS-Nr.: 0013698-49-2
OS: *Delmadinone Acetate BANM, USAN*
IS: *RS 1301*
IS: *Zenadrex*

Tardak® [vet.] (Alvetra u. Werfft: AT)
Tardak® [vet.] (Jurox: AU, NZ)
Tardak® [vet.] (Pfizer: LU, NL)
Tardak® [vet.] (Pfizer Animal Health: BE, GB)
Tardak® [vet.] (Pfizer Santé Animale: FR)
Vetadinon® [vet.] (A.S.T.: NL)

Delorazepam (Prop.INN)

L: Delorazepamum
I: Delorazepam
D: Delorazepam
F: Délorazépam
S: Delorazepam

Tranquilizer

CAS-Nr.: 0002894-67-9 — C_{15}-H_{10}-Cl_2-N_2-O, M_r 305.165

2H-1,4-Benzodiazepin-2-one, 7-chloro-5-(2-chlorophenyl)-1,3-dihydro-

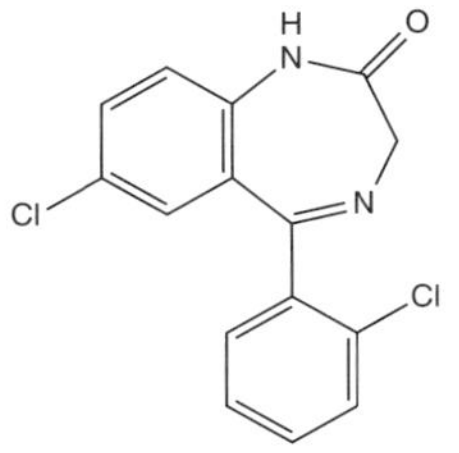

OS: *Délorazépam [DCF]*
OS: *Delorazepam [DCIT, USAN]*
IS: *CDDZ*
IS: *Chlordesmethyldiazepam*

Dadumir® (Krugher: IT)
Delorazepam ABC® (ABC: IT)
Delorazepam Allen® (Allen: IT)
Delorazepam Almus® (Almus: IT)
Delorazepam Alter® (Alter: IT)
Delorazepam EG® (EG: IT)
Delorazepam Hexal® (Hexal: IT)
Delorazepam Merck® (Merck Generics: IT)
Delorazepam Pliva ® (Pliva: IT)
Delorazepam ratiopharm® (Ratiopharm: IT)
Delorazepam Sandoz® (Sandoz: IT)
Delorazepam TAD® (TAD: IT)
Delorazepam Teva® (Teva: IT)
EN® (Abbott: IT)

Deltamethrin (BAN)

D: Deltamethrin

Insecticide
Pediculocide
ATCvet: QP53AC11
CAS-Nr.: 0052918-63-5 — C_{22}-H_{19}-Br_2-N-O_3, M_r 505.204

(S)-α-Cyano-3-phenoxybenzyl-(1R,3R)-3-(2,2-dibromovinyl)-2,2-dimethylcyclopropanecarboxylate

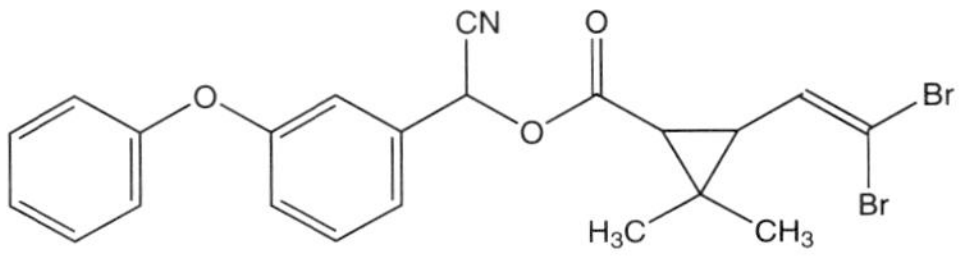

OS: *Deltamethrin [BAN, USAN]*
IS: *Decamethrin*
IS: *Esbecythrin*
IS: *FMC 45498*
IS: *NRDC 161*
IS: *OMS 1998*
IS: *RU 22974*

Arrest® [vet.] (Coopers Animal Health: AU)
Arrest® [vet.] (Intervet: AU)
Blaze® [vet.] (Schering-Plough Animal: NZ)
Bombard® pour-on [vet.] (Fort Dodge: AU)
Butox® [vet.] (Hoechst Animal Health: BE)
Butox® [vet.] (Hoechst Vet: IE)
Butox® [vet.] (Intervet: DE, FR, GB, IT)
Clout® [vet.] (Cooper: ZA)
Clout® [vet.] (Coopers Animal Health: AU)
Coopafly® [vet.] (Coopers Animal Health: AU)
Coopers Easy-Dose® [vet.] (Coopers Animal Health: AU)
Coopersect® [vet.] (Vetcare: FI)
Decatix® [vet.] (Cooper: ZA)
Delete® [vet.] (Intervet: ZA)
Deltab® [vet.] (Intervet: ZA)
Deltacid® (Solvay: BR)
Equifly® [vet.] (Pharm Tech: AU)
Latroxin® [vet.] (Serumber: DE)
Rambosal® [vet.] (Interhyg: DE)
Scalibor® [vet.] (Intervet: DE, FI, FR, GB, IT, LU, NL, NO, SE)
Scalibor® [vet.] (Veterinaria: CH)
Socatrine® [vet.] (Schering-Plough: BE)
Spot on Insecticide® [vet.] (Schering-Plough: IE)
Spot on Insecticide® [vet.] (Schering-Plough Veterinary: GB)
Sputop® [vet.] (Schering-Plough: BE)
Stampede Easy Dose® [vet.] (Intervet: NZ)
Stampede Easy Dose® [vet.] (Schering-Plough Animal: NZ)
Tixafly® [vet.] (Coopers Animal Health: AU)
Versatrine® [vet.] (Schering-Plough Vétérinaire: FR)
Wipe-out® [vet.] (Cooper: ZA)
Wipe-out® [vet.] (Schering-Plough Animal: NZ)

Dembrexine (Rec.INN)

L: Dembrexinum
D: Dembrexin
F: Dembrexine
S: Dembrexina

Mucolytic agent [vet.]

CAS-Nr.: 0083200-09-3 — C_{13}-H_{17}-Br_2-N-O_2, M_r 379.089

Phenol, 2,4-dibromo-6-[[(4-hydroxycyclohexyl)amino]methyl]-, trans-

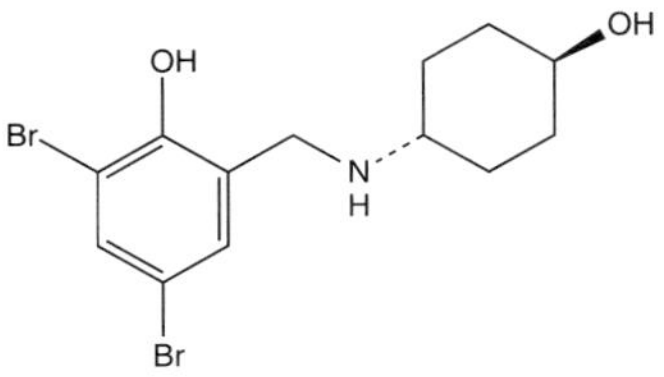

OS: *Dembrexine [BAN, USAN]*
IS: *Dembroxol*

Sputolosin® [vet.] (Boehringer Ingelheim: IE)
Sputolysin® [vet.] (Boehringer Ingelheim: AU, CH, IT, NL)

D

– hydrochloride:

PH: Dembrexine hydrochloride monohydrate for veterinary use Ph. Eur. 5

Sputolosin® [vet.] (Boehringer Ingelheim Santé Animale: FR)
Sputolosin® [vet.] (Boehringer Ingelheim Vetmedica: AT, GB)
Sputolysin® (Boehringer Ingelheim: AT)
Sputolysin® [vet.] (Boehrvet: DE)
Sputolysin® [vet.] (Vetcare: FI)

Demecarium Bromide (Rec.INN)

L: Demecarii Bromidum
D: Demecarium bromid
F: Bromure de Démécarium
S: Bromuro de demecario

Miotic agent

Parasympathomimetic agent, cholinesterase inhibitor

CAS-Nr.: 0000056-94-0 C_{32}-H_{52}-Br_2-N_4-O_4 M_r 716.608

Benzenaminium, 3,3'-[1,10-decanediylbis[(methylimino)carbonyloxy]]bis[N,N,N-trimethyl-, dibromide

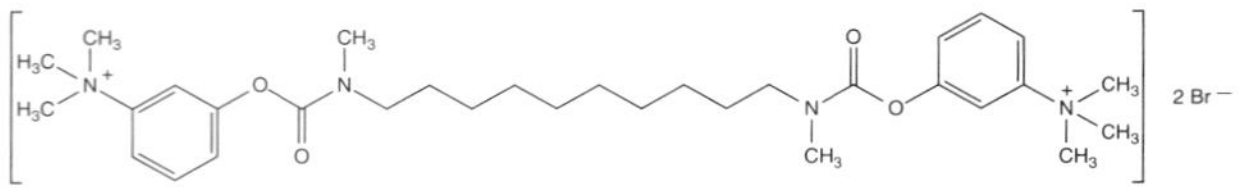

OS: *Demecarium Bromide [BAN, USAN]*
IS: *Demecarum*
IS: *BC 48*
PH: Demecarium Bromide [USP 30]

Humorsol® (Merck: US)

Demeclocycline (Rec.INN)

L: Demeclocyclinum
I: Demeclociclina
D: Demeclocyclin
F: Déméclocycline
S: Demeclociclina

Antibiotic, tetracycline

ATC: D06AA01,J01AA01
CAS-Nr.: 0000127-33-3 C_{21}-H_{21}-Cl-N_2-O_8 M_r 464.869

2-Naphthacenecarboxamide, 7-chloro-4-(dimethylamino)-1,4,4a,5,5a,6,11,12a-octahydro-3,6,10,12,12a-pentahydroxy-1,11-dioxo-, [4S-(4α,4aα,5aα,6β,12aα)]-

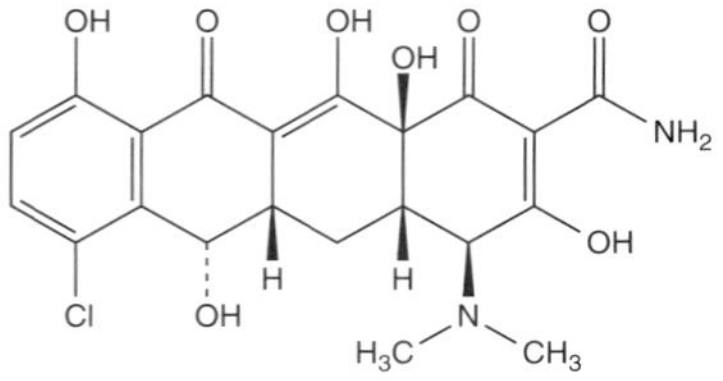

OS: *Demeclocycline [BAN, DCF, USAN]*
OS: *Demethylchlortetracycline [JAN]*
OS: *Demeclociclina [DCIT]*
IS: *6-Dimethyl-7-chlor-tetracycline*
IS: *RP 10192*
PH: Demeclocycline [USP 30]

– hydrochloride:

CAS-Nr.: 0000064-73-3
OS: *Demeclocycline Hydrochloride BANM, USAN*
OS: *Demethylchlortetracycline Hydrochloride JAN*
PH: Déméclocycline (chlorhydrate de) Ph. Eur. 5
PH: Demeclocyclinhydrochlorid Ph. Eur. 5
PH: Demeclocyclini hydrochloridum Ph. Eur. 5
PH: Demeclocycline Hydrochloride Ph. Eur. 5, USP 30

Declomycin® (Glades: US)
Declomycin® (Wyeth: CA)
Demeclocycline® (Barr: US)
Demeclocycline® (Global: US)
Ledermycin® (EuroCept: NL)
Ledermycin® (Goldshield: GB)
Ledermycin® (Wyeth: AT, AU, IN)
Lédermycine® (Genopharm: FR)

Denaverine (Rec.INN)

L: Denaverinum
D: Denaverin
F: Denavérine
S: Denaverina

Antispasmodic agent

CAS-Nr.: 0003579-62-2 C_{24}-H_{33}-N-O_3 M_r 383.538

Benzeneacetic acid, α-(2-ethylbutoxy)-α-phenyl-, 2-(dimethylamino)ethyl ester

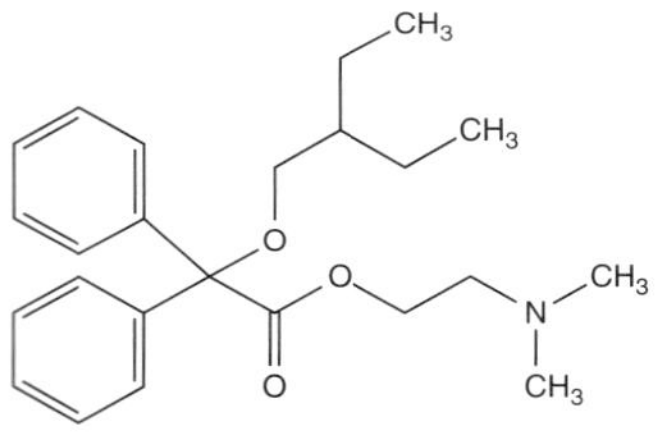

OS: *Denaverine [USAN]*

– hydrochloride:

CAS-Nr.: 0003321-06-0
PH: Denaverinum hydrochloricum 2.AB-DDR

Sensiblex® [vet.] (Veyx: DE)
Sensiblex® [vet.] (WDT: DE)
Spasmalgan® (Apogepha: DE)

Denileukin diftitox (Rec.INN)

L: Denileukinum diftitoxum
D: Denileukin diftitox
F: Dénileukine diftitox
S: Denileukina diftitox

Immunomodulator

ATC: L01XX29
CAS-Nr.: 0173146-27-5 C_{2560}-H_{4036}-N_{678}-O_{799}-S_{17}
M_r 57649.76

N-L-methionyl-378-L-histidine-388-L-alanine-1-388-toxin (Corynebacterium diphtheriae strain C7)(388->2')-protein with 2-133-interleukin 2 (human clone pTIL2-21a) [WHO]

OS: *Denileukin Diftitox [BAN, USAN]*
IS: *DAB 389 IL-2 (Seragen, USA)*
IS: *Interleukin-2 fusion toxin*
IS: *LY 335348 (Seragen)*

Ontak® (Andromaco: CL)
Ontak® (Ligand: US)

Denopamine (Rec.INN)

L: Denopaminum
D: Denopamin
F: Denopamine
S: Denopamina

Cardiac stimulant, cardiotonic agent
β_1-Sympathomimetic agent

CAS-Nr.: 0071771-90-9 C_{18}-H_{23}-N-O_4
M_r 317.392

Benzenemethanol, α-[[[2-(3,4-dimethoxyphenyl)ethyl]amino]methyl]-4-hydroxy-, (R)-

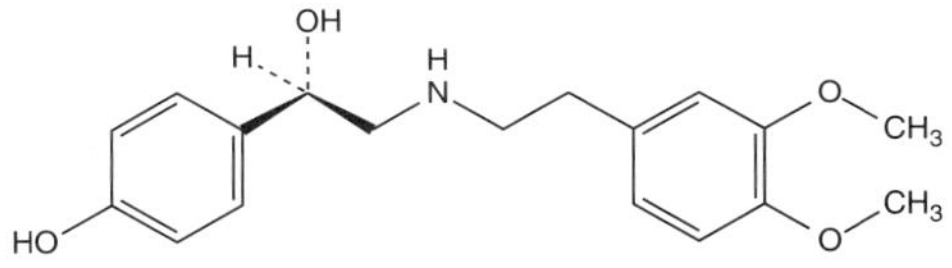

OS: *Denopamine [JAN, USAN]*
IS: *TA 064 (Tanabe, Japan)*

Kalgut® (Tanabe: JP)

Denotivir (Prop.INN)

L: Denotivirum
D: Denotivir
F: Dénotivir
S: Denotivir

Antiviral agent

ATC: D06BB
CAS-Nr.: 0051287-57-1 C_{18}-H_{14}-Cl-N_3-O_2-S
M_r 371.85

5-benzamido-4'chloro-3-methyl-4-isothiazolecarboxanilide

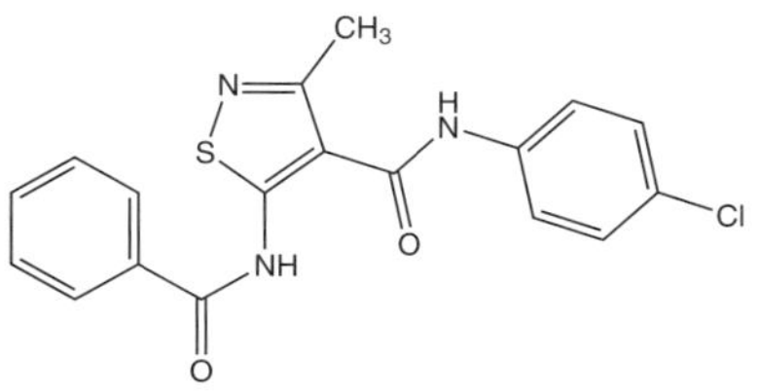

OS: *Denotivir [USAN]*
IS: *ITCL*
IS: *T 15*
IS: *Wratizolin*

Polvir® (ICN: PL)
Vratizolin® (Jelfa: PL)

Depreotide (Rec.INN)

L: Depreotidum
D: Depreotid
F: Dépréotide
S: Depreotida

Radiodiagnostic agent

CAS-Nr.: 0161982-62-3 C_{65}-H_{96}-N_{16}-O_{12}-S_2
M_r 1357.7

Cyclo(L-homocysteinyl-N-methyl-L-phenylalanyl-L-tyrosyl-D-tryptophyl-L-lysyl-L-valyl), (1->1')-sulfide with 3-(2-mercaptoacetamido)-L-alanyl-L-lysyl-L-cysteinyl-L-lysinamide [WHO]

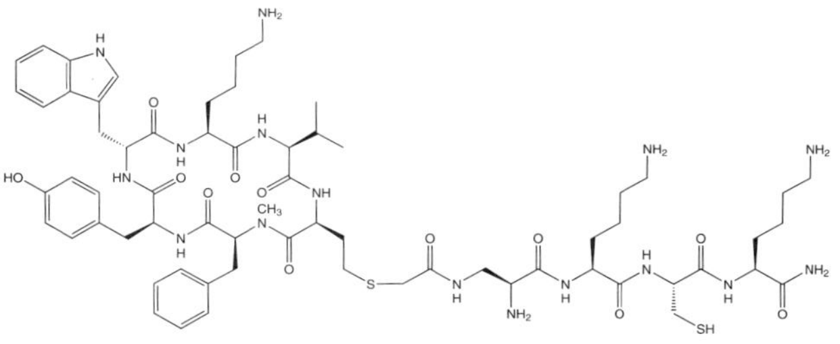

OS: *Depreotide [USAN]*
IS: *P 829 (Diatide, USA)*

– triflutate with Technetium Tc 99m complex:

NeoSpect® (Amersham: AT, DE, ES, GR, IE, LU, NL, PT)
NeoSpect® (GE Healthcare: FR)

Deptropine (Rec.INN)

L: Deptropinum
I: Deptropina
D: Deptropin
F: Deptropine
S: Deptropina

Histamine, H_1-receptor antagonist

ATC: R06AX16
CAS-Nr.: 0000604-51-3 C_{23}-H_{27}-N-O
M_r 333.479

8-Azabicyclo[3.2.1]octane, 3-[(10,11-dihydro-5H-dibenzo[a,d]cyclohepten-5-yl)oxy]-8-methyl-, endo-

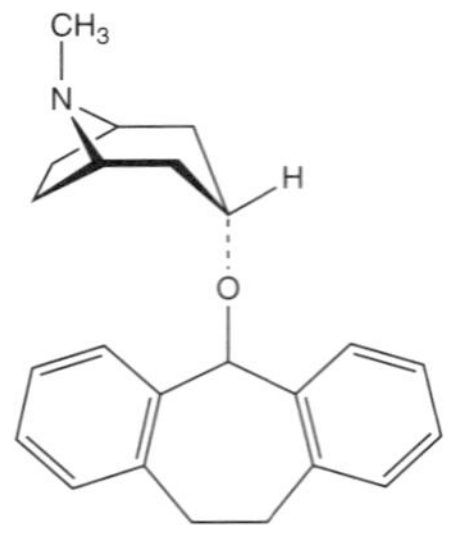

OS: *Deptropine [BAN, DCF]*
OS: *Deptropina [DCIT]*
IS: *Dibenzheptropine*

- **citrate:**

CAS-Nr.: 0002169-75-7
OS: *Deptropine Citrate BANM, USAN*
IS: *BS 6987*
IS: *BS 7010 a*
PH: Deptropini citras Ph. Eur. 5
PH: Deptropine Citrate Ph. Eur. 5
PH: Deptropincitrat Ph. Eur. 5
PH: Deptropine (citrate de) Ph. Eur. 5

Deptropine FNA® (FNA: NL)

Dequalinium Chloride (Rec.INN)

L: Dequalinii Chloridum
D: Dequalinium chlorid
F: Chlorure de Déqualinium
S: Cloruro de decalinio

Antiseptic
Desinfectant

CAS-Nr.: 0000522-51-0 C_{30}-H_{40}-Cl_2-N_4
M_r 527.59

Quinolinium, 1,1'-(1,10-decanediyl)bis[4-amino-2-methyl-, dichloride

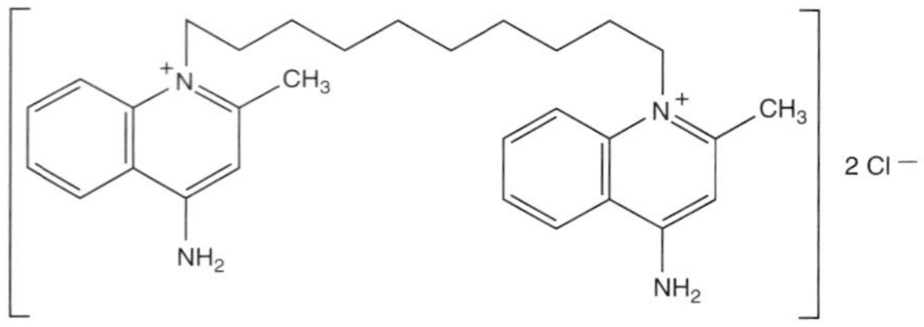

OS: *Dequalinium Chloride [BAN, JAN, USAN]*
OS: *Déqualinium [DCF]*
IS: *Dynexan-mhp*
IS: *Decamine*
IS: *Dequadin chloride*
IS: *1,1'-Decamethylenebis(4-aminoquinaldinium chloride)*
IS: *1,1'-(1,10-Decanediyl)bis(4-amino-2-methylquinolinium) dichloride*
IS: *Dequalinium chloratum*
IS: *BAQD10*
PH: Dequaliniumchlorid [Ph. Eur. 5]
PH: Dequalinium Chloride [Ph. Eur. 5]
PH: Dequalinii chloridum [Ph. Eur. 5]
PH: Déqualinium (chlorure de) [Ph. Eur. 5]

Anginol® (Labima: BE)
Anginos® (Stada: DE)
Decamedin® (Tanabe: ID)
Decatylen® (Mepha: CH)
Decho® (Milano: TH)
Degirol® (Darya-Varia: ID)
Delin® (Atlantic: HK)
Deo® (Milano: TH)
Dequadin® (Eurospital: IT)
Dequadin® (GlaxoSmithKline: HK, SG, TH, TR)
Dequadin® (Inibsa: ES)
Dequadin® (Reckitt Benckiser: IE)
Dequadin® (Wellspring: CA)
Dequalinetten® (Provita: AT)
Dequalinium Chloride Synco® (Synco: HK)
Dequalinium DHA® (DHA: HK)
Dequosangola® (Eurospital: IT)
Efisol® (Actavis: GE)
Efisol® (Balkanpharma: BG)
Evazol® (Petrasch: AT)
Evazol® (Ravensberg: DE)
Faringina® (SIT: IT)
Fluomizin® (Medinova: CH)
Fluomycin® (Organon: DE)
Gargilon® (Vemedia: NL)
Goladin® (Sofar: IT)
Gurgellösung-ratiopharm® (ratiopharm: DE)
Laryngarsol® (Sanofi-Aventis: BE)
Maltyl® (Merckle: DE)
Nattermann Streptofree® (Novum: NL)
Osangin® (Antonetto: IT)
Pumilsan® (Montefarmaco OTC: IT)
Roxine® (Duopharma: HK)
Sorot® (Petrasch: AT)
Sorot® (Ravensberg: DE)
SP Troches® (Meiji: ID, SG)
Stada Gurgellösung® (Stada: DE)
Tonsillol® (Merckle: DE)
Tonsillol® (Ratiopharm: AT)
V Day Lozenges® (PP Lab: TH)

Desflurane (Rec.INN)

L: Desfluranum
I: Desflurano
D: Desfluran
F: Desflurane
S: Desflurano

Anesthetic (inhalation)

ATC: N01AB07
CAS-Nr.: 0057041-67-5 C_3-H_2-F_6-O
M_r 168.049

(±)-Difluoromethyl 1,2,2,2-tetrafluoroethyl ether

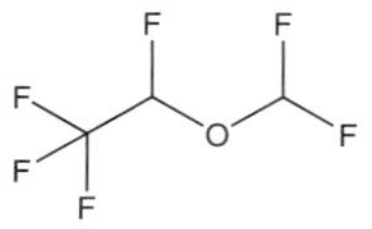

OS: *Desflurane [USAN]*
IS: *I 653 (Anaquest, USA)*
PH: Desflurane [USP 30]

Sulorane® (Baxter: IL)
Suprane® (Anaquest: US)

Suprane® (AstraZeneca: AE, BH, BR, CY, EG, IQ, JO, KW, LB, LY, MT, OM, PE, QA, SA, SY, YE, ZA)
Suprane® (Baxter: AR, AU, CA, CH, CZ, DE, DK, EC, ES, FI, GB, GR, HU, IS, IT, LU, NL, NO, NZ, PH, PL, PT, SE, TH)
Suprane® (Baxter Vertrieb: AT)
Suprane® (Eczacibasi Baxter: TR)
Suprane® (Kalbe: ID)
Suprane® (Ohmeda: US)
Suprane® (Pharmacia: BE)

Desipramine (Rec.INN)

L: Desipraminum
I: Desipramina
D: Desipramin
F: Désipramine
S: Desipramina

Antidepressant, tricyclic

ATC: N06AA01
CAS-Nr.: 0000050-47-5 C_{18}-H_{22}-N_2
M_r 266.394

5H-Dibenz[b,f]azepine-5-propanamine, 10,11-dihydro-N-methyl-

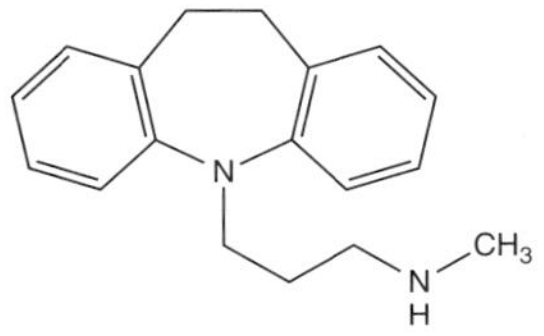

OS: *Desipramine [BAN, DCF]*
OS: *Desipramina [DCIT]*

– hydrochloride:

CAS-Nr.: 0000058-28-6
OS: *Desipramine Hydrochloride BANM, USAN*
IS: *Ex 4355*
IS: *G 35020*
IS: *JB 8181*
IS: *DMI*
IS: *RMI 9*
IS: *384A*
IS: *NSC-114901*
PH: Désipramine (chlorhydrate de) Ph. Eur. 5
PH: Desipramine Hydrochloride Ph. Eur. 5, USP 30
PH: Desipraminhydrochlorid Ph. Eur. 5
PH: Desipramini hydrochloridum Ph. Eur. 5

Apo-Desipramine® (Apotex: CA)
Deprexan® (Unipharm: IL)
Norpramin® (Sanofi-Aventis: CA, US)
Nortimil® (Chiesi: IT)
Pertofran® (Novartis: AT, AU, DE, LU, NL)
Pertrofran® (Novartis: DE)
Petylyl® (Asta Medica: CZ)
Petylyl® (Temmler: DE)
PMS-Desipramine® (Pharmascience: CA)
ratio-Desipramine® (Ratiopharm: CA)

Desirudin (Rec.INN)

L: Desirudinum
D: Desirudin
F: Desirudine
S: Desirudina

Anticoagulant, thrombolytic agent

ATC: B01AE01
CAS-Nr.: 0120993-53-5 C_{287}-H_{440}-N_{80}-O_{110}-S_6
M_r 6963.837

Hirudin (*Hirudo medicinalis* isoform HV1), 63-desulfo-

OS: *Desirudin [BAN, USAN]*
OS: *Desirudine [DCF]*
IS: *CGP 39393 (Ciba-Geigy, Switzerland)*
IS: *63-Desulfohirudin (WHO)*

Iprivask® (Aventis: US)
Revasc® (Aventis: AU, DE)
Revasc® (Canyon: LU, NL)
Revasc® (Novartis: DE)
Revasc® (Sanofi-Aventis: ES)

Deslanoside (Rec.INN)

L: Deslanosidum
I: Deslanoside
D: Deslanosid
F: Deslanoside
S: Deslanosido

Cardiac glycoside

ATC: C01AA07
CAS-Nr.: 0017598-65-1 C_{47}-H_{74}-O_{19}
M_r 943.109

3beta-{O4-[O4-(O4-Glucopyranosyl-beta-D-digitoxopyranosyl)-beta-D-digitoxopyranosyl]-beta-D-digitoxopyranosyloxy}-12beta,14-dihydroxy-5beta,14beta-card-20(22)-enolid

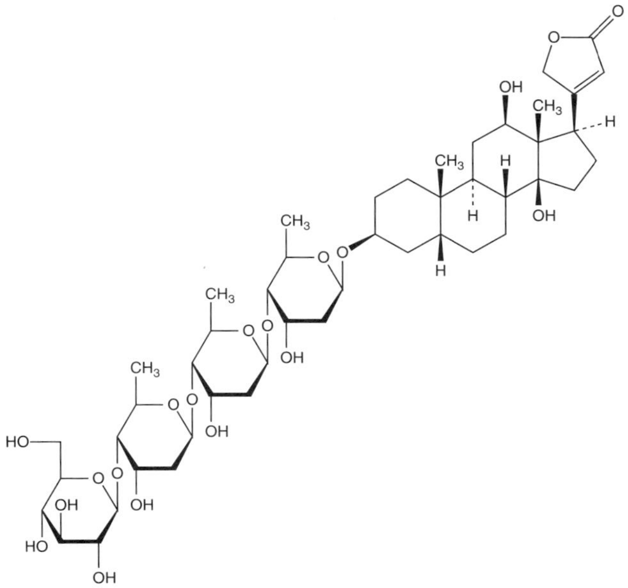

OS: *Deslanoside [BAN, DCF, DCIT, JAN, USAN]*
IS: *Deacetyl lanatoside C (WHO)*

D

IS: *Deslanosid C*
IS: *Desacetyl-lanataglykosid C*
PH: Deslanosid [Ph. Eur. 5]
PH: Deslanoside [Ph. Eur. 5, JP XIV, USP 30]
PH: Deslanosidum [Ph. Eur. 5]

Cedilanide® (Novartis: BR)

Desloratadine (Rec.INN)

L: Desloratadinum
D: Desloratadin
F: Desloratadine
S: Desloratadina

Antihistaminic agent
Histamine, H_1-receptor antagonist

ATC: R06AX27
CAS-Nr.: 0100643-71-8 C_{19}-H_{19}-Cl-N_2
M_r 310.85

8-Chlor-11-(piperidin-4-yliden)-6,11-dihydro-5H-benzo[5,6]cyclohepta[1,2-b]pyridin [IUPAC]

4-(8-Chlor-5,6-dihydro-11H-benzo[5,6]cyclohepta[1,2-b]pyrid-11-yliden)piperidin [IUPAC]

8-Chloro-6,11-dihydro-11-(4-piperidylidene)-5H-benzo[5,6]cyclohepta-[1,2-b]pyridine [WHO]

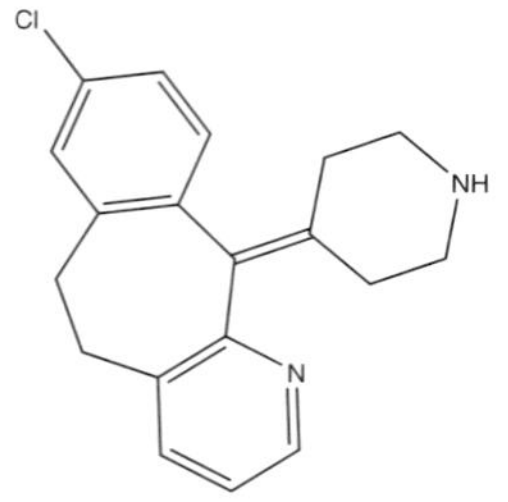

OS: *Desloratadine [BAN, USAN]*
IS: *DCL*
IS: *Decarboethoxyloratadine*
IS: *Sch 34117 (Sepracor)*

Aerius® (Essex: CH, DE)
Aerius® (Schering: CA, CZ, LU)
Aerius® (Schering-Plough: AR, BE, CN, CR, DO, ES, FI, FR, GE, GR, GT, HK, HN, HR, HU, ID, IL, IS, IT, MY, NL, NO, PH, PL, RO, RS, RU, SE, SG, SI, TH, TR, VN)
Aerius® (SP Europe: AT, DK)
Aerius® (Undra: CO)
Aerius® (White's: CL)
Aslor® (Drug International: BD)
Aviant® (Key: EC)
Aviant® (Schering-Plough: MX)
Azomyr® (Essex: EC)
Azomyr® (Ferraz: PT)
Azomyr® (Menarini: ES)
Azomyr® (Schering-Plough: GR, MX)
Azomyr® (SP Europe-B: IT)
Claramax® (Schering-Plough: AU, NZ)
Clarex® (Asiatic Lab: BD)
Clarinex® (Schering: US)
D-Histaplus® (Pasteur: CL)
Dazit® (Sun: LK)
Delot® (Apex: BD)
Desalex® (Essex: CO)
Desalex® (Schering-Plough: BR)
Desatrol® (Navana: BD)
Deselex® (Schering: ZA)
Desloran® (Chalver: CO)
Deslorin® (ACI: BD)
Deslor® (Orion: BD)
Deslor® (Sun: IN)
Desodin® (Eskayef: BD)
Despeval® (Saval: CL)
Despex® (Chile: CL)
Destacin® (Rangs: BD)
Des® (Opsonin: BD)
Dora® (Mystic: BD)
Frenaler® (Roemmers: AR)
Hexaler® (Investi: AR)
Lestacan® (Schering-Plough: CR, DO, GT, HN)
Mailen® (Pharma Investi: CL)
Momento® (Beximco: BD)
Neo Hysticlar® (Mintlab: CL)
Neo-Alledryl® (Prater: CL)
Neocilor® (Incepta: BD)
Neoclaritine® (Essex: CL)
Neoclarityn® (Schering-Plough: GB, GR, IE, LU)
Neolarmax® (Andromaco: CL)
Novo Alerpriv® (Montpellier: AR)
Relergy® (General Pharma: BD)
Rinaid® (Medipharm: CL)
Rinofilax® (Pediapharm: CL)
Rinofilax® (Recalcine: CL)
Sedno® (Square: BD)

Desmopressin (Rec.INN)

L: Desmopressinum
I: Desmopressina
D: Desmopressin
F: Desmopressine
S: Desmopresina

Antidiuretic
Posterior pituitary hormone, antidiuretic hormone, ADH

ATC: H01BA02
CAS-Nr.: 0016679-58-6 C_{46}-H_{64}-N_{14}-O_{12}-S_2
M_r 1069.278

Vasopressin, 1-(3-mercaptopropanoic acid)-8-D-arginine-

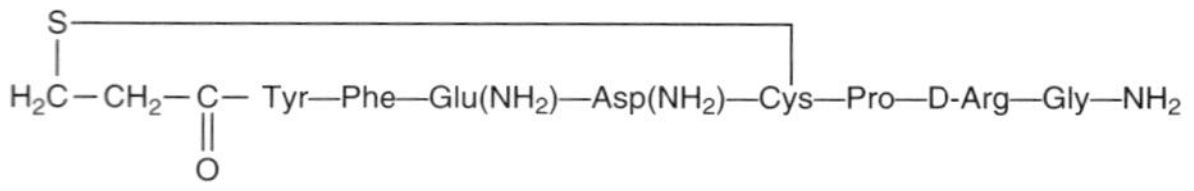

OS: *Desmopressin [BAN]*
OS: *Desmopressine [DCF]*
OS: *Desmopressina [DCIT]*
IS: *1-Deamino-8-D-arginine vasopressine*
IS: *DAV*
IS: *DAVP*
IS: *DDAVP*
PH: Desmopressin [Ph. Eur. 5]
PH: Desmopressinum [Ph. Eur. 5]
PH: Desmopressine [Ph. Eur. 5]

Adiuretin® (Ferring: CZ)
Apo-Desmopressin® (Apotex: CA)

Cefotaxime sodium® (Lupin: IL)
Desmopresina Mede® (Reig Jofre: ES)
Minirinmelt® (Ferring: FR)
Minirin® (Ferring: CH, LU)
Minurin Paranova® (Ferring: DK)
Nocturin® (Ferring: ES)
Octostim® [inj.] (Er-Kim: TR)
Presinex® (Cantabria: ES)

– acetate or diacetate:

OS: *Desmopressin Acetate BANM, USAN*
PH: Desmopressin acetate USP 30

Adin® (Ferring: IL)
Adiuretin® (Ferring: CZ, NL, RO)
D-Void® (Sun: IN)
DDAVP Desmopressin® (Ferring: GB, IE)
DDAVP® (Aventis: US)
DDAVP® (Ferring: CA, CL, GB, IE, PT, ZA)
DDAVP® (Wyeth: BR)
DDAVP® [vet.] (Ferring: GB)
DDVP® (Sanofi-Aventis: US)
Defirin® (Chemipharm: GR)
Desmogalen® (Galenpharma: DE)
DesmoMelt® (Ferring: GB)
Desmopresin® (Ferring: AR)
Desmopress Ferring® (Ferring: HU)
Desmopressin Acetate® (Alpharma: GB)
Desmopressin Acetate® (Apotex: US)
Desmopressin Acetate® (Barr: US)
Desmopressin Acetate® (Bausch & Lomb: US)
Desmopressin Acetate® (Ferring: US)
Desmopressin Acetate® (Sicor: US)
Desmopressin Acetate® (Teva: US)
Desmopressin Alpharma® (Alpharma: AT, DK, SE)
Desmopressin Nordic® (Nordic Drugs: SE)
Desmopressin TAD® (TAD: DE)
Desmopressine Ferring® (Ferring: BE, NL)
Desmopressine-acetaat Alpharma® (Alpharma: NL)
Desmopressine-acetaat CF® (Centrafarm: NL)
Desmopressine-acetaat PCH® (Pharmachemie: NL)
Desmopressine-acetaat PHT® (PH&T: NL)
Desmopressine-acetaat Sandoz® (Sandoz: NL)
Desmopressine-acetaat® (Ferring: NL)
Desmopressin® (AFT: NZ)
Desmopressin® (Alpharma: NO)
Desmopressin® (Biopharm: GE)
Desmospray® (Ferring: GB, IE, PT)
Desmospray® (Medice: DE)
Desmotabs® (Ferring: GB, IE)
Desmotabs® (Medice: DE)
Emosint® (Kedrion: AR, IT, RS)
Emosint® (Pharma Riace: RU)
Emosint® (Sclavo: RS)
Minirin® (Apotex: US)
Minirin® (Er-Kim: TR)
Minirin® (Eureco: NL)
Minirin® (Eurim: AT)
Minirin® (Euro: NL)
Minirin® (Ferring: AE, AT, AU, BA, BE, BH, CA, CH, CN, CO, CZ, DE, DK, EG, FI, FR, HK, HR, HU, IL, IS, IT, JO, KW, LB, MX, MY, NO, NZ, OM, PH, PK, PL, PT, QA, RO, RS, SA, SE, SG, SY, TH, US, YE)
Minirin® (Ferring AB: SI)
Minirin® (Paranova: AT)
Minrin Melt® (Ferring: NL)
Minrin® (Ferring: LU, NL)
Minurin® (Euro: NL)
Minurin® (Ferring: ES, SE)
Nafiset® (Pizzard: MX)
Nocturin® (Ferring: LU)
Nocutil® (Gebro: AT, CH, HU)
Nocutil® (Medac: SE)
Nocutil® (Norgine: GB)
Nocutil® (Schwarz: DE)
Nordurine® (Ferring: IE, LU)
Octim® (Ferring: FR, GB)
Octostim® (Er-Kim: TR)
Octostim® (Ferring: AE, AR, AT, AU, BH, CA, CH, CL, CN, CO, DE, DK, EG, FI, HK, HU, IL, JO, KW, LB, MX, NL, NO, NZ, OM, PH, PK, QA, SA, SE, SY, YE)
Presinex® (Pfizer: AR)
Presinex® (Trima: IL)
Stimate® (ZLB Behring: US)

Desogestrel (Rec.INN)

L: Desogestrelum
I: Desogestrel
D: Desogestrel
F: Désogestrel
S: Desogestrel

⚕ Progestin

ATC: G03AC09
CAS-Nr.: 0054024-22-5 C_{22}-H_{30}-O
M_r 310.482

18,19-Dinorpregn-4-en-20-yn-17-ol, 13-ethyl-11-methylene-, (17α)-

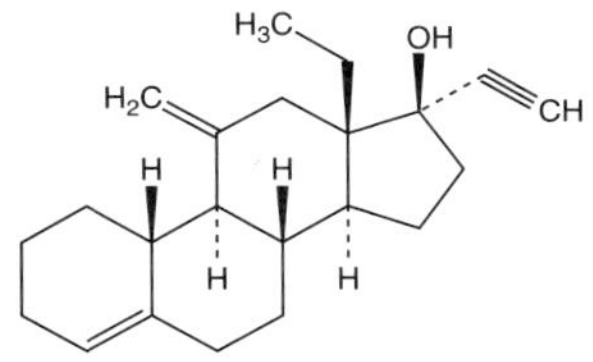

OS: *Desogestrel [BAN, DCF, DCIT, USAN]*
IS: *Org 2969 (Organon, Netherlands)*
PH: Desogestrel [BP 2002, Ph. Eur. 5]

Arlette 28® (Gynopharm: CL)
Carmin® (Elea: AR)
Cerazette® (Organon: AR, AT, BE, BR, CH, CL, CO, CR, CZ, DE, DK, FI, FR, GB, HN, HU, ID, IL, IS, IT, LU, MX, NI, NL, NO, PH, PL, SE)
Cerazet® (D.A.C.: IS)
Cerazet® (Organon: ES)
Nogesta® (Chile: CL)
Vanish® (Silesia: CL)

Desonide (Rec.INN)

L: Desonidum
I: Desonide
D: Desonid
F: Désonide
S: Desonida

Adrenal cortex hormone, glucocorticoid
Dermatological agent

ATC: D07AB08,S01BA11
CAS-Nr.: 0000638-94-8 C_{24}-H_{32}-O_6
M_r 416.52

Pregna-1,4-diene-3,20-dione, 11,21-dihydroxy-16,17-[(1-methylethylidene)bis(oxy)]-, (11β,16α)-

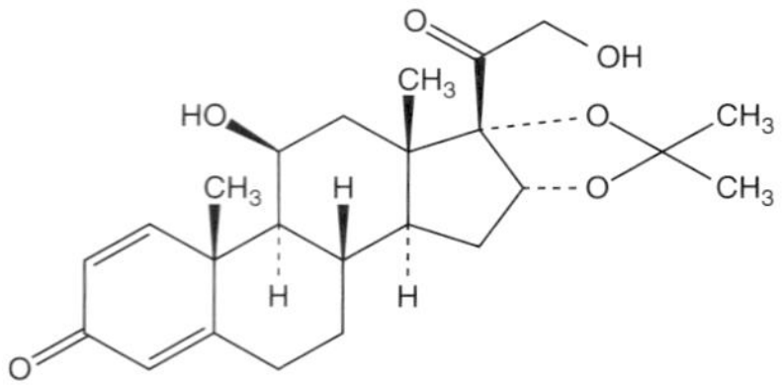

OS: *Desonide [BAN, DCF, DCIT, USAN]*
IS: *D 2083*
IS: *Hydroxyprednisolone acetonide*
IS: *Oxiprednisolone acetonide*
IS: *Prednacinolone acetonide*
IS: *Desfluortriamcinolon-acetonid*

Apolar® (Actavis: FI)
Apolar® (Alpharma: ID, NO)
Dermanide® (Interbat: ID)
Dermosupril® (Roemmers: PE)
Desocort® (Galderma: CA)
Desolex® (Surya: ID)
Desonate® (SkinMedica: US)
Desone® (Owen: US)
Desonida® (Roemmers: CO)
Desonide® (Goldline: US)
Desonide® (Interstate Drug Exchange: US)
Desonide® (Major: US)
Desonide® (Moore: US)
Desonide® (Rugby: US)
Desonide® (Taro: US)
Desonide® (Zenith Goldline: US)
Desoplus® (Lagos: AR)
Desowen® (Galderma: AR, AU, BR, CL, DO, HK, HN, IN, MX, SG, US)
Locapred® (Pierre Fabre: BF, BJ, CF, CG, CH, CI, CM, DZ, FR, GA, GN, LU, MG, ML, MR, NE, PT, SN, TD, TG, ZR)
Locatop® (Pierre Fabre: AR, BF, BJ, CG, CH, CI, FR, GA, GN, LU, ML, MR, NE, PL, SN, TG, VN)
Maxiderm® (Acromax: EC)
Nufapolar® (Nufarindo: ID)
PMS-Desonide® (Pharmascience: CA)
Prednol® (Mustafa Nevzat: TR)
Reticus® (Euroderm RDC: IT)
Sterades® (Galderma: IT)
Sterax® (Galderma: LU)
Steronide® (Galderma: BR)
Tresilen® (Biochem: CO)
Tridesilon® (Bayer: CO, CR, DO, GT, HN, NI, PA, SV)
Tridesilon® (Clay-Park: US)
Tridesilon® (Klinge: DE)
Tridésonit® (CS: FR)
Verdeso® (Connetics: US)
Zotinar® (Cipan: PT)

– 21-(disodium phosphate):

Prenacid® (Abdi Ibrahim: TR)
Prenacid® (SIFI: IT)
Prenacid® (Sifi: PE)
Prenacid® (SIFI: RO)
Prenacid® (Zambon: RU)

Desoximetasone (Rec.INN)

L: Desoximetasonum
I: Desossimetasone
D: Desoximetason
F: Désoximétasone
S: Desoximetasona

Adrenal cortex hormone, glucocorticoid
Dermatological agent

ATC: D07AC03,D07XC02
CAS-Nr.: 0000382-67-2 C_{22}-H_{29}-F-O_4
M_r 376.474

Pregna-1,4-diene-3,20-dione, 9-fluoro-11,21-dihydroxy-16-methyl-, (11β,16α)-

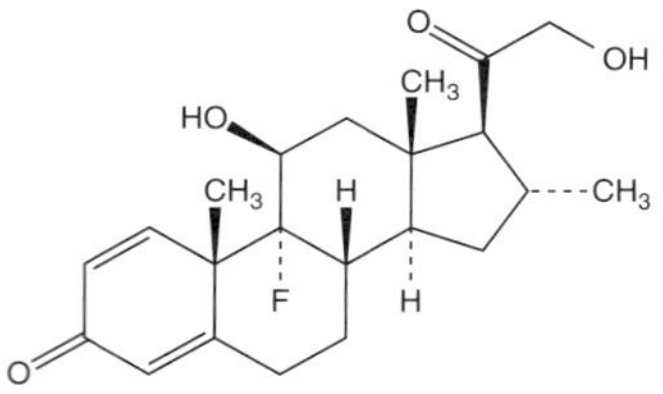

OS: *Desoximetasone [BAN, USAN]*
OS: *Désoximétasone [DCF]*
OS: *Desossimetasone [DCIT]*
OS: *Desoxymethasone [BAN]*
IS: *Hoe 304*
IS: *R 2113*
PH: Desoximetasone [USP 30]

Cendexsone® (Pharmasant: TH)
Dercason® (Global: ID)
Desicort® (Taro: IL)
Desoximetasone® (Clay-Park: US)
Desoximetasone® (Fougera: US)
Desoximetasone® (Taro: US)
Dexocort® (Kimia: ID)
Esperson® (Aventis: PE, TH)
Esperson® (Aventis Pharma: ID)
Esperson® (Jugoremedija: RS)
Esperson® (Sanofi-Aventis: BR)
Flubason® (Aventis: ES, IT)
Ibaril® (Aventis: DK, NO)
Ibaril® (Bipharma: NL)
Ibaril® (Sanofi-Aventis: FI)
Inerson® (Interbat: ID)
Lerskin® (Nufarindo: ID)
Oxyzone® (Dankos: ID)
Topcort® (Sanbe: ID)
Topicorte® (Aventis: TH)
Topicorte® (Sanofi-Aventis: NL)

Topicort® (Medicis: US)
Topicort® (Sanofi-Aventis: CA)
Topicort® (Taro: US)
Topisolon® (Abbott: CH)
Topisolon® (Aventis: AT, DE)

Desoxycortone (Rec.INN)

L: Desoxycortonum
I: Desossicortone
D: Desoxycorton
F: Désoxycortone
S: Desoxicortona

Adrenal cortex hormone, mineralocorticoid

ATC: H02AA03
CAS-Nr.: 0000064-85-7 C_{21}-H_{30}-O_3
M_r 330.471

Pregn-4-ene-3,20-dione, 21-hydroxy-

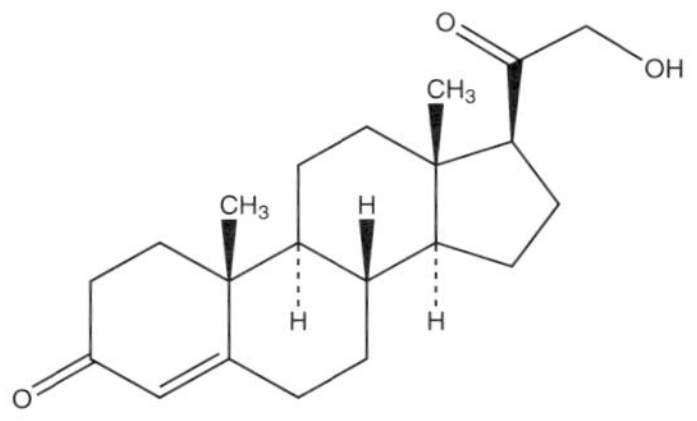

OS: *Desoxycortone [BAN]*
OS: *Desossicortone [DCIT]*
OS: *Deoxycortone [BAN]*
IS: *21-Hydroxyprogesteron*
IS: *Substanz Q nach Reichstein*
PH: Desoxycortone [BP 1999.]

– 21-acetate:

CAS-Nr.: 0000056-47-3
OS: *Desoxycortone Acetate BANM*
OS: *Désoxycortone (acétate de) DCF*
OS: *Desoxycorticosterone Acetate USAN*
IS: *Cortisal*
IS: *Deoxycorticosterone acetate*
IS: *Deoxycortone Acetate*
IS: *Medicosteron*
IS: *Syncortin*
PH: Deoxycortone Acetate Ph. Eur. 5
PH: Desoxycorticosterone Acetate USP 30
PH: Desoxycortonacetat Ph. Eur. 5
PH: Désoxycortone (acétate de) Ph. Eur. 5
PH: Desoxycortoni acetas Ph. Eur. 5, Ph. Int. II

Cortiron® (Schering: IT)
Syncortyl® (Sanofi-Aventis: FR)

– 21-pivalate:

CAS-Nr.: 0000808-48-0
OS: *Desoxycortone Pivalate BANM*
OS: *Desoxycorticosterone Pivalate USAN*
IS: *Desoxycortone trimethylacetate*
IS: *Deoxycortone Pivalate*
PH: Desoxycorticosterone Pivalate USP 30

Percorten® [vet.] (Novartis Animal Health: US)

Desvenlafaxine (Rec.INN)

L: Desvenlafaxinum
D: Desvenlafaxin
F: Desvenlafaxine
S: Desvenlafaxina

Antidepressant
Neurotransmitter antagonist
Serotonin antagonist

ATC: N06AX23
ATCvet: QN06AX23
CAS-Nr.: 0093413-62-8 C_{16}-H_{25}-N-O_2
M_r 263.38

4-[(RS)-2-(Dimethylamino)-1-(1-hydroxycyclohexyl)ethyl]phenol WHO

(+-)-1-{α-[(Dimethylamino)methyl]-4-hydroxybenzyl}cyclohexanol IUPAC

4-(2-(Dimethylamino)-1-(1-hydroxycyclohexyl)ethyl)phenol

Phenol, 4-(2-(dimethylamino)-1-(1-hydroxycyclohexyl)ethyl)-

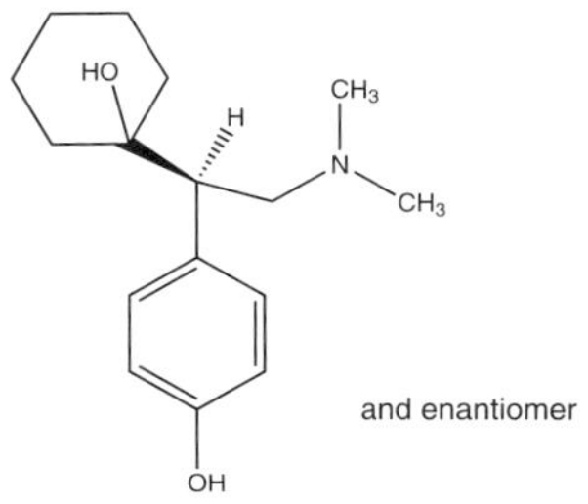

OS: *Desvenlafaxine [BAN]*
IS: *O-Desmethylvenlafaxine*

– succinate:

CAS-Nr.: 0386750-22-7
OS: *Desvenlafaxine succinate USAN*
IS: *Wy-45233 (Wyeth, US)*
IS: *DVS 233*

Pristiq® (Wyeth: US)

Detajmium Bitartrate (Rec.INN)

L: Detajmii Bitartras
D: Detajmium bitartrat
F: Bitartrate de Détajmium
S: Bitartrato de detajmio

Antiarrhythmic agent

CAS-Nr.: 0053862-81-0 C_{31}-H_{47}-N_3-O_9.H_2O
M_r 623.767

Ajmalanium, 4-[3-(diethylamino)-2-hydroxypropyl]-17,21-dihydroxy-, (17R,21α)-, salt with [R-(R*,R*)]-2,3-dihydroxybutanedioic acid (1:1), monohydrate

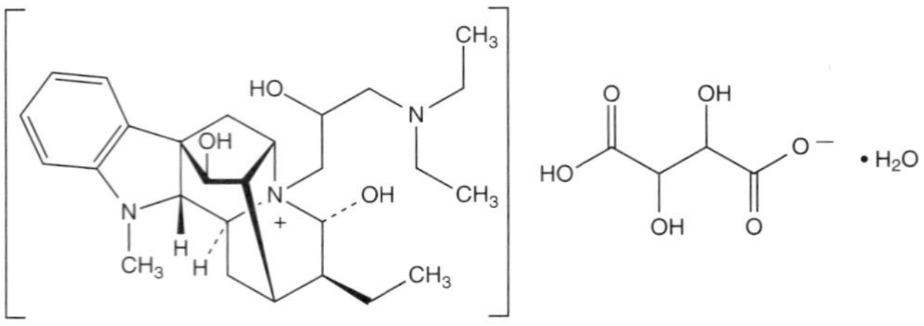

OS: *Detajmium Bitartrate [USAN]*
PH: Detajmium hydrogentartaricum [2.AB-DDR]

Tachmalcor® (AWD Pharma: CZ)
Tachmalcor® (AWD.pharma: DE)

Detomidine (Rec.INN)

L: Detomidinum
D: Detomidin
F: Détomidine
S: Detomidina

Hypnotic
Hypnotic, sedative [vet.]
ATCvet: QN05CM90
CAS-Nr.: 0076631-46-4 C_{12}-H_{14}-N_2
M_r 186.264

1H-Imidazole, 4-[(2,3-dimethylphenyl)methyl]-

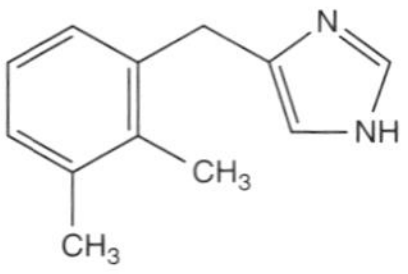

OS: *Detomidine [BAN]*

– hydrochloride:

CAS-Nr.: 0090038-01-0
OS: *Detomidine Hydrochloride BANM, USAN*
PH: Detomidine Hydrochloride for Veterinary Use Ph. Eur. 4
PH: Detomidini hydrochloridum ad usum veterinarium Ph. Eur. 4
PH: Détomidine (chlorhydrate de) pour usage veterinaire Ph. Eur. 4
PH: Detomidinhydrochlorid für Tiere Ph. Eur. 4

Cepesedan® [vet.] (CP: DE)
Detomo® [vet.] (Nature Vet: AU)
Detomo® [vet.] (Vetpharm: NZ)
Domosedan® [vet.] (Britannia: GB)
Domosedan® [vet.] (Novartis Animal Health: ZA)
Domosedan® [vet.] (Orion: FI, NO, SE)
Domosedan® [vet.] (Pfizer: AT, CH, IT, LU, NL)
Domosedan® [vet.] (Pfizer Animal: DE)
Domosedan® [vet.] (Pfizer Animal Health: BE, GB)
Domosedan® [vet.] (Pfizer Consumer Health: US)
Domosedan® [vet.] (Pfizer Consumer Healthcare: IE)
Domosedan® [vet.] (Pfizer Santé Animale: FR)
Domosedan® [vet.] (Ranvet: AU)
Dormosedan® [vet.] (Novartis Animal Health: AU)
Dormosedan® [vet.] (Orion: US)
Dormosedan® [vet.] (Pfizer Animal Health: NZ)

Dexamethasone (Rec.INN)

L: Dexamethasonum
I: Desametasone
D: Dexamethason
F: Dexaméthasone
S: Dexametasona

Adrenal cortex hormone, glucocorticoid

ATC: A01AC02, C05AA09, D07AB19, D07XB05, D10AA03, H02AB02, R01AD03, S01BA01, S01CB01, S02BA06, S03BA01
ATCvet: QA01AC02, QD07AB19, QH02AB02, QS01BA01, QS01CB01
CAS-Nr.: 0000050-02-2 C_{22}-H_{29}-F-O_5
M_r 392.474

Pregna-1,4-diene-3,20-dione, 9-fluoro-11,17,21-trihydroxy-16-methyl-, (11β,16α)-

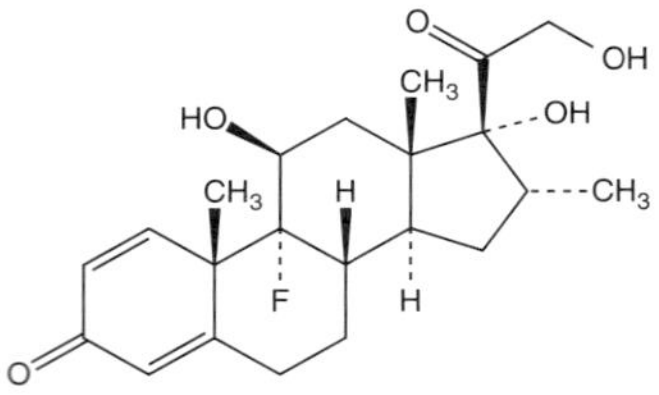

OS: *Desametasone [DCIT]*
OS: *Dexamethasone [BAN, DCF, JAN, USAN]*
IS: *Hexadecadrol*
IS: *Mediamethasone*
IS: *MK 125*
PH: Dexamethasone [JP XIV, Ph. Eur. 5, Ph. Int. 4, USP 30]
PH: Dexamethasonum [Ph. Eur. 5, Ph. Int. 4]
PH: Dexamethason [Ph. Eur 5]
PH: Dexaméthasone [Ph. Eur. 5]

Aacidexam® (Organon: LU)
Alfalyl® (Hisubiette: CO, PE)
Alin® (Chinoin: CR, DO, GT, MX, NI, PA, SV)
Aphtasolon® (Showa Yakuhin Kako: JP)
Apo-Dexamethasone® (Apotex: CA)
Azium® [vet.] (Schering-Plough: US)
Azium® [vet.] (Schering-Plough Vétérinaire: FR)
Cebedex® (Abdi Ibrahim: TR)
Cebedex® (Chauvin: PE)
Cetadexon® (Soho: ID)
Corsona® (Phapros: ID)
Cortamethasone® [vet.] (Vetoquinol: LU)
Cortaméthasone® [vet.] (Vetoquinol: FR)
Cortidex® (Sanbe: ID)
Cortisumman® (Winzer: DE)
Danasone® (Hexpharm: ID)
Decadron® (Aché: BR)
Decadron® (M & H: TH)
Decadron® (Merck: PE, US)
Decadron® (Merck Sharp & Dohme: EG, LU, ZA)
Decadron® (Sidus: AR)
Decadron® (Vianex: GR)
Decadron® (Visufarma: IT)
Decafos® (Techno: BD)
Decason® (Opsonin: BD)

Decdan® (Merind: IN)
Decilone® (Westmont: ID)
Dekort® (Deva: TR)
Dekort® [inj.] (Deva: TR)
Deksalon® (Sanli: TR)
Deksamet® (Osel: TR)
Dellamethasone® (Darya-Varia: ID)
Deltafluorene® (Aventis: PE)
Dexa-Citroneurin® (Merck Bagó: BR)
Dexa-CT® (CT: DE, DE)
Dexa-kel® [vet.] (Kela: PT)
Dexa-Mamallet® (Showa Yakuhin Kako: JP)
Dexa-M® (Dexa Medica: ID)
Dexa-Sine® (Liba: TR)
Dexachel® [vet.] (Pfizer Animal Health: US)
Dexacollyre® (Cooper: GR)
Dexacortal® (Organon: SE)
Dexacortin® (Streuli: CH)
Dexafar® (Suiphar: DO)
Dexagliko® (Biochimico: BR)
Dexaject® [vet.] (Vetus: US)
Dexalaf® (Lafedar: AR)
Dexalocal® (Medinova: AE, BH, CH, CY, DO, GT, JO, KW, LB, OM, QA, SV, YE)
Dexaltin® (ANB: TH)
Dexaltin® (Nippon Kayaku: CZ)
Dexamedix® (Amex: PE)
Dexamed® [compr.] (Leciva: CZ)
Dexamed® [compr.] (Medice: DE)
Dexamed® [compr.] (Medochemie: HK, SG)
Dexameral® (LKM: AR)
Dexametasona ATM® (ATM: PE)
Dexametasona Belmac® (Belmac: ES)
Dexametasona Fabra® (Fabra: AR)
Dexametasona Fecofar® (Fecofar: AR)
Dexametasona Fmndtria® (Farmindustria: PE)
Dexametasona Lacefa® (Lafedar: AR)
Dexametasona MF® (Marfan: PE)
Dexametasona Perugen® (Perugen: PE)
Dexametasona® (ATM: PE)
Dexametasona® (Bestpharma: CL)
Dexametasona® (Biosano: CL)
Dexametasona® (Blaskov: PE)
Dexametasona® (Comercial Médica: PE)
Dexametasona® (Cristália: BR)
Dexametasona® (EMS: BR)
Dexametasona® (Farmindustria: PE)
Dexametasona® (Fármaco: BR)
Dexametasona® (Infabra: BR)
Dexametasona® (ISP: PE)
Dexametasona® (Kampar: CL)
Dexametasona® (Lab. Ducto: BR)
Dexametasona® (Lab. Neo Quím.: BR)
Dexametasona® (LCG: PE)
Dexametasona® (Leti: PE)
Dexametasona® (Luper: BR)
Dexametasona® (Marfan: PE)
Dexametasona® (Markos: PE)
Dexametasona® (Medley: BR)
Dexametasona® (Perugen: PE)
Dexametasona® (Terbol: PE)
Dexametasona® (Teuto: BR)
Dexametasona® (Trifarma: PE)
Dexametasona® (União: BR)
Dexametasona® (UQP: PE)
Dexametason® (Nycomed: AT)
Dexametason® (Orion: FI)
Dexametason® (Polfa Warshavskiy: RU)
Dexameth-A-Vet® [vet.] (Cross Vetpharm: US)
Dexamethason CF® (Centrafarm: NL)
Dexamethason FNA® (FNA: NL)
Dexamethason GALEN® (Galen: DE)
Dexamethason HPS® (HPS: NL)
Dexamethason Jenapharm® (mibe Jena: DE)
Dexamethason Krka® (Krka: HR)
Dexamethason LAW® (Riemser: DE)
Dexamethason Nycomed® (Nycomed: AT, GE)
Dexamethason PCH® (Pharmachemie: NL)
Dexamethason Ratiopharm® (Ratiopharm: NL)
Dexamethason-Augensalbe Jenapharm® (Jenapharm: DE)
Dexamethason-ratiopharm® (ratiopharm: DE)
Dexamethasone 05% Kela® [vet.] (Wolfs: BE)
Dexamethasone Beacons® (Beacons: SG)
Dexamethasone Elixir® (Actavis: US)
Dexamethasone Elixir® (Morton Grove: US)
Dexamethasone Gap® (Gap: GR)
Dexamethasone Indo Farma® (Indofarma: ID)
Dexamethasone Intensol® (Roxane: US)
Dexamethasone Pharmasant® (Pharmasant: TH)
Dexamethasone WZF Polfa® (Polfa: CZ)
Dexamethasone-Organon® (Organon: LU)
Dexamethasone® (Biomed: NZ)
Dexamethasone® (Douglas: NZ)
Dexamethasone® (Organon: GB)
Dexamethasone® (Rekah: IL)
Dexamethasone® (Roxane: US)
Dexamethasone® [vet.] (IVX: US)
Dexamethasone® [vet.] (Pfizer Animal Health: US)
Dexamethasone® [vet.] (Sparhawk: US)
Dexamethason® (Akrihin: RU)
Dexamethason® (Biopharm: GE, GE)
Dexamethason® (Krka: BA, SI)
Dexamethason® (Lek: SI)
Dexamethason® (Polfa Warszawa: PL)
Dexamethason® [vet.] (Alfasan: NL)
Dexamethason® [vet.] (Animedic: DE)
Dexamethason® [vet.] (CP: DE)
Dexamethason® [vet.] (Forma: PT)
Dexamethazon Leciva® (Leciva: CZ)
Dexamet® (Rephco: BD)
Dexaminor® (Allergan: BR)
Dexamonozon® (Medice: DE)
Dexano® (Milano: TH)
Dexapolcort® (Polfa Warszawa: PL)
Dexasone® (Atlantic: SG, TH)
Dexasone® (Valeant: CA)
Dexason® (Galenika: RS)
Dexatab® (Renata: BD)
Dexaton® (Vianex: GR)
Dexatotal® (Paylos: AR)
Dexavet® (Farvet: PE)
Dexazone® [vet.] (Virbac: FR)
Dexcor® (ACI: BD)
Dexinga® (Inga: LK)
Dexion® (Umeda: TH)
Dexium® [vet.] (Cross Vetpharm: US)
Dexmethsone® (Aspen: AU)
Dexolan® (Streuli: CH)
Dexol® (Pharmasant: TH)

Dexona® (Cadila: IN, KE, TZ, UG, ZM)
Dexoral® [vet.] (A.S.T.: NL)
Dexoral® [vet.] (Virbac: FR)
Dexpak® (ECR: US)
Dextasona® (Blausiegel: BR)
Diazetard® (Aché: BR)
Etason® (Otto: ID)
Examsa® (Antibioticos: MX)
Exudrol® (Lafedar: AR)
Fada Dexametasona® (Fada: AR)
Fatrocortin® [vet.] (Fatro: IT)
Fexadron® (Prafa: ID)
Fortecortin Oral® (Merck: ES)
Fortecortin® [compr.] (Merck: AT, CH, CZ, DE, ES, LU)
Glucortin® [vet.] (Intervet: IT)
Indexon® (Interbat: ID)
Indextol® (Actavis: GE)
Isopto Maxidex® (Alcon: AR, PE, SE)
Isopto Maxidex® [vet.] (Alcon: SE)
Isopto-Dex® (Alcon: DE, ID)
Isopto-Maxidex® (Alcon: NO)
Kalmethasone® (Kalbe: ID)
Kemotason® (Phyto: ID)
Kortico® [vet.] (Bayer Animal Health: ZA)
Käärmepakkaus® (Organon: FI)
Lanadexon® (Landson: ID)
Lormine® (Northia: AR)
Luxazone® (Allergan Ph.-Eir: IT)
Maxidex® (Alcon: AU, BA, BD, BE, BR, BW, CA, CH, CL, DK, ER, ES, ET, FR, GB, GH, GR, HR, HU, IE, IL, IS, KE, LK, LU, MW, NA, NG, NL, NZ, RO, RS, SG, SI, TR, TZ, UG, US, ZA, ZM, ZW)
Maxidex® [vet.] (Alcon: GB)
Mecoxon® (Mecosin: ID)
Meradexon® (Gaco: BD)
Methasone® [vet.] (Apex: AU)
Millicortenol® (Novartis: IN)
Nexadron® (Klonal: AR)
Nufadex® (Nufarindo: ID)
Oftan Dexamethason® (Santen: RU)
Opticorten® [vet.] (Novartis Animal Health: GB)
Opticorten® [vet.] (Novartis Ophthalmics: SE)
Opticort® (Roster: PE)
Oradexon Organon® (Organon: CL, NL, PH)
Oradexon® (Donmed: ZA)
Oradexon® (Organon: AE, BE, BH, CY, CZ, EG, ET, GH, ID, IQ, IR, JO, KE, KW, LB, LU, LY, NL, OM, PE, PH, QA, SA, SD, SY, TZ, YE, ZM, ZW)
Pabi-Dexamethason® (Polfa Pabianice: PL)
Perazone® (Remedica: CY)
Pet Derm® [vet.] (Pfizer Animal Health: US)
PMS-Dexamethasone® (Pharmascience: CA)
Prednisolon F® (Actavis: GE)
Prednisolon F® (Balkanpharma: BG)
Prodexon® (Meprofarm: ID)
Pycameth® (Tropica: ID)
Pyradexon® (Pyridam: ID)
Rapidexon® [vet.] (Eurovet: LU)
ratio-Dexamethasone® (Ratiopharm: CA)
Rupedex® (Duncan: AR)
Santeson® [compr.] (Santen: JP)
Scandexon® (Tempo: ID)
Solutio cordes Dexa N® (Ichthyol: DE)
Steron® (Acme: BD)
Thilodexine® (Farmex: GR)
Topidexa® (Kinder: BR)
tuttozem® (Strathmann: DE)
Vetacort® [vet.] (Univete: PT)
Visumetazone® (Visufarma: IT)
Wymesone® (Wyeth: IN)
Zonometh® [vet.] (IVX: US)

- **21-acetate:**

CAS-Nr.: 0001177-87-3
OS: *Dexamethasone Acetate BANM, USAN*
PH: Dexamethasone Acetate Ph. Eur. 5, Ph. Int. 4, USP 30
PH: Dexaméthasone (acétate de) Ph. Eur. 5
PH: Dexamethasonacetat Ph. Eur. 5
PH: Dexamethasoni acetas Ph. Eur. 5, Ph. Int. 4

Decadronal® (Aché: BR)
Decadron® (Sidus: AR)
Decaject-L.A.® [inj.-susp.] (Merz: US)
Dectancyl® (Sanofi-Aventis: FR)
Depodexafon® [vet.] (Virbac: IT)
Dexa Siozwo® (Febena: DE)
Dexalone® [vet.] (Coophavet: FR)
Dexametasona® (Infabra: BR)
Dexametasona® (Lab. Ducto: BR)
Dexametasona® (Lab. Neo Quím.: BR)
Dexamethazon® (Leciva: CZ)
Dexamethazon® (Polfa: CZ)
Dexametonal® (Hexal: BR)
Dexavet® [vet.] (Bomac: NZ)
Dexone L.A.® (Keene: US)
Dexone® (F.T. Pharma: VN)
Opticortenol® [vet.] (Bomac: NZ)
Solurex L.A.® (Hyrex: US)
Uniao Dexametasona® (União: BR)

- **21-acetate and 21-(disodium phosphate):**

Chronocort® (Streuli: CH)
Dexanil® (Lab. Ducto: BR)
Duo-Decadron® (Prodome: BR)
Duo-Decadron® (Sidus: AR)

- **17α,21-dipropionate:**

CAS-Nr.: 0055541-30-5
OS: *Dexamethasone Dipropionate USAN*
IS: *ST 12*

Methaderm® (Taiho: JP)

- **21-(disodium phosphate):**

CAS-Nr.: 0002392-39-4
OS: *Dexamethasone Sodium Phosphate BANM, USAN*
IS: *NR 21 P*
PH: Dexamethasone Sodium Phosphate BP 2003, Ph. Eur. 5, Ph. Int. 4, USP 30
PH: Dexaméthasone (phosphate sodique de) Ph. Eur. 5
PH: Dexamethasondihydrogenphosphat-Dinatrium Ph. Eur. 5
PH: Dexamethasoni natrii phosphas Ph. Eur. 5, Ph. Int. 4

Aacidexam® (Organon: BE)
Alin® (Chinoin: CR, DO, GT, MX, NI, PA, SV)
Biométhasone® [vet.] (Biové: FR)
Brulin® (Bruluart: MX)
Colvasone® [vet.] (Norbrook: AU, GB, IE, ZA)
D-Cort® (Globe: BD)
Dalamon Inyectable® (Alter: ES)
Decadron Fosfato® (Merck Sharp & Dohme: IT)
Decadron Phosphate® (Merck: US)
Decadron® [inj.] (Aché: BR)
Decadron® [inj.] (Merck: US)
Decadron® [inj.] (Merck Sharp & Dohme: AU, EG, NL, ZA)
Decadron® [inj.] (Sidus: AR)
Decadron® [inj.] (Vianex: GR)
Decaject® [inj.-im-iv] (Merz: US)
Decasone® (Aspen: ZA)
Decdan® (Merind: IN)
Decordex® (Nida: SG)
Decorex® (Pisa: MX)
Decorex® (Schein: PE)
Dellamethasone® [inj.] (Darya-Varia: ID)
Desametasone Fosfato® (Mayne: IT)
Desashock® [vet.] (Fort Dodge: IT)
Dex-A-Vet® [vet.] (Cross Vetpharm: US)
Dexa ANB® (ANB: TH)
Dexa IM® (Renata: BD)
Dexa Jenapharm® (mibe Jena: DE)
Dexa Kela® [vet.] (Wolfs: BE)
Dexa TAD® [vet.] (Gräub: CH)
Dexa TAD® [vet.] (Ogris: AT)
Dexa TAD® [vet.] (Whelehan: IE)
Dexa Vana® [vet.] (Vana: AT)
dexa von ct® (CT: DE)
Dexa-Allvoran® (TAD: DE)
dexa-clinit® (Hormosan: DE)
Dexa-Effekton® (Teofarma: DE)
Dexa-M® (Dexa Medica: ID)
Dexa-Pos® (Ursapharm: NL)
Dexa-P® (PP Lab: TH)
Dexa-ratiopharm® (ratiopharm: DE, HU)
Dexa-Shiwa® (Shiwa: TH)
Dexa-Sine® (Alcon: BE, DE)
Dexabene® (Merckle Recordati: DE)
Dexabene® (Ratiopharm: AT)
Dexabeta® (betapharm: DE)
Dexacom® (Tripharma: TR)
Dexacortin® [inj.] (Streuli: CH)
Dexacortin® [vet.] (Streuli: CH)
Dexacort® (Sanitas: PE)
Dexacort® (Teva: IL)
Dexadreson® [vet.] (Intervet: AU, FR, GB, IE, IT, NZ)
Dexadreson® [vet.] (Veterinaria: CH)
DexaEDO® (Mann: DE, RS)
Dexaflam® (Winthrop: DE)
Dexafort® [vet.] (Intervet: AT, BE, FR, IE, LU, SE)
Dexafort® [vet.] (Veterinaria: CH)
Dexafree® (Thea: ES)
Dexafree® (Théa: CH)
Dexafrin® (Sophia: MX)
Dexagalen® (Galen: DE)
Dexagel® (Mann: DE, RS)
Dexagil® (Menarini: CR, DO, GT, HN, NI, PA, SV)
Dexagrane® (Leurquin: RO)
Dexahexal® (Hexal: DE)
Dexair® (Pharmafair: US)
Dexaject® [vet.] (Dopharma: NL)
Dexaject® [vet.] (Vetus: US)
Dexalergin® (Ivax: AR)
Dexalin® [vet.] (Ceva: NL)
Dexalone® [vet.] (Coophavet: FR)
Dexamed® [inj.] (Medice: DE)
Dexamed® [inj.] (Medochemie: CZ, RO, RU)
Dexametasona Biocrom® (Biocrom: AR)
Dexametasona Denver® (Denver: AR)
Dexametasona Dorf® (Pharmadorf: AR)
Dexametasona Drawer® (Drawer: AR)
Dexametasona Larjan® (Veinfar: AR)
Dexametasona Richet® (Richet: AR)
Dexametasona Richmond® (Richmond: AR)
Dexametasona® (Bestpharma: CL)
Dexametasona® (Blaskov: CO)
Dexametasona® (Sanderson: CL)
Dexamethason FNA® (FNA: NL)
Dexamethason Helvepharm® (Helvepharm: CH)
Dexamethason Krka® (Krka: SI)
Dexamethason Monofree® (Bournonville: NL)
Dexamethason Sandoz® (Sandoz: DE)
Dexamethason-mp® (medphano: DE)
Dexamethason-Rotexmedica® (Rotexmedica: DE)
Dexamethasondinatriumfosfaat CF® (Centrafarm: NL)
Dexamethasone DBL® (Mayne: HK, SG)
Dexamethasone Indo Farma® (Indofarma: ID)
Dexamethasone Sodium Phosphate® (Abraxis: US)
Dexamethasone Sodium Phosphate® (American Regent: US)
Dexamethasone Sodium Phosphate® (E.I.P.I.C.O.: RO)
Dexamethasone Sodium Phosphate® (Mayne: AU, NZ)
Dexamethasone Sodium Phosphate® (Organon: GB)
Dexamethasone Sodium Phosphate® (Sandoz: CA)
Dexamethasone Sodium Phosphate® [vet.] (IVX: US)
Dexamethasone® (Biopharm: RU)
Dexamethasone® (Mayne: GB)
Dexamethasone® (Organon: GB)
Dexamethasone® (Shreya: RU)
Dexamethasone® [vet.] (Watson: US)
Dexamethason® [vet.] (Albrecht: DE)
Dexamethason® [vet.] (Alma: DE)
Dexamethason® [vet.] (CP: DE)
Dexamethason® [vet.] (Vetochas: DE)
Dexameth® [vet.] (Interpharm: IE)
Dexamin® (Jayson: BD)
Dexan® (Chemist: BD)
Dexapent® [vet.] (Ilium Veterinary Products: AU)
Dexaphos® [vet.] (Jurox: AU)
Dexasel® [vet.] (Selecta: DE)
Dexasia® (Asiatic Lab: BD)
Dexasone® [inj.-im-iv] (Atlantic: SG, TH)
Dexasone® [inj.-im-iv] (Legere: US)
Dexason® [vet.] (Ilium Veterinary Products: AU)
Dexatad® [vet.] (Animedic: DE)
Dexatat aniMedica® [vet.] (Provet: CH)
Dexavene® [vet.] (Schering-Plough Vétérinaire: FR)
Dexaven® (Jelfa: PL, RU)
Dexa® [vet.] (Phoenix: NZ)
Dexa® [vet.] (Virbac: ZA)

Dexa® [vet.] (Wolfs: BE)
Dexium-SP® [vet.] (Cross Vetpharm: US)
Dexol® [vet.] (Bomac: NZ)
Dexol® [vet.] (Pharmtech: AU)
Dexona® (Cadila: IN, LK)
Dexone® [vet.] (Bomac: NZ)
Dexone® [vet.] (Virbac: AU)
Dexon® (GDH: TH)
Dexon® (Ibn Sina: BD)
Dexsol® (Rosemont: GB)
Dexthasol® (Olan-Kemed: TH)
Dexton® (TP Drug: TH)
Duphacort® [vet.] (Fort Dodge: GB)
Duphacort® [vet.] (Interchem: IE)
Désocort® (Chauvin: FR)
Etacortilen® (SIFI: IT)
Etason® [inj.] (Otto: ID)
Fortecortin Mono® (Merck: CZ)
Fortecortin® [inj.] (Merck: AT, CH, CZ, DE, ES, ID)
Fosfato Dissodico de Dexametasona® (EMS: BR)
Fosfato Dissodico de Dexametasona® (Eurofarma: BR)
Fosfato Dissodico de Dexametasona® (Teuto: BR)
G-Dexamethasone® (Gonoshasthaya: BD)
Hexadreson® [vet.] (Intervet: DE)
Hexadrol® [inj.] (Organon: US)
Inthesa-5® (Fahrenheit: ID)
Mefamesona® (Mepha: CR, GT, NI, PA)
Megacort® (Farma 1: IT)
Mephamesone® (Mepha: CR, GT, NI, PA, TT)
Mephameson® (Mepha: CH)
Metax® (Quimica Son's: MX)
Minims Dexamethasone® (Chauvin: GB, SG)
Monodex® (Thea: DE)
Monofree Dexamethason® (Thea: NL)
Oft Cusi Dexametasona® (Alcon: ES)
Oftalmolosa Cusi Dexametasona® (Alcon: ES)
Oftan Dexa® (Santen: FI)
Onadron® (I.E. Ulagay: TR)
Opnol® (CCS: SE)
Oradexon Organon® (Organon: CL)
Oradexon® [inj.] (Donmed: ZA)
Oradexon® [inj.] (Organon: BD, FI, GR, HU, ID, NL, TH)
Orgadrone® (Organon: ES)
Orgadrone® (Sankyo: JP)
PMS-Dexamethasone® [inj.] (Pharmascience: CA)
Rapidexon® [vet.] (WDT: DE)
Rapison® [vet.] (Ati: IT)
Ronic® (Edol: PT)
Soldesam® (Farmacologico: IT)
Solupen® (Winzer: DE)
Solurex® (Hyrex: US)
Sonexa® (Aristopharma: BD)
Spersadex® (Ciba Vision: BD, BG)
Spersadex® (Novartis: HK, LU, TR)
Spersadex® (Omnivision: CH, DE, LU)
Spersadex® (OmniVision: NO)
Totocortin® (Winzer: DE)
Trofinan® (Biol: AR)
Uniao Dexametasona® (União: BR)

– 21-isonicotinate:

CAS-Nr.: 0002265-64-7
OS: *Dexamethasone Isonicotinate BANM*
IS: *HE 111*
PH: Dexamethasone isonicotinate Ph. Eur. 5

Alin Depot® (Chinoin: CR, DO, MX, PA, SV)
Dexa Loscon® (Galderma: DE)
Dexa-Rhinospray® (Mann: DE)
Dexamet® [vet.] (AFI: IT)
Vorenvet® [vet.] (Boehringer Ingelheim: NO, SE)
Vorenvet® [vet.] (Vetcare: FI)
Voren® [vet.] (Boehringer Ingelheim: AU, BE, BE, CH, IE, IT, LU, NL)
Voren® [vet.] (Boehringer Ingelheim Animal: PT)
Voren® [vet.] (Boehringer Ingelheim Animals: NZ)
Voren® [vet.] (Boehringer Ingelheim Santé Animale: FR)
Voren® [vet.] (Boehringer Ingelheim Vetmedica: AT, AT, GB, US)
Voren® [vet.] (Boehrvet: DE)

– 21-(sodium sulfate):

Colircusi Dexametasona® (Alcon: ES)
Dexa-Tad® [vet.] (Animedica: NL)
Dexamethason® [vet.] (Alfasan: NL)
Ophthasona® (Ophtha: CO)

– 21-(sodium 3-sulfobenzoate):

CAS-Nr.: 0003936-02-5
IS: *Dexamethasone sodium metasulfobenzoate*

afpred-DEXA® (Sanavita: DE)
Dexapos® (Ursapharm: DE, RU)
Santeson® [inj.] (Santen: JP)
Selftison® (Showa Yakuhin Kako: JP)

– 21-tebutate:

CAS-Nr.: 0024668-75-5
IS: *Dexamethasone tertiary butyl acetate*

Dexamedium® [vet.] (Intervet: BE, FR)
Dexamedium® [vet.] (Veterinaria: CH)

– 17α-valerate:

Dermadex® (Teofarma: IT)
Dexaval® (Tecnifar: PT)

– 21-valerate:

Voalla® (Maruho: JP)
Zalucs® (Hokuriku: JP)

– phenylpropionate:

CAS-Nr.: 0001879-72-7
OS: *Dexamethasone Phenylpropionate BANM*

Dexafort® [vet.] (Intervet: AT, AU, GB)

– phosphate:

CAS-Nr.: 0000312-93-6
OS: *Dexamethasone Phosphate BANM*

Acicot® (ACI: BD)
Celudex® (Drug International: BD)
Decadron-Phosphate® (Merck Sharp & Dohme: LU)
Dexametasona Fosfato® (Sanderson: CL)
Fortecortine® [vet.] (Bayer: BE)

Fosfato® (Apolo: AR)
Maxitrol® (Alcon: BD)
Micro Dexamethasone Phosphate® (Micro: ZA)
Minims Dexamethasone® [vet.] (Chauvin: GB)
Oradexon® (Organon: CO)
Rapidexon® [vet.] (Eurovet: BE)
Sedesterol® (Poen: AR)
Soldesanil® (Diapit: GR)

– 21-palmitate:

OS: *Dexamethasone Palmitate JAN*

Limethason® (Mitsubishi: JP, TH)
Lipotalon® (Merckle: DE)

Dexamfetamine (Prop.INN)

L: Dexamfetaminum
I: Desamfetamina
D: Dexamfetamin
F: Dexamphétamine
S: Dexanfetamina

⚕ Psychostimulant

ATC: N06BA02
CAS-Nr.: 0000051-64-9 C_9-H_{13}-N
M_r 135.213

Benzeneethanamine, α-methyl-, (S)-

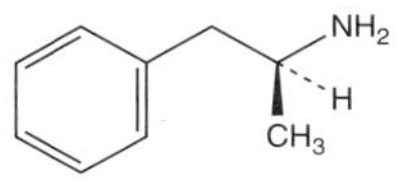

OS: *Desamfetamina [DCIT]*
OS: *Dexamphetamine [DCF, BAN]*
OS: *Dextroamphetamin [USAN]*
OS: *Dexamfetamine [BAN]*

Ibaril® (Aventis: IS)

– sulfate:

CAS-Nr.: 0000051-63-8
OS: *Dexamfetamine Sulphate BANM*
IS: *Dexamphetamine Sulphate*
PH: Dexamphaetamini sulphas Ph. Int. II
PH: Dexamphétamine (sulfate de) Ph. Franç. X
PH: Dexamfetamine Sulphate BP 2002
PH: Dexamphetamini sulfas Ph. Helv. 10
PH: Dextroamphetamine Sulfate USP 30

Dexamphetamine Tablets® (PSM: NZ)
Dexamphetamine Tablets® (Sigma: AU)
Dexedrine® (GlaxoSmithKline: CA, US)
Dexedrine® (UCB: GB)
Dextroamphetamine Sulfate® (Barr: US)
Dextroamphetamine Sulfate® (Ethex: US)
Dextroamphetamine Sulfate® (Mallinckrodt: US)
DextroStat® (Shire: US)

Dexchlorpheniramine (Rec.INN)

L: Dexchlorpheniraminum
I: Desclorfeniramina
D: Dexchlorpheniramin
F: Dexchlorphéniramine
S: Dexclorfeniramina

⚕ Antiallergic agent
⚕ Histamine, H_1-receptor antagonist

ATC: R06AB02
CAS-Nr.: 0025523-97-1 C_{16}-H_{19}-Cl-N_2
M_r 274.798

2-Pyridinepropanamine, λ-(4-chlorophenyl)-N,N-dimethyl-, (S)-

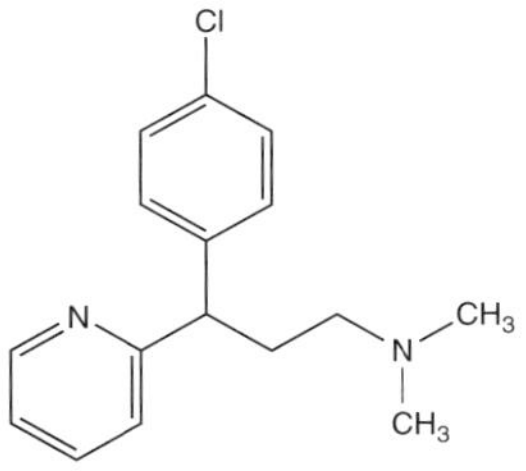

OS: *Desclorfeniramina [DCIT]*
OS: *Dexchlorpheniramine [BAN]*
OS: *Dexchlorphéniramine [DCF]*

Dapriton® (Marching Pharmaceutical: HK)

– maleate:

CAS-Nr.: 0002438-32-6
OS: *Dexchlorpheniramine Maleate USAN*
IS: *Dextrochlorpheniramine maleate*
PH: d-Chlorpheniramine Maleate JP XIV
PH: Dexchlorpheniramine Maleate Ph. Eur. 5, USP 30
PH: Dexchlorpheniramini maleas Ph. Eur. 5
PH: Dexchlorpheniraminhydrogenmaleat Ph. Eur. 5
PH: Dexchlorphéniramine (maléate de) Ph. Eur. 5

Afeme® (Cetus: AR)
Dexchlorpheniramine Maleate® (Major: US)
Dexchlorpheniramine Maleate® (Morton Grove: US)
Dexchlorpheniramine Maleate® (Schein: US)
Dexchlorpheniramine Maleate® (Teva: US)
Dexchlorpheniramine Maleate® (United Research: US)
Dexclor® (Cristália: BR)
Dextramine® (Camden: SG)
Histagan® (Saidal: DZ)
Histamin® (Lab. Neo Quím.: BR)
Kenyamine® (Ebewe: HK)
Maleato de Dexclorfeniramina® (Cristália: BR)
Maleato de Dexclorfeniramina® (EMS: BR)
Maleato de Dexclorfeniramina® (Fármaco: BR)
Maleato de Dexclorfeniramina® (Medley: BR)
Maleato de Dexclorfeniramina® (Neo Quimica: BR)
Maleato de Dexclorfeniramina® (Teuto: BR)
Mekopora® (Mekophar: VN)
Nasamine® (Maxi Medical: TH)
Phenamin® (Nycomed: NO)
Polamec® (Mecosin: ID)
Polaramine® (Essex: CH, CO)

Polaramine® (Schering: US)
Polaramine® (Schering-Plough: AN, AU, AW, BB, BE, BM, BR, BS, BZ, ES, FR, GD, GY, HK, HT, ID, JM, KE, KY, LC, LU, MY, NL, NZ, SG)
Polaramin® (Aesca: AT)
Polaramin® (Schering: US)
Polaramin® (Schering-Plough: AU, BR, DK, IS, IT, NO, SE)
Polarist® (Bernofarm: ID)
Polarmine® (Schering-Plough: BR)
Polaronil® (Aesca: AT)
Polaronil® (Essex: DE)
Rhiniramine® (DHA: HK, SG)
Somin® (Yung Shin: SG)
Synchloramine® (Synco: HK)
Trenelone® (Schering-Plough: PT)

Dexetimide (Rec.INN)

L: Dexetimidum
I: Dexetimide
D: Dexetimid
F: Dexétimide
S: Dexetimida

Parasympatholytic agent

ATC: N04AA08
CAS-Nr.: 0021888-98-2 C_{23}-H_{26}-N_2-O_2
M_r 362.481

[3,4'-Bipiperidine]-2,6-dione, 3-phenyl-1'-(phenylmethyl)-, (S)-

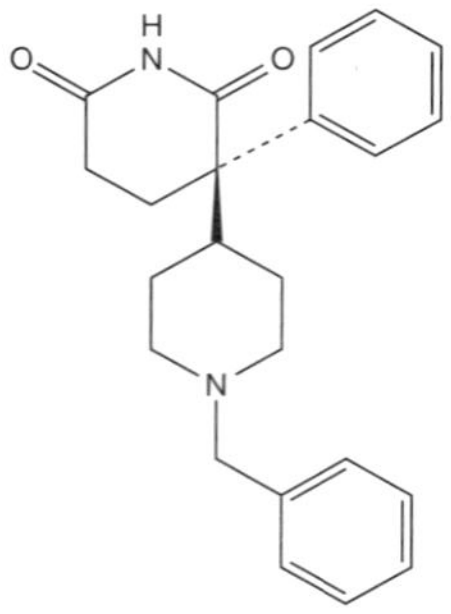

OS: *Dexetimide [BAN, DCIT, USAN]*
IS: *Dextrobenzetimid*
IS: *R 16470*

– hydrochloride:

CAS-Nr.: 0021888-96-0
IS: *R 16470 (Janssen, Belgium)*

Tremblex® (Janssen: BE, LU, NL)
Tremblex® (Medimpex: CZ)

Dexfenfluramine (Rec.INN)

L: Dexfenfluraminum
D: Dexfenfluramin
F: Dexfenfluramine
S: Dexfenfluramina

Anorexic

ATC: A08AA04
CAS-Nr.: 0003239-44-9 C_{12}-H_{16}-F_3-N
M_r 231.27

Benzeneethanamine, N-ethyl-α-methyl-3-(trifluoromethyl)-, (S)-

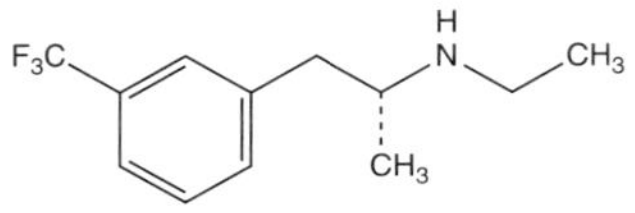

OS: *Dexfenfluramine [BAN, DCF]*

– hydrochloride:

CAS-Nr.: 0003239-45-0
OS: *Dexfenfluramine Hydrochloride USAN*
IS: *S 5614 HCl*
PH: Dexfenfluramine (chlorhydrate de) Ph. Franç. X

Isomeride® (Servier: DE, IT, NL)

Dexibuprofene (Rec.INN)

L: Dexibuprofenum
D: Dexibuprofen
F: Dexibuprofene
S: Dexibuprofeno

Antiinflammatory agent
Analgesic
Antipyretic

CAS-Nr.: 0051146-56-6 C_{13}-H_{18}-O_2
M_r 206.287

Benzeneacetic acid, (S)-α-methyl-4-(2-methylpropyl)-

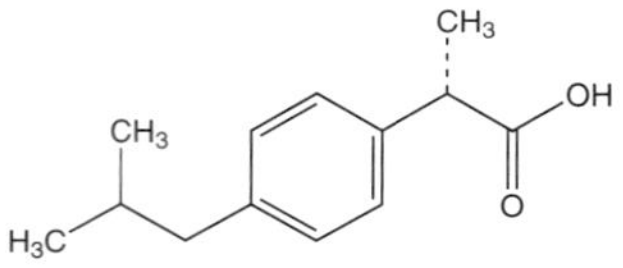

OS: *Dexibuprofen [BAN, USAN]*

Atriscal® (Lacer: ES)
Deltaran® (Strathmann: DE)
Dexelle® (ITF: CL)
DexOptifen® (Spirig: CH)
Dexprofen® (Polfa Kutno: PL)
Dolomagon® (Orion: DE)
Eu-med® (Gebro: AT)
Seractil® (Biofarm: PL)
Seractil® (Galenica: GR)
Seractil® (Gebro: AT, CH, ES, HU)
Seractil® (Genus: GB)
Seractil® (GiEnne: IT)
Seractil® (Grünenthal: NL)
Seractil® (Jaba: PT)
Seractiv® (Nordic Drugs: DK, NO)

Sibet® (Glenmark: IN)
Tradil® (Nordic Drugs: SE)

Dexketoprofen (Rec.INN)

L: Dexketoprofenum
D: Dexketoprofen
F: Dexketoprofene
S: Dexketoprofeno

Antiinflammatory agent

ATC: M01AE17
ATCvet: QM01AE17
CAS-Nr.: 0022161-81-5 C_{16}-H_{14}-O_3
M_r 254.288

Benzeneacetic acid, 3-benzoyl-alpha-methyl-, (S)-

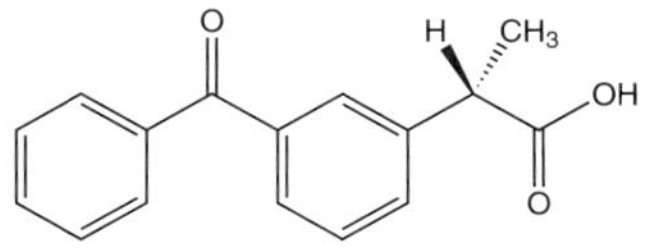

OS: *Dexketoprofen [BAN, USAN]*
IS: *(+)-(S)-m-Benzoylhydratropic acid*
IS: *(+)-Ketoprofen*
IS: *(S)-Ketoprofen*
IS: *Hydratropic acid, m-benzoyl-, (+)-*
IS: *LM 1158*

Dexomen® (Berlin Chemie: BA)
Dexomen® (Berlin-Chemie: RS)
Enantyum® (Menarini: AR)
Menadex® (Sanolabor: SI)
Tador® (Berlin-Chemie: RO)

– tromethamine:

OS: *Dexketoprofen Trometamol BANM*
IS: *Dexketoprofen trometamol*
IS: *Nosatel*
IS: *Viaxal*

Adolquir® (Kin: ES)
Arveles® (I.E. Ulagay: TR)
Desketo® (Malesci: IT)
Desketo® (Recalcine: CL)
Dexak® (Berlin-Chemie: PL)
Dexalgin® (Berlin-Chemie: RU)
Dexoket® (Berlin-Chemie: CZ)
Enangel® (Menarini: ES)
Enantyum® (Menarini: CR, DO, ES, GT, HN, LU, NI, NL, PA, SV)
Enantyum® (Menarini-E: IT)
Keral® (Menarini: GB, IE)
Ketesse® (Ferron: ID)
Ketesse® (Menarini: CH, ES, LU, PT)
Ketesse® (Menarini International-L: IT)
Ketesse® (Tecefarma: ES)
Ketodex® (Berlin-Chemie: HU)
Pyrsal® (Fermon: ES)
Quiralam® (Guidotti: ES)
Quiralam® (Menarini: CR, DO, GT, HN, NI, PA, SV)
Quiralam® (Retrain: ES)
Quirgel® (Retrain: ES)
Stadium® (Menarini: NL)
Stadium® (Sanfer: MX)
Sympal® (Berlin-Chemie: DE)

Dexmedetomidine (Rec. INN)

L: Dexmedetomidinum
D: Dexmedetomidin
F: Dexmédétomidine
S: Dexmedetomidina

α_2-Sympathomimetic agent
Tranquilizer

ATC: N05CM18
ATCvet: QN05CM95,QN05CM18
CAS-Nr.: 0113775-47-6 C_{13}-H_{16}-N_2
M_r 200.28

(+)-(S)-4-[1-(2,3-dimethylphenyl)ethyl]-1H-imidazole [WHO]

(+)-(R)-4-(alpha,2,3-Trimethylbenzyl)imidazol [IUPAC]

1H-Imidazole, 4-[1-(2,3-dimethylphenyl)ethyl]-, monohydrochloride, (S)- [USAN]

1H-Imidazole, 4-[1-(2,3-dimethylphenyl)ethyl]-, (R)- [USAN]

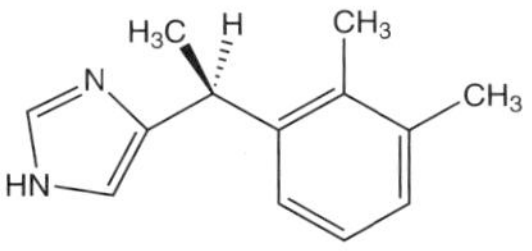

OS: *Dexmedetomidine [BAN]*
OS: *Dexmedetomidine [USAN]*
IS: *MPV 1440 (Farmos Group Ltd., Finland)*
IS: *(S)-medetomidine*
IS: *(+)-medetomidine*
IS: *MPV 295 (Farmos, Finland)*
IS: *MPV 785 (Farmos, Finland)*

Precedex® (Bagó: AR)

– hydrochloride:

CAS-Nr.: 0145108-58-3
OS: *Dexmedetomidine Hydrochloride USAN*

Dexdomitor® [vet.] (Orion: PT)
Precedex® (Abbott: AU, CZ, IL, PE, PL, SG, TH, TR)
Precedex® (Hospira: MX, US)
Precedex® (InterMed Medical Ltd: NZ)

Dexmethylphenidate

L: Dexmethylphenidatum
D: Dexmethylphenidat
F: Dexméthylphénidate
S: Dexmetilfenidato

Psychostimulant

ATC: N06BA
CAS-Nr.: 0040431-64-9 C_{14}-H_{19}-N-O_2
M_r 233.31

2-Piperidineacetic acid, α-phenyl-, methyl ester, d-isomer

Methyl(2R)-phenyl[(2R)-piperidyl]acetate (WHO)

(R)-Phenyl-[(R)-piperidin-2-yl]essigsäuremethylester (IUPAC)

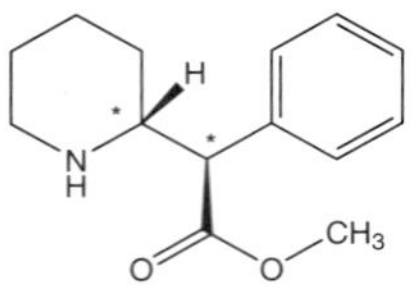

IS: *d-methylphenidate*
IS: *d-MPH*
IS: *D 2785*
IS: *d-threo-methylphenidate*

– hydrochloride:

CAS-Nr.: 0019262-68-1
OS: *Dexmethylphendidate hydrochloride USAN*
IS: *D-threo-Methylphenidate hydrochloride*

Focalin® (Novartis: US)

Dexpanthenol (Rec.INN)

L: Dexpanthenolum
I: Dexpantenolo
D: Dexpanthenol
F: Dexpanthénol
S: Dexpantenol

Vitamin B-complex
Wound healing

ATC: A11HA30,D03AX03,S01XA12
CAS-Nr.: 0000081-13-0 C_9-H_{19}-N-O_4
M_r 205.261

Butanamide, 2,4-dihydroxy-N-(3-hydroxypropyl)-3,3-dimethyl-, (R)-

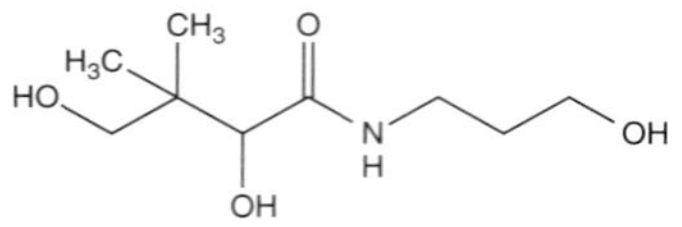

OS: *Dexpanthenol [BAN, USAN]*
OS: *Dexpanthénol [DCF]*
IS: *D-(+)-Pantothenylalkohol*
IS: *Pantothenylol*
PH: Dexpanthenol [Ph. Eur. 5, USP 30]
PH: Dexpanthenolum [Ph. Eur. 5]
PH: Dexpanthénol [Ph. Eur. 5]

Bepanten® (Bayer: IT)
Bepanthene® (Bayer: BA, BG, ES, PE, PT, TR)
Bepanthen® (Bayer: AT, AU, BA, BE, BG, CH, CZ, DE, FI, HU, ID, IL, KE, LU, PL, RO, RU, SI, TZ, UG, ZA, ZM)
Bepanthen® (Bayer Santé Familiale: FR)
Bepanthol® (Bayer: BE)
Bepantol® (Bayer: BR, CL, ZA)
Bepantol® (Merkez: TR)
Borogal® (ICN: BG)
Bépanthène® (Bayer Santé Familiale: FR)
Corneregel® (Mann: DE, HU, IS, LU, PL, RS)
Corneregel® (Riel: AT)
Corneregel® (Roche: RO)
D-Panthenol® (Nizhpharm: RU)
Dermacalm® (Maccabi Care: IL)
Dermopanten® (Chema: PL)
Dexanol® (Balkanpharma: BG)
Dexpanthenol Heumann® (Heumann: DE)
Dexpanthenol ratiopharm® (Ratiopharm: AT, FI)
Dexpanthenol-Hemopharm® (Hemofarm: RU)
Dexpanthenol® (CMC: US)
Dexpanthenol® (McGuff: US)
Dexpanthenol® (Schein: US)
Ilopan® (Savage: US)
Mar Plus® (Stada: AT, DE, TH)
Marolderm® (Dermapharm: DE)
NasenSpray ratiopharm Panthenol® (ratiopharm: DE)
Nasic-cur® (Artesan: DE)
Nasic-cur® (Cassella-med: DE)
Neocutan® (Medibrands: IL)
Otriven Dexpanthenol® (Novartis Consumer Health: DE)
Otriven® (Mann: DE)
Pan Rhinol® (Mann: DE)
Pan-Ophtal® (Winzer: DE)
Pantenol® (Saba: TR)
Pantexol® (Jadran: HR)
Panthenol Jenapharm® (Jenapharm: CZ, DE)
Panthenol LAW® (Riemser: DE)
Panthenol Lichtenstein® (Winthrop: DE)
Panthenol Spray® (Chauvin: BG, CZ, DE)
Panthenol-CT® (CT: DE)
Panthenol-ratiopharm® (ratiopharm: DE)
Panthenol-ratiopharm® (Ratiopharm: RU)
Panthenol-Sandoz® (Sandoz: DE)
Panthenol® (Azupharma: DE)
Panthenol® (Chauvin: HU, PL, RO)
Panthenol® (Hemofarm: RS)
Panthenol® (Jenapharm: CZ)
Panthenol® (Schering: HU)
Panthoderm® (Akrihin: RU)
Panthoderm® (King: US)
Panthogenat® (Azupharma: DE)
Pantogel® (Actavis: GE)
Pantogel® (Balkanpharma: BG)
Pantomed® (Koçak: TR)
Pasquam® (Sanbe: ID)
Pelina® (MIP: DE)
Repa-Ophtal® (Winzer: DE)
Siccaprotect® (Biem: TR)
Siccaprotect® (Croma: AT)
Siccaprotect® (Ursapharm: CZ)
Siozwo SANA® (Febena: DE)
Ucee D® (Merck KGaA: DE)
Urupan® (Merckle: DE)
Wund- und Heilsalbe LAW® (Riemser: DE)

– racemate:

CAS-Nr.: 0016485-10-2
OS: *Panthenol BAN*
OS: *Panthénol DCF*
OS: *Pantenolo DCIT*
IS: *DL-Panthenol*
IS: *Pantothenol*
IS: *Pantothenylalkohol*
PH: Panthenol USP 26

PH: Panthenolum 2.AB-DDR

Panto Liquid® (Pharmaselect: AT)

Dexrazoxane (Rec.INN)

L: Dexrazoxanum
D: Dexrazoxan
F: Dexrazoxane
S: Dexrazoxano

Antidote

ATC: V03AF02
CAS-Nr.: 0024584-09-6 C_{11}-H_{16}-N_4-O_4
M_r 268.289

(+)-(S)-4,4'-Propylenedi-2,6-piperazinedione

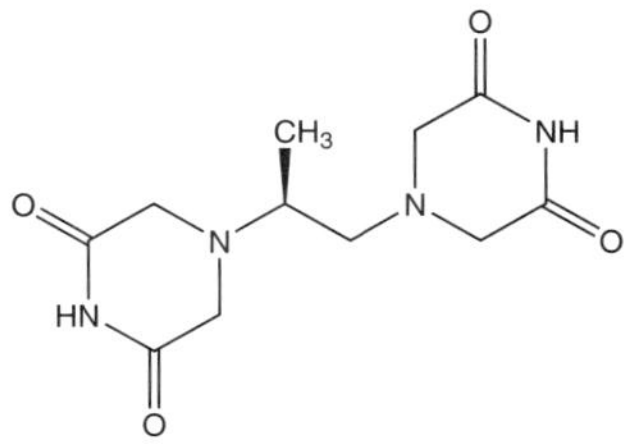

OS: *Dexrazoxane [BAN, DCF, USAN]*
IS: *ADR 529 (Adria, USA)*
IS: *ICRF 187*
IS: *NSC 169780*

Cardioxane® (Chiron: CZ, IL, PL)
Savene® (TopoTarget: DE)
Zinecard® (Pfizer: CA)

– hydrochloride:

OS: *Dexrazoxane Hydrochloride BANM*

Cardioxane® (Asofarma: MX)
Cardioxane® (Chiron: AT, DK, PL)
Cardioxane® (Chiron Behring: RO)
Cardioxane® (Chiron-NL: IT)
Cardioxane® (Novartis: DE, FR, IE)
Cardioxane® (Zodiac: BR)
Dexarazoxane Martian® (LKM: AR)
Dexrazoxane® (Raffo: AR)
Savene® (TopoTarget: SE)
Zinecard® (Pfizer: US)

Dextran (Rec.INN)

L: Dextranum
D: Dextran
F: Dextran
S: Dextran

Plasmaexpander

ATC: B05AA05
CAS-Nr.: 0009004-54-0

A polysaccharide produced by the action of *Leuconostoc mesenteroides* on sucrose

OS: *Destrano [DCIT]*
OS: *Dextran [BAN, DCF, USAN]*
IS: *Expandex*
IS: *Infukoll*
IS: *Intradex*
IS: *Plavolex*
IS: *Dextran-Hydrolysat*

Dacriosol® (Alcon: IT)
Dextran® (Infusia: CZ)
Dextran® [vet.] (Baxter: GB)
Dextran® [vet.] (Dutch Farm Veterinary: NL)
Haemodex® (Balkanpharma: BG)
Opti-Tears® (Alcon: ZA)
Promit® (Pharmacia: ZA)
Rheopolydex® (Biosintez: RU)
Soludex® (Pliva: BA)
Tears Naturale® (Alcon: BE, BW, CZ, EC, ER, ET, GH, KE, MW, NA, NG, NO, TR, TZ, UG, ZA, ZM, ZW)

– average molecular weight about 1000:

IS: *Dextran LD I*
PH: Dextran 1 for Injection Ph. Eur. 5
PH: Dextranum 1 ad iniectabile Ph. Eur. 5
PH: Dextran 1 zur Herstellung von Parenteralia Ph. Eur. 5
PH: Dextran 1 pour préparations injectables Ph. Eur. 5
PH: Dextran 1 USP 30

Praedex® (Fresenius: AT)
Promiten® (Meda: DK, IS, NO, SE)
Promiten® (Pharmalink: NL)
Promiten® (Vascumed: LU)
Promit® (Medical Specialties: AU)
Promit® (Pharmalink: HU)
Promit® (Reusch: DE)
Promit® (Torrex: AT)
Soludeks 1® (Pliva: BA, HR)

– average molecular weight about 40000:

CAS-Nr.: 0009004-54-0
OS: *Dextran 40 USAN*
IS: *Fluidex*
PH: Dextran 40 JP XIV, USP 30
PH: Dextran 40 for Injection Ph. Eur. 5
PH: Dextran 40 zur Herstellung von Parenteralia Ph. Eur. 5
PH: Dextranum 40 ad iniectabile Ph. Eur. 5
PH: Dextran 40 pour préparations injectables Ph. Eur. 5

Dekstran 40000® (Fresenius: PL)
Dextran 40 Intravenous Infusion BP® (Baxter: AU)
Dextran 40® (Braun: US)
Dextran 40® (Fresenius: AT)
Elorheo® (Fresenius: AT)
Eudextran® (Medacta-Luxembourg: IT)
Gentran 40® (Baxter: CA, LU, NL)
Gentran 40® (Baxter Healthcare: US)
Isodex® (NPBI: NL)
Onkovertin N® (Braun: AT)
Plander R® (Fresenius: IT)
Rheomacrodex® (Alliance: ZA)
Rheomacrodex® (Eczacibasi Baxter: TR)
Rheomacrodex® (Fresenius: ES)
Rheomacrodex® (Meda: IS, NO, SE)
Rheomacrodex® (Medical Specialties: AU)
Rheomacrodex® (Medisan: US)
Rheomacrodex® (NPBI: NL)

Rheomacrodex® (Pfizer: IL)
Rheomacrodex® (Pharmacia: CZ)
Rheomacrodex® (Pharmalink: IS)
Rheomacrodex® (Reusch: DE)
Rheomacrodex® (Torrex: AT)
Rheomacrodex® (Vascumed: LU)
Soludeks 40® (Pliva: BA, HR)

– average molecular weight about 70000:

OS: *Dextran 70 USAN*
PH: Dextran 70 JP XIV, USP 30
PH: Dextran 70 zur Herstellung von Parenteralia Ph. Eur. 5
PH: Dextran 70 for Injection Ph. Eur. 5
PH: Dextran 70 pour préparations injectables Ph. Eur. 5
PH: Dextranum 70 ad iniectabile Ph. Eur. 5

Dekstran 70000® (Fresenius: PL)
Dextran 70 Intravenous Infusion BP® (Baxter: AU)
Dextran 70® (Braun: US)
Dextran 70® (Otsuka: ID)
Dialens® (Bausch & Lomb: CH)
Gentran 70® (Baxter: CA, LU, NL)
Gentran 70® (Baxter Healthcare: US)
Macrodex® (Alliance: ZA)
Macrodex® (Eczacibasi Baxter: TR)
Macrodex® (Meda: IS, NO, SE)
Macrodex® (Medical Specialties: AU)
Macrodex® (Medisan: US)
Macrodex® (NPBI: NL)
Macrodex® (Pfizer: IL)
Macrodex® (Pharmalink: IS)
Macrodex® (Reusch: DE)
Macrodex® (Vascumed: LU)
Plander® (Fresenius: IT)
RescueFlow® (Alliance: ZA)
RescueFlow® (BioPhausia: NO, SE)
RescueFlow® (Medifront: FI)
RescueFlow® (Vitaline: GB)
Soludeks 70® (Pliva: BA, HR)

Dextran Iron Complex

D: Eisen(III)-hydroxid-Dextran-Komplex

Antianaemic agent

CAS-Nr.: 0009004-66-4

Iron dextran complex
PH: Iron Dextran Injection [BP 1999, USP 26]

Anchordex® [vet.] (Ceva: ZA)
Bastion® [vet.] (Hoechst Animal Health: BE)
Bela-Fer-Dextran® [vet.] (Selecta: DE)
Cofafer® [vet.] (Coophavet: FR)
CosmoFer® (Demo: GR)
CosmoFer® (Gry: AT, DE)
CosmoFer® (MCP: FI)
CosmoFer® (Natural: TH)
CosmoFer® (Nebo: DK, LU, NL, NO)
CosmoFer® (Pharmacosmos: CN)
CosmoFer® (Q-Med: SE)
CosmoFer® (Say: TR)
CosmoFer® (Vitaline: GB, IE)
Dexavin® [vet.] (Pfizer Animal: AU)
Dexferrum® (American Regent: US)
DexIron® (Genpharm: CA)
Dexiron® [vet.] (Virbac: ZA)
Dexiron® [vet.] (Wolfs: BE)
Dexprol® [vet.] (Virbac: FR)
Eisendextran® [vet.] (Schoeller: AT)
Eisendextran® [vet.] (WDT: DE)
Eisen® [vet.] (Albrecht: DE)
Feosol® (GlaxoSmithKline: US)
Fercayl® (Sterop: BE)
Ferival® [vet.] (Sogeval: FR)
Feriv® (Ges Genericos: ES)
Feron® [vet.] (Pharmtech: AU)
Ferri-Dextran® [vet.] (Pharmacia Animal Health: BE)
Ferridex® [vet.] (Stricker: CH)
Ferriphor® [vet.] (Animedic: DE)
Ferriphor® [vet.] (Animedica: AT)
Ferriphor® [vet.] (Gräub: CH)
Ferriphor® [vet.] (Klat: DE)
Ferriphor® [vet.] (Ogris: AT)
Ferro 2000® [vet.] (Coophavet: FR)
Ferrodextran® [vet.] (Alvetra: DE)
Ferrojex® [vet.] (Bayer Animal Health: ZA)
Ferrosan® [vet.] (Jurox: AU)
Ferrosel® [vet.] (Selecta: DE)
Ferrum Hausmann® (Abdi Ibrahim: TR)
Ferrum Hausmann® (Astellas: DE)
Ferrum Hausmann® (Nycomed: GR)
Ferrum Hausmann® (Therabel: LU)
Ferrum Hausmann® (Vifor: DO, HK, HN, NI, PA, RO, SV)
Ferrum Hausmann® (Vifor International: CH)
Ferrum Hausmann® [vet.] (Vifor International: CH)
Ferrum® [vet.] (CP: DE)
Fervetrin® [vet.] (Ceva: DE)
Hierro® (Bestpharma: CL)
Hippiron® (Richter: AT)
Hippiron® [vet.] (Ausrichter: NZ)
Hippiron® [vet.] (Vifor: CH)
Icar® (Hawthron: US)
Imafer® [vet.] (Richter: AT)
Imferon® (Aventis: GH, KE, NG, UG, ZW)
Imferon® (Ceva: FR)
Imferon® (Fisons: US)
Imferon® (Llorente: ES)
Imferon® (Shreya: IN)
InFed® (Watson: US)
Inifer® [vet.] (Noé: FR)
Iron Dextran® (Lotus Biochemical Corporation: US)
Ironject® [vet.] (Eurovet: BE)
Myofer® [vet.] (Intervet: AT, DE)
Parkefer® [vet.] (Pharmacia: DE)
Pigfer® [vet.] (Orion: FI)
Ridan® [vet.] (Kela: PT)
Ridan® [vet.] (Wolfs: BE)
Thespofer® [vet.] (Sogeval: FR)
Ucafer® [vet.] (Noé: FR)
Ursoferran® [vet.] (Gräub: CH)
Ursoferran® [vet.] (Serumber: DE)
Ursoferran® [vet.] (Vetcare: FI)
Vanafer® [vet.] (Vana: AT)
Veparfer® [vet.] (Veyx: DE)
Vetofer® [vet.] (Vetochas: DE)

Vétiférol® [vet.] (Ceva: FR)

Dextranomer (Rec.INN)

L: **Dextranomerum**
I: **Destranomero**
D: **Dextranomer**
F: **Dextranomère**
S: **Dextranomero**

Dermatological agent
Wound healing

ATC: D03AX02
CAS-Nr.: 0056087-11-7

Dextran, 2,3-dihydroxypropyl 2-hydroxy-1,3-propanediyl ether

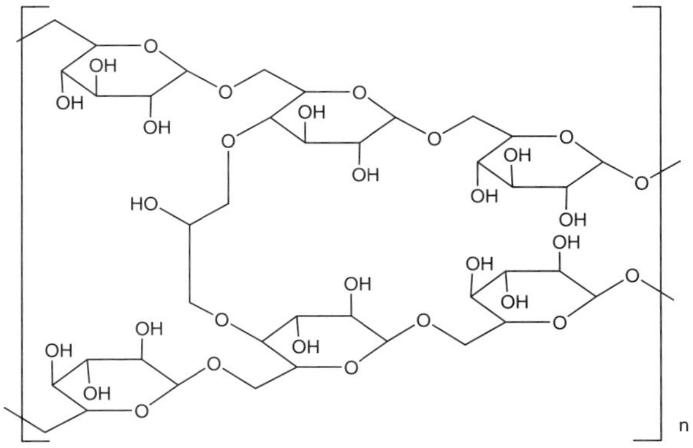

OS: *Destranomero [DCIT]*
OS: *Dextranomer [BAN, USAN]*
OS: *Dextranomère [DCF]*

Acudex® (Polfa: CZ)
Acudex® (Polfa Kutno: PL)
Crupodex® (Medimpex: CZ)
Debrisan® (Darier: MX)
Debrisan® (Johnson & Johnson: US)
Debrisan® (Pharmacia: BE, CO, NL)

Dextriferron (Rec.INN)

L: **Dextriferronum**
D: **Eisen(III)-hydroxid-Dextrin-Komplex**
F: **Dextriferron**
S: **Dextriferron**

Antianaemic agent

ATC: B03AB05,B03AC01,B03AD04
ATCvet: QB03AD04
CAS-Nr.: 0008063-02-1

Dextriferron

OS: *Dextriferron [BAN]*
PH: Dextriferron Injection [NF XIII]

Fedex® (Zdravlje: RS)

Dextromethorphan (Prop.INN)

L: **Dextromethorphanum**
I: **Destrometorfano**
D: **Dextromethorphan**
F: **Dextrométhorphane**
S: **Dextrometorfano**

Antitussive agent

ATC: R05DA09
CAS-Nr.: 0000125-71-3 C_{18}-H_{25}-N-O
M_r 271.408

Morphinan, 3-methoxy-17-methyl-, (9α,13α,14α)-

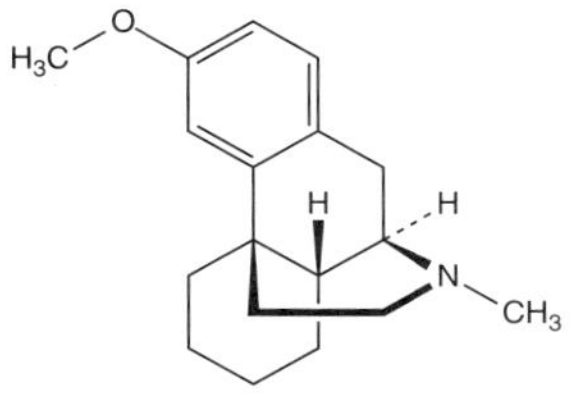

OS: *Destrometorfano [DCIT]*
OS: *Dextromethorphan [BAN]*
OS: *Dextrométorphane [DCF]*
IS: *Ro 1-5470-5*
PH: Dextromethorphan [USP 26]

Benylin® (Pfizer Consumer Healthcare: IE)
Bisolvon Dry® (Boehringer Ingelheim: AU)
Coltoux® (Domesco: VN)
D-Cough® (Opsonin: BD)
Demephan® (Balkanpharma: BG)
Dephan® (Orion: BD)
Dexomet® (Actavis: IS)
Dexophan® (Somatec: BD)
Dexsol® (Gaco: BD)
Dextramet® (B L Hua: TH)
Dextromethorphan Indo Farma® (Indofarma: ID)
Robitussin Cough Syrup® (Whitehall: CO)
Tabex® (Belupo: HR)
Tesafilm® (Novartis: MX)
Tomephen® (Incepta: BD)
Tusifan® (Jadran: HR)
Tussidril® (Pierre Fabre: RO)
Vicks Formel 44 Calmin® (Procter & Gamble: CH)
Vicks Tosse Pastiglie® (Procter & Gamble: IT)
Vicks Vapo Tab® (Procter & Gamble: NL)
Wick Formel 44 Husten-Pastillen S® (Procter & Gamble: AT)
Wick Formel 44 Husten-Pastillen S® (Wick: DE)

– hydrobromide:

CAS-Nr.: 0006700-34-1
OS: *Dextromethorphan Hydrobromide BANM, USAN*
IS: *d-Methorphan hydrobromide*
PH: Dextromethorphan Hydrobromide JP XIV, Ph. Eur. 5, Ph. Int. 4, USP 30
PH: Dextromethorphani hydrobromidum Ph. Eur. 5, Ph. Int. 4
PH: Dextromethorphanhydrobromid Ph. Eur. 5
PH: Dextrométhorphane (bromhydrate de) Ph. Eur. 5

Acodin® (Sanofi-Aventis: PL)
Actifed New® (GlaxoSmithKline: BE)
Akindex® (Fournier: AE, CY, LB, LU, QA)

D

Alex Cough® (Glenmark: IN)
Aquitos® (Uriach: ES)
Aricodiltosse® (Menarini: IT)
Arpha® (Urgo: DE)
Athos® (Medix: CR, DO, GT, HN, MX, NI, PA, SV)
Balminil® (Rougier: CA)
Beathorphan® (Beacons: SG)
Bechilar® (Montefarmaco OTC: IT)
Benadryl Dry® (Pfizer Consumer Healthcare: NZ)
Benylin® (Parke Davis: NL)
Benylin® (Pfizer: CA, US)
Benylin® (Pfizer Consumer Healthcare: GB, IE)
Bexatus® (Bexal: ES)
Bexin® (Spirig: CH)
Bicasan® (Inkeysa: ES)
Bisoltussin® (Boehringer Ingelheim: NL)
Bisolvon Antitusivo® (Boehringer Ingelheim: ES)
Brofex® (Square: BD)
Bronchenolo® (GlaxoSmithKline: IT)
Bronchosedal Dextromethorphan HBR® (Janssen: BE)
Bronchosedal® (Janssen: LU)
Broncofama® (FAMA: IT)
Brudex® (Bruluart: MX)
Cinfatos® (Cinfa: ES)
Contrasal® (Hikma: AE, BH, EG, IQ, JO, KW, LB, LY, OM, QA, SA, SD, SY, TN, YE)
Cortuss® (Pharmaland: TH)
Cough Tablets® [vet.] (Life Science: US)
Couldetos® (Alter: ES)
Dampo Bij Droge Hoest® (Bayer: NL)
Darolan Hoestprikkeldempend® (Heca: NL)
Daromefan® (Heca: NL)
DEC® (PP Lab: TH)
Delsym® (Celltech: US)
Demephan® (Actavis: GE)
Destrometorfano Bromidrato® (AFOM: IT)
Destrometorfano Bromidrato® (FederFARMA.CO: IT)
Destrometorfano Bromidrato® (Nova Argentia: IT)
Destrometorfano Bromidrato® (Ogna: IT)
Destrometorfano Bromidrato® (Sella: IT)
Destrometorfano Bromidrato® (Zeta: IT)
Detusif® (Dexa Medica: ID)
Dexatussin® (Espefa: PL)
Dexcophan® (Hovid: SG)
Dexir® (Bristol-Myers Squibb: BE, LU, RO)
Dexir® (UPSA: FR)
Dexofan® (Nycomed: DK)
Dextro-Med® (Interdelta: CH)
Dextrocidine® (Therabel: FR)
Dextromephar® (Unicophar: BE)
Dextromethorfan PCH® (Pharmachemie: NL)
Dextromethorfan Samenwerkende Apothekers® (Samenwerkende Apothekers: NL)
Dextromethorphan Central® (Pharmasant: TH)
Dextromethorphan Macrophar® (MacroPhar: TH)
Dextromethorphan Teva® (Teva: BE)
Dextromethorphan® (Beximco: BD)
Dextrometorfano Fabra® (Fabra: AR)
Dextroral® (GDH: TH)
Dextrotos® (Lafedar: AR)
DEX® (PP Lab: TH)
Diabe-Tuss® (Paddock: US)
Drill szirup® (Pierre Fabre: HU)
Drill Tosse Seca® (Pierre Fabre: PT)
Drill toux sèche® (Pierre Fabre: FR)
Emedrin N® (Streuli: CH)
Extendryl-DM® (Blooming Fields: PH)
Fluditec toux sèche® (Innotech: FR)
Formel sirup® (Mikona: SI)
Formitrol® (Mipharm: IT)
Formulatus® (Procter & Gamble: ES)
Frenatus® (McNeil: ES)
Hihustan® (Maruko: JP)
Hold® (Ascher: US)
Honeytuss® (Wyeth Consumer Healthcare: IT)
Humex Antitussivum® (Urgo: BE)
Humex® (Abbott: CZ)
Humex® (Fournier: ES)
Humex® (Urgo: LU, RO)
Hustenstiller-ratiopharm® (ratiopharm: DE)
Icolid® (Greater Pharma: TH)
Ilvitus® (Merck: ES)
Iniston Antitusivo® (Pfizer: ES)
Koffex® (Rougier: CA)
Lafayette Dextromethorphan® (Lafayette: PH)
Lastuss-LA® (FDC: IN, LK)
Lisomucil® (Sanofi-Synthelabo OTC: IT)
Methor® (Valeant: HU)
Metophan® (ICM: SG)
Metorfan® (H.G.: EC)
Metorfan® (Pliva: IT)
MLM-Dex® (Millimed: TH)
Neo Borocillina® (Alfa Wassermann: IT)
Nodex® (Brothier: FR)
Nortussine mono® (Norgine: BE)
Nortussine® (Norgine: LU)
Nospan® (Yung Shin: SG)
Notuxal® (Eurogenerics: BE)
Parlatos® (Perez Gimenez: ES)
Pectobronc® (Pediapharm: CL)
Pectofree® (Novum: NL)
Pertussin® (Blairex: US)
Piriton DM® (GlaxoSmithKline: LK)
Polydex® (Pharmasant: TH)
Pulmodexane® (Bailly: BF, BJ, CG, CI, CM, FR, GA, GN, LU, ML, MR, NE, SN, TG, ZR)
Pulmodexane® (Sanofi-Aventis: RO)
Pulmodex® (Multicare: PH)
Pulmofor® (Vifor: CH)
Pusiran® (Atlantic: SG, TH)
Rami Dextromethorfan Hoestdrank® (Parke Davis: NL)
Resilar® (Orion: FI)
Rhinathiol® (Sanofi-Aventis: HU)
Robidex® (Robins: US)
Robitussin Antitussicum® (Ivax: RO)
Robitussin Antitussicum® (Wyeth: CZ, HU)
Robitussin DM Antitusivo® (Wyeth: ES)
Robitussin Junior® (Ivax: RO)
Robitussin Junior® (Wyeth: CZ, HU)
Robitussin Pediatric® (Whitehall-Robins: US)
Robitussin® (Whitehall: AU, PL)
Robitussin® (Wyeth: CZ, ES, HK, IE, NZ, RS, US)
Robitussin® (Wyeth Consumer Healthcare: CA)
Robitussin® [vet.] (Wyeth: GB)
Rofedex® (Biofarm: RO)
Romilar Antitussivum® (Bayer: BE)

Romilar® (Bayer: AR, BE, ES, ID, KE, LU, NG, NL, SD, TH, TZ, UG, ZM)
Serratos® (Serra Pamies: ES)
Silomat® (Boehringer Ingelheim: DE)
Simply Cough® (McNeil: US)
Sisaal® (Towa Yakuhin: JP)
Soludrill Toux seches® (Pierre Fabre: LU)
St. Joseph Cough® (McNeil: US)
Stoptos® (Ariston: EC)
Strepsils Dry Cough® (Boots: TH)
Strepsils Dry Cough® (Reckitt Benckiser: NZ)
Streptuss® (Boots: ES)
Sucrets® (Insight: US)
Tarodex® (Taro: IL)
Throatsil Dex® (Millimed: TH)
Tossoral® (Recordati: IT)
Toux-San® (Sandipro: BE)
Touxium Antitussivum® (SMB: BE, LU)
Triaminic® (Novartis Consumer Health: US)
Trimpus® (Zensei: JP)
Tusco® (BL Hua: TH)
Tusminal® (Medipharm: CL)
Tusorama® (Quimifar: ES)
Tuss Hustenstiller® (Rentschler: DE)
Tussal Antitussicum® (Biofarm: PL)
Tussalpront® (Pfizer Consumer Healthcare: CH)
Tussidane® (Elerté: FR)
Tussidex® (Hasco: PL)
Tussidex® (Unimed & Unihealth: BD)
Tussidrill® (Pierre Fabre: ES, PL)
Tussils 5® (Boots: HK, MY, SG, TH)
Tussin® (Eurofarmaco: RO)
Tussin® (Europharm: RO)
Tussipect® (Qualiphar: BE, LU, NL)
Tusso Rhinathiol® (Sanofi-Aventis: BE)
Tusso Rhinathiol® (Sanofi-Synthelabo: LU)
Tussycalm® (Aventis: IT)
Tuzodin® (Zorka: RS)
Tylenol® (McNeil Pharmaceutical: US)
Vicks Formel 44 Calmin® (Procter & Gamble: CH)
Vicks Hoestsiroop® (Procter & Gamble: NL)
Vicks Tosse Sedativo® (Procter & Gamble: IT)
Vicks Vaposiroop® (Procter & Gamble: NL)
Vicks Vaposyrup antitussif® (Procter & Gamble: BE)
Vicks® (Procter & Gamble: FR, US)
Wick Formel 44 Hustenstiller® (Procter & Gamble: AT)
Wick Formel 44 Hustenstiller® (Wick: DE)

– resinate:

OS: *Dextromethorphan Polistirex USAN*
IS: *Dextromethorphan Poly(styrol,divinylbenzoat)sulfonat*

Calmerphan-L® (Doetsch Grether: CH)
Calmesin-Mepha® (Mepha: CH)
Delsym® (Fisons: US)
Delsym® (Roche: IE)
NeoTussan® (Novartis Consumer Health: DE)

Dextromoramide (Prop.INN)

L: Dextromoramidum
I: Destromoramide
D: Dextromoramid
F: Dextromoramide
S: Dextromoramida

Opioid analgesic

ATC: N02AC01
CAS-Nr.: 0000357-56-2 C_{25}-H_{32}-N_2-O_2
M_r 392.551

Pyrrolidine, 1-[3-methyl-4-(4-morpholinyl)-1-oxo-2,2-diphenylbutyl]-, (S)-

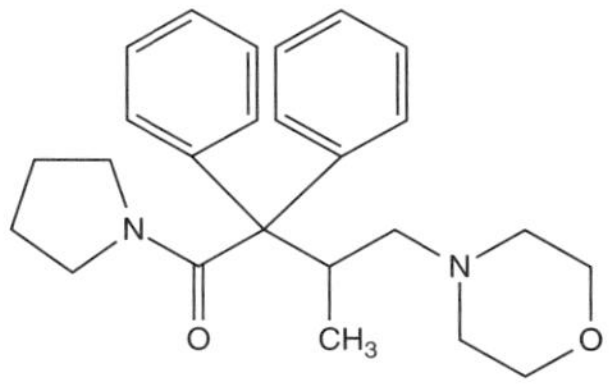

OS: *Destromoramide [DCIT]*
OS: *Dextromoramide [BAN, DCF]*
IS: *MCP 875*
IS: *R 875*
IS: *SKF 5137*

– tartrate:

CAS-Nr.: 0002922-44-3
OS: *Dextromoramide Tartrate BANM, USAN*
IS: *Dextromoramide acid tartrate*
IS: *Pyrrolamidol*
IS: *R 875*
IS: *SKF 5137*
PH: Dextromoramide Tartrate Ph. Eur. 5
PH: Dextromoramide (tartrate de) Ph. Eur. 5
PH: Dextromoramidhydrogentartrat Ph. Eur. 5
PH: Dextromoramidi tartras Ph. Eur. 5

Palface® (ACE: NL)
Palfium® (ACE: NL)
Palfium® (Antigen: IE)
Palfium® (Janssen: LU)
Palfivet® [vet.] (Veterinaria: CH)

Dextropropoxyphene (Rec.INN)

L: Dextropropoxyphenum
I: Destropropoxifene
D: Dextropropoxyphen
F: Dextropropoxyphène
S: Dextropropoxifeno

Opioid analgesic

ATC: N02AC04
CAS-Nr.: 0000469-62-5 C_{22}-H_{29}-N-O_2
M_r 339.484

Benzeneethanol, α-[2-(dimethylamino)-1-methylethyl]-α-phenyl-, propanoate (ester), [S-(R*,S*)]-

alpha-(+)-4-Dimethylamino-1,2-diphenyl-3-methyl-2-butanol propionate ester (WHO)

(1S,2R)-Propionsäure-1-benzyl-3-dimethylamino-2-methyl-1-phenylpropylester (IUPAC)

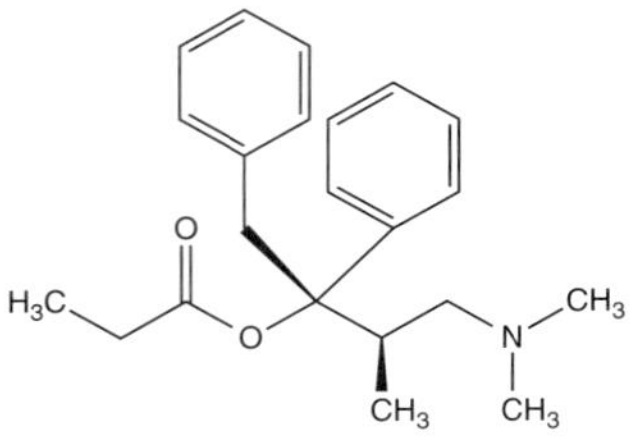

OS: *Destropropoxifene [DCIT]*
OS: *Dextropropoxyphene [BAN, DCF]*
IS: *L 16298*

– hydrochloride:

CAS-Nr.: 0001639-60-7
OS: *Dextropropoxyphene Hydrochloride BANM*
OS: *Propoxyphene Hydrochloride USAN*
IS: *SK 65*
PH: Dextropropoxyphene Hydrochloride Ph. Eur. 5
PH: Dextropropoxyphenhydrochlorid Ph. Eur. 5
PH: Dextropropoxypheni hydrochloridum Ph. Eur. 5
PH: Dextropropoxyphène (chlorhydrate de) Ph. Eur. 5
PH: Propoxyphene Hydrochloride USP 30

Abalgin® (Leiras: FI)
Abalgin® (Nycomed: DK)
Acrogesico® (Genfar: EC)
Darvon® (Lilly: ES)
Darvon® (Xanodyne: US)
Deprancol® (Parke Davis: ES)
Depronal® (Euro: NL)
Depronal® (Pfizer: BE, LU, NL)
Liberen® (Lisapharma: IT)
Parvodex® (Jagson Pal: IN)
Prophene® (Halsey Drug: US)
Propoxychel® (Rachelle: US)
Romidon® (Relyo: GR)
Zideron® (Norma: GR)

– napsilate:

CAS-Nr.: 0026570-10-5
OS: *Dextropropoxyphene Napsilate BANM*
OS: *Propoxyphene Napsylate USAN*
IS: *Dextropropoxyphene 2-naphtalenesulfonate*
IS: *Dextropropoxyphene Napsylate*
PH: Dextropropoxyphene Napsilate BP 2002
PH: Propoxyphene Napsylate USP 30

Darvon N® (Lilly: CA)
Darvon N® (Xanodyne: US)
Dexofen® (AstraZeneca: SE)
Dextropropoxifeno Bouzen® (Bouzen: AR)
Doloxene® (Aspen: AU, ZA)
Doloxene® (Meda: SE)
Doloxene® (Nordmedica: DK)
Proxifen® (ECU: EC)

Dextrose (USP)

I: Glucosio
D: Glucose
F: Glucose
S: Glucosa

Fluid replenisher
Nutrient

CAS-Nr.: 0000050-99-7 — C_6-H_{12}-O_6, M_r 180.162

D-Glucose

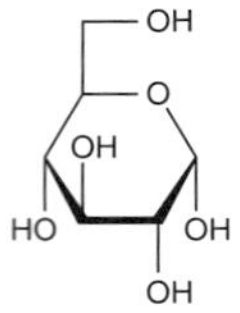

OS: *Glucose [DCF, JAN]*
OS: *Dextrose [USAN]*
IS: *α-D-Glucopyranose*
IS: *D-Glucose*
IS: *Glukose*
PH: Dextrose [USP 30]
PH: Glucose [JP XIV, Ph. Int. 4]
PH: Glucosum anhydricum [Ph. Eur. 5]
PH: Wasserfreie Glucose [Ph. Eur. 5]
PH: Glucose anhydrous [Ph. Eur. 5]
PH: Glucose anhydre [Ph. Eur. 5]
PH: Glucosum [Ph. Int. 4]

Apir Glucosado Isotonico® (Fresenius: ES)
Apir Glucosalino® (Fresenius: ES)
Apiroflex Glucosada® (Fresenius: ES)
B-D Glucose® (Becton Dickinson Microbiology: US)
Biberon Glucosa B Martin® (Bmartin: ES)
Biberon Glucosado Pharma® (Pharmacia: ES)
Dexaqia® (Beximco: BD)
Dexoride® (Beximco: BD)
Dextrosa AL® (Braun: PE)
Dextrosa AL® (ISP: PE)
Dextrosa AL® (Monsanti: PE)
Dextrosa Fresenius® (Fresenius: ES)
Dextrose Fresenius® (Bodene: ZA)
Dextrose® (Abraxis: US)
Dextrose® (Albert David: IN)
Dextrose® (AstraZeneca: US)
Dextrose® (Baxter: US)
Dextrose® (Braun: US)
Dextrose® (Hospira: US)
Dextrose® (IMS: US)
Dextrose® [vet.] (Bomac: NZ)
Easyperf® (Macopharma: DE)
Flebobag Glucosa Grifols® (Grifols: ES)
Flebobag® (Grifols: ES)
Fleboflex Glucosa Grifols® (Grifols: ES)
Fleboplast Glucosa Grif® (Grifols: ES)
Fleboplast® (Grifols: ES)
Flex-Flac Glucose® (Braun: LU)
Freeflex Glucosa® (Fresenius: ES)
Glucolin® (GlaxoSmithKline: AR)
Glucos Baxter® (Baxter: SE)
Glucosa Baxter® (Baxter: ES)
Glucosa Bieffe Medital® (Baxter: ES)

Glucosa Biomendi® (Biomendi: ES)
Glucosa Braun® (Braun: ES)
Glucosa Mein® (Fresenius: ES)
Glucosada Grifols® (Grifols: ES)
Glucosada Ife® (Instituto Farmacologico: ES)
Glucosado Bieffe® (Baxter: ES)
Glucosado Braun® (Braun: ES, PT)
Glucosado Farmacelsia® (Farmacelsia: ES)
Glucosado Hiper Fresenius® (Fresenius: ES)
Glucosado Isotonic Braun® (Braun: ES)
Glucosado Vitulia® (Ern: ES)
Glucosa® (A.M. Farma Activ: AR)
Glucosa® (Biomendi: ES)
Glucosa® (Biosano: CL)
Glucosa® (Denver: AR)
Glucosa® (Lafarmen: AR)
Glucose ACS Dobfar Info® (ACS: CH)
Glucose Baxter® (Baxter: AT, CH, LU, NZ)
Glucose Bioluz® (Bioluz: FR)
Glucose Bioren® (Sintetica: CH)
Glucose Braun® (Braun: AT, CH, PL)
Glucose Fresenius® (Fresenius: AT, RS)
Glucose Injection BP® (AstraZeneca: AU)
Glucose Injection® (CSL: AU)
Glucose Injection® (International Medication Systems: GB)
Glucose Intravenous Infusion BP® (Baxter: AU)
Glucose Intravenous Infusion BP® (CSL: NZ)
Glucose Intravenous Infusion BP® (Pfizer: AU)
Glucose Mayrhofer® (Mayrhofer: AT)
Glucose Medipharm® (Meditrade: AT)
Glucose PCH® (Pharmachemie: NL)
Glucose pfrimmer® (Baxter: DE)
Glucose Viaflo® (Baxter: LU)
Glucose Widatra Bhakti® (Widatra: ID)
Glucose-Lösung ACS Dobfar Info® (ACS: CH)
Glucose-Lösung Grifols® (Grifols: DE)
Glucose-Lösung® (DeltaSelect: DE)
Glucose-Maco Pharma® (Macopharma: LU)
Glucosel® [vet.] (Selecta: DE)
Glucoselösung Stricker® [vet.] (Stricker: CH)
Glucose® (Baxter: NL)
Glucose® (Braun: NL)
Glucose® (Clintec: NL)
Glucose® (International Medication Systems: GB)
Glucose® [vet.] (ACS: CH)
Glucosi® (Hemofarm: RS)
Glucosi® (Hemomont: RS)
Glucosmon® (Altana: ES)
Glucosol® (Richter: AT)
Glucosol® [vet.] (Gräub: CH)
Glucosol® [vet.] (Richter: AT)
Glucosoro® [vet.] (Sorologico: PT)
Glucosum „Bichsel“® (Bichsel: CH)
Glucosum Streuli® (Streuli: CH)
Glucosum® (Fresenius: PL)
Glucosum® (Lek: SI)
Glucosum® (Pannonpharma: HU)
Glucosum® (Pliva: PL)
Glucosum® (Polfa Lublin: PL)
Glucotem® (Temis-Lostalo: AR)
GLUCO® (Bayer: AU)
Glukose® (Braun: NO)
Glukoza Braun® (Braun: PL)
Glukoza Braun® (Medis: BA, SI)
Glukoza® (Baxter: SI)
Glukoza® (Diaco: BA, SI)
Glukoza® (Pliva: BA, SI)
Glutose® (Paddock: US)
Injectio Glucosi® (Medana: PL)
Insta-Glucose® (Valeant: US)
Isoride® (Beximco: BD)
Ka-En® (Otsuka: ID)
Kissimin® (Argenfarma: AR)
Macoflex N® (Macopharma: DE)
Maltan® (Masters: PL)
Meinvenil Glucosa® (Fresenius: ES)
Neosol® (Beximco: BD)
Nutrdex® (Beximco: BD)
Otsu-D5® (Otsuka: ID)
Plast Apyr Glucosado® (Fresenius: ES)
ratio-Glucose® (Ratiopharm: CA)
Solucion de Dextrosa Richmond® (Richmond: AR)
Solucion Glucosada Hipertonica Fada® (Fada: AR)
Solucion Glucosada Hipertonica Larjan® (Veinfar: AR)
Soluciones de Glucosa® (Sanderson: CL)
Soluciones Parenterales Fidex® (Fidex: AR)
Soluciones Parenterales® (Apolo: AR)
Soluciones Parenterales® (Baxter: AR)
Soluté Glucosé Isotonique® [vet.] (Ceva: FR)
Spofagnost Glucosum® (Ivax: CZ)
SSP® (Eurolab: AR)
Traubenzuckerlösung Fresenius® (Fresenius: AT)
Traubenzuckerlösung Leopold® (Fresenius: AT)
Venofusin Glucosa® (Fresenius: ES)
Wida D® (Widatra: ID)

– hydrochloride:

Glucos B. Braun® (Braun: SE)

– monohydrate:

CAS-Nr.: 0005996-10-1
IS: *D-Glucopyranose-1-Wasser*
IS: *D-Glucose-1-Wasser*
IS: *Saccharum amylaceum*
IS: *Traubenzucker*
PH: Glucose monohydrate Ph. Eur. 5
PH: Glucosum monohydricum Ph. Eur. 5
PH: Glucose-Monohydrat Ph. Eur. 5
PH: Glucose monohydraté Ph. Eur. 5
PH: Dextose USP 30

5% Glucose Intravenous Infusion® (Pharma Tech: GE)
Dextrosa® (Baxter: EC)
Dextrose Euro-Med® (Euro-Med: ID)
Dextrose® (ACS Dobfar Info: RO)
Dextrose® (Biomed: NZ)
Dextrose® (Braun: PT)
Dextrose® (GlaxoSmithKline: BD)
Dextrose® (Mayne: NZ)
Dextrose® (Vioser: RO)
Dianeal Glucose® (Baxter: LU)
Dianeal® (Baxter: CH, NO)
Fluidex® (Claris: GE)
Glucos B.Braun® (Braun: DK, FI)
Glucos Baxter Viaflo® (Baxter: DK, FI, IS, NO, SE)
Glucos Fresenius Kabi® (Fresenius: DK, FI, IS, SE)
Glucosa 10% Actavis® (Actavis: GE)

Glucosa 5% Actavis® (Actavis: GE)
Glucosado Bieffe® (Baxter: ES)
Glucosado Isotonic Braun® (Braun: ES)
Glucosa® (Bestpharma: CL)
Glucose Aguettant® (Aguettant: FR)
Glucose Aguettant® [vet.] (Aguettant: FR)
Glucose Braun® (Braun: CH, DE, HU, LU)
Glucose Cooper® (Cooper: FR)
Glucose Fresenius® (Fresenius: CH, FR)
Glucose Labesfal® (Labesfal: PT)
Glucose Lavoisier® (Chaix et du Marais: FR)
Glucose-Baxter® (Baxter: LU)
Glucose-Clintec® (Clintec: LU)
Glucose-Infusionslösung® (Serum-Werk: DE)
Glucose-Infusionslösung® [vet.] (Serumber: DE)
Glucose-Lösung Berlin-Chemie® (Berlin-Chemie: DE)
Glucose-Salvia® (Clintec: LU)
Glucose® (Batfarma: GE)
Glucose® (Biopharm: GE)
Glucose® (Braun: NL, RS)
Glucose® (Fresenius: NL)
Glucose® (Serum-Werk: DE)
Glucose® [vet.] (Albrecht: DE)
Glucose® [vet.] (Arnolds: GB)
Glucose® [vet.] (Eurovet: NL)
Glucosi Infundibile® (Hemofarm: BA, RS)
Glucosi Infundibile® (Hemomont: RS)
Glucosi Infundibile® (Krka: SI)
Glucosi Infundibile® (Zdravlje: RS)
Glucosio® (Allergan: IT)
Glucosio® (Baxter: IT)
Glucosio® (Bieffe: IT)
Glucosio® (Bioindustria Lim: IT)
Glucosio® (Biomedica Foscama: IT)
Glucosio® (Braun Melsungen-D: IT)
Glucosio® (Clintec Parenteral-F: IT)
Glucosio® (Diaco: IT)
Glucosio® (Eurospital: IT)
Glucosio® (Fisiopharma: IT)
Glucosio® (Fresenius: IT)
Glucosio® (Galenica: IT)
Glucosio® (ISF: IT)
Glucosio® (Monico: IT)
Glucosio® (Ogna: IT)
Glucosio® (Panpharma: IT)
Glucosio® (Pharmacia: IT)
Glucosio® (Pierrel: IT)
Glucosio® (Salf: IT)
Glucosio® (Sclavo Diagnostics: IT)
Glucosio® (Terapeutico: IT)
Glucosio® (Tubilux: IT)
Glucosio® [vet.] (Acme: IT)
Glucosio® [vet.] (Galenica: IT)
Glucosio® [vet.] (Pierrel: IT)
Glucosteril® (Baxter: FI)
Glucosteril® (Fresenius: BA, DE, LU, RO, RU)
Glucos® (Braun: NO)
Glucos® (Fresenius: NO)
Glucoză® (Braun: RO)
Glucoză® (Helvetica Profarm: RO)
Glucoză® (Hemofarm: RO)
Glucoză® (Infomed: RO)
Glucoză® (Sicomed: RO)
Glukos Braun® (Braun: SE)
Glukos Fresenius Kabi® (Fresenius: SE)
Glukose isotonisk SAD® (SAD: DK)
Glukose SAD® (SAD: DK)
Glukóz® (Teva: HU)
Glükóz® (Baxter: HU)
Insta® (Rephco: BD)
Intravenska raztopina glukoze® (Lek: SI)
Isodex® (Teva: HU)
Sabax Glucose® (Critical Care: ZA)
Soluzione Glucosata® [vet.] (Ati: IT)

– phosphate:

IS: *Dinatrium 1-D-glucopyranosylphosphat*
IS: *Dinatrium glucophosphat*

Glu-Phos® (SPA: IT)
Glucose-1-phosphat Fresenius® (Fresenius: AT)
Glucose-1-phosphat Fresenius® (Fresenius Medical Care: CZ)
Glükóz-1-foszfát Fresenius® (Fresenius: HU)
Phocytan® (Aguettant: FR)

Diacerein (Rec.INN)

L: Diacereinum
I: Diacereina
D: Diacerein
F: Diacéréine
S: Diacereina

Antiinflammatory agent

ATC: M01AX21
CAS-Nr.: 0013739-02-1 C_{19}-H_{12}-O_8
M_r 368.305

2-Anthracenecarboxylic acid, 4,5-bis(acetyloxy)-9,10-dihydro-9,10-dioxo-

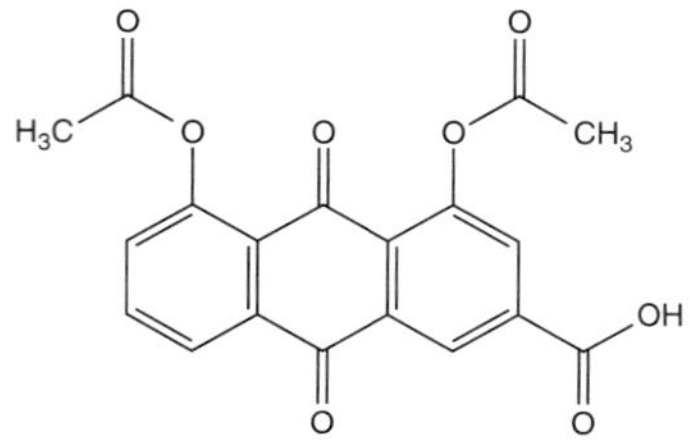

OS: *Diacereina [DCIT]*
OS: *Diacéréine [DCF]*
OS: *Diacerein [USAN]*
IS: *DAR*
IS: *Diacetylrhein*

Artrizona® (Silesia: CL)
Artrodar® (TRB: AR, BR, CN, CZ, TH)
Art® (Negma: FR, IL)
Cartigen® (Representaciones e Investigaciones Medicas: MX)
Cartivix® (Jaba: PT)
Diatrim® (Trima: IL)
Fisiodar® (Abiogen: IT)
Galaxdar® (Lacer: ES)
Glizolan® (Madaus: ES)
Pentacrin® (Elpen: GR)
Verboril® (Faran: GR)
Verboril® (TRB: AT)
Zondar® (Niverpharm: FR)

Diamorphine (BAN)

D: Heroin
F: Diamorphine

⚕ Opioid analgesic

ATC: N02AA09
CAS-Nr.: 0000561-27-3 C_{21}-H_{23}-N-O_5
M_r 369.425

Morphinan-3,6-diol, 7,8-didehydro-4,5-epoxy-17-methyl- (5α,6α)-, diacetate (ester)

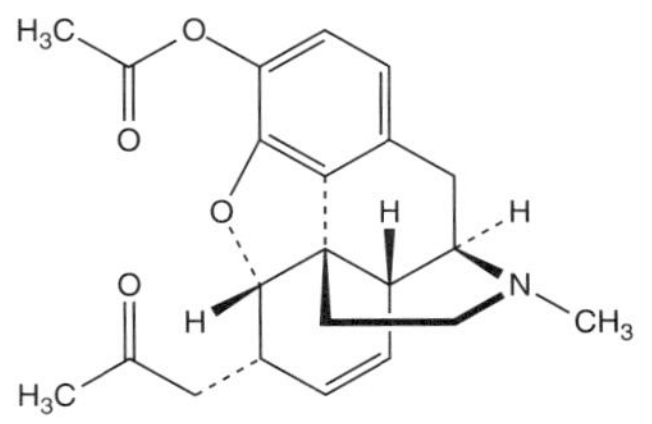

OS: *Diamorphine [BAN, DCF]*
IS: *Acetomorphine*
IS: *Diacetylmorphine*
IS: *Heroin*
IS: *DAM*

– hydrochloride:

CAS-Nr.: 0001502-95-0
OS: *Diamorphine Hydrochloride BANM*
OS: *Diacetylmorphine Hydrochlorid USAN*
IS: *Heroïne (Bayer, Germany)*
IS: *Diacetylmorphin hydrochlorid*
PH: Diamorphine Hydrochloride BP 2002
PH: Diamorphini hydrochloridum anhydricum Ph. Helv. 9

Diamorphine® [inj.] (Boots: GB)
Diamorphine® [inj.] (Hillcross: GB)
Diamorphine® [inj.] (Martindale: GB)
Diamorphine® [inj.] (Wockhardt: GB)
Diaphin® (DiaMo Narcotics: CH)

Diazepam (Rec.INN)

L: Diazepamum
I: Diazepam
D: Diazepam
F: Diazépam
S: Diazepam

⚕ Tranquilizer

ATC: N05BA01
CAS-Nr.: 0000439-14-5 C_{16}-H_{13}-Cl-N_2-O
M_r 284.75

2H-1,4-Benzodiazepin-2-one, 7-chloro-1,3-dihydro-1-methyl-5-phenyl-

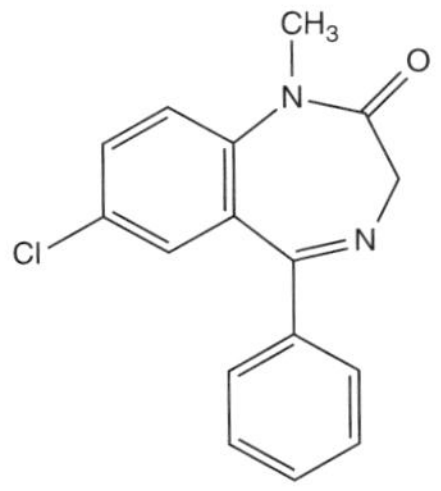

OS: *Diazepam [BAN, DCF, DCIT, USAN]*
IS: *LA III*
IS: *Methyldiazepinone*
IS: *NSC 77518*
IS: *Ro 5-2807 (Roche, USA)*
IS: *Wy 3467*
PH: Diazepam [JP XIV, Ph. Eur. 5, Ph. Int. 4, USP 30]
PH: Diazepamum [Ph. Eur. 5, Ph. Int. 4]
PH: Diazépam [Ph. Eur. 5]

Aliseum® (Formenti: IT)
Ansilive® (Libbs: BR)
Ansiolin® (Almirall: IT)
Antenex® (Alphapharm: AU)
Anxicalm® (Clonmel: IE)
Apaurin® (Krka: BA, CZ, HR, RS)
Apaurin® (KRKA: RU)
Apaurin® (Krka: SI)
Apo-Diazepam® (Apotex: CA, CZ, PE, SG)
Apollonset® (Farmanic: GR)
Apozepam® (Actavis: DK)
Aspen Diazepam® (Aspen: ZA)
Assival® (Biogal: IL)
Assival® (Teva: IL)
Atarviton® (Erfar: GR)
Azepam® (MacroPhar: TH)
Bensedin® (Galenika: RS)
Betapam® (Be-Tabs: ZA)
Bialzepam® (Bial: PT)
Bialzepam® (Comerciosa: EC)
Bosaurin® (Bosnalijek: BA)
Calmociteno® (Medley: BR)
Calmpose® (Ranbaxy: IN, RO, ZA)
Cercine® (Takeda: JP)
Compaz® (Cristália: BR)
Condition® (Kanebo: JP)
Cuadel® (Cetus: AR)
Daiv® (Fada: AR)
Dezepan® (Klonal: AR)
Dialudon® (Sigma: BR)
Diano® (Milano: TH)
Diapam® (Greater Pharma: TH)
Diapam® (Orion: FI)
Diapam® (Osel: TR)
Diapine® (Atlantic: SG, TH)
Diastat® (Shire: CA)
Diastat® (Valeant: US)
Diatex® (Medix: CR, DO, GT, HN, NI, PA, SV)
Diazemuls® (Actavis: GB, IE)
Diazemuls® (Alpharma: HK, NL)
Diazemuls® (Alpharma-DK: IT)
Diazemuls® (CSL: NZ)
Diazemuls® (Pfizer: CA)
Diazemuls® (Pharmacia: AU)
Diazemuls® [vet.] (Alpharma: GB)
Diazem® (Deva: TR)
Diazep AbZ® (AbZ: DE)
diazep von ct® (CT: DE)
Diazepam ABC® (ABC: IT)
Diazepam AbZ® (AbZ: DE)
Diazepam Actavis® (Actavis: IS, NL)
Diazepam Alkaloid® (Alkaloid: HR)
Diazepam Alpharma® (Alpharma: NL)
Diazepam Alter® (Alter: IT)
Diazepam A® (Alpharma: NL)
Diazepam Biotika® (Biotika: CZ)

D

Diazepam Bouzen® (Bouzen: AR)
Diazepam CF® (Centrafarm: NL)
Diazepam Dak® (Nycomed: DK)
Diazepam DBL® (Mayne: SG)
Diazepam Desitin® (Desitin: CH, CZ, DE, FI, HR, HR, HU, IL, RO, SE)
Diazepam Desitin® (Medsan: TR)
Diazepam Desitin® (Ranbaxy: SG)
Diazepam Drawer® (Drawer: AR)
Diazepam Ecar® (Ecar: CO)
Diazepam EG® (Eurogenerics: BE)
Diazepam Fabra® (Fabra: AR)
Diazepam FLX® (Karib: NL)
Diazepam Fmndtria® (Farmindustria: PE)
Diazepam Gf® (Genfarma: NL)
Diazepam Indo Farma® (Indofarma: ID)
Diazepam Injection® (Baxter: US)
Diazepam Injection® (Hospira: US, US)
Diazepam Injection® (Mayne: AU)
Diazepam Injection® (Parenta: US)
Diazepam Injection® (Wockhardt: GB)
Diazepam Intensol® (Roxane: US)
Diazepam Italfarmco® (Italfarmaco: IT)
Diazepam Jadran® (Jadran: HR)
Diazepam Katwijk® (Katwijk: NL)
Diazepam L.CH.® (Chile: CL)
Diazepam Labesfal® (Labesfal: PT)
Diazepam Larjan® (Veinfar: AR)
Diazepam Lch® (Ivax: PE)
Diazepam Merck® (Merck Generics: IT)
Diazepam MF® (Marfan: PE)
Diazepam Normon® (Normon: ES)
Diazepam NQ® (Sigma: BR)
Diazepam PCH® (Pharmachemie: NL)
Diazepam Pliva® (Pliva: IT)
Diazepam Prodes® (Almirall: ES)
Diazepam Ratiopharm® (Ratiopharm: IT, NL, PT)
Diazepam Rectubes® (Desitin: PL)
Diazepam Rectubes® (Megapharm: IL)
Diazepam Rectubes® (Wockhardt: GB)
Diazepam Sandoz® (Sandoz: DE, IT, NL)
Diazepam Slovakofarma® (Slovakofarma: CZ)
Diazepam Solution® (Roxane: US)
Diazepam Stada® (Stadapharm: DE)
Diazepam TAD® (TAD: IT)
Diazepam Teva® (Teva: BE)
Diazepam Vannier® (Vannier: AR)
Diazepam Winthrop® (Winthrop: IT)
Diazepam-DP® (Douglas: AU)
Diazepam-Eurogenerics® (Eurogenerics: LU)
Diazepam-Feltrex® (Feltrex: DO)
Diazepam-Lipuro® (Braun: DE)
Diazepam-ratiopharm® (Ratiopharm: BE)
Diazepam-ratiopharm® (ratiopharm: DE, LU)
Diazepam-Rotexmedica® (Rotexmedica: DE)
Diazepam® (Actavis: GB, GE)
Diazepam® (Alkaloid: RS)
Diazepam® (Alter: IT)
Diazepam® (Apotekarska Ustanova: RS)
Diazepam® (Arpimed: GE)
Diazepam® (Balkanpharma: BG)
Diazepam® (Biosano: CL)
Diazepam® (Braun: DE)
Diazepam® (Dansk: BR)
Diazepam® (EMS: BR)
Diazepam® (Farmo Andina: PE)
Diazepam® (Gedeon Richter: RO)
Diazepam® (Genthon: NL)
Diazepam® (Habit: RS)
Diazepam® (Hameln: GB)
Diazepam® (Health Support Ltd: NZ)
Diazepam® (Hemofarm: RS)
Diazepam® (Hersil: PE)
Diazepam® (Induquimica: PE)
Diazepam® (Italfarmaco: IT)
Diazepam® (Jadran: BA)
Diazepam® (Labormed Pharma: RO)
Diazepam® (Laropharm: RO)
Diazepam® (LCG: PE)
Diazepam® (Markos: PE)
Diazepam® (Mayne: IT, NZ)
Diazepam® (Memphis: CO)
Diazepam® (Mintlab: CL)
Diazepam® (Orion: AU)
Diazepam® (Pasteur: CL)
Diazepam® (Perugen: PE)
Diazepam® (Remevita: RS)
Diazepam® (Sanderson: CL)
Diazepam® (Sandoz: CA, GB)
Diazepam® (Slovakofarma: CZ)
Diazepam® (Terapia: RO)
Diazepam® (Teva: GB)
Diazepam® (União: BR)
Diazepam® (UQP: PE)
Diazepam® (Wise: NL)
Diazepam® (Wockhardt: GB)
Diazepam® [vet.] (Intervet: IT)
Diazepam® [vet.] (Kombivet: NL)
Diazepan Biocrom® (Biocrom: AR)
Diazepan Leo® (Altana: ES)
Diazepan Medipharma® (Medipharma: AR)
Diazepan® (Almirall: EG, GH, KE, SD, TZ, ZM)
Diazepan® (Lusa: PE)
Diazephar® (Unicophar: BE)
Diaz® (Taro: IL)
Diazépam Renaudin® (Renaudin: FR)
Dienpax® (Sanofi-Aventis: BR)
Dipaz® (ECU: EC)
Dipezona® (Omega: AR)
Distensar® (Psipharma: CO)
Dizan® (Pharmaland: TH)
Dizepam® (Masa Lab: TH)
Doval® (Pharm Ent: ZA)
Ducene® (Sauter: AU)
Easium® (Opsonin: BD)
Elcion® (Ranbaxy: IN)
Evalin® (Aristopharma: BD)
Fabotranil® (Fabop: AR)
Faustan® (Temmler: DE)
Fizepam® (Sanofi-Aventis: BD)
G-Diazepam® (Gonoshasthaya: BD)
GenRX Diazepam® (GenRX: AU)
Gewacalm® (Nycomed: AT)
Hexalid® (Sandoz: DK)
Horizon® (Yamanouchi: JP)
Ifa Fonal® (Investigacion Farmaceutica: MX)
Kiatrium® (Gross: BR)
Kratium® (Medochemie: BH, HK, OM, SD, YE)
Lamra® (Merckle: DE)
Lembrol® (Sanofi-Aventis: AR)

Lizan® (Nobel: TR)
Lovium® (Phapros: ID)
Medipam® (Ratiopharm: FI)
Mentalium® (Soho: ID)
Metamidol® (Winthrop: PT)
Micronoan® (Alpharma-DK: IT)
Nervium® (Saba: TR)
Noan® (Farmasa: BR)
Noan® (Teofarma: IT)
Normabel® (Belupo: HR)
Novo-Dipam® (Novopharm: CA)
Ortopsique® (Psicofarma: MX)
Paceum® (Orion: CH)
Pacinax® (Silesia: CL)
Pacitran® (Medifarma: PE)
Pamlin® [vet.] (Parnell: AU, NZ)
Paxum® (East India: IN)
Pax® (Aspen: ZA)
Placidox® (Lupin: IN)
Plidan® (Roemmers: AR)
Propam® (Pacific: NZ)
Psychopax® (ProReo: CH)
Psychopax® (Sigmapharm: AT)
Rec-DZ® (Hetero: IN)
Relanium® (GlaxoSmithKline: BG, PL)
Relanium® (Medana: PL)
Relanium® (Polfa Warshavskiy: RU)
Relanium® (Polfa Warszawa: PL)
Relium® (Polfa Tarchomin: RU)
Relsed® (Polfa Warszawa: PL)
Remedium® (Remedica: CY)
Reposepan® (Lusa: PE)
Rolab Diazepam® (Sandoz: ZA)
Rozam® (Navana: BD)
Saromet® (Rontag: AR)
Sedabenz® (Fampharm: RS)
Sedapen® (Amico: BD)
Sedil® (Square: BD)
Sedium® (Chemist: BD)
Sedulin® (Jayson: BD)
Seduxen® (Ambee: BD)
Seduxen® (Gedeon Richter: CZ, HU, RU)
Serenzin® (Sumitomo: JP)
Sipam® (Siam Bheasach: TH)
Stedon® (Adelco: GR)
Stesolid Novum® (Alpharma: IS, PT)
Stesolid Rectal Tubes® (Actavis: GB)
Stesolid Rectal Tubes® (Alpharma: DE, HK)
Stesolid Rectal Tubes® (Dumex: TH)
Stesolid® (Actavis: FI, GB, IE, SG)
Stesolid® (Alpharma: CZ, DE, DK, ID, IS, NL, NO, PT, SE)
Stesolid® (Chemomedica: AT)
Stesolid® (CSL: NZ)
Stesolid® (CTS: IL)
Stesolid® (Dumex: AE, BH, CY, EG, IQ, JO, KW, LB, LY, OM, QA, SA, SD, YE)
Stesolid® (Dumex-Alpharma: TH)
Stesolid® (Ipsen: ES)
Stesolid® (Remek: GR)
Stesolid® (Team medica: CH)
Sunzepan® (Cryopharma: MX)
Tensium® (DDSA: GB)
Tranquase® (Azupharma: DE)
Tranquirit® (Aventis: IT)
Trazep® (Fahrenheit: ID)
Tri-Aero-Om® (OM: PE)
Umbrium® (Kwizda: AT)
Uniao Diazepam® (União: BR)
V-Day Zepam® (PP Lab: TH)
Valaxona® (Actavis: DK)
Valaxona® (Schaper & Brümmer: DE)
Valclair® (Durbin: GB)
Valdimex® (Mersifarma: ID)
Valiquid® (Roche: DE)
Valisanbe® (Sanbe: ID)
Valium Roche® (Roche: AE, AM, AR, AT, AU, AW, AZ, BE, BG, BH, BJ, BO, BR, BW, CA, CG, CH, CM, CO, CR, DE, DK, DO, EC, ES, ET, FR, GB, GN, GT, HK, HN, ID, IS, IT, JM, JO, KE, KR, KW, LA, LB, LK, LU, MA, ML, MR, MW, MY, NA, NI, OM, PA, PE, PH, PK, PT, PY, SA, SV, TT, TW, US, UY, VE, ZA)
Valium® (Nicholas: IN)
Valium® (Roche: AR, AU, BE, DK, ES, FR, IE, IS, LK, LU, MX, NO, PE, US)
Valix® (Sintofarma: BR)
Valocordin-Diazepam® (Krewel: DE)
Valpam® (Arrow: AU)
Valzepam® (Saidal: DZ)
Vatran® (Valeas: IT)
Vival® (Alpharma: NO)
Zopam® (Pharmasant: TH)

Diazoxide (Rec.INN)

L: Diazoxidum
I: Diazossido
D: Diazoxid
F: Diazoxide
S: Diazoxido

Antihypertensive agent

ATC: C02DA01,V03AH01
CAS-Nr.: 0000364-98-7 C_8-H_7-Cl-N_2-O_2-S
M_r 230.674

2H-1,2,4-Benzothiadiazine, 7-chloro-3-methyl-, 1,1-dioxide

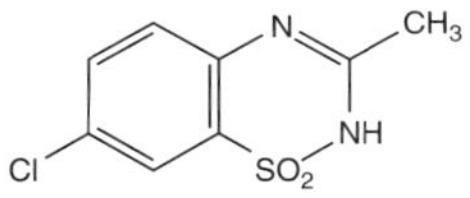

OS: *Diazossido [DCIT]*
OS: *Diazoxide [BAN, DCF, USAN]*
IS: *NSC 64198*
IS: *Sch 6783 (Schering, USA)*
IS: *SRG 95213*
PH: Diazoxide [Ph. Eur. 5, Ph. Int. 4, USP 30]
PH: Diazoxid [Ph. Eur. 5]
PH: Diazoxidum [Ph. Eur. 5, Ph. Int. 4]

Diazoxide® (Mayne: AU, NZ)
Eudemine® (Goldshield: GB)
Eudemine® (UCB: GB)
Eudemine® [vet.] (UCB: GB)
Hyperstat I.V.® (Schering: US)
Hyperstat® (Schering: NL, US)
Hyperstat® (Schering-Plough: CZ, ES, IT)
Proglicem® (Essex: CH, DE)
Proglicem® (Schering-Plough: AR, FR, IT, NL)

Proglycem® (Schering: CA)
Proglycem® (Teva: US)
Tensuril® (Cristália: BR)

Dibekacin (Rec.INN)

L: Dibekacinum
I: Dibekacina
D: Dibekacin
F: Dibékacine
S: Dibekacina

Antibiotic, aminoglycoside

ATC: J01GB09
CAS-Nr.: 0034493-98-6 C_{18}-H_{37}-N_5-O_8
M_r 451.544

D-Streptamine, O-3-amino-3-deoxy-α-D-glucopyranosyl-(1-6)-O-[2,6-diamino-2,3,4,6-tetradeoxy-α-D-erythro-hexopyranosyl-(1-4)]-2-deoxy-

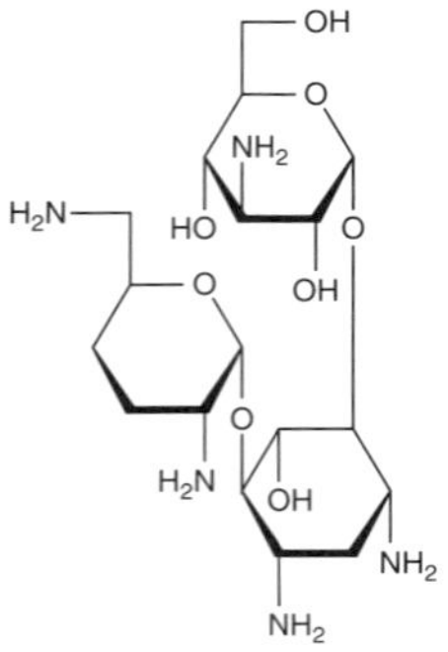

OS: *Dibekacina [DCIT]*
OS: *Dibekacin [BAN, USAN]*
OS: *Dibékacine [DCF]*
IS: *Didesoxykanamycin B*
IS: *RHC 3418*

– sulfate:

CAS-Nr.: 0058580-55-5
OS: *Dibekacin Sulfate JAN*
OS: *Dibekacin Sulphate BANM*
PH: Dibekacin Sulfate JP XIV

Debekacyl® (Aventis: LU)
Debekacyl® (Meiji: JP)
Dekabicina® (Schering: EC)
Dibekacin Meiji® (Meiji: ID, TH)
Dibekacin Meiji® (Meiji Seika: PH)
Dibekacin® (Medifarma: PE)
Dikacine® (Continental: CY, LU, SA)
Panimycin® (Meiji: JP)

Dibenzepin (Rec.INN)

L: Dibenzepinum
I: Dibencepina
D: Dibenzepin
F: Dibenzépine
S: Dibencepina

Antidepressant, tricyclic

ATC: N06AA08
CAS-Nr.: 0004498-32-2 C_{18}-H_{21}-N_3-O
M_r 295.396

11H-Dibenzo[b,e][1,4]diazepin-11-one, 10-[2-(dimethylamino)ethyl]-5,10-dihydro-5-methyl-

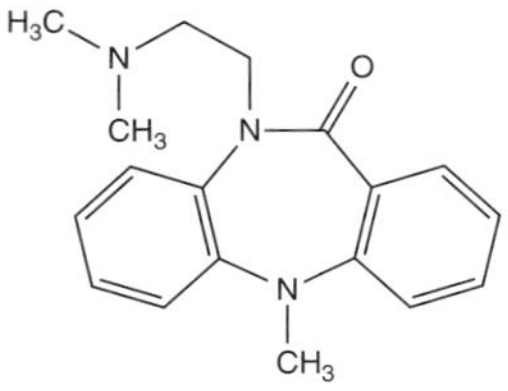

OS: *Dibenzepin [BAN]*
OS: *Dibencepina [DCIT]*
OS: *Dibenzépine [DCF]*
IS: *LW 1927*

– hydrochloride:

CAS-Nr.: 0000315-80-0
OS: *Dibenzepine Hydrochloride USAN*
IS: *HF 1927 (Sandoz, USA)*

Noveril® (Novartis: AT, CH, CZ, DE, HU, IL, LU, PL)

Dibotermin Alfa (Rec.INN)

L: Diboterminum alfa
D: Dibotermin alfa
F: Dibotermine alfa
S: Dibotermina alfa

Growth factor

ATC: M05BC01
CAS-Nr.: 0246539-15-1

Bone morphogenetic protein 2 (human recombinant rhBMP-2) (USAN)

human recombinant bone morphogenetic protein-2 (hrBMP-2) (WHO)

OS: *Dibotermin Alfa [USAN, BAN]*
IS: *rhBMP2*
IS: *bone morphogenetic protein-2*
IS: *BMP-2*
IS: *YM 484*

InductOs® (Wyeth: AT, BE, CH, DK, ES, FI, FR, GB, GR, IS, IT, LU, NL, NO, SE)
Infuse® (Medtronic: US)

Dibrompropamidine (Rec.INN)

L: Dibrompropamidinum
D: Dibrompropamidin
F: Dibrompropamidine
S: Dibrompropamidina

⚕ Dermatological agent, topical antiseptic

ATC: D08AC01,S01AX14
CAS-Nr.: 0000496-00-4 C_{17}-H_{18}-Br_2-N_4-O_2
M_r 470.171

Benzenecarboximidamide, 4,4'-[1,3-propanediylbis(oxy)]bis[3-bromo-

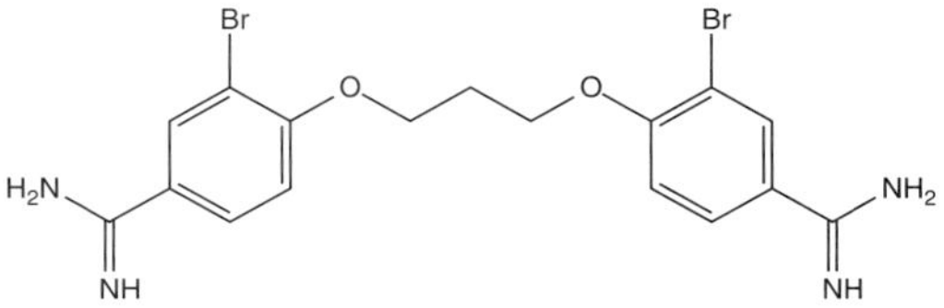

OS: *Dibrompropamidine [BAN, USAN]*
IS: *Dibromopropamidine*
IS: *M & B 1270 (May & Baker, GB)*

– isetionate:

CAS-Nr.: 0000614-87-9
OS: *Dibrompropamidine Isetionate BANM*
IS: *Dibrompropamidine 2-hydroxyethanesulfonate*
IS: *Dibromopropamidine Isethionate*
PH: Dibromopropamidine Isetionate BP 2002
PH: Dibrompropamidine diisetionate Ph. Eur. 5

Antisep® (Sanofi-Aventis: BD)
Brolene® (Aventis: NZ)
Brolene® (Genop: ZA)
Brolene® (Sanofi-Aventis: GB, IE)
Brulidine® (Aventis: AU, NO)
Golden Eye Ointment® (Typharm: GB)

Dichlorisone (Rec.INN)

L: Dichlorisonum
I: Diclorisone
D: Dichlorison
F: Dichlorisone
S: Diclorisona

⚕ Adrenal cortex hormone, glucocorticoid
⚕ Dermatological agent

CAS-Nr.: 0007008-26-6 C_{21}-H_{26}-Cl_2-O_4
M_r 413.339

Pregna-1,4-diene-3,20-dione, 9,11-dichloro-17,21-dihydroxy-, (11β)-

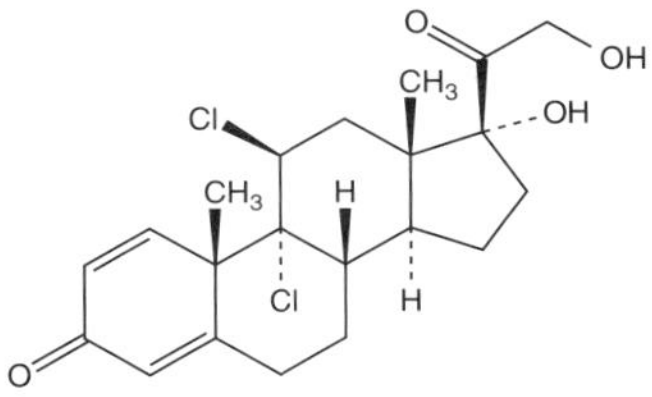

OS: *Diclorisone [DCIT]*

– 21-acetate:

CAS-Nr.: 0000079-61-8
OS: *Dichlorisone Acetate USAN*

Dermaren® (Areu: ES)
Dicloderm forte® (Fernandez de la Cruz: ES)

Dichlorvos (Rec.INN)

L: Dichlorvosum
D: Dichlorvos
F: Dichlorvos
S: Diclorvos

⚕ Anthelmintic [vet.]
⚕ Insecticide

CAS-Nr.: 0000062-73-7 C_4-H_7-Cl_2-O_4-P
M_r 220.97

Phosphoric acid, 2,2-dichloroethenyl dimethyl ester

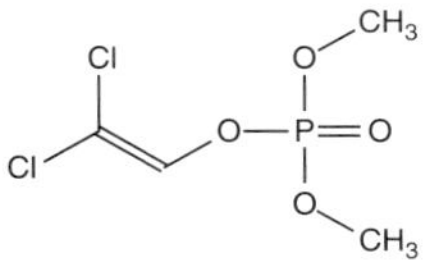

OS: *Dichlorvos [BAN, USAN]*
IS: *SD 1750*
IS: *XLP 30*
IS: *DDVP*
PH: Dichlorvosum [2.AB-DDR]

Atgard® [vet.] (Boehringer Ingelheim Vetmedica: US)
Bolfo Terrarium-Strip® [vet.] (Bayer Animal: DE)
Equigard® [vet.] (Boehringer Ingelheim Vetmedica: US)
Equigel® [vet.] (Boehringer Ingelheim Vetmedica: US)
Prozap Beef & Dairy Cattle Spray® [vet.] (Loveland: US)
Task® [vet.] (Boehringer Ingelheim Vetmedica: US)
Vapona Insecticide® [vet.] (DurVet: US)

Diclofenac (Rec.INN)

L: Diclofenacum
I: Diclofenac
D: Diclofenac
F: Diclofénac
S: Diclofenaco

⚕ Antiinflammatory agent
⚕ Analgesic
⚕ Antipyretic

ATC: M01AB05,M02AA15,S01BC03,D11AX18
ATCvet:
QD11AX18,QM01AB05,QM02AA15,QS01BC03
CAS-Nr.: 0015307-86-5 C_{14}-H_{11}-Cl_2-N-O_2
M_r 296.152

Benzeneacetic acid, 2-[(2,6-dichlorophenyl)amino]-

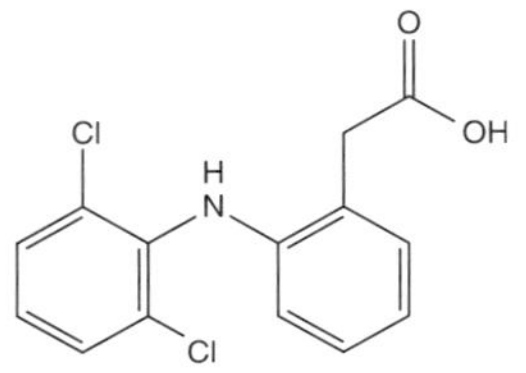

OS: *Diclofenac [BAN, DCF, DCIT]*
IS: *Ba 47210*

Afenilak® (Kral: GT, SV)
Almiral Gel® (Medochemie: CZ)
Aproxol® (Markos: PE)
Artren® (Merck: CL)
Biofenac® (Aché: BR)
Cataflam D.A.L.® (Novartis: CL)
Cataflam Dispersable® (Novartis: MX)
Cataflam Dispersible® (Novartis: LU)
Clafen® (Antibiotice: RO)
Cordralan® (Bristol-Myers Squibb: PE)
Deflox® (Merck: MX)
Diclo Duo® (Astellas: HR)
Diclo Duo® (PharmaSwiss: SI)
Diclo-CT® (CT: DE)
Diclofemed® (Ethimed: BE)
Diclofenac „Ciba“® (Novartis: AT)
Diclofenac Duo 4% Spray Gel® (Pharbil Waltrop: RS)
Diclofenac HBF® (Biochemie: CZ)
Diclofenac Rapid ratiopharm® (ratiopharm: DK)
Diclofenac-Eurogenerics® (Eurogenerics: LU)
Diclofenac-Retard® (Remedica: RS)
Diclofenac-Sandoz® (Sandoz: LU)
Diclofenaco Gen-Far® (Genfar: PE)
Diclofenaco Genfar® (Expofarma: CL)
Diclofenaco Genfar® (Genfar: CO, EC)
Diclofenaco Iqfarma® (Iqfarma: PE)
Diclofenaco L.CH.® (Chile: CL)
Diclofenaco Lch® (Ivax: PE)
Diclofenaco MF® (Marfan: PE)
Diclofenaco Pentacoop® (Pentacoop: PE)
Diclofenaco® (Biosano: CL)
Diclofenaco® (Blaskov: CO)
Diclofenaco® (Chemopharma: CL)
Diclofenaco® (Farmandina: EC)
Diclofenaco® (Medicalex: CO)
Diclofenaco® (Pentacoop: CO, EC)
Diclof® (LCG: PE)
Diclogesic® (Dar-Al-Dawa: AE, BH, IQ, JO, KW, LB, LY, MT, NG, OM, QA, RO, SA, SD, SO, TN, YE)
Diclomol® [gel] (Win-Medicare: LK)
Diclovit® (Nizhpharm: RU)
Difene Dual Release® (Astellas: IE)
Dignofenac® (Sankyo: AE, EG, JO, LB, SA, YE)
Dinopen® (Bolivar Farma: PE)
Dioxaflex® (Bago: PE)
Divon® (Ethicalpharma: PE)
Dolo Tomanil® (Altana: AR)
Dolofenac® (Trifarma: PE)
Dolotren® (Faes: DO, ES, GT, HN, NI, PA, PE, SV)
Feloran® (Balkanpharma: BG)
Fenacop® (Copyfarm: DK)
Fenalgic® (Sanofi-Aventis: VN)
Flogene® (Tecnofarma: PE)
Forgenac® (Formenti: IT)
Hanalgeze® (Bristol-Myers Squibb: PE)
Klafenac-D® (La Santé: CO)
Klofen-L® (Actavis: IS)
Myfenax® (Greater Pharma: TH)
Naklofen® (Krka: BA, PL)
Olfen® (Mepha: AE, BH, CH, CY, CZ, EG, JO, KW, LB, OM, PE, PL, QA, SA, TT)
Sefnac® (Unison: TH)
Solaraze® (Bioglan: US)
Solunac® (Systopic: IN)
Tratul® [caps.] (Gerot: AT, RO)
Ultrafen® (Beximco: SG)
Vasalen® (Millimed: TH)
Ventarone® (Umeda: TH)
Voltaren Dispersible® [Tab.] (Novartis: CH)
Voltaren® (Medis: BA)
Voltaren® (Novartis: AG, AN, AT, AW, BB, BM, BS, CO, ET, GD, GH, GY, HT, JM, KE, KY, LC, LY, MT, NG, SD, TT, TZ, VC, ZW)
Voltaren® (Pliva: BA, SI)
Voltarol® (Novartis: GB)
Voltarol® (Techno: BD)
Voren® (Medikon: ID)
Voveran® (Novartis: IN)
Zeroflog® (Valeas: IT)

– deanol salt:

Agilomed® (Merck Sharp & Dohme: AT)
Diclon® (Hudson: BD)
Monoflam® (Winthrop: CZ)
Tratul® [inj./rect.] (Gerot: AT, RO)

– diethylamine:

CAS-Nr.: 0078213-16-8
OS: *Diclofenac Diethylamine BANM*
IS: *Diclofenac-diethylazan*
IS: *Diclofenac diethylammonium*
PH: Diclofenac Diethylamine BP 2002

Algicler® (Monserrat: AR)
Almiral Gel® (Medochemie: LK, SG, TH)
Anaflex® (Bagó: AR)
Atomo desinflamante geldic® (Imvi: AR)
Banoclus® (Lamsa: AR)
Biofenac® (Aché: BR)
Blokium® (Casasco: AR)
Cataflam Emulgel® (Novartis: BR)
Cataflam Emulgel® (Novartis Pharma: PE)
Clofaren® (Royton: BR)
Clofenak® (Medley: BR)
Clofen® (Julpharma: EC)
Cotilam® (HG.Pharm: VN)
D.F.N.® (Bajer: AR)
Delimon® (Pharmathen: GR)
Demac® (Osotspa: TH)
Diclofenac Cevallos® (Cevallos: AR)
Diclofenac Denver Farma® (Denver: AR)
Diclofenac Northia® (Northia: AR)
Diclofenac Richet® [gel] (Richet: AR)
Diclofenaco Dietilamina® (Mintlab: CL)
Diclofenaco Dietilamonio® (Cimed: BR)
Diclofenaco Dietilamonio® (Cristália: BR)
Diclofenaco Dietilamonio® (EMS: BR)
Diclofenaco Dietilamonio® (Eurofarma: BR)

Diclofenaco Dietilamonio® (Medley: BR)
Diclofenaco Dietilamonio® (Teuto: BR)
Diclofenaco Gel® (Pasteur: CL)
Diclofen® (Pharmacia: BR)
Diclofen® (United Pharmaceutical: AE, BH, IQ, JO, LY, OM, QA, SA, SD, YE)
Diclogel® (Polipharm: TH)
Diclogen® (Polipharm: TH)
Diclogesic® (Dar-Al-Dawa: SA, SO)
Diclohexal Gel® (Hexal: ZA)
Diclomec Jel® (Mecom: TR)
Dicloran Gel® (Unique: IN)
Diclotaren Gel® (Farmo Quimica: CL)
Dicogel® (Mintlab: CL)
Difelene® (Thai Nakorn Patana: TH)
Dikloron® (Deva: TR)
Dikloziaja® (Ziaja: PL)
Dinefec® (British Dispensary: TH)
Dioxaflex Gel® (Bago: PE)
Dioxaflex® (Bagó: AR)
Dolaren® (AF: MX)
Dolotren Topico® (Faes: ES)
Dosanac Gel® (Siam Bheasach: TH)
Doxtran® (Phoenix: AR)
Erdon Gel® (Aristopharma: LK)
Fenac® (LBS: TH)
Fenagel® (SM Pharm: TH)
Fengel® (Bestpharma: CL)
Flameril® (Normal: PT)
Flameril® (Sandoz: HU)
Flamygel® (Unipharm: MX)
Flogofenac® (Ecobi: IT)
Gel Antiinflamatorio Sertex® (Sertex: AR)
Genac® [gel] (Globe: BD)
Hipo Sport® (Andromaco: MX)
Iglodine® (Fecofar: AR)
Imanol® (Biosintex: AR)
Inac Gel® (Recon: LK)
Inflaren K Gel® (Cibran: BR)
Jonac Gel® (Boehringer Ingelheim: LK)
Jonac Gel® (German Remedies: IN)
Klonafenac® (Klonal: AR)
Masaren® (Masa Lab: TH)
Merpal® (Prater: CL)
Myonac® (M & H: TH)
Nac Gel® (Systopic: IN)
Neo-Dolaren® (AF: MX)
Oxa® (Beta: AR)
Painex Gele® (Confar: PT)
Piroflam® (Medipharm: CL)
Rati Salil D® (Gramon: AR)
Relaxyl Gel® (Franco-Indian: IN)
Remethan® (Remedica: TH)
Rhewlin® (Beacons: SG)
Rhumanol Creamagel® (TO Chemicals: TH)
Salicrem® (Gezzi: AR)
Scantaren® (Tempo: ID)
Sipirac® (Chemopharma: CL)
Tomanil® (Altana: AR)
Turbogesic® (Chile: CL)
Uniren® (Unison: SG, TH)
Virobron® (Temis-Lostalo: AR)
Volfenac Gel® (Collins: MX)
Voltadex® (Dexa Medica: ID)
Voltaren Dolo® (Novartis: CH)
Voltaren Emulgel® (Novartis: AG, AN, AT, AU, AW, BB, BE, BG, BM, BS, CH, CO, CZ, DE, ES, ET, FI, GD, GH, GY, HT, IL, IS, IT, JM, KE, KY, LC, LU, LY, MT, MX, NG, PT, RO, RU, SD, TH, TR, TT, TZ, VC, ZA, ZW)
Voltaren Emulgel® (Novartis Consumer Health: HR, NZ, PL, VN)
Voltaren Emulgel® (Novartis OTC: SG)
Voltaren Emulgel® (Novartis Pharma: PE)
Voltaren Schmerzgel® (Novartis: DE)
Voltarenactigo® (Novartis Santé Familiale: FR)
Voltaren® (Novartis: AR, CL, DE, ID, MX, MY, SE)
Voltarol Emulgel® (Novartis: GB)
Voltarol Emulgel® (Novartis Consumer Health: IE)
Voltarène Emulgel® (Novartis Santé Familiale: FR)
Votalin Emulgel® (Novartis: CN)

– potassium salt:

CAS-Nr.: 0015307-81-0
OS: *Diclofenac Potassium BANM, USAN*
IS: *CGP 45840B (Ciba-Geigy)*
PH: Diclofenac Potassium Ph. Eur. 5, USP 30
PH: Diclofénac potassique Ph. Eur. 5
PH: Diclofenac-Kalium Ph. Eur. 5
PH: Diclofenacum kalcium Ph. Eur. 5

A-Fenac K® (Acme: BD)
Aclofin® (Indonesian: ID)
Afenilak® (Kral: GT, SV)
Alflam® (Mugi: ID)
Algifen® (Biochem: CO)
Apo-Diclo Rapide® (Apotex: CA)
Befol® (Biotenk: AR)
Benevran® (Legrand EMS: BR)
Cataflam® (Bykomed: PT)
Cataflam® (Novartis: AG, AN, AW, BB, BD, BE, BF, BG, BJ, BM, BR, BS, CF, CG, CI, CL, CM, CO, CR, EC, ET, GA, GD, GH, GN, GT, GY, HK, HN, HT, HU, ID, IE, IL, JM, KE, KY, LC, LK, LU, MG, ML, MR, MT, MU, MX, MY, NE, NG, NI, NL, NO, PA, PH, PL, SD, SG, SN, SV, TD, TG, TH, TR, TT, TZ, US, VC, VN, ZA, ZR, ZW)
Cataflam® (Novartis Consumer Health: NZ)
Cataflam® (Novartis Pharma: PE)
Catanac® (Ethica: ID)
Catanac® (Pharmasant: TH)
Clofenak® (Medley: BR)
Deflamat NF Infantil® (Andromaco: CL)
Deflox® (Merck: MX)
Desinac® [tabs./susp. oral] (Lancasco: GT)
Diaflam® (Dankos: ID)
Diaflam® (Kalbe Farma - Dankos: LK)
Diclac® Dolo (Hexal: DE)
Diclo P® (União: BR)
Diclo-K® (Rowe: EC)
Diclofan® [tabs./gtt.] (Combisa: SV)
Diclofelit® [tabs.] (Nun'z: GT)
Diclofenac Cevallos® (Cevallos: AR)
Diclofenac K APR® (APR: CH)
Diclofenac Kalium Stada® (Stadapharm: DE)
Diclofenac Northia® (Northia: AR)
Diclofenac Potassium® (Apothecon: US)
Diclofenac Potassium® (Mylan: US)
Diclofenac Potassium® (Sandoz: US)
Diclofenac Potassium® (Teva: US)
Diclofenac Potassium® (Watson: US)
Diclofenac Rapid Actavis® (Actavis: DK, FI)
Diclofenac Rapid Copyfarm® (Copyfarm: DK, FI)

D

Diclofenac ratiopharm® (ratiopharm: DE)
Diclofenac T ratiopharm® (Ratiopharm: SE)
Diclofenac-K-Ratiopharm® (Ratiopharm: BE)
Diclofenac-K® (Ratio: DO)
Diclofenac-ratiopharm® (ratiopharm: DE)
Diclofenackalium® (Actavis: NO)
Diclofenackalium® (APR: NL)
Diclofenackalium® (ratiopharm: NO)
Diclofenaco de Potassio® (Cimed: BR)
Diclofenaco MK potásico® (Bonima: BZ, CR, DO, GT, HN, NI, PA, SV)
Diclofenaco Potassico® (Biosintética: BR)
Diclofenaco Potassico® (EMS: BR)
Diclofenaco Potassico® (Lab. Ducto: BR)
Diclofenaco Potassico® (Lab. Neo Quím.: BR)
Diclofenaco Potassico® (Medley: BR)
Diclofenaco Potassico® (Teuto: BR)
Diclofenax® (Infabra: BR)
Diclofen® (Pharmacia: BR)
Dicloflam® (Santa-Farma: TR)
Diclokalium® (Prati: BR)
Diclomar® (Mar: AR)
Diclomex Rapid® (Ratiopharm: FI)
Diclon® rapid (Sandoz: DK)
Dicloxal-P® (Hexal: DO)
Diklofenak T Actavis® (Actavis: SE)
Diklofenak T Copyfarm® (Copyfarm: SE)
Dioxaflex® (Bagó: AR)
Dolorex® (Mecom: TR)
Eeze® (Antula: SE)
Eflagen® (Sanbe: ID)
Exaflam® (Guardian: ID)
Exflam® (Mepro: CL)
Flamydol® (Uni: CO)
Flamydol® (Unipharm: CR, GT, HN, MX, NI, PA, SV)
Flanakin® (Kinder: BR)
Flogam® (Merck: EC)
Flogan® (Merck: BR)
Flogozan® (Merck: CR, DO, GT, HN, NI, PA, SV)
Fortedol® (Teva: HU)
Hit® (Bioindustria: EC)
Inflamac® rapid (Spirig: CH)
Inflaren K® (Cibran: BR)
Intafenac-K® (Incepta: BD)
Itami® (Fidia: NL)
Kadiflam® (Metiska: ID)
Kaflam® (Dankos: ID)
Kaflan® (Novartis: CN)
Kalidren® (Fako: TR)
Kalium Diklofenak Dexa Medica® (Dexa Medica: ID)
Kamaflam® (Kimia: ID)
Katafenac® (Paill: BZ, HN, SV)
Klafenac R® (IPhSA: CL)
Klafenac R® (La Santé: CO)
Klafenac® (IPhSA: CL)
Klodic® (Nabiqasim: LK)
Laflanac® (Lapi: ID)
Lesflam® (Unison: SG)
Libraflam® (Librapharm: EC)
Matsunaflam® (Nufarindo: ID)
Maxit® (Hilton: LK)
Merflam® (Mersifarma: ID)
Metaflex® (Montpellier: AR)
Nacoflar® (Phapros: ID)
Nichoflam® (Nicholas: ID)
Novo-Difenac-K® (Novopharm: CA)
Optalidon® (Novartis Consumer Health: DE)
Otriflu® (Novartis: NO)
Otriflu® (Novartis Consumer Health: NL)
Oxa® (Beta: AR)
Potazen® (Medikon: ID)
Procil® (Rarpe: NI)
Rapten-K® (Hemofarm: RS)
Rapten® (Hemofarm: BA, RS, RU)
Rodinac® (Geminis: AR)
Sandoz Diclofenac® (Sandoz: CA)
Scanaflam® (Tempo: ID)
Tonopan Neue Formel® (Novartis Consumer Health: CH)
Turbogesic Lch® (Ivax: PE)
Vesalion® (Nova Argentia: AR)
Vifenac® (Vifor: CH)
Vimultisa® (Fabra: AR)
Voltaren Acti® (Novartis: PL, RU)
Voltaren Dolo® (Novartis: IS, MX, RO)
Voltaren Dolo® (Novartis Consumer Health: CH, DE, HU)
Voltaren D® (Novartis: NZ)
Voltaren K® (Novartis: DE, NL)
Voltaren Migräne® (Novartis: CH)
Voltaren Rapid D.A.C.® (D.A.C.: IS)
Voltaren Rapide® (Novartis: CA)
Voltaren Rapid® (Novartis: AT, AU, CH, CZ, IS, PT, RO, RU)
Voltaren Rapid® (Novartis Consumer Health: NZ)
Voltaren Rapid® (Pliva: HR)
Voltaren T® (Novartis: SE)
Voltarendolo® (Novartis Santé Familiale: FR)
Voltarol Rapid® (Novartis: GB)
Voltatabs® (Novartis: LU)
Voltfast® (Novartis: CH, IT)
Vostar-S® (Actavis: IS)
X-Flam® (Combiphar: ID)

– resinate:

IS: *Diclofenac Colestyramine*

Abdol® (Pharmalat: GT)
Afenilak® (Kral: GT)
Artren® (Merck: CL)
Biofenac Gotas® (Aché: BR)
Cataflam® (Novartis: BF, BJ, CG, CI, CL, CM, GA, GN, HU, MG, ML, MR, MU, MX, MY, NE, SN, TD, TG)
Diclofelit® [gtt.] (Nun'z: GT)
Diclofenaco MK® [gtt.] (Bonima: CR, DO, GT, HN, HT, NI, PA, SV)
Diclofenaco Resinato® (Biosintética: BR)
Diclofenaco Resinato® (Medley: BR)
Dicloxal® (Hexal: DO)
Doriflan® (Luper: BR)
Flamydol® (Uni: CO)
Flamydol® (Unipharm: CR, GT, HN, NI, PA, SV)
Flogan® (Merck: BR)
Flotac® (Novartis: BR, CL, CO, CR, DO, EC, GT, HN, MX, NI, PA, SV)
Flotac® (Novartis Pharma: PE)
Inflaren K® (Cibran: BR)
Merpal® (Prater: CL)
Oxa® (Beta: AR)
Pro Lertus® (Tecnofarma: CL)

Voltaren Resinat® (Novartis: DE, LU)

- **sodium salt:**

CAS-Nr.: 0015307-79-6
OS: *Diclofenac Sodium BANM, JAN, USAN*
IS: *GP 45840*
PH: Diclofenac-Natrium Ph. Eur. 5
PH: Diclofenac Sodium Ph. Eur. 5, JP XIV, USP 30
PH: Diclofenacum natricum Ph. Eur. 5
PH: Diclofénac sodique Ph. Eur. 5

3-A Ofteno® (Sophia: MX)
3-A Ofteno® (Volta: CL)
A-Fenac® (Acme: BD)
Abdiflam® (Tunggal: ID)
Abdol® (Pharmalat: GT)
Abitren Inject® (Teva: IL)
Abitren® (Abic: IL)
Actinoma® (Orva: TR)
Acu-Diclofenac® (Qestmed: ZA)
Adco-Diclofenac® (Al Pharm: ZA)
Afenilak® (Kral: GT, SV)
Agilomed® (Stada: AT)
Aldoron® (Ivax: AR)
Algefit-Gel® (Pharmaselect: AT)
Algioxib® (Dupomar: AR)
Algosenac® (Galenica: IT)
Allvoran® (TAD: DE)
Almiral® (Interchemia: CZ)
Almiral® (Medochemie: BD, BG, BH, CZ, HK, IQ, JO, LK, OM, RO, SD, SG, SK, TH, UA, YE)
Ammi-Votara® (MacroPhar: TH)
Amminac® (MacroPhar: TH)
Amofen® (Pediapharm: CL)
Anaflex® (Bagó: AR)
Anfenac® (Nipa: BD)
Anodyne® (Ibn Sina: BD)
Anthraxiton® (Chrispa: GR)
Apain® (Chemico: BD)
Apo-Diclo-SR® (Apotex: VN)
Apo-Diclo® (Apotex: AN, BB, BM, BS, CA, CZ, GY, HT, JM, KY, NZ, PE, PL, SR, TT)
Arclonac® (Condrugs: TH)
Arthrex® (1A Pharma: DE)
Arthrex® (BC: DE)
Arthrex® (CPM ContractPharma: RO)
Artrenac® (Merck: MX)
Artren® (Merck: CL, CO, EC, PE)
Artridene® (Biochem: CO)
Artrifenac® (Vijosa: GT, HN, NI, PA, SV)
Artrites® (California: CO)
Artrofenac® (So.Se.: IT)
Artrofenac® (Tecnoquimicas: CO)
Athru-Derm® (Sandoz: ZA)
Atranac® (Corsa: ID)
Atrovent® (Volta: CL)
Autdol® (Chile: CL)
Banoclus® (Frasca: AR)
Banoclus® (Lamsa: AR)
Batafil® (Proel: GR)
Be-Tabs Diclofenac® (Be-Tabs: ZA)
Beonac® (Benham: BD)
Berifen® (Mepha: CR, EC, GT, HN, NI, PA, SV)
Berifen® (Sunthi: ID)
Betaren® (Dexxon: IL)
Biclopan® (Pharmachemie: LK)
Biofenac® (Aché: BR)
Blesin® (Sawai: JP)
Blokium® (Casasco: AR)
C-Fenac® (Chemist: BD)
Calmoflex® (Gezzi: AR)
Cataflam® (Novartis: CL, HU, MX)
Chemists' Own Diclofenac Sodium® (Chemists: AU)
Chinclonac® (Chinta: TH)
Clofec® (Atlantic: SG, TH)
Clofenac® (Square: BD, LK)
Clofenal® (Saidal: DZ)
Clofen® (Julpharma: EC)
Clofon® (YF: TH)
Clonac® (Faran: GR)
Clonac® (Sandoz: AU)
Clonac® (Somatec: BD)
Cofac® (Jayson: BD)
Coral® (Wermar: MX)
Curinflam® (Duncan: AR)
D-Fenac® (Doctor's Chemical Work: BD)
Dealgic® (Pfizer: IT)
Decafen® (Renata: BD)
Declofon® (Pharmanel: GR)
Dedolor® (Astellas: AT)
Dedolor® (Klinge: DE)
Deflagesic® (Mediproducts: GT)
Deflamat® (ABL: PE)
Deflamat® (Alpharma: ID)
Deflamat® (Andromaco: CL)
Deflamat® (Astellas: AT)
Deflamat® (Daiichi Sankyo: IT)
Deflamat® (Trifarma: TR)
Delimon® (Pharmathen: GR)
Denaclof® (Novartis: GR)
Dencorub® (Church & Dwight: AU)
Desinac® [gtt.] (Lancasco: GT)
Desinflam® (Rocnarf: EC)
Dexomon® (Hillcross: GB)
Di Retard® (Llorens: ES)
Diastone® (Microsules: AR)
Dichronic® (Toyo Pharmar: JP)
Diclac® (Hexal: AT, BR, DE, LU, PL, RO, RU)
Diclac® (Investi: AR)
Diclac® (Rowex: IE)
Diclac® (Sandoz: CH, HU, MX)
Diclanex® (Antibioticos: MX)
Diclanex® (Procaps: CO)
Diclax® (Douglas: NZ)
Diclo 1A Pharma® (1A Pharma: DE)
Diclo AbZ® (AbZ: DE)
Diclo dispers® (betapharm: DE)
Diclo KD® (Kade: DE)
Diclo KSK® (KSK Pharma: DE)
Diclo SchmerzGel® (betapharm: DE)
Diclo SF Carino® (Carinopharm: DE)
Diclo uno 1A Pharma® (1A Pharma: DE)
Diclo von CT® (CT: DE, RO)
Diclo-CT® (CT: DE)
Diclo-Denk® (Denk: DE)
Diclo-Divido® (Actavis: DE)
Diclo-F® (Promed: RU)
Diclo-Gel Sandoz® (Sandoz: DE)
Diclo-Puren® (Actavis: DE)
Diclo-saar® (MIP: DE)

Diclo-Wolff® (Wolff: DE)
Diclobene® (Merckle: DE)
Diclobene® (Ratiopharm: AT, RU)
Dicloberl® (Berlin Chemie: VN)
Dicloberl® (Berlin-Chemie: DE, PL)
Dicloberl® (Menarini: BD)
Diclocular® (Angelini: IT)
Diclodan® (Pharmacodane: DK)
Diclodoc® (Docpharm: DE)
DicloDuo® (Bristol-Myers Squibb: PL)
Diclofan® (Boniscontro & Gazzone: IT)
Diclofar® (Farmoquimica: DO)
Diclofelit® [inj.] (Nun'z: GT)
Diclofel® (Feltrex: DO)
Diclofenac „Ciba"® (Novartis: AT)
Diclofenac 1A Pharma® (1A Pharma: AT)
Diclofenac AbZ® (AbZ: DE)
Diclofenac Actavis® (Actavis: DK)
Diclofenac Adico® (Adico: CH)
Diclofenac All Pro® (All Pro: AR)
Diclofenac Alter® (Alter: IT, PT)
Diclofenac AL® (Aliud: CZ, DE, HU, RO)
Diclofenac Angenerico® (Angenerico: IT)
Diclofenac Atid® (Dexcel: DE)
Diclofenac Avista® (Adico: CH)
Diclofenac Basics® (Basics: DE)
Diclofenac Bexal® (Bexal: BE, PT)
Diclofenac Cimex® (Cimex: CH)
Diclofenac Denver Farma® (Denver: AR)
Diclofenac DOC® (DOC Generici: IT)
Diclofenac Dorom® (Dorom: IT)
Diclofenac Duo Pharmavit® (Bristol-Myers Squibb: HU)
Diclofenac Duo Pharmavit® (Chinoin: CZ)
Diclofenac Duo® (Bristol-Myers Squibb: RO)
Diclofenac dura® (Merck dura: DE)
Diclofenac EG® (EG: IT)
Diclofenac EG® (Eurogenerics: BE)
Diclofenac Epifarma® (Epifarma: IT)
Diclofenac Genericon® (Genericon: AT)
Diclofenac Generis® (Generis: PT)
Diclofenac Helvepharm® (Helvepharm: CH)
Diclofenac Heumann® (Heumann: DE)
Diclofenac Hexal® (Hexal: IT)
Diclofenac Hexa® (Hexa: AR)
Diclofenac Katwijk® (Katwijk: NL)
Diclofenac Labesfal® (Labesfal: PT)
Diclofenac Lafedar® (Lafedar: AR)
Diclofenac Larjan® (Veinfar: AR)
Diclofenac Lindo® (Lindopharm: DE)
Diclofenac Merck® (Merck Generics: IT, NL)
Diclofenac Merck® (Merck Genéricos: PT)
Diclofenac MK® (Mark: RO)
Diclofenac Na A® (Apothecon: NL)
Diclofenac Na CF® (Centrafarm: NL)
Diclofenac Na Gf® (Genfarma: NL)
Diclofenac Na PCH® (Pharmachemie: NL)
Diclofenac Natrium® (Balkanpharma: BG)
Diclofenac Na® (Delphi: NL)
Diclofenac Na® (GenRx: NL)
Diclofenac Na® (Hexal: NL)
Diclofenac Na® (Pharmacin: NL)
Diclofenac Northia® (Northia: AR)
Diclofenac PB® (Docpharm: DE)
Diclofenac Pharmavit® (Bristol-Myers Squibb: HU)
Diclofenac Pharmavit® (Chinoin: CZ)
Diclofenac Pliva® (Pliva: IT)
Diclofenac ratiopharm® (Ratiopharm: IT, NL, PT)
Diclofenac Retard-Sandoz® (Sandoz: LU)
Diclofenac Richet® (Richet: AR)
Diclofenac S. Med® (S. Med: AT)
Diclofenac Sandoz® (Sandoz: AT, BE, CH, DE, IT, NL)
Diclofenac SF-Rotexmedica® (Rotexmedica: DE)
Diclofenac Sodico Higea® (Hisubiette: CO)
Diclofenac Sodico Sandoz® (Sandoz: IT)
Diclofenac Sodico® (Biologici: IT)
Diclofenac Sodico® (Memphis: CO)
Diclofenac Sodico® (Rarpe: HN, NI)
Diclofenac Sodic® (Magistra: RO)
Diclofenac Sodium Indo Farma® (Indofarma: ID)
Diclofenac Sodium® (Alpharma: GB)
Diclofenac Sodium® (Biologici: SG)
Diclofenac Sodium® (Kent: GB)
Diclofenac Sodium® (Mika: LU)
Diclofenac Sodium® (Mylan: US)
Diclofenac Sodium® (Novartis: US)
Diclofenac Sodium® (Purepac: US)
Diclofenac Sodium® (Roxane: US)
Diclofenac Sodium® (Sandoz: GB, US)
Diclofenac Sodium® (Teva: GB, US)
Diclofenac Sodium® (Vitamed: IL)
Diclofenac Sodium® (Watson: US)
Diclofenac Stada® (Stada: HK, HU, TH)
Diclofenac Stada® (Stadapharm: DE)
Diclofenac Teva® (Teva: BE, IT)
Diclofenac Vramed® (Vramed: BG)
Diclofenac-Akri® (Akrihin: RU)
Diclofenac-BC® (Biochemie: AU)
Diclofenac-B® (Teva: HU)
Diclofenac-CT® (CT: DE)
Diclofenac-Natrium Lindo® (Lindopharm: DE)
Diclofenac-PP® (Pannonpharma: HU)
Diclofenac-ratiopharm® (Ratiopharm: BE)
Diclofenac-ratiopharm® (ratiopharm: DE, HU)
Diclofenac-ratiopharm® (Ratiopharm: IT)
Diclofenac-ratiopharm® (ratiopharm: LU)
Diclofenac-ratiopharm® (Ratiopharm: RU)
Diclofenac-Rotexmedica® (Rotexmedica: DE)
Diclofenacnatrium Alpharma® (Alpharma: NL)
Diclofenacnatrium Disphar® (Disphar: NL)
Diclofenacnatrium FLX® (Karib: NL)
Diclofenacnatrium Merck® (Merck Generics: NL)
Diclofenacnatrium Sandoz® (Sandoz: NL)
Diclofenacnatrium Stulln® (Alternova: DK)
Diclofenacnatrium® (Delphi: NL)
Diclofenacnatrium® (GenRx: NL)
Diclofenacnatrium® (Lagap: NL)
Diclofenacnatrium® (Merck Generics: NL)
Diclofenacnatrium® (Novartis: NL)
Diclofenaco Aldo Union® (Aldo Union: ES)
Diclofenaco Alter® (Alter: ES)
Diclofenaco Bayvit® (Bayvit: ES)
Diclofenaco Cinfa® (Cinfa: ES)
Diclofenaco Clariana Pic® (Clariana: ES)
Diclofenaco Distriquimica® (Distriquimica: ES)
Diclofenaco Edigen® (Edigen: ES)
Diclofenaco Llorens® (Llorens: ES)
Diclofenaco MK® [tabs./inj.] (Bonima: BZ, CR, DO, GT, HN, NI, PA, SV)
Diclofenaco MK® [tabs./inj.] (MK: CO)

Diclofenaco Mundogen® (Mundogen: ES)
Diclofenaco Normon® (Normon: CR, ES, GT, HN, NI, PA, SV)
Diclofenaco Oftal Lepori® (Farma Lepori: ES)
Diclofenaco Pliva® (Pliva: ES)
Diclofenaco Ratiopharm® (Ratiopharm: ES)
Diclofenaco Rubio® (Rubio: CR, DO, ES, PA, SV)
Diclofenaco Sandoz® (Sandoz: ES)
Diclofenaco Sodico MK® (MK: CO)
Diclofenaco Sodico® (Bago: CL)
Diclofenaco Sodico® (Bestpharma: CL)
Diclofenaco Sodico® (Blaskov: CO)
Diclofenaco Sodico® (Medley: BR)
Diclofenaco Sodico® (Mintlab: CL)
Diclofenaco Sodico® (Pasteur: CL)
Diclofenaco Sodico® (Sanderson: CL)
Diclofenaco Sodico® (UQP: PE)
Diclofenaco Sodico® (Volta: CL)
Diclofenaco Sódico® (Biosintética: BR)
Diclofenaco Sódico® (EMS: BR)
Diclofenaco Sódico® (Knoll: BR)
Diclofenaco Sódico® (Lab. Ducto: BR)
Diclofenaco Sódico® (Lab. Neo Quím.: BR)
Diclofenaco Sódico® (Medley: BR)
Diclofenaco Sódico® (Novartis: BR)
Diclofenaco Sódico® (Teuto: BR)
Diclofenaco® (Aldo Union: ES)
Diclofenaco® (Alter: ES)
Diclofenaco® (Britania: PE)
Diclofenaco® (Clariana: ES)
Diclofenaco® (La Sante: PE)
Diclofenaco® (Lepori: ES)
Diclofenaco® (Llorens: ES)
Diclofenaco® (Ratiopharm: ES)
Diclofenaco® (Rubio: ES)
Diclofenaco® (Vitalis: PE)
Diclofenaco® (Vitrofarma: PE)
Diclofenac® (Aliud: CZ)
Diclofenac® (Arena: RO)
Diclofenac® (Biopharm: RU)
Diclofenac® (Bristol-Myers Squibb: RS)
Diclofenac® (Chirmis Farmimpex: RO)
Diclofenac® (Europharm: RO)
Diclofenac® (GlaxoSmithKline: PL, RU)
Diclofenac® (Helcor: RO)
Diclofenac® (Hemofarm: RU)
Diclofenac® (Hyperion: RO)
Diclofenac® (Ipca: RU)
Diclofenac® (Pharmavit: CZ)
Diclofenac® (ratiopharm: NO)
Diclofenac® (Shreya: RU)
Diclofenac® (Sintofarm: RO)
Diclofenac® (Terapia: RO)
Diclofenbeta® (betapharm: DE)
Diclofen® (Berlin: TH)
Diclofen® (Opsonin: BD)
Diclofen® (Pharmacia: BR)
Diclofen® (Svus: CZ)
Diclofen® (United Pharmaceutical: AE, BG, BH, IQ, JO, LY, OM, QA, SA, SD, YE)
Dicloflex® (Dexcel: GB)
Dicloftal® (Angelini: PT)
Dicloftal® (Lepori: PT)
Dicloftil® (Farmigea: IT)
Diclofénac EG® (EG Labo: FR)
Diclofénac G Gam® (G Gam: FR)
Diclofénac Ivax® (Ivax: FR)
Diclofénac Merck® (Merck Génériques: FR)
Diclofénac RPG® (RPG: FR)
Diclofénac Sandoz® (Sandoz: FR)
Diclogesic® (Dar-Al-Dawa: AE, BH, IQ, JO, KW, LB, LY, MT, NG, OM, QA, RO, SD, TN, YE)
Diclogesic® (TRB: AR)
Diclogrand® (Ahimsa: AR)
Diclohexal® (Hexal: AU, ZA)
Diclolan® (Olan-Kemed: TH)
Diclomax Retard® (Galen: GB)
Diclomax Retard® (Provalis: IE)
Diclomax SR® (Galen: GB)
Diclomec Ampul® [inj.] (Mecom: TR)
Diclomel SR® (Mecom: TR)
Diclomelan® (Lannacher: AT)
Diclomel® (Clonmel: IE)
Diclomel® (Pannonpharma: HU)
Diclometin® (Merck NM: FI)
Diclomex® (Ratiopharm: FI)
Diclomol® (Win-Medicare: BD, IN, LK, TH)
Diclonac S® (H.G.: EC)
Diclonac® (Lupin: IN)
Diclonac® (Ziska: BD)
Diclonatrium® (Prati: BR)
Diclonat® (Pliva: RU)
Diclonex® (Nexo: AR)
Diclon® (Sandoz: DK)
Diclophar® (Unicophar: BE)
Diclophlogont® (Azupharma: DE)
Diclophlogont® (Novartis: GR)
Dicloral® (IBN: IT)
Dicloran® (Unique: IN, LK, RU)
Dicloran® (Unique Pharma: VN)
Diclorarpe® (Rarpe: HN, NI, SV)
Dicloratio® (ratiopharm: PL)
Diclora® (Marksman: BD)
Diclorengel® (Trima: IL)
Dicloreum® (Alfa Wassermann: CZ, IT, PL)
Diclosal® (Slavia Pharm: RO)
Diclosian® (Asian: TH)
Diclosifar® (Siphar: CH)
Diclosin® (Sintofarm: RO)
Diclostad® (Stada: AT)
Diclosyl® (Pharmaselect: AT)
Diclotab® (Techno: BD)
Diclotal® (Blue Cross: LK)
Diclotard® (Terapia: RO)
Diclotaren-R® (Farmo Quimica: CL)
Diclotaren® (Farmo Quimica: CL)
Dicloteárs® (Medivis: IT)
Diclotop® (Topgen: BE)
Diclowal® (Ritter: DO, HN, PA, SV)
Diclox® (Novartis: BD)
Diclozip® (Ashbourne: GB)
Diclo® (Camden: SG)
Diclo® (Pinewood: IE)
Difadol® (Polfa Warszawa: PL)
Difelene® (Thai Nakorn Patana: TH)
Difen-Stulln® (Pharma Stulln: DE)
Difenac® (DHA: SG)
Difenac® (Lafedar: AR)
Difenac® (Rephco: BD)
Difenac® (TP Drug: TH)

D

Difenak® (Terra: TR)
Difenax® (GXI: PH)
Difend® (Medicus: GR)
Difenet® (Nycomed: DK)
Difene® (Astellas: IE)
Difeno® (Milano: TH)
Difen® (Bosnalijek: BA)
Difen® (Peoples: BD)
Difnal® (Ranbaxy: SG)
Diklofenak BMM Pharma® (BMM: SE)
Diklofenak Copyfarm® (Copyfarm: SE)
Diklofenak Merck NM® (Merck: DK)
Diklofenak Merck NM® (Merck NM: SE)
Diklofenak Sandoz® (Sandoz: SE)
Diklofenak® (Habit: RS)
Diklofenak® (Hemofarm: BA, RS)
Diklofenak® (PharmaSwiss: RS)
Diklofenak® (Razvitak: HR)
Diklofenak® (Remevita: RS)
Diklofen® (Galenika: BA, RS)
Diklonat P® (Pliva: HR, PL)
Dikloron® (Deva: TR)
Dinaclord® (Oftalmoquimica: CO)
Dinac® (Douglas: AU)
Dinac® (Masa Lab: TH)
Dinac® (Navana: BD)
Dioxaflex Contact® (Bagó: CO)
Dioxaflex® [comp./inj.] (Bago: PE)
Dioxaflex® [comp./inj.] (Bagó: AR, CO, CR, DO, GT, HN, NI, PA, SV)
Dioxaflex® [comp./inj.] (Merck Bagó: BR)
Dirret® (Best: MX)
Disipan® (Laboratorios: AR)
Divoltar® (Kalbe: ID)
Divoltar® (Kalbe Farma: LK)
Dix-TR® (Apex: BD)
Dnaren® (Ariston: BR)
Docdiclofe® (Docpharma: BE, LU)
Dofen® (Parggon: MX)
Doflex® (Jagson Pal: IN)
Dolaut® (GiEnne: IT)
Dolflam® (Rayere: MX)
Dolgit-Diclo® (Dolorgiet: DE)
Dolmina® (Zentiva: CZ)
Dolo Nervobion® (Merck: ES)
Dolo Voltaren® (Novartis: ES)
Doloneitor® (Driburg: AR)
Dolostop® (Italpharma: EC)
Dolotren® (Faes: DO, ES, GT, HN, NI, PA, PE, SV)
Dolpasse® (Fresenius: AT)
Dolvan® (Gador: AR)
Doroxan® (Rottapharm: IT)
Dosanac® (Siam Bheasach: TH)
Doxtran® (Phoenix: AR)
Dropflam® (EuPharmed: IT)
duravolten® (Merck dura: DE)
Dycon® (Hovid: PH)
Ecofenac® (Sandoz: CH)
Edifenac® (Edruc: BD)
Eeze® (Antula: FI, SE)
Effekton® (Teofarma: DE)
Elitiran-GP® (Mintlab: CL)
Elitiran® (Mintlab: CL)
Epifenac® (E.I.P.I.C.O.: RO)
Epifenac® (Eipico: AE, BH, EG, IQ, JO, KW, LB, LY, OM, QA, SA, SD, YE)
Erdon® (Aristopharma: BD)
Evadol® (Degort's: MX)
Evinopon® (Bros: GR)
Eyeclof® (Genepharm: GR)
Fada Diclofenac® (Fada: AR)
Felogel® (Sopharma: PL)
Feloran Actavis® (Actavis: GE)
Feloran Gel® (Actavis: GE)
Feloran® (Balkanpharma: BG)
Feloran® (Sopharma: BG)
Fenactol® (Discovery: GB)
Fenac® (Alphapharm: AU)
Fenac® (LBS: TH)
Fenadol® (Proge: IT)
Fenagen® (Life: EC)
Fenaren® (Bernofarm: ID)
Fenaren® (Mundipharma: AT)
Fenaren® (União: BR)
Fenburil® (De Mayo: BR)
Fender® (Krugher: IT)
Fenil-V® (Vitoria: PT)
Fenisole® (Novartis: CH)
Fenoclof® (Pharmanel: GR)
Fensaide® (Nicholas: IN)
Fervex® (Andromaco: MX)
Fervex® (Bristol-Myers Squibb: GE)
Ficlon® (Sanofi-Aventis: BD)
Flam-X® (Axapharm: CH)
Flamar® (Sanbe: ID)
Flamatak® (Actavis: GB)
Flamenac® (Hexpharm: ID)
Flameril® (Normal: PT)
Flameril® (Novartis: NZ)
Flamrase® (Glynn: CZ)
Flamrase® (Teva: GB)
Flector Tissugel® (Therabel: BE)
Flector® [Tbl. Supp. Amp.] (Genévrier: FR)
Flector® [Tbl. Supp. Amp.] (IBSA: CH, CZ, DK)
Flector® [Tbl. Supp. Amp.] (Therabel: LU)
Flenac® (PharmaBrand: EC)
Flexamina® (Climax: BR)
Flexin® (Lasifarma: AR)
Flexiplen® (Vitarum: AR)
Flogofenac® (Ecobi: IT, RO)
Flogolisin® (Lazar: AR)
Fluxpiren® (Ariston: AR)
Forgenac® (Formenti: IT)
Fortenac® (Interdelta: CH)
Fortfen® (Aspen: ZA)
Fustaren® (Ivax: MX)
G-Diclofenac® (Gonoshasthaya: BD)
Galedol® (Probiomed: MX)
Genac-50® (Globe: BD)
GenRX Diclofenac® (GenRX: AU)
Glifapen® [+ Amoxicillin] (Ronnet: AR)
Grofenac® (Grossmann: CH)
Hexal Diclac® (Hexal: AU)
Hifenac® (Hudson: BD)
Hitflam® (Ambee: BD)
I-Gesic® (Centaur: IN)
Iglodine® (Fecofar: AR)
Imanol® (Biosintex: AR)
Imflac® (Douglas: AU)

Inac® (Recon: LK, SG)
Infla-Ban® (APM: AE, BG, BH, IQ, JO, KW, LB, LY, NG, OM, QA, SA, SD, SY, TN, YE)
Infla-Ban® (Triomed: ZA)
Inflamac® (Spirig: CH, CZ)
Inflamax® (Elofar: BR)
Inflanac® (Biolab: SG, TH)
Inflaren® (Cibran: BR)
Inflased® (Bilim: TR)
Inflasic® (Indofarma: ID)
Intafenac® (Incepta: BD)
Itami® (Fidia: IT)
Jenafenac® (Jenapharm: DE)
Jenafenac® (mibe: DE)
Jonac® (German Remedies: IN)
Jutafenac® (Juta: DE)
Jutafenac® (Q-Pharm: DE)
Kemoren® (Phyto: ID)
Klafenac-D® (IPhSA: CL)
Klaxon® (Pasteur: PH)
Klonafenac® (Klonal: AR)
Klotaren® (Kimia: ID)
Lertus Gel Topico® (Tecnofarma: CL)
Lertus Solucion Inyectable® (Tecnofarma: CL)
Lertus® (Tecnofarma: CL)
Levedad® (Valeant: AR)
Leviogel® (Chefaro: IT)
Lexobene® (Merckle: DE)
Librafenac® (Librapharm: EC)
Liroken® (Kendrick: MX)
Lisiflen® (De Salute: IT)
Locopain® (Asiatic Lab: BD)
Lofenac® (Chew Brothers: TH)
Lonac® (GlaxoSmithKline: BD)
Lorbifenac® (Lba: AR)
Luase® (Daiichi Sankyo: ES)
Luparen® (Luper: BR)
Lydofen® (Grin: MX)
Mafena® (Maver: MX)
Magluphen® (Sandoz: AT)
Majamil® (Polpharma: PL)
Maxilerg® (Latinofarma: BR)
Medaren® (Medicine Supply: TH)
Medifen® (Medicon: BD)
Megafen® (Jayson: BD)
Merck-Diclofenac® (Merck Generics: ZA)
Merpal® (Prater: CL)
Merxil® (Merck: MX)
Metaflex® (Montpellier: AR)
Micro Diclofenac® (Micro: ZA)
Mifenac® (Denk: DE)
Miyadren® (Fako: TR)
Mobifen® (ACI: BD)
Modifenac® (Actavis: DK)
Modifenac® (Alpharma: IS, NO)
Monoflam® (Amcapharm: CZ)
Monoflam® (Artesan: CZ)
Monoflam® (Solupharm: CZ)
Monoflam® (Winthrop: DE)
Motifene® (Daiichi Sankyo: GB)
Motifene® (Sankyo: LU)
Motifene® (Stada: FI)
Motifene® (Will: BE)
Myogit® (Chemische Fabrik: CZ)
Myogit® (Pfleger: DE)
Myonac® (M & H: TH)
Nac SR® (Systopic: IN)
Naclof® (Ciba Vision: BD, BG)
Naclof® (Eureco: NL)
Naclof® (Euro: NL)
Naclof® (Gebro: AT)
Naclof® (Medcor: NL)
Naclof® (Novartis: BD, CZ, NL, RS, RU, TH)
Naclof® (Novartis Ophthalmics: LK, PL, VN)
Naclof® (Novo Nordisk: SI)
Nac® (Systopic: IN)
Nadifen® (Global: ID)
Naklofen® (Krka: BA, CZ, HR, PL, RS, SI)
Nalgiflex® (Ronnet: AR)
Nasida® (Delta: BD)
Natrijev diklofenak® (MIKA Pharma: SI)
Natura Fenac® (Amhof: AR)
Nediclon® (Bruluart: MX)
Neo-Pyrazon® (United: LK)
Neo-Pyrazon® (United Pharma: VN)
Neodol® (Brown & Burk: LK)
Neofenac® (Jess: BD)
Neofen® (Remedy: BD)
Neriodin® (Teikoku Kagaku: JP)
Neurofenac® (Merck: ID)
Nilaren® (Nicholas: ID)
Nopain® (Drug International: BD)
Norfenac® (Proanmed: CO)
Nortid® (Eskayef: BD)
Novapirina® (Novartis Consumer Health: IT)
Novarin® (Amico: BD)
Novo-Difenac® (Novopharm: CA)
Nu-Diclo® (Nu-Pharm: CA)
Oftic® (Saval: EC, PE)
Oftic® (Saval Nicolich: CL)
Olfen® (Medis: SI)
Olfen® (Mepha: CH, CZ, HK, IL, PE, PL, PT, SG, TH, TT)
Olfen® (Mepharm: MY)
Optobet® (Vilco: GR)
Orafen-SR® (Rangs: BD)
Orfenac® (Orion: BD)
Ortoflan® (Medley: BR)
Ostaren® (Utopian: TH)
Oxa® (Beta: AR)
Painex® (Confar: PT)
Panamor® (Aspen: ZA)
Pennsaid® (Dimethaid: LU)
Pennsaid® (Italchimici: IT)
Pennsaid® (Jaba: PT)
Pennsaid® (Paladin: CA)
Pharmflam® (Aspen: ZA)
Pirexyl® (Pasteur: CL)
Piroflam® (Medipharm: CL)
PMS-Diclofenac® (Pharmascience: CA)
Polyflam® (Socobom: BE, LU)
Posnac® (Pose: TH)
Primofenac® (Streuli: CH)
Proladin® (Alco: BD)
Pronac® (Hallmark: BD)
Provoltar® (Prima: ID)
Putaren® (Thai PD Chemicals: TH)
Quer-Out® (Atlas: AR)
Ratiogel® (ratiopharm: PL)
Reclofen® (Combiphar: ID)

Refen® (Hemofarm: RO)
Relaxyl® (Franco-Indian: IN)
Relova® (Meda: CH)
Remafen® (Pan Pharma: LK)
Remafen® (Xepa-Soul Pattinson: HK, SG)
Remethan® (Remedica: CY, ET, KE, SD, TH, ZW)
Renadinac® (Fahrenheit: ID)
Renvol® (Otto: ID)
Reuflogin® [vet.] (Fatro: IT)
Reutren® (Gaco: BD)
Rewodina® (Arzneimittelwerk Dresden: CZ)
Rewodina® (AWD.pharma: DE)
Rheumabet® (Mahakam: ID)
Rheumatac® (Sovereign: GB)
Rheumavek® (Faran: GR, RO)
Rhewlin® (Beacons: SG)
Rhumalgan® (Sandoz: GB)
Ribex Flu® (Pfizer Consumer Health Care: IT)
Rolab-Diclofenac Sodium® (Sandoz: ZA)
Romatim® (Kurtsan: TR)
Ronac-TR® (General Pharma: BD)
Rumatab® (Pharmaland: TH)
Ruvominox® (Rafarm: GR)
Safenac-TR® (Shamsul Alamin: BD)
Sandoz Diclofenac Sodium® (Sandoz: ZA)
Sandoz Diclofenac® (Sandoz: CA)
Sandoz Schmerzgel® (Sandoz: DE)
Scantaren® (Tempo: ID)
Sifen® (Silva: BD)
Silfox® (Ivax: AR)
Sintofenac® (Sintofarma: BR)
Sipirac® (Chemopharma: CL)
Solaraze® (Meda: FI, SE)
Solaraze® (Rovi: PT)
Solaraze® (Shire: AT, DE, DK, FR, GB, IE, IT, LU, NO)
Soludol® (Win-Medicare: BD, LK)
Sorelmon® (Towa Yakuhin: JP)
Still® (Allergan: BR)
Subsyde® (Raptakos: TH)
Suifenac® (Suiphar: DO)
Sulexon® (Efarmes: ES)
Taks® (Codal Synto: LK, TH)
Tarjena® (Samakeephaesaj: TH)
Tarjen® (Samakeephaesaj: TH)
Thicataren® (Isei: JP)
Tirmaclo® (Mersifarma: ID)
Tomanil® (Altana: AR)
Topfans® (O.P. Pharma: IT)
Tratul® [compr.] (Gerot: AT)
Traumus® (Bestpharma: CL)
Tromagesic® (Themis: IN)
Ultrafen® (Beximco: BD)
Uniclophen® (Unimed: CZ, RS)
Unifen® (Roster: PE)
Uniren® (Unison: TH)
Uno® (Merckle: CZ)
Urigon® (Demo: GR)
Valto® (Nufarindo: ID)
Veenac® (Progress: TH)
Veltex® (Al Pharm: ZA)
Vendrex® (IQB: BR)
Veral® (Herbacos: CZ)
Veral® (Slovakofarma: BG)
Veral® (Zentiva: HU, PL)
Vesalion® (Nova Argentia: AR)
Viartril® (Spedrog-Caillon: AR)
Virobron® (Temis-Lostalo: AR)
Volcan® (Bio-Pharma: BD)
Volclofen® (Paill: BZ, DO, HN, SV)
Volfenac Retard® (Collins: MX)
Volfenac® (Collins: MX)
Volfenac® (GDH: TH)
Volmatik® (Mugi: ID)
Volnac® (TO Chemicals: TH)
Volpro® (Mystic: BD)
Volsaid® (Trinity-Chiesi: GB)
Voltadex® (Dexa Medica: ID)
Voltadol® (Novartis Consumer Health: IT)
Voltadvance® (Novartis Consumer Health: IT)
Voltaflex® (EMS: BR)
Voltalin® (Novartis: BD)
Voltanac® (Pharmasant: TH)
Voltapatch Tissugel® (Novartis: BE)
Voltapatch® (Novartis: LU)
Voltaren Colirio® (Novartis: ES)
Voltaren Dispersible® (Novartis: CH)
Voltaren Dispers® [cpr.] (Novartis: AT, DE, LU)
Voltaren Emulgel® (Medis: SI)
Voltaren Emulgel® (Novartis: BR, PL)
Voltaren Emulgel® (Novartis Pharma: PE)
Voltaren Oftalmico® (Novartis: CL)
Voltaren Oftalmico® (Novartis Pharma: PE)
Voltaren Ophta® (Novartis: RO)
Voltaren Ophtha SDU® (Novartis: CH)
Voltaren Ophtha® (Al Pharm: ZA)
Voltaren Ophtha® (Eurim: AT)
Voltaren Ophtha® (Novartis: AT, AU, CA, CH, CZ, DE, FI, ID, IL, IS, LU, NO, TH, TR)
Voltaren Ophtha® (Novartis Ophthalmics: HU, SE)
Voltaren Retard® (Novartis: AT, CH, CZ, DE, LU, RO, TR)
Voltaren Retard® (Pliva: SI)
Voltaren SR® (Novartis: BG, HK, IL, MX, NZ, TR)
Voltaren® (Euro: NL)
Voltaren® (Novartis: AR, AT, AU, BD, BE, BF, BG, BJ, BR, CA, CF, CG, CI, CL, CM, CO, CR, CZ, DE, DK, DO, DZ, EC, ES, FI, GA, GE, GN, GR, GT, HK, HK, HN, HU, ID, IL, IS, IT, LK, LU, MG, ML, MR, MU, MX, MY, NE, NI, NL, NO, NZ, PA, PH, PL, PT, RO, RS, RU, SE, SG, SN, SV, TD, TG, TH, TR, US, VN, ZA, ZR)
Voltaren® (Novartis Consumer Health: HU)
Voltaren® (Novartis Ophthalmics: SG)
Voltaren® (Novartis Pharma: PE)
Voltaren® (Pliva: HR)
Voltarol Ophtha® (Novartis: GB, IE, NZ)
Voltarol® (Novartis: GB, IE)
Voltarène® (Novartis: FR)
Volta® (T Man: TH)
Voltenac® (Sanofi-Aventis: PL)
Voltum® (Pharmalliance: DZ)
Volverac Eye® (TP Drug: TH)
Voren® (Medikon: ID)
Voren® (Yung Shin: SG)
Vostar Retard® (Medis: DK)
Vostar-R® (Actavis: IS)
Vostar® (Actavis: IS)
Votalin® (Novartis: CN)
Votamed® (Medifive: TH)
Votrex® (Hikma: AE, BH, EG, IQ, JO, KW, LB, LY, OM, QA, SA, SD, SY, TN, YE)

Voveran Emulgel® (Novartis: IN)
Voveran® (Novartis: IN)
Vurdon® (Help: GR, RO)
Wari-Diclowal® (Ritter: DO, PA, SV)
Xedenol® (Baliarda: AR)
Xenid® (RPG: FR)
Xepathritis® (Metiska: ID)
Zegren® (Lapi: ID)
Ziten® (Lacofarma: DO)
Zolterol® (CCM Pharma: SG)

– hydroxyethylpyrrolidine:

CAS-Nr.: 0119623-66-4
IS: *DHEP*
IS: *Diclofenac 1-pyrrolidinethanol*
IS: *Diclofenac epolamine*

Dicloplast® (CTS: IL)
Dicloreum® (Alfa Wassermann: IT)
Dioxaflex Parches® (Bagó: CO, CR, DO, GT, HN, PA, SV)
Dioxaflex® (Armstrong: MX)
Effigel® (IBSA: CH)
Flector EP Tissugel® [Pflaster] (Bayer: IT)
Flector EP Tissugel® [Pflaster] (Delta: PT)
Flector EP Tissugel® [Pflaster] (Genévrier: FR)
Flector EP Tissugel® [Pflaster] (IBSA: CH, CZ, HU, IT, US)
Flector EP Tissugel® [Pflaster] (Meda: FI)
Flector EP Tissugel® [Pflaster] (Therabel: LU)
Flector EP® [Gel Granulat] (Genévrier: FR)
Flector EP® [Gel Granulat] (IBSA: CH, CZ, HU)
Flector EP® [Gel Granulat] (Sanova: AT)
Flector® (Labomed: CL)
Flector® (Medac: SE)
Molfenac® (Amsa: IT)
Noxiflex® (Bago: CL)
Panamor® (Aspen: ZA)
Vifenac® (Vifor: CH)
Voltarol Gel Patch® (Novartis: GB)
Xenid gel® (RPG: FR)

– calcium:

Voltaren Actigo Extra® (Novartis: CZ)

Diclofenamide (Rec.INN)

L: Diclofenamidum
I: Diclofenamide
D: Diclofenamid
F: Diclofénamide
S: Diclofenamida

⚕ Diuretic, carbonic anhydrase inhibitor

ATC: S01EC02
CAS-Nr.: 0000120-97-8 C_6-H_6-Cl_2-N_2-O_4-S_2
M_r 305.154

1,3-Benzenedisulfonamide, 4,5-dichloro-

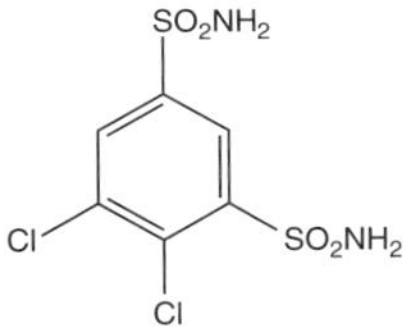

OS: *Diclofenamide [BAN, DCIT, JAN]*
OS: *Diclofénamide [DCF]*
OS: *Dichlorphenamide [BAN, USAN]*
IS: *CB 8000*
PH: Dichlorphenamide [BP 1993, USP 30]
PH: Diclofenamide [JP XIV]

Daranide® (Merck: US)
Daranide® (Sigma: AU)
Diclofenamid® (Mann: DE)
Diclofen® [vet.] (Eurovet: BE, NL)
Fenamide® (Farmigea: IT)
Glaucol® (Croma: AT)
Glauconide® (Llorens: ES)
Oratrol® (Alcon: CZ, ES, LU)

– sodium salt:

Antidrasi® (Visufarma: IT)

Dicloxacillin (Rec.INN)

L: Dicloxacillinum
I: Dicloxacillina
D: Dicloxacillin
F: Dicloxacilline
S: Dicloxacilina

⚕ Antibiotic, penicillin, penicillinase-resistant

ATC: J01CF01
CAS-Nr.: 0003116-76-5 C_{19}-H_{17}-Cl_2-N_3-O_5-S
M_r 470.335

6-[3-(2,6-Dichlorophenyl)-5-methyl-4-isoxazolecarboxamido]-3,3-dimethyl-7-oxo-4-thia-1-azabicyclo[3.2.0]heptane-2-carboxylic acid

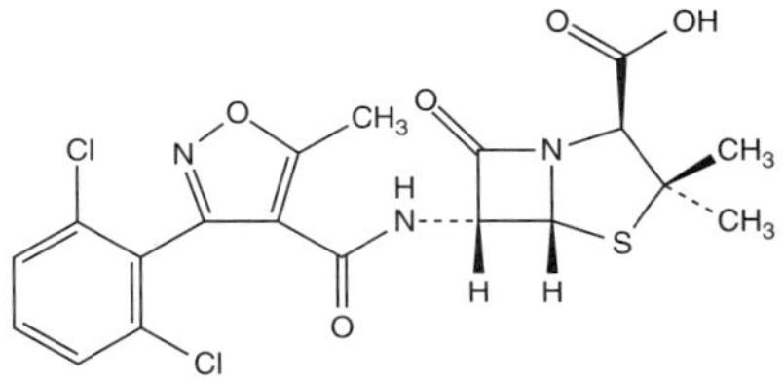

OS: *Dicloxacillin [BAN, USAN]*
OS: *Dicloxacilline [DCF]*
OS: *Dicloxacillina [DCIT]*
IS: *BRL 1702*
IS: *R 13423*
IS: *Bayer 5488 (Bayer)*

Amcidil® (MacroPhar: TH)
Cloxin® (Acromax: EC)
Cloxydin® (Biomedis: TH)
Cloxydin® (Great Eastern: TH)
Dicloxacilina Genfar® [caps./susp.] (Genfar: CO, PE)
Dicloxacilina Higea® (Hisubiette: CO)
Dicloxacilina Iqfarma® [susp./caps.] (Iqfarma: PE)
Dicloxacilina MF® [caps./pulv.-susp.] (Marfan: PE)
Dicloxacilina MK® (MK: CO)
Dicloxacilina Perugen® [caps.] (Perugen: PE)
Dicloxacilina® [caps./susp.] (AC Farma: PE)
Dicloxacilina® [caps./susp.] (Blaskov: CO)
Dicloxacilina® [caps./susp.] (Britania: PE)
Dicloxacilina® [caps./susp.] (Farmandina: EC)
Dicloxacilina® [caps./susp.] (Farmo Andina: PE)

Dicloxacilina® [caps./susp.] (Hersil: PE)
Dicloxacilina® [caps./susp.] (La Sante: PE)
Dicloxacilina® [caps./susp.] (LCG: PE)
Dicloxacilina® [caps./susp.] (Medicalex: CO)
Dicloxacilina® [caps./susp.] (Medick: CO)
Dicloxacilina® [caps./susp.] (Medifarma: PE)
Dicloxacilina® [caps./susp.] (Memphis: CO)
Dicloxacilina® [caps./susp.] (Pentacoop: CO, EC, PE)
Dicloxacilina® [caps./susp.] (Salufarma: PE)
Dicloxacilina® [caps./susp.] (Trifarma: PE)
Dicloxacilina® [caps./susp.] (UQP: PE)
Dicloxacillin Indo Farma® (Indofarma: ID)
Dicloxina® (ECU: EC)
Dixalin® (Chalver: CO, DO, EC, PA, SV)
Dixan® (Chalver: HN)
Dynapen® (Merck: AT)
Servidiclox® (Biochemie: TH)
Terbocloxil® [susp./compr.] (Terbol: PE)
Uniclox® (América: CO)

– sodium salt:

CAS-Nr.: 0013412-64-1
OS: *Dicloxacillin Sodium BANM, USAN*
IS: *P 1011*
PH: Dicloxacillin Sodium JP XIV, Ph. Eur. 5, Ph. Int. 4, USP 30
PH: Dicloxacillinum natricum Ph. Eur. 5, Ph. Int. 4
PH: Dicloxacillin-Natrium Ph. Eur. 5
PH: Dicloxacilline sodique Ph. Eur. 5

Betaclox® (Eskayef: BD)
Brispen® (Hormona: MX)
Butimaxil® (Bruluagsa: MX)
Cloxagen® (Genamerica: EC)
Diamsalina® (Antibioticos: MX)
Dicillin® (Sandoz: DK)
Diclex® (Meiji: TH)
Diclocillin® (TO Chemicals: TH)
Diclocil® [susp./caps] (Abeefe Bristol: PE)
Diclocil® [susp./caps] (Bristol-Myers Squibb: AU, CO, DK, EC, FI, GR, IS, NL, NO, NZ, PT, SE, TH)
Diclolak® (Grünenthal: EC)
Diclomax® [caps./susp.] (Markos: PE)
Diclomax® [caps./susp.] (Pulitzer: IT)
Dicloson® (Unison: TH)
Dicloxacillin Sodium® (Sandoz: US)
Dicloxacillin Sodium® (Teva: US)
Dicloxal® [caps./susp.] (Magma: PE)
Dicloxia® (Asian: TH)
Dicloxina Iqfarma® [caps./susp.] (Iqfarma: PE)
Dicloxin® (Olan-Kemed: TH)
Dicloxin® [vet.] (Fort Dodge: US)
Dicloxman® (T Man: TH)
Dicloxno® (Milano: TH)
Dicloxsig® (Sigma: AU)
Diclox® (PP Lab: TH)
Diloxin® (Pond's: TH)
Distaph® (Alphapharm: AU)
Ditterolina® (Ivax: MX)
Ditum® (Thai Nakorn Patana: TH)
Dixocillin® (Siam Bheasach: TH)
Dorox® (M & H: TH)
Dyclobiot® [caps./polv.-susp.] (Trifarma: PE)
Dynapen® (Geneva: US)
H.G. Dicloxacil® (H.G.: EC)
InfectoStaph® (Infectopharm: DE)
Posipen® [caps./sol.-inj./susp.] (GlaxoSmithKline: PE)
Posipen® [caps./sol.-inj./susp.] (Sanfer: MX)
Staklos® (Actavis: IS)

Dicycloverine (Rec.INN)

L: Dicycloverinum
I: Dicicloverina
D: Dicycloverin
F: Dicyclovérine
S: Dicicloverina

Antispasmodic agent

ATC: A03AA07
CAS-Nr.: 0000077-19-0 C_{19}-H_{35}-N-O_2
M_r 309.499

[1,1'-Bicyclohexyl]-1-carboxylic acid, 2-(diethylamino)ethyl ester

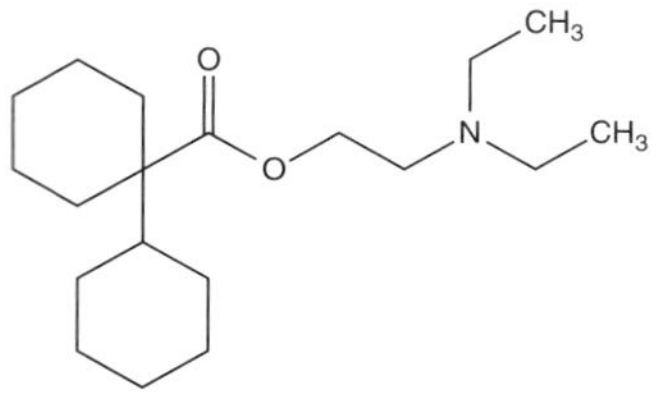

OS: *Dicycloverine [BAN]*
OS: *Dicyclovérine [DCF]*
OS: *Dicicloverina [DCIT]*
OS: *Dicyclomine [BAN]*
IS: *LJ 998*
IS: *M 33536*

Clik® [vet.] (Novartis: NL)
Clik® [vet.] (Novartis Animal Health: AU)
Dicymine® (Christo Pharmaceutical: HK)
Dicymine® (Pharmasant: TH)
Notensyl® (CTS: IL)
Spasmo-Proxyvon Injection® (Wockhardt: IN)

– hydrochloride:

CAS-Nr.: 0000067-92-5
OS: *Dicycloverine Hydrochloride BANM, JAN*
OS: *Dicyclomine Hydrochloride USAN*
IS: *JL 998*
IS: *M 33536*
IS: *Dicyclomine Hydrochloride*
PH: Dicyclomine Hydrochloride USP 30
PH: Dicycloverine Hydrochloride Ph. Eur. 5
PH: Dicycloverini hydrochloridum Ph. Eur. 5
PH: Dicyclovérine (chlorhydrate de) Ph. Eur. 5
PH: Dicycloverinhydrochlorid Ph. Eur. 4

Bentylol® (Axcan: CA)
Bentyl® (Aventis: US)
Bentyl® (Axcan: US)
Bentyl® (Duncan: PH)
Bentyl® (Lepetit: IT)
Bentyl® (Medley: BR)
Bentyl® (Sanofi-Aventis: MX)
Clomin® (Aspen: ZA)
Cyclominol® (Noel: IN)
Cyclopam® (Indoco: IN)
Cyclopan® (Incepta: BD)

Dicomin® (Berlin: TH)
Dicyclomine Hydrochloride® (Lannett: US)
Dicyclomine Hydrochloride® (Mikart: US)
Dicyclomine Hydrochloride® (UDL: US)
Dicyclomine Hydrochloride® (United Research: US)
Dicyclomine Hydrochloride® (Watson: US)
Dicyclomine Hydrochloride® (West-Ward: US)
Dysmen Injection® (Sigma: IN)
Medicyclomine® (Brunel: ZA)
Merbentyl® (Al Pharm: ZA)
Merbentyl® (Sanofi-Aventis: GB)
Merbentyl® (Sigma: AU)
Riva-Dicyclomine® (Riva: CA)
Trigan® (Cadila: RU)

Didanosine (Rec.INN)

L: Didanosinum
I: Didanosina
D: Didanosin
F: Didanosine
S: Didanosina

Antiviral agent, HIV reverse transcriptase inhibitor

ATC: J05AF02
CAS-Nr.: 0069655-05-6 C_{10}-H_{12}-N_4-O_3
M_r 236.246

2',3'-Dideoxyinosine

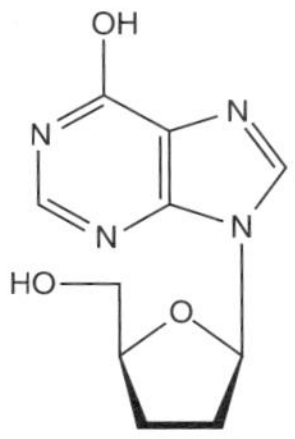

OS: *Didanosine [BAN, DCF, USAN]*
IS: *BMY-40900 (Bristol-Myers)*
IS: *DDI*
IS: *NSC 612049*
PH: Didanosine [Ph. Eur. 5, Ph. Int. 4, USP 30]
PH: Didanosinum [Ph. Int. 4]

Bristol-Videx® (Bristol-Myers Squibb: CO)
Cipladinex® (Biotoscana: CO)
DDI Filaxis® (Filaxis: AR)
DDI Martian® (LKM: AR)
Didanisine® (Barr: US)
Didanisin® (Dosa: AR)
Didanosina Richmond® (Richmond: AR)
Didanosina® (Biocrom: PE)
Didanosina® (Cristália: BR)
Didanosina® (Richmond: PE)
Didanosine Stada® (Stada: VN)
Didanox® [tab.] (Biotoscana: PE)
Didasten® (Landsteiner: MX)
Dinex® (Cipla: IN)
Viden® (Biogen: CO)
Videx® [caps./tab.] (Abeefe Bristol: PE)
Videx® [caps./tab.] (Bristol-Myers Squibb: AR, AT, AU, BA, BE, BF, BI, BJ, BR, CA, CG, CH, CI, CL, CM, CZ, DE, DK, DZ, EC, ES, FI, FR, GA, GB, GE, GN, GR, HK, HR, HU, ID, IE, IT, LU)
Videx® [caps./tab.] (Bristol-Myers squibb: MG)
Videx® [caps./tab.] (Bristol-Myers Squibb: ML, MR, MU, MX, NE, NL, NO, NZ, PL, PT, RO, RS, RU, SE, SG, SN, TD, TG, TH, TR, US, ZA, ZR)
Videx® [caps./tab.] (EU-Pharma: NL)
Videx® [caps./tab.] (Eurim: AT)
Videx® [caps./tab.] (PharmaSwiss: SI)

Didecyldimethylammonium

D: Didecyldimethylammonium

Antiseptic

CAS-Nr.: 0020256-56-8 C_{22}-H_{48}-N
M_r 326.636

N-Decyl-N,N-dimethyl-1-decanaminium

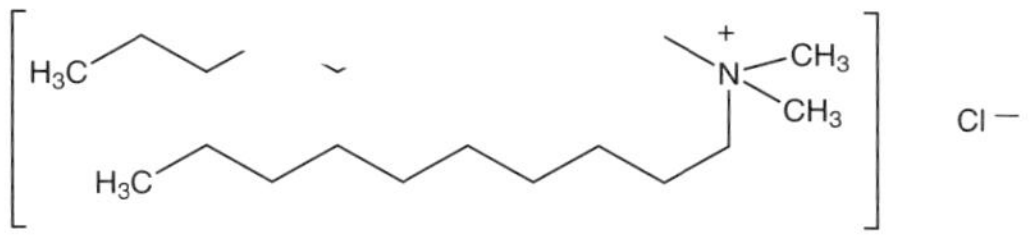

– hydrochloride:
CAS-Nr.: 0007173-51-5
IS: *Didecyldimonii chloridum*
IS: *Dimethyldidecylammonium chlorid*

Alfa Bergamon® (Bergamon: IT)
Amosept® (Lysoform: DE)
Farmasept® (Farmec: IT)
Fungisept® (Lysoform: DE)

Dienestrol (Rec.INN)

L: Dienestrolum
I: Dienestrolo
D: Dienestrol
F: Diènestrol
S: Dienestrol

Estrogen

ATC: G03CB01,G03CC02
CAS-Nr.: 0000084-17-3 C_{18}-H_{18}-O_2
M_r 266.342

Phenol, 4,4'-(1,2-diethylidene-1,2-ethanediyl)bis-

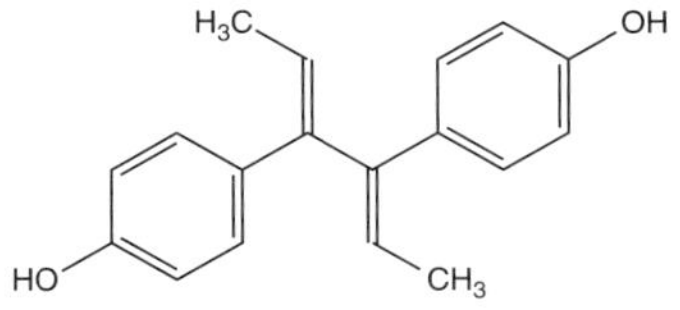

OS: *Dienestrol [BAN, USAN]*
OS: *Diènestrol [DCF]*
OS: *Dienestrolo [DCIT]*
IS: *Hexadienestrol*
IS: *Dienoestrol*
PH: Dienestrol [Ph. Eur. 5, USP 30]
PH: Dienestrolum [Ph. Eur. 5, Ph. Int. II]
PH: Diènestrol [Ph. Eur. 5]

Ortho Dienoestrol® (Janssen: AE, EG, LB, MT, SD, SY, YE)

Diethazine (Rec.INN)

L: Diethazinum
D: Diethazin
F: Diéthazine
S: Dietazina

Antiparkinsonian, central anticholinergic

CAS-Nr.: 0000060-91-3 C_{18}-H_{22}-N_2-S
M_r 298.454

10H-Phenothiazine-10-ethanamine, N,N-diethyl-

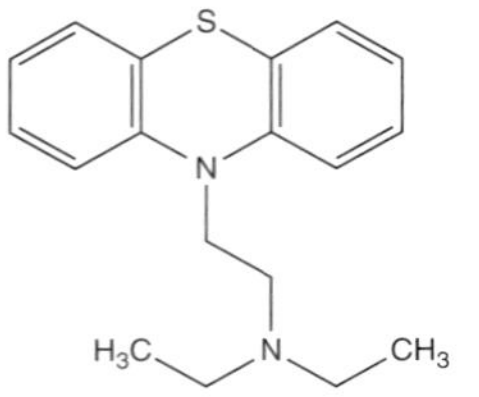

OS: *Diethazine [BAN, DCF]*

– hydrochloride:

CAS-Nr.: 0000341-70-8
OS: *Diethazine Hydrochloride USAN*
IS: *RP 2987*
PH: Diéthazine (chlorhydrate de) Ph. Franç. X
PH: Diethazinium chloratum PhBs IV

Deparkin® (Leciva: CZ)

Diethylamine Salicylate

D: Diethylammonium salicylat

Analgesic

CAS-Nr.: 0004419-92-5 C_{11}-H_{17}-N-O_3
M_r 211.267

Benzoic acid, 2-hydroxy-, compd. with N-ethylethanamine (1:1)

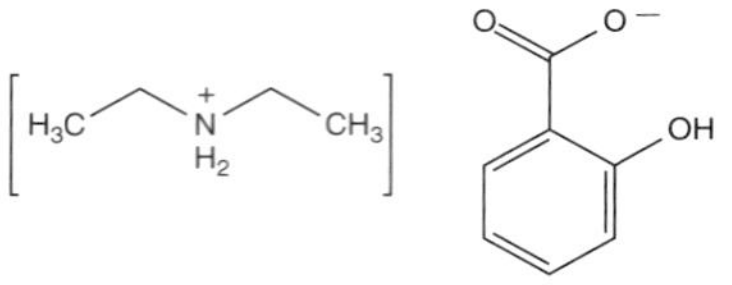

PH: Diethylamine Salicylate [BP 2002]

Aciphen® (Wagner Pharmafax: HU)
Algesal® (Dr. F. Frik: TR)
Algesal® (Nycomed: NO)
Algesal® (Solvay: AT, BE, BG, CZ, FI, LU, NL, SE)
Dolorex® (Sanamed: AT)
Gesal® (Shaphaco: IQ, YE)
Multigesic® (Nicholas: IN)
Rheumasal® (United Pharmaceutical: AE, BH, IQ, JO, LY, OM, QA, SA, SD, YE)
Saldiam® (Jelfa: PL)

Diethylcarbamazine (Rec.INN)

L: Diethylcarbamazinum
D: Diethylcarbamazin
F: Diéthylcarbamazine
S: Dietilcarbamazina

Anthelmintic

ATC: P02CB02
CAS-Nr.: 0000090-89-1 C_{10}-H_{21}-N_3-O
M_r 199.308

1-Piperazinecarboxamide, N,N-diethyl-4-methyl-

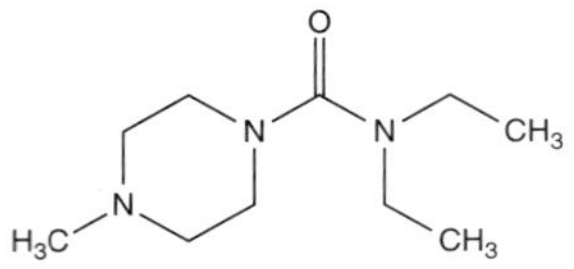

OS: *Diethylcarbamazine [BAN, DCF]*
IS: *Carbamazine*
IS: *L 84*
IS: *RP 3799*
PH: Dietilcarbamazina [F.U. IX]

Camin® (Chemist: BD)
Fido's Dec-Tab Dec-Lik® [vet.] (Mavlab: AU)
Notezine® (Sanofi-Aventis: BD)
Remazin® (Reman Drug: BD)

– citrate:

CAS-Nr.: 0001642-54-2
OS: *Diethylcarbamazine Citrate BANM, JAN, USAN*
IS: *Ditrazinum*
PH: Diethylcarbamazindihydrogencitrat Ph. Eur. 5
PH: Diéthylcarbamazine (citrate de) Ph. Eur. 5
PH: Diethylcarbamazine Citrate Ph. Eur. 5, JP XIV, USP 30
PH: Diethylcarbamazini citras Ph. Eur. 5, Ph. Int. II
PH: Diethylcarbamazini dihydrogenocitras Ph. Int. 4
PH: Diethylcarbamazin Dihydrogen Citrate Ph. Int. 4

Banocide® (GlaxoSmithKline: IN)
Carbam® [vet.] (Cross Vetpharm: US)
Carbam® [vet.] (Osborn: US)
D.E.C.® [vet.] (Boehringer Ingelheim Vetmedica: US)
DEC® [vet.] (Wendt: US)
Diethizine® (Pond's: TH)
Diethylcarbamazine Citrate® [vet.] (Lloyd: US)
Diethylcarbamazine Citrate® [vet.] (R.P. Scherer: US)
Difil® (Evsco: US)
Difil® (Pharmaco: BD)
Difil® [vet.] (Evsco: US)
Dimmitrol® [vet.] (Mavlab: AU)
Dirocide® [vet.] (Fort Dodge: US)
Dirozine® [vet.] (Jurox: AU)
Exelpet Heartworm Prevention® [vet.] (Exelpet: AU)
Filar Heartworm Tablets® [vet.] (David Veterinary Laboratories: AU)
Filaribits® [vet.] (Pfizer Animal Health: US)
Filarzan® (Mecosin: ID)
Filban® [vet.] (Schering-Plough: US)

Heartworm Palatable Tablets® [vet.] (Troy: AU)
Heartworm Syrup® [vet.] (Troy: AU)
Hetrazan® (Lederle: AU)
Hetrazan® (Wyeth: IN)
Nemacide® [vet.] (Boehringer Ingelheim Vetmedica: US)
Notezine® (Sanofi-Aventis: FR)
Pet-Dec® [vet.] (Pfizer Animal Health: US)
SPMC Diethylcarbamazine® (SPMC: LK)

Diethylstilbestrol (Rec.INN)

L: Diethylstilbestrolum
I: Dietilstilbestrolo
D: Diethylstilbestrol
F: Diéthylstilbestrol
S: Dietilestilbestrol

Estrogen

ATC: G03CB02,G03CC05,L02AA01
CAS-Nr.: 0000056-53-1 C_{18}-H_{20}-O_2
M_r 268.358

Phenol, 4,4'-(1,2-diethyl-1,2-ethenediyl)bis-, (E)-

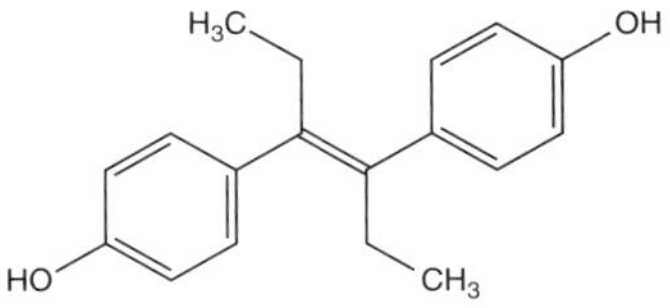

OS: *Diéthylstilbestrol [DCF]*
OS: *Stilboestrol [BAN]*
OS: *Dietilstilbestrolo [DCIT]*
OS: *Diethylstilbestrol [BAN, USAN]*
IS: *Stilbol*
IS: *Stilboestrolum*
PH: Diethylstilbestrol [Ph. Eur. 5, USP 30]
PH: Diethylstilbestrolum [Ph. Eur. 5, Ph. Int. II, Ph. Jap. 1971]
PH: Diéthylstilbestrol [Ph. Eur. 5]

Destilbenol® (Apsen: BR)
Distilbène® (Gerda: FR)
Novo Fosfostilben® (Sandoz: AR)
Stilboestrol® [vet.] (Apex: AU)

– di(dihydrogen phosphate):

CAS-Nr.: 0000522-40-7
OS: *Fosfestrol BAN*
OS: *Fosfestrolo DCIT*
OS: *Diethylstilbestrol Diphosphate USAN*
IS: *Diaethylstilboestroli phosphas*
IS: *St 52-Asta*
PH: Diethylstilbestrol Diphosphate USP 30
PH: Fosfestrol JP XIV

Stilphostrol® (Bayer: US)

– di(disodium phosphate):

CAS-Nr.: 0023519-26-8
OS: *Fosfestrol Sodium BANM*
PH: Diethylstilbestrolum phosphoricum natricum PhBs IV
PH: Fosfestrol Sodium BP 2002
PH: Fosfestrol-Tetranatrium DAC
PH: Fosfestrolum Natrium 2.AB-DDR

Honvan® (ASTA Medica: LK, NL)
Honvan® (Baxter: DE, LU)
Honvan® (Baxter Vertrieb: AT)
Honvan® (German Remedies: IN)
Honvan® (Prasfarma: ES)
Honvan® (Sanofi-Aventis: BD)
Honvan® (Schering: IT)
Honvan® (Viatris: BE)
Ronvan® (ASTA Medica: BR)
Stilphostrol® (Bayer: US)

Difenidol (Rec.INN)

L: Difenidolum
D: Difenidol
F: Difénidol
S: Difenidol

Antiemetic

CAS-Nr.: 0000972-02-1 C_{21}-H_{27}-N-O
M_r 309.457

1-Piperidinebutanol, α,α-diphenyl-

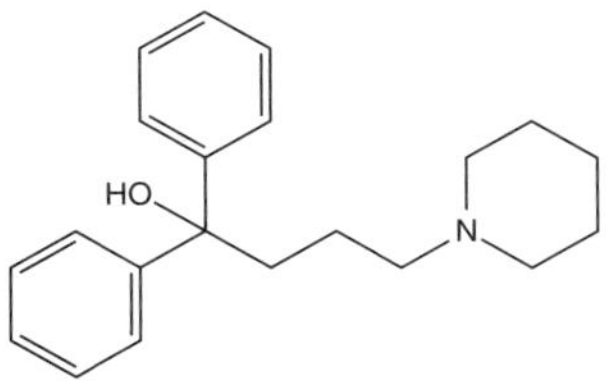

OS: *Diphenidol [USAN, BAN]*
OS: *Difenidol [BAN]*
IS: *SKF 478*

– hydrochloride:

CAS-Nr.: 0003254-89-5
OS: *Diphenidol Hydrochloride USAN*
OS: *Difenidol Hydrochloride JAN*
IS: *SKF 478-A*
PH: Difenidol Hydrochloride JP XIV

Cephadol® (Nippon Shinyaku: TH)
Cephadol® (Shinyaku: JP)
Deanosarl® (Isei: JP)
Difenidolin® (Taiyo: JP)
Pineroro® (Maruko: JP)
Satanolon® (Tatsumi Kagaku: JP)
Solnomin® (Zensei: JP)
Vontrol® (Enila: BR)
Vontrol® (GlaxoSmithKline: CL, CR, DO, GT, HN, NI, PA, SV, US)
Vontrol® (Sanfer: MX)
Voxamine® (Armstrong: MX)
Wansar® (Hoei: JP)

Diflorasone (Prop.INN)

L: **Diflorasonum**
I: **Diflorasone**
D: **Diflorason**
F: **Diflorasone**
S: **Diflorasona**

Adrenal cortex hormone, glucocorticoid
Dermatological agent

ATC: D07AC10
CAS-Nr.: 0002557-49-5 C_{22}-H_{28}-F_2-O_5
M_r 410.466

Pregna-1,4-diene-3,20-dione, 6,9-difluoro-11,17,21-trihydroxy-16-methyl-, (6α,11β,16β)-

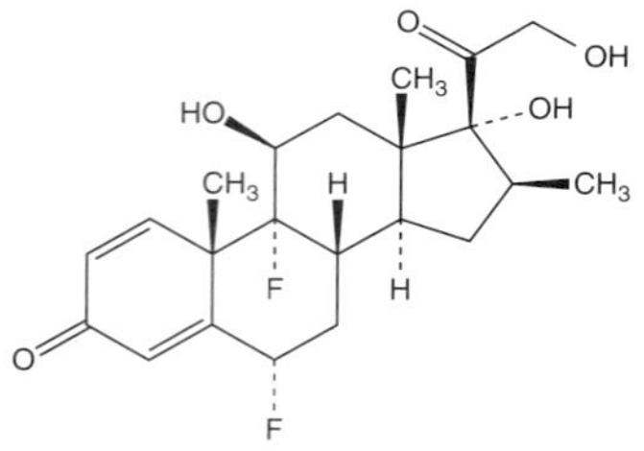

OS: *Diflorasone [BAN, DCF]*

– 17α,21-diacetate:

CAS-Nr.: 0033564-31-7
OS: *Diflorasone Diacetate BANM, JAN, USAN*
IS: *U 34865*
PH: Diflorasone Diacetate USP 30

Dermaflor® (NCSN: IT)
Diflorasone Diacetate® (Fougera: US)
Diflorasone Diacetate® (Taro: US)
Florone® (Dermik: US)
Florone® (Galderma: DE)
Florone® (Pharmacia: LU)
Maxiflor® (Allergan: US)
Murode® (ICN: ES)
Murode® (Teofarma: ES)
Psorcon E® (Dermik: US)
Psorcon® (Dermik: US)

Difloxacin (Rec.INN)

L: **Difloxacinum**
D: **Difloxacin**
F: **Difloxacine**
S: **Difloxacino**

Antibiotic [vet.]

CAS-Nr.: 0098106-17-3 C_{21}-H_{19}-F_2-N_3-O_3
M_r 399.43

3-Quinolinecarboxylic acid, 6-fluoro-1-(4-fluorophenyl)-1,4-dihydro-7-(4-methyl-1-piperazinyl)-4-oxo-

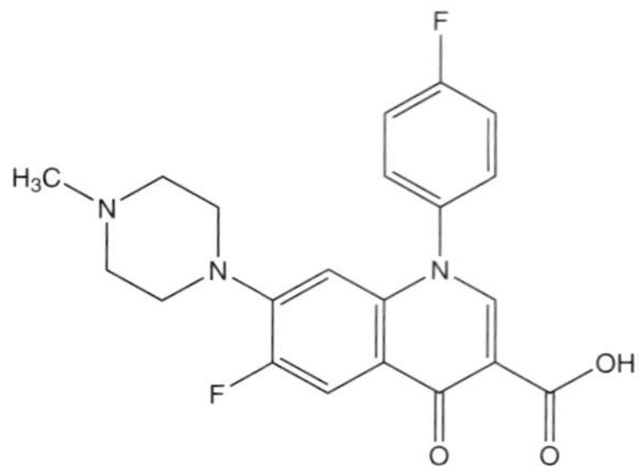

Marbocyl® [vet.] (ScanimalHealth: SE)
Marbocyl® [vet.] (Vetoquinol: BE)

– hydrochloride:

CAS-Nr.: 0091296-86-5
OS: *Difloxacin Hydrochloride USAN*
IS: *Abbott 56619 (Abbott, USA)*
IS: *A 56619*

Dicural-Difloxacin® [vet.] (Fort Dodge Animal Health: AT)
Dicural® [vet.] (Fort Dodge: AU, BE, DE, FR, GB, IT, LU, NL, PT, US)
Dicural® [vet.] (Fort Dodge Animal Health: AT)
Dicural® [vet.] (Scanvet: FI)
Dicural® [vet.] (Wyeth: CH)

Diflubenzuron

D: **Diflubenzuron**

Insecticide

CAS-Nr.: 0035367-38-5 C_{14}-H_9-Cl-F_2-N_2-O_2
M_r 310.696

Benzamide, N-[[(4-chlorophenyl)amino]carbonyl]-2,6-difluoro-

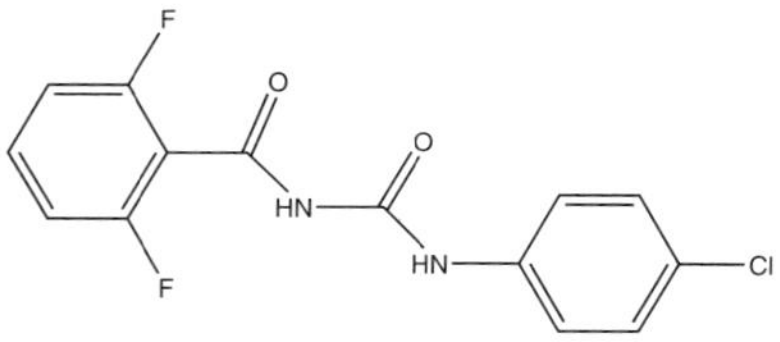

IS: *Difluron*

Astonex 25 W® [vet.] (Fort Dodge: BE)
Blitz® [vet.] (Schering-Plough Animal: NZ)
Crusader® [vet.] (Intervet: AU)
Device® [vet.] (Synthèse Elevage: FR)
Duodip® [vet.] (Virbac: AU)
Ectogard® [vet.] (Novartis Animal Health: NZ)
Fleececare® [vet.] (Hoechst Vet: AU)
Fleececare® [vet.] (Intervet: ZA)
Fleecemaster® [vet.] (Ancare: NZ)
Magnum® [vet.] (Coopers Animal Health: AU)
Magnum® [vet.] (Schering-Plough Animal: NZ)
Strike® [vet.] (Coopers Animal Health: AU)
Zenith® [vet.] (Intervet: NZ)
Zenith® [vet.] (Novartis Animal Health: NZ)

Diflucortolone (Rec.INN)

L: Diflucortolonum
I: Diflucortolone
D: Diflucortolon
F: Diflucortolone
S: Diflucortolona

Adrenal cortex hormone, glucocorticoid
Dermatological agent

ATC: D07AC06,D07XC04
CAS-Nr.: 0002607-06-9 C_{22}-H_{28}-F_2-O_4
M_r 394.466

Pregna-1,4-diene-3,20-dione, 6,9-difluoro-11,21-dihydroxy-16-methyl-, (6α,11β,16α)-

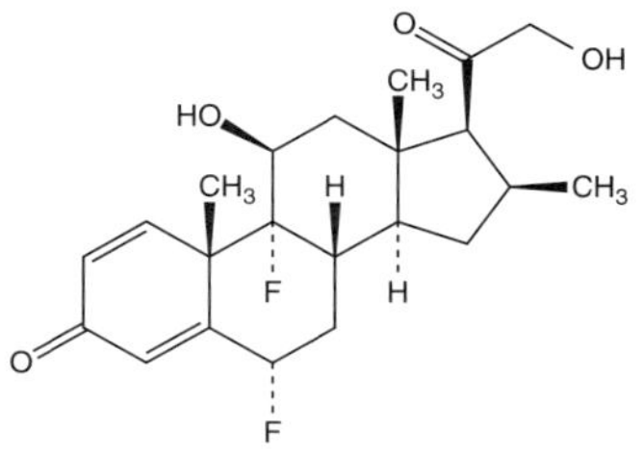

OS: *Diflucortolone [BAN, DCF, DCIT, USAN]*

– 21-valerate:

CAS-Nr.: 0059198-70-8
OS: *Diflucortolone Valerate BANM*
IS: *DFV*
IS: *SHK 183*
PH: Diflucortolone Valerate BP 2002

Afusona® (Ohta: JP)
Claral® (Schering: DE, ES)
Cortical® (Caber: IT)
Decotal® (Alkaloid: RS)
Dermaval® (Firma: IT)
Dervin® (Boniscontro & Gazzone: IT)
Dicortal® (Avantgarde: IT)
Flu-Cortanest® (Piam: IT)
Neriderm® (Agis: IL)
Neriforte® (Eurim: AT)
Neriforte® (Schering: AT, DE)
Nerilon® (Interbat: ID)
Nerisona® (Eurim: AT)
Nerisona® (Intendis: DE)
Nerisona® (Schering: AR, AT, BE, BR, CZ, ID, IT, LU, NL, PE, PH, PT)
Nerisone® (Meadow: GB)
Nerisone® (Schering: AE, BH, CY, DE, EG, HK, IQ, JO, KW, LB, LK, LY, NZ, OM, QA, SA, SD, YE, ZA)
Nerisone® (Stiefel: CA, US)
Nérisone® (Intendis: FR)
Temetex® (Roche: TR)
Temetex® (Teofarma: IT)

Diflunisal (Rec.INN)

L: Diflunisalum
I: Diflunisal
D: Diflunisal
F: Diflunisal
S: Diflunisal

Antiinflammatory agent
Analgesic

ATC: N02BA11
CAS-Nr.: 0022494-42-4 C_{13}-H_8-F_2-O_3
M_r 250.207

[1,1'-Biphenyl]-3-carboxylic acid, 2',4'-difluoro-4-hydroxy-

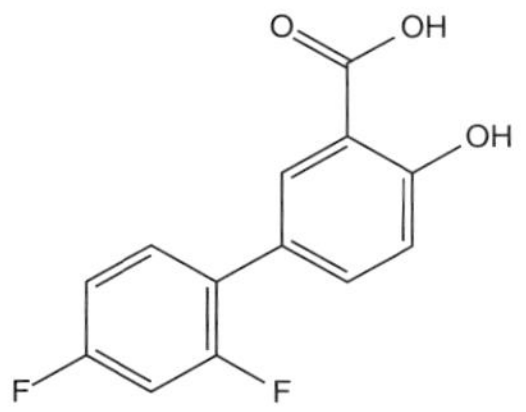

OS: *Diflunisal [BAN, DCF, DCIT, JAN, USAN]*
IS: *MK 647*
PH: Diflunisal [Ph. Eur. 5, USP 30]
PH: Diflunisalum [Ph. Eur. 5]

Analeric® (Vianex: GR)
Apo-Diflunisal® (Apotex: CA)
Artrodol® (AGIPS: IT)
Diflunisal Tablets® (Sandoz: US)
Diflunisal Tablets® (Teva: US)
Diflunisal Tablets® (Watson: US)
Diflusal® (Endo: US)
Diflusal® (Major: US)
Diflusal® (Merck Sharp & Dohme: BE, LU)
Diflusal® (Purepac: US)
Diflusal® (Roxane: US)
Dolisal® (Guidotti: IT)
Dolisal® (Merck Sharp & Dohme: PE)
Dolobid® (Frosst SA: ES)
Dolobid® (M & H: TH)
Dolobid® (Merck: US)
Dolobid® (Merck Sharp & Dohme: AU, CZ, EG, IT, NL, TH, ZA)
Dolocid® (Merck Sharp & Dohme: NL)
Dolphin® (Sanovel: TR)
Fluniget® (Merck Sharp & Dohme: AT, DE)
Novo-Diflunisal® (Novopharm: CA)
Unisal® (Merck Sharp & Dohme: CZ)
Unisal® (United Pharmaceutical: AE, BH, IQ, LY, OM, QA, SA, SD, YE)

Difluprednate (Rec.INN)

L: Difluprednatum
D: Difluprednat
F: Difluprédnate
S: Difluprednato

Adrenal cortex hormone, glucocorticoid

ATC: D07AC19
CAS-Nr.: 0023674-86-4 C_{27}-H_{34}-F_2-O_7
M_r 508.569

Pregna-1,4-diene-3,20-dione, 21-(acetyloxy)-6,9-difluoro-11-hydroxy-17-(1-oxobutoxy)-, (6α,11β)-

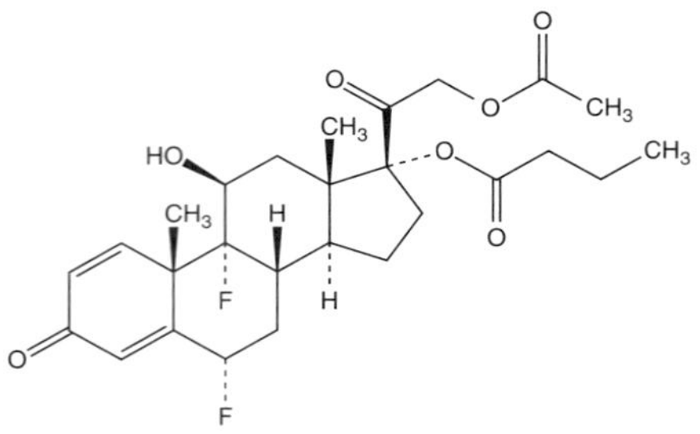

OS: *Difluprednate [DCF, USAN]*
IS: *W 6309 (Warner-Lambert)*

Epitopic® (Gerda: FR)
Myser® (Mitsubishi: JP)

Digitoxin (Rec.INN)

L: Digitoxinum
I: Digitossina
D: Digitoxin
F: Digitoxine
S: Digitoxina

Cardiac glycoside

ATC: C01AA04
CAS-Nr.: 0000071-63-6 C_{41}-H_{64}-O_{13}
M_r 764.963

3beta-[O4-(O4-beta-D-Digitoxopyranosyl-beta-D-digitoxopyranosyl)-beta-D-digitoxopyranosyloxy]-14-hydroxy-5beta,14beta-card-20(22)-enolid

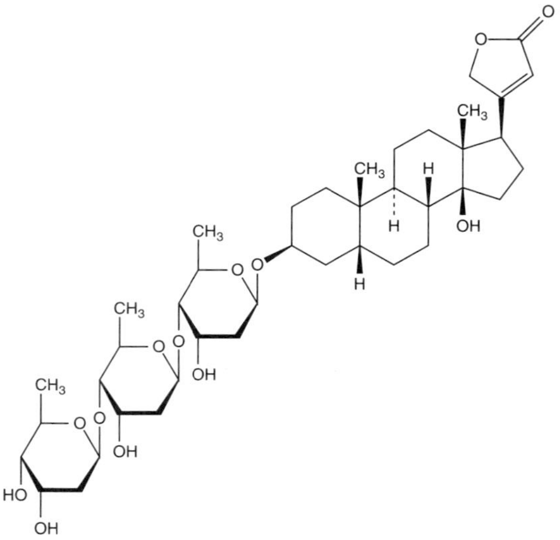

OS: *Digitoxin [BAN, JAN, USAN]*
OS: *Digitoxine [DCF]*
OS: *Digitossina [DCIT]*
IS: *Digitoxoside*
PH: Digitoxin [JP XIV, Ph. Eur. 5, Ph. Int. 4, USP 30]
PH: Digitoxine [Ph. Eur. 5]
PH: Digitoxinum [Ph. Eur. 5, Ph. Int. 4]

Coramedan® (Medice: DE)
Digimed® (corax: DE)
Digimed® (Kwizda: AT)
Digimerck® (Merck: AT, DE, HU)
Digitaline Nativelle® (Barrenne: BR)
Digitaline Nativelle® (Procter & Gamble: LU)
Digitossina® (Salf: IT)
Digitoxin AWD® (AWD.pharma: DE)
Digitoxin Bürger® (Ysatfabrik: DE)
Digitoxin-Philo® (Philopharm: DE)
Digitoxin® (Nycomed: NO)
Digitoxin® (UCB: GB)

Digoxin (Rec.INN)

L: Digoxinum
I: Digossina
D: Digoxin
F: Digoxine
S: Digoxina

Cardiac glycoside

ATC: C01AA05
CAS-Nr.: 0020830-75-5 C_{41}-H_{64}-O_{14}
M_r 780.963

3beta-[2,6-Didesoxy-O-beta-D-ribohexopyranosyl-(1->4)-2,6-didesoxy-O-beta-D-ribohexopyranosyl-(1->4)-2,6-didesoxy-beta-D-ribohexopyranosyloxy]-12beta,14-dihydroxy-5beta,14beta-card-20(22)-enolid

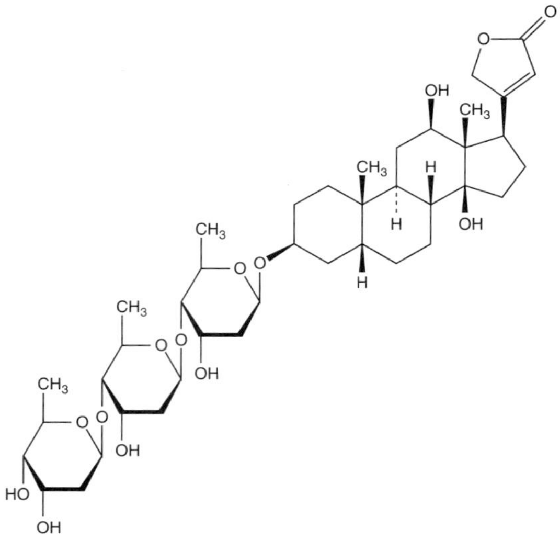

OS: *Digoxin [BAN, JAN, USAN]*
OS: *Digoxine [DCF]*
OS: *Digossina [DCIT]*
IS: *Digazolan*
IS: *Lanadicor*
PH: Digoxin [JP XIV, Ph. Eur. 5, Ph. Int. 4, USP 30]
PH: Digoxine [Ph. Eur. 5]
PH: Digoxinum [Ph. Eur. 5, Ph. Int. 4]

Agoxin® (Aristopharma: BD)
Cardiogoxin® (Medipharma: AR)
Cardoxin® [vet.] (Evsco: US)
Darrowcor® (Darrow: BR)
Digacin® (Lilly: DE)
Digitek® (Bertek: US)
Digitek® (UDL: US)
Digobal® (Baldacci: BR)
Digocard-G® (Klonal: AR)
Digoregen® (R.A.N.: DE)
Digosin® (Chugai: JP)
Digossina® (Fisiopharma: IT)
Digossina® (Salf: IT)
Digoxanova® [compr.] (Chemnova: PE)
Digoxin Anfarm® (Anfarm: GR)
Digoxin AstraZeneca® (AstraZeneca: SE)
Digoxin Dak® (Nycomed: DK)
Digoxin Indo Farma® (Indofarma: ID)
Digoxin Leciva® (Leciva: CZ)
Digoxin Paediatric® (Boots: GB)
Digoxin SAD® (SAD: DK)
Digoxin Spofa® (Spofa: CZ)
Digoxin Streuli® (Streuli: CH)
Digoxin-Galena® (Ivax: CZ)
Digoxin-Sandoz® (Ageca: ET)
Digoxin-Sandoz® (Cisuba: SD)
Digoxin-Sandoz® (Heko: TZ)
Digoxin-Sandoz® (Lindsay-Chemie: ZW)
Digoxin-Sandoz® (Medview: GH)
Digoxin-Sandoz® (Novartis: CH, GR, ID, KE, LY, MT, NG)
Digoxin-Zori® (Teva: IL)
Digoxina Biol® (Biol: AR)
Digoxina Boehringer® (Teofarma: ES)
Digoxina Darrow® (Darrow: BR)
Digoxina L.CH.® (Chile: CL)
Digoxina Lafedar® (Lafedar: AR)
Digoxina Larjan® (Veinfar: AR)
Digoxina Perugen® [sol.] (Perugen: PE)
Digoxina® (Bestpharma: CL)
Digoxina® (Farmindustria: PE)
Digoxina® (GlaxoSmithKline: BR)
Digoxina® (Hersil: PE)
Digoxina® (Mintlab: CL)
Digoxina® (Novartis Pharma: PE)
Digoxina® (Rider: CL)
Digoxine Nativelle® (Adilna: TR)
Digoxine Nativelle® (Procter & Gamble: FR, LU)
Digoxine® [vet.] (Kombivet: NL)
Digoxin® (Abraxis: US)
Digoxin® (Baxter: US)
Digoxin® (Gedeon Richter: HU, RU, VN)
Digoxin® (GlaxoSmithKline: IN)
Digoxin® (Goldshield: GB)
Digoxin® (Hospira: US)
Digoxin® (Ivax: CZ)
Digoxin® (Leciva: CZ)
Digoxin® (Novartis: TR)
Digoxin® (Orion: FI)
Digoxin® (Pasteur: CL)
Digoxin® (Pharmamagist: HU)
Digoxin® (Polfa Kutno: PL)
Digoxin® (Polfa Warszawa: PL)
Digoxin® (Remevita: RS)
Digoxin® (Roxane: US)
Digoxin® (Sabex: US)
Digoxin® (Sandoz: CA)
Digoxin® (Spofa: CZ)
Digoxin® (Wyeth: US)
Digoxin® (Zentiva: RO)
Dilacor® (Zdravlje: RS)
Dilanacin® (AWD.pharma: DE)
Eudigox® (Teofarma: IT)
Fargoxin® (Fahrenheit: ID)
Grexin® (Pharmasant: TH)
Hemigoxine Nativelle® (Procter & Gamble: FR)
Lanacordin® (Kern: ES)
Lanacordin® (Wellcome: ES)
Lanibos® (Bosnalijek: BA)
Lanicor® (Pliva: HR)
Lanicor® (Riemser: BW, CZ, ET, GH, KE, LU, MW, NA, NG, SD, TZ, UG, ZM, ZW)
Lanicor® (Roche: AR)
Lanicor® (Teofarma: AT, DE)
Lanoxicaps® (GlaxoSmithKline: US)
Lanoxin® (Glaxo Wellcome: PT)
Lanoxin® (GlaxoSmithKline: AE, AG, AN, AW, BB, BD, BE, BH, BR, CY, GB, GD, GY, ID, IL, IN, IR, IS, IT, JM, JO, KW, LB, LC, LU, MX, MY, NL, NO, NZ, OM, QA, RO, SE, SG, SY, TH, TT, US, VC, YE, ZA)
Lanoxin® (Roemmers: AR)
Lanoxin® (Sigma: AU, HK)
Lanoxin® (Virco: CA)
Lanoxin® (Wellcome: IE)
Lanoxin® [vet.] (GlaxoSmithKline: GB)
Lenoxin® (Burroughs Wellcome: US)
Lenoxin® (GlaxoSmithKline: DE)
Purgoxin® (Aspen: ZA)
Toloxin® (TO Chemicals: TH)
Vidaxil® (Victory: MX)

D

Dihydralazine (Rec.INN)

L: Dihydralazinum
I: Diidralazina
D: Dihydralazin
F: Dihydralazine
S: Dihidralazina

Antihypertensive agent
Vasodilator, peripheric

ATC: C02DB01
CAS-Nr.: 0000484-23-1 C_8-H_{10}-N_6
M_r 190.228

1,4-Phthalazinedione, 2,3-dihydro-, dihydrazone

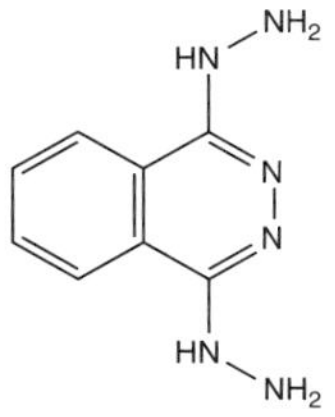

OS: *Dihydralazine [BAN, DCF]*
OS: *Diidralazina [DCIT]*
IS: *C 7441*
IS: *Casella 532*

– hydrogen sulfate:

CAS-Nr.: 0007327-87-9
OS: *Dihydralazine Sulphate BANM*
OS: *Dihydralazine Sulfate USAN*
PH: Dihydralazinsulfat, Wasserhaltiges Ph. Eur. 5
PH: Dihydralazini sulfas hydricus Ph. Eur. 5
PH: Dihydralazine Sulphate, Hydrated Ph. Eur. 5
PH: Dihydralazine (sulfate de) hydraté Ph. Eur. 5

Depressan® (Altana: HU)
Depressan® (Altana Pharma Oranienburg: DE)
Dihydralazinum® (Polfa Pabianice: PL)
Nepresol® (Novartis: AT, BE, IN, IT, LU, TH)
Nepresol® (Teofarma: DE)

– mesilate:

IS: *Dihydralazine methanesulfonate*
PH: Dihydralazini mesilas Ph. Helv. 8

Nepressol® (Genopharm: FR)

Dihydrocodeine (Rec.INN)

L: Dihydrocodeinum
I: Diidrocodeina
D: Dihydrocodein
F: Dihydrocodéine
S: Dihidrocodeina

Antitussive agent
Opioid analgesic

ATC: N02AA08
CAS-Nr.: 0000125-28-0 C_{18}-H_{23}-N-O_3
M_r 301.392

Morphinan-6-ol, 4,5-epoxy-3-methoxy-17-methyl-, (5α,6α)-

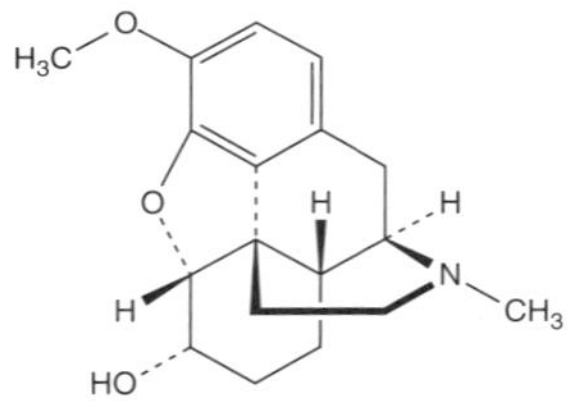

OS: *Dihydrocodeine [BAN]*
OS: *Dihydrocodéine [DCF]*
OS: *Diidrocodeina [DCIT]*
IS: *Drocode*

Remedacen® (Aventis: DE)

– tartrate:

CAS-Nr.: 0005965-13-9
OS: *Dihydrocodeine Tartrate BANM*
OS: *Dihydrocodeine Bitartrate USAN*
IS: *Hydrocodeine bitartrate*
IS: *Dihydrocodeine hydrogenotartras*
PH: Dihydrocodeine Bitartrate USP 30
PH: Dihydrocodeine Tartrate BP 2003
PH: Dihydrocodeinhydrogen[(R,R)-tartrat] DAB
PH: Dihydrocodeinum bitartaricum OeAB
PH: Dihydrocodeine hydrogen tartrate Ph. Eur. 5

Codicontin® (Mundipharma: BE, CH, LU)
Codidol® (Mundipharma: AT)
Dehace retard® (Lannacher: AT)
DF 118® (Aspen: ZA)
DF 118® (Galen: IE)
DF 118® (GlaxoSmithKline: HK, MY, ZA)
DF 118® (Martindale: GB)
DHC Continus® (Douglas: NZ)
DHC Continus® (Medis: SI)
DHC Continus® (Mundipharma: CZ, HU, RO)
DHC Continus® (Napp: GB, IE)
DHC Continus® (Norpharma: PL)
DHC Mundipharma® (Mundipharma: DE)
DHC® (Mundipharma: BG)
Dicodin® (Mundipharma: FR)
Didor® (Mundipharma: PT)
Dihidrocodeina® (Lakor: CO)
Dihydrocodeine® (Remedica: CY)
Hydrocodin® (Valeant: HU)
Paracodina® (Abbott: CO)
Paracodina® (Teofarma: ES)
Paracodine® (Abbott: BE)
Paracodin® (Abbott: AT, DE, YE, ZA)
Paracodin® (Knoll: AU)
Paracodin® (Teofarma: IE)
Rikodeine® (3M: AU)
Tiamon® (Temmler: DE)
Tosidrin® (Fardi: ES)

– thiocyanate:

CAS-Nr.: 0084824-87-3
IS: *Dihydrocodeine hydrorhodanide*
IS: *Paracodin rhodrad*

Paracodina® (Abbott: IT)
Paracodin® [gtt.] (Abbott: DE)
Paracodin® [gtt.] (Ebewe: AT)
Paracodin® [gtt.] (Teofarma: CH)

Dihydroergocristine

D: Dihydroergocristin
F: Dihydroergocristine

Vasodilator, peripheric

ATC: C04AE04
CAS-Nr.: 0017479-19-5 C_{35}-H_{41}-N_5-O_5
M_r 611.763

Ergotaman-3',6',18-trione, 9,10-dihydro-12'-hydroxy-2'-(1-methylethyl)-5'-(phenylmethyl)-, (5'α,10α)-

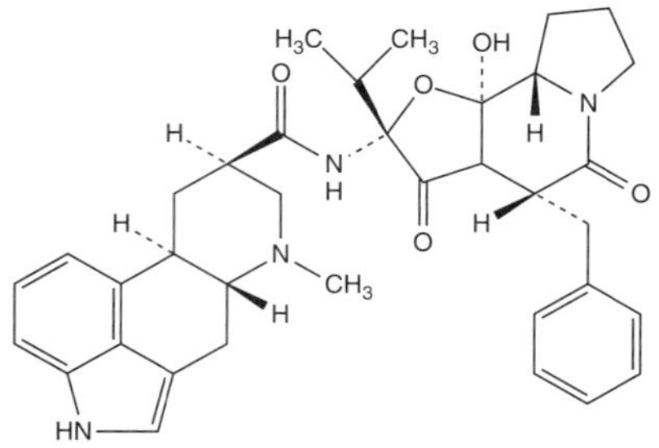

OS: *Dihydroergocristine [BAN, DCF]*
IS: *DF 69*

– mesilate:

CAS-Nr.: 0024730-10-7
OS: *Dihydroergocristine Mesilate BAN*
IS: *Dihydroergocristine methanesulfonate*
PH: Dihydroergocristine Mesilate Ph. Eur. 5
PH: Dihydroergocristini mesilas Ph. Eur. 5
PH: Dihydroergocristinmesilat Ph. Eur. 5
PH: Dihydroergocristine (mésilate de) Ph. Eur. 5

Anavenol® (Zentiva: GE)
Crystepin® (Zentiva: GE)
Diertina® (Mundipharma: AT)
Diertina® (Pharmacia: IT)
Diertina® (Pharmanel: GR)
Diertina® (Sankyo: PT)
Diertine® (Morrith: ES)
Diertine® (Yamanouchi: ES)
Ergodavur® (Belmac: ES)
Ergodavur® (Davur: ES)
Hydergine® (Novartis: HK)
Iskemil® (Aché: BR)
Iskevert® (Eversil: BR)
Iskevert® (Medley: BR)
Memotil® (Genepharm: GR)
Nehydrin® (Sanochemia: AT)
Nehydrin® (TAD: DE)
Vasobral® (CNW: HK)

Dihydroergocryptine, α-

D: Dihydroergocryptin
F: Dihydroergocryptine A

Vasodilator

CAS-Nr.: 0025447-66-9 C_{32}-H_{43}-N_5-O_5
M_r 577.746

9,10α-Dihydro-12'-hydroxy-5'α-isobutyl-2'-isopropylergotaman-3',6',18-trione

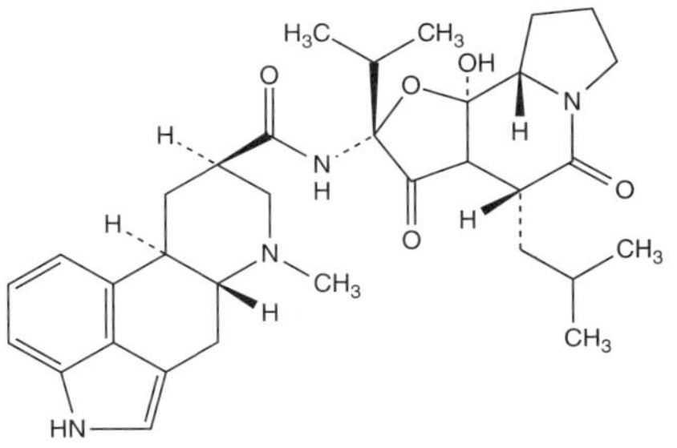

OS: *Dihydroergocryptine A [DCF]*

– mesilate:

CAS-Nr.: 0014271-05-7
IS: α-*Dihydroergocryptine methanesulfonate*

Almirid® (Desitin: DE)
Almirid® (Poli: PL)
Cripar® (Hormosan: DE)
Cripar® (Merz: CH)
Cripar® (Taurus: DE)
Daverium® (Pharmacia: IT)
Daverium® (Pharmanel: GR)
Daverium® (Poli: RO)
Diamin® (Grossman: MX)

Dihydroergotamine (Rec.INN)

L: Dihydroergotaminum
I: Diidroergotamina
D: Dihydroergotamin
F: Dihydroergotamine
S: Dihidroergotamina

Vasoconstrictor

ATC: N02CA01
CAS-Nr.: 0000511-12-6 C_{33}-H_{37}-N_5-O_5
M_r 583.709

Ergotaman-3',6',18-trione, 9,10-dihydro-12'-hydroxy-2'-methyl-5'-(phenylmethyl)-, (5'α,10α)-

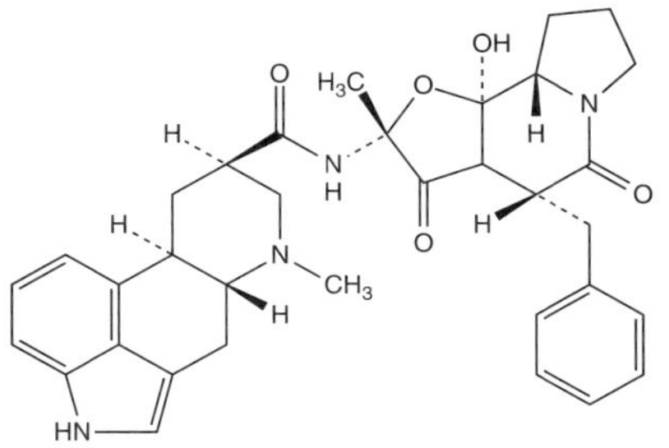

OS: *Dihydroergotamine [BAN, DCF]*
OS: *Diidroergotamina [DCIT]*

– mesilate:

CAS-Nr.: 0006190-39-2
OS: *Dihydroergotamine Mesylate USAN*
OS: *Dihydroergotamine Mesilate BANM, JAN*
IS: *DETMS*
IS: *Dihydroergotamine methanesulfonate*
PH: Dihydroergotamine (mésilate de) Ph. Eur. 5
PH: Dihydroergotamine Mesylate USP 30
PH: Dihydroergotamini mesilas Ph. Eur. 5
PH: Dihydroergotaminmesilat Ph. Eur. 5
PH: Dihydroergotamine Mesilate Ph. Eur. 5, JP XIV

Agit® (Sanol: DE)
Angionorm® (Farmasan: DE)
Clavigrenin® (Hormosan: DE)
Clavigrenin® (Ivax: CZ)
D-Tamin retard L.U.T.® (Pharmafrid: DE)
D.H.E. 45® (Xcel: US)
DET MS® (Shire: DE)
Detemes® (Sanova: AT)
Detms® (Shire: LU)
DHE ratiopharm® (Ratiopharm: AT)
DHE ratiopharm® (ratiopharm: DE)
Diergospray® (Novartis: FR)
Diergo® (Novartis: BE)
Dihydergot Nosni Sprey® (Mipharm: CZ)
Dihydergot® (Novartis: AT, AU, BE, BR, CH, CZ, DE, ES, ET, GH, GR, ID, IN, KE, LU, LY, MT, NG, NL, SD, TZ, ZW)
Dihydroergotamine Mesylate® (Sandoz: CA)
Dihydroergotamine Novartis® (Novartis: FR)
Dihydroergotamine® (SteriMax: CA)
Dihydroergotaminum Methansulfonicum® (Filofarm: PL)
Dihytamin® (Wernigerode: DE)
Diidergot® (Novartis: IT)
Ditamin® (Lek: BA, SI)
Dystonal® (Pharmacobel: BE)

Erganton® (Anto: DE)
Erganton® (Q-Pharm: DE)
Ergont® (Desitin: DE)
Ergont® (Sigmapharm: AT)
Ergotam-CT® (CT: DE)
Ergotonin® (Streuli: CH)
Ergovasan® (Klinge: DE)
Ergovasan® (Wabosan: AT)
Ikaran® (Formenti: IT)
Ikaran® (PF: LU)
Ikaran® (Pierre Fabre: FR)
Migranal® (Novartis: AT, IT, NL)
Migranal® (SteriMax: CA)
Migranal® (Xcel: US)
Orstanorm® (Novartis: FI, SE)
Pervone® (Sanofi-Synthelabo: GR)
Poligot® (Polipharm: TH)
Seglor® (Acarpia-P: IT)
Seglor® (Azevedos: PT)
Séglor Lyoc® (Schwarz: FR)
Séglor® (Schwarz: FR)
Tamik® (IPRAD: DZ, FR)
Verladyn® (Verla: DE)

– tartrate:

CAS-Nr.: 0005989-77-5
OS: *Dihydroergotamine Tartrate BANM*
PH: Dihydroergotamine Tartrate Ph. Eur. 5
PH: Dihydroergotamini tartras Ph. Eur. 5
PH: Dihydroergotamine (tartrate de) Ph. Eur. 5
PH: Dihydroergotamintartrat Ph. Eur. 5

Dihydroergotaminum Tartaricum® (Filofarm: PL)
Divegal® (Sanochemia: AT)

Dihydroergotoxine

I: Diidroergotossina
D: Dihydroergotoxin

Vasodilator

CAS-Nr.: 0011032-41-0

Mixture of Dihydroergocornine, Dihydroergocristine, α- and β-Dihydroergocryptine (3:3:2:1)

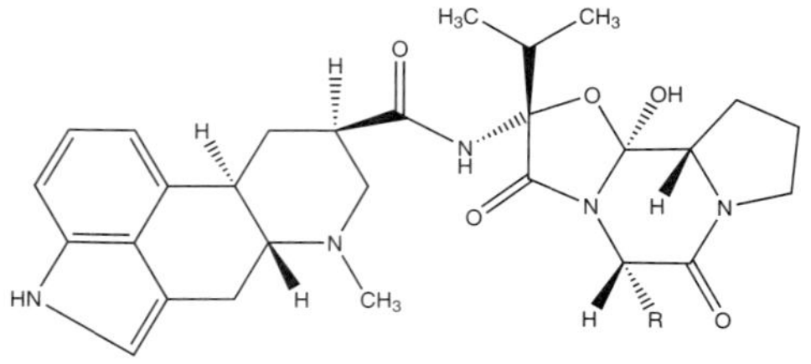

R =		
	Dihyroergocomine	-CH(CH3)2
	Dihyroergocristine	-CH2C6H5
	Dihyro-α-ergocryptine	-CH2CH(CH3)2
	Dihyro-β-ergocryptine	-CH(CH3)CH2CH3

OS: *Diidroergotossina [DCIT]*
IS: *Dihydrogenated ergot alkaloids*
IS: *Diidroergotossina*
IS: *HDHE*

Co-Dergocrin® (Terapia: RO)
Ergodina® (Procaps: CO)
Rederzin® (Jugoremedija: RS)

– esilate:

IS: *Dihydroergotoxine ethansulfonate*

Dihydroergotoxinum Aethansulfonicum® (Filofarm: PL)
Segol® (Sanovel: TR)

– mesilate:

CAS-Nr.: 0008067-24-1
OS: *Codergocrine Mesilate BAN*
OS: *Dihydroergotoxine Mesilate JAN*
OS: *Ergoloid Mesylates USAN*
IS: *Codergocrine methansulphonate*
IS: *Dihydroergotoxine methansulfonate*
IS: *Dihydrogenated Ergot Alkaloids*
IS: *Hydrogenated Ergot Alkaloids*
PH: Codergocrini mesilas Ph. Helv. 8
PH: Co-dergocrine Mesilate BP 2002
PH: Ergoloid Mesylates USP 30
PH: Dihydroergotoxine Mesilate JP XIV
PH: Codergocrine Mesilate Ph. Eur. 5

Aramexe® (Ratiopharm: AT)
C.C.K.40® (Sanitas: AR)
Capergyl® (Bailleul: FR)
Cereloid® (Sun: IN)
Cirloid® (Fahrenheit: ID)
Co-Dergocrin „ratiopharm“® (Ratiopharm: AT)
Co-dergocrinemesilaat CF® (Centrafarm: NL)
Codergine® (Shiwa: TH)
Codergocrina Mesilato® (IPhSA: CL)
Coplexina® (Sanofi-Aventis: AR)
DCCK® (Shire: DE, LU)
Engestol-HYD® (Farmanic: GR)
Ergoceps® (Antibiotice: RO)
Ergodesit® (Desitin: DE)
Ergohydrin® (Streuli: CH)
Ergoloid Mesylate® (Mutual: US)
Ergomed® (Kwizda: AT)
Ergotox-CT® (CT: DE)
Ergoxina® (Klonal: AR)
Exergin® (Guardian: ID)
Gerimal® (Rugby: US)
Headgen® (Yung Shin: SG)
Helcon® (Polipharm: TH)
Hider-Kron® (Kronos: EC)
Huperloid® (Rafarm: GR)
Hyceral® (Condrugs: TH)
Hydergin SRO® (Novartis: AT)
Hydergin-Fas® (Eurim: AT)
Hydergin-Fas® (Novartis: AT, CH)
Hydergin-Fas® (Paranova: AT)
Hydergina® (Novartis: AR, ES, IT)
Hydergina® (Novartis Pharma: PE)
Hydergina® (Sandoz: ES)
Hydergine® (Novartis: BE, BR, ET, FR, GB, GH, GR, IL, KE, LY, MT, MY, NG, NL, PH, PT, SD, TH, TZ, US, ZM, ZW)
Hydergine® (SteriMax: CA)
Hydergin® (Mipharm: RO)

Hydergin® (Novartis: AT, CH, DE, FI, ID, LU, SE)
Hydro-Cebral-ratiopharm® (ratiopharm: DE)
Hymed® (Medifive: TH)
Ibergal® (Anfarm: GR)
Ibexone® (Sandipro: BE, LU)
Naline® (Pharmaland: TH)
Orphol® (Opfermann: DE)
Perenan® (Sanofi-Synthelabo: TH)
Procere® (Pyridam: ID)
Redergin® (Lek: BA, RO, SI, TH)
Redizork® (Zorka: RS)
Santamin® (Gerolymatos: GR)
Santamin® (Santa: RO)
Secatoxin® (Ivax: CZ, RO)
Sponsin® (Farmasan: DE)
Stofilan® (Christiaens: BE, NL)
Stofilan® (Nycomed: LU)
Togine® (Utopian: TH)
Trifargina® (Trifarma: PE)
Trigogine® (Atlantic: HK, TH)
Vasculin® (Biolab: TH)
Vasian® (Asian: TH)
Vimotadine® (Casasco: AR)
Zodalin® (Elpen: GR)

Dihydrostreptomycin (Rec.INN)

L: Dihydrostreptomycinum
I: Diidrostreptomicina
D: Dihydrostreptomycin
F: Dihydrostreptomycine
S: Dihidroestreptomicina

Antibiotic, aminoglycoside

ATC: S01AA15
ATCvet: QA07AA90
CAS-Nr.: 0000128-46-1 C_{21}-H_{41}-N_7-O_{12}
M_r 583.629

2,4-Diguanidino-3,5,6-trihydroxycyclohexyl-5-deoxy-2-O-(2-deoxy-2-methylamino-alpha-L-glucopyranosyl)-3-hydroxymethyl-beta-L-lyxo-pentanofuranoside

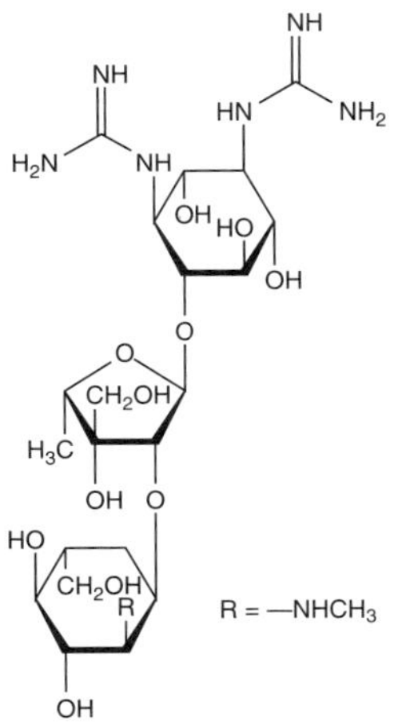

OS: *Dihydrostreptomycin [BAN]*
OS: *Dihydrostreptomycine [DCF]*
OS: *Diidrostreptomicina [DCIT]*

– sulfate:

CAS-Nr.: 0005490-27-7
OS: *Dihydrostreptomycin Sulphate BANM*
OS: *Dihydrostreptomycin Sulfate USAN*
PH: Dihydrostreptomycine (sulfate de) Ph. Eur. 4
PH: Dihydrostreptomycini sulfas Ph. Jap. 1971
PH: Dihydrostreptomycinsulfat Ph. Eur. 4
PH: Dihydrostreptomycin Sulfate USP 30
PH: Dihydrostreptomycini sulfas ad usum veterinarium Ph. Eur. 5
PH: Dihydrostreptomycin Sulphate For Veterinary Use Ph. Eur. 5

Citrocil® (Reig Jofre: ES)
DHS® [vet.] (Alfasan: NL)
DHS® [vet.] (Coophavet: FR)
Dihydrostreptomycin Werfft® [vet.] (Alvetra u. Werfft: AT)
Dihydrostreptomycine Avitec® [vet.] (Virbac: FR)
Dihydrostreptomycin® [vet.] (Alvetra u. Werfft: AT)
Dihydrostreptomycin® [vet.] (Boehringer Ingelheim: NO, SE)
Dihydrostreptomycin® [vet.] (Norbrook: US)
Dihydrostreptomycin® [vet.] (Vetcare: FI)
Pfizer-Strep® [vet.] (Pfizer Animal Health: US)

Dihydrotachysterol (Rec.INN)

L: Dihydrotachysterolum
I: Diidrotachiserolo
D: Dihydrotachysterol
F: Dihydrotachystérol
S: Dihidrotaquisterol

Vitamin D analogue

ATC: A11CC02
CAS-Nr.: 0000067-96-9 C_{28}-H_{46}-O
M_r 398.676

9,10-Secoergosta-5,7,22-trien-3-ol, (3β,5E,7E,10α,22E)-

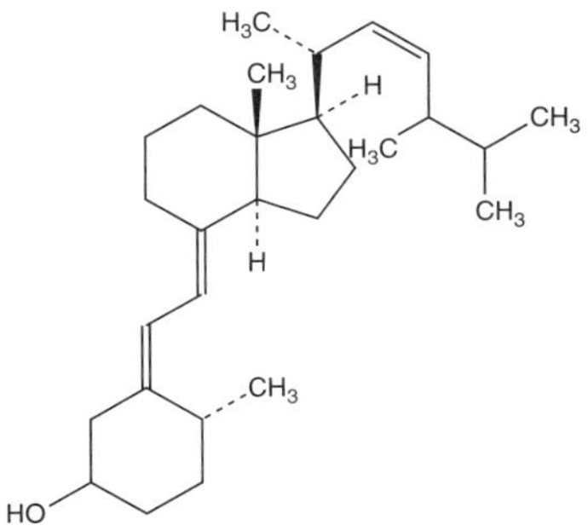

OS: *Dihydrotachysterol [BAN, DCF, JAN, USAN]*
OS: *Diidrotachiserolo [DCIT]*
IS: *Dichysterol*
IS: *Dihydrotachysterin*
PH: Dihydrotachysterol [BP 1998, USP 30, Ph. Eur. 5]
PH: Dihydrotachysterolum [2.AB-DDR]

A.T. 10® (Bayer: CH, CZ, DE, IT, ZA)
A.T. 10® (Merck: AT, HR, LU)
A.T. 10® (Merck KGaA: RO)
A.T. 10® (Nycomed: RU)
AT10® (Intrapharm: GB)

Atiten® (Bayer-D: IT)
DHT® (Roxane: US)
Dihydral® (Solvay: LU, NL)
Dygratyl® (Solvay: DK, FI, SE)
Hytakerol® (Sanofi-Aventis: US)
Tachystin® (Chauvin: CZ, DE, HU, RO)

Dihydroxyacetone (USP)

L: Dihydroxyacetonum
D: Dihydroxyaceton

Vitiligo

CAS-Nr.: 0000096-26-4 — C_3-H_6-O_3, M_r 90.081

2-Propanone, 1,3-dihydroxy- [WHO]

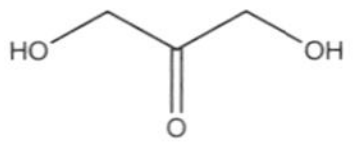

OS: *Dihydroxyacetone [USAN]*
IS: *AI3 24477*
IS: *BRN 1740268*
IS: *CCRIS 4899*
IS: *Chromelin*
IS: *CTFA 00816*
IS: *Dihyxal*
IS: *ENECS 202-494-5*
IS: *Ketochromin*
IS: *NSC 24343*
IS: *Otan*
IS: *Oxantin*
IS: *Oxantone*
IS: *Pigmaderm*
IS: *Protosol*
IS: *Soleal*
IS: *Triluose*
IS: *Viticolor*
PH: Dihydroxyacetone [USP 30]
PH: Dihydroxyaceton [DAC]

Chromelin® (Summers: US)
Eurocolor Sin Sol® (Euroderm: AR)
Vitadye® (Dermatech: AU)
Vitadye® (Valeant: US)

Diiodohydroxyquinoline (Rec.INN)

L: Diiodohydroxyquinolinum
I: Diiodoidrossichinolina
D: Diiodohydroxyquinolin
F: Diiodohydroxyquinoléine
S: Diiodohidroxiquinoleina

Antiprotozoal agent, amebicide
Antiseptic

ATC: G01AC01
CAS-Nr.: 0000083-73-8 — C_9-H_5-I_2-N-O, M_r 396.949

8-Quinolinol, 5,7-diiodo-

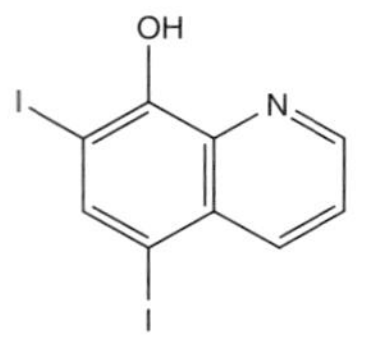

OS: *Di-iodohydroxyquinoline [BAN]*
OS: *Diiodohydroxyquinoléine [DCF]*
OS: *Iodoquinol [USAN]*
IS: *Diiodohydroxyquin*
IS: *SS 578*
PH: Diiodohydroxyquinoleine [BP 1973]
PH: Diiodohydroxyquinolinum [Ph. Int. II]
PH: Diiodoossichinolina [F.U. VIII]
PH: Diiodoxyquinoléine [Ph. Franç. IX]
PH: Iodoquinol [USP 26]

Diodoquin® (Glenwood: CA)
Diquinol® (CMC: US)
Direxiode® (Sanofi-Aventis: VN)
Floraquin® (ARIS: TR)
Floraquin® (Searle: AU)
Yodoxin® (Glenwood: US)

Diisopropylamine

D: Diisopropylamin

Vasodilator

CAS-Nr.: 0000108-18-9 — C_6-H_{15}-N, M_r 101.196

2-Propanamine, N-(1-methylethyl)-

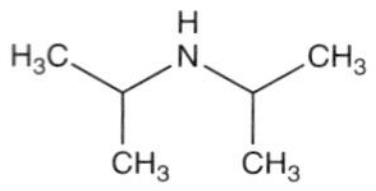

PH: Diisopropylamine [USP 30]

– dichloroacetate:

CAS-Nr.: 0000660-27-5
OS: *Diisopropylamine Dichloroacetate USAN*
IS: *DIPA*
IS: *Vitamin B15-Wirkstoff*
PH: Diisopropylaminum dichloraceticum 2.AB-DDR

Dada 250® [vet.] (Jurox: AU)
Disotat® (Alpharma: DE)
Ditrei® (Italmex: MX)

– hydrochloride:

PH: Diisopropylaminum hydrochloricum 2.AB-DDR

Disotat® [inj.] (Alpharma: DE)

Dilazep (Rec.INN)

L: **Dilazepum**
I: **Dilazep**
D: **Dilazep**
F: **Dilazep**
S: **Dilazepam**

Coronary vasodilator

ATC: C01DX10
CAS-Nr.: 0035898-87-4 C_{31}-H_{44}-N_2-O_{10}
M_r 604.713

Benzoic acid, 3,4,5-trimethoxy-, (tetrahydro-1H-1,4-diazepine-1,4(5H)-diyl)di-3,1-propanediyl ester

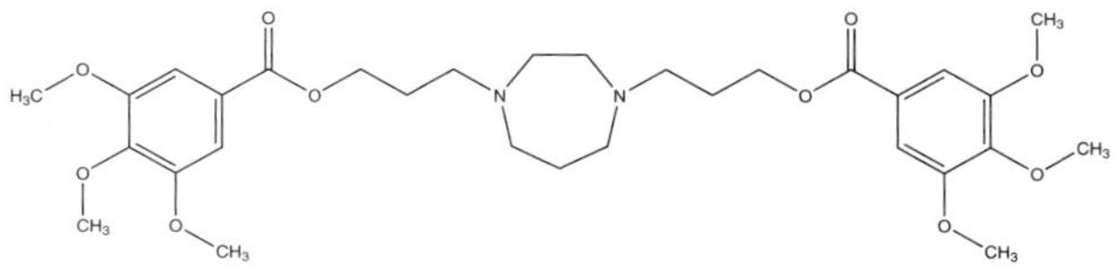

OS: *Dilazep [DCF, DCIT, USAN]*
IS: *Dilazepum*
IS: *AS 05 (Kowa, Japan)*
IS: *KI 2119 (Kowa, Japan)*

– dihydrochloride:

CAS-Nr.: 0020153-98-4
IS: *Asta C 4898 (Asta, Deutschland)*
PH: Dilazep Hydrochloride JP XIV

Comelian® (Kowa Yakuhin: JP)
Cormelian® (Khandelwal: IN)
Cormelian® (Schering: IT)

Diloxanide (Rec.INN)

L: **Diloxanidum**
D: **Diloxanid**
F: **Diloxanide**
S: **Diloxanida**

Antiprotozoal agent, amebicide

ATC: P01AC01
CAS-Nr.: 0000579-38-4 C_9-H_9-Cl_2-N-O_2
M_r 234.081

Acetamide, 2,2-dichloro-N-(4-hydroxyphenyl)-N-methyl-

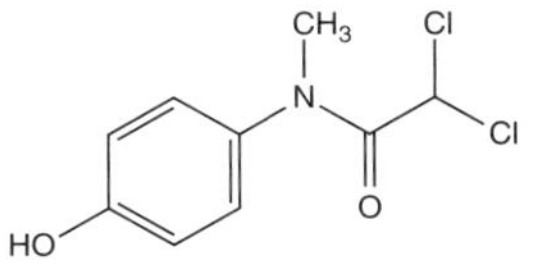

OS: *Diloxanide [BAN, DCF, USAN]*
IS: *RD 3803*

– ester with 2-furoic acid:

CAS-Nr.: 0003736-81-0
OS: *Diloxanide Furoate BANM, USAN*
IS: *CB 8073*
IS: *Diclofurazol*
PH: Diloxanide Furoate BP 2002, Ph. Int. 4, USP 30
PH: Diloxanidi furoas Ph. Int. 4

Diloxanide® (Sovereign: GB)
Diloxide® (Acme: BD)
Furamide® (Abbott: AE, EG, IQ, JO, KW, LB, OM, QA, SA, SY, YE)

Diltiazem (Rec.INN)

L: **Diltiazemum**
I: **Diltiazem**
D: **Diltiazem**
F: **Diltiazem**
S: **Diltiazem**

Calcium antagonist
Coronary vasodilator

ATC: C08DB01
CAS-Nr.: 0042399-41-7 C_{22}-H_{26}-N_2-O_4-S
M_r 414.53

1,5-Benzothiazepin-4(5H)-one, 3-(acetyloxy)-5-[2-(dimethylamino)ethyl]-2,3-dihydro-2-(4-methoxyphenyl)-, (2S-cis)-

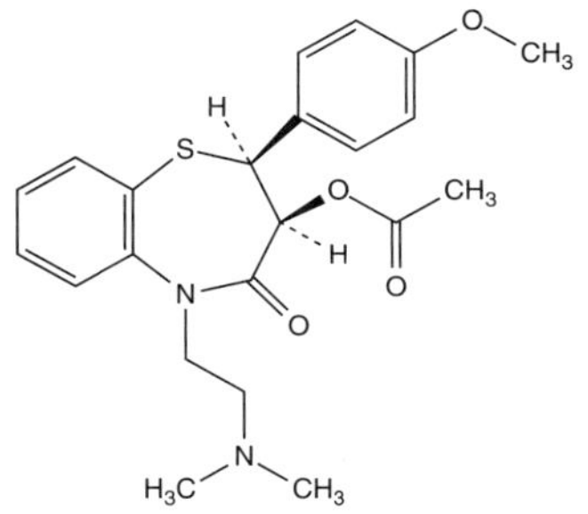

OS: *Diltiazem [BAN, DCF, DCIT]*
IS: *Defemerin*

Aldizem® (Alkaloid: BA, HR, SI)
Altiazem® (Lusofarmaco: CZ)
Altiazem® (Menarini: TH)
Dilcontin® (Modi-Mundipharma: BD, IN, LK)
Dilgard® [tab.] (Cipla: PE)
Dilmacor® (Magistra: RO)
Dilta-Hexal® (Hexal: LU)
Diltahexal® (Hexal: LU)
Diltiax® (Ethical: DO)
Diltiazem 90 Retard® (Actavis: GE)
Diltiazem Genfar® (Genfar: CO, EC, PE)
Diltiazem HCl Merck® (Merck Generics: NL)
Diltiazem LPH® (Labormed Pharma: RO)
Diltiazem® (Actavis: GE)
Dilzen-G® (Klonal: AR)
Dodexen® [inj.] (Roemmers: PE)
DTM® (Biochem: IN)
Entrydil® (Orion: IE)
Fada Diltiazem® (Fada: AR)
Grifodilzem Lch® [compr.] (Ivax: PE)
Hypercard® [vet.] (Arnolds: PT)
Iski® (Stadmed: IN)
Litizem® (Incepta: BD)
Surazem® (Pfizer: NL)
Tildiem® (Chemopharma: CL)
Tilhasan® (Hasan: VN)

– hydrochloride:

CAS-Nr.: 0033286-22-5

OS: *Diltiazem Hydrochloride BANM, JAN, USAN*
IS: *CRD 401 (Tanabe, Japan)*
PH: Diltiazem Hydrochloride Ph. Eur. 5, JP XIV, USP 30
PH: Diltiazemi hydrochloridum Ph. Eur. 5
PH: Diltiazemhydrochlorid Ph. Eur. 5
PH: Diltiazem (chlorhydrate de) Ph. Eur. 5

Acalix® (Roemmers: AR)
Acasmul® (Pharma Investi: CL)
Adizem CD® (Rafa: IL)
Adizem SR® (Napp: GB)
Adizem XL® (Napp: GB, IE)
Alfener® (Farmamust: GR)
Altiazem® (Berlin-Chemie: RU)
Altiazem® (Lusofarmaco: IT)
Altiazem® (Menarini: DO, GT, HN, PA, SV)
Altizem® (Nobel: BA, TR)
Angiazem® (Galenika: RS)
Angiodrox® (Solvay: ES)
Angiolong® (Farmalab: BR)
Angiotrofin® (Armstrong: CR, DO, GT, HN, MX, NI, PA, SV)
Angiotrofin® (Bagó: CO)
Angiozem® (Littman: PH)
Angitil SR® (Trinity-Chiesi: GB)
Angitil XL® (Trinity-Chiesi: GB)
Angizem® (Sanofi-Aventis: IT)
Angizem® (Sun: LK, TH)
Apo-Diltiaz® (Apotex: CA)
Balcor® (Baldacci: BR)
Beatizem® (Beacons: SG)
Bi-Tildiem® (Sanofi-Aventis: FR)
Blocalcin® (Lachema: CZ)
Blocalcin® (Pliva Lachema: PL)
Calcicard CR® (Teva: GB)
Cardil® (Gerolymatos: GR)
Cardil® (Ibn Sina: BD)
Cardil® (Orion: AE, BH, DK, EG, JO, KW, LB, OM, QA, RU, SG, TH, YE)
Cardiser® (Merck: ES)
Carditen® (Dankos: ID)
Cardium® (DHA: SG)
Cardizem CD® (Aventis: AU)
Cardizem CD® (Biovail: CA)
Cardizem Retard® (Ferrosan: IS)
Cardizem Retard® (Pfizer: NO)
Cardizem Uno® (Pfizer: NO)
Cardizem® (Aventis: AU, NZ)
Cardizem® (Biovail: CA, US)
Cardizem® (Boehringer Ingelheim: BR)
Cardizem® (Drug International: BD)
Cardizem® (Ferrosan: DK, IS)
Cardizem® (Pfizer: FI, SE)
Cardizem® (Tanabe: JP)
Carreldon® (Bama: ES)
Cartia XT® (Andrx: US)
Carzem® (Rottapharm: IT)
Carzem® (Unison: TH)
Cascor XL® (Ranbaxy: TH)
Channel® (Micro Labs: LK)
Clobendian® (Efarmes: ES)
Cloridrato de Diltiazem® (Biosintética: BR)
Cloridrato de Diltiazem® (EMS: BR)
Conductil® (Socobom: LU)
Coramil® (Sanofi-Aventis: SE)
Coras® (Alphapharm: AU)
Corazem® (Farma: EC)
Corazem® (Grupo Farma: CO)
Corazem® (Mundipharma: AT)
Corazet® (Mundipharma: DE)
Corazet® (Orion: DE)
Coridil® (Sandoz: CH)
Corodrox® (Fabop: AR)
Corolater® (Elan: ES)
Corolater® (Vita: ES)
Cortiazem® (Hemofarm: RS)
Corzem® (Helcor: RO)
Corzem® (United Pharmaceutical: AE, BH, IQ, LY, OM, QA, SA, SD, YE)
Cronodine® (Alacan: ES)
Dasav® (Victory: MX)
Deltazen Gé® (Winthrop: FR)
Denazox® (Remedica: CY, TH)
Diacardin® (Pliva: IT)
Diacor LP® (Dexo: FR)
Diacordin Retard® (Leciva: CZ)
Diacordin® (Leciva: CZ)
Diacordin® (Zentiva: PL, RO)
Dial® (Nipa: BD)
Diazem® (Medochemie: RU)
Dil-Sanorania® (Winthrop: DE)
Dilaclan® (Cepa: ES)
Dilacor XR® (Watson: US)
Diladel® (Sanofi-Aventis: IT)
Dilatam® (Abic: IL)
Dilatam® (Aspen: ZA)
Dilatam® (Teva: TH)
Dilazem® (Opsonin: BD)
Dilcardia SR® (Generics: GB)
Dilcardia® (Unique: IN, LK)
Dilcor® (Gross: BR)
Dilcor® (Norpharma: DK)
Dilem® (Douglas: TH)
Dilem® (Istituto Chim. Internazionale: IT)
Dilem® (TTN: TH)
Dilfar® (Fournier: PT)
Dilgina® (Kopran: LK)
Diliter® (Boniscontro & Gazzone: IT)
Dilizem® (Berlin: TH)
Dilmen® (Sanbe: ID)
Dilmin® (Ratiopharm: FI)
Diloc® (Tramedico: NL)
Dilpral® (Orion: FI)
Dilrene® (Irex: FR)
Dilrene® (Sanofi-Aventis: HU)
Dilrène® (Winthrop: FR)
Dilsal® (TAD: DE)
Dilso® (Soho: ID)
Dilt-CD® (Apotex: US)
Dilt-XR® (Apotex: US)
Dilta AbZ® (AbZ: DE)
Diltabeta® (betapharm: DE)
Diltahexal® (Hexal: AT, AU, DE)
Diltam® (Rowa: IE, PE)
Diltan® (Mepha: TT)
Diltan® (Sunthi: ID)
Diltapham® (Phamos: DE)
Diltaretard® (betapharm: DE)
Diltec® (Utopian: TH)
Diltelan® (Faran: GR)

Diltenk® (Biotenk: AR)
Dilti SR® (Edruc: BD)
Dilti-CT® (CT: DE)
Diltia XT® (Andrx: US)
Diltiacor® (Biolab: BR)
Diltiagamma® (Wörwag Pharma: DE)
Diltiastad® (Stada: AT)
Diltiasyn® (Sanofi-Synthelabo: CO)
Diltiazem 1A Pharma® (1A Pharma: DE)
Diltiazem AbZ® (AbZ: DE)
Diltiazem Alter® (Alter: ES)
Diltiazem AL® (Aliud: DE)
Diltiazem Basics® (Basics: DE)
Diltiazem Bayvit® (Bayvit: ES)
Diltiazem Biogaran® (Biogaran: FR)
Diltiazem Clorhidrato Genfar® (Expofarma: CL)
Diltiazem DOC® (DOC Generici: IT)
Diltiazem Dorom® (Dorom: IT)
Diltiazem Edigen® (Edigen: ES)
Diltiazem EG® (EG: IT)
Diltiazem EG® (EG Labo: FR)
Diltiazem Esteve® (Esteve: ES)
Diltiazem Eu Rho® (Eu Rho: DE)
Diltiazem Farmoz® (Farmoz: PT)
Diltiazem G Gam® (G Gam: FR)
Diltiazem Genericon® (Genericon: AT)
Diltiazem HCl Alpharma® (Alpharma: NL)
Diltiazem HCl A® (Apothecon: NL)
Diltiazem HCl CF® (Centrafarm: NL)
Diltiazem HCl FLX® (Karib: NL)
Diltiazem HCl Gf® (Genfarma: NL)
Diltiazem HCl Katwijk® (Katwijk: NL)
Diltiazem HCl PCH® (Pharmachemie: NL)
Diltiazem HCl Sandoz® (Sandoz: NL, ZA)
Diltiazem HCl® (GenRx: NL)
Diltiazem HCl® (Hexal: NL)
Diltiazem HCl® (Sanofi-Synthelabo: NL)
Diltiazem Hennig® (Hennig: DE)
Diltiazem Hexal® (Hexal: IT)
Diltiazem Hydrochloride® (Apotex: US)
Diltiazem Hydrochloride® (Baxter: US)
Diltiazem Hydrochloride® (Bedford: US)
Diltiazem Hydrochloride® (Hospira: US)
Diltiazem Hydrochloride® (Inwood: US)
Diltiazem Hydrochloride® (Mylan: US)
Diltiazem Hydrochloride® (Novopharm: CA)
Diltiazem Hydrochloride® (Teva: US)
Diltiazem Hydrochloride® (UDL: US)
Diltiazem Hydrochloride® (Watson: US)
Diltiazem Ivax® (Ivax: FR)
Diltiazem Lannacher® (Lannacher: RU)
Diltiazem Mepha® (Mepha: CH)
Diltiazem Merck® (Merck Generics: IT)
Diltiazem Merck® (Merck Genéricos: PT)
Diltiazem Merck® (Merck Génériques: FR)
Diltiazem Mundogen® (Mundogen: ES)
Diltiazem Northia® (Northia: AR)
Diltiazem Pliva® (Pliva: HR)
Diltiazem Qualix® (Qualix: ES)
Diltiazem Ratiopharm® (Ratiopharm: AT)
Diltiazem RK® (Errekappa: IT)
Diltiazem RPG® (RPG: FR)
Diltiazem R® (Balkanpharma: BG)
Diltiazem Sandoz® (Sandoz: DE, ES, FR, IT)
Diltiazem Stada® (Stadapharm: DE)
Diltiazem Teva® (Teva: BE, IT)
Diltiazem Verla® (Verla: DE)
Diltiazem-GRY® (Teva: DE)
Diltiazem-Isis® (Alpharma: DE)
Diltiazem-ratiopharm® (Ratiopharm: AT, BE)
Diltiazem-ratiopharm® (ratiopharm: DE)
Diltiazem-ratiopharm® (Ratiopharm: IT, RU)
Diltiazem-Xl® (Pharmatec: LU)
Diltiazemhydrochloride® (Wise: NL)
Diltiazem® (Alkaloid: RS)
Diltiazem® (Alpharma: GB)
Diltiazem® (Arena: RO)
Diltiazem® (E.I.P.I.C.O.: RO)
Diltiazem® (Hillcross: GB)
Diltiazem® (La Sante: PE)
Diltiazem® (LCG: PE)
Diltiazem® (Medicalex: CO)
Diltiazem® (Merck NM: NO)
Diltiazem® (Pentacoop: CO)
Diltiazem® (Slaviamed: RS)
Diltiazem® (Terapia: RO)
Diltiaz® (Heimdall: CO)
Dilticard® (Sandoz: TR)
Diltiem® (Sanofi-Synthelabo: PT)
Diltiphar® (Unicophar: BE)
Diltiuc® (Merck dura: DE)
Diltiwas® (Chiesi: ES)
Diltizem/Diltizem SR® (Mustafa Nevzat: TR)
Diltizem/Diltizem SR® (Square: BD)
Diltizem® (Mustafa Nevzat: TR)
Diltizem® (Pfizer: BR)
Diltizem® (Square: LK)
Diltor® (Torrent: BR)
Dilzacard® (Dar-Al-Dawa: AE, BH, IQ, LB, LY, NG, OM, SA, SD, SO, YE)
Dilzanton® (Juta: DE)
Dilzanton® (Q-Pharm: DE)
Dilzem CD® (Douglas: AU)
Dilzem Parenteral® (Gödecke: CZ)
Dilzem Parenteral® (Pfizer: RO)
Dilzem Parenteral® (Zeneus: AT)
Dilzem SR® (Cephalon: GB)
Dilzem XL® (Cephalon: GB, IE)
Dilzem® (Cephalon: IE)
Dilzem® (Douglas: AU, NZ)
Dilzem® (Gödecke: DE, PL)
Dilzem® (Interchemia: CZ)
Dilzem® (Orion: FI)
Dilzem® (Pfizer: CH, HU, PH, PL, RO)
Dilzem® (Pharmasant: TH)
Dilzem® (Torrent: IN)
Dilzem® (Zeneus: AT)
Dilzene® (Sigma Tau: IT)
Dilzicardin® (Azupharma: DE)
Dinisor® (Pfizer: ES)
Dipen® (Elpen: GR)
Ditizem® (Siam Bheasach: TH)
Doclis® (Bial: ES)
Elvesil® (Biomedica-Chemica: GR)
Ergoclavin® (Bros: GR)
Ergolan® (Ethypharm: CN)
Etizem® (Neo-Farmacêutica: PT)
Etyzem® (Caber: IT)
Evascon® (Renata: BD)
Farmabes® (Fahrenheit: ID)

Gen-Diltiazem® (Genpharm: CA)
GenRX Diltiazem® (GenRX: AU)
Grifodilzem® (Chile: CL)
Hart® (Ivax: AR)
Herbesser® (Delta: PT)
Herbesser® (Fournier: SG)
Herbesser® (Tanabe: ID, JP)
Herbesser® (Tanabe Seiyaku: BD, HK, LK, MY, TH)
Incoril A.P.® (Bago: CL)
Incoril® (Bago: CL, PE)
Incoril® (Bagó: AR, DO, HN, NI, SV)
Kaizem CD® (Wockhardt: IN)
Kaltiazem® (Fabra: AR)
Kardil® (Atabay: TR)
Kardil® (Organon: ES)
Korzem® (Actavis: IS)
Lacerol® (Lacer: DO, ES, GT, HN, NI, SV)
Lanodil® (Landson: ID)
Levodex® (Dexxon: IL)
Longazem® (Difass: IT)
Masdil® (Esteve: ES)
Mavitalon® (Help: GR)
Medozem® (Medochemie: TH)
Mono-Tildiem® (Sanofi-Aventis: FR, MY, SG)
Mono-Tildiem® (Sanofi-Synthelabo: LU)
MTW-Diltiazem® (MTW: DE)
Myonil® (Ferrosan: DK)
Neocard® (Beximco: BD)
Novo-Diltazem® (Novopharm: CA)
Nu-Diltiaz® (Nu-Pharm: CA)
Oxycardil® (Schwarz: PL)
Progor® (SMB: BE, LU, TH)
ratio-Diltiazem® (Ratiopharm: CA)
Rozen® (Rowe: DO)
Rubiten® (Rafarm: GR)
Sandoz Diltiazem® (Sandoz: CA)
Slozem® (Merck: GB)
Surazem® (Pharmacia: LU)
Taztia® (Andrx: US)
Ternel® (Chrispa: GR)
Tiadil® (All-Gen: NL)
Tiadil® (Basi: PT)
Tiazac® (Biovail: CA)
Tiazac® (Forest: US)
Tiazem® (Hilton: LK)
Tilazem® (Elea: AR)
Tilazem® (Parke Davis: CO)
Tilazem® (Pfizer: BZ, CL, CR, GT, HN, NI, PA, PE, SV, ZA)
Tildiem® (Delphi: NL)
Tildiem® (EU-Pharma: NL)
Tildiem® (Eureco: NL)
Tildiem® (Euro: NL)
Tildiem® (Sanofi-Aventis: CH, FR, GB, IE, IT, VN)
Tildiem® (Sanofi-Synthelabo: BE, GR, LU, NL, PH)
Tilker® (Sanofi-Synthelabo: DK, ES)
Tizem® (Delta: BD)
Trumsal® (Centrum: ES)
Uni Masdil® (Esteve: ES)
Vasocardol® (Aventis: AU)
Viazem XL® (Genus: GB)
Viazem® (Biovail: LU)
Zandil® (Therapharma: PH)
Zemtard® (Galen: GB)
Zem® (Faran: GR)
Zildem® (Al Pharm: ZA)
Zilden Genepharm® (Genepharm: GR)
Zilden® (Dorom: IT)

Dimecrotic Acid (Rec.INN)

L: Acidum dimecroticum
D: Dimecrotinsäure
F: Acide dimécrotique
S: Acido dimecrotico

Choleretic

CAS-Nr.: 0007706-67-4 C_{12}-H_{14}-O_4
M_r 222.244

2-Butenoic acid, 3-(2,4-dimethoxyphenyl)-

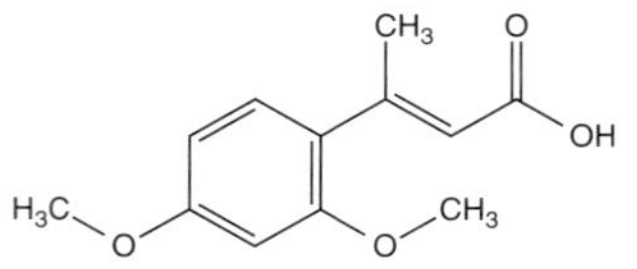

OS: *Acide dimécrotique [DCF]*
OS: *Dimecrotic Acid [USAN]*

Hepadial® (Biocodex: VN)
Hepadial® (Profarma: PE)

– magnesium salt:

Fisiobil® (Salvat: ES)
Hepadial® (Biocodex: LU)
Hépadial® (Biocodex: FR, LU)

Dimefline (Rec.INN)

L: Dimeflinum
I: Dimeflina
D: Dimeflin
F: Diméfline
S: Dimeflina

Analeptic

ATC: R07AB08
CAS-Nr.: 0001165-48-6 C_{20}-H_{21}-N-O_3
M_r 323.398

4H-1-Benzopyran-4-one, 8-[(dimethylamino)methyl]-7-methoxy-3-methyl-2-phenyl-

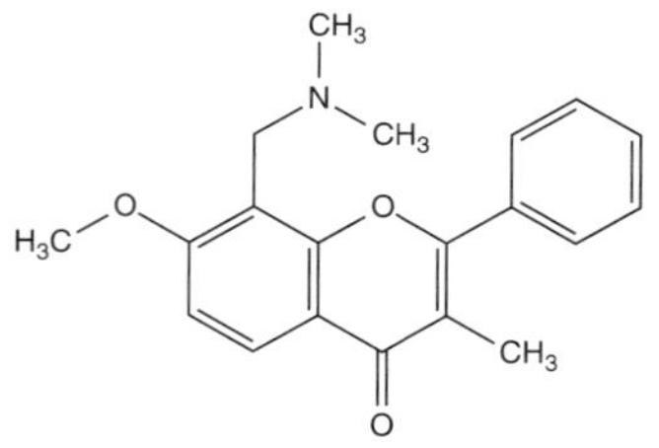

OS: *Dimefline [BAN, DCF]*
OS: *Dimeflina [DCIT]*

– hydrochloride:

CAS-Nr.: 0002740-04-7
OS: *Dimefline Hydrochloride JAN, USAN*
IS: *DW-62*
IS: *Recordati 7-0267*

Remeflin® (Recordati: IT)
Remeflin® (Wampole: US)
Remeflin® (Zambon: ES)

Dimemorfan (Rec.INN)

L: Dimemorfanum
I: Dimemorfano
D: Dimemorfan
F: Dimémorfane
S: Dimemorfano

Antitussive agent

ATC: R05DA11
CAS-Nr.: 0036309-01-0 C_{18}-H_{25}-N
M_r 255.408

Morphinan, 3,17-dimethyl-, (9α,13α,14α)-

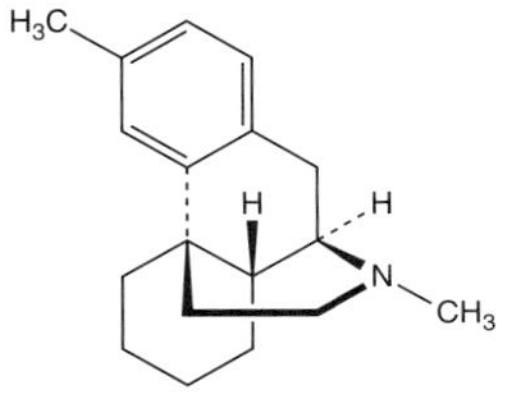

OS: *Dimemorfan [USAN]*
IS: *AT 17 (Yamanouchi, Japan)*

– phosphate:
CAS-Nr.: 0036304-84-4
OS: *Dimemorfan Phosphate JAN*
PH: Dimemorfan Phosphate JP XIV

Astomin® (Yamanouchi: JP)
Dastosin® (Astellas: ES)
Tusben® (Benedetti: IT)

Dimenhydrinate (Rec.INN)

L: Dimenhydrinatum
I: Dimenidrinato
D: Dimenhydrinat
F: Dimenhydrinate
S: Dimenhidrinato

Antiemetic
Histamine, H_1-receptor antagonist

CAS-Nr.: 0000523-87-5 C_{24}-H_{28}-Cl-N_5-O_3
M_r 469.988

1H-Purine-2,6-dione, 8-chloro-3,7-dihydro-1,3-dimethyl-, compd. with 2-(diphenylmethoxy)-N,N-dimethylethanamine (1:1)

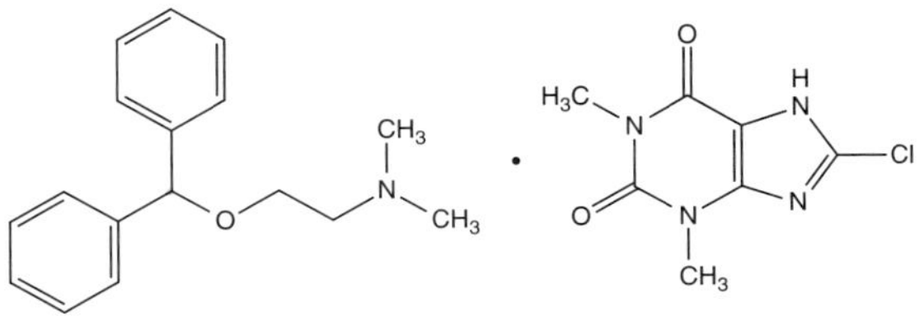

OS: *Dimenhydrinate [BAN, DCF, JAN, USAN]*
OS: *Dimenidrinato [DCIT]*
IS: *Anautinum*

PH: Dimenhydrinate [Ph. Eur. 5, JP XIV, USP 30]
PH: Dimenhydrinatum [Ph. Eur. 5]
PH: Diphenhydramini teoclas [Ph. Int. II]
PH: Dimenhydrinat [Ph. Eur. 5]
PH: Dimenhydrinate Oral Solution [USP 30]

Amosyt® (Bioglan: SE)
Anautin® (ECU: EC)
Antemin® (Streuli: CH)
Anti-Em® (Adeka: TR)
Antimo® (Phapros: ID)
Apo-Dimenhydrinate® (Apotex: CA, SG, VN)
Apo-Dimenhydrinato® (Apotex: PE)
Aviomarin® (Pliva: PL)
Biodramina® (Uriach: CR, DO, GT, HN, NI, PA, SV)
Calma® (Antula: SE)
Cinfamar® (Cinfa: ES)
Contramareo® (Orravan: ES)
Contramareo® (Torrens: ES)
Daedalon® (Gedeon Richter: HU)
Denim® (BL Hua: TH)
Dimen Heumann® (Heumann: DE)
Dimen Lichtenstein® (Winthrop: DE)
Dimenate® (DHA: HK, SG)
Dimenhydrinate Vida® (Vida: HK)
Dimenhydrinate® (Abraxis: US)
Dimenhydrinate® (Sandoz: CA)
Dimenhydrinato® (Farvet: PE)
Dimenhydrinato® (ISP: PE)
Dimenhydrinato® (Sanitas: PE)
Dimenhydrinato® (Trifarma: PE)
Dimenhydrinato® (UQP: PE)
Dimenhydrinat® (Actavis: GE)
Dimenidrinato® (AFOM: IT)
Dimenidrinato® (Nova Argentia: IT)
Dimeno® (Milano: TH)
Dimicaps® (Gelcaps: MX)
Dimigal® (Galenika: RS)
Dimin® (Thai Nakorn Patana: TH)
Divonal® (Markos: PE)
DMH® (Alra: US)
Dr. Amin® (Eurolab: AR)
Dramamine® (ARIS: TR)
Dramamine® (Continental: LU)
Dramamine® (Pfizer: AR, FR, ID, MX, MY, NZ, TH, US)
Dramamine® (Pharmacia: AU, NL, PE)
Dramanyl® (Paill: BZ, HN, SV)
Dramasan® (Sanitas: PE)
Dramavit® (Luper: BR)
Dramavol® (Vijosa: GT, HN, NI, PA, SV)
Dramina® (Jadran: BA, HR, RS, RU)
Dramina® (Salus: SI)
Dramin® (Altana: BR)
Dramnate® (RPG: IN)
Emedyl® (Montavit: AT)
Enjomin® (Codilab: PT)
Garcol® (Christo Pharmaceutical: HK)
Gravamin® (Iqfarma: PE)
Gravol® (Carter Horner: HK, TH)
Gravol® (Church & Dwight: CA, CR, DO, GT, NI, PA, SV)
Gravol® (Medifarma: PE)
Gravol® (Wallace: IN)
Hemovert® (Hemopharm: DE)
Hydrate® (Hyrex: US)

Idon® (Saval: PE)
Lomarin® (Geymonat: IT)
Maldauto® [vet.] (Véto-Centre: FR)
Mareamin® (Volta: CL)
Mareol® (Whitehall: CO)
Motivan® (Samakeephaesaj: TH)
Motozina® (Biomedica Foscama: IT)
Nausicalm® (Brothier: FR)
Navamin® (Greater Pharma: TH)
Novo-Dimenate® (Novopharm: CA)
Novomin® (Xepa-Soul Pattinson: HK)
Nozevet® [vet.] (TVM: FR)
Oponausée® [vet.] (Omega Pharma France: FR)
Paranausine® (Eurogenerics: BE)
Pasedol® (Ecar: CO)
Phrachedi® (Millimed: TH)
Reisegold® (Whitehall-Much: DE)
Reisetabletten Lünpharma® (Lünpharma: DE)
Reisetabletten Stada® (Stada: DE)
Reisetabletten-ratiopharm® (ratiopharm: DE)
Reisetabletten® (MR Pharma: DE)
Rodavan® (Grünwalder: DE)
RubieMen® (RubiePharm: DE)
Sotriptabs® (Sophien: DE)
Superpep® (Hermes: DE)
Travamin® (Rekah: IL)
Travel Well® (M4: ES)
Travel-Gum® (Asta Medica: CZ)
Travel-Gum® (Viatris: AT, CZ, IT)
Trawell® (Meda: CH)
TripTone® (Del: US)
Vagomine® (Qualiphar: LU)
Valontan® (Recordati: IT)
Valontan® (Zambon: ES)
Vertigo-Vomex® (Astellas: DE)
Vertirosan® (Sigmapharm: AT)
Vomacur® (Hexal: DE)
Vomex A® (Astellas: DE)
Vomex A® (Galenica: GR)
Vomidrine® (Azevedos: PT)
Vominar® (Charoen Bhaesaj: TH)
Vomina® (Medopharm: VN)
Vomisin® (Rayere: MX)
Xamamina® (Bracco: IT)
Xamamine® (Adilna: TR)

Dimercaprol (Rec.INN)

L: Dimercaprolum
I: Dimercaprolo
D: Dimercaprol
F: Dimercaprol
S: Dimercaprol

Antidote, chelating agent

ATC: V03AB09
CAS-Nr.: 0000059-52-9 — C_3-H_8-O-S_2 — M_r 124.217

1-Propanol, 2,3-dimercapto-

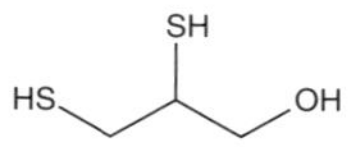

OS: *Dimercaprol [BAN, DCF, JAN, USAN]*
OS: *Dimercaprolo [DCIT]*
IS: *British Anti Lewisit*
IS: *Dithioglycerol*
IS: *Dimercaptopropanolum*
IS: *BAL*
PH: Dimercaprol [JP XIV, Ph. Eur. 5, Ph. Int. 4, USP 30]
PH: Dimercaprolum [Ph. Eur. 5, Ph. Int. 4]

B.A.L.® (Abbott: IT)
B.A.L.® (Boots: IL)
BAL in Oil® (Taylor: US)
BAL® (Abbott: AE, BH, EG, IQ, IR, JO, KW, LB, OM, QA, SA, SY, YE)
BAL® (Becton Dickinson Microbiology: US)
Dimercaprol® (Boots: NL)
Dimercaprol® (Sanofi-Aventis: BR)
Dimercaprol® (Sovereign: GB)

– sulfonic acid, sodium salt:

IS: *2,3-Dimercapto-1-propanesulfonic acid*
IS: *DMPS*
IS: *Unitiol*

Dimaval® (Heyl: DE)
DMPS-Heyl® (Heyl: DE)
Mercuval® (biosyn: DE)

Dimethoxanate (Rec.INN)

L: Dimethoxanatum
I: Dimetoxanato
D: Dimethoxanat
F: Diméthoxanate
S: Dimetoxanato

Antitussive agent

ATC: R05DB28
ATCvet: QR05DB28
CAS-Nr.: 0000477-93-0 — C_{19}-H_{22}-N_2-O_3-S — M_r 358.465

10H-Phenothiazine-10-carboxylic acid, 2-[2-(dimethylamino)ethoxy]ethyl ester

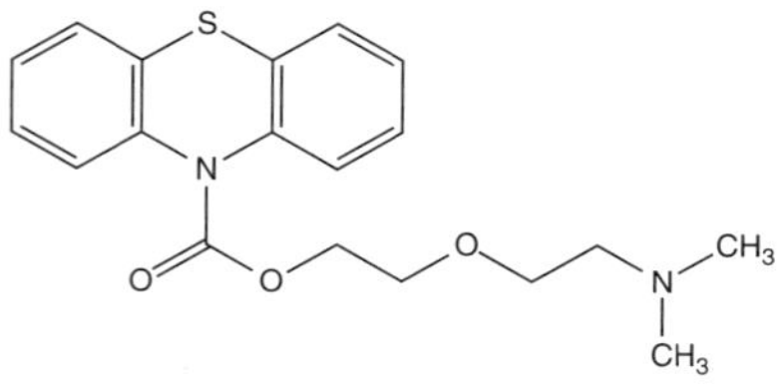

OS: *Dimethoxanate [BAN]*
OS: *Diméthoxanate [DCF]*
OS: *Dimetoxanato [DCIT]*

– hydrochloride:

CAS-Nr.: 0000518-63-8
OS: *Dimethoxanate Hydrochloride USAN*

Atuss® (Arcana: AT)
Cotrane® (Sanofi-Aventis: BE)
Cotrane® (Sanofi-Synthelabo: LU)

Dimethyl Sulfoxide (Rec.INN)

L: Dimethylis Sulfoxidum
I: Dimetilsolfossido
D: Dimethylsulfoxid
F: Diméthylsulfoxyde
S: Dimetil sulfoxido

Analgesic
Antiinflammatory agent

ATC: G04BX13,M02AX03
CAS-Nr.: 0000067-68-5 — C_2-H_6-O-S, M_r 78.13

Methane, sulfinylbis-

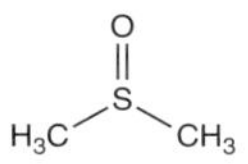

OS: *Dimethyl Sulfoxide [BAN, USAN]*
OS: *Diméthylsulfoxyde [DCF]*
OS: *Dimetilsolfossido [DCIT]*
IS: *DMSO*
IS: *Mastan*
IS: *Methylsulphoxide*
IS: *SH 900/V*
IS: *DF 307*
IS: *SQ 9453*
IS: *Sulfinyldimethan*
PH: Dimethyl Sulfoxide [Ph. Eur. 5, USP 30]
PH: Dimethylsulfoxid [Ph. Eur. 5]
PH: Dimethylis sulfoxidum [Ph. Eur. 5]
PH: Diméthylsulfoxyde [Ph. Eur. 5]

Dimethyl Sulfoxide® (Sandoz: CA)
Dolobene pur® (Merckle: DE)
Dolobene® (Biotika: CZ)
Dolobene® (Merckle: DE)
Dolobene® (Ratiopharm: AT)
Domoso Roll-on® [vet.] (Jurox: AU, NZ)
Domoso® [vet.] (Fort Dodge: US)
ExiFLAM® [vet.] (Kelato: AU)
Parasup® (Apomix: DE)
Rheumabene® (Merckle: DE)
Rimso-50® (Britannia: GB)
Rimso-50® (Research Industries: US)
Rimso-50® (Shire: CA)
Sclerosol® (Bryan: US)

Dimethylaminophenol

D: 4-Dimethylaminophenol

Antidote in methemoglobinemia

CAS-Nr.: 0000619-60-3 — C_8-H_{11}-N-O, M_r 137.186

4-Dimethylaminophenol

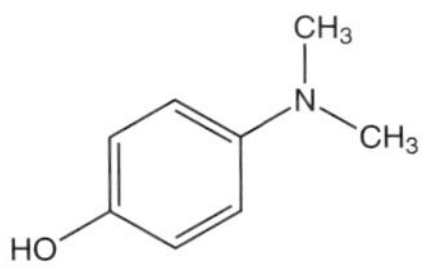

IS: *4-DMAP*
PH: Dimethylaminophenol [USP 30]

– hydrochloride:
CAS-Nr.: 0005882-48-4
IS: *Dimetamfenol hydrochloride*

4-DMAP® (Köhler: DE)
4-DMAP® (Tramedico: NL)

Dimeticone (Rec.INN)

L: Dimeticonum
I: Dimeticone
D: Dimeticon
F: Diméticone
S: Dimeticona

Antiflatulent
ATCvet: QA03AX
CAS-Nr.: 0009006-65-9

α-(Trimethylsilyl)-Ω-methyl-poly[oxy(dimethylsilylene)]

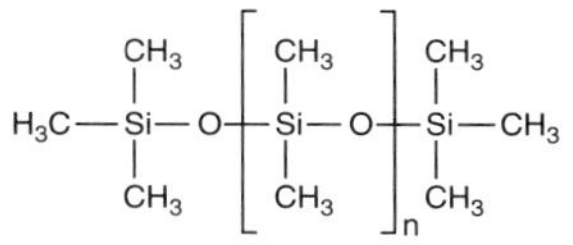

OS: *Dimethicone [USAN, BAN]*
OS: *Diméticone [DCF]*
OS: *Dimeticone [BAN, DCIT, JAN]*
IS: *Dimethyl Silicone Fluid*
IS: *Dimethylpolysiloxane*
IS: *Dimethylsiloxane*
IS: *Huile de Silicone*
IS: *Methyl Polysiloxane*
IS: *Permethylpolysiloxane*
IS: *Polysilane*
IS: *Silicone Oil*
IS: *Dimethicones*
IS: *E 900 (EU-number)*
IS: *Siliconöl*
IS: *Dimeticon-3000-Siliciumdioxid x:y*
IS: *Simethicon*
PH: Dimethicone [NF 22, USP 30]
PH: Dimeticon [Ph. Eur. 5]
PH: Dimeticone [Ph. Eur. 5]
PH: Dimeticonum [Ph. Eur. 5]
PH: Diméticone [Ph. Eur. 5]

3M Cavilon® (3M: AR)
555 Barrier® (PSM: NZ)
Aegrosan® (Opfermann: DE)
Aero Red® (Uriach: ES)
Aero-OM® (OM: EC, PT)
Aeropax® (Multipharma: NL)
Aeropax® (Orion: AE, BH, DK, EG, JO, KW, LB, OM, QA, YE)
Aeropax® (Sandoz: NL)
Aeroson® (Soho: ID)
Asilone® (Roche: ZA)
Asilone® (Thornton & Ross: GB)
Babcon® (Eisai: TH)
Babcon® (Toho Kagaku Kenkyusho: TH)
Babygas® (O.P.V.: VN)
Barriere® (Wellspring: CA)
Battles Bloat Remedy® [vet.] (Battle: GB)
Birp® [vet.] (Arnolds: GB)

Ceolat® (Lannacher: AT)
Ceolat® (Riemser: DE)
Ceolat® (Solvay: BG, CZ, NL)
Cuplaton® (Orion: FI, SG)
Degas® (Wyeth: AU)
Dentinox Infant Colic Drops® (DDD: SG)
Dermatix® (Valeant: MX)
Diloxan® (Bernofarm: ID)
Dimeticon-CT® (CT: DE)
Dimeticona® (Abbott: BR)
Dimeticona® (EMS: BR)
Dimeticona® (Medley: BR)
DP Barrier® (Douglas: NZ)
Dyprotex® (Eczacibasi: TR)
E.M.S. Bloat Treatment® [vet.] (Foran: IE)
Egozite Protective Baby Lotion® (Ego: AU, NZ)
Egozite® (Ego: AU, CY, SA, SG)
Enterosilicona® (Estedi: ES)
Espaven® [susp./gtt.] (ICN: DO, GT, HN, PA, SV)
Espaven® [susp./gtt.] (Valeant: MX)
Espumisan® (Berlin Chemie: BA, VN)
Espumisan® (Berlin-Chemie: BG, DE, RS)
Esputicon® (Synteza: PL)
Evalgan® (TJ: AT)
Finigas® (Apsen: BR)
Flagass® (Aché: BR)
Flatex® (Farmasa: BR)
Forgas® (União: BR)
Freegas® (Prati: BR)
Gasbusters® (Key: AU)
Gascoal® (Yung Shin: SG)
Gascon® (Kissei: HK, JP)
Gaseophar® (Farvet: PE)
Gastro gel® [vet.] (Virbac: FR)
Gasvan® (Srbolek: RS)
Hedrin® (Thornton & Ross: GB)
Ilio-Funkton® (Robugen: DE)
Jacutin® Pedicul Fluid (Hermal: DE)
Kestomatine® (Sanofi-Synthelabo: LU)
Kompensan Dimeticon® (Pfizer: DE)
Luftal® (Bristol-Myers Squibb: BR)
Meteosan® (Novartis: DE)
Minifom® (AstraZeneca: IS, NO)
Nutrived Flatulex Chewable Tablets® [vet.] (Vedco: US)
Ophtasiloxane® (Alcon: FR)
Polysilan UPSA® (Bristol-Myers Squibb: CH)
Polysilan UPSA® (UPSA: BF, BJ, CF, CG, CI, CM, FR, GA, GN, MG, ML, NE, TD, TG, ZR)
Polysilan® (Sanofi-Synthelabo: NL)
Q.V. Bar® (Ego: AU)
Rosken Skin Repair® (Pfizer: AU)
sab simplex Kautabletten® (Parke Davis: DE)
Sab simplex® (Pfizer: BG, CZ, GE, HR, HU, RO, SI)
Sicaden® [vet.] (Richter: AT)
Silic 15® (Ego: AE, AU, BH, CY, JO, KW, MT, NZ, SA, YE)
Silicare® (Orion: NZ)
Silicone Suspension Kela® [vet.] (Wolfs: BE)
Silicosel® [vet.] (Selecta: DE)
Siligas® (Bifan: CO)
Siligaz® (Arkomédika: FR)
Silol® (Polon: PL)
Silon® (Smith & Nephew: SE)
Symadal® (Chauvin: DE)
Telament® (Al Pharm: ZA)

– comp. with silicon dioxide:

CAS-Nr.: 0008050-81-5
OS: *Simethicone USAN*
OS: *Simeticone BAN*
IS: *Activated Dimethylpolysiloxane*
IS: *Activated Dimeticone*
IS: *Antifoam A*
IS: *Antifoam AF*
IS: *Antifoam M*
PH: Simethicone USP 30
PH: Simeticone Ph. Eur. 5, BP 2003
PH: Simeticonum Ph. Eur. 5
PH: Simeticon Ph. Eur. 5
PH: Siméticone Ph. Eur. 5
PH: Simethicon Ph.H.

Actal® (Valeant: SG)
Aero-OM® (OM: CR, DO, GT, HN, PA, PE, SV)
Aeropax® (Sandoz: NL)
Aesim® (Frasca: AR)
Aflat® (Omega: AR)
Air-X® (RX: TH)
Air-X® (RX Company: VN)
Alka-Seltzer Gas Relief® (Bayer: US)
Anaflat® (Paill: SV)
Antiflat® (Lannacher: AT)
Antiflat® (Tripharma: TR)
Baros® (Horii: JP)
Bobotic® (Medana: PL)
Cadinol® (ABL: PE)
Carbogasol® (Montpellier: AR)
Degas® (Wyeth Consumer Healthcare: NZ)
Dentinox® (DDD: GB, IL)
Dimetikon Recip® (Recip: SE)
Dimol® (Wallace: IN)
Disflatyl® (ICN: AT, PH)
Disflatyl® (Merck: TH)
Disflatyl® (Pharos: ID)
Disflatyl® (Solco: AE, BH, CY, DO, EG, JO, KW, LB, OM, QA, SA, SD, TH, YE)
Disflatyl® (Valeant: CH, FI, RU, SG)
Elugan® (Asche: DE)
Elzym® (Luitpold: PE)
Endo-Paractol® (Temmler: DE)
Espasmodonal® (Chefar: EC)
Espumisan L® (Berlin-Chemie: BG, RO, RS)
Espumisan® (Berlin-Chemie: CZ, DE, HR, HU, PL, RO, RU)
Factor A-G® (Casasco: AR)
Flacol® (Square: BD)
Flapex® (Silesia: CL, PE)
Flatulex® (Bayer: CH)
Flatulex® (Dayton: US)
Flatunic® (Nicholas: ID)
Gas-MM® (Milano: TH)
Gas-X® (Novartis: US)
GasAid® (McNeil: US)
Gaseoliq® (Iqfarma: PE)
Gaseoplus® (Hersil: PE)
Gasovet® (Medifarma: PE)
Gassi® (Progress: TH)
Gassof® (Maver: CL)
Gastrosil® (ICN: PL)
Gastyl® (ANB: TH)

Gazim® (CTS: IL)
Genasyme® (Teva: US)
Imogas® (McNeil: DE)
Imonogas® (McNeil: FR)
Infacol® (Forest: AN, BB, BS, GB, HU, JM, LC, PL, VC)
Infacol® (Pfizer: AU, HK)
Infacol® (Pfizer Consumer Healthcare: NZ)
Infacol® (Pharmax: AE, BH, CY, IE, JO, KW, MT, OM, PK, QA, YE)
Kestomatine Baby® (Sanofi-Synthelabo: LU)
Lefaxin® (Lannacher: AT)
Lefax® (Asche: BG, CZ)
Lefax® (Bayer: DE)
Lefax® (Hänseler: CH)
Lefoam® (Incepta: BD)
Liberan® (AF: MX)
Logastin® (Osoth: TH)
Lomprax® (Mintlab: CL)
Maalox Anti-Gas® (Novartis: US)
Magadorx-Plus® (Gaco: BD)
Manti Gastop® (US Pharmacia: PL)
Medefoam® (Medefield: AU)
Medigas® (Sherfarma: PE)
Meteorex® (Medifarma: PE)
Meteosim® (IBI: IT)
Metiorisan® (Duncan: AR)
Metsil® (Bilim: TR)
Minifom® (ASTA Medica: DE)
Minifom® (AstraZeneca: FI, IS, SE)
Mylanta Gas Relief® (J & J Merck: US)
Mylanta® (Elea: AR)
Mylicon® (J & J Merck: US)
Mylicon® (Janssen: BR)
Mylicon® (Pfizer: DK)
Mylicon® (Pfizer Consumer Health Care: IT)
Mylom® (Ranbaxy: TH)
Neodrop® (Beximco: BD)
Non-Flat® (Bristol-Myers Squibb: PE)
Ovol® (Church & Dwight: CA, CR, DO, GT, HN, NI, PA, SV)
Ovol® (Summit: TH)
Pedicon® (Orion: BD)
Phazyme® (Block Drug: US)
Ridwind® (ICM: SG)
sab simplex® (Parke Davis: DE)
sab simplex® (Pfizer: AT, CZ, HR, RO, RU)
Sanitropina G® (Sanitas: PE)
Sedotropina Flat® (Cipa: PE)
Semecon® (Drug International: BD)
Semeth® (Greater Pharma: TH)
Setlers Windfree kauwtabletten® (GlaxoSmith-Kline: NL)
Silain® (Robins: US)
Silicol® (Szama: AR)
Siligas Tabletas® (Incobra: CO)
Siloxan® (Nycomed: NO)
Simcone® (TO Chemicals: SG, TH)
Simecol® (Alco: BD)
Simecon® (Chinta: TH)
Simecon® (Sanitas: AR)
Simecrin® (Crinos: IT)
Simethicon-ratiopharm® (ratiopharm: DE)
Simethicone® (Rugby: US)
Simeticona Cetus® (Cetus: AR)
Simeticona Richmond® (Richmond: AR)
Simetic® (Antonetto: IT)
Simetyl® (M & H: TH)
Simet® (Jelfa: PL)
Simicon® (Navana: BD)
Tiptipot Simicol® (CTS: IL)

Dimetindene (Rec.INN)

L: Dimetindenum
I: Dimetindene
D: Dimetinden
F: Dimétindène
S: Dimetindeno

Antiallergic agent
Histamine, H_1-receptor antagonist

ATC: D04AA13,R06AB03
CAS-Nr.: 0005636-83-9 C_{20}-H_{24}-N_2
M_r 292.432

1H-Indene-2-ethanamine, N,N-dimethyl-3-[1-(2-pyridinyl)ethyl]-

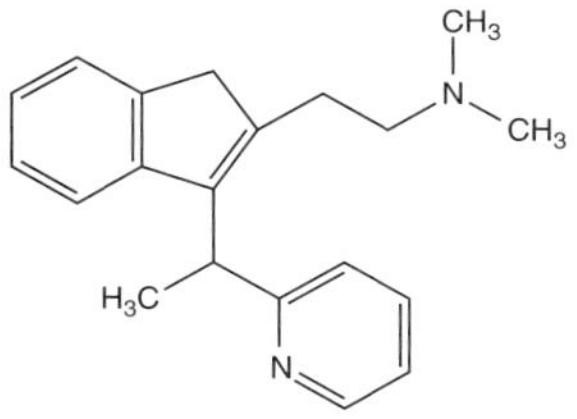

OS: *Dimetindene [BAN, DCIT, USAN]*
OS: *Dimétindène [DCF]*
OS: *Dimethindene [BAN]*
IS: *Dimethylpyrindene*

– maleate:

CAS-Nr.: 0003614-69-5
OS: *Dimethindene Maleate BANM, JAN, USAN*
IS: *Su 6518*
PH: Dimethindene Maleate USP XX
PH: Dimetindene Maleate Ph. Eur. 5
PH: Dimetindeni maleas Ph. Eur. 5
PH: Dimétindène (maléate de) Ph. Eur. 5
PH: Dimetindenmaleat Ph. Eur. 4

Fenistil-Roll-on® (Novartis: CZ)
Fenistil-Roll-on® (Novartis Consumer Health: AT)
Fenistil® (Medis: SI)
Fenistil® (Novartis: AE, BG, BH, CH, CZ, DE, ES, GE, ID, IL, IQ, JO, KW, LB, LU, OM, PL, QA, RO, RS, RU, SA, SI, TH, TR, YE)
Fenistil® (Novartis Consumer Health: AT, BE, EG, HR, HU, IT, NL)
Fenistil® (Novartis Pharma: PE)
Foristal® (Novartis: IN)
Ialugen® (Novartis: PT)
Neostil® (Novartis: PT)

Dimetotiazine (Rec.INN)

L: Dimetotiazinum
I: Dimetotiazina
D: Dimetotiazin
F: Dimétotiazine
S: Dimetotiazina

Serotonin antagonist
Histamine, H_1-receptor antagonist

ATC: N02CX05
CAS-Nr.: 0007456-24-8 C_{19}-H_{25}-N_3-O_2-S_2
M_r 391.559

10H-Phenothiazine-2-sulfonamide, 10-[2-(dimethylamino)propyl]-N,N-dimethyl-

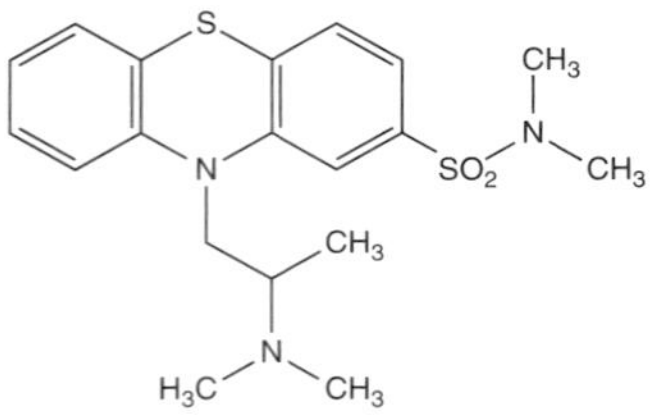

OS: *Dimetotiazine [BAN]*
OS: *Dimétotiazine [DCF]*
OS: *Dimetotiazina [DCIT]*
OS: *Dimethothiazine [BAN]*
IS: *Bayer 1483 (Bayer)*

Migristene® (Aventis: PE)
Migristene® (Aventis Pharma: ID)

– mesilate:

CAS-Nr.: 0007455-39-2
OS: *Fonazine Mesylate USAN*
OS: *Dimetotiazine Mesilate JAN*
IS: *Dimetotiazine methanesulfonate*
IS: *IL 6302*
IS: *RP 8599*

Banistyl® (Sanofi-Aventis: BD)

Dimetridazole (Prop.INN)

L: Dimetridazolum
I: Dimetridazolo
D: Dimetridazol
F: Dimétridazole
S: Dimetridazol

Antiprotozoal agent [vet.]

CAS-Nr.: 0000551-92-8 C_5-H_7-N_3-O_2
M_r 141.141

1H-Imidazole, 1,2-dimethyl-5-nitro-

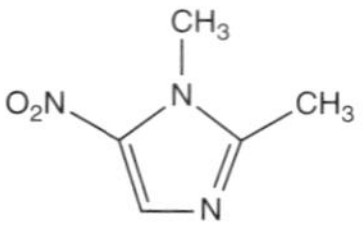

OS: *Dimetridazole [BAN, DCF, USAN]*
OS: *Dimetridazolo [DCIT]*
IS: *RP 8595*
IS: *E 754 (EU-number)*

PH: Dimétridazole pour usage vétérinaire [Ph. Franç. X]
PH: Dimetridazolum [PhBs IV]

Alazol® [vet.] (Moureau: FR)
Chevi-Col® [vet.] (Chevita: DE)
Dimetramix® [vet.] (PCL: NZ)
Dimetrasol® [vet.] (PCL: NZ)
Dimetridazole® [vet.] (C.C.D. Animal Health: AU)
Emtryl® [vet.] (Adisseo: AU)
Emtryl® [vet.] (Merial: GB, IE)
Harkanker® [vet.] (Petlife: GB)
Sintodim® [vet.] (Merial: GB)
Tricholyse® [vet.] (Moureau: FR)

Dimpylate (Rec.INN)

L: Dimpylatum
D: Dimpylat
F: Dimpylate
S: Dimpilato

Insecticide

CAS-Nr.: 0000333-41-5 C_{12}-H_{21}-N_2-O_3-P-S
M_r 304.35

Phosphorothioic acid, O,O-diethyl O-[6-methyl-2-(1-methylethyl)-4-pyrimidinyl] ester

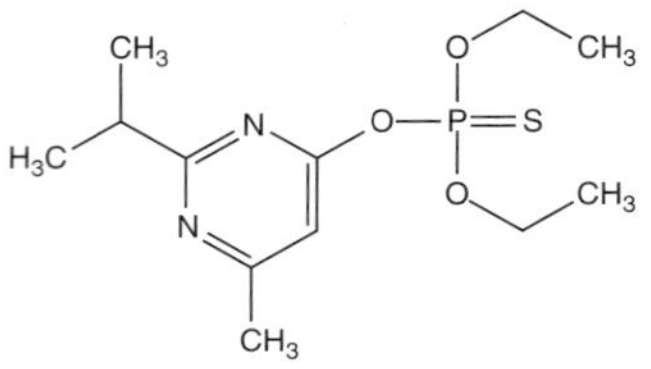

OS: *Dimpylate [BAN, USAN]*
OS: *Diazinon [BAN]*
IS: *Dassitox*
IS: *Dimpylatum*
IS: *G 24480*

5 Month Flea Collar® [vet.] (Virbac: AU)
All Seasons Fly and Scab Dip® [vet.] (Schering-Plough: IE)
All Seasons Fly and Scab Dip® [vet.] (Schering-Plough Veterinary: GB)
Antigal® [vet.] (Streuli: CH)
Antiparasit Flash® [vet.] (Styger: CH)
Antiparasite Colors® [vet.] (Styger: CH)
Apard® [vet.] (Intervet: IT)
Bea Ektoparastienhalsband® [vet.] (Keller: CH)
Bounders Dog Flea Collar® [vet.] (Sinclair: GB)
Bovagard® [vet.] (Y-Tex: US)
Canovel Doublecare Insecticidal Collar® [vet.] (Pfizer Animal Health: GB)
Cat Flea Collar® [vet.] (Sherley's: GB)
Catovel® [vet.] (Pfizer Animal Health: GB)
Coopers Ectoforce Sheep Dip® [vet.] (Schering-Plough Veterinary: GB)
Cooperzon® [vet.] (Cooper: ZA)
Daz-Dust® [vet.] (Bayer Animal Health: ZA)
Dazzel® [vet.] (Bayer Animal Health: ZA)
Defender® [vet.] (Inomark: CH)
Deosan® [vet.] (DiverseyLever: GB)
Derasect® [vet.] (Pfizer Animal Health: GB)
Di-Jet® [vet.] (Coopers Animal Health: AU)

Diatrol® [vet.] (Ilium Veterinary Products: AU)
Diazadip® [vet.] (Bayer Animal Health: GB)
Diazinon® [vet.] (Beaphar: NL)
Diazinon® [vet.] (Novartis Animal Health: NZ)
Diazinon® [vet.] (Western: AU)
Dimpygal® [vet.] (Noé: FR)
Dimpy® [vet.] (Inomark: CH)
Dog Flea Collar® [vet.] (Sherley's: GB)
Dogissimo® [vet.] (Petco: CH)
Dryzon® [vet.] (Y-Tex: US)
Escort® [vet.] (Schering-Plough: US)
Eureka Gold® [vet.] (Novartis: AU)
Eureka Gold® [vet.] (Novartis Animal Health: NZ)
Exelpet Fleaban® [vet.] (Exelpet: AU)
Family Vlooien Tekenband® [vet.] (Laboratoires Veterinaires ICC: NL)
Family Vlooienband® [vet.] (Laboratoires Veterinaires ICC: NL)
Faszin® [vet.] (Albrecht: DE)
Finito Insektizidhalsband® [vet.] (Mislin: CH)
Flash Insektizidhalsband® [vet.] (Styger: CH)
Flea Collar® [vet.] (Bob Martin: GB)
Flea Guard® [vet.] (Johnson's: GB)
Fleatrol® [vet.] (Virbac: NZ)
Gullivers Flea and Tick Collar® [vet.] (Chanelle: IE)
Jetdip® [vet.] (Virbac: AU)
Jetting Fluid® [vet.] (Fil: NZ)
Josty Antiparasit® [vet.] (Styger: CH)
KFM Blowfly Dressing® [vet.] (Nufarm: AU)
Kleen-Dok® [vet.] (Virbac: AU)
Max antiparasite® [vet.] (Vitakraft: CH)
Mulesing Powder® [vet.] (Virbac: AU)
Neocidol® [vet.] (Novartis: NL, NO)
Neocidol® [vet.] (Novartis Animal Health: AT)
Neocidol® [vet.] (Novartis Tiergesundheit: CH)
New Z Diazinon® [vet.] (Farnam: US)
Nucidol® [vet.] (Novartis: IE)
Nucidol® [vet.] (Novartis Animal Health: AU)
Optimizer Insecticide® [vet.] (Y-Tex: US)
Osmonds Gold Fleece Sheep Dip® [vet.] (Bimeda: GB)
Otello® [vet.] (Inomark: CH)
Ovidip® [vet.] (Intervet: ZA)
Paracide Plus® [vet.] (Battle: GB)
Parasitex EFS® [vet.] (Virbac: DE)
Parassicid® [vet.] (Formevet: IT)
Patriot Insecticide Ear Tag® [vet.] (Boehringer Ingelheim: AU, US)
Pet Care 5 Month Flea Collar® [vet.] (DurVet: US)
Pet Care Plastic Flea Band® [vet.] (Armitage: GB)
Pet Ungezieferhalsband® [vet.] (Martec: CH)
Petcare Preventef 5 Month Flea Collar® [vet.] (Virbac: AU)
Petgard® [vet.] (Virbac: NZ)
Prevender® [vet.] (Virbac: BE, CH, GB, NL)
Preventef® [vet.] (Allerderm: US)
Preventef® [vet.] (Virbac: BE, CH, GB, NZ)
Pulvex® [vet.] (Model: ZA)
Selina® [vet.] (Vitakraft: CH)
Spike Insecticidal Ear Tags® [vet.] (Novartis Animal Health: AU)
Strike Powder® [vet.] (Fil: NZ)
Topclip® [vet.] (Novartis: AU, IE)
Topclip® [vet.] (Novartis Animal Health: NZ)
Trixie® [vet.] (Wüthrich: CH)
Virbac Working Dog 7 Month Waterproof Flea Collor® [vet.] (Virbac: AU)
Vitakraft Antiparasit-Halsband® [vet.] (Vitakraft: CH)
Vitakraft Color Reflex® [vet.] (Vitakraft: CH)
Winter Dip® [vet.] (Schering-Plough: IE)
Y-Tex OPtimizer® [vet.] (Flycam: AU)

Dinitolmide (Rec.INN)

L: Dinitolmidum
D: Dinitolmid
F: Dinitolmide
S: Dinitolmida

Antiprotozoal agent, coccidiocidal [vet.]

CAS-Nr.: 0000148-01-6 C_8-H_7-N_3-O_5
M_r 225.174

Benzamide, 2-methyl-3,5-dinitro-

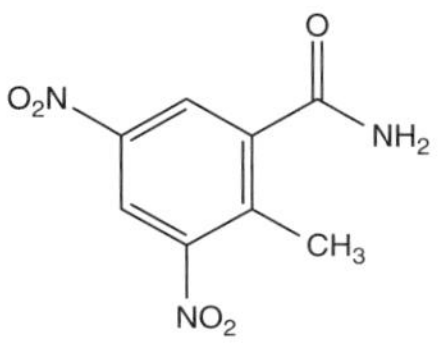

OS: *Dinitolmide [BAN, DCF, USAN]*
IS: *Methyldinitrobenzamide*
IS: *DOT*
PH: Dinitrotoluamide [Ph. Franç. IX]

D.O.T.® [vet.] (C.C.D. Animal Health: AU)

Dinoprost (Rec.INN)

L: Dinoprostum
I: Dinoprost
D: Dinoprost
F: Dinoprost
S: Dinoprost

Oxytocic
Prostaglandin

ATC: G02AD01
ATCvet: QG02AD01
CAS-Nr.: 0000551-11-1 C_{20}-H_{34}-O_5
M_r 354.492

Prosta-5,13-dien-1-oic acid, 9,11,15-trihydroxy-, (5Z,9α,11α,13E,15S)-

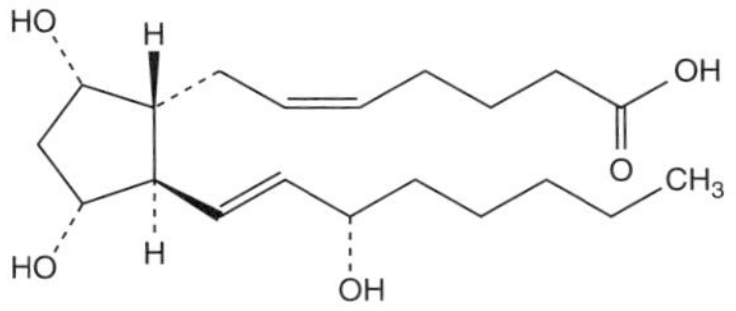

OS: *Dinoprost [BAN, DCF, DCIT, USAN]*
IS: *U 14583 (Upjohn, USA)*
IS: *$PGF_2\alpha$*
PH: Dinoprost [JP XIV]

Dinolytic® [vet.] (Pharmacia Animal Health: BE)
Enzaprost F® (Faran: GR)
Enzaprost F® (Sanofi-Aventis: RU)

Enzaprost F® (Sanofi-Synthelabo: CZ)
Enzaprost F® [vet.] (Chinoin: CZ)
Enzaprost F® [vet.] (Vetoquinol: AT, CH)
Enzaprost® [vet.] (Ceva: GB, IT)
Glandin N® [vet.] (Animedic: DE)
Glandin N® [vet.] (Whelehan: IE)
Myoton E2® [vet.] (Gräub: CH)
Noroprost® [vet.] (Norbrook: GB)
Oriprost® [vet.] (Orion: FI)
Prostarmon F® (Ono: JP)

– tromethamine:

CAS-Nr.: 0038562-01-5
OS: *Dinoprost Trometamol BANM*
OS: *Dinoprost Tromethamine USAN*
IS: *Dinoprost trometamol*
IS: *$PGF_2\alpha$ THAM*
IS: *U 14583 E*
PH: Dinoprost Tromethamine USP 30
PH: Dinoprost Trometamol Ph. Eur. 5
PH: Dinoprostum trometamoli Ph. Eur. 5
PH: Dinoprost-Trometamol Ph. Eur. 5
PH: Dinoprost trométamol Ph. Eur. 4

Dinolytic® [vet.] (Pfizer: AT, CH, FI, IT, NL, NO)
Dinolytic® [vet.] (Pfizer Animal: DE)
Dinolytic® [vet.] (Pfizer Santé Animale: FR)
Dinolytic® [vet.] (Pharmacia Animal Health: SE)
Dinoprost Tromethamine® [vet.] (IVX: US)
Enzaprost F® (Chinoin: PL)
Enzaprost T® [vet.] (Ceva: DE, GB, NL, PT)
Enzaprost® [vet.] (Ceva: FR)
Lutalyse® [vet.] (Pfizer: ZA)
Lutalyse® [vet.] (Pfizer Animal Health: NZ)
Lutalyse® [vet.] (Pharmacia: AU, IE, US)
Lutalyse® [vet.] (Pharmacia Animal Health: GB)
ProstaMate® [vet.] (IVX: US)
Prostin F2 Alpha® (Pfizer: HK, IL, NZ)
Prostin F2 Alpha® (Pharmacia: AU, ET, GH, KE, LR, RW, SL, TZ, UG, ZW)
Prostin F2 Alpha® [vet.] (Pharmacia: US)

Dinoprostone (Rec.INN)

L: Dinoprostonum
I: Dinoprostone
D: Dinoproston
F: Dinoprostone
S: Dinoprostona

Oxytocic
Prostaglandin

ATC: G02AD02
CAS-Nr.: 0000363-24-6 — C_{20}-H_{32}-O_5, M_r 352.476

Prosta-5,13-dien-1-oic acid, 11,15-dihydroxy-9-oxo-, (5Z,11α,13E,15S)-

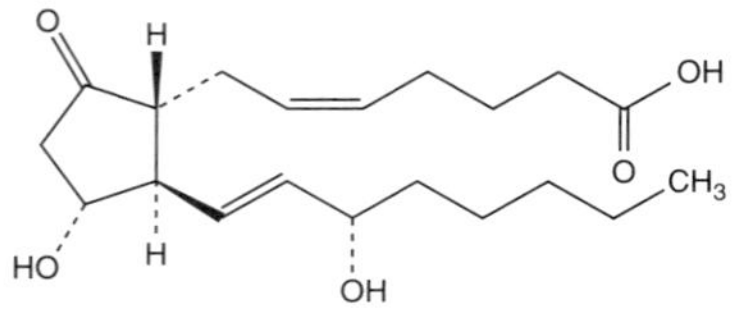

OS: *Dinoprostone [BAN, DCF, DCIT, USAN]*
IS: *PGE2*
IS: *Prostaglandin E2*
IS: *U12062 (Upjohn, USA)*
PH: Dinoprostone [Ph. Eur. 5. USP 30]
PH: Dinoproston [Ph. Eur. 5]
PH: Dinoprostonum [Ph. Eur. 5]

Cervidil® (CSL: AU, NZ)
Cervidil® (Ferring: CA)
Cervidil® (Forest: US)
Cerviprime® (AstraZeneca: IN)
Glandin-E2® (Nabiqasim: LK)
Minprostin E_2® (Pharmacia: DE)
Minprostin® (Pfizer: DK, FI, IS, NO, SE)
Minprostin® (Pharmacia: DE)
Prandin E2® (Pharmacia: ZA)
Prepidil® (Paladin: CA)
Prepidil® (Pfizer: AT, BA, BE, CZ, FR, HR, HU, IL, LU, NL, PL, RU, US)
Prepidil® (Pharmacia: BG, CO, DE, ES, IT, RS, ZA)
Primiprost® (AstraZeneca: IN)
Prolisina® (Pfizer: AR)
Propess® (Chemipharm: GR)
Propess® (Controlled Therapeutics: PL, RS)
Propess® (Craveri: AR)
Propess® (CSC: CZ, HU)
Propess® (Ferring: AT, CH, DE, ES, FI, FR, GB, IL, IT, LU, MX, NL, SE, ZA)
Prostaglandina E2® (Pharmacia: ES)
Prostin E2® (Paladin: CA)
Prostin E2® (Pfizer: AT, BE, CH, CZ, GB, HK, HR, HU, ID, IE, IL, LU, NL, NZ, PT, RO, SG, TH, US)
Prostin E2® (Pharmacia: AU, BG, ET, GH, GR, IT, KE, LR, LU, RS, RW, SL, TZ, UG, ZA, ZW)
Prostin VR® (Pfizer: LU)
Prostine E2® (Pfizer: FR)
Prostin® (Pfizer: BA, PT, SI)
Prostin® (Pharmacia: CZ)

– betadex:

Prostarmon E® (Ono: JP)
Prostin F2 alpha® (Pfizer: ZA)

Diosmin (Rec.INN)

L: Diosminum
I: Diosmina
D: Diosmin
F: Diosmine
S: Diosmina

Drug acting on the complex of varicose symptoms
Vascular protectant

ATC: C05CA03
CAS-Nr.: 0000520-27-4 — C_{28}-H_{32}-O_{15}, M_r 608.564

4H-1-Benzopyran-4-one, 7-[[6-O-(6-deoxy-α-L-mannopyranosyl)-β-D-glucopyranosyl]oxy]-5-hydroxy-2-(3-hydroxy-4-methoxyphenyl)-

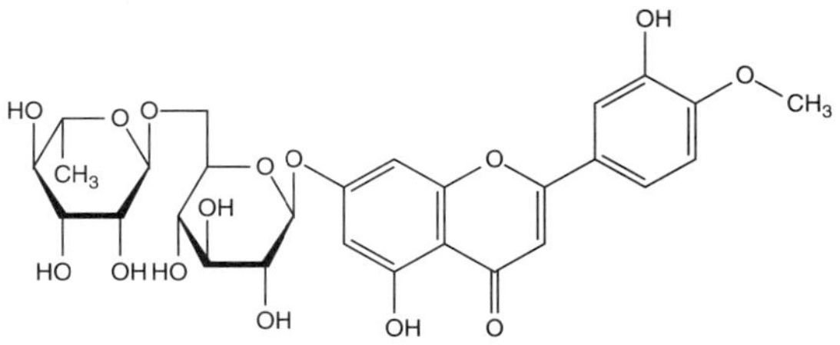

OS: *Diosmina [DCIT]*
OS: *Diosmine [DCF]*
OS: *Diosmin [BAN, USAN]*
IS: *SE 4601*
PH: Diosmin [Ph. Eur. 5]
PH: Diosminum [Ph. Eur. 5]
PH: Diosmine [Ph. Eur. 5]

Alven® (Alfa Wassermann: IT)
Arvenum® (Stroder: IT)
Daflon® (Aktuapharma: BE)
Daflon® (Pharmapartner: BE)
Daflon® (Servier: AE, AT, BD, BE, BH, BR, CH, CR, DO, EG, ES, FR, GH, GT, HK, HN, IQ, JO, KW, LB, MT, MY, NG, NI, OM, PA, PH, PT, QA, SA, SD, SG, SV, SY, TR, YE)
Daflon® (Servier-F: IT)
Diohes® (Opsonin: BD)
Diosmil® (Cooper: FR, LU)
Diosmine Biogaran® (Biogaran: FR)
Diosmine EG® (EG Labo: FR)
Diosmine G Gam® (G Gam: FR)
Diosmine Ivax® (Ivax: FR)
Diosmine Merck® (Merck Génériques: FR)
Diosmine RPG® (RPG: FR)
Diosmine Sandoz® (Sandoz: FR)
Diosmine Zydus® (Zydus: FR)
Diosminil® (Faes: ES)
Diosminil® (Teofarma: ES)
Diosmin® (Aché: BR)
Diosven® (CT: IT)
Diovenor® (Innotech: DZ)
Diovenor® (Innothéra: FR)
Dio® (Sciencex: FR)
Doven® (Eurofarmaco: IT)
Endium® (Dexo: FR)
Flavon® (GDH: TH)
Flebon® (Ivax: AR)
Flebopex® (Bago: CL)
Flebosmil® (Socopharm: LU)
Flebotropin® (Bagó: AR)
Flébosmil® (Bouchara: LU)
Flébosmil® (Socopharm: FR)
Hemerven® (Interdelta: CH)
Hemorif® (Square: BD)
Heteroid® (Chew Brothers: TH)
Insuven® (Almirall: ES)
Insuven® (Almirall Prodesfarma: CL)
Insuven® (Berenguer Infale: ES)
Médiveine® (Elerté: FR)
Normanal® (Renata: BD)
Otrex® (Stragen: PL)
Pentovena® (Iquinosa: ES)
Phlebodia® (Innotech: RS, RU)
Phlebodia® (Innothera: PL)
Terbenol® (Laboratorios: AR)
Titanoral® (McNeil: FR)
Tovene® (Stada: DE)
Veineva® (CCD: FR)
Ven-Detrex® (Therabel: BE)
Venacur® (Biochem: CO)
Venartel® (Andromaco: CL)
Venex® (Decomed: PT)
Veno V® (Inibsa: PT)
Venolep® (Farma Lepori: ES)
Venosmil® (Faes: CR, DO, ES, GT, HN, NI, PA, PE, SV)
Venosmil® (Sidus: AR)
Venosmil® (Vitoria: PT)
Venosmine® (Geymonat: IT)
Venusmin® (Walter Bushnell: IN)
Veroven® (Lepori: PT)
Vénirène® (Winthrop: FR)

Dioxopromethazine

D: Dioxopromethazin

Antiallergic agent
Histamine, H_1-receptor antagonist

CAS-Nr.: 0013754-56-8 C_{17}-H_{20}-N_2-O_2-S
M_r 316.427

10H-Phenothiazine-10-ethanamine, N,N,α-trimethyl-, 5,5-dioxide

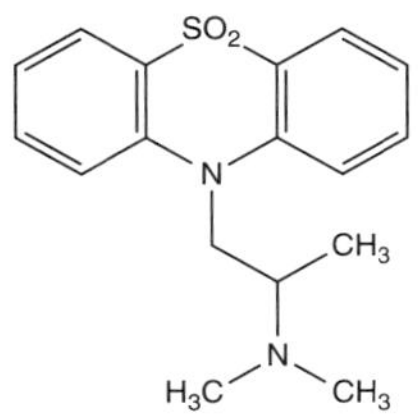

IS: *Wu 3227*
IS: *Dioxoprothazin*

– hydrochloride:

CAS-Nr.: 0013754-57-9
PH: Dioxopromethazinum hydrochloricum 2.AB-DDR

Prothanon® (Riemser: DE)

Diphemanil Metilsulfate (Rec.INN)

L: Diphemanili metilsulfas
D: Diphemanil methylsulfat
F: Métilsulfate de Diphémanil
S: Metilsulfato de difemanilo

Antispasmodic agent
Gastric secretory inhibitor
Parasympatholytic agent

CAS-Nr.: 0000062-97-5 C_{21}-H_{27}-N-O_4-S
M_r 389.517

Piperidinium, 4-(diphenylmethylene)-1,1-dimethyl-, methyl sulfate

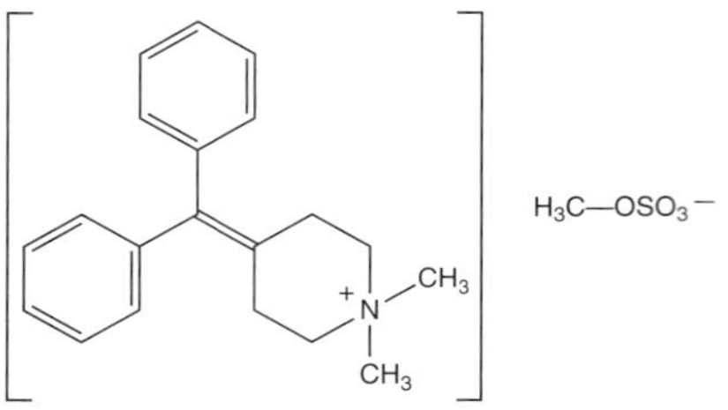

OS: *Diphemanil Metilsulfate [BAN]*
OS: *Diphemanilum [DCF]*
OS: *Diphemanil Methylsulfate [USAN]*
IS: *Vagophemanil*
IS: *Diphemanil Methylsulphate*
PH: Diphemanil Methylsulfate [USP XXII]

Prantal® (Schering-Plough: NZ)

Diphenhydramine (Rec.INN)

L: Diphenhydraminum
I: Difenidramina
D: Diphenhydramin
F: Diphénhydramine
S: Difenhidramina

Antiemetic
Histamine, H_1-receptor antagonist

ATC: D04AA32,R06AA02
CAS-Nr.: 0000058-73-1 C_{17}-H_{21}-N-O
M_r 255.365

Ethanamine, 2-(diphenylmethoxy)-N,N-dimethyl-

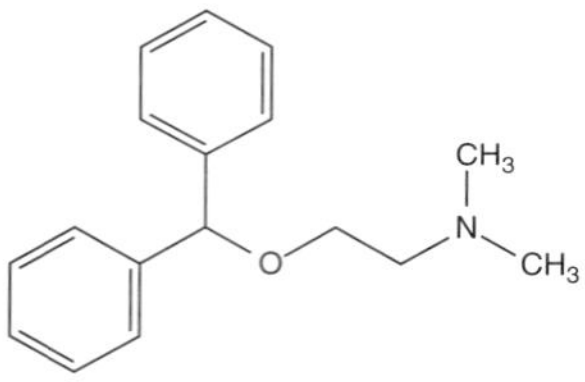

OS: *Difenidramina [DCIT]*
OS: *Diphenhydramine [BAN, DCF]*
IS: *PM 255*
IS: *S 51*
PH: Diphenhydramine [JP XIV]

Benadryl® (Pfizer: IN)
Diphenhydramin Domesco® (Domesco: VN)
Northicalm® (Northia: AR)
Nyflu® (Unimed: PE)
Pediphen® (Somatec: BD)
Pektolin® (Actavis: IS)
Psilo® (Stada: BG)
Vivinox® (Mann: DE)

– hydrochloride:

CAS-Nr.: 0000147-24-0
OS: *Diphenhydramine Hydrochloride BANM, USAN*
IS: *Antomin*
IS: *Diphenylhydramine*
IS: *Dimedrolum*
PH: Diphénhydramine (chlorhydrate de) Ph. Eur. 5
PH: Diphenhydramine Hydrochloride Ph. Eur. 5, JP XIV, USP 30
PH: Diphenhydraminhydrochlorid Ph. Eur. 5
PH: Diphenhydramini hydrochloridum Ph. Eur. 5, Ph. Int. II

Alergil® (Finlay: HN)
Aliserin® (Unifarm: IT)
Allergan® (Bouty: IT)
Allerjin® (Günsa: TR)
Allermax® (Pfeiffer: US)
Allernix® (Rougier: CA)
Anti-Itch® (Clay-Park: US)
Arcodryl® (Armoxindo: ID)
Azaron® (Omega: BE, LU)
Banaril® (Clint: US)
Belarmin Expectorant® (Remedica: CY)
Beldin® (Halsey Drug: US)
Belix® (Halsey Drug: US)
Benaderma® (Confar: PT)
Benadryl N® (Pfizer: CZ)
Benadryl N® (Pfizer Consumer Healthcare: DE)
Benadryl® (Elea: AR)
Benadryl® (Parke Davis: AU)
Benadryl® (Pfizer: BR, CA, CO, ES, GB, GR, ID, IN, MX, PE, TH, US)
Benadryl® (Pfizer Consumer Health: SG)
Benadryl® (Pfizer Consumer Healthcare: DE)
Benadryl® [vet.] (Pfizer: AT, CH)
Benadryl® [vet.] (Pharmacia: DE)
Benalet® (Pfizer: BR)
Benamin® (Pharmaco: BD)
Benamin® [vet.] (Gräub: CH)
Benison® (Osel: TR)
Benocten® (Medinova: AE, BH, CH, CR, CY, JO, KW, LB, OM, QA, SV, YE)
Benylan® (Pfizer: DK, IS)
Benylin® (Parke Davis: NL)
Benylin® (Pfizer: BE, LU)
Benylin® (Pfizer Consumer Healthcare: GB, IE)
Betadorm D® (McNeil: DE)
Betasleep® (Al Pharm: ZA)
Brudifen® (Bruluart: MX)
Butix® (Pierre Fabre: FR)
Caladryl® (Omega: BE)
Caladryl® (Pfizer: BR, EG, ET, GH, GM, IN, KE, LR, MW, NG, SD, SL, ZA)
Caladryl® (Warner-Lambert: NL)
Calmaben® (Montavit: AT)
Cathejell® (Lapidot: IL)
Cathejell® (Montavit: AT)
Codilergi® (Codilab: PT)
Compoz® (Medtech: US)
Dermamycin® (Pfeiffer: US)
Dermodrin® (Montavit: AT)
Desentol® (Ipex: SE)
Dibondrin® (Montavit: AT)
Didryl® (Gaco: BD)
Difedrin® (Münir Sahin: TR)
Difenhidramina Denver Farma® (Denver: AR)
Difenhidramina Larjan® (Veinfar: AR)
Difenhidramina Richmond® (Richmond: AR)
Difenidramina Cloridrato® (AFOM: IT)
Difenidramina® (Cristália: BR)
Difin® (Nipa: BD)
Dimidril® (Pliva: BA, HR)

Diphamine® (Medgenix: BE, LU)
Diphenhist® (Rugby: US)
Diphenhydramine Hydrochloride® (Abbott: US)
Diphenhydramine Hydrochloride® (Abraxis: US)
Diphenhydramine Hydrochloride® (American Pharmaceutical: US)
Diphenhydramine Hydrochloride® (IMS: US)
Diphenhydramine Hydrochloride® (Moore: US)
Diphenhydramine Hydrochloride® (Rugby: US)
Diphenhydramine Hydrochloride® (Sandoz: CA)
Diphenhydramine Hydrochloride® (Schein: US)
Diphenhydramine Hydrochloride® (UDL: US)
Diphenylin® (Schein: US)
Diphen® (Morton Grove: US)
Diyenil® (Günsa: TR)
Dolestan® (Krewel: DE)
Drafen® (Continentales: MX)
Drogryl® (Drogsan: TR)
Emesan® (Lindopharm: DE)
Fabolergic® (Fabop: AR)
Fada Difenhidramina® (Fada: AR)
Fenotral® (Münir Sahin: TR)
Genahist® (Teva: US)
Halbmond-Tabletten® (Whitehall-Much: DE)
Hemodorm® (Hemopharm: DE)
Hevert-Dorm® (Hevert: DE)
Histaler® (Duncan: AR)
Histam® (Farmoquimica: DO)
Histaxin® (Meda: AT)
Histergan® (Wallace: GH, GM, KE, NG, SD)
Hydramine® (Alpharma: US)
Hydramine® (Moore: US)
Hydramine® (Teva: US)
Indumir® (Gelcaps: MX)
Ketotifen Teva® (Teva: BE)
Klonadryl® (Klonal: AR)
Miles® (Bayer: US)
Moradorm® (Bouhon: DE)
Nardyl® (Vifor: CH)
Neosayomol® (Cinfa: ES)
nervo OPT® (Optimed: DE)
Nighttime Sleep Aid® (Rugby: US)
Noctor® (Torrex: AT)
Nuicalm® (GlaxoSmithKline Consumer Healthcare: LU)
Nustasium® (Labima: BE)
Nytol® (Block Drug: US)
Nytol® (GlaxoSmithKline: CA, ES, GB, IL)
Nytol® (GlaxoSmithKline Pharm.: US)
Nytol® [vet.] (GlaxoSmithKline: GB)
Otede® (Sanbe: ID)
Palmicol® (Riemser: DE)
Paxidorm® (Pharmaserve: SG)
Pedeamin® (Beximco: BD)
Pedilin® (Abdi Ibrahim: TR)
Phenadryl® (Acme: BD)
Psilo Balsam® (Nizhpharm: RU)
Psilo Balsam® (Stada: CZ, HU)
Purigel® (Qualiphar: BE)
R-Calm® (Labima: BE)
Recodryl® (Global: ID)
S.8® (Chefaro: DE)
Schlaftabletten N® (MR Pharma: DE)
Sedativum-Hevert® (Hevert: DE)
Sediat® (Pfleger: DE)
Sedopretten® (Schöning-Berlin: DE)
Sidiadryl® (Bernofarm: ID)
Simply Allergy® (McNeil: US)
Simply Sleep® (McNeil: CA, US)
Sleepia® (Pfizer: DE)
Sleepinal® (Blairex: US)
Snuzaid® (Woods: AU)
Sodormwell® (Sophien: DE)
Sominex® (GlaxoSmithKline Pharm.: US)
Somol® (Maver: CL)
Sonodor® (Vitafarma: ES)
Soñodor® (Vitafarma: ES)
Therafilm® (Novartis: MX)
Twilite® (Pfeiffer: US)
Unisom® (Pfizer: AU, CA, HK, US)
Unisom® (Pfizer Consumer Healthcare: NZ)
Vicnite® (Victory: MX)

– acefyllinate:

OS: *Acéfylline diphénhydramine DCF*
IS: *Diphénhydramine di-acéfylline*

Nautamine® (Sanofi-Aventis: FR, VN)

Diphenoxylate (Rec.INN)

L: Diphenoxylatum
I: Difenoxilato
D: Diphenoxylat
F: Diphénoxylate
S: Difenoxilato

Antidiarrhoeal agent

ATC: A07DA01
CAS-Nr.: 0000915-30-0 C_{30}-H_{32}-N_2-O_2
M_r 452.606

4-Piperidinecarboxylic acid, 1-(3-cyano-3,3-diphenylpropyl)-4-phenyl-, ethyl ester

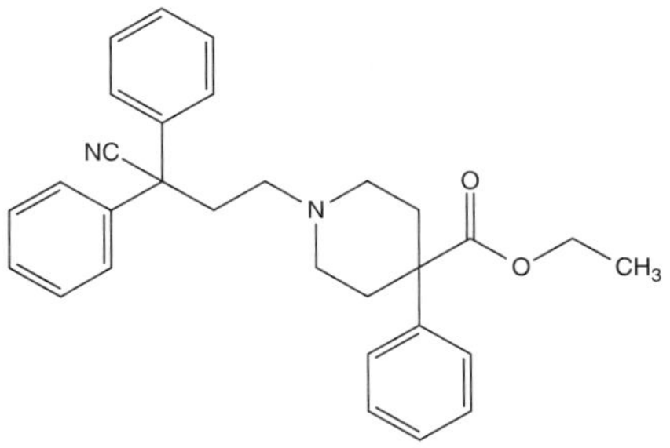

OS: *Difenoxilato [DCIT]*
OS: *Diphenoxylate [BAN, DCF]*
IS: *NIH 7562*

– hydrochloride:

CAS-Nr.: 0003810-80-8
OS: *Diphenoxylate Hydrochloride BANM, USAN*
IS: *R 1132*
PH: Diphenoxylate Hydrochloride Ph. Eur. 5, Ph. Int. 4, USP 30
PH: Diphenoxylati hydrochloridum Ph. Eur. 5, Ph. Int. 4
PH: Diphenoxylathydrochlorid Ph. Eur. 5
PH: Diphénoxylate (chlorhydrate de) Ph. Eur. 5

Dhamotil® [+Atropine sulfate] (DHA: SG)
Diphenoxylate and Atropine Sulfate® [+ Atropine sulfate] (Roxane: US)
Lomotil® [+ Atropine sulfate] (ARIS: TR)
Lomotil® [+ Atropine sulfate] (Goldshield: GB, IE)
Lomotil® [+ Atropine sulfate] (Pfizer: ET, GH, HK, NG, SG, US)
Lomotil® [+ Atropine sulfate] (Pharmacia: AU)
Lomotil® [+ Atropine sulfate] (RPG: IN)
Lonox® [+ Atropine sulfate] (Pfizer Consumer Health: US)

Diphenylpyraline (Rec.INN)

L: Diphenylpyralinum
I: Difenilpiralina
D: Diphenylpyralin
F: Diphénylpyraline
S: Difenilpiralina

Antiallergic agent

Histamine, H_1-receptor antagonist

ATC: R06AA07
CAS-Nr.: 0000147-20-6 — C_{19}-H_{23}-N-O, M_r 281.403

Piperidine, 4-(diphenylmethoxy)-1-methyl-

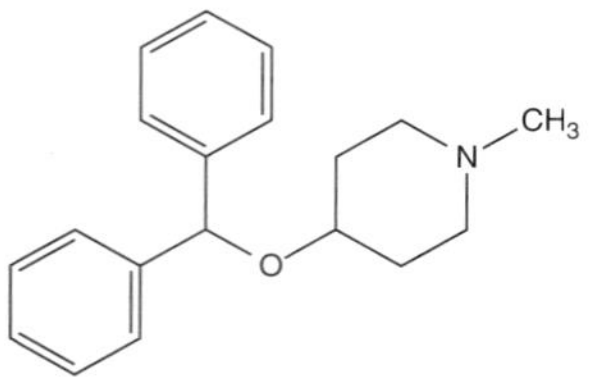

OS: *Difenilpiralina [DCIT]*
OS: *Diphenylpyraline [BAN, DCF]*
IS: *Diphenylpyrilen*
IS: *P 253*

– hydrochloride:
CAS-Nr.: 0000132-18-3
OS: *Diphenylpyraline Hydrochloride BANM, JAN, USAN*
PH: Diphenylpyraline Hydrochloride BP 2002, USP XXI

Arbid-N® (Gepepharm: LU)
Arbid® (Bayer: LU)
Lergoban® (3M: KE, ZA, ZW)

Dipivefrine (Rec.INN)

L: Dipivefrinum
I: Dipivefrina
D: Dipivefrin
F: Dipivéfrine
S: Dipivefrina

Mydriatic agent

Sympathomimetic agent

ATC: S01EA02
CAS-Nr.: 0052365-63-6 — C_{19}-H_{29}-N-$_{05}$, M_r 285.461

Propanoic acid, 2,2-dimethyl-, 4-[1-hydroxy-2-(methylamino)ethyl]-1,2-phenylene ester, (±)-

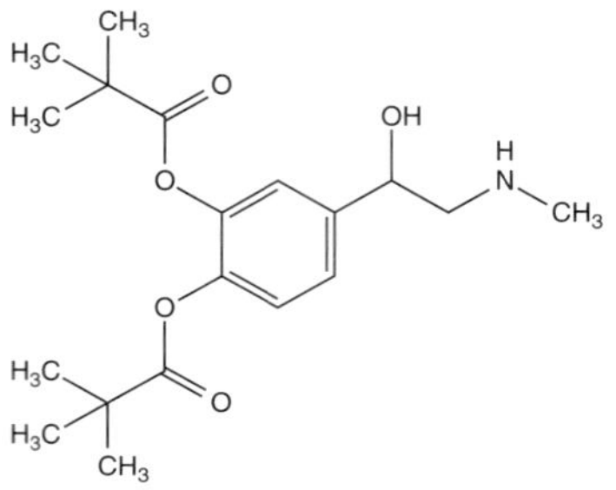

OS: *Dipivefrin [USAN]*
OS: *Dipivefrina [DCIT]*
OS: *Dipivefrine [BAN, DCF]*
IS: *Dipivalyl Epinephrine*
IS: *DPE*
IS: *Epinephrine dipivalate*
IS: *Pro-Epinephrine*
IS: *K 30081 (Klinge Pharma, Deutschland)*

– hydrochloride:
CAS-Nr.: 0064019-93-8
OS: *Dipivefrin Hydrochloride JAN, USAN*
OS: *Dipivefrine Hydrochloride BANM*
PH: Dipivefrin hydrochloride USP 30
PH: Dipivefrine hydrochloride Ph. Eur. 5
PH: Dipivefrini hydrochloridum Ph. Eur. 5

D Epifrin® (Allergan: CZ)
D Epifrin® (Krka: HR)
D Epifrin® (Pharm-Allergan: DE)
Difrin® (Vitamed: IL)
Diopine® (Allergan: ES, NL)
Dipivefrin HCL 0.1% Alcon® (Alcon: ZA)
Dipivefrin Hydrochloride® (Bausch & Lomb: US)
Dipivefrin Hydrochloride® (Falcon: US)
Dipivefrin Hydrochloride® (Goldline: US)
Dipivefrin Hydrochloride® (Rugby: US)
Dipivefrin Hydrochloride® (Schein: US)
Dipoquin® (Pacific: NZ)
Glaucothil® (Alcon: AT, DE)
Glaudrops® (Alcon: ES)
Oftanex® (Santen: CZ)
Propine® (Allergan: AU, BE, BR, DK, EG, FI, FR, GB, IE, IT, LU, NO, SE, TH, US, ZA)
Thilodrin® (Alcon: GR)

Diprenorphine (Rec.INN)

L: Diprenorphinum
D: Diprenorphin
F: Diprenorphine
S: Diprenorphina

Antidote, morphine antagonist
ATCvet: QN02AF99
CAS-Nr.: 0014357-78-9 — C_{26}-H_{35}-N-O_4, M_r 425.56

21-Cyclopropyl-6,7,8,14-tetrahydro-7-alpha-(1-hydroxy-1-methylethyl)-6,14-endo-ethanooripavine (WHO)

N-(Cyclopropylmethyl)-4,5-epoxy-7alpha-(2-hydroxy-2-propyl)-6-methoxy-6,14-endo-ethano-3-morphinanol (IUPAC)

6,14-Ethenomorphinan-7-methanol, 17-(cyclopropylmethyl)-4,5-epoxy-18,19-dihydro-3-hydroxy-6-methoxy-alpha,alpha-dimethyl-,(5alpha,7alpha)-

2-[(-)-(5R,6R,7R,14S)-17-Cyclopropylmethyl-4,5-epoxy-3-hydroxy-6-methoxy-6,14-ethanomorphinan-7-yl]propan-2-ol (BAN)

(6R,7R,14S)-17-cyclopropylmethyl-7,8-dihydro-7-(1-hydroxy-1-methylethyl)-6-O-methyl-6,14-ethano-17-normorphine (BAN)

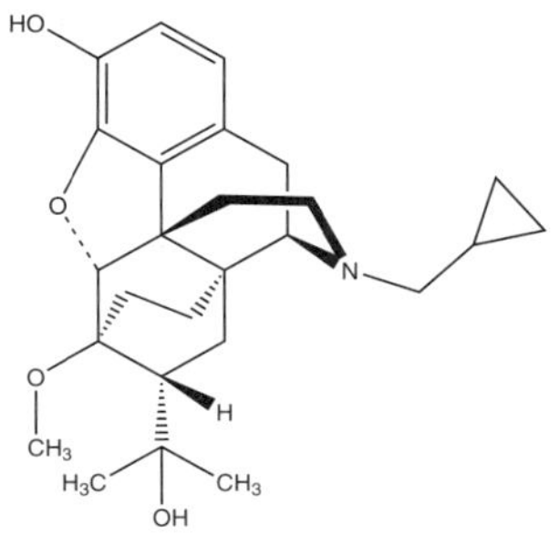

OS: *Diprenorphine [BAN, USAN]*
IS: *M 5050 (Reckitt & Coleman, GB)*
IS: *EINECS 238-325-7*
IS: *RX-5050M*

- **hydrochloride:**

CAS-Nr.: 0000168-86-9
OS: *Diprenorphine Hydrochloride BANM*
IS: *Revivon*
IS: *EINECS 240-839-1*
PH: Diprenorphine hydrochloride BP vet

Large Animal Revivon® [vet.] (Cypharm: IE)
Large Animal Revivon® [vet.] (Vericor: GB)
M5050® [vet.] (Novartis Animal Health: ZA)
Small Animal Revivon® [vet.] (Cypharm: IE)

Diprophylline (Rec.INN)

L: Diprophyllinum
I: Diprofillina
D: Diprophyllin
F: Diprophylline
S: Diprofilina

Antiasthmatic agent
Cardiac stimulant, cardiotonic agent
Diuretic

ATC: R03DA01
CAS-Nr.: 0000479-18-5 — C_{10}-H_{14}-N_4-O_4
M_r 254.262

1H-Purine-2,6-dione, 7-(2,3-dihydroxypropyl)-3,7-dihydro-1,3-dimethyl-

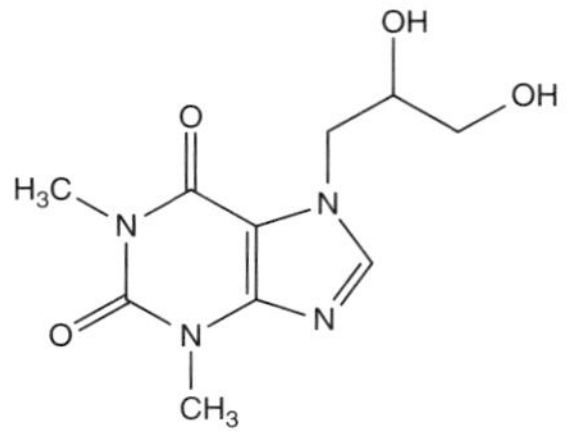

OS: *Diprophylline [BAN, DCF, JAN]*
OS: *Diprofillina [DCIT]*
OS: *Dyphylline [USAN]*
IS: *Cor-Theophyllin*
IS: *Coronarin*
IS: *Dihydroxypropyltheophyllinum*
IS: *Diurophylline*
IS: *Glyphylline*
IS: *Hyphylline*
IS: *Mephyllin*
IS: *Propyphylline*
IS: *Teofene*
PH: Diprophyllin [Ph. Eur. 5]
PH: Diprophylline [Ph. Eur. 5, Ph. Jap. 1971]
PH: Diprophyllinum [Ph. Eur. 5]
PH: Dyphylline [USP 30]

Astmadin® (Ilaçsan: TR)
Difilin® (Deva: TR)
Dilor® (Savage: US)
Diprophyllinum® (Pliva: PL)
Dylix® (Lunsco: US)
Frecardyl® [vet.] (Vetoquinol: IE)
Isophyllen® (Laevosan: AT)
Katasma® (Bruschettini: IT)
Lufyllin® (Medpointe: US)
Neufil® (Bial: PT)
Silbephylline® (Minerva: GR)
Syneophylline® (Synco: HK)

Dipyridamole (Rec.INN)

L: Dipyridamolum
I: Dipiridamolo
D: Dipyridamol
F: Dipyridamole
S: Dipiridamol

Coronary vasodilator

ATC: B01AC07
CAS-Nr.: 0000058-32-2 — C_{24}-H_{40}-N_8-O_4
M_r 504.664

⊶ Ethanol, 2,2',2",2"'-[(4,8-di-1-piperidinylpyrimido[5,4-d]pyrimidine-2,6-diyl)dinitrilo]tetrakis-

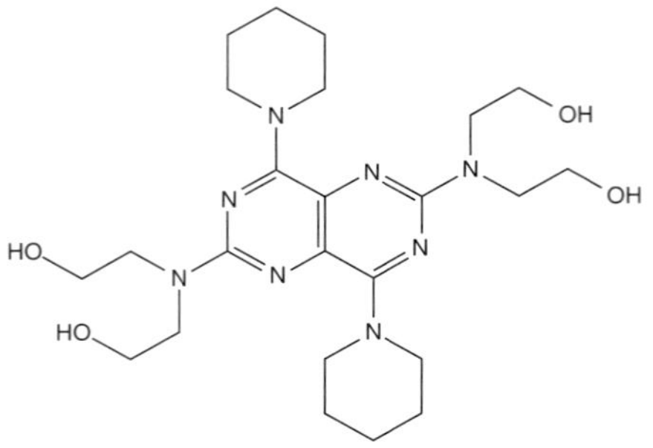

OS: *Dipyridamole [BAN, DCF, JAN, USAN]*
OS: *Dipiridamolo [DCIT]*
IS: *RA 8*
PH: Dipyridamole [Ph. Eur. 5, JP XIV, USP 30]
PH: Dipyridamolum [Ph. Eur. 5]
PH: Dipyridamol [Ph. Eur. 5]

Adezan® (Adelco: GR)
Agilease® (Isei: JP)
Agremol® (Eurodrug: TH)
Anginal® (Yamanouchi: JP)
Apo-Dipyridamole® (Apotex: CA)
Asasantin® (Boehringer Ingelheim: IE, NO)
Atrombin® (Leiras: FI)
Cardial® (Meprofarm: ID)
Cardoxin® (Rafa: IL)
Cordantin® (Aché: BR)
Coronair® (Socobom: BE, LU)
Coronamole® (Nichiiko: JP)
Corosan® (Farmacologico: IT)
Coroxin® (Malesci: IT)
Coroxin® (Menarini: AE, BD, BH, CY, EG, IQ, JO, KW, LB, LY, MA, MT, OM, QA, SA, SD, SY, TN, YE)
Cortab® (Phapros: ID)
Curantyl® (Berlin-Chemie: CZ, DE, RU)
Dipiridamol L.CH.® (Chile: CL)
Dipiridamol® (Carrion: PE)
Dipiridamol® (Ozone Laboratories: RO)
Dipiridamol® (Sicomed: RO)
Dipyphar® (Unicophar: BE)
Dipyridamol Actavis® (Actavis: NL)
Dipyridamol CF® (Centrafarm: NL)
Dipyridamol PCH® (Pharmachemie: NL)
Dipyridamol ratiopharm® (Ratiopharm: NL)
Dipyridamol Sandoz® (Sandoz: NL)
Dipyridamole Injection® (Abraxis: US)
Dipyridamole Injection® (Apotex: US)
Dipyridamole Injection® (Baxter: US)
Dipyridamole Injection® (Bedford: US)
Dipyridamole Injection® (Hospira: US)
Dipyridamole Injection® (Sicor: US)
Dipyridamole Teva® (Teva: BE)
Dipyridamole-Eurogenerics® (Eurogenerics: LU)
Dipyridamole® (Actavis: GB)
Dipyridamole® (Barr: US)
Dipyridamole® (Clonmel: US)
Dipyridamole® (Eurogenerics: LU)
Dipyridamole® (Hillcross: GB)
Dipyridamole® (Novopharm: CA)
Dipyridamole® (Purepac: US)
Dipyridamole® (Rosemont: GB)
Dipyridamole® (Sandoz: US)
Dipyridamole® (Watson: US)
Dipyridamol® (Katwijk: NL)
Dipyrin® (Ratiopharm: FI)
Docdipyri® (Docpharma: BE)
Drisentin® (Sanovel: TR)
Gulliostin® (Taiyo: JP)
Kardisentin® (Biokem: TR)
Maxicardil® (Northia: AR)
Novo-Dipiradol® (Novopharm: CA)
Novodil® (OFF: IT)
Penselin® (Sawai: JP)
Perazodin® (Remedica: BH, CY, ET, JO, KE, OM, SD, SD, YE, ZW)
Permiltin® (Zensei: JP)
Persantin SR® (Boehringer Ingelheim: AU)
Persantine® (Boehringer Ingelheim: BE, CA, DZ, FR, LU, US)
Persantine® (Delphi: NL)
Persantine® (Euro: NL)
Persantin® (Boehringer Ingelheim: AE, AG, AN, AR, AT, AU, AW, BA, BB, BH, BM, BR, BS, CL, CO, CY, CZ, DK, EG, ES, FI, GB, GD, GR, GY, HK, HR, HT, ID, IE, IQ, IS, IT, JM, JO, JP, KE, KW, KY, LB, LC, LK, LY, MT, MY, NL, NO, NZ, OM, PE, PH, PT, QA, SA, SD, SE, SG, SI, TH, TT, VC, YE, ZA)
Persantin® (EU-Pharma: NL)
Persantin® (Eureco: NL)
Persantin® (German Remedies: IN)
Piroan® (Towa Yakuhin: JP)
Plato® (Aspen: ZA)
Posanin® (Pose: TH)
Procardin® (Medochemie: SG)
Pyrintin® (Opsonin: BD)
Pytazen® (Douglas: NZ)
Ticinil® (Labomed: CL)
Tromboliz® (Koçak: TR)
Vasokor® (Medikon: ID)
Vasotin® (Metiska: ID)

Dipyrithione (Rec.INN)

L: Dipyrithionum
D: Dipyrithion
F: Dipyrithione
S: Dipiritiona

⚕ Antifungal agent
⚕ Antiseptic

CAS-Nr.: 0003696-28-4 C_{10}-H_8-N_2-O_2-S_2
M_r 252.314

⊶ Pyridine, 2,2'-dithiobis-, 1,1'-dioxide

OS: *Dipyrithione [USAN]*
IS: *Omadine disulfide (Olin)*
IS: *OMDS (Olin)*

Crimanex® (Drossapharm: CH)
Perkapil® (Kurtsan: TR)

Dirithromycin (Rec.INN)

L: **Dirithromycinum**
D: **Dirithromycin**
F: **Dirithromycine**
S: **Dirithromycina**

⚕ Antibiotic, macrolide

ATC: J01FA13
CAS-Nr.: 0062013-04-1 C_{42}-H_{78}-N_2-O_{14}
M_r 835.106

(9S)-9-Deoxo-11-deoxy-9,11-[imino[2-(2-methoxyethoxy)ethylidene]oxy]erythromycin

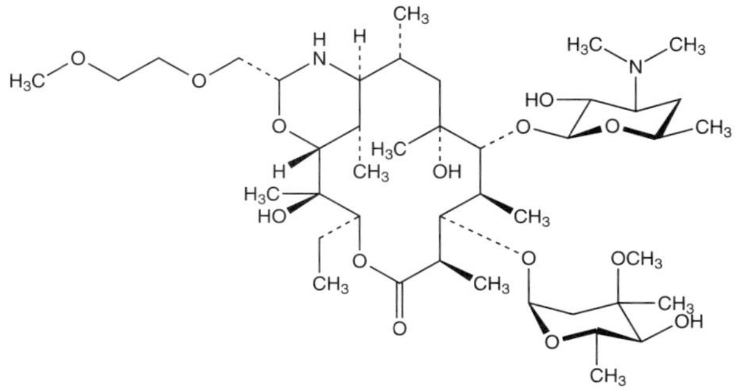

OS: *Dirithromycin [BAN, DCF, USAN]*
IS: *AS-E 136 BS*
IS: *LY 237216*
PH: Dirithromycin [Ph. Eur. 5, USP 30]
PH: Dirithromycinum [Ph. Eur. 5]
PH: Dirithromycine [Ph. Eur. 5]

Dynabac® (Abdi Ibrahim: TR)
Dynabac® (Almirall: FR)
Dynabac® (Lilly: BR, GT, US)
Dynabac® (Muro: US)
Nortron® (Dista: ES)
Nortron® (Lilly: CR, DO, HN, SV)
Nortron® (Thomae: DE)
Unibac® (Lilly: LU)

Disopyramide (Rec.INN)

L: **Disopyramidum**
I: **Disopiramide**
D: **Disopyramid**
F: **Disopyramide**
S: **Disopiramida**

⚕ Antiarrhythmic agent

ATC: C01BA03
CAS-Nr.: 0003737-09-5 C_{21}-H_{29}-N_3-O
M_r 339.493

2-Pyridineacetamide, α-[2-[bis(1-methylethyl)amino]ethyl]-α-phenyl-

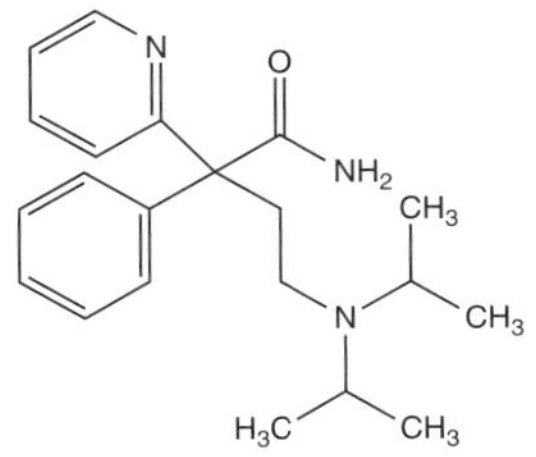

OS: *Disopyramide [BAN, DCF, JAN, USAN]*
OS: *Disopiramide [DCIT]*
IS: *H 3292*
IS: *SC 7031*
IS: *Searle 7031 (Searle)*
PH: Disopyramide [Ph. Eur. 5, JP XIV]
PH: Disopyramidum [Ph. Eur. 5]
PH: Disopyramid [Ph. Eur. 5]

Dicorantil® (Aventis: BR)
Dicorynan® (Aventis: ES)
Dimodan® (Sanofi-Aventis: MX)
Disopyramide Jadran® (Jadran: HR)
Disopyramide® (Remedica: CY)
Durbis® (Aventis: IS)
Durbis® (Sanofi-Aventis: SE)
Isorythm® (Merck Lipha Santé: FR)
Palpitin-PP® (Pannonpharma: HU)
Ritmodan® (Aventis: IT)
Rythmodan® (Aventis: AT, AU, LU, NZ, ZA)
Rythmodan® (Sanofi-Aventis: BE, CA, FR, GB)

– phosphate:

CAS-Nr.: 0022059-60-5
OS: *Disopyramide Phosphate BANM, JAN, USAN*
IS: *SC 13957 (Searle, USA)*
PH: Disopyramide Phosphate Ph. Eur. 5, USP 30
PH: Disopyramidi phosphas Ph. Eur. 5
PH: Disopyramidphosphat Ph. Eur. 5
PH: Disopyramide (phosphate de) Ph. Eur. 5

Dicorantil® (Aventis: BR)
Dirytmin® (AstraZeneca: NL)
Disomet® (Orion: FI)
Disopyramide PCH® (Pharmachemie: NL)
Disopyramide Phosphate® (Ethex: US)
Disopyramide Phosphate® (Sandoz: US)
Disopyramide Phosphate® (Teva: US)
Disopyramide Phosphate® (Watson: US)
Disopyramide® (Hillcross: GB)
Durbis® [inj.] (Aventis: NO)
Isorythm LP® (Merck Lipha Santé: FR)
Norbit® (Incepta: BD)
Norpace® (Heumann: DE)
Norpace® (Pfizer: BB, HT, ID, TT, US, ZA)
Norpace® (Pharmacia: AU)
Norpace® (RPG: IN)
Ritmodan Retard® (Aventis: IT)
Ritmodan Retard® (Sanofi-Aventis: PT)
Ritmoforine® (Sanofi-Aventis: NL)
Rythmical® (Unipharm: IL)
Rythmodan® (Aventis: AT, AU, GR)
Rythmodan® (Aventis Pharma: ID)
Rythmodan® (Sanofi-Aventis: CA, FR, IE, NL)
Rythmodan® [inj.] (Sanofi-Aventis: GB)
Rythmodul® (Aventis: DE)
Rytmilen® (Dexa Medica: ID)
Rytmilen® (Leiras: CZ)

Distigmine Bromide (Rec.INN)

L: Distigmini Bromidum
D: Distigmin bromid
F: Bromure de Distigmine
S: Bromuro de distigmina

Parasympathomimetic agent, cholinesterase inhibitor

CAS-Nr.: 0015876-67-2 C_{22}-H_{32}-Br_2-N_4-O_4
M_r 576.338

Pyridinium, 3,3'-[1,6-hexanediylbis[(methylimino)carbonyl]oxy]bis[1-methyl-, dibromide

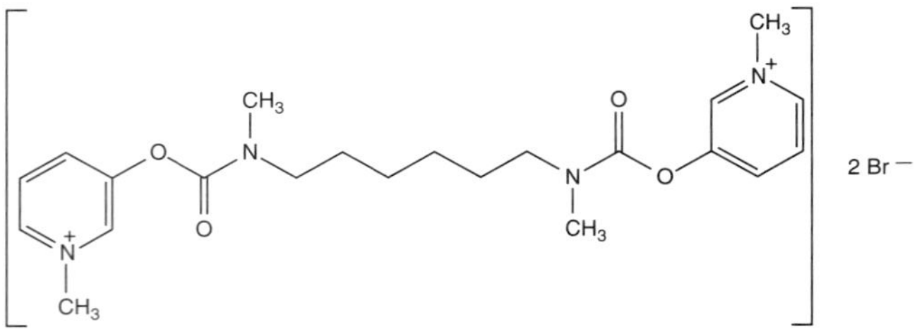

OS: *Distigmine Bromide [BAN, JAN, USAN]*
IS: *Hexamarium Bromide*
IS: *BC 51*
PH: Distigmine Bromide [JP XIV]

Ubretid® (Nycomed: AT, CH, CZ, DE, GE, HK, NL, PL, SG)
Ubretid® (Sanofi-Aventis: GB)

Disulfiram (Rec.INN)

L: Disulfiramum
I: Disulfiram
D: Disulfiram
F: Disulfirame
S: Disulfiram

Alcohol withdrawal agent
Insecticide

ATC: N07BB01,P03AA04
CAS-Nr.: 0000097-77-8 C_{10}-H_{20}-N_2-S_4
M_r 296.53

Thioperoxydicarbonic diamide ([$(H_2N)C(S)]_2S_2$), tetraethyl-

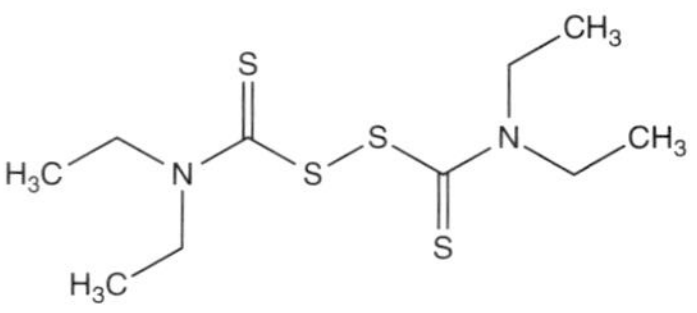

OS: *Disulfiram [BAN, DCIT, JAN, USAN]*
OS: *Disulfirame [DCF]*
IS: *Antiaethan*
IS: *Ethyldithiourame*
IS: *Exhorran*
IS: *Refusal*
IS: *Tenurid*
IS: *TTD*
PH: Disulfiram [Ph. Eur. 5, JP XIV, USP 30]
PH: Disulfirame [Ph. Eur. 5]
PH: Disulfiramum [Ph. Eur. 5]

Abstensyl® (Sintesina: AR)
Antabuse® (Actavis: GB, IE)
Antabuse® (Alpharma-DK: IT)
Antabuse® (Aspen: ZA)
Antabuse® (CSL: NZ)
Antabuse® (Dumex: AE, BH, CY, EG, IQ, JO, KW, LB, LY, OM, QA, SA, SD, YE)
Antabuse® (Dumex-Alpharma: TH)
Antabuse® (Odyssey: US)
Antabuse® (Orphan: AU)
Antabuse® (Sanofi-Aventis: BE)
Antabuse® (Sanofi-Synthelabo: LU)
Antabus® (Actavis: DK, FI)
Antabus® (Alpharma: IS, NL, NO, SE, SI)
Antabus® (Altana: DE)
Antabus® (Bohm: ES)
Antabus® (Chemomedica: AT)
Antabus® (Farmo Quimica: CL)
Antabus® (H.G.: EC)
Antabus® (Nobel: TR)
Antabus® (Team medica: CH)
Antaethyl® (Sanofi-Aventis: HU)
Antalcol® (Sintofarm: RO)
Anticol® (Polfa Warszawa: GE, PL)
Antietanol® (Sanofi-Aventis: BR)
Busetal® (Colliere: PE)
Difiram® (Pharmasant: TH)
Disulfiram Tablets® (Sidmark: US)
Disulfiramo L.CH.® (Chile: CL)
Disulfiram® (Philopharm: DE)
Disulfiram® (Polfa Warszawa: PL)
Esperal® (Sanofi-Aventis: FR, GE, RS)
Esperal® (Torrent: IN)
Etabus® (Ferring: MX)
Etiltox® (AFOM: IT)
Refusal® (Artu: NL)
Sarcoton® (Medley: BR)
Tetradin® (Caldeira & Metelo: PT)
Tolerane® (Bago: CL)
Vandisul® (Vannier: AR)

Dithranol (Rec.INN)

L: Dithranolum
I: Ditranolo
D: Dithranol
F: Dithranol
S: Ditranol

Dermatological agent, antipsoriatic

ATC: D05AC01
CAS-Nr.: 0001143-38-0 C_{14}-H_{10}-O_3
M_r 226.234

9(10H)-Anthracenone, 1,8-dihydroxy-

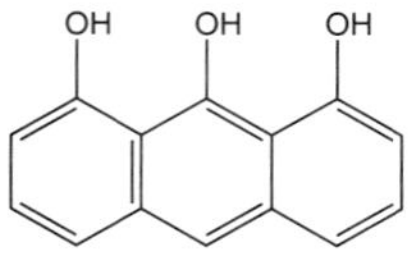

OS: *Dithranol [BAN, DCF]*
OS: *Anthralin [USAN]*
IS: *1,8-Dihydroxyanthranol*
IS: *Batidrol*
IS: *Chrysodermol*

IS: *Dioxyanthranol*
PH: Anthralin [USP 30]
PH: Dithranol [Ph. Eur. 5, Ph. Int. 4]
PH: Dithranolum [Ph. Eur. 5, Ph. Int. 4]

Anthraderm® (Gerot: AT)
Anthramed® (Surya: ID)
Anthranol® (Stiefel: ES, ZA)
Dithrasal Oint® (DermaTech: SG)
Dithrocream® (Dermal: GB, IE, IL)
Dithrocream® (Hamilton: AU)
Ditranol FNA® (FNA: NL)
Micanol® (AFT: NZ)
Micanol® (Bioglan: AT, DE, NO, SE, TH)
Micanol® (Derma: GB)
Micanol® (Gamida: IL)
Micanol® (Link: AU)
Micanol® (Square: BD)
Micanol® (Tramedico: BE)
Micanol® (Viñas: ES)
Psorianol® (Hyperion: RO)
Psoriderm® (Mipharm: IT)

Dixyrazine

D: Dixyrazin

Neuroleptic

ATC: N05AB01
CAS-Nr.: 0002470-73-7 — C_{24}-H_{33}-N_3-O_2-S, M_r 427.618

Ethanol, 2-[2-[4-[2-methyl-3-(10H-phenothiazin-10-yl)propyl]-1-piperazinyl]ethoxy]-

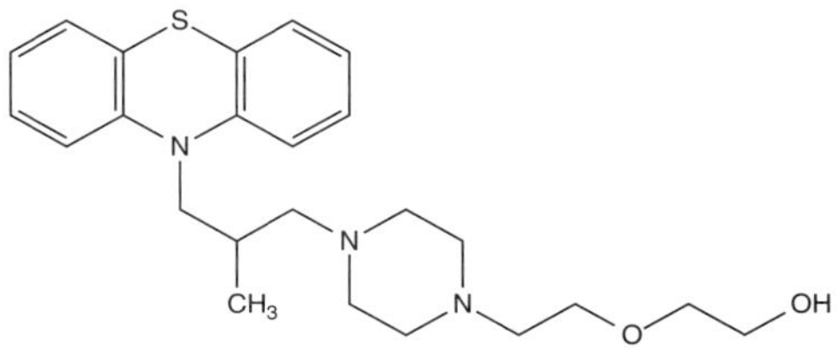

IS: *UCB 3412*

Esucos® (Rodleben: DE)
Esucos® (SIT: IT)
Esucos® (UCB: AT, FI, NO)

Dobutamine (Rec.INN)

L: Dobutaminum
I: Dobutamina
D: Dobutamin
F: Dobutamine
S: Dobutamina

Cardiac stimulant, cardiotonic agent
β_1-Sympathomimetic agent

ATC: C01CA07
CAS-Nr.: 0034368-04-2 — C_{18}-H_{23}-N-O_3, M_r 301.392

1,2-Benzenediol, 4-[2-[[3-(4-hydroxyphenyl)-1-methylpropyl]amino]ethyl]-, (±)-

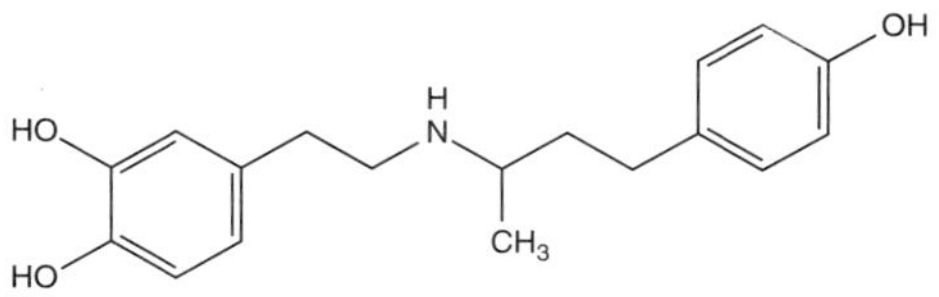

OS: *Dobutamine [BAN, DCF, USAN]*
OS: *Dobutamina [DCIT]*
IS: *Compound 81929 (Lilly, USA)*
IS: *Lilly 81929 (Lilly)*

Dobutam Amex® [inj.] (Amex: PE)
Dobutamin Ebewe® (Ebewe: VN)
Dobutamine-Baxter® (Baxter: LU)
Dobutamine-Genthon® (Genthon: LU)
Dobutamine-Mayne® (Mayne: BE, LU)
Dobutrexmerck® (Merck: BE)
Dobutrex® [vet.] (Lilly: GB)
Dotropina® [inj.] (Schein: PE)
E.M.C.® (Northia: AR)
Posiject® (Alliance: ZA)
Posiject® [vet.] (Boehringer Ingelheim Vetmedica: GB)

– hydrochloride:

CAS-Nr.: 0049745-95-1
OS: *Dobutamine Hydrochloride BANM, JAN, USAN*
IS: *Lilly 46236*
PH: Dobutamine Hydrochloride JP XIV, Ph. Eur. 5, USP 30
PH: Dobutamini hydrochloridum Ph. Eur. 5
PH: Dobutamine (chlorhydrate de) Ph. Eur. 5
PH: Dobutaminhydrochlorid Ph. Eur. 5

Abbott Dobutamine Hcl® (Abbott: PH)
Butamine® (Taro: IL)
Cardiject® (Lucas: ID)
Cardiject® (Sun: IN, TH)
Cloridrato de Dobutamina® (Abbott: BR)
Cloridrato de Dobutamina® (Eurofarma: BR)
DBL Dobutamine® (Faulding/DBL: TH)
Dobucard® (Scott: AR)
Dobucor® (Fresenius: AT)
Dobucor® (Juste: ES)
Dobuject® (BJC: TH)
Dobuject® (Dexa Medica: ID)
Dobuject® (Er-Kim: TR)
Dobuject® (Leiras: BD, ID, IL)
Dobuject® (Pisa: MX)
Dobuject® (Schering: BA, CZ, DZ, FI, PL)
Dobutabag® (Eczacibasi Baxter: TR)
Dobutamin Abbott® (Abbott: TH)
Dobutamin Carino® (Carinopharm: DE)
Dobutamin Fresenius® (Fresenius: DE, LU)
Dobutamin Giulini® (Madaus: CZ)
Dobutamin Giulini® (Solvay: ID)
Dobutamin HCl Abbott® (Abbott: ID)
Dobutamin Hexal® (Hexal: DE, PL, RU)
Dobutamin Hexal® (Sandoz: HU)
Dobutamin Lachema® (Lachema: CZ)
Dobutamin Liquid Fresenius® (Fresenius: CH, DE)
Dobutamin Nycomed® (Nycomed: AT)
Dobutamin Solvay® (Solvay: AT, CZ, DE, HU, RO, SI)

Dobutamin-Hexal® (Hexal: LU)
Dobutamin-ratiopharm® (ratiopharm: DE)
Dobutamina Abbott® (Abbott: ES, IT)
Dobutamina Bioindustria Lim® (Bioindustria Lim: IT)
Dobutamina Clorhidrato® (Biosano: CL)
Dobutamina Gray® (Gray: AR)
Dobutamina Hospira® (Hospira: IT)
Dobutamina Inibsa® (Inibsa: ES)
Dobutamina Mayne® (Mayne: IT)
Dobutamina Richet® (Richet: AR)
Dobutamina® (Bestpharma: CL)
Dobutamina® (Sanderson: CL)
Dobutamine Abbott® (Abbott: TH)
Dobutamine Aguettant® (Aguettant: FR)
Dobutamine Albic® (Sanofi-Synthelabo: NL)
Dobutamine Antigen® (Antigen: TH)
Dobutamine Antigen® (TTN: TH)
Dobutamine CF® (Centrafarm: NL)
Dobutamine Dakota Pharm® (Dakota: FR)
Dobutamine Gf® (Genfarma: NL)
Dobutamine HCl Abbott® (Abbott: ID)
Dobutamine Hydrochloride Injection DBL® (Mayne: HK)
Dobutamine Hydrochloride® (Abbott: AU)
Dobutamine Hydrochloride® (American Regent: US)
Dobutamine Hydrochloride® (Bedford: US)
Dobutamine Hydrochloride® (Hospira: US)
Dobutamine Hydrochloride® (Mayne: AU, NZ)
Dobutamine Hydrochloride® (Novopharm: CA)
Dobutamine Hydrochloride® (Sicor: US)
Dobutamine Panpharma® (Panpharma: FR)
Dobutamine PCH® (Pharmachemie: NL)
Dobutamine Sandoz® (Sandoz: AU)
Dobutamine Solvay® (Solvay: TH)
Dobutamine Synthon® (Cosma: TH)
Dobutamine-BC® (Biochemie: AU)
Dobutamine-DBL® (Orna: TR)
Dobutamine-Fresenius® (Bodene: ZA)
Dobutamine® (Baxter: US)
Dobutamine® (Braun: US)
Dobutamine® (DBL/Faulding: BD)
Dobutamine® (Genthon: NL)
Dobutamine® (Hexal: NL)
Dobutamine® (Hospira: CA, US)
Dobutamine® (McGaw: US)
Dobutamine® (Polfa Tarchomin: PL)
Dobutamine® (Sandoz: CA)
Dobutamine® (Solvay: ID)
Dobutamine® (Synthon: NL)
Dobutamine® (Unimed & Unihealth: BD)
Dobutamine® (Wockhardt: GB)
Dobutamin® (Abbott: TR)
Dobutamin® (Fresenius: LU)
Dobutamin® (Madaus: CZ)
Dobutamin® (Pliva: CZ)
Dobutamin® (Solvay: BG)
Dobutina® (Mayne: PT)
Dobutrex® (Bayer: IT)
Dobutrex® (Irisfarma: ES)
Dobutrex® (Lilly: AT, AU, BR, CZ, ES, ET, ID, KE, NL, PE, PH, RO, TH, TZ, UG, US)
Dobutrex® (Meda: SE)
Dobutrex® (Merck: LU)
Dobutrex® (Nicholas: IN)
Dobutrex® (Sandoz: MX, ZA)
Dobutrex® (Teva: CH)
Dopac® (Kalbe: ID)
Duvig® (Fada: AR)
Inotop® (Torrex: AT, SI)
Inotrex® (Ferraz: PT)
Inotrop® (Fahrenheit: ID)
Lifecare® (Braun: US)
Lifecare® (McGaw: US)
Miozac® (Fisiopharma: IT)
Sterile Dobutamine Concentrate® (Antigen: CZ)
Viaflex® (Baxter Healthcare: US)

Docetaxel (Rec.INN)

L: Docetaxelum
I: Docetaxel
D: Docetaxel
F: Docetaxel
S: Docetaxel

Antineoplastic agent

ATC: L01CD02
CAS-Nr.: 0114977-28-5 C_{43}-H_{53}-N-O_{14}
M_r 807.907

(2R,3S)-N-Carboxy-3-phenylisoserine, N-tert-butyl ester, 13-ester with 5β-20-epoxy-1,2α,4,7β,10β,13α-hexahydroxytax-11-en-9-one 4-acetate 2-benzoate

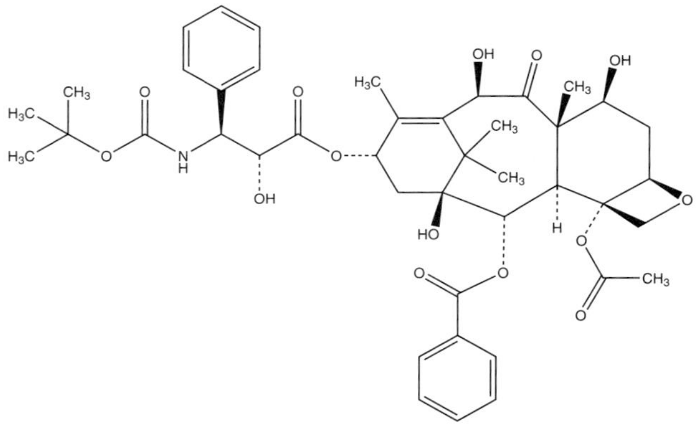

OS: *Docetaxel [BAN, USAN]*
IS: *RP 56976 (Rhône-Poulenc Rorer, France)*

Asodocel® (Raffo: AR)
Daxotel® (Dabur: TH)
Docetaxel Biocrom® (Biocrom: AR)
Docetaxel Delta Farma® (Delta Farma: AR)
Docetaxel Rontag® (Rontag: AR)
Docetaxel Sandoz® (Sandoz: AR)
Docetaxel Servycal® (Servycal: AR)
Docetaxel Varifarma® (Varifarma: AR)
Docetaxel® (Biocrom: PE)
Docetaxel® (Servycal: PE)
Docetere® (Dr Reddys: LK)
Dolectran® (LKM: AR)
Donataxel® (Bioprofarma: AR)
Doxetal® (Richmond: AR, PE)
Oncodocel® (Tecnofarma: CO, PE)
Plustaxano® (Dosa: AR)
Tautax® (Verofarm: RU)

Taxotere® (Aventis: AT, AU, BA, CR, CZ, DE, DK, DO, EC, ES, GH, GT, HN, HR, KE, LU, NG, NI, NO, PA, PE, PH, RS, SI, SV, TH, UG, US, ZW)
Taxotere® (Aventis Pharma: ID)
Taxotere® (Aventis Pharma-F: IT)
Taxotere® (Sanofi-Aventis: BD, CA, GB, HK, HU, IE, IL, MY, NL, RO, RU, VN)
Taxotere® (Sindan: RO)
Texot® (Filaxis: AR)
Trazoteva® (Teva: AR)

– trihydrate:

CAS-Nr.: 0148408-66-6
OS: *Docetaxel USAN*
IS: *Docetaxol*
IS: *RP 56976 (Rhône-Poulenc Rorer, France)*

Asodocel® (Asofarma: AR)
Daxotel® (Dabur: IN)
Docetaxel Microsules® (Microsules: AR)
Taxotere® (Aventis: AT, BR, CZ, ES, GR, IS, NZ, US, ZA)
Taxotere® (Sanofi-Aventis: AR, BE, BF, BJ, CG, CH, CI, CL, CM, FI, FR, GA, GB, GE, GN, ML, MX, NL, PL, PT, SE, SG, SN, TG, TR, ZR)

Docosanol (USAN)

D: Docosanol

⚕ Antiviral agent

ATC: D06BB11
ATCvet: QD06BB11
CAS-Nr.: 0000661-19-8 C_{22}-H_{46}-O
M_r 326.6

1-Docosanol (USAN)

n-Docosanol (IUPAC)

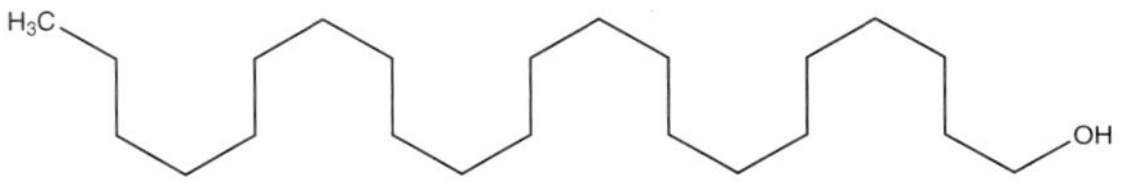

OS: *Docosanol [DCF, USAN]*
IS: *Behenyl alcohol (ICNI - International Cosmetic Ingredient name)*
IS: *Behenic alcohol*
IS: *Docosyl alcohol*
IS: *IK-2*
IS: *Lanette 22*
IS: *Docosan-1-ol (ASK)*

Abrax® (CTS: IL)
Abreva® (GlaxoSmithKline: US)
Abreva® (GlaxoSmithKline Consumer Healthcare: CA)
Healip® (Aco Hud: FI)
Healip® (ACO Hud: SE)
Healip® (Jenson Pharmaceutical Services: DK)
Herepair® (Boryung: KR)
Lafrost® (Incepta: BD)
Lidakol® (Grelan: JP)

Docusate Calcium (USAN)

L: Docusatum calcium
D: Docusat calcium
F: Docusate calcique
S: Docusato calcico

⚕ Laxative

CAS-Nr.: 0000128-49-4 C_{40}-H_{74}-Ca-O_{14}-S_2
M_r 833.22

Butanedioic acid, sulfo-, 1,4-bis(2-ethylhexyl) ester, calcium salt (USAN)

1,4-Bis(2-ethylhexyl) sulfosuccinate, calcium salt (USAN)

Calcium 1,4-bis(2-ethylhexyl) bis(2-sulphosuccinate)

Bis[2-ethylhexyl]calcium sulfosuccinate

Sulfobutanedioic acid 1,4-bis(2-ethylhexyl)ester calcium salt

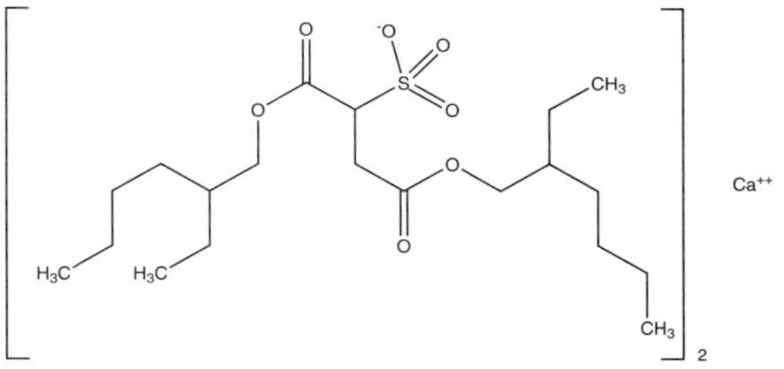

OS: *Docusate Calcium [USAN]*
IS: *Dioctyl calcium sulfosuccinate*
IS: *Calcium docuphen*
IS: *Dioctodol*
IS: *Dioctyl Calcium Sulfosuccinate*
IS: *Dioctyl Calcium Sulphosuccinate*
IS: *EINECS 204-889-8*
IS: *Calcium dioctyl sulfosucciante*
PH: Docusate Calcium [USP 30]

Novo-Docusate Calcium® (Novopharm: CA)
ratio-Docusate Calcium® (Ratiopharm: CA)
Surfak® (Pfizer: US)

Docusate Sodium (Rec.INN)

L: Docusatum natricum
I: Docusato sodico
D: Docusat natrium
F: Docusate sodique
S: Docusato de sodio

⚕ Laxative
⚕ Pharmaceutic aid, surfactant
⚕ Cerumenolytic

ATC: A06AA02
ATCvet: QA06AA02
CAS-Nr.: 0000577-11-7 C_{20}-H_{37}-Na-O_7-S
M_r 444.56

Di-beta-ethylhexyl natrium sulfosuccinat (WHO)

Diethylhexyl sodium sulfosuccinate (INCI)

Sodium 1,4-bis(2-ethylhexyl)sulfosuccinate (BAN)

- Butanedioic acid, sulfo-, 1,4-bis(2-ethylhexyl)ester, sodium salt (USAN)
- Sulfobutanedioic acid 1,4-bis(2-ethylhexyl)ester sodium salt
- Sulfosuccinic acid 1,4-bis(2-ethylhexyl) ester *S*-sodium salt
- Bis(2-ethylhexyl)sodium sulfosuccinate
- 1,4-Bis(2-ethylhexyl)sulfobutanedioate, sodium salt
- Di-(2-ethylhexyl) sodium sulfosuccinate
- Sodium di-(2-ethylhexyl) sulfosuccinate
- Sulfosuccinic acid, di-(2-ethylhexyl) ester, sodium salt

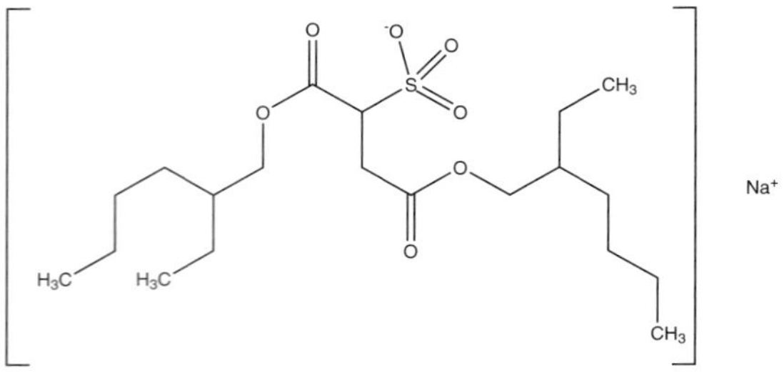

OS: *Docusate Sodium [BAN]*
OS: *Docusate Sodium [USAN]*
OS: *Docusate de sodium [DCF]*
OS: *Dioctyl Sodium Sulfosuccinate [JAN]*
OS: *Dioctyl sodium sulphosuccinat [P.Cx.79]*
OS: *Docusat natrium [DAC 99]*
IS: *Natrii docusas*
IS: *Natriumdoctylsulfosuccinat*
IS: *Dioctylnatriumsulfosuccinat*
IS: *DSS*
IS: *Sodium Dioctyl Sulfosuccinate*
IS: *1,4-Bis(2-ethylhexyl) sodium sulfosuccinate*
IS: *2-Ethylhexyl sulfosuccinate sodium*
IS: *Al3-00239*
IS: *DESS*
IS: *Dialose*
IS: *Natrii dioctylsulfosuccinas*
IS: *Natriumdioctylsulfosuccinat*
IS: *EINECS 209-406-4*
IS: *Succinic acid, sulf-, 1,4-bis(2-ethylhexyl)ester, sodium salt*
IS: *Berol 478*
IS: *Celanol DOS*
IS: *HSDB 3065*
IS: *SBO*
IS: *SV 102*
PH: Docusate sodium [BP, Ph. Eur. 5]
PH: Docusat natrium [Ph. Eur. 5]
PH: Docusate Sodium [USP 30]

Apo-Docusate® (Apotex: CA)
Bloat Release® [vet.] (Agri Labs.: US)
Bloat Treatment® [vet.] (AgriPharm: US)
Bloat Treatment® [vet.] (Butler: US)
Bloat Treatment® [vet.] (DurVet: US)
Bloat Treatment® [vet.] (RXV: US)
Cerumex® (Pablo Cassara: AR)
Clyss-Go® (Prospa: PT)
Colace® (Bristol-Myers Squibb: CN)
Colace® (Purdue Frederick: US)
Colace® (Shire: US)
Colace® (Wellspring: CA)
Coloxyl® (Fawns & McAllan: AU)
Correctol® (Schering-Plough: US)
Cusate® (Pharmasant: TH)
Dama-Lax® (Schering-Plough: ES)
Dewax® (Ranbaxy: TH)
Diocto® (Actavis: US)
Diocto® (Major: US)
Diocto® (Rugby: US)
Diocto® (Teva: US)
Dioctyl® (Schwarz: GB)
Dioctynate® [vet.] (Butler: US)
Disposable Enema Syringe® [vet.] (Vedco: US)
Docusaat FNA® (FNA: NL)
Docusate Sodium® (Morton Grove: US)
Docusate Sodium® (Pharmaceutical Associates: US)
Docusate Sodium® (Pharmascience: HK)
Docusate Sodium® (Roxane: US)
Docusate Sodium® (Taro: CA)
Docusate Solution® [vet.] (Life Science: US)
Docusoft® (G & W: US)
Docusol® (Typharm: GB)
DOK® (Major: US)
DOS® (Teva: US)
DulcoEase® (Boehringer Ingelheim: GB)
Enema® [vet.] (Butler: US)
Enema® [vet.] (Vetus: US)
Ex-Lax® (Novartis: US)
Fleet® (Fleet: US)
Fletcher's Enemette® (Forest: AN, BB, BS, JM, LC, VC)
Jamylène® (Expanpharm: FR)
Klyx® (Ferring: FI, IS, NO, SE)
Klyx® (Pharmachemie: NL)
Klyx® [vet.] (Ferring: NO)
Laxicon® (Stadmed: IN)
Laxol® (Herbapol-Wroclaw: PL)
Laxopol® (Unia: PL)
Molcer® (Wallace: GB, GH, GM, KE, NG, SD)
Norgalax® (Norgine: AN, BB, BE, BS, CH, DE, FR, GB, IE, JM, LU, NL, SG, TT)
Novo-Docusate Sodium® (Novopharm: CA)
Otosol® (Norgine: PH)
Petese® [vet.] (Apex: AU)
Phillips,Liqui-Gels® (Novartis: US)
Phillips® (GlaxoSmithKline: AR)
ratio-Docusate Sodium® (Ratiopharm: CA)
Selax® (Odan: CA)
Soflax® (Fleet: US)
Soflax® (Pharmascience: CA)
Soluwax® (Hoe: SG)
Therevac S.B.® (Jones: US)
Veterinary Surfactant® [vet.] (First Priority: US)
Waxsol® (Alpharma: ID)
Waxsol® (Norgine: AE, AU, BH, BW, CY, GB, HK, IE, IQ, JO, KE, KW, LB, LK, LY, NZ, OM, QA, SA, SD, SG, TH, UG, ZA, ZW)

Dofetilide (Rec.INN)

L: Dofetilidum
I: Dofetilide
D: Dofetilid
F: Dofetilide
S: Dofetilida
ATC: C01BD04
CAS-Nr.: 0115256-11-6 C_{19}-H_{27}-N_3-O_5-S_2
M_r 441.58

Methanesulfonamide, N-(4-(2-(methyl(2-(4-((methylsulfonyl)amino)phenoxy)ethyl)amino)ethyl)phenyl)-

3'-{2-[(4-Methylsulfonylaminophenethyl)methylamino]ethoxy}methansulfonanilid [IUPAC]

beta-[(p-Methanesulfonamidophenethyl)methylamino]methanesulfono-p-phenetidide [WHO]

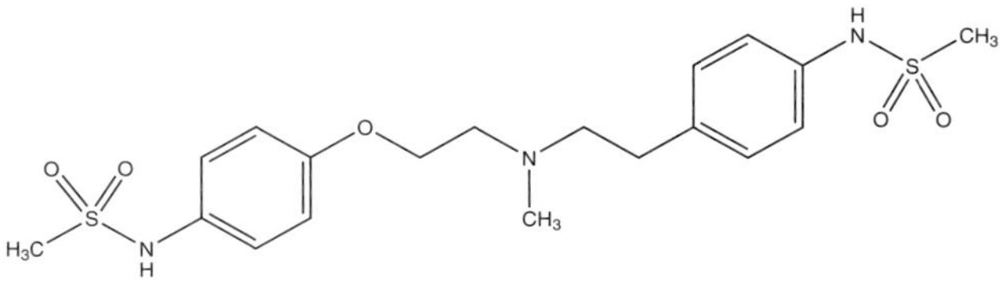

OS: *Dofetilide [BAN, USAN]*
IS: *UK 68798 (Pfizer, USA)*

Tikosyn® (Pfizer: US)

Dolasetron (Rec.INN)

L: Dolasetronum
I: Dolasetron
D: Dolasetron
F: Dolasetron
S: Dolasetron

Antiemetic
Serotonin antagonist

ATC: A04AA04
CAS-Nr.: 0115956-12-2 C_{19}-H_{20}-N_2-O_3
M_r 324.389

1H-Indole-3-carboxylic acid, octahydro-3-oxo-2,6-methano-2H-quinolizin-8-yl ester, (2α,6α,8α,9aβ)-

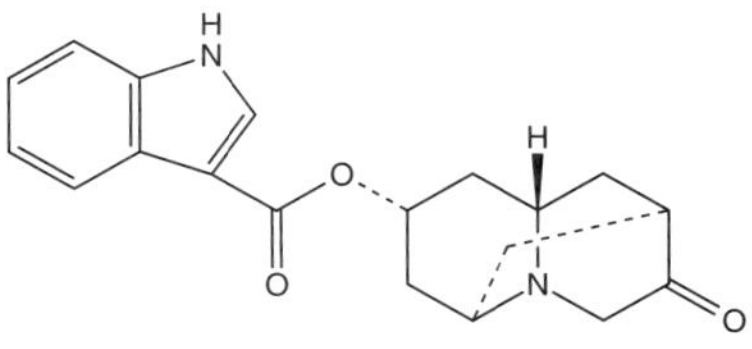

OS: *Dolasetron [BAN]*

– mesilate:

CAS-Nr.: 0115956-13-3
OS: *Dolasetron Mesylate USAN*
PH: Dolasetron Mesylate USP 30

Anemet® (Sanofi-Aventis: DE)
Anzemet® (Amdipharm: GB)
Anzemet® (Aventis: AU, CR, CZ, DO, EC, GR, GT, HN, LU, NI, PA, SV, US)
Anzemet® (Lepetit: RO)
Anzemet® (Patheon: RO)
Anzemet® (Sanofi-Aventis: BR, CA, FR, IT, MX)
Zamanon® (Aventis: ZA)

– mesilate monohydrate:

CAS-Nr.: 0115956-13-3
OS: *Dolasetron mesilate BANM*
IS: *MDL 73147 EF*

Anzemet® (Aventis: US)
Anzemet® (Sanofi-Aventis: CH)

Domiphen Bromide (Rec.INN)

L: Domipheni Bromidum
I: Domifene bromuro
D: Domiphen bromid
F: Bromure de Domiphène
S: Bromuro de domifeno

Antiseptic
Desinfectant

CAS-Nr.: 0000538-71-6 C_{22}-H_{40}-Br-N-O
M_r 414.472

1-Dodecanaminium, N,N-dimethyl-N-(2-phenoxyethyl)-, bromide

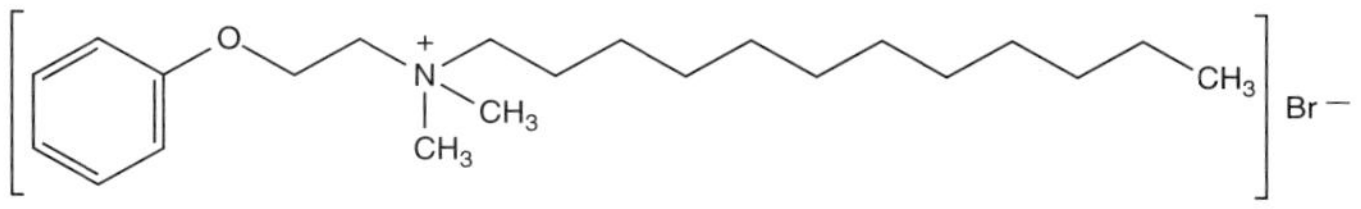

OS: *Domifène [DCF]*
OS: *Domiphen Bromide [BAN, JAN, USAN]*
OS: *Domifene bromuro [DCIT]*
PH: Domiphen Bromide [BP 2002]

Bradoral® (Novartis Consumer Health: IT)
Bradosol® (Novartis Consumer Health: AT)
Neobradoral® (Novartis: PT)

Domperidone (Rec.INN)

L: Domperidonum
I: Domperidone
D: Domperidon
F: Dompéridone
S: Domperidona

Antiemetic
Peristaltic stimulant

ATC: A03FA03
CAS-Nr.: 0057808-66-9 C_{22}-H_{24}-Cl-N_5-O_2
M_r 425.934

2H-Benzimidazol-2-one, 5-chloro-1-[1-[3-(2,3-dihydro-2-oxo-1H-benzimidazol-1-yl)propyl]-4-piperidinyl]-1,3-dihydro-

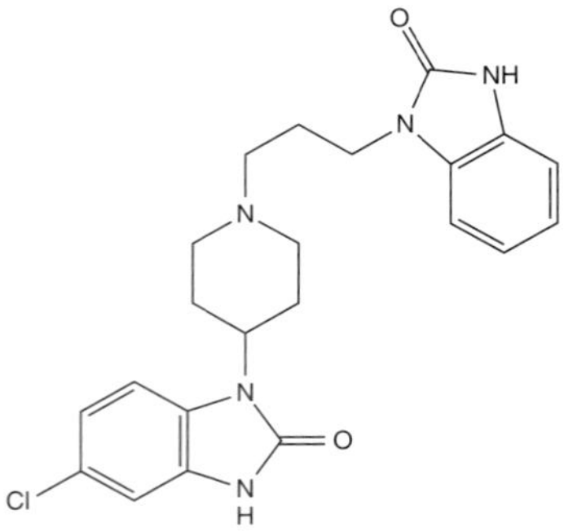

OS: *Domperidone [BAN, DCF, DCIT, JAN, USAN]*
IS: *R 33812 (Janssen, Belgium)*
IS: *KW 5338*
PH: Domperidonum [Ph. Eur. 5]
PH: Domperidon [Ph. Eur. 5]
PH: Domperidone [Ph. Eur. 5]
PH: Dompéridone [Ph. Eur. 5]

Apuldon® (Aristopharma: BD)
Atidon® (Asiatic Lab: BD)
Avomit® (Chemist: BD)
Bipéridys® (Pierre Fabre: FR)
Cilroton® (Janssen: GR)
Cinet® (Medinfar: PT)
Costi® (Medochemie: BG, BH, CY, HK, IQ, JO, KE, LK, OM, SD, SD, SK, UG, YE)
Cosy® (Orion: BD)
Dany® (Forty-Two: TH)
Deflux® (Beximco: BD)
Degut® (Delta: BD)
Digestadon® (Mecosin: ID)
Digestivo Giuliani® (Giuliani: IT)
Docivin® (Mintlab: CL)
Dolium® (Utopian: TH)
Domedon® (Tempo: ID)
Domerdon® (Asian: TH)
Dometa® (Ikapharmindo: ID)
Dometic® (Dankos: ID)
Dometic® (Kalbe Farma - Dankos: LK)
Domidone® (Milano: TH)
Domilin® (General Pharma: BD)
Domilux® (Popular: BD)
Dominat® (Nipa: BD)
Domin® (Opsonin: BD)
Dompel® (Samnam Pharm: SG)
Dompenyl® (Korea: PH)
Domperdone® (Polipharm: TH)
Domperidon EB® (Eurobase: NL)
Domperidon Gf® (Genfarma: NL)
Domperidon Katwijk® (Katwijk: NL)
Domperidon Sandoz® (Sandoz: NL)
Domperidona Baldacci® (Baldacci: PT)
Domperidona Gamir® (Rottapharm: ES)
Domperidona Generis® (Generis: PT)
Domperidona L.CH.® (Chile: CL)
Domperidona Merck® (Merck Genéricos: PT)
Domperidona Ranbaxy® (Ranbaxy: ES)
Domperidona® (Biosano: CL)
Domperidona® (Mintlab: CL)
Domperidone ABC® (ABC: IT)
Domperidone Alter® (Alter: IT)
Domperidone DOC® (DOC Generici: IT)
Domperidone Jet® (Jet: IT)
Domperidone Merck® (Merck Generics: IT)
Domperidone Ratiopharm® (Ratiopharm: IT)
Domperidone Sandoz® (Sandoz: IT)
Domperidone Teva® (Teva: BE)
Domperidone Zydus® (Zydus: FR)
Domperidone® (Wockhardt: GE)
Domperidone® [vet.] (Jurox: AU)
Domperitop® (Topgen: BE)
Domperol® (Farmion: BR)
Domperon® (Cadila: LK)
Domper® (Yung Shin: SG)
Dompesin® (Chemopharma: CL)
Dompi® (Alco: BD)
Dompéridone Biogaran® (Biogaran: FR)
Dompéridone EG® (EG Labo: FR)
Dompéridone G Gam® (G Gam: FR)
Dompéridone Irex® (Irex: FR)
Dompéridone Ivax® (Ivax: FR)
Dompéridone Merck® (Merck Génériques: FR)
Dompéridone RPG® (RPG: FR)
Dompéridone Sandoz® (Sandoz: FR)
Dompéridone Winthrop® (Winthrop: FR)
Domsil® (Silva: BD)
Domstal® (Torrent: IN)
Don-A® (Acme: BD)
Donegal® (Medipharm: CL)
Donum® (M & H: TH)
Dopadon® (Ibn Sina: BD)
Doridone® (DHA: HK, SG)
Doridon® (Medicon: BD)
Dosin® (Andromaco: CL)
Dysnov® (Unimed & Unihealth: BD)
Ecuamon® (Lazar: AR)
Eftirlium® (F.T. Pharma: VN)
Emidom® (Somatec: BD)
Eridon® (Doctor's Chemical Work: BD)
Esogut® (Bio-Pharma: BD)
Euciton® (Roux-Ocefa: AR)
Galflux® (Guardian: ID)
Gasdol® (Bago: CL)
Gastronorm® (Janssen: IT)
Gerdilium® (Otto: ID)
Gidora® (Rephco: BD)
Harmetone® (Janssen: CO)
Idon® (Saval Eurolab: CL)
Loval® (Jayson: BD)
Merin® (Edruc: BD)
Mirax® (Berlin: SG, TH)
Mocydone® (Pharmasant: TH)
Modomed® (Medifive: TH)
Mogasinte® (CPH: PT)
Molax® (Siam Bheasach: TH)
Moperidona® (Sidus: AR)
Moticon® (Condrugs: TH)
Motidon® (TO Chemicals: TH)
Motigut® (Square: BD)
Motilak® (Verofarm: RU)
Motilex® (Techno: BD)
Motilin® (Shiba: YE)
Motilium® [tabs.] (Altana: DE)
Motilium® [tabs.] (Esteve: ES)

Motilium® [tabs.] (Janssen: AE, AR, AT, AU, BE, BF, BG, BJ, BR, CF, CG, CH, CI, CM, CR, CY, CZ, DK, DO, DZ, EG, FR, GA, GE, GN, GT, HK, HN, HU, ID, IE, IL, IT, JO, LB, LK, LU, MG, ML, MR, MT, MX, MY, NE, NI, NL, NZ, PA, PE, PH, PT, RO, RU, SA, SD, SG, SN, SV, TD, TG, TH, YE, ZA)
Motilium® [tabs.] (Janssen-Cilag: TR, VN)
Motilium® [tabs.] (Terapia: RO)
Motilium® [tabs.] (Xian: CN)
Motilyo® (Janssen: FR)
Motiper® (Mystic: BD)
Motonium® (Leksir: RU)
Movelium® (Medicine Supply: TH)
Mutecium-M® (Mekophar: VN)
Myodon® (Peoples: BD)
Nautigo® (Bell: IN)
Nauzelin® (Janssen: ES)
Nauzelin® (Kyowa: JP)
Netaf® (Pharmalab: PE)
Ninlium® (Chinta: TH)
Omidon® (Incepta: BD)
Paridon® (Drug International: BD)
Passagix® (Obolenskoe: RU)
Peptomet® (Remedica: CY, ET, KE, SD, ZW)
Peridona® (UCI: BR)
Peridon® (Hudson: BD)
Peridon® (Italchimici: IT)
Peridys® (Pierre Fabre: DZ)
Perion® (Globe: BD)
Permod® (Francia: IT)
Pondperdone® (Pond's: TH)
Protix® (Apex: BD)
Péridys® (Pierre Fabre: BF, BJ, CF, CG, CI, CM, FR, GA, GN, MG, ML, MR, NE, SN, TD, TG, ZR)
Qualidom® (Quality: HK)
Rabugen® (Unison: HK)
Remotil® (Azevedos: PT)
Restol® (Chile: CL)
Ridon® (Eskayef: BD)
Riges® (Pulitzer: IT)
S.C.D. Domeridone® (Sam Chun Dang: SG)
Seronex® (Medix: MX)
Siligaz® (Prater: CL)
Tametil® (Krka: SI)
Tilidon® (Interbat: ID)
Vave® (ACI: BD)
Vometa® (Dexa Medica: ID, LK)
Vomidon® (Be-Tabs: ZA)
Vomitas® (Kalbe: ID)
Vosedon® (Sanbe: ID)

– maleate:

CAS-Nr.: 0099497-03-7
OS: *Domperidone Maleate BANM*
PH: Domperidoni maleas Ph. Eur. 5
PH: Domperidonmaleat Ph. Eur. 5
PH: Domperidone Maleate Ph. Eur. 5
PH: Dompéridone (maléate de) Ph. Eur. 5

Apo-Domperidone® (Apotex: CA)
Docdomperi® (Docpharma: BE)
Domerid® (Rowex: IE)
Domidon® (Gry: DE)
Domidon® (Ziska: BD)
Domper-M® (Bangkok: TH)
Domperide® (Dar-Al-Dawa: AE, BH, IQ, JO, KW, LB, LY, MT, NG, OM, QA, SA, SD, SO, TN, YE)
Domperidon 1A Pharma® (1A Pharma: DE)
Domperidon AbZ® (AbZ: DE)
Domperidon Actavis® (Actavis: NL)
Domperidon Alpharma® (Alpharma: NL)
Domperidon Alternova® (Alternova: AT, DK, NL)
Domperidon AL® (Aliud: DE)
Domperidon AL® (Stada: NL)
Domperidon Basic Pharma® (Basic Pharma: NL)
Domperidon Bellwood® (Belllwood: NL)
Domperidon beta® (betapharm: DE)
Domperidon CF® (Centrafarm: NL)
Domperidon Copernico® (Copernico: NL)
Domperidon CT® (CT: NL)
Domperidon Disphar® (Disphar: NL)
Domperidon Faribérica® (Faribérica: NL)
Domperidon FLX® (Karib: NL)
Domperidon Gf® (Genfarma: NL)
Domperidon Hexal® (Hexal: DE, NL)
Domperidon JC® (McNeil: NL)
Domperidon Merck® (Merck Generics: NL)
Domperidon PCH® (Pharmachemie: NL)
Domperidon Ranbaxy® (Ranbaxy: NL)
Domperidon Ratiopharm® (Ratiopharm: NL)
Domperidon Samenwerkende Apothekers® (Samenwerkende Apothekers: NL)
Domperidon Sandoz® (Sandoz: DE, NL)
Domperidon Sofar® (Sofar: NL)
Domperidon Stada® (Stadapharm: DE)
Domperidon-CT® (CT: DE)
Domperidon-EP® (ExtractumPharma: HU)
Domperidon-ratiopharm® (ratiopharm: DE)
Domperidon-ratiopharm® (Ratiopharm: NL)
Domperidon-TEVA® (Teva: DE)
Domperidone Copernico® (Copernico: IT)
Domperidone EG® (Eurogenerics: BE)
Domperidone Teva® (Teva: IT)
Domperidone® (Generics: GB)
Domperidone® (Hillcross: GB)
Domperidone® (Wockhardt: GB)
Domperidon® (Apothecon: NL)
Domperidon® (Etos: NL)
Domperidon® (Healthypharm: NL)
Domperidon® (Jerim: NL)
Domperidon® (Karib: NL)
Domperidon® (Leidapharm: NL)
Domperidon® (Lepharma: NL)
Domperidon® (Pharmacin: NL)
Domperidon® (Wise: NL)
Dompérone® (Pharmalliance: DZ)
Dopon® (Shamsul Alamin: BD)
Dotium® (Domesco: VN)
Gastrocure® (McNeil: NL)
Gen-Domperidone® (Genpharm: CA)
Kruidvat Domperidon® (Marel: NL)
Merck-Domperidon® (Merck: BE)
Mirax-M® (Berlin: TH)
Modom-S® (HG.Pharm: VN)
Molax-M® (Siam Bheasach: TH)
Motilant® (Marksman: BD)
Motilium-M® (Janssen: TH)
Motilium-M® (Janssen-Cilag: VN)
Motilium® (Janssen: BE)
Motilium® (Janssen-Cilag: TR)

D

Motilium® (McNeil: NL)
Motilium® [vet.] (Janssen Santé Animale: FR)
Movelium-M® (Medicine Supply: TH)
Novo-Domperidone® (Novopharm: CA)
Peridom® (Masa Lab: TH)
Peridom® (Medopharm: VN)
Permotil® (Sofar: IT)
PMS-Domperidone® (Pharmascience: CA)
Rabugen-M® (Unison: TH)
RAN-Domperidone® (Ranbaxy: CA)
ratio-Domperidone® (Ratiopharm: CA)
Rowex Domerid® (Rowex: IE)
Vomidone® (Pharos: ID)
Zilium® (Wolfs: BE)

Donepezil (Rec.INN)

L: Donepezilum
I: Donepezil
D: Donepezil
F: Donepezil
S: Donepezilo

Nootropic

ATC: N06DA02
CAS-Nr.: 0120014-06-4 C_{24}-H_{29}-N-O_3
M_r 379.506

(±)-2-[(1-Benzyl-4-piperidyl)methyl]-5,6-dimethoxy-1-indanone

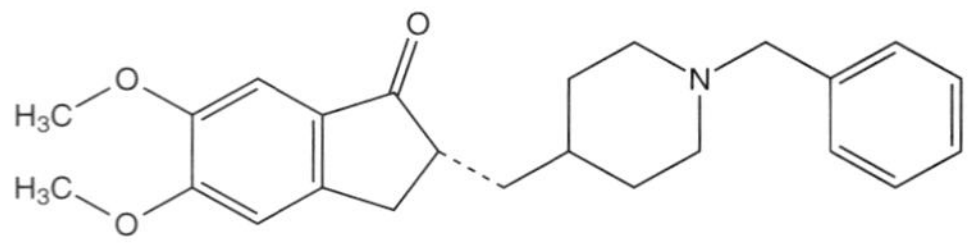

OS: *Donepezil [BAN]*

Donaz® (Glenmark: IN)
Fordesia® (Dankos: ID)
Memorit® (Unipharm: IL)

– hydrochloride:

CAS-Nr.: 0120011-70-3
OS: *Donepezil Hydrochloride BANM, USAN*
IS: *E 2020 (Eisai, Japan)*
IS: *BNAG*

Alzaimax® (Rontag: AR)
Ameloss® (Incepta: BD)
Aricept® (Douglas: NZ)
Aricept® (Eisai: CN, DE, FR, GB, HK, ID, JP, MY, PH, SG, TH, US, VN)
Aricept® (Lyfjaver: IS)
Aricept® (Pfizer: AE, AT, AU, BA, BE, BH, CA, CH, CN, CY, CZ, DE, DK, EG, ES, FI, GE, GR, HR, HU, IE, IL, IS, IT, JO, KW, LB, LU, NO, OM, PL, PT, RO, RS, RU, SA, SE, SI, TR, US, ZA)
Asenta® (Agis: IL)
Cebrocal® (Temis-Lostalo: AR)
Cogiton® (Biofarm: PL)
Crialix® (Filaxis: AR)
Cristaclar® (Beta: AR)
Dazolin® (Recalcine: CL)
Doenza® (Sanovel: TR)
Donepex® (Celon: PL)
Elzer® (Square: BD)
Endoclar® (Baliarda: AR)
Eranz® (Wyeth: AR, BR, CL, CO, CR, GT, HN, NI, PA, PE, SV)
Evimal® (Andromaco: CL)
Lirpan® (Casasco: AR)
Memac® (Bracco: IT)
Oldinot® (Elea: AR)
Onefin® (LKM: AR)
Valpex® (Ivax: AR)
Yasnal® (Krka: BA, HR, PL, RS, SI)

Dopamine (Prop.INN)

L: Dopaminum
I: Dopamina
D: Dopamin
F: Dopamine
S: Dopamina

Antihypotensive agent
Cardiac stimulant, cardiotonic agent

ATC: C01CA04
CAS-Nr.: 0000051-61-6 C_8-H_{11}-N-O_2
M_r 153.186

1,2-Benzenediol, 4-(2-aminoethyl)-

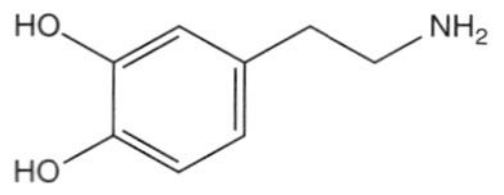

OS: *Dopamine [BAN, DCF]*
OS: *Dopamina [DCIT]*
IS: *3-Hydroxytyramin*
IS: *KW 3-060*

– hydrochloride:

CAS-Nr.: 0000062-31-7
OS: *Dopamine Hydrochloride BANM, JAN, USAN*
IS: *ASL 279 (DuPont, USA)*
PH: Dopamine (chlorhydrate de) Ph. Eur. 5
PH: Dopamine Hydrochloride JP XIV, Ph. Eur. 5, Ph. Int. 4, USP 30
PH: Dopamini hydrochloridum Ph. Eur. 5, Ph. Int. 4
PH: Dopaminhydrochlorid Ph. Eur. 5

Abbodop® (Electra-Box: FI, SE)
Abbodop® (Hospira: DK, NO)
Cardiopal® (Biogen: CO)
Catabon® (Nikken: JP)
Cetadop® (Ethica: ID)
Clorhidrat de Dopamină® (Zentiva: RO)
Clorhidrat Dopamina Grif® (Grifols: ES)
Cloridrato de Dopamina® (Eurofarma: BR)
Cloridrato de Dopamina® (Teuto: BR)
Cloridrato de Dopamina® (União: BR)
DBL Dopamine® (Indochina: TH)
Docard® (Dexxon: IL)
Dopacris® (Cristália: BR)
Dopamex® (Biolab: TH)
Dopamin „Nattermann"® (Ebewe: AT)
Dopamin Admeda® (Admeda: HR)
Dopamin Carino® (Carinopharm: DE)
Dopamin Ebewe® (Ebewe: HK, VN)
Dopamin Fresenius® (Fresenius: AT, BA, CH, DE)
Dopamin Fresenius® (Medias: SI)

Dopamin Giulini® (Kali: LU)
Dopamin Giulini® (Solvay: AT, ID)
Dopamin Solvay® (Solvay: AT, DE, HU, RO)
Dopamin-ratiopharm® (ratiopharm: DE)
Dopamina Ahimsa® (Ahimsa: AR)
Dopamina Biologici® (Mayne: IT)
Dopamina Biol® (Biol: AR)
Dopamina Clorhidrato® (Biosano: CL)
Dopamina Clorhidrato® (Sanderson: CL)
Dopamina Clorhidrato® (Volta: CL)
Dopamina Duncan® (Duncan: AR)
Dopamina Fabra® (Fabra: AR)
Dopamina Fides® (Fides Ecopharma: ES)
Dopamina Northia® (Northia: AR)
Dopamina PH&T® (PH&T: IT)
Dopamina Richmond® (Richmond: AR)
Dopamina® (Fisiopharma: IT)
Dopamina® (Galenica: IT)
Dopamina® (Salf: IT)
Dopamine Aguettant® (Aguettant: FR)
Dopamine Anfarm® (Anfarm: GR)
Dopamine Concentrate® (Mayne: AU)
Dopamine Fresenius® (Fresenius: TR)
Dopamine Hcl Abbott® (Abbott: ID, TH)
Dopamine HCL DBL® (Mayne: HK, SG)
Dopamine HCL DBL® (Tempo: ID)
Dopamine HCl in Dextrose® (Baxter Healthcare: US)
Dopamine HCl-Fresenius® (Bodene: ZA)
Dopamine Hydrochloride in Dextrose® (Abbott: GB)
Dopamine Hydrochloride in Dextrose® (Baxter Healthcare: US)
Dopamine Hydrochloride in Dextrose® (Hospira: US)
Dopamine Hydrochloride in Dextrose® (McGaw: US)
Dopamine Hydrochloride® (American Regent: US)
Dopamine Hydrochloride® (Hospira: US)
Dopamine Hydrochloride® (Mayne: NZ)
Dopamine Hydrochloride® (Polfa Warshavskiy: RU)
Dopamine Hydrochloride® (Sicor: US)
Dopamine Lucien® (Therabel: FR)
Dopamine Pierre Fabre® (PF: LU)
Dopamine Pierre Fabre® (Pierre Fabre: FR)
Dopamine Renaudin® (Renaudin: FR)
Dopaminex® (Solvay: TH)
Dopamine® (Abbott: GB)
Dopamine® (DBL/Faulding: BD)
Dopamine® (Goldshield: GB)
Dopamine® (Mayne: GB)
Dopamine® (Tempo: ID)
Dopamine® (Unimed & Unihealth: BD)
Dopaminum Hydrochloricum® (Polfa Warszawa: PL)
Dopamin® (Braun: TH)
Dopamin® (Farmakos: RS)
Dopamin® (Nycomed: NO)
Dopamin® (Solvay: BG)
Dopatropin® (Scott: AR)
Doperba® (Kalbe: ID)
Dopinga® (Inga: IN)
Dopmin® (Drogsan: TR)
Dopmin® (Orion: AE, BH, CZ, DK, EG, FI, JO, KW, LB, OM, QA, RU, TH, YE)
Dynatra® (Almirall: BE, LU)
Dynatra® (Zambon: NL)
Giludop® (Solvay: DK, GR, SE)
Indop® (Fahrenheit: ID)
Inopin® (Siam Bheasach: TH)
Inotropin® (Bagó: AR)
Inotropisa® (Schein: PE)
Inovan® (Kyowa: JP)
Intropin® (Bristol-Myers Squibb: CA)
Intropin® (Faulding: US)
Intropin® (Profarma: PE)
Intropin® (Sanofi-Synthelabo: NL, ZA)
Medopa® (Medinfar: PT)
Megadose® (Fada: AR)
Predopa® (Kyowa: JP)
Proinfark® (Phapros: ID)
Revivan® (AstraZeneca: IT)
Revivan® (Zambon: BR)
Sterile Dopamin Concentrate® (International Medication Systems: GB)
Tensamin® (Zentiva: CZ)

Dopexamine (Rec.INN)

L: Dopexaminum
D: Dopexamin
F: Dopexamine
S: Dopexamina

Cardiac stimulant, cardiotonic agent
Sympathomimetic agent

ATC: C01CA14
CAS-Nr.: 0086197-47-9 C_{22}-H_{32}-N_2-O_2
M_r 356.518

1,2-Benzenediol, 4-[2-[[6-[(2-phenylethyl)-amino]hexyl]amino]ethyl]-

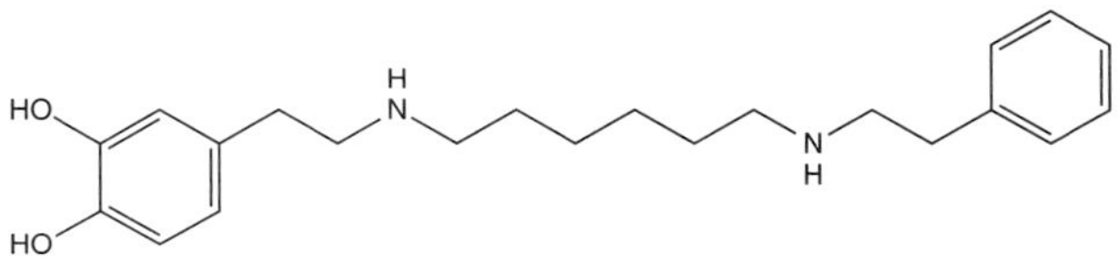

OS: *Dopexamine [BAN, DCF, USAN]*
IS: *FPL 60278 (Fisons)*

– dihydrochloride:

CAS-Nr.: 0086484-91-5
OS: *Dopexamine Hydrochloride BANM, USAN*
IS: *FPL 60278 AR (Fisons)*
PH: Dopexamine dihydrochloride Ph. Eur. 5

Dopacard® (Cephalon: GB, SE)
Dopacard® (Elan: DK, IE, IS)
Dopacard® (Ipsen: NL)
Dopacard® (Speywood: CZ)
Dopacard® (Zeneus: DE, FR)

Doramectin (Rec.INN)

L: Doramectinum
D: Doramectin
F: Doramectine
S: Doramectina

⚕ Antiparasitic agent [vet.]
ATCvet: QP54AA03
CAS-Nr.: 0117704-25-3 C_{50}-H_{74}-O_{14}
M_r 899.142

Avermectin A_{1a}, 25-cyclohexyl-5-O-demethyl-25-de(1-methylpropyl)-

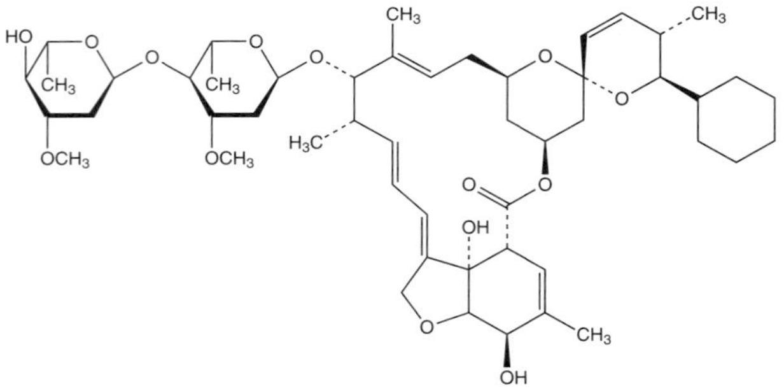

OS: *Doramectin [BAN, USAN]*
IS: *UK 67994 (Pfizer, USA)*

Dectomax-S® [vet.] (Pfizer Animal: DE)
Dectomax® [vet.] (Orion: SE)
Dectomax® [vet.] (Pfizer: AT, AU, BE, CH, FI, IT, LU, NL, NO, ZA)
Dectomax® [vet.] (Pfizer Animal: DE, PT)
Dectomax® [vet.] (Pfizer Animal Health: GB, IE, NZ, US)
Dectomax® [vet.] (Pfizer Santé Animale: FR)
Prontax® [vet.] (Pfizer: NL)

Dornase alfa (Rec.INN)

L: Dornasum alfa
I: Dornase alfa
D: Dornase alfa
F: Dornase alfa
S: Dornasa alfa

⚕ Enzyme

CAS-Nr.: 0143831-71-4 C_{1321}-H_{1995}-N_{339}-O_{396}-S_9
M_r 29251.421

Deoxyribonuclease (human clone 18-1 protein moiety)

OS: *Dornase Alfa [BAN, USAN]*
IS: *DNase I, recombinant human*
IS: *Recombinant human DNase I*
IS: *rhDNase*

Pulmozyme® (Dr. Fisher: NL)
Pulmozyme® (EU-Pharma: NL)
Pulmozyme® (Eureco: NL)
Pulmozyme® (Euro: NL)
Pulmozyme® (Genentech: US)
Pulmozyme® (Roche: AR, AT, AU, BA, BE, BG, BR, CA, CH, CL, CO, CY, CZ, DE, DK, EE, ES, FI, FR, GB, GR, GT, HR, HU, IE, IL, IS, IT, LB, LT, LU, LV, MX, NL, NO, NZ, OM, PA, PE, PL, PT, RO, RS, RU, SA, SE, SI, SK, SV, TR, UY, ZA)
Viscozyme® (Roche: CL)

Dorzolamide (Rec.INN)

L: Dorzolamidum
I: Dorzolamide
D: Dorzolamid
F: Dorzolamide
S: Dorzolamida

⚕ Diuretic, carbonic anhydrase inhibitor
⚕ Glaucoma treatment
⚕ Ophthalmic agent

ATC: S01EC03
CAS-Nr.: 0120279-96-1 C_{10}-H_{16}-N_2-O_4-S_3
M_r 324.438

4H-Thieno[2,3-b]thiopyran-2-sulfonamide, 4-(ethylamino)-5,6-dihydro-6-methyl, 7,7-dioxide

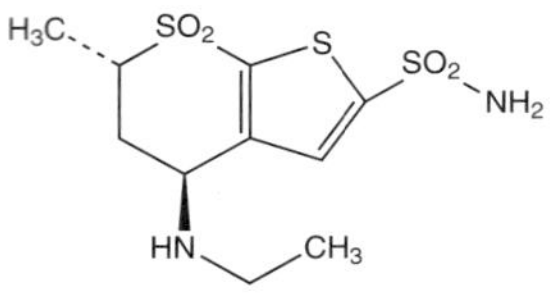

OS: *Dorzolamide [BAN]*

Trusopt® (Merck Sharp & Dohme: AR)

– hydrochloride:

CAS-Nr.: 0130693-82-2
OS: *Dorzolamide Hydrochloride BANM, USAN*
IS: *L 671152*
IS: *MK 507*
PH: Dorzolamide hydrochloride USP 30

Cosopt® (Chibret: PT)
Dorlamida® (Atlas: AR)
Dorzox® (Cipla: IN)
Glaucotensil® (Pharma Investi: CL)
Trusopt® (Chibret: DE, PT)
Trusopt® (Dr. Fisher: NL)
Trusopt® (EU-Pharma: NL)
Trusopt® (Eureco: NL)
Trusopt® (Euro: NL)
Trusopt® (Merck: US)
Trusopt® (Merck Frosst: CA)
Trusopt® (Merck Sharp & Dohme: AN, AT, AU, AW, BA, BB, BE, BR, BS, BZ, CH, CL, CO, CR, CZ, DK, DZ, ES, FR, GB, GT, GY, HK, HN, HR, HU, IE, IL, IS, IT, JM, KY, LK, LU, MX, MY, NI, NL, NZ, PA, PH, PL, RU, SE, SG, SI, SV, TH, TR, TT, ZA)
Trusopt® (MerckSharp&Dohme: RO)
Trusopt® (MSD: FI, NO)
Trusopt® (Vianex: GR)
Trusopt® [vet.] (Merck Sharp & Dohme Animals: GB)

Dosulepin (Rec.INN)

L: **Dosulepinum**
I: **Dosulepina**
D: **Dosulepin**
F: **Dosulépine**
S: **Dosulepina**

Antidepressant, tricyclic

ATC: N06AA16
CAS-Nr.: 0000113-53-1 C_{19}-H_{21}-N-S
M_r 295.447

1-Propanamine, 3-dibenzo[b,e]thiepin-11(6H)-ylidene-N,N-dimethyl-

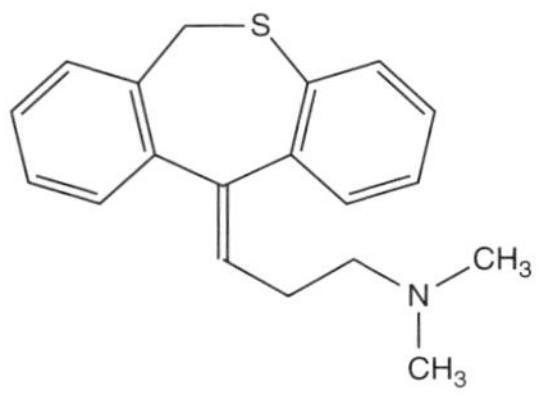

OS: *Dosulépine [DCF]*
OS: *Dosulepin [BAN]*
OS: *Dosulepina [DCIT]*
OS: *Dothiepin [BAN]*

– hydrochloride:

CAS-Nr.: 0007081-53-0
OS: *Dothiepin Hydrochloride USAN*
OS: *Dosulepin Hydrochloride BANM, JAN*
IS: *Dothiepin Hydrochloride*
PH: Dosulepin Hydrochloride Ph. Eur. 5
PH: Dosulepini hydrochloridum Ph. Eur. 5
PH: Dosulépine (chlorhydrate de) Ph. Eur. 5
PH: Dosulepinhydrochlorid Ph. Eur. 5

Dopress® (Pacific: NZ)
Dosulepin® (Alpharma: GB)
Dosulepin® (Generics: GB)
Dosulepin® (Hillcross: GB)
Dosulepin® (Kent: GB)
Dosulepin® (Sandoz: GB)
Dosulepin® (Teva: GB)
Dothep® (Alphapharm: AU)
Dothep® (Gerard: IE)
Espin® (Taejoon Pharm: SG)
Idom® (Biokanol: DE)
Prothiaden® (Abbott: AE, AU, BE, BH, DK, EG, GB, IN, IQ, IR, JO, KW, LB, LU, OM, PH, QA, SA, SG, SY, TH, YE, ZA)
Prothiaden® (Alter: ES)
Prothiaden® (Teofarma: FR, IE, NL)
Prothiaden® (Zentiva: CZ)
Protiadene® (Abbott: PT)
Protiaden® (Teofarma: IT)
Sandoz Dothiepin HCl® (Sandoz: ZA)
Thaden® (Aspen: ZA)

Doxacurium Chloride (Rec.INN)

L: **Doxacurii chloridum**
D: **Doxacurium chlorid**
F: **Chlorure de doxacurium**
S: **Chloruro de doxacurio**

Neuromuscular blocking agent

ATC: M03AC07
CAS-Nr.: 0106819-53-8 C_{56}-H_{78}-Cl_2-N_2-O_{16}
M_r 1106.16

(1R,2S;1S,2R)-1,2,3,4-Tetrahydro-2-(3-hydroxypropyl)-6,7,8-trimethoxy-2-methyl-1-(3,4,5-trimethoxybenzyl)isoquinolinium chloride, succinate (2:1)

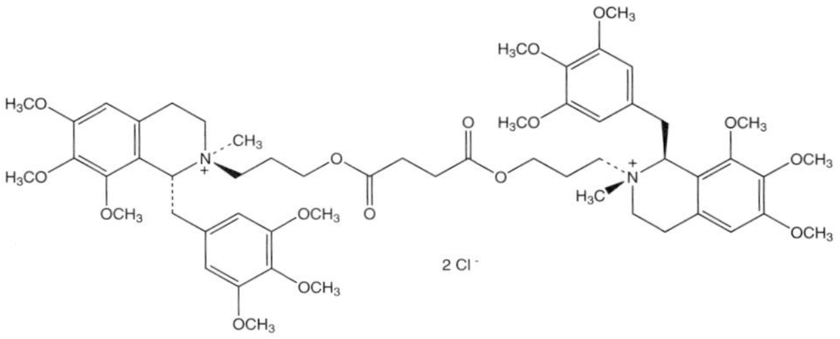

OS: *Doxacurium Chloride [BAN, USAN]*
IS: *BW A938U (Burroughs Wellcome)*

Nuromax® (Glaxo Wellcome: US)
Nuromax® (Hospira: US)

Doxapram (Rec.INN)

L: **Doxapramum**
I: **Doxapram**
D: **Doxapram**
F: **Doxapram**
S: **Doxapram**

Analeptic

ATC: R07AB01
CAS-Nr.: 0000309-29-5 C_{24}-H_{30}-N_2-O_2
M_r 378.524

2-Pyrrolidinone, 1-ethyl-4-[2-(4-morpholinyl)ethyl]-3,3-diphenyl-

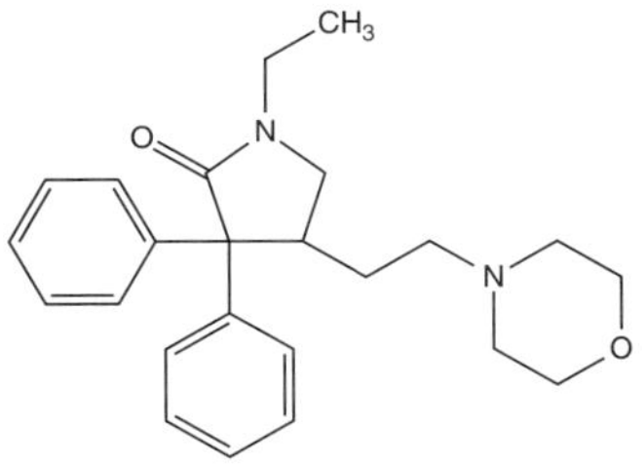

OS: *Doxapram [BAN, DCF]*

Docatone® (Wyeth: ES)

– hydrochloride:

CAS-Nr.: 0007081-53-0
OS: *Doxapram Hydrochloride BANM, USAN*
IS: *AHR 619 (Robins, USA)*
PH: Doxapram Hydrochloride Ph. Eur. 5, JP XIV, USP 30
PH: Doxaprami hydrochloridum Ph. Eur. 5
PH: Doxapramhydrochlorid Ph. Eur. 5

PH: Doxapram (chlorhydrate de) Ph. Eur. 5

Dopram-Fresenius® (Bodene: ZA)
Dopram® (Antigen: IE)
Dopram® (Baxter: US)
Dopram® (Bournonville: NL)
Dopram® (Bournonville Eumedica: BE)
Dopram® (Genopharm: FR)
Dopram® (Goldshield: GB)
Dopram® (Health Support Ltd: NZ)
Dopram® (Meda: DK, FI, NO)
Dopram® (Riemser: DE)
Dopram® (Wyeth: AT, AU)
Dopram® [vet.] (Bomac: NZ)
Dopram® [vet.] (Fort Dodge: GB, IE, US)
Dopram® [vet.] (Meda: NO)
Dopram® [vet.] (Pharm Tech: AU)
Dopram® [vet.] (Vetoquinol: BE, FR)
Doxapram Hydrochloride Injection® (Bedford: US)
Doxapram® (Khandelwal: IN)
Doxapram® [vet.] (Albrecht: DE)
Doxapram® [vet.] (Intervet: IT)

Doxazosin (Rec.INN)

L: Doxazosinum
I: Doxazosin
D: Doxazosin
F: Doxazosine
S: Doxazosina

Antihypertensive agent

ATC: C02CA04
CAS-Nr.: 0074191-85-8 C_{23}-H_{25}-N_5-O_5
M_r 451.503

Piperazine, 1-(4-amino-6,7-dimethoxy-2-quinazolinyl)-4-[(2,3-dihydro-1,4-benzodioxin-2-yl)carbonyl]-

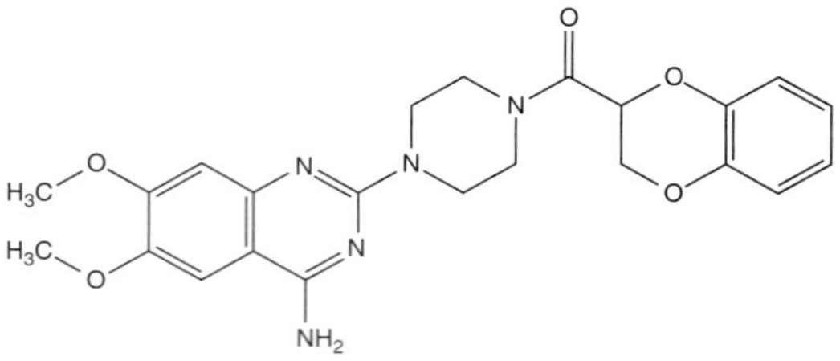

OS: *Doxazosin [BAN, DCIT]*
OS: *Doxazosine [DCF]*

Adco-Doxazosin® (Al Pharm: ZA)
Alphapres® (Zdravlje: RS)
Apo-Doxan® (Apotex: PL)
Cardura XL® (Pfizer: IE)
Doxacard® (Cipla: IN)
Doxazin® (Jadran: HR)
Doxazosine-EG® (Eurogenerics: LU)
HPB® (Ethical: DO)
Merck-Doxazosin® (Merck Generics: ZA)
Vazosin® (Biotenk: AR)
Windoxa® (GlaxoSmithKline: CZ)
Zoflux® (Libbs: BR)

– mesilate:

CAS-Nr.: 0077883-43-3

OS: *Doxazosin Mesylate USAN*
OS: *Doxazosin Mesilate BANM*
IS: *UK 33274-27 (Pfizer, USA)*
PH: Doxazosin mesilate Ph. Eur. 5

Alfadil® (Pfizer: SE)
Alfadil®BPH (Pfizer: SE)
Alfadoxin® (Chile: CL)
Alfamedin® (Kade: DE)
Angicon® (Royal Pharma: CL)
Apo-Doxazosin® (Apotex: CA)
Artezine® (Otechestvennye Lekarstva: RU)
Ascalan® (Lannacher: AT)
Benur® (Bioindustria: IT)
Cadex® (Dexcel: IL)
Cardenalin® (Pfizer: JP)
Cardoral® (Pfizer: IL)
Cardosin Retard® (Actavis: DK)
Cardular® (Pfizer: BF, BJ, CF, CG, CI, CM, DE, GA, GN, MG, ML, MR, MU, NE, SN, TD, TG, ZR)
Cardura XL® (Delphi: NL)
Cardura XL® (Dowelhurst: NL)
Cardura XL® (EU-Pharma: NL)
Cardura XL® (Euro: NL)
Cardura XL® (Nedpharma: NL)
Cardura XL® (Pfizer: CN, GB, NL, RO, SI, US)
Cardura XL® (Roerig: CL)
Carduran Neo® (Pfizer: ES)
Carduran Retard® (Pfizer: DK, IS)
Carduran® (Pfizer: AU, BR, CO, ES, NO, PE, VN)
Cardura® (AstraZeneca: CA)
Cardura® (Mack: CZ)
Cardura® (Pfizer: AR, BZ, CH, CR, CZ, GB, GE, GR, GT, HK, HN, HU, ID, IE, IE, IT, MX, MY, NI, NL, PA, PL, PT, RU, SG, SI, SV, TH, TR, US, ZA)
Cardura® (Roerig: CL)
Cazosin® (Millimed: TH)
Dalgen® (Biogen: CO)
Dedralen® (Italfarmaco: IT)
Diblocin® (AstraZeneca: DE)
Doksura® (Fako: TR)
Dorbantil® (Drugtech-Recalcine: CL)
Dosan® (Pacific: NZ)
Doxa XL® (Winthrop: CZ)
Doxa-Puren® (Actavis: DE)
Doxacar® (Gerard: IE)
Doxacor® (Hexal: DE)
Doxacor® (Salutas Pharma: RS)
Doxacor® (Sandoz: TR)
Doxagal® (Teva: HU)
Doxagamma® (Wörwag Pharma: DE)
Doxaloc® (Unipharm: IL)
Doxamax® (esparma: DE)
Doxanorm® (ICN: PL)
Doxapress® (Kwizda: AT)
Doxaratio® (ratiopharm: PL)
Doxar® (Polfa Kutno: PL)
Doxasin® (Fortbenton: AR)
Doxatan® (Clonmel: IE)
Doxatensa® (VP: ES)
DoxaUro® (Hexal: DE)
Doxazoflo® (Gry: DE)
Doxazomerck® (Merck dura: DE)
Doxazosin 1A Pharma® (1A Pharma: AT, DE)
Doxazosin AbZ® (AbZ: DE)
Doxazosin AL® (Aliud: DE)

Doxazosin Apogepha® (Apogepha: DE)
Doxazosin Arcana® (Arcana: AT)
Doxazosin AWD® (AWD: DE)
Doxazosin beta® (betapharm: DE)
Doxazosin Copyfarm® (Copyfarm: DK)
Doxazosin Cor-1A Pharma® (1A Pharma: DE)
Doxazosin dura® (Merck dura: DE)
Doxazosin findusFit® (findusFit: DE)
Doxazosin Genericon® (Genericon: AT)
Doxazosin Heumann® (Heumann: DE)
Doxazosin Hexal® (Hexal: AT)
Doxazosin Hexal® (Sandoz: HU)
Doxazosin Klast® (Linden: DE)
Doxazosin Ratiopharm® (Ratiopharm: AT)
Doxazosin Ratiopharm® (ratiopharm: DE, HU)
Doxazosin Ratiopharm® (Ratiopharm: SE)
Doxazosin Sandoz® (Sandoz: AT, DE)
Doxazosin Stada® (Stada: DK, SE)
Doxazosin Stada® (Stadapharm: DE)
Doxazosin TAD® (TAD: DE)
Doxazosin Uro Hexal® (Hexal: DE)
Doxazosin-CT® (CT: DE)
Doxazosin-Wolff® (Wolff: DE)
Doxazosina Alter Generic® (Alter: ES)
Doxazosina Alter® (Alter: ES)
Doxazosina Bexal® (Bexal: ES)
Doxazosina Biol® (Biol: AR)
Doxazosina Cinfa® (Cinfa: ES)
Doxazosina Combino Pharm® (Combino: ES)
Doxazosina Edigen® (Edigen: ES)
Doxazosina Farmabion® (Farmabion: ES)
Doxazosina Merck® (Merck: ES)
Doxazosina Neo Ratiopharm® (Ratiopharm: ES)
Doxazosina Normon® (Normon: CR, ES, GT, HN, NI, PA, SV)
Doxazosina Pharmagenus® (Pharmagenus: ES)
Doxazosina Ratiopharm® (Ratiopharm: ES)
Doxazosina Ur® (Uso Racional: ES)
Doxazosine CF® (Centrafarm: NL)
Doxazosine Disphar® (Disphar: NL)
Doxazosine PCH® (Pharmachemie: NL)
Doxazosine Sandoz® (Sandoz: NL)
Doxazosine® (Genthon: NL)
Doxazosine® (Hexal: NL)
Doxazosin® (Actavis: NO)
Doxazosin® (Generics: GB)
Doxazosin® (Teva: GB)
Doxicard® (Apotex: HU)
Doximax® (Ferrer: ES)
Doxolbran® (Phoenix: AR)
Doxolbran® (Rowe: DO)
Doxonex® (Polpharma: PL)
Dozasin® (Promedic: RO)
Dozozin-2® (Umeda: TH)
Duracard® (Sun: TH)
Gen-Doxazosin® (Genpharm: CA)
Genzosin® (S Charoen Bhaesaj: TH)
Hibadren® (Stada: AT)
Jutalar® (Juta: DE)
Jutalar® (Q-Pharm: DE)
Kaltensif® (Kalbe: ID)
Kamiren® (Krka: BA, CZ, PL, RO, RS)
Kamiren® (KRKA: RU)
Kamiren® (Krka: SI)
Kamiren® (Niche: IE)
Kardozin® (Deva: TR)
Maguran® (Pharmacypria Hellas: GR)
Magurol® (Medochemie: RO)
Mesilato de Doxazosina® (Hexal: BR)
Mesilato de Doxazosina® (Merck: BR)
MTW-Doxazosin® (MTW: DE)
Normothen® (Bioindustria: IT)
Novo-Doxazosin® (Novopharm: CA)
Pencor® (Unison: SG, TH)
Prodil® (Farmasa: BR)
Progandol Neo® (Almirall: ES)
Progandol® (Almirall: ES)
Progandol® (Euro: NL)
Progandol® (Grapharma: NL)
Prostadilat® (Pfizer: AT)
Prostatic® (Schwarz: PL)
Prostazosina® (LKM: AR)
Supressin® (Pfizer: AT)
Tendura® (Adeka: TR)
Tonocardin® (Pliva: BA, HR, RU, SI)
Unoprost® (Apsen: BR)
Uriduct® (TAD: DE)
Vaxosin® (Norton: PL)
Xidor® (Victory: MX)
Zoxan® (Euro: NL)
Zoxan® (Pfizer: FR)
Zoxon® (Leciva: CZ)
Zoxon® (Zentiva: PL, RO, RU)

Doxepin (Rec.INN)

L: Doxepinum
I: Doxepina
D: Doxepin
F: Doxépine
S: Doxepina

Antidepressant, tricyclic

ATC: N06AA12
CAS-Nr.: 0001668-19-5 C_{19}-H_{21}-N-O
M_r 279.387

1-Propanamine, 3-dibenz[b,e]oxepin-11(6H)-ylidene-N,N-dimethyl-

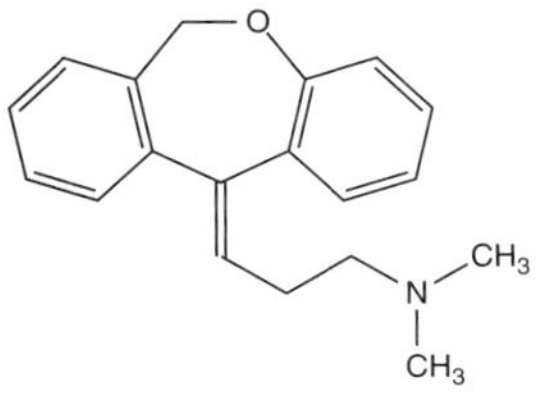

OS: *Doxepin [BAN]*
OS: *Doxépine [DCF]*
OS: *Doxepina [DCIT]*
IS: *MF 10*

Sagalon® (Surya: ID)
Sinequan® [vet.] (Pfizer Animal Health: GB)
Spectra® (Solus: IN)

– hydrochloride:
CAS-Nr.: 0001229-29-4
OS: *Doxepin Hydrochloride BANM, USAN*
IS: *MF 110*
IS: *P 3693 A*

PH: Doxepin Hydrochloride Ph. Eur. 5, USP 30
PH: Doxepini hydrochloridum Ph. Eur. 5
PH: Doxépine (chlorhydrate de) Ph. Eur. 5
PH: Doxepinhydrochlorid Ph. Eur. 5

Anten® (Pacific: NZ)
Apo-Doxepin® (Apotex: CA)
Aponal® (Roche: DE)
Deptran® (Alphapharm: AU)
Doneurin® (Hexal: DE, LU)
Doxal® (Orion: FI)
Doxe TAD® (TAD: DE)
Doxepia® (Temmler: DE)
Doxepin 1A Pharma® (1A Pharma: DE)
Doxepin AL® (Aliud: DE)
Doxepin beta® (betapharm: DE)
Doxepin dura® (Merck dura: DE)
Doxepin Hexal® (Hexal: AT)
Doxepin Holsten® (Holsten: DE)
Doxepin Lindo® (Lindopharm: DE)
Doxepin Sandoz® (Sandoz: DE)
Doxepin Stada® (Stadapharm: DE)
doxepin-biomo® (biomo: DE)
Doxepin-neuraxpharm® (neuraxpharm: DE)
Doxepin-ratiopharm® (ratiopharm: DE)
Doxepin-RPh® (Rodleben: DE)
Doxepin® (Pliva: PL)
Doxepin® (Polfa Kutno: PL)
Doxepin® (Terapia: RO)
Espadox® (esparma: DE)
Expan® (Psipharma: CO)
Gilex® (Rekah: IL)
Mareen® (Krewel: DE)
Novo-Doxepin® (Novopharm: CA)
Prudoxin® (Healthpoint: US)
Quitaxon® (Nepalm: FR)
Sinequan® (Alkaloid: BA, SI)
Sinequan® (Erfa: CA)
Sinequan® (Farmasierra: ES)
Sinequan® (Pfizer: AN, AT, AU, BB, BE, DO, FR, GB, GR, GY, HK, HT, JM, LU, NL, NO, PL, TH, TT, US)
Sinquan® (Pfizer: CH, DE, DK, IS)
Sinquan® (Roerig: US)
Xepin® (Cambridge Healthcare: GB)
Zonalon® (Bioglan: US)
Zonalon® (Rafa: IL)

Doxercalciferol (Rec.INN)

L: Doxercalciferolum
D: Doxercalciferol
F: Doxercalciferol
S: Doxercalciferol

Vitamin D analogue

CAS-Nr.: 0054573-75-0 C_{28}-H_{44}-O_2
M_r 412.72

(5Z,7E,22E)-9,10-Secoergosta-5,7,10,(19),22-tetraene-1alpha,3beta-diol [WHO]

9,10-Secoergosta-5,7,10(19),22-tetraene-1,3-diol, (1-alpha,3-beta,5Z,7E,22E)- [NLM)

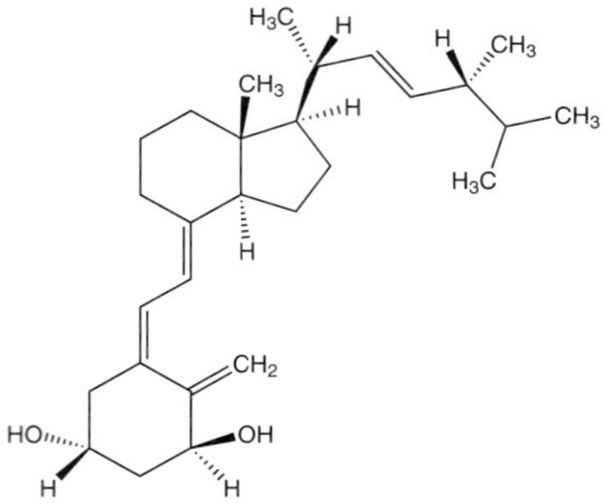

OS: *Doxercalciferol [USAN]*
IS: *1-alpha-Hydroxyvitamin D2*
IS: *1-alpha-Hydroxyergocalciferol*
IS: *1-alpha-OH-D2*
IS: *1-Hydroxyergocalciferol*
IS: *BRN 4716774*
IS: *TSA 870*

Hectorol® (Bone Care: US)
Hectorol® (Genzyme: US)
Hectorol® (Shire: CA)

Doxifluridine (Rec.INN)

L: Doxifluridinum
D: Doxifluridin
F: Doxifluridine
S: Doxifluridina

Antineoplastic agent

CAS-Nr.: 0003094-09-5 C_9-H_{11}-F-N_2-O_5
M_r 246.207

Uridine, 5'-deoxy-5-fluoro-

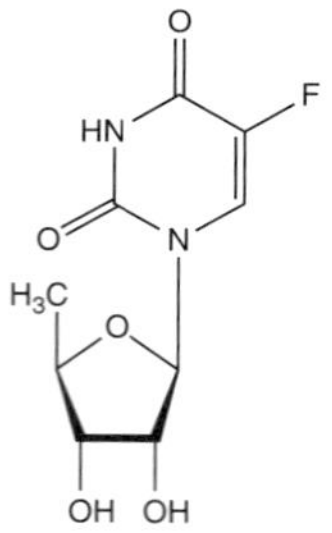

OS: *Doxifluridine [JAN, USAN]*
IS: *5'-DFUR*
IS: *Ro 21-9738*

Furtulon® (Roche: CN, JP, KR)

Doxofylline (Rec.INN)

L: Doxofyllinum
I: Doxofillina
D: Doxofyllin
F: Doxofylline
S: Doxofilina

⚕ Antiasthmatic agent
⚕ Bronchodilator

ATC: R03DA11
CAS-Nr.: 0069975-86-6 C_{11}-H_{14}-N_{4}-O_{4}
M_r 266.273

7-(1,3-Dioxolan-2-ylmethyl)theophylline

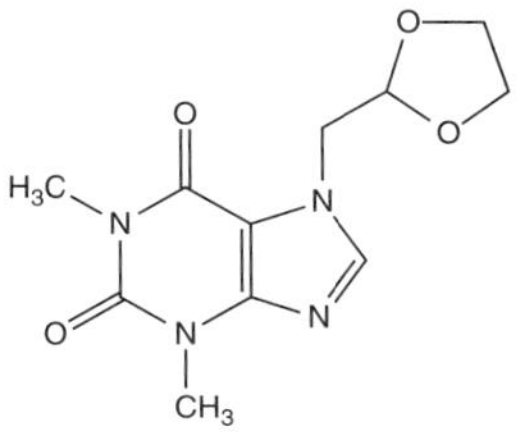

OS: *Doxofylline [USAN]*
OS: *Doxofillina [DCIT]*
IS: *ABC 1213 (ABC, Italy)*
IS: *Doxophylline*

Ansimar® (ABC: IT)
Ansimar® (OEP: PH)
Axofin® (Eurodrug: MX)
Piroxan® (Euroetika: CO)
Puroxan® (Eurodrug: TH)
Puroxan® (Euroetika: CO)

Doxorubicin (Rec.INN)

L: Doxorubicinum
I: Doxorubicina
D: Doxorubicin
F: Doxorubicine
S: Doxorubicina

⚕ Antineoplastic, antibiotic

ATC: L01DB01
CAS-Nr.: 0023214-92-8 C_{27}-H_{29}-N-O_{11}
M_r 543.539

5,12-Naphthacenedione, 10-[(3-amino-2,3,6-trideoxy-α-L-lyxo-hexopyranosyl)oxy]-7,8,9,10-tetrahydro-6,8,11-trihydroxy-8-(hydroxyacetyl)-1-methoxy-, (8S-cis)-

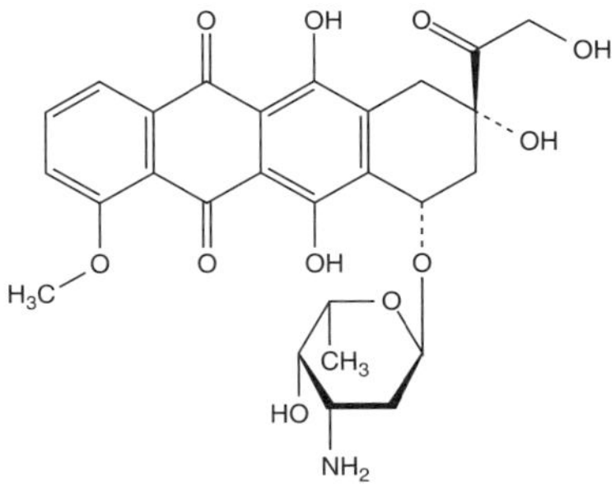

OS: *Doxorubicin [BAN, USAN]*
OS: *Doxorubicine [DCF]*
OS: *Doxorubicina [DCIT]*
IS: *ADM*
IS: *Adryamicin*
IS: *DOX*
IS: *FI 106*
IS: *Hydroxy-14 daunomycine*
IS: *NSC 123127*
IS: *Hydroxydaunorubicin*

Adriamycin® (Pfizer: NZ)
Adriblastina® (Pfizer: LU)
Adriblastina® (Pharmacia & Upjohn: SI)
Dicladox® (Ivax: AR, PE)
Doxopeg® (Raffo: AR)
Doxorrubicina® (ASTA Medica: BR)
Doxorrubicina® (Mayne: BR)
Doxorubicin Ebewe® (Ebewe: IL, TH, VN)
Doxorubicin Ebewe® (InterPharma: NZ)
Doxorubicina Doxolem® [sol.-inj.] (Lemery: PE)
Doxorubicina Ebewe® (Ebewe: IT)
Doxorubicina® (Baxter: CL)
Doxorubicina® (Kampar: CL)
Doxorubicin® (Mayne: IE)
Doxorubicin® (Pharmachemie: PE)
Faulding-Doxorrubicina® (Mayne: BR)
Pallagicin® (Baxter: ID)
Robanul® (Richmond: PE)

– hydrochloride:

CAS-Nr.: 0025316-40-9
OS: *Doxorubicin Hydrochloride BANM, JAN, USAN*
PH: Doxorubicin Hydrochloride JP XIV, Ph. Eur. 5, Ph. Int. 4, USP 30
PH: Doxorubicini hydrochloridum Ph. Eur. 5, Ph. Int. 4
PH: Doxorubicinhydrochlorid Ph. Eur. 5
PH: Doxorubicine (chlorhydrate de) Ph. Eur. 5

A.D. Mycin® (Masu: TH)
Adriablastina® (Pfizer: BA)
Adriacin® (Kyowa: JP)
Adriamycin PFS® (Pfizer: CA, US)
Adriamycin RDF® (Pfizer: US)
Adriamycin® (Bedford: US)
Adriamycin® (Pfizer: AU, DK, FI, IS, NO, SE, SG)
Adriblastina CS® (Pharmacia: CO, CZ)
Adriblastina PFS® (Pfizer: HR, IL, RO)
Adriblastina PFS® (Sindan: RO)
Adriblastina RD® (Pfizer: BR, MX, RO, RS, TH, VN)
Adriblastina RD® (Pharmacia: BG)
Adriblastina RD® (Sindan: RO)
Adriblastina RTU® (Pfizer: CL)
Adriblastina® (Deva: TR)
Adriblastina® (Pfizer: BE, HU, NL, PH, PL, PT, SG, ZA)
Adriblastina® (Pharmacia: CZ, ET, GH, GR, IT, KE, LR, LU, NL, RW, SL, TZ, UG, ZW)
Adriblastina® (Pharmacia & Upjohn: GE)
Adriblastine® (Pfizer: FR)
Adriblastin® (Abic: IL)
Adriblastin® (Pfizer: AT, CH)
Adriblastin® (Pharmacia: DE)
Adricin® (Korea United Pharm: GE)
Adrimedac® (Medac: DE)
Adrimedac® (medac: LU, PL)
Adrim® (Dabur: GE, IN, LK, PH, TH)
Asta Medica Doxorrubicina® (ASTA Medica: BR)

Biorrub® (Biosintética: BR)
Biorubina® (Inst. Biotechn. i Antybiotykow: PL)
Caelyx® (Essex: CH, DE)
Caelyx® (Kirby: EC)
Caelyx® (Schering: CA)
Caelyx® (Schering-Plough: AR, AU, BD, BE, BR, CL, CO, CR, CZ, DO, ES, FI, FR, GB, GR, GT, HK, HN, HU, ID, IE, IS, LU, MX, MY, NL, NO, NZ, PE, PL, RO, RS, RU, SE, SG, SI, TH, TR)
Caelyx® (SP Europe: AT, DK)
Caelyx® (SP Europe-B: IT)
Carcinocin® (Kalbe: ID)
Cloridrato de Doxorrubicina® (ASTA Medica: BR)
Cloridrato de Doxorrubicina® (Eurofarma: BR)
Colhidrol® (Teva: AR)
Cytosafe Doxorubicin HCL® (Pfizer: ID)
Daxotel® (Chile: CL)
DBL Doxorubicin® (Faulding/DBL: TH)
Doxil® (Alza: IL)
Doxina® (Eurofarma: BR)
DOXO-cell® (cell pharm: DE)
DOXO-cell® (Eurogenerics: LU)
DOXO-cell® (Stada: AT)
Doxocris® (LKM: AR)
Doxokebir® (Aspen: AR)
Doxolem® (CSC: AT)
Doxolem® (Lemery: PE, RO, TH)
Doxolem® (Medicom: CZ)
Doxolem® (Zodiac: BR)
Doxopeg® (Asofarma: MX)
Doxopeg® (Tecnofarma: CL)
Doxorrubicina Delta Farma® (Delta Farma: AR)
Doxorubicin Ebewe® (Ebewe: AT, CH, CZ, HU, PL, RO, RS, RU, SI)
Doxorubicin Ebewe® (Ferron: ID)
Doxorubicin HCl CF® (Centrafarm: NL)
Doxorubicin HCl Faulding® (Pharmaplan: ZA)
Doxorubicin HCl PCH® (Pharmachemie: NL)
Doxorubicin Hexal® (Hexal: DE)
Doxorubicin Hydrochloride DBL® (Mayne: NZ)
Doxorubicin Hydrochloride DBL® (Tempo: ID)
Doxorubicin Hydrochloride Ebewe® (Pharmanel: GR)
Doxorubicin Hydrochloride-Shantou Meiji® (Shantou Meiji: CN)
Doxorubicin Hydrochloride® (American Pharmaceutical Partners: US)
Doxorubicin Hydrochloride® (Baxter Healthcare: US)
Doxorubicin Hydrochloride® (Bedford: US)
Doxorubicin Hydrochloride® (Mayne: SG)
Doxorubicin Hydrochloride® (Meiji: CN)
Doxorubicin Hydrochloride® (Novopharm: CA)
Doxorubicin Hydrochloride® (Pharmachemie: US)
Doxorubicin Hydrochloride® (Pharmacia: AU)
Doxorubicin Hydrochloride® (Sicor: US)
Doxorubicin Hydrochloride® (Tempo: ID)
Doxorubicin Kalbe® (Kalbe: ID)
Doxorubicin Lachema® (Lachema: CZ)
Doxorubicin Meda® (Meda: DK, SE)
Doxorubicin Meiji® (Biochem: IN)
Doxorubicin NC® (Neocorp: DE)
Doxorubicin Nycomed® (Nycomed: AT)
Doxorubicin PCH® (Pharmachemie: NL, ZA)
Doxorubicin Pfizer® (Pfizer: AT)
Doxorubicin Pharmachemie® (Pharmachemie: ID, LK, TH)
Doxorubicin Pharmacia® (Pfizer: VN)
Doxorubicin Pliva® (Pliva: BA, HR, SI)
Doxorubicin Rapid® (Pfizer: GB)
Doxorubicin-Teva® (Teva: CZ, HU, IL, RO, SE)
Doxorubicina Asofarma® (Raffo: AR)
Doxorubicina Ferrer Farma® (Ferrer: ES)
Doxorubicina Filaxis® (Filaxis: AR)
Doxorubicina Gador® (Gador: AR)
Doxorubicina Rontag® (Rontag: AR)
Doxorubicina Segix® (Segix: IT)
Doxorubicina Servycal® (Servycal: AR)
Doxorubicina Tedec® (Tedec Meiji: ES)
Doxorubicina® (Pfizer: CL, PE)
Doxorubicina® (Servycal: PE)
Doxorubicine Dakota® (Dakota: FR)
Doxorubicine EuroCept® (EuroCept: NL)
Doxorubicine G Gam® (G Gam: FR)
Doxorubicine HCl® (Hexal: NL)
Doxorubicin® (Chemipharm: GR)
Doxorubicin® (Combiphar: ID)
Doxorubicin® (Khandelwal: IN)
Doxorubicin® (Mayne: CA, IE)
Doxorubicin® (Nycomed: NO)
Doxorubicin® (Pfizer: GB)
Doxorubicin® (Pharmachemie: IS)
Doxorubicin® (Pliva: BA, CZ)
Doxorubicin® [vet.] (Pfizer Animal Health: GB)
Doxorubin® (Emporio: SI)
Doxorubin® (Medac: GB)
Doxorubin® (Pharmachemie: MY, NL, PE)
Doxorubin® (Teva: BE)
Doxoteva® (Med: TR)
Doxtie® (Armstrong: MX)
Doxtie® (Bioprofarma: AR)
Farmiblastina® (Kenfarma: ES)
Lipo-dox® (American Taiwan Biopharm: TH)
Myocet® (Cephalon: FI, GB, IE, SE)
Myocet® (Elan: AT, CZ, DK, ES, HU, IT, LU, NO)
Myocet® (Pfizer: PT)
Myocet® (Sopherion: CA)
Myocet® (Zeneus: DE, FR, NL)
Nagun® (Dosa: AR)
Onkodox® (Onkoworks: DE)
Onkostatil® (Microsules: AR)
Rastocin® (Pliva: CZ, PL, RU)
Ribodoxo® (ribosepharm: DE)
Roxorin® (Richmond: AR, PE)
Rubex® (Bristol-Myers Squibb: BR, US)
Rubidox® (Baxter: PH)
Rubidox® (Medicus: GR)
Sindroxocin® (Sindan: RO)
Varidoxo® (Varifarma: AR)

Doxycycline (Rec.INN)

L: Doxycyclinum
D: Doxycyclin
F: Doxycycline
S: Doxiciclina

Antibiotic, tetracycline

ATC: A01AB22,J01AA02
ATCvet: QJ01AA02
CAS-Nr.: 0000564-25-0 C_{22}-H_{24}-N_2-O_8
M_r 444.454

4-(Dimethylamino)-1,4,4a,5,5a,6,11,12a-octahydro-3,5,10,12,12a-pentahydroxy-6-methyl-1,11-dioxo-2-naphthacenecarboxamide

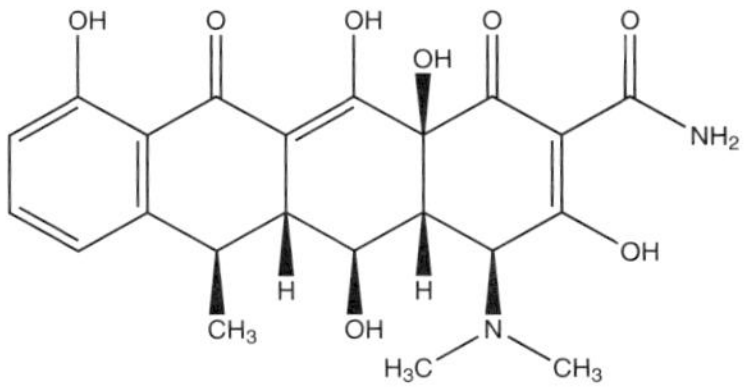

OS: *Doxycycline [BAN, DCF, USAN]*
OS: *Doxiciclina [DCIT]*
IS: *GS 3065*
IS: *PT 122 M*

Amermycin® (Unison: TH)
Apo-Doxycycline® (Apotex: AN, BB, BM, BS, GY, HT, JM, KY, SR, TT)
Apo-Doxy® (Apotex: PE, SG, VN)
Arclate® (Meprofarm: ID)
Asolmicina.Dox® (Defuen: AR)
Bidoxi® [caps.] (Salufarma: PE)
Bio-Doxi® (Bolivar Farma: PE)
Biocin® (Atral: PT)
Biodoxi® (Biochem: IN)
Docdoxycy® (Docpharma: BE, LU)
Docline Atlantic® (Atlantic: TH)
Docyl® (Medline: TH)
Doksiciklin® (Belupo: BA, HR)
Doksiciklin® (Hemofarm: RS)
Doksiciklin® (Jugoremedija: RS)
Dovicin® (Galenika: RS)
Doxi-1® (USV: LK)
Doxiciclina LCH® (Chile: CL)
Doxiciclina LCH® (Ivax: PE)
Doxiciclina® (Arena: RO)
Doxiciclina® (Britania: PE)
Doxiciclina® (Farmachif: PE)
Doxiciclina® (Farmo Andina: PE)
Doxiciclina® (G&R: PE)
Doxiciclina® (La Santé: CO)
Doxiciclina® (Labofar: PE)
Doxiciclina® (Labot: PE)
Doxiciclina® (Mintlab: CL)
Doxiciclina® (Mission Pharma.: PE)
Doxiciclina® (Pentacoop: CO, EC, PE)
Doxiciclina® (Quilab: PE)
Doxiciclina® (União: BR)
Doxiclin® [caps.] (Bios Peru®: PE)
Doxiclor® (Farmacoop: CO)
Doxilina® (Avsa: PE)
Doxiplus® (Alfa: PE)
Doxy-M-ratiopharm® (ratiopharm: DE, LU)
Doxycline® (GDH: TH)
Doxycline® (General Drugs House: TH)
Doxycycline Bexal® (Bexal: BE)
Doxycycline Indo Farma® (Indofarma: ID)
Doxycycline Teva® (Teva: BE)
Doxycycline-Eurogenerics® (Eurogenerics: LU)
Doxycycline® (Baxter: NZ)
Doxycylin AbZ® (AbZ: DE)
Doxydar® (Dar-Al-Dawa: AE, BH, IQ, JO, KW, LB, LY, MT, NG, OM, QA, RO, SA, SD, SO, TN, YE)
Doxyhexal® (Hexal: LU, ZA)
Doxymix® [vet.] (Eurovet: NL)
Doxysol® (Sandoz: CH)
Doxyson® (Hudson: BD)
Doxy® (AC Farma: PE)
Doxy® (Engelhard: AE, BH, CY, KW, LB, OM, QA, SA, SY)
Doxy® (Herbert: LU)
Doxy® (Masa Lab: TH, TH)
Dumoxin® (Dumex-Alpharma: TH)
Hiramicin® (Pliva: BA, HR)
Keladox® (Kela: BE)
Linexine® (Genepharm: PE)
Madoxy® (Pharmadica: TH)
Medomycin® (Medochemie: BH, CY, LK, OM, SD)
Oracea® (CollaGenex: US)
Randoclin® (Ranbaxy: ZA)
Remicyn® (Remedica: RO)
Remycin® (Remedica: ET, KE, SD, ZW)
Respidox 5% Kela® [vet.] (Wolfs: BE)
Ronaxan® [vet.] (Biokema: CH)
Ronaxan® [vet.] (Merial: GB, IE)
Supramycina® (Grünenthal: EC)
Unidox® (Astellas: RO)
Unidox® (Globe: BD)
Unidox® (United Pharmaceutical: AE, BH, IQ, JO, LY, OM, QA, SA, SD, YE)
Velacin® (Doctor's Chemical Work: BD)
Vibramicina® (Pfizer: AR, CO, PE)
Vibramycin® (Krka: SI)
Vibramycin® (Pfizer: GB, RS, US)
Vibravet® [vet.] (Pfizer Animal Health: BE)

– calcium salt:

OS: *Doxycycline Calcium USAN*
IS: *Doxycycline hydrochloride and Calcium chloride, complex*

Vibramycin Calcium Syrup® (Pfizer: US)

– carrageenate:

Vibramicina® (Pfizer: PT)
Vibramycin® (Pfizer: FI, SE)

– fosfatex:

CAS-Nr.: 0083038-87-3
OS: *Doxycycline Fosfatex BAN, USAN*
IS: *AB08*
IS: *DMSC*
IS: *Doxycyclin Natriumtrihydrogentetrametaphosphat 3:1*
IS: *Doxycycline - metaphosphoric acid - sodium metaphosphate 3:3:1*

Mundicyclin® (Mundipharma: AT)
Neo-Dagracycline® (ASTA Medica: NL)
Pluridoxina® (Sidefarma: PT)

- **hyclate:**

CAS-Nr.: 0024390-14-5
OS: *Doxycyline Hyclate BANM, USAN*
IS: *Doxycycline monohydrochloride hemiethanolate hemihydrate*
PH: Doxycycline (hyclate de) Ph. Eur. 5
PH: Doxycycline Hyclate Ph. Eur. 5, Ph. Int. 4, USP 30
PH: Doxycycline Hydrochloride JP XIV
PH: Doxycyclini hyclas Ph. Eur. 5, Ph. Int. 4
PH: Doxycyclinhyclat Ph. Eur. 5

Acti Doxy® [vet.] (Biové: FR)
Aknefug DOXY® (Wolff: DE)
Antodox® (Juta: DE)
Antodox® (Q-Pharm: DE)
Apo-Doxy® (Apotex: CA)
Atridox® (Atrix: AT, DE, NL)
Atridox® (CollaGenex: US)
Atridox® (curasan: DE)
Atridox® (Meda: SE)
Azudoxat® (Azupharma: DE)
Bassado® (Pharmacia: IT)
Biomoxin® (Bruluart: MX)
Bronmycin® (Biolab: TH)
By-Mycin® (Ergha: IE)
Ciclonal® (Bruluart: MX)
Clinofug D® (Pharmagan: SI)
Compomix V Doxycycline® [vet.] (Noé: FR)
Demix® (Ashbourne: GB)
Deoxymykoin® (Zentiva: CZ)
Diocimex® (Cimex: CH)
Doksin® (Mustafa Nevzat: BA, TR)
Doryx® (Faulding: US)
Doryx® (Warner Chilcott: US)
Dosil® (Llorens: ES)
Doxibiotic® (CTS: IL)
Doxiciclina Hiclato® (Induquimica: PE)
Doxiciclina Normon® (Normon: ES)
Doxiciclina Valomed® (Valomed: ES)
Doxiciclina® (Lafedar: AR)
Doxicin® (Genexo: PL)
Doxicrisol® (Quimifar: ES)
Doximycin® (Orion: FI)
Doxinate® (Torlan: ES)
Doxine® (Pacific: NZ)
Doxin® (Medichem: ID)
Doxin® (Shiba: YE)
Doxirobe® [vet.] (Pharmacia: US)
Doxitab® (Medpro: ZA)
Doxiten Bio® (Teofarma: ES)
Doxitin® (Vitabalans: FI)
Doxoral® [vet.] (A.S.T.: NL)
Doxy Caps® (Barr: US)
Doxy Caps® (Edwards: US)
Doxy Komb® (Meda: DE)
doxy von ct® (CT: DE)
Doxy-100® (American Pharmaceutical Partners: US)
Doxy-acis® (acis: DE)
Doxy-Diolan® (Meda: DE)
Doxy-P® (PP Lab: TH)
Doxy-Wolff® (Wolff: DE)
Doxybene® (Ratiopharm: AT, CZ)
Doxycat® [vet.] (Biokema: CH)
Doxycin® (Riva: CA)
Doxyclin® (Spirig: CH)
Doxycyclin AL® (Aliud: DE)
Doxycyclin Ethypharm® (Ethypharm: AT)
Doxycyclin Genericon® (Genericon: AT)
Doxycyclin Jenapharm® (Jenapharm: DE)
Doxycyclin Lindo® (Lindopharm: DE)
Doxycyclin Pharmavit® (Bristol-Myers Squibb: HU)
Doxycyclin Sandoz® (Sandoz: DE)
Doxycyclin Stada® (Stadapharm: DE)
Doxycyclin Sun® (Sunpharma: DE)
Doxycyclin-ratiopharm® (ratiopharm: DE, LU)
Doxycycline Biogaran® (Biogaran: FR)
Doxycycline CF® (Centrafarm: NL)
Doxycycline EG® (Eurogenerics: BE)
Doxycycline Gf® (Genfarma: NL)
Doxycycline Hyclate® (Teva: US)
Doxycycline Lagap® (Lagap: NL)
Doxycycline PCH® (Pharmachemie: NL)
Doxycycline Sandoz® (Sandoz: FR)
Doxycycline-ratiopharm® (Ratiopharm: BE)
Doxycycline® (Alpharma: GB)
Doxycycline® (Hillcross: GB)
Doxycycline® (Katwijk: NL)
Doxycycline® (Kent: GB)
Doxycycline® (Teva: GB)
Doxycycline® [vet.] (Aesculaap: NL)
Doxycycline® [vet.] (Alfasan: NL)
Doxycycline® [vet.] (Apex: AU)
Doxycycline® [vet.] (Dopharma: NL)
Doxycycline® [vet.] (Dutch Farm Veterinary: NL)
Doxycycline® [vet.] (Eurovet: NL)
Doxycycline® [vet.] (Phoenix: NZ)
Doxycyclin® (Actavis: GE)
Doxycyclin® (Balkanpharma: BG)
Doxyderm® (Astellas: AT)
Doxydyn® (Astellas: AT)
Doxydyn® (Klinge: DE)
Doxyfar® [vet.] (Eurovet: NL)
Doxyferm® (Nordic Drugs: SE)
Doxyhexal® (Hexal: AT, DE, LU)
Doxyhexal® (Salutas Fahlberg: CZ)
Doxylag® (Lagap: CH)
Doxylan® (Lannacher: AT)
Doxylar® (Sandoz: GB)
Doxylets® (SMB: BE, LU)
Doxylin® (Alphapharm: AU)
Doxylin® (Alpharma: NO)
Doxylin® (Dexxon: IL)
Doxylin® (TP Drug: TH)
Doxymycin® [vet.] (Bayer Animal Health: ZA)
Doxypal® (Jagson Pal: IN)
Doxypharm® (Pharmamed: HU)
Doxyseptin® [vet.] (Vetoquinol: AT, CH, GB)
Doxystad® (Stada: AT)
Doxytrex® (Sanobia: PT)
Doxyval® [vet.] (Sogeval: FR)
Doxyvit® [vet.] (Ceva: FR)
Doxy® (Abraxis: US)
Doxy® (American Pharmaceutical Partners: US)
Doxy® (Elerté: FR)
Doxy® (Lyphomed: US)

Doxy® (Meda: DE)
Doxy® (Vitamed: IL)
Doxy® [vet.] (Dutch Farm Veterinary: NL)
Doxy® [vet.] (Franvet: FR)
Doxy® [vet.] (Fujisawa: US)
Etidoxina® (Euroetika: CO)
Heska® [vet.] (Heska: NL)
Heska® [vet.] (Pharmacia: US)
Huma-Doxylin® (Teva: HU)
Interdoxin® (Interbat: ID)
Mededoxi® (Novartis: ES)
Medoxin® (Milano: TH)
Megadox® (Hilton: LK)
Mespafin® (Merckle: DE)
Microvibrate® (Lavipharm: GR)
Mildox® [vet.] (Bayer Animal Health: ZA)
Miraclin® (Farmacologico: IT)
Monodoks® (Deva: TR)
Monodoxin® (Ethical: DO)
Novo-Doxylin® (Novopharm: CA)
Nu-Doxycycline® (Nu-Pharm: CA)
Ornicure® [vet.] (Vetrepharm: GB)
Otosal® (Coup: GR)
Peledox® (Novartis Consumer Health: ES)
Periostat® (Alliance: GB, IE, LU, NL)
Periostat® (CollaGenex: AT, US)
Periostat® (Karr: CH)
Periostat® (Pharmascience: CA)
Periostat® (Taro: IL)
Perlium Doxyval® [vet.] (Sogeval: FR)
Poli-Cycline® (Polipharm: TH)
Primadox® [vet.] (Ufamed: CH)
Proderma® (Cantabria: ES)
Protectina® (Gross: BR)
Pulmodox® [vet.] (Bioptive: DE)
Pulmodox® [vet.] (VetPharma: SE)
Pulmodox® [vet.] (Virbac: CH, DE, FR, LU, NL, PT, ZA)
Randoclin® (Ranbaxy: ZA)
Relyomycin® (Relyo: GR)
Remycin® (Remedica: CY)
Respidox 10% Kela® [vet.] (Wolfs: BE)
Retens® (Chiesi: DO, ES, GT, HN, NI, SV)
Rexilen® (Serra Pamies: ES)
Ronaxan® [vet.] (Biokema: CH)
Ronaxan® [vet.] (Coophavet: FR)
Ronaxan® [vet.] (Merial: AT, BE, DE, FR, IT, LU, NL, NO, PT)
Ronaxan® [vet.] (Veter: SE)
Rudocyclin® (Streuli: CH)
Servidoxyne® (Biochemie: TH)
Siclidon® (Sanbe: ID)
Sigadoxin® (Jacoby: AT)
Sigadoxin® (Maver: CL)
Sigadoxin® (Neves: PT)
Soludox® [vet.] (Eurovet: NL)
Spanor® (Bailleul: FR)
Tetradox® (Chiesi: IT)
Tetradox® (Fako: TR)
Tetradox® (Ranbaxy: PE, TH)
Veemycin® (Osoth: TH)
Verboril® (TRB: AR)
Vetadoxi® [vet.] (Dopharma: PT)
Vetridox® [vet.] (Ceva: NL)
Viadoxin® (Pyridam: ID)
Vibra vet® [vet.] (Pfizer: NL)
Vibra-Tabs® (Pfizer: CA, US)
Vibracina® (Pfizer: ES)
Vibramicina® (Pfizer: BZ, CL, CR, GT, HN, MX, NI, PA, PT, SV)
Vibramycin Hyclate® (Mutual: US)
Vibramycin Hyclate® (Sandoz: US)
Vibramycin Hyclate® (Watson: US)
Vibramycine® (Pfizer: BE, LU)
Vibramycin® (Pfizer: AE, BH, CY, CZ, EG, GB, GE, ID, IL, JO, KW, LB, LK, NL, NO, OM, RO, SA, SE, SG, US, ZA)
Vibravenosa® (Pfizer: ES)
Vibravenös® (Pfizer: AT, CH, DE)
Vibravet® [vet.] (Pfizer: FI)
Vivradoxil® (Alpharma: MX)
Zadorin® (Mepha: CH)

– hydrochloride:

CAS-Nr.: 0010592-13-9
PH: Doxycycline Hydrochloride JP XIV

Amermycin® (Unison: LK)
Apdox® (Apex: BD)
Aristodox® (Aristopharma: BD)
Asidox® (Asiatic Lab: BD)
Bronmycin® (Biolab: SG)
Calierdoxina® [vet.] (Calier: PT)
Ciclidoxan® (Richmond: AR)
Cloridrato de Doxiciclina® (EMS: BR)
Cyclidox® (Merck Generics: ZA)
Dophar® (Unicophar: BE)
Doryx® (Faulding: PH)
Doryx® (Mayne: AU, SG)
Dotur® (Biochemie: AE, BH, CR, CY, DO, GT, JO, KW, LB, NI, OM, PA, QA, SA, SD, SV, YE)
Dotur® (Novartis: ID)
Dotur® (Sandoz: ID, PL)
Doxacil® (Square: BD)
Doxi-C® (Chemist: BD)
Doxicap® (Renata: BD)
Doxiciclina® (Europharm: RO)
Doxiciclina® (Lab. Neo Quím.: BR)
Doxiciclină® (Antibiotice: RO)
Doxiciclină® (Lek: RO)
Doxicline® (Ziska: BD)
Doxicon® (Medicon: BD)
Doxigen® (General Pharma: BD)
Doxilin® (Ambee: BD)
Doxil® [caps.] (Dr. Collado: DO)
Doximal® (Cipla: ZA)
Doxine® (Pacific Pharm Merck: SG)
Doxin® (Asian: TH)
Doxin® (Opsonin: BD)
Doxipan® [vet.] (Tre I: IT)
Doxirobe® [vet.] (Pfizer Animal: PT)
Doxirobe® [vet.] (Pharmacia: AU)
Doxivet® [vet.] (AFI: IT)
Doxlin® (Apex: BD)
Doxsig® (Sigma: AU)
Doxy Tablets® (Douglas: AU)
Doxy-100® (Douglas: AU)
Doxy-50® (Douglas: NZ)
Doxy-A® (Acme: BD)
Doxycap® (Hovid: SG)
Doxycyclin Domesco® (Domesco: VN)

Doxycyclin Stada® (Stada: DE)
Doxycyclin-Chinoin® (Sanofi-Aventis: HU)
Doxycycline® (Polfa Tarchomin: RU)
Doxycyclinum® (Polfa Tarchomin: PL)
Doxycyl® (Aspen: ZA)
Doxyfim® (Wolfs: BE)
Doxylin® (Alphapharm: AU)
Doxylin® (Dexxon: IL)
Doxymycin® (Beacons: SG)
Doxymycin® (Teva: NL)
Doxysina® (Ibn Sina: BD)
Doxytab® [caps.] (Actavis: IS)
Doxytab® [caps.] (Socobom: BE, LU)
Doxyveto® [vet.] (Instavet: ZA)
Doxyvet® [vet.] (Australian Pigeon Company: AU)
Doxy® (Douglas: AU)
Dumoxin® (Alpharma: ID)
Dumoxin® (Aspen: ZA)
Dumoxin® (Dumex: AE, BH, CY, EG, IQ, JO, KW, LB, LY, OM, QA, SA, SD, YE)
E-Doxy® (Edruc: BD)
Esteveciclina® [vet.] (Esteve Veterinaria: PT)
GenRX Doxycycline® (GenRX: AU)
Impalamycin® (Bros: GR)
Impedox® (ACI: BD)
Mardox® (Marksman: BD)
Medomycin® (Medochemie: BG, SG, TH, UA)
Megadox® (Beximco: BD)
Microdox® (Micro Labs: LK)
Monadox® (Amico: BD)
Mydox® (Mystic: BD)
Novimax® (Anfarm: GR)
Oriodox® (Orion: BD)
Ostri-Dox® [vet.] (Big Five Veterinary: ZA)
Psittavet® [vet.] (Vetafarm: AU)
Reomycin® (Rephco: BD)
Servidoxyne® (Novartis: BD)
Siadocin® (Siam Bheasach: TH)
Smilitene® (Rafarm: GR)
Tenutan® (Medimpex: BB, JM, TT)
Tenutan® (Pannonpharma: HU)
Tetradox® (Ranbaxy: PE, SG, TH)
Torymycin® (Chinta: TH)
Tydox® (Somatec: BD)
Unidox Solutab® (Yamanouchi: NL)
Vibra-Tabs® (Pfizer: AU)
Vibramicina® (Pfizer: BR)
Vibramycin® (Invicta: IE)
Vibramycin® (Pfizer: AN, AU, BB, DO, ET, GB, GH, GR, GY, HK, HT, JM, JP, KE, SE, SG, TH, TT)
Vidox® (Jayson: BD)
Vitrocin® (Nipa: BD)
Wanmycin® (DHA: SG)
Zadorin® (Mepha: AE, BH, CY, EG, JO, KE, KW, LB, OM, QA, SA, SD, TT, UG)

– **monohydrate:**

CAS-Nr.: 0017086-28-1
OS: *Doxycycline BAN, USAN*
PH: Doxycyclinum Ph. Eur. 4
PH: Doxycyclin Ph. Eur. 4
PH: Doxycycline Ph. Eur. 4, USP 30
PH: Doxycyclin monohydrate Ph. Eur. 5, BP 2003

Actidox® (Saninter: PT)
Apodoxin® (Actavis: FI)
Azudoxat® (Azupharma: DE)
Dosyklin® (Leiras: FI)
Doxakne® (Bioglan: DE)
Doxiclat® (Pierre Fabre: ES)
Doximed® (Ratiopharm: FI)
Doxy 1A Pharma® (1A Pharma: DE)
Doxy AbZ® (AbZ: DE)
doxy M von ct® (CT: DE)
Doxy M-ratiopharm® (ratiopharm: DE, LU)
Doxy PCH® (Pharmachemie: NL)
Doxy S+K® (S&K: DE)
doxy von ct® (CT: DE)
Doxy-HP® (Riemser: DE)
Doxy-HP® (Wernigerode: DE)
Doxy-N-Tablinen® (Winthrop: DE)
Doxy-Wolff® (Wolff: DE)
Doxybene® (Ratiopharm: AT, CZ)
Doxychel® [liqu.oral] (Rachelle: US)
Doxycyclin AL® (Aliud: CZ, DE, HU)
Doxycyclin Basics® (Basics: DE)
Doxycyclin Genericon® (Genericon: AT)
Doxycyclin Heumann® (Heumann: DE)
Doxycyclin PB® (Docpharm: DE)
Doxycyclin Sandoz® (Sandoz: DE, NL)
Doxycyclin Stada® (Stada: DE)
Doxycycline 3DDD® (3DDD Pharma: BE)
Doxycycline Alpharma® (Alpharma: NL)
Doxycycline A® (Apothecon: NL)
Doxycycline CF® (Centrafarm: NL)
Doxycycline EB® (Eurobase: NL)
Doxycycline FLX® (Karib: NL)
Doxycycline G Gam® (G Gam: FR)
Doxycycline Gf® (Genfarma: NL)
Doxycycline Merck® (Merck Generics: NL)
Doxycycline Merck® (Merck Génériques: FR)
Doxycycline Monohydrate® (Lannett: US)
Doxycycline Monohydrate® (Par: US)
Doxycycline Monohydrate® (Sandoz: US)
Doxycycline Monohydrate® (Watson: US)
Doxycycline® (Delphi: NL)
Doxycycline® (GenRx: NL)
Doxycycline® (Hexal: NL)
Doxycycline® (Karib: NL)
Doxycycline® (Tiofarma: NL)
Doxycycline® [vet.] (Apex: AU)
Doxycyclinum® (Farma Projekt: PL)
Doxyderma® (Dermapharm: DE)
Doxydoc® (Docpharm: DE)
Doxyferm® (Nordic Drugs: SE)
Doxyhexal® (Hexal: AT, AU, CZ, DE, LU, ZA)
Doxylan® (Lannacher: AT)
Doxylis® (Expanscience: FR)
Doxymerck® (Merck dura: DE)
Doxymono® (betapharm: DE)
Doxypalu® (Biorga: FR)
Doxyratio® (ratiopharm: PL)
Doxysol® (Sandoz: CH)
Doxystad® (Stada: AT)
Dumoxin® [compr.] (Alpharma: NO)
Frakas® (Arrow: AU)
GenRX Doxycycline® (GenRX: AU)
Granudoxy® (Pierre Fabre: AR, FR, LU)
Jenacyclin® (Jenapharm: DE)
Monodox® (Aqua Pharmaceuticals: US)
Supracyclin® (Grünenthal: AT, CH, DE, LU, PE, PL)

Tasmacyclin Akne® (Gebro: CH)
Tolexine® (Biorga: FR)
Tolexine® (D & M Pharma: CL)
Topdoxy® (Topgen: BE)
Unidox Solutab® (Astellas: RU)
Unidox® (Astellas: PL)
Unidox® (Yamanouchi: NL, RU)
Vibazine® (Medibios: IN)
Vibra-S® (Pfizer: NL)
Vibradox® (Sandoz: DK)
Vibramicina® (Pfizer: BR)
Vibramycin Monohydrate® [susp.] (Pfizer: US)
Vibramycin Tabs® (Pfizer: CH, DE)
Vibramycin-D® (Pfizer: GB)
Vibramycine N® (CS: FR)
Vibramycine® (Pfizer: BF, BJ, CF, CG, CI, CM, GA, GN, MG, ML, MR, MU, NE, SN, TD, TG, ZR)
Vibramycin® (Pfizer: AT, CH, DE, GB, GR, RO)
Vibratab® (Pfizer: BE, LU)
VibraVet® [vet.] (Pfizer: IT)
VibraVet® [vet.] (Pfizer Animal: AU)
Vibravet® [vet.] (Pfizer Animal Health: NZ)
Vibra® (Pfizer: BF, BJ, CF, CG, CI, CM, GA, GN, MG, ML, MR, MU, NE, SN, TD, TG, ZR)

Doxylamine (Rec.INN)

L: Doxylaminum
I: Doxilamina
D: Doxylamin
F: Doxylamine
S: Doxilmina

Antiallergic agent
Histamine, H_1-receptor antagonist

ATC: R06AA09
CAS-Nr.: 0000469-21-6 C_{17}-H_{22}-N_2-O
M_r 270.383

Ethanamine, N,N-dimethyl-2-[1-phenyl-1-(2-pyridinyl)ethoxy]-

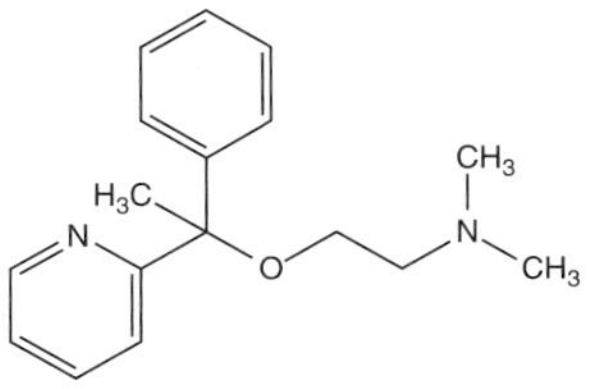

OS: *Doxylamine [BAN, DCF]*
OS: *Doxilamina [DCIT]*

– succinate:

CAS-Nr.: 0000562-10-7
OS: *Doxylamine Succinate BANM, USAN*
IS: *Histadoxylamine*
PH: Doxylamine Succinate USP 30
PH: Doxylamine Hydrogen Succinate Ph. Eur. 5
PH: Doxylamini hydrogenosuccinas Ph. Eur. 5

A-H® [vet.] (Schering-Plough: US)
Donormyl® (UPSA: FR)
Dormidina® (Esteve: ES)
Doxinate® (Sigma: IN)
Doxylamine Succinate® (Copley Pharmaceutical: US)
Dozile® (Pfizer Consumer Healthcare: NZ)
Dozile® (Pharmacia: AU)
Equi-Sleep® [vet.] (Equity: ZA)
Gittalun® (Boehringer Ingelheim: DE)
Hoggar® (Stada: DE)
Mereprine® (Aventis: LU)
Mereprine® (Cassella-med: DE)
Munleit® (Hommel: DE)
Nighttime Sleep Aid® (Major: US)
Nighttime Sleep Aid® (Perrigo: US)
Nighttime Sleep Aid® (Teva: US)
Nocpaz® (Sanitas: CL)
Restavit® (Woods: AU)
Restwel® (Al Pharm: ZA)
Sanalepsi N® (Bayer: CH)
SchlafTabs-ratiopharm® (ratiopharm: DE)
Sedaplus® (Rosen: DE)
Sleep Aid® (Perrigo: IL, US)
Sulamine® (Saidal: DZ)
Unisom® (Pfizer: CA, IL, TR, US)
Zarcop® (Mintlab: CL)

Dronabinol (Rec.INN)

L: Dronabinolum
D: Dronabinol
F: Dronabinol
S: Dronabinol

Antiemetic
Appetite stimulant
Hallucinogenic

CAS-Nr.: 0001972-08-3 C_{21}-H_{30}-O_2
M_r 314.471

6H-Dibenzo[b,d]pyran-1-ol, 6a,7,8,10a-tetrahydro-6,6,9-trimethyl-3-pentyl-, (6aR-trans)-

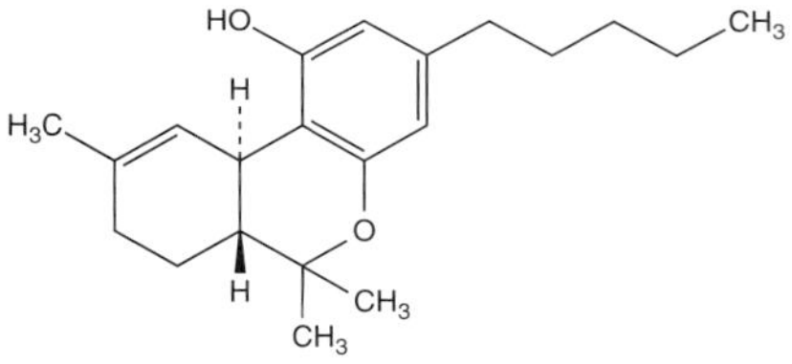

OS: *Dronabinol [USAN]*
IS: *delta-9-THC*
IS: *NSC 134454*
IS: *QCD 84924*
IS: *Tetrahydrocannabinol*
IS: *Delta-9-tetrahydrocannabinol*
PH: Dronabinol [USP 30, DAC]

Marinol® (Solvay: CA, US)

Droperidol (Rec.INN)

L: Droperidolum
I: Droperidolo
D: Droperidol
F: Dropéridol
S: Droperidol

⚕ Neuroleptic

ATC: N01AX01,N05AD08
CAS-Nr.: 0000548-73-2 C_{22}-H_{22}-F-N_3-O_2
M_r 379.448

2H-Benzimidazol-2-one, 1-[1-[4-(4-fluorophenyl)-4-oxobutyl]-1,2,3,6-tetrahydro-4-pyridinyl]-1,3-dihydro-

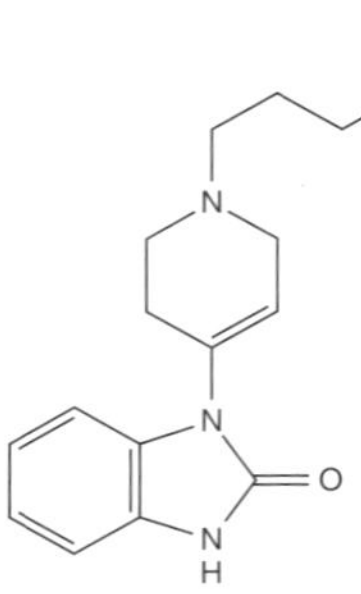

OS: *Droperidol [BAN, DCF, JAN, USAN]*
OS: *Droperidolo [DCIT]*
IS: *R 4749*
IS: *McN-JR 4749*
PH: Droperidol [Ph. Eur. 5, JP XIV, USP 30]
PH: Droperidolum [Ph. Eur. 5]
PH: Dropéridol [Ph. Eur. 5]

Dehydrobenzperidol® (AOP: AT)
Dehydrobenzperidol® (Janssen: AE, CY, CZ, DE, EG, ID, JO, LB, MT, SA, SD, TH, YE)
Dehydrobenzperidol® (LCA: BE)
Dehydrobenzperidol® (OTL Pharma: DK, FI, LU, NL)
Dridol® (ProStrakan: SE)
Droleptan® (Janssen: AE, CY, EG, JO, LB, MT, SA, SD, YE)
Droleptan® (Pharmalab: AU)
Droleptan® (ProStrakan: FR)
Droperdal® (Cristália: BR)
Droperidol Sintetica® (Sintetica: CH)
Droperidol® (American Regent: US)
Droperidol® (Bestpharma: CL)
Droperidol® (Biosano: CL)
Droperidol® (Carrion: PE)
Droperidol® (Cristália: BR)
Droperidol® (Hospira: US)
Droperidol® (Janssen: BR)
Droperidol® (Sanderson: CL)
Droperidol® (Sandoz: CA)
Droperidol® (Volta: CL)
Droperol® (Troikaa: IN)
Halkan® [vet.] (Ceva: IT)
Inapsine® (Akorn: US)
Sintodian® (Pharmacia: IT)

– tartrate:

Droleptan® (AFT: NZ)
Droperidol® (Gedeon Richter: HU)

Dropropizine (Rec.INN)

L: Dropropizinum
I: Dropropizina
D: Dropropizin
F: Dropropizine
S: Dropropizina

⚕ Antitussive agent

ATC: R05DB19
CAS-Nr.: 0017692-31-8 C_{13}-H_{20}-N_2-O_2
M_r 236.323

1,2-Propanediol, 3-(4-phenyl-1-piperazinyl)-

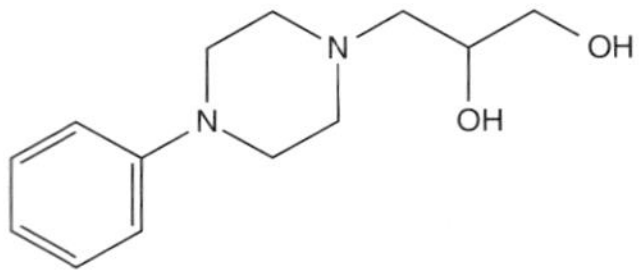

OS: *Dropropizine [BAN, DCF, USAN]*
OS: *Dropropizina [DCIT]*
IS: *Katril*
IS: *UCB 1967*

Catabex® (UCB: BE, LU)
Catabina® (Tecnifar: PT)
Ditustat® (Ivax: CZ)
Domutussina® (Proge: IT)
Dropropizina® (Medley: BR)
Dropropizina® (União: BR)
Ecos® (União: BR)
Larylin Husten-Stiller® (Cheplapharm: DE)
Neotoss® (Neo Quimica: BR)
Ribex Tosse® (Pfizer Consumer Health Care: IT)
Troferit® (Chinoin: CR, DO, GT, MX, NI, PA, SV)
Tussiflex® (Abbott: BR)
Vibral® (Solvay: BR)

Drotaverine (Rec.INN)

L: Drotaverinum
D: Drotaverin
F: Drotavérine
S: Drotaverina

⚕ Antispasmodic agent

ATC: A03AD02
CAS-Nr.: 0014009-24-6 C_{24}-H_{31}-N-O_4
M_r 397.522

Isoquinoline, 1-[(3,4-diethoxyphenyl)methylene]-6,7-diethoxy-1,2,3,4-tetrahydro-

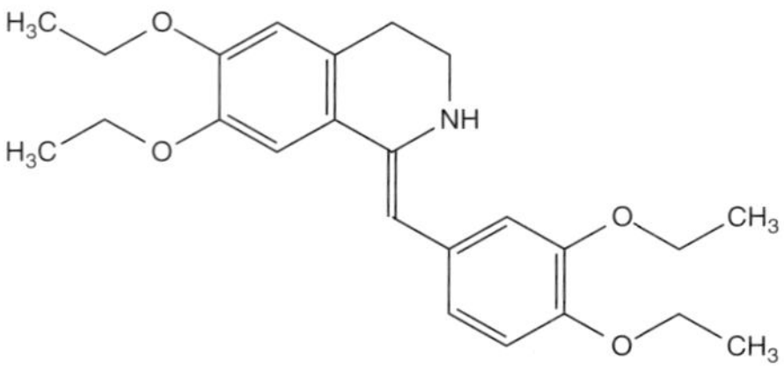

OS: *Drotaverine [USAN]*
IS: *Isodihydroperparine*

Spasmol® (Pharmstandart: RU)

– hydrochloride:

PH: Drotaverinium chloratum PhBs IV

Bezpa® (Wockhardt: RU)
D-Tarine® (MacroPhar: TH)
Deolin® (Unison: TH)
Dot® (Acme: BD)
Dover® (Nipa: BD)
Drotaverine Chinoin® (Sanofi-Aventis: HU)
Drotin® (Walter Bushnell: IN)
Drovin® (ACI: BD)
Galospa® (Galenus: PL)
No-Spa Forte® (Chinoin: CZ)
No-Spa Forte® (Sanofi-Aventis: GE, VN)
NO-SPA® (Ambee: BD)
No-Spa® (Chinoin: BG, CZ)
NO-SPA® (Chinoin: PL)
NO-SPA® (Medimpex: BB, JM, TT)
NO-SPA® (Sanofi-Aventis: BF, BJ, CF, CG, CM, GA)
No-Spa® (Sanofi-Aventis: GE)
NO-SPA® (Sanofi-Aventis: GN)
No-Spa® (Sanofi-Aventis: HU)
NO-SPA® (Sanofi-Aventis: MG, ML, MR, MU)
No-Spa® (Sanofi-Aventis: MY)
NO-SPA® (Sanofi-Aventis: NE, PL)
No-Spa® (Sanofi-Aventis: RO, RU)
NO-SPA® (Sanofi-Aventis: SN, TD, TG)
No-Spa® (Sanofi-Aventis: VN)
NO-SPA® (Sanofi-Aventis: ZR)
NO-SPA® (Sanofi-Synthelabo: CZ, GH, KE, MT, NG)
No-Spa® (Sanofi-Synthelabo: TH)
NO-SPA® (Sanofi-Synthelabo: TZ, UG)
Spablock® (Masa Lab: TH)
Spacovin® (Biopharm: RU)
Span® (Opsonin: BD)
Spasmocalm® (Magistra: RO)
Spazoverin® (Shreya: RU)
Taverin® (Beximco: BD)
Toverine® (TO Chemicals: TH)

Drotebanol (Rec.INN)

L: Drotebanolum
I: Drotebanolo
D: Drotebanol
F: Drotébanol
S: Drotebanol

⚕ Antitussive agent
⚕ Opioid analgesic

CAS-Nr.: 0003176-03-2 C_{19}-H_{27}-N-O_4
M_r 333.435

Morphinan-6,14-diol, 3,4-dimethoxy-17-methyl-, (6β)-

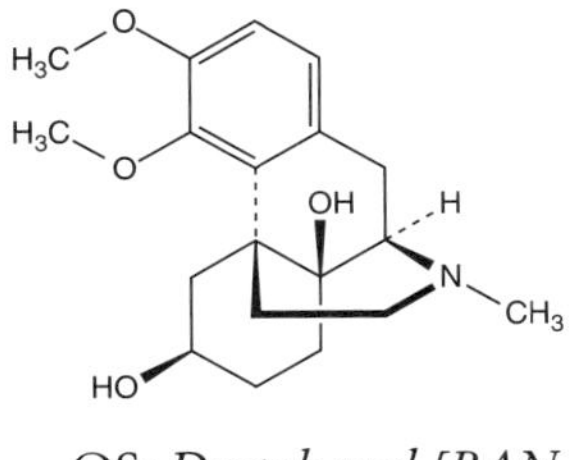

OS: *Drotebanol [BAN, DCF, USAN]*
OS: *Drotebanolo [DCIT]*
IS: *Oxymethebanol*
IS: *RAM 327*

Metebanyl® (Sankyo: JP)

Drotrecogin Alfa (activated) (Rec.INN)

L: Drotrecoginum alfa (activatum)
D: Drotrecogin alfa (aktiviert)
F: Drotrécogine alfa (activé)
S: Drotrecogina alfa (activada)

⚕ Anticoagulant, thrombolytic agent

ATC: B01AD10
CAS-Nr.: 0098530-76-8 C_{2071}-H_{3165}-N_{581}-O_{640}-S_{31}
M_r 47438.77

Blood-coagulation factor XIV (human) [WHO]

OS: *Drotrecogin Alfa (activated) [BAN, USAN]*
IS: *Bicade*
IS: *Cycade*
IS: *Human activated protein C, recombinant*
IS: *LY 203638 (Eli Lilly, USA)*
IS: *Protein C human, recombinant*
IS: *Recombinant human activated protein C*
IS: *rhAPC*
IS: *Vicade*
IS: *Xigrys*
IS: *Xygrys*
IS: *Zovant*
IS: *Zyvast*

Ceprotin® (Baxter: AT, ES, NL, NO, SE, US)
Xigris® (Lilly: AR, AT, AU, BE, CA, CH, CL, CO, CR, CZ, DE, DK, DO, ES, FI, FR, GB, GT, HK, HN, HR, HU, IE, IL, IN, IS, IT, LU, MX, MY, NL, NO, NZ, PA, PL, RO, RU, SE, SG, SV, TR, US, ZA)

Droxidopa (Rec.INN)

L: Droxidopa
D: Droxidopa
F: Droxidopa
S: Droxidopa

⚕ Antiparkinsonian

CAS-Nr.: 0023651-95-8 C_9-H_{11}-N-O_5
M_r 213.197

(-)-threo-3-(3,4-Dihydroxyphenyl)-L-serine

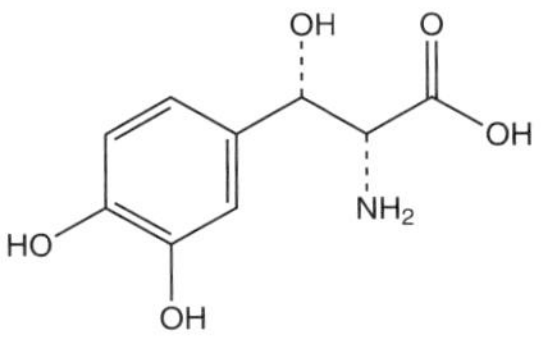

OS: *Droxidopa [JAN]*

Dops® (Sumitomo: JP)

Duloxetine (Rec.INN)

L: Duloxetinum
D: Duloxetin
F: Duloxetine
S: Duloxetina

Antidepressant

ATC: N06AX21
ATCvet: QN06AX21
CAS-Nr.: 0116539-59-4 C_{18}-H_{19}-N-O-S
M_r 297.42

(+)-(S)-N-methyl-gamma-(1-naphthyloxy)-2-thiophenepropylamine (WHO)

(S)-N-Methyl-3-(1-naphthyloxy)-3-(2-thienyl)propan-1-amine (BAN)

(+)-(S)-N-Methyl-3-(1-naphtyloxy)-3-(2-thienyl)propylamin (IUPAC)

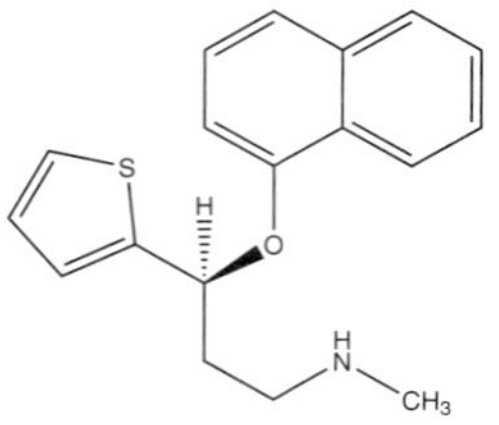

OS: *Duloxetine [BAN]*
IS: *LY 248686 (Lilly, US)*
IS: *Xeristar*

Yentreve® (Lilly: NO)

- **hydrochloride:**

CAS-Nr.: 0136434-34-9
OS: *Duloxetine Hydrochloride BAN*
OS: *Duloxetine Hydrochloride USAN*
IS: *LY 248686 HCl (Lilly, US)*
IS: *LY-267826*
IS: *LY-223332*
IS: *LY-223743*
IS: *LY-223994*
IS: *LY-227750*
IS: *LY-227942*
IS: *LY-228993*
IS: *LY-264452*
IS: *LY-264453*

Ariclaim® (Boehringer Ingelheim International-D: IT)
Cymbalta® (Dista: ES)
Cymbalta® (Eurim: DE)
Cymbalta® (Lilly: AR, AT, BR, CH, CL, CZ, DE, DK, FI, GB, HK, HR, HU, IE, IL, IS, IT, LU, MX, MY, NL, NO, RU, SE, SG, SI, US, ZA)
Delok® (Nicholas: IN)
Duxetin® (Gador: AR)
Xeristar® (Boehringer Ingelheim: ES, IT, NL)
Xeristar® (Lilly: LU)
Yentreve® (Lilly: AT, BE, CL, DE, DK, FI, GB, IE, IL, IS, IT, LU, NL, SE)

Dutasteride (Rec.INN)

L: Dutasteridum
D: Dutasterid
F: Dutasteride
S: Dutasterida

Enzyme inhibitor, 5α-reductase

ATC: G04CB02
CAS-Nr.: 0164656-23-9 C_{27}-H_{30}-F_6-N_2-O_2
M_r 528.53

alpha,alpha,alpha,alpha',alpha',alpha'-Hexafluoro-3-oxo-4-aza-5alpha-androst-1-ene-17beta-carboxy-2',5'-xylidide [WHO]

N-[2,5-Bis(trifluormethyl)phenyl]-3-oxo-4-aza-5alpha-androst-1-en-17beta-carboxamid [IUPAC]

(4aR,4bS,6aS,7S,9aS,9bS,11aR)-N-(2,5-bis(trifluoromethyl) phenyl)-2,4a,4b,5,6,6a,7,8,9,9a,9b,10,11,11a-tetradecahydro-4a,6a-dimethyl-2-oxo-1H-indeno(5,4-f)quinoline-7-carboxamide

(5alpha,17beta)-N-[2,5-Bis(trifluoromethyl)phenyl]-3-oxo-4-azaandrost-1-ene-17-carboxamide [USAN]

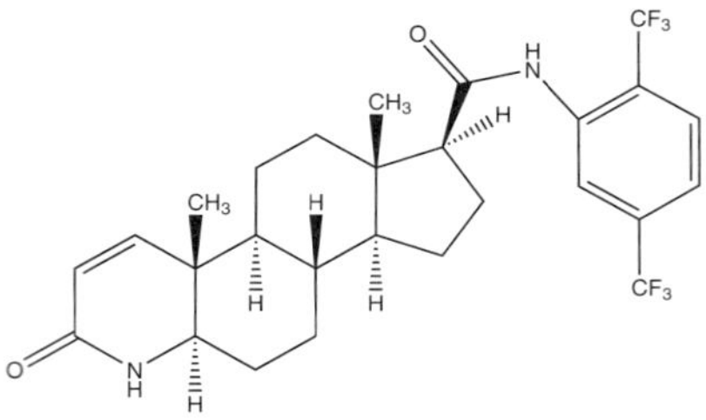

OS: *Dutasteride [BAN, USAN]*
IS: *GI 198745 (Glaxo Wellcome)*
IS: *GI 198745X (Glaxo Wellcome)*
IS: *GG 745 (Glaxo Wellcome)*

Avidart® (GlaxoSmithKline: ES)
Avodart® (Dr. Fisher: NL)
Avodart® (Eureco: NL)
Avodart® (Euro: NL)
Avodart® (GlaxoSmithKline: AT, BE, BR, CA, CH, CL, DE, DK, FI, FR, GB, HR, IE, IL, IS, IT, LU, MX, MY, NL, NO, PH, PL, PT, RO, RU, SE, SG, SI, TR, US, ZA)
Avodart® (Medcor: NL)
Duagen® (GlaxoSmithKline: ES, NL)
Duagen® (GlaxoSmithKline Pharm.: US)
Duagen® (Jaba: PT)
Duprost® (Cipla: IN)
Zytefor® (GlaxoSmithKline: LU)

Dyclonine (Rec.INN)

L: Dycloninum
D: Dyclonin
F: Dyclonine
S: Diclonina

Local anesthetic

ATC: N01BX02,R02AD04
CAS-Nr.: 0000586-60-7 C_{18}-H_{27}-N-O_2
M_r 289.424

1-Propanone, 1-(4-butoxyphenyl)-3-(1-piperidinyl)-

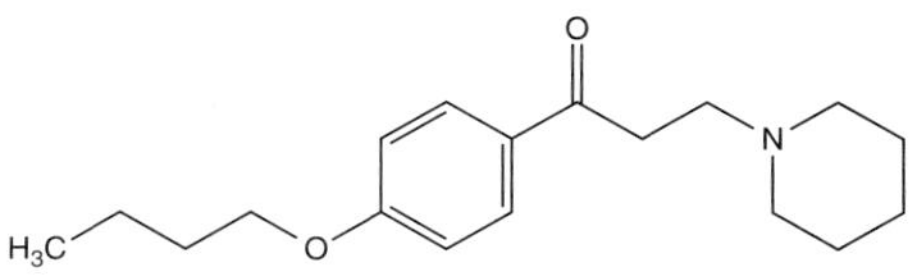

OS: *Dyclonine [BAN, DCF]*
IS: *Dyclocaine*

– hydrochloride:

CAS-Nr.: 0000536-43-6
OS: *Dyclonine Hydrochloride BANM, USAN*
IS: *Dyclocaine Hydrochloride*
PH: Dyclonine Hydrochloride USP 30

Dyclone® (AstraZeneca: US)
Sucrets® (GlaxoSmithKline: IL)
Sucrets® (Insight: US)
Tanac® (Del: US)

D

Dydrogesterone (Rec.INN)

L: Dydrogesteronum
I: Didrogesterone
D: Dydrogesteron
F: Dydrogestérone
S: Didrogesterona

Progestin

ATC: G03DB01
CAS-Nr.: 0000152-62-5 C_{21}-H_{28}-O_2
M_r 312.455

Pregna-4,6-diene-3,20-dione, (9β,10α)-

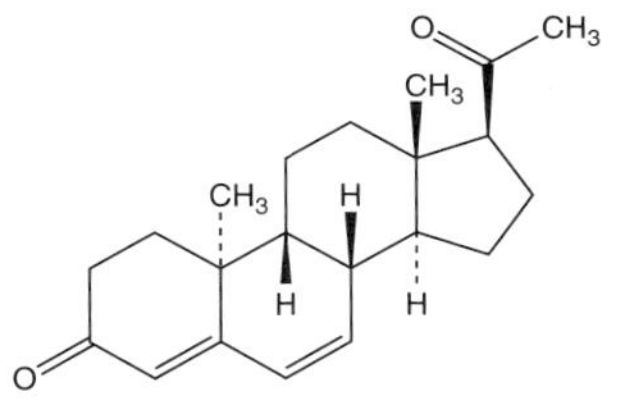

OS: *Didrogesterone [DCIT]*
OS: *Dydrogesterone [BAN, DCF, JAN, USAN]*
IS: *Gestatron*
IS: *Isopregnenone*
PH: Dydrogesterone [BP 2002, JP XIV, USP 30]

Dabroston® (Belupo: BA, HR, RS, SI)
Dufaston® (Solvay-NL: IT)
Duphaston® (Duphar: ES)
Duphaston® (Eurim: AT)
Duphaston® (Grünenthal: CL)
Duphaston® (Italmex: MX)
Duphaston® (Schering: ZA)
Duphaston® (Solvay: AT, AU, BD, BE, BG, BR, CH, CN, CZ, DE, EC, FR, GB, GR, HK, HU, ID, IE, IL, IN, LK, LU, MY, NL, NZ, PH, PL, PT, RO, RU, SE, SG, TH, TR, VN)
Duphaston® (Synthesis: CO)
Dydrogesteron® (Solvay: NL)
Terolut® (Solvay: FI)

Ebastine (Rec.INN)

L: Ebastinum
D: Ebastin
F: Ebastine
S: Ebastina

Histamine, H_1-receptor antagonist
Antiallergic agent

ATC: R06AX22
CAS-Nr.: 0090729-43-4 C_{32}-H_{39}-N-O_2
M_r 469.674

1-Butanone, 1-[4-(1,1-dimethylethyl)phenyl]-4-[4-(diphenylmethoxy)-1-piperidinyl]-

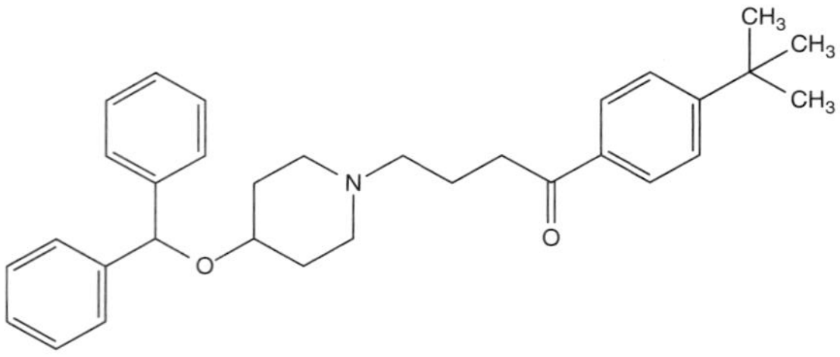

OS: *Ebastine [BAN, USAN]*
IS: *LAS W-090 (Almirall, Spain)*
PH: Ebastine [Ph. Eur. 5, BP 2003]
PH: Ebastinum [Ph. Eur. 5]

Aleva® (OEP: PH)
Bactil® (Schwarz: ES)
Busidril® (Omega: ES)
Clever® (Chiesi: IT)
Ebastel® (Almirall: DE, ES, PE)
Ebastel® (Aventis: BR)
Ebastel® (Dainippon: JP)
Ebastel® (Grünenthal: EC)
Ebastina® (Alter: ES)
Ebastina® (Bexal: ES)
Ebastina® (Cinfa: ES)
Ebastina® (Davur: ES)
Ebastina® (Merck Genericos: ES)
Ebastina® (Sandoz: ES)
Ebastina® (Stada: ES)
Ebastina® (Winthrop: ES)
Estivan® (Almirall: BE, LU)
Evastel® (Almirall: MX)
Kestine® (Almirall: CN, DK, IS, IT, NL, NO, PT, SG)
Kestine® (Aspen: ZA)
Kestine® (Eisai: HK)
Kestine® (Leiras: FI)
Kestine® (Nycomed: RU, SE)
Kestinlyo® (Almirall: FR)
Kestin® (Almirall: FR)
Netan® (Almirall: NL)

Eberconazole (Rec.INN)

L: Eberconazolum
D: Eberconazol
F: Eberconazole
S: Eberconazol

Antifungal agent
Antifungal, imidazole, topic

CAS-Nr.: 0128326-82-9 C_{18}-H_{14}-Cl_2-N_2
M_r 329.22

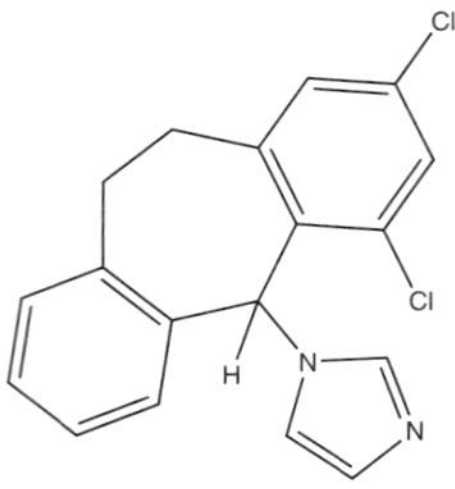

OS: *Eberconazole [USAN]*
IS: *WAS-2160*

– nitrate:

CAS-Nr.: 0130104-32-4
IS: *WAS 2160 (E)*

Ebernet® (Salvat: ES)

Ecabet (Rec.INN)

L: Ecabetum
D: Ecabet
F: Ecabet
S: Ecabet

Treatment of gastric ulcera

CAS-Nr.: 0033159-27-2 C_{20}-H_{28}-O_5-S
M_r 380.504

13-Isopropyl-12-sulfopodocarpa-8,11,13-trien-15-oic acid

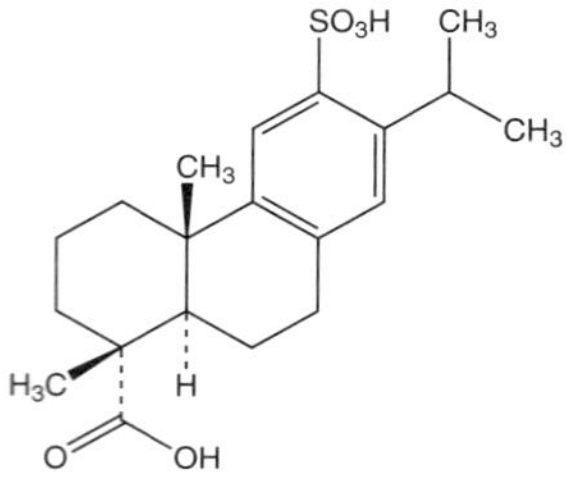

OS: *Ecabet [USAN]*
IS: *12-Sulfodehydroabietic acid*

– sodium salt:

OS: *Ecabet Sodium JAN*
IS: *Ecarxate sodium*
IS: *TA 2711*

Gastrom® (Boehringer Ingelheim: JP)

Econazole (Rec.INN)

L: **Econazolum**
I: **Econazolo**
D: **Econazol**
F: **Econazole**
S: **Econazol**

Antifungal agent

ATC: D01AC03,G01AF05
CAS-Nr.: 0027220-47-9 C_{18}-H_{15}-Cl_3-N_2-O
M_r 381.688

1H-Imidazole, 1-[2-[(4-chlorophenyl)methoxy]-2-(2,4-dichlorophenyl)ethyl]-

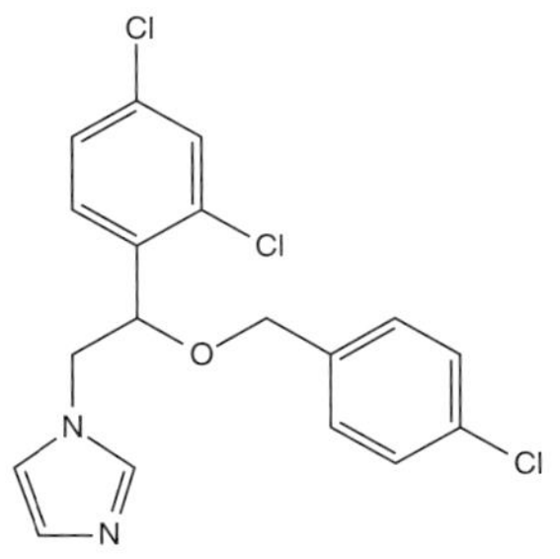

OS: *Econazole [BAN, DCF, USAN]*
OS: *Econazolo [DCIT]*
IS: *SQ 13050*
PH: Econazole [Ph. Eur. 5, BP 2003]
PH: Econazolum [Ph. Eur. 5]

Conazole® (Aristopharma: BD)
Ecodax® (Unique: RU)
Epi-Pevaryl P.v.® (Janssen: DE)
Ganazolo® (Ganassini: IT)
Gyno Pevaryl® (Janssen: CR, DO, GT, HN, NI, PA, SV)
Ifenec® (Italfarmaco: IT)
Novo-Paramicon® (Northia: AR)
Pevaryl Lipogel® (Janssen: AT, CR, DO, GT, HN, IT, MX, NI, PA, PA, SV)
Pevaryl-Hautschampoo® (Janssen: AT)
Pevaryl® (Janssen: AE, AT, BE, BG, CY, IT, JO, LU, MT, NO, SA, SD, SE, ZA)
Pevaryl® (McNeil: FR)
Pevisone® (Janssen: BG)
Sebolith® (Widmer: CH)
Unifungin® (Uni-Pharma: GR)

– nitrate:

CAS-Nr.: 0068797-31-9
OS: *Econazole Nitrate BANM, JAN, USAN*
IS: *R 14827*
PH: Econazole Nitrate Ph. Eur. 5, USP 30
PH: Econazoli nitras Ph. Eur. 5
PH: Econazolnitrat Ph. Eur. 5
PH: Econazole (nitrate d') Ph. Eur. 5

Amyco® [vet.] (Ati: IT)
Bismultin® (Rafarm: GR)
Chemionazolo® (NCSN: IT)
Dermazole® (Ego: AU)
Dermazol® (Bailleul: FR, LU)
Dermazol® (CT: IT)
Dermocitran® (Imvi: AR)
Diconate® (Drug International: BD)
Ebertop® (Salvat: ES)
Ecalin® (Jaka: HR)
Ecalin® (Jugoremedija: RS)
Ecalin® (Salus: SI)
Ecanol® (Sarabhai: IN)
Ecodergin® (Farmigea: IT)
Ecoderm® (Hoe: LK)
Ecoderm® (Rephco: BD)
Ecomi® (Geymonat: IT)
Econate® (Incepta: BD)
Econazole EG® (EG Labo: FR)
Econazole G Gam® (G Gam: FR)
Econazole Ivax® (Ivax: FR)
Econazole Merck® (Merck Génériques: FR)
Econazole RPG® (RPG: FR)
Econazole Sandoz® (Sandoz: FR)
Econazolo Merck Generics® (Merck Generics: IT)
Econazolo Pliva® (Pliva: IT)
Econazolo Sandoz® (Sandoz: IT)
Econ® (General Drugs House: TH)
Ecorex® (Hayat: AE, BH, IQ, JO, LB, LY, OM, QA, SA, SD, YE)
Ecorex® (Zambon: IT)
Ecostatin-1® (Bristol-Myers Squibb: GB)
Ecostatin® (Bristol-Myers Squibb: AU, CA, GB, IE)
Ecosteril® (Amsa: IT)
Ecotam® (Alacan: ES)
Ecotam® (Sesderma: ES)
Ecozol® (Opsonin: BD)
Ecreme® (Pacific: NZ)
Epi-Pevaryl® (McNeil: DE)
Fongéryl® (Aclaé Santé: FR)
Ganazolo® (Ganassini: IT)
Gyno Pevaryl® (Janssen: CR, DO, DZ, GT, HN, IE, LU, NI, PA, SV)
Gyno Pevaryl® (Pensa: ES)
Gyno-Coryl® (Hayat: AE, BH, IQ, JO, LB, LY, OM, QA, SA, SD, YE)
Gyno-Pevaryl® (Janssen: AE, AT, BE, BG, CG, CH, CI, CM, CY, CZ, DE, EG, ES, FR, GA, GB, GE, GN, HU, IE, IL, JO, LB, LK, LU, MG, MT, MU, MY, NE, PL, PT, SA, SD, SG, SY, YE, ZA)
Gyno-Pevaryl® (Janssen-Cilag: VN)
Gyno-Pevaryl® (Sanofi-Aventis: BD)
Gynoryl® (GlaxoSmithKline: EC)
Heads Shampoo® (Hamilton: HK)
Ifenec® (Italfarmaco: IT, RU)
Italconazol® (Italchem: EC)
Micocide® (Atlas: AR)
Micoespec® (Centrum: ES)
Micolis® (Pharma Investi: CL)
Micolis® (Roemmers: PE)
Micolis® (Valeant: AR)
Micostyl® (Stiefel: BR)
Micos® (AGIPS: IT)
Micotex® (Sertex: AR)
Mycobacter® (Biospray: GR)
Myleugin® (IPRAD: FR)
Penicomb® (Chrispa: GR)
Pevaryl Topicals® (ICN: AU)
Pevaryl Vaginal® (ICN: AU)
Pevaryl® [crème] (ICN: AU)
Pevaryl® [crème] (Janssen: AT, BE, BF, BJ, CF, CG, CH, CI, CM, CZ, DK, DZ, ES, FI, GA, GB, GN, GR, HU, IL, IS, IT, LK, LU, MG, ML, MR, MU, NE, NL, NO, PH, PL, PT, SE, SN, TD, TG, ZR)

E

Pevaryl® [crème] (McNeil: FR, NL)
Pevaryl® [crème] (Sanofi-Aventis: BD)
Pevaryl® [crème] (Valeant: NZ)
Pevazol® (Chema: PL)
Pevisone® (Janssen: BE)
Picola® (Derma 3: PE)
Piecidex® (Andromaco: AR)
Polinazolo® (Rottapharm: IT)
Sinamida® (Gezzi: AR)
Spectazole® (OrthoNeutrogena: US)

Eculizumab (Rec.INN)

L: Eculizumabum
D: Eculizumab
F: Eculizumab
S: Eculizumab
CAS-Nr.: 0219685-50-4

immunoglobulin, anit-(human complement C5 α-chain) (human-mouse monoclonal 5G1.1 heavy chain), disulfide with human-mouse monoclonal 5G1.1 light chain, dimer WHO

OS: *Eculizumab [USAN]*
IS: *h5G1.1*
IS: *h5G1.1VHC+h51.1VLC*
IS: *AX-451*

Solaris® (Alexion: US)

Edetic Acid (Rec.INN)

L: Acidum edeticum
I: Acido edetico
D: Edetinsäure
F: Acide édétique
S: Acido edetico

Antidote, chelating agent
Pharmaceutic aid

CAS-Nr.: 0000060-00-4 — C_{10}-H_{16}-N_2-O_8, M_r 292.258

Glycine, N,N'-1,2-ethanediylbis[N-(carboxy-methyl)-

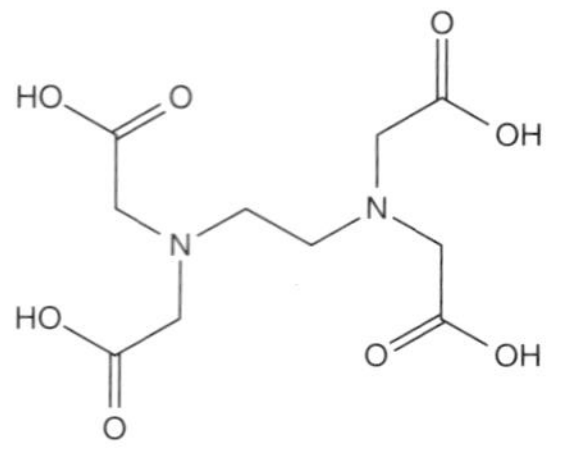

OS: *Acide édétique [DCF]*
OS: *Acido edetico [DCIT]*
OS: *Edetic Acid [BAN, USAN]*
IS: *EDTA*
IS: *Tetrine acid*
IS: *Versene acid*
IS: *Ae DTE*
IS: *Ethylendiamintetraessigsäure*
PH: Edetic Acid [Ph. Eur. 5, USP 30]
PH: Acidum edeticum [Ph. Eur. 5]
PH: Edetinsäure [Ph. Eur. 5]
PH: Edétique (acide) [Ph. Eur. 5]

EDTA Llorens® (Llorens: ES)
EDTA® (Cendo: ID)

– calcium disodium salt:

OS: *Calciédétate de sodium DCF*
OS: *Edetate Calcium Disodium USAN*
OS: *Sodium Calcium Edetate BAN*
IS: *Edathamil calcium-disodium*
IS: *EDTA Calcium*
PH: Edetate Calcium Disodium USP 30
PH: Natrii calcii edetas Ph. Eur. 5, Ph. Int. 4
PH: Sodium (calcium édétate de) Ph. Eur. 5
PH: Sodium Calcium Edetate Ph. Eur. 5
PH: Natriumcalciumedetat Ph. Eur. 5

Calcium Disodium Versenate® (3M: AU, NZ, US)
Calcium Edétate de Sodium Serb® (SERB: FR)
Edetamin® (Terapia: RO)
Ledclair® (Sinclair: IE)
Sodio Calcio Edetato® (Monico: IT)
Sodio Calcio Edetato® (Salf: IT)
Versenato Calcico Disodico® (3M: CL)

– dicobalt salt:

CAS-Nr.: 0036499-65-7
OS: *Dicobalt Edetate BAN*
IS: *Cobalt tetracemate*
IS: *Edetinsäure, Dikobalt-Salz*

Dicobalt Edetate® (3M: AU)
Dicobalt Edetate® (Cambridge Laboratories: GB)
Kélocyanor® (Cahill May Roberts: IE)
Kélocyanor® (SERB: FR)
Premier Dicobalt Edetate® (Al Pharm: ZA)

– disodium salt:

CAS-Nr.: 0006381-92-6
OS: *Disodium Edetate BAN, JAN*
OS: *Sodium (édétate de) DCF*
IS: *Disodium Ethylenediaminetetraacetate*
IS: *Disodium Tetrine*
IS: *Tetracemate disodium*
IS: *Edetinsäure, Dinatriumsalz-2-Wasser*
PH: Disodium Edetate JP XIV, Ph. Eur. 5, Ph. Int. 4
PH: Edetate Disodium USP 30
PH: Natriumedetat Ph. Eur. 5
PH: Edétate disodique Ph. Eur. 5
PH: Dinatrii edetas Ph. Eur. 5, Ph. Int. 4

Chelatran® (SERB: FR)
EdetateDisodium® (Bioniche: US)
EdetateDisodium® (Centre for Advanced Medicine: NZ)
Endrate® (Hospira: US)
Sodio Edetato® (Fresenius: IT)
Sodio Edetato® (Galenica: IT)
Sodio Edetato® (Monico: IT)
Sodio Edetato® (Ogna: IT)
Sodio Edetato® (Salf: IT)

– trisodium salt:

CAS-Nr.: 0023411-34-9
OS: *Edetate Trisodium USAN*
IS: *Edetinsäure, Trinatrium-Salz*

IS: *Trisodium EDTA*
PH: Trisodium Edetate Injection BP 1999

Limclair® (Durbin: GB)
Limclair® (Sinclair: IE)

Edoxudine (Rec.INN)

L: Edoxudinum
D: Edoxudin
F: Edoxudine
S: Edoxudina

Antiviral agent

ATC: D06BB09
CAS-Nr.: 0015176-29-1 C_{11}-H_{16}-N_2-O_5 M_r 256.269

Uridine, 2'-deoxy-5-ethyl-

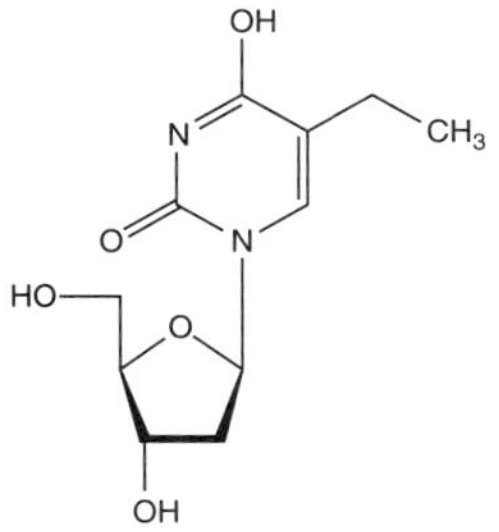

OS: *Edoxudine [USAN]*
IS: *EDU*
IS: *EtUdR*
IS: *EUDR*
IS: *ORF 15817*

Edurid® (Robugen: DE)

Edrophonium Chloride (Rec.INN)

L: Edrophonii chloridum
D: Edrophonium chlorid
F: Chlorure d'edrophonium
S: Cloruro de edrofonio

Antidote, curare antagonist

Diagnostic

CAS-Nr.: 0000116-38-1 C_{10}-H_{16}-Cl-N-O M_r 201.698

Benzenaminium, N-ethyl-3-hydroxy-N,N-dimethyl-, chloride

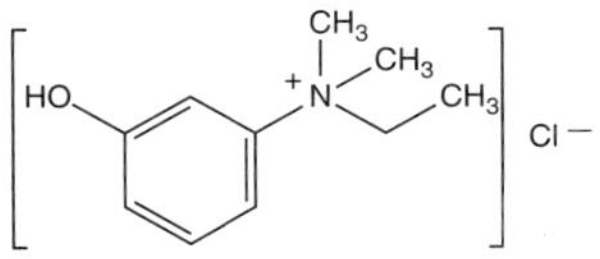

OS: *Edrophonium Chloride [BAN, USAN]*
PH: Edrophoni chloridum [Ph. Int. II]
PH: Edrophonii chloridum [Ph. Eur. 5, Ph. Int. 4]
PH: Edrophonium Chloride [BP 2002, JP XIV, Ph. Eur. 5, Ph. Int. 4, USP 30]

Edrophonium Chloride Injection® (Abbott: US)
Edrophonium® (Cambridge Laboratories: GB)
Enlon® (Baxter: CA)
Reversol® (Organon: US)
Tensilon® (ICN: US)

– hydrobromide:
Anticude® (Arafarma: ES)

Efalizumab (Rec.INN)

L: Efalizumabum
D: Efalizumab
F: Efalizumab
S: Efalizumab

Immunomodulator

ATC: L04AA21
ATCvet: QL04AA21
CAS-Nr.: 0214745-43-4

Immunoglobulin G1, anti - (human antigen CD 11a) (human-mouse monoclonal hu 1124 gamma 1 - chain), disulfide with human-mouse monoclonal hu 1124 light chain, dimer (WHO)

OS: *Efalizumab [USAN]*
IS: *hu 1124*
IS: *anti - CD 11a*
IS: *anti - CD 11a MAb*
IS: *Humanized MHM 24*

Raptiva® (Genentech: US)
Raptiva® (Merck Serono: RO)
Raptiva® (Serono: AR, AT, AU, BR, CA, CZ, DE, DK, ES, FI, FR, GB, HK, IE, IL, IS, LU, NL, NO, PL, PT, RS, SE, SG, SI, TR)
Raptiva® (Serono Europe-GB: IT)
Raptiva® (Serono Pharma: CH)

Efavirenz (Rec.INN)

L: Efavirenzum
D: Efavirenz
F: Efavirenz
S: Efavirenz

Antiviral agent, HIV reverse transcriptase inhibitor

ATC: J05AG03
CAS-Nr.: 0154598-52-4 C_{14}-H_9-Cl-F_3-N_{02} M_r 297.696

(S)-6-chloro-4-(cyclopropylethynyl)-1,4-dihydro-4-(trifluoromethyl)-2H-3,1-benzoxazin-2-one

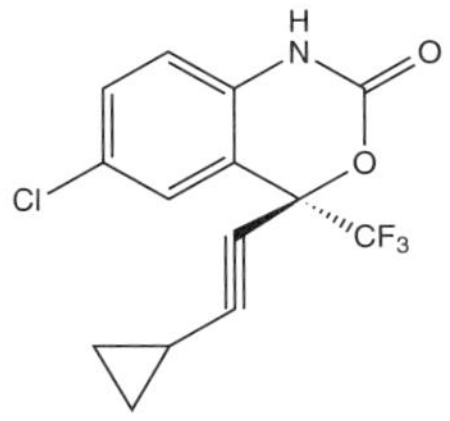

OS: *Efavirenz [BAN, USAN]*
IS: *DMP 266 (Du Pont Merck, USA)*
IS: *L 743726 (DuPont Merck, USA)*

Avifanz® (Beximco: BD)
Efavirenz Stada® (Stada: VN)
Efavir® (Cipla: IN)
Filginase® (Filaxis: AR)

Stocrin Lyfjaver® (Lyfjaver: IS)
Stocrin® (Du Pont: LU)
Stocrin® (Merck: PE)
Stocrin® (Merck Sharp & Dohme: AR, AT, BE, BR, CH, CL, CN, CO, CZ, DK, EC, GR, HK, HR, HU, IL, IS, LU, MX, MY, NL, NZ, PL, PT, RS, RU, SE, SG, SI, TH, ZA)
Stocrin® (MerckSharp&Dohme: RO)
Stocrin® (MSD: FI, NO)
Sulfinav® (LKM: AR)
Sustiva® (Bristol-Myers Squibb: CA, DE, ES, FR, GB, IE, IT, NL, US)
Sustiva® (Du Pont: LU)
Virorrever® (Richmond: AR)
Virzen® (Biogen: CO)

Eflornithine (Rec.INN)

L: Eflornithinum
D: Eflornithin
F: Eflornithine
S: Eflornitina

Antineoplastic, antimetabolite
Antiprotozoal agent

ATC: P01CX03,D11AX16
ATCvet: QD11AX16
CAS-Nr.: 0067037-37-0 C_6-H_{12}-F_2-N_2-O_2
M_r 182.182

DL-Ornithine, 2-(difluoromethyl)-

(RS)-2,5-Diamino-2-(difluormethylpentansäure (IUPAC)

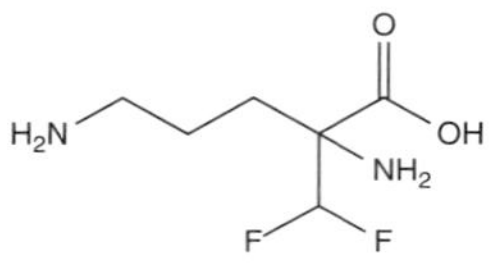

OS: *Eflornithine [BAN]*
OS: *Éflornithine [DCF]*
IS: *RMI 71782*
IS: *2-(Difluoromethyl-DL-ornithine (WHO)*

– hydrochloride monohydrate:
CAS-Nr.: 0096020-91-6
OS: *Eflornithine Hydrochloride USAN*
IS: *MDL 71782 A (Merrell Dow, USA)*
IS: *DFMO*
IS: *RMI 71782*

Vaniqa® (Barrier: CA)
Vaniqa® (Eurim: DE)
Vaniqa® (Medison: IL)
Vaniqa® (Shire: DE, ES, FR, GB, IE, IT, NL)
Vaniqa® (SkinMedica: US)
Vaniqa® (Women First: LU, US)

Efonidipine (Rec.INN)

L: Efonidipinum
D: Efonidipin
F: Efonidipine
S: Efonidipino

Antihypertensive agent
Calcium antagonist

CAS-Nr.: 0111011-63-3 C_{34}-H_{38}-N_3-O_7-P
M_r 631.678

2-(N-Benzylanilino)ethyl (±)-1,4-dihydro-2,6-dimethyl-4-(m-nitrophenyl)-5-phosphononicotinate, cyclic 2,2-dimethyltrimethylen ester

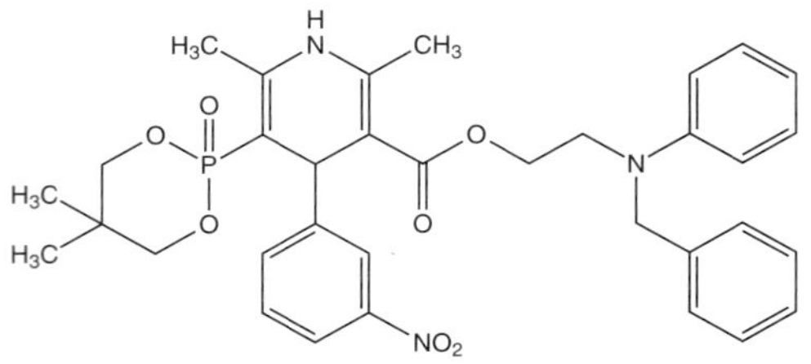

OS: *Efonidipine [USAN]*

– hydrochloride ethanolate (1:1):
CAS-Nr.: 0111011-76-8

Landel® (Zeria: JP)

Elcatonin (Rec.INN)

L: Elcatoninum
I: Elcatonina
D: Elcatonin
F: Elcatonine
S: Elcatonina

Calcium regulating agent

ATC: H05BA04
CAS-Nr.: 0060731-46-6 C_{148}-H_{244}-N_{42}-O_{47}
M_r 3364

1,7-Dicarbacalcitonin (salmon), 1-butanoic acid-26-L-aspartic acid-27-L-valine-29-L-alanine-

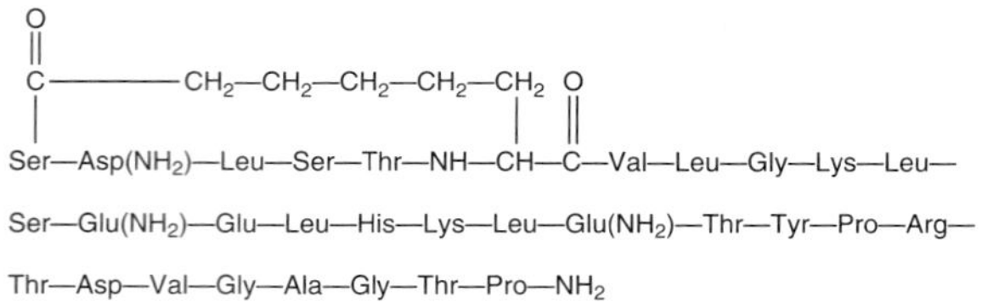

OS: *Elcatonina [DCIT]*
OS: *Elcatonin [USAN]*
PH: Elcatonin [JP XIV]

Carbicalcin® (Alcala: ES)
Carbicalcin® (Chiesi: ES)
Carbicalcin® (Procter & Gamble: IT)
Carbicalcin® (SmithKline: ES)
Diatin® (Ferrer: ES)
Elactonina Ur® (Cantabria: ES)
Elcatonina Cepa® (Cepa: ES)
Elcatonina Ur® (Uso Racional: ES)
Elcimen® (Nycomed: AT)

Elcitonine® (Toyo Jozo: JP)
Elcitonin® (Asahi: CN, JP)
Turbocalcin® (SmithKline Beecham: BR)

Eledoisin (Rec.INN)

L: Eledoisinum
I: Eledoisina
D: Eledoisin
F: Elédoïsine
S: Eledoisina

⚕ Stimulant of lachrymal secretion
⚕ Vasodilator

CAS-Nr.: 0000069-25-0 C_{54}-H_{85}-N_{13}-O_{15}-S
M_r 1188.464

5-Oxo-L-prolyl-L-prolyl-L-seryl-L-lysyl-L-aspartyl-L-alanyl-L-phenylalanyl-L-isoleucylglycyl-L-leucyl-L-methioninamide

5-oxo-Pro—Pro—Ser—Lys—Asp—Ala—Phe—Ile—Gly—Leu—Met—NH_2

OS: *Eledoisina [DCIT]*
OS: *Eledoisin [USAN]*
IS: *FI 6225*

– triflutate:

IS: *ELD 950*
IS: *Eledoisin trifluoroacetate*

Eloisin® (Alcon: ES)

Eletriptan (Rec.INN)

L: Eletriptanum
D: Eletriptan
F: Elétriptan
S: Eletriptan

⚕ Antimigraine agent
⚕ Serotonin agonist

ATC: N02CC
CAS-Nr.: 0143322-58-1 C_{22}-H_{26}-N_2-O_2-S
M_r 382.52

3-[[(R)-1-methyl-2-pyrrolidinyl]methyl]-5-[2-(phenylsulfonyl)ethyl]indole [WHO]

1H-Indole, 3-(((2R)-1-methyl-2-pyrrolidinyl)methyl)-5-(2-(phenylsulfonyl)ethyl)-ethyl]- [NLM]

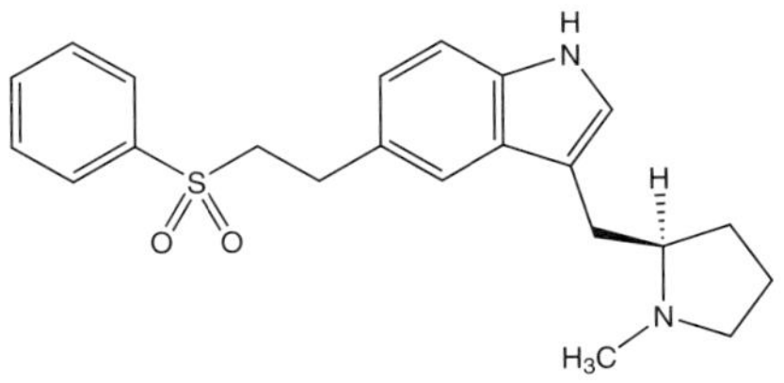

OS: *Eletriptan [BAN, USAN]*
IS: *UK 166044 (Pfizer: USA)*

– hydrobromide:

CAS-Nr.: 0177834-92-3
OS: *Eletriptan Hydrobromide BAN, USAN*
IS: *UK 166044-04 (Pfizer: USA)*

Relert® (Pfizer: BE, BZ, CR, ES, FI, GT, HN, IL, LU, NI, PA, SV)
Relpax® (Pfizer: AT, AU, BR, CA, CH, CL, CO, CR, CZ, DE, DK, ES, FR, GB, GE, GR, GT, HU, IS, IT, MX, NL, NO, PA, PL, RS, RU, SE, SG, SI, TR, US, VE, ZA)

Eltenac (Rec.INN)

L: Eltenacum
D: Eltenac
F: Elténac
S: Eltenaco

⚕ Antiinflammatory agent [vet.]

CAS-Nr.: 0072895-88-6 C_{12}-H_9-Cl_2-N-O_2-S
M_r 302.18

4-(2,6-Dichloroanilino)-3-thiopheneacetic acid

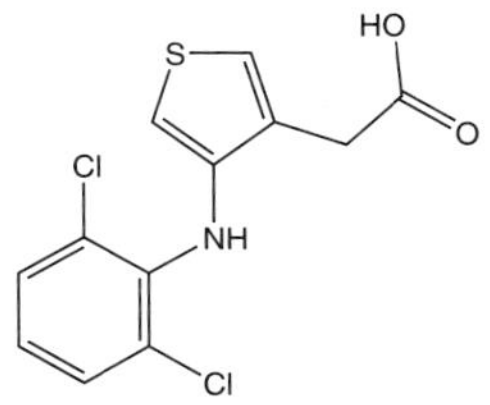

OS: *Eltenac [USAN]*

Telzenac® [vet.] (Schering-Plough Animal: AU)
Telzenac® [vet.] (Schering-Plough Veterinary: GB)

Embramine (Rec.INN)

L: Embraminum
D: Embramin
F: Embramine
S: Embramina

⚕ Antiallergic agent
⚕ Histamine, H_1-receptor antagonist

CAS-Nr.: 0003565-72-8 C_{18}-H_{22}-Br-N-O
M_r 348.284

Ethanamine, 2-[1-(4-bromophenyl)-1-phenylethoxy]-N,N-dimethyl-

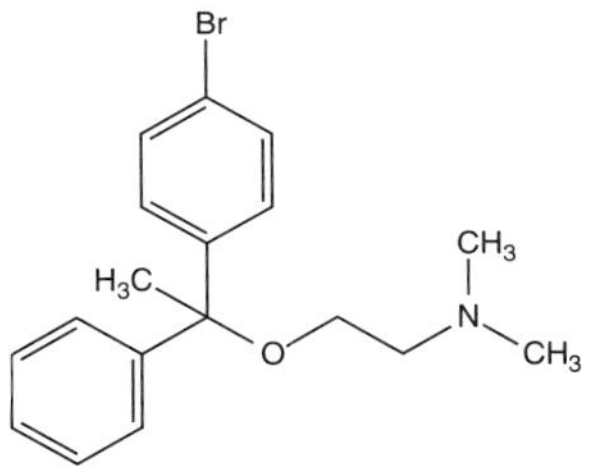

OS: *Embramine [BAN]*
IS: *Mebrophenhydramine*

– teoclate:

IS: *Embramine 8-chlorotheophyllinate*
IS: *Mebrophenhydrinate*
PH: Embraminium theoclicum PhBs IV

Medrin® (Zentiva: CZ)

Emedastine (Rec.INN)

L: Emedastinum
I: Emedastina
D: Emedastin
F: Emedastine
S: Emedastina

Antiallergic agent
Histamine, H_1-receptor antagonist

ATC: S01GX06
CAS-Nr.: 0087233-61-2 C_{17}-H_{26}-N_4-O
M_r 302.435

1-(2-Ethoxyethyl)-2-(hexahydro-4-methyl-1H-1,4-diazepin-1-yl)benzimidazole

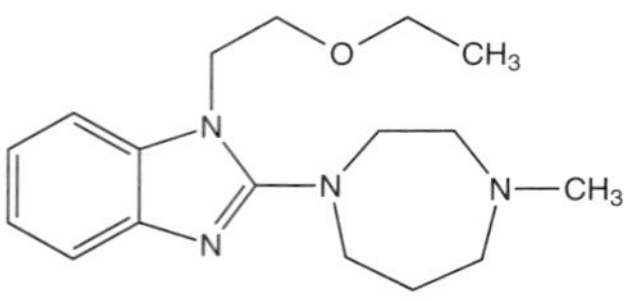

OS: *Emedastine [BAN]*

Emadine® (Alcon: CN, ES, HU, NL, RS, ZA)

– difumarate:

CAS-Nr.: 0087233-62-3
OS: *Emedastine Difumarate JAN, USAN*
OS: *Emedastine Fumarate BANM*
IS: *AL 3432 (Kanebo, USA)*
IS: *KB 2413 (Kanebo, Japan)*
IS: *LY 188695 (Lilly, USA)*
PH: Emedastine Difumarate USP 30, Ph. Eur. 5

Daren® (Organon: JP)
Emadine® (Alcon: AT, BE, CA, CH, CZ, DE, DK, FI, FR, GB, GR, HK, HU, IE, IL, IS, IT, LU, NL, NO, PL, PT, RO, SE, SI, TH, US, ZA)
Emadine® (Liba: TR)
Remicut® (Kowa: JP)

Emepronium

I: Emepronio
D: Emepronium
F: Emépronium
S: Emepronio

Antidiuretic
Parasympatholytic agent

ATC: G04BD01
CAS-Nr.: 0027892-33-7 C_{20}-H_{28}-N
M_r 362.4

Benzenepropanaminium, N-ethyl-N,N,α-trimethyl-λ-phenyl- [NLM]

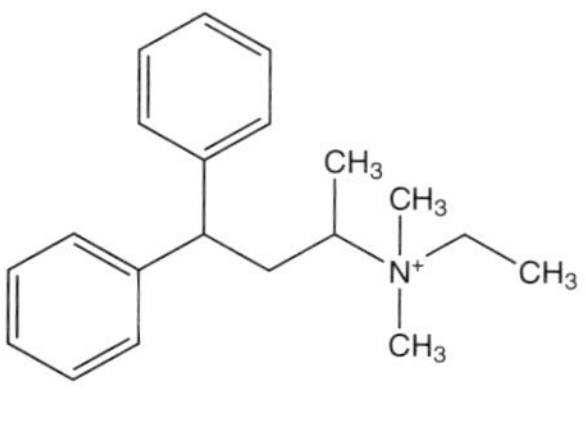

– bromide:

CAS-Nr.: 0003614-30-0
OS: *Emepronium Bromide BAN, USAN*
OS: *Emepronio bromuro DCIT*

Cetiprin® (Darrow: BR)
Cetiprin® (Pfizer: AT)
Cetiprin® (Pharmacia: NL)

Emorfazone (Rec.INN)

L: Emorfazonum
D: Emorfazon
F: Emorfazone
S: Emorfazona

Antiinflammatory agent
Analgesic

CAS-Nr.: 0038957-41-4 C_{11}-H_{17}-N_3-O_3
M_r 239.287

3(2H)-Pyridazinone, 4-ethoxy-2-methyl-5-(4-morpholinyl)-

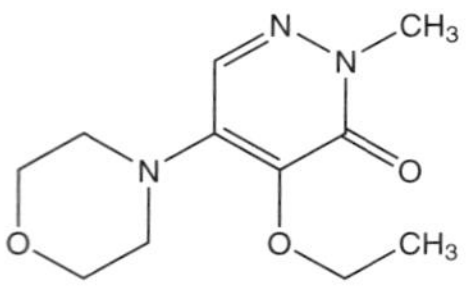

OS: *Emorfazone [JAN, USAN]*
IS: *M 73101 (Japan)*

Pentoil® (Morishita: JP)

Emtricitabine (Rec.INN)

L: Emtricitabinum
D: Emtricitabin
F: Emtricitabine
S: Emtricitabina

Antiviral agent, HIV reverse transcriptase inhibitor

ATC: J05AF09
ATCvet: QJ05AF09
CAS-Nr.: 0143491-57-0 C_8-H_{10}-F-N_3-O_3-S
M_r 247.24

5-fluoro-1-[(2R, 5S)-2-(hydroxymethyl)-1, 3-oxathiolan-5-yl]cytosine (WHO)

(2R-cis)-4-Amino-5-fluoro-1-[2-(hydroxymethyl)-1, 3-oxathiolan-5-yl]-2(1H)-pyrimidinone (USAN)

4-Amino-5--fluor-1-[(2R, 5S)-2-(hydroxymethyl)-1, 3-oxathiolan-5-yl]pyrimidin-2(1H)-on (IUPAC)

OS: *Emtricitabine [USAN]*
IS: *2-FTC*
IS: *BW 1592*
IS: *DRG-0208*
IS: *dOTFC*
IS: *2'-Deoxy-5-fluoro-3'-thiacytidine*
IS: *524W91*
IS: *(-)-FTC*
IS: *FTC,(-)-*
IS: *BW 524W91*
PH: Emtricitabine [USP]

Emtriva® (Er-Kim: TR)
Emtriva® (Gador: AR)
Emtriva® (Gilead: AT, AU, CA, CY, CZ, DE, DK, EE, ES, FR, GB, GR, HU, IE, IS, IT, JP, LT, LU, LV, MT, NL, NO, PL, SI, SK, US)
Emtriva® (Muir Hutchinson: NZ)
Emtriva® (Stendhal: MX)
Emtriva® (Swedish Orphan: FI, SE)
Emtriva® (TRB: CH)
Emtriva® (UCB: BE)

Enalapril (Rec.INN)

L: Enalaprilum
I: Enalapril
D: Enalapril
F: Enalapril
S: Enalapril

ACE-inhibitor
Antihypertensive agent

ATC: C09AA02
ATCvet: QC09AA02
CAS-Nr.: 0075847-73-3 C_{20}-H_{28}-N_2-O_5
M_r 376.464

L-Proline, 1-[N-[1-(ethoxycarbonyl)-3-phenylpropyl]-L-alanyl]-, (S)-

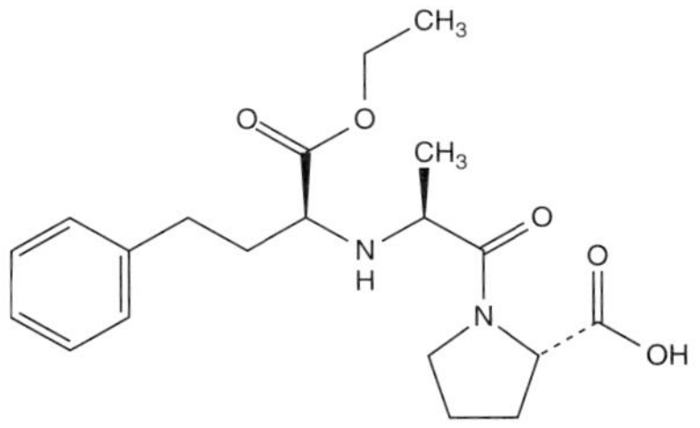

OS: *Enalapril [BAN, DCF, DCIT]*
IS: *L 154739-01 D (Merck Sharp & Dohme, Great Britain)*

Apo-Enalapril® (Apotex: AN, BB, BM, BS, GY, HT, JM, KY, SR, TT)
Bagopril® (Bago: RU)
Docenala® (Ranbaxy: LU)
Ecanorm® [tab.] (Evex: PE)
Ecaprinil® (Osmopharm: DO)
Enacodan® (Pharmacodane: DK)
Enalapril AG® (American Generics: PE)
Enalapril Atid® (Dexcel: DE)
Enalapril Bexal® (Bexal: ES)
Enalapril Cuve® (Perez Gimenez: ES)
Enalapril Fmndtria® (Farmindustria: PE)
Enalapril Genfar® (Genfar: EC, PE)
Enalapril MF® (Marfan: PE)
Enalapril MK® (MK: CO)
Enalapril Perugen® (Perugen: PE)
Enalapril Rowe® (Rowe: CR, DO, HN, NI, PA, SV)
Enalapril-RPM® (ratiopharm: LU)
Enalapril® (AC Farma: PE)
Enalapril® (Arena: RO)
Enalapril® (Britania: PE)
Enalapril® (Fabiol: RO)
Enalapril® (Farmandina: EC)
Enalapril® (Farmedic: PE)
Enalapril® (Farmex: RO)
Enalapril® (Farmo Andina: PE)
Enalapril® (G&R: PE)
Enalapril® (GMP: GE)
Enalapril® (Grünenthal: PE)
Enalapril® (Hersil: PE)
Enalapril® (La Sante: PE)
Enalapril® (Labofar: PE)
Enalapril® (Labot: PE)
Enalapril® (Laropharm: RO)
Enalapril® (LCG: PE)
Enalapril® (Medicalex: CO)
Enalapril® (Memphis: CO)
Enalapril® (Ozone Laboratories: RO)
Enalapril® (Pentacoop: CO)
Enalapril® (Quilab: PE)
Enalapril® (Shreya: RU)
Enalapril® (Slavia Pharm: RO)
Enalapril® (Terapia: RO)
Enalapril® (Unifarm: PE)
Enalapril® (VIM Spectrum: RO)
Enalaten® (Unifarm: PE)
Enalten® (Saval: EC, PE)
Enalten® (Saval Eurolab: CL)
Enap R® (KRKA: RU)
Enap® (Krka: BA, RO)
Enazil® (Lachema: RO)
Enazil® (Pliva: BA, HR, SI)
Giloten® (Merck Bagó: BR)
Grifopril Lch® (LCH Newpharm: PE)
Imotoran® (Rayere: MX)
Lepram® [tab.] (Mission Pharma.: PE)
Lotrial® (Roemmers: AR, PE)
Norpril® [tab.] (Farmo Andina: PE)
Olinapril® (Lek: RO, SI)
Renapril® (Actavis: GE)
Renipril® (Pharmstandart: RU)
Tensapril® (Sicomed: RO)
Unaril® (Unison: TH)

– maleate:

CAS-Nr.: 0076095-16-4
OS: *Enalapril Maleate BANM, USAN*
IS: *MK 421 (Merck, USA)*
IS: *Enalaprili hydrogenomaleas*
PH: Enalapril Maleate Ph. Eur. 5, USP 30
PH: Enalaprili maleas Ph. Eur. 5
PH: Enalapril (maléate d') Ph. Eur. 5
PH: Enalaprilmaleat Ph. Eur. 5

Acepril® (Spirig: CH)
Acepril® (Teva: HU)
Acetensil® (Andromaco: CZ)
Acetensil® (Librapharm: EC, ES)
Adco-Enalapril® (Ranbaxy: ZA)
Agioten® (Gerolymatos: GR)
Alapren® (Ranbaxy: ZA)
Alapril® (S. Med: AT)
Alphapril® (Alphapharm: AU)
Amprace® (Alphapharm: AU)
Analept® (Faran: GR)
Anapril® (Berlin: SG, TH)
Anapril® (Eskayef: BD)
Antiprex® (Elpen: GR)
Apo-Enalapril® (Apotex: CA, CZ)
Atens® (Farmasa: BR)

Auspril® (Sigma: AU)
Bajaten® (Sanitas: CL)
Balpril® (Baldacci: PT)
Baripril® (Lesvi: ES)
Baypril® (Bayer: AR)
Benalapril 5® (Berlin Chemie: VN)
Benalapril® (Berlin-Chemie: DE, PL)
Berlipril® (Berlin-Chemie: CZ, HU, RU)
Biocronil® (Biogen: CO)
Bitensil® (UCB: ES)
BQL® (Cadila: IN)
Cardio-Pres® (LAM: DO)
Cardiol® (PharmaBrand: EC)
Cardiovet® [vet.] (Intervet: GB, IE)
Cardiovet® [vet.] (Veterinaria: CH)
Ciplatec® (Cipla: ZA)
Clipto® (Quimifar: ES)
Co-Renitec® (Merck: AE, BH, CY, IQ, IR, JO, KW, LB, OM, PE, QA, SA, SD, YE)
Co-Renitec® (Merck Sharp & Dohme: AT, BR, EG, LU)
Controlvas® (Belmac: ES)
Controlvas® (Shire: ES)
Convertase® (Pharmalliance: DZ)
Converten® (Gentili: IT)
Converten® (Khandelwal: IN)
Convertin® (Merck Sharp & Dohme: IL)
Corodil® (Hexal: DK)
Corprilor® (Rubio: CR, DO, ES, PA, SG, SV)
Corvo® (TAD: DE)
Crinoren® (Uriach: ES)
Dabonal® (Vita: ES)
Daren® (Actavis: IS)
Decliten® (Ariston: EC)
Defluin® (Merck: AR)
Denapril® (Medinfar: PT)
Dentromin® (Denver: AR)
Ditensil® (Magnachem: DO)
Ditensor® (Almirall: ES)
Ditensor® (Funk: ES)
E-Cor® (Slovakofarma: CZ)
Ecaprilat® (Lazar: AR)
Ednyt® (Gedeon Richter: BD, CZ, HU, PL, RO, RU, VN)
Ednyt® (Medimpex: BB, JM, TT)
EK-3® (Wermar: MX)
Ekaril® (Bruluart: MX)
Elpradil® (Streuli: CH)
En.Ace® (Nicholas: IN)
Ena AbZ® (AbZ: DE)
Ena-5/10® (Stadmed: IN)
Ena-Hennig® (Hennig: DE)
Ena-Puren® (Actavis: DE)
Enabeta® (betapharm: DE)
Enacard® [vet.] (Biokema: CH)
Enacard® [vet.] (Merial: AT, DE, FR, GB, IT, LU, NL, US, ZA)
Enacard® [vet.] (Selecta: DE)
Enacard® [vet.] (Veter: SE)
Enac® (Hexal: AT)
Enadigal® (mibe: DE)
enadura® (Merck dura: DE)
Enahexal® (Hexal: AU, DE, NZ, RO)
Enahexal® (Salutas Pharma: RS)
Enaladex® (Dexcel: IL)
Enaladil® (Siegfried: MX)
Enalafel® (Raffo: AR)
Enalagamma® (Wörwag Pharma: DE)
Enalapril 1A Farma® (1A Farma: DK)
Enalapril 1A Pharma® (1A Pharma: AT, DE)
Enalapril 1A Pharma® (1a Pharma: HU)
Enalapril AAA-Pharma® (AAA Pharma: DE)
Enalapril Abello® (Abello: ES)
Enalapril AbZ® (AbZ: DE)
Enalapril Actavis® (Actavis: DK, FI, SE)
Enalapril Adico® (Adico: CH)
Enalapril Agen® (Agen: ES)
Enalapril Alpharma® (Alpharma-N: IT)
Enalapril Alphar® (Litaphar: ES)
Enalapril Alternova® (Alternova: FI)
Enalapril Alter® (Alter: ES)
Enalapril AL® (Aliud: CZ, DE, RO)
Enalapril Arcana® (Arcana: AT)
Enalapril AWD® (AWD: DE)
Enalapril axcount® (Axcount: DE)
Enalapril AZU® (Azupharma: DE)
Enalapril AZU® (ratiopharm: LU)
Enalapril Basics® (Basics: DE)
Enalapril Bayvit® (Bayvit: ES)
Enalapril Belmac® (Belmac: ES)
Enalapril Biochemie® (BC: DE)
Enalapril Biogaran® (Biogaran: FR)
Enalapril Chinoin® (Sanofi-Aventis: HU)
Enalapril Ciclum® (Ciclum: PT)
Enalapril Cinfa® (Cinfa: ES)
Enalapril Combino Pharm® (Combino: ES)
Enalapril Davur® (Davur: ES)
Enalapril DOC® (DOC Generici: IT)
Enalapril Domesco® (Domesco: VN)
Enalapril dura® (Merck dura: DE)
Enalapril Durban® (Durban: ES)
Enalapril Ecar® (Ecar: CO)
Enalapril Edigen® (Edigen: ES)
Enalapril EG® (EG: IT)
Enalapril EG® (EG Labo: FR)
Enalapril EG® (Eurogenerics: BE)
Enalapril Farmoz® (Farmoz: PT)
Enalapril G Gam® (G Gam: FR)
Enalapril Genericon® (Genericon: AT)
Enalapril Generics® (Merck NM: FI)
Enalapril Generis® (Generis: PT)
Enalapril Grapa® (Grapa: ES)
Enalapril Helvepharm® (Helvepharm: CH)
Enalapril Heumann® (Heumann: DE)
Enalapril Hexal® (Hexal: RU)
Enalapril Hexal® (Sandoz: HU)
Enalapril IVAX® (Ivax: FR, SE)
Enalapril Juventus® (Juventus: ES)
Enalapril Klast® (Linden: DE)
Enalapril Krka® (Krka: DK, SE)
Enalapril KSK® (KSK Pharma: DE)
Enalapril Kwizda® (Kwizda: AT)
Enalapril Lachema® (Lachema: CZ)
Enalapril Lareq® (Lareq: ES)
Enalapril Lasa® (Ipsen: ES)
Enalapril LPH® (Labormed Pharma: RO)
Enalapril Mabo® (Mabo: ES)
Enalapril Maleaat Merck® (Merck Generics: NL)
Enalapril Maleate® (Alpharma: GB)
Enalapril Maleate® (Dexcel: GB)

Enalapril Maleate® (Teva: GB)
Enalapril Maleato L.CH.® (Chile: CL)
Enalapril Maleato® (Bestpharma: CL)
Enalapril Maleato® (Drintefa: PE)
Enalapril Maleato® (Mintlab: CL)
Enalapril Maleato® (Rider: CL)
Enalapril Mepha® (Mepha: PT)
Enalapril Merck NM® (Merck NM: SE)
Enalapril Merck® (Merck: ES)
Enalapril Merck® (Merck dura: DE)
Enalapril Merck® (Merck Generics: IT)
Enalapril Merck® (Merck Génériques: FR)
Enalapril MK® (Bonima: BZ, CR, GT, HN, HT, NI, PA, SV)
Enalapril Normon® (Normon: CR, ES, GT, HN, NI, PA, SV)
Enalapril Ratiopharm® (Mepha: PT)
Enalapril Ratiopharm® (Ratiopharm: AT, CZ, ES)
Enalapril Ratiopharm® (ratiopharm: HU)
Enalapril Ratiopharm® (Ratiopharm: SE)
Enalapril Richet® (Richet: AR)
Enalapril Rimafarm® (Rimafar: ES)
Enalapril RK® (Errekappa: IT)
Enalapril RPG® (RPG: FR)
Enalapril Rubio® (Rubio: ES)
Enalapril Sandoz® (Sandoz: AT, DE, ES, FR, IT, PT, SE)
Enalapril Stada® (Stada: SE, VN)
Enalapril Stada® (Stadapharm: DE)
Enalapril Tamarang® (Tamarang: ES)
Enalapril Tarbis® (Tarbis: ES)
Enalapril Tecnigen® (Tecnimede: ES)
Enalapril Teva® (Teva: CH, IT)
Enalapril Uxa® (Uxafarma: ES)
Enalapril Verla® (Verla: DE)
Enalapril Vir® (Vir: ES)
Enalapril Winthrop® (Winthrop: FR, PT)
Enalapril Wolff® (Wolff: DE)
Enalapril Zydus® (Zydus: FR)
Enalapril-Akri® (Akrihin: RU)
Enalapril-axcount® (AxiCorp: DE)
Enalapril-axsan® (Axio: DE)
Enalapril-corax® (corax: DE)
Enalapril-CT® (CT: DE)
Enalapril-DP® (Douglas: AU)
Enalapril-ratiopharm® (Ratiopharm: BE)
Enalapril-ratiopharm® (ratiopharm: DE)
Enalapril-ratiopharm® (Ratiopharm: FI)
Enalapril-saar® (MIP: DE)
Enalapril-Sandoz® (Sandoz: BE, LU)
Enalapril-Stada® (Stada: LU)
Enalapril-Teva® (Teva: CH)
EnalaprilfindusFit® (findusFit: DE)
Enalaprilmaleaat Alpharma® (Alpharma: NL)
Enalaprilmaleaat CF® (Centrafarm: NL)
Enalaprilmaleaat Gf® (Genfarma: NL)
Enalaprilmaleaat Katwijk® (Katwijk: NL)
Enalaprilmaleaat PCH® (Pharmachemie: NL)
Enalaprilmaleaat Sandoz® (Sandoz: NL)
Enalaprilmaleaat-ratiopharm® (Ratiopharm: NL)
EnalaprilmaleaatA® (Apothecon: NL)
Enalaprilmaleaat® (Hexal: NL)
Enalaprilmaleat Arcana® (Arcana: AT)
Enalaprilmaleat Lindo® (Lindopharm: DE)
Enalaprilmaleat Stada® (Stada: AT)
EnalaprilX® (Cardiologix: DE)
Enalapril® (Abello: ES)
Enalapril® (Actavis: NO)
Enalapril® (Chemopharma: CL)
Enalapril® (CTS: IL)
Enalapril® (Hemofarm: RU)
Enalapril® (Hexal: NO)
Enalapril® (IPhSA: CL)
Enalapril® (Jugoremedija: RS)
Enalapril® (KRKA: NO)
Enalapril® (Lek: RO, RS)
Enalapril® (Magistra: RO)
Enalapril® (Makis Pharma: RU)
Enalapril® (Merck NM: NO)
Enalapril® (Merckle: CZ)
Enalapril® (Pasteur: CL)
Enalapril® (Pentacoop: EC)
Enalapril® (Pliva: CZ)
Enalapril® (Ratiopharm: ES)
Enalapril® (Remedica: RS)
Enalapril® (Slovakofarma: CZ)
Enalapril® (Srbolek: RS)
Enalapril® (Tamarang: ES)
Enalapril® (Zdravlje: RS)
Enalap® (E.I.P.I.C.O.: RO)
Enalap® (Ethical: DO)
Enalap® (Saba: TR)
Enalatab® [vet.] (CP: DE)
Enalbal® (Baldacci: BR)
Enaldun® (Duncan: AR)
Enalek® (Lek: CZ)
Enalfor® [vet.] (Merial: AU)
EnaLich® (Winthrop: DE)
Enalind® (Lindopharm: DE)
Enam® (Dr Reddys: LK, PE, TH)
Enam® (Dr. Reddy's: RU)
Enapirex® (Chinoin: CZ)
Enaplus® (Bioindustria: EC)
Enapren® (Merck Sharp & Dohme: IT)
Enaprex® (Fluter: DO)
Enaprex® (Heimdall: CO)
Enaprilmaleaat Stada® (Stada: NL)
Enapril® (Actavis: IS)
Enapril® (Intas: PE, TH)
Enapril® (Lannacher: AT)
Enapril® (Salutas Fahlberg: CZ)
Enapril® (Sandoz: HU, TR)
Enaprotec® (Hexal: BR)
Enap® (Krka: CZ, HR, HU, PL, RO, RS)
Enap® (KRKA: RU)
Enap® (Krka: SG, SI)
Enap® (Pharma Dynamics: ZA)
Enap® (Rowex: IE)
Enarenal® (Polpharma: PL, RU)
Enaril® (Beximco: BD)
Enaril® (Biolab: SG, TH)
Enatec® (Mepha: CH, TT)
Enatral® (Austral: AR)
Enazil® (Pliva: PL)
Enetil® (Proanmed: CO)
Envas® (Cadila: ER, ET, IN, KE, NG, RU, TH, TZ, UG, ZM, ZW)
Ephicord® (Europharm: RO)
Epril® (Hexal: PL)
Epril® (Sandoz: CH)
Eril® (Orion: BD)

Eritril® (Northia: AR)
Erxetilan® (Leovan: GR)
Eupressin® (Biosintética: BR)
Fabotensil® (Fabop: AR)
Fada Enalapril® (Fada: AR)
Gadopril® (Gador: AR)
GenRX Enalapril® (GenRX: AU)
Glioten® (Armstrong: GT, HN, MX, PA)
Glioten® (Bago: CL, PE)
Glioten® (Bagó: AR, CO, CR, DO, NI, SV)
Gnostocardin® (Bros: GR)
Grifopril® (Chile: CL)
Hasitec® (Hasan: VN)
Herten® (Vir: ES)
Hiperson® (Medipharm: CL)
Hipertan® (Gramon: AR)
Hipertin® (Luper: BR)
Hipervac® (Lacofarma: DO)
Hipoartel® (Andromaco: CL)
Hipoartel® (Ipsen: ES)
HR-Enalapril Maleate® (Hexal: ZA)
Iecatec® (Meiji: TH)
Iecatec® (Tedec Meiji: ES)
Ileveran® (Collins: MX)
Innovace® (Merck Sharp & Dohme: GB, IE)
Inoprilat® (Pharos: ID)
Insup® (Alacan: ES)
Invoril® (Ranbaxy: IN, LK, PE, RO, SG, TH)
Istopril® (Codal Synto: LK, TH)
Jutaxan® (Juta: DE)
Jutaxan® (Q-Pharm: DE)
Kalipren® (Medochemie: CZ, SK)
Kaparlon-S® (Anfarm: GR)
Kinfil® (Nova Argentia: AR)
Konveril® (Nobel: BA, TR)
Korandil® (Remedica: CY, SG, TH)
Lapril® (Pharmasant: TH)
Leovinezal® (Mentinova: GR)
Linatil® (Sandoz: FI, SE)
Lotrial® (Pharma Investi: CL)
Lotrial® (Roemmers: AR)
M-Enalapril® (Multichem: NZ)
Maleato de Enalapril Merck® (Merck Genéricos: PT)
Maleato de Enalapril® (Biosintética: BR)
Maleato de Enalapril® (EMS: BR)
Maleato de Enalapril® (Hexal: BR)
Maleato de Enalapril® (Medley: BR)
Maleato de Enalapril® (Novartis: BR)
Mapryl® (Polfa Warszawa: PL)
Maxen® (Baliarda: AR)
Megapress® (Genepharm: GR, RO)
Meipril® (Meiji: ID)
Mepril® (Kwizda: AT)
Merck-Enalapril® (Merck: BE)
Minipril® (Alembic: IN, LK)
Minipril® (Renata: BD)
Myoace® (E Merck: LK)
Nacor® (Merck: ES)
Nalabest® (Best: MX)
Nalapril® (Klonal: AR)
Nalopril® (Siam Bheasach: TH)
Naprilene® (Sigma Tau: ES, IT)
Naprilex® (Feltrex: DO)
Naritec® (TO Chemicals: TH)
Neolapril® (Biobras: BR)
Neotensin® (Cepa: ES)
Nor-Prilat® (Teramed: GT, HN, NI, SV)
Nuril® (USV: IN, LK)
Octorax® (Demo: GR)
Ofnifenil® (S.J.A.: GR)
Olivin® (Lek: BA, HR, SI)
Omnipress® (Omnifarma: EC)
Pharmapress® (Aspen: ZA)
Presi Regul® (Fabra: AR)
Pressitan® (Iquinosa: ES)
Pres® (Boehringer Ingelheim: DE)
Prilace® (Farma: EC)
Prilan® (Medi Sofex: PT)
Prilenal® [vet.] (Ceva: DE, FR, NL)
Prilenap® (Hemofarm: BA, RS)
Priltenk® (Biotenk: AR)
Pulsol® [tabs] (Probiomed: MX)
Rablas® (Medichrom: GR)
Reca® (Cantabria: ES)
Redopril® (Biochemie: CR, DO, GT, NI, PA, SV)
Renacardon® (Fahrenheit: ID)
Renapril® (Meditop: HU)
Renipress® (Generix: SV)
Renistad® (Stada: AT)
Renitec® (Aktuapharma: BE)
Renitec® (MDS: NZ)
Renitec® (Merck: PE)
Renitec® (Merck Sharp & Dohme: AR, AT, AU, BE, BR, CN, CO, CR, CR, CZ, DK, DZ, EC, ES, FR, GT, GT, HK, HN, HN, HU, LK, LU, MX, MY, NI, NI, NL, PA, PH, PT, RU, SE, SG, SV, SV, TH, TR, VN, ZA)
Renitec® (MerckSharp&Dohme: RO)
Renitec® (MSD: FI, NO)
Renitec® (Vianex: GR)
Reniten® (Merck Sharp & Dohme: CH)
Renivace® (Banyu: JP)
Renivace® (Merck Sharp & Dohme: ID)
Silverit® (Proge: IT)
Stadelant® (Chrispa: GR)
Sulapril® (Sued: DO)
Sulocten® (Microsules: AR)
Supotron® (Remedina: GR)
Tenace® (Combiphar: ID)
Tenazide® (Combiphar: ID)
Tencas® (Casasco: AR)
Tensazol® (Tecnifar: PT)
Tesoren® (La Santé: CO)
Ulticadex® (Rafarm: GR)
Unipril® (Grupo Farma: CO)
Vapresan® (Temis-Lostalo: AR)
Vasolapril® (Deva: TR)
Vasopril® (Biolab: BR)
Vasopril® (Square: BD)
Vasotec® (Merck Frosst: CA)
Vasotec® (Merck Sharp & Dohme: AN, AW, BB, BS, BZ, GY, JM, KY, TT)
Vimapril® (VIM Spectrum: RO)
Virfen® (Specifar: GR)
Vitobel® (Vianex: GR)
Xanef® (Merck Sharp & Dohme: DE)

Enalaprilat (Rec.INN)

L: Enalaprilatum
D: Enalaprilat
F: Enalaprilate
S: Enalaprilat

⚕ ACE-inhibitor

CAS-Nr.: 0076420-72-9 C_{18}-H_{24}-N_2-O_5
M_r 348.41

L-Proline, 1-[N-(1-carboxy-3-phenylpropyl)-L-alanyl]-

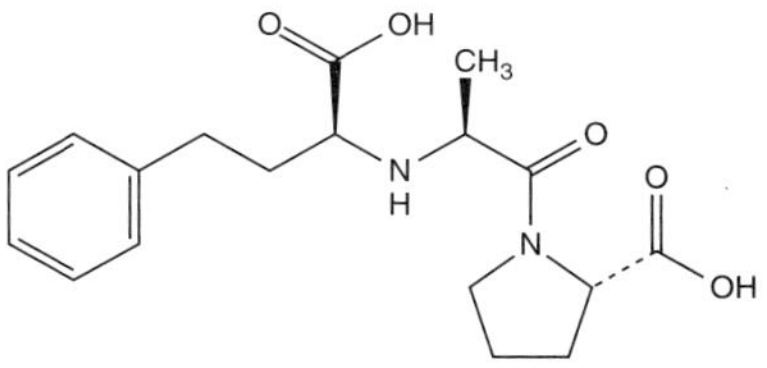

OS: *Enalaprilat [BAN, USAN]*
IS: *MK 422 (Merck Sharp & Dohme, Great Britain)*
PH: Enalaprilat dihydrate [Ph. Eur. 5]

Enalaprilat Injection® (Bedford: US)
Enalaprilat Injection® (Hospira: US)
Enalaprilat Injection® (Mayne: US)
Enalaprilat Injection® (Sicor: US)
Renitec I.V.® (Merck Sharp & Dohme: AT)
Renitec® (Merck Sharp & Dohme: ES)
Vasotec® (Biovail: US)
Vasotec® (Merck Frosst: CA)
Vasotek® (Biovail: US)

– dihydrate:

CAS-Nr.: 0084680-54-6
OS: *Enalaprilat USAN*
PH: Enalaprilat USP 30
PH: Enalaprilat dihydrate Ph. Eur. 5

Enap® [inj.] (Krka: CZ, HR, HU, PL)
Renitec® (Merck Sharp & Dohme: AT, CO, ES, NL)

Enbucrilate (Rec.INN)

L: Enbucrilatum
D: Enbucrilat
F: Enbucrilate
S: Enbucrilato

⚕ Surgical material, tissue adhesive

CAS-Nr.: 0006606-65-1 C_8-H_{11}-N-O_2
M_r 153.186

Butyl-2-cyanoacrylate

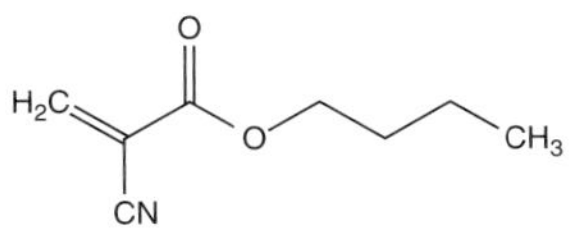

OS: *Enbucrilate [BAN, USAN]*
IS: *Butyl 2-cyanoacrylate (WHO)*

Histoacryl® (Braun: GB)
Histoacryl® (Health Support Ltd: NZ)

Encainide (Rec.INN)

L: Encainidum
D: Encainid
F: Encaïnide
S: Encainida

⚕ Antiarrhythmic agent

ATC: C01BC08
CAS-Nr.: 0037612-13-8 C_{22}-H_{28}-N_2-O_2
M_r 352.486

Benzamide, 4-methoxy-N-[2-[2-(1-methyl-2-piperidinyl)ethyl]phenyl]-, (±)-

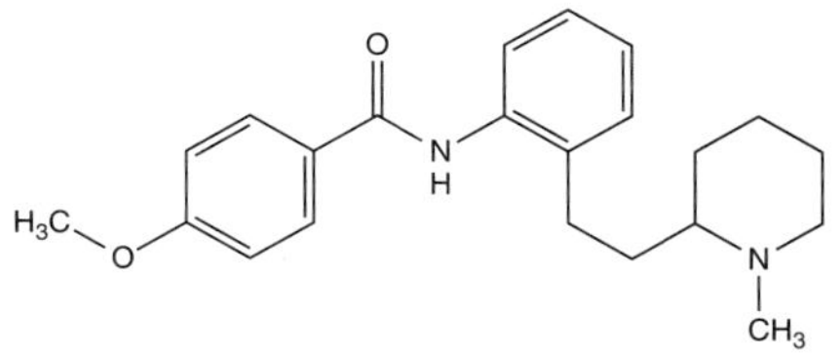

OS: *Encainide [BAN, DCF]*
IS: *MJ 9067*

– hydrochloride:

CAS-Nr.: 0066794-74-9
OS: *Encainide Hydrochloride USAN*
IS: *Encaine hydrochloride*
IS: *MJ 9067-1 (Mead Johnson, USA)*

Enkaid® (Bristol-Myers Squibb: US)

Enflurane (Rec.INN)

L: Enfluranum
I: Enflurano
D: Enfluran
F: Enflurane
S: Enflurano

⚕ Anesthetic (inhalation)

ATC: N01AB04
CAS-Nr.: 0013838-16-9 C_3-H_2-Cl-F_5-O
M_r 184.499

Ethane, 2-chloro-1-(difluoromethoxy)-1,1,2-trifluoro-

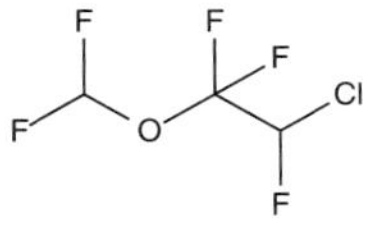

OS: *Enflurane [BAN, DCF, JAN, USAN]*
OS: *Enflurano [DCIT]*
IS: *Anaesthetic Compound 347*
PH: Enflurane [JP XIV, USP 30]

Alyrane® (AstraZeneca: AU, IL)
Enfluraan Medeva Europe® (Celltech: NL)
Enfluran-Medeva Europe® (Medeva: LU)
Enflurane® (Abbott: GB)
Enflurane® [vet.] (Abbott: GB)
Enflurano® (Bestpharma: CL)
Enflurano® (Cristália: BR)
Enfluran® (Cristália: BR)
Enfluthane® (AstraZeneca: BR)

Enforan® (Richmond: AR)
Ethrane® (Abbott: AT, AU, CN, ID, IL, IT, LU, NL, PH, RO, TR, ZA)
Etrane® (Abbott: BR)

Enfuvirtide (Rec.INN)

L: Enfuvirtidum
D: Enfuvirtid
F: Enfuvirtide
S: Enfuvirtida

Antiviral agent, anti HIV

ATC: J05AX07
ATCvet: QJ05AX07
CAS-Nr.: 0159519-65-0 C_{204}-H_{301}-N_{51}-O_{64}
M_r 4492.56

OS: *Enfuvirtide [USAN, BAN]*
IS: *T 20 (Trimeris)*
IS: *DP 178*
IS: *Pentafuside*
IS: *R 698*

Fuzeon® (Roche: AR, AT, AU, BA, BE, CA, CH, CL, CZ, DE, DK, ES, FI, FR, GB, GR, HU, IE, IL, IS, IT, LU, LV, MX, NL, NO, NZ, PL, PT, RO, RS, SE, SI, TH, US)

Enilconazole (Rec.INN)

L: Enilconazolum
D: Enilconazol
F: Enilconazole
S: Enilconazol

Dermatological agent, local fungicide

CAS-Nr.: 0035554-44-0 C_{14}-H_{14}-Cl_2-N_2-O
M_r 297.186

1H-Imidazole, 1-[2-(2,4-dichlorophenyl)-2-(2-propenyloxy)ethyl]-

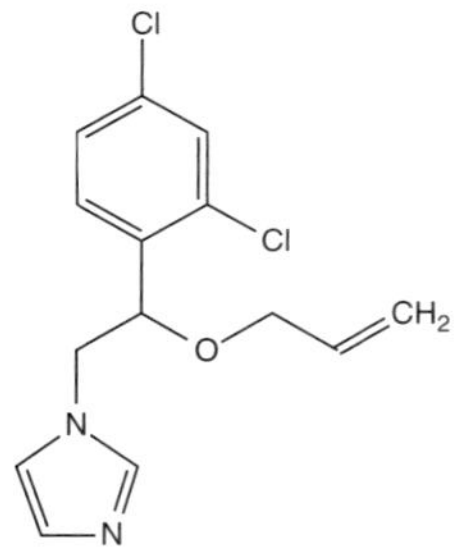

OS: *Enilconazole [BAN, USAN]*
IS: *R 23979*
IS: *Imazalil*
PH: Enilconazole [BP 2002 (vet.)]

Clinafarm® [vet.] (Bayer Animal Health: ZA)
Clinafarm® [vet.] (Janssen: BE)
Clinafarm® [vet.] (Janssen Santé Animale: FR)
Imaveral® [vet.] (Janssen Santé Animale: FR)
Imaverol® [vet.] (Bayer Animal Health: ZA)
Imaverol® [vet.] (Biokema: CH)
Imaverol® [vet.] (Boehringer Ingelheim: AU)
Imaverol® [vet.] (Esteve Veterinaria: PT)
Imaverol® [vet.] (Janssen: AT, BE, IT, LU)
Imaverol® [vet.] (Janssen Animal Health: DE, GB)
Imaverol® [vet.] (Orion: FI)

Enocitabine (Rec.INN)

L: Enocitabinum
D: Enocitabin
F: Enocitabine
S: Enocitabina

Antineoplastic agent

CAS-Nr.: 0055726-47-1 C_{31}-H_{55}-N_3-O_6
M_r 565.811

N-(1-β-D-Arabinofuranosyl-1,2-dihydro-2-oxo-4-pyrimidinyl)docosanamide

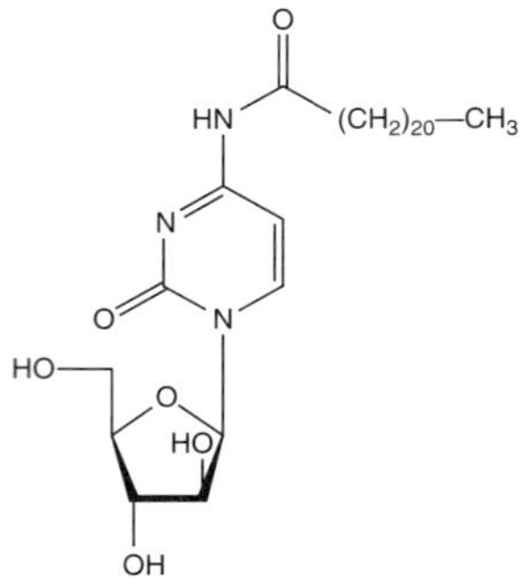

OS: *Enocitabine [JAN,USAN]*
IS: *Behenoyl citosine arabinoside*
IS: *Behenoyl cytarabine*
IS: *NSC 239336*

Sunrabin® (Asahi: JP)

Enoxacin (Rec.INN)

L: Enoxacinum
I: Enoxacina
D: Enoxacin
F: Enoxacine
S: Enoxacino

Antibiotic, gyrase inhibitor

ATC: J01MA04
CAS-Nr.: 0074011-58-8 C_{15}-H_{17}-F-N_4-O_3
M_r 320.341

1,8-Naphthyridine-3-carboxylic acid, 1-ethyl-6-fluoro-1,4-dihydro-4-oxo-7-(1-piperazinyl)-

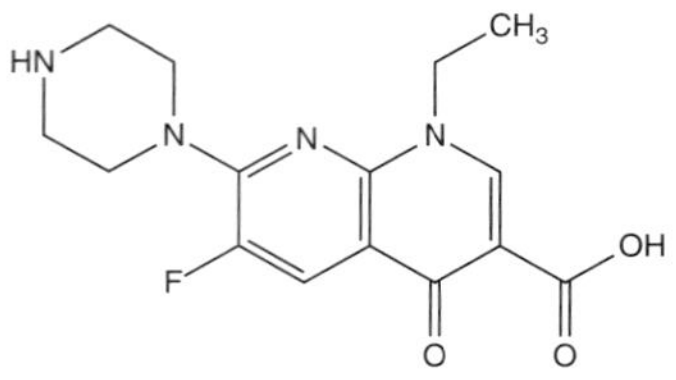

OS: *Enoxacin [BAN, JAN, USAN]*
OS: *Énoxacine [DCF]*
OS: *Enoxacina [DCIT]*
IS: *AT 2266 (Dainippon, Japan)*
IS: *CI 919 (Parke Davis, USA)*
IS: *PD 107779*
PH: Enoxacin [JP XIV]

Arox® (Hikma: AE, BH, EG, IQ, JO, KW, LB, LY, OM, QA, SA, SD, SY, TN, YE)
Bactidron® (Aventis: ZA)
Enoksetin® (Eczacibasi: TR)
Enorin® (Rowe: DO)
Enoxur® (PF: LU)
Flumark® (Dainippon: JP)

– sesquihydrate:

CAS-Nr.: 0084294-96-2

Bactidan® (Pierre Fabre: IT)
Enoxen® (EG: IT)
Enoxor® (Germania: AT)
Enoxor® (PF: LU)
Enoxor® (Pierre Fabre: DE, FR)
Flumark® (Dainippon: JP)

Enoxaparin

I: Enoxaparina
D: Enoxaparin
F: Enoxaparine

Anticoagulant, platelet aggregation inhibitor

ATC: B01AB05

Low-molecular-weight heparin

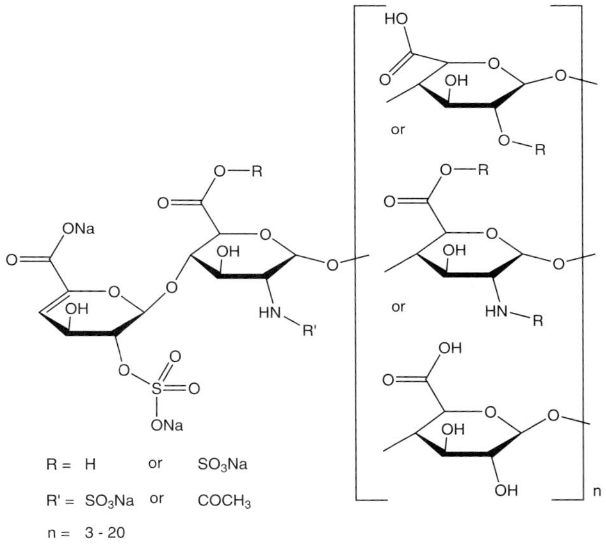

OS: *Enoxaparine [DCF]*
IS: *Heparin, low-molecular-weight*
IS: *PK 10169 (May & Baker)*
IS: *Anitfaktor-Xa-Einheiten*

Clexane® (Aktuapharma: BE)
Clexane® (Aventis: GH, IN, KE, LU, NG, SI, ZA, ZW)
Clexane® (Sanofi-Aventis: BE, CL, GE, HR, IL)
Flunox® (Eurofarma: BR)
Klexane® (Aventis: NO)
Nu-Rox® (Chile: CL)

– sodium salt:

CAS-Nr.: 0009041-08-1
OS: *Enoxaparin Sodium BAN, USAN*
OS: *Énoxaparine sodique DCF*
IS: *RP 54563 (Rhone-Poulenc, USA)*
PH: Enoxaparin Sodium Ph. Eur. 5
PH: Enoxaparinum natricum Ph. Eur. 5
PH: Enoxaparin-Natrium Ph. Eur. 5
PH: Enoxaparine sodique Ph. Eur. 5

Cardinex® [inj.] (Drug International: BD)
Clexane® (Aventis: AU, BA, CO, CR, CZ, DO, EC, GR, GT, HN, LK, LU, NI, NZ, PA, PE, PH, RS, SV, TH, ZA)
Clexane® (Sanofi-Aventis: AR, BD, BR, CH, DE, ES, GB, HK, HU, IE, IT, MX, MY, NL, PL, RO, RU, SG, TR)
Cutenox® (Gland: LK)
Decipar® (Sanofi-Aventis: ES)
Dilutol® (Lazar: AR)
Klexane® (Aventis: DK, IS)
Klexane® (Sanofi-Aventis: FI, SE)
Lovenox® (Aventis: AT)
Lovenox® (Aventis Pharma: ID)
Lovenox® (Gerot: AT)
Lovenox® (Paranova: AT)
Lovenox® (Sanofi-Aventis: CA, CG, CI, CM, FR, GA, GE, PT, US, VN)

Enoximone (Rec.INN)

L: Enoximonum
I: Enoximone
D: Enoximon
F: Enoximone
S: Enoximona

Cardiac stimulant, cardiotonic agent

Vasodilator, peripheric

ATC: C01CE03
CAS-Nr.: 0077671-31-9 C_{12}-H_{12}-N_2-O_2-S
M_r 248.308

2H-Imidazol-2-one, 1,3-dihydro-4-methyl-5-[4-(methylthio)benzoyl]-

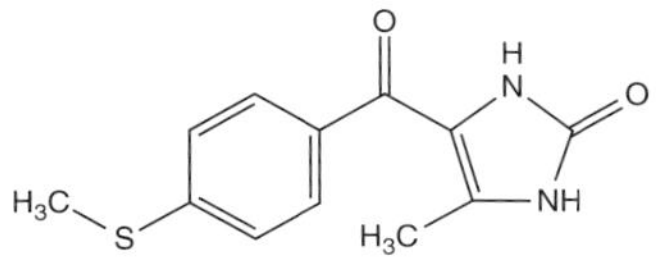

OS: *Enoximone [BAN, DCIT, USAN]*
OS: *Énoximone [DCF]*
IS: *MDL 17043 (Merrell Dow, USA)*
IS: *RMI 17043*

Perfane® (Lepetit: IT)
Perfane® (Myogen: LU)
Perfan® (Belpharma: BE)
Perfan® (Carinopharm: DE)
Perfan® (Myogen: IE, NL)
Perfan® (Myogen-D: IT)

E

Enoxolone (Rec.INN)

L: Enoxolonum
I: Enoxolone
D: Enoxolon
F: Enoxolone
S: Enoxolona

Antiinflammatory agent

ATC: DO3AX10
ATCvet: QD03AX10
CAS-Nr.: 0000471-53-4 C_{30}-H_{46}-O_4
M_r 470.698

Olean-12-en-29-oic acid, 3-hydroxy-11-oxo-, (3β,20β)-

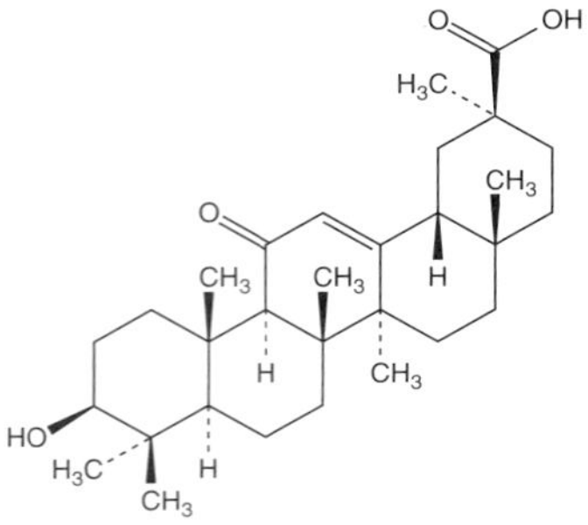

OS: *Enoxolone [BAN, DCF, USAN]*
OS: *Glycyrrhetic Acid [JAN]*
IS: *Glycyrrhetinic acid*
IS: *Acidum glycyrrhetinicum*
PH: Enoxolone [Ph. Eur. 5]
PH: Enoxolonum [Ph. Eur. 5]
PH: Enoxolon [Ph. Eur. 5]

Arthrodont® (Pierre Fabre: FR, VN)
Dermanox® (Centrapharm: BE, LU)
Po 12® (Boehringer Ingelheim: FR)

Enrofloxacin (Rec.INN)

L: Enrofloxacinum
D: Enrofloxacin
F: Enrofloxacine
S: Enrofloxacino

Antibiotic, gyrase inhibitor [vet.]
ATCvet: QJ01MA90
CAS-Nr.: 0093106-60-6 C_{19}-H_{22}-F-N_3-O_3
M_r 359.415

3-Quinolinecarboxylic acid, 1-cyclopropyl-7-(4-ethyl-1-piperazinyl)-6-fluoro-1,4-dihydro-4-oxo-

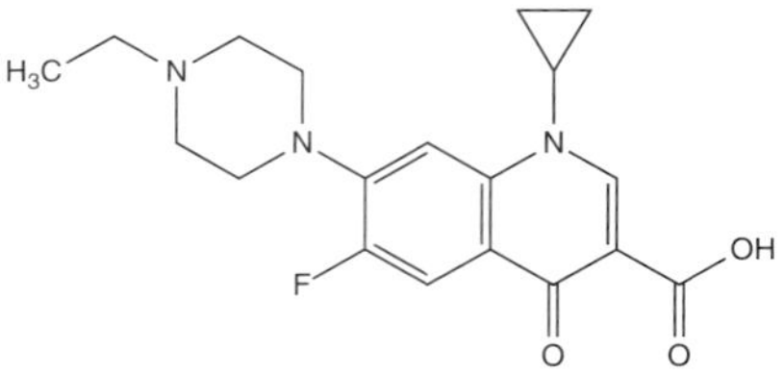

OS: *Enrofloxacin [BAN, USAN]*
IS: *Bay Vp 2674 (Bayer)*

Alsir® [vet.] (Esteve Veterinaria: PT)
Baytril® [vet.] (Bayer: AT, BE, CH, IT, LU, NL, NO, SE)
Baytril® [vet.] (Bayer Animal: DE, NZ, PT, US)
Baytril® [vet.] (Bayer Animal Health: AU, GB, ZA)
Baytril® [vet.] (Bayer Diagnostics: IE)
Baytril® [vet.] (Bayer Sante Animale: FR)
Baytril® [vet.] (Orion: FI)
Baytril® [vet.] (Provet: CH)
Revoflox® [vet.] (Virbac: FR)
Roxacin® [vet.] (Calier: PT)
Tenotryl® [vet.] (Virbac: FR)

Entacapone (Rec.INN)

L: Entacaponum
I: Entacapone
D: Entacapon
F: Entacapone
S: Entacapona

Antiparkinsonian
COMT inhibitor

ATC: N04BX02
CAS-Nr.: 0130929-57-6 C_{14}-H_{15}-N_3-O_5
M_r 305.304

(E)-2-Cyano-3-(3,4-dihydroxy-5-nitrophenyl)-N,N-diethyl-2-propenamide

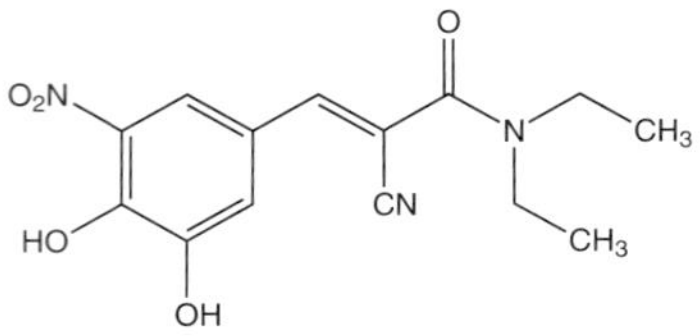

OS: *Entacapone [BAN, USAN]*
IS: *OR 611 (Orion)*

Comtade® (Novartis: CO)
Comtan® (D.A.C.: IS)
Comtan® (Novartis: AR, AT, AU, BD, BE, BR, CA, CH, CN, CR, CZ, DK, DO, EC, ES, FR, GR, GT, HK, HN, HU, ID, IL, IT, LU, MY, NI, NL, NZ, PA, PH, PL, PT, RO, RS, SG, SI, SV, TH, TR, US, ZA)
Comtan® (Novartis Consumer Health: HR)
Comtan® (Novartis Pharma: PE)
Comtan® (Orion: SI)
Comtess® (Lyfjaver: IS)
Comtess® (Orion: DE, DK, FI, GB, IE, IS, LU, NL, NO, SE)

Entecavir (Rec.INN)

L: Entecavirum
D: Entecavir
F: Entecavir
S: Entecavir

Antiviral agent used in treatment of hepatitis B infection

ATC: J05AF10
ATCvet: QJ05AF10
CAS-Nr.: 0142217-69-4 C_{12}-H_{15}-N_5-O_3
M_r 277.32

9-[(1S,3R,4S)-4-hydroxy-3-(hydroxymethyl)-2-methylenecyclopentyl]guanine (WHO)

2-Amino-9-[(1S,3R,4S)-4-hydroxy-3-(hydroxymethyl)-2-methylidencyclopentyl]purin-6(1H)-on (IUPAC)

6H-Purin-6-one, 2-amino-1,9-dihydro-9-[(1S,3R,4S)-4-hydroxy-3-(hydroxymethyl)-2-methylenecyclopentyl]-

(1S,3R,4S)-9-[4-Hydroxy-3-(hydroxymethyl)-2-methylenecyclopentyl]guanine

(1S,3R,4S)-9-[4-Hydroxy-3-(hydroxymethyl)-2-methylencyclopentyl]guanin

2-Amino-9-[(1S,3R,4S)-4-hydroxy-3-(hydroxymethyl)-2-methylidencyclopentyl]-1,9-dihydro-6H-purin-6-on

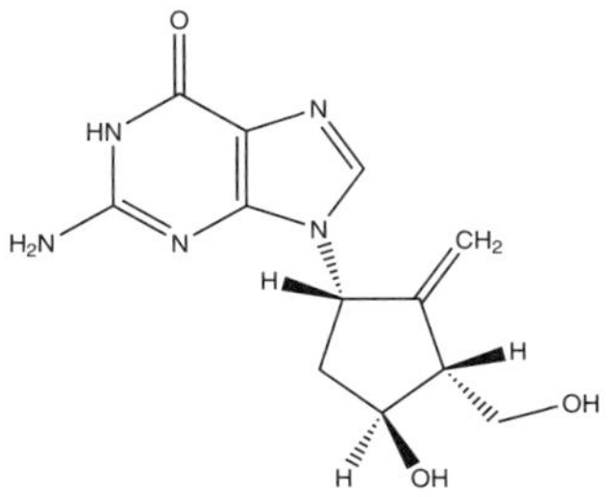

OS: *Entecavir [USAN]*
IS: *BMS-200475-01 (Bristol-Myers Squibb, US)*
IS: *SQ34676*

- **monohydrate:**

CAS-Nr.: 0209216-23-9
OS: *9-[(1S,3R,4S)-4-Hydroxy-3-(hydroxy-methyl)-2-methylenecyclopentyl]guanine monohydrate (USAN)*

Baraclude® (Bristol-Myers Squibb: CA, CN, DE, ES, FI, FR, GB, IE, MX, NL, NO, NZ, SE, SG, TR, US, VN)

Enviomycin (Rec.INN)

L: Enviomycinum
D: Enviomycin
F: Enviomycine
S: Enviomicina

Antibiotic, polypeptide
Antitubercular agent

CAS-Nr.: 0033103-22-9 — C_{25}-H_{43}-N_{13}-O_{10}, M_r 685.749

Viomycin, 1-((3R,4R)-4-hydroxy-3,6-diaminohexanoic acid)-6-(L-2-(2-amino-1,4,5,6-tetrahydro-4-pyrimidinyl)glycine)-, (R)- [ChemIDplus]

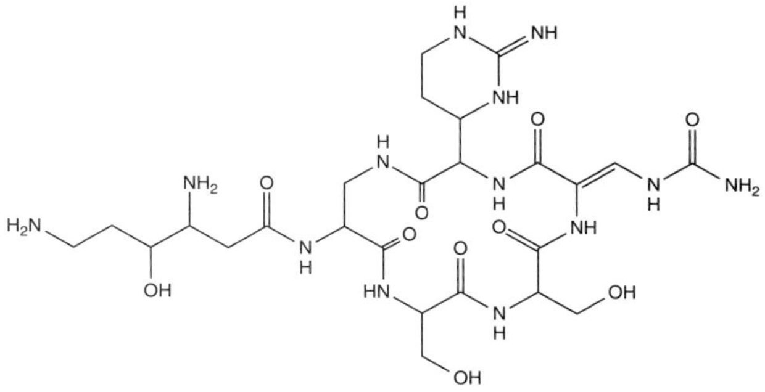

OS: *Enviomycin [USAN]*
IS: *Tuberactinomycin N*

- **sulfate:**

OS: *Enviomycin Sulfate JAN*

Tuberactin® (Toyo Jozo: JP)

EPAB

Local anesthetic

CAS-Nr.: 0041653-21-8 — C_{16}-H_{22}-N_2-O_3, M_r 290.372

Benzoic acid, 4-[(1-piperidinylacetyl)amino]-, ethyl ester

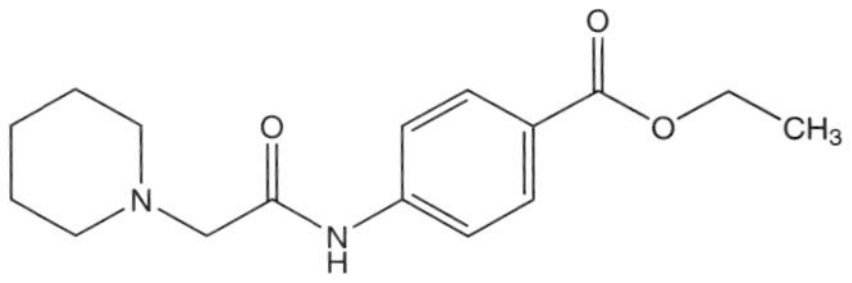

OS: *Ethyl Piperidinoacetylaminobenzoate [JAN]*
IS: *Ethyl piperidinoacetylaminobenzoate*

Sulcain® (Shinyaku: JP)

Epalrestat (Rec.INN)

L: Epalrestatum
D: Epalrestat
F: Epalrestat
S: Epalrestat

Enzyme inhibitor
Enzyme inhibitor, aldosereductase

CAS-Nr.: 0082159-09-9 — C_{15}-H_{13}-N-O_3-S_2, M_r 319.399

5-[(Z,E)-β-Methylcinnamylidene]-4-oxo-2-thioxo-3-thiazolidineacetic acid

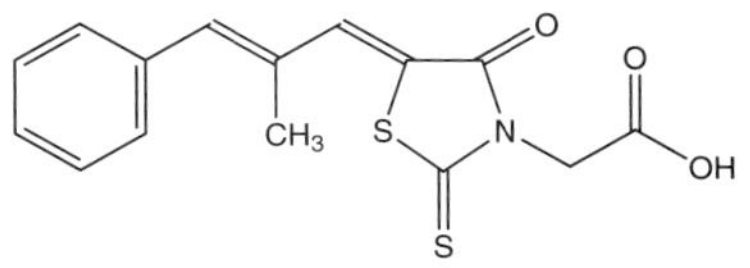

OS: *Epalrestat [JAN, USAN]*

IS: *ONO 2235*

Kinedak® (Ono: JP)

Eperisone (Rec.INN)

L: Eperisonum
D: Eperison
F: Epérisone
S: Eperisona

Muscle relaxant

CAS-Nr.: 0064840-90-0 C_{17}-H_{25}-N-O
M_r 259.397

1-Propanone, 1-(4-ethylphenyl)-2-methyl-3-(1-piperidinyl)-

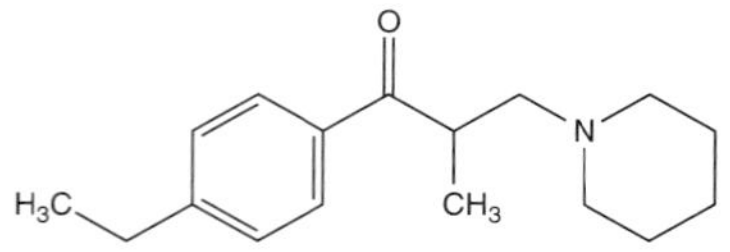

OS: *Eperisone [USAN]*

– hydrochloride:

CAS-Nr.: 0056839-43-1
OS: *Eperisone Hydrochloride JAN*
IS: *EMPP*

Eprel® (Orion: BD)
Eprinoc® (Sanbe: ID)
Epsonal® (Pyridam: ID)
Forelax® (Guardian: ID)
Forres® (Kalbe: ID)
Myonal® (Eisai: BD, CN, DO, GT, ID, JP, MY, SG, SV, TH, VN)
Myonep® (Lapi: ID)
Myori® (Tempo: ID)
Permyo® (Ferron: ID)
Zonal® (Dankos: ID)

Epervudine (Rec.INN)

L: Epervudinum
D: Epervudin
F: Epervudine
S: Epervudina

Antiviral agent

ATC: D06BB
CAS-Nr.: 0060136-25-6 C_{12}-H_{18}-N_2-O_5
M_r 270.29

2'-deoxy-5-isopropyluridine

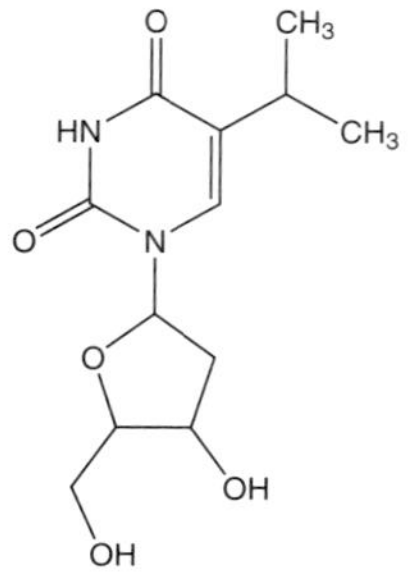

OS: *Epervudine [USAN]*
IS: *IPDU*
IS: *Isopropyldeoxyuridin*

Hevizos® (Biogal: BG, CZ, JM)
Hevizos® (Medimpex: BB, JM, TT)
Hevizos® (Teva: HU)

Ephedrine (BAN)

L: Ephedrinum anhydricum
I: Efedrina
D: Ephedrin, wasserfrei
F: Ephédrine anhydre
S: Efedrina

Bronchodilator
Sympathomimetic agent

ATC: R01AA03,R01AB05,R03CA02,S01FB02
CAS-Nr.: 0000299-42-3 C_{10}-H_{15}-N-O
M_r 165.24

Benzenemethanol, α-[1-(methylamino)ethyl]-, [R-(R*,S*)]-

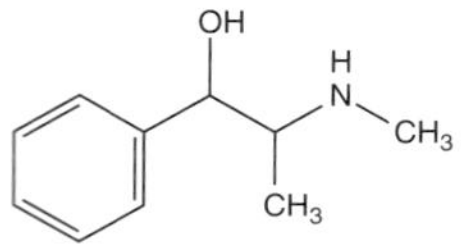

OS: *Ephédrine [DCF]*
OS: *Efedrina [DCIT]*
OS: *Ephedrine [BAN, USAN]*
PH: Ephedrine [Ph. Int. 4, USP 30]
PH: Ephédrine, anhydr [- hémihydratée Ph. Eur. 4]
PH: Ephedrine, Anhydrou [Hemihydrate Ph. Eur. 4]
PH: Ephedrinum [Ph. Int. 4]
PH: Ephedrinum, anhydricu [- hemihydricum Ph. Eur. 4]
PH: Ephedrin, Wasserfreie [-Hemihydrat Ph. Eur. 4]

Kemeol® (Interdelta: CH)
Unguentum Ephedrini® (Sopharma: BG)

– hydrochloride:

CAS-Nr.: 0000050-98-6
OS: *Ephedrine Hydrochloride BANM, JAN*
PH: Ephédrine (chlorhydrate d') Ph. Eur. 5
PH: Ephedrine Hydrochloride JP XIV, Ph. Eur. 5, Ph. Int. 4, USP 30
PH: Ephedrinhydrochlorid Ph. Eur. 5
PH: Ephedrini hydrochloridum Ph. Eur. 5, Ph. Int. 4

CAM® (Cambridge Healthcare: GB)
Caniphedrin® [vet.] (Selecta: DE)
Caniphedrin® [vet.] (Streuli: CH)
Efedrin Merck NM® [inj.] (Merck NM: SE)
Efedrin SAD® (SAD: DK)
Efedrina Cloridrato® (AFOM: IT)
Efedrina Cloridrato® (Fresenius: IT)
Efedrina Cloridrato® (Galenica: IT)
Efedrina Cloridrato® (Monico: IT)
Efedrina Cloridrato® (Salf: IT)
Efedrina Level® (Ern: ES)
Efedrine HCl PCH® (Pharmachemie: NL)
Efedrin® (Bilim: TR)
Efedrin® (Gürsoy: TR)
Efedrin® (Nycomed: NO)

Efedrin® (Osel: TR)
Efedrină® (Arena: RO)
Efedrină® (Sicomed: RO)
Efedrosan® (Pasteur: CL)
Efrinol® (Prolab: PL)
Endrine® (Christiaens: BE)
Endrine® (Nycomed: LU)
Enurace® [vet.] (ACE: NL)
Ephedrin Biotika® (Biotika: CZ)
Ephedrin Hcl® (Ethica: ID)
Ephedrin Streuli® (Streuli: CH)
Ephedrine HCL® (Rekah: IL)
Ephedrine Hydrochloride® (Martindale: GB)
Ephedrine Hydrochloride® (PSM: NZ)
Ephedrine Hydrochloride® (Sigma: AU)
Ephedrine® (Jayson: BD)
Ephedrinum hydrochloridum® (Polfa Warszawa: PL)
Ephedrin® (Aventis: CZ)
Ephedronguent® (Sterop: BE)
Epherit® (ExtractumPharma: HU)
Ephédrine Renaudin® (Renaudin: FR)
Fedrin® (Jayson: BD)
Remadrin® (Reman Drug: BD)
Reukap® (Bosnalijek: BA)

– sulfate:

CAS-Nr.: 0000134-72-5
OS: *Ephedrine Sulphate BANM*
PH: Ephedrine Sulfate Ph. Int. 4, USP 30
PH: Ephedrini sulfas Ph. Int. 4

Efedrina Sulfato® (Biosano: CL)
Efedrina Sulfato® (Sanderson: CL)
Efedrina® (Biol: AR)
Efedrin® (Cristália: BR)
Ephedrine Sulfate® (Abbott: US)
Ephedrine Sulfate® (Bedford: US)
Ephedrine Sulfate® (Hospira: CA)
Ephedrine Sulfate® (Mayne: AU, HK, NZ)
Muchan® (Fada: AR)

Epimestrol (Rec.INN)

L: Epimestrolum
I: Epimestrolo
D: Epimestrol
F: Epimestrol
S: Epimestrol

Estrogen

ATC: G03GB03
CAS-Nr.: 0007004-98-0 C_{19}-H_{26}-O_3
M_r 302.417

Estra-1,3,5(10)-triene-16,17-diol, 3-methoxy-, (16α,17α)-

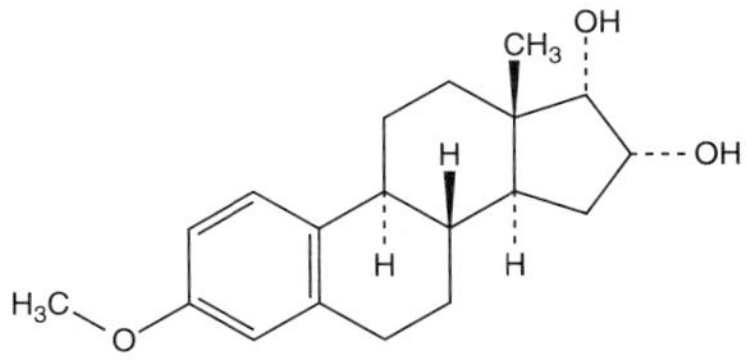

OS: *Epimestrol [BAN, USAN]*
OS: *Epimestrolo [DCIT]*
IS: *Org 817*

Stimovul® (Organon: DE, ID, IT, NL)

Epinastine (Rec.INN)

L: Epinastinum
D: Epinastin
F: Epinastine
S: Epinastina

Histamine, H_1-receptor antagonist

ATC: R06AX24,S01GX10
ATCvet: QS01GX10
CAS-Nr.: 0080012-43-7 C_{16}-H_{15}-N_3
M_r 249.326

3-Amino-9,13b-dihydro-1H-dibenz[c,f]imidazo[1,5-a]azepine

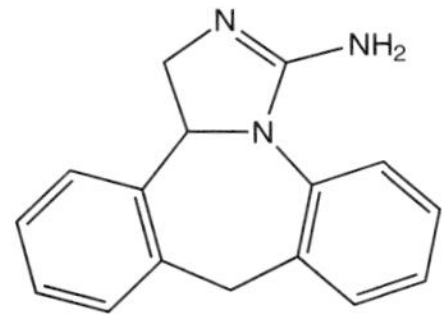

OS: *Epinastine [USAN]*

Purivist® (Allergan: FR)

– hydrochloride:

CAS-Nr.: 0080012-44-8
OS: *Epinastine hydrochloride JAN*
IS: *WAL 801 Cl (Boehringer Ingelheim, Germany)*

Alesion® (Boehringer Ingelheim: JP)
Alket® (Poen: AR)
Elestat® (Allergan: US)
Elestat® (Inspire: US)
Flurinol® (Boehringer Ingelheim: AR, CL, CO, CR, DO, EC, GT, HN, MX, NI, PA, PE, SV)
Purivist® (Allergan: CZ)
Relestat® (Abdi Ibrahim: TR)
Relestat® (Allergan: AT, BE, CH, ES, GB, HU, IE, IL, IT, LU, NL, PL, SE)
Relestat® (Pharm-Allergan: DE)
Talerc® (Boehringer Ingelheim: BR)

Epinephrine (Rec.INN)

L: Epinephrinum
I: Adrenalina
D: Epinephrin
F: Epinéphrine
S: Epinefrina

α-Sympathomimetic agent

ATC: A01AD01, B02BC09, C01CA24, R01AA14, R03AA01, S01EA01
CAS-Nr.: 0000051-43-4 C_9-H_{13}-N-O_3
M_r 183.213

1,2-Benzenediol, 4-[1-hydroxy-2-(methylamino)ethyl]-, (R)-

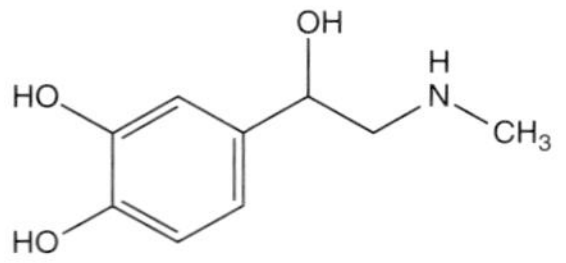

OS: *Adrénaline [DCF]*
OS: *Adrenaline [BAN]*
OS: *Epinephrine [BAN, USAN]*
OS: *Adrenalina [DCIT]*
IS: *Paranephrin*
PH: Adrenalina [F.U. XI]
PH: Adrenaline [BP 2007, Ph. Franç. VIII]
PH: Adrenalinum [DAB 7-DDR]
PH: Epinephrin [DAC]
PH: Epinephrine [BP 2002, JP XIV, Ph. Int. 4, USP 30]
PH: Epinephrinum [Ph. Int. 4]

Adreject® (ALK: ES)
Adrenalin Carino® (Carinopharm: DE)
Adrenalina Biol® (Biol: AR)
Adrenalina Fada® (Fada: AR)
Adrenalina Inyectable® (Ecar: CO)
Adrenalina Larjan® (Veinfar: AR)
Adrenalina® (Fisiopharma: IT)
Adrenalina® (Galenica: IT)
Adrenalina® (Mayne: IT)
Adrenalina® (Monico: IT)
Adrenalina® (Salf: IT)
Adrenaline® (Teva: IL)
Adrenalini bitartras® (Ethica: ID)
Adrenalin® (Biofarma: BA, TR)
Adrenalin® (Braun: LU)
Adrenalin® (Drogsan: TR)
Adrenalin® (Galen: TR)
Adrenalin® (Leiras: FI)
Adrenalin® (Osel: TR)
Adrenalină® (Terapia: RO)
Adrenotone® (Merck Generics: ZA)
Adrinex® (Medical: PT)
Adrénaline Aguettant® (Aguettant: FR)
Anahelp® (Stallergènes: FR)
Anapen Junior® (Lincoln: AT, NL)
Anapen Junior® (Medeca: SE)
Anapen Junior® (UCB: IE)
Anapen® (Allerbio: FR)
Anapen® (AllergyCare: CH)
Anapen® (Dr. Beckmann: DE)
Anapen® (Lincoln: AT, CZ, LU, NL, PL)
Anapen® (Medeca: SE)
Anapen® (Owen Mumford: RO)
Anapen® (UCB: IE)
Epinefrina® (Biosano: CL)
Epinefrina® (Cristália: BR)
Epinefrina® (Sanderson: CL)
Epinefrina® (Trifarma: PE)
Epinephrine Injection® (Bioniche: CA)
Epinephrine Mist® (Actavis: US)
Epinephrine Mist® (Armstrong: US)
Epinephrine® (Hospira: CA)
Epinephrine® (International Medication Systems: GB)
Epinephrine® [vet.] (Agri Labs.: US)
Epinephrine® [vet.] (AgriPharm: US)
Epinephrine® [vet.] (Butler: US)
Epinephrine® [vet.] (DurVet: US)
Epinephrine® [vet.] (Phoenix: US)
Epinephrine® [vet.] (RXV: US)
Epinephrine® [vet.] (Vedco: US)
Epinephrine® [vet.] (VetTek: US)
Epinephrine® [vet.] (Vetus: US)
EpiPen® (ALK: AT)
Epipen® (ALK: AT)
EpiPen® (ALK: BE)
Epipen® (ALK: CZ)
EpiPen® (ALK: DK, FI, IS, NL, SE)
EpiPen® (Alk-Abello: PL)
EpiPen® (Alk-Abelló: CH)
EpiPen® (CSL: NZ)
Epipen® (Dey: US)
EpiPen® (EU-Pharma: NL)
EpiPen® (Euro: NL)
EpiPen® (King Pharma: CA)
EpiPen® (Merck Generics: ZA)
Epipen® (Merck Generics: ZA)
Epipen® (Trupharm: IL)
Fastjekt® (Allergopharma: IT)
Injectio Adrenalini® (Polfa Warszawa: PL)
L-Adrenalin Fresenius® (Fresenius: AT)
Primatene® (Wyeth: US)
Sus-Phrine® (Forest: US)
Tonogen® (Gedeon Richter: HU)
Twinject® (Paladin: CA)

– borate:

CAS-Nr.: 0005579-16-8
OS: *Epinephryl Borate USAN*
PH: Epinephryl Borate Ophthalmic Solution USP 30

Epinal® (Alcon: US)

– hydrochloride:

CAS-Nr.: 0000055-31-2
PH: Epinephrine Hydrochloride JP XIII

Adrenalin HCl® (Jugoremedija: RS)
Adrenalin IMS® (IMS: CH)
Adrenalin Leciva® (Leciva: CZ)
Adrenalin Sintetica® (Sintetica: CH)
Adrenalin-Braun® (Braun: LU)
Adrenalina Apolo® (Apolo: AR)
Adrenalina Braun® (Braun: ES, PT)
Adrenalina Level® (Ern: ES)
Adrenalina Sintetica® (Sintetica: CH)
Adrenalina® (Ern: ES)
Adrenalina® (Geyer: BR)
Adrenalina® (Llorente: ES)
Adrenaline Hydrochloride Injection® (CSL: AU)
Adrenaline® (CSL: NZ)
Adrenalin® (Braun: DE, LU)
Adrenalin® (CSL: AU)
Adrenalin® (Erfa: CA)
Adrenalin® (Leciva: CZ)
Adrenalin® (Monarch: US)
Ana-Guard® (Bayer: ZA)
Ana-Guard® (Hollister-Stier: US)
Clorhidrato de adrenalina Richmond® (Richmond: AR)
EpiE-ZPen® (Center Pharmaceuticals: US)

Epifrin® (Allergan: US)
Epinefrina® (Life: EC)
Epinephrine Hydrochloride® (Abbott: US)
Epinephrine Hydrochloride® (Actavis: US)
Epinephrine Hydrochloride® (American Regent: US)
Epinephrine Hydrochloride® (AstraZeneca: US)
Epinephrine Hydrochloride® (Hospira: US)
Epinephrine Hydrochloride® (IMS: US)
Epinephrine Injection® (American Regent: US)
Epinephrine Injection® (Hospira: US)
Epinephrine Injection® (International Medication Systems: GB)
EpiPen® (ALK: NL, NO)
EpiPen® (CSL: AU)
EpiPen® (Dey: US)
Fastjekt® (Allergopharma: DE, IT, LU, PL)
Glaucon® (Alcon: US)
Min-I-Jet Adrenaline® (UCB: GB)
Suprarenin® (Aventis: AT, DE, SI)
Vaponefrin® (Sanofi-Aventis: CA)

– tartrate:

CAS-Nr.: 0000051-42-3
OS: *Adrenaline Acid Tartrate BANM*
OS: *Epinephrine Acid Tartrate BANM*
OS: *Epinephrine Bitartrate USAN*
PH: Adrénaline (tatrate d') Ph. Eur. 5
PH: Adrenalini tartras Ph. Eur. 5
PH: Epinephrine Bitartrate USP 30
PH: Epinephrinhydrogentartrat Ph. Eur. 5
PH: Epinephrini hydrogenotartras Ph. Int. 4
PH: Adrenaline tartrate Ph. Eur. 5
PH: Epinephrine Hydrogen Tartrate Ph. Int. 4

Adrenalin Dak® (Nycomed: DK)
Adrenalin Jenapharm® (Jenapharm: DE)
Adrenalin Merck NM® (Merck NM: SE)
Adrenalin Nycomed Pharma® [vet.] (Nycomed: NO)
Adrenalin SAD® (SAD: DK)
Adrenaline Acid Tartare Injection® (AstraZeneca: NZ)
Adrenaline Atlantic® (Atlantic: SG, TH)
Adrenaline Injection Demo® (Demo: GR)
Adrenaline Injection® (AstraZeneca: AU)
Adrenaline Solution BP® (Orion: AU)
Adrenaline-Fresenius® (Bodene: ZA)
Adrenaline® (AstraZeneca: AU)
Adrenaline® (Goldshield: GB)
Adrenaline® (Hameln: GB)
Adrenaline® (Hillcross: GB)
Adrenaline® (IMS: NL)
Adrenaline® (Margalit: IL)
Adrenaline® (Martindale: GB)
Adrenaline® (Mayne: NZ)
Adrenaline® (Pharmachemie: NL)
Adrenaline® [vet.] (Alfasan: NL)
Adrenalin® (Leiras: FI)
Adrenalin® (Nycomed: NO)
Adrilan® [vet.] (Sorologico: PT)
AsthmaHaler® (Menley & James: US)
AsthmaHaler® (Numark: US)
Infectokrupp® (Infectopharm: DE)
Micro-Adrenaline® (Micro: ZA)

Epirizole (Prop.INN)

L: Epirizolum
I: Epirizolo
D: Polihexanid
F: Epirizole
S: Epirizol

Antiinflammatory agent
Analgesic

CAS-Nr.: 0018694-40-1 C_{11}-H_{14}-N_4-O_2
M_r 234.273

Pyrimidine, 4-methoxy-2-(5-methoxy-3-methyl-1H-pyrazol-1-yl)-6-methyl-

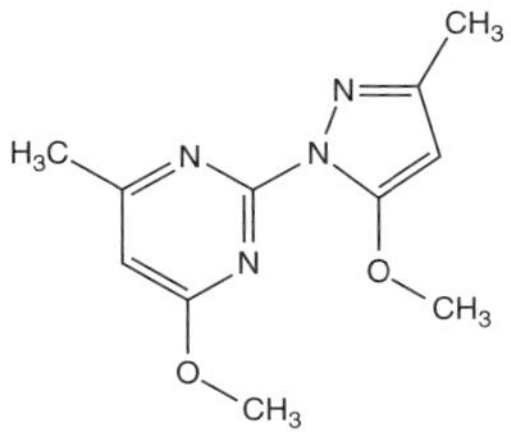

OS: *Epirizole [JAN, USAN]*
IS: *DA 398*
IS: *Methopyrimazole*
IS: *Knoll 533 (Knoll)*
PH: Epirizole [JP XIV]

Mebron® (Daiichi: JP)
Mebron® (Nikkho: BR)
Mepiral® (Robert: DO, ES)

Epirubicin (Rec.INN)

L: Epirubicinum
I: Epirubicina
D: Epirubicin
F: Epirubicine
S: Epirubicina

Antineoplastic, antibiotic

ATC: L01DB03
CAS-Nr.: 0056420-45-2 C_{27}-H_{29}-N-O_{11}
M_r 543.539

(1S,3S)-3-Glycoloyl-1,2,3,4,6,11-hexahydro-3,5,12-trihydroxy-10-methoxy-6,11-dioxo-1-naphthacenyl 3-amino-2,3,6-trideoxy-alpha-L-arabino-hexopyranoside

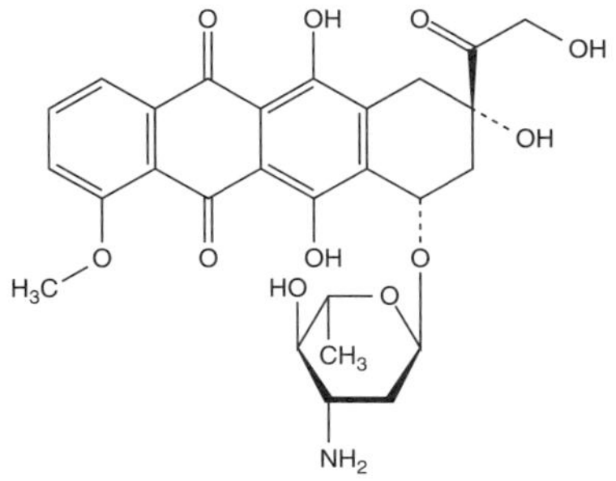

OS: *Epirubicin [BAN]*
OS: *Epirubicine [DCF]*
OS: *Epirubicina [DCIT]*
IS: *4'-Epi-doxorubicine*

IS: *4-EA*
IS: *IMI 28*
IS: *Pidorubicine*
IS: *4'-epiadriamycin*

Epidoxorubicina® (Kampar: CL)
Epirrubicina Dosa® (Dosa: AR)
Episindan® (Actavis: GE)
Farmorubicin® (Pfizer: BA)
Farmorubicin® (Pharmacia: BG, CZ, ET, GH, GR, KE, LR, RW, SL, TZ, UG, ZW)

- **hydrochloride:**

CAS-Nr.: 0056390-09-1
OS: *Epirubicin Hydrochloride BANM, JAN, USAN*
IS: *IMI 28 (Farmitalia, Italy)*
PH: Epirubicin Hydrochloride Ph. Eur. 5
PH: Epirubicini hydrochloridum Ph. Eur. 5
PH: Epirubicinhydrochlorid Ph. Eur. 5
PH: Epirubicine (chlorhydrate d') Ph. Eur. 5

Bioepicyna® (Inst. Biotechn. i Antybiotykow: PL)
Crisabon® (Teva: AR)
Ellence® (Pfizer: US)
Epi-cell® (cell pharm: DE)
Epi-cell® (Eurogenerics: LU)
Epi-cell® (Stada: AT)
Epi-NC® (Neocorp: DE)
Epidoxo® (LKM: AR)
Epifil® (Filaxis: AR)
Epikebir® (Aspen: AR)
Epilem® [inj.] (Lemery: MX, PE, TH)
Epirubicin Chista® (Alternova: FI)
Epirubicin Ebewe® (Ebewe: AT, CH, CZ, HU, PL, RO, RS, RU, SI, VN)
Epirubicin Ebewe® (Ferron: ID)
Epirubicin Ebewe® (InterPharma: NZ)
Epirubicin Ebewe® (Liba: TR)
Epirubicin Hexal® (Hexal: DE)
Epirubicin Hydrochloride® (Indochina: TH)
Epirubicin Hydrochloride® (Mayne: AU)
Epirubicin Lemery® (Lemery: LK)
Epirubicin Meda® (Meda: DK, SE)
Epirubicin Pfizer® (Pfizer: AT)
Epirubicina Delta Farma® (Delta Farma: AR)
Epirubicina Microsules® (Microsules: AR)
Epirubicine HCl CF® (Centrafarm: NL)
Epirubicine MIDAS Pharma® (Midas: NL)
Epirubicinehydrochloride® (Pfizer: NL)
Epirubicinhydrochlorid Mayne® (Mayne: DE)
Epirubicin® (Pfizer: AT)
Episindan® (Sindan: RO)
Farmorubicina® (Kenfarma: ES)
Farmorubicina® (Pfizer: BR, CL, IS, PE, PT)
Farmorubicina® (Pharmacia: CO, CR, GT, HN, IT, NI, PA, SV)
Farmorubicine Cytovial® (Pfizer: LU)
Farmorubicine® (Pfizer: BE, FR, LU, NL)
Farmorubicin® (Deva: TR)
Farmorubicin® (Kalbe: ID)
Farmorubicin® (Pfizer: AR, AT, CH, CZ, DK, FI, GE, HR, HU, ID, IL, MX, NL, NO, PL, RO, RS, RU, SE, SI, VN)
Farmorubicin® (Pharmacia: DE, TH, ZA)
Farmorubicin® (Pharmacia & Upjohn: LK)
Farmorubicin® (Sindan: RO)
Favicin® (Cryopharma: MX)
Pharmorubicin® (Pfizer: AU, CA, GB, HK, IE, MY, NZ, SG, TH)
Pharmorubicin® (Pharmacia: CN)
Pharmorubicin® [vet.] (Pfizer Animal Health: GB)
Riboepi® (ribosepharm: DE)
Robanul® (Richmond: AR)
Rubina® (Eurofarma: BR)
Tecnomax® (Zodiac: BR)

Eplerenone (Rec.INN)

L: Eplerenonum
D: Eplerenon
F: Eplérénone
S: Eplerenona

Antihypertensive agent
Aldosterone antagonist

ATC: C03DA04
ATCvet: QC03DA04
CAS-Nr.: 0107724-20-9 C_{24}-H_{30}-O_6
M_r 414.49

9,11Ò-Epoxy-17-hydroxy-3-oxo-17Ò-pregn-4-ene-7Ò,21-dicarboxylic acid, gamma-lactone, methyl ester [WHO]

Pregn-4-ene-7,21-dicarboxylic acid, 9,11-epoxy-17-hydroxy-3-oxo-, gamma-lactone, methyl ester, (7Ò,11Ò,17Ò)- [USAN]

Methyl(2'R)-9,11Ò-epoxy-3,5'-dioxo-4',5'-dihydro-spiro[androst-4-en-17,2'(3H)-furan]-7Ò-carboxylat (IUPAC)

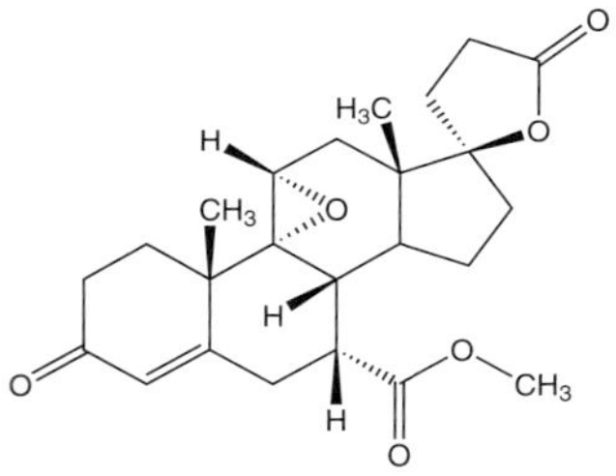

OS: *Eplerenone [USAN]*
IS: *CGP 30083 (Searle, USA)*
IS: *EP 122232 B 1988*
IS: *SC 66110 (Searle, USA)*
IS: *Epoxymexrenone*

Inspra® (Pfizer: AT, CH, CZ, DE, DK, ES, FI, FR, GB, HK, HR, IE, IL, IS, LU, MX, NL, NO, RS, SE, SI, US)

Epoetin Alfa (Rec.INN)

L: Epoetinum alfa
D: Epoetin alfa
F: Epoetine alfa
S: Epoetina alfa

Antianaemic agent

CAS-Nr.: 0113427-24-0 C_{809}-H_{1301}-N_{229}-O_{240}-S_5
M_r 14718.69

Human 1-165-erythropoietin, glycoform α

OS: *Epoetin Alfa [BAN, JAN, USAN]*
OS: *Époétine alfa [DCF]*
IS: *EPO*
IS: *Erythropoietin*
IS: *EPF*
PH: Erythropoietin Concentrated Solution [BP 2002]

Bioyetín® (Probiomed: MX)
Epoetal® (Pliva: HR)
Epogen® (Amgen: US)
Epokine® (Cheil Jedang: PH)
Epokine® (RX: TH)
Epomax® (Lek: SI)
Epopen® (Pensa: ES)
Epotrex-NP® (Novell: ID)
Epoyet® (Procaps: CO)
Eprex® (Dr. Fisher: NL)
Eprex® (Janssen: AE, AR, AU, BE, BG, BR, CA, CH, CR, CY, CZ, DE, DK, DO, DZ, EG, ES, FI, FR, GB, GE, GR, GT, HK, HN, HR, HU, ID, IE, IL, IS, IT, JO, LB, LK, LU, MT, MX, MY, NI, NL, NO, NZ, PA, PE, PH, PL, RS, RU, SA, SD, SE, SG, SV, SY, TH, YE, ZA)
Eprex® (Janssen Svicarska: BA)
Eprex® (Janssen-Cilag: VN)
Eprex® (Johnson & Johnson: SI)
Eprex® (Santa-Farma: TR)
Eprex® (Unimed & Unihealth: BD)
Eprex® (Vetter Pharma: RO)
Eprex® [vet.] (Janssen Animal Health: GB)
Eritrelan® (Tadt: CL)
Eritrogen® (Bioprofarma: AR)
Eritropoetina® (Cristália: BR)
Erlan® (Landsteiner: MX)
Erypo® (Janssen: AT, DE)
Espo® (Kirin: JP)
Exetin-A® (Pisa: MX)
Globuren® (Janssen Cilag-D: IT)
Hemapo® (Kalbe: ID)
Hemax® (Bio Sidus: TH)
Hemax® (Interpharm: EC)
Hemax® (Sidus: AR)
Hypercrit® (Biolatina: CL)
Hypercrit® (Delta Farma: AR)
Negortire® (Armstrong: MX)
Procrit® (Ortho: US)
Recormon® (Roche: RO)
Wepox® (Wockhardt: IN)
Yepotin® (Ivax: MX)

Epoetin Beta (Rec.INN)

L: Epoetinum beta
D: Epoetin beta
F: Epoetine beta
S: Epoetina beta

⚕ Antianaemic agent

CAS-Nr.: 0122312-54-3 C_{809}-H_{1301}-N_{229}-O_{240}-S_5
M_r 18236.897

1-165-Erythropoietin (human clone γ HEPOFL 13 protein moiety), glycoform β

OS: *Epoetin Beta [BAN, JAN, USAN]*
OS: *Époétine bêta [DCF]*
IS: *Erythropoietin*
IS: *BM 06019*
PH: Erythropoietin Concentrated Solution [BP 2002]

Culat® (Roche: AT)
Epogin® (Chugai: JP)
Neo-Recormon® (Roche: TR)
Neorecormon® (Roche: AE, AL, AM, AR, AT, AW, AZ, BA, BB, BD, BE, BG, BH, BJ, BN, BR, BS, CI, CL, CN, CO, CR, CY, CZ, DE, DK, DO, DZ, EC, EE, EG, ES, ET, FI, FR, GA, GB, GE, GH, GR, GT, HK, HN, HR, HU, ID, IE, IL, IN, IS, IT, JM, JO, KH, KR, KW, KZ, LA, LK, LT, LU, LV, MA, MK, MU, MX, MY, NG, NI, NL, NO, NP, NZ, OM, PA, PE, PH, PK, PL, PT, QA, RO, RU, SA, SD, SE, SG, SI, SK, SN, SV, TG, TH, TM, TN, TR, TT, TW, TZ, UA, UG, UY, UZ, VE, VN, YE, ZA)
Neorecormon® [vet.] (Roche: GB)
Recormon® (Rajawali: ID)
Recormon® (Roche: AR, AT, BA, BD, BR, CH, CL, CN, CO, GE, HK, HR, IE, IL, LK, LU, MX, NZ, PE, PH, RS, RU, TH, ZA)
Recormon® (Roche Diagnostic: DZ)
Recormon® (Roche RX: SG)
Repotin® (Bioclones: ZA)
Vero-Epoetin® (Verofarm: RU)

Epoetin Delta (Rec.INN)

L: Epoetinum Delta
D: Epoetin Delta
F: Epoetine Delta
S: Epoetina Delta

⚕ Antianaemic agent
⚕ Growth factor, haematopoietic

ATC: B03XA01
ATCvet: QB03XA01
CAS-Nr.: 0261356-80-3 C_{809}-H_{1301}-N_{229}-O_{240}-S_5

1-165-erythropoietin (human HMR4396), glycoform delta (WHO)

OS: *Epoetin delta [USAN]*
IS: *GA-EPO (Aventis, US)*
IS: *HMR-4396*
IS: *MDL-104396*

Dynepo® (Aventis: AT, IT)
Dynepo® (Sanofi-Aventis: NL)
Dynepo® (Shire: DE, ES)

Epoprostenol (Rec.INN)

L: Epoprostenolum
I: Epoprostenolo
D: Epoprostenol
F: Epoprosténol
S: Epoprostenol

⚕ Anticoagulant, platelet aggregation inhibitor
⚕ Prostaglandin

ATC: B01AC09
CAS-Nr.: 0035121-78-9 C_{20}-H_{32}-O_5
M_r 352.476

E

⊂ Prosta-5,13-dien-1-oic acid, 6,9-epoxy-11,15-dihydroxy-, (5Z,9α,11α,13E,15S)-

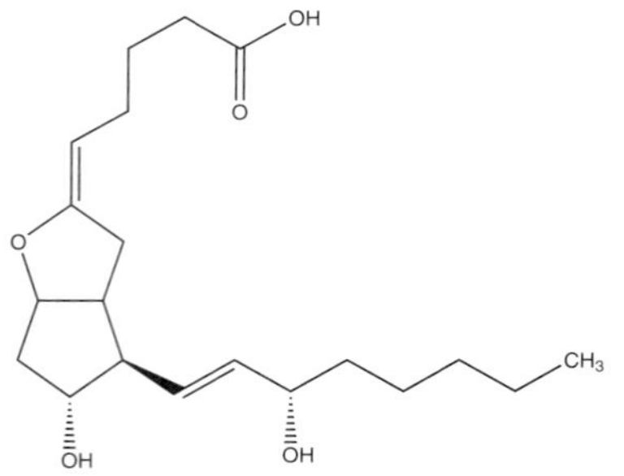

OS: *Epoprostenol [USAN]*
IS: *PGI_2*
IS: *PGX*
IS: *Prostacyclin*
IS: *Prostaglandin I_2*
IS: *Prostaglandin X*
IS: *U 53217*

- **sodium salt:**

CAS-Nr.: 0061849-14-7
OS: *Epoprostenol Sodium BAN, USAN*
IS: *U 53217 A (Upjohn, USA)*

Flolan® (GlaxoSmithKline: AU, BE, CA, CH, CZ, DK, ES, FR, GB, IE, IL, IT, LU, NL, SG)
Flolan® (Myogen: US)

Eprazinone (Rec.INN)

L: Eprazinonum
I: Eprazinone
D: Eprazinon
F: Eprazinone
S: Eprazinona

⚕ Mucolytic agent

ATC: R05CB04
CAS-Nr.: 0010402-90-1 C_{24}-H_{32}-N_2-O_2
M_r 380.54

⊂ 1-Propanone, 3-[4-(2-ethoxy-2-phenylethyl)-1-piperazinyl]-2-methyl-1-phenyl-

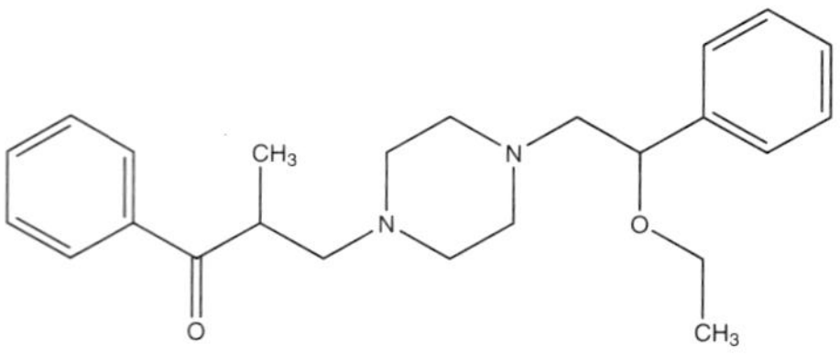

OS: *Eprazinone [DCF, DCIT, USAN]*
IS: *CE 746*
IS: *CG-B 6 K*

- **dihydrochloride:**

OS: *Eprazinone Hydrochloride JAN*

Eftapan® (Merckle: DE)
Eramux® (Mekophar: VN)
Isilung® (Exel: BE, LU)
Molitoux® (Domesco: VN)
Mukolen® (Krka: BA, HR, SI)
Resplen® (Chugai: JP)

Eprinomectin (Rec.INN)

L: Eprinomectinum
D: Eprinomectin
F: Eprinomectine
S: Eprinomectina

⚕ Anthelmintic [vet.]
ATCvet: QP54AA04
CAS-Nr.: 0123997-26-2

⊂ [Component B1a: Avermectin A1a, 4"-(acetylamino)-5-O-demethyl-4"-deoxy-, (4"R)-] and [Component B1b: Avermectin A1a, 4"-(acetylamino)-5-O-demethyl-25-de(1-methylpropyl)-4"deoxy-25-(1-methylethyl)-, (4"R)-]

⊂ A mixture of two components having a ratio of 90% or more of eprinomectin component B1a and 10% or less of eprinomectin component B1b [USAN]

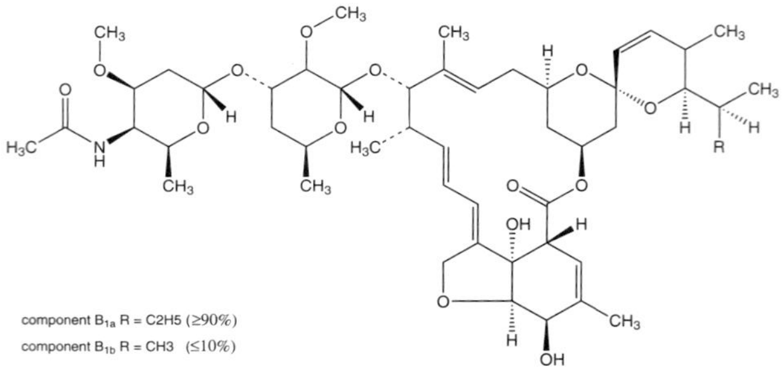

OS: *Eprinomectin [USAN]*
OS: *133305-88-1 Component B1a [CAS]*
OS: *133305-89-2 Component B1b [CAS]*
IS: *MK 397 (Merck, USA)*

Eprinex® [vet.] (Biokema: CH)
Eprinex® [vet.] (Merial: AT, DE, FR, GB, IE, IT, LU, NO, PT)
Eprinex® [vet.] (Veter: FI, SE)
Ivomec Eprinex® [vet.] (Merial: AU, NZ, US, ZA)

Eprosartan (Rec.INN)

L: Eprosartanum
D: Eprosartan
F: Eprosartan
S: Eprosartan

⚕ Angiotensin-II antagonist
⚕ Antihypertensive agent

ATC: C09CA02
ATCvet: QC09DA02
CAS-Nr.: 0133040-01-4 C_{23}-H_{24}-N_2-O_4-S
M_r 424.525

⟜ 2-Thiophenepropanoic acid, α-[[2-butyl-1-[(4-carboxyphenyl)methyl]-1H-imidazol-5-yl]methylene]-, (E)-

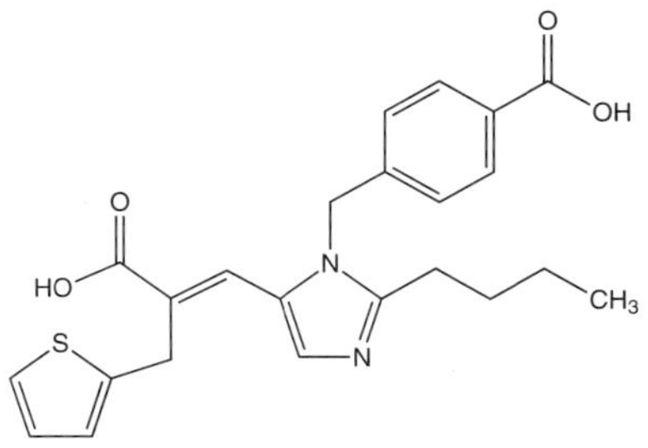

OS: *Eprosartan [BAN, USAN]*
IS: *SKF 108566 (Smith Kline Beecham, USA)*

Teveten® (Solvay: BE, HR, RO, TR, ZA)

– mesilate:

CAS-Nr.: 0144143-96-4
OS: *Eprosartan Mesylate USAN*
OS: *Eprosartan Mesilate BANM*
IS: *SKF 108566-J (Smith Kline Beecham, USA)*

Emestar® (Trommsdorff: DE)
Eprotan-Mepha® (Mepha: CH)
Futuran® (Madaus: ES)
Navixen® (Ferrer: ES)
Regulaten® (Juste: ES)
Tevetens® (Solvay: ES, IT)
Tevetenz® (Italmex: MX)
Tevetenz® (Solvay: IT)
Teveten® (Dr. Fisher: NL)
Teveten® (Euro: NL)
Teveten® (Kos: US)
Teveten® (Medcor: NL)
Teveten® (Orion: FI)
Teveten® (Procter & Gamble: DE)
Teveten® (Solvay: AT, AU, CA, CH, CZ, DE, DK, FR, GB, GR, HK, HU, IE, IS, LU, NL, NO, PH, PL, PT, RU, SE, SG)

Epsiprantel (Rec.INN)

L: Epsiprantelum
D: Epsiprantel
F: Epsiprantel
S: Epsiprantel

⚕ Anthelmintic [vet.]
ATCvet: QP52AA04
CAS-Nr.: 0098123-83-2 C_{20}-H_{26}-N_2-O_2
M_r 326.43

⟜ (+/-)-2-(Cyclohexylcarbonyl)-2,3,6,7,8,12b-hexahydropyrazino[2,1-*a*][2]benzazepin-4(1H)-one (WHO)

⟜ 2-(Cyclohexylcarbonyl)-1,2,3,4,6,7,8,12b-octahydropyranzino[2,1-*a*][2]benzazepin-4-one (BAN)

⟜ (+/-)-2-(Cyclohexylcarbonyl)-2,3,6,7,8,12b-hexahydropyrazino[2,1-*a*][2]benzazepin-4(1H)-on (IUPAC)

⟜ 2-(Cyclohexylcarbonyl)-2,3,6,7,8,12b-hexahydropyranzino[2,1-*a*][2]benzazepin-4(1H)-one

⟜ (Cyclohexylcarbonyl)-2 hexahydro-2,3,6,7,8,12b 1H-pyrazino[2,1-*a*][benzazepine-2] one-4-(RS)

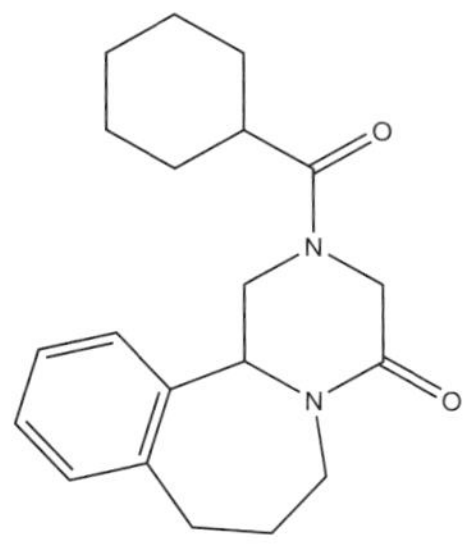

OS: *Epsiprantel [BAN, USAN]*
IS: *BRL 38705*

Cestex® [vet.] (Pfizer: CH)
Cestex® [vet.] (Pfizer Animal Health: US)

Eptacog Alfa (activated) (Rec.INN)

L: Eptacog Alfa (activatum)
D: Eptacog Alfa (aktiviert)
F: Eptacog Alfa (active)
S: Eptacog Alfa (activado)

⚕ Hemostatic agent
⚕ Blood-coagulation factor

CAS-Nr.: 0102786-61-8 C_{1982}-H_{3054}-N_{560}-O_{618}-S_{28}
M_r 45519.64

⟜ Blood-coagulation factor VII (human clone γHVII2463 protein moiety)

OS: *Eptacog Alfa (Activated) [BAN]*
OS: *Eptacog Alfa [USAN]*
IS: *rFVIIa*
PH: Human coaglulation factor VII [Ph. Eur. 4]

Facteur VII-LFB® (Lab Français du Fractionnement: FR)
Facteur VII® (CAF-DCF: BE)
Factor VII Baxter® (Baxter: CH, CZ)
Faktor VII Baxter® (Baxter: CH)
Faktor VII S-TIM® (Baxter BioScience: DE)
Faktor VII® (Baxter BioScience: DE)
Faktor VII® (Sanquin: NL)
NiaStase® (Novo Nordisk: CA)
Novo Seven® (Novo Nordisk: AT)
NovoSeven® (Novo Nordisk: AT, AU, BA, BE, BG, BH, BR, CH, CY, CZ, DE, DK, ES, FI, FR, GB, GR, HK, HR, HU, IE, IL, IL, IT, JO, JP, KR, KW, LU, MX, MY, NL, NO, NZ, PL, RO, RS, RU, SE, SG, SI, SK, TH, TR, TW, US, ZA)
Provertin-UM TIM3® (Baxter: IT)

Eptazocine (Rec.INN)

L: Eptazocinum
D: Eptazocin
F: Eptazocine
S: Eptazocina

⚕ Opioid analgesic

CAS-Nr.: 0072522-13-5 C_{15}-H_{21}-N-O
M_r 231.343

(-)-(1S,6S)-2,3,4,5,6,7-Hexahydro-1,4-dimethyl-1,6-methano-1H-4-benzazonin-10-ol

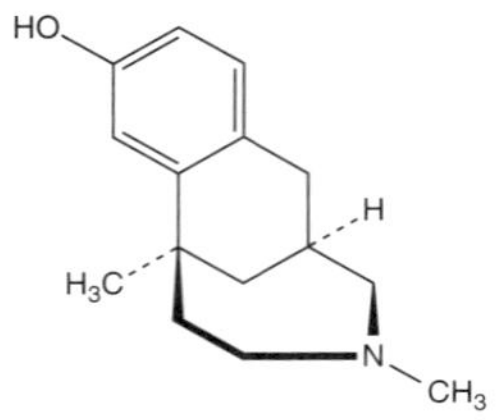

OS: *Eptazocine [USAN]*
IS: *ST 2121*

- **hydrobromide:**

OS: *Eptazocine Hydrobromide JAN*

Sedapain® (Morishita: JP)

Eptifibatide (Rec.INN)

L: Eptifibatidum
D: Eptifibatid
F: Eptifibatide
S: Eptifibatida

Anticoagulant, platelet aggregation inhibitor

ATC: B01AC16
CAS-Nr.: 0148031-34-9 C_{35}-H_{49}-N_{11}-O_9-S_2
M_r 833.97

Cyclo(S-S)-mercaptopropionyl-(L) homoarginyl-glycyl-(L) aspartyl-(L) tryptophanyl-(L) prolyl-(L) cysteinamide

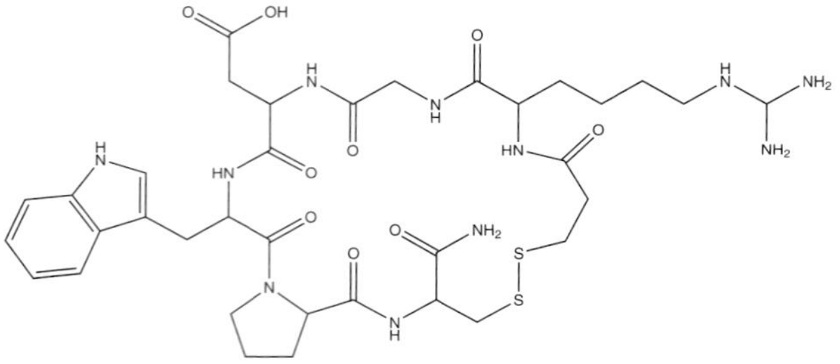

OS: *Eptifibatide [BAN, DCF, USAN]*
IS: *Intrifiban*
IS: *SCH 60936*
IS: *SB 1*
IS: *C 6822*

Integrilin® (Glaxo Group: IS, LU)
Integrilin® (GlaxoSmithKline: AT, BE, CH, DE, DK, ES, FI, FR, GB, HR, HU, NO, PL, RU, SE)
Integrilin® (Kirby: EC)
Integrilin® (Millennium: US)
Integrilin® (Plough: CO)
Integrilin® (Schering: CA)
Integrilin® (Schering-Plough: AR, AU, CZ, GR, HK, IE, IL, NL, NZ, RO, SG, SI, TH, US)
Integrilin® (SP Europe-B: IT)

Eptotermin alfa (Rec.INN)

L: Eptoterminum alfa
D: Eptotermin alfa
F: Eptotermine alfa
S: Eptotermina alfa

Growth factor

ATC: M05BC02
ATCvet: QM05BC02
CAS-Nr.: 0129805-33-0
$[C_{683}$-H_{1061}-N_{197}-O_{208}-$S_{10}]_2$
M_r 31361.16

human recombinant bone morphogenetic protein 7 (hrBMP-7) (WHO)

osteogenic protein-1 (OP-1) (WHO)
IS: *hrBMP7*
IS: *OP-1*
IS: *hOP*
IS: *NOVOS*
IS: *OP-1 implant*
IS: *OP-1 Putty*

Osigraft® (Howmedica: AT, DK, ES, IE, IT, NL, PT)
Osigraft® (Stryker: AU, DE, US)

Erdosteine (Rec.INN)

L: Erdosteinum
I: Erdosteina
D: Erdostein
F: Erdosteine
S: Erdosteína

Mucolytic agent

ATC: R05CB15
CAS-Nr.: 0084611-23-4 C_8-H_{11}-N-O_4-S_2
M_r 249.306

(±)-[[[(Tetrahydro-2-oxo-3-thienyl)carbamoyl]methyl]thio]acetic acid

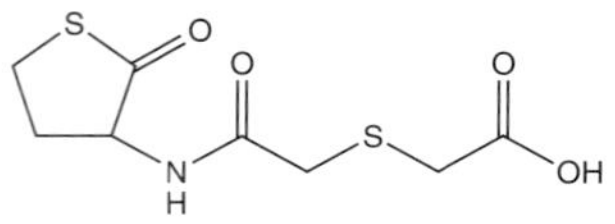

OS: *Erdostéine [DCF]*
OS: *Erdosteine [USAN]*
IS: *Dithiosteine*
IS: *RV 144*

Biopulmin® (Grünenthal: CL)
Dostol® (Grünenthal: PE)
Dostol® (Mack: EC)
Erdomed® (CSC: HU, RO)
Erdomed® (Medicom: CZ)
Erdopect® (Orion: FI)
Erdostin® (Sandoz: TR)
Erdotin® (ASTA Medica: BR)
Erdotin® (Edmond: DK, IT)
Erdotin® (Galen: IE)
Esteclin® (Syntex: MX)
Fluidasa® (Montpellier: AR)
Flusten® (Eurofarma: BR)
Mucofor® (Vifor: CH)

Mucotec® (Hikma: AE, BH, EG, IQ, JO, KW, LB, LY, OM, QA, SA, SD, SY, TN, YE)
Mucothera® (Therabel: LU)
Vectrine® (Dexa Medica: ID)
Vectrine® (Pharma 2000: FR)

Ergocalciferol (Rec.INN)

L: Ergocalciferolum
I: Ergocalciferolo
D: Ergocalciferol
F: Ergocalciférol
S: Ergocalciferol

Vitamin D

ATC: A11CC01
CAS-Nr.: 0000050-14-6 C_{28}-H_{44}-O
M_r 396.66

9,10-Secoergosta-5,7,10(19),22-tetraen-3-ol, (3β,5Z,7E,22E)-

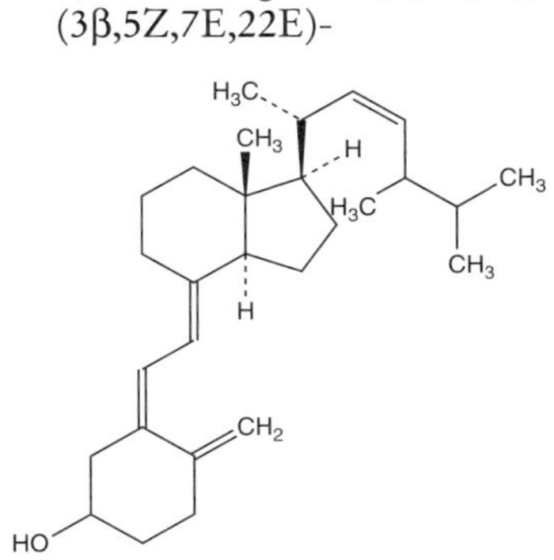

OS: *Ergocalciferol [BAN, USAN]*
OS: *Ergocalciférol [DCF]*
OS: *Ergocalciferolo [DCIT]*
IS: *Calciferolum*
IS: *D-Vita*
IS: *Ergosterol*
IS: *Vidolen*
IS: *Viosterol*
IS: *Vitamin D_2*
PH: Ergocalciferol [JP XIV, Ph. Eur. 5, Ph. Int. 4, USP 30]
PH: Ergocalciferolum [Ph. Eur. 5, Ph. Int. 4]
PH: Ergocalciférol [Ph. Eur. 5]

AFI-D2 forte® (Nycomed: NO)
Calciferol BD® (British Dispensary: TH)
Calciferol® (Biotika: CZ)
Calciferol® (Schwarz: US)
Calcitriol® (Roche: AR)
Devitol® (Lannacher: AT)
Devitol® (Orion: FI)
Drisdol® (Sanofi-Aventis: CA, US)
Ergocalciferol L.CH.® (Chile: CL)
Ergocalciferol® (UCB: GB)
H.G. Calcio® (H.G.: EC)
Infadin® (Slovakofarma: CZ, SK)
Jekovit® (Orion: FI)
Kalciferol SAD® (SAD: DK)
Lennon-Strong Calciferol® (Aspen: ZA)
Ostatac® (Spedrog-Caillon: AR)
Ostelin® (Boots: AU)
Ostelin® (Roemmers: AR)
Ostelin® (Teofarma: IT)
Ostoforte® (Merck Frosst: CA)
Raquiferol® (Medifarma: PE)
Raquiferol® (Roemmers: AR)
Sicovit D_2® (Sicomed: RO)
Stérogyl® (DB: FR)
Tanvimil D® (Raymos: AR)
Uvestérol D® (Crinex: FR)
Vitamin D Slovakofarma® (Slovakofarma: CZ)
Vitamina D Richmond® (Richmond: AR)
Vitamina D2 Salf® (Salf: IT)

Ergometrine (Rec.INN)

L: Ergometrinum
I: Ergometrina
D: Ergometrin
F: Ergométrine
S: Ergometrina

Oxytocic

ATC: G02AB03
CAS-Nr.: 0000060-79-7 C_{19}-H_{23}-N_3-O_2
M_r 325.423

Ergoline-8-carboxamide, 9,10-didehydro-N-(2-hydroxy-1-methylethyl)-6-methyl-, [8β(S)]-

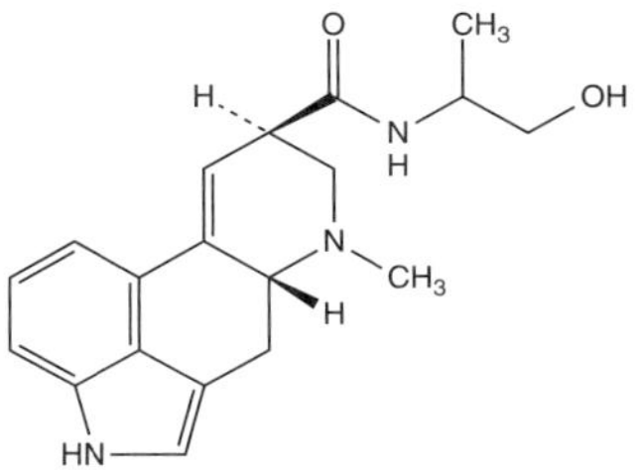

OS: *Ergometrine [BAN]*
OS: *Ergométrine [DCF]*
OS: *Ergometrina [DCIT]*
IS: *Ergobasin*

– maleate:

OS: *Ergometrine Maleate BANM, JAN*
OS: *Ergonovine Maleate USAN*
PH: Ergométrine (maléate d') Ph. Eur. 5
PH: Ergometrine Maleate Ph. Eur. 5, JP XIV
PH: Ergometrinhydrogenmaleat Ph. Eur. 5
PH: Ergometrini hydrogenomaleas Ph. Int. 4
PH: Ergometrini maleas Ph. Eur. 5, Ph. Int. II
PH: Ergonovine Maleate USP 30
PH: Ergometrine Hydrogen Maleate Ph. Int. 4

Ergometrin Lek® (Lek: HR)
Ergometrina maleato® (Biologici: IT)
Ergometrina maleato® (Biosano: CL)
Ergometrina maleato® (Fisiopharma: IT)
Ergometrina maleato® (Fresenius: IT)
Ergometrina maleato® (IFI: IT)
Ergometrina maleato® (ISF: IT)
Ergometrina maleato® (Salf: IT)
Ergometrina maleato® (Sanderson: CL)
Ergometrine Injection DBL® (Mayne: AU, NZ)
Ergometrine Maleate Fresenius® (Bodene: ZA)
Ergometrinemaleaat CF® (Centrafarm: NL)
Ergometrine® (Hameln: GB)
Ergometrine® (Mayne: AU)

Ergometrini maleas® (Ethica: ID)
Ergometrin® (Lek: BA, SI)
Ergonovina Drawer® (Drawer: AR)
Ergonovina Larjan® (Veinfar: AR)
Ergonovina Northia® (Northia: AR)
Ergotrate® (Armstrong: GT, HN, MX, NI, SV)
Ergotrate® (Bedford: US)
Ergotrate® (Lilly: BR, PE)
Ermetrine® (Organon: BD, ES, ID)
Evina® (Klonal: AR)
Maleat de Ergometrină® (Sicomed: RO)
Metrergina® (Biol: AR)
Metrina® (Inga: LK)
Mitrotan® (Gap: GR)

Ergotamine (Rec.INN)

L: Ergotaminum
I: Ergotamina
D: Ergotamin
F: Ergotamine
S: Ergotamina

Antimigraine agent
Vasoconstrictor

ATC: N02CA02
CAS-Nr.: 0000113-15-5 $C_{33}\text{-}H_{35}\text{-}N_5\text{-}O_5$
M_r 581.693

Ergotaman-3',6',18-trione, 12'-hydroxy-2'-methyl-5'-(phenylmethyl)-, (5'α)-

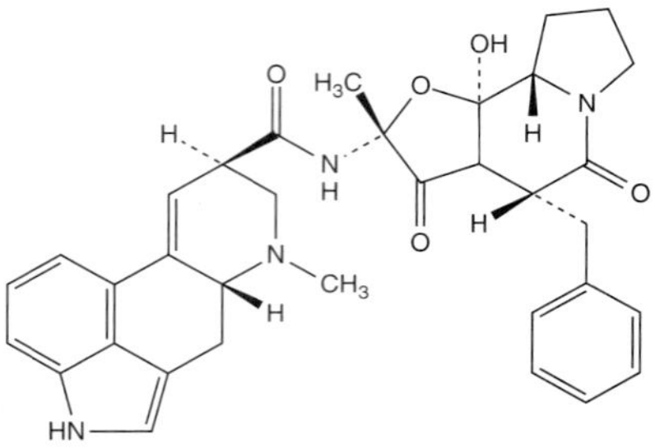

OS: *Ergotamine [BAN, DCF]*
OS: *Ergotamina [DCIT]*

Ergotamina tartrato® (AFOM: IT)

– tartrate:

CAS-Nr.: 0000379-79-3
OS: *Ergotamine Tartrate BANM, JAN, USAN*
IS: *Ergotaminiumtartarat*
PH: Ergotamine (tartrate d') Ph. Eur. 5
PH: Ergotamine Tartrate JP XIV, Ph. Eur. 5, Ph. Int. 4, USP 30
PH: Ergotamini tartras Ph. Eur. 5, Ph. Int. 4
PH: Ergotamintartrat Ph. Eur. 5

Cafergot® (Novartis: AU, LU, SE, US)
Ergam® (Gedeon Richter: HU)
Ergo Kranit® (Krewel: DE)
ergo sanol® (Sanol: DE)
Ergokapton® (Strallhofer: AT)
Ergomar® (Harvest: US)
Ergomar® (Sanofi-Aventis: CA)
Ergosia® (Asian: TH)
Ergotamina tartrato® (Fisiopharma: IT)
Ergotamina tartrato® (Fresenius: IT)
Ergotamina tartrato® (ISF: IT)
Ergotaminum Tartaricum® (Filofarm: PL)
Ergotan® (Salf: IT)
Migranil Inga® (Inga: LK)

Erlotinib (Rec.INN)

L: Erlotinibum
D: Erlotinib
F: Erlotinib
S: Erlotinib

Antineoplastic agent
Epidermal Growth Factor Receptor - tyrosine kinase inhibitor

ATC: L01XE03
ATCvet: QL01XX34
CAS-Nr.: 0183321-74-6 $C_{22}\text{-}H_{23}\text{-}N_3\text{-}O_4$
M_r 393.48

N-(3-ethynylphenyl)-6,7-bis(2-methoxyethoxy)quinazolin-4-amine (WHO)

N-(3-ethynylphenyl)-6,7-bis(2-methoxyethoxy)chinazolin-4-amin (IUPAC)

4-Quinazolinamine, N-(3-ethynylphenyl)-6,7-bis(2-methoxyethoxy)-,

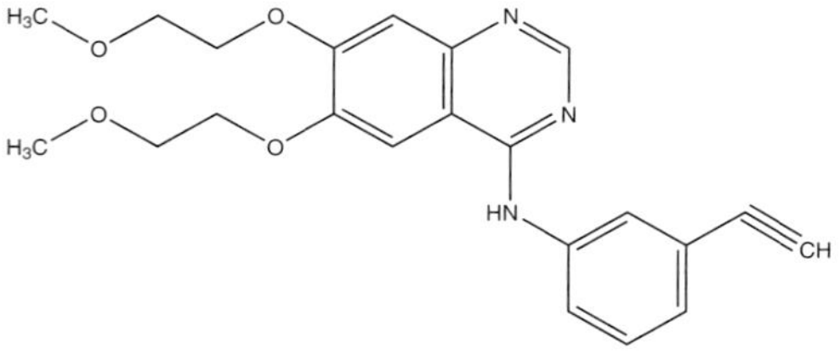

– hydrochloride:

CAS-Nr.: 0183319-69-9
OS: *Erlotinib Hydrochloride USAN*
IS: *CP-358,774-01*
IS: *NSC 718781*
IS: *OSI-774 (Osi)*
IS: *R-1415*

Tarceva® (Genentech: US)
Tarceva® (Roche: AR, BA, CA, CH, CN, CZ, DE, DK, ES, FI, FR, GB, GE, HK, HR, HU, IE, IL, IT, MX, NL, NO, NZ, PL, RO, RS, SE, SI)
Tarceva® (Roche RX: SG)

Ertapenem (Rec.INN)

L: Ertapenemum
D: Ertapenem
F: Ertapénem
S: Ertapenem

Antibiotic, cephalosporin, cephalosporinase-resistant

ATC: J01DH03
ATCvet: QJ01DH03
CAS-Nr.: 0153832-46-3 $C_{22}\text{-}H_{25}\text{-}N_3\text{-}O_7\text{-}S$
M_r 475.52

(4R,5S,6S)-3-(((3S,5S)-5-(((3-carboxyphenyl)amino)carbonyl)-3-pyrrolidinyl)thio)-6-((1R)-1-hydroxyethyl)-4-methyl-7-oxo-1-azabicyclo (3.2.0)hept-2-ene-2-carbx y lic acid [WHO]

1-Azabicyclo[3.2.0]hept-2-ene-2-carboxylic acid, 3-[[5-[[(3-carboxyphenyl)amino]car-bonyl]-3-pyrrolidinyl]thio]-6-(1-hydroxyethyl)-4-methyl-7-oxo-[USAN]

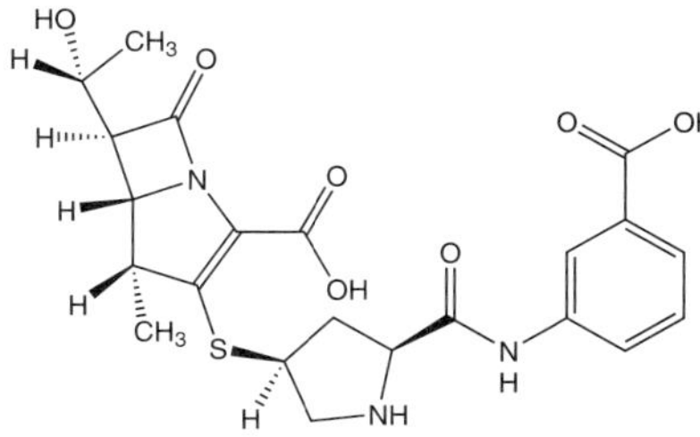

OS: *Ertapenem [BAN]*
IS: *ZD 433*

Invanoz® (Merck Sharp & Dohme: DE)
Invanz® (Merck: PE)
Invanz® (Merck Sharp & Dohme: AR, CL, CN, IE, LU, MY, RS, SG, VN, ZA)

– sodium salt:

CAS-Nr.: 0153832-38-3
OS: *Ertapenem Sodium USAN*
IS: *MK 0826*
IS: *MK 826*
IS: *L-749345*
IS: *ZD 4433*

Invanz® (Merck: BR, CO, US)
Invanz® (Merck Frosst: CA)
Invanz® (Merck Sharp & Dohme: AT, AU, BA, CH, CZ, DE, ES, FR, GB, GR, HK, HR, HU, IL, IS, IT, MX, NL, NZ, PH, PL, RU, SE, SI, TH)
Invanz® (MerckSharp&Dohme: RO)
Invanz® (MSD: DK, FI, NO)

Erythromycin (Rec.INN)

L: Erythromycinum
I: Eritromicina
D: Erythromycin
F: Erythromycine
S: Eritromicina

Antibiotic, macrolide

ATC: D10AF02,J01FA01,S01AA17
CAS-Nr.: 0000114-07-8 C_{37}-H_{67}-N-O_{13}
M_r 733.953

Erythromycin

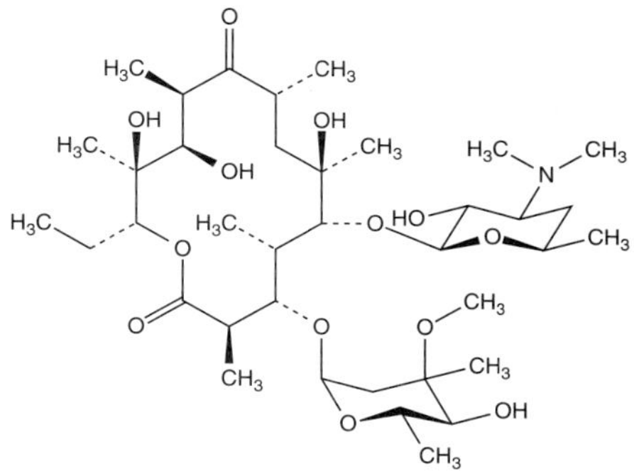

OS: *Erythromycine [DCF]*
OS: *Erythromycin [BAN, JAN, USAN]*
OS: *Eritromicina [DCIT]*
IS: *Ermycin*
PH: Erythromycin [JP XIV, Ph. Eur. 5, Ph. Int. 4, USP 30]
PH: Erythromycine [Ph. Eur. 5]
PH: Erythromycinum [Ph. Eur. 5, Ph. Int. 4]

A-Mycin® (Aristopharma: BD)
Abboticin® (Abbott: DK)
Acne Hermal® (Olvos: GR)
Acneryne® (Galderma: BE, LU)
Acnesol® (Systopic: IN)
Acnetrim® (Trima: IL)
Akne Cordes® (Ichthyol: AT, DE)
Akne-Mycin® (Boots: NL, PT)
Akne-Mycin® (Healthpoint: US)
Akne-Mycin® (Hermal: IL, LU)
Akne-mycin® (Hermal: MY)
Akne-Mycin® (Hermal: SG)
Akne-mycin® (Merck: NL)
Akne-Mycin® (Merck Generics: NL)
Akne-mycin® (Reckitt Benckiser: CH)
Aknederm Ery Gel® (gepepharm: DE)
Aknefug-EL® (Wolff: CZ, DE, HU)
Aknefug® (Wolff: DE)
Aknemycin® (Boots: BE, PL)
Aknemycin® (Hermal: AT, CZ, DE, HU, LU)
Aknilox® (Assos: TR)
Aknilox® (Drossapharm: CH)
Ambamida® (Sintesina: AR)
Apo-Erythro Base® (Apotex: CA, VN)
Apo-Erythro E-C® (Apotex: CA)
Atlamicin® (Atlas: AR)
Bonac® (Roemmers: CO, PE)
Broncomultigen® [susp./tab.] (Abeefe Bristol: PE)
Clarex® (Phoenix: AR)
Clinac® (Edol: PT)
Cusi Erythromycin® (Alcon: PL)
Dankit® (Rafarm: GR)
Davercin® (Polfa Tarchomin: PL)
DBL Erythromycin® (Mayne: AU)
Deripil® (Galderma: ES)
E'Rossan tri mun® (HG.Pharm: VN)
E-Mycin® (Knoll: US)
E-Mycin® (Willvonseder & Marchesani: AT)
Ecin® (Gaco: BD)
Egéry® (Biorga: FR)
EMU-V/E Mycin® (Pharmacia: ZW)
Erathrom® (Asian: TH)
Eridosis® (Orravan: ES)

Eridosis® (Stiefel: ES)
Eriecu® (ECU: EC)
Erimicin® (Sanli: TR)
Erimycin® (Siam Bheasach: TH)
Erisol® (Bassa: PE)
Erisol® (Pablo Cassara: AR)
Eritax® (Luper: BR)
Erithromycin® (Remedica: RS)
Eritroderm® (Valeant: AR)
Eritrofarm® (Valeant: AR)
Eritromicina Fmndtria® [tab./susp.] (Farmindustria: PE)
Eritromicina Galderma® (Galderma: IT)
Eritromicina Genfar® [tab./susp.] (Genfar: CO, EC, PE)
Eritromicina IDI® (IDI: IT)
Eritromicina Iqfarma® [tab./susp.] (Iqfarma: PE)
Eritromicina LCH® [susp./compr.] (Ivax: PE)
Eritromicina MK® (MK: CO)
Eritromicina® [tab./susp./caps./compr.] (Abbott: IT)
Eritromicina® [tab./susp./caps./compr.] (AC Farma: PE)
Eritromicina® [tab./susp./caps./compr.] (AFOM: IT)
Eritromicina® [tab./susp./caps./compr.] (Britania: PE)
Eritromicina® [tab./susp./caps./compr.] (Dynacren: IT)
Eritromicina® [tab./susp./caps./compr.] (Farmachif: PE)
Eritromicina® [tab./susp./caps./compr.] (Farmo Andina: PE)
Eritromicina® [tab./susp./caps./compr.] (Farvet: PE)
Eritromicina® [tab./susp./caps./compr.] (G&R: PE)
Eritromicina® [tab./susp./caps./compr.] (Galderma: IT)
Eritromicina® [tab./susp./caps./compr.] (IDI: IT)
Eritromicina® [tab./susp./caps./compr.] (Intipharma: PE)
Eritromicina® [tab./susp./caps./compr.] (Labofar: PE)
Eritromicina® [tab./susp./caps./compr.] (LCG: PE)
Eritromicina® [tab./susp./caps./compr.] (Maquifarma: PE)
Eritromicina® [tab./susp./caps./compr.] (Mintlab: CL)
Eritromicina® [tab./susp./caps./compr.] (Neo Quimica: BR)
Eritromicina® [tab./susp./caps./compr.] (Pentacoop: CO)
Eritromicina® [tab./susp./caps./compr.] (Quilab: PE)
Eritromicina® [tab./susp./caps./compr.] (Salufarma: PE)
Eritromicina® [tab./susp./caps./compr.] (Terbol: PE)
Eritromicina® [tab./susp./caps./compr.] (Tranfarma: PE)
Eritromicina® [vet.] (Chemifarma: IT)
Eritromicina® [vet.] (Doxal: IT)
Eritromicin® (Belupo: BA, HR, SI)
Eritromicin® (Jugoremedija: RS)
Eritromicin® (Srbolek: RS)
Eritromicin® (Zorka: RS)
Eritrosif® (Yeni: TR)
Eritrovet® [vet.] (Farvet: PE)
Eritro® (Koçak: TR)
Erixyl® (Lacofarma: DO)
ERI® (Andromaco: AR)
Ermac® (Opsonin: BD)
Ermycin® (Remedica: ET, GH, TZ)
Erocin® (Acme: BD)
Eromac® (General Pharma: BD)
Erona® (Delta: BD)
Erosa® (Bio-Pharma: BD)
Eros® (Phapros: ID)
Erotab® [tab.] (Unifarm: PE)
Ery-Diolan® (Engelhard: AE, BH, CY, KW, LB, OM, QA, SA, SY)
Ery-Max® (AstraZeneca: IS, PH, SE)
Ery-Max® (Vitalpharma: BE)
Ery-Tab® (Abbott: TH, US)
Eryacnen® (Galderma: BR, CL, CR, DO, GT, HN, MX, NI, PA, PE, SV)
Eryacne® (Galderma: AR, AU, FR, GB, GR, IT, NL, NZ, PE, SG, TH)
Eryacne® (Liba: TR)
Eryaknen® (Galderma: AT, CH, DE)
Erycin® (Somatec: BD)
Erycream® (Faran: GR)
Eryc® (Mayne: AU)
Eryc® (Medimpex: CZ)
Eryc® (Pfizer: CA)
Eryc® (Taro: IL)
Eryc® (Teva: HU)
Eryc® (Warner Chilcott: US)
Eryc® (Warner-Lambert: NL)
Erydermec® (Riemser: DE)
Eryderm® (Abbott: AE, BH, EG, ID, IL, IQ, IR, JO, KW, LB, LU, NL, OM, QA, SA, SG, SY, YE, ZA)
Eryderm® (Pro Concepta: CH)
Eryfluid® (Pierre Fabre: CZ, FR, LU, PT, RO, VN)
Erygel® (Kleva: GR)
Eryhexal® [caps.] (Hexal: LU)
Erylan® [tab.] (Lansier: PE)
Erymax® (Cephalon: GB)
Erymax® (Mayne: IE)
Erymed® (Surya: ID)
Erymex® (Ibn Sina: BD)
Erymicin® [vet.] (Jurox: AU)
Erysafe® (USV: IN)
Erysol® (Bassa: PE)
Erystad® (Stada: VN)
Erythin® (ACI: BD)
Erythrin® (ACI: BD)
Erythro Suspensión® (Bioplix-Biox: PE)
Erythro-Rx® (X-Gen: US)
Erythrocin Intramammary® [vet.] (Ceva: GB)
Erythrocine-W® [vet.] (Sanofi-Synthelabo: BE)
Erythrocine® [vet.] (Ceva: DE, NL)
Erythrocine® [vet.] (Richter: AT)
Erythrocine® [vet.] (Sanofi-Synthelabo: BE)
Erythrocin® (Pfizer: IN)
Erythrocin® [vet.] (Abbott: AU, CH, IN, SG)
Erythrocin® [vet.] (Ceva: DE)
Erythrocin® [vet.] (Dainippon: JP)
Erythrocin® [vet.] (Richter: AT)
Erythrogel® (Biorga: FR)
Erythrogel® (Biospray: GR)

Erythromast® [vet.] (Fort Dodge: US)
Erythromicin® (GMP: GE)
Erythromid® (Abbott: GB)
Erythromycin Base Filmtab® (Abbott: US)
Erythromycin Delayed-Release Capsules® (Abbott: US)
Erythromycin Delayed-Release Capsules® (Abraxis: US)
Erythromycin Delayed-Release Capsules® (Barr: US)
Erythromycin Delayed-Release Capsules® (Major: US)
Erythromycin Delayed-Release Capsules® (Parmed: US)
Erythromycin Domesco® (Domesco: VN)
Erythromycin Indo Farma® (Indofarma: ID)
Erythromycin Ophthalmic Ointment® (Akorn: US)
Erythromycin Ophthalmic Ointment® (Bausch & Lomb: US)
Erythromycin Ophthalmic Ointment® (Fougera: US)
Erythromycin-ratiopharm DB® (ratiopharm: LU)
Erythromycine Bailleul® (Bailleul: FR)
Erythromycine-Bailleul® (Bailleul: LU)
Erythromycine® [vet.] (Alfasan: NL)
Erythromycine® [vet.] (Codifar: BE)
Erythromycine® [vet.] (Eurovet: BE)
Erythromycinum® (Polfa Tarchomin: PL)
Erythromycin® (Abbott: US)
Erythromycin® (Alpharma: GB)
Erythromycin® (Generics: GB)
Erythromycin® (Geneva: US)
Erythromycin® (Glades: US)
Erythromycin® (Kent: GB)
Erythromycin® (Pliva: GB)
Erythromycin® (Polfa Tarchomin: RU)
Erythromycin® (Teva: GB)
Erythromycin® (Zenith Goldline: US)
Erythromycin® [vet.] (Ceva: GB)
Erythropen® (Elpen: GR)
Erythrosel® [vet.] (Selecta: DE)
Erythrosol® [vet.] (Bomac: NZ)
Erythro® [vet.] (Cross Vetpharm: US)
Eryth® (Marksman: BD)
Erytop® (USV: LK)
Erytro Suspension® (Bioplix-Biox: PE)
Erytromicina® [vet.] (Chemifarma: IT)
Erytromycine FNA® (FNA: NL)
Erytromycine® (Hexal: NL)
Erytrotil® [vet.] (Ceva: DE)
Erytro® [tab./susp.] (Bios Peru®: PE)
Ery® (Alco: BD)
Ery® (Bouchara: DZ)
Escumycin® (Orion: DK)
Etromycin® (Orion: AE)
Euro® (Nipa: BD)
Euskin® (Daiichi Sankyo: ES)
Gallimycin® [vet.] (Cross Vetpharm: US)
Gallimycin® [vet.] (Merial: AU)
Gallimycin® [vet.] (Virbac: NZ)
Hydrodermed Ery® (Karrer: DE)
Hydrodermed® (Karrer: DE)
Ilocin® (Brisafarma: PE)
Ilocin® (Doctor's Chemical Work: BD)
Ilonex® [tab.] (Dimerpharma: PE)
Ilosone® [susp./tab.] (Cipa: PE)
Iloticina® (Investi: AR)
Inderm® (Dermapharm: DE)
Inderm® (Luitpold: PE)
Inderm® (Will: BE, LU, NL)
It-Erichem® (Italchem: EC)
Jeracin® (Nufarindo: ID)
Kitacne® (Fortbenton: AR)
Labocne® (Labomed: CL)
Lederpax® (Wyeth: ES)
Macas® (Asiatic Lab: BD)
Mac® (Orion: BD)
Meromycin® (Ratiopharm: AT)
Meromycin® (ratiopharm: HU)
Monomycina® (Grünenthal: EC)
Monomycin® (Grünenthal: DE, LU)
Oft Cusi Eritromicina® (Alcon: ES)
Oftalmolosa Cusi Eritromicina® (Alcon: ES)
Oleogen F® [suppository] (Magma: PE)
Pantobron®[vet.] (Vetipharm: PE)
Pantodrin® (Abbott: ES)
Pantogram®[vet.] (Vetipharm: PE)
Pantomicina® [sol.] (Abbott: BR, PE)
Pantomucol® [tab./gran.] (Abbott: PE)
PCE® (Abbott: CA, US)
Pediazole® (Abbott: PE)
PMS-Erythromycin® (Pharmascience: CA)
Rhythm® (Apex: BD)
Rommix® (Ashbourne: GB)
Romycin® (Ocusoft: US)
Rubromicin® [vet.] (Adisseo: IT)
Rythocin® (Millimed: TH)
Sans-Acne® (Galderma: DO)
Sansacné® (Galderma: MX)
Sansac® (Owen: US)
Selvicin® [susp./tab] (Deutsche Pharma: PE)
Stacin® (MacroPhar: TH)
Staticin® (Westwood Squibb: US)
Stiemycine® (Sanova: AT)
Stiemycine® (Stiefel: DE)
Stiemycin® (Sanova: AT)
Stiemycin® (Stiefel: AE, BH, BR, CO, CR, DE, DO, EG, GB, GT, HK, HN, IE, IR, JO, KE, KW, LB, LU, MX, NI, NL, NZ, NZ, OM, PA, QA, SA, SG, SY, TH, TN, YE, ZA, ZW)
Stimycine® (Stiefel: BE, FR)
T-Stat® (Westwood Squibb: US)
Tiloryth® (Tillomed: GB)
Toperit® (LKM: AR)
Trixne® (Pharmatrix: AR)
Zuracyn® (Rephco: BD)
Érythrocine® [vet.] (Ceva: FR)

– estolate:

CAS-Nr.: 0003521-62-8
OS: *Erythromycin Estolate BAN, JAN, USAN*
IS: *Erythromycine propionate lauryl sulfate*
IS: *Erytrodol*
PH: Erythromycine (estolate d') Ph. Eur. 5
PH: Erythromycinestolat Ph. Eur. 5
PH: Erythromycin Estolate Ph. Eur. 5, USP 30
PH: Erythromycini estolas Ph. Eur. 5

A-Lennon-Erythromycin® (Al Pharm: ZA)
A-Lennon-Erythromycin® (Aspen: ZA)
Adco-Erythromycin® (Al Pharm: ZA)

Althrocin® (Alembic: IN)
Betamycin® (Be-Tabs: ZA)
E-Mycin® (Themis: IN)
Eltocin® (Ipca: IN)
Erimit® (TP Drug: TH)
Eritrex® (Aché: BR)
Eritromed® (Bausch & Lomb: AR)
Eritromicina MK® [susp.] (Bonima: BZ, CR, DO, GT, HN, NI, PA, SV)
Eritromicina® (Luper: BR)
Eritroveinte® (Medinova: ES)
Erymin® (Milano: TH)
Erysil® (Silom: TH)
Eryth-Mycin® (Pond's: TH)
Erythran® (Actavis: GE)
Erythran® (Balkanpharma: BG)
Erythromycin Estolate® (Actavis: US)
Erythromycin Estolate® (Barr: US)
Erythromycinum pro Suspensione® (Polfa Tarchomin: PL)
Erythrotrop® (Teva: HU)
Etrolate® (Pharmasant: TH)
Ilocin® (Haller: BR)
Ilosone® (Aspen: ZA)
Ilosone® (Diethelm: TH)
Ilosone® (Dista: US)
Ilosone® (Lilly: AT, AU, CA, ET, IT, KE, LU, MX, PH, TZ, UG)
Ilosone® (Shionogi: JP)
Ilosone® (Valeant: BR)
Infectomycin® (Infectopharm: DE)
Kanazima® (Kinder: BR)
Lauritran® (Chinoin: MX)
Neo Iloticina® (Dista: ES)
Novo-Rythro® (Novopharm: CA)
Purmycin® (Aspen: ZA)
Rubromicin® (Prati: BR)
Rythinate® (Hikma: AE, BH, EG, IQ, JO, KW, LB, LY, OM, QA, SA, SD, SY, TN, YE)
Spectrasone® (Alliance: ZA)
Tomcin® (GDH: TH)
Xeramel® (Qestmed: ZA)

– **ethylsuccinate:**

CAS-Nr.: 0041342-53-4
OS: *Erythromycin Ethyl Succinate BANM*
OS: *Erythromycin Ethylsuccinate USAN*
PH: Erythromycine (éthylsuccinate d') Ph. Eur. 5
PH: Erythromycinethylsuccinat Ph. Eur. 5
PH: Erythromycin Ethylsuccinate JP XIV, Ph. Eur. 5, Ph. Int. 4, USP 30
PH: Erythromycini ethylsuccinas Ph. Eur. 5, Ph. Int. 4

Abboticin ES® (Amdipharm: NO)
Abboticin Novum® (Abbott: IS, SE)
Abboticin Novum® (Amdipharm: FI)
Abboticine® (CSP: FR)
Abboticin® (Abbott: DK, GB, IS)
Abboticin® (Amdipharm: NO)
Algiderm® (Finadiet: AR)
Apo-Erythro ES® (Apotex: CA)
Arsitrocin® (Meprofarm: ID)
Baknyl® (Ariston: EC)
Bronsema® (Leti: ES)
Corsatrocin® (Corsa: ID)
E-Mycin® (Alphapharm: AU)
E-Mycin® (Pacific: NZ)
E.E.S.® (Abbott: US)
E.S.E.® (Abbott: PT)
EES® (Abbott: AU, CA, HK, ID, MY, SG)
Emycin® (HG.Pharm: VN)
Erigrand Pediatrica® (Ahimsa: AR)
Erimycin® (Siam Bheasach: TH)
Erios® (Mepha: CH)
Erisine® (Lafedar: AR)
Eritrocap® (Bruluart: MX)
Eritrocina® (Abbott: IT, PT)
Eritrogobens® (Normon: ES)
Eritromec® (Mecosin: ID)
Eritromicina Estedi® (Estedi: ES)
Eritromicina Etilsuccinato L.CH.® (Chile: CL)
Eritromicina Etilsuccinato® (Italfarmaco: IT)
Eritromicina Etilsuccinato® (Pentacoop: EC)
Eritromicina Lafedar® (Lafedar: AR)
Eritromicina Larjan® (Veinfar: AR)
Eritromicina® (La Sante: PE)
Eritromicina® (LCG: PE)
Eritromicina® (Marfan: PE)
Eritromicina® (Mintlab: CL)
Eritropharma-S® (Alpharma: MX)
Eritro® (Lek: RO)
Erit® (Duncan: AR)
Ermyced® (Remedica: CY)
Ermysin® (Orion: FI)
Erphathrocin® (Erlimpex: ID)
Ery-Diolan® (Meda: DE)
Ery-Hexal® (Hexal: DE, LU)
Ery-Max® (AstraZeneca: NO, SE)
Erybeta TS® (betapharm: DE)
Erycin® (Nycomed: DK)
Erycreat® (Bailly: BF, BJ, CF, CG, CI, CM, GA, GN, MG, ML, MR, NE, SN, TD, TG, ZR)
Eryhexal® (Hexal: AT, DE, LU)
EryPed® (Abbott: AE, BH, EG, IQ, IR, JO, KW, LB)
Eryped® (Abbott: MY)
EryPed® (Abbott: OM, QA, SA, SG, SY, US, YE)
EryPed® (Unimed & Unihealth: BD)
Erysanbe® (Sanbe: ID)
Eryson® (Beacons: SG)
Erysuc® (Bestpharma: CL)
Erythrin® (Interbat: ID)
Erythro Forte® (Abbott: LU)
Erythro Teva® [susp.] (Teva: IL)
Erythro-CT® (CT: DE)
Erythrocin oral® (Dainippon: JP)
Erythrocine-ES® (Abbott: NL)
Erythrocine-ES® (Pro Concepta: CH)
Erythrocine® (Abbott: AT, BE, HK, LU)
Erythrocine® (CSP: FR)
Erythrocin® (Abbott: AT, DE, GR, ID, LK, MY, TH)
Erythrocin® (Pro Concepta: CH)
Erythrodar® (Dar-Al-Dawa: AE, BH, IQ, JO, KW, LB, LY, MT, NG, OM, QA, SA, SD, SO, TN, YE)
Erythroforte® (Abbott: BE, LU)
Erythromycin Ethyl Succinate® (Alpharma: GB)
Erythromycin Ethyl Succinate® (Generics: GB)
Erythromycin Ethyl Succinate® (Hillcross: GB)
Erythromycin Ethyl Succinate® (Kent: GB)
Erythromycin Ethyl Succinate® (Teva: GB)
Erythromycin Ethyl Succinate® [vet.] (Abbott: GB)

Erythromycin Ethylsuccinate® (Barr: US)
Erythromycin Ethylsuccinate® (Goldline: US)
Erythromycin Ethylsuccinate® (Major: US)
Erythromycin Ethylsuccinate® (Rugby: US)
Erythromycin Genericon® (Genericon: AT)
Erythromycin Lannacher® (Lannacher: AT)
Erythromycin Stada® (Stada: BA)
Erythromycin Stada® (Stadapharm: DE)
Erythromycin Äthylsuccinat® [vet.] (Ceva: DE)
Erythromycin-ratiopharm® (ratiopharm: DE)
Erythromycin-Wolff® (Wolff: DE)
Erythroped A® (Abbott: GB)
Erythroped® (Abbott: GB, IE, IL)
Erythrosan® (Shiba: YE)
Erythrox® (Renata: BD)
Erythro® (Medicon: BD)
Erythro® (SMB: LU)
Ery® (Bouchara: FR, LU)
Ery® (Bouchara-Recordati: VN)
Esinol® (Toyama: JP)
Etisux® (Fabop: AR)
Etrocin® (Beximco: BD)
Ikathrocin® (Ikapharmindo: ID)
Infectomycin Saft® (Infectopharm: DE)
Kemothrocin® (Phyto: ID)
Macrocin® (Sanofi-Aventis: BD)
Mercina® (Mepro: CL)
Meromycin® (Ratiopharm: AT, CZ)
Meromycin® (ratiopharm: HU)
Monomycin® (Grünenthal: AT, DE, LU)
Opithrocin® (Otto: ID)
Paediathrocin® (Abbott: DE)
Pantomicina® [tab./gran.] (Abbott: AR, CL, CO, ES, PE)
Pharothrocin® (Pharos: ID)
Primacine® (Pinewood: IE)
Ranthrocin® (Ranbaxy: SG)
Redrocin® (Unison: TH)
Rythinate® (Hikma: AE, BH, EG, IQ, JO, KW, LB, LY, OM, QA, SA, SD, SY, TN, YE)
Sanasepton® (Ritsert: DE)
Servitrocin® (Novartis: BD, TH)
Takasunon® [liqu.oral] (Takata: JP)

– lactobionate:

CAS-Nr.: 0003847-29-8
OS: *Erythromycin Lactobionate BANM, JAN, USAN*
PH: Erythromycin Lactobionate Ph. Eur. 5, Ph. Int. 4, USP 30
PH: Erythromycini lactobionas Ph. Eur. 5, Ph. Int. 4
PH: Erythromycinlactobionat Ph. Eur. 5
PH: Erythromycine (lactobionate d') Ph. Eur. 5

Abboticin® (Abbott: DK, GB, IS)
Abboticin® (Amdipharm: FI, SE)
Clarex® (Phoenix: AR)
EraIV® (Abbott: NZ)
Eritrofarm® (Valeant: AR)
Eritromed® (Bausch & Lomb: AR)
Eritromicina Atlas® (Atlas: AR)
Eritromicina lattobionato® (Fisiopharma: IT)
Eritromicina lattobionato® (ISF: IT)
Eritromicina® (Bestpharma: CL)
ERYCINUM® (CytoChemia: DE)
Erythrocin i.v.® (Abbott: AU, CZ, DE)
Erythrocin i.v.® (Pro Concepta: CH)
Erythrocin Lactobionate® (Abbott: AT, IL, US)
Erythrocin Lactobionate® (Mayne: SG)
Erythrocine® [inj.] (Abbott: AT, AU, BE, GB, HK, LU, NL)
Erythrocine® [inj.] (Dainippon: JP)
Erythrocin® [inj.] (Abbott: AT, AU, CZ, DE, IE, MY, SG, TH, US, ZA)
Erythrocin® [inj.] (Dainippon: JP)
Erythrocin® [inj.] (Pro Concepta: CH)
Erythromycin DeltaSelect® (DeltaSelect: DE)
Erythromycin Lactobionate Abbott® (Abbott: GR)
Erythromycin Lactobionate® (Abbott: GB)
Erythromycin Lactobionate® (Elkins-Sinn: US)
Erythromycin Lactobionate® (Mayne: AU, NZ, SG)
Erythromycin Lactobionate® (Sicor: US)
Erythromycin Lactobionate® (Wyeth: US)
Erythromycin Stragen® (Stragen: DE)
Erythromycine Dakota® (Dakota: FR)
Erythromycine lactobionate Mayne® (Mayne: NL)
Erythromycine® (EuroCept: NL)
Erythromycinum Intravenosum® (Polfa Tarchomin: PL)
Lactobionat Eritromicina® (Antibiotice: RO)
Oftalmolets® (Alcon: AR)
Pantomicina® (Abbott: CL, ES)

– laurilsulfate:

Loderm® (Viñas: ES)
Pediazole® (Abbott: PE)

– propionate:

CAS-Nr.: 0000134-36-1
OS: *Erythromycin Propionate USAN*
IS: *Propionylerythromycin*
PH: Erythromycine (propionate d') Ph. Franç. X

Eritromagis® (Arena: RO)
Eritromicinã® (Antibiotice: RO)
Eritromicinã® (Europharm: RO)
Ery® (Bouchara: BF, BJ, CF, CG, CI, CM, DZ, FR, GA, GN, MG, ML, MR, MU, NE, SN, TD, TG, ZR)

– stearate:

CAS-Nr.: 0000643-22-1
OS: *Erythromycin Stearate BANM, JAN, USAN*
PH: Erythromycine (stéarate d') Ph. Eur. 5
PH: Erythromycini stearas Ph. Eur. 5, Ph. Int. 4
PH: Erythromycinstearat Ph. Eur. 5
PH: Erythromycin Stearate JP XIV, Ph. Eur. 5, Ph. Int. 4, USP 30

Abboticin® (Abbott: DK, IS)
Apo-Erythro-S® (Apotex: CA, PE, VN)
Cetathrocin® (Soho: ID)
Corsatrocin® (Corsa: ID)
Elocin® (Shiwa: TH)
EMU-V/E Mycin® (Pharmacia: ET, GH, KE, LR, RW, SL, TZ, UG)
Era® (Abbott: NZ, NZ)
Ericin® (Chew Brothers: TH)
Erigrand® (Ahimsa: AR)
Erimit® (TP Drug: TH)
Erimycin® (Siam Bheasach: TH)
Erios® (Mepha: CH)
Eritromec® (Mecosin: ID)

Eritromicina Estearato® [tab.] (Induquimica: PE)
Eritromicina Estearato® [tab.] (Rosaura: PE)
Eritromicina Fabra® (Fabra: AR)
Eritromicina Klonal® (Klonal: AR)
Eritromicina MK® [tabs.] (Bonima: BZ, CR, DO, GT, HN, NI, PA, SV)
Ermycin® (Remedica: CY)
Eromel® (Aspen: ZA)
Eromycin® (Square: BD)
Erotab® (Hovid: SG)
Erphathrocin® (Erlimpex: ID)
Ery 1A Pharma® (1A Pharma: DE)
Ery-Hexal® (Hexal: DE)
Erybeta® (betapharm: DE)
Erycin® (Atlantic: TH)
Erycoat® (Nufarindo: ID)
Eryhexal® (Hexal: DE, LU)
Erymycin AF® (Triomed: ZA)
Erysanbe® (Sanbe: ID)
Erystad® (Stada: AT)
Erytab® (USV: LK)
Eryth-Mycin® (Pond's: TH)
Erythrin® (Interbat: ID)
Erythro Teva® [compr.] (Teva: IL)
Erythro-CT® (CT: DE)
Erythro-Hefa® [compr.] (Sanavita: DE)
Erythro-Hefa® [compr.] (Wernigerode: DE)
Erythrocin Stearate® (Abbott: US)
Erythrocin Stearate® (Mylan: US)
Erythrocine® (Abbott: NL)
Erythrocin® (Abbott: AE, AU, BH, EG, GB, GR, ID, IE, IQ, IR, JO, KW, LB, LK, MY, NL, OM, QA, SA, SY, TH, US, YE)
Erythrocin® (Abfar: TR)
Erythrocin® (Dainippon: JP)
Erythrocin® (Pfizer: IN)
Erythromil® (APM: AE, BG, BH, IQ, JO, KW, LB, LY, NG, OM, QA, SA, SD, SY, TN, YE)
Erythromycin acis® (acis: DE)
Erythromycin AL® (Aliud: DE)
Erythromycin Heumann® (Heumann: DE)
Erythromycin Lannacher® (Lannacher: AT)
Erythromycin Stada® (Stada: BA)
Erythromycin Stada® (Stadapharm: DE)
Erythromycin-ratiopharm® (ratiopharm: DE)
Erythromycin-Wolff® (Wolff: DE)
Erythromycin® (Mylan: US)
Erythrox® (Renata: BD)
Erytrociclin® (Lisapharma: IT)
Erytromycine® (Lagap: NL)
Ethrolex® (Mystic: BD)
Etrolate® (Pharmasant: TH)
Etrola® (Pharmasant: TH)
Firmac® (Incepta: BD)
Hexabotin® (Sandoz: DK)
Ikathrocin® (Ikapharmindo: ID)
Iretron® (Bruluart: MX)
Kemothrocin® (Phyto: ID)
Konithrocin® (Konimex: ID)
Lagarmicin® (Medicalia: ES)
Lauromicina® (Lafare: IT)
Macrocin® (Sanofi-Aventis: BD)
Malocin® (M & H: TH)
Meromycin® (Ratiopharm: AT)
Meromycin® (ratiopharm: HU)
Opithrocin® (Otto: ID)
Optomicin® (Grin: MX)
Panamycin® (Anglopharma: CO)
Pantomicina® [susp./dragees] (Abbott: BR, ES)
Pharothrocin® (Pharos: ID)
Pocin® (Polipharm: TH)
Porphyrocin® (Medochemie: LK)
Priocin® (Eskayef: BD)
Roug-Mycin® (Farmanic: GR)
Rythinate® (Hikma: AE, BH, EG, IQ, JO, KW, LB, LY, OM, QA, SA, SD, SY, TN, YE)
Servitrocin® (Novartis: BD, TH)
SPMC Erythromycin Stearate® (SPMC: LK)
Takasunon® [compr.] (Takata: JP)
Throcin® (Globe: BD)
Tomcin® (GDH: TH)
Tropharma® (Alpharma: MX)
Wemid® (Laboratorios: AR)

– thiocyanate:

CAS-Nr.: 0007704-67-8
OS: *Erythromycin Thiocyanate BANM*

Erythrocin W® [vet.] (Ceva: DE)
Erythrocin® [vet.] (Ceva: GB)
Erythrocin® [vet.] (Interpharm: IE)
Erythromycin-Thiocyanat® [vet.] (Ceva: DE)
Erythromycin® [vet.] (C.C.D. Animal Health: AU)
Erythromycin® [vet.] (Ceva: GB)
Erythromycin® [vet.] (Cross Vetpharm: US)
Gallimycin® [vet.] (Cross Vetpharm: US)
Érythromycine Ceva® [vet.] (Ceva: FR)
Érythrovet® [vet.] (Ceva: FR)

Erythromycin Acistrate (Rec.INN)

L: Erythromycini acistras
D: Erythromycin acistrat
F: Acistrate d'erythromycine
S: Acistrato de erithromicina

⚕ Antibiotic, macrolide

CAS-Nr.: 0096128-89-1 C_{57}-H_{105}-N-O_{16}
M_r 1060.477

Erythromycin, 2'-acetate, octadecanoate (salt)

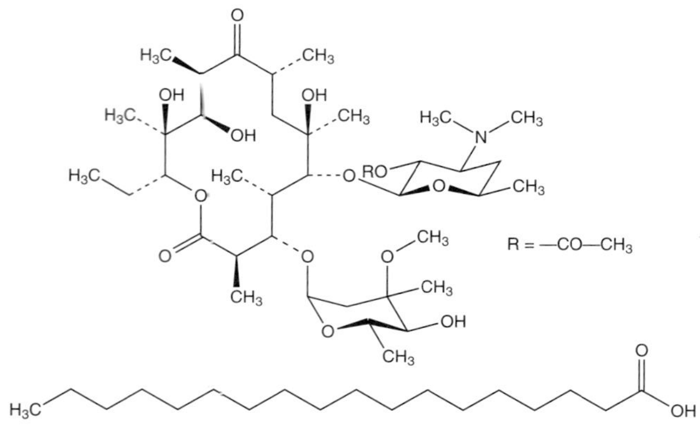

OS: *Erythromycin Acistrate [USAN]*
OS: *Érythromycine (acistrate d') [DCF]*

Erasis® (Orion: AE, BH, CZ, EG, JO, KW, LB)

Erythromycin Stinoprate (Rec.INN)

L: Erythromycini stinopras
D: Erythromycin stinoprat
F: Stinoprate d'erythromycine
S: Stinoprato d' erithromicina

Antibiotic, macrolide

CAS-Nr.: 0084252-03-9 — C_{45}-H_{80}-N_2-O_{17}-S, M_r 953.215

Erythromycin 2'-propionate, compound with N-acetyl-L-cysteine (1:1)

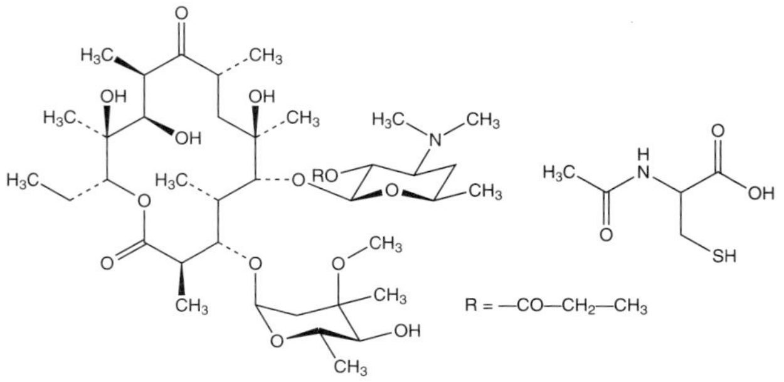

OS: *Erythromycin Stinoprate [USAN]*

Erysec® (Lindopharm: DE)
Erysolvan® (Fresenius: AT)
Erysolvan® (Laevosan: AT)
Karex-Wolff® (Wolff: DE)

Erythropoietin

D: Erythropoietin
F: Erythropoietine
S: Eritropoyetina

Antianaemic agent

CAS-Nr.: 0011096-26-7

Erythropoietin

OS: *Epoetin alfa [BAN, USAN]*
IS: *r-HuEPO*

Jimaixin® (NCPC: CN)
Pronivel® (Elea: AR)

Erythrosine Sodium (USP)

D: Erythrosin-1-Wasser
F: Erythrosine

Diagnostic

CAS-Nr.: 0049746-10-3 — C_{20}-H_6-I_4-Na_2-O_5.H_2O, M_r 897.88

Benzoic acid, 2-(6-hydroxy-2,4,5,7-tetraiodo-3-oxo-3H-xanthen-9-yl)-, disodium salt

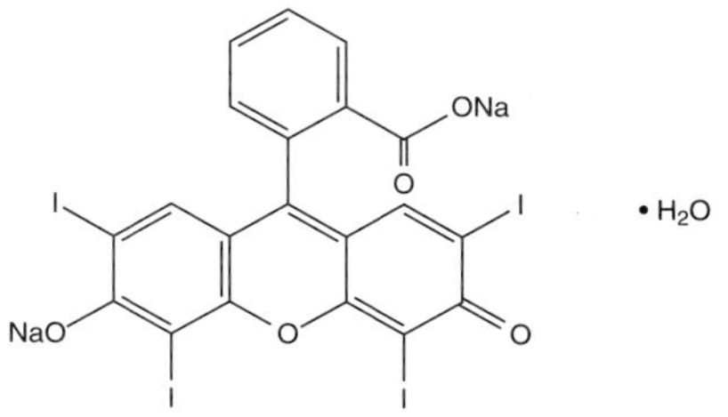

OS: *Erythrosine Sodium [USAN]*
PH: Erythrosin-Natrium [2.AB-DDR]

Revelplac® (Naf: AR)

Escin

D: Aescin
F: Aescine

Drug acting on the complex of varicose symptoms
Vascular protectant

CAS-Nr.: 0006805-41-0

Saponin isolated from *Aesculus hippocastanum*

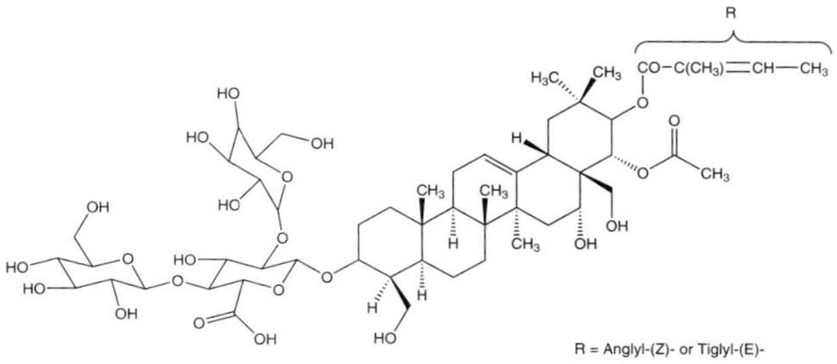

OS: *Aescine [DCF]*
PH: Aescin [DAC 1997]
PH: Aescin, Wasserlösliches [DAC 1997]
PH: Escin [USP 30]

Aescin® (Polfa: CZ)
Aescin® (Polfa Kutno: PL)
Aescusan® (Schering: RU)
Esceven® (Herbapol-Poznan: PL)
Escina® (Omega: AR)
Essaven Gel® (Cassella-med: DE)
Feparil® (Madaus: ES)
Flebostasin® (Daiichi Sankyo: ES)
Flebostasin® (Sankyo: IT)
Grafic® (Laboratorios: AR)
Nadem® (Ivax: AR)
opino-biomo® (biomo: DE)
Opino® (biomo: DE)
Reparil Gel® (Madaus: BE)
Reparil® (Grünenthal: EC)
Reparil® (Madaus: AE, AT, BE, BH, CZ, DE, EG, FR, HK, KW, LU, OM, PL, QA, SA, TH)
Venitan® (Lek: CZ, RU, SI)
Venostasin® (Fujisawa: AT, LU)
Venostasin® (Klinge: DE)
Yellon® (Zentiva: CZ)

– sodium salt:
CAS-Nr.: 0020977-05-3

IS: *Sodium aescinate*

Edeven® (IBI: IT)
Reparil® [inj.] (Altana: BR)
Reparil® [inj.] (Germed: CZ)
Reparil® [inj.] (Madaus: AE, AT, BE, BH, DE, EG, HK, IT, KW, OM, QA, SA)

Escitalopram (Rec.INN)

L: Escitalopramum
D: Escitalopram
F: Escitalopram
S: Escitalopram

Antidepressant

ATC: N06AB
CAS-Nr.: 0128196-01-0 C_{20}-H_{21}-F-N_2-O
M_r 324.43

S-[+]-5-Isobenzofurancarbonitrile, 1-[3-[dimethylamino]propyl]-1-[4-fluorophenyl]-1,3-dihydro-

(S)-1-[3-(Dimethylamino)propyl]-1-(4-fluorphenyl)-1,3-dihydroisobenzofuran-5-carbonitril [IUPAC]

(+)-(S)-1-[3-(Dimethylamino)propyl]-1-(p-fluorophenyl)-5-phthalancarbonitrile [WHO]

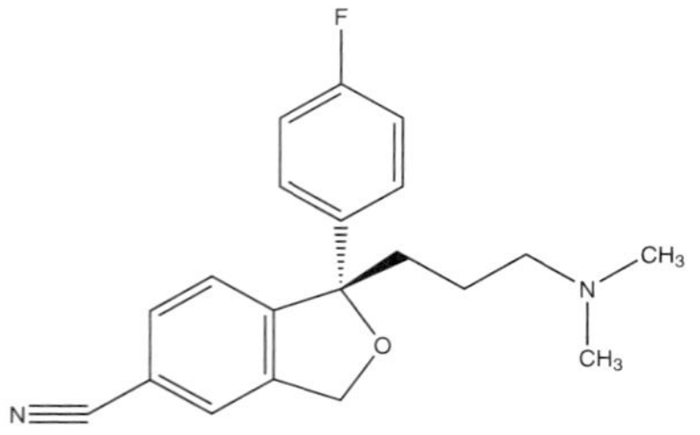

OS: *Escitaloprim [BAN, USAN]*
IS: *Citalopram (S)*
IS: *Gaudium*
IS: *Lexapro*
IS: *S-Citalopram*
IS: *S(+)-Citalopram*
IS: *(+)-Citalopram*

Esertia® (Almirall: ES)
Eslorex® (Eczacibasi: TR)
Ipran® (Drugtech-Recalcine: CL)
Neozentius® (Pharma Investi: CL)
Nexcital® (Unimed & Unihealth: BD)

– oxalate:

CAS-Nr.: 0219861-08-2
OS: *Escitalopram Oxalate USAN, BAN*
IS: *LU 26054 (Lundbeck, Denmark)*

Aramix® (Elea: AR)
Celtium® (Saval: CL)
Cipralex D.A.C.® (D.A.C.: IS)
Cipralex® (Lundbeck: AT, CA, CH, CZ, DE, DK, ES, FI, GB, HR, HU, IL, IN, IS, IT, NL, NO, PT, RS, RU, SE, SI, TR, ZA)
Citoles® (Abdi Ibrahim: TR)
Ectiban® (Chile: CL)
Entact Orifarm® (Lundbeck: DK)
Entact® (Lundbeck: ES)
Entact® (Recordati: IT)
Escitalopram® (Euro: NL)
Escitalopram® (Medcor: NL)
Lexapro® (Abbott: CO)
Lexapro® (Forest: US)
Lexapro® (Healthcare Logistics: NZ)
Lexapro® (Lundbeck: AR, AU, HK, IE, LU, MX, MY, NL, PH, PL, SG)
Lextor® (Casasco: AR)
Meridian® (Roemmers: AR)
Oxapro® (Square: BD)
Seroplex® (Lundbeck: FR)
Sipralexa® (Lundbeck: BE, LU)

Eseridine (Rec.INN)

L: Eseridinum
D: Eseridin
F: Eseridine
S: Eseridina

Parasympathomimetic agent, cholinesterase inhibitor

CAS-Nr.: 0025573-43-7 C_{15}-H_{21}-N_3-O_3
M_r 291.363

(4aS,9aS)-2,3,4,4a,9,9a-Hexahydro-2,4a,9-trimethyl-1,2-oxazino[6,5-b]indol-6-yl methylcarbamate

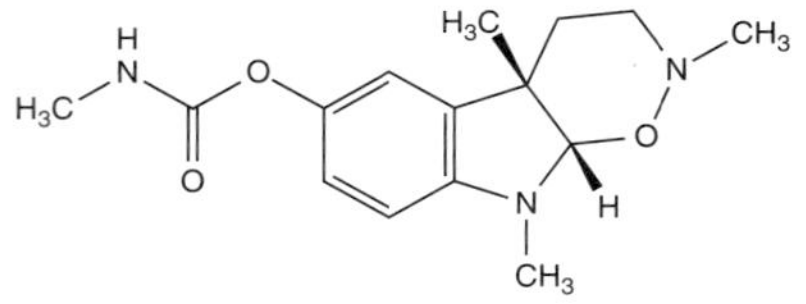

OS: *Éséridine [DCF]*
OS: *Physostigmine [BAN]*
OS: *Eseridine [USAN]*
IS: *Eserine oxide*

– salicylate:

CAS-Nr.: 0005995-96-0
OS: *Physostigmine Salicylate BAN*

Féligastryl® [vet.] (Ceva: FR)
Félipurgatyl® [vet.] (TVM: FR)
Génésérine® (Eisai: FR)
Pilocat® [vet.] (Omega Pharma France: FR)

Esmolol (Rec.INN)

L: Esmololum
D: Esmolol
F: Esmolol
S: Esmolol

β_1-Adrenergic blocking agent

ATC: C07AB09
CAS-Nr.: 0103598-03-4 C_{16}-H_{25}-N-O_4
M_r 295.386

⌬ Benzenepropanoic acid, 4-[2-hydroxy-3-[(1-methylethyl)amino]propoxy]-, methyl ester

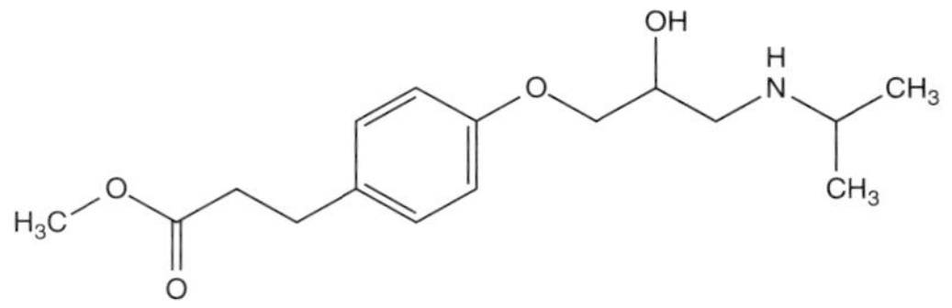

OS: *Esmolol [BAN, DCF]*
IS: *ASL 8052-001*

– hydrochloride:

CAS-Nr.: 0081161-17-3
OS: *Esmolol Hydrochloride BANM, USAN*
IS: *ASL 8052 (Du Pont, USA)*

Brevibloc® (AFT: NZ)
Brevibloc® (Baxter: BE, CA, CH, CZ, DE, DK, FI, FR, GB, GR, IE, IL, IT, LU, NL, NO, SE, US)
Brevibloc® (Boots: AU)
Brevibloc® (Cristália: BR)
Brevibloc® (Eczacibasi Baxter: TR)
Brevibloc® (Prasfarma: ES)
Brevibloc® (Sanofi-Synthelabo: ZA)
Brevibloc® (Torrex: AT, HU)
Brevibloc® [vet.] (Baxter: GB)
Dublon® (Fada: AR)
Esmolol Orpha® (OrPha: CH)
Esmolol® (Richet: AR)
Miniblock® (USV: IN)

Esomeprazole (Rec.INN)

L: Esomeprazolum
D: Esomeprazol
F: Esoméprazole
S: Esomeprazol

⚕ Enzyme inhibitor, (H^+ + K^+) ATPase
⚕ Gastric secretory inhibitor

ATC: A02BC05
CAS-Nr.: 0119141-88-7 C_{17}-H_{19}-N_3-O_3-S
M_r 345.42

⌬ 5-Methoxy-2-[(S)-[(4-methoxy-3,5-dimethyl-2-pyridyl)methyl]sulfinyl]benzimidazole [WHO]

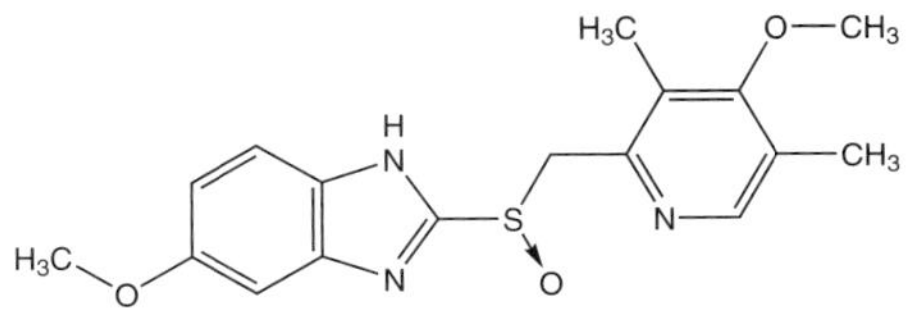

OS: *Esomeprazole [BAN, USAN]*
IS: *H 19918*
IS: *Perprazole*
IS: *(S)-Omeprazole*
IS: *(-)-Omeprazole*

Curacid® (Rangs: BD)
Ema® (Globe: BD)
Emep® (Aristopharma: BD)
Esomep® (ACI: BD)
Esopra® (Alco: BD)
Esotac® (Navana: BD)
Esotid® (Opsonin: BD)
Esoz® (Glenmark: LK)
Eso® (Asiatic Lab: BD)
Espram® (Mystic: BD)
Inexium Paranova® (AstraZeneca: DK)
Inexium Pharmacodane® (AstraZeneca: DK)
Maxpro® (Renata: BD)
Neptor® (Novartis: BD)
Nexe® (Apex: BD)
Nexpro® (Unimed & Unihealth: BD)
Preso® (Orion: BD)
Progut® (Popular: BD)
Pronex® (Drug International: BD)
Sergel® (Healthcare: BD)
Sompraz® (Sun: IN)

– magnesium salt, trihydrate:

CAS-Nr.: 0202742-32-3
OS: *Esomeprazole Magnesium USAN, BAN*
IS: *(S)-Omeprazole magnesium*
IS: *(-)-Omeprazole magnesium*
IS: *H-199/18*
IS: *Esomeprazol himimagnesium-1.5-Wasser*
IS: *Esomeprazol himimagnesium-3-Wasser*

Alton® (General Pharma: BD)
Axagon® (Simesa: IT)
Axiago® (Beta: ES)
Esomeprazol® (Medcor: NL)
Esonix® (Incepta: BD)
Esopral® (Bracco: IT)
Esoprax® (Legrand: CO)
Esoprazol® (Ethical: DO)
Esoral® (Eskayef: BD)
Inexium Orifarm® (AstraZeneca: DK)
Inexium® (AstraZeneca: FR)
Lucen® (Malesci: IT)
Nexiam® (AstraZeneca: LU, ZA)
Nexium-Mups® (AstraZeneca: MX)
Nexium® (AstraZeneca: AG, AN, AR, AT, AU, AW, BM, BR, BS, BZ, CA, CH, CL, CN, CO, CR, CZ, DE, DK, DO, EC, ES, FI, GB, GD, GE, GR, GT, GY, HK, HN, HR, HT, HU, ID, IE, IL, IS, IT, JM, LC, LK, MY, NI, NL, NO, PA, PE, PH, PL, PT, RO, RS, RU, SE, SG, SI, SR, SV, TH, TR, TT, US, VC, VN)
Nexium® (Delphi: NL)
Nexium® (Dowelhurst: NL)
Nexium® (Dr. Fisher: NL)
Nexium® (EU-Pharma: NL)
Nexium® (Eureco: NL)
Nexium® (Euro: NL)
Nexium® (Medcor: NL)
Nexium® (Nedpharma: NL)
Nexum® (Square: BD)
Nexx® (Fluter: DO)
Opton® (Beximco: BD)
Ulcratex® (Recalcine: CL)

– sodium:

CAS-Nr.: 0161796-78-7
OS: *Esomeprazole Sodium USAN*
IS: *H199/18 sodium (AstraZeneca, US)*

Esopral® (Bracco: IT)
Esopral® (Euro: NL)
Inexium® [inj.] (AstraZeneca: FR)

Nexiam® (AstraZeneca: BE, LU)
Nexium Injection® (AstraZeneca: VN)
Nexium IV® (AstraZeneca: AT, AU, BR, CH, GB, HK, ID, IT, MX, NL, PE, PH, PT, TR, US)
Nexium® (AstraZeneca: CL, FI, HK, HU, IE, IS, PL, PT, RU, SE, US)

Estazolam (Rec.INN)

L: Estazolamum
I: Estazolam
D: Estazolam
F: Estazolam
S: Estazolam

Hypnotic
Tranquilizer

ATC: N05CD04
CAS-Nr.: 0029975-16-4 C_{16}-H_{11}-Cl-N_4
M_r 294.754

4H-[1,2,4]Triazolo[4,3-a][1,4]benzodiazepine, 8-chloro-6-phenyl-

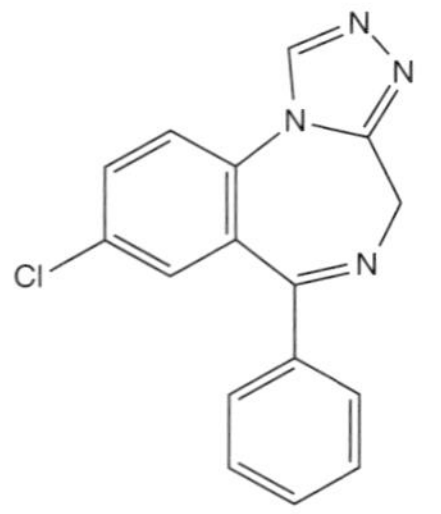

OS: *Estazolam [DCF, DCIT, JAN, USAN]*
IS: *Abbott 47631*
IS: *Bay k 4200 (Bayropharm)*
IS: *D 4O TA (Takeda, Japan)*
IS: *U 33737*
PH: Estazolam [JP XIV]

Esilgan® (Takeda: ID, IT, JP, PH)
Estazolam® (Polfa Tarchomin: PL)
Estazolam® (Polfarmex: PL)
Estazolam® (Teva: US)
Estazolam® (Watson: US)
Eurodin® (Takeda: JP)
Kainever® (Seber: PT)
Noctal® (Abbott: BR)
Nuctalon® (Takeda: FR)
ProSom® (Abbott: US)
Sedarest® (Grünenthal: PE)
Tasedan® (Hormona: MX)

Estradiol (Rec.INN)

L: Estradiolum
I: Estradiolo
D: Estradiol
F: Estradiol
S: Estradiol

Estrogen

ATC: G03CA03
ATCvet: QG03CA03
CAS-Nr.: 0000050-28-2 C_{18}-H_{24}-O_2
M_r 272.39

Estra-1,3,5(10)-triene-3,17-diol (17β)-

(17beta)-Estra-1,3,5(10)-triene-3,17-diol

3,17-Epidihydroxyestratriene

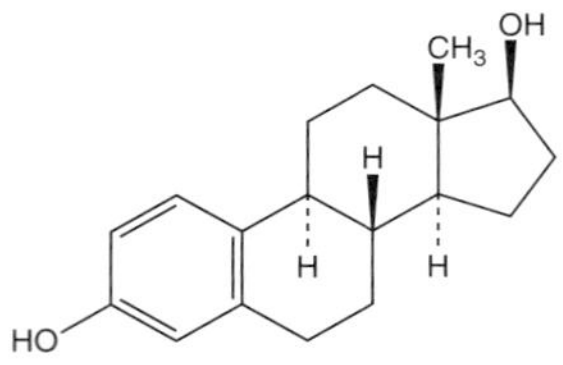

OS: *Estradiol [BAN, DCF, USAN]*
OS: *Estradiolo [DCIT]*
OS: *Oestradiol [BAN]*
IS: *Dihydrofolliculin*
IS: *Dihydrotheelin*
IS: *Dihydroxyestrin*
IS: *Femestral*
IS: *Lio-Oid*
IS: *Profoliol*
IS: *beta-Estradiol*
IS: *cis-Estradiol*
IS: *Dihydrofollicular hormone*
PH: Estradiol [Ph. Franç. X, USP 30, BP 2003]
PH: Oestradiolum [DAB 7-BRD, OeAB, Ph. Helv. 8]

Absorlent Matrix® (Esteve: ES)
Aerodiol® (Servier: LU)
Alcis Semanal® (Chiesi: ES)
Alcis® (Chiesi: ES)
Alora® (Watson: US)
Armonil® (Recordati: IT)
Avixis® (Galderma: MX)
Calidiol® (Servier: PL, SI)
Cerella® (Schering: DE)
Climaderm 100® (Wyeth: CL)
Climaderm 7 Dias® (Wyeth: BR, CL, DO)
Climaderm® (Wyeth: CO, CR, GT, HN, MX, NI, PA, SV)
Climara® (Bayer: CH)
Climara® (Berlex: CA, US)
Climara® (Berlipharm: IE)
Climara® (Schering: AT, AU, BE, DE, DK, FR, IT, LU, NO, NZ, PH, PL, PT, RO, RS, SE, SI, TH, TR)
Climara® (Schering-Plough: SI)
Cliogan® (Juste: ES)
Compudose® [vet.] (Elanco: NZ)
Dermatrans 7 D® (Silesia: CL)
Dermatrans® (Rottapharm: CL)
Dermestril Septem® (Rottapharm: ES)
Dermestril® (Besins: BE, LU)
Dermestril® (Faran: GR)

Dermestril® (Mayne: AU)
Dermestril® (Opfermann: DE)
Dermestril® (ProStrakan: GB)
Dermestril® (Rotta: HK)
Dermestril® (Rotta Pharmaceuticals: GT)
Dermestril® (Rottapharm: CZ, ES, FR, IT)
Dermestril® (Sigma: NL)
Dermestril® (Teva: IL)
Divigel® (Orion: CH, DK, IE, PL, TH)
Divigel® (Upsher-Smith: US)
Elestrin® (BioSante: US)
Enadiol® (Chile: CL)
Endomina® (Farma Lepori: ES)
Ephelia® (Ipsen: IT)
Epiestrol 7D® (Rottapharm: CL)
Epiestrol® (Pfizer: IT)
Epiestrol® (Rottapharm: CL)
Esclima® (Takeda: IT)
Esclim® (Women First: US)
Esprasone® (Seid: ES)
Essventia® (CORNE: MX)
Estrabeta® (betapharm: DE)
Estrace® [Tbl. ungt.] (Bristol-Myers Squibb: US)
Estrace® [Tbl. ungt.] (Shire: CA)
Estrace® [Tbl. ungt.] (Warner Chilcott: US)
Estracombi® (Novartis: BE)
Estradelle® (Sigma: BR)
Estraderm Matrix® (Novartis: ES)
Estraderm MX® (Novartis: AT, AU, DE, GB, IT, LU, PL, PT)
Estraderm TTS® (Novartis: AG, AN, AT, AW, BB, BG, BM, BR, BS, CO, CZ, CZ, DE, ES, ET, FR, GB, GD, GH, GR, GY, HK, HT, HU, IE, IL, IN, IT, JM, KE, KY, LC, LU, LY, MT, NG, NL, PL, RS, SD, SI, TR, TT, TZ, VC, ZA, ZW)
Estraderm TTS® (Novartis Consumer Health: HR)
Estraderm® (Novartis: AU, BE, CA, ES, GB, IE, SG, US)
Estradiol 1A-Pharma® (1A Pharma: DE)
Estradiol A® (Apothecon: NL)
Estradiol Bexal® (Bexal: ES)
Estradiol DAK® (Nycomed: DK)
Estradiol Implants® (Organon: GB)
Estradiol Katwijk® (Katwijk: NL)
Estradiol Lindo® (Lindopharm: DE)
Estradiol PCH® (Pharmachemie: NL)
Estradiol Ratiopharm® (Ratiopharm: NL)
Estradiol Sandoz® (Sandoz: NL)
Estradiolo Angelini® (Angelini: IT)
Estradiol® (Hexal: NL)
Estradiol® (Mylan: US)
Estradot® (Novartis: AU, CA, ES, GB, LU)
Estramon® (Hexal: AT, DE, GR, LU)
Estratab® (Solvay: US)
Estring® (Paladin: CA)
Estring® (Pfizer: AT, DK, NO, US)
Estring® (Pharmacia: AU, DE, NL)
Estroclim® (Sigma Tau: IT)
Estrofem® (Dexa Medica: ID)
Estrofem® (Novo Nordisk: AR, AT, BA, BD, BE, DK, FR, GR, HR, ID, IE, IL, LU, NZ, PL, RO, RS, RU, SI, TH, ZA)
Estrofem® (Roemmers: PE)
Estrofen® (Comerciosa: EC)
Estrofen® (Medley: BR)
Estrogel® (Farma: EC)
Estrogel® (Leiras: DK, FI, IS)
Estrogel® (Meda: AT)
Estrogel® (Solvay: US)
Estroplast® (Adamed: PL)
EvaMist® (Vivus: US)
Evopad® (Janssen: ES)
Evorel® (Janssen: AR, CO, DK, GB, IE, IL, IS, NO, ZA)
Evorel® (Janssen-Cilag: BD)
Fem7® (Gedeon Richter: PL)
Fem7® (LTS: RO)
Fem7® (Merck: BR, ID, LU, PE)
Fem7® (Merck KGaA: CN)
Fem7® (Theramex: CN)
Femalon® (Silesia: CL)
Femanest® (Sandoz: DK)
Fematab® (Solvay: IE)
Fematrix® (Solvay: GB)
Femiderm TTS® (Novartis: CL)
Femidot® (Novartis: CL)
Femigel® (Medi Challenge: ZA)
FemSeven® (Merck: GB, ID)
Femtran® (3M: AU, NZ)
Gelestra® (Abiogen: IT)
Ginaikos® (Solvay: IT)
Ginatex® (Baliarda: AR)
Ginedisc® (Schering: BR, CO, PE)
Ginoderm® (Gynopharm: CL)
Gynodiol® (Fielding: US)
Hormodiol® (Omega: AR)
Hormodose® (Farmasa: BR)
Incurin® [vet.] (Intervet: AT, NL, NO, PT)
Incurin® [vet.] (Veterinaria: CH)
Klimapur® (Kwizda: AT)
Lindisc® (Schering: AR, CO, EC, PE)
Linoladiol® (Montavit: AT)
Linoladiol® (Wolff: DE, HR)
Menest® (Monarch: US)
Meno-Implant® (Organon: BE, NL)
Menorest TTS® (Novartis: AT)
Menorest® (Novartis: AU, CO, DE, DE, ES, FR, GR, IT, NL)
Menorest® (Novo Nordisk: DE)
Menostar® (Berlex: US)
Natifa® (Libbs: BR)
Novofem® (Novo Nordisk: BE, NO)
Oesclim® (Selena Fournier: SE)
Oesclim® (Solvay: FR)
Oestraclin® (Seid: ES)
Oestradiol Implant® (Donmed: ZA)
Oestradiol Implant® (Organon: AU, GB, SG)
Oestradiol® (Donmed: ZA)
Oestradiol® (Galenika: BA, RS)
Oestrodose® (Besins: FR)
Oestrodose® (Seid: ES)
Oestrogel Orifarm® (Leiras: DK)
Oestrogel® (Besins: BE, CZ, FR, IL, LU, RU)
Oestrogel® (CORNE: MX)
Oestrogel® (Faran: GR)
Oestrogel® (Farmoquimica: BR)
Oestrogel® (Lab. Besins: RO)
Oestrogel® (Piette: TH)
Ovestal® (Hexal: NL)
Ovestin® (Organon: MX)
Pausigin® (Lepori: PT)
Prefest® (Janssen: BR)
Primaquin® (Gynopharm: CL)

Progynova Parches® (Schering: ES)
Provames® (Sanofi-Aventis: FR)
Riselle® (Organon: BR, CZ, RO)
Rontagel® (Pfizer: AR)
Sandrena® (Organon: AU, CH, CL, GB, MX, NL)
Systen® (Janssen: AT, BE, BG, BR, CZ, FR, IT, LU, NL, PL)
Thaïs® (Besins: FR)
Trial SAT® (Beta: AR)
Trial® (Beta: AR)
Trisequens® (Medley: BR)
Trisequens® (Novo Nordisk: AT, BE)
Trisequens® (Roemmers: PE)
Vagifem® (Novo Nordisk: AT, AU, BA, BE, CA, CZ, DE, DK, EG, GB, GH, GR, HR, IE, IL, IT, KE, LU, NG, NL, NO, NZ, RS, SD, SI, TH, TZ, UG, ZA, ZM)
Vivelle Dot® (Novartis: BE, DK, IS)
Vivelle-Dot® (Novartis: US)
Vivelle® (Novartis: US)
Zerella® (Schering: AT)
Zerella® (Theramex: IT)
Zumenon® (Solvay: AT, BE, FI, LU, NL, PT)

– acetate:

CAS-Nr.: 0004245-41-4
OS: *Estradiol Acetate USAN*
IS: *E3A (Schering, US)*
IS: *17beta-Hydroxyestra-1,3,5(10)-trien-3-yl acetate*
IS: *3-O-Acetylestradiol*
IS: *beta-Estradiol-3-acetate*
IS: *17beta-Estradiol 3-acetate*
IS: *17beta-Hydroxy-3-acetoxyestra-1,3,5(10)-triene*
IS: *3-Acetoxyestra-1,3,5(10)-trien-17beta-ol*
IS: *Estra-1,3,5(10)-triene-3,17beta-diyl 3-acetate*
IS: *Estra-1,3,5(10)-triene-3,17beta-diol acetate (CAS)*

Femring® (Galen: AT)
Femring® (Warner Chilcott: US)
Femtrace® (Warner Chilcott: US)

– 3-benzoate:

CAS-Nr.: 0000050-50-0
OS: *Estradiol Benzoate BANM, JAN, USAN*
IS: *Benzhormovarine*
IS: *Difollisterol*
IS: *Follicormon*
IS: *Follidimyl*
IS: *Follidrinbensoat*
IS: *Oestro-Vitis*
IS: *Oestroform*
IS: *Oestradiol Benzoate*
PH: Estradiol (benzoate d') Ph. Eur. 5
PH: Estradiolbenzoat Ph. Eur. 5
PH: Estradiol Benzoate Ph. Eur. 5, JP XIV, USP XX
PH: Estradioli benzoas Ph. Eur. 5, Ph. Int. II

Agofollin® [compr./inj.] (Spofa: CZ)
Benzo-Ginestryl® (Sanofi-Aventis: MX)
Celerin® [vet.] (PR: US)
Cidirol® [vet.] (Bomac: NZ)
Dimenformon® (Organon: ES, LU)
Estradiol Benzoato® (Biosano: CL)
Estradiolo Amsa® (Amsa: IT)
Estral® [vet.] (Stockguard: NZ)
Folivirin® (Biotika: CZ)
Menformon®-K [vet.] (Intervet: DE)
Menformon®-K [vet.] (Selecta: DE)
Menodin® (Synthesis: CO, DO)
Mesalin® [vet.] (Intervet: AU, FR, GB, IT, NZ)
Oestradiol Benzoate March® (March: TH)
Oestradiol Benzoate® [vet.] (Fort Dodge: BE)
Oestradiol Benzoate® [vet.] (Intervet: AT, AU, BE, GB, IE)
Oestradiol Benzoate® [vet.] (Veterinaria: CH)
Reglovar® (Quimioterapica: BR)

– 17β-cypionate:

CAS-Nr.: 0000313-06-4
OS: *Estradiol Cypionate USAN*
IS: *Estradiol cyclopentanepropionate*
IS: *ECP*
PH: Estradiol Cypionate USP 30

Depo-Estradiol® (Pfizer: US)
Depogen® (Hyrex: US)
E.C.P.® [vet.] (Pharmacia: NZ, US)
E.C.P.® [vet.] (Pharmacia Animal Health: BE)

– 3,17β-dipropionate:

CAS-Nr.: 0000113-38-2
PH: Estradiol Dipropionate NF XIV
PH: Estradioli dipropionas Ph. Helv. 9
PH: Estradiolum dipropionicum PhBs IV
PH: Oestradiolum dipropionylatum OeAB

Agofollin® [inj.] (Biotika: CZ, CZ)
Akrofolline® [inj.] (Biofarma: TR)

– 3,17β-diundecylenate:

Etrosteron® (Elea: AR)

– hemihydrate:

CAS-Nr.: 0035380-71-3
PH: Estradiolum hemihydricum Ph. Eur. 5
PH: Estradiol-Hemihydrat Ph. Eur. 5
PH: Estradiol Hemihydrate Ph. Eur. 5
PH: Estradiol hémihydraté Ph. Eur. 5

Aerodiol® (Servier: AR, AT, AU, BE, BR, CR, DE, DK, DO, FR, GR, GT, HN, IS, LU, NI, NL, PA, PH, SV, TR)
Aerodiol® (Servier-F: IT)
Armonil® (Recordati: IT)
Calidiol® (Servier: HU)
Cliane® (Schering: PE)
Climara® (Bayer Schering Pharma: CH)
Climara® (Schering: AT, CZ, FI, FR, IT, NL, SE, ZA)
Cutanum® (Jenapharm: DE)
Cycloderm® [TTS] (CSC: AT)
Dermestril Septem® (Rottapharm: FR, HU)
Dermestril-Septem® (Besins: LU)
Dermestril-Septem® (Delta: PT)
Dermestril-Septem® (Opfermann: DE)
Dermestril-Septem® (Rottapharm: CZ, IT)
Dermestril® (Delta: PT)
Dermestril® (Rottapharm: CZ, HU)
Dermestril® (Sanofi-Synthelabo: AT)
Dermestril® (Sigma: NL)
Divigel® (Grünenthal: CO)
Divigel® (Orion: CZ, FI, HU, MY, RU, SE, SG)
Divigel® (Win-Medicare: IN)
Délidose® (Orion: FR)

Elleste Solo® (Pfizer: GB)
ephelia® (Niddapharm: DE)
Estraderm Dot® (Altana: MX)
Estraderm MX® (Novartis: CZ)
Estraderm TTS® (Novartis: BG, CZ, HU, IT, NZ)
Estradiol G Gam® (G Gam: FR)
Estradiol Servier® (Servier: NL)
Estradiol® (Hexal: NL)
Estradot® (Novartis: AT, BR, CH, DE, FI, GR, IE, LU, NL, NO, PL, PT, SE)
Estrahexal® (Hexal: CZ)
Estramon® (Hexal: DE, LU)
Estramon® (Sandoz: CH, HU)
Estrapatch® (Pierre Fabre: FR)
Estrasorb® (Novavax: US)
Estrena® (Merck: FI)
Estreva® (Merck: BE, BR, CL, CO, DE, EC, HK, ID, LU, NL, PE, TR)
Estreva® (Theramex: PL)
Estreva® (Théramex: CZ, RO)
Estrifam® (Novo Nordisk: DE)
Estrimax® (Gedeon Richter: BD, CZ, HU, RU)
Estring® (Pfizer: CH, FI, GB, IS)
Estring® (Pharmacia: CZ, ZA)
Estrodose® (Besins: IT)
Estrofem® (Novo Nordisk: AT, AU, BH, CH, CY, CZ, EG, EG, FI, FR, GH, HK, HU, IQ, IR, IS, IT, JO, KE, KW, LB, LK, NG, NL, OM, QA, SA, SD, SG, SY, TR, TZ, UG, YE, ZM)
Estrofem® (Roemmers: PE)
Estroffik® (Effik: ES)
Estrogel® (Schering: CA)
Estronorm® (Jenapharm: DE)
Estréva® (Théramex: CI, CM, GA, MC, MU, SN)
Evorel Sequi® (Janssen: GB, IS)
Evorel® (Janssen: CR, DE, DO, FI, GT, HN, MX, NI, PA, SE, SV)
Fem7® (Merck: CL, CO, CR, CZ, DE, DO, EC, GT, HN, NI, NL, PA, PE, SV)
Fem7® (Vifor: CH)
Femanest® (AstraZeneca: IS)
Femanest® (BioPhausia: SE)
Feminova® (Merck: BE)
Femoston® (Solvay: AT, BE, CN, CZ, DE, GB, LU)
Femsept® (Théramex: MC)
FemSeven® (Bracco: IT)
FemSeven® (Gedeon Richter: HU)
FemSeven® (LTS: RO)
FemSeven® (Merck: AT, FI, GB, SE)
Ginedisc® (Schering: BR)
Gynamon® (Jenapharm: DE)
Gynokadin Gel® (Kade/Besins: DE)
GynPolar® (Orion: DE)
Klimareduct® (Solvay: AT)
Lindisc® (Schering: BR)
Linoladiol N® (Wolff: CZ, HU)
Menorest® (Novartis: IT)
Octodiol® (Servier: CZ)
Oesclim® (Cross Site: CZ)
Oesclim® (Fournier: GR, PL)
Oesclim® (Paladin: CA)
Oesclim® (Solvay: FR)
Oestradiol Implants® (Organon: AU)
Oestring® (Pfizer: SE)
Oestrodose® (Besins: IL)
Oestrogel® (Besins: HU)
Oestrogel® (Vifor: CH)
Oestro® (Rontag: AR)
Oromone® (Solvay: FR)
Progynova® (Schering: GB)
Sandoz Estradiol® (Sandoz: CA)
Sandrena® (Organon: AT, BR, DE, GB, IT)
Sandrena® (Orion: NL)
Sisare® (Organon: DE)
Sprediol® (Stroder: IT)
Systen® (Janssen: AT, CH, CZ, HU)
Thaïs Sept® (Besins: FR)
Tradelia seven® (Wolff: DE)
Tradelia® (Wolff: DE)
Transvital® (Gynopharm: CL)
Trisekvens® (Novo Nordisk: FI, NO)
Trisequens® (Novo Nordisk: CZ, GB, TR)
Vagifem D.A.C.® (D.A.C.: IS)
Vagifem® (Isdin: ES)
Vagifem® (Novo Nordisk: AU, BE, CH, CZ, DE, FI, HK, HU, IS, PL, RO, SE, SG, TR, US)
Vagifem® (Silesia: CL)
Vivelledot® (Novartis: FR)
Zumenon® (Solvay: AU, CH, GB)

- **17β-hemisuccinate:**

CAS-Nr.: 0007698-93-3

Eutocol® (Farmindustria: PE)
Eutocol® (Gador: AR)

- **17β-undecylate:**

CAS-Nr.: 0033613-02-4
OS: *Estradiol Undecylate USAN*
IS: *Estradiol undecanoate*
IS: *SQ 9993*

- **17β-valerate:**

CAS-Nr.: 0000979-32-8
OS: *Estradiol Valerate BANM, JAN, USAN*
IS: *NSC 17590*
IS: *Oestradiol Valerate*
PH: Estradiol Valerate Ph. Eur. 5, USP 30
PH: Estradioli valeras Ph. Eur. 5

Climagest® (Novartis: GB)
Climaval® (Novartis: GB)
Climene® (Schering: BF, BJ, CG, CI, CM, GA, MG, ML, PE, TG)
Climen® (Schering: AT, AU, BE, CZ, ID, LU, MY, TH, TR, VN, ZA)
Climodien® (Schering: TR)
Cyclo-Progynova® (Schering: DE, TH, TR)
Cyclocur® (Schering: BE)
Delestrogen® (Monarch: US)
Dilena® (Organon: BR, ID)
Divina® (Orion: CZ, FI, TR)
Diviplus® (Eumedica: BE)
Diviseq® (Orion: CZ)
Divitren® (Orion: FI)
Diviva® (Eumedica: BE)
Elamax® (Boehringer Ingelheim: BR)
Estradiol Depot® (Jenapharm: PL)
Estradiol Jenapharm® (Jenapharm: DE)
Estradiol Valerianato L.CH.® (Chile: CL)

Estranova E® (Silesia: CL, PE)
Estro-Pause® (Al Pharm: ZA)
Femtab® (Merck: GB)
Gynokadin® (Kade: DE)
Klimonorm® (Jenapharm: TH)
Mericomb® (Novartis: AT)
Meriestra® (Novartis: ES)
Merimono® (Novartis: AT, BR, DE, FI)
Merimono® (Pierre Fabre: DE)
Mirion® (Pfizer: CL)
Neofollin® (Biotika: CZ, SK)
Nuvelle® (Schering: GB)
Pelanin® (Mochida: JP)
Postoval® (Wyeth: BR)
Primogyn Depot® (Schering: AU, EC, ZA)
Primogyna® (Schering: BR)
Primogyn® (Schering: AU, MX, ZA)
Progyluton® (Agis: IL)
Progyluton® (Schering: PE)
Progynon Depot® (Schering: AR, AT, AU, CO, DE, ES, IT, LU, NL, PE, TH)
Progynon® (Schering: DE, DK, IS, SE)
Progynova® (Bayer: CH)
Progynova® (Schering: AR, AT, AU, BE, CL, CN, CO, DE, DZ, ES, FI, FR, GB, HK, ID, IL, IT, LU, MY, NL, NO, NZ, PE, PH, PL, RU, SG, TH, VN, ZA)
Ronfase® (Pfizer: AR)
Valergen® (Hyrex: US)

Estramustine (Rec.INN)

L: **Estramustinum**
I: **Estramustina**
D: **Estramustin**
F: **Estramustine**
S: **Estramustina**

Antineoplastic, alkylating agent
Estrogen

ATC: L01XX11
CAS-Nr.: 0002998-57-4 C_{23}-H_{31}-Cl_2-N-O_3
M_r 440.411

Estra-1,3,5(10)-triene-3,17-diol (17β)-, 3-[bis(2-chloroethyl)carbamate]

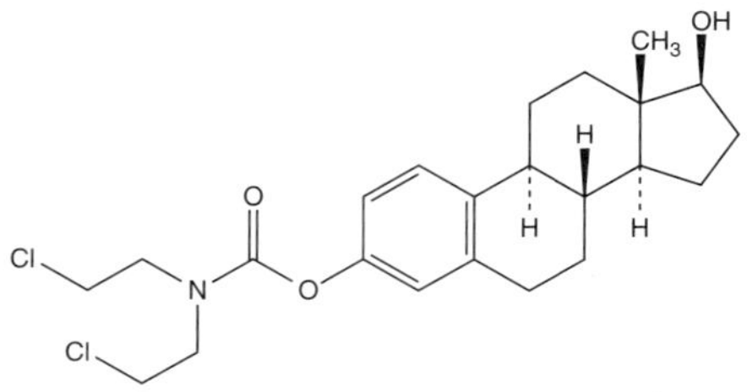

OS: *Estramustine [BAN, DCF, USAN]*
OS: *Estramustina [DCIT]*
IS: *Ro 21-8837*

– 17β-(disodium phosphate):

CAS-Nr.: 0052205-73-9
OS: *Estramustine Phosphate Sodium USAN*
OS: *Estramustine Sodium Phosphate BANM*
IS: *Ro 21-8837/001 (Roche, USA)*
PH: Estramustine Sodium Phosphate BP 2002

cellmustin® (cell pharm: DE)
Emcyt® (Pfizer: CA, MX, US)
Estracyt® (Abello: ES)
Estracyt® (EU-Pharma: NL)
Estracyt® (Euro: NL)
Estracyt® (Nedpharma: NL)
Estracyt® (Paranova: AT)
Estracyt® (Pfizer: AR, AT, BE, CH, CL, CZ, DE, DK, FI, FR, GB, HK, HU, IL, IS, MY, NL, NO, PL, PT, SE, SG, TR, VN)
Estracyt® (Pharmacia: AU, BG, CO, ES, GR, IT, LU, RS, ZA)
Estracyt® (Pharmacia & Upjohn: RO)
Estracyt® (Pliva: HR)
Estracyt® (Shinyaku: JP)
Estramustin Hexal® (Hexal: DE)
Estramustina Filaxis® (Filaxis: AR)
Estramustinphosphat Hexal® (Hexal: AT)
Medactin® (Medac: DE)
Multosin® (Takeda: DE)
X-Trant® (Natco: IN)

– 17β-phosphate meglumine salt:

Estracyt® [inj.] (Abello: ES)
Estracyt® [inj.] (Pfizer: AT, CZ)
Estracyt® [inj.] (Pharmacia: DE, NL)
Estracyt® [inj.] (Pharmacia & Upjohn: RO)

Estriol (BAN)

L: **Estriolum**
I: **Estriolo**
D: **Estriol**
F: **Estriol**
S: **Estriol**

Estrogen

ATC: G03CA04,G03CC06
CAS-Nr.: 0000050-27-1 C_{18}-H_{24}-O_3
M_r 288.39

Estra-1,3,5(10)-triene-3,16,17-triol, (16α,17β)-

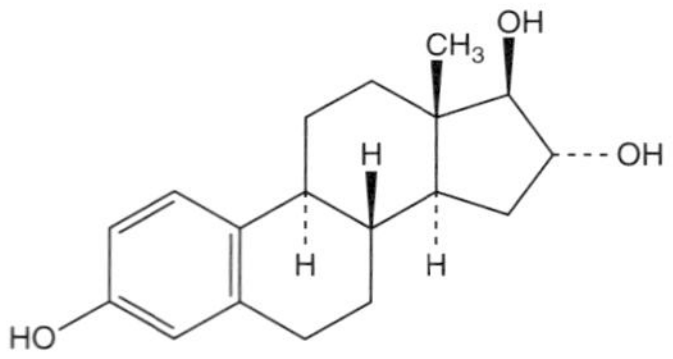

OS: *Estriol [BAN, DCF, JAN, USAN]*
OS: *Oestriol [BAN]*
PH: Estriol [Ph. Eur. 5, JP XIV, USP 30]
PH: Estriolum [Ph. Eur. 5]

Aacifemine® (Organon: BE, LU)
Colpoestriol® (Temis-Lostalo: AR)
Colpogyn® (Angelini: IT)
Estriol Jenapharm® (Jenapharm: DE)
Estriol Ovulum® (Jenapharm: DE)
Estriolsalbe® (Teofarma: DE)
Estriol® (AC Farma: PE)
Estriol® (Assos: TR)
Estriol® (EU-Pharma: NL)
Estriol® (Medcor: NL)
Estrokad® (Kade: HU)

Evalon® (Organon: IN)
Gydrelle® (IPRAD: FR)
Gynoflor® (Abdi Ibrahim: TR)
Incurin® [vet.] (Intervet: AT, DE, FR, GB, NZ, SE, ZA)
OeKolp® (Kade: DE, PL)
Oestriol IMI Pharma® (IMI Pharma: SE)
Oestriol Merck NM® (Merck NM: SE)
Oestriol® (Merck NM: NO)
Oestro-Gynaedron® (Artesan: DE)
Oestro-Gynaedron® (Cassella-med: DE)
Oestro-Gynaedron® (Lubapharm: CH)
Orgestriol® (Organon: AR)
Ortho-Gynest D® (Janssen: CZ)
Ortho-Gynest D® (Johnson & Johnson: SI)
Ortho-Gynest® (Janssen: AT, BE, BG, CH, CO, CZ, DE, GB, HU, IE, IL, IT, LU, MX, PL)
Ortho-Gynest® (Johnson & Johnson: SI)
Ovesterin® (Organon: NO, SE)
Ovestin Ovula® (Eurim: AT)
Ovestin Ovula® (Organon: AT, AU)
Ovestin Ovula® (Paranova: AT)
Ovestinon® (Organon: ES)
Ovestin® (Eurim: AT)
Ovestin® (Organon: AT, AU, BD, CH, CL, CO, CR, CZ, DE, DK, ET, FI, GB, GH, GR, GT, HN, HU, ID, IL, IS, IT, KE, NI, NL, NZ, PE, PH, PL, RO, RS, TH, TR, TZ, ZM, ZW)
Ovestin® (Paranova: AT)
Ovestin® (Pharmaco: NZ)
Ovestin® (Salus: SI)
Ovestrion® (Organon: BR)
Pausanol® (Leiras: FI)
Physiogine® (Organon: FR)
Prémarin® (Wyeth: FR)
Synapause E® (Donmed: ZA)
Synapause E® (Dowelhurst: NL)
Synapause E® (Euro: NL)
Synapause E® (Organon: DE, NL)
Synapause® (Donmed: ZA)
Trofogin® (Farmigea: IT)
Trophicrème® (Grünenthal: FR)
Tropivag® (Profarma: PE)
Vagisten® (AC Farma: PE)
Xapro® (Jenapharm: DE)

– 16α,17β-di(hydrogen succinate):

CAS-Nr.: 0000514-68-1
OS: *Estriol Succinate BAN*
IS: *Oestriol Succinate*

Sinapause® [tabs] (Organon: CL, CR, GT, HN, MX)

– 16α,17β-di(sodium succinate):

CAS-Nr.: 0000113-22-4
OS: *Estriol Sodium Succinate BAN*
IS: *Oestriol Sodium Succinate*

Styptanon® (Organon: AT, BR, ES)

Estrogens, conjugated (Ph.Eur)

L: Estrogeni coniuncti
I: Estrogena conjugata
D: Estrogene, konjugiert
F: Estrogènes conjugués
S: Estrogenos conjugados

Estrogen

A mixture of various conjugated forms of estrogens obtained from the urine of pregnant mares or by synthesis

OS: *Estrogens, Conjugated [JAN, USAN]*
IS: *PMB 200 (Wyeth-Ayerst)*
IS: *PMB 400 (Wyeth-Ayerst)*
IS: *Östrogene, konjugiert*
PH: Conjugated Estrogens [Ph. Eur. 5, USP 30]
PH: Konjugierte Estrogene [Ph. Eur. 5]
PH: Estrogeni coniuncti [Ph. Eur. 5]
PH: Estrogènes conjugués [Ph. Eur. 5]

C.E.S.® (Grossman: HN, MX, NI)
C.E.S.® (Valeant: CA)
Cenestin® (Duramed: US)
Climarest® (Wyeth: DE)
Climatrol® (Gynopharm: CL)
Climopax® (Wyeth: DE)
Conpremin® (Wyeth: CL)
Cyclogesterin® (Pharmacia: PE)
Dagynil® (Teofarma: NL)
Emopremarin® (Wyeth: IT)
Enjuvia® (Duramed: US)
Equin® [vet.] (Aldo Union: ES)
Estermax® (Chalver: CO)
Estrarona® (Silesia: CL, PE)
Estrogenos Conjugados Memphis® (Memphis: CO)
Estrogenos Conjugados® (Ophalac: CO)
Estrogenos Conjugados® (Sanofi-Pasteur: CL)
Estromal® (Sanbe: ID)
Estromon® (Standard Chem & Pharm: TH)
Femavit® (Pharmacia: DE)
Longaplex® (Almirall: ES)
Menest® (Tecnofarma: PE)
Oestrofeminal® (Mack: DE)
Oestrofeminal® (Merck: CZ)
Oestrofeminal® (Pfizer: AT)
Prelestrin® (Pasadena: US)
Premarin® (Delphi: NL)
Premarin® (EU-Pharma: NL)
Premarin® (Eureco: NL)
Premarin® (Euro: NL)
Premarin® (Krka: SI)
Premarin® (Wyeth: AT, AU, BR, CA, CN, CO, CR, CZ, ES, GB, GR, GT, HK, HN, ID, IE, IN, IT, JP, LU, MX, MY, NI, NL, NZ, PA, PE, PH, RO, RS, SG, SV, TH, US, VN, ZA)
Premelle Cycle 5® (Wyeth: TH)
Presomen® (Solvay: DE)
Profemina Mic® (Chile: CL)
Profemina® (Chile: CL)
Progens® (Major: US)
Repogen® (Libbs: BR)
Sixdin® (Senosiain: MX)
Sultrona® (Cryopharma: MX)
Transannon® (Pharmacia: DE)

Estrone (Rec.INN)

L: Estronum
I: Estrone
D: Estron
F: Estrone
S: Estrona

⚕ Estrogen

ATC: G03CA07,G03CC04
CAS-Nr.: 0000053-16-7 C_{18}-H_{22}-O_2
M_r 270.374

Estra-1,3,5(10)-trien-17-one, 3-hydroxy-

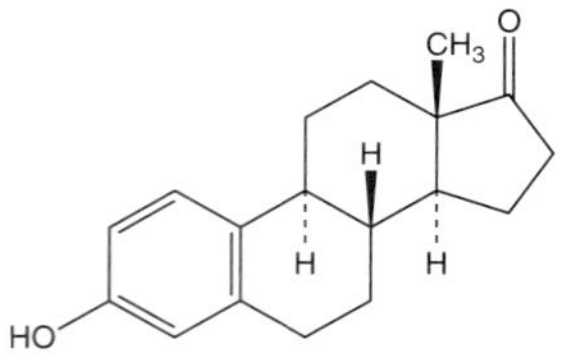

OS: *Estrone [BAN, DCF, DCIT, USAN]*
OS: *Oestrone [BAN]*
IS: *Folliculin*
PH: Estrone [F.U. IX, USP 30]
PH: Estronum [PhBs IV]
PH: Oestronum [Ph. Eur. I, OeAB, Ph. Helv. VI]

Folliculin® (Biopharm: GE)
Kestrone® (Hyrex: US)

Estropipate (BAN)

D: Estron 3-hydrogensulfat, Piperazinsalz

⚕ Estrogen

CAS-Nr.: 0007280-37-7 C_{22}-H_{32}-N_2-O_5-S
M_r 436.578

Estra-1,3,5(10)-trien-17-one, 3-(sulfooxy)-, compd. with piperazine (1:1)

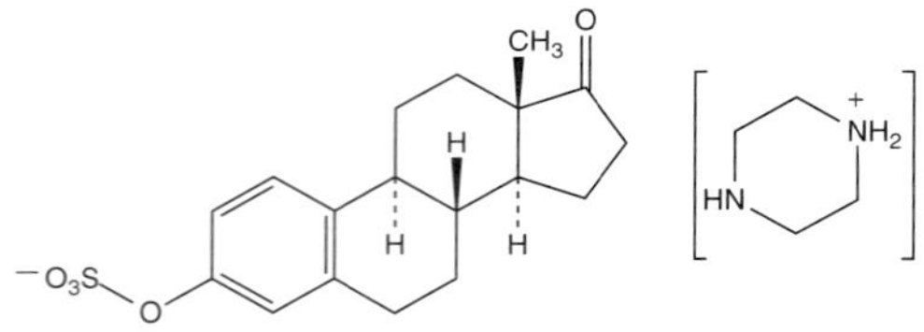

OS: *Estropipate [BAN, USAN]*
IS: *Estropin*
IS: *Piperazine Estrone Sulfate*
IS: *Piperazine oestrone sulfate*
PH: Estropipate [BP 2002, USP 30]

Estropipate® (Barr: US)
Estropipate® (Mylan: US)
Estropipate® (Watson: US)
Genoral® (Pharmacia: AU)
Harmogen® (Pfizer: GB)
Ogen® (Pfizer: CA, ID, US)
Ogen® (Pharmacia: AU)
Ortho-Est® (Janssen: ZA)
Ortho-Est® (Sun: US)

Eszopiclone (Rec.INN)

L: Eszopiclonum
D: Eszopiclon
F: Eszopiclone
S: Eszopiclona

⚕ Hypnotic

CAS-Nr.: 0138729-47-2 C_{17}-H_{17}-Cl-N_6-O_3
M_r 388.81

(+)-(5S)-6-(5-chloropyridin-2-yl)-7-oxo-6,7-dihydro-5*H*-pyrrolo[3,4-*b*]pyrazin-5-yl-4-methylpiperazine-1-carboxylate (WHO)

4-méthylpipérazine-1-carboxylate de (5S)-6-(5-chloropyridin-2-yl)-7-oxo-6,7-dihydro-5*H*-pyrrolo[3,4-*b*]pyrazin-5-yle (WHO)

(S)-6-(5-Chlorpyridin-2-yl)-7-oxo-6,7-dihydro-5*H*-pyrrolo[3,4-*b*]pyrazin-5-yl 4-methylpiperazin-1-carboxylat (IUPAC)

1-Piperazinecarobxylic acid,4-methyl-,(5S)-6-(5-chloro-2-pyridinyl)-6,7-dihydro-7-oxo-5*H*-pyrrolo[3,4-*b*]pyrazin-5-yl ester (USAN)

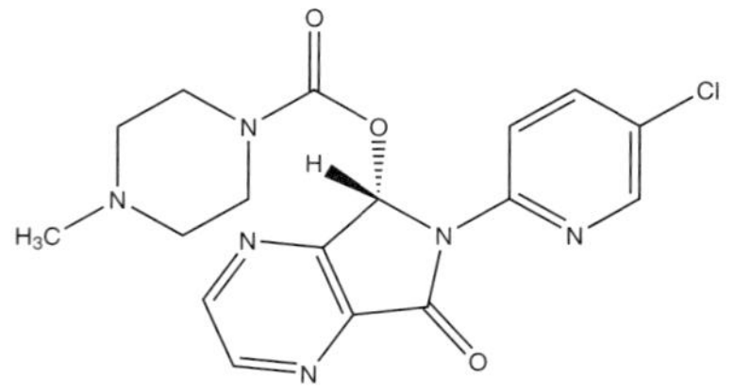

OS: *Eszopiclone [USAN]*
IS: *(S)-Zopiclone*
IS: *(+)-Zopiclone*
IS: *Esopiclone*
IS: *Estorra (Sepracor, US)*
IS: *Zopiclone derivative*

Inductal® (Roemmers: AR)
Lunesta® (Sepracor: US)

Etacrynic Acid (Rec.INN)

L: Acidum Etacrynicum
I: Acido etacrinico
D: Etacrynsäure
F: Acide étacrynique
S: Acido etacrinico

⚕ Diuretic, loop

ATC: C03CC01
CAS-Nr.: 0000058-54-8 C_{13}-H_{12}-Cl_2-O_4
M_r 303.139

Acetic acid, [2,3-dichloro-4-(2-methylene-1-oxobutyl)phenoxy]-

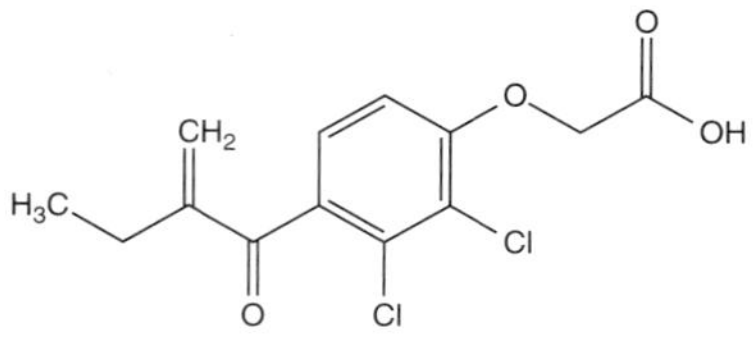

OS: *Acide étacrynique [DCF]*
OS: *Ethacrynic Acid [USAN, BAN]*

OS: *Etacrynic Acid [BAN, JAN]*
OS: *Acido etacrinico [DCIT]*
IS: *MK 595 (Merck, USA)*
PH: Acidum etacrynicum [Ph. Eur. 5]
PH: Etacrynique (acide) [Ph. Eur. 5]
PH: Etacrynsäure [Ph. Eur. 5]
PH: Ethacrynic Acid [JP XIV, USP 30]
PH: Etacrynic Acid [Ph. Eur. 4]

Edecrin® (Cahill May Roberts: IE)
Edecrin® (Merck: US)
Edecrin® (Merck Frosst: CA)
Edecrin® (Merck Sharp & Dohme: AT, CZ, IT, NL)
Uregyt® (Egis: CZ, HU, RU)
Uregyt® (medphano: DE)

– sodium salt:

CAS-Nr.: 0006500-81-8
OS: *Ethacrynate Sodium USAN*
PH: Ethacrynate Sodium USP 26

Hydromedin i.v.® [inj.] (Merck Sharp & Dohme: DE)
Reomax® (Pfizer: IT)
Sodium Edecrin® (Merck: US)

Etafenone (Rec.INN)

L: Etafenonum
I: Etafenone
D: Etafenon
F: Etafénone
S: Etafenona

Coronary vasodilator

ATC: C01DX07
CAS-Nr.: 0000090-54-0 C_{21}-H_{27}-N-O_2
M_r 325.457

1-Propanone, 1-[2-[2-(diethylamino)ethoxy]phenyl]-3-phenyl-

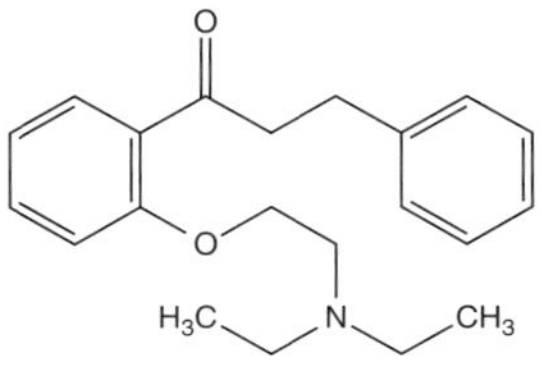

OS: *Etafenone [USAN]*

– hydrochloride:

CAS-Nr.: 0002192-21-4
OS: *Etafenone Hydrochloride JAN*

Dialicor® (Guidotti: IT)
Dialicor® (Kissei: JP)

Etamiphylline (Rec.INN)

L: Etamiphyllinum
I: Etamifillina
D: Etamiphyllin
F: Etamiphylline
S: Etamifilina

Antiasthmatic agent

ATC: R03DA06
CAS-Nr.: 0000314-35-2 C_{13}-H_{21}-N_5-O_2
M_r 279.361

1H-Purine-2,6-dione, 7-[2-(diethylamino)ethyl]-3,7-dihydro-1,3-dimethyl-

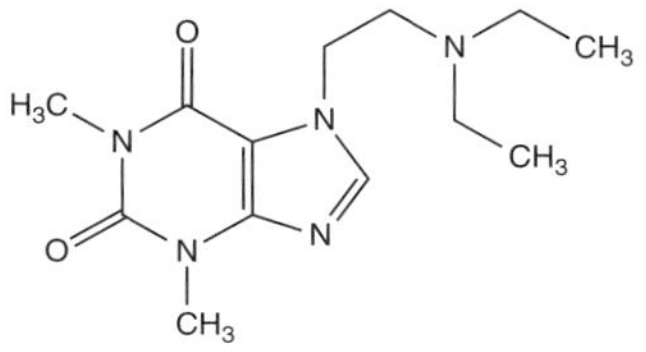

OS: *Diéthamiphylline [DCF]*
OS: *Etamiphylline [BAN, DCF, USAN]*
OS: *Etamifillina [DCIT]*
IS: *Paraphylline*
IS: *Etamphyllin*
IS: *R 3588*

– hydrochloride:

CAS-Nr.: 0017140-68-0

Solufilina® (Boi: ES)

Etamsylate (Rec.INN)

L: Etamsylatum
I: Etamsilato
D: Etamsylat
F: Etamsylate
S: Etamsilato

Hemostatic agent

ATC: B02BX01
CAS-Nr.: 0002624-44-4 C_{10}-H_{17}-N-O_5-S
M_r 263.316

Benzenesulfonic acid, 2,5-dihydroxy-, compd. with N-ethylethanamine (1:1)

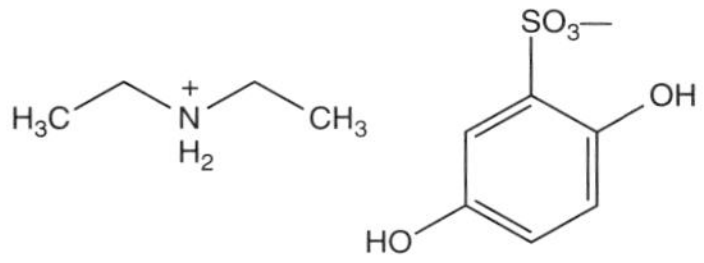

OS: *Etamsylate [BAN, DCF, JAN]*
OS: *Ethamsylate [USAN, BAN]*
OS: *Etamsilato [DCIT]*
IS: *E 141*
IS: *Ciclonamina*
PH: Etamsylate [Ph. Eur. 5]
PH: Etamsylatum [Ph. Eur. 5]
PH: Etamsylat [Ph. Eur. 5]

Alstat® (Albert David: IN)
Cyclonamine® (Galena: PL)
Cyclonamine® (Polpharma: PL)

Dicinone® (Pensa: ES)
Dicinone® (Sanofi-Synthelabo: BR)
Dicynene® (Sanofi-Aventis: GB, IE)
Dicynone® (Corsa: ID)
Dicynone® (Grünenthal: MX)
Dicynone® (Lek: BA, HR, RS, RU, SI)
Dicynone® (OM: CH, CR, CZ, DO, EC, GT, HN, NI, PA, PE, RO, SV)
Dicynone® (Robins: CO)
Dicynone® (Sanofi-Aventis: BE, FR, IT)
Dicynone® (Sanofi-Synthelabo: LU)
Dicynone® (Teva: HU)
Eselin® (Abbott: IT)
Etamsilat® (Sicomed: RO)
Ethasyl® (FDC: IN)
Hemo 141® (Esteve: ES)
Hemsyl® (Indoco: IN)
Hémoced® [vet.] (Schering-Plough Vétérinaire: FR)
Impedil® (Phoenix: AR)
OM-Dicynone® (Labomed: CL)
Quercetol® (California: CO)
Stadmed Ethacid® (Stadmed: IN)
Stan-K® (Stelar: CO)

Etanercept (Rec.INN)

L: Etanerceptum
D: Etanercept
F: Etanercept
S: Etanercept

Immunosuppressant

ATC: L04AA11
CAS-Nr.: 0185243-69-0 C_{2224}-H_{3472}-N_{618}-O_{701}-S_{36}

dimeric fusion protein consisting of the extracellular ligand-binding portion of the human 75 kilodalton (p75) tumor necrosis factor receptor (TNFR) linked to the Fc portion of human IgG1

OS: *Etanercept [BAN, USAN]*
IS: *TNF receptor p75 fusion protein*
IS: *rhu TNFR:Fc*

Enbrel® (Immunex: US)
Enbrel® (Wyeth: AR, AT, AU, BE, BR, CH, CL, CO, CZ, DE, DK, ES, FI, FR, GB, GR, HK, HR, HU, IE, IL, IN, IS, IT, LU, MX, MY, NL, NO, NZ, PL, RO, RS, SE, SG, SI, TH, TR, US, ZA)
Enbrel® (Wyeth Pharmaceuticals: PT)

Ethacridine (Rec.INN)

L: Ethacridinum
D: Ethacridin
F: Ethacridine
S: Etacridina

Antiseptic
Desinfectant

CAS-Nr.: 0000442-16-0 C_{15}-H_{15}-N_{3}-O
M_r 253.315

3,9-Acridinediamine, 7-ethoxy-

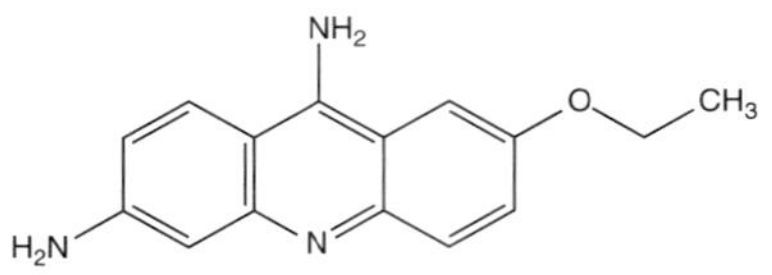

OS: *Ethacridine [BAN, DCF]*

– lactate:

CAS-Nr.: 0001837-57-6
OS: *Ethacridine Lactate BANM, USAN*
IS: *Ethodin*
IS: *Aethacridinum lacticum*
IS: *Acrinoli lactas*
PH: Acrinol JP XIV
PH: Ethacridine Lactate Monohydrate Ph. Eur. 5
PH: Ethacridini lactas monohydricus Ph. Eur. 5

Acridinpulver® [vet.] (WDT: DE)
Acridinsalbe® [vet.] (WDT: DE)
Aethacridin Bichsel® (Bichsel: CH)
Emcredil® (Unichem: IN)
Metifex® (Cassella-med: DE)
Neochinosol® (Chinosol: DE)
Rivafilm® (Sopharma: BG)
Rivanolum® (ICN: PL)
Rivanol® (Chinosol: DE)
Rivanol® (Prolab: PL)
Rivanol® (Sopharma: BG)
Rivel® (EMO: PL)
Rywanol® (Hasco: PL)
Vecredil® (Jagson Pal: IN)

Ethambutol (Rec.INN)

L: Ethambutolum
I: Ethambutolo
D: Ethambutol
F: Ethambutol
S: Etambutol

Antitubercular agent

ATC: J04AK02
CAS-Nr.: 0000074-55-5 C_{10}-H_{24}-N_{2}-O_{2}
M_r 204.322

1-Butanol, 2,2'-(1,2-ethanediyldiimino)bis-, [S-(R*,R*)]-

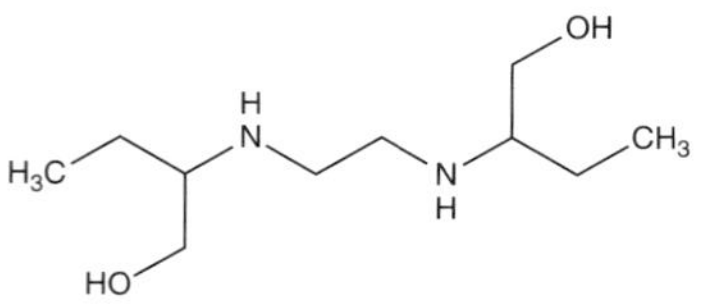

OS: *Ethambutol [BAN, DCF]*
OS: *Ethambutolo [DCIT]*
PH: Ethambutolum [Ph. Nord.]

Bacbutol® (Armoxindo: ID)
Combutol® (Lupin: IN)
Conbutol® (Continental-Pharm: TH)
Dexabutol® (Dexa Medica: ID)
ETH Ciba® (Sandoz: ID)
Ethambutol Indo Farma® (Indofarma: ID)
Ethambutol Kimia Farma® (Kimia: ID)

Ethambutol® (Ipca: RU)
Ethambutol® (Kimia: ID)
Mycobutol® (Cadila: IN)
Parabutol® (Prafa: ID)
Phthizoetham® [+Isoniazid] (Akrihin: RU)
Rizatol® (Bernofarm: ID)
Servambutol® [compr.] (Novartis Pharma: PE)
Tibitol® (Pharmaceutical Co: IN)
Tibutol® (Refasa: PE)

- **dihydrochloride:**

CAS-Nr.: 0001070-11-7
OS: *Ethambutol Hydrochloride BANM, USAN*
IS: *CL 40881 (Lederle, USA)*
PH: Ethambutol (chlorhydrate d') Ph. Eur. 5
PH: Ethambutoldihydrochlorid Ph. Eur. 5
PH: Ethambutol Hydrochloride JP XIV, Ph. Eur. 5, Ph. Int. 4, USP 30
PH: Ethambutoli hydrochloridum Ph. Eur. 5, Ph. Int. 4

Apo-Ethambutol® (Apotex: NZ)
Arsitam® (Meprofarm: ID)
Cetabutol® (Soho: ID)
Corsabutol® (Corsa: ID)
Dexambutol® (SERB: FR)
Ebutol® (Promed: RU)
EMB-Fatol® (Fatol: DE, HK)
EMBHefa® (Riemser: DE)
EMBHefa® (Wernigerode: DE)
Etambutol Alkaloid® (Alkaloid: HR)
Etambutol Clorhidrato® (Bestpharma: CL)
Etambutol Llorente® (Llorente: ES)
Etambutol Richet® (Richet: AR)
Etambutol Richmond® (Richmond: AR)
Etambutol® (Alkaloid: BA)
Etambutol® (Antibiotice: RO)
Etambutol® (Arena: RO)
Etambutol® (Belupo: BA, HR, SI)
Etapiam® (Piam: IT)
Ethamben® (Doctor's Chemical Work: BD)
Ethambin® (Opsonin: BD)
Ethambutol Hydrochloride® (Barr: US)
Ethambutol® (Barr: US)
Ethambutol® (Genus: GB)
Ethambutol® (Makis Pharma: RU)
Ethambutol® (Pliva: PL)
Ethambutol® (Shreya: RU)
Ethambutol® (Unipharm: TR)
Ethambutol® (VersaPharm: US)
Ethambutol® (West-Ward: US)
Etham® (Chemist: BD)
Etham® (Pond's: TH)
Ethbutol® (Pharmasant: TH)
Etibi® (Formenti: IT)
Etibi® (Gerot: AT)
Etibi® (ICN: US)
Etibi® (Valeant: CA)
Fiambutol® (Sanofi-Aventis: BD)
Lambutol® (Atlantic: TH)
Miambutol® (Kocak: BA)
Miambutol® (Koçak: TR)
Miambutol® (Teofarma: IT)
Myambutol® (Genopharm: FR)
Myambutol® (Labatec: CH)
Myambutol® (Lederle: CY, EG, JO, KW, LB, OM, QA, SA, YE)
Myambutol® (Meda: DK, IS)
Myambutol® (PSI: BE)
Myambutol® (Riemser: DE)
Myambutol® (Sigma: AU, NZ)
Myambutol® (Teofarma: ES, LU, NL)
Myambutol® (Torrex: AT)
Myambutol® (Wyeth: AE, BH, IN, TH)
Myambutol® (X-Gen: US)
Oributol® (Orion: FI)
Sandoz Ethambutol HCl® (Sandoz: ZA)
Santibi® (Sanbe: ID)
Servambutol® (Novartis: BD)
Servambutol® (Zuellig: TH)
Sural® (Ambee: BD)
Sural® (Chinoin: CZ)
Sural® (ExtractumPharma: HU)
Themibutol® (Themis: IN)
Tibigon® (Hexpharm: ID)
Tibitol® (Mersifarma: ID)
Tobutol® (General Drugs House: TH)
Turresis® (Winthrop: PT)

E

Ethaverine (Rec.INN)

L: Ethaverinum
I: Etaverina
D: Ethaverin
F: Ethavérine
S: Etaverina

Antispasmodic agent

CAS-Nr.: 0000486-47-5 C_{24}-H_{29}-N-O_4
M_r 395.506

Isoquinoline, 1-[(3,4-diethoxyphenyl)methyl]-6,7-diethoxy-

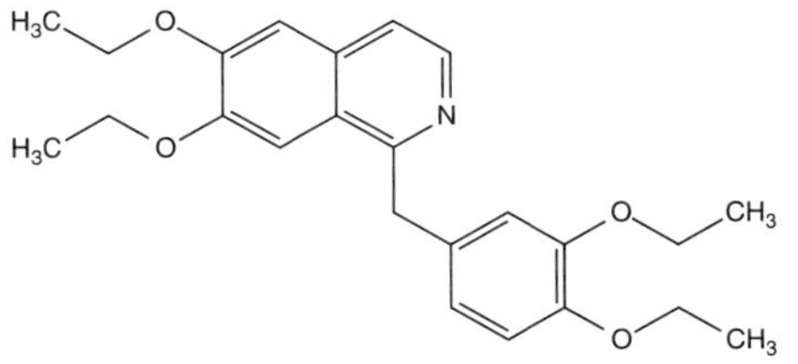

OS: *Éthavérine [DCF]*
OS: *Etaverina [DCIT]*
IS: *Ethylpapaverine*

- **hydrochloride:**

CAS-Nr.: 0000985-13-7
OS: *Ethaverine Hydrochloride USAN*

Ethaquin® (Ascher: US)

Ethinylestradiol (Rec.INN)

L: Ethinylestradiolum
I: Etinilestradiolo
D: Ethinylestradiol
F: Ethinylestradiol
S: Etinilestradiol

⚕ Estrogen

ATC: G03CA01,L02AA03
CAS-Nr.: 0000057-63-6 C_{20}-H_{24}-O_2
M_r 296.412

19-Norpregna-1,3,5(10)-trien-20-yne-3,17-diol, (17α)-

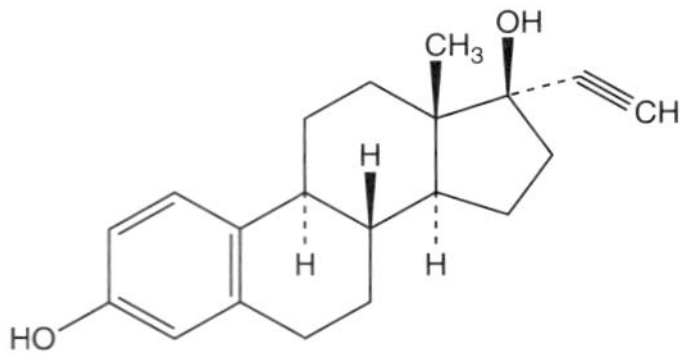

OS: *Ethinylestradiol [BAN, DCF, JAN]*
OS: *Etinilestradiolo [DCIT]*
OS: *Ethinyl Estradiol [USAN]*
IS: *Ethinyloestradiol*
IS: *Aethinyloestradiolum*
PH: Ethinylestradiol [JP XIV, Ph. Eur. 5, Ph. Franç. X, Ph. Int. 4]
PH: Ethinyl Estradiol [USP 30]
PH: Ethinylestradiolum [Ph. Eur. 5, Ph. Int. 4]

Estinyl® (Schering-Plough: US)
Ethinyl-Oestradiol Effik® (Effik: FR)
Ethinylestradiol Jenapharm® (Jenapharm: DE)
Ethinylestradiol® (ACE: NL)
Ethinyloestradiol® (NZMS: NZ)
Ethinyloestradiol® (UCB: GB)
Etinilestradiol L.CH.® (Chile: CL)
Etinilestradiolo Amsa® (Amsa: IT)
Lynoral® (Infar: LK)
Lynoral® (Organon: ID, IN, NL)
Manodiol® (March: TH)
Microfollin® (Gedeon Richter: RU)
Ovidol® (Organon: BE)
Progynon C® (Schering: AT, DE)

– propanesulfonate:

CAS-Nr.: 0028913-23-7
IS: *Ethinylestradiolum 3-isopropylsulfonat*
PH: Ethinylestradiolum propansulfonicum 2.AB-DDR

Ethiodized Oil (^{131}I) (Rec.INN)

D: Ethiodat [131I]-Öl

⚕ Antineoplastic, radioactive isotope

CAS-Nr.: 0008008-53-5

Fatty acids, poppy seed-oil, Et esters, iodinated, labeled with iodine-131

OS: *Ethiodized Oil I 131 [USAN]*

Lipiodol® (Codali: LU)
Lipiodol® (Guerbet: AT, CH, CZ, DE, DK, FR, PT, RO, TR)
Lipiodol® (Rider: CL)
Lipiodol® (Temis-Lostalo: AR)

Ethionamide (Rec.INN)

L: Ethionamidum
I: Etionamide
D: Ethionamid
F: Ethionamide
S: Etionamida

⚕ Antitubercular agent

ATC: J04AD03
CAS-Nr.: 0000536-33-4 C_8-H_{10}-N_2-S
M_r 166.248

4-Pyridinecarbothioamide, 2-ethyl-

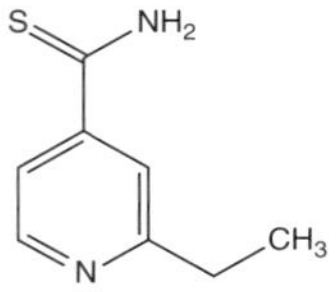

OS: *Ethionamide [BAN, DCF, USAN]*
OS: *Etionamide [DCIT]*
IS: *Aethionamidum*
IS: *Etionizina*
IS: *ETP*
IS: *TH 1314*
IS: *Bayer 5312 (Bayer)*
PH: Ethionamid [Ph. Eur. 5]
PH: Ethionamide [JP XIV, Ph. Eur. 5, Ph. Int. 4, USP 30]
PH: Ethionamidum [Ph. Eur. 5, Ph. Int. 4]

Ethatyl® (Aventis: ZA)
Ethide® (Lupin: IN)
Ethionamide Medopharm® (Medopharm: TH)
Etionamida® (AC Farma: PE)
Etionamida® (Bestpharma: CL)
Eton® (Umeda: TH)
Etyomid® (Koçak: TR)
Trecator® (Wyeth: US)

Ethosuximide (Rec.INN)

L: Ethosuximidum
I: Etosuccimide
D: Ethosuximid
F: Ethosuximide
S: Etosuximida

⚕ Antiepileptic

ATC: N03AD01
CAS-Nr.: 0000077-67-8 C_7-H_{11}-N-O_2
M_r 141.175

2,5-Pyrrolidinedione, 3-ethyl-3-methyl-

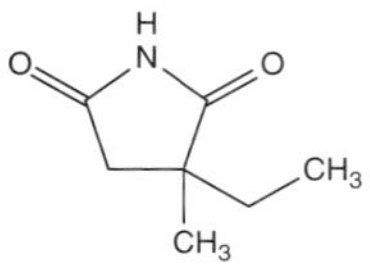

OS: *Ethosuximide [BAN, DCF, USAN]*
OS: *Etosuccimide [DCIT]*
IS: *Atysmal*
IS: *Mesentol*
IS: *Pemal*
IS: *Suxin*
IS: *Thilopemal*
PH: Ethosuximid [Ph. Eur. 5]
PH: Ethosuximide [JP XIV, Ph. Eur. 5, Ph. Int. 4, USP 30]
PH: Ethosuximidum [Ph. Eur. 5, Ph. Int. 4]

Emeside® (Chemidex: GB)
Emeside® [vet.] (LAB: GB)
Ethosuximide Syrup® (Pharmaceutical Associates: US)
Ethosuximide Syrup® (Teva: US)
Ethosuximide® (Pfizer: IN)
Ethymal® (Katwijk: NL)
Etosuximida Faes® (Faes: ES)
Etosuximida® (Bestpharma: CL)
Fluozoid® (Valdecasas: MX)
Petimid® (Osel: TR)
Petinimid® (Gerot: AT, CH, CZ, PL, RO)
Petnidan® (Desitin: CZ, DE, HU, LU)
Petnidan® (Salus: SI)
Suxilep® (Medapa: CZ)
Suxilep® (mibe Jena: DE)
Suxinutin® (Interchemia: CZ)
Suxinutin® (Parke Davis: DE)
Suxinutin® (Pfizer: AT, CH, RS, SE)
Zarondan® (Pfizer: DK, IS)
Zarontin® (Elea: AR)
Zarontin® (Erfa: CA)
Zarontin® (Parke Davis: IE)
Zarontin® (Pfizer: AU, BE, ES, FR, GB, GR, IT, LU, NL, NZ, SI, US, ZA)

Ethotoin (Rec.INN)

L: Ethotoinum
D: Ethotoin
F: Ethotoïne
S: Etotoina

Antiepileptic

ATC: N03AB01
CAS-Nr.: 0000086-35-1 C_{11}-H_{12}-N_2-O_2
M_r 204.237

2,4-Imidazolidinedione, 3-ethyl-5-phenyl-

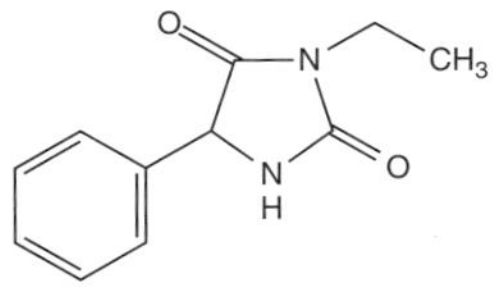

OS: *Ethotoin [BAN, JAN, USAN]*
PH: Ethotoin [BP 1973, USP 30]

Peganone® (Abbott: US)

Ethyl Biscoumacetate (Rec.INN)

L: Ethylis biscoumacetas
D: Ethyl biscoumacetat
F: Biscoumacétate d'ethyle
S: Biscumacetato de etilo

Anticoagulant, vitamin K antagonist

ATC: B01AA08
CAS-Nr.: 0000548-00-5 C_{22}-H_{16}-O_8
M_r 408.37

2H-1-Benzopyran-3-acetic acid, 4-hydroxy-α-(4-hydroxy-2-oxo-2H-1-benzopyran-3-yl)-2-oxo-, ethyl ester

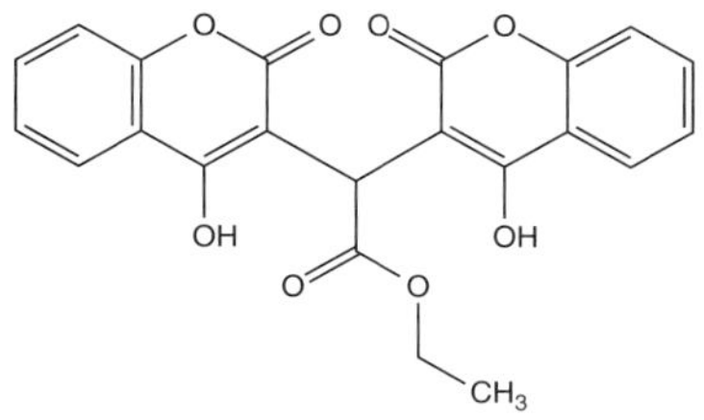

OS: *Biscoumacétate d'éthyle [DCF]*
OS: *Ethyl Biscoumacetate [BAN, USAN]*
IS: *Ethyl dicoumarol*
IS: *Trombarin*
PH: Ethyl Biscoumacetate [NF XIII]
PH: Ethyle (biscoumacétate d') [Ph. Franç. X]
PH: Ethylis biscoumacetas [Ph. Int. III]
PH: Ethylum biscumaceticum [PhBs IV]
PH: Etilbiscumacetato [F.U. XI]

Pelentanettae® (Leciva: CZ)
Pelentan® (Krka: SI)
Pelentan® (Leciva: CZ)

Ethyl Chloride (USP)

D: Chlorethan

Local anesthetic

ATC: N01BX01
CAS-Nr.: 0000075-00-3 C_2-H_5-Cl
M_r 64.512

Ethane, chloro-

OS: *Ethyle (chlorure d') [DCF]*
OS: *Ethyl Chloride [USAN]*
IS: *Aether chloratus*
IS: *Chloräthyl*
PH: Aethylium chloratum [Ph. Helv. VI]
PH: Ethyl Chloride [BP 1999, USP 30]
PH: Ethylis chloridum [Ph. Int. II]
PH: Ethylium chloratum [2.AB-DDR]
PH: Ethylum chloratum [PhBs IV]
PH: Etile cloruro [F.U. VIII]
PH: Aethylum chloratum [OeAB]

Adco-Ethyl Chloride® (Al Pharm: ZA)
Aethylum Chloratum® (Filofarm: PL)
Chloraethyl Adroka® (Merz: CH)
Chloraethyl Dr. Henning® (Henning Walldorf: DE)
Cloretilo Chemirosa® (Ern: ES)
Cloruro de Etilo „Walter Ritter"® (Ritter: CR, DO, PA, SV)

E

Ethyl Chloride® (David: IL)
Ethyl Chloride® (Gebauer: US)
Ethyl Chloride® (Healthcare Logistics: NZ)
Ethyl Chloride® (Ritter: SG)
Gebauer's Ethyl Chloride® (Gebauer: US)
Traumazol® (Chinoin: MX)
WariActiv® (Ritter: DE, HK)
Äthylchlorid Sintetica® (Sintetica: CH)

Ethylestrenol (Rec.INN)

L: Ethylestrenolum
I: Etilestrenolo
D: Ethylestrenol
F: Ethylestrénol
S: Etilestrenol

Anabolic
Androgen

ATC: A14AB02
CAS-Nr.: 0000965-90-2 C_{20}-H_{32}-O
M_r 288.476

19-Norpregn-4-en-17-ol, (17α)-

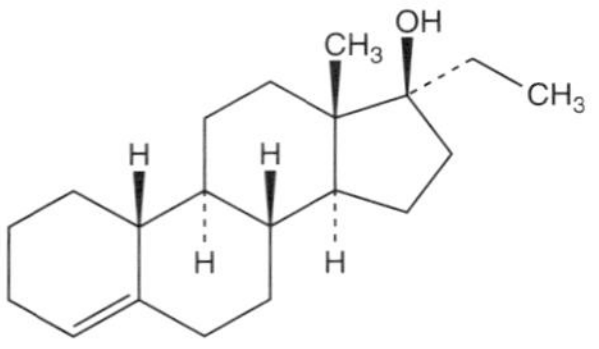

OS: *Ethylestrenol [BAN, DCF, USAN]*
OS: *Ethyloestrenol [BAN]*
IS: *Aethylestrenol*
PH: Ethylestenol [BP 1998]

Nandoral® [vet.] (Intervet: AU, GB, IE)
Nitrotain® [vet.] (Biochemical Veterinary: AU)
Nitrotain® [vet.] (Vetpharm: NZ)
Orgabolin® (Organon: ID)

Ethyl Loflazepate (Rec.INN)

L: Ethylis loflazepas
D: Ethyl loflazepat
F: Loflazépate d'éthyle
S: Loflazepato de etilo

Tranquilizer

ATC: N05BA18
CAS-Nr.: 0029177-84-2 C_{18}-H_{14}-Cl-F-N_2-O_3
M_r 360.78

1H-1,4-Benzodiazepin-3-carboxylic acid, 7-chloro-5-(2-fluorophenyl)-2,3-dihydro-2-oxo-, ethyl ester

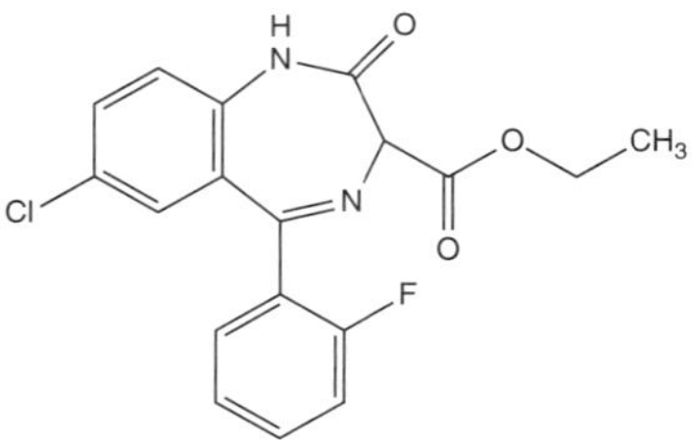

OS: *Loflazépate d'éthyle [DCF]*
OS: *Ethyl Loflazepate [USAN]*
IS: *CM 6912 (Sanofi, France)*

Meilax® (Meiji: JP)
Victan® (CPH: PT)
Victan® (Sanofi-Aventis: BE, FR)
Victan® (Sanofi-Synthelabo: LU, TH)

Ethylmorphine (BAN)

L: Ethylmorphini
I: Etilmorfina
D: Ethylmorphin
F: Ethylmorphine

Antitussive agent
Opioid analgesic

ATC: R05DA01,S01XA06
CAS-Nr.: 0000076-58-4 C_{19}-H_{23}-N-O_3
M_r 313.403

Morphinan-6-ol, 7,8-didehydro-4,5-epoxy-3-ethoxy-17-methyl-, (5α,6α)-

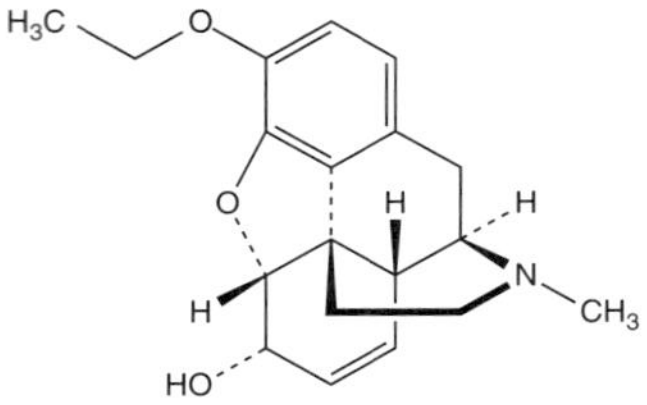

OS: *Ethylmorphine [DCF, BAN]*
OS: *Etilmorfina [DCIT]*
OS: *Codéthyline [DCF]*
IS: *Ethomorphine*
IS: *Morphin-3-ethylether*

– hydrochloride:

CAS-Nr.: 0000125-30-4
OS: *Ethylmorphine Hydrochloride BANM, JAN, USAN*
IS: *Chlorhydrate de Codéthyline*
IS: *Codéthyline, Chlorhydrate de*
IS: *Aethylmorphinum hydrochloricum*
PH: Ethylmorphine (chlorhydrate d') Ph. Eur. 5
PH: Ethylmorphine Hydrochloride Ph. Eur. 5, JP XIV, NF XIII
PH: Ethylmorphinhydrochlorid Ph. Eur. 5
PH: Ethylmorphini hydrochloridum Ph. Eur. 5

Cocillana® (Orion: FI)
Codethyline Erfa® (Erfa: LU)
Codethyline® (Erfa: BE)
Cosylan® (Recip: NO)
Diolan® (Slovakofarma: CZ, SK)
Dionina® (Merck: AR)
Humex® (Fournier: CY)
Végétosérum® (Aérocid: FR)

Etidronic Acid (Rec.INN)

L: Acidum etidronicum
I: Acido etidronico
D: Etidronsäure
F: Acide étidronique
S: Acido etidronico

Calcium regulating agent

ATC: M05BA01
CAS-Nr.: 0002809-21-4 C_2-H_8-O_7-P_2
M_r 206.026

Phosphonic acid, (1-hydroxyethylidene)bis-

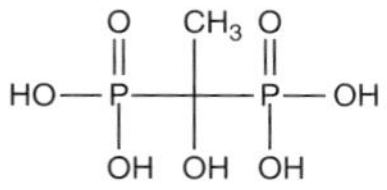

OS: *Acide étidronique [DCF]*
OS: *Etidronic Acid [BAN, USAN]*
OS: *Acido etidronico [DCIT]*
IS: *EHDP*

CO Etidronate® (Cobalt: CA)

– disodium salt:

CAS-Nr.: 0007414-83-7
OS: *Disodium Etidronate BANM*
OS: *Etidronate Disodium USAN*
IS: *Etidronsäure dinatrium*
PH: Etidronate Disodium USP 30, Ph. Eur. 5

Anfozan® (Proel: GR)
Didronate® (Procter & Gamble: DK, FI, IS, NO, SE)
Didronat® (Koçak: TR)
Didronel Europharma DK® (Procter & Gamble: DK)
Didronel Orifarm® (Procter & Gamble: DK)
Didronel Paranova® (Procter & Gamble: DK)
Didronel® (Aventis: AT)
Didronel® (Eurim: AT)
Didronel® (Pfizer: NZ)
Didronel® (Pharmacia: AU)
Didronel® (Procter & Gamble: CA, DE, FR, GB, IE, IL, IT, LU, NL, US)
Didronel® (Sumitomo: JP)
Didronel® (Vifor: CH)
Didronel® [vet.] (Procter & Gamble Animals: GB)
Difosfen® (Inmunosyn: CO)
Difosfen® (Omedir: AR)
Difosfen® (Rubio: CR, DO, ES, GT, PA, SG, SV, TH)
Diphos® (Procter & Gamble: DE)
Dralen® (Specifar: GR)
Dronate-Os® (BDH: IN)
Etidrate® (Pacific: NZ)
Etidrel® (Sandoz: SE)
Etidron Hexal® (Hexal: DE)
Etidronaat diNatrium Merck® (Merck Generics: NL)
Etidronat Jenapharm® (Jenapharm: DE)
Etidronate Merck® (Merck Génériques: FR)
Etidronate Pharmachem® (Pharmachem: GR)
Etidronate Sandoz® (Sandoz: FR)
Etidron® (Abiogen: IT)
Etidron® (Pharmanel: GR)
Etiplus® (Biospray: GR)
Feminoflex® (Medicus: GR)
Gen-Etidronate® (Genpharm: CA)
Maxibral® (Demo: GR)
Oflocin® (Farmedia: GR)
Osfo® (Gap: GR)
Ostedron® (ICN: PL)
Ostedron® (Kleva: GR)
Osteodidronel® (Procter & Gamble: BE)
Osteodrug® (Med-One: GR)
Osteoton® (Gerolymatos: GR)
Osteum® (Viñas: ES)
Ostogene® (Genepharm: GR)
Ostopor® (Uni-Pharma: GR)
Pleostat® (Krka: SI)
Somaflex® (Cosmopharm: GR)
Sviroxit® (Rafarm: GR)
Tilferan® (Vocate: GR)

Etifoxine (Rec.INN)

L: Etifoxinum
D: Etifoxin
F: Etifoxine
S: Etifoxina

Tranquilizer

ATC: N05BX03
CAS-Nr.: 0021715-46-8 C_{17}-H_{17}-Cl-N_2-O
M_r 300.793

6-Chloro-1-(ethylamino)-4-methyl-4-phenyl-4H-3,1-benzoxazine

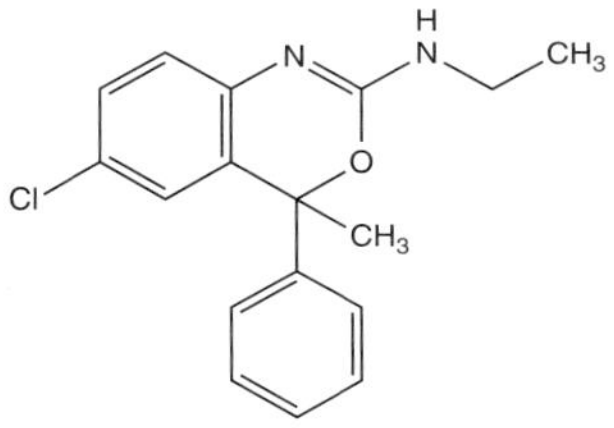

OS: *Etifoxine [BAN, DCF, USAN]*
IS: *Hoe 36801 (Hoechst)*

– hydrochloride:

CAS-Nr.: 0056776-32-0

Stresam® (Biocodex: FR, LU, VN)

Etilefrine (Rec.INN)

L: Etilefrinum
I: Etilefrina
D: Etilefrin
F: Etiléfrine
S: Etilefrina

Antihypotensive agent
Sympathomimetic agent

ATC: C01CA01
CAS-Nr.: 0000709-55-7 C_{10}-H_{15}-N-O_2
M_r 181.24

Benzenemethanol, α-[(ethylamino)methyl]-3-hydroxy-

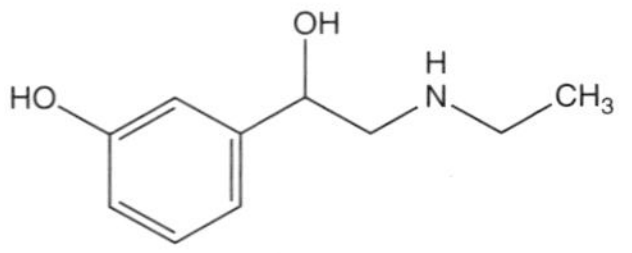

OS: *Étiléfrine [DCF]*
OS: *Etilefrine [BAN, USAN]*
OS: *Etilefrina [DCIT]*
IS: *Aethyladrianol*

Corcanfol® (Lanpharm: AR)
Etilefrina Drawer® (Drawer: AR)
Hyprosia® (Asian: TH)

- **hydrochloride:**

CAS-Nr.: 0000543-87-2
OS: *Etilefrine Hydrochloride BANM, JAN*
PH: Etilefrine Hydrochloride Ph. Eur. 5, JP XIV
PH: Etilefrinhydrochlorid Ph. Eur. 5
PH: Etilefrini hydrochloridum Ph. Eur. 5
PH: Etiléfrine (chlorhydrae d') Ph. Eur. 5

Adrenam® (NAM: DE)
Amphodyn® (Astellas: AT)
Bioflutin® (Südmedica: DE)
Cardanat® (Temmler: DE)
Effortil PL® (Boehringer Ingelheim: LU)
Effortil® (Boehringer Ingelheim: AE, AR, AT, BE, BH, CH, CL, CO, CY, DE, EG, FI, FR, GR, IQ, IT, JO, JP, KW, LB, LU, LY, MT, MX, OM, PE, PL, PT, QA, SA, SE, TH, YE, ZA)
Effortil® (Zdravlje: RS)
Effortil® [vet.] (Boehrvet: DE)
Efortil® (Boehringer Ingelheim: BR, ES)
Efxine® (Pharmasant: TH)
Eti-Puren® (Alpharma: DE)
Etil-CT® (CT: DE)
Etilefrin AL® (Aliud: DE)
Etilefrin-ratiopharm® (ratiopharm: DE)
Etilefrina Denver Farma® (Denver: AR)
Etilefrina Fabra® (Fabra: AR)
Etilefrina Larjan® (Veinfar: AR)
Etilefrina® (Richmond: AR)
Etilefrin® (Chephasaar: DE)
Etiléfrine Serb® (SERB: FR)
Pholdyston® (Krewel: DE)
Thomasin® (Apogepha: DE, RO)

Etiproston (Rec.INN)

L: Etiprostonum
D: Etiproston
F: Etiprostone
S: Etiproston

Prostaglandin

CAS-Nr.: 0059619-81-7 — C_{24}-H_{32}-O_7, M_r 432.52

(Z)-7-[(1R,2R,3R,5S)-3,5-Dihydroxy-2-[(E)-2-[2-(phenoxymethyl)-1,3-dioxolan-2-yl]vinyl]cyclopentyl]-5-heptenoic acid

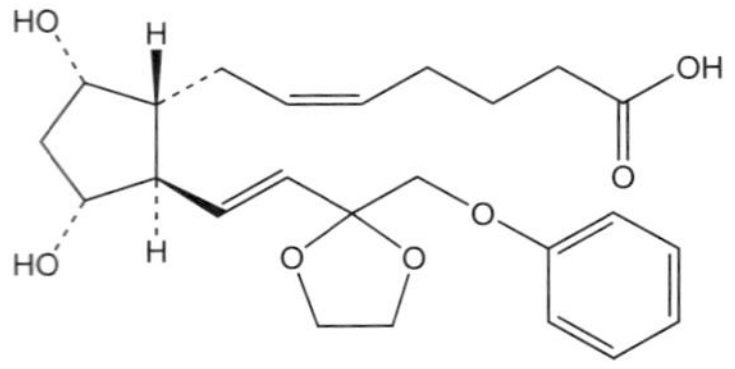

OS: *Etiproston [USAN]*

Prostavet® [vet.] (Bimeda: GB)
Prostavet® [vet.] (Virbac: CH, FR, IE, PT)
Vetiprost® [vet.] (Virbac: NL)

Etizolam (Rec.INN)

L: Etizolamum
D: Etizolam
F: Etizolam
S: Etizolam

Sedative
Tranquilizer

ATC: N05BA19
CAS-Nr.: 0040054-69-1 — C_{17}-H_{15}-Cl-N_4-S, M_r 342.857

6H-Thieno[3,2-f][1,2,4]triazolo[4,3-a][1,4]diazepine, 4-(2-chlorophenyl)-2-ethyl-9-methyl-

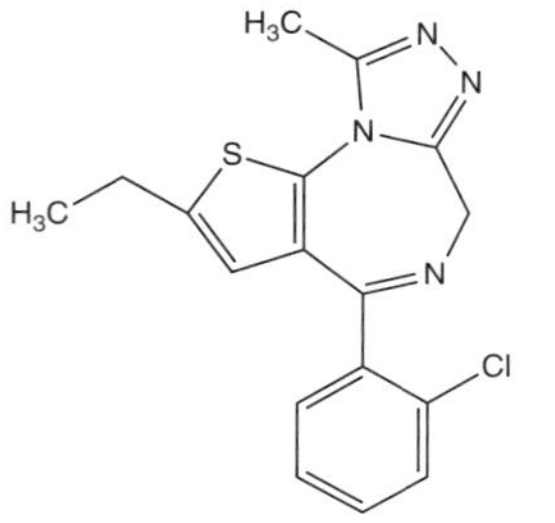

OS: *Etizolam [JAN, USAN]*
IS: *AHR 3219*
IS: *Y 7131 Yoshitomi, Japan)*

Depas® (Fournier: IT)
Depas® (Mitsubishi: JP)
Pasaden® (Schering: IT)

Etodolac (Rec.INN)

L: Etodolacum
I: Etodolac
D: Etodolac
F: Etodolac
S: Etodolaco

Analgesic
Antiinflammatory agent

ATC: M01AB08
CAS-Nr.: 0041340-25-4 — C_{17}-H_{21}-N-O_3, M_r 287.365

Pyrano[3,4-b]indole-1-acetic acid, 1,8-diethyl-1,3,4,9-tetrahydro-

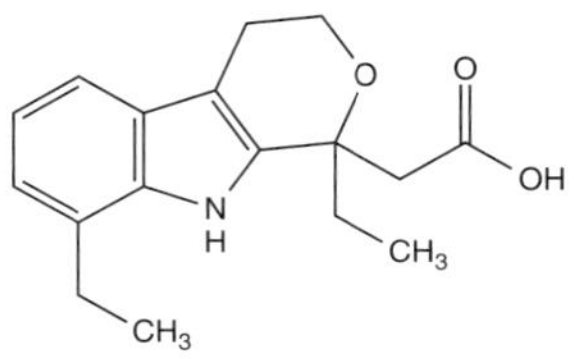

OS: *Etodolac [BAN, DCIT, USAN]*
OS: *Étodolac [DCF]*
IS: *AY 24236*
IS: *Etodolic acid*
IS: *Etodolsäure*
PH: Etodolac [Ph. Eur. 5, USP 30]
PH: Etodolacum [Ph. Eur. 5]

Apo-Etodolac® (Apotex: CA)
Articulan® (Tecnimede: PT)
Dualgan® (ITF: PT)
Eccoxolac® (Meda: GB)
Elderin® (Lek: SI)
Etodolac Teva® (Teva: IL)
Etodolac® (Actavis: US)
Etodolac® (Andrx: US)
Etodolac® (Apotex: US)
Etodolac® (Par: US)
Etodolac® (Sandoz: US)
Etodolac® (Taro: US)
Etodolac® (Teva: US)
EtoGesic® [vet.] (Fort Dodge: AU, US)
Etolac® (Alkaloid: BA, RS)
Etol® (Nobel: TR)
Etonox® (Charoen Bhaesaj: TH)
Etopan® (Taro: IL)
Flancox® (Apsen: BR)
Hypen® (Shinyaku: JP)
Lodine® (AHP: LU)
Lodine® (Algol: FI)
Lodine® (Daiichi Sankyo: FR)
Lodine® (Shire: GB)
Lodine® (Sigma Tau: CH)
Lodine® (Wyeth: AE, AT, BH, CY, EG, IT, JO, KW, LB, MT, OM, QA, SA, US, YE)
Lonene® (Sunthi: ID)
Lonine® (Wyeth: GR)
Sodolac® (Medi Sofex: PT)
Tadolak® (Saba: TR)
Todolac® (Norpharma: DK)

Etofamide (Rec.INN)

L: Etofamidum
I: Etofamide
D: Etofamid
F: Etofamide
S: Etofamida

Antiprotozoal agent, amebicide

CAS-Nr.: 0025287-60-9 C_{19}-H_{20}-Cl_2-N_2-O_5
M_r 427.289

Acetamide, 2,2-dichloro-N-(2-ethoxyethyl)-N-[[4-(4-nitrophenoxy)phenyl]methyl]-

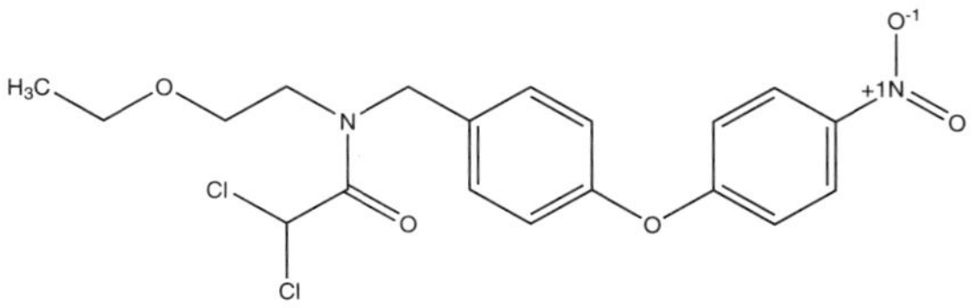

OS: *Etofamide [DCIT, USAN]*
IS: *Ethylchlordiphene*
IS: *K 430*

Kitnos® (Pfizer: BR)

Etofenamate (Prop.INN)

L: Etofenamatum
I: Etofenamato
D: Etofenamat
F: Etofénamate
S: Etofenamato

Antirheumatoid agent, external
Analgesic, external

ATC: M02AA06
CAS-Nr.: 0030544-47-9 C_{18}-H_{18}-F_3-N-O_4
M_r 369.352

Benzoic acid, 2-[[3-(trifluoromethyl)phenyl]amino]-, 2-(2-hydroxyethoxy)ethyl ester

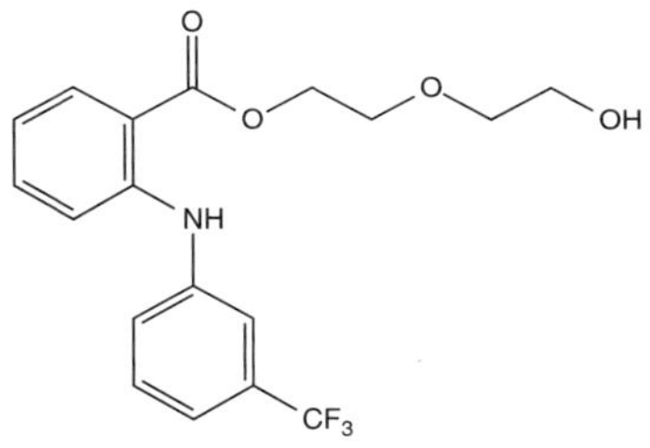

OS: *Etofenamate [BAN, USAN]*
OS: *Étofénamate [DCF]*
OS: *Etofenamato [DCIT]*
IS: *B 577*
IS: *TV 485*
IS: *Bay d 1107 (Bayer, USA)*
IS: *TVX 485*
IS: *WHR 5020 (Rorer, USA)*
PH: Etofenamate [Ph. Eur. 5]
PH: Etofenamatum [Ph. Eur. 5]
PH: Etofénamate [Ph. Eur. 5]
PH: Etofenamat [Ph. Eur. 5]

Activon® (Goodwill: HU)
Aspitopic® (Bayer: ES)
Bayagel® (Bayer: AR, CL)
Bayro Gel® (Bayer: PE)
Bayro I.M.® (Bayer: EC)
Bayro-IM® (Bayer: PE)
Bayrogel® (Bayer: KE, TZ, UG)
Bayro® (Bayer: CO, IT, MX, PE)
Doline® (Tripharma: TR)
Etofenamato® (IPhSA: CL)
Etoflam® (Phoenix: IE)
Etogel® (krka: BG)

Etogel® (Krka: CZ)
Fenogel® (Basi: PT)
Flexium® (Melisana: BE)
Flexo Jel® (Santa-Farma: TR)
Flogojet® (ABL: PE)
Flogojet® (Andromaco: CL)
Flogol® (Lazar: AR)
Flogoprofen® (Chiesi: DO, ES, GT, HN, NI, SV)
Flogoprofen® (Chiesi Espaa: HK)
Painex® (Toprak: TR)
Reumon® (Bial: PT)
Rheuma-Gel-ratiopharm® (ratiopharm: DE)
Rheumon Gel® (Douglas: NZ)
Rheumon® (Bayer: LU, PL, RO, TR)
Rheumon® (Drossapharm: CH)
Rheumon® (Goodwill: HU)
Rheumon® (Kolassa: AT)
Rheumon® (Meda: DE)
Rheumon® (Tropon: DE, LU, RS)
Riscom® (Drossapharm: CH)
Roiplon® (Menarini: GR)
Traumalix® (Drossapharm: CH)
Traumon® (Bayer: CZ, LU, PL)
Traumon® (Kolassa: AT)
Traumon® (Tropon: DE, LU)
Valorel® (Royal Pharma: CL)
Zenavan® (Bial: ES)
Zenavan® (Wyeth: ES)

Etofibrate (Rec.INN)

L: Etofibratum
D: Etofibrat
F: Etofibrate
S: Etofibrato

Antihyperlipidemic agent

ATC: C10AB09
CAS-Nr.: 0031637-97-5 C_{18}-H_{18}-Cl-N-O_5
M_r 363.802

3-Pyridinecarboxylic acid, 2-[2-(4-chlorophenoxy)-2-methyl-1-oxopropoxy]ethyl ester

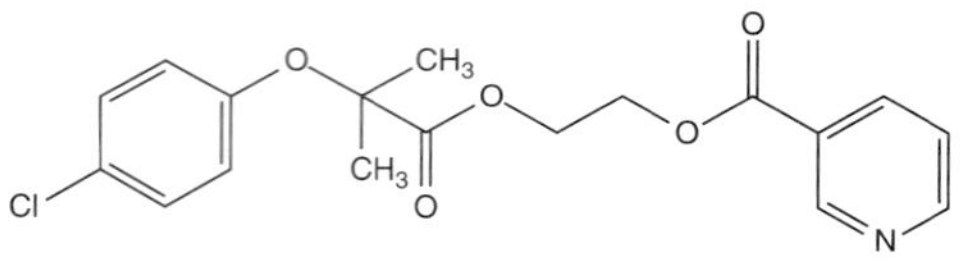

OS: *Etofibrate [USAN]*
PH: Etofibrat [DAC]

Lipo-Merz® (Grünenthal: EC)
Lipo-Merz® (Kolassa: AT)
Lipo-Merz® (Medinfar: PT)
Lipo-Merz® (Merz: AE, BH, CH, CR, CY, DE, DO, EG, GT, HK, HN, JO, KW, LB, LU, MT, NI, OM, PA, SA, SD, SV, YE)
Tricerol® (Pfizer: BR)

Etofylline (Rec.INN)

L: Etofyllinum
I: Etofillina
D: Etofyllin
F: Etofylline
S: Etofilina

Antiasthmatic agent
Cardiac stimulant, cardiotonic agent
Diuretic

CAS-Nr.: 0000519-37-9 C_9-H_{12}-N_4-O_3
M_r 224.235

1H-Purine-2,6-dione, 3,7-dihydro-7-(2-hydroxyethyl)-1,3-dimethyl-

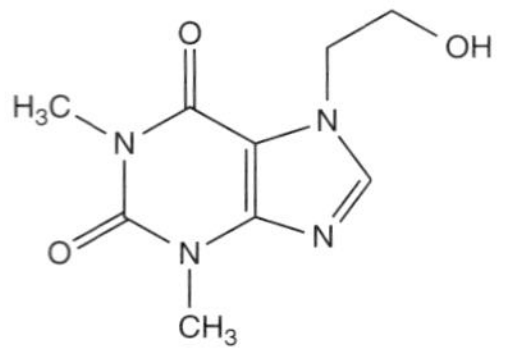

OS: *Etofylline [BAN, DCF, USAN]*
OS: *Etofillina [DCIT]*
IS: *Ascorphylline*
IS: *Mediphyllin*
IS: *Hydroxyaethyltheophyllinum*
PH: Etofyllin [Ph. Eur. 5]
PH: Etofylline [Ph. Eur. 5]
PH: Etofyllinum [Ph. Eur. 5]
PH: Oxyetophyllinum [Ph. Jap. 1971]

Oxyphyllin® (Leciva: CZ)
Oxyphyllin® (Slovakofarma: CZ)

Etofylline Clofibrate (Rec.INN)

L: Etofyllini clofibras
D: Etofyllin clofibrat
F: Clofibrate d'etofylline
S: Clofibrato de etofilina

Antihyperlipidemic agent

CAS-Nr.: 0054504-70-0 C_{19}-H_{21}-Cl-N_4-O_5
M_r 420.867

Propanoic acid, 2-(4-chlorophenoxy)-2-methyl-, 2-(1,2,3,6-tetrahydro-1,3-dimethyl-2,6-dioxo-7H-purin-7-yl)ethyl ester

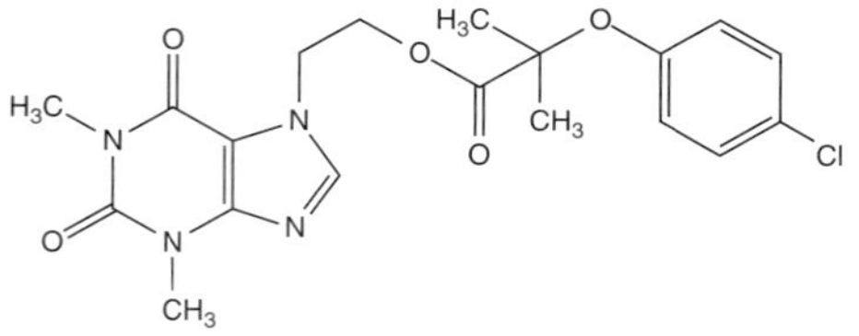

OS: *Theofibrate [USAN]*
IS: *ML 1024 (Merckle, Germany)*
IS: *ML 1047*

Duolip® (Mepha: EC)
Duolip® (Merckle: DE)
Duolip® (Ratiopharm: AT, CZ)
Duolip® (ratiopharm: LU)

Etomidate (Rec.INN)

L: Etomidatum
D: Etomidat
F: Etomidate
S: Etomidato

⚕ Intravenous anesthetic

ATC: N01AX07
CAS-Nr.: 0033125-97-2 C_{14}-H_{16}-N_2-O_2
M_r 244.302

1H-Imidazole-5-carboxylic acid, 1-(1-phenylethyl)-, ethyl ester, (R)-

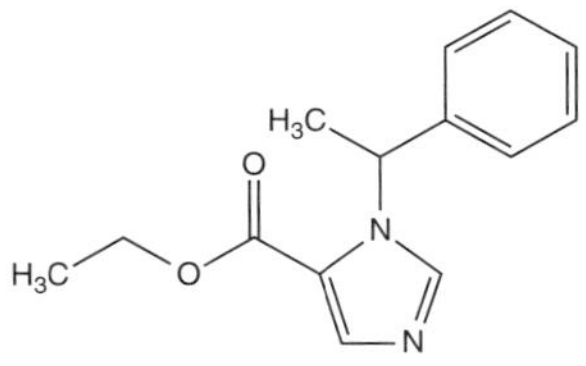

OS: *Etomidate [BAN, DCF, USAN]*
IS: *R 16659*
PH: Etomidatum [Ph. Eur. 5]
PH: Etomidate [Ph. Eur. 5]
PH: Etomidat [Ph. Eur. 5]

Amidate® (Hospira: US)
Etomidat-Lipuro® (Braun: AT, CH, DE, HU, IL, LU, NL, RO)
Etomidate Injection® (Bedford: US)
Etomidate-Lipuro® (Braun: CN, GB, HK, IL, PL, TH, TR)
Etomidate® (Cristália: BR)
Etomidato® (Bestpharma: CL)
Etomidato® (Braun: AR, PT)
Hypnomidate® (Janssen: AT, BE, BG, BR, CZ, DE, ES, FR, GB, GR, HR, LU, NL, PL, RS, ZA)
Hypnomidate® (Janssen-Cilag: TR)
Radenarcon® (Asta Medica: CZ)

Etonogestrel (Rec.INN)

L: Etonogestrelum
D: Etonogestrel
F: Etonogestrel
S: Etonogestrel

⚕ Progestin

ATC: G03AC08
CAS-Nr.: 0054048-10-1 C_{22}-H_{28}-O_2
M_r 324.466

18,19-Dinor-17α-pregn-4-en-20-yn-3-one, 13-ethyl-17-hydroxy-11-methylene-

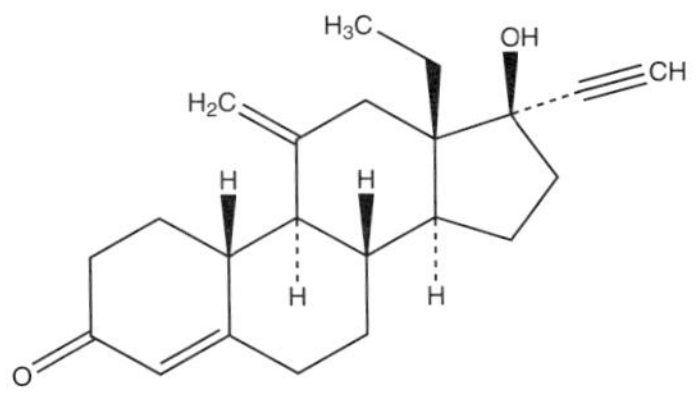

OS: *Etonogestrel [BAN, USAN]*
IS: *ENG*
IS: *ORG 3236 (Organon, USA)*

Implanon® (Organon: AE, AT, AU, BE, BH, BR, CH, CL, CO, CY, CZ, DE, DK, EG, ES, FI, FR, GB, HU, ID, IE, IQ, IR, IS, JO, KW, LB, LU, LY, MX, NL, NO, OM, PE, QA, SA, SD, SE, SG, SY, TH, TR, US, YE)

Etoposide (Rec.INN)

L: Etoposidum
I: Etoposide
D: Etoposid
F: Etoposide
S: Etoposido

⚕ Antineoplastic agent

ATC: L01CB01
CAS-Nr.: 0033419-42-0 C_{29}-H_{32}-O_{13}
M_r 588.575

4'-Demethylepipodophyllotoxin 9-(4,6-O-ethylidene-β-D-glucopyranoside)

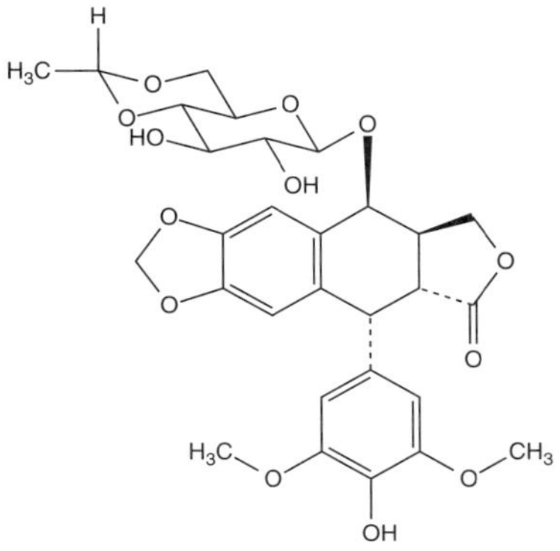

OS: *Etoposide [BAN, DCF, DCIT, JAN, USAN]*
IS: *EPE*
IS: *VP 16213 (Bristol-Myers, GB)*
PH: Etoposidum [Ph. Eur. 5, Ph. Int. 4]
PH: Etoposid [Ph. Eur. 5]
PH: Etoposide [Ph. Eur. 5, Ph. Int. 4, USP 30]

Abic Etoposide® (Teva: ZA)
Asta Medica Etoposido® (ASTA Medica: BR)
Celltop® (Baxter: BE, FR)
Cryosid® (Cryopharma: MX)
Cytosafe Etoposide® (Pfizer: ID)
DBL Etoposide® (Faulding/DBL: TH)
Ebeposid® (Ebewe: SI)
Ebeposid® (Medicopharmacia: SI)
Eposin® (Emporio: SI)
Eposin® (Med: TR)
Eposin® (Medac: GB)
Eposin® (Nycomed: NO)
Eposin® (Pharmachemie: LK, MY, NL, PE, TH, ZA)
Eposin® (Tedec Meiji: ES)
Eposin® (Teva: BE, SE)
Epsidox® (Chile: CL)
Eto CS® (Pharmacia: DE)
Eto-cell® (cell pharm: DE)
Eto-GRY® (Gry: DE)
Etocris® (LKM: AR)
Etomedac® (Medac: DE)
Etomedac® (medac: LU)
Etonco® (Armstrong: MX)
Etoposid Ebewe® (Ebewe: AT, CH, CZ, HU, IL, LU, PL, RO, RS, RU, TH)

E

Etoposid Ebewe® (Ferron: ID)
Etoposid Ebewe® (Liba: TR)
Etoposid Hexal® (Hexal: DE)
Etoposid Mayne® (Mayne: DE, DK, FI, NO)
Etoposid Meda® (Meda: DK, SE)
Etoposid Pfizer® (Pfizer: AT, GE)
Etoposide Abbott® (Abbott: ID)
Etoposide Abic® (Abic: TH)
Etoposide APP® (APP: CH)
Etoposide Crinos® (Crinos: IT)
Etoposide Dakota® (Dakota: FR)
Etoposide DBL® (Mayne: HK, SG)
Etoposide DBL® (Tempo: ID)
Etoposide Ebewe® (Ebewe: IT, VN)
Etoposide Ebewe® (Pharmanel: GR)
Etoposide Eczacibasi® (Eczacibasi: TR)
Etoposide EuroCept® (EuroCept: NL)
Etoposide Fidia® (Fidia: IT)
Etoposide Injection® (Mayne: AU)
Etoposide Injection® (Pharmacia: AU)
Etoposide Jero® (Kohne: NL)
Etoposide Kohne® (Kohne: NL)
Etoposide Mayne® (Mayne: BE)
Etoposide Pfizer® (Pfizer: AT, CH, DK, FI, NL, SG)
Etoposide Pharmachemie® (Chemipharm: GR)
Etoposide Pharmacia and Upjohn® (Pharmacia: CZ)
Etoposide Pharmacia® (Pfizer: VN)
Etoposide Pierre Fabre® (PF: LU)
Etoposide Pierre Fabre® (Pierre Fabre: CZ, RO)
Etoposide Sanofi-Synthelabo® (Sanofi-Synthelabo: NL)
Etoposide Teva® (Med: TR)
Etoposide Teva® (Teva: CZ, HU)
Etoposide Teva® (Teva-NL: IT)
Etoposide Upjohn® (Pfizer: ID)
Etoposide-Mayne® (Mayne: LU)
Etoposide® (Abbott: US)
Etoposide® (Abraxis: US)
Etoposide® (Atafarm: TR)
Etoposide® (Bedford: US)
Etoposide® (Genpharm: US)
Etoposide® (Hexal: NL)
Etoposide® (Hospira: US)
Etoposide® (Mayne: AU, CA, NZ)
Etoposide® (Mediline: IL)
Etoposide® (Mylan: US)
Etoposide® (Novopharm: CA)
Etoposide® (Pfizer: HR, RS)
Etoposide® (Pharmacia: AU)
Etoposide® (Sicor: US)
Etoposide® (SuperGen: US)
Etoposide® (Teva: GB, IL)
Etoposido Biocrom® (Biocrom: AR)
Etoposido Delta Farma® (Delta Farma: AR)
Etoposido Ferrer Farma® (Ferrer: ES)
Etoposido Filaxis® (Filaxis: AR)
Etoposido Microsules® (Microsules: AR)
Etoposido Rontag® (Rontag: AR)
Etoposido Servycal® (Servycal: AR, PE)
Etoposido Teva® (Teva: ES)
Etoposido Varifarma® (Varifarma: AR)
Etoposido® (Baxter: CL)
Etoposido® (Bestpharma: CL)
Etoposido® (Biochemie: CO)
Etoposido® (Biocrom: PE)
Etoposido® (Ivax: PE)
Etoposido® (Kampar: CL)
Etoposido® (Pfizer: CL, PE)
Etopos® [inj.] (ASTA Medica: BR)
Etopos® [inj.] (Biosintética: BR)
Etopos® [inj.] (Eurofarma: BR)
Etopos® [inj.] (Lemery: PE, TH)
Etopos® [inj.] (Pharmacia: BR)
Etopoxan® (Baxter: PH)
Etosid® (Cipla: IN)
Euvaxon® (Teva: AR)
Exitop® (Baxter Oncology: DE)
Fytosid® (Dabur: LK, PH, TH)
Lastet® (Cancernova: DE)
Lastet® (Kalbe: ID)
Lastet® (Khandelwal: IN)
Lastet® (Masu: TH)
Lastet® (Nippon Kayaku: CZ, HU, JP, PL, RS)
Lastet® (Onko-Koçsel: TR)
Lastet® (Pfizer: CL)
Lastet® (Pharmacia: IT)
Lastet® (Prasfarma: ES)
Lastet® (Refasa: PE)
Neoplaxol® (Richmond: AR, PE)
Neoposid® (Neocorp: DE)
Onkoposid® (Onkoworks: DE)
P&U Etoposide® (Pharmacia: ZA)
Percas® (Ivax: AR)
Posyd® (Combiphar: ID)
Riboposid® (ribosepharm: DE)
Sintopozid® (Sindan: HU, PL, RO)
Toposar® (Pfizer: US)
Toposide® (Pharmacia & Upjohn: RO)
Toposin® (Pharmachemie: NL)
VepeGal® (Galenika: RS)
VePesid® (Berna: ES)
VePesid® (Bristol-Myers Squibb: AR)
Vepesid® (Bristol-Myers Squibb: AT)
VePesid® (Bristol-Myers Squibb: AU, BA, BE)
Vepesid® (Bristol-Myers Squibb: BG)
VePesid® (Bristol-Myers Squibb: BR)
Vepesid® (Bristol-Myers Squibb: CA)
VePesid® (Bristol-Myers Squibb: CH, CZ)
Vepesid® (Bristol-Myers Squibb: CZ)
VePesid® (Bristol-Myers Squibb: DE)
Vepesid® (Bristol-Myers Squibb: DK)
VePesid® (Bristol-Myers Squibb: ES, FI, GB)
Vepesid® (Bristol-Myers Squibb: GB)
VePesid® (Bristol-Myers Squibb: GR)
Vepesid® (Bristol-Myers Squibb: HK)
VePesid® (Bristol-Myers Squibb: HR, HU)
Vepesid® (Bristol-Myers Squibb: ID, IE)
VePesid® (Bristol-Myers Squibb: IT, LU, MX, NL)
Vepesid® (Bristol-Myers Squibb: NO, NZ)
VePesid® (Bristol-Myers Squibb: PH, PL)
Vepesid® (Bristol-Myers Squibb: RO, RS, RU)
VePesid® (Bristol-Myers Squibb: SE)
Vepesid® (Bristol-Myers Squibb: TH)
VePesid® (Bristol-Myers Squibb: TR, US)
Vepesid® (Bristol-Myers Squibb: ZA)
VePesid® (Er-Kim: TR)
Vepesid® (PharmaSwiss: SI)
VP-16® (Bristol-Myers Squibb: CL)
VP-Gen® (Bioprofarma: AR)

– phospate:

CAS-Nr.: 0117091-64-2
OS: *Etoposide Phosphate USAN*
IS: *BMY 40481 (Bristol-Myers Squibb, USA)*

Etopofos® (Bristol-Myers Squibb: AT, DK, FI, NO, SE)
Etopophos® (Bristol-Myers Squibb: AU, CH, CI, DE, FR, GA, GB, GN, LU, ML, NE, NL, NZ, SN, TD, TG, US, ZA)
Nexvep® (Bristol-Myers Squibb: BR)
Vépéside® (Genopharm: FR)

Etoricoxib (Rec.INN)

L: Etoricoxibum
D: Etoricoxib
F: Etoricoxib
S: Etoricoxib

Analgesic
Antirheumatoid agent
Antiinflammatory agent

ATC: M01AH05
ATCvet: QM01AH05
CAS-Nr.: 0202409-33-4 C_{18}-H_{15}-Cl-N_2-O_2-S
M_r 358.56

5-chloro-6'-methyl-3-[p-(methylsulfonyl)phenyl]-2,3'-bipyridine (WHO)

5-Chlor-6'methyl-3-[4-(methylsulfonyl)phenyl]2,3'-bipyridin (IUPAC)

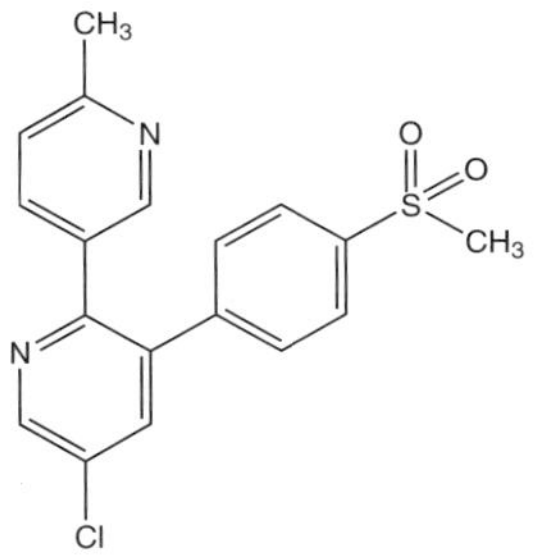

OS: *Etoricoxib [USAN, BAN]*
IS: *L 791456 (Merck, USA)*
IS: *MK 0663 (Merck, USA)*

Algix® (Gentili: IT)
Arcoxia® (Dieckmann: DE)
Arcoxia® (Eureco: NL)
Arcoxia® (Euro: NL)
Arcoxia® (Merck: PE)
Arcoxia® (Merck Sharp & Dohme: AR, AT, BE, BR, CR, CZ, DE, DE, DK, ES, GB, HK, HN, IE, IL, IS, IT, LU, MX, MY, NI, NL, NZ, PA, PH, PT, RS, SE, SG, SI, SV, TH)
Arcoxia® (MerckSharp&Dohme: RO)
Arcoxia® (MSD: FI, NO)
Arcoxia® (MSD Chibropharm: DE)
Arcoxia® (Nedpharma: NL)
Arcoxia® (Varipharm: DE)
Auxib® (Merck Sharp & Dohme: NL)
Etorix® (Eskayef: BD)
Etoxib® (Unichem: IN)
Exinef® (Merck Sharp & Dohme: GT)
Exxiv® (Bial: PT)
Nucoxia® (Cadila: IN)
Ranacox® (Merck Sharp & Dohme: LU)
Tauxib® (Addenda Pharma: IT)

Etorphine BAN

L: Etorphinum
D: Etorphin
F: Etorphine
S: Etorphina
ATCvet: QN02AE90
CAS-Nr.: 0014521-96-1 C_{25}-H_{33}-N-O_4
M_r 411.53

6,7,8,14-Tetrahydro-7α-(1-hydroxy-1-methylbutyl)-6,14-*endo*-ethnooripavine WHO

(5*R*,6*R*,7*R*,9*R*,13*S*,14*R*)-7-[(*R*)-2-Hydroxypentan-2-yl]-6-methoxy-17-methyl-4,5-epoxy-6,14-etheno-morphinan-3-ol IUPAC

(2*R*)-2-[(5*R*,6*R*,7*R*,14*R*)-4,5-Epoxy-3-hydroxy-6-methoxy-17-methyl-6,14-ethenomorphinan-7-yl]pentan-2-ol BAN

(6*R*,7*R*,14*R*)-7,8-Dihydro-7-[(1*R*)-1-hydroxy-1-methylbutyl]-6-*O*-methyl-6,14-ethenomorpine BAN

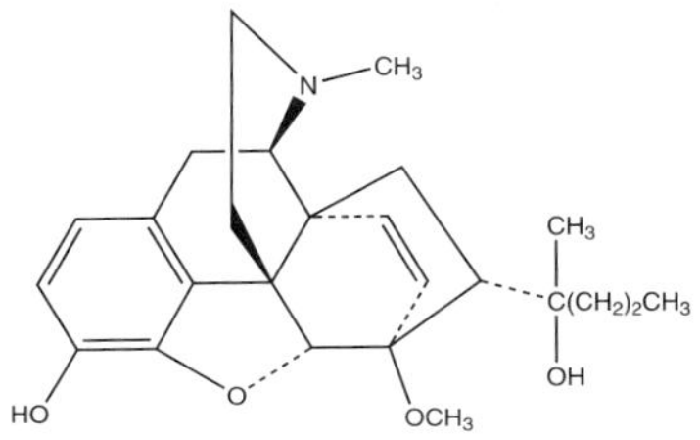

OS: *Etorphine [BAN, USAN]*
OS: *Etorphina [DCIT]*
IS: *19-Propylorvinol*
IS: *UM 495*

– hydrochloride:

CAS-Nr.: 0013764-49-3
OS: *Etorphine hydrochloride BANM*
IS: *M99 Injection (Lemmon, US)*
IS: *NIH 8068*

M99®[vet.] (Novartis Animal Health: ZA)

Etozolin (Rec.INN)

L: Etozolinum
D: Etozolin
F: Etozoline
S: Etozolina

Diuretic, loop

ATC: C03CX01
CAS-Nr.: 0000073-09-6 C_{13}-H_{20}-N_2-O_3-S
M_r 284.383

Acetic acid, [3-methyl-4-oxo-5-(1-piperidinyl)-2-thiazolidinylidene]-, ethyl ester

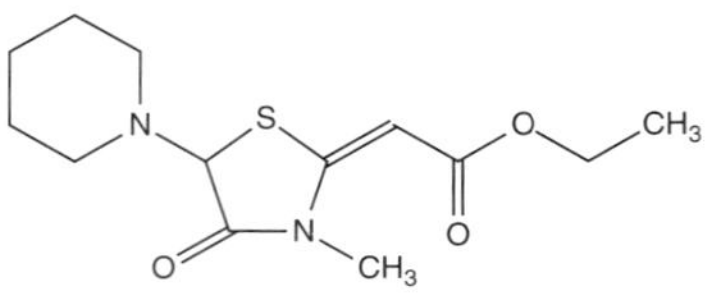

OS: *Etozolin [USAN]*
IS: *G 687*
IS: *W 2900 A*

Elkapin® (Gödecke: DE)
Elkapin® (Interchemia: CZ)
Elkapin® (Parke Davis: ES)
Elkapin® (Pfizer: IT)

Etynodiol (Prop.INN)

L: Etynodiolum
I: Etinodiolo
D: Etynodiol
F: Etynodiol
S: Etinodiol

Progestin

ATC: G03DC06
CAS-Nr.: 0001231-93-2 C_{20}-H_{28}-O_2
M_r 300.444

19-Norpregn-4-en-20-yne-3,17-diol, (3β,17α)-

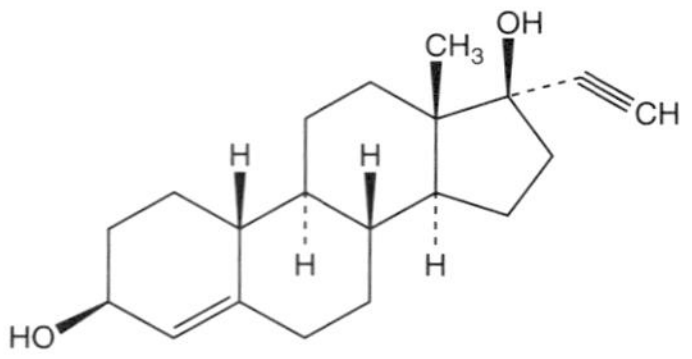

OS: *Etynodiol [BAN, DCF]*
OS: *Etinodiolo [DCIT]*
OS: *Ethynodiol [BAN]*

– 3β,17β-diacetate:
CAS-Nr.: 0000297-67-7
OS: *Ethynodiol Diacetate USAN*
OS: *Etynodiol Diacetate BANM*
IS: *CB 8080*
IS: *SC 11800*
PH: Ethynodiol Diacetate USP 26
PH: Etynodiol Diacetate BP 2002

Femulen® (Pfizer: GB, IL)

Eucalyptol (USAN)

L: Eucalyptolum
D: Cineol
F: Cineole

Expectorant
Hyperemic agent

CAS-Nr.: 0000470-82-6 C_{10}-H_{18}-O
M_r 154.254

2-Oxabicyclo[2.2.2]octane, 1,3,3-trimethyl-

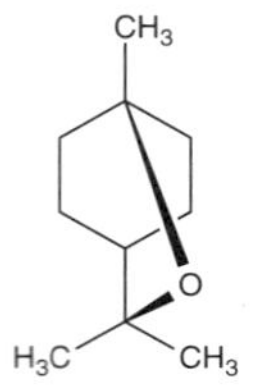

OS: *Eucalyptol [DCF, USAN]*
IS: *Cajeputol*
IS: *Zineol*
IS: *Cineol*
PH: Cineolum [Ph. Helv. 8]
PH: Cineol [DAC]
PH: Eucalyptol [USP 26]

Soledum® (Cassella-med: DE)
Terminex® (Infabi: EC)

Everolimus (Rec.INN)

L: Everolimusum
D: Everolimus
F: Everolimus
S: Everolimús

Immunosuppressant

ATC: L04AA18
ATCvet: QL04AA18
CAS-Nr.: 0159351-69-6 C_{53}-H_{83}-N-O_{14}
M_r 958.22

(3S,6R,7E,9R,10R,12R,14S,15E,17E,19E,21S,23S,26-R,27R,34aS)-9,10,12,13,14,21,22,23,24,25,26,27,32,33,34,34a-hexadecahydro-9,27-dihydroxy-3-[(1R)-2-[(1S,3R,4R)-4-(2-hydroxyethoxy)-3-methoxycyclohexyl]-1-methylethyl]-10,21-dimethoxy-[6,8,12,14,20,26-hexamethyl-23,27-epoxy-3H-pyridol[2,1-c][1,4]=oxa-azacyclohentriacontine-1,5,11,28,29(4H,6H,31H)-pentone (WHO)

(1R,9S,12S,15R,16E,18R,19R,21R,23S,24E,26E,28E,-30S,32S,35R)-1,18-dihydroxy-12-[(1R)-2-[(1S,3R,4R)-4-(2-hydroxyethoxy)-3-methoxycyclohexyl]-1-methylethyl]-19,30-dimethoxy-15,17,21,23,29,35-hexamethyl-11,36-dioxa-4-azatricyclo[30.3.1.0 ^{4,9}]hexatriaconta-16,24,26,28-tetraene-2,3,10,14,20-pentaone (USAN)

42-O-(2-hydroxyethyl)rapamycin (USAN)

{1R,9S,12S[1'R(1"S,3"R,4"R)]15R,16E,18R,19R,21R-,23S,24E,26E,28E,30S,32S,35R)-} 1,18-Dihydroxy-12-{2-[4-(2-hydroxyethoxy)-3-methoxycyclohexyl]-1-methylethyl}-19,30-dimethoxy-15,17,21,23,29,35-hexamethyl-11,36-dioxa-4-azatricyclo[30.3.1.0^{4,9}]-

hexatriaconta-16,24,26,28-tetraen-2,3,10,14,20-pentaon (IUPAC)

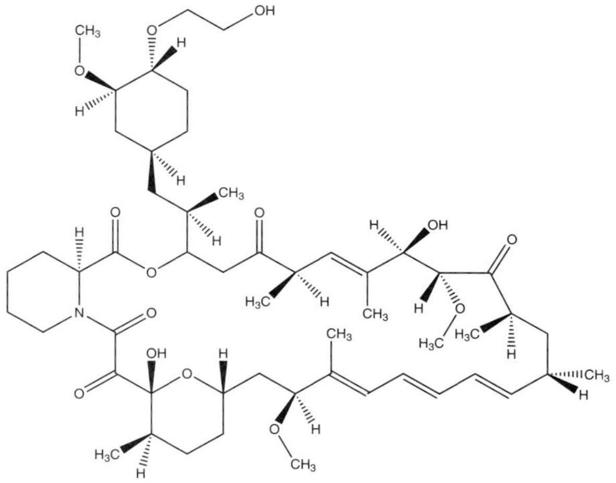

OS: *Everolimus [USAN]*
IS: *RAD 001 (Novartis Pharma, US)*
IS: *SDZ-RAD (Novartis, CH)*
IS: *42-O-(2-Hydroxy)ethyl rapamycin*

Certican® (Novartis: AR, AT, BE, CH, CL, CZ, DE, DK, ES, FI, FR, HK, HU, IL, IT, LU, MX, NL, NO, PL, SE, SG, SI, TH, TR, US)
Certican® (Novartis Consumer Health: HR)

Exametazime (Rec.INN)

L: Exametazimum
D: Exametazim
F: Exametazime
S: Exametazima

Diagnostic agent
Radiodiagnostic agent

CAS-Nr.: 0105613-48-7 C_{13}-H_{28}-N_4-O_2
M_r 272.407

2-Butanone, 3,3'-[(2,2-dimethyl-1,3-propanediyl)diimino]bis-, dioxime, [R*,R*-(E,E)]-(±)-

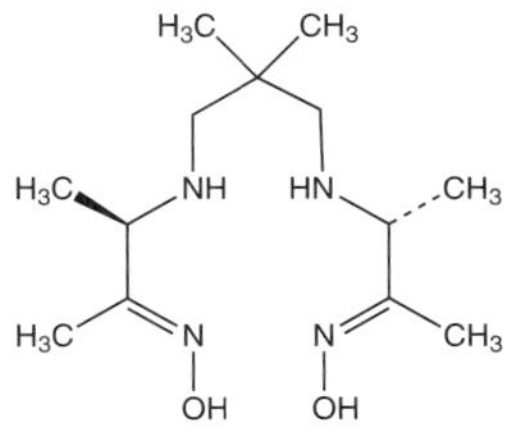

OS: *Exametazime [BAN, JAN, USAN]*
OS: *Examétazime [DCF]*
IS: *dl-HM-PAO*
IS: *Esametazima*
IS: *Hexametazime*
IS: *HM-PAO*

Cerestab® (GE Healthcare: FR)
Ceretec® (Amersham: AU, ES, IT, NL, RO)
Ceretec® (GE Healthcare: FR)

Exemestane (Rec.INN)

L: Exemastanum
D: Exemastan
F: Exemastane
S: Exemastano

Antineoplastic agent
Antiestrogen
Enzyme inhibitor

ATC: L02BG06
CAS-Nr.: 0107868-30-4 C_{20}-H_{24}-O_2
M_r 296.41

6-Methyleneandrosta-1,4-diene-3,17-dione [WHO]

6-Methylenandrosta-1,4-dien-3,17-dion [IUPAC]

Androsta-1,4-diene-3,17-dione, 6-methylene- [NLM]

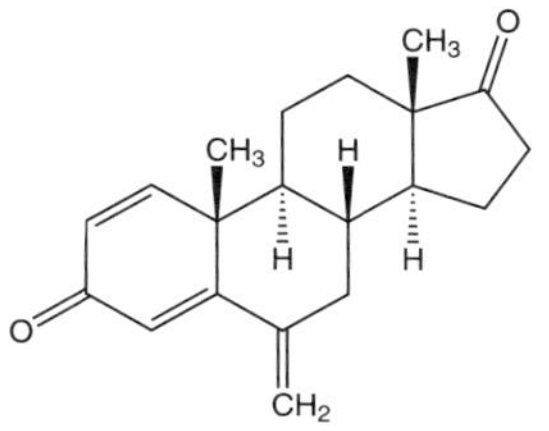

OS: *Exemestane [BAN, USAN]*
IS: *FCE 24304 (Farmitalia, Milano, Italy)*

Aromasil® (Pharmacia: ES)
Aromasine® (Pfizer: FR)
Aromasin® (AstraZeneca: DE)
Aromasin® (Dr. Fisher: NL)
Aromasin® (EU-Pharma: NL)
Aromasin® (Eureco: NL)
Aromasin® (Medcor: NL)
Aromasin® (Pfizer: AR, AT, BA, BE, BR, BZ, CA, CH, CL, CR, CZ, DK, FI, GB, GT, HK, HN, HR, HU, ID, IE, IL, IS, IT, MX, MY, NI, NL, NO, NZ, PA, PE, PH, PH, PL, PT, RU, SE, SG, SI, SV, TH, TR, US, VN)
Aromasin® (Pharmacia: AU, CN, CO, DE, GR, LU, RO, RS, ZA)
Aromasin® (Promed: DE)

Exenatide (Rec.INN)

L: Exenatidum
D: Exenatid
F: Exénatide
S: Exenatida

Antidiabetic agent

ATC: A10BX04
ATCvet: QA10BX04
CAS-Nr.: 0141758-74-9 C_{184}-H_{282}-N_{50}-O_{60}-S
M_r 4186.57

Exendin 4 (USAN)

H-His-Gly-Glu-Gly-Thr-Phe-Thr-Ser-Asp-Leu-Ser-Lys-Gln-Met-Glu-Glu-Glu-Ala-Val-Arg-Leu-Phe-Ile-Glu-Trp-Leu-Lys-Asn-Gly-Gly-Pro-Ser-Ser-Gly-Ala-Pro-Pro-Pro-Ser-NH2 (WHO)

L-histidylglycyl-L-glutamylglycyl-L-threonyl-Lphenylalanyl-L-threonyl-L-seryl-L-aspartyl-L-leucyl-L-seryl-L-lysyl-L-glutaminyl-L-methionyl-L-glutamyl-L-glutamyl-L-glutamyl-L-alanyl-L-valyl-L-arginyl-L-leucyl-L-phenylalanyl-L-isoleucyl-L-glutamyl-L-tryptophyl-L-leucyl-L-lysyl-

L-asparaginylglycylglycyl-L-prolyl-L-seryl-L-serylglycyl-L-alanyl-L-prolyl-L-prolyl-L-prolyl-L-serinamide

(WHO)

L-Serinamide, L-histidylglycyl-L-Ò-glutamylglycyl-L-threonyl-Lphenylalanyl-L-threonyl-L-seryl-L-Ò-aspartyl-L-leucyl-L-seryl-L-lysyl-L-glutaminyl-L-methionyl-L-Ò-glutamyl-L-Ò-glutamyl-L-Ò-glutamyl-L-alanyl-L-valyl-L-arginyl-L-leucyl-L-phenylalanyl-L-isoleucyl-L-Ò-glutamyl-L-tryptophyl-L-leucyl-L-lysyl-L-asparaginylglycylglycyl-L-prolyl-L-seryl-L-serylglycyl-L-alanyl-L-prolyl-L-prolyl-L-prolyl-

Exenatide 3 (Heloderma horridum), 2-glycine-3-L-glutamic acid

OS: *Exenatide [USAN, BAN]*
IS: *LY2148568 (Amylin, US)*
IS: *AC002993 (Amylin Pharmaceuticals, US)*
IS: *AC2993A (Amylin Pharmaceuticals, US)*
IS: *AC2993 (Amylin Pharmaceuticals, US)*
IS: *AC 2993 LAR (Amylin Pharmaceuticals, US)*
IS: *AC-2993 (Amylin Pharmaceuticals, US)*
IS: *AC002993 (Amylin Pharmaceuticals, US)*
IS: *Exendin-4 (Heloderma suspectum)*
IS: *Exendin-4 (synthetic)*
IS: *Medisorb*

Byetta® (Amylin: US)
Byetta® (Eli Lilly: CH)
Byetta® (Lilly: AR, DE, IE, SE)

Ezetimibe (Rec.INN)

L: Ezetimibum
D: Ezetimib
F: Ezetimibe
S: Ezetimiba

Antihyperlipidemic agent
Cholesterol absorption inhibitor, intestinal

ATC: C10AX09
CAS-Nr.: 0163222-33-1 C_{24}-H_{21}-F_2-N-O_3
M_r 409.4

[3R,4S]-1-[p-Fluorophenyl]-3-[[3S]-3-[p-fluorophenyl]-3-hydroxypropyl]-4-[p-hydroxyphenyl]-2-azetidinone [WHO]

2-Azetidinone, 1-[4-fluorophenyl]-3-[3-[4-fluorophenyl]-3-hydroxypropyl]-4-[4-hydroxyphenyl]-, [3R-[3[S*],4]]- [USAN]

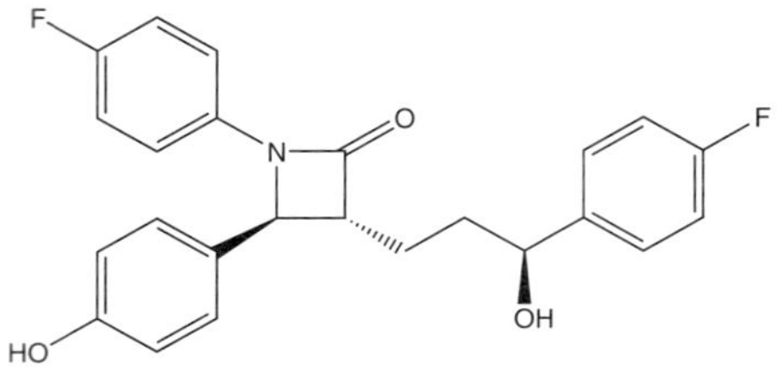

OS: *Ezetimibe [USAN, BAN]*

Acotral® (Phoenix: AR)
Alin® (Lazar: AR)
Alipas® (Laboratorios: AR)
Cerclerol® (Beta: AR)
Coracil® (Gador: AR)
Corexel® (Novartis: AR)
Ezeta® (Beximco: BD)
Ezetib® (Unichem: IN)
Ezetimibe-MSD® (Merck Sharp & Dohme: LU)
Ezetimibe® (Merck Sharp & Dohme: NL)
Ezetimib® (Merck Sharp & Dohme: SI)
Ezetim® (Incepta: BD)
Ezetrol® (Merck: CZ)
Ezetrol® (Merck Frosst: CA)
Ezetrol® (Merck Sharp & Dohme: AR, AT, AU, BA, BE, CH, CL, CO, DE, ES, FR, HK, HR, HU, IS, LU, MX, MY, NL, NZ, PT, RS, RU, SE, SG, SI, TR)
Ezetrol® (MerckSharp&Dohme: RO)
Ezetrol® (MSD: DK, FI, NO)
Ezetrol® (MSD-SP: GB, IE)
Ezetrol® (Schering: BE)
Ezetrol® (Schering-Plough: ID, MY, RU, SE, SG, TH)
Ixacor® (Roemmers: AR)
Nalecol® (Casasco: AR)
Sinterol® (Klonal: AR)
Trilip® (Elea: AR)
Vadel® (Ivax: AR)
Zetia® (Merck: US)
Zetia® (Plough: CO)
Zetia® (Schering-Plough: AR, BR, CR, DO, GT, HN, US)
Zient® (Essex: CL)
Zient® (Schering-Plough: MX)

Factor VIII

L: Factor VIII coagulationis sanguinis humani (ad suem)
D: Factor VIII (Schwein)

⚕ Blood-coagulation factor
⚕ Hemostatic agent

Blood coagulation factor VIII fraction prepared from porcine plasma, structurally similar to endogenous human factor VIII
IS: *Antihemophilic Factor (porcine)*
IS: *Porcine Factor VIII*
IS: *Coagulation Factor VIII (porcine)*
IS: *AHF*
PH: Human coagulation factor VIII [Ph. Eur. 5]

Fibrogammin-P® (Aventis Behring: IL)
Fibrogammin-P® (ZLB Behring: LU)
Hyate C® (Ipsen: US)

Factor XIII (USAN)

L: Factor XIII coagulationis sanguinis humanus cryodessicatus
D: Blutgerinnungsfaktor XIII (human)

⚕ Hemostatic agent

CAS-Nr.: 0009013-56-3

IS: *Coagulation factor XIII*
IS: *Blood-coagulation factor XIII*
IS: *Fibrin stabilizing factor (FSF)*
IS: *FSF*
IS: *Laki-Lorand-factor (LLF)*
IS: *Plasma Protransglutaminase*
IS: *Fibrinase*
IS: *LLF*
IS: *Fibrogammin*
IS: *Factor XIII (human)*
IS: *Fibrinoligase*

Fibrogammin-P® (Aventis: AR)
Fibrogammin-P® (ZLB Behring: BE, HK)
Fibrogammin® (Aventis Behring: IL)
Fibrogammin® (ZLB Behring: AT, CH, DE, GB)

Fadrozole (Rec.INN)

L: Fadrozolum
D: Fadrozol
F: Fadrozole
S: Fadrozol

⚕ Antineoplastic agent
⚕ Enzyme inhibitor, aromatase

CAS-Nr.: 0102676-47-1 — C_{14}-H_{13}-N_3, M_r 223.288

Benzonitrile, 4-(5,6,7,8-tetrahydroimidazo[1,5-a]pyridin-5-yl)-, (±)-

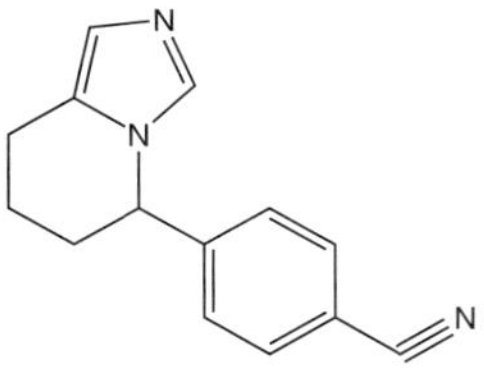

– hydrochloride:

CAS-Nr.: 0102676-96-0
OS: *Fadrozole Hydrochloride USAN*
IS: *Arensin*
IS: *CGS 16949 A (Ciba-Geigy, USA)*

Afema® (Novartis: JP)

Famciclovir (Rec.INN)

L: Famciclovirum
D: Famciclovir
F: Famciclovir
S: Famciclovir

⚕ Antiviral agent

ATC: J05AB09,S01AD07
CAS-Nr.: 0104227-87-4 — C_{14}-H_{19}-N_5-O_4, M_r 321.356

2-[2-(2-Amino-9H-purin-9-yl)ethyl]-1,3-propanediol diacetate (ester)

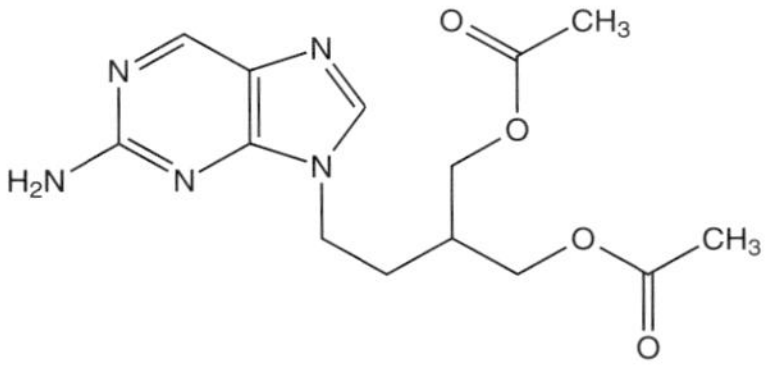

OS: *Famciclovir [BAN, DCF, USAN]*
IS: *AV 42810*
IS: *BRL 42810 (Beecham, Great Britain)*

Ancivin® (Padro: ES)
Famciclovir Visfarm® (Visfarm: ES)
Famciclovir® (EU-Pharma: NL)
Famciclovir® (Eureco: NL)
Famciclovir® (Euro: NL)
Famtrex® (Cipla: IN)
Famvir Zoster® (Novartis: LU)
Famvir® [Tbl.] (GlaxoSmithKline: AE, BH, IR, KW, OM, QA, RO)
Famvir® [Tbl.] (Novartis: AT, AU, BE, CA, CH, CZ, DE, DK, EC, ES, FI, GB, GR, HK, HU, IE, IL, IS, IT, LU, NL, RU, SE, SG, TH, TR, US, ZA)
Famvir® [Tbl.] (SmithKline Beecham: ES)
Lizhufeng® (Livzon Zhuhai: CN)
Oravir® (Novartis: FR)
Pentavir® (Fortbenton: AR)
Penvir® (Sigma: BR)
Sandoz Famciclovir® (Sandoz: CA)
Ziravir® (LPB: IT)

Famotidine (Rec.INN)

L: **Famotidinum**
I: **Famotidina**
D: **Famotidin**
F: **Famotidine**
S: **Famotidina**

Gastric secretory inhibitor
Histamine, H_2-receptor antagonist

ATC: A02BA03
CAS-Nr.: 0076824-35-6 C_8-H_{15}-N_7-O_2-S_3
M_r 337.458

Propanimidamide, 3-[[[2-[(aminoiminomethyl)amino]-4-thiazolyl]methyl]thio]-N-(aminosulfonyl)-

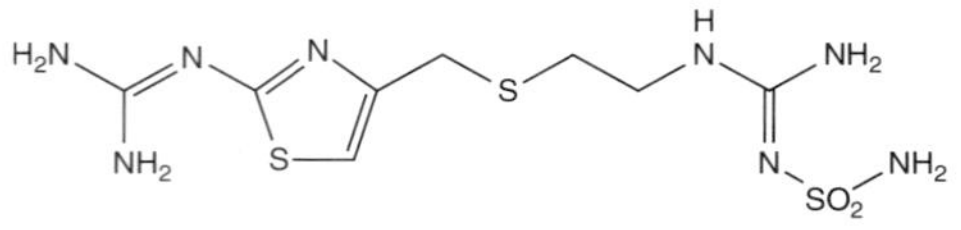

OS: *Famotidine [BAN, DCF, USAN]*
OS: *Famotidina [DCIT]*
IS: *L 643341*
IS: *MK 208 (Merck Sharp & Dohme, Great Britain)*
IS: *YM 11170 (Yamanouchi, Japan)*
PH: Famotidine [Ph. Eur. 5, JP XIV, USP 30]
PH: Famotidinum [Ph. Eur. 5]
PH: Famotidin [Ph. Eur. 5]

Agufam® (S.T. Pharma: TH)
Amfamox® (Amrad: AU)
Androtin® (Andromaco: MX)
Ansilan® (Cosmopharm: GR)
Antidine® (Kimia: ID)
Apo-Famotidine® (Apotex: AN, BB, BM, BS, CA, CZ, GY, HT, HU, JM, KY, SG, SR, TT)
Apo-Famotidine® (Apotex Inc.: RU)
Asid® (Legrand EMS: BR)
Ausfarm® (Arrow: AU)
Axidin® (Unimed & Unihealth: BD)
Banatin® (Remedina: GR)
Bioglan Famotidine® (Niche: NL)
Blocacid® (Ipca: IN, LK)
Confobos® (Smaller: ES)
Corocyd® (Coronet: ID)
Cronol® (Solvay: ES)
Digervin® (Alacan: ES)
Digervin® (Coll: ES)
Duovel® (Sanovel: TR)
Durater® (Senosiain: DO, GT, HN, MX, PA, SV)
Eradix® (Kwizda: AT)
Esseldon® (Anfarm: GR)
Eviantrina® (Korhispana: ES)
Fabcid® (Nipa: BD)
Faberdin® (Bernofarm: ID)
Facid® (Kalbe: ID)
Fadine® (Biolab: HK, TH)
Fadine® (Shaphaco: IQ, YE)
Fadul® (Hexal: DE)
Fagastril® (Koçak: TR)
Fagastril® (Quimifar: ES)
Famec® (Tripharma: TR)
Famex® (Actavis: IS)
Famidyna® (Jelfa: PL)
Famo 1A Pharma® (1A Pharma: DE)
Famo AbZ® (AbZ: DE)
Famobeta® (betapharm: DE)
Famocid® (Sanbe: ID)
Famocid® (Sun: IN, LK, TH)
Famocid® (Synco: HK)
Famoc® (Berlin: SG, TH)
Famodar® (Dar-Al-Dawa: BH, IQ, LB, LY, NG, OM, RO, SA, SD, SO, TN, YE)
Famodil® (Sigma Tau: IT)
Famodine® (Duopharma: BD, HK)
Famodine® (Farmasa: BR)
Famodine® (Hikma: AE, BH, EG, IQ, KW, LB, LY, OM, QA, SA, SD, SY, TN, YE)
Famodin® (Acme: BD)
Famodin® (Helcor: RO)
Famodin® (Sandoz: TR)
Famodyl® (Ethical: DO)
Famogal® (Lafrancol: CO)
Famogast® (Polpharma: PL)
Famogast® (Saba: TR)
Famohexal® (Hexal: AT, AU)
Famokey® (Inkeysa: ES)
Famonerton® (Dolorgiet: DE)
Famonite® (Zydus: IN)
Famonit® (Cadila: IN, LK)
Famonox® (Charoen Bhaesaj: TH)
Famopsin® (Remedica: CY, HK, TH)
Famosan® (Alkaloid: BA, HR)
Famosan® (Pro.Med: CZ)
Famosan® (Pro.Med.: RU)
Famoser® (Biofarma: TR)
Famose® (Solvay: BR)
Famosia® (Asian: TH)
Famosin® (Lannacher: AT)
Famos® (Dankos: ID)
Famotab® (Bangkok: TH)
Famotack® (Square: BD)
Famotak® (Sedico: RO)
Famotal® (Alpharma: NO)
Famotec® (Julpharma: EC)
Famotep® (Yeni: TR)
Famotidin 1A Pharma® (1A Pharma: DE)
Famotidin Alkaloid® (Alkaloid: RS)
Famotidin Copyfarm® (Copyfarm: SE)
Famotidin Domesco® (Domesco: VN)
Famotidin findusFit® (findusFit: DE)
Famotidin Genericon® (Genericon: AT)
Famotidin Hexal® (Sandoz: HU, SE)
Famotidin Interpharm® (Interpharm: AT)
Famotidin Klast® (Linden: DE)
Famotidin ratiopharm® (Ratiopharm: AT)
Famotidin Sandoz® (Sandoz: DE)
Famotidin Stada® (Stada: AT)
Famotidin Stada® (Stadapharm: DE)
Famotidin-CT® (CT: DE)
Famotidin-EG® (Eurogenerics: LU)
Famotidin-ratiopharm® (Ratiopharm: AT)
Famotidin-ratiopharm® (ratiopharm: DE)
Famotidin-ratiopharm® (Ratiopharm: FI, NL)
Famotidina Bexal® (Bexal: ES)
Famotidina Ciclum® (Ciclum: PT)
Famotidina Cinfa® (Cinfa: ES)
Famotidina Edigen® (Edigen: ES)
Famotidina Eg® (EG: IT)

Famotidina Gen-Far® (Genfar: PE)
Famotidina Genfar® (Genfar: EC)
Famotidina Harkley® (Hubber: ES)
Famotidina L.CH.® (Chile: CL)
Famotidina Lisan® (Lisan: CR)
Famotidina Mabo® (Mabo: ES)
Famotidina Merck® (Merck Genéricos: PT)
Famotidina MK® (Bonima: BZ, CR, DO, GT, HN, NI, PA, SV)
Famotidina Normon® (Normon: ES)
Famotidina Qualix® (Qualix: ES)
Famotidina Ranbaxy® (Ranbaxy: ES)
Famotidina Ratiopharm® (Ratiopharm: ES)
Famotidina Stada® (Stada: ES)
Famotidina® (Alkaloid: RO)
Famotidina® (Bago: CL)
Famotidina® (Bestpharma: CL)
Famotidina® (Biosano: CL)
Famotidina® (Chemopharma: CL)
Famotidina® (Medicalex: CO)
Famotidina® (Mintlab: CL)
Famotidina® (Pasteur: CL)
Famotidina® (Sanderson: CL)
Famotidine Alpharma® (Alpharma: NL)
Famotidine A® (Apothecon: NL)
Famotidine CF® (Centrafarm: NL)
Famotidine for Injection® (Abraxis: US)
Famotidine for Injection® (Baxter: US)
Famotidine for Injection® (Bedford: US)
Famotidine G Gam® (G Gam: FR)
Famotidine Gf® (Genfarma: NL)
Famotidine Hovid® (Hovid: HK, SG)
Famotidine Indo Farma® (Indofarma: ID)
Famotidine Katwijk® (Katwijk: NL)
Famotidine Merck® (Merck Generics: NL)
Famotidine Merck® (Merck Génériques: FR)
Famotidine PCH® (Pharmachemie: NL)
Famotidine Sandoz® (Sandoz: NL)
Famotidine Velka® (Velka: GR)
Famotidine-Akri® (Akrihin: RU)
Famotidine-Teva® (Teva: IL)
Famotidine® (Arrow: GB)
Famotidine® (Danbury: US)
Famotidine® (Genpharm: US)
Famotidine® (Hexal: NL)
Famotidine® (Makis Pharma: RU)
Famotidine® (Mutual: US)
Famotidine® (Novartis: NL)
Famotidine® (Perrigo: US)
Famotidine® (Teva: GB)
Famotidine® (Torpharm: US)
Famotidin® (Hemofarm: RS, RU)
Famotidin® (Promedic: RO)
Famotidin® (ratiopharm: NO)
Famotidin® (Shreya: RU)
Famotidin® (Slovakofarma: CZ)
Famotidin® (Zentiva: CZ)
Famotidinã® (Sicomed: RO)
Famotid® (Drug International: BD)
Famotil® (Aché: BR)
Famotin® (DHA: HK, SG)
Famotin® (Doctor's Chemical Work: BD)
Famotin® (Feltrex: DO)
Famotin® (Lerd Singh: TH)
Famotin® (Osmopharm: EC)
Famotin® (Qualipharm: CR, GT, NI, PA)
Famotin® (USV: LK)
Famotsan® (Drogsan: TR)
Famowal® (Wallace: IN)
Famox® (Aché: BR)
Famox® (Pacific: NZ)
Famox® (Pacific Pharm: HK)
Famo® (CTS: IL)
Famo® (Gaco: BD)
Famo® (Nobel: TR)
Famtac® (Nicholas: IN)
Famulcer® (Inkeysa: ES)
Famultran® (Actavis: GE)
Famultran® (Balkanpharma: BG)
Fanosin® (Abello: ES)
Fanox® (Lesvi: ES)
Fasidine® (Siam Medicare: TH)
Fatidin® (Cipan: PT)
Febcid® (Brown & Burk: LK)
Fluktan® (Tunggal: ID)
Fluxid® (Schwarz: US)
Fudone® (Wockhardt: GH, IN, KE, MW, SD, SZ, TZ, UG, ZM)
Gasfamin® (Meprofarm: ID)
Gasmodin® (O.P.V.: VN)
Gastenin® (Perez Gimenez: ES)
Gasterogen® (Faran: GR)
Gasterol® (Terra: TR)
Gaster® (Astellas: CN)
Gaster® (Yamanouchi: ID, JP)
Gastifam® (Münir Sahin: TR)
Gastridin® (Merck Sharp & Dohme: IT)
Gastrion® (Lesvi: ES)
Gastrium® (Saval Eurolab: CL)
Gastrodomina® (Almirall: EG, ES, GH, KE, SD, TZ, ZM)
Gastrodomina® (Almirall Prodesfarma: HK)
Gastrofam® (Atabay: TR)
Gastroflux® (Eurogenerics: PH)
Gastropen® (Instituto Farmacologia: ES)
Gastropep® (Lacofarma: DO)
Gastrosidin® (Eczacibasi: RO, RU, YE)
Gastro® (Unipharm: IL)
Gen-Famotidine® (Genpharm: CA)
GenRX Famotidine® (GenRX: AU)
Gestofam® (Otto: ID)
Imposergon® (Rafarm: GR)
Incifam® (Indofarma: ID)
Interfam® (Interbat: ID)
Invigan® (Pliva: ES)
It-Famochem® (Italchem: EC)
Kemofam® (Phyto: ID)
Ludex® (Grisi Hnos: MX)
Maagzuurremmer Famotidine HTP® (Healthypharm: NL)
Maagzuurremmer Famotidine® (Dynadro: NL)
Maagzuurremmer Famotidine® (Etos: NL)
Marmodine® (Marching Pharmaceutical: HK)
Mecofam® (Mecosin: ID)
Medofadin® (Medopharm: VN)
Mostrelan® (Chrispa: GR)
Motiax® (Neopharmed: IT)
Motidine® (Unison: HK, SG, TH)
Motidin® (Valeant: HU)
Motipep® (Hexpharm: ID)

Muclox® (Sigma Tau: ES)
Neotab® (Deva: TR)
Nevofam® (Mustafa Nevzat: TR)
Nor-Famotina® (Teramed: DO, GT, HN, NI, SV)
Nos® (Dermofarm: ES)
Notac® (Central Pharm: BD)
Notidin® (Nobel: BA, TR)
Novatac® (ACI: BD)
Novo-Famotidine® (Novopharm: CA)
Nu-Famotidine® (Nu-Pharm: CA)
Nulcefam® (Armoxindo: ID)
Nulcerin® (Andromaco: ES)
Nulcerin® (Librapharm: ES)
Pamacid® (Alphapharm: AU)
Panalba® (Help: GR)
Pepcid AC® (J & J Merck: US)
Pepcid AC® (Johnson & Johnson Merck: CA)
Pepcidac® (McNeil: FR)
Pepcidina® (Merck Sharp & Dohme: PT)
Pepcidine® (Merck Sharp & Dohme: AT, AU, HK, LU, MX, MY, PE, PH, SG, TH)
Pepcidine® (Paranova: AT)
Pepcidin® (Merck Sharp & Dohme: NL)
Pepcidin® (MSD: FI, NO)
Pepcid® (McNeil: ES)
Pepcid® (Merck: US)
Pepcid® (Merck Frosst: CA, CA)
Pepcid® (Merck Sharp & Dohme: AN, AU, AW, BB, BS, BZ, GB, GY, IE, JM, KY, TT)
Pepcid® (Pfizer: FI, NO, SE)
Pepcid® (Pfizer Consumer Healthcare: NL)
Pepcid® (Woelm: DE)
Pepcid® [vet.] (Merck Sharp & Dohme Animals: GB)
Pepcine® (Masa Lab: TH)
Pepdenal® (MacroPhar: TH)
Pepdine® (Merck Sharp & Dohme: EG, FR)
Pepdul® (MSD Chibropharm: DE)
Pepfamin® (Siam Bheasach: TH)
Peptan® (Vianex: GR)
Peptid® (Opsonin: BD)
Peptifam® (United Pharmaceutical: AE, BH, IQ, JO, LY, OM, QA, SA, SD, YE)
Peptigal® (Teva: HU)
Peptoci® (Pharmasant: TH)
Peptril® (Farmoquimica: DO)
Pepzan® (Douglas: AU, NZ, SG, TH)
Pepzan® (TTN: TH)
Pharmotidine® (Community: TH)
Phyzidine® (Europharm: HK)
Pompaton® (Nufarindo: ID)
Pro-Famosal® (Pro.Med: HR)
Pro-Famosal® (Pro.Med.CS: BA)
Promocid® (Mugi: ID)
Purifam® (Sunthi: ID)
Quamatel® (Gedeon Richter: CZ, HK, HU, PL, RO, RS, RU, VN)
Quamatel® (Medimpex: BB, JM, TT)
Regastin® (Combiphar: ID)
Renapepsa® (Fahrenheit: ID)
Rogasti® (Pacific Pharmaceuticals: IL)
Rosagenus® (Leovan: GR)
Rubacina® (Rubio: ES)
Sedanium-R® (Coup: GR)
Servipep® (Novartis: BD)
Servipep® (Sandoz: HU)
Servipep® (Servipharm: HK)
Sodexx Famotidin® (Kwizda: AT)
Tairal® (Rottapharm: ES)
Tameran® (Sanofi-Synthelabo: ES)
Tamin® (Merck Sharp & Dohme: ES)
Tipodex® (Ern: ES)
Tismafam® (Metiska: ID)
Ulcatif® (Ikapharmindo: ID)
Ulcelac® (Bagó: AR)
Ulceran-40® (Medochemie: CZ, RO)
Ulceran® (Interchemia: CZ)
Ulceran® (Medochemie: BG, BH, CZ, IQ, JO, OM, RU, SD, SG, TH, UA, YE)
Ulcerid® (Lapi: ID)
Ulcetrax® (Salvat: ES)
Ulcofam® (Codal Synto: TH)
Ulcusan® (Kwizda: AT)
Ulfadin® (América: CO)
Ulfagel® (Interpharm: EC)
Ulfamet® (TO Chemicals: TH)
Ulfamid® (Krka: CZ, HR, PL, SI)
Ulfam® (Soho: ID)
Ulgarine® (Sandoz: ES)
Ulmo® (Pyridam: ID)
Vagostal® (Gynea: ES)
Vexurat® (Mentinova: GR)
Vida Famodine® (Vida: HK)
Yamadin® (Beximco: BD)
Zactrol® (Peoples: BD)

Fasudil (Rec.INN)

L: Fasudilum
D: Fasudil
F: Fasudil
S: Fasudil

⚕ Calcium antagonist

ATC: C04AX32
ATCvet: QC04AX32
CAS-Nr.: 0103745-39-7 C_{14}-H_{17}-N_3-O_2-S
M_r 291.38

Hexahydro-1-(5-isoquinolyl-sulfonyl)-1H-1,4-diazepine

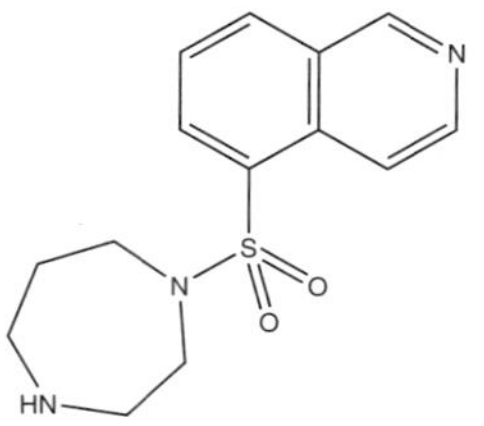

OS: *Fasudil [USAN]*

– hydrochloride:

CAS-Nr.: 0105628-07-7
IS: *AT 877*
IS: *HA 1077*

Eril S® (Asahi: JP)
Eril® (Asahi: CN)

Febantel (Rec.INN)

L: Febantelum
D: Febantel
F: Fébantel
S: Febantel

Anthelmintic [vet.]
ATCvet: QP52AC05
CAS-Nr.: 0058306-30-2 C_{20}-H_{22}-N_4-O_6-S
M_r 446.496

Carbamic acid, [[2-[(methoxyacetyl)amino]-4-(phenylthio)phenyl]carbonimidoyl]bis-, dimethyl ester

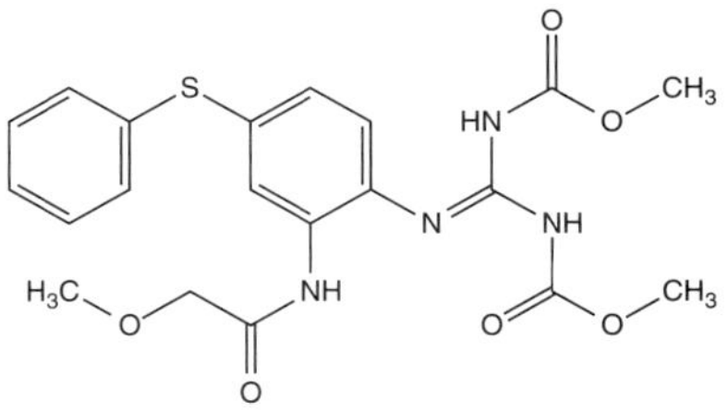

OS: *Febantel [BAN, USAN]*
IS: *Bay h 5757 (Bayer, Germany)*
IS: *Bay Vh 5757*
PH: Febantel for veterinary use [Ph. Eur. 5]

Armadose® (Bayer: DE)
Avicas® [vet.] (Oropharma: NL)
Bayverm® [vet.] (Bayer Animal: PT)
Bayverm® [vet.] (Bayer Animal Health: GB)
Cutter® [vet.] (Bayer Animal: US)
Mira Worm Pasta® [vet.] (Bayer: NL)
Rintal® [vet.] (Bayer: AT, BE, DK, IT, LU, NL, SE)
Rintal® [vet.] (Bayer Animal: DE, US)
Rintal® [vet.] (Bayer Sante Animale: FR)
Rintal® [vet.] (Provet: CH)
Rintal® [vet.] (Vitec: NZ)

Febuprol (Rec.INN)

L: Febuprolum
D: Febuprol
F: Fébuprol
S: Febuprol

Choleretic
CAS-Nr.: 0003102-00-9 C_{13}-H_{20}-O_3
M_r 224.303

2-Propanol, 1-butoxy-3-phenoxy-

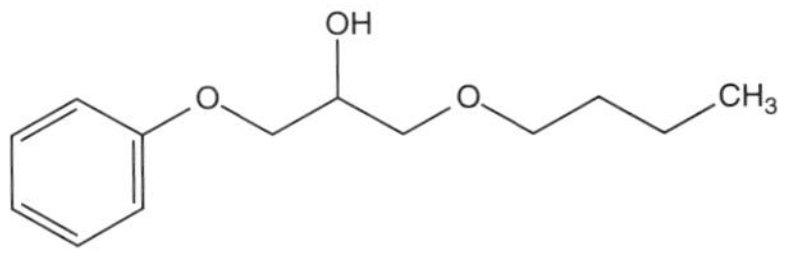

OS: *Fébuprol [DCF]*
OS: *Febuprol [USAN]*
IS: *H 33*
IS: *K 10033*

Valbil® (C.H.R. Heim: DE)
Valbil® (CPH: PT)

Fedrilate (Rec.INN)

L: Fedrilatum
D: Fedrilat
F: Fédrilate
S: Fedrilato

Antitussive agent
ATC: R05DB14
CAS-Nr.: 0023271-74-1 C_{20}-H_{29}-N-O_4
M_r 347.462

2H-Pyran-4-carboxylic acid, tetrahydro-4-phenyl-, 1-methyl-3-morpholinopropyl ester

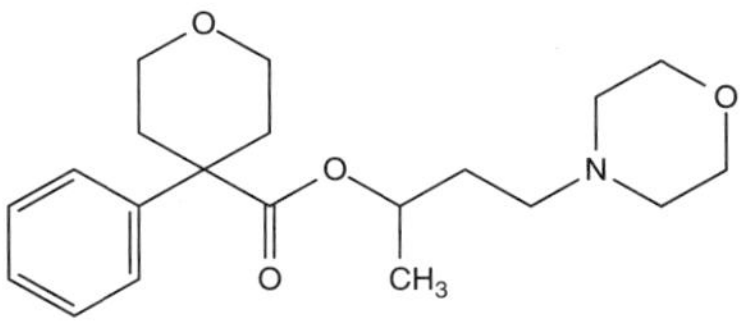

OS: *Fédrilate [DCF]*
IS: *UCB 3928*

Gotas Binelli® (Sanofi-Synthelabo: BR)

Felbamate (Rec.INN)

L: Felbamatum
I: Felbamato
D: Felbamat
F: Felbamate
S: Felbamato

Antiepileptic
ATC: N03AX10
CAS-Nr.: 0025451-15-4 C_{11}-H_{14}-N_2-O_4
M_r 238.253

2-Phenyl-1,3-propanediol dicarbamate

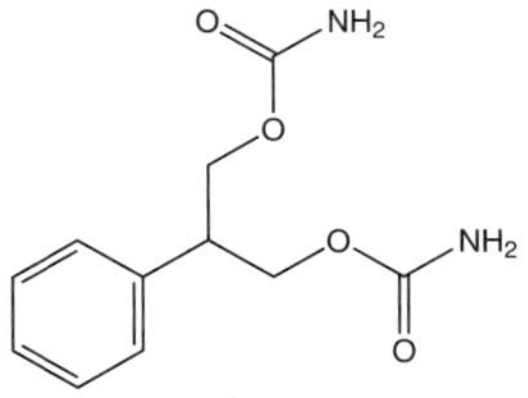

OS: *Felbamate [DCF, USAN]*
IS: *AD 03055*
IS: *W 554 (Wallace, USA)*

Felbamyl® (Schering-Plough: AR)
Felbatol® (Medpointe: US)
Taloxa® (Aesca: AT)
Taloxa® (Essex: CH, DE)
Taloxa® (Schering-Plough: BE, CZ, ES, FR, HU, IT, LU, NO, SE)

Felbinac (Rec.INN)

L: Felbinacum
I: Felbinac
D: Felbinac
F: Felbinac
S: Felbinaco

Antiinflammatory agent
Analgesic, external

ATC: M02AA08
CAS-Nr.: 0005728-52-9 C_{14}-H_{12}-O_2
M_r 212.25

[1,1'-Biphenyl]-4-acetic acid

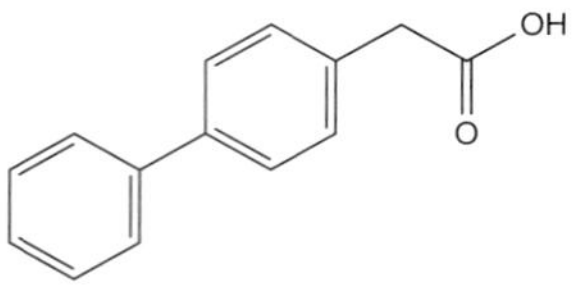

OS: *Felbinac [BAN, DCF, JAN, USAN]*
IS: *BPAA*
IS: *CL 83544 (Lederle, USA)*
IS: *LJC 10141*
IS: *LY 61017*
PH: Felbinac [BP 2002]

Dolinac® (Teofarma: IT)
Flexfree® (Omega: BE, LU)
Napageln® (Lederle: JP)
Seltouch® (Teikoku: JP)
Seltouch® (Wyeth: JP)
Traxam® (Goldshield: GB, IE)
Traxam® (Wyeth: IT)

– **iminobis(2-propanol) salt:**
Spalt Schmerz-Gel® (Whitehall-Much: DE)

Felodipine (Rec.INN)

L: Felodipinum
I: Felodipina
D: Felodipin
F: Félodipine
S: Felodipino

Antihypertensive agent
Calcium antagonist

ATC: C08CA02
CAS-Nr.: 0072509-76-3 C_{18}-H_{19}-Cl_2-N-O_4
M_r 384.26

3,5-Pyridinedicarboxylic acid, 4-(2,3-dichlorophenyl)-1,4-dihydro-2,6-dimethyl-, ethyl methyl ester

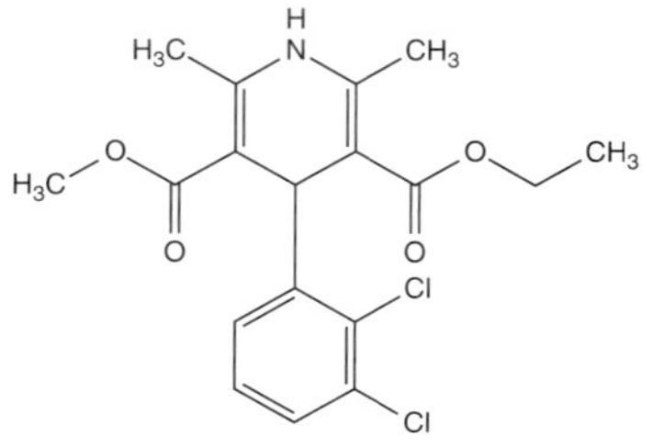

OS: *Felodipine [BAN, USAN]*
OS: *Félodipine [DCF]*
IS: *H 154/82*
PH: Felodipinum [Ph. Eur. 5]
PH: Felodipin [Ph. Eur. 5]
PH: Felodipine [Ph. Eur. 5, USP 30]
PH: Félodipine [Ph. Eur. 5]

Auronal® (Egis: RO)
Eutens® (Grisi Hnos: MX)
Fedin® (Sandoz: MX)
Feldil® (Actavis: IS)
Felim® (Zuellig: TH)
Felo-Puren® (Actavis: DE)
Felobeta® (betapharm: DE)
Felocord® (Terapia: RO)
Felocor® (Hexal: CZ, DE, LU)
Feloday® (AstraZeneca: IT)
Felodil® (Sandoz: CH)
Felodin® (Pharmacodane: DK)
Felodipin 1A Pharma® (1A Pharma: DE)
Felodipin 1A Pharma® (1a Pharma: HU)
Felodipin AbZ® (AbZ: DE)
Felodipin Alpharma® (Actavis: FI)
Felodipin Alpharma® (Alpharma: DK, NL, SE)
Felodipin AL® (Aliud: CZ, DE, RO)
Felodipin Arcana® (Arcana: AT)
Felodipin dura® (Merck dura: DE)
Felodipin EP® (Helcor: RO)
Felodipin Helvepharm® (Helvepharm: CH)
Felodipin Heumann® (Heumann: DE)
Felodipin Hexal® (Hexal: AT, DK, NO)
Felodipin Hexal® (Sandoz: HU, SE)
Felodipin Merck NM® (Merck NM: SE)
Felodipin ratiopharm® (Ratiopharm: AT)
Felodipin ratiopharm® (ratiopharm: DK)
Felodipin ratiopharm® (Ratiopharm: FI, SE)
Felodipin Retard 1A Farma® (1A Farma: DK)
Felodipin Sandoz® (Sandoz: DE, DK, FI, NL, SE)
Felodipin Stada® (Stada: RS, SE, SG, TH)
Felodipin Stada® (Stadapharm: DE)
Felodipin TAD® (TAD: DE)
Felodipin-CT® (CT: DE)
Felodipin-mepha® (Mepha: CH)
Felodipin-ratiopharm® (Ratiopharm: CZ)
Felodipin-ratiopharm® (ratiopharm: DE, HU, LU)
Felodipina Alpharma® (Alpharma: PT)
Felodipina Bexal® (Bexal: PT)
Felodipine AstraZeneca® (AstraZeneca: HU)
Felodipine Bexal® (Bexal: BE)
Felodipine EG® (Eurogenerics: BE)
Felodipine Gf® (Genfarma: NL)
Felodipine Hexal® (Centrafarm: NL)
Felodipine Hexal® (Hexal: NL, ZA)
Felodipine PCH® (Pharmachemie: NL)
Felodipine Ratiopharm® (Ratiopharm: BE)
Felodipine Sandoz® (Sandoz: BE, LU)
Felodipine-EG® (Eurogenerics: LU)
Felodipino Sandoz® (Sandoz: ES)
Felodipin® (Alpharma: NO)
Felodipin® (Merck NM: NO)
Felodipin® (ratiopharm: NO)
Felodistad® (Stada: AT)
Felodur® (Alphapharm: AU)
Felogamma® (Wörwag Pharma: DE)
Felogard® (Cipla: IN, LK)
Felohexal® (Hexal: RO)

Felop® (Shou Chan: PH)
Felotard® (Labormed Pharma: RO)
Felotens® (Genus: GB)
Feloten® (Biolab: TH)
Felo® (Pacific: NZ)
Fensel® (Pharmacia: ES)
Flodil® (AstraZeneca: FR)
Hydac® (Sanofi-Aventis: FI)
Merck-Felodipine® (Merck: BE)
Modip® (AstraZeneca: DE)
Modip® (Promed: DE)
Munobal® (Aventis: AT)
Munobal® (Sanofi-Aventis: AR, DE, MX)
Nirmadil® (Fahrenheit: ID)
Penedil® (Teva: IL)
Perfudal® (Odin: ES)
Perfudal® (Schering-Plough: ES)
Plendil® (AstraZeneca: AE, AG, AN, AR, AT, AU, AW, BE, BG, BH, BM, BS, BZ, CA, CH, CN, CR, CY, CZ, DK, DO, ES, ET, FI, GB, GD, GE, GH, GR, GT, GY, HK, HN, HT, HU, ID, IE, IQ, IS, IT, JM, KE, KW, LB, LC, LK, LU, LY, MT, MW, MX, MY, MZ, NG, NI, NL, NO, NZ, OM, PA, PE, PH, PL, QA, RO, RS, SA, SD, SE, SG, SR, SV, TH, TR, TT, TZ, UG, US, VC, VN, YE, ZA, ZM, ZW)
Plendil® (Beta: ES)
Plendur® (Sandoz: DK)
Pratol® (Sicomed: RO)
Presid® (Ivax: CZ, HU, RO)
Preslow® (AstraZeneca: PT)
Prevex® (Simesa: IT)
Renedil® (Aventis: LU)
Renedil® (Sanofi-Aventis: BE, CA, NL)
Sandoz Felodipine® (Sandoz: CA)
Sistar® (Gedeon Richter: RO)
Splendil® (AstraZeneca: BR, CL)
Vascalpha® (Actavis: GB)
Versant® (L.R. Imperial: PH)

Felypressin (Rec.INN)

L: Felypressinum
I: Felipressina
D: Felypressin
F: Félypressine
S: Felipresina

Vasoconstrictor

CAS-Nr.: 0000056-59-7 C_{46}-H_{65}-N_{13}-O_{11}-S_2
M_r 1040.276

Vasopressin, 2-L-phenylalanine-8-L-lysine-

H—Cys—Phe—Phe—Glu(NH_2)—Asp(NH_2)—Cys—Pro—Lys—Gly—NH_2

OS: *Felypressin [BAN, USAN]*
OS: *Félypressine [DCF]*
OS: *Felipressina [DCIT]*
IS: *PLV-2*
PH: Felypressin [Ph. Eur. 5]

Citanest com Octapressin® [+ Prilocaine hydrochloride] (AstraZeneca: BR)
Citanest Dental Octapressin® [+ Prilocaine hydrochloride] (Dentsply: FI, IS, NO, SE)
Citanest Octapressin® [+ Prilocaine hydrochloride] (AstraZeneca: AE, BH, CY, EG, IQ, JO, KW, LB, LY, MT, OM, QA, SA, SY, YE)
Citanest Octapressin® [+ Prilocaine hydrochloride] (Dentsply: IT)
Citanest Octapressin® [+ Prilocaine hydrochloride] (Inibsa: ES)
Citocain® [+ Prilocaine hydrochloride] (Cristália: BR)

Fenbendazole (Rec.INN)

L: Fenbendazolum
D: Fenbendazol
F: Fenbendazole
S: Fenbendazol

Anthelmintic [vet.]

ATC: P02CA06
ATCvet: QP52AC13
CAS-Nr.: 0043210-67-9 C_{15}-H_{13}-N_3-O_2-S
M_r 299.359

Carbamic acid, [5-(phenylthio)-1H-benzimidazol-2-yl]-, methyl ester

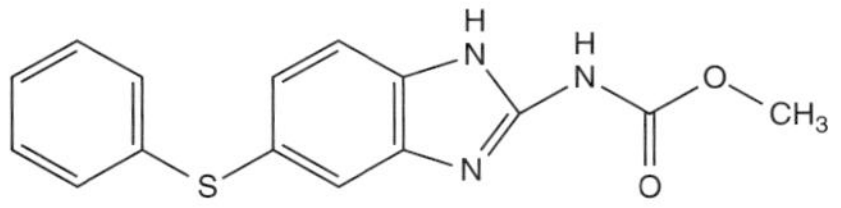

OS: *Fenbendazole [BAN, USAN]*
IS: *Hoe 881*
PH: Fenbendazolum ad usum veterinarium [Ph. Eur. 5]
PH: Fenbendazole for Veterinary Use [Ph. Eur. 5]
PH: Fenbendazol für Tiere [Ph. Eur. 5]
PH: Fenbendazole [Ph. Eur. 4]
PH: Fenbendazole [USP 30]

Amos Wormkorrels® [vet.] (Floris: NL)
Ascapilla® [vet.] (Chevita: DE)
Axilur® [vet.] (Intervet: FI, SE)
Coglazol® [vet.] (Ceva: DE)
Curazole® [vet.] (Tulivin: GB)
Curazole® [vet.] (Univet: IE)
Easy to use Wormer® [vet.] (Bob Martin: GB)
Easy Wormer Granules® [vet.] (Johnson & Johnson: GB)
Ecomintic® [vet.] (Eco: ZA)
Elmipur® [vet.] (Fatro: IT)
Elmizin® [vet.] (Izo: IT)
Equivermex® [vet.] (Ufamed: CH)
Equiworm® [vet.] (Intervet: NL)
Feligel® [vet.] (CP: DE)
Fenbendatat® [vet.] (Animedic: DE)
Fenbendazol® [vet.] (Animedic: DE)
Fenbendazol® [vet.] (Medistar: DE)
Fenbendazol® [vet.] (Western: AU)
Fenbenol® [vet.] (CP: DE)
Fenben® [vet.] (Ancare: NZ)
Fencare® [vet.] (Virbac: AU)
Fenzol® [vet.] (Norbrook: GB)
Forazole® [vet.] (Foran: IE)
Granofen® [vet.] (Virbac: GB)
Mediamix V Fenben® [vet.] (Noé: FR)
Nemavet® [vet.] (Vetcare: FI)

Orystor® [vet.] (Bioptive: DE)
Ostridose® [vet.] (Eco: ZA)
Panacur® [vet.] (Aventis: DE)
Panacur® [vet.] (Hoechst Animal Health: BE)
Panacur® [vet.] (Hoechst Roussel Vet: AT)
Panacur® [vet.] (Hoechst Vet: IE, PT)
Panacur® [vet.] (Hoechst-Roussel: US)
Panacur® [vet.] (Intervet: AT, AU, DE, FR, GB, IT, LU, NL, NO, NZ, ZA)
Panacur® [vet.] (Veterinaria: CH)
Pharbenlan® [vet.] (Floris: NL)
Safe-Guard® (Hoechst-Roussel: US)
Topro Wormkorrels® [vet.] (Floris: NL)
Wormazole® [vet.] (Norbrook: GB)
Wormgranulaat® [vet.] (Beaphar: NL)
Worming Granules® [vet.] (Sherley's: GB)
Zerofen® [vet.] (Chanelle: GB, IE, NL, PT)
Zerofen® [vet.] (Scanvet: FI)
Zerofen® [vet.] (Thannesberger: AT)

Fenbufen (Rec.INN)

L: Fenbufenum
I: Fenbufene
D: Fenbufen
F: Fenbufène
S: Fenbufen

Antiinflammatory agent
Analgesic

ATC: M01AE05
CAS-Nr.: 0036330-85-5 C_{16}-H_{14}-O_3 M_r 254.288

[1,1'-Biphenyl]-4-butanoic acid, λ-oxo-

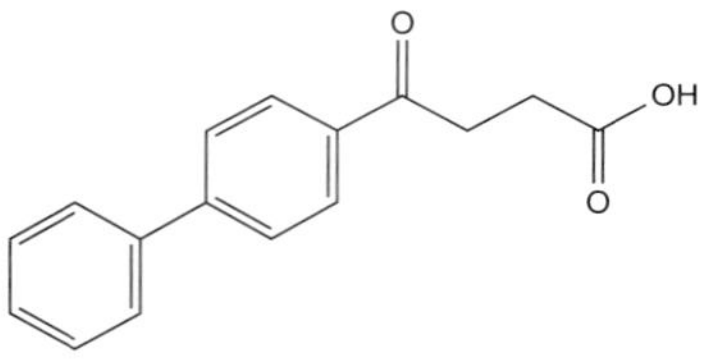

OS: *Fenbufen [BAN, JAN, USAN]*
OS: *Fenbufène [DCF]*
OS: *Fenbufene [DCIT]*
IS: *CL 82 204 (Lederle, USA)*
PH: Fenbufen [Ph. Eur. 5, JP XIV]
PH: Fenbufenum [Ph. Eur. 5]
PH: Fenbufène [Ph. Eur. 5]

Basifen® (Basi: PT)
Cepal® (Pharmasant: TH)
Cinopal® (Wyeth: TH)
Cybufen® (Lederle: ID)
Fenbufen® (Actavis: GB)
Fenbufen® (Generics: GB)
Fenbufen® (Hillcross: GB)
Lederfen® (Goldshield: GB, IE)
Lederfen® (Wyeth: AT)

Fendiline (Prop.INN)

L: Fendilinum
I: Fendilina
D: Fendilin
F: Fendiline
S: Fendilina

Calcium antagonist
Coronary vasodilator

ATC: C08EA01
CAS-Nr.: 0013042-18-7 C_{23}-H_{25}-N M_r 315.463

Benzenepropanamine, λ-phenyl-N-(1-phenylethyl)-

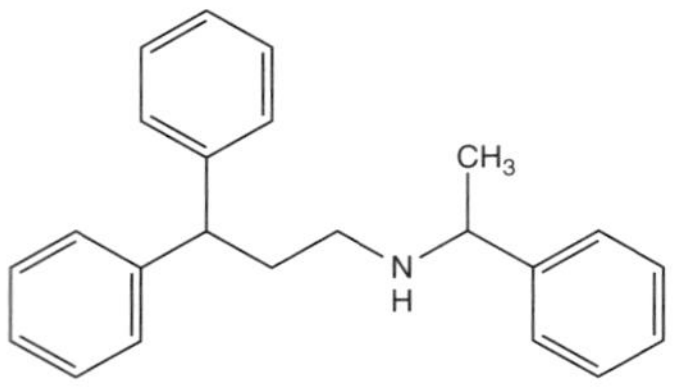

OS: *Fendilina [DCIT]*
OS: *Fendiline [USAN]*
IS: *HK 137*
IS: *Phenazaxan*

– hydrochloride:
CAS-Nr.: 0013636-18-5

Sensit® (AKZO Nobel: BR)
Sensit® (Celltech: DE)
Sensit® (Organon: AT, IT)

Fenetylline (Rec.INN)

L: Fenetyllinum
D: Fenetyllin
F: Fénétylline
S: Fenetilina

Psychostimulant

ATC: N06BA10
ATCvet: QN06BA10
CAS-Nr.: 0003736-08-1 C_{18}-H_{23}-N_5-O_2 M_r 341.432

1H-Purine-2,6-dione, 3,7-dihydro-1,3-dimethyl-7-[2-[(1-methyl-2-phenylethyl)amino]ethyl]-

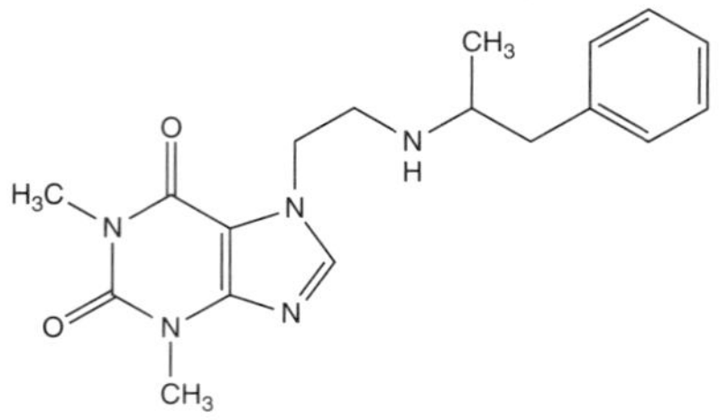

OS: *Fenetylline [BAN]*
OS: *Fénétylline [DCF]*
IS: *Fenetylinum*
IS: *Fenethylline*

– hydrochloride:
CAS-Nr.: 0001892-80-4

OS: *Fenethylline Hydrochloride USAN*
IS: *H 814*

Captagon® (Viatris: BE, DE, LU)

Fenfluramine (Rec.INN)

L: Fenfluraminum
I: Fenfluramina
D: Fenfluramin
F: Fenfluramine
S: Fenfluramina

Anorexic

ATC: A08AA02
CAS-Nr.: 0000458-24-2 C_{12}-H_{16}-F_3-N
M_r 231.27

Benzeneethanamine, N-ethyl-α-methyl-3-(trifluoromethyl)-

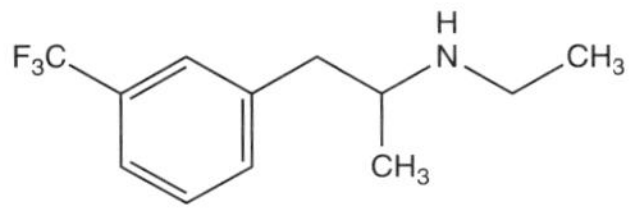

OS: *Fenfluramine [BAN, DCF]*
OS: *Fenfluramina [DCIT]*
IS: *S 768*

– hydrochloride:

CAS-Nr.: 0000404-82-0
OS: *Fenfluramine Hydrochloride BANM, USAN*
IS: *AHR 3002 (Robins, USA)*
IS: *Ganal*
IS: *S 5019*
PH: Fenfluramine (chlorhydrate de) Ph. Franç. X
PH: Fenfluramine Hydrochloride BP 1993

Pondimin® (Robins: US)

Fenipentol (Rec.INN)

L: Fenipentolum
I: Fenipentolo
D: Fenipentol
F: Fenipentol
S: Fenipentol

Choleretic

CAS-Nr.: 0000583-03-9 C_{11}-H_{16}-O
M_r 164.249

Benzenemethanol, α-butyl-

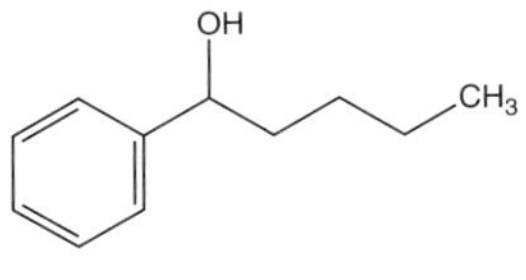

OS: *Fenipentolo [DCIT]*
OS: *Fenipentol [JAN, USAN]*
IS: *PC 1*
IS: *1-Phenylpentanol*
PH: Fenipentolum [PhBs IV]

Febichol® (medphano: DE)
Febichol® (Slovakofarma: CZ)
Febichol® (Spofa: BG)
Pentabil® (OFF: IT)

Fenofibrate (Rec.INN)

L: Fenofibratum
I: Fenofibrato
D: Fenofibrat
F: Fénofibrate
S: Fenofibrato

Antihyperlipidemic agent

ATC: C10AB05
CAS-Nr.: 0049562-28-9 C_{20}-H_{21}-Cl-O_4
M_r 360.838

Propanoic acid, 2-[4-(4-chlorobenzoyl)phenoxy]-2-methyl-, 1-methylethyl ester

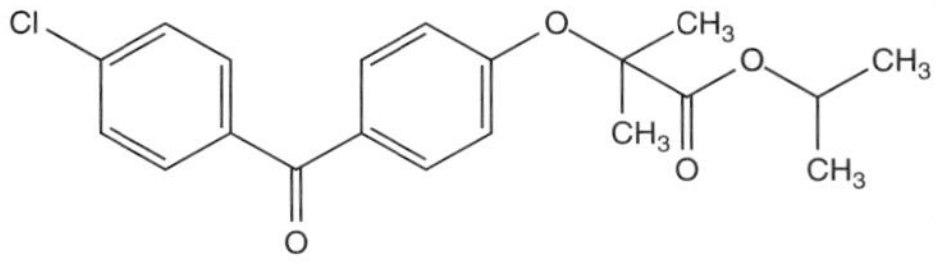

OS: *Fenofibrate [BAN, DCF, USAN]*
OS: *Fenofibrato [DCIT]*
IS: *LF 178*
IS: *Phenofibrate*
IS: *Procetofen*
IS: *Proctofene*
IS: *W 13635*
PH: Fenofibratum [Ph. Eur. 5]
PH: Fenofibrate [Ph. Eur. 5, USP 30]
PH: Fenofibrat [Ph. Eur. 5]
PH: Fénofibrate [Ph. Eur. 5]

Antara® (Reliant: US)
Apo-Feno-Micro® (Apotex: CA)
Apo-Fenofibrate® (Apotex: CA)
Apo-Feno® (Apotex: CZ, PL)
Apteor® (Fournier: LU)
Catalip® (Fournier: PT)
Cil® (Winthrop: DE)
Controlip® (Abbott: MX)
Controlip® (Knoll: CR, DO, GT, HN, NI, PA, SV)
Craveril® (Craveri: AR)
Docfenofi® (Docpharma: BE, LU)
durafenat® (Merck dura: DE)
Evothyl® (Guardian: ID)
Febira® (Slovakofarma: CZ)
Fegenor® (Leurquin: FR, LU)
Feno-Micro® (Apotex: HU)
Fenobeta® (betapharm: DE)
Fenobrate® (Sanofi-Aventis: AR)
Fenobrat® (Bristol-Myers Squibb: HU)
Fenocap® (Orion: BD)
Fenocol® (Peoples: BD)
Fenofanton® (Juta: DE)
Fenofanton® (Q-Pharm: DE)
Fenofibrat AbZ® (AbZ: DE)
Fenofibrat AL® (Aliud: DE)
Fenofibrat AZU® (Azupharma: DE)
Fenofibrat Genericon® (Genericon: AT)
Fenofibrat Heumann® (Heumann: DE)
Fenofibrat Hexal® (Hexal: DE)
Fenofibrat LPH® (Labormed Pharma: RO)

Fenofibrat Nycomed® (Nycomed: AT)
Fenofibrat Sandoz® (Sandoz: DE)
Fenofibrat Stada® (Stadapharm: DE)
fenofibrat von ct® (CT: DE)
Fenofibrat-CT® (CT: DE)
Fenofibrat-ratiopharm® (ratiopharm: DE, LU)
Fenofibrate Bexal® (Bexal: BE)
Fenofibrate BMS® (Ethypharm: CZ)
Fenofibrate Domesco® (Domesco: VN)
Fenofibrate EG® (Eurogenerics: BE)
Fenofibrate Teva® (Teva: BE)
Fenofibrate Zydus® (Zydus: FR)
Fenofibrate® (Global: US)
Fenofibrate® (Ranbaxy: US)
Fenofibrate® (Teva: US)
Fenofibrato Winthrop® (Winthrop: PT)
Fenofitop® (Teva: BE)
Fenofix® (Ivax: CZ)
Fenogal Lidose® (SMB: SG)
Fenogal® (Galepharma: TR)
Fenogal® (Genus: GB)
Fenogal® (SMB: BE, LU)
Fenolid® (General Pharma: BD)
Fenolip® (Lannacher: AT)
Fenoratio® (ratiopharm: PL)
Fenox® (Fournier: TH)
Fulcro® (Fournier: IT)
Fénofibrate Biogaran® (Biogaran: FR)
Fénofibrate EG® (EG Labo: FR)
Fénofibrate Fournier Micronisé® (Solvay: FR)
Fénofibrate Fournier® (Solvay: FR)
Fénofibrate G Gam® (G Gam: FR)
Fénofibrate Ivax® (Ivax: FR)
Fénofibrate Merck® (Merck Génériques: FR)
Fénofibrate RPG® (RPG: FR)
Fénofibrate Sandoz® (Sandoz: FR)
Fénofibrate Winthrop® (Winthrop: FR)
Gen-Fenofibrate® (Genpharm: CA)
Grofibrat® (Polfa Grodzisk: PL)
Hafenthyl® (Hasan: VN)
Hipolip® (Mecosin: ID)
Hyperchol® (Ikapharmindo: ID)
Hypolip® (Chinoin: CZ)
Katalip® (Lek: SI)
Lexemin® (Unison: SG, TH)
Lifibrat® (Mekophar: VN)
Lipanthyl® (Formenti: IT)
Lipanthyl® (Fournier: AE, BE, CY, CZ, DE, GR, HK, ID, KW, LB, LU, MY, OM, PH, PL, PT, QA, RO, SG, TH)
Lipanthyl® (Gedeon Richter: HU)
Lipanthyl® (Lachema: CZ)
Lipanthyl® (Leiras: FI)
Lipanthyl® (Selena Fournier: SE)
Lipanthyl® (Solvay: CH, CN, FR, RU, TR, VN)
Lipantil® (Fournier: IE)
Lipantil® (Solvay: GB)
Liparison® (Novartis: ES)
Lipcor® (Nycomed: AT)
Lipicard® (USV: IN)
Lipidil-Ter® (Fournier: DE)
Lipidil® (Andromaco: CL)
Lipidil® (Farmalab: BR)
Lipidil® (Fournier: AU, CA, DE, GR, HU)
Lipidil® (Gedeon Richter: HU)
Lipidil® (Interpharm: EC)
Lipidil® (Italmex: MX)
Lipidof® (Acme: BD)
Lipilfen® (Ethypharm: CN)
Lipired® (Square: BD)
Lipirex® (Winthrop: CZ, FR)
Lipivim® (VIM Spectrum: RO)
Lipofene® (Teofarma: IT)
Lipofen® (Cipher: US)
Lipofen® (Nobel: TR)
Lipofib® (Terapia: RO)
Lipohexal® (Hexal: CZ)
Lipsin® (Aventis: ZA)
Lipsin® (Caber: IT)
Lipsin® (Nycomed: AT)
Lofat® (Beximco: BD)
Lofibra® (Gate: US)
Merck-Fenofibrate® (Merck: BE)
Minuslip® (Ivax: AR)
MTW-Fenofibrat® (MTW: DE)
Neo-Disterin® (Norma: GR)
Nofiate® (Incepta: BD)
Nolipax® (Salus: IT)
Normalip® (Abbott: DE)
Normolip® (Metlen: CO)
Normolip® (Synthesis: DO)
Novo-Fenofibrate® (Novopharm: CA)
Nuozhituo® (Ethypharm: CN)
PMS-Fenofibrate Micro® (Pharmascience: CA)
Procetoken® (Laboratorios: AR)
ratio-Fenofibrate® (Ratiopharm: CA)
Scleril® (AGIPS: IT)
Sclerofin® (Ivax: AR)
Secalip® (Fournier: ES)
Supralip® (Fournier: PT, TH)
Supralip® (Solvay: GB)
Suprelip® (Bristol-Myers Squibb: CZ)
Sécalip® (Solvay: FR)
Tilene® (Francia: IT)
Trichol® (Galenium: ID)
Tricor® (Abbott: US)
Trigent® (Unimed & Unihealth: BD)
Triglide® (Sciele: US)
Trolip® (Dexa Medica: ID, LK)
Versamid® (Remedica: CY)
Yosenob® (Nufarindo: ID)
Zumafib® (Prima: ID)

Fenoldopam (Rec.INN)

L: Fenoldopamum
D: Fenoldopam
F: Fenoldopam
S: Fenoldopam

⚕ Diuretic
⚕ Antihypertensive agent

ATC: C01CA19
CAS-Nr.: 0067227-56-9 C_{16}-H_{16}-Cl-N-O_3
M_r 305.76

6-Chloro-2,3,4,5-tetrahydro-1-(p-hydroxyphenyl)-1H-3-benzazepine-7,8-diol

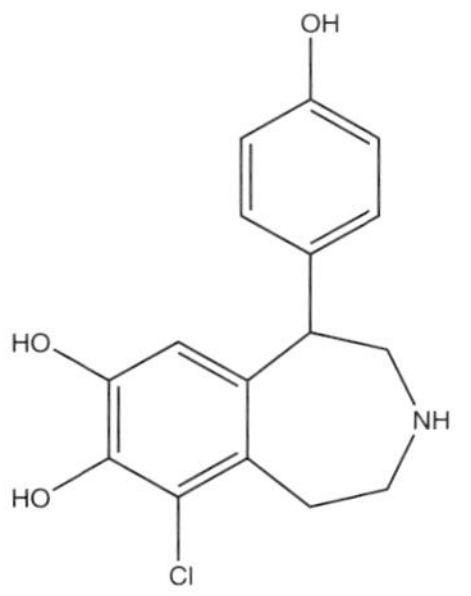

OS: *Fenoldopam [BAN, DCF]*
IS: *SKF 82526*

Carlacor® (Elan: LU)

– mesilate:

CAS-Nr.: 0067227-57-0
OS: *Fenoldopam Mesylate USAN*
OS: *Fenoldopam Mesilate BAN*
IS: *SKF 82526-J*
IS: *SKF 82526*
PH: Fenoldopam Mesylate USP 30

Corlopam® (Elan: NL)
Corlopam® (Zeneus: IT)

Fenoprofen (Rec.INN)

L: Fenoprofenum
I: Fenoprofene
D: Fenoprofen
F: Fénoprofène
S: Fenoprofeno

Antiinflammatory agent
Analgesic

ATC: M01AE04
CAS-Nr.: 0031879-05-7 C_{15}-H_{14}-O_3
M_r 242.277

Benzeneacetic acid, α-methyl-3-phenoxy-, (±)-

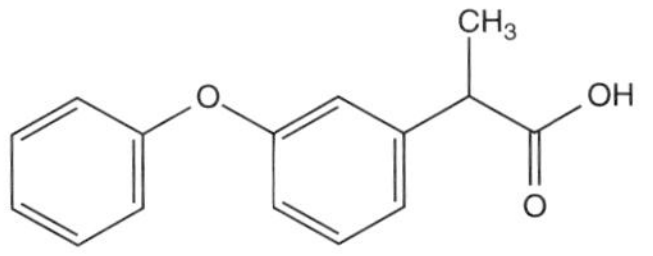

OS: *Fenoprofen [BAN, USAN]*
OS: *Fénoprofène [DCF]*
OS: *Fenoprofene [DCIT]*
IS: *Lilly 53858 (Lilly, USA)*

– calcium salt:

CAS-Nr.: 0053746-45-5
OS: *Fenoprofen Calcium BANM, JAN, USAN*
IS: *69323 (Lilly, USA)*
PH: Fenoprofen Calcium BP 2002, USP 30

Fenoprofen Calcium® (Mylan: US)
Fenoprofen Calcium® (Par: US)
Fenoprofen Calcium® (Sandoz: US)
Fenoprofen Calcium® (Teva: US)
Fenoprofen Calcium® (Watson: US)
Fenopron® (Typharm: GB)
Fenopron® (Yamanouchi: JP)
Nalfon® (Lilly: AT, CA)
Nalfon® (Pedinol: US)
Tranador® (Lilly: BR)

Fenoterol (Rec.INN)

L: Fenoterolum
I: Fenoterolo
D: Fenoterol
F: Fénotérol
S: Fenoterol

Antiasthmatic agent
Bronchodilator
β_2-Sympathomimetic agent

ATC: G02CA03,R03AC04,R03CC04
CAS-Nr.: 0013392-18-2 C_{17}-H_{21}-N-O_4
M_r 303.365

1,3-Benzenediol, 5-[1-hydroxy-2-[[2-(4-hydroxyphenyl)-1-methylethyl]amino]ethyl]-

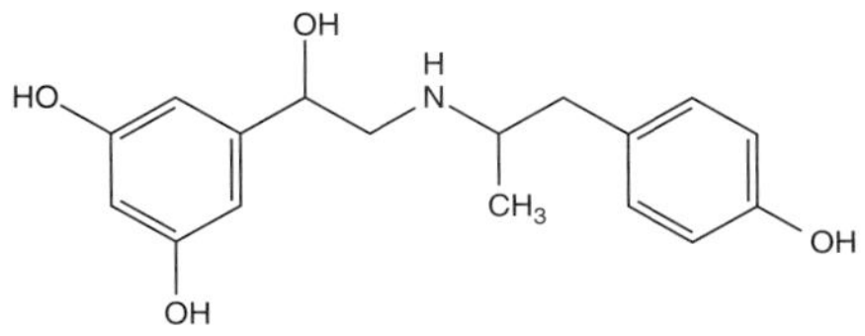

OS: *Fenoterol [BAN, DCF, USAN]*
OS: *Fenoterolo [DCIT]*

– hydrobromide:

CAS-Nr.: 0001994-12-3
OS: *Fenoterol Hydrobromide BANM, JAN*
IS: *TH 1165a (Boehringer Ingelheim, Germany)*
PH: Fenoterol Hydrobromide Ph. Eur. 5
PH: Fenoteroli hydrobromidum Ph. Eur. 5
PH: Fénotérol (bromhydrate de) Ph. Eur. 5
PH: Fenoterolhydrobromid Ph. Eur. 5

Asmopul® (Pablo Cassara: AR)
Berotec Liquid® (Boehringer Ingelheim: TH)
Berotec N® (Boehringer Ingelheim: CH, CZ, DE, RU, SI)
Berotec® (Boehringer Ingelheim: AE, AG, AN, AN, AR, AT, AU, AW, BB, BE, BH, BM, BR, BS, CA, CO, CY, CZ, DE, DK, EG, ES, GD, GY, HT, HU, ID, IQ, JM, JO, JP, KE, KW, KY, LB, LC, LU, LY, MT, MY, NL, OM, PE, PH, PL, QA, RU, SA, SD, SG, SI, TH, TT, VC, YE, ZA)
Dosberotec® (Boehringer Ingelheim: IT)
Fenoterol Bromhidrato® (Biosano: CL)
Fenoterol Bromhidrato® (Neo Quimica: BR)
Fenoterol Bromhidrato® (Sanderson: CL)
Fenoterol® (GlaxoSmithKline: PL)
Fenoterol® (Pliva: PL)
Fenozan® (Zambon: BR)
Ftagirol® (Biospray: GR)
Partusisten® (Boehringer Ingelheim: CZ, DE, NL, RS)
Sabax Fenoterol Hydrobromide® (Critical Care: ZA)

Fenoverine (Rec.INN)

L: Fenoverinum
I: Fenoverina
D: Fenoverin
F: Fénovérine
S: Fenoverina

⚕ Antispasmodic agent

ATC: A03AX05
CAS-Nr.: 0037561-27-6 C_{26}-H_{25}-N_3-O_3-S
M_r 459.576

10H-Phenothiazine, 10-[[4-(1,3-benzodioxol-5-ylmethyl)-1-piperazinyl]acetyl]-

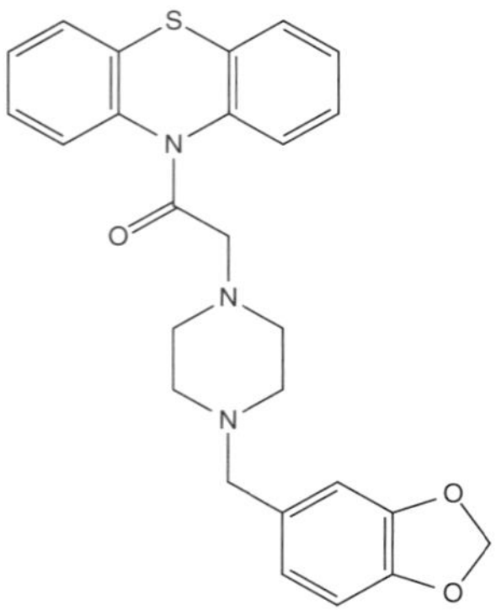

OS: *Fénovérine [DCF]*
OS: *Fenoverina [DCIT]*
OS: *Fenoverine [USAN]*

Spasmopriv® (Eurodrug: SG, TH)
Spasmopriv® (Euroetika: CO)
Spasmopriv® (Lusofarmaco: IT)
Spasmopriv® (Senosiain: MX)

Fenoxazoline (Rec.INN)

L: Fenoxazolinum
D: Fenoxazolin
F: Fénoxazoline
S: Fenoxazolina

⚕ Vasoconstrictor ORL, local

ATC: R01AA12
CAS-Nr.: 0004846-91-7 C_{13}-H_{18}-N_2-O
M_r 218.307

1H-Imidazole, 4,5-dihydro-2-[[2-(1-methylethyl)phenoxy]methyl]-

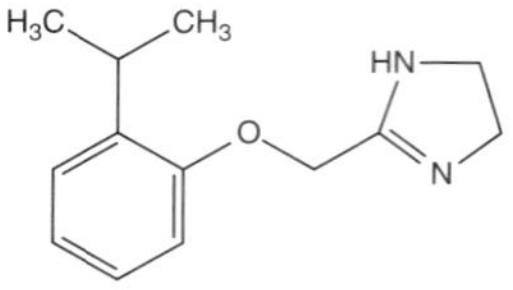

OS: *Fénoxazoline [DCF]*
IS: *Phenoxazolin*

– hydrochloride:

CAS-Nr.: 0021370-21-8
OS: *Fenoxazoline Hydrochloride USAN*

Nebulicina® (Boehringer Ingelheim: AR)

Fenproporex (Rec.INN)

L: Fenproporexum
D: Fenproporex
F: Fenproporex
S: Fenproporex

⚕ Anorexic

CAS-Nr.: 0015686-61-0 C_{12}-H_{16}-N_2
M_r 188.28

Propanenitrile, 3-[(1-methyl-2-phenylethyl)amino]-, (±)-

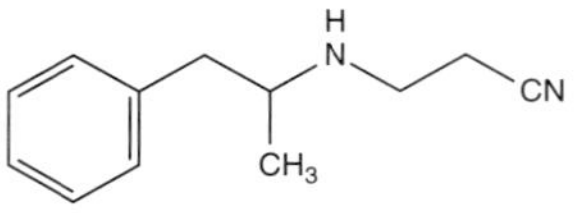

OS: *Fenproporex [DCF]*

– hydrochloride:

CAS-Nr.: 0018305-29-8

Desobesi-M® (Aché: BR)
Feprorex® (Medix: CR, DO, GT, HN, MX, NI, PA, SV)
Ifa Diety® (Investigacion Farmaceutica: MX)
Lipenan® (Aventis: EC, PE)
Salcal® (Saval: CL)

Fenquizone (Rec.INN)

L: Fenquizonum
I: Fenquizone
D: Fenquizon
F: Fenquizone
S: Fenquizona

⚕ Diuretic

ATC: C03BA13
CAS-Nr.: 0020287-37-0 C_{14}-H_{12}-Cl-N_3-O_3-S
M_r 337.79

6-Quinazolinesulfonamide, 7-chloro-1,2,3,4-tetrahydro-4-oxo-2-phenyl-

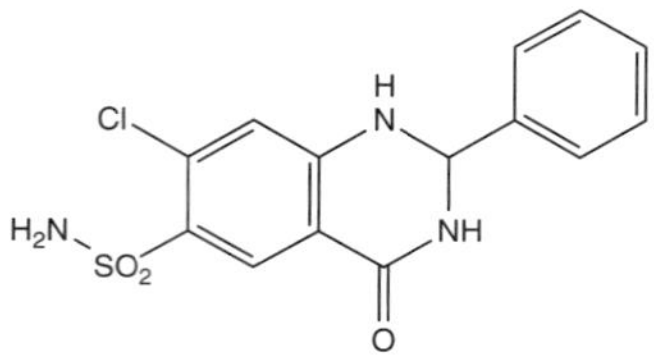

OS: *Fenquizone [DCIT, USAN]*
IS: *MG 13054 (Maggioni, Italy)*

– potassium salt:

CAS-Nr.: 0052246-40-9

Idrolone® (Sanofi-Aventis: IT)

Fenspiride (Rec.INN)

L: Fenspiridum
I: Fenspiride
D: Fenspirid
F: Fenspiride
S: Fenspirida

Antiinflammatory agent
Bronchodilator

ATC: R03BX01,R03DX03
CAS-Nr.: 0005053-06-5 C_{15}-H_{20}-N_2-O_2
M_r 260.345

1-Oxa-3,8-diazaspiro[4.5]decan-2-one, 8-(2-phenylethyl)-

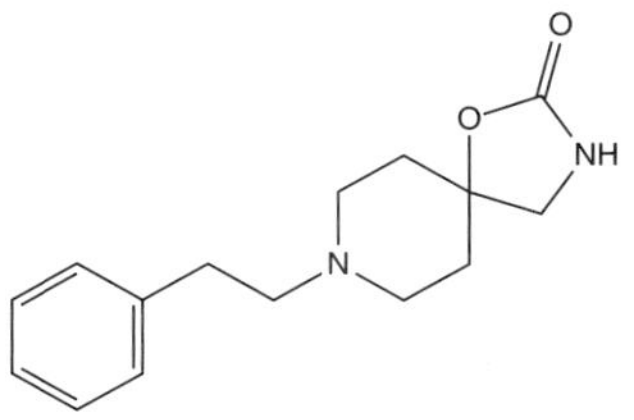

OS: *Fenspiride [DCF, DCIT]*
IS: *Decaspiride*
IS: *DESP*
IS: *JP 428*
IS: *S 3612*

Eurespal® (Servier: PL, RO, RU)

- **hydrochloride:**
CAS-Nr.: 0005053-08-7
OS: *Fenspiride Hydrochloride USAN*
IS: *NAT-333*
IS: *NDR-5998-A*
IS: *S 3612*

Pneumorel® (Euthérapie: FR)
Pneumorel® (Servier: PT, VN)
Pneumorel® (Servier-F: IT)

Fentanyl (Rec.INN)

L: Fentanylum
I: Fentanile
D: Fentanyl
F: Fentanyl
S: Fentanilo

Opioid analgesic

ATC: N02AB03
ATCvet: QN01AH01,QN02AB03
CAS-Nr.: 0000437-38-7 C_{22}-H_{28}-N_2-O
M_r 336.486

Propanamide, N-phenyl-N-[1-(2-phenylethyl)-4-piperidinyl]-

N-(1-Phenethyl-4-piperidyl)propionanilide (IUPAC)

1-Phenetyl-4-N-propionylanilinopiperidine (WHO)

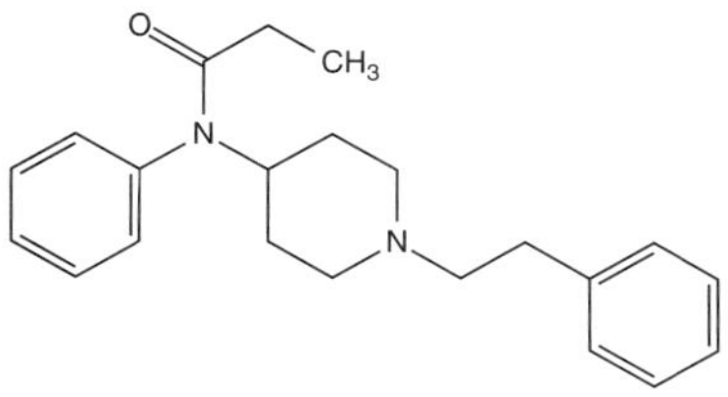

OS: *Fentanil [DCIT]*
OS: *Fentanyl [BAN, DCF]*
IS: *Phentanyl*
IS: *R 5240*
PH: Fentanylum [Ph. Eur. 5]
PH: Fentanyl [Ph. Eur. 5]

Duragesic® (Janssen: CA, US)
Durodor® (Janssen: MX)
Durogesic® [TTS] (Euro: NL)
Durogesic® [TTS] (Janssen: AR, AT, AU, BE, BG, BR, CH, CR, CZ, DE, DK, DO, DZ, ES, ES, FI, FR, GB, GE, GR, GT, HK, HN, HR, HU, ID, IE, IL, IN, IS, IT, LU, MY, NI, NL, NO, NZ, PA, PH, PL, PT, RO, RS, RU, SE, SG, SV, TH, ZA)
Durogesic® [TTS] (Janssen Belgija: BA)
Durogesic® [TTS] (Janssen-Cilag: CL, TR, VN)
Durogesic® [TTS] (Johnson & Johnson: SI)
Durogesic® [TTS] (Unimed & Unihealth: BD)
Durogesic® [vet.] (Janssen Animal Health: GB)
Durotep® (Janssen: JP)
Fentadolon® [TTS] (mibe: DE)
Fentahexal® (Hexal: CZ, PL)
Fental® (Rowex: IE)
Fentanest® (Kern: ES)
Fentanil Braun® (Braun: PT)
Fentanil Hexal® (Hexal: SI)
Fentanil Sandoz® (Sandoz: IT)
Fentanilo Northia® (Northia: AR)
Fentanilo® (Janssen-Cilag: CL)
Fentanilo® (Volta: CL)
Fentanyl 1A Pharma® [TTS] (1A Pharma: AT, DE)
Fentanyl AbZ® (AbZ: DE)
Fentanyl Actavis® [TTS] (Actavis: DE)
Fentanyl Antigen® (Antigen: TH)
Fentanyl Antigen® (TTN: TH)
Fentanyl AWD® [TTS] (AWD.pharma: DE)
Fentanyl Bexal® (Bexal: BE)
Fentanyl esparma® (esparma: DE)
Fentanyl Hexal® [TTS] (Hexal: AT, DE)
Fentanyl Hexal® [TTS] (Sandoz: FI, HU, SE)
Fentanyl J-C® (Janssen: NL)
Fentanyl Krewel® (Krewel: DE)
Fentanyl Sandoz® (Sandoz: CH, DE)
Fentanyl Stada® (Stada: DE)
Fentanyl TAD® (TAD: DE)
Fentanyl Winthrop® (Winthrop: DE)
Fentanyl-CT® (CT: DE)
Fentanyl-Hameln® (Hameln: LU)
Fentanyl-Mepha® [TTS] (Mepha: CH)
Fentanyl-ratiopharm® [TTS] (ratiopharm: DE)
Fentanyl® (Gedeon Richter: RO)
Fentanyl® (Hexal: NL, NO)
Fentanyl® (Janssen: BG, EC, ID, LU)
Fentanyl® (Magenta: NL)
Fentanyl® (Mylan: US)
Fentanyl®[vet.] (Bayer Animal Health: ZA)

Fentax® (Richmond: PE)
Fentora® (Cephalon: US)
Fentoron® (Ratiopharm: AT)
Ionsys® [TTS] (Alza: US)
Matrifen® (Nycomed: DE, GE, SE)
RAN-Fentanyl® (Ranbaxy: CA)
Ribofentanyl® (ribosepharm: DE)
Sublimaze® [vet.] (Janssen Animal Health: GB)
Talgesil® (Duopharma: BD)
Talnur® (Sandoz: AR)

– citrate:

CAS-Nr.: 0000990-73-8
OS: *Fentanyl Citrate BANM, JAN, USAN*
IS: *McN-JR 4263-49*
IS: *R 4263*
PH: Fentanyl Citrate Ph. Eur. 5, JP XIV, USP 30
PH: Fentanyli citras Ph. Eur. 5
PH: Fentanylcitrat Ph. Eur. 5
PH: Fentanyl (citrate de) Ph. Eur. 5

AB-Fentanyl® (curasan: DE)
AB-Fentanyl® (Hameln: DE)
Actiq® (Cephalon: AT, CH, DE, DK, FR, GB, IS, LU, NL, NO, US)
Actiq® (Cephalon-GB: IT)
Actiq® (Ferrer: ES)
Actiq® (Ferrer-Azevedos: PT)
Actiq® (Orphan: AU)
Actiq® (Swedish Orphan: FI, SE)
Fenquel® (Cephalon: LU)
Fentamed® (DeltaSelect: AT)
Fentanest® (Cristália: BR)
Fentanest® (Janssen: MX)
Fentanest® (Pharmacia: IT)
Fentanest® (Sankyo: JP)
Fentanila Citrato® (Biosano: CL)
Fentanilo B. Braun® (Braun: CO)
Fentanilo Citrato® (Richmond: AR)
Fentanilo Denver Farma® (Denver: AR)
Fentanilo Fabra® (Fabra: AR)
Fentanilo Gemepe® (Gemepe: AR)
Fentanilo Gray® (Gray: AR)
Fentanilo Janssen® (Janssen: PE)
Fentanilo Lazar® (Lazar: AR)
Fentanilo® (Bestpharma: CL)
Fentanilo® (Ethicalpharma: PE)
Fentanilo® (Sanderson: CL)
Fentanil® (Janssen: BR)
Fentanil® (Lek: SI)
Fentanyl Alpharma® (Alpharma: SE)
Fentanyl B.Braun® (Braun: DE, FI, NL, SE)
Fentanyl Bipharma® (Hameln: NL)
Fentanyl Citrate-DBL® (Mayne: HK)
Fentanyl Citrate® (Abbott: TR)
Fentanyl Citrate® (Baxter: US)
Fentanyl Citrate® (Hospira: CA, US)
Fentanyl Citrate® (Sandoz: CA)
Fentanyl Curamed® [inj.] (DeltaSelect: DE)
Fentanyl Curamed® [inj.] (Opopharma: CH)
Fentanyl Curamed® [inj.] (Schwabe: DE)
Fentanyl Dakota Pharm® (Dakota: FR)
Fentanyl DBL® (DBL/Faulding: BD)
Fentanyl DBL® (Mayne: SG)
Fentanyl DeltaSelect® (DeltaSelect: DE)
Fentanyl Fresenius® (Bodene: ZA)
Fentanyl Hameln® (Hameln: DE, DK, FI, IT)
Fentanyl Injection DBL® (Mayne: AU)
Fentanyl Inresa® (Inresa: DE)
Fentanyl Janssen® (Janssen: AT, BG, CH, CR, CZ, DE, DO, FR, GR, GT, HK, HN, NI, NL, PA, PL, SV)
Fentanyl Janssen® (Janssen-Cilag: BD, TR)
Fentanyl Meda® (Meda: SE)
Fentanyl Nycomed® (Nycomed: AT, NL)
Fentanyl Oralet® (Cephalon: US)
Fentanyl Panpharma® (Panpharma: FR)
Fentanyl Ratiopharm® (Ratiopharm: NL)
Fentanyl Renaudin® (Renaudin: FR)
Fentanyl Rotexmedica® (Rotexmedica: DE)
Fentanyl Torrex® (Torrex: AT, CZ, RS, SI)
Fentanyl-Braun® (Braun: LU)
Fentanyl-Hexal® (Hameln: DE)
Fentanyl-Hexal® (Hexal: DE)
Fentanyl-Janssen® (Janssen: RO)
Fentanyl-ratiopharm® [inj.] (ratiopharm: DE)
Fentanyl® (Alpharma: NO)
Fentanyl® (AstraZeneca: AU, NZ)
Fentanyl® (Gedeon Richter: HU, RO)
Fentanyl® (Genthon: NL)
Fentanyl® (Hameln: NO)
Fentanyl® (Janssen: BE, FI, HR, IL, RS)
Fentanyl® (Mayne: NZ)
Fentanyl® (Meda: NO)
Fentanyl® (Polfa Warszawa: PL)
Fentanyl® (Synthon: NL)
Haldid® (Janssen: DK)
Leptanal® (Janssen: IS, NO, SE)
Nafluvent® (Fada: AR)
Nilperidol® (Cristália: BR)
Q-Med Fentanyl® (Quatromed: ZA)
Sintenyl® (Sintetica: CH)
Sublimaze® (Janssen: AR, AU, GB, NZ, ZA)
Sublimaze® (Taylor: US)
Tanyl® (Taro: IL)
Trofentyl® (Troikaa: IN)

Fenthion (BAN)

D: Fenthion
F: Fenthion

Insecticide [vet.]

CAS-Nr.: 0000055-38-9 C_{10}-H_{15}-O_3-P-S_2
M_r 278.32

Phosphorothioic acid, O,O-dimethyl O-[3-methyl-4-(methylthio)phenyl] ester

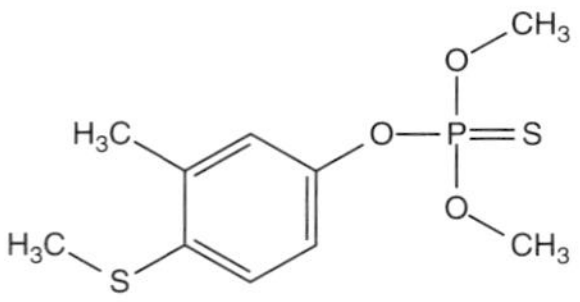

OS: *Fenthion [BAN, DCF]*
OS: *Fenthion [USAN]*

Bay-O-Pet® [vet.] (Bayer Animal Health: AU)
Bayopet Spotton® [vet.] (Bayer Animal Health: ZA)
Bolfo Druppels® [vet.] (Bayer: NL)
Exelpet Flea Liquidator® (Exelpet: AU)
Lysoff Pour-on® (Bayer Consumer Care: US)
Pro Spot® [vet.] (Bayer Animal: US)

Spotton® (Bayer Consumer Care: US)
Spotton® [vet.] (Bayer Animal: NZ, US)
Tiguvon® [vet.] (Bayer: AT, BE, DK, IE, LU)
Tiguvon® [vet.] (Bayer Animal: DE, NZ, US)
Tiguvon® [vet.] (Bayer Animal Health: AU, GB, ZA)
Tiguvon® [vet.] (Omega Pharma France: FR)
Tiguvon® [vet.] (Provet: CH)

Fentiazac (Rec.INN)

L: Fentiazacum
I: Fentiazac
D: Fentiazac
F: Fentiazac
S: Fentiazaco

Antiinflammatory agent
Analgesic
Antipyretic

ATC: M01AB10,M02AA14
CAS-Nr.: 0018046-21-4 C_{17}-H_{12}-Cl-N-O_2-S
M_r 329.803

5-Thiazoleacetic acid, 4-(4-chlorophenyl)-2-phenyl-

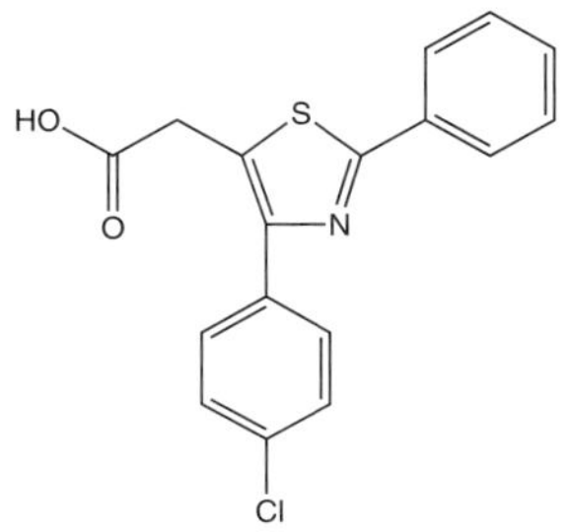

OS: *Fentiazac [BAN, DCF, DCIT, JAN, USAN]*
IS: *BR 700*
IS: *Wy 21894*
IS: *CH 800*

IDR® (Sidefarma: PT)
O-Flam® (MDM: IT)

Fenticonazole (Rec.INN)

L: Fenticonazolum
I: Fenticonazolo
D: Fenticonazol
F: Fenticonazole
S: Fenticonazol

Antifungal agent

ATC: D01AC12,G01AF12
CAS-Nr.: 0072479-26-6 C_{24}-H_{20}-Cl_2-N_2-O-S
M_r 455.404

1H-Imidazole, 1-[2-(2,4-dichlorophenyl)-2-[[4-(phenylthio)phenyl]methoxy]ethyl]-

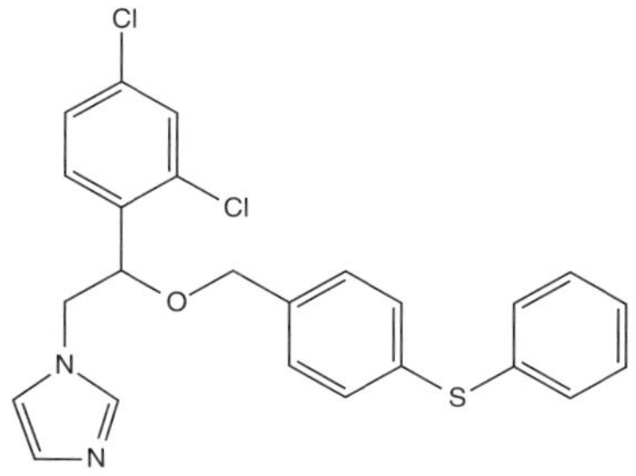

OS: *Fenticonazole [BAN, DCF]*
OS: *Fenticonazolo [DCIT]*

Lomexin® (Aspen: ZA)

– nitrate:

CAS-Nr.: 0073151-29-8
OS: *Fenticonazole Nitrate BANM, USAN*
IS: *Rec 15/1476 (Recoradi, Italy)*
PH: Fenticonazole Nitrate Ph. Eur. 5
PH: Fenticonazoli nitras Ph. Eur. 5
PH: Fenticonazole (nitrate de) Ph. Eur. 5
PH: Fenticonazolnitrat Ph. Eur. 5

Falvin® (Theramex: IT)
Fenizolan® (Grünenthal: AT)
Fenizolan® (Organon: AT, DE)
Fentikol® (Zorka: RS)
Fentizol® (Aché: BR)
Gyno-Lomexin® (Organon: TR)
Gyno-Lomexin® (Recordati: LU)
Gynoxin® (Fournier: HU)
Gynoxin® (Organon: LU)
Gynoxin® (Recordati: PL)
Laurimic Vaginal® (Effik: ES)
Laurimic® (Effik: ES)
Lomexin Vaginal® (Recordati: CZ, ES)
Lomexin® (Altana: BR, MX)
Lomexin® (Effik: FR)
Lomexin® (Fournier: RO)
Lomexin® (Galenica: GR)
Lomexin® (Gerot: AT)
Lomexin® (Recordati: CZ, ES, IT, RS, VN)
Lomexin® (S&K: DE)
Micofulvin Vaginal® (Cantabria: ES)
Micofulvin® (Cantabria: ES)
Terlomexin® (Effik: FR)

Fentonium Bromide (Rec.INN)

L: Fentonii Bromidum
I: Fentonio bromuro
D: Fentonium bromid
F: Bromure de Fentonium
S: Bromuro de fentonio

Antispasmodic agent
Parasympatholytic agent

CAS-Nr.: 0005868-06-4 C_{31}-H_{34}-Br-N-O_4
M_r 564.523

F

⟜ 8-Azoniabicyclo[3.2.1]octane, 8-(2-[1,1'-biphenyl]-4-yl-2-oxoethyl)-3-(3-hydroxy-1-oxo-2-phenylpropoxy)-8-methyl-, bromide, [3(S)-endo]-

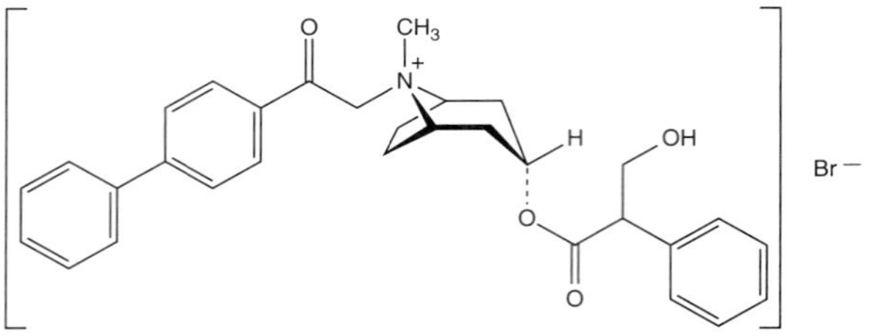

OS: *Fentonio bromuro [DCIT]*
OS: *Fentonium Bromide [USAN]*
IS: *Fa 402*
IS: *Z 326*

Ulcesium® (Zambon: BR, ID, IT)

Fenvalerate (BAN)

D: Fenvalerat

Antiparasitic agent [vet.]
Insecticide [vet.]
ATCvet: QP53AC14,QP53AX02
CAS-Nr.: 0051630-58-1 C_{25}-H_{22}-Cl-N-O_3
M_r 419.91

⟜ (RS)-α-Cyano-3-phenoxybenzyl (RS)-2-(4-chlorophenyl)-3-methylbutyrate (BAN)

⟜ 4-Chloro-α-(1-methylethyl)benzeneacetic acid cyano (3-phenoxyphenyl)methyl ester

⟜ α-cyano-3-phenoxybenzyl O-(4-chlorophenyl)isovalerate

⟜ α-cyano-3-phenoxybenzyl-2-(4-chlorophenyl)-3-methylbutyrate

⟜ α-Cyan-3-phenoxybenzyl-[2-(4-chlorophenyl)-3-methylbutyrat] (IUPAC)

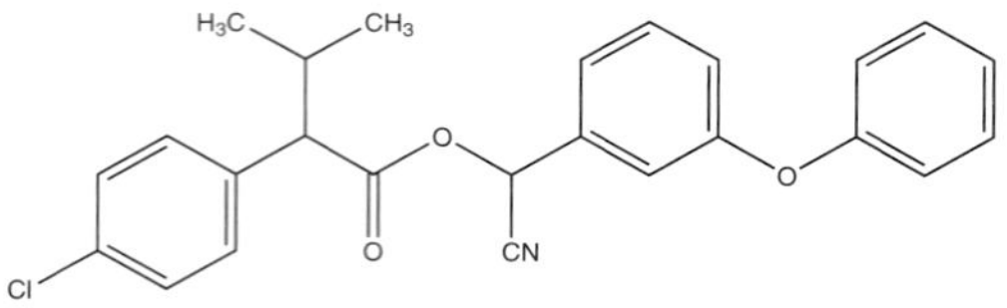

OS: *Fenvalerate [BAN, USAN]*
IS: *S 5602*
IS: *SD 43775*
IS: *WL 43775*
IS: *Belmark*
IS: *Agrofen*
IS: *Ectrin*
IS: *Evercide 2362*
IS: *Fenaxin*
IS: *Pyridin*
IS: *Pydrin*
IS: *Sumicidin 20E*
IS: *Tirade*
IS: *Fenkem*
IS: *Fenval*
IS: *Phenoxin*
IS: *Phenvalerate*

Acadrex® [vet.] (Novartis Santé Animale: FR)
Arkofly® [vet.] (Novartis Santé Animale: FR)
Sumifly Buffalo Fly Insecticide® [vet.] (Fort Dodge: AU)

Fenyramidol (Rec.INN)

L: Fenyramidolum
I: Feniramidolo
D: Fenyramidol
F: Fényramidol
S: Feniramidol

Muscle relaxant

CAS-Nr.: 0000553-69-5 C_{13}-H_{14}-N_2-O
M_r 214.275

⟜ Benzenemethanol, α-[(2-pyridinylamino)methyl]-

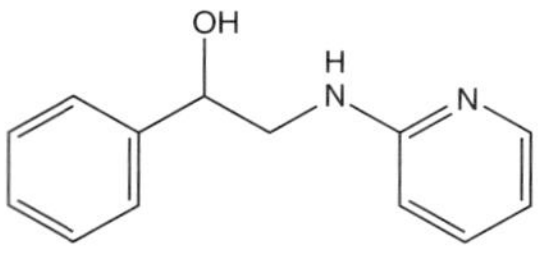

OS: *Fényramidol [DCF]*
OS: *Fenyramidol [BAN, USAN]*
OS: *Feniramidolo [DCIT]*
OS: *Phenyramidol [BAN]*

– hydrochloride:

CAS-Nr.: 0000326-43-2
OS: *Phenyramidol Hydrochloride USAN*
IS: *Elan*
IS: *MJ 505*
IS: *IN 511*

Cabral Ampul® [inj.] (Dr. F. Frik: TR)
Cabral Draje® (Dr. F. Frik: TR)

Fepradinol (Rec.INN)

L: Fepradinolum
D: Fepradinol
F: Fepradinol
S: Fepradinol

Antiinflammatory agent

CAS-Nr.: 0063075-47-8 C_{12}-H_{19}-N-O_2
M_r 209.294

⟜ (±)-α-[[(2-Hydroxy-1,1-dimethylethyl)amino]methyl]benzyl alcohol

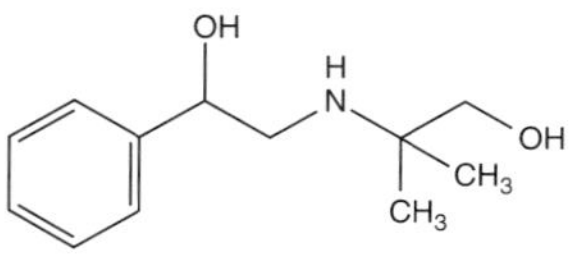

OS: *Fepradinol [USAN]*
IS: *EL 608*

Dalgen® (Recordati: ES)
Sinalgia® (Hormona: MX)

– hydrochloride:

Dalgen® (Recordati: ES)
Flexidol® (Almirall: ES)

Flexidol® (Funk: ES)
Sinalgia® (Hormona: MX)

Feprazone (Rec.INN)

L: Feprazonum
I: Feprazone
D: Feprazon
F: Féprazone
S: Feprazona

Antiinflammatory agent
Analgesic
Antipyretic

ATC: M01AX18,M02AA16
CAS-Nr.: 0030748-29-9 — C_{20}-H_{20}-N_2-O_2, M_r 320.4

3,5-Pyrazolidinedione, 4-(3-methyl-2-butenyl)-1,2-diphenyl-

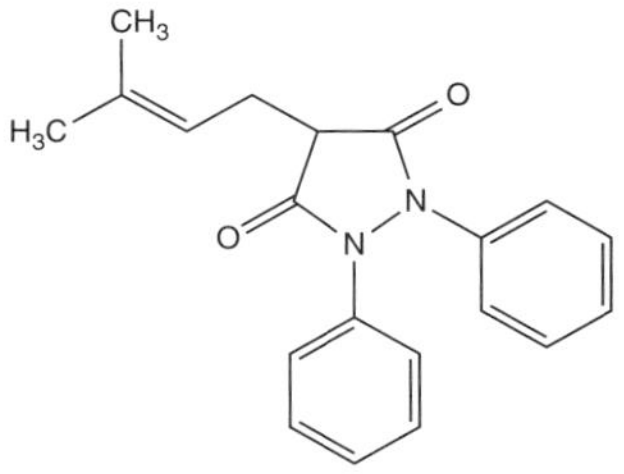

OS: *Feprazone [BAN, DCF, DCIT, JAN, USAN]*
IS: *DA 2370 (De Angelis, Italy)*
IS: *Phenylprenazone*
IS: *Prenazon*
PH: Feprazone [BP 1980]

Brotazona® (Escaned: ES)
Zepelin® (Boehringer Ingelheim: IT)

Ferrocholinate (Rec.INN)

L: Ferrocholinatum
D: Ferrocholinat
F: Ferrocholinate
S: Ferrocolinato

Antianaemic agent

CAS-Nr.: 0001336-80-7 — C_{11}-H_{24}-Fe-N-O_{11}, M_r 402.181

Ethanaminium, 2-hydroxy-N,N,N-trimethyl-, (OC-6-44)-triaqua[2-hydroxy-1,2,3-propanetricarboxylato(4-)]ferrate(1-)

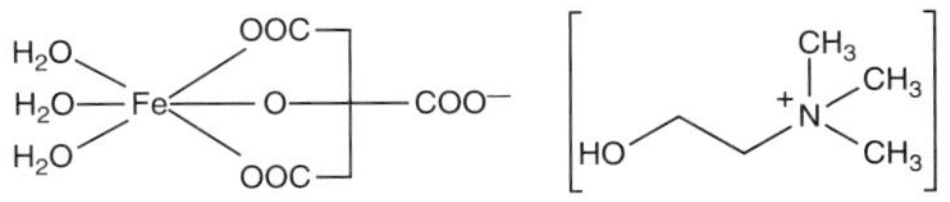

OS: *Ferrocholinate [USAN]*
IS: *Ferricholinatum*
IS: *Eisen-cholin-citrat*

Fer-Sol® (E.I.P.I.C.O.: RO)
Podertonic® (Inkeysa: ES)

Ferrous Fumarate (USP)

L: Ferrosi fumaras
D: Eisen(II) fumarat
F: Ferreux (fumarate)

Antianaemic agent

ATC: B03AA02,B03AD02
CAS-Nr.: 0000141-01-5 — C_4-H_2-Fe-O_4, M_r 169.91

2-Butenedioic acid (E)-, iron($^{2+}$) salt (1:1)

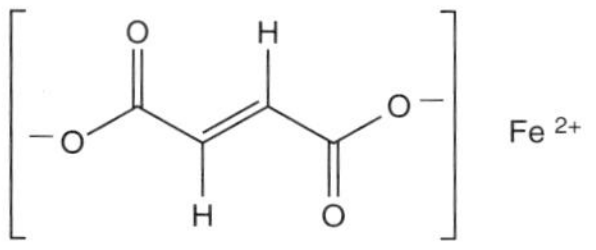

OS: *Ferrous Fumarate [USAN]*
PH: Ferrosi fumaras [Ph. Eur. 5, Ph. Int. 4]
PH: Ferrous Fumarate [Ph. Eur. 5, Ph. Int. 4, USP 30]
PH: Ferreux (fumarate) [Ph. Eur. 5]
PH: Eisen(II)-fumarat [Ph. Eur. 5]

Cromatonbic Ferro® (Menarini: ES)
Erco-Fer® (Orion: SE)
F-Tab® (Medicine Supply: TH)
Femarate® (Pharmasant: TH)
Feostat® (Forest: US)
Ferdek® (Ranbaxy: TH)
Fermasian® (Asian: TH)
Fermate® (Kenyaku: TH)
Ferraton® (H.G.: EC)
Ferrin® (Ativus: BR)
Ferro Fumaraat A® (Apothecon: NL)
Ferrobet® (Montavit: AT)
Ferrofumaraat Actavis® (Actavis: NL)
Ferrofumaraat Alpharma® (Alpharma: NL)
Ferrofumaraat Cf® (Centrafarm: NL)
Ferrofumaraat Katwijk® (Katwijk: NL)
Ferrofumaraat Merck® (Merck Generics: NL)
Ferrofumaraat PCH® (Pharmachemie: NL)
Ferrofumaraat ratiopharm® (Ratiopharm: NL)
Ferrofumaraat Sandoz® (Sandoz: NL)
Ferrofumaraat® (Hexal: NL)
Ferronat® (Galena: CZ)
Ferronat® (Ivax: RO)
Ferrous Fumarate® (CMC: US)
Ferrous Fumarate® (Remedica: CY)
Ferro® (AFT: NZ)
Ferrum Hausmann® [oral] (Abdi Ibrahim: TR)
Ferrum Hausmann® [oral] (Astellas: DE)
Ferrum Hausmann® [oral] (Therabel: LU)
Ferrum Hausmann® [oral] (Vifor: RO)
Ferrum Hausmann® [oral] (Vifor International: CH)
Fersaday® (Allphar: IE)
Fersaday® (Goldshield: GB)
Fersamal® (Goldshield: GB)
Ferval® (Valdecasas: MX)
Folex® (Pharmateam: IL)
Fumafer® (Sanofi-Aventis: FR)
Fumafer® (Sanofi-Synthelabo: AE, BH, CY, EG, JO, KW, LB, OM, QA, SA)
Galfer® (Thornton & Ross: GB, IE)
Heferol® (Alkaloid: BA, HR, RS)
Hemocyte® (US Pharmaceutical: US)
Hemoferrol® (Sintesina: AR)

F

Hierro Lafedar® (Lafedar: AR)
Ircon® (Kenwood: US)
Nephro-Fer® (R & D: US)
Nycoplus Neo-Fer® (Nycomed: NO)
Palafer® (GlaxoSmithKline: CA)
Pharma Ferrum® (Terapia: RO)
Rulofer N® (Lomapharm: DE)

Ferrous Gluconate (USP)

L: Ferrosi gluconas
I: Ferroso gluconato
D: Eisen(II) gluconat-2-Wasser
F: Ferreux (gluconate)
S: Gluconato ferroso

Antianaemic agent

ATC: B03AA03
CAS-Nr.: 0012389-15-0 C_{12}-H_{22}-Fe-O_{14}·$2H_2O$
M_r 482.19

D-Gluconic acid, iron($^{2+}$) salt (2:1), dihydrate

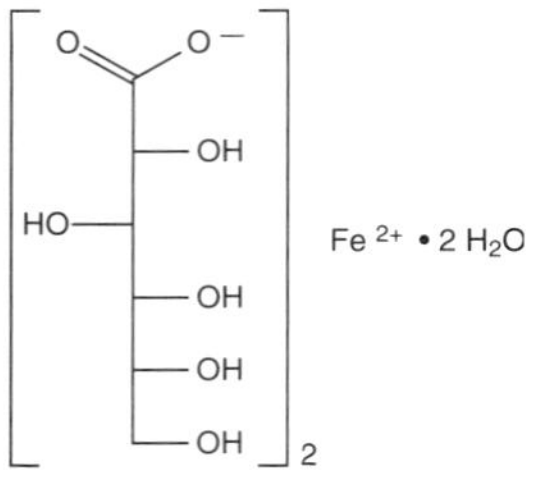

OS: *Ferrous Gluconate [USAN]*
IS: *Ferroglucon*
IS: *E 579*
PH: Eisen(II)-gluconat [Ph. Eur. 5]
PH: Ferreux (gluconate) [Ph. Eur. 5]
PH: Ferrosi gluconas [Ph. Eur. 5, Ph. Int. II]
PH: Ferrous Gluconate [Ph. Eur. 5, USP 30]

Additiva Ferrum® (Natur Produkt: PL)
Apo-Ferrous Gluconate® (Apotex: CA)
Ascofer® (Espefa: PL)
Auxofer® (Magis: IT)
Bioferal® (Bioprogress Pharma: IT)
Bioferro® (Prospa: PT)
Bioglufer® (Euro-Pharma: IT)
Blizer® (Ibirn: IT)
Blustark® (Savio: IT)
Cromatonferro® (Menarini: IT)
Crom® (Selvi: IT)
Effegyn® (Effik: IT)
Eisen-Sandoz® (Sandoz: DE)
Emoxiron® (Caber: IT)
Eriglobin® (Max Farma: IT)
Eritropiù® (Farma 1: IT)
Fergon® (Bayer: US)
Fergon® (Sanofi-Synthelabo: AE, AU, BH, CY, EG, JO, KW, LB, OM, QA, SA)
Feridex® (ACI: BD)
Ferig® (CT: IT)
Ferro Complex® (Pharmafar: IT)
Ferro Gluconato EG® (EG: IT)
Ferro-Nes® (Nes Medical: IL)
Ferrogluconaat FNA® (FNA: NL)
Ferrogluconato Euroderm® (Euroderm RDC: IT)
Ferrogyn® (So.Se.: IT)
Ferronat® (Edruc: BD)
Ferrous Gluconate® (Arion: PE)
Ferrous Gluconate® (Remedica: CY)
Ferrous Gluconate® (Teva: US)
Ferrous Gluconate® (United Research: US)
Ferrous Gluconate® (Upsher-Smith: US)
Ferro® (Sam-On: IL)
Ferrum Sandoz® (Sandoz: ES)
Ferrum Verla® (Verla: DE)
Flexifer® (Pulitzer: IT)
Folifer® (Gianfarma: PE)
Gloros® (New Research: IT)
Glucoferro-K® (Knop: CL)
Glucoferro® (Guidotti: IT)
Gluconato Ferroso ABC® (ABC: IT)
Gluconato Ferroso Iqfarma® (Iqfarma: PE)
Infed® (Schein: PE)
Losferron® (Andromaco: ES)
Losferron® (Grünenthal: BE, LU, NL)
Losferron® (SPA: IT)
Lösferron® (I.E. Ulagay: TR)
Lösferron® (Lilly: DE)
Megafer® (Pulitzer: IT)
Monoferro® (Ganassini: IT)
Novo-Ferrogluc® (Novopharm: CA)
Opsoferol® (Opsonin: BD)
Prontoferro® (Amsa: IT)
Rulofer G® (Lomapharm: DE)
Sandoz Fer® (Novartis: LU)
Sidervim® (Lafare: IT)
Sirofer® (Gedeon Richter: RO)
Sustemial® (Malesci: IT)
Unifer® (Rider: CL)

– sodium complex:

CAS-Nr.: 0034089-81-1
IS: *Ferrigluconat-Komplex*
IS: *Ferrum natrium gluconicum*
IS: *Gluconsäure, Eisen(III)-Natrium-Komplex*

Actiferro® (Lampugnani: IT)
Extrafer® (So.Se.: IT)
Ferlixit® (Nattermann-D: IT)
Ferritin Oti® (Istituto Biologico Chem.: IT)
Ferrlecit® (Aventis: CZ, LU)
Ferrlecit® (Sanofi-Aventis: DE, HU, IL)
Ferrlecit® (Watson: US)
Ferrosprint® (Pharmacia: IT)
Hemocromo Francia® (Francia: IT)
Pentaferr® (Pentafarma: CL)
Rossepar® (K.B.R.: IT)
Sanifer® (Esseti: IT)

Ferrous Succinate (BP)

D: Eisen(II) succinat

Antianaemic agent

ATC: B03AA06
CAS-Nr.: 0010030-90-7 C_4-H_4-Fe-O_4
M_r 171.926

⌬ Butanedioic acid, iron(2+) salt

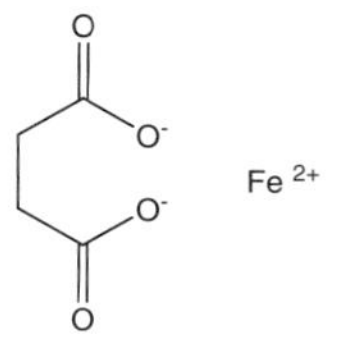

IS: *Ferrosuccinate*
PH: Ferrous succinate [BP 1993]

Ferplex® (Abdi Ibrahim: TR)
Ferplex® (Italfarmaco: ES, PL, RO)
Ferrocur® (Effik: ES)
Fervit® (Vitoria: PT)
Fetrival® (Almirall: PT)
Fisiofer® (Eurofarma: BR)
Fisiofer® (Labomed: CL)
Fisiofer® (Tecnoquimicas: CO)
Lactoferrina® (Chiesi: ES)
Legofer® (Alkaloid: RS)
Legofer® (ITF: CL, PT)

Ferrous Sulfate (USP)

L: Ferrosi sulfas
I: Ferroso solfato
D: Eisen(II)-sulfat
F: Ferreux (sulfate)
S: Sulfato Ferroso

Antianaemic agent

ATC: B03AA07,B03AD03
CAS-Nr.: 0007720-78-7 Fe-S-O_4
M_r 151.91

⌬ Sulfuric acid, iron(2+) salt (1:1)

OS: *Ferrous Sulfate [USAN]*
PH: Eisen(II)-sulfat [Ph. Eur. 5]
PH: Ferreux (sulfate) [Ph. Eur. 5]
PH: Ferrosi sulfas [Ph. Eur. 5, Ph. Int. 4]
PH: Ferrous Sulfate [JP XIV, Ph. Int. 4, USP 30]
PH: Ferrous Sulphate [Ph. Eur. 5]
PH: Ferrous sulphate heptahydrate [BP 2003, Ph. Eur. 5]
PH: Eien(II)-sulfat-Sesquihydrat [Ph. H. 10]

Aktiferrin® (Mepha: CH)
Aktiferrin® (Merckle: CZ, DE, GE, RU)
Aktiferrin® (Ratiopharm: AT, CZ)
Aktiferrin® (ratiopharm: HU)
Apo-Ferrous Sulfate® (Apotex: CA, VN)
Aritoferon® (Beximco: BD)
Bioron® (Bio-Pharma: BD)
Ceferro® (Teofarma: DE)
Dreisafer® (Gry: DE)
Duroferon® (AstraZeneca: FI, IS, NO, SE)
Dyaferon® (Doctor's Chemical Work: BD)
Eisendragees-ratiopharm® (ratiopharm: DE)
Eisensulfat Lomapharm® (Lomapharm: DE)
Eryfer® (Cassella-med: DE)
Eurofer® (Euroderm: AR)
Femas® (Iwaki: JP)
Femeton® (Medicon: BD)
Feosol® (GlaxoSmithKline: US)
Feosol® (ICN: PH)
Feospan® (Intrapharm: GB, IE)
Fer-Gen-Sol® (Teva: US)
Fer-in-Sol® (Bristol-Myers Squibb: AR, BR, IE)
Fer-in-Sol® (Mead Johnson: CA, CL, CR, GT, HN, NI, PA, SV, TH, US)
Feratab® (Upsher-Smith: US)
Ferglobin® (Pharmacare: PH)
Ferlea® (Elea: AR)
Ferlen-R® (Actavis: IS)
Fero-Gradumet® (Abbott: BE, ES, LU, NL, US)
Ferocin® (Jayson: BD)
Ferodan® (Odan: CA)
Ferosol® (Somatec: BD)
Ferricol® (Richmond: AR)
Ferrigot® (Pasteur: CL)
Ferro Duretter® (AstraZeneca: DK)
Ferro-Gradumet® (Abbott: AE, AT, AU, BH, EG, HU, IL, IQ, IR, JO, KW, LB, OM, PL, QA, RO, SA, SY, YE)
Ferro-Gradumet® (Galenika: RO, RS)
Ferro-Gradumet® (Teofarma: AT, CH, PT)
Ferro-Grad® (Abbott: IT)
Ferrocebrina® (Bajer: AR)
Ferrogamma® (Wörwag Pharma: DE)
Ferroglobe® (Globe: BD)
Ferroglobin® (Acme: BD)
Ferrogradumet® (Abbott: NZ, RU)
Ferrograd® (Abbott: GB, IL)
Ferrograd® (EU-Pharma: NL)
Ferrograd® (Eureco: NL)
Ferrograd® (Euro: NL)
Ferrograd® (Teofarma: IE)
Ferrolent® [gtt.] (Newport: CR, DO, GT, HN, NI, PA, SV)
Ferrolin® (Orion: BD)
Ferromas® (Mertens: AR)
Ferromax® (Weifa: NO)
Ferrometion® (Northia: AR)
Ferromyn S® (AstraZeneca: IS)
Ferrotabs® (ST Pharma: TH)
Ferrous Sulfate® (Actavis: US)
Ferrous Sulfate® (Paddock: US)
Ferrous Sulfate® (Pharmaceutical Associates: US)
Ferrous Sulfate® (Teva: US)
Ferrous Sulfate® (United Research: US)
Ferrum-Quarz-Kapseln® (Weleda: AT)
Fesyrup® (Renata: BD)
Haemoprotect® (betapharm: DE)
Hematol® (Nipa: BD)
Hemobion® (Merck: MX)
Hemofer Prolongatum® (GlaxoSmithKline: BG, PL, RU)
Hemofer® (GlaxoSmithKline: PL)
Hierro Fabra® (Fabra: AR)
Hierro Lafedar® (Lafedar: AR)
Hämatopan® (Wolff: DE)
Iberol® (Abbott: AR, BR)
Infa-Tardyferon® (Germania: AT)
Ironfer® (União: BR)
Irotrex® (Amico: BD)
Kendural® (Teofarma: DE)
Lom-Sulfato Ferroso® (Osorio de Moraes: BR)
Medifer® (Pablo Cassara: AR)
Mol-Iron® (Key: CO)
Mol-Iron® (Schering-Plough: US)
Nycoplus Ferro-Retard® (Nycomed: NO)

F

Oroferon® (Koçak: TR)
Pediron® (ST Pharma: TH)
Pharmaglobin® (Pharmaco: BD)
Plastufer® (ICN: DE)
Plastulen® (Stada: DE)
Protiferron® (Eumedica: NL)
Resoferon® (Novartis: ET, GH, GR, KE, LY, MT, NG, SD, TZ, ZW)
Retafer® (Krka: BA, HR, SI)
Retafer® (Orion: FI)
Siderblut® (Investi: AR)
Slow-Fe® (Aventis: GH, KE, NG, UG, ZW)
Slow-Fe® (Novartis: AG, AN, AW, BB, BM, BS, GD, GY, HT, IL, JM, KY, LC, TT, US, VC)
Sorbifer® (Egis: CZ, PL)
Sorbifer® (Multicare: PH)
Sulfato Ferroso All Pro® (All Pro: AR)
Sulfato Ferroso Ilab® (Inmunolab: AR)
Sulfato Ferroso L.Ch.® (Chile: CL)
Sulfato Ferroso Sant Gall Friburg® (Sant: AR)
Sulfato Ferroso® (Bestpharma: CL)
Sulfato Ferroso® (Elifarma: PE)
Sulfato Ferroso® (Farinter: PE)
Sulfato Ferroso® (Hersil: PE)
Sulfato Ferroso® (Ivax: PE)
Sulfato Ferroso® (Marfan: PE)
Sulfato Ferroso® (Medicalex: CO)
Sulfato Ferroso® (Roxfarma: PE)
Sulfato Ferroso® (Valma: CL)
Tardyferon® (Er-Kim: TR)
Tardyferon® (Gedeon Richter: HU)
Tardyferon® (Germania: AT)
Tardyferon® (Pierre Fabre: BF, BJ, CF, CG, CI, CM, CZ, DE, ES, FR, GA, GN, LU, MG, ML, MR, NE, PL, RU, SN, TD, TG, TR, ZR)
Tardyferon® (Robapharm: CH)
Valdefer® (Valdecasas: MX)
Viron® (Chemist: BD)
Vitaferro® (Hexal: DE)

– glycine:

CAS-Nr.: 0014729-84-1
IS: *Feramacet*
IS: *Ferroglycine sulfate*
IS: *Eisen(II)-glykokoll-sulfat-Komplex*
IS: *Ferro-glykokoll-sulfat-Komplex*

Ferbisol® (Juste: ES)
Ferro sanol® (Sanol: DE, LU)
Ferro sanol® (Schwarz: CH, DE, ES, PH)
Ferro-Sanol® (Adeka: TR)
Ferrosanol® (Sanol: LU)
Glutaferro Gotas® (Medix: ES)
Glycifer® (Nycomed: DK)
Niferex® (Erol: SE)
Niferex® (Schwarz: DK, NO)
Obsidan® (Verman: FI)
Orferon® (Pliva: RS)
Plesmet® (Link: IE)

Fertirelin (Rec.INN)

L: Fertirelinum
D: Fertirelin
F: Fertireline
S: Fertirelina

LH-RH-agonist [vet.]

CAS-Nr.: 0038234-21-8 — C_{55}-H_{76}-N_{16}-O_{12}
M_r 1153.373

5-Oxo-L-prolyl-L-histidyl-L-tryptophyl-L-seryl-L-tyrosylglycyl-L-leucyl-L-arginyl-N-ethyl-L-prolinamide

5-oxo-Pro—His—Trp—Ser—Tyr—Gly—Leu—Arg—Pro—NH—CH_2—CH_3

OS: *Fertirelin [BAN]*
IS: *TAP 031*

Ferucarbotran (USAN)

D: Ferucarbotran

Contrast medium
Diagnostic agent

ATC: V08CB
CAS-Nr.: 0178303-21-4

A non-stoichiometric polycrystalline mixture of iron (II) and iron (III) oxides (magnetite Fe_3O_4 and maghemite-gamma Fe_2O_3) in which iron (II) oxide is specified to be less than 5% [USAN]

OS: *Ferucarbotran [BAN, USAN]*
IS: *Ferrixan*
IS: *Ferucarban*
IS: *Ferucarbex*
IS: *Ferucartran*
IS: *SHU 555A*
IS: *ZK 132281 (Meito Sangyo, JP)*

Cliavist® (Schering: FR)
Resograf® (Schering: ES)
Resovist® (Bayer: CH)
Resovist® (Schering: AT, AU, BE, CZ, DE, DK, ES, GR, IT, JP, LU, NL, NO, PT, RO, RS, SE, SI, US)
Resovist® (Schering-Plough: IL)

Ferumoxides (USAN)

D: Eisenoxide, superparamagnetisch

Contrast medium
Diagnostic agent

CAS-Nr.: 0119683-68-0 — $(Fe_2\text{-}O)_m$-$(Fe\text{-}O)_n$

Iron oxide crystal is inverse spinel (X-ray data)

OS: *Ferumoxides [BAN, USAN]*
IS: *AMI 25 (Advanced Magnetics, USA)*
IS: *CCRIS 6722*
IS: *Ferridex (Advanced Magnetics, USA)*
IS: *Superparamagnetic iron oxide*

Endorem® (Codali: LU)
Endorem® (Gothia: SE)

Endorem® (Guerbet: AT, CH, DE, DK, ES, FI, FR, NL, NO, PT, TR)
Endorem® (Guerbet-F: IT)
Endorem® (R+N: GR)
Feridex® (Berlex: US)
Lumirem® (Guerbet: AT)

Ferumoxsil (USAN)

D: Ferumoxsil

Contrast medium, NMR-tomography

ATC: V08CB01

Silicon polymer bonded to colloidal particles of superparamagnetic, nonstoichiometric magnetite

OS: *Ferumoxsil [BAN, USAN]*
IS: *AMI 121*

Lumirem® (Codali: LU)
Lumirem® (Gothia: SE)
Lumirem® (Guerbet: DE, DK, FI, FR, NL, PT)
Lumirem® (Guerbet-F: IT)

Fexofenadine (Rec.INN)

L: Fexofenadinum
I: Fexofenadina
D: Fexofenadin
F: Fexofenadine
S: Fexofenadina

Antiallergic agent
Histamine, H_1-receptor antagonist

ATC: R06AX26
CAS-Nr.: 0083799-24-0 C_{32}-H_{39}-N-O_4
M_r 501.674

Benzeneacetic acid, 4-[1-hydroxy-4-[4-(hydroxydiphenylmethyl)-1-piperidinyl]butyl]-α,α-dimethyl-, (±)-

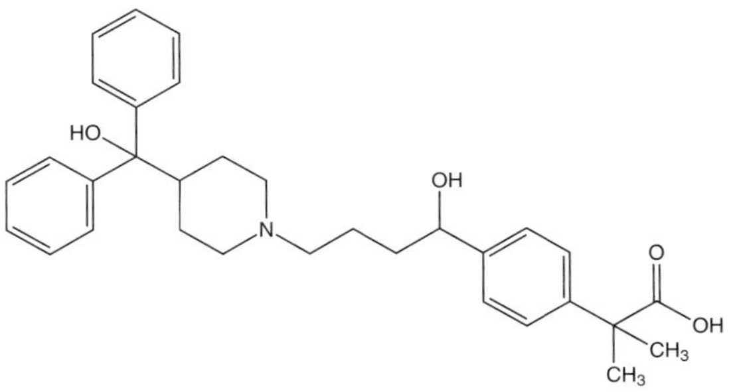

OS: *Fexofenadine [BAN]*

Allegra® (Sanofi-Aventis: AR)
Fenafex® (Sriprasit: TH)
Fexofenadine® (Teva: IL)
Raltiva® (Ranbaxy: CN)

– hydrochloride:
CAS-Nr.: 0153439-40-8
OS: *Fexofenadine Hydrochloride BANM, USAN*
IS: *MDL 16455 A (Marion Merrell Dow, USA)*
PH: Fexofenadine Hydrochloride USP 30

Aerodan® (Medipharm: CL)
Alagra® (Alco: BD)
Alercas® (Casasco: AR)
Alerfedine® (Lazar: AR)
Alexia® (Saval: CL, PE)
Allegra® (Aventis: CO, CR, DO, GT, HN, IN, LK, NI, PA, PE, SV)
Allegra® (Sanofi-Aventis: BR, CA, CL, MX, US)
Allerstat® (Cadila: LK)
Altiva® (Medico: HU)
Altiva® (Ranbaxy: LK, RO)
Axodin® (Beximco: BD)
Fenadex® (Bosnalijek: BA)
Fenadin® (Renata: BD)
Fenax® (Andromaco: CL)
Fexadyne® (ARIS: TR)
Fexoalergic® (Qualipharm: CR, DO, GT, NI, PA)
Fexodane® (UCI: BR)
Fexofen® (Sanovel: TR)
Fexofen® (Somatec: BD)
Fexostad® (Stada: VN)
Fexotabs® (Aventis: AU)
Telfast® (Aventis: AT, AU, BA, DK, GH, HR, IS, KE, LU, NG, NO, NZ, PH, SI, TH, ZA, ZW)
Telfast® (Aventis Pharma: ID)
Telfast® (Delphi: NL)
Telfast® (Dowelhurst: NL)
Telfast® (Euro: NL)
Telfast® (Lepetit: IT)
Telfast® (Procter & Gamble: DE)
Telfast® (Sanofi-Aventis: BE, CH, DE, ES, FI, FR, GB, GE, HK, HU, IE, IL, MY, NL, PL, PT, RO, RS, RU, SE, SG, TR, VN)
Vivafeks® (Fako: TR)

Fezatione (Rec.INN)

L: Fezationum
D: Fezation
F: Fézatione
S: Fezationa

Dermatological agent, local fungicide

CAS-Nr.: 0015387-18-5 C_{17}-H_{14}-N_2-S_2
M_r 310.439

2(3H)-Thiazolethione, 3-[[(4-methylphenyl)methylene]amino]-4-phenyl-

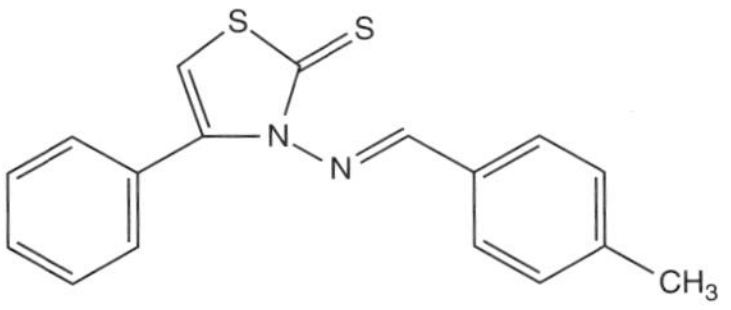

OS: *Fezatione [USAN]*
IS: *TBK*

Polydin® (Takeda: JP)

F

Fibrinolysin (human) (Rec.INN)

L: Fibrinolysinum (humanum)
I: Fibrinolisina (umana)
D: Fibrinolysin (human)
F: Fibrinolysine (humaine)
S: Fibrinolisina (humana)

Anticoagulant, thrombolytic agent

CAS-Nr.: 0009001-90-5

Enzyme obtained from human plasma by conversion of profibrinolysin with streptokinase to fibrinolysin

OS: *Fibrinolysin (Human) [BAN, USAN]*
OS: *Plasmin [BAN]*
IS: *Fibrinase*
IS: *Humanfibrinolysin*

Fibrolan® (Pfizer: AT, SI)

Filgrastim (Rec.INN)

L: Filgrastimum
I: Filgrastim
D: Filgrastim
F: Filgrastime
S: Filgrastim

Colony stimulating factor, granulocyte, G-CSF
Immunomodulator

ATC: L03AA02
CAS-Nr.: 0121181-53-1 C_{845}-H_{1339}-N_{223}-O_{243}-S_9
M_r 18799.777

N-L-Methionyl-colony-stimulating factor (human clone 1034)

OS: *Filgrastim [BAN, DCIT, USAN]*
OS: *Filgrastime [DCF]*
IS: *r-met HuG-CSF*
IS: *rG-CSF*

Biofigran® (Procaps: CO)
Biofilgran® (Landsteiner: MX)
Filatil® (Probiomed: MX)
Filgen® (Bioprofarma: AR)
Filgrastima® (Biosintética: BR)
Granulen® (Eurofarma: BR)
Granulokine® (Amgen Europe - NL: IT)
Granulokine® (Genesis: GR)
Granulokine® (Pensa: ES)
Granulokine® (Roche: BR, PH)
Gran® (Kirin: JP)
Lioplim® (Neoraxis: CL)
Neupogen® (Amgen: AT, AU, BE, CA, CH, CZ, DE, DK, ES, FI, FR, GB, HU, IE, LU, NL, PT, SE, SI, US)
Neupogen® (Dompé Biotec: IT)
Neupogen® (Dr. Fisher: NL)
Neupogen® (Eureco: NL)
Neupogen® (Euro: NL)
Neupogen® (Nicholas: IN)
Neupogen® (Roche: AE, AR, AW, AZ, BA, BD, BG, BH, BO, BR, BW, BY, CI, CL, CO, CR, CU, DO, DZ, EC, EG, ES, ET, GE, GH, GT, HK, HN, HR, HU, ID, IL, IN, IR, IS, JM, JO, KE, KW, KZ, LB, LK, LT, LY, MA, MK, MU, MW, MX, MY, NA, NG, NI, NO, NP, NZ, OM, PA, PE, PH, PK, PL, PY, QA, RO, RS, RU, SA, SD, SK, SV, TH, TN, TR, TT, TZ, UA, UG, UY, UZ, VE, VN, ZA, ZM, ZW)
Neupogen® (Roche RX: SG)
Neutrofil® (Pablo Cassara: AR)
Neutromax® (Bio Sidus: TH)
Neutromax® (Biolatina: CL)
Neutromax® (Farmindustria: PE)
Neutromax® (Sidus: AR)

Finasteride (Rec.INN)

L: Finasteridum
I: Finasteride
D: Finasterid
F: Finasteride
S: Finasterida

Antineoplastic agent
Enzyme inhibitor, 5α-reductase

ATC: G04CB01
CAS-Nr.: 0098319-26-7 C_{23}-H_{36}-N_2-O_2
M_r 372.561

N-tert-Butyl-3-oxo-4-aza-5α-androst-1-ene-17β-carboxamide

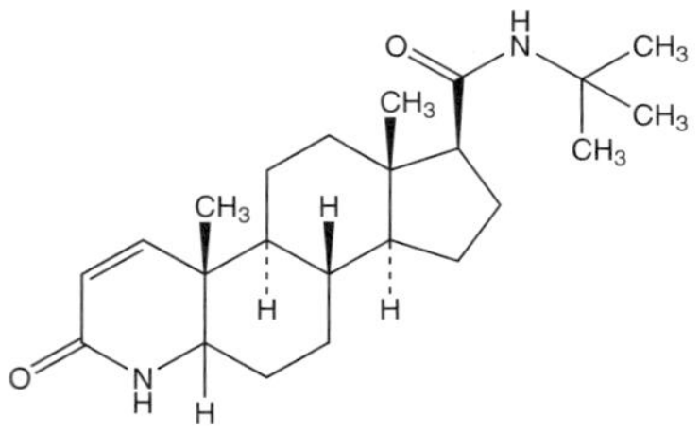

OS: *Finasteride [BAN, USAN]*
OS: *Finastéride [DCF]*
IS: *MK 906 (Merck Sharp & Dohme)*
PH: Finasteride [Ph. Eur. 5, USP 30]
PH: Finasteridum [Ph. Eur. 5]

Alfasin® (Solvay: BR)
Alopec® (Square: BD)
Ambulase® (Grünenthal: PL)
Andropel® (Fortbenton: AR)
Avertex® (Beta: AR)
Borealis® (Probiomed: MX)
Chibro-Proscar® (Euro: NL)
Chibro-Proscar® (Merck Sharp & Dohme: FR)
Daric® (Phoenix: AR)
Dilaprost® (Biofarma: TR)
Eucoprost® (Frosst Iberica: ES)
Fenasten® (Sintofarma: BR)
Finalop® (Libbs: BR)
Finamed® (mibe: DE)
Finarid® (Hexal: PL)
Finarid® (Nobel: BA, TR)
Finascar® (TAD: DE)
Finaspros® (Merck Sharp & Dohme: CO)
Finastarid Interpharm® (Interpharm: AT)
Finasterid 1A Pharma® (1A Pharma: DE)
Finasterid AbZ® (AbZ: DE)
Finasterid Actavis® (Actavis: DE)
Finasterid Alternova® (Alternova: FI)
Finasterid AL® (Aliud: DE)
Finasterid beta® (betapharm: DE)
Finasterid biomo® (biomo: DE)

Finasterid Copyfarm® (Copyfarm: FI)
Finasterid esparma® (esparma: DE)
Finasterid Heumann® (Heumann: DE)
Finasterid Hexal® (Hexal: DE, LU)
Finasterid Hexal® (Sandoz: HU)
Finasterid Ivax® (Teva: FI)
Finasterid Orion® (Orion: FI)
Finasterid Sandoz® (Hexal: RO)
Finasterid Sandoz® (Sandoz: CH, DE)
Finasterid STADA® (Stadapharm: DE)
Finasterid Teva® (Teva: DE)
Finasterid Uropharm® (Uropharm: DE)
Finasterid Winthrop® (Winthrop: DE)
Finasterid-CT® (CT: DE)
Finasterid-ratiopharm® (ratiopharm: DE)
Finasterid-ratiopharm® (Ratiopharm: FI)
Finasterida Bexal® (Bexal: ES)
Finasterida Farmoz® (Farmoz: PT)
Finasterida Frosst® (Frosst: PT)
Finasterida Impruve® (Tecnimede: PT)
Finasterida Jaba® (Jaba: PT)
Finasteride® (Euro: NL)
Finasteride® (Hexal: NL)
Finasteride® (Northia: AR)
Finasterid® (Genericon: AT)
Finasterin® (Finadiet: AR)
Finaster® (Lek-AM: PL)
Finastid® (Belupo: HR)
Finastid® (Neopharmed: IT)
Finastil® (Sigma: BR)
Finast® (Dr Reddys: LK)
Finast® (Dr. Reddy's: RU)
Finast® (Schein: PE)
Fincar® (Cipla: IN, LK)
Finex® (Hexal: CZ)
Finired® (Sunthi: ID)
Finol® (Actavis: IS)
Finprostat® (LKM: AR)
Finpros® (Krka: SI)
Finpro® (Interbat: ID)
Finural® (Pfleger: DE)
Firide® (Siam Bheasach: TH)
Fistrin® (Incobra: CO)
Flaxin® (Merck: BR)
Flutiamik® (Microsules: AR)
Folcres® (Panalab: AR)
Gefina® (Sandoz: FI)
Genaprost® (Gentili: IT)
Harifin® (TO Chemicals: TH)
HPB Panalab® (Panalab: AR)
Lifin® (Farmacom: PL)
Lopecia® (Farmindustria: PE)
Mostrafin® (Pliva: HR)
Nasterid-A® (Ativus: BR)
Nasterid® (Ativus: BR)
Nasteril® (Raffo: AR)
Nasteril® (Tecnofarma: PE)
Nasterol® (Tecnofarma: CO)
Nasterol® (Zodiac: BR)
Penester® (Zentiva: CZ, PL, RU)
Poruxin® (Vianex: GR)
Pro-Cure® (Merck Sharp & Dohme: IL)
Prohair® (Hayat: AE, BH, IQ, JO, LB, LY, OM, QA, SA, SD, YE)
Prohair® (Merck Sharp & Dohme: CL)
Pronor® (Square: BD)
Propecia® (Euro: NL)
Propecia® (Medcor: NL)
Propecia® (Merck: CZ, US)
Propecia® (Merck Frosst: CA)
Propecia® (Merck Sharp & Dohme: AR, AT, AU, BR, CH, CN, CO, CR, DE, DK, EC, ES, FR, GB, GT, HK, HN, HR, IL, IS, IT, LU, MY, NI, NL, NZ, PA, PE, PH, PL, PT, SE, SG, SV, TH, TR, ZA)
Propecia® (MerckSharp&Dohme: RO)
Propecia® (MSD: FI)
Propeshia® (Merck Sharp & Dohme: MX)
Proscar® (Delphi: NL)
Proscar® (Dowelhurst: NL)
Proscar® (Dr. Fisher: NL)
Proscar® (EU-Pharma: NL)
Proscar® (Eureco: NL)
Proscar® (Eurim: AT)
Proscar® (Euro: NL)
Proscar® (Medcor: NL)
Proscar® (Merck: LU, TH, US)
Proscar® (Merck Frosst: CA)
Proscar® (Merck Sharp & Dohme: AN, AR, AT, AW, BA, BB, BE, BR, BS, BZ, CH, CL, CN, CR, CZ, DK, EC, ES, GB, GT, GY, HK, HN, HR, HU, ID, IE, IS, IT, JM, KY, MX, MY, NI, NL, NZ, PA, PE, PH, PL, PT, RS, RU, SE, SG, SV, TR, TT, ZA)
Proscar® (MerckSharp&Dohme: RO)
Proscar® (MSD: FI, NO)
Proscar® (MSD Chibropharm: DE)
Proscar® (Paranova: AT)
Proscar® (Sigma: AU)
Proscar® (Vianex: GR)
Prosfin® (Beximco: BD)
Prosh® (Dexa Medica: ID)
Prosmin® (Apogepha: DE)
Prosmin® (Biotenk: AR)
Prostacom® (Combiphar: ID)
Prostanil® (Hexa: AR)
Prostanil® (Lamsa: AR)
Prostanorm® (Galenika: RS)
Prostanovag® (Gobbi: AR)
Prostasax® (Ethical: DO)
Prostene® (Ivax: AR)
Prosterid® (Gedeon Richter: HU, RU)
Prosterit® (Koçak: TR)
Prostide® (Libbs: BR)
Prostide® (Merck Sharp & Dohme: SI)
Prostide® (Sigma Tau: IT)
Q-Prost® (Q-Pharma: AR)
Recur® (Beximco: BD)
Reduscar® (UCI: BR)
Renacidin® (HLB: AR)
Reprostom® (Fahrenheit: ID)
Rowesteride® (Rowe: EC)
Saniprostol® (Sanitas: CL)
Sutrico® (LKM: AR)
Tealep® (Raffo: AR)
Tricofarma® (Valeant: AR)
Urototal® (Fortbenton: AR)
Vastus® (Tecnofarma: CL)
Vetiprost® (Elvetium: PE)
Vetiprost® (Ivax: AR)
Zerlon® (Hemofarm: RS)

Fipronil (BAN)

D: Fipronil

Insecticide [vet.]
ATCvet: QP53AX15
CAS-Nr.: 0120068-37-3 C_{12}-H_4-Cl_2-F_6-N_4-O-S
M_r 437.164

(RS)-5-Amino-1-(2,6-dichloro-4-trifluoromethyl-phenyl)-4-(trifluoromethylsulfinyl)pyrazole-3-carbonitrile

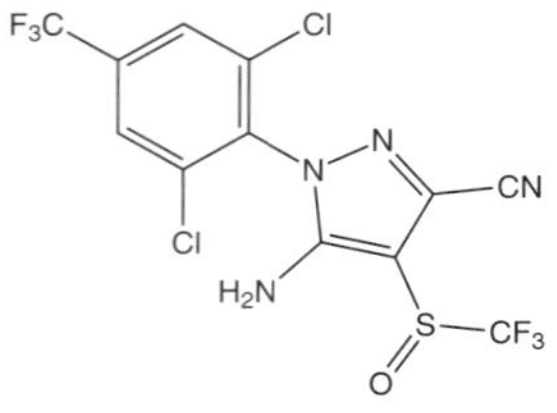

OS: *Fipronil [BAN, USAN]*
IS: *MB 46030*
IS: *RM 1601*

Frontline® [vet.] (Biokema: CH)
Frontline® [vet.] (Merial: AT, AU, BE, DE, FR, GB, IE, IT, LU, NL, NO, NZ, US, ZA)
Frontline® [vet.] (Selecta: DE)
Frontline® [vet.] (Troy: AU)
Frontline® [vet.] (Veter: FI, SE)

Firocoxib (Rec.NN)

L: Firocoxibum
D: Firocoxib
F: Firocoxib
S: Firocoxib

COX-2 inhibitor [vet.]
ATCvet: QM01AH90
CAS-Nr.: 0189954-96-9 C_{17}-H_{20}-O_5-S
M_r 336.4

3-(Cyclopropylmethoxy)-5,5-dimethyl-4-(4-[methylsulfonyl)phenyl]furan-2(5H)-one (WHO)

2(5H)-Furanone, 3-(cyclopropylmethoxy)-5,5-dimethyl-4-[4-(methylsulfonyl)phenyl]- (USAN)

3-(cyclopropylmethoxy)-4-(4-methylsulfonyl)phenyl)-5,5-dimethylfuranone (USAN)

3-(Cyclopropylmethoxy)-5,5-dimethyl-4-(4-[methylsulfonyl)phenyl]furan-2(5H)-on (IUPAC)

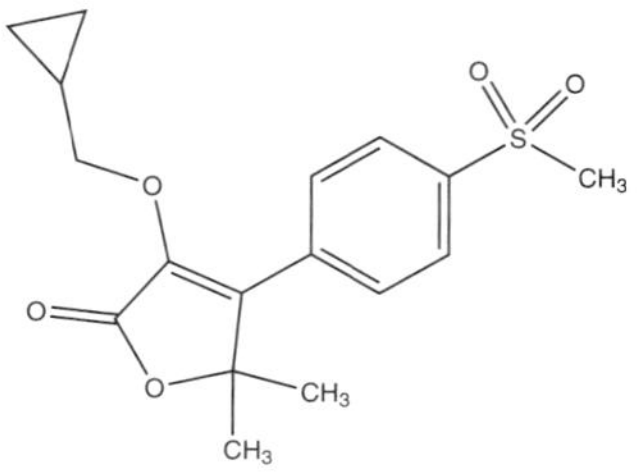

OS: *Firocoxib [USAN]*
IS: *Equioxx (Merial)*
IS: *ML-1,785,713 (Merial Limited, US)*

Equioxx® [vet.] (Merial: US)
Previcox® [vet.] (Biokema: CH)
Previcox® [vet.] (Merial: AT, DE, FR, NL, NZ, US)
Previcox® [vet.] (Selecta: DE)

Flavodic Acid (Rec.INN)

L: Acidum Flavodicum
I: Acido flavodico
D: Flavodinsäure
F: Acide flavodique
S: Acido flavodico

Drug acting on the complex of varicose symptoms
Vascular protectant

CAS-Nr.: 0037470-13-6 C_{19}-H_{14}-O_8
M_r 370.321

Acetic acid, 2,2'-[(4-oxo-2-phenyl-4H-1-benzopyran-5,7-diyl)bis(oxy)]bis-

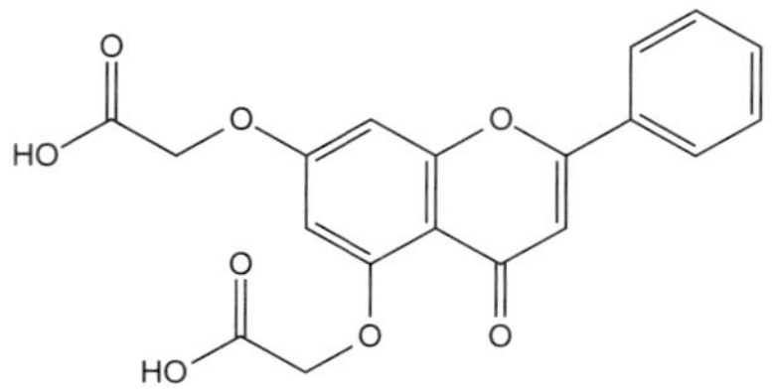

OS: *Acide flavodique [DCF]*
OS: *Acido flavodico [DCIT]*
OS: *Flavodic Acid [USAN]*

– disodium salt:
CAS-Nr.: 0013358-62-8

Intercyton® (Sanofi-Synthelabo: ES)
Intercyton® (UCB: FR)
Pericel® (Pharmafar: IT)

Flavoxate (Rec.INN)

L: Flavoxatum
I: Flavoxato
D: Flavoxat
F: Flavoxate
S: Flavoxato

Antispasmodic agent

ATC: G04BD02
CAS-Nr.: 0015301-69-6 C_{24}-H_{25}-N-O_4
M_r 391.474

4H-1-Benzopyran-8-carboxylic acid, 3-methyl-4-oxo-2-phenyl-, 2-(1-piperidinyl)ethyl ester

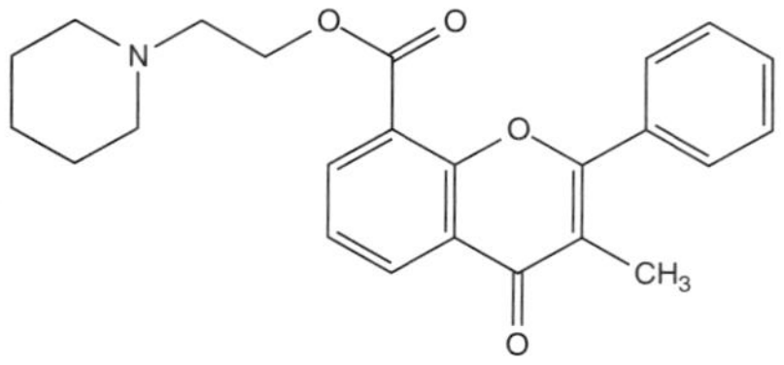

OS: *Flavoxate [BAN, DCF]*
OS: *Flavoxato [DCIT]*
IS: *AK 123*
IS: *Rec 7-0040*

Bladuril® (Tecnoquimicas: CO)

– hydrochloride:

CAS-Nr.: 0003717-88-2
OS: *Flavoxate Hydrochloride BANM, JAN, USAN*
IS: *DW 61*
PH: Flavoxate Hydrochloride BP 2002, JP XIV

Apo-Flavoxate® (Apotex: CA, HK)
Bladderon® (Shinyaku: JP)
Bladuril® (Casasco: AR)
Bladuril® (Evex: PE)
Bladuril® (Sanofi-Aventis: MX)
Bladuril® (Tecnofarma: CL)
Cleanxate® (Sam Chun Dang: SG)
Flavo-Spa® (Utopian: TH)
Flavorin® (TO Chemicals: TH)
Genurin S® (Sanofi-Aventis: BR)
Genurin® (Recordati: CN, IT)
Spasdic® (Medicine Supply: TH)
Spasuret® (Pierre Fabre: DE)
Spasuri® (Central Poly: TH)
U-Spa® (Sriprasit: TH)
Urisol® (Stadmed: IN)
Urispadol® (Abigo: DK)
Urispas® (Altana: BE, LU, NL, PT)
Urispas® (EU-Pharma: NL)
Urispas® (Fako: TR)
Urispas® (Indofarma: ID)
Urispas® (Negma: FR)
Urispas® (Ortho: US)
Urispas® (Pharmacia: ZA)
Urispas® (Robapharm: CH)
Urispas® (Shire: GB, HK, IE, SG)
Urispas® (Stada: AT)
Urispas® (Walter Bushnell: IN)
Uronid® (Recordati: ES)
Uroxate® (GDH: TH)
Voxate® (Masa Lab: TH)
Ürispas® (Fako: TR)

Flecainide (Rec.INN)

L: Flecainidum
I: Flecainide
D: Flecainid
F: Flécaïnide
S: Flecainida

Antiarrhythmic agent

ATC: C01BC04
CAS-Nr.: 0054143-55-4 C_{17}-H_{20}-F_6-N_2-O_3
M_r 414.367

Benzamide, N-(2-piperidinylmethyl)-2,5-bis(2,2,2-trifluoroethoxy)-

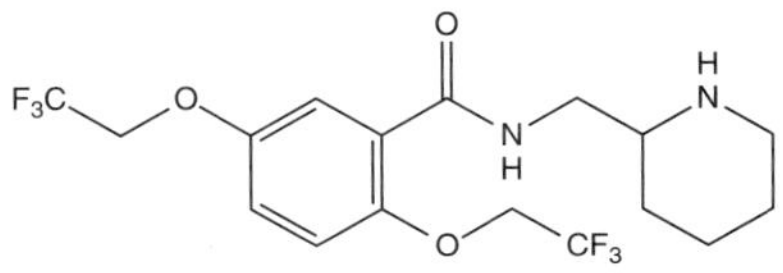

OS: *Flecainide [BAN, DCF, DCIT]*

– acetate:

CAS-Nr.: 0054143-56-5
OS: *Flecainide Acetate BANM, USAN*
IS: *R 818*
PH: Flecainidi acetas Ph. Eur. 5
PH: Flecainidacetat Ph. Eur. 5
PH: Flécaïnide (acétate de) Ph. Eur. 5
PH: Flecainide acetate USP 30, Ph. Eur. 5

Almarytm® (3M: IT)
Apocard® (3M: BE, ES)
Apocard® (Esteve: ES)
Aristocor® (Kwizda: AT)
Diondel® (Roemmers: AR)
Flecadura® (Merck dura: DE)
Flecainid Alpharma® (Actavis: FI)
Flecainid Alpharma® (Alpharma: DK)
Flecainid-1A® (1A Pharma: DE)
Flecainid-Hexal® (Hexal: DE)
Flecainid-Isis® (Actavis: DE)
Flecainid-Sandoz® (Sandoz: DE)
Flecainidacetat AL® (Aliud: DE)
Flecainidacetat Stada® (Stada: DE)
Flecainide Acetate® (Alphapharm: US)
Flecainide Acetate® (Barr: US)
Flecainide Acetate® (Ranbaxy: US)
Flecainide Acetate® (Roxane: US)
Flecainide Acetate® (Sandoz: US)
Flecainide-acetaat Alpharma® (Alpharma: NL)
Flecainide-acetaat Sandoz® (Sandoz: NL)
Flecainideacetaat Katwijk® (Katwijk: NL)
Flecainide® (Alpharma: GB)
Flecainide® (Generics: GB)
Flecainide® (Teva: GB)
Flecatab® (Alphapharm: AU)
Flecaïnide PCH® (Pharmachemie: NL)
Flecaïnide-acetaat A® (Apothecon: NL)
Flecaïnide-acetaat Gf® (Genfarma: NL)
Flecaïnideacetaat CF® (Centrafarm: NL)
Flecaïnideacetaat Disphar® (Disphar: NL)
Flecaïnideacetaat Merck® (Merck Generics: NL)
Flécaïne® (3M: FR)
Flécaïnide RPG® (RPG: FR)
Merck-Flecainide® (Merck: LU)
Tambocor® (3M: AU, BE, CA, CH, CL, CR, DE, DK, DO, FI, GB, GT, HK, HN, IL, IS, KE, LU, MA, MY, NL, NO, NZ, PA, RO, SE, SG, SV, TH, US, ZA, ZW)
Tambocor® (Eisai: JP)
Tambocor® (Meda: IE)

Fleroxacin (Rec.INN)

L: Fleroxacinum
D: Fleroxacin
F: Fleroxacine
S: Fleroxacino

Antibiotic, gyrase inhibitor

ATC: J01MA08
CAS-Nr.: 0079660-72-3 C_{17}-H_{18}-F_3-N_3-O_3
M_r 369.361

F

3-Quinolinecarboxylic acid, 6,8-difluoro-1-(2-fluoroethyl)-1,4-dihydro-7-(4-methyl-1-piperazinyl)-4-oxo

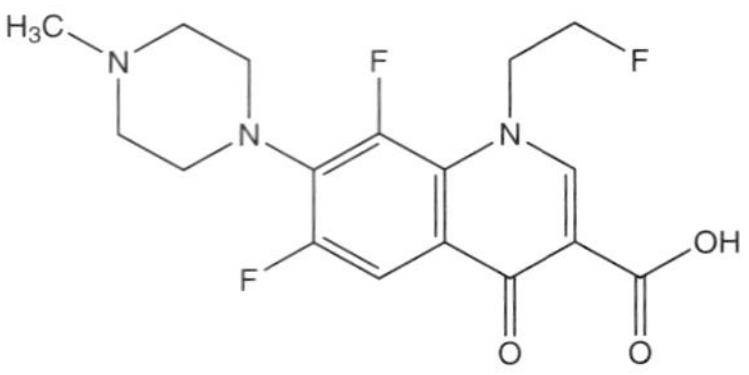

OS: *Fleroxacin [BAN, JAN, USAN]*
IS: *AM 833*
IS: *Ro 23-6240/000 (Roche, USA)*

Fuluxing® (Changzheng: CN)
Megalocin® (Kyorin: JP)
Quinodis® (Grünenthal: AT, AT, DE, DE)

Floctafenine (Rec.INN)

L: Floctafeninum
I: Floctafenina
D: Floctafenin
F: Floctafénine
S: Floctafenina

Analgesic
Antipyretic
Antiinflammatory agent

ATC: N02BG04
CAS-Nr.: 0023779-99-9 C_{20}-H_{17}-F_3-N_2-O_4
M_r 406.376

Benzoic acid, 2-[[8-(trifluoromethyl)-4-quinolinyl]amino]-, 2,3-dihydroxypropyl ester

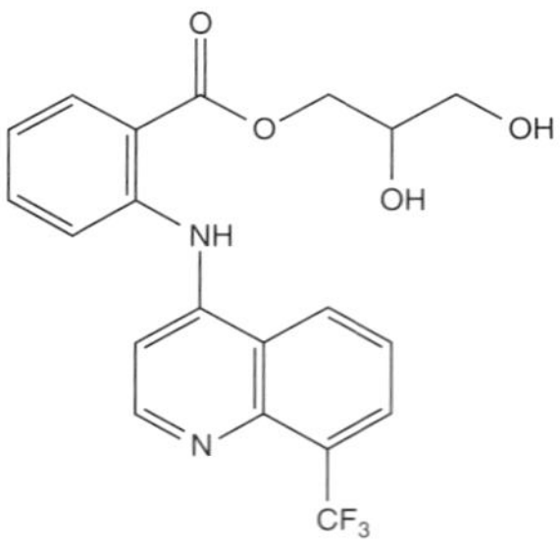

OS: *Floctafenine [BAN, DCF, JAN, USAN]*
OS: *Floctafenina [DCIT]*
IS: *RU 15750*
PH: Floctafenine [JP XIV]

Apo-Floctafenine® (Apotex: CA)
Idarac® (Aventis: ES, TH)
Idarac® (Aventis Pharma: ID)
Idarac® (Roussel: VN)
Idarac® (Sanofi-Aventis: FR)

Flomoxef (Rec.INN)

L: Flomoxefum
D: Flomoxef
F: Flomoxef
S: Flomoxefo

Antibiotic, cephalosporin, cephalosporinase-resistant

CAS-Nr.: 0099665-00-6 C_{15}-H_{18}-F_2-N_6-O_7-S_2
M_r 496.489

7R-7-[2-(Difluoromethylthio)acetamido]-3-[1-(2-hydroxyethyl)-1H-tetrazol-5-ylthiomethyl]-7-methoxy-1-oxa-3-cephem-4-carboxylic acid

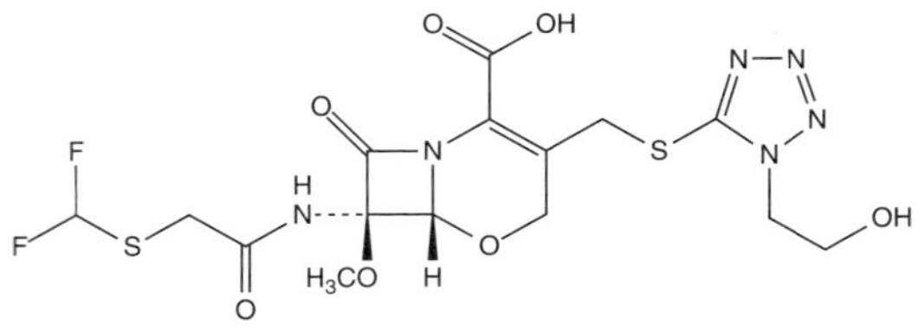

OS: *Flomoxef [USAN]*
IS: *FMOX*
IS: *S 6315 (Shionogi, Japan)*

– sodium salt:

CAS-Nr.: 0096647-03-9
OS: *Flomoxef Sodium JAN*
PH: Flomoxef Sodium JP XIV

Flumarin® (Shionogi: JP)

Flopropione (Rec.INN)

L: Flopropionum
D: Flopropion
F: Flopropione
S: Flopropiona

Antispasmodic agent
Serotonin antagonist

CAS-Nr.: 0002295-58-1 C_9-H_{10}-O_4
M_r 182.179

1-Propanone, 1-(2,4,6-trihydroxyphenyl)-

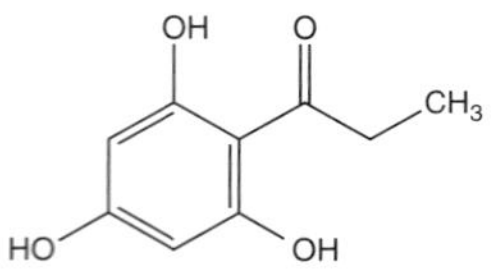

OS: *Flopropione [DCF, JAN, USAN]*
IS: *Phlorpropiophenon*
PH: Flopropione [JP XIV]

Cospanon® (Eisai: CR, DO, GT, JP, SV)
Ephtanon® (Isei: JP)
Pasmus® (Daiichi: JP)
Sartiron® (Zeria: JP)
Supanate® (Shinyaku: JP)

Florfenicol (Rec.INN)

L: Florfenicolum
D: Florfenicol
F: Florfenicol
S: Florfenicol

Antibiotic, chloramphenicol

CAS-Nr.: 0076639-94-6 C_{12}-H_{14}-Cl_2-F-N-O_4-S
M_r 358.214

Acetamide, 2,2-dichloro-N-[1-(fluoromethyl)-2-hydroxy-2-[4-(methylsulfonyl)phenyl]ethyl]-, [R-(R*,S*)]-

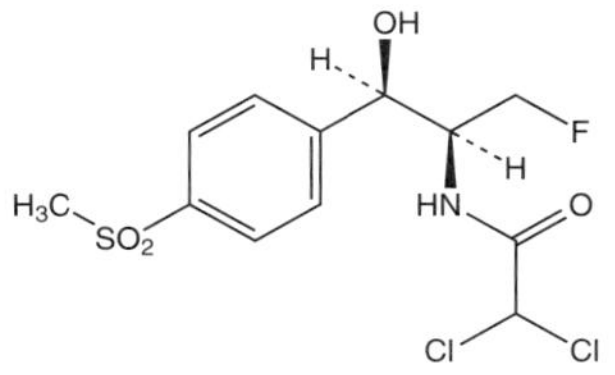

OS: *Florfenicol [BAN, USAN]*
IS: *SCH 25298 (Schering-Plough, USA)*

Aquaflor® [vet.] (Schering-Plough: US)
Floraqpharma® [vet.] (Skretting: NO)
Florocol® [vet.] (Schering-Plough Veterinary: GB)
Nuflor® [vet.] (Essex: AT, DE)
Nuflor® [vet.] (Provet: CH)
Nuflor® [vet.] (Schering-Plough: AU, IE, IT, LU, US)
Nuflor® [vet.] (Schering-Plough Animal: NZ, ZA)
Nuflor® [vet.] (Schering-Plough Vet: PT)
Nuflor® [vet.] (Schering-Plough Vétérinaire: FR)
Nuflor® [vet.] (Vetcare: FI)

Floxuridine (Rec.INN)

L: Floxuridinum
D: Floxuridin
F: Floxuridine
S: Floxiridina

Antineoplastic, antimetabolite

CAS-Nr.: 0000050-91-9 C_9-H_{11}-F-N_2-O_5
M_r 246.207

Uridine, 2'-deoxy-5-fluoro-

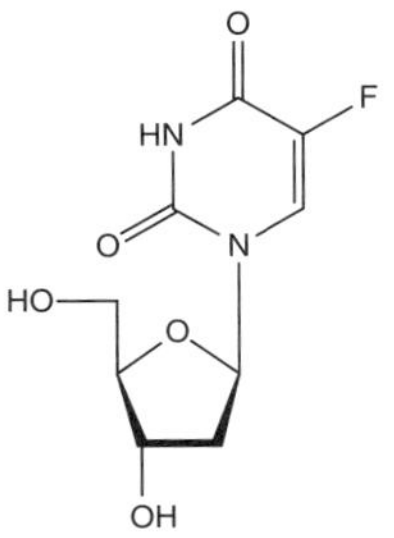

OS: *Floxuridine [USAN]*
IS: *Fluorouridine Deoxyribose*
IS: *FUDR*
PH: Floxuridine [USP 30]

Floxuridine® (Abraxis: US)
Floxuridine® (Bedford: US)
FUDR® (Mayne: US)

Fluazuron (Rec.INN)

L: Fluazuronum
D: Fluazuron
F: Fluazuron
S: Fluazuron

Insecticide [vet.]

CAS-Nr.: 0086811-58-7 C_{20}-H_{10}-Cl_2-F_5-N_3-O_3
M_r 506.22

1-[4-Chloro-3-[[3-chloro-5-(trifluoromethyl)-2-pyridyl]oxy]phenyl]-3-(2,6-difluorobenzoyl)urea

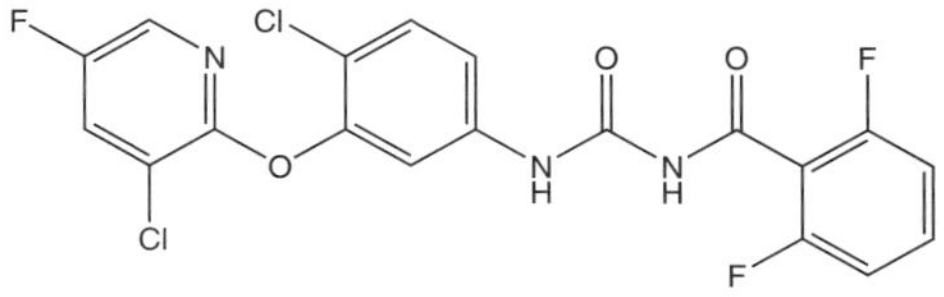

OS: *Fluazuron [USAN]*
IS: *CGA 157419*

Acatak Pour-On® [vet.] (Novartis: CO)
Acatak Pour-On® [vet.] (Novartis Animal Health: AU, ZA)

Flubendazole (Rec.INN)

L: Flubendazolum
D: Flubendazol
F: Flubendazole
S: Flubendazol

Anthelmintic [vet.]

ATC: P02CA05
ATCvet: QP52AC12
CAS-Nr.: 0031430-15-6 C_{16}-H_{12}-F-N_3-O_3
M_r 313.302

Carbamic acid, [5-(4-fluorobenzoyl)-1H-benzimidazol-2-yl]-, methyl ester

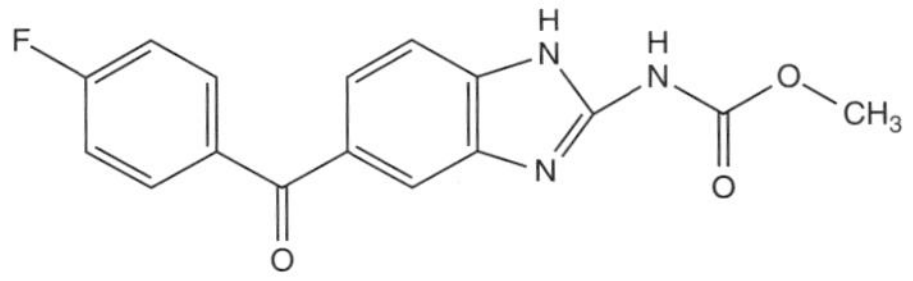

OS: *Flubendazole [BAN, DCF, USAN]*
IS: *R 17889 (Janssen, Belgium)*
PH: Flubendazole [Ph. Eur. 5, BP 2003]

Cananthel® [vet.] (Virbac: DE)
Cofamix Flubendazole® [vet.] (Coophavet: FR)
Concentrat VO 80® [vet.] (Sogeval: FR)
Concentrat VO 81® [vet.] (Sogeval: FR)
Feritrex® (Patric: CO)
Flicum® (Distriquimica: ES)
Flubendavet® [vet.] (Bioptive: DE)
Flubendazol Genfar® (Genfar: CO, PE)
Flubendazole® [vet.] (Franvet: FR)
Flubendazol® (Pentacoop: EC)
Flubendazol® [vet.] (Animedic: DE)
Flubendazol® [vet.] (Bioptive: DE)
Flubendazol® [vet.] (Chevita: DE)
Flubendazol® [vet.] (Selecta: DE)
Flubenol® [vet.] (Bayer Animal Health: ZA)
Flubenol® [vet.] (Biokema: CH)

F

Flubenol® [vet.] (Boehringer Ingelheim: AU, SE)
Flubenol® [vet.] (Dopharma: NL)
Flubenol® [vet.] (Esteve Veterinaria: PT)
Flubenol® [vet.] (Floris: NL)
Flubenol® [vet.] (Janssen: AT, BE, IT, IT, LU, NL)
Flubenol® [vet.] (Janssen Animal Health: DE, GB, IE)
Flubenol® [vet.] (Janssen Santé Animale: FR)
Flubenol® [vet.] (Nutritech: NZ)
Flubenol® [vet.] (Orion: FI)
Flubenvet® [vet.] (Janssen: IT)
Flubenvet® [vet.] (Janssen Animal Health: GB)
Flumoxal® (Janssen: AR)
Fluoben® (Anglopharma: CO)
Flutelmium® [vet.] (Janssen: NL)
Fluvermal® (Janssen: AE, BF, BJ, CF, CG, CI, CM, CO, CY, DZ, EC, EG, GA, GN, JO, LB, MG, ML, MR, MT, NE, PE, PT, SA, SD, SN, TG, YE)
Fluvermal® (McNeil: FR, FR)
Frommex® [vet.] (Klat: DE)
Frommex® [vet.] (Serumber: DE)
Fugos® (Interpharm: EC)
Helmiflu® (Caribe: CO)
Helminex® [tab./susp.] (Unimed: PE)
Hemiflu® (Caribe: CO)
Mansonil® [vet.] (Bayer: NL)
MS Wormguard® [vet.] (Janssen: NL)
Solubenol® [vet.] (Janssen Animal Health: DE)
Solubenol® [vet.] (Janssen Santé Animale: FR)
Teniverme® (Basi: PT)
Vermicat® [vet.] (Ceva: DE)

Fluclorolone Acetonide (Rec.INN)

L: Flucloroloni acetonidum
D: Fluclorolon acetonid
F: Acétonide de fluclorolone
S: Acetonido de la fluclorolona

Adrenal cortex hormone, glucocorticoid
Dermatological agent

CAS-Nr.: 0003693-39-8 C_{24}-H_{29}-Cl_2-F-O_5
M_r 487.396

Pregna-1,4-diene-3,20-dione, 9,11-dichloro-6-fluoro-21-hydroxy-16,17-[(1-methylethylidene)bis(oxy)]-, (6α,11β,16α)-

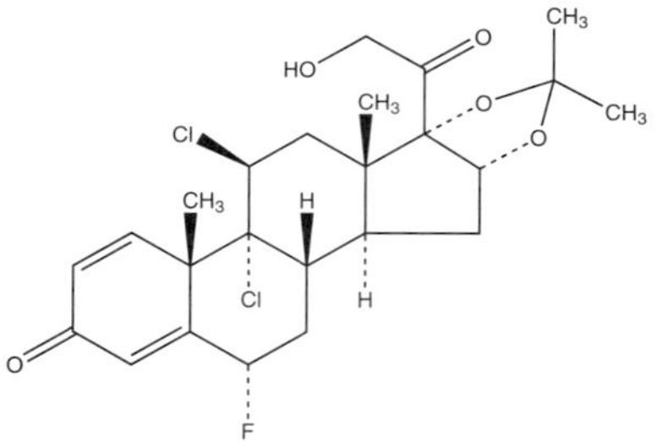

OS: *Fluclorolone Acetonide [BAN]*
OS: *Flucloronide [USAN]*
OS: *Acétonide de fluclorolone [DCF]*
IS: *RS 2252 (Syntex, USA)*
PH: Fluclorolone Acetonide [BP 1993]

Cutanit® (Yamanouchi: ES)

Flucloxacillin (Rec.INN)

L: Flucloxacillinum
I: Flucloxacillina
D: Flucloxacillin
F: Flucloxacilline
S: Flucloxacilina

Antibiotic, penicillin, penicillinase-resistant

ATC: J01CF05
CAS-Nr.: 0005250-39-5 C_{19}-H_{17}-Cl-F-N_3-O_5-S
M_r 453.885

[3-(2-Chloro-6-fluorophenyl)-5-methyl-4-isoxazolyl]penicillin

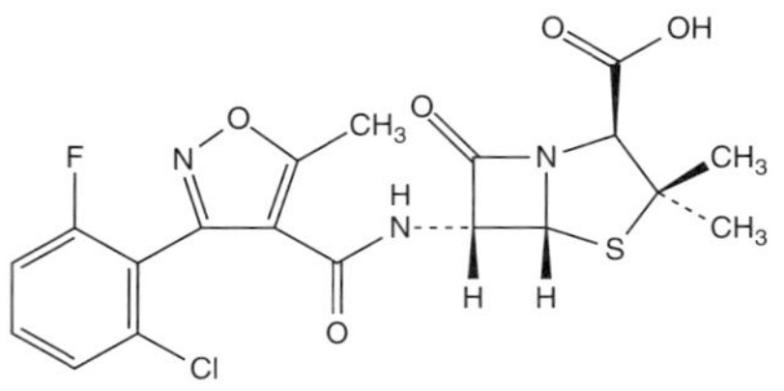

OS: *Floxacillin [USAN]*
OS: *Flucloxacillin [BAN]*
OS: *Flucloxacilline [DCF]*
OS: *Flucloxacillina [DCIT]*
IS: *BRL 2039 (Beecham, Great Britain)*
IS: *FK 900*

Eflucin® (Jayson: BD)
Flix® (Dinçsa Ilaç: TR)
Flix® (Fujisawa: JP)
Floksin Süspansiyon® (Sanli: TR)
Floxapen® (Beecham: PT)
Floxapen® (GlaxoSmithKline: AE, BH, IR, KW, OM, QA)
Floxason® (Hudson: BD)
Fluclox Carino® (Carinopharm: DE)
Flucloxacilline-Mayne® (Mayne: LU)
Flucloxil® (Duopharma: HK)
Flupen® (Alfa Wassermann: IT)
Flupen® (Drug International: BD)
Fluxacina L.CH.® (Chile: CL)
Staphlex® (Pacific Pharm Merck: SG)
Vitalpen® (Labomed: CL)

– magnesium salt:

CAS-Nr.: 0058486-36-5
OS: *Flucloxacillin Magnesium BANM*
IS: *Flucloxacillin hemimagensium-4-Wasser*
PH: Flucloxacillin Magnesium BP 2002

Flopen® (CSL: AU)
Floxapen® (GlaxoSmithKline: AU, GB, IE, NL)
Heracillin® (AstraZeneca: SE)
Staphylex® (GlaxoSmithKline: DE)

– sodium salt:

CAS-Nr.: 0001847-24-1
OS: *Flucloxacillin Sodium BANM, JAN*
PH: Flucloxacillin Sodium Ph. Eur. 5
PH: Flucloxacillinum natricum Ph. Eur. 5
PH: Flucloxacillin-Natrium Ph. Eur. 5
PH: Flucloxacilline sodique Ph. Eur. 5

A-Flox® (Acme: BD)
Actinase® (Marksman: BD)
Ancoc® (Shamsul Alamin: BD)
Aspen Flucil® (Aspen: AU)
Auxil® (Doctor's Chemical Work: BD)
Belox® (Benham: BD)
Betabiotic® (Pliva: IT)
Candid® (Asiatic Lab: BD)
Clox-F® (Asiatic Lab: BD)
Cloxillin® (Ibirn: IT)
E-Flu® (Edruc: BD)
Evercid® (Boniscontro & Gazzone: IT)
Faifloc® (Farmaceutici T.S.: IT)
Fareclox® (Lafare: IT)
Fcx® (Gaco: BD)
Fex® (Gaco: BD)
Floksin Film Tablet® (Sanli: TR)
Flopen® (CSL: AU)
Flora® (Mystic: BD)
Floxabiotic® (Bernofarm: ID)
Floxapen® (Actavis: CH)
Floxapen® (Beecham: PT)
Floxapen® (General Pharma: BD)
Floxapen® (GlaxoSmithKline: AT, AU, BE, GB, ID, IE, LU, MX, NL, ZA)
Floxapen® [vet.] (GlaxoSmithKline: GB)
Floxsig® (Sigma: AU)
Flubex® (Beximco: BD)
Flubiclox® (Douglas: AU)
Flubiotic® (Navana: BD)
Flucacid® (Euro-Pharma: IT)
Flucap® (Alco: BD)
Flucef® (Max Farma: IT)
Flucillin® (Pinewood: IE)
Flucinal® (Selvi: IT)
Fluclomix® (Ashbourne: GB)
Fluclon® (Clonmel: IE)
Fluclox Stragen® (Stragen: DE)
Flucloxacilina Sodica L.CH.® (Chile: CL)
Flucloxacilina® (Bestpharma: CL)
Flucloxacilina® (Mintlab: CL)
Flucloxacillin Alpharma® (Alpharma: NL)
Flucloxacillin curasan® (DeltaSelect: DE)
Flucloxacillin DeltaSelect® (DeltaSelect: DE)
Flucloxacillin Inno Pharm® (Inno Pharm: DE)
Flucloxacillin Sodium® (Mayne: NZ)
Flucloxacillina K24® (K24: IT)
Flucloxacillina PH.I.® (Pharma Italia: IT)
Flucloxacilline ACS Dobfar® (ACS: NL)
Flucloxacilline A® (Apothecon: NL)
Flucloxacilline CF® (Centrafarm: NL)
Flucloxacilline Gf® (Genfarma: NL)
Flucloxacilline Merck® (Merck Generics: NL)
Flucloxacilline PCH® (Pharmachemie: NL)
Flucloxacilline Sandoz® (Sandoz: NL)
Flucloxacilline® (Hexal: NL)
Flucloxacilline® (Katwijk: NL)
Flucloxacillin® (Actavis: GB)
Flucloxacillin® (AFT: NZ)
Flucloxacillin® (Arrow: GB)
Flucloxacillin® (Kent: GB)
Flucloxacillin® (Mayne: AU)
Flucloxacillin® (Sandoz: GB)
Flucloxacillin® (Teva: GB)
Flucloxacillin® (Wockhardt: GB)
Flucloxin® (Douglas: NZ)
Flucloxin® (Eskayef: BD)
Fluclox® (ACI: BD)
Fluclox® (Farma 1: IT)
Flucopen® (Somatec: BD)
Flumed® (Medicon: BD)
Flustaph® (Orion: BD)
Flusyrup® (Alco: BD)
Fluxacil® (Farma 1: IT)
Fluxicap® (Ziska: BD)
Fluxon® (Sanofi-Aventis: BD)
Flux® (Opsonin: BD)
Fluzerit® (De Salute: IT)
Fucil® (Nipa: BD)
Geriflox® (Gerard: IE)
Heracillin® (AstraZeneca: DK, IS, SE)
Isoclox® (Globe: BD)
Liderclox® (Ecobi: IT)
Luf® (Apex: BD)
Monaclox-F® (Amico: BD)
Nepenic® (New Research: IT)
Pantaflux® (Pantafarm: IT)
Perpen® (Rangs: BD)
Phylopen® (Square: BD)
Ramaxir® (Remedica: CY)
Recaflux® (Copernico: IT)
Revistar® (Bio-Pharma: BD)
Rolab-Flucloxacillin® (Sandoz: ZA)
Silox® (Silva: BD)
Sinaflox® (Ibn Sina: BD)
Skilox® (Healthcare: BD)
Softapen® (Rephco: BD)
Stafoxin® (Aristopharma: BD)
Staphen® (Sanofi-Aventis: BD)
Staphlex® (Pacific: NZ)
Staphycid® (Trenker: BE, LU, TH)
Staphylex® (Alphapharm: AU)
Staphylex® (GlaxoSmithKline: DE)

Fluconazole (Rec.INN)

L: Fluconazolum
D: Fluconazol
F: Fluconazole
S: Fluconazol

Antifungal agent

ATC: J02AC01
CAS-Nr.: 0086386-73-4 C_{13}-H_{12}-F_2-N_6-O
M_r 306.299

1H-1,2,4-Triazole-1-ethanol, α-(2,4-difluorophenyl)-α-(1H-1,2,4-triazol-1-ylmethyl)-

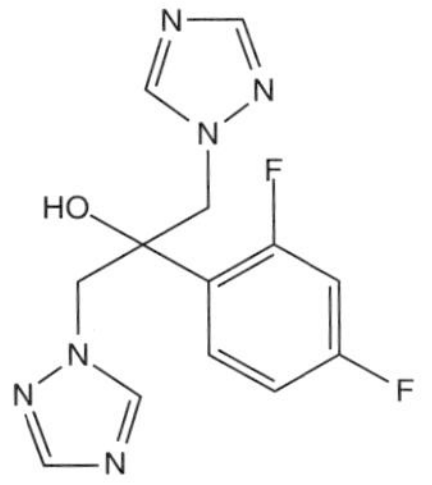

OS: *Fluconazole [BAN, DCF, JAN, USAN]*
IS: *UK 49858 (Pfizer, USA)*
PH: Fluconazole [USP 30]

PH: Fluconazole [Ph. Eur. 5]

Afungil® (Senosiain: MX)
Anfasil® (Silva: BD)
Apo-Fluconazole® (Apotex: AN, BB, BM, BS, CA, GY, HT, JM, KY, SR, TT)
Baten® (Bussié: CO, DO, GT, HN, PA, SV)
Besic Derm® (Pharmalat: GT)
Biozole® (Biolab: TH)
Byfluc® (Biex: IE)
Béagyne® (Effik: FR)
Canazole® (ACI: BD)
Cancid® (Sunthi: ID)
Candidin® (Toprak: TR)
Candimicol® (Quesada: AR)
Candinil® (Healthcare: BD)
Candizol® (Aché: BR)
Candizol® (Actavis: IS)
Canesten Fluconazole® (Bayer: NZ)
Canesten® (Bayer: GB)
Canex® (Alliance: ZA)
Canex® (Wolff: DE)
Canifug Fluco® (Wolff: DE)
Cantinia® (Medicon: BD)
Cipla-Fluconazole® (Cipla: ZA)
Ciplaflucon® (Biotoscana: CO)
Cofkol® [caps.] (Schering: PE)
Conaz® (Orion: BD)
Cryptal® (Fahrenheit: ID)
Damicol® (Biol: AR)
Dermyc® (Teva: HU)
Dexmazol® (Life: EC)
Diflazole® (Pinewood: IE)
Diflazon® (Krka: BA, CZ, RO, RS)
Diflazon® (KRKA: RU)
Diflazon® (Krka: SI)
Diflucan® (Pfizer: AE, AN, AT, AU, BA, BB, BE, BF, BH, BJ, BZ, CA, CF, CG, CH, CI, CL, CM, CN, CO, CR, CY, CZ, DE, DK, DO, EG, ES, ET, FI, GA, GB, GE, GH, GM, GN, GT, GY, HK, HN, HR, HT, HU, ID, IE, IL, IS, IT, JM, JO, JP, KE, KW, LB, LK, LR, LU, MG, ML, MR, MU, MW, MX, MY, NE, NG, NI, NL, NO, NZ, OM, PA, PE, PH, PL, PT, RO, RS, RU, SA, SD, SE, SG, SI, SL, SN, SV, TD, TG, TH, TT, UG, US, VN, ZA, ZR, ZW)
Diflucan® (Pfizer Consumer Healthcare: GB, NZ)
Diflucan® [vet.] (Pfizer Animal Health: GB)
Difluzole® (Cipla: ZA)
Difluzole® (Labofar: PE)
Difluzol® (Stada: AT)
Diflu® (Aristopharma: BD)
Difusel® (Medix: MX)
Dikonazol® (Galenika: RS)
Doc Fluconazol® (Docpharma: BE)
Dofil® (SBL: MX)
Elazor® (Sigma Tau: IT)
Fada Fluconazol® (Fada: AR)
Felsol® (Pasteur: CL)
Femixol® (Omega: AR)
Figalol® (Biomedica-Chemica: GR)
Flavona® (Rephco: BD)
Fluc Hexal® (Hexal: DE, LU)
Fluc-Hexal® (Hexal: LU)
Flucand® (Hikma: AE, BH, EG, IQ, JO, KW, LB, LY, OM, QA, SA, SD, SY, TN, YE)
Flucanol® (Rafa: IL)
Flucan® (Pfizer: TR)
Flucazole® (Pfizer: NZ)
Flucazol® (Cristália: BR)
Flucazol® (Spirig: CH)
Flucess® (Biochemie: CR, DO, GT, NI, PA, SV)
Flucess® (Novartis: BD)
Flucess® (Sandoz: ID)
Flucobeta® (betapharm: DE)
Flucoderm® (Dermapharm: DE)
Flucoder® (Eskayef: BD)
Flucodrug® (Med-One: GR)
Flucofast® (Medana: PL)
Flucohexal® (Sandoz: HU)
FlucoLich® (Winthrop: DE)
Flucol® (Rowex: IE)
Flucomed® [caps.] (Infermed: PE)
Flucomicon® (Chalver: CO, DO, EC, GT, HN, PA, PE)
Fluconacx® (Acromax: EC)
Fluconal® (Acme: BD)
Fluconal® (Hemofarm: RS)
Fluconal® (Libbs: BR, BR)
Fluconax® (Drossapharm: CH)
Fluconax® (Jadran: HR)
Fluconazol 1A Farma® (1A Farma: DK)
Fluconazol 1A Pharma® (1A Pharma: AT, DE)
Fluconazol AbZ® (AbZ: DE)
Fluconazol Actavis® (Actavis: CH, DK, FI)
Fluconazol Alpharma® (Actavis: FI)
Fluconazol Alpharma® (Alpharma: NL, PT, SE)
Fluconazol Alternova® (Alternova: DK, FI)
Fluconazol AL® (Aliud: DE)
Fluconazol Ardez® (Ardez: CZ)
Fluconazol Azoflune® (Decomed: PT)
Fluconazol A® (Apothecon: NL)
Fluconazol BASICS® (Basics: DE)
Fluconazol Bayvit® (Stada: ES)
Fluconazol Bexal® (Bexal: ES, PT)
Fluconazol Calox® (Calox: CR, DO, HN, NI, PA)
Fluconazol Cantabria® (Cantabria: ES)
Fluconazol CF® (Centrafarm: NL)
Fluconazol Chemo Farma® (Liconsa: ES)
Fluconazol Chemo Technic® (Liconsa: ES)
Fluconazol Chemo® (Normon: ES)
Fluconazol Combino Pharm® (Combino: ES)
Fluconazol Copyfarm® (Copyfarm: DK, FI, SE)
Fluconazol Cuve® (Perez Gimenez: ES)
Fluconazol Deltaselect® (DeltaSelect: DE)
Fluconazol Denver® (Denver: AR)
Fluconazol Derm 1A Pharma® (1A Pharma: DE)
Fluconazol EG® (Eurogenerics: BE)
Fluconazol Elfar® (Elfar: ES)
Fluconazol Ennapharma® (Ennapharma: FI)
Fluconazol Fabra® (Fabra: AR)
Fluconazol Farmoz® (Farmoz: PT)
Fluconazol Fmndtria® (Farmindustria: PE)
Fluconazol Gemepe® (Gemepe: AR)
Fluconazol Genericon® (Genericon: AT)
Fluconazol Generis® (Generis: PT)
Fluconazol Genfar® (Genfar: CO, EC, PE)
Fluconazol HelvePharm® (Helvepharm: CH)
Fluconazol Hexal® (Hexal: AT, DE, DK, ES)
Fluconazol Hexal® (Sandoz: SE)
Fluconazol Hikma® (Hikma: NL)
Fluconazol ITF® (ITF: PT)
Fluconazol Krka® (Krka: DK)
Fluconazol Krka® (KRKA: NO)

Fluconazol Krka® (Krka: SE)
Fluconazol Kwizda® (KBC: DE)
Fluconazol Labesfal® (Labesfal: PT)
Fluconazol Lafedar® (Lafedar: AR)
Fluconazol Liconsa® (Liconsa: ES)
Fluconazol Mabo® (Mabo: ES)
Fluconazol Mayrhofer® (Mayrhofer: AT)
Fluconazol Medimpex® (Medimpex: LU)
Fluconazol Merck® (Merck Genericos: ES)
Fluconazol Merck® (Merck Generics: NL)
Fluconazol MF® [caps.] (Marfan: PE)
Fluconazol MK® (Bonima: BZ, CR, GT, HN, HT, NI, SV)
Fluconazol MK® (MK: CO)
Fluconazol NeoPharma® (Neopharma: NL)
Fluconazol Northia® (Northia: AR)
Fluconazol Nycomed® (Leiras: FI)
Fluconazol Nycomed® (Nycomed: DK, SE)
Fluconazol Orion® (Orion: FI)
Fluconazol PCH® (Pharmachemie: NL)
Fluconazol Premium® [tab.] (Britania: PE)
Fluconazol Ratiopharm® (Ratiopharm: AT)
Fluconazol Ratiopharm® (ratiopharm: DK)
Fluconazol Ratiopharm® (Ratiopharm: FI)
Fluconazol Ratiopharm® (ratiopharm: HU)
Fluconazol Ratiopharm® (Ratiopharm: NL, PT)
Fluconazol Reforce® (Atral: PT)
Fluconazol Richet® (Richet: AR)
Fluconazol Rivero® (ALM: PE)
Fluconazol Rivero® (Rivero: AR)
Fluconazol Roux-Ocefa® (Roux-Ocefa: AR)
Fluconazol Salutas® (Hexal: ES)
Fluconazol Sandoz® (Sandoz: AT, CH, DE, FI, NL, PT, SE)
Fluconazol Slovakofarma® (Slovakofarma: CZ)
Fluconazol Stada® (Stada: DE, VN)
Fluconazol Supremase® (Tecnimede: PT)
Fluconazol Tuteur® (Teva: AR)
Fluconazol Ur® (Uso Racional: ES)
Fluconazol Vannier® (Vannier: AR)
Fluconazol von ct® (CT: DE)
Fluconazol-GRY® (Gry: DE)
Fluconazol-Hexal® (Hexal: LU)
Fluconazol-Isis® (Actavis: DE)
Fluconazol-Mepha® (Mepha: CH)
Fluconazol-ratiopharm® (ratiopharm: DE, LU)
Fluconazol-ratiopharm® (Ratiopharm: NL)
Fluconazol-Teva® (Teva: CH)
Fluconazole Bexal® (Bexal: BE)
Fluconazole Injection® (Mayne: US)
Fluconazole Novexal® (Novexal: GR)
Fluconazole Novopharm® (Novopharm: NL)
Fluconazole Pliva® (Pliva: SI)
Fluconazole Ratiopharm® (Ratiopharm: BE)
Fluconazole Teva® (Teva: BE)
Fluconazole® (Canonpharma: RU)
Fluconazole® (Dr Reddys: US)
Fluconazole® (Hospira: US)
Fluconazole® (Makis Pharma: RU)
Fluconazole® (Mayne: SG)
Fluconazole® (Novopharm: CA)
Fluconazole® (Polfarmex: PL, RS)
Fluconazole® (Ranbaxy: US)
Fluconazole® (Roxane: US)
Fluconazole® (Sandoz: CA, US)
Fluconazole® (Taro: IL, US)
Fluconazole® (Teva: US)
Fluconazol® (AC Farma: PE)
Fluconazol® (Alpharma: NO)
Fluconazol® (Arena: RO)
Fluconazol® (Bestpharma: CL)
Fluconazol® (Biosintética: BR)
Fluconazol® (Britania: PE)
Fluconazol® (Copyfarm: NO)
Fluconazol® (Drintefa: PE)
Fluconazol® (EMS: BR)
Fluconazol® (Farmac.Latina: PE)
Fluconazol® (Farmachif: PE)
Fluconazol® (Farmedic: PE)
Fluconazol® (Farmo Andina: PE)
Fluconazol® (G&R: PE)
Fluconazol® (Hersil: PE)
Fluconazol® (Hexal: NL)
Fluconazol® (Intipharma: PE)
Fluconazol® (IPhSA: CL)
Fluconazol® (Iqfarma: PE)
Fluconazol® (Ivax: NL)
Fluconazol® (La Sante: PE)
Fluconazol® (La Santé: CO)
Fluconazol® (Lab. Neo Quím.: BR)
Fluconazol® (Labofar: PE)
Fluconazol® (LCG: PE)
Fluconazol® (Lisan: CR)
Fluconazol® (Maquifarma: PE)
Fluconazol® (Medic Inyec: PE)
Fluconazol® (Medicalex: CO)
Fluconazol® (Medley: BR)
Fluconazol® (Memphis: CO)
Fluconazol® (Payam Neda: BR)
Fluconazol® (Pentacoop: CO, EC, PE)
Fluconazol® (Quilab: PE)
Fluconazol® (Salufarma: PE)
Fluconazol® (Sandoz: DE)
Fluconazol® (Terapia: RO)
Fluconazol® (Teuto: BR)
Fluconazol®[vet.] (Farvet: PE)
Fluconovag® (Gobbi: AR)
Flucon® (Opsonin: BD)
Flucoral® (Kalbe: ID)
Flucoric® (Ranbaxy: HU, RO, ZA)
Flucosandoz® (Sandoz: RO)
Flucosept® (Kwizda: AT)
Flucostan® (Ziska: BD)
Flucostat® (AC Farma: PE)
Flucostat® (Masterlek: RU)
Flucovim® (VIM Spectrum: RO)
Flucoxan® (Pisa: MX)
Flucoxan® (Sanitas: CL)
Flucozol Rowe® (Rowe: EC)
Flucozole® (Siam Bheasach: TH)
Flucozol® (Medifarma: PE)
Flucozol® (Rowe: DO)
Fluctin® (Gynopharm: CL)
Fluc® (Hexal: LU)
Fludex® (Medicon: BD)
Fludizol® (M & H: TH)
Fludocel® (CPH: PT)
Flugal® (Square: BD)
Flukonazol Merck NM® (Merck NM: SE)
Flukonazol NM Pharma® (Merck NM: SE)

Flukonazol® (Jugoremedija: RS)
Flukonazol® (Lek: SI)
Flukonazol® (Srbolek: RS)
Flukonazol® (Zdravlje: RS)
Flumarin® (Laboratorios San Luis: DO)
Flumil® [caps.] (Refasa: PE)
Flumycon® (Pliva: PL)
Flumycozal® (Aegis: RS)
Flunac® (Drug International: BD)
Flunazol® (Bosnalijek: RS)
Flunazol® (ECU: EC)
Flunazol® (Sintofarma: BR)
Flunazol® (Solvay: BR)
Flunazul® (Pfleger: DE)
Flunco® (TO Chemicals: TH)
Flunizol® (Abeefe Bristol: PE)
Flunizol® (Sandoz: CH)
Flunol® (Somatec: BD)
Flurit-D® (Eczacibasi: TR)
Flurit-G® (Eczacibasi: TR)
Flusan® (Eurofarma: BR)
Flusenil® (Anfarm: GR)
Flutec® (Hexal: BR)
Fluvin® (GlaxoSmithKline: BD)
Fluxes® (Sandoz: MX)
Fluzole® (Biofarma: TR)
Fluzole® (Globe: BD)
Fluzol® (Hexal: ZA)
Fluzol® (LKM: AR)
Forcan® (Cipla: CZ, IN, LK, VN)
Fujisen® (California: CO)
Funa® (LBS: TH)
Funcan® (Ampharco: VN)
Funex® (Novamed: CO)
Fungan® (I.E. Ulagay: TR)
Fungata® (Bio-Pharma: BD)
Fungata® (Mack: DE)
Fungata® (Pfizer: AT)
Fungicon® (Micro Labs: LK)
Fungimed® (3DDD Pharma: BE)
Fungitrol® (Rangs: BD)
Fungocina® (Lazar: AR)
Fungolon® (Actavis: GE)
Fungolon® (Balkanpharma: BG)
Fungomax® [sol.-inj.] (Repmedicas: PE)
Fungostat® (Suiphar: DO)
Fungototal® (TRB: AR)
Fungustatin® (Pfizer: GR)
Fungusteril® (Biospray: GR)
Funizol® (Leti: CR, GT, NI, PA, SV)
Funzal Twin® (Pharmalab: PE)
Funzal® [caps.] (Pharmalab: PE)
Funzole® (Bosnalijek: RU)
Funzol® (Bosnalijek: BA, HR)
Fuzol Pauly® (Lafrancol: PE)
Fuzol Pauly® (Pauly: CO)
Galfin® (General Pharma: BD)
Gen-Fluconazole® (Genpharm: CA)
Govazol® (Guardian: ID)
Gynosant® (Gerolymatos: GR)
Hadlinol® (Medicus: GR)
Honguil® (Raymos: AR)
Ibarin Lch® (Ivax: PE)
Ibarin® (Chile: CL)
Kambine® (Rocnarf: EC)
Kandizol® (Nobel: BA, TR)
Klonazol® (Klonal: AR)
Kyrin® (Silom: TH)
Lavisa® (Lesvi: ES)
Lertus® (Zodiac: BR)
Leucodar® (Chemist: BD)
Logican® (Win-Medicare: IN)
Loitin® (Mediplata: PE)
Loitin® (Vita: ES)
Lucan-R® (Renata: BD)
Lucon® (Navana: BD)
Lumen® (Mustafa Nevzat: TR)
Medoflucon® (Medochemie: CN, LK, RO, RU, SG)
Merck-Fluconazole® (Merck: BE)
Micoflu® (GMP: GE)
Micofull® (Ethical: DO)
Micolis® (Valeant: AR)
Microvaccin® (Prater: CL)
Monipax® (De Mayo: BR)
Monipax® (Haller: BR)
Mutum® (Raffo: AR)
Mutum® (Tecnofarma: PE)
Mycoder® (Unimed & Unihealth: BD)
Mycoflucan® (Dr. Reddy's: RU)
Mycomax® (Zentiva: CZ, PL, RO, RU)
Mycorest® (Recon: SG)
Mycosyst® (Gedeon Richter: CZ, HU, JM, PL, RO, RU, VN)
Mycosyst® (Kemofarmacija: SI)
Mycotix® (Inti: PE)
Mykohexal® (Hexal: CZ)
Naxo® (Rontag: AR)
Neofomiral® (Silanes: MX)
Nifurtox® (Richmond: AR, PE)
Niofen® (Investi: AR)
Nispore® (Incepta: BD)
Nobzol® (Biogen: CO)
Nobzol® (Repmedicas: PE)
Nofung® (Egis: HK, HU)
Nor-Fluozol® (Teramed: SV)
Novo-Fluconazole® (Novopharm: CA)
Nurasel® (Fluter: DO)
Omastin® (Beximco: BD)
Oxifungol® (Armstrong: MX)
Periplum® (Fortbenton: AR)
Pharmaniaga Fluconazole® (Pharmaniaga: MY)
Plusgin® (Raffo: CL)
Ponaris® (Panalab: AR)
Proseda® (Szama: AR)
Rifagen® (Genepharm: GR)
Sacona® (Shamsul Alamin: BD)
Sisfluzol® (Amex: PE)
Stabilanol® (Pharmathen: GR, RS)
Stalene® (Unison: SG, TH)
Sunvecon® (Sunve: CN)
Syscan® (Torrent: IN, RO, RU)
Taro-Fluconazole® (Taro: CA)
Tavor® (Tecnofarma: CL, CO)
Tierlite® (Bros: GR)
Tracofung® (Bestpharma: CL)
Trican® (Pfizer: IL)
Triflucan® (Pfizer: BF, BJ, CF, CG, CI, CM, FR, GA, GN, IL, MG, ML, MR, MU, NE, SN, TD, TG, TR, VN, ZR)
Trizol® (Koçak: TR)
Unasem® (Dimerpharma: PE)

Unizol® (Farmoquimica: BR)
Varmec® (Kleva: GR)
Zelix® (Ativus: BR)
Zemyc® (Pharos: ID)
Zenafluk® (Pliva: BA, HR)
Zicinol® [caps.] (Brisafarma: PE)
Zidonil® (Rafarm: GR)
Zilrin® (Raam: MX)
Zobru® (Bruluart: MX)
Zolanix® (Stiefel: BR)
Zolax® (Sanovel: TR)
Zoldicam® (Rayere: MX)
Zolen® (Apex: BD)
Zolstan® (Dr Reddys: LK, PE)
Zolstatin® (Biochimico: BR)
Zoltec® (Pfizer: BR)

Flucytosine (Rec.INN)

L: Flucytosinum
I: Flucitosina
D: Flucytosin
F: Flucytosine
S: Flucitosina

Antifungal agent

ATC: D01AE21,J02AX01
CAS-Nr.: 0002022-85-7 C_4-H_4-F-N_3-O
M_r 129.106

2(1H)-Pyrimidinone, 4-amino-5-fluoro-

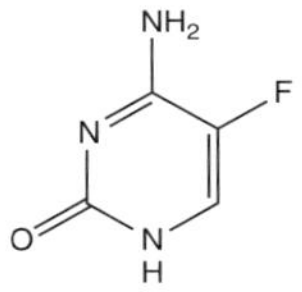

OS: *Flucytosine [BAN, DCF, JAN, USAN]*
OS: *Flucitosina [DCIT]*
IS: *5-FC*
IS: *5-Fluorocytosine*
IS: *Ro 2-9915 (Roche, USA)*
PH: Flucytosine [JP XIV, Ph. Eur. 5, Ph. Int. 4, USP 30]
PH: Flucytosinum [Ph. Eur. 5, Ph. Int. 4]
PH: Flucytosin [Ph. Eur. 5]
PH: Flucitosina [Ph. Eur. 5]

Alcobon® (Valeant: GB)
Ancobon® (Valeant: US)
Ancotil® (CSP: FR)
Ancotil® (Dermatech: AU)
Ancotil® (ICN: DE, NL, PL)
Ancotil® (ICN-D: IT)
Ancotil® (MediLink: SE)
Ancotil® (Valeant: AR, AT, CH, CZ, GB, HK, IE, NZ)
Ancotyl® (Valeant: RU)
Cocol® (Tobishi: JP)
Flucytsine® (Valeant: NZ)

Fludarabine (Rec.INN)

L: Fludarabinum
D: Fludarabin
F: Fludarabine
S: Fludarabina

Antineoplastic, antimetabolite

ATC: L01BB05
CAS-Nr.: 0021679-14-1 C_{10}-H_{12}-F-N_5-O_4
M_r 285.256

9-β-D-Arabinofuranosyl-2-fluoroadenine

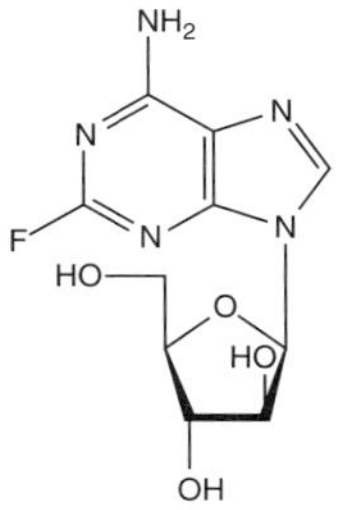

IS: *2-FLAA*
IS: *2-Fluoroara A*
IS: *F-ARA-A*
IS: *Fluorovidarabine*
IS: *FAMP*
IS: *2-Fluoro-ara-A Monophosphate*

Fluradosa® (Dosa: AR)

– phosphate:
CAS-Nr.: 0075607-67-9
OS: *Fludarabine Phosphate BAN, USAN*
IS: *NSC 312887*
PH: Fludarabine phosphate USP 30, Ph. Eur. 5

Beneflur® (Schering: ES, MX)
Fludarabina Microsules® (Microsules: AR)
Fludarabina Tuteur® (Teva: AR)
Fludarabine Phosphate® (Sicor: US)
Fludarabinphosphat Gry® (Gry: DE)
Fludara® (Bayer: CH)
Fludara® (Berlex: CA, US)
Fludara® (German Remedies: IN)
Fludara® (Schering: AR, AT, AU, BA, BE, BR, CL, CN, CZ, DE, DK, FI, FR, GB, GR, HK, HR, HU, ID, IE, IL, IS, IT, LU, MY, NL, NO, NZ, PE, PH, PL, PT, RO, RS, RU, SE, SG, SI, TH, TR, ZA)
Forclina® (LKM: AR)
Vero-Fludarabin® (Verofarm: RU)

Fludeoxyglucose (18F) (Rec.INN)

L: Fludeoxyglucosum (18F)
D: Fludeoxyglucose (18F)
F: Fludeoxyglucose (18F)
S: Fludeoxyglucosa (18F)

Radiodiagnostic agent

ATC: V09IX04
CAS-Nr.: 0105851-17-0 C_6-H_{11}-^{18}F-O_5
M_r 181.154

F

α-D-Glycopyranose, 2-deoxy-2-(fluoro-18F)-

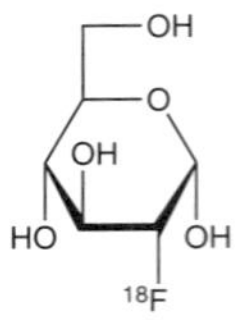

OS: *Fludeoxyglucose F 18 [USAN]*
IS: *18FDG*
IS: *Fluorodeoxyglucose F18*
PH: Fludeoxyglucosi (18F) solutio iniectabilis [Ph. Eur. 3]
PH: Fludeoxyglucose F 18 [USP 26]

Barnascan® (Barnatron: ES)
EFDEGE® (Iason: LU, NL)
Farna Fdg® (Molypharma: ES)
FDG Scan® (Mallinckrodt: NL)
FDG Scan® (Tyco: ES)
FDG-IBA® (IBA: LU)
Fdgcadpet® (Centro Andaluz: ES)
Flucis® (Schering: ES, LU, NL)
Fluodos® (Instituto tecnologico: ES)
Fluorodesoxyglucose [18F] IBA® (IBA: NL)
Fluorscan® (Molypharma: ES)
Fluotracer® (Instituto tecnologico: ES)
Glucotrace® (MDS: NL)
Glucotrace® (Nordion: LU)
Steripet® (Ge Healthcare: ES)

Fludiazepam (Rec.INN)

L: Fludiazepamum
D: Fludiazepam
F: Fludiazépam
S: Fludiazepam

Hypnotic
Tranquilizer

ATC: N05BA17
CAS-Nr.: 0003900-31-0 C_{16}-H_{12}-Cl-F-N_2-O
M_r 302.742

2H-1,4-Benzodiazepin-2-one, 7-chloro-5-(2-fluorophenyl)-1,3-dihydro-1-methyl-

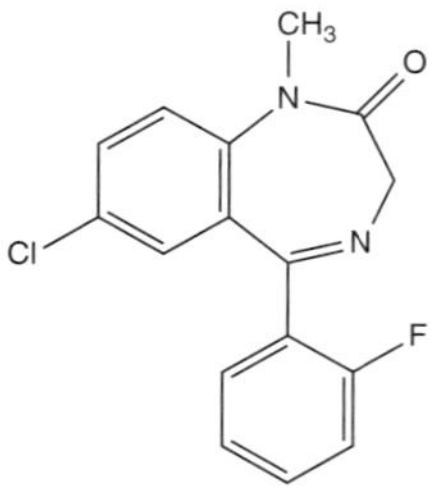

OS: *Fludiazepam [JAN, USAN]*
IS: *ID 540 (Sumitomo, Japan)*
PH: Fludiazepam [JP XIV]

Erispan® (Sumitomo: JP)

Fludrocortisone (Rec.INN)

L: Fludrocortisonum
I: Fludrocortisone
D: Fludrocortison
F: Fludrocortisone
S: Fludrocortisona

Adrenal cortex hormone, mineralocorticoid

ATC: H02AA02
CAS-Nr.: 0000127-31-1 C_{21}-H_{29}-F-O_5
M_r 380.463

Pregn-4-ene-3,20-dione, 9-fluoro-11,17,21-trihydroxy-, (11β)-

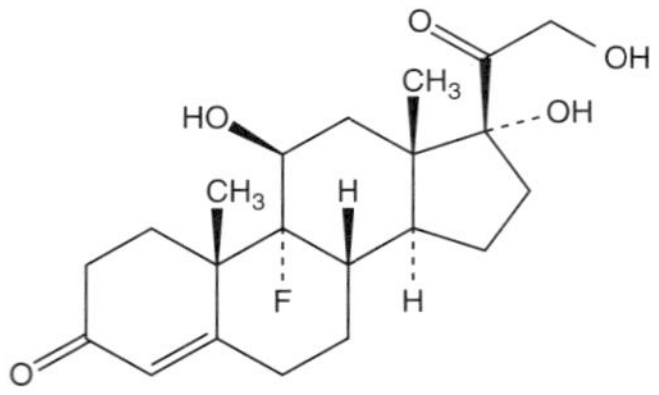

OS: *Fludrocortisone [BAN, DCF, DCIT]*
IS: *Fluorhydrocortisone*
IS: *StC 1400*

Astonin Merck® (Merck: ES)
Astonin-H® (Merck: AT, DE, HR, HU, LU)
Astonin-H® (Merck KGaA: RO)
Astonin® (Merck: DE)
Lonikan® (Merck: AR)

– 21-acetate:

CAS-Nr.: 0000514-36-3
OS: *Fludrocortisone Acetate BANM, JAN, USAN*
IS: *StC 1400*
PH: Fludrocortisone (acétate de) Ph. Eur. 5
PH: Fludrocortisone Acetate Ph. Eur. 5, Ph. Int. 4, USP 30
PH: Fludrocortisoni acetas Ph. Eur. 5, Ph. Int. 4
PH: Fludrocortisonacetat Ph. Eur. 5

Cortineff® (Jelfa: PL)
Cortineff® (Polfa Pabianice: PL)
Cortineff® (Polfa Pabianskiy: RU)
Florinef Acetaat® (Bristol-Myers Squibb: NL)
Florinefe® (Bristol-Myers Squibb: BR)
Florinef® (Bristol-Myers Squibb: AU, CH, CL, DK, FI, GB, HK, IE, IS, NL, NO, NZ, SE, SG, TH, ZA)
Florinef® (IBI: CZ)
Florinef® (Monarch: US)
Florinef® (Shire: CA)
Florinef® [vet.] (Bristol-Myers Squibb: GB)
Fludrocortisonacetaat CF® (Centrafarm: NL)
Fludrocortisonacetaat PCH® (Pharmachemie: NL)
Fludrocortisonacetaat® [vet.] (Kombivet: NL)
Fludrocortisone Acetate® (Barr: US)
Fludrocortisone Acetate® (Global: US)
Fludrocortison® (Bristol-Myers Squibb: CZ, DE)

Fludroxycortide (Rec.INN)

L: Fludroxycortidum
I: Fludroxicortide
D: Fludroxycortid
F: Fludroxycortide
S: Fludroxicortida

Adrenal cortex hormone, glucocorticoid

ATC: D07AC07
CAS-Nr.: 0001524-88-5 C_{24}-H_{33}-F-O_6
M_r 436.528

Pregn-4-ene-3,20-dione, 6-fluoro-11,21-dihydroxy-16,17-[(1-methylethylidene)bis(oxy)]-, (6α,11β,16α)-

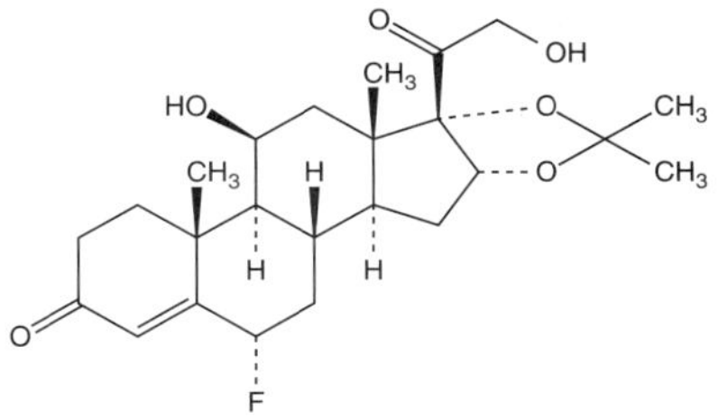

OS: *Fludroxycortide [BAN, DCF, JAN]*
OS: *Flurandrenolide [USAN]*
OS: *Fludroxicortide [DCIT]*
OS: *Flurandrenolone [BAN]*
IS: *Lilly 33379*
PH: Flurandrenolide [USP 26]

Cordran Tape® (Watson: US)
Cordran® (Watson: US)
Drenison® (Lilly: BR, CA, PE)
Haelan® (Typharm: GB)

Flufenamic Acid (Rec.INN)

L: Acidum flufenamicum
I: Acido flufenamico
D: Flufenaminsäure
F: Acide flufénamique
S: Acido flufenamico

Antiinflammatory agent
Analgesic

ATC: M01AG03
CAS-Nr.: 0000530-78-9 C_{14}-H_{10}-F_3-N-O_2
M_r 281.244

Benzoic acid, 2-[[3-(trifluoromethyl)phenyl]amino]-

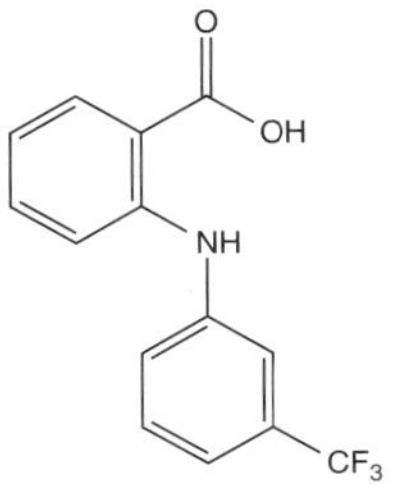

OS: *Acide flufénamique [DCF]*
OS: *Flufenamic Acid [BAN, JAN, USAN]*
OS: *Acido flufenamico [DCIT]*
IS: *CI 440 (Parke Davis, USA)*
IS: *CN 27554*
IS: *INF 1837*
IS: *NSC 82699*
IS: *TFA*
IS: *TVA 916*
IS: *TVX 916*
PH: Flufenamic Acid [BP 1980]
PH: Flufenaminsäure [DAC]

Agilona® (Viñas: ES)
Dignodolin® (Sankyo: DE)
Mobilat Intens® (Stada: DE)

– aluminium salt:

IS: *TS 1801*
IS: *Flufenaminsäure, Aluminiumsalz*

Opyrin® (Taisho: JP)

– butyl ester:

CAS-Nr.: 0067330-25-0
OS: *Ufenamate JAN*
IS: *Butyl flufenamate*
IS: *HF 264*

Fenazol® (Hokuriku: JP)

Flugestone (Rec.INN)

L: Flugestonum
I: Flugestone
D: Flugeston
F: Flugestone
S: Flugestona

Progestin

CAS-Nr.: 0000337-03-1 C_{21}-H_{29}-F-O_4
M_r 364.463

Pregn-4-ene-3,20-dione, 9-fluoro-11,17-dihydroxy-, (11β)-

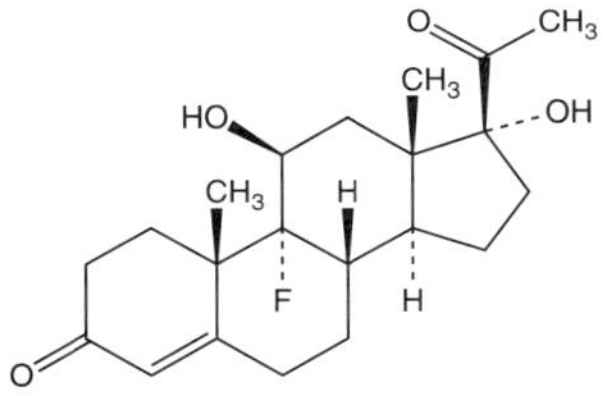

OS: *Flugestone [BAN]*
OS: *Flugestone [DCIT]*
IS: *Fluorogestone*

Syncro-Part® [vet.] (Ceva: FR)

– 17α-acetate:

CAS-Nr.: 0002529-45-5
OS: *Flurogestone Acetate USAN*
OS: *Flugestone Acetate BANM*
IS: *SC 9880*

Chrono-Gest® [vet.] (Intervet: AU, FR, NL)
Chrono-Gest® [vet.] (Organon Vet: PT)
Chronogest® [vet.] (Intervet: FR, GB, IE, LU, NZ, ZA)
Ova-Gest® [vet.] (Bioniche Animal Health: AU)
Ovakron Intravaginal Sponge® [vet.] (General Veterinary: AU)

F

Fluindione (Rec.INN)

L: Fluindionum
D: Fluindion
F: Fluindione
S: Fluindiona

⚕ Anticoagulant, vitamin K antagonist

CAS-Nr.: 0000957-56-2 C_{15}-H_9-F-O_2
M_r 240.237

1H-Indene-1,3(2H)-dione, 2-(4-fluorophenyl)-

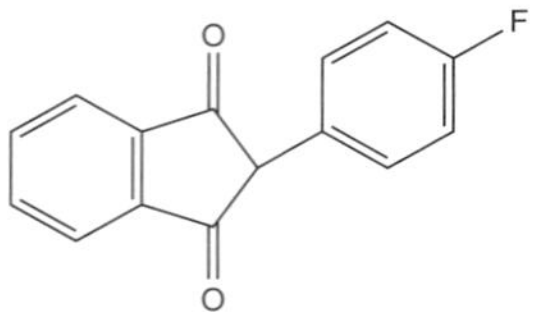

OS: *Fluindione [DCF]*
OS: *Fluindione [USAN]*

Previscan® (Procter & Gamble: LU)
Préviscan® (Procter & Gamble: FR, LU)

Flumazenil (Rec.INN)

L: Flumazenilum
D: Flumazenil
F: Flumazénil
S: Flumazenilo

⚕ Antidote, benzodiazepines

ATC: V03AB25
CAS-Nr.: 0078755-81-4 C_{15}-H_{14}-F-N_3-O_3
M_r 303.307

4H-Imidazo[1,5-a][1,4]benzodiazepine-3-carboxylic acid, 8-fluoro-5,6-dihydro-5-methyl-6-oxo-, ethyl ester

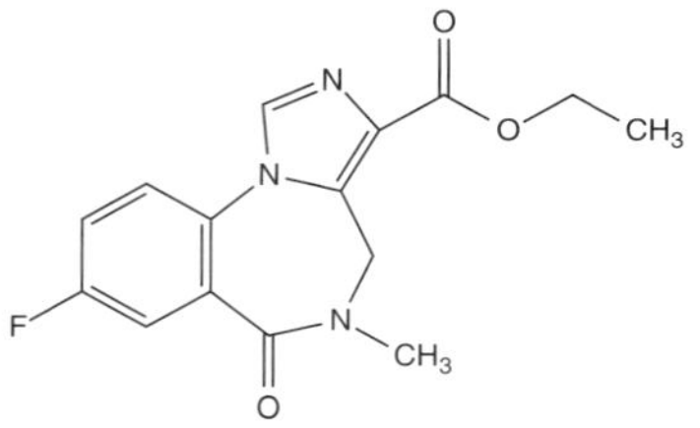

OS: *Flumazenil [BAN, USAN]*
OS: *Flumazénil [DCF]*
IS: *Ro 15-1788/000*
PH: Flumazenilum [Ph. Eur. 5]
PH: Flumazenil [Ph. Eur. 5]
PH: Flumazénil [Ph. Eur. 5]
PH: Flumazenil [USP 30]

Anexate® (Roche: AE, AT, AU, BA, BE, BG, BH, BR, CA, CH, CO, CR, CU, CY, CZ, DE, EC, EE, EG, ES, FI, FR, GB, GR, GT, HK, HN, HR, HU, ID, IE, IL, IR, IS, IT, JM, JP, KE, KR, KW, LK, LU, MA, MU, MX, MY, NA, NL, NO, NZ, OM, PA, PE, PH, PK, PL, PT, RO, RS, RU, SE, SI, SK, SV, TH, TR, TW, US, UY, VE, ZA, ZW)
Anexate® (Roche RX: SG)
Anexate® (Yamanouchi: JP)
Fadaflumaz® (Fada: AR)
Fluma Hameln® (Hameln: NL)
Flumage® (Gemepe: AR)
Flumanovag® (Gobbi: AR)
Flumazenil Braun® (Braun: DE)
Flumazenil Dakota Pharm® (Dakota: FR)
Flumazenil DeltaSelect® (DeltaSelect: DE)
Flumazenil Fresenius Kabi® (Fresenius: ES, SE)
Flumazenil Hexal® (Hexal: DE)
Flumazenil Injection® (Abraxis: US)
Flumazenil Injection® (Apotex: US)
Flumazenil Injection® (Baxter: US)
Flumazenil Injection® (Bedford: US)
Flumazenil Injection® (Sabex: US)
Flumazenil Injection® (Sicor: US)
Flumazenil Kabi® (Fresenius: DE, NL)
Flumazenil Northia® (Northia: AR)
Flumazenil Nycomed® (Nycomed: AT)
Flumazenil-hameln® (Inresa: DE)
Flumazenilo Combino Pharm® (Combino: ES)
Flumazenil® (Bestpharma: CL)
Flumazenil® (Richet: AR)
Flumazenil® (Sanderson: CL)
Flumazenil® (Sandoz: CA)
Flumazenil® (Synthon: NL)
Flumazen® (Scott: AR)
Fluxifarm® (Richmond: AR)
Lanexat® (Roche: AR, BR, CL, CO, DK, FI, IS, MX, PE, SE)
Romazicon® (Roche: US)
Xeflemax® (Amex: PE)

Flumequine (Rec.INN)

L: Flumequinum
I: Flumequina
D: Flumequin
F: Fluméquine
S: Flumequina

⚕ Antiinfective, quinolin-derivative

ATC: J01MB07
CAS-Nr.: 0042835-25-6 C_{14}-H_{12}-F-N-O_3
M_r 261.26

1H,5H-Benzo[ij]quinolizine-2-carboxylic acid, 9-fluoro-6,7-dihydro-5-methyl-1-oxo-

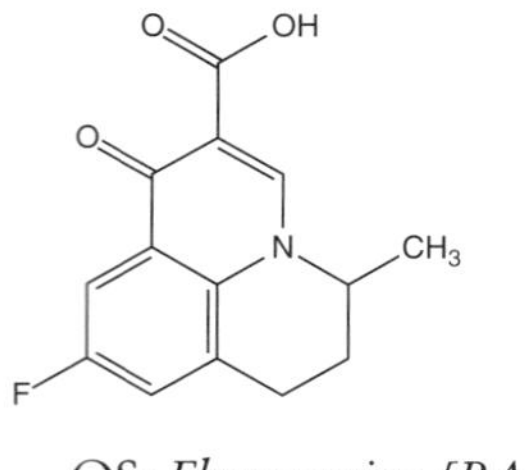

OS: *Flumequine [BAN, DCF, USAN]*
OS: *Flumequina [DCIT]*
IS: *R 802*
PH: Flumequine [Ph. Eur. 5]
PH: Flumequinum [Ph. Eur. 5]
PH: Fluméquine [Ph. Eur. 5]
PH: Flumequin [Ph. Eur. 5]

Apurone® (Substipharm: FR)
Chinogel® [vet.] (Nuova Veterinaria: IT)
Colifarm® [vet.] (Chemifarma: IT)
Doxaquin® [vet.] (Doxal: IT)
Flumechina® [vet.] (Adisseo: IT)
Flumechina® [vet.] (Ascor: IT)

Flumechina® [vet.] (Chemifarma: IT)
Flumechina® [vet.] (Doxal: IT, IT)
Flumechina® [vet.] (Nuova ICC: IT)
Flumechina® [vet.] (Pagnini: IT)
Flumechina® [vet.] (Sintofarm: IT)
Flumechina® [vet.] (Tecnozoo: IT)
Flumechina® [vet.] (Tre I: IT)
Flumequina® [vet.] (Ceva: IT)
Flumequina® [vet.] (Sintofarm: IT)
Flumequine® [vet.] (Dopharma: NL)
Flumesol® [vet.] (Eurovet: NL)
Flumexil® [vet.] (Ati: IT)
Flumexil® [vet.] (Univete: PT)
Flumiquil® [vet.] (Ceva: FR, NL)
Flumiquil® [vet.] (Sanofi-Synthelabo: BE)
Flumisol® [vet.] (Ceva: FR)
Flumival® [vet.] (Sogeval: FR)
Flumix® [vet.] (Ceva: FR)
Flumix® [vet.] (Eurovet: NL)
Fluquick® [vet.] (Ceva: FR)
Fluyesyva® [vet.] (Iapsa: PT)
Naquilene® [vet.] (Ascor: IT)
Vetaflumina® [vet.] (Vetlima: PT)

Flumetasone (Rec.INN)

L: Flumetasonum
I: Flumetasone
D: Flumetason
F: Flumétasone
S: Flumetasona

Adrenal cortex hormone, glucocorticoid

ATC: D07AB03,D07XB01
CAS-Nr.: 0002135-17-3 C_{22}-H_{28}-F_2-O_5
M_r 410.466

Pregna-1,4-diene-3,20-dione, 6,9-difluoro-11,17,21-trihydroxy-16-methyl-, (6α,11β,16α)-

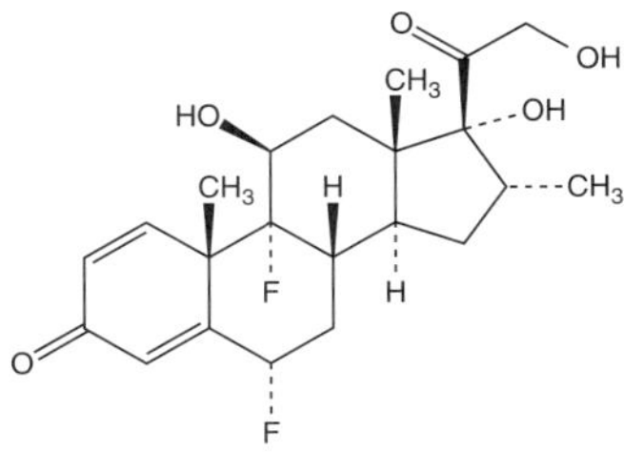

OS: *Flumethasone [USAN, BAN]*
OS: *Flumétasone [DCF]*
OS: *Flumetasone [BAN, DCF]*
IS: *U 10974*
IS: *RS 2177*

Acutol® [vet.] (Essex: DE)
Anaprime® [vet.] (Fort Dodge: US)
Cortexilar® [vet.] (Alvetra u. Werfft: AT)
Cortexilar® [vet.] (Pfizer Animal Health: BE)
Cortexilar® [vet.] (Veterinaria: CH)
Flucort® [vet.] (Fort Dodge: US)
Flucort® [vet.] (Jurox: AU)

– **21-pivalate:**

CAS-Nr.: 0002002-29-1
OS: *Flumethasone Pivalate USAN*
OS: *Flumetasone Pivalate BANM, JAN*
IS: *Flumethasone trimethylacetate*
IS: *Pivalate de flumethasone*
PH: Flumethasone Pivalate USP 30
PH: Flumetasoni pivalas Ph. Eur. 5
PH: Flumetasone Pivalate Ph. Eur. 5
PH: Flumétasone (pivalate de) Ph. Eur. 5
PH: Flumetasonpivalat Ph. Eur. 5

Cerson® (Riemser: DE)
Locacortene® (Novartis: IL, LU)
Locacortene® (Novartis Consumer Health: BE)
Locacorten® (Amdipharm: NL)
Locacorten® (Novartis: CH, CZ)
Locacorten® (Riemser: DE)
Lorinden® (Jelfa: HU, PL)
Pivalat de Flumetazon® (Antibiotice: RO)

Flumethrin (BAN)

D: Flumethrin

Insecticide [vet.]
ATCvet: QP53AC05
CAS-Nr.: 0069770-45-2 C_{28}-H_{22}-Cl_2-F-N-O_3
M_r 510.394

α-Cyano-4-fluoro-3-phenoxybenzyl 3-(β,4-dichlorostyryl)-2,2-dimethylcyclopropanecarboxylate

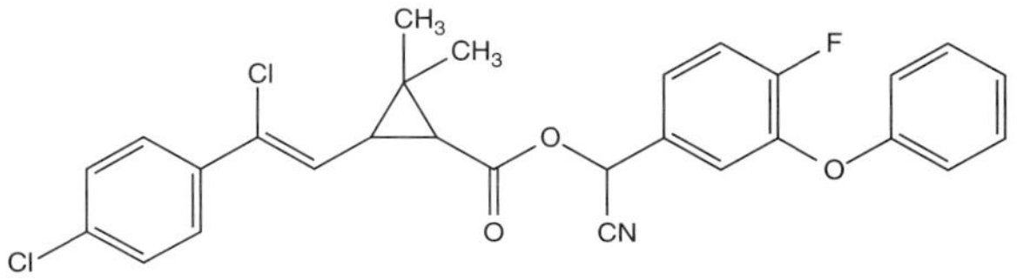

OS: *Flumethrin [BAN, USAN]*
IS: *BAY V1 6045 (Bayer, Great Britain))*

Acarins® [vet.] (Bayer Animal Health: ZA)
Bacdip® [vet.] (Bayer Animal Health: ZA)
Bayticol pour-on® [vet.] (Bayer: BE)
Bayticol pour-on® [vet.] (Bayer Animal: DE)
Bayticol pour-on® [vet.] (Bayer Sante Animale: FR)
Bayticol pour-on® [vet.] (Provet: CH)
Bayticol® [vet.] (Bayer: IE, NO, SE)
Bayticol® [vet.] (Bayer Animal: NZ)
Bayticol® [vet.] (Bayer Animal Health: AU, GB, ZA)
Bayvarol® [vet.] (Bayer: AT)
Bayvarol® [vet.] (Bayer Animal: DE)
Bayvarol® [vet.] (Bayer Animal Health: GB)
Bayvarol® [vet.] (Provet: CH)
Coopers Redline Pour-on® [vet.] (Cooper: ZA)
Drastic® [vet.] (Bayer Animal Health: ZA)
Kiltix® [vet.] (Bayer: IT)

F

Flunarizine (Rec.INN)

L: Flunarizinum
I: Flunarizina
D: Flunarizin
F: Flunarizine
S: Flunarizina

Vasodilator
Calcium antagonist

ATC: N07CA03
CAS-Nr.: 0052468-60-7 C_{26}-H_{26}-F_2-N_2
M_r 404.514

Piperazine, 1-[bis(4-fluorophenyl)methyl]-4-(3-phenyl-2-propenyl)-, (E)-

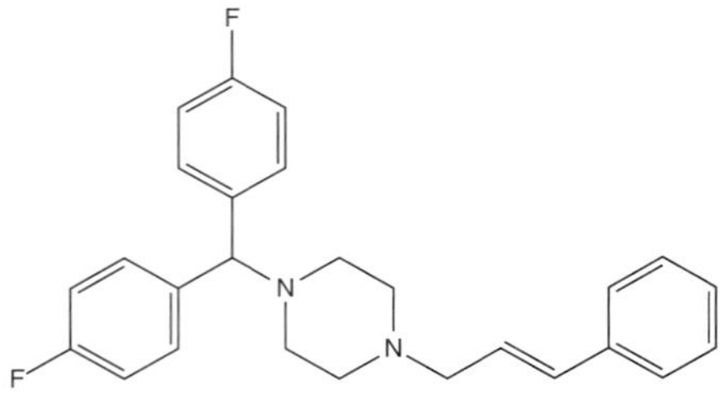

OS: *Flunarizine [BAN, DCF]*
OS: *Flunarizina [DCIT]*

Bartolium® (Nufarindo: ID)
Cedelate® (Thai Nakorn Patana: TH)
Coromert® (Mertens: AR)
Degrium® (Ferron: ID)
Dinegal® (Lafrancol: CO, PE)
Dizilium® (Medikon: ID)
Flerox® (Sanitas: CL)
Fludan® (Biolab: HK, TH)
Fludil® (La Santé: CO)
Fluidex® (Farmacoop: CO)
Flulium Utopian® (Greater Pharma: TH)
Flunarimed® (Ethimed: BE)
Flunarin® [tabs.] (FDC: LK)
Flunarin® [tabs.] (Suiphar: DO)
Flunarizina Gen-Far® (Genfar: PE)
Flunarizina Genfar® (Genfar: CO, EC)
Flunarizina L.CH.® (Chile: CL)
Flunarizina MK® (MK: CO)
Flunarizina® (La Sante: PE)
Flunarizina® (Medicalex: CO)
Flunarizina® (Memphis: CO)
Flunarizina® (Mintlab: CL)
Flunarizina® (Pentacoop: CO)
Flunatop® (Topgen: BE)
Flunaza® (Pharmaland: TH)
Flunazine® (Shiwa: TH)
Flunik® (Incobra: CO)
Fluvert® (Medley: BR)
Fluver® (ACI: BD)
Fluxus® (Tecnofarma: CL)
Fluzina® (Bussié: CO, DO, GT, HN, PA, SV)
Frego® (Kalbe: ID)
Hepen® (Jin Yang Pharm: VN)
Hexilium® (Pharmasant: TH)
Irrigor® (Andromaco: CL)
Kelamigra® (Kela: BE)
Medilium® (Medifive: TH)
Poli-Flunarin® (Polipharm: TH)
Sibelium® (Janssen: AE, AR, BR, CO, CR, CY, DO, EG, GR, GT, HN, ID, IE, JO, LB, LK, LU, MT, MX, NI, PA, SA, SD, SV, TH)
Sibelium® (Janssen-Cilag: BD, CL, TR, VN)
Siberid® (Pyridam: ID)
Sinral® (Bernofarm: ID)
Sobelin® (TO Chemicals: TH)
Unalium® (Guardian: ID)
Vanid® (Unison: TH)
Vertilium® (MacroPhar: TH)
Xepalium® (Metiska: ID)
Zelium® (Masa Lab: TH)

– dihydrochloride:

CAS-Nr.: 0030484-77-6
OS: *Flunarizine Hydrochloride BANM, JAN, USAN*
IS: *R 14950 (Janssen, Belgium)*
PH: Flunarizine dihydrochloride Ph. Eur. 5
PH: Flunarizini dihydrochloridum Ph. Eur. 5

Amalium® (Janssen: AT)
Apo-Flunarizine® (Apotex: CA)
Bercetina® (Laboratorios: AR)
Fasolan® (Janssen: MX)
Finelium® (PP Lab: TH)
Flerudin® (Janssen: ES)
Floxin® (Sriprasit: TH)
Flufenal® (Roux-Ocefa: AR)
Flugeral® (Italfarmaco: IT)
Flunagen® (Visufarma: IT)
Flunarin® (Aché: BR)
Flunarium® (Greater Pharma: TH)
Flunarizin acis® (acis: DE)
Flunarizin-CT® (CT: DE)
Flunarizin-ratiopharm® (ratiopharm: DE)
Flunarizina Farmoz® (Farmoz: PT)
Flunarizina® (Pasteur: CL)
Flunarizine Actavis® (Actavis: NL)
Flunarizine CF® (Centrafarm: NL)
Flunarizine PCH® (Pharmachemie: NL)
Flunarizine ratiopharm® (Ratiopharm: NL)
Flunarizine® (Katwijk: NL)
Flunarizinum® (Polfa Warszawa: PL)
Flunarizin® (Actavis: GE)
Flunarizin® (Balkanpharma: BG)
Flunavert® (Hennig: DE)
Fluricin® (Seng Thai: TH)
Flurpax® (Teofarma: ES)
Fluxarten® (GlaxoSmithKline: IT)
Forknow® (Yung Shin: SG)
Gradient® (Polifarma: IT)
Imigra® (Navana: BD)
Issium® (Lifepharma: IT)
Liberal® (Asian: TH)
Mondus® (Sandoz: AR)
Nafluryl® (Atlantis: MX)
Narizine® (Beacons: SG)
Niflucan® (Duncan: AR)
Nomigrain® (Torrent: IN)
Norium® (Eskayef: BD)
Seabell® (Pond's: TH)
Sibelium® (Esteve: ES)
Sibelium® (Janssen: AT, BE, BG, CH, CZ, DE, DK, EC, HU, IT, NL, PH, PT, ZA)
Sibelium® (Pharmascience: CA)
Sibelium® (Unimed & Unihealth: BD)

Sibelium® (Xian: CN)
Sibélium® (Janssen: FR)
Silbellium® (Janssen-Cilag: BD)
Silum® (Mersifarma: ID)
Simoyiam® (Siam Bheasach: TH)
Vasculene® (Finmedical: IT)
Vasilium® (Biosaúde: PT)
Vertix® (Aché: BR)
Zentralin® (Pasteur: CL)
Zinasen® (Atral: PE, PT)

Flunisolide (Rec.INN)

L: Flunisolidum
I: Flunisolide
D: Flunisolid
F: Flunisolide
S: Flunisolida

Adrenal cortex hormone, glucocorticoid

ATC: R01AD04,R03BA03
CAS-Nr.: 0003385-03-3 C_{24}-H_{31}-F-O_6
M_r 434.512

Pregna-1,4-diene-3,20-dione, 6-fluoro-11,21-dihydroxy-16,17-[(1-methylethylidene)bis(oxy)]-, (6α,11β,16α)-

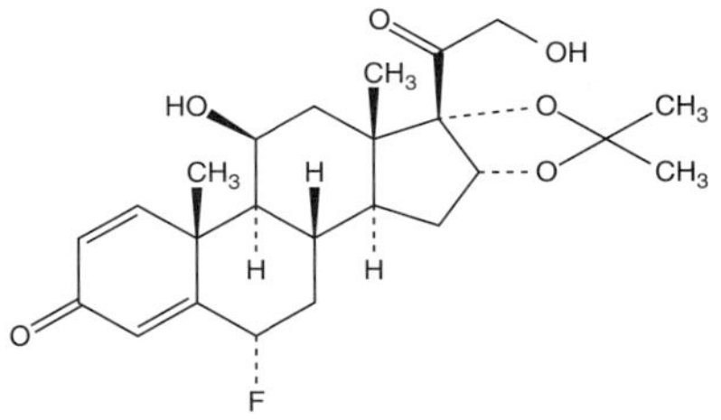

OS: *Flunisolide [BAN, DCF, JAN, USAN]*
OS: *Flunisolide [DCIT]*
IS: *RS 3999 (Syntex, USA)*
PH: Flunisolide [USP 30]

Aerflu® (Boniscontro & Gazzone: IT)
Aerobid-M® (Forest: US)
AeroBid® (Forest: US)
Aerolid® (Piam: IT)
Aerospan HFA® (Forest: US)
Apo-Flunisolide® (Apotex: CA)
Asmaflu® (Max Farma: IT)
Assolid® (Konpharma: IT)
Bronalide® (Boehringer Ingelheim: AG, AN, AN, AW, BB, BM, BS, GD, GR, GY, HT, JM, KY, LC, TT, VC)
Bronalide® (Krewel: DE)
Bronilide® (Boehringer Ingelheim: CZ)
Careflu® (Farma 1: IT)
Charlyn® (KG Italia: IT)
Citiflux® (CT: IT)
Desaflu® (Drug Research: IT)
Doricoflu® (Farmila-Thea: IT)
Eliosid® (New Research: IT)
Euroflu® (Euro-Pharma: IT)
Fluminex® (Fournier: IT)
Flunisolide ABC® (ABC: IT)
Flunisolide Allen® (Allen: IT)
Flunisolide Angenerico® (Angenerico: IT)
Flunisolide Doc® (DOC Generici: IT)
Flunisolide EG® (EG: IT)
Flunisolide Hexal® (Hexal: IT)
Flunisolide Merck® (Merck Generics: IT)
Flunisolide Pliva® (Pliva: IT)
Flunisolide ratiopharm® (Ratiopharm: IT)
Flunisolide San Carlo® (Sancarlo: IT)
Flunisolide Sandoz® (Sandoz: IT)
Flunisolide TAD® (TAD: IT)
Flunisolide® (Bausch & Lomb: US)
Flunitec® (Boehringer Ingelheim: BR, PE)
Flunitop® (Pierre Fabre: IT)
Gibiflu® (Metapharma: IT)
Givair® (Epifarma: IT)
Inalcort® (IBN: IT)
Kaimil® (Lisapharma: IT)
Levonis® (Farmaceutici T.S.: IT)
Lokilan® (Ivax: NO)
Lunibron® (Valeas: IT)
Lunis® (Valeas: IT)
Nasalide® (Elan: US)
Nasalide® (Ivax: FR)
Nasarel® (Elan: US)
Nebulcort® (Italchimici: IT)
Nereflun® (New Research: IT)
Nisolid® (Chiesi: IT)
Nisoran® (Aesculapius: IT)
Plaudit® (So.Se.: IT)
Pulmilide® (Boehringer Ingelheim: AT)
Pulmist® (Madaus: IT)
ratio-Flunisolide® (Ratiopharm: CA)
Syntaris® (Dermapharm: DE)
Syntaris® (Docpharma: BE)
Syntaris® (Dowelhurst: NL)
Syntaris® (Euro: NL)
Syntaris® (Grünenthal: AT)
Syntaris® (Ivax: CZ, GB, NL, PL)
Syntaris® (Norton: LU)
Syntaris® (Recordati: IT)
Syntaris® (Teva: GB)
Turm® (Biores: IT)
Ventoflu® (Finmedical: IT)

Flunitrazepam (Rec.INN)

L: Flunitrazepamum
I: Flunitrazepam
D: Flunitrazepam
F: Flunitrazépam
S: Flunitrazepam

Hypnotic

ATC: N05CD03
CAS-Nr.: 0001622-62-4 C_{16}-H_{12}-F-N_3-O_3
M_r 313.302

2H-1,4-Benzodiazepin-2-one, 5-(2-fluorophenyl)-1,3-dihydro-1-methyl-7-nitro-

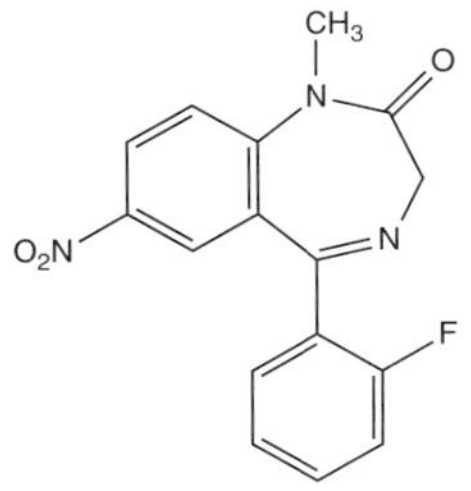

OS: *Flunitrazepam [BAN, DCF, DCIT, USAN]*
IS: *Ro 5-4200*
PH: Flunitrazépam [Ph. Eur. 5]
PH: Flunitrazepamum [Ph. Eur. 5]
PH: Flunitrazepam [Ph. Eur. 5, JP XIV]

Darkene® (Bayer: IT)
Fluminoc® (Hexal: LU)
Fluni 1A Pharma® (1A Pharma: DE)
Flunibeta® (betapharm: DE)
Flunimerck® (Merck dura: DE)
Fluninoc® (Hexal: DE, RO)
Flunipam® (Actavis: DK)
Flunipam® (Alpharma: NO)
Flunitrazepam 1A Pharma® (1A Pharma: DE)
Flunitrazepam Cevallos® (Cevallos: AR)
Flunitrazepam CF® (Centrafarm: NL)
Flunitrazepam Eg® (Eurogenerics: BE)
Flunitrazepam Gf® (Genfarma: NL)
Flunitrazepam L.CH.® (Chile: CL)
Flunitrazepam Merck NM® (Merck NM: DK, SE)
Flunitrazepam NM Pharma® (Gerard: IS)
Flunitrazepam PCH® (Pharmachemie: NL)
Flunitrazepam ratiopharm® (Ratiopharm: NL)
Flunitrazepam Sandoz® (Sandoz: NL)
Flunitrazepam-Eurogenerics® (Eurogenerics: LU)
Flunitrazepam-neuraxpharm® (neuraxpharm: DE)
Flunitrazepam-ratiopharm® (ratiopharm: DE)
Flunitrazepam-Teva® (Teva: DE)
Flunitrazepam® (Eurogenerics: LU)
Flunitrazepam® (Labormed Pharma: RO)
Fluscand® (Teva: SE)
Guttanotte® (Sigmapharm: AT)
Hipnosedon® (Roche: GR)
Hypnocalm® (EOS: LU)
Hypnodorm® (Alphapharm: AU)
Hypnodorm® (Teva: IL)
Ilman® (Demo: GR)
Narcozep® (Roche: FR)
Neo Nifalium® (Farmanic: GR)
Nervocuril® (Fabra: AR)
Nilium® (Help: GR)
Parsimonil® (Fabra: AR)
Primum® (Sandoz: AR)
Rohipnol® (Roche: ES)
Rohypnol® (Roche: AR, AT, BE, BR, BW, CH, CY, DE, EC, ES, FR, GR, HK, IE, IT, KE, KW, LU, NG, PT, PY, RO, TH, TW, UG, UY, ZA)
Rohypnol® (Zentiva: CZ)
Rolab-Flunitrazepam® (Sandoz: ZA)
Ronal® (Sandoz: DK)
Sandoz Flunitrazepam® (Sandoz: ZA)
Somnubene® (Merckle: DE)
Somnubene® (Ratiopharm: AT)
Valsera® (Polifarma: IT)
Vulbegal® (Coup: GR)
Zetraflum® (Psicofarma: MX)

Flunixin (Rec.INN)

L: Flunixinum
D: Flunixin
F: Flunixine
S: Flunixino

Antiinflammatory agent
Analgesic
ATCvet: QM01AG90
CAS-Nr.: 0038677-85-9 C_{14}-H_{11}-F_3-N_2-O_2
M_r 296.262

3-Pyridinecarboxylic acid, 2-[[2-methyl-3-(trifluoromethyl)phenyl]amino]-

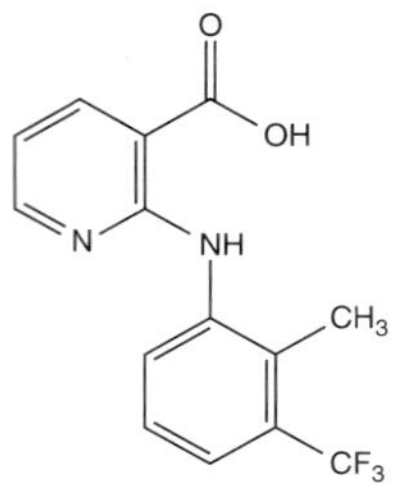

OS: *Flunixin [BAN, USAN]*
IS: *Sch 14714 (Schering)*

Flunixin Norbrook® [vet.] (Norbrook: AT)
Flunixina® [vet.] (Norbrook: PT)

– meglumine:

CAS-Nr.: 0042461-84-7
OS: *Flunixin Meglumine BANM, USAN*
IS: *Flunixine, comp. with N-methylglucamine*
IS: *Sch 14714 Meglumine (Schering, USA)*
PH: Flunixin Meglumine USP 30
PH: Flunixin Meglumine BPvet 2002
PH: Flunixin Meglumine for vet. use Ph. Eur. 5

Alivios® (Fatro: IT)
Avlezan® [vet.] (Virbac: FR)
Banamine® [vet.] (Schering-Plough: US)
Bedozane® [vet.] (Eurovet: NL)
Binixin® [vet.] (Bayer: IE, LU, NL)
Binixin® [vet.] (Bayer Animal: DE)
Binixin® [vet.] (Bayer Animal Health: GB)
Cronyxin® [vet.] (Bimeda: GB)
Cronyxin® [vet.] (Reamor: NZ)
Cronyxin® [vet.] (VetPharma: SE)
Equi-Phar Equigesic® [vet.] (Vedco: US)
Equibos® [vet.] (Serumber: DE)
Equileve® [vet.] (Vetus: US)
Finadyne® [vet.] (Essex: AT, DE)
Finadyne® [vet.] (Galena: FI)
Finadyne® [vet.] (Provet: CH)
Finadyne® [vet.] (Schering-Plough: BE, IE, IT, LU, SE)
Finadyne® [vet.] (Schering-Plough Animal: AU, ZA)
Finadyne® [vet.] (Schering-Plough Vet: PT)
Finadyne® [vet.] (Schering-Plough Veterinary: GB)
Finadyne® [vet.] (Schering-Plough Vétérinaire: FR)
Flogend® [vet.] (Intervet: IT)
Flu-Nix® [vet.] (Pro Labs: US)
Flumav® [vet.] (Mavlab: AU)
Flumeglumine® [vet.] (Phoenix: US)
Flumeg® [vet.] (Selecta: DE)
Flunamine® [vet.] (Bayer: IT)

Flunazine® [vet.] (Cross Vetpharm: US)
Flunidol® [vet.] (CP: DE)
Flunifen® [vet.] (Ceva: IT)
Fluniveto® [vet.] (Norbrook: LU)
Flunixamine® [vet.] (Fort Dodge: US)
Flunixil® [vet.] (Ilium Veterinary Products: AU)
Fluniximin® [vet.] (Gräub: CH)
Flunixin Meglumine® [vet.] (Agri Labs.: US)
Flunixin Meglumine® [vet.] (Fort Dodge: US)
Flunixin Meglumine® [vet.] (IVX: US)
Flunixine Biokema® [vet.] (Biokema: CH)
Flunixin® [vet.] (Biovet: NO)
Flunixin® [vet.] (Norbrook: GB, IE, NL, NZ, US)
Flunixin® [vet.] (VAAS: IT)
Flunixin® [vet.] (Vet Medic: FI)
Flunixon® [vet.] (Norbrook: AU)
Flunix® [vet.] (Parnell: AU, NZ)
Fluximine® [vet.] (Bomac: NZ)
Fluximine® [vet.] (Pharmtech: AU)
Meflosyl® [vet.] (Fort Dodge: DE, FR, GB, IT, NL, PT)
Meflosyl® [vet.] (Scanvet: FI)
Meflosyl® [vet.] (Wyeth: AT)
Niglumine® [vet.] (Bio98: IT)
Niglumine® [vet.] (Calier: PT)
Paraflunixin® [vet.] (IDT: DE)
Pyroflam® [vet.] (Norbrook: ZA)
Resprixin® [vet.] (Intervet: GB)
Suppressor® [vet.] (RXV: US)
Suppressor® [vet.] (Western: US)

Fluocinolone acetonide (Rec.INN)

L: Fluocinoloni acetonidum
I: Fluocinolone acetonide
D: Fluocinolon acetonid
F: Acétonide de fluocinolone
S: Acetónida de fluocinolona

Adrenal cortex hormone, glucocorticoid
Dermatological agent

ATC: C05AA10,D07AC04,S01BA15
ATCvet: QS01BA15
CAS-Nr.: 0000067-73-2 C_{24}-H_{30}-F_2-O_6
M_r 452.504

Pregna-1,4-diene-3,20-dione, 6,9-difluoro-11,21-dihydroxy-16,17-[(1-methylethylidene)bis(oxy)]-, (6α,11β,16α)-

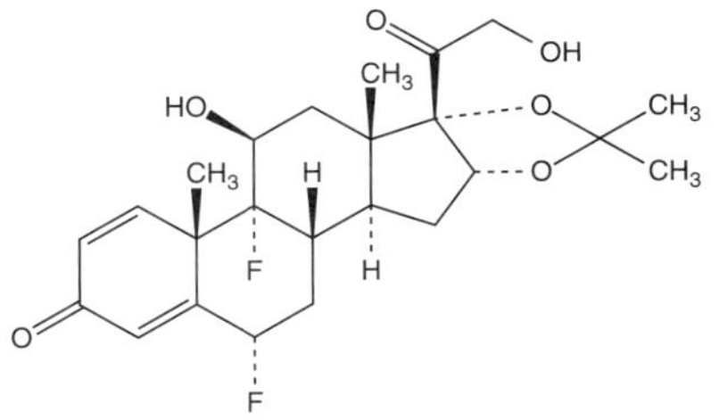

OS: *Fluocinolone Acetonide [BANM, DCF, DCIT, JAN, USAN]*
PH: Fluocinolonacetonid [Ph. Eur. 5]
PH: Fluocinolone (acétonide de) [Ph. Eur. 5]
PH: Fluocinolone Acetonide [Ph. Eur. 5, JP XIV, USP 30]
PH: Fluocinoloni acetonidum [Ph. Eur. 5]

Abricort N® (Actavis: GE)
Abricort® (Actavis: GE)
Alora® (Gaco: BD)
Atoactive® (Biodue: IT)
Capex® (Galderma: CA, US)
Cervicum® (Pharmasant: TH)
Cinoderm® (Drug International: BD)
Cinolon® (Sanbe: ID)
Co Fluocin Fuerte® (Smaller: ES)
Cortiespec® (Sesderma: ES)
Cortoderm® (Aspen: ZA)
Derma Cort® (Ethical: DO)
Derma-Smoothe® (Hill: CA, US)
Dermalar® (Teva: IL)
Dermasolon® (Ikapharmindo: ID)
Dermobeta® (Krugher: IT)
Dermolin® (Lafare: IT)
Duoflu® (Fortbenton: AR)
Fluacet® (Jadran: BA, HR)
Fluacet® (Salus: SI)
Fluciderm® (Hoe: LK)
Fluciderm® (Shiwa: TH)
Flucinar® (Jelfa: CZ, HU, PL, RU)
Flucinar® (medphano: DE)
Flucort® (Glenmark: IN)
Flulone® (Panalab: AR)
Flunolone-V® (Atlantic: SG, TH)
Fluocid® (Inkeysa: ES)
Fluocinolon Acetonid® (Laropharm: RO)
Fluocinolone Acetonide® (Fougera: US)
Fluocinolone Acetonide® (G & W: US)
Fluocinolone Acetonide® (Major: US)
Fluocinolone Acetonide® (Teva: US)
Fluocit® (AD Pharma 2000: IT)
Fluodermo® (Reig Jofre: ES)
Fluodermo® (Septa: ES)
Fluomix Same® (Savoma: IT)
Fluonid® (Allergan: US)
Fluonid® (Biolab: HK)
Fluovitef® (Teofarma: IT)
Flupollon® (Kaigai: JP)
Flupollon® (Ohta: JP)
Flusolgen® (Geni: ES)
Fluvean® (Formenti: IT)
Fluvean® (Kowa Yakuhin: JP)
Fluzon® (Taisho: JP)
FS® (Hill: US)
Fulone® (Osoth: TH)
Gelargin® (Zentiva: CZ)
Gelidina® (Yamanouchi: ES)
Inoderm® (Meprofarm: ID)
Intradermo-Corticosteroid® (Cederroth: ES)
Jellin® (Grünenthal: DE)
Jellisoft® (Grünenthal: DE)
Localyn® (Recordati: IT)
Luci® (Rexcel: IN)
Omniderm® (Face: IT)
Panolon® (Hemofarm: RS)
Retisert® (Bausch & Lomb: US)
Sinaflan® (Akrihin: RU)
Sinaflan® (Nizhpharm: RU)
Sinoderm® (Galenika: BA, RS)
Skinalar® (ACI: BD)
Sterolone® (Francia: IT)
Supralan® (Siam Bheasach: TH)

Synalar Gamma® (Yamanouchi: BE, LU)
Synalar® (AstraZeneca: BG)
Synalar® (Aventis: BR)
Synalar® (Bioglan: DK, IS, NO, SE)
Synalar® (Derma: GB)
Synalar® (Grünenthal: AT, CH)
Synalar® (Janssen: PT)
Synalar® (Jolly-Jatel: FR)
Synalar® (Medicis: US)
Synalar® (Minerva: GR)
Synalar® (Sanofi-Synthelabo: TH)
Synalar® (Syntex: MX)
Synalar® (VJ Bartlett: ZA)
Synalar® (Yamanouchi: BE, LU)
Synalar® [vet.] (Medicis: US)
Synemol® (Medicis: US)
Ultraderm® (Ecobi: IT)

Fluocinonide (Rec.INN)

L: Fluocinonidum
I: Fluocinonide
D: Fluocinonid
F: Fluocinonide
S: Fluocinonida

Adrenal cortex hormone, glucocorticoid
Dermatological agent

ATC: C05AA11,D07AC08
CAS-Nr.: 0000356-12-7 C_{26}-H_{32}-F_2-O_7
M_r 494.542

Pregna-1,4-diene-3,20-dione, 21-(acetyloxy)-6,9-difluoro-11-hydroxy-16,17-[(1-methylethylidene)bis(oxy)]-, (6α,11β,16α)-

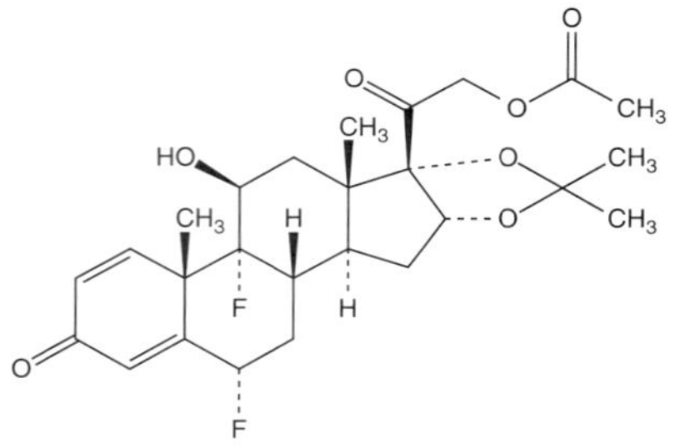

OS: *Fluocinonide [BAN, DCF, DCIT, JAN, USAN]*
IS: *Fluocinolide*
IS: *Fluocinolone Acetonide 21-Acetate*
PH: Fluocinonid [DAC]
PH: Fluocinonide [BP 2002, JP XIV, USP 30]

Biscosal® (Ohta: JP)
Fluocinonide E® (Actavis: US)
Fluocinonide E® (Teva: US)
Fluocinonide® (Fougera: US)
Fluocinonide® (Taro: US)
Fluocinonide® (Teva: US)
Glycobase® (Kaigai: JP)
Hakelon® (Tatsumi Kagaku: JP)
Klariderm® (Clariana: ES)
Lidex® (Medicis: US)
Lidex® (Minerva: GR)
Lyderm® (Taropharma: CA)
Medrexim® (Taiyo: JP)
Metosyn® (Bioglan: DK, NO)
Metosyn® (Derma: GB)
Novoter® (Farmacusi: ES)
Novoter® (Teofarma: ES)
Pelisani® (Derma 3: PE)
Simaron® (Fujisawa: JP)
Solunim® (Towa Yakuhin: JP)
Tiamol® (Taropharma: CA)
Topsym F® (Grünenthal: AT, DE)
Topsymin® (Grünenthal: AT)
Topsym® (Grünenthal: AT, CH, DE, EC, PE)
Topsym® (Tanabe: JP)
Topsyn® (Syntex: MX)
Topsyn® (Teofarma: IT)
Vanos® (Medicis: US)

Fluocortin (Rec.INN)

L: Fluocortinum
I: Fluocortin
D: Fluocortin
F: Fluocortine
S: Fluocortina

Adrenal cortex hormone, glucocorticoid

ATC: D07AB04
CAS-Nr.: 0033124-50-4 C_{22}-H_{27}-F-O_5
M_r 390.458

Pregna-1,4-dien-21-oic acid, 6-fluoro-11-hydroxy-16-methyl-3,20-dioxo-, (6α,11β,16α)-

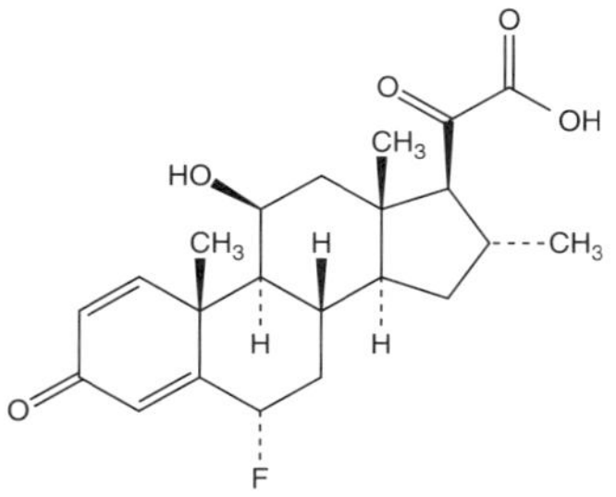

OS: *Fluocortin [DCIT]*

– 21-butylate:
CAS-Nr.: 0041767-29-7
OS: *Fluocortin Butyl BAN, USAN*
IS: *FCB*
IS: *SHK 203 (Schering, Germany)*

Varlane® (Schering: LU)
Vaspit® (Schering: ES, IT)

Fluocortolone (Rec.INN)

L: Fluocortolonum
I: Fluocortolone
D: Fluocortolon
F: Fluocortolone
S: Fluocortolona

Adrenal cortex hormone, glucocorticoid
Dermatological agent

ATC: C05AA08,D07AC05,H02AB03
CAS-Nr.: 0000152-97-6 C_{22}-H_{29}-F-O_4
M_r 376.474

Pregna-1,4-diene-3,20-dione, 6-fluoro-11,21-dihydroxy-16-methyl-, (6α,11β,16α)-

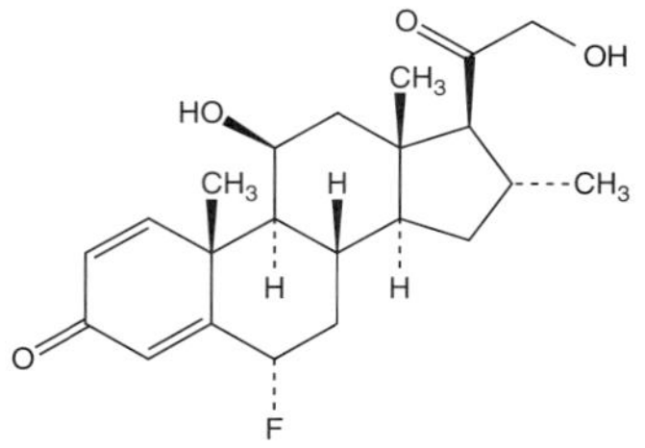

OS: *Fluocortolone [BAN, DCF, DCIT, USAN]*
IS: *SH 742*

Ultralan-M® (Schering: ES)
Ultralan® (Asche: DE)
Ultralan® (Intendis: FR)
Ultralan® (Schering: AE, BH, CY, DE, EG, IQ, IT, JO, KW, LB, LY, OM, QA, SA, SD, TR, YE)

– 21-caproate:

CAS-Nr.: 0000303-40-2
OS: *Fluocortolone Caproate USAN*
OS: *Fluocortolone Hexanoate BANM*
IS: *SH 770*
IS: *Fluocortolon 21-hexanoat*
PH: Fluocortolone Hexanoate BP 2002

Ultralanum® (Meadow: GB)
Ultralan® (Intendis: FR, IT)
Ultralan® (Schering: HK)

– 21-caproate and 21-pivalate:

Ultralan® (Asche: DE)
Ultralan® (Intendis: IT)
Ultralan® (Schering: AT, LU, NL, PH, RO, SI)

– 21-pivalate:

CAS-Nr.: 0029205-06-9
OS: *Fluocortolone Pivalate BANM*
IS: *Fluocortolone trimethylacetate*
IS: *Fluocortolon 21-pivalat*
PH: Fluocortolone Pivalate Ph. Eur. 5
PH: Fluocortoloni pivalas Ph. Eur. 5
PH: Fluocortolone (pivalate de) Ph. Eur. 5
PH: Fluocortolonpivalat Ph. Eur. 5

Fluorescein

L: Fluoresceinum
I: Fluoresceina
D: Fluorescein
F: Fluorescein
S: Fluoresceina

Diagnostic, ophthalmic
Diagnostic, pancreas function

CAS-Nr.: 0023210-40-5 C_{20}-H_{12}-O_5 M_r 332.3

Spiro[isobenzofuran-1(3H),9'-[9H]xanthen]-3-one, 3',6'-dihydroxy-, disodium salt

Spiro[isobenzofuran-1(3H),9'-[9H]xanthen]-3-one, 3',6'-dihydroxy-

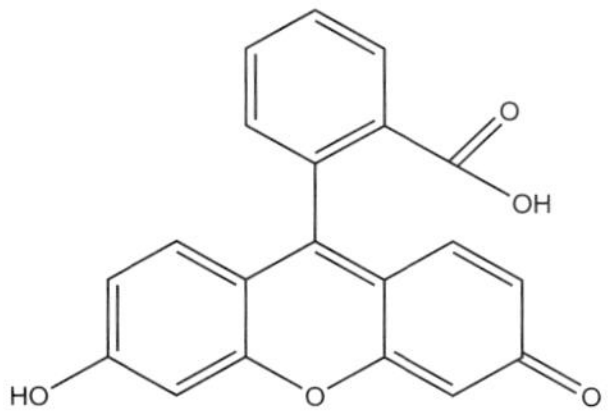

OS: *Fluorescein [BAN, JAN, USAN]*
IS: *Acid yellow 73*
IS: *C-ext gelb 16*
IS: *CI 45350*
IS: *D & C Yellow No.7*
IS: *Diamantgelb*
PH: Fluorescein [USP 30]

Fluoresceina® (Poen: AR)

– dilaurate:

CAS-Nr.: 0007908-90-9
OS: *Fluorescein Dilaurate BANM*
IS: *Fluoresceindidodecanoat*

Pancreolauryl-Test® (Geymonat: IT)
Pancreolauryl-Test® (Sanova: AT)
Pancreolauryl-Test® (Temmler: DE)

– sodium:

CAS-Nr.: 0000518-47-8
OS: *Fluorescein Sodium BANM, USAN*
IS: *Dioxyfluoran sodium*
IS: *Obiturine*
IS: *Resorcinol Phthalein Sodium*
IS: *Uranine*
IS: *Fluorescein, Dinatriumsalz*
IS: *Fluoreszein-Natrium*
IS: *Acid yellow 73 sodium salt*
IS: *CI 45350*
IS: *D&C Yellow No. 8*
PH: Fluorescein Sodium JP XIV, Ph. Eur. 5, Ph. Int. 4, USP 30
PH: Fluoresceinum natricum Ph. Eur. 5, Ph. Int. 4
PH: Fluorescein-Dinatrium Ph. Eur. 5
PH: Fluorescéine sodique Ph. Eur. 5

AK-Fluor® (Akorn: PE, US)
Cendo Fluorescein® (Cendo: ID)
Colircusi Fluoresceina® (Alcon: ES)
Fluocyne® (SERB: FR)
Fluor-I-Strip A.T.® (Wyeth: US)
Fluoralfa® (Alfa Intes: IT)
Fluorescein Alcon® (Alcon: DE)
Fluorescein SAD® (SAD: DK)
Fluorescein SE Thilo® (Alcon: DE)
Fluorescein Sodium® (Macarthys: IL)
Fluoresceina Oculos® (Novartis: ES)
Fluoresceina Sodica® (Bagó: CO)
Fluoresceina Sodica® (Monico: IT)
Fluoresceina® (Allergan: BR)
Fluoresceina® (Bagó: CO)
Fluoresceina® (Monico: IT)

Fluoresceina® (Quifarmed: CO)
Fluoresceine Faure® (Novartis: CH)
Fluoresceine Minims® (Chauvin: BE)
Fluoresceine SDU Faure® (Novartis: CH)
Fluoresceinedinatrium® (Fresenius: NL)
Fluoresceine® (Bournonville: LU)
Fluoresceine® (Chauvin: LU)
Fluoresceine® (Novartis: BE)
Fluoresceine® (Novartis Ophthalmics: IL, PL)
Fluoresceinnatrium Minims® (Chauvin: NO)
Fluorescein® (Alcon: DE)
Fluorescein® (Novartis Ophthalmics: HU, IL)
Fluorescein® (Pliva: HR)
Fluorescite® (Alcon: AR, AU, BW, CA, CZ, ER, ET, GH, KE, MW, NA, NG, PE, PL, RO, SG, TH, TR, TZ, UG, ZA, ZM, ZW)
Fluorescéine Collyre unidose TVM® [vet.] (TVM: FR)
Fluorescéine Faure® (Novartis: FR)
Fluorescéine Sodique Faure® (Novartis: FR)
Fluorescéine Sodique-Chauvin® (Chauvin: LU)
Fluoreszein® (Alcon: DE)
Fluorets® (Chauvin: GB, IE, SG)
Fluorets® (Chauvin Bausch & Lomb: HK)
Fluorets® (Smith & Nephew: NZ)
Fluore® (Bell: IN)
Ful-Glo® (Allergan: AU)
Minims Fluorescein Sodium® (Bausch & Lomb: NZ)
Minims Fluorescein Sodium® (Chauvin: AT, GB, NL)
Minims Fluorescein Sodium® (Chauvin Bausch & Lomb: HK)
Minims Fluorescein Sodium® (Novartis: FI)
Minims Fluorescein® (Chauvin: IE)
Minims Fluoreszein Natrium® (Chauvin: AT)
Minims Stains® (Smith & Nephew: AU)
VT Doses Fluorescéine® [vet.] (Virbac: FR)

Fluorometholone (Rec.INN)

L: Fluorometholonum
I: Fluorometolone
D: Fluorometholon
F: Fluorométholone
S: Fluorometolona

Adrenal cortex hormone, glucocorticoid
Dermatological agent

ATC: C05AA06, D07AB06, D07XB04, D10AA01, S01BA07, S01CB05
CAS-Nr.: 0000426-13-1 C_{22}-H_{29}-F-O_4
M_r 376.474

Pregna-1,4-diene-3,20-dione, 9-fluoro-11,17-dihydroxy-6-methyl-, (6α,11β)-

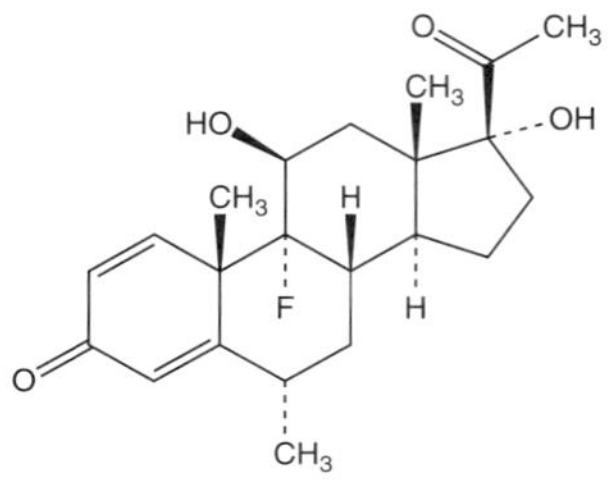

OS: *Fluorometholone [BAN, DCF, JAN, USAN]*
OS: *Fluorometolone [DCIT]*
PH: Fluorometholone [BP 2002, JP XIV, USP 30]

Afm® (Aristopharma: BD)
Cortisdin® (Isdin: ES)
Efflumidex® (Allergan: CZ, HR, HU)
Efflumidex® (Pharm-Allergan: DE)
F.M.L. Liquifil® (Allergan: BE)
Flu Oph® (Seng Thai: TH)
Fluacort® (Viatris: LU)
Fluaton® (Tubilux: IT)
Flucon® (Alcon: AU, BE, CZ, FR, GR, HU, LU, NL, NZ, PL, TH, ZA)
Fluforte® (Allergan: CL)
Flumetholon® (Ferron: ID)
Flumetholon® (Santen: JP)
Flumeth® (Nipa: BD)
Flumetol NF Ofteno® (Volta: CL)
Flumetol® (Farmila: CZ, RO)
Flumetol® (Farmila-Thea: IT)
Flumex® (Allergan: BR, CO, PA, SV)
Fluometol NF Ofteno® (Volta: CL)
Fluor-Op® (Novartis Ophthalmics: US)
Fluoro-Ophtal® (Winzer: DE)
Fluorometholone Opthalmic® (Bausch & Lomb: US)
Fluoropos® (Biem: TR)
Fluoropos® (Ursapharm: CZ, DE)
Flurolon® (Allergan: DK)
Flurop® (Davi: PT)
Fluxinam® (Vilco: GR)
FML Liquifilm® (Allergan: CH, CR, FI, GT, LU, NL, US)
FML Liquifilm® (Eureco: NL)
FML Liquifilm® (Medcor: NL)
FML® (Abdi Ibrahim: TR)
FML® (Allergan: AU, CA, CH, ES, GB, HK, IE, IL, LK, MY, SG, TH, US)
FML® (Alvia: GR)
FML® [vet.] (Allergan: GB)
Fulcort® (Gaco: BD)
Infectoflam® (Ciba Vision: BD)
Isopto Flucon® (Alcon: DE, ES)

– 17-acetate:

CAS-Nr.: 0003801-06-7
OS: *Fluorometholone Acetate BAN, USAN*
IS: *U 17323 (Upjojn, USA)*
PH: Fluorometholone acetate USP 30

Aflarex® (Alcon: CL, CO, EC, PE)
Eflone® (Novartis Ophthalmics: US)
Flarex® (Alcon: AR, AT, AU, BW, CA, CZ, ER, ET, GH, HU, IL, IT, KE, LK, LU, MW, NA, NG, NL, PL, SI, TH, TR, TZ, UG, US, ZA, ZM, ZW)
Florate® (Alcon: BR)
Flumetol® [susp.] (Sophia: MX)
Flutinol® (Latinofarma: BR)

Fluorouracil (Rec.INN)

L: **Fluorouracilum**
I: **Fluorouracile**
D: **Fluorouracil**
F: **Fluorouracil**
S: **Fluorouracilo**

⚕ Antineoplastic, antimetabolite

ATC: L01BC02
CAS-Nr.: 0000051-21-8 C_4-H_3-F-N_2-O_2
M_r 130.088

2,4(1H,3H)-Pyrimidinedione, 5-fluoro-

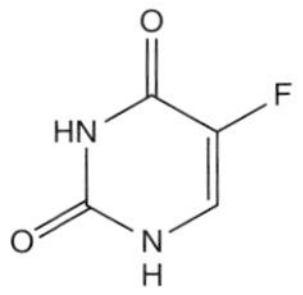

OS: *Fluorouracil [BAN, DCF, JAN, USAN]*
OS: *Fluorouracile [DCIT]*
IS: *5-FU (Kyowa Hakko, Japan)*
IS: *FT 207*
IS: *Ro 2-9757*
IS: *5-Fluoruracil*
PH: Fluorouracil [JP XIV, Ph. Eur. 5, Ph. Int. 4, USP 30]
PH: Fluorouracile [Ph. Eur. 5]
PH: Fluorouracilum [Ph. Eur. 5, Ph. Int. 4]

5-Fluorouracil „Ebewe"® (Ebewe: AT, CZ, GE, HK, RO, RS, TH, VN)
5-Fluorouracil „Ebewe"® (Ferron: ID)
5-Fluorouracil biosyn® (biosyn: DE)
5-Fluorouracil Ebewe® (Ebewe: AT, HU, IL, PL, RU, SI)
5-Fluorouracil Ebewe® (Liba: TR)
5-Fluorouracil-DBL® (Orna: TR)
5-Fluorouracilo® (Biochemie: CO)
5-FU Hexal® (Hexal: DE)
5-FU Kyowa® (Indra: ID)
5-FU Kyowa® (Kyowa: SG, TH)
5-FU Lederle® (Riemser: DE)
5-FU medac® (Medac: DE)
5-Fu Tablets Kyowa 100® (Kyowa Hakko Kogyo: VN)
5-FU® (cell pharm: DE)
5-FU® (Erbapharma: ID)
5-FU® (Kyowa: JP, MY)
5-FU® (Onko-Koçsel: TR)
5-FU® (Tempo: ID)
Abic Fluorouracil® (Teva: ZA)
Adrucil® (Pfizer: US)
Biosintetica Fluoruracila® (Biosintética: BR)
Carac® (Dermik: US)
Cinkef-U® (Mayne: PT)
Curacil® (Kalbe: ID)
Cytosafe Fluorouracil® (Pfizer: ID)
Efudex® (Valeant: CA, US)
Efudix® (Andreu: ES)
Efudix® (CSP: FR)
Efudix® (Euro: NL)
Efudix® (ICN: AU, CR, DO, ES, GT, HN, IL, IT, LU, NI, NL, PA, PE, PL, RO, RS, SV)
Efudix® (Medcor: NL)
Efudix® (Pharma Logistics: BE)
Efudix® (Pharmaco: ZA)
Efudix® (Raffo: CL)
Efudix® (Valeant: AR, CH, DE, GB, HU, IE, MX, NZ, SG)
Efudix® [vet.] (Valeant: GB)
Efurix® (Valeant: BR)
Fivefluro® (GlaxoSmithKline: IN)
Fivoflu® (Dabur: LK, PH, TH)
Fluoro-Uracil ICN® (ICN: CZ, TH)
Fluoro-Uracil Valeant® (Valeant: CH, CZ)
Fluoro-Uracile ICN® (CSP: FR)
Fluoro-Uracile ICN® (ICN-D: IT)
Fluoro-Uracil® (ICN: ES, PL, RO, TH)
Fluoro-Uracil® (Valeant: BR, HK)
Fluoroplex® (Allergan: AU, US)
Fluorosindan® (Sindan: RO)
Fluorouacil Mayne® (Mayne: NL)
Fluorouacil-TEVA® (Teva: NL)
Fluorouracil Abic® (Abic: HK, TH)
Fluorouracil Cehasol® (Sanova: AT)
Fluorouracil DBL® (Mayne: HK, MY, SG)
Fluorouracil DBL® (Tempo: ID)
Fluorouracil Ebewe® (Ebewe: AT, TH)
Fluorouracil Ebewe® (InterPharma: NZ)
Fluorouracil Injection BP® (Mayne: AU, NZ)
Fluorouracil Injection BP® (Pfizer: NZ)
Fluorouracil Injection BP® (Pharmacia: AU)
Fluorouracil Injection® (Abraxis: US)
Fluorouracil Injection® (Valeant: US)
Fluorouracil medac® (medac: PL)
Fluorouracil Pliva® (Pliva: BA, HR)
Fluorouracil Teva® (Teva: CH, CZ, HU, SE)
Fluorouracil Valeant® (Valeant: AT)
Fluorouracil-GRY® (Gry: DE)
Fluorouracile Dakota® (Dakota: FR)
Fluorouracile Mayne® (Mayne: DK, IT)
Fluorouracile Teva® (Teva-NL: IT)
Fluorouracilo Ferrer Farma® (Ferrer: ES)
Fluorouracilo Filaxis® (Filaxis: AR)
Fluorouracilo Martian® (LKM: AR)
Fluorouracilo Rontag® (Rontag: AR)
Fluorouracilo® (Baxter: CL)
Fluorouracilo® (Carrion: PE)
Fluorouracilo® (Kampar: CL)
Fluorouracilo® (Teva: AR)
Fluorouracil® (American Pharmaceutical Partners: US)
Fluorouracil® (Baxter Healthcare: US)
Fluorouracil® (ICN: BE, PL)
Fluorouracil® (Mayne: CA, GB, IE, NO)
Fluorouracil® (Medac: GB)
Fluorouracil® (Pharmacia: AU)
Fluorouracil® (Pliva: BA, PL)
Fluorouracil® (SoloPak: US)
Fluorouracil® (Teva: IL)
Fluorouracil® (Valeant: ES, US)
Fluoruracilo® [inj.] (Aventis: PE)
Fluoruracilo® [inj.] (Carrion: PE)
Fluoruracilo® [inj.] (Pfizer: PE)
Flurablastin® (Pfizer: DK, FI, IS, NO, SE)
Fluracedyl® (Pharmachemie: ID, MY)
Fluracedyl® (Teva: BE)
Fluracil® (Biochem: IN)
Fluroblastine® (Pfizer: LU)

Fluroblastin® (Pharmacia: BE, DE, ZA)
Fluroplex® (Allergan: US)
Flurox® (Lemery: PE, TH)
La-Fu® (Pliva: CZ)
Neofluor® (Neocorp: DE)
Oncouracil® (Koçak: TR)
Onkofluor® (Onkoworks: DE)
Ribofluor® (ribosepharm: DE)
Triosules® (Microsules: AR)
Uraciflor® (Medicus: GR)

– sodium salt:

CAS-Nr.: 0000016-36-8

Fluor-Uracil® (Valeant: CL)
Fluorouracil ICN® (ICN: AT)
Fluorouracil Mayne® (Mayne: SE)
Fluorouracil® (Medac: GB)
Furacedyl® (Pharmachemie: NL)
Fluroblastine® (Pfizer: BE, LU)

Fluoxetine (Rec.INN)

L: Fluoxetinum
I: Fluoxetina
D: Fluoxetin
F: Fluoxétine
S: Fluoxetina

Antidepressant

ATC: N06AB03
CAS-Nr.: 0054910-89-3 C_{17}-H_{18}-F_3-N-O
M_r 309.341

Benzenepropanamine, N-methyl-λ-[4-(trifluoromethyl)phenoxy]-, (±)-

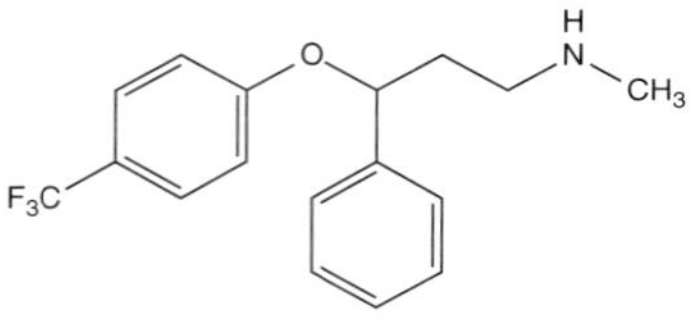

OS: *Fluoxetine [BAN, USAN]*
OS: *Fluoxétine [DCF]*
IS: *Lilly 103472 (Lilly)*

Actan® (Saval: EC)
Actan® (Saval Eurolab: CL)
Affectine® (Galpharma: IL)
Affex® (Astellas: IE)
Alentol® (Farmo Quimica: CL)
Andepin® (Synteza: PL)
Anisimol® (Medipharm: CL)
Ansilan® (Biogen: CO)
Bioxetin® (Sanofi-Aventis: PL)
Daforin® (Sigma: BR)
Dagrilan® (Pharmacypria Hellas: GR)
Depress® (Ethical: DO)
Depress® (União: BR)
Deprexetin® (ICN: PL)
Docfluoxetine® (Docpharma: BE)
Dominium® (Tecnofarma: CL)
Felicium® (Stada: AT)
Femox® (Bosnalijek: BA)
Flumed® (Medifive: TH)
Flunirin® (Galenika: RS)
Flunisan® (Hemofarm: RS)
Fluoksetin® (Srbolek: RS)
Fluoxemed® (Ethimed: BE)
Fluoxetin Actavis® (Actavis: IS)
Fluoxetin Copyfarm® (Copyfarm: SE)
Fluoxetin LPH® (Labormed Pharma: RO)
Fluoxetin Merck NM® (Merck: SE)
Fluoxetina Biochemie® (Biochemie: CO)
Fluoxetina Genfar® (Genfar: CO, EC)
Fluoxetina L.Ch.® (Chile: CL)
Fluoxetina MK® (MK: CO)
Fluoxetina Northia® (Northia: AR)
Fluoxetina® (Chile: CL)
Fluoxetina® (Farmandina: EC)
Fluoxetina® (Medicalex: CO)
Fluoxetina® (Memphis: CO)
Fluoxetina® (Mintlab: CL)
Fluoxetina® (Pentacoop: CO)
Fluoxetine EG® (Eurogenerics: BE)
Fluoxetine Sandoz® (Sandoz: BE)
Fluoxetine Teva® (Teva: BE)
Fluoxetină® (Terapia: RO)
Fluoxetop® (Topgen: BE)
Fluoxine® (TO Chemicals: TH)
Fluoxone® (SMB: BE)
Fluox® (Socobom: BE, LU)
Fluran® (Ranbaxy: RO)
Flutin® (Pauly: CO)
Fluval® (Krka: HR, RO, SI)
Fluxentac® (Pharmalab: PE)
Fluxilan® (Aegis: RS)
Fluxonil® (Orion: CZ)
Fodiss® (Merck: SI)
Loxetine-20® (March: TH)
Magrilan® (Medochemie: CZ)
Neuro® (Lazar: AR)
Nopres® (Ferron: ID)
Oxetin® (Bosnalijek: BA, HR)
PMS-Fluoxetine® (Pharmascience: SG)
Portal® (Lek: BA, CZ, HR, RU, SI)
Pragmaten® (Novamed: CO)
Prosimed® (3DDD Pharma: BE)
Prozac® [vet.] (Dista: GB)
Rowexetina® (Rowe: NI)
Salipax® (Mepha: EC, TT)
Sostac® (Chile: CL)
Tremafarm® (Raffo: CL)
Unprozy® (Condrugs: TH)
Xetina® (Fluter: DO)

– hydrochloride:

CAS-Nr.: 0059333-67-4
OS: *Fluoxetine Hydrochloride BANM, USAN*
IS: *Lilly 110 140 (Lilly, USA)*
PH: Fluoxetine Hydrochloride Ph. Eur. 5, USP 30
PH: Fluoxetini hydrochloridum Ph. Eur. 5
PH: Fluoxétine (chlorhydrate de) Ph. Eur. 5
PH: Fluoxetinhydrochlorid Ph. Eur. 5

Adepssir® (Ferrer: PH)
Adofen® (Ferrer: ES)
Afeksin® (Actavis: DK)
Alental® (Soubeiran Chobet: AR)
Alzac® (Lancasco: GT, HN, SV)
Andep® (Medikon: ID)

Animex-On® (Laboratorios: AR)
Ansielix® (Craveri: AR)
Antiprestin® (Pharos: ID)
Anxetin® (Dar-Al-Dawa: AE, BH, IQ, JO, KW, LB, LY, MT, NG, OM, QA, RO, SA, SD, SO, TN, YE)
Anzac® (Bangkok: TH)
Anzolden® (Denver: AR)
Apo-Fluoxetine® (Apotex: AN, BB, BM, BS, CA, CZ, GY, HT, HU, JM, KY, SG, SR, TT)
Apo-Fluoxetine® (Apotex Inc.: RU)
Aprinol® (Mintlab: CL)
Astrin® (Elan: ES)
ATD-20® (Biolab: TH)
Augort® (Andromaco: ES)
Auscap® (Sigma: AU)
Azur® (Biores: IT)
Biflox® (Actavis: GE)
Bioglan Fluoxetine® (Niche: NL)
Biozac® (Niche: IE)
Captaton® (Biotenk: AR)
Clexiclor® (Farma 1: IT)
Clinium® (Sanitas: CL)
Cloridrato de Fluoxetina® (Biosintética: BR)
Cloridrato de Fluoxetina® (EMS: BR)
Cloridrato de Fluoxetina® (Hexal: BR)
Cloridrato de Fluoxetina® (Novartis: BR)
Cloriflox® (Farmaceutici T.S.: IT)
Co Fluoxetine® (Cobalt: CA)
Courage® (Soho: ID)
Dawnex® (Cosma: TH)
Dawnex® (Micro Labs: LK)
Depil® (Opsonin: BD)
Deprax® (Aché: BR)
Depreks® (Abdi Ibrahim: TR)
Deprenon® (Slovakofarma: CZ)
Deprex Leciva® (Leciva: CZ)
Deprexen® (Lisapharma: IT)
Deprexin® (Gedeon Richter: JM)
Deprexone® (Apotex: PH)
Deprex® (Leciva: CZ)
Deprifel® (Feltrex: DO)
Deproxin® (Siam Bheasach: TH)
Deprozan® (Meridian: ZA)
Depset® (Eczacibasi: TR)
Diesan® (CT: IT)
Digassim® (Vitoria: PT)
Dinalexin® (Pharmathen: GR)
Docfluoxetine® (Docpharma: LU)
Eburnate® (Vannier: AR)
Elizac® (Mersifarma: ID)
Equilibrane® (Temis-Lostalo: AR)
Erocap® (Douglas: AU)
Estimul® (Newport: CR)
Exostrept® (Biomedica-Chemica: GR)
F-Exina® (Novag: MX)
Faboxetina® (Fabop: AR)
Farmaxetina® (Investigacion Farmaceutica: MX)
Felicium® (Stada: AT)
Fibrotina® (Buxton: AR)
Floccin® (Pinewood: AT)
Flonital® (Anfarm: GR)
Florak® (Deva: TR)
Florexal® (Silanes: MX)
Flotina® (Lampugnani: IT)
Floxet® (Egis: CZ, HU, RO)
Fluctine® (Lilly: AT, CH)
Fluctin® (Lilly: DE)
Fludac® (Cadila: ER, ET, IN, KE, NG, TZ, UG, ZM, ZW)
Fluesco® (Streuli: CH)
Flumirex® (Chinoin: CZ)
Fluneurin® (Hexal: DE)
Fluneurin® (Salutas Pharma: RS)
Fluneurin® (Sandoz: MX)
Fluocim® (Cimex: CH)
Fluocim® (Siegfried: RO)
Fluohexal® (Hexal: AU, RO)
Fluoksetyna® (Anpharm: PL)
Fluopiram® (Ariston: AR)
Fluox AbZ® (AbZ: DE)
Fluox Basics® (Basics: DE)
Fluox-Puren® (Alpharma: DE)
Fluoxac® (Psicofarma: MX)
Fluoxe-Q® (Juta: DE)
Fluoxe-Q® (Q-Pharm: DE)
FluoxeLich® (Winthrop: DE)
Fluoxemerck® (Merck dura: DE)
Fluoxeren® (Menarini: IT)
Fluoxetin 1A Farma® (1A Farma: DK)
Fluoxetin 1A Pharma® (1A Pharma: AT, DE)
Fluoxetin Adico® (Adico: CH)
Fluoxetin Alpharma® (Alpharma: DK)
Fluoxetin Alternova® (Alternova: DK)
Fluoxetin AL® (Aliud: DE)
Fluoxetin Arcana® (Arcana: AT)
Fluoxetin Azu® (Azupharma: DE)
Fluoxetin beta® (betapharm: DE)
Fluoxetin BMM Pharma® (BMM: SE)
Fluoxetin Chinoin® (Sanofi-Aventis: HU)
Fluoxetin Copyfarm® (Copyfarm: DK)
Fluoxetin dura® (Merck dura: DE)
Fluoxetin Genericon® (Genericon: AT)
Fluoxetin Helvepharm® (Helvepharm: CH)
Fluoxetin Heumann® (Heumann: DE)
Fluoxetin Hexal® (Hexal: DE)
Fluoxetin KSK® (KSK Pharma: DE)
Fluoxetin Lindo® (Lindopharm: DE)
Fluoxetin Merck NM® (Merck NM: DK, FI, SE)
Fluoxetin ratiopharm® (Ratiopharm: SE)
Fluoxetin Sandoz® (Sandoz: CH, DE, DK, FI, NO, SE)
Fluoxetin Selena® (Selena Fournier: SE)
Fluoxetin Stada® (Stada: SE)
Fluoxetin Stada® (Stadapharm: DE)
Fluoxetin TAD® (TAD: DE)
Fluoxetin Teva® (Teva: SE)
fluoxetin-biomo® (biomo: DE)
Fluoxetin-CT® (CT: DE)
Fluoxetin-Mepha® (Mepha: CH)
Fluoxetin-neuraxpharm® (neuraxpharm: DE)
Fluoxetin-ratiopharm® (Ratiopharm: CZ)
Fluoxetin-ratiopharm® (ratiopharm: DE)
Fluoxetin-RPh® (Rodleben: DE)
Fluoxetin-TEVA® (Teva: DE)
Fluoxetina Agen® (Agen: ES)
Fluoxetina Alacan® (Alacan: ES)
Fluoxetina Alpharma® (Alpharma: PT)
Fluoxetina Alter® (Alter: ES, PT)
Fluoxetina Angenerico® (Angenerico: IT)
Fluoxetina Asol® (Asol: ES)
Fluoxetina Bayvit® (Stada: ES)
Fluoxetina Belmac® (Belmac: ES)

Fluoxetina Bexal® (Bexal: ES, PT)
Fluoxetina BIG® (Benedetti: IT)
Fluoxetina Calox® (Calox: CR, NI, PA)
Fluoxetina Cantabria® (Cantabria: ES)
Fluoxetina Ceninter® (Ceninter: ES)
Fluoxetina Ciclum® (Ciclum: PT)
Fluoxetina Cinfa® (Cinfa: ES)
Fluoxetina Combino Pharm® (Combino: ES)
Fluoxetina Cuve® (Cuvefarma: ES)
Fluoxetina Davur® (Davur: ES)
Fluoxetina Decrox® (Decrox: ES)
Fluoxetina Diasa® (Diasa: ES)
Fluoxetina DOC® (DOC Generici: IT)
Fluoxetina Dorom® (Dorom: IT)
Fluoxetina Edigen® (Edigen: ES)
Fluoxetina Efarmes® (Efarmes: ES)
Fluoxetina EG® (EG: IT)
Fluoxetina Esteve® (Esteve: ES)
Fluoxetina Fabra® (Fabra: AR)
Fluoxetina Farmalider® (Farmalider: ES)
Fluoxetina Farmoz® (Farmoz: PT)
Fluoxetina Ferrer Farma® (Ferrer: ES)
Fluoxetina Fidia® (Fidia: IT)
Fluoxetina Fmndtria® (Farmindustria: PE)
Fluoxetina Gen-Far® (Genfar: PE)
Fluoxetina Generis® (Generis: PT)
Fluoxetina Germed® (Germed: PT)
Fluoxetina Grapa® (Grapa: ES)
Fluoxetina Hexal® (Hexal: IT)
Fluoxetina ICN® (Valeant: ES)
Fluoxetina ITF® (ITF: PT)
Fluoxetina Jaba® (Jaba: PT)
Fluoxetina Kern® (Kern: ES)
Fluoxetina Korhispana® (Korhispana: ES)
Fluoxetina Labesfal® (Labesfal: PT)
Fluoxetina Lareq® (Lareq: ES)
Fluoxetina Lasa® (Faes: ES)
Fluoxetina Mabo® (Mabo: ES)
Fluoxetina Mepha® (Mepha: PT)
Fluoxetina Merck® (Merck: ES)
Fluoxetina Merck® (Merck Generics: IT)
Fluoxetina Merck® (Merck Genéricos: PT)
Fluoxetina Normon® (Normon: CR, DO, ES, GT, HN, NI, PA, SV)
Fluoxetina Pensa® (Pensa: ES)
Fluoxetina Pharmagenus® (Pharmagenus: ES)
Fluoxetina Pliva® (Pliva: ES, IT)
Fluoxetina Ranbaxy® (Ranbaxy: ES)
Fluoxetina Ratiopharm® (Ratiopharm: ES, PT)
Fluoxetina Rimafar® (Rimafar: ES)
Fluoxetina Rubio® (Rubio: ES)
Fluoxetina Salipax® (Mepha: PT)
Fluoxetina Sandoz® (Sandoz: ES, IT, PT)
Fluoxetina Stada® (Stada: ES)
Fluoxetina Sumol® (Sumol: ES)
Fluoxetina Tamarang® (Tamarang: ES)
Fluoxetina Teva® (Teva: ES)
Fluoxetina Teva® (Teva-NL: IT)
Fluoxetina Vir® (Vir: ES)
Fluoxetina Winthrop® (Winthrop: PT)
Fluoxetina-ratiopharm® (Ratiopharm: IT)
Fluoxetina® (AC Farma: PE)
Fluoxetina® (American Generics: PE)
Fluoxetina® (Bestpharma: CL)
Fluoxetina® (Chemopharma: CL)
Fluoxetina® (Grünenthal: PE)
Fluoxetina® (IPhSA: CL)
Fluoxetina® (La Sante: PE)
Fluoxetina® (Payam Neda: BR)
Fluoxetina® (Rider: CL)
Fluoxetine Actavis® (Actavis: NL)
Fluoxetine Alpharma® (Alpharma: NL)
Fluoxetine A® (Apothecon: NL)
Fluoxetine Biochemie® (Novartis: GR)
Fluoxetine CF® (Centrafarm: NL)
Fluoxetine EB® (Eurobase: NL)
Fluoxetine HCL® (Novex: US)
Fluoxetine Hydrochloride® (Alphapharm: US)
Fluoxetine Hydrochloride® (Par: US)
Fluoxetine Hydrochloride® (Sandoz: US)
Fluoxetine Hydrochloride® (Teva: US)
Fluoxetine Katwijk® (Katwijk: NL)
Fluoxetine Lannacher® (Lannacher: RU)
Fluoxetine Merck® (Merck Generics: NL)
Fluoxetine PCH® (Pharmachemie: NL)
Fluoxetine Ranbaxy® (Sabora: FI)
Fluoxetine ratiopharm® (Ratiopharm: NL)
Fluoxetine Sandoz® (Sandoz: NL)
Fluoxetine Winthrop® (Sanofi-Aventis: CH)
Fluoxetine Zydus® (Zydus: FR)
Fluoxetine-DP® (Douglas: AU)
Fluoxetine-Sandoz® (Sandoz: LU)
Fluoxetine® (Alpharma: GB)
Fluoxetine® (Delphi: NL)
Fluoxetine® (Eli Lilly: NL)
Fluoxetine® (Generics: GB)
Fluoxetine® (GenRx: NL)
Fluoxetine® (Hexal: NL)
Fluoxetine® (Niche: NL)
Fluoxetine® (Sandoz: GB)
Fluoxetine® (Teva: GB)
Fluoxetin® (Farmavita: BA)
Fluoxetin® (Merck NM: NO)
Fluoxetin® (Polpharma: PL)
Fluoxetin® (ratiopharm: NO)
Fluoxgamma® (Wörwag Pharma: DE)
Fluoxibene® (Ratiopharm: AT)
Fluoxifar® (Siphar: CH)
Fluoxil® (Osmopharm: DO)
Fluoxin® (Ibirn: IT)
Fluoxin® (Salutas Fahlberg: CZ)
Fluoxin® (VIM Spectrum: RO)
Fluoxstad® (Stada: NL)
Fluox® (Pacific: NZ)
Fluoxétine Biogaran® (Biogaran: FR)
Fluoxétine Bouchara-Recordati® (Bouchara: FR)
Fluoxétine EG® (EG Labo: FR)
Fluoxétine G Gam® (G Gam: FR)
Fluoxétine Irex® (Irex: FR)
Fluoxétine Ivax® (Ivax: FR)
Fluoxétine Merck® (Merck Génériques: FR)
Fluoxétine RPG® (RPG: FR)
Fluoxétine Sandoz® (Sandoz: FR)
Fluoxétine Winthrop® (Winthrop: FR)
Fluran® (Ranbaxy: PE)
Flusac® (Sriprasit: TH)
Flusol® (Sandoz: CH)
Flustad® (Stada: NL)
Flutinax® (Ivax: MX)
Flutine® (Pharmasant: TH)

Flutine® (Teva: IL)
Flutin® (Orion: DK)
Fluval® (Krka: CZ)
Fluval® (KRKA: RU)
Fluxadir® (Antor: GR)
Fluxal® (Albert David: IN)
Fluxal® (Hexal: DO)
Fluxene® (Eurofarma: BR)
Fluxetil® (Unison: TH)
Fluxetin Atlantic® (Atlantic: TH)
Fluxetin® (Atlantic: SG)
Fluxet® (Krewel: DE)
Fluxil® (UCB: AT)
FluxoMed® (S. Med: AT)
Flux® (Hexal: AT)
Fluzac-20® (LBS: TH)
Fluzac® (Rowex: IE)
Fluzak® (Svus: CZ)
Fokeston® (Rafarm: GR)
Folizol® (Pharmacodane: DK)
Fondur® (Sandoz: DK)
Fontex® (Lilly: BE, DK, IS, LU, NO, SE)
Foxetin Merck NM® (Merck NM: DK)
Foxetin® (Gador: AR)
Foxtin-20® (Ipca: SG)
Framex® (Gedeon Richter: CZ)
Fulsac® (Biofarma: TR)
FXT® (Oryx: CA)
Gen-Fluoxetine® (Genpharm: CA)
GenRX Fluoxetine® (GenRX: AU)
Gerozac® (Gerard: IE)
Hapilux® (Biochemie: CR, DO, GT, NI, PA, SV, TH)
Huma-Fluoxetin® (Teva: HU)
Ibixetin® (IBI: IT)
Indozul® (Degort's: MX)
Ipsumor® (TAD: IT)
Kalxetin® (Kalbe: ID)
Kalxetin® (Kalbe Farma: LK)
Ladose® (Lilly: GR)
Lapsus® (Klonal: AR)
Lebensart® (Quimico: MX)
Lecimar® (Spyfarma: ES)
Lilly-Fluoxetine® (Lilly: ZA)
Lodep® (Sunthi: ID)
Lorien® (Aspen: ZA)
Lovan® (Alphapharm: AU)
Luminal® (PharmaBrand: EC)
Luramon® (Vir: ES)
Magrilan® (Medochemie: CZ, LK, RO, SG, TH)
Mepha Salipax® (Mepha: CR, GT, HN, NI, PA, SV)
Merck-Fluoxetine® (Generics: LU)
Merck-Fluoxetine® (Merck: BE)
Mitilase® (Spedrog-Caillon: AR)
Modipran® (Beximco: BD)
Moltoben® (Bussié: CO, DO, GT, HN, PA, SV)
Motivone® (BC: DE)
Mutan® (Lannacher: AT)
Nervosal® (Neuropharma: AR)
Neupax® (Bago: PE)
Neupax® (Bagó: AR, CR, DO, GT, HN, NI, PA, SV)
Nodepe® (Andromaco: ES)
Nodep® (General Pharma: BD)
Nor-Presin® (Teramed: SV)
Nortec® (Ativus: BR)
Norzac® (Ivax: IE)
Novo-Fluoxetine® (Novopharm: CA)
Nu-Fluoxetine® (Nu-Pharm: CA)
Nuzak® (Cipla: ZA)
Orthon® (Remedina: GR)
Ovisen® (Biomep: MX)
Oxactin® (Discovery: GB)
Oxetine® (Pharmaland: TH)
Oxsac® (Masa Lab: TH)
Platin® (Wockhardt: IN)
Plazeron® (Remedica: CY)
PMS-Fluoxetine® (Pharmascience: CA)
Portal® (Lek: CZ, HU, RO)
Positivum® (Sanova: AT)
Pragmaten® (Sanofi-Aventis: CL)
Prizma® (Unipharm: IL)
Prodep® (Sun: BD, IN, LK, RU, TH)
Proflusak® (Akrihin: RU)
Prohexal® (Hexal: ZA)
Prolert® (Square: BD)
Prozac® (Aktuapharma: BE)
Prozac® (Dista: ES, US)
Prozac® (Lilly: AR, AU, BA, BD, BE, BR, CA, CL, CO, CR, CZ, DO, ET, FR, GB, GE, GT, HK, HN, HR, HU, ID, IE, IL, IS, IT, KE, LK, LU, MX, MY, NI, NL, NZ, PA, PE, PT, RO, RU, SG, SI, SV, TH, TR, TZ, UG, ZA)
Prozamel® (Clonmel: IE)
Prozatan® (UCB: IE)
Prozit® (Pinewood: IE)
Psiquial® (Merck: BR)
Ranflocs® (Ranbaxy: ZA)
ratio-Fluoxetine® (Ratiopharm: CA)
Reneuron® (Juste: ES)
Rowexetina® (Rowe: CR, DO, EC, HN, PA, SV)
Rozax® (United Pharmaceutical: AE, BH, IQ, JO, LY, OM, QA, SA, SD, YE)
Salipax® (Medis: SI)
Salipax® (Mepha: PL)
Sandoz Fluoxetine® (Sandoz: CA)
Sandoz-Fluoxetine® (Sandoz: ZA)
Sanzur® (Garec: ZA)
Sarafem® (Lilly: US)
Sartuzin® (Help: GR)
Saurat® (Ivax: AR)
Selectus® (B.A. Farma: PT)
Serol® (Actavis: IS)
Seromex® (Ratiopharm: FI)
Seronil® (Orion: FI, PL)
Sostac Lch® (Ivax: PE)
Stephadilat-S® (Bros: GR)
Stressless® (Faran: GR)
Thiramil® (Farmedia: GR)
Tuneluz® (Baldacci: PT)
Verotina® (Libbs: BR)
Xeredien® (Valeas: IT)
Youke® (Watson: CN)
Zactin® (Alphapharm: AU, SG)
Zac® (Ikapharmindo: ID)
Zatin® (Wermar: MX)
Zedprex® (Adeka: TR)
Zepax® (Psipharma: CO)
Zinovat® (Uni-Pharma: GR)

Fluoxymesterone (Rec.INN)

L: Fluoxymesteronum
I: Fluoxymesterone
D: Fluoxymesteron
F: Fluoxymestérone
S: Fluoximesterona

Androgen
Anabolic

ATC: G03BA01
CAS-Nr.: 0000076-43-7 C_{20}-H_{29}-F-O_3
M_r 336.452

Androst-4-en-3-one, 9-fluoro-11,17-dihydroxy-17-methyl-, (11β,17β)-

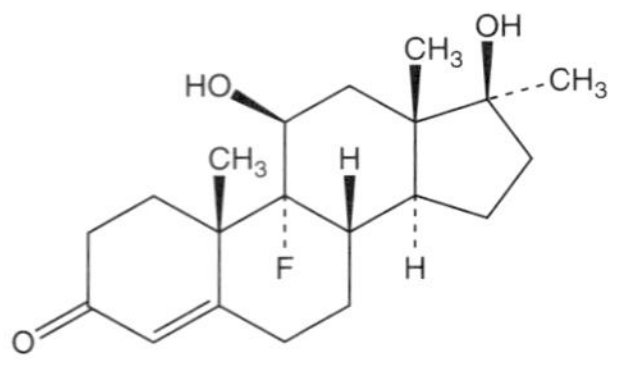

OS: *Fluoxymesterone [BAN, DCF, DCIT, JAN, USAN]*
IS: *Androfluorene*
PH: Fluoxymesterone [BP 1988, JP XIV, USP 30]

Fluoxymesterone® (Major: US)
Fluoxymesterone® (Rosemont: US)
Fluoxymesterone® (Rugby: US)
Fluoxymesterone® (United Research: US)
Fluoxymesterone® (Upsher-Smith: US)
Halotestin® (Pharmacia: AU, ET, GH, IT, KE, LR, RW, SL, TH, TZ, UG, US, ZW)
Stenox® (Atlantis: MX)

Flupamesone

D: Flupameson

Adrenal cortex hormone, glucocorticoid
Dermatological agent

CAS-Nr.: 0055461-42-2 C_{73}-H_{78}-F_2-O_{16}
M_r 1249.427

Bis(9-fluoro-11β,21-dihydroxy-16α,17-isopropylidendioxy-1,4-pregnadiene-3,20-dion)-21,21'-[4,4'-methylenbis(3-methoxy-2-naphthoate)]

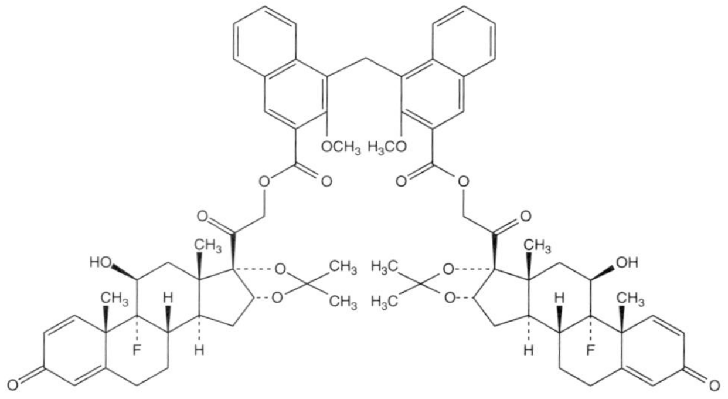

Flutenal® (Recordati: ES)
Flutenal® (Uriach: ES)

Flupentixol (Rec.INN)

L: Flupentixolum
I: Flupentixolo
D: Flupentixol
F: Flupentixol
S: Flupentixol

Neuroleptic

ATC: N05AF01
CAS-Nr.: 0002709-56-0 C_{23}-H_{25}-F_3-N_2-O-S
M_r 434.533

1-Piperazineethanol, 4-[3-[2-(trifluoromethyl)-9H-thioxanthen-9-ylidene]propyl]-

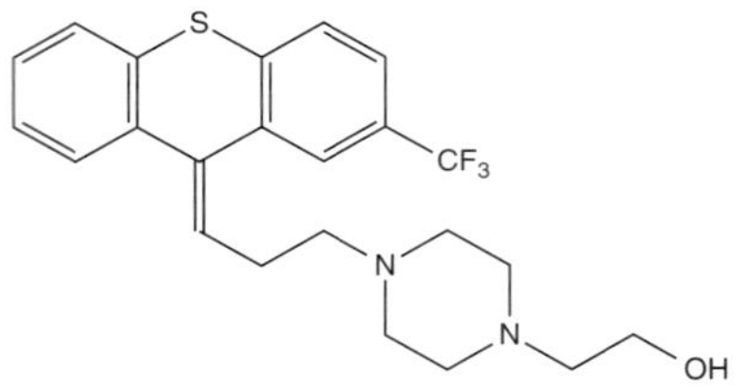

OS: *Flupentixol [BAN, DCF, USAN]*
OS: *Flupentixolo [DCIT]*
IS: *LC 44*
IS: *N 7009*
IS: *Flupenthixol*
IS: *FX 703 (Takeda, Japan)*
IS: *LU 5-110*

Adelax® [+ Melitracen] (ACI: BD)
Angenta® [+ Melitracen] (Healthcare: BD)
Anxit® (Square: BD)
Anzet® [+ Melitracen] (Popular: BD)
Benzit® [+ Melitracen] (Bio-Pharma: BD)
Deleta® [+ Melitracen] (General Pharma: BD)
Depresil® [+ Melitracen] (Rangs: BD)
Dexit® [+ Melitracen] (Unimed & Unihealth: BD)
Diconten® [+ Melitracen] (Drug International: BD)
Dinxi® [+ Melitracen] (Chemist: BD)
Fluanxol® (CFL: IN)
Fluanxol® (Lundbeck: AE, BD, BG, BH, CZ, EG, IQ, IR, IS, JO, KW, LB, LU, OM, QA, SA, SD, SG, YE)
Fluanxol® (Silesia: PE)
Fluxit® [+ Melitracen] (Opsonin: BD)
Leanxit® [+ Melitracen] (Acme: BD)
Melixol® [+ Melitracen] (Square: BD)
Meltix® [+ Melitracen] (Navana: BD)
Mixit® [+ Melitracen] (Apex: BD)
Rad® [+ Melitracen HCl] (Globe: BD)
Relux® [+ Melitracen] (Rephco: BD)
Remood® [+ Melitracen] (Ibn Sina: BD)
Renxit® [+ Melitracen] (Renata: BD)

– decanoate:

CAS-Nr.: 0030909-51-4
OS: *Flupentixol Decanoate BANM*
IS: *Flupenthixol Decanoate*
IS: *Lu 7-105*
PH: Flupentixol Decanoate BP 2002

Depixol Conc.® (Lundbeck: GB)
Depixol Low Volume® (Lundbeck: GB)
Depixol® [inj.] (Lundbeck: GB, IE)
Fluanxol Depot® (Bayer: DE)
Fluanxol Depot® (CFL: IN)

Fluanxol Depot® (Eurim: AT)
Fluanxol Depot® (Lundbeck: AE, AT, AU, BD, BG, BH, CA, CH, CN, CZ, DK, EG, FI, HK, HU, IL, IQ, IR, IS, JO, KW, LB, LK, LU, MY, NL, NO, OM, PH, QA, RO, SA, SD, SI, TH, ZA)
Fluanxol Depot® (Silesia: PE)
Fluanxol LP® (Lundbeck: FR)
Fluanxol Retard® (Lundbeck: PT)
Fluanxol® (Bayer: DE)
Fluanxol® (Eurim: AT)
Fluanxol® (Lundbeck: AT, AU, FR, IL, IN, MX, NL, NZ, PL, PT, SE, SG)
Fluanxol® (Silesia: CL)
Flunaxol® (Lundbeck: SI)
Flupendura® (Merck dura: DE, DE)
Flupentixol-neuraxpharm® (neuraxpharm: DE)

– dihydrochloride:

CAS-Nr.: 0002413-38-9
OS: *Flupentixol Hydrochloride BANM*
IS: *Flupenthixol Hydrochloride*
PH: Flupentixol Dihydrochloride Ph. Eur. 5
PH: Flupentixoli dihydrochloridum Ph. Eur. 5

Anfree® [+ Melitracen HCl] (Aristopharma: BD)
Deanxit® [+ Melitracen hydrochloride] (Lundbeck: AT, BD, BG, CN, ES, HK, LK, LU, SG)
Depixol® (Lundbeck: GB)
Fluanxol Low Dose® (Lundbeck: LK, MY)
Fluanxol® (Bayer: DE)
Fluanxol® (BL Hua: TH)
Fluanxol® (Lundbeck: AT, BE, CA, CH, CN, CZ, DK, FI, FR, GB, HK, IE, IL, IN, IS, LK, LU, MX, MY, NL, NO, PH, PL, PT, RU, SE, SG, TR, ZA)
Fluanxol® (Silesia: CL, PE)
Frenxit® [+ Melitracen HCl] (Beximco: BD)
Frexit® [+ Melitracen HCl] (Asiatic Lab: BD)
Sensit® [+ Melitracen HCl] (Eskayef: BD)
Sentix® (Eskayef: BD)
Tenaxit® [+ Melitracen HCl] (Incepta: BD)
U4® [+ Melitracen HCl] (Orion: BD)

Fluphenazine (Rec.INN)

L: Fluphenazinum
I: Flufenazina
D: Fluphenazin
F: Fluphénazine
S: Flufenazina

⚕ Neuroleptic

ATC: N05AB02
CAS-Nr.: 0000069-23-8 C_{22}-H_{26}-F_3-N_3-O-S
M_r 437.54

1-Piperazineethanol, 4-[3-[2-(trifluoromethyl)-10H-phenothiazin-10-yl]propyl]-

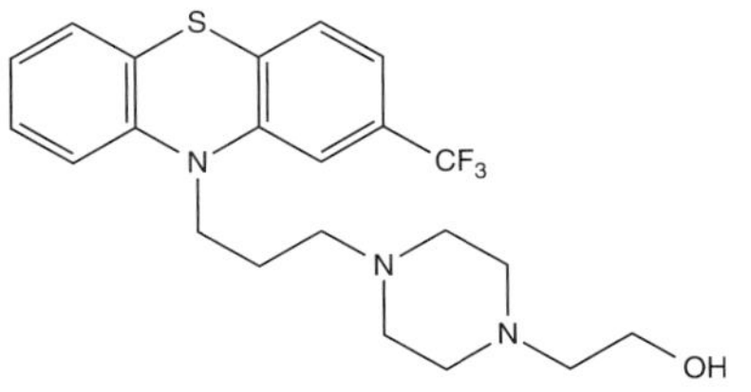

OS: *Fluphenazine [BAN, DCF]*
OS: *Flufenazina [DCIT]*

Moditen Depo® (Krka: RS)
Moditen® (Krka: BA, SI)

– decanoate:

CAS-Nr.: 0005002-47-1
OS: *Fluphenazine Decanoate BANM, JAN, USAN*
IS: *SQ 10733*
PH: Fluphenazine Decanoate Ph. Eur. 5, Ph. Int. 4, USP 30
PH: Fluphenazini decanoas Ph. Eur. 5, Ph. Int. 4
PH: Fluphenazindeconat Ph. Eur. 5
PH: Fluphénazine (décanoate de) Ph. Eur. 5

Anatensol® (Bristol-Myers Squibb: NL, PE, PT)
Anatensol® (Sarabhai: IN)
Apo-Fluphenazine Decanoate® (Apotex: CA)
Dapotum D® [inj.] (Bristol-Myers Squibb: CH, DE)
Dapotum D® [inj.] (Sanofi-Synthelabo: AT, DE)
Dapotum® (Sanofi-Synthelabo: AT)
Deca® (Atlantic: TH)
Fludecate® (Unipharm: IL)
Flufenazina Decanoato® (Biosano: CL)
Flufenazindecanoaat Merck® (Merck Generics: NL)
Flufenazindecanoaat PCH® (Pharmachemie: NL)
Fluphenazin-neuraxpharm D® (neuraxpharm: DE)
Fluphenazine DBL® (DBL/Faulding: BD)
Fluphenazine DBL® (Mayne: SG)
Fluphenazine Decanoate® (Abraxis: US)
Fluphenazine Decanoate® (Apotex: US)
Fluphenazine Decanoate® (Bedford: US)
Fluphenazine Decanoate® (Hillcross: GB)
Fluphenazine Decanoate® (Mayne: AU, GB, NZ)
Fluphenazine Decanoate® (Sicor: US)
Lyogen retard® (Lundbeck: DE)
Lyorodin Depot® (Rodleben: DE)
Modecate® (Bristol-Myers Squibb: AU, CA, CL, ES, ET, HK, ID, IE, KE, NZ, SG, TZ, UG, ZA)
Modecate® (Sanofi-Aventis: GB)
Moditen Depot® (Biotika: CZ)
Moditen Depot® (Bristol-Myers Squibb: GE, IT)
Moditen Depot® (Krka: HU)
Moditen Depo® (Krka: BA)
Modécate® (Sanofi-Aventis: FR)
Pharnazine® (Pharmaland: TH)
Prolixin Decanoate® (Sandoz: US)
Prolixin® (Bristol-Myers Squibb: CO, TR)
Siqualone Decanoat® (Bristol-Myers Squibb: DK, FI)
Siqualone decanoat® (Bristol-Myers Squibb: SE)

– dihydrochloride:

CAS-Nr.: 0000146-56-5
OS: *Fluphenazine Hydrochloride BANM, USAN*
PH: Fluphenazindihydrochlorid Ph. Eur. 5
PH: Fluphénazine (chlorhydrate de) Ph. Eur. 5
PH: Fluphenazine Hydrochloride Ph. Eur. 5, Ph. Int. 4, USP 30
PH: Fluphenazini hydrochloridum Ph. Eur. 5, Ph. Int. 4

Anatensol® (Bristol-Myers Squibb: AU, BR, ID, IT, NL)
Apo-Fluphenazine® (Apotex: CA)

F

Dapotum® (Bristol-Myers Squibb: DE)
Dapotum® (Sanofi-Synthelabo: AT, DE)
Flufenan® (Cristália: BR)
Fluphenazin Strallhofer® (Strallhofer: AT)
Fluphenazine Hydrochloride® (Abraxis: US)
Fluphenazine Hydrochloride® (Mylan: US)
Fluphenazine Hydrochloride® (Par: US)
Fluphenazine Hydrochloride® (Pharmaceutical Associates: US)
Fluphenazine Hydrochloride® (Sandoz: US)
Fluphenazine Hydrochloride® (Teva: US)
Fluphenazine Hydrochloride® (UDL: US)
Fluzine-P® (PP Lab: TH)
Lyogen® (Lundbeck: DE)
Lyorodin® (Rodleben: DE)
Metoten® (Hemofarm: RS)
Moditen® (Biotika: CZ)
Moditen® (Bristol-Myers Squibb: ET, KE, TZ, UG)
Moditen® (Krka: HR, RS)
Moditen® (Sanofi-Aventis: FR, GB)
Moditen® (Sanofi-Synthelabo: NL)
Omca® (Bristol-Myers Squibb: DE)
Permitil® (Schering: US)
Phenazin® (Mayne: PT)
Potensone® (Pharmasant: TH)
Siqualone® (Bristol-Myers Squibb: DK, SE)

- **enantate:**

CAS-Nr.: 0002746-81-8
OS: *Fluphenazine Enanthate BANM, JAN, USAN*
IS: *Fluphenazine heptanoate*
IS: *Squibb 16144*
PH: Fluphenazine Enanthate JP XIV, USP 30
PH: Fluphenazini enantas Ph. Eur. 5, Ph. Int. 4
PH: Fluphenazinenantat Ph. Eur. 5
PH: Fluphénazine (énantate de) Ph. Eur. 5
PH: Fluphenazine Enantate Ph. Eur. 5, Ph. Int. 4

Anatenazine® (Showa Yakuhin Kako: JP)
Flufenan Depot® (Cristália: BR)

Flupirtine (Rec.INN)

L: Flupirtinum
D: Flupirtin
F: Flupirtine
S: Flupirtina

Analgesic
Antipyretic

ATC: N02BG07
CAS-Nr.: 0056995-20-1 C_{15}-H_{17}-F-N_4-O_2
M_r 304.341

Carbamic acid, [2-amino-6-[[(4-fluorophenyl)methyl]amino]-3-pyridinyl]-, ethyl ester

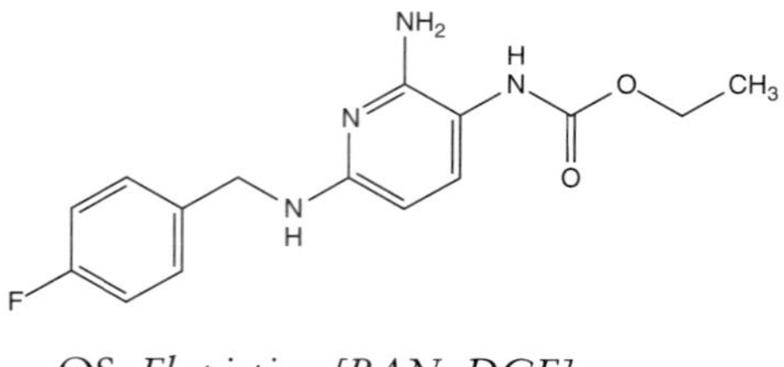

OS: *Flupirtine [BAN, DCF]*

- **D-gluconate:**

CAS-Nr.: 0105507-11-7

Katadolon® [inj.] (AWD.pharma: DE)

- **maleate:**

CAS-Nr.: 0075507-68-5
OS: *Flupirtine Maleate BANM, USAN*
IS: *D 9998*
IS: *W 2964 M (Carter-Wallace, USA)*

Dolokadin® (Kade: DE)
Katadolon® (Aché: BR)
Katadolon® (AWD.pharma: DE)
Katadolon® (Pliva: RU)
Metanor® (Viatris: PT)
Trancolong® (Kade: DE)
Trancopal Dolo® (Kade: DE)
Trancopal Dolo® (Sanofi-Synthelabo: DE)

Fluprednidene (Rec.INN)

L: Fluprednidenum
I: Fluprednideno
D: Flupredniden
F: Fluprédnidène
S: Fluprednideno

Adrenal cortex hormone, glucocorticoid
Dermatological agent

ATC: D07AB07,D07XB03
CAS-Nr.: 0002193-87-5 C_{22}-H_{27}-F-O_5
M_r 390.458

Pregna-1,4-diene-3,20-dione, 9-fluoro-11,17,21-trihydroxy-16-methylene-, (11β)-

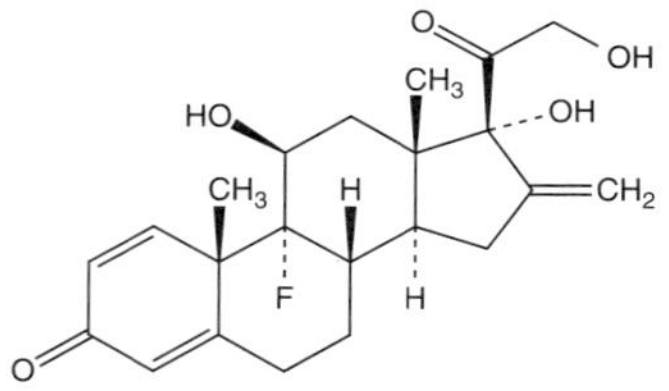

OS: *Fluprednidene [BAN, DCF, DCIT, USAN]*
IS: *Fluprednylidene*
IS: *Fluprednyliden*
PH: Fluprednidenum [Ph. Nord.]

- **21-acetate:**

CAS-Nr.: 0001255-35-2
IS: *FPA*
IS: *StC 1106*

Decoderm® (Boots: BE, NL)
Decoderm® (Hermal: AT, CZ, DE, LU)
Decoderm® (Merck: ES, ID)

Flurazepam (Rec.INN)

L: Flurazepamum
I: Flurazepam
D: Flurazepam
F: Flurazépam
S: Flurazepam

Hypnotic

ATC: N05CD01
CAS-Nr.: 0017617-23-1 C_{21}-H_{23}-Cl-F-N_3-O
M_r 387.895

2H-1,4-Benzodiazepin-2-one, 7-chloro-1-[2-(diethylamino)ethyl]-5-(2-fluorophenyl)-1,3-dihydro-

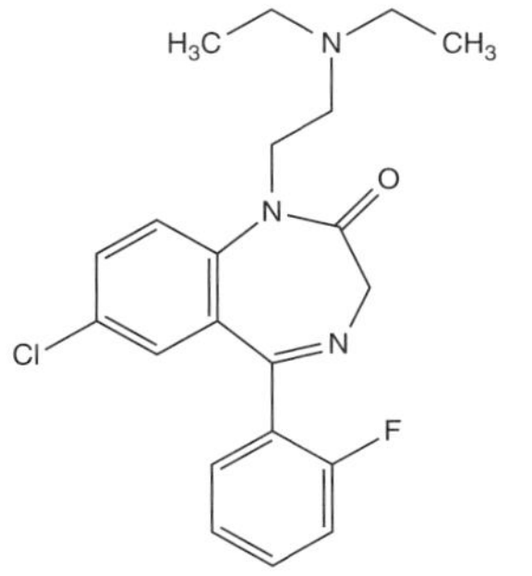

OS: *Flurazepam [BAN, DCF, DCIT, JAN]*
IS: *ID 480 (Sumitomo, Japan)*
PH: Flurazepam [JP XIV]

Flurazepam Actavis® (Actavis: NL)
Flurazepam Alpharma® (Alpharma: NL)
Flurazepam CF® (Centrafarm: NL)
Flurazepam FLX® (Karib: NL)
Flurazepam PCH® (Pharmachemie: NL)
Flurazepam ratiopharm® (Ratiopharm: NL)
Flurazepam real® (Dolorgiet: DE)
Flurazepam Sandoz® (Sandoz: NL)
Fluzepam® (Krka: BA, HR, SI)
Insumin® (Kyorin: JP)
Staurodorm® (Dolorgiet: AE, BH, DE, EG, LU, OM, QA, SA, SD, YE)
Staurodorm® (Madaus: BE)
Staurodorm® (Schoeller: AT)

– dihydrochloride:

CAS-Nr.: 0001172-18-5
OS: *Flurazepam Dihydrochloride BANM*
OS: *Flurazepam Hydrochloride JAN, USAN*
IS: *Ro 5-6901*
PH: Flurazepam Hydrochloride JP XIV, USP 30

Benozil® (Kyowa: JP)
Morfex® (Tecnifar: PT)
Remdue® (Biomedica Foscama: IT)

– hydrochloride:

CAS-Nr.: 0036105-20-1
OS: *Flurazepam Monohydrochloride BANM*
PH: Flurazepam Monohydrochloride Ph. Eur. 5
PH: Flurazepami monohydrochloridum Ph. Eur. 5
PH: Flurazépam (monochlorhydrate de) Ph. Eur. 5
PH: Flurazepamhydrochlorid Ph. Eur. 5

Apo-Flurazepam® (Apotex: CA)
Dalmadorm medium® (ICN: IS)
Dalmadorm® (ICN: NL, PT, TH)
Dalmadorm® (ICN-D: IT)
Dalmadorm® (Pharmaco: ZA)
Dalmadorm® (Valeant: BR, CH, DE, HK, SG)
Dalmane® (ICN: PH)
Dalmane® (Valeant: GB, IE, US)
Dalmapam® (Pinewood: IE)
Dormodor® (Valeant: ES)
Felison® (Bayer: IT)
Flunox® (Roche: IT)
Fluraz® (Brown: IN)
Valdorm® (Valeas: IT)

Flurbiprofen (Rec.INN)

L: Flurbiprofenum
D: Flurbiprofen
F: Flurbiprofène
S: Flurbiprofeno

Antiinflammatory agent

ATC: M01AE09,M02AA19,S01BC04
CAS-Nr.: 0005104-49-4 C_{15}-H_{13}-F-O_2
M_r 244.269

[1,1'-Biphenyl]-4-acetic acid, 2-fluoro-α-methyl-

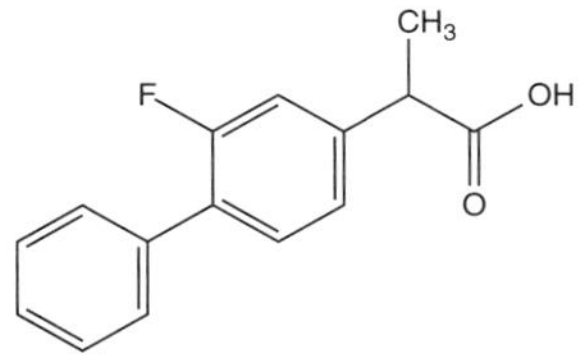

OS: *Flurbiprofen [BAN, JAN, USAN]*
OS: *Flurbiprofène [DCF]*
IS: *BTS 18 322*
IS: *FP 70 (Kakenyaku Kako, Japan)*
IS: *U 27182*
PH: Flurbiprofen [Ph. Eur. 5, JP XIV, USP 30]
PH: Flurbiprofène [Ph. Eur. 5]
PH: Flurbiprofenum [Ph. Eur. 5]

Acustop Cataplasma® (Sang-A: SG)
Ansaid® (Pfizer: CA, CL, CR, GT, HN, NI, PA, SV, TR, US)
Ansaid® (Pharmacia: PE)
Antadys® (Théramex: BF, BJ, CG, CI, CM, GA, GN, MC, MU, SN, TG)
Apo-Flurbiprofen® (Apotex: AN, BB, BM, BS, CA, GY, HT, JM, KY, SR, TT)
Bedice® (Genepharm: GR)
Benactiv® (Boots-GB: IT)
Bonatol-R® (Coup: GR)
Cebutid® (Shire: FR)
Clinadol® (Gador: AR)
Distex® (Recalcine: CL)
Dobendan Direkt Fluribiprofen® (Boots: DE)
Flugalin® (Abbott: HU, PL)
Flugalin® (Galenika: RS)
Flugalin® (Knoll: CZ)
Flurbic® (Klonal: AR)
Flurbiprofen Tablets® (Caraco: US)
Flurbiprofen Tablets® (Mylan: US)
Flurbiprofen Tablets® (Pliva: US)
Flurbiprofen Tablets® (Sandoz: US)

Flurbiprofen Tablets® (Teva: US)
Flurbiprofene Ratiopharm® (Ratiopharm: IT)
Flurofen Retard® (Abbott: DK)
Flurofen® (Vianex: GR)
Flurozin® (Remedica: CY, ET, KE, SD, TH, ZW)
Fortine® (Bilim: TR)
Froben® (Abbott: AT, BE, CA, CH, ES, GB, IT, LU, NL)
Froben® (Boots: ES)
Froben® (Knoll: IN)
Majezik® (Sanovel: TR)
Maxaljin® (Abdi Ibrahim: TR)
Mirafen® (Bagó: CO)
Neo Artrol® (Recordati: ES)
Novo-Flurprofen® (Novopharm: CA)
Nu-Flurbiprofen® (Nu-Pharm: CA)
Strefen® (Abdi Ibrahim: TR)
Strefen® (Reckitt Benckiser: GB)
Strepfen® (Boots: HU)
Strepfen® (Reckitt Benckiser: RU)
Strepsils Intensive® (Boots: PL, RO)
Strepsils Intensive® (Reckitt Benckiser: IE)
Tantum Activ Gola® (Angelini: IT)
Targus® (Knoll: BR)
Tolerane® (Alcon: AR)
Transact Lat® (Abbott: PT)
Transact Lat® (Boots-GB: IT)
Transact® (Abbott: PT)
Transact® (Boots: ZA)

– axetil:

CAS-Nr.: 0091503-79-6
IS: *FP 83*

Ropion® (Kaken: JP)

– sodium salt:

CAS-Nr.: 0056767-76-1
OS: *Flurbiprofen Sodium BANM*
PH: Flurbiprofen Sodium BP 2002, USP 30

Edolfene® (Edol: PT)
Eyeflur® (Biospray: GR)
Flurbiprofen Sodium Ophthalmic Solution® (Bausch & Lomb: US)
Fluroptic® (Cooper: GR)
Froben® (Abbott: PT)
Inflaflur® (Faran: GR)
Ocufen® (Allergan: AU, BR, CA, CL, CO, CR, FR, GB, GT, MX, NZ, PA, SG, SV, US, ZA)
Ocufen® (Allergan Ph.-Eir: IT)
Ocufen® [vet.] (Allergan: GB)
Ocuflur Liquifilm® (Allergan: LU)
Ocuflur® (Allergan: BE, CZ, ES, LU)
Ocuflur® (Alvia: GR)
Ocuflur® (FDC: IN)
Ocuflur® (Pharm-Allergan: AT, DE)
Strepten® (Boots: PT)

Flurithromycin (Rec.INN)

L: Flurithromycinum
I: Fluritromicina
D: Flurithromycin
F: Flurithromycime
S: Fluritromicina

Antibiotic, macrolide

ATC: J01FA14
CAS-Nr.: 0082664-20-8 C_{37}-H_{66}-F-N-O_{13}
M_r 751.945

(8S)-8-Fluoroerythromycin

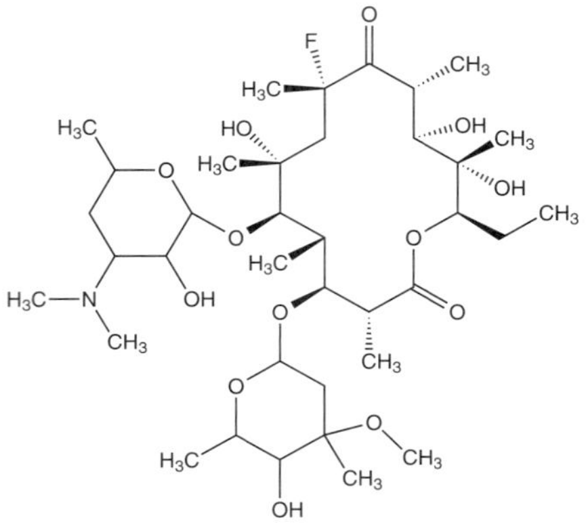

OS: *Fluritromicina [DCIT]*
OS: *Flurithromycin [USAN]*
IS: *CI 932*
IS: *P 0501 A (Pierrel, Italy)*
IS: *P 80206*

– ethylsuccinate:

Flurizic® (Pantafarm: IT)
Mizar® (ICN: IT)
Ritro® (Benedetti: IT)

Fluspirilene (Rec.INN)

L: Fluspirilenum
D: Fluspirilen
F: Fluspirilène
S: Fluspirileno

Neuroleptic

ATC: N05AG01
CAS-Nr.: 0001841-19-6 C_{29}-H_{31}-F_2-N_3-O
M_r 475.597

1,3,8-Triazaspiro[4.5]decan-4-one, 8-[4,4-bis(4-fluorophenyl)butyl]-1-phenyl-

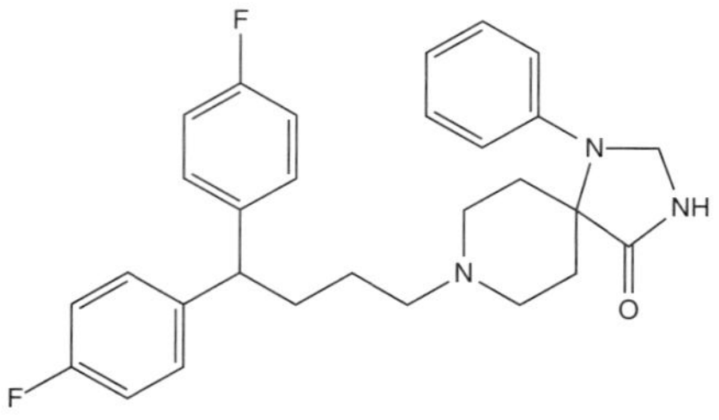

OS: *Fluspirilene [BAN, DCF, USAN]*
IS: *McN-IR-6218*
IS: *R 6218 (Janssen, Belgium)*

IS: *Spirodiflamine*
PH: Fluspirilene [Ph. Eur. 5]

Fluspirilen beta® (betapharm: DE)
Fluspi® (Hexal: DE)
Imap® (Abic: IL)
Imap® (Janssen: AE, AR, BE, CY, CZ, DE, EG, JO, LB, LU, MT, NL, SA, SD, YE)
Imap® (McNeil: US)
Imap® (Medimpex: CZ)
kivat® (Hormosan: DE)

Flutamide (Rec.INN)

L: Flutamidum
D: Flutamid
F: Flutamide
S: Flutamida

Antiandrogen

ATC: L02BB01
ATCvet: QL02BB01
CAS-Nr.: 0013311-84-7 C_{11}-H_{11}-F_3-N_2-O_3
M_r 276.229

Propanamide, 2-methyl-N-[4-nitro-3-(trifluoromethyl)phenyl]-

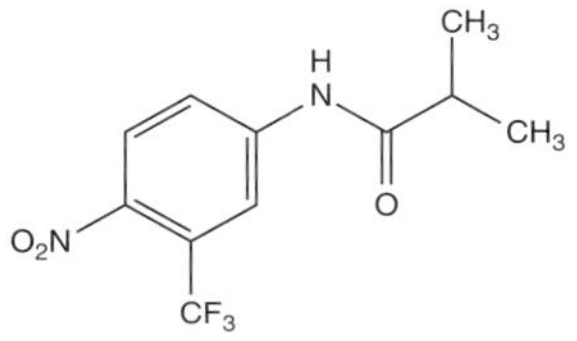

OS: *Flutamide [BAN, DCF, USAN]*
IS: *FTA*
IS: *NFBA*
IS: *Sch 13521 (Schering, USA)*
PH: Flutamide [USP 30, Ph. Eur. 5]
PH: Flutamidum [Ph. Eur. 5]
PH: Flutamid [Ph. Eur. 5]

Andraxan® (CSC: HU)
Andraxan® (Medicom: CZ)
Andraxan® (Onko-Koçsel: TR)
Apimid® (Apogepha: DE)
Apo-Flutamide® (Apotex: CA, CZ)
Apo-Flutam® (Apotex: PL)
Asoflut® (Raffo: AR)
Asta Medica Flutamida® (ASTA Medica: BR)
Cytomid® (Cipla: LK)
Dedile® (Elvetium: PE)
Dedile® (Ivax: AR)
Drogenil® (Essex: CL, IT)
Drogenil® (Kirby: EC)
Drogenil® (Schering-Plough: IE, NL)
Elbat® (Genepharm: GR, RO)
Etaconil® (Tecnofarma: CL, PE)
Euflex® (Schering: CA)
Eulexine® (Schering-Plough: FR, IT)
Eulexin® (Schering: PE, US)
Eulexin® (Schering-Plough: AU, BE, BR, CO, CR, DK, DO, ES, FI, GT, HN, IL, IS, IT, KE, LU, NL, NO, SE, TR)
Flimutal® (Cryopharma: MX)
Flucinom® (Essex: CH)
Flucinom® (Schering-Plough: CZ, GR, HR, RO, RS, SI)
Flulem® (Chile: CL)
Flulem® (Lemery: PE)
Flumid® (Hexal: DE)
Fluprosin® (Pharmacodane: DK)
Fluprost® (Lisapharma: HU, IT)
Fluta-cell® (cell pharm: DE)
Fluta-GRY® (Gry: DE)
Flutabene® (Ratiopharm: AT)
Flutahexal® (Hexal: ZA)
Flutamid 1A Pharma® (1A Pharma: DE)
Flutamid Abbott® (Abbott: HU)
Flutamid acis® (acis: DE)
Flutamid AL® (Aliud: DE)
Flutamid Arcana® (Arcana: AT)
Flutamid Copyfarm® (Copyfarm: SE)
Flutamid Ebewe® (Ebewe: AT)
Flutamid Heumann® (Heumann: DE)
Flutamid Kanoldt® (Abbott: DE)
Flutamid Merck NM® (Merck NM: SE)
Flutamid Sandoz® (Sandoz: DE)
Flutamid Stada® (Stada: SE)
Flutamid Stada® (Stadapharm: DE)
Flutamid Wörwag® (Wörwag Pharma: DE)
Flutamid-CT® (CT: DE)
Flutamid-ratiopharm® (ratiopharm: DE)
Flutamida Bexal® (Bexal: ES)
Flutamida Biosintetica® (Biosintética: BR)
Flutamida Edigen® (Edigen: ES)
Flutamida Elfar® (Elfar: ES)
Flutamida Filaxis® (Filaxis: AR)
Flutamida Gador® (Farmed: TR)
Flutamida Gador® (Gador: AR)
Flutamida Generis® (Generis: PT)
Flutamida Labesfal® (Labesfal: PT)
Flutamida Martian® (LKM: AR)
Flutamida Merck® (Merck: ES)
Flutamida Microsules® (Microsules: AR)
Flutamida Ratiopharm® (Ratiopharm: ES)
Flutamida Rontag® (Rontag: AR)
Flutamida Smaller® (Smaller: ES)
Flutamida Winthrop® (Winthrop: PT)
Flutamida® (ASTA Medica: BR)
Flutamida® (Baxter: CL)
Flutamida® (Bestpharma: CL)
Flutamida® (Biochemie: CO)
Flutamida® (Biotoscana: CL)
Flutamida® (Hexal: BR)
Flutamida® (Kampar: CL)
Flutamide A® (Apothecon: NL)
Flutamide Biogaran® (Biogaran: FR)
Flutamide Capsules® (Barr: US)
Flutamide Capsules® (Genpharm: US)
Flutamide Capsules® (Sandoz: US)
Flutamide Capsules® (Teva: US)
Flutamide CF® (Centrafarm: NL)
Flutamide EG® (EG: IT)
Flutamide EG® (EG Labo: FR)
Flutamide EG® (Eurogenerics: BE)
Flutamide Fidia® (Fidia: IT)
Flutamide G Gam® (G Gam: FR)
Flutamide Gf® (Genfarma: NL)
Flutamide Hexal® (Hexal: IT)
Flutamide Ipsen® (Ipsen: IT)
Flutamide Ivax® (Ivax: FR)
Flutamide Merck® (Merck Generics: IT, NL)

F

Flutamide Merck® (Merck Génériques: FR)
Flutamide PCH® (Pharmachemie: NL)
Flutamide PH&T® (PH&T: IT)
Flutamide Pliva® (Pliva: RU)
Flutamide Segix® (Segix: IT)
Flutamide Teva® (Teva: IL)
Flutamide Teva® (Teva-NL: IT)
Flutamide-EG® (Eurogenerics: LU)
Flutamide-Generics® (Generics: LU)
Flutamide® (Alpharma: GB)
Flutamide® (Generics: GB)
Flutamide® (Hexal: NL)
Flutamide® (Hillcross: GB)
Flutamide® (Orion: RU)
Flutamid® (Anpharm: PL)
Flutamid® (Egis: RU)
Flutamid® (LAM: DO)
Flutamid® (Orion: NO)
Flutamin® (Alphapharm: AU)
Flutamin® (Pacific: NZ)
Flutam® (ratiopharm: HU)
Flutandrona® (Ciclum: ES)
Flutan® (Medochemie: BD, RO, SG, TH)
Flutaplex® (Chemipharm: GR)
Flutaplex® (Pharmachemie: CZ, ID, MY, NL, PE, TH, ZA)
Flutaplex® (Tedec Meiji: ES)
Flutaplex® (Teva: AR, BE)
Flutasin® (Actavis: GE)
Flutasin® (Sindan: HU, RO)
Flutastad® (Stada: AT)
Flutepan® (Sandoz: AR)
Flutexin® (Juta: DE)
Flutexin® (Q-Pharm: DE)
Flutrax® (Bioprofarma: AR)
FTDA® (Pablo Cassara: AR)
Fugerel® (Aesca: AT)
Fugerel® (Essex: DE)
Fugerel® (Schering-Plough: BD, CN, HK, HU, ID, PL, TH)
Grisetin® (Ipsen: ES)
Merck-Flutamide® (Merck: BE)
Novo-Flutamide® (Novopharm: CA)
Oncosal® (Inibsa: ES)
Palistop® (Gap: GR)
Profamid® (Orion: DK, FI)
Prostacur® (Prasfarma: ES)
Prostadex® (Sanofi-Synthelabo: LU)
Prostadirex® (Winthrop: FR)
Prostamide® (Gerolymatos: GR)
Prostamid® (BDH: IN)
Prostandril® (Pliva: BA, CZ, HR, PL, SI)
Prostatil® (Sanofi-Synthelabo: NL)
Prostica® (TAD: DE)
Prostogenat® (Azupharma: DE)
Tafenil® (Asofarma: MX)
Tecnoflut® (Zodiac: BR)
Tremexal® (Cosmopharm: GR)

Flutazolam (Rec.INN)

L: Flutazolamum
D: Flutazolam
F: Flutazolam
S: Flutazolam

Antidepressant
Tranquilizer

CAS-Nr.: 0027060-91-9 C_{19}-H_{18}-Cl-F-N_2-O_3
M_r 376.823

Oxazolo[3,2-d][1,4]benzodiazepin-6(5H)-one, 10-chloro-11b-(2-fluorophenyl)-2,3,7,11b-tetrahydro-7-(2-hydroxyethyl)-

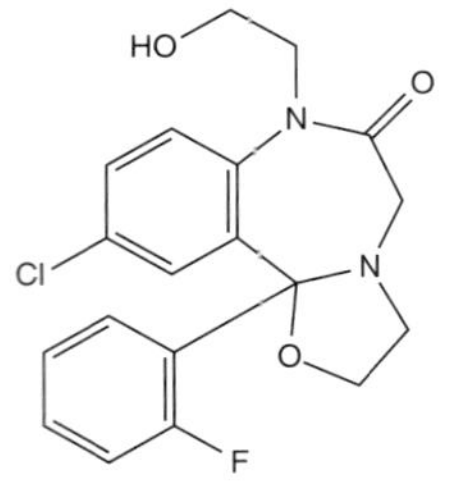

OS: *Flutazolam [JAN, USAN]*
IS: *MS 4101*

Coreminal® (Mitsui: JP)

Fluticasone (Rec.INN)

L: Fluticasonum
D: Fluticason
F: Fluticasone
S: Fluticasona

Adrenal cortex hormone, glucocorticoid

ATC: D07AC17,R01AD08,R03BA05
CAS-Nr.: 0090566-53-3 C_{22}-H_{27}-F_3-O_4-S
M_r 444.518

S-(Fluoromethyl) 6α,9-difluoro-11β,17-dihydroxy-16α-methyl-3-oxoandrosta-1,4-diene-17β-carbothioate

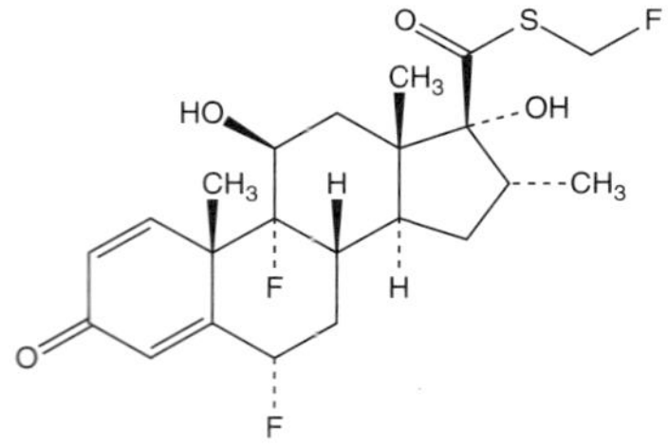

OS: *Fluticasone [BAN, DCF]*

Fluticaps® (Biosintética: BR)
Fluticasona® (Chemopharma: CL)
Seretide® [+ Salmeterol xinafoate] (GlaxoSmithKline: AR)

– furoate:

CAS-Nr.: 0397864-44-7
IS: *GW 685698X (GlaxoSmithKline, US)*

Veramyst® (GlaxoSmithKline: US)

- **propionate:**
  CAS-Nr.: 0080474-14-2
  OS: *Fluticasone Propionate BANM, USAN*
  IS: *CCI 18781 (Glaxo, Great Britain)*
  PH: Fluticasone Propionate BP 2003, Ph. Eur. 5, USP 30

Albeoler® (Andromaco: CL)
Alergonase® (Montrose: CZ)
Allegro® (Trima: IL)
Anasma Accuhaler® [+ Salmeterol xinafoate] (Alter: ES)
Anasma® [+ Salmeterol xinafoate] (Alter: ES)
Asmatil® (Alodial: PT)
Asmo-Lavi® (Vitoria: PT)
atemur® (GlaxoSmithKline: DE)
Axotide® (GlaxoSmithKline: CH)
Brexonase® (Etex: CL)
Brexovent® (Etex: CL)
Brisomax® [+ Salmeterol xinafoate] (Bial: PT)
Brisovent® (Bial: PT)
Cutisone® (General Pharma: BD)
Cutivate® (EU-Pharma: NL)
Cutivate® (Euro: NL)
Cutivate® (Glaxo Wellcome: PT)
Cutivate® (GlaxoSmithKline: AE, AG, AN, AR, AT, AW, BB, BD, BE, BG, BH, CH, CN, CO, CR, CZ, DO, EC, GB, GD, GT, GY, HK, HN, HU, ID, IR, JM, KW, LC, LK, LU, MX, MY, NI, NL, OM, PA, PH, PL, QA, RO, RU, SG, SV, TR, TT, VC, ZA)
Cutivate® (GlaxoSmithKline Consumer Healthcare: CA)
Cutivate® (GlaxoSmithKline Pharm.: US)
Cutivat® (GlaxoSmithKline: DK, IS)
Dalman AQ® (Drogsan: TR)
Eustidil® (Vitoria: PT)
Flaso® (Square: BD)
Flixoderm® (GlaxoSmithKline: IT)
Flixonase Aqua® (GlaxoSmithKline: BE, LU)
Flixonase® (Allen & Hanburys: IE)
Flixonase® (GlaxoSmithKline: AE, AG, AN, AR, AT, AU, AW, BA, BB, BD, BG, BH, BR, CL, CO, CR, CZ, DK, DO, EC, ES, FI, FR, GB, GD, GE, GT, GY, HK, HN, HR, HU, ID, IL, IR, IS, IT, JM, KW, LC, LK, LU, MX, MY, NI, NL, NZ, OM, PA, PL, QA, RO, RS, RU, SG, SI, SV, TH, TR, TT, VC, VN, ZA)
Flixotaide® (Glaxo Wellcome: PT)
Flixotide Accuhaler® (GlaxoSmithKline: ES, GB, NZ)
Flixotide Diskhaler® (GlaxoSmithKline: GB)
Flixotide Diskus® (Eurim: AT)
Flixotide Diskus® (Glaxo Wellcome: SI)
Flixotide Diskus® (GlaxoSmithKline: AT, CZ, FR, IL, IS, LU, PE, SI)
Flixotide Evohaler® (GlaxoSmithKline: FI, GB)
Flixotide Gervasi Farmacia® (Gervasi: ES)
Flixotide Inhalador® (GlaxoSmithKline: PE)
Flixotide Inhaler® (GlaxoSmithKline: CZ, GB, NZ)
Flixotide Junior® (GlaxoSmithKline: AT)
Flixotide LF® (GlaxoSmithKline: CL)
Flixotide Nebules® (Allen & Hanburys: AU)
Flixotide Nebules® (GlaxoSmithKline: GB, LU, RO, SI)
Flixotide Rotadisks® (GlaxoSmithKline: CZ)
Flixotide® (Allen & Hanburys: AU)
Flixotide® (Eureco: NL)
Flixotide® (Euro: NL)
Flixotide® (GlaxoSmithKline: AE, AG, AN, AR, AT, AW, BA, BB, BD, BE, BG, BH, BR, CN, CO, CR, CZ, DK, DO, EC, ES, FI, FR, GB, GD, GE, GR, GT, GY, HK, HN, HR, HU, ID, IE, IR, IS, IT, JM, KW, LC, LK, LU, MX, MY, NI, NL, OM, PA, PE, PH, PL, QA, RO, RS, RU, SG, SI, SV, TH, TR, TT, VC, VN, ZA)
Flixotide® (Medcor: NL)
Flixotide® [vet.] (GlaxoSmithKline: GB)
Flixovate® (GlaxoSmithKline: FR)
Flohale® (Cipla: IN)
Flomist® (Cipla: LK)
Flonase® (GlaxoSmithKline: CA, US)
Flonaspray® (Square: BD)
Flovent® (GlaxoSmithKline: CA, US)
Fluinol® (Almirall: ES)
Flusona Nasal® (Pediapharm: CL)
Flusonal® (Almirall: ES)
Flusona® (Mediderm: CL)
Flusona® (Pediapharm: CL)
Flusona® (Recalcine: CL)
Fluspiral® (Menarini: IT)
Flutaide® (GlaxoSmithKline: PT)
Fluti-K® (Raffo: AR)
Flutica-Teva® (Teva: DE)
Fluticasonpropionaat PCH® (Pharmachemie: NL)
Fluticasonpropionat Allen® (Allen: AT)
Fluticasonpropionat IVAX® (Ivax: DK)
Fluticason® (Baggerman: NL)
Fluticason® (GlaxoSmithKline: NL)
Fluticon® (Acme: BD)
Fluticort® (Pablo Cassara: AR)
Flutide Nasal® (GlaxoSmithKline: DE, NO)
Flutiderm® (Drug International: BD)
Flutide® (Euro: NL)
Flutide® (GlaxoSmithKline: DE, NO, SE)
Flutide® (Medcor: NL)
Flutinase® (GlaxoSmithKline: CH)
Flutivate® (GlaxoSmithKline: BR, CL, DE, NO, SE)
Flutivent® [+ Salmeterol xinafoate] (Pablo Cassara: AR)
Fluxone® (Qualipharm: CR, DO, GT, PA)
Inalacor Accuhaler® (Faes: ES)
Inalacor® (Faes: ES)
Inaladuo Accuhaler® [+ Salmeterol xinafoate] (Faes: ES)
Inaladuo® [+ Salmeterol xinafoate] (Faes: ES)
Lidil® (Roemmers: AR)
Lutisone® (Incepta: BD)
Maizar® [+ Salmeterol xinafoate] (Vitoria: PT)
Nasofan® (Ivax: IE)
Nasofan® (Schering: CZ)
Nasofan® (Teva: ES, FI)
Nebulex® (Chile: CL)
Novex® (Biogen: CO)
Perinase® (Beximco: BD)
Plusvent Accuhaler® [+ Salmeterol xinafoate] (Almirall: ES)
Plusvent® [+ Salmeterol xinafoate] (Almirall: ES)
Proair® (Montpellier: AR)
Raffonin® (Raffo: CL)
Rinisona® (Phoenix: AR)
Rinosone® (Faes: ES)
Rontilona® (Alodial: PT)
Rontilona® (Alter: ES)

Seretaide® [+ Salmeterol xinafoate] (Glaxo Wellcome: PT)
Seretaide® [+ Salmeterol xinafoate] (GlaxoSmithKline: CN)
Seretide Accuhaler® [+ Salmeterol] (GlaxoSmithKline: ES, GB, IN)
Seretide Diskus Lyfjaver® [+ Salmeterol xinafoate] (Lyfjaver: IS)
Seretide Diskus® [+ Salmeterol xinafoate] (GlaxoSmithKline: AT, BA, BR, CL, CZ, IS, LU, PE, RO, RS, SI)
Seretide Evohaler® [+ Salmeterol xinafoate] (GlaxoSmithKline: GB)
Seretide® [+ Salmeterol xinafoate] (Allen & Hanburys: AU)
Seretide® [+ Salmeterol xinafoate] (GlaxoSmithKline: AT, BA, BE, BR, CH, CL, CZ, ES, FI, FR, GB, GE, GR, HK, HR, IE, IS, LU, NO, NZ, PE, PL, RO, RU, SE, SG, SI, TR, VN)
Seroflo® [+ Salmeterol] (Cipla: IN)
Ticas® (Square: BD)
Ticavent® (Caber: IT)
Trialona Accuhaler® (Alter: ES)
Trialona® (Alter: ES)
Ubizol® (Alodial: PT)
Veraspir® [+ Salmeterol xinafoate] (Alodial: PT)
Zoflut® (Cipla: IN)

Flutoprazepam (Rec.INN)

L: Flutoprazepamum
D: Flutoprazepam
F: Flutoprazépam
S: Flutoprazepam

Tranquilizer

CAS-Nr.: 0025967-29-7 — C_{19}-H_{16}-Cl-F-N_2-O, M_r 342.807

2H-1,4-Benzodiazepin-2-one, 7-chloro-1-(cyclopropylmethyl)-5-(2-fluorophenyl)-1,3-dihydro-

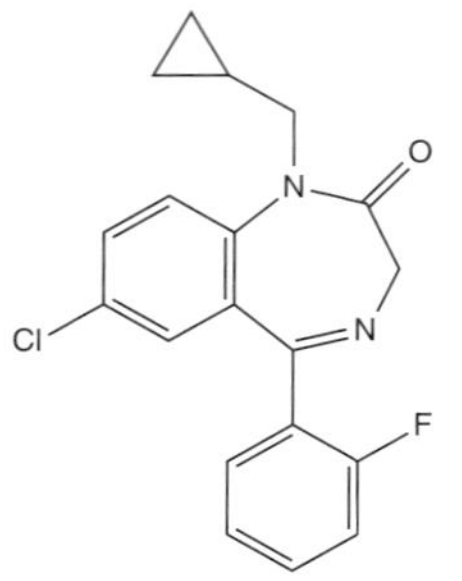

OS: *Flutoprazepam [JAN, USAN]*
IS: *KB 509 (Kanebo, Japan)*

Restas® (Kanebo: JP)

Flutrimazole (Rec.INN)

L: Flutrimazolum
D: Flutrimazol
F: Flutrimazole
S: Flutrimazol

Antifungal agent

ATC: G01AF18
ATCvet: QG01AF18
CAS-Nr.: 0119006-77-8 — C_{22}-H_{16}-F_2-N_2, M_r 346.39

1-[o-Fluoro-α-(p-fluorophenyl)-α-phenylbenzyl]imidazole

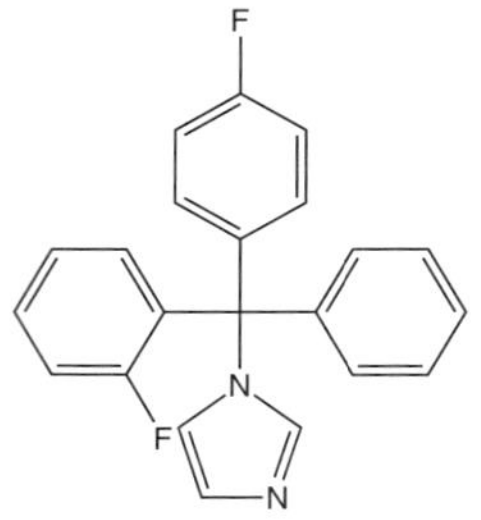

OS: *Flutrimazole [BAN, USAN]*
IS: *UR 4056 (Uriach, Spain)*
PH: Flutrimazole [Ph. Eur. 5]
PH: Flutrimazolum [Ph. Eur. 5]
PH: Flutrimazol [Ph. Eur. 5]

Flusporan® (Menarini: CR, DO, ES, GT, HN, NI, PA, SV)
Funcenal® (Farma Lepori: ES)
Micetal® (Biosintética: BR)
Micetal® (CSC: HU, SI)
Micetal® (Hormona: MX)
Micetal® (Medicom: CZ)
Micetal® (Scharper: IT)
Micetal® (Silesia: CL, PE)
Micetal® (Uriach: BG, CR, DO, ES, GT, HN, NI, PA, PL, RO, SV)

Fluvalinate

D: Fluvalinat

Insecticide

CAS-Nr.: 0069409-94-5 — C_{26}-H_{22}-Cl-F_3-N_2-O_3, M_r 502.932

N-[2-Chloro-4-(trifluoromethyl)-phenyl]-DL-valine cyano(3-phenoxyphenyl) methyl ester

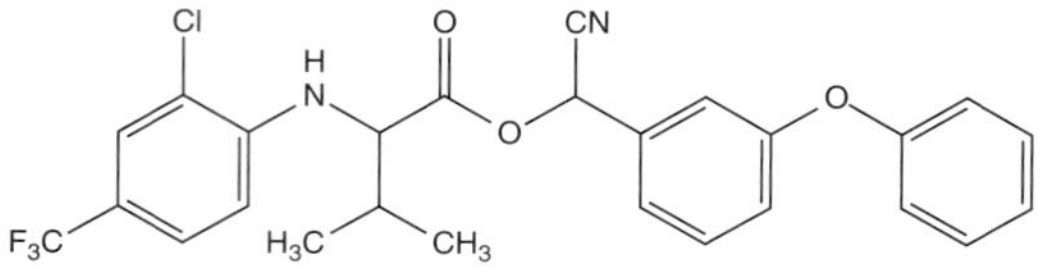

IS: *ZR 3210*

Apistan® [vet.] (Apivet: CH)
Apistan® [vet.] (Noé: FR)
Apistan® [vet.] (Vita: AT, AT, GB, NL)

Fluvastatin (Rec.INN)

L: Fluvastatinum
D: Fluvastatin
F: Fluvastatine
S: Fluvastatina

Antihyperlipidemic agent

ATC: C10AA04
CAS-Nr.: 0093957-54-1 C_{24}-H_{26}-F-N-O_4
M_r 411.482

(±)-(3R*,5S*,6E)-7-[3-(p-Fluorophenyl)-1-isopropylindol-2-yl]-3,5-dihydroxy-6-heptenoic acid

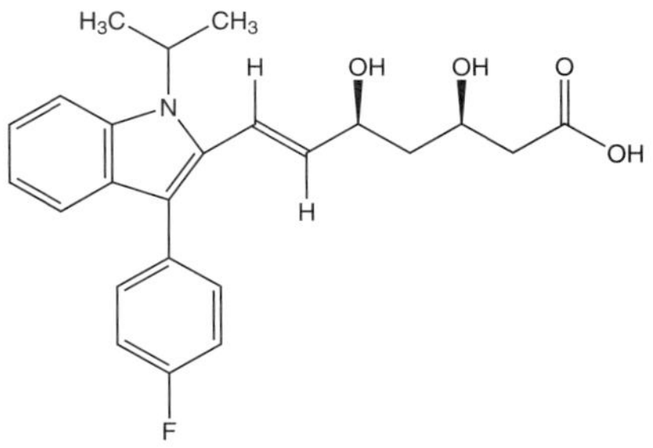

OS: *Fluvastatin [BAN]*
OS: *Fluvastatine [DCF]*
IS: *Fluindostatin*

Fluvas® (Silva: BD)
Lochol® (Novartis: HU)

– sodium salt:

CAS-Nr.: 0093957-55-2
OS: *Fluvastatin Sodium BANM, USAN*
IS: *SRI 62320*
IS: *XU 62320 (Sandoz)*
PH: Fluvastatin Sodium USP 30

Canef® (AstraZeneca: NL, PT)
Cardiol® (Bial: PT)
Cranoc® (Astellas: DE)
Digaril® (Solvay: ES)
Fluvastatine® (Euro: NL)
Fractal® (Pierre Fabre: FR)
Hovalin® (AstraZeneca: GR)
Lescol® (Dr. Fisher: NL)
Lescol® (EU-Pharma: NL)
Lescol® (Eureco: NL)
Lescol® (Euro: NL)
Lescol® (Medcor: NL)
Lescol® (Nedpharma: NL)
Lescol® (Novartis: AG, AN, AR, AT, AU, AW, BA, BB, BD, BD, BE, BF, BG, BM, BS, CA, CG, CH, CI, CN, CO, CR, CZ, DK, DO, DZ, DZ, EC, ES, FI, FR, GA, GB, GD, GE, GN, GR, GT, GY, HK, HN, HR, HT, HU, ID, IE, IL, IS, IT, JM, KY, LC, MG, MU, MY, NI, NL, NO, PA, PH, PL, PT, RO, RS, RU, SE, SG, SI, SI, SN, SV, TG, TH, TR, TT, US, VC, VN, ZA)
Lescol® (Novartis Pharma: PE)
Lescol® (Reliant: US)
Lescol® (Sandoz: BR)
Lipaxan® (Italfarmaco: IT)
Liposit® (Ferrer: ES)
Lochol® (Tanabe: JP)
Locol® (Novartis: DE, LU)
Lymetel® (Andromaco: ES)
Lymetel® (Librapharm: ES)
Primesin® (Schwarz: IT)
Vaditon® (Euro: NL)
Vaditon® (Madaus: ES)
Vastin® (AstraZeneca: AU)

Fluvoxamine (Rec.INN)

L: Fluvoxaminum
D: Fluvoxamin
F: Fluvoxamine
S: Fluvoxamina

Antidepressant

ATC: N06AB08
CAS-Nr.: 0054739-18-3 C_{15}-H_{21}-F_3-N_2-O_2
M_r 318.353

1-Pentanone, 5-methoxy-1-[4-(trifluoromethyl)phenyl]-, O-(2-aminoethyl)oxime, (E)-

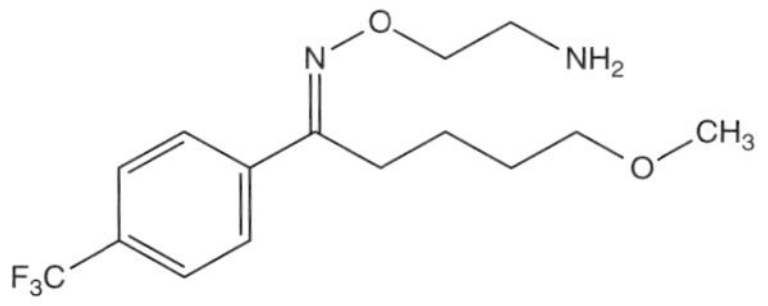

OS: *Fluvoxamine [BAN, DCF]*

– maleate:

CAS-Nr.: 0061718-82-9
OS: *Fluvoxamine Maleate BANM, USAN*
IS: *DU 23000 (Duphar, Netherlands)*
IS: *MK 264*
PH: Fluvoxamine Maleate BP 2002, USP 30

Apo-Fluvoxamine® (Apotex: CA)
Avoxin® (Krka: SI)
CO Fluvoxamine® (Cobalt: CA)
Dumirox® (Solvay: ES, IT)
Dumyrox® (Solvay: GR, PT)
Faverin® (Arrow: AU)
Faverin® (Solvay: GB, HK, IE, PH, SG, TH, TR)
Faverin® [vet.] (Solvay: GB)
Favoxil® (Agis: IL)
Felixsan® (Stada: AT)
Fevarin® (Solvay: BG, CZ, DE, DK, FI, HR, HU, IT, NL, NO, PL, RO, RU, SE)
Flox-ex® (Sandoz: CH)
Floxyfral® (Eurim: DE)
Floxyfral® (Solvay: AT, BE, CH, FR, LU)
Fluvohexal® (Hexal: DE)
Fluvoxadura® (Merck dura: DE)
Fluvoxamin AL® (Aliud: DE)
Fluvoxamin beta® (betapharm: DE)
Fluvoxamin Stada® (Stadapharm: DE)
Fluvoxamin-neuraxpharm® (neuraxpharm: DE)
Fluvoxamin-ratiopharm® (ratiopharm: DE)
Fluvoxamina Sandoz® (Sandoz: ES)
Fluvoxamina Teva® (Teva: ES)
Fluvoxamine EG® (EG Labo: FR)
Fluvoxamine EG® (Eurogenerics: BE)
Fluvoxamine Maleate® (Actavis: GB)
Fluvoxamine Maleate® (Apotex: US)
Fluvoxamine Maleate® (Barr: US)
Fluvoxamine Maleate® (Eon: US)

Fluvoxamine Maleate® (Ivax: GB)
Fluvoxamine Maleate® (Mylan: US)
Fluvoxamine Maleate® (Sandoz: US)
Fluvoxamine Maleate® (Synthon: US)
Fluvoxamine Maleate® (Teva: GB, US)
Fluvoxamine Merck® (Merck Génériques: FR)
Fluvoxamine Sandoz® (Sandoz: BE, LU)
Fluvoxamine Teva® (Teva: BE)
Fluvoxamine Teva® (Union Medical: TH)
Fluvoxamine-EG® (Eurogenerics: LU)
Fluvoxamine-maleaat A® (Apothecon: NL)
Fluvoxaminemaleaat Actavis® (Actavis: NL)
Fluvoxaminemaleaat Alpharma® (Alpharma: NL)
Fluvoxaminemaleaat CF® (Centrafarm: NL)
Fluvoxaminemaleaat Katwijk® (Katwijk: NL)
Fluvoxaminemaleaat Merck® (Merck Generics: NL)
Fluvoxaminemaleaat PCH® (Pharmachemie: NL)
Fluvoxaminemaleaat ratiopharm® (Ratiopharm: NL)
Fluvoxaminemaleaat Sandoz® (Sandoz: NL)
Fluvoxaminemaleaat Solvay Pharma® (Solvay: NL)
Fluvoxaminemaleaat Stada® (Stada: NL)
Fluvoxaminemaleaat® (Genthon: NL)
Fluvoxaminemaleaat® (Hexal: NL)
Fluvoxaminemaleaat® (Synthon: NL)
Fluvoxamine® (Wockhardt: GB)
Fluvoxin® (Sun: IN, TH)
Luvox® (Italmex: MX)
Luvox® (Pharmacia: BR, CO, CR, GT, HN, NI, PA, PE, SV)
Luvox® (Schering: ZA)
Luvox® (Solvay: AU, CA, CN, ID, MY, US)
Maveral® (Schering: IT)
Movox® (Alphapharm: AU)
Myroxine® (Novartis: GR)
Novo-Fluvoxamine® (Novopharm: CA)
PMS-Fluvoxamine® (Pharmascience: CA)
ratio-Fluvoxamine® (Ratiopharm: CA)
Relafin® (General Pharma: BD)
Ruibile® (Tsinghua Yuanxing: CN)
Sandoz Fluvoxamine® (Sandoz: CA)
Sorest® (Ranbaxy: IN)
Uvox® (Solvay: IN)
Voxamin® (Incobra: CO)

Fluvoxamine maleaat EB® (Eurobase: NL)
Vuminix® (Sun Pharma: MX)

Folic Acid (Rec.INN)

L: Acidum folicum
I: Acido folico
D: Folsäure
F: Acide folique
S: Acido folico

Vitamin B-complex

ATC: B03BB01
CAS-Nr.: 0000059-30-3

C_{19}-H_{19}-N_7-O_6
M_r 441.431

L-Glutamic acid, N-[4-[[(2-amino-1,4-dihydro-4-oxo-6-pteridinyl)methyl]amino]benzoyl]-

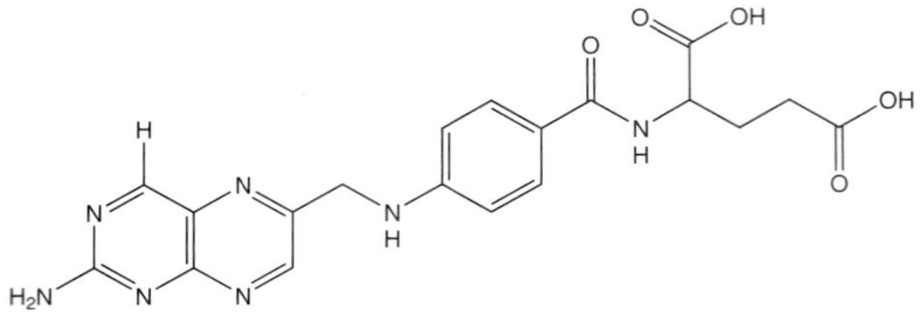

OS: *Acide folique [DCF]*
OS: *Folic Acid [BAN, JAN, USAN]*
OS: *Acido folico [DCIT]*
IS: *Pteroylglutamic acid*
IS: *Pteroyl-glutaminsäure*
IS: *Vitamin $B_1$0*
IS: *Vitamin $B_1$1*
IS: *Vitamin B_c*
PH: Acidum folicum [Ph. Eur. 5, Ph. Int. 4]
PH: Folic Acid [JP XIV, Ph. Eur. 5, Ph. Int. 4, USP 30]
PH: Folique (acide) [Ph. Eur. 5]
PH: Folsäure [Ph. Eur. 5]

A.f. Valdecasas® (Valdecasas: MX)
Acfol® (Italfarmaco: ES)
Acfol® (ITF: PT)
Acide Folique CCD® (CCD: FR, LU)
Acido Folico Aspol® (Interpharma: ES)
Acido Folico Ecar® (Ecar: CO)
Acido Folico Fada® (Fada: AR)
Acido Folico L.CH.® (Chile: CL)
Acido Folico Merck® (Merck: CO)
Acido Folico Omega® (Omega: AR)
Acido Folico Vannier® (Vannier: AR)
Acido Folico® (A.M. Farma Activ: AR)
Acido Folico® (Arion: PE)
Acido Folico® (ECU: EC)
Acido Folico® (Rider: CL)
Acido Folico® (Sunshine: PE)
Acidum folicum Hänseler® (Hänseler: CH)
Acidum Folicum Leciva® (Leciva: CZ)
Acidum folicum Streuli® (Streuli: CH)
Acidum Folicum® (Hasco: PL)
Acidum Folicum® (Polfa Grodzisk: PL)
Acidum Folicum® (Polfarmex: PL)
Acidum Folicum® (Sopharma: BG)
Acifolico® (Elofar: BR)
Acifolik® (Hasco: PL)
Acifol® (Dominguez: AR)
Acifol® (Zentiva: RO)
Andreafol® (Andreabal: CH)
Anemidox® (Merck: AR)
Anfolic® (TRB: AR)
Apo-Folic® (Apotex: CA, NZ, VN)
Biolfolic® (Biol: AR)
Blackmores Folic Acid® (Blackmores: TH)
Caramelos® (Hoisin: AR)
Clonfolic® (Clonmel: IE)
Coflic® (Baliarda: AR)
Conacid® (Purissimus: AR)
DreisaFol® (Gry: DE)
Drossafol® (Drossapharm: CH)
Egestan Folico® (Elea: AR)
Endofolin® (Marjan: BR)
Falcifor® (Fluter: DO)
Fertifol® (Effik: IT)

Filicine® (Adelco: GR)
Fol Lichtenstein® (Winthrop: DE)
Fol-ASmedic® (Dyckerhoff: DE)
Folacid® (ITF: CL)
Folacid® (Synteza: PL)
Folacin® (Ativus: BR)
Folacin® (Jadran: BA, HR, RU)
Folacin® (Pfizer: SE)
Folacin® (Salus: SI)
Folac® (Ambee: BD)
Folac® (Otto: ID)
Folan® (Farmakos: RS)
Folaport® (Richmond: AR)
Folarell® (Sanorell: DE)
Folavit® (Sanbe: ID)
Folavit® (Wolfs: BE, LU)
Folbiol® (I.E. Ulagay: TR)
Folcur® (1A Pharma: DE)
Folet® (Centaur: IN)
Folgamma® (Wörwag Pharma: DE)
Foliagen® (Roux-Ocefa: AR)
Foliamin® (Nichiyaku: JP)
Foliamin® (Takeda: TH)
Folic Acid Central Poly® (Pharmasant: TH)
Folic Acid Injection® (Abraxis: US)
Folic Acid Injection® (Pharmalab: AU)
Folic Acid® (Biomed: NZ)
Folic Acid® (Blackmores: AU)
Folic Acid® (DHA: SG)
Folic Acid® (Fibertone: US)
Folic Acid® (Genetco: US)
Folic Acid® (Geneva: US)
Folic Acid® (Goldline: US)
Folic Acid® (Halsey Drug: US)
Folic Acid® (Hillcross: GB)
Folic Acid® (Maccabi Care: IL)
Folic Acid® (Major: US)
Folic Acid® (Moore: US)
Folic Acid® (Paddock: US)
Folic Acid® (Parmed: US)
Folic Acid® (Qualitest: US)
Folic Acid® (Rekah: IL)
Folic Acid® (Remedica: CY)
Folic Acid® (Rugby: US)
Folic Acid® (Sam-On: IL)
Folic Acid® (Sigma: AU)
Folic Acid® (Wockhardt: GE)
Folic Acid® [vet.] (Nature Vet: AU)
Folicare® (Rosemont: GB, TH)
Folicil® (Bial: PT)
Folic® [vet.] (CTS: IL)
Folic® [vet.] (Troy: AU)
Folidex® (Italfarmaco: IT)
FolifeminaF® (Maver: CL)
Folifem® (Biofarm: PL)
Folik® (Polfa Grodzisk: PL)
Folimax® (Panalab: AR)
Folimen® (Menarini: CR, DO, GT, HN, NI, PA, SV)
Folimin® (Polfa Lódz: PL)
Folinemic® (Bagó: AR)
Folinsyra Actavis® (Actavis: IS)
Folinsyre SAD® (Nycomed: DK)
Foliphar® (Unicophar: BE)
Folisanin® (Sanitas: CL)
Folison® (Jayson: BD)
Folisyx® (Syxyl: DE)
Folitab® (Laboratorios San Luis: DO)
Foliumzuur Actavis® (Actavis: NL)
Foliumzuur Alpharma® (Alpharma: NL)
Foliumzuur Katwijk® (Katwijk: NL)
Foliumzuur Kring® (Kring: NL)
Foliumzuur PCH® (Pharmachemie: NL)
Foliumzuur ratiopharm® (Ratiopharm: NL)
Foliumzuur Samenwerkende Apothekers® (Samenwerkende Apothekers: NL)
Foliumzuur Sandoz® (Sandoz: NL)
Folivital® (Silanes: MX)
Folivit® (Siam Bheasach: TH)
Folnak® (Sigmapharm: RS)
Folovit® (Polfarmex: PL)
Folsan® (Solvay: AT, DE)
Folsav® (Valeant: HU)
Folsäure Dr. Hotz® (Riemser: DE)
Folsäure Stada® (Stada: DE)
Folsäure-biosyn® (biosyn: DE)
Folsäure-Hevert® (Hevert: DE)
Folsäure-Injektopas® (Pascoe: DE)
Folsäure-ratiopharm® (ratiopharm: DE)
Folverlan® (Verla: DE)
Folvite® (Meda: FI)
Folvite® (Valeant: CH)
Gravi-Fol® (Asconex: DE)
Huma-Folacid® (Teva: HU)
Ingafol® (Inga: IN)
Lafol® (Valeant: DE)
Lexpec® (Rosemont: GB)
Livifol® (Biosintex: AR)
Materfolic® (Farmoquimica: BR)
Materfol® (CMD: MX)
Megafol® (Alphapharm: AU)
Nufolic® (Nufarindo: ID)
Nycoplus Folsyre® (Nycomed: NO)
Preconceive® (Lane: GB)
Prefol® (Unimed & Unihealth: BD)
Prinac® (Collins: MX)
Ronfolic® (Rontag: AR)
RubieFol® (RubiePharm: DE)
Sojar® (Sojar: AR)
Speciafoldine® (Sanofi-Aventis: FR)
SPMC Folic Acid® (SPMC: LK)
Suprafol® (Investi: AR)
Tanvimil Folico® (Raymos: AR)
Terovit® (Gaco: BD)
Thompson's Folic Acid® (Thompson: NZ)
Travital Folic Acid® (Tramedico: BE)
Vitajek Folic Acid® [vet.] (Jurox: AU)
Zanitra® (Saidal: DZ)
Zolico® (Farma Lepori: ES)

– sodium salt:

CAS-Nr.: 0006484-89-5
IS: *Sodium folate*
IS: *Sodium pteroylgutamate*
IS: *Natrium hydrogenfolat*

Folina-Cell® (Eurogenerics: BE)
Folina® (American Taiwan Biopharm: TH)
Folina® (Schwarz: IT)
Leucovorin Calcium® (Mayne: BE)
Oncofolic® (Medac: DE)
Tifol® (Krka: SI)

VoriNa® (Onkoworks: DE)
Vorina® (Teva: BE)

Folinic Acid (BAN)

L: Acidum folinicum
D: Folinsäure
F: Acide folinique

Antidote against folic acid antagonists

ATC: V03AF
CAS-Nr.: 0000058-05-9 C_{20}-H_{23}-N_7-O_7
M_r 473.44

5-Formyltetrahydropteroylglutamic acid

L-Glutamic acid, N-[4-[[(2-amino-5-formyl-1,4,5,6,7,8-hexahydro-4-oxo-6-pteridinyl)methyl]amino]benzoyl]-, calcium salt (1:1)

N-[4'-[[(2-Amino-4-hydroxy-6-pteridyl)methyl]amino]benzoyl]-L-(+)-glutamic acid (WHO)

5-Formyl-5,6,7,8-tetrahydropteroyl-L-glutaminsäure (IUPAC)

N-[4-[[(2-Amino-5-formyl-1,4,5,6,7,8-hexahydro-4-oxo-6-pteridinyl)methyl]-amino]benzoyl]-L-glutamic acid

N-[p-[[(2-amino-5-formyl-5,6,7,8-tetrahydro-4-hydroxy-6-pteridinyl)methyl]amino]benzoyl]glutamic acid

5-formyl-5,6,7,8-tetrahydropteroyl-L-glutamic acid

5-formyl-5,6,7,8-tetrahydrofolic acid

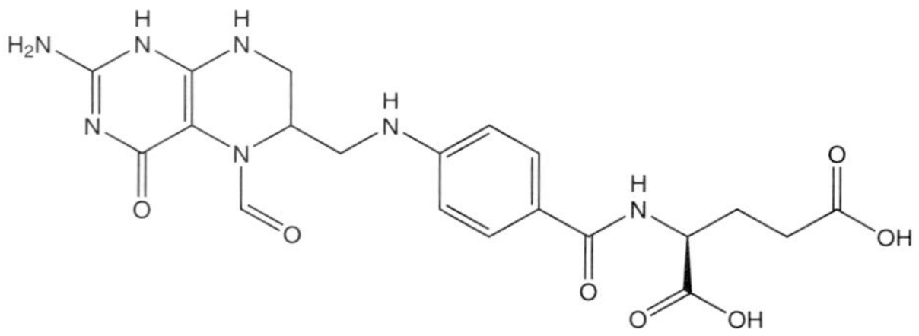

OS: *Leucovorin [BAN]*
OS: *Acide folinique [DCF]*
OS: *Folinic Acid [BAN]*
IS: *Citrovorum Factor*
IS: *FTHF*
IS: *Folininsäure*
IS: *Citrovorin*
IS: *Folinsäure SF*
IS: *Folidan*
IS: *Folinac*
IS: *Leuconostoc-citrovorum-factor*
IS: *Citrovorum-Faktor*

Acidio Folinico® (Baxter: CL)
Acidio Folinico® (Kampar: CL)
Covorit® (Chile: CL)
Leucovorin-Faulding® (Pharmaplan: ZA)
Leucovorina Richet® (Richet: AR)
Leucovorina® (Pfizer: CL)
Rescuvolin® (Pharmachemie: BE, ZA)

– calcium salt:

CAS-Nr.: 0001492-18-8
OS: *Calcium Folinate BANM, JAN*
OS: *Folinato di calcio DCIT*
OS: *Leucovorin Calcium USAN*
OS: *Calcium 5-formyl-5,6,7,8-tetrahydropteroylglutmat IUPAC*
OS: *Calcium N-[p-[[(2-amino-5-formyl-5,6,7,8-tetrahydro-4-hydroxy-6-pteridinyl)methyl]amino-]benzoyl]glu WHO*
IS: *Folinic acid calcium salt*
IS: *Calcifolin*
IS: *Calfonat*
IS: *Anhydrous Calcium Folinate*
IS: *NSC 3590*
IS: *Calcium 5-formyltetrahydrofolate*
IS: *(+)-L-Folinic acid, calcium salt*
IS: *Calcium citrovorum factor*
IS: *Folinat-SF Calcium*
IS: *Calcio folinato*
PH: Calcii folinas Ph. Eur. 5, Ph. Int. 4
PH: Leucovorin Calcium USP 30
PH: Calcium Folinate JP XIV, Ph. Eur. 5, Ph. Int. 4
PH: Calciumfolinat Ph. Eur. 5
PH: Calcium (folinate de) Ph. Eur. 5

Antrex® (Atafarm: TR)
Antrex® (Orion: FI)
Asovorin® (Raffo: AR)
Axifolin® (Apo Care: DE)
Bendafolin® (Bendalis: DE)
Buateron® (Farmedia: GR)
Calcifolin® (Kleva: GR)
Calcium Folinate Ebewe® (InterPharma: NZ)
Calcium Folinate Ebewe® (Pharmanel: GR)
Calcium Folinate® (Goldshield: GB)
Calcium Folinate® (Hillcross: GB)
Calcium Folinate® (Mayne: GB)
Calcium Folinate® (Teva: GB)
Calcium Folinate® (Wockhardt: GB)
Calcium Folinat® (Ebewe: RO)
Calcium Leucovorin® (Gerolymatos: GR)
Calcium Leucovorin® (Mayne: IE)
Calcium Leucovorin® (Orna: TR)
Calcium Leucovorin® (Wyeth: IN)
Calciumfolinaat CF® (Centrafarm: NL)
Calciumfolinaat Sanofi Winthrop® (Sanofi-Synthelabo: NL)
Calciumfolinat „Ebewe“® (Ebewe: AT, CH, HK, RS, VN)
Calciumfolinat Mayne® (Mayne: DK, FI, NO, SE)
Calciumfolinat-biosyn® (biosyn: DE)
Calciumfolinat-Ebewe® (Ebewe: AT, HU, PL, RU)
Calciumfolinate Teva® (Teva: SE)
Calciumfolinat® (Meda: NO)
Calcivoran® (Vocate: GR)
Claro® (ITF: GR)
Cromatonbic Folinico® (Menarini: ES)
Dabur Leucovorin® (Dabur: PH)
Dalisol® (Lemery: MX, PE)
DBL Leucovorin® (Faulding/DBL: TH)
DeGALIN® (Riemser: DE)
Durofolin® (Biotrends: GR)
Ecofol® (Ecobi: IT)
Emovis® (Boniscontro & Gazzone: IT)
Erbanfol® (Erbapharma: ID)

Estroquin® (Richmond: AR, PE)
Eurofolic® (Lapharm: DE)
Fedolen® (Viofar: GR)
Folaren® (Istituto Chim. Internazionale: IT)
Folaxin® (Zambon: ES)
Folcasin® (Sindan: RO)
Folidan® (Merck Genericos: ES)
Folidar® (Italfarmaco: IT)
Foliment® (Chrispa: GR)
Folinate de calcium Aguettant® (Aguettant: FR)
Folinate de calcium Dakota Pharm® (Dakota: FR)
Folinato Calcico Ferrer Farma® (Ferrer: ES)
Folinato Calcico® (Elvetium: PE)
Folinato Calcico® (Ferrer: ES)
Folinato Calcico® (Servycal: PE)
Folinato Calcico® (Teva: ES)
Folinato de Calcico Dalisol® [tab.] (Lemery: PE)
Folinato de Calcio® (Pharmacia: BR)
Folinato® (Faran: GR)
Folinfabra® (Fabra: AR)
Folinovo® (Mayne: PT)
Folisachs® (Onco Sachs: DE)
Folmigor® (Chrispa: GR)
Foxolin® (Gap: GR)
Kalcij-folinat® (Pliva: BA, HR)
Kalsiyum Folinat Ebewe® (Liba: TR)
Lederfoline® (Teofarma: PT)
Lederfoline® (Wyeth: FR)
Lederfolin® (Wyeth: ES, GB, IE)
Lederle Leucovorin Calcium® (Wyeth: CA)
Ledervorin Calcium® (AHP: LU)
Ledervorin Calcium® (Wyeth: BE, LU)
Leucocalcin® (LKM: AR)
Leucovorin Abic® (Abic: IL, TH)
Leucovorin Calcium DBL® (DBL/Faulding: BD)
Leucovorin Calcium DBL® (Mayne: HK, MY, SG)
Leucovorin Calcium DBL® (Tempo: ID)
Leucovorin Calcium Farmos® (Bristol-Myers Squibb: CH)
Leucovorin Calcium Faulding® (Mayne: NL)
Leucovorin Calcium for Injection® (Mayne: US)
Leucovorin Calcium Lederle® (Rajawali: ID)
Leucovorin Calcium Pfizer® (Pfizer: SG)
Leucovorin Calcium-Mayne® (Mayne: LU)
Leucovorin Calcium® (Abraxis: US)
Leucovorin Calcium® (Barr: US)
Leucovorin Calcium® (Bedford: US)
Leucovorin Calcium® (Immunex: US)
Leucovorin Calcium® (Mayne: AU, NZ)
Leucovorin Calcium® (Novopharm: CA)
Leucovorin Calcium® (Pfizer: RS)
Leucovorin Calcium® (Pharmacia: AU)
Leucovorin Calcium® (Roxane: US)
Leucovorin Calcium® (Tempo: ID)
Leucovorin Calcium® (UDL: US)
Leucovorin Calcium® (Wyeth: BR, CZ, TH)
Leucovorin Calcium® (Xanodyne: US)
Leucovorin Ca® (Lachema: CZ, RO, RS)
Leucovorin Ca® (Pliva: PL, RS)
Leucovorin Dabur® (Dabur: TH)
Leucovorin Kalbe® (Kalbe: ID)
Leucovorin Lachema® (Pliva: RU)
Leucovorin Teva® (Teva: CZ)
Leucovorin-Teva® (Med: TR)
Leucovorin-Teva® (Teva: CZ, HU)
Leucovorina Cal.® [sol.-inj.] (Pfizer: PE)
Leucovorina Calcica Filaxis® (Filaxis: AR)
Leucovorina Calcica Raffo® (Raffo: AR)
Leucovorina Calcica Varifarma® (Varifarma: AR)
Leucovorina Calcica® (Teva: AR)
Leucovorina Delta Farma® (Delta Farma: AR)
Leucovorina Servycal® (Servycal: AR)
Leucovorina® (ASTA Medica: BR)
Leucovorina® (Biosintética: BR)
Leucovorine Abic® (Sandoz: NL)
Leucovorine Calcium Faulding® (Mayne: NL)
Leucovorine Calcium Mayne® (Mayne: NL)
Leucovorine Teva® (Pharmachemie: RO)
Leucovorine Teva® (Teva: HU, NL)
Leucovorin® (Mayne: BR, CA)
Leucovorin® (Teva: IL)
Leucovorin® (Wyeth: AT, BR, SI, US)
Leukovorin Calcium® (Pfizer: RS)
Lévofolinate de Calcium Dakota Pharm® (Dakota: FR)
Medifolin® (Medinfar: PT)
Medsavorina® (Asofarma: MX)
O-folin® (Onkoworks: DE)
Osfolate® (Baxter: FR)
Prevax® (Biosintética: BR)
Refolinon® (Pfizer: GB)
Refolinon® (Pharmacia: LU)
Reotan® (Medicus: GR)
Rescuvolin® (Chemipharm: GR)
Rescuvolin® (Combiphar: ID)
Rescuvolin® (Med: TR)
Rescuvolin® (Medac: DE)
Rescuvolin® (medac: LU)
Rescuvolin® (Nycomed: NO)
Rescuvolin® (Pharmachemie: BD, IS, LK, MY, NL, PE, TH)
Rescuvolin® (Teva: BE, TH)
Ribofolin® (ribosepharm: DE)
Tecnovorin® (Tecnofarma: PE)
Tecnovorin® (Zodiac: BR)
Tonofolin® (Teofarma: IT)
Wellcovorin® (Burroughs Wellcome: US)
Wellcovorin® (Glaxo Wellcome: US)
Wellcovorin® (Roxane: US)
Wellcovorin® (SuperGen: US)

– calcium salt pentahydrate:

CAS-Nr.: 0006035-45-6
OS: *41927-89-3 CAS*
IS: *Folinsäure, Calciumsalz-5-Wasser*
IS: *NSC 3590*

Abic Leucovorin® (Teva: ZA)
Biofolic® (Esseti: IT)
Ca-Folinat O.R.C.A.-Pharm® (O.R.C.A.: DE)
Calcifolin® (Ibirn: IT)
Calcio Folinato Pliva® (Pliva: IT)
Calcio Folinato Sandoz® (Sandoz: IT)
Calciumfolinaat EuroCept® (EuroCept: NL)
Calciumfolinat Ebewe® (Ebewe: AT, CZ, SI, TH)
Calciumfolinat Hexal® (Hexal: DE)
Calciumfolinat Meda® (Meda: SE)
Calciumfolinat-GRY® (Gry: DE)
Calciumfolinat-pro® (Propharmed: DE)
Calfolex® (Sirton: IT)
Calinat® (Aesculapius: IT)

F

Citofolin® (Bracco: IT)
Divical® (Rottapharm: IT)
FOLI-cell® (cell pharm: DE)
Folinezuur® (Hexal: NL)
Folinoral® (Therabel: FR)
Lederfolat® (Teofarma: DE)
Leucovorin Ca Lachema® (Pliva: CZ, HU)
Leucovorin Lederle® (Wyeth: CZ, GR)
Leucovorina® (Bestpharma: CL)
Leucovorin® (Wyeth: AT, CZ, DE)
Neofolin® (Neocorp: DE)
Osfolato® (Lusofarmaco: IT)
Prefolic® (Zambon: IT)
Ribofolin® (ribosepharm: DE)
Sanifolin® (Fargim: IT)
Sulton® (Geymonat: IT)
ZytoFolin® (ZytoJen: DE)

– disodium salt:

OS: *Disodium Folinate BANM*
IS: *Natrium folinat*
IS: *Sodium folinate*
IS: *Dinatrium folinat*

Natriumfolinaat Ebewe® (Ebewe: NL)
Ribofolin Natrium® (Ribosepharm: NL)
Sodiofolin® (Medac: AT, GB)
Vorina® (Pharmacemie: SI)
Vorina® (Pharmachemie: NL)
Vorina® (Teva: CZ, HU)

Follitropin Alfa (Rec.INN)

L: Follitropinum alfa
D: Follitropin alfa
F: Follitropine alfa
S: Folitropina alfa

⚕ Extra pituitary gonadotropic hormone, FSH-like action

ATC: G03GA05
CAS-Nr.: 0009002-68-0

Follicle-stimulating hormone, glycoform α

OS: *Follitropin Alfa [BAN, USAN]*
IS: *rhFSH*

Embryo-S® [vet.] (Jurox: AU)
F.S.H.-P® [vet.] (Sioux: US)
Follistim® (Organon: US)
Folltropin® [vet.] (Bioniche: NL)
Folltropin® [vet.] (Vetrepharm: AU)
Folltropin® [vet.] (Virbac: NZ)
Gonal-F® (DKSH: ID)
Gonal-F® (Douglas: NZ)
Gonal-F® (Higiea: SI)
Gonal-F® (Merck Serono: RO)
Gonal-F® (Serono: AT, AU, BD, BE, BR, CA, CZ, DE, DK, ES, FI, FR, GB, GR, HK, HR, HU, IE, IL, IS, LK, LU, NL, NO, PE, PL, PT, RS, RU, SE, SG, SI, TH, TR, US, ZA)
Gonal-F® (Serono Europe-GB: IT)
Gonal-F® (Serono Pharma: CH)
Gonal-F® (Serum Institute: IN)
Ovagen® [vet.] (ICPbio: NL)
Ovagen® [vet.] (Immuno-Chemical: NZ)
Ovagen® [vet.] (Pacificvet: AU)
Super-ov® [vet.] (Ausa: US)
Super-ov® [vet.] (Global Genetics: GB)

Follitropin Beta (Rec.INN)

L: Follitropinum beta
D: Follitropin beta
F: Follitropine beta
S: Follitropina beta

⚕ Extra pituitary gonadotropic hormone, FSH-like action

ATC: G03GA06
CAS-Nr.: 0150490-84-9

Follicle-stimulating hormone, glycoform β

OS: *Follitropin Beta [BAN, USAN]*
OS: *Follitropine beta [DCF]*
IS: *Org 32489 (Organon, USA)*

Follistim® (Organon: US)
Puregon® [biosyn.] (Donmed: ZA)
Puregon® [biosyn.] (Organon: AE, AR, AT, AU, BD, BE, BH, BR, CA, CH, CL, CN, CO, CR, CY, CZ, DE, DK, EG, ES, FI, FR, GB, GR, GT, HK, HN, HU, ID, IE, IL, IQ, IR, IS, IT, JO, KW, LB, LK, LU, LY, MX, NI, NL, NO, OM, PE, PH, PL, QA, RO, RS, SA, SD, SE, SG, SY, TH, TR, YE)
Puregon® [biosyn.] (Pharmaco: NZ)

Fomepizole (Rec.INN)

L: Fomepizolum
D: Fomepizol
F: Fomepizole
S: Fomepizol

⚕ Antidote
⚕ Enzyme inhibitor

ATC: V03AB34
CAS-Nr.: 0007554-65-6

C_4-H_6-N_2
M_r 82.112

1H-Pyrazole, 4-methyl-

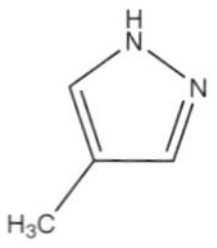

OS: *Fomepizole [BAN, USAN]*
IS: *4-MP*

Antizol-Vet® [vet.] (Jazz: US)
Antizol® (Orphan: IL, US)
Antizol® (Paladin: CA)

– sulfate:

IS: *Fomepizol sulfat (2:1)*

Fomepizole OPi® (OPi: AT, DE, IS, NL, NO)
Fomepizole OPi® (Swedish Orphan: FI, SE)
Fomépizole AP-HP® (AGEPS: FR)
Formoterol A® (Apothecon: NL)

Fominoben (Rec.INN)

L: Fominobenum
I: Fominobene
D: Fominoben
F: Fominobène
S: Fominoben

Antitussive agent
Respiratory stimulant
Analeptic

CAS-Nr.: 0018053-31-1 C_{21}-H_{24}-Cl-N_3-O_3
M_r 401.903

Benzamide, N-[3-chloro-2-[[methyl[2-(4-morpholinyl)-2-oxoethyl]amino]methyl]phenyl]-

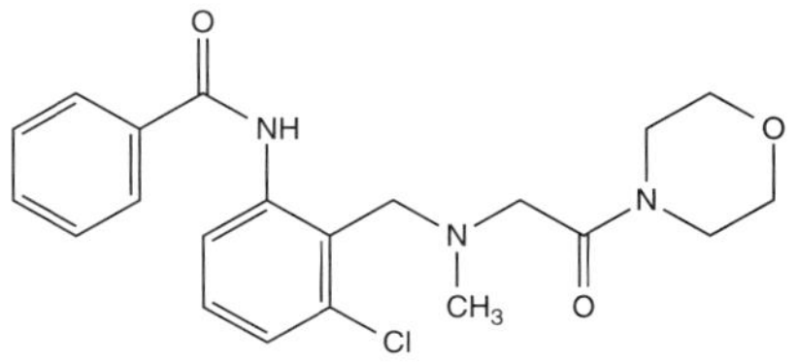

OS: *Fominobene [DCIT]*
OS: *Fominoben [USAN]*
IS: *PB 89*

– hydrochloride:

CAS-Nr.: 0024600-36-0
OS: *Fominoben Hydrochloride JAN*
PH: Fominobenum hydrochloricum 2.AB-DDR

Noleptan® [caps] (Boehringer Ingelheim: JP)
Tosifar® (Bial: ES)

Fomivirsen (Rec.INN)

L: Fomivirsenum
D: Fomivirsen
F: Fomivirsen
S: Fomivirseno

Antiviral agent

CAS-Nr.: 0144245-52-3 C_{204}-H_{263}-N_{63}-O_{114}-P_{20}-S_{20}
M_r 6682.578

Deoxyribonucleic acid d(P-thio)(G-C-G-T-T-T-G-C-T-C-T-T-C-T-T-C-T-T-G-C-G)

OS: *Fomivirsen [BAN]*

– sodium salt:

CAS-Nr.: 0160369-77-7
OS: *Fomivirsen Sodium USAN*
IS: *ISIS 2922 (Isis, USA)*
IS: *Fomivirsen icosanatrium*

Vitravene® (Isis: US)
Vitravene® (Novartis: DE)
Vitravene® (Novartis Ophthalmics: AT, US)

Fondaparinux Sodium (Rec.INN)

L: Fondaparinuxum natricum
D: Fondaparinux natrium
F: Fondaparinux sodique
S: Fondaparinux sodico

Anticoagulant, platelet aggregation inhibitor

ATC: B01AX05
CAS-Nr.: 0114870-03-0 C_{31}-H_{43}-N_3-Na_{10}-O_{49}-S_8
M_r 1728.08

Methyl O-2-deoxy-6-O-sulfo-2-(sulfoamino)-alpha-D-glucopyranosyl-(1->4)-O-beta-D-glucopyranuronosyl-(1->4)-O-2-deoxy-3,6-di-O-sulfo-2-(sulfoamino)-alpha-D-glucopyranosyl-(1->4)-O-2-O-sulfo-alpha-L-idopyranuronosyl-(1->4)-2-deoxy-6-O-sulfo-2-(sulfoamino)-alpha-D-glucopyranoside, decasodium salt [WHO]

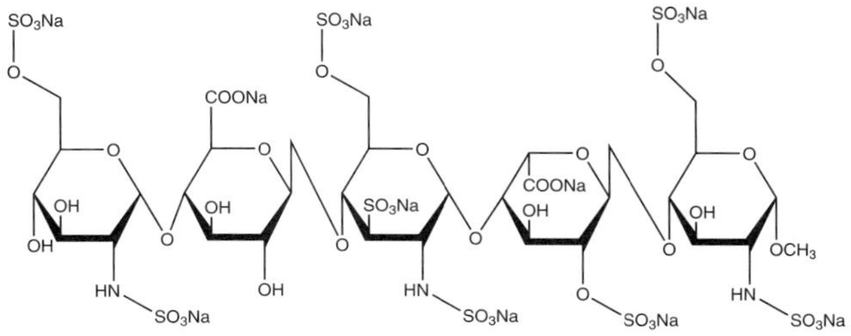

OS: *Fondaparinux Sodium [USAN, BAN]*
IS: *Fondaparin sodium*
IS: *Org 35140 (Organon)*
IS: *SR 90107A (Sanofi-Synthelabo)*
IS: *IC 851589*
IS: *Xantidar*
IS: *Fondaparinux*
IS: *Pentasaccharid Faktor Xa-Inhibitor (selektiv)*

Arixtra® (Glaxo Group: AT, IS, LU)
Arixtra® (Glaxo Group Limited-GB: IT)
Arixtra® (GlaxoSmithKline: AU, BE, CA, CH, DE, DK, ES, FI, FR, GB, MX, MY, NL, NO, PL, RU, SE, SG, TR, US)
Arixtra® (Sanofi-Synthelabo: CO, CZ, GR, ID)
Quixidar® (Glaxo Group: LU)
Quixidar® (GlaxoSmithKline: NL)

Formestane (Rec.INN)

L: Formestanum
I: Formestan
D: Formestan
F: Formestane
S: Formestano

Antineoplastic agent

ATC: L02BG02
CAS-Nr.: 0000566-48-3 C_{19}-H_{26}-O_3
M_r 302.417

4-Hydroxyandrost-4-ene-3,17-dione

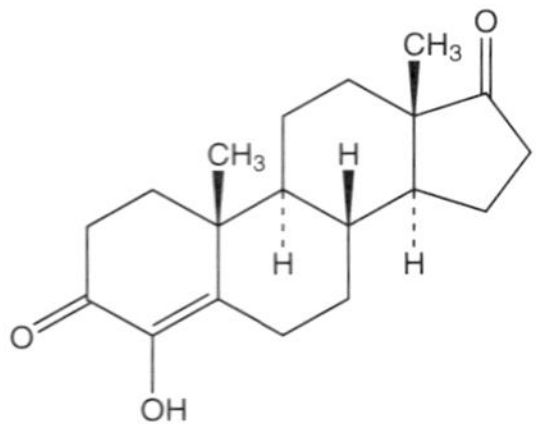

OS: *Formestane [BAN, USAN]*
IS: *CGP 32349 (Ciba-Geigy)*

Lentaron Depot® (Novartis: BR, CZ)
Lentaron® (Novartis: AT, DE, ES, IT, LU)

Formocortal (Rec.INN)

L: Formocortalum
I: Formocortal
D: Formocortal
F: Formocortal
S: Formocortal

Adrenal cortex hormone, glucocorticoid
Dermatological agent

ATC: S01BA12
CAS-Nr.: 0002825-60-7 — C_{29}-H_{38}-Cl-F-O_8, M_r 569.073

Pregna-3,5-diene-6-carboxaldehyde, 21-(acetyloxy)-3-(2-chloroethoxy)-9-fluoro-11-hydroxy-16,17-[(1-methylethylidene)bis(oxy)]-20-oxo-, (11β,16α)-

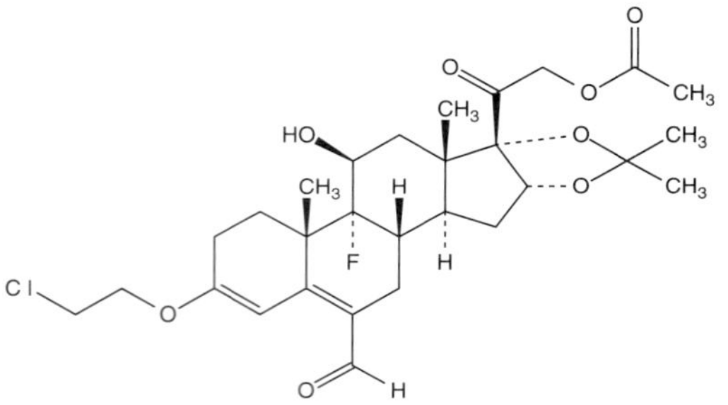

OS: *Formocortal [BAN, DCF, DCIT, USAN]*
IS: *Fl 6341*
IS: *Fluoroformylol*

Formoftil® (Farmigea: IT)

Formosulfathiazole

D: Formosulfathiazole

Antiinfective agent, antibacterial agent [vet.]
Antiinfective, sulfonamid [vet.]

ATCvet: QA07AB90,QD06BA90
CAS-Nr.: 0013968-86-0

4-Amino-N-(2-thiazolyl)benzolsulfonamid-Formaldehyd
IS: *Methylenesulfathiazole*
IS: *Formaldehyd-Sulphathiazole*

Formo-Cibazol® [vet.] (Novartis Tiergesundheit: CH)
Socatyl® [vet.] (Novartis Animal Health: AT)
Socatyl® [vet.] (WDT: DE)

Formoterol (Rec.INN)

L: Formoterolum
I: Formoterolo
D: Formoterol
F: Formotérol
S: Formoterol

Bronchodilator
β_2-Sympathomimetic agent

ATC: R03AC13
CAS-Nr.: 0073573-87-2 — C_{19}-H_{24}-N_2-O_4, M_r 344.421

Formamide, N-[2-hydroxy-5-[1-hydroxy-2-[[2-(4-methoxyphenyl)-1-methylethyl]amino]ethyl]phenyl]-, (R*,R*)-(±)-

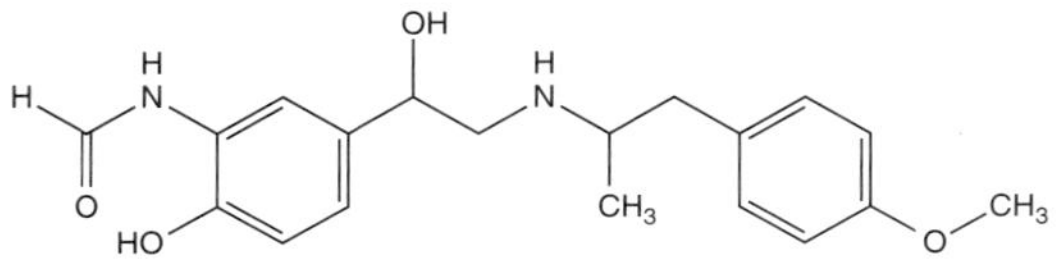

OS: *Formoterol [BAN]*
OS: *Formotérol [DCF]*
OS: *Eformoterol [BAN]*
IS: *BD 40 A*

Formoterol Merck® (Merck Generics: NL)
Oxis® (AstraZeneca: DE, GR)
Respilong® (Liconsa: RS)

– hemifumarate:

CAS-Nr.: 0043229-80-7
OS: *Formoterol Fumarate BANM, USAN*
IS: *CGP 25827 A*

Asmatec® (UCB: PT)
Atimos® (Chiesi: IT, RU)
Atimos® (Torrex: SI)
Broncoral® (Chiesi: ES)
Diffumax® (Berlin-Chemie: HU)
Fesema® (Novamed: CO)
Fluir® (Schering-Plough: BR)
Foradil® (Novartis: AT, CG, CI, CM, DE, ES, GA, MG, MU, SG, SN)
Forair® (Asche: DE)
Foraseq® (Novartis: BR)
Foratec® (Cipla: ZA)
Formatris® (Meda: DE)
Formocaps® (Biosintética: BR)
FormoLich® (Winthrop: DE)
Formoterol Aldo Union® (Aldo Union: ES)
Formoterol Bluair® (Universal Farma: ES)
Formoterol Stada® (Stada: DE, ES)
Formoterol-CT® (CT: DE)
Formoterol-ratiopharm® (Ratiopharm: CZ)
Formoterol-ratiopharm® (ratiopharm: DE)
Formotop® (Astellas: DE)
Levovent® (Genetic: IT)
Neblik® (Yamanouchi: ES)

Oxis Turbuhaler® (AstraZeneca: AU, DE, NZ, SI)
Oxis Turbuhaler® (Atenea: ES)

- **fumarate dihydrate:**

IS: *BD 40A*
IS: *YM-08316*
PH: Formoterol fumarate dihydrate Ph. Eur. 5
PH: Formoteroli fumaras dihydricum Ph. Eur. 5

Asmelor Novolizer® (Meda: FR)
Assieme Turbohaler® [+ Budesonide] (Tecnifar: PT)
Atimos Modulite® (Trinity-Chiesi: GB)
Atimos® (Torrex: CZ)
Atock® (Astellas: CN)
Atock® (Yamanouchi: JP)
Delnil® (Sandoz: DK)
Eformax® (Ivax: DK)
Efo® (Square: BD)
Eolus® (Sigma Tau: IT)
Feronal® (Farma 1: IT)
Foradil-P® (Novartis: DE, LU)
Foradile® (Novartis: AU)
Foradil® (Delphi: NL)
Foradil® (EU-Pharma: NL)
Foradil® (Eureco: NL)
Foradil® (Euro: NL)
Foradil® (Medcor: NL)
Foradil® (Novartis: AG, AN, AT, AW, BB, BE, BM, BR, BS, CA, CH, CO, CR, CZ, DE, DK, DO, DZ, ES, ET, FI, FR, GB, GD, GH, GR, GT, GY, HN, HT, HU, IE, IL, IT, JM, KE, KY, LC, LU, LY, MT, MX, NG, NI, NL, NO, NZ, PA, PH, PL, PT, RU, SD, SE, SV, TR, TT, TZ, US, VC, ZA, ZW)
Foradil® (Novartis Pharma: PE)
Fordilen® (Novartis: AR)
Formoair® (Chiesi: FR)
Formoterol Broncotec® (Tecnimede: PT)
Formoterol Farmoz® (Farmoz: PT)
Formoterol Generis® (Generis: PT)
Formoterol Hexal® (Hexal: DE)
Formoterol IPS® (IPS: LU)
Formoterol-Sandoz® (Novartis: LU)
Formoterol® (All-Gen: NL)
Formoterol® (Orion: CZ, FI)
Formovent® (Italchimici: CZ)
Forotan® (Pantafarm: IT)
Fortofan® (Gedeon Richter: HU)
Neblik® (Astellas: ES)
Oxeze® (AstraZeneca: CA)
Oxez® (AstraZeneca: GR)
Oxis Turbohaler® (AstraZeneca: AG, AN, AT, AU, AW, BG, BM, BS, BZ, CN, CZ, DE, DK, ET, GB, GD, GH, GY, HT, IE, IS, JM, KE, LC, LU, MW, MZ, NG, NO, NZ, PT, RO, RU, SD, SR, TT, TZ, UG, VC, ZM, ZW)
Oxis Turbohaler® (pharma-stern: DE)
Oxis Turbohaler® (Teva: IL)
Oxis® (AstraZeneca: AR, AT, AU, BE, BR, CH, CR, DE, DO, FI, GB, GE, GT, HK, HN, HU, ID, IE, IT, LU, MY, NI, NL, NO, PA, PH, PL, SE, SG, SV, TH, TR, ZA)
Oxis® (Atenea: ES)
Oxis® (Delphi: NL)
Oxis® (Dowelhurst: NL)
Oxis® (Dr. Fisher: NL)
Oxis® (EU-Pharma: NL)
Oxis® (Euro: NL)
Oxis® (Medcor: NL)
Oxis® (pharma-stern: DE)
Oxis® (Stephar: NL)
Oxis® (Teva: IL)
Oxodil® (Polpharma: PL)
Perforomist® (Dey: US)
Rilast Turbuhaler® [+ Budesonide] (Esteve: ES)
Simbicort® [+Budesonide] (AstraZeneca: RU)
Symbicort Turbuhaler® [+ Budesonide] (AstraZeneca: CL)
Symbicort® [+ Budesonide] (AstraZeneca: AU, BE, BR, CN, ES, HK, HR, IE, NO, NZ, PT, RS, SG, TR, VN)
Ventofor® (Bilim: TR)
Xanol® (Phoenix: AR)
Zafiron® (Adamed: PL)

F

Fosamprenavir (Rec.INN)

L: Fosamprenavirum
D: Fosamprenavir
F: Fosamprénavir
S: Fosamprenavir

Antiviral agent, HIV protease inhibitor

ATC: JO5AE07
ATCvet: QJ05AE07
CAS-Nr.: 0226700-79-4 C_{25}-H_{36}-N_3-O_9-P-S
M_r 585.61

(3S)-tetrahydro-3-furyl [(α S)-α-[(1R)-1-hydroxy-2-(N^1-isobutylsulfanil=amido)ethyl]phenethyl]carbamate, dihydrogen phosphate (ester) (WHO)

(S)-Tetrahydro-3-furyl{(αS)-α-[(R)-1-(dihydroxyphosphoryloxy)-2-(N-isobutylsulfanilamido) ethyl]phenethyl}carbamat (IUPAC)

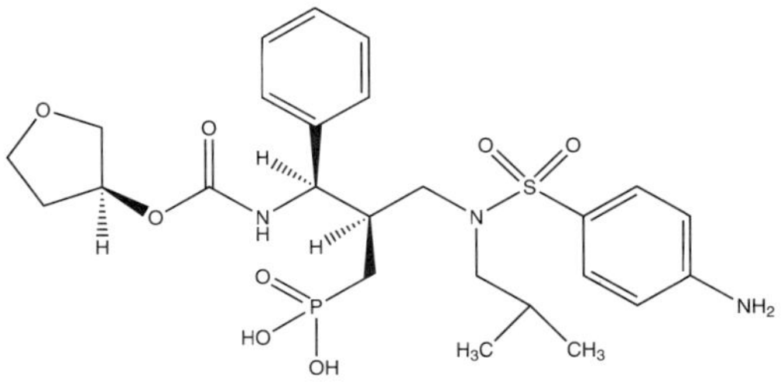

IS: *GW 433908 (GlaxoSmithKline, USA)*
IS: *VX 175 (Vertex, USA)*
IS: *fAPV*

Telzer® (GlaxoSmithKline: MX)
Telzir® (GlaxoSmithKline: IE, RO)

- **calcium salt:**

CAS-Nr.: 0226700-81-8
OS: *Fosamprenavir Calcium USAN*
IS: *GW 433908G*
IS: *VX-175*
IS: *908*

Lexiva® (GlaxoSmithKline: IL, US)
Telzir® (Glaxo Group: AT)
Telzir® (Glaxo Group Limited-GB: IT)
Telzir® (Glaxo Wellcome: PT)
Telzir® (GlaxoSmithKline: AR, BE, CA, CH, CL, CZ, DE, DK, ES, FI, GB, IE, IS, LU, NL, NO, PL, RS, SE, TR)
Telzir® (Sanofi-Aventis: FR)

Foscarnet Sodium (Rec.INN)

L: Foscarnetum Natricum
I: Foscarnet sodico
D: Foscarnet natrium
F: Foscarnet sodique
S: Foscarnet sodico

⚕ Antiviral agent

ATC: J05AD01
ATCvet: QJ05AD01
CAS-Nr.: 0063585-09-1 C-Na_3-O_5-P
M_r 191.951

Phosphinecarboxylic acid, dihydroxy-, oxide, trisodium salt

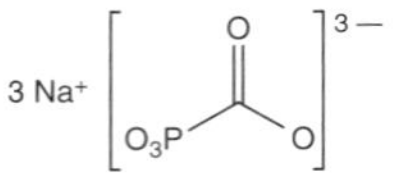

OS: *Foscarnet sodique [DCF]*
OS: *Foscarnet Sodium [BAN, USAN]*
OS: *Foscarnet sodico [DCIT]*
IS: *A 29622*
IS: *EHB 776*
IS: *PFA*
IS: *Phosphonoformic Acid Trisodium*
IS: *Trisodium Phosphonoformate*
IS: *Trisodium Carboxyphosphate*

Foscarnet Dosa® (Dosa: AR)
Foscarnet Sodium Injection® (Pharmaforce: US)

– hexahydrate:

CAS-Nr.: 0034156-56-4
OS: *Foscarnet sodium hydrate JAN*
PH: Foscarnet Sodium Hexahydrate Ph. Eur. 5
PH: Foscarnetum natricum hexahydricum Ph. Eur. 5
PH: Foscarnet sodique hexahydraté Ph. Eur. 5
PH: Foscarnet-Natrium-Hexahydrat Ph. Eur. 5

Foscarnet Gemepe® (Gemepe: AR)
Foscavir® (AstraZeneca: AT, AU, BE, BR, CH, CZ, DE, ES, FR, GB, HU, IL, JP, LU, NL, NO, NZ, PT, SE, US)
Foscavir® (AstraZeneca AB-S: IT)
Triapten® (Riemser: DE)

Fosfomycin (Rec.INN)

L: Fosfomycinum
I: Fosfomicina
D: Fosfomycin
F: Fosfomycine
S: Fosfomicina

⚕ Antibiotic

ATC: J01XX01
CAS-Nr.: 0023155-02-4 C_3-H_7-O_4-P
M_r 138.059

Phosphonic acid, (3-methyloxiranyl)-, (2R-cis)-

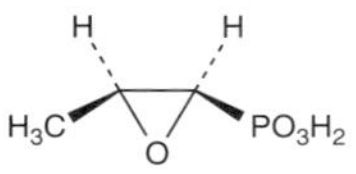

OS: *Fosfomycin [BAN, USAN]*
OS: *Fosfomycine [DCF]*
OS: *Fosfomicina [DCIT]*
IS: *MK 955 (Merck Sharp & Dohme)*
IS: *Phosphonomycin*

Fosbac® [vet.] (Bedson: ZA)
Fosfocina® (Grünenthal: EC)

– calcium salt:

OS: *Fosfomycin Calcium BANM, JAN*
PH: Fosfomycin Calcium Ph. Eur. 5, JP XIV
PH: Fosfomycinum calcicum Ph. Eur. 5
PH: Fosfomycin-Calcium Ph. Eur. 5
PH: Fosfomycine calcique Ph. Eur. 5

Fosfocil® [caps./susp.] (Senosiain: DO, GT, HN, MX, PA, SV)
Fosfocina® [caps./liqu.oral] (Ern: ES)
Fosfocin® (Crinos: IT)
Solufos® [caps./liqu.oral] (Busto: ES)
Veramina® (Roux-Ocefa: AR)

– disodium salt:

CAS-Nr.: 0026016-99-9
OS: *Fosfomycin Sodium BANM, JAN*
PH: Fosfomycin Sodium Ph. Eur. 5, JP XIV
PH: Fosfomycinum natricum Ph. Eur. 5
PH: Fosfomycine sodique Ph. Eur. 5
PH: Fosfomycin-Natrium Ph. Eur. 5

Fosfocil® [inj.] (Senosiain: DO, GT, HN, MX, PA, SV)
Fosfocina® [inj.] (Ern: ES)
Fosfocine® (Sanofi-Aventis: FR)
Fosfocin® [inj.] (Crinos: IT)
Fosfomycin Sandoz® (Sandoz: AT)
Fosmicin-S® (Meiji: JP)
Fosmicin® (Meiji: ID, TH, VN)
Infectofos® (Infectopharm: DE)
Solufos® [inj.] (Busto: ES)

– tromethamine:

CAS-Nr.: 0078964-85-9
OS: *Fosfomycin Trometamol BANM*
OS: *Fosfomycin Tromethamine USAN*
IS: *Z 1282 (Zambon, USA)*
PH: Fosfomycin Trometamol Ph. Eur. 5
PH: Fosfomycinum trometamol Ph. Eur. 5
PH: Fosfomycine trométamol Ph. Eur. 5
PH: Fosfomycin-Trometamol Ph. Eur. 5

Fosfocil® (Senosiain: MX)
Monural® (Zambon: HU, PL, RO, RS, RU)
Monuril® (Apogepha: DE)
Monuril® (Zambon: AT, BE, BR, CH, CO, DE, FR, IT, LU, NL, PT)
Monurol® (Bilim: TR)
Monurol® (Forest: US)
Monurol® (Gerolymatos: GR)
Monurol® (Janssen: MY)
Monurol® (Labomed: CL)
Monurol® (Pharmazam: ES)
Monurol® (Profarma: PE)
Monurol® (Purdue Pharma: CA)
Monurol® (Rafa: IL)
Monurol® (Sanofi-Aventis: MX)
Monurol® (Zambon: HK, IS)

Uridoz® (Therabel: FR)
Urizone® (Al Pharm: ZA)

Fosfosal (Rec.INN)

L: Fosfosalum
D: Fosfosal
F: Fosfosal
S: Fosfosal

Analgesic
Antipyretic

CAS-Nr.: 0006064-83-1 — C_7-H_7-O_6-P, M_r 218.103

Benzoic acid, 2-(phosphonooxy)-

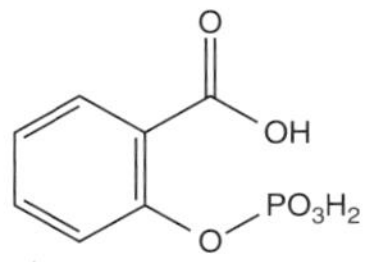

OS: *Fosfosal [USAN]*
IS: *UR 1521 (Uriach, Spain)*

Aydolid® (Farma Lepori: ES)
Disdolen® (Reig Jofre: ES)

Fosinopril (Rec.INN)

L: Fosinoprilum
D: Fosinopril
F: Fosinopril
S: Fosinopril

ACE-inhibitor

ATC: C09AA09
CAS-Nr.: 0098048-97-6 — C_{30}-H_{46}-N-O_7-P, M_r 563.678

L-Proline, 4-cyclohexyl-1-[[[2-methyl-1-(1-oxopropoxy)propoxy](4-phenylbutyl)-phosphinyl]acetyl]-, trans-

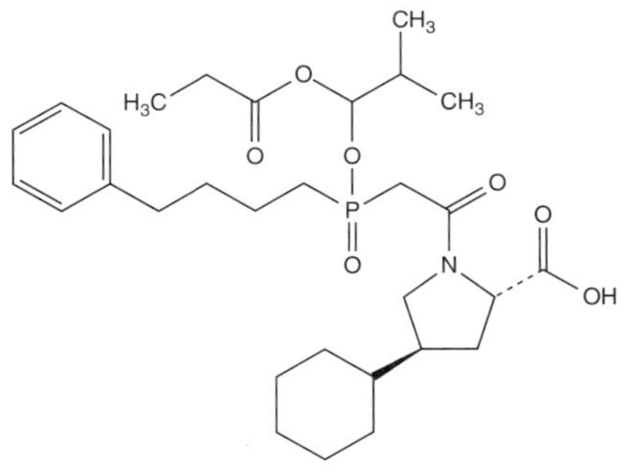

OS: *Fosinopril [BAN]*
IS: *Fosenopril*

Fosicard® (Actavis: RU)
Fosiran® (Ranbaxy: RO)
Fositen® (Bristol-Myers Squibb: PT)
Fosypril® (Terapia: RO)
Fozinopril® (Arrow: SI)
Fozitec® (Merck Lipha Santé: FR)
Monopril® (Aventis: PE)
Monopril® (Bristol-Myers Squibb: CO, DK, EC, GR, IS, RO, TH)
Monopril® (Jadran: BA, HR)

– sodium salt:

CAS-Nr.: 0088889-14-9
OS: *Fosinopril Sodium BANM, USAN*
IS: *SQ 28555 (Squibb, USA)*
PH: Fosinopril sodium USP 30

Acenor-M® (Bristol-Myers Squibb: ID)
Apo-Fosinopril® (Apotex: CA)
Dynacil® (Sanol: DE)
Dynacil® (Schwarz: DE)
Eliten® (UPSA: IT)
Fosinil® (Bristol-Myers Squibb: BE, LU)
Fosino-Teva® (Teva: DE)
Fosinopril Actavis® (Actavis: SE)
Fosinopril Basics® (Basics: DE)
Fosinopril Interpharm® (Interpharm: AT)
Fosinopril Kwizda® (Kwizda: DE)
Fosinopril Na A® (Apothecon: NL)
Fosinopril Na® (Hexal: NL)
Fosinopril-Teva® (Teva: CZ)
Fosinoprilnatrium CF® (Centrafarm: NL)
Fosinoprilnatrium Gf® (Genfarma: NL)
Fosinoprilnatrium Merck® (Merck Generics: NL)
Fosinoprilnatrium PCH® (Pharmachemie: NL)
Fosinoprilnatrium Pharmascope® (Pharmascope: NL)
Fosinoprilnatrium Sandoz® (Sandoz: NL)
Fosinopril® (Bristol-Myers Squibb: AT)
Fosinopril® (Dowelhurst: NL)
Fosinopril® (EU-Pharma: NL)
Fosinopril® (Eureco: NL)
Fosinopril® (Euro: NL)
Fosinopril® (Medcor: NL)
Fosinopril® (Nedpharma: NL)
Fosinorm® (Bristol-Myers Squibb: DE)
Fosipres® (Menarini: IT)
Fositens® (Bristol-Myers Squibb: AT, ES)
Fositen® (Bristol-Myers Squibb: CH)
Fovas® (Cadila: IN)
Gen-Fosinopril® (Genpharm: CA)
Hiperlex® (Bristol-Myers Squibb: ES)
Hiperlex® (Ferrer: ES)
Monopril® (Bristol-Myers Squibb: AU, BR, CA, CL, CN, CR, CZ, GT, HK, HN, HU, NI, PA, PL, RS, RU, SE, SG, SV, TH, TR, US, ZA)
Monopril® (PharmaSwiss: SI)
Newace® (Bristol-Myers Squibb: NL)
Newace® (Delphi: NL)
Noviform® (Teva: HU)
Novo-Fosinopril® (Novopharm: CA)
Staril® (Bristol-Myers Squibb: GB)
Tenso Stop® (Esteve: ES)
Tensocardil® (Esteve: ES)
Tensogard® (Bristol-Myers Squibb: IT)

F

Fosphenytoin (Rec.INN)

L: Fosphenytoinum
D: Fosphenytoin
F: Fosphenytoine
S: Fosfenitoina

⚕ Antiepileptic

CAS-Nr.: 0093390-81-9 C_{16}-H_{15}-N_2-O_6-P
M_r 362.286

2,4-Imidazolidinedione, 5,5-diphenyl-3-[(phosphonooxy)methyl]-

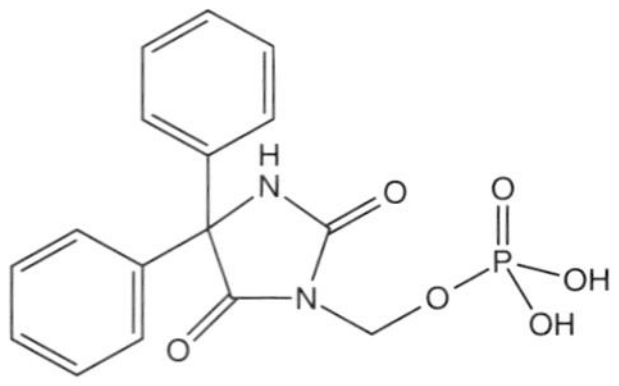

OS: *Fosphenytoin [BAN]*
IS: *CI 982*

– disodium salt:

CAS-Nr.: 0092134-98-0
OS: *Fosphenytoin Sodium BANM, USAN*
IS: *ACC 9653*
IS: *PD 135711-15B*
IS: *ACC 9653-010 (Parke Davis, USA)*
PH: Fosphenytion sodium USP 30

Cerebyx® (Pfizer: CA, US)
Cereneu® (Pfizer: ES)
Pro-Epanutin® (Parke Davis: AU, IE)
Pro-Epanutin® (Pfizer: AT, DK, FI, GB, IS, NL, NO, SE)
Prodilantin® (Pfizer: FR)

Fotemustine (Rec.INN)

L: Fotemustinum
D: Fotemustin
F: Fotemustine
S: Fotemustina

⚕ Antineoplastic agent

ATC: L01AD05
CAS-Nr.: 0092118-27-9 C_9-H_{19}-Cl-N_3-O_5-P
M_r 315.701

(±)-Diethyl [1-[3-(2-chloroethyl)-3-nitrosoureido]ethyl]phosphonate

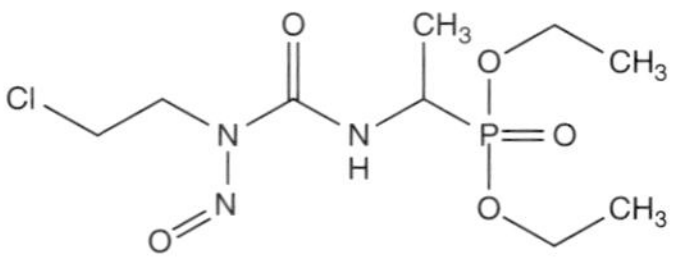

OS: *Fotemustine [BAN, USAN]*
OS: *Fotémustine [DCF]*
IS: *S 10036 (Servier, France)*

Fotemustine® (Asia Pioneer: CN)
Fotemustine® (Shanghai Pharma Group: CN)
Muforan® (Pfizer: AR)
Muphoran® (Italfarmaco: IT)
Muphoran® (Servier: AT, AU, BE, BR, CN, FR, GR, IL, LU, TR)
Mustoforan® (Servier: ES)
Mustophoran® (Servier: CZ, HU, PL, RO, RU)

Framycetin (Rec.INN)

L: Framycetinum
I: Framicetina
D: Framycetin
F: Framycétine
S: Framicetina

⚕ Antibiotic, aminoglycoside

ATC: D09AA01,S01AA07
CAS-Nr.: 0000119-04-0 C_{23}-H_{46}-N_6-O_{13}
M_r 614.681

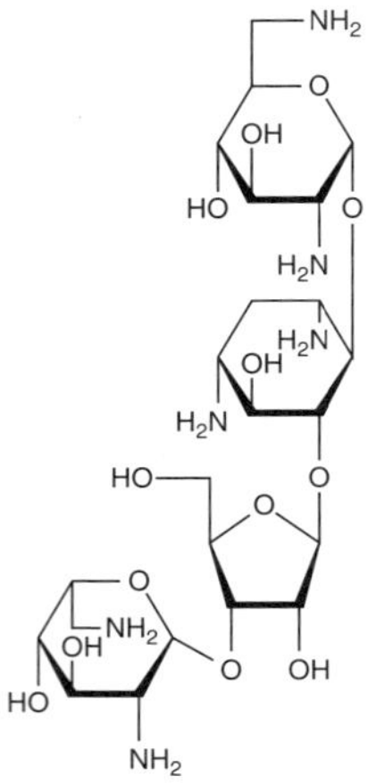

OS: *Framycetin [BAN, USAN]*
OS: *Framycétine [DCF]*
OS: *Framicetina [DCIT]*
IS: *Neomycin B*

– sulfate:

CAS-Nr.: 0028002-70-2
OS: *Framycetin Sulphate BANM*
PH: Framycétine (sulfate de) Ph. Eur. 5
PH: Framycetini sulfas Ph. Eur. 5
PH: Framycetinsulfat Ph. Eur. 5
PH: Framycetin Sulphate Ph. Eur. 5

Daryant-Tulle® (Darya-Varia: ID)
Framoccid® [vet.] (Ceva: FR)
Framomycin® [vet.] (Cypharm: IE)
Framomycin® [vet.] (Vericor: GB)
Isofra® (Bouchara: BF, BJ, CF, CG, CI, CM, GA, GN, LU, MG, ML, MR, MU, NE, SN, TD, TG, ZR)
Isofra® (Bouchara-Recordati: RU)
Leukase N® (Dermapharm: DE)
Leukase® (Dermapharm: DE)
Leukase® (Merck: AT)
Sofra-Tulle® (Acme: BD)
Sofra-Tulle® (Aventis: AU, IL, IN, TH)
Sofra-Tulle® (Aventis Pharma: ID)
Sofra-Tulle® (Erfa: CA)
Sofra-Tulle® (Sanofi-Aventis: BD, NL)
Sofra-Tüll® (Aventis: AT, DE)
Soframycine® (Aventis: LU)
Soframycine® (Melisana: BE, LU)

Soframycin® (Aventis: AU, IN, LK, NZ)
Soframycin® (Erfa: CA)
Soframycin® (Sanofi-Aventis: BD, CH, IE, NL)
Soframycin® [vet.] (Florizel: GB)

Frovatriptan (Rec.INN)

L: Frovatriptanum
D: Frovatriptan
F: Frovatriptan
S: Frovatriptan

Serotonin agonist

ATC: N02CC07
CAS-Nr.: 0158747-02-5 — C_{14}-H_{17}-N_3-O
M_r 243.3

(R)-5,6,7,8-Tetrahydro-6-(methylamino)carbazole-3-carboxamide [WHO]

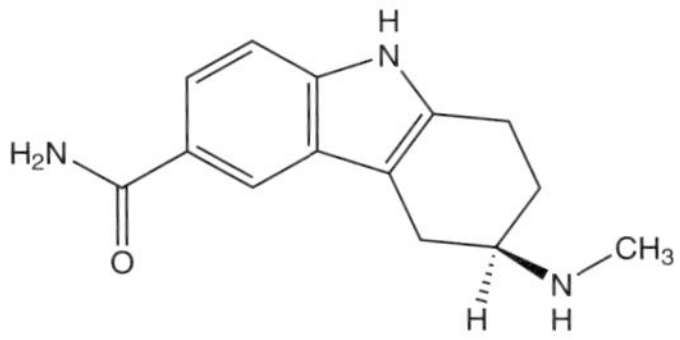

OS: *Frovatriptan [BAN, USAN]*
IS: *SB 209509/VML 251 (Smithkline Beecham)*

Allergo Filmtabletten® (Berlin-Chemie: DE)
Frotan® (Menarini: SI)
Migrex® (I.E. Ulagay: TR)

– succinate monohydrate:

CAS-Nr.: 0158930-17-7
OS: *Frovatriptan Succinate BANM, USAN*
IS: *Frovelan*
IS: *Migard*
IS: *Miguard*
IS: *SB 209509-AX (Smith Kline Beecham)*
IS: *VML 251 (Smith Kline Beecham)*

Allegro® (Berlin-Chemie: DE)
Auradol® (Menarini International-L: IT)
Eumitan® (Menarini: AT)
Forvey® (Menarini: ES)
Fromen® (Menarini: CZ)
Fromirex® (Menarini: NL)
Frova® (Endo: US)
Frovex® (Menarini: IE)
Menamig® (Menarini: CH)
Migard® (Menarini: FI, GB, LU, NL, SI)
Perlic® (Guidotti: ES)
Rilamig® (Menarini: IT)

Fructose (USP)

L: Fructosum
I: Fruttosio
D: Fructose
F: Lévulose

Dietary agent

ATC: V06DC02
CAS-Nr.: 0000057-48-7 — C_6-H_{12}-O_6
M_r 180.162

D-Fructose

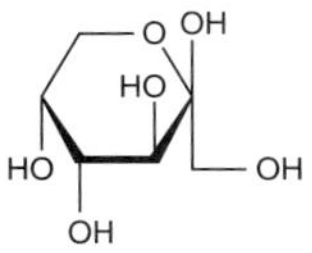

OS: *Fructose [JAN, USAN]*
IS: *Laevfructose*
IS: *Lévulose*
IS: *Laevulosum (Fructosum)*
PH: Fructose [Ph. Eur. 5, JP XIV, USP 30]
PH: Fructosum [Ph. Eur. 5]

Fructin® (Beximco: BD)
Fructose Enzypharm® (Enzypharm: AT)
Fructose Labesfal® (Labesfal: PT)
Fruttosio® [vet.] (Acme: IT)
Fruttosio® [vet.] (Galenica: IT)
Laevulose Braun® (Braun: AT)
Laevulose Mayrhofer® (Mayrhofer: AT)
Laevulose® (Actavis: GE)
Levuloza® (Hemofarm: RS)
Levuloza® (Pliva: BA, HR)

– 1,6-diphosphate disodium salt:

Esafosfina® (Biomedica Foscama: CN, HK, IT)
FDP Fisiopharma® (Fisiopharma: IT)

Fulvestrant (Rec.INN)

L: Fulvestrantum
I: Fulvestrant
D: Fulvestrant
F: Fulvestrant
S: Fulvestrant

Antiestrogen

ATC: L02BA03
ATCvet: QL02BA03
CAS-Nr.: 0129453-61-8 — C_{32}-H_{47}-F_5-O_3-S
M_r 606.79

7alpha-[9-[(4,4,5,5,5-Pentafluoropentyl)sulfinyl]nonyl]estra-1,3,5(10)-triene-3,17beta-diol [WHO]

7alpha-{9-[(4,4,5,5,5-Pentafluorpentyl)sulfinyl]nonyl}estra-1,3,5(10)-trien-3,17beta-diol [IUPAC]

F

Estra-1,3,5(10)-triene-3,17-diol, 7-[9-[(4,4,5,5,5-pentafluoropentyl)sulfinyl]nonyl]-, (7,17)- [USAN]

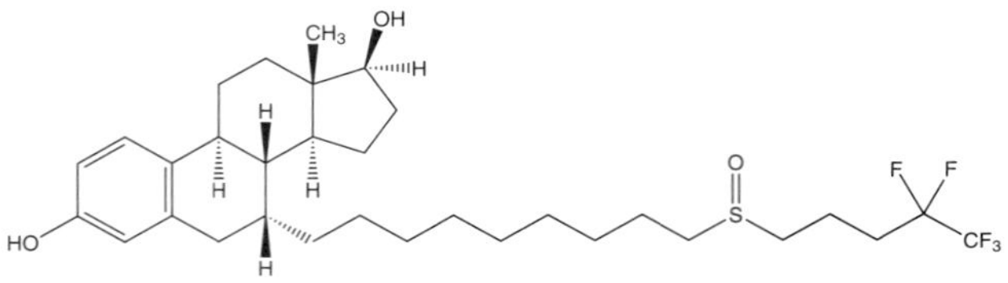

OS: *Fulvestrant [BAN, USAN]*
IS: *ICI 182780 (Zeneca)*
IS: *ZD 182780*
IS: *ZD 9238 (Zeneca, US)*
IS: *ZM 182780*
IS: *Zeneca 182780*

Faslodex® (AstraZeneca: AR, AT, BR, CA, CH, CZ, DE, DK, ES, FI, FR, GB, GE, HU, IE, IL, IS, IT, LU, NL, NO, NZ, PL, PT, RU, SE, TR, US)

Fungichromin

D: Fungichromin

Antibiotic
Antifungal agent

CAS-Nr.: 0006834-98-6 C_{35}-H_{58}-O_{12}
M_r 670.849

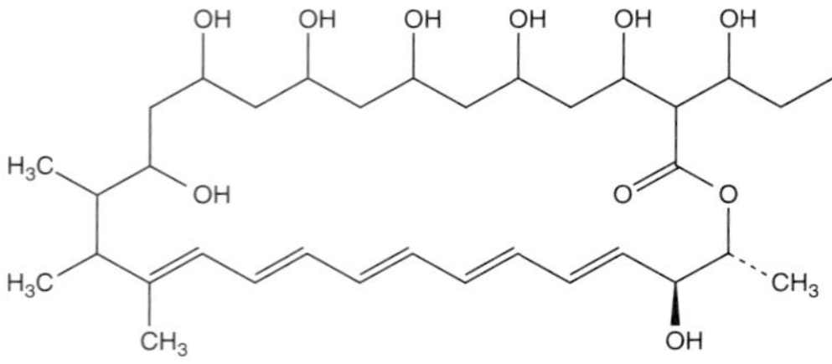

IS: *A 246*
IS: *Cogomycin*
IS: *Lagosin*
IS: *Pentamycin*
IS: *S 232*

Faulding Pentamicina® (Mayne: BR)
Pentacin® (Amsa: IT)
Pruri-ex® (Permamed: CH)

Furazidin

D: 1-[3-(5-Nitro-2-furyl)-2-propenylidenmino-2,4-imidazolidindi

Antiinfective agent

CAS-Nr.: 0001672-88-4 C_{10}-H_8-N_4-O_5
M_r 264.214

2,4-Imidazolidinedione, 1-[[3-(5-nitro-2-furanyl)-2-propenylidene]amino]-

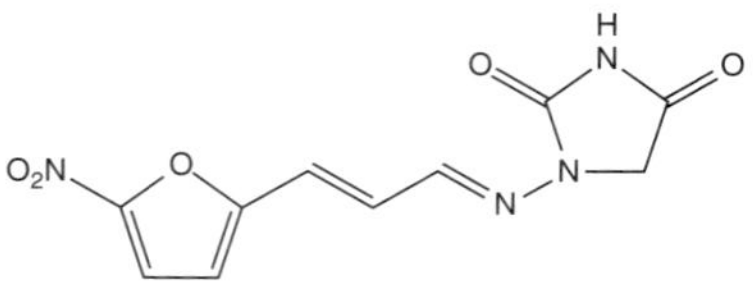

IS: *Akritoin*
IS: *1-[3-(5-Nitro-2-furyl)-2-propenylidenmino-2,4-imidazolidindion*
IS: *F 35*

Furagin® (Halychpharm: GE)
Furagin® (Olainfarm: GE)
Furamag® (Olainfarm: GE)

Furazolidone (Rec.INN)

L: Furazolidonum
I: Furazolidone
D: Furazolidon
F: Furazolidone
S: Furazolidona

Antiprotozoal agent, trichomonacidal

ATC: G01AX06
CAS-Nr.: 0000067-45-8 C_8-H_7-N_3-O_5
M_r 225.174

2-Oxazolidinone, 3-[[(5-nitro-2-furanyl)methylene]amino]-

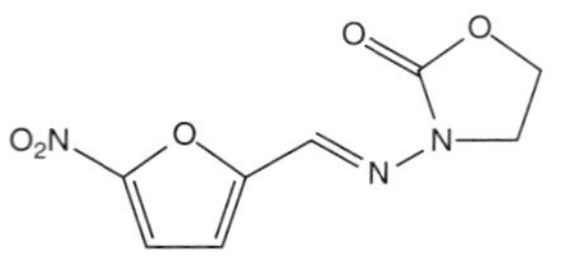

OS: *Furazolidone [BAN, DCF, DCIT, USAN]*
IS: *F 60*
IS: *NF 180*
PH: Furazolidone [BP 2002, F.U. IX, Ph. Franç. X, USP 30]
PH: Furazolidonum [2.AB-DDR, PhBs IV]

Enterol® [susp.] (Bios: PE)
Enteron NF® (Bios: PE)
Enterophar®[vet.] (Farvet: PE)
Enteroxol® [susp.] (Andreu: PE)
Furall® [vet.] (Farnam: US)
Furamycin® [vet.] (PCL: NZ)
Furapill® (Bioindustria: EC)
Furasian® (Asian: TH)
Furazolidina® (Pentacoop: CO)
Furazolidon-T® [vet.] (Chevita: DE)
Furazolidona® [susp./tab.] (Arena: RO)
Furazolidona® [susp./tab.] (Induquimica: PE)
Furazolidona® [susp./tab.] (Intipharma: PE)
Furazolidona® [susp./tab.] (Lusa: PE)
Furazolidona® [susp./tab.] (Monsanti: PE)
Furazolidona® [susp./tab.] (Quilab: PE)
Furazolidona® [susp./tab.] (UQP: PE)
Furazolidon® (Medana: PL)
Furazolidon® (Terapia: RO)
Furion® (Chew Brothers: TH)
Furoxona® (Boehringer Ingelheim: CL, CO, MX)
Furoxona® (Medifarma: PE)
Furoxone® (Formenti: IT)
Furoxone® (GlaxoSmithKline: IN)
Furoxone® (Roberts: US)
Furox® [vet.] (Fort Dodge: US)
Fuxol® (Ferring: MX)
Giardalam® (Incobra: CO)
Giardalan® [susp.] (Bioplix-Biox: PE)
Giardil® (Phoenix: AR)
Giarlam® (UCI: BR)

Neo Prodiar® (Erlimpex: ID)
Strectocina® (Lusa: PE)
Topazone® [vet.] (Fort Dodge: US)

Furosemide (Rec.INN)

L: Furosemidum
I: Furosemide
D: Furosemid
F: Furosémide
S: Furosemida

Diuretic, loop

ATC: C03CA01
CAS-Nr.: 0000054-31-9 C_{12}-H_{11}-Cl-N_2-O_5-S
M_r 330.75

Benzoic acid, 5-(aminosulfonyl)-4-chloro-2-[(2-furanylmethyl)amino]-

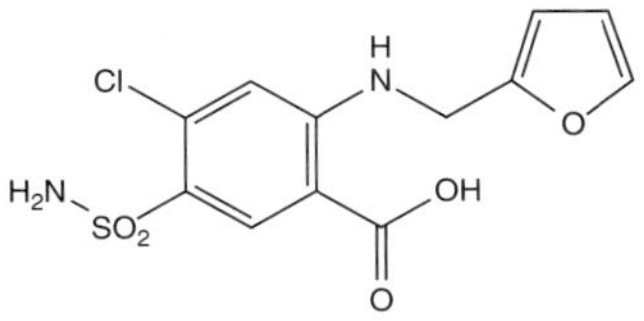

OS: *Furosemide [BAN, DCF, DCIT, JAN, USAN]*
OS: *Frusemide [BAN]*
IS: *Furantral*
IS: *Hoe 058 (Hoechst Marion Roussel, Germany)*
IS: *LB 502*
PH: Furosemid [Ph. Eur. 5]
PH: Furosemide [JP XIV, Ph. Eur. 5, Ph. Int. 4, USP 30]
PH: Furosemidum [Ph. Eur. 5, Ph. Int. 4]
PH: Furosémide [Ph. Eur. 5]

Aldic® (Shiwa: TH)
Anfuramide® (Sawai: JP)
Apo-Furosemida® (Apotex: PE)
Apo-Furosemide® (Apotex: CA, CZ, VN)
Aquarid® (Alliance: ZA)
Arsiret® (Meprofarm: ID)
Asax® (Pasteur: CL)
Aspen Furosemide® (Aspen: ZA)
Beurises® (Be-Tabs: ZA)
Cetasix® (Soho: ID)
Classic® (Kimia: ID)
Desal® (Biofarma: BA, TR)
Dimazon® [vet.] (Hoechst Animal Health: BE)
Dimazon® [vet.] (Intervet: DE, FI, FR, GB, IT, LU, NL)
Dimazon® [vet.] (Veterinaria: CH)
Dirine® (Atlantic: SG, TH)
Dirusid® (Delta: BD)
Disal® [vet.] (Boehringer Ingelheim Vetmedica: US)
Diural® (Alpharma: DK, NO)
Diurapid® (Jenapharm: DE)
Diuren® [vet.] (Teknofarma: IT)
Diuride® [vet.] (Anthony: US)
Diurin® (Pacific: NZ)
Diusemide® (APM: AE, BG, BH, IQ, JO, KW, LB, LY, NG, OM, QA, SA, SD, SY, TN, YE)
Diusix® (Aché: BR)
Docfurose® (Docpharma: BE, LU)
durafurid® (Merck dura: DE)
Edemann® (Littman: PH)
Edemid® (Lek: BA, HR, SI)
Equi-Phar Furosemide® [vet.] (Vedco: US)
Errolon® (Sandoz: AR)
Fabofurox® (Fabop: AR)
Fada Furosemida® (Fada: AR)
Farsix® (Fahrenheit: ID)
Flusapex® [vet.] (Apex: AU)
Folironit® (Tsuruhara: JP)
Froop® (Ashbourne: GB)
Frudix® [vet.] (Jurox: AU, NZ)
Frusecare® [vet.] (Animalcare: GB)
Frusedale® [vet.] (Arnolds: GB)
Frusehexal® (Hexal: AU)
Frusemide DHA® (DHA: SG)
Frusemide Injection® (CSL: AU)
Frusemide Injection® (Mayne: NZ)
Frusemide Malchem® (Malaysia Chemist: SG)
Frusemide-BC® (Biochemie: AU)
Frusemide® [vet.] (Baxter: NZ)
Frusemide® [vet.] (Ilium Veterinary Products: AU)
Frusemide® [vet.] (Millpledge: GB)
Frusenex® (Geno: IN)
Fruside® (Pinewood: IE)
Frusid® (Douglas: AU, TH)
Frusid® (TTN: TH)
Frusin® (Opsonin: BD)
Frusol® (Rosemont: GB)
Fudirine® (PP Lab: TH)
Fulsix® (Tatsumi Kagaku: JP)
Fuluvamide® (MECT: JP)
Furaced® (Lacofarma: DO)
Furagrand® (Ahimsa: AR)
Furanthril® (Actavis: GE)
Furanthril® (medphano: DE)
Furantril® (Balkanpharma: BG)
Furese® (Sandoz: DK)
Furesis® (Orion: FI)
Furetic® (Siam Bheasach: TH)
Furide® (Polipharm: TH)
Furine® (Progress: TH)
Furix® (Investi: AR)
Furix® (Nycomed: DK, IS, NO, SE)
Furo AbZ® (AbZ: DE)
Furo-CT® (CT: DE)
Furo-Puren® (Alpharma: DE)
Furobeta® (betapharm: DE)
Furodrix® [Tab.] (Streuli: CH)
Furodur® (Socobom: BE, LU)
Furogamma® (Wörwag Pharma: DE)
Furohexal® (Hexal: AT)
Furoject® [vet.] (Vetus: US)
Furomed-Wolff® (Wolff: DE)
Furomex® (Orion: AE, BH, CZ, EG, JO, KW, LB)
Furomid® (Deva: TR)
Furomin® (Ratiopharm: FI)
Furon® (Ratiopharm: AT, CZ)
Furon® (ratiopharm: HU)
Furorese® (Hexal: CZ, DE, LU)
Furos-A-Vet® [vet.] (Cross Vetpharm: US)
Furosal® (TAD: DE)
Furosemid 1A Pharma® (1A Pharma: AT, DE)
Furosemid AbZ® (AbZ: DE)
Furosemid acis® (acis: DE)
Furosemid AL® (Aliud: DE)
Furosemid AL® (Biotika: CZ)

Furosemid Basics® (Basics: DE)
Furosemid Biotika® (Biotika: CZ)
Furosemid Copyfarm® (Copyfarm: DK, SE)
Furosemid Dak® (Nycomed: DK)
Furosemid dura® (Merck dura: DE)
Furosemid EEL® (Bio EEL: RO)
Furosemid Genericon® (Genericon: AT)
Furosemid HelvePharm® (Helvepharm: CH)
Furosemid Hexal® (Sandoz: SE)
Furosemid Lannacher® (Lannacher: AT)
Furosemid LPH® (Labormed Pharma: RO)
Furosemid Nordic® (Nordic Drugs: SE)
Furosemid Pharmavit® (Bristol-Myers Squibb: HU)
Furosemid Recip® (Recip: SE)
Furosemid Sandoz® (Sandoz: DE)
Furosemid Slovakofarma® (Slovakofarma: CZ)
Furosemid Stada® (Stadapharm: DE)
Furosemid-ratiopharm® (Ratiopharm: BE)
Furosemid-ratiopharm® (ratiopharm: DE, HU, LU)
Furosemid-TEVA® (Teva: DE)
Furosemida Aphar® (Litaphar: ES)
Furosemida Biol® (Biol: AR)
Furosemida Cinfa® (Cinfa: ES)
Furosemida Denver Farma® (Denver: AR)
Furosemida Drawer® (Drawer: AR)
Furosemida Duncan® (Duncan: AR)
Furosemida Fecofar® (Fecofar: AR)
Furosemida Gen-Far® (Genfar: PE)
Furosemida Genfarma® (Genfarma: ES)
Furosemida Genfar® (Genfar: CO, EC)
Furosemida Ges® (Ges Genericos: ES)
Furosemida Inibsa® (Inibsa: ES)
Furosemida Iqfarma® (Iqfarma: PE)
Furosemida Klonal® (Klonal: AR)
Furosemida L.CH.® (Chile: CL)
Furosemida Lch® (Ivax: PE)
Furosemida MK® (MK: CO)
Furosemida Perugen® (Perugen: PE)
Furosemida Ratiopharm® (Ratiopharm: PT)
Furosemida Rigo® (Rigo: AR)
Furosemida Sala® (Ramon: ES)
Furosemida Sandoz® (Sandoz: ES)
Furosemida Vannier® (Vannier: AR)
Furosemida Winthrop® (Winthrop: PT)
Furosemida® (Bestpharma: CL)
Furosemida® (Biosano: CL)
Furosemida® (Biosintética: BR)
Furosemida® (Carrion: PE)
Furosemida® (EMS: BR)
Furosemida® (Geyer: BR)
Furosemida® (Infabra: BR)
Furosemida® (Medley: BR)
Furosemida® (Mintlab: CL)
Furosemida® (Neo Quimica: BR)
Furosemida® (Pasteur: CL)
Furosemida® (Pentacoop: CO, EC)
Furosemida® (Sanderson: CL)
Furosemida® (Sanitas: CL)
Furosemida® (Teuto: BR)
Furosemida® (Unifarm: PE)
Furosemide Alpharma® (Alpharma: NL)
Furosemide Angenerico® (Angenerico: IT)
Furosemide A® (Apothecon: NL)
Furosemide Biologici® (Biologici: IT)
Furosemide CF® (Centrafarm: NL)
Furosemide DOC® (DOC Generici: IT)
Furosemide EG® (Eurogenerics: BE)
Furosemide Farma 1® (Farma 1: IT)
Furosemide Fisiopharma® (Fisiopharma: IT)
Furosemide FLX® (Karib: NL)
Furosemide Gf® (Genfarma: NL)
Furosemide Hexal® (Hexal: IT)
Furosemide Indo Farma® (Indofarma: ID)
Furosemide Injection® (Abraxis: US)
Furosemide Injection® (American Regent: US)
Furosemide Injection® (Hospira: US)
Furosemide Injection® (IMS: US)
Furosemide Katwijk® (Katwijk: NL)
Furosemide Merck® (Merck Generics: IT, NL)
Furosemide PCH® (Pharmachemie: NL)
Furosemide Ratiopharm® (Ratiopharm: BE)
Furosemide Sandoz® (Sandoz: BE, NL, ZA)
Furosemide Solution® (Morton Grove: US)
Furosemide Solution® (Roxane: US)
Furosemide Teva® (Teva: BE)
Furosemide-Eurogenerics® (Eurogenerics: LU)
Furosemide-Fresenius® (Bodene: ZA)
Furosemide® (Actavis: GB)
Furosemide® (Biologici: IT)
Furosemide® (Delphi: NL)
Furosemide® (Ecobi: IT)
Furosemide® (Farmacologico: IT)
Furosemide® (Fisiopharma: IT)
Furosemide® (Fresenius: IT)
Furosemide® (Galenica: IT)
Furosemide® (GenRx: NL)
Furosemide® (Goldshield: GB)
Furosemide® (Hameln: GB)
Furosemide® (Hexal: NL)
Furosemide® (Hillcross: GB)
Furosemide® (Hospira: CA)
Furosemide® (IFI: IT)
Furosemide® (ISF: IT)
Furosemide® (Italfarmaco: IT)
Furosemide® (Lagap: NL)
Furosemide® (Morton Grove: US)
Furosemide® (Mylan: US)
Furosemide® (Ogna: IT)
Furosemide® (Qualitest: US)
Furosemide® (Roxane: US)
Furosemide® (Salf: IT)
Furosemide® (Sandoz: US)
Furosemide® (Teva: GB, US)
Furosemide® (UDL: US)
Furosemide® (Wise: NL)
Furosemide® (Wockhardt: GB)
Furosemide® [vet.] (Alfasan: NL)
Furosemide® [vet.] (First Priority: US)
Furosemide® [vet.] (IVX: US)
Furosemidum® (Polfarmex: PL)
Furosemidum® (Polpharma: PL)
Furosemid® (Balkanpharma: BG)
Furosemid® (Belupo: BA)
Furosemid® (Fampharm: RS)
Furosemid® (GMP: GE)
Furosemid® (Kimia: ID)
Furosemid® (Laropharm: RO)
Furosemid® (Magistra: RO)
Furosemid® (Nycomed: GE)
Furosemid® (Orion: NO)

Furosemid® (Sanofi-Aventis: HU)
Furosemid® (Slavia Pharm: RO)
Furosemid® (Sopharma: RU)
Furosemid® (Zentiva: RO)
Furosetron® (Ariston: BR)
Furosix® (Landson: ID)
Furosol® [vet.] (Intervet: NL)
Furosoral® [vet.] (A.S.T.: NL)
Furostad® (Stada: AT)
Furosémide Biogaran® (Biogaran: FR)
Furosémide EG® (EG Labo: FR)
Furosémide Lavoisier® (Chaix et du Marais: FR)
Furosémide Merck® (Merck Génériques: FR)
Furosémide Renaudin® (Renaudin: FR)
Furosémide RPG® (RPG: FR)
Furosémide Sandoz® (Sandoz: FR)
Furosémide Winthrop® (Winthrop: FR)
Furotabs® [vet.] (Vetus: US)
Furotop® (Topgen: BE)
Furovet® [vet.] (Vetcare: FI)
Furozal Faible® (Saidal: DZ)
Furozénol® [vet.] (Vetoquinol: FR)
Fursemida Biocrom® (Biocrom: AR)
Fursemida Fabra® (Fabra: AR)
Fursemida Larjan® (Veinfar: AR)
Fursemida Northia® (Northia: AR)
Fursemida Richmond® (Richmond: AR)
Fursemida Sintesina® (Sintesina: AR)
Fursemid® (Belupo: BA, HR)
Fursol® (Sandoz: CH)
Furtenk® (Biotenk: AR)
Fuseride® (Pharmasant: TH)
Fusid® (Gry: DE)
Fusid® (ICN: NL)
Fusid® (Square: BD)
Fusid® (Teva: IL)
G-Frusemide® (Gonoshasthaya: BD)
GenRX Frusemide® (GenRX: AU)
H-Mide® (LBS: TH)
Hawkmide® (LBS: TH)
Henexal® (Schein: PE)
Hissuflux® (Hisubiette: CO)
Hydroflux® (Uni-Pharma: GR)
Impugan® (Alpharma: ID, SE)
Impugan® (Dumex: AE, BH, CY, EG, IQ, JO, KW, LB, LY, OM, QA, SA, SD, TH, YE)
Jufurix® (Juta: DE)
Jufurix® (Q-Pharm: DE)
Katlex® (Iwaki: JP)
Lasilactona® (Aventis: BR)
Lasiletten® (Sanofi-Aventis: NL)
Lasilix® (Sanofi-Aventis: FR)
Lasiven® (Umeda: TH)
Lasix® (Aventis: AT, AU, CR, DE, DK, DO, EC, GR, GT, HN, IE, IL, IN, IS, IT, LK, LU, NI, NO, NZ, PA, PE, PH, SI, SV, TH, ZA)
Lasix® (Aventis Pharma: ID)
Lasix® (Eureco: NL)
Lasix® (Euro: NL)
Lasix® (Jugoremedija: RS)
Lasix® (Paranova: AT)
Lasix® (Sanofi-Aventis: AR, BD, BE, BR, CA, CH, FI, GB, MX, MY, NL, PT, RU, SE, SG, TR, US)
Lasix® [vet.] (Hoechst Vet: IE)
Lasix® [vet.] (Intervet: GB, US)
Lizik® (Eras: TR)
Lodix® (Bosnalijek: BA)
Lowpston® (Maruko: JP)
Maoread® (Takeshima: JP)
Mediuresix® (Medicine Supply: TH)
Medley Furosemida® (Medley: BR)
Merck-Furosemide® (Merck Generics: ZA)
Micro Furosemide® (Micro: ZA)
Miphar® (Teva: IL)
Novo-Semide® (Novopharm: CA)
Oedemex® (Mepha: CH)
Opolam® (Microsules: AR)
Pharmaniaga Frusemide® (Pharmaniaga: MY)
Promedes® (Fuso: JP)
Puresis® (Aspen: ZA)
Radiamin® (Nippon Shinyaku: JP)
Retep® (Hexa: AR)
Sabax Furosemide® (Critical Care: ZA)
Salix® [vet.] (Intervet: US, ZA)
Salurex® (Remedica: CY, ET, KE, SD, ZW)
Seguril® (Aventis: ES)
Sinedem® (Unifarm: PE)
SPMC Frusemide® (SPMC: LK)
Trofurit® (Ambee: BD)
Urasin® (Thai Nakorn Patana: TH)
Uremide® (Alphapharm: AU)
Uresix® (Sanbe: ID)
Uretic® (Doctor's Chemical Work: BD)
Uretic® (Merck Generics: ZA)
Urever® (Osel: TR)
Urex Forte® (Fawns & McAllan: AU)
Urex-M® (Fawns & McAllan: AU)
Urex® (Fawns & McAllan: AU)
Urex® (Jalalabad: BD)
Urex® (Mochida: JP)
Vesix® (Christiaens: NL)
Vesix® (Leiras: FI)
Ödemase® (Azupharma: DE)

– diolamine:

CAS-Nr.: 0058517-95-6
IS: *Furosemid 2,2'-iminodiethanolsalz*

Dimazon® [vet.] (Intervet: AT)
Nuriban® (Roux-Ocefa: AR)

– sodium salt:

CAS-Nr.: 0041733-55-5

Frusemide Injection BP® (CSL: AU)
Furo-CT® (CT: DE)
Furodrix® [inj.] (Streuli: CH)
Furon® [inj.] (Ratiopharm: AT)
Furon® [inj.] (ratiopharm: HU)
Furorese Roztok® (Hexal: CZ)
Furorese® [inj.] (Hameln: CZ)
Furorese® [inj.] (Hexal: DE)
Furosemid Genericon® (Genericon: AT)
Furosemid Lannacher® (Lannacher: AT)
Furosemid Stada® [inj.] (Stadapharm: DE)
Furosemid-ratiopharm® (Merckle: CZ)
Furosemid-ratiopharm® (ratiopharm: DE)
Fursemid® [inj.] (Belupo: HR)
Fusid® [inj.] (Gry: DE)
Fusid® [inj.] (Teva: IL)

Lasix® [inj.] (Aventis: AT, DE, IT)
Lasix® [inj.] (Sanofi-Aventis: CH, HK, NL)

Fursultiamine (Rec.INN)

L: Fursultiaminum
D: Fursultiamin
F: Fursultiamine
S: Fursultiamina

Vitamin B_1

CAS-Nr.: 0000804-30-8 C_{17}-H_{26}-N_4-O_3-S_2
M_r 398.555

Formamide, N-[(4-amino-2-methyl-5-pyrimid-inyl)methyl]-N-[4-hydroxy-1-methyl-2-[[(tetrahy-dro-2-furanyl)methyl]dithio]-1-butenyl]-

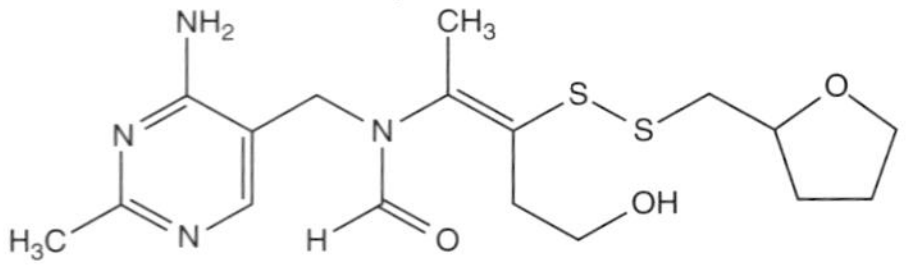

OS: *Fursultiamine [USAN]*
IS: *TTFD*
IS: *Thiamintetrahydrofurfuryldisulfid*

Alinamin-F® (Takeda: JP)
Alinamin® (Takeda: ID)
Bevitol lipophil® (Lannacher: AT)

Fusafungine (Rec.INN)

L: Fusafunginum
I: Fusafungina
D: Fusafungin
F: Fusafungine
S: Fusafungina

Antibiotic

ATC: R02AB03
CAS-Nr.: 0001393-87-9

Antibiotic obtained from cultures of a *fusarium* belonging to *Lateritium Wr.* section, or the same substance produced by any other means

OS: *Fusafungine [BAN, DCF, USAN]*
OS: *Fusafungina [DCIT]*
IS: *S 314*

Bioparox® (Servier: CZ, HU, PL, RO, RU)
Fusaloyos® (Danval: ES)
Locabiosol® (Servier: AT, CL, CR, DE, DO, GT, HN, NI, PA, PT, SV)
Locabiotal® (Servier: AE, AN, AN, AW, BB, BE, BH, BM, BR, BS, BZ, CH, EG, GD, GH, GR, GY, IE, IQ, JM, JO, KW, KY, LB, LC, LK, LU, MT, MY, NG, OM, PH, QA, SA, SD, SY, TT, VC, VN, YE, ZA)
Locabiotal® (Servier-F: IT)
Locabiotal® (Therval: FR)

Fusidic Acid (Rec.INN)

L: Acidum Fusidicum
I: Acido fusidico
D: Fusidinsäure
F: Acide fusidique
S: Acido fusidico

Antibiotic

ATC: D06AX01,D09AA02,J01XC01,S01AA13
CAS-Nr.: 0006990-06-3 C_{31}-H_{48}-O_6
M_r 516.725

29-Nordammara-17(20),24-dien-21-oic acid, 16-(acetyloxy)-3,11-dihydroxy-, (3α,4α,8α,9β,11α,13α,14β,16β,17Z)-

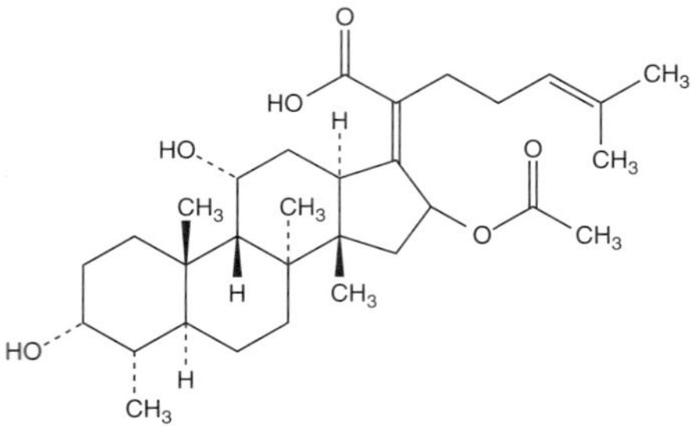

OS: *Acide fusidique [DCF]*
OS: *Fusidic Acid [BAN, USAN]*
OS: *Acido fusidico [DCIT]*
IS: *SQ 16603*

Acido Fusidico Genfar® (Genfar: CO, EC)
Acido Fusidico® (Blaskov: CO)
Acido Fusidico® (Medicalex: CO)
Acido Fusidico® (Pentacoop: CO)
Biofucid® (Bausch & Lomb: AR)
Conoptal® [vet.] (Bayer Animal: NZ)
Conoptal® [vet.] (Boehringer Ingelheim: AU)
Derzel® (Sanofi-Synthelabo: CO)
Desdek® (Edol: PT)
Flusextrine® (Medi Sofex: PT)
Foban® (AFT: NZ)
Foban® (Hoe: LK, SG)
Foban® (Summit: TH)
Fuciderm® (VetXX: AT)
Fucidin Intertulle® (Andromaco: CL)
Fucidin Intertulle® (Leo: HK)
Fucidin Leo® (Leo: EC)
Fucidin Ointment® (Leo: BD, CA)
Fucidine Paranova® (Leo: DK)
Fucidine® (Farmacusi: ES)
Fucidine® (Leo: FR)
Fucidin® [crème] (Al Pharm: ZA)
Fucidin® [crème] (Andromaco: AR, CL)
Fucidin® [crème] (CSL: AU)
Fucidin® [crème] (Darya-Varia: ID)
Fucidin® [crème] (Grünenthal: PE)
Fucidin® [crème] (Leo: BD, BE, CA, CH, CN, CR, DK, DO, FI, GB)
Fucidin® [crème] (LEO: GR)
Fucidin® [crème] (Leo: GT, HK, HN, HU, IE, IL, IS, LK, LU, MY, NL, NO, PA, PH, PL, RO, SE, SG, SV, TH)
Fucidin® [crème] (Leo Pharma: VN)
Fucidin® [crème] (Leo-DK: IT)
Fucidin® [crème] (Pharmagan: SI)
Fucidin® [crème] (Roche: CO)

Fucidin® [crème] (Scandinavia: PE)
Fucidin® [crème] (Valeant: MX)
Fucithalmic® (Abdi Ibrahim: TR)
Fucithalmic® (Andromaco: AR, CL)
Fucithalmic® (Darya-Varia: ID)
Fucithalmic® (Leo: AN, AT, BB, BD, BE, CA, CH, CR, DK, DO, ES, FI, FR, GB, GT, HK, HN, IE, IL, IS, JM, LK, LU, MY, NL, NO, NZ, PA, PH, PT, RO, SG, SV, TH, TT)
Fucithalmic® (Leo-DK: IT)
Fucithalmic® (Roche: CO)
Fucithalmic® [vet.] (Bayer Animal: DE)
Fucithalmic® [vet.] (Gräub: CH)
Fucithalmic® [vet.] (Leo: GB, NL, NO, SE)
Fucithalmic® [vet.] (Leo Animal Health: AT)
Fucithalmic® [vet.] (Leo Vet: PT)
Fucithalmic® [vet.] (Vetxx: FI)
Fucithalmic® [vet.] (VetXX: FR)
Fuladic® (Guardian: ID)
Fusiderm® (Biochem: CO)
Fusidex® (Sued: DO)
Fusid® (Chew Brothers: TH)
Fusimed® (Pablo Cassara: AR)
Fusitop® (HLB: AR)
Fusycom® (Combiphar: ID)
Gelbiotic® (LKM: AR)
Hopaq® (Hoe: PH)
Infusid® (Pauly: CO)

– diolamine:

CAS-Nr.: 0016391-75-6
IS: *Fusidic acid 2,2'-iminodiethanol salt*
IS: *Fusidic acid diethanolamine*

Fucidin® [vet.] (Leo: CA, CH, GB)
Fucidin® [vet.] (Leo Animal Health: AT)

– hemihydrate:

PH: Fusidic Acid Ph. Eur. 5
PH: Acidum fusidicum Ph. Eur. 5
PH: Fusidinsäure Ph. Eur. 5
PH: Fusidique (acide) Ph. Eur. 5

Fucidin H® (Leo: CZ)
Fucidine® (Aktuapharma: NL)
Fucidine® (Eureco: NL)
Fucidine® (Euro: NL)
Fucidine® (Leo: DE)
Fucidin® (Dr. Fisher: NL)
Fucidin® (Leo: NL)
Fucithalmic® (Aktuapharma: NL)
Fucithalmic® (Al Pharm: ZA)
Fucithalmic® (Alcon: DE)
Fucithalmic® (Delphi: NL)
Fucithalmic® (Dr. Fisher: NL)
Fucithalmic® (Euro: NL)
Fucithalmic® (Formenti: IT)
Fucithalmic® (Leo: AT, CZ, GB, HU, NL, PT, SE)
Fucithalmic® (Nycomed: RU)
Fusicutan® (Dermapharm: DE)

– sodium salt:

CAS-Nr.: 0000751-94-0
OS: *Fusidate Sodium USAN*
OS: *Sodium Fusidate BANM*
IS: *SQ 16603*
IS: *ZN 6-Na*
PH: Sodium Fusidate Ph. Eur. 5
PH: Natrii fusidas Ph. Eur. 5
PH: Natriumfusidat Ph. Eur. 5
PH: Sodium (fusidate de) Ph. Eur. 5

Dermomycin® (Sigma Tau: IT)
Desdek® (Edol: PT)
Flexid® (Hoe: PH)
Fucide® (Shaphaco: IQ, YE)
Fucidin Ointment® (Leo: GB, HK, TH)
Fucidine Orifarm® (Leo: DK)
Fucidine® (Farmacusi: ES)
Fucidine® (Leo: CA, DE, FR, PT)
Fucidine® [vet.] (Leo: DE)
Fucidine® [vet.] (VetXX: FR)
Fucidin® [tabs./ungt.] (Abdi Ibrahim: TR)
Fucidin® [tabs./ungt.] (Al Pharm: ZA)
Fucidin® [tabs./ungt.] (Andromaco: AR)
Fucidin® [tabs./ungt.] (CSL: AU)
Fucidin® [tabs./ungt.] (Darya-Varia: ID)
Fucidin® [tabs./ungt.] (Leo: AN, AT, BB, BD, BE, CA, CH, CN, CR, CZ, DO, FI, GB)
Fucidin® [tabs./ungt.] (LEO: GR)
Fucidin® [tabs./ungt.] (Leo: GT, HK, HN, HU, IE, IL, JM, LK, LU, MY, NL, NO, NZ, PA, PH, RO, SE, SG, SV, TH, TT)
Fucidin® [tabs./ungt.] (Nycomed: RU)
Fucidin® [tabs./ungt.] (Roche: CO)
Fucidin® [tabs./ungt.] (Sigma Tau: IT)
Fudikin® (Samjin: SG)
Fuladic® (Guardian: ID)
Fusidate® (Aristopharma: BD, LK)
Fusidin-Natrium® (Biosintez: RU)
Fusiwal® (Wallace: IN)
Fusycom® (Combiphar: ID)
Infloc® (Saninter: PT)
Stafine® (Koçak: TR)
Stanicid® (Hemofarm: RS)
Uniderm® (Uni: CO)
Uniderm® (Unipharm: MX)
Verutex® (Roche: BR)

Gabapentin (Rec.INN)

L: Gabapentinum
I: Gabapentin
D: Gabapentin
F: Gabapentine
S: Gabapentina

Antiepileptic

ATC: N03AX12
CAS-Nr.: 0060142-96-3 C_9-H_{17}-N-O_2
M_r 171.245

1-(Aminomethyl)cyclohexaneacetic acid

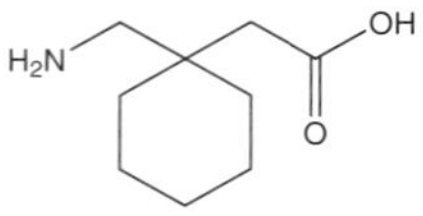

OS: *Gabapentin [BAN, USAN]*
OS: *Gabapentine [DCF]*
IS: *CI 945 (Parke Davis, USA)*
IS: *GOE 3450*
PH: Gabapentin [USP 30]

Abaglin® (Teva: AR)
Algia® (Beximco: BD)
Alidial® (Filaxis: AR)
Apo-Gabapentin® (Apotex: CA)
Apo-Gab® (Apotex: CZ)
Bapex® (Probiomed: MX)
Blugat® (Landsteiner: MX)
CO Gabapentin® (Cobalt: CA)
DBL Gabapentin® (Mayne: AU)
Dineurin® (Drugtech-Recalcine: CL)
Douglas Gabapentin® (Douglas: AU)
Edion® (Pliva: SI)
Equipax® [vet.] (Parke Davis: ES)
Gabagamma® (Wörwag Pharma: DE, RO)
Gabahasan® (Hasan: VN)
Gabahexal® (Hexal: AU)
Gabalept® (Pliva: BA, CZ, HR, RS)
GabaLich® (Winthrop: DE)
Gabamerck® (Merck: ES)
Gabantin® (Spirig: CH)
Gabantin® (Sun Pharma: MX)
Gabapentiini Ennapharma® (Ennapharma: FI)
Gabapentin 1A Farma® (1A Farma: DK)
Gabapentin 1A Pharma® (1A Pharma: DE)
Gabapentin AbZ® (AbZ: DE)
Gabapentin Actavis® (Actavis: DK, FI, SE)
Gabapentin Alternova® (Alternova: SE)
Gabapentin Alter® (Alter: ES, IT)
Gabapentin AL® (Aliud: DE)
Gabapentin Arcana® (Arcana: AT)
Gabapentin AWD® (AWD: DE)
Gabapentin Basics® (Basics: DE)
Gabapentin beta® (betapharm: DE)
Gabapentin Copyfarm® (Copyfarm: DK, SE)
Gabapentin Desitin® (Desitin: DE)
Gabapentin DOC® (DOC Generici: IT)
Gabapentin DuraScan® (DuraScan: DK)
Gabapentin dura® (Merck dura: DE)
Gabapentin EG® (EG: IT)
Gabapentin esparma® (esparma: DE)
Gabapentin Fidia® (Fidia: IT)
Gabapentin Heumann® (Heumann: DE)
Gabapentin Hexal® (Hexal: DE, IT, NO)
Gabapentin Hexal® (Sandoz: FI, SE)
Gabapentin Mepha® (Mepha: CH)
Gabapentin Merck® (Merck Generics: IT)
Gabapentin Molteni® (Molteni: IT)
Gabapentin NM Pharma® (Generics: IS)
Gabapentin Nycomed® (Nycomed: SE)
Gabapentin PCD® (Pharmacodane: DK)
Gabapentin Pliva® (Pliva: IT)
Gabapentin ratiopharm® (Ratiopharm: AT)
Gabapentin ratiopharm® (ratiopharm: DE, DK)
Gabapentin ratiopharm® (Ratiopharm: FI, IT)
Gabapentin RK® (Allen: IT)
Gabapentin Sandoz® (Sandoz: CH, DE, IT)
Gabapentin Stada® (Stada: SE)
Gabapentin Stada® (Stadapharm: DE)
Gabapentin TAD® (TAD: DE)
Gabapentin Teva® (Teva: CZ, DE, IL, IT, PL, SE)
Gabapentin Torrex® (Torrex: AT, SI)
Gabapentin Winthrop® (Winthrop: IT)
Gabapentin-biomo® (biomo: DE)
Gabapentin-CT® (CT: DE)
Gabapentin-neuraxpharm® (neuraxpharm: DE)
Gabapentin-ratiopharm® (ratiopharm: DE)
Gabapentina Alter® (Alter: ES, PT)
Gabapentina Amicomb® (Combino: ES)
Gabapentina Bexal® (Bexal: ES, PT)
Gabapentina Combaxona® (Combino: ES)
Gabapentina Combidox® (Combino: ES)
Gabapentina Combino Pharm® (Combino: ES)
Gabapentina Combix® (Combino: ES)
Gabapentina Combuxim® (Combino: ES)
Gabapentina Farmoz® (Farmoz: PT)
Gabapentina Fluoxcomb® (Combino: ES)
Gabapentina Gabamox® (Pentafarma: PT)
Gabapentina Generis® (Generis: PT)
Gabapentina Kern® (Kern: ES)
Gabapentina Merck® (Merck Genéricos: PT)
Gabapentina Pharmagenus® (Pharmagenus: ES)
Gabapentina Pharmakern® (Kern: ES)
Gabapentina ratiopharm® (ratiopharm: DE)
Gabapentina ratiopharm® (Ratiopharm: ES)
Gabapentina Rubio® (Rubio: ES)
Gabapentina Sandoz® (Sandoz: ES)
Gabapentina Teva® (Teva: ES)
Gabapentina Ur® (Uso Racional: ES)
Gabapentina Vegal® (Vegal: ES)
Gabapentina® (Biosintética: BR)
Gabapentine Actavis® (Actavis: NL)
Gabapentine Bexal® (Bexal: BE)
Gabapentine Biogaran® (Biogaran: FR)
Gabapentine CF® (Centrafarm: NL)
Gabapentine Katwijk® (Katwijk: NL)
Gabapentine Merck® (Merck Generics: NL)
Gabapentine PCH® (Pharmachemie: NL)
Gabapentine Ranbaxy® (Ranbaxy: NL)
Gabapentine ratiopharm® (Ratiopharm: NL)
Gabapentine RPG® (RPG: FR)
Gabapentine Sandoz® (Sandoz: NL)
Gabapentine Zydus® (Zydus: FR)
Gabapentine-EG® (Eurogenerics: LU)
Gabapentine® (Hexal: NL)
Gabapentin® (Actavis: NO, US)
Gabapentin® (Apotex: US)
Gabapentin® (Greenstone: US)

Gabapentin® (Mutual: US)
Gabapentin® (Ranbaxy: US)
Gabapentin® (Sandoz: US)
Gabapentin® (Spirig: CH)
Gabapentin® (Teva: US)
Gabapen® (Incepta: BD)
Gabapin® (INTAS: IN)
Gabaran® (Ranbaxy: RO)
Gabarone® (Ivax: US)
Gabatal® (Kwizda: AT)
Gabateva® (Med: TR)
Gabator® (Torrex: CZ)
Gabatur® (Cantabria: ES)
Gabax® (Norton: PL)
Gabax® (Temmler: DE)
Gabexal® (Prima: ID)
Gabex® (Andromaco: CL)
Gabictal® (Tecnofarma: CL)
Gabin® (Rowex: IE)
Gaboton® (Hexal: RO)
Gabrion® (Orion: FI)
Gabtin® (Eczacibasi: TR)
Gabture® (Gerard: IE)
Gagapentin dura® (Merck dura: DE)
Gantin® (Arrow: AU)
Gapentek® (Actavis: RU)
Gapridol® (Psicofarma: MX)
Gen-Gabapentin® (Genpharm: CA)
GenRX Gabapentin® (GenRX: AU)
Gordius® (Gedeon Richter: HU)
Helvegabin® (Helvepharm: CH)
Kaptin® (Legrand: CO)
Katena® (Belupo: HR, RS)
Logistic® (Craveri: AR)
Merck-Gabapentine® (Merck: BE, LU)
Neugabin® (Mepro: CL)
Neuril® (Alternova: DK, FI)
Neurontin® (D.A.C.: IS)
Neurontin® (Paranova: AT)
Neurontin® (Parke Davis: DE)
Neurontin® (Pfizer: AE, AR, AT, AU, BE, BH, BR, BZ, CA, CH, CO, CR, CY, CZ, DE, EG, ES, FI, FR, GB, GR, GT, HK, HN, HR, HU, ID, IE, IL, IN, IS, IT, JO, KW, LB, LU, MX, MY, NI, NL, NO, NZ, OM, PA, PL, PT, RO, RS, RU, SA, SE, SG, SI, SV, TH, TR, US, VN, ZA)
Neuropen® (Drug International: BD)
Neurostil® (Ivax: IE)
Neurotin® (Pfizer: PE)
Neurotin® (Silva: BD)
Nopatic® (Rayere: MX)
Normatol® (Pfizer: CL)
Novo-Gabapentin® (Novopharm: CA)
Nupentin® (Alphapharm: AU)
Nupentin® (Pacific: NZ)
Pendine® (Alphapharm: AU)
PMS-Gabapentin® (Pharmascience: CA)
Progresse® (Biosintética: BR)
ratio-Gabapentin® (Ratiopharm: CA)
Ritmenal® (Sanitas: CL)
Tebantin® (Gedeon Richter: RU)
Ultraneutral® (Raffo: AR)

Gabexate (Rec.INN)

L: Gabexatum
I: Gabexato
D: Gabexat
F: Gabexate
S: Gabexato

⚕ Enzyme inhibitor, protease

CAS-Nr.: 0039492-01-8 — C_{16}-H_{23}-N_3-O_4
M_r 321.39

Benzoic acid, 4-[[6-[(aminoiminomethyl)amino]-1-oxohexyl]oxy]-, ethyl ester

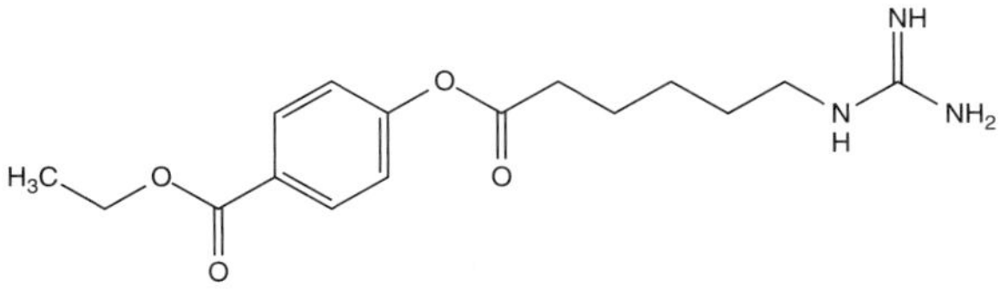

OS: *Gabexate [USAN]*

– mesilate:

CAS-Nr.: 0056974-61-9
OS: *Gabexate Mesilate JAN*
IS: *Gabexate methanesulfonate*
PH: Gabexate Mesilate JP XIV

Foy® (Lepetit: IT)
Foy® (Ono: JP)
Gabesato mesilato IBI® (IBI: IT)

Gadobenic Acid (Rec.INN)

L: Acidum gadobenicum
D: Gadobensäure
F: Acide gadobenique
S: Acido gadobenico

⚕ Contrast medium

ATC: V08CA
CAS-Nr.: 0113662-23-0 — C_{22}-H_{28}-Gd-N_3-O_{11}
M_r 667.73

Dihydrogen[(+/-)-4-carboxy-5,8,11-tris(carboxymethyl)-1-phenyl-2-oxa-5,8,11-triazatridecan-13-oato(5-)]gadolinate(2-) [WHO]

Dihydrogen[(+/-)-carboxy-5,8,11-tris(carboxymethyl)-1-phenyl-2-oxa-5,8,11-triazatridecan-13-oato(5-)]gadolinat(2-) [IUPAC]

Dihydrogen ((+-)-4-carboxy-5,8,11-tris(carboxymethyl)-1-phenyl-2-oxa-5,8,11-- triazatridecan-13-oato(5-))gadolinate(2-), compound with 1-deoxy-1-(methylamino)-D-glucitol (1:2)

Gadolinate(2-), (4-carboxy-5,8,11-tris(carboxymethyl)-1-phenyl-2-oxa-5,8,11-triaz- atridecan-13-oato(5-)-N5,N8,N11,O4,O5,O8,O11,O13)-, dihydrogen [NLM]

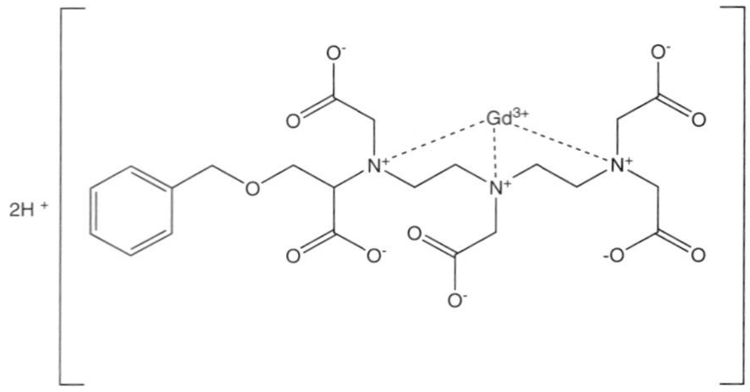

OS: *Gadobenic Acid [BAN]*
IS: *B 19036 (Bracco, Milano)*
IS: *Gd-BOPTA (Bracco, Milano)*

Multihance® (Regional Health: NZ)

– dimeglumine:

CAS-Nr.: 0127000-20-8
OS: *Gadobenate Dimeglumine USAN*
IS: *B 19036/7 (Bracco, Italy)*
IS: *Gd-BOPTA/Dimeg*

MultiHance® (Altana: BE, DE, FR, LU)
MultiHance® (Auremiana: SI)
MultiHance® (Bracco: AT, CH, CZ, DK, HU, IL, IT, LU, NL, NO, RO)
MultiHance® (Gerolymatos: GR)
MultiHance® (Initios: SE)
MultiHance® (Rovi: ES, PT)
MultiHance® (Santa-Farma: TR)

Gadobutrol (Rec.INN)

L: Gadobutrolum
D: Gadobutrol
F: Gadobutrol
S: Gadobutrol

Contrast medium, NMR-tomography

ATC: V08CA09
CAS-Nr.: 0138071-82-6 C_{18}-H_{31}-Gd-N_4-O_9
M_r 604.736

[10-[(1RS,2SR)-2,3-dihydroxy-1-(hydroxymethyl)propyl]-1,4,7,10-tetraazacyclododecane-1,4,7-triacetato(3-)]gadolinium [WHO]

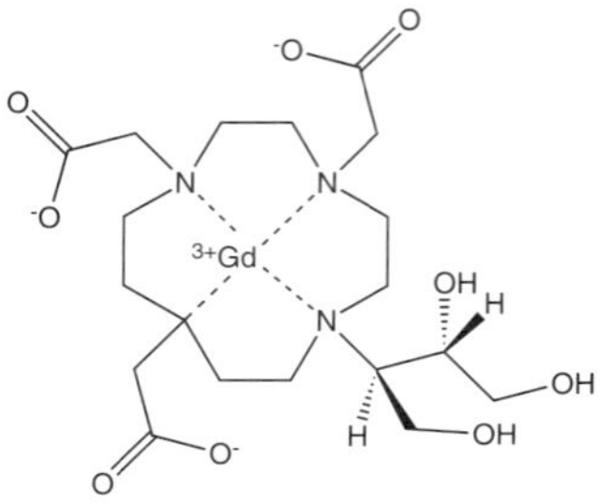

and enantiomer

OS: *Gadobutrol [USAN]*
IS: *ZK 135079*

Gadograf® (Schering: ES)
Gadovist® (Bayer: CH)
Gadovist® (Berlex: CA)
Gadovist® (Schering: AT, AU, CZ, DE, DK, ES, FI, GR, HR, HU, IS, IT, LU, NL, NO, NZ, PT, RS, RU, SE, SI, TR)
Gadovist® (Schering-Plough: RO)

Gadodiamide (Rec.INN)

L: Gadodiamidum
I: Gadodiamide
D: Gadodiamid
F: Gadodiamide
S: Gadodiamida

Contrast medium, NMR-tomography

ATC: V08CA03
CAS-Nr.: 0131410-48-5 C_{16}-H_{26}-Gd-N_5-O_8
M_r 573.684

[N,N-bis[2-[(Carboxymethyl)[(methylcarbamoyl)methyl]amino]ethyl]glycinato(3-)]gadolinium

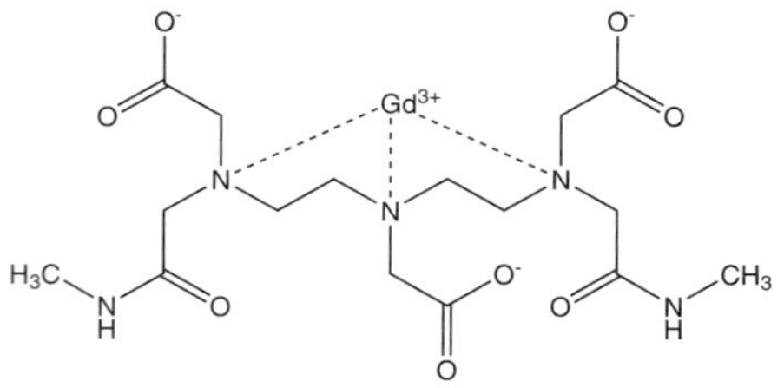

OS: *Gadodiamide [BAN, DCF, USAN]*
IS: *GdDTPA-BMA*
IS: *S 041*
PH: Gadodiamide [USP 30]

Omniscan® (Amersham: AT, AU, BE, CA, CZ, DE, ES, GR, HR, IS, IT, LU, NL, NO, NZ, RO, RS, US)
Omniscan® (Fortbenton: AR)
Omniscan® (GE Healthcare: CH, DK)
Omniscan® (Ge Healthcare: FI)
Omniscan® (GE Healthcare: FR, SE)
Omniscan® (Higiea: SI)
Omniscan® (Nycomed: IL)
Omniscan® (Opakim: TR)
Omniscan® (Sanofi-Aventis: BR)
Omniscan® (Sanofi-Synthelabo: CO)

Gadofosveset (Rec.INN)

L: Gadofosvesetum
D: Gadofosveset
F: Gadofosveset
S: Gadofosveset

Diagnostic agent
Contrast medium, angiography

ATC: V08CA11
ATCvet: QV08CA11
CAS-Nr.: 0193901-90-5 C_{33}-H_{41}-Gd-N_3-O_{14}-P
M_r 891.99

Trihydrogen [N-[2-[bis(carboxymethyl)amino]ethyl]-N-(R)-2-[bis(carboxymethyl)amino]-3-hydroxypropyl]glycine 4,4-diphenylcyclohexyl hydrogen phosphato(6-)]gadolinate(3-) (WHO)

Gadolinate(3-), [[4-[bis[(carboxy-*kappa*O)methyl]amino-*kappa*N]-6,9-bis[(carboxy-*kappa*O)methyl]-1-[(4,4-diphenylcyclohexyl)oxy]-1-hydroxy-2-oxa-6,9-diaza-1-phosphaundecan-11-oic acid- *kappa*N6, *kappa*N9, *kappa*O11] 1-oxidato(6-)]-, trisodium (USAN)

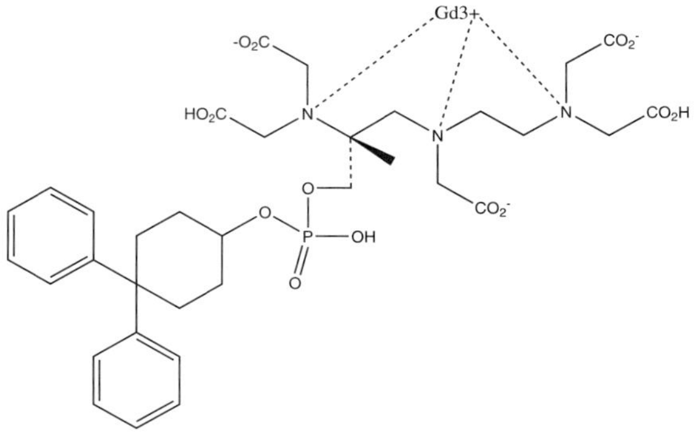

– trisodium:

OS: *Gadofosveset trisodium USAN*
IS: *MS 32520 (Mallinckrodt, US)*
IS: *MS-325*
IS: *AngioMARK*
IS: *ZK-236018*

Vasovist® [inj.] (Bayer: CH)
Vasovist® [inj.] (Schering: AT, DE, DK, ES, FI, IT, NO, SE)

Gadopentetic Acid (Rec.INN)

L: Acidum gadopenteticum
D: Gadopentetsäure
F: Acide gadopentetique
S: Acido gadopentetico

Contrast medium, NMR-tomography

ATC: V08CA01
CAS-Nr.: 0080529-93-7 C_{14}-H_{20}-Gd-N_3-O_{10}
M_r 547.594

Gadolinate(2-), [N,N-bis[2-[bis(carboxymethyl)amino]ethyl]glycinato(5-)]-, dihydrogen

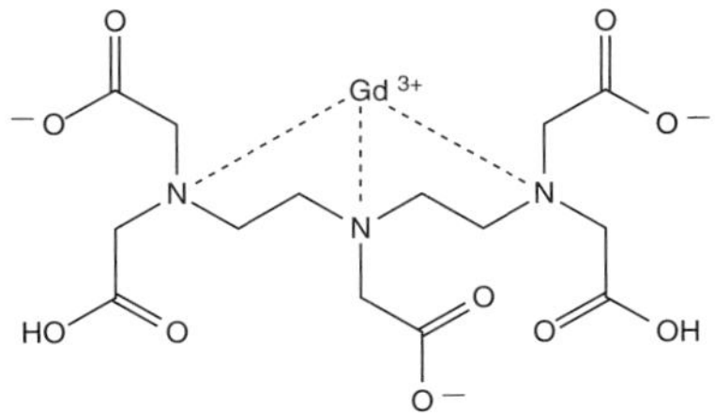

OS: *Gadopentetic Acid [BAN]*
OS: *Gadopentétique (acide) [DCF]*
IS: *Gd-DTPA (Schering, Germany)*

– dimeglumine:

CAS-Nr.: 0086050-77-3

OS: *Gadopentetate Dimeglumine USAN*
OS: *Meglumine Gadopentetate BANM, JAN*
IS: *SHL 451 A (Schering, Germany)*
PH: Gadopentetate Dimeglumine USP 26

Magnevistan® (Schering: CL)
Magnevistan® (Schering-Plough: BR)
Magnevist® (Bayer: CH)
Magnevist® (Berlex: CA, US)
Magnevist® (Schering: AR, AT, AU, BA, BE, CN, CO, CZ, DE, DK, DZ, ES, FI, FR, GB, GR, HR, HU, IS, IT, LU, NL, NO, NZ, PE, PT, RO, RS, RU, SE, SI, TR, ZA)
Magnograf® (Berlis: CH)
Magnograf® (Schering: ES)
Viewgam® (Bacon: AR, PE)

Gadoteric Acid (Rec.INN)

L: Acidum gadotericum
D: Gadotersäure
F: Acide gadoterique
S: Acido gadoterico

Contrast medium, NMR-tomography

ATC: V08CA02
CAS-Nr.: 0072573-82-1 C_{16}-H_{25}-Gd-N_4-O_8
M_r 558.666

Hydrogen [1,4,7,-10-tetraazacyclododecane-1,4,7,10-tetraacetato(4-)]-gadolinate(1-)

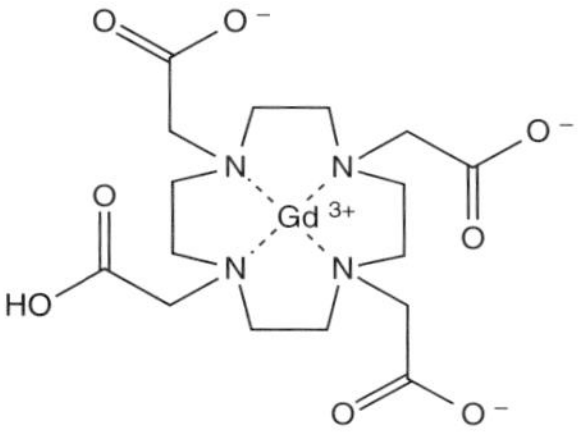

OS: *Gadotérique (acide) [DCF]*
OS: *Gadoteric Acid [BAN, USAN]*

Artirem® (Codali: BE, LU)
Artirem® (Guerbet: CH, FR)

– meglumine:

CAS-Nr.: 0092943-93-6

Artirem® (Guerbet: DE)
Dotarem® (Aspen: AU)
Dotarem® (Codali: BE, LU)
Dotarem® (Emporio: SI)
Dotarem® (Gothia: SE)
Dotarem® (Guerbet: AT, BA, CH, CZ, DE, DK, ES, FI, FR, HR, IL, NL, NO, PT, RS, TR)
Dotarem® (Guerbet-F: IT)
Dotarem® (R+N: GR)
Dotarem® (Rider: CL)
Dotarem® (Temis-Lostalo: AR)

G

Gadoteridol (Rec.INN)

L: Gadoteridolum
I: Gadoteridolo
D: Gadoteridol
F: Gadoteridol
S: Gadoteridol

⚕ Contrast medium, NMR-tomography

ATC: V08CA04
CAS-Nr.: 0120066-54-8 C_{17}-H_{29}-Gd-N_4-O_7
M_r 558.709

Gadolinium, (±)-[10-(2-hydroxypropyl)-1,4,7,10-tetraazacyclododecane-1,4,7-triacetato(3-)]-

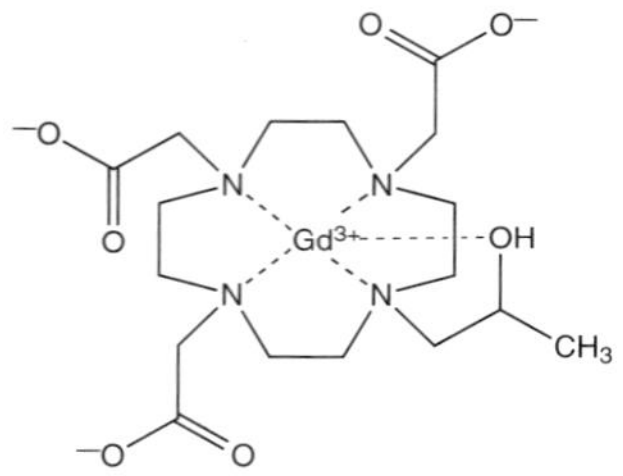

OS: *Gadoteridol [BAN, USAN]*
IS: *Gd-HP-DO 3A*
IS: *SQ 32692 (Squibb, USA)*
PH: Gadoteridol [USP 30]

ProHance Bracco® (Initios: FI)
ProHance® (Altana: BE, CZ, DE, FR, LU)
ProHance® (Bracco: AT, CH, DK, IT, LU, NL, NO)
ProHance® (Bristol-Myers Squibb: US)
ProHance® (Eisai: JP)
ProHance® (Gerot: AT)
ProHance® (Initios: SE)
ProHance® (Regional: AU)
ProHance® (Rovi: ES)

Gadoversetamide (Rec.INN)

L: Gadoversetamidum
D: Gadoversetamid
F: Gadoversetamide
S: Gadoversetamida

⚕ Diagnostic agent

ATC: V08CA06
CAS-Nr.: 0131069-91-5 C_{20}-H_{34}-Gd-N_5-O_{10}
M_r 661.76

[N,N-Bis[2-[[(carboxymethyl)[(2-methoxyethyl)carbamoyl]methyl]amino]ethyl]glycinato(3-)]gadolinium [WHO]

Gadolinium, [8,11-bis(carboxymethyl)-14-[2-[(2-methoxyethyl)amino]-2-oxoethyl]-6-oxo-2-oxa-5,8,11,14-tetraazahexadecan-16-oato(3-)]- [USAN]

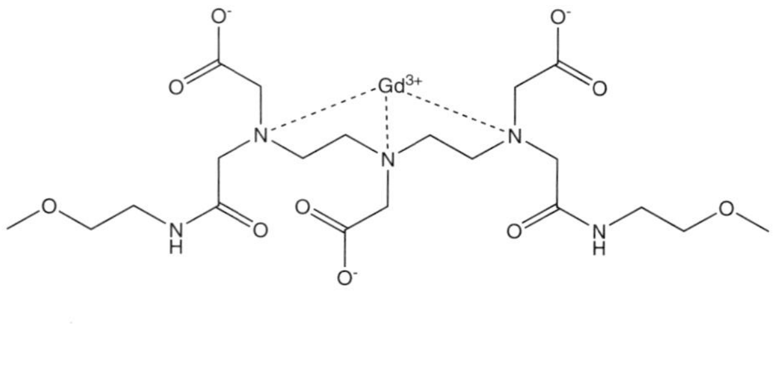

OS: *Gadoversetamide [BAN, USAN]*
IS: *MP 1177 (Mallinckrodt Medical, USA)*
PH: Gadoversetamide [USP 30]

OptiMARK® (Mallinckrodt: AR, US)
OptiMARK® (Tyco: CA)

Gadoxetic Acid (Rec.INN)

L: Acidum gadoxeticum
D: Gadoxetsäure
F: Acide gadoxetique
S: Acido gadoxetico

⚕ Contrast medium
⚕ Diagnostic agent

ATC: V08CA10
ATCvet: QB08CA10
CAS-Nr.: 0135326-11-3 C_{23}-H_{30}-Gd-N_3-O_{11}
M_r 681.75

Dihydrogen [N-[(2S)-2-]bis(carboxymethyl)amino]-3-(p-ethoxyphenyl)propyl]-N-[2-[bis(carboxymethyl)amino]ethyl]glycinato(5-)]gadolinate(2-) (WHO)

Gadolinium ethoxybenyldiethylenetriaminepentaacetic acid

Dihydrogen [N-{(2S)-2-[bis(carboxymethyl)amino]-3-(4-ethoxyphenyl)propyl}-N-{2-[bis(carboxymethyl)amino]ethyl}glycinato(5-)]gadolinat(2-) (IUPAC)

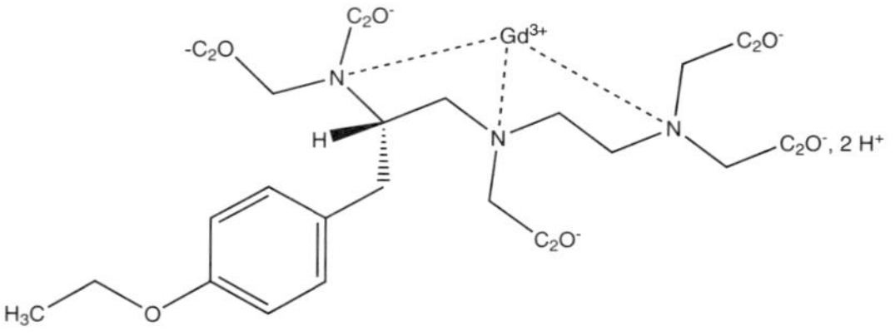

OS: *Gadoxetic Acid [USAN]*
IS: *Gd-EOB-DTPA*

– disodium:

CAS-Nr.: 0135326-22-6
OS: *Gadoxetate disodium USAN*
IS: *SHL-569B*
IS: *Eovist*
IS: *ZK-139834*
IS: *Gadoxetate disodium*

Primovist® (Bayer: CH)
Primovist® (Schering: AT, CZ, DE, ES, FI, NL, NO, SE, SI)

Galactose (USAN)

L: Galactosum
I: Galattosio
D: Galactose
F: Galactose
S: Galactosa

Diagnostic, liver function

ATC: V04CE01
CAS-Nr.: 0000059-23-4 C_6-H_{12}-O_6
M_r 180.162

(+)-α-D-Galactopyranose

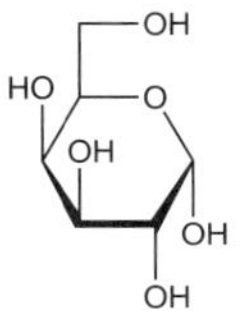

OS: *Galactose [DCF, USAN]*
IS: *Brain sugar*
IS: *Cerebrose*
IS: *Lactogulose*
PH: Galactose [Ph. Eur. 5, USP 30]
PH: Galactosum [Ph. Eur. 5]

Echovist-200® (Schering: HU, SI, ZA)
Echovist® (Schering: AT, DE, FR, GB, IL, SE)
Levograf® (Schering: ES)
Levovist® (Schering: AT, AU, CZ, DE, ES, FR, IT, ZA)

Galantamine (Rec.INN)

L: Galantaminum
I: Galantamina
D: Galantamin
F: Galantamine
S: Galantamina

Parasympathomimetic agent, cholinesterase inhibitor

ATC: N06DA04
CAS-Nr.: 0000357-70-0 C_{17}-H_{21}-N-O_3
M_r 287.365

1,2,3,4,6,7,7a,11c-octahydro-9-methoxy-2-methylbenzofuro[3a,3,2-ef][2]-benzazepin-6-ol

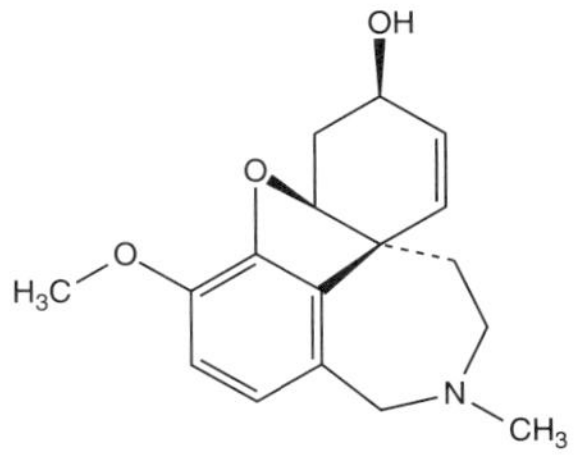

OS: *Galantamine [BAN, DCF, USAN]*
OS: *Galantamina [DCIT]*
IS: *4-27-00-02184 [Beilstein]*
IS: *BRN 0093736*
IS: *Jilkon*
IS: *Lycoremin*
IS: *Lycoremine*
IS: *NSC 100058*
IS: *Galanthamine*

Reminyl® (Janssen: LU)

– hydrobromide:

CAS-Nr.: 0001953-04-4
OS: *Galantamine Hydrobromide BANM, USAN*
PH: Galantaminium bromatum PhBs IV

Nivalin® (Sanochemia: AT)
Nivalin® (Sopharma: PL, RU)
Numencial® (Ivax: AR)
Razadyne® (Janssen: US)
Reminyl® (Janssen: AR, AT, BE, BR, CA, CH, CO, CR, CZ, DE, DK, DO, ES, FI, FR, GB, GR, GT, HK, HN, ID, IL, IS, IT, MX, MY, NI, NL, NO, NZ, PH, PT, RO, RU, SE, SG, SV, TH, US, ZA)
Reminyl® (Janssen-Cilag: CL, TR, VN)
Reminyl® (Johnson & Johnson: SI)
Reminyl® (Lyfjaver: IS)
Reminyl® (Shire: GB, IE)

G

Gallamine Triethiodide (Rec.INN)

L: Gallamini Triethiodidum
I: Gallamina triodoetilato
D: Gallamin triethiodid
F: Triéthiodure de Gallamine
S: Trietioduro de galamina

Neuromuscular blocking agent

CAS-Nr.: 0000065-29-2 C_{30}-H_{60}-I_3-N_3-O_3
M_r 891.54

Ethanaminium, 2,2',2"-[1,2,3-benzenetriyl-tris(oxy)]tris[N,N,N-triethyl-, triiodide

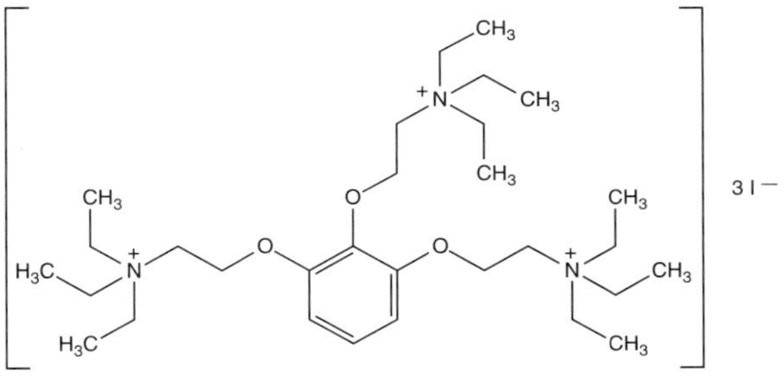

OS: *Gallamine (triéthiodure de) [DCF]*
OS: *Gallamine Triethiodide [BANM]*
OS: *Gallamine Triethiodide [USAN]*
IS: *Gallamonium iodide*
IS: *F 2559*
IS: *HL 8583*
IS: *RP 3697*
PH: Gallamine (triéthiodure de) [Ph. Eur. 5]
PH: Gallamine Triethiodide [Ph. Eur. 5, Ph. Int. 4, USP 30]
PH: Gallamini triethiodidum [Ph. Eur. 5, Ph. Int. 4]
PH: Gallamintriethiodid [Ph. Eur. 5]

Flaxedil® (Aventis: BR)
Flaxedil® (Sanofi-Aventis: BD)
Flaxedil® [vet.] (Concord Animals: GB)

Gallium Nitrate (USAN)

D: Gallium(III)-nitrat

Calcium regulating agent

CAS-Nr.: 0013494-90-1 — $Ga-N_3-O_9$, M_r 255.75

Gallium Nitrate

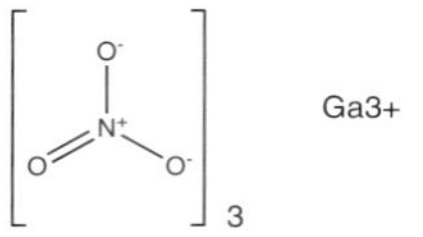

OS: *Gallium Nitrate [USAN]*
IS: *NSC 15200*

Ganite® (SoloPak: US)

Gallopamil (Rec.INN)

L: Gallopamillum
I: Gallopamil
D: Gallopamil
F: Gallopamil
S: Galopamilo

Calcium antagonist
Coronary vasodilator

ATC: C08DA02
CAS-Nr.: 0016662-47-8 — $C_{28}-H_{40}-N_2-O_5$, M_r 484.648

Benzeneacetonitrile, α-[3-[[2-(3,4-dimethoxyphenyl)ethyl]methylamino]propyl]-3,4,5-trimethoxy-α-(1-methylethyl)-

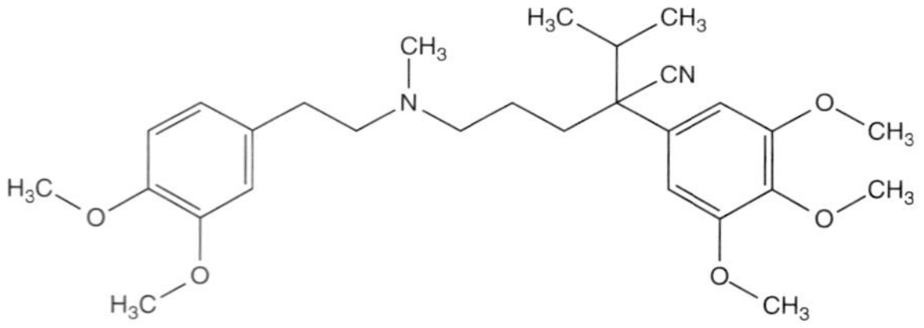

OS: *Gallopamil [BAN, DCIT]*
OS: *Gallopamil [USAN]*
IS: *D 600 (Knoll, D)*

– hydrochloride:
CAS-Nr.: 0056949-75-8

Algocor® (Teofarma: IT)
Gallobeta® (betapharm: DE)
Procorum® (Abbott: AT, DE, IT, TH)
Procorum® (Knoll: CZ)
Procorum® (Teva: HU)

Galsulfase (Rec.INN)

L: Galsulfasum
D: Galsulfase
F: Galsulfase
S: Galsulfasa

Enzyme

ATC: A16AB08
ATCvet: QA16AB08
CAS-Nr.: 0552858-79-4 — $C_{2529}-H_{3843}-N_{689}-O_{716}-S_{16}$, M_r 55867.8

OS: *Galsulfase [BAN]*
IS: *Aryplase*
IS: *N-Acetylgalactosamine 4-sulfatase, a recombinant form*
IS: *Arylsulfatase B*
IS: *rhASB*

Naglazyme® (Bio Marin: DE, ES, US)

Gamolenic Acid (Rec.INN)

L: Acidum gamolenicum
D: Gamolensäure
F: Acide gamolenique
S: Acido gamolenico

Antihyperlipidemic agent

ATC: D11AX02
CAS-Nr.: 0000506-26-3 — $C_{18}-H_{30}-O_2$, M_r 278.438

(Z,Z,Z)-Octadeca-6,9,12-trienoic acid

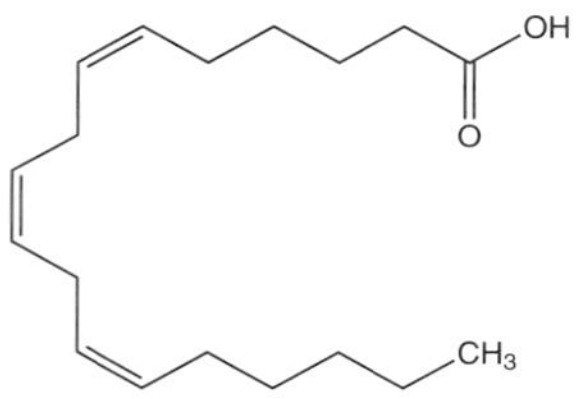

OS: *Gamolenic Acid [BAN, USAN]*
OS: *Gamolénique (acide) [DCF]*
IS: *Linolenic acid, λ-*

Epogam® (Searle: AU)
Epogam® (Strathmann: DE)
Epogam® (Zeller: CH)
Gla-120® (Dr Reddys: LK)
NorCoat® [vet.] (Norbrook: GB)

Ganciclovir (Rec.INN)

L: Ganciclovirum
I: Ganciclovir
D: Ganciclovir
F: Ganciclovir
S: Ganciclovir

Antiviral agent

ATC: J05AB06
CAS-Nr.: 0082410-32-0 — $C_9-H_{13}-N_5-O_4$, M_r 255.253

6H-Purin-6-one, 2-amino-1,9-dihydro-9-[[2-hydroxy-1-(hydroxymethyl)ethoxy]methyl]-

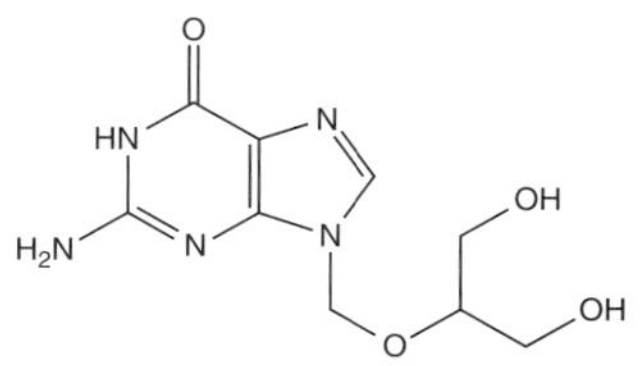

OS: *Ganciclovir [BAN, DCF, JAN, USAN]*
IS: *BW 759 U*
IS: *DHPG*
PH: Ganciclovir [USP 30]

Citovirax® (Roche: IT)
Cymevene® (Recordati: IT)
Cymevene® (Roche: AE, AT, AU, AW, BE, BG, BR, CA, CH, CL, CN, CR, CU, CY, CZ, DE, DK, EE, EG, ES, FI, FR, GB, GR, GT, HK, HR, ID, IE, IL, IN, IR, IS, IT, JO, JP, KE, KW, LK, LT, LU, LV, MA, MU, NL, NO, NZ, OM, PH, PK, PL, PT, RO, RS, RU, SE, SK, TN, TR, TW, UA, US, UY, VE, ZA)
Cymevene® (Roche RX: SG)
Cymeven® (Roche: BA, DE)
Cymévan® (Roche: FR)
Cytovene® (Roche: CA, US)
Ganciclovir® (Bestpharma: CL)
Ganciclovir® (Ranbaxy: US)
Ganciclovir® (Richmond: PE)
Gasmilen® [sol.-inj.] (Elvetium: PE)
Virgan® (Pharm Supply: PL)
Virgan® (Sidus: AR)
Virgan® (Thea: BE, DE, ES)
Virgan® (Théa: FR)
Virgan® [vet.] (Chauvin: GB)
Vitrasert® (Bausch & Lomb: AU)
Vitrasert® (Chiron: LU, US)

– sodium salt:

CAS-Nr.: 0084245-13-6
OS: *Ganciclovir Sodium USAN*
IS: *DHPG sodium*
IS: *GCV Sodium*
IS: *Nordeoxyguanosine*

Ciganclor® (Richmond: AR, PE)
Cymevene® (Roche: AR, AT, AU, BE, BR, CH, CO, CZ, DK, ES, FI, GB, HK, HR, HU, ID, IL, IS, MX, NL, NO, NZ, PE, PH, PL, PT, SE, TH, TR, ZA)
Cymeven® (Roche: BR, DE, GB)
Cymévan® (Roche: FR)
Cytovene® (Roche: CA, US)
Ganciclovir® (Eurofarma: BR)
Ganciclovir® (Richet: AR)
Gancivir® (Eurofarma: BR)
Gasmilen® (Ivax: AR)
Grinevel® (Filaxis: AR)

Ganirelix (Rec.INN)

L: Ganirelixum
D: Ganirelix
F: Ganirelix
S: Ganirelix

LH-RH-antagonist

ATC: H01CC01
CAS-Nr.: 0124904-93-4 C_{80}-H_{113}-Cl-N_{18}-O_{13}
M_r 1570.33

N-Acetyl-3-(2-naphthyl)-D-alanyl-p-chloro-D-phenylalanyl-3-(3-pyridyl)-D-alanyl-L-seryl-L-tyrosyl-N6-(N,N'-diethylamidino)-D-lysyl-L-leucyl-N6-(N,N'-diethylamidino)-L-lysyl-L-prolyl-D-alaninamide [WHO]

N-Acetyl-3-(2-naphthyl)-D-alanyl-p-chlor-D-phenylalanyl-3-(3-pyridyl)-D-alanyl-seryl-tyrosyl-N'-(N,N'-diethylamidino)-D-lysyl-leucyl-N'-(N,N'-diethylamidino)lysyl-prolyl-D-alaninamid [IUPAC]

D-Alaninamide, N-acetyl-3-(1-naphthalenyl)-D-alanyl-4-chloro-D-phenylalanyl-3-(3- -pyridinyl)-D-alanyl-L-seryl-L-tyrosyl-N6-(bis(ethylamino)methyle- ne)-D-lysyl-L-leucyl-N6-(bis(ethylamino)methylene)-L-lysyl-L-prol- yl- [NLM)

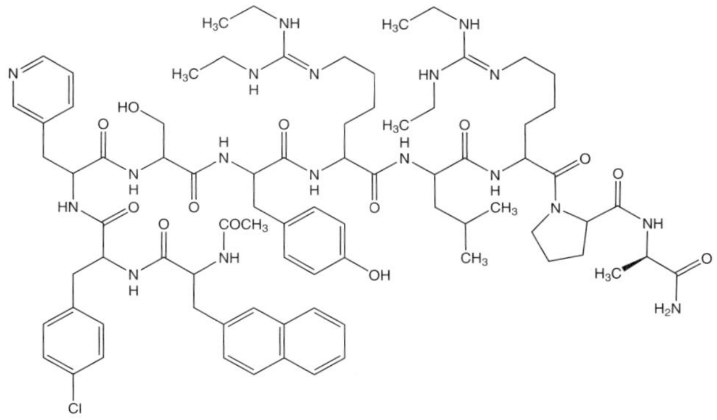

OS: *Ganirelix [BAN]*

Orgalutran® (Organon: AE, AR, AT, BH, CH, CL, CY, CZ, EG, ES, FI, FR, GB, GR, HK, IL, IQ, IR, IS, IT, JO, KW, LB, LU, LY, MX, NL, NO, OM, QA, RO, RS, SA, SD, SE, SG, SY, TH, TR, YE)

– diacetate:

CAS-Nr.: 0129311-55-3
OS: *Ganirelix Acetate BANM*
OS: *Ganirelix Acetate USAN*
IS: *Org 37462 (Organon, NL)*
IS: *RS 26306 (Syntax, US)*

Antagon® (Organon: US)
Ganirelix Acetate® (Organon: US)
Orgalutran® (Organon: AT, AU, BR, CA, DE, DK, HU, IS, NL, PH, TH)

G

Gatifloxacin (Rec.INN)

L: Gatifloxacinum
D: Gatifloxacin
F: Gatifloxacine
S: Gatifloxacino

Antibiotic, gyrase inhibitor

ATC: J01MA16,S01AX21
ATCvet: QJ01MA16,QS01AX21
CAS-Nr.: 0160738-57-8 C_{19}-H_{22}-F-N_3-O_4
M_r 375.4

(±)-1-Cyclopropyl-6-fluoro-1,4-dihydro-8-methoxy-7-(3-methyl-1-piperazinyl)-4-oxo-3-quinolinecarboxylic acid [WHO]

(±)-1-Cyclopropyl-6-fluoro-1,4-dihydro-8-methoxy-7-(3-methyl-1-piperazinyl)-4-oxo-3-quinolinecarboxylic acid

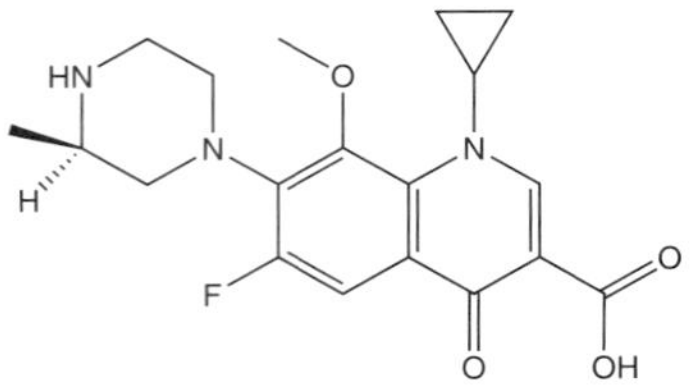

OS: *Gatifloxacin [USAN]*

Amenflox® (Ampharco: VN)
Ataq® (Orion: BD)
Bactilox® (Unimed & Unihealth: BD)
Fudixing® (Changzheng: CN)
Gataxin® (Navana: BD)
Gaticin® (Drug International: BD)
Gatiflox® (Incepta: BD)
Gatif® (Poen: AR)
Gatigen® (General Pharma: BD)
Gatilex® (Mystic: BD)
Gatilon® (ACI: BD)
Gatiquin® (Rangs: BD)
Gati® (Square: BD)
Gatlin® (Renata: BD)
Gatox® (Acme: BD)
GF® (Healthcare: BD)
Glaticin® (Fahrenheit: ID)
Tag® (Aristopharma: BD)
Tget® (Opsonin: BD)
Xegal® (Beximco: BD)
Zymaran® (Allergan: AR)
Zymar® (Allergan: BR, CA, CL, IL, SG, TH)
Zyquin® (Cadila: IN)

– sesquihydrate:

CAS-Nr.: 0180200-66-2
PH: AM 1155 (Bristol-Meyers Squibb)
PH: BMS 206584-01 (Kyorin, Japan)

Bonoq® (Grünenthal: DE)
Gatiflo® (Kyorin: JP)
Gatinox® (Eskayef: BD)
Tequin® (Apex: BD)
Tequin® (Bristol-Myers Squibb: AU, BR, ID, NZ, PH, TH, US, ZA)
Zymar® (Allergan: MX, US)

Gefarnate (Rec.INN)

L: Gefarnatum
I: Gefarnato
D: Gefarnat
F: Géfarnate
S: Gefarnato

Antispasmodic agent

ATC: A02BX07
CAS-Nr.: 0000051-77-4 C_{27}-H_{44}-O_2
M_r 400.649

4,8,12-Tetradecatrienoic acid, 5,9,13-trimethyl-, 3,7-dimethyl-2,6-octadienyl ester, (E,E,E)-

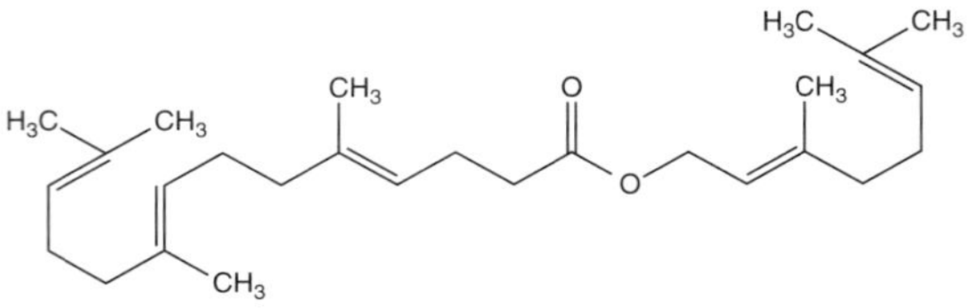

OS: *Gefarnate [BAN, JAN, USAN]*
IS: *DA 688*

Arsanil® (Taiyo: JP)
Gefanil® (Sumitomo: JP)

Gefitinib (Rec.INN)

L: Gefitinibum
D: Gefitinib
F: Gefitinib
S: Gefitinib

Antineoplastic agent

ATC: L01XE02
ATCvet: QL01XX31
CAS-Nr.: 0184475-35-2 C_{22}-H_{24}-Cl-F-N_4-O_3
M_r 446.9

N-(3-chloro-4-fluorophenyl)-7-methoxy-6-[3-(morpholin-4-yl)propoxy]quinazolin-4-amine (WHO)

4-Quinazolinamine, N-(3-chloro-4-fluorophenyl)-7-methoxy-6-[3-(4-morpholin)propoxy]- (USAN)

N-(3-Chlor-4-fluorphenyl)-7-methoxy-6-[3-(morpholin-4-yl)propoxy]chinazolin-4-amin (IUPAC)

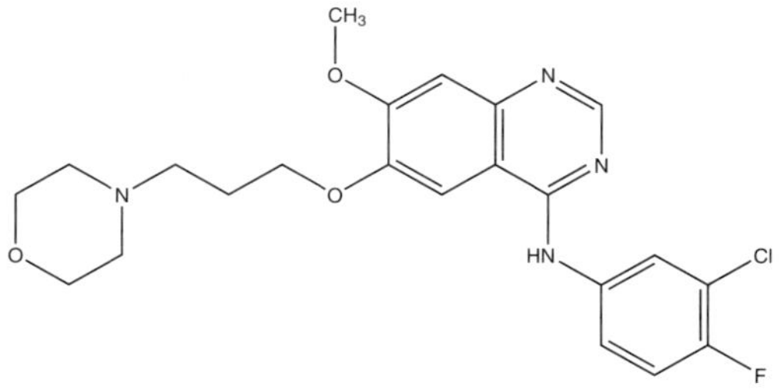

OS: *Gefitinib [USAN, BAN]*
IS: *ZD 1839*

Geftinat® (Natco: IN)
Iressa® (AstraZeneca: AR, AU, CA, CH, CL, CN, GE, HK, ID, IL, JP, KR, MX, MY, NZ, PE, PH, RS, RU, SG, TH, US)

Gemcitabine (Rec.INN)

L: Gemcitabinum
I: Gemcitabina
D: Gemcitabin
F: Gemcitabine
S: Gemcitabina

Antineoplastic agent

ATC: L01BC05
CAS-Nr.: 0095058-81-4 C_9-H_{11}-F_2-N_3-O_4
M_r 263.217

Cytidine, 2'-deoxy-2',2'-difluoro-

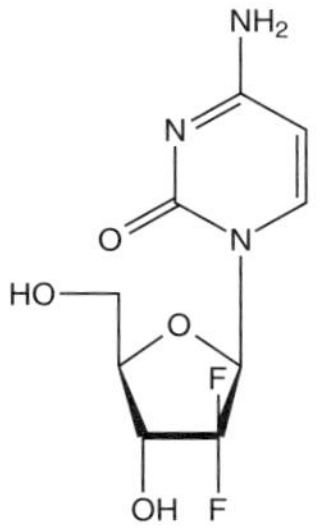

OS: *Gemcitabine [BAN, USAN]*
IS: *LY 188011 (Lilly, USA)*
PH: Gemcitabine for injection [USP 30]

Gemcitabina Sindan® (Sindan: RO)
Gemzar® (ACI: BD)
Gemzar® (Lilly: ES, HR, LU, PE, RU, SI)
Gestredos® (LKM: AR)

– hydrochloride:
CAS-Nr.: 0122111-03-9
OS: *Gemcitabine Hydrochloride BANM, USAN*
PH: Gemcitabine hydrochloride USP 30
PH: Gemcitabine hydrochloride Ph. Eur. 5

Antoril® (Teva: AR)
Cytogem® (Dr Reddys: LK)
Gemcite® (Lilly: IN)
Gemtro® (Lilly: AR)
Gemzar® (Lilly: AT, AU, BA, BE, BR, CA, CH, CL, CO, CR, CZ, DE, DK, DO, ES, ET, FI, FR, GB, GR, GT, HK, HN, HU, ID, IE, IL, IS, IT, KE, LK, LU, MX, MY, NG, NI, NL, NO, NZ, PA, PE, PH, PL, PT, RO, RS, RU, SE, SG, SI, SV, TH, TR, TZ, UG, US, ZA)
Gezt® (Richmond: AR)
Gramagen® (Sandoz: AR)

Gemeprost (Rec.INN)

L: Gemeprostum
I: Gemeprost
D: Gemeprost
F: Géméprost
S: Gemeprost

Oxytocic
Prostaglandin

ATC: G02AD03
CAS-Nr.: 0064318-79-2 C_{23}-H_{38}-O_5
M_r 394.557

Prosta-2,13-dien-1-oic acid, 11,15-dihydroxy-16,16-dimethyl-9-oxo-, methyl ester, (2E,11α,13E,15R)-

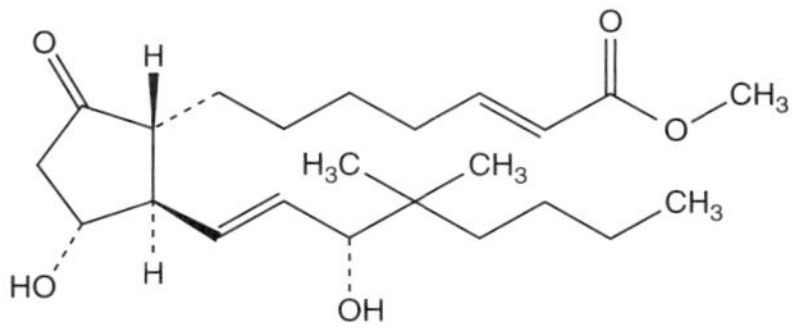

OS: *Gemeprost [BAN, DCF, DCIT, JAN, USAN]*
IS: *ONO 802 (Ono, Japan)*
IS: *SC 37681*

Cergem® (Organon: DE)
Cervagem® (Aventis: AU, DK, IS)
Cervagem® (Sanofi-Aventis: MY, SE, SG)
Cervagème® (Sanofi-Aventis: FR)
Cervidil® (Serono: IT)
Gemeprost® (Sanofi-Aventis: GB)
Preglandin® (Ono: JP)

Gemfibrozil (Rec.INN)

L: Gemfibrozilum
I: Gemfibrozil
D: Gemfibrozil
F: Gemfibrozil
S: Gemfibrozilo

Antihyperlipidemic agent

ATC: C10AB04
CAS-Nr.: 0025812-30-0 C_{15}-H_{22}-O_3
M_r 250.341

Pentanoic acid, 5-(2,5-dimethylphenoxy)-2,2-dimethyl-

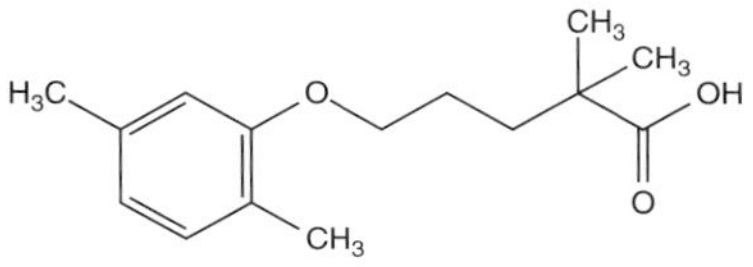

OS: *Gemfibrozil [BAN, DCF, DCIT, USAN]*
IS: *CI 719 (Parke Davis, USA)*
IS: *GEM*
PH: Gemfibrozil [BP 2002, USP 30, Ph. Eur. 5]

Adrotan® (Elpen: GR)
Amedran® (Farmedia: GR)
Antilipid® (Kleva: GR)
Apo-Gemfibrozil® (Apotex: CA)
Ausgem® (Sigma: AU)
Bisil® (Sriprasit: TH)
Boluzin® (Galenika: RS)
Brozil® (Yung Shin: SG)
Chlorestrol® (Pond's: TH)
Cholhepan® (Doctum: GR)
Clipostat® (Pharmanel: GR)
Decrelip® (Ferrer: ES)
Delipid® (Square: BD)
Deopid® (Masa Lab: TH)
Detrichol® (Global: ID)
Dosamont® (Chrispa: GR)
Drisofal® (Help: GR)
Dropid® (Medicine Supply: TH)
Dubrozil® (Alpharma: ID)
Eklipid® (Proel: GR)

Elmogan® (Lek: HR, SI)
Entianthe® (Rafarm: GR)
Fetinor® (Otto: ID)
Fibralip® (Tunggal: ID)
Fibril® (Beximco: BD)
Fibrocit® (CT: IT)
Fibrolip® (Anfarm: GR)
Fibrospes® (Specifar: GR)
G.F.B® (Umeda: TH)
Gedizil® (Bevo: GR)
Gedun® (Duncan: AR)
Gelicon® (Eskayef: BD)
Gemfi 1A Pharma® (1A Pharma: DE)
Gemfibril® (Siam Bheasach: TH)
Gemfibrozil Actavis® (Actavis: NL)
Gemfibrozil Alternova® (Alternova: DK, NL)
Gemfibrozil A® (Apothecon: NL)
Gemfibrozil CF® (Centrafarm: NL)
Gemfibrozil DOC® (DOC Generici: IT)
Gemfibrozil EG® (EG: IT)
Gemfibrozil Katwijk® (Katwijk: NL)
Gemfibrozil Merck® (Merck Generics: IT, NL)
Gemfibrozil PCH® (Pharmachemie: NL)
Gemfibrozil ratiopharm® (Ratiopharm: NL)
Gemfibrozil S.J.A.® (S.J.A.: GR)
Gemfibrozil Sandoz® (Sandoz: IT, NL, SE)
Gemfibrozil Teva® (Teva: IT, TH)
Gemfibrozil-ratiopharm® (Ratiopharm: IT)
Gemfibrozilo Bayvit® (Stada: ES)
Gemfibrozilo Bexal® (Bexal: ES)
Gemfibrozilo Gen-Far® (Genfar: PE)
Gemfibrozilo Genfar® (Genfar: CO, EC)
Gemfibrozilo L.Ch.® (Chile: CL)
Gemfibrozilo Merck® (Merck: CO)
Gemfibrozilo MK® (Bonima: BZ, DO, GT, HN, NI, PA, SV)
Gemfibrozilo MK® (MK: CO)
Gemfibrozilo Ur® (Cantabria: ES)
Gemfibrozilo® (Iqfarma: PE)
Gemfibrozilo® (La Sante: PE)
Gemfibrozilo® (Medicalex: CO)
Gemfibrozilo® (Mintlab: CL)
Gemfibrozilo® (Pasteur: CL)
Gemfibrozilo® (Pentacoop: CO, EC)
Gemfibrozilo® (Sanitas: CL)
Gemfibrozil® (Hexal: NL)
Gemfibrozil® (Mylan: US)
Gemfibrozil® (Roux-Ocefa: AR)
Gemfibrozil® (Sandoz: US)
Gemfibrozil® (Sun: IN)
Gemfibrozil® (Teva: GB, US)
Gemfibrozil® (Watson: US)
Gemfil® (Aristopharma: BD)
Gemfolid® (Genepharm: GR)
Gemhexal® (Hexal: AU)
Gemlipid Medichrom® (Medichrom: GR)
Gemlipid® (Firma: IT)
Gen-Gemfibrozil® (Genpharm: CA)
Genfibrozila® (Biosintética: BR)
Genlip® (Teofarma: IT)
Genozil® (Pulitzer: IT)
GenRX Gemfibrozil® (GenRX: AU)
Gevilon® (Interchemia: CZ)
Gevilon® (Leciva: CZ)
Gevilon® (Orion: FI)
Gevilon® (Parke Davis: DE)
Gevilon® (Pfizer: AT, CH)
Gineton® (Med-One: GR)
Gozid® (GDH: TH)
Grifogemzilo® (Chile: CL)
Hidil® (Berlin: SG, TH)
Hipolixan® (Bagó: AR)
Hypofil® (Sanbe: ID)
Innogem® (Egis: CZ, HU)
Inobes® (Prafa: ID)
Ipolipid® (Interchemia: CZ)
Ipolipid® (Medochemie: BG, BH, CY, CZ, ET, HK, IQ, JO, LK, OM, SD, SG, SK, TZ, YE)
Jezil® (Alphapharm: AU)
Lanaterom® (Landson: ID)
Lapibroz® (Lapi: ID)
Lifibron® (Metiska: ID)
Lipazil® (Douglas: AU)
Lipidys® (Medifive: TH)
Lipigem® (Littman: PH)
Lipigem® (Torrent: IN)
Lipira® (Combiphar: ID)
Lipison® (Unison: TH)
Lipitrop® (Tropica: ID)
Lipofor® (Remedica: CY, SG, VN)
Lipogen® (Biores: IT)
Lipolo® (MacroPhar: TH)
Lipotril® (Sanitas: CL)
Lipox Gemfi® (TAD: DE)
Lipozid® (Pharmacia: IT)
Lipozil® (Generix: GT, HN, SV)
Lipozil® (M & H: TH)
Lipur® (Pfizer: FR)
Lisolip® (Gap: GR)
Locholes® (TO Chemicals: TH)
Lodil® (Fascino: TH)
Lokoles® (Corsa: ID)
Lopid® (Aché: BR)
Lopid® (Parke Davis: ES)
Lopid® (Pfizer: AE, AR, AU, BH, BZ, CA, CL, CO, CR, CY, DK, EG, FI, GB, GR, GT, HK, HN, ID, IE, IN, IS, IT, JO, KW, LB, LU, MX, NI, NL, OM, PA, PE, PH, PT, SA, SE, SG, SV, TH, TR, US, VN, ZA)
Low-Lip® (United Pharmaceutical: AE, BH, IQ, JO, LY, OM, QA, SA, SD, YE)
Lowdown® (Community: TH)
Lowlip® (Medikon: ID)
Manobrozil® (March: TH)
Mariston® (Codal Synto: TH)
Mersikol® (Mersifarma: ID)
Minilip® (Teva: HU)
Normolip® (Sun: BD, IN)
Norpid® (Greater Pharma: TH)
Novo-Gemfibrozil® (Novopharm: CA)
Nufalemzil® (Nufarindo: ID)
Nurital® (Italchem: EC)
Parnoxil® (Biospray: GR)
Pharzil® (Pharmaland: TH)
Pilder® (Quimifar: ES)
PMS-Gemfibrozil® (Pharmascience: CA)
Poli-Fibrozil® (Polipharm: TH)
Polyxit® (Pharmasant: TH)
Prelisin® (Cosmopharm: GR)
Progemzal® (Prima: ID)
Raypid® (Rayere: MX)

Recozil® (Recon: SG)
Reducel® (GXI: PH)
Renabrazin® (Fahrenheit: ID)
Renolip® (Remedina: GR)
Scantipid® (Tempo: ID)
Sinelip® (Hemofarm: RS)
Solulip® (Farmanic: GR)
Terostrant® (Chrispa: GR)
Tiazam® (Vocate: GR)
Tiba® (Pharmaland: TH)
Trialmin® (Menarini: ES)
Triglizil® (Tecnoquimicas: CO)
Triglyd® (Micro Labs: LK)
Weijiangzhi® (Sunve: CN)
Zilop® (La Santé: CO)
Zilop® (Nicholas: ID)

Gemifloxacin (Rec.INN)

L: Gemifloxacinum
D: Gemifloxacin
F: Gemifloxacine
S: Gemifloxacino

Antibiotic, gyrase inhibitor

ATC: J01MA15
CAS-Nr.: 0204519-64-2 C_{18}-H_{20}-F-N_5-O_4
M_r 389.39

(+-)-7-[3-(aminomethyl)-4-oxo-1-pyrrolidinyl]-1-cyclopropyl-6-fluoro-1,4-dihydro-4-oxo-1,8-naphthyridine-3-carboxylic acid, 7(4)-(Z)-(O-methyloxime)

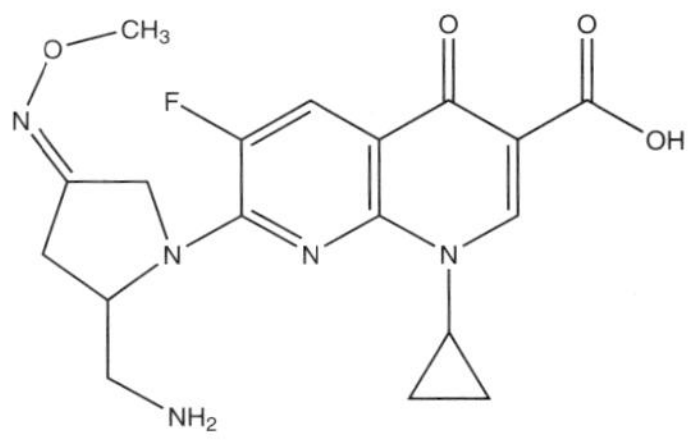

OS: *Gemifloxacin [USAN]*
IS: *LB 20304*

Factiv® (Verofarm: RU)

– mesilate:

CAS-Nr.: 0204519-65-3
OS: *Gemifloxacin Mesylate USAN*
IS: *LB 20304 a*
IS: *SB 265805*

Factive® (GeneSoft: KR, US)
Factive® (Pfizer: MX)

Gemtuzumab (Rec.INN)

L: Gemtuzumabum
D: Gemtuzumab
F: Gemtuzumab
S: Gemtuzumab

Antineoplastic agent
Immunomodulator

ATC: L01XC05
ATCvet: QL01XC05
CAS-Nr.: 0220578-59-6

Immunoglobulin G4 (human-mouse monoclonal hP67.6 gamma 4-chain anti-human antigen CD 33), disulfide with human-mouse monoclonal hP67.6 gamma-chain, dimer [WHO]

OS: *Gemtuzumab [USAN]*

– ozogamicin:

CAS-Nr.: 0220578-59-6
OS: *Gemtuzumab Ozogamicin USAN*
IS: *Gemtuzumab zogamicin*
IS: *STI 571*
IS: *CDP 771 (Wyeth Ayerst, USA)*
IS: *CMA 676 (Wyeth, Ayerst, USA)*
IS: *WAY-CMA 676 (Wyeth Ayerst, USA)*
IS: *hP67.6-calicheamicin*

Mylotarg® (Wyeth: AR, CO, PR, US)

Gentamicin (Prop.INN)

L: Gentamicinum
I: Gentamicina
D: Gentamicin
F: Gentamicine
S: Gentamicina

Antibiotic, aminoglycoside

ATC: D06AX07,J01GB03,S01AA11,S03AA06
ATCvet: QA07AA91
CAS-Nr.: 0001403-66-3

Gentamicin

OS: *Gentamicin [BAN]*
OS: *Gentamicine [DCF]*
OS: *Gentamicina [DCIT]*

Banedif® (Andreu: PE)
Biogenta® (Chalver: CO)
Dabroson® (Norma: GR)
Derma Bact® (Ethical: DO)
Dexacort Dermic® (Sanitas: PE)
Diakarmon® (Help: RO)
Diprogenta® (Schering: PE)
Duracoll® (Schering-Plough: LU)
Garamicina® (Key: CO)
Garamicina® (Schering-Plough: BR, MX)
Garamicina® (White: EC)
Garamycin Paedriatic® (Fulford: IN)
Garamycin Schwamm® (Schering: CZ)
Genbexil® (Life: EC)
Genofta® (Chauvin: PE)
Genta 590® (Farvet: PE)

Genta-Kel® [vet.] (Wolfs: BE)
Genta-Umeda® (Umeda: TH)
Gentabiotic® (Sanitas: PE)
Gentabiox® (Alfa: PE)
Gentagram® (Lusa: PE)
Gentaject® [vet.] (Prodivet: BE)
Gental Markos® (Markos: PE)
Gentamicin Eye Oint® (Actavis: GE)
Gentamicin Jadran® (Jadran: HR)
Gentamicin-Hexal® (Hexal: LU)
Gentamicina Biol® (Biol: AR)
Gentamicina FMNDTRIA® (Farmindustria: PE)
Gentamicina Genfar® (Genfar: EC)
Gentamicina Iqfarma® (Iqfarma: PE)
Gentamicina L.CH.® (Chile: CL)
Gentamicina Lch® (Ivax: PE)
Gentamicina MF® (Marfan: PE)
Gentamicina MK® (MK: CO)
Gentamicina Oftalmica® (Medicalex: PE)
Gentamicina Pentacoop® (Pentacoop: PE)
Gentamicina Solucion Oftalmica® (Biosano: CL)
Gentamicina Soluflex® (Rivero: AR)
Gentamicina® (Bestpharma: CL)
Gentamicina® (Blaskov: CO)
Gentamicina® (Britania: PE)
Gentamicina® (Farmandina: EC)
Gentamicina® (LCG: PE)
Gentamicina® (Lusa: PE)
Gentamicina® (Medicalex: CO)
Gentamicina® (Memphis: CO)
Gentamicina® (Mission Pharma.: PE)
Gentamicina® (Pentacoop: CO)
Gentamicina® (Vitalis: PE)
Gentamicine Dakota Pharm® (Dakota: FR)
Gentamicine Gf® (Genfarma: NL)
Gentamicin® (Alkaloid: RS)
Gentamicin® (Belupo: HR)
Gentamicin® (Bosnalijek: HR)
Gentamicin® (Farmal: HR)
Gentamicin® (Galenika: RS)
Gentamicin® (Hemofarm: RS, RS)
Gentamicin® (Jelfa: PL)
Gentamicin® (Krka: PL, RO)
Gentamicin® (Lek: RO, RS, SI)
Gentamicin® (Polfa Tarchomin: PL)
Gentamicin® (Polfa Warszawa: PL)
Gentamicin® (Zdravlje: RS)
Gentamicin® (Zorka: RS)
Gentamycin Actavis Cream® (Actavis: GE)
Gentamycin Actavis Ointment® (Actavis: GE)
Gentamycin H Actavis Cream® (Actavis: GE)
Gentamycin H Actavis Ointment® (Actavis: GE)
Gentaplen® (LCG: PE)
Gentasil® (Hersil: PE)
Gentasona NF® [vet.] (Farvet: PE)
Gentile® (Medifarma: PE)
Gentokulin® (Hemomont: RS)
Gentrax® (Genamerica: EC)
Lyramycin® [inj.] (Lyka Labs: RO)
Medipiel® (Sherfarma: PE)
Metrigent® [vet.] (Wolfs: BE)
Minims Gentamycine® (Chauvin: NL)
Mixgen Lch® (Ivax: PE)
Notiderm® (Magma: PE)
Ofhtagram® (Chauvin: PE)
Ophtagram® (Chauvin: LU, PE)
Pan-Gentamicine® (Panpharma: RO)
Plurisemina® (Northia: AR)
Rigaminol® (Medifarma: PE)
Tridenovag® (Ferrer: PE)
Versigen® (Chew Brothers: TH)

– sulfate:

CAS-Nr.: 0001405-41-0
OS: *Gentamicin Sulfate USAN*
OS: *Gentamicin Sulphate BANM*
IS: *Sch 9724 (Schering, USA)*
PH: Gentamicine (sulfate de) Ph. Eur. 5
PH: Gentamicini sulfas Ph. Eur. 5, Ph. Int. 4
PH: Gentamicinsulfat Ph. Eur. 5
PH: Gentamicin Sulfate JP XIV, Ph. Int. 4, USP 30
PH: Gentamicin Sulphate Ph. Eur. 5

Aagent® [vet.] (Fatro: IT)
Alcomicin® (Alcon: BD, BW, ER, ET, GH, ID, KE, LK, MW, NA, NG, TZ, UG, ZA, ZM, ZW)
Alfamycine® (Alfasan: NL)
Asigen® (Asiatic Lab: BD)
Aspen Gentamicin® (Aspen: ZA)
Bactigen® (FDC: LK)
Bioderm® (Galenium: ID)
Biogaracin® (Biochem: IN)
Biogenta Oftalmica® (Chalver: CO, EC, HN, PA, PE, SV)
Biogenta® (Chalver: EC, GT, HN, PA, SV)
Ciclozinil® (Aesculapius: IT)
Cidomycin® (Aventis: IL)
Cidomycin® (Sanofi-Aventis: GB, IE)
Clinagel® [vet.] (Janssen Animal Health: GB)
Colircusi Gentamicina® (Alcon: ES)
Danigen® (Dankos: ID)
Dergesol® (Copernico: IT)
Dermabiotik® (Medikon: ID)
Dermagen® (Corsa: ID)
Dexamytrex® (Mann: LU)
Diagen® [vet.] (Codifar: BE)
Dispagent® (Novartis: CO, DE)
Dispagent® (Novartis Ophthalmics: PE)
Duracoll® (Schering-Plough: BE)
Egen® (Edruc: BD)
Epigent® (Eipico: AE, BH, EG, IQ, JO, KW, LB, LY, OM, QA, SA, SD, YE)
Ethigent® (Ethica: ID)
Eutopic® (Farmacologico: IT)
Forticine® [vet.] (Vetoquinol: FR)
Frieso-Gent® [vet.] (Essex: AT, DE)
G-Gentamicin® (Gonoshasthaya: BD)
G-Myticin® (Pedinol: US)
G4® [vet.] (Virbac: FR)
Ganaben® [vet.] (Fatro: IT)
Garabiotic® (Bernofarm: ID)
Garacin® [vet.] (Schering-Plough: US)
Garalone® (Schering-Plough: PT)
Garamicina Oftalmica® (Schering: PE)
Garamicina Pads® (Plough: CO)
Garamicina® [inj./ungt./sol.] (Plough: CO)
Garamicina® [inj./ungt./sol.] (Schering-Plough: BR, CR, DO, GT, HN, MX)
Garamsa® (Antibioticos: MX)
Garamycin® (Beza: ET)
Garamycin® (Care: TZ)

Garamycin® (Essex: CH)
Garamycin® (Fulford: IN)
Garamycin® (Howse & McGeorge: UG)
Garamycin® (Innocol: CZ)
Garamycin® (Krka: BA, HR, SI)
Garamycin® (Schering: CA, US)
Garamycin® (Schering-Plough: AG, AN, AU, AW, BB, BM, BS, BZ, DK, GD, GR, GY, HK, HT, HU, ID, IS, JM, KE, KY, LC, NO, PL, SE, SG, TH)
Garamycin® (Supreme: NG)
Garamycin® [vet.] (Schering-Plough: SE)
Garasol® [vet.] (Schering-Plough: US)
Garasone® (Plough: CO)
Garasone® (Schering-Plough: CZ, LU, PE)
Garaxil® (Paill: BZ, HN, SV)
Garexin® (Global: ID)
Gemicin® (Roster: PE)
Gemicort® (Avsa: PE)
Gen-Gard® [vet.] (Agri Labs.: US)
Genacyn® (Square: BD)
Gencin® (DeltaSelect: DE)
Gendril® (Pasteur: PH)
Genkova® (Quimica Son's: MX)
Genmisin® (Tüm Ekip: TR)
Genoptic® (Allergan: AU, HK, NZ, US)
Genrex® (Rayere: MX)
Gensumycin® (Aventis: NO)
Gensumycin® (Sanofi-Aventis: FI, SE)
Gent-Ophtal® (Winzer: DE)
Genta E/E Drops® (Renata: BD)
Genta Gobens® (Normon: ES)
Genta M H® (M & H: TH)
Genta Shiwa® (Shiwa: TH)
Genta-CT® (CT: DE)
Genta-Fuse® [vet.] (Vetus: US)
Genta-Gobens® (Normon: CR, DO, GT, NI, SV)
Genta-Ject® [vet.] (Dopharma: NL)
Genta-Ject® [vet.] (IVX: US)
Genta-Oph® (Seng Thai: TH)
Genta-Sleecol® [vet.] (Albrecht: DE)
Genta-Sulfat® [vet.] (CP: DE)
Gentabiotic® [vet.] (Tre I: IT)
Gentacat® [vet.] (Virbac: FR)
Gentacidin® (Novartis Ophthalmics: US)
Gentacin® (Acme: BD)
Gentacin® [inj.] (Olan-Kemed: TH)
Gentacin® [vet.] (Alma: DE)
Gentacin® [vet.] (Ceva: DE)
Gentacin® [vet.] (Selecta: DE)
Gentacoll® (Innocol: FI)
Gentacoll® (Schering-Plough: DK, IS)
Gentacream® (Epifarma: IT)
Gentacyl® (Darya-Varia: ID)
Gentac® (Samakeephaesaj: TH)
Gentadar® (Dar-Al-Dawa: AE, BH, IQ, JO, KW, LB, LY, MT, NG, OM, QA, SA, SD, SO, TN, YE)
Gentaderm® (Pablo Cassara: AR)
Gentadog® [vet.] (Virbac: FR)
Gentafair® (Qualitest: US)
Gentagen® (Genepharm: GR)
Gentagil® [vet.] (Intervet: IT)
Gentaglyde® [vet.] (Fort Dodge: US)
Gentagut® (Bilim: TR)
Gentaject® [vet.] (VetPharma: SE)
Gentaject® [vet.] (Vetus: US)
Gentak® (Akorn: US)
Gentalin® [vet.] (Ceva: NL)
Gentalline® (Schering-Plough: FR)
Gentalyn Inyectable® (Schering: PE)
Gentalyn Oftalmico® (Essex: CL)
Gentalyn® (Schering: PE)
Gentalyn® (Schering-Plough: IT)
Gentalyn® (White's: CL)
Gental® (GDH: TH)
Gentamax® (Acromax: EC)
Gentamax® [vet.] (AFI: IT)
Gentamax® [vet.] (Nature Vet: AU)
Gentamax® [vet.] (Phoenix: US)
Gentamax® [vet.] (Vetpharm: NZ)
Gentamed® (Koçak: TR)
Gentamen® (Fournier: IT)
Gentamerck® (Merck: ID)
Gentamex® [vet.] (Cross Vetpharm: US)
Gentamicin Biochemie® (Biochemie: RO)
Gentamicin Cooper® (Cooper: GR)
Gentamicin F.T. Pharma® (F.T. Pharma: VN)
Gentamicin Hexal® (Hexal: DE)
Gentamicin Hoe® (Hoe: SG)
Gentamicin Indo Farma® (Indofarma: ID)
Gentamicin Injection BP® (Mayne: AU, NZ)
Gentamicin Injection BP® (Pfizer: NZ)
Gentamicin Injection BP® (Pharmacia: AU)
Gentamicin Injection Meiji® (Meiji: TH)
Gentamicin Injection Milano® (Milano: TH)
Gentamicin Krka® (Krka: SI)
Gentamicin Lek® (Lek: CZ)
Gentamicin Sandoz® (Sandoz: AT, HU, RO)
Gentamicin Sulfate ADD-Vantage® (Abbott: US)
Gentamicin Sulfate Injection® (Baxter: CA)
Gentamicin Sulfate Injection® (Novopharm: CA)
Gentamicin Sulfate Ophthalmic Solution® (Akorn: US)
Gentamicin Sulfate Ophthalmic Solution® (Altana: US)
Gentamicin Sulfate Ophthalmic Solution® (Bausch & Lomb: US)
Gentamicin Sulfate Ophthalmic Solution® (Falcon: US)
Gentamicin Sulfate Pediatric Injection® (Abraxis: US)
Gentamicin Sulfate® (Baxter: US)
Gentamicin Sulfate® (Braun: US)
Gentamicin Sulfate® [vet.] (Agri Labs.: US)
Gentamicin Sulfate® [vet.] (Boehringer Ingelheim Vetmedica: US)
Gentamicin Sulfate® [vet.] (IVX: US)
Gentamicin Sulfate® [vet.] (Sparhawk: US)
Gentamicin Tablets® (Tablets: VN)
Gentamicin Wagner® (Wagner Pharmafax: HU)
Gentamicin WZF Polfa® (Polfa: CZ)
Gentamicin-Ika® (Teva: IL)
Gentamicin-mp® (medphano: DE)
Gentamicin-POS® (Ursapharm: DE)
Gentamicin-ratiopharm® (ratiopharm: DE)
Gentamicin-Rotexmedica® (Rotexmedica: DE)
Gentamicina ABC® (ABC: IT)
Gentamicina Allen® (Allen: IT)
Gentamicina Alter® (Alter: IT)
Gentamicina Biocrom® (Biocrom: AR)
Gentamicina Braun® (Braun: ES, PT)

Gentamicina Cepa® (Cepa: ES)
Gentamicina ClNa Baxter® (Baxter: ES)
Gentamicina DOC® (DOC Generici: IT)
Gentamicina Drawer® (Drawer: AR)
Gentamicina EG® (EG: IT)
Gentamicina Fabra® (Fabra: AR)
Gentamicina Gen-Far® (Genfar: PE)
Gentamicina Grifols® (Grifols: ES)
Gentamicina Harkley® (Hubber: ES)
Gentamicina Hexal® (Hexal: IT)
Gentamicina IDI® (IDI: IT)
Gentamicina Klonal® (Klonal: AR)
Gentamicina L.CH.® (Chile: CL)
Gentamicina Labesfal® (Labesfal: PT)
Gentamicina Larjan® (Veinfar: AR)
Gentamicina Merch® (Merck Generics: IT)
Gentamicina MK® (Bonima: BZ, CR, DO, GT, HN, NI, PA, SV)
Gentamicina Normon® (Normon: ES)
Gentamicina Pliva® (Pliva: IT)
Gentamicina Ratiopharm® (Ratiopharm: IT)
Gentamicina Richet® (Richet: AR)
Gentamicina Solfato Fisiopharma® (Fisiopharma: IT)
Gentamicina Solfato® (Biologici: IT)
Gentamicina Solfato® (Farmacologico: IT)
Gentamicina Solfato® (Fisiopharma: IT)
Gentamicina Solfato® (ISF: IT)
Gentamicina Solfato® (Italfarmaco: IT)
Gentamicina Solfato® (PHT: IT)
Gentamicina Sulfato® (Biosano: CL)
Gentamicina Teva® (Teva: IT)
Gentamicina® (Allergan: BR)
Gentamicina® (Ecar: CO)
Gentamicina® (Farmo Andina: PE)
Gentamicina® (Geyer: BR)
Gentamicina® (La Sante: PE)
Gentamicina® (Lansier: PE)
Gentamicina® (Luper: BR)
Gentamicina® (Mintlab: CL)
Gentamicina® (Neo Quimica: BR)
Gentamicina® (Ophalac: CO)
Gentamicina® (Perugen: PE)
Gentamicina® (Sanderson: CL)
Gentamicina® (Trifarma: PE)
Gentamicina® (Unifarm: PE)
Gentamicina® (UQP: PE)
Gentamicina® (Vitrofarma: PE)
Gentamicina® (Volta: CL)
Gentamicine CF® (Centrafarm: NL)
Gentamicine Minims® (Chauvin: NL)
Gentamicine Panpharma® (Panpharma: FR)
Gentamicine® (Baxter: NL)
Gentamicine® (Ursapharm: NL)
Gentamicine® [vet.] (Vetoquinol: BE)
Gentamicin® (Beacons: SG)
Gentamicin® (Bosnalijek: BA)
Gentamicin® (Indofarma: ID)
Gentamicin® (Lafedar: AR)
Gentamicin® (Lek: BA)
Gentamicin® (Polfa Warshavskiy: RU)
Gentamicin® (Sandoz: CA)
Gentamicin® (Sanofi-Aventis: HU)
Gentamicin® [vet.] (Animedic: DE)
Gentamicin® [vet.] (Boehringer Ingelheim Vetmedica: US)
Gentamicin® [vet.] (Klat: DE)
Gentamicin® [vet.] (Parnell: AU)
Gentamil® (Bruluart: MX)
Gentamina® (Schering-Plough: AR)
Gentamisin® (Tunggal: ID)
Gentamycin Augensalbe® (medphano: DE)
Gentamycin Augentropfen® (medphano: DE)
Gentamycin mp® (medphano: DE)
Gentamycin Sulphate® (E.I.P.I.C.O.: RO)
Gentamycin Sulphat® (Biopharm: GE)
Gentamycin Tia® (Tunggal: ID)
Gentamycin Virbac® [vet.] (Virbac: CH)
Gentamycin-Fresenius® (Bodene: ZA)
Gentamycin-mp® (medphano: DE)
Gentamycine® [vet.] (Eurovet: NL)
Gentamycin® (Balkanpharma: BG)
Gentamycin® (medphano: DE)
Gentamycin® [vet.] (Balkanpharma: BG)
Gentamycin® [vet.] (Medistar: DE)
Gentamycin® [vet.] (Novartis Animal Health: AU)
Gentamytrex® (Mann: DE, LU, PL, SG)
Gentamytrex® (Tramedico: BE, NL)
Gentam® [vet.] (Ilium Veterinary Products: AU)
GentaNit® (Optima: DE)
Gentapex® [vet.] (Apex: AU)
Gentapharma® (Fada: AR)
Gentaren® (Andromaco: AR)
Gentaseptin® [vet.] (Vetoquinol: CH)
Gentasol® (Ocusoft: US)
Gentasol® (Techno: BD)
Gentasol® [vet.] (Med-Pharmex: US)
Gentasporin® (Pharmaceutical Co: IN)
Gentatrim® (Trima: IL)
Gentavan® [vet.] (Vana: AT)
Gentaved® [vet.] (Vedco: US)
Gentavet® [vet.] (Bomac: NZ)
Gentavet® [vet.] (Iapsa: PT)
Gentavet® [vet.] (Pharm Tech: AU)
Gentavet® [vet.] (Vetlima: PT)
Gentaxil® (Haller: BR)
Gentax® (Agepha: AT)
Gentax® (Luper: BR)
Gentax® (Magnachem: DO)
Gentazol® (Unipharm: MX)
Genta® (I.E. Ulagay: TR)
Genta® [vet.] (CP: DE)
Genta® [vet.] (Farvet: PE)
Genta® [vet.] (Phoenix: NZ)
Genta® [vet.] (Virbac: ZA)
Genta® [vet.] (WDT: DE)
Genthaver® (Osel: TR)
Genticid® (Pharos: ID)
Genticina® (Pharmacia: ES)
Genticin® (Roche: GB, IE)
Genticol® (SIFI: IT)
Genticol® (Sifi: PE)
Genticol® (SIFI: RO)
Genticyn® (Nicholas: IN)
Gentiderm® (Dankos: ID)
Gentin® (Opsonin: BD)
Gentocil® (Edol: PT)
Gentocin® [vet.] (Biokema: CH)
Gentocin® [vet.] (Schering-Plough: US)

Gentocin® [vet.] (Schoeller: AT)
Gentodiar® [vet.] (Intervet: AT, IT, NL)
Gentodiar® [vet.] (Richter: AT)
Gentodiar® [vet.] (Veterinaria: CH)
Gentomil® (Biologici: IT)
Gentopt Eye Ointment® [vet.] (Delvet: AU)
Gentoral® [vet.] (Med-Pharmex: US)
Gentosep® (Beximco: BD)
Gentovet® [vet.] (Animedic: DE)
Gentovet® [vet.] (Arnolds: GB)
Gento® (Gaco: BD)
Gentreks® (Bilim: TR)
Gentum® (Drug International: BD)
Geomycine® (Schering-Plough: BE, LU)
Getamisin® (Deva: TR)
Gevramycin® (Schering-Plough: ES)
Gisin® (Nipa: BD)
Glevomicina® (Bagó: AR)
Grammicin® (Siam Bheasach: TH)
Grammixin® (Siam Bheasach: TH)
Hexamycin® (Sandoz: DK)
Igen® (ACI: BD)
Ikagen® (Ikapharmindo: ID)
Ikatin® (Pisa: MX)
Ikatin® (Schein: PE)
Invigen® (Beximco: BD)
Isotic Timact® (Fahrenheit: ID)
Isotonic Gentamicin Sulphate® (Teva: IL)
Kantrim® [vet.] (Fort Dodge: US)
Konigen® (Konimex: ID)
Lacromycin® (Fischer: IL)
Legacy® [vet.] (Pro Labs: US)
May Gentamicin® (May Pharma: PH)
Megental® (Menarini: AE, BH, CY, EG, IQ, JO, KW, LB, LY, MA, MT, OM, QA, SA, SD, SY, TN, YE)
Merck-Gentamicin Sulphate® (Merck Generics: ZA)
Micinagen® (Sanofi-Aventis: BD)
Minims Gentamicin Sulphate® (Bausch & Lomb: AU)
Minims Gentamicin Sulphate® (Chauvin: GB)
Minims Gentamicin® (Bournonville: NL)
Minims Gentamicin® (Chauvin: IE)
Minims Gentamicin® (Smith & Nephew: AU)
Miragenta® (Bagó: CO)
Miramycin® (Atlantic: SG, TH)
Miramycin® (Teva: IL)
Monamycin® (Amico: BD)
MV-Genta® [vet.] (Essex: DE)
Nemalin® (Valetudo: IT)
Neo Gentasum® [vet.] (VAAS: IT)
Nichogencin® (Nicholas: ID)
Ocu-Mycin® (Ocumed: US)
Oft Cusi Gentamicina® (Alcon: ES)
Oftagen® (Nicolich: PE)
Oftagen® (Saval: EC)
Oftagen® (Saval Nicolich: CL)
Oftalmolosa Cusi Gentamicina® (Alcon: ES)
Oftalmolosa Cusi Gentamicin® (Alcon Cusi: SG)
Ogrigenta® [vet.] (Ogris: AT)
Ophtagram® (Bausch & Lomb: CH, PT)
Ophtagram® (Chauvin: CZ, DE, NL, PE, RO)
Opti-Genta® (Vitamed: IL)
Optigentin® [vet.] (Jurox: AU)
Optigen® (Eipico: AE, BH, EG, IQ, JO, KW, LB, LY, OM, QA, SA, SD, YE)
Optigen® (Nobel: PE)
Optigen® (Pan Pharma: LK)
Optigen® [vet.] (Ilium Veterinary Products: AU)
Optimycin® (Aristopharma: BD)
Orimed® (Oriental: PH)
Ottogenta® (Otto: ID)
Pangram® [vet.] (Bimeda: GB)
Pangram® [vet.] (Virbac: FR)
Pargenta® [vet.] (Gräub: CH)
Penetracyna® (Mediproducts: GT, HN)
Provisual® (Poen: AR)
Pyogenta® (Kalbe: ID)
ratio-Gentamicin® (Ratiopharm: CA)
Refobacin® (Hermal: AT)
Refobacin® (Merck: AT, DE, LU)
Rexgenta® (Areu: ES)
Rhinigenta® [vet.] (A.S.T.: NL)
Ribomicin® (Farmigea: IT)
Rolab-Gentamicin® (Sandoz: ZA)
Sabax Gentamix® (Critical Care: ZA)
Sagestam® (Sanbe: ID)
Salticin® (Interbat: ID)
Septigen® [vet.] (Schering-Plough Vétérinaire: FR)
Septopal® (Biomet: AT, AU, CH, DE, FI)
Septopal® (Merck: HU, IN, LU, NO, TH)
Septopal® (Merck Generics: ZA)
Septopal® (Ortomed: NL)
Servigenta® (Sandoz: MX)
Sintepul® (Sintesina: AR)
Skinfect® (Bangkok: TH)
Soligental® [vet.] (Virbac: AT, AU, CH, DE, IT, NL)
Sorogenta-Solucao Intramamaria® [vet.] (Sorologico: PT)
Sulfato de Gentamicina® (Ducto: BR)
Sulmycin® (Aesca: AT)
Sulmycin® (Essex: DE)
Tacigen® (KG Italia: IT)
Terramycin N® (Mann: DE)
Tiacil® [vet.] (Virbac: GB)
Timact® (Fahrenheit: ID)
Tondex® [inj.] (Hormona: MX)
Transgram® [vet.] (Virbac: DE, FR)
Ultragent® (APM: AE, BG, BH, IQ, JO, KW, LB, LY, NG, OM, QA, SA, SD, SY, TN, YE)
Vepha-Gent® [vet.] (Veyx: DE)
Vetagent® [vet.] (Veterinaria: CH)
Vetogent® [vet.] (Vetochas: DE)
Vetrigen® [vet.] (Ceva: FR)
Vetro-Gen® [vet.] (Altana: US)
Vijomicin® (Vijosa: GT, HN, NI, PA, SV)
Ximex Konigen® (Konimex: ID)
Yectamicina® (Grossman: MX)

Gestonorone Caproate (Rec.INN)

L: Gestonoroni Caproas
I: Gestonorone caproato
D: Gestonoron capronat
F: Caproate de Gestonorone
S: Caproato de gestonorona

⚕ Progestin

CAS-Nr.: 0001253-28-7 C_{26}-H_{38}-O_4
M_r 414.59

19-Norpregn-4-ene-3,20-dione, 17-[(1-oxohexyl)oxy]-

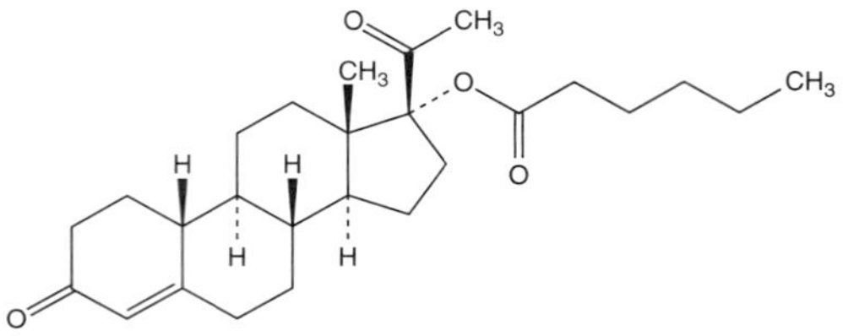

OS: *Gestonorone Caproate [JAN, USAN]*
OS: *Gestonorone Hexanoate [BANM]*
IS: *SH 582*
IS: *Gestronol Hexanoate*

Depostat® (Schering: AT, CZ, DE, ES, IT, LU, NL)
Primostat® (Berlimed: BR)
Primostat® (Schering: CO, EC, MX, PE)

Gestrinone (Rec.INN)

L: Gestrinonum
D: Gestrinon
F: Gestrinone
S: Gestrinona

Progestin

ATC: G03XA02
CAS-Nr.: 0016320-04-0 C_{21}-H_{24}-O_2
M_r 308.423

18,19-Dinorpregna-4,9,11-trien-20-yn-3-one, 13-ethyl-17-hydroxy-, (17α)-

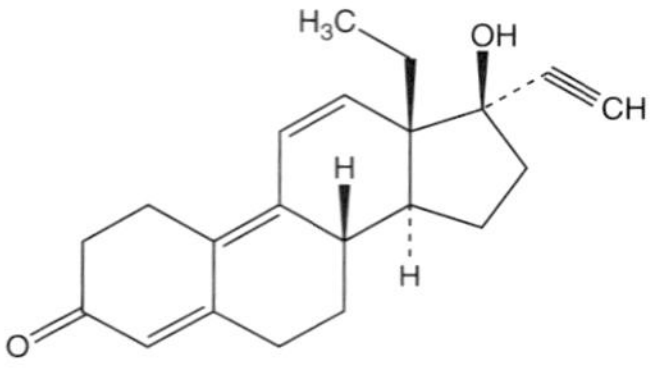

OS: *Gestrinone [BAN, DCF, USAN]*
IS: *A 46745*
IS: *R 2323*
IS: *RU 2323 (Roussel)*

Dimetriose® (Aventis: AU, NZ, TH)
Dimetriose® (Sanofi-Aventis: GB, MY, PT, SG)
Dimetrose® (Pharmacia: IT)
Dimetrose® (Sanofi-Aventis: BR)
Nemestran® (Aventis: CR, CZ, DO, ES, GT, HN, PA, SV)
Nemestran® (Sanofi-Aventis: AR, CH, CN, MX, NL)
Tridomose® (Aventis: ZA)

Glatiramer Acetate (USAN)

D: Glatiramer acetat

Immunomodulator

ATC: L03AX13
CAS-Nr.: 0147245-92-9
$(C_{23}$-H_{41}-N_5-$O_{11})_x$.xC_2-H_4-O_2

L-Glutamic acid polymer with L-alanine, L-lysine and L-tyrosine, acetate (salt)

(Glu, Ala, Lys, Tyr)$_x$. x CH_3COOH

OS: *Glatiramer Acetate [BAN, USAN]*
IS: *147245-92-9 [CAS, old]*
IS: *COP 1 (Teva, USA)*
IS: *Copolymer I (synthetic peptide)*
IS: *Glat copolymer*
IS: *Tgal copolymer*
IS: *Copolymer 1*

Copaxone® (Aventis: AU, DE, ES, HR, LU, NZ)
Copaxone® (Biosintética: BR)
Copaxone® (Lek: SI)
Copaxone® (Lemery: MX)
Copaxone® (Med: TR)
Copaxone® (Sanofi-Aventis: AT, BE, CH, FI, FR, GE, IE, PT, SE)
Copaxone® (Teva: AR, CA, CZ, DE, DK, GR, HU, IL, IS, IT, IT, LU, NL, NO, PL, RO, RS, SI, US)

Glaucine

D: Glaucin

Antitussive agent

CAS-Nr.: 0000475-81-0 C_{21}-H_{25}-N-O_4
M_r 355.441

DL-1,2,9,10-Tetramethoxyaporphine

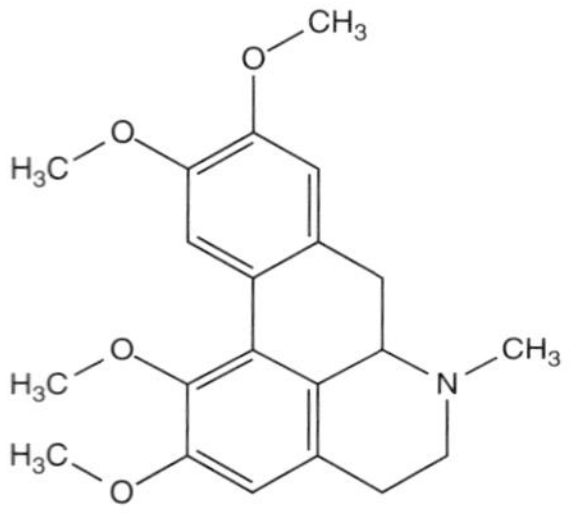

Tusidil® (Jaka: HR)

– hydrobromide:
CAS-Nr.: 0005996-06-5

Glauvent® (Sopharma: BG)

– phosphate:
IS: *DL 832*
IS: *MDL 832*

Glibenclamide (Rec.INN)

L: Glibenclamidum
I: Glibenclamide
D: Glibenclamid
F: Glibenclamide
S: Glibenclamida

Antidiabetic agent

ATC: A10BB01
CAS-Nr.: 0010238-21-8 C_{23}-H_{28}-Cl-N_3-O_5-S
M_r 494.017

Benzamide, 5-chloro-N-[2-[4-[[[(cyclohexylamino)carbonyl]amino]sulfonyl]phenyl]ethyl]-2-methoxy-

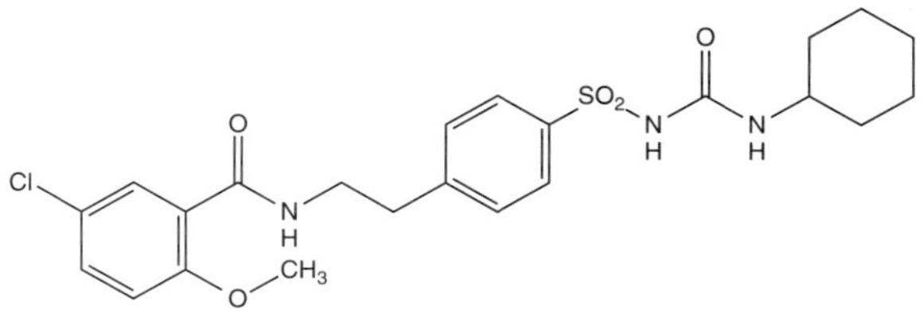

OS: *Glibenclamide [BAN, DCF, DCIT, JAN]*
OS: *Glyburide [USAN]*
IS: *Glybenzcyclamide*
IS: *HB 419*
IS: *U 26452*
IS: *Neogluconin (Waldheim, Austria)*
IS: *UR 606 (Uriach, Espana)*
PH: Glibenclamide [JP XIV, Ph. Eur. 5, Ph. Int. 4]
PH: Glibenclamidum [Ph. Eur. 5, Ph. Int. 4]
PH: Glibenclamid [Ph. Eur. 5]
PH: Glyburide [USP 30]

Adiabet® (Lancasco: GT, HN, NI, SV)
Agobilina® (Biol: AR)
Apo-Glyburide® (Apotex: AN, BB, BM, BS, CA, GY, HT, JM, KY, SR, TT, VN)
Benclamid® (Craveri: AR)
Benclamin® (Polipharm: TH)
Betanase® (Cadila: LK)
Betanase® (Zydus: RU)
Bevoren® (Almirall: BE, LU)
Bnil-5G® (Masa Lab: TH)
Brucen® (Bruluart: MX)
Clamide® (Hovid: SG)
Clamide® (Unifarm: PE)
Condiabet® (Armoxindo: ID)
Cytagon® (Pharmaland: TH)
Daonil® (Aktuapharma: BE)
Daonil® (Aventis: AU, CR, DK, DO, EC, GH, GR, GT, HN, IL, IN, IS, KE, LK, LU, NG, NI, PA, PE, PH, SI, SV, TH, UG, ZA, ZW)
Daonil® (Aventis Pharma: ID)
Daonil® (Jugoremedija: RS)
Daonil® (Pharmapartner: BE)
Daonil® (Sanofi-Aventis: AR, BD, BE, BF, BJ, BR, CF, CG, CH, CI, CL, CM, ES, FR, GA, GB, GN, HK, IE, IT, MG, ML, MR, MU, MX, MY, NE, PT, SE, SG, SN, TD, TG, ZR)
Daonil® (Sanofi-Synthelabo: AT)
Daonil® [vet.] (Hoechst: GB)
Daono® (Milano: TH)
Daosin® (Gaco: BD)
Debtan® (Yung Shin: TH)
Deroctyl® (Gap: GR)
Dia-Eptal® (Montavit: AT)
Dia-Eptal® (Sagitta: DE)
Diabefar® (Elpen: GR)
Diabenil® (Saidal: DZ)
Diabenol® (Greater Pharma: TH)
Diaben® (Kinder: BR)
Diabesulf® (Bioindustria: EC)
Diabeta® (Sanofi-Aventis: CA, US)
Diabetnil® (Inga: LK)
Diabexil® (Dansk: BR)
Diabos® (Bosnalijek: BA)
Diacare® (Be-Tabs: ZA)
Dianorm® (Koçak: TR)
Dibelet® (Atlantic: SG, TH)
Dibenol® (Square: BD)
Diben® (Alco: BD)
Diclanil® (Condrugs: TH)
Dicon® (Jayson: BD)
Diyaben® (Adeka: TR)
duraglucon® (Merck dura: DE)
Euclamin® (Polpharma: PL)
Euglamin® (Ratiopharm: FI)
Euglucan® (Roche: FR)
Euglucon® (ASTA Medica: BR)
Euglucon® (Eurim: AT)
Euglucon® (Nicholas: IN)
Euglucon® (Paranova: AT)
Euglucon® (Pliva: BA, HR, SI)
Euglucon® (Rajawali: ID)
Euglucon® (Roche: AE, AR, AT, AW, BE, BH, CH, CO, CR, DO, EC, ES, ET, FI, FR, GT, HK, HN, IT, KE, KW, LK, LU, MX, MY, OM, PA, PE, PH, PT, SA, SE, TH, TW, TZ, UY, VE, ZA)
Euglucon® (Sanofi-Aventis: DE)
Euglucon® (Winthrop: DE)
Euglucon® (Yamanouchi: JP)
Euglucon® [vet.] (Aventis: GB)
Euglusid® (Roche: CL)
Gardoton® (Raffo: AR)
Gen-Glybe® (Genpharm: CA)
Gilemal® (Enzypharm: AT)
Gilemal® (Sanofi-Aventis: HU)
Glabin® (Doctor's Chemical Work: BD)
Glemicid® (Collins: MX)
Glencamide® (Pond's: TH)
Glib-ratiopharm® (ratiopharm: DE)
Glibar® (Degort's: MX)
Glibedal® (Alkaloid: HR)
Glibedal® (Farmavita: BA)
Glibemida® (Temis-Lostalo: AR)
Glibemide® (United Pharmaceutical: AE, BH, IQ, JO, LY, OM, QA, SA, SD, YE)
Gliben Lich® (Winthrop: DE)
Gliben-AZU® (Azupharma: DE)
Gliben-CT® (CT: DE)
Glibenbeta® (betapharm: DE)
Glibencamid Stada® (Stada: DE)
Glibencil® (Lacofarma: DO)
Glibenclamid AbZ® (AbZ: DE)
Glibenclamid AL® (Aliud: DE)
Glibenclamid Basics® (Basics: DE)
Glibenclamid dura® (Merck dura: DE)
Glibenclamid Genericon® (Genericon: AT, HR)
Glibenclamid Heumann® (Heumann: DE)
Glibenclamid R.A.N.® (R.A.N.: DE)
Glibenclamid Sandoz® (Sandoz: CH, DE)
Glibenclamid Stada® (Stadapharm: DE)
Glibenclamid TAD® (TAD: DE)
Glibenclamida Ahimsa® (Ahimsa: AR)
Glibenclamida Fabra® (Fabra: AR)
Glibenclamida Gen Med® (Gen Med: AR)
Glibenclamida Iqfarma® (Iqfarma: PE)
Glibenclamida L.CH.® (Chile: CL)
Glibenclamida Merck® (Merck: CO)
Glibenclamida Rigo® (Rigo: AR)
Glibenclamida Vannier® (Vannier: AR)

G

Glibenclamida® (Bestpharma: CL)
Glibenclamida® (Lisan: CR)
Glibenclamida® (Mintlab: CL)
Glibenclamida® (Pentacoop: CO)
Glibenclamida® (Rider: CL)
Glibenclamida® (Sanitas: CL)
Glibenclamide Alpharma® (Alpharma: NL)
Glibenclamide A® (Apothecon: NL)
Glibenclamide Biogaran® (Biogaran: FR)
Glibenclamide CF® (Centrafarm: NL)
Glibenclamide Domesco® (Domesco: VN)
Glibenclamide FLX® (Wise: NL)
Glibenclamide Gf® (Genfarma: NL)
Glibenclamide Indo Farma® (Indofarma: ID)
Glibenclamide Lagap® (Lagap: NL)
Glibenclamide Merck® (Merck Generics: NL)
Glibenclamide PCH® (Pharmachemie: NL)
Glibenclamide Sandoz® (Sandoz: NL)
Glibenclamide® (Alpharma: GB)
Glibenclamide® (Camden: SG)
Glibenclamide® (Delphi: NL)
Glibenclamide® (Generics: GB)
Glibenclamide® (GenRx: NL)
Glibenclamide® (Hexal: NL)
Glibenclamide® (Hillcross: GB)
Glibenclamide® (Katwijk: NL)
Glibenclamide® (Kent: GB)
Glibenclamide® (Teva: GB)
Glibenclamide® (Wockhardt: GB)
Glibenclamid® (Arena: RO)
Glibenclamid® (Labormed Pharma: RO)
Glibenclamid® (ratiopharm: NO)
Glibenclamid® (União: BR)
Glibendoc® (Docpharm: DE)
Glibenhexal® (Hexal: DE, LU)
Glibenklamid Recip® (Recip: SE)
Glibenklamid® (Lek: SI)
Glibenorm® (Streuli: CH)
Glibens® (Hisubiette: CO)
Gliben® (Abiogen: IT)
Gliben® (Biolab: TH)
Gliben® (Nobel: BA, TR)
Gliben® (Pacific: NZ)
Glibesifar® (Siphar: CH)
Glibesyn® (Medochemie: LK)
Glibetic® (Forty-Two: TH)
Glibetic® (Teva: IL)
Glibex® (Biopharm: RU)
Glibic® (Progress: TH)
Glibil® (Hikma: AE, BH, EG, IQ, JO, KW, LB, LY, OM, QA, SA, SD, SY, TN, YE)
Gliboral® (Guidotti: IT)
Gliboral® (Menarini: DO, GT, HN, NI, PA, SV)
Glicem® (Osmopharm: EC)
Gliciron® (Roemmers: PE)
Glicon® (Efroze: LK)
Glidanil® (Bago: RU)
Glidanil® (Mersifarma: ID)
Glidanil® (Montpellier: AR)
Gliden® (Amico: BD)
Glidiabet® (Ferrer: ES, PE)
Glimel® (Alphapharm: AU)
Glimel® (Merck: ID)
Glimide® (Beacons: SG)
Glimidstada® (Stadapharm: DE)
Gliptid® (Merck: AR)
Glison® (Nipa: BD)
Glitisol® (Remedica: CY, ET, GH, KE, TZ)
Glitral® (Austral: AR)
Gluben® (Dexcel: IL)
Glucal® (Probiomed: MX)
Glucamida® (Farmoquimica: DO)
Glucobene® (Merckle: CZ, DE)
Glucobene® (Ratiopharm: AT)
Glucobene® (ratiopharm: HU)
Glucolon® (Generfarma: ES)
Glucomid® (APM: AE, BG, BH, IQ, JO, KW, LB, LY, NG, OM, QA, SA, SD, SY, TN, YE)
Gluconic® (Nicholas: ID)
Gluconil® (Acme: BD)
Gluconil® (Utopian: TH)
Gluconin® (Indofarma: ID)
Glucon® (Opsonin: BD)
Glucoremed® (Winthrop: DE)
Glucostad® (Stada: AT)
Glucotab® (Sanofi-Aventis: BD)
Glucoven® (Chinoin: DO, MX, SV)
Glucox® (Garmisch: CO)
Gluicon® (Biogen: CO)
Glukovital® (Wolff: DE)
Glulo® (Eisai: ID)
Gluzo® (Pharmasant: TH)
Glyamid® (Alpharma: ID)
Glyboral® (USV: LK)
Glyburide® (Amide: US)
Glyburide® (Greenstone: US)
Glyburide® (Mylan: US)
Glyburide® (Sandoz: US)
Glyburide® (Stada: US)
Glyburide® (Teva: US)
Glyburide® (West-Ward: US)
Glycomin® (Aspen: ZA)
Glycron® (Zoetica: US)
Glymod® (Sandoz: PH)
Glynase® (Pfizer: US)
Gon® (Sanitas: AR)
GP-Zide® (Millimed: TH)
Hasanglib 5® (Hasan: VN)
Hemi-Daonil® (Sanofi-Aventis: BF, BJ, CF, CG, CI, CM, FR, GA, GN, MG, ML, MR, MU, NE, NL, SN, TD, TG, ZR)
Hexaglucon® (Sandoz: DK)
Humedia® (APS: DE)
Hémi-Daonil® (Sanofi-Aventis: FR)
Jutaglucon® (Juta: DE)
Jutaglucon® (Q-Pharm: DE)
Liben® (Somatec: BD)
Libraglucil® (Librapharm: EC)
Libronil® (Hexpharm: ID)
Lisaglucon® (Farmasa: BR)
Locose® (T Man: TH)
Lodulce® (Littman: PH)
Maninil® (Berlin Chemie: BA, VN)
Maninil® (Berlin-Chemie: CZ, DE, HU, RO, RS, RU)
Manoglucon® (March: TH)
Med-Glionil® (Medical Supply: TH)
Melix® (Lagap: CH)
Mezalit® (Biopharm: CL)
Micronase® (Pfizer: US)
Miglucan® (Roche: FR)

Nor-Clamida® (Teramed: DO, GT, HN, NI, PA, SV)
Norglicem 5® (Rottapharm: ES)
Normoglucon® (Klinge: DE)
Normoglucon® (Wabosan: AT)
Norton-Glibenclamide® (Aspen: ZA)
Novo-Glyburide® (Novopharm: CA)
Nu-Glyburide® (Nu-Pharm: CA)
Origlucon® (Orion: FI)
Pharmaniaga Gilbenclamide® (Pharmaniaga: MY)
Pira® (Omega: AR)
PMS-Glyburide® (Pharmascience: CA)
Praeciglucon® (Pfleger: DE)
Prodiabet® (Bernofarm: ID)
Prodiamel® (Corsa: ID)
ratio-Glyburide® (Ratiopharm: CA)
Renabetic® (Fahrenheit: ID)
Rolab-Glibenclamide® (Sandoz: ZA)
Sandoz Glyburide® (Sandoz: CA)
Semi Daonil® (Aventis Pharma: ID)
Semi Daonil® (Sanofi-Aventis: CH, PT)
Semi-Daonil® (Aventis: AU)
Semi-Euglucon N® (Aventis: DE)
Semi-Euglucon N® (Roche: DE)
Semi-Euglucon® (Aventis: AT)
Semi-Euglucon® (Rajawali: ID)
Semi-Euglucon® (Roche: AT, FI, PT)
Sentionyl® (Eurogenerics: PH)
Siruc® (Denver: AR)
Sugril® (Siam Bheasach: TH)
T.O Nil® (TO Chemicals: SG)
Tiabet® (Tunggal: ID)
Trodeb® (Tropica: ID)
Uniao Glibenclamida® (União: BR)
Unil-5® (Umeda: TH)
Xeltic® (Unison: TH)

Glibornuride (Rec.INN)

L: Glibornuridum
D: Glibornurid
F: Glibornuride
S: Glibornurida

⚕ Antidiabetic agent

ATC: A10BB04
CAS-Nr.: 0026944-48-9 C_{18}-H_{26}-N_2-O_4-S
M_r 366.486

Benzenesulfonamide, N-[[(3-hydroxy-4,7,7-trimethylbicyclo[2.2.1]hept-2-yl)amino]carbonyl]-4-methyl-, [1S-(endo,endo)]-

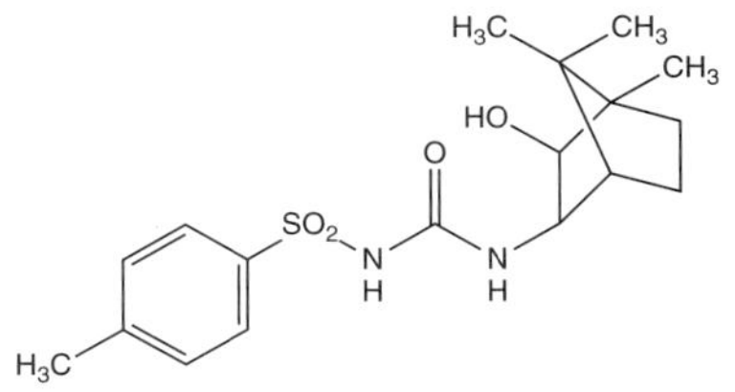

OS: *Glibornuride [BAN, DCF, USAN]*
IS: *Ro 6-4563 (Hoffmann La Roche, Germany)*

Gluborid® (Grünenthal: DE)
Glutril® (CSP: FR)
Glutril® (ICN: AT, DE, PL)
Glutril® (Valeant: CH)

Gliclazide (Rec.INN)

L: Gliclazidum
I: Gliclazide
D: Gliclazid
F: Gliclazide
S: Gliclazida

⚕ Antidiabetic agent

ATC: A10BB09
CAS-Nr.: 0021187-98-4 C_{15}-H_{21}-N_3-O_3-S
M_r 323.423

Benzenesulfonamide, N-[[(hexahydrocyclopenta[c]pyrrol-2(1H)-yl)amino]carbonyl]-4-methyl-

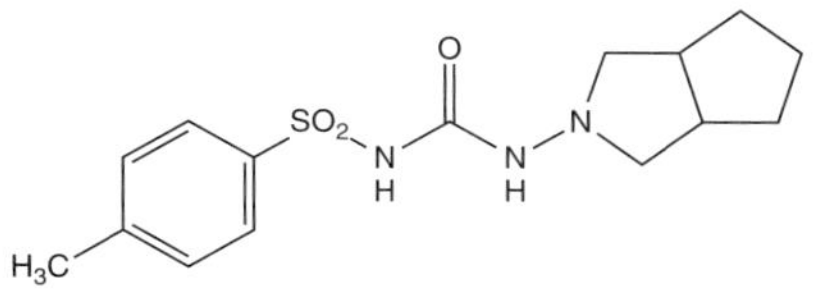

OS: *Gliclazide [BAN, DCF, JAN, USAN]*
IS: *S 1702*
PH: Gliclazide [Ph. Eur. 5]
PH: Glicalzid [Ph. Eur. 5]
PH: Gliclazidum [Ph. Eur. 5]

Aglucide® (Beta: AR)
Altermicron® (Alternova: DK)
Apo-Gliclazide® (Apotex: CA, NZ)
Azukon® (Torrent: BR)
Betanorm® (ARIS: TR)
Cadicon® (Central Poly: TH)
Clazic SR® (United Pharma: VN)
Clibite® (Korea: PH)
Clizide® (Sandoz: PH)
Comprid® (Square: BD)
Consucon® (Incepta: BD)
Cox Gliclazide® (Cox: LK)
Cronemet® (Special Product's: IT)
Dela® (Mystic: BD)
Diabeside® (Chew Brothers: TH)
Diabeton® (Servier: RU)
Diabezidum® (Jelfa: PL)
Diabinax® (Shreya: RU)
Diabrezide® (Helsinn: IE)
Diabrezide® (Molteni: AT, IT, PL, RO)
Diab® (Rephco: BD)
Diaclide® (Gerard: IE)
Diacon® (Apex: BD)
Diactin® (Beximco: BD)
Diaglucide® (Tema: ZA)
Diaglyk® (Ashbourne: GB)
Diamaze® (MacroPhar: TH)
Diamexon® (TO Chemicals: TH)
Diamicron® (Eureco: NL)
Diamicron® (Eurim: AT)
Diamicron® (Euro: NL)
Diamicron® (Euroetika: CO)
Diamicron® (Paranova: AT)
Diamicron® (Pfizer: AN, BB, DO, GY, HT, JM, TT)
Diamicron® (Profarma: PE)
Diamicron® (Serdia: IN)
Diamicron® (Servier: AE, AR, AT, AU, AU, BD, BE, BH, BR, CA, CH, CN, CR, CZ, DE, DK, DO, EG, ES, FR, GB, GH, GR, GT, HK, HN, ID, IE, IQ, IS, IS, JO, KE, KW, LB,

LK, LK, LU, MT, MX, MY, MY, NG, NI, NL, NZ, OM, PA, PH, PT, QA, SA, SD, SG, SV, SY, TH, TR, TR, VN, YE, ZA)
Diamicron® (Servier-F: IT)
Diamitex® (Duopharma: HK)
Dianid® (Biopharm: TH)
Dianormax MR® (Grünenthal: CL)
Dianormax® (Grünenthal: CL)
Dianorm® (Micro Labs: LK)
Diaprel® (Anpharm: PL)
Diaprel® (Servier: CZ, HR, HU, PL, RO, RS, SI)
Diaprid® (Alco: BD)
Diapro® (Beximco: BD)
Diatica® (Unique: LK, RU)
Diazidan® (ICN: PL)
Diglical® (Pliva: BA, HR)
Digreen® (Nipa: BD)
Dimerol® (Drug International: BD)
Diprian® (Hemofarm: RS)
Dramion® (Stroder: IT)
Esquel® (Gedeon Richter: RO)
Ezide® (Edruc: BD)
Galtes® (Boniscontro & Gazzone: IT)
Gen-Gliclazide® (Genpharm: CA)
GenRX Gliclazide® (GenRX: AU)
Gide® (Medicon: BD)
Glad® (Novartis: BD)
Glazide® (Galena: PL)
Gle® (Asiatic Lab: BD)
Glibet® (Dankos: ID)
Glicab® (Tempo: ID)
Glicalzide A® (Apothecon: NL)
Glicasil® (Silva: BD)
Glicirex® (Winthrop: CZ)
Gliclazid MR® (Labormed Pharma: RO)
Gliclazida Generis® (Generis: PT)
Gliclazida Winthrop® (Winthrop: PT)
Gliclazida® (EMS: BR)
Gliclazida® (Lakor: CO)
Gliclazide Almus® (Almus: IT)
Gliclazide Alpharma ApS® (Alpharma: SG)
Gliclazide Alpharma® (Alpharma: NL)
Gliclazide Alter® (Alter: IT)
Gliclazide Biogaran® (Biogaran: FR)
Gliclazide CF® (Centrafarm: NL)
Gliclazide DOC® (DOC Generici: IT)
Gliclazide Domesco® (Domesco: VN)
Gliclazide EG® (EG: IT)
Gliclazide EG® (EG Labo: FR)
Gliclazide G Gam® (G Gam: FR)
Gliclazide Gf® (Genfarma: NL)
Gliclazide Ivax® (Ivax: FR)
Gliclazide Katwijk® (Katwijk: NL)
Gliclazide Merck® (Merck: IT)
Gliclazide Merck® (Merck Generics: NL)
Gliclazide Merck® (Merck Génériques: FR)
Gliclazide Molteni® (Molteni: IT)
Gliclazide PCH® (Pharmachemie: NL)
Gliclazide Ratiopharm® (Ratiopharm: NL)
Gliclazide RPG® (RPG: FR)
Gliclazide Sandoz® (Sandoz: FR, NL)
Gliclazide Servier® (Servier: NL)
Gliclazide Teva® (Teva: IT)
Gliclazide Winthrop® (Winthrop: FR)
Gliclazide Zydus® (Zydus: FR)
Gliclazide® (Alpharma: GB)
Gliclazide® (Arrow: GB)
Gliclazide® (Hillcross: GB)
Gliclazide® (Teva: GB)
Gliclazide® (Wockhardt: GE)
Gliclid® (Acme: BD)
Glicron® (Renata: BD)
Glicron® (Siam Medicare: TH)
Glidabet® (Kalbe: ID)
Glidabet® (Kalbe Farma: LK)
Glidiet® (Mondi-Mundipharma: RO)
Glikamel® (Pharos: ID)
Gliklazid Servier® (Servier: SI)
Glikosan® (Slaviamed: RS)
Glimicron® (Dainippon: JP)
Glimicron® (Hovid: SG)
Glinormax® (Polfa Kutno: PL)
Glioral® (Galenika: RS)
Glitab® (Hudson: BD)
Glizasan 80® (Hasan: VN)
Glizide® (USV: LK)
Glizid® (Opsonin: BD)
Glucobloc® (EG: IT)
Glucocron® (Farmaline: TH)
Glucodex® (Dexa Medica: ID)
Glucomed® (Al Pharm: ZA)
Glucostabil® (Gedeon Richter: RU)
Glucostat® (Bio-Pharma: BD)
Glucoton® (GMP: GE)
Glucozide® (Unison: LK, SG, TH)
Glucozid® (Aristopharma: BD, LK)
Gluctam® (Egis: HU)
Glumeco® (Mecosin: ID)
Glumikron® (Santa-Farma: TR)
Gluzit® (Popular: BD)
Glyade® (Alphapharm: AU)
Glycafor® (Alpharma: ID)
Glycon® (Siam Bheasach: TH)
Glycron® (Aspen: ZA)
Glydiab® (Akrihin: RU)
Glygard® (Cipla: LK, ZA)
Gored® (Bernofarm: ID)
Gored® (General Pharma: BD)
Licazide® (Amico: BD)
Lozide® (ACI: BD)
Lycazid® (Jagson Pal: IN)
Medoclazide® (Medochemie: MY, SG, TH)
Melicron® (Pan Pharma: LK)
Melizide® (Alphapharm: SG)
Mellihexal® (Hexal: AU)
Meltika® (Ikapharmindo: ID)
Merck-Gliclazide® (Merck: BE)
Merck-Gliclazide® (Merck Generics: ZA)
Mexan® (TO Chemicals: SG)
Nidem® (Arrow: AU)
Normodiab® (Actavis: GE)
Norsulin® (Polfa Pabianice: PL)
Novo-Gliclazide® (Novopharm: CA)
Nufamicron® (Nufarindo: ID)
Oclazid® (Orion: BD)
Oramikron® (Koçak: TR)
Orazid® (Somatec: BD)
Pedab® (Otto: ID)
Predian® (Sanofi-Aventis: VN)
Reclide® (Dr Reddys: LK)
S.C.D. Glyclazide® (Sam Chun Dang: SG)

Sandoz Gliclazide® (Sandoz: CA, ZA)
Serviclazide® (Zuellig: TH)
Sinazid® (Ibn Sina: BD)
Sucotab® (Globe: BD)
Tiaglib® (Tunggal: ID)
Unava® (Sandoz: AR)
Uni Diamicron® (Servier: BE, ES)
Xepabet® (Metiska: ID)
Xido® (Delta: BD)
Zibet® (Meprofarm: ID)
Zumadiac® (Prima: ID)

Glimepiride (Rec.INN)

L: Glimepiridum
D: Glimepirid
F: Glimepiride
S: Glimepirida

Antidiabetic agent

ATC: A10BB12
CAS-Nr.: 0093479-97-1 C_{24}-H_{34}-N_4-O_5-S
M_r 490.636

1H-Pyrrole-1-carboxamide, 3-ethyl-2,5-dihydro-4-methyl-N-[2-[4-[[[[(4-methylcyclohexyl)amino]carbonyl]amino]-sulfonyl]phenyl]ethyl]-2-oxo, trans-

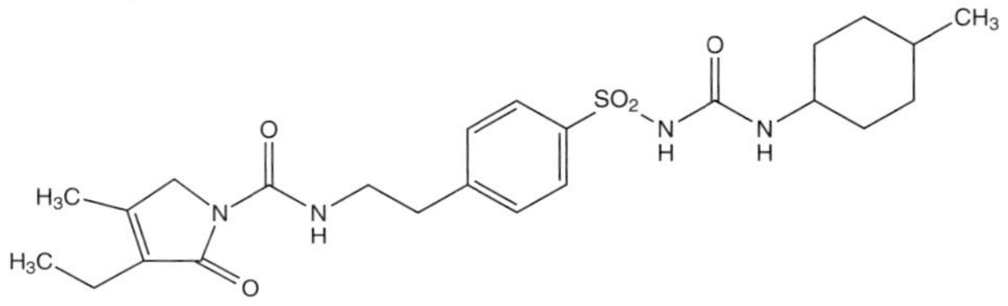

OS: *Glimepiride [BAN, USAN]*
IS: *HOE 490 (Hoechst, Germany)*
PH: Glimepiride [USP 30, Ph. Eur. 5]

Adglim® (Unimed & Unihealth: BD)
Adiuvan® (Lazar: AR)
Amadiab® (Lapi: ID)
Amarel® (Sanofi-Aventis: BF, BJ, CG, CI, CM, FR, GA, GN, MG, ML, MR, MU, NE, SN, TG)
Amarwin® (Winthrop: CZ)
Amarylle® (Aventis: LU)
Amarylle® (Sanofi-Aventis: BE)
Amaryl® (Aventis: AT, AU, BA, CO, CR, CZ, DK, DO, EC, GH, GT, HN, HR, IN, IS, KE, LK, NG, NI, NO, PA, PE, RS, SI, SV, TH, UG, US, ZA, ZW)
Amaryl® (Aventis Pharma: ID)
Amaryl® (Delphi: NL)
Amaryl® (Euro: NL)
Amaryl® (Sanofi-Aventis: AR, BD, BR, CA, CH, CL, DE, ES, FI, GB, GE, HK, HU, IE, IL, IT, MX, MY, NL, PL, PT, RO, RU, SE, SG, TR, VN)
Amyx® (Zentiva: CZ)
Aramil® (Fluter: DO)
Avaron® (Bioton: PL)
Azulix® (Torrent: BR)
Betaglid® (Pliva: PL, SI)
Bioglic® (Biolab: BR)
CO Glimepiride® (Cobalt: CA)
Dactus® (Acme: BD)
Diaglim® (Sandoz: MX)
Dialon® (Eskayef: BD)
Diameprid® (Abdi Ibrahim: TR)
Diapiride® (OM: PT)
Diapride® (Eurodrug: SG)
Diaril® (Biofarm: PL)
Diaryl® (Beximco: BD)
Dimirel® (Marion: AU)
Eglymad® (Krka: CZ)
Endial® (Roemmers: AR)
Euglim® (Zydus: IN)
Glamarol® (Guardian: ID)
Glemaz® (Bago: CL, RU)
Glemaz® (Montpellier: AR)
Glemep® (Healthcare: BD)
Glemid® (Egis: CZ, PL)
Glempid® (Egis: HU)
Glibetic® (Polpharma: PL)
Glibezid® (Jelfa: PL)
Glidiamid® (ICN: PL)
Glimax® (ARIS: TR)
Glimax® (Pharmalliance: DZ)
Glimedoc® (Docpharm: DE)
Glimegamma® (Wörwag Pharma: DE)
Glimehexal® (Hexal: PL)
Glimepibal® (Baldacci: BR)
Glimepil® (Farmoquimica: BR)
Glimepirid 1A Farma® (1A Farma: DK)
Glimepirid 1A Pharma® (1A Pharma: AT, DE)
Glimepirid 1A Pharma® (1a Pharma: HU)
Glimepirid AbZ® (AbZ: DE)
Glimepirid Actavis® (Actavis: DK, FI, SE)
Glimepirid Alpharma® (Actavis: FI)
Glimepirid Alpharma® (Alpharma: DK)
Glimepirid Alternova® (Alternova: DK, FI, SE)
Glimepirid AL® (Aliud: DE)
Glimepirid AWD® (AWD: DE)
Glimepirid beta® (betapharm: DE)
Glimepirid biomo® (biomo: DE)
Glimepirid Copyfarm® (Copyfarm: DK, FI, SE)
Glimepirid dura® (Merck dura: DE)
Glimepirid Heumann® (Heumann: DE)
Glimepirid Hexal® (Hexal: AT, CZ, DE, DK, NO)
Glimepirid Hexal® (Sandoz: FI, HU)
Glimepirid Isis® (Alpharma: DE)
Glimepirid Ivax® (Teva: FI)
Glimepirid Krka® (Krka: DK, SE)
Glimepirid Lek® (Lek: SI)
Glimepirid LPH® (Labormed Pharma: RO)
Glimepirid Merck NM® (Merck NM: DK, FI, SE)
Glimepirid Merck® (Merck: AT, DE)
Glimepirid Orion® (Orion: FI)
Glimepirid Pliva® (Hexal: CZ)
Glimepirid ratiopharm® (Ratiopharm: AT, CZ)
Glimepirid ratiopharm® (ratiopharm: DE, DK)
Glimepirid ratiopharm® (Ratiopharm: FI)
Glimepirid ratiopharm® (ratiopharm: HU, PL)
Glimepirid Sandoz® (Sandoz: AT, CH, CZ, DE, FI, SE)
Glimepirid Stada® (Stada: DE, DK, SE)
Glimepirid TAD® (TAD: DE)
Glimepirid Winthrop® (Aventis: DK)
Glimepirid Winthrop® (Sanofi-Aventis: CH, FI)
Glimepirid Winthrop® (Winthrop: DE)
Glimepirid-CT® (CT: DE)
Glimepirid-dura® (Merck dura: DE)
Glimepirid-Isis® (Actavis: DE)
Glimepirid-ratiopharm® (ratiopharm: DE)

Glimepirida Acost® (Acost: ES)
Glimepirida Baldacci® (Baldacci: PT)
Glimepirida Diapiride® (OM: PT)
Glimepirida Gen Med® (Gen Med: AR)
Glimepirida Generis® (Generis: PT)
Glimepirida Glimial® (Neves: PT)
Glimepirida Jaba® (Jaba: PT)
Glimepirida MK® (MK: CO)
Glimepirida Northia® (Northia: AR)
Glimepirida® (La Santé: CO)
Glimepiride Angenerico® (Angenerico: IT)
Glimepiride Domesco® (Domesco: VN)
Glimepiride Hexal® (Hexal: IT)
Glimepiride Katwijk® (Katwijk: NL)
Glimepiride Merck® (Merck: IT)
Glimepiride Molteni® (Molteni: IT)
Glimepiride Ratiopharm® (Ratiopharm: NL)
Glimepiride Sandoz® (Sandoz: DK, IT)
Glimepiride® (Cobalt: US)
Glimepiride® (Euro: NL)
Glimepiride® (Genpharm: US)
Glimepiride® (InvaGen: US)
Glimepiride® (Mylan: US)
Glimepiride® (Par: US)
Glimepiride® (Ranbaxy: US)
Glimepiride® (Teva: US)
Glimepirid® (Remevita: RS)
Glimeprid® (Hexal: BR)
glimepririd-biomo® (biomo: DE)
Glimerid® (La Santé: CO)
Glimerid® (Wolff: DE)
Glimesan® (Sandoz: PL)
Glimestad® (Stada: AT)
Glimewin® (Chinoin: HU)
Glimexal® (Prima: ID)
Glimirid® (ACI: BD)
Glims® (Opsonin: BD)
Glimépiride BGR® (Biogaran: FR)
Glimépiride Winthrop® (Winthrop: FR)
Glipid® (Genexo: PL)
Glipiride® (Ethical: DO)
Gliprex® (Medico: HU)
Glirid® (Eczacibasi: TR)
Glix® (Rider: CL)
Gluceride® (Klonal: AR)
Glucomet® (Chemopharma: CL)
Gluconorm® (Cadila: LK)
Gluconor® (Aristopharma: BD)
Glucopirida® (Biotenk: AR)
Glucopirid® (Merck: SI)
Glupropan® (Pisa: MX)
Glutim® (Techno: BD)
Gluvas® (Dexa Medica: ID)
Glycemager® (Gerard: IE)
Islopir® (Craveri: AR)
Lavida® (Saidal: DZ)
Limaryl® (Popular: BD)
Limeral® (Actavis: GE)
Limpet® (Drug International: BD)
Lomet® (Microsules: AR)
Losucon® (Incepta: BD)
Magna® (Berlin-Chemie: DE)
Meglimid® (Krka: SI)
Melyd® (Stada: CZ)
Mepid® (Renata: BD)
Metrix® (Kalbe: ID)
Novo-Glimepiride® (Novopharm: CA)
Oltar® (Berlin-Chemie: PL)
Pemidal® (Polfa Pabianice: PL)
ratio-Glimepiride® (Ratiopharm: CA)
Roname® (Lacer: ES)
Sandoz Glimepiride® (Sandoz: CA)
Secrin® (Square: BD)
Solosa® (Aventis: DE, GR, PH)
Solosa® (Guidotti: IT)
Stimulin® (Orion: BD)
Symglic® (SymPhar: PL)
Trical® (Berlin-Chemie: SI)

Glipizide (Prop.INN)

L: Glipizidum
I: Glipizide
D: Glipizid
F: Glipizide
S: Glipizida

Antidiabetic agent

ATC: A10BB07
CAS-Nr.: 0029094-61-9 C_{21}-H_{27}-N_5-O_4-S
M_r 445.557

Pyrazinecarboxamide, N-[2-[4-[[[(cyclohexylamino)carbonyl]amino]sulfonyl]phenyl]ethyl]-5-methyl-

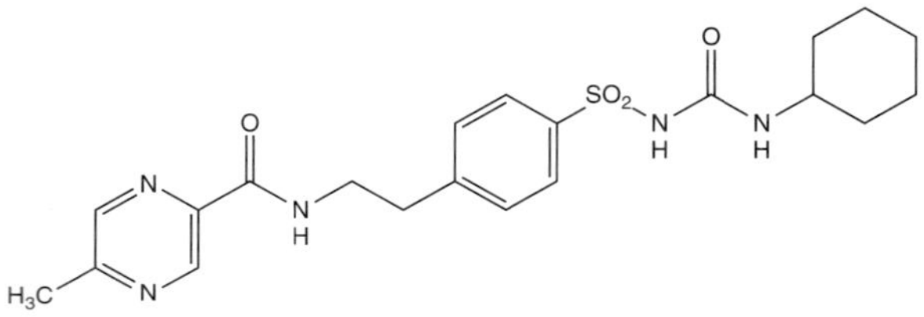

OS: *Glipizide [BAN, DCF, DCIT, USAN]*
IS: *Glydiazinamide*
IS: *K 4024 (Carlo Erba, Italy)*
IS: *CP 28720 (Pfizer, USA)*
IS: *TK 1320*
PH: Glipizide [Ph. Eur. 5, USP 30]
PH: Glipizidum [Ph. Eur. 5]
PH: Glipizid [Ph. Eur. 5]

Actine® (Aristopharma: BD)
Aldiab® (Merck: ID)
Antidiab® (Krka: CZ, PL, SI)
Apamid® (Weifa: NO, TH)
Beapizide® (Beacons: SG)
Depizide® (Pond's: TH)
Diasef® (Unison: HK, SG, TH)
Dipazide® (Siam Bheasach: TH)
Euglizip® (Astron: LK)
Gabaz® (SBL: MX)
Gipzide® (Sriprasit: TH)
Glibenese® (Pfizer: AT, BE, CH, DE, DK, ES, ET, FI, GB, GR, IE, LU, NL, PL, RS, SD)
Glibenese® [vet.] (Pfizer Animal Health: GB)
Glibénèse® (Pfizer: FR)
Glide® (Franco-Indian: IN)
Glifel® (Feltrex: DO)
Glimerol® (Drug International: BD)
Glipazid® (Lab. Neo Quím.: BR)

Glipicontin® (Modi-Mundipharma: IN)
Glipizid Domesco® (Domesco: VN)
Glipizid LPH® (Labormed Pharma: RO)
Glipizide DHA® (DHA: SG)
Glipizide Merck® (Merck Génériques: FR)
Glipizide Shin Poong® (Shin Poong: SG)
Glipizide XL® (Andrx: US)
Glipizide XL® (Watson: US)
Glipizide-Merck® (Generics: LU)
Glipizide® (Alpharma: GB)
Glipizide® (Andrx: US)
Glipizide® (Apotex: US)
Glipizide® (Galena: PL)
Glipizide® (Generics: GB)
Glipizide® (Greenstone: US)
Glipizide® (Hillcross: GB)
Glipizide® (Mylan: US)
Glipizide® (Sandoz: US)
Glipizide® (Teva: GB, US, US)
Glipizide® (Watson: US)
Glizide® (Fascino: TH)
Gluco-Rite® (Agis: IL)
Glucodiab® (Bangkok: TH)
Glucolip® (Wallace: IN)
Glucopress® (Actavis: GE)
Glucotrol® (Pfizer: CN, HK, ID, RO, RS, SI, TR, US)
Glygen® (GDH: TH)
Glynase® (USV: IN, LK)
Glyzid® (Sunthi: ID)
Glyzip® (Stadmed: IN)
Luditec® (Collins: MX)
Melizide® (Alphapharm: AU)
Melizide® (Merck: TH)
Melizid® (Leiras: FI)
Mindiab® (Carlo Erba: BR)
Mindiab® (Kenfarma: ES)
Mindiab® (Pfizer: DK, FI, FR, IS, NO, SE)
Mindiab® (Pharmacia: IT)
Minibit® (Polipharm: TH)
Minidiab® (Deva: TR)
Minidiab® (Kalbe: ID)
Minidiab® (Pfizer: AT, BE, BR, CL, CZ, FR, HK, HU, ID, LU, MY, NZ, PH, PT, SG, TH, VN)
Minidiab® (Pharmacia: AU, BG, ET, GH, IT, KE, LR, PE, RW, SL, TZ, UG, ZA, ZW)
Minidiab® (Pharmacia & Upjohn: LK)
Minodiab® (Kenfarma: ES)
Minodiab® (Pfizer: AR, CR, GB, GT, HN, MX, NI, PA, SV)
Minodiab® [vet.] (Pfizer Animal Health: GB)
Namedia® (Pharmasant: TH)
Ozidia® (Pfizer: FR)
Pezide® (Greater Pharma: TH)
Singloben® (Psicofarma: MX)
Sucrazide® (Dar-Al-Dawa: AE, BH, IQ, JO, KW, LB, LY, MT, NG, OM, QA, SA, SD, SO, TN, YE)
Xiprine® (Finn-Vita: CL)
Zitrol XR® (Square: BD)

Gliquidone (Rec.INN)

L: Gliquidonum
I: Gliquidone
D: Gliquidon
F: Gliquidone
S: Gliquidona

⚕ Antidiabetic agent

ATC: A10BB08
CAS-Nr.: 0033342-05-1 C_{27}-H_{33}-N_3-O_6-S
M_r 527.651

Benzenesulfonamide, N-[(cyclohexylamino)carbonyl]-4-[2-(3,4-dihydro-7-methoxy-4,4-dimethyl-1,3-dioxo-2(1H)-isoquinolinyl)ethyl]-

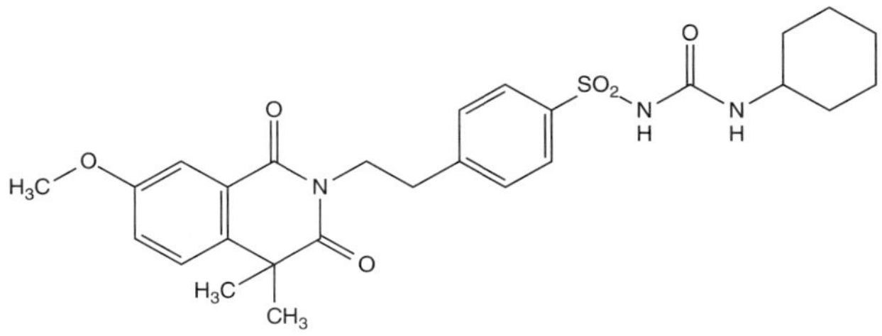

OS: *Gliquidone [BAN, DCIT, USAN]*
IS: *AR-DF26 (Mitsui, Japan)*
PH: Gliquidone [BP 2002]

Gliquidon LPH® (Labormed Pharma: RO)
Gliquidone® (Dexa Medica: ID)
Glurenorm® (Astellas: DE)
Glurenorm® (Boehringer Ingelheim: AT, BA, HR, HU, ID, PL, RO, RU, SI)
Glurenorm® (Eczacibasi: TR)
Glurenorm® (Menarini: BE, LU)
Glurenorm® (Paranova: AT)
Glurenorm® (Sanofi-Aventis: GB)
Glurenorm® (Zentiva: CZ)
Glurenor® (Astellas: ES)
Glurenor® (Guidotti: IT)
Glurenor® (Menarini: AE, BH, CY, DO, EC, EG, GT, HN, IQ, JO, KW, LB, LY, MA, MT, NI, OM, PA, QA, SA, SD, SV, SY, TH, TN, YE)

Glisentide (Rec.INN)

L: Glisentidum
D: Glisentid
F: Glisentide
S: Glisentida

⚕ Antidiabetic agent

CAS-Nr.: 0032797-92-5 C_{22}-H_{27}-N_3-O_5-S
M_r 445.548

Benzamide, N-[2-[4-[[[(cyclopentylamino)carbonyl]amino]sulfonyl]phenyl]ethyl]-2-methoxy-

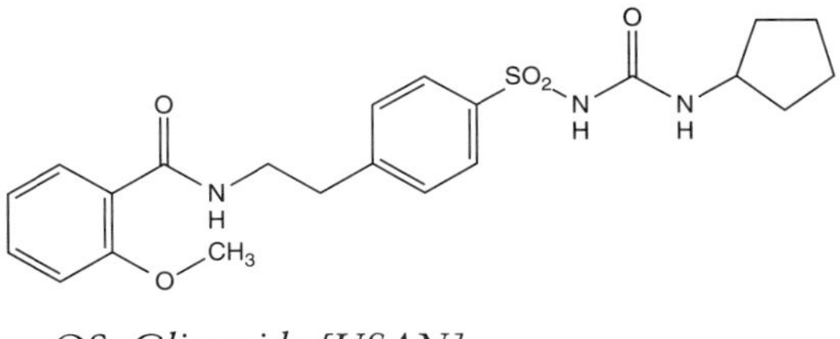

OS: *Glisentide [USAN]*

IS: *UR 661 (Uriach, Espana)*
IS: *Glipentid*

Staticum® (Uriach: CR, DO, ES, GT, HN, NI, PA, SV)

Glisolamide (Rec.INN)

L: Glisolamidum
I: Glisolamida
D: Glisolamid
F: Glisolamide
S: Glisolamida

Antidiabetic agent

CAS-Nr.: 0024477-37-0 C_{20}-H_{25}-N_4-O_5-S
M_r 433.52

3-Isoxazolecarboxamide, N-[2-[4-[[[(cyclohexylamino)carbonyl]amino]sulfonyl]phenyl]ethyl]-5-methyl-

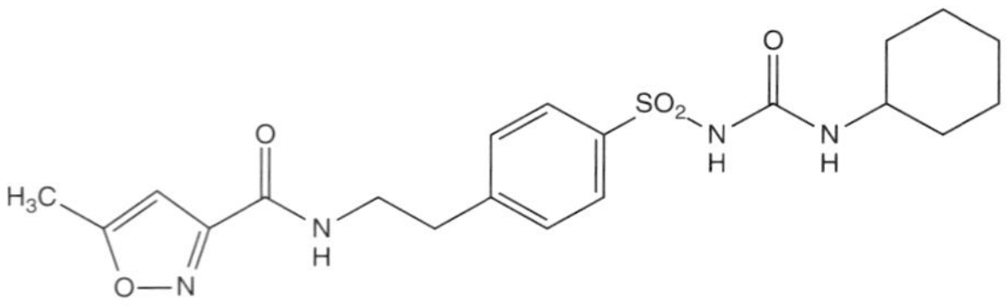

OS: *Glisolamida [DCIT]*
OS: *Glisolamide [USAN]*

Diabenor® (IFI: IT)

Glucagon (Rec.INN)

L: Glucagonum
I: Glucagone
D: Glucagon
F: Glucagon
S: Glucagon

Antidote, insulin antagonist

ATC: H04AA01
CAS-Nr.: 0016941-32-5 C_{153}-H_{225}-N_{43}-O_{49}-S
M_r 3482.973

Glucagon

His—Ser—GLu(NH2)—Gly—Thr—Phe—Thr—Ser—Asp—Tyr—
Ser—Lys—Tyr—Leu—Asp—Ser—Arg—Arg—Ala—GLu(NH2)—
Asp—Phe—Val—Glu(NH2)—Trp—Leu—Met—Asp(NH2)—Thr

OS: *Glucagon [BAN, DCF, JAN, USAN]*
OS: *Glucagone [DCIT]*
IS: *HG Faktor*
IS: *Glukagon*
PH: Glucagon [Ph. Eur. 5.1, USP 30, BP 2003]
PH: Glucagonum [Ph. Eur. 5.1]
PH: Glucagone [Ph. Eur. 5.1]

Glucagen Hypokit® (Novo Nordisk: BA, IE, LU)
Glucagon Diagonostic® (Lilly: US)
Glucagon Emergency® (Lilly: US)
Glucagon® (Lilly: BR, CA, MX)

– hydrochloride:
CAS-Nr.: 0019179-82-9

Gluca Gen® (Novo Nordisk: AT)
Glucagen Hipokit Nov® (Novo Nordisk: ES)
Glucagen Hypokit® (Novo Nordisk: CL, CZ, GB, HK, HR, IL, IS, NZ, PT, RO)
Glucagen Kit® (Novo Nordisk: FR)
Glucagen® (Bedford: US)
Glucagen® (Boots: IN)
Glucagen® (Medcor: NL)
Glucagen® (Novo Nordisk: AR, AT, AU, BE, CH, CZ, DE, DK, FI, FR, GR, HU, IT, LU, NL, PL, PT, RS, RU, SG, SI, TR, ZA)
Glucagen® (Roemmers: CO)
Glucagen® [vet.] (Novo Nordisk Animalhealth: GB)
Glucagon Novo Nordisk® (Novo Nordisk: SE)
Glucagon® (Lilly: AR, AT, CA, US)
Glucagon® (Novo Nordisk: ES, JP, LU, NL, NO, SE)
Glucagon® (Torrent: IN)

Glucametacin (Rec.INN)

L: Glucametacinum
I: Glucametacina
D: Glucametacin
F: Glucamétacine
S: Glucametacina

Antiinflammatory agent
Analgesic
Antipyretic

CAS-Nr.: 0052443-21-7 C_{25}-H_{27}-Cl-N_2-O_8
M_r 518.961

D-Glucose, 2-[[[1-(4-chlorobenzoyl)-5-methoxy-2-methyl-1H-indol-3-yl]acetyl]amino]-2-deoxy-

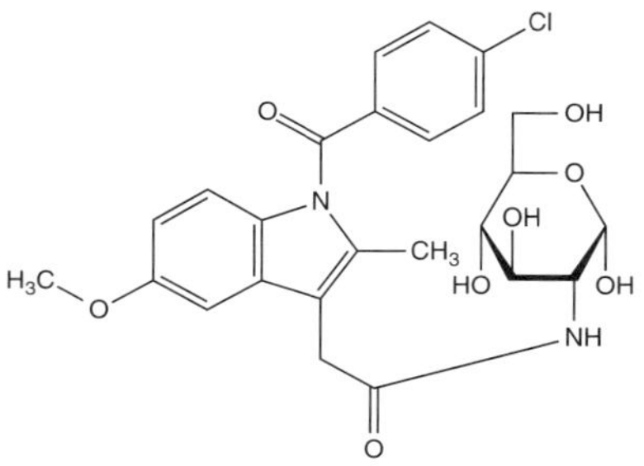

OS: *Glucametacina [DCIT]*
OS: *Glucametacin [USAN]*
IS: *Labofarma 227*
IS: *SIR 227*

Glucametan® (Peruano-Germano: PE)
Teoremin® (ASTA Medica: BR)

Glucosamine (Rec.INN)

L: Glucosaminum
I: Glucosamina
D: Glucosamin
F: Glucosamine
S: Glucosamina

⚕ Antirheumatoid agent

ATC: M01AX05
ATCvet: QM01AX05
CAS-Nr.: 0003416-24-8 C_6-H_{13}-N-O_5
M_r 179.17

D-Glucose, 2-amino-2-deoxy-

2-Amino-2-deoxy-beta-D-glucopyranose

2-Amino-2-deoxy-D-glucose

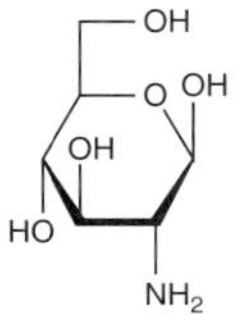

OS: *Glucosamine [DCF, USAN]*
OS: *Glucosamina [DCIT]*
IS: *D-Glucosamin*
IS: *Chitosamine*
IS: *NSC-758*

Arthricare® (MD: SG)
Artronil® (Eurodrug: TH)
Glucosamine Pharma Nord® (Pharma Nord: IE)
Glucosamin® (Chephasaar: RS)
Glukozamin® (Pharma Nord: SI)
Perigona® (Chephasaar: RS)

– hydrochloride:

CAS-Nr.: 0000066-84-2
OS: *Glucosamine hydrochloride NF, US*
OS: *Glucosamine HCl INCI*
OS: *Glucosamine Hydrochloride USAN*
IS: *D-Glucosamin hydrochlorid (ASK, DE)*
IS: *Chitosamine hydrochloride*
IS: *Cosamin*
IS: *A-Ssomose*
IS: *NSC-758*
IS: *AI3-26077*
IS: *2-Amino-2-deoxy-beta-D-glucopyranose hydrochloride (USAN)*
PH: Glucosamine hydrochloride USP 30
PH: Glucosamine hydrochloride BP 2004

Artrox® (Pfizer: SE)
Bio-Health® (Bio-Health Ltd.: GB)
Flexivet® [vet.] (Ceva: FR)
Glucart® (Orion: BD)
Glucomed® (Meda: SE)
Glustin® (General Pharma: BD)
Joinix® (Incepta: BD)
Mobilat Glucosamin® (Stada: DE)
Movere® (Antula: FI, NO)
Osteoeze® (Galen: IE)
Reflon® (Beximco: BD)
Samin® (Weifa: NO)
Tilex® (Square: BD)

– sulfate:

CAS-Nr.: 0014999-43-0
IS: *D-Glucosamin sulfat*
IS: *Tiocondraminum*

Adaxil® (Altana: AR)
Adequan® [vet.] (Janssen: LU, NL)
Arthrimel® (Clonmel: IE)
Arthryl® (Rottapharm: FI, PL)
Artridol® (Chile: CL)
Artrilase® (Bagó: AR)
Artril® (Advance: SG)
Asoglutan® (Raffo: AR)
Baliartrin® (Baliarda: AR)
Belmalen® (Cetus: AR)
Bioflex® (Rottapharm: CL)
Bipron® (Pharmalab: PE)
Cartilox® (La Santé: CO, CO)
Cartisorb® (Bioiberica: ES)
Ceremir® (Rottapharm: ES)
Coderol® (Bioiberica: ES)
Curaflex® (Tecnofarma: CO)
Dalibe® (Synthesis: CO)
Dinaflex® (Tecnofarma: CL, PE)
Dinaflex® (Zodiac: BR)
Donacom® (Artropharm: NO)
Donarot® (Faran: GR)
Dona® (Helsinn: IE)
Dona® (Kéri: HU)
Dona® (Opfermann: DE)
Dona® (Rottapharm: CZ, IT, RO)
Faximin® (Sandoz: MX)
Findol® (Temis-Lostalo: AR)
Flexsa® (Mega: TH)
G-Lenk® (Copyfarm: FI)
Glucadol® (Leiras: FI)
Gluco-S® (MD: SG)
Gluco-S® (Standard Chem & Pharm: TH)
Glucosamin Copyfarm® (Copyfarm: DK)
Glucosamin Ferrosan® (Ferrosan: DK)
Glucosamin Gelenk® (Mezina: DK)
Glucosamin Jemo® (Jemo-Pharm: DK)
Glucosamin Ledflex® (Ledflex: DK)
Glucosamin Orion® (Orion: FI)
Glucosamin Pharma Nord® (Pharma Nord: DK, FI, NO)
Glucosamina® (Status Salud: AR)
Glucosamine Phrama Nord® (Pharma Nord: NL)
Glucosine® (Recip: SE)
Gluco® (Sidus: AR)
Glukosamin Copyfarm® (Copyfarm: SE)
Glukosamin mezina® (Mezina AS: NO)
Glusamine® (Meiji: TH)
Glutilage® (Beacons: SG)
Gluxine® (Recip: NO)
Hespercorbin® (Fides Ecopharma: ES)
Hespercorbin® (Rottapharm: ES)
Leka® (Wörwag Pharma: DE)
Mecanyl® (Beta: AR)
Mediflex® (Kalbe: ID)
Noractive® [vet.] (Norbrook: NZ)
Obifax® (Bioiberica: ES)
Ostoflex® (Ampharco: VN)
Pertinar® (Ivax: AR)
Reufin® (Sanitas: CL)
Vartalon® (Asofarma: MX)

G

Vartalon® (Sandoz: AR)
Viartril-Rotta® (Rottapharm: CL)
Viartril-S® (Delta: PT)
Viartril-S® (Rotta: HK)
Viartril-S® (Rottapharm: CL, CN, VN)
Viartril® (Delta: PT)
Viartril® (Novamed: CO)
Viartril® (Rotta: MY, SG)
Viartril® (Rotta Pharmaceuticals: BO, DO, GT, HN, HT, PA, SV, TH)
Viartril® (Rotta Pharmalink: PH)
Viartril® (Rottapharm: CL)
Vital® (Yu Sheng: SG)
Xicil® (Rottapharm: ES)

Glucurolactone (Rec.INN)

L: Glucurolactonum
I: Glucurolactone
D: Glucurolacton
F: Glucurolactone
S: Glucurolactona

⚕ Hepatic protectant

CAS-Nr.: 0032449-92-6 — C_6-H_8-O_6, M_r 176.13

λ-Lactone of D-glucofuranuronic acid

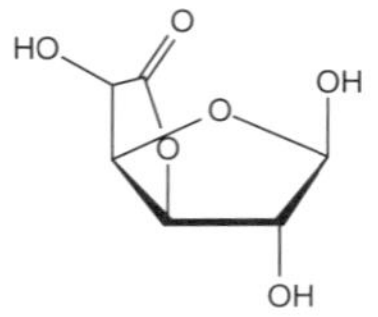

OS: *Glucurolactone [DCF]*
OS: *Glucuronolactone [DCIT, JAN]*
OS: *Glucurolactone [USAN]*
IS: *Glucorone*
IS: *Glucuronic acid*
IS: *Glucuronsäure-gamma-lacton*

Guronsan® (Chugai: JP)

– sodium salt:
Guronsan® [inj.] (Chugai: JP)

Glucuronamide (Rec.INN)

L: Glucuronamidum
D: Glucuronamid
F: Glucuronamide
S: Glucuronamida

⚕ Hepatic protectant

CAS-Nr.: 0061914-43-0 — C_6-H_{11}-N-O_6, M_r 193.164

β-D-Glucopyranuronamide

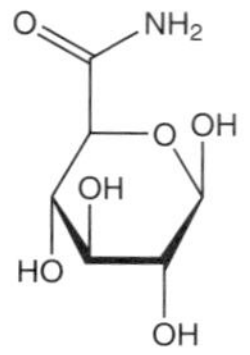

OS: *Glucuronamide [BAN, DCF, JAN, USAN]*

Guronamin® (Chugai: JP)

Glutamic Acid (Rec.INN)

L: Acidum glutamicum
I: Acido glutamico
D: Glutaminsäure
F: Acide glutamique
S: Acido glutamico

⚕ Amino acid

CAS-Nr.: 0000056-86-0 — C_5-H_9-N-O_4, M_r 147.137

Glutamic acid

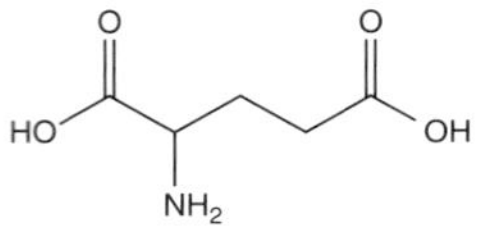

OS: *Acide glutamique [DCF]*
OS: *Glutamic Acid [USAN]*
OS: *Acido glutamico [DCIT]*
IS: *10549-13-0*
IS: *138-16-9*
IS: *6899-05-4*
IS: *E 620 (EU-Nummer)*
IS: *Glu*
IS: *Acido glutammico*
PH: Acidum glutamicum [Ph. Eur. 5]
PH: Glutaminsäure [Ph. Eur. 5]
PH: Glutamique (acide) [Ph. Eur. 5]
PH: Glutamic Acid [Ph. Eur. 5, USP 30]

Glutamin-Verla® (Verla: DE)
Gluti-Agil® (Riemser: DE)
Hypochylin® (Recip: FI)
Neuroglutamin® (Pharmonta: AT)

– hydrochloride:
CAS-Nr.: 0000138-15-8
IS: *Aciglumínum*
PH: Glutamic Acid Hydrochloride NF XIII
PH: Glutaminsäurehydrochlorid DAB

Hypochylin® (Recip: SE)
Pepsaletten® (Riemser: DE)

– magnesium salt hydrobromide:
Psico-Soma® (Ferrer: CR, DO, ES, GT, HN, NI, PA, SV)

Glutamine (Prop.INN)

L: Glutaminum
I: Glutamine
D: Glutamin
F: Glutamine
S: Glutamina

⚕ Amino acid

CAS-Nr.: 0000056-85-9 — C_5-H_{10}-N_2-O_3, M_r 146.155

L-Glutamine

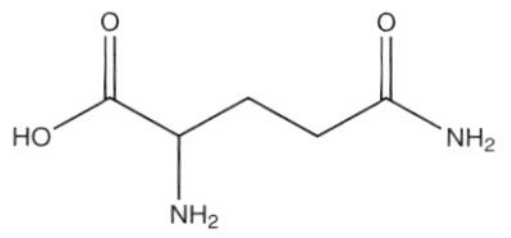

OS: *Glutamine [DCF, DCIT, USAN]*
IS: *Levoglutamide*
PH: Glutamin [DAB]
PH: Glutamine [USP 30]

Adamin-G® (SHS: IE)
Dipeptiven® (Fresenius: AT, IT, NO, PL, RS)
Glumin® (Kyowa: JP)
Glutamina® (Teingro: AR)
L-Glutamina® (Lafarmen: AR)
Levoglutamina® (Spedrog-Caillon: AR)

Glutaral (Rec.INN)

L: Glutaralum
D: Glutaral
F: Glutaral
S: Glutaral

Antiseptic
Antiviral agent
Desinfectant

CAS-Nr.: 0000111-30-8 C_5-H_8-O_2
M_r 100.119

Pentanedial

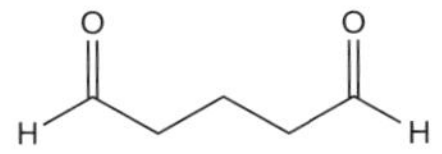

OS: *Glutaral [JAN, USAN]*
PH: Glutaral Concentrate [USP 30]
PH: Glutaraldehyde, Strong Solution [BP 2002]

Diswart® (Dermatech: AU)
Glutarol® (Dermal: GB, IE)
Instrunet® (Inibsa: PT)
Korsolex® (Bode: DE)
Leo Yellow Super Dip® [vet.] (Leo: GB)
Sterihyde® (Maruishi: JP)

Glutathione

D: Glutathion

Amino acid

ATC: V03AB32
CAS-Nr.: 0000070-18-8 C_{10}-H_{17}-N_3-O_6-S
M_r 307.336

Glycine, N-(N-L-λ-glutamyl-L-cysteinyl)-

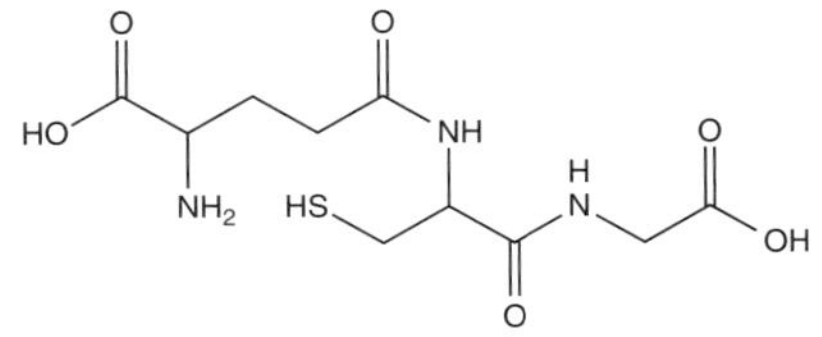

OS: *Glutathione [JAN, USAN]*
PH: Glutathion [Ph. Eur. 5]
PH: Glutathione [Ph. Eur. 5]

Agifutol® (Kyorin: JP)
Gluthion® (CT: IT)
Neuthione® (Senju: JP)
Tathion® (Yamanouchi: JP)

– sodium salt:

Glutatione Pliva® (Pliva: IT)
Glutoxim® (Pharma Vam: RU)
Gulading® (Laboratorio Farmaceutico: CN)
Ridutox® (So.Se.: IT)
Rition® (Piam: IT)
Tad® (Biomedica Foscama: CN, HK, IT)
Tationil® (Roche: IT)

Glutethimide (Rec.INN)

L: Glutethimidum
I: Glutetimide
D: Glutethimid
F: Glutéthimide
S: Glutetimida

Hypnotic

ATC: N05CE01
CAS-Nr.: 0000077-21-4 C_{13}-H_{15}-N-O_2
M_r 217.273

2,6-Piperidinedione, 3-ethyl-3-phenyl-

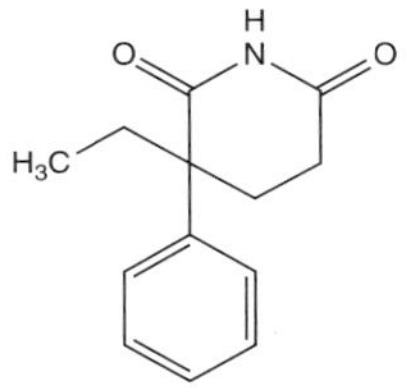

OS: *Glutethimide [BAN, DCF, USAN]*
OS: *Glutetimide [DCIT]*
IS: *C 11511*
PH: Glutethimid [DAB 1999]
PH: Glutethimide [BP 1999, USP 23]
PH: Glutethimidum [PhBs IV, Ph. Eur. 3, Ph. Int. II]
PH: Glutéthimide [Ph. Franç. X]

Glutethimide® (Geneva: US)
Glutethimide® (Goldline: US)
Glutethimide® (Halsey Drug: US)
Glutethimide® (Interstate Drug Exchange: US)
Glutethimide® (Rugby: US)
Glutethimide® (Schein: US)
Glutethimide® (United Research: US)

Glybuzole (Rec.INN)

L: Glybuzolum
D: Glybuzol
F: Glybuzole
S: Glibuzol

Antidiabetic agent

CAS-Nr.: 0001492-02-0 C_{12}-H_{15}-N_3-O_2-S_2
M_r 297.402

Benzenesulfonamide, N-[5-(1,1-dimethylethyl)-1,3,4-thiadiazol-2-yl]-

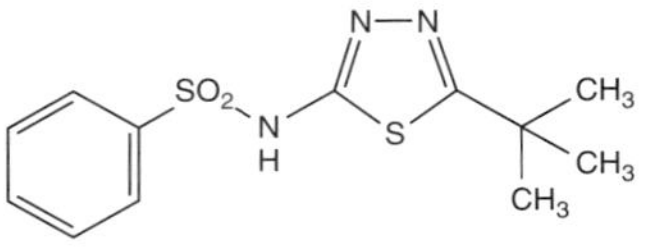

OS: *Glybuzole [DCF, JAN, USAN]*
IS: *AN 1324*
IS: *RP 7891*
IS: *TH 1395*

Gludiase® (Kyowa: JP)

Glycerol (Rec.INN)

L: Glycerolum
I: Glicerolo
D: Glycerol
F: Glycérol
S: Glicerol

Laxative

ATC: A06AG04,A06AX01
CAS-Nr.: 0000056-81-5 C_3-H_8-O_3
M_r 92.097

1,2,3-Propanetriol

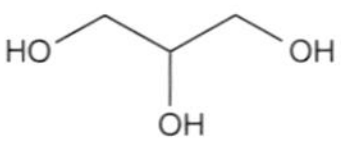

OS: *Glycérol [DCF]*
OS: *Glycerin [JAN, USAN]*
IS: *E 422*
PH: Glycerin [JP XIV, USP 30]
PH: Glycero [- (85 per cent) Ph. Eur. 5, BP 2003]
PH: Glycero [- 85% Ph. Eur. 5]
PH: Glycéro [- à 85 pour cent Ph. Eur. 5]
PH: Glycerolu [85% m/m Ph. Int. III]
PH: Glycerolu [- (85 per centum) Ph. Eur. 5]
PH: Glycerol [Ph. Int. 4]
PH: Glycerolum [Ph. Int. 4]

Adulax® (Casen: ES)
ALK Soluprick Negativ kontrol® (ALK: DK)
Babylax® (California: CO)
Babylax® (Mann: DE, LU)
Barra® (Neutrogena: AR)
Benylin® (Pfizer Consumer Healthcare: GB)
Bulboid® (Melisana: CH)
Bébégel® (Meda: FR)
Colace® (Shire: US)
Comosup® (Farmasierra: ES)
Farmino® (Bajer: AR)
Fleet Babylax® (CB Fleet: MY)
Fleet Babylax® (Fleet: PE, US)
Fleet Babylax® (Rider: CL)
Fleet Glycerin Suppositories® (Fleet: US)
Fleet® (Fleet: PE)
Gely Lanzas® (Ipsen: ES)
Glicerina Bidestil Cuve® (Perez Gimenez: ES)
Glicerina Cinfa® (Cinfa: ES)
Glicerina Cuve® (Perez Gimenez: ES)
Glicerina Quimpe® (Quimpe: ES)
Glicerina® (Medicalex: CO)
Glicerina® (Pasteur: CL)
Glicerinum® (Halychpharm: GE)
Glicerol Vilardell® (Vilardell: ES)
Glicerolo Dynacren® (Dynacren: IT)
Glicerolo Montefarmaco® (Montefarmaco OTC: IT)
Glicerolo supposte Carlo Erba® (Carlo Erba: IT)
Glicerolo® (AFOM: IT)
Glicerolo® (Angelini: IT)
Glicerolo® (Boots: IT)
Glicerolo® (Carlo Erba: IT)
Glicerolo® (Dynacren: IT)
Glicerolo® (Farma 1: IT)
Glicerolo® (Farmacologico: IT)
Glicerolo® (Farve: IT)
Glicerolo® (IFI: IT)
Glicerolo® (Marco Viti: IT)
Glicerolo® (New.Fa.dem.: IT, IT)
Glicerolo® (Nova Argentia: IT)
Glicerolo® (Ogna: IT)
Glicerolo® (Olcelli: IT)
Glicerolo® (Pietrasanta: IT)
Glicerolo® (Sella: IT)
Glicerolo® (Zeta: IT)
Glicerotens® (Llorens: ES)
Glicina® (Fresenius: IT)
Gliserin-Kansuk-B® (Kansuk: TR)
Gliserin-Kansuk-K® (Kansuk: TR)
Glycerin Suppositorien Fonte® (Fonte: CH)
Glycerin Suppositories® (Rekah: IL)
Glycerine Pfizer® (Pfizer: SG)
Glycerine Suppo's Wolfs® (Wolfs: BE)
Glycerine® (Pfizer: HK)
Glycerine® (Rekah: IL)
Glycerine® (Sam-On: IL)
Glycerinzäpfchen Sanova® (Sanova: AT)
Glycerin® (Rougier: CA)
Glycerol Oba® (OBA: DK)
Glycerol PSM® (PSM: NZ)
Glycerol® (David Craig: NZ)
Glycerol® (MidWest: NZ)
Glycerol® (PSM: NZ)
Glycilax® (Engelhard: AE, BH, CY, DE, KW, LB, OM, QA)
Glyzerinzäpfchen Rösch® (Rösch & Handel: AT)
Lempsin Dry Cough® (Reckitt Benckiser: NZ)
Milax® (Berlin-Chemie: DE)
Miniderm® (Aco Hud: FI)
Miniderm® (ACO Hud: SE)
Nene-Lax® (Dentinox: DE)
Neutrobar® (Darier: MX)
Nitropelet® (Zentiva: CZ)
Ophthalgan® (Wyeth: US)
Otodolor® (Ursapharm: DE)
Paidolax® (Casen: ES)
Practomil® (Braun: CH)
Prolax® (Jadran: HR)
Q.V. Wash® (Ego: AU)
QV Wash® (Ego: HK, NZ, SG)
Regard® (Smith & Nephew: ZA)
Sani-Supp® (G & W: US)
Supogliz® (Perez Gimenez: ES)
Supositorio de Glicerina® (Oysa: PE)
Supositorio de Glicerina® (UQP: PE)
Supositorio de Glicerina® (Volta: CL)

Supositorios de Glicerina Fecofar® (Fecofar: AR)
Supositorios de Glicerina Franklin® (Millet: AR)
Supositorios de Glicerina® (Caldeira & Marques: PT)
Supositorios de Glicerina® (Elea: AR)
Supositorios Glicerina Brota® (Escaned: ES)
Supositorios Glicerina Cinfa® (Cinfa: ES)
Supositorios Glicerina Cuve® (Perez Gimenez: ES)
Supositorios Glicerina Glycilax® (Rovi: ES)
Supositorios Glicerina Mandri® (Mandri: ES)
Supositorios Glicerina Orravan® (Orravan: ES)
Supositorios Glicerina Rovi® (Pfizer: ES)
Supositorios Glicerina Torrent® (Torrens: ES)
Supositorios Glicerina Vilardell® (Vilardell: ES)
Supositorios Glicerina Viviar® (Viviar: ES)
Supositorios Glicerina® (Basi: PT)
Supositorios Glicerina® (Valma: CL)
Supositorios Senosiain® (Senosiain: DO, GT, HN, MX, PA, SV)
Supozitoare cu Glicerină® (Antibiotice: RO)
Suppositoires a la glycerine® (Wolfs: BE)
Suppositoria Glycerini Leciva® (Zentiva: CZ)
Supposte Glicerina Carlo Erba® (Carlo Erba: IT)
Supposte Glicerina S.Pellegrino® (Sanofi-Synthelabo OTC: IT)
Verolax® (Angelini: IT, PT)
Verolax® (Farma Lepori: ES)
Verolax® (Lepori: PT)
Vifticol® (F.T. Pharma: VN)
Vitrosups® (Llorens: ES)
Vixorfit® (Gezzi: AR)
Zetalax® (Zeta: IT)

Glycine (Rec.INN)

L: Glycinum
I: Glicina
D: Glycin
F: Glycine
S: Glicina

Amino acid

ATC: B05CX03
CAS-Nr.: 0000056-40-6 C_2-H_5-N-O_2
M_r 75.072

Glycine

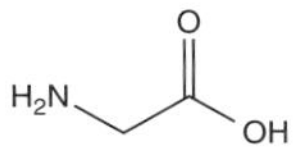

OS: *Glycine [DCF, USAN]*
OS: *Aminoacetic acid [JAN]*
OS: *Glicina [DCIT]*
IS: *Acidum aminoaceticum*
IS: *E 640*
IS: *Glycocoll*
IS: *Glykokol*
IS: *Leimzucker*
PH: Glycerin [JP XIV]
PH: Glycine [Ph. Eur. 5, USP 30]
PH: Glycinum [Ph. Eur. 5]
PH: Glycin [Ph. Eur. 5]
PH: Aminoacetic Acid [USP 30]

Aminoacetic Acid® (Baxter Healthcare: US)
Glicina Braun® (Braun: PT)
Glicina® (Baxter: EC)
Glicina® (Bieffe: IT)
Glicina® (Galenica: IT)
Glicina® (Pharmacia: IT)
Glicina® (Pierrel: IT)
Glicina® (Salf: IT)
Glicyna® (Medana: PL)
Glycine B. Braun® (Braun: FI)
Glycine-Tur® (Thai Otsuka: TH)
Glycine® (Fresenius: NL)
Glycin® (Baxter: FI)
Gyn Hydralin® (Bayer Santé Familiale: FR)
Irigon® (Beximco: BD)
Uromatic® (Baxter: EC)

Glycobiarsol (Rec.INN)

L: Glycobiarsolum
D: Glycobiarsol
F: Glycobiarsol
S: Glicobiarsol

Antiprotozoal agent, amebicide

ATC: P01AR03
CAS-Nr.: 0000116-49-4 C_8-H_9-As-Bi-N-O_6
M_r 499.07

Bismuth, [[4-[(hydroxyacetyl)amino]phenyl]arsonato(1-)]oxo-

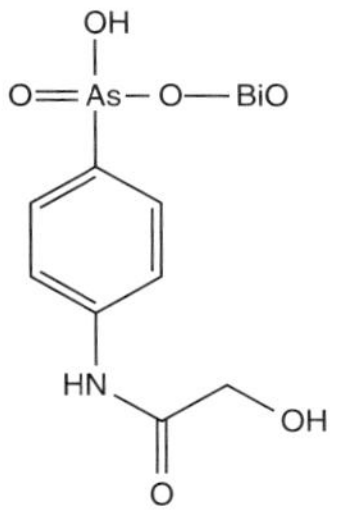

OS: *Glycobiarsol [BAN, DCF, USAN]*
OS: *Bismuth Glycollylarsanilate [BAN]*
IS: *Win 1011*
PH: Glycobiarsol [USP XXI]

Milibis® (Sanofi-Synthelabo: AE, BH, CY, EG, JO, KW, LB, OM, QA, SA)

Glycol Salicylate

L: Ethylenglycoli salicylas
D: Hydroxyethylsalicylat
F: Hydroxyéthyle (salicylate d')

Antirheumatoid agent, external

CAS-Nr.: 0000087-28-5 C_9-H_{10}-O_4
M_r 182.179

Benzoic acid, 2-hydroxy-, 2-hydroxyethyl ester
IS: *GL-7*
IS: *Glysal*
IS: *Spirosal*
IS: *Ethylenglykolsalicylat*
PH: Hydroxyethylsalicylat [Ph. Eur. 4]
PH: Hydroxyethyl Salicylate [Ph. Eur. 4]

PH: Hydroxyethylis salicylas [Ph. Eur. 4]
PH: Hydroxyéthyle (salicylate d') [Ph. Eur. 4]

Dolo-Arthrosenex® (Riemser: DE)
Dolo-Rubriment® (Riemser: DE)
Etrat® (Klinge: DE)
Kytta® (Merck KGaA: DE)
Mobilat akut HES Gel® (Sankyo: DE)
Phardol® (Kreussler: DE)
Salhumin® (Bastian: DE)
Traumasenex® (LAW: DE)
Traumasenex® (Riemser: DE)
zuk® (Altana Consumer Health: DE)

Glycopyrronium Bromide (Rec.INN)

L: Glycopyrronii Bromidum
D: Glycopyrronium bromid
F: Bromure de Glycopyrronium
S: Bromuro de glicopirronio

Antispasmodic agent
Gastric secretory inhibitor
Parasympatholytic agent

CAS-Nr.: 0000596-51-0 C_{19}-H_{28}-Br-N-O_3
M_r 398.343

Pyrrolidinium, 3-[(cyclopentylhydroxyphenylacetyl)oxy]-1,1-dimethyl-, bromide

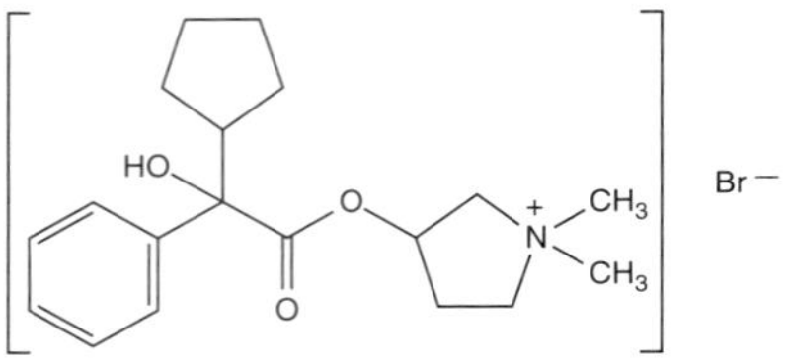

OS: *Glycopyrrolate [USAN]*
OS: *Glycopyrronium [DCF]*
OS: *Glycopyrronium Bromide [BAN]*
IS: *AHR 504 (Robins, USA)*
PH: Glycopyrrolate [USP 30]

Glycopyrrolate® (American Regent: US)
Glycopyrrolate® (Khandelwal: IN)
Glycopyrrolate® (Rising Pharmaceuticals: US)
Glycopyrrolate® (Sandoz: CA)
Glycopyrrolate® (URL: US)
Glycopyrrolate® [vet.] (IVX: US)
Glycosate Vet® [vet.] (Nature Vet: AU)
Robinul® (Aspen: ZA)
Robinul® (Baxter: US)
Robinul® (Eumedica: BE, LU)
Robinul® (Goldshield: GB)
Robinul® (Healthcare Logistics: NZ)
Robinul® (Kaken: JP)
Robinul® (Meda: DK, FI, NO, SE)
Robinul® (Riemser: DE)
Robinul® (Sciele: US)
Robinul® (Torrex: AT)
Robinul® (Wyeth: AU)
Robinul® [vet.] (Fort Dodge: AU, US)
Robinul® [vet.] (Goldshield: GB)
Robinul® [vet.] (Vetoquinol: FR)

Glycyclamide (Rec.INN)

L: Glycyclamidum
I: Gliciclamida
D: Glycyclamid
F: Glycyclamide
S: Gliciclamida

Antidiabetic agent

CAS-Nr.: 0000664-95-9 C_{14}-H_{20}-N_2-O_3-S
M_r 296.394

Benzenesulfonamide, N-[(cyclohexylamino)carbonyl]-4-methyl-

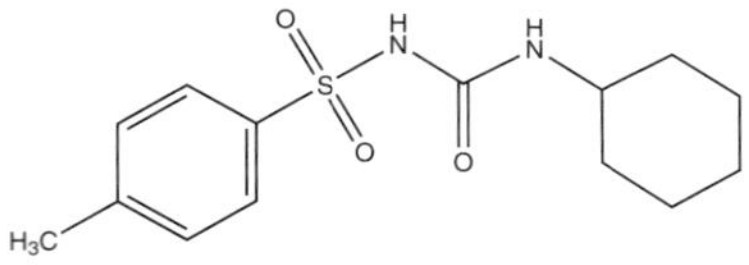

OS: *Gliciclamida [DCIT]*
OS: *Glycyclamide [USAN]*
IS: *K 386*
IS: *Tolbutamid K*
IS: *Tolhexamide*
IS: *Tolcyclamide*

Diaborale® (Pharmacia: IT)

Gold Keratinate

D: Goldkeratinat

Antirheumatoid agent

CAS-Nr.: 0009078-78-8

A gold complex with keratin stated to contain 13 % of Au
IS: *Aurothiopolypeptide*

– calcium salt:

Aurochobet® (Soubeiran Chobet: AR)

Gonadorelin (Rec.INN)

L: Gonadorelinum
I: Gonadorelina
D: Gonadorelin
F: Gonadoréline
S: Gonadorelina

Hypothalamic hormone, luteinizing hormone releasing hormone, LH-RH

ATC: H01CA01,V04CM01
CAS-Nr.: 0033515-09-2 C_{55}-H_{75}-N_{17}-O_{13}
M_r 1182.375

Luteinizing hormone-releasing factor (pig)

5-oxo-Pro—His—Trp—Ser—Tyr—Gly—Leu—Arg—Pro—Gly—NH_2

OS: *Gonadoréline [DCF]*
OS: *Gonadorelin [BAN]*
OS: *Gonadorelina [DCIT]*
IS: *RU 19847*
IS: *LH-RF*
IS: *LH-RH*
IS: *GnRH*

IS: *Gonadoliberin*
IS: *Hoe 471 (Hoechst Marion Roussel, Germany)*
PH: Gonadorelin [DAB 1999]
PH: Gonadoréline [Ph. Franç. X]

Conceptyl® [vet.] (Intervet: NL)
Cryptocur® (Sanofi-Aventis: NL)
Cystoreline® [vet.] (Biokema: CH)
Cystoreline® [vet.] (Ceva: FR)
Cystoreline® [vet.] (Vetem: IT)
Enagon® [vet.] (Intervet: IT)
Fertagyl® [vet.] (Intervet: AT, AU, BE, GB, IE, IT, NL, ZA)
Fertagyl® [vet.] (Janssen Animal Health: DE)
Fertagyl® [vet.] (Janssen Santé Animale: FR)
H.R.F.® (Tramedico: BE)
HRF® (AHP: LU)
HRF® (Intrapharm: GB)
HRF® (Tramedico: LU)
Kryptocur® (Aventis: AT, DE, IT, LU)
Relefact® (Aventis: AT, DE, GR, IL)
Relefact® (Sanofi-Aventis: NL)
Stimu-LH® (Ferring: FR)

– acetate:

OS: *Gonadorelin Acetate BANM, USAN*
OS: *Gonadorelin Diacetate JAN*
IS: *Abbott 41070*
PH: Gonadorelini acetas Ph. Eur. 5
PH: Gonadorelin Acetate Ph. Eur. 5, USP 30
PH: Gonadorélin (acétate de) Ph. Eur. 5
PH: Gonadorelinacetat Ph. Eur. 5

Cystorelin® [vet.] (Merial: US)
Depherelin® [vet.] (Provet: CH)
Fertagyl® [vet.] (Intervet: US)
Fertagyl® [vet.] (Orion: FI)
Fertagyl® [vet.] (Veterinaria: CH)
Gonabreed® [vet.] (Parnell: AU, NZ)
Gonavet® [vet.] (Veyx: DE)
Kryptocur® (Sanofi-Aventis: CH)
LH-RH® (Er-Kim: TR)
LHRH Ferring® (Ferring: AR, DE)
Lutrelef® (Ferring: AT, CH, DE, FR, IL, IT, NL, SE)
Lutrepulse® (Ferring: CA, US)
Oestracton® [vet.] (IDT: DE)
OvaCyst® [vet.] (IVX: US)

– hydrochloride:

CAS-Nr.: 0033515-09-2
OS: *Gonadorelin Hydrochloride BANM, USAN*
IS: *AY 24031 (Ayerst, USA)*
PH: Gonadorelin Hydrochloride BP 2002, USP 30

Factrel® [vet.] (Fort Dodge: US)
HRF® (Intrapharm: GB)
HRF® (Sigma: NL)

Gonadotrophin, Serum (Rec.INN)

L: Gonadotrophinum Sericum
D: Serumgonadotrophin
F: Gonadotrophine sérique
S: Gonadotrofina serica

Extra pituitary gonadotropic hormone, FSH-like action

CAS-Nr.: 0009002-70-4

The follicle-stimulating substance obtained from the serum of pregnant mares

OS: *Gonadotropine sérique [DCF]*
OS: *Serum Gonadotrophin [BAN]*
OS: *Gonadotrophin, Serum [USAN]*
IS: *FRH 1000*
IS: *PMSG*
PH: Gonadotrophine sérique équine pour usage vétérinaire [Ph. Eur. 5]
PH: Gonadotrophin Serum [JP XIV]
PH: Gonadotrophin, Equine Serum, for Veterinary Use [Ph. Eur. 5]
PH: Gonadotropinum sericum equinum ad usum veterinarium [Ph. Eur. 5]
PH: Pferdeserum-Gonadotrophin für Tiere [Ph. Eur. 5]

Chrono-Gest PMSG® [vet.] (Intervet: FR, ZA)
Ciclogonina® [vet.] (Fort Dodge: IT)
Corulon® [vet.] (Intervet: IT)
Crono-Gest® [vet.] (Intervet: IT)
Folligon® [vet.] (Intervet: AT, AU, BE, GB, IE, IT, NZ, ZA)
Folligon® [vet.] (Veterinaria: CH)
Fostim® [vet.] (Pfizer Animal Health: GB)
Gonadotraphon FSH® (Paines & Byrne: AE, BH, CY, LY, MT, OM)
Gonestrin® [vet.] (AFI: IT)
Intergonan® [vet.] (Intervet: DE, PT)
Luteogonin® [vet.] (AFI: IT)
Pluset® [vet.] (Bio98: IT)
PMSG® [vet.] (Intervet: GB)
Pregmagon® [vet.] (IDT: DE)
Pregnecol® [vet.] (Bomac: NZ)
Pregnecol® [vet.] (Novartis: AU)
Prolosan® [vet.] (IDT: DE)
Synchroject® [vet.] (Eurovet: NL)
Syncro-Part® [vet.] (Ceva: FR, NL)
Vetecor® [vet.] (Bio98: IT)
Werfaser® [vet.] (Alvetra u. Werfft: AT)
Werfaser® [vet.] (Sanochemia: CH)

Goserelin (Rec.INN)

L: **Goserelinum**
I: **Goserelin**
D: **Goserelin**
F: **Goséréline**
S: **Goserelina**

⚕ Antineoplastic agent
⚕ LH-RH-agonist

ATC: L02AE03
CAS-Nr.: 0065807-02-5 C_{59}-H_{84}-N_{18}-O_{14}
M_r 1269.501

Luteinizing hormone-releasing factor (pig), 6-[O-(1,1-dimethylethyl)-D-serine]-10-deglycinamide-, 2-(aminocarbonyl)hydrazide

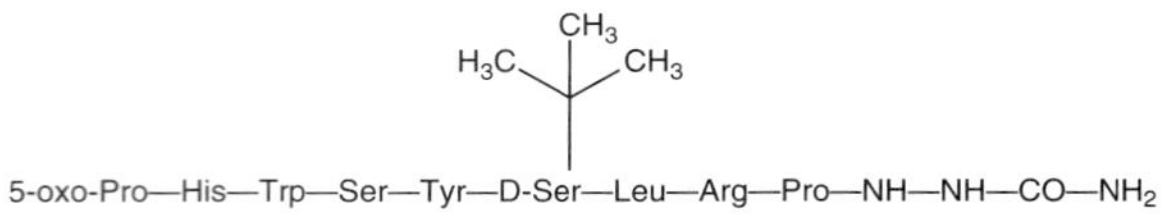

OS: *Goserelin [BAN, DCIT, USAN]*
OS: *Goséréline [DCF]*
IS: *ICI 118630*
PH: Goserelin [Ph. Eur. 5, BP 2003]

Zoladex LA® (AstraZeneca: AR)
Zoladex® (AstraZeneca: IE)

– acetate:

CAS-Nr.: 0145781-92-6
OS: *Goserelin Acetate BANM, JAN*

Larmadex® (Schering: AR)
Zoladex D.A.C.® (D.A.C.: IS)
Zoladex Depot® (AstraZeneca: AT, CZ)
Zoladex Depot® (Paranova: AT)
Zoladex LA® (AstraZeneca: CH, CL, CO, GB, HR, HU, ID, IL, PE, PT, SG, SI, TH, TR)
Zoladex® (AstraZeneca: AE, AG, AN, AR, AT, AU, AW, BA, BE, BG, BH, BM, BR, BS, BZ, CA, CH, CL, CN, CO, CR, CY, CZ, DE, DK, DO, EC, EG, ES, ET, FI, FR, GB, GD, GE, GH, GR, GT, GY, HK, HN, HR, HT, HU, ID, IE, IL, IQ, IS, IT, JM, JO, JP, KE, KW, LB, LC, LK, LU, LY, MT, MW, MX, MY, MZ, NG, NI, NL, NO, NZ, OM, PA, PE, PH, PL, PT, QA, RO, RS, RU, SA, SD, SE, SG, SI, SR, SV, SY, TH, TR, TT, TZ, UG, US, VC, VN, YE, ZA, ZM, ZW)
Zoladex® (Delphi: NL)
Zoladex® (Dowelhurst: NL)
Zoladex® (Dr. Fisher: NL)
Zoladex® (EU-Pharma: NL)
Zoladex® (Eureco: NL)
Zoladex® (Eurim: AT)
Zoladex® (Euro: NL)
Zoladex® (Nedpharma: NL)
Zoladex® (Paranova: AT)
Zoladex® (pharma-stern: DE)
Zoladex® (Promed: DE)

Granisetron (Rec.INN)

L: **Granisetronum**
I: **Granisetrone**
D: **Granisetron**
F: **Granisetron**
S: **Granisetron**

⚕ Antiemetic
⚕ Serotonin antagonist

ATC: A04AA02
CAS-Nr.: 0109889-09-0 C_{18}-H_{24}-N_4-O
M_r 312.43

1-Methyl-N-(endo-9-methyl-9-azabicyclo[3.3.1]non-3-yl)-1H-indazole-3-carboxamide

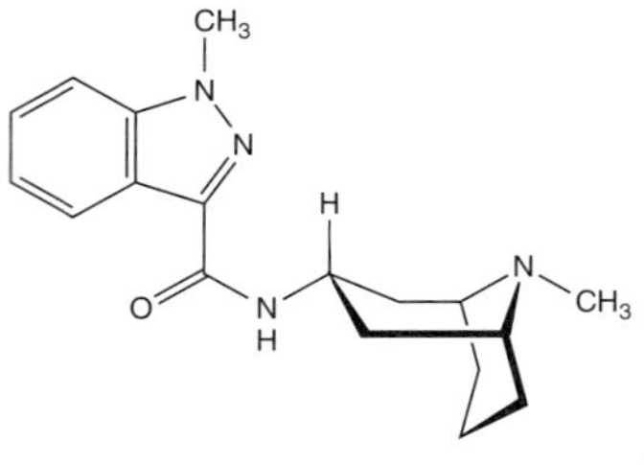

OS: *Granisetron [BAN, USAN]*
OS: *Granisétron [DCF]*
IS: *BRL 43694 (Smith Kline Beecham, Netherlands)*

Granicip® (Cipla: IN)
Granisetron Lek® (Lek: SI)
Granisetron Merck® (Merck Generics: NL)
Granitron® (Richmond: PE)
Setron® [tabs.] (Eczacibasi: TR)

– hydrochloride:

CAS-Nr.: 0107007-99-8
OS: *Granisetron Hydrochloride BANM, USAN*
IS: *BRL 43694A*
IS: *Zuxin (Team Pharm, China)*
PH: Granisetron Hydrochloride Ph. Eur. 5

Aludal® (Teva: AR)
Granisetron beta® (betapharm: DE)
Granisetron Hexal® (Hexal: DE)
Granisetron Stada® (Stada: DE)
Granisetron-ratiopharm® (ratiopharm: DE)
Granisetron-Teva® (Teva: IL)
Granisetron® (Chemagis: NL)
Granitron® (Richmond: AR)
Kevatril® (Roche: DE)
Kytril® (Dr. Fisher: NL)
Kytril® (Eureco: NL)
Kytril® (Euro: NL)
Kytril® (GlaxoSmithKline: AE, BH, CZ, IR, KW, NL, OM, QA)
Kytril® (Medcor: NL)
Kytril® (Nedpharma: NL)
Kytril® (Roche: AE, AR, AT, AU, AW, BA, BE, BG, BR, CA, CH, CI, CL, CN, CO, CR, CU, CZ, DE, DK, DO, DZ, EC, EE, EG, ES, FI, FR, GB, GR, GT, HK, HN, HR, HU, ID, IE, IL, IR, IS, IT, JM, JO, JP, KE, KR, KW, LB, LT, LU, LV, MA, MR, MX, MY, NI, NL, NO, OM, PA, PE, PH, PK, PL, PT, QA, RO, RS, RU, SA, SE, SI, SK, SV, TH, TN, TR, TT, TW, US, UY, VE, ZA)
Kytril® (Roche RX: SG)

Naurif® (Square: BD)
Setron® [inj.] (Agis: IL)
Setron® [inj.] (Eczacibasi: TR)
Sulingqiong® (Changzheng: CN)

Griseofulvin (Rec.INN)

L: Griseofulvinum
I: Griseofulvina
D: Griseofulvin
F: Griséofulvine
S: Griseofulvina

Antibiotic
Antifungal agent

ATC: D01AA08,D01BA01
CAS-Nr.: 0000126-07-8 C_{17}-H_{17}-Cl-O_6
M_r 352.773

Spiro[benzofuran-2(3H),1'-[2]cyclohexene]-3,4'-dione, 7-chloro-2',4,6-trimethoxy-6'-methyl-, (1'S-trans)-

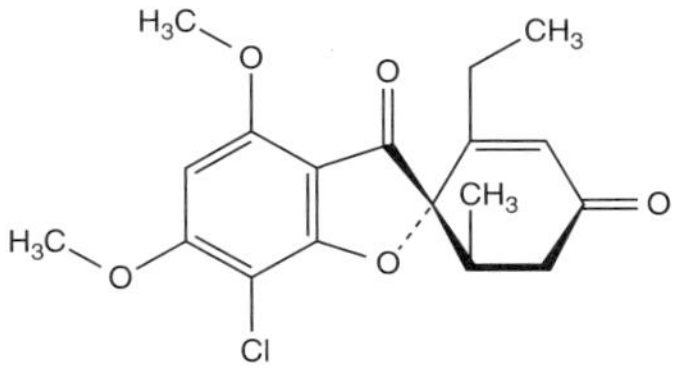

OS: *Griseofulvin [BAN, JAN, USAN]*
OS: *Griséofulvine [DCF]*
OS: *Griseofulvina [DCIT]*
PH: Griseofulvin [JP XIV, Ph. Eur. 5, Ph. Int. 4, USP 30]
PH: Griséofulvine [Ph. Eur. 5]
PH: Griseofulvinum [Ph. Eur. 5, Ph. Int. 4]

Aofen® (Progress: TH)
Biogrisin® (Biochemie: ID)
Chanovin® [vet.] (Chanelle: IE)
Dermogine® [vet.] (Merial: FR)
Dufulvin® [vet.] (Fort Dodge: GB)
Equifulvin® [vet.] (Boehringer Ingelheim Vetmedica: GB)
Fisovin® (Sanofi-Aventis: BD)
Fulcinex® (ACI: BD)
Fulcin® (AstraZeneca: AE, AU, BG, BH, BR, CY, EG, ET, GH, ID, IQ, JO, KE, KW, LB, LY, MT, MW, MZ, NG, OM, PE, QA, SA, SD, SY, TZ, YE, ZM, ZW)
Fulcin® (Darier: MX)
Fulcin® (SIT: IT)
Fulcin® (Teofarma: ES)
Fulcin® [vet.] (Schering-Plough: BE)
Fulkain® (Sued: DO)
Fulvicin U/F® (Schering: US)
Fulvicin U/F® [vet.] (Schering-Plough: US)
Fulvicin® (Schering: US)
Fulviderm® [vet.] (Virbac: FR)
Fulvin-G® (Doctor's Chemical Work: BD)
Fungacide® [vet.] (Univet: IE)
Fungal® (Inga: LK)
Fungekil® [vet.] (Ceva: FR)
Fungistop® (Bernofarm: ID)
G-G. Vin® (Gonoshasthaya: BD)
Gefulvin® (Sanofi-Aventis: TR)
Greosin® (GlaxoSmithKline: ES)
Gricin® (Asta Medica: CZ)
Gricin® (Riemser: DE)
Grifulin® (Teva: IL)
Grifulvin V® (Ortho Neutrogena: US)
Grifulvin® (GDH: TH)
Gris O.D.® (Dr Reddys: LK)
Gris-PEG® (Pedinol: US)
Grisactin® (CFL: IN)
Grisactin® (Wyeth: US)
Griseo-CT® (CT: DE)
Griseofort® (Schering-Plough: ID)
Griseofulvin Hovid® (Hovid: SG)
Griseofulvin Indo Farma® (Indofarma: ID)
Griseofulvin Leo® (Leo: LU)
Griseofulvin Ultra® (Major: US)
Griseofulvin Ultra® (Martec: US)
Griseofulvin Ultra® (Warrick: US)
Griseofulvin Vida® (Vida: HK)
Griseofulvina L.CH.® (Chile: CL)
Griseofulvina® (Bestpharma: CL)
Griseofulvina® (Mintlab: CL)
Griseofulvin® (Bailly: BF, BJ, CF, CG, CI, CM, GA, GN, MG, ML, MR, NE, SN, TD, TG, ZR)
Griseofulvin® (Biosintez: RU)
Griseofulvin® (Chemist: BD)
Griseofulvin® (Prafa: ID)
Griseofulvin® (Remedica: CY)
Griseofulvin® [vet.] (IVX: US)
Griseomed® (Sanochemia: AT)
Griseovet® [vet.] (Virbac: NZ)
Griseo® [vet.] (Aesculaap: NL)
Griseo® [vet.] (Ufamed: CH)
Grisflavin® (Asian: TH)
Grisol-V® [vet.] (Vetoquinol: GB)
Grisoral® [vet.] (A.S.T.: NL)
Grisovin-FP® (GlaxoSmithKline: BD, PH)
Grisovina FP® (Teofarma: IT)
Grisovin® (GlaxoSmithKline: AE, AT, BH, CZ, IR, KW, MX, OM, PE, QA)
Grisovin® (Investi: AR)
Grisovin® (Sigma: AU)
Grisovin® [vet.] (GlaxoSmithKline: GB)
Griso® (Ziska: BD)
Griséfuline® (Sanofi-Aventis: FR)
Grivin® (Atlantic: SG, TH)
Grivin® (Phapros: ID)
Grovin® (Nipa: BD)
Grysio® [vet.] (Fort Dodge: US)
H.G. Griseofulvin® (H.G.: EC)
Krisovin® (Beacons: SG)
Likuden® (Sanofi-Aventis: DE)
Likuden® M [vet.] (Intervet: DE)
Microcidal® (Aspen: ZA)
Microfulvin® (Pharos: ID)
Mycostop® (Galenium: ID)
Neofulvin® (Chew Brothers: TH)
Nidovin® (Navana: BD)
Norofulvin® [vet.] (Norbrook: GB, IE)
Opsovin® (Opsonin: BD)
Orafungil® [vet.] (Virbac: PT)
Pharmafulvin® [vet.] (Interpharm: IE)
Sporostatin® (Schering-Plough: BR)
Syntofulvin® (Codal Synto: LK)

Trivanex®1 (Pharmasant: TH)
Walavin® (Wallace: IN)

Guacetisal (Rec.INN)

L: Guacetisalum
I: Guacetisal
D: Guacetisal
F: Guacétisal
S: Guacetisal

Expectorant
Analgesic
Antipyretic

ATC: N02BA14
CAS-Nr.: 0055482-89-8 C_{16}-H_{14}-O_5
M_r 286.288

Benzoic acid, 2-(acetyloxy)-, 2-methoxyphenyl ester

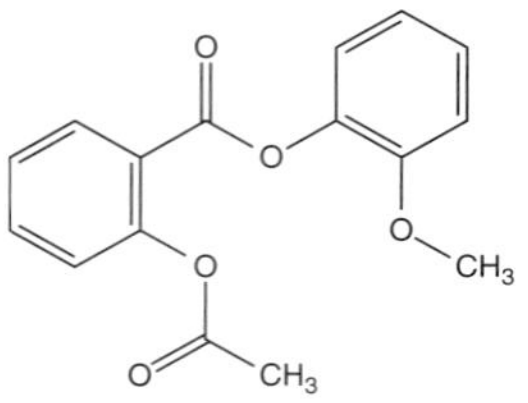

OS: *Guacetisal [DCIT, USAN]*

Prontomucil® (Francia: IT)

Guaiacol

L: Guaiacolum
D: Guajacol
F: Gaïacol

Expectorant
Antiseptic

CAS-Nr.: 0000090-05-1 C_7-H_8-O_2
M_r 124.141

Phenol, 2-methoxy-

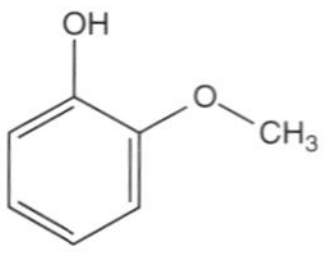

OS: *Gaïacol [DCF]*
OS: *Guaiacol [JAN, USAN]*
IS: *Orthomethoxyphenol*
PH: Gaïacol [Ph. Franç. X]
PH: Guaiacolo [F.U. VIII]
PH: Guaiacolum [Ph. Helv. 9]
PH: Guajacolum [2.AB-DDR]
PH: Guaiacol [Ph. Eur. 5, USP 30]

Anastil® (Eberth: DE)
Eucaliptine® (Sanofi-Aventis: MX)
Siracol® (Actavis: GE)
Siracol® (Balkanpharma: BG)

Guaiazulene

D: Guajazulen
F: Guaiazulene

Antiinflammatory agent

CAS-Nr.: 0000489-84-9 C_{15}-H_{18}
M_r 198.309

Azulene, 1,4-dimethyl-7-(1-methylethyl)-

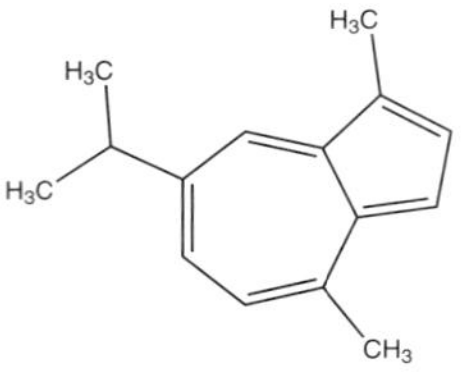

OS: *Guaïazulène [DCF]*
PH: Guajazulenum [2.AB-DDR]

Azotesin® (Santen: JP)
Azulen-Beris® (Provita: AT)
Azulenal® (Agepha: AT)
Azulenol® (Teva: HU)
Garmastan® (Austroplant: AT)
Garmastan® (Med: TR)
Garmastan® (Protina: DE)
Ophthalmo-Azulen® (Leciva: CZ)
Ophthalmo-Azul® (Zentiva: CZ)

– sodium sulfonate:

OS: *Sodium Gualenate Rec.INN*
IS: *Azulen SN*

Azulene SHOWA® (Showa Yakuhin Kako: JP)

Guaietolin (Rec.INN)

L: Guaietolinum
D: Guaietolin
F: Guaietoline
S: Guaietolina

Expectorant
Mucolytic agent

CAS-Nr.: 0063834-83-3 C_{11}-H_{16}-O_4
M_r 212.249

3-(o-Ethoxyphenoxy)-1,2-propanediol

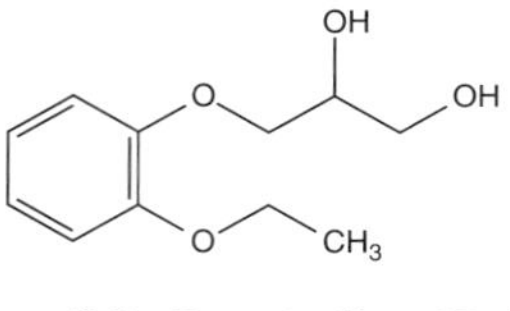

OS: *Guaïétoline [DCF]*
IS: *Glycerylguethol*
IS: *Glyguetol*

Guéthural® (Elerté: FR)

Guaifenesin (Rec.INN)

L: Guaifenesinum
I: Guaifenesina
D: Guaifenesin
F: Guaifénésine
S: Guaifenesina

Expectorant
Mucolytic agent

ATC: R05CA03
ATCvet: QM03BX90
CAS-Nr.: 0000093-14-1 C_{10}-H_{14}-O_4
M_r 198.222

1,2-Propanediol, 3-(2-methoxyphenoxy)-

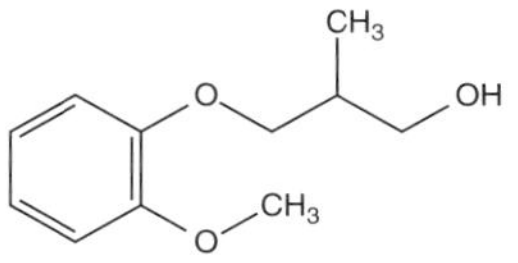

OS: *Guaïfénésine [DCF]*
OS: *Guaifenesin [BAN, JAN, USAN]*
IS: *Glyceryl Guaiacolate*
IS: *Guaiacol glycerol ether*
IS: *Guaiamar*
IS: *Methphenoxydiol*
IS: *MY 301*
IS: *Tulyn*
IS: *Guajacolum glycerolatum*
IS: *Guaiphenesin*
PH: Guaifenesin [Ph. Eur. 5, JP XIV, USP 30]
PH: Guaifenesinum [Ph. Eur. 5]
PH: Guaifénésine [Ph. Eur. 5]

Actospect® (Al Pharm: ZA)
Balminil® (Rougier: CA)
Benylin® (Pfizer: CA)
Benylin® (Pfizer Consumer Healthcare: GB, IE)
Breacol® (Valeant: SG)
Breonesin® (Sanofi-Synthelabo: US)
Broncofenil® (Zurita: BR)
Broncovanil® (Skills: IT)
Cofen® (ICM: SG)
Coldrex Broncho® (GlaxoSmithKline: CZ, GE, RO)
Coldrex® (GlaxoSmithKline: GE)
Deflenol® (Victory: MX)
Diabetic Choice® (Pharmakon: US)
Diabetic Tussin® (Health Care: US)
Duratuss® (UCB: US)
Expelinct® (Al Pharm: ZA)
Fagusan® (medphano: DE)
Family Meltus Chesty Coughs® (SSL: GB)
Fenesin® (Biovail: US)
Formulaexpec® (Procter & Gamble: ES)
Ganidin® (Cypress: US)
Gecolate® [vet.] (Summit: US)
Genatuss® (Ivax: US)
Giafen® [vet.] (Parnell: AU, NZ)
Glycodex® [vet.] (Summit: US)
Glycolate® (Pharmasant: TH)
Glyryl® (Pharmasant: TH)
Glytuss® (Merz: US)
Guaifenesina Edigen® (Edigen: ES)
Guaifenesin® (United Research: US)
Guaifenesin® [vet.] (IVX: US)
Guaifenex® (Ethex: US)
Guaifen® (Pablo Cassara: AR)
Guailaxin® [vet.] (Fort Dodge: US)
Guajacuran® (Zentiva: CZ)
Guajazyl® (Espefa: PL)
Guajazyl® (Vis: PL)
Guiatuss® (Actavis: US)
Guiatuss® (Teva: US)
Gujatal® [vet.] (Eurovet: NL)
Humavent® (WE Pharmaceuticals: US)
Humibid® (Celltech: US)
Hytuss-2X® (Hyrex: US)
Hytuss® (Hyrex: US)
Knock-out® [vet.] (Acme: IT)
Lemsip® (Reckitt Benckiser: NZ)
Lenactin® (Aventis: PE)
Liqufruta® (Pfizer Consumer Healthcare: GB)
Longtussin® (Tussin: DE)
Mucinex® (Adams: US)
Muco-Fen® (Wakefield: US)
Myolaxin® [vet.] (Bayer: SE)
Myolaxin® [vet.] (Vetoquinol: AT, CH, FR, GB)
Myorelax® [vet.] (Eurovet: BE)
Myoscain® (Sanochemia: AT)
Mytussin® (Morton Grove: US)
Naldecon® (Bristol-Myers Squibb: US)
Omega Bronquial® (Omega: AR)
Organidin® (Wallace: US)
Phanasin® (Pharmakon: US)
Plenum® (Duncan: AR)
Probat® (Tanabe: ID)
Relaxil-G® (Pannonpharma: HU)
Respa-GF® (Respa: US)
Resyl® (Novartis: AE, BH, CH, ET, GH, IL, IQ, JO, KE, KW, LB, LY, MT, NG, OM, QA, SA, SD, SE, TZ, YE, ZW)
Resyl® (Novartis Consumer Health: AT, EG, IT)
Robitussin Expectorans® (Ivax: RO)
Robitussin Expectorans® (Wyeth: HU)
Robitussin Expectorante® (Whitehall: CO)
Robitussin® (Robins: IL)
Robitussin® (Whitehall: AU, PE, PL)
Robitussin® (Wyeth: ES, HK, IE, MX, NZ, SG, TH, US)
Robitussin® (Wyeth Consumer Healthcare: CA)
Serraspec® (Serra Pamies: ES)
Strepsils Chesty Cough® (Reckitt Benckiser: NZ)
Terbutrop Guayacolato® (Ropsohn: PE)
Theraflu KV® (Novartis: RU)
Tintus® (Orion: FI)
Tixylix® (Novartis Consumer Health: IE)
Touro EX® (Dartmouth: US)
Trecid® (Sicomed: RO)
Tussa® (Silom: TH)
Tussol® (Actavis: IS)
Vaposirup® (Mikona: SI)
Vicks Cough Syrup® (Procter & Gamble: AU)
Vicks Tosse Fluidificante® (Procter & Gamble: IT)
Vicks Vaposyrup® (Eczacibasi: TR)
Vicks® (Procter & Gamble: FR)
Vicks®Formel 44 Expectin (Procter & Gamble: CH)
Vitussin® (Vitamed: IL)
Waldheim® (Sanochemia: AT)
Wick Formel 44 Husten-Löser® (Procter & Gamble: AT)
Wick Formel 44 Husten-Löser® (Wick: DE)

G

Woods' Peppermint Syrup® (Kalbe: ID)
X-Pect® (Hawthron: US)

Guanabenz (Rec.INN)

L: Guanabenzum
I: Guanabenz
D: Guanabenz
F: Guanabenz
S: Guanabenzo

Antihypertensive agent

CAS-Nr.: 0005051-62-7 C_8-H_8-Cl_2-N_4
M_r 231.092

Hydrazinecarboximidamide, 2-[(2,6-dichlorophenyl)methylene]-

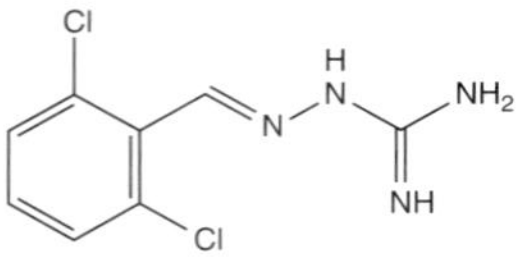

OS: *Guanabenz [DCF, DCIT, USAN]*
IS: *GBZ*
IS: *Wy 8678*
IS: *SD 15468*
IS: *BR 750*

- **acetate:**

CAS-Nr.: 0023256-50-0
OS: *Guanabenz Acetate USAN*
IS: *FLA 137*
PH: Guanabenz Acetate JP XIV, USP 30

Guanabenz Acetate® (Sandoz: US)
Guanabenz Acetate® (Teva: US)
Guanabenz Acetate® (Watson: US)
Lisapres® (Libbs: BR)
Wytensin® (Wyeth: AT, US)

Guanadrel (Rec.INN)

L: Guanadrelum
D: Guanadrel
F: Guanadrel
S: Guanadrel

Antihypertensive agent

CAS-Nr.: 0040580-59-4 C_{10}-H_{19}-N_3-O_2
M_r 213.292

Guanidine, (1,4-dioxaspiro[4.5]dec-2-ylmethyl)-

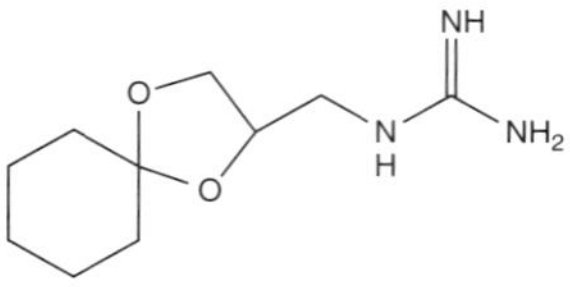

- **sulfate:**

CAS-Nr.: 0022195-34-2
OS: *Guanadrel Sulfate USAN*
IS: *CL 1388 R*
IS: *U 28288 D (Upjohn, USA)*
PH: Guanadrel Sulfate USP 30

Hylorel® (Celltech: US)

Guanethidine (Rec.INN)

L: Guanethidinum
I: Guanetidina
D: Guanethidin
F: Guanéthidine
S: Guanetidina

Antihypertensive agent
Miotic agent

ATC: C02CC02,S01EX01
CAS-Nr.: 0000055-65-2 C_{10}-H_{22}-N_4
M_r 198.326

Guanidine, [2-(hexahydro-1(2H)-azocinyl)ethyl]-

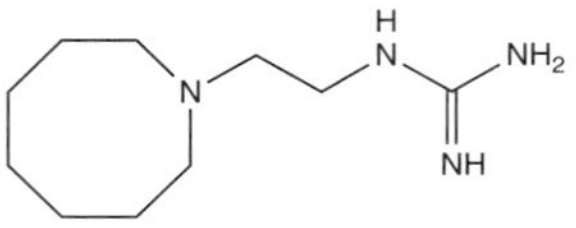

OS: *Guanethidine [BAN, DCF]*
OS: *Guanetidina [DCIT]*
IS: *Octatenzine*

- **monosulfate:**

CAS-Nr.: 0000645-43-2
OS: *Guanethidine Monosulfate USAN*
OS: *Guanethidine Monosulphate BANM*
PH: Guanéthidine (monosulfate de) Ph. Eur. 5
PH: Guanethidine Monosulfate USP 30
PH: Guanethidine Monosulphate Ph. Eur. 5
PH: Guanethidini monosulfas Ph. Eur. 5
PH: Guanethidinmonosulfat Ph. Eur. 5

Ismelin® (Amdipharm: GB)
Ismelin® (Novartis: AU, US)

- **sulfate:**

CAS-Nr.: 0000060-02-6
OS: *Guanethidine Sulfate JAN, USAN*
IS: *Abapressine*
IS: *Su 5864*
PH: Guanethidine Sulfate JP XIV, USP XXI
PH: Guanethidinium sulfuricum PhBs IV

Ismelin® (Novartis: AT, ET, GH, KE, LY, MT, NG, SD, TZ, ZW)

Guanfacine (Rec.INN)

L: Guanfacinum
D: Guanfacin
F: Guanfacine
S: Guanfacina

Antihypertensive agent

ATC: C02AC02
CAS-Nr.: 0029110-47-2 C_9-H_9-Cl_2-N_3-O
M_r 246.101

Benzeneacetamide, N-(aminoiminomethyl)-2,6-dichloro-

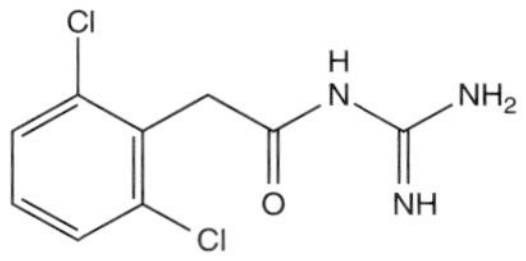

OS: *Guanfacine [BAN, DCF]*

Estulic® (Sandoz: BE, ES)
Estulic® (Viatris: NL)

- hydrochloride:

CAS-Nr.: 0029110-48-3
OS: *Guanfacine Hydrochloride BANM, JAN, USAN*
IS: *BS 100-141*
IS: *LON 798*
PH: Guanfacine Hydrochloride USP 30

Estulic® (Egis: CZ, HU, RU)
Estulic® (Novartis: DE, ET, FR, GH, KE, LY, MT, NG, SD, TZ, ZW)
Tenex® (Robins: US)

Gusperimus (Rec.INN)

L: Gusperimus
D: Gusperimus
F: Gusperimus
S: Gusperimus

Immunosuppressant

ATC: L04AA19
ATCvet: QL04AA19
CAS-Nr.: 0104317-84-2 C_{17}-H_{37}-N_7-O_3
M_r 387.553

(±)-N-[[[4-[(3-Aminopropyl)amino]butyl]carbamoyl]hydroxymethyl]-7-guanidinoheptanamide

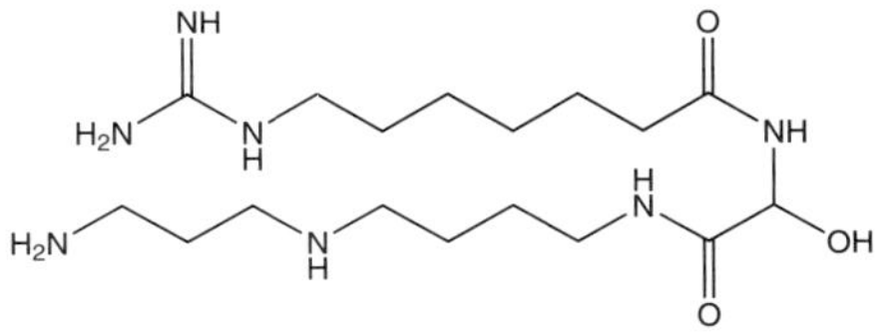

IS: *Deoxyspergualin*
IS: *DSG*
IS: *NKT 01*
IS: *NSC 356894*

- trihydrochloride:

CAS-Nr.: 0085468-01-5
OS: *Gusperimus Hydrochloride JAN*
OS: *Gusperimus Trihydrochloride USAN*
IS: *BMS 181173*
IS: *BMY 42215-1*
IS: *NKT 01*
IS: *NSC 356894*

Spanidin® (Nippon Kayaku: JP)

Halazepam (Rec.INN)

L: Halazepamum
I: Halazepam
D: Halazepam
F: Halazépam
S: Halazepam

Tranquilizer

ATC: N05BA13
CAS-Nr.: 0023092-17-3 C_{17}-H_{12}-Cl-F_3-N_2-O
M_r 352.753

2H-1,4-Benzodiazepin-2-one, 7-chloro-1,3-dihydro-5-phenyl-1-(2,2,2-trifluoroethyl)-

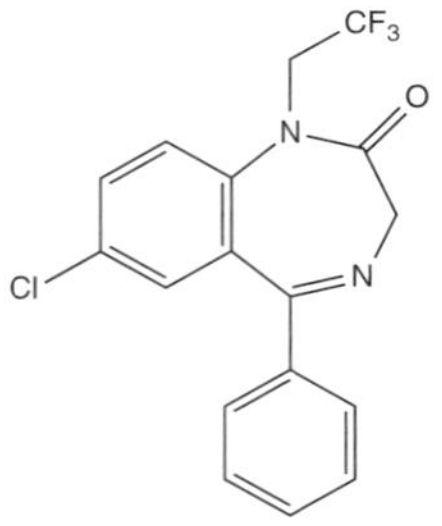

OS: *Halazepam [BAN, USAN]*
IS: *Sch 12041 (Schering, USA)*
PH: Halazepam [USP XXII]

Alapryl® (Menarini: ES)

Halcinonide (Rec.INN)

L: Halcinonidum
I: Alcinonide
D: Halcinonid
F: Halcinonide
S: Halcinonida

Adrenal cortex hormone, glucocorticoid
Dermatological agent

ATC: D07AD02
CAS-Nr.: 0003093-35-4 C_{24}-H_{32}-Cl-F-O_5
M_r 454.97

Pregn-4-ene-3,20-dione, 21-chloro-9-fluoro-11-hydroxy-16,17-[(1-methylethylidene)bis(oxy)]-, (11β,16α)-

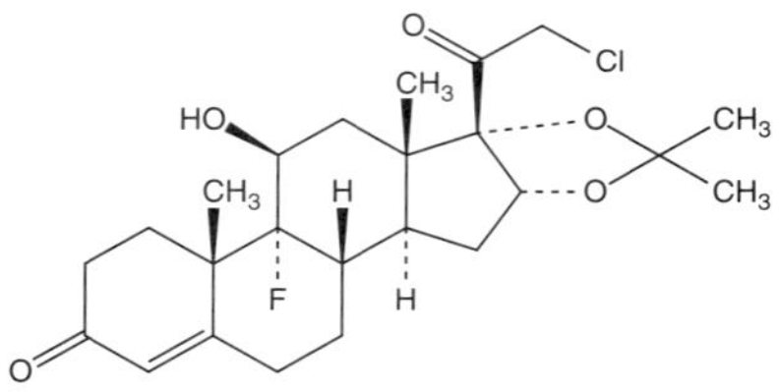

OS: *Halcinonide [BAN, DCF, JAN, USAN,]*
OS: *Alcinonide [DCIT]*
IS: *SQ 18566 (Squibb, USA)*
PH: Halcinonide [USP 30]

Betacorton® (Spirig: CH, CZ)
Cortilate® (Micro Labs: IN)
Dermalog® (Jayson: BD)
Halciderm® (Bristol-Myers Squibb: AU, NL)
Halciderm® (Rottapharm: IT)
Halog® (Bristol-Myers Squibb: AT, BF, BR, CA)
Halog® (Bristol-Myers squibb: CF)
Halog® (Bristol-Myers Squibb: CG, CI, CM, DE, ES, GA, GN, ID)
Halog® (Bristol-Myers squibb: MG)
Halog® (Bristol-Myers Squibb: ML, MR, NE, SN, TG)
Halog® (Westwood Squibb: US)
Volog® (Bristol-Myers Squibb: ET, TR)
Zemalog® (Gaco: BD)

Halofantrine (Rec.INN)

L: Halofantrinum
D: Halofantrin
F: Halofantrine
S: Halofantrina

Antiprotozoal agent, antimalarial

ATC: P01BX01
CAS-Nr.: 0069756-53-2 C_{26}-H_{30}-Cl_2-F_3-N-O
M_r 500.436

9-Phenanthrenemethanol, 1,3-dichloro-α-[2-(dibutylamino)ethyl]-6-(trifluoromethyl)-

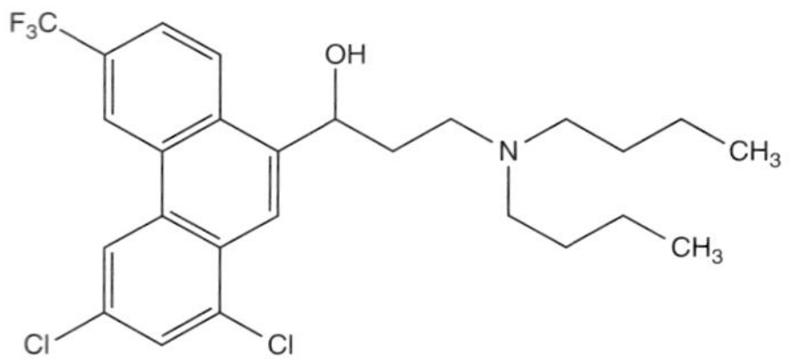

OS: *Halofantrine [BAN, DCF]*

– hydrochloride:
CAS-Nr.: 0036167-63-2
OS: *Halofantrine Hydrochloride BANM, USAN*
IS: *WR 171669*
PH: Halofantrine Hydrochloride Ph. Eur. 5
PH: Halofantrini hydrochloridum Ph. Eur. 5
PH: Halofantrine (chlorhydrate d') Ph. Eur. 5

Halfan® (GlaxoSmithKline: AE, BH, FR, IR, KW, LU, NL, OM, QA, ZA)
Halfan® (Smith Kline & French: PT)
Halfan® (SmithKline: ES)
Halfan® (SmithKline Beecham: AT)

Halofuginone (Rec.INN)

L: Halofuginonum
D: Halofuginon
F: Halofuginone
S: Halofuginona

Antiprotozoal agent, coccidiocidal [vet.]
ATCvet: QP51AX08
CAS-Nr.: 0055837-20-2 C_{16}-H_{17}-Br-Cl-N_3-O_3
M_r 414.692

4(3H)-Quinazolinone, 7-bromo-6-chloro-3-[3-(3-hydroxy-2-piperidinyl)-2-oxopropyl]-, trans-(±)-

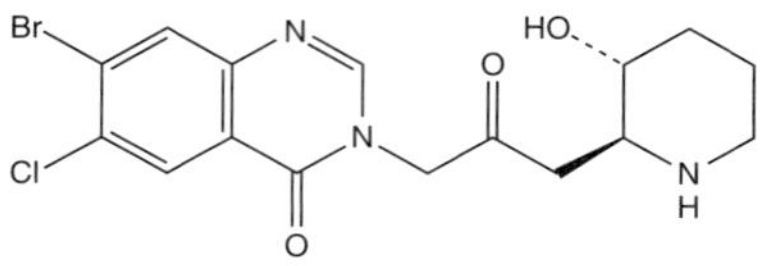

OS: *Halofuginone [BAN]*

Halocur® [vet.] (Hoechst: AT)
Halocur® [vet.] (Hoechst Vet: NL)
Halocur® [vet.] (Intervet: DE, FR, GB, IT, PT)
Halocur® [vet.] (Veterinaria: CH)

Halometasone (Rec.INN)

L: Halometasonum
D: Halometason
F: Halométasone
S: Halometasona

⚕ Adrenal cortex hormone, glucocorticoid

ATC: D07AC12
CAS-Nr.: 0050629-82-8 C_{22}-H_{27}-Cl-F_2-O_5
M_r 444.908

Pregna-1,4-diene-3,20-dione, 2-chloro-6,9-difluoro-11,17,21-trihydroxy-16-methyl-, (6α,11β,16α)-

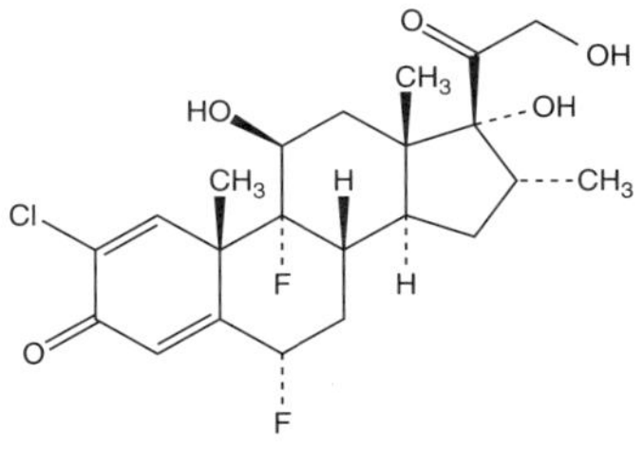

OS: *Halometasone [USAN]*

– monohydrate:

Sicorten® (Geminis: ES)
Sicorten® (Novartis: AT, BD, CH, CZ, ES, HK, IL, LU, NL, PT, TR)

Haloperidol (Rec.INN)

L: Haloperidolum
I: Aloperidolo
D: Haloperidol
F: Halopéridol
S: Haloperidol

⚕ Neuroleptic

ATC: N05AD01
CAS-Nr.: 0000052-86-8 C_{21}-H_{23}-Cl-F-N-O_2
M_r 375.875

1-Butanone, 4-[4-(4-chlorophenyl)-4-hydroxy-1-piperidinyl]-1-(4-fluorophenyl)-

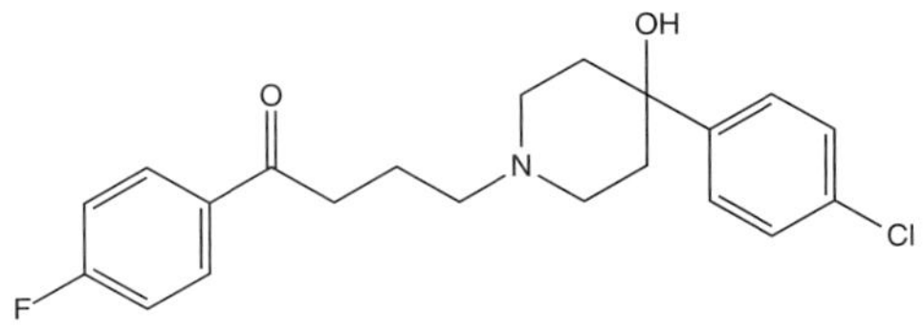

OS: *Haloperidol [BAN, DCF, JAN, USAN]*
OS: *Aloperidolo [DCIT]*
IS: *R 1625 (Janssen, Germany)*
PH: Haloperidol [JP XIV, Ph. Eur. 5, Ph. Int. 4, USP 30]
PH: Haloperidolum [Ph. Eur. 5, Ph. Int. 4]
PH: Halopéridol [Ph. Eur. 5]

Aloperidolo® (Galenica: IT)
Apo-Haloperidol® (Apotex: CA, CZ, SG, VN)
Apo-Haloperidol® (Apotex Inc.: RU)
Apracal® (Psipharma: CO)
Dozic® (Rosemont: GB)
Enabran® (Casasco: AR)
Feltram® (Feltrex: DO)
Govotil® (Guardian: ID)
H-Tab® (Pharmaland: TH)
Haldol Decanoat® (Eurim: AT)
Haldol Decanoat® (Janssen: AT)
Haldol Faible® (Janssen: FR)
Haldol® [tabs./gtt./sol.] (Eurim: AT)
Haldol® [tabs./gtt./sol.] (Janssen: AE, AT, BE, BG, BR, CH, CR, CY, DE, DO, EC, EG, FR, GB, GT, HK, HN, ID, IL, IS, IT, JO, LB, LK, LU, MT, MX, NI, NL, NO, PA, PE, RO, SA, SD, SE, SV, TH, YE)
Haldol® [tabs./gtt./sol.] (Janssen-Cilag: CL)
Haldol® [tabs./gtt./sol.] (Krka: BA, HR, RS, SI)
Haldol® [tabs./gtt./sol.] (Ortho: US)
Haldol® [tabs./gtt./sol.] (Paranova: AT)
Haldol® [tabs./gtt./sol.] (Scios: US)
Haldol® [vet.] (Janssen Animal Health: GB)
Halo-P® (PP Lab: TH)
Halomed® (Medifive: TH)
haloper von ct® (CT: DE)
Haloperidol Akri® (Akrihin: RU)
Haloperidol Cevallos® (Cevallos: AR)
Haloperidol CF® (Centrafarm: NL)
Haloperidol Denver® (Denver: AR)
Haloperidol Esteve® (Esteve: ES)
Haloperidol Gemepe® (Gemepe: AR)
Haloperidol Gf® (Genfarma: NL)
Haloperidol GRY® (Teva: DE)
Haloperidol Hexal® (Hexal: DE)
Haloperidol Holsten® (Holsten: DE)
Haloperidol Indo Farma® (Indofarma: ID)
Haloperidol Iqfarma® (Iqfarma: PE)
Haloperidol Medipharma® (Medipharma: AR)
Haloperidol PCH® (Pharmachemie: NL)
Haloperidol Prodes® (Almirall: ES)
Haloperidol ratiopharm® (Ratiopharm: NL)
Haloperidol Richter® (Gedeon Richter: CZ)
Haloperidol RPh® (Rodleben: DE)
Haloperidol Sandoz® (Sandoz: NL, ZA)
Haloperidol Stada® (Stadapharm: DE)
Haloperidol Vannier® (Vannier: AR)
Haloperidol-ratiopharm® (ratiopharm: DE, LU)
Haloperidol-ratiopharm® (Ratiopharm: RU)
Haloperidol® (Arena: RO)
Haloperidol® (Bestpharma: CL)
Haloperidol® (Biosano: CL)
Haloperidol® (Canonpharma: RU)
Haloperidol® (Carrion: PE)
Haloperidol® (Gedeon Richter: HU, RO, RU)
Haloperidol® (Hemofarm: RS)
Haloperidol® (Memphis: CO)
Haloperidol® (Polfa Warshavskiy: RU)
Haloperidol® (Polfa Warszawa: PL)
Haloperidol® (Rider: CL)
Haloperidol® (Sanderson: CL)
Haloperidol® (Sandoz: CA)
Haloperidol® (Terapia: RO)
Haloperidol® (Teuto: BR)

Haloperidol® (Unia: PL)
Haloperidol® (União: BR)
Haloperidol® (Zdravlje: RS)
Haloperil® (Psicofarma: MX)
Haloper® (CTS: IL)
Halopidol® (Janssen: AR, CO)
Halopidol® (Weimer: DE)
Halopol® (GDH: TH)
Halop® (Opsonin: BD)
Halosten® (Shionogi: JP)
Haloxen® (Remedica: CY)
Halozen® (Bouzen: AR)
Halo® (Cristália: BR)
Halperil® (Avsa: PE)
Haricon® (Condrugs: TH)
Haridol® (Atlantic: TH)
Keselan® (Sumitomo: JP)
Limerix® (Ivax: AR)
Lodomer® (Mersifarma: ID)
Neupram® (Neuropharma: AR)
Norodol® (ARIS: TR)
Novo-Peridol® (Novopharm: CA)
Peldol® (Gaco: BD)
Peluces® (Isei: JP)
Perida® (Codal Synto: TH)
Peridol® (Square: BD)
Peridor® (Unipharm: IL)
Polyhadol® (Pharmasant: TH)
Polyhadon® (Pharmasant: TH)
Rolab-Haloperidol® (Sandoz: ZA)
Sedaperidol® (Osel: TR)
Senorm® (Sun: RU)
Serenace® (Ivax: IE)
Serenace® (Pfizer: HK, ID)
Serenace® (Pharmacia: ZA)
Serenace® (RPG: IN)
Serenace® (Sigma: AU, NZ)
Serenace® (Teva: GB)
Serenase® (Janssen: DK, FI)
Serenase® (Lusofarmaco: IT)
Serenelfi® (Lusofarmaco: PT)
Sevium® (Ni-The: GR)
Tensidol® (Kenyaku: TH)

– decanoate:

CAS-Nr.: 0074050-97-8
OS: *Haloperidol Decanoate BANM, USAN*
IS: *R 13672*
PH: Haloperidol Decanoate Ph. Eur. 5
PH: Haloperidoli decanoas Ph. Eur. 5
PH: Haloperidoldecanoat Ph. Eur. 5
PH: Halopéridol (décanoate d') Ph. Eur. 5

Aloperidin® (Janssen: GR)
Apo-Haloperidol® (Apotex: CA)
Decaldol® (Polfa Warszawa: PL)
Dozic® [vet.] (Rosemont: GB)
Haldol Decanoas® (Euro: NL)
Haldol Decanoas® (Janssen: CH, FR, HK, ID, IL, IT, LK, NL, NL, PE, TH)
Haldol Decanoas® (Janssen-Cilag: CL)
Haldol Decanoate® (Eurim: AT)
Haldol Decanoate® (Janssen: AE, AT, AU, BR, CR, CY, CZ, DE, EG, GB, GT, HN, ID, IE, IL, IT, JO, LB, LU, MT, NL, SA, SD, SV, TH, YE)
Haldol Decanoate® (Ortho: US, US)
Haldol Decanoate® (Scios: US)
Haldol Decanoato® (Janssen: BR)
Haldol Depot® (Janssen: IS, NL, NO)
Haldol depo® [inj.] (Krka: BA, HR, SI)
Haldol® (Janssen: GB, IE, MX, NZ, SE)
Haldol® (Ortho: US)
Halo Decanoato® (Cristália: BR)
Haloperidol DBL® (DBL/Faulding: BD)
Haloperidol Decan Esteve® (Esteve: ES)
Haloperidol Decanoat-Richter® (Gedeon Richter: CZ)
Haloperidol Decanoate® (Abraxis: US)
Haloperidol Decanoate® (Apotex: US)
Haloperidol Decanoate® (Bedford: US)
Haloperidol decanoate® (Euro: NL)
Haloperidol Decanoate® (Gedeon Richter: RU)
Haloperidol Decanoate® (Sicor: US)
Haloperidol Decanoato Denver® (Denver: AR)
Haloperidol Decanoato Gemepe® (Gemepe: AR)
Haloperidol Decanoat® (Gedeon Richter: HU, RO)
Haloperidol Decanoat® (Janssen: AT)
Haloperidol Decanoat® (Paranova: AT)
Haloperidol-neuraxpharm Decanoat® (neuraxpharm: DE)
Haloperidol-neuraxpharm® (neuraxpharm: DE)
Halopidol Decanoato® (Janssen: AR, CO)
Haridol Decanoate® (Atlantic: TH)
Pericate® (Unipharm: IL)
Senorm® (Sun: RU)
Serenace® [vet.] (Ivax: GB)

– lactate:

Haldol® [sol. oral/inj.] (Ortho: US)
Haldol® [sol. oral/inj.] (R. W. Johnson: US)
Haloperidol Intensol® (Roxane: US)
Haloperidol Larjan® (Veinfar: AR)
Haloperidol® (Pharmaceutical Associates: US)
Haloperidol® (Silarx: US)
Haloperidol® (Teva: US)
Haloperidol® (UDL: US)

Halopredone (Rec.INN)

L: Halopredonum
I: Alpredone
D: Halopredon
F: Haloprédone
S: Halopredona

Adrenal cortex hormone, glucocorticoid
Dermatological agent

CAS-Nr.: 0057781-15-4 C_{21}-H_{25}-Br-F_2-O_5 M_r 475.331

Pregna-1,4-diene-3,20-dione, 2-bromo-6,9-difluoro-11,17,21-trihydroxy-, (6β,11β)-

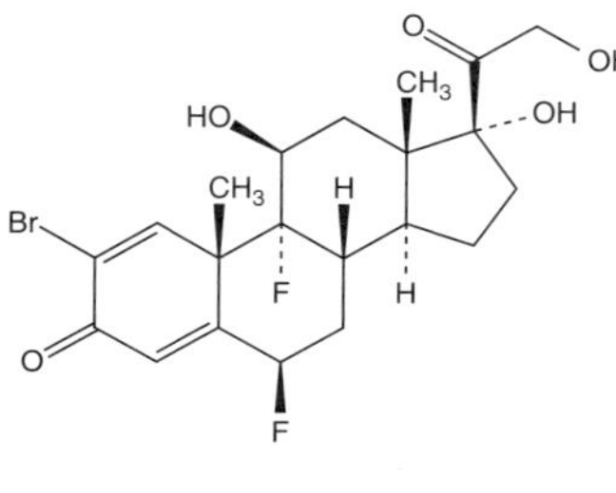

OS: *Halopredone [USAN]*

– 17α,21-diacetate:

CAS-Nr.: 0057781-14-3
OS: *Halopredone Acetate JAN, USAN*

Haloart® (Taiho: JP)

Haloprogin (Rec.INN)

L: Haloproginum
I: Aloprogin
D: Haloprogin
F: Haloprogine
S: Haloprogina

Antiseptic

ATC: D01AE11
CAS-Nr.: 0000777-11-7 C_9-H_4-Cl_3-I-O
M_r 361.381

Benzene, 1,2,4-trichloro-5-[(3-iodo-2-propynyl)oxy]-

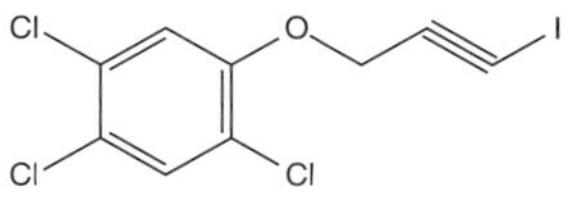

OS: *Haloprogin [JAN, USAN]*
OS: *Haloprogine [DCF]*
OS: *Aloprogin [DCIT]*
IS: *M 1028*
PH: Haloprogin [USP 23]

Polik® (Meiji: JP)

Halothane (Rec.INN)

L: Halothanum
I: Alotano
D: Halothan
F: Halothane
S: Halotano

Anesthetic (inhalation)

ATC: N01AB01
CAS-Nr.: 0000151-67-7 C_2-H-Br-Cl-F_3
M_r 197.38

Ethane, 2-bromo-2-chloro-1,1,1-trifluoro-

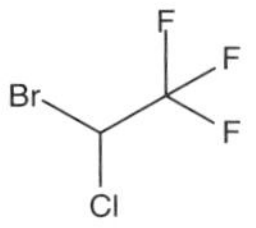

OS: *Halothane [BAN, DCF, JAN, USAN]*
OS: *Alotano [DCIT]*
IS: *Phthorothanum*
PH: Halothan [Ph. Eur. 5]
PH: Halothane [JP XIV, Ph. Eur. 5, Ph. Int. 4, USP 30]
PH: Halothanum [Ph. Eur. 5, Ph. Int. 4]

Anestane® (Hikma: AE, BH, EG, IQ, JO, KW, LB, LY, OM, QA, SA, SD, SY, TN, YE)
Fluothane® (AstraZeneca: AE, AT, AU, BD, BH, BR, CY, EG, ES, ET, GH, ID, IL, IQ, JO, KE, KW, LB, LY, MT, MW, MZ, NG, OM, QA, SA, SD, SY, TR, TZ, UG, YE, ZA, ZM, ZW)
Fluothane® (Nicholas: IN)
Fluothane® (Wyeth: US)
Fluothane® [vet.] (Fort Dodge: US)
Fluothane® [vet.] (Schering-Plough Veterinary: GB)
Halosin® (ACI: BD)
Halotane® (Rhodia: RO)
Halotano® (Aventis: BR)
Halotano® (Bestpharma: CL)
Halotano® (Cristália: BR)
Halotano® (Lafedar: AR)
Halotano® (Rivero: AR)
Halothaan® (Sanofi-Synthelabo: NL)
Halothaan® [vet.] (Ceva: NL)
Halothan „Hoechst"® (Aventis: AT)
Halothane M&B® (Dexa Medica: ID)
Halothane M&B® [vet.] (Dexa Medica: ID)
Halothane M&B® [vet.] (Merial: AU)
Halothane Rhodia® (Rhodia: TH)
Halothane® (Aventis Pharma: ID)
Halothane® (Concord: GB)
Halothane® (Promedico: IL)
Halothane® (Rhodia: IL)
Halothane® (Unimed & Unihealth: BD)
Halothane® [vet.] (Fort Dodge: US)
Halothane® [vet.] (Halocarbon: US)
Halothane® [vet.] (Merial: GB, IE, NZ)
Halothane® [vet.] (Pharmachem: AU)
Halothano® (Ethicalpharma: PE)
Halothano® (Rhodia: AR)
Halothan® (Jugoremedija: RS)
Ineltano® (Richmond: AR)
Narcotan® (Leciva: CZ)
Narcotan® (Zentiva: HU, PL, RO)
VCA Halothane® [vet.] (Veterinary Companies: AU)
Vetothane® [vet.] (Virbac: GB)

Haloxazolam (Rec.INN)

L: Haloxazolamum
D: Haloxazolam
F: Haloxazolam
S: Haloxazolam

Hypnotic

CAS-Nr.: 0059128-97-1 C_{17}-H_{14}-Br-F-N_2-O_2
M_r 377.219

Oxazolo[3,2-d][1,4]benzodiazepin-6(5H)-one, 10-bromo-11b-(2-fluorophenyl)-2,3,7,11b-tetrahydro-

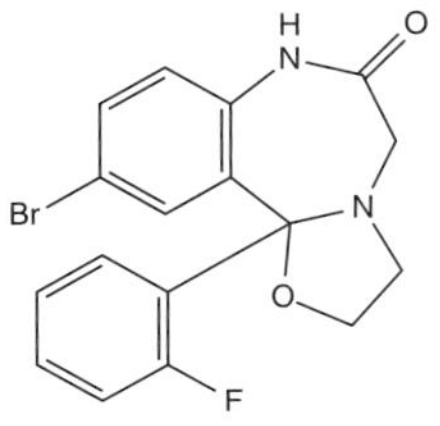

OS: *Haloxazolam [JAN, USAN]*
IS: *CS 430 (Sankyo, Japan)*
PH: Haloxazolam [JP XIV]

Somelin® (Sankyo: JP)

Heparin (BAN)

L: **Heparinum**
I: **Eparina**
D: **Heparin**
F: **Héparine**
S: **Heparina**

Anticoagulant, platelet aggregation inhibitor

ATC: B01AB01,C05BA03,S01XA14
CAS-Nr.: 0009005-49-6

Heparin

polyanionic polysaccharide

OS: *Eparina [DCIT]*
OS: *Héparine [DCF]*
OS: *Heparin [BAN]*
IS: *Standard Heparin*
IS: *Unfraktionniertes Heparin (poricin, bovin)*
IS: *UFH*

Antithrom® (Mecosin: ID)
Aponova Heparin® (Aponova: AT)
Heparine Leo® (Leo: NL)
Heparin® (Choay: IL)
Heparin® (Nycomed: GE)
Inhepar® (Schein: PE)
Thrombophob® (German Remedies: IN)
Thrombophob® (Tunggal: ID)

– calcium salt:

CAS-Nr.: 0037270-89-6
OS: *Heparin Calcium BANM, JAN, USAN*
PH: Heparin Calcium Ph. Eur. 5, Ph. Int. 4, USP 30
PH: Héparine calcique Ph. Eur. 5
PH: Heparinum calcicum Ph. Eur. 5, Ph. Int. 4
PH: Heparin-Calcium Ph. Eur. 5

Calciparina® (Italfarmaco: IT)
Calciparine® (Al Pharm: ZA)
Calciparine® (Du Pont: US)
Calciparine® (GlaxoSmithKline: AU)
Calciparine® (Sanofi-Aventis: AR, CH, FR, GB)
Calciparine® (Sanofi-Synthelabo: AE, BH, CY, EG, GR, IE, JO, KW, LB, NL, OM, QA, SA)
Calciparin® (Choay: IL)
Calciparin® (Sanofi-Aventis: DE)
Calcium-Heparin Nattermann® (Ebewe: AT)
Calparine® (Sanofi-Aventis: BE)
Calparine® (Sanofi-Synthelabo: LU, NL)
Croneparina Syntex® (Ivax: AR)
Croneparina® (UCB: IT)
Ecabil® (Biologici: IT)
Ecafast® (Crinos: IT)
Ecasolv® (Benedetti: IT)
Emoklar® (Savio: IT)
Epacalcica® (Ibirn: IT)
Eparical® (Nattermann: DE)
Eparical® (Nattermann-D: IT)
Eparina Calcica DOC® (DOC Generici: IT)
Eparina Calcica EG® (EG: IT)
Eparina Calcica Hexal® (Hexal: IT)
Eparina Calcica Merck® (Merck Generics: IT)
Eparina Calcica Pliva® (Pliva: IT)
Eparina Calcica-ratiopharm® (Ratiopharm: IT)
Eparina IPA® (IPA: IT)
Eparinlider® (Scharper: IT)
Eparven® (Pantafarm: IT)
Epsodilave® (Biologici: IT)
Eudipar® (CT: IT)
Flusolv® (Ecobi: IT)
Heparibene-Ca® (ratiopharm: HU)
Heparin-Calcium Braun® (Braun: AT, LU)
Heparin-Calcium-ratiopharm® (ratiopharm: DE, LU)
Heparina Calcica Mayne® (Mayne: ES)
Heparina Calcica Northia® (Northia: AR)
Heparinum® (Bioos: IT)
Mica® (Epifarma: IT)
Reoflus® (Pulitzer: IT)
Serianon® (Fada: AR)
Sosefluss® (So.Se.: IT)
Trombolisin® (Proge: IT)
Zepac® (Istituto Chim. Internazionale: IT)

– sodium salt:

CAS-Nr.: 0009041-08-1
OS: *Heparin Sodium BANM, JAN, USAN*
OS: *Heparine sodique DCF*
IS: *Longheparin*
IS: *Norheparin*
PH: Heparin-Natrium Ph. Eur. 5
PH: Héparine sodique Ph. Eur. 5
PH: Heparin Sodium JP XIV, Ph. Eur. 5, Ph. Int. 4, USP 30
PH: Heparinum natricum Ph. Eur. 5, Ph. Int. 4

Ateroclar® (Medibase: IT)
Beparine® (Biological: IN)
Canusal® (Wockhardt: GB)
Canusal® [vet.] (Wockhardt: GB)
Cervep® (Menarini: AR)
Clarisco® (Teofarma: IT)
Coaparin® (Polfa Warszawa: PL)
DBL Heparin® (Faulding/DBL: TH)
Demovarin® (Vifor: CH)
Depot-Heparin „Immuno“® (Ebewe: AT)
Disebrin® (Tubilux: IT)
Eparina BMS® (Bristol-Myers Squibb: IT)
Eparina Roberts® (Manetti Roberts: IT)
Eparina Vister® (Pfizer: IT)
Eparinovis® (Alfa Intes: IT)
Epsoclar® (Biologici: IT)
Essaven® (Cassella-med: DE)
Essaven® (Sanofi-Aventis: RO)
Etrat® (Astellas: AT)
Exhirud® (Winthrop: DE)
Gelparin® (Streuli: CH)
Hemeran® (Novartis: AE, BH, IQ, JO, KW, LB, LU, OM, QA, SA, YE)
Hemeran® (Novartis Consumer Health: AT, BE, CH, EG)
Hemeran® (Novartis Pharma: PE)
Hemozol® (Inst. Biochimico: BR)
Hep-Flush® (American Pharmaceutical Partners: US)
Hep-Lock® (Baxter: US)
Hepa-Gel® (Winthrop: DE)
Hepa-Salbe® (Winthrop: DE)
Hepaflex® (Baxter: FI, NO)
HepaGel® (Spirig: CH)

Hepalean® (Organon: CA)
Hepaplus® (Hexal: DE)
Heparibene-Na® (ratiopharm: HU)
Heparin AL® (Aliud: CZ, DE, HU)
Heparin B Braun® (Braun: TH)
Heparin Bichsel® (Bichsel: CH)
Heparin Biochemie® (Biochemie: CZ)
Heparin DBL® (Mayne: HK, SG)
Heparin Eu Rho® (Euro OTC: DE)
Heparin Fresenius® (Fresenius: CH)
Heparin Gel® (Euro OTC: DE)
Heparin Hasco® (Hasco: PL)
Heparin Heumann® (Heumann: DE)
Heparin Immuno® (Ebewe: AT)
Heparin Injection BP® (Aventis: AU)
Heparin Injection BP® (Mayne: AU)
Heparin Krka® (Krka: SI)
Heparin Leciva® (Zentiva: CZ)
Heparin Leo® (Leo: BD, CA, DK, FI)
Heparin Leo® (LEO: GR)
Heparin Leo® (Leo: HK, IL, IS, LK, LU, SE, SG, TH)
Heparin Lock Flush® (Abbott: IL)
Heparin Lock Flush® (American Pharmaceutical Partners: US)
Heparin Lock Flush® (Fujisawa: US)
Heparin Lock Flush® (Hospira: CA, US)
Heparin Lock Flush® (Kamada: IL)
Heparin Lock Flush® (Teva: IL)
Heparin Lock Flush® (Wyeth: US)
Heparin Natrium-Braun® (Braun: LU)
Heparin Na® (Balkanpharma: BG)
Heparin Nordmark® (Abbott: AT)
Heparin SAD® (SAD: DK)
Heparin Sandoz® (Novartis: AT)
Heparin Sandoz® (Sandoz: CZ, HU, RO)
Heparin Sato® (Eisai: TH)
Heparin Sato® (Sato: TH)
Heparin Sodium ADD-Vantage® (Hospira: US)
Heparin Sodium Fresenius® (Bodene: ZA)
Heparin Sodium Injection® (Pharmaceutical Partners of Canada: CA)
Heparin Sodium Injection® (Pharmacia: AU)
Heparin Sodium Kamada® (Kamada: TH)
Heparin Sodium® (Abraxis: US)
Heparin Sodium® (American Pharmaceutical Partners: US)
Heparin Sodium® (Baxter: CA)
Heparin Sodium® (Braun: ID)
Heparin Sodium® (CMC: US)
Heparin Sodium® (Elkins-Sinn: US)
Heparin Sodium® (Hospira: US, US)
Heparin Sodium® (Leo: GB)
Heparin Sodium® (Mayne: NZ)
Heparin Sodium® (Pfizer: US)
Heparin Sodium® (Pharmacia: US)
Heparin Sodium® (Teva: IL)
Heparin Sodium® (Wockhardt: GB)
Heparin Stada® (Stadapharm: DE)
Heparin ukonserveret SAD® (SAD: DK)
Heparin von ct® (CT: DE)
Heparin-Na B. Braun® (Braun: CH)
Heparin-Natrium Braun® (Braun: DE, LU)
Heparin-Natrium Leo® (Leo: DE)
Heparin-Natrium-Nattermann® (Aventis: DE)
Heparin-Natrium-ratiopharm® (ratiopharm: DE, LU)
Heparin-Pharma Funcke® (Pharma Funcke: LU)
Heparin-ratiopharm® (ratiopharm: DE)
Heparin-Rotexmedica® (Rotexmedica: DE)
Heparina L.CH.® (Chile: CL)
Heparina Leo Pharma® (Leo: ES)
Heparina Leo® (Altana: ES)
Heparina Leo® (Leo: CR, DO, GT, HN, PA, PT, SV)
Heparina Northia® (Northia: AR)
Heparina Sodica Chiesi® (Chiesi: ES)
Heparina Sodica Farmacusi® (Farmacusi: ES)
Heparina Sodica Mayne® (Mayne: ES)
Heparina Sodica Mayne® (Rovi: ES)
Heparina Sodica Pan Quim® (Pan Quimica Farmaceutica: ES)
Heparina Sodica Rovi® (Rovi: ES)
Heparina Sodica Vedim® (UCB: ES)
Heparina Sodica® (A.P.Partners: PE)
Heparina Sodica® (AKZO Nobel: BR)
Heparina Sodica® (Bestpharma: CL)
Heparina Sodica® (Braun: CO, PE, PT)
Heparina Sodica® (Comercial Médica: CO)
Heparina Sodica® (Eurofarma: BR)
Heparina Sodica® (Medic Inyec: PE)
Heparina Sodica® (Sanderson: CL)
Heparina Sodica® (Teva: AR)
Heparina Sodica® (Trifarma: PE)
Heparina Vedim® (UCB: ES)
Heparina® (Biosano: CL)
Heparine Baxter® (Baxter: LU)
Heparine Leo® (Leo: BE, LU, NL)
Heparine Na CF® (Centrafarm: NL)
Heparine Ratiopharm® (ratiopharm: LU)
Heparine Sodique® (Panpharma: RO)
Heparine Sodium® (Vem Ilaç: TR)
Heparinised Saline Injection® (Pharmacia: AU)
Heparinised Saline® (AstraZeneca: AU, NZ)
Heparinised Saline® (Mayne: NZ)
Heparinum® (GlaxoSmithKline: PL)
Heparinum® (Polfa Warszawa: PL)
Heparin® (Belupo: HR)
Heparin® (Cristália: BR)
Heparin® (Farmigea: IT)
Heparin® (Galenika: RO, RS)
Heparin® (Krka: BA)
Heparin® (Leo: NO)
Heparin® (Pliva: BA, HR)
Heparin® (Teva: IL)
Heparizen® (Ziaja: PL)
Heparoid Leciva® (Leciva: BG)
Heparoid Leciva® (Zentiva: CZ, GE, RO)
Hepasol® (Sandoz: CH)
Hepathrombin® (Hemofarm: RS)
Hepathrombin® (Pfizer: HR)
Hepathrombin® (Teofarma: DE)
Hepathromb® (Riemser: DE)
HepFlush® (Abraxis: US)
Heplok® (Elkins-Sinn: US)
Hepsal® (TechnoPharm: IE)
Hepsal® (Wockhardt: GB)
Hepsal® [vet.] (Wockhardt: GB)
Heptar® (Eurofarma: BR)
Héparine Choay® (Sanofi-Aventis: FR)
Héparine Sodique Panpharma® (Panpharma: FR)

Inviclot® (Fahrenheit: ID)
Isoclar® (Boniscontro & Gazzone: IT)
Lasonil® (Bayer: AE, AT, AU, BE, BH, CY, DE, EG, IR, JO, KW, LB, LU, MT, NL, NZ, OM, QA, RS, SA, SD, SI, TR)
Lioton® (Berlin Chemie: BA)
Lioton® (Berlin-Chemie: GE, HU, PL, RO, RU)
Lioton® (Biotoscana: CO)
Lioton® (Menarini: AE, BG, BH, CH, CR, CY, CZ, DO, EG, GT, HN, IQ, JO, KW, LB, LY, MA, MT, NI, OM, PA, QA, SA, SD, SV, SY, TN, YE)
Lioton® (Sanofi-Aventis: IT)
Liparin® (Bilim: TR)
Lipohep® (Medicom: PL)
Lipoven® (Doppel: BG)
Liquemin® (Roche: BR)
Lyman® (Drossapharm: CH)
Menaven® (Menarini: CR, DO, EC, ES, GT, HN, NI, PA, SV)
Minihep® (Leo: NL)
Monoparin® (CP: IE)
Multiparin® (Artex: NZ)
Multiparin® (TechnoPharm: IE)
Nevparin® (Mustafa Nevzat: BA, TR)
Normoparin® (Caber: IT)
Parinix® (Richmond: AR)
Perivar® (Ipsen: DE)
Pharepa® (Pharmatex: IT)
ResoNit® (Optima: DE)
Riveparin® (Rivero: AR)
Sobrius® (Fada: AR)
Sodiparin® (Baxter: AR)
Sportino® (Harras-Curarina: DE)
Sportium® (Lyron: CH)
Sportusal® (Permamed: CH)
Tensolvet® [vet.] (Esteve Veterinaria: PT)
Thrombareduct Sandoz® (Sandoz: DE)
Thrombareduct® (Azupharma: DE)
Thrombareduct® (Jenapharm: CZ)
Thrombocutan® (mibe: DE)
Thrombophob® (Abbott: AT, DE, LU)
Thrombophob® (Aventis: ZA)
Trenhep® (Pentafarma: CL)
Trombless® (Nizhpharm: RU)
Venalitan® (3M: DE)
Venoruton Emulgel® (Novartis: DE)
Venoruton Emulgel® (Novartis Consumer Health: AT)
Venoruton Heparin® (Novartis Consumer Health: AT)
Vetren® (Altana: AT)
Vetren® (Opfermann: DE)
Viatromb® (CSC: AT, RO)
Viatromb® (Medico Uno: RS)
Viatromb® (Medicom: CZ)

Hepronicate (Rec.INN)

L: Hepronicatum
D: Hepronicat
F: Hépronicate
S: Hepronicato

Vasodilator, peripheric

CAS-Nr.: 0007237-81-2 — C_{28}-H_{31}-N_3-O_6, M_r 505.586

3-Pyridinecarboxylic acid, 2-hexyl-2-[[(3-pyridinylcarbonyl)oxy]methyl]-1,3-propanediyl ester

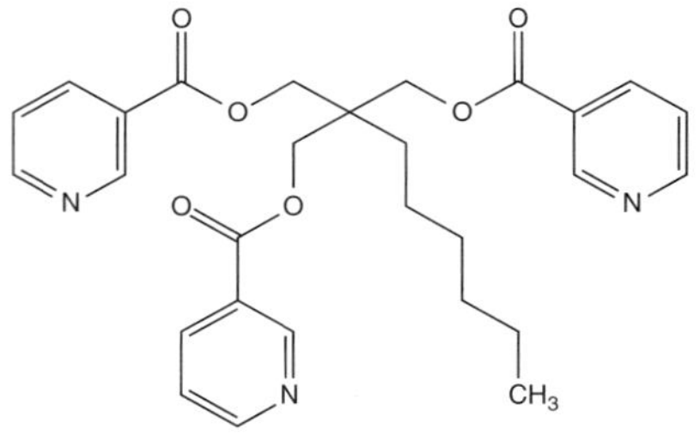

OS: *Hepronicate [JAN, USAN]*
IS: *CLY 115*
IS: *Heptylidintrimethyl trinicotinat*

Megrin® (Mitsubishi: JP)

Heptaminol (Rec.INN)

L: Heptaminolum
I: Eptaminolo
D: Heptaminol
F: Heptaminol
S: Heptaminol

Cardiac stimulant, cardiotonic agent
Coronary vasodilator

ATC: C01DX08
CAS-Nr.: 0000372-66-7 — C_8-H_{19}-N-O, M_r 145.25

2-Heptanol, 6-amino-2-methyl-

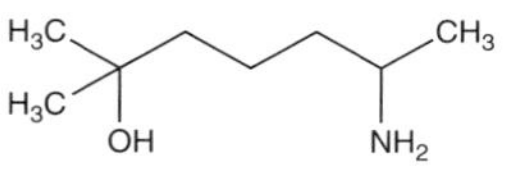

OS: *Heptaminol [BAN, DCF]*
OS: *Eptaminolo [DCIT]*
IS: *2-Methyl-2-hydroxy-6-aminoheptane*
IS: *6-Amino-2-methyl-2-heptanol*
IS: *BRN 1209267*
IS: *EINECS 206-758-0*

Hept-a-myl® (Sanofi-Synthelabo: BE)

– acefyllinate:

CAS-Nr.: 0005152-72-7
OS: *Acéfylline Heptaminol DCF*
IS: *Heptaminol theophyllin-7-acetate*
PH: Acéfylline heptaminol Ph. Franç. X

Cariamyl® (Corsa: ID)
Cariamyl® (Sanofi-Synthelabo: ID)
Vétécardiol® [vet.] (Schering-Plough Vétérinaire: FR)

– adenylate:

IS: *5' adénylate d'amino-6 méthyl-2 heptanol-2*
IS: *Adénosine phosphate d'heptaminol*

Ampecyclal® (Erempharma: FR, LU)

– hydrochloride:

CAS-Nr.: 0000543-15-7
OS: *Heptaminol Hydrochloride BANM, USAN*
PH: Heptaminol (chlorhydrate de) Ph. Eur. 5
PH: Heptaminol Hydrochloride Ph. Eur. 5
PH: Heptaminoli hydrochloridum Ph. Eur. 5

Hept-A-Myl® (Corsa: ID)
Hept-A-Myl® (Sanofi-Aventis: FR)
Hept-A-Myl® (Sanofi-Synthelabo: ID)
Heptaminol Domesco® (Domesco: VN)
Heptamyl® (Sanofi-Synthelabo: LU)

Hetastarch (USAN)

D: Hydroxyethylstärke, höhermolekular
F: Hydroxyethylamidon

Plasmaexpander

ATC: B05AA
CAS-Nr.: 0009005-27-0

Starch, 2-hydroxyethyl ether

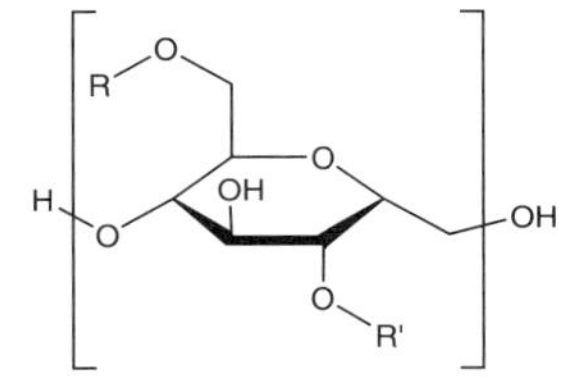

R or R' = H or CH_2CH_2OH

OS: *Hetastarch [BAN, USAN]*
OS: *Hydroxyethylstarch [JAN]*
OS: *Hydroxyéthylamidon [DCF]*
IS: *HES*
IS: *HÄS*
IS: *O-(2-Hydroxy-ethyl)-amylopectin-hydrolysat*

Elo Hes® (Fresenius: ES)
Elohaes® (Fresenius: NL)
eloHAES® [vet.] (Fresenius: GB)
Elohäst® (Fresenius: AT)
Expahes® (Eczacibasi Baxter: TR)
Expahes® (Fresenius: AT, AT)
Expahes® (Laevosan: AT)
Gelofusine® (Braun: ID)
Haes Esteril® (Fresenius: ES)
HAES-steril® (Fresenius: AT, BD, CH, DE, DK, FI, HR, HU, ID, IL, LU, NL, PL, SE, TH, TR)
HAES-steril® (Fresenius Medical Care: BG, CZ)
HAES-steril® (Medias: SI)
Hemohes® (Braun: AT, CH, CL, DE, ES, FI, ID, IS, LU, NL, NO, TR)
Hemohes® (Medis: SI)
Hes Grifols® (Grifols: ES)
Hespander® (Kyorin: JP)
Hespan® (Braun: US)
Hesteril® (Fresenius: ES, FR)
Hetastarch® (Baxter: LU, US)
Hetastarch® (Hospira: US)
Hextend® (BioTime: CA)
Hidroxietilamin CLNA Baxter® (Baxter: ES)
Hydroksyetyloskrobia® (Medana: PL)
HyperHAES® (Fresenius: SE)
Hyperhes® (Fresenius: AT, FR)
Infukoll HES® (Gobbi: AR)
Infukoll HES® (Schwarz: DE)
Infukoll HES® (Serum-Werk: DE)
Infukoll HES® (Serumwerke Bernburg AG: RS)
Isohes® (Eczacibasi Baxter: TR)
Isohes® (Fresenius: AT)
Osmohes® (Laevosan: AT)
Plasmasteril® (Fresenius: AT, TR)
Stabisol® (Berlin Chemie: VN)
Stabisol® (Berlin-Chemie: RU)
Varihes® (Eczacibasi Baxter: TR)
Varihes® (Laevosan: AT)
Venofundin® (Braun: CH, DK, NL)
Voluven® (Fresenius: AT, CH, CZ, DK, ES, ES, FI, FR, GB, HR, IS, IT, LU, NL, RS, SE, TH, TR, ZA)
Voluven® (Medias: SI)

Hexachlorophene (Rec.INN)

L: Hexachlorophenum
D: Hexachlorophen
F: Hexachlorophène
S: Hexaclorofeno

Antiseptic

Desinfectant

ATC: D08AE01
CAS-Nr.: 0000070-30-4 C_{13}-H_6-Cl_6-O_2
M_r 406.891

Phenol, 2,2'-methylenebis[3,4,6-trichloro-

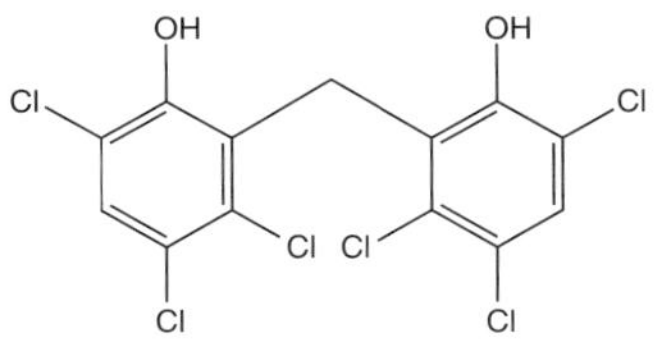

OS: *Hexachlorophene [BAN, USAN]*
OS: *Hexachlorophène [DCF]*
IS: *Surofene*
IS: *Hexachlorophane*
PH: Hexachlorophene [BP 2002, USP 30]
PH: Hexachlorophenum [OeAB, PhBs IV, Ph. Helv. VI, Ph. Jap. 1971]

Aknefug-simplex® (Hapra: CZ)
Aknefug-simplex® (Wolff: DE)
Dermisan® (Armoxindo: ID)
Hexachlorophane Cleansing Lotion® (Orion: AU)
pHisoHex® (Sanofi-Aventis: CA, US)

H

Hexamidine (Rec.INN)

L: Hexamidinum
D: Hexamidin
F: Hexamidine
S: Hexamidina

Antiseptic
Desinfectant

ATC: D08AC04,R01AX07,S01AX08,S03AA05
CAS-Nr.: 0003811-75-4 C_{20}-H_{26}-N_4-O_2
M_r 354.468

Benzenecarboximidamide, 4,4'-[1,6-hexanediylbis(oxy)]bis-

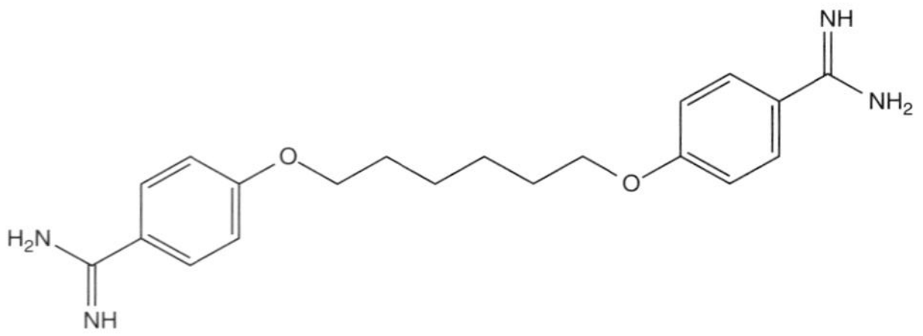

OS: *Hexamidine [BAN, DCF, USAN]*

- **isetionate:**

CAS-Nr.: 0000659-40-5
OS: *Hexamidine Isetionate BANM*
IS: *Hexamidine 2-hydroxyethanesulfonate*
PH: Hexamidine (diisétionate d') Ph. Eur. 5
PH: Hexamidine Diisetionate Ph. Eur. 5
PH: Hexamidini diisetionas Ph. Eur. 5

Desomedine® (Chauvin: SG)
Desomedin® (Bausch & Lomb: CH)
Désomédine® (Chauvin: FR)
Hexaderm® (Saidal: DZ)
Hexamidine Gilbert® (Gilbert: FR)
Hexaseptine® (Gifrer Barbezat: FR)
Hexomedine® (Melisana: BE, LU)
Hexomedin® (Aventis: ES)
Hexomédine® (Sanofi-Aventis: FR)
Laryngomedin N® (Artegodan: DE)
Mexyl® (Alfa: PE)
Ophtamedine® (Thea: BE, LU)

Hexaminolevulinate Hydrochloride (USAN1)

D: Hexaminolevulinat hydrochlorid

Diagnostic

CAS-Nr.: 0140898-91-5 C_{11}-H_{21}-N-N_3.HCl
M_r 251.75

Pentanoic acid, 5-amino-4-oxo-, hexyl ester, hydrochloride (USAN)

Hexyl 5-amino-4-oxopentanoate hydrochloride (USAN)

Hexyl 5-amino-4-oxopentanoat hydrochlorid (IUPAC)

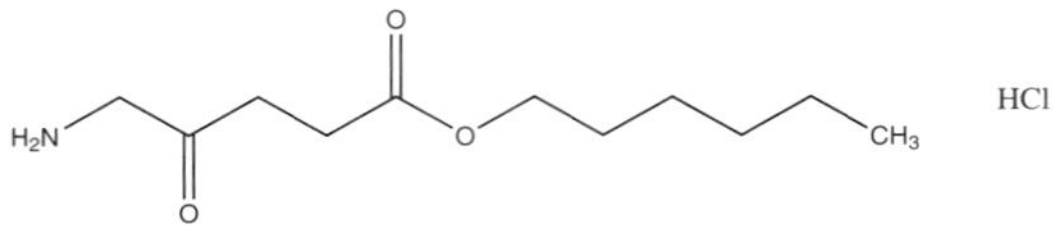

OS: *Hexaminolevulinate Hydrochloride [USAN]*
IS: *P-1026 (PhotoCure, NO)*

Hexvix® (Amersham: ES)
Hexvix® (GE Healthcare: AT, FR)
Hexvix® (GE Medical: DE)
Hexvix® (Photocure: DK)
Hexvix® (PhotoCure: FI, NO, SE, SI)

Hexestrol (Rec.INN)

L: Hexestrolum
I: Exestrolo
D: Hexestrol
F: Hexestrol
S: Hexestrol

Estrogen

CAS-Nr.: 0005635-50-7 C_{18}-H_{22}-O_2
M_r 270.374

Phenol, 4,4'-(1,2-diethyl-1,2-ethanediyl)bis-

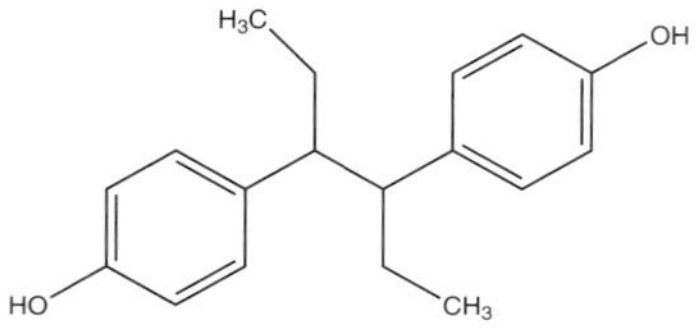

OS: *Hexestrol [DCF, USAN]*
OS: *Exestrolo [DCIT]*
IS: *Hexanoestrol*
IS: *Hesoestrol*
IS: *Synoestrolum (USSRP)*
PH: Hexoestrolum [Ph. Helv. VI, OeAB]

Sinestrol® (Biopharm: GE)

Hexetidine (Rec.INN)

L: Hexetidinum
I: Esetidina
D: Hexetidin
F: Hexétidine
S: Hexetidina

Antiseptic
Desinfectant

ATC: A01AB12
CAS-Nr.: 0000141-94-6 C_{21}-H_{45}-N_3
M_r 339.621

5-Pyrimidinamine, 1,3-bis(2-ethylhexyl)hexahydro-5-methyl-

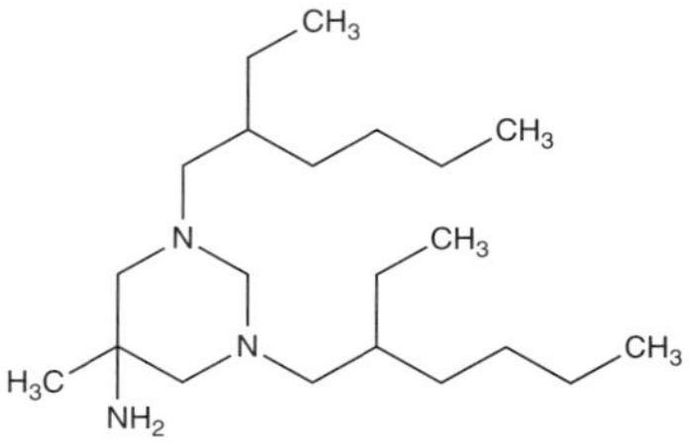

OS: *Hexetidine [BAN, DCF, USAN]*
OS: *Esetidina [DCIT]*
PH: Hexetidin [Ph. Eur. 5]
PH: Hexétidine [Ph. Eur. 5]
PH: Hexetidine [Ph. Eur. 5]
PH: Hexetidinum [Ph. Eur. 5]

Bactidol® (Pfizer: HK, ID)
Bactidol® (Pfizer Consumer Health: SG)
Bactidol® (Warner Chilcott: US)
Belosept® (Belupo: HR)
Collu-Hextril® (Pfizer: BF, BJ, CF, CG, CI, CM, FR, GA, GN, MG, ML, MR, MU, NE, PT, SN, TD, TG, ZR)
Dad Mouthwash® (Dar-Al-Dawa: AE, BH, IQ, JO, KW, LB, LY, MT, NG, OM, QA, SA, SD, SO, TN, YE)
Dermocil® [vet.] (Ilium Veterinary Products: AU)
Drossadin® (Drossapharm: CH)
Duranil® (Interbelle: AR)
Duranil® (Pfizer: CL)
Duranil® (Warner Chilcott: US)
Heksoral® (Farmoral: TR)
Hekzoton® (Drogsan: TR)
Hexadol® (Otto: ID)
Hexetidin-ratiopharm® (ratiopharm: DE)
Hexocil® [vet.] (Pharmacia: DE)
Hexocil® [vet.] (Pharmacia Animal Health: GB)
Hexoral® (Hemofarm: RS)
Hexoral® (Pfizer: AT, BG, HR, RO, RU, SI)
Hexoral® (Pfizer Consumer Healthcare: DE)
Hextril® (Pfizer: BE, BF, BJ, CF, CG, CI, CM, ES, FR, GA, GN, LU, MG, ML, MR, MU, NE, NL, PT, SN, TD, TG, ZR)
Hextril® (Pfizer Consumer Healthcare: CH)
Isozid-H® (Gebro: AT)
Muramyl® (Hersil: PE)
Neo-Angin® (Klosterfrau: AT)
Oraldene® (Pfizer: EG, ET, GH, GM, KE, LR, MW, NG, SD, SL)
Oraldene® (Pfizer Consumer Healthcare: GB, IE)
Oraldine® (Pfizer: CO, PE, ZA)
Oraseptic® (Pfizer Consumer Health Care: IT)
Steri/Sol® (Pfizer Consumer Healthcare: CA)
Stomatidine® (Bosnalijek: RU)
Stomatidin® (Bosnalijek: BA, HR)
Stopangin® (Ivax: CZ)
Triocil® [vet.] (Pharmachem: AU)
Triocil® [vet.] (Provet: NZ)
Vagi-Hex® (Assos: TR)
Vagi-Hex® (Drossapharm: CH, DE)

Hexobendine (Rec.INN)

L: Hexobendinum
I: Esobendina
D: Hexobendin
F: Hexobendine
S: Hexobendina

Vasodilator

ATC: C01DX06
CAS-Nr.: 0000054-03-5 C_{30}-H_{44}-N_2-O_{10}
M_r 592.57

Benzoic acid, 3,4,5-trimethoxy-, 1,2-ethanediylbis[(methylimino)-3,1-propanediyl] ester

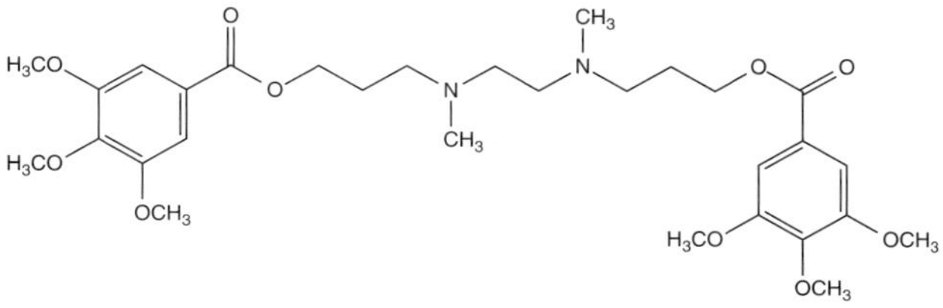

OS: *Hexobendine [BAN, DCF, USAN]*
OS: *Esobendina [DCIT]*

– dihydrochloride:

CAS-Nr.: 0000050-62-4
IS: *Andiamine*
IS: *ST 7090*

Ustimon® (Lacer: ES)
Ustimon® (Sigmapharm: AT)

Hexoprenaline (Rec.INN)

L: Hexoprenalinum
D: Hexoprenalin
F: Héxoprénaline
S: Hexoprenalina

Bronchodilator
β_2-Sympathomimetic agent

ATC: R03AC06,R03CC05
CAS-Nr.: 0003215-70-1 C_{22}-H_{32}-N_2-O_6
M_r 420.518

1,2-Benzenediol, 4,4'-[1,6-hexanediylbis[imino(1-hydroxy-2,1-ethanediyl)]]bis-

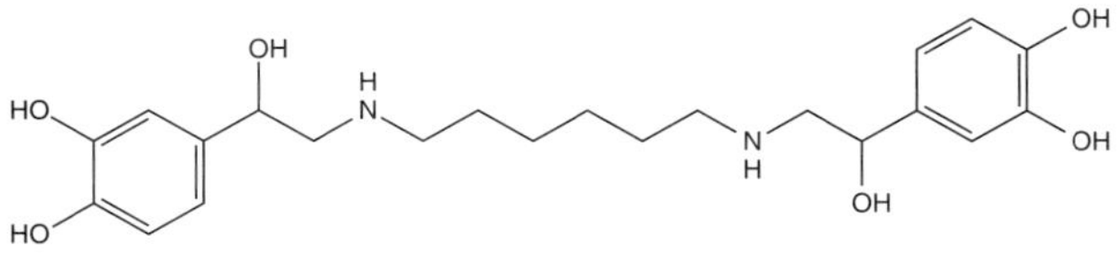

OS: *Hexoprenaline [BAN]*

Ipradol® (Aspen: ZA)
Ipradol® (Nycomed: HK)

– sulfate:

CAS-Nr.: 0032266-10-7
OS: *Hexoprenaline Sulfate JAN, USAN*
IS: *ST 1512/504*

Argocian® (Biol: AR)
Gynipral® (Alkaloid: BA, RS)
Gynipral® (Nycomed: AT, CH, CZ, GE, RO)
Ipradol® (Aspen: ZA)
Ipradol® (Lacer: ES)
Ipradol® (Nicholas: ID)
Ipradol® (Nycomed: AT)
Ipradol® (Shiwa: TH)
Leanol® (Takeda: JP)

Hexylresorcinol (BAN)

L: Hexylresorcinolum
I: Esilresorcina
D: Hexylresorcin
F: Hexylrésorcinol

Anthelmintic

ATC: R02AA12
CAS-Nr.: 0000136-77-6 C_{12}-H_{18}-O_2
M_r 194.276

1,3-Benzenediol, 4-hexyl-

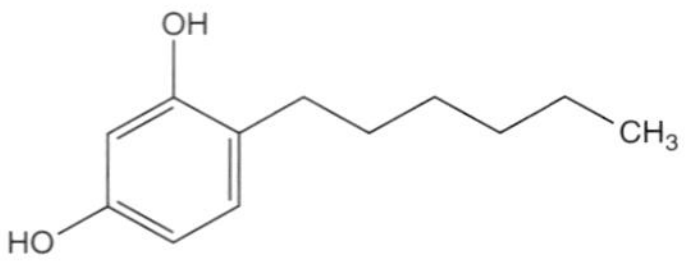

OS: *Hexylrésorcinol [DCF]*
OS: *Hexylresorcinol [BAN, USAN]*
IS: *ST 37*
PH: Hexylresorcinol [Ph. Eur. 5, USP 30]
PH: Hexylresorcinolum [Ph. Eur. 5]
PH: Hexylrésorcinol [Ph. Eur. 5]

Strepsils Extra® (Reckitt Benckiser: IE)
TCP Sore Throath Lozenge® (Chefaro: GB)

Histamine (DCF)

I: Istamina
D: Histamin
F: Histamine

Diagnostic, gastric function

CAS-Nr.: 0000051-45-6 C_5-H_9-N_3
M_r 111.157

1H-Imidazole-4-ethanamine

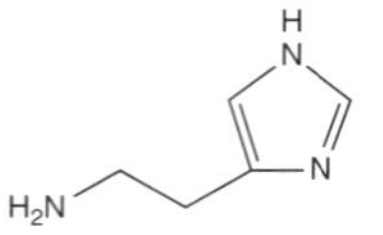

OS: *Histamine [DCF]*
IS: *Amin-Glaukosan*
IS: *Glyoxaline-éthylamine*
IS: *Imidazolyl-éthylamine*

Histaminum® (Heel: NL)

– dihydrochloride:

CAS-Nr.: 0000056-92-8
OS: *Histamine Dihydrochloride USAN*
OS: *L03AX14 ATC WHO*
OS: *QL03AX14 ATC vet. WHO*
IS: *Histamyl*
IS: *Imido*
PH: Histamindihydrochlorid Ph. Eur. 5
PH: Histamine (dichlorhydrate d') Ph. Eur. 5
PH: Histamine Dihydrochloride Ph. Eur. 5, USP 30
PH: Histamini dihydrochloridum Ph. Eur. 5

Bencard® (Artu: NL)
Soluprick® (ALK: DK, FI, NL)

– phosphate:

CAS-Nr.: 0000051-74-1
OS: *V04CG03 ATC WHO*
OS: *Histamine Phosphate USAN*
IS: *Histamine acid phosphate (Lilly)*
IS: *Histamine diphosphate (Abbott)*
IS: *Histamine phosphate (Burroughs Wellcome)*
PH: Histamine Phosphate USP 30, Ph. Eur. 5

Allerderm Test® [vet.] (Allergan: NL)
Test Allergenen HAL® (HAL: NL)

Histrelin (Rec.INN)

L: Histrelinum
D: Histrelin
F: Histreline
S: Histrelina

LH-RH-agonist

ATC: H01CA03
CAS-Nr.: 0076712-82-8 C_{66}-H_{86}-N_{18}-O_{12}
M_r 1323.594

5-Oxo-L-prolyl-L-histidyl-L-tryptophyl-L-seryl-L-tyrosyl-N^2-benzyl-D-histidyl-L-leucyl-L-arginyl-N-ethyl-L-prolinamide

OS: *Histrelin [USAN]*
IS: *ORF 17070 (Ortho, USA)*
IS: *RWJ 17070*

– acetate:

Supprelin® (Indevus: US)
Vantas® (Paladin: CA)

Homatropine Hydrobromide (BANM)

L: Homatropini hydrobromidum
I: Omatropina bromidrato
D: Homatropinhydrobromid
F: Homatropine (bromhydrate d')

Mydriatic agent
Parasympatholytic agent

CAS-Nr.: 0000051-56-9 C_{16}-H_{22}-Br-N-O_3
M_r 356.262

Benzeneacetic acid, α-hydroxy-, 8-methyl-8-azabicyclo[3.2.1]oct-3-yl ester, hydrobromide, endo-(±)-

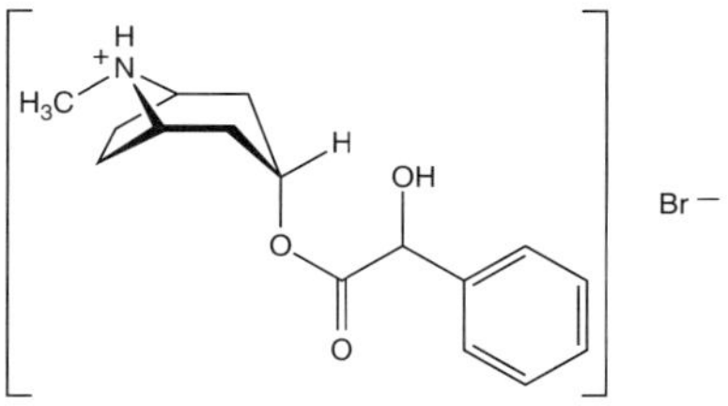

OS: *Homatropine Hydrobromide [BANM, USAN]*
PH: Homatropine (bromhydrate d') [Ph. Eur. 5]
PH: Homatropine Hydrobromide [JP XIV, Ph. Eur. 5, Ph. Int. 4, USP 30]
PH: Homatropinhydrobromid [Ph. Eur. 5]
PH: Homatropini hydrobromidum [Ph. Eur. 5, Ph. Int. 4]

Bell Homatropine® (Bell: IN)
Bromhydrate d'homatropine Faure® (Europhta: MC)
Colirio LLorens Homatropina® (Llorens: ES)
Colirio Ocul Homatropina® (Artis: ES)
Hemomin® (Nipa: BD)
Homatropin-POS® (Ursapharm: DE)
Homatropinehydrobromide HPS® (HPS: NL)
Homatropine® (Martindale: GB)
Homatropine® (Novartis Ophthalmics: US)
Homatropine® (Reman Drug: BD)
Homatropine® (Viatris: BE)
Homatro® (Cendo: ID)
Isopto Homatropine® (Alcon: AU, BW, CA, ER, ET, FR, GH, KE, MW, NA, NG, NZ, SG, TZ, UG, US, ZA, ZM, ZW)
Minims Homatropinhydrobromid® (Chauvin: AT)
Omatropina® (Tubilux: IT)

Homatropine Methylbromide (Rec.INN)

L: Homatropini methylbromidum
I: Omatropina metilbromuro
D: Homatropinmethylbromid
F: Homatropine (méthylbromure d')
S: Metilbromuro de homatropina

Mydriatic agent
Parasympatholytic agent

CAS-Nr.: 0000080-49-9 — C_{17}-H_{24}-Br-N-O_3, M_r 370.289

8-Azoniabicyclo[3.2.1]octane, 3-[(hydroxyphenylacetyl)oxy]-8,8-dimethyl-, bromide, endo-(±)-

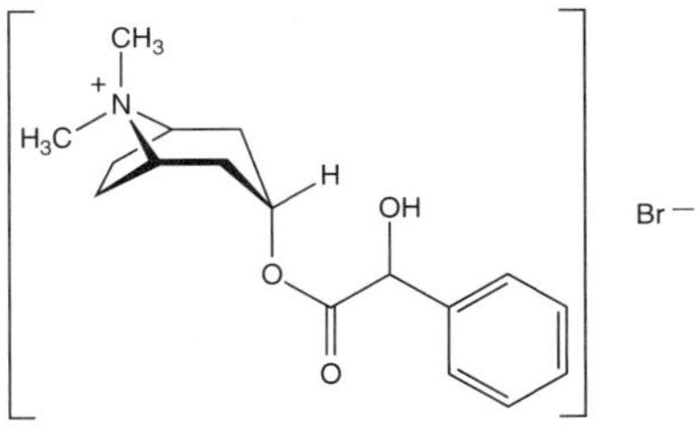

OS: *Homatropine [DCF]*
OS: *Homatropine (méthylbromure d') [DCF]*
OS: *Homatropine Methylbromide [BANM, USAN]*
OS: *Omatropina metilbromuro [DCIT]*
IS: *Methylhomatropinum*
IS: *Sethyl*
IS: *Methylhomatropinium bromatum*
IS: *8-Methyltropinium bromide mandelate (WHO)*
PH: Homatropine Methylbromide [Ph. Eur. 5, Ph. Int. 4, USP 30]
PH: Homatropini methylbromidum [Ph. Eur. 5, Ph. Int. 4]
PH: Homatropinmethylbromid [Ph. Eur. 5]
PH: Homatropine (méthylbromure d') [Ph. Eur. 5]

Antiespasmodico Veinfar® (Veinfar: AR)
Dallapasmo® (Dallas: AR)
Espasmotropin® (Sintesina: AR)
Homatropina Fabra® (Fabra: AR)
Homatropina Lafedar® (Lafedar: AR)
Kolicon® (Mediproducts: GT)
Nopar® (Uni-Pharma: GR)
Novatropina® (Biolab: BR)
Paratropina® (Lazar: AR)

H

Homochlorcyclizine (Rec.INN)

L: Homochlorcyclizinum
D: Homochlorcyclizin
F: Homochlorcyclizine
S: Homoclorciclizina

Antiallergic agent
Histamine, H_1-receptor antagonist

CAS-Nr.: 0000848-53-3 — C_{19}-H_{23}-Cl-N_2, M_r 314.863

1H-1,4-Diazepine, 1-[(4-chlorophenyl)phenylmethyl]hexahydro-4-methyl-

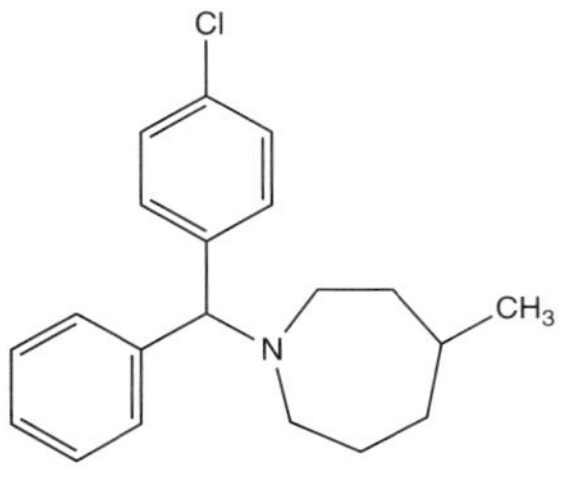

OS: *Homochlorcyclizine [BAN, USAN]*
IS: *SA 97*

– dihydrochloride:

PH: Homochlorcyclizine Hydrochloride JP XIV

Homoclomin® (Eisai: ID, JP, TH)
Palphard® (Isei: JP)

Hopantenic Acid (Rec.INN)

L: Acidum Hopantenicum
D: Hopanteninsäure
F: Acide hopanténique
S: Acido hopantenico

Psychostimulant

CAS-Nr.: 0018679-90-8 — C_{10}-H_{19}-N-O_5, M_r 233.272

Butanoic acid, 4-[(2,4-dihydroxy-3,3-dimethyl-1-oxobutyl)amino]-, (R)-

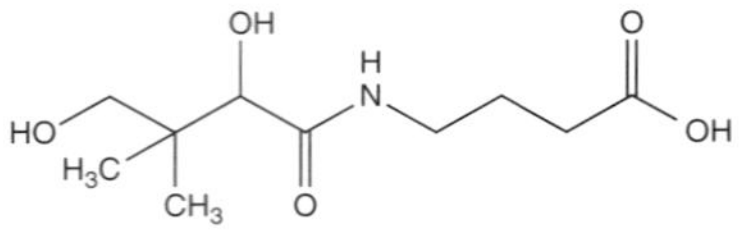

OS: *Hopantenic Acid [USAN]*
IS: *Acidum hopantenicum*

Calcium Hopantenate® (Pharmstandart: RU)
Pantocalcin® (Otechestvennye Lekarstva: RU)

– calcium salt:

Hopate® (Tanabe: JP)
Pantogam® (Pik-Pharma: RU)

Hyaluronic Acid (BAN)

D: Hyaluronsäure

Antirheumatoid agent
Dermatological agent
Wound healing

ATC: D03AX05,M09AX01,S01KA01
ATCvet: QM09AX01
CAS-Nr.: 0009004-61-9 $(C_{14}\text{-}H_{21}\text{-}N\text{-}O_{11})_n$

Hyaluronic acid

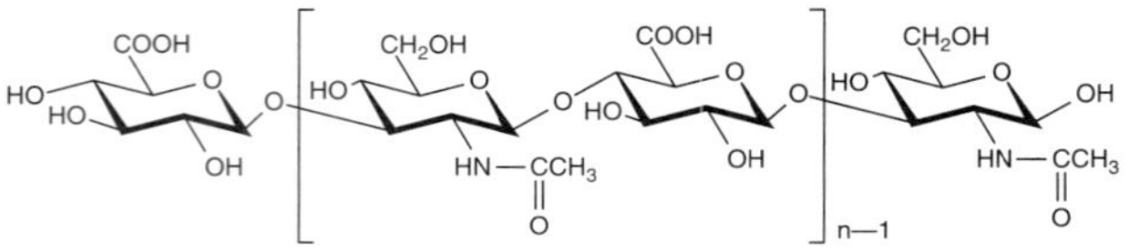

OS: *Hyaluronic Acid [BAN, JAN]*
IS: *Hyalastine*
IS: *Hyalectine*

Bonal® (Nutrifarma: TR)
Captique® (Genzyme: US)
Condrox® (La Santé: CO)
Corpus Vitreum® (Biopharm: GE)
Durolane® (Q-Med: GB)
Euflexxa® (Ferring: US)
Gengigel® (Esme: AR)
Hyalofill® (Convatec: PT)
Hylaform® (Genzyme: US)
Hylartil® [vet.] (Pharmacia Animal Health: GB)
Hylenex® (Baxter: US)
Hyonate® [vet.] (Bayer: AU, IE)
Hyonate® [vet.] (Bayer Animal Health: GB)
Juvederm® (Allergan: US)
Legend® [vet.] (Bayer Animal Health: ZA)
Lghyal® (LG: IN)
Restylane® (Medicis: US)
Sinovial® (IBSA: CH)
Synacid® [vet.] (Virbac: AU)

– sodium salt:

CAS-Nr.: 0009067-32-7
OS: *Hyaluronate Sodium JAN, USAN*
OS: *Sodium Hyaluronate BANM*
IS: *Natrium hyaluronat*
IS: *Hylan G-F 20*
PH: Sodium Hyaluronate Ph. Eur. 5
PH: Natrii hyaluronas Ph. Eur. 5
PH: Natriumhyaluronat Ph. Eur. 5
PH: Sodium (hyaluronate de) Ph. Eur. 5

Adant Dispo® (Meiji: ID, TH)
Adant® [inj.] (Er-Kim: TR)
Adant® [inj.] (Trima: IL)
AMO Vitrax® (Advanced Medical Optics: AU)
AMO Vitrax® (Allergan: NZ)
AMO Vitrax® (Genop: ZA)
Amvisc® (Bio-Fizik: TR)
Amvisc® (Chiron: US)
Amvisc® (Johnson & Johnson: NL, NZ)
Artflex® (Ivax: AR)
Arthrease® (Bio-Technology: IL)
Arthrease® (DePuy: DE)
ARTROject® (Ormed: DE)
Artzal® (AstraZeneca: FI, IS, SE)
Artzal® (Sankyo: AT)
Artz® (AstraZeneca: DK)
Artz® (MDM: IT)
Artz® (Sankyo: PT)
Artz® (Seikagaku: CN)
Biolan® (Santen: DE)
Biolon® (Abdi Ibrahim: TR)
Biolon® (Chalver: DO, HN, PA, SV)
Biolon® (Chauvin: NL)
Biolon® (Chile: CL)
Biolon® (Cryopharma: MX)
Biolon® (Meizler: BR)
Biolon® (Pharmafrica: ZA)
Biolon® (Pharmanel: GR)
Biolon® (Stulln: DE)
Connettivina® (Fidia: HK, IT)
Connettivina® (Kolassa: AT)
Curavisc® (Margalit: IL)
Cystistat® (Bioniche: CA)
Dispasan® (Ioltech: DE)
Dropstar® (Farmigea: IT)
Dropstar® (Poen: AR)
Dropyal® (Bruschettini: IT)
Dropyal® (Tecnofarma: CO)
Duovisc® (Alcon: SG, TH)
Endogel® (Ioltech: DE)
Enhance® [vet.] (Bioniche Animal Health: AU)
Enhance® [vet.] (Bomac: NZ)
Equron® [vet.] (Fort Dodge: US)
Euflexxa® (Ferring: IE)
Eyecon® (Rafa: IL)
Eyestil® (SIFI: RO)
Fermathron® (Biomet: AU)
Fermathron® (UCB: DE)
Fermavisc® (Novartis: CH)
Gelbag® (Ioltech: DE)
GO-ON® (Opfermann: DE)
GO-ON® (Rotta: MY)
GO-ON® (Rottapharm: VN)
Halonix® (Cadila: IN)
Healon GV® (Advanced Medical Optics: AU)
Healon5® (Advanced Medical Optics: AU)
Healon® (Advanced Medical Optics: AU)
Healon® (Advanced Medical Optics New Zealand: NZ)
Healon® (Pharmacia: BE, BG, CO, CZ, DE, IT, NL, TH, ZA)

Hialid® (Santen: SG)
Hy-50® [vet.] (Genitirix: GB)
Hy-50® [vet.] (Scanvet: FI)
Hy-50® [vet.] (Vet medic: NL)
Hy-50® [vet.] (Vet Medic: NO, SE)
Hy-Drop® (Bausch & Lomb: IT)
Hy-GAG® (curasan: DE)
Hya-ject® (Ormed: DE)
HYA-Ophtal® (Winzer: DE)
Hyal-System® (Darier: MX)
Hyalart® (Faran: GR)
Hyalart® (Fidia: RS)
Hyalart® (Meda: DE)
Hyalart® (SPA: IT)
Hyalart® (Tropon: DE)
Hyalein® (Santen: JP)
Hyalgan® (Bilim: TR)
Hyalgan® (Bioiberica: ES)
Hyalgan® (Combiphar: ID)
Hyalgan® (CSC: HU, RO)
Hyalgan® (Expanscience: FR)
Hyalgan® (Fidia: CZ, HR, IT, PL, TH)
Hyalgan® (Home Pharma: PE)
Hyalgan® (Kolassa: AT)
Hyalgan® (Leiras: FI)
Hyalgan® (Medexus: CA)
Hyalgan® (Medicopharmacia: SI)
Hyalgan® (Nycomed: DK, IS, SE)
Hyalgan® (Shire: GB, IE)
Hyalgan® (Silesia: CL)
Hyalgan® (TRB: TH)
Hyalgan® (Wolfs: BE, LU)
Hyalistil® (SIFI: IT)
Hyalovet® [vet.] (Arnolds: GB)
Hyalovet® [vet.] (Bayer Animal Health: ZA)
Hyalovet® [vet.] (CP: DE)
Hyalovet® [vet.] (Fidia: IT)
Hyalovet® [vet.] (Fort Dodge: US)
Hyalovet® [vet.] (Kolassa: AT)
Hyalovet® [vet.] (TRB Chemedica: CH)
Hyalovet® [vet.] (Virbac: FR)
Hyalubrix® (Tropon: DE)
Hyaludermin® (TRB: BR)
Hyalur® (Drossapharm: CH)
Hyasol® (Bausch & Lomb: AR)
HycoSan5® (Pharma Medica: CH)
Hylan Stulln® (Pharma Stulln: DE)
Hylartil® [vet.] (Pfizer: AT, CH, FI, NL)
Hylartil® [vet.] (Pfizer Animal: DE)
Hylartin® [vet.] (Pharmacia: US)
Hylatril® [vet.] (Pfizer Animal Health: GB)
Hylatril® [vet.] (Pharmacia Animal Health: SE)
Hylo-Comod® (Pharma Medica: CH)
Hylo-Comod® (Ursapharm: DE, IL, RU)
Hylo-Vision® (Omnivision: DE)
Hyonate® [vet.] (Bayer: AT, BE, IT, NL, NO, SE)
Hyonate® [vet.] (Bayer Animal: DE, NZ)
Hyonate® [vet.] (Bayer Sante Animale: FR)
Hyonate® [vet.] (Orion: FI)
Hysan Nasenspray® (Pharma Medica: CH)
Hysan-Baby Nasentropfen® (Pharma Medica: CH)
Hysan® (Ursapharm: DE, IL)
Hyvisc® [vet.] (Anika: US)
Ial Fidia® (TRB: TH)
Ial-F® (Fidia: IT)
Ial-F® (TRB: TH)
Ialugen® (IBSA: CH)
Ialurex® (Bausch & Lomb: IT)
Ial® (Fidia: IT)
Ial® (TRB Chemedica: CH)
Irilens® (Montefarmaco OTC: IT)
Jaloplast® (Wolfs: BE)
Lacrycon® (Théa: CH)
Lagricel Ofteno® (Volta: CL)
Lagricel® (Sophia: MX)
Laservis® (TRB: CH, DE)
Legend® [vet.] (Bayer Animal: US)
Maxiostenil® (TRB: AR)
Miniostenil® (TRB: AR)
NeoVisc® (Stellar: CA)
Nuflexxa® (Savient: US)
Ophtalin® (Ciba Vision: TH)
Ophthalin® (Ciba Vision: AU, IL, TH)
Ophthalin® (Nurol: TR)
Orthovisc® (Biomeks: TR)
Orthovisc® (DePuy: US)
Orthovisc® (Rafa: IL)
Orthovisc® (Rivex: CA)
Orthovisc® (Surgicraft: GB)
Orthovisc® (Vitaresearch: DE)
Osflex® (Novell: ID)
Ostenil® (Bio-Gen: TR)
Ostenil® (TRB: CH, DE, GB)
Oxyal® (Santen: DE)
Polireumin® (TRB: BR)
Provisc® (Alcon: AT, AU, DE, FR, GB, IT, LU, NL, SG, TH, TR, ZA)
Rhinogen® (IBSA: CH)
Supartz® (Seikagaku: PH)
Suplasyn® (Bioniche: CA, SG)
Suplasyn® (Devries: IL)
Suplasyn® (Merckle: DE, IE)
Suplasyn® (Pliva: GB)
Suplasyn® (Robapharm: CH)
Suprahyal® (Asofarma: MX)
Suprahyal® (Tecnofarma: CL)
Suprahyal® (Zodiac: BR)
Synacid® [vet.] (Schering-Plough: US)
Synvisc® (Agis: IL)
Synvisc® (Bayer: AU)
Synvisc® (BJC: TH)
Synvisc® (Genzyme: CA, CH, DE, GB, MY, PL, SE, SG)
Synvisc® (Nicholas: IN)
Synvisc® (Novartis: BR, CL, EC, MX)
Synvisc® (Novartis Pharma: PE)
Synvisc® (Wyeth: US)
Viscontour Liquid® (TRB: DE)
Viscoseal® (TRB: CH, DE)
Visiol® (Bio-Gen: TR)
Visiol® (TRB: DE)
Viskyal® [vet.] (TVM: FR)
Vislube® (Tramedico: BE)
Vislube® (TRB: CH, DE)
Vismed® (Hamilton: AU)
Vismed® (TRB: CH, DE)
VisThesia® (Ioltech: DE)
Vitrax® (Allergan: FR)
Xidan® (Mann: DE)
Zonaker® (Grin: MX)

– zinc salt:

Curiosin® (Gedeon Richter: CZ, HU, JM, VN)

Hyaluronidase (Rec.INN)

L: Hyaluronidasum
I: Ialuronidasi
D: Hyaluronidase
F: Hyaluronidase
S: Hialuronidasa

Enzyme

ATC: B06AA03
CAS-Nr.: 0009001-54-1

Hyaluronidase

OS: *Hyaluronidase [BAN, DCF, JAN, USAN]*
OS: *Ialuronidasi [DCIT]*
IS: *Spredine*
PH: Hyaluronidase [Ph. Eur. 5]
PH: Hyaluronidase for Injection [USP 30]
PH: Hyaluronidasum [Ph. Eur. 5, Ph. Jap. 1971]
PH: Ialuronidasi [Ph. Eur. 5]

Amphadase® (Amphastar: US)
Bilidazum® (Biopharm: GE)
Hyalase® (Aventis: AU, GH, KE, NG, UG, ZW)
Hyalase® (CP Pharmaceuticals: IL)
Hyalase® (Health Support Ltd: NZ)
Hyalase® (Wockhardt: GB)
Hyalase® (Xixia: ZA)
Hyalozima® (Apsen: BR)
Hyase® (Sevapharma: CZ)
Hyason® (Organon: NL)
Hylase Dessau® (Bayer: AT)
Hylase Dessau® (Pharma Dessau: AT, CZ)
Hylase Dessau® (Riemser: DE)
Hylase® (Riemser: DE)
Hynidase® (Shreya: IN)
Vitrase® (Ista: US)
Wydase® (ESI Lederle Generics: US)
Wydase® (Wyeth: CL)

Hydralazine (Rec.INN)

L: Hydralazinum
I: Idralazina
D: Hydralazin
F: Hydralazine
S: Hidralazina

Antihypertensive agent
Vasodilator, peripheric

ATC: C02DB02
CAS-Nr.: 0000086-54-4 C_8-H_8-N_4
M_r 160.192

1(2H)-Phthalazinone, hydrazone

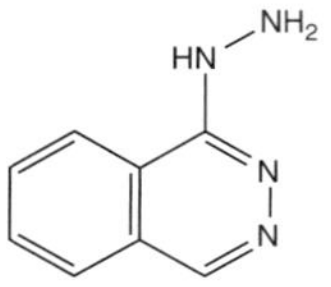

OS: *Hydralazine [BAN, DCF]*
OS: *Idralazina [DCIT]*
IS: *Ba 5968*
IS: *C 5968*
IS: *1-Phthalazinylhydrazin*

Apo-Hydralazine® (Apotex: SG)
Hidralazina L.CH.® (Chile: CL)
Hidral® (Biocontrol: AR)

– hydrochloride:

CAS-Nr.: 0000304-20-1
OS: *Hydralazine Hydrochloride BANM, USAN*
PH: Hydralazine Hydrochloride JP XIV, Ph. Eur. 5, Ph. Int. 4, USP 30
PH: Hydralazini hydrochloridum Ph. Eur. 5, Ph. Int. 4
PH: Hydralazinhydrochlorid Ph. Eur. 5
PH: Hydralazine (chlorhydrate d') Ph. Eur. 5

Alphapress® (Alphapharm: AU)
Alphapress® (Unipharm: IL)
Apo-Hydralazine® (Apotex: CA)
Apresolina® (Novartis: BR)
Apresoline® (Amdipharm: GB, GB)
Apresoline® (Novartis: AG, AN, AU, AW, BB, BM, BS, ET, GD, GH, GY, HT, IE, IT, JM, KE, KY, LC, NG, NL, NZ, PH, SD, TH, TT, TZ, US, VC, ZA, ZW)
Apresoline® (Sovereign: GB)
Apresoline® (SteriMax: CA)
Apresoline® [vet.] (Sovereign: GB)
Apresolin® (Novartis: NO, SE)
Aprezin® (Oriental: PH)
Cesoline Y® (Pharmasant: TH)
Hidralazina Clorhidrato® (Bestpharma: CL)
Hidralazina® (Mintlab: CL)
Hydralazine HCl CF® (Centrafarm: NL)
Hydralazine Hydrochloride® (Abraxis: US)
Hydralazine Hydrochloride® (American Regent: US)
Hydralazine Hydrochloride® (Ivax: US)
Hydralazine Hydrochloride® (Par: US)
Hydralazine Hydrochloride® (Pliva: US)
Hydralazine Hydrochloride® (Sandoz: US)
Hydralazine Hydrochloride® (Sicor: US)
Hydralazine Hydrochloride® (Watson: US)
Hydralazine® (Health Support Ltd: NZ)
Hydralazine® (Pan-Well: HK)
Hydralazine® (Remedica: CY)
Hydrapress® (Isei: JP)
Hydrapres® (Omedir: AR)
Hydrapres® (Rubio: CR, DO, ES, GT, PA, SV)
Hyperphen® (Aspen: ZA)
Nepresol® (Cristália: BR)
Novo-Hylazin® (Novopharm: CA)
Rolab-Hydralazine HCl® (Sandoz: ZA)
Slow-Apresoline® (Novartis: ET, GH, KE, NG, SD, TZ, ZW)

Hydrochlorothiazide (Rec.INN)

L: **Hydrochlorothiazidum**
I: **Idroclorotiazide**
D: **Hydrochlorothiazid**
F: **Hydrochlorothiazide**
S: **Hidroclorotiazida**

Diuretic, benzothiadiazide

ATC: C03AA03
CAS-Nr.: 0000058-93-5 C_7-H_8-Cl-N_3-O_4-S_2
M_r 297.741

2H-1,2,4-Benzothiadiazine-7-sulfonamide, 6-chloro-3,4-dihydro-, 1,1-dioxide

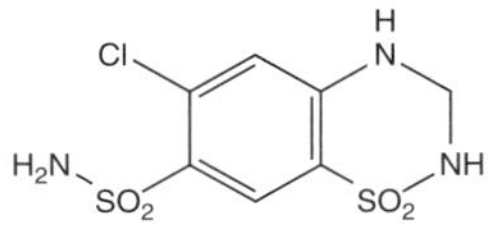

OS: *Hydrochlorothiazide [BAN, DCF, JAN, USAN]*
OS: *Idroclorotiazide [DCIT]*
PH: Hydrochlorothiazid [Ph. Eur. 5]
PH: Hydrochlorothiazide [JP XIV, Ph. Eur. 5, Ph. Int. 4, USP 30]
PH: Hydrochlorothiazidum [Ph. Eur. 5, Ph. Int. 4]
PH: Idroclorotiazide [Ph. Eur. 5]

Acortiz® (Victory: MX)
Acuren® (Incepta: BD)
Adelphan® (Novartis: GE)
Apo-Hydro® (Apotex: CA, SG, VN)
Aquazide-25® (Western Research: US)
Aquazide-H® (Jones: US)
Aquazide-H® (Western Research: US)
Aquazide® (Actavis: IS)
Aquazide® (Sun: IN)
Bpzide® (Stadmed: IN)
Clorana® (Sanofi-Aventis: BR)
Co-Amilozide® (Vannier: AR)
Dehydratin Neo® (Actavis: GE)
Dehydratin® (Balkanpharma: BG)
Di-Ertride® (Malaysia Chemist: SG)
Diclotride® (Merck: PE)
Disalunil® (Berlin-Chemie: DE, PL)
Disothiazide® (Dexxon: IL)
Dithiazide® (Pharmalab: AU)
Diu-Melusin® (TAD: DE)
Diunorm® (Slaviamed: RS)
Diural® (Austral: AR)
Diuret-P® (PP Lab: TH)
Diurex® (Bagó: AR)
Diurizone® [vet.] (Vetoquinol: IE)
Diur® (Northia: AR)
Drenol® (Pfizer: BR)
Esidrex® (Novartis: AG, AN, AT, AW, BB, BM, BS, CH, ES, ET, FR, GD, GH, GY, HT, IN, IT, JM, KE, KY, LC, LY, MT, NG, NL, NO, SD, SE, TT, TZ, VC, ZW)
Esidrex® (Sandoz: ES)
Esidrix® (Novartis: DE, LU, US)
Ezide® (Econo Med: US)
Gamathiazid® (GAMA: GE)
H.C.T.® (Kimia: ID)
HCT 1A Pharma® (1A Pharma: DE)
HCT Hexal® (Hexal: DE)
HCT Sandoz® (Sandoz: DE)
HCT von ct® (CT: DE)
HCT-beta® (betapharm: DE)
HCT-CT® (CT: DE)
HCT-gamma® (Wörwag Pharma: DE)
HCT-Isis® (Alpharma: DE)
HCT-ratiopharm® (ratiopharm: DE)
HCTad® (TAD: DE)
Hexazide® (Hexal: ZA)
Hidroclorotiazida Gen-Far® (Genfar: PE)
Hidroclorotiazida Genfar® (Genfar: CO)
Hidroclorotiazida Iqfarma® (Iqfarma: PE)
Hidroclorotiazida L.CH.® (Chile: CL)
Hidroclorotiazida Lch® (Ivax: PE)
Hidroclorotiazida MK® (MK: CO)
Hidroclorotiazida® (Bestpharma: CL)
Hidroclorotiazida® (Infabra: BR)
Hidroclorotiazida® (La Sante: PE)
Hidroclorotiazida® (Lab. Neo Quím.: BR)
Hidroclorotiazida® (Memphis: CO)
Hidroclorotiazida® (Mintlab: CL)
Hidroclorotiazida® (Pasteur: CL)
Hidroclorotiazida® (Pentacoop: CO, PE)
Hidroclorotiazida® (Sanitas: CL)
Hidroclorozil® (IMA: BR)
Hidroronol® (Labomed: CL)
Hidrosaluretil® (Alcala: ES)
Hidrosaluretil® (Chiesi: ES)
HTZ® (Unimed & Unihealth: BD)
Hychlozide® (Pharmasant: TH)
Hydrex® (Orion: FI)
Hydrochloorthiazide Alpharma® (Alpharma: NL)
Hydrochloorthiazide A® (Apothecon: NL)
Hydrochloorthiazide CF® (Centrafarm: NL)
Hydrochloorthiazide Gf® (Genfarma: NL)
Hydrochloorthiazide Katwijk® (Katwijk: NL)
Hydrochloorthiazide Merck® (Merck Generics: NL)
Hydrochloorthiazide PCH® (Pharmachemie: NL)
Hydrochloorthiazide Sandoz® (Sandoz: NL)
Hydrochloorthiazide® (GenRx: NL)
Hydrochlorothiazid Leciva® (Leciva: CZ)
Hydrochlorothiazide Solution® (Roxane: US)
Hydrochlorothiazide Uni-Pharma® (Uni-Pharma: GR)
Hydrochlorothiazide® (Actavis: US)
Hydrochlorothiazide® (Mylan: US)
Hydrochlorothiazide® (Remedica: CY)
Hydrochlorothiazide® (Teva: US)
Hydrochlorothiazide® (Watson: US)
Hydrochlorothiazidum® (Polpharma: PL)
HydroDIURIL® (Merck: US)
Hydrozide® (Atlantic: SG, TH)
Hydrozide® [vet.] (Merial: US)
Hypothiazid® (Sanofi-Aventis: HU, RU)
Microzide® (Watson: US)
Modrex® (United Pharmaceutical: AE, BH, IQ, LY, OM, QA, SA, SD, YE)
Nefrix® (Zentiva: RO)
Newtolide® (Towa Yakuhin: JP)
Novo-Hydrazide® (Novopharm: CA)
Olina® (Fluter: DO)
Pantemon® (Tatsumi Kagaku: JP)
PMS-Hydrochlorothiazide® (Pharmascience: CA)
Ridaq® (Aspen: ZA)
Rofucal® (Probiomed: MX)
Tandiur® (Raymos: AR)

Hydrocodone (Rec.INN)

L: Hydrocodonum
I: Idrocodone
D: Hydrocodon
F: Hydrocodone
S: Hidrocodona

Antitussive agent

ATC: R05DA03
CAS-Nr.: 0000125-29-1 C_{18}-H_{21}-N-O_3
M_r 299.376

Morphinan-6-one, 4,5-epoxy-3-methoxy-17-methyl-, (5α)-

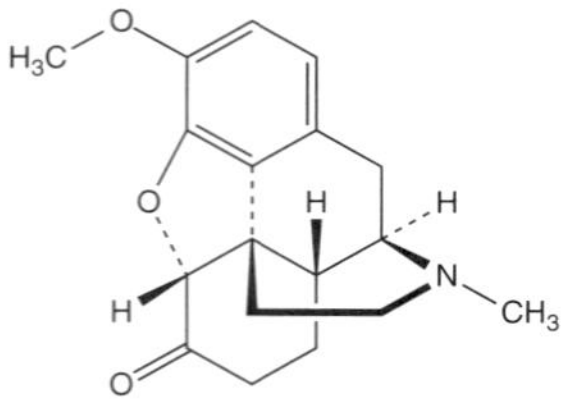

OS: *Hydrocodone [BAN, DCF]*
OS: *Idrocodone [DCIT]*
IS: *Dihydrocodeinone (WHO)*

– hydrochloride:

CAS-Nr.: 0025968-91-6

Dicodid® [inj.] (Abbott: DE)
Hydrocodeinon® (Streuli: CH)

– tartrate:

CAS-Nr.: 0034195-34-1
OS: *Hydrocodone Bitartrate USAN*
IS: *Calmodid*
IS: *Curadol*
IS: *Duodin*
IS: *Kolikodal*
IS: *Orthoxycol*
IS: *Procodal*
IS: *Dihydrokodeinonbitartrat*
PH: Hydrocodoni bitartras Ph. Int. II
PH: Hydrocodone Bitartrate USP 30
PH: Hydrocodon[R,R)-tartrat]-2,5-Hydrat DAB
PH: Hydrocodoni tartras Ph. Helv. 9
PH: Hydrocodone hydrogen tartrate 2.5-hydrate Ph. Eur. 5

Biocodone® (UCB: BE, LU)
Dicodid® (Abbott: DE)
Dihydrocodeinon Streuli® (Streuli: CH)
Hycodan® (Bristol-Myers Squibb: CA)
Robidone® (Robins: US)

Hydrocortisone (Rec.INN)

L: Hydrocortisonum
I: Idrocortisone
D: Hydrocortison
F: Hydrocortisone
S: Hidrocortisona

Adrenal cortex hormone, glucocorticoid

ATC: A01AC03,A07EA02,C05AA01,D07AA02, D07XA01,H02AB09,S01BA02,S01CB03,S02BA01
ATCvet: QA01AC03,QD07AA02,QD07XA01,QH02AB09, QS01BA02,QS01CB03,QS02BA01
CAS-Nr.: 0000050-23-7 C_{21}-H_{30}-O_5
M_r 362.471

Pregn-4-ene-3,20-dione, 11,17,21-trihydroxy-, (11β)-

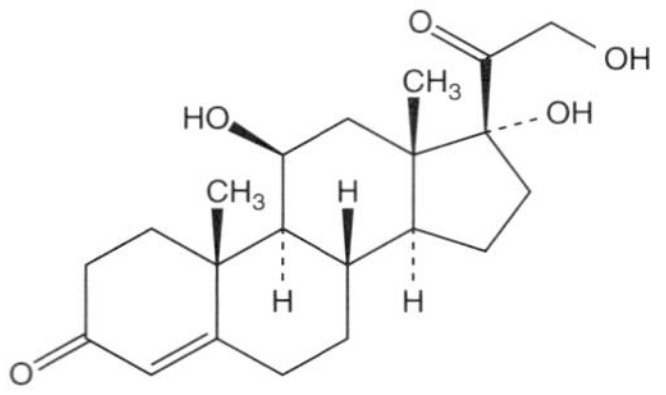

OS: *Hydrocortisone [BAN, DCF, JAN, USAN]*
OS: *Idrocortisone [DCIT]*
IS: *Cortifan*
IS: *Cortisol*
IS: *Eye-Cort*
IS: *Hydro-Adresson*
IS: *Hydrocortal*
IS: *Incortin-H*
IS: *Proctets*
IS: *Unicort*
IS: *Substanz M nach Reichstein*
IS: *Compound F nach Kendall*
IS: *17-Hydroxycorticosterone*
PH: Hydrocortison [Ph. Eur. 5]
PH: Hydrocortisone [BP 2003, JP XIV, Ph. Eur. 5, Ph. Int. 4, USP 30]
PH: Hydrocortisonum [Ph. Eur. 5, Ph. Int. 4]

Acticort 100® (Baker Cummins: US)
Afisolone® [vet.] (AFI: IT)
Ala-Cort® (Del Ray: US)
Ala-Scalp® (Del Ray: US)
Alfacort® (Pablo Cassara: AR)
Alphaderm® (Alliance: GB, IE)
Alphaderm® (Procter & Gamble: LU)
Ampikyy® (Vitabalans: FI)
Anusol-HC® (Pfizer: CA, US)
Aquanil HC® (Darier: MX)
Aquanil HC® (Dispolab: CL)
Aquanil HC® (Person & Covey: US)
Astrocort® (Astron: LK)
Azacortine® (Omega: BE)
Cetacort® (Healthpoint: US)
Claritin® (Schering: CA)
Cort-Dome® [ungt.] (Bayer: CR, DO, GT, HN, NI, PA, SV)
Cort-Dome® [ungt.] (Miles: US)
CortaGel® (Norstar: US)
Cortaid® (Pfizer: US)
Cortef® (Pfizer: CA, HK, HR, HU, US)
Cortenema® (Axcan: CA)

Cortenema® (Solvay: US)
Cortifenol H® (Novartis Ophthalmics: PE)
Cortisol L.CH.® (Chile: CL)
Cortizone for Kids® (Pfizer: US)
Cortizone-10® (Pfizer: US)
Cortizone-5® (Pfizer: US)
Cortizone® (Pfizer: IL, US)
Cortoderm® (Taro: CA)
Cortopin® (Pinewood: IE)
Cortril® (Pfizer: BE, LU)
Covocort® (Sandoz: ZA)
Cremicort H1® (Omega: BE, LU)
Cremicort® (Chefaro: NL)
Demacort® (Andromaco: AR)
Derm-Aid® (Ego: AE, AU, CY)
Dermacort Hydrocortisone® (Genus: GB)
Dermacort® (Solvay: US)
DermAid® (Ego: AU, HK, MY, NZ, SG)
Dermallerg-ratiopharm® (ratiopharm: DE)
DermiCort® (Republic Drug: US)
Dermocortal® (Chefaro: IT)
DermoPosterisan® (Kade: DE)
Dioderm® (Dermal: GB, IE)
Diurizone® [vet.] (Vetoquinol: LU)
DP Lotion HC® (Douglas: NZ)
Ebenol® (Strathmann: DE)
Efcortelan® (GlaxoSmithKline: AE, BH, GB, IR, KW, OM, QA)
Efcortesol® [vet.] (Sovereign: GB)
Egocort Cream 1%® (Ego: AE, AU, BH, CY, HK, JO, KW, MT, MY, SA, SG, YE)
Emo-Cort® (Trans Canaderm: CA)
Fenistil Hydrocort® (Novartis: DE)
Ficortril® [extern.] (Pfizer: SE)
Foille® (Sanofi-Synthelabo OTC: IT)
HC-cream® (C & M: US)
Hidalone® (Schering-Plough: PT)
Hidroaltesona® (Alter: ES)
Hidrocortisona Biocrom® (Biocrom: AR)
Hidrocortisona Klonal® (Klonal: AR)
Hidrocortisona Northia® (Northia: AR)
Hidrocortisona Richet® (Richet: AR)
Hidrocortisona® (Volta: CL)
Hidrokortizon® (Hemofarm: RS)
Hidrotex® (Suiphar: DO)
Hidrotisona® (Sanofi-Aventis: AR)
Hison® (ACI: BD)
Hycor Eye Drops® (Sigma: AU)
Hycort® (Everett: US)
Hycort® (Valeant: CA)
Hydracort® (Galderma: FR)
Hydro Heumann® (Heumann: DE)
Hydro-Tex® (Syosset: US)
Hydro-Wolff® (Wolff: DE)
Hydrocortison acis® (acis: DE)
Hydrocortison CF® (Centrafarm: NL)
Hydrocortison Essex® (Schering-Plough: FI)
Hydrocortison Galen® (Galenpharma: DE)
Hydrocortison Heumann® (Heumann: DE)
Hydrocortison Hexal® (Hexal: DE)
Hydrocortison Hoechst® (Teofarma: DE)
Hydrocortison Jenapharm® (Jenapharm: CZ)
Hydrocortison Jenapharm® (mibe Jena: DE)
Hydrocortison Leiras® (Leiras: FI)
Hydrocortison PCH® (Pharmachemie: NL)
Hydrocortison Ratiopharm® (Ratiopharm: NL)
Hydrocortison-ratiopharm® (ratiopharm: DE)
Hydrocortison-ratiopharm® (Ratiopharm: FI)
Hydrocortisone BP® (PSM: NZ)
Hydrocortisone Enema® (Copley Pharmaceutical: US)
Hydrocortisone Indo Farma® (Indofarma: ID)
Hydrocortisone Kerapharm® (Kerapharm: FR)
Hydrocortisone Lotion® (Glades: US)
Hydrocortisone Lotion® (Major: US)
Hydrocortisone Micronised® (Xepa-Soul Pattinson: HK)
Hydrocortisone Roussel® (Aventis: LU, SI)
Hydrocortisone Roussel® (Sanofi-Aventis: FR)
Hydrocortisone-Erfa® (Erfa: LU)
Hydrocortisone® (Douglas: NZ)
Hydrocortisone® (Erfa: BE)
Hydrocortisone® (Rekah: IL)
Hydrocortisone® (Remedica: CY)
Hydrocortisonum® (Jelfa: PL)
Hydrocortison® (Balkanpharma: BG)
Hydrocortison® (Galenika: RS)
Hydrocortison® (Gedeon Richter: HU)
Hydrocortison® (Orion: FI)
Hydrocortisyl® (Sanofi-Aventis: IE)
Hydrocortone® (Merck: US)
Hydrocortone® (Merck Sharp & Dohme: AT, CH, GB, IE)
Hydrocutan Salbe® (Dermapharm: DE)
Hydrocutan Tabletten® (Dermapharm: DE)
Hydroderm Aesca® (Aesca: AT)
Hydrogalen® (Galen: DE)
Hydrokortison CCS® (CCS: SE)
Hydrokortison Galderma® (Galderma: DK)
Hydrokortison Galderma® [vet.] (Galderma: NO)
Hydrokortison Nycomed® (Nycomed: DK, SE)
Hydrokortison® (Galderma: NO)
HydroSKIN® (Rugby: US)
Hydrosone® (Rougier: CA)
Hysone® (Alphapharm: AU)
Hytone® (Dermik: US)
Kyypakkaus® (Orion: FI)
LactiCare-HC® (Stiefel: CR, DO, GT, HN, NI, PA, SV, US)
LactiCare® (Stiefel: US)
Lactid HC® (Pablo Cassara: AR)
Lactisona® (Stiefel: ES)
Lemnis Fatty Cream HC® (CSL: NZ)
Lidocort® (Northia: AR)
Linola Hydro® (Wolff: DE)
Linola® (Wolff: DE)
M Hydrocortisone® (Multichem: NZ)
Maintasone® (Owen: US)
Massengill Towelette® (GlaxoSmithKline: US)
Medrocil® (Fortbenton: AR)
Microsona® (Valeant: AR, MX)
Mildison Lipid® (Astellas: DK, NO, SE)
Mildison Lipid® (Yamanouchi: IS)
Mildison Lipocream® (Astellas: GB)
Mildison® (Astellas: GB)
Mildison® (Yamanouchi: NL)
Mitocortyl® (Sanofi-Aventis: FR)
Munitren® (Robugen: DE)
Novocortil® (AC Farma: PE)

Nutracort® (Galderma: BR, CL, CO, CR, DO, GT, HN, MX, NI, PA, SV)
Nutracort® (Healthpoint: US)
Obagi Nu-Derm Tolereen® (Obagi: SG)
Pandermil® (Medinfar: PT)
Penecort® (Allergan: US)
Perinal® (Dermal: IE)
Preparation H® (Wyeth: US)
Prevex HC® (Stiefel: TH)
Prevex HC® (TCD: CA)
Proctocort® (Monarch: US)
ProctoCream HC® (Physicians: US)
Remederm HC® (Widmer: DE)
Rolak® (Anfarm: GR)
Sanatison® (Taurus: DE)
Sarna HC® (Stiefel: CA)
Sarnol® (Stiefel: US)
Scalpicin Capilar® (Combe: ES)
Scalpicin® (Combe-GB: IT)
Schericur® (Schering: AT, DE, ES)
Sirotamicin H.C.® (Maigal: AR)
Solu-Cortef® (Pfizer: LU, PT)
Solu-Cortef® (Pharmacia & Upjohn: SI)
Soventol Hydrocort® (Medice: DE)
Spirotamicin® (Maigal: AR)
Stiefcortil® (Stiefel: AR, BR)
Systral Hydrocort® (Meda: DE)
Tegrin-HC® (Block Drug: US)
Texacort® (Sirius: US)
Unguentum hydrocortisoni PCH® (Pharmachemie: NL)
Unicort® (Gaco: BD)
Unicort® (Roemmers: CO)
Uniderm® (Schering-Plough: SE)
Vari-Hydrocortisone® (Danene: ZA)

– aceponate:

CAS-Nr.: 0074050-20-7
OS: *Hydrocortisone Aceponate Rec.INN*
IS: *Hydrocortisone 21-acetate 17-propionate*

Cortavance® [vet.] (Virbac: CH)
Efficort® (Galderma: CL, CO, CR, FR, GT, IL, MX, PE, SG)
Retef® (Karrer: DE)
Suniderma® (Farmacusi: ES)
Suniderma® (Galderma: ES)

– 21-acetate:

CAS-Nr.: 0000050-03-3
OS: *Hydrocortisone Acetate BANM, JAN, USAN*
IS: *Acetylhydrocortisone*
IS: *Dermacortine-F*
PH: Hydrocortisonacetat Ph. Eur. 5
PH: Hydrocortisone (acétate d') Ph. Eur. 5
PH: Hydrocortisone Acetate JP XIV, Ph. Eur. 5, Ph. Int. 4, USP 30
PH: Hydrocortisoni acetas Ph. Eur. 5, Ph. Int. 4

Alfacorton® (Spirig: CH)
Alfacort® (Pablo Cassara: AR)
Anu-Med® (Major: US)
Anucort-HC® (G & W: US)
Anusert® (G & W: US)
Anusol-HC® (Elea: AR)
Anusol-HC® (Pfizer: US)
Aphilan® [crème] (UCB: FR)
Apocort® (Actavis: FI)
Berlison® (Schering: BR)
Calacort® (Galenium: ID)
Caldecort Anti-Itch® (Novartis: US)
Caldecort® (Novartis: US)
Colifoam® (Aspen: AU, NZ)
Colifoam® (Kite: GR)
Colifoam® (Meda: AT, DE, DK, FI, GB, IE, IT, LU, SE)
Colifoam® (Schwarz: NO)
Colifoam® (Stafford-Miller: IS)
Colofoam® (Meda: FR)
Cortaid® (Carlo Erba: IT)
Cortaid® (Pfizer: US)
Cortaid® (Pharmacia: AU)
Cortef® (McNeil: CA)
Cortef® (Pharmacia: AU)
Cortes® (Taisho: JP)
Corticaine® (UCB: US)
CortiCreme Lichtenstein® (Winthrop: DE)
Cortic® (Sigma: AU)
Cortider® (Eskayef: BD)
Cortidro® (Sofar: IT)
Cortifoam® (Agis: IL)
Cortifoam® (Schwarz: US)
Cortimycine® (Abdi Ibrahim: TR)
Cortimycin® (Actavis: GE)
Cremor Hydrocortisoni Gf® (Genfarma: NL)
Cremor hydrocortisoni PCH® (Pharmachemie: NL)
Dermarest® (Del: US)
Dermaspraid® Hydrocortisone (Bayer Santé Familiale: FR)
Dermatex® (Pfeiffer: US)
Dermirit® (Morgan: IT)
Dermosa Hidrocortisona® (Farmacusi: ES)
Dermtex® (Pfeiffer: US)
Dhacort® (DHA: SG)
Dilucort® (Triomed: ZA)
Ekzemsalbe F-Agepha® (Agepha: AT)
Enkacort® (Kimia: ID)
Entofoam® (Cipla: IN)
Ficortril® [ophthalm.] (Mann: DE)
Ficortril® [ophthalm.] (Pfizer: SE)
Filocot® (Sanofi-Synthelabo: GR)
Genacort® (General Pharma: BD)
Gynecort® (Combe: US)
HC45 Hydrocortisone® (Reckitt Benckiser: IE)
Hemodren® (Llorens: ES)
Hemorrane® (Altana: ES)
Hemorrhoidal-HC® (Actavis: US)
Hemorrhoidal-HC® (CMC: US)
Hemorrhoidal-HC® (Rugby: US)
Hemorrhoidal-HC® (Sandoz: US)
Hemorrhoidal-HC® (UDL: US)
Hemril-HC® (Upsher-Smith: US)
Hidrocisdin® (Isdin: ES)
Hidrocortisona Pensa® (Pensa: ES)
Hidrocortisona® (Hersil: PE)
Hidrocortisona® (Isdin: ES)
Hidrocortisona® (Pensa: ES)
Hidrocortisona® (Richmond: PE)
Hidrocortizon® (Antibiotice: RO)
Hipoge-U® (S.M.B. Farma: CL)
Hipoge® (S.M.B. Farma: CL)
Hipokort® (Orva: TR)

Hycor® (Sigma: AU)
Hyderm® (Taro: CA)
hydrocort von ct® (CT: DE)
Hydrocortison FNA® (FNA: NL)
Hydrocortison Leciva® (Zentiva: CZ)
Hydrocortison Orion® (Orion: SG)
Hydrocortison Streuli® (Streuli: CH)
Hydrocortison-POS® (Ursapharm: DE, RU)
Hydrocortison-Richter® (Gedeon Richter: VN)
Hydrocortisone Acetate® (Paddock: US)
Hydrocortisone Acetate® (Teva: US)
Hydrocortisone Acetate® (UDL: US)
Hydrocortisone Acetate® (United Research: US)
Hydrocortisone Ifet® (IFET: GR)
Hydrocortisone Ikapharmindo® (Ikapharmindo: ID)
Hydrocortisone Kalbe® (Kalbe: ID)
Hydrocortisone-Richter® (Gedeon Richter: RU)
Hydrocortisone® (AFT: NZ)
Hydrocortisone® (Akrihin: RU)
Hydrocortisone® (Camden: SG)
Hydrocortisone® (Hemofarm: RO)
Hydrocortisone® (Martindale: GB)
Hydrocortisone® (Nizhpharm: RU)
Hydrocortisonum® (Aflofarm: PL)
Hydrocortisonum® (Homeofarm: PL)
Hydrocortisonum® (Jelfa: PL)
Hydrocortison® (Fagron: NL)
Hydrocortison® (Jelfa: RU)
Hydrocortistab® (Sovereign: GB)
Hydrocortone® (Merck: US)
Hydrocort® (Alco: BD)
Hydrocort® (Chema: PL)
Hydrocort® (Yung Shin: SG)
Hydrocutan Creme® (Dermapharm: DE)
Hydroderm® (Karrer: DE)
Hytisone® (Atlantic: TH)
Intasone® (Incepta: BD)
Labocort® (Labomed: CL)
Lanacort® (Combe: IL, IT, US)
Lenirit® (EG: IT)
Micort-HC Lipocream® (Ferndale: US)
Micosone® (ACI: BD)
Mylocort® (Triomed: ZA)
Nozema® (Omega: BE)
Nupercainal Hydrocortisone® (Novartis: US)
Nutracort® (Galderma: GR)
Oft Cusi Hidrocortisona® (Alcon: ES)
Oftalmolosa Cusi Hidrocortisona® (Alcon: ES)
Ophthalmo-Hydrocortison Leciva® (Zentiva: CZ)
Orabase HCA® (Colgate: US)
Pannocort® (Pannoc: BE, LU)
Posterine® (Kade: DE)
Posterisan corte® (Kade: DE)
Proctocort® (Monarch: US)
Proctosedyl® (Sanofi-Aventis: BD)
Sanadermil® (Vifor: CH)
Scalp-Aid® (Major: US)
Scalpcort® (Clay-Park: US)
Sigmacort® (Sigma: AU)
Sintotrat® (Bracco: IT)
Skincalm® (Reckitt Benckiser: NZ)
Soventol HC® (Rentschler: DE)
Steroderm® (Medikon: ID)
Stopitch® (Al Pharm: ZA)
Topicort® (Square: BD)
Velopural® (Optimed: DE)
Vitulpas® (Drag Pharma: CL)
Wycort® (Wyeth: IN)
Zocort® (ACI: BD)

– 17α-butyrate:

CAS-Nr.: 0013609-67-1
OS: *Hydrocortisone Butyrate BANM, JAN, USAN*
PH: Hydrocortisone Butyrate JP XIV, USP 30

Alfason® (Astellas: DE)
Bucort® (Orion: FI)
Laticort® (Hermal: DE)
Laticort® (Jelfa: HU, PL, RU)
Laticort® (medphano: DE)
Laticort® (Polfa: CZ)
Locoid Crelo® (Astellas: CH, GB, NO, PT, RO, SE)
Locoid Crelo® (CSL: NZ)
Locoid Crelo® (Labomed: CL)
Locoid Crelo® (Tecnoquimicas: CO)
Locoid Crelo® (Yamanouchi: CZ, IS, LU, NL)
Locoid Lipid® (Astellas: NO, SE)
Locoid Lipocream® (Labomed: CL)
Locoidon® (Astellas: IT, SI)
Locoidon® (Yamanouchi: AT)
Locoid® (Aktuapharma: NL)
Locoid® (Astellas: CH, CZ, DK, FI, GB, IE, NO, PL, PT, RO, RU, SE)
Locoid® (CSL: NZ)
Locoid® (Delphi: NL)
Locoid® (EU-Pharma: NL)
Locoid® (Euro: NL)
Locoid® (Eurofarma: BR)
Locoid® (Eurolab: AR)
Locoid® (Ferndale: US)
Locoid® (Liomont: MX)
Locoid® (Santa-Farma: TR)
Locoid® (Tecnoquimicas: CO)
Locoid® (Yamanouchi: BE, HU, ID, IS, LU, NL, PE, ZA)
Locoid® [vet.] (Astellas: SE)
Locoïd® (Astellas: FR)
Procortin® (Homeofarm: PL)

– 17α-butyrate 21-propionate:

CAS-Nr.: 0072590-77-3
OS: *Hydrocortisone Probutate USAN*
OS: *Hydrocortisone Butyrate Propinonate JAN*
IS: *TS 408*
IS: *Hydrocortisone Buteprate (USAN, previously used name)*

Ceneo® (Pensa: ES)
Isdinium® (Isdin: ES)
Pandel® (Galderma: DE)
Pandel® (Medinfar: PT)
Pandel® (Savage: US)
Pandel® (Silesia: CL, PE)
Pandel® (Taisho: JP)

– 21-cipionate:

CAS-Nr.: 0000508-99-6
OS: *Hydrocortisone Cypionate USAN*
IS: *Hydrocortisone cyclopentanepropionate*

PH: Hydrocortisone Cypionate USP XXII

Cortef® (Pfizer: US)

– 21-(disodium phosphate):

CAS-Nr.: 0006000-74-4
OS: *Hydrocortisone Sodium Phosphate BANM, JAN*
PH: Hydrocortisone Sodium Phosphate BP 2002, JP XIV, USP 30

Actocortina® (Altana: ES)
Efcortesol® (Sovereign: GB)
Hydrocortone Phosphate® (Merck: US)
Idracemi® (Farmigea: IT)

– 21-(hydrogen succinate):

CAS-Nr.: 0002203-97-6
OS: *Hydrocortisone Hydrogen Succinate BANM*
OS: *Hydrocortisone Succinate JAN*
IS: *Hydrocortisone hemisuccinate*
PH: Hydrocortisone (hydrogénsuccinate d') Ph. Eur. 5
PH: Hydrocortisone Hydrogen Succinate Ph. Eur. 5
PH: Hydrocortisoni hydrogenosuccinas Ph. Eur. 5
PH: Hydrocortisonhydrogensuccinat Ph. Eur. 5
PH: Hydrocortisone Succinate JP XIV

Aftasone® (Viñas: ES)
Hidrocortizon Hemisuccinat® (Zentiva: RO)
Hydrocortison Rotexmedica® (Rotexmedica: DE)
Oralsone® (Gramon: AR)
Oralsone® (Viñas: ES)

– 21-(sodium succinate):

CAS-Nr.: 0000125-04-2
OS: *Hydrocortisone Sodium Succinate BANM, JAN*
IS: *Arcocort*
IS: *Nordicort*
PH: Hydrocortisone Sodium Succinate BP 1980, JP XIV, Ph. Int. 4, USP 30
PH: Hydrocortisoni natrii succinas Ph. Int. 4

A-hydroCort® (Hospira: US)
Buccalsone® (Will: BE, LU, NL)
Corhydron® (Jelfa: PL)
Corlan® (UCB: GB, IE)
Cortop® (Biologici: IT)
Cotson® (Opsonin: BD)
Dalivit® (Ariston: BR)
Efcortelan Soluble® (GlaxoSmithKline: AE, BH, IR, KW, OM, QA)
Flebocortid Richter® (Lepetit: IT)
Flebocortid® [inj.] (Janssen: MX)
Flebocortid® [inj.] (Nile: RO)
Flebonadrol® (Bruluart: MX)
Fridalit® (Fada: AR)
Hidrocortif® (Genamerica: EC)
Hidrocortisona Drawer® (Drawer: AR)
Hidrocortisona Fabra® (Fabra: AR)
Hidrocortisona Klonal® (Klonal: AR)
Hidrocortisona Richet® [inj.] (Richet: AR)
Hidrocortisona Richmond® [inj.] (Richmond: AR)
Hidrocortisona® (Bestpharma: CL)
Hidrokortizon Human® (Teva: HU)
Hydro-Adreson aquosum® (Organon: CZ, ET, GH, KE, NL, TZ, ZM, ZW)
Hydrocortison ICN® (ICN: CZ)
Hydrocortison Valeant® (Valeant: CZ)
Hydrocortison-Rotexmedica® (Rotexmedica: DE)
Hydrocortisone Medo® (Medochemie: BD)
Hydrocortisone Na Succin.® (E.I.P.I.C.O.: RO)
Hydrocortisone Sodium Succinate® (Novopharm: CA)
Hydrocortisone Upjohn® (SERB: FR)
Hydrocortison® (Pfizer: DE)
Lyo-Cortin® (Vianex: GR)
Nositrol® (Cryopharma: MX)
Paxosit® (Bruluagsa: MX)
Polymix® (Opso Saline: BD)
Solu-Cortef® (Pfizer: BE, CA, CH, CL, CR, DK, FI, GB, GT, HK, HN, HR, HU, ID, IE, IL, IS, MY, NI, NL, NO, NZ, PA, PH, PT, SE, SG, SV, TH, US, VN)
Solu-Cortef® (Pharmacia: AU, BR, CO, ET, GH, GR, IT, KE, LR, PE, RW, SL, TZ, UG, ZA, ZW)
Solu-Cortef® (Pharmacia & Upjohn: SI)
Succinato Sodico de Hidrocortisona® (EMS: BR)
Succinato Sodico de Hidrocortisona® (Eurofarma: BR)
y-hydroCort® (Abbott: US)

– 17α-valerate:

CAS-Nr.: 0057524-89-7
OS: *Hydrocortisone Valerate USAN*
PH: Hydrocortisone Valerate USP 30

HydroVal® (Taropharma: CA)
Westcort® (Bristol-Myers Squibb: BR)
Westcort® (Westwood Squibb: US)
Westcort® (Westwood-Squibb: CA)

Hydroflumethiazide (Rec.INN)

L: Hydroflumethiazidum
I: Idroflumetiazide
D: Hydroflumethiazid
F: Hydroflumethiazide
S: Hidroflumetiazida

⚕ Diuretic, benzothiadiazide

ATC: C03AA02
CAS-Nr.: 0000135-09-1 C_8-H_8-F_3-N_3-O_4-S_2
M_r 331.302

2H-1,2,4-Benzothiadiazine-7-sulfonamide, 3,4-dihydro-6-(trifluoromethyl)-, 1,1-dioxide

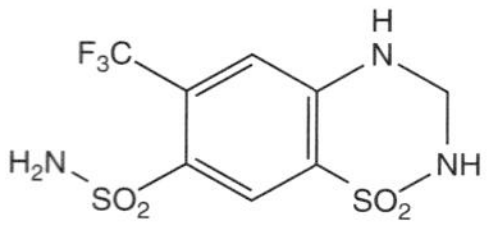

OS: *Hydroflumethiazide [BAN, DCF, JAN, USAN]*
OS: *Idroflumetiazide [DCIT]*
IS: *Metforylthiadiazin*
PH: Hydroflumethiazide [BP 2002, USP 30]
PH: Hydroflumethiazidum [Ph. Int. II]

Diucardin® (Wyeth: US)

Hydromorphone (Rec.INN)

L: Hydromorphonum
I: Idromorfone
D: Hydromorphon
F: Hydromorphone
S: Hidromorfona

Opioid analgesic

ATC: N02AA03
CAS-Nr.: 0000466-99-9 C_{17}-H_{19}-N-O_3
M_r 285.349

Morphinan-6-one, 4,5-epoxy-3-hydroxy-17-methyl-, (5α)-

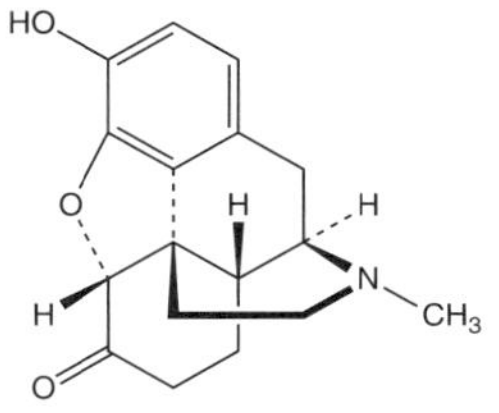

OS: *Hydromorphone [BAN, DCF]*
OS: *Idromorfone [DCIT]*
IS: *Laudacon*
IS: *Dihydromorphinone (WHO)*
PH: Hydromorphone [NF XIV]

– hydrochloride:

CAS-Nr.: 0000071-68-1
OS: *Hydromorphone Hydrochloride BANM, USAN*
IS: *Cormophin*
IS: *Laudadin*
IS: *Laudamed*
IS: *Percoral*
IS: *Procorman*
IS: *Scolaudol*
IS: *Dihydromorphinone Hydrochloride (WHO)*
PH: Hydromorphone hydrochloride USP 30, Ph. Eur. 5
PH: Hydromorphoni hydrochloridum Ph. Int. II, Ph. Eur. 5
PH: Hydromorphonhydrochlorid DAB

Dilaudid-HP® (Abbott: US)
Dilaudid® (Abbott: AU, CA, DE, US)
Dolonovag® (Gobbi: AR)
Hydal retard® (Mundipharma: AT)
Hydal® (Mundipharma: AT)
Hydromorph Contin® (Purdue Pharma: CA)
Hydromorphone HCl® (AstraZeneca: US)
Hydromorphone HCl® (Elkins-Sinn: US)
Hydromorphone HCl® (Goldline: US)
Hydromorphone HCl® (Halsey Drug: US)
Hydromorphone HCl® (Roxane: US)
Hydromorphone HCl® (Sandoz: CA)
Hydromorphone HCl® (Schein: US)
Hydromorphone HCl® (Steris: US)
Hydromorphone HCl® (Wyeth: US)
Hydromorphone HP® (Sandoz: CA)
Hydromorphone Hydrochloride Injection® (Mayne: US)
Hydromorphone Hydrochloride® (Amide: US)
Hydromorphone Hydrochloride® (Baxter: US)
Hydromorphone Hydrochloride® (Endo: US)
Hydromorphone Hydrochloride® (Ethex: US)
Hydromorphone Hydrochloride® (Hospira: US)
Hydromorphone Hydrochloride® (Mallinckrodt: US)
Hydromorphone Hydrochloride® (Mayne: US)
Hydromorphone Hydrochloride® (Paddock: US)
Hydromorphone Hydrochloride® (Roxane: US)
Hydromorphone Hydrochloride® (Vintage: US)
Hydromorphone Hydrochloride® (Wyeth: US)
Hydromorphone H® (Roxane: US)
HydroStat® (Richwood: US)
Jurnista® (Janssen: DE)
Jurnista® (Johnson & Johnson: SI)
Liberaxim® (Pisa: MX)
Palladone® (ExtractumPharma: HU)
Palladone® (Medis: SI)
Palladone® (Mundipharma: BE, CH, CZ, CZ, DE, HR, HR, LU, NL)
Palladone® (Napp: GB, IE, IE)
Palladone® (Rafa: IL, IL)
Palladon® (Mundipharma: CH, DE, FI, NL, NO, SE)
Palladon® (Norpharma: DK, IS)
PMS-Hydromorphone® (Pharmascience: CA)
Sophidone® (Bristol-Myers Squibb: FR)

Hydroquinidine

D: Dihydrochinidin
F: Hydroquinidine

Antiarrhythmic agent

CAS-Nr.: 0001435-55-8 C_{20}-H_{26}-N_2-O_2
M_r 326.448

Cinchonan-9-ol, 10,11-dihydro-6'-methoxy-, (9S)-

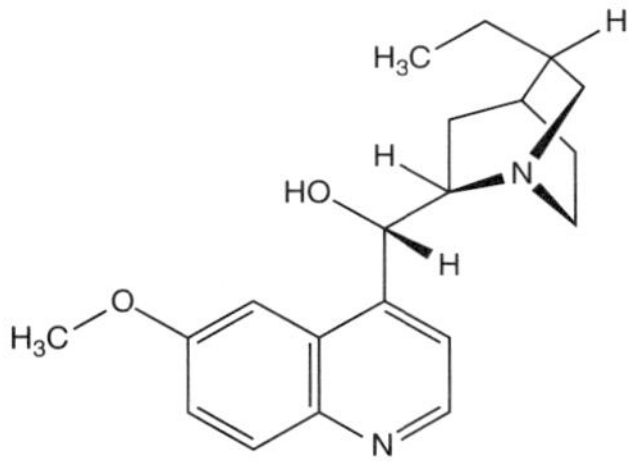

OS: *Hydroquinidine [DCF]*
IS: *DHQ*
IS: *Dihydroquinidine*

– hydrochloride:

CAS-Nr.: 0001476-98-8
PH: Hydroquinidine (chlorhydrate d') Ph. Franç. X

Idrochinidina® (Teofarma: IT)
Lentoquine® (Berenguer Infale: ES)
Lentoquine® (Sanofi-Synthelabo: ES)
Sérécor® (Sanofi-Aventis: FR)
Ydroquinidine Cooper® (Remek: GR)

H

Hydroquinine

D: Hydrochinin

Antiprotozoal agent, antimalarial
Dermatological agent, demelanizing
Muscle relaxant

ATC: M09AA01
CAS-Nr.: 0000522-66-7 C_{20}-H_{26}-N_2-O_2
M_r 326.448

(-)-4-[Hydroxy-(5-ethyl-2-chinuclidinyl)-methyl]-6-methoxychinolin

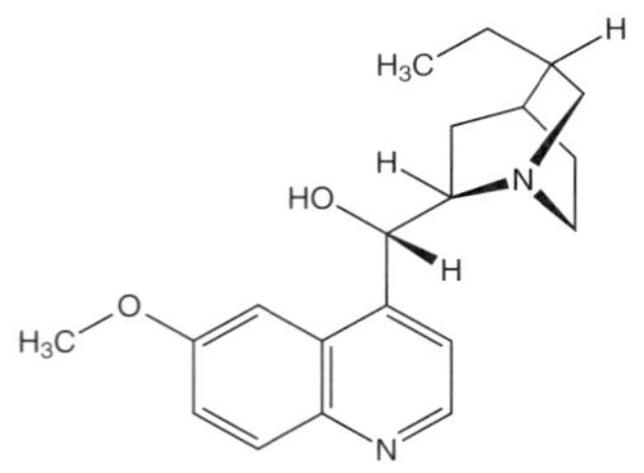

IS: *Dihydrochinin*
IS: *Dihydroquinine*
IS: *Hydrochinin*
IS: *Methylhydrocupreine*

Neostrata® (HLB: AR)

– hydrobromide:
Inhibin® (Viatris: NL)

Hydroquinone (USP)

D: Hydrochinon

Dermatological agent, demelanizing

ATC: D11AX11
CAS-Nr.: 0000123-31-9 C_6-H_6-O_2
M_r 110.114

1,4-Benzenediol

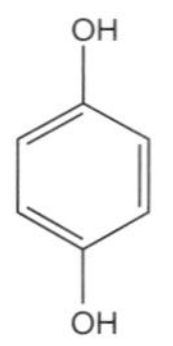

OS: *Hydroquinone [USAN]*
IS: *1,4-Benzoldiol*
PH: Hydrochinonum [2.AB-DDR]
PH: Hydroquinone [USP 30]
PH: Hydrochinon [DAC]

Aldoquin® (Aldoquin: CO)
Bioquin® (Ikapharmindo: ID)
Clariderm® (Stiefel: TH)
Claripel® (Stiefel: AR, BR)
Clasifel® (Stiefel: CL, PE)
Closan® (Nepal: CO)
Crema America® (América: CO)
Crema Blanca® (Bustillos: MX)
Dermisa® (Ark: PE)
Eldopaque Forte® (Valeant: US)
Eldopaque® (ICN: AE, BH, JO, KW, LB, OM, QA, SA, SD, YE)
Eldopaque® (Valeant: HK, LK, MX, SG, US)
Eldoquin Forte® (Sunthi: ID)
Eldoquin Forte® (Valeant: US)
Eldoquin® (ICN: AE, BH, CR, GT, HN, JO, KW, LB, NI, OM, PA, QA, SA, SD, SV, YE)
Eldoquin® (Valeant: HK, LK, MX, NZ, SG, US)
Esomed® (Medibrands: IL)
Esoterica® (Medicis: US)
Expigment® (Orva: TR)
Hidroquilaude® (Dermofarm: ES)
Hidroquinona Isdin® (Isdin: ES)
Hidroquinona® (Medicalex: CO)
Hidroquinona® (Roemmers: CO)
Hidroquin® (Mex-América: MX)
Hydroquinone Solution® (Glades: US)
Hydroquinone® (Ethex: US)
Hydroquinone® (Glades: US)
Licostrata® (Cantabria: ES)
Locion Desmanchadora America® (América: CO)
Locion Hidroquinona America® (América: CO)
Mediquin® (Surya: ID)
Melacler® (Forder: AR)
Melanasa® (Viñas: ES)
Melanex® (Neutrogena: US)
Melanox® (Surya: ID)
Melaskin® (Roi: ID)
Melpaque® (Stratus: US)
Melquin® (Stratus: US)
Nadona® (Medea: ES)
Neutrogena Melanex® (Neutrogena: PE, US)
Obagi Nu-Derm Blender® (Obagi: SG)
Pigmentasa® (Viñas: ES)
Pigmet® (Prima: ID)
Polyquin® (Tai Guk: SG)
Pylaquin® (Roi: ID)
Quinoret Forte® (Darier: MX)
Solaquin® (ICN: AE, BH, CR, GT, HN, JO, KW, LB, NI, OM, PA, QA, SA, SD, SV, US, YE)
Solaquin® (Valeant: BR, HK, SG)
Spotclen® (Incepta: BD)
Vitaquin® (Surya: ID)

Hydrotalcite (Rec.INN)

L: Hydrotalcitum
D: Hydrotalcit
F: Hydrotalcite
S: Hidrotalcita

Antacid

ATC: A02AD04
CAS-Nr.: 0012304-65-3 C-H_{16}-Al_2-Mg_6-O_{19}.$_4H_2O$
M_r 604.039

Aluiminium magnesium hydroxide carbonate hydrate

OS: *Hydrotalcite [BAN, DCF, JAN, USAN]*
PH: Hydrotalcite [BP 2002]

ANCID® (Hexal: DE)
Hydrotalcit AbZ® (AbZ: DE)
Hydrotalcit-ratiopharm® (ratiopharm: DE)
Hydrotalcite® (Hillcross: GB)
Malgacid® (Ziololek: PL)

Megalac Hydrotalcit® (Krewel: DE)
Rupurut® (Bayer: BA, HR, RS, SI)
Rutacid® (Krka: BA, CZ, HR, PL, RO, RS)
Rutacid® (KRKA: RU)
Rutacid® (Krka: SI)
Talcid® (Bayer: AT, BG, CN, CO, CZ, DE, ES, HU, IL, MX, NL, NL, PL, RO, RU, SI, TR)
Talidat® (Cheplapharm: DE, LU)
Tisacid® (Valeant: HU)
Ulcetal® (Colfarm: PL)
Ultacit® (Sanofi-Aventis: NL)

Hydroxocobalamin (Rec.INN)

L: Hydroxocobalaminum
I: Idroxocobalamina
D: Hydroxocobalamin
F: Hydroxocobalamine
S: Hidroxocobalamina

⚕ Vitamin B_{12}

ATC: B03BA03,V03AB33
CAS-Nr.: 0013422-51-0 C_{62}-H_{89}-Co-N_{13}-O_{15}-P
M_r 1346.424

Cobinamide, dihydroxide, dihydrogen phosphate (ester), mono(inner salt), 3'-ester with 5,6-dimethyl-1-α-D-ribofuranosyl-1H-benzimidazole

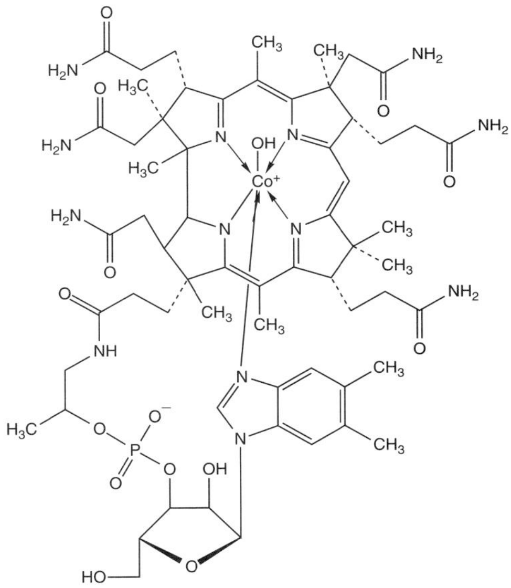

OS: *Hydroxocobalamin [BAN, JAN, USAN]*
OS: *Hydroxocobalamine [DCF]*
OS: *Idroxocobalamina [DCIT]*
IS: *Hydroxobase*
IS: *Hydroxocobemine*
IS: *Vitadurin*
IS: *Vitamin B_{12}α*
IS: *Vitamin B_{12} a*
PH: Hydroxocobalamin [BP 1999, Ph. Int. 4, USP 30]
PH: Hydroxocobalaminum [Ph. Int. 4]
PH: Idroxocobalamina [F.U. XI]

Cobalin-H® (Link: GB)
Creliverol-12® (Medifarma: PE)
Cyanokit® (Merck: HK)
Cyanokit® (Merck Lipha Santé: FR)
Decamil-B12® (Incobra: CO)
Dexalgen® (Eurofarma: BR)
Duradoce® (Atlantis: MX)
Erycytol Depot® (Lannacher: AT)
Hydroxocobalamin® (Goldshield: GB)
Hydroxyurea medac® (Medac: NL)
Megamilbedoce® (Andromaco: ES)
Minedrox® (Medco: PE)
Neo-Cytamen® (Celltech: IE)
Neo-Cytamen® (GlaxoSmithKline: NZ)
Neo-Cytamen® (Mayne: AU)
Neo-Cytamen® (Teofarma: IT)
Neo-Cytamen® (UCB: GB, IE)
Neurogriseovit® (Deva: TR)
OH B12® (Galenika: BA, RS)
OH B12® (Jaba: PT)
OH B12® (Pharmacia: IT)
Rubranova® (Bristol-Myers Squibb: BR)
Vibeden® (Hexal: DK, IS)
Vitamin B12 Depot® (Nycomed: NO)
Vitamin B12® (Dixon-Shane: US)
Vitamin B12® (Geneva: US)
Vitamin B12® (Rugby: US)
Vitamin B12® (Sanofi-Aventis: BD)
Vitamin B12® (Schein: US)
Westhidroxo® (Bruluart: MX)

– acetate:

CAS-Nr.: 0022465-48-1
OS: *Hydroxocobalamin Acetate JAN*
IS: *Mepharubin*
PH: Hydroxocobalamin Acetate Ph. Eur. 5, JP XIV
PH: Hydroxocobalamine (acétate d') Ph. Eur. 5
PH: Hydroxocobalamini acetas Ph. Eur. 5
PH: Hydroxocobalminacetat Ph. Eur. 5

Aquo-Cytobion® (Merck KGaA: DE)
Articlox® (Uni-Pharma: GR)
B12 Depot-Rotexmedica® (Rotexmedica: DE)
B12-Depot-Hevert® (Hevert: DE)
Behepan® [inj.] (Pfizer: SE)
Cohemin Depot® (Orion: FI)
Dodécavit® (SERB: FR)
Forta B12® (Continental: CY, KW, LB, SA, SD, SY)
Hepavit® (Fresenius: AT)
Lophakomp-B 12 Depot® (Lomapharm: DE)
Vitamin B12-Depot-Injektopas® (Pascoe: DE)
Vitarubin Depot® (Streuli: CH)

– hydrochloride:

CAS-Nr.: 0059461-30-2
PH: Hydroxocobalamine (chlorure d') Ph. Eur. 5
PH: Hydroxocobalamini chloridum Ph. Eur. 5, Ph. Int. 4
PH: Hydroxocobalamin Chloride Ph. Eur. 5, Ph. Int. 4
PH: Hydroxocobalminhydrochlorid Ph. Eur. 5

Hydrocobamine® (Altana: NL)
Hydroxocobalamine HCl CF® (Centrafarm: NL)
Neo-Cytamen® (UCB: GB)

Hydroxyapatite (BAN)

L: Hydroxyapatitum
D: Hydroxyapatit

Pharmaceutic aid

CAS-Nr.: 0001306-06-5 — Ca_5-H-O_{13}-P_3
M_r 502.31

Decacalcium dihydroxide hexakis(orthophosphate)

$Ca_5(OH)(PO_4)_3$

OS: *Durapatite [USAN]*
OS: *Hydroxyapatite [BAN]*
IS: *Win 40350 (Winthrop)*
IS: *Hydroxylapatite*
IS: *Dekacalcium-dihydrat-hexa(phosphat)*

Ossopan® (Germania: AT)
Ossopan® (Pierre Fabre: FR, PL, PT, TH, VN)
Ossopan® (Robapharm: CH)
Ossopan® (Sanofi-Aventis: IE)
Osteogenon® (Pierre Fabre: HU, PL)
Osteogenon® (Robapharm: CZ)
Osteopor® (Pierre Fabre: ES)

Hydroxycarbamide (Rec.INN)

L: Hydroxycarbamidum
I: Idroxicarbamide
D: Hydroxycarbamid
F: Hydroxycarbamide
S: Hidroxicarbamida

Antineoplastic agent

ATC: L01XX05
CAS-Nr.: 0000127-07-1 — C-H_4-N_2-O_2
M_r 76.063

Urea, hydroxy-

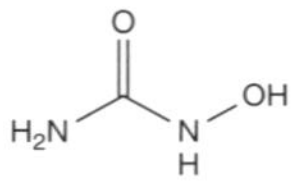

OS: *Hydroxycarbamide [BAN, DCF]*
OS: *Hydroxyurea [BAN, USAN]*
OS: *Idroxicarbamide [DCIT]*
IS: *NSC 32065*
IS: *SQ 1089*
PH: Hydroxycarbamide [Ph. Eur. 5]
PH: Hydroxyurea [USP 30]
PH: Hydroxycarbamidum [Ph. Eur. 5]
PH: Hydroxycarbamid [Ph. Eur. 5]

Apo-Hydroxyurea® (Apotex: CA)
Cytodrox® (Cipla: LK)
Droxia® (Bristol-Myers Squibb: US)
Durea® (Ranbaxy: PE)
Hidroxcarbamida® (Baxter: CL)
Hidroxcarbamida® (Kampar: CL)
Hidroxiurea Asofarma® (Raffo: AR)
Hidroxiurea Delta Farma® (Delta Farma: AR)
Hidroxiurea Dosa® (Dosa: AR)
Hidroxiurea Filaxis® (Filaxis: AR)
Hidroxiurea Lafedar® (Lafedar: AR)
Hidroxiurea Martian® (LKM: AR)
Hidroxiurea Microsules® (Microsules: AR)
Hidroxiurea Rontag® (Rontag: AR)
Hydab® (Dabur: IN, PH)
Hydrea® (Bristol-Myers Squibb: AU, BE, BG, BR, CA, CL, DK, DZ, ES, FI, GB, GE, HK, ID, IE, LU, NL, RO, SE, SG, TH, TR, US, ZA)
Hydrea® (Euro: NL)
Hydrea® (Medcor: NL)
Hydrea® (Medicines Group: NZ)
Hydrea® [vet.] (Bristol-Myers Squibb: GB)
Hydroxicarbamide® (Pliva: RO)
Hydroxycarbamide medac® (Medac: GB)
Hydroxycarbamidum® (Pliva: PL)
Hydroxyurea medac® (Medac: AT, DK, FI, GB, GR)
Hydroxyurea medac® (medac: LU)
Hydroxyurea medac® (Medac: NO)
Hydroxyurea medac® (medac: PL)
Hydroxyurea medac® (Medac: SE)
Hydroxyurea® (Barr: US)
Hydroxyurea® (Par: US)
Hydroxyurea® (Pliva: RU)
Hydroxyurea® (Roxane: US)
Hydréa® (Bristol-Myers Squibb: BF, BI)
Hydréa® (Bristol-Myers squibb: CF)
Hydréa® (Bristol-Myers Squibb: CI, CM, FR, GA, GN)
Hydréa® (Bristol-Myers squibb: MG)
Hydréa® (Bristol-Myers Squibb: ML, MR, MU, NE, TD)
Idrocet® (Neoraxis: CL)
Litalir® (Bristol-Myers Squibb: AT, BA, CH, CZ, DE, HR, HU, PH, RS)
Litalir® (PharmaSwiss: SI)
Onco-Carbide® (Teofarma: IT)
Rexinth® (Richmond: AR)
Syrea® (MedacSchering: DE)

Hydroxychloroquine (Rec.INN)

L: Hydroxychloroquinum
I: Idroxiclorochina
D: Hydroxychloroquin
F: Hydroxychloroquine
S: Hidroxicloroquina

Antiprotozoal agent, antimalarial
Antirheumatoid agent

ATC: P01BA02
CAS-Nr.: 0000118-42-3 — C_{18}-H_{26}-Cl-N_3-O
M_r 335.886

Ethanol, 2-[[4-[(7-chloro-4-quinolinyl)amino]pentyl]ethylamino]-

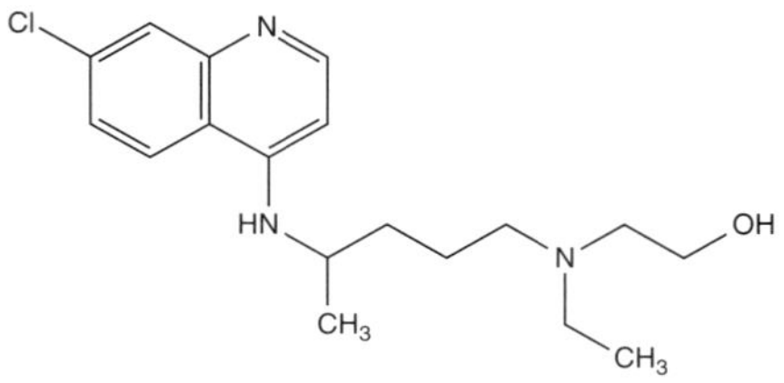

OS: *Hydroxychloroquine [BAN]*
OS: *Idroxiclorochina [DCIT]*
IS: *Oxychloroquine*
IS: *Win 1258-2*

Polirreumin® (TRB: AR)

- **sulfate:**

CAS-Nr.: 0000747-36-4
OS: *Hydroxychloroquine Sulphate BANM*
OS: *Hydroxychloroquine Sulfate USAN*
PH: Hydroxychloroquine Sulfate USP 30
PH: Hydroxychloroquine Sulphate BP 2002

Apo-Hydroxyquine® (Apotex: CA)
Axokine® (Rontag: AR)
Dimard® (Metlen: CO)
Dolquine® (Inmunosyn: CO)
Dolquine® (Rubio: ES)
Ercoquin® (Medic: DK)
Evoquin® (Ivax: AR)
Gen-Hydroxychloroquine® (Genpharm: CA)
Hydroxychloroquine Sulfate® (Mylan: US)
Hydroxychloroquine Sulfate® (Sandoz: US)
Hydroxychloroquine Sulfate® (Teva: US)
Hydroxychloroquine Sulfate® (Watson: US)
Metirel® (Pfizer: AR)
Narbon® (Buxton: AR)
Oxiklorin® (Orion: FI)
Plaquenil® (Aventis: NZ)
Plaquenil® (Delphi: NL)
Plaquenil® (EU-Pharma: NL)
Plaquenil® (Kwizda: AT)
Plaquenil® (Sanofi-Aventis: AR, BE, CA, CH, FR, GB, HK, IE, IL, IT, MX, MY, NL, NO, SE, SG, US)
Plaquenil® (Sanofi-Synthelabo: AU, CZ, DK, GH, IS, KE, LU, MT, NG, RO, TH, TZ, UG)
Plaquinol® (Biosaúde: PT)
Plaquinol® (Sanofi-Aventis: CL)
Plaquinol® (Sanofi-Synthelabo: BR, CO, PE)
Quensyl® (Sanofi-Aventis: DE)
Reconil® (Incepta: BD)
Reuquinol® (Apsen: BR)

Hydroxyethyl Cellulose

L: Hydroxyethylcellulosum
I: Idrossietilcellulosa
D: Hyetellose
F: Hydroxyéthylcellulose

Pharmaceutic aid

CAS-Nr.: 0009004-62-0

Cellulose, 2-hydroxyethyl ether

OS: *Hydroxyéthylcellulose [DCF]*
OS: *Hydroxyethyl Cellulose [USAN]*
IS: *Ethylhydroxycellulose*
IS: *Poly(O-2-hydroxyethyl)cellulose*
IS: *Tylose®H300*
IS: *Oxycellulose*
IS: *Hyetellosum*
IS: *Ethylose*
IS: *HEC*
PH: Hydroxyethylcellulose [Ph. Eur. 5, Ph. Int. 4]
PH: Hydroxyethylcellulosum [Ph. Eur. 5, Ph. Int. 4]
PH: Hydroxyéthylcellulose [Ph. Eur. 5]
PH: Hydroxyethyl Cellulose [USP 30]

Lacrigel® (Winzer: DE)
Minims Artificial Tears® (Chauvin: GB, IE)
Minims Artificial Tears® (Smith & Nephew: AU)
Oftalook® (Denver: AR)
V-Tears® (Vitamed: IL)

Hydroxymethylnicotinamide

L: Nicotinhydroxymethylamidum
D: N-(Hydroxymethyl)nicotinamid

Choleretic

CAS-Nr.: 0003569-99-1 C_7-H_8-N_2-O_2
M_r 152.161

3-Pyridinecarboxamide, N-(hydroxymethyl)-

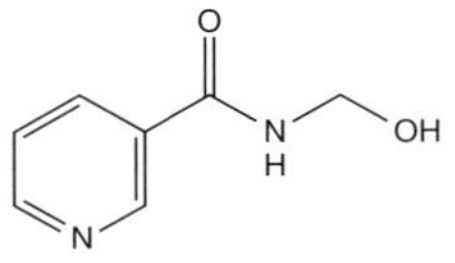

IS: *Biloide*
IS: *Oxymethylnicotinamide*
IS: *Nicotinsäurehydroxymethylamid*

Bilamide® (Ethnor: IN)
Cholamid® (Polfa Pabianice: PL)
Nikoform® (Germed: BG)
Nikoform® (Jenapharm: DE)

Hydroxyprogesterone (Rec.INN)

L: Hydroxyprogesteronum
I: Idrossiprogesterone
D: Hydroxyprogesteron
F: Hydroxyprogestérone
S: Hidroxiprogesterona

Progestin

ATC: G03DA03
CAS-Nr.: 0000068-96-2 C_{21}-H_{30}-O_3
M_r 330.471

Pregn-4-ene-3,20-dione, 17-hydroxy-

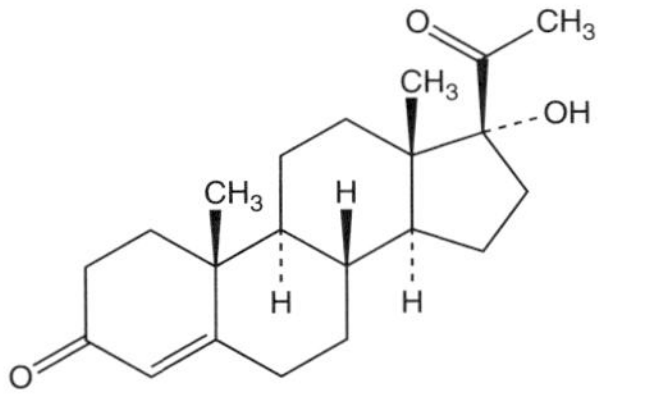

OS: *Hydroxyprogesterone [BAN]*
OS: *Hydroxyprogestérone [DCF]*
OS: *Idrossiprogesterone [DCIT]*

- **17α-acetate:**

CAS-Nr.: 0017308-02-0
IS: *17α-Acetoxypregnen-4-en3,20-dion (WHO)*
IS: *3,20-Dioxo-4-pregnen-17α-yl acetat (IUPAC)*

Gestageno® (Elea: AR)

- **17α-caproate:**

CAS-Nr.: 0000630-56-8

OS: *Hydroxyprogesterone Caproate BANM, Rec.INN, JAN, USAN*
IS: *17 HPC*
IS: *Capron*
IS: *Oxyprogesteroni caproas*
IS: *Hydroxyprogesterone Hexanoate*
IS: *17 KOP*
PH: Hydroxyprogesterone Caproate BP 2002, USP 30

Depoluteine® [vet.] (Jurox: AU)
Gesteron® [vet.] (Ilium Veterinary Products: AU)
Hydroxy P® [vet.] (Ranvet: AU)
Hydroxyprogesterone Caproate Injection® (Legere: US)
Hylutin® (Hyrex: US)
Jenaprogon® (Jenapharm: MY)
Kaprogest® (Jelfa: PL)
Lentogest® (Amsa: IT)
Lutogeston® [vet.] (Jurox: AU, NZ)
Maintane Injection® (Jagson Pal: IN)
Neolutin Forte® (Spofa: CZ)
Primolut-Depot® (Schering: CL, CR, DE, EC, GT, HN, NI, PA, SV)
Prodrox® (Legere: US)
Progesteron Depo® (Galenika: BA, RS)
Progesteron-Depot Jenapharm® (Jenapharm: DE)
Progesterone-Retard Pharlon® (Schering: DZ)
Progestin Depot® (Vijosa: GT, NI, PA, SV)
Progestérone-Retard Pharlon® (Schering: BF, BJ, CF, CG, CI, CM, FR, GA, GN, MG, ML, MR, NE, SN, TD, TG)
Proge® (Mochida: JP)
Proluton Depot® (Agis: IL)
Proluton Depot® (German Remedies: IN)
Proluton Depot® (Schering: AE, AR, AT, BH, CO, CY, DE, DO, EG, ES, IQ, IT, JO, KW, LB, LK, LU, LY, NL, OM, QA, SA, SD, SG, TH, TR, YE)

Hydroxyzine (Rec.INN)

L: Hydroxyzinum
I: Idroxizina
D: Hydroxyzin
F: Hydroxyzine
S: Hidroxizina

Tranquilizer

ATC: N05BB01
CAS-Nr.: 0000068-88-2 C_{21}-H_{27}-Cl-N_2-O_2
M_r 374.917

Ethanol, 2-[2-[4-[(4-chlorophenyl)phenylmethyl]-1-piperazinyl]ethoxy]-

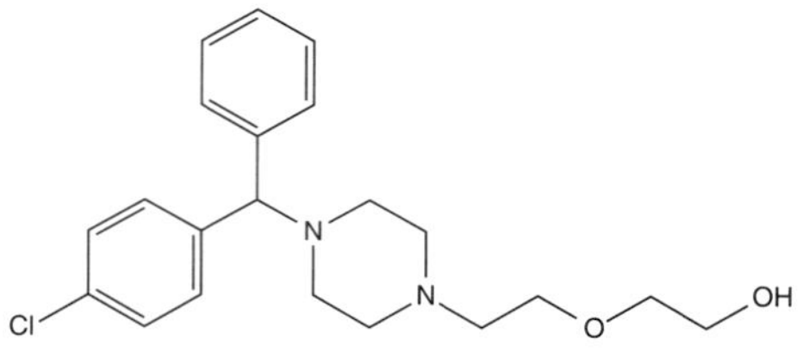

OS: *Hydroxyzine [BAN, DCF]*
OS: *Idroxizina [DCIT]*
IS: *UCB 4492 (UCB, Germany)*

Apo-Hydroxyzine® (Apotex: VN)
Dormirex® (Lafrancol: CO)
Hidroxicina Genfar® (Genfar: CO)
Hytis® (General Pharma: BD)
Marex® (Pfizer: PE)
Qualidrozine® (Quality: HK)

– dihydrochloride:

CAS-Nr.: 0002192-20-3
OS: *Hydroxyzine Hydrochloride BANM, USAN*
PH: Hydroxyzine Hydrochloride JP XIV, Ph. Eur. 5, USP 30
PH: Hydroxyzini hydrochloridum Ph. Eur. 5
PH: Hydroxyzine (chlorhydrate d') Ph. Eur. 5
PH: Hydroxyzindihydrochlorid Ph. Eur. 5

Abacus® (Pharmaland: TH)
AH 3® (Rodleben: DE)
Antizine® (Pharmasant: TH)
Anx® (Econo Med: US)
Apo-Hydroxyzine® (Apotex: CA, HK, SG)
Atano® (Milano: TH)
Ataraxone® (Lazar: AR)
Atarax® (ACI: BD)
Atarax® (Alfa: PE)
Atarax® (Pfizer: AN, AU, BB, DO, GB, GY, HT, JM, TT, US)
Atarax® (Solvay: RU)
Atarax® (UCB: AT, BE, BF, BI, BJ, CA, CF, CG, CH, CI, CM, CZ, DE, DK, DZ, ES, FI, FR, GA, GN, GR, HK, HU, IN, IS, IT, LU, MG, ML, MR, MU, MX, MY, NE, NL, NO, PL, PT, SE, SG, SN, TD, TG, TH, TR, ZR)
Atarax® [vet.] (Pfizer Animal Health: GB)
Aterax® (UCB: ZA)
Bestalin® (Lapi: ID)
Cedar® (Psipharma: CO)
Cerax® (Pharmasant: TH)
Dalun® (Medipharm: CL)
Darax® (Pond's: TH)
Disron® (Teikoku: JP)
Drazine® (Pharmasant: TH)
Elroquil N® (Rodleben: DE)
Fasarax® (Prater: CL)
Fedox® (Mediderm: CL)
Hadarax® (Greater Pharma: TH)
Hiderax® (Lafrancol: CO)
Hidroxicina® (La Santé: CO)
Hidroxizin® (Sicomed: RO)
Histan® (Siam Bheasach: TH)
Hizin® (Ranbaxy: TH)
Honsa® (M & H: TH)
Hydroxacen® (Central: US)
Hydroxin® (Shiwa: TH)
Hydroxyzine Europharm® (Europharm: HK)
Hydroxyzine HCL® (UCB: NL)
Hydroxyzine HCL® (Vintage: US)
Hydroxyzine Renaudin® (Renaudin: FR)
Hydroxyzinum® (ICN: PL)
Hydroxyzinum® (Pliva: PL)
Hydroxyzinum® (Polon: PL)
Iremofar® (Uni-Pharma: GR)
Iterax® (UCB: ID)
Masarax® (Masa Lab: TH)
Med-Xyzarax® (Medicine Supply: TH)
Navicalm® (UCB: NL)
Neucalm® (Legere: US)

Neurax® (Merck Generics: ZA)
Neurolax® (Actavis: GE)
Novo-Hydroxyzin® (Novopharm: CA)
Otarex® (Teva: IL)
Postarax® (Pose: TH)
Prurizin® (Darrow: BR)
QYS® (Forest: US)
R-Rax® (Progress: TH)
Taraxin® (TO Chemicals: TH)
Trandrozine® (Asian: TH)
Ucerax® (UCB: GB, IE)
Ucerax® [vet.] (UCB: GB)
Vistaril® (Pfizer: US)

– embonate:

CAS-Nr.: 0010246-75-0
OS: *Hydroxyzine Pamoate JAN, USAN*
IS: *Hydroxyzine 4.4'-methylenebis(3-hydroxy-2-naphthoate)*
PH: Hydroxyzine Pamoate JP XIV, USP 30

Hyderax® (HLB: AR)
Vistaril® (Pfizer: US)

Hygromycin B

L: Hygromycinum B
D: Hygromycin B

Antibiotic [vet.]
Anthelmintic [vet.]

O-6-Amino-6-deoxy-L-*glycero*-D-*galacto*-heptopyranosylidene-(1->2-3)-*O*-β-D-talopyranosyl(1->5)-2-deoxy-*N*³-methyl-D-streptamine
CAS-Nr.: 0031282-04-9 C_{20}-H_{37}-N_3-O_{13}
M_r 527.52

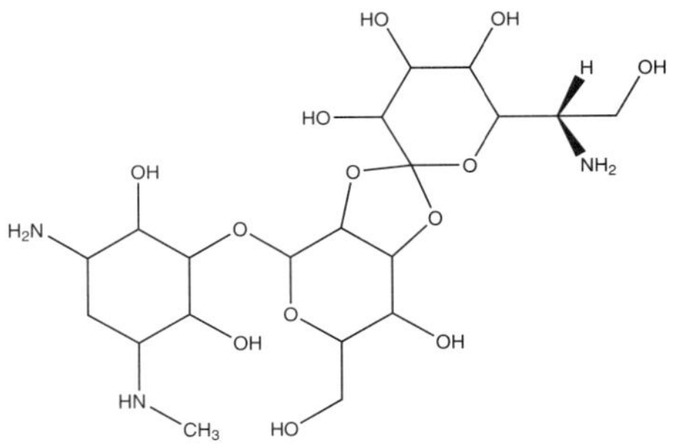

IS: *Hyanthelmix*
IS: *Hygrovetine*

Hygromix® [vet.] (ADM: US)
Hygromix® [vet.] (Alpharma: US)
Hygromix® [vet.] (Elanco: AU, GB, US)
Hygromix® [vet.] (International Nutrition: US)
Hygromix® [vet.] (North American: US)
Hygromycin® [vet.] (International Nutrition: US)

Hymecromone (Rec.INN)

L: Hymecromonum
I: Imecromone
D: Hymecromon
F: Hymécromone
S: Himecromona

Choleretic

ATC: A05AX02
CAS-Nr.: 0000090-33-5 C_{10}-H_8-O_3
M_r 176.174

2H-1-Benzopyran-2-one, 7-hydroxy-4-methyl-

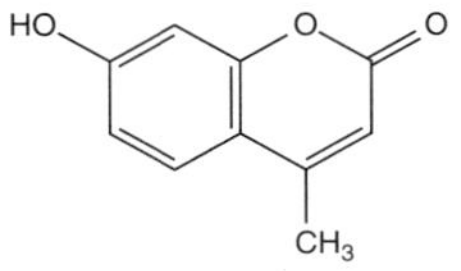

OS: *Hymécromone [DCF]*
OS: *Imecromone [DCIT]*
OS: *Hymecromome [BAN]*
OS: *Hymecromone [USAN]*
IS: *LM 94 (Lipha, France)*
IS: *4-Methyl-umbelliferon*
IS: *7-Hydroxy-4-methylcoumarin (WHO)*
PH: Hymecromone [Ph. Eur. 5, JP XIV]
PH: Hymecromonum [Ph. Eur. 5]
PH: Hymecromon [Ph. Eur. 5]
PH: Hymécromone [Ph. Eur. 5]

Cantabiline® (Merck: BE, LU)
Cantabiline® (Merck Lipha Santé: FR)
Cantabilin® (Formenti: IT)
Cantabilin® (Sandoz: TR)
Chol-Spasmoletten® (Dolorgiet: DE)
Cholestil® (Polfa: CZ)
Cholestil® (Polfa Pabianice: PL)
Cholspasmin forte® (Dolorgiet: DE)
Cholspasmin® (Merck: DE)
Himecol® (Kissei: JP)
Himekromon® (Zdravlje: RS)
Isochol® (Zentiva: CZ)
Mendiaxon® (Byk: CZ)
Mendiaxon® (Hemofarm: RS)
Mendiaxon® (Unipharm: BG)
Odeston® (Polfa Pabianskiy: RU)
Unichol-Dragees® [comp.] (Merck: AT)

Hyoscine Butylbromide (BANM)

L: Hyoscini butylbromidum
I: Scopalamina butilbromuro
D: Butylscopolaminiumbromid
F: Scopolamine (butylbromure de)

CAS-Nr.: 0000149-64-4 C_{21}-H_{30}-Br-N-O_4
M_r 440.381

3-Oxa-9-azoniatricyclo[3.3.1.02,4]nonane, 9-butyl-7-(3-hydroxy-1-oxo-2-phenylpropoxy)-9-methyl-, bromide, [7(S)-(1α,2β,4β,5α,7β)]-

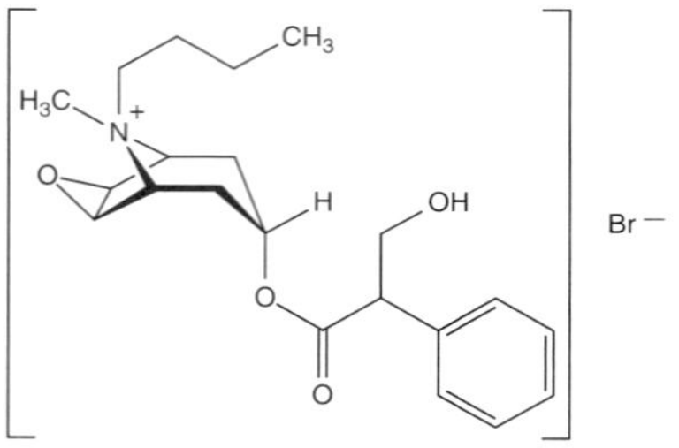

OS: *Hyoscine Butylbromide [BANM]*
PH: Butylscopolaminiumbromid [Ph. Eur. 5]
PH: Hyoscine Butylbromide [Ph. Eur. 5]
PH: Scopolamini butylbromidum [Ph. Eur. 5]
PH: Scopolamine (butylbromure de) [Ph. Eur. 5]
PH: Scopolamine Butylbromide [JP XIII]
PH: Hyoscini butylbromidum [Ph. Eur. 5]

Amocpan® (MacroPhar: TH)
Antipen® (Nipa: BD)
Antispa® (TP Drug: TH)
Asipan® (Asiatic Lab: BD)
Aspen Hyoscine Butylbromide® (Aspen: ZA)
Bacotan® (TO Chemicals: TH)
Beclopan® (Square: BD)
Bipasmin® (Anchor: MX)
Bromid® (Eskayef: BD)
Bromuro de N-butil hioscina Richmond® (Richmond: AR)
Brospan® (Gaco: BD)
Brupacil® (Bruluart: MX)
BS Carino® (Carinopharm: DE)
BS-ratiopharm® (ratiopharm: DE)
Buscapina® (Boehringer Ingelheim: AR, CL, CO, CR, ES, GT, HN, MX, NI, PA, PE, SV)
Buscolysin® (medphano: DE)
Buscolysin® (Sopharma: PL)
Buscol® (Pliva: BA, HR)
Buscom® (Hoei: JP)
Buscono® (Milano: TH)
Buscon® (Ibn Sina: BD)
Buscopan® (Boehringer Ingelheim: AE, AG, AN, AT, AU, AW, BA, BB, BE, BG, BH, BM, BR, BS, CA, CH, CY, CZ, DE, DK, EG, FI, GB, GD, GR, GY, HK, HR, HT, HU, ID, IE, IQ, IS, IT, JM, JO, JP, KE, KW, KY, LB, LC, LK, LU, LY, MT, MY, NL, NO, NZ, OM, PH, PL, PT, QA, RO, RU, SA, SD, SE, SG, SI, TH, TT, VC, VN, ZA)
Buscopan® (Eczacibasi: TR)
Buscopan® (Eureco: NL)
Buscopan® (German Remedies: IN)
Buscopan® (Medcor: NL)
Buscopan® (Zdravlje: RS)
Buscopan® [vet.] (Boehringer Ingelheim: CH)
Butacin® (Ziska: BD)
Butapan® (Sanofi-Aventis: BD)
Butason® (Hudson: BD)
Butastat® (Alco: BD)
Butil® (Veinfar: AR)
Butopan® (Biofarma: BA, TR)
Butylmin® (Nippon Kayaku: JP)
Butylscopolamin-Rotexmedica® (Rotexmedica: DE)
Butyl® (Masa Lab: TH)
Byspa® (ACI: BD)
Cencopan® (Pharmasant: TH)
Cifespasmo® (Northia: AR)
Colipan® (Medimet: BD)
Colobolina® (Fabra: AR)
Dhacopan® (DHA: SG)
Dividol® (Remedica: BH, CY, ET, JO, KE, OM, SD, VN, YE, ZW)
Eralga® (Chew Brothers: TH)
Escapin® (Medco: PE)
Espacil® (Valeant: MX)
Espasmobil® (Farmacol: CO)
Espasmotab® (ECU: EC)
Farcorelaxin® (Pharco: RO)
Fucon® (Yung Shin: SG)
G-Hyoscine® (Gonoshasthaya: BD)
Gastro-Soothe® (AFT: NZ)
Gitas® (Interbat: ID)
Higan® (Unison: TH)
Hioscina Butil Bromuro® (Britania: PE)
Hioscina Fada® (Fada: AR)
Hioscina® (Eurofarma: BR)
Hioscina® (Farmo Andina: PE)
Hioscina® (União: BR)
Hioscinova-S® (Chemnova: PE)
Hy-Spa® (Progress: TH)
Hybutyl® (Pharmaland: TH)
Hyomide® (Beacons: SG)
Hyoscine-N-Butyl Bromide OGB Dexa® (Dexa Medica: ID)
Hyosin® (Delta: BD)
Hyosmed® (Medifive: TH)
Hyospan® (Polipharm: TH)
Hyospasmol® (Aspen: ZA)
Hyostan® (Pharmaland: TH)
Hyozin® (Samakeephaesaj: TH)
Hyo® (Somatec: BD)
Hyscopan® (Armoxindo: ID)
Hysin® (Edruc: BD)
Hysomed® (Medifive: TH)
Hysomide® (Opsonin: BD)
Hysopan® (Rephco: BD)
Hyso® (Globe: BD)
Hytic® (Seng Thai: TH)
Isalgen® (Cipa: PE)
Kanin® (LBS: TH)
Lopan® (Navana: BD)
Luar-G® (Klonal: AR)
Molit® (Adeka: TR)
Myspa® (Greater Pharma: TH)
N-Butil Bromuro de Hioscina® (Vitalis: PE)
N-Butil Bromuro Hioscina® (Vitrofarma: PE)
N-Butilbromuro de Escopolamina® (Biosano: CL)
No-Spasm® (Eipico: AE, BH, EG, IQ, JO, KW, LB, LY, OM, QA, SA, SD, YE)
Papaverol NF® (Bioplix-Biox: PE)
Papaverol-S® (Bioplix-Biox: PE)
Pasmodina® (Drawer: AR)
Reladan® (Isei: JP)
Relapan® (Chemist: BD)
Resopan® (General Pharma: BD)
Sapen® (Shamsul Alamin: BD)
Scobunord® (Nordfarm: RO)
Scobusal® (Slavia Pharm: RO)
Scobutil® (Zentiva: RO)
Scobutrin® (Landson: ID)

Scolmin® (Biolink: PH)
Scopaject® (Merck Generics: ZA)
Scopamin® (Otto: ID)
Scopantil® (Antibiotice: RO)
Scopas® (Asian: TH)
Scopex® (Al Pharm: ZA)
Scopolan® (Herbapol-Wroclaw: PL)
Setacol® (Hamilton: AU)
Spanil® (Beximco: BD)
Sparicon® (Yamanouchi: JP)
Spascopan® (Bangkok: TH)
Spasgone-H® (Chew Brothers: TH)
Spashi® (Global: ID)
Spasman® (Merckle: DE)
Spasmeco® (Mecosin: ID)
Spasmin® (Doctor's Chemical Work: BD)
Spasmolit® (Meprofarm: ID)
Spasmoliv® (Xepa-Soul Pattinson: SG)
Spasmonil® (Sanofi-Aventis: BD)
Spasmopan® (APM: AE, BG, BH, IQ, JO, KW, LB, LY, NG, OM, QA, SA, SD, SY, TN, YE)
Spasmoson® (Jayson: BD)
Spasmowern® (Wernigerode: DE)
Spazmol® (Deva: TR)
Spazmotek® (Bilim: TR)
Sporamin® (Hishiyama: JP)
U-Oscine® (Umeda: TH)
Uricine® (Millimed: TH)
Uscosin® (Sintofarm: RO)
Vacopan® (Atlantic: SG, TH)
Viviv® (Maruko: JP)

Hyoscine Methobromide (BAN)

D: N-Methylscopolaminium bromid

Antispasmodic agent
Gastric secretory inhibitor
Parasympatholytic agent

CAS-Nr.: 0000155-41-9 C_{18}-H_{24}-Br-N-O_4
M_r 398.29

3-Oxa-9-azoniatricyclo[3.3.1.02,4]nonane, 7-(3-hydroxy-1-oxo-2-phenylpropoxy)-9,9-dimethyl-, bromide, [7(S)-(1α,2β,4β,5α,7β)]-

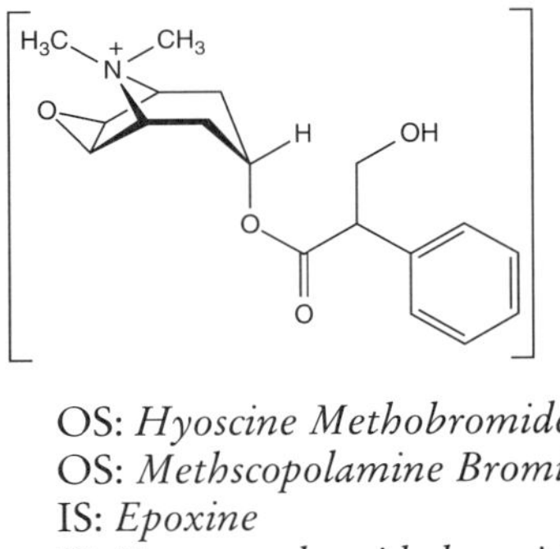

OS: *Hyoscine Methobromide [BANM]*
OS: *Methscopolamine Bromide [USAN]*
IS: *Epoxine*
IS: *Epoxymethamide bromide*
IS: *Hyoscin-N-methylbromide*
IS: *Scopolamine methobromide*
IS: *Methscopolamine Bromide*
IS: *Scopolamine Methylbromide*
PH: Hyoscine Methobromide [BP 1980]
PH: Methscopolamine Bromide [USP XXII]

Holopon® (Altana: AE, BH, EG, IQ, IR, JO, KW, LB, LK, LY, OM, QA, SA)
Holopon® (Pharos: ID)
Pamine® (Bradley: US)

– metilsulfate:

Daipin® (Daiichi: JP)
Meporamin® (Taiyo: JP)

Hyoscyamine (BAN)

L: Hyoscyaminum
I: Iosciamina
D: Hyoscyamin
F: Hyoscyamine

Parasympatholytic agent

ATC: A03BA03
CAS-Nr.: 0000101-31-5 C_{17}-H_{23}-N-O_3
M_r 289.381

Benzeneacetic acid, α-(hydroxymethyl)-, 8-methyl-8-azabicyclo[3.2.1]oct-3-yl ester, [3(S)-endo]-

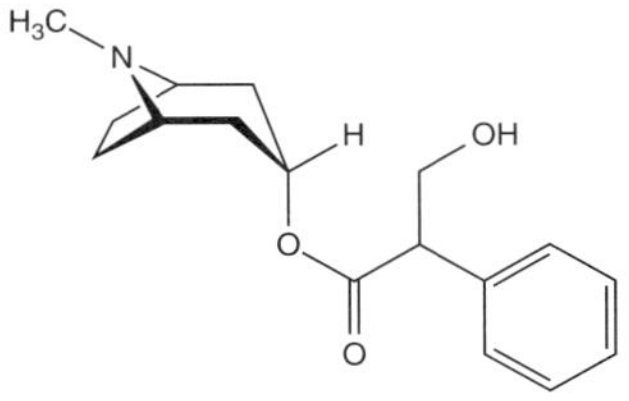

OS: *Hyoscyamine [BAN, DCF, USAN]*
IS: *Duboisine*
IS: *Tropine-L-tropate*
IS: *Daturin*
PH: Hyoscyamine [USP 26]

Cystospaz® (PolyMedica: US)
Cytospaz® (Amerifit: US)
Hyospaz® (Breckenridge: US)

– sulfate:

CAS-Nr.: 0006835-16-1
OS: *Hyoscyamine Sulphate BANM*
OS: *Hyoscyamine Sulfate USAN*
PH: Hyoscyamine (sulfate d') Ph. Eur. 5
PH: Hyoscyamine Sulfate USP 30
PH: Hyoscyamine Sulphate Ph. Eur. 5
PH: Hyoscyamini sulfas Ph. Eur. 5
PH: Hyoscyaminsulfat Ph. Eur. 5

Anapaz® (Hilton: LK)
Anaspaz® (Ascher: US)
Cystospaz-M® (PolyMedica: US)
Egacene® (AstraZeneca: NL)
Egazil Duretter® (AstraZeneca: DK)
Egazil Duretter® (BioPhausia: SE)
Hyoscyamine Sulfate® (Breckenridge: US)
Hyoscyamine Sulfate® (Cypress: US)
Hyoscyamine Sulfate® (Ethex: US)
Hyoscyamine Sulfate® (Kremers-Urban: US)
Hyoscyamine Sulfate® (Morton Grove: US)
Hyoscyamine Sulfate® (Qualitest: US)
Hyoscyamine Sulfate® (URL: US)
Hyosol® (Econolab: US)

Hyosyne® (Silarx: US)
Levbid® (Schwarz: US)
Levsinex® (Schwarz: US)
Levsin® (Schwarz: HK, US)
Neo-Allospasmin® (APM: AE, BG, BH, IQ, JO, KW, LB, LY, NG, OM, QA, SA, SD, SY, TN, YE)
NuLev® (Schwarz: US)
Symax® (Capellon: US)

Hyprolose (Rec.INN)

L: Hyprolosum
I: Idrossipropilcellulosa
D: Hydroxypropyl cellulose
F: Hyprolose
S: Hiprolosa

Dermatological agent, skin protectant
Pharmaceutic aid

CAS-Nr.: 0009004-64-2
Cellulose, 2-hydroxypropyl ether

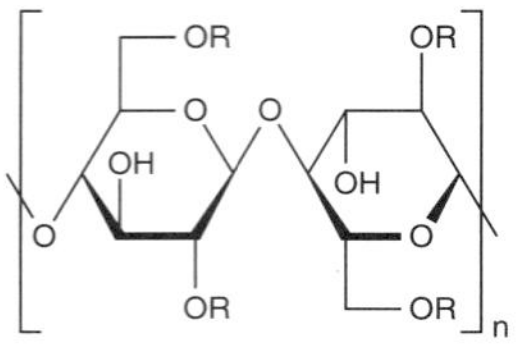

R= —H or —CH_2—CHOH—CH_3

OS: *Hydroxypropylcellulose [DCF, JAN]*
OS: *Hydroxypropyl Cellulose [USAN]*
IS: *E 463*
PH: Hydroxypropyl Cellulose [USP 30]
PH: Hydroxypropylcellulose [BP 2002, DAB 1999, Ph. Eur. 5, Ph. Franç. X, Ph. Int. 4]
PH: Hydroxypropylcellulose, Low-Substituted [JP XIV, USP 30]
PH: Hydroxypropylcellulosum [Ph. Eur. 5, Ph. Int. 4]
PH: Idrossipropilcellulosa [F.U. VIII]

Lacrisert® (Merck: US)
Lacrisert® (Merck Frosst: CA)
Lacrisert® (Merck Sharp & Dohme: FR, IT, NL, SE)
Lacrisert® (MSD: FI)
Lacrisert® (Sigma: AU)
Rohto Zi Contact Eye Drops® (Mentholatum: AU)

Hypromellose (Rec.INN)

L: Hypromellosum
I: Ipromellosa
D: Methylhydroxypropylcellulose
F: Hypromellose
S: Hipromelosa

Pharmaceutic aid

ATC: S01KA02
ATCvet: QS01KA02
CAS-Nr.: 0009004-65-3
Cellulose, 2-hydroxypropyl methyl ether

OS: *Hypromellose [BAN, DCF, USAN]*
OS: *Hydroxypropylmethylcellulose [JAN]*
IS: *Methylhydroxypropylcellulose*
IS: *MHPC*
IS: *E 464*
PH: Hydroxypropylmethylcellulose 220 [- 2906; - 2910 JP XIV]
PH: Hypromellose [Ph. Eur. 5, Ph. Int. 4, USP 30]
PH: Hypromellosum [Ph. Eur. 5, Ph. Int. 4]

Artelac Edo® (Mann: DE, LU)
Artelac Edo® (Riel: AT)
Artelac® (Angelini: PT)
Artelac® (Bausch & Lomb: AR)
Artelac® (Chauvin: FR)
Artelac® (Dr Gerhard Mann: SI)
Artelac® (Lepori: PT)
Artelac® (Mann: DE, IE, IS, LU, PL)
Artelac® (Riel: AT)
Artelac® (Santen: DK, FI, NO, SE)
Artelac® (Tramedico: BE)
Berberil® (Mann: DE)
Cellugel® (Alcon: DE)
Celoftal® (Alcon: DE)
Celulose Grin® (Grin: MX)
Coatel® (Abdi Ibrahim: TR)
Dacrolux® (Alcon: TR)
Genteal® (Novartis: AU, CA, CL, HK, ID, IL, MX, NZ, TH, TR)
Genteal® (Novartis Ophthalmics: CO, DE, LK, SG)
Hemodrops® (Hemofarm: RS)
Hidrocil® (Edol: PT)
HPMC-Ophtal® (Winzer: DE)
Humalac B® (Teva: HU)
Hypromellose Bournonville® (Thea: NL)
Hypromellose FNA® (FNA: NL)
Hypromellose HPS® (HPS: NL)
Hypromellose Monofree® (Bournonville: NL)
Hypromellose® (Alpharma: GB)
Hypromellose® (Martindale: GB)
Hypromellose® (Teva: GB)
Hypromeloza® (Unimed: RS)
Hypro® (Nipa: BD)
Ilube® [+ Acetylcysteine] (Alcon: GB, IE)
Isopto Alkaline® (Alcon: FI, GB, IE, US)
Isopto Plain® (Alcon: FI, GB, IE, SE, US)
Isopto Plain® [vet.] (Alcon: SE)
Isopto Tears® (Alcon: AU, BA, BE, BG, BW, CA, CH, CZ, ER, ET, GH, HR, KE, LU, MW, NA, NG, RS, SI, TH, TZ, UG, US, ZA, ZM, ZW)
Isopto-Plain® (Alcon: FI)
Lac-Oph® (Seng Thai: TH)
Lacrystat® (Viatris: LU)
Lagrimas Artificiales® (Biosano: CL)
Lagrimas Ophthacril® (Ophtha: CO)
Methocel® (Al Pharm: ZA)
Methocel® (Novartis: DE)
Methocel® (Novartis Ophthalmics: SG)
Methocel® (Omnivision: CH)
Meticel Ofteno® (Sophia: MX)
Metilcellulosa® (Bracco: IT)
Miragel® (Bagó: CO)
Monofree Hypromellose® (Thea: NL)
Natura Lagrimas® (Amhof: AR)
Ocucoat® (Storz: IL)
Okuzell® (Pharmaselect: AT)
Opsil Tears® (Silom: TH)

OQ-Coat® (Oftalmoquimica: CO)
Prosicca® (Agepha: AT)
Sic-Ophtal® (Winzer: DE)
Sicca-Stulln® (Stulln: DE)
Spersatear® (Al Pharm: ZA)
Tears Naturale II® (Alcon: CN)
Tearsol® (Reman Drug: BD)
Viscotraan® (Al Pharm: ZA)
Viskose ojendraber „Ophta“® (Ophtha: DK)

Ibacitabine (Rec.INN)

L: Ibacitabinum
I: Ibacitabina
D: Ibacitabin
F: Ibacitabine
S: Ibacitabina

Antiviral agent

ATC: D06BB08
CAS-Nr.: 0000611-53-0 C_9-H_{12}-I-N_3-O_4
M_r 353.125

Cytidine, 2'-deoxy-5-iodo-

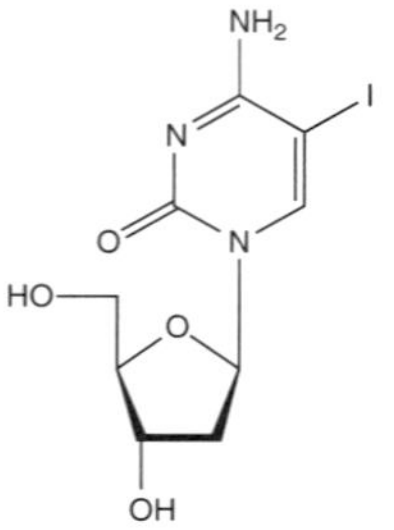

OS: *Ibacitabine [DCF, USAN]*
OS: *Ibacitabina [DCIT]*
IS: *I.D.C.*

Cuterpès® (Chauvin: FR)

Ibafloxacin (Rec.INN)

L: Ibafloxacinum
D: Ibafloxacin
F: Ibafloxacine
S: Ibafloxacina

Antibiotic, gyrase inhibitor

CAS-Nr.: 0091618-36-9 C_{15}-H_{14}-F-N-O_3
M_r 275.28

9-fluoro-6,7-dihydro-5,8-dimethyl-1-oxo-1H,5H-benzo[ij]quinolizine-2-carboxylic acid

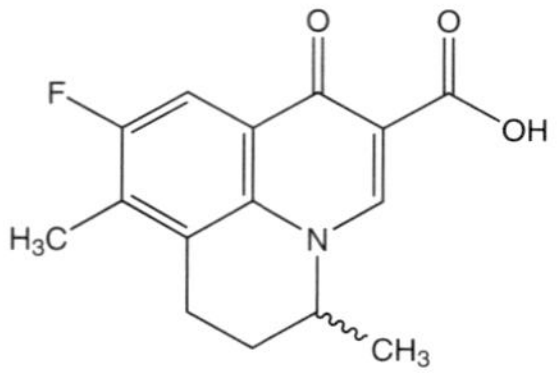

OS: *Ibafloxacin [BAN, USAN]*
IS: *EP 109284*
IS: *R 835*
IS: *S 25930*
IS: *US 4472405*

Ibaflin® [vet.] (Intervet: AT, DE, FI, FR, GB, IT, NL, NO, PT, SE)
Ibaflin® [vet.] (Veterinaria: CH)

Ibandronic Acid (Rec.INN)

L: Acidum ibandronicum
D: Ibandronsäure
F: Acide ibandronique
S: Ácido ibandrónico

Calcium regulating agent

ATC: M05BA06
CAS-Nr.: 0114084-78-5 C_9-H_{23}-N-O_7-P_2
M_r 319.233

[1-Hydroxy-3-(methylpentylamino)propylidene]diphosphonic acid

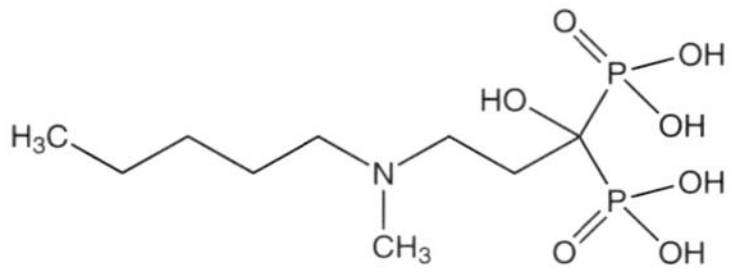

OS: *Ibandronic Acid [BAN, USAN]*
IS: *Bandronic Acid*

Bondronat® (Roche: AM, AW, AZ, BA, BG, BH, CL, CN, CR, DE, DO, ES, GE, GR, GT, HK, HN, HU, IE, IS, JM, LU, LV, MK, NI, PA, PT, RO, SI, SV, TH, TT, ZA)
Bondronat® (Roche RX: SG)

– sodium salt monohydrate:

CAS-Nr.: 0138926-19-9
OS: *Ibandronate Sodium USAN*
OS: *Sodium Ibandronate BANM*
IS: *BM 210955 (Boehringer Mannheim)*

Bandrobon® (Dupomar: AR)
Bondronat® (Roche: AT, BD, BE, CH, CZ, DE, DK, FI, FR, GB, HU, IS, IT, NL, NO, PL, PT, RS, SE, SI)
Bondronat® (Roche Diagnostic: DZ)
Bondronat® (Syntex: MX)
Boniva® (GlaxoSmithKline: GE, US)
Boniva® (Roche: US)
Bonviva® (GlaxoSmithKline: SE)
Bonviva® (Roche: AR, AT, BA, CH, CL, CZ, DE, DK, FI, FR, GB, GE, HR, HU, IE, IT, LU, MX, NL, NO, PL, RO, RS, SE, SI)
Elasterin® (Phoenix: AR)
Ibandronic acid Roche® (Roche: NL)
Idena® (Raffo: AR)

Ibopamine (Rec.INN)

L: Ibopaminum
I: Ibopamina
D: Ibopamin
F: Ibopamine
S: Ibopamina

Cardiac agent

ATC: C01CA16,S01FB03
CAS-Nr.: 0066195-31-1 C_{17}-H_{25}-N-O_4
M_r 307.397

Propanoic acid, 2-methyl-, 4-[2-(methylamino)ethyl]-1,2-phenylene ester

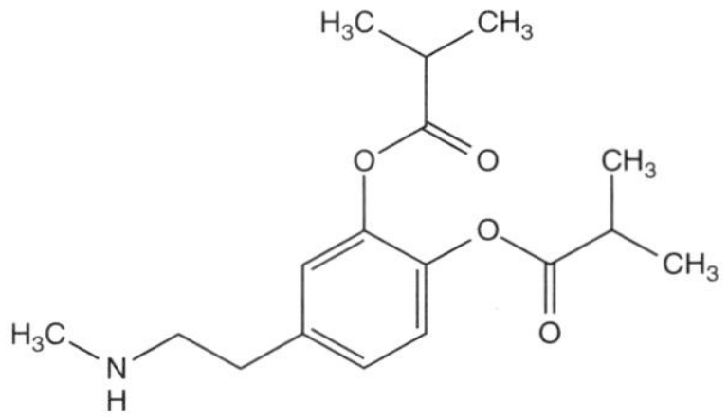

OS: *Ibopamine [BAN, DCF, USAN]*
OS: *Ibopamina [DCIT]*
IS: *SB 7505 (Farmadimes, Italy)*
IS: *SKF 100168 (Smith Kline & French, GB)*

Inopamil® (Zambon: ID)

– hydrochloride:

CAS-Nr.: 0075011-65-3

Escandine® (Pharmazam: ES)
Escandine® (Strallhofer: AT)
Escandine® (Zambon: BR, CO)
Ibopamine HCl Zambon® (Aziende Chimichi: NL)
Inopamil® (Zambon: NL)
Scandine® (Zambon: BE, IT, LU)
Trazyl® (Angelini: IT)

Ibritumomab Tiuxetan (Rec.INN)

L: Ibritumomabum Tiuxetanum
D: Ibritumomab Tiuxetan
F: Ibritumomab Tiuxétan
S: Ibritumomab Tiuxetán

Immunomodulator
Antineoplastic agent

ATC: V10XX02
ATCvet: QB10XX02
CAS-Nr.: 0206181-63-7

Immunoglobulin G1, anti-(human CD20 (antigen)) (mouse monoclonal IDEC-Y2B8 gamma1-chain), disulfide with mouse monoclonal IDEC-Y2B8 k63-chain, dimer, N-[2-[bis(carboxymethyl)amino]-3-(4-isothiocyanatophenyl)propyl]-N-[2-[bis(carboxymethylamino]propyl]glycine conjugate [USAN]

Immunoglobulin G1, anti-(human CD20 (antigen)) (mouse monoclonal IDEC-Y2B8 gamma1-chain), disulfide with mouse monoclonal IDEC-Y2B8 k63-chain, dimer, N-[2-bis-(carboxymethyl)amino]-3-(4-isothiocyanatophenyl)propyl]-N-[2-[bis(carboxymethyl)- amino]propyl]glycine conjugate (WHO)

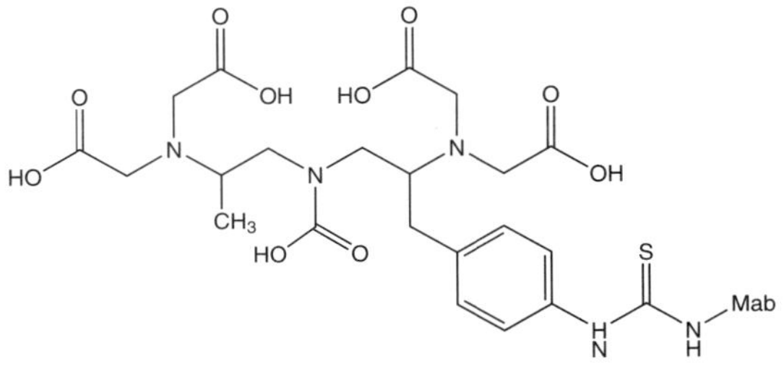

OS: *Ibritumomab Tiuxetan [BAN, USAN]*
IS: *IDEC 129 (Idec, USA)*
IS: *IDEC Y2B8 (Idec, USA)*

Zevalin® (Bayer: CH)
Zevalin® (Berlex: CA)
Zevalin® (IDEC: US)
Zevalin® (Medac: DE)
Zevalin® (Pfizer: IL)
Zevalin® (Schering: AT, ES, FI, FR, GB, HU, IE, IT, LU, NL, NO, PL, PT, RO, SE, TR)
Zevamab® (Schering: AR)

Ibudilast (Rec.INN)

L: Ibudilastum
D: Ibudilast
F: Ibudilast
S: Ibudilast

Antiallergic agent
Vasodilator

ATC: R03DC04
CAS-Nr.: 0050847-11-5 C_{14}-H_{18}-N_2-O
M_r 230.318

1-(2-Isopropylpyrazolo[1,5-a]pyridin-3-yl)-2-methyl-1-propanone

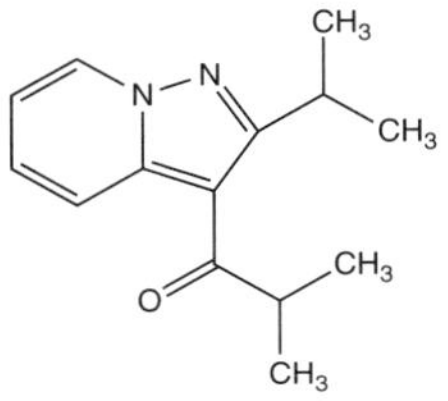

OS: *Ibudilast [USAN]*
IS: *KC 404 (Kyorin, Japan)*

Ketas® (Kyorin: JP)

Ibuprofen (Rec.INN)

L: Ibuprofenum
I: Ibuprofene
D: Ibuprofen
F: Ibuprofène
S: Ibuprofeno

Antiinflammatory agent
Analgesic
Antipyretic

ATC: G02CC01,M01AE01,M02AA13,CO1EB16
ATCvet: QC01EB16
CAS-Nr.: 0015687-27-1 C_{13}-H_{18}-O_2
M_r 206.28

Benzeneacetic acid, α-methyl-4-(2-methylpropyl)-

α-p-Isobutylphenylpropionic acid (WHO)

(RS)-2-(4-Isobutylphenyl)propionsäure IUPAC)

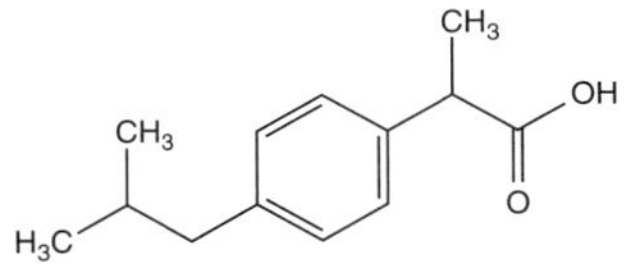

OS: *Ibuprofen [BAN, JAN, USAN]*
OS: *Ibuprofène [DCF]*
OS: *Ibuprofene [DCIT]*
IS: *RD 13621*
IS: *U 18573 (Upjohn, Germany)*
IS: *UCB 79171 (UCB)*
IS: *VUFB 9649*
IS: *VUFB 201282*
PH: Ibuprofen [JP XIV, Ph. Eur. 5, Ph. Int. 4, USP 30]
PH: Ibuprofenum [Ph. Eur. 5, Ph. Int. 4]
PH: Ibuprofène [Ph. Eur. 5]

Aches-N-Pain® (Wyeth: US)
ACT-3® (Wyeth Consumer Healthcare: NZ)
Actifen® (Genfarma: NL)
Actron® (Bayer: AR, CL, MX)
Acuilfem® (Gezzi: AR)
Adax® (Pharmalab: PE)
Adco-Ibuprofen® (Al Pharm: ZA)
Adex® (Dexxon: IL)
Adulfen+Codeine® (Boots: BE)
Advel® (Hexal: DE)
Advil-Mono® (PSI: BE)
Advil-Mono® (Whitehall: LU)
Advil® (BASF: RO)
Advil® (Whitehall: CO)
Advil® (Whitehall-Robins: CH)
Advil® (Wyeth: AU, BA, BR, EC, ES, FR, GE, HU, IE, IL, LU, MX, NL, PH, PL, TR, US, ZA)
Afebril® (Bagó: AR)
Afebril® (Roemmers: PE)
Ainex® (Sandoz: MX)
Aktren® (Bayer: AT, DE)
Algiasdin® (Isdin: ES)
Algifor® (Vifor: CH)
Algofen® (Chefaro: IT)
Algofen® (SIT: IT)
Algoflex® (Sanofi-Aventis: HU)
Algofren® (Uni-Pharma: GR)
Alidol F® (Bristol-Myers Squibb: PE)
Alindrin® (Recip: SE)
Alivium® (Bristol-Myers Squibb: PE)
Altior® (Pensa: ES)
Altran Pediatrico® (Finlay: HN)
Ambufen® (MacroPhar: TH)
Anadin® (Wyeth: GB)
Anafen® (Nipa: BD)
Anafidol® (Roxfarma: PE)
Anaflam® (Asiatic Lab: BD)
Analgin® (medphano: DE)
Anbifen® (ANB: TH)
Anco® (Sandoz: DE)
Antalfebal® (Madaus: IT)
Antalfebal® (McNeil: IT)
Antalgil® (McNeil: IT)
Antarène® (Elerté: FR)
Antidol® (Europharm: RO)
Antiflam® (Aristopharma: BD)
Antiflam® (Sandoz: ZA)
Antigrippine Ibuprofen® (GlaxoSmithKline: NL)
Apo-Ibuprofen FC® (Apotex: VN)
Apo-Ibuprofeno® (Apotex: PE)
Apo-Ibuprofen® (Apotex: CA, CZ, NZ, SG)
Aprofen® (Medicine Supply: TH)
Arafa® (Hudson: BD)
Arfen® (Medinfar: PT)
Arthrifen® (Armoxindo: ID)
Arthritis Foundation® (McNeil Pharmaceutical: US)
Arthrofen® (Ashbourne: GB)
Artofen® (Teva: IL)
Artofen® (Vifor: CH)
Artril® (Eczacibasi: TR)
Artril® (Farmasa: BR)
Atomo® (Imvi: AR)
Avallone® (Novartis: AT)
Axea Ibuprofen® (Axea: DE)
Bayer Select® (Bayer: US)
Bediatil Forte® (Pasteur: CL)
Bediatil® (Pasteur: CL)
Bestafen® (Best: MX)
Betagesic® (Al Pharm: ZA)
Betaprofen® (Be-Tabs: ZA)
Biatain-Ibu® (Coloplast: DE)
Bifen® (DHA: SG)
Biophen® (Biokem: TR)
Blockten® (Sanitas: PE)
Bolinet® (Bristol-Myers Squibb: GE, PL)
Bonifen® (Krka: BA, SI)
Bren® (Kopran: LK)
Brufen Retard® (Abbott: FI, GB, IE, LU, NO, NZ)
Brufen® (Abbott: AE, AT, AU, BA, BE, BH, CH, CZ, DK, EG, FI, FR, GB, HR, IE, IN, IQ, IR, IT, JO, KW, LB, LK, LU, NL, NZ, OM, PH, PT, QA, SA, SE, SY, TH, TR, YE, ZA)
Brufen® (Delphi: NL)
Brufen® (Dowelhurst: NL)
Brufen® (EU-Pharma: NL)
Brufen® (Eureco: NL)
Brufen® (Euro: NL)
Brufen® (Galenika: RS)
Brufen® (Nedpharma: NL)
Brufen® (Vianex: GR)
Brufort® (Lampugnani: IT)
Brumed® (Lerd Singh: TH)
Bruprin® (Condrugs: TH)
Brusil® (Silom: TH)
Buburone® (Towa Yakuhin: JP)
Bucoflam® (Medifarma: PE)
Bufect® (Sanbe: ID)
Bufen-SR® (Drug International: BD)
Bugesic® (Cipla: AU)
Bumed® (Medifive: TH)
Buprex® (Life: EC)
Buprophar® (Teva: BE)
Burana-Caps® (Orion: FI)
Burana® (Orion: FI, RU)
Buscofen® (Boehringer Ingelheim: IT)
Butalgin® (Fawns & McAllan: AU)
Butidiona® (Roux-Ocefa: AR)
Calmafen® (Boots: LU)
Calmafher® (Fher: ES)
Calmidol® (Sanofi-Synthelabo: CO)
Calmine® (Bouty: IT)
Calprofen® (Pfizer Consumer Healthcare: GB)
Care® (Thornton & Ross: GB)
Causalon® (Phoenix: AR)
Cefen Junior® (Pharmasant: TH)
Cefen® (Pharmasant: TH)
Cenbufen® (Pharmasant: TH)
Chemists' Own Ibuprofen® (Chemists: AU)
Chemofen® (Chemist: BD)

Children's Advil® (Wyeth: IL, US)
Children's Motrin® (Janssen: ID)
Children's Motrin® (Johnson & Johnson: CN)
Cibalgina Due Fast® (Novartis Consumer Health: IT)
Contraneural® (Pfleger: DE)
Copiron® (Microsules: AR)
Coprofen® (Community: TH)
Cramp End® (OHM: US)
Cuprofen Ibuprofen® (SSL: GB)
Cuprofen® (SSL: GB)
Dadicil® (Best: MX)
Dalsy® (Abbott: BA, ES, HR)
Dalsy® (Boots: ES)
Dalsy® (Knoll: BR)
Days® [tabs] (Merck: MX)
Deprofen® (Doctor's Chemical Work: BD)
Deucodol® (Medipharm: CL)
Diantal Suspension Pediatrica® (Roemmers: CO)
Diltix® (Pliva: ES)
Diprodol® (Quimica Son's: MX)
Dismenol® (Medra: AT)
Dismenol® (Merz: CH)
Dismenol® (Simons: DE, LU)
Diverin® (Lek: BA, SI)
Dofen® (Dexa Medica: ID)
Dolbufen® (Bayer: ES)
Dolgit® (Adeka: TR)
Dolgit® (Dolorgiet: AE, BH, CZ, DE, EG, HU, LU, OM, PL, QA, RU, SA, SD, YE)
Dolgit® (Medico-Farmis: SI)
Dolgit® (Merck Lipha Santé: FR)
Dolgit® (Pro.Med.CS: BA)
Dolgit® (Sanova: AT)
Dolo Sanol® (Sanol: DE)
Dolo Sanol® (Schwarz: DE)
Dolo-Dismenol® (Merz: CH)
Dolo-Puren® (Actavis: DE)
Dolobene Ibu® (Merckle: DE)
Dolocanil® [vet.] (Omega Pharma France: FR)
Dolocyl® (Novartis: PT)
Dolocyl® (Novartis Consumer Health: CH, IT)
Dolodoc® (Docpharm: DE)
Dolofen-F® (Tempo: ID)
Dolofin® (Socobom: BE, LU)
Doloflam® (Pfizer: PE)
Dolofort® (Astellas: AT)
Dolomax® (Medifarma: PE)
Dolonet® (Unimed: PE)
Doloral® (Hersil: PE)
Dolorin Tablet® (Dinçsa Ilaç: TR)
Dolormin® (McNeil: DE)
Dolorsyn® (Omega: AR)
Dolorub® (Maver: CL)
Doloxene® (Newport: CR, GT, HN, NI, PA, SV)
Dolprofen® (Collins: MX)
Dolten® (Hisubiette: CO)
Dolven® (Eczacibasi: TR)
Dol® (GlaxoSmithKline: CO)
Doraplax® (Luper: BR)
Doretrim® (Novartis: BR)
Dorival® (Bayer: ES)
Druisel® (Northia: AR)
Duran® (Thai Nakorn Patana: TH)
Ecoprofen® (Sandoz: CH)
Efficol® (Chefar: EC)
Emflam® (Merck: IN)
Epsilon® (Will: BE, LU)
Erofen® (Edruc: BD)
Esprenit® (Hennig: DE)
Esrufen® (Square: BD)
Ethics Ibuprofen® (Multichem: NZ)
Eudorlin® (Berlin-Chemie: DE)
Eufenil® (Gelcaps: MX)
Expanfen® (Expanpharm: FR)
Extrapan® (Qualiphar: BE)
Fabogesic® (Fabop: AR)
Factopan® (Liade: ES)
Fada Ibuprofeno® (Fada: AR)
Faspic® (Pharmazam: ES)
Faspic® (Robapharm España: ES)
Faspic® (Zambon: RO)
Febratic® (Roemmers: AR)
Febratic® (Siegfried: MX)
Febricol® (Bestpharma: CL)
Febrifen® (Grupo Farma: CO)
Febryn® (Sunthi: ID)
Femapirin® (Chefaro: NL)
Femen® (Farma: EC)
Femen® (Grupo Farma: CO)
Feminalin® (Farma Lepori: ES)
Fenbid® (GlaxoSmithKline: AE, BH, IR, KW, OM, QA)
Fenbid® (Goldshield: GB)
Fenopine® (Pinewood: IE)
Fenpaed® (AFT: NZ)
Fenpic® (Zambon: CO)
Fenris® (Interbat: ID)
Feverfen® (Wise: GB)
Fibraflex® (mibe: DE)
Fiedosin® (Nupel: ES)
Finalflex® (Boehringer Ingelheim: SI)
Flamadol® (Bioplix-Biox: PE)
Flamex® (ACI: BD)
Focus® (Angelini: IT)
Fontol® (Duncan: AR)
Frenatermin® (McNeil: ES)
Frevac® (Lacofarma: DO)
G-Fen® (GDH: TH)
Galprofen® (Galpharm: GB)
Gelofeno® (Gelos: ES)
Genpril® (Teva: US)
Gerofen® (Münir Sahin: TR)
Gesica® (Unison: TH)
Gold Cross Ibuprofen® (Biotech: AU)
Greatofen® (Greater Pharma: TH)
Grefen® (Doetsch Grether: CH)
Gyno-Neuralgin® (Pfleger: DE)
Gynofug® (Wolff: DE)
H.G. Iprofen® (H.G.: EC)
Haltran® (Lee: US)
Heidi® (Siam Bheasach: TH)
Herron Blue Ibuprofen® (Herron: AU)
Hexal Compufen® (Hexal: AU)
Hibelotin® (Hankyu: JP)
Huma-Ibuprofen® (Teva: HU)
Huma-Profen® (Teva: HU)
Hémagène Tailleur® (Elerté: FR)
I-Profen® (Multichem: NZ)
Ib-u-ron® (Bene: DE)
Ibalgin Baby® (Zentiva: RO)

Ibalgin Forte® (Zentiva: RO)
Ibalgin® (Zentiva: CZ, RO)
Iboflam® (P D: ZA)
Ibosure® (Sandoz: NL)
Ibrofen® (TO Chemicals: TH)
Ibu 1A Pharma® (1A Pharma: DE)
Ibu AbZ® (AbZ: DE)
Ibu Benuron® (Novartis Consumer Health: DE)
Ibu eco® (Sandoz: CH)
Ibu Eu Rho® (Euro OTC: DE)
Ibu KD® (Kade: DE)
ibu KSK® (KSK Pharma: DE)
Ibu L.U.T® (Pharmafrid: DE)
Ibu Vertebralon® (Eberth: DE)
IBU-600® (Yeni: TR)
Ibu-acis® (acis: DE)
ibu-Attritin® (Tussin: DE)
Ibu-Evanol® (GlaxoSmithKline: AR)
Ibu-Hemofarm® (Hemofarm: RS)
Ibu-Hemopharm® (Hemopharm: DE)
Ibu-ratiopharm® (ratiopharm: DE)
Ibu-Slow® (GlaxoSmithKline: LU, NL)
Ibu-Tab® (Alra: US)
Ibu-Vivimed® (Mann: DE)
Ibuaid® (Marksman: BD)
Ibubenitol® (Benitol: AR)
Ibubeta® (betapharm: DE)
Ibubex® (Bexal: ES)
Ibucare® (PSM: NZ)
Ibucler® (Monserrat: AR)
Ibudolor® (Actavis: GE)
Ibudolor® (Dosa: AR)
Ibudolor® (Stada: DE)
Ibudol® (Laboratorios San Luis: SV)
Ibudol® (Schoeller: AT)
Ibufabra® (Fabra: AR)
Ibufac® (Unison: HK, TH)
Ibufem® (Sanova: AT)
Ibufen® (Abbott: TR)
Ibufen® (Actavis: IS)
Ibufen® (Antibiotice: RO)
Ibufen® (Beacons: SG)
Ibufen® (Bernofarm: ID)
Ibufen® (Cinfa: ES)
Ibufen® (Dexxon: IL)
Ibufen® (Medana: PL)
Ibufen® (Memphis Co.: EG)
Ibufen® (Polpharma: RU)
Ibufen® (Sanova: AT)
Ibufix® (Investi: AR)
Ibuflamar® (Indoco: BD, IN)
Ibuflam® (Winthrop: DE)
Ibufran® (Lab. Neo Quím.: BR)
Ibugan® (Aventis: TH)
Ibugel® (Dermal: GB, IE)
Ibugel® (Diomed: LU)
Ibugel® (Mayrhofer: AT)
Ibugesic® (Cipla: IN)
Ibugesic® (Dar-Al-Dawa: AE, BH, IQ, JO, KW, LB, LY, MT, NG, OM, QA, RO, SA, SD, SO, TN, YE)
Ibuhexal® (Hexal: DE, LU)
Ibuhexal® (Sandoz: HU)
Ibulan® (Olan-Kemed: TH)
Ibuleve® (DDD: GB)
Ibuleve® (Dermal: IL)
Ibuleve® (Pharmacia: ZA)
Ibumac® (Belmac: ES)
Ibumar® (Mar: AR)
Ibumax® (Vitabalans: CZ, FI)
Ibumax® (Xeragen: ZA)
Ibumed® (GlaxoSmithKline: ZA)
Ibumed® (Pharmethic: BE)
Ibumerck® (Merck dura: DE)
Ibumer® (América: CO)
Ibumetin® (Christiaens: NL)
Ibumetin® (Leiras: FI)
Ibumetin® (Nycomed: AT, DK, NO, SE)
Ibumousse® (Dermal: GB)
Ibumultin® (Lazar: AR)
Ibum® (Hasco: PL)
Ibunovalgina® (Sanofi-Aventis: AR)
Ibupal® (Jagson Pal: IN)
Ibupar® (Polfa Pabianice: PL)
Ibuphar® (Unicophar: BE)
Ibuphlogont® (Azupharma: DE)
Ibupirac® (Chemopharma: CL)
Ibupirac® (Pfizer: AR)
Ibupiretas® (Legrand: CO)
Ibupiretas® (Pfizer: AR)
Ibuprin® (Thompson: US)
ibuprof von ct® (CT: DE)
ibuprof von ct® (Tempelhof: LU)
Ibuprofen 200 CT® (CT: LU)
Ibuprofen AbZ® (AbZ: DE)
Ibuprofen Actavis® (Actavis: DK)
Ibuprofen Adico® (Adico: CH)
Ibuprofen Alpharma® (Alpharma: NL)
Ibuprofen AL® [Tbl.] (Aliud: CZ, DE)
Ibuprofen Atid® (Dexcel: DE)
Ibuprofen axcount® (Axcount: DE)
Ibuprofen A® (Apothecon: NL)
Ibuprofen Belupo® (Belupo: SI)
Ibuprofen Boehringer Ingelheim® (Boehringer Ingelheim: LU)
Ibuprofen CF® (Centrafarm: NL)
Ibuprofen Chefaro® (Chefaro: NL)
Ibuprofen Cimex® (Cimex: CH)
Ibuprofen Collett® (Collett: NO)
Ibuprofen Dagra® (Delphi: NL)
Ibuprofen Denk® (Denk: DE)
Ibuprofen dura® (Merck dura: DE)
Ibuprofen FLX® (Karib: NL)
Ibuprofen gel® (Mentholatum: HR)
Ibuprofen Genericon® (Genericon: AT)
Ibuprofen Helvepharm® (Helvepharm: CH)
Ibuprofen Heumann® (Heumann: DE)
Ibuprofen Hexal® (Hexal: NL)
Ibuprofen HTP® (Healthypharm: NL)
Ibuprofen Indo Farma® (Indofarma: ID)
Ibuprofen Journeyline® (Marel: NL)
Ibuprofen Katwijk® (Katwijk: NL)
Ibuprofen Klinge® (Astellas: DE)
Ibuprofen Kring® (Kring: NL)
Ibuprofen Lek® (Lek: BA, SI)
Ibuprofen Lindo® (Lindopharm: DE)
Ibuprofen medphano® (medphano: DE)
Ibuprofen Merck NM® (Merck NM: DK)
Ibuprofen Merck® (Merck Generics: NL)
Ibuprofen Milinda® (Milinda: DE)
Ibuprofen MK® (Mark: RO)

Ibuprofen PB® (Docpharm: DE)
Ibuprofen PCH® (Pharmachemie: NL)
Ibuprofen Polfa® (Polfa Pabianice: HU)
Ibuprofen Ratiopharm® (Ratiopharm: NL)
Ibuprofen Samenwerkende Apothekers® (Samenwerkende Apothekers: NL)
Ibuprofen Sandoz® (Sandoz: BE, DE, NL)
Ibuprofen Stada® (Stadapharm: DE)
Ibuprofen Teva® (Teva: BE)
ibuprofen von ct® (CT: DE)
Ibuprofen Yung Shin® (Yung Shin: SG)
Ibuprofen-CT® (CT: DE, LU)
Ibuprofen-Hemofarm® (Hemofarm: RU)
Ibuprofen-Medo® (Medochemie: NL)
Ibuprofen-mp® (medphano: DE)
Ibuprofen-ratiopharm® (Ratiopharm: FI)
Ibuprofene EG® (Eurogenerics: BE)
Ibuprofene-EG® (Eurogenerics: LU)
Ibuprofene-Ethypharm® (Ethypharm: LU)
Ibuprofene-Eurogenerics® (Eurogenerics: LU)
Ibuprofenix® (Phoenix: AR)
Ibuprofeno Agen® (Agen: ES)
Ibuprofeno AG® (American Generics: PE)
Ibuprofeno Aldo Union® (Aldo Union: ES)
Ibuprofeno All Pro® (All Pro: AR)
Ibuprofeno Alter® (Alter: ES, PT)
Ibuprofeno Aphar® (Litaphar: ES)
Ibuprofeno Bayvit® (Stada: ES)
Ibuprofeno Bexal® (Bexal: ES)
Ibuprofeno Biocrom® (Biocrom: AR)
Ibuprofeno Bouzen® (Bouzen: AR)
Ibuprofeno Calier® (Kern: ES)
Ibuprofeno Davur® (Davur: ES)
Ibuprofeno Dermogen® (Dermogen: ES)
Ibuprofeno Drawer® (Drawer: AR)
Ibuprofeno Ecar® (Ecar: CO)
Ibuprofeno Elisium® (Elisium: AR)
Ibuprofeno Esteve® (Esteve: ES)
Ibuprofeno Farmalider® (Farmalider: ES)
Ibuprofeno Farmasierra® (Farmasierra: ES)
Ibuprofeno Fecofar® (Fecofar: AR)
Ibuprofeno Gayoso® (Gayoso: ES)
Ibuprofeno Gen-Far® (Genfar: PE)
Ibuprofeno Generis® (Generis: PT)
Ibuprofeno Genfar® (Expofarma: CL)
Ibuprofeno Genfar® (Genfar: CO, EC)
Ibuprofeno Ilab® (Inmunolab: AR)
Ibuprofeno Induquimica® (Induquimica: PE)
Ibuprofeno Iqfarma® (Iqfarma: PE)
Ibuprofeno Juventus® (Juventus: ES)
Ibuprofeno Kern Pharma® (Kern: ES)
Ibuprofeno Kern® (Kern: ES)
Ibuprofeno Klonal® (Klonal: AR)
Ibuprofeno L.CH.® (Chile: CL)
Ibuprofeno Lafedar® (Lafedar: AR)
Ibuprofeno Larjan® (Veinfar: AR)
Ibuprofeno Lch® (Ivax: PE)
Ibuprofeno Llorens® (Llorens: ES)
Ibuprofeno Merck® (Merck: ES)
Ibuprofeno MF® (Marfan: PE)
Ibuprofeno MK® (Bonima: BZ, CR, DO, GT, HN, NI, PA, SV)
Ibuprofeno MK® (MK: CO)
Ibuprofeno Normon® (Normon: ES)
Ibuprofeno Nupel® (Nupel: ES)
Ibuprofeno Perugen® (Perugen: PE)
Ibuprofeno Pharmagenus® (Pharmagenus: ES)
Ibuprofeno Purissimus® (Purissimus: AR)
Ibuprofeno Ratiopharm® (Ratiopharm: PT)
Ibuprofeno Richet® (Richet: AR)
Ibuprofeno Sandoz® (Sandoz: ES)
Ibuprofeno Sant Gall Friburg® (Sant: AR)
Ibuprofeno Tarbis® (Tarbis: ES)
Ibuprofeno Ur® (Uso Racional: ES)
Ibuprofeno Vicrofer® (Vicrofer: AR)
Ibuprofeno® (American Generics: PE)
Ibuprofeno® (Bestpharma: CL)
Ibuprofeno® (Blaskov: CO)
Ibuprofeno® (Britania: PE)
Ibuprofeno® (Elifarma: PE)
Ibuprofeno® (Farmachif: PE)
Ibuprofeno® (Farmandina: EC)
Ibuprofeno® (Farmo Andina: PE)
Ibuprofeno® (Intipharma: PE)
Ibuprofeno® (ISA: AR)
Ibuprofeno® (ISP: PE)
Ibuprofeno® (La Sante: PE)
Ibuprofeno® (LCG: PE)
Ibuprofeno® (Medicalex: CO)
Ibuprofeno® (Mintlab: CL)
Ibuprofeno® (Monsanti: PE)
Ibuprofeno® (Pasteur: CL)
Ibuprofeno® (Pentacoop: CO, EC, PE)
Ibuprofeno® (Quimica Hindu: PE)
Ibuprofeno® (Roxfarma: PE)
Ibuprofeno® (Sanitas: CL)
Ibuprofeno® (Sherfarma: PE)
Ibuprofeno® (União: BR)
Ibuprofen® (acis: DE)
Ibuprofen® (Actavis: US)
Ibuprofen® (Akrihin: RU)
Ibuprofen® (Alpharma: GB)
Ibuprofen® (Apothecon: NL)
Ibuprofen® (Arena: RO)
Ibuprofen® (Bayer: NL)
Ibuprofen® (Belupo: BA, HR, SI)
Ibuprofen® (Cipla: RO)
Ibuprofen® (Delphi: NL)
Ibuprofen® (Dexxon: IL)
Ibuprofen® (Dr Reddys: US)
Ibuprofen® (Dynadro: NL)
Ibuprofen® (Ethypharm: CN)
Ibuprofen® (Etos: NL)
Ibuprofen® (Fagron: NL)
Ibuprofen® (Farmal: HR)
Ibuprofen® (GenRx: NL)
Ibuprofen® (Healthypharm: NL)
Ibuprofen® (Hemofarm: BA, RS)
Ibuprofen® (Kent: GB)
Ibuprofen® (Lagap: NL)
Ibuprofen® (Leidapharm: NL)
Ibuprofen® (Lek: BA)
Ibuprofen® (Memphis: CO)
Ibuprofen® (MR Pharma: DE)
Ibuprofen® (Par: US)
Ibuprofen® (Polfa: RO)
Ibuprofen® (Polfa Pabianice: PL)
Ibuprofen® (Polfa Pabianskiy: RU)
Ibuprofen® (Polfarmex: PL)
Ibuprofen® (ratiopharm: NO)

Ibuprofen® (Remedica: RS)
Ibuprofen® (Remevita: RS)
Ibuprofen® (Sanofi-Synthelabo: NL)
Ibuprofen® (SDG: NL)
Ibuprofen® (Srbolek: RS)
Ibuprofen® (Teva: GB)
Ibuprofen® (Wockhardt: GB)
Ibuprofène Biogaran® (Biogaran: FR)
Ibuprofène G Gam® (G Gam: FR)
Ibuprofène Ivax® (Ivax: FR)
Ibuprofène Merck® (Merck Génériques: FR)
Ibuprofène RPG® (RPG: FR)
Ibuprofène Sandoz® (Sandoz: FR)
Ibuprofène Zydus® (Zydus: FR)
Ibuprohm® (OHM: US)
Ibuprom® (US Pharmacia: PL)
Ibuprox® (Ferrer: ES)
Ibuprox® (ratiopharm: NO)
Iburen® (BL Hua: TH)
Iburex® (Medimet: BD)
Ibusal® (Orion: BH, FI)
Ibuscent® (Aesculapius: IT)
Ibuscent® (Vita: ES)
Ibusifar® (Siphar: CH)
Ibusi® (Mertens: AR)
Ibusol® (Pablo Cassara: AR)
Ibuspray® (Dermal: GB)
Ibutab® (Chemico: BD)
ibuTAD® (TAD: DE)
Ibutenk® (Biotenk: AR)
Ibutop® (Chefaro: DE)
Ibutop® (Dologiet: DK)
Ibutop® (Dolorgiet: AE, BG, BH, EG, HU, OM, QA, SA, SD, YE)
Ibutop® (Medico-Farmis: SI)
Ibutop® (Omega: BE, FR, LU)
Ibutop® (Sanova: AT)
Ibuxim® (Vitarum: AR)
Ibuxin® (Ratiopharm: FI)
Ibux® (Weifa: NO)
Ibuzidine® (Hexa: AR)
IBU® (ISA: AR)
IBU® (Par: US)
IBU® (Pose: TH)
Idyl® (Multicare: PH)
ilvico grippal® (Merck KGaA: DE)
Imbun® (Merckle: DE)
Infibu® (Caribe: CO)
Inflam® (Sanofi-Aventis: BD)
Intralgis® (Urgo: FR)
Inza® (Aspen: ZA)
Ipren® (Nycomed: DK)
Ipren® (Pfizer: SE)
Iproben® (Mepha: CH)
iProfen® (Paedpharm: AU)
Ipson® (Saval: CL)
Irfen® (Mepha: AE, BH, CH, CY, CZ, EG, JO, KW, LB, OM, QA, SA)
Irufen® (Ziska: BD)
Isdibudol® (Isdin: ES)
Isdol® (Isdin: ES)
Jenaprofen® (mibe: DE)
Julphar profinal® (Julphar: DE)
Junifen® (Boots: AT, BE, ES, LU, TH)
Kin Crema® (Andromaco: CL)
Kontagripp Sandoz® (Sandoz: DE)
Kratalgin® (Solvay: AT)
Kruidvat Ibuprofen® (Marel: NL)
Librofem® (LPC: GB)
Ländolor® (Lünpharma: DE)
Malafene® (Abbott: BE, LU)
Marcofen® (Europharm: RO)
Marcofen® (GlaxoSmithKline: RO)
Matrix® (TRB: AR)
Maxifen® (Unipharm: MX)
Maxiflam® (Sherfarma: PE)
Mediflam® (Sherfarma: PE)
Melfen® (Clonmel: IE)
Melfen® (Pannonpharma: HU)
Menadol® (Watson: US)
Mensoton® (Berlin-Chemie: DE)
Midol® (Bayer: US)
Midol® (ICN: PH)
Migränin® (Boots: DE)
Mofen® (Pharmascience: VN)
Molargesico® (Sherfarma: PE)
Momentact® (Angelini: IT)
Momento forte® (CSC: AT)
Moment® (Angelini: IT, PT)
Moment® (Lepori: PT)
Motricit® [vet.] (Virbac: NL)
Motrin IB® (McNeil: CA)
Motrin IB® (Pharmacia: US)
Motrin® (Janssen: ID)
Motrin® (McNeil: CA, US)
Motrin® (Pfizer: BR, CL, GB, GT, MX, PA, SV)
Motrin® (Pharmacia: CO, PE)
Narfen® (Alter: ES)
Nefor® (Osmopharm: DO)
Neobrufen® (Abbott: ES)
Neobrufen® (Boots: ES)
Neofen® (Belupo: BA, HR)
Neomeritine® (Janssen: LU)
Neurofen® (Globe: BD)
Neurofen® (Reckitt Benckiser: IE)
Niofen® (Megahealth: CL)
Niofen® (Procaps: CO)
Nodolfen® (Lacer: ES)
Nofena® (Konimex: ID)
Noflam® (GlaxoSmithKline: BD)
Nonpiron® (Elifarma: PE)
Norflam T® (3M: ZA)
Novo-Profen® (Novopharm: CA)
Novogeniol® (GlaxoSmithKline: AR)
Novogent® (Temmler: DE)
Nureflex® (Boots: AT, LU)
Nureflex® (Boots-GB: IT)
Nureflex® (Reckitt Benckiser: FR)
Nurofast® (Boots: IT)
Nurofebryl® (Boots: BE)
Nurofen for children® (Boots: AU, IL)
Nurofen for children® (Reckitt Benckiser: GB, NZ, RU)
Nurofen Forte® (Boots: IL, RO)
Nurofen Junior® (Klosterfrau: DE)
Nurofen® (Abdi Ibrahim: TR)
Nurofen® (Boots: AT, AU, BE, CZ, DE, ES, ES, HK, HU, IL, LU, MY, NL, PL, PT, RO, RO, RO, RS, SG, TH, ZA)
Nurofen® (Boots-GB: IT)

Nurofen® (Reckitt Benckiser: CH, DE, FR, GB, HR, IE, NZ, NZ, RU)
Nurosolv® (Boots-GB: IT)
Oberdol® (Diafarm: ES)
Oltyl® (Europharma: ES)
Opsofen® (Opsonin: BD)
Optalidon nouvelle Formule® (Novartis: BE)
Optalidon® (Novartis Consumer Health: DE)
Optalidon® (Sandoz: LU)
Optifen® (Spirig: CH)
Opturem® (Kade: DE)
Orbifen® (Orbis: GB)
Oren® (California: CO)
Orfen® (California: CO)
Ostarin® (Otto: ID)
Oxibut® (Laboratorios: AR)
Ozonol® (GlaxoSmithKline: PT)
P-Fen® (Millimed: TH)
Pabiprofen® (Polfa: CZ)
Paduden® (Terapia: RO)
Paidofebril® (Aldo Union: ES)
Pakurat® (Filaxis: AR)
Panafen® (GlaxoSmithKline: AU)
Panafen® (GlaxoSmithKline Consumer Healthcare: NZ)
Pango® (Efroze: LK)
Parsal® (Riemser: DE)
Pedea® (Orphan: DE, DK, ES, IT, LU, NL, PL)
Pediaprofen® (Chile: CL)
Pedifen® (Atabay: TR)
Perofen® (Remedica: CY, ET, KE, SD, ZW)
Perviam® (Janssen: BE)
Pfeil Zahnschmerz-Tabletten® (Stada: DE)
Phamoprofen® (Phamos: DE)
Phorpain® (Gerard: IE)
Pippen® (Pharmaland: TH)
Pirexin® (Cantabria: ES)
Pironal® (Bago: CL, PE)
Ponstil Mujer® (Elea: AR)
Ponstil® (Elea: AR)
Ponstinetas® (Elea: AR)
Ponstin® (Elea: AR)
Powerfen® (Farmaser: CO)
Prifen® (Soho: ID)
Probinex® (Life: EC)
Probufen® (Nakornpatana: TH)
Profena® (Pond's: TH)
Profeno® (Milano: TH)
Profen® (Acme: BD)
Profen® (Dinçsa Ilaç: TR)
Profinal® (Gulf: RO)
Profinal® (Julpharma: EC)
Promofen® (Weider: CO)
Proris® (Pharos: ID)
Provenol® (Kela: BE)
ProVen® (Douglas: AU)
Provon® (Medco: PE)
Pyriped® (Mintlab: CL)
Quadrax® (Boehringer Ingelheim: MX)
Quimoral® (Farmindustria: PE)
Rafen® (Alphapharm: AU)
Ranfen® (Ranbaxy: ZA)
Rebufen® (Rephco: BD)
Remofen® (Hikma: AE, BH, JO, SY, YE)
Renidon® (Korea: PH)
Renidon® (Pasteur: PH)
Reufen® (Gaco: BD)
Reumafen® (Beximco: BD)
Reuprofen® (Helcor: RO)
Rhelafen® (Lapi: ID)
Rheumanox® (Charoen Bhaesaj: TH)
Ribunal® (Combiphar: ID)
Roco® (Bayer: NL)
Rodalgin® (Biochem: CO)
Rofen® (Sandoz: ZA)
Rolab-Ibuprofen® (Sandoz: ZA)
Rufen® (Abbott: US)
Rumasian® (Asian: TH)
Rumatifen® (Chew Brothers: TH)
Rupan® (Medochemie: RO, RS)
Saldeva® (Andreu: PE)
Salivia® (LKM: AR)
Sandoz Ibuprofen® (Sandoz: ZA)
Sapbufen® (Frater: DZ)
Sarixell® (Bayer: NL)
Schmerz-Dolgit® (Dolorgiet: DE, LU)
Schufen® (Kenyaku: TH)
Serviprofen® (Biochemie: CO)
Serviprofen® (Novartis: BD)
Seskafen® (SSK: TR)
Shelrofen® (Medikon: ID)
Siflam® (Silva: BD)
Sindol® (Ahimsa: AR)
Siyafen® (Günsa: TR)
Skelan IB® (Biomedis: TH)
Skelan IB® (Great Eastern: TH)
Smadol® (Seres: CO)
Sokillpain® (Sophien: DE)
Solpaflex® (GlaxoSmithKline: BG, CZ, GE, HU, SI)
Solufen® (Azevedos: PT)
Solufen® (SMB: LU)
Solufen® (UCB: ES)
Solufen® (Whitehall-Robins: CH)
Solufen® (Winthrop: FR)
Solvium® (Chefaro: ES)
Spalt Liqua® (Whitehall-Much: DE)
Spalt® (Whitehall-Much: DE)
Spedifen® (Zambon: FR, HU)
Spidifen® (Zambon: BE, LU, PT)
Spidufen® (Zambon: BR)
Spifen® (Zambon: FR)
Sporfen® (Medinfar: PT)
Sterke Ibuprofen® (Samenwerkende Apothekers: NL)
Suprafen® (Atabay: TR)
Suprofen® (Sued: DO)
Tabalon® (Lancasco: GT, HN, SV)
Tabalon® (Sanofi-Aventis: MX)
Tabalon® (Teofarma: DE)
Tabcin® (Bayer: AT)
Tedifebrin® (Estedi: ES)
Tempil® (Temmler: DE)
Teprix® (Gramon: AR)
Terbofen® (Terbol: PE)
Tofen® (Utopian: TH)
Togal Ibuprofen® (Togal: DE)
Togal N® (Togal: LU)
Tonal® (Beta: AR)
Trauma-Dolgit® (Dolorgiet: DE, LU)
Trekpleister Ibuprofen® (Marel: NL)

Trendar® (Whitehall-Robins: US)
Treupel Dolo Ibuprofen® (Meda: CH)
Tri-Profen® (3M: AU)
Trifene® (Medinfar: PT)
Trofen® (TP Drug: TH)
Trosifen® (Farmacoop: CO)
Tussamag® (CT: DE)
Ultrafen® (Dinçsa Ilaç: TR)
Umafen® (Umeda: TH)
Uniao Ibuprofeno® (União: BR)
Unipron® (Showa Yakuhin Kako: JP)
Upfen® (Bristol-Myers Squibb: HR, RO)
Upfen® (UPSA: DZ, FR)
Upfen® (UPSA (Bristol Myers Squibb): RS)
Upren® (Casel: TR)
Urem® (Kade: DE)
Urem® (Mayrhofer: AT)
Urgo Ibuprofen® (Urgo: CZ, RO)
Verfen® (Baliarda: AR)
Zafen® (Zambon: LU, NL)
Zahnschmerztabletten® (MR Pharma: DE)

– arginine salt:

Babypiril® (Zambon: ES)
Dolo-Spedifen® (Zambon: CH)
Espidifen® (Zambon: ES)
Faspic® (Zambon: IT, TH)
Saetil® (Robapharm España: ES)
Spedifen® (Zambon: CH, HK, MY)
Spidifen® (Zambon: NL, PT)
Zafen® (Zambon: IT, NL)

– isobutanolamine:

IS: *Ibuprofenum isobutanolammonium*

Edenil® (Zambon: IT)
Gineflor® (Medestea: IT)
Ginenorm® (Aesculapius: IT)

– lysine salt:

CAS-Nr.: 0057469-77-9
IS: *Lisiprofen*
IS: *Solufen*

Adulfen Lysine® (Boots: BE, LU)
Algidrin® (Fardi: ES)
Algifor-L® (Vifor: CH)
Alogesia® (Seid: ES)
Antalfort® (McNeil: IT)
Antalisin® (McNeil: IT)
Arfen® (Lisapharma: IT)
Brafeno® (Richmond: AR)
Diantal® (Roemmers: CO)
Dismenol Formel L® (Merz: CH)
Doctril® (McNeil: ES)
Dolobeneurin® (Sanitas: AR)
Dolofast® (Bracco: IT)
Dolorac® (Lesvi: ES)
Dolormin® (McNeil: DE)
Ibu-Hemopharm® (Hemopharm: DE)
Ibu-ratiopharm® (ratiopharm: DE)
Ibufabra® (Fabra: AR)
Ibufen-L® (Amino: CH)
Ibufen® [gel] (Medana: PL)
Ibupirac® (Pfizer: AR)
ibuprof von ct® (CT: DE)
Ibuprofen Lysine® (Health Support Ltd: NZ)
Ibuprofeno Gemepe® (Gemepe: AR)
Imbun® (Merckle: DE)
Imbun® (Ratiopharm: AT)
Imbun® (ratiopharm: LU)
NeoProfen® (Ovation: US)
Neuralgin Kopfschmerzen® (Pfleger: DE)
Norvectan® (Fardi: ES)
Nurofen Migraine Pain® (Boots: AU)
Nurofen Migraine Pain® (Reckitt Benckiser: NZ)
Nurofen Tension Headache® (Reckitt Benckiser: NZ)
Nurofen® (Boots: NL)
Perskindol Ibuprofen akut® (Vifor: CH)
Perviam® (Janssen: LU)
ratioDolor® (Ratiopharm: AT)
ratioDolor® (ratiopharm: DE)
Sinedol Ibuprofen® (Hänseler: CH)
Tispol IBU-DD® (McNeil: DE)

– piconol:

CAS-Nr.: 0064622-45-3
OS: *Ibuprofen Piconol JAN, USAN*
IS: *2-Pyridylmethyl(±)-p-isobutylhydratropate*
IS: *Be 100*
IS: *Pimeprofen*
IS: *Pymeprofen*
IS: *U 75630 (Upjohn, USA)*

Staderm® (Torii: JP)
Vesicum® (Hisamitsu: JP)

– sodium salt:

Dadosel® (Farma Lepori: ES)
Esprenit® (Hennig: DE)
Ganaprofene® (Ganassini: IT)
Ibuflam Lichtenstein® (Winthrop: DE)
Ibuhexal® (Hexal: DE)
Ibuprofen AL® [supp.] (Aliud: DE)
Ibuprofen Stada® (Stadapharm: DE)
Ibuprofene Pliva® (Pliva: IT)
Ibuprofene Unifarm® (Unifarm: IT)
Saridon® (Bayer: CH)
Subitene® (Unifarm: IT)

Ibuproxam (Rec.INN)

L: Ibuproxamum
I: Ibuproxam
D: Ibuproxam
F: Ibuproxam
S: Ibuproxam

⚕ Antiinflammatory agent
⚕ Analgesic

ATC: M01AE13
CAS-Nr.: 0053648-05-8

C_{13}-H_{19}-N-O_2
M_r 221.305

Benzeneacetamide, N-hydroxy-α-methyl-4-(2-methylpropyl)-

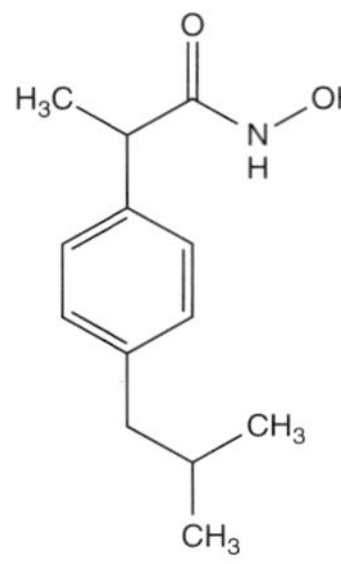

OS: *Ibuproxam [DCIT, USAN]*
IS: *G 277*

Nialen® (Novag: ES)

Ibutilide (Rec.INN)

L: Ibutilidum
I: Ibutilide
D: Ibutilid
F: Ibutilide
S: Ibutilida

Antiarrhythmic agent

ATC: C01BD05
CAS-Nr.: 0122647-31-8 C_{20}-H_{36}-N_2-O_3-S
M_r 384.588

Methanesulfonamide, N-[4-[4-(ethylheptylamino)-1-hydroxybutyl]phenyl]-, (±)-

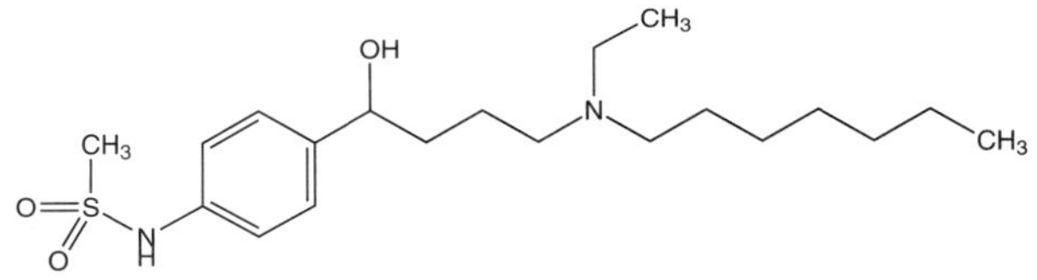

OS: *Ibutilide [BAN]*

- fumarate:

CAS-Nr.: 0122647-32-9
OS: *Ibutilide Fumarate BANM, USAN*
IS: *U 70226 E (Upjohn, USA)*
IS: *Ibutilid hemifumarat*

Corvert® (Gerolymatos: GR)
Corvert® (Pfizer: AT, CH, FI, FR, NL, NO, SE, US)
Corvert® (Pharmacia: IT)

Ichthammol (BAN)

L: Ammonium sulfobituminosum
I: Ictammolo
D: Ammoniumbituminosulfonat
F: Ichtyolammonium

Antiinflammatory agent
Dermatological agent, topical antiseptic

CAS-Nr.: 0008029-68-3

Ichthammol

OS: *Ichtyolammonium [DCF]*
OS: *Ichthammol [BAN, USAN]*
IS: *Ammonium sulfopleriolicum*
IS: *Bituminol*
IS: *Bitumol*
IS: *Ammonium sulfobituminosum*
PH: Ammoniumbituminosulfonat [Ph. Eur. 5]
PH: Ichthammol [Ph. Eur. 5, JP XIV, USP 30]
PH: Ichthammolum [Ph. Eur. 5]
PH: Ichtammol [Ph. Eur. 5]

Abitumfonsalbe® [vet.] (Atarost: DE)
Bitulfon-Salbe® [vet.] (Animedic: DE)
Daroderm® (Heca: NL)
Egoderm Cream® (Ego: AU)
Egoderm® (Ego: AE, MY)
Ichthammol® (3M: AU)
Ichthammol® (MidWest: NZ)
Ichthamol® (Vitamed: IL)
Ichtholan® (Ichthyol: AT, DE)
Ichtholan® (Medinova: CH)
Ichthyolee® (Günsa: TR)
Ichthyolum® (VSM: NL)
Ichthyol® (Aroma: TR)
Ichthyol® (Ichthyol: DE)
Ichthyol® (Nizhpharm: RU)
Ichtopur® (Ichthyol: AT)
Ichtoxyl® (Herbacos: CZ)
Ictammolo® (AFOM: IT)
Ictammolo® (Alleanza: IT)
Ictammolo® (Boots: IT)
Ictammolo® (Carlo Erba: IT)
Ictammolo® (Dynacren: IT)
Ictammolo® (Farmacologico: IT)
Ictammolo® (Lachifarma: IT)
Ictammolo® (Marco Viti: IT)
Ictammolo® (New.Fa.dem.: IT, IT)
Ictammolo® (Nova Argentia: IT)
Ictammolo® (Ogna: IT)
Ictammolo® (Olcelli: IT)
Ictammolo® (Polifarma: IT)
Ictammolo® (Ramini: IT)
Ictammolo® (Sella: IT)
Ictammolo® (Zeta: IT)
Ihtamol® (Merkez: TR)
Ihtiyol® (Cagdas: TR)
Ihtiyol® (Günsa: TR)
Ihtiyol® (Lokman: TR)
Ihtiyol® (Mega: TR)
Ihtiyol® (Oro: TR)
Inotyol® (Brady: AT)
Inotyol® (Selena Fournier: NO, SE)
Thiobitum® (Riemser: DE)
Trekzalf® (Boots: NL)
Unguentum Ichthamoli® (Herbacos: CZ)
Unguentum Ichthyoli® (Herbacos: CZ)
Unguentum Ichthyoli® (Sopharma: BG)

- decolorized:

IS: *Ammonium sulfobituminosum decoloratum*
IS: *Ichthammolum album*

Ichtho-Bad® (Ichthyol: AT, DE)
Ichtho-Bad® (Medinova: CH)

- sodium salt:

IS: *Natrium sulfobituminosum*

Ichthraletten® (Ichthyol: AT, DE)
Lavichthol® (Ichthyol: AT, DE)
Leukichtan Salbe® (Ichthyol: AT)

- **sodium salt, decolorized:**

IS: *Natrium sulfobituminosum decoloratum*

Aknichthol® (Ichthyol: DE)
Crino Cordes N® (Ichthyol: AT, DE)
Dermichthol® (Ichthyol: DE)
Ichthoderm® (Ichthyol: DE)
Ichtholan T® (Ichthyol: DE)
Ichthosin® (Ichthyol: DE)
Leukichtan® (Ichthyol: DE)
Solutio Cordes® (Ichthyol: AT, DE)

Icodextrin (Rec.INN)

L: Icodextrinum
D: Icodextrin
F: Icodextrine
S: Icodextrina

Dialysis solution

CAS-Nr.: 0009004-53-9 $[C_6\text{-}H_{10}\text{-}O_5]_n$

Dextrin, having more than 85% of its molecules with molecular masses between 1640 and 45000 with a claimed-average molecular mass of approximatively 20000

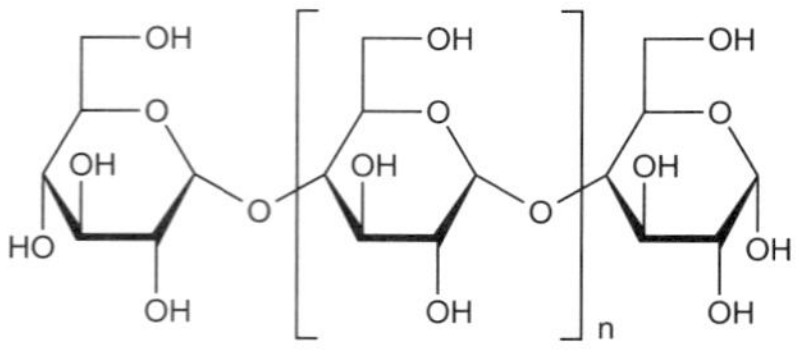

OS: *Icodextrin [BAN, USAN]*

Dexemel® (ML: LU, NL)
Extraneal® (Baxter: CH, HR, LU, NO, NZ, RO, RS, SE)
Extraneal® (Baxter Healthcare: US)
Extraneal® (Baxter Vertrieb: AT)
Extraneal® (Salus: SI)
Icodial® (Baxter: ES)
Icodial® (ML: LU, NL)

Icosapent (Rec.INN)

L: Icosapentum
D: Icosapent
F: Icosapent
S: Icosapento

Anticoagulant, platelet aggregation inhibitor

CAS-Nr.: 0010417-94-4 $C_{20}\text{-}H_{30}\text{-}O_2$
M_r 302.46

(all-Z)-5,8,11,14,17-eicosapentaenoic acid

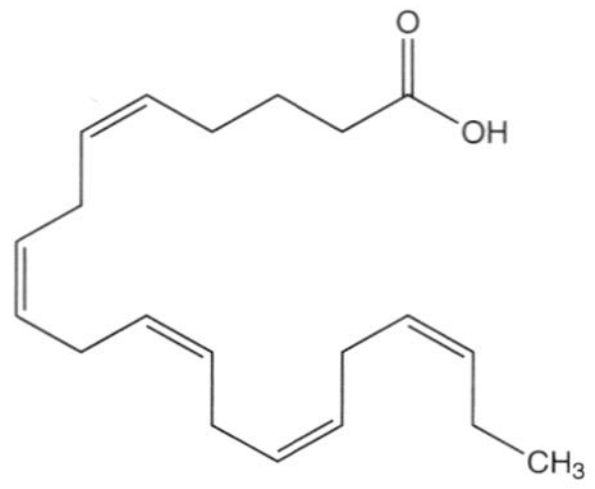

OS: *Icosapent [DCF, USAN]*
IS: *Eicosapentaenoic acid*
IS: *Icosapentaenoic acid*
IS: *Timnodonsäure*

- **ethyl ester:**

OS: *Ethyl Icosapentate JAN*

Epadel® (Mochida: JP)

Idarubicin (Rec.INN)

L: Idarubicin
I: Idarubicina
D: Idarubicinum
F: Idarubicine
S: Idarubicina

Antineoplastic, antibiotic

ATC: L01DB06
CAS-Nr.: 0058957-92-9 $C_{26}\text{-}H_{27}\text{-}N\text{-}O_9$
M_r 497.512

(7S,9S)-9-Acetyl-7-[(3-amino-2,3,6-trideoxy-α-L-lyxo-hexapyranosyl)oxy]-7,8,9,10-tetrahydro-6,9,11-trihydroxy-5,12-naphtacenedione

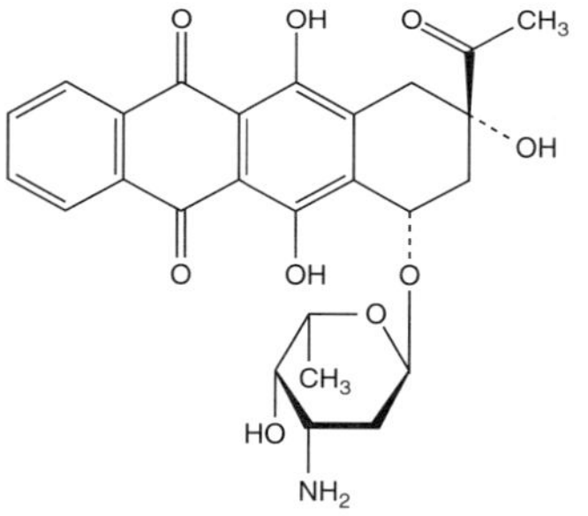

OS: *Idarubicin [BAN]*
OS: *Idarubicine [DCF]*
OS: *Idarubicina [DCIT]*
IS: *4-Demethoxydaunorubicin*
IS: *4-DMD*
IS: *DMDR*

Epicina® (LKM: AR)
Idarrubicina Dosa® (Dosa: AR)
Zavedos® (Pfizer: CL, FI, HR, IE)
Zavedos® (Pharmacia: CO)
Zavedos® (Pharmacia & Upjohn: LK)

- **hydrochloride:**

CAS-Nr.: 0057852-57-0
OS: *Idarubicin Hydrochloride BANM, USAN*
IS: *IMI 30 (Farmitalia, Italy)*
PH: Idarubicin Hydochloride JP XIV, USP 30

Idamycin® (Pfizer: CA, US)
Idamycin® (Sicor: US)
Idarubicin HCl® (Gensia: US)
Idarubicin Hydrochloride® (Gensia: US)
Idarubicina Delta® (Delta Farma: AR)
Idarubicina Varifarma® (Varifarma: AR)
Zavedos® (Deva: TR)
Zavedos® (Erbapharma: ID)
Zavedos® (Kenfarma: ES)
Zavedos® (Pfizer: AR, AT, AU, BA, BE, BR, CH, CZ, DK, FI, FR, GB, HK, HU, IL, IS, MY, NL, NO, NZ, PE, PL, PT, RU, SE, SG, SI, TH, ZA)
Zavedos® (Pharmacia: BG, CN, CR, DE, GR, GT, HN, IT, LU, NI, PA, RO, RS, SV)
Zavedos® (Sindan: RO)

Idebenone (Rec.INN)

L: Idebenonum
I: Idebenone
D: Idebenon
F: Idébénone
S: Idebenona

Nootropic

ATC: N06BX13
CAS-Nr.: 0058186-27-9 C_{19}-H_{30}-O_5
M_r 338.449

2,5-Cyclohexadiene-1,4-dione, 2-(10-hydroxydecyl)-5,6-dimethoxy-3-methyl-

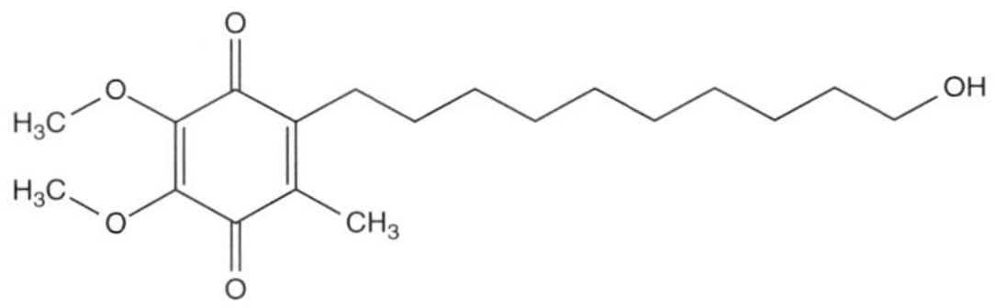

OS: *Idebenone [JAN, USAN]*
IS: *CV 2619 (Takeda, Japan)*

Amizal® (Vida: PT)
Cerestabon® (Seber: PT)
Daruma® (Wyeth: IT)
Geniceral® (Casasco: AR)
Idecortex® (Pentafarma: PT)
Idesole® (Phoenix: AR)
Lucebanol® (Hormona: MX)
Mnesis® (Takeda: CH, IT)
Nemocebral® (Ivax: AR)
Noben® (Binnofarm: RU)
Pavertrin® (Duncan: AR)
Ulcourona® (Neuropharma: AR)

Idoxuridine (Rec.INN)

L: Idoxuridinum
I: Idoxuridina
D: Idoxuridin
F: Idoxuridine
S: Idoxuridina

Antiviral agent

ATC: D06BB01,J05AB02,S01AD01
CAS-Nr.: 0000054-42-2 C_9-H_{11}-I-N_2-O_5
M_r 354.107

Uridine, 2'-deoxy-5-iodo-

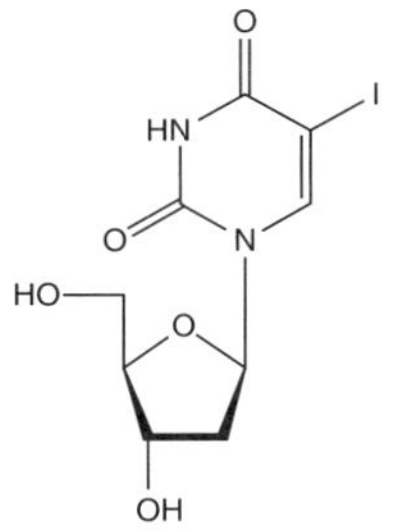

OS: *Idoxuridine [BAN, DCF, JAN, USAN]*
OS: *Idoxuridina [DCIT]*
IS: *I.D.U.R.*
IS: *IDU*
IS: *Allergan 201 (Allergan)*
IS: *SKF 14287*
IS: *5 IUDR*
PH: Idoxuridin [Ph. Eur. 5]
PH: Idoxuridine [JP XIV, Ph. Eur. 5, Ph. Int. 4, USP 30]
PH: Idoxuridinum [Ph. Eur. 5, Ph. Int. 4]

Cendrid® (Cendo: ID)
Dendrid® (Alcon: BW, CZ, ER, ET, GH, KE, MW, NA, NG, TZ, UG, ZA, ZM, ZW)
Epiten® (Farma: PE)
Herpesine® (Nikkho: BR)
Herpidu® (Ciba Vision: BD)
Herpid® (Astellas: GB)
Herplex® (Allergan: AU, CA)
Herplex® (Belupo: BA)
Herplex® (Tecnoquimicas: PE)
IDU ophthalmic® (Sumitomo: JP)
Iducher® (Farmigea: IT)
Idulea® (Elea: AR)
Idustatin® (Sanofi-Aventis: IT)
IDU® (Allergan: BR)
Isotic Ixodine® (Fahrenheit: ID)
Oftan IDU® (Santen: RU)
Ridinox® (Bell: IN)
Virexen® (Viñas: ES)
Virexen® (Will: LU, NL)
Virpex® (AHP: LU)
Virunguent® (Hermal: DE, LU)
Virunguent® (Reckitt Benckiser: CH)
Zostrum® (Galderma: DE)

Idrocilamide (Rec.INN)

L: Idrocilamidum
D: Idrocilamid
F: Idrocilamide
S: Idrocilamida

Muscle relaxant

CAS-Nr.: 0006961-46-2 — C_{11}-H_{13}-N-O_2
M_r 191.235

2-Propenamide, N-(2-hydroxyethyl)-3-phenyl-

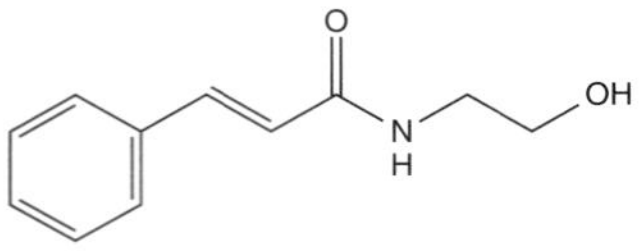

OS: *Idrocilamide [DCF, USAN]*
IS: *LCB 29*

Relaxnova® (Nova-Pharm: PE)
Srilane® (Merck: BE, LU)
Srilane® (Merck Lipha Santé: FR)
Srilane® (Profarma: PE)
Talval® (Merck: CH)

Idursulfase (Rec.INN)

L: Idursulfaseum
I: Sulfatasa del sulfato de alpha-L-iduronato
D: Idursulfase
F: Idursulfase
S: Idursulfasa

Enzyme

ATC: A16AB09
ATCvet: QA16AB09
CAS-Nr.: 0050936-59-9 — C_{2689}-H_{4057}-N_{699}-O_{792}-S_{14}

α-L-iduronate sulfate sulfatase (subunit protein moiety reduced) (WHO)

Sulfatase, L-idurono- (USAN)

OS: *Idursulfase [USAN, BAN]*
IS: *EC 3.1.6.13 (Transkaryotic Therapies, US)*
IS: *Sulfoiduronate sulfohydrolase*
IS: *I2S (Shire, US)*
IS: *I2S CNS*

Elaprase® (Drac: CH)
Elaprase® (Shire: DE, US)

Ifenprodil (Rec.INN)

L: Ifenprodilum
D: Ifenprodil
F: Ifenprodil
S: Ifenprodil

Vasodilator

ATC: C04AX28
CAS-Nr.: 0023210-56-2 — C_{21}-H_{27}-N-O_2
M_r 325.457

1-Piperidineethanol, α-(4-hydroxyphenyl)-β-methyl-4-(phenylmethyl)-

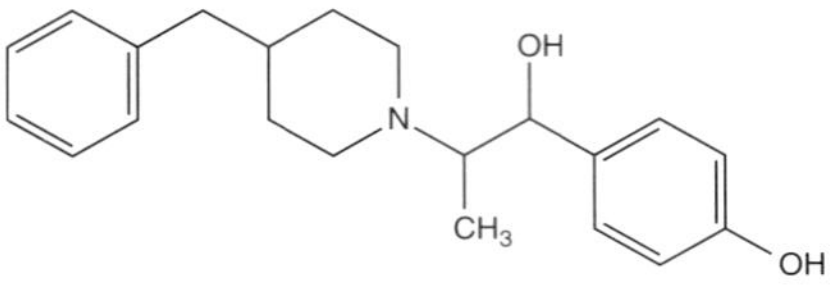

OS: *Ifenprodil [DCF, USAN]*
IS: *RC 61-91*

– tartrate:

CAS-Nr.: 0023210-58-4
IS: *RC 61-96*
PH: Ifenprodil Tartrate JP XIV

Vadilex® (Sanofi-Aventis: FR)

Ifosfamide (Rec.INN)

L: Ifosfamidum
I: Ifosfamide
D: Ifosfamid
F: Ifosfamide
S: Ifosfamida

Antineoplastic, alkylating agent

ATC: L01AA06
CAS-Nr.: 0003778-73-2 — C_7-H_{15}-Cl_2-N_2-O_2-P
M_r 261.087

2H-1,3,2-Oxazaphosphorin-2-amine, N,3-bis(2-chloroethyl)tetrahydro-, 2-oxide

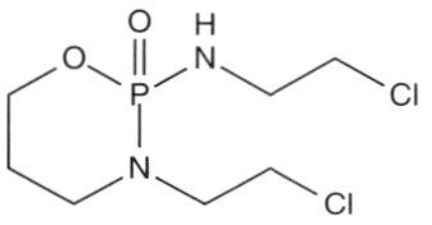

OS: *Ifosfamide [BAN, DCF, DCIT, JAN, USAN]*
IS: *NSC 109 724*
IS: *Isophosphamide*
IS: *MJF 9325*
IS: *Z 4942*
PH: Ifosfamide [Ph. Eur. 5, USP 30]
PH: Ifosfamidum [Ph. Eur. 5]
PH: Ifosfamid [Ph. Eur. 5]

Cuantil® (Teva: AR)
Fentul® (Ivax: AR, PE)
Holoxane® (ASTA Medica: BR)
Holoxan® (ASTA Medica: AE, BH, CY, EG, LY, OM, QA, SA, SD, SY, YE)
Holoxan® (Aventis: ZA)
Holoxan® (Baxter: AT, AU, BE, CH, CL, CZ, FI, FR, GR, HK, HR, HU, ID, IS, LU, NL, NO, NZ, PH, PL, RO, RS, SE, SI, TH, VN)
Holoxan® (Baxter Oncology: DE, SG)
Holoxan® (Baxter Oncology-D: IT)
Holoxan® (Bayer: IQ, JO, KW, LB)
Holoxan® (Eczacibasi Baxter: TR)
Holoxan® (German Remedies: IN)
Holoxan® (Sanofi-Aventis: BD)
Ifadex® (Cryopharma: MX)
Ifex® (Baxter: CA)
Ifex® (Bristol-Myers Squibb: US)
IFO-cell® (cell pharm: DE)

IFO-cell® (Stada: TH)
Ifocris® (LKM: AR)
Ifolem® (Chile: CL)
Ifomida® (Asofarma: MX)
Ifomide® (Shionogi: JP)
Ifosfamid A-Pharma® (A-Pharma: DK)
Ifosfamida Biocrom® (Biocrom: AR)
Ifosfamida Delta Farma® (Delta Farma: AR)
Ifosfamida Filaxis® (Filaxis: AR)
Ifosfamida Microsules® (Microsules: AR)
Ifosfamida Rontag® (Rontag: AR)
Ifosfamida Servycal® (Servycal: AR, PE)
Ifosfamida Varifarma® (Varifarma: AR)
Ifosfamida® (Bestpharma: CL)
Ifosfamida® (Biocrom: PE)
Ifosfamida® (Kampar: CL)
Ifosfamide® (Sicor: US)
Ifosmixan® (Richmond: AR, PE)
Ifoxan® (ASTA Medica: IL)
Ipamide® (Dabur: IN)
Macdafen® (Instytut Farmaceutyczny: PL)
Mitoxana® (ASTA Medica: IE)
Mitoxana® (Baxter: GB)
Tronoxal® (Funk: ES)
Tronoxal® (Prasfarma: ES)

Iloprost (Rec.INN)

L: Iloprostum
I: Iloprost
D: Iloprost
F: Iloprost
S: Iloprost

Anticoagulant, platelet aggregation inhibitor
Prostaglandin
Vasodilator

ATC: B01AC11
CAS-Nr.: 0073873-87-7 C_{22}-H_{32}-O_4
M_r 360.498

Pentalenevaleric acid, (E)-(3aS,4R,5R,6aS)-hexahydro-5-hydroxy-4-[(E)-(3S,4RS)-3-hydroxy-4-methyl-1-octen-6-ynyl]-Ý2(1H)δ-

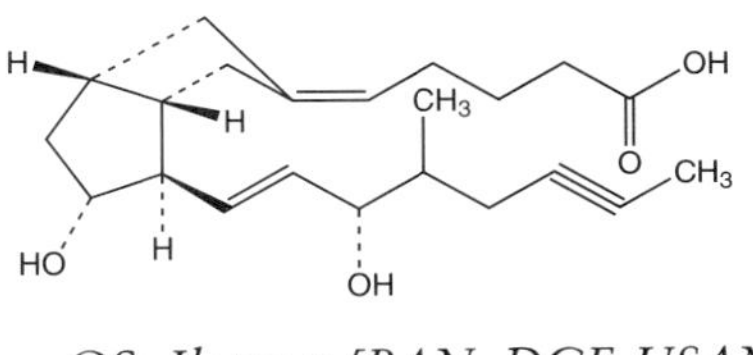

OS: *Iloprost [BAN, DCF, USAN]*
IS: *Ciloprost*
IS: *ZK 36374 (Schering, Germany)*

Ilomedin® (Schering: FI, MY, NL, TR)
Ilomédine® (Schering: FR)
Ventavis® (Agis: IL)
Ventavis® (Schering: AR, CN, PT)

– tromethamine:

Endoprost® (Italfarmaco: IT)
Ilocit® (Juste: ES)
Ilomedine® (Schering: NL)
Ilomedin® (Agis: IL)
Ilomedin® (Bayer: CH)
Ilomedin® (Schering: AT, BA, CZ, DE, DK, ES, FI, GR, HU, IT, NL, NO, NZ, PL, PT, RO, RS, SE, SI, TH)
Ventavis® (CoTherix: US)
Ventavis® (Schering: AT, AU, CZ, DE, DK, ES, FI, FR, GB, HK, HU, IE, IT, LU, NL, NO, PL, SE, SG, TR)

Imatinib (Rec.INN)

L: Imatinibum
D: Imatinib
F: Imatinib
S: Imatinib

Antineoplastic agent

ATC: L01XE01
CAS-Nr.: 0152459-95-5 C_{29}-H_{31}-N_7-O
M_r 493.64

alpha-(4-methyl-1-piperazinyl)-3'-[[4-(3-pyridyl)-2-pyrimidinyl]amino]-p-tolu-p-toluidide- [WHO]

Benzamide, 4-((4-methyl)-1-piperazinyl)methyl)-N-(4-methyl-3-((4-(3-pyridinyl)-2-pyrimidinyl)amino)phenyl)- [NLM]

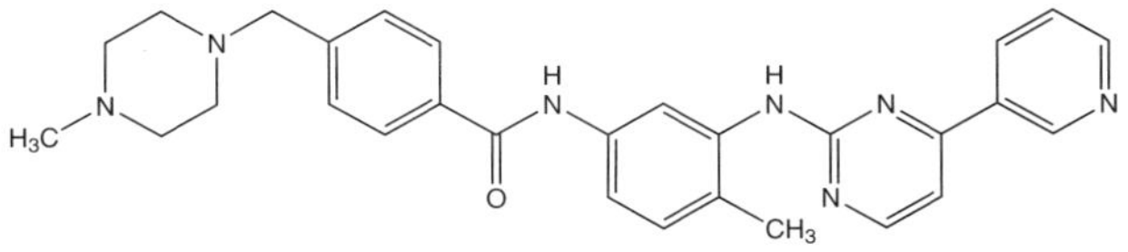

OS: *Imatinib [BAN, USAN]*
IS: *CGP 57148*
IS: *STI 571 (Novartis)*

Glamox® (GlaxoSmithKline: PH)

– mesilate:

CAS-Nr.: 0220127-57-1
OS: *Imatinib Mesilate BAN*
IS: *CGP 57148B (Novartis, Switzerland)*
IS: *CML*
IS: *chronic myeloid leukemia (CML)*
IS: *Imatinib Mesylate*
IS: *STI 571*

Enliven® (Orion: BD)
Gleevec® (Novartis: CA, GT, JO, JP, KR, PR, SY, US, ZA)
Gleevec® (Novartis Pharma: PE)
Glivec® (Novartis: AR, AT, AU, BA, BD, BE, BR, CH, CL, CN, CO, CZ, DE, DK, EC, ES, FI, FR, GB, GE, GR, HK, HU, ID, IE, IL, IS, IT, JP, LK, LU, MX, MY, NL, NO, NZ, PH, PL, PT, RO, RS, RU, SE, SG, SI, TH, TR, VN)
Glivec® (Novartis Consumer Health: HR)
Glivec® (Novartis Pharma: PE)
Zoleta® (Ranbaxy: IN)

Imidacloprid

D: Imidacloprid

Insecticide [vet.]
ATCvet: QP53AX17
CAS-Nr.: 0105827-78-9 C_9-H_{10}-Cl-N_5-O_2
M_r 255.679

⊙ 2-Imidazolidinimine, 1-[(6-chloro-3-pyridinyl)methyl]-N-nitro-

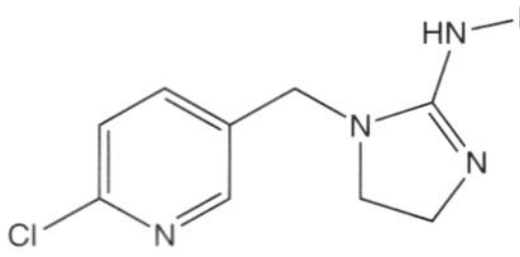

Advantage® [vet.] (Bayer: AT, BE, CO, IE, IT, LU, NL, NO, SE, US)
Advantage® [vet.] (Bayer Animal: DE, NZ)
Advantage® [vet.] (Bayer Animal Health: AU, GB, ZA)
Advantage® [vet.] (Bayer Sante Animale: FR)
Advantix® [vet.] (Bayer Animal Health: GB)
Bayvantage® [vet.] (Provet: CH)
Biocanispot® [vet.] (Véto-Centre: FR)
Bolfo Gold Vlooiendruppels® [vet.] (Bayer: NL)

Imidapril (Rec.INN)

L: Imidaprilum
D: Imidapril
F: Imidapril
S: Imidapril

⚕ ACE-inhibitor
⚕ Antihypertensive agent

ATC: C09AA16
ATCvet: QC09AA16
CAS-Nr.: 0089371-37-9 C_{20}-H_{27}-N_3-O_6
M_r 405.466

⊙ (4S)-3-[(2S)-N-[(1S)-1-Carboxy-3-phenylpropyl]alanyl]-1-methyl-2-oxo-4-imidazolidinecarboxylic acid, 3-ethyl ester

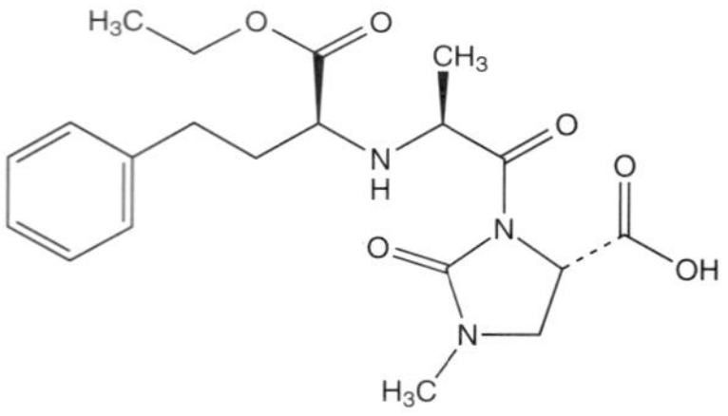

OS: *Imidapril [BAN, USAN]*
IS: *SH 6366*
IS: *TA 6366 (Tanabe Seiyaku, Japan)*

Hipertene® (Bial: ES)
Imidapril Bial® (Bial: ES)

– hydrochloride:

CAS-Nr.: 0089396-94-1
OS: *Imidapril Hydrochloride BANM, JAN*

Cardipril® (Bial: PT)
Novarok® (Nihon Schering: JP)
Prilium® [vet.] (Ati: IT)
Prilium® [vet.] (Vetcare: FI)
Prilium® [vet.] (Vetochas: DE)
Prilium® [vet.] (Vetoquinol: AT, CH, FR, GB, LU)
Prilium® [vet.] (Vétoquinol: PT)
Tanapress® (Tanabe: ID)
Tanatril® (Craveri: AR)
Tanatril® (Elder: IN)
Tanatril® (Fournier: CZ, RO, SG)
Tanatril® (Gerolymatos: GR)
Tanatril® (Gerot: AT)
Tanatril® (Ipsen: FR)
Tanatril® (Jelfa: PL)
Tanatril® (Kwizda: DE)
Tanatril® (Rottapharm: ES, IT)
Tanatril® (Tanabe: JP)
Tanatril® (Tanabe Seiyaku: BD, HK, LK, MY, TH, VN)
Tanatril® (Trinity-Chiesi: GB)
Vascor® (Therapharma: PH)

Imidazole Salicylate (Rec.INN)

L: Imidazoli Salicylas
D: Imidazol salicylat
F: Salicylate d'Imidazole
S: Salicilato de imidazol

⚕ Antiinflammatory agent
⚕ Analgesic

ATC: N02BA16
CAS-Nr.: 0036364-49-5 C_{10}-H_{10}-N_2-O_3
M_r 206.21

⊙ Benzoic acid, 2-hydroxy-, compd. with 1H-imidazole (1:1)

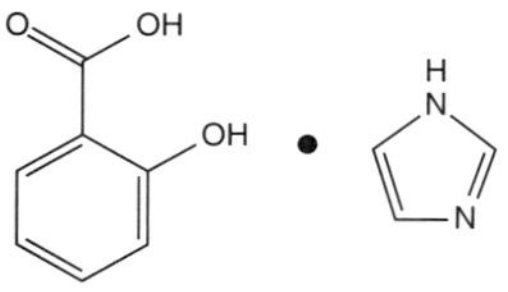

OS: *Imidazole (salicylate de) [DCF]*
OS: *Imidazole Salicylate [USAN]*
IS: *Imidazate*
IS: *ITF 182*

Selezen® (Teofarma: IT)

Imidocarb (Rec.INN)

L: Imidocarbum
D: Imidocarb
F: Imidocarbe
S: Imidocarbo

⚕ Antiprotozoal agent

CAS-Nr.: 0027885-92-3 C_{19}-H_{20}-N_6-O
M_r 348.429

⊙ Urea, N,N'-bis[3-(4,5-dihydro-1H-imidazol-2-yl)phenyl]-

OS: *Imidocarb [BAN]*

Imidox® [vet.] (Pfizer: ZA)
Imizol® [vet.] (Cooper: ZA)
Imizol® [vet.] (Coopers Animal Health: AU)
Imizol® [vet.] (Schering-Plough Vet: PT)
Imizol® [vet.] (Schering-Plough Veterinary: GB)

– dipropionate:

CAS-Nr.: 0005318-76-3
OS: *Imidocarb Dipropionate BAN*
IS: *4A65*

Carbésia® [vet.] (Schering-Plough Vétérinaire: FR)
Forray® [vet.] (Schering-Plough Animal: ZA)

Imiglucerase (Rec.INN)

L: Imiglucerasum
D: Imiglucerase
F: Imiglucerase
S: Imiglucerasa

Enzyme, replacement therapy

ATC: A16AB02
CAS-Nr.: 0154248-97-2 C_{2532}-H_{3843}-N_{671}-O_{711}-S_{16}
M_r 55575.266

495-L-Histidineglucosylceramidase (human placenta isoenzyme protein moiety)

OS: *Imiglucerase [BAN, USAN]*
IS: *Alglucerase, gentechnisch hergestellt*

Cerezyme® (Genzyme: AT, BE, CA, CH, CZ, DE, DK, ES, FI, GB, HR, IL, IT, LU, NL, NO, NZ, PL, PT, RO, RS, SE, US)
Cerezyme® (Pharmaplan: ZA)
Cerezyme® (Salus: SI)
Cerezyme® (Vantone: HK)

Imipenem (Rec.INN)

L: Imipenemum
I: Imipenem
D: Imipenem
F: Imipénem
S: Imipenem

Antibiotic, beta-lactam

CAS-Nr.: 0064221-86-9 C_{12}-H_{17}-N_3-O_4-S
M_r 299.358

1-Azabicyclo[3.2.0]hept-2-ene-2-carboxylic acid, 6-(1-hydroxyethyl)-3-[[2-[(imino-methyl)amino]ethyl]thio]-7-oxo-, [5R-[5α,6α(R*)]]-

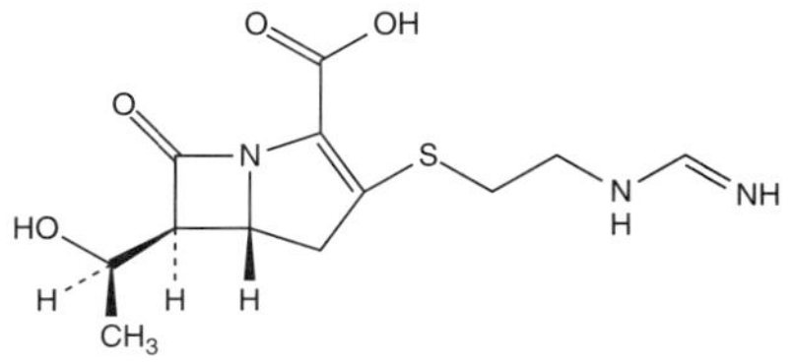

OS: *Imipenem [BAN, DCIT, JAN, USAN]*
OS: *Imipénem [DCF]*
IS: *Formimidoyl-thienamycin, N-*
IS: *Imipemide*
IS: *MK 0787*
IS: *NFT*
PH: Imipenemum [Ph. Eur. 5]
PH: Imipenem [JP XIV, Ph. Eur. 5]
PH: Imipénem [Ph. Eur. 5]

Bacqure® [+ Cilastatin sodium salt] (Ranbaxy: PE)
Imipecil® (Northia: AR)
Pelastin® [+ Cilastatin] (Sanbe: ID)
Primaxin® [+ Cilastatin sodium salt] (Merck: US)
Primaxin® [+ Cilastatin sodium salt] (Merck Frosst: CA)
Primaxin® [+ Cilastatin sodium salt] (Merck Sharp & Dohme: AU, GB, NZ)
Tienam® [+ Cilastatin sodium salt] (Merck: PE)
Tienam® [+ Cilastatin sodium salt] (Merck Sharp & Dohme: BA, BR, CH, CL, CN, CO, CR, ES, GT, HK, HN, HR, HU, ID, IL, IS, LK, MY, NI, PA, PT, RS, RU, SG, SV, TH, TR, ZA)
Tienam® [+ Cilastatin sodium salt] (MSD: NO)

– monohydrate:

CAS-Nr.: 0074431-23-5
PH: Imipenem USP 30

Tienam® [+ Cilastatin sodium salt] (Merck Sharp & Dohme: BE, CH, CZ, DZ, FR, IT, LU, NL, PL, SE)
Tienam® [+ Cilastatin sodium salt] (Merck-Sharp&Dohme: RO)
Tienam® [+ Cilastatin sodium salt] (MSD: FI)
Zienam® [+ Cilastatin sodium salt] (Merck Sharp & Dohme: AT, DE)

Imipramine (Rec.INN)

L: Imipraminum
I: Imipramina
D: Imipramin
F: Imipramine
S: Imipramina

Antidepressant, tricyclic

ATC: N06AA02
CAS-Nr.: 0000050-49-7 C_{19}-H_{24}-N_2
M_r 280.421

5H-Dibenz[b,f]azepine-5-propanamine, 10,11-dihydro-N,N-dimethyl-

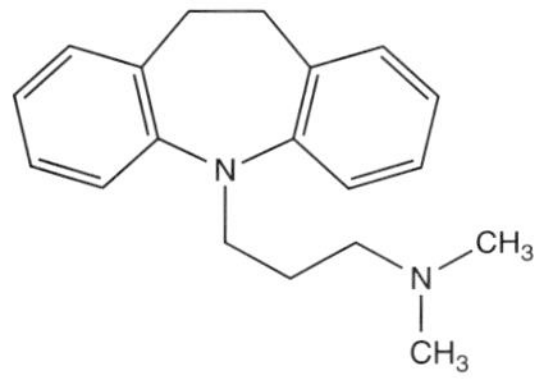

OS: *Imipramine [BAN, DCF]*
OS: *Imipramina [DCIT]*
IS: *G 22-355*

Imipramina L.CH.® (Chile: CL)
Imipramina® (Rider: CL)
Imipramine HCl Gf® (Genfarma: NL)
Imipramine HCl PCH® (Pharmachemie: NL)
Imipra® (Cristália: BR)
Tofranil® (Novartis: AG, AN, AW, BB, BM, BS, ET, GD, GH, GY, HT, JM, KE, KY, LC, LY, MT, NG, SD, TT, TZ, VC, ZW)
Topramine® (Condrugs: TH)

– hydrochloride:

CAS-Nr.: 0000113-52-0
OS: *Imipramine Hydrochloride BANM, JAN, USAN*
IS: *Imizinum*
PH: Imipramine (chlorhydrate d') Ph. Eur. 5
PH: Imipramine Hydrochloride JP XIV, Ph. Eur. 5, Ph. Int. 4, USP 30
PH: Imipraminhydrochlorid Ph. Eur. 5

PH: Imipramini hydrochloridum Ph. Eur. 5, Ph. Int. 4

Antidep® (Torrent: IN)
Apo-Imipramine® (Apotex: CA, SG)
Celamine® (Pharmasant: TH)
Depsonil® (Sarabhai: IN)
Ethipramine® (Aspen: ZA)
Imipramin Dak® (Nycomed: DK)
Imipramin-neuraxpharm® (neuraxpharm: DE)
Imipramina Clorhidrato® (Bestpharma: CL)
Imipramina® (Dosa: AR)
Imipramine HCl CF® (Centrafarm: NL)
Imipramine HCl ratiopharm® (Ratiopharm: NL)
Imipramine Hydrochloride® (Mutual: US)
Imipramine Hydrochloride® (Par: US)
Imipramine Hydrochloride® (Sandoz: US)
Imipramine Hydrochloride® (United Research: US)
Imipramine® (Remedica: CY)
Imipram® [vet.] (Aesculaap: NL)
Imiprex® (Dumex: AE, BH, CY, EG, IQ, JO, KW, LB, LY, OM, QA, SA, SD, YE)
Melipramin® (Boucher & Muir: AU)
Melipramin® (Egis: BD, CZ, HU, RU)
Mepramin® (UCI: BR)
Novo-Pramine® (Novopharm: CA)
Pinor® (Aristopharma: BD)
Primonil® (Teva: IL)
Pryleugan® (Temmler: DE)
Sermonil® (Pharmaland: TH)
Talpramin® (Psicofarma: MX)
Tofranil mite® (Dolorgiet: DE, LU)
Tofranil® (Dolorgiet: LU)
Tofranil® (Mallinckrodt: US)
Tofranil® (Novartis: AR, AT, AU, BD, BE, BR, CA, CH, CO, DE, ES, FR, GB, ID, IL, IT, NL, NZ, PT, TR, ZA)

– embonate:

CAS-Nr.: 0010075-24-8
IS: *Imipramine pamoate*

Tofranil Pamoato® (Novartis: BR, ES)
Tofranil-PM® (Mallinckrodt: US)

Imipraminoxide (Rec.INN)

L: Imipraminoxidum
D: Imipraminoxid
F: Imipraminoxide
S: Imipraminoxido

Antidepressant, tricyclic

CAS-Nr.: 0006829-98-7 C_{19}-H_{24}-N_2-O
M_r 296.421

5H-Dibenz[b,f]azepine-5-propanamine, 10,11-dihydro-N,N-dimethyl-, N-oxide

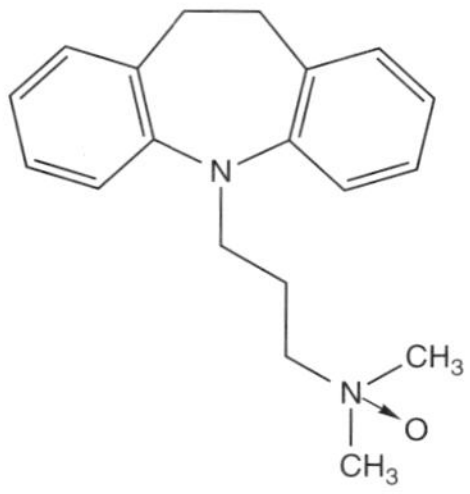

OS: *Imipraminoxide [USAN]*

– hydrochloride:

CAS-Nr.: 0019864-71-2

Elepsin® (Andromaco: AR)

Imiquimod (Rec.INN)

L: Imiquimodum
D: Imiquimod
F: Imiquimod
S: Imiquimod

Antiviral agent
Immunomodulator

ATC: D06BB10
CAS-Nr.: 0099011-02-6 C_{14}-H_{16}-N_4
M_r 240.322

1H-Imidazo[4,5-c]quinolin-4-amine, 1-(2-methylpropyl)-

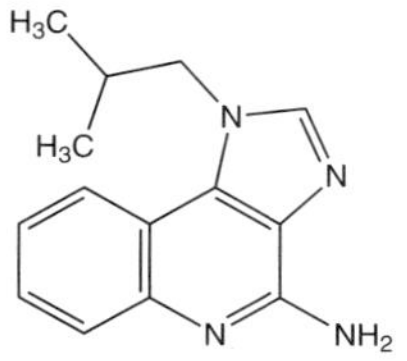

OS: *Imiquimod [BAN, USAN]*
IS: *R 837*
IS: *S 26308*
IS: *Zartra*

Aldara® (3M: AT, AU, BE, CA, CH, CL, CN, CR, DE, DK, ES, FI, FR, GB, GR, GT, HK, HN, HU, IL, IS, LK, LU, MY, NL, NO, NZ, PA, PH, PL, RO, SE, SG, SV, TH, US, ZA)
Aldara® (3M Santé-F: IT)
Aldara® (Eczacibasi: TR)
Aldara® (Laboratoires 3M: SI)
Aldara® (Meda: IE)
Aldara® (Medinfar: PT)
Aldara® (Schering: BR)
Aldara® (Sidus: AR)
Imimore® (Panalab: AR)
Labimiq® (Labomed: CL)
Miquimod® (Lazar: AR)
Tocasol® (Mediderm: CL)

Incadronic Acid (Rec.INN)

L: Acidum incadronicum
D: Incadronsäure
F: Acide incadronique
S: Acido incadronico

Calcium regulating agent

CAS-Nr.: 0124351-85-5 C_8-H_{19}-N-O_6-P_2
M_r 287.19

[(cycloheptylamino)methylene]diphosphonic acid

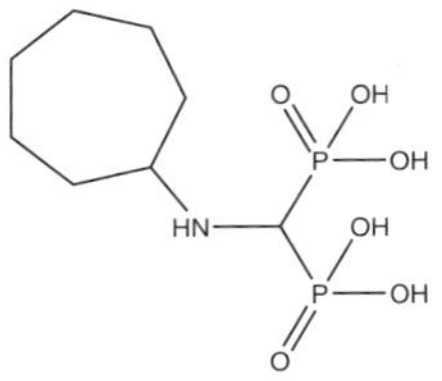

OS: *Incadronic Acid [USAN]*
IS: *YM 175 (Yamanouchi)*
IS: *Cimadronate*

- **disodium:**

CAS-Nr.: 0138330-18-4
IS: *Cimadronate Sodium*
IS: *Incadronic acid sodium salt*

Bisphonal® (Yamanouchi: JP)

Indanazoline (Rec.INN)

L: Indanazolinum
D: Indanazolin
F: Indanazoline
S: Indanazolina

Vasoconstrictor ORL, local
Sympathomimetic agent

CAS-Nr.: 0040507-78-6 C_{12}-H_{15}-N_3
M_r 201.282

1H-Imidazole-2-amine, N-(2,3-dihydro-1H-inden-4-yl)-4,5-dihydro-

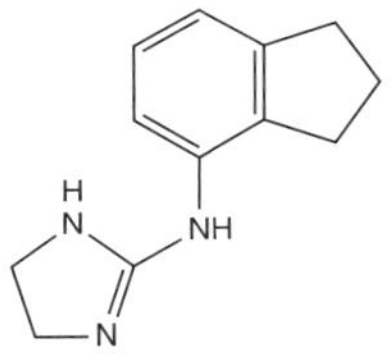

OS: *Indanazoline [USAN]*

- **hydrochloride:**

CAS-Nr.: 0056601-85-5
IS: *E-VA-16*

Farial® (Abbott: TR)
Farial® (Galenpharma: LU)
Farial® (Riemser: DE)

Indapamide (Rec.INN)

L: Indapamidum
I: Indapamide
D: Indapamid
F: Indapamide
S: Indapamida

Antihypertensive agent
Diuretic, benzothiadiazide

ATC: C03BA11
CAS-Nr.: 0026807-65-8 C_{16}-H_{16}-Cl-N_3-O_3-S
M_r 365.844

Benzamide, 3-(aminosulfonyl)-4-chloro-N-(2,3-dihydro-2-methyl-1H-indol-1-yl)-

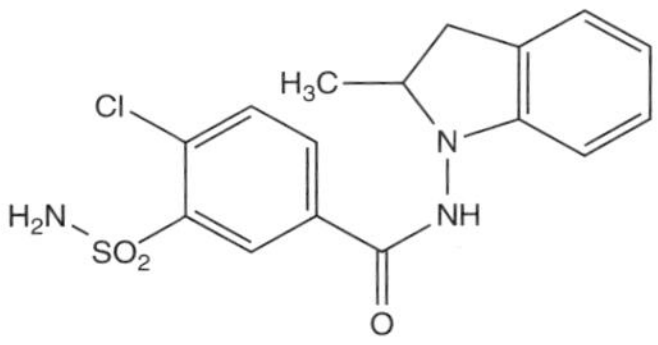

OS: *Indapamide [BAN, DCF, DCIT, JAN, USAN]*
IS: *IPE*
IS: *Metindamide*
IS: *S 1520*
IS: *RHC 2555*
IS: *SE 1520*
IS: *USV 2555*
PH: Indapamide [Ph. Eur. 5, USP 30, BP 2003]
PH: Indapamidum [Ph. Eur. 5]
PH: Indapamid [Ph. Eur. 5]

Akripamide® (Akrihin: RU)
Amoron® (Jaka: HR)
Amoron® (Salus: SI)
Apo-Indapamide® (Apotex: CA, SG)
Apo-Indap® (Apotex: PL)
Arifon® (Servier: GE)
Arindap® (Polpharma: RU)
Bajaten® (Merck: AR)
Catexan® (Medi Challenge: ZA)
Damide® (Benedetti: IT)
Dapamax® (Al Pharm: ZA)
Daptril® (Qestmed: ZA)
Diflerix® (Medochemie: HK)
Diuresin® (Polfarmex: PL)
Diurex® (Heimdall: CO)
Dixamid® (Norma: GR)
Docindapa® (Docpharma: LU)
Extur® (Normon: ES)
Flubest® (ARIS: TR)
Fludex SR® (Servier: CH, TR)
Fludex® (Euthérapie: FR)
Fludex® (Les Laboratoires Servier: AT)
Fludex® (Servier: BE, GR, IS, LU, NL, PT, TR)
Fludin® (Saba: TR)
Fluidema® (Baldacci: PT)
Flupamid-SR® (Sanovel: TR)
Flupamid® (Sanovel: TR)
Flutans® (Drogsan: TR)
Frumeron® (Remedica: CY)
Hydro-Less® (Aspen: ZA)
Hypen SR® (Opsonin: BD)
Impamid® (Gedeon Richter: RO)
Inda-Puren® (Actavis: DE)
Indacar® (Pharmacodane: DK)
Indaflex® (Lampugnani: IT)
Indafon Retard® (GMP: GE)
Indafon® (GMP: GE)
Indalix® (Triomed: ZA)
Indamid® (Belupo: HR)
Indamid® (Sandoz: TR)
Indamol® (Teofarma: IT)
Indapamid HF® (Biotika: CZ)
Indapamid LPH® (Labormed Pharma: RO)
Indapamid Pliva® (Pliva: HR)
Indapamid Servier® (Servier: SI)
Indapamid-Mepha® (Mepha: CH)

I

Indapamida Alter® (Alter: PT)
Indapamida Bexal® (Bexal: PT)
Indapamida Chobet® (Soubeiran Chobet: AR)
Indapamida Generis® (Generis: PT)
Indapamida Merck® (Merck: ES)
Indapamida Merck® (Merck Genéricos: PT)
Indapamida Normon® (Normon: ES)
Indapamida Winthrop® (Winthrop: PT)
Indapamide Alpharma® (Alpharma: NL)
Indapamide CF® (Centrafarm: NL)
Indapamide EG® (Eurogenerics: BE)
Indapamide Katwijk® (Katwijk: NL)
Indapamide Merck® (Merck Generics: IT)
Indapamide Merck® (Merck Génériques: FR)
Indapamide PCH® (Pharmachemie: NL)
Indapamide Pliva® (Pliva: IT)
Indapamide Ratiopharm® (Ratiopharm: BE)
Indapamide RK® (Errekappa: IT)
Indapamide Sandoz® (Sandoz: IT, NL, ZA)
Indapamide SR® (Servier: NL)
Indapamide-Eurogenerics® (Eurogenerics: LU)
Indapamide® (Alpharma: GB)
Indapamide® (Canonpharma: RU)
Indapamide® (Errekappa: IT)
Indapamide® (GenRx: NL)
Indapamide® (Hexal: NL)
Indapamide® (Hillcross: GB)
Indapamide® (Makis Pharma: RU)
Indapamide® (Teva: GB)
Indapamid® (Hemofarm: RU)
Indapamid® (Laropharm: RO)
Indapamid® (Remevita: RS)
Indapen® (Polpharma: PL)
Indapen® (Torrent: BR)
Indapmag SR® (Magistra: RO)
Indapmag® (Magistra: RO)
Indapress® (Labomed: CL)
Indapres® (Hemofarm: RS)
Indapres® (Polfa Grodzisk: PL)
Indapsan® (Sanofi-Aventis: PL)
Indater® (Terapia: RO)
Indicontin Continus® (Modi-Mundipharma: IN)
Indipam® (Actavis: GE)
Indiur® (Gedeon Richter: RU)
Indix® (Pliva: PL)
Indurin® (Terra: TR)
Inpamide® (Pharmasant: TH)
Ionik® (Obolenskoe: RU)
Ipres® (Schwarz: PL)
Lixamide® (Xeragen: ZA)
Lozol® (Sanofi-Aventis: US)
Magniton-R® (Coup: GR)
Merck-Indapamide® (Merck: BE)
Merck-Indapamide® (Merck Generics: ZA)
Millibar® (Lisapharma: CN, IT)
Natrilix® (Grupo Farma: CO)
Natrilix® (Grünenthal: CL)
Natrilix® (Serdia: IN)
Natrilix® (Servier: AR, AU, BD, BR, CN, CR, DE, DO, FI, GB, GT, HN, ID, IS, LK, MX, MY, NI, PA, SG, SV, TH, ZA)
Natrilix® (Servier-F: IT)
Nindaxa® (Ashbourne: GB)
Noranat® (Sandoz: AR)
Novo-Indapamide® (Novopharm: CA)
Nu-Indapamide® (Nu-Pharm: CA)
Pamid® (CTS: IL)
PMS-Indapamide® (Pharmascience: CA)
Pretanix® (Servier: HU)
Rawel® (Krka: BA, CZ, PL, RO, RS)
Rawel® (KRKA: RU)
Rawel® (Krka: SI)
Repres® (Square: BD)
Retapres® (Biopharm: RU)
Rinalix® (Pan Pharma: LK)
Rinalix® (Xepa-Soul Pattinson: SG)
Tandix® (Azevedos: PT)
Tertensif® (Danval: ES)
Tertensif® (Servier: CZ, DK, ES, HR, PL, RO, RS, SI)
Valutens® (Antibiotice: RO)
Veroxil® (Baldacci: IT)

– hemihydrate:

IS: *Indapamid hemihydrat*

Arifon® (Servier: RU)
Dapa-Tabs® (Alphapharm: AU, SG)
Docindapa® (Docpharma: BE)
Fludapamid® (Spirig: CH)
Fludex® (Euthérapie: FR)
Fludex® (Servier: BE, IS, LU, NL)
Frumeron® (Remedica: TH)
Gen-Indapamide® (Genpharm: CA)
GenRX Indapamide® (GenRX: AU)
Indahexal® (Hexal: AU)
Indapamid AWD® (AWD: DE)
Indapamid-CT® (CT: DE)
Indapamide Biogaran® (Biogaran: FR)
Indapamide Gf® (Genfarma: NL)
Indapamide Merck® (Merck Generics: NL)
Indapamide-Generics® (Generics: LU)
Indap® (Pro.Med: CZ, HR)
Indap® (Pro.Med.: RU)
Indap® (Pro.Med.CS: BA)
Insig® (Sigma: AU)
Ipamix® (Visufarma: IT)
Keliuret® (Kela: BE)
Lorvas® (Torrent: IN)
Lozide® (Servier: CA)
Merck-Indapamide® (Merck: BE)
Millibar® (Lisapharma: IT)
Napamide® (Douglas: AU, NZ, SG, TH)
Napamide® (TTN: TH)
Natrilix® (Servier: AE, AN, AU, AW, BB, BH, BM, BS, BZ, DK, EG, GB, GD, GH, GY, HK, IE, IQ, JM, JO, KW, KY, LB, LC, MT, NG, NZ, OM, PH, SA, SD, SY, TT, VC, VN, YE)
Pressural® (Polifarma: IT)
Transipen® (Demo: GR)

Indeloxazine (Rec.INN)

L: Indeloxazinum
D: Indeloxazin
F: Indeloxazine
S: Indeloxazina

⚕ Antidepressant

CAS-Nr.: 0060929-23-9 C_{14}-H_{17}-N-O_2
M_r 231.3

Morpholine, 2-[(1H-inden-7-yloxy)methyl]-,(±)

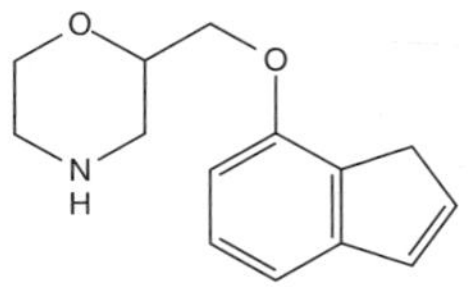

- **hydrochloride:**

CAS-Nr.: 0065043-22-3
OS: *Indeloxazine Hydrochloride JAN, USAN*
IS: *CI 874 (Parke Davis)*
IS: *YM 080541 (Yamanouchi, Japan)*

Elen® (Yamanouchi: JP)

Indenolol (Rec.INN)

L: Indenololum
D: Indenolol
F: Indénolol
S: Indenolol

β-Adrenergic blocking agent

CAS-Nr.: 0060607-68-3 — C_{15}-H_{21}-N-O_2, M_r 247.343

2-Propanol, 1-[1H-inden-4(or 7)-yloxy]-3-[(1-methylethyl)amino]-

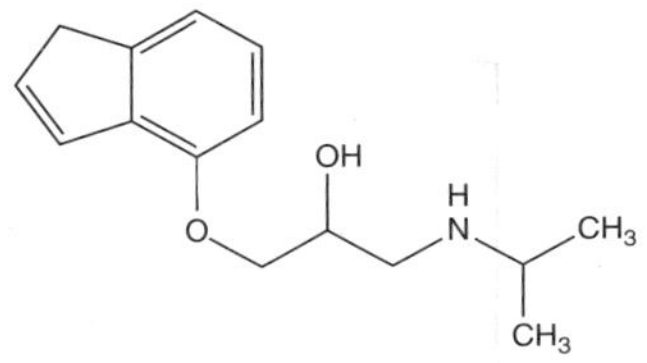

OS: *Indenolol [BAN, USAN]*
IS: *Sch 28316 Z*
IS: *YB 2 (Yamanouchi, Japan)*

- **hydrochloride:**

CAS-Nr.: 0068906-88-7
OS: *Indenolol Hydrochoride JAN*
IS: *YB 2*
PH: Indenolol Hydrochloride JP XIV

Pulsan® (Yamanouchi: JP)
Vasocor® (Therabel: LU)

Indinavir (Rec.INN)

L: Indinavirum
D: Indinavir
F: Indinavir
S: Indinavir

Antiviral agent, HIV protease inhibitor

ATC: J05AE02
CAS-Nr.: 0150378-17-9 — C_{36}-H_{47}-N_5-O_4, M_r 613.822

(αR,λS,2S)-α-Benzyl-2-(tert-butylcarbamoyl)-λ-hydroxy-N-[(1S,2R)-2-hydroxy-1-indanyl]-4-(3-pyridylmethyl)-1-piperazinevaleramide

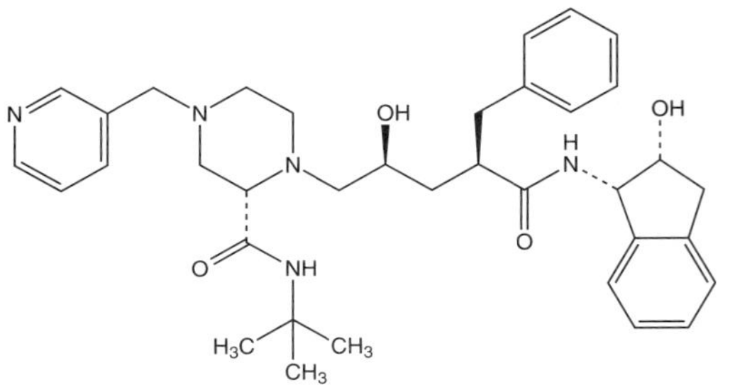

OS: *Indinavir [BAN, USAN]*

Ciplaindivan® (Biotoscana: CO)
Indinavir® (Biogen: CO)
Indinavir® (Pentacoop: CO)
Indinavox® [tab.] (Biotoscana: PE)
Indivan® (Cipla: IN)

- **sulfate:**

CAS-Nr.: 1578810-81-6
OS: *Indinavir Sulfate USAN*
OS: *Indinavir Sulphate BANM*
IS: *L 735,524 (Merck, USA)*
IS: *MK 639 (Merck, USA)*
PH: Indinavir Sulfate Ph. Int. 4, USP 30
PH: Indinaviri sulfas Ph. Int. 4

Avural® (LKM: AR)
Cirixivan® (Merck Sharp & Dohme: NZ)
Crixivan® (Merck: PE, US)
Crixivan® (Merck Frosst: CA)
Crixivan® (Merck Sharp & Dohme: AR, AT, AU, BA, BE, BR, CH, CL, CN, CO, CR, CZ, DE, DK, ES, FR, GB, GR, GT, HK, HN, HR, HU, IE, IL, IS, IT, LU, MX, MY, NI, NL, NZ, PA, PL, PT, RS, RU, SE, SG, SI, SV, TH, TR, ZA)
Crixivan® (MerckSharp&Dohme: RO)
Crixivan® (MSD: FI, NO)
Elvenavir® (Ivax: AR)
Forli® (Filaxis: AR)
Indilan® (Landsteiner: MX)
Indilea® (Elea: AR)
Indinavir Stada® (Stada: VN)

Indobufen (Rec.INN)

L: Indobufenum
I: Indobufene
D: Indobufen
F: Indobufène
S: Indobufen

Anticoagulant, platelet aggregation inhibitor

ATC: B01AC10
CAS-Nr.: 0063610-08-2 — C_{18}-H_{17}-N-O_3, M_r 295.344

Benzeneacetic acid, 4-(1,3-dihydro-1-oxo-2H-isoindol-2-yl)-α-ethyl-, (±)-

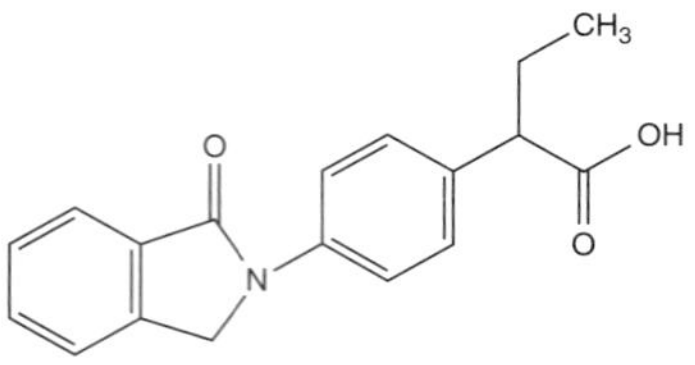

OS: *Indobufene [DCIT]*
OS: *Indobufen [USAN]*
IS: *K 3920*

Ibustrin® (Kalbe: ID)
Ibustrin® (Pfizer: AT, CZ, ID, PL, PT)
Ibustrin® (Pharmacia: BG, IT)
Indobufene Allen® (Allen: IT)
Indobufene Almus® (Almus: IT)
Indobufene Eg® (EG: IT)
Indobufene Merck® (Merck: IT)
Indobufene Pliva® (Pliva: IT)
Trisagon® (Finmedical: IT)

Indocyanine Green (USP)

D: Indocyaningrün, Mononatriumsalz

Diagnostic

CAS-Nr.: 0003599-32-4 C_{43}-H_{47}-N_2-Na-O_6-S_2
M_r 774.979

Indocyanine Green

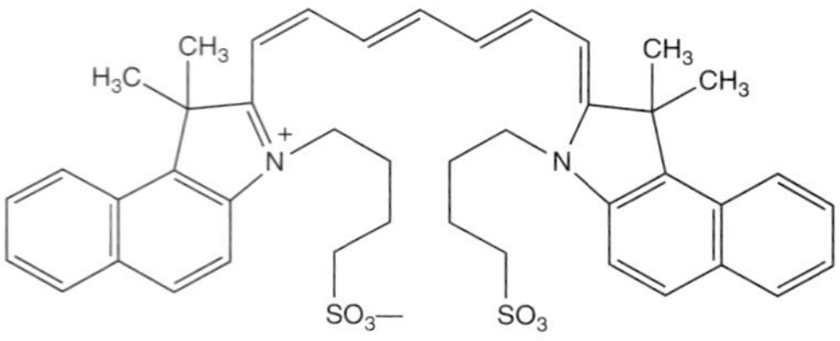

OS: *Indocyanine Green [JAN, USAN]*
PH: Indocyanine Green [USP 30]

IC-Green® (Akorn: IL)

Indometacin (Rec.INN)

L: Indometacinum
I: Indometacina
D: Indometacin
F: Indométacine
S: Indometacina

Antiinflammatory agent
Analgesic
Antipyretic

ATC: C01EB03,M01AB01,M02AA23,S01BC01
CAS-Nr.: 0000053-86-1 C_{19}-H_{16}-Cl-N-O_4
M_r 357.797

1H-Indole-3-acetic acid, 1-(4-chlorobenzoyl)-5-methoxy-2-methyl-

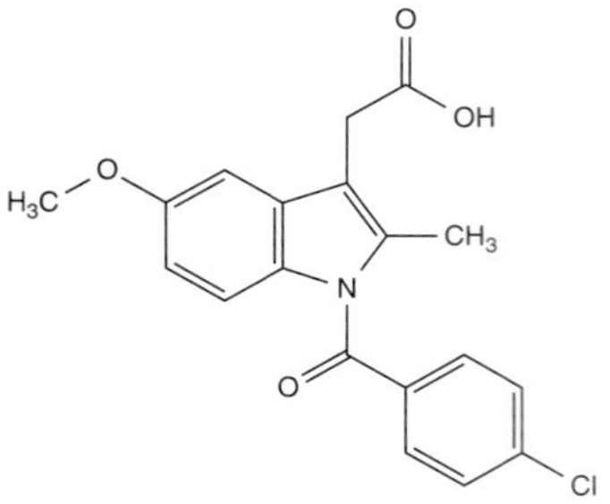

OS: *Indomethacin [USAN]*
OS: *Indométacine [DCF]*
OS: *Indometacin [BAN, JAN]*
OS: *Indometacina [DCIT]*
IS: *MK 615*
IS: *TVX 2322*
PH: Indometacin [JP XIV, Ph. Eur. 5, Ph. Int. 4]
PH: Indométacine [Ph. Eur. 5]
PH: Indometacinum [Ph. Eur. 5, Ph. Int. 4]
PH: Indomethacin [USP 30]

Adco-Indogel® (Al Pharm: ZA)
Adco-Indomethacin® (Al Pharm: ZA)
Aflamin® (Hexal: ZA)
Agilex® (Mertens: AR)
Agilisin® (Sankyo: BR)
Aliviosin® (Alacan: ES)
Ammi-Indocin® (MacroPhar: TH)
Antalgin® (Medix: CR, DO, GT, HN, MX, NI, PA, SV)
Apo-Indomethacine® (Apotex: VN)
Apo-Indomethacin® (Apotex: CA, CZ)
Arthrexin® (Alphapharm: AU)
Arthrexin® (Aspen: ZA)
Arthrexin® (Pacific: NZ)
Artrinovo® (Llorens: ES)
Begincalm® (Genepharm: GR)
Benocid® (Bernofarm: ID)
Betacin® (Be-Tabs: ZA)
Bonidon® (Mepha: CH)
Bucin® (Masa Lab: TH)
Catlep® (Teikoku: JP)
Chrono-Indocid® (Merck Sharp & Dohme: FR)
Confortid® (Actavis: DK, FI)
Confortid® (Alpharma: IS, NO, SE)
Confortid® (Dumex: AE, BH, CY, EG, IQ, JO, KW, LB, LY, OM, QA, SA, SD, YE)
Cu-Algesic® [vet.] (Nature Vet: AU)
Cu-Algesic® [vet.] (Parnell: NZ)
Cu-Algesic® [vet.] (Vetpharm: NZ)
Docin® (Pharmasant: TH)
Dolcidium® (SMB: BE, LU)
Dolovin® (Atral: PT)
Dometin® (Benzon: NL)
Dometin® (Nycomed: NL)
Elmego® (Chinta: TH)
Elmetacin® (Medinova: CH)
Elmetacin® (Pharmafrica: ZA)
Elmetacin® (Sankyo: AE, BG, CZ, DE, EG, JO, LB, LU, PL, PT, SA, TH, YE)
Endol® (Deva: TR)
Endosetin® (Nobel: TR)
Flamecid® (Al Pharm: ZA)
Flexidin® (Mundipharma: AT)

Flogoter® (Estedi: ES)
Fortathrin® (Gap: GR)
I.M.® (Montpellier: AR)
IDC® (Pharmaland: TH)
Idicin® (Indian D & P: IN)
Imet® (Firma: IT)
Inacid® (Abello Farmacia: ES)
Inacid® (Merck Sharp & Dohme: ES)
Indacin® (Banyu: JP)
Indaflex® (Andromaco: MX)
Indanet® (Bruluart: MX)
Inderanic® (Yutoku: JP)
Inderapollon® (Kaigai: JP)
Indo Agepha® (Agepha: AT)
Indo Top-ratiopharm® (ratiopharm: DE)
Indo-CT® (CT: DE)
Indo-Lemmon® (Teva: US)
Indo-paed® (1A Pharma: DE)
Indo-Phlogont® (Azupharma: DE)
Indobene® (Merckle: CZ)
Indobene® (Ratiopharm: AT, CZ)
Indobene® (ratiopharm: HU)
Indocaf® (Reig Jofre: ES)
Indocaf® (Tedec Meiji: ES)
Indocap® (Asiatic Lab: BD)
Indocap® (Globe: BD)
Indocap® (Jagson Pal: IN)
Indocid I.V.® (Merck Sharp & Dohme: BE)
Indocid® (Centra Medicamenta: IT)
Indocid® (Merck: PE)
Indocid® (Merck Sharp: NL)
Indocid® (Merck Sharp & Dohme: AT, AU, BE, BR, CH, EG, FR, GB, GB, HK, IS, LU, MX, PH, PT, TH, ZA)
Indocid® (MSD: FI, NO)
Indocid® (Ovation: NL)
Indocid® (Prodome: BR)
Indocid® (Vianex: GR)
Indocin® (Merck: US)
Indocin® (Pharmasant: TH)
Indocolir® (Abdi Ibrahim: TR)
Indocolir® (Chauvin: DE)
Indocollirio® (Bausch & Lomb: IT)
Indocollyre® (Bausch & Lomb: PT)
Indocollyre® (Chauvin: AT, BE, CZ, FR, IL, LU, NL, PL, RO, RS, SG, TH)
Indocollyre® (Chauvin Bausch & Lomb: HK)
Indocollyre® (Pharos: ID)
Indocontin® (Mundipharma: CN, DE)
Indoflam® (Recon: LK)
Indogesic® (Dar-Al-Dawa: AE, BH, IQ, JO, KW, LB, LY, MT, NG, OM, QA, SA, SD, SO, TN, YE)
Indogesic® (TRB: AR)
Indohexal® (Hexal: AT)
Indolar® (Sandoz: GB)
Indolgina® (Uriach: CR, DO, ES, GT, HN, NI, PA, SV)
Indomax® (Ziska: BD)
Indomecin® (Oftalmoquimica: CO)
Indomed® (Amrad: AU)
Indomed® (Greater Pharma: TH)
Indomed® (Merck Sharp & Dohme: IL)
Indomee® (Merck Sharp & Dohme: SE)
Indomelan® (Lannacher: AT)
Indomen® (Yung Shin: SG)
Indomet-ratiopharm® (ratiopharm: DE, LU)
Indometacin AL® (Aliud: DE)
Indometacin BC® (Berlin-Chemie: DE)
Indometacin Belupo® (Belupo: SI)
Indometacin Berlin-Chemie® (Berlin-Chemie: CZ, RU)
Indometacin Gel/Oint® (Actavis: GE)
Indometacin Genericon® (Genericon: AT)
Indometacin Helvepharm® (Helvepharm: CH)
Indometacin MK® (Mark: RO)
Indometacin Sandoz® (Sandoz: DE)
Indometacin Sopharma® (Sopharma: BG, RU)
Indometacin Tabl.® (Actavis: GE)
Indometacin-Akri® (Akrihin: RU)
Indometacin-Biosyntez® (Biosintez: RU)
Indometacina Fmndtria® (Farmindustria: PE)
Indometacina Gen-Far® (Genfar: PE)
Indometacina Genfar® (Genfar: CO, EC)
Indometacina Iqfarma® (Iqfarma: PE)
Indometacina MK® (Bonima: CR, DO, GT, HN, NI, PA, SV)
Indometacina Richmond® (Richmond: AR)
Indometacina Rigar® (Rigar: PA)
Indometacina® (Bestpharma: CL)
Indometacina® (Farmo Quimica: CL)
Indometacina® (Rider: CL)
Indometacine Alpharma® (Alpharma: NL)
Indometacine A® (Apothecon: NL)
Indometacine CF® (Centrafarm: NL)
Indometacine FLX® (Karib: NL)
Indometacine FNA® (FNA: NL)
Indometacine Katwijk® (Katwijk: NL)
Indometacine PCH® (Pharmachemie: NL)
Indometacine Ratiopharm® (Ratiopharm: NL)
Indometacine Sandoz® (Sandoz: NL)
Indometacine® (Hexal: NL)
Indometacine® (Lagap: NL)
Indometacine® (Wise: NL)
Indometacinum® (Sanofi-Aventis: HU)
Indometacin® (Actavis: RU)
Indometacin® (Alpharma: GB)
Indometacin® (Antibiotice: RO)
Indometacin® (Arena: RO)
Indometacin® (Balkanpharma: BG)
Indometacin® (Belupo: BA, HR, RS, SI)
Indometacin® (Europharm: RO)
Indometacin® (Hyperion: RO)
Indometacin® (Kent: GB)
Indometacin® (Laropharm: RO)
Indometacin® (Magistra: RO)
Indometacin® (Ozone Laboratories: RO)
Indometacin® (Rompharm: RU)
Indomethacin Suppositories® (G & W: US)
Indomethacin Suppositories® (PD-RX: US)
Indomethacin Synco® (Synco: HK)
Indomethacin Vida® (Vida: HK)
Indomethacin® (Clonmel: US)
Indomethacin® (Inwood: US)
Indomethacin® (Mutual: US)
Indomethacin® (Mylan: US)
Indomethacin® (Pliva: US)
Indomethacin® (Sandoz: US)
Indomethacin® (Teva: US)
Indometin® (Orion: FI)
Indomet® (Opsonin: BD)
Indome® (Sawai: JP)

Indomin® (Hikma: AE, BH, EG, IQ, JO, KW, LB, LY, OM, QA, SA, SD, SY, TN, YE)
Indom® (Alfa Intes: IT)
Indonilo® (Sigma Tau: ES)
Indono® (Milano: TH)
Indophtal® (Bausch & Lomb: CH)
Indorem® (Remedica: CY, ET, KE, SD, ZW)
Indosan® (Shiba: YE)
Indosin Gel® (Sintofarm: RO)
Indotard® (CTS: IL)
Indotex® (Rontag: AR)
Indovis® (CTS: IL)
Indoxen® (Sigma Tau: IT)
Indoxyl® (Jayson: BD)
Indo® (Agepha: AT)
Indo® (Beacons: SG)
Indylon® (Medochemie: BD, BH, LK, OM, SD)
Inflacin® (Rephco: BD)
Inflamate® (TO Chemicals: TH)
Inflam® (Winthrop: DE)
Inteban® (Sumitomo: JP)
Inthacine® (Forty-Two: TH)
Iriof® (Chauvin: PE)
Itapredin® (Rafarm: GR)
Klonametacina® (Klonal: AR)
Luiflex® (Sankyo: AT)
Luiflex® (Will: BE)
Malival® (Silanes: MX)
Mederreumol® (Medea: ES)
Metacen® (Promedica: IT)
Methacin® (Nipa: BD)
Methacin® (Unifarm: PE)
Methocaps® (CAPS: ZA)
Metindol® (GlaxoSmithKline: PL)
Metindol® (ICN: PL)
Metindol® (Polfa: CZ)
Metindol® (Polfa Warszawa: PL)
Metindo® (Kenyaku: TH)
Mobicin® (Pharmaco: BD)
Mobilat akut Indo® (Sankyo: DE)
Mobilat Indometacin® (Stada: DE)
Moviflex® (Luitpold: PE)
Neo Decabutin® (Inkeysa: ES)
Nisaid® (Alliance: ZA)
Novo-Methacin® (Novopharm: CA)
Nu-Indo® (Nu-Pharm: CA)
Pardelprin® (Actavis: GB)
Ralicid® (Sanochemia: AT)
Restameth-SR® (Al Pharm: ZA)
Reumacap® (Aristopharma: BD)
Reumacid® (Remek: GR)
Reusin® (Daiichi Sankyo: ES)
Rheubalmin Indo® (Hoernecke: DE)
Rheumacin® (Pacific: NZ)
Rindocin® (Apex: BD)
Rolab-Indomethacin® (Sandoz: ZA)
Servimeta® (Novartis: BD)
Slo-Indo® (Generics: GB)
SPMC Indomethacin® (SPMC: LK)
Uniof® (Roster: PE)
Vi-Gel® (Cho Dang: PH)
Vonum® (Gerot: AT)
Vonum® (Winthrop: CZ, DE)

– farnesil:

OS: *Indometacin Farnesil JAN*

Dialon® (Eisai: ID)
Infree® (Eisai: JP)

– meglumine:

IS: *Indometacine, comp. with N-methylglucamine*

Liometacen® (Chiesi: CY, EG, JO, KW, LB, OM, SA, SY)
Liometacen® (Gerot: AT)
Liometacen® (Promedica: IT)

– sodium salt:

OS: *Indomethacin Sodium USAN*
PH: Indomethacin Sodium USP 30

Confortid® [inj.] (Actavis: DE)
Confortid® [inj.] (Alpharma: IS, SE)
Confortid® [inj.] (Dumex: AE, BH, CY, EG, IQ, JO, KW, LB, LY, OM, QA, SA, SD, YE)
Inacid DAP® (Merck Sharp & Dohme: ES)
Indocid® [inj.] (Merck Frosst: CA)
Indocid® [inj.] (Merck Sharp & Dohme: AU, GB, HK, IE, NZ)
Indocin I.V.® (Merck: US)
Indometacina Lafedar® (Lafedar: AR)

Indoramin (Rec.INN)

L: Indoraminum
I: Indoramina
D: Indoramin
F: Indoramine
S: Indoramina

Antihypertensive agent
α-Adrenergic blocking agent

ATC: C02CA02
CAS-Nr.: 0026844-12-2 C_{22}-H_{25}-N_3-O
M_r 347.472

Benzamide, N-[1-[2-(1H-indol-3-yl)ethyl]-4-piperidinyl]-

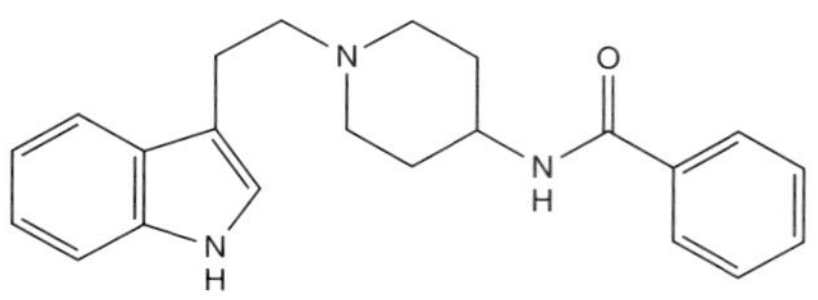

OS: *Indoramin [BAN, USAN]*
OS: *Indoramine [DCF]*
OS: *Indoramina [DCIT]*
IS: *Wy 21901*

Doralese® (GlaxoSmithKline: GB, IE)

– hydrochloride:

CAS-Nr.: 0038821-52-2
OS: *Indoramin Hydrochloride BANM, USAN*
IS: *Wy 21901 (Wyeth, Great Britain)*
PH: Indoramin Hydrochloride BP 2002

Baratol® (Akromed: ZA)
Baratol® (Shire: GB)
Doralese Tiltab® (GlaxoSmithKline: GB)

Vidora® (Ferlux: FR)
Wydora® (Riemser: DE)

Infliximab (Rec.INN)

L: Infliximabum
D: Infliximab
F: Infliximab
S: Infliximab

Immunomodulator

CAS-Nr.: 0170277-31-3

Immunglobulin G (human-mouse monoclonal cA2 heavy chain anti-human tumor necrosis factor), disulfide with human-mouse monoclonal cA2 light chain, dimer [WHO]

OS: *Infliximab [BAN, USAN]*
IS: *cA2*
IS: *CenTNF*

Remicade® (Centocor: AT, CZ, DE, DK, GR, IL, IS, LU, NL, PL, SI, US)
Remicade® (Centocor-NL: IT)
Remicade® (Essex: CH)
Remicade® (Janssen: HK)
Remicade® (Kirby: EC)
Remicade® (Plough: CO)
Remicade® (Schering: AR, CA, TH)
Remicade® (Schering-Plough: AU, BE, CL, CR, DO, ES, FI, FR, GB, GT, HN, HR, HU, IE, MX, MY, NO, NZ, RO, RS, RU, SE, SG, TR)

Inosine (Rec.INN)

L: Inosinum
D: Inosin
F: Inosine
S: Inosina

Cardiac stimulant, cardiotonic agent

ATC: D06BB05,G01AX02,S01XA10
CAS-Nr.: 0000058-63-9 C_{10}-H_{12}-N_4-O_5
M_r 268.246

1,9-Dihydro-9-beta-D-ribofuranosyl-6H-purin-6-one

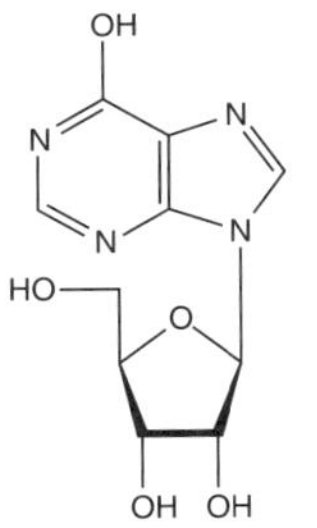

OS: *Inosine [DCF, JAN, USAN]*
IS: *INO 495*
PH: Inosine [USP 30]

Riboxin® (GAMA: GE)
Riboxin® (Halychpharm: GE)
Solution of Riboxin® (Batfarma: GE)
Tonarsyl® [vet.] (Vetoquinol: FR)

– **phosphate disodium salt:**

IS: *Disodium inosinate*
IS: *Inosinphosphat, Dinatriumsalz, Dihydrat*
IS: *Inosin-5'-phosphat, Dinatriumsalz-2-Wasser*

Antikataraktikum N® (Ursapharm: DE)
Catacol® (Alcon: FR)
Correctol® (Alcon: FR)
Lumiclar® (Valeant: AR)

Inosine Pranobex (BAN)

D: Inosiplex
S: Metisoprinol

Antiviral agent
Immunostimulant

ATC: J05AX05
CAS-Nr.: 0036703-88-5 C_{52}-H_{78}-N_{10}-O_{17}
M_r 1115.296

Inosine, compd. with 1-(dimethylamino)-2-propanol 4-(acetylamino)benzoate (salt) (1:3)

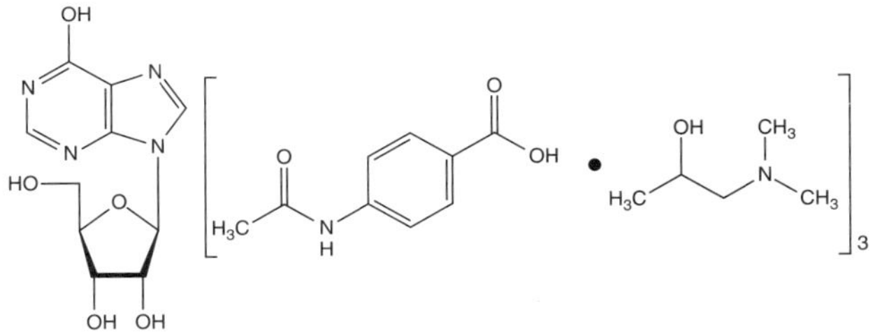

OS: *Inosine Pranobex [BAN, JAN, USAN]*
IS: *Methisoprinol*
IS: *Inosine acedobene dimepranol*
IS: *Inosin pranobex*
IS: *Inosiplex*

Deltax® (Tecnoquimicas: CO)
Groprinosin® (Polfa Grodzisk: PL)
Imin® (Yung Shin: SG)
Imunovir® (Ardern: GB)
Imunovir® (Newport: IE)
Imunovir® (NZMS: NZ)
Imunovir® (Rivex: CA)
Isoprinosine® (Andromaco: CL)
Isoprinosine® (Armstrong: MX)
Isoprinosine® (Darya-Varia: ID)
Isoprinosine® (Evopharma: BG)
Isoprinosine® (Ewopharma: CZ, HU, PL, RO)
Isoprinosine® (Lukoll: PE)
Isoprinosine® (Medimpex: CZ)
Isoprinosine® (Newport: CR, DO, EC, GT, HN, IE, NI, PA, SV)
Isoprinosine® (Sanofi-Aventis: BE, FR)
Isoprinosine® (Sanofi-Synthelabo: LU)
Isovir® (Sanofi-Synthelabo: PT)
Pranosina® (Ropsohn: CO)
Pranosine® (Sanfer: MX)
Qualiprinol® (Quality: HK)
Virustop® (Pulitzer: IT)
Viruxan® (Sigma Tau: IT)

Inositol

I: Inositolo
D: Inositol
F: myo-Inositol

Vitamin B-complex

ATC: A11HA07
CAS-Nr.: 0000087-89-8 C_6-H_{12}-O_6
M_r 180.162

myo-Inositol

(1,2,3,5/4,6)-Cyclohexan-1,2,3,4,5,6-hexol

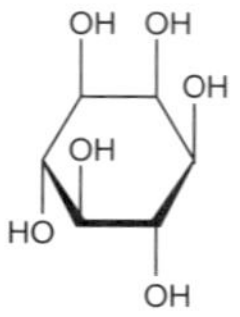

OS: *Inositol [DCF, USAN]*
IS: *Bios I*
IS: *Meso-Inositol*
IS: *Scyllite*
IS: *Cyclohexanhexol*
IS: *meso-Inosit*
IS: *1,2,3,5/4,6-Inosit*
IS: *delta-Inosit*
PH: Inositol [Ph. Franç. VIII, USP 30]
PH: Inositolum [OeAB, Ph. Jap. 1971]
PH: myo-Inositol [DAC]
PH: Méso-inositol [Ph. Franç. X]
PH: *myo*-Inositol [Ph. Eur. 5]

Inosital® (Biomedica Foscama: IT)
Nicosit® (Incepta: BD)

Inositol Nicotinate (Rec.INN)

L: Inositoli Nicotinas
I: Inositolo nicotinato
D: Inositol nicotinat
F: Nicotinate d'inositol
S: Nicotinato de inositol

Vasodilator, peripheric

ATC: C04AC03
CAS-Nr.: 0006556-11-2 C_{42}-H_{30}-N_6-O_{12}
M_r 810.762

myo-Inositol, hexa-3-pyridinecarboxylate

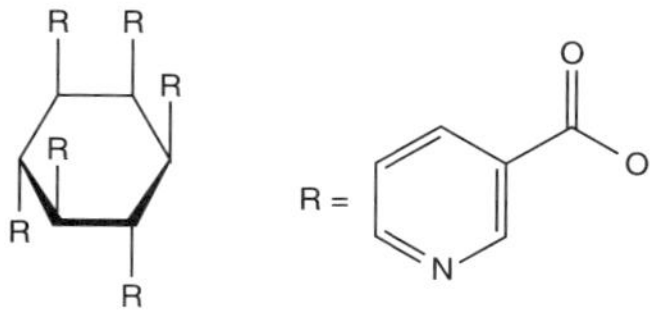

OS: *Inositol Niacinate [USAN]*
OS: *Inositol Nicotinate [BAN]*
IS: *Hexanicotol*
IS: *meso-Inositol hexanicotinate (WHO)*
IS: *Physonit*
IS: *Win 9154*
IS: *myo-Inosithexanicotinat (IUPAC)*
PH: Inositol Nicotinate [BP 2002]

Hexopal® (Clonmel: IE)
Hexopal® (Genus: GB)
Nicolip® (Hennig: DE)
Palohex® (Sanofi-Synthelabo: NL)

Insulin Aspart (Rec.INN)

L: Insulinum aspartum
D: Insulin aspart
F: Insuline asparte
S: Insulina asparta

Antidiabetic agent
Insulin analog, recombinant human

ATC: A10AB05,A10AD05
ATCvet: QA10AD05
CAS-Nr.: 0116094-23-6 C_{256}-H_{381}-N_{65}-O_{79}-S_6
M_r 5826.38

28_B-L-aspartic acid-insulin (human)

OS: *Insulin Aspart [BAN, USAN]*
IS: *Insulin X14*
IS: *INA-X14*
IS: *B28-Asp-Insulin*
PH: Insulin aspartat [Ph. Eur. 5]
PH: Insulinum aspartum [Ph. Eur. 5]

Insulin Novo Mix 30® (Novo Nordisk: BE, RO)
Insulin Novo Rapid® (Novo Nordisk: NZ, RO)
Insulin Novolog Mix 70/30® [30% sol./70% isoph.] (Novo Nordisk: US)
Insulin Novolog® (Novo Nordisk: US)
Insulin Novomix® (Novo Nordisk: MX, RS, TR)
Insulin NovoMix® [30% sol./70% isoph.] (Novo Nordisk: AT, AU, BA, CH, CN, CZ, DE, ES, FI, FR, GB, HR, HU, IE, IL, IS, IT, LK, LU, MY, NL, NO, PL, RS, RU, SE, SG, SI, TH, ZA)
Insulin Novorapid Flexipen® (Novo Nordisk: ES, IS, LU, SI)
Insulin Novorapid FlexPen® (Novo Nordisk: CN, RU)
Insulin Novorapid Penfill® (Novo Nordisk: BD, CZ, ES, IS, LU, RU, SI)
Insulin Novorapid® (Novo Nordisk: AT, AU, BD, CA, CH, CZ, DE, ES, FI, FR, GB, GR, HR, HU, IE, IS, IT, LK, LU, MX, NL, NO, NZ, PL, RS, SE, SG, SI, TH, ZA)
Insulina Novomix 30® (Novo Nordisk: CL)
Insulina Novorapid® (Novo Nordisk: CL)
Novomix® (Novo Nordisk: HK)
Novorapid® (Novo Nordisk: BE, BR, DK, HK, MY, RS, TR)

Insulin Determir (Rec.INN)

L: Insulinum determirum
D: Insulin determir
F: Insulin determir
S: Insulina determir

Antidiabetic agent
Insulin analog, recombinant human

ATC: A10AE05
ATCvet: QA10AE05
CAS-Nr.: 0169148-63-4 C_{267}-H_{402}-N_{64}-O_{76}-S_6

29^B-(N^6-myristoyl-L-lysine)-30^B-de-L-threonineinsulin (human) (WHO)

29^B-[N^6-(1-Oxo-tetradecyl)-L-lysine]-(1^A-21^A),(1^B-29^B)-insulin (human) (USAN)

Des-30^B-L-threonine-29^B-(N^6-myristoyl-L-lysine)human insulin (BAN)

OS: *Insulin Detemir [USAN]*
OS: *Insulin Detemir [BAN]*
IS: *NN-304 (Novo Nordisk A/S, DK)*

Insulin Levemir® (Novo Nordisk: AT, BA, BE, CA, CH, CZ, DE, DK, ES, FI, FR, GB, HR, IE, IL, IT, LU, MX, NL, NO, NZ, PL, RO, RU, SE, SG, SI, TR, US)
Levemir® (Novo Nordisk: ES, NL, RS)

Insulin Glargine (Rec.INN)

L: Insulinum glarginum
D: Insulin glargin
F: Insuline glargine
S: Insulina glargina

Antidiabetic agent
Insulin analog, recombinant human

ATC: A10AE04
CAS-Nr.: 0160337-95-1 C_{267}-H_{404}-N_{72}-O_{78}-S_6
M_r 6062.9

21^A-Glycine-30^Ba-L-arginine-30^Bb-L-arginineinsulin (human) [WHO]

OS: *Insulin Glargine [BAN, USAN]*
IS: *HOE 71GT*
IS: *HOE 901*

Insulin Lantus® (Aventis: AT, AU, BA, BR, CO, CZ, DK, ES, IN, IS, JP, LU, NO, NZ, PH, RS, SI, ZA)
Insulin Lantus® (Aventis Pharma: ID)
Insulin Lantus® (Novo Nordisk: TH)
Insulin Lantus® (Sanofi-Aventis: BD, BE, CA, CH, CL, DE, FI, FR, GB, GE, HR, HU, IE, IL, IT, MX, MY, NL, PL, PT, RO, RU, SE, SG, TR, US, VN)
Insulin Optisulin® (Aventis: LU)
Lantus® (Aventis: DK)
Lantus® (Sanofi-Aventis: ES, HK, NL)
Optinsulin® (Aventis: AT)

Insulin glulisine (Rec.INN)

L: Insulinum glulisinum
D: Insulin glulisin
F: Insulin glulisine
S: Insulina glulisina

Antidiabetic agent
Insulin analog, recombinant human
Insulin with rapid action (normal)

ATC: A10AB06
ATCvet: Q10AB06
CAS-Nr.: 0207748-29-6 C_{258}-H_{384}-N_{64}-O_{78}-S_6
M_r 5832.42

[3^B-L-lysine,29^B-L-glutamic acid]insulin (human) (WHO)

Insulin (human), 3^B-L-lysine,29^B-L-glutamic acid]-(USAN)

OS: *Insulin Glulisine [USAN]*
IS: *HMR 1964*

Apidra® (Sanofi-Aventis: RS)
Insulin Adipra® (Aventis: CZ)
Insulin Apidra® (Aventis: BA, DK, ES, HR, LU, NO)
Insulin Apidra® (Sanofi-Aventis: CH, CL, DE, FI, FR, GB, HU, IE, IL, NL, PL, RO, SE, US)

Insulin Inhaled, Human

D: Insulin inhalativ

Antidiabetic agent
Insulin analog, recombinant human

ATC: A10AF01
ATCvet: QA10A
CAS-Nr.: 0009004-10-8
IS: *NN 1998 (Novo Nordisk, US)*
IS: *HMR 4006*
IS: *Inhaled PEG-insulin - Nektar (Nektar Therapeutics, US)*
IS: *PEGylated insulin - Nektar (Nektar Therapeutics, US)*

Insulin Exubera® [biosynth.] (Pfizer: DE, GB, IE, MX, NL, SE, US)
Insulin Glinuxbasal® (Probiomed: MX)

Insulin Injection, Biphasic Isophane (BAN)

L: Insulini isophani biphasici iniectabilum
I: Insulina isofano bifasica preparazione iniettabile
D: Isophan-Insulin-Suspension zur Injektion, Biphasische
F: Insuline-isophane biphasique (préparation injectable d')

Antidiabetic agent
Insulin with both rapid and intermediate action

CAS-Nr.: 0008063-29-4

Sterile, buffered suspension of either porcine or human insulin, complexed with protamine sulphate or another suitable protamine, in a solution of insulin of the same species

OS: *Biphasic Isophane Insulin Injection [BAN]*
PH: Insulini isophani biphasici iniectabilium [Ph. Eur. 5]
PH: Insulin Injection, Biphasic Isophane [Ph. Eur. 5]
PH: Insuline-isophane biphasique (préparation injectable d') [Ph. Eur. 5]
PH: Isophan-Insulin-Suspension zur Injektion, Biphasische [Ph. Eur. 5]

Humulin 30/70® [30%sol./70% isoph.] (Lilly: LU, MY, PL, SE, SG)
Insulin Humacart® (Lilly: JP)

Insulina Humulin 70/30® (Lilly: CL)

- **human insulin:**

PH: Insulin Injection, Biphasic Isophane Ph. Eur. 5
PH: Insuline-isophane biphasique (préparation injectable d') Ph. Eur. 5
PH: Insulini isophani biphasici iniectabilium Ph. Eur. 5
PH: Isophan-Insulin-Suspension zur Injektion, Biphasische Ph. Eur. 5

Berlinsulin H 20/80® [biosyn./ 20% sol./80% isoph.] (Berlin-Chemie: DE)
Berlinsulin H 30/70® [biosyn./ 30% sol./70% isoph.] (Berlin-Chemie: DE)
Berlinsulin H 40/60® [biosyn./ 40% sol./60% isoph.] (Berlin-Chemie: DE)
Gensulin M10® [biosyn./ 10% sol./90% isoph.] (Bioton: PL)
Gensulin M20® [biosyn./ 20% sol./80% isoph.] (Bioton: PL)
Gensulin M30® [biosyn./ 30% sol./70% isoph.] (Bioton: PL)
Gensulin M40® [biosyn./ 40% sol./60% isoph.] (Bioton: PL)
Gensulin M50® [biosyn./ 50% sol./50% isoph.] (Bioton: PL)
Huminsulin 30/70® [30% sol./70% isoph.] (Lilly: IN)
Huminsulin Profil III® [30% sol./70% isoph.] (Lilly: AT, CH, DE)
Humulin 70/30® [30% sol./70% isoph.] (ACI: BD)
Humulin 70/30® [30% sol./70% isoph.] (Eli Lilly: VN)
Humulin 70/30® [30% sol./70% isoph.] (Lilly: CO, GE, HK, ID, IL, LK, LU, PE, TH, US)
Humulin M1® [10% sol./90% isoph.] (Lilly: GR)
Humulin M2® [20% sol./80% isoph.] (Lilly: GR, HU, RU)
Humulin M3® [30% sol./70% isoph.] (Eli Lilly: VN)
Humulin M3® [30% sol./70% isoph.] (Lilly: BA, CZ, GB, GR, HR, HU, IE, PL, RO, RS, RU, SI)
Humulin M4® [40% sol./60% isoph.] (Lilly: GR, HU)
Humulin M® [30% sol./70% isoph.] (Lilly: TR)
Humulina 10/90® [10%sol./90% isoph.] (Lilly: ES)
Humulina 20/80® [20%sol./80% isoph.] (Lilly: ES)
Humulina 30/70® [30%sol./70% isoph.] (Lilly: ES)
Humulina 40/60® [40%sol./60% isoph.] (Lilly: ES)
Humulina 50/50® [50%sol./50% isoph.] (Lilly: ES)
Humuline 30/70® [30% sol./70% isoph.] (Lilly: BE, LU, NL)
Humuline 40/60® [40% sol./60% isoph.] (Lilly: LU)
Humuline 50/50® [50% sol./50% isoph.] (Lilly: BE, LU)
Humulin® (Lilly: GB, ID, IE, SE)
Humulin® [vet.] (Lilly: GB)
Insuhuman Comb 15® [semisyn./ 15% sol./85% isoph.] (Sanofi-Aventis: NL)
Insuhuman Comb 25® [semisyn./ 25% sol./75% isoph.] (Sanofi-Aventis: NL)
Insulin Actraphane HM® (Novo Nordisk: GR)
Insulin B.Braun Comb 30/70® [30% sol./70% isoph.] (Braun: AT, LU)
Insulin Humaject 30/70® [30% sol./70% isoph.] (Lilly: BE, HR, LU, PL, SI)
Insulin HumaJect M3® (Lilly: HR)
Insulin Humaject R® (Lilly: HR, PL)
Insulin Human Mixtard® [vet.] (Novo Nordisk Animalhealth: GB)
Insulin Humaplus 20/80® [20%sol./80% isoph.] (Lilly: ES)
Insulin Humaplus 30/70® [30% sol./70% isoph.] (Lilly: ES)
Insulin Humaplus 40/60® [40% sol./60% isoph.] (Lilly: ES)
Insulin Humaplus 50/50® [50% sol./50% isoph.] (Lilly: ES)
Insulin Humodar C25® [25% sol./75% isoph.] (Indar: RS)
Insulin Isuhuman Comb 25® [semisyn./ 25% sol./ 75% isoph.] (Sanofi-Aventis: PT)
Insulin Mixtard 10 HM® [10% sol./90% isoph.] (Novo Nordisk: AT, BA, BE, CH, CZ, ES, FR, GB, HU, IE, IL, IS, JP, LU, NL, PL, PT, RS, SE, SI, TR)
Insulin Mixtard 10 Novolet® (Novo Nordisk: RS)
Insulin Mixtard 20 HM® [20% sol./80% isoph.] (Novo Nordisk: AT, BA, BE, CH, CZ, ES, FR, GB, HU, IE, IL, IS, JP, LU, NL, PL, PT, RO, RS, SE, SI, TR)
Insulin Mixtard 20 Novolet® (Novo Nordisk: RS)
Insulin Mixtard 20/80® (Novo Nordisk: AU, ZA)
Insulin Mixtard 30 Flexpen® (Novo Nordisk: RS)
Insulin Mixtard 30 HM® [30% sol./70% isoph.] (Ferron: ID)
Insulin Mixtard 30 HM® [30% sol./70% isoph.] (Hemofarm: RS)
Insulin Mixtard 30 HM® [30% sol./70% isoph.] (Knoll: IN)
Insulin Mixtard 30 HM® [30% sol./70% isoph.] (Novo Nordisk: AT, BA, BD, BE, CH, CZ, ES, FR, GB, HR, HU, ID, IE, IL, IS, JP, LK, LU, NL, NZ, PL, PT, RO, SE, SG, SI, TH, TR)
Insulin Mixtard 30 Novolet® (Novo Nordisk: RS)
Insulin Mixtard 30 Penfil® (Hemofarm: RS)
Insulin Mixtard 30/70 Human (ge)® [30% sol./70% isoph.] (Novo Nordisk: DE)
Insulin Mixtard 30/70® (Novo Nordisk: AU)
Insulin Mixtard 30® (Novo Nordisk: RO)
Insulin Mixtard 40 HM® [40% sol./60% isoph.] (Novo Nordisk: AT, BA, BE, CH, CZ, ES, FR, GB, HR, HU, IE, IL, IS, JP, LU, NL, PL, PT, RO, SE, SI, TR)
Insulin Mixtard 40 Novolet® (Novo Nordisk: RS)
Insulin Mixtard 50 HM® [50% sol./50% isoph.] (Knoll: IN)
Insulin Mixtard 50 HM® [50% sol./50% isoph.] (Novo Nordisk: AT, BA, BD, BE, CH, CZ, ES, FR, GB, HR, HU, IE, IL, IS, JP, LK, LU, NL, NZ, PL, PT, SE, SG, SI, TR)
Insulin Mixtard 50 Novolet® (Novo Nordisk: RS)
Insulin Mixtard 50/50® (Novo Nordisk: AU)
Insulin Mixtard HM 10%/90%® [10% sol./90% isoph.] (Novo Nordisk: AT)
Insulin Mixtard HM 20%/80%® [20% sol./80% isoph.] (Novo Nordisk: AT, AU)
Insulin Mixtard HM 30%/70%® [30% sol./70% isoph.] (Novo Nordisk: AT, AU, ES)
Insulin Mixtard HM 40%/60%® [40% sol./60% isoph.] (Novo Nordisk: AT)

Insulin Mixtard HM 50%/50%® [50% sol./50% isoph.] (Novo Nordisk: AT, AU)
Insulin Mixtard HM® (Boots: IN)
Insulin Mixtard HM® (Novo Nordisk: CZ, GB, TH)
Insulin Mixtard® (Novo Nordisk: AT, CZ, IS, SE)
Insulin Novolin 30/70® [30% sol./70% isoph.] (Novo Nordisk: US)
Insulin Novolin 30R® [30% sol./70% isoph.] (Novo Nordisk: CN, JP)
Insulin Novolin 50R® [50% sol./50% isoph.] (Novo Nordisk: CN)
Insulin Novolin 70/30® [70% sol./30% isoph.] (Lilly: PE)
Insulin Novolin 70/30® [70% sol./30% isoph.] (Roemmers: CO)
Insulin Penmix 10® [10% sol./90% isoph.] (Novo Nordisk: GR, NZ)
Insulin Penmix 20® [20% sol./80% isoph.] (Novo Nordisk: GR, NZ)
Insulin Penmix 30® [30% sol./70% isoph.] (Novo Nordisk: GR, NZ)
Insulin Penmix 40® [40% sol./60% isoph.] (Novo Nordisk: GR, NZ)
Insulin Penmix 50® [50% sol./50% isoph.] (Novo Nordisk: GR, NZ)
Insulin Umuline Profil 30® [30% sol./70% isoph.] (Lilly: FR)
Insulin-HM Mix® [30% sol./70% isoph.] (Zentiva: CZ)
Insulina Mixtard HM 30® (Novo Nordisk: CL)
Insuman Comb 15® [semisyn./ 15% sol./85% isoph.] (Aventis: AT, BA, CZ, DE, IE, LU)
Insuman Comb 15® [semisyn./ 15% sol./85% isoph.] (Sanofi-Aventis: FR, GB, NL)
Insuman Comb 25® [semisyn./ 25% sol./75% isoph.] (Aventis: AT, BA, CZ, IE, LU, NO, RS)
Insuman Comb 25® [semisyn./ 25% sol./75% isoph.] (Sanofi-Aventis: BD, CH, DE, FI, FR, GB, NL, PL, RO, RU, SE)
Insuman Comb 50® [semisyn./ 50% sol./50% isoph.] (Aventis: AT, BA, CZ, DE, LU)
Insuman Comb 50® [semisyn./ 50% sol./50% isoph.] (Sanofi-Aventis: FR, GB, IE, NL, RO)
Insuman® (Aventis: IN)
Mixtard 30 HM® [30% sol./70% isophan] (Novo Nordisk: ES, HK)
Novolin 70/30® (Novo Nordisk: US)
Wosulin Biphasic 30/70® [30% sol./70% isoph.] (Wockhardt: IN)
Wosulin Biphasic 50/50® [50% sol./50% isoph.] (Wockhardt: IN)

– porcine insulin:

PH: Insulin Injection, Biphasic Isophane Ph. Eur. 5
PH: Insuline-isophane biphasique (préparation injectable d') Ph. Eur. 5
PH: Insulini isophani biphasici iniectabilium Ph. Eur. 5
PH: Isophan-Insulin-Suspension zur Injektion, Biphasische Ph. Eur. 5

Insulin Hypurin Porcine 30/70 Mix® [porcine 30% sol./70% isoph.] (CP: CH)
Insulin Hypurin Porcine 30/70 Mix® [porcine 30% sol./70% isoph.] (Wockhardt: GB)
Insulin Mixtard 30 MC® [porcine 30% sol./70% isoph.] (Novo Nordisk: CH)
Insulin Pork Mixtard® [porcine 30% sol./70% isoph.] (Novo Nordisk: GB)
Insulin Pork Mixtard® [vet.] (Novo Nordisk Animalhealth: GB)
Insulin Rapimix 30/70® [30% sol./70% isoph.] (Sarabhai: IN)

Insulin Injection, Isophane (Ph.Eur.)

L: Insulini isophani iniectabilium
D: Isophan-Insulin-Suspension zur Injektion
F: Insuline-isophane (préparaton injectable d')

⚕ Antidiabetic agent
⚕ Insulin with intermediate action

CAS-Nr.: 0053027-39-7

Sterile suspension of bovine, porcine or human insulin, complexed with protamine sulphate or another suitable protamine

OS: *Isophane Insulin [BAN, USAN]*
IS: *Neutral protamine Hagedorn insulin*
IS: *NPH insulin*
PH: Insulini isophani iniectabilium [Ph. Eur. 5]
PH: Isophan-Insulin-Suspension zur Injektion [Ph. Eur. 5]
PH: Insuline-isophane (préparaton injectable d') [Ph. Eur. 5]
PH: Insulin Injection, Isophane [Ph. Eur. 5]
PH: Isophane Insulin Suspension [USP 26]
PH: Isophan Insulin Injection [JP XIV]

Insulin Biosulin N® (Biopharm: RU)

– human insulin:

IS: *Insulin, human-Protamin-Injektionssuspension, rekombiniert*
PH: Insulini isophani iniectabilium Ph. Eur. 5
PH: Isophane Insulin Human Suspension USP 30
PH: Insuline-isophane (préparaton injectable d') Ph. Eur. 5
PH: Insulin Injection, Isophane Ph. Eur. 5
PH: Isophan-Insulin-Suspension zur Injektion Ph. Eur. 5

Berlinsulin H Basal® [biosyn.] (Berlin-Chemie: DE)
Gensulin N® [biosyn.] (Bioton: PL)
Huminsulin Basal® (Lilly: AT, CH, DE)
Huminsulin N® (Lilly: IN)
Humulin I® (Lilly: IE, IT)
Humulin I® [vet.] (Lilly: GB)
Humulin NPH® (Lilly: AU, BR, DK, FI, GE, GR, IS, NL, NO, NZ, RS, RU, SE, SI)
Humulin N® (ACI: BD)
Humulin N® (Eli Lilly: VN)
Humulin N® (Lilly: BA, BD, CA, CO, CR, CZ, DO, GE, GT, HK, HN, HR, HU, ID, IL, LK, MX, MY, NI, PA, PE, PH, PL, RO, SG, SI, SV, TH, TR, US, ZA)
Humulin S® (Lilly: GB, IE)
Humulina NPH® (Lilly: ES)
Humuline NPH® (Lilly: BE, LU, NL, NO)
Insuhuman Basal® (Sanofi-Aventis: NL)
Insulatard® (Hemofarm: RS)

I

Insulatard® (Novo Nordisk: BE, CL, ES, MY, NL, NO, RS, SG, SI, TR)
Insulex® (Pisa: MX)
Insulin B.Braun Basal® (Braun: AT, LU, NL)
Insulin B.Braun Rapid® (Braun: AT, LU)
Insulin B.Braun ratiopharm Basal® (ratiopharm: DE)
Insulin Glinux-N® (Probiomed: MX)
Insulin Glinux® (Probiomed: MX)
Insulin Humaject NPH® (Lilly: BE, HR, LU, SI)
Insulin Humaject N® (Lilly: HR)
Insulin Human Insulatard ge® [vet.] (Novo Nordisk Animalhealth: GB)
Insulin Humaplus NPH® (Lilly: ES)
Insulin Humodar B® (Indar: RS)
Insulin Insulatard HM® (Boots: IN)
Insulin Insulatard HM® (Ferron: ID)
Insulin Insulatard HM® (Hemofarm: RS)
Insulin Insulatard HM® (Novo Nordisk: AN, AT, AW, BA, BB, BD, BE, BS, BZ, CH, CZ, DO, ES, FR, GB, GY, HR, HT, HU, ID, IE, IL, JM, LK, NL, PL, RS, SE, SG, SI, SR, TH, TT)
Insulin Insulatard® (Novo Nordisk: AT, CZ, ES, FR, GB, HR, IE, IL, IS, LK, LU, NO, PL, PT, RO, SE)
Insulin Insulatard® (Pliva: SI)
Insulin Isuhuman Basal® (Sanofi-Aventis: PT)
Insulin Novo Nordisk® (Novo Nordisk: AT)
Insulin Novolin ge NPH® (Novo Nordisk: CA)
Insulin Novolin N® (Novo Nordisk: CN, JP, US)
Insulin Novolin N® (Roemmers: CO, PE)
Insulin Novolin® (Novo Nordisk: MX)
Insulin Polhumin® (Polfa Tarchomin: PL)
Insulin Protaphane HM Penfill® (Novo Nordisk: RU)
Insulin Protaphane HM® (Novo Nordisk: DE, GR, HK, IT, RU, ZA)
Insulin Protaphane® (Novo Nordisk: DE, FI, IT, LU, NL, NZ)
Insulin Protaphan® (Novo Nordisk: DE)
Insulin Umuline NPH® (Lilly: FR)
Insulin-HM® (Zentiva: CZ)
Insulina Betalin® (Beta: AR)
Insulina Biohulin® (Novo Nordisk: AR)
Insuman Basal® (Aventis: AT, BA, CZ, DK, LU, NO, RS)
Insuman Basal® (Sanofi-Aventis: BD, CH, CL, DE, FI, FR, GB, IE, NL, PL, RO, RU, SE)
Insuman Bazal® (Aventis: RS)
Novolin N HM® (Novo Nordisk: EC)
Novolin N® [biosyn.] (Novo Nordisk: US)

- **porcine or bovine insulin:**

PH: Insulini isophani iniectabilium Ph. Eur. 5
PH: Isophan-Insulin-Suspension zur Injektion Ph. Eur. 5
PH: Insulin Injection, Isophane Ph. Eur. 5
PH: Insuline-isophane (préparaton injectable d') Ph. Eur. 5

Insulin Hypurin Bovine Isophane® [bovine] (CP: CZ)
Insulin Hypurin Bovine Isophane® [bovine] (Wockhardt: GB)
Insulin Hypurin Bovine Isophane® [vet.] (Wockhardt: GB)
Insulin Hypurin Bovine Protamin Zink Sulfat® [bovine] (CP: CZ)
Insulin Hypurin Isophane® (Aspen: AU)
Insulin Hypurin Neutral® (Aspen: AU)
Insulin Hypurin Porcine Isophane® [porcine] (CP: CH)
Insulin Hypurin Porcine Isophane® [porcine] (Wockhardt: GB)
Insulin Iletin II NPH® [porcine] (Lilly: RU, US)
Insulin Insulatard MC® [porcine] (Novo Nordisk: CH, DE)
Insulin Isophane® [bovine] (Boots: IN)
Insulin Novo Semilente® [porcine] (Novo Nordisk: DE)
Insulin NPH® [porcine] (Novo Nordisk: US)
Insulin NPH® [porcine] (Organon: NL)
Insulin Pork Insulatard® [porcine] (Novo Nordisk: GB)
Insulin Pork Insulatard® [vet.] (Novo Nordisk Animalhealth: GB)
Insulin Protaphane® [porcine] (Novo Nordisk: NZ)
Insulina Betasint® (Beta: AR)

Insulin Injection, Protamine Zinc (Rec.INN)

L: Insulini zinci protaminati injectio
I: Insulina protamina zinco sosp. iniettabile
D: Insulin-Zink-Protamin-Injektion
F: Prép. injectable d'insuline zinc prot.
S: Inyectable de insulina cinc protamina

Antidiabetic agent
Insulin with prolonged action

CAS-Nr.: 0009004-17-5

Sterile suspension of insulin protamine zinc

OS: *Insulin, Protamine Zinc [USAN]*
IS: *PZI*
IS: *Zinc protamin insulin*
PH: insulini zinci protaminati 40 aut 80 U.I./ml, Iniectabile [Ph. Helv. VI]
PH: Insulini Zinci Protaminati Injectio [Ph. Int. II]
PH: Insulin Protamine Injection (Aqueous Suspension) [JP XIV]
PH: Protamine Zinc Insulin Injection [BP 1980]
PH: Protamine Zinc Insulin Suspension [USP XXII]
PH: Insulina protamina zinco sospensione iniettabile [F.U. IX]

Insulin Hypurin Bovine Protamine Zinc® [bovine] (Wockhardt: GB)
Insulin Iletin II Pork NPH® [porcine] (Lilly: US)
Insulina Humulin N® (Lilly: CL)
Insulina Humulin® (Lilly: AR)
Insuman N® (Aventis: CO, CR, DO, EC, GT, HN, NI, PA, SV)
Wosulin-N® (Pentafarma: CL)

Insulin Injection, Soluble (Ph. Eur.)

L: Insulini solubilis iniectabilium
D: Insulin als Injektionslösung, Lösliches
F: Insuline soluble (préparation injectable d')

Antidiabetic agent
Insulin with rapid action (normal)
Neutral, sterile solution of bovine, porcine or human insulin
PH: Insulini solubilis iniectabilium [Ph. Eur. 5]
PH: Insulin Injection, Soluble [Ph. Eur. 5]
PH: Insulin als Injektionslösung, Lösliches [Ph. Eur. 5]
PH: Insuline soluble (préparation injectable d') [Ph. Eur. 5]

– human insulin:

CAS-Nr.: 0011061-68-0
OS: *Insulina umana DCIT*
OS: *Insuline humaine DCF*
OS: *Insulin Human USAN*
OS: *Human Insulin BAN*
IS: *Human Insulin normal*
IS: *Human Insulin rekombiniert*
PH: Insulini solubilis iniectabilium Ph. Eur. 5
PH: Insulin Injection, Soluble Ph. Eur. 5
PH: Insulin als Injektionslösung, Lösliches Ph. Eur. 5
PH: Insuline soluble (préparation injectable d') Ph. Eur. 5
PH: Insulin Human USP 30
PH: Insulin Human Injection USP 30

Berlinsulin H Normal® [biosyn.] (Berlin-Chemie: DE)
Gensulin R® [biosyn.] (Bioton: PL)
Huminsulin Normal® (Lilly: AT, CH, DE)
Huminsulin R® (Lilly: IN)
Humulin Regular® (Lilly: BR, DK, FI, GE, GR, NL, RU, SE, SI)
Humulin R® (Eli Lilly: VN)
Humulin R® (Lilly: AU, BA, BD, CA, CO, CR, CZ, DO, GE, GT, HK, HN, HR, HU, ID, IL, IT, LK, MX, MY, NI, NZ, PA, PE, PH, PL, RO, RS, SG, SI, SV, TH, TR, US, ZA)
Humulina Regular® (Lilly: ES)
Humuline Regular® (Lilly: BE, LU, NL)
Insulin Actrapid HM® (Boots: IN)
Insulin Actrapid HM® (Dexa Medica: ID)
Insulin Actrapid HM® (Ferron: ID)
Insulin Actrapid HM® (Hemofarm: RS)
Insulin Actrapid HM® (Novo Nordisk: AT, AU, BA, BD, CH, CZ, DE, ES, FI, FR, GE, GR, HK, HR, HU, ID, IL, IT, JP, LK, LU, NL, NZ, PL, SG, SI, TH, TR, ZA)
Insulin Actrapid® (Novo Nordisk: BE, CZ, DE, DK, ES, FI, FR, GB, HR, IE, IL, IS, LK, NO, PT, RO, RS, RU, SE, TR)
Insulin Actrapid® Innolet® (Novo Nordisk: CZ, DE, ES)
Insulin Actrapid® NovoLet® (Novo Nordisk: AT, BA, BD, DE, ES, FR, IS, PL, RO, RS, SE, SG)
Insulin Actrapid® Penfil® (Hemofarm: RS)
Insulin Actrapid® Penfil® (Novo Nordisk: AT, RS)
Insulin B.Braun ratiopharm Rapid® (ratiopharm: DE)
Insulin Humaject Regular® (Lilly: BE, LU, NL, SI)
Insulin Human Actrapid® (Boots: IN)
Insulin Humaplus Regular® (Lilly: ES)
Insulin Humodar R® (Indar: RS)
Insulin Isuhuman Rapid® [semisyn.] (Sanofi-Aventis: PT)
Insulin Novolin ge Toronto® (Novo Nordisk: CA)
Insulin Novolin R® (Novo Nordisk: CN, JP, US)
Insulin Novolin R® (Roemmers: CO, PE)
Insulin Umuline Rapide® (Lilly: FR)
Insulin Velosulin BR Human® [semisyn.] (Novo Nordisk: US)
Insulin Velosulin HM® (Novo Nordisk: CZ, GB, LU, NL)
Insulin Velosulin® (Novo Nordisk: BE, CZ, DE, FR, NL, SE)
Insulina Actrapid HM® (Novo Nordisk: CL)
Insuline Lillypen Rapide® (Lilly: FR)
Insuman Infusat® (Aventis: AT, LU, NO)
Insuman Infusat® (Sanofi-Aventis: CH, DE, FI, FR, NL, SE)
Insuman Rapid® [semisyn.] (Aventis: AT, BA, CZ, DK, IN, LU, NO, RS, SI)
Insuman Rapid® [semisyn.] (Sanofi-Aventis: BD, CH, CL, DE, FI, FR, GB, IE, NL, PL, RO, RU, SE)
Insuman R® [semisyn.] (Aventis: CO, CR, DO, EC, GT, HN, NI, PA, SV)
Novolin R HM® (Novo Nordisk: EC)
Novolin R® [biosyn.] (Novo Nordisk: US)
Wosulin® (Wockhardt: IN)

– porcine or bovine insulin:

IS: *Normalinsulin (Rind oder Schwein)*
PH: Insulini solubilis iniectabilium Ph. Eur. 5
PH: Insuline soluble (préparation injectable d') Ph. Eur. 5
PH: Insulin als Injektionslösung, Lösliches Ph. Eur. 5
PH: Insulin Injection, Soluble Ph. Eur. 5

Insulin Actrapid MC® [porcine] (Novo Nordisk: BD, CH)
Insulin Actrapid® [porcine] (Boots: IN)
Insulin Biosulin R® (Biopharm: RU)
Insulin Hypurin Bovine Neutral® [bovine] (Wockhardt: GB)
Insulin Hypurin Porcin Neutral® [porcine] (CP: CZ)
Insulin Hypurin Porcine Neutral® [porcine] (CP: CH)
Insulin Hypurin Porcine Neutral® [porcine] (Wockhardt: GB)
Insulin Iletin II Pork Regular® [porcine] (Lilly: US)
Insulin Iletin II Regular® [porcine] (Lilly: RU, US)
Insulin Pork Actrapid® [porcine] (Novo Nordisk: GB)
Insulin Rapidica® [porcine] (Sarabhai: IN)
Insulin soluble® [bovine] (Boots: IN)
Insulin soluble® [porcine] (Boots: IN)
Insulin-Mono N® [porcine] (Leciva: CZ)

– acid solution of porcine or bovine insulin:

Insulin S Berlin-Chemie® [porcine] (Berlin-Chemie: DE)

Insulin Lispro (Rec.INN)

L: Insulinum lisprum
D: Insulin lispro
F: Insuline lispro
S: Insulina lispro

Antidiabetic agent
Insulin analog, recombinant human

ATC: A10AB04
CAS-Nr.: 0133107-64-9 C_{257}-H_{383}-N_{65}-O_{77}-S_6
M_r 5807.901

28^B-L-Lysine-29^B-L-prolineinsulin (human)

OS: *Insulin Lispro [BAN, USAN]*
IS: *LY 275585 (Lilly, USA)*
IS: *Lys-Pro-Insulin*
PH: Insulin lispro [USP 30, Ph. Eur. 5]
PH: Insulinum lisprum [Ph. Eur. 5]

Humalog Mix® (Lilly: ES)
Humalog® (Lilly: BE, CA, DK, ES, HK, IT, NL, NZ, RS, SI, TR)
Insulin Humalog Humaject® (Lilly: ES, LU)
Insulin Humalog Pen® (Lilly: ES, FR, GR, IS, IT, LU, RO, SE)
Insulin Humalog® (Lilly: AT, AU, BA, CA, CH, CO, CR, CZ, DE, DO, ES, ET, FI, FR, GB, GR, GT, HN, HR, HU, IE, IL, IN, IS, IT, KE, LK, LU, MX, MY, NG, NI, NL, NO, PA, PE, PL, PT, RO, RS, RU, SE, SG, SI, SV, TH, TZ, UG, US, ZA)
Insulin Liprolog® (Berlin-Chemie: DE)
Insulin Liprolog® (Lilly: NL)
Insulina Humalog® (Lilly: AR, CL)

Insulin Lispro, Biphasic

D: Insulin lispro, biphasisch

Antidiabetic agent
Insulin analog, recombinant human
Insulin with both rapid and intermediate action

Sterile, white suspension of recombinant human insulin lispro complexed with protamine sulfate or another suitable protamine, in a solution of insulin lispro

Insulin Humalog Mix 25® [25% sol./75% isoph.] (Lilly: AT, AU, CH, DE, ES, FI, FR, GB, GR, HR, HU, IE, IL, IS, IT, LU, NL, NO, PL, RO, RU, SE, SG, SI, TH, ZA)
Insulin Humalog Mix 50® [50% sol./50% isoph.] (Lilly: AT, CH, DE, ES, FI, FR, GB, HR, HU, IE, IL, IS, LU, NL, PL, RO, SE, SI, US)
Insulin Humalog NPL® (Lilly: ES, LU)
Insulina Humalog Mix 25® (Lilly: CL)

Insulin Zinc Injectable Suspension (Ph.Eur.)

L: Insulini zinci suspensio iniectabilis
I: Insulina-zinco sospensione iniettabile
D: Insulin-Zink-Suspension zur Injektion
F: Insuline-zinc (suspension injectable d')
S: Suspension de insulina cinc (compuesta)

Antidiabetic agent
ATCvet: QA10AC
CAS-Nr.: 0008049-62-5

Sterile neutral suspension of insulin (bovine, porcine or bovine and porcine) or human insulin with a suitable zinc salt, the isulin is in a form insoluble in water (70% crystalline, 30% amorphous)

Sterile neutral suspension of insulin (bovine, porcine or bovine and porcine) or human insulin with a suitable zinc salt, the insulin is in a form insoluble in water (70% crystalline, 30% amorphous)

OS: *Insulin Zinc Suspension (Mixed) [BAN]*
IS: *Mixed zinc insulin suspension*
IS: *Zinc insulin*
IS: *Insulin Zinc Suspension (compound)*
PH: Insulini zinci suspensio iniectabilis [Ph. Eur. 5]
PH: Insulin-Zink-Suspension zur Injektion [Ph. Eur. 5]
PH: Insulin Zinc Injectable Suspension [Ph. Eur. 5]
PH: Insuline-zinc (suspension injectable d') [Ph. Eur. 5]
PH: Insulin Zinc Suspension [USP 30]
PH: Insulin Zinc Injection [JP XIV]

– human insulin:

PH: Insulini zinci suspensio iniectabilis Ph. Eur. 5
PH: Insulin Human Zinc Suspension USP 30
PH: Insulin-Zink-Suspension zur Injektion Ph. Eur. 5
PH: Insulin Zinc Injectable Suspension Ph. Eur. 5
PH: Insuline-zinc (suspension injectable d') Ph. Eur. 5

Humulin Lenta® (Lilly: BR, ES)
Humulin Lente® (Lilly: GR)
Humulina Lenta® (Lilly: ES)
Humulina Ultralenta® (Lilly: ES)
Insulin Human Ultratard® [vet.] (Novo Nordisk Animalhealth: GB)
Insulin Monotard HM® (Boots: IN)
Insulin Monotard HM® (Ferron: ID)
Insulin Monotard HM® (Hemofarm: RS)
Insulin Monotard HM® (Novo Nordisk: AN, AT, AU, AW, BB, BS, BZ, CZ, DE, DO, ES, GR, GY, HT, ID, IE, IL, IT, JM, JP, LU, NL, PT, SR, TH, TT, ZA)
Insulin Novolin L® (Novo Nordisk: US)
Insulin Novolin U® (Novo Nordisk: JP)
Novolin L® (Novo Nordisk: US)
Wosulin-R® (Pentafarma: CL)

– porcine or bovine insulin:

PH: Insulini zinci suspensio iniectabilis Ph. Eur. 5
PH: Insulin Zinc Suspension USP 30
PH: Insulin Zinc Injectable Suspension Ph. Eur. 5
PH: Insulin-Zink-Suspension zur Injektion Ph. Eur. 5
PH: Insuline-zinc (suspension injectable d') Ph. Eur. 4

Caninsulin®[vet.] (Intervet: AT, DE, FR, GB, IE, IT, LU, NZ, PT, SE)
Caninsulin®[vet.] (Veterinaria: CH)
Insulin Hypurin Bovine Lente® [bovine] (Wockhardt: GB)
Insulin Iletin II Lente® [porcine] (Lilly: RU, US)
Insulin Lentard® [porcine/ 30% amorph./70% cryst.] (Boots: IN)
Insulin Lente® [porcine] (Novo Nordisk: BD, US)
Insulin Monotard MC® [porcine] (Hemofarm: RS)
Insulin S.N.C. Berlin-Chemie® [porcine] (Berlin-Chemie: DE)
Insulin Zinc suspension® [bovine] (Boots: IN)
Insulin Zinc suspension® [porcine] (Sarabhai: IN)
Insulinum Lente® (Polfa Tarchomin: PL)
Insuvet® [vet.] (Schering-Plough Veterinary: GB)
Zinulin® [porcine/ 30% amorph./70% cryst.] (Sarabhai: IN)

Insulin Zinc Injectable Suspension (Amorphous) (Ph.Eur.)

L: Insulini zinci amorphi suspensio iniectabilis
D: Insulin-Zink-Suspension zur Injektion, Amorphe
F: Insuline-zinc amorphe (suspension injectable d')

Antidiabetic agent
Insulin with intermediate action (semilente)
Sterile, neutral suspension of insuline (bovine or porcine) complexed with a suitable zinc salt; the insulin is in a form insoluble in water, particles have no uniform shape and a maximum dimension rarely exceeding 2 mcm

OS: *Insulin Zinc Suspension (Amorphous) [BAN]*
IS: *Amorphous I.Z.S.*
PH: Insulin zinc suspension, prompt [USP 30]
PH: Insulini zinci amorphi suspensio iniectabilis [Ph. Eur. 5]
PH: Insulin Zinc Injectable Suspension (Amorphous) [Ph. Eur. 5]
PH: Insulin-Zink-Suspension zur Injektion, Amorphe [Ph. Eur. 5]
PH: Insuline-zinc amorphe (suspension injectable d') [Ph. Eur. 5]
PH: Amorphous Insulin Zinc Injection [JP XIV]

Insulin Semilente MC® [porcine] (Novo Nordisk: DE)
Insulin-Mono D® [bovine/porcine] (Leciva: CZ)
Insulinum Semilente® (Polfa Tarchomin: PL)

Insulin Zinc Injectable Suspension (Crystalline) (Ph.Eur.)

L: Insulini zinci cristallini suspensio iniectabilis
I: Insulina-zinco crist. sospensione iniettabile
D: Insulin-Zink-Kristallsuspension zur Injektion
F: Insuline-zinc cristalline, suspension injectable d'
S: Insulina cinc (cristall.), Suspension de

Antidiabetic agent
Insulin with prolonged action (ultralente)
Sterile, neutral suspension of insulin (porcine or bovine) or human insulin, complexed with a suitable zinc salt; the insulin is in the form of crystals insoluble in water with a dimension of 10-40 mcm

OS: *Insulin Zinc Suspension (Crystalline) [BAN]*
IS: *Crystalline I.Z.S.*
PH: Insulini zinci cristallini suspensio iniectabilis [Ph. Eur. 5]
PH: Insulin Zinc Injectable Suspension (Crystalline) [Ph. Eur. 5]
PH: Insulin-Zink-Kristallsuspension zur Injektion [Ph. Eur. 5]
PH: Insuline-zinc cristalline (suspension injectable d') [Ph. Eur. 5]
PH: Insulin zinc suspension, extended [USP 30]
PH: Crystalline Insulin Zinc Injection [JP XIV]

Humulin L® (Eli Lilly: VN)
Humulin L® (Lilly: CA, MY)
Insuhuman Comb 50® [semisyn./ 50% sol./50% isoph.] (Sanofi-Aventis: NL)
Insulin Regular Purified Pork® (Novo Nordisk: US)
Insulina Humulin R® (Lilly: CL)
Insulina Humulin U® (Lilly: CL)

– human insulin:

PH: Insulin Human Zinc Suspension, Extended USP 30
PH: Insulini zinci cristallini suspensio iniectabilis Ph. Eur. 5
PH: Insulin Zinc Injectable Suspension (Crystalline) Ph. Eur. 5
PH: Insulin-Zink-Kristallsuspension zur Injektion Ph. Eur. 5
PH: Insuline-zinc cristalline (suspension injectable d') Ph. Eur. 5

Humulin UL® (Lilly: AU, GR)
Humulin Zn® [vet.] (Lilly: GB)
Humulina Ultralenta® (Lilly: ES)
Humuline Long® (Lilly: LU)
Humuline Ultralong® (Lilly: LU)
Insulin Ultratard HM® (Hemofarm: RS)
Insulin Ultratard HM® (Novo Nordisk: AT, AU, CZ, DE, ES, GR, IE, IL, IT, LU, NL, PL, PT, ZA)
Insulin Ultratard® (Novo Nordisk: BE)

Insulin, Aminoquinuride

D: Insulin-Aminoquinurid

Antidiabetic agent

Insulin with intermediate action

Sterile solution in form of a complex of insuline and aminoquinuride
IS: *Insulin surfen complex*
IS: *Surfen insulin*

B-Insulin S Berlin-Chemie® [porcine] (Berlin-Chemie: DE)

Interferon Alfa (Rec.INN)

L: Interferonum Alfa
I: Interferone alfa
D: Interferon alfa
F: Interféron alfa
S: Interferon alfa

Antiviral agent

ATC: L03AB01
CAS-Nr.: 0074899-72-2

A family of secreted proteins, known previously as leucocyte interferon or lymphoblastoid interferon, that is produced according to the information coded by multiple interferon alfa genes

OS: *Interferon Alfa [BAN, JAN, USAN]*
OS: *Interféron alfa [DCF]*
OS: *Interferone alfa [DCIT]*
IS: *IFN-α*
IS: *Leucocyte interferon*
IS: *Lymphoblastoid interferon*
PH: Interferon α-2 concentrated solution [Ph. Eur. 5]

Alfaferone® (Alfa Wassermann: CZ, IT, PL)
Alfanative-Interferon® (Key: ZA)
Alfater® (Hardis: IT)
Alferon® (Interferon: US)
Biaferone® [inj.] (Kedrion: IT)
Canferon-A® (Takeda: JP)
Cilferon-A® (Janssen: IT)
Egiferon® (Trigon: HU)
Interferon Alfa-2 Recombinante Humano® (Biolatina: CL)
Interferon Alfanative® (Bionative: TH)
Interferon Alfanative® (Fahrenheit: ID)
Multiferon® (Pentafarma: CL)
Multiferon® (Pisa: MX)
Multiferon® (ViraNative: SE)
Oif® (Otsuka: JP)
Sumiferon® (Sumitomo: JP)

– Interferon alfa-2a (Lys-23; His-34):

CAS-Nr.: 0077907-69-8
OS: *Interferon Alfa-2a BAN, USAN*
IS: *r-IFN-Alfa-2a*
IS: *Ro 20-8181 (Roche, USA)*
PH: Interferoni alfa-2 solutio concentrata Ph. Eur. 3

Alferon® (Cryopharma: MX)
Avirostat® (Pablo Cassara: AR)
Beferon A® (Cristália: BR)
Blauferon-A® (Blausiegel: BR)
Infostat® (Bioprofarma: AR)
Interferon Alfa-2a® (Cristália: BR)
Intermax-alpha® (Raffo: CL)
Intron A Multi-Dose® (Schering-Plough: TH)
Roceron® (Roche: NO)
Roferon-A® (Eureco: NL)
Roferon-A® (Euro: NL)
Roferon-A® (Medcor: NL)
Roferon-A® (Nicholas: IN)
Roferon-A® (Roche: AE, AM, AR, AT, AU, AW, AZ, BA, BD, BE, BG, BH, BO, BR, BW, CA, CH, CL, CN, CZ, DE, EE, EG, ES, ET, FI, FR, GB, GE, GH, GR, GT, HK, HN, HR, HU, ID, IE, IL, IQ, IR, IT, JM, JO, JP, KE, KG, KH, KR, KW, KZ, LA, LB, LK, LT, LU, LV, LY, MA, MD, MK, MW, MX, MY, NA, NG, NI, NL, NO, NP, NZ, PA, PE, PH, PK, PL, PT, QA, RO, RS, RU, SA, SD, SE, SG, SI, SK, SV, SY, TH, TM, TN, TR, TT, TW, TZ, UA, UG, US, UY, UZ, VE, VN, YE, ZA, ZM, ZW)
Roferon-A® (Roche RX: SG)
Roferon-A® (Sindan: RO)
Roféron-A® (Roche: FR)

– Interferon alfa-2b (Arg-23; His-34):

CAS-Nr.: 0098530-12-2
OS: *Interferon Alfa-2b BAN, USAN*
IS: *r-IFN-Alfa-2b*
IS: *Sch 30500 (Schering, USA)*
PH: Interferoni alfa-2 solutio concentrata Ph. Eur. 3

Bioferon® (Bio Sidus: TH)
Bioferon® (Farmindustria: PE)
Bioferon® (Sidus: AR)
FNI 2b® (Armstrong: MX)
Heberon Alfa R® (Tecnoquimicas: CO)
INF® (Bioprofarma: AR)
Inter 2B® (Delta Farma: AR)
Interferon Alfa 2B Biomartian® (LKM: AR)
Interferon Alfa 2B Cassara® (Pablo Cassara: AR)
Interferon Alfa-2b Humano Recombinante® (Bago: CL)
Interferon Alfa-2b® (Cristália: BR)
Interferon Alfa-2® (Ethicalpharma: PE)
Intron A Multi-Dose® (Schering: PE)
Intron A Redipen® (Schering-Plough: AU, NZ)
Intron A® (Essex: CH, DE)
Intron A® (Kirby: EC)
Intron A® (Pharmacia: IT)
Intron A® (Schering: CA)
Intron A® (Schering-Plough: AR, AU, BD, BE, BR, CL, CN, CO, CR, CZ, DO, ES, GB, GT, HK, HN, HR, HU, ID, IL, IT, JP, KE, LU, MX, NL, NO, PE, PL, RO, RS, SG, SI, TH, TR, US)
Intron A® (SP Europe: AT)
Intron Pen® (Kirby: EC)
Intron-A Pen® (Schering-Plough: TR)
Introna® (Schering-Plough: ES, FI, FR, GR, IE, IS, SE)
Introna® (SP Europe: AT)
Introna® (SP Europe-B: IT)
Kalferon® (Kalbe: ID)
Lemeron® (Lemery: MX)
Realdiron® (Sicor Biotech UAB: RS)
Rebetron® (Schering: PE)
Roferon HSA® [inj.] (Roche: PE)
Viferon® (Feron: RU)
Viraferon® (Schering-Plough: FR, GB, LU)

Virtron® (Schering-Plough: LU)

- **Interferon alfa-n1:**

OS: *Interferon Alfa-n1 BAN, USAN*

Wellferon® (GlaxoSmithKline: AE, BD, BH, CZ, IR, KW, OM, QA, TH)
Wellferon® (Wellcome: ES)
Wellferon® (Wellcome-GB: IT)

- **Interferon alfa-n3:**

OS: *Interferon Alfa-n3 USAN*
IS: *Leukocyten interferon*
IS: *r-IFN-ALfa-n3*

Alferon N® (Hemispherx: US)

Interferon Alfacon-1 (Rec.INN)

L: Interferonum alfacon-1
D: Interferon alfacon-1
F: Interferon alfacon-1
S: Interferon alfacon-1

Antiviral agent

ATC: L03AB
CAS-Nr.: 0118390-30-0 C_{870}-H_{1366}-N_{236}-O_{259}-S_9 M_r 19567.26

N-L-Methionyl-22-L-arginine-76-L-alanine-78-L-aspartic acid-79-L-glutamic acid-86-L-tyrosine-90-L-tyrosine-156-L-threonine-157-L-asparagine-158-L-leucineinterferon alpha1 (human lymphoblast reduced) [WHO]

OS: *Interferon Alfacon-1 [BAN, DCF, USAN]*
IS: *Consensus interferon*
IS: *Interferon-alpha consensus*
IS: *Interferon consensus*
IS: *Recombinant consensus interferon*
IS: *Recombinant methionyl human consensus interferon*
IS: *rIFN-con-1*
IS: *r-MetHuIFN-Con1*
IS: *YM-643*

Inferax® (Astellas: DE)
Infergen® (Astellas: GR)
Infergen® (CFP: RO)
Infergen® (InterMune: US)
Infergen® (Valeant: CA)
Infergen® (Yamanouchi: BE, CZ, HU, IT, LU, NL)

Interferon Beta (Rec.INN)

L: Interferonum beta
I: Interferone beta
D: Interferon beta
F: Interféron béta
S: Interferon beta

Antiviral agent
Immunostimulant

CAS-Nr.: 0009008-11-1

A secreted protein known previously as fibroplast interferon, that is produced according to the information coded by the specis of interferon gene

OS: *Interferon Beta [BAN, JAN, USAN]*
OS: *Interféron bêta [DCF]*
OS: *Interferone beta [DCIT]*
IS: *Fibroblast interferon*
IS: *IFN-β*

Blastoferon® (Sidus: AR)
Feron® (Toray: JP)
Fiblaferon® (biosyn: DE)
Frone® (Serono: IT, LU)
Serobif® (Serono: IT)

- **Interferon beta-1b:**

CAS-Nr.: 0145155-23-3
OS: *Interferon Beta-1b BAN, USAN*
IS: *SH Y 579 A*
IS: *r-IFN-Beta-1b*
IS: *Beta-Interferon, modifiziert*

Bestaferon® (Schering: MX)
Betaferon® (Bayer: CH)
Betaferon® (German Remedies: IN)
Betaferon® (Lyfjaver: IS)
Betaferon® (Schering: AR, AT, AU, BA, BE, BR, CL, CZ, DE, DK, ES, FI, FR, GB, GR, HK, HR, HU, IE, IL, IS, LU, MY, NL, NO, NZ, PE, PL, PT, RO, RS, RU, SE, SG, SI, TH, TR, ZA)
Betaferon® (Schering-D: IT)
Betaferon® (Schering-Plough: CR, DO, HN)
Betaseron® (Agis: IL)
Betaseron® (Berlex: CA, US)
Uribeta® (Probiomed: MX)

- **Interferon beta-1a:**

CAS-Nr.: 0145258-61-3
OS: *Interferon Beta-1a BANM, USAN*
IS: *r-IFN-Beta-1a*

Avonex® (Abbott: AR, BR, CL, CO, CR, GT, HN, MX, NI, PA, PE, SV)
Avonex® (Biogen: AT, AU, BE, CA, CH, CZ, DE, DK, ES, FI, FR, GB, HR, IE, IL, IS, IT, LU, NL, NO, NZ, PL, RO, US)
Avonex® (BiogenIdec: SE)
Avonex® (CSL: AU)
Avonex® (Gedeon Richter: HU, RU)
Avonex® (Gen: TR)
Avonex® (Genesis: GR)
Avonex® (Pharmaplan: ZA)
Avonex® (Salus: SI)
Avonex® (Schering-Plough: SI)
Emaxem® (Probiomed: MX)
Rebif® (DKSH: ID)
Rebif® (Merck Serono: RO)
Rebif® (Pfizer: US)
Rebif® (Serono: AR, AT, AU, BE, BR, CA, CN, CZ, DE, DK, ES, FI, FR, GB, GR, HR, HU, IE, IL, IS, LU, NL, NO, PL, PT, RS, RU, SE, SG, SI, TH, TR, US, ZA)
Rebif® (Serono Europe-GB: IT)
Rebif® (Serono Pharma: CH)
Rebif® (Serum Institute: IN)
Xerfelan® (Landsteiner: MX)

Interferon Gamma (Rec.INN)

L: Interferonum gamma
I: Interferone gamma
D: Interferon gamma
F: Interféron gamma
S: Interferon gamma

Antiviral agent

ATC: L03AB03
CAS-Nr.: 0009008-11-1

A secreted protein known previously as immune interferon, that is produced according to the information coded by a specis of interferon gene

OS: *Interferon Gamma [BAN]*
OS: *Interféron gamma [DCF]*
OS: *Interferone gamma [DCIT]*
IS: *IFN-λ*
IS: *Immune interferon*
IS: *T-Interferon*

- **Interferon gamma-1a:**

OS: *Interferon Gamma-1a: BAN, JAN, USAN*
IS: *S 6810 (Shionogi, Japan)*

Imunomax-gamma® (Shionogi: JP)

- **Interferon gamma-1b:**

CAS-Nr.: 0098059-61-1
OS: *Interferon Gamma-1b BAN, USAN*
IS: *r-IFN-Famma-1b*
PH: Interferon Gamma-1b Concentrated Solution Ph. Eur. 5
PH: Interferoni Gamma-1b solutio concentrata Ph. Eur. 5
PH: Interferon-gamma-1b-Lösung, Konzentrierte Ph. Eur. 5
PH: Interféron gamma-1b (solution concentrée d') Ph. Eur. 5

Actimmune® (Genentech: US)
Actimmune® (InterMune: US)
Immukine® (Boehringer Ingelheim: BE, LU, NL)
Immukin® (Boehringer Ingelheim: AU, GB, HK, IE)
Imukin® (Boehringer Ingelheim: AE, AR, AT, AU, BH, CH, CY, CZ, DE, DK, EG, ES, FI, FR, GR, IQ, IT, JO, KW, LB, LY, MT, NO, NZ, OM, QA, SA, SE, YE)

Iobenguane (^{131}I) (Rec.INN)

L: Iobenguanum (131I)
D: Iobenguan (131I)
F: Iobenguane (^{131}I)
S: Iobenguano (131I)

Contrast medium, radiography
Diagnostic

CAS-Nr.: 0077679-27-7 C_8-H_{10}-^{131}I-N_3
M_r 279.198

Guanidine, [[3-(iodo-131I)phenyl]methyl]-

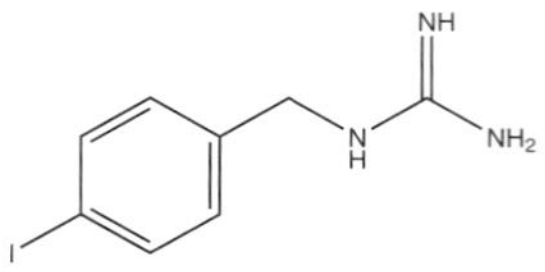

OS: *Iobenguane (^{131}I) [DCF]*
OS: *Iobenguane I 131 [USAN]*
IS: *MIBG*
PH: Iobenguane[^{131}] Injection for Therapeutic Use [BP 1999]
PH: Iobenguane[^{131}] Injection for Diagnostic Use [BP 1999]
PH: Iobenguani (^{131}I) solutio iniectabilis ad usum therapeuticum [Ph. Eur. 3]
PH: Iobenguani (^{131}I) solutio iniectabilis ad usum diagnosticum [Ph. Eur. 3]
PH: Iobenguano (^{131}I) preparazione iniettabile per uso diagnostico [F.U. X]
PH: Iobenguano (^{131}I) preparazione iniettabile per uso terapeutico [F.U. X]

Iobenguane (131I)® (Bristol-Myers Squibb: NL)
Iodine-131® (Isotopen: NL)
Jobenguaan® (Cis Bio International: NL)
MIBG® (Mallinckrodt: NL)

- **isotope ^{123}I:**

OS: *Iobenguane I 123 USAN*
PH: Iobenguane I 123 Injection USP 30
PH: Iobenguane[^{123}] Injection BP 1999
PH: Iobenguano (^{123}I) preparazione iniettabile F.U. X

AdreView® (Amersham: NL)
MIBG® (Mallinckrodt: NL)
MyoMIBG-I 123® (Daiichi: JP)

Iobitridol (Rec.INN)

L: Iobitridolum
D: Iobitridol
F: Iobitridol
S: Iobitridol

Contrast medium

ATC: V08AB11
CAS-Nr.: 0136949-58-1 C_{20}-H_{28}-I_3-N_3-O_9
M_r 835.174

N,N'-bis(2,3-Dihydroxypropyl)-5-[2-(hydroxymethyl)hydracrylamido]-2,4,6-triiodo-N,N'-dimethylisophthalamide

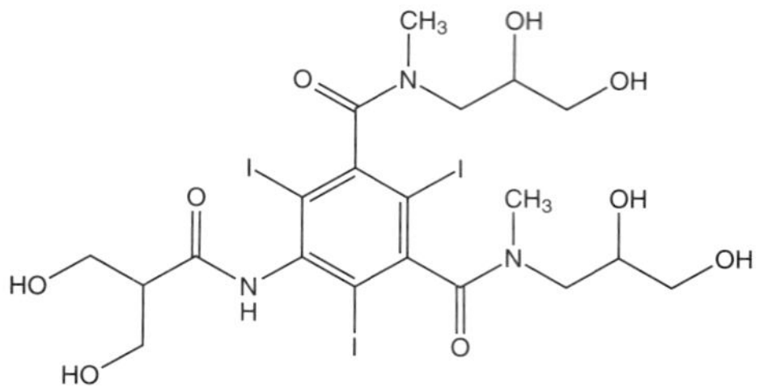

OS: *Iobitridol [BAN, DCF, USAN]*

Xenetix® (Cardio: PE)
Xenetix® (Codali: BE, LU)

Xenetix® (Emporio: SI)
Xenetix® (Gothia: SE)
Xenetix® (Guerbet: AT, BA, CH, CZ, DE, DK, ES, FI, FR, HR, IL, NL, NO, PT, RS, TR)
Xenetix® (Guerbet-F: IT)
Xenetix® (R+N: GR)
Xenetix® (Rider: CL)
Xenetix® (Temis-Lostalo: AR)

Iodamide (Rec.INN)

L: Iodamidum
I: Iodamide
D: Iodamid
F: Iodamide
S: Iodamida

Contrast medium

ATC: V08AA03
CAS-Nr.: 0000440-58-4 C_{12}-H_{11}-I_3-N_2-O_4
M_r 627.94

Benzoic acid, 3-(acetylamino)-5-[(acetylamino)methyl]-2,4,6-triiodo-

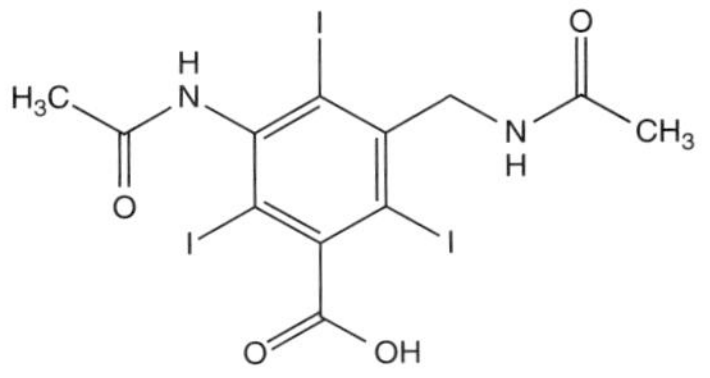

OS: *Iodamide [BAN, DCF, DCIT, JAN, USAN]*
IS: *Ametriodinic acid*
IS: *SH 926*
PH: Iodamide [JP XIV]
PH: Iodamidum [PhBs IV]

– meglumine:

CAS-Nr.: 0018656-21-8
OS: *Iodamide Meglumine USAN*
OS: *Meglumine Iodamide Injection JAN*
IS: *Iodamide, comp. with N-methylglucamine*
IS: *Radiomiro*
IS: *Rayomiro*
IS: *Triomiro*

Isteropac® (Bracco: IT)
Isteropac® (Ewopharma: CZ)
Opacist® (Bracco: IT)
Uromiron® (Schering: BR, CO, PE)
Uromiro® (Bracco: IT)
Uromiro® (Gerot: AT)

– meglumine and sodium salt:

OS: *Meglumine Sodium Iodamide Injection JAN*
PH: Meglumine Sodium Iodamide Injection JP XIV

Angiomiron® (Schering: PE)
Uromiro® (Bracco: IT)
Uromiro® (Gerot: AT)

Iodixanol (Rec.INN)

L: Iodixanolum
D: Iodixanol
F: Iodixanol
S: Iodixanol

Contrast medium

ATC: V08AB09
CAS-Nr.: 0092339-11-2 C_{35}-H_{44}-I_6-N_6-O_{15}
M_r 1550.197

1,3-Benzenedicarboxamide, 5,5'-[(2-hydroxy-1,3-propanediyl)bis(acetylimino)]bis[N,N'-bis(2,3-dihydroxypropyl)-2,4,6-triiodo-

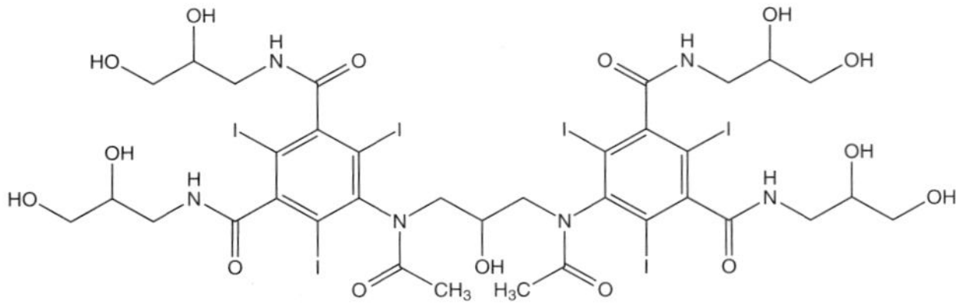

OS: *Iodixanol [BAN, USAN]*
IS: *2-5410-3A (Nycomed, Norway)*
PH: Iodixanol [USP 30]

Visipaque® (Amersham: AT, AU, BE, CA, CZ, DK, ES, GR, HR, HU, IS, IT, LU, NL, NO, NZ, RO, RS)
Visipaque® (GE Healthcare: CH)
Visipaque® (Ge Healthcare: FI)
Visipaque® (GE Healthcare: FR, SE)
Visipaque® (Higiea: SI)
Visipaque® (Nycomed: AT, DE, IL)
Visipaque® (Opakim: TR)
Visipaque® (Sanofi-Aventis: BR)

Iodohippurate Sodium

D: Natrium Iodhippurat
F: Iodohippurate, sodium de

Contrast medium

CAS-Nr.: 0000133-17-5 C_9-H_7-I-N-Na-O_3
M_r 327.055

Glycine, N-(2-iodobenzoyl)-, monosodium salt

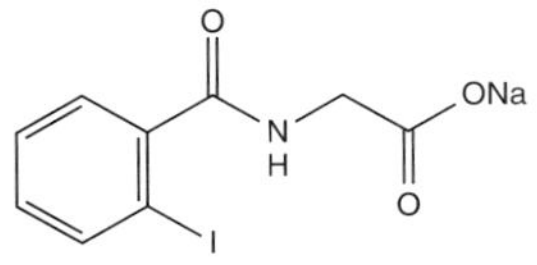

Bristol- Myers Squibb Sodium Iodohippurate® (Bristol-Myers Squibb: NL)

– sodium salt, isotope ^{123}I:

OS: *Iodohippurate Sodium I 123 USAN*
PH: iodohippurate [^{123}I] de sodium, Soluté injectable d' Ph. Franç. X
PH: Iodohippurate Sodium I 123 Injection USP 24
PH: Natrii iodohippurati [^{123}I] solutio iniectabilis Ph. Eur. 3
PH: Natrii Jodohippurati [^{131}], Injectio OeAB
PH: Sodium Iodohippurate [^{123}] Injection BP 1999

PH: Natrium[^{123}I]iodhippurat-Injektionslösung DAB 1999
PH: Natrii jodohippurici [^{123}I], Injectio OeAB
PH: Sodio iodoippurato [^{123}I] preparazione iniettabile F.U. X

Hippuran (I 123)® (Mallinckrodt: NL)

Iodoxamic Acid (Rec.INN)

L: Acidum Iodoxamicum
D: Iodoxaminsäure
F: Acide iodoxamique
S: Acido iodoxamico

Contrast medium, cholecysto-cholangiography

ATC: V08AC01
CAS-Nr.: 0031127-82-9 C_{26}-H_{26}-I_6-N_2-O_{10}
M_r 1287.914

Benzoic acid, 3,3'-[(1,16-dioxo-4,7,10,13-tetraoxahexadecane-1,16-diyl)diimino]bis[2,4,6-triiodo-

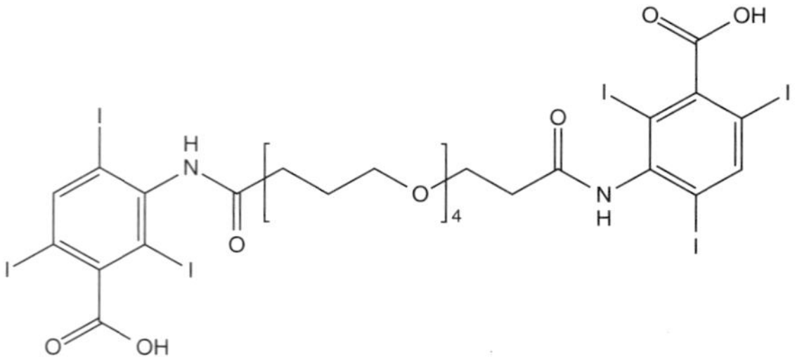

OS: *Iodoxamic Acid [BAN, JAN, USAN]*
IS: *SQ 21982*

– meglumine:

CAS-Nr.: 0051764-33-1
OS: *Iodoxamate Meglumine USAN*
OS: *Meglumine Iodoxamate BANM*
IS: *Iodoxamic acid, comp. with N-methylglucamine*

Endobil® (Bracco: IT)
Endobil® (Dagra: NL)
Endobil® (Gerot: AT)

Iohexol (Rec.INN)

L: Iohexolum
I: Ioexolo
D: Iohexol
F: Iohexol
S: Iohexol

Contrast medium

ATC: V08AB02
CAS-Nr.: 0066108-95-0 C_{19}-H_{26}-I_3-N_3-O_9
M_r 821.147

1,3-Benzenedicarboxamide, 5-[acetyl(2,3-dihydroxypropyl)amino]-N,N'-bis(2,3-dihydroxypropyl)-2,4,6-triiodo-

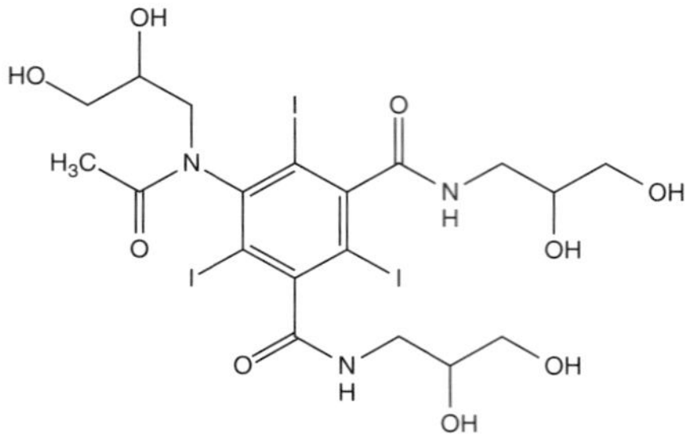

OS: *Iohexol [BAN, DCF, JAN, USAN]*
OS: *Ioexolo [DCIT]*
IS: *Win 39424*
PH: Iohexol [Ph. Eur. 5, Ph. Int. 4, USP 30]
PH: Iohexolum [Ph. Eur. 5, Ph. Int. 4]
PH: Ioexolo [Ph. Eur. 5]

Accupaque® (Amersham: DE)
Accupaque® (GE Healthcare: AT, CH)
Iohexol SAD® (SAD: DK)
Iohexol® (Interpharma: CZ)
Omnigraf® (Schering: ES)
Omnipaque® (Amersham: AU, BE, CA, CZ, DK, ES, GR, HR, HU, IS, IT, LU, NL, NO, NZ, RO)
Omnipaque® (Bayer: CH)
Omnipaque® (Fortbenton: AR)
Omnipaque® (Ge Healthcare: FI)
Omnipaque® (GE Healthcare: FR, SE)
Omnipaque® (Higiea: SI)
Omnipaque® (Nycomed: IL, RS)
Omnipaque® (Opakim: TR)
Omnipaque® (Sanofi-Aventis: BR)
Omnipaque® (Sanofi-Synthelabo: CO)
Omnipaque® (Schering: AT, DE)
Omnitrast® (Schering: ES)
Radiopaque® (Dabur: IN)

Iomeprol (Rec.INN)

L: Iomeprolum
I: Iomeprolo
D: Iomeprol
F: Iomeprol
S: Iomeprol

Contrast medium

ATC: V08AB10
CAS-Nr.: 0078649-41-9 C_{17}-H_{22}-I_3-N_3-O_8
M_r 777.093

1,3-Benzenedicarboxamide, N,N'-bis(2,3-dihydroxypropyl)-5-[(hydroxyacetyl)methylamino]-2,4,6-triiodo-

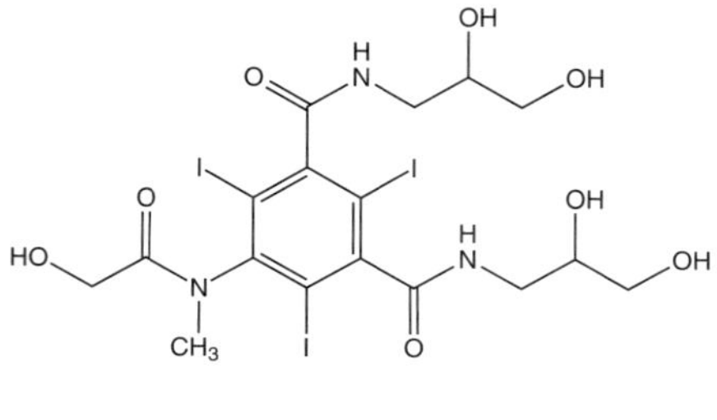

OS: *Iomeprol [BAN, JAN, USAN]*
OS: *Iomeprolo [DCIT]*
IS: *B 16880 (Bracco, Italy)*

Imeron® (Altana: DE)
Imeron® (Regional: AU)
Imeron® (Regional Health: NZ)
Iomeron® (Altana: BE, LU)
Iomeron® (Auremiana: SI)
Iomeron® (Bracco: AT, CH, CZ, DK, HU, IL, IT, LU, NL, NO)
Iomeron® (Eisai: JP)
Iomeron® (Gerolymatos: GR)
Iomeron® (Gerot: AT)
Iomeron® (Initios: FI, SE)
Iomeron® (Regional: AU)
Iomeron® (Rovi: ES, PT)
Iomeron® (Santa-Farma: TR)
Ioméron® (Altana: FR)

Iopamidol (Rec.INN)

L: Iopamidolum
I: Iopamidolo
D: Iopamidol
F: Iopamidol
S: Iopamidol

Contrast medium

ATC: V08AB04
CAS-Nr.: 0060166-93-0 C_{17}-H_{22}-I_3-N_3-O_8
M_r 777.093

1,3-Benzenedicarboxamide, N,N'-bis[2-hydroxy-1-(hydroxymethyl)ethyl]-5-[(2-hydroxy-1-oxopropyl)amino]-2,4,6-triiodo-, (S)-

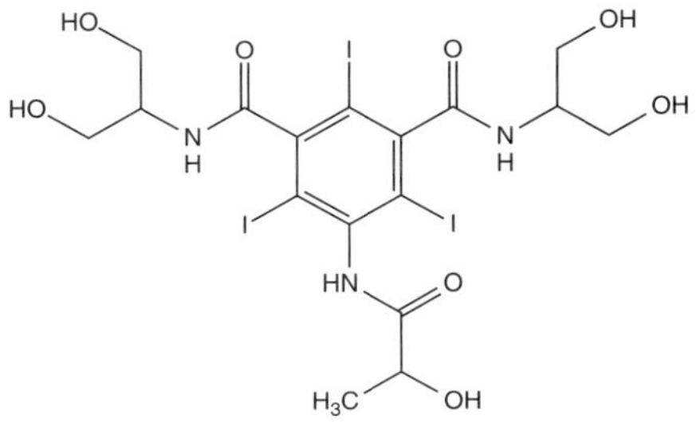

OS: *Iopamidol [BAN, DCF, JAN, USAN]*
OS: *Iopamidolo [DCIT]*
IS: *B 15 000*
IS: *SQ 13396 (Squibb, USA)*
PH: Iopamidol [JP XIV, Ph. Eur. 5, USP 30]
PH: Iopamidolo [Ph. Eur. 5]
PH: Iopamidolum [Ph. Eur. 5]

Gastromiro® (Auremiana: SI)
Gastromiro® (Bracco: AT, IL, IT, NL)
Gastromiro® (Ewopharma: CZ)
Gastromiro® (Gerot: AT)
Gastromiro® (Rovi: PT)
Hemoray® (Varifarma: AR)
Iopamidol-Hexal® (Altana: DE)
Iopamidol-ratiopharm® (ratiopharm: DE)
Iopamidolo Bioindustria Lim® (Bioindustria Lim: IT)
Iopamidol® (Bestpharma: CL)
Iopamidol® (Genthon: NL)
Iopamiron® (Schering: AR, BR, CO, DE, FR, PE)
Iopamiro® (Auremiana: SI)
Iopamiro® (Bracco: BA, CH, DK, HR, HU, IL, IT, NL, RO)
Iopamiro® (Ewopharma: CZ)
Iopamiro® (Gerolymatos: GR)
Iopamiro® (Gerot: AT)
Iopamiro® (Rovi: ES, PT)
Iopamiro® (Santa-Farma: TR)
Iopasen® (Galenica: IT)
Iopathek® (Medithek: DE)
Isovue® (Bracco: US)
Isovue® (Regional: AU)
Jopamiro® (Bracco: AT)
Jopamiro® (Gerot: AT)
Pamiray® (Hemat: TR)
Radiomiron® (Schering: CL)
Scanlux® (Sanochemia: AT, CH, CZ, HU, LU, NL, RS)
Solutrast® (Altana: DE)
Unilux® (Sanochemia: DE)

Iopanoic Acid (Rec.INN)

L: Acidum Iopanoicum
I: Acido iopanoico
D: Iopansäure
F: Acide iopanoïque
S: Acido iopanoico

Contrast medium, cholecysto-cholangiography

ATC: V08AC06
CAS-Nr.: 0000096-83-3 C_{11}-H_{12}-I_3-N-O_2
M_r 570.927

Benzenepropanoic acid, 3-amino-α-ethyl-2,4,6-triiodo-

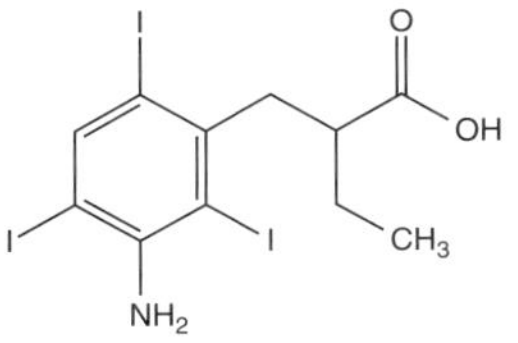

OS: *Acide iopanoïque [DCF]*
OS: *Iopanoic Acid [BAN, JAN, USAN]*
OS: *Acido iopanoico [DCIT]*
IS: *Iodopanoic acid*
PH: Acidum iopanoicum [Ph. Eur. 5, Ph. Int. 4]
PH: Iopanoic Acid [JP XIV, Ph. Eur. 5, Ph. Int. 4, USP 30]
PH: Iopansäure [Ph. Eur. 5]
PH: Iopanoïque (acide) [Ph. Eur. 5]

Cistobil® (Bracco: IT)
Cistobil® (Tobishi: JP)
Colegraf® (Estedi: ES)
Telepaque® (Nycomed: US)
Telepaque® (Sanofi-Synthelabo: BR)
Telepaque® (Shoji: JP)

Iopentol (Rec.INN)

L: Iopentolum
D: Iopentol
F: Iopentol
S: Iopentol

Contrast medium, radiography

ATC: V08AB08
CAS-Nr.: 0089797-00-2 C_{20}-H_{28}-I_3-N_3-O_9
M_r 835.174

1,3-Benzenedicarboxamide, 5-[acetyl(2-hydroxy-3-methoxypropyl)amino]-N,N'-bis(2,3-dihydroxypropyl)-2,4,6-triiodo-

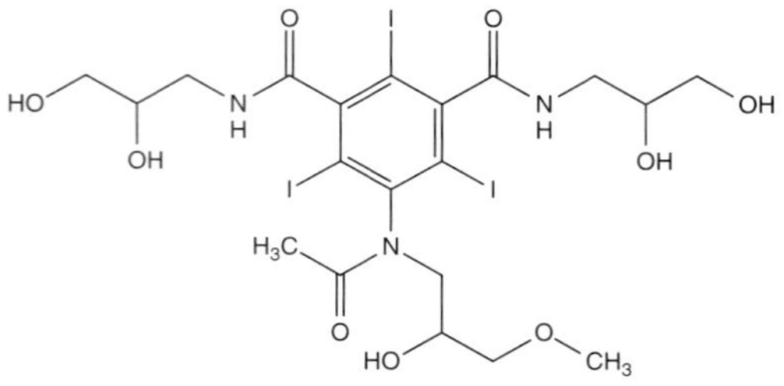

OS: *Iopentol [BAN, DCF, USAN]*
IS: *Cpd. 5411 (Nycomed, Norway)*

Imagopaque® (Amersham: AT, DE, ES, GR, IT)
Imagopaque® (Nycomed: LU)
Ivépaque® (GE Healthcare: FR)

Iopodic Acid

D: Iopodinsäure

Contrast medium, cholecysto-cholangiography
Diagnostic, gall-bladder function

CAS-Nr.: 0005587-89-3 C_{12}-H_{13}-I_3-N_2-O_2
M_r 597.956

Benzenepropanoic acid, 3-[[(dimethylamino)methylene]amino]-2,4,6-triiodo-

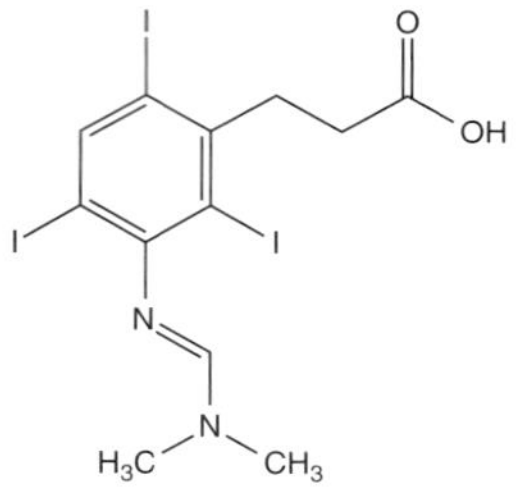

– sodium salt:

CAS-Nr.: 0001221-56-3
OS: *Ipodate Sodium BAN, USAN*
OS: *Sodium Iopodate JAN*
IS: *Iopodinsäure, Natriumsalz*
IS: *SQ 15761*
IS: *Sodium ipodate*
PH: Ipodate Sodium USP 26
PH: Sodium Iopodate JP XIV

Biloptin® (Schering: AT, DE, IT, LU, ZA)
Oragrafin Sodium® (Bracco: US)

Iopromide (Rec.INN)

L: Iopromidum
I: Iopromide
D: Iopromid
F: Iopromide
S: Iopromida

Contrast medium

ATC: V08AB05
CAS-Nr.: 0073334-07-3 C_{18}-H_{24}-I_3-N_3-O_8
M_r 791.12

1,3-Benzenedicarboxamide, N,N'-bis(2,3-dihydroxypropyl)-2,4,6-triiodo-5-[(methoxyacetyl)amino]-N-methyl-

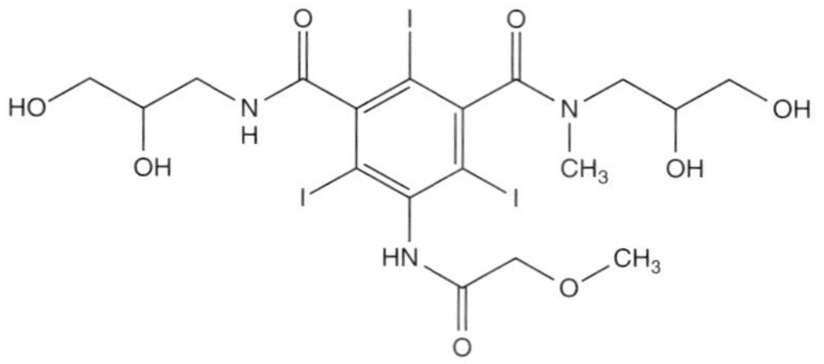

OS: *Iopromide [BAN, DCF, USAN]*
IS: *ZK 35760 (Schering, Germany)*
PH: Iopromide [USP 30]

Clarograf® (Justesa: AR)
Clarograf® (Schering: ES)
Ultravist® (Bayer: CH)
Ultravist® (Schering: AT, AU, BA, BE, CN, CZ, DE, DK, DZ, ES, FI, FR, GB, GR, HR, HU, IL, IS, LK, LU, NL, NO, NZ, PT, RO, RS, RU, SE, SI, TR, ZA)
Ultravist® (Schering-D: IT)

Iosarcol (Prop.INN)

L: Iosarcolum
D: Iosarcol
F: Iosarcol
S: Iosarcol

Contrast medium

CAS-Nr.: 0097702-82-4 C_{21}-H_{29}-I_3-N_4-O_9
M_r 862.19

1-[[[[3,5-Bis-(acetylamino)-2,4,6-triiodobenzoyl]methylamino]acetyl]methylamino]-1-deoxy-D-glucitol

3,5-Diacetamido-2,4,6-triiodo-N-methyl-N[[methyl(D-gluco-2,3,4,5,6-pentahydroxyhexyl)carbamoyl]methyl]benzamide [WHO]

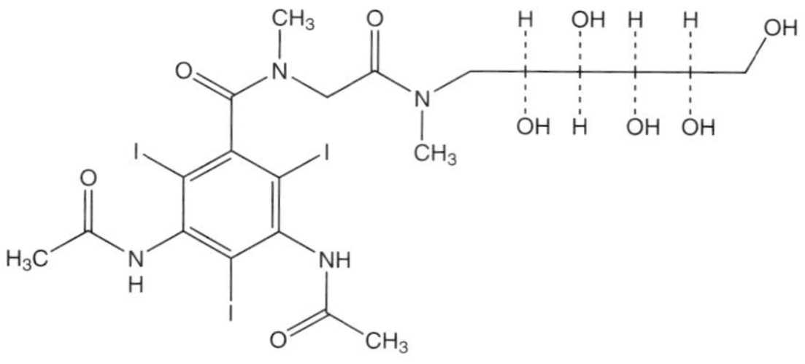

OS: *Iosarcol [USAN]*

Melitrast® (Köhler: DE)
Melitrast® (Köhler Chemie: AT)

Iotalamic Acid (Rec.INN)

L: Acidum Iotalamicum
I: Acido iotalamico
D: Iotalaminsäure
F: Acide iotalamique
S: Acido iotalamico

Contrast medium

ATC: V08AA04
CAS-Nr.: 0002276-90-6 C_{11}-H_9-I_3-N_2-O_4
M_r 613.913

Benzoic acid, 3-(acetylamino)-2,4,6-triiodo-5-[(methylamino)carbonyl]-

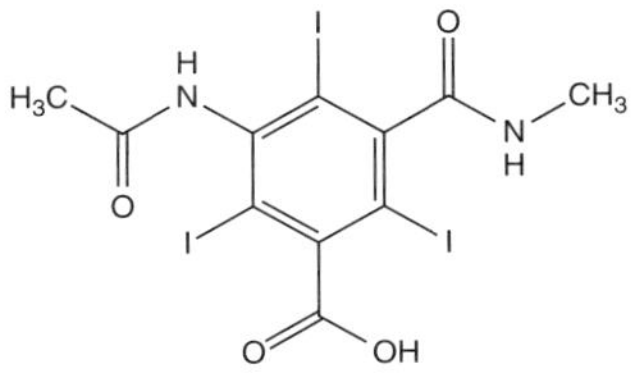

OS: *Acide iotalamique [DCF]*
OS: *Iothalamic Acid [USAN]*
OS: *Iotalamic Acid [BAN, JAN]*
OS: *Acido iotalamico [DCIT]*
IS: *MI 216 (Mallinckrodt, USA)*
PH: Iotalamic Acid [Ph. Eur. 5, JP XIV]
PH: Iothalamic Acid [USP 30]
PH: Acidum iotalamicum [Ph. Eur. 5]
PH: Iotalamique (acide) [Ph. Eur. 5]
PH: Iotalaminsäure [Ph. Eur. 5]

– meglumine:

CAS-Nr.: 0013087-53-1
OS: *Meglumine Iotalamate BANM*
OS: *Meglumine Iotalamate Injection JAN*
IS: *Iotalamic acid, comp. with N-methylglucamine*
IS: *Meglumine Iothalamate*
PH: Iothalamate Meglumine Injection USP 26
PH: Meglumine Iotalamate Injection JP XIV
PH: Meglumine Iothalamate Injection BP 1999

Conray 24 36 60%® (Bracco: IT)
Conray 24 36 60%® (Ewopharma: CZ)
Conray® (Bracco: IT)
Conray® (Mallinckrodt: AR, AU, US)
Conray® (Tyco: CA)
Cysto-Conray® (Mallinckrodt: AR, US)
Cysto-Conray® (Tyco: CA)

– sodium salt:

CAS-Nr.: 0001225-20-3
OS: *Sodium Iotalamate BANM*
IS: *Sodium Iothalamate*
IS: *Natrium iotalamat*
PH: Iothalamate Sodium Injection USP 26
PH: Sodium Iothalamate Injection BP 1999, JP XIV

Conray 400® (Bracco: IT)
Conray® (Mallinckrodt: AR, US)

Iotrolan (Rec.INN)

L: Iotrolanum
I: Iotrolan
D: Iotrolan
F: Iotrolan
S: Iotrolan

Contrast medium, radiography

ATC: V08AB06
CAS-Nr.: 0079770-24-4 C_{37}-H_{48}-I_6-N_6-O_{18}
M_r 1626.251

1,3-Benzenedicarboxamide, 5,5'-[(1,3-dioxo-1,3-propanediyl)bis(methylimino)]bis[N,N'-bis[2,3-dihydroxy-1-(hydroxymethyl)propyl]-2,4,6-triiodo-

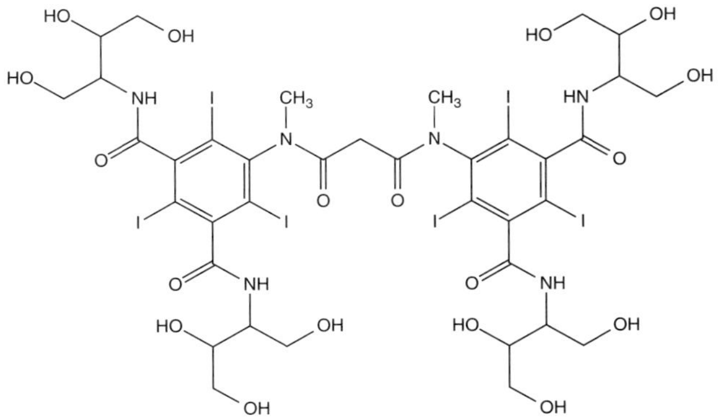

OS: *Iotrolan [BAN, DCF, JAN, USAN]*
IS: *ZK 39482 (Schering, Germany)*
PH: Iotrolan [Ph. Eur. 5]

Iotrovist® (Schering: LU)
Isovist® (Bayer Schering Pharma: CH)
Isovist® (Schering: AT, AU, CZ, DE, DK, GB, HU, IT, NL, NZ, ZA)
Osmovist® (Berlex: US)

Iotroxic Acid (Rec.INN)

L: Acidum Iotroxicum
D: Iotroxinsäure
F: Acide iotroxique
S: Acido iotroxico

Contrast medium

ATC: V08AC02
CAS-Nr.: 0051022-74-3 C_{22}-H_{18}-I_6-N_2-O_9
M_r 1215.806

Benzoic acid, 3,3'-[oxybis[2,1-ethanediyloxy(1-oxo-2,1-ethanediyl)imino]]bis[2,4,6-triiodo-

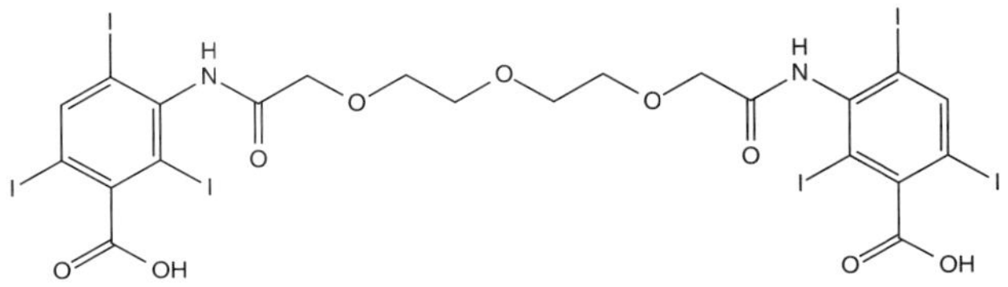

OS: *Acide iotroxique [DCF]*
OS: *Iotroxic Acid [BAN, JAN, USAN]*
IS: *SH 213 AB (Schering, Germany)*
PH: Acidum iotroxicum [Ph. Int. 4]
PH: Iotroxic Acid [JP XIV, Ph. Int. 4]

- meglumine:

CAS-Nr.: 0068890-05-1
OS: *Meglumine Iotroxate BANM*
IS: *Iotroxic acid, comp. with N-methylglucamine*

Biliscopin® (Bayer: CH)
Biliscopin® (Schering: AT, AU, DE, GB, NL, NZ)

Ioversol (Rec.INN)

L: Ioversolum
I: Ioversolo
D: Ioversol
F: Ioversol
S: Ioversol

Contrast medium, radiography

ATC: V08AB07
CAS-Nr.: 0087771-40-2 C_{18}-H_{24}-I_3-N_3-O_9
M_r 807.12

1,3-Benzenedicarboxamide, N,N'-bis(2,3-dihydroxypropyl)-5-[(hydroxyacetyl)(2-hydroxyethyl)amino]-2,4,6-triiodo-;

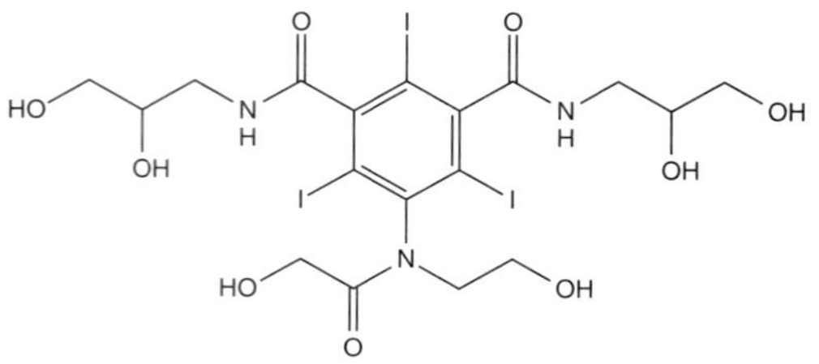

OS: *Ioversol [BAN, DCF, USAN]*
IS: *MP 328 (Mallinckrodt, USA)*
PH: Ioversol [USP 30]

Optiject® (Codali: BE)
Optiject® (Guerbet: FR)
Optiray® (Altana: HR)
Optiray® (Codali: BE, LU)
Optiray® (Guerbet: CH, FR, IL)
Optiray® (Mallinckrodt: AR, AU, NL, US)
Optiray® (Nycomed: RS)
Optiray® (Rovi: PT)
Optiray® (TYCO: AT)
Optiray® (Tyco: CA, DK, ES, FI, HU, IT, NO, SE)
Optiray® (Zentiva: CZ)

Ioxaglic Acid (Rec.INN)

L: Acidum Ioxaglicum
D: Ioxaglinsäure
F: Acide ioxaglique
S: Acido ioxaglico

Contrast medium

ATC: V08AB03
CAS-Nr.: 0059017-64-0 C_{24}-H_{21}-I_6-N_5-O_8
M_r 1268.882

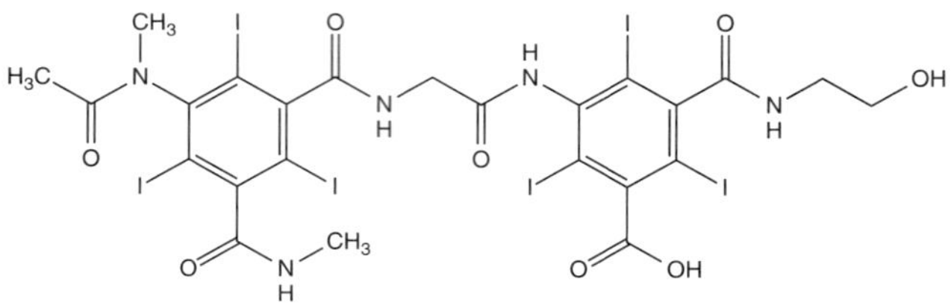

OS: *Acide ioxaglique [DCF]*
OS: *Ioxaglic Acid [BAN, USAN, JAN]*
IS: *P 286*
IS: *AG 6227*
PH: Ioxaglique (acide) [Ph. Franç. X]
PH: Ioxaglic Acid [BP, USP 30]
PH: Ioxaglic acid [Ph. Eur. 5]

- meglumine and sodium salt:

PH: Ioxoglate Meglumine and Ioxoglate Sodium Injection USP 26

Hexabrix® (Aspen: AU)
Hexabrix® (Codali: BE, LU)
Hexabrix® (Emporio: SI)
Hexabrix® (Gothia: SE)
Hexabrix® (Guerbet: AT, CH, CZ, DE, DK, ES, FI, FR, IL, IT, NL, NO, PT, RS, TR)
Hexabrix® (R+N: GR)
Hexabrix® (Rider: CL)
Hexabrix® (Temis-Lostalo: AR)

Ioxilan (Rec.INN)

L: Ioxilanum
D: Ioxilan
F: Ioxilane
S: Ioxilan

Contrast medium

Diagnostic

ATC: V08AB12
ATCvet: QV08AB12
CAS-Nr.: 0107793-72-6 C_{18}-H_{24}-I_3-N_3-O_8
M_r 791.11

N-(2,3-dihydroxypropyl)-5-[N-(2,3-dihydroxypropyl)acetamido]-N'-(2-hydroxyethyl)-2,4,6-triiodoisophthalamide (WHO)

(+/-)-N-(2,3-Dihydroxypropyl)-5-[N-(2,3-dihydroxypropyl)acetamido]-N'-(2-hydroxyethyl)-2,4,6-triiodisophthalamid (IUPAC)

1,3-Benzenedicarboxamide, 5-[acetyl(2,3-dihydroxypropyl)amino]-N-(2,3-dihydroxypropyl)-N'-(2-hydroxyethyl)-2,4,6-triiodo- (USAN)

5-[Acetyl(2,3-dihydroxypropyl)amino]-N-(2,3-dihydroxypropyl)-N'-(2-hydroxyethyl)-2,4,6-triiodo-1,3-benzenedicarboxamide

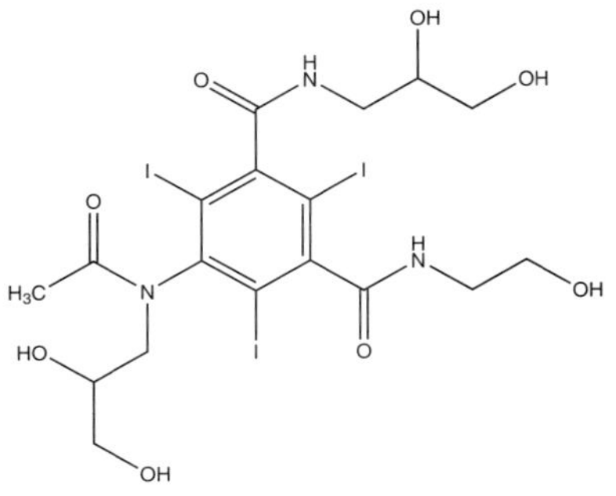

OS: *Ioxilan [USAN]*
IS: *Ioxitol*
IS: *CCRIS 6727*
IS: *IOX*
IS: *Ioxilan (Cook Imaging)*
PH: Ioxilan [USP 30]

Oxilan® (Guerbet: TR, US)

Ioxitalamic Acid (Rec.INN)

L: Acidum Ioxitalamicum
I: Acido ioxitalamico
D: Ioxitalaminsäure
F: Acide ioxitalamique
S: Acido ioxitalamico

Contrast medium

ATC: V08AA05
CAS-Nr.: 0028179-44-4 — $C_{12}\text{-}H_{11}\text{-}I_3\text{-}N_2\text{-}O_5$
M_r 643.94

Benzoic acid, 3-(acetylamino)-5-[[(2-hydroxyethyl)amino]carbonyl]-2,4,6-triiodo-

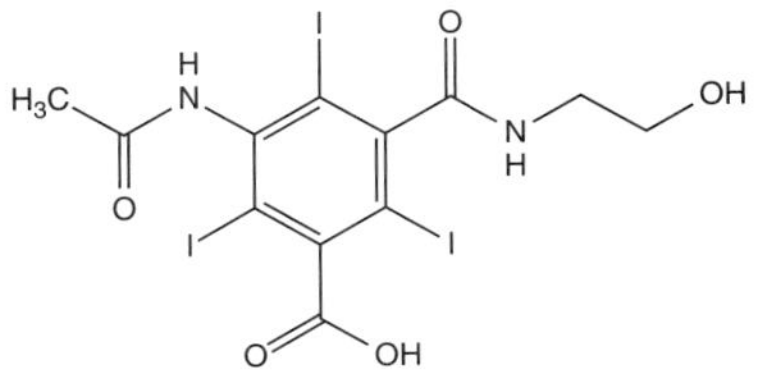

OS: *Acide ioxitalamique [DCF]*
OS: *Acidum joxitalamicum [DCF]*
OS: *Ioxitalamic Acid [USAN]*
IS: *AG 58107*
PH: Ioxitalamique (acide) [Ph. Franç. X]

– meglumine:

CAS-Nr.: 0029288-99-1
IS: *Ioxitalamic acid, comp. with N-methylglucamine*
IS: *Meglumin ioxitalat*

Telebrix Gastro® (Codali: BE, LU)
Telebrix Gastro® (Guerbet: CH, CZ, DE, FR, HU, IL, NL, PT)
Telebrix Gastro® (R+N: GR)
Telebrix Hystero® (Codali: BE, LU)
Telebrix Hystero® (Guerbet: CH, FR, PT)
Telebrix Hystero® (Temis-Lostalo: AR)
Telebrix Meglumina® (Guerbet: PT)
Telebrix Meglumina® (Rider: CL)
Telebrix Meglumine® (Codali: BE, LU)
Telebrix Meglumine® (Guerbet: CZ, FR, NL)
Telebrix N® (Guerbet: DE, HU)
Telebrix N® (Leciva: CZ)
Télébrix Méglumine® (Guerbet: FR)

– meglumine and sodium salt:

Telebrix® (Codali: BE, LU)
Telebrix® (Guerbet: BA, CH, CZ, HR, HU, IL, NL, PT, RS, TR)
Telebrix® (Rider: CL)
Telebrix® (Temis-Lostalo: AR)
Telebrix® (Tyco: CA)
Télébrix® (Guerbet: FR)
Télébrix® (Martins & Fernandes: PT)

– sodium salt:

Telebrix Sodium® (Codali: BE, LU)
Telebrix Sodium® (Guerbet: IL, NL, PT)
Télébrix Sodium® (Guerbet: FR)
Télébrix Sodium® (Martins & Fernandes: PT)

Ipratropium Bromide (Rec.INN)

L: Ipratropii Bromidum
I: Ipratropio bromuro
D: Ipratropium bromid
F: Bromure d'Ipratropium
S: Bromuro de ipratropio

Bronchodilator
Parasympatholytic agent

ATC: R01AX03,R03BB01
CAS-Nr.: 0022254-24-6 — $C_{20}\text{-}H_{30}\text{-}Br\text{-}N\text{-}O_3$
M_r 412.37

8-Azoniabicyclo[3.2.1]octane, 3-(3-hydroxy-1-oxo-2-phenylpropoxy)-8-methyl-8-(1-methylethyl)-, bromide, (endo,syn)-(±)-

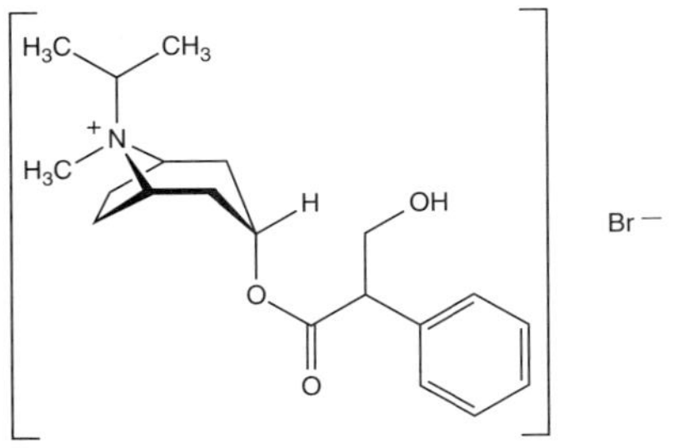

OS: *Ipratropium (bromure d') [DCF]*
OS: *Ipratropium Bromide [USAN, BAN, JAN]*
OS: *Ipratropio bromuro [DCIT]*
IS: *Sch 1000*

Aerotrop® (Pablo Cassara: AR)
Aerovent® (Teva: IL)
Alvent® (Farmalab: BR)
Apo-Ipravent® (Apotex: AN, BB, BM, BS, CA, GY, HT, JM, KY, SR, TT)
Apovent® (Curex: IL)
Apoven® (Curex: IL)
Apoven® (Douglas: AU)
Atem® (Chiesi: CY, EG, JO, KW, LB, LK, OM, SA, SY)
Atem® (Promedica: IT)
Atronase® (Boehringer Ingelheim: BE, LU)

Atrovent Inhaletas® (Boehringer Ingelheim: ES)
Atrovent Monodosis® (Boehringer Ingelheim: ES)
Atrovent Nasal Spray 0.03%® (Boehringer Ingelheim: CL)
Atrovent® (Boehringer Ingelheim: AE, AG, AG, AN, AR, AU, AU, AU, AW, BB, BH, BM, BR, BS, CH, CL, CO, CR, CY, CZ, DE, DO, DZ, EG, ES, FR, GB, GB, GB, GD, GR, GT, GY, HK, HN, HR, HT, HU, IE, IL, IQ, IS, JM, JO, KW, KY, LB, LC, LU, LY, MT, MX, MY, NI, NL, NO, OM, PA, PH, QA, SA, SE, SG, SI, SV, TH, TT, US, VC, YE, ZA)
Atrovent® (Delphi: NL)
Atrovent® (EU-Pharma: NL)
Atrovent® (Eureco: NL)
Atrovent® (Euro: NL)
Atrovent® (Teijin: JP)
Atrovent® [vet.] (Boehringer Ingelheim Vetmedica: GB)
Bromuro de ipratopio MK® (MK: CO)
Bromuro de Ipratropio Aldo Union® (Aldo Union: ES)
Ciplatropiun® (Biotoscana: CO)
DBL Ipratropium® (Mayne: AU)
Gen-Ipratropium® (Genpharm: CA)
GenRX Ipratropium® (GenRX: AU)
Iprabon® (Zambon: BR)
Ipracip® (Cipla: LK)
Ipratrin® (Alphapharm: AU)
Ipratropio Bromuro® (Bestpharma: CL)
Ipratropium Bromide® (Actavis: US)
Ipratropium Bromide® (Bausch & Lomb: US)
Ipratropium Bromide® (Dey: US)
Ipratropium Bromide® (Galen: GB)
Ipratropium Bromide® (Holopack: US)
Ipratropium Bromide® (Ivax: US)
Ipratropium Bromide® (Nephron: US)
Ipratropium Bromide® (Novex: US)
Ipratropium Bromide® (Respirare: US)
Ipratropium Bromide® (RX Elite: US)
Ipratropium Bromide® (Warrick: US)
Ipratropium Steri Neb® (Airflow: NZ)
Ipratropium Steri Neb® (Teva: GB)
Ipratropiumbromide® (Pharmachemie: NL)
Ipravent® (Cipla: IN, LK, RO)
Ipravent® (Pharmacia: AU)
Iprex® (Square: BD)
Ipvent® (Cipla: ZA)
Novo-Ipramide® (Novopharm: CA)
ratio-Ipratropium® (Ratiopharm: CA)
Respontin® (GlaxoSmithKline: GB)
Rhinovent® (Boehringer Ingelheim: CH)
Rinatec® (Boehringer Ingelheim: GB, IE)
Rinovagos® (Valeas: IT)
Sabax Ipratropium Bromide® (Critical Care: ZA)
Steri-Neb Ipratropium® (Norton: PL)
Tropium® (Generix: DO, GT, HN, SV)

– monohydrate:

CAS-Nr.: 0066985-17-9
OS: *Ipratropium Bromide JAN, USAN*
IS: *Sch 1000-Br-monohydrate*
PH: Ipratropii bromidum Ph. Eur. 5
PH: Ipratropium Bromide Ph. Eur. 5, JP XIV
PH: Ipratropium (bromure d') Ph. Eur. 5
PH: Ipratropiumbromid Ph. Eur. 5

Aerotrop® (D & M Pharma: CL)
Atem® (Promedica: IT)
Atrovent® (Boehringer Ingelheim: AT, AU, AU, BA, BE, BG, BR, CA, CL, CR, CZ, CZ, DE, DK, DO, ES, FI, FR, GB, GR, GT, HN, HU, ID, IE, IS, IT, LU, MX, NI, NL, NZ, PA, PE, PH, PL, PT, RO, RU, SE, SV, TR, US)
Atrovent® (Delphi: NL)
Atrovent® (Eureco: NL)
Atrovent® Nasal (Boehringer Ingelheim: CA, ES, RO, SE)
Ipramid® (Beximco: BD)
Ipratropium Aguettant® (Aguettant: FR)
Ipratropiumbromid Arrow® (Arrow: SE)
Ipraxa® (Ivax: NL)
Itrop® (Boehringer Ingelheim: AT, CZ, DE)

Iprazochrome (Rec.INN)

L: Iprazochromum
D: Iprazochrom
F: Iprazochrome
S: Iprazocromo

⚕ Antimigraine agent

ATC: N02CX03
CAS-Nr.: 0007248-21-7 C_{12}-H_{16}-N_4-O_3
M_r 264.3

Hydrazinecarboxamide, 2-[1,2,3,6-tetrahydro-3-hydroxy-1-(1-methylethyl)-6-oxo-5H-indol-5-ylidene]-

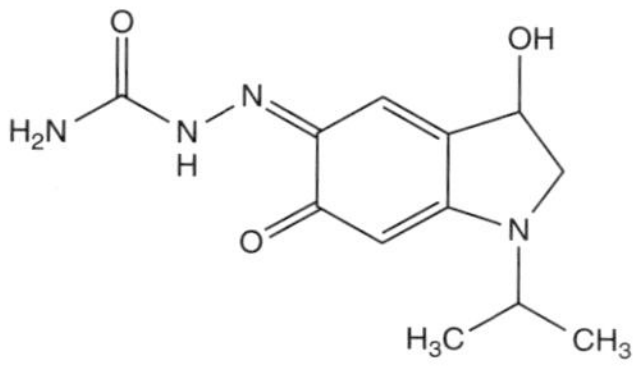

OS: *Iprazochrome [USAN]*
PH: Iprazochromum [2.AB-DDR]

Divascan® (Berlin-Chemie: CZ, DE, HU, PL)

Ipriflavone (Rec.INN)

L: Ipriflavonum
I: Ipriflavone
D: Ipriflavon
F: Ipriflavone
S: Ipriflavona

⚕ Drug for metabolic disease treatment

ATC: M05BX01
CAS-Nr.: 0035212-22-7 C_{18}-H_{16}-O_3
M_r 280.326

7-Isopropoxyisoflavone

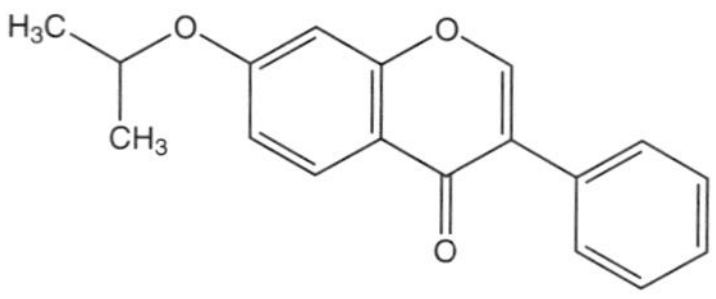

OS: *Ipriflavone [DCIT, JAN, USAN]*
IS: *FL 113*

Iprical® (Nutraceutical: CL)
Ipriosten® (Pharmalab: PE)
Iprosten® (Takeda: IT)
Osten® (Takeda: JP)
Osteofix® (Promedica: IT)
Osteoflavona® (Ropsohn: CO)
Osteoplus® (Farmalab: BR)
Rebone® (Aché: BR)

Iproniazid (Rec.INN)

L: **Iproniazidum**
I: **Iproniazide**
D: **Iproniazid**
F: **Iproniazide**
S: **Iproniazida**

Antidepressant, MAO-inhibitor

CAS-Nr.: 0000054-92-2 C_9-H_{13}-N_3-O
M_r 179.233

4-Pyridinecarboxylic acid, 2-(1-methylethyl)hydrazide

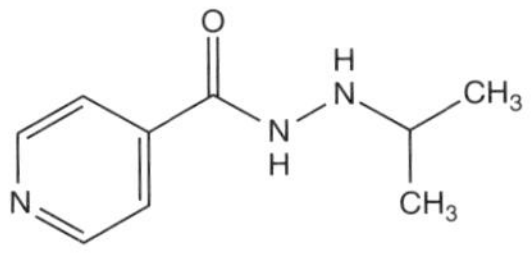

OS: *Iproniazide [DCF, DCIT, USAN]*
OS: *Iproniazid [BAN]*

– phosphate:
CAS-Nr.: 0000305-33-9
OS: *Iproniazid Phosphate BANM*

Marsilid® (Genopharm: FR)

Irbesartan (Rec.INN)

L: **Irbesartanum**
I: **Irbesartan**
D: **Irbesartan**
F: **Irbesartan**
S: **Irbesartan**

Angiotensin-II antagonist
Antihypertensive agent

ATC: C09CA04
CAS-Nr.: 0138402-11-6 C_{25}-H_{28}-N_6-O
M_r 428.559

1,3-Diazaspiro[4.4]non-1-en-4-one, 2-butyl-3-[[2'-(1H-tetrazol-5-yl)[1,1'-biphenyl]-4-yl]methyl]-

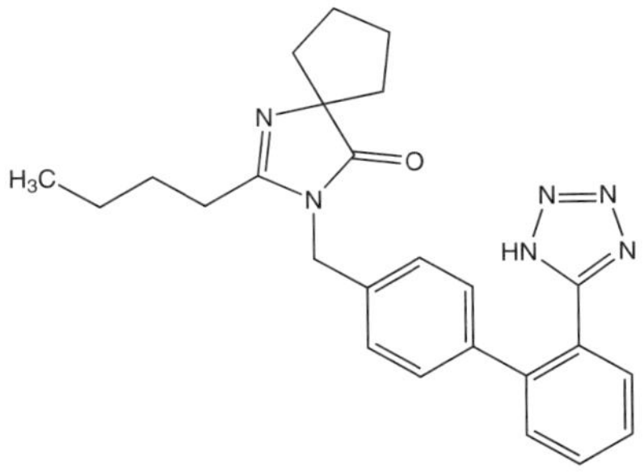

OS: *Irbesartan [BAN, USAN]*
IS: *BMS 186295 (Bristol-Myers Squibb, USA)*
IS: *SR 47436 (Sanofi Winthrop, France)*
PH: Irbesartan [USP 30]

Adana® (Sandoz: AR)
Aprovel® (Aventis: HR)
Aprovel® (Bristol-Myers Squibb: FI, FR, GB, IS, PT, RO)
Aprovel® (Sanofi: LU)
Aprovel® (Sanofi Pharma: DK)
Aprovel® (Sanofi-Aventis: AR, BE, BR, CL, DE, FR, GB, HK, HU, IE, IS, IT, MX, MY, NO, PH, PL, RO, RU, SE, SG, VN)
Aprovel® (Sanofi-Synthelabo: BZ, CO, CR, CZ, DO, EC, ES, GR, GT, HN, ID, NI, NL, PA, PE, PT, SI, SV, TH, ZA)
Aprovel® (Sanofi/Bistrol-Meyers Squibb: CH)
Arbit® (Beximco: BD)
Avapro® (Bristol-Myers Squibb: AR, AU, BR, CA, MX, US)
Avapro® (Sanofi-Aventis: US)
Cavapro® (Unimed & Unihealth: BD)
CoAprovel® (Sanofi-Aventis: NO)
Ecard® (Jayson: BD)
Ibsan® (Acme: BD)
Irbes® (Eskayef: BD)
Iretensa® (Fahrenheit: ID)
Irovel® (Sun: IN)
Irvell® (Novell: ID)
Isart® (ACI: BD)
Karvea® (Bristol-Myers Squibb: DE, DK, ES, GR, IT, NL)
Karvea® (Sanofi-Aventis: TR)
Karvea® (Sanofi-Synthelabo: AU)
Karvera® (Sanofi-Aventis: NZ)

Irinotecan (Rec.INN)

L: **Irinotecanum**
I: **Irinotecan**
D: **Irinotecan**
F: **Irinotecan**
S: **Irinotecan**

Antineoplastic agent

ATC: L01XX19
CAS-Nr.: 0097682-44-5 C_{33}-H_{38}-N_4-O_6
M_r 586.707

(+)-7-Ethyl-10-hydroxycamptothecine 10-[1,4'-biperidine]-1'-carboxylate

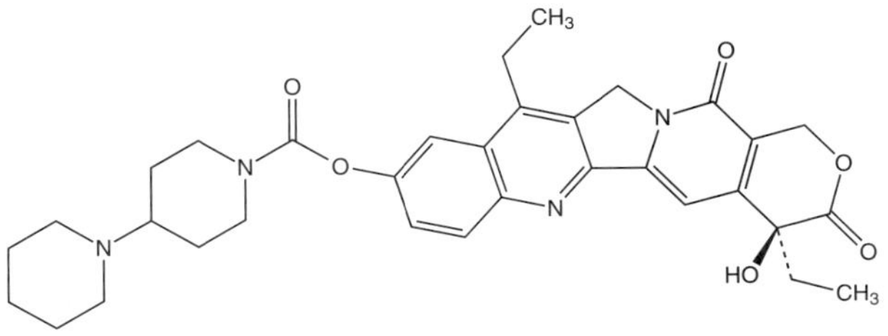

OS: *Irinotécan [DCF]*
OS: *Irinotecan [BAN]*
IS: *CPT 11*

Biotecan® (Biotenk: AR)
Efixano® (Dosa: AR)
Irinotecan Rontag® (Rontag: AR)
Irinotecan Servycal® [sol.-inj.] (Servycal: PE)
Irinotel® (Dabur: IN)
Iriten® (Verofarm: RU)
Itoxaril® (LKM: AR)
Satigene® (Microsules: AR)

– hydrochloride:

CAS-Nr.: 0136572-09-3
OS: *Irinotecan Hydrochloride BANM, JAN, USAN*
IS: *U-101,440E (Upjohn, USA)*

Camptosar® (Pfizer: AR, BR, CA, CL, CR, GT, HN, MX, NI, NZ, PA, PE, SV, US)
Camptosar® (Pharmacia: AU, CO)
Campto® (Aventis: BA, CZ, DE, GH, GR, IS, IT, KE, NG, PH, RS, TH, UG, ZA, ZW)
Campto® (Aventis Pharma: ID)
Campto® (Pfizer: AT, BE, CH, DK, FI, FR, GB, HK, HR, HU, IE, LU, MY, NO, PL, RU, SE, SG, SI, TR, VN)
Campto® (Pharmacia: CN)
Campto® (Prasfarma: ES)
Campto® (Sanofi-Aventis: IL, NL, RO)
Campto® (Yakult: JP)
Canri® (Mayne: CZ)
Faultenocan® (Mayne: PT)
Irenax® (Sandoz: AR)
Irinogen® (Bioprofarma: AR)
Irinotecan Delta® (Delta Farma: AR)
Irinotecan Mayne® (Mayne: DK, FI, HK, HU, IT, NO)
Irinotel® (Dabur: TH)
Irnocam® (Dr Reddys: LK)
Irnocam® (Dr. Reddy's: RU)
Kebirtecan® (Aspen: AR)
Linatecan® (Tecnofarma: CL, CO, PE)
Pipetecan® (Richmond: AR, PE)
Sibudan® (Teva: AR)
Tecnotecan® (Zodiac: BR)
Topotecin® (Daiichi: JP)
Trinotecan® (Filaxis: AR)
Winol® (Raffo: AR)

Iron sorbitex (USAN)

D: Eisen sorbitex

⚕ Antianaemic agent

CAS-Nr.: 0001338-16-5

D-Glucitol, iron salt, mixt. with 2-hydroxy-1,2,3-propanetricarboxylic acid iron salt

OS: *Iron Sorbitex [USAN]*
PH: Iron Sorbitex Injection [USP 26]
PH: Iron Sorbitol Injection [BP 1999]

Jectocos® (CFL: IN)
Jectofer® (AstraZeneca: AE, AT, BH, CY, CZ, EG, IQ, JO, KW, LB, LY, MT, NL, OM, QA, SA, SY, YE)
Yectafer® (AstraZeneca: AR)

Iron sucrose (USAN)

L: Ferrum oxidatum saccharatum
I: Ferro ossido saccarato
D: Eisen(III)-Saccharose-Komplex
F: Oxyde de fer sucré
S: Hierro sacarosa

⚕ Antianaemic agent

ATC: B03AB02,B03AC02
ATCvet: QB03AB02,QB03AC02
CAS-Nr.: 0008047-67-4

$[Fe(OH)_3]nx(C_{12}\text{-}H_{22}\text{-}O_{11})a$

Iron saccharate

Sucrose, iron complex

OS: *Iron Sucrose [BAN, USAN]*
OS: *Saccharated Ferric Oxide [JAN]*
IS: *Iron Sugar*
IS: *Iron Sucrose Complex*
IS: *Iron Oxide Saccharated*
IS: *Iron(III) hydroxide Sucrose Complex*
IS: *Saccharated Iron*
IS: *Ferric Hydroxide Sucrose Complex*
IS: *Iron Saccharate*
IS: *XI-921*
IS: *Ferric Oxide Saccharated*
IS: *Eisen(III)-Saccharat-Komplex*
IS: *Iron Sugar*
IS: *Ferrivenin*
IS: *EINECS 232-464-7*
PH: Iron Sucrose [Inj.] [USP27]
PH: Eisenzucker [Ph.H.]

Ferrimed® (Altana: ZA)
FERROinfant® (RubiePharm: DE)
Ferrum Lek® (Lek: BA, CZ, HR, PL, RS, SI)
Ferrum® (Hausmann: IE)
Hemafer® (Uni-Pharma: GR)
Maltofer® (Abdi Ibrahim: TR)
Venofer® (Abdi Ibrahim: TR)
Venofer® (Alfa: PE)
Venofer® (Altana: ZA)
Venofer® (American Regent: US)
Venofer® (Andromaco: CL)
Venofer® (Baxter: AU, NZ)
Venofer® (CTS: IL)
Venofer® (Farmaconsult: BE)
Venofer® (Ferraz: PT)
Venofer® (Genpharm: CA)
Venofer® (Grupo Farma: CO)
Venofer® (Lek: BA, HR, PL, SI)
Venofer® (Novartis: CN)
Venofer® (Renapharma: NO, SE)
Venofer® (Syner-Med: GB)
Venofer® (Therabel: FR)
Venofer® (Uriach: ES)
Venofer® (Vifor: AT, CH, CR, CZ, DE, DK, FI, GR, GT, HK, HN, IS, LK, LU, NI, NL, PA, RO, SG, SV)

Irsogladine (Rec.INN)

L: Irsogladinum
D: Irsogladin
F: Irsogladine
S: Irsogladina

Treatment of gastric ulcera

CAS-Nr.: 0057381-26-7 C_9-H_7-Cl_2-N_5
M_r 256.105

2,4-Diamino-6-(2,5-dichlorophenyl)-s-triazine

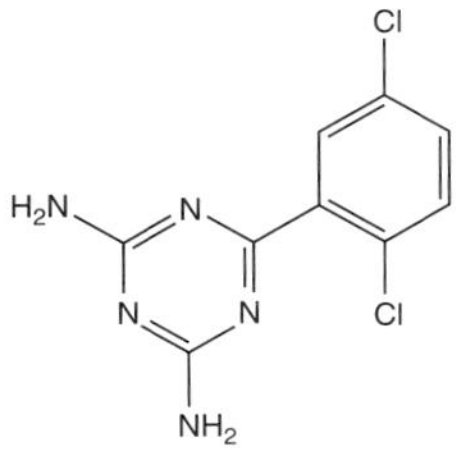

OS: *Irsogladine [USAN]*
IS: *Dicloguamine*

– maleate:
CAS-Nr.: 0084504-69-8
OS: *Isrogladine Maleate JAN*
IS: *MN 1695 (Shinyaku, Japan)*

Gaslon N® (Shinyaku: JP)

Isepamicin (Rec.INN)

L: Isepamicinum
I: Isepamicina
D: Isepamicin
F: Isepamicine
S: Isepamicina

Antibiotic, aminoglycoside

ATC: J01GB11
CAS-Nr.: 0058152-03-7 C_{22}-H_{43}-N_5-O_{12}
M_r 569.636

D-Streptamine, O-6-amino-6-deoxy-α-D-glucopyranosyl-(1-4)-O-[3-deoxy-4-C-methyl-3-(methylamino)-β-L-arabinopyranosyl-(1-6)]-2-deoxy-N[1]-[(S)-isoseryl]-

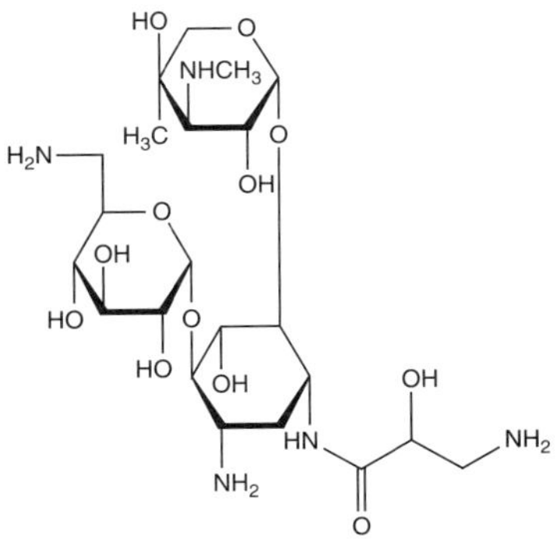

OS: *Isepamicin [BAN, USAN]*
OS: *Isépamicine [DCF]*
IS: *HAPA-B*
IS: *Sch 21420 (Schering, USA)*

Isepacin® (Essex: JP)

– sulfate:
OS: *Isepamicin Sulfate JAN*
IS: *Isepamicinbis(sulfat)*
PH: Isepamicin Sulfate JP XIV

Exacin® (Toyo Jozo: JP)
Isepacine® (Schering-Plough: TR)
Isepacin® (Essex: JP)
Isepacin® (Fresenius: AT)
Isepacin® (Schering-Plough: CZ, IT)

Isoaminile (Rec.INN)

L: Isoaminilum
I: Isoaminile
D: Isoaminil
F: Isoaminile
S: Isoaminilo

Antitussive agent

ATC: R05DB04
CAS-Nr.: 0000077-51-0 C_{16}-H_{24}-N_2
M_r 244.388

Benzeneacetonitrile, α-[2-(dimethylamino)propyl]-α-(1-methylethyl)-

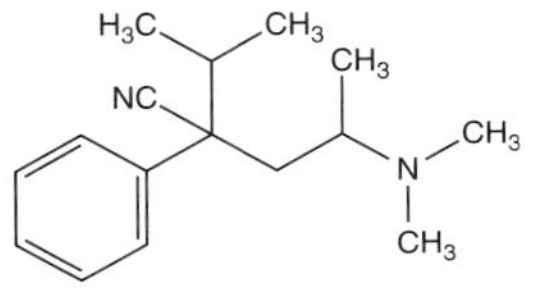

OS: *Isoaminile [BAN, DCF, DCIT, USAN]*
IS: *W 7*
PH: Isoaminile [BP 2002]

Peracon® (Solvay: ID)

– citrate:
CAS-Nr.: 0028416-66-2
OS: *Isoaminile Citrate BANM*
IS: *Isoaminil citrat (1:1)*

Peracon® (Solvay: AT, ID)

Isocarboxazid (Rec.INN)

L: Isocarboxazidum
I: Isocarboxazid
D: Isocarboxazid
F: Isocarboxazide
S: Isocarboxazida

Antidepressant, MAO-inhibitor

ATC: N06AF01
CAS-Nr.: 0000059-63-2 C_{12}-H_{13}-N_3-O_2
M_r 231.266

3-Isoxazolecarboxylic acid, 5-methyl-, 2-(phenylmethyl)hydrazide

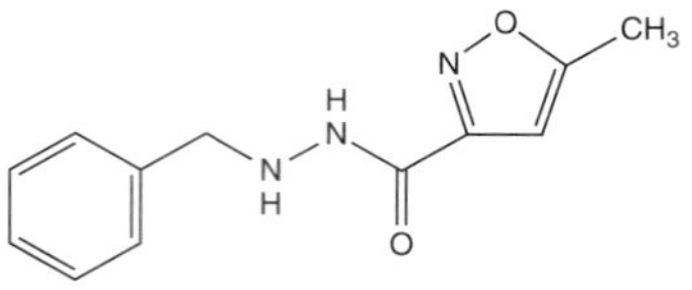

OS: *Isocarboxazid [BAN, USAN]*
OS: *Isocarboxazide [DCF, DCIT]*
IS: *Ro 5-0831*
PH: Isocarboxazid [BP 1973, USP 23]

Isocarboxazid® (Cambridge Laboratories: GB)
Marplan® (MediLink: DK)

Isoconazole (Rec.INN)

L: Isoconazolum
I: Isoconazolo
D: Isoconazol
F: Isoconazole
S: Isoconazol

Antifungal agent

ATC: D01AC05,G01AF07
CAS-Nr.: 0027523-40-6 C_{18}-H_{14}-Cl_4-N_2-O
M_r 416.13

1H-Imidazole, 1-[2-(2,4-dichlorophenyl)-2-[(2,6-dichlorophenyl)methoxy]ethyl]-

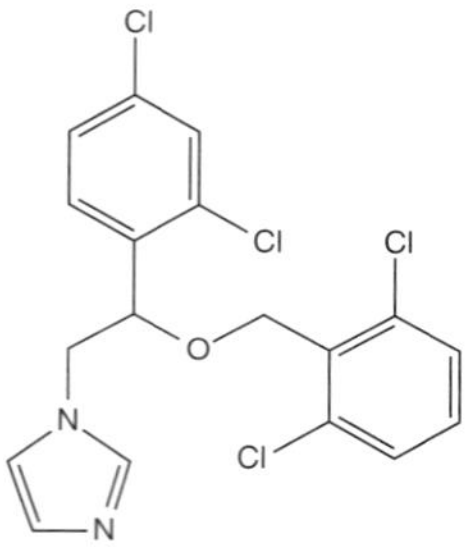

OS: *Isoconazole [BAN, DCF, USAN]*
OS: *Isoconazolo [DCIT]*
IS: *Diclonazol*
IS: *FF 149*
PH: Isoconazolum [Ph. Eur. 5]
PH: Isoconazol [Ph. Eur. 5]
PH: Isoconazole [Ph. Eur. 5]

Icaden® (Schering: BR, CO)
Isoconazol Genfar® (Genfar: CO, EC)
Isoconazol® (Pentacoop: CO)
Travogen® (Schering: AE, AT, BH, CY, DE, EG, IQ, JO, KW, LB, LY, OM, QA, SA, SD, YE)

– nitrate:

CAS-Nr.: 0024168-96-5
OS: *Isoconazole Nitrate BANM*
IS: *R 15454 (Janssen, Belgium)*
PH: Isoconazoli nitras Ph. Eur. 5
PH: Isoconazolnitrat Ph. Eur. 5
PH: Isoconazole Nitrate Ph. Eur. 5
PH: Isoconazole (nitrate d') Ph. Eur. 5

Bioprox® (Biochem: CO)
Fazol® (CS: FR)
Gino Monipax® (De Mayo: BR)
Gino Monipax® (Haller: BR)
Gino-Travogen® (Schering: PT)
Ginotrax® (Ativus: BR)
Gyno Icaden® (Schering: BR)
Gyno-Mycel® (Biolab: BR)
Gyno-Travogen® (Agis: IL)
Gyno-Travogen® (Bayer: CH)
Gyno-Travogen® (Schering: AE, AT, BH, CY, DE, EG, HK, IQ, JO, KW, LB, LK, LU, LY, NL, OM, PL, QA, RO, SA, SD, SG, TR, YE)
Hifacid® (Omdica: PE)
Hifazol® (Alfa: PE)
Icaden® (Schering: BR, CO, CR, DE, DO, EC, GT, HN, MX, NI, PA, PE, SV)
Isoconazol GenFar® [sol./emuls.] (Genfar: PE)
Isogen® (Pharma Clal: IL)
Isogyn® (Finderm: IT)
Micelfen® (Omdica: PE)
Mupaten® (Schering: AR)
Nacozil® (TO Chemicals: TH)
Nitrato de Isoconazol® (Ativus: BR)
Nitrato de Isoconazol® (Cristália: BR)
Nocazin® (AstraZeneca: MX)
Noginox® (La Santé: CO)
Scheriderm® (Schering: PE)
Travogen® (Bayer: CH)
Travogen® (Intendis: PL, RU)
Travogen® (Schering: AE, AT, BE, BH, CY, CZ, DE, EG, GR, HK, ID, IQ, IT, JO, KW, LB, LK, LU, LY, NL, OM, PH, QA, RO, SA, SD, SG, TH, TR, YE)
Ufarin® (Schering: CL)

Isoetarine (Rec.INN)

L: Isoetarinum
D: Isoetarin
F: Isoétarine
S: Isoetarina

Bronchodilator
β-Sympathomimetic agent

ATC: R03AC07,R03CC06
CAS-Nr.: 0000530-08-5 C_{13}-H_{21}-N-O_3
M_r 239.321

1,2-Benzenediol, 4-[1-hydroxy-2-[(1-methylethyl)amino]butyl]-

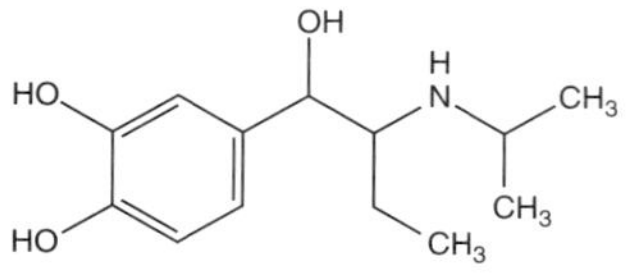

OS: *Isoetharine [USAN]*
OS: *Isoetarine [BAN]*
IS: *Etyprenalinum*
IS: *Win 3046*

– hydrochloride:

CAS-Nr.: 0002576-92-3
PH: Isoetharine Hydrochloride USP 30

Isoetharine Hydrochloride® (Barre: US)
Isoetharine Hydrochloride® (CMC: US)

Isoetharine Hydrochloride® (Dey: US)
Isoetharine Hydrochloride® (Major: US)
Isoetharine Hydrochloride® (Roxane: US)

Isoflurane (Rec.INN)

L: Isofluranum
I: Isoflurano
D: Isofluran
F: Isoflurane
S: Isoflurano

Anesthetic (inhalation)

ATC: N01AB06
ATCvet: QN01AB06
CAS-Nr.: 0026675-46-7 C_3-H_2-Cl-F_5-O
M_r 184.499

Ethane, 2-chloro-2-(difluoromethoxy)-1,1,1-trifluoro-

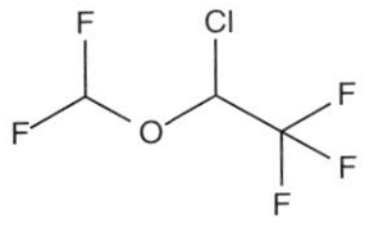

OS: *Isoflurane [BAN, DCF, JAN, USAN]*
OS: *Isoflurano [DCIT]*
IS: *Compound 469*
PH: Isoflurane [Ph. Eur. 5, USP 30]
PH: Isofluranum [Ph. Eur. 5]

Aerrane® (AstraZeneca: ZA)
Aerrane® (Baxter: AU, CZ, ES, GB, HU, IL, IT, LU, NL, NZ, PH, PL, TH, VN)
Aerrane® (Eczacibasi Baxter: TR)
Aerrane® (Kalbe: ID)
Aerrane® [vet.] (Fort Dodge: US)
Attane® [vet.] (Bomac: AU, NZ)
Attane® [vet.] (Provet: CH)
Floran® (Hikma: AE, BH, EG, IQ, JO, KW, LB, LY, OM, QA, SA, SD, SY, TN, YE)
Forane® (Abbott: AT, BA, BR, CN, CZ, ES, HK, HR, HU, ID, IL, IT, LK, NZ, PH, PL, RO, RS, SG, TH, TR, ZA)
Forane® (Anaquest: US)
Forane® (Baxter: CA)
Forane® (Unimed & Unihealth: BD)
Forene® (Abbott: CH, CL, DE, DK, FI, IS, LU, NL, NO, SE)
Forenium® (Abbott: GR)
Forthane® (Abbott: AU)
I.S.O. Inhalation Anaesthetic® [vet.] (Veterinary Companies: AU)
Iso-Thesia® [vet.] (Vetus: US)
Isoba® [vet.] (Essex: DE)
Isoba® [vet.] (Schering-Plough: IT, LU, SE)
Isoba® [vet.] (Vetcare: FI)
Isofane® [vet.] (Vericor: GB)
Isoflo® [vet.] (Abbott: AT, AU, CH, LU, NL, US)
Isoflo® [vet.] (Abbott Animal: PT)
Isoflo® [vet.] (Advanced Anaesthesia: AU)
Isoflo® [vet.] (Orion: FI)
Isoflo® [vet.] (Schering-Plough: SE)
Isoflo® [vet.] (Schering-Plough Veterinary: GB)
Isofludem® (Dem Ilaç: TR)
Isofluraan Medeva® (Celltech: NL)
Isofluraan® (Pharmachemie: NL)
Isofluran Baxter® (Baxter: AT, CH, DE, DK, FI, SE)
Isofluran Baxter® [vet.] (Baxter: CH)
Isofluran curamed® (DeltaSelect: DE)
Isofluran DeltaSelect® (DeltaSelect: DE)
Isofluran Rhodia® (Rhodia: CZ, ID, TH)
Isofluran Rhodia® (Shasun: BD)
Isofluran Rhodia® (Torrex: AT)
Isofluran Rhône Poulenc® (Aventis: CZ)
Isofluran Rhône Poulenc® (Torrex: AT)
Isoflurane Dexa Medica® (Dexa Medica: ID)
Isoflurane Rhodia® (Rhodia: IL, TH)
Isoflurane-Medeva Europe® (Medeva: LU)
Isoflurane® (Abbott: CA, GB)
Isoflurane® (Adeka: TR)
Isoflurane® (Cristália: BR)
Isoflurane® (Dexa Medica: ID)
Isoflurane® (Mayne: AU)
Isoflurane® (Medeva: LU)
Isoflurane® (Minrad: IL)
Isoflurane® (Rhodia: ID, NZ, RO)
Isoflurane® (Taymed: TR)
Isoflurane® [vet.] (Merial: GB, IT)
Isoflurano Baxter® (Baxter: AR)
Isoflurano Inibsa® (Inibsa: ES)
Isoflurano® (Bestpharma: CL)
Isoflurano® (Inibsa: ES)
Isoflurano® (Scott: AR)
Isofluran® (Baxter: NO)
Isofluran® (Nicholas: RS)
Isofluran® (Torrex: SI)
Isofluran® [vet.] (CP: DE)
Isothane® (AstraZeneca: BR)
Laser Animal Health Isoflurane® [vet.] (Pharmachem: AU)
Vetflurane® [vet.] (Virbac: GB)
Zuflax® (Richmond: AR)

Isoniazid (Prop.INN)

L: Isoniazidum
I: Isoniazide
D: Isoniazid
F: Isoniazide
S: Isoniazida

Antitubercular agent

ATC: J04AC01
CAS-Nr.: 0000054-85-3 C_6-H_7-N_3-O
M_r 137.152

4-Pyridinecarboxylic acid, hydrazide

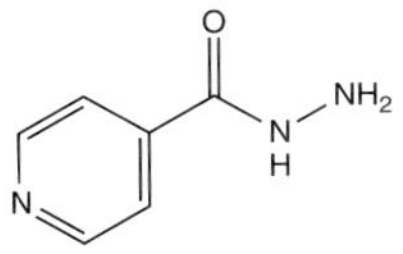

OS: *Isoniazid [BAN, JAN, USAN]*
OS: *Isoniazide [DCF]*
IS: *Azuren*
IS: *Mybasan*
IS: *Neumadin*
IS: *Tubomel*
IS: *Vazadrine*
IS: *L 1945*
IS: *RP 5015*

IS: *INH*
PH: Isoniazid [JP XIV, Ph. Eur. 5, Ph. Int. 4, USP 30]
PH: Isoniazide [Ph. Eur. 5]
PH: Isoniazidum [Ph. Eur. 5, Ph. Int. 4]

Antimic® (Chew Brothers: TH)
Be-Tabs Isonidazid® (Be-Tabs: ZA)
Cemidon® (Alcala: ES)
Cemidon® (Chiesi: ES)
Dianicotyl® (IFET: GR)
I.N.H.® (Kocak: BA)
I.N.H.® (Koçak: TR)
Inapas® (Neo-Pharma: IN)
Inazid® (Rekah: IL)
INH Agepha® (Agepha: AT)
INH Lannacher® (Lannacher: AT)
INH Waldheim® (Sanochemia: AT)
INH-Ciba® (Biochemie: ID)
INH® (Koçak: TR)
INH® (Novartis: ID)
INH® (Sanofi-Aventis: BD)
Iso-Dexter® (Dexter: ES)
Isokin® (Pfizer: IN)
Isonex® (Pfizer: IN)
Isoniac® (Klonal: AR)
Isoniazid Atlantic® (Atlantic: SG, TH)
Isoniazid Indo Farma® (Indofarma: ID)
Isoniazid Injection® (Sabex: US)
Isoniazid Oba® (OBA: DK)
Isoniazid Tablets® (Barr: US)
Isoniazid Tablets® (Sandoz: US)
Isoniazid Tablets® (VersaPharm: US)
Isoniazid Tablets® (West-Ward: US)
Isoniazida Fabra® (Fabra: AR)
Isoniazida Iqfarma® [tab.] (Iqfarma: PE)
Isoniazida L.CH.® (Chile: CL)
Isoniazida Lafedar® (Lafedar: AR)
Isoniazida® (Antibiotice: RO)
Isoniazida® (Bestpharma: CL)
Isoniazida® (Cipa: PE, PE)
Isoniazida® (Terapia: RO)
Isoniazide Gf® (Genfarma: NL)
Isoniazide PCH® (Pharmachemie: NL)
Isoniazidum® (Jelfa: PL)
Isoniazid® (Akrihin: RU)
Isoniazid® (Allscripts: US)
Isoniazid® (Cambridge Laboratories: GB)
Isoniazid® (Carolina: US)
Isoniazid® (Fawns & McAllan: AU)
Isoniazid® (Hemofarm: RS)
Isoniazid® (PSM: NZ)
Isoniazid® (Rekah: IL)
Isoniazid® (UCB: GB)
Isoniazid® (VersaPharm: US)
Isonicid® (Pannonpharma: HU)
Isotab® (Acme: BD)
Isotamine® (Valeant: CA)
Isozid B6® [tab.] (Cipa: PE)
Isozid® (Fatol: DE, SI)
Iso® (Opsonin: BD)
Lafayette Isoniazid® (Lafayette: PH)
Moxina Dos® [+ Rifampicin] (Richmond: AR)
Nicetal® (Infabi: EC)
Nicizina® (Pharmacia: IT)
Nicotibina® (Sanofi-Aventis: AR)
Nicotibine® (Abic: IL)
Nicotibine® (Econophar: BE, LU)
Nicozid® (Piam: IT)
Nidrazid® (Zentiva: CZ)
Nydrazid® (Sandoz: US)
Phthizoetham® [+Ethambutanol] (Akrihin: RU)
Phthizopiram® [+Pyrazinamide] (Akrihin: RU)
PMS-Isoniazid® (Pharmascience: CA, SG)
Rifamazid® [+ Rifampicin] (Polfa Tarchomin: PL)
Rifater® [+Pyrazinamide +Rifampicin] (Sanofi-Aventis: HK, IE)
Rifinah® [+ Rifampicin] (Aventis: NZ)
Rifinah® [+ Rifampicin] (Sanofi-Aventis: AR, HK, IE)
Rimactazid® [+ Rifampicin] (Promed: RU)
Rimactazid® [+ Rifampicin] (Sandoz: FI, NO, SE)
Rimactazid® [+ Rifampicin] (Swedish Orphan: IE)
Rimifon® (Labatec: CH)
Rimifon® (Pharmion: FR)
Servizid® (Novartis: BD)
Sumifon® (Sumitomo: JP)
Tebesium® (Riemser: DE)
Tebesium® (Wernigerode: DE)
Tibinide® (Recip: IS, SE)
Tubilysin® (Orion: FI)
Valifol® (Valdecasas: MX)

Isonixin (Rec.INN)

L: Isonixinum
D: Isonixin
F: Isonixine
S: Isonixino

Antiinflammatory agent
Analgesic

CAS-Nr.: 0057021-61-1 C_{14}-H_{14}-N_2-O_2
M_r 242.286

3-Pyridinecarboxamide, N-(2,6-dimethylphenyl)-1,2-dihydro-2-oxo-

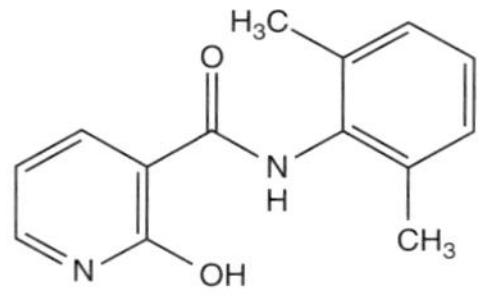

OS: *Isonixin [USAN]*
IS: *IBH 194*

Nixyn Hermes® (Teofarma: ES)

Isoprenaline (Rec.INN)

L: Isoprenalinum
I: Isoprenalina
D: Isoprenalin
F: Isoprénaline
S: Isoprenalina

Bronchodilator
β-Sympathomimetic agent

ATC: C01CA02,R03AB02,R03CB01
CAS-Nr.: 0007683-59-2 C_{11}-H_{17}-N-O_3
M_r 211.267

1,2-Benzenediol, 4-[1-hydroxy-2-[(1-methylethyl)amino]ethyl]-

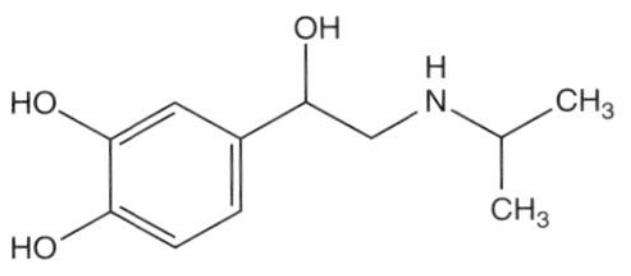

OS: *Isoprenaline [BAN, DCF]*
OS: *Isoprenalina [DCIT]*
IS: *Isopropydine*
IS: *Isopropylnoradrenaline*
IS: *Isoproterenol*
IS: *Win 5162*

– hydrochloride:

CAS-Nr.: 0000051-30-9
OS: *Isoprenaline Hydrochloride BANM*
OS: *l-Isoprenaline Hydrochloride JAN*
OS: *Isoproterenol Hydrochloride USAN*
IS: *Iludrin*
IS: *Isopropyl arterenol hydrochloride*
IS: *Neodrenal*
IS: *Isoproterenol Hydrochlorid USA: AHFS*
PH: Isoprenaline Hydrochloride Ph. Eur. 5, Ph. Int. 4
PH: Isoprenalini hydrochloridum Ph. Eur. 5, Ph. Int. 4
PH: Isoproterenol Hydrochloride USP 30
PH: l-Isoprenaline Hydrochloride JP XIV
PH: Isoprenalinhydrochlorid Ph. Eur. 5
PH: Isoprénaline (chlorhydrate d') Ph. Eur. 5

Antasthmin® (Kwizda: AT)
Imuprel® (Al Pharm: ZA)
Isolin® (Samarth: IN)
Isomenyl® (Kaken: JP)
Isoprenalina Cloridrato® (Biologici: IT)
Isoprenalina Cloridrato® (Fresenius: IT)
Isoprenalina Cloridrato® (Galenica: IT)
Isoprenalina Cloridrato® (Monico: IT)
Isoprenalina Cloridrato® (Salf: IT)
Isoprenalinhydrochlorid-Braun® (Braun: LU)
Isoproterenol Clorhidrato® (Biosano: CL)
Isoproterenol Hydrochloride® (Elkins-Sinn: US)
Isoproterenol Hydrochloride® (Hospira: US)
Isoproterenol® (Sandoz: CA)
Isoproterenol® (Scott: AR)
Isuprel® (Abbott: BE, ID, IL, LU, TH)
Isuprel® (CSP: FR)
Isuprel® (InterMed Medical Ltd: NZ)
Isuprel® (Sanofi-Synthelabo: AE, AU, BH, CY, EG, JO, KW, LB, OM, QA, SA)
Saventrine® (Pharmax: AE, BH, CY, JO, KW, MT, OM, PK, QA, YE)

– sulfate:

CAS-Nr.: 0006700-39-6
OS: *Isoprenaline Sulphate BANM*
OS: *Isoproterenol Sulfate JAN*
PH: Isoprénaline (sulfate d') Ph. Eur. 5
PH: Isoprenaline Sulphate Ph. Eur. 5
PH: Isoprenalini sulfas Ph. Eur. 5, Ph. Int. 4
PH: Isoprenalinsulfat Ph. Eur. 5
PH: Isoproterenol Sulfate USP 30
PH: Isoprenaline Sulfate Ph. Int. 4

Aleudrina® (Boehringer Ingelheim: ES)
Ingelan® (Germania: AT)
Isoprenalin SAD® (SAD: DK)
Isoprenalinesulfaat® (Fresenius: NL)

Isopropamide Iodide (Rec.INN)

L: Isopropamidi Iodidum
I: Isopropamide ioduro
D: Isopropamid iodid
F: Iodure d'Isopropamide
S: Ioduro de isopropamida

Antispasmodic agent
Gastric secretory inhibitor
Parasympatholytic agent

CAS-Nr.: 0000071-81-8 — C_{23}-H_{33}-I-N_2-O, M_r 480.437

Benzenepropanaminium, λ-(aminocarbonyl)-N-methyl-N,N-bis(1-methylethyl)-λ-phenyl-, iodide

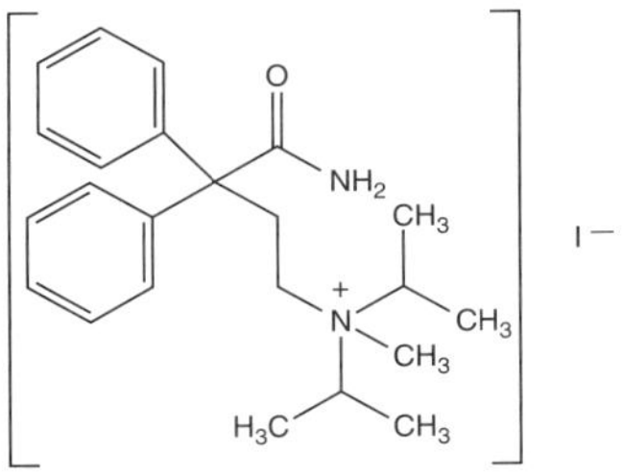

OS: *Isopropamide Iodide [BAN, DCF, JAN, USAN]*
OS: *Isopropamide ioduro [DCIT]*
IS: *Isoproponum*
IS: *R 79*
IS: *MD 5579*
PH: Isopropamide Iodide [USP 30]

Priamide® (Janssen: AE, CY, EG, JO, LB, LU, MT, SA, SD, YE)

Isosorbide (Rec.INN)

L: Isosorbidum
I: Isosorbide
D: Isosorbid
F: Isosorbide
S: Isosorbida

Osmotic diuretic

CAS-Nr.: 0000652-67-5 — C_6-H_{10}-O_4, M_r 146.146

D-Glucitol, 1,4:3,6-dianhydro-

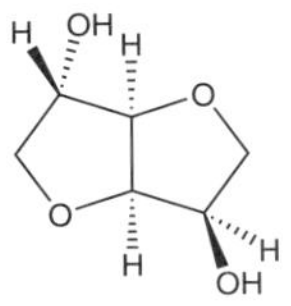

OS: *Isosorbide [BAN, JAN, USAN]*
IS: *AT 101*
PH: Isosorbide [JP XIV]

Anzidin® (Stadmed: IN)
Coronar® (Biolab: BR)

Ismotic® (Alcon: US)
Monis® (Boehringer Ingelheim: CO)

Isosorbide Dinitrate (Rec.INN)

L: Isosorbidi Dinitras
I: Isosorbide dinitrato
D: Isosorbid dinitrat
F: Dinitrate d'Isosorbide
S: Dinitrato de isosorbida

Coronary vasodilator

ATC: C01DA08,C05AX07
CAS-Nr.: 0000087-33-2 C_6-H_8-N_2-O_8
M_r 236.15

D-Glucitol, 1,4:3,6-dianhydro-, dinitrate

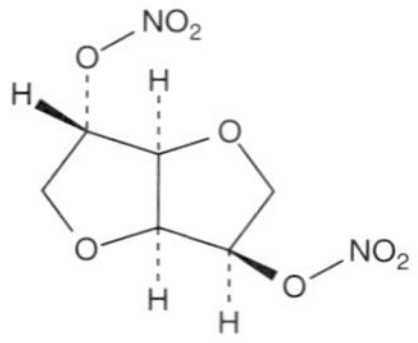

OS: *Isosorbide Dinitrate [BAN, JAN, USAN]*
OS: *Isosorbide, dinitrate d' [DCF]*
OS: *Isosorbide dinitrato [DCIT]*
IS: *ISDN*
IS: *Sorbide Nitrate*
PH: Isosorbide Dinitrate [JP XIV]
PH: Isosorbide Dinitrate, Diluted [Ph. Eur. 5, Ph. Int. 4, USP 30]
PH: Isosorbidi dinitras dilutus [Ph. Eur. 5, Ph. Int. 4]
PH: Isosorbiddinitrat, Verdünntes [Ph. Eur. 5]
PH: Isosorbide (dinitrate d') dilué, [Ph. Eur. 5]

Aerosonit® (GlaxoSmithKline: PL)
Angi-Spray® (Aspen: ZA)
Angiolong® (Ethypharm: CN)
Angitak® (LPC: GB)
Angitrit® (Ranbaxy: TH)
Apo-ISDN® (Apotex: CA, CZ, SG, VN)
Biresort® (Bidiphar: VN)
Cardiket retard® (Schwarz: CZ)
Cardioket® (Adeka: TR)
Cardipine® (Hikma: AE, BH, EG, IQ, KW, LB, LY, OM, QA, SA, SD, SY, TN, YE)
Cardonit® (Polfa Warszawa: PL)
Cardopax® (Orion: DK)
Cardosor® [tab.] (Schein: PE)
Carvasin® (Teofarma: IT)
Cedocard Retard® (Altana: AT, BD)
Cedocard Retard® (Darya-Varia: ID)
Cedocard Retard® (Pfizer: GB)
Cedocard® (Altana: AT, BE, LU, NL)
Cedocard® (Darya-Varia: ID)
Cordil® (Dexxon: IL)
Cordil® (Gedeon Richter: RO)
Cornilat® (Galenika: RS)
Diconpin® (TAD: DE)
Difutrat® (Srbolek: RS)
Dilatrate-SR® (Schwarz: US)
Dinicord® (Labormed Pharma: RO)
Diniket® (Schwarz: IT)
Dinisan® (Ethypharm: CZ)
Dinisan® (Pro.Med: CZ)
Diniter® (Terapia: RO)
Dinitrate D'Isosorbide Merck® (Merck Génériques: FR)
Dinitrato Isosorbide® (Farmindustria: PE)
Dinitrato Isosorbide® (Pentacoop: CO)
Dinit® (Leiras: FI)
Dinospray® (Cipla: ZA)
duranitrat® (Merck dura: DE)
Esordin® (Square: BD)
Farsorbid® (Fahrenheit: ID)
Flindix® (Vitoria: PT)
Hapisor® (Eisai: ID)
Hartsorb® (Siam Bheasach: TH)
Hexanitrat® (Hexal: AT, DE)
ISDN AL® (Aliud: DE, HU)
ISDN Hexal® (Hexal: DE)
ISDN Intermuti® (Intermuti: DE)
ISDN Sandoz® (Sandoz: DE)
ISDN Stada® (Stadapharm: DE)
ISDN von ct® (CT: DE)
ISDN-beta® (betapharm: DE)
ISDN-ISIS® (Alpharma: DE)
ISDN-ratiopharm® (ratiopharm: DE, LU)
Iso Lacer® (Lacer: ES)
Iso Mack Retard® (Mack: CZ, TH)
Iso Mack Retard® (Slovakofarma: CZ)
Iso Mack Spray® (Mack: TH)
Iso Mack® (Mack: AE, BH, CY, CZ, DE, EC, EG, ID, JO, KW, LB, OM, QA, SA)
Iso Mack® (Pfizer: CH)
Iso-Puren® (Alpharma: DE)
Isobinate® (GDH: TH)
Isocardide® (Sam-On: IL)
Isocard® (Dar-Al-Dawa: AE, BH, IQ, LB, LY, NG, OM, SA, SD, YE)
Isocard® (LPC: GB)
Isocard® (Schwarz: FR)
Isocard® (Sintesa: LU)
Isocord® (ASTA Medica: BR)
Isocord® (Bagó: CO)
Isodinit R® (Actavis: GE)
Isodinit® (Actavis: GE)
Isodinit® (Balkanpharma: BG, RO)
Isodinit® (Hexal: DE, LU)
Isohart® (United Pharmaceutical: AE, BH, IQ, LY, OM, QA, SA, SD, YE)
Isoket Retard® (Schwarz: CH, GB, IE, LK, LU)
Isoket Roztok® (Schwarz: CZ)
Isoket Spray® (Schwarz: CN, CZ, DE, IL, TH)
Isoket® (Farma: EC)
Isoket® (Gebro: AT)
Isoket® (Knoll: CR, DO, GT, HN, PA, SV)
Isoket® (Lacer: ES)
Isoket® (Neo-Farmacêutica: PT)
Isoket® (Omnimed: ZA)
Isoket® (Pharos: ID)
Isoket® (Sanol: DE)
Isoket® (Schwarz: AT, CH, CN, CZ, DE, GB, HK, IE, IL, LK, LU, MY, PE, PH, PL, RU, SG, TH)
Isoket® (Sidus: AR)
Isolong® (CTS: IL)
Isomack® (Mack: CZ, LU)
Isomack® (Pfizer: AT)
Isopelet® (Zentiva: CZ)
Isorbide® [tab.] (Hersil: PE)

Isorbid® (Armstrong: MX)
Isordil® (Akromed: ZA)
Isordil® (Biovail: US)
Isordil® (Efeka: LU)
Isordil® (Fako: TR)
Isordil® (Inibsa: ES)
Isordil® (Ipca: IN)
Isordil® (Remedica: ET, KE, SD, ZW)
Isordil® (Sigma: AU, BR)
Isordil® (Sunthi: ID)
Isordil® (Teofarma: NL)
Isordil® (Wyeth: AR, CO, CR, DO, GT, HN, NI, PA, PH, SV, TH)
Isorem® (Remedica: BH, CY, JO, OM, SD, TH, YE)
Isosorb retard® (Zdravlje: RS)
Isosorbid Dinitrat® (Arena: RO)
Isosorbida Dinitrato® (Mintlab: CL)
Isosorbida Dinitrato® (Sanofi-Pasteur: CL)
Isosorbiddinitrat Lindo® (Lindopharm: DE)
Isosorbide dinitraat CF® (Centrafarm: NL)
Isosorbide dinitraat Katwijk® (Katwijk: NL)
Isosorbide Dinitrate Dexa® (Dexa Medica: ID)
Isosorbide Dinitrate Indo Farma® (Indofarma: ID)
Isosorbide Dinitrate Landson® (Landson: ID)
Isosorbide Dinitrate® (Alpharma: GB)
Isosorbide Dinitrate® (Dexa Medica: ID)
Isosorbide Dinitrate® (E.I.P.I.C.O.: RO)
Isosorbide Dinitrate® (Hillcross: GB)
Isosorbide Dinitrate® (Inwood: US)
Isosorbide Dinitrate® (Landson: ID)
Isosorbide Dinitrate® (Par: US)
Isosorbide Dinitrate® (Sandoz: US)
Isosorbide Dinitrate® (Teva: US)
Isosorbide Dinitrate® (West-Ward: US)
Isosorbide Dinitrato® (Andromaco: CL)
Isosorbide Dinitrato® (Bestpharma: CL)
Isosorbide Vannier® (Vannier: AR)
Isosorbidedinitraat Alpharma® (Alpharma: NL)
Isosorbidedinitraat A® (Apothecon: NL)
Isosorbidedinitraat CF® (Centrafarm: NL)
Isosorbidedinitraat FLX® (Karib: NL)
Isosorbidedinitraat FNA® (FNA: NL)
Isosorbidedinitraat Gf® (Genfarma: NL)
Isosorbidedinitraat Merck® (Merck Generics: NL)
Isosorbidedinitraat PCH® (Pharmachemie: NL)
Isosorbidedinitraat Sandoz® (Sandoz: NL)
Isosorbidedinitraat® (Hexal: NL)
Isosorbid® (Antibiotice: RO)
Isosorbid® (Pharos: ID)
Isostenase® (Azupharma: DE)
Isotard® (CTS: IL)
Isotrate® (Berlin: TH)
Izo® (Pond's: TH)
Jenacard® (Jenapharm: DE)
Kardiket® (Schwarz: RU)
Langoran® (Sanofi-Aventis: FR)
Maycor Retard® (Pfizer: CZ, RO)
Nitorol R® (Eisai: JP)
Nitrofix® (Nobel: TR)
Nitrosid® (Orion: FI)
Nitrosorbide® (Lusofarmaco: IT)
Nitrosorbon® (Pohl: DE)
Pensordil® (Elpen: GR)
Prodicard® (AstraZeneca: NL)
Risordan® (Sanofi-Aventis: FR)
Rolab-Isosorbide Dinitrate® (Sandoz: ZA)
Romisodin® (Sicomed: RO)
Sorbangil® (Pfizer: IS)
Sorbangil® (Recip: NO, SE)
Sorbidilat® (AstraZeneca: AT, CH)
Sorbidin® (Alphapharm: AU)
Sorbidin® (Merck: ID, TH)
Sorbid® (Opsonin: BD)
Sorbitrate® (AstraZeneca: US)
Sorbitrate® (Nicholas: IN)
Sorbonit® (Lek: PL)
Sornil® (Utopian: TH)
TD Spray Iso Mack® (Mack: DE, LU)
Tinidil® (Pliva: BA, HR)
Vascardin® (Nicholas: ID)

Isosorbide Mononitrate (Rec.INN)

L: Isosorbidi Mononitras
I: Isosorbide mononitrato
D: Isosorbidmononitrat
F: Mononitrate d'Isosorbide
S: Mononitrato de isosorbida

Antiarrhythmic agent
Coronary vasodilator

ATC: C01DA14
CAS-Nr.: 0016051-77-7 C_6-H_9-N-O_6
M_r 191.148

D-Glucitol, 1,4:3,6-dianhydro-, 5-nitrate

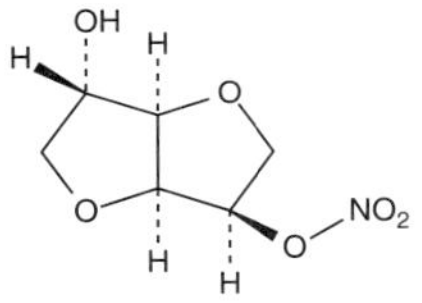

OS: *Isosorbide (mononitrate d') [DCF]*
OS: *Isosorbide Mononitrate [BAN, JAN, USAN]*
OS: *Isosorbide mononitrato [DCIT]*
IS: *IS-5-MN*
IS: *AHR 4698 (Robins, USA)*
IS: *BM 22145*
PH: Isosorbide Mononitrate, Diluted [Ph. Eur. 5, USP 30]
PH: Isosorbidmononitrat, Verdünntes [Ph. Eur. 5]
PH: Isosorbide (mononitrate d') dilué, [Ph. Eur. 5]
PH: Isosorbidi mononitras dilutus [Ph. Eur. 5]

A-Card® (Acme: BD)
Angicor® (Magnachem: DO)
Angifix® (Incepta: BD)
Anginal® (Bosnalijek: BA)
Angistad® (Stada: PH)
Cardionil® (Alacan: ES)
Cardiovas® (Abbott: ES)
Cardismo® (Phapros: ID)
Cardisorb® (Valeant: HU)
Chemydur® (Sovereign: GB)
Cilatron® (Quesada: AR)
Cincordil® (Lafrancol: CO)
Cincordil® (Sigma: BR)
Coleb-Duriles® (AstraZeneca: DE)
Coleb-Duriles® (Promed: DE)
Conpin® (TAD: DE)

Corangin® (Novartis: AT, CH, DE, NZ)
Coronur® (Roche: ES)
Dolak® (Bama: ES)
duramonitat® (Merck dura: DE)
Duride® (Alphapharm: AU)
Duride® (Pacific: NZ)
Duronitrin® (AstraZeneca: IT)
Dynamin® (Teva: GB)
Efforeen® (Schwarz: CN)
Effox® (Schwarz: PL, RU)
Elantan® (Berlimed: BR)
Elantan® (Farma: EC)
Elantan® (Gebro: AT)
Elantan® (Knoll: CR, DO, GT, HN, HN, NI, PA, SV)
Elantan® (Omnimed: ZA)
Elantan® (Pharos: ID)
Elantan® (Sanol: DE)
Elantan® (Schwarz: AT, CN, CZ, DE, GB, HK, IE, LK, LU, MY, PE, PH, SG, TH)
Elan® (Schwarz: IT)
Epicordin® (Solvay: AT)
Esmo® (Square: BD)
Etimonis® (Ethypharm: CN)
Fem-Mono Retard® (Merck: DK)
G-Dil® (Gap: GR)
GenRX Isosorbide Mononitrate® (GenRX: AU)
IHD® (Stadmed: IN)
Imdex CR® (CCM Pharma: SG)
Imdur® (AstraZeneca: AE, AT, AU, BH, CA, CN, CY, CZ, DK, ET, FI, GB, GE, GH, GR, HK, ID, IE, IQ, IS, KE, KW, LB, LK, LU, LY, MT, MW, MX, MY, MZ, NG, NO, OM, PH, PT, QA, SA, SD, SE, SG, TH, TZ, UG, VN, YE, ZA, ZM, ZW)
Imdur® (Key: US)
Imocard® (Unimed & Unihealth: BD)
Imtrate® (Douglas: AU)
IS 5 mono-ratiopharm® (ratiopharm: DE)
Isangina® (Schwarz: FI)
Isib 60 XL® (Ashbourne: GB)
ISM 20® (Aristopharma: BD)
Ismanton® (Juta: DE)
Ismanton® (Q-Pharm: DE)
Ismexin® (Ratiopharm: FI)
ISMN 1A Pharma® (1A Pharma: DE)
ISMN AbZ® (AbZ: DE)
ISMN AL® (Aliud: CZ, DE, HU)
ISMN Atid® (Dexcel: DE)
ISMN Genericon® (Genericon: AT, HR)
ISMN Hexal® (Hexal: AT)
ISMN Jadran® (Jadran: HR)
ISMN Lannacher® (Lannacher: AT)
ISMN PB® (Docpharm: DE)
ISMN Pharmavit® (Bristol-Myers Squibb: HU)
ISMN ratiopharm® (Ratiopharm: AT)
ISMN Sandoz® (Sandoz: DE)
ISMN Stada® (Stada: BA)
ISMN Stada® (Stadapharm: DE)
ISMN von ct® (CT: DE)
ISMN-CT® (CT: DE)
Ismox® (Riemser: FI)
Ismo® (Actavis: IS)
Ismo® (ESP Pharma: US)
Ismo® (Nicholas: IN)
Ismo® (Rajawali: ID)
Ismo® (Riemser: AT, BW, DE, ES, ET, GB, GH, GR, IS, IT, KE, LU, MU, MW, MY, NA, NG, PH, PK, PT, SD, SE, TH, TW, TZ, UG, UY, VE, ZA, ZM, ZW)
Ismo® (Roche: CL, NO, PT, SG)
Isodur® (Galen: GB)
Isodur® (Sandoz: DK)
Isomel® (Clonmel: IE)
Isomonat® (Riemser: AT, CZ)
Isomonit® (Hexal: AU, DE, LU, PL)
Isomonit® (Rowex: IE)
Isomon® (Riemser: GR)
Isonitril® (Rubio: ES)
Isopen-20® (Siam Bheasach: TH)
Isorat® (Münir Sahin: TR)
Isosorbide 5-Mononitrato Gen Med® (Gen Med: AR)
Isosorbide Mononitraat Alpharma® (Alpharma: NL)
Isosorbide mononitraat CF® (Centrafarm: NL)
Isosorbide Mononitraat Merck® (Merck Generics: NL)
Isosorbide Mononitrate Schwarz® (Schwarz: SG)
Isosorbide Mononitrate® (Actelion: US)
Isosorbide Mononitrate® (Alpharma: GB)
Isosorbide Mononitrate® (Ethex: US)
Isosorbide Mononitrate® (Hillcross: GB)
Isosorbide Mononitrate® (Kremers-Urban: US)
Isosorbide Mononitrate® (Teva: GB)
Isosorbide Mononitrate® (Warrick: US)
Isosorbide Mononitrate® (West-Ward: US)
Isosorbide Mononitrato DOC® (DOC Generici: IT)
Isosorbide Mononitrato Dorom® (Dorom: IT)
Isosorbide Mononitrato EG® (EG: IT)
Isosorbide Mononitrato ratiopharm® (Ratiopharm: IT)
Isosorbide Mononitrato RK® (Errekappa: IT)
Isosorbide Mononitrato Sandoz® (Sandoz: IT)
Isosorbide Mononitrato Union Health® (Union Health: IT)
Isosorbide-5-mononitraat FLX® (Karib: NL)
Isosorbide-5-Mononitrato Teva® (Teva: IT)
Isosorbidemononitraat Alpharma® (Alpharma: NL)
Isosorbidemononitraat A® (Apothecon: NL)
Isosorbidemononitraat CF® (Centrafarm: NL)
Isosorbidemononitraat Gf® (Genfarma: NL)
Isosorbidemononitraat Katwijk® (Katwijk: NL)
Isosorbidemononitraat PCH® (Pharmachemie: NL)
Isosorbidemononitraat Sandoz® (Sandoz: NL)
Isosorbidemononitraat® (Delphi: NL)
Isosorbidemononitraat® (Euro: NL)
Isosorbidemononitraat® (Hexal: NL)
Isosorbidemononitraat® (Medcor: NL)
Isosorbide® (Jadran: BA)
Isosorbide® (Remedica: CY)
Isosorbidmononitrat 1A Pharma® (1A Pharma: AT)
Isosorbidmononitrat Alternova® (Alternova: DK)
Isosorbidmononitrat Hexal® (Hexal: AT)
Isosorbidmononitrat Ivax® (Ivax: SE)
Isosorbidmononitrat Lindo® (Lindopharm: DE)
Isosorbidmononitrat Merck NM® (Merck NM: SE)
Isosorbid® (Merck NM: NO)
Isosor® (Vitabalans: FI)
Isospan® (Pannonpharma: HU)
Isotard® (ProStrakan: GB)

Isotrate® (Apothecon: US)
Isotrate® (Thames: US)
Izomonit® (Galenika: RS)
Izonit prolongatum® (Lek: PL)
Izosorbid MN® (Farmal: HR)
Kiton® (Pulitzer: IT)
Leicester® (Polifarma: IT)
Medocor® (Roemmers: AR)
Modisal XL® (Sandoz: GB)
Monate® (Beximco: BD)
Monecto® (Fahrenheit: ID)
Moni-Sanorania® (Winthrop: DE)
Monicor® (Pierre Fabre: FR)
Monicor® (Wallace: IN)
Monisid® (Balkanpharma: BG)
Monis® (Efroze: LK)
Monit-L® (Actavis: IS)
Monit-Puren® (Alpharma: DE)
Moniten® (ACI: BD)
Monit® (Opsonin: BD)
Monizol® (Zorka: RS)
Mono 5 Wolff® (Pharmagan: SI)
Mono 5 Wolff® (Wolff: DE)
Mono acis® (acis: DE)
Mono Mack Depot® (Mack: CZ, HU)
Mono Mack® (AstraZeneca: NL)
Mono Mack® (Grünenthal: PE)
Mono Mack® (Intercaps: CZ)
Mono Mack® (Mack: AE, BH, CY, CZ, DE, EC, EG, ID, JO, KW, LB, LU, OM, PL, QA, SA, TH)
Mono Mack® (Pfizer: AT)
Mono-Cedocard® (Altana: NL)
Mono-Cedocard® (Delphi: NL)
Mono-Cedocard® (EU-Pharma: NL)
Mono-Cedocard® (Pfizer: GB)
mono-corax® (corax: DE)
Monobeta® (betapharm: DE)
Monobide® (Rowe: EC)
Monocard® (Drug International: BD)
Monocard® (Synteza: PL)
Monocedocard® (Cedona: NL)
Monocinque® (Lusofarmaco: IT, RU)
Monocinque® (Menarini: BD)
Monoclair® (Hennig: DE)
Monocontin® (Modi-Mundipharma: BD, LK)
Monocontin® (Win-Medicare: IN)
Monocorat® (Armstrong: MX)
Monocordil® (Baldacci: BR)
Monocord® (Dexxon: IL)
Monodilate® (Actavis: GE)
Monodur® (AstraZeneca: TR)
Monodur® (PMC: AU)
Monoginal® (Novartis: GR)
Monoket OD® (Schwarz: NO)
Monoket® (Adeka: TR)
Monoket® (Chiesi: IT)
Monoket® (Gebro: AT)
Monoket® (Lavipharm: GR)
Monoket® (Neo-Farmacêutica: PT)
Monoket® (Pfizer: SE)
Monoket® (Sanol: DE)
Monoket® (Schwarz: AT, US)
Monoket® (Sidus: AR)
Monolin® (Berlin: TH)
Monolong® (Alpharma: DE)
Monolong® (ARIS: TR)
Monolong® (CTS: IL)
Monomax® (Trinity-Chiesi: GB)
Mononit SR® (GMP: GE)
Mononitr Isosorb Normon® (Normon: ES)
Mononitr Isosorb Ratiopharm® (Ratiopharm: ES)
Mononitr Isosorb Sandoz® (Sandoz: ES)
Mononitrat Verla® (Verla: DE)
Mononitrato de Isosorbide Genfar® (Genfar: CO)
Mononitrato de Isossorbido Merck® (Eurofarma: BR)
Mononitrato de Isossorbido Merck® (Merck Genéricos: PT)
Mononitril® (Baldacci: PT)
Mononitron® (Sicomed: RO)
Mononit® (Agis: IL)
Mononit® (Sanofi-Aventis: PL)
Monopack® (Bago: CL)
Monopront® (Ferraz: PT)
Monopur® (Pohl: DE)
Monorythm® (Gerolymatos: GR)
Monosan® (Medico-Farmis: SI)
Monosan® (Pro.Med: CZ)
Monosan® (Pro.Med.: RU)
Monosan® (Pro.Med.CS: BA)
Monosan® (Slaviamed: RS)
Monosorb XL 60® (Dexcel: GB)
Monosorbitrate® (Nicholas: IN)
Monosordil® (Elpen: GR)
Monostenase® (Azupharma: DE)
Monostenase® (Jenapharm: CZ)
Monotab® (Zentiva: CZ)
Monoter® (Terapia: RO)
Monotrate® (Sun: BD, IN, LK, TH)
Monotrin® (Bagó: AR)
Myocardon mono® (Altana: AT)
Myocardon mono® (Cedona: NL)
N-Card® (Nipa: BD)
Nitramin® (Coup: GR)
Nitrofix® (Micro Nova: LK)
Nitrolingual protect® (Pohl: DE)
Olicardin® (Solvay: AT)
Olicard® (Belupo: BA, HR, RS, SI)
Olicard® (Solvay: BG, CZ, DE, HU, RO, RU)
Orasorbil® (Delta: PT)
Orasorbil® (Rottapharm: IT)
Ormox® (Orion: FI)
Pektrol® (KRKA: RU)
Pektrol® (Krka: SI)
Pentabid® (General Pharma: BD)
Pentacard® (Darya-Varia: ID)
Pertil® (AstraZeneca: ES)
Plodin® (Pharmagan: SI)
Plodin® (Salus: SI)
Procardol Adelco® (Adelco: GR)
Promocard® (AstraZeneca: NL)
Rangin® (Novartis: HU)
Schwarz Isosorbide Mononitrate® (Schwarz: PH)
Sorbimon® (Ratiopharm: CZ)
Sormon® (Gerard: IE)
Trangina® (Actavis: GB)
Turimonit® (Jenapharm: DE)
Uniket® (Lacer: ES)
Vasdilat® (Marvecs: IT)

Vasonit® (Recon: LK)
Xismox® (Genus: GB)

Isosulfan Blue (USAN)

L: Isosulphanum coeruleum
D: Isosulfanblau

⚕ Diagnostic agent

CAS-Nr.: 0068238-36-8 C_{27}-H_{31}-N_2-Na-O_6-S_2
M_r 566.66

N-[4-[[4-(Diethylamino)phenyl](2,5-disulfophenyl)methylene]-2,5-cyclohexadien-1-ylidene]-N-ethyl-ethanaminiumhydroxide, inner salt, monosodium salt

Ethanaminium, N-[4-[[4-(diethylamino)phenyl](2,5-disulfophenyl)methylene]-2,5-cyclohexadien-1-ylidene]-N-ethyl-, hydroxide, inner salt, sodium salt

[4-[α-[p-(Diethylamino)phenyl]-2,5-disulfobenzylidene]-2,5-cyclohexadien-1-ylidene]diethylammonium hydroxide, inner salt, sodium salt

α-[4-(Diethylamino)phenyl]-α-[4-(diethyliminio)-2,5-cyclohexadienylidene]toluene-2,5-disulfonic acid innner salt

Sodium α-(4-Diethylaminophenyl)-α-(4-diethyliminiocyclohexa-2,5-dienylidene)toluene-2,5-disulfonate

Natrium 4-[bis(4-diethylaminophenyl)methylio]-3-sulfonatobenzolsulfonat

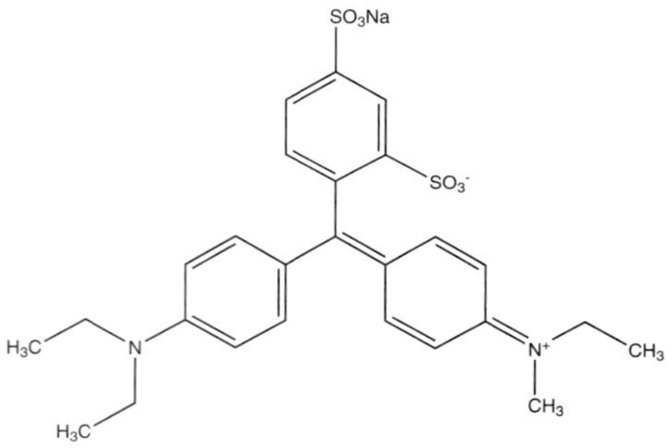

OS: *Sulphan Blue [BAN]*
OS: *Isosulfan Blue [USAN]*
IS: *Q 40*
IS: *P 1888 (Medical College of Virginia)*
IS: *P 4125*
IS: *Sulphan blue 2,5-disulfophenyl isomer*
IS: *Disulphin Blau*
IS: *CI 42045*

Lymphazurin® (Tyco: CA)

Isothipendyl (Rec.INN)

L: Isothipendylum
I: Isotipendile
D: Isothipendyl
F: Isothipendyl
S: Isotipendilo

⚕ Antiallergic agent
⚕ Histamine, H_1-receptor antagonist

ATC: D04AA22,R06AD09
CAS-Nr.: 0000482-15-5 C_{16}-H_{19}-N_3-S
M_r 285.418

10H-Pyrido[3,2-b][1,4]benzothiazine-10-ethanamine, N,N,α-trimethyl-

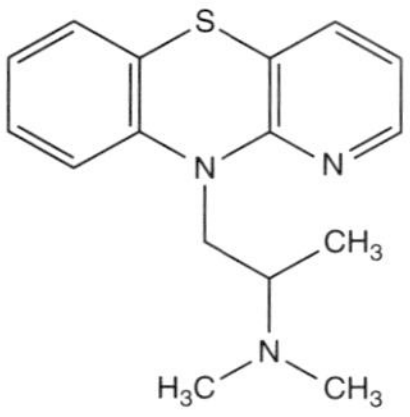

OS: *Isothipendyl [BAN, DCF]*
OS: *Isotipendile [DCIT]*

Actapront® (Purissimus: AR)

– hydrochloride:
CAS-Nr.: 0001225-60-1
OS: *Isothipendyl Hydrochloride USAN*
PH: Isothipendyl Hydrochloride BPC 1973

Andantol® (Aché: BR)
Andantol® (ASTA Medica: ID)
Andantol® (Sanfer: MX)
Andantol® (Sumitomo: JP)
Calmogel® (Sanofi-Aventis: IT)
Sedermyl® (Cooper: FR)
Thiodantol® (Rekah: IL)

Isotretinoin (Rec.INN)

L: Isotretinoinum
I: Isotretinoina
D: Isotretinoin
F: Isotrétinoïne
S: Isotretinoina

⚕ Antiacne
⚕ Dermatological agent

ATC: D10AD04,D10BA01
CAS-Nr.: 0004759-48-2 C_{20}-H_{28}-O_2
M_r 300.444

Retinoic acid, 13-cis-

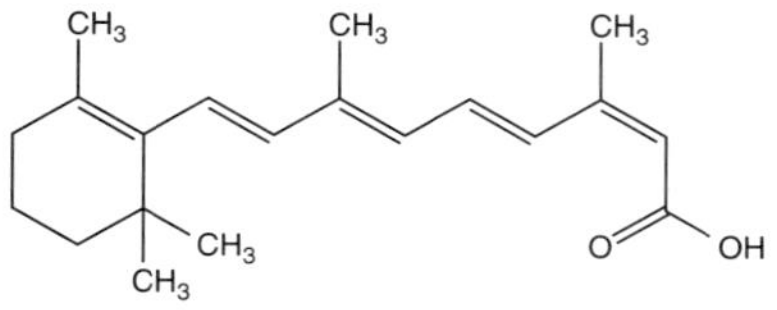

OS: *Isotretinoin [BAN, USAN]*
OS: *Isotrétinoïne [DCF]*

OS: *Isotretinoina [DCIT]*
IS: *13-cis-retinoic acid*
IS: *Ro 4-3780*
PH: Isotretinoin [Ph. Eur. 5, USP 30]
PH: Isotretinoinum [Ph. Eur. 5]
PH: Isotrétinoïne [Ph. Eur. 5]

A-cnotren® (Pharmathen: GR)
Accuran® (Alvia: GR)
Accutane® (Roche: CA, US)
Accutin® (Sandoz: DK)
Acnemin® (Viñas: ES)
Acnetane® (Al Pharm: ZA)
Acnetrex® (Mega Lifesciences: PH)
Acnil® (Cristália: BR)
Aisoskin® (Fidia: IT)
Aknefug ISO® (Wolff: DE)
Aknenormin® (Boots: PL)
Aknenormin® (Hermal: CZ, DE, HU)
Aknesil® (Farmanic: GR)
Amnesteem® (Bertek: US)
Atlacne® (Atlas: AR)
Claravis® (Barr: US)
Clarus® (Prempharm: CA)
Contracné® (Biorga: FR)
Curacné® (Pierre Fabre: BJ, CG, CI, DZ, FR, ML, TG)
Curakne® (Pierre Fabre: CH)
Curatane® (Douglas: IL)
Decutan® (Actavis: IS)
Dercutane® (Cantabria: ES)
Farmacne® (OTC: ES)
Flexresan® (Centrum: ES)
GenRX Isotretinoin® (GenRX: AU)
Inotrin® (Medicus: GR)
Isdiben® (Isdin: ES)
Iso Estedi® (Estedi: ES)
Isoacne® (Schering-Plough: BR)
Isodermal® (Kleva: GR)
Isoderm® (Dermapharm: DE)
Isoface® (Procaps: CO)
Isoface® (Valeant: BR, MX)
Isogeril® (Gerolymatos: GR)
Isohexal® (Hexal: AU)
Isotane® (Pacific: NZ)
Isotane® (Premier Pharma: TH)
Isotret-Hexal® (Hexal: DE)
Isotretin Hexal® (Hexal: CZ)
Isotretinoin Alpharma® (Actavis: FI)
Isotretinoin Alpharma® (Alpharma: DK, NL)
Isotretinoin Alternova® (Alternova: DK, FI)
Isotretinoin Copyfarm® (Copyfarm: DK)
Isotretinoin Hexal® (Hexal: AT)
Isotretinoin Hexal® (Sandoz: HU)
Isotretinoin Iasis® (Iasis: GR)
Isotretinoin Med-One® (Med-One: GR)
Isotretinoin Mepha® (Mepha: CH)
Isotretinoin ratiopharm® (Ratiopharm: AT)
Isotretinoin ratiopharm® (ratiopharm: DE, DK)
Isotretinoin ratiopharm® (Ratiopharm: FI)
Isotretinoin Sandoz® (Sandoz: FI)
Isotretinoin Stada® (Stada: DE)
Isotretinoin-Isis® (Alpharma: DE)
Isotretinoina Alpharma® (Alpharma: PT)
Isotretinoina Difa Cooper® (Difa: IT)
Isotretinoina EG® (EG: IT)
Isotretinoina Estedi® (Estedi: ES)
Isotretinoina Generis® (Generis: PT)
Isotretinoina Germed® (Germed: PT)
Isotretinoina Ratiopharm® (Ratiopharm: ES, PT)
Isotretinoina Stiefel® (Stiefel: IT)
Isotretinoine A® (Apothecon: NL)
Isotretinoine EG® (Eurogenerics: BE, LU)
Isotretinoine Gf® (Genfarma: NL)
Isotretinoine Medis® (Medis: NL)
Isotretinoine PSI® (PSI: NL)
Isotretinoine Ratiopharm® (Ratiopharm: BE)
Isotretinoine® (Hexal: NL)
Isotretinoin® (Beacon: GB)
Isotrex® (Sanova: AT)
Isotrex® (Stiefel: AE, AR, AU, BH, CL, CO, CR, DE, DK, DO, EG, ES, GB, GT, HK, HN, HU, ID, IE, IL, IR, IT, JO, KE, KW, LB, LU, MX, NI, NZ, OM, PA, PL, QA, SA, SG, SV, SY, TH, TN, YE, ZA, ZW)
Isotroin® (Cipla: IN)
Isotroin® (Iasis: GR)
Izotek® (Blau Farma: PL)
Liderma® (Teva: CH)
Lurantal® (Schering: AT, BR)
Lyotret® (Biomedica-Chemica: GR)
Meditretin® (Hermal: DE)
Neotrex® (Serral: MX)
Nimegen® (Medica Korea: SG)
Noitron® (Help: GR)
Opridan® (Farmedia: GR)
Oratane® (Darier: MX)
Oratane® (Douglas: AU, MY, SG)
Oratane® (Pharmaplan: ZA)
Orotrex® (Medinfar: PT)
Piplex® (Mediderm: CL)
Policano® (Rafarm: GR)
Procuta® (Expanscience: FR)
Retinide® (Ingens: AR)
Roaccutane® (Roche: AE, AT, AU, AW, BA, BD, BE, BG, BH, BR, BW, CA, CL, CR, CR, CU, CY, CZ, DE, DK, DO, DZ, EE, ES, ET, FR, GB, GE, GH, GR, GT, HK, HN, HR, IE, IL, IR, IS, IT, JM, JO, KE, KW, KZ, LB, LK, LT, LU, LV, MA, MD, MK, MU, MW, MX, MY, NA, NG, NI, NL, NO, NZ, OM, PA, PE, PH, PK, PL, PT, QA, RO, RS, RU, SA, SD, SE, SI, SK, SV, TH, TN, TR, TT, TW, TZ, UG, US, UY, VE, ZA, ZM, ZW)
Roaccutane® (Roche RX: SG)
Roaccutan® (Eurim: AT)
Roaccutan® (Paranova: AT)
Roaccutan® (Roche: AR, AT, CH, CO, DE, DK, FI, GR, HU, IS, IT, MX, PE, RO)
Roacnetan® (Roche: CL)
Roacutan Roche® (Roche: ES)
Roacutane® [vet.] (Roche: GB)
Roacutan® (Roche: BR, CZ)
Sotret® (Ranbaxy: HU, RO, TH, US)
Stiefotrex® (Gabriel: GR)
Trecifan® (Vocate: GR)
Tretinac® (Spirig: CH)
Tretinex® (Medana: PL)
Tretin® (Gerolymatos: GR)
Trivane® (Isdin: ES)
Zonatian® (LKM: AR)
Zymax® (Top Pharma: TH)

Isoxsuprine (Rec.INN)

L: Isoxsuprinum
I: Isoxsuprina
D: Isoxsuprin
F: Isoxsuprine
S: Isoxsuprina

Vasodilator, peripheric
β-Sympathomimetic agent

ATC: C04AA01
CAS-Nr.: 0000395-28-8 C_{18}-H_{23}-N-O_3
M_r 301.392

Benzenemethanol, 4-hydroxy-α-[1-[(1-methyl-2-phenoxyethyl)amino]ethyl]-

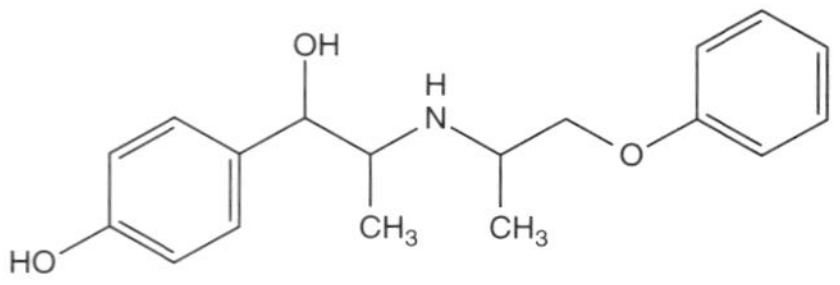

OS: *Isoxsuprine [BAN, DCF]*
OS: *Isoxsuprina [DCIT]*
IS: *Caa 40*
IS: *GR 62*

Dilator® (Sanitas: PE)
Duphaspasmin® [vet.] (Fort Dodge: BE)
Duviculine® [vet.] (Interchem: IE)

– hydrochloride:

CAS-Nr.: 0000579-56-6
OS: *Isoxsuprine Hydrochloride BANM, USAN*
PH: Isoxsuprine Hydrochloride Ph. Eur. 5, USP 30
PH: Isoxsuprini hydrochloridum Ph. Eur. 5
PH: Isoxsuprine (chlorhydrate d') Ph. Eur. 5
PH: Isoxsuprinhydrochlorid Ph. Eur. 5

Circulon® [vet.] (Eurovet: BE)
Circulon® [vet.] (Vetsearch: AU)
Degraspasmin® [vet.] (Gräub: CH)
Dilum® (Tecnifar: PT)
Duvadilan® (Altana: AR)
Duvadilan® (Duphar: ES)
Duvadilan® (Janssen: AU)
Duvadilan® (Solvay: ID, IN, IT, NL)
Duvadilan® (Union Medical: TH)
Fada Isoxsuprina® (Fada: AR)
Hystolan® (Dexa Medica: ID)
Inibina® (Apsen: BR)
Isodilan® (Klonal: AR)
Isotenk® (Biotenk: AR)
Isoxsuprina Denver Farma® (Denver: AR)
Isoxsuprina Drawer® (Drawer: AR)
Isoxsuprina Fabra® (Fabra: AR)
Isoxsuprina Larjan® (Veinfar: AR)
Isoxsuprina Richmond® (Richmond: AR)
Isoxsuprine® (Amide: US)
Isoxsuprine® (Integrity: US)
Isoxsuprine® (Sandoz: US)
Navilox® [vet.] (Vetoquinol: GB)
Oralject Circulon® [vet.] (Bomac: NZ)
Oralject Circulon® [vet.] (Millpledge: GB)
Spasmoton® [vet.] (Streuli: CH)
Uterine® (Omega: AR)
Vasodilan® (Apothecon: US)
Vasosuprina® (Lusofarmaco: IT)

– lactate:

Duphaspasmin® [vet.] (Fort Dodge: FR, NL, PT)
Duphaspasmin® [vet.] (Interchem: IE)
Duphaspasmin® [vet.] (Novartis: AU)
Duphaspasmin® [vet.] (Pacificvet: NZ)
Duphaspasmin® [vet.] (Solvay: BE)

– resinate:

Duvadilan® (Union Medical: TH)
Duviculine® [vet.] (Fort Dodge: BE)
Xuprin® (Solvay: AT)

Isradipine (Rec.INN)

L: Isradipinum
D: Isradipin
F: Isradipine
S: Isradipino

Antihypertensive agent
Calcium antagonist

ATC: C08CA03
CAS-Nr.: 0075695-93-1 C_{19}-H_{21}-N_3-O_5
M_r 371.39

3,5-Pyridinedicarboxylic acid, 4-(4-benzofurazanyl)-1,4-dihydro-2,6-dimethyl-, methyl 1-methylethyl ester

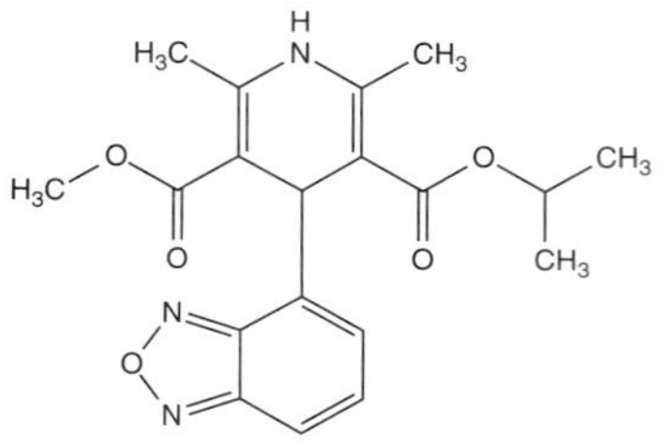

OS: *Isradipine [BAN, DCF, USAN]*
IS: *PN 200110*
PH: Isradipine [BP 2002, USP 30, Ph. Eur. 5]
PH: Isradipinum [Ph. Eur. 5]

Clivoten® (Italfarmaco: IT)
Dilatol® (Jaba: PT)
DynaCirc® (Novartis: AG, AN, AW, BB, BM, BS, CO, CR, DO, GD, GT, GY, HK, HN, HT, JM, KY, LC, MY, NI, PA, SG, SV, TH, TR, TT, VC, ZA)
DynaCirc® (Reliant: US)
Esradin® (Sigma Tau: IT)
Icaz® (Daiichi Sankyo: FR, FR)
Lomir SRO® (Daiichi Sankyo: CH)
Lomir SRO® (Eurim: AT)
Lomir SRO® (Ivax: SE)
Lomir SRO® (Novartis: AT, CZ, DE, NO, SE)
Lomir® (Dr. Fisher: NL)
Lomir® (EU-Pharma: NL)
Lomir® (Eureco: NL)
Lomir® (Eurim: AT)
Lomir® (Euro: NL)
Lomir® (Mizar: ES)
Lomir® (Nedpharma: NL)

Lomir® (Novartis: AT, BD, BR, CZ, DE, DK, ET, FI, GH, GR, HU, IS, IT, KE, LU, LY, MT, NG, NL, NO, PL, PT, RU, SD, SE, ZM, ZW)
Lomir® (Paranova: AT)
Lomir® (Sandoz: ES)
Lomir® (Sankyo: BE, PT)
Prescal® (Novartis: GB, IE)
Vascal® (Schwarz: DE)

Itopride (Rec.INN)

L: Itopridum
D: Itoprid
F: Itopride
S: Itoprida

Gastrointestinal agent

CAS-Nr.: 0122898-67-3 C_{20}-H_{26}-N_2-O_4 M_r 358.448

N-[p-[2-(Dimethylamino)ethoxy]benzyl]veratramide

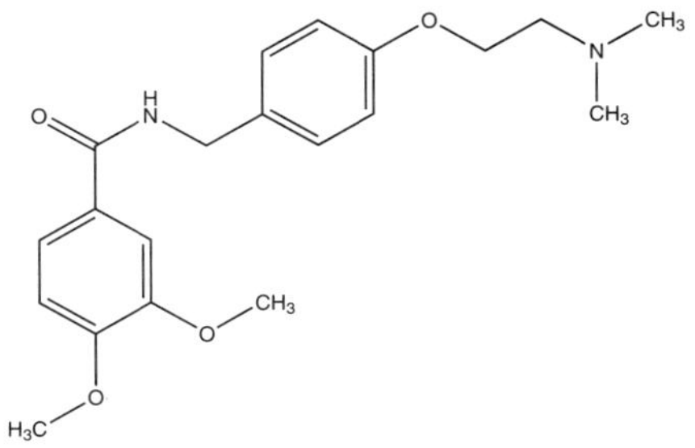

OS: *Itopride [USAN]*

– hydrochloride:
CAS-Nr.: 0122892-31-3
IS: *HSR 803 (Hokuriko Seiyaku, Japan)*

Ganaton® (Hokuriku: JP)
Ganaton® (Nordmark: CZ)
Ruifulin® (Tsinghua Yuanxing: CN)

Itraconazole (Rec.INN)

L: Itraconazolum
D: Itraconazol
F: Itraconazole
S: Itraconazol

Antifungal agent

ATC: J02AC02
CAS-Nr.: 0084625-61-6 C_{35}-H_{38}-Cl_2-N_8-O_4 M_r 705.669

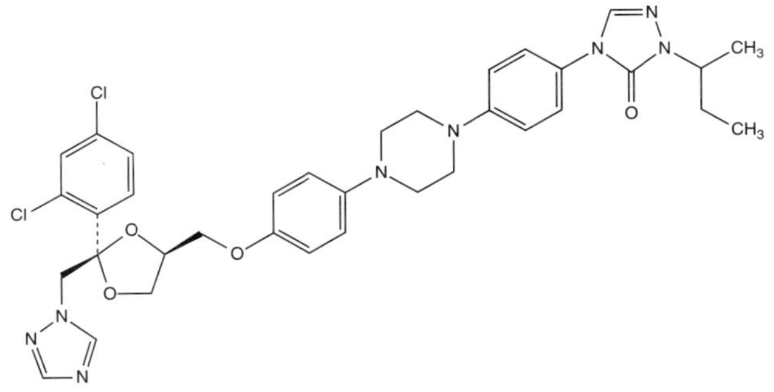

OS: *Itraconazole [BAN, DCF, JAN, USAN]*
IS: *R 51211 (Janssen, Belgium)*
PH: Itraconazolum [Ph. Eur. 5]
PH: Itraconazole [Ph. Eur. 5]
PH: Itraconazol [Ph. Eur. 5]

Canadiol® (Esteve: ES)
Candistat® (Merck: IN)
Canditral® (Glenmark: LK, SG, TH)
Canifug Itra® (Wolff: DE)
Carexan® (Schein: PE)
Congox® (Wermar: MX)
Fitocyd® (Unipharm: MX)
Forcanox® (Guardian: ID)
Fungitrazol® (Ikapharmindo: ID)
Funit® (Nobel: TR)
Furolnok® (Medikon: ID)
Furonok® (Medikon: ID)
Hongoseril® (Isdin: ES)
Icona® (Farmaline: TH)
Inburacec® (SBL: MX)
Irunine® (Verofarm: RU)
Isox® (Senosiain: DO, GT, HN, MX, SV)
Itodal® (Chile: CL)
Itodal® (Ivax: PE)
Itrabene® (Ratiopharm: AT)
Itracol Hexal® (Hexal: DE)
Itracol® (Hexal: DE)
Itracol® (Merck: SI)
Itraconazol AbZ® (AbZ: DE)
Itraconazol Alter® (Alter: ES, PT)
Itraconazol AL® (Aliud: DE)
Itraconazol Bexal® (Bexal: ES)
Itraconazol CF® (Centrafarm: NL)
Itraconazol Chemo Farma® (Liconsa: ES)
Itraconazol Chemo Technic® (Bexal: ES)
Itraconazol Chemotag® (Liconsa: ES)
Itraconazol Durnit® (Liconsa: ES)
Itraconazol Faxiprol® (Liconsa: ES)
Itraconazol Fmndtria® [caps.] (Farmindustria: PE)
Itraconazol Generis® (Generis: PT)
Itraconazol Helvepharm® (Helvepharm: CH)
Itraconazol Heumann® (Heumann: DE)
Itraconazol Hexal® (Hexal: DK, NL)
Itraconazol J-C® (Janssen: NL)
Itraconazol Mepha® (Mepha: CH)
Itraconazol Merck NM® (Merck NM: DK, SE)
Itraconazol Merck® (Merck: ES)
Itraconazol Merck® (Merck Generics: NL)
Itraconazol PCH® (Pharmachemie: NL)
Itraconazol ratiopharm® (ratiopharm: DE, DK, HU)
Itraconazol ratiopharm® (Ratiopharm: NL)
Itraconazol Romidel® (Liconsa: ES)
Itraconazol Romisan® (Liconsa: ES)
Itraconazol Sandoz® (Sandoz: CH, DE, DK, ES, SE)
Itraconazol Stada® (Stada: DE)
Itraconazol TAD® (TAD: NL)
Itraconazol Uniprazol® (Liconsa: ES)
Itraconazol Universal® (Sandoz: PT)
Itraconazol Winthrop® (Winthrop: DE)
Itraconazol YES® (Yes: NL)
Itraconazol-1A Pharma® (1A Pharma: DE)
Itraconazol-CT® (CT: DE)
Itraconazole® (Sandoz: US)
Itraconazolo DOC® (DOC Generici: IT)
Itraconazolo Sandoz® (Sandoz: IT)

Itraconazolo Teva® (Teva: IT)
Itraconazol® (Genfarma: NL)
Itraconazol® (Hexal: NL)
Itraconazol® (Iqfarma: PE)
Itraconazol® (Slavia Pharm: RO)
Itraconazol® (Winthrop: NL)
Itraconbeta® (betapharm: DE)
Itracon® (Navana: BD)
Itracon® (Unison: TH)
Itrac® (Belupo: HR)
Itrac® (Pablo Cassara: AR)
Itraderm® (Dermapharm: DE)
Itrafungol® [vet.] (Biokema: CH)
Itrafungol® [vet.] (Janssen: IT, LU, NL)
Itrafungol® [vet.] (Janssen Animal: PT)
Itrafungol® [vet.] (Janssen Animal Health: DE, GB)
Itrafungol® [vet.] (Janssen Santé Animale: FR)
Itrafungol® [vet.] (Orion: FI)
Itrahexal® (Hexal: BR)
Itrakonazol Actavis® (Actavis: SE)
Itrakonazol Stada® (Stada: SE)
Itranax® (Janssen: BR, MX)
Itranol® (Rafa: IL)
Itranstad® (Stada: VN)
Itraspor® (Eczacibasi: TR)
Itraspor® (Sigma: BR)
Itrazol® (Biolab: BR)
Itrazol® (Verisfield: GR)
Itra® (MacroPhar: TH)
Itra® (Square: BD)
Itzol® (Lapi: ID)
Kanazol® (Slaviamed: RS)
Lozartil® (Novag: MX)
Mesmor® (Rafarm: GR)
Micoral® [caps.] (Pharmalab: PE)
Micotenk® (Biotenk: AR)
Niddazol® (Stada: DK)
Nitridazol® (HLB: AR)
Norspor® (Pond's: TH)
Nufarindo® (Nufarindo: ID)
Nufatrac® (Nufarindo: ID)
Oromic® (Janssen: ES)
Orungal® (Janssen: BG, GE, HU, PL, RO, RU)
Orunit® (Obolenskoe: RU)
Panastat® (Panalab: AR)
Petrazole® (Pharos: ID)
Prokanazol® (Liconsa: RS)
Prokanazol® (Pro.Med: CZ)
Rixtal® (Biomep: MX)
Rumycoz® (Otechestvennye Lekarstva: RU)
Salimidin® (LKM: AR)
Sempera® (Janssen: DE)
Silicsan® (Rayere: MX)
Sinozol® (Best: MX)
Siros® (Janssen: DE)
Spazol® (Siam Bheasach: TH)
Sporacid® (Ferron: ID)
Sporal® (Janssen: TH)
Sporal® (Janssen-Cilag: VN)
Sporanox® (Cipharmed: FR)
Sporanox® (Delphi: NL)
Sporanox® (Dowelhurst: NL)
Sporanox® (Eureco: NL)
Sporanox® (Eurim: AT)
Sporanox® (Euro: NL)
Sporanox® (Janssen: AE, AR, AT, AU, BE, BR, CA, CH, CO, CR, CY, CZ, DK, DO, EC, EG, ES, FI, GB, GR, GT, HK, HN, ID, IE, IL, IS, IT, JO, LB, LK, LU, MT, MX, MY, NI, NL, NO, NZ, PA, PE, PH, PT, RS, SA, SD, SE, SG, SV, US, YE, ZA)
Sporanox® (Janssen-Cilag: CL)
Sporanox® (Johnson & Johnson: SI)
Sporanox® (Ortho Biotech: US)
Sporanox® (Paranova: AT)
Sporanox® (Pharmapartner: BE)
Sporanox® [vet.] (Janssen Animal Health: GB)
Sporex® (Toprak: TR)
Sporlab® (Biolab: TH)
Spornar® (Charoen Bhaesaj: TH)
Spyrocon® (Interbat: ID)
Teramic® (Andromaco: CL)
Trachon® (Bernofarm: ID)
Traconal® (Aché: BR)
Tranazol® (Farmasa: BR)
Trazer® (Pulitzer: IT)
Triasporin® (Italfarmaco: IT)
Trioxal® (Polpharma: PL)
Trisporal® (Delphi: NL)
Trisporal® (Janssen: NL)
Unitrac® (Dankos: ID)
Unitrac® (Kalbe Farma - Dankos: LK)

Ivabrandine (Rec.INN)

L: Ivabrandinum
D: Ivabrandin
F: Ivabrandine
S: Ivabrandina

Cardiac stimulant, cardiotonic agent
If - canal blocker

ATC: C01EB17
ATCvet: QC01EB17
CAS-Nr.: 0155974-00-8 C_{27}-H_{36}-N_2-O_5
M_r 468.59

3-[3-[[[(7*S*)-3,4-dimethoxybicyclo[4.2.0]octa-1,3,5-trien-7-yl]methyl]=methylamino]propyl]-1,3,4,5-tetrahydro-7,8-dimethoxy-2*H*-3-benzazepin-2-one (WHO)

3-[3-({[(7*S*)-3,4-dimethoxybicyclo[4.2.0]octa-1,3,5-trien-7-yl]methyl}methylamino)propyl]-7,8-dimethoxy-1,3,4,5-tetrahydro-2*H*-3-benzazepin-2-on (IUPAC)

2H-3-Benzazepin-2-one, 3-(3-(((3,4-dimethoxybicyclo(4.2.0)octa-1,3,5-trien-7-yl)methyl)methylamino)propyl)-1,3,4,5-tetrahydro-7,8-dimethoxy-, (S)-

7,8-dimethoxy-3-(3-(((1S))4,5-dimethoxybenzocyclobutan-1-yl)methyl)methylamino)propyl)-1,3,4,5-tetrahydro-2H-benzazepin-2-one

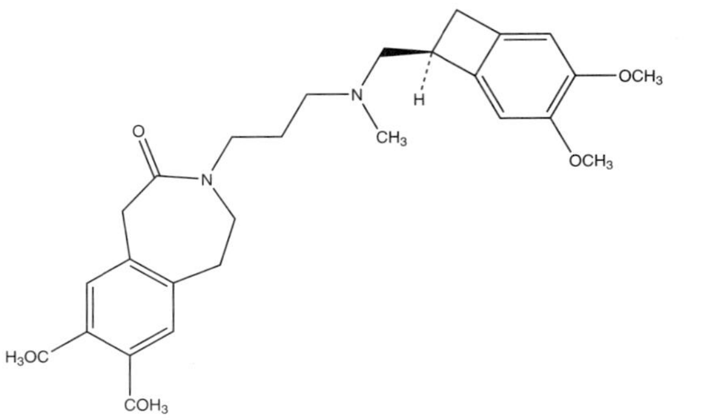

OS: *Ivabradine [DCF, USAN]*
IS: *S 16257*
IS: *27909 (ASK Nr.)*

Coralan® (Servier: TR)

– hydrochloride:

CAS-Nr.: 0148849-67-6
IS: *S-16257-2*
IS: *27910 (ASK Nr.)*
IS: *S-15544*
IS: *S-16260*

Coraxan® (Servier: RU)
Corlentor® (Servier: HR)
Procoralan® (Servier: AT, CH, DE, DK, ES, FI, GB, HR, IE, PL)

Ivermectin (Rec.INN)

L: Ivermectinum
D: Ivermectin
F: Ivermectine
S: Ivermectina

Anthelmintic [vet.]
Antibiotic [vet.]
Antiparasitic agent [vet.]

ATC: P02CF01
ATCvet: QP54AA01,QS02QA03
CAS-Nr.: 0070288-86-7

C_{95}-H_{146}-O_{28}
M_r 1736.213

A mixture of Ivermectin component $B_1\alpha$ and Ivermectin component $B_1\beta$

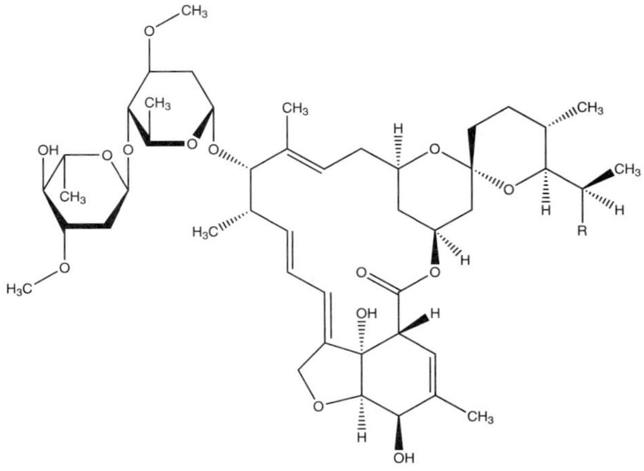

OS: *Ivermectin [BAN, USAN]*
OS: *Ivermectine [DCF]*
IS: *MK 933*
PH: Ivermectinum [Ph. Eur. 5]
PH: Ivermectin [Ph. Eur. 5, USP 30]
PH: Ivermectine [Ph. Eur. 5]

Alstomec® [vet.] (Alstoe: GB)
Animec® [vet.] (Chanelle: GB, NL)
Animec® [vet.] (Scanvet: FI)
Baymec® [vet.] (Bayer: IT)
Baymec® [vet.] (Bayer Animal Health: AU)
Baymec® [vet.] (Bayer Sante Animale: FR)
Bimectine® [vet.] (Ceva: FR)
Bimectin® [vet.] (Bimeda: GB)
Bimectin® [vet.] (Vetcare: FI)
Bimectin® [vet.] (Vetpharm: NL)
Bimectin® [vet.] (VetPharma: SE)
Bomectin® [vet.] (Bomac: NZ)
Bomectin® [vet.] (Pharm Tech: AU)
Cardomec® [vet.] (Merial: FR)
Cardotek® [vet.] (Merial: IT)
Cevamec® [vet.] (Ceva: FR)
Cevamec® [vet.] (Novartis Animal Health: ZA)
Cevamec® [vet.] (Pharm Tech: AU)
Chanectin® [vet.] (Ceva: PT)
Chanectin® [vet.] (Serumber: DE)
Crede Mintic Eximec® [vet.] (Experto: ZA)
Dairymec® [vet.] (Virbac: AU)
Depidex® [vet.] (Novartis Animal Health: GB)
Diapec® [vet.] (Albrecht: DE)
Divamectin® [vet.] (Biové: FR)
Ecomectin® [vet.] (Eco: PT, ZA)
Ecomectin® [vet.] (Essex: DE)
Ecomectin® [vet.] (International Animal Health: AU)
Equimectin® [vet.] (Le Vet: NL)
Equimectrin® [vet.] (Merial: IT)
Equimec® [vet.] (Merial: AU)
Equimel® [vet.] (Virbac: PT)
Eqvalan® [vet.] (Biokema: CH)
Eqvalan® [vet.] (Merial: BE, FR, GB, IE, IT, NL, NZ, PT, US, ZA)
Eraquall® [vet.] (Virbac: AT)
Eraquell® [vet.] (Boehringer Ingelheim: SE)
Eraquell® [vet.] (Orion: FI)
Eraquell® [vet.] (Virbac: AU, CH, DE, FR, GB, IT, LU, NL, NO)

Erase® [vet.] (Schering-Plough Animal: NZ)
Ezy-Dose Monthly Heratworm Treatment for Dogs® [vet.] (Exelpet: AU)
F. Mectin® [vet.] (FM: IT)
Fermectin® [vet.] (Chanelle: PT)
Fermectin® [vet.] (Serumber: DE)
Flurexel® (Janssen: DE)
Furexel® [vet.] (Janssen: BE, IE, LU, NL)
Furexel® [vet.] (Janssen Animal Health: DE, GB)
Furexel® [vet.] (Janssen Santé Animale: FR)
Genesis® (Ancare: AU)
Genesis® [vet.] (Ancare: AU)
Heart Gold Chewable® [vet.] (Vetafarm: AU)
Heartgard® [vet.] (Merial: AU, PT)
Hippomec® [vet.] (A.S.T.: NL)
Imax® [vet.] (Pharm Tech: AU)
Ivermectina® [vet.] (Ourofino: ZA)
Ivermectine ECO® [vet.] (Schering-Plough Vétérinaire: FR)
Ivermectin® [vet.] (Chanelle: NL)
Ivermectin® [vet.] (Virbac: NL)
Ivermec® (UCI: BR)
Iverpour® [vet.] (Albrecht: DE)
Ivertin® [vet.] (Calier: PT)
Ivertin® [vet.] (Laboratoires Callier: NL)
Iver® [vet.] (MDB: ZA)
Iver® [vet.] (Novartis Animal Health: NZ)
Ivexterm® (Valeant: MX)
Ivogell® [vet.] (Intervet: IT)
Ivomec Pour on® [vet.] (Merial: AT, DE, FR, GB, IE, NO, NZ, US)
Ivomec Pour on® [vet.] (Veter: SE)
Ivomec Premix® [vet.] (Merial: FR, GB, IE, NL, NZ, US)
Ivomec Prämix® [vet.] (Bioptive: DE)
Ivomec Prämix® [vet.] (Merial: AT, DE)
Ivomec SR® [vet.] (Merial: GB, IE, US)
Ivomec SR® [vet.] (Veter: NO, SE)
Ivomec S® [vet.] (Merial: DE)
Ivomec-P® [vet.] (Merial: AT, DE)
Ivomec® [vet.] (Biokema: CH)
Ivomec® [vet.] (Merial: AT, AU, BE, FR, GB, IE, IT, LU, NL, NO, NZ, PT, US, ZA)
Ivomec® [vet.] (Veter: FI, SE)
Ivotan® [vet.] (Intervet: ZA)
Langa® [vet.] (Elangeni: ZA)
Magamectine® [vet.] (Novartis Santé Animale: FR)
Maximec® [vet.] (Bimeda: PT)
Maximec® [vet.] (Ceva: IT)
Maximec® [vet.] (Cross Vetpharm: NL)
Mectizan® (Merck Sharp & Dohme: EG, FR, ZA)
Noromectin® [vet.] (Audevard: FR)
Noromectin® [vet.] (N-vet: SE)
Noromectin® [vet.] (Norbrook: AU, GB, LU, NL, NZ, PT, ZA)
Noromectin® [vet.] (Scanvet: NO)
Noromectin® [vet.] (Ufamed: CH)
Noromectin® [vet.] (VAAS: IT)
Noromectin® [vet.] (Vet Medic: FI)
Novimec® [vet.] (Eco: NL)
Nuheart® [vet.] (Pharmachem: AU)
Numectin® (Nufarm: AU)
Oramec® [vet.] (Merial: BE, FR, GB, IE, IT, LU, NL, PT)
Otimectin® [vet.] (Le Vet: LU, NL)
Otomec® [vet.] (A.S.T.: NL)
Panomec® [vet.] (Merial: GB, IE, NL)
Paramax® [vet.] (Coopers Animal Health: AU)
Paramax® [vet.] (Schering-Plough Animal: ZA)
Paramectin® [vet.] (IDT: DE)
Paramectin® [vet.] (Norbrook: LU, PT)
Phoenectin® liquid for horses [vet.] (Phoenix: US)
Popantel Heartworm Tablets for Dogs® (Jurox: AU)
Pouromec® [vet.] (Ceva: FR)
Qualimec® [vet.] (Eco: PT)
Qualimec® [vet.] (Elanco: NL)
Qualimec® [vet.] (Janssen Animal Health: DE)
Qualimec® [vet.] (Janssen Santé Animale: FR)
Qualimintic® [vet.] (Janssen Animal Health: GB)
Quanox® (Dermacare: CO)
Quanox® (Pragma: PE)
Revectina® (Solvay: BR)
Rycomec® [vet.] (Young's: GB)
Scabo® (Delta: BD)
Securo® (Valeant: AR)
Sivermec® [vet.] (Merial: NL)
Stromectol® (Merck: US)
Stromectol® (Merck Sharp & Dohme: AU, FR, NL, NZ)
Sumex® [vet.] (Ceva: DE)
Tizoval® [vet.] (Bimeda: PT)
Top Line® (Agri Labs.: US)
Totectin® (Vetsearch: AU)
Valuheart Heartworm Tablets® [vet.] (Pfizer: AU)
Vectin® [vet.] (Intervet: GB)
Virbamax® [vet.] (Virbac: AU)
Virbamec® [vet.] (Orion: FI)
Virbamec® [vet.] (VetPharma: SE)
Virbamec® [vet.] (Virbac: AU, CH, DE, FR, GB, IT, LU, NL, NZ, PT, ZA)

Josamycin (Rec.INN)

L: Josamycinum
I: Josamicina
D: Josamycin
F: Josamycine
S: Josamicina

⚕ Antibiotic, macrolide

ATC: J01FA07
CAS-Nr.: 0016846-24-5 C_{42}-H_{69}-N-O_{15}
M_r 828.024

Leucomycin V, 3-acetate 4B-(3-methylbutanoate)

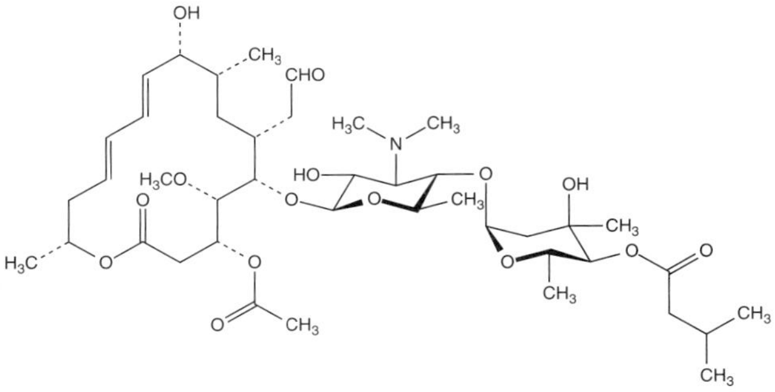

OS: *Josamycin [BAN, JAN, USAN]*
OS: *Josamycine [DCF]*
OS: *Josamicina [DCIT]*
IS: *Leucomycin A_3*
IS: *EN 141 (Japan)*
PH: Josamycin [BP 2002, JP XIV, Ph. Eur. 5]

Iosalide® (Astellas: IT)
Josacine® (Bayer: FR)
Josalid® (Biochemie: CR, DO, GT, NI, PA, SV)
Josalid® (Sandoz: AT)
Josamycin® (Astellas: CN)
Josamycin® (Yamanouchi: ID, JP)
Josaxin® [compr.] (UCB: IT)
Josaxin® [compr.] (Yamanouchi: ES, JP)
Wilprafen® (Astellas: RU)
Wilprafen® (Mack: CZ, LU, RO)
Wilprafen® (Yamanouchi: DE)

– propionate:

CAS-Nr.: 0056111-35-4
OS: *Josamycin Propinonate BANM, JAN*
IS: *JM-P (Yamanouchi, Japan)*
IS: *YS-20-P*
IS: *Josamycin-2^A-propionat*
PH: Josamycin Propionate BP 2002, JP XIV, Ph. Eur. 5

Iosalide® (Astellas: IT)
Josacine® (Bayer: FR)
Josalid® (Biochemie: AE, BH, CR, CY, DO, GT, JO, KW, LB, NI, OM, PA, QA, SA, SD, SV, YE)
Josalid® (Sandoz: AT)
Josamina® [liqu.oral] (Novag: ES)
Josamy® (Astellas: CN)
Josamy® (Yamanouchi: JP)

J

Kainic Acid (Rec.INN)

L: Acidum kainicum
D: Kainsäure
F: Acide kaïnique
S: Acido kainico

⚕ Anthelmintic

CAS-Nr.: 0000487-79-6 C_{10}-H_{15}-N-O_4
M_r 213.24

3-Pyrrolidineacetic acid, 2-carboxy-4-(1-methylethenyl)-, [2S-(2α,3β,4β)]-

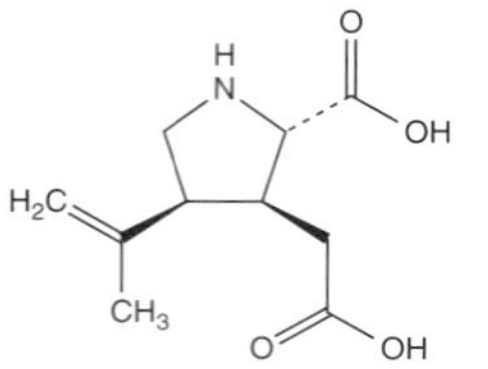

OS: *Kainic Acid [USAN]*
PH: Kainic Acid [JP XIV]

Digenin® (Takeda: JP)

Kallidinogenase (Rec.INN)

L: Kallidinogenasum
D: Kallidinogenase
F: Kallidinogénase
S: Kalidinogenasa

⚕ Vasodilator, peripheric

ATC: C04AF01
CAS-Nr.: 0009001-01-8

Enzyme isolated from the pancreas or urine of mammals

OS: *Kallidinogenase [BAN, JAN, USAN]*
OS: *Kalléone [DCF]*
IS: *Angioxyl*
IS: *Impantine*
IS: *Kallikrein*
PH: Kallidinogenase [JP XI]

Circuletin® (Teikoku Hormone: JP)
Kalirechin S® (Sawai: JP)
Kallijust® (Mohan: JP)
Kallijust® (Ohara: JP)
Padutin® (Wabosan: AT)
Prokrein® (Tobishi: JP)

Kanamycin (Rec.INN)

L: Kanamycinum
I: Kanamicina
D: Kanamycin
F: Kanamycine
S: Kanamicina

⚕ Antibiotic, aminoglycoside

ATC: A07AA08,J01GB04,S01AA24
CAS-Nr.: 0000059-01-8 C_{18}-H_{36}-N_4-O_{11}
M_r 484.526

D-Streptamine, O-3-amino-3-deoxy-α-D-glucopyranosyl-(1-6)-O-[6-amino-6-deoxy-α-D-glucopyranosyl-(1-4)]-2-deoxy-

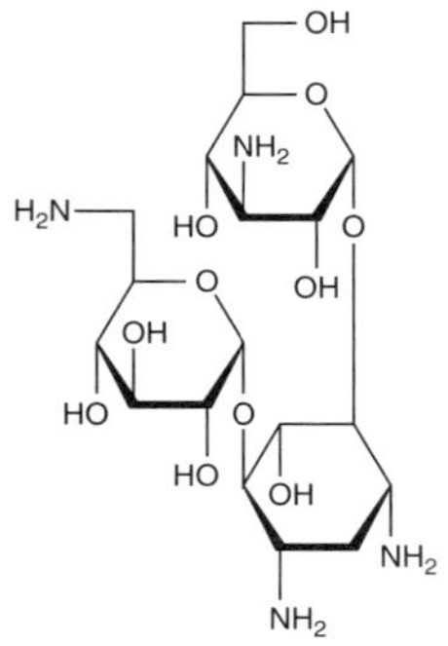

OS: *Kanamycin [BAN]*
OS: *Kanamycine [DCF]*
OS: *Kanamicina [DCIT]*
IS: *Kanamycin A*

Amikin® (Bristol-Myers Squibb: PE)
Anbikan® (ANB: TH)
Kanamac® (Mediplata: PE)
Kanamycin® [vet.] (Virbac: ZA)
Kancin® (Alembic: IN)

– sulfate or acid sulfate:

OS: *Kanamycin Acid Sulphate BANM*
OS: *Kanamycin Sulphate BANM*
OS: *Kanamycin Sulfate USAN*
PH: Kanamycine (monosulfate de) - (sulfate acide de) Ph. Eur. 5
PH: Kanamycini monosulfa - sulfas acidus Ph. Eur. 5
PH: Kanamycinmonosulfa Kanamycinsulfat, Saures Ph. Eur. 5
PH: Kanamycin Sulfate JP XIV, USP 30
PH: Kanamycin Sulphat - Acid Sulphate Ph. Eur. 5
PH: Kanamycin monosulphate Ph. Eur. 5

Canamicin Coulfat® (Batfarma: GE)
Cristalomicina® (Ivax: AR)
K-M-H® (M & H: TH)
Kan-Mycin® (Olan-Kemed: TH)
Kan-Ophtal® (Winzer: DE)
Kana-Stulln® (Stulln: DE)
Kanabiotic® (Bernofarm: ID)
Kanacill® [vet.] (Intervet: IT)
Kanacyn® (Continental: AE, JO, LB, LU, SA, SD, SY)
Kanamicinã Sulfat® (Antibiotice: RO)
Kanamycin Capsules Meiji® (Meiji: TH)
Kanamycin Meiji® (Meiji: HK, ID, PH)
Kanamycin Novo® (Novo Nordisk: ZA)
Kanamycin Ogris® [vet.] (Ogris: AT)
Kanamycin Sanbe® (Sanbe: ID)
Kanamycin Sulfate Injection Meiji® (Meiji: TH)
Kanamycin Sulfate Injection® (Abraxis: US)
Kanamycin Sulphate Meiji® (Meiji: ID)
Kanamycin Virbac® [vet.] (Virbac: AT)
Kanamycin-POS® (Ursapharm: CZ, DE)
Kanamycine® [vet.] (Alfasan: NL)
Kanamycine® [vet.] (Wolfs: BE)
Kanamycin® (Balkanpharma: BG)
Kanamycin® (Biochem: IN)
Kanamysel® [vet.] (Selecta: DE)
Kanamytrex® (Alcon: DE)

Kanapen® [vet.] (Virbac: AT)
Kanarco® (Armoxindo: ID)
Kanaspray® [vet.] (Intervet: IT)
Kanaxin® [vet.] (AFI: IT)
Kancin® (Alembic: IN)
Kancin® (Atlantic: SG, TH)
Kangen® (GDH: TH)
Kanoxin® (Alpharma: ID)
Kantrex® (Bristol-Myers Squibb: ES, ET, KE, PE, TZ, UG)
Kantrex® (Geneva: US)
Kantrex® (Sandoz: US)
Keimicina® (Zambon: IT)
Neo Kanapront® [vet.] (VAAS: IT)
Pan-Kanamycine® (Panpharma: RO)

Kaolin (USP)

L: Kaolinum
D: Ton, weisser
F: Kaolin

Antidiarrhoeal agent

CAS-Nr.: 0001332-58-7

Purified, natural, hydrated aluminium silicate of variable composition

OS: *Kaolin [DCF, USAN, JAN]*
IS: *CI 77004*
IS: *Bolus alba*
IS: *E559*
IS: *China Clay*
PH: Kaolin, Heavy [Ph. Eur. 5]
PH: Kaolinum ponderosum [Ph. Eur. 5]
PH: Kaolin [Ph. Int. 4, USP 30]
PH: Kaolin lourd [Ph. Eur. 5]
PH: Weisser Ton [Ph. Eur. 5]
PH: Kaolinum [Ph. Int. 4]

Boltan® [vet.] (Butler: US)
Colistin® [vet.] (Bioptive: DE)
Kaolin® [vet.] (Bomac: NZ)
Kaopectate® (Pharmacia: BG, ET, GH, KE, LR, PE, RW, SL, TZ, UG, ZW)

Kawain

D: (RS)-Kavain

Psychostimulant

CAS-Nr.: 0000500-64-1 $C_{14}\text{-}H_{14}\text{-}O_{3}$
M_r 230.266

2H-Pyran-2-one, 5,6-dihydro-4-methoxy-6-(2-phenylethenyl)-, [R-(E)]-

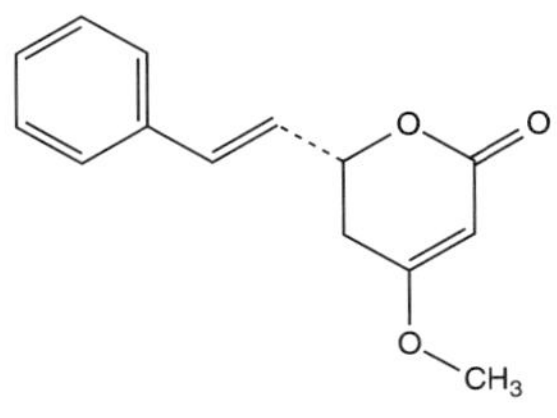

IS: *DL-Cavain*
IS: *DL-Kavain*
IS: *Gonosan*
IS: *Kava-Pyron I*

Kavaform® (Klinge: DE)
Kavaform® (Novartis: CO)

Kebuzone (Rec.INN)

L: Kebuzonum
I: Kebuzone
D: Kebuzon
F: Kébuzone
S: Kebuzona

Antiinflammatory agent
Analgesic

ATC: M01AA06
CAS-Nr.: 0000853-34-9 $C_{19}\text{-}H_{18}\text{-}N_{2}\text{-}O_{3}$
M_r 322.373

3,5-Pyrazolidinedione, 4-(3-oxobutyl)-1,2-diphenyl-

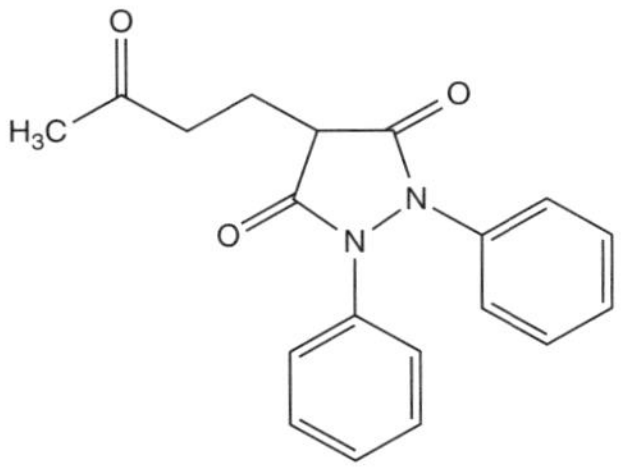

OS: *Kébuzone [DCF]*
OS: *Kebuzone [DCIT, JAN, USAN]*
IS: *Ketophenylbutazone*
PH: Kebuzonum [PhBs IV]

Ketazon® (Gerot: AT)
Ketazon® (Leciva: CZ)
Ketazon® (medphano: DE)

Keracyanin (Rec.INN)

L: Keracyaninum
I: Keracianina
D: Keracyanin
F: Kéracyanine
S: Keracianina

Ophthalmic agent

CAS-Nr.: 0018719-76-1 $C_{27}\text{-}H_{31}\text{-}Cl\text{-}O_{15}$
M_r 630.995

1-Benzopyrylium, 3-[[6-O-(6-deoxy-α-L-mannopyranosyl)-β-D-glucopyranosyl]oxy]-2-(3,4-dihydroxyphenyl)-5,7-dihydroxy-, chloride

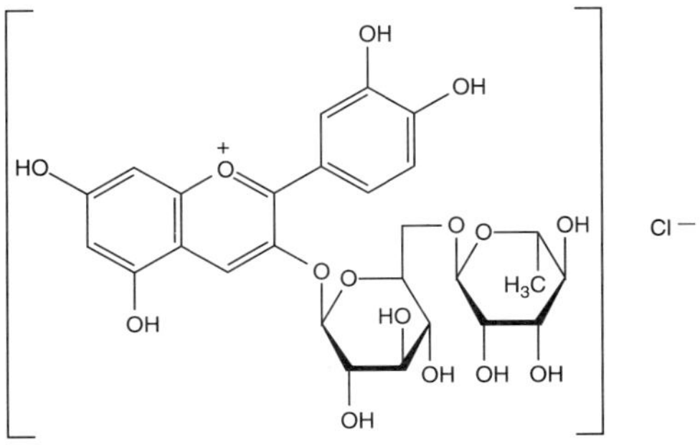

K

OS: *Kéracyanine [DCF]*
OS: *Keracianina [DCIT]*
OS: *Keracyanin [USAN]*
IS: *Cyanidin 3-rutinoside*
IS: *Cyaninoside*

Meralop® (Farmila-Thea: IT)
Meralop® (Thea: ES)

Ketamine (Rec.INN)

L: Ketaminum
I: Ketamina
D: Ketamin
F: Kétamine
S: Ketamina

Intravenous anesthetic

ATC: N01AX03
ATCvet: QN01AX03
CAS-Nr.: 0006740-88-1 C_{13}-H_{16}-Cl-N-O
M_r 237.731

Cyclohexanone, 2-(2-chlorophenyl)-2-(methyl-amino)-, (±)-

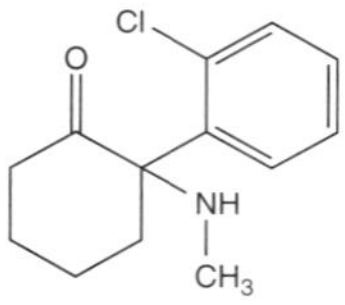

OS: *Ketamine [BAN, DCF]*
OS: *Ketamina [DCIT]*

Anesketin® [vet.] (Eurovet: BE)
Ivanes® (Ikapharmindo: ID)
Ketamina® (Biosano: CL)
Ketamina® (Sanderson: CL)
Ketamina® (Volta: CL)
KTM® (Guardian: ID)
Tekam® (Hikma: AE, BH, EG, IQ, JO, KW, LB, LY, OM, QA, SA, SD, SY, TN, YE)

– hydrochloride:

CAS-Nr.: 0001867-66-9
OS: *Ketamine Hydrochloride BANM, USAN*
IS: *CI 581 (Parke Davis, USA)*
IS: *CL 369*
IS: *CN 52372-2*
PH: Ketamine Hydrochloride JP XIV, Ph. Eur. 5, Ph. Int. 4, USP 30
PH: Ketamini hydrochloridum Ph. Eur. 5, Ph. Int. 4
PH: Ketaminhydrochlorid Ph. Eur. 5
PH: Kétamine (chlorhydrate de) Ph. Eur. 5

Aescoket® [vet.] (Aesculaap: NL)
Anaket-V® [vet.] (Bayer Animal Health: ZA)
Anesject® (Ikapharmindo: ID)
Calypsol® (Gedeon Richter: BD, CZ, GE, HU, JM, PL, RO, TH)
Clorketam® [vet.] (Univete: PT)
Clorketam® [vet.] (Vetoquinol: FR, IE)
Cost® (Fada: AR)
G-Ketamine® (Gonoshasthaya: BD)
Hostaket® [vet.] (Intervet: DE)
Imalgene® [vet.] (Biokema: CH)
Imalgene® [vet.] (Merial: BE, FR, IT, LU, NL)
Inoketam® [vet.] (Virbac: IT)
Kemint® [vet.] (Animedic: DE)
Keta-Hameln® (Hameln: DE, TH)
Keta-Ject® [vet.] (Dopharma: NL)
Keta-Sthetic® [vet.] (Western: US)
Keta-S® [vet.] (Gräub: CH)
Ketaject® [vet.] (Phoenix: US)
Ketalar® (Erfa: CA)
Ketalar® (Parke Davis: ID, NL)
Ketalar® (Parke Davis/Warner Lambert: BR)
Ketalar® (Pfizer: AU, BE, BR, CH, CL, FI, GB, HK, IL, IN, LU, NO, NZ, PE, SE, TH, TR)
Ketalar® [vet.] (Pfizer: FI, NO, SE)
Ketalin® [vet.] (Ceva: NL)
Ketamav® [vet.] (Mavlab: AU)
Ketamidor® [vet.] (Richter: AT)
Ketamil® [vet.] (Ilium Veterinary Products: AU)
Ketamin Deltaselect® (DeltaSelect: DE)
Ketamin Gräub® [vet.] (Albrecht: DE)
Ketamin Inresa® (Inresa: DE)
Ketamin-ratiopharm® (ratiopharm: DE)
Ketamina Fabra® (Fabra: AR)
Ketamina Klonal® (Klonal: AR)
Ketamina Larjan® (Veinfar: AR)
Ketamina Richmond® (Richmond: AR)
Ketamina® (Richmond: PE)
Ketamine Fresenius® (Bodene: ZA, ZA)
Ketamine HCl® (Genmedix: IL)
Ketamine Hydrochloride® (Bioniche: US)
Ketamine Hydrochloride® (Sandoz: CA)
Ketamine Panpharma® (Panpharma: RO)
Ketamine® [vet.] (A.S.T.: NL)
Ketamine® [vet.] (Boehringer Ingelheim: US)
Ketamine® [vet.] (Kombivet: NL)
Ketamine® [vet.] (Parnell: AU, NZ)
Ketamine® [vet.] (Phoenix: NZ)
Ketaminhydrochlorid® [vet.] (Bioptive: DE)
Ketaminol® [vet.] (Intervet: AT, FI)
Ketaminol® [vet.] (Veterinaria: CH)
Ketaminol® [vet.] (VetPharma: SE)
Ketamin® [vet.] (Ceva: DE)
Ketamin® [vet.] (CP: DE)
Ketamin® [vet.] (Essex: DE)
Ketamin® [vet.] (Riemser Animal: DE)
Ketamin® [vet.] (Selecta: DE)
Ketamin® [vet.] (WDT: DE)
Ketanarkon® [vet.] (Streuli: CH)
Ketanest® (Interchemia: CZ)
Ketanest® (Parke Davis: DE)
Ketanest® (Pfizer: AT, DE, FI, NL, PL)
Ketanest® (Salus: SI)
Ketanest® (Scott: AR)
Ketapex® [vet.] (Apex: AU)
Ketasel® [vet.] (Selecta: DE)
Ketaset® [vet.] (Fort Dodge: AU, GB, IE, US)
Ketasol® [vet.] (Gräub: CH)
Ketasol® [vet.] (Schoeller: AT)
Ketaved® [vet.] (Vedco: US)
Ketavet® [vet.] (Delvet: AU)
Ketavet® [vet.] (Intervet: IT)
Ketavet® [vet.] (Pfizer: AT)
Ketavet® [vet.] (Pfizer Animal: DE)
Ketmin® (Themis: IN)
Ketolar® (Parke Davis: ES)

Ketolar® (Pfizer: ES)
Kétamine Panpharma® (Panpharma: FR)
Kétamine Virbac® [vet.] (Virbac: FR)
Narkamon® (Spofa: CZ)
Narketan® [vet.] (Fort Dodge: GB)
Narketan® [vet.] (Vetoquinol: AT, CH, NL)
Nimatek® [vet.] (Eurovet: NL)
S-Ketamin Pfizer® (Pfizer: IS)
Sanaket® [vet.] (Dopharma: NL)
Ursotamin® [vet.] (Serumber: DE)
Vetaket® [vet.] (Lloyd: US)
Vetalar® [vet.] (Fort Dodge: US)
Vetalar® [vet.] (Pharmacia Animal Health: GB)
Vetamine® [vet.] (Schering-Plough: US)

Ketanserin (Rec.INN)

L: Ketanserinum
I: Ketanserina
D: Ketanserin
F: Kétansérine
S: Ketanserina

Antihypertensive agent
Serotonin antagonist
Vasodilator, peripheric

ATC: C02KD01
CAS-Nr.: 0074050-98-9 C_{22}-H_{22}-F-N_3-O_3
M_r 395.448

2,4(1H,3H)-Quinazolinedione, 3-[2-[4-(4-fluorobenzoyl)-1-piperidinyl]ethyl]-

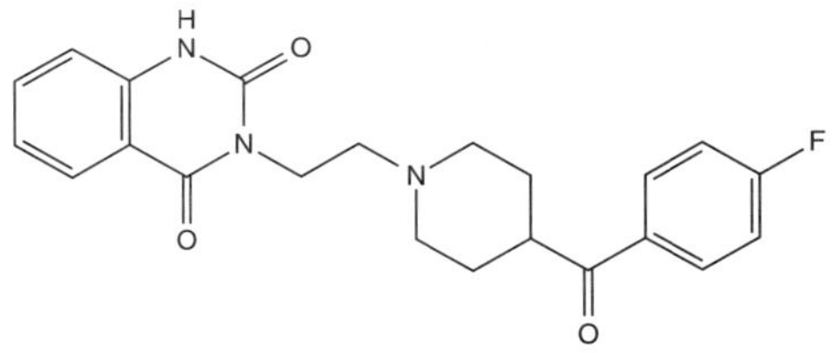

OS: *Ketanserin [BAN, USAN]*
OS: *Kétanserine [DCF]*
OS: *Ketanserina [DCIT]*
IS: *R 41468 (Janssen, Belgium)*

Sufrexal® (Janssen: CR, DO, GT, HN, LU, MX, NI, PA, SV)

– tartrate:

CAS-Nr.: 0000023-98-2
OS: *Ketanserin Tartrate BANM*
IS: *R 49945*
IS: *KJK 945*

Ketanserin® (Eureco: NL)
Ketensin® (Janssen: NL)
Ketensin® (OTL Pharma: NL)
Serepress® (Formenti: IT)
Sufrexal® (Janssen: BE, CZ, IT, LU, NL, TH)
Vulketan® [vet.] (Bayer Animal Health: ZA)
Vulketan® [vet.] (Biokema: CH)
Vulketan® [vet.] (Janssen: AT, BE, LU)

Ketazolam (Rec.INN)

L: Ketazolamum
I: Ketazolam
D: Ketazolam
F: Kétazolam
S: Ketazolam

Tranquilizer

ATC: N05BA10
CAS-Nr.: 0027223-35-4 C_{20}-H_{17}-Cl-N_2-O_3
M_r 368.826

4H-[1,3]Oxazino[3,2-d][1,4]benzodiazepine-4,7(6H)-dione, 11-chloro-8,12b-dihydro-2,8-dimethyl-12b-phenyl-

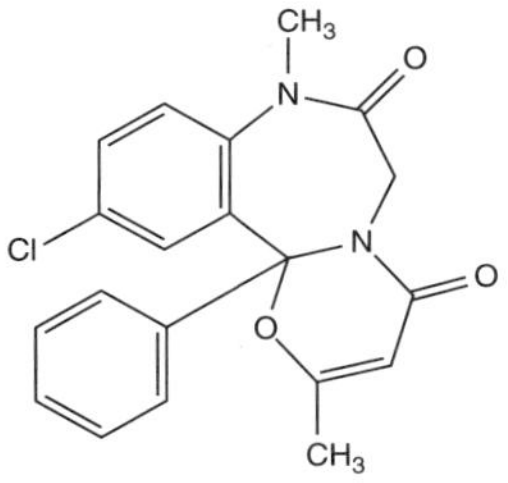

OS: *Ketazolam [BAN, DCF, DCIT, USAN]*
IS: *U 28774 (Upjohn, USA)*

Anseren® (Novartis: IT)
Ansieten® (Ivax: AR)
Ansietil® (Tecnofarma: CL)
Atenual® (Tecnofarma: PE)
Grifoketam® (Chile: CL)
Marcen® (Pharmacia: ES)
Sedatival F.P.® (Pharmalab: PE)
Sedotime® (Iquinosa: ES)
Sedotime® (SmithKline Beecham: ES)
Solatran® (Doetsch Grether: CH)
Solatran® (GlaxoSmithKline: BE, LU, ZA)
Unakalm® (Tecnifar: PT)

Ketobemidone (Rec.INN)

L: Cetobemidonum
D: Cetobemidon
F: Cétobémidone
S: Ketobemidona

Opioid analgesic

ATC: N02AB01
CAS-Nr.: 0000469-79-4 C_{15}-H_{21}-N-O_2
M_r 247.343

1-Propanone, 1-[4-(3-hydroxyphenyl)-1-methyl-4-piperidinyl]-

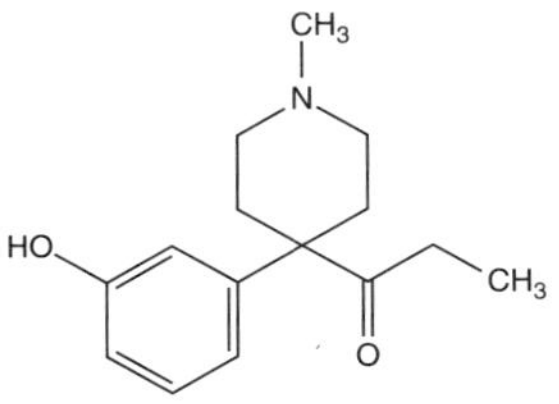

OS: *Cétobemidone [DCF]*
OS: *Ketobemidone [BAN, USAN]*
IS: *Hoechst 10720 (Hoechst)*

K

IS: *Ciba 7115 (Ciba)*
IS: *K 4710*
IS: *Win 1539*

- **hydrochloride:**
  CAS-Nr.: 0005965-49-1
  PH: Ketobemidone hydrochloride Ph. Eur. 5

Ketogan Novum® (Pfizer: SE)
Ketogan® (Pfizer: IS, NO)
Ketorax® (Pfizer: NO)

Ketoconazole (Rec.INN)

L: Ketoconazolum
I: Ketoconazolo
D: Ketoconazol
F: Kétoconazole
S: Ketoconazol

Antifungal agent

ATC: D01AC08,G01AF11,J02AB02
CAS-Nr.: 0065277-42-1 C_{26}-H_{28}-Cl_2-N_4-O_4
M_r 531.45

Piperazine, 1-acetyl-4-[4-[[2-(2,4-dichlorophenyl)-2-(1H-imidazol-1-ylmethyl)-1,3-dioxolan-4-yl]methoxy]phenyl]-, cis-

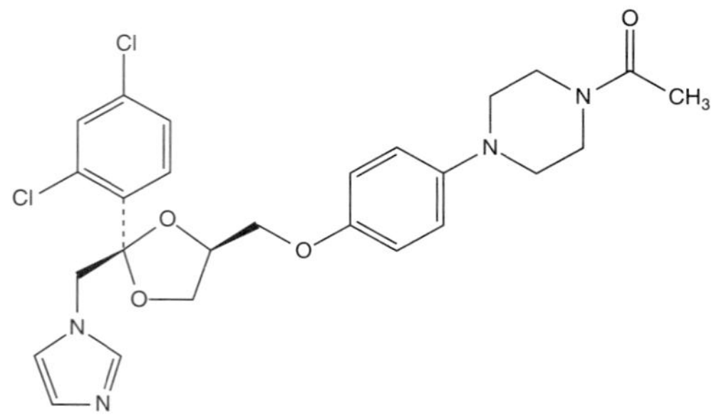

OS: *Ketoconazole [BAN, DCF, JAN, USAN]*
OS: *Ketoconazolo [DCIT]*
IS: *R 41400 (Janssen, Belgium)*
IS: *KW 1414 (Kyowa Hakko, Japan)*
PH: Ketoconazole [Ph. Eur. 5, Ph. Int. 4, USP 30]
PH: Ketoconazolum [Ph. Eur. 5, Ph. Int. 4]
PH: Ketoconazol [Ph. Eur. 5]
PH: Kétoconazole [Ph. Eur. 5]

AC-FA® (Pharmasant: TH)
Adco-Dermed® (Al Pharm: ZA)
Akorazol® (Collins: MX)
Amfazol® (Ampharco: VN)
Anfuhex® (Hexpharm: ID)
Antanazol® (Shin Poong: SG)
Apo-Ketoconazole® (Apotex: AN, BB, BM, BS, CA, GY, HT, JM, KY, SR, TT)
Aquarius® (Demo: GR, RS)
Arcolane® (Galderma: CL, PE)
Arcolan® (Galderma: BR)
Biogel® (Prater: CL)
C-86 Crema® (Valuge: AR)
Candiderm® (Aché: BR)
Candoral® (Aché: BR)
Capel® (Aché: BR)
Cetoconazol Alpharma® (Alpharma: PT)
Cetoconazol® (Cimed: BR)
Cetoconazol® (Cristália: BR)
Cetoconazol® (EMS: BR)
Cetoconazol® (Fármaco: BR)
Cetoconazol® (Lab. Ducto: BR)
Cetoconazol® (Lab. Neo Quím.: BR)
Cetoconazol® (Luper: BR)
Cetoconazol® (Medley: BR)
Cetoconazol® (Teuto: BR)
Cetohexal® (Hexal: BR)
Cetonax® (Janssen: BR)
Cetonil® (Stiefel: AR, BR)
Cezolin® (Remedina: GR)
Chemicon® (Bioindustria: EC)
Chintaral® (Chinta: TH)
Conazol® (Laboratorios San Luis: DO)
Conazol® (Liomont: MX)
DaktaGold® (Janssen: AU, NZ)
Daktarin Gold® (Janssen: GB)
Danruf Shampoo® (Torrent: IN)
Dermaral® (Corsa: ID)
Dermatin® (Actavis: IS)
Dezor® (Hoe: SG)
Dezor® (Summit: TH)
Diazon® (Unison: HK, LK, SG, TH)
Dikoven® (Farmoquimica: DO)
E'Rossan dâu gôi tri gàu-nâm tóc® (HG.Pharm: VN)
Ebersept® (Bros: GR)
Etoral Cream® (HG.Pharm: VN)
Eumicel® (Pablo Cassara: AR)
Extina® (Stiefel: US)
Faction® (Maigal: AR)
Fangan® (Lazar: AR)
Fitonal® (Andromaco: AR)
Forat® (Lacofarma: DO)
Formyco® (Sanbe: ID)
Funazole® (Khandelwal: IN)
Fundan® (Ipex: SE)
Funet® (Fahrenheit: ID)
Fungarest Crema® (Janssen-Cilag: CL)
Fungarest Shampoo® (Janssen-Cilag: CL)
Fungarest Vaginal® (Janssen: ES)
Fungarest® (Janssen: ES)
Fungarest® (Janssen-Cilag: CL)
Fungasol® (Guardian: ID)
Fungazol® (Biolab: HK, TH)
Fungicide® (Torrent: IN, RO)
Fungiderm-K® (Greater Pharma: TH)
Funginox® (Charoen Bhaesaj: TH)
Fungium® (Saval: EC)
Fungium® (Saval Eurolab: CL)
Fungo Farmasierra® (Farmasierra: ES)
Fungo Zeus® (Farmasierra: ES)
Fungoral® (Farmion: BR)
Fungoral® (Janssen: AT, GR, IS, MX, NO, SE)
Fungoral® (Kimia: ID)
Fungoral® (Sandoz: TR)
Fungores® (ICN: PL)
Fungosin® [compr.] (Pharmalab: PE)
Grenfung® (Cevallos: AR)
Hexal Konazol® (Hexal: AU)
Ilgem® (Rafarm: GR)
Interzol® (Interbat: ID)
Katsin® (M & H: TH)
Kazinal® (Asian: TH)

Keduo® (LKM: AR)
Kefungin® (Antibiotice: RO)
Kenalyn® (Silom: TH)
Kenazole® (Greater Pharma: TH)
Kenazol® (Pharmasant: TH)
Kenoral® (GDH: TH)
Ketacon® (Cellofarm Farmacêutica: BR)
Ketazol® (Aspen: ZA)
Ketazol® (Hayat: AE, BH, IQ, JO, LB, LY, OM, QA, SA, SD, YE)
Ketazol® (Shiwa: TH)
Ketazon® (Siam Bheasach: TH)
Keto-Comp® (Bolivar Farma: PE)
Keto-Cure® (OTC: ES)
Keto-med® (Permamed: CH)
Keto-Shampoo® (Bolivar Farma: PE)
Ketobifan® (Bifan: CO)
Ketocine® (Medicine Supply: TH)
Ketoconazol AG® [tab.] (American Generics: PE)
Ketoconazol Alpharma® (Alpharma: NL)
Ketoconazol Alternova® (Alternova: DK, FI)
Ketoconazol A® (Apothecon: NL)
Ketoconazol Bexal® (Bexal: ES)
Ketoconazol Biotisane® (Pharmagenus: ES)
Ketoconazol Cantabria® (Cantabria: ES)
Ketoconazol CF® (Centrafarm: NL)
Ketoconazol Cinfa® (Cinfa: ES)
Ketoconazol Cuve® (Perez Gimenez: ES)
Ketoconazol Ecar® (Ecar: CO)
Ketoconazol Fabra® (Fabra: AR)
Ketoconazol Fmndtria® [tab./emuls.] (Farmindustria: PE)
Ketoconazol Genfar® (Genfar: CO, EC, PE)
Ketoconazol Gf® (Genfarma: NL)
Ketoconazol Iqfarma® [tab./emuls.] (Iqfarma: PE)
Ketoconazol J-C® (Janssen: NL)
Ketoconazol Katwijk® (Katwijk: NL)
Ketoconazol L.CH.® (Chile: CL)
Ketoconazol Labiana® (Labiana: ES)
Ketoconazol LPH® (Labormed Pharma: RO)
Ketoconazol Mede® (Reig Jofre: ES)
Ketoconazol MF® [tab./emuls.] (Marfan: PE)
Ketoconazol MK® (Bonima: CR, DO, GT, HN, NI, PA, SV)
Ketoconazol MK® (Mark: RO)
Ketoconazol MK® (MK: CO)
Ketoconazol PCH® (Pharmachemie: NL)
Ketoconazol Ratiopharm® (Farma Ratio: ES)
Ketoconazol Ratiopharm® (Ratiopharm: FI)
Ketoconazol Sandoz® (Sandoz: ES)
Ketoconazol Ur® (Uso Racional: ES)
Ketoconazole Actavis® (Actavis: DK)
Ketoconazole Dexa Medica® (Dexa Medica: ID)
Ketoconazole Genepharm® (Genepharm: GR)
Ketoconazole Hexpharm® (Hexpharm: ID)
Ketoconazole Hovid® (Hovid: HK, SG)
Ketoconazole Novexal® (Novexal: GR)
Ketoconazole® (aai: US)
Ketoconazole® (Dexa Medica: ID)
Ketoconazole® (Hexpharm: ID)
Ketoconazole® (Mutual: US)
Ketoconazole® (Mylan: US)
Ketoconazole® (Stada: US)
Ketoconazole® (Taro: US)
Ketoconazole® (Teva: US)
Ketoconazole® (Torpharm: US)
Ketoconazol® (AC Farma: PE)
Ketoconazol® (Arena: RO)
Ketoconazol® (Bestpharma: CL)
Ketoconazol® (Colmed: PE)
Ketoconazol® (Dexa Medica: ID)
Ketoconazol® (Eureco: NL)
Ketoconazol® (Farmachif: PE)
Ketoconazol® (Farmandina: EC)
Ketoconazol® (Farmo Andina: PE)
Ketoconazol® (G&R: PE)
Ketoconazol® (H.G.: EC)
Ketoconazol® (Hersil: PE)
Ketoconazol® (Hexal: NL)
Ketoconazol® (Induquimica: PE)
Ketoconazol® (Intipharma: PE)
Ketoconazol® (Janssen: NL)
Ketoconazol® (La Sante: PE)
Ketoconazol® (Labofar: PE)
Ketoconazol® (LCG: PE)
Ketoconazol® (Magistra: RO)
Ketoconazol® (Medicalex: CO)
Ketoconazol® (Medifarma: PE)
Ketoconazol® (Memphis: CO)
Ketoconazol® (Mintlab: CL)
Ketoconazol® (Mission Pharma.: PE)
Ketoconazol® (Ozone Laboratories: RO)
Ketoconazol® (Pasteur: CL)
Ketoconazol® (Pentacoop: CO, EC, PE)
Ketoconazol® (Quilab: PE)
Ketoconazol® (Repmedicas: PE)
Ketoconazol® (Salufarma: PE)
Ketoconazol® (Sherfarma: PE)
Ketoconazol® (Slavia Pharm: RO)
Ketoconazol® (TIS Farmaceutic: RO)
Ketoconazol® (UQP: PE)
Ketocon® (Acromax: EC)
Ketocon® (Opsonin: BD)
Ketocrema® [emuls.] (Bolivar Farma: PE)
Ketodar® (Dar-Al-Dawa: RO)
Ketoderm® (Janssen: DZ)
Ketoderm® (Taropharma: CA)
Ketoderm® (Terra: TR)
Ketofungol® [vet.] (Janssen Santé Animale: FR)
Ketofun® (Amico: BD)
Ketogin® (Rarpe: NI)
Ketoisdin Vaginal® (Isdin: ES)
Ketoisdin® (Isdin: ES)
Ketokonazol Alternova® (Alternova: SE)
Ketokonazol Copyfarm® (Copyfarm: FI, SE)
Ketokonazole TP® (TP Drug: TH)
Ketokonazol® (Anpharm: PL)
Ketokonazol® (Copyfarm: NO)
Ketokonazol® (GMP: GE)
Ketokonazol® (Lisan: CR)
Ketokonazol® (Polfarmex: PL)
Ketokonazol® (Srbolek: RS)
Ketolam® (LAM: DO)
Ketolan® (Olan-Kemed: TH)
Ketolef® (Biosintex: AR)
Ketomed® (Medifive: TH)
Ketomed® (Roemmers: CO)
Ketomed® (Surya: ID)
Ketomicol® (AC Farma: PE)
Ketomicol® (Luper: BR)

Ketonan® (Marjan: BR)
Ketonazole® (Polipharm: TH)
Ketonazol® (Lafedar: AR)
Ketopine® (AFT: NZ)
Ketoral® (Bilim: TR)
Ketoral® (Community: TH)
Ketoral® (Square: BD, LK)
Ketosil® (Silom: TH)
Ketoskin® (Saidal: DZ)
Ketoson® (CCS: SE)
Ketospor® (Qualipharm: CR, GT, NI, PA)
Ketostin® (Helcor: RO)
Ketosyn® (Sanofi-Synthelabo: CO)
Ketowest® (Bruluart: MX)
Ketozal® (Pond's: TH)
Ketozol-Mepha® (Mepha: CH)
Ketozole® (Christo Pharmaceutical: HK)
Ketozole® (DHA: SG)
Ketozol® (Christo Pharmaceutical: HK)
Ketozol® (Rowex: IE)
Ketrozol® (Remedica: CY, VN)
Kezol® (Stada: SE)
Kezon® (Osoth: TH)
Kezoral® (Sandoz: DK)
Kezoral® (Upha: SG)
Kez® (Pharma Dynamics: ZA)
Konaderm® (ICN: CR, GT, HN, NI, PA, SV)
Konaderm® (Valeant: MX)
Konaturil® (IQFA: MX)
Konazal® (Alpharma: NO)
Konazol® (Bios Peru®: PE)
Konazol® (Kurtsan: TR)
Konazol® (PP Lab: TH)
Krefin® (Finlay: HN)
Kétoderm® (Janssen: BJ, CF, CG, CI, CM, FR, GA, GN, MG, ML, MR, MU, SN, TG)
Lama® (Pharmaland: TH)
Larry® (Unison: HK, TH)
Liondox® (Roemmers: PE)
Livarole® (Nizhpharm: RU)
Lizovag® (Novag: MX)
Lur® (Drossapharm: CH)
Lusanoc® (Meprofarm: ID)
Manoketo® (March: TH)
Masarol® (Masa Lab: TH)
Medezol® (Medea: ES)
Mi-Ke-Son's® (Quimica Son's: MX)
Micoral® (Elofar: BR)
Micoral® (Valeant: AR)
Micosin® (Ariston: EC)
Micoticum® (Lesvi: ES)
Micoticum® (Mecosin: ID)
Mizoron® (Milano: TH)
Muzoral® (Mugi: ID)
Mycella® (Silom: TH)
Myco Shampoo® (T Man: TH)
Mycoderm® (Otto: ID)
Mycofebrin® (Coup: GR)
Mycoral® (Kalbe: ID)
Mycoral® (Kalbe Farma: LK)
Mycoral® (T Man: TH)
Mycoseb® (Zorka: RS)
Mycosoral® (Akrihin: RU)
Mycozid® (Soho: ID)
Nastil® (Best: MX)
Nicozone® (Nida: SG)
Ninazol® (TO Chemicals: SG, TH)
Nizale® (Janssen: PT)
Nizcrème® (Janssen: ZA)
Nizoral® (Delphi: NL)
Nizoral® (EU-Pharma: NL)
Nizoral® (Eureco: NL)
Nizoral® (Euro: NL)
Nizoral® (Janssen: AE, AT, AU, BE, BG, BJ, BR, CF, CG, CH, CI, CM, CO, CR, CY, CZ, DK, DO, DZ, EC, EG, FI, FR, GA, GB, GE, GN, GT, HK, HN, HU, ID, IE, IL, IT, JO, LB, LK, LU, ML, MR, MT, MX, NE, NI, NL, NZ, PA, PE, PH, PL, PT, RO, SA, SD, SG, SN, SV, TG, TH, US, YE, ZA)
Nizoral® (Janssen-Cilag: TR, VN)
Nizoral® (McNeil: CA, DE)
Nizoral® (Orion: FI)
Nizoral® (Terapia: RO)
Nizoral® (Unimed & Unihealth: BD)
Nizoral® [vet.] (Janssen: LU)
Nizoral® [vet.] (Janssen Animal Health: GB)
Nizovules® (Janssen: ZA)
Nizshampoo® (Janssen: ZA)
Noell® (Polfarmex: PL)
Nofung® (Nufarindo: ID)
Nora® (Thai Nakorn Patana: TH)
NorClear® [vet.] (Norbrook: GB)
Novo-Ketoconazole® (Novopharm: CA)
Onofin-K® (Rayere: MX)
Orifungal® (Janssen: AR)
Oronazol® (Janssen: HR)
Oronazol® (Krka: BA, CZ, HR, SI)
Oxonazol® [emuls./susp./tab.] (Abeefe Bristol: PE)
Panfungol Vaginal® (Esteve: ES)
Panfungol® (Esteve: ES)
Pasalen® (Pharmaland: TH)
Perative® (Gaston: AR)
Pharmaniaga Ketoconazole® (Pharmaniaga: MY)
Phytoral® (Brown & Burk: LK)
Picamic® (Tropica: ID)
Pristinex® (Pan Pharma: LK)
Pristinex® (Xepa-Soul Pattinson: HK, SG)
Pristine® (Xepa-Soul Pattinson: HK, SG)
Profungal® (Dankos: ID)
Quadion® (Fortbenton: AR)
Rapamic® (Cipan: PT)
Remecon® (Mex-América: MX)
Sebizole® (Douglas: AU, NZ, SG)
Sioconazol® (Prati: BR)
Socosep® (Cetus: AR)
Soridermal® (Mintlab: CL)
Sostatin® (Faran: GR)
Sporoxyl® (Bangkok: TH)
Sporum® (Dermacare: CO)
Stada K® (Stada: HK)
Tedol® (Edol: PT)
Termizol® (Farmo Andina: PE)
Terzolin® (Janssen: CH)
Terzolin® (McNeil: DE)
Thicazol® (Ethica: ID)
Tiniazol® (Liferpal: MX)
Tiracaspa® (Hexal: BR)
Triatop® (Janssen: AR, AT, CR, DO, GT, HN, IT, NI, PA, SV, TH)
Viosol Amex Plus® (Amex: PE)

Wizol® (Landson: ID)
Xolegel® (Barrier: US)
Yucomy® (Yung Shin: SG)
Zoloral® (Ikapharmindo: ID)
Zoralin® (Medikon: ID)
Zumazol® (Prima: ID)

Ketoprofen (Rec.INN)

L: Ketoprofenum
I: Ketoprofene
D: Ketoprofen
F: Kétoprofène
S: Ketoprofeno

Antiinflammatory agent
Analgesic
Antipyretic

ATC: M01AE03,M02AA10
ATCvet: QM01AE03
CAS-Nr.: 0022071-15-4

C_{16}-H_{14}-O_3
M_r 254.288

Benzeneacetic acid, 3-benzoyl-α-methyl-

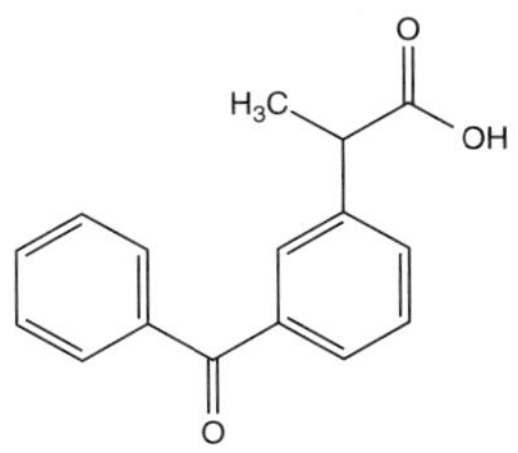

OS: *Ketoprofen [BAN, JAN, USAN]*
OS: *Kétoprofène [DCF]*
OS: *Ketoprofene [DCIT]*
IS: *RP 19583*
IS: *RU 4733*
PH: Ketoprofen [Ph. Eur. 5, JP XIV, USP 30]
PH: Ketoprofène [Ph. Eur. 5]
PH: Ketoprofenum [Ph. Eur. 5]

Actron® (Bayer: AT, US)
Alket® (Difass: IT)
Alrheumun® (Teofarma: DE)
Anrema® (Mecosin: ID)
Apo-Keto® (Apotex: CA, SG)
Arcental® (Bmartin: ES)
Arcental® (F5 Profas: ES)
Arcental® (Pliva: ES)
Arket® (Ethypharm: CN)
Artrinid® (Biolab: BR)
Artrosilen® (Pharma Riace: RU)
Bi-Profenid® (Aventis: BR)
Bi-Profenid® (Eczacibasi: TR)
Bi-Profenid® (Sanofi-Aventis: MX, PL)
Bi-Profénid® (Sanofi-Aventis: BF, BJ, CF, CG, CI, CM, FR, GA, GN, MG, ML, MR, MU, NE, SN, TD, TG, ZR)
Bi-Rofenid® (Sanofi-Aventis: BE)
Birofenid® (Aventis: LU)
Bonil® (Pediapharm: CL)
Bystrumgel® (Akrihin: RU)
Capisten® (Kissei: JP)
Cetoprofeno IM® (Eurofarma: BR)
Cetoprofeno IV® (Eurofarma: BR)
Cetoprofen® (Lab. Neo Quím.: BR)
Comforion® [vet.] (Janssen Santé Animale: FR)
Comforion® [vet.] (Orion: FI, NO)
Diractin® (Target: CH)
Dolgosin® (Boniscontro & Gazzone: IT)
Dolo-Ketazon® (Pharmalab: PE)
Dolo-Ketazon® (Recalcine: CL)
Dolofar T.U.® (Medipharm: CL)
Dolofar® (Medipharm: CL)
Dolofast® (Farma: EC)
Doloketazon T.U.® (Recalcine: CL)
Dolomax® (Grupo Farma: CO)
Dolormin® [gel] (McNeil: DE)
Dolovet® [vet.] (Galena: FI)
Dolovet® [vet.] (Gräub: CH)
Euketos® (CT: IT)
Extraplus® (Pierre Fabre: ES)
Farbovil® (Pharmathen: GR)
Fastjel® (I.E. Ulagay: TR)
Fastum® (Al Pharm: ZA)
Fastum® (Berlin Chemie: VN)
Fastum® (Berlin-Chemie: BG, HU, PL, RO, RU)
Fastum® (Guidotti: ES)
Fastum® (Menarini: AE, BD, BE, BH, CH, CR, CY, CZ, DO, EC, EG, ES, GT, HK, HN, IE, IQ, IT, JO, KW, LB, LU, LY, MA, MT, MY, NI, OM, PA, PT, QA, RS, SA, SD, SG, SV, SY, TH, TN, YE)
Fastum® (Raffo: CL)
Febrofen® (Medana: PL)
Febrofid® (Polpharma: RU)
Fetik® (Interbat: ID)
Findol® [vet.] (Ceva: IT)
Flamador® (Sigma: BR)
Flexen® (Italfarmaco: IT, RU)
Flexen® (Life Pharma: RO)
Flogofin T.U.® (Chile: CL)
Flogofin T.U.® (Ivax: PE)
Flogofin® (Chile: CL)
Flogofin® (Ivax: PE)
Floramil® (Eurogenerics: PH)
Gabrilen® (mibe: DE)
Helenil® (Roux-Ocefa: AR)
Ibifen® (IBI: IT)
Ilium Ketoprofen® [vet.] (Ilium Veterinary Products: AU)
Isofenal® (So.Se.: IT)
Jomethid XL® (Alpharma: GB)
K-Profen® (Medix: DO, GT, HN, MX, NI, SV)
Kaltrofen® (Kalbe: ID)
Kaprofen® (Siam Bheasach: TH)
Kefentech® (JE IL: SG)
Kefen® (Techno: BD)
Kenhancer® (Sang-A: SG)
Keplat® (Hisamitsu-J: IT)
Keprodol® (Ratiopharm: AT)
Ketalgon® (Sicomed: RO)
Ketartrium® (Esseti: IT)
Keto-50® (Biokem: TR)
Keto-A® (Acme: BD)
Keto-Jel® (Biokem: TR)
Ketobos® (Bosnalijek: BA)
Ketocid® (Trinity-Chiesi: GB)
Ketodur® (Biospray: GR)
Ketofarm® (Madaus: IT)
Ketofen® (Eskayef: BD)

Ketofen® (Hisubiette: CO)
Ketofen® [vet.] (Fort Dodge: US)
Ketofen® [vet.] (Merial: AU, BE, FR, GB, IE, LU, NL, NZ, ZA)
Ketoflam® [vet.] (Al Pharm: ZA)
Ketoflex® (Merck: MX)
Ketomag® (Magistra: RO)
Ketomex® (Ratiopharm: FI)
Ketonal® (Agis: IL)
Ketonal® (Lek: BA, CZ, HR, PL, RO, RS, RU, SI)
Ketoplus® (SF: IT)
Ketoprofen Alpharma® (Alpharma: NL)
Ketoprofen CF® (Centrafarm: NL)
Ketoprofen Gf® (Genfarma: NL)
Ketoprofen Merck NM® (Merck NM: DK, SE)
Ketoprofen MK® (Mark: RO)
Ketoprofen PCH® (Pharmachemie: NL)
Ketoprofen ratiopharm® (ratiopharm: DE, LU)
Ketoprofen ratiopharm® (Ratiopharm: NL)
Ketoprofen Retard Scand Pharm® (Merck NM: SE)
Ketoprofen Sandoz® (Sandoz: NL)
Ketoprofen SR® (Terapia: RO)
Ketoprofen Vramed® (Sopharma: RU)
Ketoprofen-CT® (CT: DE)
Ketoprofene DOC® (DOC Generici: IT)
Ketoprofene EG® (EG: IT)
Ketoprofene Sandoz® (Sandoz: IT)
Ketoprofene Teva® (Teva: IT)
Ketoprofene Union Health® (Union Health: IT)
Ketoprofene-Ethypharm-LP® (Ethypharm: LU)
Ketoprofeno Fmndtria® (Farmindustria: PE)
Ketoprofeno Gen-Far® (Genfar: PE)
Ketoprofeno Genfar® (Expofarma: CL)
Ketoprofeno Genfar® (Genfar: CO, EC)
Ketoprofeno L.CH.® (Chile: CL)
Ketoprofeno Ratiopharm® (Ratiopharm: ES)
Ketoprofeno TU® (Mintlab: CL)
Ketoprofeno® (Bestpharma: CL)
Ketoprofeno® (Biosano: CL)
Ketoprofeno® (Chemopharma: CL)
Ketoprofeno® (La Sante: PE)
Ketoprofeno® (Medicalex: CO)
Ketoprofeno® (Mintlab: CL)
Ketoprofeno® (Pentacoop: PE)
Ketoprofeno® (Ratiopharm: ES)
Ketoprofeno® (Sanderson: CL)
Ketoprofen® (Andrx: US)
Ketoprofen® (Jugoremedija: RS)
Ketoprofen® (Katwijk: NL)
Ketoprofen® (Merck NM: NO)
Ketoprofen® (Mylan: US)
Ketoprofen® (Sandoz: GB)
Ketoprofen® (Terapia: RO)
Ketoprofen® (Teva: US)
Ketoprofen® (Unia: PL)
Ketoprofen® [vet.] (Ilium Veterinary Products: AU)
Ketoprofen® [vet.] (Kombivet: NL)
Ketoprofen® [vet.] (Nature Vet: AU)
Ketoprofen® [vet.] (Parnell: NZ)
Ketoprom® (GlaxoSmithKline: PL)
Ketopronil® (Unia: PL)
Ketores® (ICN: PL)
Ketorin® (Orion: FI)
Ketoselect® (Menarini: IT)
Ketosolan® (Spyfarma: ES)
Ketospray® (CSC: HU, RO)
Ketospray® (Medicom: PL)
Ketovail® (Teva: GB)
Keto® (Biokem: TR)
Keto® (Masa Lab: TH)
Keto® (Vitabalans: FI)
Ketron® (ACI: BD)
Ketum® (Biotoscana: CO)
Key Injection® [vet.] (Parnell: AU, NZ)
Knavon® (Belupo: BA, HR, SI)
Kop® (Square: BD)
Kortal® (Farmindustria: PE)
Kynol-TR® (Eskayef: BD)
Kétoprofène Biogaran® (Biogaran: FR)
Kétoprofène EG® (EG Labo: FR)
Kétoprofène G Gam® (G Gam: FR)
Kétoprofène Ivax® (Ivax: FR)
Kétoprofène Merck® (Merck Génériques: FR)
Kétoprofène RPG® (RPG: FR)
Kétoprofène Sandoz® (Sandoz: FR)
Kétoprofène Winthrop® (Winthrop: FR)
Kétum® (Menarini: FR, IT)
Lafayette Ketoprofen® (Lafayette: PH)
Lasonil C.M.® (Bayer: IT)
Meprofen® (AGIPS: IT)
Mohrus® (Hisamitsu: HK, JP)
Myproflam® (Al Pharm: ZA)
Nasaflam® (Fahrenheit: ID)
Novo-Profen® (AC Farma: PE)
Orofen® (Sandoz: DK)
Orudis SR® (Aventis: AU)
Orudis® (Aventis: AU, CR, DE, DK, ES, GT, HN, IS, NI, NO, PA, PH, SV)
Orudis® (Hokuriku: JP)
Orudis® (Sanofi-Aventis: FI, GB, HK, IT, MX, MY, NL, SE)
Orudis® (Wyeth: US)
Orugesic® (Aventis: IE)
Oruvail® (Aventis: AU, GH, GR, IE, KE, NG, NZ, TH, ZA, ZW)
Oruvail® (Sanofi-Aventis: BD, GB, HK, IL, SG)
Oruvail® (Wyeth: US)
Oscorel® (Sanofi-Aventis: NL)
Ostofen® (Shiwa: TH)
Ostofen® (Torrent: IN)
Ovurila® (Nufarindo: ID)
Painsik® (Best: MX)
Phardol® (Kreussler: DE)
Powergel® (Menarini: GB)
Profecom® (Combiphar: ID)
Profenid-Bi® (Sanofi-Aventis: CL)
Profenid® (Aventis: AT, CO, CR, CZ, EC, GT, HN, NI, PA, PE, SV, TH)
Profenid® (Aventis Pharma: ID)
Profenid® (Eczacibasi: TR)
Profenid® (Pliva: PL)
Profenid® (Sanofi-Aventis: BD, BF, BJ, BR, CF, CG, CI, CL, CM, FR, GA, GN, HU, IL, MG, ML, MR, MU, MX, NE, PL, RO, SN, TD, TG, VN, ZR)
Profenid® (Vitoria: PT)
Profen® (Pharmalliance: DZ)
Profika® (Ikapharmindo: ID)
Profinject® (Faran: GR)
Profénid® (Sanofi-Aventis: FR)
Pronalges® (Dexa Medica: ID)

Prontoket® (CSC: AT)
Prontoket® (Medicom: CZ)
Protofen® (Kimia: ID)
Relatene® (Mintlab: CL)
Remapro® (Mersifarma: ID)
Reparil® [gel] (Madaus: DE)
Reuprofen® (Terapeutico: IT)
Rhetoflam® (Sanbe: ID)
Rhovail® (Rhodiapharm: CA)
Rilies® (Novum: NL)
Rofenid® (Aventis: LU)
Rofenid® (Nicholas: IN)
Rofenid® (Rhein: DE)
Rofenid® (Sanofi-Aventis: BE)
Rofepain® (LBS: TH)
Romefen® [vet.] (Merial: AT, DE, NO, PT)
Romefen® [vet.] (Veter: FI, SE)
Rubifen® (Antibiotice: RO)
Salicrem® (Gezzi: AR)
Siduro® (Ipex: SE)
Spondylon® (Riemser: DE)
Suprafenid® (Meprofarm: ID)
Talflex® (Bago: CL)
Topfena® (Zydus: FR)
Topogel® (Actavis: GE)
Toprec® (Grünenthal: FR)
Toprek® (Bellon-F: IT)
Top® (Bio-Pharma: BD)
Vet-Ketofen® [vet.] (Merial: IT)
Xynofen® (Beximco: BD)
Zon® (Antula: FI, NO, SE)

- **lysine salt:**

CAS-Nr.: 0057469-78-0

Artrosilene® (Dompé: IT)
Artrosil® (Aché: BR)
Ketoprofene Sandoz® (Sandoz: IT)
Oki® (Dompé: IT)
Oki® (Pharma Riace: RU)
Ultrafastin® (Medana: PL)
Zepelindue® (Boehringer Ingelheim: IT)

- **sodium salt:**

CAS-Nr.: 0057495-14-4

Algiprofen® [inj.] (Eurofarma: BR)
Orudis® (Sanofi-Aventis: MX)

Ketorolac (Rec.INN)

L: Ketorolacum
D: Ketorolac
F: Ketorolac
S: Ketorolaco

⚕ Antiinflammatory agent

ATC: M01AB15,S01BC05
CAS-Nr.: 0074103-06-3

C_{15}-H_{13}-N-O_3
M_r 255.279

1H-Pyrrolizine-1-carboxylic acid, 5-benzoyl-2,3-dihydro, (±)-

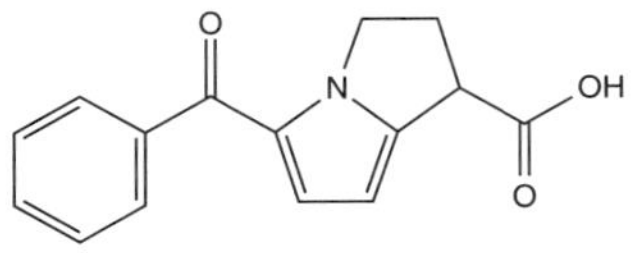

OS: *Ketorolac [BAN, USAN]*
OS: *Kétorolac [DCF]*

Apten® (Infermed: PE)
Dolnix® (Pharmalab: PE)
Dolorex® (Medco: PE)
Ketorolac Northia® (Northia: AR)
Ketorolaco Fmndtria®® (Farmindustria: PE)
Ketorolaco Gen-Far® (Genfar: PE)
Ketorolaco Genfar® (Genfar: CO, EC)
Ketorolaco Iqfarma® (Iqfarma: PE)
Ketorolaco MF® (Marfan: PE)
Ketorolaco Perugen® (Perugen: PE)
Ketorolaco® (Biosano: CL)
Ketorolaco® (Farmachif: PE)
Ketorolaco® (Farmo Andina: PE)
Ketorolaco® (Farvet: PE)
Ketorolaco® (Hersil: PE)
Ketorolaco® (Induquimica: PE)
Ketorolaco® (Intipharma: PE)
Ketorolaco® (Labofar: PE)
Ketorolaco® (Medifarma: PE)
Ketorolaco® (Pasteur: CL)
Ketorol® (GMP: GE)
Ketovet® [vet.] (Farvet: PE)
Kine® (Lafrancol: PE)
Maxidol® (Sherfarma: PE)
Netaf® (Chemopharma: CL)
Quetorol® (Inti: PE)
Rolesen® (Interpharm: EC)
Rolesen® (Unimed: PE)
Toradol® (Roche: DK, NO, SE)

- **tromethamine:**

CAS-Nr.: 0074103-07-4
OS: *Ketorolac Trometamol BANM*
OS: *Ketorolac Tromethamine USAN*
IS: *BPPC (Syntex)*
IS: *Ketorolac trometamol*
PH: Ketorolac Tromethamine USP 30
PH: Ketorolac trometamol Ph. Eur. 5

Acdol® (Libraphrma: CO)
Acularen® (Allergan: CR, MX)
Aculare® (Allergan: BE, LU)
Acular® (Abdi Ibrahim: TR)
Acular® (Allergan: AR, AU, BR, CA, CH, CL, DK, EC, ES, FI, FR, GB, GR, GT, HK, IE, IT, LK, MY, NL, NZ, PA, PE, SG, SV, TH, US, ZA)
Acular® (Dr. Fisher: NL)
Acular® (Eureco: NL)
Acular® (Euro: NL)
Acular® (Gervasi: ES)
Acular® (Pharm-Allergan: AT, DE)
Acular® [vet.] (Allergan: GB)
Adolor® (Obolenskoe: RU)
Algikey® (Inkeysa: ES)
Alypharm® (Alpharma: MX)

Analgesium® (Iqfarma: PE)
Apo-Ketorolac® (Apotex: CA)
Brodifac® (Mintlab: CL)
Brunacol® (Bruluart: MX)
Burten® (Chile: CL)
Burten® (Ivax: PE)
Cadolac® (Cadila: IN)
Dilox® (Recalcine: CL)
Dolac® (Cadila: RU)
Dolac® (Syntex: MX)
Dolgenal® (Tecnofarma: CL)
Dolikan® (Collins: MX)
Dolotor® (Roche: MX)
Dolten® (Pfizer: AR)
Elipa® (Edol: PT)
Emodol® (Jayson: BD)
Etolac® (Ibn Sina: BD)
Etorac® (Incepta: BD)
Fada Ketorolac® (Fada: AR)
Finlac® (Quimica Son's: MX)
Glicima® (Atlantis: MX)
Godek® (Grin: MX)
Kelac® (Richmond: AR, PE)
Kemanat® (Microsules: AR)
Kenalgesic® (Oftalmoquimica: CO)
Kendolit® (Kendrick: MX)
Kenodol® (Rangs: BD)
Keradol® (Chalver: DO, GT, PA, PE, SV)
Kerarer® (LKM: AR)
Ketalgin® (Pharmstandart: RU)
Ketanov® (Ranbaxy: IN, RO)
Ketlac® (ACI: BD)
Ketodrol® (América: CO)
Ketomolargesico® (Sherfarma: PE)
Ketonic® (Nicholas: IN)
Ketopharm® (Valeant: AR)
Ketorin® (Orion: BD)
Ketorolac Ahimsa® (Ahimsa: AR)
Ketorolac Fabra® (Fabra: AR)
Ketorolac Larjan® (Veinfar: AR)
Ketorolac Tromethamine® (Abraxis: US)
Ketorolac Tromethamine® (Apotex: US)
Ketorolac Tromethamine® (Baxter: US)
Ketorolac Tromethamine® (Bedford: US)
Ketorolac Tromethamine® (Ethex: US)
Ketorolac Tromethamine® (Hospira: US)
Ketorolac Tromethamine® (Mylan: US)
Ketorolac Tromethamine® (Pliva: US)
Ketorolac Tromethamine® (Teva: US)
Ketorolaco Trometamol® (Bestpharma: CL)
Ketorolaco Trometamol® (Mintlab: CL)
Ketorolaco Trometamol® (Sanderson: CL)
Ketorolac® (Apotex: US)
Ketorolac® (Baxter: US)
Ketorolac® (Bedford: US)
Ketorolac® (Hospira: US)
Ketorol® (Dr Reddys: RO)
Ketorol® (Dr. Reddy's: RU)
Ketrodol® (Deva: GE)
Ketron® (Bussié: CO)
Klenac® (Klonal: AR)
Lacdol® (Wermar: MX)
Lacomin® (Best: MX)
Lixidol® (Roche: IT)
Lokefar® (Nafar: MX)
Lopadol® (Popular: BD)
Mavidol® (Mavi: MX)
Notolac® (Farma: EC)
Novo-Ketorolac® (Novopharm: CA)
Onemer® (Pisa: MX)
Ophthaker® (Ophtha: CO)
Oradol® (Aristopharma: BD)
Plusindol® (Randall: MX)
Poenkerat® (Pharma Investi: CL)
Poenkerat® (Poen: AR)
Rapix® (Senosiain: MX)
ratio-Ketorolac® (Ratiopharm: CA)
Remopain® (Dexa Medica: ID)
Rolac® (Renata: BD)
Rolesen® (Antibioticos: MX)
Sinalgico® (Laboratorios: AR)
Supradol® (Liomont: DO, GT, MX, PA, SV)
Syndol® (Roche: CL)
Taradyl® (Roche: BE, LU)
Teledol® (Casasco: AR)
Tenkdol® (Biotenk: AR)
Todol® (Opsonin: BD)
Toloran® (Rayere: MX)
Tonum® (Almirall: ES)
Tonum® (Funk: ES)
Topadol® (Teva: IL)
Tora-dol® (Recordati: IT)
Tora-dol® (Roche: CH, ZA)
Toradol® (Grünenthal: EC)
Toradol® (Roche: AU, BE, BR, CA, CL, DK, ES, FI, GB, GE, GH, HK, HK, ID, IT, KR, LU, MX, MY, PH, PK, PT, RS, SE, US, ZA)
Toral® (Ivax: MX)
Torasic® (Dankos: ID)
Torax® (Square: BD)
Torkol® (Sandoz: MX)
Torolac® (Lupin: IN)
Torolac® (Silva: BD)
Torpain® (Ikapharmindo: ID)
Trodorol® (Andromaco: MX)
Unicalm® (Raffo: AR)
Xidolac® (Beximco: BD)
Zepac® (Novartis: BD)
Zodol® (Zorka: RS)

Ketotifen (Rec.INN)

L: Ketotifenum
I: Ketotifene
D: Ketotifen
F: Kétotifène
S: Ketotifeno

Antiasthmatic agent
Histamine, H_1-receptor antagonist
Antiallergic agent

ATC: R06AX17
CAS-Nr.: 0034580-13-7

C_{19}-H_{19}-N-O-S
M_r 309.431

⌬ 10H-Benzo[4,5]cyclohepta[1,2-b]thiophen-10-one, 4,9-dihydro-4-(1-methyl-4-piperidinylidene)-

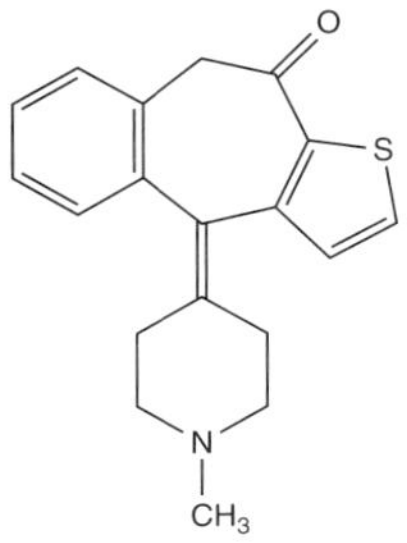

OS: *Ketotifen [BAN]*
OS: *Kétotifène [DCF]*
OS: *Ketotifene [DCIT]*

Aerofen® (Silva: BD)
Alaway® [ophthalm.] (Alimera: US)
Alerfast® (Aversi: GE)
Asmafen® (Pacific: NZ)
Astafen® (Sandoz: TR)
Asthafen® (Torrent: IN)
Cetotifeno® (União: BR)
Dhatifen® (DHA: SG)
Difen® (Biogen: CO)
Dihalar® (Krka: HR, SI)
Frenasma® (Faran: GR, RO)
Fumast® (Biokem: TR)
Galitifen® (Galenika: RS)
Katifen® (GDH: TH)
Keten® (Siam Bheasach: TH)
Ketifen® (Farmoquimica: DO)
Ketonil® (Roemmers: PE)
Ketotifen Alpharma® (Alpharma: NL)
Ketotifen LPH® (Labormed Pharma: RO)
Ketotifeno Ecar® (Ecar: CO)
Ketotifeno Genfar® (Genfar: CO, EC)
Ketotifeno MK® (MK: CO)
Ketotifeno® (Medicalex: CO)
Ketotifeno® (Memphis: CO)
Ketotifeno® (Pentacoop: CO, EC)
Ketotifen® (Actavis: GE)
Ketotifen® (GMP: GE)
Ketotisin® (Chemopharma: CL)
Ketotisin® (Pharmalab: PE)
Oftaler® (Saval Nicolich: CL)
Tifen® (Eurofarma: BR)
Totinal® (Hikma: AE, BH, EG, IQ, JO, KW, LB, LY, OM, QA, SA, SD, SY, TN, YE)
Zaditen® (Al Pharm: ZA)
Zaditen® (Novartis: IE, LU)
Zaditen® (Novartis Pharma: PE)
Zasten® (Novartis: ES)

– fumarate:

CAS-Nr.: 0034580-14-8
OS: *Ketotifen Fumarate BANM, JAN, USAN*
IS: *HC 20 511 nfu*
IS: *HC 20-511*
IS: *Ketotifenhydrogenfumarat*
PH: Ketotifen Hydrogen Fumarate Ph. Eur. 5
PH: Ketotifeni hydrogenfumaras Ph. Eur. 5

Adco-Ketotifen® (Adco Drug: ZA)
Alertax® (Lacofarma: DO)
Alleal® (Pierre Fabre: IT)
Allerket® (C&RF: IT)
Allerket® (Pulitzer: IT)
Amitone® (Unison: LK)
Antilerg® (Valeant: AR)
Apo-Ketotifen® (Apotex: AN, BB, BM, BS, CA, GY, HT, JM, KY, SR, TT)
Asdron® (Marjan: BR)
Asmafen® (Pan Pharma: LK)
Asmafen® (Xepa-Soul Pattinson: HK)
Asmalergin® (Merck: BR)
Asmanoc® (Shiwa: TH)
Asmen® (Farmalab: BR)
Astifen® (Hexpharm: ID)
Astifen® (Kalbe Farma: LK)
Asumalife® (Yung Shin: SG)
Beatifen® (Beacons: SG)
Bentifen® (Novartis: IT, NL)
Bilozen® (Klonal: AR)
Broncoten® (Farmion: BR)
Butifeno® (Bruluart: MX)
Chetofen® (Pulitzer: IT)
Chetotifene Merck® (Merck Generics: IT)
Denerel® (Medochemie: BD)
Dihalar® (Krka: SI)
Ecradin® (Med-One: GR)
Erliten® (Malaysia Chemist: SG)
Eucycline® (Demo: GR)
Fenat® (Drug International: BD)
Fumarato de Cetotifeno® (Ativus: BR)
Fumarato de Cetotifeno® (EMS: BR)
Fumarato de Cetotifeno® (Medley: BR)
Fumarato de Cetotifeno® (Merck: BR)
Fumarato de Cetotifeno® (União: BR)
H-Ketotifen® (Helcor: RO)
Hyalcrom® (Bausch & Lomb: AR)
Ibis® (Pharmaland: TH)
Intifen® (Interbat: ID)
Kedrop® (Grin: MX)
Kenaler® (Ophtha: CO)
Kenefen® (Pharmasant: TH)
Ketasma® (Sun: BD, IN, LK)
Ketasma® (Vita: ES)
Ketifen® (Acme: BD)
Ketifen® (Biolab: TH)
Ketocev® (Cevallos: AR)
Ketodil® (Techno: BD)
Ketofen® (Asian: TH)
Ketoftil® (Farmigea: IT)
Ketof® (Hexal: CZ, DE, LU, RO)
Ketof® (Ibn Sina: BD)
Ketohexal® (Hexal: ZA)
Ketomar® (Incepta: BD)
Ketotifen AL® (Aliud: CZ)
Ketotifen beta® (betapharm: DE)
Ketotifen CF® (Centrafarm: NL)
Ketotifen Gf® (Genfarma: NL)
Ketotifen Heumann® (Heumann: DE)
Ketotifen PCH® (Pharmachemie: NL)
Ketotifen Sandoz® (Sandoz: NL)
Ketotifen Sanova® (Sanova: AT)
Ketotifen Stada® (Stadapharm: DE)
Ketotifen Trom® (Trommsdorff: DE)
Ketotifen-ratiopharm® (ratiopharm: DE)
Ketotifene EG® (EG: IT)

Ketotifeno MK® (Bonima: CR, DO, GT, HN, NI, PA, SV)
Ketotifen® (Aliud: CZ)
Ketotifen® (Balkanpharma: BG)
Ketotifen® (Hasco: PL)
Ketotifen® (Hexal: NL)
Ketotifen® (Magistra: RO)
Ketotifen® (Polfa Warszawa: PL)
Ketotifen® (Sopharma: RU)
Ketotif® (Delta: BD)
Ketotiphar® (Unicophar: BE)
Ketotisan® (Wabosan: AT)
Keto® (Masa Lab: TH)
Klevistamin® (Kleva: GR)
Kofen® (Opsonin: BD)
Labelphen® (Chrispa: GR)
Licoften® (Remedica: CY)
Medkofen® (Medline: TH)
Medotifen® (Medicine Supply: TH)
Nemesil® (Sanofi-Synthelabo: BR)
Nortifen® (Otto: ID)
Novo-Ketotifen® (Novopharm: CA)
Noxtor® (Rafarm: GR)
Orpidix® (Proel: GR)
Pehatifen® (Phapros: ID)
Pellexeme® (Coup: GR)
Politifen® (Polipharm: TH)
Prevas® (Soho: ID)
Profilar® (United Pharmaceutical: AE, BH, IQ, JO, LY, OM, QA, SA, SD, YE)
Profilasmin-Ped® (Stiefel: BR)
Profilas® (Dankos: ID)
Profiten® (Pharma Clal: IL)
Prosma® (ACI: BD)
Pädiatifen® (Pädia: DE)
Respimex® (Pfizer: AR)
Scanditen® (Tempo: ID)
Sosefen® (So.Se.: IT)
Stafen® (Aristopharma: BD)
Stamifen® (Finmedical: IT)
Sykofen® (Silom: TH)
Tenerel® (Medochemie: BH, CY, ET, IQ, JO, OM, SD, TZ, YE)
Tifen® (Osmopharm: EC)
Tifen® (Pharmalliance: DZ)
Tifen® (Somatec: BD)
Tofen® (Beximco: BD)
Totifen® (Elpen: GR)
Totifen® (Master: IT)
Xidanef® (Codal Synto: TH)
Zadino® (Milano: TH)
Zaditen® (Novartis: AG, AN, AR, AT, AU, AW, BB, BE, BM, BR, BS, CH, CL, CO, CZ, DE, DK, ES, ET, FI, FR, GB, GD, GH, GR, GY, HK, HT, ID, IE, IL, IS, IT, JM, KE, KY, LC, LU, LY, MT, MX, MY, NG, NL, NO, NZ, PL, PT, RO, RU, SD, SG, TH, TR, TT, TZ, VC, ZA, ZW)
Zaditen® (Novartis Ophthalmics: HU, SE, SG)
Zaditen® (Novartis Pharma: PE)
Zaditen® (Novo Nordisk: SI)
Zaditen® (Paladin: CA)
Zaditor® (Novartis: CA, US)
Zatin® (Shiba: YE)
Zatofug® (Wolff: DE)
Zetitec® (UCI: BR)
Zetofen® (Al Pharm: ZA)
Zidex® (La Santé: CO)
Zytofen® (Progress: TH)

Kitasamycin (Rec.INN)

L: Kitasamycinum
D: Kitasamycin
F: Kitasamycine
S: Kitasamicina

⚕ Antibiotic, macrolide

CAS-Nr.: 0001392-21-8

Antibiotic produced by *Streptomyces kitasatoensis*

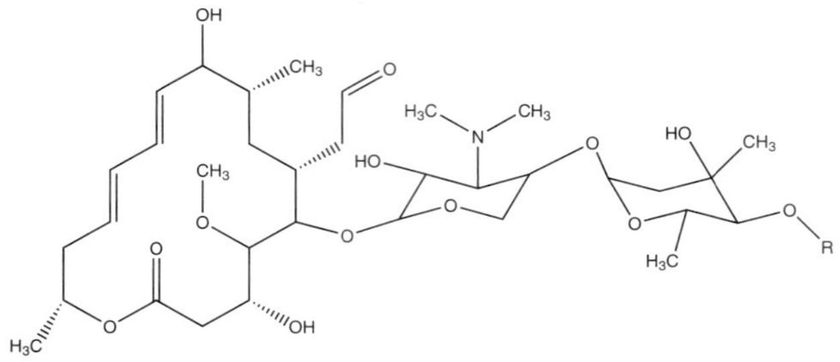

OS: *Kitasamycin [BAN, JAN, USAN]*
OS: *Kitasamycine [DCF]*
IS: *Katasamycin*
PH: Kitasamycin [JP XIV]

Kitasamycin® [vet.] (Ceva: ZA)
Trubin L-50® [vet.] (Bayer Animal Health: AU)

L-Valine (Rec.INN)

L: Valinum
I: Valina
D: L-Valin
F: Valine
S: Valina

Amino acid
Dietary agent

CAS-Nr.: 0000072-18-4 — C_5-H_{11}-N-O_2, M_r 117.15

(S)-2-amino-3-methylbutanoic acid

α-aminoisovaleric acid

(S)-2-Amino-3-methylbuttersäure (IUPAC)

(S)-2-amino-3-methlbutyric acid

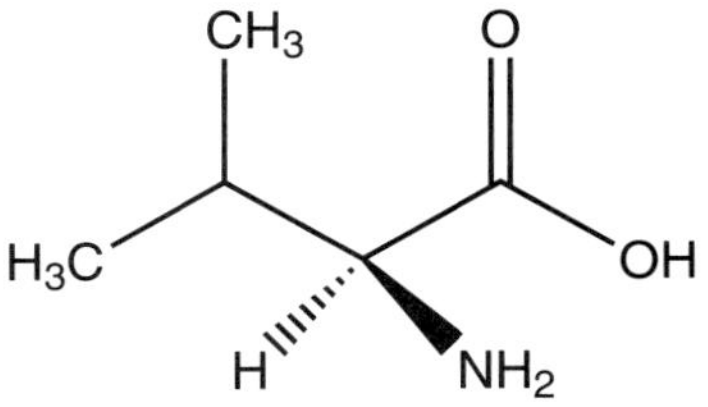

OS: *Valine [USAN]*
IS: *L(+)-2-Amino-3-methylbuttersäure*
IS: *L-α-Aminoisovaleriansäure*
IS: *(S)-2-Amino-3-methylbutansäure*
IS: *Val*
IS: *V*
IS: *α-aminoisovaleric acid*
IS: *L-2-Amino-3-methylbutyric acid*
IS: *Norm-Valin*
IS: *Horm-Valin*
IS: *(S)-Valine*
IS: *(S)-α-Amino-beta-methylbutyric acid*
IS: *L(+)-α-Aminoisovaleric acid*
PH: Valine [USP]
PH: Valine [EP]

L-Valin Fresenius® (Fresenius: AT)

Labetalol (Rec.INN)

L: Labetalolum
I: Labetalolo
D: Labetalol
F: Labétalol
S: Labetalol

α-Adrenergic blocking agent
β-Adrenergic blocking agent

ATC: C07AG01
CAS-Nr.: 0036894-69-6 — C_{19}-H_{24}-N_2-O_3, M_r 328.421

Benzamide, 2-hydroxy-5-[1-hydroxy-2-[(1-methyl-3-phenylpropyl)amino]ethyl]-

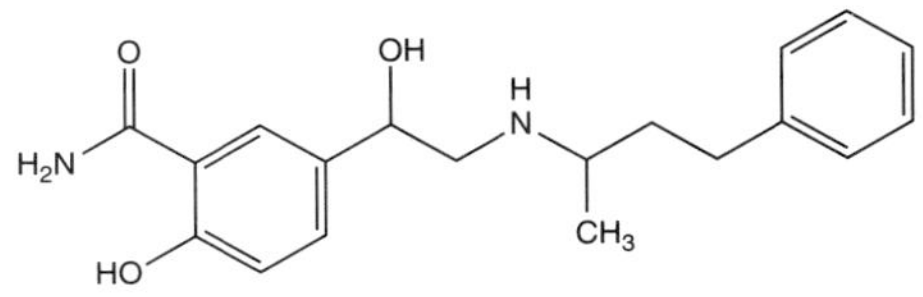

OS: *Labetalol [BAN, DCF]*
OS: *Labetalolo [DCIT]*
IS: *AH 5158*
IS: *Ibidomide*
IS: *Sch 15719*

– hydrochloride:

CAS-Nr.: 0032780-64-6
OS: *Labetalol Hydrochloride BANM, JAN, USAN*
IS: *AH 5158 A (Allen & Hanburys, GB)*
IS: *Sch 15719 W (Schering, USA)*
PH: Labetalol Hydrochloride Ph. Eur. 5, USP 30
PH: Labetaloli hydrochloridum Ph. Eur. 5
PH: Labétalol (chlorhydrate de) Ph. Eur. 5
PH: Labetalolhydrochlorid Ph. Eur. 5

Albetol® (Leiras: FI)
Apo-Labetalol® (Apotex: CA)
Biascor® (Biol: AR)
Hybloc® (Pacific: NZ)
Ipolab® (Depofarma: IT)
Labetalol HCl Alpharma® (Alpharma: NL)
Labetalol HCl CF® (Centrafarm: NL)
Labetalol HCl Gf® (Genfarma: NL)
Labetalol HCl Katwijk® (Katwijk: NL)
Labetalol HCl Merck® (Merck Generics: NL)
Labetalol HCl PCH® (Pharmachemie: NL)
Labetalol HCl Sandoz® (Sandoz: NL)
Labetalol HCL® (Apotex: US)
Labetalol HCL® (Hexal: NL)
Labetalol Hydrochloride Injection® (Akorn: US)
Labetalol Hydrochloride Injection® (Apotex: US)
Labetalol Hydrochloride Injection® (Bedford: US)
Labetalol Hydrochloride Injection® (Hospira: US)
Labetalol Hydrochloride Injection® (Mayne: US)
Labetalol Hydrochloride® (Bedford: US)
Labetalol Hydrochloride® (Hillcross: GB)
Labetalol Hydrochloride® (Hospira: US)
Labetalol Hydrochloride® (Mayne: HK, US)
Labetalol Hydrochloride® (Sandoz: CA, US)
Labetalol Hydrochloride® (Teva: US)
Labetalol Hydrochloride® (UDL: US)
Labetalol Hydrochloride® (Watson: US)
Labetalol® (Apothecon: US)
Labetalol® (Faulding: US)
Labetalol® (Remedica: CY)
Normodyne® (Schering: US)
Presolol® (Alphapharm: AU)
Trandate® (GlaxoSmithKline: AE, AT, BE, BH, CH, CL, CY, CZ, DK, FR, IL, IR, IS, JO, KW, LB, LU, NL, NO, NZ, OM, QA, SE, SG, SY, YE, ZA)
Trandate® (Kern: ES)
Trandate® (Prometheus: US)
Trandate® (Shire: CA)
Trandate® (Sigma: AU, HK)
Trandate® (Teofarma: IT)
Trandate® (UCB: GB, IE)

Lacidipine (Rec.INN)

L: Lacidipinum
I: Lacidipina
D: Lacidipin
F: Lacidipine
S: Lacidipino

Antihypertensive agent
Calcium antagonist

ATC: C08CA09
CAS-Nr.: 0103890-78-4 C_{26}-H_{33}-N-O_6
M_r 345.55

3,-5-Pyridinedicarboxilic acid,4-[2-[3-(1,1-dimethylethoxy)-3-oxo-1-propenyl]phenyl]-1,4-dihydro-2,6-dimethyl-,diethyl ester, (E)-

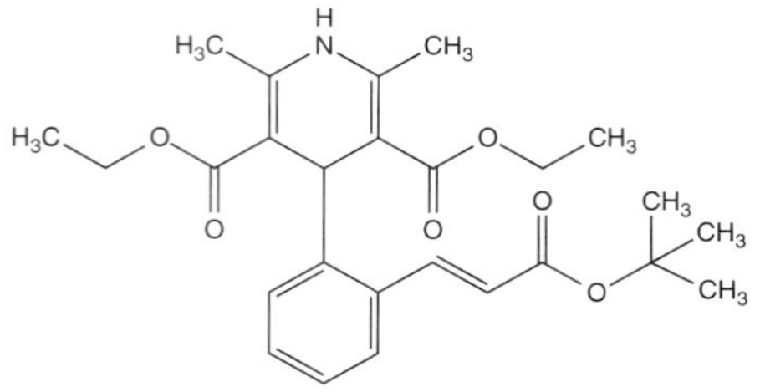

OS: *Lacidipine [BAN, DCF, USAN]*
OS: *Lacidipina [DCIT]*
IS: *GR 43659 X (Glaxo, GB)*
IS: *GX 1048 (Glaxo)*
PH: Lacidipine [BP 2003]

Aponil® (Glaxo Allen: IT)
Balnox® (Guidotti: GR)
Caldine® (Boehringer Ingelheim: FR)
Lacimen® (Menarini: ES)
Lacipil® (Glaxo Wellcome: PT)
Lacipil® (GlaxoSmithKline: AG, AN, AW, BA, BB, BD, BR, CN, CR, CZ, DO, ES, GD, GE, GR, GT, GY, HK, HN, HR, HU, ID, IT, JM, LC, MX, MY, NI, PA, PH, PL, RO, RS, RU, SG, SI, SV, TR, TT, VC, VN)
Lacirex® (Guidotti: IT)
Ladip® (Valda: IT)
Midotens® (Boehringer Ingelheim: BR, DK)
Motens Paranova® (Boehringer Ingelheim: DK)
Motens® (Boehringer Ingelheim: BE, CH, DE, ES, GB, GR, LU, NL, TH)
Motens® (EU-Pharma: NL)
Sinopil® (GlaxoSmithKline: IN)
Tens® (Boehringer Ingelheim: CO, ID, PT)
Viapres® (Crinos: IT)

Lactic Acid (USP)

L: Acidum lacticum
I: Acido lattico
D: Milchsäure
F: Acide lactique
S: Acido lattico

Antiseptic

ATC: G01AD01
ATCvet: QP53AG02
CAS-Nr.: 0000050-21-5 C_3-H_6-O_3
M_r 90.081

Propanoic acid, 2-hydroxy-

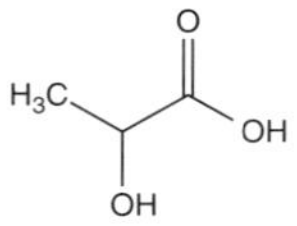

OS: *Acide lactique [DCF]*
OS: *Lactic Acid [JAN, USAN]*
IS: *Depsori*
IS: *E 270 (EU-number)*
PH: Acidum lacticum [Ph. Eur. 5, Ph. Int. 4]
PH: Lactic Acid [JP XIII, Ph. Eur. 5, Ph. Int. 4, USP 30]
PH: Acide lactique [Ph. Eur. 5]
PH: Milchsäure [Ph. Eur. 5]
PH: Acido lattico [F.U. XI]

Agramelk® [vet.] (Agraria: DE)
Atopilac® (Peruano-Germano: PE)
Avecyde® (3M: AU)
Dermalac® (Taropharma: CA)
Espritin® (Petrasch: AT)
Keratisdin® (Isdin: ES)
Lacta-Gynecogel® (Medgenix: BE, LU)
Lactacyd® (Sanofi-Aventis: HK, MY, SG)
Lactacyd® (Sanofi-Synthelabo: PE, TH)
Lactibon® (Roemmers: CO)
Lacticare® (Stiefel: PE)
Lactisan® (Galactopharm: DE)
Vagoclyss® (Grossmann: CH)
Warzin® (Rösch & Handel: AT)

- aluminium salt:

CAS-Nr.: 0018917-91-4

Aluctyl® (Astellas: IT)
Etiderm® [vet.] (Virbac: FR, LU, NL)
Oligostim Aluminium® (Boiron: LU)
Oligostim Aluminium® (Dolisos: FR)

- ammonium salt:

CAS-Nr.: 0052003-58-4
OS: *Ammonium Lactate USAN*
IS: *BMS 186091 (Bristol-Myers Squibb, USA)*

Lac-Hydrin® (Bristol-Myers Squibb: SG)
Lac-Hydrin® (Westwood Squibb: CO, US)
Lanate® (Douglas: MY, NZ, SG)

- calcium salt:

OS: *Lactate de calcium DCF*
IS: *E 327 (EU-number)*
PH: Calcii lactas pentahydricu - trihydricus Ph. Eur. 5
PH: Calcium Lactate JP XIV, USP 30
PH: Calcium Lactate Pentahydrat - Trihydrate Ph. Eur. 5
PH: Calciumlactat-Pentahydra -Trihydrat Ph. Eur. 5
PH: Calcium (lactate de) pentahydrat - trihydraté Ph. Eur. 5

Calac® (Opsonin: BD)
Calciu Lactic® (Zentiva: RO)
Calcium Lactate B L Hua® (B L Hua: TH)
Calcium Lactate® (DHA: SG)
Calcium Lactate® (Remedica: CY)
Calcium Unison® (Unison: HK, TH)

Calciumlaktat Pharmaselect® (Pharmaselect: AT)
Calson® (Hudson: BD)
Caltab® (Ziska: BD)
Caltate® (Gaco: BD)
Calvit® (Globe: BD)
D-Lactate® (Doctor's Chemical Work: BD)
Eubiolac Verla® (Verla: DE)
G-Calcium Lactate® (Gonoshasthaya: BD)
Lactato de Calcio® (Merck: AR)

– magnesium salt:

CAS-Nr.: 0018917-93-6
PH: Magnesium lactate dihydrate Ph. Eur. 5

Magnesioboi® (Merck: ES)
Magnespasmyl® (Therabel: BE)
Magnéspasmyl® (Dexo: FR)
Magnéspasmyl® (Therabel: BE)

– sodium salt:

OS: *Sodium Lactate JAN*
OS: *Sodium Lactate USAN*
IS: *E 325 (EU-Nummer)*
IS: *Natrium-2-hydroxypropanoat*
IS: *Sodium Lactate (INCI)*

Lavagin® (Mayrhofer: AT)
Vagisan® (Pharmagan: SI)
Vagisan® (Wolff: DE, HR)

Lactitol (Rec.INN)

L: Lactitolum
D: Lactitol
F: Lactitol
S: Lactitol

Drug for metabolic disease treatment
Laxative
Sweetening agent

ATC: A06AD12
CAS-Nr.: 0000585-86-4 C_{12}-H_{24}-O_{11}
M_r 344.324

D-Glucitol, 4-O-β-D-galactopyranosyl-

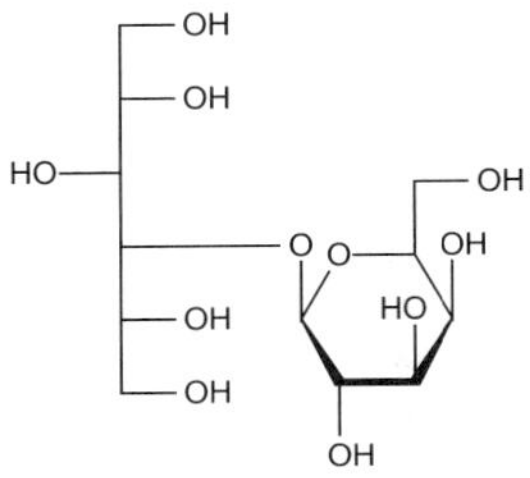

OS: *Lactitol [BAN, DCF, USAN]*
PH: Lactitol [USP 30]

Importal® (Novartis: TH)
Importal® (Novartis Pharma: PE)
Normolaxil® (Trenker: LU)
Sinalax® (Ibn Sina: BD)

– monohydrate:

CAS-Nr.: 0081025-04-9
PH: Lactitolum monohydricum Ph. Eur. 5
PH: Lactitol Monohydrate Ph. Eur. 5
PH: Lactitol-Monohydrat Ph. Eur. 5
PH: Lactitol monohydraté Ph. Eur. 5

Emportal® (Novartis Consumer Health: ES)
Importal® (Eureco: NL)
Importal® (Euro: NL)
Importal® (Medis: SI)
Importal® (Novartis: AE, BG, BH, DE, FR, GR, IL, IQ, JO, LB, LU, MT, PT, SA, SD, SE, SY, TR)
Importal® (Novartis Consumer Health: AT, BE, CH, EG, NL)
Importal® (Novartis Pharma: PE)
Importal® (Zyma: CZ)
Lactitol® (Curtis: PL)
Lactitol® (Novartis: AT)
Lalax® (Orion: FI)
Laxitol® (Eskayef: BD)
Normolaxil® (Trenker: BE)
Novolax® (Trima: IL)
Oponaf® (Juste: ES)
Portolac® (Novartis: AT)
Portolac® (Novartis Consumer Health: BE, IT)
Portolac® (Shinyaku: JP)
Pselac® (Fresenius: AT)
Pselac® (Laevosan: AT)

Lactulose (Rec.INN)

L: Lactulosum
I: Lattulosio
D: Lactulose
F: Lactulose
S: Lactulosa

Drug for metabolic disease treatment
Laxative

ATC: A06AD11
CAS-Nr.: 0004618-18-2 C_{12}-H_{22}-O_{11}
M_r 342.308

D-Fructose, 4-O-β-D-galactopyranosyl-

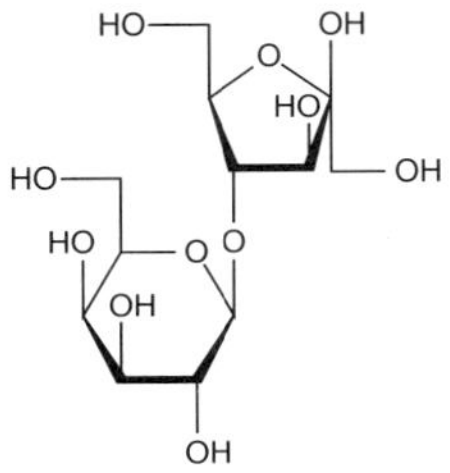

OS: *Lactulose [BAN, DCF, JAN, USAN]*
OS: *Lattulosio [DCIT]*
PH: Lactulose Concentrate [USP 30]
PH: Lactulose [JP XIV, Ph. Eur. 5]
PH: Lactulosum [Ph. Eur. 5]

Actilax® (Alphapharm: AU)
Adco-Liquilax® (Al Pharm: ZA)
Apo-Lactulose® (Apotex: CA)
Asilac Syrup® (Asiatic Lab: BD)
Avolac® (Aristopharma: BD)
Axant® (Mintlab: CL)
Belmalax® (Belmac: ES)
Bifinorma® (Merckle: DE)
Bifiteral® (Solvay: AT, BE, DE, LU)

L

Biolac® (Angelini: IT)
Calulose® (Major: US)
Cephulac® (Sanofi-Aventis: US)
Cholac® (Alra: US)
Chronulac® (Aventis: US)
Constilac® (Alra: US)
Constulose® (Actavis: US)
D-Lac® (Drug International: BD)
Detoxicol® (Nabiqasim: LK)
Dhactulose® (DHA: SG)
Dia-Colon® (Piam: IT)
Dicelax® (Andromaco: CL)
Dilax® (Unimed & Unihealth: BD)
Dismam® (Merck: CL)
Dulax® (Antigen: IE)
Dulcolactol® (Boehringer Ingelheim: ID)
Duphalac® (Alfa: PE)
Duphalac® (Grünenthal: CL)
Duphalac® (Schering: EC, ZA)
Duphalac® (Solvay: AT, AU, BE, BG, CN, CZ, ES, FI, FR, GB, GR, HK, HU, ID, IE, IN, IT, LK, LU, MY, NL, NO, PH, PL, PT, RO, RU, SE, SG, TH, TR, US)
Duphalac® [vet.] (Solvay: GB)
Enulose® (Actavis: US)
Epalat® (OFF: IT)
Epalfen® (Zambon: IT, NL, RO)
Eugalac® (Töpfer: DE)
Evalose® (Teva: US)
Farlac® (Farmasa: BR)
Gatinar® (Laevosan: AT)
Gatinar® (Melisana: CH)
Gatinar® (Novartis: ES)
Generlac® (Morton Grove: US)
Genlac® (Arrow: AU)
Genocolan® (Craveri: AR)
GenRX Lactulose® (GenRX: AU)
Gerelax® (Gerard: IE, IL)
Hepalac® (Berlin: TH)
Hepaticum Lac Medice® (Medice: DE)
Heptalac® (Teva: US)
Imoper® (Actavis: GE)
Kattwilact® (Kattwiga: DE)
Kristalose® (Cumberland: US)
Kristalose® (Mylan: US)
Lac-Dol® (Douglas: AU)
Laclose® (Opsonin: BD)
Lacson® (Aspen: ZA)
Lactecon® (Solvay: SI)
Lactocur® (Hexal: DE, LU)
Lactuflor® (Rosen: DE)
Lactugal® (Intrapharm: GB)
Lactugal® [vet.] (Intrapharm: GB)
Lactulac® (Koçak: TR)
Lactulac® (LAM: DO)
Lactulax® (Chalver: CO, EC, HN, PA, PE, SV)
Lactulax® (Fresenius: ID)
Lactulax® (Ikapharmindo: ID)
Lactulax® (Sam-On: IL)
Lactulax® (Senosiain: MX)
Lactulen® (Farmacoop: CO)
Lactulol® (Hasco: PL)
Lactulona® (Sankyo: BR)
Lactulon® (Lazar: AR)
Lactulos Ratiopharm® (Ratiopharm: FI)
Lactulosa Lafedar® (Lafedar: AR)
Lactulosa Level® (Ern: ES)
Lactulosa Llorente® (Llorente: ES)
Lactulosa® (ABL: PE)
Lactulosa® (Andromaco: CL)
Lactulosa® (Medicalex: CO)
Lactulosa® (Mintlab: CL)
Lactulose 1A Pharma® (1A Pharma: DE)
Lactulose Alpharma® (Alpharma: NL)
Lactulose AL® (Aliud: CZ, DE, RO)
Lactulose Arcana® (Arcana: AT)
Lactulose A® (Apothecon: NL)
Lactulose Biogaran® (Biogaran: FR)
Lactulose Biomedica® (Biomedica: CZ)
Lactulose Biphar® (Solvay: FR)
Lactulose CF® (Centrafarm: NL)
Lactulose Copyfarm® (Copyfarm: DK)
Lactulose EG® (EG Labo: FR)
Lactulose EG® (Eurogenerics: BE)
Lactulose G Gam® (G Gam: FR)
Lactulose Genericon® (Genericon: AT)
Lactulose Gf® (Genfarma: NL)
Lactulose Hemopharm® (Hemopharm: DE)
Lactulose Heumann® (Heumann: DE)
Lactulose Hexal® (Hexal: AT, DE)
Lactulose Infusia® (Infusia: CZ)
Lactulose Irex® (Winthrop: FR)
Lactulose Ivax® (Ivax: FR)
Lactulose Katwijk® (Katwijk: NL)
Lactulose Medic® (Medic: DK)
Lactulose Merck® (Merck Generics: NL)
Lactulose Merck® (Merck Génériques: FR)
Lactulose Neda® (Novartis: DE)
Lactulose PCH® (Pharmachemie: NL)
Lactulose RPG® (RPG: FR)
Lactulose Sandoz® (Sandoz: DE, FR)
Lactulose Stada® (Stadapharm: DE)
Lactulose Teva® (Teva: BE)
Lactulose Winthrop® (Winthrop: FR)
Lactulose Zydus® (Zydus: FR)
Lactulose-Eurogenerics® (Eurogenerics: LU)
Lactulose-MIP® (Chephasaar: PL, RS)
Lactulose-ratiopharm® (ratiopharm: DE, LU)
Lactulose-saar® (MIP: DE)
Lactulose-Solvay® (Solvay: LU)
Lactulosestroop BUFA® (BUFA: NL)
Lactulosestroop CF® (Centrafarm: NL)
Lactulosestroop Gf® (Genfarma: NL)
Lactulosestroop PCH® (Pharmachemie: NL)
Lactulosestroop Sandoz® (Sandoz: NL)
Lactulosestroop® (Merck Generics: NL)
Lactulose® (Actavis: GB)
Lactulose® (E.I.P.I.C.O.: RO)
Lactulose® (Hillcross: GB)
Lactulose® (Hudson: BD)
Lactulose® (Marel: NL)
Lactulose® (Novartis Consumer Health: GB)
Lactulose® (Sandoz: GB)
Lactulose® (Teva: GB)
Lactulose® (Tiofarma: NL)
Lactulosum Enila® (Enila: BR)
Lactulosum® (Aflofarm: PL)
Lactulosum® (Altana: PL)
Lactulosum® (Polfarmex: PL)
Lactuphar® (Unicophar: BE)
Lactus® (ICM: SG)

Lactuverlan® (Verla: DE)
Lactu® (Bio-Pharma: BD)
Laevilac® (Fresenius: DE)
Laevilac® (Laevosan: AT)
Laevolac Laktulóz® (Fresenius: HU)
Laevolac-Lactulose® (Fresenius: AT)
Laevolac® (Douglas: NZ)
Laevolac® (Ferraz: PT)
Laevolac® (Fresenius: AT, HK, IL, RO, TH)
Laevolac® (I.E. Ulagay: TR)
Laevolac® (Roche: IT)
Laktipex® (Selena Fournier: SE)
Laktulos Alternova® (Alternova: FI, SE)
Laktulos Merck NM® (Merck NM: FI)
Laktulos Recip® (Recip: SE)
Laktulose Danipharm® (Danipharm: DK)
Laktulose NM Pharma® (Generics: IS)
Laktulose PS® (Pharma-Skan: DK)
Laktulose SAD® (SAD: DK)
Laktulose® (Merck NM: NO)
Lansoyl Lactulose® (Pfizer: LU)
Lattulac® (Sofar: IT)
Lattulosio ABC® (ABC: IT)
Lattulosio Angenerico® (Angenerico: IT)
Lattulosio Dorom® (Dorom: IT)
Lattulosio EG® (EG: IT)
Lattulosio IBI® (IBI: IT)
Lattulosio Pliva® (Pliva: IT)
Lattulosio Sandoz® (Sandoz: IT)
Lattulosio Teva® (Teva: IT)
Lattulosio-ratiopharm® (Ratiopharm: IT)
Laxadilac® (Galenium: ID)
Laxeerdrank lactulose® (Healthypharm: NL)
Laxeersiroop Samenwerkende Apothekers® (Samenwerkende Apothekers: NL)
Laxette® (Medpro: ZA)
Laximed® (RenaCare: DE)
Laxodad® (Dar-Al-Dawa: AE, BH, IQ, LB, LY, NG, OM, SA, SD, SO, TN, YE)
Laxolac® (Globe: BD)
Laxol® (Navana: BD)
Laxose® (Pinewood: IE)
Lax® (Medicon: BD)
Legendal® (Zambon: CH, NL)
Levolac® (Fresenius: BA, NO)
Levolac® (Leiras: FI)
Lipebin® (Farmindustria: PE)
Lis® (Lisapharma: IT)
Medilax® (Medic: DK, IS)
Medilet® (Medice: DE)
Medixin® (Merck: AR)
Monilac® (Chugai: JP)
Mylac® (Mystic: BD)
Normalac® (Molteni: PL)
Normalax® (Shiba: YE)
Normase® (Dr. Reddy's: RU)
Normase® (Molteni: IT, PL)
Oralax® (Somatec: BD)
Osmolak® (Biofarma: BA, TR)
Osmolax® (Square: BD)
Pentalac® (UCI: BR)
PMS-Lactulose® (Pharmascience: CA, SG)
Portalac® (Belupo: RU)
Portalak® (Belupo: BA, HR, RS, SI)
Pralax® (Pratapa: ID)
Prorektal® (Lek: SI)
ratio-Lactulose® (Ratiopharm: CA)
Regulact® (Valeant: MX)
Regulose® (General Pharma: BD)
Relacs® (ACI: BD)
Senokot® (Reckitt Benckiser: ZA)
Serelose® (Beximco: BD)
Sintolatt® (Lampugnani: IT)
Sirupus Lactulosi Kring® (Kring: NL)
Sirupus Lactulosi Kring® (Wise: NL)
Softner Syrup® (Rephco: BD)
Tenualax® (Bagó: AR)
Tractonorm Lax® [vet.] (Fort Dodge: BE, NL)
Tulos® (Acme: BD)
Tulotract® (Ardeypharm: DE)
Verelait® (Bouty: IT)
Xylose® (Delta: BD)

Lamivudine (Rec.INN)

L: Lamivudinum
I: Lamivudina
D: Lamivudin
F: Lamivudine
S: Lamivudina

Antiviral agent, HIV reverse transcriptase inhibitor

ATC: J05AF05
ATCvet: QJ05AF05
CAS-Nr.: 0134678-17-4 C_8-H_{11}-N_3-O_3-S
M_r 229.266

2(1H)-Pyrimidinone, 4-amino-1-[2-(hydroxymethyl)-1,3-oxathiolan-5-yl]-,(2R-cis)-

4-Amino-1-[(2R,5S)-2-(hydroxymethyl)-1,3-oxythiolan-5-yl]pyrimidin-2(1H)-on (IUPAC)

(-)-1-((2R,5S)-2-(Hydroxymethyl)-1,3-oxathiolan-5-yl)cytosine (WHO)

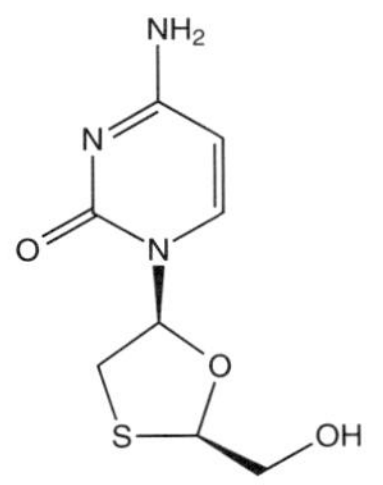

OS: *Lamivudine [BAN, DCF, USAN]*
IS: *GR 109714 X (Glaxo, Great Britain)*
IS: *3-TC*
PH: Lamivudine [USP 30, Ph. Eur. 5]

3 TC® (GlaxoSmithKline: AR)
3TC® (Glaxo Wellcome: US)
3TC® (GlaxoSmithKline: AG, AN, AU, AW, BB, CA, CH, CR, DO, GD, GT, GY, HK, HN, ID, JM, LC, MX, MY, NI, NZ, PA, SV, TT, VC, ZA)
Amilitrap® (Dosa: AR)
Avilam® (Beximco: BD)
Avolam® (Ranbaxy: ZA)
Cipla-Lamivudine® (Cipla: ZA)
Ciplabudina® (Biotoscana: CO)
Epivir 3TC® (GlaxoSmithKline: CL, EC, RU)
Epivir-HBV® (GlaxoSmithKline: US)

Epivir® (Glaxo Group: AT, LU)
Epivir® (Glaxo Wellcome: PT, SI)
Epivir® (GlaxoSmithKline: AE, BE, BG, BH, BR, CZ, DE, DK, ES, FI, FR, GB, GR, HR, IE, IL, IR, IS, IT, KW, NL, NO, OM, PE, PL, QA, RO, RS, SE, SG, TH, TR, US)
Ganvirel® (Ivax: AR)
Hepadin® (Amico: BD)
Hepavir® (Square: BD)
Hepitec® (GlaxoSmithKline: IN)
Heptodine® (GlaxoSmithKline: AR)
Heptodin® (GlaxoSmithKline: CN)
Heptovir® (GlaxoSmithKline: CA)
Imunoxa® (Gador: AR)
Inhavir® (Biogen: CO)
Inhavir® (Repmedicas: PE)
Kess Lamivudina® [compr.] (Filaxis: PE)
Kess® (Filaxis: AR)
Ladiwin® (Cadila: ET, GH, KE, MW, NG, SD, TZ, UG, ZM)
Ladiwin® (Zydus: IN)
Lamibergen® (Paylos: AR)
Lamidac® (Zydus: IN)
Lamidin® (Eskayef: BD)
Lamilea® (Elea: AR)
Lamivir® (Cipla: IN)
Lamivir® (Incepta: BD)
Lamivox® [tab.] (Biotoscana: PE)
Lamivudin Stada® (Stada: VN)
Lamivudina Delta® (Delta Farma: AR)
Lamivudina Microsules® (Microsules: AR)
Lamivudina® (Induquimica: PE)
Lamivudina® (Richmond: PE)
Oralmuv® (LKM: AR)
Viradin® (Healthcare: BD)
Vuclodir® (Richmond: AR, PE)
Vudin® (Alco: BD)
Zeffix® (Glaxo Group: AT, LU)
Zeffix® (Glaxo Group Limited-GB: IT)
Zeffix® (Glaxo Wellcome: PT, SI)
Zeffix® (GlaxoSmithKline: AU, BA, BD, BE, BG, BR, CH, CZ, DE, DK, ES, FI, FR, GB, GR, HK, HR, HU, IE, IL, LK, MY, NL, NO, NZ, PH, PL, RO, RS, RU, SE, SG, TH, TR, VN)

Lamotrigine (Rec.INN)

L: Lamotriginum
I: Lamotrigina
D: Lamotrigine
F: Lamotrigin
S: Lamotrigina

Antiepileptic

ATC: N03AX09
CAS-Nr.: 0084057-84-1 C_9-H_7-Cl_2-N_5
M_r 256.105

1,2,4-Triazine-3,5-diamine,6-(2,3-dichlorophenyl)-

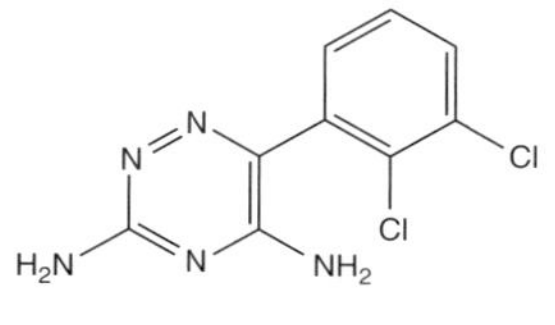

OS: *Lamotrigine [BAN, DCF, USAN]*
IS: *BW 430 C (Wellcome, Great Britain)*

Apo-Lamotrigine® (Apotex: CA)
Arrow Lamotrigine® (Arrow: NZ)
Arvind® (Belupo: HR, RS)
Convulsan® (Actavis: RU)
Crisomet® (Juste: ES)
Dafex® (Phoenix: AR)
Daksol® (Pharmavita: CL)
Danoptin® (Pliva: HR, PL)
Elmendos® (GlaxoSmithKline: AU, DE)
Epilactal® (Polpharma: PL)
Epilepax® (Ivax: AR)
Epimil® (Ivax: CZ)
Epiral® (Zentiva: CZ, RO)
Epitrigine® (Actavis: GE, HU)
Epizol® (Krka: RO)
espa-trigin® (esparma: DE)
Flamus® (Chile: CL)
Fringanor® (GlaxoSmithKline: LU)
Gen-Lamotrigine® (Genpharm: CA)
Gerolamic® (Gerot: AT)
Labileno® (Faes: ES)
Lafigin® (Drugtech-Recalcine: CL)
Lagotran® (Beta: AR)
Lamal® (Alkaloid: RS)
Lambipol® (GlaxoSmithKline: BE, LU)
Lamdra SBK 12/24® (Quimico: MX)
Lameptil® (Hexal: RO)
Lameptil® (Sandoz: SI)
Lametec® (Cipla: IN)
Lamia® (Genexo: PL)
Lamicstart® (GlaxoSmithKline: FR)
Lamictal D.A.C.® (D.A.C.: IS)
Lamictal® (Glaxo Wellcome: PT, SI)
Lamictal® (GlaxoSmithKline: AE, AG, AN, AR, AT, AU, AW, BA, BB, BD, BE, BG, BH, BR, CA, CH, CL, CN, CO, CR, CZ, DE, DK, DO, EC, ES, FI, FR, GB, GD, GR, GT, GY, HK, HN, HR, HU, ID, IE, IL, IR, IS, IT, JM, KW, LC, LK, LU, MX, MY, NI, NL, NO, NZ, OM, PA, PE, PH, QA, RO, RS, RU, SE, SG, SV, TH, TR, TT, US, VC)
Lamictal® (Paranova: AT)
Lamictin® (GlaxoSmithKline: ZA)
Lamilept® (Ivax: PL)
Lamirax® (Elea: AR)
Lamitor® (Torrent: BR, NL, RU)
Lamitrin® (ACI: BD)
Lamitrin® (GlaxoSmithKline: HU, PL, SI)
Lamo Tad® (TAD: DE)
Lamo-Q® (Juta: DE)
Lamochem® (Alfred Tiefenbacher: NL)
Lamodex® (Dexcel: IL)
Lamogine® (Montrose: CZ)
Lamogine® (Trima: IL)
Lamoham® (Alfred Tiefenbacher: NL)
Lamolep® (Gedeon Richter: HU, RO, RU)
Lamomax® (Alfred Tiefenbacher: NL)
Lamomont® (Alfred Tiefenbacher: NL)
Lamoro® (Pinewood: IE)
Lamostar® (Alfred Tiefenbacher: NL)
Lamotifi® (Alfred Tiefenbacher: NL)
Lamotiran® (Ranbaxy: RO)
Lamotri Hexal® (Hexal: CZ)
Lamotriax® (Temmler: DE)
Lamotrig-ISIS® (Actavis: DE)
Lamotrigin 1A Farma® (1A Farma: DK)

Lamotrigin 1A Pharma® (1A Pharma: AT, DE)
Lamotrigin AAA® (AAA Pharma: DE)
Lamotrigin AbZ® (AbZ: DE)
Lamotrigin acis® (acis: DE)
Lamotrigin Actavis® (Actavis: CZ, DK, FI, SE)
Lamotrigin Allen® (Allen: AT)
Lamotrigin Alpharma® (Actavis: FI)
Lamotrigin Alternova® (Alternova: DK)
Lamotrigin AL® (Aliud: DE)
Lamotrigin Atid® (Dexcel: DE)
Lamotrigin AWD® (AWD.pharma: DE)
Lamotrigin beta® (betapharm: DE)
Lamotrigin BMM Pharma® (BMM: SE)
Lamotrigin Copyfarm® (Copyfarm: DK)
Lamotrigin Desitin® (Desitin: CH, DE)
Lamotrigin dura® (Merck dura: DE)
Lamotrigin Helvepharm® (Helvepharm: CH)
Lamotrigin Heumann® (Heumann: DE)
Lamotrigin Hexal® (Hexal: DE, DK, NO)
Lamotrigin Hexal® (Sandoz: FI, SE)
Lamotrigin Holsten® (Holsten: DE)
Lamotrigin Interpharm® (Interpharm: AT)
Lamotrigin Kwizda® (Kwizda: DE)
Lamotrigin Merck NM® (Merck NM: SE)
Lamotrigin ratiopharm® (Ratiopharm: AT, CZ)
Lamotrigin ratiopharm® (ratiopharm: DE, DK)
Lamotrigin ratiopharm® (Ratiopharm: FI, SE)
Lamotrigin real® (Dolorgiet: DE)
Lamotrigin Sandoz® (Sandoz: CH, DE, NL)
Lamotrigin Stada® (Stada: AT, DK, RO)
Lamotrigin Stada® (Stadapharm: DE)
Lamotrigin Tiefenbacher® (Alfred Tiefenbacher: NL)
Lamotrigin von ct® (CT: DE)
Lamotrigin Winthrop® (Winthrop: DE)
Lamotrigin-biomo® (biomo: DE)
Lamotrigin-CT® (CT: LU)
Lamotrigin-Hormosan® (Hormosan: DE)
Lamotrigin-neuraxpharm® (neuraxpharm: DE)
Lamotrigin-ratiopharm® (ratiopharm: DE, LU, PL)
Lamotrigina Bayvit® (Stada: ES)
Lamotrigina EG® (EG: IT)
Lamotrigina Generis® (Generis: PT)
Lamotrigina Merck® (Merck Genéricos: PT)
Lamotrigina Mr Pharma® (Bexal: ES)
Lamotrigina® (IPhSA: CL)
Lamotrigine GSK® (GlaxoSmithKline: LU)
Lamotrigine GW® (GlaxoSmithKline: NL)
Lamotrigine Hexal® (Sandoz: HU)
Lamotrigine mibe® (mibe: NL)
Lamotrigine Pharmafile® (Pharmafile: NL)
Lamotrigine Sandoz® (Sandoz: FR, NL)
Lamotrigine TAD® (TAD: NL)
Lamotrigine Teva® (Teva: IL)
Lamotrigine Wörwag® (Wörwag Pharma: NL)
Lamotrigine® (Baggerman: NL)
Lamotrigine® (GlaxoSmithKline: NL)
Lamotrigine® (Hexal: NL)
Lamotrigin® (Allen: AT)
Lamotrigin® (Arrow: SI)
Lamotrigin® (Pliva: SI)
Lamotrihexal® (Hexal: PL)
Lamotrin-Mepha® (Mepha: CH)
Lamotrix® (Biovena: PL)
Lamotrix® (Medochemie: RO, RS)
Lamot® (Sandoz: CH)
Larig® (Rowex: IE)
Latrigin® (Baliarda: AR)
Lomarin® (Medipharm: CL)
Meganox® (Etex: CL)
Mogine® (Douglas: NZ)
Neurium® (Solvay: BR)
Novo-Lamotrigine® (Novopharm: CA)
Plexxo® (Desitin: CZ, HU, PL, RO)
PMS-Lamotrigine® (Pharmascience: CA)
Protalgine® (Probiomed: MX)
ratio-Lamotrigine® (Ratiopharm: CA)
Tradox® (Andromaco: CL)
Triamcinolon Leciva® (Krka: CZ)
Triginet® (Krka: CZ, PL, SI)

Lanatoside C (Rec.INN)

L: Lanatosidum C
I: Lanatoside C
D: Lanatosid C
F: Lanatoside C
S: Lanatosido c

⚕ Cardiac glycoside

ATC: C01AA06
CAS-Nr.: 0017575-22-3

C_{49}-H_{76}-O_{20}
M_r 985.147

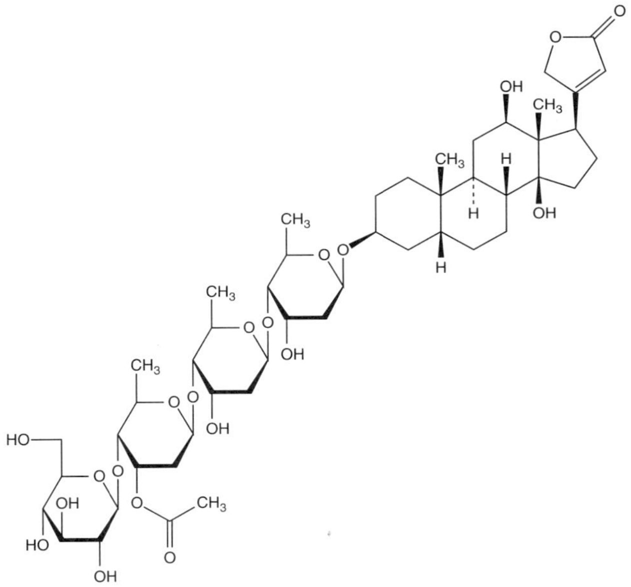

OS: *Lanatoside C [BAN, DCF, DCIT, JAN, USAN]*
IS: *Lanacard*
IS: *Celanidum*
IS: *Digilanid C*
PH: Lanatosid C [DAB 1999]
PH: Lanatoside C [BP 1999, F.U. IX, JP XIV, NF XIII, Ph. Franç. X]
PH: Lanatosidum C [PhBs IV, Ph. Eur. 3, Ph. Int. II]

Cedilanid® (Ageca: ET)
Cedilanid® (Medview: GH)
Cedilanid® (Novartis: AT, KE, LY, MT, NG, SD, TZ, ZW)
Cedilanid® (Sandoz: IT)
Lanatosido C® (Biosano: CL)
Lanatosido C® (Sanderson: CL)

Lanreotide (Rec.INN)

L: Lanreotidum
I: Lanreotide
D: Lanreotid
F: Lanreotide
S: Lanreotida

Antineoplastic agent

ATC: H01CB03
ATCvet: QH01CB03
CAS-Nr.: 0108736-35-2 C_{54}-H_{69}-N_{11}-O_{10}-S_2
M_r 1096.32

L-Threoninamide, 3-(2-naphthalenyl)-D-alanyl-L-cysteinyl-L-tyrosyl-D-tryptophyl-L-lysyl-L-valyl-L-cysteinyl-, cyclic (2->7)-disulfide

3-(2-Naphthyl)-D-alanyl-L-cysteinyl-L-tyrosyl-D-tryptophyl-L-lysyl-L-valyl-L-cysteinyl-L-threoninamid, cycl.(2-7)-disulfid (IUPAC)

3-(2-Naphthyl)-D-alanyl-L-cysteinyl-L-tyrosyl-D-tryptophyl-L-lysyl-L-valyl-L-cysteinyl-L-threoninamide, cyclic (2->7)-disulfide (WHO)

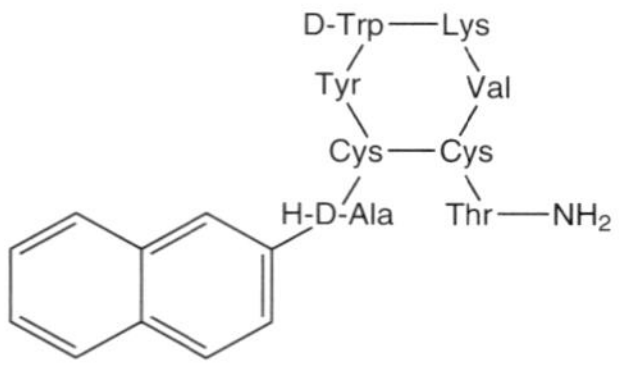

OS: *Lanreotide [BAN]*
OS: *Lanréotide [DCF]*
IS: *BIM 23014*
IS: *BN 52030*

Ipstyl Lyfjaver® (Lyfjaver: IS)
Ipstyl® (Ipsen: DK, IT)
Somatulina LP® (Ipsen: PT)
Somatuline® (Ipsen: BE, GR, IE)

– acetate:

CAS-Nr.: 0127984-74-1
OS: *Lanreotide Acetate USAN*
IS: *BIM 23014C (Ipsen, France)*

Ipstyl® (Ipsen: IS, IT, NO)
Somatulina Autogel® (Ipsen: DE, ES, PT)
Somatulina® (Ipsen: ES, PT)
Somatuline Autogel® (Beaufour Ipsen: RO)
Somatuline Autogel® (Ipsen: AT, AU, CZ, DE, ES, GB, IE, IL, LU, PT, RS, SE)
Somatuline Autogel® (PharmaSwiss: SI)
Somatuline Autogel® (Sidus: AR)
Somatuline Autogel® (Uhlmann-Eyraud: CH)
Somatuline PR® (Ipsen: CZ, FI, HK, LU, NL, SE)
Somatuline PR® (PharmaSwiss: SI)
Somatuline® (Beaufour Ipsen: HR, HU, PL, RO)
Somatuline® (EU-Pharma: NL)
Somatuline® (Gen: TR)
Somatuline® (Ipsen: AT, AU, AU, CZ, FI, FR, GB, IL, NL, RS, RU)
Somatuline® (PharmaSwiss: SI)
Somatuline® (Synthesis: CO)

Lansoprazole (Rec.INN)

L: Lansoprazolum
I: Lansoprazolo
D: Lansoprazol
F: Lansoprazole
S: Lansoprazol

Enzyme inhibitor, (H^+ + K^+) ATPase
Gastric secretory inhibitor

ATC: A02BC03
CAS-Nr.: 0103577-45-3 C_{16}-H_{14}-F_3-N_3-O_2-S
M_r 369.378

2-[[[3-Methyl-4-(2,2,2-trifluoroethoxy)-2-pyridyl]methyl]sulfinyl]benzimidazole

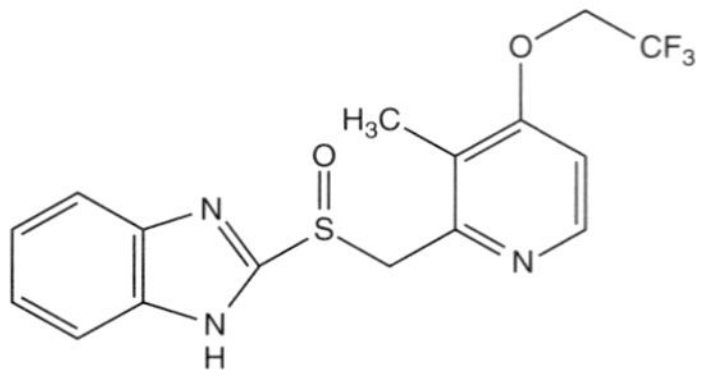

OS: *Lansoprazole [BAN, DCF, USAN]*
IS: *A 65006 (Abbott)*
IS: *AG 1749 (Takeda, Japan)*
PH: Lansoprazole [USP 30]

Agopton® (Takeda: AT, CH, DE)
Alexin® (Jaba: PT)
Amarin® (Medochemie: RS)
Anzoprol® (UCI: BR)
Aprazol® (Bilim: TR)
Aslan® (Unimed & Unihealth: BD)
Bamalite® (Tecnobio: ES)
Betalans® (Mahakam: ID)
Blosel® (Pharmalat: GT)
Bylans® (Ergha: IE)
Compraz® (Combiphar: ID)
Dakar® (Aventis: LU)
Dakar® (Sanofi-Aventis: BE)
Degastrol® (Deva: GE, TR)
Digest® (Dankos: ID)
Diprox® (Sintofarma: BR)
Epicur® (Obolenskoe: RU)
Estomil® (Merck: ES)
Eudiges® (Lesvi: ES)
Flugizol® (Belmac: ES)
Fudermex® (Prater: CL)
Gastrex® (OM: PT)
Gastride® (Chile: CL)
Gastroliber® (Tecnimede: PT)
HeliClear® (Wyeth: GB)
Helicol® (Eczacibasi: RU, TR)
Helicopac® (Sigma: BR)
Heliklar® (Abbott: BR)
Hulcer® (Lancasco: GT, NI, SV)
Iator® (Davur: ES)
Ilsatec® (Boehringer Ingelheim: BR)
Imidex® (Medix: MX)
Inazol® (Indofarma: ID)
Lacopen® (Farmacoop: CO)
Lamp® (Nipa: BD)
Lanfast® (Julpharma: EC)
Lanopra® (Alco: BD)
Lanpraz® (Garmisch: CO)

Lanprol® (Shiba: YE)
Lanproton® (Pauly: CO)
Lanpro® (Unichem: LK)
Lans Od® (Recon: LK)
Lansazol® (Sandoz: TR)
Lansec® (Cipla: VN)
Lansec® (Drug International: BD)
Lanser® (Actavis: IS)
Lansina® (Ibn Sina: BD)
Lanso TAD® (TAD: DE)
Lanso-Q® (Juta: DE)
Lansobene® (Ratiopharm: AT)
Lansodin® (Acme: BD)
Lansogen® (Merck: HU)
Lansohexal® (Hexal: BR)
Lansokrazol® (Kral: GT)
Lansol® (GMP: GE)
Lansone® (Gedeon Richter: CZ, HU)
Lansopep® (Procaps: CO)
Lansoprazol AbZ® (AbZ: DE)
Lansoprazol Actavis® (Actavis: DK, FI)
Lansoprazol Alpharma® (Actavis: FI)
Lansoprazol Alternova® (Alternova: DK, FI)
Lansoprazol Alter® (Alter: ES, PT)
Lansoprazol AL® (Aliud: DE)
Lansoprazol Angenérico® (Angenérico: PT)
Lansoprazol Baldacci® (Baldacci: PT)
Lansoprazol Basics® (Basics: DE)
Lansoprazol Bayvit® (Bayvit: ES)
Lansoprazol Belmac® (Belmac: ES)
Lansoprazol Bexal® (Bexal: ES)
Lansoprazol Biotech® (Salvat: ES)
Lansoprazol Calox® (Calox: CR, NI, PA)
Lansoprazol Cantabria® (Cantabria: ES)
Lansoprazol Cinfa® (Cinfa: ES)
Lansoprazol CT® (CT: DE)
Lansoprazol Cuve® (Cuvefarma: ES)
Lansoprazol Davur® (Davur: ES)
Lansoprazol Desgen® (Generfarma: ES)
Lansoprazol Duomate® (Davur: ES)
Lansoprazol dura® (Merck dura: DE)
Lansoprazol Edigen® (Edigen: ES)
Lansoprazol Farmoz® (Farmoz: PT)
Lansoprazol Gen-Far® (Genfar: PE)
Lansoprazol Generis® (Generis: PT)
Lansoprazol Genfar® (Genfar: CO, EC)
Lansoprazol Heumann® (Heumann: DE)
Lansoprazol Hexal® (Hexal: DE, DK)
Lansoprazol Hexal® (Sandoz: FI)
Lansoprazol ICN® (Valeant: ES)
Lansoprazol Ivax® (Teva: FI)
Lansoprazol Kern® (Kern: ES)
Lansoprazol Korhispana® (Korhispana: ES)
Lansoprazol Krka® (Krka: DK, FI)
Lansoprazol Krka® (KRKA: NO)
Lansoprazol Labesfal® (Labesfal: PT)
Lansoprazol Liconsa® (Liconsa: HU)
Lansoprazol Mabo® (Mabo: ES)
Lansoprazol MD® (Roemmers: PE)
Lansoprazol Mepha® (Mepha: CH, PT)
Lansoprazol Merck NM® (Merck NM: DK, FI)
Lansoprazol Merck® (Merck: ES)
Lansoprazol Merck® (Merck dura: DE)
Lansoprazol Merck® (Merck Genéricos: PT)
Lansoprazol Normon® (Normon: ES)
Lansoprazol Pharmagenus® (Pharmagenus: ES)
Lansoprazol Pyre® (Salvat: ES)
Lansoprazol Ranbaxy® (Ranbaxy: ES)
Lansoprazol Ratiopharm® (ratiopharm: DE, DK)
Lansoprazol Ratiopharm® (Ratiopharm: ES, FI)
Lansoprazol Rimafar® (Rimafar: ES)
Lansoprazol Salvat® (Salvat: ES)
Lansoprazol Sandoz® (Sandoz: DE, ES)
Lansoprazol Stada® (Stada: DE, DK, ES)
Lansoprazol Tarbis® (Tarbis: ES)
Lansoprazol Teva® (Teva: ES)
Lansoprazol-Ratiopharm® (ratiopharm: LU)
Lansoprazole Domesco® (Domesco: VN)
Lansoprazole Helvepharm® (Helvepharm: CH)
Lansoprazole Hexpharm® (Hexpharm: ID)
Lansoprazole Labesfal® (Labesfal: PT)
Lansoprazole-Ratio® (Ratiopharm: BE)
Lansoprazolo EG® (EG: IT)
Lansoprazolo Merck® (Merck: IT)
Lansoprazolo ratiopharm® (Ratiopharm: IT)
Lansoprazolo Teva® (Teva: IT)
Lansoprazol® (Dowelhurst: NL)
Lansoprazol® (EU-Pharma: NL)
Lansoprazol® (Euro: NL)
Lansoprazol® (Hexal: NO)
Lansoprazol® (La Sante: PE)
Lansoprazol® (Medicalex: CO)
Lansoprazol® (Medley: BR)
Lansoprazol® (Mintlab: CL)
Lansoprazol® (ratiopharm: NO)
Lansoprazol® (Rider: CL)
Lansoprazol® (Stichting: NL)
Lansopril® (Amico: BD)
Lansoprol® (Nobel: TR)
Lansoprol® (Ziska: BD)
Lansoptol® (Krka: HU)
Lansor® (Sanovel: TR)
Lansotrent® (Medopharm: VN)
Lansox® (Takeda: IT)
Lanso® (Square: BD)
Lanspro-30® (XL: VN)
Lantid® (Opsonin: BD)
Lanton® (Rafa: IL)
Lanvell® (Novell: ID)
Lanximed® (Biochem: CO)
Lanzap® (Dr Reddys: LK, RO)
Lanzap® (Dr. Reddy's: RU)
Lanzedin® (Biofarma: TR)
Lanziop® (Ivax: IE)
Lanzo Melt® (Wyeth: IS, NO)
Lanzogastro® (Biosaúde: PT)
Lanzol® (Aché: BR)
Lanzol® (Belmac: ES)
Lanzol® (Cipla: IN)
Lanzol® (Doctor's Chemical Work: BD)
Lanzol® (Rowex: IE)
Lanzopral® (Pharma Investi: CL)
Lanzopral® (Roemmers: AR, PE)
Lanzor® (Aventis: DE, ZA)
Lanzor® (Sanofi-Aventis: FR)
Lanzostad® (Stada: PL)
Lanzo® (Wyeth: DK, IS, SE)
Lanzul® (Krka: BA, CZ, HR, PL, RO, RS, SI)
Lanz® (ACI: BD)
Lan® (Somatec: BD)

Lapol® (Medi Sofex: PT)
Laprazol® (Vianex: GR)
Lapraz® (Sanbe: ID)
Laproton® (Tempo: ID)
Lasgan® (Lapi: ID)
Lasoprol® (Aegis: CY, RO, RS)
Laz® (Dexa Medica: ID, LK)
Levant® (Ranbaxy: RO)
Limpidex® (Sigma Tau: IT)
Lopral® (Roemmers: CO)
Loprezol® (Kimia: ID)
Mesactol® (Sandoz: AR)
Monolitum® (Salvat: CR, DO, ES, GT, HN, NI, PA, SV)
Neutron® (California: CO)
Nufaprazol® (Nufarindo: ID)
Ogastoro® (Takeda: FR)
Ogasto® (Seber: PT)
Ogastro® (Abbott: BR, CO, CR, DO, GT, HN, MX, NI, PA, PE, SV)
Ogast® (Takeda: FR)
Olan® (Andromaco: MX)
Opagis® (Mustafa Nevzat: TR)
Opelansol® (O.P.V.: VN)
Opiren® (Almirall: ES)
Palatrin® (Degort's: MX)
Pampe® (Azevedos: PT)
Prazolax® (Hexal: DO)
Prazol® (Medley: BR)
Prazotec® (Fahrenheit: ID)
Prevacid® (Takeda: JP, MY, PH, SG, TH)
Prevacid® (TAP: CA, US)
Prilosan® (Bruluagsa: MX)
Pro Ulco® (Solvay: ES)
Prolanz® (Sunthi: ID)
Prosogan® (Takeda: ID)
Protolan® (Beximco: BD)
Protoner® (Inkeysa: ES)
Pylobac® (LAM: DO)
Pyloripac® (Medley: BR)
Pysolan® (Pyridam: ID)
Razolager® (Gerard: IE)
Refluxon® (Teva: HU)
Safemar® (Sandoz: MX)
Sekrestop® (Kral: GT)
Solans® (Soho: ID)
Solox® (Douglas: NZ)
Sopralan® (Mersifarma: ID)
Takepron® (APM: AE, BG, BH, IQ, KW, LB, LY, NG, OM, QA, SA, SD, SY, TN, YE)
Takepron® (Takeda: HK, JP)
Tersen® (Codal Synto: LK)
Ulceran® (Prima: ID)
Ulcertec® (Neves: PT)
Uldapril® (Collins: MX)
Ulpax® (Hormona: MX)
Vogast® (Fako: TR)
Zolt® (Orion: FI)
Zopral® (Laboratorios San Luis: DO)
Zoprol® (Toprak: TR)
Zoton® (General Pharma: BD)
Zoton® (Neopharm: IL)
Zoton® (Wyeth: AU, GB, IE, IT)
Zotrole® (Pinewood: IE)

Lanthanum Carbonate

D: Lanthan carbonat
ATC: V03AE03
CAS-Nr.: 0000587-26-8 C_3-La_2-O_9
M_r 457.84

Carbonic acid, lanthanum(3+) salt(3:2) (Merck)

Dilanthanum tricarbonate
IS: *Lanthanum sesquicarbonate Merck*

Fosrenol® (Shire: AT, CZ, DE, DK, NL, US)
Fosrenol® (Swedish Orphan: FI, SE)
Foznol® (Shire: IE)

Lapatinib (Rec.INN)

L: Lapatinibum
D: Lapatinib
F: Lapatinib
S: Lapatinib
CAS-Nr.: 0231277-92-2 C_{29}-H_{26}-Cl-F-N_4-O_4-S
M_r 581.06

N-[3-chloro-4-(3-fluorobenzyloxy)phenyl]-6-[5-({[2-(methylsulfonyl)=ethyl]amino}methyl)-2-furyl]quinazolin-4-amine WHO

N-[3-chloro-4-(3-fluorbenzyloxy)phenyl]-6-{5-[4-(methylsulfonyl)-2-azabutyl]-2-furyl}chinazolin-4-amin IUPAC

4-Quinazolinamine, N-(3-chloro-4-((3-fluorophenyl)methoxy)phenyl)-6-(5-(((2-(methylsulfonyl)ethyl)amino)methyl)-2-furanyl)-

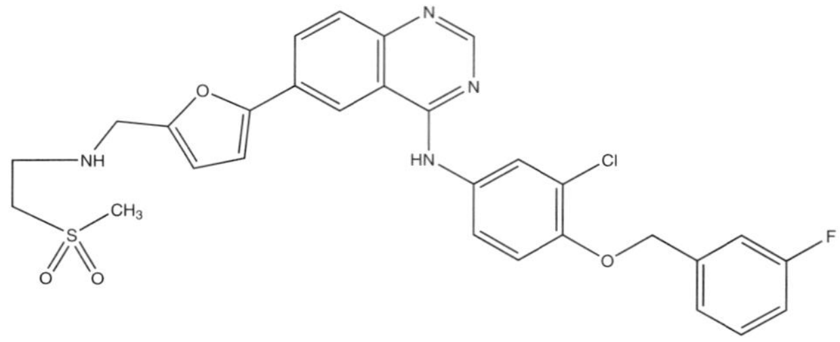

IS: *GW 572016*
IS: *GSK 572016 (GlaxoSmithKline, GB)*
IS: *GW-2016 (GlaxoSmithKline, GB)*

– ditosylate:
CAS-Nr.: 0388082-78-8
OS: *Lapatinib Ditosylate USAN*
IS: *GW572016F (GlaxoSmithKline, GB)*

Tykerb® (GlaxoSmithKline: US)
Tyverb® (GlaxoSmithKline: CH)

Lapirium Chloride (Rec.INN)

L: Lapirii Chloridum
D: Lapirium chlorid
F: Chlorure de Lapirium
S: Cloruro de lapirio

Antiseptic
Pharmaceutic aid, surfactant

CAS-Nr.: 0006272-74-8 C_{21}-H_{35}-Cl-N_2-O_3
M_r 398.981

Pyridinium, 1-[2-oxo-2-[[2-[(1-oxododecyl)oxy]ethyl]amino]ethyl]-, chloride

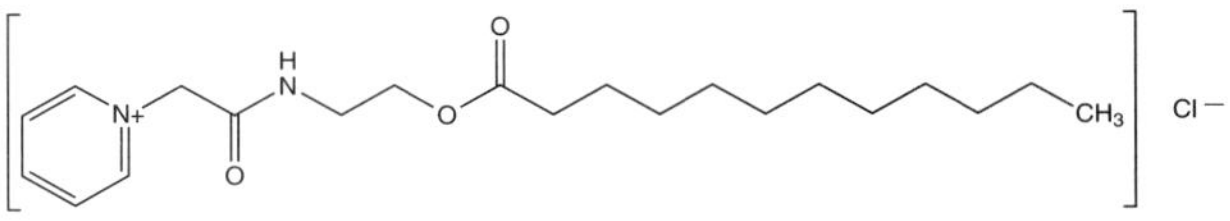

OS: *Lapyrium Chloride [USAN]*
IS: *Emcol E607*
IS: *NSC-33659*

DG-6® (Craveri: AR)

Laronidase (Rec.INN)

L: Laronidasum
D: Laronidase
F: Laronidase
S: Laronidasa

Enzyme
Enzyme, replacement therapy

ATC: A16AB05
ATCvet: QA16AB05
CAS-Nr.: 0210589-09-6
C_{3567}-H_{5645}-N_{921}-O_{1261}-S_{12}-P_4

8-L-histidine-alfa-L-iduronidase (human) (WHO)

OS: *Laronidase [USAN]*
IS: *alfa-L-Iduronidase*
IS: *BM 101*
IS: *NZ 1002 (Novazyme, US)*
IS: *Alronidase*
IS: *Iduronidase, alfa-L-[8-histidine] (human)*
IS: *alfa-Iduronidase*

Aldurazyme® (Genzyme: AT, BE, CA, CH, CZ, DE, DK, ES, FI, GB, GR, HR, IE, IL, IT, LU, NL, NO, PL, PT, RO, SE, US)

Lasalocid (Rec.INN)

L: Lasalocidum
D: Lasalocid
F: Lasalocide
S: Lasalocido

Antiprotozoal agent, coccidiocidal [vet.]

CAS-Nr.: 0025999-31-9 C_{34}-H_{54}-O_8
M_r 590.806

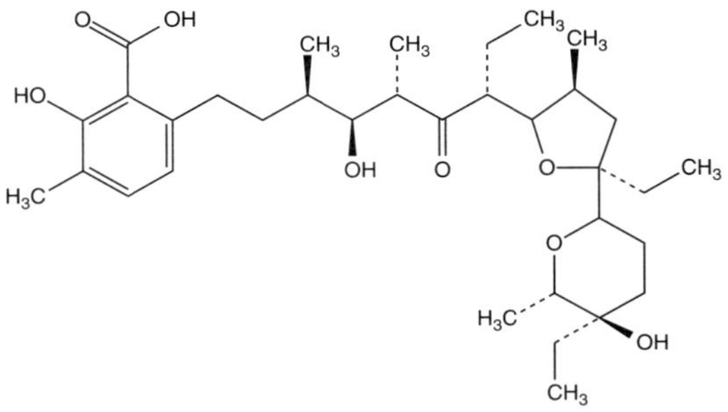

OS: *Lasalocid [BAN, USAN]*
IS: *Ro 2-2985*
IS: *X-537 A*

– sodium salt:

CAS-Nr.: 0025999-20-6
OS: *Lasalocid Sodium BANM*
IS: *E 763*

Avatec® [vet.] (Alpharma: AU, FR, GB, NZ)
Avatec® [vet.] (Instavet: ZA)
Avatec® [vet.] (Roche Vitamins: US)
Bovatec® [vet.] (Alpharma: AU, NZ)
Bovatec® [vet.] (Roche: NZ)
Lasalocid® [vet.] (Biopharm: AU)
Taurotec® [vet.] (Instavet: ZA)

Latamoxef (Rec.INN)

L: Latamoxefum
I: Latamoxef
D: Latamoxef
F: Latamoxef
S: Latamoxef

Antibiotic, cephalosporin

ATC: J01DD06
CAS-Nr.: 0064952-97-2 C_{20}-H_{20}-N_6-O_9-S
M_r 520.5

⚲ N-[(6R,7R)-2-Carboxy-7-methoxy-3-[[(1-methyl-1H-tetrazol-5-yl)thio]methyl]-8-oxo-5-oxa-1-azabicyclo[4.2.0]oct-2-en-7-yl]-2-(p-hydroxyphenyl)malonamic acid

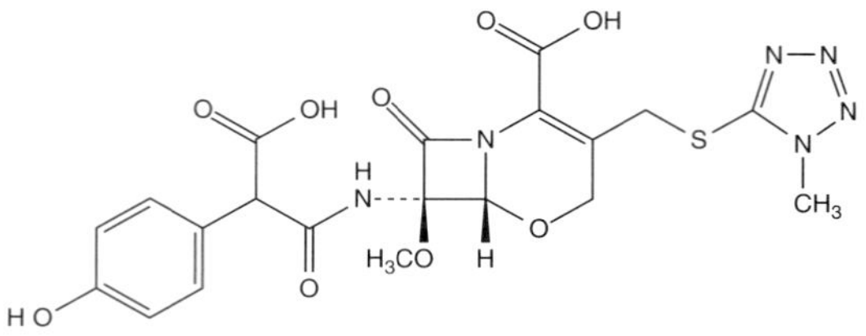

OS: *Latamoxef [BAN, DCF, DCIT]*
IS: *Lamoxactam*
IS: *LY 127 935*
IS: *Moxalactam*

– disodium salt:
CAS-Nr.: 0064953-12-4
OS: *Latamoxef Disodium BANM*
OS: *Latamoxef Sodium JAN*
OS: *Moxalactam Disodium USAN*
IS: *LY 127935 (Lilly, USA)*
IS: *S 6059 (Shionogi, Japan)*
IS: *Lamoxactan dinatrium*
PH: Moxalactam Disodium USP 23
PH: Latamoxef Sodium JP XIV

Shiomarin® (Shionogi: JP)

Latanoprost (Rec.INN)

L: Latanoprostum
I: Latanoprost
D: Latanoprost
F: Latanoprost
S: Latanoprost

⚕ Glaucoma treatment

ATC: S01EE01
CAS-Nr.: 0130209-82-4 C_{26}-H_{40}-O_5
M_r 432.606

⚲ Isopropyl (Z)-7-[(1R,2R,3R,5S)-3,5-dihydroxy-2-[(3R)-3-hydroxy-5-phenylpentyl]cyclopentyl]-5-heptenoate

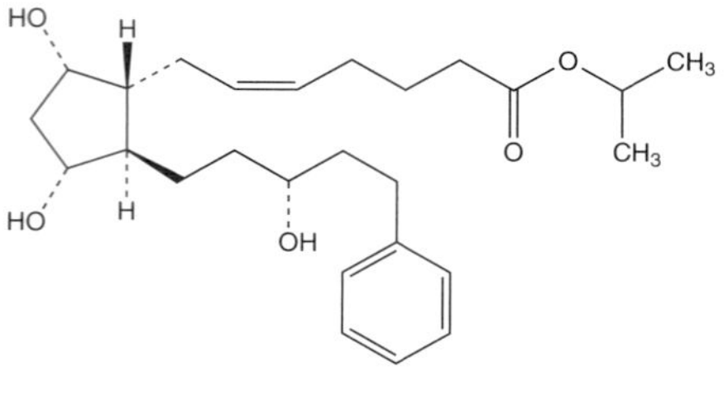

OS: *Latanoprost [BAN, USAN]*
IS: *PHXA 41 (Pharmacia & Upjohn, USA)*
IS: *XA 41 (Chinoin, USA)*

9 PM® (Cipla: IN)
Gaap Ofteno® (Volta: CL)
Gaap® (Sophia: MX)
Glaucostat® (Valeant: AR)
Klonaprost® (Klonal: AR)
Latanoprost Dorf® (Pharmadorf: AR)
Latanoprost Gen® (Genpharma: AR)
Latof® (Saval Nicolich: CL)
Latsol® (Antibioticos: MX)
Louten® (Pharma Investi: CL)
Louten® (Poen: AR)
Louten® (Roemmers: CO)
Ocuprost® (Bausch & Lomb: AR)
Xalacom® (Pfizer: RU)
Xalacom® (Pharmacia: PE)
Xalaprost® (Lansier: PE)
Xalatan® (Delphi: NL)
Xalatan® (EU-Pharma: NL)
Xalatan® (Eureco: NL)
Xalatan® (Euro: NL)
Xalatan® (Pfizer: AR, AT, BA, BE, BF, BJ, CA, CF, CG, CH, CI, CL, CM, CR, CZ, DK, ES, FI, FR, GA, GB, GE, GN, GT, HK, HN, HR, HU, ID, IL, IS, MG, ML, MR, MU, MX, MY, NE, NI, NL, NO, NZ, PA, PL, PT, RO, RU, SE, SG, SI, SN, SV, TD, TG, TR, US, ZA, ZR)
Xalatan® (Pharmacia: AU, BG, CN, CO, DE, IT, PE, RS, TH)
Xalatan® [vet.] (Pfizer: GR)
Xalatan® [vet.] (Pfizer Animal Health: GB)

Lecirelin

D: Lecirelin
ATCvet: QH01C92
CAS-Nr.: 0061012-19-9 C_{59}-H_{84}-N_{16}-O_{12}
M_r 1209.43

⚲ N-[(R)-3,3-Dimethyl-N-(5-oxo-L-prolyl-L-histidyl-L-tryptophyl-L-seryl-L-tyrosyl)butanoyl]-L-leucyl-L-arginyl-N-ethyl-L-prolinamid

⚲ (6-(3-Methyl-D-valin)-9-(N-ethyl-L-prolinamid)-10-deglycinamid)-Gonadorelin

⚲ 5-Oxo-L-prolyl-L-histidyl-L-tryptophyl-L-seryl-L-tyrosyl-D-(3-methylvalyl)-L-leucyl-L-arginyl-L-(N-ethylprolinamid) (IUPAC)

⚲ [6-(3-Methyl-D-valin)-9-(N-ethyl-L-prolinamid),des-10-glycinamid]

Dalmarelin® [vet.] (Fatro: LU, NL, PT)
Dalmarelin® [vet.] (Selecta: DE)
Dalmarelin® [vet.] (Vetcare: FI)
Dalmarelin® [vet.] (Virbac: FR)

Leflunomide (Rec.INN)

L: Leflunomidum
D: Leflunomid
F: Leflunomide
S: Leflunomida

⚕ Antirheumatoid agent
⚕ Immunomodulator

ATC: L04AA13
CAS-Nr.: 0075706-12-6 C_{12}-H_9-F_3-N_2-O_2
M_r 270.224

4-Isoxazolecarboxamide, 5-methyl-N-(4-trifluormethyl)phenyl)-

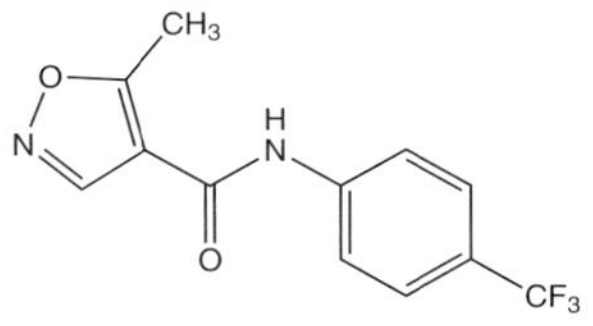

OS: *Leflunomide [BAN, USAN]*
IS: *HWA 486 (Hoechst Marion Roussel, Germany)*
IS: *SU 101 (Sugen, USA)*
IS: *RS 34821 (Hoechst Marion Roussel, Germany)*
PH: Leflunomide [Ph. Eur. 5]

Afiancen® (Buxton: AR)
Apo-Leflunomide® (Apotex: CA)
Arabloc® (Aventis: AU)
Arava® (Aventis: AT, AU, BA, CO, CR, CZ, DK, DO, EC, ES, GR, GT, HN, HR, IE, IN, IS, LU, NI, NO, NZ, PA, PE, RS, SI, SV, TH, US, ZA)
Arava® (Aventis Pharma: ID)
Arava® (Sanofi-Aventis: AR, BE, BR, CA, CH, CL, DE, FI, FR, GB, HK, HU, IL, IT, MX, MY, NL, PL, PT, RO, RU, SE, SG, TR)
Arava® (Usiphar: SI)
Arolef® (General Pharma: BD)
Artrimod® (Labomed: CL)
Artrotin® (Recalcine: CL)
Dimar® (Opsonin: BD)
Filartros® (Ivax: AR)
Inmunoartro® (Beta: AR)
Lefluar® (Rontag: AR)
Leflunomida® (Spedrog-Caillon: AR)
Leflunomide® (Barr: US)
Leflunomide® (Par: US)
Leflunomide® (Prasco: US)
Leflunomide® (Sandoz: US)
Leflunomide® (Teva: US)
Lera® (Globe: BD)
Nodia® (Incepta: BD)
Novo-Leflunomide® (Novopharm: CA)
Rumalef® (Cadila: IN)
Sandoz Leflunomide® (Sandoz: CA)

Lenalidomide (Rec.INN)

L: Lenalidomidum
D: Lenalidomid
F: Lenalidomide
S: Lenalidomide

Immunomodulator
Antineoplastic agent

ATC: L04AX04
ATCvet: QL04AX04
CAS-Nr.: 0191732-72-6 C_{13}-H_{13}-N_3-O_3
M_r 259.29

(3*RS*)-3-(4-amino-1-oxo-1,3-dihydro-2*H*-isoindol-2-yl)piperidine-2,6-dione (WHO)

(3RS)-3-(4-Amino-1-oxo-1,3-dihydro-2H-isoindol-2-yl)piperidin-2,6-dion (IUPAC)

2,6-Piperidinedione, 3-(4-amino-1,3-dihydro-1-oxo-2H-isoindol-2-yl)

3-(4-amino-1-oxo-1,3-dihydro-2*H*-isoindol-2-yl) piperidine-2,6-dione

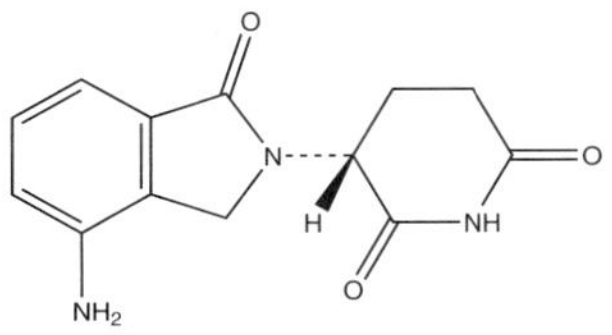

OS: *Lenalidomide [BAN]*
IS: *CC-5013 (Cellgene Corporation, US)*
IS: *CDC 501*
IS: *ENMD-0997*
IS: *IMiD3*
IS: *CC-5053*

Revlimid® (Celgene: DE, US)

Lenampicillin (Rec.INN)

L: Lenampicillinum
D: Lenampicillin
F: Lénampicilline
S: Lenampicilina

Antibiotic, penicillin, broad-spectrum

CAS-Nr.: 0086273-18-9 C_{21}-H_{23}-N_3-O_7-S
M_r 461.505

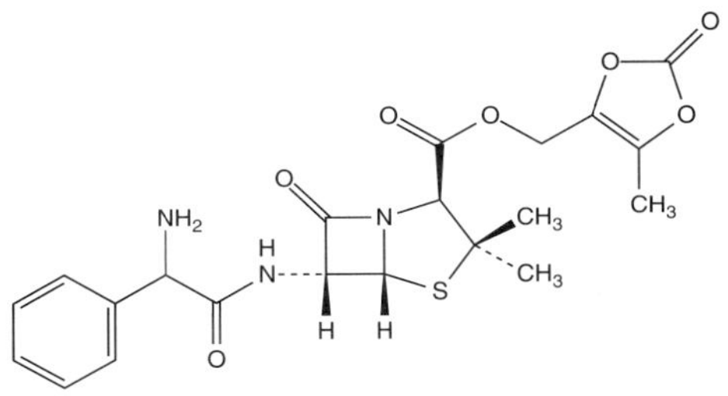

OS: *Lenampicillin [USAN]*
IS: *KBT 1585*

– hydrochloride:

CAS-Nr.: 0080734-02-7
OS: *Lenampicillin Hydrochloride JAN*

Varacillin® (Kanebo: JP)

Lenograstim (Rec.INN)

L: Lenograstimum
I: Lenograstim
D: Lenograstim
F: Lenograstime
S: Lenograstim

Immunomodulator

ATC: L03AA10
CAS-Nr.: 0135968-09-1 C_{840}-H_{1330}-N_{222}-O_{242}-S_8
M_r 18668.58

L-Threonine-colony-stimulating factor (human clone 134)

OS: *Lenogastrim [BAN, USAN]*
IS: *Neutrogen (Chugai)*

IS: *rG-CSF (Recombinant granulocyte colony stimulating factor)*

Euprotin® (Almirall: ES)
Euprotin® (Prasfarma: ES)
Granocyte® (Aventis: AT, BA, EC, ES, GR, IT, PE, PH, RS, ZA)
Granocyte® (Aventis Pharma: ID)
Granocyte® (Chugai: BD, CN, DE, DK, FR, GB, LU, TH)
Granocyte® (Chugai-Aventis: NO)
Granocyte® (Eczacibasi: TR)
Granocyte® (Mayne: AU, NZ)
Granocyte® (Sanofi-Aventis: BE, BR, CH, CL, FI, HU, IE, IL, IS, MY, NL, PL, PT, RU, SE, SG)
Lenobio® (Delta Farma: AR)
Myelostim® (Italfarmaco: IT)
Neutrogin® (Chugai: JP)

Lepirudin (Rec.INN)

L: Lepirudinum
I: Lepirudina
D: Lepirudin
F: Lepirudine
S: Lepirudina

Anticoagulant, thrombolytic agent

ATC: B01AE02
CAS-Nr.: 0138068-37-8 C_{287}-H_{440}-N_{80}-O_{111}-S_6
M_r 6979.837

1-L-Leucine-2-L-threonine-63-desulfohirudin (*Hirudo medicinalis* isoform HV1)

OS: *Lepirudin [BAN, USAN]*
IS: *HBW 023 (Chiron Behring, Germany)*
IS: *rDNA-Hirudin*

Refludan® (Berlex: CA, US)
Refludan® (Pharma Logistics: BE)
Refludan® (Pharmion: AT, AU, CH, DE, FR, GB, HU, IE, LU, NO, SE)
Refludan® (Schering: AT, IT, NL)
Refludin® (Pharmion: ES)

Lercanidipine (Rec.INN)

L: Lercanidipinum
D: Lercanidipin
F: Lercanidipine
S: Lercanidipino

Calcium antagonist

ATC: C08CA13
CAS-Nr.: 0100427-26-7 C_{36}-H_{41}-N_3-O_6
M_r 611.754

(±)-2-[(3,3-Diphenylpropyl)methylamino]-1,1-dimethylethyl methyl 1,4-dihydro-2,6-dimethyl-4-(m-nitrophenyl)-3,5-pyridinedicarboxylate [WHO]

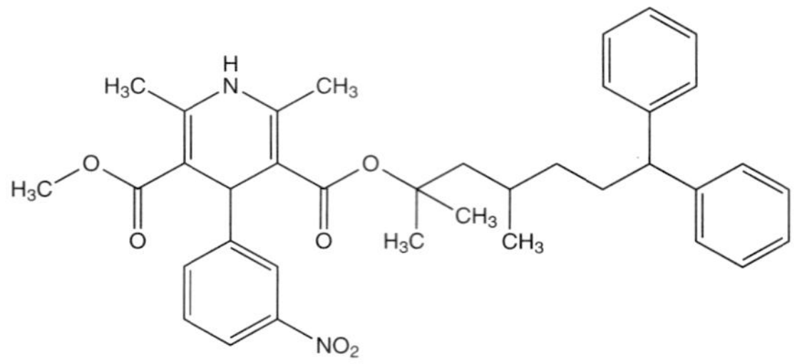

OS: *Lercanidipine [BAN]*
IS: *Masnidipine (Recordati, Italy)*

Lercanil® (Berlin Chemie: BA)
Lercanil® (Berlin-Chemie: HR, RS)
Lercapress® (Sanolabor: SI)
Zanidip® (Grünenthal: EC)
Zanidip® (Pharmaplan: ZA)

– hydrochloride:

CAS-Nr.: 0132866-11-6
OS: *Lercanidipine Hydrochloride BANM, USAN*
IS: *Masnidipine Hydrochloride (Recordati, Italy)*
IS: *Rec 15-2375*

Carbimen® (Menarini: CR, DO, GT, HN, NI, PA, SV)
Cardiovasc® (Rottapharm: IT)
Carmen® (Berlin-Chemie: DE)
Corifeo® (Merckle Recordati: DE)
Evipress® (Senosiain: MX)
Larcadip® (Incepta: BD)
Larcan® (Opsonin: BD)
Lecard® (Apex: BD)
Lercadip® (Biohorm: ES)
Lercadip® (Gador: AR)
Lercadip® (Innova: IT)
Lercadip® (Novartis: TR)
Lercan® (Pierre Fabre: FR)
Lercaton® (Berlin-Chemie: HU)
Lerdip® (Medcor: NL)
Lerdip® (Zambon: NL)
Lerez® (Glenmark: IN)
Leridip® (Berlin-Chemie: RO)
Lerzam® (Pharmazam: ES)
Vasodip® (Dexcel: IL)
Zanedip® (Recordati: IT, VN)
Zanicor® (Delta: PT)
Zanidip® (Andromaco: CL)
Zanidip® (ASTA Medica: BR)
Zanidip® (Biotoscana: CO)
Zanidip® (Bouchara: BF, BJ, CF, CG, CI, CM, DZ, FR, GA, GN, ML, MR, NE, SN, TG, ZR)
Zanidip® (Combiphar: ID)
Zanidip® (Fournier: TH)
Zanidip® (Galenica: GR)
Zanidip® (Kwizda: AT, HU)
Zanidip® (Leiras: FI)
Zanidip® (Meda: DK, NO, SE)
Zanidip® (Recordati: CN, ES, GB, IE)
Zanidip® (Robapharm: CH)
Zanidip® (Sanfer: MX)
Zanidip® (Schwarz: HK)

Zanidip® (Solvay: AU)
Zanidip® (Zambon: BE, LU)

Letrozole (Rec.INN)

L: Letrozolum
I: Letrozolo
D: Letrozol
F: Letrozole
S: Letrozol

Antineoplastic agent
Enzyme inhibitor, aromatase

ATC: L02BG04
CAS-Nr.: 0112809-51-5 C_{17}-H_{11}-N_5
M_r 285.325

Benzonitrile, 4,4'-(1H-1,2,4-triazol-1-ylmethylene)bis-

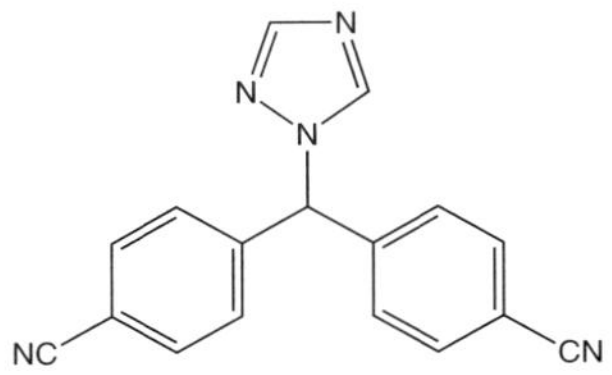

OS: *Letrozole [BAN, USAN]*
IS: *CGS 20267 (Ciba-Geigy, USA)*
PH: Letrozole [USP 30]
PH: Letrozole [Ph. Eur. 5]

Aromek® (Celon: PL)
Cendalon® (Teva: AR)
Fecinole® (Dosa: AR)
Femara® (Dr. Fisher: NL)
Femara® (Euro: NL)
Femara® (Medcor: NL)
Femara® (Nedpharma: NL)
Femara® (Novartis: AR, AT, AU, BA, BD, BE, BR, CA, CH, CL, CN, CO, CR, CZ, DE, DO, EC, ES, FR, GB, GR, GT, HK, HN, HU, ID, IE, IL, IT, LK, LU, MX, MY, NI, NL, NZ, PA, PH, PL, PT, RO, RS, RU, SG, SI, SV, TH, TR, US, VN, ZA)
Femara® (Novartis Consumer Health: HR)
Femara® (Novartis Pharma: PE)
Femar® (Novartis: DK, FI, IS, NO, SE)
Fémara® (Novartis: FR)
Insegar® (Laus: ES)
Kebirzol® (Aspen: AR)
Lametta® (Vipharm: PL)
Letrozol Microsules® (Microsules: AR)
Losiral® (Neoraxis: CL)
Trozet® (Dabur: IN)

Leucocianidol (Rec.INN)

L: Leucocianidolum
D: Leucocianidol
F: Leucocianidol
S: Leucocianidol

Drug acting on the complex of varicose symptoms
Vascular protectant

CAS-Nr.: 0000480-17-1 C_{15}-H_{14}-O_7
M_r 306.277

2H-1-Benzopyran-3,4,5,7-tetrol, 2-(3,4-dihydroxyphenyl)-3,4-dihydro-

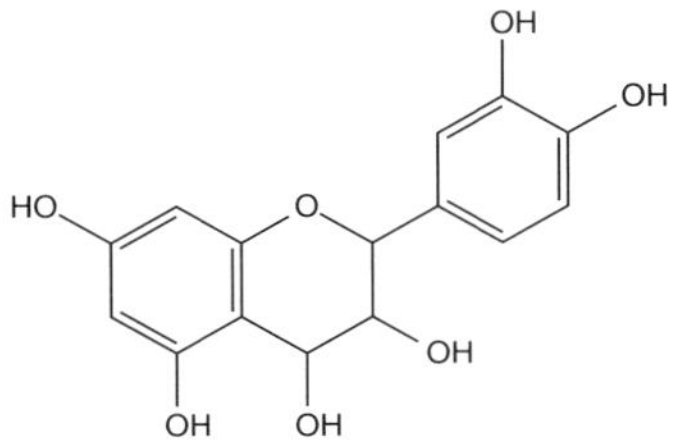

OS: *Leucocianidol [DCF, USAN]*
IS: *Vitamin P Faktor*
IS: *Leucocyanidin*

Flavan® (Nil-Isis: FR)

Leuprorelin (Rec.INN)

L: Leuprorelinum
I: Leuprorelina
D: Leuprorelin
F: Leuproréline
S: Leuprorelina

Antineoplastic agent
LH-RH-agonist

ATC: L02AE02
CAS-Nr.: 0053714-56-0 C_{59}-H_{84}-N_{16}-O_{12}
M_r 1209.481

Luteinizing hormone-releasing factor (pig), 6-D-leucine-9-(N-ethyl-L-prolinamide)-10-deglycinamide-

5-oxo-Pro—His—Trp—Ser—Tyr—D-Leu—Leu—Arg—Pro—NH—CH_2—CH_3

OS: *Leuprorelin [BAN]*
OS: *Leuproréline [DCF]*
OS: *Leuprorelina [DCIT]*
PH: Leuprorelin [Ph. Eur. 5]
PH: Leuprorelinum [Ph. Eur. 5]
PH: Leuproréline [Ph. Eur. 5]

Enantone® (Takeda: FR)
Leuprolide Acetate® (Bedford: US)
Lucrin® (Abbott: ZA)
Tapros® (Takeda: ID)

– acetate:

CAS-Nr.: 0074381-53-6
OS: *Leuprolide Acetate USAN*
OS: *Leuprorelin Acetate BANM*
IS: *A 43818*
IS: *Abbott 43818*
IS: *TAP 144*

PH: Leuprolide acetate USP 30

Daronda® (Abbott: GR)
Daronda® (Stephar: NL)
Depo-Eligard® (Yamanouchi: LU)
Eligard® (Astellas: AT, CH, CZ, DE, DK, FI, FR, IE, IT, NL, NO, PL, SE, SI)
Eligard® (Mayne: AU)
Eligard® (Novartis: RO)
Eligard® (QLT: US)
Eligard® (Raffo: AR)
Eligard® (Sanofi-Aventis: CA, US)
Eligard® (Yamanouchi: ES, HU)
Elityran® (Vianex: GR)
Enanton Depot® (Orion: NO)
Enantone L.P.® (Takeda: TH)
Enantone-Gyn® (Takeda: AT, DE)
Enantone® (Orion: SE)
Enantone® (Takeda: AT, DE, HK, IT, JP)
Enanton® (Orion: FI, SE)
Endrolin® (Kalbe: ID)
Ginecrin® (Abbott: ES)
Gyno-Lucrin® (Abbott: LU)
Lectrum® (Novartis: BR)
Lectrum® (Roemmers: PE)
Lectrum® (Sandoz: AR)
Leuplin® (Takeda: JP)
Leupro Sandoz® (Sandoz: DE)
Leuprolide Acetate® (Genzyme: US)
Leuprolide Acetate® (Sicor: US)
Leuprone Hexal® (Hexal: DE)
Leuproreline-acetaat® (EU-Pharma: NL)
Leuproreline-acetaat® (Medcor: NL)
Lorelin® (Cryopharma: MX)
Lucrin Depot® (Abbott: AU, BA, BE, CH, CZ, HU, IL, LU, MX, NL, NZ, PT, RO, RU)
Lucrin Tri-Depot® (Abbott: BE, LU)
Lucrin® (Abbott: AU, BA, CH, CR, CZ, DO, GT, HN, LU, MY, NI, NL, NZ, PA, PL, PT, SG, SV, TR, ZA)
Lupride® (Sun: IN, LK)
Luprolex® (Takeda: PH)
Lupron Vial Multidosis® (Abbott: CL)
Lupron® (Abbott: AR, BR, CL, CO, PE)
Lupron® (Takeda: JP)
Lupron® (TAP: CA, US)
Prametil® (Abbott: LU)
Prelar Depot® (Lemery: MX)
Procren Depot® (Abbott: DK, IS, NO)
Procren® (Abbott: FI, IS, SE)
Procrin® (Abbott: ES)
Prostap® (Wyeth: GB, IE)
Prostide Depot® (Probiomed: MX)
Reliser® (Serono: BR)
Trenantone® (Takeda: AT, DE)
Uno Enantone® (Takeda: DE)

Levacetylmethadol (Rec.INN)

L: Levacetylmethadolum
D: Levacetylmethadol
F: Lévacetylmethadol
S: Levacetilmetadol

⚕ Opioid analgesic

CAS-Nr.: 0034433-66-4 — C_{23}-H_{31}-N-O_2, M_r 353.511

Benzeneethanol, β-[2-(dimethylamino)propyl]-α-ethyl-β-phenyl-, acetate (ester), (-)-

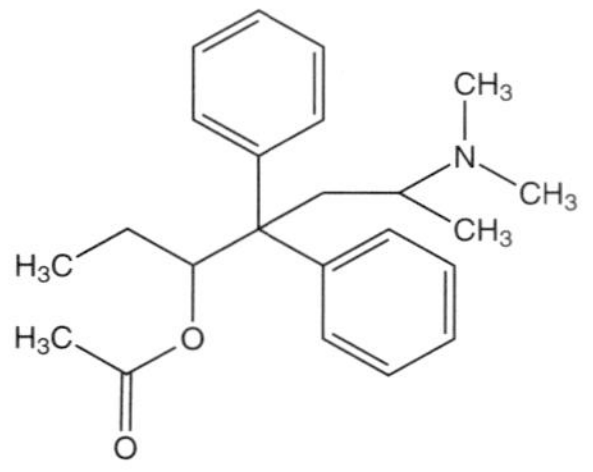

OS: *Levomethadyl Acetate [USAN]*
IS: *LAAM*

– hydrochloride:

CAS-Nr.: 0043033-72-3
OS: *Levomethadyl Acetate Hydrochloride USAN*
IS: *LAAM*
IS: *MK 790*

Orlaam® (Roxane: US)
Orlaam® (Sipaco: ES)

Levamisole (Rec.INN)

L: Levamisolum
I: Levamisolo
D: Levamisol
F: Lévamisole
S: Levamisol

⚕ Anthelmintic

ATC: P02CE01
CAS-Nr.: 0014769-73-4 — C_{11}-H_{12}-N_2-S, M_r 204.297

Imidazo[2,1-b]thiazole, 2,3,5,6-tetrahydro-6-phenyl-, (S)-

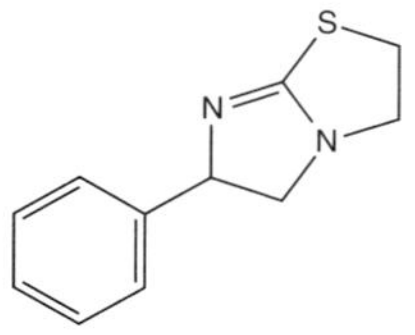

OS: *Levamisole [BAN, DCF]*
OS: *Levamisolo [DCIT]*
IS: *RP 20605*
PH: Levamisol für Tiere [Ph. Eur. 5]
PH: Levamisolum ad usum veterinarium [Ph. Eur. 5]
PH: Levamisole for veterinary use [Ph. Eur. 5]
PH: Lévamisole pour usage vétérinaire [Ph. Eur. 5]

Anthelpor® [vet.] (Young's: GB)
Avitrol® [vet.] (Mavlab: AU)

Biotrex® (Bio-Pharma: BD)
Chemisole® [vet.] (Chemifarma: IT)
Citarin pour on® [vet.] (Bayer Animal Health: AU)
Citarin-L® [vet.] (Bayer: BE)
Citarin-L® [vet.] (Provet: CH)
Citarin® [vet.] (Bayer Animal: DE)
Codiverm® [vet.] (Codifar: BE)
Decaris® (Janssen: AE, CY, EG, HK, JO, LB, MT, SA, SD, YE)
Decaris® (Medimpex: CZ)
Ergamisol® (Janssen: LU)
Ketrax® (AstraZeneca: AE, BH, CY, IQ, KW, LB, LY, MT, OM, PE, QA, SA, YE)
L-Narpenol® [vet.] (Janssen: BE)
L-Ripercol® [vet.] (Janssen: BE, LU, NL)
L-Spartakon® [vet.] (Janssen: BE, LU)
Levacide® [vet.] (Norbrook: GB, IE)
Levadin® [vet.] (Vetoquinol: GB)
Levamisol Spot On® [vet.] (CP: DE)
Levamisol Spot On® [vet.] (WDT: DE)
Levamisole® [vet.] (C.C.D. Animal Health: AU)
Levamisole® [vet.] (Chemifarma: IT)
Levipor® [vet.] (Novartis Animal Health: AU, NZ)
Levoral® [vet.] (Dutch Farm Veterinary: NL)
Levovermax® [vet.] (Virbac: CH)
Limex® [vet.] (Virbac: NL)
Lévisole® [vet.] (Noé: FR)
Mysol® [vet.] (Virbac: PT)
Nilverm® [vet.] (Coopers Animal Health: AU)
Niratil® [vet.] (Prodivet: BE)
Niratil® [vet.] (Virbac: AT, DE, FR, GB)
Psyverm® [vet.] (Vetoquinol: BE)
Quadrosol® [vet.] (Prodivet: BE)
Ripercol® [vet.] (Janssen: AT)
Ripercol® [vet.] (Janssen Animal Health: GB, IE)
Ripercol® [vet.] (Lundbeck: DK)
Sitraks® (Sanofi-Aventis: TR)
Temisol® (Synthesis: CO)
Totalon® [vet.] (Schering-Plough: US)
Tramisol® [vet.] (Schering-Plough: US)
Vermisol® (Khandelwal: IN)
Vetamisol® [vet.] (Animedic: DE)
Vizole® [cps] (M.M.: IN)

– hydrochloride:

CAS-Nr.: 0016595-80-5
OS: *Levamisole Hydrochloride BANM, USAN*
IS: *NSC 177023*
IS: *R 12564*
IS: *RP 20605*
PH: Lévamisole (chlorhydrate de) Ph. Eur. 5
PH: Levamisole Hydrochloride Ph. Eur. 5, Ph. Int. 4, USP 30
PH: Levamisolhydrochlorid Ph. Eur. 5
PH: Levamisoli hydrochloridum Ph. Eur. 5, Ph. Int. 4

A.A. Leva P.I.® [vet.] (A.A.-Vet: NL)
Agra-Col® [vet.] (Vee-Service: NL)
All-Min Levamisole® [vet.] (Nufarm: NZ)
All-Round Wormkorrels® [vet.] (Dutch Farm Veterinary: NL)
Amos Leva Korrel® [vet.] (Dutch Farm Veterinary: NL)
Anthelminticide® [vet.] (Biové: FR)
Apharmasol® [vet.] (Ceva: NL)
Aquaverm® [vet.] (Ornis: FR)
Armadose® [vet.] (Bayer Animal Health: GB)
Ascaraject® [vet.] (Univet: IE)
Ascara® [vet.] (Univet: IE)
Ascaridil® (Janssen: BR, ID)
Ascarilen® [vet.] (Teknofarma: IT)
Asitrax® (Asiatic Lab: BD)
Askamex® (Konimex: ID)
Biaminthic® [vet.] (Biové: FR)
Boverm® [vet.] (Foran: IE)
C.C. Ver® [vet.] (Moureau: FR)
Cahlverm® [vet.] (Co-Operative Animal Health: IE)
Caliermisol® [vet.] (Calier: PT)
Capizol® [vet.] (Virbac: FR)
Carbasan® [vet.] (Dutch Farm Veterinary: NL)
Chanaverm® [vet.] (Chanelle: GB, IE)
Chronomintic® [vet.] (Virbac: AT, BE, CH, FR, LU, NL)
Citarin-L® [vet.] (Bayer: IT)
Citarin-L® [vet.] (Bayer Animal: DE)
Citarin-L® [vet.] (Provet: CH)
Clemiver® [vet.] (Omega Pharma France: FR)
Combat Clear® [vet.] (Virbac: AU)
Concurat L® [vet.] (Bayer Animal: DE)
Decaris® (Gedeon Richter: BG, CZ, HU, RO, RU)
Decaris® (Janssen: MX)
Decazole® [vet.] (Bimeda: GB)
Duphalevasole® [vet.] (Interchem: IE)
Elmifarma® [vet.] (Ceva: IT)
Endex® [vet.] (Novartis Animal Health: AT)
Ergamisol® (J.C. Healthcare: IL)
Ergamisol® (Janssen: AU, DE, IT, NL, US, ZA)
Etrax® (ACI: BD)
G-Levamisole® (Gonoshasthaya: BD)
Helmin® (Doctor's Chemical Work: BD)
Helmisole® (Gaco: BD)
Ivecide® [vet.] (Coophavet: FR)
Ketrax® (AstraZeneca: ID)
L-Spartakon® [vet.] (Bayer Animal Health: ZA)
L-Tramisol® [vet.] (Janssen: BE)
Levacide® [vet.] (Norbrook: GB, IE, NL)
Levacol® [vet.] (Eurovet: NL)
Levacur® [vet.] (Intervet: GB)
Levadin® [vet.] (Vetoquinol: GB)
Levamisole Phosphate® [vet.] (Agri Labs.: US)
Levamisole Phosphate® [vet.] (Aspen: US)
Levamisole® [vet.] (Aesculaap: NL)
Levamisole® [vet.] (Agri Labs.: US)
Levamisole® [vet.] (C.C.D. Animal Health: AU)
Levamisole® [vet.] (Dopharma: NL)
Levamisole® [vet.] (Eurovet: NL)
Levamisole® [vet.] (Virbac: AU)
Levamisole® [vet.] (Western: AU)
Levamisole® [vet.] (Wolfs: BE)
Levamisolo® [vet.] (Intervet: IT)
Levamisol® [vet.] (CP: DE)
Levamisol® [vet.] (WDT: DE)
Levamisol® [vet.] (Western: AU)
Levam® (Lafedar: AR)
Levapharm® [vet.] (Interpharm: IE)
Levasole® [vet.] (Franvet: FR)
Levasole® [vet.] (Schering-Plough: US)
Levasure® [vet.] (Animax: GB)
Levatrax® (Globe: BD)
Leva® [vet.] (Noé: FR)
Levicare® [vet.] (Ancare: NZ)

Levicon® [vet.] (Bayer Animal Health: ZA)
Levisol® [vet.] (Bayer Animal Health: ZA)
Levomix® [vet.] (Nuova ICC: IT)
Levosol® [vet.] (Intervet: IT)
Lobiavers® [vet.] (Sogeval: FR)
Lévamisole® [vet.] (Noé: FR)
Lévamisole® [vet.] (Virbac: FR)
Lévanol® [vet.] (Vetoquinol: FR)
Lévisole® [vet.] (Noé: FR)
Meglum® (Bagó: AR)
MS Nemasol® [vet.] (Dopharma: NL)
Nemasol® [vet.] (Intervet: ZA)
Nematovet-10® [vet.] (Animedic: DE)
Neotrax® (Acme: BD)
Nilverm® [vet.] (Coopers Animal Health: AU)
Nilverm® [vet.] (Schering-Plough: IE)
Nilverm® [vet.] (Schering-Plough Animal: NZ)
Nilverm® [vet.] (Serumber: DE)
Niratil® [vet.] (Virbac: DE, FR)
Nulev® [vet.] (Merial: AU)
Némisol® [vet.] (Coophavet: FR)
Panvermin® [vet.] (Hoechst Vet: PT)
Paraks® (Adeka: TR)
Polystrongle® [vet.] (Coophavet: FR)
Polyvermyl® [vet.] (Biové: FR)
Prodose Red® [vet.] (Virbac: ZA)
Prohibit® [vet.] (Agri Labs.: US)
Ripercol-L® [vet.] (Bayer Animal Health: ZA)
Ripercol® [vet.] (Coopers Animal Health: AU)
Ripercol® [vet.] (Janssen: AT)
Ripercol® [vet.] (Janssen Animal Health: DE, GB)
Ripercol® [vet.] (Janssen Santé Animale: FR)
Ripercol® [vet.] (Lundbeck: DK)
Rycozole® [vet.] (Novartis Animal Health: AU, NZ)
Spartakon® [vet.] (Harkers: GB)
Sure LD® [vet.] (Novartis Animal Health: GB)
Sure® [vet.] (Young's: GB)
Sykes BIG L Worm Drench fro Sheep & Cattle® [vet.] (Sykes Vet: AU)
Temisol® (Synthesis: CO)
Thelmizole® [vet.] (Virbac: FR)
Tramisol® [vet.] (Cooper: ZA)
Tramisol® [vet.] (Schering-Plough: US)
Vermicom® (Opsonin: BD)
Vermisole® [vet.] (Bimeda: GB)
Vetdose3® [vet.] (Virbac: ZA)
Vizole® [susp.] (M.M.: IN)
Wondzalf® [vet.] (Dutch Farm Veterinary: NL)
Wormaway Levam® [vet.] (DiverseyLever: GB)
Wormkorrels® [vet.] (Dutch Farm Veterinary: NL)

Levetiracetam (Rec.INN)

L: Levetiracetamum
D: Levetiracetam
F: Lévetiracetam
S: Levetiracetam
ATC: N03AX14
CAS-Nr.: 0102767-28-2 C_8-H_{14}-N_2-O_2 M_r 170.21

1-Pyrrolidineacetamide, alpha-ethyl-2-oxo-, (S)-

(S)-alpha-Ethyl-2-oxo-1-pyrrolidineacetamide [WHO]

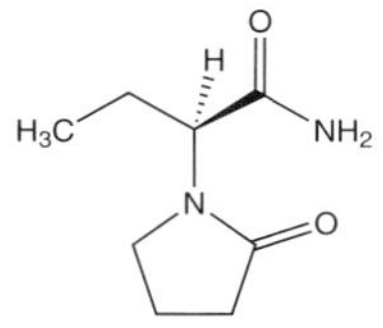

OS: *Levetiracetam [BAN, USAN]*

CO Levetiracetam® (Cobalt: CA)
Keppra® (CTS: IL)
Keppra® (Lundbeck: CA)
Keppra® (UCB: AT, AU, BE, BF, BJ, CF, CG, CH, CZ, DE, DK, ES, FI, FR, GA, GB, GN, HK, HU, IE, LU, MG, ML, MR, MU, MX, MY, NE, NL, NO, PH, PL, PT, RO, RU, SE, SG, TD, TG, TH, TR, US, ZA, ZR)
Keppra® (UCB Belgija: SI)
Keppra® (UCB-B: IT)
Kepra® (HLB: AR)
Kopodex® (Drugtech-Recalcine: CL)
Levron® (Rontag: AR)
Levroxa® (Solus: IN)

Levobunolol (Rec.INN)

L: Levobunololum
I: Levobunololo
D: Levobunolol
F: Lévobunolol
S: Levobunolol

Glaucoma treatment
β_1-Adrenergic blocking agent

ATC: S01ED03
CAS-Nr.: 0047141-42-4 C_{17}-H_{25}-N-O_3 M_r 291.397

1(2H)-Naphthalenone, 5-[3-[(1,1-dimethyl-ethyl)amino]-2-hydroxypropoxy]-3,4-dihydro-, (S)-

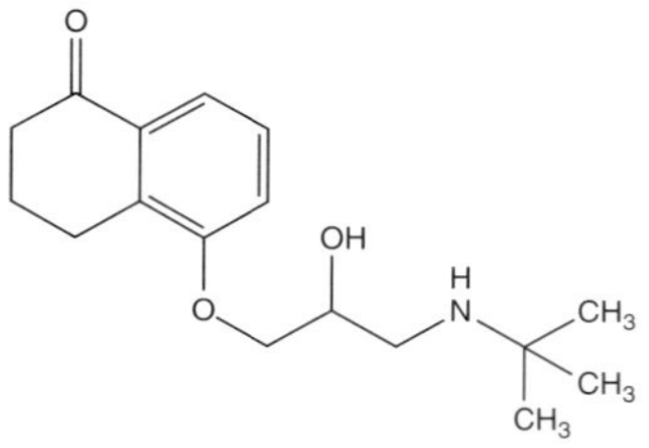

OS: *Levobunolol [BAN]*
OS: *Lévobunolol [DCF]*
OS: *Levobunololo [DCIT]*

- **hydrochloride:**

CAS-Nr.: 0027912-14-7
OS: *Levobunolol Hydrochloride BANM, USAN*
IS: *LBUN*
IS: *W 7000 A*
PH: Levobunolol Hydrochloride BP 2002, USP 30

Apo-Levobunolol® (Apotex: CA)
B-Tablock® (Latinofarma: BR)

Betagan® (Allergan: AR, AU, BE, BR, CA, CR, DK, ES, GB, GT, HK, IE, IL, LK, LU, MY, NL, NZ, PA, SG, SV, TH, TR, US, ZA)
Betagan® (EU-Pharma: NL)
Betagan® (Euro: NL)
Betagen 0.5® (Allergan: CL)
Betagen® (Allergan: CL)
Bétagan® (Allergan: FR)
Levobunolol Hydrochloride® (Alcon: NZ)
Levobunolol Hydrochloride® (Apotex: US)
Levobunolol Hydrochloride® (Bausch & Lomb: US)
Levobunolol Hydrochloride® (Falcon: US)
Levobunolol Hydrochloride® (Moore: US)
Novo-Levobunolol® (Novopharm: CA)
PMS-Levobunolol® (Pharmascience: CA)
ratio-Levobunolol® (Ratiopharm: CA)
Vistagan® (Allergan: AT, CH, CO, CZ, HR, HU, IT)
Vistagan® (Alvia: GR)
Vistagan® (Pharm-Allergan: AT, DE)

Levobupivacaine (Rec.INN)

L: Levobupivacainum
D: Levobupivacain
F: Lévobupivacaine
S: Levobupivacaina

Local anesthetic

ATC: N01BB10
ATCvet: QN01BB10
CAS-Nr.: 0027262-47-1 C_{18}-H_{28}-N_2-O
M_r 288.43

(S)-1-Butyl-2',6'-pipecoloxylidide [WHO]

2',6'-Pipecoloxylidide, 1-butyl-, L-(-)- [NLM]

(S)-1-Butyl-N-(2,6-dimethylphenyl)piperidin-2-carboxamid (IUPAC)

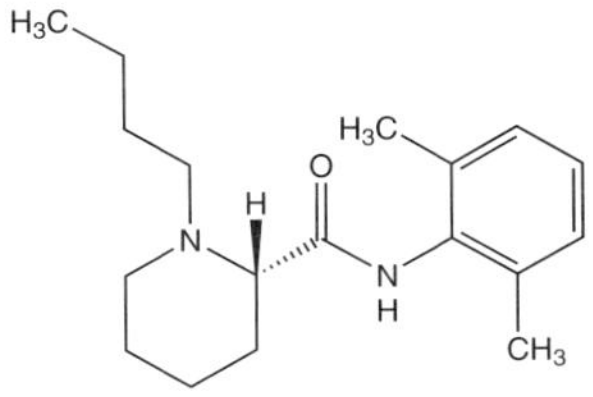

OS: *Levobupivacaine [BAN, USAN]*
IS: *(-)-Bupivacaine*
IS: *D 1249*
IS: *L-(-)-Bupivacaine*
IS: *(S)-Bupivacaine*
IS: *(S)-(-)-Bupivacaine*

Novabupi® (Cristália: BR)

– hydrochloride:

CAS-Nr.: 0027262-48-2
OS: *Levobupivacaine Hydrochloride BANM, USAN*

Bupinest® (Ropsohn: CO)
Chirocaina® (Abbott: CL)
Chirocaine® (Abbott: AT, AU, BE, BR, CH, CZ, DE, ES, FI, FR, GB, GR, HR, IT, LU, NL, NO, RS, SE, SG, SI, ZA)
Chirocaine® (Maruishi: JP)
Chirocaine® (Purdue Frederick: US)

Levocabastine (Rec.INN)

L: Levocabastinum
I: Levocabastina
D: Levocabastin
F: Lévocabastine
S: Levocabastina

Histamine, H_1-receptor antagonist

ATC: R01AC02,S01GX02
CAS-Nr.: 0079516-68-0 C_{26}-H_{29}-F-N_2-O_2
M_r 420.538

4-Piperidinecarboxylic acid, 1-[4-cyano-4-(4-fluorophenyl)cyclohexyl]-3-methyl-4-phenyl-, (-)-[1(*cis*),3α,4β-

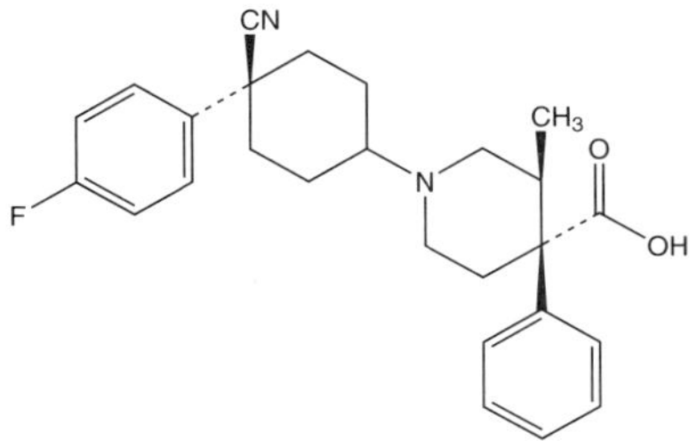

OS: *Levocabastine [BAN]*
OS: *Lévocabastine [DCF]*

Livostin® (Janssen: TH)
Livostin® (Janssen-Cilag: CL)
Livostin® (Krka: HU)

– hydrochloride:

CAS-Nr.: 0079547-78-7
OS: *Levocabastine Hydrochloride BANM, USAN*
IS: *R 50547 (Janssen, Great Britain)*
PH: Levocabastine Hydrochloride Ph. Eur. 5
PH: Levocabastini hydrochloridum Ph. Eur. 5
PH: Levocabastinhydrochlorid Ph. Eur. 5
PH: Lévocabastine (chlorhydrate de) Ph. Eur. 5

Bilina® (Esteve: ES)
Histimet® (Janssen: AR)
Ivostin® (Janssen: IL)
Levophta® (Novartis: DE)
Levostab® (Formenti: IT)
Livocab® (Eureco: NL)
Livocab® (Euro: NL)
Livocab® (Janssen: ES, IT, NL)
Livocab® (McNeil: DE)
Livostin® (Iolab: US)
Livostin® (Janssen: AT, AU, BE, BG, BR, CA, CH, CO, CR, CZ, DK, DO, FI, GR, GT, HN, ID, ID, IL, IS, IT, LU, MX, NI, NO, NZ, PA, RO, SE, SV, TH, ZA)
Livostin® (Johnson & Johnson: CN)
Livostin® (Krka: SI)
Livostin® (Novartis: CA, TH)
Livostin® (Novartis Ophthalmics: US)
Livostin® (Shinyaku: JP)
Livostin® [vet.] (Novartis Animal Health: GB)
Lévophta® (Chauvin: FR)

Levocarnitine (Rec.INN)

L: Levocarnitinum
I: Levocarnitina
D: Levocarnitin
F: Lévocarnitine
S: Levocarnitina

Drug acting on the cardiovascular system
Drug for metabolic disease treatment

ATC: A16AA01
CAS-Nr.: 0000541-15-1 C_7-H_{15}-N-O_3
M_r 161.207

1-Propanaminium, 3-carboxy-2-hydroxy-N,N,N-trimethyl-, hydroxide, inner salt, (R)-

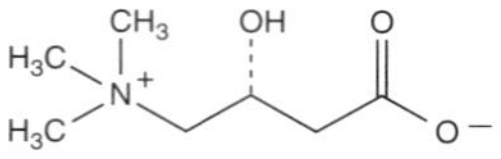

OS: *Levocarnitine [BAN, USAN]*
OS: *Levocarnitina [DCIT]*
IS: *L-Carnitine*
IS: *Vitamin B_T*
PH: Levocarnitine [Ph. Eur. 5, USP 30]
PH: Levocarnitinum [Ph. Eur. 5]
PH: Lévocarnitine [Ph. Eur. 5]
PH: Levocarnitin [Ph. Eur. 5]

Albicar® (Casasco: AR)
Aveptol® (Leovan: GR)
Biocarn® (Medice: DE)
Bitobionil® (S.J.A.: GR)
Cardiobil® (Biologici: IT)
Cardiogen® (UCB: IT)
Cardispan® (Grossman: CR, GT, HN, MX, NI, PA)
Carnicor® (Labomed: CL)
Carnicor® (Max Farma: IT)
Carnicor® (Sigma Tau: ES)
Carnidose® (Faran: GR)
Carnil® (Anfarm: GR)
Carnil® (Anfarm Hellas: RO)
Carnisin® (Leti: CR, DO, GT, NI, PA, PE, SV)
Carnitab® (Beximco: BD)
Carnitene sigma-tau® (Sigma: NL)
Carnitene sigma-tau® (Sigma Tau: CH, HK)
Carnitene® (Santa-Farma: TR)
Carnitene® (Sigma Tau: CH, IT)
Carniten® (Pharma Riace: RU)
Carnitine® (Sigma Tau: IL)
Carnitin® (General Pharma: BD)
Carnitor® (Elder: IN)
Carnitor® (Shire: GB)
Carnitor® (Sigma Tau: CA, HK, US)
Carnivit® (Polfa Kutno: PL)
Corubin® (Iasis: GR)
Disocor® (Janssen: PT)
Disocor® (Sigma Tau: IT)
Elcar® (Pik-Pharma: RU)
Elleci® (Lampugnani: IT)
Ensial® (Remedina: GR)
Eucarnil® (Pulitzer: IT)
Farnitin® (Lafare: IT)
Frutenor® (Rafarm: GR)
Growart® (Iapharm: GR)
Intelecta® (Uni-Pharma: GR)
Kernit® (CT: IT)
Koptilan® (Coup: GR)
L-Carnitin Fresenius® (Fresenius: AT, CZ)
L-Carnitin Leopold® (Leopold: CZ)
L-Carnitina Sosepharm® (So.Se.: IT)
L-Carnitine® [vet.] (Nature Vet: AU)
L-Carn® (Sigma Tau: DE)
Lefcar® (GlaxoSmithKline: IT)
Levamin® (Genepharm: GR)
Levocarnil® (Biospray: GR)
Levocarvit® (Aesculapius: IT)
Levocarvit® (Mitim: IT)
Lisefor® (Vocate: GR)
Lofostin® (Farmedia: GR)
Lévocarnil® (Sigma Tau: FR)
Maledrol® (Chrispa: GR)
Medocarnitin® (Medosan: IT)
Merlit® (Leovan: GR)
Mevamyst® (Chrispa: GR)
Minartine® (Minerva: GR)
Minoa® (Finixfarm: GR)
Miocardin® (Magis: IT)
Miocor® (Ecobi: IT, RO)
Miotonal® (Caber: IT)
Nefrocarnit® (Medice: DE, LU, NL)
Neo Cardiol® (Francia: IT)
Neurobasal NF® (Bioplix-Biox: PE)
Ocarnix® (Incepta: BD)
Oskana® (Velka: GR)
Phacovit® (Bros: GR)
Provicar® (Ivax: MX)
Secabiol® (Normon: ES)
Soludamin® (Kleva: GR)
Superamin® (Vianex: GR)
Tonovit® (Remek: GR)
Trian® (Demo: GR)
Trinalin® (Norma: GR)

– acetate:

IS: *Acetyl-L-Carnitine*
IS: *Levacecarninum*
IS: *Levocarnitinum acetilum*

Branigen® (GlaxoSmithKline: IT)
Nicetile® [inj.] (Sigma Tau: IT)

– acetate hydrochloride:

IS: *Levocarnitinum acetilum (cloridato)*

Branigen® (GlaxoSmithKline: IT)
Branitil® (OFF: IT)
Neuroactil® (Bago: PE)
Neuroactil® (Bagó: AR)
Nicetile® (Sigma Tau: IT)
Normobren® (Medosan: IT)
Zibren® (Sigma Tau: IT)

– hydrochloride:

CAS-Nr.: 0006645-46-1
OS: *Levocarnitine Chloride JAN*
IS: *L-Carnitin Hydrochloride*

Abedine® (Zoki: JP)
Carnitolo® (Recofarma: IT)
Entomin® (Maruko: JP)
Eucar® (Salus: IT)

Neurex® (Beta: AR)
Vigosine® [vet.] (Ceva: FR)

Levocetirizine (Rec.INN)

L: Levocetirizinum
D: Levocetirizin
F: Lévocetirizine
S: Levocetirizina

Histamine, H_1-receptor antagonist

ATC: R06AE08
CAS-Nr.: 0130018-77-8 C_{21}-H_{25}-Cl-N_2-O_3
M_r 388.89

Acetic acid, [2-[4-[(R)-p-Chloro-alpha-phenylbenzyl]-1-piperazinyl]ethoxy]-

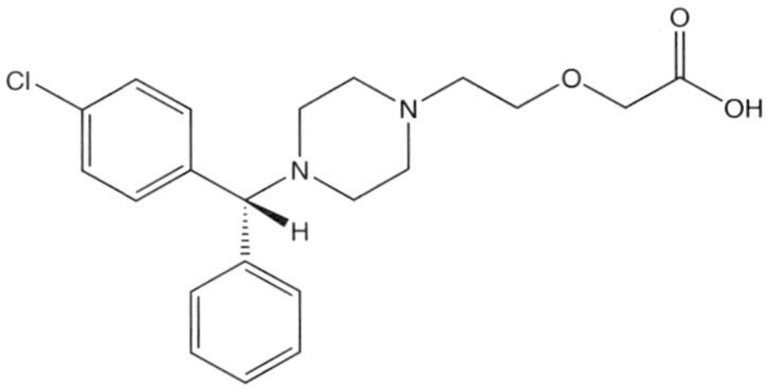

OS: *Levocetirizine [BAN, USAN]*
IS: *Cetirizine, (R)-*
IS: *(R)-Cetirizine*
IS: *(-)-cetirizine*

Neoalertop® (Chile: CL)
Teczine® (Crosslands: IN)
Xazal® (UCB: ES)

– dihydrochloride:

OS: *Levocetrizine Hydrochloride (2HCl) BAN*

Alcet® (Healthcare: BD)
Alerfix® (Andromaco: CL)
Altoral® (UCB: ES)
Clarigen® (Drug International: BD)
Curin® (Beximco: BD)
Degraler® (Bago: CL)
Lecetrin® (Delta: BD)
Lerex® (Asiatic Lab: BD)
Levocet® (Alco: BD)
Levomine® (Cinetic: AR)
Lingin® (Novartis: BD)
Megatrol® (Peoples: BD)
Muntel® (Lacer: ES)
Polan® (Globe: BD)
Rehaf® (Aristopharma: BD)
Seasonix® (Incepta: BD)
Sopras® (UCB: NL)
Sopras® (Vedim: ES)
Supraler® (Panalab: AR)
Virdos® (UCB: NL)
Vocet® (Apex: BD)
Xusal® (UCB: DE)
Xuzal® (UCB: MX)
Xyzall® (UCB: AT, BE, BF, BJ, CF, CG, CI, CM, FR, GA, GN, LU, MG, ML, MR, MU, NE, SN, TD, TG, ZR)
Xyzal® (Delphi: NL)
Xyzal® (EU-Pharma: NL)
Xyzal® (Euro: NL)
Xyzal® (Medis: SI)
Xyzal® (UCB: CH, CN, CZ, DK, FI, GB, HK, HR, HU, IE, IT, MY, NL, NO, PH, PT, RO, RU, SG, TH, TR, US, ZA)
Xyzal® (Vedim: PL)
Zyxem® (Farmalab: BR)
Zyxem® (GlaxoSmithKline: MX)

Levodopa (Rec.INN)

L: Levodopum
I: Levodopa
D: Levodopa
F: Lévodopa
S: Levodopa

Antiparkinsonian
Dopamine agonist

ATC: N04BA01
CAS-Nr.: 0000059-92-7 C_9-H_{11}-N-O_4
M_r 197.197

L-Tyrosine, 3-hydroxy-

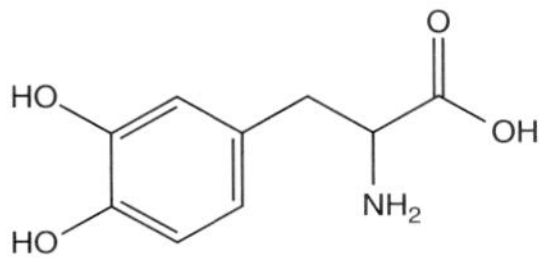

OS: *Levodopa [BAN, DCF, DCIT, USAN]*
IS: *L-Dopa*
IS: *RP 15208*
IS: *SE 200*
PH: Levodopa [JP XIV, Ph. Eur. 5, Ph. Int. 4, USP 30]
PH: Levodopum [Ph. Eur. 5, Ph. Int. 4]
PH: Lévodopa [Ph. Eur. 5]

Antiparkin® [+ Carbidopa] (GAMA: GE)
Apo-Levocarb® [+ Carbidopa] (Apotex: CA)
Atamet® [+ Carbidopa] (Athena: US)
Carbidopa + Levodopa® [+ Carbidopa] (Lakor: CO)
Carbidopa + Levodopa® [+ Carbidopa] (Memphis: CO)
Carbidopa + Levodopa® [+ Carbidopa] (Neo Quimica: BR)
Carbidopa and Levodopa® [+ Carbidopa] (Actavis: US)
Carbidopa and Levodopa® [+ Carbidopa] (Apotex: US)
Carbidopa and Levodopa® [+ Carbidopa] (Elan: US)
Carbidopa and Levodopa® [+ Carbidopa] (Endo: US)
Carbidopa and Levodopa® [+ Carbidopa] (Ethex: US)
Carbidopa and Levodopa® [+ Carbidopa] (Global: US)
Carbidopa and Levodopa® [+ Carbidopa] (Ivax: US)
Carbidopa and Levodopa® [+ Carbidopa] (Mylan: US)
Carbidopa and Levodopa® [+ Carbidopa] (Teva: US)
Carbidopa and Levodopa® [+ Carbidopa] (UDL: US)

L

Carbidopa Levodopa Davur® [+ Carbidopa] (Davur: ES)
Carbidopa/Levodopa Sandoz® [+ Carbidopa monohydrate] (Sandoz: CH)
Carbidopa/Levodopa Teva® [+ Carbidopa monohydrate] (Teva-NL: IT)
Carbidopa/Levodopa® [+ Carbidopa] (Teva: RO)
Carbilev® [+ Carbidopa] (Aspen: ZA)
Cardopar® [+ Carbidopa] (DHA: SG)
Carlevod® [+ Carbidopa] (LKM: AR)
Cinetol® [+ Carbidopa] (Abbott: CO, PE)
Co-Dopa® [+ Carbidopa] (Unimed & Unihealth: BD)
Credanil® [+ Carbidopa] (Remedica: CY, RO)
dopadura® [+ Carbidopa monohydrate] (Merck dura: DE)
Dopaflex® (medphano: DE)
Doparl® (Kyowa: JP)
Dopaston® (Sankyo: JP)
Dopicar® [+ Carbidopa] (Teva: IL)
Duellin® [+ Carbidopa] (Egis: HU, RU)
Duodopa® [+ Carbidopa monohydrate] (Neopharma: AT)
Duodopa® [+ Carbidopa monohydrate] (Orphan: DE, ES)
Duodopa® [+ Carbidopa monohydrate] (Solvay: DE, FI, GB, NL, NO, SE)
Duodopa® [+ Carbidopa monohydrate] (Torrent: BR)
Grifoparkin Lch® [+ Carbidopa] (Ivax: PE)
Half Sinemet CR® [+Carbidopa monohydrate] (Bristol-Myers Squibb: GB)
isicom® [+ Carbidopa monohydrate] (Desitin: CZ, DE, RO)
Kardopal® [+ Carbidopa monohydrate] (Orion: FI)
Kinson® [+ Carbidopa monohydrate] (Alphapharm: AU)
Lebocar® [+ Carbidopa] (Rontag: AR)
Lecarge® [+ Carbidopa] (Klonal: AR)
Ledopsan® [+ Carbidopa monohydrate] (Bristol-Myers Squibb: ES)
Levo-C AL® [+ Carbidopa monohydrate] (Aliud: DE)
Levobeta® [+ Carbidopa monohydrate] (betapharm: DE)
LevoCar retard® [+ Carbidopa] (Stada: AT)
Levocarb-GRY® [+ Carbidopa monohydrate] (Teva: DE)
Levocarb-TEVA® [+ Carbidopa monohydrate] (Teva: DE)
Levocomp® [+ Carbidopa] (Hexal: DE)
Levodop-neuraxpharm® [+ Carbidopa monohydrate] (neuraxpharm: DE)
Levodopa C Stada® [+ Carbidopa monohydrate] (Stadapharm: DE)
Levodopa C. comp. AbZ® [+ Carbidopa monohydrate] (AbZ: DE)
Levodopa Carbidopa Sandoz® [+ Carbidopa monohydrate] (Sandoz: DE, NL)
Levodopa comp TAD® [+ Carbidopa monohydrate] (TAD: DE)
Levodopa comp. B Stada® [+ Benserazide hydrochloride] (Stadapharm: DE)
Levodopa comp.-CT® [+ Carbidopa monohydrate] (CT: DE)
Levodopa+Carbidopa Ratiopharm® [+ Carbidopa monohydrate] (Ratiopharm: ES)
Levodopa-Benserazide® [+ Benserazide] (Lafedar: AR)
Levodopa-ratiopharm® [+ Carbidopa monohydrate] (ratiopharm: DE)
Levodopa/Carbidopa PCH® [+ Carbidopa monohydrate] (Pharmachemie: NL)
Levodopa/Carbidopa ratiopharm® [+ Carbidopa monohydrate] (Ratiopharm: SE)
Levodopa/Carbidopa STADA® [+ Carbidopa monohydrate] (Stada: NL)
Levodopa/Carbidopa STADA® [+ Carbidopa monohydrate] (Stadapharm: DE)
Levodopa/Carbidopa® [+ Carbidopa monohydrate] (Betapharm: NL)
Levodopa/Carbidopa® [+ Carbidopa monohydrate] (Hexal: NL)
Levodopa/Carbidopa® [+ Carbidopa monohydrate] (Stadapharm: DE)
Levodopa® (Remedica: CY)
Levohexal® [+ Carbidopa monohydrate] (Hexal: AU)
Levomed® [+ Carbidopa monohydrate] (Medochemie: HK)
Levomet® [+ Carbidopa] (Unison: SG)
Levopar® [+ Benserazide] (Hexal: DE)
Levopar® [+ Benserazide] (Teva: IL)
Levopa® (ICN: US)
Licebral Amex® [+ Carbidopa] (Amex: PE)
Madopar Quick® [+ Benserazide hydrochloride] (Roche: IS)
Madopark® [+ Benserazide hydrochloride] (Roche: SE)
Madopar® [+ Benserazide hydrochloride] (Eurim: AT)
Madopar® [+ Benserazide hydrochloride] (Galenika: RS)
Madopar® [+ Benserazide hydrochloride] (Leciva: CZ)
Madopar® [+ Benserazide hydrochloride] (Novartis: CZ)
Madopar® [+ Benserazide hydrochloride] (Paranova: AT)
Madopar® [+ Benserazide hydrochloride] (Roche: AL, AM, AT, AU, AW, AZ, BA, BE, BG, BH, BO, BR, BY, CA, CH, CI, CL, CN, CO, CR, CU, CZ, DE, DK, DO, ES, FI, FR, GB, GE, GN, GR, GT, HK, HN, HR, HU, ID, IE, IR, IS, IT, JM, JP, KH, KR, KZ, LA, LB, LK, LT, LU, LV, LY, MA, MD, MR, MU, MX, MY, NI, NL, NO, NZ, PA, PE, PH, PL, PT, PY, RO, RS, RU, SA, SG, SI, SK, SN, SV, SY, TH, TM, TN, TR, TT, TW, UY, UZ, VE, VN, ZA)
Madopar® [+ Benserazide hydrochloride] (Terapia: RO)
Madopar® [+ Benserazide] (Roche: AR)
Modopar® [+ Benserazide hydrochloride] (Eureco: NL)
Modopar® [+ Benserazide hydrochloride] (Euro: NL)
Modopar® [+ Benserazide hydrochloride] (Roche: FR)
Nacom® [+ Carbidopa monohydrate] (Bristol-Myers Squibb: DE)
Nakom® [+ Carbidopa] (Lek: BA, CZ, HR, PL, RO, RS, RU)

Nakom® [+ Carbidopa] (Merck Sharp & Dohme: SI)
Nervocur® [+ Carbidopa] (Fabra: AR)
Novo-Levocarbidopa® [+ Carbidopa] (Novopharm: CA)
Parcopa® [+ Carbidopa] (Schwarz: US)
Pardoz® [+ Benserazide hydrochloride] (Kalbe: ID)
Parken® [+ Carbidopa] (Psipharma: CO)
Parkidopa® [+ Carbidopa] (Cristália: BR)
Parkinel® [+ Carbidopa] (Bagó: AR)
PK-Levo® [+ Benserazide hydrochloride] (Merz: DE)
Prikap® [+ Carbidopa] (Elea: AR)
Prolopa® [+ Benserazide hydrochloride] (Roche: BE, BR, CL, LU)
Restex® [+ Benserazide hydrochloride] (Roche: AT, DE)
Sindopa® [+ Carbidopa] (Pacific: NZ)
Sindrob® [+ Carbidopa] (Farvet: PE)
Sinemet CR® [+ Carbidopa] (Bristol-Myers Squibb: GB)
Sinemet CR® [+ Carbidopa] (Merck Sharp & Dohme: AU, CH, CL, CN, HR, IL, NZ, PE)
Sinemet CR® [+ Carbidopa] (MerckSharp&Dohme: RO)
Sinemet® [+ Carbidopa monohydrate] (Bristol-Myers Squibb: FR, IE, IT)
Sinemet® [+ Carbidopa monohydrate] (Merck Sharp & Dohme: CZ, HU, NL, SE)
Sinemet® [+ Carbidopa monohydrate] (Vianex: GR)
Sinemet® [+ Carbidopa] (Abbott: CO)
Sinemet® [+ Carbidopa] (Bristol-Myers Squibb: CA, ES, GB, IE, US)
Sinemet® [+ Carbidopa] (Eurim: AT)
Sinemet® [+ Carbidopa] (Merck: BR)
Sinemet® [+ Carbidopa] (Merck Sharp & Dohme: AR, AT, AU, BE, CH, HK, HR, IS, LK, LU, MY, NL, NZ, PE, PL, PT, SG, TR, ZA)
Sinemet® [+ Carbidopa] (MSD: FI, NO)
Sinemet® [+ Carbidopa] (Paranova: AT)
Sinemet® [+ Carbidopa] (Vianex: GR)
Sinemet® [+ Levodopa] (Merck Sharp & Dohme: CZ)
Stalevo® [+Carbidopa] (Novartis: BR)
Striaton® [+ Carbidopa monohydrate] (Abbott: DE)
Sulconar® [+ Carbidopa] (Carrion: PE)
Syndopa® [+Carbidopa] (Sun: BD, IN, LK, RU, TH)
Tidomet® [+ Carbidopa] (Torrent: RU, SG)
Vopar® [+Benserazide] (Medline: TH)
Zimox® [+ Carbidopa] (Faran: RO)

Levodropropizine (Rec.INN)

L: Levodropropizinum
I: Levodropropizina
D: Levodropropizin
F: Lévodropropizine
S: Levodropropizina

Antitussive agent

CAS-Nr.: 0099291-25-5 C_{13}-H_{20}-N_2-O_2 M_r 236.323

(-)-(S)-3-(4-Phenyl-1-piperazinyl)-1,2-propanediol

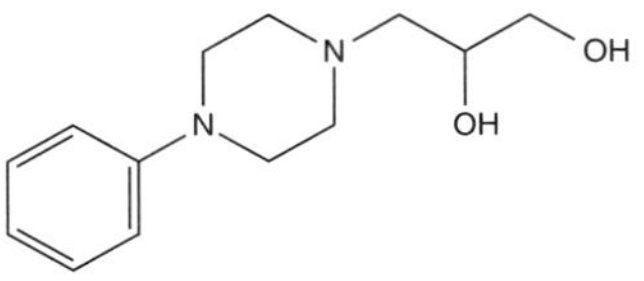

OS: *Lévodropropizine [DCF]*
OS: *Levodropropizina [DCIT]*
OS: *Levodopropizine [BAN]*
OS: *Levodropropizine [USAN]*
IS: *DF 526 (Dompé, Italy)*
PH: Levodropropizin [Ph. Eur. 5]
PH: Levodropropizine [Ph. Eur. 5]
PH: Levodropropizinum [Ph. Eur. 5]
PH: Lévodropropizine [Ph. Eur. 5]

Antux® (Aché: BR)
Broncard® (Labomed: CL)
Danka® (Angelini: IT)
Dropavix® (Pharmanel: GR)
Levocof® (Valeant: MX)
Levoferin® (Sanitas: PE)
Levopront® (Abdi Ibrahim: TR)
Levopront® (Bagó: CO)
Levopront® (Combiphar: ID)
Levopront® (Mack: CZ, DE, EC, HU, ID, RO, TH)
Levotuss® (Boehringer Ingelheim: GR)
Levotuss® (Dompé: IT, NL)
Levotuss® (Janssen: BE)
Levotuss® (Madaus: ES)
Levotuss® (Neo-Farmacêutica: PT)
Levotuss® (Stada: ES)
Levotus® (Ciclum: ES)
Percof® (Eurofarma: BR)
Perlatos® (Quesada: AR)
Quimbo® (Trommsdorff: DE)
Salvituss® (Firma: IT)
Tau-Tux® (Sigma Tau: IT)
Tautoss® (Sigma Tau: ES)
Zyplo® (Armstrong: MX)
Zyplo® (Pfizer: BR)

Levofloxacin (Rec.INN)

L: Levofloxacinum
I: Levofloxacina
D: Levofloxacin
F: Lévofloxacine
S: Levofloxacino

Antibiotic, gyrase inhibitor

ATC: J01MA12,S01AX19
ATCvet: QS01AX19
CAS-Nr.: 0100986-85-4 C_{18}-H_{20}-F-N_3-O_4 M_r 361.388

L

7H-Pyrido[1,2,3-de]-1,4-benzoxazine-6-carboxylic acid, 9-fluoro-2,3-dihydro-3-methyl-10-(4-methyl-1-piperazinyl)-7-oxo-, (S)-

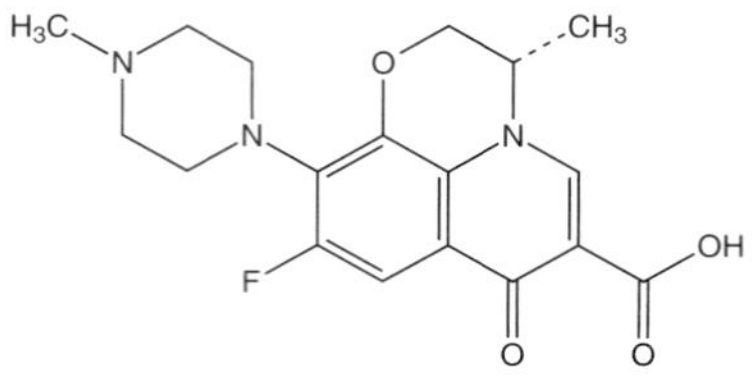

OS: *Levofloxacin [BAN, USAN]*
IS: *(S)-Ofloxacin*
IS: *HR 355*

3-F® (Edruc: BD)
Anlev® (Unimed & Unihealth: BD)
Auxxil® (Chile: CL)
Bacnil® (Rephco: BD)
Billin® (Bio-Pharma: BD)
Cravit Ophth Soln® (Ferron: ID)
Cravit Ophth Soln® (Santen: SG)
Cravit Ophthalmic® (Daiichi: TH)
Cravit Ophthalmic® (Santen: TH)
Cravit® [tab. inj.] (Daiichi: HK, JP, MY, SG, TH, VN)
Cravit® [tab. inj.] (Kalbe: ID)
Cravit® [tab. inj.] (Santen: JP)
Cravox® (Lapi: ID)
Exolev® (Novartis: BD)
Floracid® (Otechestvennye Lekarstva: RU)
Floxel® (Medichem: PH)
Floxlevo® (Biotenk: AR)
Glevo® (Glenmark: LK)
Iquix® (Santen: US)
Lailixin® (Xinchang: CN)
Laiwoxing® (Changzheng: CN)
Leeflox® (Centaur: IN)
Lee® (Asiatic Lab: BD)
Lefex® (Doctor's Chemical Work: BD)
Lefloxin® (Siam Bheasach: TH)
Leflox® (ACI: BD)
Lefos® (Guardian: ID)
Leoflox® (Alco: BD)
Leo® (Acme: BD)
Lequin® (Apex: BD)
Letab® (Chemist: BD)
Levaquin® (Janssen: BR, CA)
Levin® (Amico: BD)
Levobac® (Popular: BD)
Levocin Sanbe® (Sanbe: ID)
Levofloxacin® (Eurofarma: BR)
Levofloxacin® (Sicor: US)
Levoflox® (Cipla: IN)
Levoflox® (Drug International: BD)
Levogen® (General Pharma: BD)
Levolon® (Peoples: BD)
Levonix® (Ziska: BD)
Levoquinox® (ABL: PE)
Levoquin® (Navana: BD)
Levora® (Somatec: BD)
Levotac® (Cristália: BR)
Levoxacin® [inj.] (GlaxoSmithKline: IT)
Levoxetina® (Paill: SV)
Levoxin® (Apsen: BR)
Levox® (Opsonin: BD)
Levo® (Unipharm: IL)
Lexa® (Landson: ID)
Locin® (Globe: BD)
Lovequin® (Kimia: ID)
Lovicin® (Nipa: BD)
Loxin® (Medicon: BD)
Medibiox® (Medipharm: CL)
Mosardal® (Soho: ID)
Nislev® (Phapros: ID)
Novacilina® (Tecnofarma: PE)
Novo-Levofloxacin® (Novopharm: CA)
Nufalev® (Nufarindo: ID)
Olcin® (Delta: BD)
Orlev® (Orion: BD)
Prolevox® (Meprofarm: ID)
Quantrum® [compr.] (Farmindustria: PE)
Quinobiot® (Andromaco: CL)
Tavanic® (Sanofi-Aventis: GN)
Teraquin® (Fortbenton: AR)
Tivanik® (Silva: BD)
Truxa® (Tecnofarma: CO)
Ultraquin® (Panalab: AR)
Urilev® (Techno: BD)
Volequin® (Dexa Medica: ID)
Weishaxin® (Sunve: CN)
Yaxinbituo® (New Asiatic Pharm: CN)
Yaxinbituo® (Shanghai Pharma Group: CN)

– hemihydrate:

CAS-Nr.: 0138199-71-0
OS: *Levofloxacin JAN, USAN*
IS: *DR 3355*
IS: *RWJ 25213*

Cina® (Landsteiner: MX)
Cravit® (Fako: TR)
Elequine® (Janssen: CR, DO, GT, HN, MX, NI, PA, SV)
Erbalox® (Erbapharma: ID)
Evo® (Beximco: BD)
Leflumax ® (Elea: AR)
Lefoxin® (Shreya: RU)
Levaquin® (Janssen: AR, CO)
Levaquin® (Ortho: US)
Levofloxacina® (Richet: AR)
Levofloxacine® (Medcor: NL)
Levoking® (Renata: BD)
Levoxacin® (GlaxoSmithKline: IT)
Levoxin® (Incepta: BD)
Novacilina® (Tecnofarma: CL)
Oftaquix® (Santen: DE, DK, FI, HU, IS, LU, NL, PL, SE)
Oftaquix® (Tubilux: IT)
Ovelquin® (Probiomed: MX)
Ovel® (Aristopharma: BD)
Prixar® (Lepetit: IT)
Quixin® (Vistakon: US)
Recamicina® (Pharmabiotics: CL)
Reskuin® (Dankos: ID)
Septibiotic® (Sidus: AR)
Tamiram® (Eurofarma: BR)
Tavanic® (Aventis: AT, BA, BR, CO, CR, CZ, DO, EC, ES, GR, GT, HN, HR, IN, IT, LU, NI, PA, PE, SI, SV, ZA)
Tavanic® (Euro: NL)
Tavanic® (Sanofi-Aventis: AR, BE, BF, BJ, CG, CH, CI, CL, CM, DE, FI, FR, GA, GB, GE, HU, IE, IL, ML, MX, NE, NL, PT, RO, RU, SE, SN, TG, TR, VN)
Trevox® (Square: BD)
Uniflox® (Raffo: AR)

Voflaxin® (Lemery: MX)
Xenoxin® (Eskayef: BD)

Levomenthol (Rec.INN)

L: Levomentholum
I: Levomentolo
D: Levomenthol
F: Lévomenthol
S: Levomentol

Antipruritic

CAS-Nr.: 0001490-04-6 C_{10}-H_{20}-O
M_r 156.27

(-)-(1R,3R,4S)-Menthol

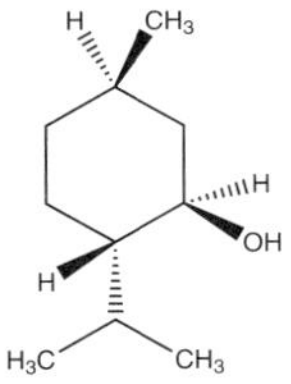

OS: *Levomenthol [BAN, USAN]*
OS: *l-Menthol [JAN]*
OS: *Menthol [DCF]*
PH: Menthol [USP 30]
PH: Lévomenthol [Ph. Eur. 5]
PH: Levomenthol [Ph. Eur. 5]
PH: Levomentholum [Ph. Eur. 5]

Menthol FNA® (FNA: NL)
Perskindol® (Vifor: CH)

Levomepromazine (Rec.INN)

L: Levomepromazinum
I: Levomepromazina
D: Levomepromazin
F: Lévomépromazine
S: Levomepromazina

Neuroleptic

ATC: N05AA02
CAS-Nr.: 0000060-99-1 C_{19}-H_{24}-N_2-O-S
M_r 328.481

10H-Phenothiazine-10-propanamine, 2-methoxy-N,N,β-trimethyl-, (R)-

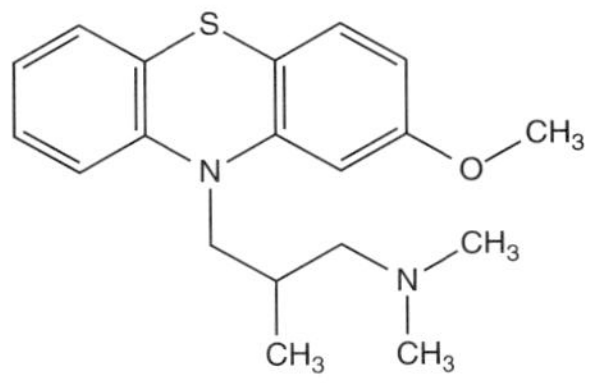

OS: *Lévomépromazine [DCF]*
OS: *Levomepromazine [BAN, USAN]*
OS: *Levomepromazina [DCIT]*
IS: *Methoxyphenothiazine*
IS: *RP 7044*
IS: *SKF 5116*
IS: *Bayer 1213 (Bayer)*
IS: *CL 36467 (Lederle, USA)*
IS: *CL 39743*
IS: *Methotrimeprazine*
PH: Methotrimeprazine [USP 30, BP 2003]
PH: Levomepromazine [BPvet 2002, BP 2003]

Nozinan® (Aventis: LU, SI)
Nozinan® (Aventis Pharma: ID)
Nozinan® (Gerot: AT)
Nozinan® (Link: GB)
Nozinan® (Patriot: PH)
Nozinan® (Sanofi-Aventis: AR, HR, IL)
Nozinan® (Vitoria: PT)
Sinogan® (Aventis: CO, EC)
Sinogan® (Sanofi-Aventis: CL)
Tisercin® (Egis: CZ, HU, PL, RU)
Tisercin® (Thiemann: DE)

– embonate:

IS: *Levopromazine pamoate*

Nozinan® (Sanofi-Aventis: FI)

– hydrochloride:

CAS-Nr.: 0004185-80-2
OS: *Levomepromazine Hydrochloride BANM, USAN*
IS: *Methotrimeprazine Hydrochloride*
PH: Lévomépromazine (chlorhydrate de) Ph. Eur. 5
PH: Levomepromazinhydrochlorid Ph. Eur. 5
PH: Levomepromazini hydrochloridum Ph. Eur. 5
PH: Levomepromazine Hydrochloride Ph. Eur. 5

Levomepromazin-neuraxpharm® (neuraxpharm: DE)
Neozine® (Aventis: BR)
Neurocil® [inj.] (Bayer: DE)
Nozinan® (Aventis: BA, DK, LU, NZ)
Nozinan® (Gerot: AT)
Nozinan® (Link: GB)
Nozinan® (Recip: NO)
Nozinan® (Sanofi-Aventis: BE, CA, CH, FR, IE, NL, SE)
Nozinan® [vet.] (Pfizer: NO)
Sinogan® [inj.] (Aventis: ES, PE)
Sinogan® [inj.] (Sanofi-Aventis: MX)
Tisercin® (Egis: CZ)

– maleate:

CAS-Nr.: 0007104-38-3
OS: *Levomepromazine Maleate BANM, USAN*
IS: *Methotrimeprazine Maleate*
PH: Lévomépromazine (maléate de) Ph. Eur. 5
PH: Levomepromazine Maleate Ph. Eur. 5, JP XIV
PH: Levomepromazini maleas Ph. Eur. 5
PH: Levomepromazinmaleat Ph. Eur. 5

Apo-Methoprazine® (Apotex: CA)
Detenler® (Duncan: AR)
Levium® (Hexal: DE)
Levolam® (Lamsa: AR)
Levomepromazin-neuraxpharm® (neuraxpharm: DE)
Levomepromazina Cevallos® (Cevallos: AR)
Levomepromazina® (Medipharma: AR)
Levomepromazine Gf® (Genfarma: NL)
Levomepromazine PCH® (Pharmachemie: NL)
Levomepromazine Ratiopharm® (Ratiopharm: NL)

Levomepromazin® (Actavis: GE)
Levomepromazin® (Balkanpharma: BG)
Levomepromazin® (Terapia: RO)
Levozin® (Cristália: BR)
Levozin® (Orion: FI)
Methozane® (Taro: IL)
Neozine® (Sanofi-Aventis: BR)
Neurocil® (Bayer: DE)
Nozinan® (Aventis: BA, GR, IS, IT, LU, NZ)
Nozinan® (Gerot: AT)
Nozinan® (Link: GB)
Nozinan® (Recip: NO)
Nozinan® (Sanofi-Aventis: CA, CH, FI, FR, NL, SE)
Procrazine® (Toyo Pharmar: JP)
Rensed® (Quimico: MX)
Ronexine® (Teva: IL)
Sinogan® [tabs] (Aventis: ES, PE)
Sinogan® [tabs] (Sanofi-Aventis: MX)
Tisercin® [compr.] (Egis: CZ, HU, PL)
Tisercin® [compr.] (Thiemann: DE)
Togrel® (Ivax: AR)

Levomethadone (Rec.INN)

L: Levomethadonum
D: Levomethadon
F: Lévométhadone
S: Levometadona

Opioid analgesic

CAS-Nr.: 0000125-58-6 C_{21}-H_{27}-N-O M_r 309.457

3-Heptanone, 6-(dimethylamino)-4,4-diphenyl-, (R)-

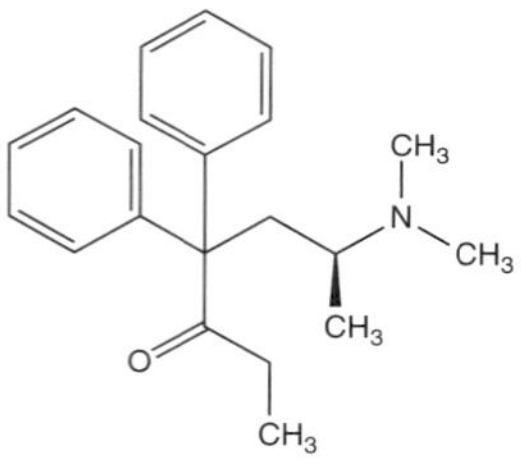

OS: *Levomethadone [USAN]*
IS: *Win 1766*

– hydrochloride:
CAS-Nr.: 0005967-73-7
PH: Levomethadone hydrochloride Ph. Eur. 5, BP 2003

L-Polamidon® (Sanofi-Aventis: DE)

Levonorgestrel (Rec.INN)

L: Levonorgestrelum
I: Levonorgestrel
D: Levonorgestrel
F: Lévonorgestrel
S: Levonorgestrel

Progestin

ATC: G03AC03
CAS-Nr.: 0000797-63-7 C_{21}-H_{28}-O_2 M_r 312.455

18,19-Dinorpregn-4-en-20-yn-3-one, 13-ethyl-17-hydroxy-, (17α)-

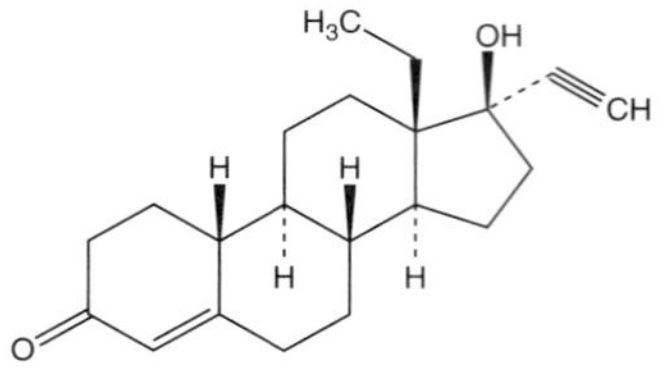

OS: *Levonorgestrel [BAN, DCF, DCIT, USAN]*
IS: *Dexnorgestrelum*
IS: *Wy 5104*
PH: Levonorgestrel [BP 2003, Ph. Eur. 5, Ph. Int. 4, USP 30]
PH: Levonorgestrelum [Ph. Eur. 5, Ph. Int. 4]
PH: Lévonorgestrel [Ph. Eur. 5]

28 mini® (Jenapharm: DE)
duofem® (Hexal: DE)
Ecee2® (German Remedies: IN)
Escapelle® (Gedeon Richter: HU, PL, RU)
Glanique® (Asofarma: MX)
Jadelle® (LAB: LU)
Jadelle® (Schering: CO, ES, FI, NL, NO, SE)
Jadelle® (Schering-Plough: US)
Jadena® (Leiras: ID)
Levogynon® (Schering: DE)
Levonelle® (Berlipharm: IE)
Levonelle® (Medimpex-GB: IT)
Levonelle® (Rex: NZ)
Levonelle® (Schering: GB, PT)
Levonorgestrel L.CH.® (Chile: CL)
Levonova® (Schering: DK, IS, NO, SE)
Madonna® (Biolab: TH)
Medonor® (Medopharm: VN)
Microluton® (Schering: DE, FI)
Microlut® (Bayer: CH)
Microlut® (Schering: AR, AU, BE, CO, DE, IE, IT, LU, MX, NZ, RU)
Microval® (AHP: LU)
Microval® (Akromed: ZA)
Microval® (Wyeth: AU, CL, CO, FR)
Mikro-30 Wyeth® (Wyeth: DE)
Mirena® (Bayer: CH)
Mirena® (Berlex: CA, US)
Mirena® (Leiras-SF: IT)
Mirena® (Schering: AT, AU, BE, BG, BR, CL, CN, CO, CR, CZ, DE, DO, ES, FI, FR, GB, GT, HN, HR, HU, IE, IL, LU, MX, MY, NI, NL, NZ, PA, PE, PL, PT, RO, RS, RU, SG, SI, SV, TR, ZA)
Mirena® (Schering-Plough: HK)
Norgeston® (Schering: DE, GB)
Norgestrel Max® (Biotenk: AR)
Norlevo® (Abdi Ibrahim: TR)
Norlevo® (Alcala: ES)
Norlevo® (Besins: LU)
Norlevo® (Fargin: PT)
Norlevo® (Ferring: IE)
Norlevo® (HRA: DK, FR, IS, IT, LU, NL, NO)
Norlevo® (Krka: SI)
Norlevo® (Leiras: FI)
Norlevo® (Medi Challenge: ZA)
Norlevo® (Nycomed: SE)
Norlevo® (Pharmalliance: DZ)
Norlevo® (Piette: BE)

Norlevo® (Sandoz: CH)
Norlevo® (Win-Medicare: IN)
Norplant® (AHP: LU)
Norplant® (Leiras: CZ, ID)
Norplant® (Schering: TH)
Norplant® (Wyeth: US)
Nortrel® (Wyeth: BR)
Ovulol® (Microsules: AR)
Plan B® (Duramed: US)
Plan B® (Paladin: CA)
Post-Day® (Investigacion Farmaceutica: MX)
Postinor-2® (Aché: BR)
Postinor-2® (Gedeon Richter: BD, CZ, IL, JM, TH, VN)
Postinor-2® (Profamilia: CO)
Postinor-2® (Rex: NZ)
Postinor-2® (Schering: AU)
Postinor-Uno® (Aché: BR)
Postinor® (Gedeon Richter: BD, EG, PL, RO, RS, RU, SG, SY, YE)
Postinor® (Gobbi: AR, AR)
Postinor® (Labatec: CH)
Postinor® (Medimpex: AT, CZ, DK, IS, LU, NL, NO)
Postinor® (Schering: ES, SE)
Postinor® (Tunggal: ID)
Pozato® (Libbs: BR)
Rigesoft® (Gedeon Richter: HU)
Segurite® (Raffo: AR)
Tace® (Gynopharm: CL)
Unofem® (Hexal: DE)
Vikela® (Gerot: AT)
Vikela® (Laboratiore HRA Pharma: AT)
Vikela® (Perryment: NL)

Levorphanol (Rec.INN)

L: Levorphanolum
I: Levorfanolo
D: Levorphanol
F: Lévorphanol
S: Levorfanol

Opioid analgesic

CAS-Nr.: 0000077-07-6 C_{17}-H_{23}-N-O
M_r 257.381

Morphinan-3-ol, 17-methyl-

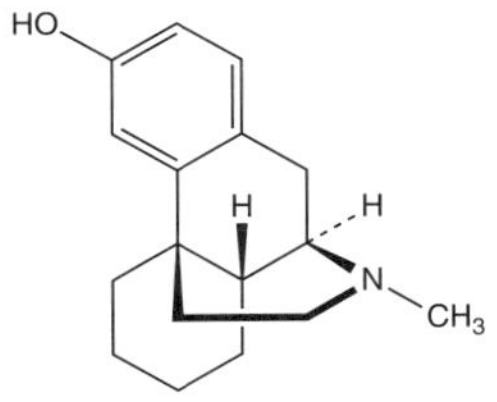

OS: *Levorphanol [BAN, DCF]*
IS: *Ro 1-5431*

– tartrate:

CAS-Nr.: 0005985-38-6
OS: *Levorphanol Tartrate BANM, USAN*
IS: *Levorphanum*
PH: Levorfanolo tartrato F.U. IX
PH: Levorphanol Tartrate BP 1988, USP 30

Levo-Dromoran® (Valeant: US)
Levorphanol Tartrate® (Roxane: US)

Levosalbutamol (Rec.INN)

L: Levosalbutamolum
D: Levosalbutamol
F: Levosalbutamol
S: Levosalbutamol

Antiasthmatic agent
β_2-Sympathomimetic agent

ATC: R03AC
CAS-Nr.: 0034391-04-3 C_{13}-H_{21}-N-O_3
M_r 239.31

(1R)-2-[(1,1-Dimethylethyl)amino)-1-[4-hydroxy-3-(hydroxymethyl)phenyl]ethanol

(R)-alpha-(((1,1-dimethylethyl)amino)methyl)-4-hydroxy-1,3-benzenedimethanol

(R)-alpha-[(tert-Butylamino)methyl]-4-hydroxy-3-(hydroxymethyl)benzylalkohol [IUPAC]

(R)-alpha-[tert-butylamino)methyl]-4-hydroxy-m-xylene-alpha,alpha'-diol [WHO]

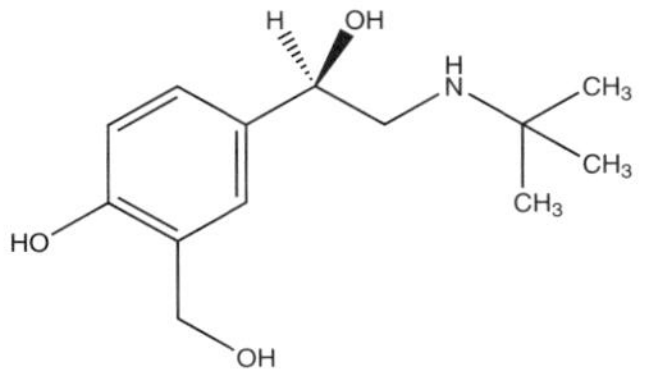

OS: *Levosalbutamol [USAN]*
IS: *Levalbuterol*
IS: *Salbutamol (R)-*
IS: *(R)-Salbutamol*
IS: *(R)-Albuterol*
IS: *R(-)-Albuterol*

– hydrochloride:

CAS-Nr.: 0050293-90-8
OS: *Levalbuterol Hydrochloride USAN*
IS: *(R)-Albuterol HCl*

Ventoplus® (Phoenix: AR)
Xopenex® [sol.] (Sepracor: US)

– tartrate:

CAS-Nr.: 0661464-94-4

Xopenex® HFA [aerosol] (Sepracor: US)

Levosimendan (Rec.INN)

L: Levosimendanum
D: Levosimendan
F: Lévosimendan
S: Levosimendan

Cardiac stimulant, cardiotonic agent
Vasodilator

ATC: C01CX08
CAS-Nr.: 0141505-33-1 C_{14}-H_{12}-N_6-O
M_r 280.28

Propanedinitrile, [[4-(1,4,5,6-tetrahydro-4-methyl-6-oxo-3-pyridazinyl)phenyl]hydrazono], (R)

Mesoxalonitrile [p[(R)-1,4,5,6-tetrahydro-4-methyl-6-oxo-3-pyridazinyl]phenyl]hydrazone [USAN]

Mesoxalonitrile (-)-(p((R)-1,4,5,6-tetrahydro-4-methyl-6-oxo-3-pyridazinyl)phenyl)hydrazone [WHO]

(-)-(R)-4,5-Dihydro-3-{4-[N'-(dicyanmethylen)-hydrazono]phenyl}-4-methylpirdazin-6(1H)-on [IUPAC]

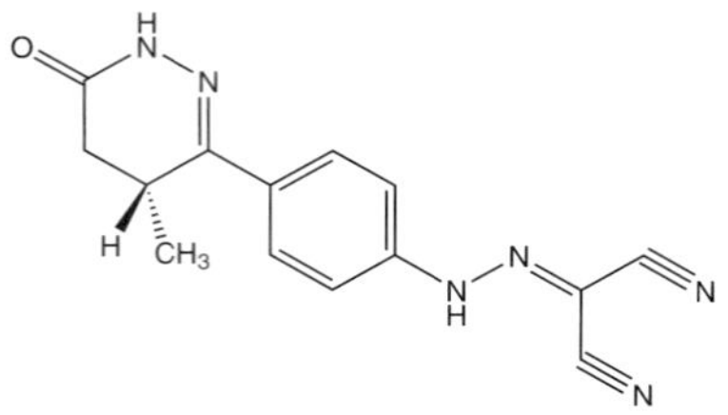

OS: *Levosimendan [USAN]*
IS: *(-)-OR 1259 (Orion Pharm., Finland)*

Daxim® (Abbott: CL, CO)
Simdax® (Abbott: AR, BR, ES, GR, HK, HR, HU, IL, IS, IT, LU, MX, NO, RO, SE, TR)
Simdax® (Orion: AT, CZ, FI, RU, SE, US)

Levosulpiride (Rec.INN)

L: Levosulpiridum
D: Levosulpirid
F: Lévosulpiride
S: Levosulpirida

Antiemetic
Neuroleptic

ATC: N05AL07
ATCvet: QN05AL07
CAS-Nr.: 0023672-07-3 C_{15}-H_{23}-N_3-O_4-S
M_r 341.439

(1)-N-[[(S)-1-Ethyl-2-pyrrolidinyl]methyl]-5-sulfamoyl-oanisamide

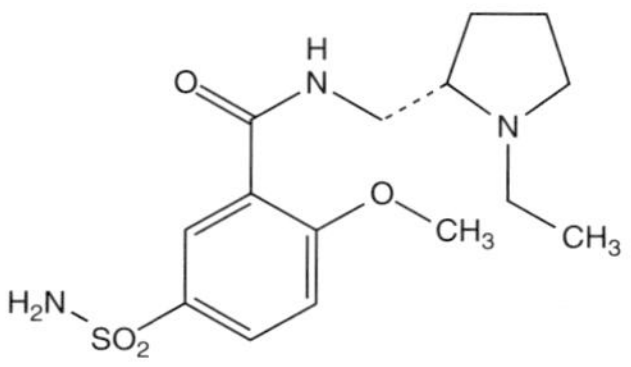

OS: *Levosulpiride [USAN]*
IS: *(S)-(-)-Sulpirid*

Dislep® (Abbott: MX)
Dislep® (Bagó: AR)
Dislep® (Ferrer: CR, DO, GT, HN, NI, PA, SV)
Dislep® (Silesia: CL)
Endacine® (Andromaco: CL)
Levobren® (GiEnne: IT)
Levogastrol® (Salvat: ES)
Levopraid® (Abbott: IT)
Levopraid® (Knoll: RO)
Levopraid® (Therabel: BE, LU)
Pausedal® (Alter: ES)

Levothyroxine (BAN)

L: Levothyroxinum
D: DL-Thyroxin

Thyroid hormone

CAS-Nr.: 0000051-48-9 C_{15}-H_{10}-I_4-N-O_4
M_r 775.855

L-Tyrosine, O-(4-hydroxy-3,5-diiodophenyl)-3,5-diiodo-

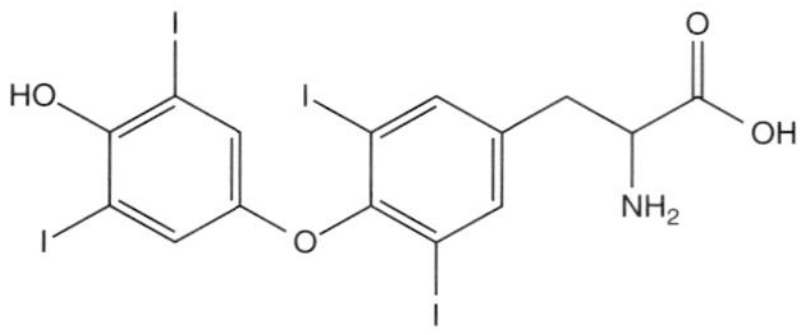

OS: *Thyroxine [BAN]*
OS: *Levothyroxine [BAN]*
IS: *L-Thyroxine*
IS: *Thyroxinum laevogirum*
PH: Levothyroxinum [2.AB-DDR]
PH: Thyroxinum [OeAB IX, Ph. Helv. VI]

Fada Levotiroxina® (Fada: AR)
Forthyron® [vet.] (Eurovet: BE, NL)
Heska Chewable Thyroid Supplement® [vet.] (Heska: US)
Novothyral® [+ Liothyronine] (Merck: CL)
Thyroid-S® (Sripasit: TH)
Tiroxmen® (Menarini: CR, DO, GT, HN, NI, PA, SV)

– sodium salt:

CAS-Nr.: 0000055-03-8
OS: *Levothyroxine Sodium BANM, USAN*
OS: *Lévothyroxine sodique DCF*
OS: *Thyroxine Sodium JAN, BANM*
OS: *Levotiroxina sodica DCIT*
IS: *Thyroxinum natricum*
IS: *Thyroxin-Natrium*
PH: Lévothyroxine sodique Ph. Eur. 5
PH: Levothyroxine Sodium JP XIV, Ph. Eur. 5, Ph. Int. 4, USP 30
PH: Levothyroxin-Natrium Ph. Eur. 5
PH: Levothyroxinum natricum Ph. Eur. 5, Ph. Int. 4

Bagothyrox® (Bago: RU)
Berithyrox® (Berlin-Chemie: DE)
Berlthyrox® (Berlin Chemie: VN)
Berlthyrox® (Berlin-Chemie: DE)
Cynocuatro® (Grossman: MX)
Dexnon® (Allen: ES)

Dexnon® (Kern: ES)
Eferox® (Hexal: PL)
Eferox® (Lindopharm: DE)
Elthyrone® (Abbott: BE, LU)
Eltroxin® (GlaxoSmithKline: AE, AG, AN, AW, BB, BH, CA, CZ, DK, GD, GY, HK, HU, IL, IN, IR, JM, KW, LC, NL, NZ, OM, PH, PL, QA, SG, SI, TH, TT, VC, ZA)
Eltroxin® (Goldshield: GB, IE)
Eltroxin® (Sigma Tau: CH)
Esaldox® (Gynopharm: CL)
Euthyrox® (Genpharm: CA)
Euthyrox® (Merck: AR, AT, BE, BR, CH, CO, CZ, DE, HR, HU, ID, IS, LU, NL, PL, SE, SG, TH, TR)
Euthyrox® (Merck KGaA: CN, RO, RS)
Euthyrox® (Merck Sharp & Dohme: SI)
Euthyrox® (Nycomed: GE, RU)
Eutirox® (Bracco: IT)
Eutirox® (Merck: CL, CR, DO, EC, ES, GT, HN, MX, NI, PA, PE, SV)
Forthyron® [vet.] (Albrecht: DE)
Forthyron® [vet.] (Ceva: FR)
Forthyron® [vet.] (Gräub: CH)
L-Thyrox Hexal® (Hexal: DE)
L-Thyroxin Berlin-Chemie® (Berlin-Chemie: RU)
L-Thyroxin beta® (betapharm: DE)
L-Thyroxin Henning® (Henning Berlin: DE)
L-Thyroxin Henning® (Sanofi-Aventis: HU)
L-Thyroxin Henning® (Sanofi-Synthelabo: AT, DE)
L-Thyroxin-Akri® (Akrihin: RU)
L-Thyroxin-CT® (CT: DE)
L-Thyroxin-ratiopharm® (ratiopharm: DE)
L-Thyroxine Christiaens® (Christiaens: LU)
L-Thyroxine Christiaens® (Nycomed: LU)
L-Thyroxine Roche® (Roche: FR)
L-Thyroxine® (Christiaens: BE)
L-Thyroxine® [vet.] (Aesculaap: NL)
L-Thyroxin® (Berlin-Chemie: RO)
L-T® (Craveri: AR)
Letequatro® (Upsifarma: PT)
Letrox® (Berlin Chemie: BA)
Letrox® (Berlin-Chemie: CZ, HR, HU, PL, RS)
Letrox® (Menarini: AE, BH, CY, EG, IQ, JO, KW, LB, LY, MA, MT, OM, QA, SA, SD, SY, TN, YE)
Letter® (Sanofi-Aventis: PT)
Levaxin® (Nycomed: IS, NO, SE)
Levo-Powder® [vet.] (Vetus: US)
Levo-T® (Mova: US)
Levotabs® [vet.] (Vetus: US)
Levothroid® (Aventis: ES)
Levothroid® (Forest: US)
Levothyroxine Christiaens® (Nycomed: NL)
Levothyroxine Sodium® (Abraxis: US)
Levothyroxine Sodium® (Bedford: US)
Levothyroxine Sodium® (Lannett: US)
Levothyroxine Sodium® (Mylan: US)
Levothyroxine Sodium® (Sandoz: US)
Levothyroxine® (Alpharma: GB)
Levothyroxine® (APP: HK)
Levothyroxine® (Hillcross: GB)
Levothyroxine® (Kent: GB)
Levothyroxine® (Pharmaceutical Partners of Canada: CA)
Levothyroxine® (Teva: GB)
Levothyroxine® (Wockhardt: GB)
Levothyroxin® [vet.] (Ceva: NL)
Levotiron® (Abdi Ibrahim: TR)
Levotiroxina Fabra® (Fabra: AR)
Levotiroxina Northia® (Northia: AR)
Levotiroxina Sodica L.CH.® (Chile: CL)
Levotiroxina Sodica® (Bestpharma: CL)
Levotiroxina Sodica® (GlaxoSmithKline: AR)
Levotiroxina® (Ophalac: CO)
Levoxyl® (Jones: US)
Lixin Henning® (Henning Berlin: DE)
Lévothyrox® (Merck Lipha Santé: FR)
Novothyral® (Merck: LU)
Novothyral® (Merck KGaA: DE)
Novothyrox® (Genpharm: US)
Nutrived T-4 Chewables® [vet.] (Vedco: US)
Oroxine® (GlaxoSmithKline: BD, MY, SG)
Oroxine® (Sigma: AU)
Pondtroxin® (Pond's: TH)
Puran T4® (Sanofi-Synthelabo: BR)
Roxin® (Cadila: IN)
Soloxine® [vet.] (Arnolds: GB)
Soloxine® [vet.] (Daniels: US)
Synthroid® (Abbott: BR, CA, CO, US)
T4-Bago® (Bago: CL)
T4® (Montpellier: AR)
T4® (Uni-Pharma: GR)
Tefor® (Organon: TR)
Tetroid® (Aché: BR)
Thevier® (GlaxoSmithKline: DE)
Thyradin-S® (Teikoku Hormone: JP)
Thyrax Duotab® (Organon: LU, NL)
Thyrax® (Organon: BE, ES, ET, GH, ID, KE, LU, PH, TZ, ZW)
Thyrex® (Sandoz: AT)
Thyro-4® (Faran: GR, RO)
Thyro-Form® [vet.] (Vet-A-Mix: US)
Thyro-L® [vet.] (Vet-A-Mix: US)
Thyro-Tabs® [vet.] (Vet-A-Mix: US)
Thyrohormone® (Ni-The: GR)
Thyrolar® [+ Liothyronine] (Forest: US)
Thyrosit® (Sriprasit: SG, TH)
Thyrosyn® [vet.] (Vedco: US)
Thyroxine Alpharma® (Alpharma: ID)
Thyroxine-Lam Thong® (Lam Thong: TH)
Thyroxine® [vet.] (Apex: AU)
Thyroxine® [vet.] (Butler: US)
Thyroxin® (Orion: FI)
Thyrozine® [vet.] (Phoenix: US)
Tiracrin® (Geymonat: IT)
Tiroidine® [tabs] (Rudefsa: MX)
Tirosint® (Amsa: IT)
Tirosint® (IBSA: CH)
Tiroxin® (Metlen: CO)
Tivoral® (Galenika: RS)
Unithroid® (Watson: US)

Lidamidine (Rec.INN)

L: **Lidamidinum**
D: **Lidamidin**
F: **Lidamidine**
S: **Lidamidina**

Antidiarrhoeal agent
Local anesthetic

CAS-Nr.: 0066871-56-5 C_{11}-H_{16}-N_4-O
M_r 220.289

Urea, N-(2,6-dimethylphenyl)-N'-[imino(methylamino)methyl]-

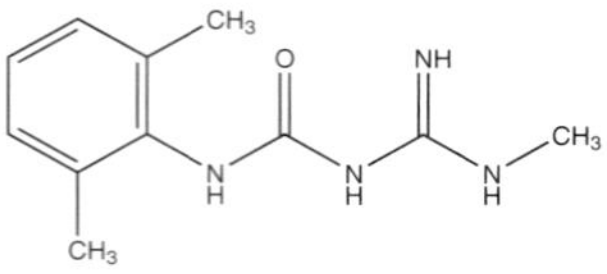

– hydrochloride:
CAS-Nr.: 0065009-35-0
OS: *Lidamidine Hydrochloride USAN*
IS: *WHR-1142 A*

Supra® (ICN: DO, GT, NI, SV)
Supra® (Valeant: MX)

Lidocaine (Rec.INN)

L: **Lidocainum**
I: **Lidocaina**
D: **Lidocain**
F: **Lidocaïne**
S: **Lidocaina**

Antiarrhythmic agent
Local anesthetic

ATC: C01BB01,C05AD01,D04AB01,N01BB02, R02AD02,S01HA07,S02DA01
ATCvet: QC01BB01,QD04AB01,QN01BB02, QS01HA07,QS02DA01
CAS-Nr.: 0000137-58-6 C_{14}-H_{22}-N_2-O
M_r 234.35

Acetamide, 2-(diethylamino)-N-(2,6-dimethylphenyl)-

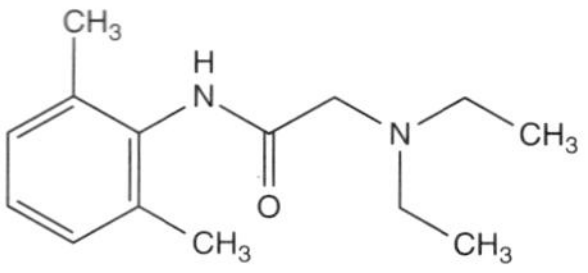

OS: *Lidocaine [BAN, JAN]*
OS: *Lidocaïne [DCF]*
OS: *Lidocaina [DCIT]*
OS: *Lignocaine [BAN]*
PH: Lidocaine [BP 2003, JP XIV, Ph. Eur. 5, Ph. Int. 4, USP 30]
PH: Lidocainum [Ph. Eur. 5, Ph. Int. 4]
PH: Lidocain [Ph. Eur. 5]
PH: Lidocaïne [Ph. Eur. 5]

After Burn® (Tender: IL)
Alfasid® (Fako: TR)
Anestol® (Sandoz: TR)
Anginovag® (Ferrer: PE)
Bamipol® (Avsa: PE)
Dentinen® (Peruano-Germano: PE)
Dermomax® (Biosintética: BR)
Dimecaina® (Grünenthal: CL)
Dolo Dent® (Lafarpe: PE)
Dolokain® (Jadran: BA, HR)
Farmacaina Pomada® (Grupo Farma: CO)
Fidecaina® (Fidex: AR)
Giancaina® (Gianfarma: PE)
Intubeaze® [vet.] (Arnolds: GB)
Kenergon® (Magistra: CH)
Ksilidin® (Osel: TR)
LD-Cain® (Millimed: TH)
Lidocain CO_2 Sintetica® (Sintetica: CH)
Lidocain Oint® (Actavis: GE)
Lidocaina AL® (ISP: PE)
Lidocaina Ethicalpharma® (Ethicalpharma: PE)
Lidocaina Hiperbarica Braun® (Braun: ES)
Lidocaina Hiperbarica® (Biosano: CL)
Lidocaina Infosint® (ACS Dobfar Info: RO)
Lidocaina Lusa® (Lusa: PE)
Lidocaina Monsanti® (Monsanti: PE)
Lidocaina Trebol® [inj.] (Terbol: PE)
Lidocaina® (Abbott: PE)
Lidocaina® (Apsen: BR)
Lidocaina® (Cristália: BR)
Lidocaina® (ISP: PE)
Lidocaine FNA® (Tiofarma: NL)
Lidocain® (Balkanpharma: BG)
Lidocain® (Egis: CZ, HU, MY, PL, RO, RU)
Lidocom® (Comiesa Druc: PE)
Lidodan Ointment® (Odan: CA)
Lidonest® (AstraZeneca: ID)
LidoPosterine® (Kade: DE)
Lidospray® (Apsen: BR)
Lido® (Walter Ritter: TH)
Lignocaine Gel 2%® (Orion: AU)
Lignocainum® (Polfa Warszawa: PL)
Lokalen® (Toprak: TR)
Nene Dent® (Dentinox: PE)
Neurodol® (IBSA: CH)
Otidol® (Lansier: PE)
Posterisan akut® (Kade: DE)
Prolong® (Maver: CL)
Seda-Gel® (Key: AU)
Sensipharma® (Alpharma: MX)
Solarcaine® (Vifor: CH)
Solvente Indoloro Northia® (Northia: AR)
Stud® (Key: AU)
Stud® (Trupharm: IL)
Vagisil® (Combe: IT)
Versatis® (Grünenthal: RU)
Xilonibsa® (Inibsa: ES, PT)
Xylocaina Pomada® (AstraZeneca: PT)
Xylocaina Spray® (AstraZeneca: AE, BH, CL, CY, EG, IQ, JO, KW, LB, LY, MT, OM, PT, QA, SA, SY, YE)
Xylocaina® (AstraZeneca: AR, BR, IT, PT)
Xylocaina® (Representaciones e Investigaciones Medicas: MX)
Xylocaine Jelly® (AstraZeneca: IL)
Xylocaine Ointment® (AstraZeneca: AU)
Xylocaine Orifarm® (AstraZeneca: DK)
Xylocaine Plain® (AstraZeneca: AU)
Xylocaine Pumpspray® (AstraZeneca: AT, HK)

Xylocaine Spray® (AstraZeneca: AU, GB, ID, NZ, RO)
Xylocaine-Astra® (AstraZeneca: LU)
Xylocaine® (AstraZeneca: AU, BE, CA, CZ, GB, IL, IN, LK, NL, NZ, SG, ZA)
Xylocain® (AstraZeneca: AT, CH, CZ, DE, DK, FI, IS, NO, SE, TR)
Xylonor® (Austrodent: AT)

– hydrochloride (anhydrous):

CAS-Nr.: 0000073-78-9
OS: *Lidocaine Hydrochloride BANM, JAN, USAN*
IS: *Lignocainium chloratum*
IS: *Lidocaine hydrochloride anhydrous*
IS: *Lidocaini hydrochloridum anhydricum*
IS: *Lignocaine Hydrochloride*
PH: Lidocaine Hydrochloride USP 30
PH: Lidocaine Hydrochloride Injection JP XIII
PH: Lidocaini hydrochloridum Ph. Int. III

Anestacon® (PolyMedica: US)
Anestesin® [vet.] (Sorologico: PT)
Anusol® (Pfizer: BE)
Aritmal® [inj.] (Osel: TR)
Ban-Itch® [vet.] (Apex: AU)
Basicaina® (Galenica: IT)
Cathejell mit Lidocain® (Montavit: AT)
Cloridrato de Lidocaina® (Abbott: BR)
Dentaliv Gel Topico® (Mintlab: CL)
Dentinox® (Dentinox: BG, LU)
Dentinox® (Vemedia: NL)
Dequaspray® (Reckitt Benckiser: GB)
Dimecaina® (Grünenthal: CL)
Docaine® (M & H: TH)
Dynexan® (Kreussler: CH, DE, FR)
Ecocain® (Molteni: IT)
Esracain® (Rafa: IL)
Garianes® (Nufarindo: ID)
Gelcain Gel Oral® (Valma: CL)
Gelicain® (DeltaSelect: DE)
Gesicain® (Sarabhai: IN)
Heweneural® (Hevert: DE)
Indican® (Sidus: AR)
Instillagel® (Farco: AT, IE, LU)
Instillagel® (Selena Fournier: SE)
Jasocaine® (Jayson: BD)
Jetmonal® (Adeka: TR)
Jetokain® (Adeka: TR)
Kamistad® (Stada: CZ)
Laocaine® [vet.] (Schering-Plough Vétérinaire: FR)
Licain® (DeltaSelect: DE)
Lidesthesin® (Ritsert: DE)
Lidestol® (Münir Sahin: TR)
Lidobag® (Eczacibasi Baxter: TR)
Lidocain ACS Dobfar Info® (ACS: CH)
Lidocain Braun® (Braun: DE, LU)
Lidocain HCl Bichsel® (Bichsel: CH)
Lidocain Human® (Teva: HU)
Lidocain Hydrochloric® (Biopharm: GE)
Lidocain Steigerwald® (Steigerwald: DE)
Lidocain Streuli® (Streuli: CH)
lidocain-loges® (Loges: DE)
Lidocain-Terbol® (Terbol: PE)
Lidocaina AL-ISP® (ISP: PE)
Lidocaina Angelini® (Angelini: IT)
Lidocaina Apolo® (Apolo: AR)
Lidocaina Biocrom® (Biocrom: AR)
Lidocaina Braun® (Braun: ES, PT)
Lidocaina Clorhidrato L.CH.® (Chile: CL)
Lidocaina Clorhidrato® (Bestpharma: CL)
Lidocaina Clorhidrato® (Biosano: CL)
Lidocaina Clorhidrato® (Sanderson: CL)
Lidocaina Cloridrato Alfa Intes® (Alfa Intes: IT)
Lidocaina cloridrato Molteni® (Molteni: IT)
Lidocaina Cloridrato Ogna® (Ogna: IT)
Lidocaina cloridrato® (Bioindustria Lim: IT)
Lidocaina cloridrato® (Biologici: IT)
Lidocaina cloridrato® (Ecobi: IT)
Lidocaina cloridrato® (Fisiopharma: IT)
Lidocaina cloridrato® (Fresenius: IT)
Lidocaina cloridrato® (Galenica: IT)
Lidocaina cloridrato® (ISF: IT)
Lidocaina cloridrato® (Molteni: IT)
Lidocaina cloridrato® (Monico: IT)
Lidocaina cloridrato® (Ogna: IT)
Lidocaina cloridrato® (Pierrel: IT)
Lidocaina cloridrato® (Salf: IT)
Lidocaina cloridrato® (Zeta: IT)
Lidocaina Denver® (Denver: AR)
Lidocaina IV Braun® (Braun: ES)
Lidocaina Lafedar® (Lafedar: AR)
Lidocaina Pesada-Lusa® (Lusa: PE)
Lidocaina Richmond® (Richmond: AR)
Lidocaina® (Angelini: IT)
Lidocaina® (Apsen: BR)
Lidocaina® (Cristália: BR)
Lidocaina® (Geyer: BR)
Lidocaina® (Lafedar: AR)
Lidocaina® (Scott: AR)
Lidocaina® (Volta: CL)
Lidocaina® [vet.] (Esteve: IT)
Lidocaine FNA® (FNA: NL)
Lidocaine Hydrochloride® (Abbott: IL)
Lidocaine Hydrochloride® (Abraxis: US)
Lidocaine Hydrochloride® (Baxter: IL)
Lidocaine Hydrochloride® (Hospira: US)
Lidocaine Hydrochloride® (IMS: US)
Lidocaine Hydrochloride® (International Medication Systems: GB)
Lidocaine® (Bioniche: CA)
Lidocaine® (Hemomont: RS)
Lidocaine® (Hospira: CA)
Lidocaine® (Pharmstandart: RU)
Lidocainhydrochlorid-Braun® (Braun: LU)
Lidocainhydrochlorid® [vet.] (Albrecht: DE)
Lidocainhydrochlorid® [vet.] (Vetochas: DE)
Lidocain® (Egis: HU, RU)
Lidocain® (Orion: BH, FI)
Lidocain® [vet.] (Streuli: CH)
Lidocain® [vet.] (Vetoquinol: CH)
Lidocard® (Orion: FI)
Lidochlor® (Unique: RU)
Lidocorit® (Gebro: AT)
Lidodan® (Odan: CA)
Lidodent® (Marmir: PL)
Lidofast® (Angelini: IT)
Lidogel® (ACI: BD)
Lidogel® (Unique: LK)
Lidoject® (Merz: US)
Lidojet® (União: BR)
Lidokain SAD® (SAD: DK)

Lidokainijev Klorid® (Alkaloid: SI)
Lidokain® [inj.] (Belupo: HR)
Lidokain® [inj.] (Bosnalijek: BA)
Lidokain® [inj.] (Galenika: RS)
Lidokain® [inj.] (Lek: SI)
Lidopen® (Teva: IL)
Lidosen® (Galenica: IT)
Lidrian® (Baxter: IT, NL)
Lignocaina® (Gray: AR)
Lignocaine Hydrochloride Injection BP® (CSL: AU, NZ)
Lignocaine Hydrochloride® (CSL: AU)
Lignocaine Jelly® (Pharmadrug: DE)
Lignocaine Pfizer® (Pfizer: SG)
Lignocaine® (Orion: NZ)
Lignocaine® (Pfizer: SG)
Lignocaine® (Pharmadrug: DE)
Lignocainum Hydrochloricum® (Jelfa: PL)
Lignocainum Hydrochloricum® (Polfa Warszawa: PL)
Lignocain® (Braun: PL)
Lincaína Braun® (Braun: PT)
Luan® (Molteni: IT)
Lurocaine® [vet.] (Vetoquinol: FR, LU)
Minijet® (UCB: GB)
Minijet® [vet.] (UCB: GB)
Neo-Sinedol® (Wild: CH)
Nervocaine® (Keene: US)
Nurocain® (Dentsply: AU)
Odontalg® (Giovanardi: IT)
Oogdruppels Lidocaine® [vet.] (Alfasan: NL)
Ortodermina® (Sofar: IT)
Otalgan® (Vemedia: NL)
Otalgan® (Willvonseder & Marchesani: AT)
Otoralgyl® (McNeil: FR)
Penles® (Wyeth: JP)
Pisacaina® (Comerciosa: EC)
Pisacaina® (Schein: PE)
Rapidocain® (Sintetica: CH)
Regiocaina® (Richmond: AR)
Remicaine® (Al Pharm: ZA)
Remicard® (Al Pharm: ZA)
Roxicaina® (Ropsohn: CO, PE)
Röwo-629 Lidocain® (Pharmakon: DE)
Sedagul® (Wild: CH)
Solin® (Saval: CL)
Solucao Injetável de Cloridrato de Lidocaina® (Apsen: BR)
Solvente Indoloro Apolo® (Apolo: AR)
Solvente Indoloro Monserrat® (Monserrat: AR)
Solvente Indoloro Richmond® (Richmond: AR)
Sulfanil NF® (Bristol-Myers Squibb: PE)
Tivision® (Bell: IN)
Ursocain® [vet.] (Serumber: DE)
Uvega® (Hormona: MX)
Xilină® (Zentiva: RO)
Xilonest® (Trifarma: PE)
Xylanaest purum® (Gebro: AT)
Xylesin® (Amino: CH)
Xylestesin® (Cristália: BR)
Xylocain viscös oral® (AstraZeneca: AT)
Xylocaina Gel® (AstraZeneca: PT)
Xylocaina Gel® (Inibsa: ES)
Xylocaina Jalea® (AstraZeneca: AR)
Xylocaina Pomada® (Inibsa: ES)
Xylocaina Viscosa® (AstraZeneca: AR, CL)
Xylocaina® (AstraZeneca: AR, BR, IT, PT)
Xylocaina® (Inibsa: ES)
Xylocaine Gel® (AstraZeneca: BE)
Xylocaine Injection® (AstraZeneca: HK)
Xylocaine Jelly® (AstraZeneca: AU, CA, HK, ID, NZ, VN)
Xylocaine Topical® (AstraZeneca: AU, CA, GB, TH)
Xylocaine Viscous® (AstraZeneca: AU, CA)
Xylocaine visqueuse® (AstraZeneca: BE)
Xylocaine® (AstraZeneca: AE, AU, BE, BG, BH, CA, CY, EG, ET, GB, GE, GH, ID, IE, IN, IQ, JO, KE, KW, LB, LU, LY, MT, MW, MY, MZ, NG, NL, NZ, OM, PL, QA, RO, SA, SD, SG, SI, SY, TH, TR, TZ, UG, US, YE, ZM, ZW)
Xylocaine® (Cana: GR)
Xylocaine® (Dentsply: NZ)
Xylocain® (AstraZeneca: AT, CH, CZ, DE, IS, NO, SE)
Xylocard® (AstraZeneca: AE, AT, AU, BE, BH, CA, CH, CY, EG, FR, IN, IQ, IS, JO, KW, LB, LK, LU, MT, NL, OM, PT, QA, SA, SE, SY, TH, YE)
Xylocaïne® (AstraZeneca: FR)
Xylocitin® (mibe Jena: DE)
Xyloneural® (Gebro: AT, CH)
Xyloneural® (Strathmann: DE)
Xylonor® (Prats: ES)
Xylonor® (Septodont-F: IT)
Xylotox® (Al Pharm: ZA)
Xylovet® [vet.] (Ceva: FR)

- **hydrochloride monohydrate:**

CAS-Nr.: 0006108-05-0
OS: *Lidocaine Hydrochloride BANM*
PH: Lidocaine Hydrochloride Ph. Eur. 5, Ph. Int. 4
PH: Lidocainhydrochlorid Ph. Eur. 5
PH: Lidocaini hydrochloridum Ph. Eur. 5, Ph. Int. 4
PH: Lidocaïne (chlorhydrate de) Ph. Eur. 5

Alfacaine® (Alfasan: NL)
Bomacaine® [vet.] (Bomac: AU, NZ)
Calmante de Denticion DP® (Drag Pharma: CL)
Cifarcaína® (Suiphar: DO)
Cloridrato de Lidocaina® (Cristália: BR)
Exido® (Prater: CL)
G-Lignocaine® (Gonoshasthaya: BD)
Gobbicaina® (Gobbi: AR)
Hipoden® (Andromaco: MX)
Larjancaina® (Veinfar: AR)
Lepan® (Yes: NL)
Lidocain-HCl Braun® (Braun: DE)
Lidocain-Rotexmedica® (Rotexmedica: DE)
Lidocain-Röwo® (Pharmakon: DE)
Lidocain-WELK® (Pharmafrid: DE)
Lidocaine HCL CF® (Centrafarm: NL)
Lidocaine HCl ratiopharm® (Ratiopharm: NL)
Lidocainehydrochloride® (Braun: NL)
Lidocainehydrochloride® (Fresenius: NL)
Lidocainehydrochloride® (IMS: NL)
Lidocaine® [vet.] (Aspen: US)
Lidocaine® [vet.] (Butler: US)
Lidocaine® [vet.] (Eurovet: NL)
Lidocaine® [vet.] (Phoenix: US)
Lidocaine® [vet.] (Pro Labs: US)
Lidocaine® [vet.] (RXV: US)
Lidocaine® [vet.] (Vedco: US)
Lidocaine® [vet.] (VetTek: US)
Lidocaine® [vet.] (Western: US)

Lidocain® (Braun: DE)
Lidocain® (Egis: CZ)
Lidocard B.Braun® (Braun: DE)
Lidocaïne Aguettant® (Aguettant: FR)
Lidoject® (Hexal: DE)
Lidoject® [vet.] (Vetus: US)
Lignavet® [vet.] (Cypharm: IE)
Lignavet® [vet.] (Novartis Animal Health: NZ)
Lignocaine HCl-Fresenius® (Bodene: ZA)
Lignocaine Injection® (Pharmacia: AU)
Lignocaine® [vet.] (Bayer Animal Health: ZA)
Lignocaine® [vet.] (Ilium Veterinary Products: AU)
Lignomav® [vet.] (Mavlab: AU)
Local® [vet.] (Virbac: NZ)
Nolaid® (Yes: NL)
Nopaine® [vet.] (Phoenix: NZ)
Solvente Indoloro Fada® (Fada: AR)
Sunicaine® (Unipharm: MX)
Trachisan® (Engelhard: DE)
Unguentum contra haemorrhoides PCH® (Pharmachemie: NL)
Xylocaina® (Representaciones e Investigaciones Medicas: MX)
Xylocain® (AstraZeneca: FI)
Xylocaïne® [inj.] (AstraZeneca: FR)

Lidoflazine (Rec.INN)

L: Lidoflazinum
I: Lidoflazina
D: Lidoflazin
F: Lidoflazine
S: Lidoflazina

Coronary vasodilator
Calcium antagonist

ATC: C08EX01
CAS-Nr.: 0003416-26-0 C_{30}-H_{35}-F_2-N_3-O
M_r 491.64

1-Piperazineacetamide, 4-[4,4-bis(4-fluorophenyl)butyl]-N-(2,6-dimethylphenyl)-

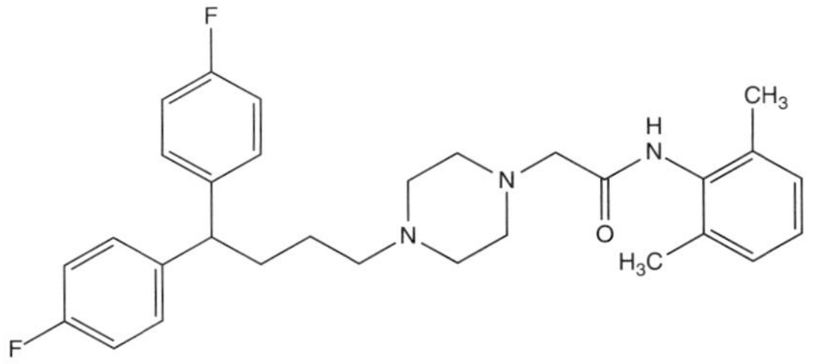

OS: *Lidoflazine [BAN, DCF, USAN]*
OS: *Lidoflazina [DCIT]*
IS: *R 7904*
IS: *McN-JR 7904 (McNeil, USA)*

Clinium® (Ethnor: IN)
Clinium® (Janssen: ZA)
Clinium® (McNeil: US)

Limaprost (Rec.INN)

L: Limaprostum
D: Limaprost
F: Limaprost
S: Limaprost

Prostaglandin
Vasodilator

CAS-Nr.: 0088852-12-4 C_{22}-H_{36}-O_5
M_r 380.53

(*E*)-7-[(1*R*,2*R*,3*R*)-3-hydroxy-2-[(*E*)-(3*S*,5*S*)-3-hydroxy-5-methyl-1-nonenyl]-5-oxocyclopentyl]-2-heptenoic acid

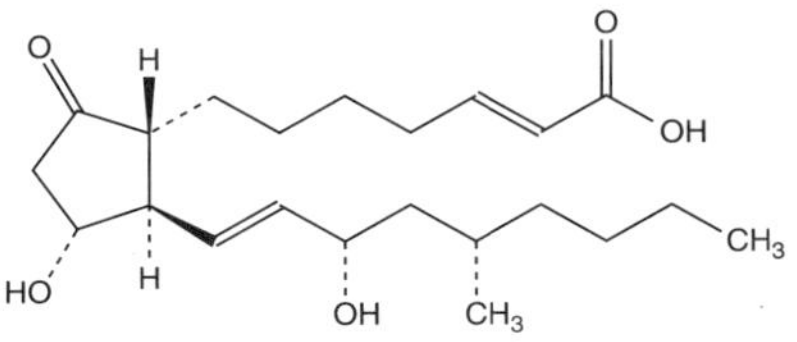

OS: *Limaprost [USAN]*

Prorenal® (Dainippon: JP)

– alfadex:

OS: *Limaprost Alfadex JAN*

Opalmon® (Ono: JP)

Lincomycin (Rec.INN)

L: Lincomycinum
I: Lincomicina
D: Lincomycin
F: Lincomycine
S: Lincomicina

Antibiotic, lincomycin

ATC: J01FF02
CAS-Nr.: 0000154-21-2 C_{18}-H_{34}-N_2-O_6-S
M_r 406.55

D-erythro-α-D-galacto-Octopyranoside, methyl 6,8-dideoxy-6-[[(1-methyl-4-propyl-2-pyrrolidinyl)carbonyl]amino]-1-thio-, (2S-trans)-

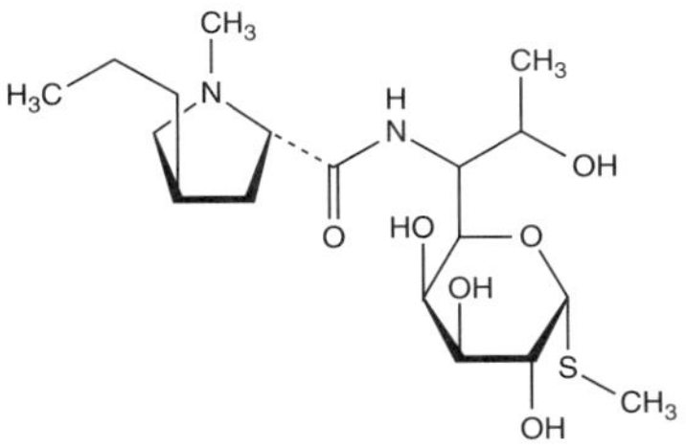

OS: *Lincomycin [BAN, USAN]*
OS: *Lincomycine [DCF]*
OS: *Lincomicina [DCIT]*
IS: *U 10149*

Albiotic® [vet.] (Bioptive: DE)
Lincobion® [vet.] (Fatro: IT)
Lincobiotic® (Phapros: ID)
Lincocin® [vet.] (Pfizer: ZA)
Lincocin® [vet.] (Pharmacia Animal Health: BE)
Lincocor® [vet.] (Ceva: IT)

Lincofarm® [vet.] (Chemifarma: IT)
Lincohem® (Hemofarm: RS)
Lincomec® (Mecosin: ID)
Lincomicina Fmndtria® [sol.-inj.] (Farmindustria: PE)
Lincomicina Genfar® (Genfar: CO, EC, PE)
Lincomicina L.CH.® (Chile: CL)
Lincomicina MF® [inj.] (Marfan: PE)
Lincomicina® [inj./caps./sol.-inj.] (Farmo Andina: PE)
Lincomicina® [inj./caps./sol.-inj.] (LCG: PE)
Lincomicina® [inj./caps./sol.-inj.] (Mintlab: CL)
Lincomicina® [inj./caps./sol.-inj.] (Pentacoop: PE)
Lincomicina® [inj./caps./sol.-inj.] (Perugen: PE)
Lincomicina® [inj./caps./sol.-inj.] (Vitalis: PE)
Lincomicina® [inj./caps./sol.-inj.] (Vitrofarma: PE)
Lincomicina® [vet.] (Chemifarma: IT)
Lincomix® [vet.] (Pfizer Animal Health: NZ)
Lincomix® [vet.] (Pharmacia: US)
Lincomix® [vet.] (Pharmacia Animal Health: BE)
Lincomycin Domesco® (Domesco: VN)
Lincomycin Medikon® (Medikon: ID)
Lincomycin® (Actavis: GE)
Lincoplus® [caps./sol.-inj.] (Medifarma: PE)
Lincotec® [vet.] (Nuova ICC: IT)
Linco® (ANB: TH)
Linco® (General Drugs House: TH)
Linco® (Medikon: ID)
Lintropsin® (Tropica: ID)
Myasone® [vet.] (VAAS: IT)
Neloren® [cps] (Lek: BA, CZ, SI)
Nichomycin® (Nicholas: ID)

– hydrochloride monohydrate:

CAS-Nr.: 0007179-49-9
OS: *Lincomycin Hydrochloride BANM, JAN, USAN*
PH: Lincomycinhydrochlorid Ph. Eur. 5
PH: Lincomycin Hydrochloride Ph. Eur. 5, JP XIV, USP 30
PH: Lincomycini hydrochloridum Ph. Eur. 5
PH: Lincomycine (chlorhydrate de) Ph. Eur. 5

Albiotic® (Pharmacia: DE)
Albiotic® [vet.] (Animedic: DE)
Albiotic® [vet.] (Pfizer Animal: DE)
Ascolinic® [vet.] (Ascor: IT)
Bactramycin® (Clint: US)
Biolincom® (Otto: ID)
Cillimicina® (Normon: ES)
Clordelin® [sol.-inj.] (Chalver: CO, EC, GT, HN, PA, PE, SV)
Cloridrato de Lincomicina® (EMS: BR)
Cloridrato de Lincomicina® (Lab. Neo Quím.: BR)
Cloridrato de Lincomicina® (Teuto: BR)
Concentrat VO 75® [vet.] (Sogeval: FR)
Dartocin® (Magnachem: DO)
Ethilin® (Ethica: ID)
Frademicina® (Janssen: AR)
Frademicina® (Pfizer: BR)
Libiocid® (Rayere: MX)
Linc. oral® [vet.] (A.S.T.: NL)
Lincmix® [vet.] (Pfizer: AT)
Linco-Plus® (Cibran: BR)
Linco-Sleecol® [vet.] (Albrecht: DE)
Lincoban® [vet.] (Tre I: IT)
Lincocina® (Pfizer: PT)
Lincocine® (Pfizer: BF, BJ, CF, CG, CI, CM, FR, GA, GN, MG, ML, MR, MU, NE, SN, TD, TG, ZR)
Lincocine® [vet.] (Pfizer Santé Animale: FR)
Lincocin® (Eczacibasi: TR)
Lincocin® (Pfizer: AU, BA, BE, CA, CL, CR, GE, GT, HK, HN, ID, LU, MX, NI, PA, PE, PL, SG, SV, TH, US, VN)
Lincocin® (Pharmacia: BG, CO, CZ, ES, ET, GH, IT, KE, LR, LU, NL, RO, RW, SL, TZ, UG, ZA, ZW)
Lincocin® [vet.] (Pfizer: AT, CH, FI, NL, NO)
Lincocin® [vet.] (Pharmacia: AU, IT, NZ, US)
Lincocin® [vet.] (Pharmacia Animal Health: GB, IE)
Lincocin® [vet.] (Provet: CH)
Lincodar® (Dar-Al-Dawa: AE, BH, IQ, JO, KW, LB, LY, MT, NG, OM, QA, SA, SD, SO, TN, YE)
Lincogin® (Samakeephaesaj: TH)
Lincoject® [vet.] (Norbrook: GB)
Lincolan® (Olan-Kemed: TH)
Lincomax® (Millimed: TH)
Lincomicina LCH® [amp./caps.] (Ivax: PE)
Lincomicina Luper® (Luper: BR)
Lincomicina MK® (Bonima: CR, DO, GT, HN, NI, PA, SV)
Lincomicina MK® (MK: CO)
Lincomicina Normon® (Normon: DO)
Lincomicina® (Bestpharma: CL)
Lincomicina® (Ducto: BR)
Lincomicina® (Neo Quimica: BR)
Lincomicina® (Pentacoop: CO)
Lincomix® [vet.] (Pfizer: FI, NL)
Lincomix® [vet.] (Pfizer Animal: AU)
Lincomix® [vet.] (Pharmacia: US)
Lincomycin B.J.® (B.J. Pharma: VN)
Lincomycin Hydrochloric® (Biopharm: GE)
Lincomycin Hydrochloride® (CompuMed: US)
Lincomycin Hydrochloride® (Hyrex: US)
Lincomycin Hydrochloride® (Keene: US)
Lincomycin Hydrochloride® (Radford: US)
Lincomycin Hydrochloride® (Raway: US)
Lincomycin Indo Farma® (Indofarma: ID)
Lincomycin Shing Poong® (Shin Poong: SG)
Lincomycin Yung Shin® (Yung Shin: SG)
Lincomycine® [vet.] (Dopharma: NL)
Lincomycine® [vet.] (Franvet: FR)
Lincomycin® (Balkanpharma: BG)
Lincomycin® (TP Drug: TH)
Lincomycin® [vet.] (Animedic: DE)
Lincomycin® [vet.] (Apex: AU)
Lincomycin® [vet.] (Ceva: DE)
Lincomycin® [vet.] (ID Russell: US)
Lincomycin® [vet.] (Klat: DE)
Lincomycin® [vet.] (WDT: DE)
Lincomysel® [vet.] (Selecta: DE)
Lincomy® (Thai Nakorn Patana: TH)
Lincono® (Milano: TH)
Lincopat® (Parggon: MX)
Lincopharm® [vet.] (Bomac: AU)
Lincophar® (Pharos: ID)
Lincosan® (Shiba: YE)
Lincotax® (Luper: BR)
Lincover® (Maver: MX)
Linco® [vet.] (CP: DE)
Lingo® (Siam Bheasach: TH)
Linkoles® (Aroma: TR)
Linkomed® (Koçak: TR)

Linkosol® (Osel: TR)
Linmycin® (Atlantic: TH)
Linosin® (Deva: TR)
Lisonin® (Quimica Son's: MX)
Lynx® (Wallace: IN)
Macrolin® (Haller: BR)
Micospectone® [vet.] (Fatro: IT)
Neloren® [inj.] (Lek: CZ, HR, PL, RO, SI)
Pecasolin® (Rafarm: GR)
Percocyn® (Landson: ID)
Rimsalin® (Representaciones e Investigaciones Medicas: MX)
Tamcocin® (Pyridam: ID)
Tismamisin® (Metiska: ID)
Ultralinc® (APM: AE, BG, BH, IQ, JO, KW, LB, LY, NG, OM, QA, SA, SD, SY, TN, YE)
Utolincomycin® (Utopian: TH)
Vualin® [vet.] (Pfizer: NL)
Yectolin® (Grossman: MX)
Zumalin® (Prima: ID)

Lindane (Rec.INN)

L: Lindanum
I: Lindano
D: Lindan
F: Lindane
S: Lindano

Pediculocide
Scabicide
Insecticide

ATC: P03AB02
CAS-Nr.: 0000058-89-9 C_6-H_6-Cl_6
M_r 290.814

Cyclohexane, 1,2,3,4,5,6-hexachloro-, (1α,2α,3β,4α,5α,6β)-

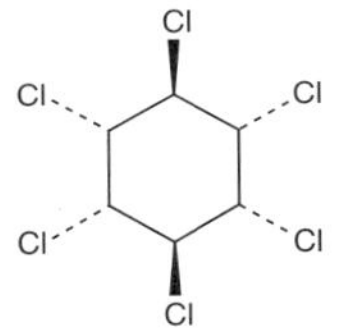

OS: *Lindane [BAN, DCF, USAN]*
OS: *HCH [DCF]*
IS: *H.C.H. officinal*
IS: *Gamma Benzene Hexachloride*
IS: *gamma-Benzolhexachlorid*
IS: *Gammexan*
IS: *HCC*
PH: Lindane [Ph. Eur. 5, Ph. Int. 4, USP 30]
PH: Lindanum [Ph. Eur. 5, Ph. Int. 4]
PH: Lindan [Ph. Eur. 5]

Acaricida® (Carrion: PE)
Benhex® (PSM: NZ)
Bicide® (Fischer: IL)
Davesol® (ECU: EC)
Delitan-Floh Ex® [vet.] (Delicia: DE)
Delitex® (Infectopharm: DE)
Euvex® (Lacofarma: DO)
GAB® (Gufic: IN)
Gambex® (Aspen: ZA)
Gamex® (Zorka: RS)
Gatox® (Bosnalijek: HR)
Herklin® (Armstrong: CR, DO, GT, HN, NI, PA, SV)
Hexit® (Odan: CA)
Infectopedicul Lindan Gel® (Infectopharm: DE)
Jacutin® (Boots: PL, TH)
Jacutin® (Hermal: AT, CZ, DE, LU, MY, TH)
Jacutin® (Reckitt Benckiser: CH)
Kennel Dip® [vet.] (Happy Jack: US)
Levac® (Drag Pharma: CL)
Lice® (Lamosan: EC)
Lindacanin® [vet.] (Vetoquinol: FR)
Lindane® (Actavis: US)
Lindane® (Morton Grove: US)
Lindano Emulsion® (Volta: CL)
Nedax® (Stiefel: BR)
Orisel-Uno® [vet.] (Selecta: DE)
Plomurol 1% Emulsion® (Valma: CL)
Plomurol 1% Shampoo® (Valma: CL)
PMS-Lindane® (Pharmascience: CA, HK)
Pruritrat® (DM: BR)
Sarcoderma® (Confar: PT)
Scabexyl® (Stiefel: CR, DO, GT, HN, PA, SV)
Screw Worm Aerosol-L® [vet.] (Agri Labs.: US)
Skabicid® (Leciva: CZ)
Véticide® [vet.] (Vetoquinol: FR)

Linezolid (Rec.INN)

L: Linezolidum
D: Linezolid
F: Linezolide
S: Linezolid
ATC: J01XX08
CAS-Nr.: 0165800-03-3 C_{16}-H_{20}-F-N_3-O_4
M_r 337.35

N-[[(S)-3-(3-Fluoro-4-morpholinophenyl)-2-oxo-5-oxazolidinyl]methyl]acetamide [WHO]

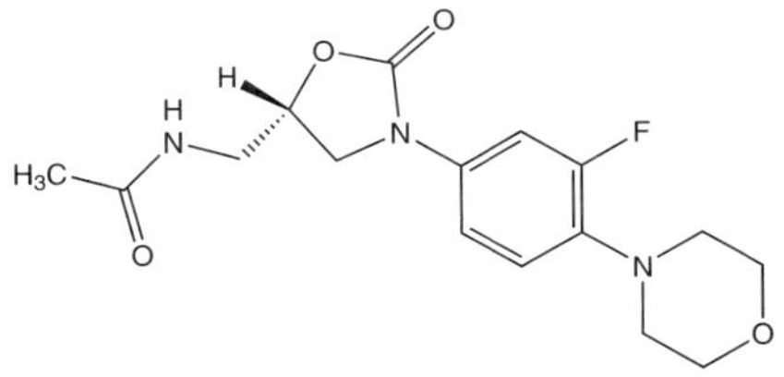

OS: *Linezolid [BAN, USAN]*
IS: *INF 0026*
IS: *U 100766 (Pharmacia & Upjohn: US)*
IS: *PNU 100766*
IS: *U 100 (Pharmacia & Upjohn, USA)*
IS: *U 766 (Pharmacia & Upjohn)*

Arlin® (Beximco: BD)
Linezolid-Pharmacia® (Pharmacia: LU)
Linezolid® (Pharmacia: LU)
Linezolid® (Richet: AR)
Linez® (Renata: BD)
Linox® (Unichem: IN)
Linozid® (Orion: BD)
Linzolid-Pharmacia® (Pharmacia: LU)
Lizolid® (Glenmark: LK)
Liz® (Globe: BD)
Nel® (Apex: BD)
Zyvoxam® (Pfizer: CA, MX)

Zyvoxid® (Fresenius: CZ)
Zyvoxid® (Pfizer: AT, BE, CH, CZ, DE, DK, FI, FR, HU, IL, IS, NL, NO, PL, PT, SE, SI, TR)
Zyvoxid® (Pharmacia: CO, ES, GR, IT, LU, RO, ZA)
Zyvox® (Pfizer: AR, BR, CL, CR, GB, GT, HK, HN, ID, IE, IL, MY, NI, NZ, PA, PE, PH, RU, SG, SV, TH, US)
Zyvox® (Pharmacia: PE)

Linsidomine (Rec.INN)

L: Linsidominum
D: Linsidomin
F: Linsidomine
S: Linsidomina

Vasodilator

ATC: C01DX18
CAS-Nr.: 0033876-97-0 C_6-H_{10}-N_4-O_2
M_r 170.186

3-Morpholinosydnone imine

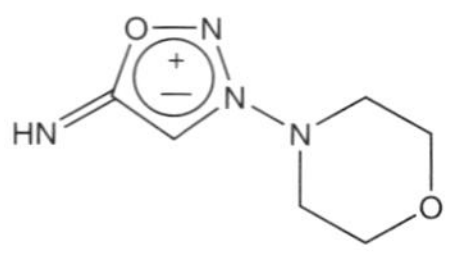

OS: *Linsidomine [USAN]*
IS: *SIN 1*

– hydrochloride:

CAS-Nr.: 0016142-27-1

Corvasal® [inj.] (Sanofi-Aventis: FR)

Liothyronine (Rec.INN)

L: Liothyroninum
I: Liotironina
D: Liothyronin
F: Liothyronine
S: Liotironina

Thyroid hormone

CAS-Nr.: 0006893-02-3 C_{15}-H_{12}-I_3-N-O_4
M_r 650.971

L-Tyrosine, O-(4-hydroxy-3-iodophenyl)-3,5-diiodo-

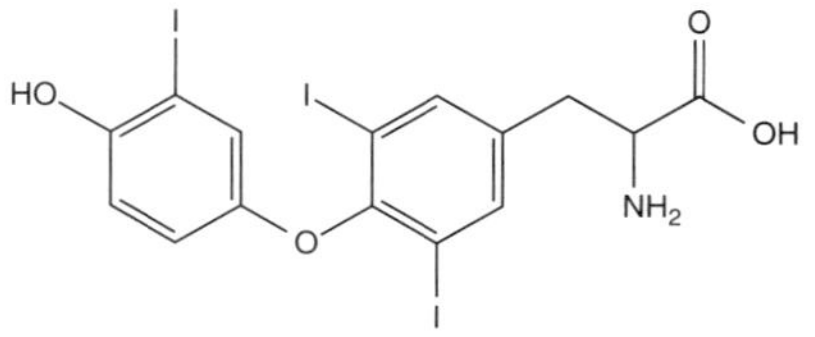

OS: *Liothyronine [BAN, DCF]*
OS: *Liotironina [DCIT]*
IS: *Triiodothyronine*
IS: *T_3*
PH: Liothyroninum [2.AB-DDR, PhBs IV]

Novothyral® [+ Levothyroxine] (Merck: CL)
Thyrolar® [+ Levothyroxine sodium] (Forest: US)
Thyrotardin inject.® (Henning Berlin: DE)

– hydrochloride:

Thybon Henning® (Henning Berlin: DE)
Thybon Henning® (Sanofi-Synthelabo: DE)
Thyrotardin® (Henning Berlin: DE)
Thyrotardin® (Sanofi-Aventis: DE)

– sodium salt:

CAS-Nr.: 0000055-06-1
OS: *Liothyronine Sodium BANM, USAN*
IS: *Sodium L-triiodothyronine*
PH: Liothyronine Sodium Ph. Eur. 5, JP XIV, USP 30
PH: Liothyroninum natricum Ph. Eur. 5, Ph. Int. II
PH: Liothyronin-Natrium Ph. Eur. 5
PH: Liothyronine sodique Ph. Eur. 5

Cynomel® (Enila: BR)
Cynomel® (Farpasa: PE)
Cynomel® (Grossman: CR, DO, GT, HN, MX, NI, PA, SV)
Cynomel® (Sanofi-Aventis: FR)
Cytomel® (GlaxoSmithKline: LU, NL)
Cytomel® (King: US)
Cytomel® (Theramed: CA)
Iobolin® (Sanofi-Synthelabo: BR)
Liothyronin® (Nycomed: NO, SE)
Liotironina Sodica L.CH.® (Chile: CL)
T3® (Uni-Pharma: GR)
Tertroxin® (Aspen: ZA)
Tertroxin® (GlaxoSmithKline: CZ, TH)
Tertroxin® (Goldshield: GB)
Tertroxin® (Sigma: AU)
Tertroxin® [vet.] (Goldshield: GB)
Thyronine® (Taisho: JP)
Ti-Tre® (Teofarma: IT)
Tiromel® (Abdi Ibrahim: TR)
Tri-Iodo-Tironina® (GlaxoSmithKline: AR)
Triiodothyronine® (Berlin-Chemie: RU)
Triiodothyronine® (Goldshield: GB)
Trijodthyronin BC® (Berlin-Chemie: DE)
Trijodthyronin® (Sandoz: AT)
Triostat® (Jones: US)
Triyotex® (Medix: CR, DO, GT, HN, MX, NI, PA, SV)

Lisdexamfetamine (Rec.INN)

L: Lisdexamfetaminum
D: Lisdexamfetamin
F: Lisdexamfetamine
S: Lisdexamfetamina
CAS-Nr.: 0608137-32-2 C_{15}-H_{25}-N_3-O
M_r 263.38

(2S)-2,6-diamino-*N*-[(1S)-1-phenylpropan-2-yl]hexanamide WHO

(S)-2,6-Diaminhexansäure ((S)-1-methyl-2-phenylethyl)amid IUPAC

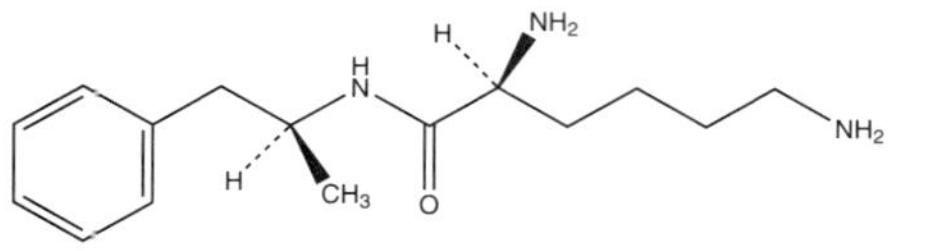

IS: *NRP-104*

– dimesylate:

CAS-Nr.: 0608137-33-3
IS: *NRP 104 (NewRiver Pharmaceuticals, GB)*
IS: *LDX*
IS: *amfetamine prodrug*
IS: *L-lysine-d-amfetamine*
IS: *lis-dexamfetamine dimesylate*

Vyvanse® (Shire: US)

Lisinopril (Rec.INN)

L: Lisinoprilum
D: Lisinopril
F: Lisinopril
S: Lisinopril

ACE-inhibitor
Antihypertensive agent

ATC: C09AA03
CAS-Nr.: 0076547-98-3 C_{21}-H_{31}-N_3-O_5 M_r 405.509

L-Proline, 1-[N2-(1-carboxy-3-phenylpropyl)-L-lysyl]-, (S)-

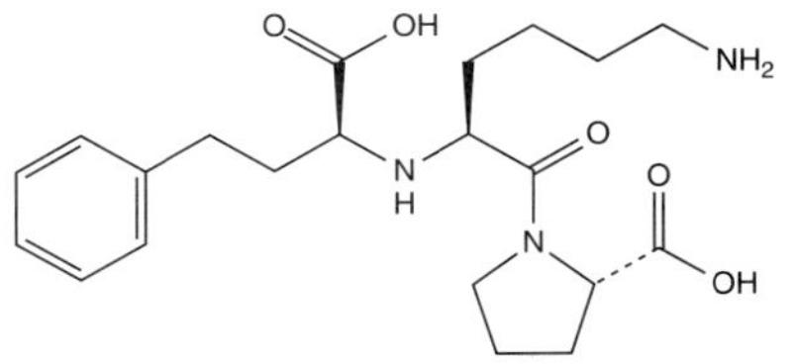

OS: *Lisinopril [BAN, DCF, JAN, USAN]*
IS: *L 154826*
IS: *MK 521 (Merck Sharp & Dohme, Great Britain)*

Acerbon® (AstraZeneca: DE)
Acerbon® (Promed: DE)
Acerdil® (Farmindustria: PE)
Acerdil® (Recalcine: CL)
Acerilin® (Sandoz: TR)
Acetan® (Kwizda: AT)
Adicanil® (Pharmathen: GR)
Alfaken® (Kendrick: MX)
Amicor® (Jadran: HR)
Asteril® (Fluter: DO)
Carace® (Bristol-Myers Squibb: GB, IE)
Carsipril® (LAM: DO)
Conpres® (Ranbaxy: HU)
Coric® (Bristol-Myers Squibb: DE)
Dapril® (Medochemie: RU)
Diroton® (Gedeon Richter: RU)
Doc Lisinopril® (Docpharma: BE)
Doclinisopril® (Ranbaxy: LU)
Doxapril® (Bagó: AR)
Ecapril® (Atral: PT)
Eupril® (Dr. Collado: DO)
Fisopril® (Sanofi-Aventis: BD)
Gamalizin® (GAMA: GE)
Hexal-Lisinopril® (Hexal: ZA)
Hipril® (Micro Labs: LK)
Hipril® (Micro Labs Ltd: PE)
Inopril® (Hikma: AE, BH, EG, IQ, KW, LB, LY, OM, QA, SA, SD, SY, TN, YE)
Interpril® (Interbat: ID)
Iricil® (Cantabria: ES)
Irumed® (Belupo: BA, CZ, HR, RS, RU, SI)
Laaven® (Krka: HR)
Leruze® (Rafarm: GR)
Likenil® (Antibioticos: ES)
Linipril® (Actavis: GE)
Linvas® (Cadila: IN)
Lipreren® (Labomed: CL)
Lisihexal® (Hexal: AT, PL)
Lisilet® [compr.] (Home Pharma: PE)
Lisinal® (Beta: AR)
Lisinopril Bayvit® (Bayvit: ES)
Lisinopril Bexal® (Bexal: BE, ES, PT)
Lisinopril Cinfa® (Cinfa: ES)
Lisinopril Combino Pharm® (Combino: ES)
Lisinopril Davur® (Davur: ES)
Lisinopril Farmasierra® (Farmasierra: ES)
Lisinopril Generis® (Generis: PT)
Lisinopril Genfar® (Genfar: PE)
Lisinopril Normon® (Normon: ES)
Lisinopril Ranbaxy® (Ranbaxy: ES)
Lisinopril Ratiopharm® (Ratiopharm: BE, ES)
Lisinopril Ratiopharm® (ratiopharm: HU)
Lisinopril Ratio® (Ratio: DO)
Lisinopril Rimafar® (Rimafar: ES)
Lisinopril Sandoz® (Sandoz: ES)
Lisinopril Stada® (Stada: SG)
Lisinopril Tamarang® (Tamarang: ES)
Lisinopril Teva® (Teva: BE)
Lisinopril-CT® (CT: DE)
Lisinopril-Merck® (Merck: LU)
Lisinopril-Q® (Juta Pharma: DE)
Lisinopril-Q® (Q-Pharm: DE)
Lisinopril-Sandoz® (Sandoz: LU)
Lisinopril® (Bestpharma: CL)
Lisinopril® (Eon: US)
Lisinopril® (Lek: US)
Lisinopril® (Makis Pharma: RU)
Lisinopril® (Merck NM: NO)
Lisinopril® (Mylan: US)
Lisinopril® (Par: US)
Lisinopril® (Purepac: US)
Lisinopril® (Ranbaxy: US)
Lisinopril® (Teva: US)
Lisinopril® (Watson: US)
Lisinopril® (West-Ward: US)
Lisinopril® (Zenith Goldline: US)
Lisinoratio® (ratiopharm: PL)
Lisinoton® (Actavis: RU)
Lisipril® (Ethical: DO)
Lisipril® (Pauly: CO)
Lisiprol® (Polfa Grodzisk: PL)
Lisiren® (Helcor: RO)
Lisopress® (Gedeon Richter: RS, VN)
Lisopress® (Niche: IE)
Lisoril® (Ipca: LK, SG)
Lispril® (Siam Bheasach: TH)
Listril® (Torrent: BR, RU)
Lizinocor® (GMP: GE)
Lizinopril Lek® (Lek: HR)
Lizinopril® (Farmal: HR)
Lizinopril® (Jugoremedija: RS)
Lizinopril® (Replekfarm: RS)
Lizopril® (Bosnalijek: RS)
Longes® (Shionogi: JP)

Loril® (Srbolek: RS)
Medapril® (Medochemie: RO)
Merck-Lisinopril® (Merck: BE)
Nafordyl® (Kleva: GR)
Neopril® (Beximco: BD)
Noperten® (Dexa Medica: ID)
Novatec® (Merck Sharp & Dohme: BE, LU, NL)
Optimon® (Pliva: HR)
Pesatril® (Collins: MX)
Presiten® (Magnachem: DO)
Presokin® (Chemopharma: CL)
Prilosin® (Cipla: ZA)
Prinil® (Mepha: CH)
Prinivil® (Amrad: AU)
Prinivil® (Bristol-Myers Squibb: ES)
Prinivil® (Merck: US)
Prinivil® (Merck Frosst: CA)
Prinivil® (Merck Sharp & Dohme: AN, AT, AW, BA, BB, BR, BS, BZ, CZ, GY, HK, HR, JM, KY, MX, NZ, PL, PT, SG, TT, ZA)
Prinivil® (Vianex: GR)
Ranolip® (Ranbaxy: RO)
Renotens® (Ranbaxy: ZA)
Rowenopril® (Rowe: DO)
Sedotensil® (Sanofi-Aventis: AR)
Sinopren® (Ranbaxy: ZA)
Sinopril® (Eczacibasi: RU, YE)
Sinopryl® (Antibiotice: RO)
Sinopryl® (Eczacibasi: TR)
Skopryl® (Alkaloid: HR, RS, SI)
Stril® (ACI: BD)
Tensopril® (Ivax: AR)
Tensopril® (Merck Sharp & Dohme: IL)
Tensyn® (Metlen: CO)
Tersif® (Baliarda: AR)
Tonotensil® (Chile: CL)
Vitopril® (Stada: HR)
Zemax® (Cipla: ZA)
Zesger® (Gerard: IE)
Zestan® (Clonmel: IE)
Zestril® [tab.] (Abdi Ibrahim: TR)
Zestril® [tab.] (AstraZeneca: AE, AG, AN, AR, AU, AW, BE, BH, BM, BS, BZ, CA, CY, ES, ET, GB, GD, GE, GH, GY, HT, IE, IQ, IT, JM, KE, KW, LB, LC, LY, MT, MW, MZ, NG, OM, PE, PH, QA, SA, SD, SR, TT, TZ, UG, US, VC, VN, YE, ZM, ZW)
Zetomax® (Al Pharm: ZA)

– **dihydrate:**

CAS-Nr.: 0083945-83-7
PH: Lisinopril USP 30
PH: Lisinopril Dihydrate Ph. Eur. 5
PH: Lisinoprilum dihydricum Ph. Eur. 5
PH: Lisinopril dihydraté Ph. Eur. 5
PH: Lisinopril-Dihydrat Ph. Eur. 5

Acemin® (AstraZeneca: AT)
Acemin® (Paranova: AT)
Acepril® (Drug International: BD)
Alapril® (Mediolanum: IT)
Arrow Lisinopril® (Arrow: NZ)
Axelvin® (Proel: GR)
Byzestra® (Biex: IE)
Cardiostad® (Stada: FI)
Cipril® (Cipla: IN)
Dapril® (Medochemie: CZ, SG, SK, UA)
Dapril® (Pro.Med.CS: BA)
Diroton® (Gedeon Richter: CZ, PL)
Doneka® (Vita: ES)
Dosteril® (Biomep: MX)
Fibsol® (Arrow: AU)
GenRX Lisinopril® (GenRX: AU)
Gnostoval® (Bros: GR)
Hipopres® [tab.] (Inti: PE)
Icoran® (Biomedica-Chemica: GR)
Irumed® (Belupo: CZ)
Landolaxin® (Faran: GR)
Linopril® (O.P.V.: VN)
Linoril® (Rephco: BD)
Linoril® (Stadmed: IN)
Linoritic Forte® (O.P.V.: VN)
Liprace® (Douglas: AU)
Lipril® (Acme: BD)
Lipril® (Lupin: IN)
Lisdene® (Sandoz: HU, PL, SG)
Lisdene® (Zuellig: TH)
Lisi AbZ® (AbZ: DE)
Lisi Lich® (Winthrop: DE)
Lisi-Hennig® (Hennig: DE)
Lisi-Puren® (Alpharma: DE)
Lisibeta® (betapharm: DE)
Lisidigal® (mibe: DE)
Lisidoc® (Docpharm: DE)
Lisigamma® (Wörwag Pharma: DE, RO)
Lisihexal® (Hexal: DE)
Lisinogen® (Generics: DK)
Lisinopril 1A Pharma® (1A Pharma: AT, DE)
Lisinopril AAA-Pharma® (AAA Pharma: DE)
Lisinopril AbZ® (AbZ: DE)
Lisinopril Actavis® (Actavis: CH, DK, FI, SE)
Lisinopril Alpharma® (Alpharma: DK, NL, PT)
Lisinopril AL® (Aliud: DE)
Lisinopril Apotex Pharma® (Tamarang: ES)
Lisinopril Arcana® (Arcana: AT)
Lisinopril Arrow® (Arrow: NO, SE)
Lisinopril AWD® (AWD: DE)
Lisinopril A® (Apothecon: NL)
Lisinopril Basics® (Basics: DE)
Lisinopril Biochemie® (BC: DE)
Lisinopril Biogaran® (Biogaran: FR)
Lisinopril CF® (Centrafarm: NL)
Lisinopril Copyfarm® (Copyfarm: SE)
Lisinopril Edigen® (Edigen: ES)
Lisinopril EG® (Eurogenerics: BE)
Lisinopril G Gam® (G Gam: FR)
Lisinopril Genericon® (Genericon: AT)
Lisinopril Generics® (Merck NM: FI)
Lisinopril Germed® (Labesfal: PT)
Lisinopril Gf® (Genfarma: NL)
Lisinopril Helvepharm® (Helvepharm: CH)
Lisinopril Heumann® (Heumann: DE)
Lisinopril Hexal® (Hexal: AU)
Lisinopril Hexal® (Sandoz: HU)
Lisinopril HPS® (HPS: NL)
Lisinopril Interpharm® (Interpharm: AT)
Lisinopril Jaba® (Jaba: PT)
Lisinopril Katwijk® (Katwijk: NL)
Lisinopril Mepha® (Mepha: PT)
Lisinopril Merck NM® (Merck NM: SE)
Lisinopril Merck® (Merck: ES)
Lisinopril Merck® (Merck Generics: NL)

Lisinopril Merck® (Merck Genéricos: PT)
Lisinopril Merck® (Merck Génériques: FR)
Lisinopril PCH® (Pharmachemie: NL)
Lisinopril PSI® (PSI: NL)
Lisinopril PSI® (PSI Belgija: SI)
Lisinopril Ranbaxy® (Ranbaxy: ES)
Lisinopril Ranbaxy® (Sabora: FI)
Lisinopril Ratiopharm® (Ratiopharm: AT, CZ, ES, FI, PT, SE)
Lisinopril RPG® (RPG: FR)
Lisinopril Sandoz® (Hexal: RO)
Lisinopril Sandoz® (Sandoz: AT, BE, CH, DE, FR, NL, PT, SE)
Lisinopril Secubar® (Sandoz: ES)
Lisinopril Stada® (Stada: DK, SE)
Lisinopril Stada® (Stadapharm: DE)
Lisinopril Streuli® (Streuli: CH)
Lisinopril TAD® (TAD: DE)
Lisinopril Teva® (Teva: ES)
Lisinopril Winthrop® (Winthrop: PT)
Lisinopril Wörwag® (Wörwag Pharma: NL)
Lisinopril-Apex® (Apex: NL)
Lisinopril-corax® (corax: DE)
Lisinopril-EG® (Eurogenerics: LU)
Lisinopril-ratiopharm® (Ratiopharm: CZ)
Lisinopril-ratiopharm® (ratiopharm: DE, LU)
Lisinopril-Teva® (Teva: CH, DE)
Lisinopril® (Actavis: NO)
Lisinopril® (Alpharma: NO)
Lisinopril® (Generics: GB)
Lisinopril® (GenRx: NL)
Lisinopril® (Hexal: NL)
Lisinopril® (Merck NM: NO)
Lisinopril® (ratiopharm: NO)
Lisinopril® (Sandoz: GB)
Lisinopril® (Teva: GB)
Lisinospes® (Specifar: GR)
Lisinostad® (Stada: AT)
Lisinovil® (Hexal: BR)
Lisipril-D® (Ethical: DO)
Lisipril® (Hexal: CZ)
Lisipril® (Orion: FI)
Lisir® (Kopran: LK)
Lisitril® (Sandoz: CH)
Lisocard® (Dar-Al-Dawa: AE, BH, IQ, LB, LY, NG, OM, SA, SD, TN, YE)
Lisodura® (Merck dura: DE)
Lisodur® (Alphapharm: AU)
Lisopress® (Gedeon Richter: HU)
Lisopress® (Medimpex: BB, JM, TT)
Lisopril® (Navana: BD)
Lisopril® (Spirig: CH)
Lisoril® (Ipca: IN, RU)
Lispril® (Rowex: IE)
Liten® (Bosnalijek: RU)
Lopril® (Bosnalijek: BA)
Novatec® (Merck Sharp & Dohme: NL)
Perenal® (Medicus: GR)
Press-12® (Genepharm: GR)
Pressuril® (Finixfarm: GR)
Prinivil® (Bristol-Myers Squibb: ES, FR, IT)
Rilace® (Sanovel: TR)
Rowenopril® (Rowe: EC)
Secubar® (Elan: ES)
Secubar® (Vita: ES)
Skopril® (Farmavita: BA)
Tensikey® (Inkeysa: ES)
Terolinal® (Chrispa: GR)
Thriusedon® (Biospray: GR)
Tivirlon® (Coup: GR)
Tonolysin® (Gedeon Richter: RO)
Vercol® (Viofar: GR)
Veroxil® (Anfarm: GR)
Vivatec® (MSD: FI, NO)
Z-Bec® (Gap: GR)
Zestril® [tabs.] (AstraZeneca: BD, BR, CH, CN, CR, DK, DO, FR, GB, GE, GT, HK, HN, ID, LK, LU, MX, MY, NI, NL, NO, PA, PT, SE, SG, SV, TH, US, ZA)
Zestril® [tabs.] (Cana: GR)

Lisuride (Rec.INN)

L: Lisuridum
I: Lisuride
D: Lisurid
F: Lisuride
S: Lisurida

Antimigraine agent
Prolactin inhibitor

ATC: G02CB02,N02CA07
CAS-Nr.: 0018016-80-3 C_{20}-H_{26}-N_4-O
M_r 338.468

Urea, N'-[(8α)-9,10-didehydro-6-methylergolin-8-yl]-N,N-diethyl-

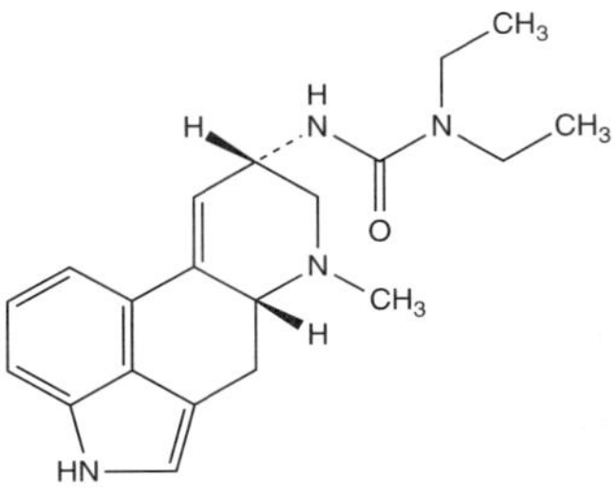

OS: *Lisuride [BAN, DCF, DCIT, USAN]*
OS: *Lysuride [BAN]*
IS: *MIP 2204*

– maleate:

CAS-Nr.: 0019875-60-6
OS: *Lisuride Maleate BANM*
IS: *Lysuride Maleate*
IS: *SH 31072 B*
PH: Lisuridium hydrogenmaleinicum PhBs IV

Arolac® (Lisapharm: FR)
Cuvalit® (Schering: DE)
Dipergon® (Schering: GR)
Dopergine® (Schering: FR)
Dopergin® (Eurim: AT)
Dopergin® (Schering: AE, AT, BH, BR, CO, CY, DE, EC, EG, ES, IQ, IT, JO, KW, LB, LY, MX, NL, OM, PE, QA, SA, SD, TR, YE)
Dopergin® (Schering-Plough: CN, IL, NZ)
Lisuride® (Cambridge Laboratories: GB)
Prolacam® (Schering: AT, DE)

L

Lithium

D: Lithium

⚕ Antidepressant

Lithicarb Pacific® (Pacific Pharm: HK)
Normothymin-E® (Actavis: GE)

– acetate:

CAS-Nr.: 0000546-89-4
IS: *Lithium aceticum*

Quilonorm® (Doetsch Grether: CH)
Quilonorm® (SmithKline Beecham: AT)
Quilonum® (Cephalon: DE)
Quilonum® (GlaxoSmithKline: DE)

– aspartate:

IS: *Lithium asparagicum*
IS: *DL-Asparaginsäure, Monolithiumsalz-1-Wasser*
IS: *Lithium DL-asparaginat-1-Wasser*

Lithium-Aspartat® (Köhler: DE)

– bromide:

Lithium Microsol® (Herbaxt: FR)

– carbonate:

CAS-Nr.: 0000554-13-2
OS: *Lithium Carbonate JAN, USAN*
IS: *CP 15467-61*
PH: Lithii carbonas Ph. Eur. 5, Ph. Int. 4
PH: Lithium (carbonate de) Ph. Eur. 5
PH: Lithiumcarbonat Ph. Eur. 5
PH: Lithium Carbonate JP XIV, Ph. Eur. 5, Ph. Int. 4, USP 30

Apo-Lithium Carbonate® (Apotex: CA)
Cadelit® (Pharmavita: CL)
Camcolit® (Norgine: AE, AN, BB, BD, BE, BH, BS, BW, CY, GB, HK, IE, IQ, JM, JO, KE, KW, LB, LK, LU, LY, NL, OM, QA, SA, SD, SG, TT, UG, ZA, ZW)
Carbolim® (Dansk: BR)
Carbolithium® (Elan: IT)
Carbolith® (Valeant: CA)
Carbolitium® (Eurofarma: BR)
Carbolit® (Bussié: CO)
Carbolit® (Psicofarma: MX)
Carbolit® (Raffo: CL)
Carbonato de Litio® (Bestpharma: CL)
Carboron® (Royal Pharma: CL)
Ceglution® (Ariston: AR, EC)
Contemnol® (Slovakofarma: CZ)
Duralith® (Janssen: CA)
Eskalith CR® (GlaxoSmithKline: US)
Eskalith® (GlaxoSmithKline: AG, AN, AW, BB, GD, GY, JM, LC, TT, US, VC)
Eskalit® (GlaxoSmithKline: AR)
Frimania® (Mersifarma: ID)
Hypnorex® (Sanofi-Synthelabo: DE)
Karlit® (Biotenk: AR)
Lentolith® (Al Pharm: ZA)
leukominerase® (biosyn: DE)
Li 450 Ziethen® (Ziethen: DE)
Licab® (Torrent: IN)
Licarbium® (Rekah: IL)
Licarb® (RX: TH)
Limas® (Taisho: JP)
Limed® (Medifive: TH)
Liskonum® (GlaxoSmithKline: AE, BH, GB, IR, KW, OM, QA)
Lit 300® (BL Hua: TH)
Lithane® (Erfa: CA)
Litheum® (Valdecasas: MX)
Lithicarb® (Aspen: AU)
Lithicarb® (Pacific: NZ)
Lithii Carbonatis® (Lekarna: SI)
Lithium Apogepha® (Apogepha: DE, RO)
Lithium Carbonate® (Douglas: NZ)
Lithium Carbonate® (Roxane: US)
Lithium Carbonate® (Rugby: US)
Lithium Carbonicum Slovakofarma® (Zentiva: CZ)
Lithium Carbonicum® (GlaxoSmithKline: PL)
Lithium Carbonicum® (Slovakofarma: CZ)
Lithiumcarbonaat FNA® (FNA: NL)
Lithiumcarbonaat Gf® (Genfarma: NL)
Lithiumcarbonaat PCH® (Pharmachemie: NL)
Lithiun® (Elisium: AR)
Lithobid® (JDS Pharmaceuticals: US)
Lithonate® (Solvay: US)
Lithosun-SR® (Sun: BD)
Lithuril® (Koçak: TR)
Liticarb® (Parma: HU)
Litij Karbonat Jadran® (Jadran: HR)
Litij Karbonat Jadran® (Salus: SI)
Litij karbonat® (Jadran: BA)
Litij karbonat® (Salus: SI)
Litijum karbonat® (Srbolek: RS)
Litio carbonato® (AFOM: IT)
Litio carbonato® (Boots: IT)
Litio carbonato® (Dynacren: IT)
Litio carbonato® (Farmacologico: IT)
Litio carbonato® (Lachifarma: IT)
Litio carbonato® (Nova Argentia: IT)
Litio carbonato® (Ogna: IT)
Litio carbonato® (Sella: IT)
Litio carbonato® (Zeta: IT)
Litiocar® (Biosintética: BR, BR)
Litiumkarbonat Oba® (OBA: DK)
Litiumkarbonat SAD® (SAD: DK)
Litocarb® (Sanitas: PE)
Lito® (Orion: FI)
Maniprex® (Wolfs: BE, LU)
Milithin® (Minerva: GR)
Neurolepsin® (Kwizda: AT)
Neurolithium® (Cristália: BR)
Phanate® (Pharmaland: TH)
Plenur® (Ipsen: ES)
PMS-Lithium Carbonate® (Pharmascience: CA)
Priadel® (Bamford: NZ)
Priadel® (Sanofi-Aventis: BE, CH, GB, IE, NL)
Priadel® (Sanofi-Synthelabo: LU, PT)
Psicolit® (Farmo Quimica: CL)
Quilonium-R® (GlaxoSmithKline: PH)
Quilonorm retard® (Doetsch Grether: CH)
Quilonorm retard® (GlaxoSmithKline: AT)
Quilonum retard® (Cephalon: DE)
Quilonum retard® (Dr. F. Frik: TR)
Quilonum retard® (GlaxoSmithKline: DE)
Quilonum SR® (GlaxoSmithKline: AU)

Quilonum® (GlaxoSmithKline: ZA)
Qulionorm® (GlaxoSmithKline: AT)
Stalith® (Stadmed: IN)
Theralite® (Aventis: CO)
Téralithe® (Sanofi-Aventis: FR)

– citrate:

CAS-Nr.: 0000919-16-4
PH: Lithii citras Ph. Eur. 5
PH: Lithium Citrate Ph. Eur. 5, USP 30
PH: Lithiumcitrat Ph. Eur. 5
PH: Lithium (citrate de) Ph. Eur. 5

Granions de Lithium® (Granions: MC)
Li Liquid® (Rosemont: GB)
Litarex® (Actavis: DK)
Litarex® (Alpharma: GB, IS, NL)
Litarex® (Team medica: CH)
Lithium Citrate® (Major: US)
Lithium Citrate® (Morton Grove: US)
Lithium Citrate® (Roxane: US)
Litiumsitrat Actavis® (Actavis: IS)
NIMA-Lithium® (Rosemont: NL)
PMS-Lithium Citrate® (Pharmascience: CA)
Priadel® (Sanofi-Aventis: GB, IE)

– gluconate:

CAS-Nr.: 0060816-70-8
IS: *D-Gluconsäure, Lithiumsalz*
IS: *Lithium-D-gluconat*
IS: *Lithium gluconicum*

Lithioderm® (Labcatal: FR)
Lithium Oligosol® (Labcatal: FR)
Neurolithium® (Labcatal: FR)
Oligogranul Lithium® (Boiron: FR)
Oligosol Li® (Pharmafactory: CH)
Oligosol Li® (Pharmethic: BE)
Oligostim Lithium® (Boiron: LU)
Oligostim Lithium® (Dolisos: FR)

– sulfate:

PH: Lithium Sulfate USP 30

Lithiofar® (Nikolakopoulos: GR)
Lithiofor® (Vifor: CH, HK)
Lithionit® (AstraZeneca: NO, SE)

Lobeline (Rec.INN)

L: Lobelinum
I: Lobelina
D: Lobelin
F: Lobéline
S: Lobelina

Analeptic

Nicotine withdrawal agent
ATCvet: QV04CV01
CAS-Nr.: 0000090-69-7 C_{22}-H_{27}-N-O_2
M_r 337.468

Ethanone, 2-[6-(2-hydroxy-2-phenylethyl)-1-methyl-2-piperidinyl]-1-phenyl-, [2R-[2α,6α(S*)]]-

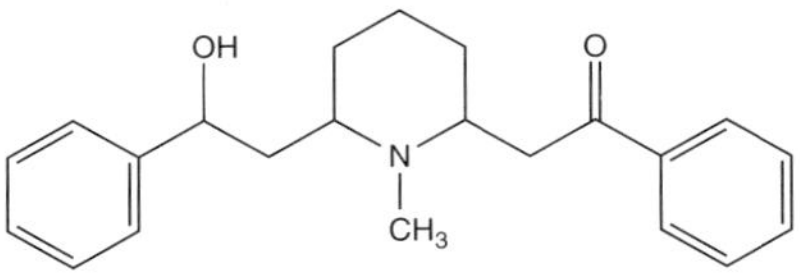

OS: *Lobéline [DCF]*
OS: *Lobelina [DCIT]*
OS: *Lobelin [BAN]*
OS: *Lobeline [USAN]*

– sulfate:

CAS-Nr.: 0000134-64-5
IS: *Smokono*
IS: *Lobelinhemisulfat*

Smokeless® (Inibsa: ES)

Lodoxamide (Rec.INN)

L: Lodoxamidum
D: Lodoxamid
F: Lodoxamide
S: Lodoxamida

Antiallergic agent

ATC: S01GX05
CAS-Nr.: 0053882-12-5 C_{11}-H_6-Cl-N_3-O_6
M_r 311.649

Dioxamic acid, N,N'-(2-chloro-5-cyano-m-phenylene)

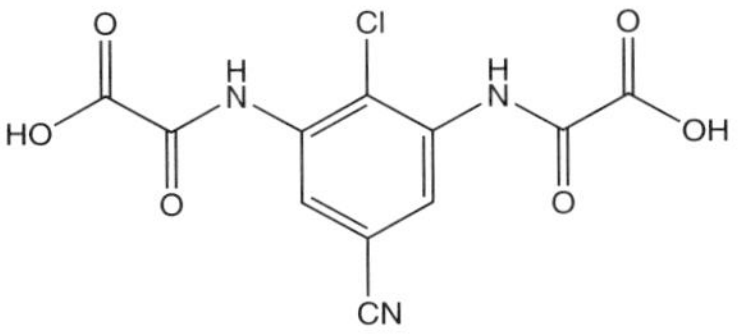

OS: *Lodoxamide [BAN, DCF]*
IS: *U 42585 (Upjohn)*

Alomide® (Alcon: BA, BW, CN, ER, ET, GH, HK, HR, ID, KE, LK, LU, MW, NA, NG, SI, TH, TZ, UG, ZA, ZM, ZW)

– tromethamine:

CAS-Nr.: 0063610-09-3
OS: *Lodoxamide Trometamol BANM*
OS: *Lodoxamide Tromethamine USAN*
IS: *U 42585 E (Upjohn, USA)*

Almide® (Alcon: FR)
Alomide Alcon® (Alcon: DK)
Alomide® (Alcon: AR, AR, BA, BD, BE, BR, CA, CO, CZ, DE, EC, ES, FI, GB, GB, GE, GR, HU, IE, IL, IT, LU, NO, PL, PT, RO, SG, SI, TR, US, ZA)
Lomide Eye Drops® (Alcon: AU, NZ)
Thilomide® (Farmex: GR)
Thilomide® (Liba: TR)

Lofepramine (Rec.INN)

L: Lofepraminum
I: Lofepramina
D: Lofepramin
F: Lofépramine
S: Lofepramina

Antidepressant, tricyclic

ATC: N06AA07
CAS-Nr.: 0023047-25-8 C_{26}-H_{27}-Cl-N_2-O
M_r 418.972

Ethanone, 1-(4-chlorophenyl)-2-[[3-(10,11-dihydro-5H-dibenz[b,f]azepin-5-yl)propyl]methylamino]-

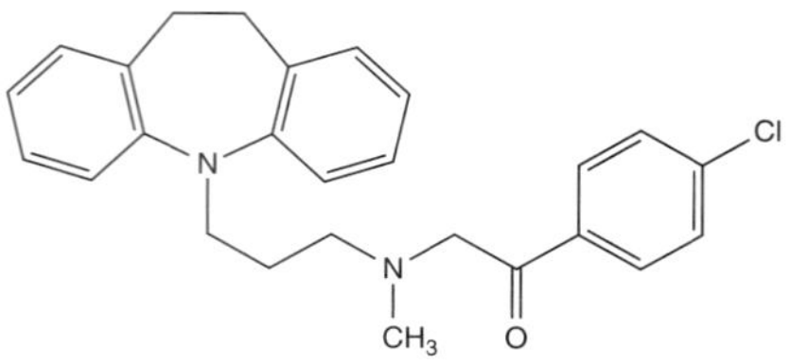

OS: *Lofepramine [BAN, DCF]*
OS: *Lofepramina [DCIT]*
IS: *DB 2182*
IS: *Leo 640*
IS: *Lopramine*
IS: *Lopramin*

– hydrochloride:

CAS-Nr.: 0026786-32-3
OS: *Lofepramine Hydrochloride BANM, JAN, USAN*
IS: *WHR 2908 A (Rorer, USA)*

Emdalen® (Merck Generics: ZA)
Gamanil® (Merck: GB, IE)
Gamonil® (Merck KGaA: DE)
Lofepramine® (Alpharma: GB)
Lofepramine® (Hillcross: GB)
Lofepramine® (Sandoz: GB)
Lomont® (Rosemont: GB)

Lofexidine (Rec.INN)

L: Lofexidinum
D: Lofexidin
F: Lofexidine
S: Lofexidina

Antihypertensive agent
Vasodilator

ATC: N07BC04
CAS-Nr.: 0031036-80-3 C_{11}-H_{12}-Cl_2-N_2-O
M_r 259.137

1H-Imidazole, 2-[1-(2,6-dichlorophenoxy)ethyl]-4,5-dihydro-

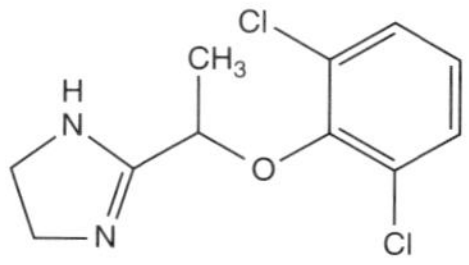

OS: *Lofexidine [BAN, DCF]*
IS: *Ba 168*
IS: *RMI 14042 A (Richardson-Merrell, Great Britain)*

– hydrochloride:

CAS-Nr.: 0021498-08-8
OS: *Lofexidine Hydrochloride BANM, USAN*
IS: *MDL 14042 (Marion Merrell Dow, USA)*

Britlofex® (Britannia: GB)

Lomefloxacin (Rec.INN)

L: Lomefloxacinum
D: Lomefloxacin
F: Lomefloxacine
S: Lomefloxacino

Antibiotic, gyrase inhibitor

ATC: J01MA07,S01AX17
CAS-Nr.: 0098079-51-7 C_{17}-H_{19}-F_2-N_3-O_3
M_r 351.369

3-Quinolinecarboxylic acid, 1-ethyl-6,8-difluoro-1,4-dihydro-7-(3-methyl-1-piperazinyl)-4-oxo-

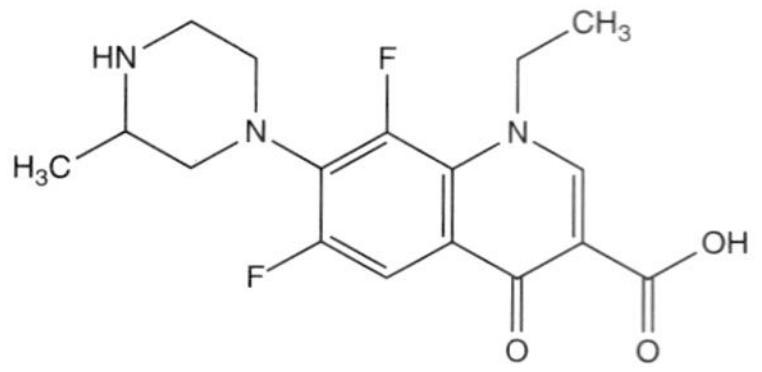

OS: *Lomefloxacin [BAN, USAN]*
OS: *Loméfloxacine [DCF]*
IS: *NY 198 (Hokuriku Seiyaku, Japan)*
IS: *SC 47111 (Searle, Great Britain)*

Lomaday® (Dr Reddys: RO)
Lomebact® (Medivis: IT)
Lomflox® (Ipca: RU)
Okacin® (Novartis: IL, IT, TH)
Okacin® (Novartis Ophthalmics: VN)
Okacin® (Roemmers: PE)
Optiflox® (Jayson: BD)

– hydrochloride:

CAS-Nr.: 0098079-52-8
OS: *Lomefloxacin Hydrochloride BANM, JAN, USAN*

Bareon® (Hokuriku: JP)
Chimono® (Lusofarmaco: IT)
Décalogiflox® (Biocodex: FR)
Floxaquil® (Decomed: PT)
Ksenakvin® (Promed: RU)
Lamicin® (Nipa: BD)
Logiflox® (Biocodex: FR)
Lomacin® (Novartis: MX)
Lomeflon® (Senju: JP)
Lomeflox® (Aristopharma: BD)
Lomeflox® (Infaca: DO)
Lomef® (Torrent: IN)
Lomflox® (Ipca: IN, SG)
Loxina® (Neves: PT)
Lumex® (Gaco: BD)
Lyflox® (Ibn Sina: BD)
Maxaquin® (Aspen: ZA)
Maxaquin® (ICN: IT)

Maxaquin® (Pfizer: BR, CH, HK, MX, PT, PT)
Maxaquin® (Pharmacia: US)
Mexlo® (Square: BD)
Namicin® (Nipa: BD)
Netra® (Jayson: BD)
Nor-Floxin® (Teramed: SV)
Ocacin® (Novartis: ES)
Okacin® (Ciba Vision: BD, BG)
Okacin® (Novartis: AR, AT, BD, BE, BR, CH, CZ, DE, DK, HK, LK, LU, PT, RO, RU, TR)
Okacin® (Novartis Ophthalmics: CO, HU, PL, SG)
Okacyn® (Al Pharm: ZA)
Omniquin® (Pfizer: ID)
Ontop® (Systopic: IN)
Ophtaflox® (Drug International: BD)
Senifar® (Farmoquimica: DO)
Uniquin® (Alfa Wassermann: IT)
Uniquin® (GlaxoSmithKline: ZA)
Uniquin® (Sandoz: AT)
Utilom® (Unimed & Unihealth: BD)

Lomustine (Rec.INN)

L: Lomustinum
I: Lomustina
D: Lomustin
F: Lomustine
S: Lomustina

⚕ Antineoplastic, alkylating agent

ATC: L01AD02
CAS-Nr.: 0013010-47-4 C_9-H_{16}-Cl-N_3-O_2
M_r 233.707

Urea, N-(2-chloroethyl)-N'-cyclohexyl-N-nitroso-

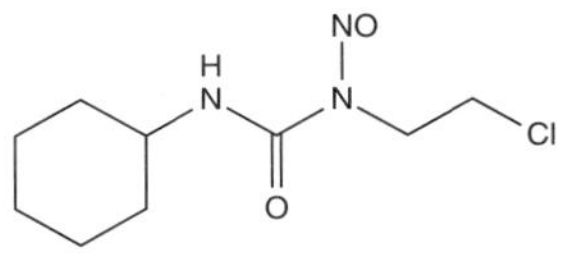

OS: *Lomustine [BAN, DCF, USAN]*
OS: *Lomustina [DCIT]*
IS: *RB 1509*
PH: Lomustine [Ph. Eur. 5]
PH: Lomustinum [Ph. Eur. 5]
PH: Lomustin [Ph. Eur. 5]
PH: Lomustina [Ph. Eur. 5]

Belustine® (OTL Pharma: NL)
CCNU® (Bristol-Myers Squibb: BG, HR)
Cecenu® (Medac: DE)
CeeNU® (Bristol-Myers Squibb: AR, AU, CA, CH, CL, CZ, GE, HK, NZ, PH, SG, US, ZA)
Citostal® (Bristol-Myers Squibb: BR)
Lomustin (CCNU Torrex)® (Torrex: AT)
Lomustine Medac® (Medac: DK, FI, GB, SE)
Lomustine® (GlaxoSmithKline: IN)
Lomustine® [vet.] (Medac Animalhealth: GB)
Prava® (Bristol-Myers Squibb: CH)

Lonazolac (Rec.INN)

L: Lonazolacum
D: Lonazolac
F: Lonazolac
S: Lonazolaco

⚕ Antiinflammatory agent

ATC: M01AB09
CAS-Nr.: 0053808-88-1 C_{17}-H_{13}-Cl-N_2-O_2
M_r 312.761

1H-Pyrazole-4-acetic acid, 3-(4-chlorophenyl)-1-phenyl-

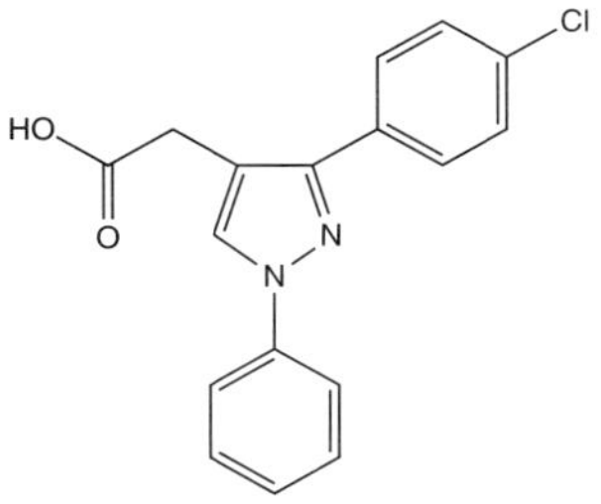

OS: *Lonazolac [DCF, USAN]*

– calcium salt:

CAS-Nr.: 0075821-71-5
IS: *Lonazolachemicalcium*

Argun® (Merckle: DE)
Irritren® (Byk: CZ)

Loperamide (Rec.INN)

L: Loperamidum
I: Loperamide
D: Loperamid
F: Lopéramide
S: Loperamida

⚕ Antidiarrhoeal agent

ATC: A07DA03
CAS-Nr.: 0053179-11-6 C_{29}-H_{33}-Cl-N_2-O_2
M_r 477.053

1-Piperidinebutanamide, 4-(4-chlorophenyl)-4-hydroxy-N,N-dimethyl-α,α-diphenyl-

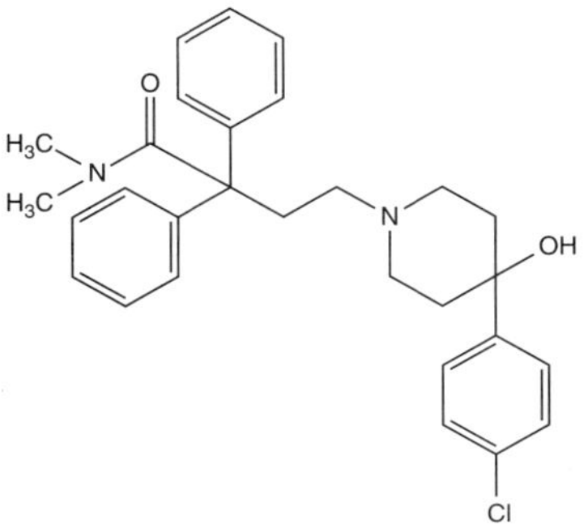

OS: *Loperamide [BAN, DCF, DCIT]*

Amufast® (Ampharco: VN)
Capent® (Andromaco: CL)
Coliper® (Mintlab: CL)
Desitin® (Colliere: PE)

Diamide® (Pacific: NZ)
Diarodil® (Greater Pharma: TH)
Diarresec® (Farmion: BR)
Diasorb® (Ivax: GB)
Dirocap® (Globe: BD)
Donafan® (Bristol-Myers Squibb: PE)
Ercestop® (Sanofi-Synthelabo: BE)
Imosec® (Janssen: LU)
Laremid® (Polfa Warszawa: PL)
Lopedium® (Hexal: LU)
Loperamid Domesco® (Domesco: VN)
Loperamid-Ratiopharm® (ratiopharm: LU)
Loperamid-Teva® (Teva: CH)
Loperamida L.CH.® (Chile: CL)
Loperamida Merck® (Merck Genéricos: PT)
Loperamida Ratiopharm® (Ratiopharm: PT)
Loperamida Vannier® (Vannier: AR)
Loperamide-Generics® (Generics: LU)
Loperium® (Grace: ET)
Loperium® (Pharmanova: ZW)
Loperium® (Siho Trading: SD)
Loperium® (Twokay: KE)
Loper® (Quality: HK)
Pharmaniaga Loperamide® (Ebewe: HK)
Shilshul® (CTS: IL)
Toban® (Refasa: PE)
Zeroform® (Konimex: ID)

– hydrochloride:

CAS-Nr.: 0034552-83-5
OS: *Loperamide Hydrochloride BANM, JAN, USAN*
IS: *PJ 185*
IS: *R 18553*
PH: Loperamide Hydrochloride Ph. Eur. 5, Ph. Int. 4, USP 30
PH: Loperamidi hydrochloridum Ph. Eur. 5, Ph. Int. 4
PH: Lopéramide (chlorhydrate de) Ph. Eur. 5
PH: Loperamidhydrochlorid Ph. Eur. 5

Adco-Loperamide® (Adcock: ZA)
Alphamid® (Alpharma: ID)
Altocel® (Winthrop: FR)
Amerol® (Tempo: ID)
Anti-Diarrheal Formula® (Teva: US)
Antidia® (Bernofarm: ID)
Apo-Loperamide® (Apotex: AN, BB, BM, BS, CA, GY, HT, JM, KY, SR, TT)
Arret® [vet.] (Johnson & Johnson: GB)
Arret® [vet.] (Merck Sharp & Dohme Animals: GB)
Azuperamid® (Azupharma: DE)
Betaperamide® (Al Pharm: ZA)
Binaldan® (Vifor: CH)
Boxolip® (Cheplapharm: DE)
Chemists' Own Diarrhoea Relief® (Chemists: AU)
Colidium® (Solas: ID)
Colifilm® (Quesada: AR)
Contem® (Ahimsa: AR)
Custey® (Microsules: AR)
Diacare® (Cipla: AU)
Diacure® (McNeil: NL)
Diadium® (Lapi: ID)
Diapen® (Hikma: AE, BH, EG, IQ, KW, LB, LY, OM, QA, SA, SD, SY, TN, YE)
Diarace® [vet.] (ACE: NL)
Diarem® (Pharmachemie: NL)
Diarent® (Chew Brothers: TH, TH)
Diareze® (Boots: GB)
Diarfin® (Cinfa: ES)
Diarlop® [caps] (Jagson Pal: IN)
Diarreeremmer Loperamide HCl® (Dynadro: NL)
Diarreeremmer Loperamide HCl® (Etos: NL)
Diarreeremmer Loperamide HCl® (Healthypharm: NL)
Diarreeremmer Loperamide HCl® (SDG: NL)
Diarreeremmer® (Leidapharm: NL)
Diarrest® (Galen: IE)
Diarstop® (Giuliani: IT)
Diarzero® (Unifarm: IT)
Diasec® (Armoxindo: ID)
Diasec® (Hexal: BR)
Diatabs® (Unam: HK)
Diatabs® (United: PH)
Dicap® (Pacific: NZ)
Dimor® (Nordic Drugs: SE)
Diocalm® (SSL: GB)
Diocalm® [vet.] (SSL: GB)
Dirolin® (Nipa: BD)
Dissenten® (SPA: IT, RO)
Dotalsec® (Hexa: AR)
duralopid® (Merck dura: DE)
Dyspagon® (PF: LU)
Dyspagon® (Pierre Fabre: DZ, FR)
Elcoman® (Sandoz: AR)
Elissan® (Serra Pamies: ES)
Endialop® (medphano: DE)
Endiaron® (medphano: DE)
Entermid® (Nakornpatana: TH)
Enterobene® (Ratiopharm: AT)
Enterobene® (ratiopharm: HU)
Ercestop® (Sanofi-Aventis: FR)
Ercestop® (Sanofi-Synthelabo: LU)
Fada Loperamida® (Fada: AR)
Fortasec® (Esteve: ES)
Gastro-Stop® (Aspen: AU)
Gastron® (Aspen: ZA)
Harmonise® (Hamilton: AU)
Huma-Loperamide® (Teva: HU)
Immodium® (Janssen: CZ, ZA)
Imocur® (Merck NM: FI)
Imodium A-D® (McNeil: US)
Imodium Flas® (McNeil: ES)
Imodiumlingual® (McNeil: FR)
Imodium® (Janssen: AE, AT, AU, BE, BF, BG, BJ, CF, CG, CH, CM, CO, CR, CY, CZ, DE, DK, DO, DZ, EC, EG, FR, GA, GB, GE, GN, GR, GT, HK, HN, HU, ID, IE, IL, IS, JO, LB, LK, LU, MG, ML, MR, MT, MX, NE, NI, NO, NZ, PA, PE, PH, PL, PT, RO, RU, SA, SD, SE, SN, SV, TG, TH, YE, ZA, ZR)
Imodium® (Janssen-Cilag: VN)
Imodium® (McNeil: CA, DE, ES, IT, NL, US)
Imodium® (Orion: FI)
Imodium® (Terapia: RO)
Imodium® [vet.] (Janssen Animal Health: GB)
Imodonl® (Christo Pharmaceutical: HK)
Imomed® (Medikon: ID)
Imore® (Soho: ID)
Imosa® (Corsa: ID)
Imosec® (Abello Farmacia: ES)
Imosec® (Janssen: BR)
Imossellingual® (McNeil: FR)

Imossel® (McNeil: FR)
Imotil® (Square: BD)
Impelium® (TO Chemicals: TH)
Inamid® (Nufarindo: ID)
Ionet® (Cetus: AR)
Kruidvat Diarreeremmer® (Marel: NL)
Lanseka® (Investi: AR)
Lodia® (Sanbe: ID)
Lomedium® (Mekophar: VN)
Lomide® (Siam Bheasach: TH)
Lomiphar® (Unicophar: BE)
Lomodium® (Prafa: ID)
Lomosec® (ACI: BD)
Lomotil® (Pfizer: MX)
Lomy® (Masa Lab: TH)
Lop-Dia® (Philopharm: DE)
Lopa-Hemopharm® (Hemopharm: DE)
Lopalind® (Lindopharm: DE)
Lopamide® (Acme: BD)
Lopamide® (Torrent: IN)
Lopamine® (Shiwa: TH)
Lopediar® (Pasteur: CL)
Lopedium® (Hexal: DE, LU, RU, ZA)
Lopedium® (Salutas Pharma: RS)
Lopedium® (Sandoz: HU)
Lopela® (Pharmasant: TH)
Lopemid® (Visufarma: IT)
Lopera Basics® (Basics: DE)
Loperacin® (Qualipharm: CR, GT, NI, PA)
Loperal® [vet.] (TVM: FR)
Loperamid 1 A Pharma® (1A Pharma: DE)
Loperamid AL® (Aliud: DE)
Loperamid Fresenius® (Fresenius: AT)
Loperamid Helvepharm® (Helvepharm: CH)
Loperamid Heumann® (Heumann: DE)
Loperamid Klast® (Linden: DE)
Loperamid Lindo® (Lindopharm: DE)
Loperamid Merck NM® (Merck NM: SE)
Loperamid ratiopharm® (Ratiopharm: AT, BE)
Loperamid ratiopharm® (ratiopharm: DE)
Loperamid Sandoz® (Sandoz: DE)
Loperamid Stada® (Stadapharm: DE)
Loperamid Streuli® (Streuli: CH)
loperamid von ct® (CT: DE, RO)
Loperamid-Akri® (Akrihin: RU)
Loperamid-CT® (ratiopharm: DE)
Loperamid-Mepha® (Mepha: CH)
Loperamid-Puren® (Alpharma: DE)
Loperamida Belmac® (Belmac: ES)
Loperamida Clorhidrato® (Mintlab: CL)
Loperamida Ecar® (Ecar: CO)
Loperamida Fabra® (Fabra: AR)
Loperamida MK® (MK: CO)
Loperamida Richet® (Richet: AR)
Loperamida Rimafar® (Rimafar: ES)
Loperamida® (Sanitas: CL)
Loperamide Angenerico® (Angenerico: IT)
Loperamide Atlantic® (Atlantic: SG)
Loperamide DOC® (DOC Generici: IT)
Loperamide EG® (Eurogenerics: BE)
Loperamide HCl Alpharma® (Alpharma: NL)
Loperamide HCl A® (Apothecon: NL)
Loperamide HCl CF® (Centrafarm: NL)
Loperamide HCl FLX® (Karib: NL)
Loperamide HCl Gf® (Genfarma: NL)
Loperamide HCl Hexal® (Hexal: NL)
Loperamide HCl Katwijk® (Katwijk: NL)
Loperamide HCl Kring® (Kring: NL)
Loperamide HCl Merck® (Merck Generics: NL)
Loperamide HCl PCH® (Pharmachemie: NL)
Loperamide HCl Sandoz® (Sandoz: NL)
Loperamide HCl® (Marel: NL)
Loperamide Hexal® (Hexal: IT)
Loperamide Ratiopharm® (Ratiopharm: BE)
Loperamide Samenwerkende Apothekers® (Samenwerkende Apothekers: NL)
Loperamide Teva® (Teva: BE)
Loperamide Zydus® (Zydus: FR)
Loperamide-Eurogenerics® (Eurogenerics: LU)
Loperamide® (Alpharma: GB)
Loperamide® (Denk: ET, KE, NG, TZ, UG)
Loperamide® (Generics: GB)
Loperamide® (Hillcross: GB)
Loperamide® (Merck NM: NO)
Loperamide® (Teva: GB)
Loperamid® (Labormed Pharma: RO)
Loperamid® (Laropharm: RO)
Loperamid® (Perrigo: IL)
Loperamid® (Polfa Warszawa: PL)
Loperamid® (Terapia: RO)
Loperamid® (Zdravlje: RS)
Loperamil® (DHA: HK, SG)
Loperan® (Chiesi: ES)
Loperastat® (Be-Tabs: ZA)
Loperax® (Xepa-Soul Pattinson: HK)
Lopercin® (Polipharm: TH)
Loperdium® (Gaco: BD)
Loperdium® (GDH: TH)
Loperhoe® (betapharm: DE)
Loperia® (Great Eastern: TH)
Loperia® (Therapharma: TH)
Loperid® (Vitamed: IL)
Loperin® (Opsonin: BD)
Loperium® (Remedica: CY, HK)
Loperkey® (Inkeysa: ES)
Lopermid® (Atlantic: TH)
Lopermid® (Saba: TR)
Loperon® (Hexal: CZ)
Lopimed® (Novartis: CH)
Lop® (Winthrop: DE)
Lopéramide Biogaran® (Biogaran: FR)
Lopéramide EG® (EG Labo: FR)
Lopéramide G Gam® (G Gam: FR)
Lopéramide Lyoc® (Cephalon: FR)
Lopéramide Merck® (Merck Génériques: FR)
Lopéramide RPG® (RPG: FR)
Lopéramide Sandoz® (Sandoz: FR)
Loremid® (Meprofarm: ID)
Loride® (Medinfar: PT)
Loridin® (Osmopharm: EC)
Lormide® (United Pharma: VN)
Lorpa® (Beacons: SG)
Mar-Loper® (Marching Pharmaceutical: HK)
Mecodiar® (Mecosin: ID)
Merck-Loperamide® (Merck: BE)
Minicam® (Gramon: AR)
Motilex® (Dankos: ID)
Nabutil® (UPSA: FR)
Negastro® (Douglas: AU)
Neo-Enteroseptol® (Specifar: GR, RO)

L

Nodia® (Multichem: NZ)
Nomotil® (Ziska: BD)
Norimode® (Aspen: ZA)
Norimode® (Tillomed: GB)
Normakut® (Gebro: AT)
Normotil® (Pharos: ID)
Normudal® (Combiphar: ID)
Novadiar® (Chalver: CO)
Novo-Loperamide® (Novopharm: CA)
Operium® (PP Lab: TH)
Opox® (Guardian: ID)
Oramide® (United Americans: ID)
Pangetan® (Tecnoquimicas: CO)
Pepto Diarrhea Control® (Procter & Gamble: US)
Perasian® (Asian: TH)
Plexol® (Sandoz: AR)
Plorinoc® (Klonal: AR)
Primodium® (Ikapharmindo: ID)
Prodium® (Al Pharm: ZA)
Prodom® (Feltrex: DO)
Propiden® (Sandoz: DK)
Protector® (Quimifar: ES)
Regulane® (Finadiet: AR)
Rekamide® (Rekah: IL)
Renamid® (Fahrenheit: ID)
Reximide® (Duopharma: HK)
Riva-Loperamide® (Riva: CA)
Rolab-Loperamide HCl® (Sandoz: ZA)
Salvacolina® (Salvat: DO, ES, GT, HN, HT, PA, SV)
Sandoz Loperamide® (Sandoz: CA)
SBOB® (Thai Nakorn Patana: TH)
Seldiar® (Krka: BA, HR, SI)
Stoperan® (US Pharmacia: PL)
Stopit® (Rafa: IL)
Suprasec® (Janssen: AR)
Synodium® (Synco: HK)
Taguinol® (Spyfarma: ES)
Tarmin® (Bruluagsa: MX)
Travello® (Pfizer: NO, SE)
Trekpleister Diarreeremmer® (Marel: NL)
Vacontil® (Medochemie: BG, BH, IQ, JO, LK, OM, SD, SG, YE)
Velaral® (ECU: EC)
Vidaperamid® (Vida: HK)
Viltar® (Dallas: AR)
Xepare® (Metiska: ID)

Loperamide Oxide (Rec.INN)

L: Loperamidum oxidum
D: Loperamid oxid
F: Loperamide Oxyde
S: Oxido de loperamida

Antidiarrhoeal agent

ATC: A07DA05
CAS-Nr.: 0106900-12-3 C_{29}-H_{33}-Cl-N_2-O_3
M_r 493.053

trans-4-(p-Chlorophenyl)-4-hydroxy-N,N-dimethyl-α,α-diphenyl-1-piperidinebutyramide 1-oxide

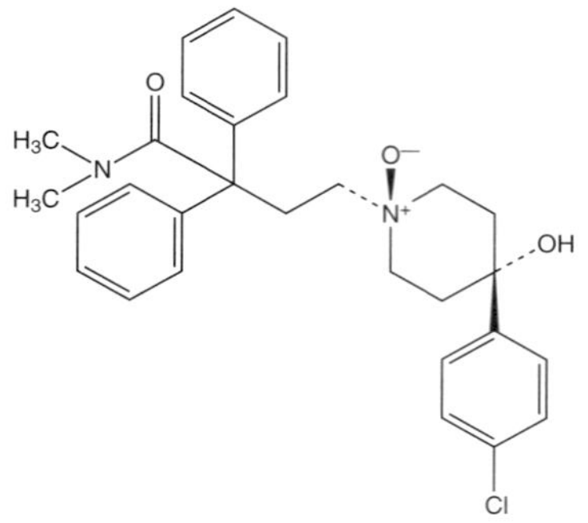

OS: *Loperamide Oxide [BAN, USAN]*
IS: *R 58425 (Janssen, Belgium)*

– **monohydrate:**

PH: Loperamide oxide monohydrate Ph. Eur. 4

Arestal® (Dr. Fisher: NL)
Arestal® (Euro: NL)
Arestal® (Janssen: AT, FR, LU)
Arestal® (Norgine: NL)
Primodium® (Janssen: SE)

Lopinavir (Rec.INN)

L: Lopinavirum
D: Lopinavir
F: Lopinavir
S: Lopinavir

Antiviral agent, HIV protease inhibitor

ATC: J05AE
CAS-Nr.: 0192725-17-0 C_{37}-H_{48}-N_4-O_5
M_r 628.82

(alphaS)-Tetrahydro-N-[(alphaS)-alpha-[(2S,3S)-2-hydroxy-4-phenyl-3-[2-(2,6-xylyloxy)acetamido]butyl]phenethyl]-alpha-isopropyl-2-oxo-1(2H)-pyrimidineacetamide [WHO]

(alphaS)-Tetrahydro-N-((alphaS)-alpha-{(2S,3S)-2-hydroxy-4-phenyl-3-[2-(2,6-dimethylphenoxy)acetamido]butyl}phenethyl)-alpha-isopropyl-2-oxopyrimidin-1(2H)-acetamid [IUPAC]

1(2H)-Pyrimidineacetamide, N-((1S,3S,4S)-4-(((2,6-dimethylphenoxy)acetyl)amino)-3-hydroxy-5-phenyl-1-(phenylmethyl)pentyl)tetrahyrdo-alpha-1-methylethyl)-2-oxo-,(alphaS)- [NLM]

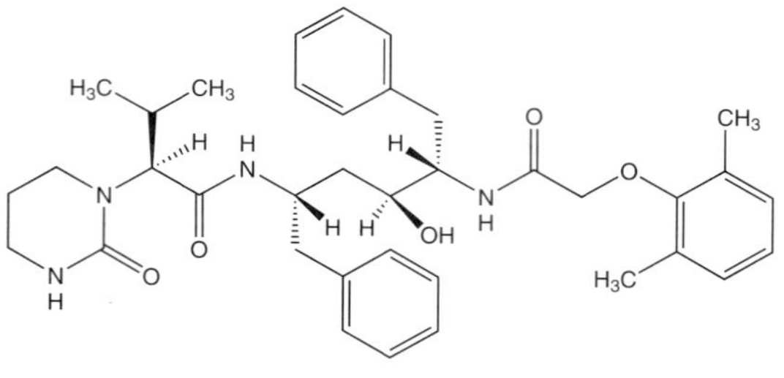

OS: *Lopinavir [BAN, USAN]*
IS: *ABT 378 (Abbott)*
IS: *A 157378.0 (Abbott, US)*

Kaletra® [+ Ritonavir] (Abbott: AE, AT, BA, BH, CA, CH, CL, CO, CZ, DE, EG, FI, FR, GB, GR, HK, HU, IL, IQ, IR, IS, IT, JO, JP, KW, LB, LU, MY, NL, NO, NZ, OM, PE, PL, PR, PT, QA, RS, RU, SA, SE, SG, SI, SY, TH, TR, US, UY, YE, ZA)

Loprazolam (Rec.INN)

L: Loprazolamum
D: Loprazolam
F: Loprazolam
S: Loprazolam

Hypnotic
Tranquilizer

ATC: N05CD11
CAS-Nr.: 0061197-73-7 C_{23}-H_{21}-Cl-N_6-O_3
M_r 464.931

(Z)-6-(o-Chlorophenyl)-2,4-dihydro-2-[(4-methyl-1-piperazinyl)methylene]-8-nitro-1H-imidazo[1,2-a][1,4]benzodiazepin-1-one

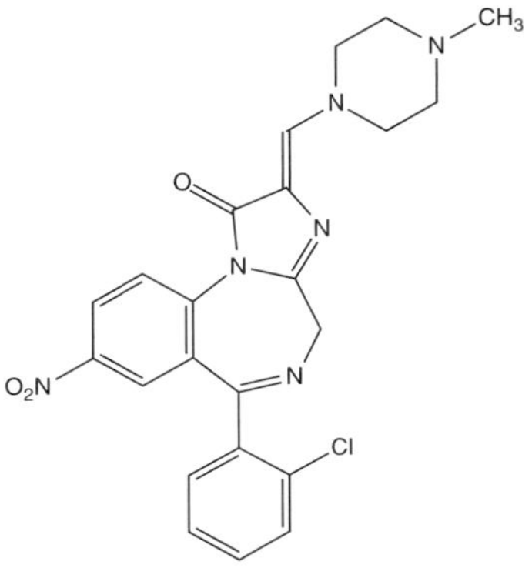

OS: *Loprazolam [BAN, DCF, USAN]*
IS: *RU 31158*

Dormonoct® (Aventis: CR, DO, GT, HN, NI, PA, SV, ZA)
Dormonoct® (Lancasco: GT, HN, SV)
Dormonoct® (Sanofi-Aventis: PT)
Somnovit® (Aventis: ES)
Somnovit® (Teofarma: ES)
Sonin® (Merck: DE)

– mesilate:
CAS-Nr.: 0070111-54-5
OS: *Loprazolam Mesilate BANM*
IS: *Loprazolam methanesulfonate*
IS: *Loprazolam Mesylate*
PH: Loprazolam Mesilate BP 2002

Dormonoct® (Aventis: LU)
Dormonoct® (Sanofi-Aventis: AR, BE, NL)
Havlane® (Sanofi-Aventis: FR)

Loracarbef (Rec.INN)

L: Loracarbefum
D: Loracarbef
F: Loracarbef
S: Loracarbef

Antibiotic, beta-lactam

ATC: J01DC08
CAS-Nr.: 0076470-66-1 C_{16}-H_{16}-Cl-N_3-O_4
M_r 349.784

3-Chloro-8-oxo-1-azabicyclo[4.2.0]oct-2-ene-2-carboxylic acid, (6R,7S)-7-[(R)-2-amino-2-phenylacetamido]

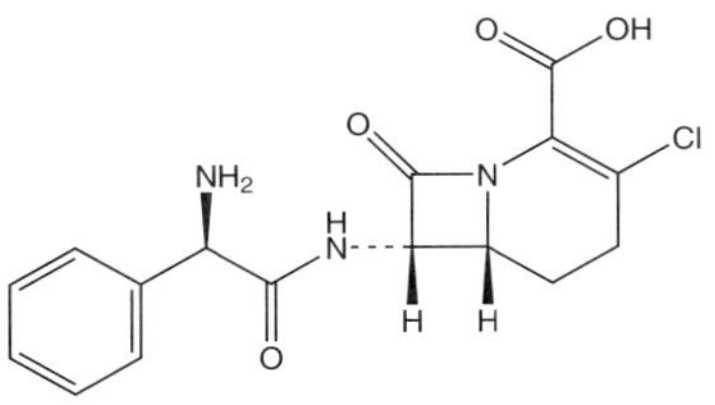

OS: *Loracarbef [USAN]*
IS: *LY 163892 (Ely Lilly)*

Lorbef® (Lilly: GR)

– monohydrate:
CAS-Nr.: 0121961-22-6
OS: *Loracarbef BAN, USAN*
PH: Loracarbef USP 30

Lorabid® (Actavis: SE)
Lorabid® (Lilly: AT, TR, ZA)
Lorabid® (Monarch: US)
Lorafem® (Pierre Fabre: DE)

Loratadine (Rec.INN)

L: Loratadinum
D: Loratadin
F: Loratadine
S: Loratadina

Histamine, H_1-receptor antagonist
Antiallergic agent

ATC: R06AX13
CAS-Nr.: 0079794-75-5 C_{22}-H_{23}-Cl-N_2-O_2
M_r 382.896

1-Piperidinecarboxylic acid, 4-(8-chloro-5,6-dihydro-11H-benzo[5,6]cyclohepta[1,2-b]pyridin-11-ylidene)-, ethyl ester

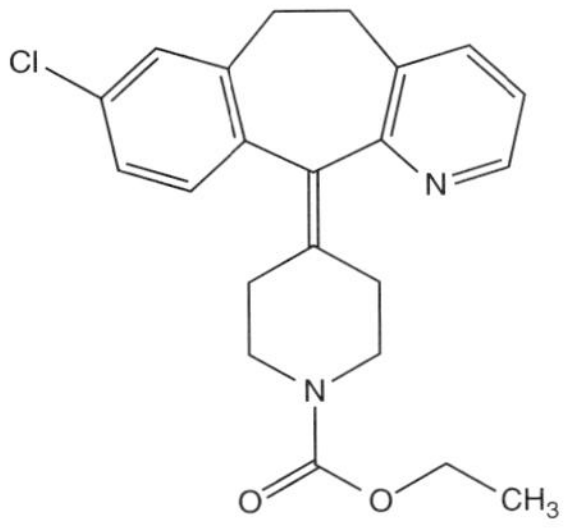

OS: *Loratadine [BAN, DCF, USAN]*
IS: *Sch 29851 (Schering, USA)*

PH: Loratadine [USP 30]
PH: Loratadine [Ph. Eur. 5]

Aerotina® (Raffo: AR)
Alarin® (Biofarma: TR)
Alavert® (Wyeth: US)
Albatrina® (Degort's: MX)
Alerfan® (Anpharm: PL)
Alerfast® (Roemmers: PE)
Alergaliv® (Sigma: BR)
Alergan® (Chemopharma: CL)
Alergin® (Ariston: EC)
Alergipan® (Benitol: AR)
Alergit® (Bioindustria: EC)
Aleric® (US Pharmacia: PL)
Alermuc® (Elisium: AR)
Alernitis® (Ikapharmindo: ID)
Alerpriv® (Bago: RU)
Alerpriv® (Montpellier: AR)
Alertadin Lch® (Ivax: PE)
Aleze® (Unimed & Unihealth: BD)
Alledryl® (Prater: CL)
Alledryl® (Qualipharm: PE)
Aller-Tab® (Silom: TH)
Allerdine® (LBS: TH)
Allerdrug® (Med-One: GR)
Allerfre® (Boots: NL)
Allergofact® (Doctum: GR)
Allergyx® (Teva: IL)
Allernon® (Lannacher: AT)
Allersil® (Silom: TH)
Allertine® (Saidal: DZ)
Allertyn® (DHA: HK, SG)
Allohex® (Dankos: ID)
Alloris® (Sanbe: ID)
Alorin® (Essex: IT)
Analor® (Techno: BD)
Anhissen® (Sunthi: ID)
Anlos® (Prima: ID)
Antilergal® (Medix: MX)
Antor® (Mustafa Nevzat: TR)
AP-Loratadine® (Aspen: ZA)
Apo-Loratadine® (Apotex: CA, NZ)
Ardin® (Korea Pharm: SG)
Baiweiha® (Changcheng: CN)
Bedix® (Laboratorios: AR)
Belodin® (Belupo: HR)
Benadryl® (Elea: AR)
Biliranin® (Pharmathen: GR)
Biloina® (Andromaco: AR)
Bollinol® (Viofar: GR)
Caradine® (Millimed: TH)
Carinose® (Community: TH)
Carin® (CCM Pharma: SG)
Children's Claritin® (Schering-Plough: US)
Civeran® (Lesvi: ES)
Clalodine® (Pharmasant: TH)
Clanoz® (HG.Pharm: VN)
Claratyne® (Schering-Plough: AU, NZ)
Clargotil® (Gedeon Richter: RU)
Clarid® (Biolab: TH)
Clarihis® (Lapi: ID)
Clarilerg® (Hexal: BR)
Clarinese® (Aspen: ZA)
Clarin® (Shiba: YE)
Clarisens® (Pharmstandart: RU)
Claritine-Pollen® (Essex: CH)
Claritine® (Essex: CH)
Claritine® (Schering-Plough: AG, AN, AW, BB, BE, BM, BR, BS, BZ, CZ, GD, GY, HR, HT, HU, JM, KY, LC, LU, NL, PL, RO, RS, RU, SI, TR)
Claritin® (Schering: US)
Claritin® (Schering-Plough: BR, ID)
Clarityne Fast® (Schering-Plough: CR, DO, GT, HN)
Clarityne Rapitabs® (Plough: CO)
Clarityne® (Essex: CL)
Clarityne® (Key: CO)
Clarityne® (Profesa: EC)
Clarityne® (Schering-Plough: AR, BD, CN, CR, DO, ES, FR, GR, GT, HK, HN, MX, MY, SG, TH)
Clarityn® (Aesca: AT)
Clarityn® (Schering-Plough: DK, FI, GB, IS, IT, NO, SE)
Clarotadine® (Akrihin: RU)
Clarozone® (Ozone Laboratories: RO)
Cloratadd® (EMS: BR)
Contral® (Jadran: BA, HR)
Cronitin® (Global: ID)
Cronopen® (Bago: PE)
Curyken® (Kendrick: MX)
Devedryl® (Klonal: AR)
Difmedol® (Faran: GR)
Dimegan® (Senosiain: MX)
Dissen® (Andromaco: MX)
Doralan® (Wermar: MX)
Dymaten® (Continentales: MX)
Eclaran® (Farmindustria: PE)
Efectine® (Uni: CO)
Efectine® (Unipharm: MX)
Efecutin® (Amex: PE)
Eftilora® (F.T. Pharma: VN)
Eladin® (Jayson: BD)
Elo® (Edruc: BD)
Encilor® (Incepta: BD)
Eradex® (Doctor's Chemical Work: BD)
Erolin® (Egis: CZ, HK, HU, RO, RU)
Ezede® (Pan Pharma: LK)
Ezede® (Xepa-Soul Pattinson: HK, SG)
Fada Loratadina® (Fada: AR)
Fadina® (Cantabria: ES)
Finistan® (Finlay: HN)
Flonidan® (Lek: BA, CZ, HR, PL, RO, RS, SI)
Flonidan® (Teva: HU)
Folerin® (Pharos: ID)
Frenaler® (Chile: CL)
Fristamin® (Firma: IT)
Grimeral® (Biomep: MX)
Halodin® (TO Chemicals: SG, TH)
Helporigin® (Help: GR)
Hislorex® (Konimex: ID)
Hisplex® (Biotenk: AR)
Histaclar® (Gerard: IE)
Histadin® (Nobel: BA)
Histadin® (União: BR)
Histafren® (Inti: PE)
Histaloran® (Chalver: GT, HN)
Histalor® (Dr Reddys: LK, SG)
Histalor® (Inst. Biochimico: BR)
Histaplus® (Pasteur: CL)
Histaritin® (Medikon: ID)
Hooikoortstabletten Loratadine® (Marel: NL)

Horestyl® (Kleva: GR)
Hysticlar® (Mintlab: CL)
Igir® (Velka: GR)
Imunex® (Galenium: ID)
Inclarin® (Interbat: ID)
Inigrin® (Grin: MX)
Klallergine® (Obolenskoe: RU)
Klarfast® (Cadila: RU)
Klaridol® (Shreya: RU)
Klinset® (Bernofarm: ID)
Kruidvat Loratadine® (Marel: NL)
Laritol® (Maver: MX)
Larmax® (Andromaco: CL)
Larotin® (ECU: EC)
Latoren® (Anfarm: GR)
Laura® (Ranbaxy: ZA)
Lergia® (Mecosin: ID)
Lergicyl® (Eurowest: PH)
Lertamine® (Schering-Plough: MX)
Lesidas® (Kalbe: ID)
Licortin® (SBL: MX)
Lictyn® (Sandoz: AT)
Lindine® (Pharmaland: TH)
Lisaler® (Fortbenton: AR)
Lisino® (Essex: DE)
Livotab® (Woelm: DE)
Lobeta® (betapharm: DE)
Lodin® (Amico: BD)
Loisan® (Baliarda: AR)
Lolergi® (Mugi: ID)
Lomilan® (Lek: RU)
Lontadex® (Recalcine: CL)
Lora Basics® (Basics: DE)
Lora Tabs® (Pacific: NZ)
Lora-ADGC® (KSK Pharma: DE)
Lora-Lich® (Winthrop: DE)
Lora-Puren® (Actavis: DE)
Loracert® (La Santé: CO)
Loracil® (Ziska: BD)
Loraclar® (Krewel: DE)
Loraderm® (Dermapharm: DE)
Loradil 10® (O.P.V.: VN)
Loradine® (Greater Pharma: TH)
Loradine® (Pharmalliance: DZ)
Loradin® (Aristopharma: BD)
Lorado® (Sandoz: CH)
Lorafast® (Ampharco: VN)
Loragalen® (Galenpharma: DE)
Loragamma® (Wörwag Pharma: DE)
Lorahexal® (Hexal: PL, RU)
Lorahist® (Al Pharm: ZA)
Loralerg® (AWD.pharma: DE)
Loralerg® (Farmasa: BR)
Loramine® (Farmacol: CO)
Loram® (Hexal: PL)
Loranil® (Libbs: BR)
Loranol® (Hexal: CZ)
Loranox® (Charoen Bhaesaj: TH)
Lorano® (Hexal: AT, DE, LU, RO, ZA)
Lorano® (Salutas Pharma: RS)
Lorano® (Sandoz: HU)
Lorantis® (Yeni: TR)
Loran® (Guardian: ID)
LoraPaed® (AFT: NZ)
Lorapharm® (Alpharma: ID)
Lorastad® (Stada: NL, VN)
Lorastamin® (Helcor: RO)
Lorastine® (Schering-Plough: IL)
Lorastyne® (Schering-Plough: AU)
Loratab® (Biospray: GR)
Loratadin „ratiopharm"® (ratiopharm: DK)
Loratadin 1A Farma® (1A Farma: DK)
Loratadin 1A Pharma® (1A Pharma: DE)
Loratadin acis® (acis: DE)
Loratadin Alpharma® (Actavis: FI)
Loratadin Alpharma® (Alpharma: SE)
Loratadin Alternova® (Alternova: AT, DK)
Loratadin AL® (Aliud: DE)
Loratadin Arcana® (Arcana: AT)
Loratadin AZU® (Azupharma: DE)
Loratadin BMM Pharma® (BMM: SE)
Loratadin Copyfarm® (Copyfarm: SE)
Loratadin Domesco® (Domesco: VN)
Loratadin Gal® (MD-Pharm: CZ)
Loratadin Generics® (Merck NM: FI)
Loratadin Heumann® (Heumann: DE)
Loratadin Hexal® (Hexal: DK, NO)
Loratadin Hexal® (Sandoz: FI, HU, SE)
Loratadin KSK® (KSK Pharma: DE)
Loratadin Merck NM® (Merck NM: SE)
Loratadin NM® (NM: DK)
Loratadin ratiopharm® (Ratiopharm: AT, FI)
Loratadin ratiopharm® (ratiopharm: HU)
Loratadin ratiopharm® (Ratiopharm: SE)
Loratadin Sandoz® (Sandoz: DE, FI, SE)
Loratadin Stada® (Stada: AT, DE, DK, FI, SE)
Loratadin-CT® (CT: DE)
Loratadin-ratiopharm® (Ratiopharm: CZ)
Loratadin-ratiopharm® (ratiopharm: DE, LU)
Loratadin-Teva® (Teva: DE)
Loratadina Agen® (Agen: ES)
Loratadina Alpharma® (Alpharma: PT)
Loratadina Alter® (Alter: PT)
Loratadina Bayvit® (Bayvit: ES)
Loratadina Bexal® (Bexal: ES, PT)
Loratadina Biochemie® (Biochemie: CO)
Loratadina Cinfa® (Cinfa: ES)
Loratadina Combino Pharm® (Combino: ES)
Loratadina Cuve® (Perez Gimenez: ES)
Loratadina Davur® (Davur: ES)
Loratadina Edigen® (Edigen: ES)
Loratadina Fabra® (Fabra: AR)
Loratadina Fecofar® (Fecofar: AR)
Loratadina Fmndtria® (Farmindustria: PE)
Loratadina Gen-Far® (Genfar: PE)
Loratadina Generis® (Generis: PT)
Loratadina Genfar® (Expofarma: CL)
Loratadina Genfar® (Genfar: CO, EC)
Loratadina Germed® (Germed: PT)
Loratadina Ilab® (Inmunolab: AR)
Loratadina Jaba® (Jaba: PT)
Loratadina Kern® (Kern: ES)
Loratadina Korhispana® (Korhispana: ES)
Loratadina Labesfal® (Labesfal: PT)
Loratadina Lasa® (Ipsen: ES)
Loratadina Mepha® (Mepha: PT)
Loratadina Merck® (Merck: ES)
Loratadina Merck® (Merck Genéricos: PT)
Loratadina MK® (Bonima: BZ, CR, DO, GT, HN, NI, PA, SV)

L

Loratadina MK® (MK: CO)
Loratadina Normon® (Normon: ES)
Loratadina Northia® (Northia: AR)
Loratadina Pharmagenus® (Pharmagenus: ES)
Loratadina Ranbaxy® (Ranbaxy: ES)
Loratadina Ratiomed® (Ratiopharm: ES)
Loratadina Ratiopharm® (Ratiopharm: ES, PT)
Loratadina Rimafar® (Rimafar: ES)
Loratadina Sandoz® (Sandoz: ES, PT)
Loratadina Stada® (Stada: ES)
Loratadina Tamarang® (Tamarang: ES)
Loratadina Teva® (Teva: ES)
Loratadina Ur® (Uso Racional: ES)
Loratadina Vannier® (Vannier: AR)
Loratadina® (AC Farma: PE)
Loratadina® (Ativus: BR)
Loratadina® (Bago: CL)
Loratadina® (Bestpharma: CL)
Loratadina® (Biosintética: BR)
Loratadina® (Chile: CL)
Loratadina® (Cimed: BR)
Loratadina® (Colmed: PE)
Loratadina® (EMS: BR)
Loratadina® (Farmo Andina: PE)
Loratadina® (Hexal: BR)
Loratadina® (La Sante: PE)
Loratadina® (Medicalex: CO)
Loratadina® (Medley: BR)
Loratadina® (Memphis: CO)
Loratadina® (Mintlab: CL)
Loratadina® (Novartis: BR)
Loratadina® (Pasteur: CL)
Loratadina® (Pentacoop: CO, EC, PE)
Loratadina® (Perugen: PE)
Loratadina® (União: BR)
Loratadine Alpharma® (Alpharma: NL)
Loratadine A® (Apothecon: NL)
Loratadine Bexal® (Bexal: BE)
Loratadine Biochemie® (Novartis: GR)
Loratadine CF® (Centrafarm: NL)
Loratadine Dermapharm® (Dermapharm: NL)
Loratadine Disphar® (Disphar: NL)
Loratadine Gf® (Genfarma: NL)
Loratadine Hexal® (Hexal: NL)
Loratadine Indo Farma® (Indofarma: ID)
Loratadine Katwijk® (Katwijk: NL)
Loratadine Merck® (Merck Generics: NL)
Loratadine Novexal® (Novexal: GR)
Loratadine PCH® (Pharmachemie: NL)
Loratadine Sandoz® (Sandoz: NL)
Loratadine SP® (Schering-Plough: LU)
Loratadine Teva® (Teva: BE, IL)
Loratadine® (CTS: IL)
Loratadine® (Dynadro: NL)
Loratadine® (Etos: NL)
Loratadine® (Genpharm: US)
Loratadine® (Healthypharm: NL)
Loratadine® (Olan-Kemed: TH)
Loratadine® (Ranbaxy: US)
Loratadine® (Samenwerkende Apothekers: NL)
Loratadine® (Taro: US)
Loratadin® (Alpharma: NO)
Loratadin® (Jugoremedija: RS)
Loratadin® (Laropharm: RO)
Loratadin® (Lindopharm: DE)
Loratadin® (Makis Pharma: RU)
Loratadin® (Merck NM: NO)
Loratadin® (ratiopharm: NO)
Loratadin® (Srbolek: RS, RS)
Loratadin® (Zentiva: CZ)
Loratadină LPH® (Labormed Pharma: RO)
Loratadura® (Merck dura: DE)
Loratadyna® (Galena: PL)
Loratadyn® (Aesca: AT)
Loratagamma® (Wörwag Pharma: DE)
Loratan® (Hasco: PL)
Loratimed® (Okasa Pharma: RO)
Loratin-Mepha® (Mepha: CH)
Loratine® (Medana: PL)
Loratine® (Polpharma: PL)
Loratin® (Julpharma: EC)
Loratin® (Medopharm: VN)
Loratin® (Square: BD)
Loratin® (Terapia: RO)
Loratrim® (Trima: IL)
Loratyn® (Aesca: AT)
Lorat® (Drug International: BD)
Lorat® (Rowex: IE)
Loravis® (Lindopharm: DE)
Lora® (Finixfarm: GR)
Lora® (Opsonin: BD)
Lordin® (Masa Lab: TH)
Loremex® (Phoenix: AR)
Loremix® (Ativus: BR)
Lorex® (Sanofi-Synthelabo: CO)
Lorfast® (Bio-Pharma: BD)
Lorfast® (Cadila: IN, SG)
Loridin Rapitabs® (Cadila: IN)
Loridin® (Cadila: LK)
Loridin® (Zydus: RU)
Loridin® (Zydus Cadila: SG)
Lorid® (Unique: RU)
Lorihis® (Erlimpex: ID)
Lorimox® (Bruluart: MX)
Lorin® (General Pharma: BD)
Lorin® (Stadmed: IN)
Loristal® (Hersil: PE)
Lorita® (Farmaline: TH)
Loritine® (Sandoz: TR)
Loritin® (Actavis: DK, IS)
Lorityne® (Lerd Singh: TH)
Lorsedin® (Siam Bheasach: TH)
Lortadine® (Olan-Kemed: TH)
Lostop® (Bosnalijek: BA)
Mastocit® (Donovan: GT)
Merck-Loratadine® (Merck: BE, LU)
Mildin® (Copyfarm: DK)
Nalergine® (Bristol-Myers Squibb: PL)
Niltro® (Duncan: AR)
Nosedin® (Combiphar: ID)
Noseral® (Peoples: BD)
Novacloxab® (Relyo: GR)
Nularef® (Lafedar: AR)
Omega 100 L® (Omega: AR)
Oradin® (Eskayef: BD)
Orinil® (Doctor's Chemical Work: BD)
Orin® (Acme: BD)
Otrivin Loratadine® (Novartis: NL)
Pollentyme® (Pharma Dynamics: ZA)
Pressing® (Hemofarm: RO, RS)

Pretin® (Beximco: BD)
Proactin® (Key: EC)
Proactin® (Schering-Plough: CR, DO, GT, HN)
Proclir® (McNeil: US)
Profadine® (Sanmenxia: CN)
Prohistin® (Meprofarm: ID)
Pulmosan Aller® (Gezzi: AR)
Pylor® (Pyridam: ID)
Rahistin® (Kimia: ID)
Ralinet® (Coup: GR)
Relor® (Rephco: BD)
Restamine® (Hikma: AE, BH, EG, IQ, JO, KW, LB, LY, OM, QA, SA, SD, SY, TN, YE)
Ridamin® (Unison: SG, TH)
Rihest® (Otto: ID)
Rinityn® (Hovid: PH, SG)
Rinolan® (Pliva: BA, HR, RO, SI)
Ristotadin® (Leovan: GR)
Ritin® (Eczacibasi: TR)
Rityne® (Osoth: TH)
Roletra® (Ranbaxy: HU, LK, PE, RO, SG, TH)
Rotadin® (Anpharm: PL)
Rotadin® (Egis: PL)
Rupton® (SMB: BE, LU)
Safetin® (Dexa Medica: ID, LK)
Salora® (Shamsul Alamin: BD)
Sandoz Loratadine® (Sandoz: ZA)
Sanelor® (Omega: BE)
Sanelor® (Schering-Plough: LU)
Sensibit® (Liomont: MX)
Silora® (Ibn Sina: BD)
Sinaler® (Pablo Cassara: AR)
Sinhistan® (Lancasco: DO, GT, HN, NI, SV)
Sitinir® (Best: MX)
Sohotin® (Soho: ID)
Solusedante® (Gaston: AR)
Symphoral® (Gedeon Richter: RO)
Talorat® (Newport: CR, DO, GT, HN, NI, PA, SV)
Tinnic® (Nicholas: ID)
Tiradine® (British Dispensary: TH)
Tirlor® (Biochemie: CR, DO, GT, NI, PA, SV, TH)
Tirlor® (Novartis: BD)
Tirlor® (Sandoz: SG)
Tricel® (Life: EC)
Trimidex® (Streger: MX)
Tuulix® (Verman: FI)
Utel® (Farmex: GR)
Vagran® (Finadiet: AR)
Velodan® (Lesvi: ES)
Velodan® (Mediplata: PE)
Versal® (Pro Medica: SE)
Vilamax® (Acromax: EC)
Vincidal® (Rayere: MX)
Vixidone® (Valeant: AR)
Zeos® (Dankos: ID)
Zeos® (Kalbe Farma - Dankos: LK)
Zoman® (Rowe: DO)

Lorazepam (Rec.INN)

L: Lorazepamum
I: Lorazepam
D: Lorazepam
F: Lorazépam
S: Lorazepam

Tranquilizer

ATC: N05BA06
CAS-Nr.: 0000846-49-1 C_{15}-H_{10}-Cl_2-N_2-O_2
M_r 321.165

2H-1,4-Benzodiazepin-2-one, 7-chloro-5-(2-chlorophenyl)-1,3-dihydro-3-hydroxy-

(RS)-7-Chlor-5-(2-chlorphenyl)-2,3-dihydro-3-hydroxy-1H-1,4-benzodiazepin-2-on [IUPAC]

(RS)-7-Chlor-5-(2-chlorphenyl)-3-hydroxy-1,3-dihydro-2H-1,4-benzodiazepin-2-on

7-Chloro-5-(o-chlorophenyl)-1,3-dihydro-3-hydroxy-2H-1,4-benzodiazepin-2-one [WHO]

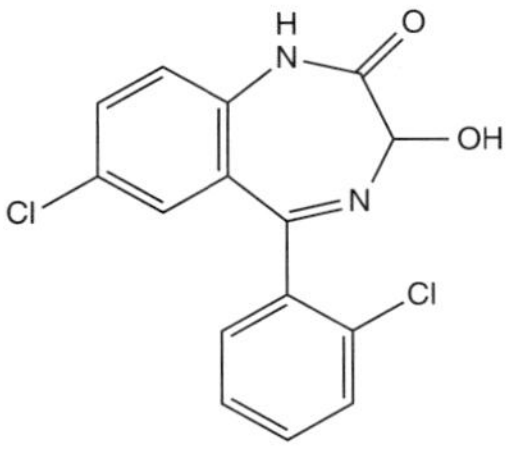

OS: *Lorazepam [BAN, DCF, DCIT, JAN, USAN]*
IS: *CB 8133*
IS: *Wy 4036 (Wyeth, USA)*
IS: *Ro 7-8408*
IS: *Sinestron*
IS: *Anxiedin*
IS: *Azurogen*
IS: *BRN 0759084*
IS: *Bonatranquan*
IS: *Delormetazepam*
IS: *Demethyllormetazepam*
IS: *Lorazin*
IS: *Lorazon*
IS: *Lorenin*
IS: *Norlormetazepam*
IS: *Novhepar*
IS: *Novolorazem*
IS: *o-Chlorooxazepam*
PH: Lorazepam [Ph. Eur. 5, JP XIV, USP 30]
PH: Lorazépam [Ph. Eur. 5]
PH: Lorazepamum [Ph. Eur. 5]

Abinol® (Recalcine: CL)
Amparax Oral® (Wyeth: CL)
Amparax Sublingual® (Wyeth: CL)
Amparax® (Wyeth: CL)
Ansilor® (Confar: PT)
Anta® (Pharmasant: TH)
Anxiar® (Gedeon Richter: RO)
Anxira® (Condrugs: TH)
Aplacasse® (Menarini: AR)
Apo-Lorazepam® (Apotex: AN, BB, BM, BS, CA, GY, HT, JM, KY, SG, SR, TT)
Aripax® (Erfar: GR)
Ativan® (Akorn: US)

Ativan® (Akromed: ZA)
Ativan® (Baxter: US)
Ativan® (Biovail: US)
Ativan® (Sigma: AU, NZ)
Ativan® (Sunthi: ID)
Ativan® (Wyeth: AE, AO, BH, BW, CA, CO, CR, CY, DO, EG, GB, GH, GT, HN, ID, IE, IN, JO, KE, KW, LB, MT, MW, MX, MY, MZ, NA, NG, NI, OM, PA, PE, QA, SA, SC, SG, SV, TH, TR, TZ, UG, YE, ZW)
Bidomil Lch® (Ivax: PE)
Calmatron® (Fabop: AR)
Calmese® (Themis: IN)
Control® (Bayer: IT)
Docloraze® (Docpharma: BE, LU)
Doclormeta® (Docpharma: BE, LU)
Donix® (Llorens: ES)
Dorm® (Norma: GR)
duralozam® (Merck dura: DE)
Emotival® (Ivax: AR)
Fada Lorazepam® (Fada: AR)
Idalprem® (Novartis Consumer Health: ES)
Kalmalin® (Bagó: AR)
Larpose® (Cipla: IN)
Laubeel® (Desitin: DE)
Lauracalm® (Socobom: BE, LU)
Lonza® (Medicine Supply: TH)
Lora-P® (PP Lab: TH)
Lorabenz® (Actavis: DK)
Lorafen® (Polfa Tarchomin: PL, RU)
Loralin® (Pulitzer: IT)
Loramed® (Medifive: TH)
Loram® (Lek: SI)
Lorans® (Medochemie: BH, CY, HK, IQ, JO, OM, SD, SG, YE)
Lorans® (Schwarz: IT)
Lorapam® (Siam Bheasach: TH)
Lorasifar® (Siphar: CH)
Lorax® (Wyeth: BR)
Lorazemed® (Ethimed: BE)
Lorazene® (Berlin: TH)
Lorazepam ABC® (ABC: IT)
Lorazepam Actavis® (Actavis: NL)
Lorazepam Allen® (Allen: IT)
Lorazepam Almus® (Almus: IT)
Lorazepam Alpharma® (Alpharma: NL)
Lorazepam A® (Apothecon: NL)
Lorazepam CF® (Centrafarm: NL)
Lorazepam DOC® (DOC Generici: IT)
Lorazepam Dorom® (Dorom: IT)
Lorazepam dura® (Merck dura: DE)
Lorazepam EG® (EG: IT)
Lorazepam EG® (Eurogenerics: BE)
Lorazepam Fabra® (Fabra: AR)
Lorazepam FLX® (Karib: NL)
Lorazepam Genericon® (Genericon: AT)
Lorazepam Hexal® (Hexal: IT)
Lorazepam Injection® (Hospira: US)
Lorazepam Intensol® (Roxane: US)
Lorazepam Katwijk® (Katwijk: NL)
Lorazepam L.CH.® (Chile: CL)
Lorazepam Labesfal® (Labesfal: PT)
Lorazepam Lannacher® (Lannacher: AT)
Lorazepam Macrophar® (MacroPhar: TH)
Lorazepam Medical® (Medical: ES)
Lorazepam Merck® (Merck Generics: IT, NL)
Lorazepam MK® (Bonima: BZ, CR, DO, GT, HN, NI, PA, SV)
Lorazepam Normon® (Normon: ES)
Lorazepam PCH® (Pharmachemie: NL)
Lorazepam Pliva® (Pliva: IT)
Lorazepam ratiopharm® (Ratiopharm: NL)
Lorazepam Sandoz® (Sandoz: IT, NL)
Lorazepam Sigma Tau® (Sigma Tau: IT)
Lorazepam Teva® (Teva: BE, IT)
Lorazepam Vannier® (Vannier: AR)
Lorazepam-Eurogenerics® (Eurogenerics: LU)
Lorazepam-neuraxpharm® (neuraxpharm: DE)
Lorazepam-ratiopharm® (ratiopharm: DE)
Lorazepam-ratiopharm® (Ratiopharm: IT)
Lorazepam® (Biosano: CL)
Lorazepam® (Delphi: NL)
Lorazepam® (EMS: BR)
Lorazepam® (Farmo Andina: PE)
Lorazepam® (Genus: GB)
Lorazepam® (Hemofarm: RS)
Lorazepam® (Hexal: NL)
Lorazepam® (Jugoremedija: RS)
Lorazepam® (Kanetta: US)
Lorazepam® (Karib: NL)
Lorazepam® (Lakor: CO)
Lorazepam® (Mintlab: CL)
Lorazepam® (Sanderson: CL)
Lorazepam® (Sandoz: CA)
Lorazepam® (Schein: US)
Lorazepam® (Teva: GB)
Lorazepam® (Wyeth: NZ)
Lorazepam® (Zorka: RS)
Lorazepan Chobet® (Soubeiran Chobet: AR)
Lorazep® (Asian: TH)
Lorazetop® (Topgen: BE)
Lorazépam Merck® (Merck Génériques: FR)
Lora® (Atlantic: TH)
Lorenin® (Wyeth Pharmaceuticals: PT)
Lorezan® (Klonal: AR)
Loridem® (Centrafarm: NL)
Loridem® (Sandipro: BE, LU)
Lorium® (Eurofarma: BR)
Lorivan® (Dexxon: IL)
Lorivan® (Remedica: CY, HK)
Lorsedal® (Prospa: PT)
Lorsilan® (Belupo: BA, HR, SI)
Lozicum® (Incepta: BD)
Max Pax® (Biolab: BR)
Merlit® (Ebewe: AT)
Merlopam® (Mersifarma: ID)
Mesmerin® (Sigma: BR)
Microzepam® (Microsules: AR)
Milinda Tolid® (Milinda: DE)
Modium® (Pharmathen: GR)
Nervistop® (Lafedar: AR)
Nevrosta® (Saidal: DZ)
Nifalin® (Farmanic: GR)
Novhepar® (Coup: GR)
Novo-Lorazem® (Novopharm: CA)
Optisedine® (Sterop: BE)
Ora® (Medicine Supply: TH)
Orfidal Wyeth® (Wyeth: ES)
PMS-Lorazepam® (Pharmascience: CA)
Razepam® (Thai Nakorn Patana: TH)
Renaquil® (Fahrenheit: ID)

Sedazin® (Lagap: CH)
Sedicepan® (Serra Pamies: ES)
Serenase® (Almirall: BE, LU)
Sidenar® (Ivax: AR)
Silence® (Yung Shin: HK)
Sinestron® (Medix: DO, GT, HN, NI, SV)
Somagerol® (Riemser: DE)
Tavor® (Haupt: CZ)
Tavor® (Wyeth: DE, GR)
Tavor® (Wyeth Medica Ireland-EIR: IT)
Temesta® (Aktuapharma: BE)
Temesta® (Wyeth: AT, BE, CH, DK, FI, LU, NL, SE)
Titus® (Help: GR)
Tolid® (Dolorgiet: DE)
Trankilium® (Ni-The: GR)
Tranqipam® (Aspen: ZA)
Trapax® (Wyeth: AR)
Témesta® (Biodim: FR)
Vigiten® (Wyeth: BE, LU)
Wypax® (Yamanouchi: JP)
Zeloram® (Epifarma: IT)

– pivalate:

IS: *Lorazepam trimethylacetate*
IS: *Pivazepam*

Placinoral® (Robert: ES)

Lormetazepam (Rec.INN)

L: Lormetazepamum
I: Lormetazepam
D: Lormetazepam
F: Lormétazépam
S: Lormetazepam

Hypnotic

ATC: N05CD06
CAS-Nr.: 0000848-75-9 C_{16}-H_{12}-Cl_2-N_2-O_2
M_r 335.192

2H-1,4-Benzodiazepin-2-one, 7-chloro-5-(2-chlorophenyl)-1,3-dihydro-3-hydroxy-1-methyl-

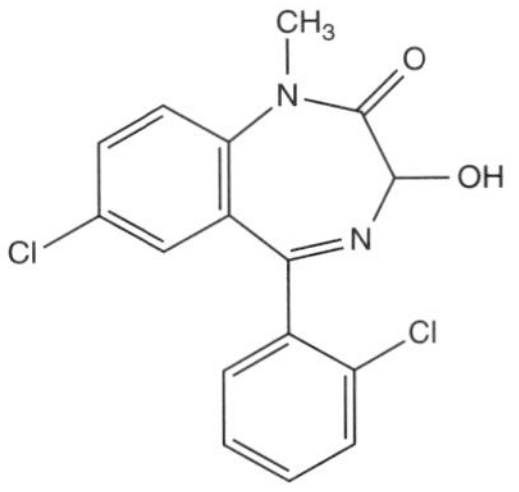

OS: *Lormetazepam [BAN, DCIT, JAN, USAN]*
OS: *Lormétazépam [DCF]*
IS: *Wy 4082 (Wyeth, USA)*
IS: *ZK 65997 (Schering, Germany)*
PH: Lormetazepam [BP 2002]

Aldosomnil® (Aldo Union: ES)
Axilium® (Pulitzer: IT)
Ergocalm® (Mayrhofer: AT)
Ergocalm® (Teofarma: DE)
Evamyl® (Nihon Schering: JP)
Keladormet® (Kela: BE)
Loramet® (Akromed: ZA)
Loramet® (Valeant: CH)
Loramet® (Wyeth: BE, ES, GR, LU, SG, TH)
Loranka® (SMB: BE, LU)
Loretam® (Valeant: DE)
Lormetamed® (Ethimed: BE)
Lormetazepam ABC® (ABC: IT)
Lormetazepam acis® (acis: DE)
Lormetazepam Actavis® (Actavis: NL)
Lormetazepam Allen® (Allen: IT)
Lormetazepam Alpharma® (Alpharma: NL)
Lormetazepam AL® (Aliud: DE)
Lormetazepam A® (Apothecon: NL)
Lormetazepam CF® (Centrafarm: NL)
Lormetazepam DOC® (DOC Generici: IT)
Lormetazepam EG® (EG: IT)
Lormetazepam EG® (Eurogenerics: BE)
Lormetazepam FLX® (Karib: NL)
Lormetazepam Gf® (Genfarma: NL)
Lormetazepam Hexal® (Hexal: IT)
Lormetazepam Katwijk® (Katwijk: NL)
Lormetazepam Merck® (Merck Generics: IT, NL)
Lormetazepam Normon® (Normon: ES)
Lormetazepam Pliva® (Pliva: IT)
Lormetazepam Sandoz® (Sandoz: IT, NL)
Lormetazepam Sigma Tau® (Sigma Tau: IT)
Lormetazepam TEVA® (Teva: BE, DE)
Lormetazepam Winthrop® (Winthrop: IT)
Lormetazepam-Eurogenerics® (Eurogenerics: LU)
Lormetazepam-ratiopharm® (ratiopharm: DE)
Lormetazepam-ratiopharm® (Ratiopharm: IT)
Lormetazepam® (Generics: GB)
Lormetazepam® (GenRx: NL)
Lormetazepam® (Genus: GB)
Lormetazephar® (Unicophar: BE)
Metatop® (Topgen: BE)
Minias® (Schering: IT)
Noctacalm® (Socobom: BE, LU)
Noctamide Orifarm® (Schering: DK)
Noctamide® (Schering: FR)
Noctamid® (Asche: DE)
Noctamid® (Bayer: CH)
Noctamid® (Schering: AT, BE, DE, ES, IE, LU, NL, NZ, PT, ZA)
Noctofer® (Polfa Tarchomin: PL)
Nocton® (Saval Eurolab: CL)
Octonox® (Pharmacobel: BE)
Pronoctan® (Schering: DE, DK)
Sedaben® (Labima: BE)
Stilaze® (Sandipro: BE, LU)

Lornoxicam (Rec.INN)

L: Lornoxicamum
D: Lornoxicam
F: Lornoxicam
S: Lornoxicam

Antiinflammatory agent

Analgesic

ATC: M01AC05
CAS-Nr.: 0070374-39-9 C_{13}-H_{10}-Cl-N_3-O_4-S_2
M_r 371.823

L

2H-Thieno[2,3-e]-1,2-thiazine-3-carboxamide, 6-chloro-4-hydroxy-2-methyl-N-2-pyridinyl-, 1,1-dioxide

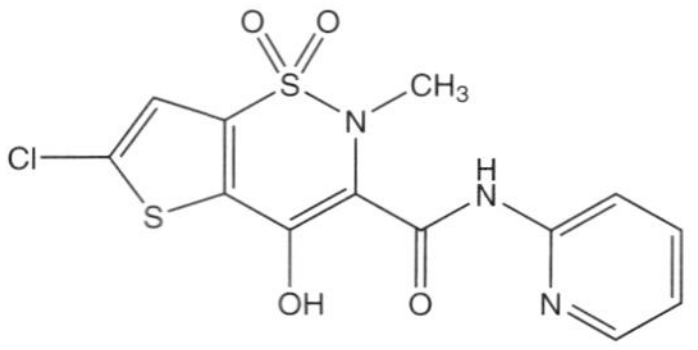

OS: *Lornoxicam [BAN, USAN]*
IS: *Chlortenoxicam*
IS: *CLTX*
IS: *CTX*
IS: *Ro 13-9297*

Acabel® (Andromaco: ES)
Acabel® (Grünenthal: EC, PE, PT)
Bosporon® (Tedec Meiji: ES)
Hypodol® (Ivax: AR)
Noxon® (Formenti: IT)
Taigalor® (Nycomed: IT)
Telos® (Nycomed: DE)
Xefocam® (Nycomed: GE, RU)
Xefo® (Abdi Ibrahim: TR)
Xefo® (Nycomed: AT, CH, CZ, DK, GE, GR, HU, IL, LU, RO, SE, TH)
Xefo® (Pharmacia: ZA)

Losartan (Rec.INN)

L: Losartanum
I: Losartan
D: Losartan
F: Losartan
S: Losartan

Angiotensin-II antagonist
Antihypertensive agent

ATC: C09CA01
CAS-Nr.: 0114798-26-4 C_{22}-H_{23}-Cl-N_6-O
M_r 422.936

1H-Imidazole-5-methanol, 2-butyl-4-chloro-1-[[2'-(1H-tetrazol-5-yl)[[1,1'biphenyl]-4yl]-methyl]-

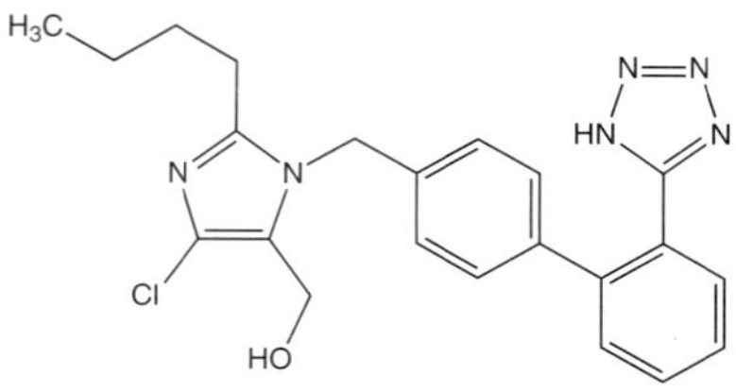

OS: *Losartan [BAN]*

Angioten® (Life: EC)
Angizaar® [tab.] (Micro Labs Ltd: PE)
Cormac® [compr.] (Home Pharma: PE)
Corodin® [compr.] (Home Pharma: PE)
Fada Losartan® (Fada: AR)
Fensartan® (Elea: AR)
Insaar® (Interbat: ID)
Loortan® (Therabel: LU)
Losartan Domesco® (Domesco: VN)
Losartan Gen Med® (Gen Med: AR)
Losartan Genfar® (Expofarma: CL)
Losartan Genfar® (Genfar: CO, PE)
Losartan Northia® (Northia: AR)
Losartan® [tab.] (Marfan: PE)
Losartec® (Marjan: BR)
Losartic® (Pliva: BA, HR, SI)
Lotim® (Ampharco: VN)
Rasoltan® (Actavis: GE)
Resilo® [tab.] (Dr Reddys: PE)

– potassium salt:

CAS-Nr.: 0124750-99-8
OS: *Losartan Potassium BANM, USAN*
IS: *DuP 753 (Du Pont, USA)*
IS: *E 3340*
IS: *MK 0954*
IS: *X 7711*
PH: Losartan Potassium USP 30

Acetensa® (Fahrenheit: ID)
Angilock® (Square: BD)
Angiobloc® (Tecnoquimicas: CO)
Angioten® (Kalbe: ID)
Anreb® (General Pharma: BD)
Ara II® (Ethical: DO)
Aralox® (Heimdall: CO)
Aratan® (Andromaco: CL)
Araten® (Unimed & Unihealth: BD)
Asart® (Stadmed: IN)
Cardioram® (LAM: DO)
Cardon® (Eskayef: BD)
Cardopal® (MSD Chibropharm: DE)
Cartan® (Quesada: AR)
Convertal® (Roemmers: CO)
Cormac® (Leti: CR, DO, GT, NI, PA, SV)
Corodin® (Drugtech-Recalcine: CL)
Corus® (Biosintética: BR)
Cosaar® (Merck Sharp & Dohme: AT, CH)
Covance® (Ranbaxy: IN, LK, PE)
Cozaar Lyfjaver® (Lyfjaver: IS)
Cozaarex® (Merck Sharp & Dohme: AR)
Cozaar® (Delphi: NL)
Cozaar® (Euro: NL)
Cozaar® (Merck: MY, PE, US)
Cozaar® (Merck Frosst: CA)
Cozaar® (Merck Sharp & Dohme: AN, AU, AW, BA, BB, BE, BR, BS, BZ, CL, CN, CO, CR, CZ, DK, DZ, EC, ES, FR, GB, GT, GY, HK, HN, HR, HU, ID, IE, IS, JM, KY, LK, LU, MX, NI, NL, NZ, PA, PH, PL, PT, RS, RU, SE, SG, SI, SV, TH, TR, TT, VN, ZA)
Cozaar® (MerckSharp&Dohme: RO)
Cozaar® (MSD: FI, NO)
Cozaar® (Vianex: GR)
Eklips® (Sanovel: TR)
Enromic® (Microsules: AR)
Etan® (Edruc: BD)
Gitox® (Apex: BD)
Hyzaar® (Merck Sharp & Dohme: CR, GT, HN, NI, PA, SV, VN)
Jalvase® (Merck Sharp & Dohme: NL)
Klosartan® (Klonal: AR)
Lakea® (Lek: CZ)
Larb® (Opsonin: BD)
Lifezar® (Therapharma: PH)
Loctenk® (Biotenk: AR)
Lohyp® (ACI: BD)
Loortan® (Therabel: BE)

Loplac® (Casasco: AR)
Lopress® (Actavis: IS)
Lorista® (Krka: BA, CZ, HR, PL, RS, SI)
Lortaan® (Medinfar: PT)
Lortaan® (Merck Sharp & Dohme: IT)
Lorzaar® (MSD Chibropharm: DE)
Losacar® (Cadila: LK)
Losacar® (Zydus: IN)
Losacor® (Biofarm: PL)
Losacor® (Roemmers: AR, PE)
Losan® (Orion: BD)
Losapres® (Pharma Investi: CL)
Losaprex® (Sigma Tau: IT)
Losap® (Doctor's Chemical Work: BD)
Losardil® (Drug International: BD)
Losartan MK® (MK: CO)
Losartan Nexo® (Nexo: AR)
Losartan Potasico® (Chile: CL)
Losartan Potasico® (Mintlab: CL)
Losartan Richet® (Richet: AR)
Losartan® (EU-Pharma: NL)
Losartan® (KRKA: NO)
Losartan® (La Santé: CO)
Losartan® (Medcor: NL)
Losart® (Acme: BD)
Losar® (Nipa: BD)
Losar® (Unichem: LK)
Losatan® (Popular: BD)
Losa® (Alco: BD)
Losium® (Medicon: BD)
Lostad® (Stada: VN)
Loxibin® (Biofarma: TR)
Lozap® (Leciva: CZ)
Lozap® (Zentiva: GE, PL, RU)
Lozar® (Techno: BD)
Lozitan® (Wockhardt: IN)
Myotan® (Unique: LK)
Nefrotal® (Rowe: CR, DO, GT, HN, NI, PA, SV)
Neo-Lotan® (Neopharmed: IT)
Niten® (Ivax: AR)
Nor Sartan® (Teramed: DO, GT, HN, NI, PA, SV)
Ocsaar® (Merck Sharp & Dohme: IL)
Osartan® (Aristopharma: BD)
Osartil® (Incepta: BD)
Ostan® (Renata: BD)
Paxon® (Gador: AR)
Presartan® (Ipca: RU)
Prosan® (Beximco: BD)
Redupress® (Aché: BR)
Repace® (Sun: LK)
Resilo® (Dr Reddys: LK)
Sanipresin® (Sanitas: CL)
Sarlo® (Rephco: BD)
Sarvas® (Eczacibasi: TR)
Satoren® (Bussié: CO, DO, GT, HN, PA, SV)
Sedeten® (Bestpharma: CL)
Simperten® (Chile: CL)
Tacardia® (Penn: AR)
Tacicul® (Denver: AR)
Temisartan® (Temis-Lostalo: AR)
Tensartan® (Biogen: CO)
Torlós® (Torrent: BR)
Xartan® (Adamed: PL)
Zaart® (Cipla: LK)

Loteprednol (Rec.INN)

L: Loteprednolum
D: Loteprednol
F: Loteprednol
S: Loteprednol

Adrenal cortex hormone, glucocorticoid

ATC: S01BA14
ATCvet: QS01BA14
CAS-Nr.: 0129260-79-3 C_{21}-H_{27}-Cl-O_5
M_r 394.897

Chloromethyl 11beta, 17α-dihydroxy-3-oxoandrosta-1,4-diene-17beta-carboxylate WHO

Chlormethyl 11beta, 17-dihydroxy-3-oxoandrosta-1,4-dien-17beta-carboxylat IUPAC

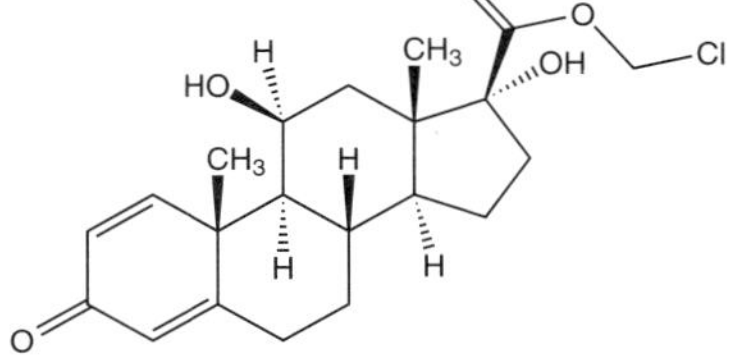

OS: *Loteprednol [BAN]*

– etabonate:

CAS-Nr.: 0082034-46-6
OS: *Loteprednol Etabonate BANM, USAN*
IS: *CDDD 5604 (Xenon Vision, USA)*
IS: *HGP 1 (Xenon Vision, USA)*
IS: *Lenoxin*
IS: *P 5604 (Pharmos, USA)*

Alrex® (Bausch & Lomb: AR, US)
Lopred® (Phoenix: AR)
Lotemax® (Bausch & Lomb: AR, HK, SG, US)
Lotemax® (Dr Gerhard Mann: SI)
Lotemax® (Mann: DE)
Lotesoft® (Poen: AR)

Lovastatin (Rec.INN)

L: Lovastatinum
D: Lovastatin
F: Lovastatine
S: Lovastatina

Antihyperlipidemic agent

ATC: C10AA02
CAS-Nr.: 0075330-75-5 C_{24}-H_{36}-O_5
M_r 404.552

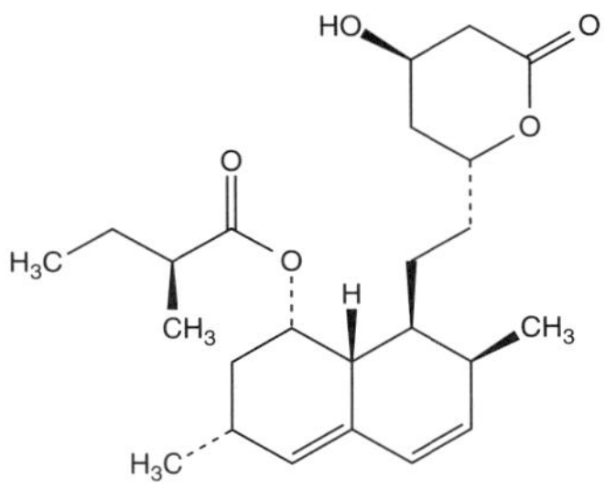

OS: *Lovastatin [BAN, USAN]*

L

IS: *Mevinolin*
IS: *MK 803 (Merck, USA)*
IS: *Monacolin K*
PH: Lovastatin [Ph. Eur. 5, USP 30]
PH: Lovastatinum [Ph. Eur. 5]
PH: Lovastatine [Ph. Eur. 5]

Altoprev® (Andrx: US)
Anlostin® (Biovena: PL)
Apo-Lovastatin® (Apotex: AN, BB, BM, BS, CA, CZ, GY, HT, JM, KY, SG, SR, TT)
Apo-Lova® (Apotex: PL)
Artein® (Lek: HR, SI)
Aterkey® (Inkeysa: ES)
Aurostatin® (Aurora: GR)
Aztatin® (Sun: BD, LK)
B-Lovatin® (Medicus: GR)
Belvas® (Indonesian: ID)
Cardiostatin® (Makis Pharma: RU)
Cecural® (Demo: GR)
Cholestra® (Triyasa: ID)
CO Lovastatin® (Cobalt: CA)
Colesvir® (Vir: ES)
Colevastina Lch® (Ivax: PE)
Dilucid® (Collins: MX)
Elstatin® (Glenmark: SG)
Gen-Lovastatin® (Genpharm: CA)
Hexaltina® (Hexal: DO)
Hiposterol® (Chile: CL)
Hipovastin® (Gador: AR)
Holetar® (Krka: CZ, RO)
Holetar® (KRKA: RU)
Holetar® (Krka: SI)
Ilopar® (Pharmanel: GR)
Liferzit® (Mentinova: GR)
Limox® (Biomedica-Chemica: GR)
Lipdaune® (Medi Sofex: PT)
Liperol® (Rayere: MX)
Lipidless® (Faran: GR)
Lipofren® (Abello Farmacia: ES)
Lipopres® (Actavis: GE)
Lipopres® (Balkanpharma: BG)
Liposcler® (Cepa: ES)
Lipovas® (Tempo: ID)
Liprox® (Biofarm: PL)
Lipus® (B.A. Farma: PT)
Lo-Lipid® (Nabiqasim: LK)
Lochol® (Micro Labs: LK)
Lofacol® (Ferron: ID)
Lostatin® (Dr Reddys: LK, SG)
Lostatin® (Schein: PE)
Lostin® (Pharmathen: GR)
Lotyn® (Interbat: ID)
Lova TAD® (TAD: DE)
Lovabeta® (betapharm: DE)
Lovachol® (Aspen: ZA)
Lovacodan® (Stada: DK)
Lovacol® (Orion: FI)
Lovacol® (Saval: CL, PE)
Lovadrug® (Med-One: GR)
Lovadura® (Merck dura: DE)
Lovagamma® (Wörwag Pharma: DE)
Lovahexal® (Hexal: DE, LU)
Lovalip® (Cadila: LK)
Lovalip® (Merck Sharp & Dohme: IL)
Lovameg® (Alembic: LK)
Lovapen® (Elpen: GR)
Lovarem® (Remedica: CY)
Lovasin® (Osmopharm: EC)
Lovastan® (Heimdall: CO)
Lovastatin 1 A Pharma® (1A Pharma: DE)
Lovastatin AbZ® (AbZ: DE)
Lovastatin Actavis® (Actavis: DK)
Lovastatin Alternova® (Alternova: AT, DK, FI)
Lovastatin AL® (Aliud: DE)
Lovastatin Domesco® (Domesco: VN)
Lovastatin Heumann® (Heumann: DE)
Lovastatin Hexal® (Hexal: AT)
Lovastatin Novexal® (Novexal: GR)
Lovastatin ratiopharm® (Ratiopharm: FI)
Lovastatin Sandoz® (Stadapharm: DE)
Lovastatin Stada® (Stada: AT, DE, FI)
Lovastatin Universal Farma® (Universal Farma: DK)
Lovastatin-CT® (CT: DE)
Lovastatin-ISIS® (Alpharma: DE)
Lovastatin-ratiopharm® (ratiopharm: DE)
Lovastatin-saar® (MIP: DE)
Lovastatin-Teva® (Teva: DE)
Lovastatina Aphar® (Litaphar: ES)
Lovastatina Bexal® (Bexal: ES, PT)
Lovastatina Centrum® (Centrum: ES)
Lovastatina Cinfa® (Cinfa: ES)
Lovastatina Combino Pharm® (Combino: ES)
Lovastatina Cuve® (Perez Gimenez: ES)
Lovastatina Edigen® (Edigen: ES)
Lovastatina Gen-Far® (Genfar: PE)
Lovastatina Genfar® (Genfar: CO, EC)
Lovastatina Germed® (Germed: PT)
Lovastatina Grapa® (Grapa: ES)
Lovastatina Jaba® (Jaba: PT)
Lovastatina Juventus® (Juventus: ES)
Lovastatina Kern® (Kern: ES)
Lovastatina L.Ch.® (Chile: CL)
Lovastatina Labesfal® (Labesfal: PT)
Lovastatina Lareq® (Lareq: ES)
Lovastatina Mabo® (Mabo: ES)
Lovastatina Mepha® (Mepha: PT)
Lovastatina Merck® (Merck: ES)
Lovastatina MK® (MK: CO)
Lovastatina Normon® (Normon: ES)
Lovastatina Ratiopharm® (Ratiopharm: PT)
Lovastatina Ratio® (Ratio: DO)
Lovastatina Sandoz® (Sandoz: ES)
Lovastatina Tamarang® (Tamarang: ES)
Lovastatina Universal® (Liconsa: ES)
Lovastatina Vir® (Vir: ES)
Lovastatina Winthrop® (Winthrop: PT)
Lovastatina® (Bestpharma: CL)
Lovastatina® (IPhSA: CL)
Lovastatina® (La Santé: CO)
Lovastatina® (Medicalex: CO)
Lovastatina® (Mintlab: CL)
Lovastatina® (Pasteur: CL)
Lovastatina® (Pentacoop: CO)
Lovastatina® (Volta: CL)
Lovastatinum® (Lek: PL)
Lovastatin® (Actavis: US)
Lovastatin® (Carlsbad: US)
Lovastatin® (Genpharm: US)
Lovastatin® (Labormed Pharma: RO)

Lovastatin® (Mylan: US)
Lovastatin® (Purepac: US)
Lovastatin® (ratiopharm: NO)
Lovastatin® (Sandoz: US)
Lovastatin® (Teva: US)
Lovasten® (Vocate: GR)
Lovasterol® (Farmacol: CO)
Lovasterol® (Polfa Grodzisk: PL)
Lovasterol® (Polpharma: PL)
Lovastin® (Polfa Grodzisk: PL)
Lovatex® (Gap: GR)
Lovatin® (Ambee: BD)
Lovatop® (Finixfarm: GR)
Lovatrol® (Fahrenheit: ID)
Lovax® (Cellofarm Farmacêutica: BR)
Lovinacor® (Rottapharm: IT)
Lowastatyna® (Farma Projekt: PL)
Lowlipid® (Biomedica-Chemica: GR)
Medostatin® (Medochemie: CZ, HK, MY, RO, RU, SG)
Medovascin® (Pharmacypria Hellas: GR)
Mevacor® (Merck: US)
Mevacor® (Merck Frosst: CA)
Mevacor® (Merck Sharp & Dohme: AN, AT, AW, BB, BR, BS, BZ, CZ, ES, GY, HK, HU, IS, JM, KY, LK, LU, MX, PE, TT)
Mevacor® (MSD: FI, NO)
Mevacor® (Vianex: GR)
Mevasterol® (Cantabria: ES)
Mevastin® (Genepharm: GR)
Mevinacor® (Merck: US)
Mevinacor® (Merck Sharp & Dohme: DE, PT)
Mevinol® (Vianex: GR)
Mevlor® (Chibret: PT)
Mevlor® (Merck Sharp & Dohme: AR)
Minor® (Biosintética: BR)
Misodomin® (Kleva: GR)
Nabicortin® (Help: GR)
Nergadan® (Uriach: ES)
Novo-Lovastatin® (Novopharm: CA)
Nu-Lovastatin® (Novopharm: CA)
PMS-Lovastatin® (Pharmascience: CA)
Pro-Hdl® (Wockhardt: IN)
RAN-Lovastatin® (Ranbaxy: CA)
ratio-Lovastatin® (Ratiopharm: CA)
Reducol® (Prodome: BR)
Rextat® (Recordati: IT)
Rovacor® (Ranbaxy: LK, PE, SG)
Rovacor® (Stancare: IN)
Sandoz Lovastatin® (Sandoz: CA)
Sanelor® (Sanitas: CL)
Sidevar® (Victory: MX)
Stoplip® (Apotex: HU)
Taucor® (Sigma Tau: ES)
Tavacor® (Savio: IT)
Tecnolip® (Tecnifar: PT)
Terveson® (Doctum: GR)
Velkalov® (Velka: GR)
Viking® (Rafarm: GR)

Loxapine (Rec.INN)

L: Loxapinum
I: Loxapina
D: Loxapin
F: Loxapine
S: Loxapina

⚕ Neuroleptic

ATC: N05AH01
CAS-Nr.: 0001977-10-2 C_{18}-H_{18}-Cl-N_3-O
M_r 327.822

Dibenz[b,f][1,4]oxazepine, 2-chloro-11-(4-methyl-1-piperazinyl)-

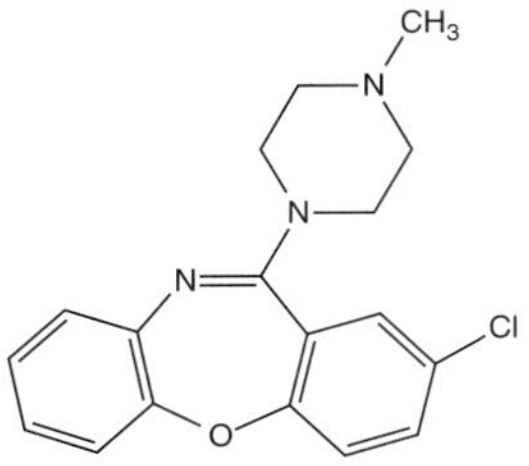

OS: *Loxapine [BAN, DCF, USAN]*
OS: *Loxapina [DCIT]*
IS: *CL 62362 (Lederle, USA)*
IS: *Oxilapine*
IS: *S 805*
IS: *SUM 3170*
IS: *LW 3170*

Apo-Loxapine® (Apotex: CA)
Loxapac® (AHP: LU)
Loxapac® (Eisai: FR)

– hydrochloride:

Desconex® (Reig Jofre: ES)
Loxapac® (Sandoz: CA)

– succinate:

CAS-Nr.: 0027833-64-3
OS: *Loxapine Succinate USAN*
IS: *C1 71563 (Lederle, USA)*
IS: *Loxapin hydrogensuccinat*
PH: Loxapine Succinate USP 30

Desconex® [caps.] (Reig Jofre: ES)
Loxapac® (Eisai: FR)
Loxapac® (Wyeth: GB, IN)
Loxapine Succinate® (Mylan: US)
Loxapine Succinate® (Watson: US)
Loxitane® (Watson: US)
PMS-Loxapine® (Pharmascience: CA)

L

Loxoprofen (Rec.INN)

L: Loxoprofenum
D: Loxoprofen
F: Loxoprofène
S: Loxoprofeno

Antiinflammatory agent
Analgesic
Antipyretic

CAS-Nr.: 0068767-14-6 C_{15}-H_{18}-O_3
M_r 246.309

Benzeneacetic acid, α-methyl-4-[(2-oxocyclopentyl)methyl]-

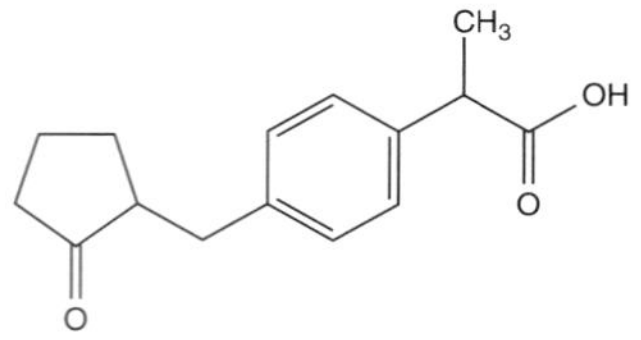

OS: *Loxoprofen [USAN]*

– sodium salt:
CAS-Nr.: 0080382-23-6
PH: Loxoprofen Sodium JP XIV

Kentan® (Sawai: JP)
Lobu® (Ohara: JP)
Loprofen® (Welfide: VN)
Loxonin® (Sankyo: BR, CN, ID, JP, PH, TH)
Loxonin® (Siegfried: MX)
Oxeno® (Laboratorios: AR)

Lubiprostone (Rec.INN)

L: Lubiprostonum
D: Lubiproston
F: Lubiprostone
S: Lubiprostona

Prostaglandin

CAS-Nr.: 0333963-40-9 C_{20}-H_{32}-F_2-O_5
M_r 390.46

(-)-7-[(2R,4aR,5R,7aR)-2-(1,1-difluoropentyl)-2-hydroxy-6-oxooctahydrocyclopenta[b]pyran-5-yl]heptanoic acid (WHO)

7-[(2R,4aR,5R,7aR)-2-(1,1-difluoropentyl)-2-hydroxy-6-oxooctahydrocyclopenta[b]pyran-5-yl]heptansäure (IUPAC)

Prostan-1-oic acid, 16,16-difluoro-11-hydroxy-9,15-dioxo-, (11α)- (USAN)

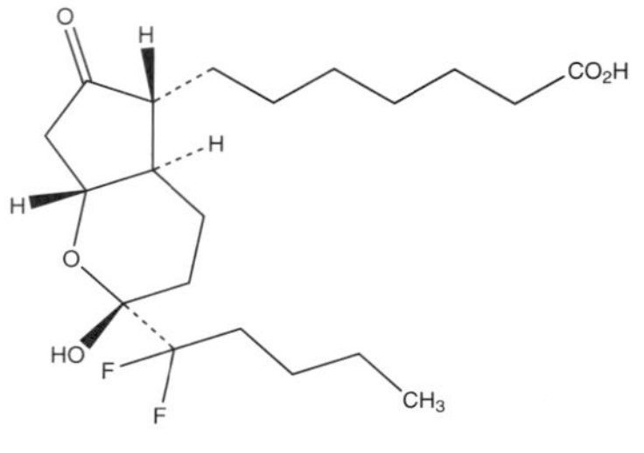

OS: *Lubiprostone [USAN]*
IS: *RU-0211 (R-Tech Ueno, JP)*
IS: *SPI-0211 (Sucampo, US)*

Amitiza® (Sucampo: US)
Amitiza® (Takeda: US)

Lufenuron (Rec.INN)

L: Lufenuronum
D: Lufenuron
F: Lufenurone
S: Lufenuron

Antiparasitic agent [vet.]
Insecticide [vet.]

CAS-Nr.: 0103055-07-8 C_{17}-H_8-Cl_2-F_8-N_2-O_3
M_r 511.171

1-[2,5-Dichloro-4-(1,1,2,3,3,3-hexafluoropropoxy)phenyl]-3-(2,6-difluorobenzoyl)urea

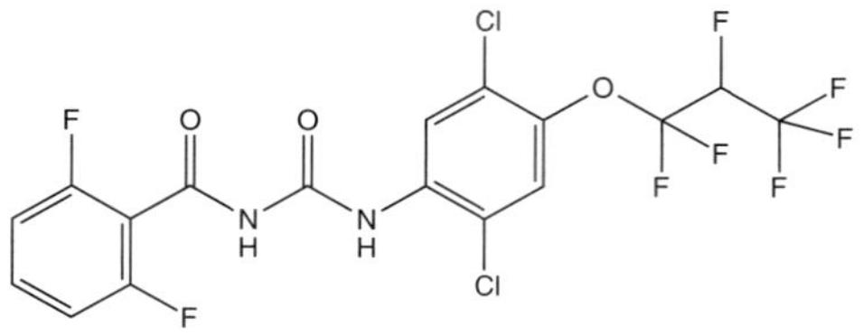

OS: *Lufenuron [BAN, USAN]*
IS: *CGA 184699 (Ciba-Geigy, Schweiz)*

Beaphar Anti-Conceptie® [vet.] (Beaphar: NL)
Flea-Fence® [vet.] (Aesculaap: NL)
Program® [vet.] (Novartis: BE, FI, IE, IT, NL, NO, US)
Program® [vet.] (Novartis Animal Health: AT, AU, GB, NZ, PT, ZA)
Program® [vet.] (Novartis Santé Animale: FR)
Program® [vet.] (Novartis Tiergesundheit: CH, DE)

Lumefantrine (Rec.INN)

L: Lumefantrinum
D: Lumefantrin
F: Lumefantrine
S: Lumefantrina

Antiprotozoal agent, antimalarial

ATC: P01BX
CAS-Nr.: 0082186-77-4 C_{30}-H_{32}-Cl_3-N-O
M_r 528.95

9H-Fluorene-4-methanol, 2,7-dichloro-9-((4-chlorophenyl)methylene)-alpha-((dibutylamino)m- ethyl)-

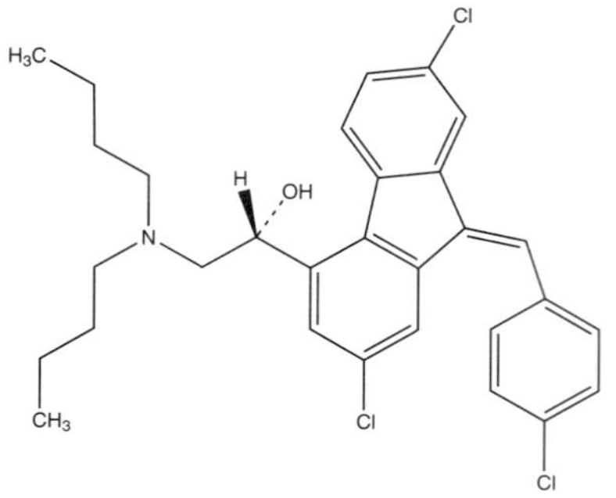

OS: *Lumefantrine [BAN, USAN]*

IS: *Benflumetol*

Coartem® [+ Artemether] (Novartis: BF, BJ, CF, CG, CI, CM, GA, GN, MG, ML, MR, NE, SN, TD, TG, ZR)
Riamet® [+ Artemether] (Novartis: AT, AU, CH, DE, GB, LU, SE)

Lumiracoxib (Rec.INN)

L: Lumiracoxibum
D: Lumiracoxib
F: Lumiracoxib
S: Lumiracoxib

Antiinflammatory agent

ATC: M01AH06
ATCvet: QM01AH06
CAS-Nr.: 0220991-20-8 C_{15}-H_{13}-Cl-F-N-O_2
M_r 293.72

[2-[(2-chloro-6-fluorophenyl)amino]-5-methylphenyl]acetic acid (WHO)

Benzeneacetic acid, 2-[(2-chloro-6-fluorophenyl)amino]-5-methyl- (USAN)

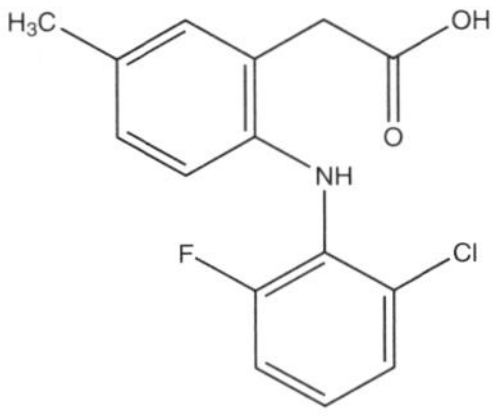

OS: *Lumiracoxib [USAN, BAN]*
IS: *COX-189 Novartis*

Prexige® (Novartis: AR, BR, CL, DE, GB, GE, MX, NZ, SE, TH)

Luprostiol (Rec.INN)

L: Luprostiolum
D: Luprostiol
F: Luprostiol
S: Luprostiol

Oxytocic

Prostaglandin
ATCvet: QG02AD91
CAS-Nr.: 0067110-79-6 C_{21}-H_{29}-Cl-O_6-S
M_r 444.973

5-Heptenoic acid, 7-[2-[[3-(3-chlorophenoxy)-2-hydroxypropyl]thio]-3,5-dihydroxycyclopentyl]-, [1α(Z),2β(R*),3α,5α]-(±)-

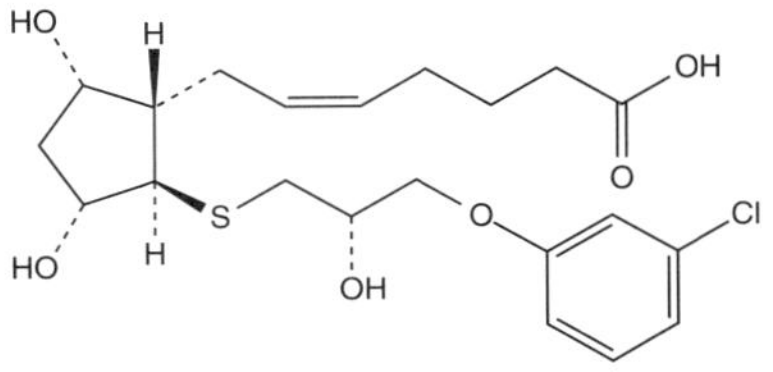

OS: *Luprostiol [BAN, USAN]*
IS: *EMD 34 946 (Merck, Germany)*
IS: *Prostianol*

Pronilen® [vet.] (Intervet: DE)
Prosolvin® [vet.] (Intervet: AT, AU, BE, FR, GB, IE, IT, NL, NZ, SE, ZA)
Prosolvin® [vet.] (Organon Vet: PT)
Prosolvin® [vet.] (Veterinaria: CH)
Prostapar® [vet.] (Intervet: AU, BE, GB, NL, PT)

Lutropin Alfa (Rec.INN)

L: Lutropinum alfa
D: Lutropin alfa
F: Lutropine alfa
S: Lutropina alfa

Extra pituitary gonadotropic hormone, LH-like action

ATC: G03GA07
CAS-Nr.: 0152923-57-4

Luteinizing hormone (human alpha-subunit reduced), complex with luteinizing hormone (human beta-subunit reduced), glycoform alpha [USAN]

OS: *Lutropin Alfa [BAN, USAN]*
IS: *LHadi*
IS: *Luteinizing hormone, recombinant*
IS: *r-hLH*

Luveris® (DKSH: ID)
Luveris® (Merck Serono: RO)
Luveris® (Novartis: LU)
Luveris® (Serono: AR, AT, AU, BR, CA, CZ, DE, DK, ES, FI, FR, GB, HK, HR, HU, IE, IL, IS, LK, NL, NO, PL, PT, RS, RU, SE, SG, SI, TH, TR, US)
Luveris® (Serono Europe-GB: IT)
Luveris® (Serono Pharma: CH)

Lymecycline (Rec.INN)

L: Lymecyclinum
I: Limeciclina
D: Lymecyclin
F: Lymécycline
S: Limeciclina

Antibiotic, tetracycline

ATC: J01AA04
CAS-Nr.: 0000992-21-2 C_{29}-H_{38}-N_4-O_{10}
M_r 602.663

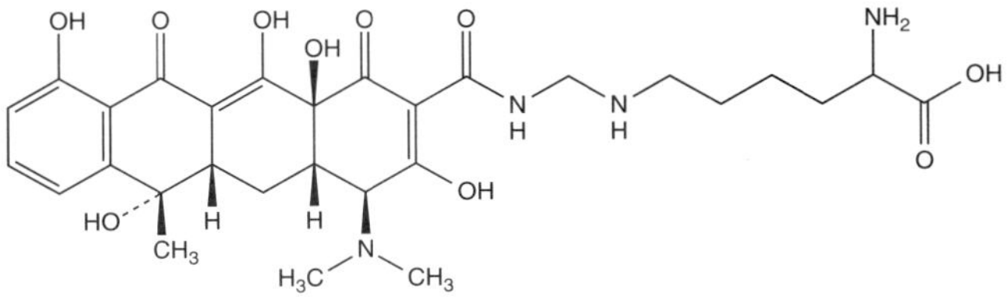

OS: *Lymecycline [BAN, USAN]*
OS: *Lymécycline [DCF]*
OS: *Limeciclina [DCIT]*
IS: *Tetramyl*
IS: *Vebicyclysal*
PH: Limeciclina [F.U. VIII]
PH: Lymecycline [BP 2002, Ph. Eur. 5]

L

Tetralisal® (Galderma: MX)
Tetralysal® (AB: AT)
Tetralysal® (Galderma: AR, BE, BR, CH, CO, CR, DK, DO, FI, GB, HN, HU, IE, IT, LU, NO, NZ, PE, PL, SE, ZA)
Tetralysal® (Pharmacia: CZ)
Tétralysal® (Galderma: FR)

Lynestrenol (Rec.INN)

L: Lynestrenolum
I: Linestrenolo
D: Lynestrenol
F: Lynestrénol
S: Linestrenol

Progestin

ATC: G03AC02,G03DC03
CAS-Nr.: 0000052-76-6 C_{20}-H_{28}-O
M_r 284.444

19-Norpregn-4-en-20-yn-17-ol, (17α)-

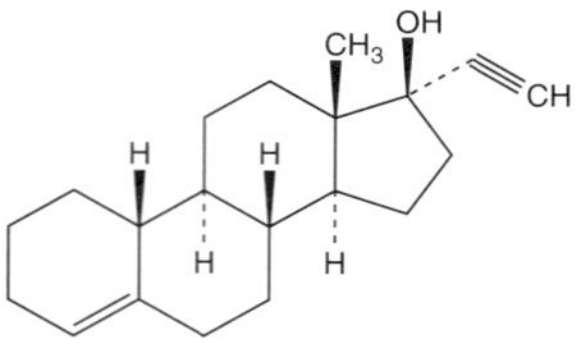

OS: *Lynestrenol [BAN, DCF, USAN]*
OS: *Linestrenolo [DCIT]*
IS: *Lynoestrenol*
PH: Lynestrenol [Ph. Eur. 5]
PH: Lynestrénol [Ph. Eur. 5]
PH: Lynestrenolum [Ph. Eur. 5]

Endometril® (Organon: ID)
Exlutena® (Organon: ES, SE)
Exlutona® (Organon: DE)
Exluton® (Alcon: BR)
Exluton® (Organon: AR, CL, CR, CZ, ET, GH, HN, ID, KE, MX, NI, NL, PH, RO, TH, TZ, ZW)
Linestrenol® (Terapia: RO)
Linosun® (Silesia: CL)
Normalac® (Gynopharm: CL)
Orgametril® (Euro: NL)
Orgametril® (Medcor: NL)
Orgametril® (Organon: AT, BD, BE, CZ, DE, DK, ES, ET, FI, GH, HU, KE, LU, NL, PL, RO, RS, SE, TR, TZ, ZM, ZW)
Orgametril® (Salus: SI)
Orgamétril® (Organon: FR)

Lysine (Rec.INN)

L: Lysinum
I: Lisina
D: Lysin
F: Lysine
S: Lisina

Amino acid

ATC: B05XB03
CAS-Nr.: 0000056-87-1 C_6-H_{14}-N_2-O_2
M_r 146.198

L-Lysine

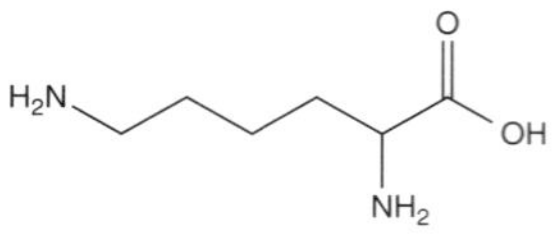

OS: *Lysine [DCF, USAN]*
OS: *Lisina [DCIT]*
IS: *Lys*
PH: Lysin-Monohydrat [DAB 1999]

Diclen® (Lamsa: AR)
Lysal® [vet.] (Intervet: IT)

– hydrochloride:

CAS-Nr.: 0000657-27-2
OS: *Lysine Hydrochloride JAN, USAN*
PH: Lysine (chlorhydrate de) Ph. Eur. 5
PH: Lysine Hydrochloride Ph. Eur. 5, JP XIV, USP 30
PH: Lysinhydrochlorid Ph. Eur. 5
PH: Lysini hydrochloridum Ph. Eur. 5

L-Lysinhydrochlorid Fresenius® (Fresenius: AT)
Lisina cloridrato® (Salf: IT)

Lysozyme

D: Lysozym
F: Lysozyme

Antiviral agent
Enzyme

ATC: D06BB07,J05AX02
CAS-Nr.: 0009001-63-2
OS: *Lysozyme [DCF]*
IS: *Globulin G_1*
IS: *Muramidase*
IS: *E 1105*
IS: *Mucopeptidglucohydrolase*

– hydrochloride:

OS: *Lysozyme Hydrochloride USAN*

Acdeam® (Grelan: JP)
Clorxima® (Infaca: DO)
Conolyzym® (Hawon: VN)
Elizyme® (Isei: JP)
Enlyso® (Tatsumi Kagaku: JP)
Etonase® (Sanwa Kagaku: JP)
Lanzyme® (Nissui: JP)
Lanzyme® (Showa Yakuhin Kako: JP)
Leftose® (Nippon Shinyaku: SG, TH)
Leftose® (Shinyaku: JP)
Lisozima Chiesi® (Chiesi: ES)
Lisozima Spa® (SPA: IT)
Lisozima® (Chiesi: ES)
Lysosmin® (Hisamitsu: JP)
Lysozym Inpharzam® (Zambon: CH)
Lyzyme® (Nichiiko: JP)
Lyzyme® (Shin Poong: SG)
Misailase® (Wakamoto: JP)
Mitazyme® (Toyo Pharmar: JP)
Mucozome® (Santen: JP)
Mulase® (Zeria: JP)

Murazyme® (ASTA Medica: BR)
Murazyme® (Grünenthal: BE, LU)
Neutase® (Sawai: JP)
Neuzym® (Eisai: CR, DO, GT, JP, MY, SG, SV)
Opec® (Toyama: JP)
Rizotiose® (Choseido: JP)
Skanozerin® (Tsuruhara: JP)
Tanzynase® (Taiyo: JP)
Therateem L® (Kanebo: JP)
Toyolyzom® (Toyo Shinyaku: JP)

Mabuprofen (Rec.INN)

L: **Mabuprofenum**
D: **Mabuprofen**
F: **Mabuprofene**
S: **Mabuprofeno**

Antiinflammatory agent
Analgesic

CAS-Nr.: 0082821-47-4 C_{15}-H_{23}-N-O_2
M_r 249.359

(±)-N-(2-Hydroxyethyl)-p-isobutylhydratropamide

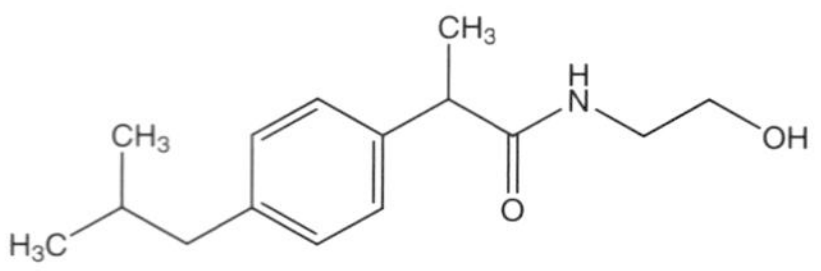

OS: *Mabuprofen [USAN]*
IS: *Ibuprofen aminoethanol*

Aldospray Analgesico® (Aldo Union: ES)

Maduramicin (Rec.INN)

L: **Maduramicinum**
D: **Maduramicin**
F: **Maduramicine**
S: **Maduramicina**

Antibiotic
Antiprotozoal agent, coccidiocidal [vet.]

CAS-Nr.: 0084878-61-5 C_{47}-H_{83}-N-O_{17}
M_r 934.191

(3R,4S,5S,6R,7S,22S)-23-27-Didemethoxy-2,6,22-tridemethyl-11O-demethyl-22-[(2,6-didesoxy-3,4-di-O-methyl-beta-L-arabino-hexopyranosyl)oxy]-6-methoxy-lonomycin

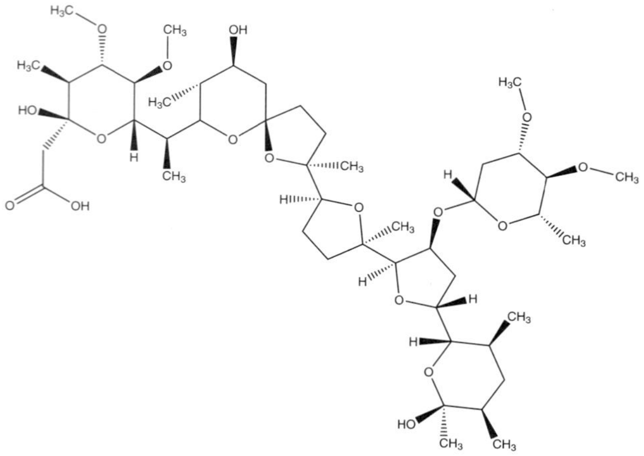

OS: *Maduramicin [BAN, USAN]*

Cygro® [vet.] (Alpharma: AU, FR, GB, NZ)
Cygro® [vet.] (Instavet: ZA)

Mafenide (Rec.INN)

L: **Mafenidum**
D: **Mafenid**
F: **Maféníde**
S: **Mafenida**

Antiinfective, sulfonamid

ATC: D06BA03
CAS-Nr.: 0000138-39-6 C_7-H_{10}-N_2-O_2-S
M_r 186.237

Benzenesulfonamide, 4-(aminomethyl)-

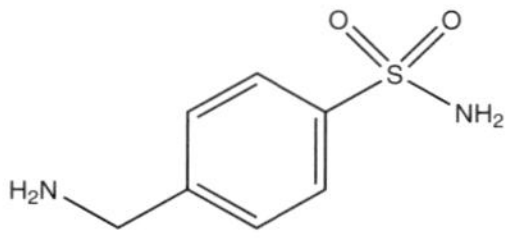

OS: *Mafenide [BAN, DCF, USAN]*
IS: *4-Homosufanilamide*
IS: *Bensulfamide*
IS: *Benzamsulfonamide*
IS: *Homosulphamide*
IS: *Maphenidum*
IS: *p-Sulfamoylbenzylamine*
IS: *Sulphabenzamine*
IS: *Mesudin*
PH: Homosulfaminum [Ph. Jap. 1976]

– acetate:
CAS-Nr.: 0013009-99-9
OS: *Mafenide Acetate BANM, JAN*
PH: Mafenide Acetate USP 30

Sulfamylon® (Mylan: US)

Magaldrate (Rec.INN)

L: **Magaldratum**
I: **Magaldrato**
D: **Magaldrat**
F: **Magaldrate**
S: **Magaldrato**

Antacid

ATC: A02AD02
CAS-Nr.: 0074978-16-8
Al_5-Mg_{10}-$(OH)_{31}$-$(SO_4)_2$.xH_2O

Aluminum magnesium hydroxide sulfate, hydrate

OS: *Magaldrate [BAN, DCF, USAN]*
OS: *Magaldrato [DCIT]*
IS: *AY 5710*
IS: *Monalium hydrate*
PH: Magaldrate [Ph. Eur. 5, USP 30]
PH: Magaldratum [Ph. Eur. 5]
PH: Magaldrat [Ph. Eur. 5]

Almadrat T® (Actavis: GE)
Almadrat T® (Balkanpharma: BG)
Bemolan® (Altana: ES)
Bisco-Magaldrat® (Biscova: DE)
Efasit® (Valma: CL)
Gadral® (GiEnne: IT)
Gastricalm® (Novum: LU)
Gastricalm® (O.J.G.: BE)

Gastripan® (Merckle: DE)
Gastromol® (Cantabria: ES)
Gastrostad® (Stada: DE)
Glysan® (Riemser: DE)
Hevert-Mag® (Hevert: DE)
Lowsium® (Rugby: US)
Magacil® (Opsonin: BD)
Magaldraat Giulini® (Giulini: NL)
Magaldrat beta® (betapharm: DE)
magaldrat von ct® (CT: DE)
Magaldrat-CT® (CT: DE)
Magaldrat-ratiopharm® (ratiopharm: DE)
Magaltop® (Therabel: IT)
Magastron® (1A Pharma: DE)
Magion® (Ern: ES)
Magmed® (Winthrop: DE)
Magralibi® (IBI: IT)
Malugastrin® (Polfa Lódz: PL)
Marax® (Asche: DE)
Marlox® (Incepta: BD)
Minoton® (Madaus: ES)
Oxecone-M® (Acme: BD)
Riopan® (Altana: AR, AT, BE, BR, CH, DE, IT, LU, PT)
Riopan® (Ayerst: AE, BH, CY, EG, JO, KW, LB, OM, QA, SA, YE)
Riopan® (Madaus: FR)
Riopan® (Nobel: TR)
Riopan® (Nycomed: GE)
Riopan® (Whitehall-Robins: US)
Riopone® (Akromed: ZA)
Simagel® [susp.] (Philopharm: DE)
Simaphil® (Philopharm: DE)
Tisadyne® (ICN: CZ)

Magnesium Glucoheptonate

D: Magnesium gluceptat

Mineral agent

C_{14}-H_{26}-Mg-O_{16}
M_r 474.672

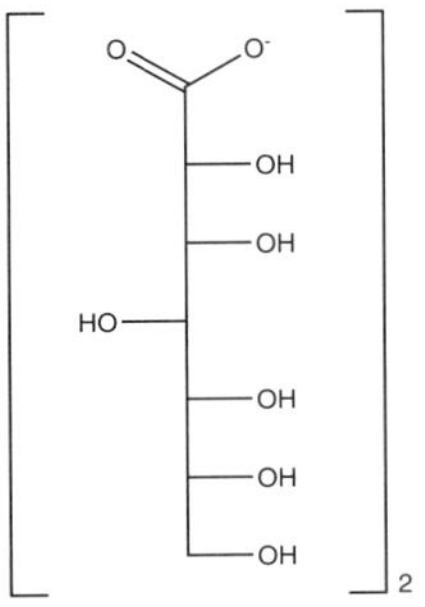

IS: *Magnesium gluceptate*

ratio-Magnesium® (Ratiopharm: CA)

Magnesium Gluconate (USP)

D: D-Gluconsäure, Magnesiumsalz

Mineral agent

ATC: A12CC03
CAS-Nr.: 0003632-91-5 C_{12}-H_{22}-Mg-O_{14}
M_r 414.618

Magnesium D-gluconate

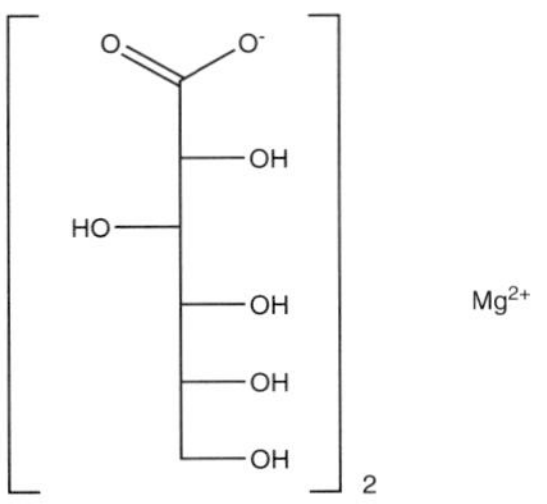

OS: *Magnesium Gluconate [USAN]*
PH: Magnesium Gluconate [USP 26]

Leche de Magnesia de Phillips® (Farpasa: PE)
Leche de Magnesia® (Idem Plus: PE)
Magnerot® [inj.] (Wörwag Pharma: DE)
Magnesio Gluconate® (Arion: PE)
Magnesio® (Sunshine: PE)
Magnesium Chelate® (Pharmatech: PE)
Magnesium Gluconicum® (Lannacher: AT)
Magnesium gluconicum® (Lannacher: AT)
Magnesol® (Vidasol: PE)
Magnésium Oligosol® (Labcatal: FR)
Oligosol Mg® (Pharmafactory: CH)
Oligostim Magnésium® (Boiron: LU)
Oligostim Magnésium® (Dolisos: FR)
Ultra Mg® (Melisana: BE)
Ultra-Mag® (Germania: AT)
Ultra-Mg® (Melisana: LU)

Magnesium Pidolate (Prop. INN)

L: Magnesii pidolas
D: Pidolsäure, Magnesiumsalz

Mineral agent

ATC: A12CC08
CAS-Nr.: 0062003-27-4 C_{10}-H_{12}-Mg-N_2-O_6
M_r 280.536

Magnesium, bis(5-oxo-L-prolinato-N1,O2)-, (T-4)-

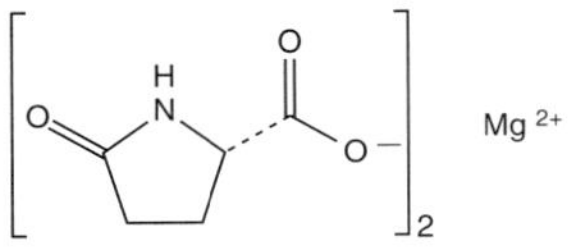

OS: *Magnesium Pidolate [BANM]*
IS: *Magnesium 5-oxopyrrolidine-2-carboxylate*
IS: *Magnesium pyroglutamate*
PH: Magnesium Pidolate [Ph. Eur. 5]
PH: Magnesii pidolas [Ph. Eur. 5]

Actimag® (Iquinosa: ES)
Biomag® (Baliarda: AR)
MAG 2® (Coop. Farm.: IT)
MAG 2® (Cooper: BF, BJ, CF, CG, CI, CM, FR, GA, GN, LU, MG, ML, MR, MU, NE, SN, TD, TG, ZR)
MAG 2® (Galenica: GR)
MAG 2® (Sanofi-Aventis: CH)
Magnésium Microsol® (Herbaxt: FR)
Pidomag® (Baldacci: BR)
Solumag® (Boehringer Ingelheim: LU)
Solumag® (Geymonat: IT)
Solumag® (Kolassa: AT)
Solumag® (Uni-Pharma: GR)

Top-Mag® (Aérocid: FR)

Magnesium Trisilicate (USP)

L: Magnesii trisilicas
I: Magnesio trisilicato
D: Magnesiumtrisilicat
F: Magnésium (trisilicate de)

Antacid

CAS-Nr.: 0014987-04-3 Mg_2-O_8-Si_3
M_r 260.89

Magnesium silicon oxide (Mg2Si3O8)

OS: *Magnésium (trisilicate de) [DCF]*
OS: *Magnesium Trisilicate [USAN]*
PH: Magnesii trisilicas [Ph. Eur. 4]
PH: Magnésium (trisilicate de) [Ph. Eur. 4]
PH: Magnesium Silicate [JP XIV, NF XVI]
PH: Magnesiumtrisilicat [Ph. Eur. 4]
PH: Magnesium Trisilicate [Ph. Eur. 4, USP 26]

Bad Heilbrunner Gastrimint® (Bad Heilbrunner: DE)

Malathion (BAN)

L: Malathionum
D: Malathion
F: Malathion

Pediculocide

ATC: P03AX03
CAS-Nr.: 0000121-75-5 C_{10}-H_{19}-O_6-P-S_2
M_r 330.352

Butanedioic acid, [(dimethoxyphosphinothioyl)thio]-, diethyl ester

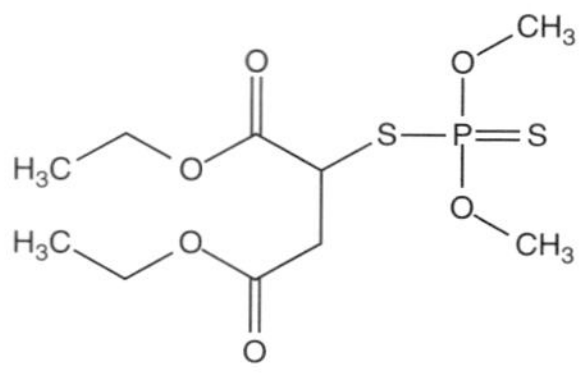

OS: *Malathion [BAN, USAN]*
IS: *Maldison*
PH: Malathion [Ph. Eur. 5, USP 30]
PH: Malathionum [Ph. Eur. 5]

A-Lices® (AFT: NZ)
A-Lices® (Hoe: LK, SG)
Derbac-M® (SSL: GB, IE, NZ)
Di-Flea Flea and Tick Rinse and Yard Spray® [vet.] (Jurox: AU)
Lice Care® (ICM: SG)
Malaban® [vet.] (Inca: AU)
Malathion® (AFT: NZ)
Malation® (A/S Den norske Eterfabrikk: NO)
Malatroy® [vet.] (Troy: AU)
Maldison® [vet.] (Pharmachem: AU)
Noury® (Alfaco: NL)
Ovide® (Medicis: US)
Prioderm® (Meda: FR)
Prioderm® (Mundipharma: CH, FI, NO, SE)
Prioderm® (Norpharma: DK, IS)
Prioderm® (Rafa: IL)
Prioderm® (SSL: GB, IE, NZ)
Prioderm® (Viatris: BE, LU, NL)
Prozap® [vet.] (Loveland: US)
Quellada M® (GlaxoSmithKline: GB)
Quellada M® (Stafford-Miller: IE)
Radikal® (Christiaens: LU)
Radikal® (Sandipro: BE, LU)
Suleo-M® (SSL: GB)

Malotilate (Rec.INN)

L: Malotilatum
D: Malotilat
F: Malotilate
S: Malotilato

Hepatic protectant

CAS-Nr.: 0059937-28-9 C_{12}-H_{16}-O_4-S_2
M_r 288.38

Propanedioic acid, 1,3-dithiol-2-ylidene-, bis(1-methylethyl) ester

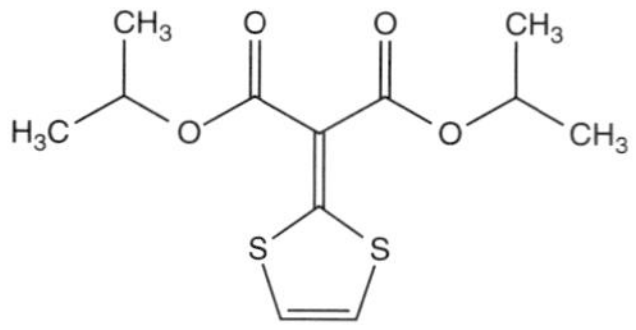

OS: *Malotilate [JAN, USAN]*
IS: *NKK 105*

Kantec® (Daiichi: JP)

Maltodextrin (Ph.Eur.)

L: Maltodextrinum
I: Maltodestrina
D: Maltodextrin
F: Maltodextrine

Pharmaceutic aid

ATC: V06DA
CAS-Nr.: 0009050-36-6

A mixture of glucose, disaccharides and polysaccharides, obtained by the partial hydrolysis of starch. The degree of hydrolysis, expressed as dextrose equivalent (DE) is not more than 20.

OS: *Maltodextrin [USAN]*
IS: *Dextrinmaltose*
IS: *Polysaccharide-Maltose-D-Glucose-Gemisch*
PH: Maltodextrin [Ph. Eur. 5, USP 30]
PH: Maltodextrine [Ph. Eur. 5]
PH: Maltodextrinum [Ph. Eur. 5]

Polycal® (Nutricia: IE)

Mangafodipir (Rec.INN)

L: Mangafodipirum
D: Mangafodipir
F: Mangafodipir
S: Mangafodipir

⚕ Diagnostic agent

ATC: V08CA05

C_{22}-H_{30}-Mn-N_4-O_{14}-P_2
M_r 691.402

Hexahydrogen (OC-6-13)-[[N,N'-ethylenebis[N-[[3-hydroxy-5-(hydroxymethyl)-2-methyl-4-pyridyl]methyl]glycine] 5,5'-bis-(phosphato)](8-)]manganate(6-)

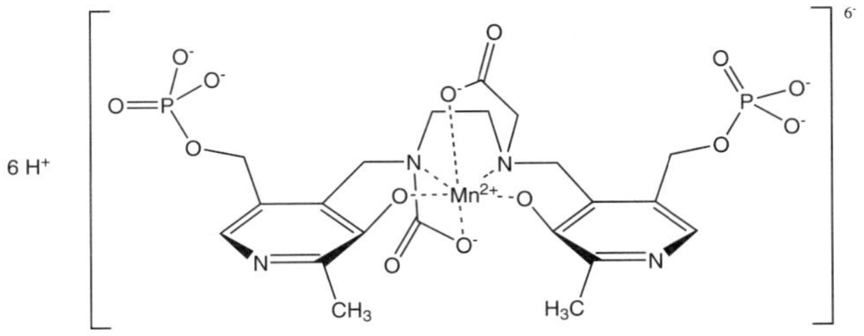

OS: *Mangafodipir [BAN]*
IS: *MnDPDP*
IS: *S 095*
IS: *Win 59010-2*

– trisodium salt:

CAS-Nr.: 0140678-14-4
OS: *Mangafodipir Trisodium BANM, USAN*
IS: *S 095*
IS: *Win 59010-2*
PH: Mangafodipir trisodium USP 30

Teslascan® (Amersham: AT, BE, CZ, DE, ES, HU, LU, NL, NO, NZ, US)
Teslascan® (Amersham Health AS-N: IT)
Teslascan® (GE Healthcare: CH, FR, SE)
Teslascan® (Nycomed: GR, SI, US)

Manidipine (Rec.INN)

L: Manidipinum
I: Manidipina
D: Manidipin
F: Manidipine
S: Manidipino

⚕ Calcium antagonist

ATC: C08CA11
CAS-Nr.: 0120092-68-4

C_{35}-H_{38}-N_4-O_6
M_r 610.729

3,5-Pyridinedicarboxylate, 2-[4-(diphenylmethyl)-1-piperazinyl]ethyl methyl (±)-1,4-dihydro-2,6-dimethyl-4-(m-nitrophenyl)

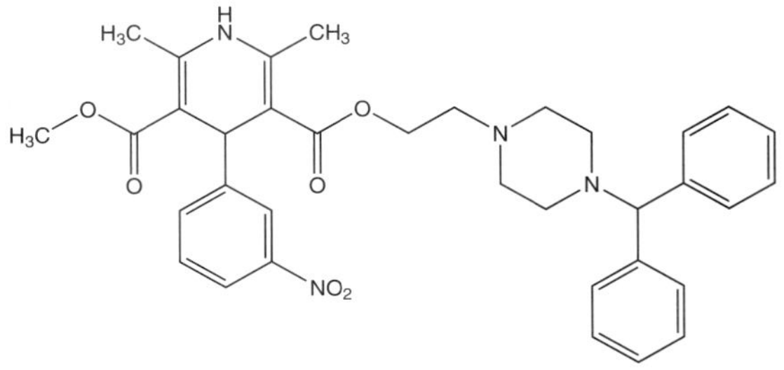

OS: *Manidipine [USAN]*
IS: *CV 4093 (Takeda)*
IS: *Franidipine*

Artedil® (Chiesi: ES)

– dihydrochloride:

CAS-Nr.: 0089226-75-5
OS: *Manidipine Hydrochloride JAN*
IS: *Franidipine hydrochloride*

Caldine® (Takeda: PH)
Calslot® (Takeda: JP)
Iperten® (Chiesi: FR, IT)
Madiplot® (Takeda: TH)
Manivasc® (Farmalab: BR)
Manyper® (Asche: DE)
Manyper® (Chiesi: GR)
Minadil® (L.R. Imperial: PH)
Vascoman® (Takeda: IT)

Mannitol (USP)

L: Mannitolum
I: Mannitolo
D: Mannitol
F: Mannitol

⚕ Diagnostic, kidney function
⚕ Laxative
⚕ Osmotic diuretic

ATC: B05BC01,B05CX04
CAS-Nr.: 0000069-65-8

C_6-H_{14}-O_6
M_r 182.178

D-Mannitol

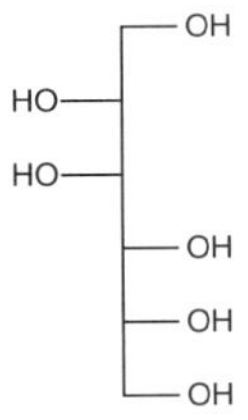

OS: *Mannitol [DCF, USAN]*
OS: *D-Mannitol [JAN]*
IS: *Fraxinine*
IS: *Manna Sugar*
IS: *Mannit*
IS: *E 421*
PH: D-Mannitol [JP XIV]
PH: Mannitol [Ph. Eur. 5, Ph. Int. 4, USP 30]

PH: Mannitolum [Ph. Eur. 5, Ph. Int. 4]

Aridol® (Nigaard: SE)
D-Manitol® (Sanderson: CL)
Deltamannit® (DeltaSelect: DE)
Demanitol Trifarma® (Trifarma: PE)
Diurecide® (Lusa: PE)
Isotol® (Diaco: IT)
Manitol Baxter® (Baxter: ES)
Manitol ISP® (ISP: PE)
Manitol Mein® (Fresenius: ES)
Manitol® (Braun: PT)
Manitol® (Ern: ES)
Manitol® (Fresenius: RO)
Manitol® (Hemofarm: RO, RS)
Manitol® (Hemomont: RS)
Manitol® (Infomed: RO)
Manitol® (Labesfal: PT)
Manitol® (Monsanti: PE)
Manitol® (Otsuka: ID)
Manitol® (Zorka: RS)
Maniton® (Kyorin: TH)
Manit® (Pliva: BA, HR)
Mannisol A® (Teva: HU)
Mannistol® (Bieffe: IT)
Mannit Fresenius® (Fresenius: AT)
Mannit Mayrhofer® (Mayrhofer: AT)
Mannite Saprochi® (Saprochi: CH)
Mannitol Aguettant® (Aguettant: FR)
Mannitol Aguettant® [vet.] (Aguettant: FR)
Mannitol ANB® (ANB: TH)
Mannitol B.Braun® (Braun: CH)
Mannitol Baxter Viaflo® (Baxter: DE, DK, FI, NO, SE)
Mannitol Baxter® (Baxter: FI, LU)
Mannitol Bichsel® (Bichsel: CH)
Mannitol Braun® (Braun: FI)
Mannitol Chi Sheng® (Chi Sheng: TH)
Mannitol FIMA® (Kalbe: ID)
Mannitol Fresenius Kabi® (Fresenius: DK, SE)
Mannitol Köhler® (Köhler: DE)
Mannitol Lavoisier® (Chaix et du Marais: FR)
Mannitol SAD® (SAD: DK)
Mannitol Thai Otsuka® (Thai Otsuka: TH)
Mannitol-Baxter® (Baxter: LU)
Mannitol-Infusionslösung® (Serum-Werk: DE)
Mannitol-Lösung® (Serag-Wiessner: DE)
Mannitolo® (Bieffe: IT)
Mannitolo® (Bioindustria Lim: IT)
Mannitolo® (Diaco: IT)
Mannitolo® (Eurospital: IT)
Mannitolo® (Fresenius: IT)
Mannitolo® (Galenica: IT)
Mannitolo® (Monico: IT)
Mannitolo® (Panpharma: IT)
Mannitolo® (Pharmacia: IT)
Mannitolo® (Pierrel: IT)
Mannitolo® (Salf: IT)
Mannitol® (Abraxis: US)
Mannitol® (Actavis: GE)
Mannitol® (Albert David: IN)
Mannitol® (American Regent: US)
Mannitol® (Balkanpharma: BG)
Mannitol® (Baxter: FI, GB, NL, PL, US)
Mannitol® (Braun: NL, NO, US)
Mannitol® (Fresenius: NO, PL)
Mannitol® (Hemofarm: RS)
Mannitol® (Hospira: CA, US)
Mannitol® [vet.] (Butler: US)
Mannitol® [vet.] (Vedco: US)
Mannitol® [vet.] (Vetus: US)
Mede-Prep® (Medefield: AU)
Osmitrol® (Baxter: AU, CA, NZ, US)
Osmofundina Concentrada Braun® (Braun: ES, PT)
Osmofundin® (Braun: DE)
Osmorin® (Baxter: EC)
Osmorol® (Schein: PE)
Osmosol® (Beximco: BD)
Osmosteril® (Fresenius: DE, LU, NL)
Resectisol® (Braun: US)
Resectisol® (Eczacibasi Baxter: TR)

Maprotiline (Rec.INN)

L: Maprotilinum
I: Maprotilina
D: Maprotilin
F: Maprotiline
S: Maprotilina

Antidepressant, tetracyclic

ATC: N06AA21
CAS-Nr.: 0010262-69-8 C_{20}-H_{23}-N
M_r 277.414

9,10-Ethanoanthracene-9(10H)-propanamine, N-methyl-

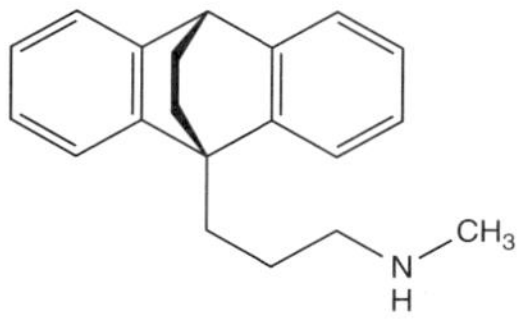

OS: *Maprotiline [BAN, DCF, USAN]*
OS: *Maprotilina [DCIT]*

Mapromil® (Farmo Quimica: CL)
Maprotilin® (Zdravlje: RS)
Mirtazapine Ratiopharm® (Ratiopharm: NL)
Siprotilin® (Sicomed: RO)

– hydrochloride:

CAS-Nr.: 0010347-81-6
OS: *Maprotiline Hydrochloride BANM, JAN, USAN*
IS: *Ba 34276*
PH: Maprotiline Hydrochloride JP XIV, Ph. Eur. 5, USP 30
PH: Maprotilini hydrochloridum Ph. Eur. 5
PH: Maprotilinhydrochlorid Ph. Eur. 5
PH: Maprotiline (chlorhydrate de) Ph. Eur. 5

Deprilept® (Lundbeck: DE)
Epalon® (Remedica: CY)
Ladiomil® (Pliva: BA, HR, SI)
Ludiomil® (Dolorgiet: DE)
Ludiomil® (Novartis: AG, AN, AT, AW, BB, BD, BE, BG, BM, BR, BS, CA, CH, CN, CO, CZ, DK, ES, ET, FR, GD, GH, GR, GY, HT, HU, ID, IS, IT, JM, KE, KY, LC, LU, LY, MT, MY, NG, NL, NZ, PL, PT, RO, RU, SD, SE, TH, TR, TT, TZ, US, VC, ZA, ZW)
Maprolu® (Hexal: DE, LU)
Maprolu® (Sandoz: HU)

Maprotibene® (Merckle: CZ)
Maprotilin Holsten® (Holsten: DE)
Maprotilin Hydrochlorid 1A Pharma® (1A Pharma: AT)
Maprotilin Merck NM® (Merck NM: SE)
maprotilin von ct® (CT: DE)
Maprotilin-neuraxpharm® (neuraxpharm: DE)
Maprotilin-ratiopharm® (ratiopharm: DE)
Maprotilin-TEVA® (Teva: DE)
Maprotilina Ratiopharm® (Ratiopharm: PT)
Maprotiline HCl CF® (Centrafarm: NL)
Maprotiline HCl Merck® (Merck Generics: NL)
Maprotiline HCl PCH® (Pharmachemie: NL)
Maprotiline HCl ratiopharm® (Ratiopharm: NL)
Maprotiline HCl Sandoz® (Sandoz: NL)
Maprotiline Hydrochloride® (Mylan: US)
Maprotiline Hydrochloride® (Watson: US)
Maprotilin® (Promedic: RO)
Maprotil® (Terra: TR)
Melodil® (Unipharm: IL)
Novo-Maprotiline® (Novopharm: CA)
Sandepril® (Mersifarma: ID)

– mesilate:

IS: *Maprotiline methanesulfonate*

Ludiomil® [inj.] (Dolorgiet: DE)
Ludiomil® [inj.] (Novartis: AG, AN, AT, AW, BB, BM, BR, BS, CH, CZ, FR, GD, GY, HT, IT, JM, KY, LC, LU, TR, TT, VC)
Maprolu® [inj.] (Hexal: DE)
Maprotilin-neuraxpharm® [inj.] (neuraxpharm: DE)

Marbofloxacin (Rec.INN)

L: Marbofloxacinum
D: Marbofloxacin
F: Marbofloxacine
S: Marbofloxacino

Antibiotic [vet.]
ATCvet: QJ01MA93
CAS-Nr.: 0115550-35-1 C_{17}-H_{19}-F-N_4-O_4
M_r 362.4

9-fluoro-2,3-dihydro-3-methyl-10-(4-methyl-1-piperazinyl)-7-oxo-7H-pyridol[3,2,1-ij]benzoxadiazine-6-carboxylic acid [WHO]

9-fluoro-2,3-dihydro-3-methyl-10-(4-methyl-1-piperazinyl)-7-oxo-7H-pyrido[3,2,1-ij][4,1,2,]benzoxadiazine-6-carboxylic acid

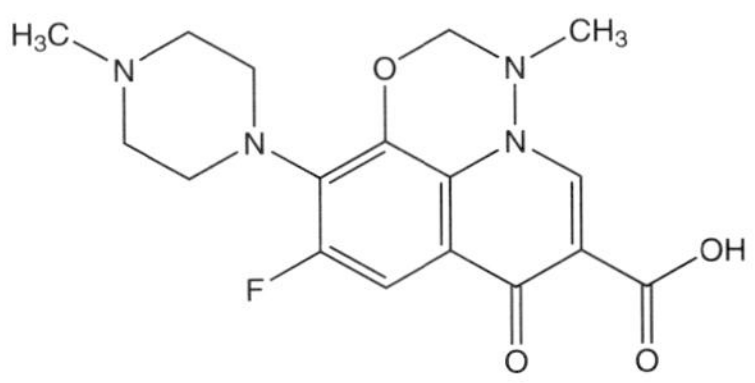

OS: *Marbofloxacin [BAN, USAN]*
IS: *Ro 9-1168*

Marbocyl® [vet.] (Ati: IT)
Marbocyl® [vet.] (Selecta: DE)
Marbocyl® [vet.] (Vetochas: DE)
Marbocyl® [vet.] (Vetoquinol: AT, BE, CH, FR, GB, IE, LU, NL)
Marbocyl® [vet.] (Vétoquinol: PT)
Zeniquin® [vet.] (Pfizer: AU)

Mazaticol (Rec.INN)

L: Mazaticolum
D: Mazaticol
F: Mazaticol
S: Mazaticol

Antiparkinsonian

ATC: N04AA10
CAS-Nr.: 0042024-98-6 C_{21}-H_{27}-N-O_3-S_2
M_r 405.577

2-Thiopheneacetic acid, α-hydroxy-α-2-thienyl-, 6,6,9-trimethyl-9-azabicyclo[3.3.1]non-3-yl ester, exo-

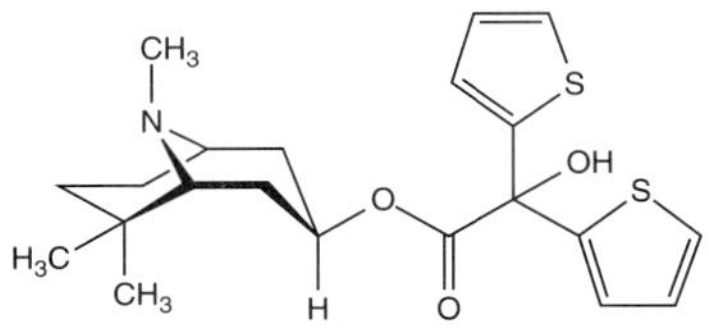

OS: *Mazaticol [USAN]*

– hydrochloride:

CAS-Nr.: 0042024-98-6
OS: *Mazaticol Hydrochloride JAN*
IS: *KAO 264*
IS: *PG 501*

Pentona® (Tanabe: JP)

Mazindol (Rec.INN)

L: Mazindolum
I: Mazindolo
D: Mazindol
F: Mazindol
S: Mazindol

Anorexic
Psychostimulant

ATC: A08AA05
CAS-Nr.: 0022232-71-9 C_{16}-H_{13}-Cl-N_2-O
M_r 284.75

3H-Imidazo[2,1-a]isoindol-5-ol, 5-(4-chlorophenyl)-2,5-dihydro-

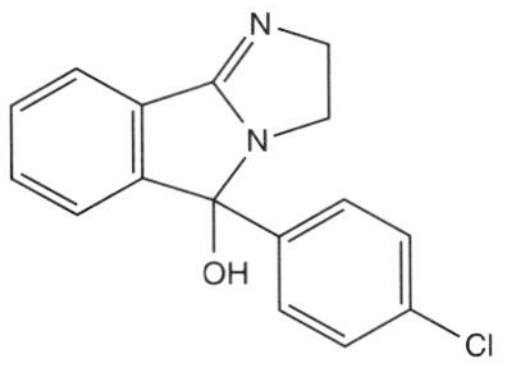

OS: *Mazindol [BAN, DCF, USAN]*
OS: *Mazindolo [DCIT]*
IS: *AN 488*
IS: *42548 (Sandoz, USA)*
PH: Mazindol [USP 30]

M

Absten® (Medley: BR)
Afilan® (Quesada: AR)
Diestet® (Darier: MX)
Diestet® (Pfizer: CR, GT, HN, PA, PE, SV)
Dimagrir® (Gador: AR)
Fagolipo® (Libbs: BR)
Ifa Lose® (Investigacion Farmaceutica: MX)
Moderine® (União: BR)
Mz1® (Medix: CR, DO, GT, HN, MX, NI, PA, SV)
Qualizindol® (Quality: HK)
Rezin® (Raam: MX)
Samonter® (Sanitas: AR)
Sanorex® (Novartis: US)
Solucaps® (Medix: CR, DO, GT, HN, MX, NI, PA, SV)
Teronac® (Novartis: ET, GH, ID, IL, KE, LY, MT, NG, SD, SG, TZ, ZW)
Teronac® (Sandoz: NL)

Mazipredone (Rec.INN)

L: Mazipredonum
D: Mazipredon
F: Maziprédone
S: Mazipredona

Adrenal cortex hormone, glucocorticoid

CAS-Nr.: 0013085-08-0 — C_{26}-H_{38}-N_2-O_4, M_r 442.61

Pregna-1,4-diene-3,20-dione, 11,17-dihydroxy-21-(4-methyl-1-piperazinyl)-, (11β)-

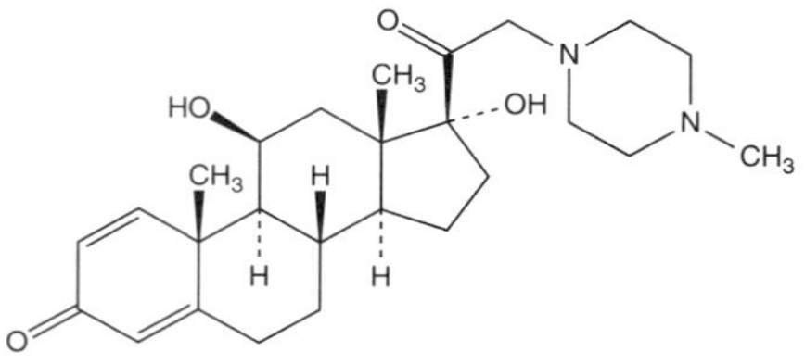

OS: *Mazipredone [USAN]*

– hydrochloride:

Depersolon® (Gedeon Richter: CZ, VN)
Prednisolon® (Gedeon Richter: RU)

Mebendazole (Rec.INN)

L: Mebendazolum
I: Mebendazolo
D: Mebendazol
F: Mébendazole
S: Mebendazol

Anthelmintic

ATC: P02CA01
ATCvet: QP52AC09
CAS-Nr.: 0031431-39-7 — C_{16}-H_{13}-N_3-O_3, M_r 295.31

Carbamic acid, (5-benzoyl-1H-benzimidazol-2-yl)-, methyl ester

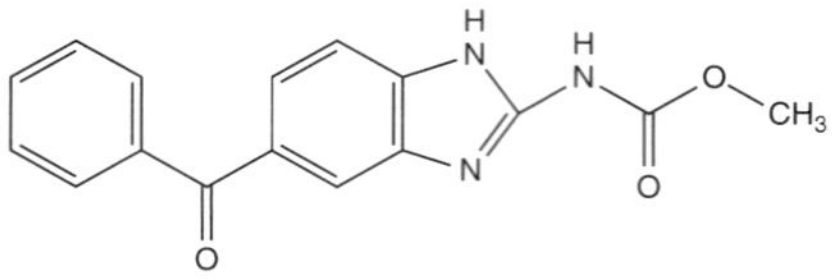

OS: *Mebendazole [BAN, DCF, JAN, USAN]*
OS: *Mebendazolo [DCIT]*
IS: *R 17635*
PH: Mebendazole [Ph. Eur. 5, Ph. Int. 4, USP 30]
PH: Mebendazolum [Ph. Eur. 5, Ph. Int. 4]
PH: Mebendazol [Ph. Eur. 5]
PH: Mébendazole [Ph. Eur. 5]

Adco-Wormex® (Al Pharm: ZA)
All Farm Benzicare® [vet.] (Controlled Medications Pty Ltd: AU)
All-Farm Benzicare® [vet.] (All Farm Animal Health: AU)
Anti-Worm® (Leidapharm: NL)
Bantenol® (Abello Farmacia: ES)
Bendazol® (Bosnalijek: BA)
Benda® (Thai Nakorn Patana: TH)
Bendex® (Gaco: BD)
Benzicare® [vet.] (Virbac: AU)
Big-Ben® (Greater Pharma: TH)
Bob Martin Ontwormer® [vet.] (Bob Martin: NL)
Boots Threadworm Treatment® (Boots: GB)
Chanazole® [vet.] (Chanelle: GB, IE)
Cipex® (Cipla: ZA)
Combantrin-1® (Pfizer: AU)
Combantrin-1® (Pfizer Consumer Healthcare: NZ)
Crisdazol® (Cristália: BR)
D-Worm® (Triomed: ZA)
Dazomet® (Fabop: AR)
DeWorm® (Cipla: AU)
DeWorm® (Multichem: NZ)
Diacor® (Pasteur: CL)
Divermil® (Gross: BR)
Docmebenda® (Docpharma: BE, LU)
Drivermide® (Nakornpatana: TH)
Elmetin® (Medochemie: LK)
Eraverm® (Gemballa: BR)
Ermox® (Square: BD)
Fel-6® (Feltrex: DO)
Fubenzon® (HG.Pharm: VN)
Fugacar® (Janssen: TH)
Fugacar® (Janssen-Cilag: VN)
G-Mebendazole® (Gonoshasthaya: BD)
Gamax® (Robins: CO)
Gavox® (Guardian: ID)
Kilan® [vet.] (Vetem: IT)
Kindelmin® (Kinder: BR)
Kruidvat Anti-worm® (Marel: NL)
Lendue® [vet.] (Teknofarma: IT)
Len® [vet.] (Teknofarma: IT)
Lomper® (Esteve: ES)
Madicure® (McNeil: NL)
Masaworm® (Masa Lab: TH)
Meba® (Polipharm: TH)
Mebedal® (Bruluart: MX)
Mebenda-P® (PP Lab: TH)
Mebendan® (Tedec Meiji: ES)
Mebendazol Agrand® (Ahimsa: AR)

Mebendazol Alpharma® (Alpharma: NL)
Mebendazol CF® (Centrafarm: NL)
Mebendazol Denver® (Denver: AR)
Mebendazol Duncan® (Duncan: AR)
Mebendazol Ecar® (Ecar: CO)
Mebendazol Fabra® (Fabra: AR)
Mebendazol Genfar® (Genfar: CO, EC, PE)
Mebendazol Gf® (Genfarma: NL)
Mebendazol Iqfarma® [tab.] (Iqfarma: PE)
Mebendazol Katwijk® (Katwijk: NL)
Mebendazol Kring® (Kring: NL)
Mebendazol L.CH.® (Chile: CL)
Mebendazol Lafedar® (Lafedar: AR)
Mebendazol MF® [tab./susp.] (Marfan: PE)
Mebendazol PCH® (Pharmachemie: NL)
Mebendazol Samenwerkende Apothekers® (Samenwerkende Apothekers: NL)
Mebendazol Sandoz® (Sandoz: NL)
Mebendazol Vannier® (Vannier: AR)
Mebendazole® (B L Hua: TH)
Mebendazole® (Bailly: BF, BJ, CF, CG, CI, CM, GA, GN, MG, ML, MR, NE, TD, TG, ZR)
Mebendazole® (Teva: US)
Mebendazol® (Abbott: BR)
Mebendazol® (Acromax: EC)
Mebendazol® (Bestpharma: CL)
Mebendazol® (Cimed: BR)
Mebendazol® (Cristália: BR)
Mebendazol® (Ducto: BR)
Mebendazol® (EMS: BR)
Mebendazol® (Fármaco: BR)
Mebendazol® (Kinder: BR)
Mebendazol® (Legrand EMS: BR)
Mebendazol® (Medicalex: CO)
Mebendazol® (Memphis: CO)
Mebendazol® (Mintlab: CL)
Mebendazol® (Neo Quimica: BR)
Mebendazol® (Pasteur: CL)
Mebendazol® (Pentacoop: CO, EC, PE)
Mebendazol® (Quilab: PE)
Mebendazol® (Roxfarma: PE)
Mebendazol® (Teuto: BR)
Mebendazol® (Zdravlje: RS)
Mebendazol® [vet.] (Kombivet: NL)
Mebendol® (Doctor's Chemical Work: BD)
Mebendoral® [vet.] (A.S.T.: NL)
Mebensole® (Sanofi-Aventis: MX)
Mebentab KH® [vet.] (Albrecht: DE)
Mebentab KH® [vet.] (CP: DE)
Mebenvet® [vet.] (Janssen: AT, BE, IT)
Mebenvet® [vet.] (Veterinaria: CH)
Meben® (GDH: TH)
Meben® (Sanofi-Aventis: BD)
Mebex® (Cipla: IN)
Mebutar® (Andromaco: AR)
Medazole® (Asian: TH)
Medazole® (Shaphaco: IQ, YE)
Menzol® (Lacofarma: DO)
Metabasal® (Chefar: EC)
Moben® (Elofar: BR)
Multielmin® (Osorio de Moraes: BR)
Multispec® [vet.] (Bayer Animal Health: ZA)
Multispec® [vet.] (Crown Animals: GB)
Necamin® (Aché: BR)
Nemasole® (Janssen: AR)
Nemazole® (Jalalabad: BD)
Nemox® (Pharmaco: BD)
Noxworm® (Pond's: TH)
Ovex® (Janssen: GB)
Ovitelmin® [vet.] (Biokema: CH)
Ovitelmin® [vet.] (Esteve Veterinaria: PT)
Ovitelmin® [vet.] (Janssen: AT, BE, LU)
Ovitelmin® [vet.] (Janssen Animal Health: DE, GB, IE)
Oxitover® (Llorente: ES)
Panamox® (Jayson: BD)
Panfugan® (Altana: BR)
Pantelmin® (Janssen: AT, BR, CO, CR, DO, GT, HN, NI, PA, PE, PT, SV)
Parasitex® [susp./tab.] (Markos: PE)
Penalcol® [tab./susp.] (Colliere: PE)
Permazole® (E.I.P.I.C.O.: RO)
Pharaxis® (Hisubiette: CO)
Pharmamin SC® [vet.] (Interpharm: IE)
Pluriverm® (Medley: BR)
Pripsen Mebendazole® (Thornton & Ross: GB)
Revapol® (AF: MX)
Ribamox® (Apex: BD)
Rid-Worm® (Douglas: AU)
Riman® [vet.] (Richter: AT)
Rioworm® (Al Pharm: ZA)
Rolab-Anthex® (Sandoz: ZA)
Solas® (Opsonin: BD)
Soltrik® (Galenika: RS)
SPMC Mebendazole® (SPMC: LK)
Sufil® (Elfar: ES)
Surfont® (Ardeypharm: DE)
Telkan® [vet.] (Omega Pharma France: FR)
Telmin® [vet.] (Bayer Animal Health: ZA)
Telmin® [vet.] (Biokema: CH)
Telmin® [vet.] (Boehringer Ingelheim: AU, SE)
Telmin® [vet.] (Crown Animals: GB)
Telmin® [vet.] (Esteve Veterinaria: PT)
Telmin® [vet.] (Janssen: AT, BE, IT, LU, NL)
Telmin® [vet.] (Janssen Animal Health: DE, GB, IE)
Telmin® [vet.] (Janssen Santé Animale: FR)
Tesical® (Sintesina: AR)
Tetrahelmin® (Luper: BR)
Thelmox® (Remedica: BH, CY, ET, JO, KE, OM, RO, SD, SD, YE, ZW)
Trekpleister Anti-worm® (Marel: NL)
Vagaka® (Atlantic: TH)
Vermazol® (I.E. Ulagay: TR)
Vermazol® (United Pharmaceutical: BH, IQ, LY, OM, QA)
Vermi-cao® [vet.] (Virbac: PT)
Vermiben® [vet.] (Ceva: NL)
Vermin-Dazol® (Streger: MX)
Vermitox® (Chemist: BD)
Vermofree® [tab./susp.] (Iqfarma: PE)
Vermox® (Gedeon Richter: HU, PL, RU)
Vermox® (Janssen: AE, AU, BE, BF, BG, BJ, CA, CF, CG, CH, CI, CM, CY, CZ, DE, DK, DO, EG, GA, GB, GN, GR, HK, ID, IE, IL, IS, IT, JO, LB, LK, LU, MG, ML, MR, MT, MU, MX, MY, NE, NO, NZ, RO, SA, SD, SE, SN, TD, TG, YE, ZA)
Vermox® (Krka: BA, HR, SI)
Vermox® (McNeil: NL, US)
Vermox® [vet.] (Janssen: NO)
Verpanyl® [vet.] (Janssen: NL)

M

Versid® (Mulda: TR)
Warca® (Pharmasant: TH)
Wormgo® (Aspen: ZA)
Wormin® (Cadila: ER, ET, IN, KE, NG, RU, TZ, UG, ZM, ZW)
Wormin® (Chemico: BD)
Wormkuur® (Healthypharm: NL)
Wormstop® (Be-Tabs: ZA)
Zakor® (Chalver: CO)

Mebeverine (Prop.INN)

L: Mebeverinum
I: Mebeverina
D: Mebeverin
F: Mébévérine
S: Mebeverina

Antispasmodic agent

ATC: A03AA04
CAS-Nr.: 0003625-06-7 C_{25}-H_{35}-N-O_5
M_r 429.565

Benzoic acid, 3,4-dimethoxy-, 4-[ethyl[2-(4-methoxyphenyl)-1-methylethyl]amino]butyl ester

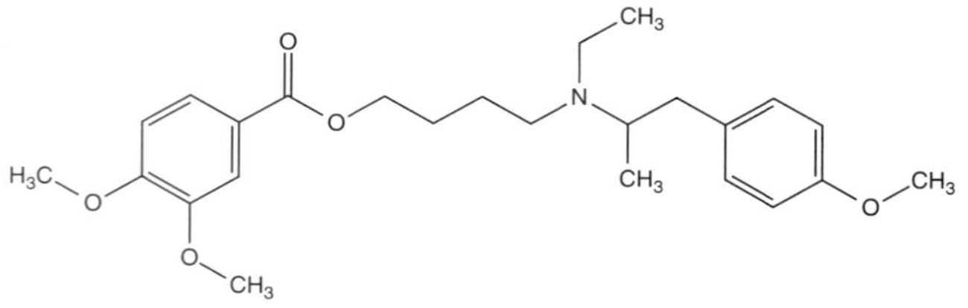

OS: *Mebeverine [BAN, DCF]*
IS: *CSAG 144*

Arluy® (Asofarma: MX)
Mebeverine-Eurogenerics® (Eurogenerics: LU)

– embonate:

OS: *Mebeverine Pamoate BANM*
IS: *Mebeverine 4,4'-methylenebis(3-hydroxy-2-naphthoate)*

Duspatalin® (Solvay: TR)
Duspatal® (Solvay: NL)
Mebeverine embonaat® (Solvay: NL)

– hydrochloride:

CAS-Nr.: 0002753-45-9
OS: *Mebeverine Hydrochloride BANM, USAN*
IS: *CSAG 144 (USA)*
PH: Mebeverine Hydrochloride BP 2002

Bevispas® (Aspen: ZA)
Colese® (Alphapharm: AU)
Colofac® (Healthcare Logistics: NZ)
Colofac® (Schering: ZA)
Colofac® (Solvay: AT, AU, GB, IE, TH)
Colopriv® (Expanscience: DZ, FR)
Colospasmin® (E.I.P.I.C.O.: RO)
Colospasmin® (Eipico: AE, BH, IQ, JO, KW, LB, LY, OM, QA, SA, SD, YE)
Colospas® (Nabiqasim: LK)
Colospa® (Solvay: IN)
Colotal® (Agis: IL)
Doloverina® (Saval: CL)
Duspatal Retard® (Grünenthal: CL)
Duspatalin® (Aktuapharma: NL)
Duspatalin® (Alfa: PE)
Duspatalin® (Altana: AR)
Duspatalin® (Italmex: MX)
Duspatalin® (Schering: CO, EC)
Duspatalin® (Solvay: BD, BE, BG, BR, CH, CZ, CZ, DK, ES, FR, GR, HK, HU, ID, LK, LU, MY, PH, PL, RO, RU, SG, TR)
Duspatal® (Delphi: NL)
Duspatal® (Dowelhurst: NL)
Duspatal® (EU-Pharma: NL)
Duspatal® (Euro: NL)
Duspatal® (Grünenthal: CL)
Duspatal® (Solvay: DE, IT, NL, PT)
Duspatal® [vet.] (Solvay: DE)
Duspatin® (Berlin: TH)
Duspaverin® (Sandoz: TR)
Evadol® (Andromaco: CL)
Evarin® (Delta: BD)
Fybogel meberverine® (Reckitt Benckiser: IE)
Iriban® (Incepta: BD)
Mave® (Opsonin: BD)
Mebemerck® (Merck dura: DE)
Mebetin® (Sam Chun Dang: SG)
Mebeverine EG® (Eurogenerics: BE)
Mebeverine HCl® (Solvay: NL)
Mebeverine Hydrochloride® (Alpharma: GB)
Mebeverine Hydrochloride® (Generics: GB)
Mebeverine Hydrochloride® (Hillcross: GB)
Mebeverine Hydrochloride® (Teva: GB)
Mebeverixx Lyssia® (Solvay: DE)
Meditoina® (Medipharm: CL)
Menosor® (TP Drug: TH)
Merck-Mebeverine HCl® (Merck Generics: ZA)
Meverine® (Drug International: BD)
Mébévérine Biogaran® (Biogaran: FR)
Mébévérine EG® (EG Labo: FR)
Mébévérine Merck® (Merck Génériques: FR)
Mébévérine Zydus® (Zydus: FR)
Rostil® (Beximco: BD)
Rudakol® (Belupo: BA, HR, RS)
Sandoz Mebeverine HCl® (Sandoz: ZA)
Scopex® (Al Pharm: ZA)
Spasmerin® (Actavis: IS)
Spasmonal® (Trenker: LU)
Spasmopriv® (Winthrop: FR)
Veron® (Eskayef: BD)

Mebhydrolin (Rec.INN)

L: Mebhydrolinum
I: Mebidrolina
D: Mebhydrolin
F: Mebhydroline
S: Mebhidrolina

Antiallergic agent
Histamine, H_1-receptor antagonist

ATC: R06AX15
CAS-Nr.: 0000524-81-2 C_{19}-H_{20}-N_2
M_r 276.389

1H-Pyrido[4,3-b]indole, 2,3,4,5-tetrahydro-2-methyl-5-(phenylmethyl)-

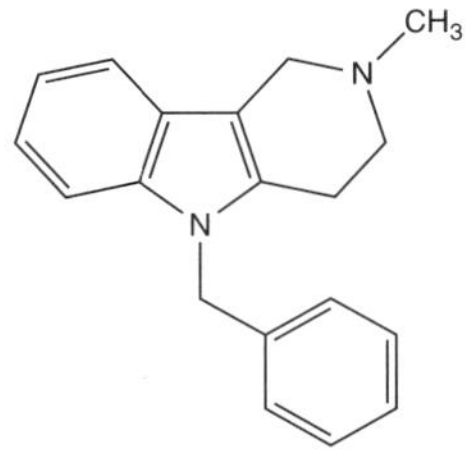

OS: *Mebhydrolin [BAN]*
OS: *Mebidrolina [DCIT]*

Bexidal® (Beximco: BD)
Dalhis® (Pharmasant: TH)

– napadisilate:

CAS-Nr.: 0006153-33-9
OS: *Mebhydrolin Napadisilate BANM*
OS: *Mebhydrolin Napadisylate JAN*
IS: *Mebhydroline 1,5-naphthalenedisulfonate*
IS: *Diazolinum (USSRP)*
IS: *Mebhydrolin heminapadisilat*
PH: Mebhydrolin Napadisylate BPC 1968

Biolergy® (Konimex: ID)
Cidalin® (Agis: IL)
Dayhist® (Forty-Two: TH)
Histapan® (Sanbe: ID)
Incidal® (Bayer: AE, BH, CY, EG, IR, IT, JO, KE, KW, LB, MT, NG, NL, OM, QA, SA, SD)
Incidal® (Square: BD)
Incitin® (Bernofarm: ID)
Interhistin® (Interbat: ID)
Manoeidai® (March: TH)
Mebhydroline PCH® (Pharmachemie: NL)
Mebidal® (Eskayef: BD)
Mebolin® (Acme: BD)
Medrolin® (Opsonin: BD)
Mepadis® (Sanofi-Aventis: BD)
Posidol® (Pharmaland: TH)
Tralgi® (Indonesian: ID)
Zoline® (Pyridam: ID)

Mebrofenin (Rec.INN)

L: Mebrofeninum
D: Mebrofenin
F: Mébrofenine
S: Mebrofenina

Diagnostic, liver function

CAS-Nr.: 0078266-06-5 C_{15}-H_{19}-Br-N_2-O_5
M_r 387.237

Glycine, N-[2-[(3-bromo-2,4,6-trimethylphenyl)amino]-2-oxoethyl]-N-(carboxymethyl)-

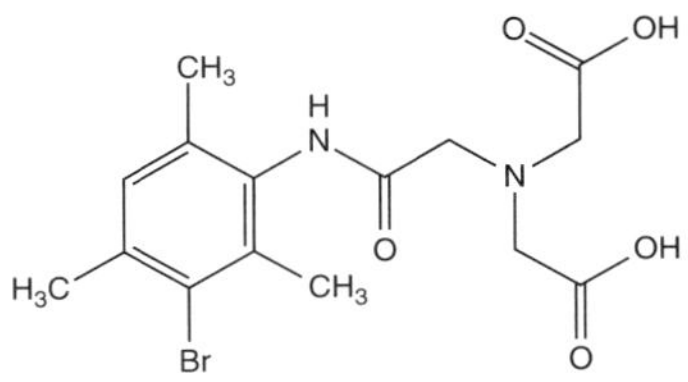

OS: *Mebrofenin [BAN, USAN]*
IS: *SQ 26962 (Squibb, USA)*
PH: Mebrofenin [USP 30]

Bridatec® (Amersham: NL)

Mecasermin (Rec.INN)

L: Mecaserminum
D: Mecasermin
F: Mecasermine
S: Mecasermina

Growth factor
Antidiabetic agent

ATC: H01AC03
CAS-Nr.: 0068562-41-4 C_{331}-H_{512}-N_{94}-O_{101}-S_7
M_r 7648.75

Insulin-like growth factor I (human)

OS: *Mecasermin [BAN, USAN]*
OS: *Mecasermine [DCF]*
OS: *Mecasermin [JAN]*
IS: *rDNA IGF-1*
IS: *Somatomedin C human (genetical recombination)*
IS: *IGF-I*
IS: *Insulin-like growth factor I (human) (WHO)*
IS: *rhIGF-1*
IS: *CEP-151*
IS: *FK 780*
IS: *CCRIS 6804*

– rinfabate:

CAS-Nr.: 0478166-15-3

Increlex® (Tercica: US)
Iplex® (Insmed: US)

Mecillinam (Rec.INN)

L: Mecillinamum
D: Mecillinam
F: Mécillinam
S: Mecilinam

Antineoplastic, alkylating agent

ATC: J01CA11
CAS-Nr.: 0032887-01-7 C_{15}-H_{23}-N_3-O_3-S
M_r 325.439

4-Thia-1-azabicyclo[3.2.0]heptane-2-carboxylic acid, 6-[[(hexahydro-1H-azepin-1-yl)methylene]amino]-3,3-dimethyl-7-oxo-, [2S-(2α,5α,6β)]-

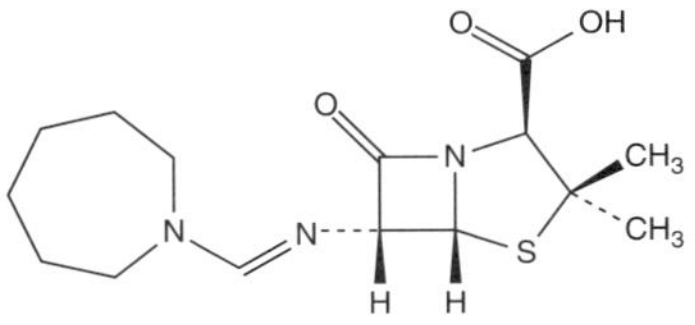

OS: *Amdinocillin [USAN]*
OS: *Mecillinam [BAN, DCF]*
IS: *FL 1060 (Leo, Germany)*
IS: *Ro 10-9070 (Roche, USA)*
PH: Amdinocillin [USP 23]

Selexid® [inj.] (Leo: BD)
Selexid® [inj.] (LEO: GR)
Selexid® [inj.] (Leo: IS, LK, NO, SE)

Meclocycline (Rec.INN)

L: Meclocyclinum
I: Meclociclina
D: Meclocyclin
F: Méclocycline
S: Meclociclina

Antibiotic, tetracycline

ATC: D10AF04
CAS-Nr.: 0002013-58-3 C_{22}-H_{21}-Cl-N_2-O_8
M_r 476.88

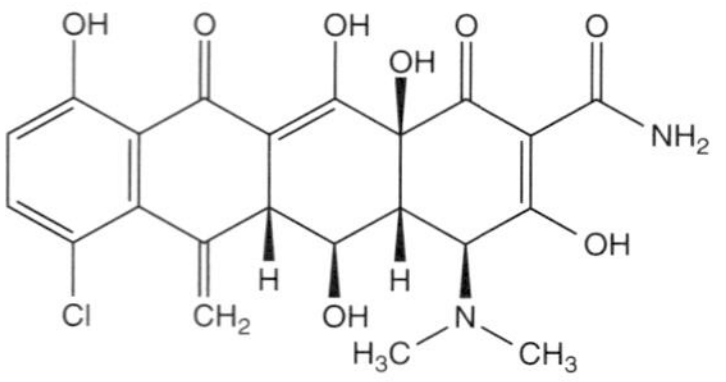

OS: *Meclocycline [BAN, DCF, USAN]*
OS: *Meclociclina [DCIT]*
IS: *GS 2989*

- sulfosalicylate:

CAS-Nr.: 0073816-42-9
OS: *Meclocycline Sulfosalicylate USAN*
PH: Meclocycline Sulfosalicylate USP 30

Mecloderm® (Shire: IT)
Meclosorb® (S&K: DE)
Traumatociclina® (Biomedica Foscama: IT)

Meclofenamic Acid (Rec.INN)

L: Acidum Meclofenamicum
D: Meclofenaminsäure
F: Acide méclofénamique
S: Acido meclofenamico

Antiinflammatory agent
Analgesic
Antipyretic

ATC: M01AG04,M02AA18
CAS-Nr.: 0000644-62-2 C_{14}-H_{11}-Cl_2-N-O_2
M_r 296.152

Benzoic acid, 2-[(2,6-dichloro-3-methylphenyl)amino]-

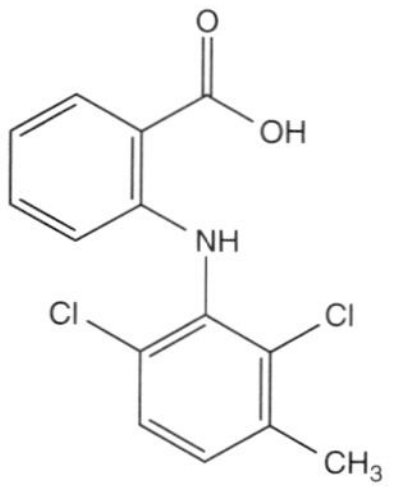

OS: *Acide méclofénamique [DCF]*
OS: *Meclofenamic Acid [BAN, USAN]*
IS: *CI 583*
IS: *INF 4668*
PH: Meclofenamic Acid [BPvet 2002]

Apirel® [vet.] (Pfizer Animal: DE)
Arquel® [vet.] (Bioniche Animal Health: AU)
Arquel® [vet.] (Fort Dodge: US)
Arquel® [vet.] (Pharmacia Animal Health: GB)
Dynoton® [vet.] (Biové: FR)
Meclomen® (Pfizer: CL)
Movens® (Pharmafar: IT)

- sodium salt:

CAS-Nr.: 0006385-02-0
OS: *Meclofenamate Sodium USAN*
IS: *CI 583 (Parke Davis, USA)*
IS: *INF 4668*
PH: Meclofenamate Sodium USP 30

Lenidolor® (Menarini: IT)
Meclofenamate Sodium® (Mylan: US)
Meclomen® (Galenica: GR)
Meclomen® (Parke Davis: ES, ID)

Meclofenoxate (Rec.INN)

L: Meclofenoxatum
D: Meclofenoxat
F: Méclofénoxate
S: Meclofenoxato

Nootropic

ATC: N06BX01
CAS-Nr.: 0000051-68-3 C_{12}-H_{16}-Cl-N-O_3
M_r 257.72

Acetic acid, (4-chlorophenoxy)-, 2-(dimethylamino)ethyl ester

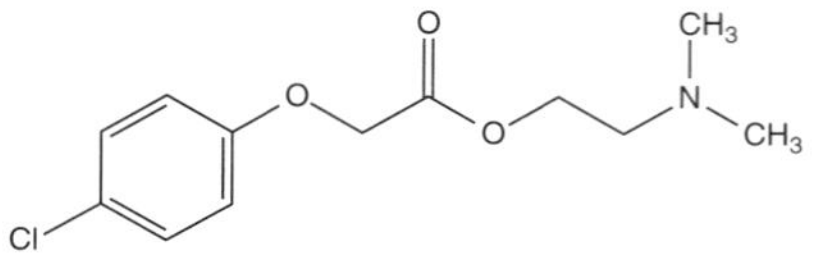

OS: *Meclofenoxate [BAN, DCF, USAN]*
OS: *Meclofenoxato [DCIT]*
IS: *Centrophenoxine*
IS: *Cerebon*
IS: *Clofenoxine*
IS: *ANP 235*
IS: *EN 1627*

- hydrochloride:

CAS-Nr.: 0003685-74-5
IS: *ANP 235*
IS: *Clophenoxate hydrochloride*
IS: *EN 1627*
PH: Meclofenoxatium chloratum PhBs IV
PH: Meclofenoxatum hydrochloricum 2.AB-DDR
PH: Meclofenoxate Hydrochloride JP XIV

Cerutil® (Alpharma: DE)
Helfergin® (Lundbeck: DE)
Lucidril® (Bracco: IT)
Lucidril® (Kolassa: AT)

Meclozine (Prop.INN)

L: Meclozinum
I: Meclozina
D: Meclozin
F: Méclozine
S: Meclozina

Antiemetic
Histamine, H_1-receptor antagonist

ATC: R06AE05
CAS-Nr.: 0000569-65-3 C_{25}-H_{27}-Cl-N_2
M_r 390.961

Piperazine, 1-[(4-chlorophenyl)phenylmethyl]-4-[(3-methylphenyl)methyl]-

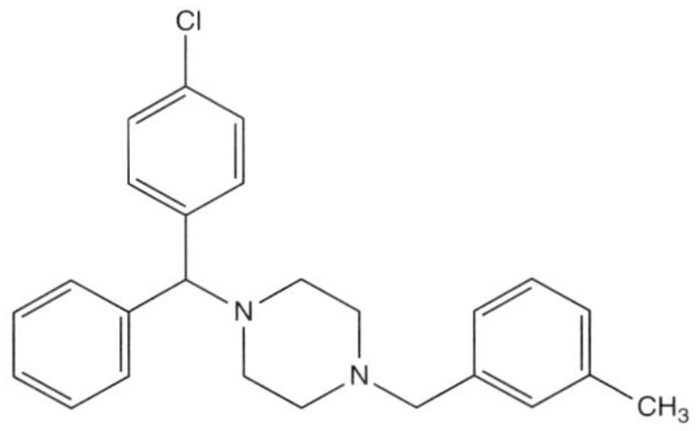

OS: *Meclozine [BAN]*
OS: *Méclozine [DCF]*
OS: *Meclozina [DCIT]*
IS: *Meclizine*
IS: *UCB 5062 (UCB)*

Meclizine HCl Amide® (Amide: HK)
Navidoxine® (Alfa: PE)

– dihydrochloride:

CAS-Nr.: 0011024-22-9
OS: *Meclozine Hydrochloride BANM*
OS: *Meclizine Hydrochloride JAN, USAN*
PH: Meclizine Hydrochloride USP 30
PH: Meclozine Hydrochloride Ph. Eur. 5
PH: Meclozini hydrochloridum Ph. Eur. 5, Ph. Int. II
PH: Meclozindihydrochlorid Ph. Eur. 5
PH: Méclozine (chlorhydrate de) Ph. Eur. 5

Acliz® (Aristopharma: BD)
Agyrax® (UCB: BE, LU)
Agyrax® (Vedim: DZ, FR)
Antivert® (Pfizer: US)
Antivery® (Chemist: BD)
Avert Radi® (Bio-Pharma: BD)
Bonadoxina® (Pfizer: BZ, CR, GT, HN, NI, PA, SV)
Bonamina® (Pfizer: CL)
Bonamine® (Pfizer: CA, DE)
Bonine® (Insight: US)
Bonine® (Pfizer: RU)
Chiclida® (Andromaco: MX)
Chiclida® (Torrens: ES)
Clizin® (Peoples: BD)
Dramamine® (Pfizer: US)
Dramine® (Uriach: ES)
Duremesan® (Streuli: CH)
Emenil® (Incepta: BD)
Emetostop® (Specifar: GR, RO)
Hipermex® (Ethical: DO)
Meclin® (Apsen: BR)
Meni-D® (Seatrace: US)
Navicalm® (Arafarma: ES)
Navicalm® (Confar: PT)
Nomosic® (Drug International: BD)
Postadoxin N® (Rodleben: DE)
Postafene® (UCB: BE, LU)
Postafen® (UCB: DE, DK, FI, IS, NO, SE)
Sea-Legs® (Reckitt Benckiser: NZ)
Sea-Legs® (SSL: GB)
Suprimal® (Interlogim: NL)
Vomec® (Beximco: BD)

Mecobalamin (Rec.INN)

L: Mecobalaminum
D: Mecobalamin
F: Mécobalamine
S: Mecobalamina

Antianaemic agent

ATC: B03BA05
ATCvet: QB03BA05
CAS-Nr.: 0013422-55-4 C_{63}-H_{91}-Co-N_{13}-O_{14}-P
M_r 1344.451

Cobinamide, Co-methyl deriv., hydroxide, dihydrogen phosphate (ester), inner salt, 3'-ester with 5,6-dimethyl-1-α-D-ribofuranosyl-1H-benzimidazole

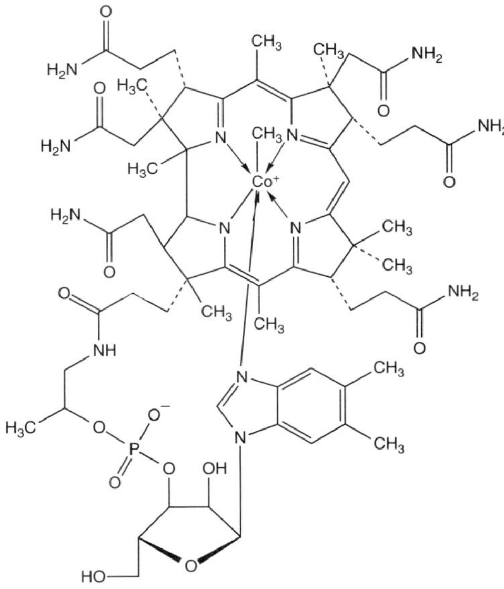

OS: *Mecobalamin [BAN, JAN, USAN]*
OS: *Mécobalamine [DCF]*
IS: *Methylcobalamin*
PH: Mecobalamin [JP XIV]

Cobal® (Bosnalijek: BA)
Cobametin® (Sankyo: JP)
Cynomin® (Jayson: BD)
Ethigobal® (Guardian: ID)
Hitocobamin M® (Hishiyama: JP, TH)
Kalmeco® (Kalbe: ID)
Lapibal® (Lapi: ID)
Lapimal® (Lapi: ID)
Mecobalamin-Daito® (Daito: TH)
Mecobal® (General Pharma: BD)
Mecobal® (TO Chemicals: TH)
Mecolagin® (Incepta: BD)
Mecolin® (Drug International: BD)

M

Mecol® (Aristopharma: BD)
Mecopen® (Eskayef: BD)
Megabal® (Sanbe: ID)
Meprobal® (Meprofarm: ID)
Methicol® (Square: BD)
Methycobal® (Eisai: BD, CN, CR, DO, GT, HK, ID, JP, MY, SG, SV, TH, VN)
Methycobal® (Wockhardt: IN)
Metifer® (Ikapharmindo: ID)
Mevrabal® (Medikon: ID)
Nervex® (Orion: BD)
Neulamin® (Prima: ID)
Neuromethyn® (Sam Chun Dang: SG)
Neuromet® (Merck: TH)
Nufacobal® (Nufarindo: ID)
Pedial® (Globe: BD)
Scanmecob® (Tempo: ID)
Sicobal® (Siam Bheasach: TH)

Mecysteine (Rec.INN)

L: Mecysteinum
I: Mecisteina
D: Mecystein
F: Mécystéine
S: Mecisteina

Mucolytic agent

CAS-Nr.: 0002485-62-3 — C_4-H_9-N-O_2-S, M_r 135.186

L-Cysteine, methyl ester

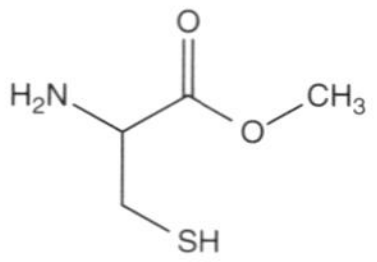

OS: *Mecysteine [BAN, USAN]*
OS: *Mécystéine [DCF]*
OS: *Mecisteina [DCIT]*
OS: *Methyl Cysteine [BAN]*
IS: *Methyl cysteinat*

– hydrochloride:
CAS-Nr.: 0018598-63-5
OS: *Mecysteine Hydrochloride BANM*
IS: *Livathiol*
IS: *Methyl Cysteine Hydrochloride*

Pectite® (Kissei: JP)
Visclair® (Sinclair: GB, IE)

Medazepam (Rec.INN)

L: Medazepamum
I: Medazepam
D: Medazepam
F: Médazépam
S: Medazepam

Tranquilizer

ATC: N05BA03
CAS-Nr.: 0002898-12-6 — C_{16}-H_{15}-Cl-N_2, M_r 270.766

1H-1,4-Benzodiazepin, 7-chloro-2,3-dihydro-1-methyl-5-phenyl-

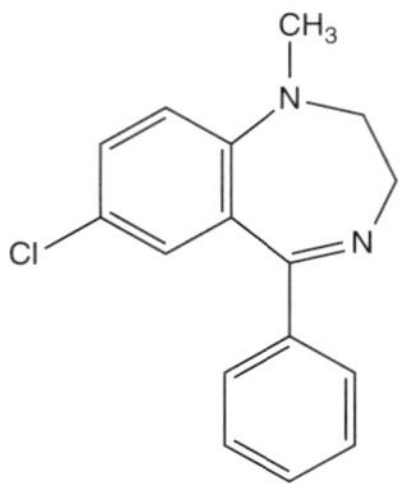

OS: *Medazepam [BAN, DCF, DCIT, JAN]*
IS: *RB 252*
IS: *S 804*
PH: Medazepam [BP 1993, DAC, JP XIV]
PH: Medazepamum [2.AB-DDR]

Ansilan® (Lek: BA, CZ, HR, RO, SI)
Eurozepam® (Europharm: RO)
Glorium® (Teva: IL)
Medazepam LFM® (Lab. Farm. Milanese: HU)
Medazepam Q® (Teva: HU)
Medazepam® (Arena: RO)
Medazepam® (Labormed Pharma: RO)
Medazepam® (Laropharm: RO)
Medazepam® (Polfa Tarchomin: PL)
Nobrium® (Teva: HU)
Resmit® (Shionogi: JP)
Rudotel® (AWD Pharma: HU, RO)
Rudotel® (AWD.pharma: DE)
Rudotel® (Byk: CZ)
Rudotel® (Pliva: RU)
Rusedal® (Altana: HU)
Rusedal® (Altana Pharma Oranienburg: DE)
Rusedal® (Byk: RO)

Medetomidine (Rec.INN)

L: Medetomidinum
D: Medetomidin
F: Medetomidine
S: Medetomidina

Analgesic [vet.]
Hypnotic, sedative [vet.]
ATCvet: QN05CM91
CAS-Nr.: 0086347-14-0 — C_{13}-H_{16}-N_2, M_r 200.291

1H-Imidazole, 4-[1-(2,3-dimethylphenyl)ethyl]-, (±)-

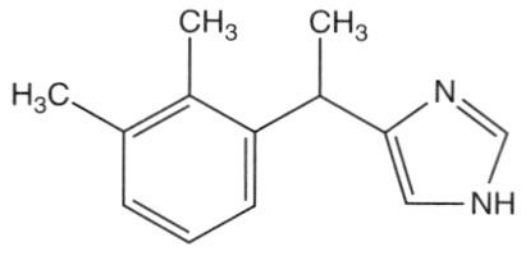

OS: *Medetomidine [BAN]*
IS: *MPV 295*

Domitor® [vet.] (Pfizer Animal Health: NZ)

– hydrochloride:
CAS-Nr.: 0086347-15-1
OS: *Medetomidine Hydrochloride USAN*
IS: *MPV 785*

Cepetor® [vet.] (CP: DE)
Domitor® [vet.] (Novartis Animal Health: AU, NZ, ZA)
Domitor® [vet.] (Orion: FI, NO, SE)
Domitor® [vet.] (Pfizer: CH, LU, NL)
Domitor® [vet.] (Pfizer Animal: DE, PT)
Domitor® [vet.] (Pfizer Animal Health: BE, GB)
Domitor® [vet.] (Pfizer Consumer Health: US)
Domitor® [vet.] (Pfizer Consumer Healthcare: IE)
Domitor® [vet.] (Pfizer Santé Animale: FR)
Domitor® [vet.] (Richter: AT)
Dorbene® [vet.] (Gräub: CH)

Medrogestone (Rec.INN)

L: Medrogestonum
I: Medrogestone
D: Medrogeston
F: Médrogestone
S: Medrogestona

Progestin

ATC: G03DB03
CAS-Nr.: 0000977-79-7 C_{23}-H_{32}-O_2
M_r 340.509

Pregna-4,6-diene-3,20-dione, 6,17-dimethyl-

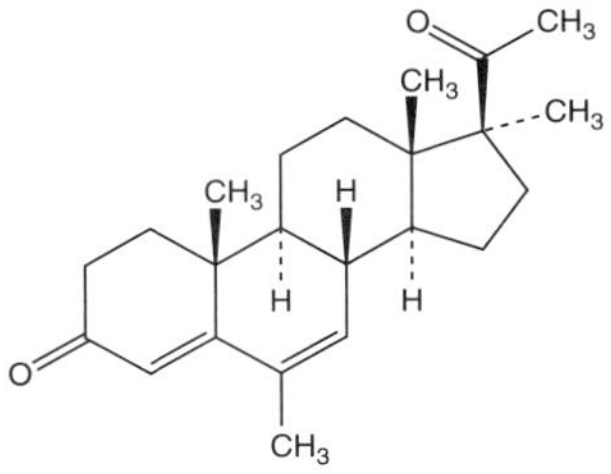

OS: *Medrogestone [BAN, DCF, DCIT, USAN]*
IS: *AY 62022 (Ayerst, USA)*
IS: *R 13615*

Colprone® (Biodim: FR)
Colprone® (Wyeth Medica Ireland-EIR: IT)
Colpron® (Eurim: AT)
Colpron® (Wyeth: AT, IT)
Colpro® (Efeka: LU)
Colpro® (Wyeth: ES, LU, NL, ZA)
Prothil® (Solvay: DE)

Medroxyprogesterone (Rec.INN)

L: Medroxyprogesteronum
I: Medrossiprogesterone
D: Medroxyprogesteron
F: Médroxyprogestérone
S: Medroxiprogesterona

Progestin
Antineoplastic agent

ATC: G03AC06,G03DA02,L02AB02
ATCvet: QG03DA02
CAS-Nr.: 0000520-85-4 C_{22}-H_{32}-O_3
M_r 344.498

Pregn-4-ene-3,20-dione, 17-hydroxy-6-methyl-, (6α)-

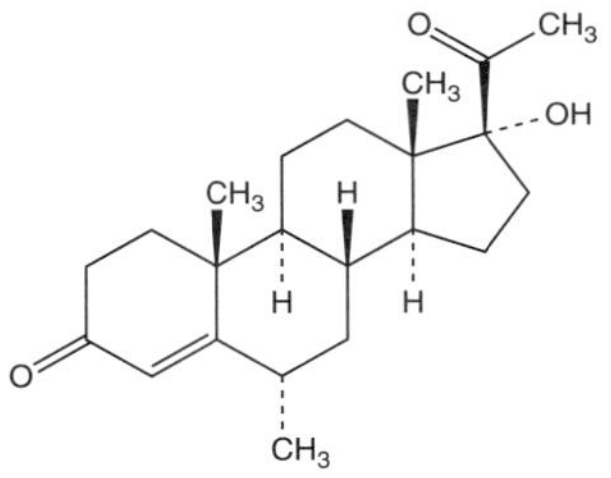

OS: *Medroxyprogesterone [BAN, DCF]*
OS: *Medrossiprogesterone [DCIT]*

Farlutal Inyectable® (Pfizer: CL)
Femihexal® (Hexal: CZ)
Medroxiprogesterona® [tab.] (AC Farma: PE)
Medroxyprogesteronacetaat PCH® (Pharmachemie: NL)
Meprogen® [sol.-inj.] (AC Farma: PE)
Progestagen® (Ethical: DO)
Roxyprog® [sol.-inj.] (Pak: PE)

– **17α-acetate:**

CAS-Nr.: 0000071-58-9
OS: *Medroxyprogesterone Acetate BANM, JAN, USAN*
IS: *Methylhydroxyprogesterone acetate*
IS: *Methypregnone*
IS: *Metigesterona*
PH: Medroxyprogesterone Acetate Ph. Eur. 5, Ph. Int. 4, USP 30
PH: Medroxyprogesteroni acetas Ph. Eur. 5, Ph. Int. 4
PH: Medroxyprogesteronacetat Ph. Eur. 5
PH: Médroxyprogestérone (acétate de) Ph. Eur. 5

Amen® (Carnrick: US)
Anoesterine® [vet.] (Dopharma: NL)
Anovulin® [vet.] (Ceva: NL)
Anovutab® [vet.] (Ceva: NL)
Apo-Medroxy® (Apotex: CA)
Aragest® (Dexxon: IL)
Ciclotal® (Lemery: PE)
Clinofem® (Pharmacia: DE)
Clinovir® (Pharmacia: DE)
Contracep® (Sigma: BR)
Contracep® (Thai Nakorn Patana: TH)
Controlestril® [vet.] (Omega Pharma France: FR)
Cycrin® (ESI Lederle Generics: US)
Cycrin® (Wyeth: BR)
Depo Provera® (Pfizer: GB, HU, LU, NZ)
Depo Provera® (Pharmacia: RO)
Depo-Alphacort® [vet.] (Pharmacia: DE)
Depo-Clinovir® (Pharmacia: DE)
Depo-Gestin® (ANB: TH)
Depo-Prodasone® (Pfizer: CL)
Depo-Progesno® (Milano: TH)
Depo-Progesta® (GDH: TH)
Depo-Progevera® (Pharmacia: CZ, ES)
Depo-Promone® [vet.] (Pfizer: CH, NL)
Depo-Promone® [vet.] (Pfizer Santé Animale: FR)
Depo-Promone® [vet.] (Pharmacia Animal Health: BE)
Depo-Provera® (Delphi: NL)
Depo-Provera® (Eczacibasi: TR)
Depo-Provera® (Euro: NL)

M

Depo-Provera® (Pfizer: AT, BE, BR, CA, CH, CR, CZ, DK, FI, GB, GE, GT, HK, HN, ID, IE, IL, IN, IS, LU, MY, NI, NL, PA, PE, PH, PL, PT, SE, SG, SV, TH, US, VN)
Depo-Provera® (Pharmacia: AU, BD, BG, CO, GR, IT, ZA)
Depo-Provera® (Pharmacia & Upjohn: SI)
Depo-Provera® [vet.] (Pfizer: FI)
Depo-Ralovera® (Pharmacia: AU)
Depo-SubQ Provera® (Pfizer: US)
Depocon® (Pfizer: AT)
Depotrust® (Umeda: PH)
Dugen® (Hemofarm: RS)
Dépo-Prodasone® (Pfizer: FR)
Dépo-Provera® (Pfizer: FR)
ENAF-150® (Umeda: TH)
Estranova® (Pharmalab: PE)
Farlutal Depot® (Pfizer: AT)
Farlutale® (Pfizer: AR)
Farlutal® (Carlo Erba: IT)
Farlutal® (Deva: TR)
Farlutal® (Erbapharma: ID)
Farlutal® (Kenfarma: ES)
Farlutal® (Pfizer: AT, BE, BR, CH, CL, FI, FR, GB, LU, NL, NO, SG, VN)
Farlutal® (Pharmacia: AU, BG, BR, CZ, DE, LU, RO, TH)
Gen-Medroxy® (Genpharm: CA)
GestaPolar® (Orion: DE)
Gestapuran® (Leo: FI, SE)
Gestapuran® [vet.] (Vetxx: FI)
Gestomikron® (Adamed: PL)
Gestoral® (Novartis: FR)
Gynécalm® [vet.] (Virbac: FR)
Hebdo'pil® [vet.] (Omega Pharma France: FR)
Hysron® (Kyowa: JP)
Livomedrox® (Varifarma: AR)
Lunelle® [+Estradiol Cypionate] (Pharmacia: US)
Manodepo® (March: TH)
Medeton® (TP Drug: TH)
Medroplex® (Teva: CZ)
Medrosterona® (Gador: AR)
Medroxiprogesteron Acetat® (Terapia: RO)
Medroxiprogesterona Acetato L.CH.® (Chile: CL)
Medroxiprogesterona Filaxis® (Filaxis: AR)
Medroxiprogesterona® (LKM: AR)
Medroxoral® [vet.] (A.S.T.: NL)
Medroxyhexal® (Hexal: AU)
Medroxyprogesteronacetaat® (Medcor: NL)
Medroxyprogesterone Acetate® (Barr: US)
Medroxyprogesterone Acetate® (Duramed: US)
Medroxyprogesterone Acetate® (Greenstone: US)
Medroxyprogesterone Acetate® (Major: US)
Medroxyprogesterone Acetate® (Sicor: US)
Medroxyprogesteron® [vet.] (Alfasan: NL)
Megestron® (Organon: ET, GH, KE, MX, NL, RO, RS, TZ, ZW)
Meges® (Novell: ID)
Menosedan MPA® (Haller: BR)
Mepastat® (Orion: FI)
Meprate® (Serum Institute: IN)
MPA GYN® (Hexal: DE)
MPA Hexal® (Hexal: DE, LU)
MPA-50® [vet.] (Ilium Veterinary Products: AU)
MPA-beta® (betapharm: DE)
Nadigest® [vet.] (Streuli: CH)
Novo-Medrone® (Novopharm: CA)
Ovucon® [vet.] (Intervet: NL)
Perlutex® (Leo: AN, BB, BD, CR, DK, DO, GT, HN, IS, JM, NO, PA, SV, TT)
Perlutex® [vet.] (Bayer Animal: DE)
Perlutex® [vet.] (Boehringer Ingelheim: AU, IT)
Perlutex® [vet.] (Boehringer Ingelheim Animals: NZ)
Perlutex® [vet.] (Gräub: CH)
Perlutex® [vet.] (Jacoby: AT)
Perlutex® [vet.] (Leo: GB, IE, NL, NO)
Perlutex® [vet.] (Leo Animal Health: AT)
Perlutex® [vet.] (Leo Vet: PT)
Perlutex® [vet.] (VetXX: FR)
Petogen-Fresenius® (Bodene: ZA)
Petogen® (Kope Trading: PE)
Petoral® [vet.] (Eurovet: NL)
Prelutex® [vet.] (Boehrvet: DE)
Premia® (Wyeth: AU)
Procadog® [vet.] (Femada: CH)
Prodafem® (Pfizer: AT, CH)
Prodasone® (Pfizer: CL)
Progeron® (Remedica: CY)
Progevera® (Pharmacia: ES)
Promone-E® [vet.] (Pharmacia: AU, IE, NZ)
Promone-E® [vet.] (Pharmacia Animal Health: GB)
Promon® [vet.] (Boehringer Ingelheim: NO, SE)
Prothyra® (Sunthi: ID)
Provera® (Grünenthal: MX)
Provera® (Pfizer: AT, BE, BR, CA, CL, CR, CZ, DK, FI, GB, GE, GT, HK, HN, HR, HU, ID, IE, IL, LU, MY, NI, NL, NO, NZ, PA, PH, PL, PT, SE, SG, SV, TH, US, VN)
Provera® (Pharmacia: AU, BG, CO, ET, GH, IT, KE, LR, LU, PE, RW, SL, TZ, UG, ZA, ZW)
Provera® (Pharmacia & Upjohn: SI)
Provera® [vet.] (Pfizer: NL)
Ralovera® (Pharmacia: AU)
ratio-MPA® (Ratiopharm: CA)
Sedometril® [vet.] (Albrecht: DE)
Supprestral® [vet.] (Selecta: DE)
Supprestral® [vet.] (Stricker: CH)
Supprestral® [vet.] (Vetoquinol: AU, BE, FR, LU)
Synchron Sponge® [vet.] (Eurovet: NL)
Tricilon® (AKZO Nobel: BR)
Tricocet® (Legrand EMS: BR)
Uni Medrox® (União: BR)
Veramix® [vet.] (Pfizer: NL)
Veramix® [vet.] (Pharmacia: IE, LU)
Veramix® [vet.] (Pharmacia Animal Health: BE, GB)
Veraplex® (Pharmachemie: ID, MY, PE, TH)
Veraplex® (Teva: AR, BE)

Medrysone (Prop.INN)

L: Medrysonum
I: Medrisone
D: Medryson
F: Médrysone
S: Medrisona

Adrenal cortex hormone, glucocorticoid
Ophthalmic agent

ATC: S01BA08
CAS-Nr.: 0002668-66-8 C_{22}-H_{32}-O_3
M_r 344.498

Pregn-4-ene-3,20-dione, 11-hydroxy-6-methyl-, (6α,11β)-

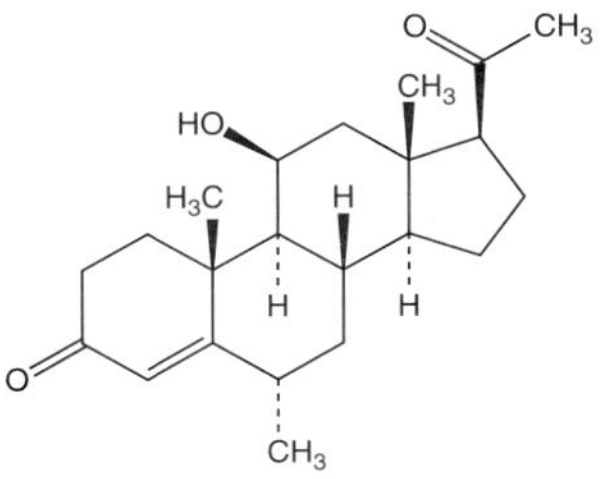

OS: *Medrysone [DCF, USAN]*
OS: *Medrisone [DCIT]*
IS: *U 8471*
IS: *Medrison*
IS: *GSH 1043*
PH: Medrysone [USP XXII]

HMS Liquifilm® (Allergan: NL, US)
HMS® (Allergan: AU, US)

Mefenamic Acid (Rec..INN)

L: Acidum mefenamicum
I: Acido mefenamico
D: Mefenaminsäure
F: Méfénamique (acide)
S: Acido mefenamico

Antiinflammatory agent
Analgesic
Antipyretic

ATC: M01AG01
CAS-Nr.: 0000061-68-7 C_{15}-H_{15}-N-O_2
M_r 241.295

Benzoic acid, 2-[(2,3-dimethylphenyl)amino]-

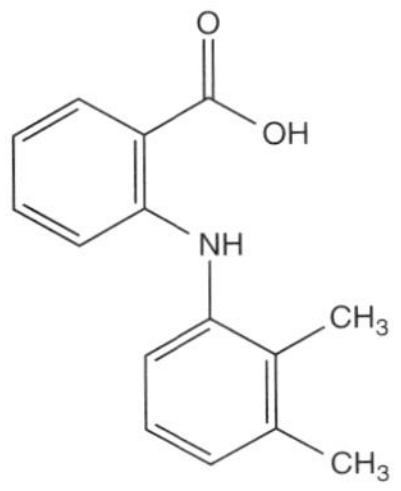

OS: *Acide méfénamique [DCF]*
OS: *Mefenamic Acid [BAN, JAN, USAN]*
OS: *Acido mefenamico [DCIT]*
IS: *CI 473 (Parke Davis, USA)*
IS: *INF 3355*
IS: *CN 35355*
PH: Mefenamic Acid [Ph. Eur. 5, JP XIV, USP 30, BP 2003]
PH: Acidum mefenamicum [Ph. Eur. 5]
PH: Méfénamique (acide) [Ph. Eur. 5]
PH: Mefenaminsäure [Ph. Eur. 5]

Acido Mefenamico Genfar® (Genfar: CO)
Acido Mefenamico L.CH.® (Chile: CL)
Acido Mefenamico MK® (MK: CO)
Acido Mefenamico® (Bestpharma: CL)
Acido Mefenamico® (Mintlab: CL)
Adco-Mefenamic Acid® (Al Pharm: ZA)
Adsena® (Mintlab: CL)
Aidol® (Farmanic: GR)
Alfoxan® (Remedica: CY)
Algex® (Farmo Quimica: CL)
Algifemin® (Sanitas: CL)
Algomen® (Sanofi-Aventis: HU)
Allogon® (Konimex: ID)
Alpain® (Pharmac: ID)
Analspec® (Metiska: ID)
Apo-Mefenamic® (Apotex: CA)
Asam Mefenamat Indo Pharma® (Indofarma: ID)
Asam Mefenamat Landson® (Landson: ID)
Asimat® (Mersifarma: ID)
Bafhameritin-M® (Hishiyama: JP)
Beafemic® (Beacons: SG)
Benostan® (Bernofarm: ID)
Calibral® (Pharmacare: PH)
Cetalmic® (Soho: ID)
Conamic® (Pharmasant: TH)
Corstanal® (Corsa: ID)
Coslan® (Parke Davis: ES)
Coslan® (Pfizer: ES)
Datan® (Pyridam: ID)
Dolarac® (Domesco: VN)
Dolfenal® (Great Eastern: TH)
Dolfenal® (United Pharma: VN)
Dolfenal® (Westmont: ID)
Dolmetine® (PMS: PH)
Dolodon® (Mecosin: ID)
Dolos® (Tempo: ID)
Dyspen® (Biolab: TH)
Dystan® (Medikon: ID)
Femen® (Osotspa: TH)
Fenamic® (Beximco: BD)
Fenamic® (Siam Bheasach: TH)
Fenamin® (Aspen: ZA)
Fenamol® (Shiba: YE)
Fenaton® (Drug International: BD)
Fendol® (Hikma: AE, BH, EG, IQ, KW, LB, LY, OM, QA, SA, SD, SY, TN, YE)
Flamic® (Globe: BD)
Gandin® (Polipharm: TH)
Gardan® (Sanofi-Synthelabo: PH)
Gitaramin® (Nufarindo: ID)
Hexalgesic® (Hexpharm: ID)
Hispen® (Genesis: PH)
Inastan Indo Farma® (Indofarma: ID)
Kemostan® (Phyto: ID)
Lafayette Mefenamic Acid® (Lafayette: PH)
Laffed® (Lafayette: PH)
Lapistan® (Lapi: ID)
Lysalgo® (SIT: IT)
Manic® (Medifive: TH)

M

Manomic® (March: TH)
Masafen® (Masa Lab: TH)
Mectan® (Prafa: ID)
Medicap® (Xepa-Soul Pattinson: HK)
Medifive® (Medifive: TH)
Mednil® (Pharmaland: TH)
Mefacit® (Polfa Pabianice: PL)
Mefacit® (SecFarm: PL)
Mefac® (Rowa: AE, BH, CY, EG, JO, KW, LB, LY, MT, OM, PE, QA, SA, YE)
Mefac® (Rowex: IE)
Mefast® (Global: ID)
Mefa® (MacroPhar: TH)
Mefenacid Domesco® (Domesco: VN)
Mefenacid® (Streuli: CH)
Mefenamic Acid® (Alpharma: GB)
Mefenamic Acid® (Arrow: GB)
Mefenamic Acid® (Chemidex: GB)
Mefenamic Acid® (Teva: GB)
Mefenaminacid Cimex® (Cimex: CH)
Mefenaminsäure Sandoz® (Sandoz: CH)
Mefenan® (Greater Pharma: TH)
Mefenax® (One Pharma: PH)
Mefenix® (Ranbaxy: SG)
Mefen® (Milano: TH)
Mefic® (Pfizer: AU)
Mefinal® (Sanbe: ID)
Mefinter® (Interbat: ID)
Mefix® (Meprofarm: ID)
Mefnac® (Efroze: LK)
Meftal® (Blue Cross: LK)
Mephadolor® (Mepha: CH)
Namic® (Atlantic: TH)
Namifen® (Novag: MX)
Nichostan® (Nicholas: ID)
Opistan® (Otto: ID)
Painnox® (Charoen Bhaesaj: TH)
Panamic® (TO Chemicals: TH)
Parkemed® (Parke Davis: DE)
Parkemed® (Pfizer: AT)
Pefamic® (PP Lab: TH)
Pehastan® (Phapros: ID)
Penomor® (Blooming Fields: PH)
Pinalgesic® (Pinewood: IE)
Ponac® (Aspen: ZA)
Ponalgic® (Antigen: IE)
Poncofen® (Armoxindo: ID)
Pondex® (Dexa Medica: ID)
Pondnadysmen® (Pond's: TH)
Ponmel® (Clonmel: IE)
Ponmel® (Pannonpharma: HU)
Ponnac® (Sriprasit: TH)
Ponnesia® (Asian: TH)
Ponsamic® (Guardian: ID)
Ponstan Forte® (Chemidex: GB, IE)
Ponstan Forte® (Pfizer: TR, ZA)
Ponstan® (Chemidex: GB, IE)
Ponstan® (Gamma: LK)
Ponstan® (Pfizer: AU, BR, BZ, CH, CO, CR, FI, GR, GT, HK, HN, ID, IN, MX, NI, PA, PE, PH, PT, SG, SV, TH, TR, VN, ZA)
Ponstan® (Pfizer Consumer Healthcare: NZ)
Ponstelax® (Combiphar: ID)
Ponstel® (Al Pharm: ZA)
Ponstel® (Sciele: US)
Ponstyl Fort® (Pfizer: BF, BJ, CG, CI, CM, GA, GN, MG, ML, MR, MU, NE, SN, TG)
Ponstyl® (Pfizer: BF, BJ, CG, CI, CM, FR, GA, GN, MG, ML, MR, MU, NE, SN, TG)
Pontacid® (Duopharma: BD)
Pontalon® (Yung Shin: SG)
Pontil® (Pharmaco: BD)
Pontin® (Hexal: BR)
Prostan® (Progress: TH)
Pynamic® (Condrugs: TH)
Rolab-Mefenamic Acid® (Sandoz: ZA)
Rolan® (Nobel: TR)
Sefmic® (Medline: TH)
Sicadol® (Rider: CL)
Solasic® (Solas: ID)
Spartan® (Hexpharm: ID)
Spiralgin® (Spirig: CH)
Stanalin® (Erlimpex: ID)
Stanza® (Hexpharm: ID)
Stelpon® (Prima: ID)
Tanston® (Pfizer: CL, PE)
Topgesic® (Kimia: ID)
Tropistan® (Tropica: ID)
Tynostan® (Tynor: PH)
Vidan® (Vianex: RO)

Mefloquine (Rec.INN)

L: Mefloquinum
D: Mefloquin
F: Méfloquine
S: Mefloquina

Antiprotozoal agent, antimalarial

ATC: P01BC02
CAS-Nr.: 0053230-10-7 C_{17}-H_{16}-F_6-N_2-O
M_r 378.335

4-Quinolinemethanol, α-2-piperidinyl-2,8-bis(trifluoromethyl)-, (R*,S*)-(±)-

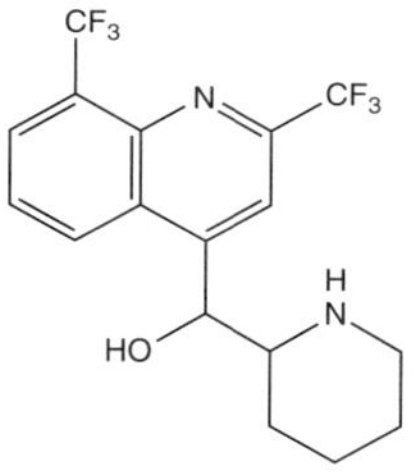

OS: *Mefloquine [BAN, USAN]*
OS: *Méfloquine [DCF]*
IS: *WR 142490*
IS: *Ro 21-5998*

Lariam® (Roche: BE, CL, LU)
Mefloquina® [tab.] (AC Farma: PE)
Meflotas® (INTAS: IN)

– hydrochloride:

CAS-Nr.: 0051773-92-3
OS: *Mefloquine Hydrochloride BANM, USAN*
IS: *Ro 21-5998/001*
PH: Mefloquine Hydrochloride Ph. Eur. 5, Ph. Int. 4, USP 30
PH: Mefloquini hydrochloridum Ph. Eur. 5, Ph. Int. 4

PH: Mefloquinhydrochlorid Ph. Eur. 5
PH: Méfloquine (chlorhydrate de) Ph. Eur. 5

Apo-Mefloquine® (Apotex: CA)
Eloquine® (Medochemie: ET, TZ)
Lariam® (Dowelhurst: NL)
Lariam® (EU-Pharma: NL)
Lariam® (Eureco: NL)
Lariam® (Euro: NL)
Lariam® (Roche: AR, AT, AU, BE, BW, CA, CH, CZ, DE, DK, EE, ES, FI, FR, GB, GH, GR, HK, HU, IE, IL, IS, IT, KE, KR, LU, MU, MY, NA, NL, NO, NZ, PE, PH, PL, RU, SA, SE, SG, SK, TW, US, UY, ZA)
Lariam® (Roche RX: SG)
Mefliam® (Cipla: ZA)
Mefloquine Hydrochloride® (Barr: US)
Mefloquine Hydrochloride® (Roxane: US)
Mefloquine Hydrochloride® (Sandoz: US)
Mephaquin® (Amcron: TH)
Mephaquin® (Mepha: AE, BH, CH, CR, CY, CZ, EC, EG, GT, HK, HN, IL, JO, KE, KW, LB, NI, OM, PA, PT, QA, SA, SD, SG, SV, TT, UG)
Mephaquin® (Mepharm: MY)
Mequin® (Atlantic: TH)
Tropicur® (Roche: AR)

Megestrol (Rec.INN)

L: Megestrolum
D: Megestrol
F: Mégestrol
S: Megestrol

⚕ Progestin

ATC: G03AC05,G03DB02,L02AB01
ATCvet: QG03AC05,QG03DB02,QL02AB01
CAS-Nr.: 0003562-63-8 C_{22}-H_{30}-O_3
M_r 342.482

Pregna-4,6-diene-3,20-dione, 17-hydroxy-6-methyl-

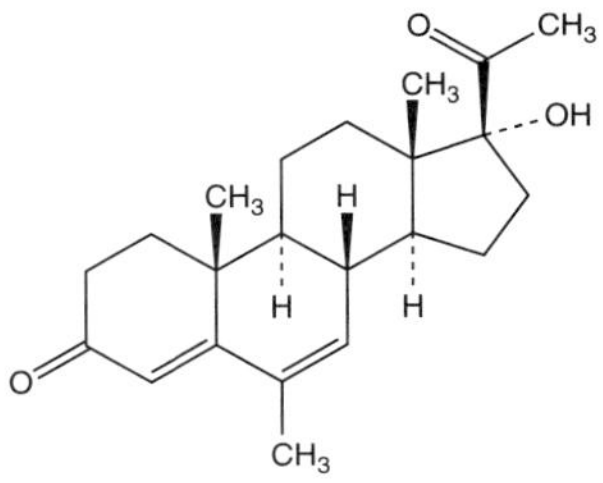

OS: *Megestrol [BAN, DCF, USAN]*
IS: *Megoestrel*

Chronopil® [vet.] (Sanofi-Synthelabo: BE)
Endace® (Samarth: IN)
Megestrol® (ASTA Medica: BR)
Megestrol® (Servycal: PE)
Ovarid® [vet.] (Schering-Plough: BE)

– 17α-acetate:

CAS-Nr.: 0000595-33-5
OS: *Megestrol Acetate BANM, USAN*
IS: *BDH 1298*
IS: *SC 10363 (Great Britain)*
PH: Megestrol Acetate Ph. Eur. 5, USP 30
PH: Megestroli acetas Ph. Eur. 5

Alopectyl® [vet.] (Vetoquinol: NL)
Anestryl® [vet.] (Sogeval: NL)
Apo-Megestrol® (Apotex: CA, SG)
Asta Medica Megestrol® (ASTA Medica: BR)
Borea® (Madaus: ES)
Canipil® [vet.] (Véto-Centre: FR)
De Poezepil® [vet.] (A.S.T.: NL)
Derma-Chat® [vet.] (Novartis Santé Animale: FR)
Eczederm® [vet.] (A.S.T.: NL)
Estropill® [vet.] (Intervet: IT)
Felipil® [vet.] (Véto-Centre: FR)
Féliderm® [vet.] (Véto-Centre: FR)
Maygace® (Bristol-Myers Squibb: ES)
Megace® (Bristol-Myers Squibb: AT, AU, BA, BE, CA, CI, CL, CN, CZ, DK, DZ, FI, FR, GA, GB, GN, GR, HK, HR, HU, ID, IE, IT, LU, ML, MU, NE, NL, NO, NZ, PH, PL, PT, RO, RS, SE, SG, SN, TD, TG, TH, TR, US)
Megace® (Delphi: NL)
Megace® (EU-Pharma: NL)
Megace® (Eureco: NL)
Megace® (Euro: NL)
Megace® (Haupt: CZ)
Megace® (Par: US)
Megace® (PharmaSwiss: SI)
Megacorp® (Panalab: AR)
Megalia® (Vipharm: PL)
Megaplex® (Pharmachemie: CZ, ID, PE, TH)
Megecat® [vet.] (Vetoquinol: AU, BE, CH)
Megefel® [vet.] (Eurovet: NL)
Megefren® (Prasfarma: ES)
Megesin® (Sindan: HU, PL, RO)
Megestat® (Bristol-Myers Squibb: BR, CH, DE)
Megestoral® [vet.] (A.S.T.: NL)
Megestrol Acetate® (Barr: US)
Megestrol Acetate® (Morton Grove: US)
Megestrol Acetate® (Par: US)
Megestrol Acetate® (Roxane: US)
Megestrol Acetate® (Teva: US)
Megestrolacetaat PCH® (Pharmachemie: NL)
Megestrolo PH&T® (PH&T: IT)
Megestrol® [vet.] (Ceva: NL)
Megostat® (Bristol-Myers Squibb: BA, HR)
Meltonar® (Teva: AR)
Mestrel® (Chile: CL)
Mestrel® (Lemery: MX, PE, TH)
Milopect® [vet.] (Ceva: NL)
Minipil® [vet.] (Ceva: NL)
Mégécat® [vet.] (Vetoquinol: FR)
Mégépil Chat® [vet.] (Omega Pharma France: FR)
Nia® (Novo Nordisk: AT)
Nonestron® [vet.] (Balkanpharma: BG)
Opochaleurs® [vet.] (Omega Pharma France: FR)
Ovaban® [vet.] (Schering-Plough: US)
Ovarid® [vet.] (Jurox: AU)
Ovarid® [vet.] (Schering-Plough: IE)
Ovarid® [vet.] (Schering-Plough Animal: ZA)
Ovarid® [vet.] (Schering-Plough Veterinary: GB)
Ovasteryl® [vet.] (Vetoquinol: NL)
Pill'kan® [vet.] (Omega Pharma France: FR)
Pilucalm® [vet.] (Novartis Santé Animale: FR)
Piludog® [vet.] (CPH Animal: PT)
Suppress® [vet.] (Jurox: AU, NZ)
Varigestrol® (Varifarma: AR)

Meglumine (Rec.INN)

L: Megluminum
I: Meglumina
D: Meglumin
F: Meglumine
S: Meglumina

⚕ Contrast medium, radiography
⚕ Antiprotozoal agent, leishmaniocidal
⚕ Antiprotozoal agent, trypanocidal

CAS-Nr.: 0006284-40-8 C_7-H_{17}-N-O_5
M_r 195.223

D-Glucitol, 1-deoxy-1-(methylamino)-

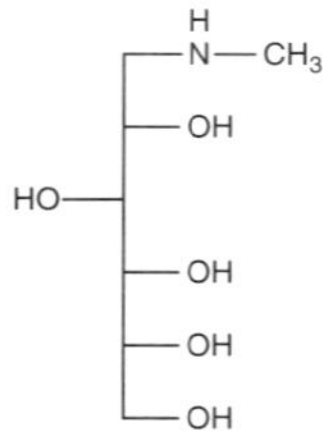

OS: *Meglumine [BAN, JAN, USAN]*
OS: *Méglumine [DCF]*
OS: *Meglumina [DCIT]*
IS: *Methylglucamine, N-*
IS: *N-Methyl-D-glucamin*
IS: *Methylgucamine*
IS: *Methylglukamin*
PH: Meglumine [BP 2002, JP XIV, Ph. Eur. 5, Ph. Int. 4, USP 30]
PH: Megluminum [2.AB-DDR, JP XIII, Ph. Int. 4]
PH: Méglumine [Ph. Franç. X]

– antimonate:

CAS-Nr.: 0000133-51-7
OS: *Méglumine (antimoniate de) DCF*
IS: *Meglumini stibias*

Glucantime® (Aventis: CR, DO, EC, GT, HN, NI, PA, SV)
Glucantime® (Sanofi-Aventis: BR, ES, FR, GE)
Glucantime® [vet.] (Merial: FR, PT)
Glucantime® [vet.] (Rhône Mérieux: BE)
Glucantim® (Aventis: IT)

Melagatran (Rec.INN)

L: Melagatranum
D: Melagatran
F: Melagatran
S: Melagatran

⚕ Anticoagulant
⚕ Fibrinolytic agent
⚕ Thrombin inhibitor

ATC: B01AE04
ATCvet: QB01AE04
CAS-Nr.: 0159776-70-2 C_{22}-H_{31}-N_5-O_4
M_r 429.51

N-[(R)-[[(2S)-2-[(p-amidinobenzyl)carbamoyl]-1-azetidinyl]carbonyl]-cyclohexylmethyl]glycine (WHO)

N-[(R)-({(2S)-2-[(4-Amidinobenzyl)carbamoyl]azetidin-1-yl}carbonyl)cyclohexylmethyl]-glycin (IUPAC)

N-[(1R)-2-[(2S)-2-[[[[4-(Aminoiminomethyl)phenyl]methyl]amino]carbonyl]-1-azetidinyl-1-cyclohexyl-2-oxoethyl]glycine

Glycine, N-((1R)-2-((2S)-2-((((4-(aminoiminomethyl)phenyl)methyl)amino)carbonyl)-1-azetidinyl)-1-cyclohexyl-2-oxoethyl)-

Glycine, N-(2-(2-((((4-(aminoiminomethyl)phenyl)methyl)amino)carbonyl)-1-azetidinyl)-1-cyclohexyl-2-oxoethyl)-, (S-(R*,S*))-

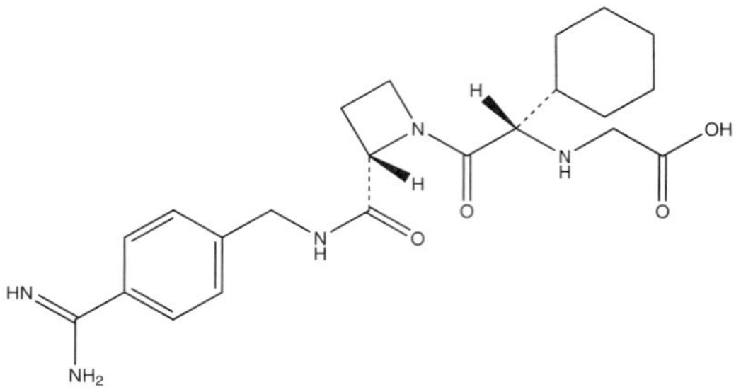

OS: *Melagatran [USAN]*
IS: *H 319/68 (AstraZeneca, GB)*

– monohydrate:

Melagatran AstraZeneca® (AstraZeneca: IS)
Melagatran® [Inj.] (AstraZeneca: DE, NL)

Melarsomine (Rec.INN)

L: Melarsominum
D: Melarsomin
F: Mélarsomine
S: Melarsomina

⚕ Antiparasitic agent [vet.]

CAS-Nr.: 0128470-15-5 C_{13}-H_{21}-As-N_8-S_2
M_r 428.42

bis(2-aminoethyl) p-[(4,6-diamino-s-triazin-2-yl)amino]dithiobenzenearsonite

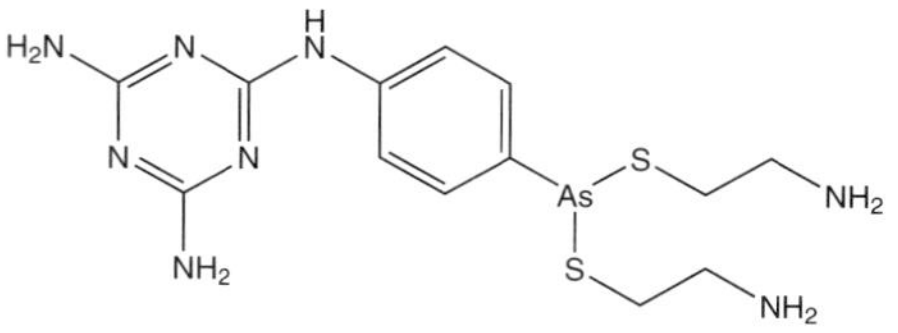

OS: *Mélarsomine [DCF]*
OS: *Melarsomine [USAN]*

– dihydrochloride:

Immiticide® [vet.] (Merial: AU, FR, IT, PT, US)

Melatonin

D: Melatonin
S: Melatonina

⚕ Free oxygen radical scavenger
⚕ Hypnotic
⚕ Anticonvulsant

ATC: N05CH01
CAS-Nr.: 0000073-31-4 C_{13}-H_{16}-N_2-O_2
M_r 232.291

Acetamide, N-(2-(5-methoxyindol-3-yl)ethyl-

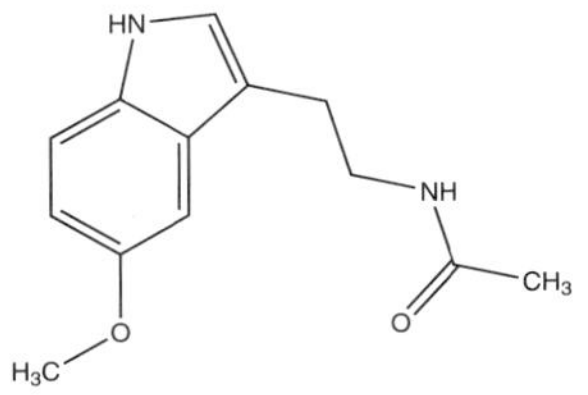

IS: *BRN 0205542*
IS: *CCRIS 3472*
IS: *EINECS 200-797-7*
IS: *HT 903 (Fuji Chemical, HongKong)*
IS: *N-Acetyl-5-methoxytryptamine*
IS: *NSC 113928*

Amalar® (Farmindustria: PE)
Armonil® (Ivax: AR)
Benedorm® (Valeant: MX)
Bio-Melatonin® (Pharma Nord: HU)
Buenas® (ISA: AR)
Cronocaps® [synth.] (Medix: MX)
Eternex® (Dabur: IN)
Melatol® (Elisium: AR)
Melatonina® (K and K medicoplast: PL)
Melatonina® (Lek: PL)
Melatonina® (Medick: CO)
Melatonina® (Vis: PL)
Melaxen® (Unipharm: RU)
Melovine® [vet.] (Ceva: FR, PT)
Natsin® (Incepta: BD)
Novel® (Maver: CL)
Regulin® [vet.] (Ceva: GB)
Regulin® [vet.] (Novartis Animal Health: NZ)
Regulin® [vet.] (Pharmtech: AU)

Melitracen (Rec.INN)

L: Melitracenum
I: Melitracene
D: Melitracen
F: Mélitracène
S: Melitraceno

⚕ Antidepressant, tricyclic

ATC: N06AA14
CAS-Nr.: 0005118-29-6 C_{21}-H_{25}-N
M_r 291.441

1-Propanamine, 3-(10,10-dimethyl-9(10H)-anthracenylidene)-N,N-dimethyl-

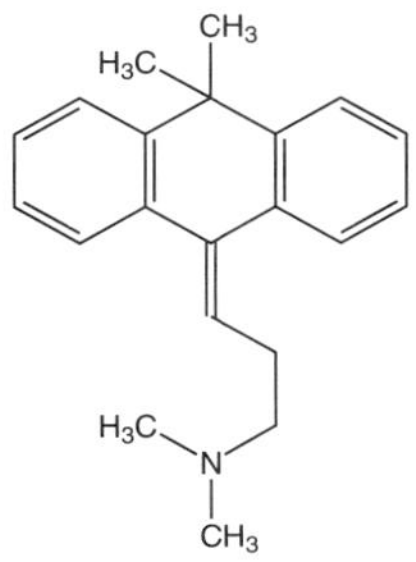

OS: *Mélitracène [DCF]*
OS: *Melitracene [DCIT]*

Adelax® [+ Flupentixol] (ACI: BD)
Angenta® [+ Flupentixol] (Healthcare: BD)
Anzet® [+ Flupentixol] (Popular: BD)
Benzit® [+ Flupentixol] (Bio-Pharma: BD)
Deleta® [+ Flupentixol] (General Pharma: BD)
Depresil® [+ Flupentixol] (Rangs: BD)
Dexit® [+ Flupentixol] (Unimed & Unihealth: BD)
Diconten® [+ Flupentixol] (Drug International: BD)
Dinxi® [+ Flupentixol] (Chemist: BD)
Fluxit® [+ Flupentixol] (Opsonin: BD)
Leanxit® [+ Flupentixol] (Acme: BD)
Melixol® [+ Flupentixol] (Square: BD)
Meltix® [+ Flupentixol] (Navana: BD)
Mixit® [+ Flupentixol] (Apex: BD)
Relux® [+ Flupentixol] (Rephco: BD)
Remood® [+ Flupentixol] (Ibn Sina: BD)
Renxit® [+ Flupentixol] (Renata: BD)

– hydrochloride:

CAS-Nr.: 0010563-70-9
OS: *Melitracen Hydrochloride USAN*
IS: *N 7001*
IS: *U 24973*
IS: *U 24973 A*

Anfree® [+ Flupentixol HCl] (Aristopharma: BD)
Deanxit® [+ Flupentixol dihydrochloride] (Lundbeck: AT, BD, BG, CN, ES, HK, LK, LU, SG)
Dixeran® (Lundbeck: AT)
Frenxit® [+ Flupentixol HCl] (Beximco: BD)
Frexit® [+ Flupentixol HCl] (Asiatic Lab: BD)
Rad® [+ Flupentixol] (Globe: BD)
Sensit® [+ Flupentixol HCl] (Eskayef: BD)
Tenaxit® [+ Flupentixol HCl] (Incepta: BD)
U4® [+ Flupentixol HCl] (Orion: BD)

Meloxicam (Rec.INN)

L: Meloxicamum
D: Meloxicam
F: Meloxicam
S: Meloxicam

⚕ Antiinflammatory agent

ATC: M01AC06
ATCvet: QM01AC06
CAS-Nr.: 0071125-38-7 C_{14}-H_{13}-N_3-O_4-S_2
M_r 351.408

4-Hydroxy-2-methyl-N-(5-methyl-2-thiazolyl)-2H-1,2-benzothiazine-3-carboxamide 1,1-dioxide

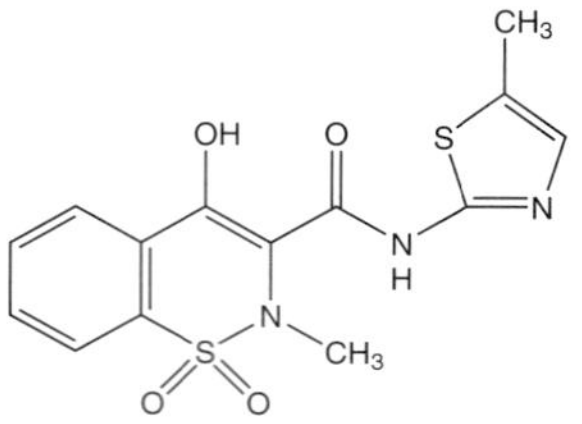

OS: *Meloxicam [BAN, USAN]*
OS: *Méloxicam [DCF]*
IS: *Mesoxicam*
IS: *UH-AC62*
IS: *UH-AC 62 XX*
PH: Meloxicam [BP 2002, USP 30]

Aflamid® (Anchor: MX)
Aglan® (Zentiva: PL)
Anposel® (Medipharm: CL)
Anpre® (Wermar: MX)
Apo-Meloxicam® (Apotex: CA)
Areloger® (Gerard: IE)
Artriclox® (Garmisch: CO)
Artrilox® (Combiphar: ID)
Artrozan® (Pharmstandart: RU)
Aspicam® (Biofarm: PL)
Bioflac® (Cristália: BR)
Bronax® (Roemmers: AR)
Camelot® (GMP: GE)
Camelox® (Pannonpharma: HU)
Celomix® (Keri Pharma: SI)
CO Meloxicam® (Cobalt: CA)
Coxamer® (América: CO)
Coxflam® (Cipla: ZA)
Coxicam® (Life: EC)
Coxylan® (Sophia: MX)
Dolocam® (Representaciones e Investigaciones Medicas: MX)
Dominadol® (Craveri: AR)
Duplicam® (Hexal: CZ)
Ecax® (Bago: CL)
Enflar® (Sanovel: TR)
Exel® (Senosiain: MX)
Exen® (Sanovel: TR)
Flamatec® (União: BR)
Flexidol® (Raffo: AR)
Flexium® (Sidus: AR)
Flexiver® (Maver: MX)
Flexol® (Uni: CO)
Flexol® (Unipharm: MX)
Flodin® (Tecnofarma: PE)
Gen-Meloxicam® (Genpharm: CA)
Hyflex® (Chile: CL)
Ilacox® (Unipharm: CR, GT, HN, NI, PA, SV)
Indager® (Streger: MX)
Inicox® (Farmoquimica: BR)
Isox® (Saval Eurolab: CL)
Latonid® (Anasco: FI)
Lem® (Obolenskoe: RU)
Leutrol® (Abbott: BR)
Leutrol® (De Angeli: IT)
Lonaflam® (Merck: BR)
Lormed® (Pro.Med: PL)
Lormed® (Pro.Med.CS: SI)
Loxibest® (Best: MX)
Loxicam® (La Santé: CO)
Loxiflam® (Aspen: ZA)
Loxiflan® (Farmasa: BR)
Loxitan® (Vianex: GR)
Loxitenk® (Biotenk: AR)
M-Cam® (Unichem: LK, VN)
Malflam® (Cipla: VN)
Mavicam® (Mavi: MX)
Mecam® (Ampharco: VN)
Mecox® (Ferron: ID)
Meksun® (Biofarma: TR)
Mel-Od® (Cadila: IN)
Melartrin® (Terapia: RO)
Melcam® (Deva: TR)
Melcam® (Rowex: IE)
Melcam® (Square: BD)
Melic® (Pasteur: CL)
Melobic® (TO Chemicals: TH)
Melocam® (Lafrancol: CO)
Melocam® (Shiba: YE)
Melodol® (Raffo: CL)
Melokan® (Canonpharma: RU)
Meloksam® (Polfa Grodzisk: PL)
Meloksikam Merck® (Merck: SI)
Melokssia® (Pliva: PL, SI)
Melonax® (Cellofarm Farmacêutica: BR)
Melonax® (Osmopharm: DO)
Melosteral® (Silanes: MX)
Melox-GRY® (Gry: DE)
Meloxan® (Galex: SI)
Meloxan® (Kéri: HU)
Meloxep® (ExtractumPharma: HU)
Meloxicam Alpharma® (Actavis: FI)
Meloxicam Alpharma® (Alpharma: PT)
Meloxicam Alternova® (Alternova: FI, SE)
Meloxicam AL® (Aliud: DE)
Meloxicam Arcana® (Arcana: AT)
Meloxicam Baldacci® (Baldacci: PT)
Meloxicam Bayvit® (Bayvit: ES)
Meloxicam Bexal® (Bexal: ES, PT)
Meloxicam Boehringer Ingelheim® (Boehringer Ingelheim: LU)
Meloxicam CF® (Centrafarm: NL)
Meloxicam Cipla Chanelle Generics® (Cipla: DK)
Meloxicam Copyfarm® (Copyfarm: DK, FI)
Meloxicam Dexa Medica® (Dexa Medica: ID)
Meloxicam Domesco® (Domesco: VN)
Meloxicam Galex® (Galex: CZ)
Meloxicam Generis® (Generis: PT)
Meloxicam Hexal® (Hexal: AT, DE)
Meloxicam Hexal® (Sandoz: FI, SE)
Meloxicam Interpharm® (Interpharm: AT)
Meloxicam LPH® (Labormed Pharma: RO)
Meloxicam Melopor® (Neves: PT)
Meloxicam Merck NM® (Merck NM: FI, SE)
Meloxicam Merck® (Merck: CO, ES)
Meloxicam Merck® (Merck Genéricos: PT)
Meloxicam MK® (MK: CO)
Meloxicam Orion® (Orion: FI)
Meloxicam Ratiopharm® (Ratiopharm: ES, FI)
Meloxicam Sandoz® (Sandoz: DE, FI)
Meloxicam Stada® (Stada: DK)
Meloxicam Stada® (Stadapharm: DE)
Meloxicam Teva® (Teva: CZ, PL, SE)

Meloxicam Winthrop® (Winthrop: DE)
Meloxicam-1A Pharma® (1A Pharma: DE)
Meloxicam-CT® (CT: DE)
Meloxicam-ratiopharm® (Ratiopharm: CZ)
Meloxicam-ratiopharm® (ratiopharm: DE)
Meloxicam® (Alpharma: NO)
Meloxicam® (Chemopharma: CL)
Meloxicam® (Chile: CL)
Meloxicam® (EMS: BR)
Meloxicam® (Eureco: NL)
Meloxicam® (Euro: NL)
Meloxicam® (Lisan: CR)
Meloxicam® (Magistra: RO)
Meloxicam® (Makis Pharma: RU)
Meloxicam® (Medicalex: CO)
Meloxicam® (Merck: BR)
Meloxicam® (Mintlab: CL)
Meloxicam® (Pasteur: CL)
Meloxic® (Medco: PE)
Meloxic® (Polpharma: PL)
Meloxid® (Klonal: AR)
Meloxikam Ivax® (Teva: FI)
Meloxikam MA® (Ellem: SE)
Meloxil® (Fluter: DO)
Meloxin® (Interbat: ID)
Meloxistad® (Stada: PL)
Meloxiwin® (Winthrop: CZ)
Melox® (Cipla: LK)
Melox® (Medochemie: HK, MY, RO, RU, SG)
Melox® (Nobel: BA, RS, TR)
Melox® (Siam Bheasach: TH)
Metacam® [vet.] (Bayer Animal Health: ZA)
Metacam® [vet.] (Boehringer Ingelheim: AU, BE, CH, IE, IT, NL, NO, SE)
Metacam® [vet.] (Boehringer Ingelheim Animal: PT)
Metacam® [vet.] (Boehringer Ingelheim Animals: NZ)
Metacam® [vet.] (Boehringer Ingelheim Santé Animale: FR)
Metacam® [vet.] (Boehringer Ingelheim Vetmedica: AT, GB)
Metacam® [vet.] (Boehrvet: DE)
Metacam® [vet.] (Vetcare: FI)
Metosan® (Lannacher: AT)
Mexan® (Mintlab: CL)
Mexican® (Bioquifar: CO)
Mexilal® (Sanitas: CL)
Mexpharm® (Dankos: ID)
Mextran® (Phoenix: AR)
Mibloc FT® (Andromaco: CL)
Miolox® (Baliarda: AR)
Mirlox® (Gedeon Richter: RU)
Mobec® (Boehringer Ingelheim: DE)
Mobex® (Boehringer Ingelheim: CL)
Mobicox® (Boehringer Ingelheim: CA, CH, CR, DO, GT, HN, MX, NI, PA, SV)
Mobic® (Boehringer Ingelheim: AE, AG, AN, AR, AU, AW, BB, BE, BH, BM, BS, CO, CY, DK, EC, EG, FI, FR, GB, GD, GY, HK, HT, IE, IQ, JM, JO, JP, KE, KW, KY, LB, LC, LU, LY, MT, MY, NO, NZ, OM, PE, PH, QA, SA, SD, SE, SG, TH, TR, TT, US, VC, VN, YE, ZA)
Mobic® (Boehringer Ingelheim International-D: IT)
Mobic® (EU-Pharma: NL)
Mobic® (Euro: NL)
Mobiflex® (Soho: ID)
Mone® (Cankat: TR)
Movacox® (Hexal: BR)
Movalis® (Boehringer Ingelheim: AT, AU, BA, CZ, ES, HR, HU, PL, PT, RO, RS, RU, SI)
Movalis® (Euro: NL)
Movalis® (Europharma: ES)
Movasin® (Evrokom: RU)
Movatec® (Boehringer Ingelheim: BR, GR)
Movi-Cox® (Boehringer Ingelheim: ID)
Movicox® (Boehringer Ingelheim: NL)
Movicox® (Delphi: NL)
Movix® (Magnachem: DO)
Movox® (Ivax: IE)
Mowin® (Abbott: PE)
Moxicam® (Medico: HU)
Moxic® (Otto: ID)
Nacoflar® (Victory: MX)
Niflamin® (Boehringer Ingelheim: CO)
Nor Mobix® (Teramed: SV)
Novem® [vet.] (Boehringer Ingelheim: NL)
Novo-Meloxicam® (Novopharm: CA)
Ocam® (La Santé: CO)
PMS-Meloxicam® (Pharmascience: CA)
Promotion® (Rayere: MX)
ratio-Meloxicam® (Ratiopharm: CA)
Recoxa® (Zentiva: CZ, RO)
Romacox® (ARIS: TR)
Rumonal® (Libraphama: CO)
Runomex® (Yeni: TR)
Sition® (Maver: CL)
Telaren® (Roemmers: PE)
Tenaron® (Pharma Investi: CL)
Tenaron® (Sandoz: AR)
Uticox® (Yer: ES)
X-Cam® (Meprofarm: ID)
Zeloxim® (Bilim: TR)
Zix® (Recalcine: CL)

Melperone (Rec.INN)

L: Melperonum
D: Melperon
F: Melpérone
S: Melperona

Neuroleptic

ATC: N05AD03
CAS-Nr.: 0003575-80-2 C_{16}-H_{22}-F-N-O
M_r 263.362

1-Butanone, 1-(4-fluorophenyl)-4-(4-methyl-1-piperidinyl)-

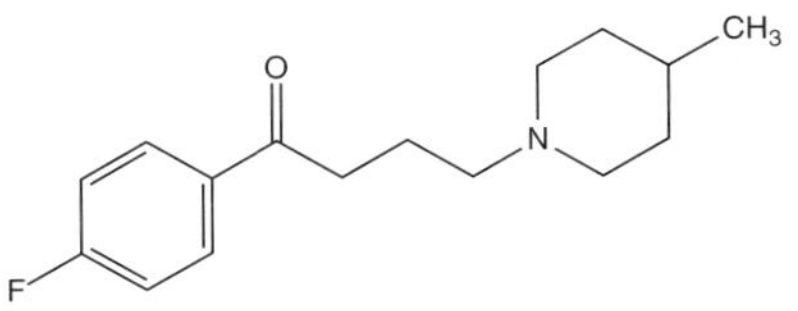

OS: *Melperone [BAN, DCF, USAN]*
IS: *Flubuperone*
IS: *Methylperonum*

– **hydrochloride:**
CAS-Nr.: 0001622-79-3
OS: *Melperone Hydrochloride BANM*

IS: *FG 5111*

Bunil® (Swedish Orphan: PT)
Buronil® (Lundbeck: BE, CZ, LU)
Buronil® (Orphan: SE)
Buronil® (Ovation: AT, AT, DK, IS, LU)
Eunerpan® (Abbott: DE)
Harmosin® (Temmler: DE)
Mel-Puren® (Alpharma: DE)
Melneurin® (Hexal: DE)
Melpax® (Orion: FI)
Melperomerck® (Merck dura: DE)
Melperon 1A Pharma® (1A Pharma: DE)
Melperon AbZ® (AbZ: DE)
Melperon AL® (Aliud: DE)
Melperon beta® (betapharm: DE)
Melperon Sandoz® (Sandoz: DE)
Melperon Stada® (Stadapharm: DE)
melperon von ct® (CT: DE)
Melperon-neuraxpharm® (neuraxpharm: DE)
Melperon-ratiopharm® (ratiopharm: DE)
Melperon-RPh® (Rodleben: DE)

Melphalan (Rec.INN)

L: Melphalanum
I: Melfalan
D: Melphalan
F: Melphalan
S: Melfalán

Antineoplastic, alkylating agent

ATC: L01AA03
CAS-Nr.: 0000148-82-3 C_{13}-H_{18}-Cl_2-N_2-O_2
M_r 305.207

L-Phenylalanine, 4-[bis(2-chloroethyl)amino]-

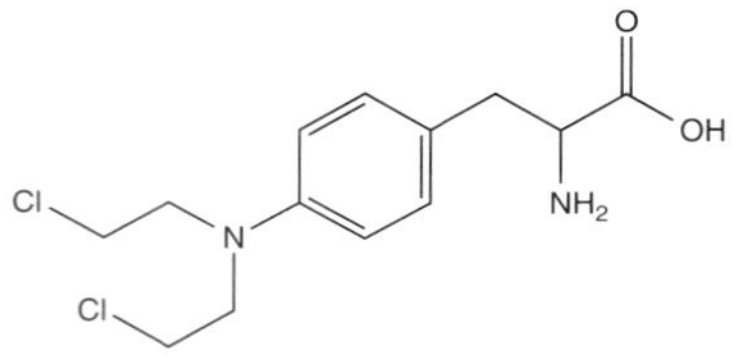

OS: *Melphalan [BAN, DCF, JAN, USAN]*
OS: *Melfalan [DCIT]*
IS: *L-PAM*
IS: *Phenylalanin-Lost*
IS: *CB 3025*
IS: *SK 15673*
PH: Melphalan [BP 2002, JP XIV, USP 30]

Alkerana® (GlaxoSmithKline: AR)
Alkeran® (Celgene: US)
Alkeran® (GlaxoSmithKline: AE, AG, AN, AT, AU, AW, BB, BD, BE, BG, BH, BR, CA, CH, CL, CZ, DE, DK, FI, GB, GB, GD, GY, HK, IE, IL, IN, IR, IS, JM, KW, LC, LU, MX, NO, NZ, OM, PE, PH, PL, QA, RO, RU, SE, SG, SI, TH, TR, TT, US, VC, ZA)
Alkeran® (Wellcome-GB: IT)
Alkéran® (GlaxoSmithKline: FR)
Melfalan® (GlaxoSmithKline: ES)

– hydrochloride:

Alkeran® (GlaxoSmithKline: BR, CH, CL, GB, IE, NL, SE)
Alkeran® (GlaxoSmithKline Pharm.: US)
Alkeran® (Wellcome-GB: IT)
Melfalan GlaxoSmithKline® (GlaxoSmithKline: ES)
Melfalan® (Dosa: AR)

Memantine (Rec.INN)

L: Memantinum
D: Memantin
F: Mémantine
S: Memantina

Antiparkinsonian

ATC: N06DX01
CAS-Nr.: 0019982-08-2 C_{12}-H_{21}-N
M_r 179.31

Tricyclo[3.3.1.13,7]decan-1-amine, 3,5-dimethyl-

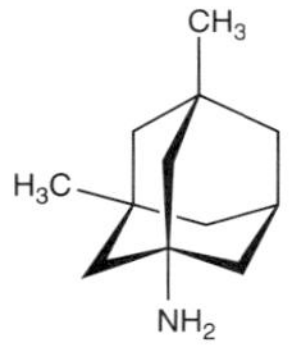

OS: *Memantine [BAN]*
OS: *Memantine [USAN]*
IS: *D 145*
IS: *DMAA*

Exiba® (Lundbeck: RO)

– hydrochloride:

OS: *Memantine hydrochloride BANM, USAN*
IS: *D 145*

Abixa® (Lundbeck: PH)
Akatinol Memantine® (Merz: DE, DO, GT, HN, PA, RU, SV)
Akatinol® (Darier: MX)
Akatinol® (Grupo Farma: CO)
Akatinol® (Merz: LU)
Akatinol® (Phoenix: AR)
Axura® (Andromaco: ES)
Axura® (Grünenthal: PT)
Axura® (Merz: AT, CH, DE, LU, NL, PL)
Carrier® (Casasco: AR)
Conexine® (Beta: AR)
Demax® (Abdi Ibrahim: TR)
Ebixa® (Healthcare Logistics: NZ)
Ebixa® (Lundbeck: AR, AT, AU, BE, CA, CH, CN, CZ, DE, DK, ES, FI, FR, GB, HK, HR, IE, IL, IS, IT, LU, MX, NL, NO, PL, PT, RS, SE, SG, SI, TH, TR)
Eutebrol® (Asofarma: MX)
Eutebrol® (Tecnofarma: CL)
Fentina® (LKM: AR)
Lucidex® (Bagó: AR)
Memax® (Labomed: CL)
Memox® (Unipharm: IL)
Merital® (Roemmers: AR)
Mimetix® (Drugtech-Recalcine: CL)
Namenda® (Forest: US)
Neuroplus® (Baliarda: AR)
Pronervon® (Ivax: AR)

Menadiol (BAN)

D: Menadiol

Vitamin K

CAS-Nr.: 0000481-85-6 — C_{11}-H_{10}-O_2, M_r 174.201

1,4-Naphthalenediol, 2-methyl-

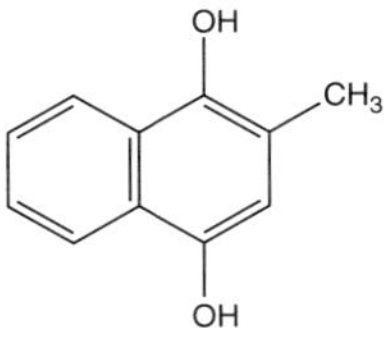

OS: *Menadiol [BAN, DCF]*
IS: *Vitamin K Analogue*
IS: *Vitamin K_4*

– di(sodium sulfate):

CAS-Nr.: 0001612-30-2
IS: *Mendiol natriumsulfat*

Menadiol Diphosphate® (Cambridge Laboratories: GB)
Vitamina K Ecar® (Ecar: CO)
Vitamina K Salf® (Salf: IT)

Menadione (BAN)

L: Menadionum
I: Menadione
D: Menadion
F: Ménadione

Vitamin K

ATC: B02BA02
CAS-Nr.: 0000058-27-5 — C_{11}-H_8-O_2, M_r 172.185

1,4-Naphthalenedione, 2-methyl-

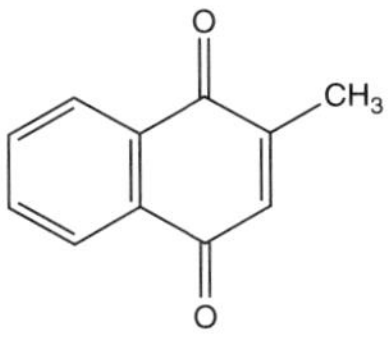

OS: *Menadione [BAN, DCF]*
IS: *K-Vimin*
IS: *Menaphthene*
IS: *Menaphtone*
IS: *Methylnaphtochinonum*
IS: *Vikasolum*
IS: *Vitamin K_3*
PH: Menadion [Ph. Eur. 5]
PH: Menadione [Ph. Eur. 5, USP 30]
PH: Menadionum [Ph. Eur. 5, Ph. Int. II]
PH: Ménadione [Ph. Eur. 5]

Izokappa® [vet.] (Izo: IT)
Kaergona® (Ern: ES)
Vitamin K® (Kimia: ID)

– sodium sulfonate:

CAS-Nr.: 0000130-37-0
IS: *Juva-K*
IS: *Menaphthone Sodium Bisulphite*
IS: *Natrium menadionsulfonicum*
IS: *Vikasolum (USSRP)*
PH: Menadione Sodium Bisulfite USP XX
PH: Menadioni Natrii Bisulfis Ph. Int. II
PH: Menadionum Natrium bisulfurosum 2.AB-DDR
PH: Natrium menadionsulfonicum Ph. Helv. VI

Equi Tourni-K® [vet.] (Alfasan: NL)
K-50® (Valeant: MX)
K-Pectyl® [vet.] (Ceva: FR)
Libavit K® (Liba: TR)
Mestil-Ka® (Fada: AR)
Vitamin K Atlantic® (Atlantic: TH)
Vitamin K Kimia® (Kimia: ID)
Vitamine K3 Vétoquinol® [vet.] (Vetoquinol: FR)

Menatetrenone (Rec.INN)

L: Menatetrenonum
D: Menatetrenon
F: Ménatétrénone
S: Menatetrenona

Vitamin K

CAS-Nr.: 0000863-61-6 — C_{31}-H_{40}-O_2, M_r 444.661

1,4-Naphthalenedione, 2-methyl-3-(3,7,11,15-tetramethyl-2,6,10,14-hexadecatetraenyl)-, (E,E,E)-

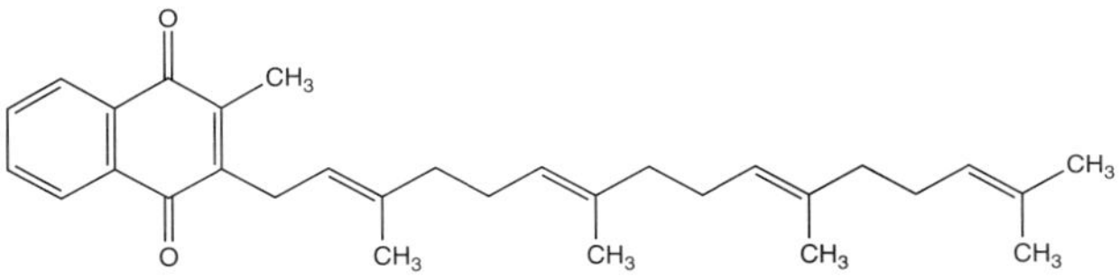

OS: *Menatetrenone [JAN, USAN]*
IS: *Ea 0167*
IS: *MK 4*
IS: *MQ 4*

Glakay® (Eisai: JP, TH, VN)
Kaytwo® (Eisai: ID, JP)

Menbutone (Rec.INN)

L: Menbutonum
I: Menbutone
D: Menbuton
F: Menbutone
S: Menbutona

Choleretic

CAS-Nr.: 0003562-99-0 — C_{15}-H_{14}-O_4, M_r 258.277

1-Naphthalenebutanoic acid, 4-methoxy-λ-oxo-

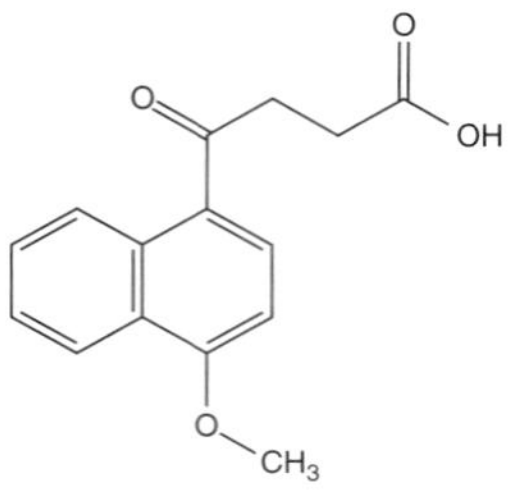

OS: *Menbutone [BAN, DCF, DCIT, USAN]*

Genabiline® [vet.] (Boehringer Ingelheim Santé Animale: FR)
Genabilin® [vet.] (Boehringer Ingelheim: IT)
Genabil® [vet.] (Boehrvet: DE)
Genebile® [vet.] (Boehringer Ingelheim: IE)

– diolamine:
OS: *Menbutone Diethanolamine BANM*

Genabil® [vet.] (Boehringer Ingelheim: CH)
Genabil® [vet.] (Boehringer Ingelheim Vetmedica: AT)

Menfegol (Rec.INN)

L: Menfegolum
D: Menfegol
F: Menfegol
S: Menfegol

Contraceptive, spermicidal agent

CAS-Nr.: 0057821-32-6 $(C_2\text{-}H_4\text{-}O)_n.C_{16}\text{-}H_{24}\text{-}O$

alfa-[p-(p-Menthyl)phenyl]-omega-hydroxy-poly(oxyethylene)

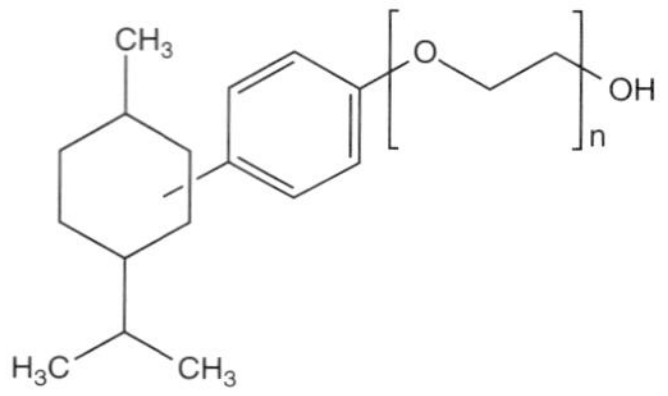

OS: *Menfegol [USAN]*
IS: *Menphegol*

Neo Sampoon® (Eisai: HK, JP, SG)

Menotropins (USAN)

I: Menotropina
D: Menotropin
F: Ménotropine

Extra pituitary gonadotropic hormone, FSH- and LH-like action (1:1)

CAS-Nr.: 0009002-68-0

Extract of human postmenopausal urine containing both follicle-stimulating hormone and luteinizing hormone

OS: *Menotrophin [BAN]*
OS: *Ménotropine [DCF]*
OS: *Gonadotropine hypophysaire [DCF]*
OS: *Menotropins [USAN]*
IS: *Gonadotropinum hypophysicum*
IS: *HMG*
IS: *HPMG*
IS: *Urogonadotropin*
IS: *Human Menopausal Gonadotrophins*
PH: Menotropin [DAB 1999]
PH: Menotropina [F.U. IX]
PH: Menotropins [USP 26]
PH: Menotropinum [OeAB]
PH: Menotrophin [BP 2002]

HMG Ferring® (Ferring: NL)
HMG Lepori® (Farma Lepori: ES)
Humegon® (Organon: AE, AT, AU, BH, CY, CZ, DE, EG, ET, GH, ID, IE, IQ, IR, IT, JO, KE, KW, LB, LK, LU, LY, NL, OM, PE, QA, SA, SD, SY, TZ, US, YE, ZM, ZW)
Menogon® (Ferring: AE, BH, CZ, DE, EG, GB, GR, HK, IL, IT, JO, KW, LB, NL, OM, PK, PT, QA, RO, SA, SG, SY, YE)
Menopur® (Ferring: AR, AT, BE, CH, CZ, DK, ES, FI, FR, GB, HK, HR, HU, IE, IL, IS, LU, LU, NL, NO, PL, RS, SE)
Menopur® (PharmaSwiss: SI)
Merapur® (Ferring: MX)
Merional® (Denfleet: GB)
Merional® (IBSA: CH, CZ, HU, RS)
Meropur® (Ferring: IT)
Pergonal® (Dipa: ID)
Pergonal® (Higiea: SI)
Pergonal® (Serono: AT, BE, BR, DE, ES, IT, LU, NL, PE, RU, US, ZA)
Pergonal® (Serum Institute: IN)
Pergonal® (Teva: IL)
Pregnorm® (Win-Medicare: IN)
Repronex® (Ferring: CA, NL)

Mepacrine (Rec.INN)

L: Mepacrinum
D: Mepacrin
F: Mépacrine
S: Mepacrina

Antiprotozoal agent, antimalarial

ATC: P01AX05
CAS-Nr.: 0000083-89-6 $C_{23}\text{-}H_{30}\text{-}Cl\text{-}N_3\text{-}O$
M_r 399.973

1,4-Pentanediamine, N4-(6-chloro-2-methoxy-9-acridinyl)-N1,N1-diethyl-

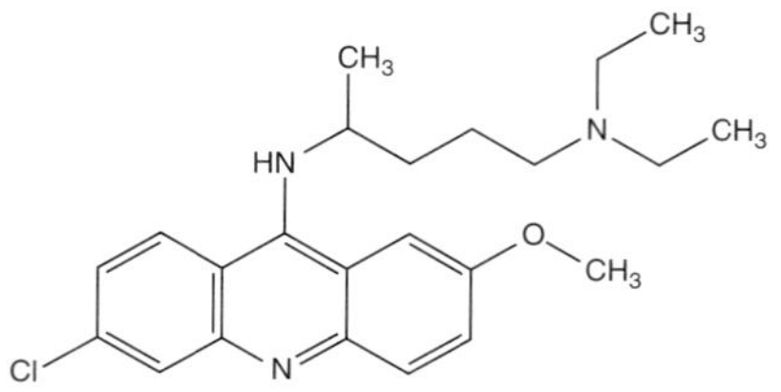

OS: *Mepacrine [BAN, DCF, USAN]*
IS: *Chinacrin*
IS: *Quinacrin*
IS: *RP 866*
IS: *SN 390*

– dihydrochloride:

CAS-Nr.: 0006151-30-0
OS: *Mepacrine Hydrochloride BANM*
OS: *Quinacrine Hydrochloride USAN*
IS: *Acrinaminum*
PH: Mepacrina cloridrato F.U. IX
PH: Mepacrine Hydrochloride BP 1980
PH: Mepacrinhydrochlorid DAB 8
PH: Mepacrini hydrochloridum Ph. Eur. I, Ph. Int. II
PH: Mepacrinium chloratum Ph. Helv. VI
PH: Mepacrinium dichloratum PhBs IV
PH: Mepacrinum hydrochloricum OeAB
PH: Quinacrine Hydrochloride USP XXII

Maladin® (Unicure: IN)

Mepartricin (Rec.INN)

L: Mepartricinum
I: Mepartricina
D: Mepartricin
F: Mépartricine
S: Mepartricina

⚕ Antifungal agent

ATC: A01AB16,D01AA06,G01AA09,G04CX03
CAS-Nr.: 0011121-32-7

Partricin, methyl ester

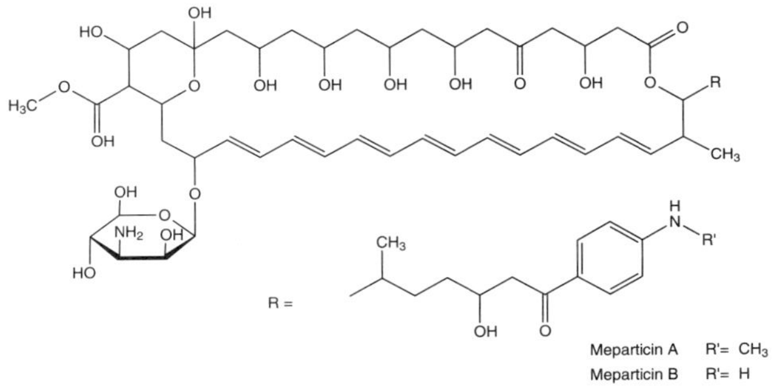

OS: *Mepartricin [BAN, USAN]*
OS: *Mépartricine [DCF]*
IS: *SN 654*
IS: *SPA-S 160*

Iperplasin® (CSC: AT)
Ipertrofan® (CSC: SI)
Ipertrofan® (Medicom: CZ)
Ipertrofan® (Prospa: PT)
Ipertrofan® (Societa Prodotti Antibiotici: PL)
Ipertrofan® (SPA: CZ, IT, RO)
Ipertrofan® (SPA - Societa prodotti antibiotici: RS)
Tricandil® (Grünenthal: BE, LU)
Tricandil® (Prospa: PT)
Tricandil® (SPA: IT)

Mepenzolate Bromide (Rec.INN)

L: Mepenzolati Bromidum
I: Mepenzolato bromuro
D: Mepenzolat bromid
F: Bromure de Mépenzolate
S: Bromuro de mepenzolato

⚕ Antispasmodic agent
⚕ Parasympatholytic agent

CAS-Nr.: 0000076-90-4 C_{21}-H_{26}-Br-N-O_3
M_r 420.349

Piperidinium, 3-[(hydroxydiphenylacetyl)oxy]-1,1-dimethyl-, bromide

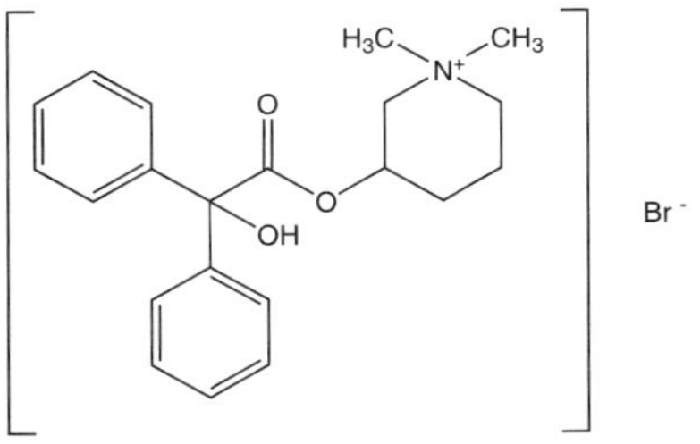

OS: *Mepenzolate Bromide [BAN, JAN, USAN]*
OS: *Mepenzolato bromuro [DCIT]*
IS: *JB 340*
IS: *Mepenzolonum*
PH: Mepenzolate Bromide [JP XIV, USP 23]

Cantil® (Nicholas: ID)
Cantil® (Sanofi-Aventis: US)
Eftoron® (Maruko: JP)
Trancolon P® (Fujisawa: JP)

Mephenesin (Rec.INN)

L: Mephenesinum
I: Mefenesina
D: Mephenesin
F: Méphénésine
S: Mefenesina

⚕ Muscle relaxant

ATC: M03BX06
CAS-Nr.: 0000059-47-2 C_{10}-H_{14}-O_3
M_r 182.222

1,2-Propanediol, 3-(2-methylphenoxy)-

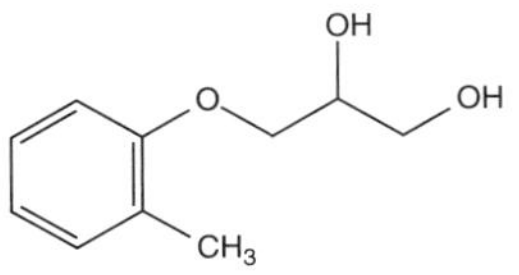

OS: *Mephenesin [BAN, USAN]*
OS: *Méphénésine [DCF]*
OS: *Mefenesina [DCIT]*
IS: *Cresoxydiol*
IS: *Cresoxypropandiol*
IS: *Glykresin*
IS: *Toloxypropandiol*
IS: *BDH 312*
IS: *RP 3602*
PH: Mefenesina [F.U. IX]
PH: Mephenesin [BPC 1979]

PH: Mephenesinum [2.AB-DDR, Ph. Jap. 1971]

Decontractyl® (Sanofi-Aventis: VN)
DoloVisano M® (Kade: DE)
Dorotyl® (Domesco: VN)
Décontractyl® (Sanofi-Aventis: FR)
Décontractyl® (Sanofi-Synthelabo: LU)

Mephenoxalone (Rec.INN)

L: Mephenoxalonum
D: Mephenoxalon
F: Méphénoxalone
S: Mefenoxalona

Muscle relaxant

ATC: N05BX01
CAS-Nr.: 0000070-07-5 C_{11}-H_{13}-N-O_4
M_r 223.235

2-Oxazolidinone, 5-[(2-methoxyphenoxy)methyl]-

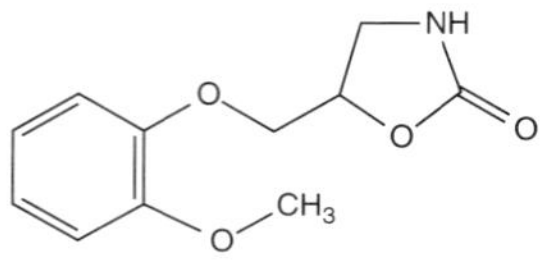

OS: *Méphénoxalone [DCF]*
OS: *Mephenoxalone [USAN]*
IS: *Moderamin*
IS: *AHR 233*
IS: *OM 518*

Dimexol® (Leciva: CZ)
Dorsiflex® (Lek: CZ, SI)
Dorsiflex® (Sandoz: TR)
Dorsiflex® (Will: NL)

Mephentermine (Rec.INN)

L: Mephenterminum
D: Mephentermin
F: Méphentermine
S: Mefentermina

Antihypotensive agent
Sympathomimetic agent

ATC: C01CA11
CAS-Nr.: 0000100-92-5 C_{11}-H_{17}-N
M_r 163.267

Benzeneethanamine, N,α,α-trimethyl-

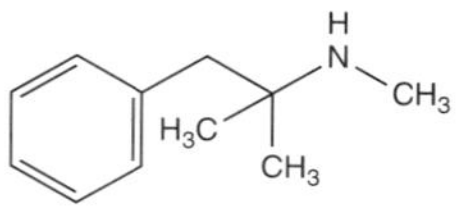

OS: *Mephentermine [BAN, DCF]*
IS: *Mephetedrine*

– sulfate:

CAS-Nr.: 0001212-72-2
OS: *Mephentermie Sulphate BANM*
OS: *Mephentermine Sulfate USAN*
PH: Mephentermine Sulfate BP 1973, USP 23

PH: Mephentermini sulfas Ph. Int. II

Mephentine® (Wyeth: IN)

Mephenytoin (Rec.INN)

L: Mephenytoinum
D: Mephenytoin
F: Méphénytoïne
S: Mefenitoina

Antiepileptic

ATC: N03AB04
CAS-Nr.: 0000050-12-4 C_{12}-H_{14}-N_2-O_2
M_r 218.264

2,4-Imidazolidinedione, 5-ethyl-3-methyl-5-phenyl-

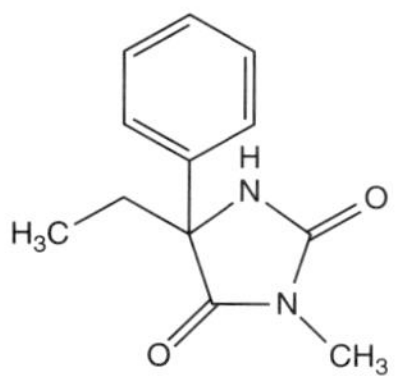

OS: *Mephenytoin [BAN, USAN]*
OS: *Méphénytoïne [DCF]*
OS: *Methoin [BAN]*
IS: *Insulton*
IS: *Methylphenetoin*
PH: Mephenytoin [USP 30]
PH: Mephenytoinum [PhBs IV]
PH: Methoin [BP 1973]
PH: Methyl-phenylaethylhydantoinum [OeAB]

Epilan Gerot® (Gerot: AT)
Epilan Gerot® (Horna: CZ)

Mepindolol (Rec.INN)

L: Mepindololum
I: Mepindololo
D: Mepindolol
F: Mépindolol
S: Mepindolol

β-Adrenergic blocking agent

ATC: C07AA14
CAS-Nr.: 0023694-81-7 C_{15}-H_{22}-N_2-O_2
M_r 262.361

2-Propanol, 1-[(1-methylethyl)amino]-3-[(2-methyl-1H-indol-4-yl)oxy]-

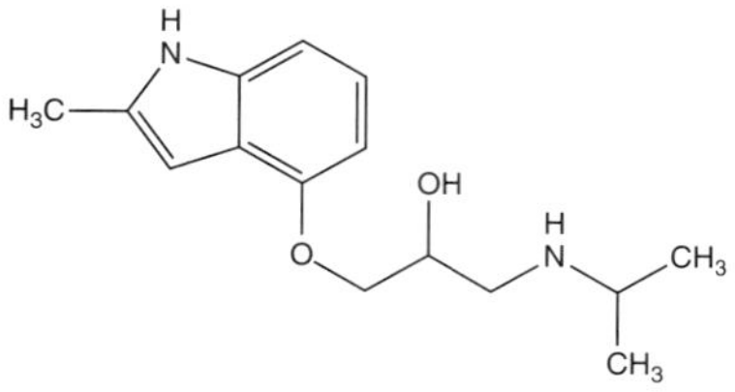

OS: *Mepindolol [BAN, USAN]*

– sulfate:

CAS-Nr.: 0056396-94-2

Corindolan® (Schering: DE)

Mepitiostane (Rec.INN)

L: Mepitiostanum
D: Mepitiostan
F: Mépitiostane
S: Mepitiostano

⚕ Antiestrogen

CAS-Nr.: 0021362-69-6 C_{25}-H_{40}-O_2-S
M_r 404.655

Androstane, 2,3-epithio-17-[(1-methoxycyclopentyl)oxy]-, (2α,3α,5α,17β)-

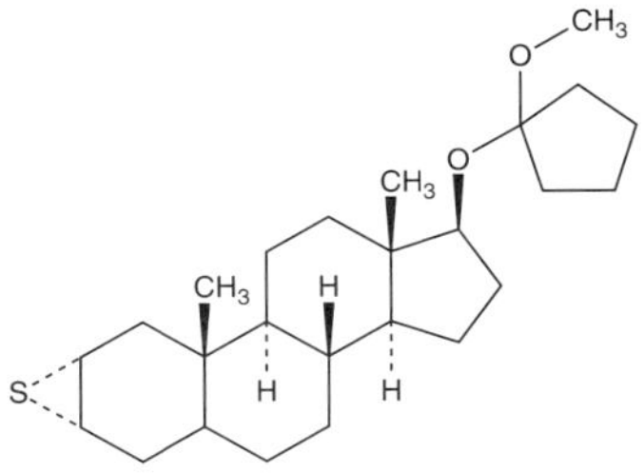

OS: *Mepitiostane [JAN, USAN]*
PH: Mepitiostane [JP XIV]

Thioderon® (Shionogi: JP)

Mepivacaine (Rec.INN)

L: Mepivacainum
I: Mepivacaina
D: Mepivacain
F: Mépivacaïne
S: Mepivacaina

⚕ Local anesthetic

ATC: N01BB03
CAS-Nr.: 0000096-88-8 C_{15}-H_{22}-N_2-O
M_r 246.361

2-Piperidinecarboxamide, N-(2,6-dimethylphenyl)-1-methyl-

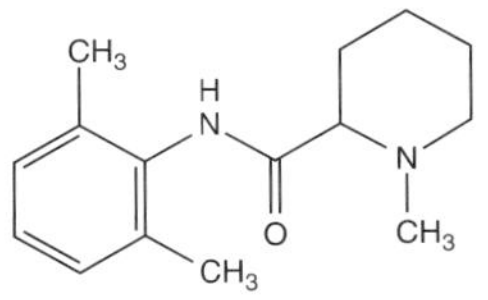

OS: *Mepivacaine [BAN, DCF]*
OS: *Mepivacaina [DCIT]*

Carboplyin Dental® (Dentsply: DK)

– hydrochloride:

CAS-Nr.: 0001722-62-9
OS: *Mepivacaine Hydrochloride BANM, JAN, USAN*
PH: Mepivacaine Hydrochloride Ph. Eur. 5, JP XIV, USP 30
PH: Mepivacaini hydrochloridum Ph. Eur. 5
PH: Mepivacainhydrochlorid Ph. Eur. 5
PH: Mépivacaïne (chlorhydrate de) Ph. Eur. 5

Carbocain Dental® (Dentsply: IS, NO)
Carbocaina® (AstraZeneca: IT)
Carbocaine® (Al Pharm: ZA)
Carbocaine® (AstraZeneca: AU, GE)
Carbocaine® (Farpasa: PE)
Carbocaine® (Hospira: CA, US)
Carbocaine® (Sanofi-Aventis: US)
Carbocain® (AstraZeneca: DK, IS)
Carbocain® (Dentsply: SE)
Carbocaïne® (AstraZeneca: FR)
Carbosen® (Galenica: IT)
Intra-Epicaine® [vet.] (Arnolds: GB)
Isocaine® (Novocol: US)
Isogaine® (Clarben: ES)
Lentocaine® (Unipharm: MX)
Meaverin® (DeltaSelect: DE)
Mecain® (DeltaSelect: DE)
Mepibil® (Biologici: IT)
Mepicaton® (Weimer: DE, TH)
Mepident® (Cosmo: IT)
Mepiforan® (Baxter: IT)
Mepigobbi® (Gobbi: AR)
Mepihexal® (Hexal: DE)
Mepinaest purum® (Gebro: AT)
Mepisolver® (Molteni: IT)
Mepisolver® (Solver: IT)
Mepivacain Sintetica® (Sintetica: CH)
Mepivacain-Injektopas® (Pascoe: DE)
Mepivacaina Angelini® (Angelini: IT)
Mepivacaina Braun® (Braun: ES, PT)
Mepivacaina Cabon® (Cabon-Denit: IT)
Mepivacaina Normon® (Normon: ES)
Mepivacaina Pulitzer® (Pulitzer: IT)
Mepivacaina Recordati® (Recordati: IT)
Mepivacaine DeltaSelect® (DeltaSelect: NL)
Mepivacaine HCl Braun® (Braun: NL)
Mepivacaine® [vet.] (Nature Vet: AU)
Mepivacaine® [vet.] (Vetpharm: NZ)
Mepivacain® [vet.] (Intervet: DE)
Mepivamol® (Molteni: IT)
Mepivastesin® (3M: CZ, DE, IL, RS)
Mepivastesin® (Espe: RO)
Mepivirgi® (Keryos: IT)
Optocain® (Molteni: IT, RO)
Pericaina® (Galenica: IT)
Polocaine® (AstraZeneca: US)
Scandicaine® (AstraZeneca: BE, LU, NL)
Scandicain® (AstraZeneca: AT, CH, DE)
Scandicain® (Dentsply: DE)
Scandicain® (ICN: US)
Scandinibsa® (Inibsa: ES, PT)
Scandonest 3% ohne Vasokonstriktor® (Austrodent: AT)
Scandonest 3% Plaine® (Septodont: RO)
Scandonest 3% senza vasocostrittore® (Septodont-F: IT)
Scandonest® (Austrodent: AT)
Scandonest® (Odontopharm: CH)
Scandonest® (Pharmodontal: NL)
Scandonest® (Sanolabor: SI)
Scandonest® (Septodont: AU, DK, NO)
Vetacaine® [vet.] (Ilium Veterinary Products: AU)

M

Meprednisone (Rec.INN)

L: Meprednisonum
D: Meprednison
F: Méprednisone
S: Meprednisona

⚕ Adrenal cortex hormone, glucocorticoid

ATC: H02AB15
CAS-Nr.: 0001247-42-3 C_{22}-H_{28}-O_5
M_r 372.466

Pregna-1,4-diene-3,11,20-trione, 17,21-dihydroxy-16-methyl-, (16β)-

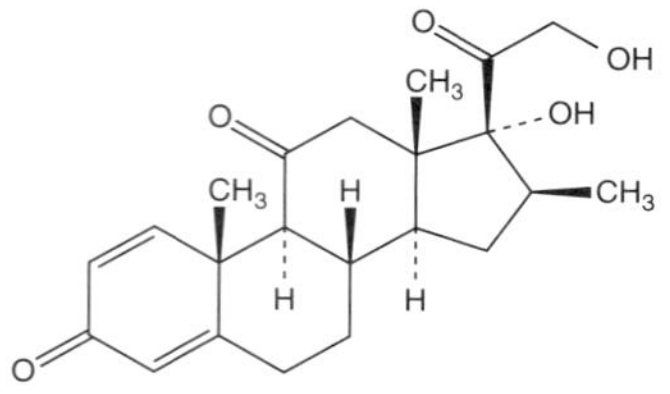

OS: *Meprednisone [DCF, USAN]*
PH: Meprednisone [USP 30]

Cortipyren® (Gador: AR)
Meprednisona All Pro® (All Pro: AR)
Meprednisona Richet® (Richet: AR)
Prednisonal® (Klonal: AR)
Rupesona® (Duncan: AR)

Meprobamate (Rec.INN)

L: Meprobamatum
I: Meprobamato
D: Meprobamat
F: Méprobamate
S: Meprobamato

⚕ Tranquilizer

ATC: N05BC01
CAS-Nr.: 0000057-53-4 C_9-H_{18}-N_2-O_4
M_r 218.263

1,3-Propanediol, 2-methyl-2-propyl-, dicarbamate

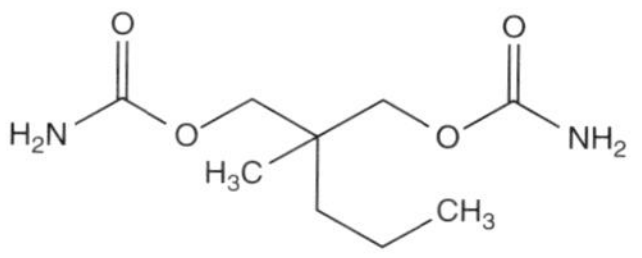

OS: *Meprobamate [BAN, DCF, JAN, USAN]*
OS: *Meprobamato [DCIT]*
IS: *Procalmadiol*
IS: *Procalmidol*
PH: Meprobamat [Ph. Eur. 5]
PH: Meprobamate [Ph. Eur. 5, USP 30]
PH: Meprobamatum [Ph. Eur. 5, Ph. Int. II,, Ph. Jap. 1971]
PH: Méprobamate [Ph. Eur. 5]

Andaxin® (Egis: HU)
Cyrpon® (Kolassa: AT)
Epikur® (Agepha: AT)
Equanil® (Akromed: ZA)
Equanil® (Sanofi-Aventis: FR)
Equanil® (Wyeth: AU, IE, US)
MB-Tab® (Alra: US)
Meprobamaat PCH® (Pharmachemie: NL)
Meprobamaat ratiopharm® (Ratiopharm: NL)
Meprobamat-Petrasch® (Petrasch: AT)
Meprobamat® (Genus: GB)
Meprobamat® (Zentiva: RO)
Meprodil® (Streuli: CH)
Mepro® (Rekah: IL)
Microbamat® (Sanochemia: AT)
Miltaun® (Altana: AT)
Miltown® (Medpointe: US)
Méprobamate Richard® (Richard: FR)
Pertranquil® (Aventis: LU)
Quanil® (Teofarma: IT)

Meptazinol (Rec.INN)

L: Meptazinolum
D: Meptazinol
F: Meptazinol
S: Meptazinol

⚕ Analgesic

CAS-Nr.: 0054340-58-8 C_{15}-H_{23}-N-O
M_r 233.359

Phenol, 3-(3-ethylhexahydro-1-methyl-1H-azepin-3-yl)-

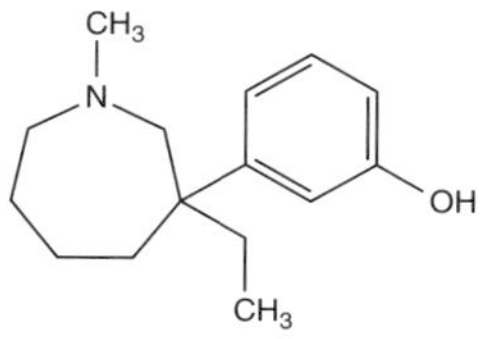

OS: *Meptazinol [BAN]*

– hydrochloride:

CAS-Nr.: 0059263-76-2
OS: *Meptazinol Hydrochloride BANM, USAN*
IS: *Wy 22811 (Wyeth, Germany)*
IS: *IL 22811*
PH: Meptazinol Hydrochloride BP 2002

Meptid® (Riemser: DE)
Meptid® (Shire: GB, IE)

Mepyramine (Rec.INN)

L: Mepyraminum
I: Mepiramina
D: Mepyramin
F: Mépyramine
S: Mepiramina

⚕ Antiallergic agent
⚕ Histamine, H_1-receptor antagonist

ATC: D04AA02,R06AC01
CAS-Nr.: 0000091-84-9 C_{17}-H_{23}-N_3-O
M_r 285.401

1,2-Ethanediamine, N-[(4-methoxyphenyl)methyl]-N',N'-dimethyl-N-2-pyridinyl-

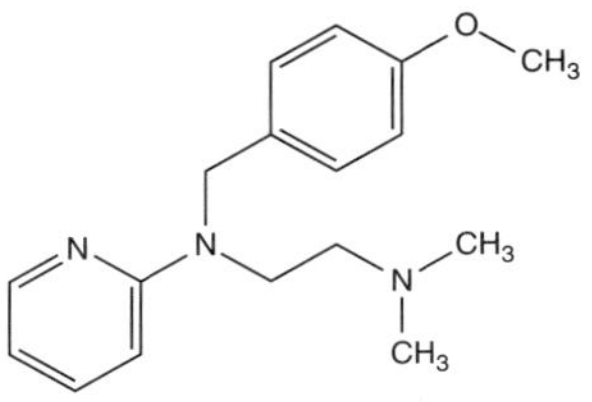

OS: *Mepyramine [BAN, DCF]*
OS: *Mepiramina [DCIT]*
IS: *Pyranisamine*
IS: *Pyrilamin*

- **maleate:**

CAS-Nr.: 0000059-33-6
OS: *Mepyramine Maleate BANM*
OS: *Pyrilamine Maleate USAN*
IS: *Mepyramon*
PH: Mépyramine (maléate de) Ph. Eur. 5
PH: Mepyramine Maleate Ph. Eur. 5
PH: Mepyraminhydrogenmaleat Ph. Eur. 5
PH: Mepyramini maleas Ph. Eur. 5, Ph. Int. II
PH: Pyrilamine Maleate USP 30

Anthisan® (Aventis: GH, KE, NG, NZ, UG, ZA, ZW)
Anthisan® (Sanofi-Aventis: BD, GB, HK, IE)
Antihistaminique® [vet.] (Wolfs: BE)
Antihist® (Merck Generics: ZA)
Bite & Sting Relief® (Boots: GB)
Mepyraderm® (Be-Tabs: ZA)
Mepyramin SAD® (SAD: DK)
Mepyramine Maleate-Fresenius® (Bodene: ZA)
Mepyrimal® (Al Pharm: ZA)

- **theophyllineacetate:**

CAS-Nr.: 0057383-74-1
IS: *Mepifilina*

Fluidasa® (Bioresearch: ES)
Fluidasa® (Mack: EC)

Mequinol (Rec.INN)

L: Mequinolum
D: Mequinol
F: Méquinol
S: Mequinol

Dermatological agent, demelanizing

ATC: D11AX06
CAS-Nr.: 0000150-76-5 C_7-H_8-O_2
M_r 124.141

Phenol, 4-methoxy-

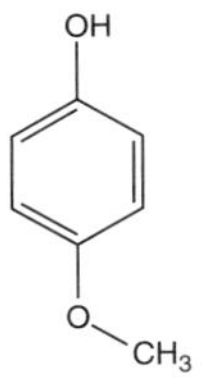

OS: *Méquinol [DCF]*
OS: *Mequinol [USAN]*
IS: *Mechinolum*
IS: *Paramethoxyphenol*
IS: *BMS 181158*

Any® (Homme de Fer: FR)
Leucobasal® (Germania: AT)
Leucodinine B® (CLS Pharma: BF, BJ, CF, CG, CI, CM, DZ, GA, GN, MR, NE, SN, TG, ZR)
Leucodinine B® (DB: FR)
Leucodin® (Darrow: BR)
Novo Dermoquinona® (Juventus: ES)
Novo Dermoquinona® (Llorente: ES)

Mequitazine (Rec.INN)

L: Mequitazinum
I: Mequitazina
D: Mequitazin
F: Méquitazine
S: Mequitazina

Histamine, H_1-receptor antagonist
Sedative

ATC: R06AD07
CAS-Nr.: 0029216-28-2 C_{20}-H_{22}-N_2-S
M_r 322.476

10H-Phenothiazine, 10-(1-azabicyclo[2.2.2]oct-3-ylmethyl)-

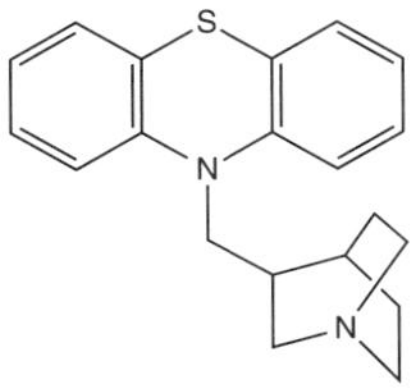

OS: *Mequitazine [BAN, DCF, JAN, USAN]*
OS: *Mequitazina [DCIT]*
IS: *LM 209*
IS: *10-(3-Quinuclidinylmethyl)phenothiazine (WHO)*

metaplexan® (Pierre Fabre: DE)
Mircol® (Medilab: ES)
Nipolazin® (Shoji: JP)
Primalan® (PF: LU)
Primalan® (Pierre Fabre: AR, AR, BF, BJ, CF, CG, CI, CM, DZ, FR, GA, GN, IT, MG, ML, MR, NE, PT, RO, RU, SN, TD, TG, ZR)
Primalan® (Pierre-Fabre: MX)
Primasone® (Aventis: BR)
Quitadrill® (PF: LU)
Quitadrill® (Pierre Fabre: FR)

Merbromin (Rec.INN)

L: Merbrominum
I: Merbromina
D: Merbromin
F: Merbromine
S: Merbromina

Antiseptic
Desinfectant

CAS-Nr.: 0000129-16-8 C_{20}-H_8-Br_2-Hg-Na_2-O_6
M_r 750.654

Mercury, (2',7'-dibromo-3',6'-dihydroxy-3-oxospiro[isobenzofuran-1(3H),9'-[9H]xanthen]-4'-yl)hydroxy-, disodium salt

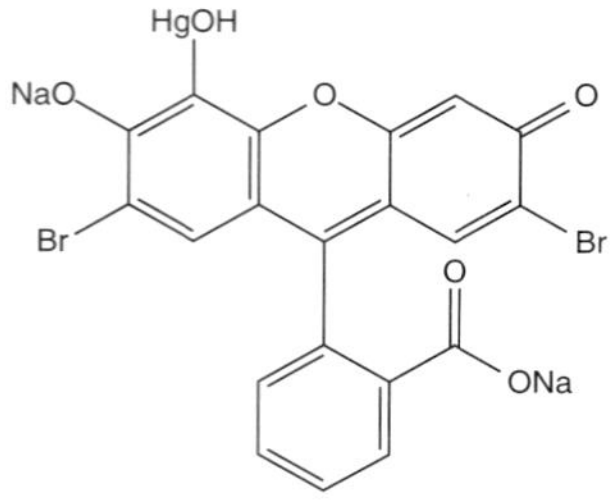

OS: *Merbromine [DCF, USAN]*
OS: *Merbromina [DCIT]*
IS: *Mercurochrome*
IS: *Mercurescein-natrium*
IS: *Dibrom-oxymercuri-fluoresceinnatrium*
IS: *Merbromina sodica*
IS: *Merbrominum dinatricum*
IS: *Mercuresceine sodique*
PH: Merbrominum [2.AB-DDR]
PH: Mercurochrome [JP XIV]
PH: Merbrominum natricum [Ph. H. VII]
PH: Merbromine sodique [Ph. Franç. X]

Aseptochrome® (Eurogenerics: LU)
Cinfacromin® (Cinfa: ES)
Cromer Orto® (Normon: ES)
Medichrom® (Qualiphar: BE, LU)
Merbromina Calver® (Pentafarm: ES)
Merbromina Serra® (Serra Pamies: ES)
Merbromina® (AFOM: IT)
Merbromina® (Boots: IT)
Merbromina® (Dynacren: IT)
Merbromina® (Farmacologico: IT)
Merbromina® (Giovanardi: IT)
Merbromina® (Lachifarma: IT)
Merbromina® (Marco Viti: IT)
Merbromina® (New.Fa.dem.: IT, IT)
Merbromina® (Nova Argentia: IT)
Merbromina® (Ogna: IT)
Merbromina® (Olcelli: IT)
Merbromina® (Polifarma: IT)
Merbromina® (Ramini: IT)
Merbromina® (Sella: IT)
Merbromina® (Zeta: IT)
Merbromin® (Oro: TR)
Mercromina Lainco® (Lainco: ES)
Mercromina Mini® (Lainco: ES)
Mercurin® (Monik: ES)
Mercurobromo Spyfarma® (Spyfarma: ES)
Mercurochrome® (Medgenix: BE)
Mercurochrome® (Orion: AU)
Mercurocromo Betamadrileno® (Betamadrileño: ES)
Mercurocromo Maxfarma® (Maxfarma: ES)
Mercurocromo Neusc® (Neusc: ES)
Mercurocromo P Gimenez® (Perez Gimenez: ES)
Mercurocromo Viviar® (Viviar: ES)
Mercutina Brota® (Escaned: ES)
Mercutina® (Escaned: ES)
Mersol® (Merkez: TR)
Pharmadose® (Gilbert: FR)
Super Cromer Orto® (Normon: ES)

Mercaptamine (Rec.INN)

L: Mercaptaminum
D: Mercaptamin
F: Mercaptamine
S: Mercaptamina

Antidote

ATC: A16AA04
CAS-Nr.: 0000060-23-1 C_2-H_7-N-S
M_r 77.148

Ethanethiol, 2-amino-

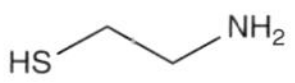

OS: *Cysteamine [USAN, BAN]*
OS: *Mercaptamine [BAN, DCF]*
IS: *L 1573*
IS: *MEA*
IS: *NSC 21116*
IS: *1573 L*

– bitartrate:

IS: *Cysteamine bitartrate*

Cystagon® (Mylan: US)
Cystagon® (Orphan: AT, AU, BE, DE, DK, ES, FR, GB, LU, NL, PL, SE)
Cystagon® (Orphan Europe: IT)
Cystagon® (Swedish Orphan: FI)

Mercaptopurine (Rec.INN)

L: Mercaptopurinum
I: Mercaptopurina
D: Mercaptopurin
F: Mercaptopurine
S: Mercaptopurina

Antineoplastic, antimetabolite

ATC: L01BB02
CAS-Nr.: 0000050-44-2 C_5-H_4-N_4-S
M_r 152.187

6H-Purine-6-thione, 1,7-dihydro-

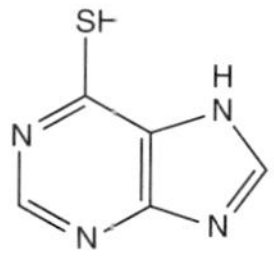

OS: *Mercaptopurine [BAN, DCF, JAN, USAN]*

OS: *Mercaptopurina [DCIT]*
IS: *6-MP*
IS: *6-Purinethiol (WHO)*
IS: *6(1H)-Purinthion*
PH: Mercaptopurin [Ph. Eur. 5]
PH: Mercaptopurine [JP XIV, Ph. Eur. 5, Ph. Int. 4, USP 30]
PH: Mercaptopurinum [Ph. Eur. 5, Ph. Int. 4]

Empurine® (Dabur: PH, TH)
Mercaptopurina Filaxis® (Filaxis: AR)
Mercaptopurina GSK® (GlaxoSmithKline: ES)
Mercaptopurina® (Bestpharma: CL)
Mercaptopurina® (Refasa: PE)
Mercaptopurine® (Mylan: US)
Mercaptopurine® (Prometheus: US)
Mercaptopurine® (Roxane: US)
Mercaptopurinum® (Vis: PL)
Mercaptopurin® (Atafarm: TR)
Puri-Nethol® (GlaxoSmithKline: AE, AG, AN, AT, AU, AW, BB, BD, BE, BG, BH, BR, CH, CZ, DE, GB, GD, GE, GY, HK, IL, IN, IR, IS, JM, KW, LC, LU, NL, NO, NZ, OM, QA, RO, RU, SE, SG, SI, TH, TR, TT, VC, ZA)
Puri-Nethol® (Wellcome: IE)
Puri-Nethol® [vet.] (GlaxoSmithKline: GB)
Purinethol® (GlaxoSmithKline: AR, CL, MX, PH)
Purinethol® (Novopharm: CA)
Purinethol® (Teva: US)
Purinethol® (Wellcome-GB: IT)
Purinéthol® (GlaxoSmithKline: FR)
Varimer® (Varifarma: AR)

Meropenem (Rec.INN)

L: Meropenemum
D: Meropenem
F: Meropenem
S: Meropenem

Antibiotic, beta-lactam

ATC: J01DH02
CAS-Nr.: 0096036-03-2 C_{17}-H_{25}-N_3-O_5-S
M_r 383.477

(4R-5S,6S)-3-[[(3S,5S)-5-(Dimethylcarbamoyl)-3-pyrrolidinyl]thio]-6-[(1R)-1-hydroxyethyl]-4-methyl-7-oxo-1-azabicyclo[3.2.0]hept-2-ene-2-carboxylic acid

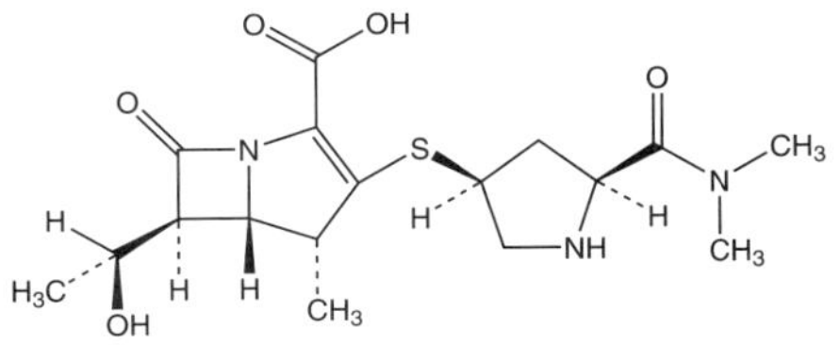

OS: *Meropenem [BAN, USAN]*
IS: *ICI 194660*
IS: *SM 7338*

Fada Meropenem® (Fada: AR)
Meroefectil® (Northia: AR)
Meronem® (AstraZeneca: AE, AG, AN, AW, BA, BG, BH, BM, BS, BZ, CR, CY, DO, EG, ES, ET, GB, GD, GH, GT, GY, HN, HR, HT, ID, IE, IL, IN, IQ, JM, JO, KE, KW, LB, LC, LK, LU, LY, MT, MW, MY, MZ, NG, NI, OM, PA, PE, QA, RS, SA, SD, SR, SV, SY, TT, TZ, UG, VC, YE, ZM, ZW)
Meronem® (Grünenthal: DE)
Meropenem Richet® (Richet: AR)
Zeropenem® (Sanofi-Aventis: AR)

– trihydrate:
CAS-Nr.: 0119478-56-7
OS: *Meropenem USAN*
PH: Meropenem USP 30

Mepem® (Dainippon: CN)
Meronem® (ACI: BD)
Meronem® (AstraZeneca: BE, BR, CH, CL, CO, CZ, DE, DK, EC, FI, GB, GE, HK, HU, ID, IS, NL, NO, PH, PL, PT, RO, RU, SE, SG, SI, TH, TR, ZA)
Meronem® (Cana: GR)
Meropen® (Sumitomo: JP)
Merrem® (AstraZeneca: AU, CA, GE, IT, MX, NZ, US)
Optinem® (AstraZeneca: AT)

Mesalazine (Rec.INN)

L: Mesalazinum
I: Mesalazina
D: Mesalazin
F: Mésalazine
S: Mesalazina

Antiinflammatory agent
Gastrointestinal agent

ATC: A07EC02
CAS-Nr.: 0000089-57-6 C_7-H_7-N-O_3
M_r 153.143

Benzoic acid, 5-amino-2-hydroxy-

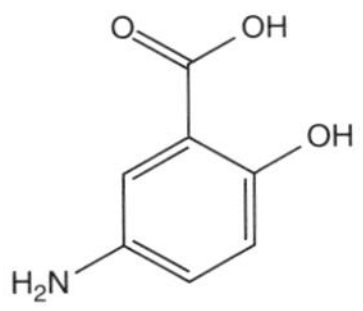

OS: *Mesalamine [USAN]*
OS: *Mesalazine [BAN]*
OS: *Mésalazine [DCF]*
OS: *Mesalazina [DCIT]*
IS: *5-Aminosalicylic acid (WHO)*
IS: *5-ASA*
IS: *Acidum metaminosalicylicum*
IS: *Fisalamine (VO)*
IS: *MAS*
PH: Mesalamine [USP 30]
PH: Mesalazine [Ph. Eur. 5, BP 2003]

5-ASA® (Dominguez: AR)
5-ASA® (Slaviamed: RS)
Asacolitin® (Meduna: DE)
Asacolon® (Plough: CO)
Asacolon® (Tillotts: IE)
Asacol® (Altana: BE, LU, MX, NL)
Asacol® (Aventis: ZA)
Asacol® (Baxter: NZ)
Asacol® (Biofarma: TR)
Asacol® (Faran: GR)
Asacol® (Giuliani: IT)

Asacol® (Kéri: HU)
Asacol® (Leiras: FI)
Asacol® (Lek: HR, RS, SI)
Asacol® (Medimport: CZ)
Asacol® (Procter & Gamble: CA, GB, US)
Asacol® (Sanofi-Aventis: CH)
Asacol® (Schering: DK, IS, NO, SE)
Asacol® (Tillots: TH)
Asacol® (Tillotts: IL, SG)
Asacol® (Vitoria: PT)
Asacol® [vet.] (Procter & Gamble Animals: GB)
Asalazin Medichrom® (Medichrom: GR)
Asalex® (Chiesi: IT)
Asalit® (Merck: BR)
Asamax® (Astellas: IT, PL)
Asamax® (Yamanouchi: NL)
Asavixin® (Madaus: IT)
Asazine® (Tillotts: CH)
Bufexan® (Sandoz: AR)
Canasa® (Axcan: US)
Claversal® (Altana: PT)
Claversal® (Faes: ES)
Claversal® (GlaxoSmithKline: IT, LU, NL)
Claversal® (Merck: AT)
Claversal® (Merckle: DE)
Claversal® (Tramedico: BE, LU)
Colitan® (GlaxoSmithKline: PL)
Colitofalk Granu-Box® (Falk: LU)
Colitofalk® (Codali: BE, LU)
Colitofalk® (Falk: LU)
Crohnezine® (Lamda: GR)
Ectospasmol® (Rafarm: GR)
Empenox® (Demo: GR)
Enteraproct® (Crinos: IT)
Enterasin® (Crinos: IT)
Etiasa® (Beaufour Ipsen: CN)
Favorat® (Chrispa: GR)
Fivasa® (Norgine: FR)
Huma-Col-Asa® (Teva: HU)
Ipocol® (Sandoz: GB)
Ipocol® [vet.] (Sandoz: GB)
Jucolon® (Anpharm: PL)
Laboxantryl® (Chrispa: GR)
Lextrasa® (Prodotti Dott. Maffioli: IT)
Lialda® (Shire: US)
Lixacol® (Faes: ES)
Mesacol® (Altana: BR)
Mesacol® (Sun: IN)
Mesaflor® (So.Se.: IT)
Mesalamine® (Clay-Park: US)
Mesalamine® (Teva: US)
Mesalazina Dorom® (Dorom: IT)
Mesalazina Pliva® (Pliva: IT)
Mesalazina Sandoz® (Sandoz: IT)
Mesalazina Tad® (TAD: IT)
Mesalazina Teva® (Teva: IT)
Mesalazina Union Health® (Union Health: IT)
Mesalazina-ratiopharm® (Ratiopharm: IT)
Mesalazine Alpharma® (Alpharma: NL)
Mesalazine Disphar® (Disphar: NL)
Mesalazine Gf® (Genfarma: NL)
Mesalazine PCH® (Pharmachemie: NL)
Mesalazine Pharmathen® (Pharmathen: GR)
Mesalazine Sandoz® (Sandoz: NL)
Mesalazine Teva® (Teva: BE)
Mesalazine Zikidis® (Biospray: GR)
Mesalazinum® (Tramedico: NL)
Mesalazyna® (Farmina: PL)
Mesalazyna® (Farmjug: PL)
Mesasal® (GlaxoSmithKline: AU, CA)
Mesasal® (Sanofi-Aventis: NO, SE)
Mesasal® (Sanofi-Synthelabo: DK, IS)
Mesazin® (Vifor: CH)
Mesren® (Teva: GB)
Novo-ASA® (Novopharm: CA)
Pentacol® (Sofar: IT)
Pentasa® (Altana: BA, HR)
Pentasa® (Eureco: NL)
Pentasa® (Eurim: AT)
Pentasa® (Euro: NL)
Pentasa® (Ferring: AE, AR, AT, AU, BE, BH, CA, CH, CL, CN, CZ, DE, DK, EG, ES, FI, FR, GB, HK, HU, IE, IL, IQ, IS, IT, JO, KW, LB, LU, MX, MY, NL, NO, OM, PH, PL, QA, SA, SE, SG, SY, ZA)
Pentasa® (Ferring A/S: SI)
Pentasa® (Gerolymatos: GR)
Pentasa® (Medcor: NL)
Pentasa® (Pharmaco: NZ)
Pentasa® (Shire: US)
Plimage® (Pliva: IT)
Prozylex® (Norma: GR)
Quota® (Abbott: IT)
Rafassal® (Rafa: IL)
Rowasa® (Solvay: FR, US)
Salofalk® (ARIS: TR)
Salofalk® (Axcan: CA)
Salofalk® (Biotoscana: CL, CO, PE)
Salofalk® (Cevallos: AR)
Salofalk® (Darya-Varia: ID)
Salofalk® (Dr Falk: IE)
Salofalk® (Dr. Fisher: NL)
Salofalk® (EU-Pharma: NL)
Salofalk® (Eureco: NL)
Salofalk® (Euro: NL)
Salofalk® (Evopharma: BG)
Salofalk® (Falk: AT, BA, CN, CZ, DE, EC, ES, GB, HK, HR, HU, MY, NL, PH, PL, PT, RO, RS, SG, TH)
Salofalk® (Farmasa: MX)
Salofalk® (Galenica: GR)
Salofalk® (Meda: FI, SE)
Salofalk® (Medcor: NL)
Salofalk® (Merck: AT)
Salofalk® (Novartis: PH)
Salofalk® (Orphan: AU)
Salofalk® (Salus: SI)
Salofalk® (Tramedico: NL)
Salofalk® (Vifor: CH)
Salozinal® (Pro.Med: CZ)
Samezil® (Krka: BA)
Samezil® (KRKA: RU)
Samezil® (Krka: SI)
Suprimal® (Temis-Lostalo: AR)
Xalazina® (HLB: AR)
Xalazin® (Astellas: HU)
Yolecol® (Altana: AR)

Mesna (Rec.INN)

L: Mesnum
I: Mesna
D: Mesna
F: Mesna
S: Mesna

Mucolytic agent

ATC: R05CB05,V03AF01
CAS-Nr.: 0019767-45-4 C_2-H_5-Na-O_3-S_2
M_r 164.172

Ethanesulfonic acid, 2-mercapto-, monosodium salt

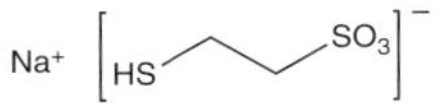

OS: *Mesna [BAN, DCF, DCIT, USAN]*
IS: *Sodium 2-mercaptoethanesulfonate (WHO)*
IS: *Asta D 7093 (Asta, Germany)*
IS: *UCB 3983 (UCB)*
PH: Mesna [Ph. Eur. 5]

Anti-Uron® (Pliva: PL)
Delinar® (Teva: AR)
Mescryo® (Cryopharma: MX)
Mesna Biocrom® (Biocrom: AR)
Mesna Delta® (Delta Farma: AR)
Mesna Filaxis® (Filaxis: AR)
Mesna Microsules® (Microsules: AR)
Mesna Richmond® (Richmond: AR)
Mesna Rontag® (Rontag: AR)
MESNA-cell® (cell pharm: DE)
Mesna® (Abraxis: US)
Mesna® (Biocrom: PE)
Mesna® (Eurofarma: BR)
Mesna® (Pharmaceutical Partners of Canada: CA)
Mesna® (Richmond: PE)
Mesna® (Tecnofarma: CL)
Mesnex® (Bristol-Myers Squibb: US)
Mesnil® (Asofarma: MX)
Mesnil® (Zodiac: BR)
Mestian® (LKM: AR)
Mexan® (Teva: IL)
Mistabronco® (UCB: DE)
Mistabron® (GlaxoSmithKline: PL)
Mistabron® (UCB: AT, BE, CZ, LU, NL, PH, SG, TH, ZA)
Mitexan® (ASTA Medica: BR)
Mucofluid® (Sanofi-Pasteur: CL)
Mucofluid® (UCB: DE, ES, FR, IT, PL)
Neper® (Ivax: AR, PE)
Novacarel® [inj.] (Schein: PE)
Uromitan® (Eczacibasi Baxter: TR)
Uromitexan® (ASTA Medica: AE, BH, CY, EG, IE, IQ, JO, KW, LB, LY, OM, QA, SA, SD, SY, YE)
Uromitexan® (Aventis: ZA)
Uromitexan® (Baxter: AU, BE, CA, CH, CL, CZ, DK, FI, FR, GB, GR, HK, HR, HU, ID, IS, LU, NL, NO, NZ, PH, PL, RO, SE, SI, TH, VN)
Uromitexan® (Baxter Oncology: DE, SG)
Uromitexan® (Baxter Oncology-D: IT)
Uromitexan® (Baxter Vertrieb: AT)
Uromitexan® (Eczacibasi Baxter: TR)
Uromitexan® (German Remedies: IN)
Uromitexan® (Merck Genericos: ES)
Uromitexan® (Sanofi-Aventis: BD)
Uromitexan® (Temmler: CZ)
Uromitexan® (Temmler Pharma: RO)
Uroprot® (Chile: CL)
Varimesna® (Varifarma: AR)

Mesoridazine (Rec.INN)

L: Mesoridazinum
D: Mesoridazin
F: Mésoridazine
S: Mesoridazina

Neuroleptic

ATC: N05AC03
CAS-Nr.: 0005588-33-0 C_{21}-H_{26}-N_2-O-S_2
M_r 386.579

10H-Phenothiazine, 10-[2-(1-methyl-2-piperidinyl)ethyl]-2-(methylsulfinyl)-

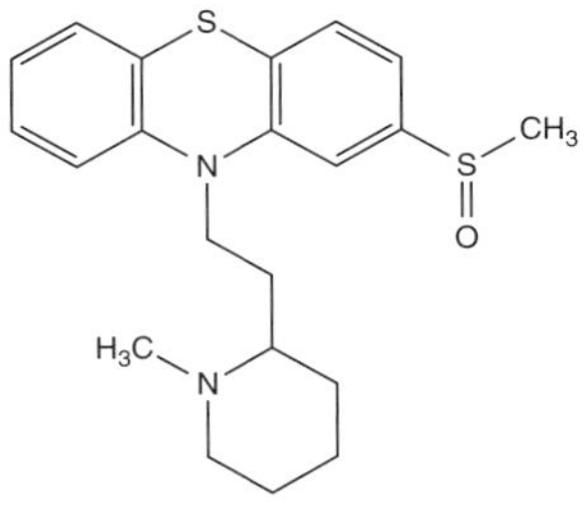

OS: *Mesoridazine [BAN, DCF, USAN]*
IS: *NC 123*
IS: *TPS 23*

– besilate:

CAS-Nr.: 0032672-69-8
IS: *Mesoridazine benzenesulfonate*
PH: Mesoridazine Besylate USP 30

Serentil® (Boehringer Ingelheim: US)

– mesilate:

IS: *Mesoridazine methylsulfonate*

Lidanil® (Novartis: TR)

Mesterolone (Rec.INN)

L: Mesterolonum
I: Mesterolone
D: Mesterolon
F: Mestérolone
S: Mesterolona

Androgen
Anabolic

ATC: G03BB01
CAS-Nr.: 0001424-00-6 C_{20}-H_{32}-O_2
M_r 304.476

M

Androstan-3-one, 17-hydroxy-1-methyl-, (1α,5α,17β)-

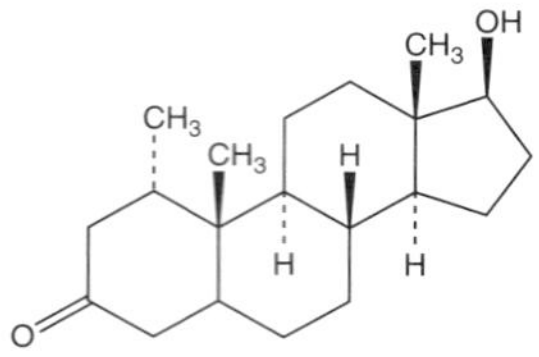

OS: *Mesterolone [BAN, DCF, DCIT, USAN]*
IS: *SH 723 (Schering, Germany)*
IS: *SH 60723*
PH: Mesterolone [Ph. Eur. 5]
PH: Mesterolonum [Ph. Eur. 5]
PH: Mesterolon [Ph. Eur. 5]
PH: Mestérolone [Ph. Eur. 5]

Infelon® (Sanbe: ID)
Pro-Viron® (Schering: GB)
Pro-Viron® [vet.] (Schering-Plough Veterinary: GB)
Provironum® (German Remedies: IN)
Provironum® (Schering: SG, TH, VN)
Proviron® (Schering: AT, AU, BE, BF, BJ, BR, CF, CG, CI, CL, CM, CO, CZ, DE, DZ, EC, ES, GA, GB, GR, HU, ID, IL, IT, LK, LU, MG, ML, MR, MU, MX, NE, NL, PE, PH, PL, PT, RS, SN, TD, TG, TR, ZA)

Mestranol (Rec.INN)

L: Mestranolum
I: Mestranolo
D: Mestranol
F: Mestranol
S: Mestranol

Estrogen

CAS-Nr.: 0000072-33-3 C_{21}-H_{26}-O_2
M_r 310.439

19-Norpregna-1,3,5(10)-trien-20-yn-17-ol, 3-methoxy-, (17α)-

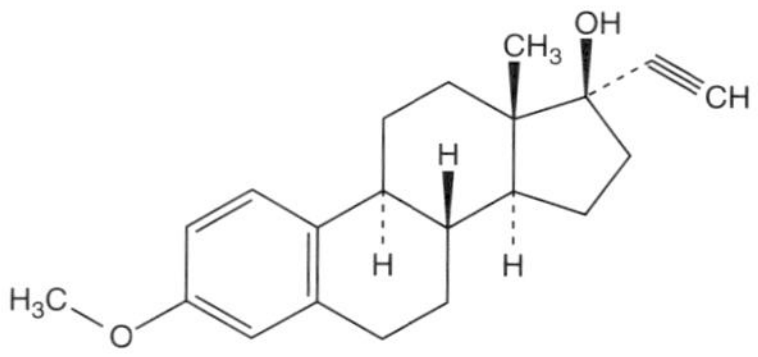

OS: *Mestranol [BAN, DCF, USAN]*
OS: *Mestranolo [DCIT]*
IS: *EEME*
IS: *CB 8027*
PH: Mestranol [Ph. Eur. 5, JP XIV, USP 30]
PH: Mestranolum [Ph. Eur. 5]
PH: Mestranolo [Ph. Eur. 5]

Biofim® (União: BR)

Mesulfen (Prop.INN)

L: Mesulfenum
I: Mesulfen
D: Mesulfen
F: Mésulfène
S: Mesulfeno

Insecticide
Scabicide

ATC: D10AB05,P03AA03
CAS-Nr.: 0000135-58-0 C_{14}-H_{12}-S_2
M_r 244.37

Thianthrene, 2,7-dimethyl-

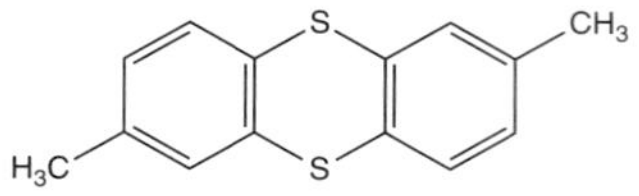

OS: *Mesulphen [BAN]*
OS: *Mésulfène [DCF]*
OS: *Mesulfen [DCIT, USAN]*
IS: *Cutilen*
IS: *Dimethyldiphenylene disulfide*
IS: *Mitigal (Bayer)*
IS: *Thiantholum*
PH: Mesulphenum [OeAB]

Anacar® [vet.] (Teknofarma: IT)
Citemul S® (Medopharm: DE)
Mycotox® [vet.] (Pharmalabor: CH)
Soufrol® (Gebro: CH)

Mesuximide (Rec.INN)

L: Mesuximidum
D: Mesuximid
F: Mésuximide
S: Mesuximida

Antiepileptic

ATC: N03AD03
CAS-Nr.: 0000077-41-8 C_{12}-H_{13}-N-O_2
M_r 203.246

2,5-Pyrrolidinedione, 1,3-dimethyl-3-phenyl-

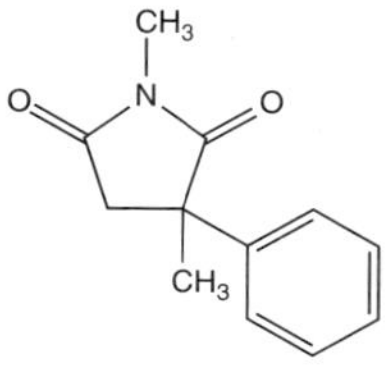

OS: *Mesuximide [BAN]*
OS: *Methsuximide [BAN, USAN]*
PH: Methsuximide [USP 30]

Celontin® (Erfa: CA)
Celontin® (Pfizer: NL, US)
Petinutin® (Interchemia: CZ)
Petinutin® (Parke Davis: DE)
Petinutin® (Pfizer: AT, CH)

Metacycline (Prop.INN)

L: Metacyclinum
I: Metaciclina
D: Metacyclin
F: Métacycline
S: Metaciclina

Antibiotic, tetracycline

ATC: J01AA05
CAS-Nr.: 0000914-00-1 — C_{22}-H_{22}-N_2-O_8, M_r 442.438

2-Naphthacenecarboxamide, 4-(dimethylamino)-1,4,4a,5,5a,6,11,12a-octahydro-3,5,10,12,12a-pentahydroxy-6-methylene-1,11-dioxo-, [4S-(4α,4aα,5α,5aα,12aα)]-

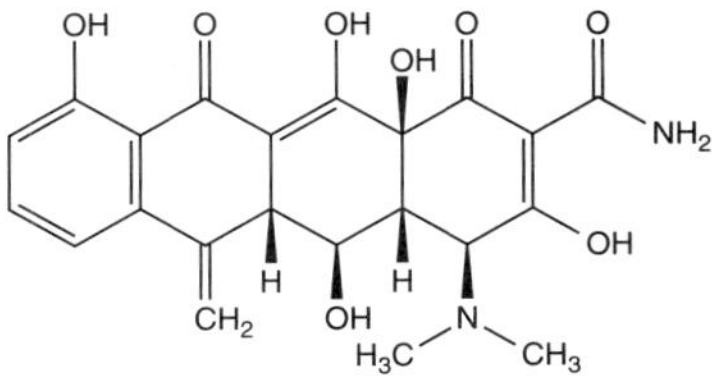

OS: *Methacycline [BAN, USAN]*
OS: *Méthylènecycline [DCF]*
OS: *Metaciclina [DCIT]*
IS: *GS 2876*
IS: *5-Hydroxy-6-methylen-6-desoxy-6-demethyl-tetracyclin*
PH: Methacyclinum [Ph. Nord.]

Fisiomicin® (Profarma: PE)
Metaciklin® (GMP: GE)
Methacyclin® (Actavis: GE)

– hydrochloride:

CAS-Nr.: 0003963-95-9
OS: *Methacycline Hydrochloride BANM*
PH: Methacycline Hydrochloride BP 1973, USP 30

Esarondil® (Terapeutico: IT)
Lysocline® (Teofarma: FR)
Physiomycine® (Zambon: FR)
Rondomycin® (Alkaloid: HR)
Rotilen® (Terapeutico: IT)
Stafilon® (AGIPS: IT)

Metadoxine

I: Metadoxina
D: Metadoxin

Hepatic protectant

ATC: N07BB
CAS-Nr.: 0074536-44-0 — C_{13}-H_{18}-N_2-O_6, M_r 298.3

L-Proline, 5-oxo-, compd. with 5-hydroxy-6-methylpyridine-3,4-dimethanol (1:1)

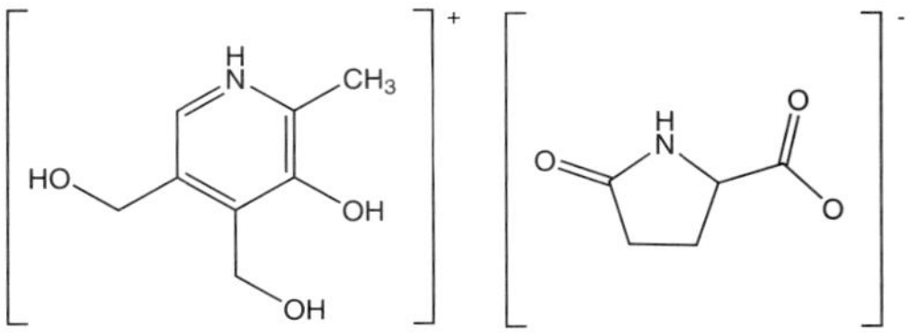

IS: *Pyridoxine pyrrolidonecarboxylate*

Abrixone® (Eurodrug: MX)
Metadoxil® (Baldacci: IT, PT)
Metadoxil® (CSC: RU)
Metadoxil® (Eurodrug: HU, TH)
Metadoxil® (Euroetika: CO)

Metamfetamine (Rec.INN)

L: Metamfetaminum
I: Metamfetamina
D: Metamfetamin
F: Métamfétamine
S: Metanfetamina

Antihypotensive agent
Sympathomimetic agent
Psychostimulant

ATC: N06BA03
CAS-Nr.: 0000537-46-2 — C_{10}-H_{15}-N, M_r 149.24

Benzeneethanamine, N,α-dimethyl-, (S)-

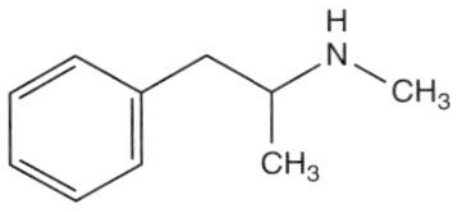

OS: *Méthamphétamine [DCF]*
OS: *Metamfetamina [DCIT]*
IS: *BP 81*
IS: *Desoxyephedrine*
IS: *F 914*
IS: *Methylamphetamine*

– hydrochloride:

CAS-Nr.: 0000051-57-0
OS: *Methamphetamine Hydrochloride JAN, USAN*
IS: *DOE*
IS: *Phenylmethylaminopropanhydrochlorid*
PH: Metamfetaminhydrochlorid DAB 1999
PH: Methamphetamine Hydrochloride JP XIV, USP 30
PH: Methamphetamini hydrochloridum Ph. Helv. 8, Ph. Int. II
PH: Methylamphetamine Hydrochloride BP 1973
PH: Phenylmethylaminopropanum hydrochloricum OeAB

Cidrin® (Abbott: CL)
Desoxyn® (Abbott: US)

Metamizole

L: Metamizolum
D: Metamizol
F: Métamizole
S: Metamizol

Analgesic
Antipyretic

ATC: N02BB02
ATCvet: QN02BB02
CAS-Nr.: 0050567-35-6 C_{13}-H_{17}-N_3-O_4-S
M_r 311.36

Methanesulfonic acid, [(2,3-dihydro-1,5-dimethyl-3-oxo-2-phenyl-1H-pyrazol-4-yl)methylamino]

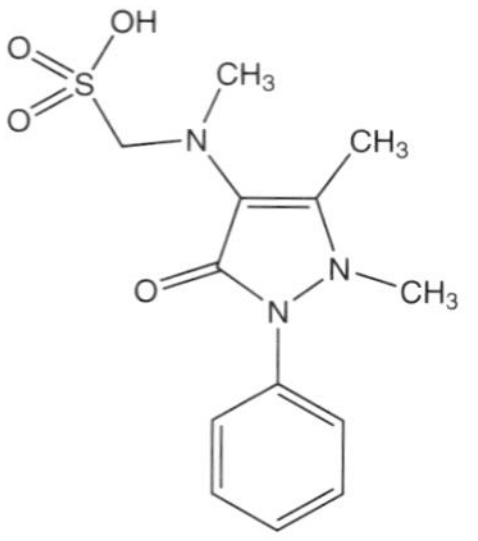

OS: *Noramidopyrine [DCF]*
IS: *Noramidopyrinium-methansulfonsäure*
IS: *Methylmelubrin*

Alginodia® (Elvetium: PE)
Alkagin® (Alkaloid: HR)
Andolor® (I.E. Ulagay: TR)
Antalgina® (Sanitas: PE)
Centagin® (Pharmasant: TH)
Danantizol® (Gador: AR)
Dipirona Biocrom® (Biocrom: AR)
Dipirona Drawer® (Drawer: AR)
Dipirona Klonal® (Klonal: AR)
Dipirona Larjan® (Veinfar: AR)
Dipirona Magnesica® (Pentacoop: CO)
Dipirona Richmond® (Richmond: AR)
Dipirona® (Luper: BR)
Dipirona® (Quimioterapica: BR)
Ditral® (Austral: AR)
Dolemicin® (Gayoso: ES)
Fada Dipirona® (Fada: AR)
Fenalgina® (Medco: PE)
Integrobe® (Northia: AR)
Kno-Paine® (Continental-Pharm: TH)
Medalgin® (Medicine Supply: TH)
Novalgine® [vet.] (Hoechst Animal Health: BE)
Optalgin® (Inibsa: ES)
Optalgin® (Teva: IL)
Phanalgin® (Rekah: IL)
Pharamgin® (Pharmasant: TH)
Promalgen-N® (Cipa: PE)
Repriman N® (Alfa: PE)
V-Talgin® (Vitamed: IL)
Vetalgina® [vet.] (Hoechst Vet: PT)

– magnesium salt:

CAS-Nr.: 0006150-97-6
IS: *Metamizol hemimagnesium*

Algi Mabo® (Mabo: ES)
Citdolal® (Ciclum: ES)
Dimagil® (Mediproducts: GT)
Dioxadol® (Montpellier: AR)
Dipirona Evergin® (Eversil: BR)
Dipirona Magnesica® (Blaskov: CO)
Dolocalma® (Neves: PT)
Lasain® (Inibsa: ES)
Lisalgil® (Boehringer Ingelheim: AR, PE)
Magnopyrol® (Abbott: BR)
Magnopyrol® (Britania: PE)
Magnopyrol® (Farmasa: BR)
Magnopyrol® (Siegfried: MX)
Metamizol Cuve® (Perez Gimenez: ES)
Metamizol Normon® (Normon: ES)
Nolotil® (Boehringer Ingelheim: ES, PT)
Nolotil® (Europharma: ES)
Somalgyl® (Paill: BZ, HN, SV)
Toloxin® (Pharmacia: BR)

– sodium salt:

CAS-Nr.: 0000068-89-3
OS: *Noramidopyrine methanesulfonate sodique DCF*
OS: *Dipyrone BAN, USAN*
OS: *Sulpyrine JAN*
IS: *Methylmelubrin*
IS: *Novaminsulfon*
IS: *Novamidazophen*
IS: *Noramidopyrinmethansulfonat-Natrium, wasserfrei*
IS: *Analginum*
IS: *Noramidopirinometanosulfonato sodico*
IS: *Sulpyrinum*

Adepiron® (Adeka: TR)
Algocalmin® (Zentiva: RO)
Algon® (Fort Dodge: IT)
Algopyrin® (Sanofi-Aventis: HU)
Algoremin® (Remedia: RO)
Algozone® (Ozone Laboratories: HU, RO)
Alindor® (Laropharm: RO)
Analgin „Biomeda“® (Biomeda: BG)
Analgin-Darnitsa® (Darnitsa: GE)
Analgine® (Sterop: BE)
Analgin® (Alkaloid: BA, RS, SI)
Analgin® (Balkanpharma: BG)
Analgin® (Batfarma: GE)
Analgin® (Biopharm: GE)
Analgin® (Biostimulator: GE)
Analgin® (Europharm: RO)
Analgin® (Halychpharm: GE)
Analgin® (medphano: DE)
Analgin® (Pliva: BA, HR)
Analgin® (Sopharma: BG, GE)
Analgin® (Srbolek: RS)
Analgit® (Finlay: HN)
Analgopyrin® (Unipharm: BG)
Antalgin Corsa® (Corsa: ID)
Antalgin Hexpharm® (Hexpharm: ID)
Antalgin Indo Farma® (Indofarma: ID)
Antalgin Soho® (Soho: ID)
Antrain® (Interbat: ID)
Baralgin M® (Aventis: HR, SI)
Baralgin M® (Aventis Pharma: ID)
Baralgin M® (GlaxoSmithKline: BR)
Baralgin M® (Jugoremedija: RS)

Baralgin M® (Sanofi-Aventis: GE, RU)
Berlosin® (Berlin-Chemie: DE)
Bosalgin® (Bosnalijek: BA)
Buscapina® (Boehringer Ingelheim: AR, ES)
Calmagine® [vet.] (Vetoquinol: FR)
Chosalgan-S® [vet.] (Alvetra: DE)
Conmel® (Recalcine: CL)
Conmel® (Sanofi-Aventis: MX)
Conmel® (Sanofi-Synthelabo: BR, CO)
Cornalgin® (Corsa: ID)
Dalmasin® (Ferring: MX)
Deparon® (Great Eastern: TH)
Deparon® (Westmont: TH)
Devaljin® (Deva: TR)
Dipifarma® (Lacofarma: DO)
Dipigrand® (Ahimsa: AR)
Dipirona Ecar® (Ecar: CO)
Dipirona Sodica® (Climax: BR)
Dipirona Sodica® (Lab. Ducto: BR)
Dipirona Sodica® (Lab. Neo Quím.: BR)
Dipirona® (Ophalac: CO)
Dipirone® (Mayne: IT)
Dipyralgine® [vet.] (Intervet: FR)
Dolaren® (Vijosa: GT, PA, SV)
Dolazon® [vet.] (Gräub: CH)
Dolgesic® (Pharmalat: GT)
Dolizol® (Unipharm: MX)
Dolrad® (Librapharm: EC)
Dorpinon® (Ariston: BR)
Farlin® (Continentales: MX)
Farmolisina® [vet.] (Vetem: IT)
Findor® (Climax: BR)
Foragin® (Mugi: ID)
Fytogin® (Phyto: ID)
Genergin® (GDH: TH)
Geralgine-M® (Münir Sahin: TR)
IMA Dipirona® (IMA: BR)
Inalgon® (Fresenius: AT)
Invoigin® (Chew Brothers: TH)
Lom-Dipirona® (Osorio de Moraes: BR)
Magnol® (Atlantis: MX)
Maxiliv® (Aché: BR)
Messelfenil® (Biomep: MX)
Metamisol EEL® (Bio EEL: RO)
Metamizol Sodico L.Ch.® (Chile: CL)
Metamizol Sodico® (Biosano: CL)
Metamizol Sodico® (Pasteur: CL)
Metamizol Sodico® (Valma: CL)
Metapyrin® [vet.] (Serumber: DE)
Methamizol® (Vramed: BG)
Metilon® (Daiichi: JP)
Minalgin® (Streuli: CH)
Minalgin® [vet.] (Streuli: CH)
Neo Melubrina® (Aventis: ES)
Neo-Melubrina® (Sanofi-Aventis: MX)
Nevralgin® (Pharmaplant: RO)
Nisolpin® (Fluter: DO)
Nivagin® (TP Drug: TH)
Nogesic® (Koçak: TR)
Novacler® (Monserrat: AR)
Novakom-S® (Nobel: TR)
Novalgetol® (Galenika: RS)
Novasul® [vet.] (Richter: AT)
Novemina® (Lazar: AR)
Novocalmin® (Antibiotice: RO)
Olan-Gin® (Olan-Kemed: TH)
Panalgorin® (Pannonpharma: HU)
Panstop® (Armoxindo: ID)
Pirandall® (Randall: MX)
Prodolina® (Boehringer Ingelheim: MX)
Pyrahexal® (Hexal: PL)
Pyralginum® (GlaxoSmithKline: PL)
Pyralginum® (Polpharma: PL)
Pyralgin® (Polpharma: PL)
Pyronal® (Tanabe: ID)
Rapidon® (Mecosin: ID)
Ronalgin® (Dexa Medica: ID)
Scanalgin® (Tempo: ID)
Seskaljin® (SSK: TR)
Sintocalmin® (Sintofarm: RO)
Spasmin® [vet.] (Stricker: CH)
Unagen® (United Americans: ID)
Unibios Simple® (Fabra: AR)
Veraljin® (Radyum: TR)
Vetalgin® [vet.] (Intervet: AT, IT, LU, NL, NO, SE)
Vetalgin® [vet.] (Veterinaria: CH)
Westepiron® (Bruluart: MX)

– sodium salt monohydrate:

CAS-Nr.: 0005907-38-0
OS: *Dipyrone BAN, USAN*
IS: *Dimethylaminophenazonsulfonsaures Natrium*
IS: *Metamizolo sodico*
IS: *Noramidopyrinmethansulfonat-Natrium-1-Wasser*
IS: *NSC 73205*
IS: *Dipirona*
PH: Metamizol Sodium Ph. Eur. 5
PH: Metamizol-Natrium Ph. Eur. 5
PH: Métamizol sodique Ph. Eur. 5
PH: Sulpyrine JP XIV
PH: Dipyrone USAN

Anador® (Boehringer Ingelheim: BR)
Analgesil® (Kinder: BR)
Baralgina M® (Aventis: CR, DO, GT, HN, NI, PA, SV)
Baralgina M® (Sanofi-Aventis: CL)
Berlosin® (Berlin-Chemie: DE)
Dipirona® (Cimed: BR)
Dipirona® (Geyer: BR)
Dipirona® (Osorio de Moraes: BR)
Dipyrone® [vet.] (Vedco: US)
Dolofur® (Ivax: MX)
Febrilone® (Ethical: DO)
Kafalgin® (Sanli: TR)
Lisalgil® (Boehringer Ingelheim: CO, PE)
Metalgin® (Hexal: DE)
Metamizol Hexal® (Hexal: DE)
Metamizol Sodico Monohidrato® (Mintlab: CL)
Metamizol Sodico Monohidrato® (Sanderson: CL)
Metamizol Sodico® (Bestpharma: CL)
Metamizol Sodico® (Farmo Andina: PE)
Metamizol-1A Pharma® (1A Pharma: DE)
Metamizol-Puren® (Alpharma: DE)
Metamizol® (Britania: PE)
Metamizol® [vet.] (Ceva: DE)
Metamizol® [vet.] (WDT: DE)
Neo-Melubrina® (Aventis: CR, DO, GT, HN, NI, PA, SV)
Nopain® (Krewel: DE)
Novacen® [vet.] (CP: DE)

M

Novalgina® (Aventis: CO, CR, DO, EC, GT, HN, IT, NI, PA, PE, SV)
Novalgina® (Sanofi-Aventis: AR, BR)
Novalgine® (Aventis: LU)
Novalgine® (Sanofi-Aventis: BE, FR)
Novalgin® (Aventis: AT, CZ, IN, TH)
Novalgin® (Aventis Pharma: ID)
Novalgin® (Sanofi-Aventis: BD, CH, DE, IL, NL, RO, TR)
Novaminsulfon Lichtenstein® (Winthrop: DE)
Novaminsulfon-ratiopharm® (ratiopharm: DE)
Novaminsulfon-Sandoz® (Sandoz: DE)
Novo-Plan® (Aroma: TR)
Novopyrine® (Osel: TR)
Optalgin® (Teva: IL)
Panalgin® (Colliere: PE)
Vetalgin® [vet.] (Intervet: DE)

Metampicillin (Rec.INN)

L: Metampicillinum
D: Metampicillin
F: Métampicilline
S: Metampicilina

Antibiotic, penicillin, broad-spectrum
Antibiotic, penicillin, penicillinase-sensitive

ATC: J01CA14
CAS-Nr.: 0006489-97-0 C_{17}-H_{19}-N_3-O_4-S
M_r 361.429

4-Thia-1-azabicyclo[3.2.0]heptane-2-carboxylic acid, 3,3-dimethyl-6-[[(methyleneamino)phenylacetyl]amino]-7-oxo-, [2S-[2α,5α,6β(S*)]]-

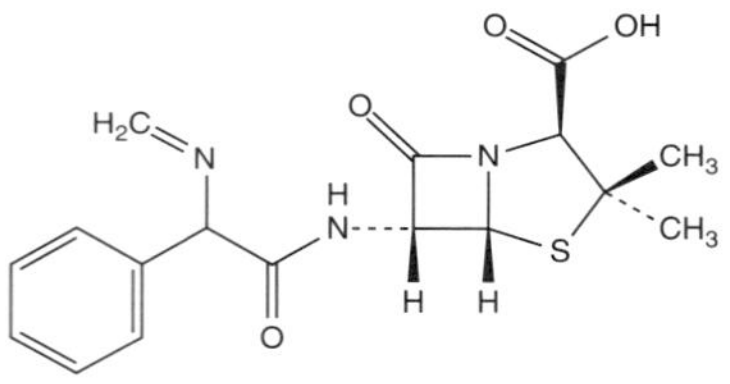

OS: *Métampicilline [DCF]*
OS: *Metampicillin [USAN]*

- sodium salt:

CAS-Nr.: 0006489-61-8

Serfabiotic® (Serra Pamies: ES)

Metandienone (Prop.INN)

L: Metandienonum
D: Metandienon
F: Métandiénone
S: Metandienona

Anabolic

ATC: A14AA03,D11AE01
CAS-Nr.: 0000072-63-9 C_{20}-H_{28}-O_2
M_r 300.444

Androsta-1,4-dien-3-one, 17-hydroxy-17-methyl-, (17β)-

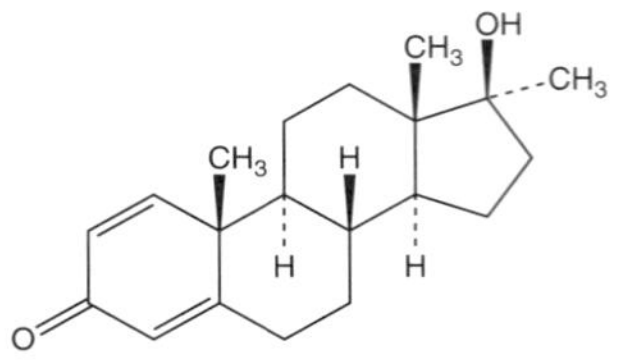

OS: *Methandienone [BAN]*
OS: *Métandiénone [DCF]*
OS: *Methandrostenolone [USAN]*
IS: *Dehydromethyltestosterone*
IS: *Perabol*
IS: *Ciba 17309-Ba (Ciba)*
IS: *TMV 17*
IS: *Methandrostenolone*
PH: Metandienonum [PhBs IV]
PH: Methandienone [BP 1980]
PH: Methandrostenolone [USP XXIII]

Anabolex® (Ethical: DO)
Anabol® (British Dispensary: TH)
Melic® (Pharmasant: TH)
Metanabol® (Jelfa: PL)
Naposin® (Terapia: RO)

Metaraminol (Rec.INN)

L: Metaraminolum
I: Metaraminolo
D: Metaraminol
F: Métaraminol
S: Metaraminol

Antihypotensive agent
α-Sympathomimetic agent

ATC: C01CA09
CAS-Nr.: 0000054-49-9 C_9-H_{13}-N-O_2
M_r 167.213

Benzenemethanol, α-(1-aminoethyl)-3-hydroxy-, [R-(R*,S*)]-

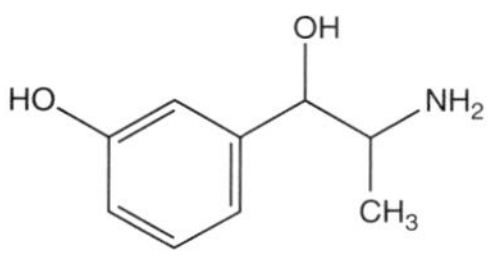

OS: *Metaraminol [BAN, DCF]*
OS: *Metaraminolo [DCIT]*

- tartrate:

CAS-Nr.: 0033402-03-8
OS: *Metaraminol Tartrate BANM*
OS: *Metaraminol Bitartrate JAN, USAN*
IS: *Metaradrine bitartrate*
PH: Metaraminol Bitartrate USP 30
PH: Metaraminol Tartrate BP 2002

Aramine® (Merck: US)
Aramine® (Merck Sharp & Dohme: AU, CZ, LU, NL, TH)
Aramin® (Cristália: BR)
Fadamine® (Fada: AR)
Hexal Metaraminol® (Hexal: AU)

Metaraminol Gemepe® (Gemepe: AR)
Metaraminol Richet® (Richet: AR)

Metaxalone (Rec.INN)

L: Metaxalonum
D: Metaxalon
F: Métaxalone
S: Metaxalona

Muscle relaxant

CAS-Nr.: 0001665-48-1 C_{12}-H_{15}-N-O_3
M_r 221.262

2-Oxazolidinone, 5-[(3,5-dimethylphenoxy)methyl]-

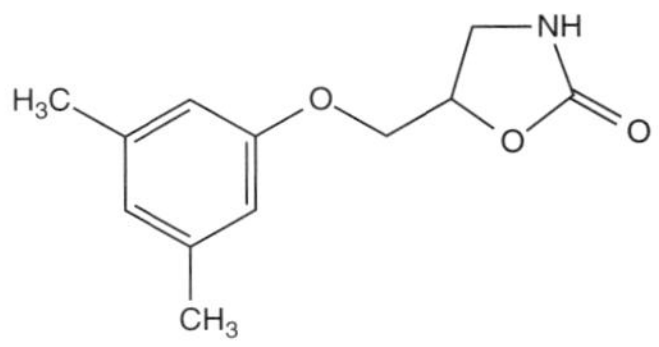

OS: *Metaxalone [BAN, USAN]*
IS: *AHR 438 (Robins, USA)*

Skelaxin® (King: US)

Metenolone (Rec.INN)

L: Metenolonum
I: Metenolone
D: Metenolon
F: Méténolone
S: Metenolona

Anabolic

ATC: A14AA04
CAS-Nr.: 0000153-00-4 C_{20}-H_{30}-O_2
M_r 302.46

Androst-1-en-3-one, 17-hydroxy-1-methyl-, (5α,17β)-

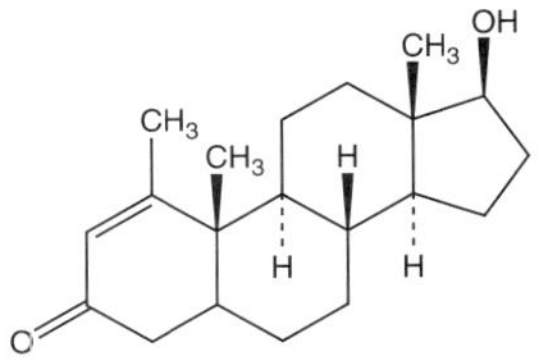

OS: *Metenolone [BAN]*
OS: *Méténolone [DCF]*
OS: *Metenolone [DCIT]*
OS: *Methenolone [BAN]*
IS: *Methylandrostenolone*

– 17β-acetate:

CAS-Nr.: 0000434-05-9
OS: *Methenolone Acetate USAN*
OS: *Metenolone Acetate BANM*
IS: *SH 567*
IS: *SQ 16 496 (Squibb, USA)*
PH: Metenolone Acetate JP XIV

Primobolan S® (Schering: DE, NL, ZA)

– 17β-enantate:

CAS-Nr.: 0000303-42-4
OS: *Methenolone Enanthate USAN*
IS: *Metenolone heptanoate*
IS: *NSC 64967*
IS: *SQ 16 374 (Squibb, USA)*
IS: *SH 601*
PH: Metenolone Enanthate JP XIV

Primobolan Depot® [inj.] (Schering: AT, AU, DE, ES, IT, LU, TR)

Metergoline (Rec.INN)

L: Metergolinum
I: Metergolina
D: Metergolin
F: Métergoline
S: Metergolina

Serotonin antagonist

Vasodilator

ATC: G02CB05
CAS-Nr.: 0017692-51-2 C_{25}-H_{29}-N_3-O_2
M_r 403.537

Carbamic acid, [[(8β)-1,6-dimethylergolin-8-yl]methyl]-, phenylmethyl ester

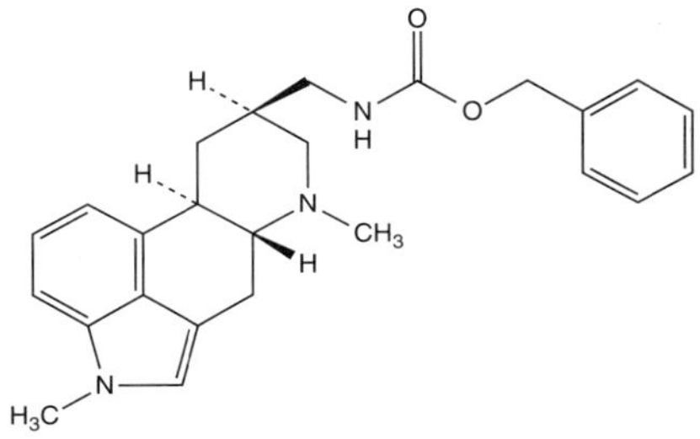

OS: *Metergoline [BAN, USAN]*
OS: *Métergoline [DCF]*
OS: *Metergolina [DCIT]*
IS: *Metergolinum*

Contralac® [vet.] (Virbac: AU, BE, CH, DE, FR, IT, LU, NL, PT)
Liserdol® (Pharmacia: IT)
Liserdol® (Teofarma: DE)

Metformin (Rec.INN)

L: Metforminum
I: Metformina
D: Metformin
F: Metformine
S: Metformina

Antidiabetic agent

ATC: A10BA02
CAS-Nr.: 0000657-24-9 C_4-H_{11}-N_5
M_r 129.182

Imidodicarbonimidic diamide, N,N-dimethyl-

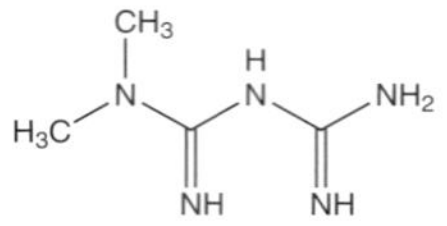

OS: *Metformin [BAN, USAN]*
OS: *Metformine [DCF]*
OS: *Metformina [DCIT]*
IS: *Dimethylbiguanid*
IS: *LA 6023*

Aglumet® (Probiomed: MX)
Aglurab® (Medis: BA, SI)
Aglurab® (Weifa: HR)
Anglucid® (Collins: MX)
Bagomet® (Bago: RU)
Clormin® (Farmoquimica: DO)
Diabetformin® (Aventis: PE)
Diafase® (Ampharco: VN)
Diaphage® (United Pharmaceutical: AE, BH, IQ, JO, LY, OM, QA, SA, SD, YE)
Diguan® (Sicomed: RO)
Dipimet® (Antibiotice: RO)
Forminhasan® (Hasan: VN)
Glifage® (Merck: BR)
Glucofage® (Merck: EC)
Glucofine® (Domesco: VN)
Glucomerck® (Merck: HR)
Gluco® (Masa Lab: TH)
Glutabloc® (Umeda: TH)
Islotin® (Craveri: AR)
Medifor® (Okasa Pharma: RO)
Metfodiab® (Actavis: GE)
Metforal® (Menarini: EC)
Metformdoc® (Docpharm: DE)
Metformin Accedo® (Accedo: DE)
Metformin Alpharma ApS® (Alpharma: SG)
Metformin LPH® (Labormed Pharma: RO)
Metformin-biomo® (biomo: DE)
Metformin-Teva® (Teva: CZ)
Metformin-Zentiva® (Zentiva: CZ)
Metformina Dosa® (Dosa: AR)
Metformina MK® (MK: CO)
Metformina Northia® (Northia: AR)
Metformine HCl Merck® (Merck Generics: NL)
Metformin® (Srbolek: RS)
Methpica® (Tropica: ID)
Predial® (Silanes: MX)

- **4-chlorophenoxyacetate:**

- **embonate:**

IS: *Metformine 4,4'-methylenebis(3-hydroxy-2-naphthoate)*
IS: *Metformine pamoate*

Stagid® (Merck Lipha Santé: FR)

- **hydrochloride:**

CAS-Nr.: 0001115-70-4
OS: *Metformin Hydrochloride BANM, JAN, USAN*
IS: *Diabefagos*
IS: *Dimethylbiguanide hydrochloride*
IS: *Haurymellin*
IS: *LA 6023 (Lipha, USA)*
PH: Metformin Hydrochloride Ph. Eur. 5, USP 30
PH: Metformine (chlorhydrate de) Ph. Eur. 5
PH: Metformini hydrochloridum Ph. Eur. 5
PH: Metforminhydrochlorid Ph. Eur. 5

Adiamet® (Lancasco: GT)
Adimet® (Merckle: CZ)
Adimet® (ratiopharm: HU)
Aglurab® (Medis: RS)
Ammiformin® (MacroPhar: TH)
Apo-Metformin® (Apotex: AN, BB, BM, BS, CA, GY, HT, JM, KY, SR, TT, VN)
Baligluc® (Baliarda: AR)
Benformin® (Benham: BD)
Benofomin® (Bernofarm: ID)
Bigmet® (Renata: BD)
Biguax® (Garmisch: CO)
Biocos® (APS: DE)
Cloridrato de Metformina® (Biobras: BR)
Cloridrato de Metformina® (Biosintética: BR)
Cloridrato de Metformina® (Merck: BR)
Clormin 500® (Farmoquimica: DO)
CO Metformin® (Cobalt: CA)
Comet® (Square: BD)
D.B.I.® (Montpellier: AR)
Dabex® [tabs] (Merck: MX)
Daomin® (Acme: BD)
Debeone® (Armstrong: MX)
Deson® (Unison: TH)
Desugar® (Stada: AT)
Diabesin® (TAD: DE)
Diabetase® (Sandoz: DE)
Diabetex® (Germania: AT)
Diabetmin® (Hovid: SG)
Diabetyl® (Biotoscana: CL)
Diabex® (Alphapharm: AU)
Diabex® (Combiphar: ID)
Diabex® (Gaco: BD)
Diafac® (Phapros: ID)
Diafat® (Sandoz: PH)
Diaformin® (Alphapharm: AU)
Diaformin® (ARIS: TR)
Diaformin® (Terapia: RO)
Diaformin® (União: BR)
Diafree® (Mystic: BD)
Diaglitab® (Biopharm: CL)
Diamet® (Weifa: TH)
Dianben® (Merck: ES)
Dianorm® (Alfred Tiefenbacher: NL)
Diaphage® (Svus: CZ)
Diformin® (Leiras: FI)
Dimefor® (Lilly: BR, CR, DO, GT, HN, NI, PA, PE, SV)
Dimefor® (Siegfried: MX)
Dinamel® (Liferpal: MX)
Dinorax® (Bruluart: MX)
Diout® (Asiatic Lab: BD)
Docmetformi® (Docpharma: LU)
Emfor® (Stadmed: IN)
Eraphage® (Guardian: ID)
espa-formin® (esparma: DE)
Etform® (Novartis: BD)
Euform® (Hovid: PH)
Ficonax® (Pisa: MX)
Finormet® (Alfred Tiefenbacher: NL)
Fintaxim® (Finn-Vita: CL)

Forbetes® (Sanbe: ID)
Fordia® (United Pharma: VN)
Formell® (Alpharma: ID)
Formet® (Bio-Pharma: BD)
Formin® (Pharmaland: TH)
Formin® (Pliva: RU)
Formin® (Stadmed: IN)
Fornidd® (Boots: PH)
Fortamet® (First Horizon: US)
Gen-Metformin® (Genpharm: CA)
GenRX Metformin® (GenRX: AU)
Glafornil XR® (Merck: CL)
Glafornil® (Merck: CL)
Glicenex® (Bago: CL)
Glidanil® (Medipharm: CL)
Gliformin® (Akrihin: RU)
Gliformin® (Metlen: CO)
Gliformin® (Tempo: ID)
Glifortex® (Andromaco: CL)
Glifor® (Bilim: TR)
Gliminfor® (Shreya: RU)
Glisulin® (Merck: CR, DO, GT, HN, NI, PA, SV)
Glucaminol® (Roche: AR, PE)
glucobon biomo® (biomo: DE)
Glucoformin® (Biobras: BR)
Glucogood® (Denver: AR)
Glucohexal® (Hexal: AU)
Glucoles® (T Man: TH)
Glucomet® (Aristopharma: BD)
Glucomet® (BL Hua: TH)
Glucomet® (Douglas: AU)
Glucomin® (Dexcel: IL)
Glucono® (Fascino: TH)
Glucophage Lyfjaver® (Lyfjaver: IS)
Glucophage® (Abic: IL)
Glucophage® (Arrow: AU)
Glucophage® (Bristol-Myers Squibb: CN, US)
Glucophage® (Merck: AR, AT, BE, CH, CO, CZ, DE, FI, GB, HK, HR, ID, IE, IS, IT, LU, MY, NL, NO, PE, PL, SE, SG, SI, TH, TR)
Glucophage® (Merck Generics: ZA)
Glucophage® (Merck KGaA: RS)
Glucophage® (Merck Lipha Santé: FR)
Glucophage® (Merck Sante: RO)
Glucophage® (Merck Santé: DK)
Glucophage® (Nycomed: RU)
Glucophage® (Petsiavas: GR)
Glucophage® (Roche: CL, DO, GT, MX, NI, SV)
Glucophage® (Sanofi-Aventis: CA)
Glucophage® [vet.] (Merck Animalhealth: GB)
Glucotika® (Ikapharmindo: ID)
Gludepatic® (Fahrenheit: ID)
Gluformin® (Condrugs: TH)
Gluformin® (Eras: TR)
Gluformin® (Hemofarm: RS)
Gluformin® (Pliva: BA, CZ, HR, HU, PL, SI)
Glufor® (CTS: IL)
Glukofen® (Biokem: TR)
Glumeff® (Alfred Tiefenbacher: NL)
Glumefor® (HG.Pharm: VN)
Glumetza® (Biovail: CA)
Glumetza® (Depomed: US)
Glumin® (Ferron: ID)
Glunor® (Eskayef: BD)
Gluphage XR® (Silva: BD)
Glustress® (Pond's: TH)
Gluzolyte® (Pharmasant: TH)
Glyciphage® (Franco-Indian: IN)
Glycomet® (USV: LK, SG)
Glycoran® (Shinyaku: JP)
Glyformin® (Remedica: CY)
Glymin XR® (Healthcare: BD)
Hi-Met® (Hudson: BD)
Hipoglucem® (Ethical: DO)
Hipoglucin Lch® (Ivax: PE)
Hipoglucin® (Chile: CL)
Humamet® (Lilly: PH)
I-Max® (Patriot: PH)
Ifor® (Medix: MX)
Informet® (Beximco: BD)
Insimet® (Ibn Sina: BD)
Juformin® (Juta: DE)
Juformin® (Q-Pharm: DE)
Langerin® (Slovakofarma: CZ)
Libraformin® (Librapharm: EC)
Liposol LP® (Roemmers: PE)
Macromin® (MacroPhar: TH)
Maformin® (Pharmadica: TH)
Matofin® (Sanovel: TR)
Me-F® (TNP: TH)
Mectin® (Elea: AR)
Mediabet® (Medice: DE)
Medobis® (Lazar: AR)
Meforal® (Guidotti: HU)
Meformed® (Medifive: TH)
Meglubet® (Sandoz: MX)
Meglucon® (Hexal: AT, DE)
Meglucon® (Pharma&Co: AT)
Meglucon® (Salutas Pharma: RS)
Meglucon® (Sandoz: HU)
Megluer® (Unimed & Unihealth: BD)
Meglu® (Unimed & Unihealth: BD)
Meguanin® (UCI: BR)
Meguan® (Gedeon Richter: RO)
Melbexa® (Investigacion Farmaceutica: MX)
Melbin® (Sumitomo: JP)
Merck-Metformin® (Merck: BE)
Merckformin® (Merck: HU)
Mescorit® (Roche: DE)
Metarin® (Popular: BD)
Metbay® (Bayer: IT)
Metfen® (Doctor's Chemical Work: BD)
Metfin® (Sandoz: CH)
Metfirex® (Winthrop: CZ)
Metfodoc® (Docpharm: DE)
Metfogamma® (Artesan: RS)
Metfogamma® (Dragenopharm: RS)
Metfogamma® (Wörwag Pharma: CZ, DE, HU, PL, RO, RU)
Metfonorm® (Abiogen: IT)
Metfor-acis® (acis: DE)
Metfor-Teva® (Teva: DE)
Metforalmille® (Guidotti: IT)
Metforal® (Al Pharm: ZA)
Metforal® (Guidotti: IT)
Metforal® (Menarini: AR, BD, DO, GT, HN, NI, PA, SG, SV)
Metforem® (Orion: FI)
Metform AbZ® (AbZ: DE)
Metformax® (Menarini: BE, LU)

Metformax® (Polfa Kutno: PL)
Metformin 1A Farma® (1A Farma: DK)
Metformin 1A Pharma® (1A Pharma: AT, DE)
Metformin AbZ® (AbZ: DE)
Metformin Alpharma® (Actavis: FI)
Metformin Alpharma® (Alpharma: DK, SE)
Metformin AL® (Aliud: CZ, DE, RO)
Metformin APS® (APS: DE)
Metformin Arcana® (Arcana: AT)
Metformin AWD® (AWD: DE)
Metformin Basics® (Basics: DE)
Metformin Beacons® (Beacons: SG)
Metformin BMS® (GEA: CZ)
Metformin DHA® (DHA: SG)
Metformin dura® (Merck dura: DE)
Metformin Gal® (MD-Pharm: CZ)
Metformin Germania® (Germania: AT, NL)
Metformin Hcl Dexa Medica® (Dexa Medica: ID)
Metformin Heumann® (Heumann: DE)
Metformin Hexal® (Hexal: AT, DE)
Metformin Hexal® (Sandoz: SE)
Metformin Hydrochloride® (Actavis: US)
Metformin Hydrochloride® (Andrx: US)
Metformin Hydrochloride® (Apotex: US)
Metformin Hydrochloride® (Barr: US)
Metformin Hydrochloride® (Cobalt: US)
Metformin Hydrochloride® (Goldline: US)
Metformin Hydrochloride® (Impax: US)
Metformin Hydrochloride® (Ivax: US)
Metformin Leciva® (Zentiva: CZ)
Metformin Lich® (Winthrop: DE)
Metformin Meda® (Meda: SE)
Metformin Merck® (Merck: CH)
Metformin Merck® (Merck Sharp & Dohme: AT)
Metformin RAN® (R.A.N.: DE)
Metformin ratiopharm® (Ratiopharm: AT)
Metformin Sandoz® (Sandoz: AT, DE)
Metformin Stada® (Stada: DK, SE)
Metformin Stada® (Stadapharm: DE)
Metformin Streuli® (Streuli: CH)
Metformin Tablets® (Actavis: US)
Metformin Tablets® (Alphapharm: US)
Metformin Tablets® (Amneal: US)
Metformin Tablets® (Andrx: US)
Metformin Tablets® (Aurobindo: US)
Metformin Tablets® (Barr: US)
Metformin Tablets® (Caraco: US)
Metformin Temis® (Temis-Lostalo: AR)
Metformin Teva® (Teva: CH, IL, SE)
Metformin Tyrol Pharma® (Sandoz: AT)
metformin von ct® (CT: DE)
Metformin-axcount® (AxiCorp: DE)
Metformin-axsan® (Axio: DE)
metformin-biomo® (biomo: DE)
Metformin-CT® (CT: DE)
Metformin-Mepha® (Mepha: CH)
Metformin-Puren® (Alpharma: DE)
Metformin-ratiopharm® (Ratiopharm: AT)
Metformin-ratiopharm® (ratiopharm: DE)
Metformin-Richter® (Gedeon Richter: RU)
Metformina Alpharma® (Alpharma: PT)
Metformina Bexal® (Bexal: PT)
Metformina Generis® (Generis: PT)
Metformina Hexal® (Hexal: IT)
Metformina Kern Pharma® (Kern: ES)
Metformina Merck® (Merck: IT)
Metformina Sandoz® (Sandoz: ES)
Metformina Teva® (Teva: IT)
Metformina® (Chemopharma: CL)
Metformina® (Lakor: CO)
Metformina® (Neo Quimica: BR)
Metformine Actavis® (Actavis: NL)
Metformine Bexal® (Bexal: BE)
Metformine Biogaran® (Biogaran: FR)
Metformine CF® (Centrafarm: NL)
Metformine EG® (EG Labo: FR)
Metformine G Gam® (G Gam: FR)
Metformine HCI PCH® (Pharmachemie: NL)
Metformine HCl Alpharma® (Alpharma: NL)
Metformine HCl A® (Apothecon: NL)
Metformine HCl Gf® (Genfarma: NL)
Metformine HCl Sandoz® (Sandoz: NL, ZA)
Metformine HCl® (Alfred Tiefenbacher: NL)
Metformine HCl® (Hexal: NL)
Metformine Ivax® (Ivax: FR)
Metformine Katwijk® (Katwijk: NL)
Metformine Merck® (Merck Génériques: FR)
Metformine Ratiopharm® (Ratiopharm: NL)
Metformine RPG® (RPG: FR)
Metformine Sandoz® (Sandoz: FR)
Metformine Teva® (Teva: BE)
Metformine Winthrop® (Winthrop: FR)
Metformine Zydus® (Zydus: FR)
Metformine-Lipha® (Merck: LU)
Metformin® (Alpharma: GB, NO)
Metformin® (Arrow: GB)
Metformin® (Camden: SG)
Metformin® (Galena: PL)
Metformin® (Generics: GB)
Metformin® (Hillcross: GB)
Metformin® (Kent: GB)
Metformin® (Teva: GB)
Metformin® (Weifa: NO)
Metformin® (Wockhardt: GB)
Metform® (ACI: BD)
Metfor® (Millimed: TH)
Metfron® (Asian: TH)
Methormyl® (Mugi: ID)
Metifor® (Polfarmex: PL)
Metiguanide® (Pharmacia: IT)
Metmin® (Alco: BD)
Metomin® (Pacific: NZ)
Metomin® (Somatec: BD)
Metrivin® (Teva: HU)
MetSurrir® (InSurrir: DE)
Met® (betapharm: DE)
Met® (Opsonin: BD)
Mf® (Nipa: BD)
Miformin® (Greater Pharma: TH)
Minifor® (Rephco: BD)
Neodipar® (Aventis Pharma: ID)
Neoform® (GXI: PH)
Niformina® (Alfred Tiefenbacher: NL)
Nivalin® (Bestpharma: CL)
Nobesit® (Incepta: BD)
Novo-Metformin® (Novopharm: CA)
NovoMet® (Novo Nordisk: AU)
Nu-Metformin® (Nu-Pharm: CA)
Obid® (Delta: BD)
Obmet® (Fourrts: LK)

Orabet® (Fresenius: AT)
Orabet® (Hexal: DK)
Oramet® (Drug International: BD)
Oramet® (Sandoz: FI)
Ormin® (Orion: BD)
Oxemet® (GlaxoSmithKline: AR)
Pharmaniaga Metformin® (Pharmaniaga: MY)
PMS-Metformin® (Pharmascience: CA)
Pocophage® (Pharmasant: TH)
Poli-Formin® (Polipharm: TH)
Preform® (Apex: BD)
Proinsul® (Fluter: DO)
Prophage® (Progress: TH)
RAN-Metformin® (Ranbaxy: CA)
ratio-Metformin® (Ratiopharm: CA)
Reduluc® (Microsules: AR)
Reglus® (Landson: ID)
Riomet® (Ranbaxy: US)
Samin® (Shamsul Alamin: BD)
Sandoz Metformin® (Sandoz: CA)
Serformin® (Biochemie: TH)
Siamformet® (Siam Bheasach: TH)
Siofor® (Berlin Chemie: BA, VN)
Siofor® (Berlin-Chemie: CZ, DE, HR, PL, RO, RS, RU, SI)
Stadamet® (Stada: CZ)
Sucomet® (Globe: BD)
Sucranorm® (Eurogenerics: PH)
Sugamet® (General Pharma: BD)
Tefor® (Galenika: RS)
Thiabet® (Wolff: DE)
Tudiab® (Meprofarm: ID)
Walaphage® (Wallace: IN)
Zumamet® (Prima: ID)

Methacholine

I: Metacolina
D: Methacholin
F: Méthacholine
S: Metacolina

⚕ Parasympathomimetic agent, direct acting

CAS-Nr.: 0000055-92-5 — C_8-H_{18}N-O_2 — M_r 160.24

1-Propanaminium, 2-(acetyloxy)-N,N,N-trimethyl-, chloride

1-Propanaminium, 2-(acetyloxy)-N,N,N-trimethyl-

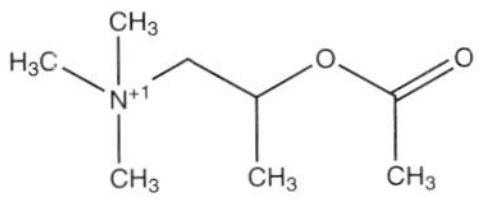

IS: *Mecholine*

– chloride:

CAS-Nr.: 0000062-51-1
OS: *Methacholine Chloride BAN, USAN*
OS: *Méthacholine (chlorure de) DCF*
OS: *Metacolina cloruro DCIT*
IS: *Methacholiniumchlorid*
PH: Metacolina cloruro F.U. IX
PH: Méthacholine (chlorure de) Ph. Franç. X
PH: Methacholinchlorid Ph. Helv.10
PH: Methacholine Chloride USP 30
PH: Methacholiniumchlorid DAC

Lindo® (Lindopharm: DE)
Metacolina Lofarma® (Lofarma: IT)
Provocholine® (Methapharm: CA)
Provokit® (Lindopharm: DE)

Methadone (Prop.INN)

L: Methadonum
I: Metadone
D: Methadon
F: Méthadone
S: Metadona

⚕ Opioid analgesic

ATC: N07BC02
CAS-Nr.: 0000076-99-3 — C_{21}-H_{27}-N-O — M_r 309.457

3-Heptanone, 6-(dimethylamino)-4,4-diphenyl-

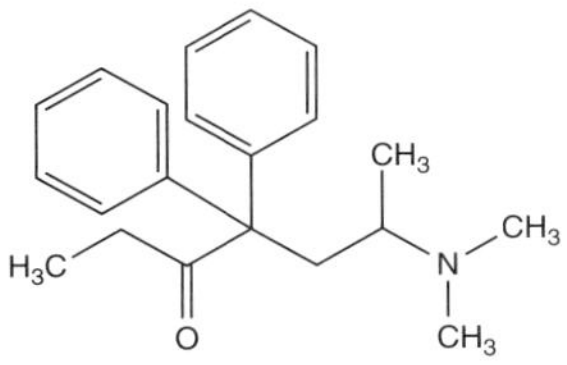

OS: *Metadone [DCIT]*
OS: *Methadone [BAN, DCF]*
IS: *A 4624*
IS: *AN 148*
IS: *Hoechst 10820 (Hoechst)*

– hydrochloride:

CAS-Nr.: 0001095-90-5
OS: *Methadone Hydrochloride BANM, USAN*
IS: *Algolysine*
IS: *Amidon*
IS: *Doloheptan*
IS: *H.E.S.*
IS: *Mecodin*
IS: *Moheptan*
IS: *Panalgen*
IS: *Phenadone*
IS: *Polamidon*
IS: *Polamivet*
IS: *Phenadonum*
PH: Methadone Hydrochloride Ph. Eur. 5, USP 30
PH: Methadonhydrochlorid Ph. Eur. 5
PH: Methadoni hydrochloridum Ph. Eur. 5, Ph. Int. II
PH: Méthadone (chlorhydrate de) Ph. Eur. 5

Adolan® (Abic: IL)
Biodone® (Biomed: NZ)
Biodone® (National Sales Solutions: AU)
Depridol® (ExtractumPharma: HU)
Dolmed® (Leiras: FI)
Dolophine® (Roxane: US)
Eptadone® (Molteni: IT)
Gobbidona® (Gobbi: AR)
Heptadon® (Ebewe: AT)
Heptanon® (Pliva: BA, HR, SI)
Ketalgin® (Amino: CH)

M

Mephenon® (Denolin: BE, LU)
Metadol® (Medco: PE)
Metadol® (Pharmascience: CA)
Metadon Dak® (Nycomed: DK)
Metadon Krka® (Krka: SI)
Metadon Martindale® (Cardinal Health: NO)
Metadon Recip® (Recip: SE)
Metadon SAD® (SAD: DK)
Metadon-EP® (ExtractumPharma: HU)
Metadona Clorhidrato® (Biosano: CL)
Metadona Clorhidrato® (Sanderson: CL)
Metadone Cloridrato Afom® (AFOM: IT)
Metadone Cloridrato Molteni® (Molteni: IT)
Metadonijev Klorid® (Alkaloid: SI)
Metadon® (A/S Den norske Eterfabrikk: NO)
Metadon® (Cristália: BR)
Metadon® (Hemofarm: RS)
Metasedin® (Esteve: ES)
Methaddict® (addiCare: DE)
Methaddict® (Hexal: LU)
Methadon Alternova® (Alternova: DK)
Methadon FNA® (FNA: NL)
Methadon Streuli® (Streuli: CH)
Methadone Hydrochloride® (AFT: NZ)
Methadone Hydrochloride® (Cebert: US)
Methadone Hydrochloride® (Douglas: NZ)
Methadone Hydrochloride® (Molteni: PL)
Methadone Hydrochloride® (Roxane: US)
Methadone Hydrochloride® (Xanodyne: US)
Methadone® (GlaxoSmithKline: AU)
Methadone® (Hillcross: GB)
Methadone® (Martindale: GB)
Methadone® (Mayne: NZ)
Methadone® (Rafa: IL)
Methadone® (Thornton & Ross: GB)
Methadone® (Wockhardt: GB)
Methadon® (Rosemont: NL)
Methadon® [vet.] (Eurovet: NL)
Methadose® (Grünenthal: CO)
Methadose® (Mallinckrodt: US)
Methadose® (Rosemont: GB)
Metharose® (Rosemont: GB)
Methone® [vet.] (Parnell: AU)
Méthadone chlorhydrate® (Bouchara: FR)
Pallidone® (Douglas: NZ)
Physeptone® (Aspen: ZA)
Physeptone® (GlaxoSmithKline: AU, ZA)
Physeptone® (Martindale: GB)
Pinadone® (Pinewood: IE, NL)
Rubidexol® (Pisa: MX)
Sintalgon® (Sicomed: RO)
Symoron® (Astellas: NL)
Synastone® (Auden Mckenzie: GB)

Methandriol (Rec.INN)

L: Methandriolum
I: Metandriolo
D: Methandriol
F: Méthandriol
S: Metandriol

Anabolic

CAS-Nr.: 0000521-10-8 C_{20}-H_{32}-O_2
M_r 304.476

Androst-5-ene-3,17-diol, 17-methyl-, (3β,17β)-

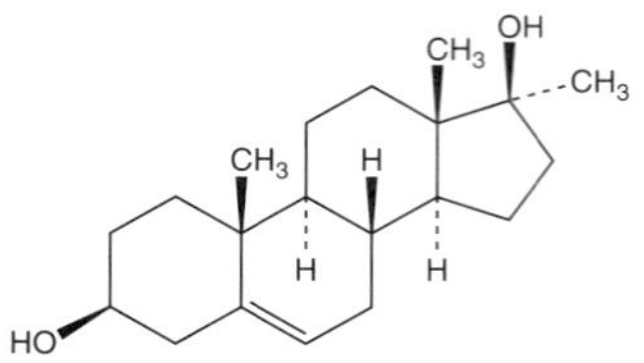

OS: *Méthandriol [DCF]*
OS: *Metandriolo [DCIT]*
OS: *Methandriol [USAN]*
IS: *MAD*
IS: *Mestenediol*
IS: *Methylandrostenediol*
IS: *Methylandrostendiolum*
PH: Methandriolum [PhBs IV]

Orabol® [vet.] (Vetsearch: AU)
Superbolin® [vet.] (Vetsearch: AU)

– 3β,17β-dipropionate:

Anadiol® [vet.] (Ilium Veterinary Products: AU)
Protabol® [vet.] (RWR Veterinary: AU)

Methaniazide (Rec.INN)

L: Methaniazidum
I: Metaniazide
D: Methaniazid
F: Méthaniazide
S: Metaniazida

Antitubercular agent

CAS-Nr.: 0013447-95-5 C_7-H_9-N_3-O_4-S
M_r 231.239

4-Pyridinecarboxylic acid, 2-(sulfomethyl)hydrazide

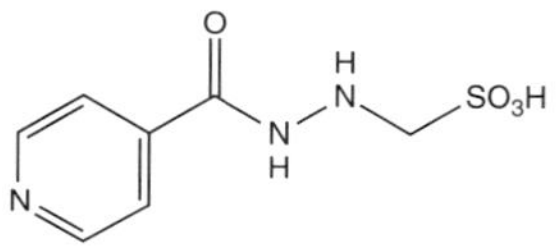

OS: *Metaniazide [DCIT]*
OS: *Methaniazide [USAN]*
IS: *Isoniazid methanesulfonate*

– sodium salt:

OS: *Isoniazide Sodium Methanesulfonate JAN*

Iscotin Neo® (Daiichi: JP)

Methanthelinium Bromide (Prop.INN)

L: Methanthelinii bromidum
I: Metantelinio bromuro
D: Methanthelinium bromid
F: Bromure de méthanthélinium
S: Bromuro de metantelinio

Antispasmodic agent
Gastric secretory inhibitor
Parasympatholytic agent

CAS-Nr.: 0000053-46-3 — C_{21}-H_{26}-Br-N-O_3
M_r 420.349

Ethanaminium, N,N-diethyl-N-methyl-2-[(9H-xanthen-9-ylcarbonyl)oxy]-, bromide

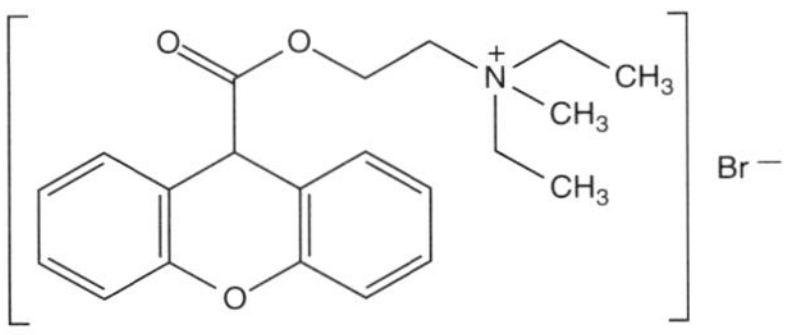

OS: *Methanthelinium Bromide [BAN, USAN]*
OS: *Méthanthélinium [DCF]*
OS: *Metantelinio bromuro [DCIT]*
IS: *Avagal*
IS: *Dixamonum*
IS: *MTB 51*
IS: *SC 2910*
PH: Methantheline Bromide [USP XXII]

Vagantin® (Riemser: DE)

Methazolamide (Rec.INN)

L: Methazolamidum
D: Methazolamid
F: Méthazolamide
S: Metazolamida

Diuretic, carbonic anhydrase inhibitor

ATC: S01EC05
ATCvet: QS01EC05
CAS-Nr.: 0000554-57-4 — C_5-H_8-N_4-O_3-S_2
M_r 236.279

Acetamide, N-[5-(aminosulfonyl)-3-methyl-1,3,4-thiadiazol-2(3H)-ylidene]-

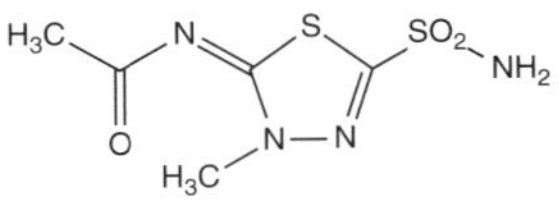

OS: *Methazolamide [BAN, DCF, JAN, USAN]*
PH: Methazolamide [USP 30]

Apo-Methazolamide® (Apotex: CA)
Methazolamide-Teva® (Teva: IL)
Methazolamide® (Sandoz: US)
Methazolamide® (Teva: US)
MZM® (Ciba Vision: US)
Neptazane® (Wyeth: TH, US)

Methdilazine (Rec.INN)

L: Methdilazinum
D: Methdilazin
F: Methdilazine
S: Metodilazina

Antiallergic agent
Histamine, H_1-receptor antagonist

ATC: R06AD04
CAS-Nr.: 0001982-37-2 — C_{18}-H_{20}-N_2-S
M_r 296.438

10H-Phenothiazine, 10-[(1-methyl-3-pyrrolidinyl)methyl]-

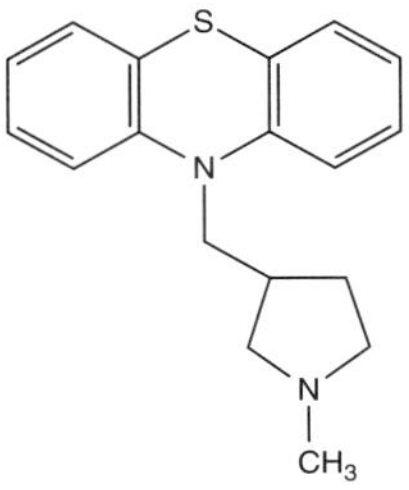

OS: *Methdilazine [BAN, DCF, USAN]*
PH: Methdilazine [USP 23]

– hydrochloride:
CAS-Nr.: 0001229-35-2
IS: *MJ 5022*
PH: Methdilazine Hydrochloride USP 30

Dilosyn® (GlaxoSmithKline: IN)
Dilosyn® (Sigma: AU)

Methenamine (Rec.INN)

L: Methenaminum
I: Metenamina
D: Methenamin
F: Méthénamine
S: Metenamina

Urinary tract antiseptic

ATC: J01XX05
CAS-Nr.: 0000100-97-0 — C_6-H_{12}-N_4
M_r 140.202

1,3,5,7-Tetraazatricyclo[3.3.1.13,7]decane

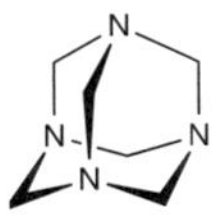

OS: *Méthénamine [DCF]*
OS: *Metenamina [DCIT]*
OS: *Methenamine [USAN]*
IS: *Hexamine*
IS: *Urometine*
IS: *E 239*
PH: Hexaminum [Ph. Jap. 1971]
PH: Methenamin [Ph. Eur. 5]
PH: Methenamine [Ph. Eur. 5, USP 30]
PH: Methenaminum [Ph. Eur. 5, Ph. Helv. 8]
PH: Méthénamine [Ph. Eur. 5]

Antihydral® (Iromedica: CH)
Antihydral® (Robugen: DE, LU)
Antihydral® (Schmidgall: AT)
Dehydral® (Valeo: CA)
Hexacitrol® (Balkanpharma: BG)
Hexamin® (Balkanpharma: BG)
Neturone® (Liba: TR)
Pedipur® (Prolab: PL)
Stoppot® (Parafarm: PL)

- anhydromethylencitrate:

IS: *Formanol*
IS: *Hexacitrol*
IS: *Neotramin*
IS: *Uropurgol*
PH: Esametilentetrammina anidrometilencitrato F.U. VIII

Helpa® (Adeka: TR)
Purinol® (Yeni: TR)
Uron® (Eras: TR)

- hippurate:

CAS-Nr.: 0005714-73-8
OS: *Methenamine Hippurate BAN, USAN*
IS: *Hippramine*
IS: *Methenamine N-benzoylglycinate*
IS: *Hexamine Hippurate*
IS: *R 657*
PH: Methenamine Hippurate USP 30

Haiprex® (3M: DK, IS)
Hip-Rex® (3M: AU)
Hip-Rex® (Marion Merrell Dow: US)
Hipeksal® (Leiras: FI)
Hippurin® (Yeni: TR)
Hiprex® (3M: AU, CR, DO, FI, GB, GT, HN, IL, KE, LU, MA, NO, NZ, PA, SE, SV, ZA, ZW)
Hiprex® (Sanofi-Aventis: US)
Hiprex® (Sanova: AT)
Methenamine Hippurate® (CorePharma: US)
Urex® (Vatring: US)
Urotractan® (Klinge: DE)

- mandelate:

CAS-Nr.: 0000587-23-5
OS: *Hexamine Mandelate JAN*
PH: Methenamine Mandelate USP 30

Mandelamine® (Erfa: CA)
Mandelamine® (Interchemia: CZ)
Mandelamine® (Parke Davis: DE)
Mandelamine® (Pfizer: BZ, CR, GT, HN, NI, PA, SV)
Mandelamine® (Warner Chilcott: US)
Manuprin® (Yeni: TR)
Methenamine Mandelate® (Alpharma: US)
Methenamine Mandelate® (Barre: US)
Methenamine Mandelate® (CMC: US)
Methenamine Mandelate® (Interstate Drug Exchange: US)
Methenamine Mandelate® (Ivax: US)
Methenamine Mandelate® (Major: US)
Methenamine Mandelate® (Parmed: US)
Methenamine Mandelate® (Rugby: US)
Methenamine Mandelate® (Schein: US)
Methenamine Mandelate® (United Research: US)

Uronamin® (Sumitomo: JP)

- sulfosalicylate:

Uropurat® (Kwizda: AT)

Methionine, L- (Rec.INN)

L: Methioninum
I: Metionina
D: Methionin
F: Méthionine
S: Metionina

Amino acid
Antidote
Choleretic
Urinary tract antiseptic

CAS-Nr.: 0000063-68-3 C_5-H_{11}-N-O_2-S
M_r 149.213

L-Methionine

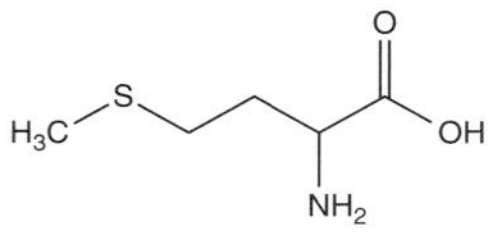

OS: *Méthionine [DCF]*
OS: *Metionina [DCIT]*
OS: *Methionine [USAN]*
PH: L-Methionine [JP XIV]
PH: Methionine [Ph. Eur. 5, USP 30]
PH: Methionin [Ph. Eur. 5]
PH: Méthionine [Ph. Eur. 5]
PH: Methioninum [Ph. Eur. 5]

Acimethin® (Gry: DE)
Acimethin® (Madaus: AT)
Acimethin® (Vifor: CH)
Acimol® (Pfleger: DE)
Ammonil® [vet.] (Daniels: US)
d-l-m Tablets® [vet.] (Butler: US)
d-l-Methionine® [vet.] (Butler: US)
d-l-Methionine® [vet.] (First Priority: US)
Deltameth® [vet.] (Delvet: AU)
Methapex® [vet.] (Apex: AU)
Methigel® [vet.] (Apex: AU)
Methigel® [vet.] (Evsco: US)
Methio TAD® (TAD: DE)
Methio-Form® [vet.] (Novartis: AU)
Methio-Form® [vet.] (Vet-A-Mix: US)
Methio-Tab® [vet.] (Vet-A-Mix: US)
Methionin AL® (Aliud: DE)
Methionin Domesco® (Domesco: VN)
Methionin Hexal® (Hexal: DE)
Methionin Sandoz® (Sandoz: DE)
Methionin Stada® (Stadapharm: DE)
Methionin-CT® (CT: DE)
Methionin-ratiopharm® (ratiopharm: DE)
Methionin-Teva® (Teva: DE)
Methionine® [vet.] (Comed: BE)
Methionine® [vet.] (Nutra Vet: AU)
Methionin® [vet.] (Chassot: DE)
Methionin® [vet.] (Streuli: CH)
Methiotrans® (Abbott: DE)

Methnine® (Medical Research: AU)
Methnine® [vet.] (Vetsearch: AU)
Reprocin® [vet.] (Biopharm: AU)
Urol methin® (Apogepha: DE)
Uromethin® (Apogepha: DE)

– racemate:

CAS-Nr.: 0000059-51-8
OS: *DL-Methionine JAN*
OS: *Racemethionine USAN*
IS: *Metione*
IS: *Racemethionin*
PH: DL-Methionine Ph. Eur. 5, Ph. Int. 4
PH: DL-Méthionine Ph. Eur. 5
PH: Methionin, Racemisches Ph. Eur. 5
PH: DL-Methioninum Ph. Eur. 5, Ph. Int. 4
PH: Racemethionine USP XXI

Burgerstein DL-Methionin® (Antistress: CH)
Methionine® (UCB: GB)
Méthionine® [vet.] (Ceva: FR)
Méthion® [vet.] (Ceva: FR)
Uro-Pet® [vet.] (Vetochas: DE)

Methocarbamol (Rec.INN)

L: Methocarbamolum
I: Metocarbamolo
D: Methocarbamol
F: Méthocarbamol
S: Metocarbamol

Muscle relaxant

ATC: M03BA03
CAS-Nr.: 0000532-03-6 C_{11}-H_{15}-N-O_5
M_r 241.251

1,2-Propanediol, 3-(2-methoxyphenoxy)-, 1-carbamate

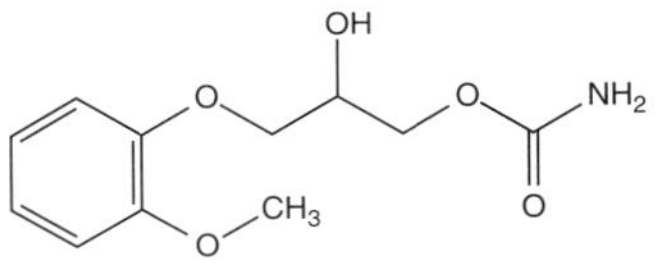

OS: *Methocarbamol [BAN, DCF, JAN, USAN]*
OS: *Metocarbamolo [DCIT]*
PH: Methocarbamol [USP 30]

Carbaflex® (Paill: SV)
Laxan® (Chew Brothers: TH)
Lumirelax® (Zydus: FR)
Manobaxine® (March: TH)
Methocarbamol-Changzheng-Xinkai-Pharm® (Changzheng: CN)
Methocarbamol® (Espefa: PL)
Methocarbamol® (Remedica: CY)
Methocarbamol® (Sandoz: US)
Methocarbamol® (United Research: US)
Methocarbamol® (Watson: US)
Methocarbamol® (West-Ward: US)
Metocarbamol® (Memphis: CO)
Metocarbamol® (Pentacoop: CO, EC)
Musxan® (Pharmasant: TH)
Myocin® (Shiwa: TH)
Myomethol® (Abic: IL, TH)
Myomethol® (RX Company: VN)
Ortoton® (Bastian: DE)
Parabaxin® (Parmed: US)
Robaxin® (Aspen: ZA)
Robaxin® (Baxter: US)
Robaxin® (Ipsen: ES)
Robaxin® (Robins: CO)
Robaxin® (Schwarz: US)
Robaxin® (Shire: GB)
Robaxin® (Wyeth: TH)
Robaxin® (Wyeth Consumer Healthcare: CA)
Robaxin® [vet.] (Fort Dodge: US)
Robaxin® [vet.] (Pharm Tech: AU)
Robinax® (Khandelwal: IN)
Sinaxar® (Armofar: CO)

Methohexital (Rec.INN)

L: Methohexitalum
D: Methohexital
F: Méthohexital
S: Metohexital

Intravenous anesthetic

ATC: N01AF01,N05CA15
CAS-Nr.: 0000151-83-7 C_{14}-H_{18}-N_2-O_3
M_r 262.318

2,4,6(1H,3H,5H)-Pyrimidinetrione, 1-methyl-5-(1-methyl-2-pentynyl)-5-(2-propenyl)-

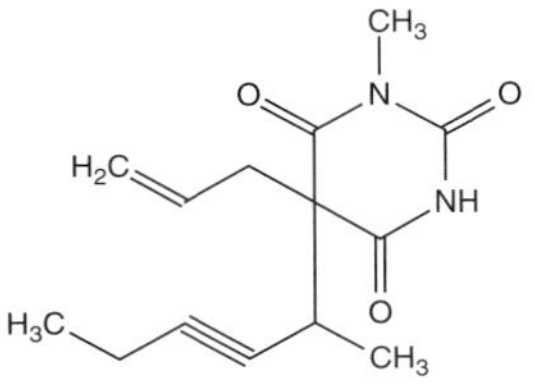

OS: *Methohexital [BAN, USAN]*
OS: *Méthohexital [DCF]*
IS: *Enallynymalum*
IS: *Methohexitone*
IS: *Metoesital*
PH: Methohexital [USP 30]

– sodium salt:

CAS-Nr.: 0060634-69-7
OS: *Methohexital Sodium BANM, USAN*
IS: *Methohexitone Sodium*
PH: Methohexital Sodium USP 26
PH: Methohexitone Injection BP 1999

Brevimytal Hikma® (Hikma: DE)
Brevimytal Natrium® (Lilly: DE)
Brevital® [inj.] (Lilly: ET, KE, NG, TZ, UG)
Brevital® [inj.] (Monarch: US)
Brietal Sodium® (Lilly: ET, IL, KE, NG, TZ, UG)
Brietal® (Hikma: AT)
Brietal® (Lilly: NL, PL, RU)

Methoprene (Rec.INN)

L: Methoprenum
D: Methopren
F: Methoprene
S: Methopreno

Insecticide
Pediculocide

CAS-Nr.: 0040596-69-8 C_{19}-H_{34}-O_3
M_r 310.481

2,4-Dodecadienoic acid, 11-methoxy-3,7,11-trimethyl-, 1-methylethyl ester, (E,E)-

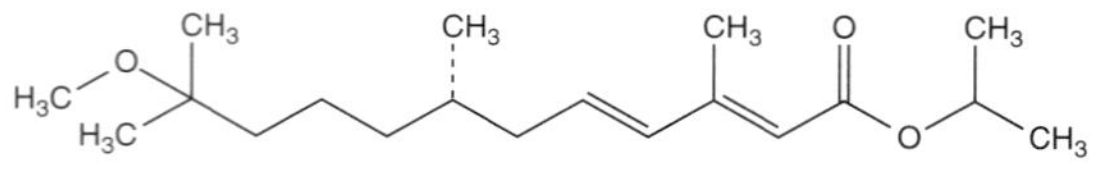

OS: *Méthoprène [DCF]*
OS: *Methoprene [USAN]*
IS: *Manta*
IS: *ZR 515*

4Flea Cat Collar® [vet.] (Johnson's: GB)
Hartz® [vet.] (Wellmark: US)
Ovitrol® [vet.] (Novartis: LU, NL)
Ovitrol® [vet.] (Novartis Animal Health: AT)
Ovitrol® [vet.] (Novartis Tiergesundheit: CH)
Vet-Kem® [vet.] (Novartis: AU)
Zodiac® [vet.] (Wellmark: US)

Methotrexate (Rec.INN)

L: Methotrexatum
I: Metotrexato
D: Methotrexat
F: Méthotrexate
S: Metotrexato

Antineoplastic, antimetabolite

ATC: L01BA01,L04AX03
ATCvet: QL04AX03
CAS-Nr.: 0000059-05-2 C_{20}-H_{22}-N_8-O_5
M_r 454.476

L-Glutamic acid, N-[4-[[(2,4-diamino-6-pteridinyl)methyl]methylamino]benzoyl]-

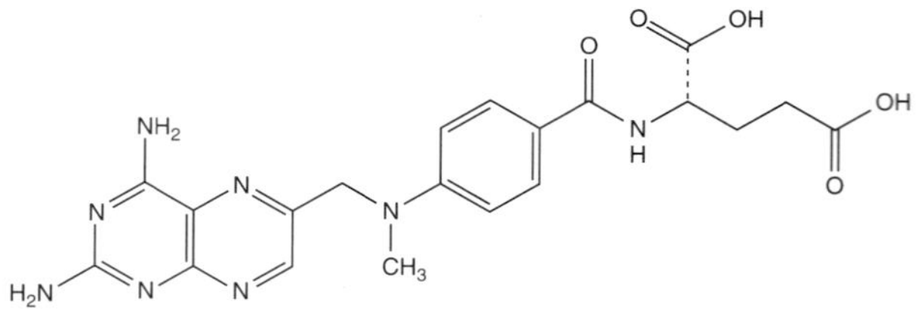

OS: *Methotrexate [BAN, DCF, JAN, USAN]*
OS: *Metotrexato [DCIT]*
IS: *MTX*
IS: *Methylaminopterin*
PH: Methotrexat [Ph. Eur. 5]
PH: Methotrexate [JP XIV, Ph. Eur. 5, Ph. Int. 4, USP 30]
PH: Methotrexatum [Ph. Eur. 5, Ph. Int. 4]
PH: Méthotrexate [Ph. Eur. 5]

Abitrexate® (Abic: TH)
Abitrexate® (Teva: IL, ZA)
Antifolan® [inj.] (Sindan: RO)
Apo-Methotrexate® (Apotex: CA)
Artrait® (TRB: AR)
Asta Medica Metotrexato® (ASTA Medica: BR)
Atrexel® (Schering-Plough: MX)
Biotrexate® (Biochem: IN)
Cytosafe Methotrexate® (Pfizer: ID)
Cytosafe Metotrexato® (Pharmacia: BR)
DBL Methotrexate® (Faulding/DBL: TH)
Ebetrexat® (Ebewe: AT)
Emthexate® (Chemipharm: GR)
Emthexate® (Combiphar: ID)
Emthexate® (Pharmachemie: BD, ID, LK, MY, PE, TH, ZA)
Emthexate® (Teva: BE)
Emthexat® (Nycomed: NO)
Ervemin® (Ivax: AR)
Farmitrexat® (Kalbe: ID)
Fauldexato® (Mayne: PT)
Faulding-Metotrexato® (Mayne: BR)
Ledertrexate® (Wyeth: AU, BE, FR, LU)
Ledertrexato® (Wyeth Pharmaceuticals: PT)
Maxtrex® (Pfizer: GB)
Metex® (Medac: DE)
Methobax® (Baxter: PH)
Methobion® (Medicus: GR)
Methoblastin® (Pfizer: AU)
Methotrax® (Delta: BD)
Methotrexat Cancernova® (Cancernova: DE)
Methotrexat Ebewe® (Ebewe: CZ, HU, IL, RO, RS, TH)
Methotrexat Ebewe® (Ferron: ID)
Methotrexat Ebewe® (Medicopharmacia: SI)
Methotrexat Ebewe® (Ropsohn: CO)
Methotrexat Lachema® (Pliva: HU, RU)
Methotrexat-biosyn® (biosyn: DE)
Methotrexat-Ebewe® (Ebewe: RU)
Methotrexat-Teva® (Teva: CZ)
Methotrexate David Bull® (Gerolymatos: GR)
Methotrexate DBL® (Mayne: AU, MY, SG)
Methotrexate DBL® (Orna: TR)
Methotrexate DBL® (Tempo: ID)
Methotrexate Ebewe® (Ebewe: HK, VN)
Methotrexate Ebewe® (InterPharma: NZ)
Methotrexate Ebewe® (Liba: TR)
Methotrexate Injection BP® (Mayne: NZ)
Methotrexate Injection BP® (Pharmacia: AU)
Methotrexate Injection® (Mayne: AU, IE)
Methotrexate Kalbe® (Kalbe: ID)
Methotrexate Lederle® (Wyeth: GR, ZA)
Methotrexate Mayne Pharma® (Medis: SI)
Methotrexate Meda® (Meda: DK)
Methotrexate Orifarm® (Wyeth: DK)
Methotrexate Paranova® (Wyeth: DK)
Methotrexate Pfizer® (Pfizer: DK, IS, SG)
Methotrexate Pharmacia® (Pfizer: VN)
Methotrexate Pliva® (Pliva: HR, SI)
Methotrexate Remedica® (Remedica: TH)
Methotrexate Teva® (Med: TR)
Methotrexate Teva® (Pharmachemie: CZ)
Methotrexate Teva® (Teva: HU, NL, SE)
Methotrexate Wyeth Lederle® (Wyeth: FI, IS, SE)
Methotrexate Wyeth® (Wyeth: SG)
Methotrexate® (Atafarm: TR)
Methotrexate® (Aventis: PE)

Methotrexate® (Baxter: NZ)
Methotrexate® (Goldshield: IE)
Methotrexate® (Lederle: CL)
Methotrexate® (Mayne: GB, NZ)
Methotrexate® (Pfizer: RS)
Methotrexate® (Remedica: CY)
Methotrexate® (Wockhardt: GB)
Methotrexate® (Wyeth: GB, IL)
Methotrexatum Cytosafe® (Pfizer: NL)
Methotrexatum Pharmacia & Upjohn® (Pharmacia: BE)
Methotrexat® (Lachema: RS)
Methotrexat® (Pliva: RS)
Meticil® [compr.] (Ivax: PE)
Metoject® (Medac: AT, DK, FI)
Metoject® (Onko-Koçsel: TR)
Metotrexate® (Teva: AR)
Metotrexato Dosa® (Dosa: AR)
Metotrexato Trixilem RU® [sol.-inj.] (Lemery: PE)
Metotrexato Trixilem® [tab.] (Lemery: PE)
Metotrexato® (ASTA Medica: BR)
Metotrexato® (Baxter: CL)
Metotrexato® (Bestpharma: CL)
Metotrexato® (Induquimica: PE)
Metotrexato® (Kampar: CL)
Metotrexato® (Mayne: BR)
Metotrexato® (Pfizer: CL, PE)
Metotrexato® (Pharmacia: BR)
Metotrexato® (Tecnofarma: PE)
Metotrexato® (Zodiac: BR)
Metotrex® (Aventis: BR)
Miantrex® (Pfizer: BR)
MTX Hexal® (Hexal: LU)
Méthotrexate Bellon® (Sanofi-Aventis: FR)
Neotrexate® (GlaxoSmithKline: IN)
Neotrexat® (Neocorp: DE)
Novatrex® (Wyeth: FR)
P&U Methotrexate® (Pharmacia: ZA)
Reumatrex® [tab.] (AC Farma: PE)
Reutrexato® (Apsen: BR)
Tecnomet® (Zodiac: BR)
Texorate® (Fahrenheit: ID)
Trexan® (Orion: FI, HU, PL)
Trixate® (Rontag: AR)
Trixilem® (Chile: CL)
Xantromid® (Richmond: AR)
Zexate® (Dabur: LK, PH, TH)

– **sodium salt:**

CAS-Nr.: 0007413-34-5
OS: *Methotrexate Sodium BANM*
IS: *Methotrexat disodium*
PH: Methotrexate for Injection USP 26

Abitrexate® (Abic: RO)
Abitrexate® (Schoeller: AT)
Abitrexate® (Teva: IL)
Biometrox® (Biosintética: BR)
Ebetrexat® (Ebewe: AT)
Emthexat PF® (Pharmachemie: IS)
Emthexate® (Med: TR)
Emthexate® (Pharmachemie: NL)
Emthexate® (Prasfarma: ES)
Farmitrexat® (Pharmacia: DE)
Lantarel® (Wyeth: DE)
Ledertrexate® (Wyeth: BE, MX, NL)
Medsatrexate® (Asofarma: MX)
Metex® (Medac: DE)
Methoblastin® (Pfizer: AU, NZ)
Methotrexaat PCH® (Pharmachemie: NL)
Methotrexaat® (Hexal: NL)
Methotrexat Ebewe® (Ebewe: AT, CH, PL)
Methotrexat Ebewe® (Nycomed: CH)
Methotrexat Lachema® (Pliva: CZ, HU)
Methotrexat Lederle® (Paranova: AT)
Methotrexat Lederle® (Wyeth: AT, CZ, DE)
Methotrexat medac® (Medac: DE)
Methotrexat Proreo® (ProReo: CH)
Methotrexat Wyeth® (Wyeth: CH)
Methotrexat-GRY® (Gry: DE)
Methotrexate Farmos ® [inj.] (Bristol-Myers Squibb: CH)
Methotrexate Lederle® (Lederle: ID)
Methotrexate Lederle® (Wyeth: TH)
Methotrexate Sodium for Injection® (Bedford: US)
Methotrexate Sodium Injection® (Mayne: US)
Methotrexate Sodium® (Bedford: US)
Methotrexate Sodium® (Novopharm: CA)
Methotrexate Sodium® (Wyeth: GB)
Methotrexate Teva® (Teva: SE)
Methotrexate Wyeth Lederle® (Wyeth: SE)
Methotrexate® [inj.] (Aventis: PE)
Methotrexate® [inj.] (Mayne: CA, GB)
Methotrexate® [inj.] (Pfizer: HR)
Methotrexate® [inj.] (Wyeth: BR, CA, IT, NO)
Methotrexat® (Pliva Lachema: PL)
Metoject® (Gebro: CH, ES)
Metoject® (Medac: AT, NL, NO, SE, SI)
Metoject® (Nordic: FR)
Metoject® (TechnoPharm: IE)
Metotreksat® (Pliva: BA)
Metotreksat® (Wyeth: SI)
Metotressato Teva® (Teva: IT)
Metotrexato Almirall® (Prasfarma: ES)
Metotrexato Asofarma® (Raffo: AR)
Metotrexato Filaxis® (Filaxis: AR, PE)
Metotrexato Lederle® (D.A.C.: IS)
Metotrexato Lederle® (Wyeth: ES)
Metotrexato Martian® (LKM: AR)
Metotrexato Mayne® (Mayne: IT)
Metotrexato Microsules® (LKM: AR)
Metotrexato Pharmacia® (Pharmacia: ES)
Metotrexato® (Almirall: ES)
Metotrexato® (Chiesi: ES)
Metotrexato® (Pfizer: CL)
MTX Hexal® (Hexal: DE)
MTX-dura® (Merck dura: DE)
O-trexat® (Onkoworks: DE)
Otaxem® (Best: MX)
ratio-Methotrexate® (Ratiopharm: CA)
Rheumatrex® (Wyeth: US)
Trexall® (Barr: US)
Trexan® (Atafarm: TR)

Methoxamine (Rec.INN)

L: Methoxaminum
I: Metoxamina
D: Methoxamin
F: Méthoxamine
S: Metoxamina

Antihypotensive agent
α-Sympathomimetic agent

ATC: C01CA10
CAS-Nr.: 0000390-28-3 C_{11}-H_{17}-N-O_3
M_r 211.267

Benzenemethanol, α-(1-aminoethyl)-2,5-dimethoxy-

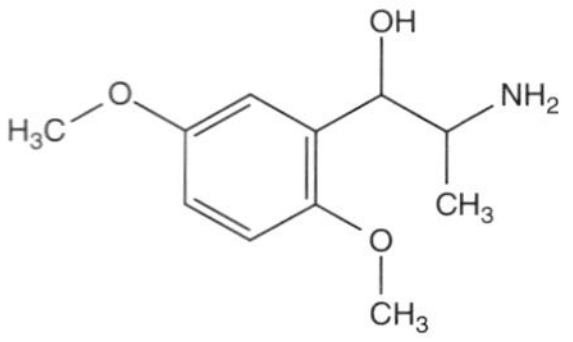

OS: *Methoxamine [BAN]*
OS: *Méthoxamine [DCF]*
OS: *Metoxamina [DCIT]*
IS: *Methoxamedrine*

– hydrochloride:
CAS-Nr.: 0000061-16-5
OS: *Methoxamine Hydrochloride BANM, JAN, USAN*
PH: Methoxamine Hydrochloride BP 2002, USP XXII
PH: Methoxamini hydrochloridum JPX, Ph. Int. II

Vasoxine® (GlaxoSmithKline: CZ)

Methoxsalen (USP)

D: Methoxsalen
F: Méthoxsalène

Dermatological agent, melanizing
Photosensitizing agent

ATC: D05AD02,D05BA02
CAS-Nr.: 0000298-81-7 C_{12}-H_8-O_4
M_r 216.196

7H-Furo[3,2-g][1]benzopyran-7-one, 9-methoxy-

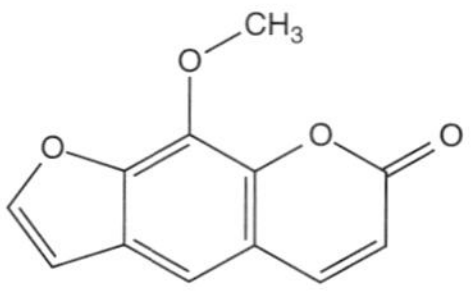

OS: *Methoxsalène [DCF, JAN]*
OS: *Methoxsalen [BAN, JAN, USAN]*
IS: *8-MOP*
IS: *9-Methoxypsoralen*
IS: *Ammoidin*
IS: *Xanthotoxin*
PH: Methoxsalen [DAC, JP XIV, USP 30]

8-MOP® (Valeant: US)
Delsoralen® (Darya-Varia: ID)
Deltasoralen® (Delta: IE)
Dermox® (Mex-América: MX)
Geralen® (Gerot: AT, PL)
Geroxalen® (Liba: TR)
Geroxalen® (Sanofi-Synthelabo: NL)
Macsoralen® (Mac: IN)
Meladinina® (Chinoin: CR, DO, GT, HN, MX, NI, PA, SV)
Meladinine® (CLS Pharma: VN)
Meladinine® (Galderma: CH, DE, NL)
Melanocyl® (Franco-Indian: IN)
Mopsalem® (California: CO)
Mopsoralen® (Wolfs: BE)
Méladinine® (DB: FR)
Oxsoralen® (Galderma: ES)
Oxsoralen® (Gerot: AT, CZ, HU, PL)
Oxsoralen® (ICN: AE, AU, BH, JO, KW, LB, NL, OM, QA, SA, SD, YE)
Oxsoralen® (Italfarmaco: IT)
Oxsoralen® (Lannacher: RU)
Oxsoralen® (Pharmaco: ZA)
Oxsoralen® (Raffo: CL)
Oxsoralen® (Surya: ID)
Oxsoralen® (Valeant: AR, BR, CA, HK, LK, MX, NZ, SG, US)
Uvadex® (Ethicon: DE)
Vitpso® (Orva: TR)

Methoxychlor

D: Methoxychlor

Insecticide

CAS-Nr.: 0000072-43-5 C_{16}-H_{15}-Cl_3-O_2
M_r 345.66

1,1,1-Trichloro-2,2-bis(4-methoxyphenyl)ethane

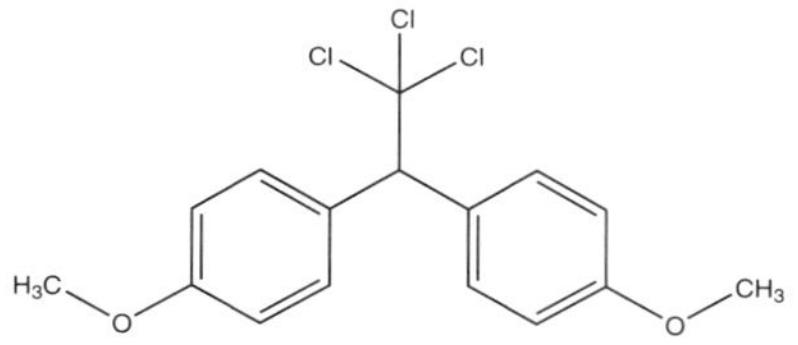

IS: *EPA Pestizide Chemical Code 034001*
IS: *Methoxy-DDT*
IS: *Dimethoxy-DDT*
IS: *DMDT*

Diazyl® [vet.] (Fort Dodge: BE)

Methoxyflurane (Rec.INN)

L: Methoxyfluranum
D: Methoxyfluran
F: Méthoxyflurane
S: Metoxiflurano

Anesthetic (inhalation)

ATC: N01AB03
CAS-Nr.: 0000076-38-0 C_3-H_4-Cl_2-F_2-O
M_r 164.965

Ethane, 2,2-dichloro-1,1-difluoro-1-methoxy-

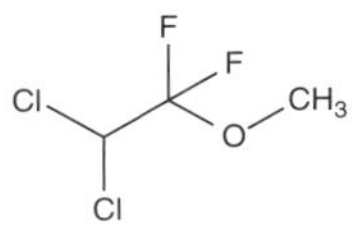

OS: *Methoxyflurane [BAN, DCF, USAN]*
PH: Methoxyflurane [BP 1980, USP 30]
PH: Methoxyfluranum [PhBs IV]

Inhalgetic® (Spofa: CZ)
Methoxyflurane® (Medical Developments: AU)
Metofane® [vet.] (Arovet: CH)
Metofane® [vet.] (Schering-Plough: US)

Methyclothiazide (Rec.INN)

L: Methyclothiazidum
I: Meticlotiazide
D: Methyclothiazid
F: Méthyclothiazide
S: Meticlotiazida

Diuretic, benzothiadiazide

ATC: C03AA08
CAS-Nr.: 0000135-07-9 C_9-H_{11}-Cl_2-N_3-O_4-S_2
M_r 360.237

2H-1,2,4-Benzothiadiazine-7-sulfonamide, 6-chloro-3-(chloromethyl)-3,4-dihydro-2-methyl-, 1,1-dioxide

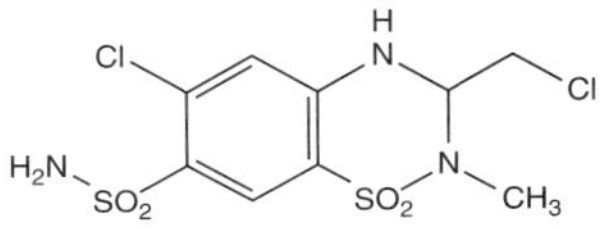

OS: *Methyclothiazide [BAN, DCF, JAN, USAN]*
OS: *Meticlotiazide [DCIT]*
PH: Methyclothiazide [USP 30]

Enduron® (Abbott: AU, GB, US)
Methyclothiazide® (Mylan: US)

Methyl Butetisalicylate

D: Methyl 2-O-(ethylbutyryl)salicylat

Antirheumatoid agent, external

C_{14}-H_{18}-O_4
M_r 250.298

Methyl O-(2-ethylbutyryl)salicylate

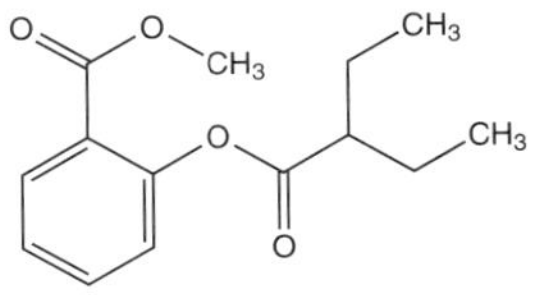

IS: *Methyl diethylacetylsalicylate*
IS: *Metile butetisalicilato*
IS: *Metile dietilacetilsalicilato*
IS: *Methyl butetisalicylate*
IS: *Diethylacetylsalicylsäuremethylester*

Doloderm® (Sanofi-Aventis: IT)

Methyl Salicylate (USAN)

L: Methylis salicylas
I: Metile salicilato
D: Methyl salicylat
F: Méthyle (salicylate de)

Antirheumatoid agent, external
Hyperemic agent
Pharmaceutic aid, flavouring agent

CAS-Nr.: 0000119-36-8 C_8-H_8-O_3
M_r 152.152

Benzoic acid, 2-hydroxy-, methyl ester

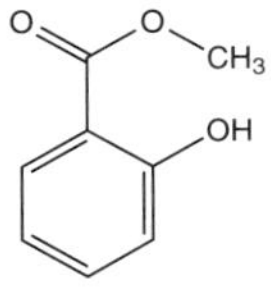

OS: *Salicylate de méthyle [DCF]*
OS: *Methyl Salicylate [USAN]*
IS: *Salicylsaüremethylester*
PH: Methylis salicylas [Ph. Eur. 5]
PH: Methyl Salicylate [Ph. Eur. 5, JP XIV, USP 30]
PH: Salicylate de méthyle [Ph. Eur. 5]
PH: Methylsalicylat [Ph. Eur. 5]
PH: Méthyle (salicylate de) [Ph. Eur. 5]

Dhalgesic Rub® (DHA: SG)
Flanil® (Biolab: SG)
Hewedolor Einreibung N® (Hevert: DE)
Hewedolor® (Hevert: DE)
Kamfolin® (Münir Sahin: TR)
Metile Salicilato® (AFOM: IT)
Metile Salicilato® (IFI: IT)
Metile Salicilato® (Lachifarma: IT)
Metile Salicilato® (Nova Argentia: IT)
Metsal Liniment® (3M: AU)
Metsal® (3M: SG)
Mygesal® (Greater Pharma: TH)
Pomada Salicilada® (Valma: CL)
Pomada Salicilato de Metilo® (Volta: CL)
Thermo-Rub® (Al Pharm: ZA)

Methyl-5-aminolevulinate

D: Methyl 5-amino-4-oxopentanoat
S: Aminolevulinate de metilo

Antineoplastic agent
Dermatological agent
Photosensitizing agent

ATC: L01XD03
CAS-Nr.: 0033320-16-0 C_6-H_{11}-N-O_3
M_r 145.16

Pentanoic acid, 5-amino-4-oxo-, methyl ester

Methyl 5-amino-4-oxopentanoate [IUPAC]

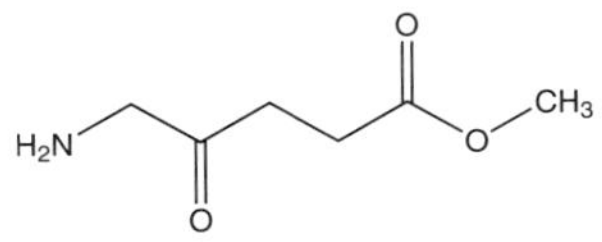

M

– hydrochloride:

CAS-Nr.: 0079416-27-6
IS: *P-1202*

Metvixia® (Galderma: US)
Metvix® (Galderma: AU, BE, CH, CZ, DE, ES, GB, IT, LU, NL, NZ, PT)
Metvix® (Photocure: DK)
Metvix® (PhotoCure: FI, IS, NO, SE, US)
Metvix® (Promed: SI)

Methylbenzethonium Chloride (Rec.INN)

L: Methylbenzethonii Chloridum
I: Metilbenzethonium cloruro
D: Methylbenzethonium chlorid
F: Chlorure de Méthylbenzéthonium
S: Cloruro de metilbencetonio

⚕ Dermatological agent, topical antiseptic

CAS-Nr.: 0025155-18-4 C_{28}-H_{44}-Cl-N-O_2
M_r 462.12

Benzenemethanaminium, N,N-dimethyl-N-[2-[2-[methyl-4-(1,1,3,3-tetramethylbutyl)phenoxy]ethoxy]ethyl]-, chloride

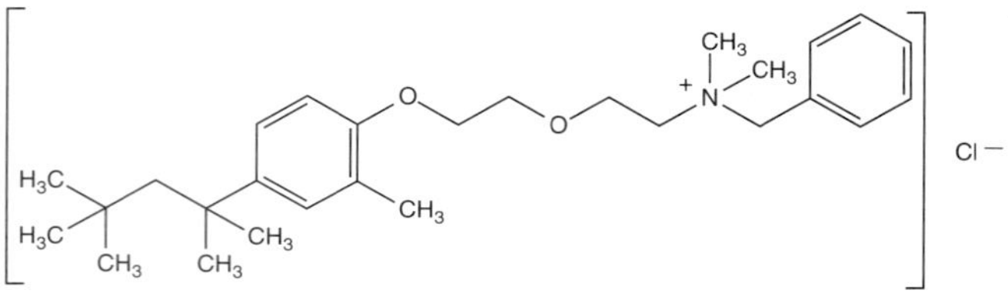

OS: *Methylbenzethonium Chloride [BAN, USAN]*
OS: *Méthylbenzéthonium [DCF]*
OS: *Metilbenzethonium cloruro [DCIT]*
IS: *Methylbenzethonum*
PH: Methylbenzethonium Chloride [USP 30]

Diaparene® (Bayer: US)

Methylcellulose (Rec.INN)

L: Methylcellulosum
I: Metilcellulosa
D: Methylcellulose
F: Méthylcellulose
S: Metilcelulosa

⚕ Laxative, bulk-forming
⚕ Ophthalmic agent
⚕ Pharmaceutic aid

ATC: A06AC06
CAS-Nr.: 0009004-67-5

Cellulose, methyl ether

OS: *Méthylcellulose [DCF]*
OS: *Metilcellulosa [DCIT]*
OS: *Methylcellulose [JAN, USAN]*
IS: *E 461*
PH: Methylcellulose [JP XIV, Ph. Eur. 5, Ph. Int. 4, USP 30]
PH: Methylcellulosum [Ph. Eur. 5, Ph. Int. 4]
PH: Méthylcellulose [Ph. Eur. 5]

Bulk® (Agepha: AT)
Celevac® (Shire: GB, IE)
Cellobexon® (Agepha: AT)
Citrucel® (Aventis: LU)
Davilose® (Davi: PT)
Lacril® (Allergan: BR, DK)
Lacrisyn® (Galena: CZ)
Methylcellulose-Bournonville® (Thea: LU, NL)
Methylcellulose® (MidWest: NZ)
Methylcellulose® (Rugby: US)
Methylcellulose® (Thea: BE)
Muciplasma® (Serra Pamies: ES)
Salvitos® (Ronnet: AR)

Methyldopa (Rec.INN)

L: Methyldopum
I: Metildopa
D: Methyldopa
F: Méthyldopa
S: Metildopa

⚕ Antihypertensive agent

CAS-Nr.: 0000555-30-6 C_{10}-H_{13}-N-O_4
M_r 211.224

L-Tyrosine, 3-hydroxy-α-methyl-

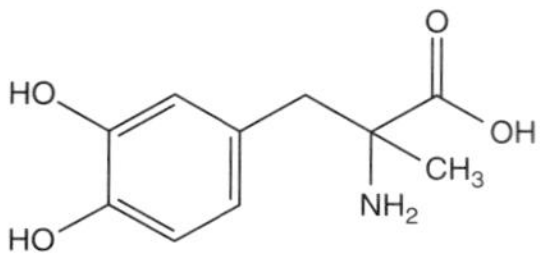

OS: *Methyldopa [BAN, DCF]*
OS: *Metildopa [DCIT]*
IS: *Alpha-methyldopa*

Aldometil® (Merck Sharp & Dohme: AT)
Aldomet® (Biopat: ES)
Aldomet® (M & H: TH)
Aldomet® (Merck: PE)
Aldomet® (Merck Sharp & Dohme: AR, AU, BE, CH, CZ, DK, EG, ES, FR, GB, IE, IT, LU, MX, NL, PH, PT, SE, ZA)
Aldomet® (MSD: NO)
Aldomet® (Vianex: GR)
Aldomin® (Merck Sharp & Dohme: IL)
Alfametildopa® (Memphis: CO)
Alfamet® (I.E. Ulagay: TR)
Alphadopa® (Wockhardt: IN)
Apo-Methyldopa® (Apotex: CA, SG, VN)
Dopagrand® (Ahimsa: AR)
Dopagyt® (Themis: IN)
Dopamed® (GDH: TH)
Dopamet Medochemie® (Medochemie: HK)
Dopamet® (Alpharma: ID)
Dopamet® (Dumex: AE, BH, CY, EG, IQ, JO, KW, LB, LY, OM, QA, SA, SD, YE)
Dopamet® (Glynn: CZ)
Dopamet® (Opsonin: BD)
Dopasian® (Asian: TH)
Dopatab® [tab.] (Unifarm: PE)
Dopegyt® (Ambee: BD)
Dopegyt® (Egis: CZ, EG, HK, HU, JM, LK, MY, PL, RO, RU, SG, SY, YE)
Dopegyt® (Medimpex: BB, JM, TT)

Dopegyt® (Medline: TH)
Fidopa® (Sanofi-Aventis: BD)
Hy-Po-Tone® (Aspen: ZA)
Hydopa® (Alphapharm: AU)
Isomet® (M & H: TH)
Kindomet® (Kinder: BR)
Medopa® (Armoxindo: ID)
Medopa® (Atlantic: TH)
Medopa® (Kaigai: JP)
Medopren® (Malesci: IT)
Mefpa® (Pharmasant: TH)
Merck-Methyldopa® (Merck Generics: ZA)
Methyldopa Alpharma ApS® (Alpharma: SG)
Methyldopa Bidiphar® (Bidiphar: VN)
Methyldopa CF® (Centrafarm: NL)
Methyldopa Gf® (Genfarma: NL)
Methyldopa Sandoz® (Sandoz: NL)
Methyldopa® (Accord: US)
Methyldopa® (Alpharma: GB)
Methyldopa® (Hemofarm: RS)
Methyldopa® (Hillcross: GB)
Methyldopa® (Mylan: US)
Methyldopa® (Remedica: CY)
Methyldopa® (Sandoz: US)
Methyldopa® (Teva: US)
Methyldopa® (UDL: US)
Methyldopa® (Watson: US)
Metilcord® (Luper: BR)
Metildopa Fabra® (Fabra: AR)
Metildopa L.CH.® (Chile: CL)
Metildopa LCH® [compr.] (Ivax: PE)
Metildopa® (Biosintética: BR)
Metildopa® (Ducto: BR)
Metildopa® (EMS: BR)
Metildopa® (Luper: BR)
Metildopa® (Medley: BR)
Metildopa® (Neo Quimica: BR)
Metildopa® (Srbolek: RS)
Metpata® (Pharmasant: TH)
Normopress® (Alliance: ZA)
Pharmaniaga Methyldopa® (Pharmaniaga: MY)
Prodopa® (Pacific: NZ)
Rolab-Methyldopa® (Sandoz: ZA)
Siamdopa® (Siam Bheasach: TH)
Tensodopa® [tab.] (Colliere: PE)

– ethyl ester hydrochloride:

OS: *Methyldopate hydrochloride USAN*
PH: Methyldopate hydrochloride USP 30

Methyldopate Hydrochloride® (American Regent: US)
Methyldopate Hydrochloride® (Hospira: US)
Methyldopate Hydrochloride® (Sicor: US)

– sesquihydrate:

CAS-Nr.: 0041372-08-1
OS: *Methyldopa BAN, JAN, USAN*
IS: *Methyldopum*
PH: Methyldopa JP XIV, Ph. Eur. 5, Ph. Int. 4, USP 30
PH: Methyldopum Ph. Eur. 5, Ph. Int. 4
PH: Méthyldopa Ph. Eur. 5

Dopatral® (Austral: AR)
Dopegyt® (Egis: CZ)
Dopegyt® (UCB: DE)
Methyldopa Stada® (Stadapharm: DE)
Presinol® (Bayer: AT)
Presinol® (Teofarma: DE)

Methylephedrine (BAN)

D: L-N-Methylephedrin

Antiasthmatic agent
Sympathomimetic agent

CAS-Nr.: 0000552-79-4 — C_{11}-H_{17}-N-O, M_r 179.267

Benzenemethanol, α-[1-(dimethylamino)ethyl]-, [R-(R*,S*)]-

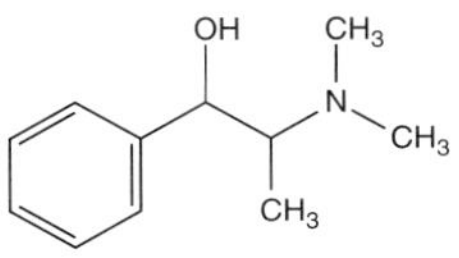

OS: *Methylephedrine [BAN, USAN]*

– hydrochloride:

OS: *Methylephedrine Hydrochloride BANM*
PH: dl-Methylephedrine Hydrochloride JP XIV
PH: Methylephedrinum hydrochloricum 2.AB-DDR

Methylephedrine U-Liang tab® (U-Liang: TW)

Methylergometrine (Rec.INN)

L: Methylergometrinum
I: Metilergometrina
D: Methylergometrin
F: Méthylergométrine
S: Metilergometrina

Oxytocic

ATC: G02AB01
CAS-Nr.: 0000113-42-8 — C_{20}-H_{25}-N_3-O_2, M_r 339.45

Ergoline-8-carboxamide, 9,10-didehydro-N-[1-(hydroxymethyl)propyl]-6-methyl-, [8β(S)]-

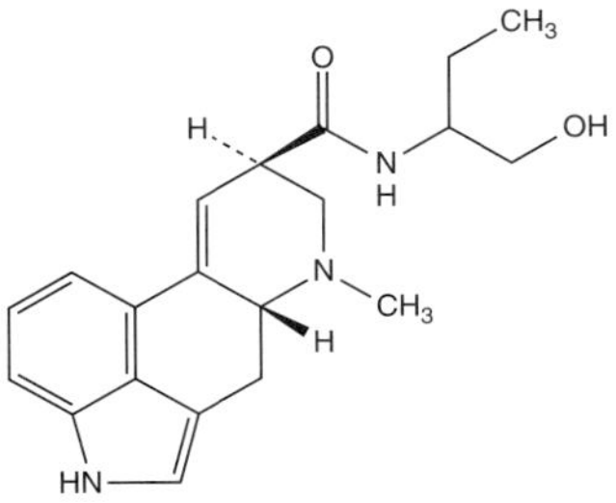

OS: *Methylergometrine [BAN, DCF]*
OS: *Metilergometrina [DCIT]*
IS: *Methylergobasin*
IS: *Methylergobrevin*
IS: *Methylergonovin*

Ergotyl® (Lek: HR, SI)
Hemergin® (Gaco: BD)
Urgotin® (Chemist: BD)

M

– maleate:

CAS-Nr.: 0057432-61-8
OS: *Methylergometrine Maleate BANM, JAN, USAN*
PH: Methylergometrine Maleate BP 1973, JP XIV
PH: Methylergometrinum hydrogenmaleinicum 2.AB-DDR
PH: Methylergonovine Maleate USP 30

Basofortina® (Novartis: AR)
Demergin® (Demo: GR)
Ergotyl® (RX: TH)
Expogin® (LBS: TH)
Ingagen-M® (Inga: IN)
Metenarin® (Teikoku Hormone: JP)
Methergine® (Novartis: US)
Methergin® (Novartis: AT, BE, BG, BR, CH, CO, DE, DK, ES, ET, FI, GH, GR, ID, IL, IN, IS, IT, KE, LU, LY, MT, MY, NG, NL, PH, PT, SD, SE, TR, TZ, ZW)
Methergin® (Novartis Pharma: PE)
Methergin® (Sandoz: MX)
Metherinal® (Landson: ID)
Metherspan® (Opsonin: BD)
Methylergobrevin® (Asta Medica: CZ)
Methylergobrevin® (Wernigerode: DE)
Methylergometrin-Rotexmedica® (Rotexmedica: DE)
Methylergometrin® (Hemofarm: RS)
Methylergometrin® (Rotexmedica: DE)
Methylergometrin® (Spofa: PL)
Metil Ergometrina Maleat® (Ethica: ID)
Metilat® (Metiska: ID)
Metilergometrina Maleato® (Biologici: IT)
Metiler® (Adeka: TR)
Metiler® [inj.] (Adeka: TR)
Metrine® (TP Drug: TH)
Myomergin® (Ethica: ID)
Méthergin® (Novartis: FR)
Nathergen® (PDL: TH)
Pospargin® (Kalbe: ID)
Spametrin-M® (Sanzen: JP)
Spasut® (Interbat: ID)
Takimetrin-M® (Kanebo: JP)
Utergin® (Sigma: IN)
Uterjin® (Biofarma: TR)

Methylphenidate (Rec.INN)

L: Methylphenidatum
I: Metilfenidato
D: Methylphenidat
F: Méthylphénidate
S: Metilfenidato

Psychostimulant

ATC: N06BA04
CAS-Nr.: 0000113-45-1

C_{14}-H_{19}-N-O_2
M_r 233.316

2-Piperidineacetic acid, α-phenyl-, methyl ester

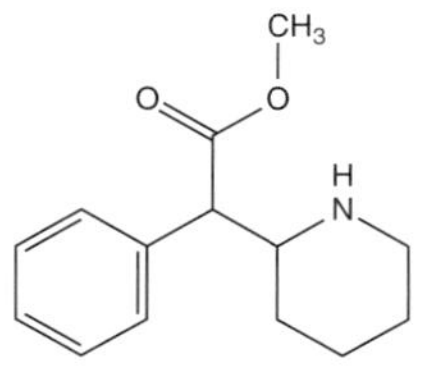

OS: *Methylphenidate [BAN, DCF, USAN]*
OS: *Metilfenidato [DCIT]*
IS: *C 4311*

Aradix Retard® (Drugtech-Recalcine: CL)
Aradix® (Drugtech-Recalcine: CL)
Daytrana® (Shire: US)
Methylin® (Rontag: AR)
Ritalin® (Novartis: IL)

– hydrochloride:

CAS-Nr.: 0000298-59-9
OS: *Methylphenidate Hydrochloride BANM, JAN*
IS: *Centedrin*
PH: Methylphenidate Hydrochloride USP 30
PH: Methylphenidati hydrochloridum Ph. Helv. 9
PH: Methylphenidatium chloratum PhBs IV

Adaphen® (Aspen: ZA)
Apo-Methylphenidate® (Apotex: CA)
Attenta® (Alphapharm: AU)
Biphentin® (Purdue Pharma: CA)
Concerta® (Janssen: AR, AT, AU, BE, BR, CA, CH, CO, CR, DE, DO, ES, FI, FR, GB, GT, HK, HN, HR, IE, IL, IS, LU, MX, MY, NI, NL, NO, NZ, PA, PH, PL, PT, RS, SE, SG, SV, TH, ZA)
Concerta® (Janssen-Cilag: CL, TR)
Concerta® (McNeil: US)
Equasym® (Celltech: IS, NL)
Equasym® (UCB: DE, DK, FI, GB, IE, NO)
GenRX Methylphenidate® (GenRX: AU)
Lorentin® (Hexal: AU)
Medikinet® (Medice: DE, NL)
Metadate® (Celltech: IL)
Metadate® (UCB: US)
Methylfenidaat HCl AET® (Alfred Tiefenbacher: NL)
Methylfenidaat HCl Sandoz® (Sandoz: NL)
Methylfenidaat HCl® (Hexal: NL)
Methylfenidaat ratiopharm® (Ratiopharm: NL)
Methylfenidaathydrochloride PCH® (Pharmachemie: NL)
Methylin® (Alliant: US)
Methylin® (Mallinckrodt: US)
Methylin® (Rontag: AR)
Methylpheni TAD® (TAD: DE)
Methylphenidat 1A-Pharma® (1A Pharma: DE)
Methylphenidat Hexal® (Hexal: DE)
Methylphenidat-ratiopharm® (ratiopharm: DE)
Methylphenidate Hydrochloride® (Sandoz: US)
Methylphenidate Hydrochloride® (UCB: US)
Methylphenidate Hydrochloride® (Watson: US)
Motiron® (Sandoz: DK)
Omozin® (Rubio: ES)
PMS-Methylphenidate® (Pharmascience: CA)
Rilatine® (Novartis: BE, LU)
Ritalin LA® (Novartis: AU, IL)
Ritalin SR® (Novartis: IL, NZ, US)

Ritalina® (Novartis: AR, BR, CR, DO, GT, HN, NI, PA, PT, SV)
Ritaline® (Novartis: FR)
Ritalin® (Novartis: AG, AN, AT, AU, AW, BB, BM, BS, CA, CH, CL, CZ, DE, DK, ET, GB, GD, GH, GY, HK, HT, ID, IE, IS, JM, KE, KY, LC, LU, LY, MT, MX, MY, NG, NL, NO, NZ, SD, SE, SG, SI, TR, TT, TZ, US, VC, ZA, ZW)
Ritalin® (Novartis Pharma: PE)
Ritalin® (Phoenix Pharma: HU)
Ritalin® [vet.] (Cephalon: GB)
Ritrocel® (Silesia: CL)
Rubifen® (AFT: NZ)
Rubifen® (Neuropharma: AR)
Rubifen® (Rubio: CR, DO, ES, GT, PA, SG, SV, TH)
Rubifen® (TTN: TH)
Tifinidat® (Alfred Tiefenbacher: NL)
Tradea® (Psicofarma: MX)

Methylphenobarbital (Rec.INN)

L: Methylphenobarbitalum
I: Metilfenobarbital
D: Methylphenobarbital
F: Méthylphénobarbital
S: Metilfenobarbital

Antiepileptic

ATC: N03AA01
CAS-Nr.: 0000115-38-8 C_{13}-H_{14}-N_2-O_3
M_r 246.275

2,4,6(1H,3H,5H)-Pyrimidinetrione, 5-ethyl-1-methyl-5-phenyl-

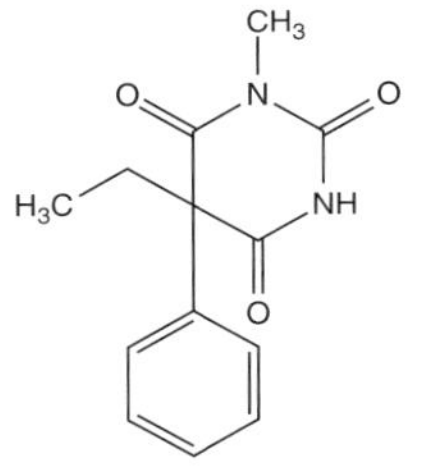

OS: *Methylphenobarbital [BAN]*
OS: *Méthylphénobarbital [DCF]*
OS: *Metilfenobarbital [DCIT]*
OS: *Mephobarbital [JAN, USAN]*
IS: *Enphenemal*
IS: *Methylphenobarbitone*
PH: Mephobarbital [USP 30]
PH: Methylphenobarbital [Ph. Eur. 5]
PH: Methylphenobarbitalum [Ph. Eur. 5]
PH: Méthylphénobarbital [Ph. Eur. 5]

Mebaral® (Ovation: US)
Methylfenobarbital Gf® (Genfarma: NL)
Methylfenobarbital PCH® (Pharmachemie: NL)
Methylphenobarbital® (Rekah: IL)
Phemiton® (Pliva: BA, HR, SI)

Methylprednisolone (Rec.INN)

L: Methylprednisolonum
I: Metilprednisolone
D: Methylprednisolon
F: Méthylprednisolone
S: Metilprednisolona

Adrenal cortex hormone, glucocorticoid

ATC: D07AA01,D10AA02,H02AB04
CAS-Nr.: 0000083-43-2 C_{22}-H_{30}-O_5
M_r 374.482

Pregna-1,4-diene-3,20-dione, 11,17,21-trihydroxy-6-methyl-, (6α,11β)-

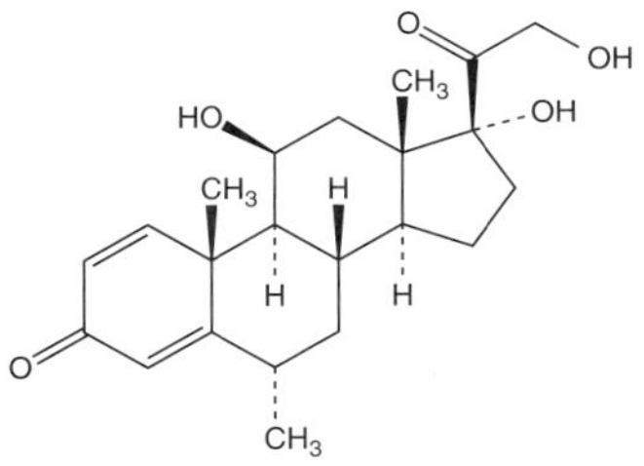

OS: *Methylprednisolone [BAN, DCF, JAN, USAN]*
OS: *Metilprednisolone [DCIT]*
IS: *Bioprednon*
PH: Methylprednisolon [Ph. Eur. 5]
PH: Methylprednisolone [JP XIV, Ph. Eur. 5, USP 30]
PH: Methylprednisolonum [Ph. Eur. 5]
PH: Méthylprednisolone [Ph. Eur. 5]

Hexilon® (Dankos: ID)
Indrol® (Indofarma: ID)
Intidrol® (Interbat: ID)
Lameson® (Lapi: ID)
Lemod® (Hemofarm: RS)
M-Prednihexal® (Hexal: DE)
Medixon® (Dexa Medica: LK)
Medixon® (Ferron: ID)
Medralone® (Keene: US)
Medrate® (Pharmacia: DE)
Medrol® (Pfizer: BA, BE, CA, CH, CL, CR, CZ, DK, FI, GE, GT, HK, HN, HR, HU, ID, IL, NI, NO, NZ, PA, PH, PL, PT, RU, SE, SI, SV, US, VN)
Medrol® (Pharmacia: BG, CN, CO, GR, IT, LU, PE, RO, ZA)
Medrol® [vet.] (Pfizer: FI)
Medrol® [vet.] (Pharmacia: IT)
Medrone® (Pfizer: GB)
Medrone® [vet.] (Pharmacia Animal Health: GB)
Meprolone® (Major: US)
Meproson® (Meprofarm: ID)
Methylprednisolon acis® (acis: DE)
Methylprednisolon Jenapharm® (mibe Jena: DE)
Methylprednisolone Dexa Medica® (Dexa Medica: ID)
Methylprednisolone-Mayne® (Mayne: LU)
Methylprednisolone® (Barr: US)
Methylprednisolone® (Par: US)
Methylprednisolone® (Trigen: US)
Methylprednisolone® [vet.] (Boehringer Ingelheim Vetmedica: US)
Methylprednisolone® [vet.] (Vedco: US)
Methylprednisolon® (Actavis: GE)
Methylprednisolon® (Balkanpharma: BG)

Metidrol® (Medikon: ID)
Metilprednisolona® (Eron: PE)
Metilprednisolona® (Feparvi: PE)
Metilpren® (Mayne: PT)
Metycortin® (mibe: DE)
Metypred® (Galenpharma: DE)
Metypred® (Orion: AE, BH, CZ, EG, HU, JO, KW, LB, RU)
Metysolon® (Dermapharm: DE)
Moderin® [vet.] (Pfizer: LU)
Moderin® [vet.] (Pfizer Animal: PT)
Moderin® [vet.] (Pharmacia Animal Health: BE)
Médrol® (Pfizer: BF, BJ, CF, CG, CI, CM, FR, GA, GN, MG, ML, MR, MU, NE, SN, TD, TG, ZR)
Nirypan® (Jugoremedija: RS)
Oro-Médrol® [vet.] (Pfizer Santé Animale: FR)
Predni M Tablinen® (Winthrop: DE)
Prednicort® (Otto: ID)
Prednol® (Mustafa Nevzat: BA, TR)
Prednox® (Pyridam: ID)
Pretilon® (Prima: ID)
Sanexon® (Sanbe: ID)
Solomet® (Orion: FI)
Somerol® (Soho: ID)
Stenirol® (Guardian: ID)
Tropidrol® (Tropica: ID)
Urbason® (Aventis: AT, ES, IT, SI)
Urbason® (Aventis Pharma: ID)
Urbason® (Sanofi-Aventis: DE)

– aceponate:

CAS-Nr.: 0086401-95-8
OS: *Methylprednisolone Aceponate USAN*
IS: *MPA*
IS: *SH 440*
IS: *ZK 91588*

Advantan® (Bayer: CH)
Advantan® (CSL: AU)
Advantan® (Intendis: AT, DE, IT, MX, PL, RU, TR)
Advantan® (Schering: AR, BA, BE, BR, CO, CZ, EC, FI, GE, GR, HK, HR, ID, LU, NZ, PE, PH, PT, RO, SI, ZA)
Adventan® (Schering: ES)
Avancort® (Polifarma: IT)
Lexxema® (Italfarmaco: ES)

– 21-acetate:

CAS-Nr.: 0000053-36-1
OS: *Methylprednisolone Acetate BANM, JAN, USAN*
PH: Methylprednisolone Acetate Ph. Eur. 5, USP 30
PH: Methylprednisoloni acetas Ph. Eur. 5
PH: Méthylprednisolone (acétate de) Ph. Eur. 5
PH: Methylprednisolonacetat Ph. Eur. 5

Cortard® [vet.] (Vetpharm: NL)
Depo Moderin® (Pharmacia: ES)
Depo-Medrate® (Pharmacia: DE)
Depo-Medrate® [vet.] (Pharmacia: DE)
Depo-Medrol® (Eczacibasi: TR)
Depo-Medrol® (Euro: NL)
Depo-Medrol® (Pfizer: AT, BA, BE, CA, CH, CL, CR, CZ, DK, FI, GE, GT, HK, HN, HR, HU, ID, IL, IN, IS, LU, MX, MY, NI, NL, NZ, PA, PH, PL, PT, SE, SI, SV, US, VN)
Depo-Medrol® (Pharmacia: AU, BG, BR, CO, ET, GH, IT, KE, LR, PE, RO, RW, SL, TH, TZ, UG, ZA, ZW)
Depo-Medrol® [vet.] (Pfizer: CH, FI)
Depo-Medrol® [vet.] (Pfizer Animal Health: NZ)
Depo-Medrol® [vet.] (Pfizer Santé Animale: FR)
Depo-Medrol® [vet.] (Pharmacia: AU, IT, US)
Depo-Medrone® (Pfizer: GB, IE)
Depo-Medrone® [vet.] (Pharmacia Animal Health: GB, IE)
Depo-Moderin® (Pharmacia: ES)
Depo-Nisolone® (Pharmacia: AU)
Depredil® [vet.] (Ilium Veterinary Products: AU)
Depredone® [vet.] (Jurox: AU)
Déméthyl® [vet.] (Virbac: FR)
Dépo-Médrol® (Pfizer: BF, BJ, CF, CG, CI, CM, FR, GA, GN, MG, ML, MR, MU, NE, SN, TD, TG, ZR)
Epizolone Depot® (Eipico: AE, BH, EG, IQ, JO, KW, LB, LY, OM, QA, SA, SD, YE)
Lemod Depo® (Hemofarm: BA, RS)
Medralone® (Keene: US)
Methylprednisolone Acetate® (Sandoz: CA)
Methylprednisolone Acetate® (Sicor: US)
Methylprednisolone Acetate® (Teva: US)
Metypred® [inj.] (Orion: AE, BH, EG, JO, KW, LB)
Moderin® [vet.] (Pfizer: NL)
Moderin® [vet.] (Pharmacia Animal Health: BE)
Solomet® [inj.] (Orion: FI)
Vetacortyl® [vet.] (Vetoquinol: CH, LU, NL)
Vétacortyl® [vet.] (Vetoquinol: FR)

– 21-(hydrogen succinate):

CAS-Nr.: 0002921-57-5
OS: *Methylprednisolone Hydrogen Succinate BANM*
PH: Methylprednisolone Hemisuccinate USP 30
PH: Methylprednisolone Hydrogen Succinate Ph. Eur. 5
PH: Methylprednisoloni hydrogenosuccinas Ph. Eur. 5
PH: Methylprednisolonhydrogensuccinat Ph. Eur. 5
PH: Méthylprednisolone (hydrogénosuccinate de) Ph. Eur. 5

Medrate® [vet.] (Pfizer Animal: DE)
Methylprednisolone Merck® (Merck: IL)
Metilprednisolona Arsaluda® (Arsalud: ES)
Solu Medrol® (Pfizer: BA, HR)
Urbason® (Aventis: AT)
Urbason® (Sanofi-Aventis: DE)

– 21-(sodium succinate):

CAS-Nr.: 0002375-03-3
OS: *Methylprednisolone Sodium Succinate BANM, JAN, USAN*
PH: Methylprednisolone Sodium Succinate USP 30

A-methaPred® (Abbott: IL)
A-methaPred® (Hospira: US)
Asmacortone® (Nuovo: IT)
Cipridanol® (Richmond: AR)
Cortisolona® (Klonal: AR)
Cryosolona® [inj.] (Cryopharma: MX)
Lemod Solu® (Hemofarm: BA, RO, RS)
Lyo-drol® (Vianex: GR)
Medrate® [inj.] (Pharmacia: DE)
Methylprednisolon Natrium Succinaat Mayne® (Mayne: NL)
Methylprednisolone Sodium Succinate® (Abraxis: US)

Methylprednisolone Sodium Succinate® (Alpharma: PE)
Methylprednisolone Sodium Succinate® (Mayne: AU, NZ, SG)
Methylprednisolone Sodium Succinate® (Novopharm: CA)
Metilbetasone® (So.Se.: IT)
Metilprednisolona Richet® (Richet: AR)
Metilprednisolona® (Bestpharma: CL)
Metilprednizolon Human® (Teva: HU)
Metypred® (Galenpharma: DE)
Metypred® (Orion: AE, BH, CZ, EG, JO, KW, LB, PL)
Metypresol® (Pharmachemie: NL)
Méthylprednisolone Dakota Pharm® (Dakota: FR)
Predlitem® (Bruluart: MX)
Predmetil® (Eurofarma: BR)
Prednol-L® (Mustafa Nevzat: BA, TR)
Sol-Melcort® (Toyama: JP)
Solu Moderin® (Pharmacia: ES)
Solu Médrol® [vet.] (Pfizer: FR)
Solu Médrol® [vet.] (Pharmacia: NZ)
Solu-Medrol Act-O-Vial® (Pharmacia: RO)
Solu-Medrol® (Medcor: NL)
Solu-Medrol® (Pfizer: AR, AT, BE, BF, BJ, BR, CA, CF, CG, CH, CI, CL, CM, CR, CZ, DK, FI, GA, GE, GN, GT, HK, HN, HU, ID, IL, IN, IS, LU, MG, ML, MR, MU, MX, MY, NE, NI, NL, NO, NZ, PA, PL, PT, RU, SE, SG, SI, SN, SV, TD, TG, TH, US, VN, ZR)
Solu-Medrol® (Pharmacia: AU, BG, CN, CO, ET, GH, GR, IT, KE, LR, PE, RO, RW, SL, TZ, UG, ZA, ZW)
Solu-Medrol® [vet.] (Pharmacia: IT)
Solu-Medrone® (Pfizer: GB, IE)
Solu-Medrone® [vet.] (Pharmacia Animal Health: GB)
Solu-Moderin® (Pharmacia: ES)
Solu-Médrol® [vet.] (Pfizer Santé Animale: FR)
Supresol® (Biologici: IT)
Thimelon® (Ethica: ID)
Urbason Solubile® [inj.] (Aventis: AT, CZ, ES, IT)
Urbason Solubile® [inj.] (Sanofi-Aventis: DE)
Urbason® (Aventis: ES)

- **suleptanate:**

CAS-Nr.: 0090350-40-6
OS: *Methylprednisolone Suleptanate USAN*
OS: *Methylprednisolone Suleptonate BANM*
IS: *U 65590 A*

Methylrosanilinium Chloride (Rec.INN)

L: Methylrosanilinii Chloridum
I: Metilrosanilino cloruro
D: Methylrosanilinium chlorid
F: Chlorure de Méthylrosanilinium
S: Cloruro de metilrosanilina

Anthelmintic
Dermatological agent, topical antiseptic
Antiinfective agent

CAS-Nr.: 0000548-62-9 C_{25}-H_{30}-Cl-N_3
M_r 407.995

Benzenemethanol, 4-(dimethylamino)-α,α-bis[4-(dimethylamino)phenyl]-, hydrochloride

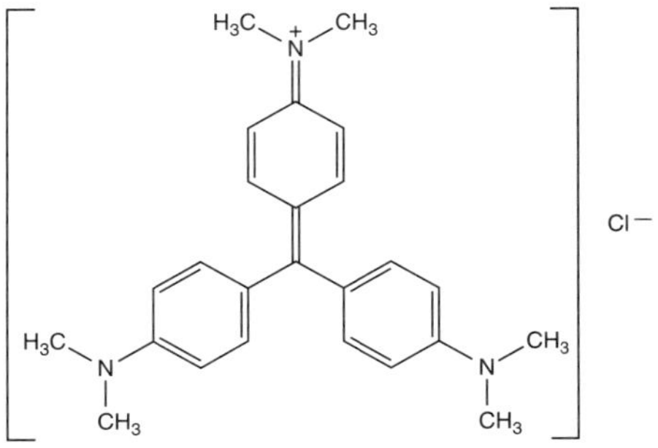

OS: *Méthylrosanilinium, chlorure de [DCF]*
OS: *Metilrosanilino cloruro [DCIT]*
OS: *Methylrosanilinium Chloride [BAN]*
OS: *Gentian Violet [USAN]*
IS: *Crystal violet*
IS: *Crystalloviolaceum*
IS: *Pyoctaninum coeruleum*
IS: *Cl 42555*
IS: *Gentian violet*
PH: Crystal Violet [BP 1980]
PH: Gentian Violet [USP 30]
PH: Methylrosanilinium chloratum [2.AB-DDR, OeAB, PhBs IV]
PH: Methylrosaniliniumchlorid [DAC, Ph. Eur. 5]
PH: Methylrosanilinium Chloride [JP XIV, Ph. Eur. 5, Ph. Int. 4]
PH: Violet cristallisé [Ph. Franç. X]
PH: Methylrosanilinii chloridum [Ph. Eur. 5, Ph. Int. 4]

Gentiaanviolet FNA® (FNA: NL)
Metilrosanilinio Cloruro® (Marco Viti: IT)
Metilrosanilinio Cloruro® (Nova Argentia: IT)
Metilrosanilinio Cloruro® (Ogna: IT)
Metilrosanilinio Cloruro® (Ramini: IT)
Metilrosanilinio Cloruro® (Sella: IT)
Metilrosanilinio Cloruro® (Zeta: IT)
Metylrosanilin SAD® (SAD: DK)
Pioktanina® (Hasco: PL)
Pyoctaninum Coeruleum® (Hasco: PL)
Solutio Methylrosanilini Chlorati® (Profarma: CZ)
Spirytusowy Roztwór Fioletu Gencjanowego® (Gemi: PL)
Vigencial® (Estedi: ES)
Violeta de Genciana® (Lafarpe: PE)
Violeta de Genciana® (Volta: CL)
Violeta Genciana® (Valma: CL)
Wodny Roztwor Fioletu Gencjanowego® (Gemi: PL)

M

Methyltestosterone (Rec.INN)

L: Methyltestosteronum
I: Metiltestosterone
D: Methyltestosteron
F: Méthyltestostérone
S: Metiltestosterona

Androgen

ATC: G03BA02,G03EK01
CAS-Nr.: 0000058-18-4 C_{20}-H_{30}-O_2
M_r 302.46

Androst-4-en-3-one, 17-hydroxy-17-methyl-, (17β)-

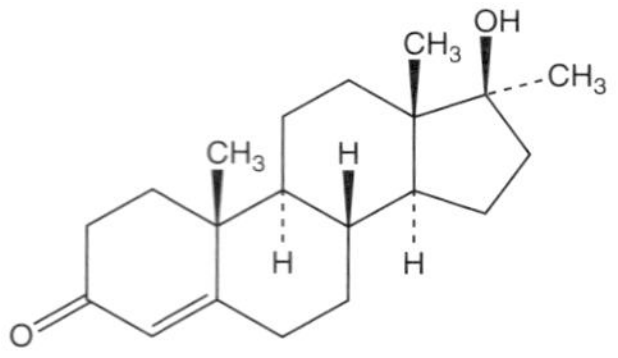

OS: *Methyltestosterone [BAN, DCF, USAN]*
OS: *Metiltestosterone [DCIT]*
IS: *NSC 9701*
IS: *Syndren*
PH: Methyltestosteron [Ph. Eur. 5]
PH: Methyltestosterone [JP XIV, Ph. Eur. 5, Ph. Int. 4, USP 30]
PH: Methyltestosteronum [Ph. Eur. 5, Ph. Int. 4]

Afro® (Casel: TR)
Android® (Valeant: US)
Methitest® (Global: US)
Methyltestosterone March® (March: TH)
Orandrone® [vet.] (Intervet: GB)
Oreton® (Schering: US)
Testred® (Valeant: US)
Virilon® (Star: US)

Methylthioninium Chloride (Rec.INN)

L: Methylthioninii Chloridum
I: Metiltioninio clorure
D: Methylthioninium chlorid
F: Chlorure de Méthylthioninium
S: Cloruro de metiltioninio

Antidote in methemoglobinemia
Diagnostic
Urinary tract antiseptic

ATC: V03AB17,V04CG05
CAS-Nr.: 0000061-73-4 C_{16}-H_{18}-Cl-N_3-S
M_r 319.86

Phenothiazin-5-ium, 3,7-bis(dimethylamino)-, chloride

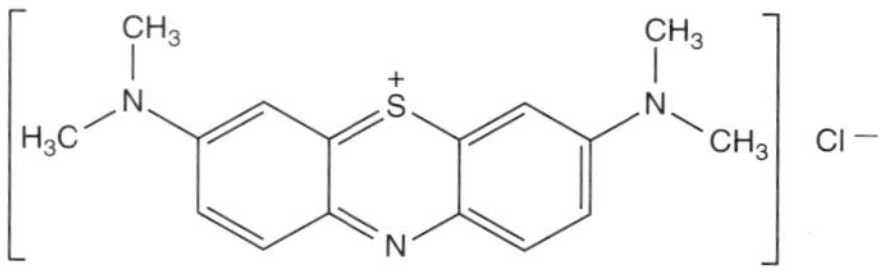

OS: *Methylthioninium Chloride [BAN]*
OS: *Bleu de méthylène [DCF]*
OS: *Metiltioninio clorure [DCIT]*
OS: *Methylene Blue [BAN, USAN]*
IS: *Methylenum coeruleum*
IS: *Tetramethylthioninium chloratum*
IS: *Methylenblau*
PH: Ceruleum methylenum [Ph. Jap. 1976]
PH: Methylene Blue [USP 30, BP 2003]
PH: Methylthionini chloridum [Ph. Int. II]
PH: Methylthioniniumchlorid [Ph. Eur. 5]
PH: Methylthioninium Chloride [BP 2003, Ph. Eur. 5]
PH: Methylthioninii chloridum [Ph. Eur. 5, Ph. Int. 4]

Azul de Metileno® (Valma: CL)
Azul de Metileno® (Volta: CL)
MethBlue® (Manne: US)
Methylenblau Vitis® (Neopharma: DE)
Methylene Blue for Injection DBL® (Mayne: NZ)
Methylene Blue Injection USP® (Mayne: AU)
Methylene Blue Injection® (American Regent: US)
Methylene Blue Injection® (Pasadena: US)
Methylene Blue Injection® (Raway: US)
Methylene Blue Injection® (Taylor: US)
Methylene Blue TP® (TP Drug: TH)
Methylene Blue® (Bioniche: CA)
Methylthioninum Chloride® [vet.] (Martindale Animalhealth: GB)
Metiltioninio Cloruro® (AFOM: IT)
Metiltioninio Cloruro® (Bioindustria Lim: IT)
Metiltioninio Cloruro® (Marco Viti: IT)
Metiltioninio Cloruro® (Monico: IT)
Metiltioninio Cloruro® (Nova Argentia: IT)
Metiltioninio Cloruro® (Ramini: IT)
Metiltioninio Cloruro® (Salf: IT)
Metiltioninio Cloruro® (Zeta: IT)
Sepurin® (Gross: BR)
Urolene Blue® (Star: US)

Methylthiouracil (Rec.INN)

L: Methylthiouracilum
I: Metiltiouracile
D: Methylthiouracil
F: Méthylthiouracile
S: Metiltiouracilo

Antithyroid agent

ATC: H03BA01
CAS-Nr.: 0000056-04-2 C_5-H_6-N_2-O-S
M_r 142.183

4(1H)-Pyrimidinone, 2,3-dihydro-6-methyl-2-thioxo-

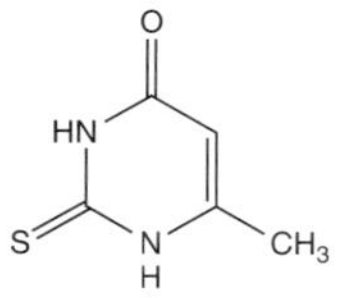

OS: *Méthylthiouracile [DCF]*
OS: *Methylthiouracil [USAN]*
IS: *Methylthiourazil*
PH: Methylthiouracil [BP 1973, USP XXI]
PH: Methylthiouracilum [2.AB-DDR, OeAB, Ph. Helv. VI, Ph. Int. II, Ph. Jap. 1976]
PH: Metiltiouracile [F.U. IX]

Thimecil® (Physicians: US)

Methysergide (Rec.INN)

L: Methysergidum
I: Metisergide
D: Methysergid
F: Méthysergide
S: Metisergida

Antimigraine agent
Serotonin antagonist

ATC: N02CA04
CAS-Nr.: 0000361-37-5 C_{21}-H_{27}-N_3-O_2
M_r 353.477

Ergoline-8-carboxamide, 9,10-didehydro-N-[1-(hydroxymethyl)propyl]-1,6-dimethyl-, [8β(S)]-

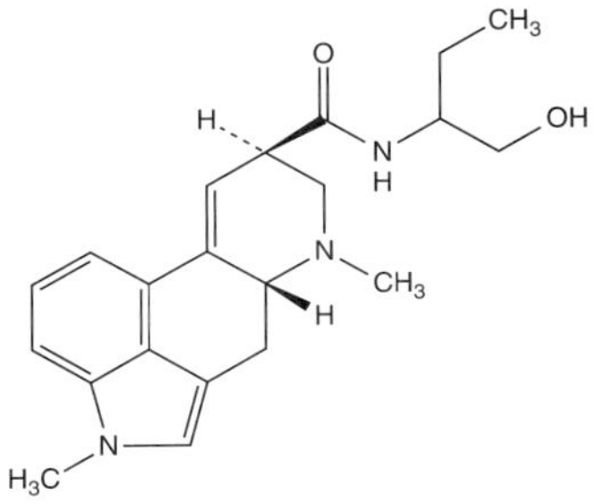

OS: *Methysergide [BAN, DCF, USAN]*
OS: *Metisergide [DCIT]*

Deserila® (Novartis: BR)
Deseril® (Novartis: ZA)
Deseril® (Sandoz: BE, ES)

– maleate:

CAS-Nr.: 0000129-49-7
OS: *Methysergide Maleate BANM, USAN*
IS: *Methysergid maleat*
PH: Methysergide Maleate BP 2002, USP 30
PH: Methysergidi maleas Ph. Helv. 8

Deseril® (Alliance: GB)
Deseril® (Novartis: AU, DE, NL)
Deseril® (Sandoz: ES)
Désernil-Sandoz® (Novartis: FR)
Sansert® (Novartis: CA, US)

Meticrane (Rec.INN)

L: Meticranum
D: Meticran
F: Méticrane
S: Meticrano

Diuretic

ATC: C03BA09
CAS-Nr.: 0001084-65-7 C_{10}-H_{13}-N-O_4-S_2
M_r 275.344

2H-1-Benzothiopyran-7-sulfonamide, 3,4-dihydro-6-methyl-, 1,1-dioxide

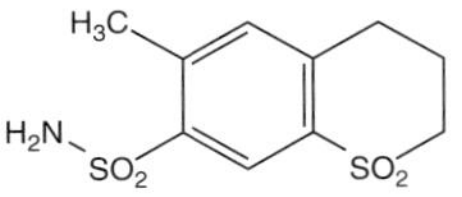

OS: *Méticrane [DCF]*
OS: *Meticrane [JAN, USAN]*
PH: Meticrane [JP XIV]

Arresten® (Shinyaku: JP)

Metildigoxin (Rec.INN)

L: Metildigoxinum
I: Metildigossina
D: Metildigoxin
F: Métildigoxine
S: Metildigoxina

Cardiac glycoside

ATC: C01AA08
CAS-Nr.: 0030685-43-9 C_{42}-H_{66}-O_{14}
M_r 794.99

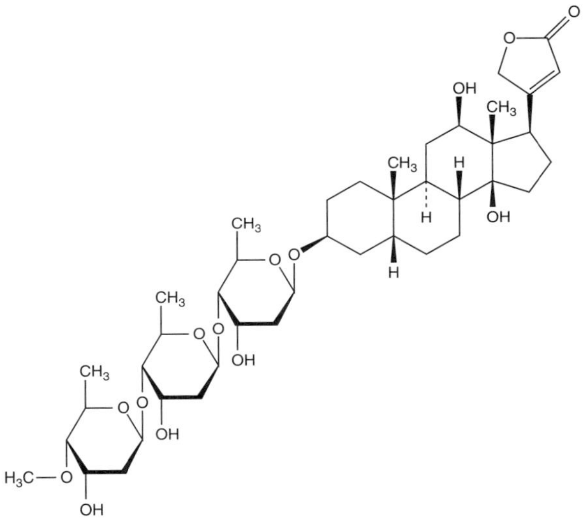

OS: *Medigoxin [BAN]*
OS: *Metildigossina [DCIT]*
OS: *Metildigoxin [BAN, USAN]*
IS: *beta-Methyl-digoxin*
PH: Metildigoxin [JP XIV]

Bemecor® (Lek: PL)
Digicor® (Lek: SI)
Dimekor® (Galenika: RS)
Lanirapid® (Kern: ES)
Lanitop® (ASTA Medica: BR)
Lanitop® (Pliva: HR, SI)
Lanitop® (Rajawali: ID)
Lanitop® (Riemser: AT, BE, BG, BW, CL, CO, CZ, DE, EC, ET, GH, GR, IT, KE, LU, MU, MW, NA, NG, PT, SD, TZ, UG, ZM, ZW)
Lanitop® (Roche: HK, PT)
Medigox® (Polfa Warszawa: PL)

Metipamide

L: Metipamidum
D: Metipamid

Antihypertensive agent
Diuretic

CAS-Nr.: 0085683-41-6 C_{14}-H_{14}-Cl-N_3-O_3-S
M_r 339.82

3-(Aminosulfonyl)-4-chloro-benzoic acid 2-methyl-2-phenylhydrazide

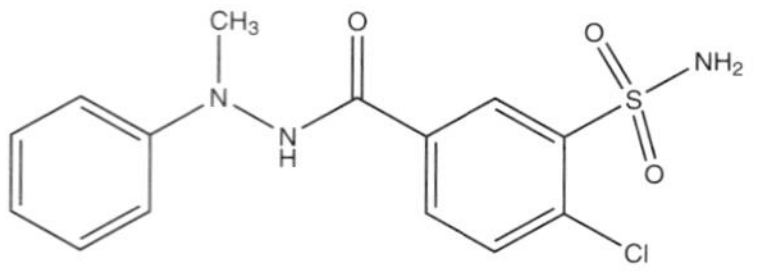

IS: *Hypotylin*
IS: *VUPB-14429*

Hypotylin® (Zentiva: CZ)

Metipranolol (Rec.INN)

L: Metipranololum
I: Metipranololo
D: Metipranolol
F: Métipranolol
S: Metipranolol

Glaucoma treatment
β-Adrenergic blocking agent

ATC: S01ED04
CAS-Nr.: 0022664-55-7 C_{17}-H_{27}-N-O_4
M_r 309.413

Phenol, 4-[2-hydroxy-3-[(1-methylethyl)amino]propoxy]-2,3,6-trimethyl-, 1-acetate

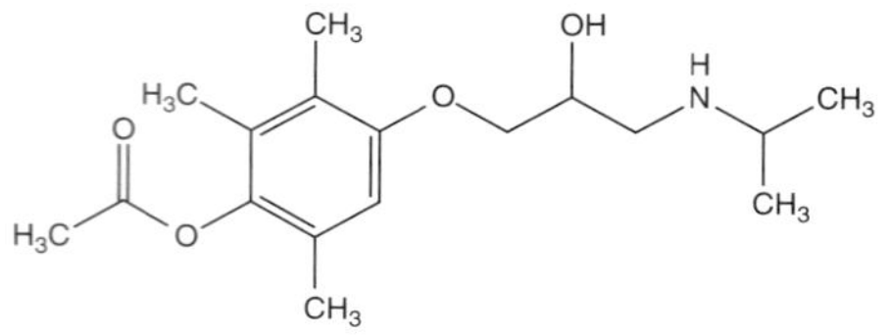

OS: *Metipranolol [BAN, DCF, USAN]*
OS: *Metipranololo [DCIT]*
IS: *BM 01.004*
IS: *Methypranol*
IS: *VUFB 6453*
IS: *VUAB 6453 (Spofa)*
PH: Metipranololum [PhBs IV]
PH: Metipranolol [BP 2002]

Bétanol® (Europhta: MC)
Minims Metipranolol® (Chauvin: GB)
Trimepranol® (Biotika: CZ)
Trimepranol® (Slovakofarma: CZ)
Trimepranol® (Zentiva: CZ)
Turoptin® (Ciba Vision: IT)
Turoptin® (Novartis: TR)

– hydrochloride:

Beta Ophtiole® (Tramedico: NL)
Beta-Ophtiole® (Lepori: PT)
Beta-Ophtiole® (Mann: TH)
Beta-Ophtiole® (Riel: AT)
Beta-Ophtiole® (Tramedico: BE, NL)
Betamann® (Mann: DE, LU, PL)

Metirosine (Rec.INN)

L: Metirosinum
D: Metirosin
F: Métirosine
S: Metirosina

Antihypertensive agent

ATC: C02KB01
CAS-Nr.: 0000672-87-7 C_{10}-H_{13}-N-O_3
M_r 195.224

L-Tyrosine, α-methyl-

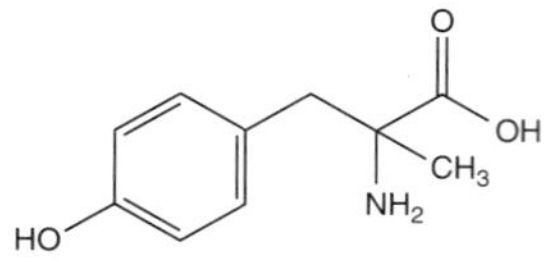

OS: *Metirosine [BAN]*
OS: *Metyrosine [USAN]*
IS: *L 588*
IS: *MK 781 (Merck, USA)*
IS: α-*MPT*
IS: *L 588357-0*
IS: *357 O*
PH: Metyrosine [USP 30]

Demser® (Merck: US)
Demser® (Merck Sharp & Dohme: NL)

Metixene (Rec.INN)

L: Metixenum
I: Metixene
D: Metixen
F: Métixène
S: Metixeno

Antiparkinsonian, central anticholinergic

ATC: N04AA03
CAS-Nr.: 0004969-02-2 C_{20}-H_{23}-N-S
M_r 309.474

Piperidine, 1-methyl-3-(9H-thioxanthen-9-ylmethyl)-

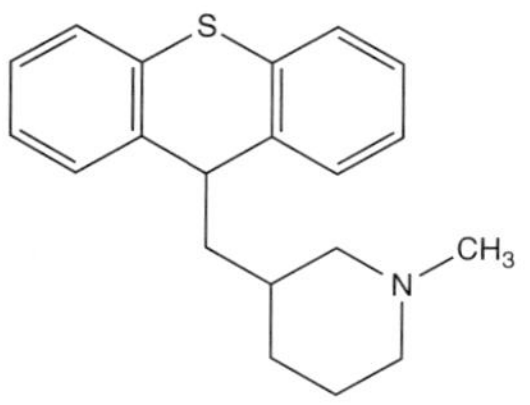

OS: *Metixene [BAN]*
OS: *Metixène [DCF]*
OS: *Metixene [DCIT]*
OS: *Methixene [BAN]*

– hydrochloride:

CAS-Nr.: 0007081-40-5

OS: *Methixene Hydrochloride USAN*
OS: *Metixene Hydrochloride BANM, JAN*
IS: *SJ 1977*
PH: Metixene Hydrochloride Ph. Eur. 5
PH: Métixène (chlorhydrate de) Ph. Eur. 5
PH: Metixenhydrochlorid Ph. Eur. 5
PH: Metixeni hydrochloridum Ph. Eur. 5

Methixart® (Fuso: JP)
Tremaril® (LPB: IT)
Tremaril® (Novartis: HU)
Tremaril® (Sandoz: ES)
Tremarit® (AWD.pharma: DE)

Metoclopramide (Rec.INN)

L: Metoclopramidum
I: Metoclopramide
D: Metoclopramid
F: Métoclopramide
S: Metoclopramida

Antiemetic
Peristaltic stimulant

ATC: A03FA01
CAS-Nr.: 0000364-62-5 C_{14}-H_{22}-Cl-N_3-O_2
M_r 299.81

Benzamide, 4-amino-5-chloro-N-[2-(diethylamino)ethyl]-2-methoxy-

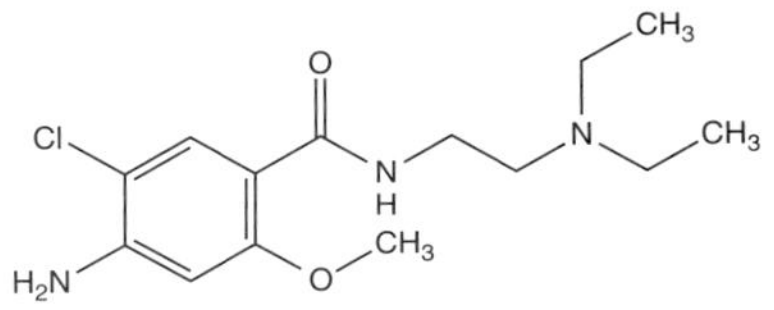

OS: *Metoclopramide [BAN, DCF, JAN]*
OS: *Metoclopramide [DCIT]*
IS: *MCP*
PH: Metoclopramide [Ph. Eur. 5, JP XIV]
PH: Metoclopramid [Ph. Eur. 5]
PH: Metoclopramidum [Ph. Eur. 5]
PH: Métoclopramide [Ph. Eur. 5]

Aeroflat® (Biosarto: ES)
Aeroitan® (Saval: PE)
Apo-Metoclopramida® (Apotex: PE)
Apo-Metoclop® (Apotex: AN, BB, BM, BS, GY, HT, JM, KY, SR, TT, VN)
Bondigest® (Pauly: CO)
Cerureg® (GAMA: GE)
Clopan® (Menarini: EC)
Enzimar® (Armofar: CO)
Fonderyl® (Raymos: AR)
Gaseo 3® (Medifarma: PE)
Gastrolon® (Efroze: LK)
Gastronerton® (Dolorgiet: AE, BH, DE, EG, LU, OM, QA, SA, SD, YE)
Gastrosil® (Heumann: DE)
Geneprami-D® (Genepharm: GR)
Gensil® (GDH: TH)
H-Peran® (L.B.S.: VN)
H-Peran® (LBS: TH)
Hawkperan® (LBS: TH)
Hemesys® (Genepharm: PE)
Hyrin® (Merckle: DE)
Itan® (Saval: CL)
Maxolon® [vet.] (Shire: GB)
Maxolon® [vet.] (Valeant: HK)
MCP-CT® (CT: DE)
MCP-ratiopharm® (ratiopharm: DE, LU)
Metlazel® (Shaphaco: IQ, YE)
Metoclopramida Genfar® (Genfar: CO)
Metoclopramida Iqfarma® (Iqfarma: PE)
Metoclopramida L.CH.® (Chile: CL)
Metoclopramida Merck® (Merck: CO)
Metoclopramida® (Biosano: CL)
Metoclopramida® (Blaskov: CO)
Metoclopramida® (Farmo Andina: PE)
Metoclopramida® (Pentacoop: CO)
Metoclopramida® (UQP: PE)
Metoclopramide Alpharma ApS® (Alpharma: SG)
Metoclopramide Indo Farma® (Indofarma: ID)
Metoclopramide OGB Dexa® (Dexa Medica: ID)
Metoclopramide-Eurogenerics® (Eurogenerics: LU)
Metoclopramid® (Biofarm: RO)
Metoclopramid® (Farmex: RO)
Metoclopramid® (Laropharm: RO)
Metoclopramid® (Schwarz: US)
Metocyl® (Rowa: MY)
Metopran® (Jadran: BA, HR)
Metoril® (Newport: CR, GT, HN, PA, SV)
Midatenk® (Biotenk: AR)
No-Vomit® (IMA: BR)
Plasil® (Aventis: CO, TH)
Pramiel® (Teikoku: JP)
Pramotil® (Schein: PE)
Primperan® (Biofarma: TR)
Primperan® (Dr. Fisher: NL)
Primperan® (EU-Pharma: NL)
Primperan® (Eureco: NL)
Primperan® (Euro: NL)
Primperan® (Sanofi-Aventis: CH, FI, SE, SG)
Primperan® (Sanofi-Synthelabo: GR, LU, NL, PE)
Primpéran® [rect.] (Sanofi-Aventis: FR)
Reglan® (Alkaloid: SI)
Rupemet® (Duncan: AR)
Sintegran® (Sintesina: AR)
Vomidex® (Dexa Medica: ID)
Vomiles® (Hexpharm: ID)
Vomipram® (Corsa: ID)
Vomitol® (Pharos: ID)
Vomitrol® (Pharos: ID)

– dihydrochloride:

CAS-Nr.: 0002576-84-3

MCP-CT® (CT: DE)
MCP-ratiopharm® (ratiopharm: DE)
Metoclopramida Lch® (Ivax: PE)
Metoclopramida Vannier® (Vannier: AR)
Metoc® (Oriental: AR)
Monocloridrato de Metoclopramida® (Lab. Neo Quím.: BR)
Primperid® [vet.] (Ceva: NL)
Rilaquin® (Microsules: AR)

– glycyrrhizinate:

Metagliz® (Almirall: EG, ES, GH, KE, SD, TZ, ZM)

M

- **hydrochloride:**

CAS-Nr.: 0054143-57-6
OS: *Metoclopramide Hydrochloride BANM, JAN, USAN*
IS: *AHR 3070-C*
IS: *Metoclopramidhydrochlorid-Monohydrat*
PH: Métoclopramide (chlorhydrate de) Ph. Eur. 5
PH: Metoclopramide Hydrochloride Ph. Eur. 5, Ph. Int. 4, USP 30
PH: Metoclopramidi hydrochloridum Ph. Eur. 5, Ph. Int. 4
PH: Metoclopramidhydrochlorid Ph. Eur. 5

Afipran® (Nycomed: NO)
Anausin Métoclopramide® (Meda: FR)
Antimet® (Antigen: IE)
Apo-Metoclop® (Apotex: CA)
Betaclopramide® (Be-Tabs: ZA)
Carnotprim® (Carnot: MX)
Cerucal® (Arzneimittelwerk Dresden: CZ)
Cerucal® (AWD Pharma: HU, RO)
Cerucal® (Pliva: RU)
Cerucal® (Temmler: DE)
Chlorhydrate de Métoclopramide Renaudin® (Renaudin: FR)
Citroplus® (Wyeth Consumer Healthcare: IT)
Clopamon® (Aspen: ZA)
Cloperan® (Remedica: CY)
Clopramida® (Rigar: PA)
Clopramide® (Saidal: DZ)
Clopram® (APM: AE, BG, BH, IQ, JO, KW, LB, LY, NG, OM, QA, SA, SD, SY, TN, YE)
Clopromate® (Purdue Frederick: US)
Cloridrato de Metoclopramida® (EMS: BR)
Cloridrato de Metoclopramida® (Fármaco: BR)
Cloridrato de Metoclopramida® (Neo Quimica: BR)
Cloridrato de Metoclopramida® (Teuto: BR)
Contromet® (Al Pharm: ZA)
Damaben® (Sanbe: ID)
Degan® (Lek: CZ)
Delipramil® (E-Pharma: IT)
Dibertil® (Sandipro: BE, LU)
Docmetoclo® (Docpharma: BE)
Dramanyl II Gotas® (Paill: GT, SV)
duraMCP® (Merck KGaA: DE)
Elieten® (Nippon Kayaku: JP)
Emetal® (Asian: TH)
Emperal® (Orion: AE, BH, DK, EG, JO, KW, LB)
Eucil® (Farmasa: BR)
Fada Metoclorpramida® (Fada: AR)
Gastro-Timelets® (Codali: LU)
Gastro-Timelets® (Sanova: AT)
Gastro-Timelets® (Temmler: DE, DK)
Gastrobid® (Mundipharma: BG)
Gastrosil® (Heumann: DE)
Gastrosil® (Pfizer: AT)
Gastrotranquil® (Azupharma: DE)
Gavistal® (Meprofarm: ID)
Hemibe® (Rider: CL)
Isaprandil® (Unifarm: IT)
Klometol® (Galenika: BA, RS)
Maril® (Atlantic: HK, SG, TH)
Martomide® (Marching Pharmaceutical: HK)
Maxeron® (Wallace: IN)
Maxil® (Nipa: BD)
Maxolon SR® (Shire: GB)
Maxolon® (GlaxoSmithKline: AE, BH, CY, EG, IQ, IR, KW, LB, OM, QA)
Maxolon® (ICN: AU)
Maxolon® (Pharmaco: ZA)
Maxolon® (Shire: GB)
Maxolon® (Valeant: HK)
Maxolon® [vet.] (Shire: GB)
MCP 1A Pharma® (1A Pharma: DE)
MCP AL® (Aliud: DE)
MCP Heumann® (Heumann: DE)
MCP Hexal® (Hexal: DE, LU)
MCP Hexal® (Salutas Fahlberg: CZ)
MCP Sandoz® (Sandoz: DE)
MCP Stada® (Stadapharm: DE)
MCP von ct® (CT: DE)
MCP-beta® (betapharm: DE)
MCP-Isis® (Alpharma: DE)
MCP-ratiopharm® (ratiopharm: DE)
Meclid® (Jayson: BD)
Meclomid® (Beximco: BD)
Meclomid® (Randall: MX)
Mepramide® (Pyridam: ID)
Meramide® (BL Hua: TH)
Merck-Metoclopramide® (Merck Generics: ZA)
Met-Sil® (TP Drug: TH)
Metalon® (CAPS: ZA)
Metamide® (Pacific: NZ)
Metoclopramid PB® (Docpharm: DE)
Metoclopramid-Akri® (Akrihin: RU)
Metoclopramida Clorhidrato® (Bestpharma: CL)
Metoclopramida Clorhidrato® (Sanderson: CL)
Metoclopramida Gen-Far® (Genfar: PE)
Metoclopramida Labesfal® (Labesfal: PT)
Metoclopramida Medinfar® (Medinfar: PT)
Metoclopramida Richmond® (Richmond: AR)
Metoclopramida® (Mintlab: CL)
Metoclopramide cloridrato® (Biologici: IT)
Metoclopramide DHA® (DHA: HK)
Metoclopramide EG® (EG: IT)
Metoclopramide EG® (Eurogenerics: BE)
Metoclopramide HCl Alpharma® (Alpharma: NL)
Metoclopramide HCl CF® (Centrafarm: NL)
Metoclopramide HCl Gf® (Genfarma: NL)
Metoclopramide HCl PCH® (Pharmachemie: NL)
Metoclopramide Hydrochloride® (Actavis: US)
Metoclopramide Hydrochloride® (Baxter: US)
Metoclopramide Hydrochloride® (Hospira: US)
Metoclopramide Hydrochloride® (Mayne: US)
Metoclopramide Hydrochloride® (Pharmaceutical Associates: US)
Metoclopramide Hydrochloride® (Sicor: US)
Metoclopramide Hydrochloride® (Silarx: US)
Metoclopramide Hydrochloride® (Teva: US)
Metoclopramide Hydrochloride® (VistaPharm: US)
Metoclopramide Injection BP® (AstraZeneca: AU)
Metoclopramide Injection BP® (Pharmacia: AU)
Metoclopramide Injection® (Mayne: US)
Metoclopramidemonohydrochloride® (Karib: NL)
Metoclopramide® (Alpharma: GB)
Metoclopramide® (AstraZeneca: AU, NZ)
Metoclopramide® (Goldshield: GB)
Metoclopramide® (Hameln: GB)
Metoclopramide® (Pfizer: NZ)
Metoclopramide® (Pharmacia: AU)
Metoclopramide® (Promed: RU)

Metoclopramide® (Sandoz: CA, GB)
Metoclopramide® (Teva: GB)
Metoclopramide® [vet.] (Alfasan: NL)
Metoclopramide® [vet.] (Kombivet: NL)
Metoclopramidum® (Polpharma: PL)
Metoclopramid® (Arena: RO)
Metoclopramid® (Slavia Pharm: RO)
Metoclopramid® (Terapia: RO)
Metoclorpramida Biol® (Biol: AR)
Metoclorpramida Drawer® (Drawer: AR)
Metoclorpramida Larjan® (Veinfar: AR)
Metoclorpramida Martian® (LKM: AR)
Metoclor® (Pharmaland: TH)
Metocol® (Opsonin: BD)
Metocontin® (Modi-Mundipharma: IN, LK)
Metocyl® (Rowa: AE, BH, CY, EG, IE, JO, KW, LB, LY, MT, OM, PE, QA, SA, YE)
Metogastron® (Hexal: AT)
Metoklamide® (Sanli: TR)
Metolon® (Bernofarm: ID)
Metomide® [vet.] (Delvet: AU)
Metpamid® (Yeni: TR)
Motilon® (Sanofi-Aventis: BD)
Movistal® (SMB: LU)
Métoclopramide Merck® (Merck Génériques: FR)
Métoclopramide Sandoz® (Sandoz: FR)
Nausil® (Siam Pharmaceutical: TH)
Nilatika® (Nicholas: ID)
Nofoklam® (Nufarindo: ID)
Noristal® (Hexpharm: ID)
Normastin® (Hexpharm: ID)
Novomit® (Klonal: AR)
Nu-Metoclopramide® (Nu-Pharm: CA)
Nutramid® (Acme: BD)
Obteran® (Prafa: ID)
Opram® (Armoxindo: ID)
Paspertin® (Solvay: AT, BG, CH, CZ, DE)
Peraprin® (Taiyo: JP)
Perinorm® (Ipca: IN, LK, RU)
Perinorm® (National Druggists: ZA)
Peristab® (Interpharm: LK)
Piralen® (Otto: ID)
Plasil® (Aventis: GH, KE, NG, ZW)
Plasil® (Duncan: PH)
Plasil® (Kimia: ID)
Plasil® (Lepetit: IT)
Plasil® (Sanofi-Aventis: BR, MX)
Polcotec® (Best: MX)
Pramalon® (Merck Generics: ZA)
Pramidin® (Crinos: PL, RO)
Pramidin® (Sirton: IT)
Pramiel® (Nagase: JP)
Praminal® (Merck: ID)
Pramin® (Alphapharm: AU)
Pramin® (Rafa: IL)
Praux® (Fabop: AR)
Primavera-N® (Fabra: AR)
Primperan® (Glynn: CZ)
Primperan® (Sanofi-Aventis: BE, CH, ES, FI, HK, MY, NO, PT, SE, VN)
Primperan® (Sanofi-Synthelabo: CO, CR, DK, DO, EC, GT, HN, IS, LU, NI, NL, PA, PE, SV)
Primperan® (Soho: ID)
Primpéran® (Sanofi-Aventis: FR)
Primpérid® [vet.] (Ceva: FR)
Prinparl® (Sawai: JP)
Prokinyl® (Techni-Pharma: MC)
Pylomid® (Bosnalijek: BA)
Raclonid® (Alpharma: ID)
Randum® (Teofarma: IT)
Reglan® (Alkaloid: BA, HR, RS)
Reglan® (CFL: IN)
Reglan® (Wyeth: US)
Reguloop® (Tunggal: ID)
Reliveran® (Novartis: AR)
Rolab-Metoclopramide® (Sandoz: ZA)
Sabax Metoclopramide® (Critical Care: ZA)
Saften® (Monserrat: AR)
Setin® (Alliance: ZA)
Sotatic® (Fahrenheit: ID)
Terperan® (Teikoku Hormone: JP)
Tomit® (Interbat: ID)
Topram® (Solas: ID)
Vertivom® (Global: ID)
Vilapon® (Metiska: ID)
Vomaine® (Eurogenerics: PH)
Zumatrol® (Prima: ID)

Metolazone (Rec.INN)

L: Metolazonum
I: Metolazone
D: Metolazon
F: Métolazone
S: Metolazona

Diuretic

ATC: C03BA08
CAS-Nr.: 0017560-51-9 C_{16}-H_{16}-Cl-N_3-O_3-S
M_r 365.844

6-Quinazolinesulfonamide, 7-chloro-1,2,3,4-tetrahydro-2-methyl-3-(2-methylphenyl)-4-oxo-

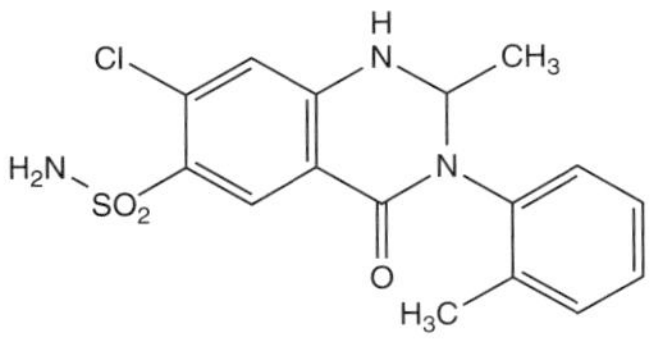

OS: *Metolazone [BAN, DCF, DCIT, JAN, USAN]*
IS: *SR 720-22*
PH: Metolazone [USP 30, Ph. Eur. 5]

Diulo® (Pfizer: PT)
Diulo® (Searle: AU)
Metenix® (Sanofi-Aventis: GB)
Metolaz® (Centaur: IN)
Metoz® (Centaur: IN)
Mykrox® (Celltech: US)
Pavedal® (Pharma Investi: CL)
Zaroxolyn® (Celltech: HK, IL)
Zaroxolyn® (Heumann: DE)
Zaroxolyn® (Sanofi-Aventis: CA)
Zaroxolyn® (Teofarma: IT)
Zaroxolyn® (UCB: US)

Metomidate (Rec.INN)

L: Metomidatum
D: Metomidat
F: Métomidate
S: Metomidato

⚕ Hypnotic, sedative [vet.]

CAS-Nr.: 0005377-20-8 C_{13}-H_{14}-N_2-O_2
M_r 230.275

1H-Imidazole-5-carboxylic acid, 1-(1-phenylethyl)-, methyl ester

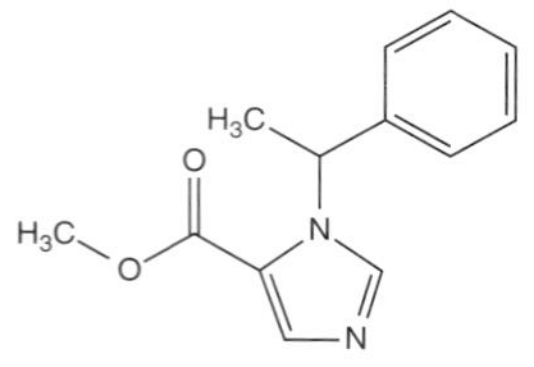

OS: *Metomidate [BAN, USAN]*

– hydrochloride:

CAS-Nr.: 0035944-74-2
OS: *Metomidate Hydrochloride BANM*
IS: *R 7315*

Hypnodil® [vet.] (Janssen: BE)
Hypnodil® [vet.] (Veterinaria: CH)

Metopimazine (Rec.INN)

L: Metopimazinum
D: Metopimazin
F: Métopimazine
S: Metopimazina

⚕ Antiemetic

ATC: A04AD05
CAS-Nr.: 0014008-44-7 C_{22}-H_{27}-N_3-O_3-S_2
M_r 445.608

4-Piperidinecarboxamide, 1-[3-[2-(methylsulfonyl)-10H-phenothiazin-10-yl]propyl]-

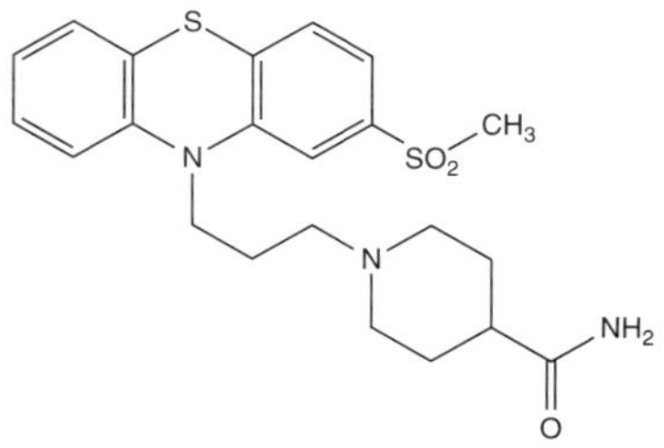

OS: *Metopimazine [BAN, DCF, USAN]*
IS: *EXP 999*
IS: *RP 9965*
PH: Métopimazine [Ph. Franç. X]

Vogalene® (Aventis: DK, IS)
Vogalib® (Schwarz: FR)
Vogalène® (Schwarz: FR)

Metoprolol (Rec.INN)

L: Metoprololum
I: Metoprololo
D: Metoprolol
F: Métoprolol
S: Metoprolol

⚕ β_1-Adrenergic blocking agent

ATC: C07AB02
CAS-Nr.: 0037350-58-6 C_{15}-H_{25}-N-O_3
M_r 267.375

2-Propanol, 1-[4-(2-methoxyethyl)phenoxy]-3-[(1-methylethyl)amino]-, (±)-

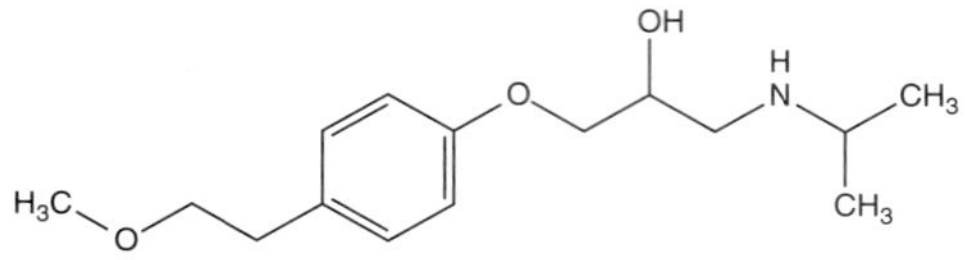

OS: *Metoprolol [BAN, DCF, USAN]*
OS: *Metoprololo [DCIT]*
IS: *H 93/26*

Lopresor® (GMP: GE)
Metoprolol NM Pharma® (Gerard: IS)
Metoprolol Tartrato® (Medicalex: CO)
Metoprolol-Akri® (Akrihin: RU)
Metoprololtartraat Gf® (Genfarma: NL)
Metoprolol® (Arena: RO)
Metoprolol® (Laropharm: RO)
Metoprolol® (Magistra: RO)
Metoprolol® (Pentacoop: CO)
Metoprolol® (Terapia: RO)
Metoprolol® (VIM Spectrum: RO)
Presolol® (Hemofarm: RS)
Sefloc® (Unison: TH)
Serdol® (Rompharm: RU)
Vasocardin® (Zentiva: RO, RU)

– fumarate:

CAS-Nr.: 0119637-66-0
OS: *Metoprolol Fumarate USAN*
IS: *CGP 2175 C (Ciba-Geigy, USA)*
PH: Metoprolol Fumarate USP 30

Beloken® (AstraZeneca: ES)
Lopresor OROS® (Daiichi Sankyo: CH)
Lopresor OROS® (Novartis: IL, LU, NL, ZA)
Metoprolol NOK Sandoz® (Sandoz: DE)

– succinate:

CAS-Nr.: 0009818-47-4
OS: *Metoprolol Succinate BANM, USAN*
PH: Metoprololi succinas Ph. Eur. 5
PH: Metoprolol Succinate Ph. Eur. 5, USP 30
PH: Metoprololsuccinat Ph. Eur. 5
PH: Métoprolol (succinate de) Ph. Eur. 5

Beloc ZOK® (AstraZeneca: CH, DE)
Beloc-Zok® (AstraZeneca: DE, TR)
Beloc-Zok® (Promed: DE)
Beloken® (AstraZeneca: ES)
Belozok® (AstraZeneca: AR)
Betaloc CR® (AstraZeneca: NZ)

Betaloc Zok® (AstraZeneca: BG, CN, CO, CZ, ET, GH, HK, HU, KE, LK, MW, MZ, NG, PL, RO, RU, SD, SG, TZ, UG, VN, YE, ZM, ZW)
Lopresor® (Sandoz: MX)
Meto Zerok® (Sandoz: CH)
Meto-Succinat Sandoz® (Sandoz: DE)
Metohexal retard® (Hexal: AT, LU)
Metohexal succ® (Hexal: DE, LU, PL)
Metoprolol Hexal® (Sandoz: SE)
Metoprololsuccinaat Merck® (Merck Generics: NL)
Metoprololsuccinaat® (Hexal: NL)
Metoprololsuccinat 1A Farma® (1A Farma: DK)
Metoprololsuccinat Hexal® (Hexal: DK)
Metoprololsuccinat Hexal® (Sandoz: FI)
Metoprololsuccinat-1A Pharma retard® (1A Pharma: DE)
Metoprololsuccinat-1A Pharma® (1A Pharma: AT, DE)
Metoprolol® (AstraZeneca: NL)
Selo-Zok® (AstraZeneca: NO)
Selokeen ZOC® (AstraZeneca: NL)
SelokenZOC® (AstraZeneca: IS, SE)
Seloken® (AstraZeneca: AT, BE, ES, MX)
Seloken® (Sanova: AT)
Seloken® Zoc (AstraZeneca: FI)
Selozok® (AstraZeneca: DK, FR, LU)
Spesicor® (Leiras: FI)
Toprol XL® (AstraZeneca: AU, US)

– tartrate:

CAS-Nr.: 0056392-17-7
OS: *Metoprolol Tartrate BANM, JAN, USAN*
IS: *CGP 2175*
IS: *Opresol*
IS: *Metoprololhemi-(R,R)-tartrat*
PH: Metoprolol Tartrate Ph. Eur. 5, USP 30
PH: Metoprololi tartras Ph. Eur. 5
PH: Metoprololtartrat Ph. Eur. 5
PH: Métoprolol (tartrate de) Ph. Eur. 5

Apo-Metoprolol-L® (Apotex: VN)
Apo-Metoprolol® (Apotex: CA, CZ)
Azumetop® (Azupharma: DE)
Beloc Duriles® (AstraZeneca: AT)
Beloc-Durules® (AstraZeneca: TR)
Beloc® (AstraZeneca: AT, CH, DE, TR)
Beloc® (Grupo Farma: CO)
Beloc® (Promed: DE)
Betaloc® (AstraZeneca: AE, AU, BH, CA, CN, CO, CY, CZ, EG, GB, GB, GE, HK, HU, IE, IN, IQ, JO, KW, LB, LK, MT, MY, NZ, OM, PH, PL, QA, RO, SA, SG, SY, TH, VN, YE)
Betaloc® (Drug International: BD)
Betaloc® (Egis: CZ, HU)
Betaloc® [vet.] (AstraZeneca: GB)
Betaprol® (Helcor: RO)
Betoprolol® (Ropsohn: CO)
Bloxan® (Krka: BA, CZ, HR, RO, SI)
Cardeloc® (TO Chemicals: TH)
Cardiosel® (United Americans: ID)
Cardiostat® (Apotex: PH)
Cardoxone R® (Remedica: TH)
Cardoxone® (Remedica: BH, JO, OM, SD, YE)
Corvitol® (Berlin Chemie: BA)
Corvitol® (Berlin-Chemie: RS, RU)
Denex® (Medochemie: SG)
Egilok® (Egis: CZ, HU, RO, RU)
Emzok® (Ivax: CZ)
Gen-Metoprolol® (Genpharm: CA)
GenRX Metoprolol® (GenRX: AU)
Jeprolol® (mibe Jena: DE)
Jutabloc® (Juta: DE)
Jutabloc® (Q-Pharm: DE)
Lanoc® (Lannacher: AT)
Lopresor Divitabs® (Novartis: IL)
Lopresor SR® (Novartis: GB)
Lopresor® (AstraZeneca: AT)
Lopresor® (Daiichi Sankyo: CH)
Lopresor® (Novartis: AG, AN, AR, AU, AW, BB, BM, BS, CA, CO, DE, ES, ET, GB, GD, GH, GR, GY, HT, ID, IE, IT, JM, KE, KY, LC, LU, NG, NL, NZ, PT, SD, TR, TT, TZ, VC, ZA, ZW)
Lopresor® (Padro: ES)
Lopresor® (Sandoz: MX)
Lopresor® (Sankyo: BE, PT)
Lopresor® [vet.] (Novartis Animal Health: GB)
Lopressor® (Daiichi Sankyo: FR, FR)
Lopressor® (Novartis: AU, BR, BR, DE, US)
Melol® (Pharmasant: TH)
Meprolol® (Dr. Collado: DO)
Meprolol® (TAD: DE)
Mepronet® (Nycomed: DK)
Metaloc® (Renata: BD)
Meto AbZ® (AbZ: DE)
Meto APS® (APS: DE)
Meto Biochemie® (BC: DE)
Meto-Hennig® (Hennig: DE)
Meto-Isis® (Actavis: DE)
Meto-Puren® (Alpharma: DE)
Meto-Tablinen® (Winthrop: DE)
Metobeta® (betapharm: DE)
Metoblock® (Silom: TH)
Metocard® (Polpharma: PL, RU)
Metocar® (Pharmacodane: DK)
Metocor® (Rowex: IE)
Metodoc® (Docpharm: DE)
Metodura® (Merck dura: DE)
Metohexal® (1A Pharma: PL)
Metohexal® (Hexal: AT, AU, DE, LU)
Metok AbZ® (AbZ: DE)
Metolar® (Cipla: IN)
Metolol® (Douglas: AU)
Metolol® (Pharmaland: TH)
Metolol® (Ratiopharm: AT)
MetoMed® (S. Med: AT)
Metomerck® (Merck dura: DE)
Metopress® (Sandoz: CH)
Metoprogamma® (Wörwag Pharma: DE)
Metoprolin® (Ratiopharm: FI)
Metoprolol 1A Farma® (1A Farma: DK)
Metoprolol 1A Pharma® (1A Pharma: DE)
Metoprolol AbZ® (AbZ: DE)
Metoprolol acis® (acis: DE)
Metoprolol AL® (Aliud: CZ, DE, HU, RO)
Metoprolol Apogepha® (Apogepha: DE)
Metoprolol Atid® (Dexcel: DE)
Metoprolol axcount® (Axcount: DE)
Metoprolol Basics® (Basics: DE)
Metoprolol GEA Retard® (Sandoz: SE)
Metoprolol Gea® (Hexal: DK)
Metoprolol Genericon® (Genericon: AT)

M

Metoprolol Heumann® (Heumann: DE)
Metoprolol KSK® (KSK Pharma: DE)
Metoprolol Lindo® (Lindopharm: DE)
Metoprolol LPH® (Labormed Pharma: RO)
Metoprolol Merck® (Merck: CO)
Metoprolol PB® (Docpharm: DE)
Metoprolol ratiopharm® (Ratiopharm: AT)
Metoprolol ratiopharm® (ratiopharm: DE)
Metoprolol Sandoz® (Sandoz: AT, DE, NO)
Metoprolol Stada® (Stada: AT, RS, TH)
Metoprolol Stada® (Stadapharm: DE)
Metoprolol Tartrate® (Bedford: US)
Metoprolol Tartrate® (Hillcross: GB)
Metoprolol Tartrate® (Hospira: US)
Metoprolol Tartrate® (Sandoz: CA)
Metoprolol Tartrate® (Teva: GB)
Metoprolol Teva® (Teva: BE)
Metoprolol Verla® (Verla: DE)
metoprolol von ct® (CT: DE)
Metoprolol Z 1a Pharma® (1a Pharma: HU)
Metoprolol Z Hexal® (Sandoz: HU)
Metoprolol ZOT STADA® (Stadapharm: DE)
Metoprolol-B® (Teva: HU)
metoprolol-corax® (corax: DE)
Metoprolol-CT® (CT: DE)
Metoprolol-GRY® (Teva: DE)
Metoprolol-ratiopharm® (Ratiopharm: AT)
Metoprolol-ratiopharm® (ratiopharm: DE, LU)
Metoprolol-ratiopharm® (Ratiopharm: RU)
Metoprolol-rpm® (ratiopharm: LU)
Metoprolol-Wolff® (Wolff: DE)
Metoprolol.d.a.v.i.d® (David: DE)
Metoprololo Angenerico® (Angenerico: IT)
Metoprololo EG® (EG: IT)
Metoprololo Hexal® (Hexal: IT)
Metoprololo RK® (Errekappa: IT)
Metoprololtartraat Alpharma® (Alpharma: NL)
Metoprololtartraat CF® (Centrafarm: NL)
Metoprololtartraat FLX® (Karib: NL)
Metoprololtartraat Katwijk® (Katwijk: NL)
Metoprololtartraat Merck® (Merck Generics: NL)
Metoprololtartraat PCH® (Pharmachemie: NL)
Metoprololtartraat Sandoz® (Sandoz: NL)
MetoprololtartraatA® (Apothecon: NL)
Metoprololtartraat® (AstraZeneca: NL)
Metoprololtartraat® (Hexal: NL)
Metoprololtartrat Hexal® (Hexal: AT)
Metoprolol® (Gerard: CZ)
Metoprolol® (ICN: PL)
Metoprolol® (La Santé: CO)
Metoprolol® (Merck NM: NO)
Metop® (Gerard: IE)
Metrol® (Sandoz: AU)
Minax® (Alphapharm: AU)
Minax® (Merck: TH)
Métoprolol RPG® (RPG: FR)
Neobloc® (GXI: PH)
Neobloc® (Unipharm: IL)
Nipresol® (Bruluart: MX)
Novo-Metoprol® (Novopharm: CA)
Nu-Metop® (Nu-Pharm: CA)
Pharmaniaga Metoprolol® (Pharmaniaga: MY)
PMS-Metoprolol® (Pharmascience: CA)
Prelis® (mibe: DE)
Prelis® (Naturapharm: LU)
Preloc® (Opsonin: BD)
Presonil® (Incepta: BD)
Problok® (Terra: TR)
Promiced® (IQFA: MX)
Sandoz Metoprolol® (Sandoz: CA)
Selokeen® (AstraZeneca: NL)
Seloken® (AstraZeneca: BE, BR, DK, ES, ES, FI, FR, ID, IS, IT, LU, NO, SE)
Selomet® (Unimed & Unihealth: BD)
Selopral® (Orion: FI)
Slow-Lopresor® (Novartis: LU)
Spesicor® (Leiras: FI)
Vasocardin® (Zentiva: CZ, GE, RO)

Metoxibutropate

D: Metoxibutropat

Analgesic
Antipyretic

CAS-Nr.: 0066332-77-2 C_{20}-H_{25}-O_3
M_r 313.45

Benzeneacetic acid, α-methyl-4-(2-methylpropyl)-, 2-methoxyphenyl ester

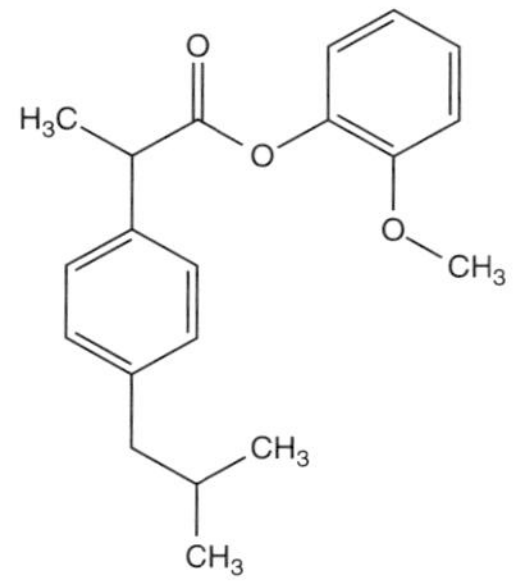

IS: *AF 2259*
IS: *Ibuprofen guaiacol ester*
IS: *Guaiacol 4-isobutylhydratropate*

Benflogin® (Angelini: IT)
Flubenil® (Formenti: IT)

Metrifonate (Rec.INN)

L: Metrifonatum
I: Metrifonato
D: Metrifonat
F: Métrifonate
S: Metrifonato

Anthelmintic [vet.]

ATC: P02BB01
CAS-Nr.: 0000052-68-6 C_4-H_8-Cl_3-O_4-P
M_r 257.428

Phosphonic acid, (2,2,2-trichloro-1-hydroxyethyl)-, dimethyl ester

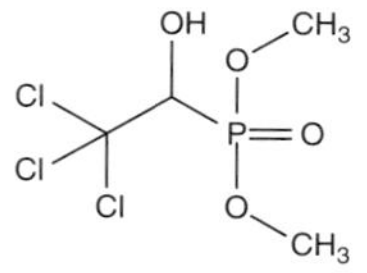

OS: *Metrifonate [BAN, USAN]*
IS: *Bayer L-13/59*

IS: *Chlorophos*
IS: *DETF*
IS: *MTF*
IS: *Metriphonate*
IS: *Trichlorfon*
PH: Metrifonat [Ph. Eur. 5]
PH: Metrifonatum [Ph. Eur. 5, Ph. Int. 4]
PH: Metrifonate [Ph. Eur. 5, Ph. Int. 4, USP 30]
PH: Métrifonate [Ph. Eur. 5]

Neguvon® [vet.] (Bayer Animal: NZ)
Uni-Dose® [vet.] (Intervet: ZA)

Metronidazole (Rec.INN)

L: Metronidazolum
I: Metronidazolo
D: Metronidazol
F: Métronidazole
S: Metronidazol

Antiprotozoal agent, trichomonacidal

ATC: A01AB17,D06BX01,G01AF01,J01XD01,P01AB01
CAS-Nr.: 0000443-48-1 C_6-H_9-N_3-O_3
M_r 171.168

1H-Imidazole-1-ethanol, 2-methyl-5-nitro-

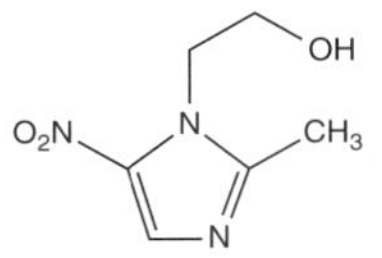

OS: *Metronidazole [BAN, DCF, USAN]*
OS: *Metronidazolo [DCIT]*
IS: *Bayer 5360*
IS: *Entizol*
IS: *RP 8823*
PH: Metronidazol [Ph. Eur. 5]
PH: Metronidazole [BP 2003, JP XIV, Ph. Eur. 5, Ph. Int. 4, USP 30]
PH: Metronidazolum [Ph. Eur. 5, Ph. Int. 4]
PH: Métronidazole [Ph. Eur. 5]

Acea® [gel] (Ferndale: GB)
Acromona® (Acromax: EC)
Acsacea-Creme® (Chemomedica: AT)
Adco-Metronidazole® (Al Pharm: ZA)
Amebicur® (Chefar: EC)
Amevan® (Ariston: EC)
Amobin® (Doctor's Chemical Work: BD)
Amodis® (Square: BD, LK)
Amotein® (Chiesi: ES)
Amotrex® (ACI: BD)
Anabact® (Cambridge Healthcare: GB)
Anaerobex® (Gerot: AT)
Anaeromet® (GlaxoSmithKline: LU)
Anamet® (Navana: BD)
Anerozol® [tab.] (Schein: PE)
Anmerob® (Medikon: ID)
Apo-Metronidazole® (Apotex: CA, SG)
Arilin® (Teva: CH)
Arilin® (Wolff: DE, HR)
Aristogyl® (Aristo: IN)
Asiazole® (Asian: TH)
Avidal® (Bruluart: MX)
Bemetrazole® (Be-Tabs: ZA)
Biogyl® (Biolab: TH)
Biozyl® (Bio-Pharma: BD)
Camezol® (Cadila: ET, GH, KE, MW, NG, SD, TZ, UG, ZM)
Chemagyl® (Chemist: BD)
Clont® (Infectopharm: DE)
Colpocin T® (Demo: GR, RS)
Colpofilin® (Lazar: AR)
Corsagyl® (Corsa: ID)
Danidazol® (Delta: BD)
Dazotron® (Fabop: AR)
Deflamon® (Medicom: CZ)
Deflamon® (SPA: IT, RO)
Deprocid® (Sanofi-Pasteur: CL)
Dequazol® [tab.] (Medifarma: PE)
Dirozyl® (Acme: BD)
Dumozol® (Alpharma: ID, PT)
Efecti Max® [tab.] (Apropo: PE)
Efloran® (Krka: BA, CZ, HR, RO, SI)
Elyzol® (Alpharma: GB)
Elyzol® (Colgate-Palmolive: DE, FI)
Elyzol® (Dumex: AE, EG, JO, LB, OM, QA, SA, SD)
Elyzol® (Dumex-Alpharma: TH)
Emedal® (Norma: GR)
Entizol® (Polpharma: CZ)
Epaq® [gel vag.] (3M: CR, DO, GT, HN, PA, SV)
Etronil® (Klonal: AR)
Etron® (Roddome: EC)
Fada Metronidazol® (Fada: AR)
Farnat® (Fahrenheit: ID)
Filmet® (Beximco: BD)
Fladex® (Dexa Medica: ID, SG)
Flagenase® [tabs] (Liomont: MX)
Flagyl Vaginal® (Aventis: ES)
Flagyl® (Aventis: AU, CO, CR, DE, DK, DO, EC, GH, GR, GT, HN, IS, KE, LU, NG, NI, NO, NZ, PA, PE, SI, SV, TH, ZA, ZW)
Flagyl® (Aventis Pharma: ID)
Flagyl® (Eczacibasi: TR)
Flagyl® (Gerot: AT)
Flagyl® (Howse & McGeorge: UG)
Flagyl® (IMA: BR)
Flagyl® (Nicholas: IN)
Flagyl® (Pfizer: GE, US)
Flagyl® (Sanofi-Aventis: AR, BD, BE, BF, BJ, BR, CA, CF, CG, CH, CI, CL, CM, FI, FR, GA, GE, GN, HK, IE, IE, IL, MG, ML, MR, MU, MX, MY, NE, NL, RO, RU, SE, SG, SN, TD, TG, VN, ZR)
Flagyl® (SCS: US)
Flagyl® (Vitoria: PT)
Flagyl® (Zambon: IT)
Flagyl® [vet.] (Hawgreen: GB)
Flametia® (Tunggal: ID)
Flanizol® (United Pharmaceutical: AE, BH, IQ, JO, LY, OM, QA, SA, SD, YE)
Flazol® (Shiba: YE)
Florazole® (Ferring: CA)
Fortagyl® (Prafa: ID)
G-Metronidazole® (Gonoshasthaya: BD)
Geloderm® (S.M.B. Farma: CL)
Ginkan® (Baliarda: AR)
Gnostol® (Bros: GR)
Gynomix® (Drug International: BD)
Gynoplix® (Bouchara: DZ)

M

Gynoplix® (Bouchara-Recordati: HK)
H.G. Metronidazol® (H.G.: EC)
Infectoclont® (Infectopharm: DE)
Intramed Trichazole Infus® (Bodene: ZA)
Kilpro® (Techno: BD)
Klion® (Ambee: BD)
Klion® (Gedeon Richter: CZ, HU, RO, RS, RU, VN)
Klion® (Pharmamagist: HU)
Librazol® (Libra: BD)
Mebadiol® (Italchem: EC)
Mecozol® (Amico: BD)
Med-Tricocide® (Medical Supply: TH)
Medamet® (CAPS: ZA)
Medazol® (Belupo: BA, HR)
Medazol® (Medipharm: CL)
Medazyl® (M & H: TH)
Medizol® (Medicon: BD)
Mefiron® (Chew Brothers: TH)
Menilet® (Alco: BD)
Menisole® (Atlantic: TH)
Mepagyl® (Thai Nakorn Patana: TH)
Merck-Metronidazole® (Merck Generics: ZA)
Mesolex® (Shiwa: TH)
Metagyl® (Ranbaxy: ZA)
Metason® (Jayson: BD)
Metazol® (Alliance: ZA)
Metrajil® (Mulda: TR)
Metral® (Austral: AR)
Metral® (Pablo Cassara: AR)
Metrazole® (General Drugs House: TH)
Metrazole® (MDI: ZA)
Metrazol® (Dinçsa Ilaç: TR)
Metrazol® [vet.] (Aesculaap: NL)
Metrin® [vet.] (Parnell: AU)
Metrion® (General Pharma: BD)
Metrobac® [tab.] (Bios: PE)
Metrocaps® [caps./supp.] (Procaps: DO)
Metrocev® (Cevallos: AR)
Metrocide® (Pharmaland: TH)
Metrocream® (Galderma: CA, CL, MX, US)
Metrocreme® (Galderma: DE)
Metrodal® (One Pharma: PH)
Metroderme® (Galderma: PT)
Metrofusin® (Kalbe: ID)
MetroGel-Vaginal® (3M: US)
MetroGel® (Dermatech: AU)
MetroGel® (Dow: US)
MetroGel® (Galderma: CA, CL, CR, DE, DO, GB, HN, LU, MX, NI, NL, PA, SV, US)
Metrogyl Denta® (Unique: LK)
Metrogyl® (Alphapharm: AU)
Metrogyl® (Fresenius: GR)
Metrogyl® (Rephco: BD)
Metrogyl® (Saidal: DZ)
Metrogyl® (Teva: IL)
Metrogyl® (Union Medical: TH)
Metrogyl® (Unique: IN, LK, RU)
Metrolag® (Lagap: CH)
Metrolex® (Siam Bheasach: TH)
MetroLotion® (Galderma: CA, DE, US)
Metrolyl® (Sandoz: GB)
Metrolyl® [vet.] (Sandoz: GB)
Metrol® (Bernofarm: ID)
Metronex® [vet.] (Pharmacia Animal Health: GB)
Metronid-Puren® (Alpharma: DE)
Metronidazol Alpharma® (Actavis: FI)
Metronidazol Alpharma® (Alpharma: DK, IS, NL, SE)
Metronidazol Alpharma® (Team medica: CH)
Metronidazol AL® (Aliud: DE)
Metronidazol Arcana® (Arcana: AT)
Metronidazol Artesan® (Artesan: DE)
Metronidazol Artesan® (Cassella-med: DE)
Metronidazol Baxter Viaflo® (Baxter: DK, NO)
Metronidazol Baxter® (Baxter: SE)
Metronidazol Bidiphar® (Bidiphar: VN)
Metronidazol Bieffe Medital® (Baxter: ES)
Metronidazol Bieffe Medital® (Bieffe: ES)
Metronidazol Biocrom® (Biocrom: AR)
Metronidazol Biol® (Biol: AR)
Metronidazol Braun® (Braun: CH, CZ, DE, ES, LU, NL)
Metronidazol Braun® (Medis: SI)
Metronidazol Clear-Flex® (Baxter: NL)
Metronidazol DAK® (Nycomed: DK)
Metronidazol DeltaSelect® (DeltaSelect: DE)
Metronidazol Denver® (Denver: AR)
Metronidazol Domesco® (Domesco: VN)
Metronidazol Drawer® (Drawer: AR)
Metronidazol Fabra® (Fabra: AR)
Metronidazol Fresenius® (Fresenius: BA, DE, ID, NL)
Metronidazol Genericon® (Genericon: AT, HR)
Metronidazol Genfar® [tab./susp.] (Genfar: CO, EC, PE)
Metronidazol Gf® (Genfarma: NL)
Metronidazol Grifols® (Grifols: ES)
Metronidazol Heumann® (Heumann: DE)
Metronidazol Hexal® (Hexal: DE)
Metronidazol HMW® (Nycomed: AT)
Metronidazol Human® (Teva: HU)
Metronidazol Iqfarma® [tab./susp.] (Iqfarma: PE)
Metronidazol Jenapharm® (Jenapharm: DE)
Metronidazol L.CH.® (Chile: CL)
Metronidazol Lafedar® (Lafedar: AR)
Metronidazol Lagap® (Lagap: NL)
Metronidazol Lch® (Ivax: PE)
Metronidazol Lindopharm® (Lindopharm: DE)
Metronidazol Lisan® (Lisan: CR, NI)
Metronidazol MF® [tab.] (Marfan: PE)
Metronidazol MK® (Bonima: BZ, CR, DO, GT, HN, NI, PA, SV)
Metronidazol MK® (MK: CO)
Metronidazol Normon® (Normon: ES)
Metronidazol PCH® (Pharmachemie: NL)
Metronidazol Perugen® [tab.] (Perugen: PE)
Metronidazol Richet® (Richet: AR)
Metronidazol Roux-Ocefa® (Roux-Ocefa: AR)
Metronidazol SAD® (SAD: DK)
Metronidazol Sandoz® (Sandoz: AT, DE, NL)
Metronidazol Sant Gall® (Sant: AR)
Metronidazol Soluflex® (Rivero: AR)
Metronidazol Stada® (Stadapharm: DE)
Metronidazol Vannier® (Vannier: AR)
Metronidazol Vinas® (Viñas: ES)
Metronidazol Waldheim® (Sanochemia: AT)
Metronidazol-CT® (CT: DE)
Metronidazol-Polpharma® (Polpharma: CZ)
Metronidazol-ratiopharm® (ratiopharm: DE)
Metronidazol-Rotexmedica® (Rotexmedica: DE)
Metronidazol-Serag® (Serag-Wiessner: CZ, DE)

Metronidazole B Braun® (Braun: CZ, TH)
Metronidazole B Braun® (Vioser: GR)
Metronidazole Bieffe® (Baxter: GR)
Metronidazole Bioren® (Sintetica: CH)
Metronidazole Braun® (Braun: FI, LU, SE)
Metronidazole Fima® (Kalbe: ID)
Metronidazole Fresenius® (Fresenius: ID, TR)
Metronidazole Indo Farma® (Indofarma: ID)
Metronidazole Interpharm® (Interpharm: LK)
Metronidazole Intravenous Infusion® (Baxter: AU)
Metronidazole Intravenous Infusion® (Pharmacia: AU)
Metronidazole Meiji® (Meiji: TH)
Metronidazole Merck® (Merck: IL)
Metronidazole Nycomed® (Nycomed: GE)
Metronidazole Pharmasant® (Pharmasant: TH)
Metronidazole Polpharma® (Polpharma: CZ)
Metronidazole-Fresenius® (Fresenius: LU)
Metronidazole® (Abbott: US)
Metronidazole® (Actavis: GB)
Metronidazole® (Arrow: GB)
Metronidazole® (Baxter: CA, NZ)
Metronidazole® (Baxter Healthcare: US)
Metronidazole® (Braun: IL, NO, TR, US)
Metronidazole® (Fougera: US)
Metronidazole® (Glades: US)
Metronidazole® (Hillcross: GB)
Metronidazole® (Hospira: CA)
Metronidazole® (Kent: GB)
Metronidazole® (Mutual: US)
Metronidazole® (Orion: AU, NZ)
Metronidazole® (Pfizer: NZ)
Metronidazole® (Remedica: CY)
Metronidazole® (Teva: GB, US)
Metronidazole® (Vascumed: BE)
Metronidazolo Bieffe® (Bieffe: IT)
Metronidazolo Bioindustria Lim® (Bioindustria Lim: IT)
Metronidazolo PH&T® (PH&T: IT)
Metronidazolo Same® (Savoma: IT)
Metronidazolo® (Bioindustria: IT)
Metronidazolo® (Ecobi: IT)
Metronidazolo® (IFI: IT)
Metronidazol® (Abbott: PE)
Metronidazol® (Alpharma: NO)
Metronidazol® (Arena: RO)
Metronidazol® (Balkanpharma: BG)
Metronidazol® (Baxter: NO)
Metronidazol® (Bestpharma: CL)
Metronidazol® (Braun: CL, CO, PE, PT, RO)
Metronidazol® (Britania: PE)
Metronidazol® (Chema: PL)
Metronidazol® (Colmed: PE)
Metronidazol® (Ducto: BR)
Metronidazol® (EMS: BR)
Metronidazol® (Farmandina: EC)
Metronidazol® (Farmo Andina: PE)
Metronidazol® (Fresenius: PL)
Metronidazol® (Fresenius Medical Care: BG)
Metronidazol® (Fármaco: BR)
Metronidazol® (Genericon: HR)
Metronidazol® (GlaxoSmithKline: PL)
Metronidazol® (Hersil: PE)
Metronidazol® (Induquimica: PE)
Metronidazol® (Infomed: RO)
Metronidazol® (Ivax: PE)
Metronidazol® (Jelfa: PL)
Metronidazol® (Katwijk: NL)
Metronidazol® (La Sante: PE)
Metronidazol® (Labofar: PE)
Metronidazol® (Labot: PE)
Metronidazol® (LCG: PE)
Metronidazol® (Luper: BR)
Metronidazol® (Medic Inyec: PE)
Metronidazol® (Medifarma: PE)
Metronidazol® (Medis: SI)
Metronidazol® (Memphis: CO)
Metronidazol® (Mintlab: CL)
Metronidazol® (Neo Quimica: BR)
Metronidazol® (Pasteur: CL)
Metronidazol® (Pentacoop: CO, EC, PE)
Metronidazol® (Polpharma: PL)
Metronidazol® (Roxfarma: PE)
Metronidazol® (Sanderson: CL)
Metronidazol® (Sanitas: CL)
Metronidazol® (Terbol: PE)
Metronidazol® (Teuto: BR)
Metronidazol® (UQP: PE)
Metronidazol® (Zentiva: RO)
Metronide® (Aventis: AU)
Metronide® (Clonmel: IE)
Metronidil® (Hisubiette: CO)
Metronid® (Sanofi-Aventis: BD)
Metronimerck® (Merck dura: DE)
Metronour® (Organon: DE)
Metront® (Hexal: DE)
Metropast® (Pasteur: CL)
Metropill® (Medimet: BD)
Metrosa® (Linderma: GB)
Metrosa® (Wolff: DE)
Metroseptol® (Jelfa: RU)
Metrosept® (ICN: PL)
Metrosil® (Silva: BD)
Metroson® (Hudson: BD)
Metrostat® (Al Pharm: ZA)
Metrotop® (Mölnlycke: GB)
Metrovid® (Millimed: TH)
Metrozole® (Therapeutics: BD)
Metrozol® (Bosnalijek: BA)
Metrozol® (Elofar: BR)
Metro® (Opso Saline: BD)
Metryl® (Lemmon: US)
Metryl® (Opsonin: BD)
Metsina® (Ibn Sina: BD)
Micogyl® (Globe: BD)
Milanidazole® (Milano: TH)
Monizole® (Pharmaceutical Co: IN)
Métronidazole Lavoisier® (Chaix et du Marais: FR)
Nalox® (Omega: AR)
Narobic® (Alliance: ZA)
NidaGel® (3M: CA)
Nidazol-M® (I.E. Ulagay: TR)
Nidazole Infusion® (Hikma: AE, BH, EG, IQ, JO, KW, LB, LY, OM, QA, SA, SD, SY, TN, YE)
Nidazole® (Hikma: AE, BH, IQ, JO, SA, SY, YE)
Nidazole® (Kalbe: ID)
Nidazol® (I.E. Ulagay: TR)
Nidazol® (Kalbe: ID)
Nidazyl® (Orion: BD)
Nipazol® (Nipa: BD)

Nizole® (Hovid: SG)
Nor-Metrogel® (Teramed: DO, GT, PA, SV)
Noritate® (Dermik: US)
Noritate® (Finn-Vita: CL)
Noritate® (Mediline: IL)
Noritate® (Sanofi-Aventis: CA)
Novazole® (Pharmanova: ZW)
Onida® (Mystic: BD)
Orvagil® (Galenika: RS)
Otrozol® (Comerciosa: EC)
Otrozol® (Ecar: CO)
Otrozol® (Pisa: MX)
Otrozol® (Schein: PE)
Padet® (Pharmatrix: AR)
Patryl® (Biolink: PH)
Perilox® (Drossapharm: CH)
Pharmaflex® (Braun: LU)
Promuba® (Meprofarm: ID)
Protec® (Hallmark: BD)
Protostat® (Ortho: US)
Protozol® (APM: AE, BG, BH, IQ, JO, KW, LB, LY, NG, OM, QA, SA, SD, SY, TN, YE)
Prozol® (Shamsul Alamin: BD)
Remagyl® (Reman Drug: BD)
Remet® (Remedy: BD)
Repligen® (Panalab: AR)
Ribazole® (Apex: BD)
Robaz® (Galderma: GR, TH)
Rodermil® (Edol: PT)
Rolab-Metronidazole® (Sandoz: ZA)
Rosaced® (Pierre Fabre: LU)
Rosalox® (Drossapharm: CH, CZ)
Rosased® (Pierre Fabre: IT)
Rosasol® (Stiefel: CA)
Rosazol® (Actavis: FI)
Rosiced® (Pierre Fabre: DE, FR, IT, NL)
Rozacrème® (Biorga: FR)
Rozagel® (Biorga: FR)
Rozamet® (Jadran: BA, HR, RU)
Rozamet® (Salus: SI)
Roza® (Orva: TR)
Rozex® (AB: AT)
Rozex® (EU-Pharma: NL)
Rozex® (Euro: NL)
Rozex® (Galderma: AR, AU, BE, BR, CH, CO, CZ, DK, ES, FI, FR, GB, HU, IE, IL, IT, LU, NL, NO, NZ, PE, PL, SE, SG, ZA)
Rozex® (Medcor: NL)
Rozex® (Promed: SI)
Rupezol® (Duncan: AR)
Servizol® (Novartis: BD)
Sharizol® (Shaphaco: IQ, YE)
Solucion de Metronidazol® [sol.] (Braun: PE)
Somet® (Somatec: BD)
Stomorgyl® [vet.] (Merial: GB, LU)
Strazyl® (Asiatic Lab: BD)
Supplin® (Biochemie: AE, BH, CY, JO, KW, LB, OM, QA, SA, SD, YE)
Supplin® (Sandoz: HU)
Taremis® (Krolton: AR)
Tismazol® (Metiska: ID)
Tolbin® (Elea: AR)
Torgyl® [vet.] (Merial: GB, IE)
Trichazole® (Aspen: ZA)
Trichazole® (Bodene: ZA)
Trichex® (Gerot: AT)
Trichodazol® (Sanbe: ID)
Trichomonacid® (Actavis: GE)
Trichomonacid® (Balkanpharma: BG)
Trichopol® (Polpharma: RU)
Trichozole® (Pacific: NZ)
Tricodazol® (Proel: GR)
Tricofin® (Raymos: AR)
Tricomed® (B L Hua: TH)
Triconex® (Multicare: PH)
Tricowas B® (Chiesi: ES)
Tricoxin® (Rocnarf: EC)
Tricozyl® (Edruc: BD)
Trikozol® (Orion: FI)
Trogiar® (Tropica: ID)
Trogyl® (Otto: ID)
Unigo® (Medline: TH)
Vagi Metro® (Drossapharm: DE)
Vagilen® (Farmigea: IT)
Vagil® (PP Lab: TH)
Vagimid® (Apogepha: DE)
Vagizol® (Kimia: ID)
Vagizol® (Schering: PE)
Vagyl® (Atlantic: TH)
Vandazole® (Upsher-Smith: US)
Varizil® (Drug International: BD)
Venogyl® (Teva: IL)
Vertisal® (Silanes: MX)
Vetisol® (Acromax: EC)
Zidoval® (3M: DK, ES, FI, GB, IL, NO, SE)
Zidoval® (3M Health Care-GB: IT)
Zobacide® (Garec: ZA)
Zyomet® (Goldshield: GB)

– benzoate:

CAS-Nr.: 0013182-89-3
OS: *Metronidazole Benzoate BAN, USAN*
PH: Metronidazoli benzoas Ph. Eur. 5, Ph. Int. 4
PH: Métronidazole (benzoate de) Ph. Eur. 5
PH: Metronidazole benzoate Ph. Eur. 5, Ph. Int. 4, USP 30
PH: Metronidazolbenzoat Ph. Eur. 5

Amebidal® (Bruluart: MX)
Bexon® (Gobbi: AR)
Deprocid® (Sanofi-Pasteur: CL)
Elyzol® (Alpharma: GB)
Elyzol® (Chemomedica: AT)
Elyzol® (Colgate-Palmolive: CH, DE, DK, FR, IT, NO, SE)
Elyzol® (CTS: IL)
Elyzol® (Dumex: AE, BH, CY, EG, IQ, JO, KW, LB, LY, OM, QA, SA, SD, YE)
Flagenase® [susp.] (Liomont: MX)
Flagyl S® (Aventis: AU)
Flagyl S® (Sanofi-Aventis: IE)
Flagyl® (Aventis: BR)
Flagyl® (Aventis Pharma: ID)
Flagyl® (Nicholas: IN)
Flagyl® (Sanofi-Aventis: ES, IE, NL, RO, SE)
Flagyl® [vet.] (Hawgreen: GB)
Lafayette Metronidazole® (Lafayette: PH)
Metco® (Eskayef: BD)
Metrocaps® [sol.] (Procaps: DO)
Metronidazol Ecar® (Ecar: CO)
Metronidazol Lisan® (Lisan: CR, NI)

Metronidazol MK® (Bonima: BZ, CR, DO, GT, HN, NI, PA, SV)
Metronidazol Vannier® (Vannier: AR)
Metronidazole® (Hillcross: GB)
Metronidazole® (Rosemont: GB)
Metrozin® (Procaps: CO)
Metrozol® (Lacofarma: DO)
Minegyl® (Luper: BR)
Polibiotic® (Prati: BR)
Vertisal® (Silanes: MX)

- **hydrochloride:**

CAS-Nr.: 0069198-10-3
OS: *Metronidazole Hydrochloride USAN*
IS: *SC 32642*

Flagyl® [inj.] (SCS: US)

Metyrapone (Rec.INN)

L: Metyraponum
D: Metyrapon
F: Métyrapone
S: Metirapona

Diagnostic, pituitary function

ATC: V04CD01
CAS-Nr.: 0000054-36-4 C_{14}-H_{14}-N_2-O
M_r 226.286

1-Propanone, 2-methyl-1,2-di-3-pyridinyl-

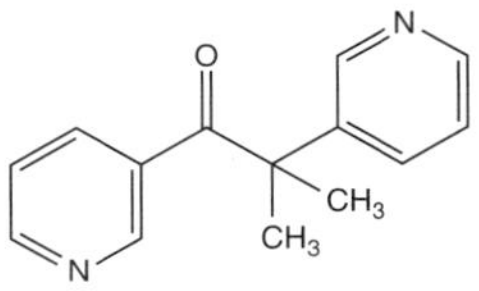

OS: *Metyrapone [BAN, JAN, USAN]*
IS: *Methopyrapone*
IS: *Su 4885*
PH: Metyrapone [BP 2002, JP XIV, USP 30]

Metopirone® (Alliance: GB)
Metopirone® (Novartis: AU, CZ, IE, IL, NZ, US)
Metopiron® (Novartis: CH, NL, SE)
Métopirone® (Novartis: FR)

Mexazolam (Rec.INN)

L: Mexazolamum
D: Mexazolam
F: Mexazolam
S: Mexazolam

Tranquilizer

CAS-Nr.: 0031868-18-5 C_{18}-H_{16}-Cl_2-N_2-O_2
M_r 363.246

Oxazolo[3,2-d][1,4]benzodiazepin-6(5H)-one, 10-chloro-11b-(2-chlorophenyl)-2,3,7,11b-tetrahydro-3-methyl-

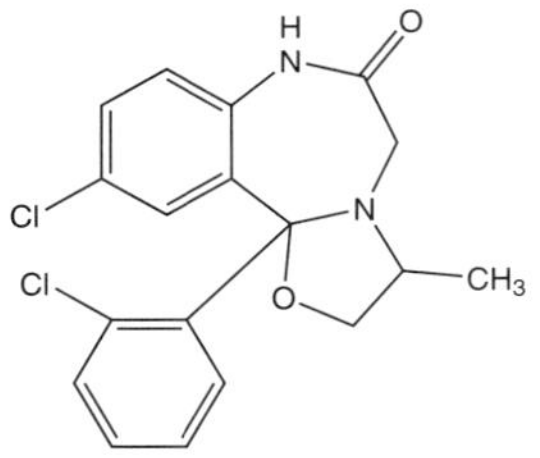

OS: *Mexazolam [JAN, USAN]*
IS: *CS 386 (Sankyo, Japan)*

Melex® (Sankyo: JP)
Sedoxil® (Bial: PT)

Mexiletine (Rec.INN)

L: Mexiletinum
I: Mexiletina
D: Mexiletin
F: Mexilétine
S: Mexiletina

Antiarrhythmic agent

ATC: C01BB02
CAS-Nr.: 0031828-71-4 C_{11}-H_{17}-N-O
M_r 179.267

2-Propanamine, 1-(2,6-dimethylphenoxy)-

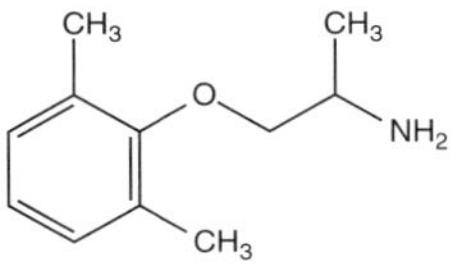

OS: *Mexiletine [BAN, DCF]*
OS: *Mexiletina [DCIT]*
IS: *Kö 1173*

- **hydrochloride:**

CAS-Nr.: 0005370-01-4
OS: *Mexiletine Hydrochloride BANM, JAN, USAN*
PH: Mexiletine Hydrochloride Ph. Eur. 5, JP XIV, USP 30
PH: Mexiletini hydrochloridum Ph. Eur. 5
PH: Mexiletinhydrochlorid Ph. Eur. 5
PH: Mexilétine (chlorhydrate de) Ph. Eur. 5

Katen® (Slovakofarma: CZ)
Katen® (Zentiva: CZ)
Mexicord® (Polfa Grodzisk: PL)
Mexilen® (Rafa: IL)
Mexiletine® (Roxane: US)
Mexiletine® (Sandoz: US)
Mexiletine® (Teva: US)
Mexiletine® (Watson: US)
Mexiletin® (Labormed Pharma: RO)
Mexitec® (Boehringer Ingelheim: ID)
Mexitilen® (Boehringer Ingelheim: AR)
Mexitil® (Boehringer Ingelheim: AE, AG, AN, AN, AT, AU, AW, BA, BB, BE, BH, BM, BR, BS, CY, CZ, DE, EG, ES, FI, FR, GB, GD, GR, GY, HR, HT, IE, IQ, IT, JM,

JO, JP, KW, KY, LB, LC, LK, LU, LY, MT, NL, NZ, OM, QA, RO, SA, SI, TH, TT, US, VC, YE, ZA)
Mexitil® (Eczacibasi: TR)
Mexitil® (German Remedies: IN)
Mexitil® [vet.] (Boehringer Ingelheim Vetmedica: GB)
Minsetil® (Zdravlje: RS)
Novo-Mexiletine® (Novopharm: CA)
Ritalmex® (ICN: RS)
Ritalmex® (Valeant: HU)

Mezlocillin (Rec.INN)

L: Mezlocillinum
I: Mezlocillina
D: Mezlocillin
F: Mezlocilline
S: Mezlocilina

Antibiotic, penicillin, broad-spectrum

ATC: J01CA10
CAS-Nr.: 0051481-65-3 C_{21}-H_{25}-N_5-O_8-S_2
M_r 539.601

(2S,5R,6R)-3,3-Dimethyl-6-{(R)-2-[3-(methylsulfonyl)-2-oxo-1-imidazolidinecarboxamido]-2-phenylacetamido}-7-oxo-4-thia-1-azabicyclo[3.2.0]-heptane-2-carboxylic acid

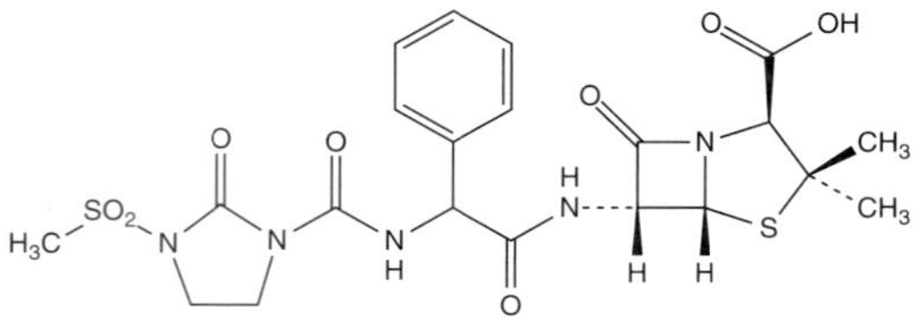

OS: *Mezlocillin [BAN, USAN]*
OS: *Mezlocilline [DCF]*
OS: *Mezlocillina [DCIT]*

- sodium salt:

OS: *Mezlocillin Sodium BANM, USAN*
IS: *Bay F 1353 (Bayer, Germany)*
PH: Mezlocillin Sodium USP 30

Baypen® (Bayer: AT, DE, DE, ES, FR, IL)
Baypen® (Bayer-D: IT)
Mezlin® (Bayer: US)

Mianserin (Rec.INN)

L: Mianserinum
I: Mianserina
D: Mianserin
F: Miansérine
S: Mianserina

Antidepressant, tetracyclic

ATC: N06AX03
CAS-Nr.: 0024219-97-4 C_{18}-H_{20}-N_2
M_r 264.378

Dibenzo[c,f]pyrazino[1,2-a]azepine, 1,2,3,4,10,14b-hexahydro-2-methyl-

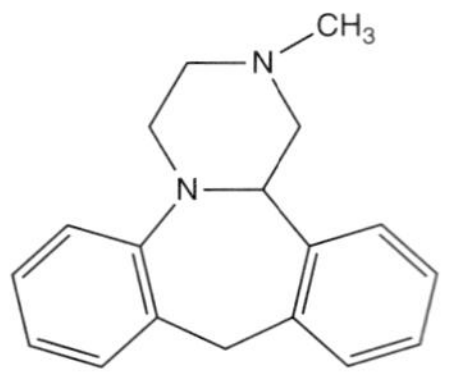

OS: *Mianserin [BAN]*
OS: *Miansérine [DCF]*
OS: *Mianserina [DCIT]*

Bonserin® (Rafa: IL)
Lerivon® (Organon: CZ)
Tolvon® (Organon: ET, GH, KE, TZ, ZM, ZW)

- hydrochloride:

CAS-Nr.: 0021535-47-7
OS: *Mianserin Hydrochloride BANM, JAN, USAN*
IS: *Org GB 94*
PH: Mianserin Hydrochloride Ph. Eur. 5
PH: Mianserini hydrochloridum Ph. Eur. 4 Ph. Eur. 5
PH: Mianserinhydrochlorid Ph. Eur. 5
PH: Miansérine (chlorhydrate de) Ph. Eur. 5

Athimil® (Organon: CL, PE)
Athymil® (Organon: AE, BH, CY, EG, FR, IQ, IR, JO, KW, LB, LY, OM, QA, SA, SD, SY, YE)
Cloridrato de Mianserina® (Hexal: BR)
Depnon® (Organon: IN)
Lantanon® (Donmed: ZA)
Lantanon® (Organon: ES, IT)
Lerivon® (Organon: AR, AU, BE, CZ, ES, LU, PL)
Lumin® (Alphapharm: AU)
Mealin® (Pharmasant: TH)
Miabene® (Ratiopharm: AT, CZ)
Mianeurin® (Hexal: DE, LU)
Miansan® (Organon: ES)
Miansan® (Zorka: RS)
Miansemerck® (Generics: PL)
Mianserin Arcana® (Arcana: AT)
Mianserin Copyfarm® (Copyfarm: DK)
Mianserin HCl ratiopharm® (Ratiopharm: NL)
Mianserin Holsten® (Holsten: DE)
Mianserin Merck NM® (Merck NM: DK, SE)
Mianserin Merck® (Merck: HU)
Mianserin NM Pharma® (Gerard: IS)
Mianserin ratiopharm® (Ratiopharm: AT)
Mianserin ratiopharm® (ratiopharm: DE)
Mianserin Remedica® (Remedica: TH)
mianserin von ct® (CT: DE)
Mianserin-Mepha® (Mepha: CH)
Mianserin-neuraxpharm® (neuraxpharm: DE)
Mianserine HCl katwijk® (Katwijk: NL)
Mianserine HCl PCH® (Pharmachemie: NL)
Mianserin® (Actavis: GE)
Mianserin® (Alpharma: GB)
Mianserin® (Balkanpharma: BG)
Mianserin® (Desitin: RO)
Mianserin® (Jelfa: PL)
Mianserin® (Merck NM: NO)
Mianserin® (Remedica: CY, RO)
Mianserin® (Terapia: RO)
Mianserin® (Teva: GB)

Miansérine Biogaran® (Biogaran: FR)
Miansérine EG® (EG Labo: FR)
Miansérine G Gam® (G Gam: FR)
Miansérine Irex® (Irex: FR)
Miansérine Ivax® (Ivax: FR)
Miansérine Merck® (Merck Génériques: FR)
Miansérine RPG® (RPG: FR)
Miansérine Sandoz® (Sandoz: FR)
Miansérine Winthrop® (Winthrop: FR)
Miaxan® (Orion: FI)
Norserin® (Norton: PL)
Ornate® (Pharmaland: TH)
Prevalina® (Andromaco: CL)
Prisma® (Celltech: DE)
Serelan® (Organon: LU)
Servin® (Condrugs: TH)
Tolimed® (Medifive: TH)
Tolmin® (Sandoz: DK)
Tolvin® (Organon: DE)
Tolvon® (Organon: AT, AU, BD, BR, CH, CR, DK, FI, GT, HK, HN, HU, ID, IE, MX, NL, NO, NZ, RS, SE, TH, TR)
Tolvon® (Paranova: AT)
Tolvon® (Salus: SI)

Mibefradil (Rec.INN)

L: Mibefradilum
D: Mibefradil
F: Mibefradil
S: Mibefradil

Calcium antagonist
Vasodilator

ATC: C08CX01
CAS-Nr.: 0116644-53-2 C_{29}-H_{38}-F-N_3-O_3
M_r 495.653

Acetic acid, methoxy-,2-[2-[[3-(1H-benzimidazol-2-yl)propyl]methylamino]ethyl]-6-fluoro-1,2,3,4-tetrahydro-1-(1-methylethyl)-2-naphthalenyl ester, (1S-cis)-

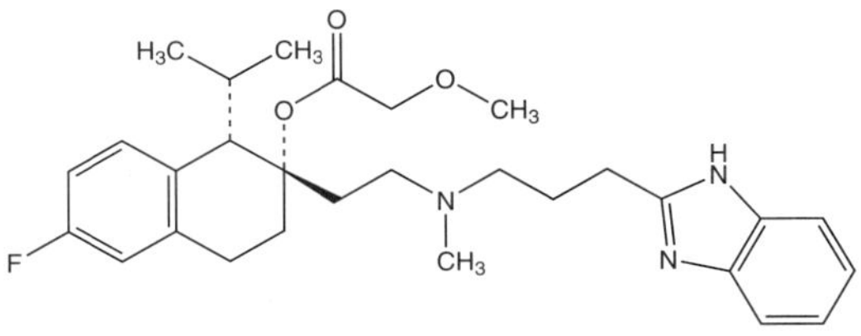

OS: *Mibefradil [BAN]*

– dihydrochloride:

CAS-Nr.: 0116666-63-8
OS: *Mibefradil Dihydrochloride USAN*
OS: *Mibefradil Hydrochloride BANM*
IS: *Ro 40-5967/001 (Roche, Switzerland)*

Posicor® (Roche: AR, US)

Mibolerone (Rec.INN)

L: Miboleronum
D: Miboleron
F: Mibolérone
S: Mibolerona

Androgen [vet.]
Anabolic [vet.]

CAS-Nr.: 0003704-09-4 C_{20}-H_{30}-O_2
M_r 302.46

Estr-4-en-3-one, 17-hydroxy-7,17-dimethyl-, (7α,17β)-

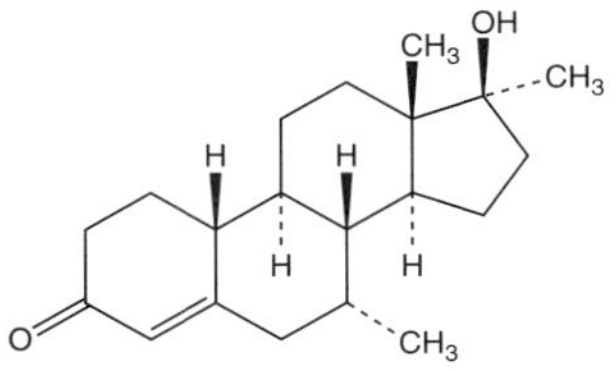

OS: *Mibolerone [BAN, DCF, USAN]*
IS: *U 10997 (Upjohn, USA)*
PH: Mibolerone [USP 30]

Cheque® (Pharmacia: US)

Micafungin (Rec.INN)

L: Micafunginum
D: Micafungin
F: Micafungine
S: Micafungina

Antifungal agent

ATC: J02AX05
ATCvet: QJ02AX05
CAS-Nr.: 0235114-32-6 C_{56}-H_{71}-N_9-O_{23}-S
M_r 1270.27

(4R,5R)-4,5-dihydroxy-N^2-[4-[5-[4-(pentyloxy)phenyl]-3-isoxazolyl]benzoyl]-L-ornithyl-L-threonyl-*trans*-4-hydroxy-L-prolyl-(4S)-4-hydroxy-4-[4-hydroxy-3-(sulfooxy)phenyl]-L-threonyl-(3R)-3-hydroxy-L-glutaminyl-(3S,4S)-3-hydroxy-4-methyl-L-proline cyclic (6->1)-peptide (WHO)

(4R,5R)-4,5-Dihydroxy-N^2-(4-{5-[4-(pentyloxy)phenyl]isoxazol-3-yl}benzoyl)-ornithyl-threonyl-*trans*-4-hydroxyprolyl-{(4S)-4-hydroxy-4-[4-hydroxy-3-(sulfooxy)phenyl]-threonyl}-(3R)-3-

M

hydroxyglutaminyl-(3S,4S)-3-hydroxy-4-methylprolin, cyclic (6->1)-peptid (IUPAC)

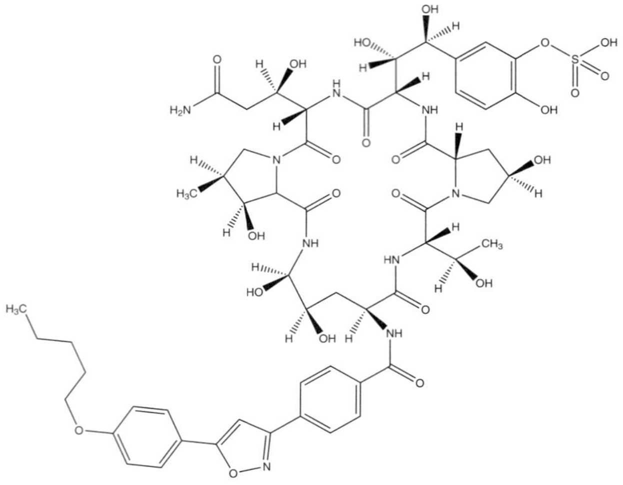

OS: *Micafungin [USAN]*

- sodium salt:

CAS-Nr.: 0208538-73-2
IS: *FK-463 (Fujisawa, JP)*

Funguard® (Fujisawa: JP, US)
Mycamine® (Astellas: US)

Miconazole (Rec.INN)

L: Miconazolum
I: Miconazolo
D: Miconazol
F: Miconazole
S: Miconazol

Antifungal agent

ATC: A01AB09, A07AC01, D01AC02, G01AF04, J02AB01, S02AA13

ATCvet: QA01AB09, QA07AC01, QD01AC02, QG01AF04, QJ02AB01, QS02AA13

CAS-Nr.: 0022916-47-8 C_{18}-H_{14}-Cl_4-N_2-O
M_r 416.13

1H-Imidazole, 1-[2-(2,4-dichlorophenyl)-2-[(2,4-dichlorophenyl)methoxy]ethyl]-

(RS)-1-[2-(2,4-Dichlorobenzyloxy)-2-(2,4-dichlorphenyl)ethyl]-1H-imidazol (IUPAC)

1-{2,4-Dichloro-beta-[(2,4-dichlorobenzyl)oxy]phenethyl}imidazole (WHO)

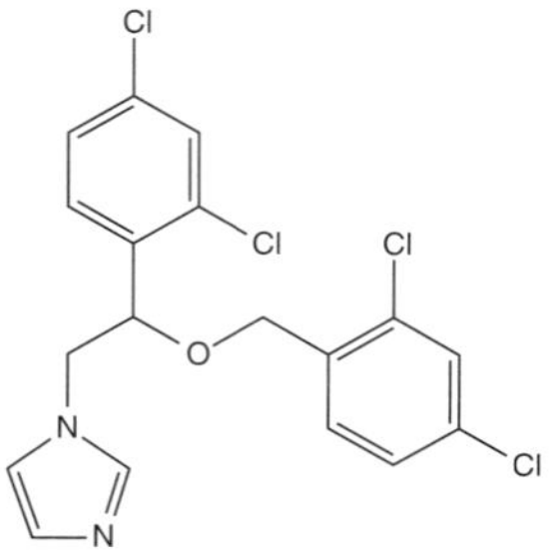

OS: *Miconazole [BAN, DCF, JAN, USAN]*
OS: *Miconazolo [DCIT]*
IS: *R 18134*
IS: *R 14889 (Janssen, DE)*
IS: *CC 2466-74*
PH: Miconazole [JP XIV, Ph. Eur. 5, USP 30]
PH: Miconazolum [Ph. Eur. 5]
PH: Miconazol [Ph. Eur. 5]

Brentan® (Janssen: DK)
Castellani® (Dr. K. Hollborn: DE)
Daktanol® (Galenika: BA, RS)
Daktarin® (Esteve: ES)
Daktarin® (Ethnor: IN)
Daktarin® (Euro: NL)
Daktarin® (Janssen: AR, AT, AU, BE, BF, BG, BJ, BR, CF, CG, CH, CI, CM, CR, CZ, DO, DZ, EC, FR, GA, GB, GT, HK, HN, ID, IE, IL, IT, LU, MG, ML, MR, MU, MX, MY, NE, NI, NL, NZ, PA, PE, PH, PT, SN, SV, TD, TG, ZA)
Daktarin® (Janssen-Cilag: CL)
Daktarin® (Krka: BA, HR, SI)
Daktarin® (McNeil: NL)
Daktarin® (Orion: FI)
Daktar® (McNeil: DE)
Dekazol® (APM: AE, BG, BH, IQ, JO, KW, LB, LY, NG, OM, QA, SA, SD, SY, TN, YE)
Demicol® [vet.] (Vetem: IT)
Dermon® (Unison: TH)
Dermozol® (Pharco: RO)
Funga® (Vida: HK)
Fungisdin® (Isdin: ES)
Fungo® (Ego: CY)
Ginedazol® (Ivax: PE)
Gino Daktanol® (Galenika: RS)
Gynezol 7® (Sagmel: RU)
Infectosoor® (Infectopharm: DE)
Micazin® (Chew Brothers: TH)
Micofim® (Elofar: BR)
Miconal® (Polfa Tarchomin: PL)
Miconazol FNA® (FNA: NL)
Miconazol Samenwerkende Apothekers® (Samenwerkende Apothekers: NL)
Miconazole® (Actavis: US)
Micotar® (Dermapharm: DE)
Micotef® (LPB: IT)
Micotop® (Europharm: RO)
Miderm® (Mendelejeff: IT)
Misone® (Thai PD Chemicals: TH)
Monazole 7® (Technilab: RO)
Mykoderm Mund-Gel® (Engelhard: DE)
Nizacol® [compress] (Benedetti: IT)
Nizacol® [compress] (PS Pharma: IT)
Oz Crema® (Apotex: PE)
Resolve Solution® (Ego: AU)
Rojazol® (Belupo: BA, HR)
Sporend® (Mugi: ID)
Untano® (Rafarm: GR)

- nitrate:

CAS-Nr.: 0022832-87-7
OS: *Miconazole Nitrate BANM, JAN, USAN*
IS: *R 14889*
PH: Miconazole (nitrate de) Ph. Eur. 5
PH: Miconazole Nitrate JP XIV, Ph. Eur. 5, Ph. Int. 4, USP 30
PH: Miconazoli nitras Ph. Eur. 5, Ph. Int. 4
PH: Miconazolnitrat Ph. Eur. 5

Acromizol® (Acromax: EC)
Aloid® (Janssen: MX)
Anfugitarin® (Blausiegel: BR)
Antifungal® (Yung Shin: SG)
Candiplas® (Medochemie: LK)
Candizol® (United Pharmaceutical: AE, BH, IQ, JO, LY, OM, QA, SA, SD, YE)
Conofite® [vet.] (Ausrichter: NZ)
Conofite® [vet.] (Pharm Tech: AU)
Covarex® (Sandoz: ZA)
Daktacort® (Janssen: BG, GB, IL, NO)
Daktarin Ginecologico® (Esteve: ES)
Daktarin® (Abic: IL)
Daktarin® (Dr. Fisher: NL)
Daktarin® (Esteve: ES)
Daktarin® (Ethnor: IN)
Daktarin® (Eureco: NL)
Daktarin® (Janssen: AE, AR, AT, AU, BE, BG, BR, CH, CO, CR, CY, CZ, DO, EG, FR, GB, GR, GT, HN, ID, IE, IT, JO, LB, LK, LU, MT, MX, NI, NL, NZ, PA, PE, PL, PT, SA, SD, SG, SV, TH, YE, ZA)
Daktarin® (Janssen-Cilag: VN)
Daktarin® (Krka: SI)
Daktarin® (McNeil: NL)
Daktarin® (Orion: FI)
Daktar® (Janssen: IS, LU, NO, SE)
Daktar® (McNeil: DE)
Daktozin® (Janssen: BE, PE)
Decomyc® (Hermal: DE)
Decomyk® (Hermal: DE)
Decozol® (Hoe: SG)
Deltaderm Micotopic Lotion® [vet.] (Delvet: AU)
Deralbine® (Andromaco: AR)
Derma-Mykotral® (Rosen: DE)
Dermacure® (McNeil: NL)
Dermafast® (Qualipharm: CR, DO, GT, PA)
Dermazole® (Hexal: ZA)
Dermon® (Unison: HK)
Desenex® (Novartis: US)
Doctor® (Gezzi: AR)
Fantersol® (Proel: GR)
Femizol-M® (Lake: US)
Florid® (Mochida: JP)
Funcort® (Thai Nakorn Patana: TH)
Fungafite® [vet.] (Ilium Veterinary Products: AU)
Fungares® (Guardian: ID)
Fungi-M® (Nakornpatana: TH)
Fungidal® (Square: BD)
Fungiderm® (Janssen: IT)
Fungiderm® (Rafa: IL)
Fungisdin® (Isdin: ES)
Fungisil® (Silom: TH)
Fungitop® (Micro Labs: LK)
Fungo Vaginal Cream® (Ego: AU)
Fungoid® (Pedinol: US)
Fungosin® (Dr. Collado: DO)
Fungos® (Pasteur: CL)
Fungucit® (Sandoz: TR)
Fungur® (Hexal: DE)
G-Miconazole® (Gonoshasthaya: BD)
Ginedak® (AKZO Nobel: BR)
Gyno Daktarin® (Janssen: CR, DO, EC, GT, HN, MX, NI, PA, SV)
Gyno Daktarin® (Krka: BA)
Gyno-Candizol® (United Pharmaceutical: AE, BH, IQ, JO, LY, OM, QA, SA, SD, YE)
Gyno-Daktarin® (Ethnor: IN)
Gyno-Daktarin® (Janssen: AE, AT, AU, BE, BG, BR, CO, CR, CY, CZ, DO, EG, FI, FR, GB, GT, HN, IE, IL, JO, LB, LK, LU, MT, NI, NL, PA, PT, SA, SD, SV, YE, ZA)
Gyno-Daktarin® (Krka: HR, SI)
Gyno-Daktarin® (Xian: CN)
Gyno-Daktar® (Janssen: DE)
Gyno-Femidazol® (Polfa Grodzisk: PL)
Gyno-Mikozal® (Julpharma: EC)
Gyno-Mykotral® (MIP: DE)
Gynospor® (Garec: ZA)
Gynozol® (Pharco: RO)
Hipo Femme® (Andromaco: MX)
Kruidvat Miconazolnitraat® (Marel: NL)
Liconar® (Biolab: SG, TH)
Lotrimin AF® (Schering-Plough: MX, US)
Malaseb® [vet.] (Leo: GB)
Medacter® (Faran: GR, RO)
Mexoderm® (Konimex: ID)
Mezolitan® (Pharmathen: GR)
Mic-Cream® (Globe: BD)
Micatin® (Chefar: EC)
Micatin® (McNeil: CA)
Micatin® (Pfizer: US)
Micobeta® (betapharm: DE)
Micodal® (Saidal: DZ)
Micogel® (Cipla: IN)
Micogyn® (Elofar: BR)
Miconal Ecobi® (Ecobi: IT, RO)
Miconazol Lindo® (Lindopharm: DE)
Miconazole (Multichem)® (Multichem: NZ)
Miconazole Nitrate Cream® (Alpharma: US)
Miconazole Nitrate Cream® (Fougera: US)
Miconazole Nitrate Cream® (G & W: US)
Miconazole Nitrate Cream® (Taro: US)
Miconazole Nitrate® (Actavis: US)
Miconazole Nitrate® (Fougera: US)
Miconazole Nitrate® (G & W: US)
Miconazole Nitrate® (Perrigo: US)
Miconazole Nitrate® (Taro: US)
Miconazole Nitrate® (Teva: US)
Miconazolnitraat Alpharma® (Alpharma: NL)
Miconazolnitraat CF® (Centrafarm: NL)
Miconazolnitraat Gf® (Genfarma: NL)
Miconazolnitraat Hexal® (Hexal: NL)
Miconazolnitraat J-C® (McNeil: NL)
Miconazolnitraat Katwijk® (Katwijk: NL)
Miconazolnitraat Kring® (Kring: NL)
Miconazolnitraat Merck® (Merck Generics: NL)
Miconazolnitraat PCH® (Pharmachemie: NL)
Miconazolnitraat Samenwerkende Apothekers® (Samenwerkende Apothekers: NL)
Miconazolnitraat Sandoz® (Sandoz: NL)
MiconazolnitraatA® (Apothecon: NL)
Miconazolnitraat® (Fagron: NL)
Miconazolnitraat® (Leidapharm: NL)
Miconazolnitraat® (Marel: NL)
Miconazolnitraat® (Medcor: NL)
Miconazol® (Cimed: BR)
Miconazol® (Septa: ES)
Miconex® (ACI: BD)
Miconil® (Nipa: BD)
Miconol® (Lafedar: AR)

Micoral® (ACI: BD)
Micoskin® (Corsa: ID)
Micostat 7® (O.P.V.: VN)
Micotarin® (União: BR)
Micotar® [creme] (Dermapharm: DE)
Micotef® (LPB: IT)
Micotgez® (Gezzi: AR)
Micotral® (Austral: AR)
Micotrim® (Schering-Plough: AR)
Micozole® (Gaco: BD)
Micozole® (Taro: CA)
Micreme® (Pacific: NZ)
Micrem® (Merck: ID)
Miko-Penotran® (Embil: TR)
Mikonazol CCS® (CCS: SE)
Mikonazol® (ICN: PL)
Minazol® (Camden: SG)
Miracol® (Robins: CO)
Monistat-Derm® (Janssen: AU)
Monistat-Derm® (OrthoNeutrogena: US)
Monistat® (Janssen: AU, CH, PH)
Monistat® (McNeil: CA)
Monistat® (OrthoNeutrogena: US)
Monistat® (Personal: US)
Monizol® (Krolton: AR)
Mycoban® (ICM: SG)
Mycoheal® (Dar-Al-Dawa: AE, BH, IQ, JO, KW, LB, LY, MT, NG, OM, QA, RO, SA, SD, SO, TN, YE)
Mycorine® (Galenium: ID)
Mykoderm Miconazolcreme® (Engelhard: DE)
Mykotin® (Ardeypharm: DE)
Mysocort® (Greater Pharma: TH)
Nazoderm® (Dankos: ID)
Nedis® (Omega: AR)
Neomicol® (Medix: CR, DO, GT, HN, MX, NI, PA, SV)
Nikarin® (TO Chemicals: TH)
Nitrato de Miconazol® (Cristália: BR)
Nitrato de Miconazol® (Farmaco: BR)
Nitrato de Miconazol® (Medley: BR)
Nitrato de Miconazol® (Neo Quimica: BR)
Nitrato de Miconazol® (Teuto: BR)
Noxraxin® (Osoth: TH)
Ony-Clear® (Pedinol: US)
Pasedon® (Lensa: ES)
Pharmaniaga Miconazole® (Ebewe: HK)
Pitrion® (Rafa: IL)
Podakrin® (Pharmasant: TH)
Prilagin® (Sofar: IT)
Ranozol® (S.T. Pharma: TH)
Resolve Thrush® (Ego: AU, NZ)
Resolve Tinea® (Ego: AU, NZ)
Resolve® (Ego: AU, MY, NZ, SG)
Sinamida® (Gezzi: AR)
Skindure® (March: TH)
Spored® (Mugi: ID)
Tara® (Polipharm: TH)
Tinasolve® (Alpha: NZ)
Ting® (Insight: US)
Vobamyk® (Hermal: DE)
Zarin® (Xepa-Soul Pattinson: SG)
Zeasorb® (Stiefel: US)
Zimycan® (Barrier: NL)
Zolagel® (Global: ID)
Zole® (Rexcel: IN)

– pivoxil hydrochloride:

IS: *Miconazole pivaloyloxymethylchloride*

Pivanazolo® (Medestea Research: IT)

Micronomicin (Prop.INN)

L: Micronomicinum
D: Micronomicin
F: Micronomicine
S: Micronomicina

Antibiotic, aminoglycoside

ATC: S01AA22
CAS-Nr.: 0052093-21-7 C_{20}-H_{41}-N_5-O_7
M_r 463.598

O-2-Amino-2,3,4,6-tetradeoxy-6-(methylamino)-α-D-erythro-hexopyranosyl-(1-4)-O-[3-deoxy-4-C-methyl-3-(methylamino)-β-L-arabinopyranosyl-(1-6)]-2-deoxy-D-streptamine

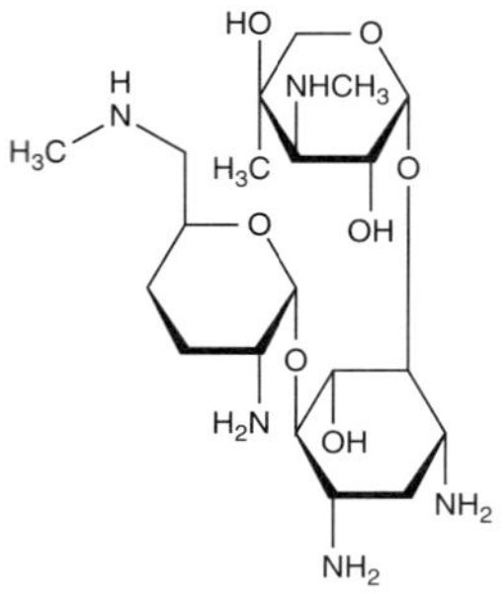

OS: *Micronomicine [DCF, USAN]*
IS: *KW 1062*
IS: *XK 62-2*
IS: *DE 020*
IS: *Sagamicin*

– sulfate:

OS: *Micronomicin Sulfate JAN*
PH: Micronomicin Sulfate JP XIV

Luxomicina® (Tubilux: IT)
Microphta® (Europhta: MC)
Sagamicin® (Kyowa: JP)

Midazolam (Rec.INN)

L: Midazolamum
I: Midazolam
D: Midazolam
F: Midazolam
S: Midazolam

Hypnotic
Anticonvulsant

ATC: N05CD08
ATCvet: QN05CD08
CAS-Nr.: 0059467-70-8 C_{18}-H_{13}-Cl-F-N_3
M_r 325.782

4H-Imidazo[1,5-a][1,4]benzodiazepine, 8-chloro-6-(2-fluorophenyl)-1-methyl-

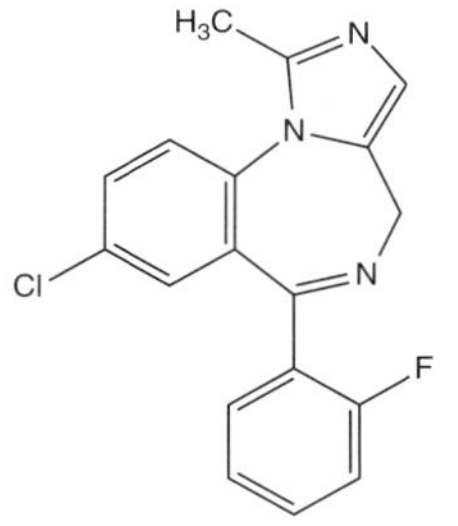

OS: *Midazolam [BAN, DCF, JAN]*
OS: *Midazolam [DCIT]*
PH: Midazolam [Ph. Eur. 5]
PH: Midazolamum [Ph. Eur. 5]

Demizolam® [inj.] (Dem Ilaç: TR)
Dormicum® (Egis: HU)
Dormicum® (Roche: AE, AR, AU, AW, BA, BD, BE, BG, BH, BR, CG, CH, CI, CL, CM, CN, CO, CR, CU, CY, CZ, DE, DK, DO, EC, EE, EG, ES, FI, FR, GB, GE, GH, GR, GT, HN, HR, ID, IE, IL, IS, IT, JM, JO, KE, KG, KR, KW, LA, LB, LK, LT, LU, LV, LY, MA, MD, MT, MU, MX, MY, NI, NL, NO, NP, NZ, OM, PA, PE, PH, PK, PL, QA, RO, RU, SA, SE, SI, SK, SV, TH, TR, TT, TW, UG, UY, UZ, VE, ZA, ZW)
Dormid® (Scott: AR)
Dormix® (Gutis: CR, DO)
Dormonid® (Roche: BR, CL, PE)
Drimnorth® (Northia: AR)
Fada Midazolam® (Fada: AR)
Flormidal® (Galenika: RS)
Fortanest® (Kalbe: ID)
Fulsed Injection® (Ranbaxy: CZ, RO)
Fulsed® (Ranbaxy: CN, SG)
Gobbizolam® (Gobbi: AR)
Hypnovel® [inj.] (Roche: FR, NZ)
Midanium® (Cipla: ZA)
Midanium® (Polfa Warszawa: PL)
Midazolam Aguettant® (Aguettant: FR)
Midazolam Alpharma® (Alpharma: SE)
Midazolam Combino Pharm® (Combino: ES)
Midazolam Dakota Pharm® (Dakota: FR)
Midazolam Gemepe® (Gemepe: AR)
Midazolam Genfarma® (Genfarma: ES)
Midazolam Ges® (Ges Genericos: ES)
Midazolam Gray® (Gray: AR)
Midazolam Hexal® (Hexal: DE)
Midazolam Human® (Teva: HU)
Midazolam IBI® (IBI: IT)
Midazolam Inibsa® (Inibsa: ES)
Midazolam Injection® (Mayne: AU)
Midazolam Injection® (Pharmacia: AU)
Midazolam Ips® (IPS: ES)
Midazolam Mayne® (Mayne: IT)
Midazolam Normon® (Normon: ES)
Midazolam PHG® (Hameln: IT)
Midazolam ratiopharm® (ratiopharm: DE)
Midazolam Renaudin® (Renaudin: FR)
Midazolam Richet® (Richet: AR)
Midazolam Sala® (Ramon: ES)
Midazolam Synthon® (Synthon: CZ)
Midazolam-Fresenius® (Fresenius: LU)
Midazolam-Rotexmedica® (Rotexmedica: DE)
Midazolam® (Alpharma: NO)
Midazolam® (Biosano: CL)
Midazolam® (Eurofarma: BR)
Midazolam® (Mayne: AU, HK, SG)
Midazolam® (Rafa: IL)
Midazolam® (Sandoz: CA)
Midazolam® (Synthon: CZ)
Midazolam® (Terapia: RO)
Midazolam® (Torrex: SI)
Midazolam® (União: BR)
Midazolam® (Volta: CL)
Midazolam® (Wockhardt: GB)
Midazolan Biocrom® (Biocrom: AR)
Midazol® (Hameln: TH)
Midazol® (Taro: IL)
Midazol® (TTN: TH)
Midolam® (Rafa: IL)
Noctura® (Drugtech-Recalcine: CL)
Ormir® (Neuropharma: AR)
Relacum® (Pisa: MX)
Rem Chobet® (Soubeiran Chobet: AR)
Sopodorm® (ICN: PL)
Versed® (Roche: FR)
Zolidam® (Meizler: BR)
Zolmid® (Chile: CL)

– hydrochloride:

CAS-Nr.: 0059467-96-8
OS: *Midazolam Hydrochloride BANM, JAN, USAN*
IS: *Ro 21-3981/003 (Roche, USA)*

Apo-Midazolam® (Apotex: CA)
Dalam® (Richmond: AR)
Dormicum® (Roche: AT, BE, CH, DE, DK, FI, HK, IS, LK, MX, NL, PT, RS, SE)
Dormire® (Cristália: BR)
Dormonid® (Roche: CL, PE)
Fulsed® (Ranbaxy: IN)
Hypnovel® (Roche: AU, GB, NZ)
Hypnovet® [vet.] (Roche: GB)
Ipnovel® (Roche: IT)
MDZLN® (Torrex: NL)
Midacum® (Hexal: ZA)
Midazolam Curamed® (Curamed: DE)
Midazolam curasan® (curasan: DE)
Midazolam curasan® (DeltaSelect: NL)
Midazolam DeltaSelect® (DeltaSelect: DE, NL)
Midazolam Fresenius® (Fresenius: NL)
Midazolam Hameln® (Hameln: DE, DK, FI, NL)
Midazolam HCL® (Ross: US)
Midazolam Hikma® (Hikma: NL)
Midazolam Hydrochloride Injection® (Abraxis: US)
Midazolam Hydrochloride Injection® (Akorn: US)
Midazolam Hydrochloride Injection® (Apotex: US)
Midazolam Hydrochloride Injection® (Baxter: US)
Midazolam Hydrochloride Injection® (Bedford: US)
Midazolam Hydrochloride Injection® (Hospira: US)
Midazolam Hydrochloride Injection® (Mayne: US)
Midazolam Hydrochloride® (Apotex: US)
Midazolam Hydrochloride® (Paddock: US)
Midazolam Hydrochloride® (Ranbaxy: US)
Midazolam Hydrochloride® (Roxane: US)
Midazolam Lafedar® (Lafedar: AR)
Midazolam Nycomed® (Nycomed: AT)
Midazolam Sandoz® (Sandoz: AU)

Midazolam Torrex® (Torrex: AT, CZ, HU, PL, RO, RS, SI)
Midazolam® (Genthon: NL)
Midazolam® (Goldshield: GB)
Midazolam® (Hameln: GB)
Midazolam® (Martindale: GB)
Midazolam® (Mayne: NZ)
Midazolam® (Sanderson: CL)
Midazolam® (Synthon: NL)
Midazolam® (Torrex: AT)
Midozor® (Lemery: MX)
Setam® (Representaciones e Investigaciones Medicas: MX)
Versed® (Roche: US)
Zolamid® (Mayne: PT)

- **maleate:**

CAS-Nr.: 0059467-94-6
OS: *Midazolam Maleate USAN*
IS: *Ro 21-3981/001 (Roche, USA)*

Anquil® (General Pharma: BD)
Dormicum® (Egis: HU)
Dormicum® (Roche: BE, CH, CR, CZ, DE, DO, ES, FI, GT, HK, HN, ID, IL, LK, LU, MX, NI, NL, PA, PH, PL, PT, RO, RS, SV, ZA)
Dormicum® (Roche RX: SG)
Dormonid® (Roche: BR)
Hypnovel® (Roche: NZ)
Midazolam Lafedar® (Lafedar: AR)
Milam® (Eskayef: BD)
Terap® (Sanitas: CL)

Midecamycin (Rec.INN)

L: Midecamycinum
I: Midecamicina
D: Midecamycin
F: Midécamycine
S: Midecamicina

Antibiotic, macrolide

ATC: J01FA03
ATCvet: QJ01FA03
CAS-Nr.: 0035457-80-8 C_{41}-H_{67}-N-O_{15}
M_r 813.97

7-(Formylmethyl)-4,10-dihydroxy-5-methoxy-9,16-dimethyl-2-oxooxacyclohexadeca-11,13-dien-6-yl 3,6-dideoxy-4-O-(2,6-dideoxy-3-C-methyl-Ò-L-*ribo*-hexopyranosyl)-3-(dimethylamino)-beta-D-glucopyranoside 4',4''-dipropionate (ester) (WHO)

Leucomycin V, 3,4^B-dipropanoate

Leucomycin V, 3,4B-dipropanoate (9Cl)

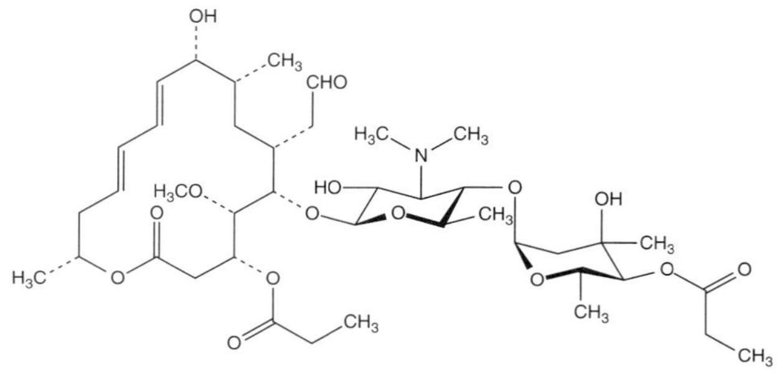

OS: *Midecamycin [JAN, JP]*
OS: *Midécamycine [DCF]*
OS: *Midecamicina [DCIT]*
OS: *Midecamycin [USAN]*
IS: *Mdm*
IS: *Midecamycin A_1*
IS: *Antibiotic SF 837 A1*
IS: *Antibiotic YL 704 B1*
IS: *Espinomycin A*
IS: *Madecacine*
IS: *Medemycin*
IS: *Midecamycin A_1*
IS: *Platenomycin B1*
IS: *Turimycin P(sub 3)*
IS: *YL 704 B1*
IS: *Mydecamycin*
PH: Midecamycine [JP XIV]

Macropen® (Krka: BA, RS)
Macropen® (KRKA: RU)
Macropen® (Krka: SI)
Macropen® (Meiji: JP)
Medemycin® (Meiji: HK, JP)
Midecamycin Meiji® (Thai Meiji: TH)
Midecin® (Farmaka: IT)
Miocamen® (Menarini: IT, LU)

- **diacetate:**

CAS-Nr.: 0055881-07-7
OS: *Midecamycin Acetate JAN*
IS: *Miocamycin*
IS: *MOM*
IS: *9,3''-Diacetylmidecamycin*
IS: *9,3''-Di-O-acetylmidecamycin*
IS: *Acecamycin*
IS: *Ponsinomycin*
IS: *1532-RB*
IS: *Leucomycin V 3^B, 9-diacetate $3,4^B$-dipropionate*
IS: *Acecamycin*
PH: Midecamycin Acetate JP XIV

Macroral® (Malesci: IT)
Meilitai® (Meiji: CN)
Meilitai® (Shantou Meiji: CN)
Merced® (Menarini: BE, LU)
Miocacin® (Faran: GR)
Miocamen® (Meiji: JP)
Miocamen® (Menarini: AE, BH, CY, EG, GR, IQ, IT, JO, KW, LB, LY, MA, MT, OM, QA, SA, SD, SY, TN, YE)
Miocamycin® (Meiji: JP)
Miokacin® (Firma: IT)
Miotin® (Meiji: TH)
Momicine® (Farmacusi: ES)
Mosil® (Menarini: FR)
Myoxam® (Menarini: CR, DO, ES, GT, HN, NI, PA, SV)
Normicina® (Tedec Meiji: ES)

Midodrine (Rec.INN)

L: Midodrinum
I: Midodrina
D: Midodrin
F: Midodrine
S: Midodrina

⚕ Sympathomimetic agent

ATC: C01CA17
CAS-Nr.: 0042794-76-3 C_{12}-H_{18}-N_2-O_4
M_r 254.296

Acetamide, 2-amino-N-[2-(2,5-dimethoxyphenyl)-2-hydroxyethyl]-

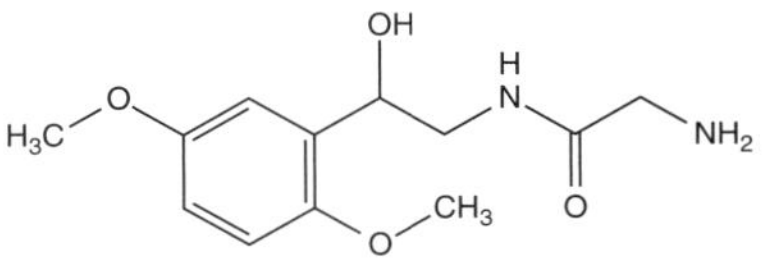

OS: *Midodrine [BAN, DCF]*
OS: *Midodrina [DCIT]*

– hydrochloride:
CAS-Nr.: 0003092-17-9
OS: *Midodrine Hydrochloride BANM, JAN, USAN*
IS: *ST 1085*

Amatine® (Shire: CA)
Gutron® (Douglas: NZ)
Gutron® (Lusofarmaco: IT)
Gutron® (Nycomed: AT, CH, CZ, DE, FR, HK, HU, NL, PL, RO, SG, TH)
Gutron® (Rafa: IL)
Gutron® (Silesia: CL)
Midodrina Union Health® (Union Health: IT)
Midodrine Hydrochloride® (Global: US)
Midodrine Hydrochloride® (Mylan: US)
Midodrine Hydrochloride® (Sandoz: US)
Midon® (Shire: IE)
Orvaten® (Upsher-Smith: US)
ProAmatine® (Shire: US)
Xerotil® (Pulitzer: IT)

Mifepristone (Rec.INN)

L: Mifepristonum
D: Mifepriston
F: Mifépristone
S: Mifepristona

⚕ Antiprogesterone

ATC: G03XB01
CAS-Nr.: 0084371-65-3 C_{29}-H_{35}-N-O_2
M_r 429.609

Estra-4,9-dien-3-one, 11-[4-(dimethylamino)phenyl]-17-hydroxy-17-(1-propynyl)-, (11β,17β)-

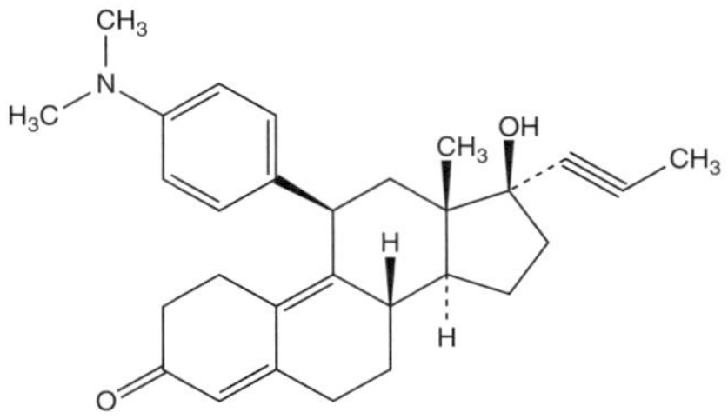

OS: *Mifepristone [BAN, USAN]*
OS: *Mifépristone [DCF]*
IS: *RU 38486 (Roussel-Uclaf, France)*
IS: *RU 486 (Roussel-Uclaf, France)*

Mifegest® (Zydus: IN)
Mifegyne® (Bipharma: NL)
Mifegyne® (Contragest: DE)
Mifegyne® (Cosan: CH)
Mifegyne® (Exelgyn: DK, ES, FI, GB, IL, LU, NO, SE)
Mifegyne® (Health Support Ltd: NZ)
Mifegyne® (Medi Challenge: ZA)
Mifeprex® (Danco: US)
Mifestad® (Stada: VN)
Mifégyne® (Exelgyn: FR)
Pencroftonium® (Pharmstandart: RU)

Miglitol (Prop.INN)

L: Miglitolum
D: Miglitol
F: Miglitol
S: Miglitol

⚕ Antidiabetic agent

ATC: A10BF02
CAS-Nr.: 0072432-03-2 C_8-H_{17}-N-O_5
M_r 207.234

3,4,5-Piperidinetriol, 1-(2-hydroxyethyl)-2-(hydroxymethyl)-, [2R-(2α,3β,4α,5β)]-

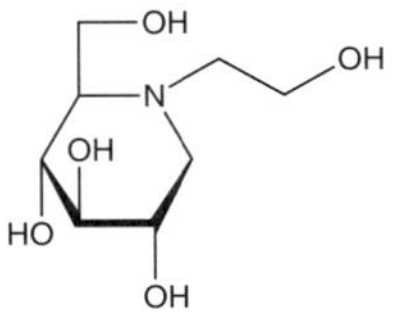

OS: *Miglitol [BAN, USAN]*
IS: *Bay m 1099 (Bayer, Germany)*

Diastabol® (Sanofi-Aventis: AT, CH, ES, FR, HU, MX, PL)
Diastabol® (Sanofi-Synthelabo: DE, NL)
Euglitol® (Nicholas: IN)
Miglitol Bayer® (Bayer: AT)
Miglitol Bayer® (Sanofi-Synthelabo: AT)
Plumarol® (Lacer: ES)

Miglustat (Rec.INN)

L: Miglustatum
D: Miglustat
F: Miglustat
S: Miglustat

Enzyme inhibitor

ATC: A16AX06
CAS-Nr.: 0072599-27-0 C_{10}-H_{21}-N-O_4
M_r 219.32

(2R,3R,4R,5S)-1-butyl-2-(hydroxymethyl)piperidine-3,4,5-triol

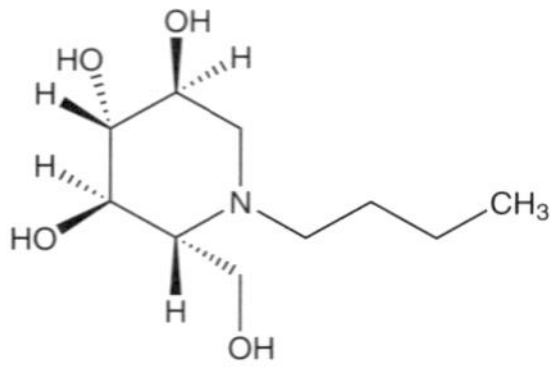

OS: *Miglustat [BAN, USAN]*
IS: *OGT 918 (Oxford GlycoSciences, Great Britain)*
IS: *SC 48334*

Zavesca® (Actelion: AT, CA, CH, CZ, DE, DK, ES, FI, GB, HU, IE, IT, LU, NL, NO, SE, US)
Zavesca® (Pharma Logistics: BE)
Zavesca® (Teva: IL)

Milbemycin Oxime

D: Milbemycinoxim
S: Milbemicina oxima

Anthelmintic [vet.]

Insecticide [vet.]

CAS-Nr.: 0129496-10-2 C_{32}-H_{45}-N-O_7
M_r 555.78

A mixture of Milbemycin A_4 5-oxime and Milbemycin A_3 5-oxime

Milbemycin-A4 5-oxim (IUPAC)

(2aE,4E,5'S,6S,6'S,7S,8E,11R,13R,15S,17aR,20aR,20bS)-6'-Ethyl-20b-hydroxy-20-hydroxyimino-5',6,8,19-tetramethyl-3',4',5',6,6',7,10,11,14,15,20a,20b-dodecahydrospirol[11,15-methano-2H,13H,17H-furo[4,3,2-pq][2,6]-benzodioxacyclooctadecin-13,2'-[2H]pyran]-17(17aH)-on (IUPAC)

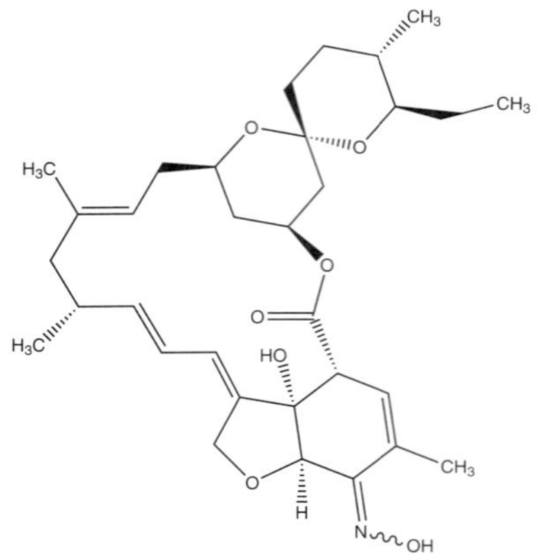

IS: *Milbemycin-A4-oxim*
IS: *CGA-179246*

Interceptor® [vet.] (Novartis: AU, IT)
Interceptor® [vet.] (Novartis Animal Health: PT, US)
Interceptor® [vet.] (Novartis Santé Animale: FR)
Milbe Mite® (Novartis Animal Health: AU, US)
Milbemax® [vet.] (Novartis Animal Health: GB)
Milbemax® [vet.] (Novartis Tiergesundheit: CH)
MilbeMite® [vet.] (Novartis Animal Health: AU)
Program Plus® [vet.] (Novartis Animal Health: GB)

Milnacipran (Rec.INN)

L: Milnacipranum
D: Milnacipran
F: Milnacipran
S: Milnacipran

Antidepressant

ATC: N06AX17
CAS-Nr.: 0092623-85-3 C_{15}-H_{22}-N_2-O
M_r 246.361

(±)-cis-2-(Aminomethyl)-N,N-diethyl-1-phenylcyclopropanecarboxamide

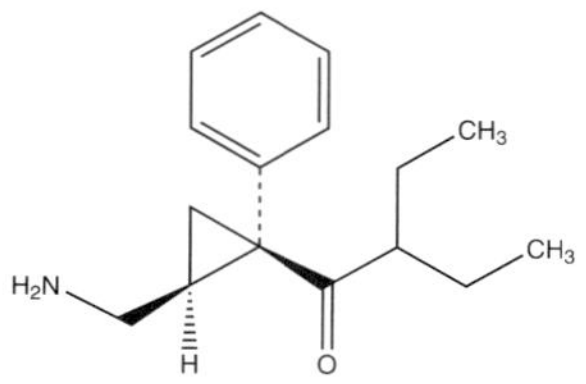

OS: *Milnacipran [BAN, DCF, USAN]*
IS: *F 2207 (Pierre Fabre, France)*
IS: *Midalcipran*

– hydrochloride:

CAS-Nr.: 0101152-94-7
OS: *Milnacipran Hydrochloride BANM*

Dalcipran® (Ferraz: PT)
Dalcipran® (PF: LU)
Dalcipran® (Pierre Fabre: AT, CZ)
Dalcipran® (Roche: AR)
Ixel® (Janssen: RU)
Ixel® (PF: LU)

Ixel® (Pierre Fabre: AR, AT, CZ, FR, IL, PL, RO, RU, TR)
Ixel® (Pierre Fabre Médicament: FI)
Ixel® (Roche: BR)
Ixel® (Silesia: CL)
Lixel® (Pierre Fabre: CR, DO, GT, HN, NI, PA, SV)
Toledomin® (Asahi: JP)

Milrinone (Rec.INN)

L: Milrinonum
D: Milrinon
F: Milrinone
S: Milrinona

Cardiac stimulant, cardiotonic agent
Vasodilator

ATC: C01CE02
CAS-Nr.: 0078415-72-2 C_{12}-H_9-N_3-O
M_r 211.234

[3,4'-Bipyridine]-5-carbonitrile, 1,6-dihydro-2-methyl-6-oxo-

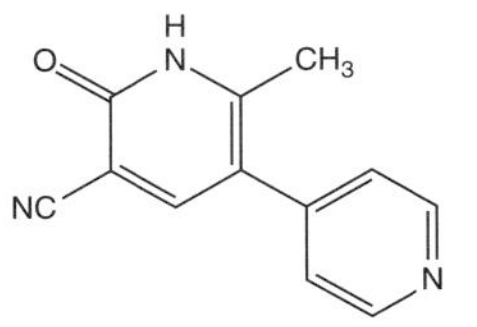

OS: *Milrinone [BAN, DCF, USAN]*
IS: *Win 47203-2 (Sterling-Winthrop, USA)*
PH: Milrinone [USP 30]

Corotrope® (Sanofi-Aventis: AR, BE, FR, HU, PL)
Corotrope® (Sanofi-Synthelabo: ES, GR, LU, PE)
Corotrop® (Sanofi-Aventis: CH)
Corotrop® (Sanofi-Synthelabo: AT, CZ, DE)
Corotrop® (Winthrop: NL)
Milicor® (Samarth: IN)
Primacor® (Sanofi-Aventis: IL)

– lactate:

Coritrope® (Sanofi-Synthelabo: ID)
Corotrope® (Sanofi-Aventis: CL)
Corotrope® (Sanofi-Synthelabo: CO, NL)
Corotrop® (Sanofi-Aventis: SE)
Milnirone® (Novopharm: CA)
Milrinone Lactate in Dextrose® (Apotex: US)
Milrinone Lactate in Dextrose® (Baxter: US)
Milrinone Lactate Injection® (Apotex: US)
Milrinone Lactate Injection® (Baxter: US)
Milrinone Lactate Injection® (Braun: US)
Milrinone Lactate Injection® (Hospira: US)
Milrinone Lactate® (Abraxis: US)
Milrinone Lactate® (Baxter: US)
Milrinone Lactate® (Bedford: US)
Milrinone Lactate® (Ben Venue: IL)
Milrinone Lactate® (Bioniche: US)
Milrinone Lactate® (Hospira: US)
Milrinone Lactate® (Mayne: US)
Primacor® [inj.] (Sanofi-Aventis: BR, GB, HK, MX, MY, SG, US)
Primacor® [inj.] (Sanofi-Synthelabo: AU, NZ, TH)

Miltefosine (Rec.INN)

L: Miltefosinum
D: Miltefosin
F: Miltefosine
S: Miltefosina

Antineoplastic agent

ATC: L01XX09
CAS-Nr.: 0058066-85-6 C_{21}-H_{46}-N-O_4-P
M_r 407.579

Choline hydroxide, hexadecyl hydrogen phosphate, inner salt

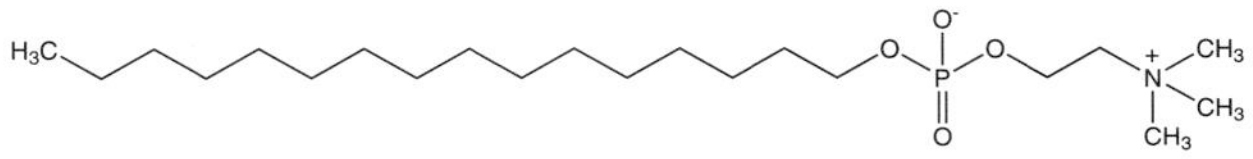

OS: *Miltefosine [BAN, USAN]*
IS: *D-18506*
IS: *HDPC*
IS: *Hexadecylphosphocholine*

Impavido® (Zentaris: DE)
Miltex® (ASTA Medica: BR)
Miltex® (Asta Medica: CZ)
Miltex® (Baxter: CL, FR, IL, PH, RO, SE, SI)
Miltex® (Baxter Oncology: DE, SG)
Miltex® (Baxter Oncology-D: IT)
Miltex® (Baxter Vertrieb: AT)
Miltex® (Prasfarma: ES)

Minaprine (Rec.INN)

L: Minaprinum
I: Minaprina
D: Minaprin
F: Minaprine
S: Minaprina

Antidepressant

ATC: N06AX07
CAS-Nr.: 0025905-77-5 C_{17}-H_{22}-N_4-O
M_r 298.403

4-Morpholineethanamine, N-(4-methyl-6-phenyl-3-pyridazinyl)-

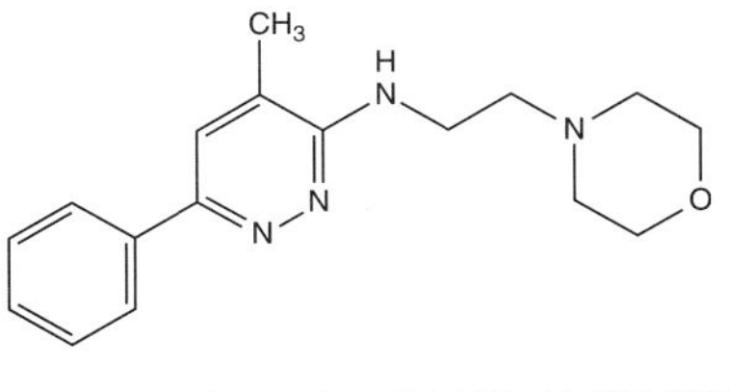

OS: *Minaprine [BAN, DCF, USAN]*
OS: *Minaprina [DCIT]*
IS: *Agr 620*
IS: *Agr 1240*
IS: *CB 30038 (Clin-Byla, France)*

– dihydrochloride:

CAS-Nr.: 0025953-17-7
OS: *Minaprine Hydrochloride BANM, USAN*
IS: *CM 30038 (France)*

Cantor® (Sanofi-Synthelabo: AE, BH, CY, EG, JO, KW, LB, OM, QA, SA)

Minocycline (Rec.INN)

L: **Minocyclinum**
I: **Minociclina**
D: **Minocyclin**
F: **Minocycline**
S: **Minociclina**

Antibiotic, tetracycline

ATC: J01AA08,A01AB23
ATCvet: QA01AB23
CAS-Nr.: 0010118-90-8 C_{23}-H_{27}-N_3-O_7 M_r 457.499

2-Naphthacenecarboxamide, 4,7-bis(dimethylamino)-1,4,4a,5,5a,6,11,12a-octahydro-3,10,12,12a-tetrahydroxy-1,11-dioxo-, [4S-(4α,4aα,5aα,12aα)]-

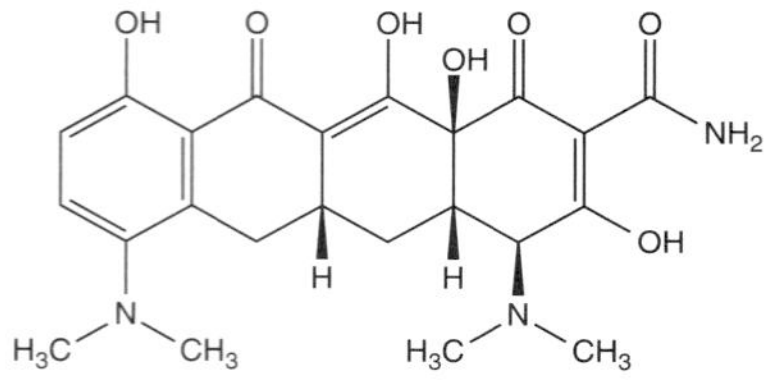

OS: *Minocycline [BAN, DCF, USAN]*
OS: *Minociclina [DCIT]*

Bagomicina® (Bago: CL, PE)
Clinax® (Cinetic: AR)
Cyclimycin® (Aspen: ZA)
Minocycline Gf® (Genfarma: NL)
Minotab® (Frasca: AR)
Minotab® (Teofarma: BE)
Minox 50® (Rowex: IE)
Minox® (Rowex: IE)
Pracne® (Grünenthal: CL)
Seboclear® (Szama: AR)

– hydrochloride:

CAS-Nr.: 0013614-98-7
OS: *Minocycline Hydrochloride BANM, JAN, USAN*
PH: Minocycline Hydrochloride Ph. Eur. 5, JP XIV, USP 30
PH: Minocycline (chlorhydrate de) Ph. Eur. 5
PH: Minocyclini hydrochloridum Ph. Eur. 5
PH: Minocyclinhydrochlorid Ph. Eur. 5

Acneclin® (Valeant: AR)
Akamin® (Alphapharm: AU)
Aknefug MINO® (Wolff: DE)
Aknemin® (Merck: NL)
Aknemin® (Reckitt Benckiser: GB)
Aknin-N® (Sanofi: CH)
Aknoral® (IBSA: CH)
Aknosan® (Hermal: DE)
Apo-Minocycline® (Apotex: CA, HK)
Arestin® (OraPharma: US)
Auramin® (Valeant: AT)
Borymycin® (Yung Shin: SG)
Cynomycin® (Wyeth: IN)
Doc Minocycline® (Docpharma: LU)
Dynacin® (Medicis: US)
Enca® (Prempharm: CA)
Gen-Minocycline® (Genpharm: CA)
Klinomycin® (Valeant: DE)
Klinomycin® (Wyeth: US)
Klinotab® (PSI: BE)
Klinotab® (Teofarma: LU)
Lederderm® (Lederle: DE)
Lederderm® (Wyeth: US)
Meibi® (LKM: AR)
Mestacine® (Tonipharm: FR)
Micromycin® (Darier: MX)
Minac® (Spirig: CH)
Minakne® (Bioglan: DE)
Minaxen® (Aegis: HK)
Mino-50® (PSI: BE)
Mino-50® (Teofarma: LU)
Mino-Wolff® (Wolff: DE)
Minocin Akne® (Drossapharm: CH)
Minocin MR® (Wyeth: GB, HK)
Minocin® (Drossapharm: CH)
Minocin® (EU-Pharma: NL)
Minocin® (Euro: NL)
Minocin® (Lederle: CL, CY, EG, ID, IL, JO, KW, LB, OM, QA, SA, YE)
Minocin® (Procaps: CO)
Minocin® (PSI: BE)
Minocin® (Stiefel: CA)
Minocin® (Teofarma: ES, IT, LU, PT)
Minocin® (Triax: US)
Minocin® (Wyeth: AE, AR, AT, BH, CN, HK, IE, MX, PE, SG, TH, VN)
Minoclin® (Vitamed: IL)
Minoclir® (Jenapharm: DE)
Minocyclin beta® (betapharm: DE)
Minocyclin Heumann® (Heumann: DE)
Minocyclin Hexal® (Hexal: DE)
Minocyclin Stada® (Stada: CZ)
Minocyclin Stada® (Stadapharm: DE)
minocyclin-CT® (CT: DE)
Minocyclin-ratiopharm® (ratiopharm: DE)
Minocycline Alpharma® (Alpharma: NL)
Minocycline Biogaran® (Biogaran: FR)
Minocycline EG® (EG Labo: FR)
Minocycline EG® (Eurogenerics: BE)
Minocycline Hydrochloride® (Global: US)
Minocycline Hydrochloride® (Ranbaxy: US)
Minocycline Hydrochloride® (Teva: US)
Minocycline Hydrochloride® (Watson: US)
Minocycline Irex® (Winthrop: FR)
Minocycline Merck® (Merck Generics: NL)
Minocycline Merck® (Merck Génériques: FR)
Minocycline PCH® (Pharmachemie: NL)
Minocycline Sandoz® (Sandoz: BE, FR, NL)
Minocycline Winthrop® (Winthrop: FR)
Minocycline-Sandoz® (Sandoz: LU)
Minocycline® (Alpharma: GB)
Minocycline® (Generics: GB)
Minocycline® (Hexal: NL)
Minocycline® (Hillcross: GB)
Minocycline® (Kent: GB)
Minocycline® (Rafa: IL)
Minocycline® (Teva: GB)
Minogran® (Euroetika: CO)
Minolis® (Expanscience: FR)
Minomax® (Wyeth: BR)

Minomycin® (Sigma: AU, NZ)
Minoplus® (Rosen: DE)
Minostad® (Stada: AT)
Minotabs® (Hexal: ZA)
Minotabs® (Sigma: NZ)
Minotab® (PSI: BE)
Minotab® (Teofarma: LU)
Minotrex® (Medinfar: PT)
Minot® (Roemmers: CO)
Mynocine® (Tonipharm: FR)
Myrac® (Glades: US)
Novo-Minocycline® (Novopharm: CA)
Parocline® (CSP: FR)
Periocline® (Sunstar: JP)
Peritrol® (Orapharma: NL)
ratio-Minocycline® (Ratiopharm: CA)
Rolab-Minocycline® (Sandoz: ZA)
Sandoz Minocycline® (Sandoz: CA)
Seboclear® (Szama: AR)
Sebomin® (Actavis: GB)
Skid® (Winthrop: DE)
Skinocyclin® (Intendis: DE)
Solodyn® (Medicis: US)
Triomin® (Merck Generics: ZA)
Udima® (Dermapharm: AT, DE)
Vectrin® (Medicis: US)
Zacnan® (Merck Lipha Santé: FR)

Minoxidil (Rec.INN)

L: Minoxidilum
I: Minoxidil
D: Minoxidil
F: Minoxidil
S: Minoxidil

Antihypertensive agent
Vasodilator
Topical

ATC: C02DC01,D11AX01
ATCvet: QC02DC01,QD11AX01
CAS-Nr.: 0038304-91-5 C_9-H_{15}-N_5-O
M_r 209.25

2,4-Pyrimidinediamine, 6-(1-piperidinyl)-, 3-oxide

2,4-Diamino-6-piperidinopyrimidine 3-oxide (WHO)

2,6-Diamino-4-piperidinopyrimidin-1-oxid (IUPAC)

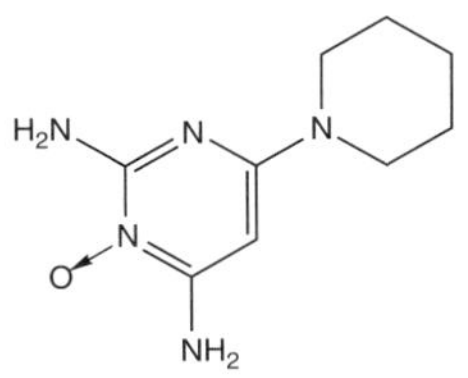

OS: *Minoxidil [BAN, DCF, DCIT, USAN]*
IS: *U 10858 (Upjohn, USA)*
PH: Minoxidil [Ph. Eur. 5, USP 30]
PH: Minoxidilum [Ph. Eur. 5]

Alopexy® (Pierre Fabre: CH, FR, IL, LU, NL, RO)
Alostil® (Pfizer: FR)
Aloxidil® (IDI: IT)
Anagen® (Pablo Cassara: AR)
Apo-Gain® (Apotex: CA)
Biocrinal® (Medi Sofex: PT)
Carexidil® (Cantabria: ES)
Crinalsofex® (Medi Sofex: PT)
Dinaxil Capilar® (Serra Pamies: ES)
Epokelan® (Medochemie: LK)
Growell® (ICM: SG)
Hair A-Gain® (Key: AU)
Hair Grow® (Dar-Al-Dawa: AE, BH, IQ, JO, KW, LB, LY, MT, NG, OM, QA, SA, SD, SO, TN, YE)
Hair Regrowth® (Eckerd: US)
Hair Regrowth® (Rite Aid: US)
Hair-Treat® (Rekah: IL)
Hairgaine® (Agis: IL)
Hairgrow® (Dar-Al-Dawa: RO)
Headway® (Pacific: NZ)
Ivix® (Cinetic: AR)
Lacovin® (Galderma: ES)
Locemix® (Euroderm: AR)
Locion EPC® (Ethical: DO)
Loninoten® (Pharmacia: BE)
Loniten® (Pfizer: AT, BR, CA, CH, GB, IE, PT, SI, TH, US, ZA)
Loniten® (Pharmacia: AU, ES, IT)
Lonnoten® (Pharmacia: LU, NL)
Lonolox® (Pfizer: DE)
Lonoten® (Pfizer: FR)
Loxon® (Sanofi-Aventis: PL)
Macbirs® (Maigal: AR)
Manoxidil® (March: TH)
Mantaitecnim® (Tecnimede: PT)
Mantai® (Tecnimede: PT)
Minocalve® (Pfizer: PT)
Minovital® (Terapeutico: IT)
Minoxidil Bailleul® (Bailleul: FR)
Minoxidil Cooper® (Cooper: FR)
Minoxidil Isac® (Dermpharma: PH)
Minoxidil MK® (MK: CO)
Minoxidil Sandoz® (Sandoz: FR)
Minoxidil USP® (Map: PE)
Minoxidil Zydus® (Zydus: FR)
Minoxidil® (Carrion: PE)
Minoxidil® (Fagron: NL)
Minoxidil® (Mutual: US)
Minoxidil® (Par: US)
Minoxidil® (Pfizer: IL)
Minoxidil® (Remedica: CY)
Minoxidil® (Watson: US)
Minoxile® (Finadiet: AR)
Minoximen® (Menarini: IT)
Minoxitrim® (Trima Unipharm: SG)
Minoxi® (Trima: IL)
Minox® (Edol: PT)
Mintop® (Dr Reddys: IN)
Modil® (GDH: TH)
Neocapil® (Spirig: CH, CZ)
Neoxidil® (Galderma: BE, BR, IL, LU)
Noxidil® (TO Chemicals: TH)
Nuhair® (Polipharm: TH)
Pilfud® (Bosnalijek: BA, HR, RS)
Piloxidil® (Chemical Research: PL)
Recrea® (Antula: FI, NO, SE)
Regaine® (Eurim: AT)
Regaine® (Paranova: AT)

M

Regaine® (Pfizer: AT, BE, BR, CH, CL, CZ, DK, ES, FR, GB, HK, HR, HU, ID, IL, IS, LU, MX, MY, NL, PL, PT, RU, SG, SI, TH)
Regaine® (Pfizer Consumer Healthcare: DE)
Regaine® (Pharmacia: AU, BG, IT, PE, RO, ZA)
Regaine® (Renata: BD)
Regroe® (Regroe: PH)
Regrou® (Surya: ID)
Regrowth® (Progress: TH)
Regro® (DHA: SG)
Revexan® (Nycomed: SE)
RiUP® (Taisho: JP)
Rogaine® (Eurim: DE)
Rogaine® (McNeil: CA)
Rogaine® (Pfizer: AT, FI, NO, SE, US)
Rogaine® (Pfizer Consumer Healthcare: IE, NZ)
Rogaine® (Pharmacia: AU)
Theroxidil® (Harmony: US)
Tricolocion® (Valeant: AR)
Tricoplus® (Defuen: AR)
Tricovivax® (Medinfar: PT)
Tricoxane® (ITF: CL)
Tricoxidil® (Pfizer Consumer Health Care: IT)
Ylox® (Fortbenton: AR)
Zeldilon® (Zeler: PT)

Mirimostim (Rec.INN)

L: Mirimostimum
D: Mirimostim
F: Mirimostim
S: Mirimostim

Immunomodulator

CAS-Nr.: 0121547-04-4 C_{1058}-H_{1651}-N_{277}-O_{341}-S_{14}
M_r 24157.456

1-214-Colony-stimulating factor 1 (human clone p3ACSF-69 protein moiety reduced), homodimer

OS: *Mirimostim [USAN]*

Leukoprol® (Green Cross: JP)
Leukoprol® (Morinaga: JP)

Miristalkonium Chloride (Rec.INN)

L: Miristalkonii Chloridum
D: Miristalkonium chlorid
F: Chlorure de Miristalkonium
S: Cloruro de miristalconio

Antiseptic
Contraceptive, spermicidal agent
Desinfectant

CAS-Nr.: 0000139-08-2 C_{23}-H_{42}-Cl-N
M_r 368.049

Benzenemethanaminium, N,N-dimethyl-N-tetradecyl-, chloride

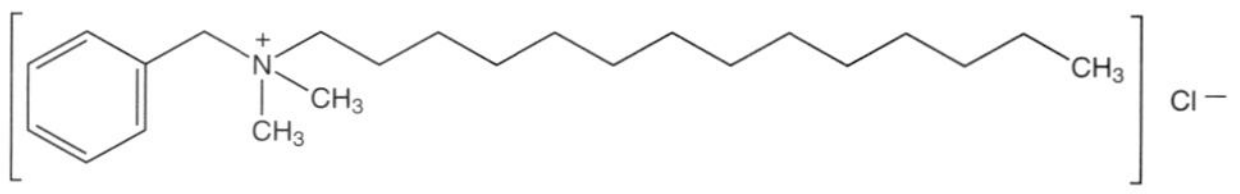

OS: *Miristalkonium Chloride [BAN, USAN]*
IS: *Miristylbenzalkonium chloride*

Alpagelle® (Pharma Développement: FR)

Mirtazapine (Rec.INN)

L: Mirtazapinum
I: Mirtazapina
D: Mirtazapin
F: Mirtazapine
S: Mirtazapina

Antidepressant, tetracyclic

ATC: N06AX11
CAS-Nr.: 0061337-67-5 C_{17}-H_{19}-N_3
M_r 265.369

1,2,3,4,10,14b-Hexahydro-2-methylpyrazino[2,1-a]pyrido[2,3-c][2]benzazepine

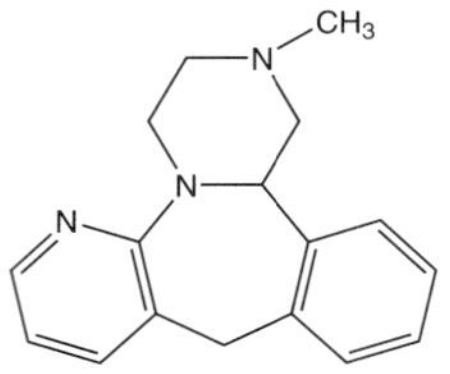

OS: *Mirtazapine [BAN, DCF, USAN]*
IS: *6-Azamianserin*
IS: *Mepirzapine*
IS: *Org 3770 (Organon, Netherlands)*
PH: Mirtazapine [USP 30, Ph. Eur. 5]

Afloyan® (Alter: ES)
Amirel® (Medipharm: CL)
Arintapin® (Sandoz: DE, DK)
Avanza® (British Pharmaceuticals: AU)
Axit 30® (Alpharma: AU)
Calixta® (Belupo: HR, RS)
Ciblex® (Drugtech-Recalcine: CL)
CO Mirtazapine® (Cobalt: CA)
Combar® (Stada: DK)
Comenter® (Asofarma: MX)
Comenter® (Raffo: AR)
Divaril® (Tecnofarma: CL)
Doc Mirtazapine® (Docpharma: BE, LU)
Esprital® (Zentiva: CZ, PL, RO)
Gen-Mirtazapine® (Genpharm: CA)
Merck-Mirtazapine® (Merck: BE)
Mirap® (Rowex: IE)
Miron® (Actavis: IS)
Miro® (Unipharm: IL)
Mirta TAD® (TAD: DE)
Mirtabene® (Ratiopharm: AT)
Mirtadepi® (Keri Pharma: SI)
Mirtadepi® (Kéri: HU)
MirtaLich® (Winthrop: DE)
Mirtapax® (Tecnofarma: CO)
Mirtaril® (Alternova: FI)
Mirtaron® (Eczacibasi: TR)
Mirtaron® (Interpharm: AT)
Mirtastad® (Stada: PL)
Mirtatsapiini Ennapharma® (Ennapharma: FI)
Mirtatsapiini Teva® (Teva: FI)
Mirtawin® (Chinoin: HU)
Mirtawin® (Winthrop: CZ)
Mirtazapin 1A Pharma® (1A Pharma: DE)

Mirtazapin AAA-Pharma® (AAA Pharma: DE)
Mirtazapin AbZ® (AbZ: DE)
Mirtazapin Alpharma® (Alpharma: SE)
Mirtazapin Alternova® (Alternova: AT, DK, SE)
Mirtazapin AL® (Aliud: DE)
Mirtazapin Arrow® (Arrow: SE)
Mirtazapin AWD® (AWD.pharma: DE)
Mirtazapin Basics® (Basics: DE)
Mirtazapin beta® (betapharm: DE)
Mirtazapin dura® (Merck dura: DE)
Mirtazapin Heumann® (Heumann: DE)
Mirtazapin Hexal® (Hexal: AT, DE, DK, NO)
Mirtazapin Hexal® (Sandoz: FI, SE)
Mirtazapin Imi Pharma® (IMI Pharma: SE)
Mirtazapin Krka® (Krka: DK, SE)
Mirtazapin Kwizda® (Kwizda: DE)
Mirtazapin Merck NM® (Merck NM: FI, SE)
Mirtazapin Orion® (Orion: FI)
Mirtazapin ratiopharm® (ratiopharm: DK)
Mirtazapin ratiopharm® (Ratiopharm: FI, SE)
Mirtazapin real® (Dolorgiet: DE)
Mirtazapin Sandoz® (Sandoz: AT, DE)
Mirtazapin Stada® (Stada: AT, DE, FI, RO, SE)
Mirtazapin TEVA® (Teva: DE, SE)
Mirtazapin-AbZ® (AbZ: DE)
Mirtazapin-biomo® (biomo: DE)
Mirtazapin-ct® (CT: DE)
Mirtazapin-Hormosan® (Hormosan: DE)
Mirtazapin-Isis® (Alpharma: DE)
Mirtazapin-neuraxpharm® (neuraxpharm: DE)
Mirtazapin-ratiopharm® (ratiopharm: DE, LU)
Mirtazapina Alter® (Alter: ES)
Mirtazapina Bayvit® (Bayvit: ES)
Mirtazapina Bexal® (Bexal: ES, PT)
Mirtazapina Cinfa® (Cinfa: ES)
Mirtazapina Combino Pharm® (Combino: ES)
Mirtazapina Davur® (Davur: ES)
Mirtazapina EG® (EG: IT)
Mirtazapina Farmabion® (Farmabion: ES)
Mirtazapina Hexal® (Bexal: ES)
Mirtazapina Hexal® (Hexal: IT)
Mirtazapina Jaba® (Jaba: PT)
Mirtazapina Labesfal® (Labesfal: PT)
Mirtazapina Masterfarm® (Combino: ES)
Mirtazapina Mepha® (Mepha: PT)
Mirtazapina Merck® (Merck: ES, IT)
Mirtazapina Merck® (Merck Genéricos: PT)
Mirtazapina Normon® (Normon: ES)
Mirtazapina Psidep® (Atral: PT)
Mirtazapina Ratiopharm® (Ratiopharm: ES, IT)
Mirtazapina Rimafar® (Rimafar: ES)
Mirtazapina Sandoz® (Sandoz: ES, IT)
Mirtazapina Stada® (Stada: ES)
Mirtazapina Teva® (Teva: ES)
Mirtazapina Ur® (Uso Racional: ES)
Mirtazapina Winthrop® (Winthrop: ES)
Mirtazapine Actavis® (Actavis: FI, NL)
Mirtazapine Alpharma® (Alpharma: NL)
Mirtazapine A® (Apothecon: NL)
Mirtazapine CF® (Centrafarm: NL)
Mirtazapine EG® (Eurogenerics: BE, LU)
Mirtazapine Gf® (Actavis: NL)
Mirtazapine Katwijk® (Katwijk: NL)
Mirtazapine Merck® (Merck Generics: NL)
Mirtazapine PCH® (Pharmachemie: NL)
Mirtazapine Ratiopharm® (Ratiopharm: BE)
Mirtazapine Sandoz® (Sandoz: BE, NL)
Mirtazapine Teva® (Teva: CZ, IL, PL)
Mirtazapine® (Alphapharm: US)
Mirtazapine® (Amide: US)
Mirtazapine® (Barr: US)
Mirtazapine® (Hexal: NL)
Mirtazapine® (Organon: NL)
Mirtazapine® (Prasco: US)
Mirtazapine® (Roxane: US)
Mirtazapine® (Teva: US)
Mirtazapin® (Alpharma: NO)
Mirtazapin® (Alternova: DK)
Mirtazapin® (ratiopharm: NO)
Mirtazelon® (Krewel: DE)
Mirtazen® (Krka: CZ)
Mirtazepin Teva® (Teva: SE)
Mirtazon® (British Pharmaceuticals: AU)
Mirtazon® (Imi Pharma: DK)
Mirtazon® (Organon: FI)
Mirtazza® (Temmler: DE)
Mirtaz® (Sun: IN)
Mirtel® (Lannacher: AT)
Mirtzapin-Teva® (Teva: DE)
Mirzalux® (Hexal: RO)
Mirzalux® (Sandoz: MX)
Mirzaten® (Krka: BA, HR, HU, PL, RO, RS)
Mirzaten® (KRKA: RU)
Mirzaten® (Krka: SI)
Mitrazin® (General Pharma: BD)
Mizapin® (Teva: HU)
Norset® (Organon: FR)
Novo-Mirtazapine® (Novopharm: CA)
Noxibel® (Bagó: AR)
PMS-Mirtazapine® (Pharmascience: CA)
Promyrtil® (Organon: CL)
ratio-Mirtazapine® (Ratiopharm: CA)
Remergil® (Organon: DE)
Remergon® (Organon: BE, LU, NL)
Remeron® (Donmed: ZA)
Remeron® (Organon: AE, AR, AT, AU, BH, BR, CA, CH, CN, CO, CR, CY, CZ, DK, EG, FI, GR, GT, HK, HN, HR, HU, ID, IL, IQ, IR, IS, IT, JO, KW, LB, LY, MX, NI, NL, NO, OM, PE, PH, PL, QA, RO, RS, SA, SD, SE, SG, SY, TH, TR, US, YE)
Remeron® (Paranova: AT)
Remeron® (Salus: SI)
Remirta® (Actavis: GE)
Rexer® (Organon: ES)
Sandoz Mirtazapine® (Sandoz: CA)
Tazamel® (Clonmel: IE)
Vastat® (Pensa: ES)
Zapex® (Sun Pharma: MX)
Zismirt® (Gerard: IE)
Zispin® (Organon: GB, IE)
Zuleptan® (Bago: CL)

Misoprostol (Rec.INN)

L: **Misoprostolum**
I: **Misoprostolo**
D: **Misoprostol**
F: **Misoprostol**
S: **Misoprostol**

⚕ Prostaglandin

ATC: A02BB01
CAS-Nr.: 0059122-46-2 C_{22}-H_{38}-O_5
M_r 382.546

Prost-13-en-1-oic acid, 11,16-dihydroxy-16-methyl-9-oxo-, methyl ester, (11α,13E)-(±)-

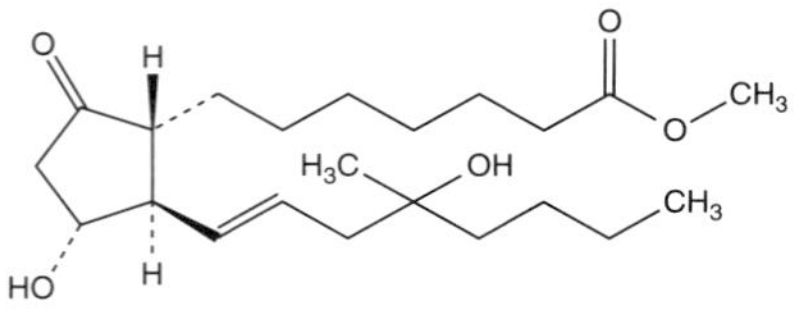

OS: *Misoprostol [BAN, DCF, JAN, USAN]*
OS: *Misoprostolo [DCIT]*
IS: *SC 29333 (Searle, USA)*
PH: Misoprostol [Ph. Eur. 5]

Apo-Misoprostol® (Apotex: CA)
Cyprostol® (Pfizer: AT)
Cytil® (Tecnoquimicas: CO)
Cytolog® (Zydus: IN)
Cytomis® (Incepta: BD)
Cytotec® (ARIS: TR)
Cytotec® (Continental: BE, IT, LU)
Cytotec® (Grünenthal: CO)
Cytotec® (Heumann: DE)
Cytotec® (Pfizer: AE, BH, CH, CR, CY, CZ, DK, EG, ES, ET, FI, FR, GB, GH, GT, HK, HN, ID, IE, IL, IS, JO, KE, KW, MX, MY, NG, NL, NO, NZ, PA, PL, PT, SA, SE, SV, US)
Cytotec® (Pharmacia: AU, DE, GR, PE, TH, ZA)
Cytotec® [vet.] (Pfizer Animal Health: GB)
Gastrul® (Fahrenheit: ID)
Glefos® (Grunenthal: ES)
Gymiso® (HRA: FR)
Misodex® (Monsanto-D: IT)
Misoprostol® (Pfizer: NL)
Misoprostol® (Teva: US)
Misotrol® (Sanofi-Aventis: CL)
Napratec® [+ Naproxen] (Pfizer: GB)
Novo-Misoprostol® (Novopharm: CA)

Mitomycin (Rec.INN)

L: **Mitomycinum**
I: **Mitomicina**
D: **Mitomycin**
F: **Mitomycine**
S: **Mitomicina**

⚕ Antineoplastic, antibiotic

ATC: L01DC03
CAS-Nr.: 0000050-07-7 C_{15}-H_{18}-N_4-O_5
M_r 334.349

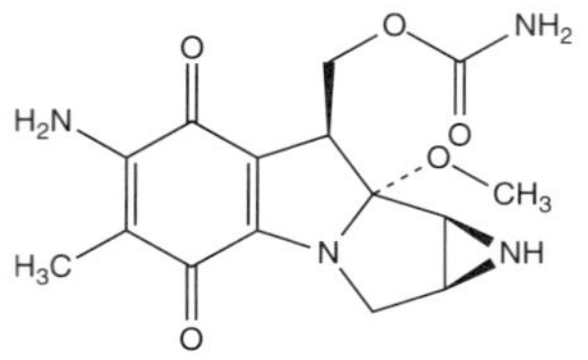

OS: *Mitomycin [BAN, USAN]*
OS: *Mitomycine [DCF]*
OS: *Mitomicina [DCIT]*
IS: *MIT-C*
PH: Mitomycin [USP 30, Ph. Eur. 5]
PH: Mitomycin C [JP XIV]
PH: Mitomycine C [Ph. Franç. X]
PH: Mitomycinum [Ph. Eur. 5]

Amétycine® (biosyn: DE)
Amétycine® (Sanofi-Aventis: FR)
Asomutan® (Raffo: AR)
Crisofimina® (Teva: AR)
Mitem® (Hoyer: DE)
Mito-extra® (Medac: DE)
Mito-medac® (Medac: DE)
Mitocin® (Bristol-Myers Squibb: BR, MX)
Mitocyna® (Richmond: AR)
Mitokebir® (Aspen: AR)
Mitolem® (Lemery: PE)
Mitomicina C Dosa® (Dosa: AR)
Mitomicina C Filaxis® (Filaxis: AR)
Mitomicina C Sandoz® (Sandoz: AR)
Mitomicina Delta Farma® (Delta Farma: AR)
Mitomicina Martian® (LKM: AR)
Mitomicina Microsules® (Microsules: AR)
Mitomicina Mitolem® (Lemery: PE)
Mitomicina Rontag® (Rontag: AR)
Mitomicina® (Baxter: CL)
Mitomicina® (Bestpharma: CL)
Mitomicina® (Kampar: CL)
Mitomycin C® (Biochem: IN)
Mitomycin C® (Ebewe: AT)
Mitomycin C® (Erbapharma: ID)
Mitomycin C® (Inibsa: ES)
Mitomycin C® (Kyowa: IL, IT, PL)
Mitomycin C® (Refasa: PE)
Mitomycin C® (Sigma: AU)
Mitomycin Hexal® (Hexal: DE)
Mitomycin medac® (Medac: DE, DK)
Mitomycin-C Kyowa® (Bristol-Myers Squibb: AU, NZ)
Mitomycin-C Kyowa® (Christiaens: LU, NL)
Mitomycin-C Kyowa® (Ebewe: AT)
Mitomycin-C Kyowa® (Indra: ID)

Mitomycin-C Kyowa® (Kyowa: CZ, GB, HK, HU, LK, MY, PH, SG, TH)
Mitomycin-C Kyowa® (Kyowa Hakko Kogyo: VN)
Mitomycin-C Kyowa® (Medicopharm: DE)
Mitomycin-C Kyowa® (Nycomed: LU, NL)
Mitomycin-C Kyowa® (Onko-Koçsel: TR)
Mitomycin-C Kyowa® (Roche: CH)
Mitomycin-C® (Vianex: GR)
Mitomycin-Kyowa® (Kyowa: CN)
Mitomycine-C® (Christiaens: BE)
Mitomycin® (Baxter: US)
Mitomycin® (Bedford: US)
Mitomycin® (Kyowa: CZ, JP)
Mitomycin® (Medac: SE)
Mitomycin® (Novopharm: CA)
Mitomycin® (SuperGen: US)
Mitonovag® (Gobbi: AR)
Mitostat® (Orion: FI)
Mitotie® (Armstrong: MX)
Mitotie® (Bioprofarma: AR)
Mutamycin® (Bristol-Myers Squibb: NL, RO, US)
Mutamycin® (PharmaSwiss: SI)
Riptam® (Tecnofarma: PE)
Sintemicina® (Sintesina: AR)
Vero-Mitomycin® (Verofarm: RU)
Vetio® (Ivax: AR)

Mitotane (Rec.INN)

L: Mitotanum
D: Mitotan
F: Mitotane
S: Mitotano

⚕ Antineoplastic agent

CAS-Nr.: 0000053-19-0 C_{14}-H_{10}-Cl_4
M_r 320.034

Benzene, 1-chloro-2-[2,2-dichloro-1-(4-chlorophenyl)ethyl]-

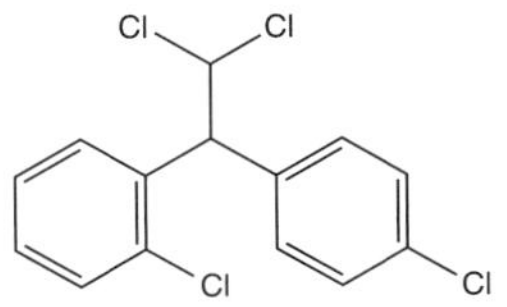

OS: *Mitotane [JAN, USAN]*
IS: *CB 313*
IS: *NSC 38721*
IS: *Piprine-DDD, O-*
PH: Mitotane [USP 30]

Lisodren® (Bristol-Myers Squibb: BR)
Lysodren® (Bristol-Myers Squibb: CA, HK, US)
Lysodren® (HRA: AT, DE, DK, ES, FI, FR, GB, LU, NL, PL)
Lysodren® [vet.] (Labor Laupeneck: CH)
Mitotane® [vet.] (IDIS: GB)

Mitoxantrone (Rec.INN)

L: Mitoxantronum
I: Mitoxantrone
D: Mitoxantron
F: Mitoxantrone
S: Mitoxantrona

⚕ Antineoplastic, antimetabolite

ATC: L01DB07
CAS-Nr.: 0065271-80-9 C_{22}-H_{28}-N_4-O_6
M_r 444.506

9,10-Anthracenedione, 1,4-dihydroxy-5,8-bis[[2-[(2-hydroxyethyl)amino]ethyl]amino]-

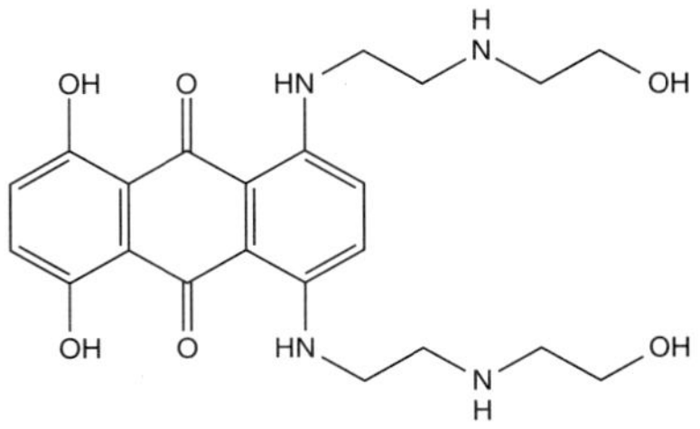

OS: *Mitoxantrone [BAN, DCF, DCIT]*
OS: *Mitozantrone [BAN]*

Elsep® (Wyeth: FR)
Misostol® (Zodiac: BR)
Mitoxantron Ebewe® (Liba: TR)
Mitoxantron Pliva® (Pliva: BA, HR, SI)
Mitoxantrona Ferrer Farma® (Ferrer: ES)
Mitoxantrona Neotalem® [sol.-inj.] (Lemery: PE)
Mitoxantrona® (ASTA Medica: BR)
Mitoxantrone Baxter® (Baxter: TH)
Mitoxantrone Crinos® (Crinos: IT)
Mitoxantrone Segix® (Segix: IT)
Mitoxantrone® (Jelfa: RU)
Neotalem® (Lemery: PE)
Novantrone® (Wyeth: BE, HR, RO)
Oncotron® (Sun: IN)
Onkotrone® (Baxter: HR, RO)

– dihydrochloride:

CAS-Nr.: 0070476-82-3
OS: *Mitoxantrone Hydrochloride BANM, JAN, USAN*
IS: *CL 232315 (Lederle, USA)*
IS: *DAD*
IS: *Mitoyantrone Hydrochloride*
IS: *Mitozantrone Hydrochloride*
PH: Mitoxantrone Hydrochloride Ph. Eur. 5, USP 30
PH: Mitoxantroni hydrochloridum Ph. Eur. 5
PH: Mitoxantronhydrochlorid Ph. Eur. 5
PH: Mitoxantrone (chlorhydrate de) Ph. Eur. 5

Asta Medica Mitoxantrona® (ASTA Medica: BR)
Batinel® (Teva: AR)
Ebexantron® (Ebewe: AT)
Genefadrone® (Genepharm: GR, RO)
Haemato-tron® (Haemato: DE)
Micraleve® (Ivax: AR, PE)
Misostol® (Tecnofarma: CL)
Mitoxantron Ebewe® (Ebewe: AT, IL, LU, RS)
Mitoxantron Ebewe® (Nycomed: CH)
Mitoxantron Hexal® (Hexal: DE)

Mitoxantron Meda® (Meda: SE)
Mitoxantron-Gry® (Gry: DE)
Mitoxantrona Filaxis® (Filaxis: AR)
Mitoxantrona Raffo® (Raffo: AR)
Mitoxantrona Varifarma® (Varifarma: AR)
Mitoxantrona® (Baxter: CL)
Mitoxantrona® (Bestpharma: CL)
Mitoxantrona® (Zodiac: BR)
Mitoxantrone Asta Medica® (Baxter: TH)
Mitoxantrone Baxter® (Baxter Oncology: SG)
Mitoxantrone Baxter® (Eczacibasi Baxter: TR)
Mitoxantrone Ebewe® (Ebewe: IT)
Mitoxantrone Meda® (Meda: DK)
Mitoxantrone® (Jelfa: PL)
Mitoxantrone® (Mayne: CA, GB)
Mitoxantrone® (Novopharm: CA)
Mitoxantrone® (Wockhardt: GB)
Mitoxantron® (Ebewe: AT)
Mitoxantron® (Haemato: NL)
Mitoxantron® (Kohne: NL)
Mitoxantron® (Meda: NO)
Mitoxantron® (Onkoworks: NL)
Mitoxantron® (Pharmachemie: NL)
Mitoxan® (A.Di.Pharm: GR)
Mitoxgen® (Armstrong: MX)
Mitoxgen® (Bioprofarma: AR)
Mitozantrone Injection® (Pharmacia: AU)
Mitroxantron GRY® (Gry: DE)
Neotalem® (Atafarm: TR)
Neotalem® (Chile: CL)
Neoxantron® (Neocorp: DE)
Norexan® (Baxter: ID)
Novantrone® (Er-Kim: TR)
Novantrone® (Lederle: ID)
Novantrone® (OSI: US)
Novantrone® (Serono: US)
Novantrone® (Sigma: AU, NZ)
Novantrone® (Wyeth: BR, CZ, DK, ES, FR, GR, HK, HU, IE, IL, IS, IT, LU, NL, NO, RO, RS, SE, SG, SI, TH, ZA)
Novantrone® [vet.] (Wyeth: GB)
Novantron® (Wyeth: AT, CH, DE)
Oncotron® (Koçak: TR)
Onkotrone® (Baxter: AU, GB, HU, IT, NZ, PH, SI)
Onkotrone® (Baxter Oncology: DE)
Onkotrone® [vet.] (Baxter: GB)
Onkoxantron® (Onkoworks: DE)
Pralifan® (Inibsa: ES)
Ralenova® (Wyeth: DE)
Refador® (Pliva: CZ, HU)
Xantrosin® (Teva: BE, LU)

Mivacurium Chloride (Rec.INN)

L: Mivacurii chloridum
D: Mivacurium chlorid
F: Chlorure de mivacurium
S: Cloruro de mivacurio

Neuromuscular blocking agent

ATC: M03AC10
CAS-Nr.: 0106861-44-3 C_{58}-H_{80}-Cl_2-N_2-O_{14}
M_r 1100.198

(R)-1,2,3,4-Tetrahydro-2-(3-hydroxypropyl)-6,7-dimethoxy-2-methyl-1-(3,4,5-trimethoxybenzyl)isoquinolinium chloride, (E)-4-octenedioate (2:1)

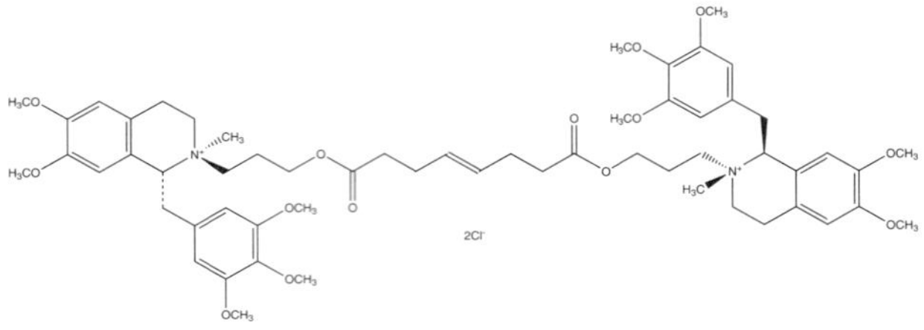

OS: *Mivacurium chloride [BAN, USAN]*
IS: *BW B 1090U (Burroughs Wellcome, USA)*
IS: *BWB 10900 dichloride (Burroughs Wellcome, USA)*

Mivacron® (Abbott: US)
Mivacron® (Glaxo Wellcome: US)
Mivacron® (GlaxoSmithKline: AE, AG, AN, AR, AT, AU, AW, BB, BE, BH, BR, CH, CL, CZ, DE, DK, ES, FI, FR, GB, GD, GR, GY, HK, HU, IR, IT, JM, KW, LC, LU, NL, NO, NZ, OM, PL, QA, RO, SE, SG, SI, TR, TT, VC, ZA)
Mivacron® (Hospira: US)
Mivacron® [vet.] (GlaxoSmithKline: GB)
Novacrium® (Allen: AT)

Mizolastine (Rec.INN)

L: Mizolastinum
I: Mizolastina
D: Mizolastin
F: Mizolastine
S: Mizolastina

Antiallergic agent
Antihistaminic agent
Histamine, H_1-receptor antagonist

ATC: R06AX25
CAS-Nr.: 0108612-45-9 C_{24}-H_{25}-F-N_6-O
M_r 432.524

2-[[1-[1-(p-Fluorobenzyl)-2-benzimidazolyl]-4-piperidyl]methylamino]-4(3H)-pyrimidinone

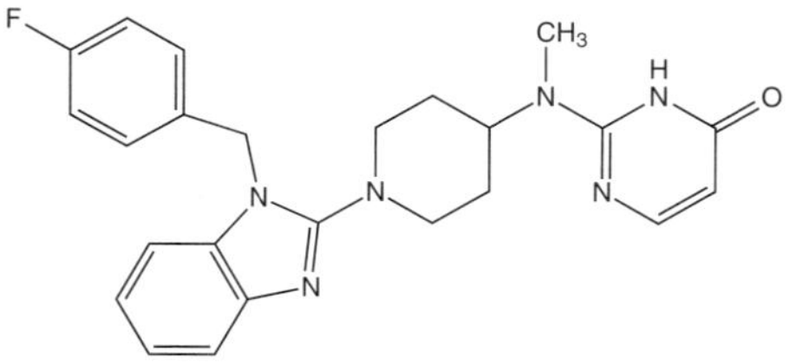

OS: *Mizolastine [BAN, DCF, USAN]*
IS: *MKC 431 (Synthélabo, France)*
IS: *SL 850324 (Synthélabo, France)*

Elina® (Dr Reddys: IN)
Mistalin® (Galderma: NL)
Mistamine® (Galderma: BR, ES, MX, PT)
Mizolen® (Sanofi-Aventis: ES)
Mizollen® (Delphi: NL)
Mizollen® (EU-Pharma: NL)
Mizollen® (Medcor: NL)
Mizollen® (Sanofi-Aventis: BE, CH, DE, HU, IL, IT, NL, PL, SE)

Mizollen® (Sanofi-Synthelabo: AT, DK, GR, LU, PT, ZA)
Mizollen® (Therabel: FR)
Oriens® (Galenica: GR)
Zolim® (Schwarz: DE)
Zolistam® (Angelini: IT)
Zolistam® (Lepori: PT)
Zolistan® (Novag: ES)

Mizoribine (Rec.INN)

L: Mizoribinum
D: Mizoribin
F: Mizoribine
S: Mizoribina

Antifungal agent
Immunosuppressant

CAS-Nr.: 0050924-49-7 C_9-H_{13}-N_3-O_6
M_r 259.233

1H-Imidazole-4-carboxamide, 5-hydroxy-1-β-D-ribofuranosyl-

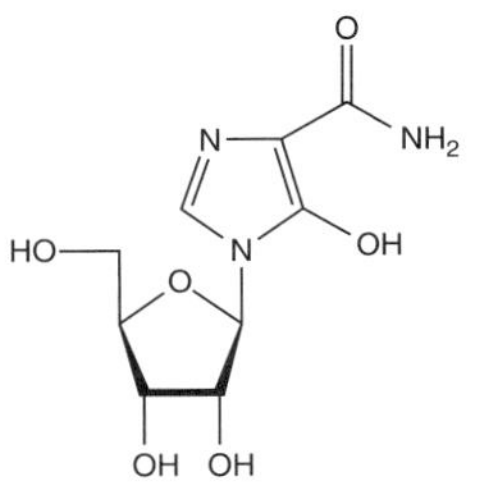

OS: *Mizoribine [JAN, USAN]*

Bredinin® (Asahi: CN)
Bredinin® (Toyo Jozo: JP)

Moclobemide [Rec.INN]

L: Moclobemidum
I: Moclobemide
D: Moclobemid
F: Moclobemide
S: Moclobemida

Antidepressant, MAO-inhibitor

ATC: N06AG02
CAS-Nr.: 0071320-77-9 C_{13}-H_{17}-Cl-N_2-O_2
M_r 268.74

Benzamide,4-chloro-N-[2-(4-morpholinyl)-ethyl]-

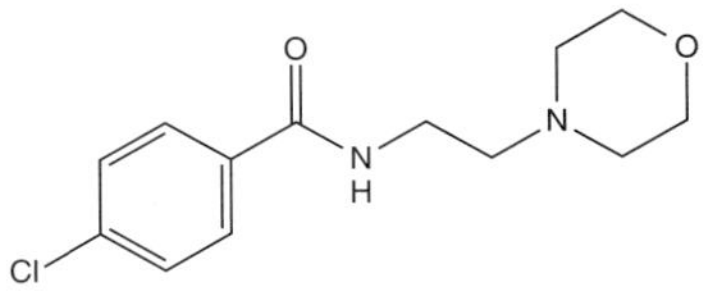

OS: *Moclobemide [BAN, USAN]*
IS: *RO 11-1163 (Roche)*
PH: Moclobemidum [Ph. Helv. 9]

Apo-Moclobemide® (Apotex: CA, NZ)
Apo-Moclob® (Apotex: CZ)
Arima® (Alphapharm: AU)
Auromid® (Galenika: RS)
Aurorex® (Roche: MX)
Aurorix® (Roche: AT, AU, BE, BG, BR, CA, CH, CL, CZ, DE, DK, ES, FI, FR, GB, GR, HK, HR, HU, ID, IE, IS, KR, KW, LB, LU, MX, MY, NL, NO, PE, PH, PL, PT, RS, RU, SA, SE, SI, SK, TH, TR, TW, UY, ZA)
Clobemix® (Douglas: AU)
Clorix® (Pharma Dynamics: ZA)
Depnil® (Cipla: ZA)
GenRX Moclobemide® (GenRX: AU)
Inpront® (Chile: CL)
Lobem® (Eczacibasi: TR)
Manerix® (Roche: CA, ES, GB, IE)
Maorex® (Torrex: HU)
Maosig® (Sigma: AU)
Merck-Moclobemide® (Merck: BE)
Mobemide® (Trima Unipharm: SG)
Mobemide® (Unipharm: IL)
Mobemid® (Jelfa: PL)
Moclamine® (Biocodex: FR)
Moclix® (Hexal: DE, LU)
Moclix® (Neuro Hexal: DE)
Moclo A® (Sandoz: CH)
Moclobemid 1A Pharma® (1A Pharma: DE)
Moclobemid Actavis® (Actavis: DK, FI, SE)
Moclobemid Alternova® (Alternova: AT, DK, FI, SE)
Moclobemid AL® (Aliud: DE)
Moclobemid Hexal® (Hexal: DE)
Moclobemid ratiopharm® (ratiopharm: DE)
Moclobemid ratiopharm® (Ratiopharm: FI)
Moclobemid real® (Dolorgiet: DE)
Moclobemid Sandoz® (Sandoz: DE)
Moclobemid Stada® (Stadapharm: DE)
Moclobemid TEVA® (Teva: DE)
Moclobemid Torrex® (Torrex: AT, SI)
Moclobemid-neuraxpharm® (neuraxpharm: DE)
Moclobemid-Puren® (Alpharma: DE)
Moclobemida Teva® (Teva: ES)
Moclobemida® (Hexal: BR)
Moclobemide Actavis® (Actavis: NL)
Moclobemide Bexal® (Bexal: BE)
Moclobemide CF® (Centrafarm: NL)
Moclobemide Merck® (Merck Generics: NL)
Moclobemide PCH® (Pharmachemie: NL)
Moclobemide ratiopharm® (Ratiopharm: NL)
Moclobemide Sandoz® (Sandoz: NL)
Moclobemide® (Genthon: NL)
Moclobemide® (Sandoz: GB)
Moclobemide® (Teva: GB)
Moclobemid® (Actavis: NO)
Moclobemid® (ratiopharm: NO)
Moclobeta® (betapharm: DE)
moclodura® (Merck dura: DE)
Moclonorm® (esparma: DE)
Moclopharm® (Actavis: HU)
Moclostad® (Pharmacodane: DK)
Mocloxil® (Anpharm: PL)
Mocrim® (Apotex: HU)
Mohexal® (Hexal: AU)
Moklar® (Biovena: PL)
Moklobemid® (Merck NM: NO, SE)
Novo-Moclobemide® (Novopharm: CA)
Nu-Moclobemide® (Nu-Pharm: CA)
PMS-Moclobemide® (Pharmascience: CA)
Rimarex® (Sun: IN)
Rimoc® (Temmler: DE)

M

Modafinil (Rec.INN)

L: **Modafinilum**
D: **Modafinil**
F: **Modafinil**
S: **Modafinilo**

Psychostimulant
α-Sympathomimetic agent

ATC: N06BA07
CAS-Nr.: 0068693-11-8 C_{15}-H_{15}-N-O_2-S
M_r 273.355

2-[(Diphenylmethyl)sulfinyl]acetamide

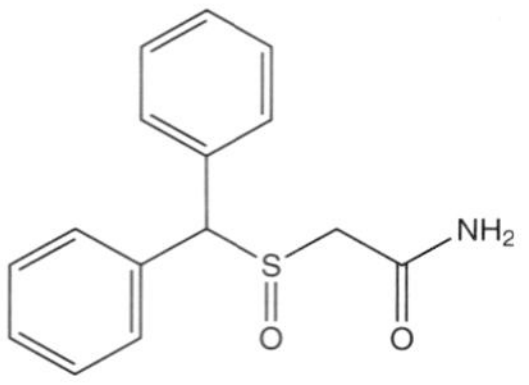

OS: *Modafinil [BAN, DCF, USAN]*
IS: *CEP 1538*
IS: *CRL 40476*
PH: Modafinil [Ph. Eur. 5, USP 30]

Alertec® (Shire: CA)
Alertex® (Saval Eurolab: CL)
Modapro® (Cipla: IN)
Modasomil® (Cephalon: AT, CH)
Modavigil® (CSL: AU, NZ)
Modial® (Cephalon: NL)
Modial® (Euro: NL)
Modiodal® (Aneid: PT)
Modiodal® (Armstrong: MX)
Modiodal® (Cephalon: DK, FR, IS, NL)
Modiodal® (Gen: TR)
Modiodal® (Genesis: GR)
Modiodal® (Noventure: ES)
Modiodal® (Organon: NO, SE)
Naxelan® (Labomed: CL)
Provigil® (Cephalon: GB, IE, IL, US)
Provigil® (Cephalon-GB: IT)
Provigil® (Organon: BE, LU)
Provigil® (Pharmaplan: ZA)
Resotyl® (Drugtech-Recalcine: CL)
Vigicer® (Beta: AR)
Vigil® (Cephalon: DE)
Vigil® (Torrex: CZ, PL)

Moexipril (Rec.INN)

L: **Moexiprilum**
I: **Moexipril**
D: **Moexipril**
F: **Moexipril**
S: **Moexipril**

ACE-inhibitor
Antihypertensive agent

ATC: C09AA13
CAS-Nr.: 0103775-10-6 C_{27}-H_{34}-N_2-O_7
M_r 498.589

(3S)-2-[(2S)-N-[(1S)-1-Carboxy-4-phenylpropyl]alanyl]-1,2,3,4-tetrahydro-6,7-dimethoxy-3-isoquinolinecarboxylic acid, 2-ethyl ester

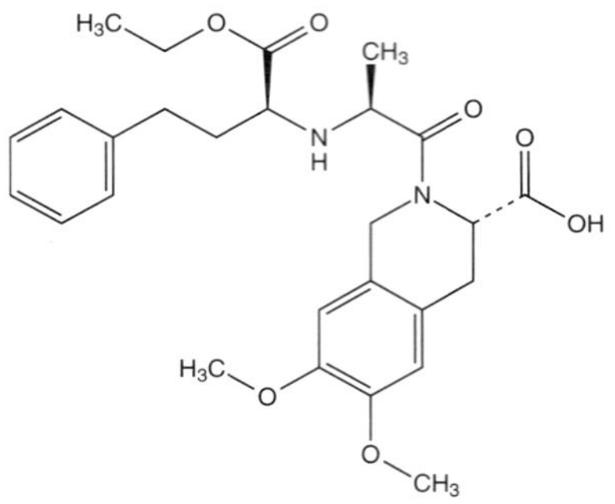

OS: *Moexipril [BAN, DCF]*
IS: *RS 10085 (Syntex, USA)*

– hydrochloride:
CAS-Nr.: 0082586-52-5
OS: *Moexipril Hydrochloride BANM, USAN*
IS: *CI 925*
IS: *RS 10085-197 (Syntex, USA)*
IS: *SPM 925*

Cardiotensin® (Schwarz: PL)
Femipres® (Schwarz: IT)
Fempress® (Actavis: DE)
Fempress® (Gebro: AT)
Moexipril® (Teva: US)
Moex® (Schwarz: CZ, FR, HK, RU)
Perdix® (Omnimed: ZA)
Perdix® (Schwarz: GB, IL)
Renoprotec® (Merck: MX)
Univasc® (Adeka: TR)
Univasc® (Schwarz: PH, US)

Mofebutazone (Rec.INN)

L: **Mofebutazonum**
I: **Mofebutazone**
D: **Mofebutazon**
F: **Mofébutazone**
S: **Mofebutazona**

Antiinflammatory agent
Analgesic
Antipyretic

ATC: M01AA02,M02AA02
CAS-Nr.: 0002210-63-1 C_{13}-H_{16}-N_2-O_2
M_r 232.291

3,5-Pyrazolidinedione, 4-butyl-1-phenyl-

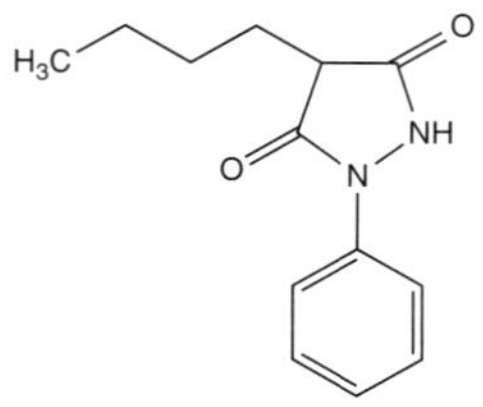

OS: *Mofébutazone [DCF]*
OS: *Mofebutazone [DCIT, USAN]*
IS: *Monophenylbutazonum*
IS: *Monorheumetten*

IS: *Monaphenylbutazon*

– sodium salt:

Mofesal N® (Medice: DE)

Molgramostim (Rec.INN)

L: Molgramostimum
I: Molgramostim
D: Molgramostim
F: Molgramostime
S: Molgramostim

Colony stimulating factor, granulocyte-macrophage, GM-CSF

Immunomodulator

ATC: L03AA03
CAS-Nr.: 0099283-10-0 C_{639}-H_{1007}-N_{171}-O_{196}-S_8
M_r 14478.275

Colony-stimulating factor 2 (human clone pHG_{25} protein moiety reduced)

OS: *Molgramostim [BAN, USAN]*
OS: *Molgramostime [DCF]*
IS: *Sch 39300 (Schering-Plough, USA)*
PH: Molgramostim concentrated solution [Ph. Eur. 5]
PH: Molgramostimi solutio concentrata [Ph. Eur.5]

Bagomol® (Armstrong: MX)
Gramal® (Probiomed: MX)
Growgen-GM® (Bioprofarma: AR)
Leucocitim® (Blausiegel: BR)
Leucomax® (Aesca: AT)
Leucomax® (Novartis: AT, BR, CR, CZ, DE, DO, GR, GT, HN, IT, LK, NI, PA, SV, TR)
Leucomax® (Novartis Pharma: PE)
Leucomax® (Sandoz: ES)
Leucomax® (Schering: ES, NL)
Leucomax® (Schering-Plough: IE, IL, RO, TH)
Mielogen® (Schering-Plough: GR, IT)

Molindone (Rec.INN)

L: Molindonum
D: Molindon
F: Molindone
S: Molindona

Tranquilizer

ATC: N05AE02
CAS-Nr.: 0007416-34-4 C_{16}-H_{24}-N_2-O_2
M_r 276.388

4H-Indol-4-one, 3-ethyl-1,5,6,7-tetrahydro-2-methyl-5-(4-morpholinylmethyl)-

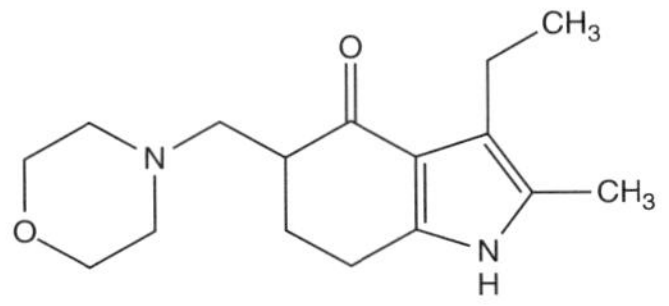

OS: *Molindone [BAN]*

– hydrochloride:

CAS-Nr.: 0015622-65-8
OS: *Molindone Hydrochloride BANM, USAN*
IS: *EN-1733 A (DuPont, USA)*
PH: Molindone Hydochloride USP 30

Moban® (Endo: US)

Molsidomine (Rec.INN)

L: Molsidominum
I: Molsidomina
D: Molsidomin
F: Molsidomine
S: Molsidomina

Coronary vasodilator

ATC: C01DX12
CAS-Nr.: 0025717-80-0 C_9-H_{14}-N_4-O_4
M_r 242.251

Sydnone imine, N-(ethoxycarbonyl)-3-(4-morpholinyl)-

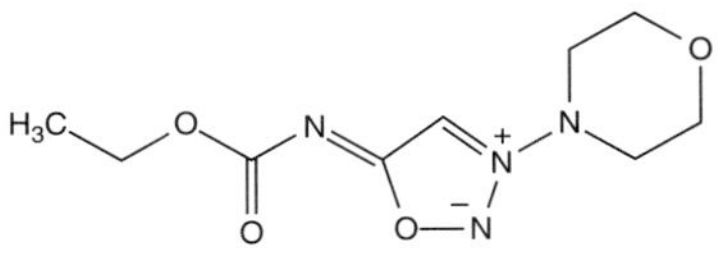

OS: *Molsidomine [BAN, DCF, JAN, USAN]*
OS: *Molsidomina [DCIT]*
IS: *Morsydomine*
IS: *Motazomin*
IS: *Sin 10*
IS: *CAS 276 (hoechst-Roussel, USA)*

Corpea® (Normon: ES)
Coruno® (Therabel: BE, LU)
Corvasal® (Sanofi-Aventis: FR)
Corvaton® (Aventis: CZ, DE, SI)
Corvaton® (Biotika: CZ)
Corvaton® (Sanofi-Aventis: CH, GE, HU)
Corvaton® (Therabel: BE, LU)
Dilasidom® (Polfa Warshavskiy: RU)
duracoron® (Merck dura: DE)
Inverter® (Saidal: DZ)
Lopion® (Jugoremedija: RS)
Molicor® (Srbolek: RS)
Molsi-Puren® (Alpharma: DE)
Molsibeta® (betapharm: DE)
Molsidaine® (Sanofi-Aventis: AR)
Molsidain® (Aventis: ES)
Molsidolat® (Aventis: AT)
Molsidomin 1A Pharma® (1A Pharma: AT, DE)
Molsidomin AL® (Aliud: DE)
Molsidomin Genericon® (Genericon: AT)
Molsidomin Heumann® (Heumann: DE)
Molsidomin ratiopharm® (Ratiopharm: AT)
Molsidomin ratiopharm® (ratiopharm: DE)
Molsidomin Sandoz® (Sandoz: DE)
Molsidomin Stada® (Stadapharm: DE)
molsidomin-ct® (CT: DE)
Molsidomina® (Polfa: CZ)
Molsidomina® (Polfa Warszawa: PL)
Molsidomine Biogaran® (Biogaran: FR)
Molsidomine EG® (EG Labo: FR)
Molsidomine G Gam® (G Gam: FR)

Molsidomine Ivax® (Ivax: FR)
Molsidomine Merck® (Merck Génériques: FR)
Molsidomine RPG® (RPG: FR)
Molsidomine Sandoz® (Sandoz: FR)
Molsidomine Winthrop® (Winthrop: FR)
Molsidomine Zydus® (Zydus: FR)
Molsigamma® (Wörwag Pharma: DE)
Molsihexal® (Hexal: AT, CZ, DE, LU, RO)
Molsiket® (Sanol: DE)
Molsiket® (Schwarz: CZ, DE, LU)
MTW-Molsidomin® (MTW: DE)
Sydnopharm® (Sopharma: RU)

Mometasone (Rec.INN)

L: Mometasonum
I: Mometasone
D: Mometason
F: Mometasone
S: Mometasona

Adrenal cortex hormone, glucocorticoid
Dermatological agent

ATC: D07AC13,R01AD09,R03BA07
CAS-Nr.: 0105102-22-5 C_{22}-H_{28}-Cl_2-O_4
M_r 427.366

Pregna-1,4-diene-3,20-dione, 9,21-dichloro-11,17-dihydroxy-16-methyl-, (11β,16α)-

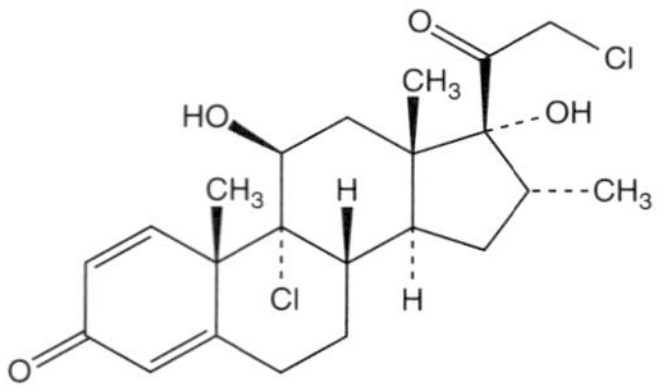

OS: *Mometasone [BAN]*
OS: *Mométasone [DCF]*

– 17α-(2-furoate):
CAS-Nr.: 0083919-23-7
OS: *Mometasone Furoate BANM, JAN, USAN*
IS: *Sch 32088 (Schering, USA)*
PH: Mometasone Furoate Ph. Eur. 5, USP 30
PH: Mometasoni furoas Ph. Eur. 5
PH: Mometasonfuroat Ph. Eur. 5
PH: Mométasone (furoate de) Ph. Eur. 5

Altosone® (Essex: IT)
Asmanex Twisthaler® (Essex: CH, DE)
Asmanex Twisthaler® (Schering-Plough: DK, ES, GB, IE, IS, RO, SE, SI, US)
Asmanex® (Essex: DE)
Asmanex® (Schering-Plough: GB, LU, SI, US)
Dermenet® (Essex: CL)
Dermosona® (Saval: CL, PE)
Dermovel® (Ferron: ID)
Ecural® (Essex: DE)
Elica® (Schering-Plough: ES, MX)
Elocom EuroPharma DK® (Schering-Plough: DK)
Elocom Orifarm® (Schering-Plough: DK)
Elocom® (Essex: CH)
Elocom® (Schering: CA, CZ, PE)
Elocom® (Schering-Plough: BE, BR, CR, DO, ES, GT, HN, HR, HU, IL, KE, LU, PL, PT, RO, RS, RU, SI)
Elocom® (Undra: CO)
Elocom® (White's: CL)
Elocon® (Aesca: AT)
Elocon® (EU-Pharma: NL)
Elocon® (Fulford: IN)
Elocon® (Medcor: NL)
Elocon® (Paranova: AT)
Elocon® (Schering: US)
Elocon® (Schering-Plough: AG, AN, AR, AU, AW, BB, BM, BS, BZ, DK, FI, GB, GD, GR, GY, HT, ID, IE, IS, IT, JM, KY, LC, NO, NZ, SE, TR)
Elomet® (Profesa: EC)
Elomet® (Schering-Plough: BD, CR, DO, GT, HK, HN, MX, MY, SG, TH)
Elosone® (Blau Farma: PL)
Eloson® (Schering-Plough: CN)
Elovent® (Schering-Plough: MX)
Elox® (Guardian: ID)
Fenisona® (Phoenix: AR)
Flogocort® (Bago: CL)
Furomet® (Sued: DO)
Ladexol® (AC Farma: PE)
Lisoder® (Chile: CL)
M-Furo® (Orva: TR)
Mefurosan® (Sanbe: ID)
Metason® (Fortbenton: AR)
Metaspray® (Cipla: IN, LK)
Mofacort® (Surya: ID)
Momate® (Glenmark: LK)
Momecon® (Bilim: TR)
Momelab® (Labomed: CL)
Momeplus® (Panalab: AR)
Mometasone Dexa Medica® (Dexa Medica: ID)
Mometasone Furoate® (Clay-Park: US)
Mometasyn® (Synthesis: CO)
Monovel® (Plough: CO)
Mopac® (Bristol-Myers Squibb: EC)
Motaderm® (Bernofarm: ID)
Movesan® (Iasis: GR)
Nasomet® (Schering-Plough: PT)
Nasonex® (Aesca: AT)
Nasonex® (Essex: CH, CO, DE, EC)
Nasonex® (Eureco: NL)
Nasonex® (Euro: NL)
Nasonex® (Sanofi-Synthelabo: NL)
Nasonex® (Schering: CA, PE, ZA)
Nasonex® (Schering-Plough: AR, AU, BD, BE, BR, CN, CR, CZ, DK, DO, ES, FI, FR, GB, GR, GT, HK, HN, HR, HU, ID, IE, IL, IS, IT, LU, MY, NO, PL, RO, RS, RU, SE, SG, SI, TH, TR, US, VN)
Nasonex® (White's: CL)
Novasone® (Schering-Plough: AR, AU, TH)
Prospiril® (Schering-Plough: LU)
ratio-Mometasone® (Ratiopharm: CA)
Regener® (Fluter: DO)
Rinelon® (Malesci: IT)
Rinelon® (Menarini: ES)
Rinelon® (Schering: PE)
Rinelon® (Schering-Plough: MX, TH)
Taro-Mometasone® (Taro: CA)
Topison® (Libbs: BR)
Uniclar® (Essex: CL, IT)

Uniclar® (Schering-Plough: AR, CR, DO, GT, HN, MX)
Uniclar® (Undra: CO)

Monensin (Rec.INN)

L: Monensinum
D: Monensin
F: Monensin
S: Monensina

Antibiotic
Antifungal agent
Antiprotozoal agent

CAS-Nr.: 0017090-79-8 C_{36}-H_{62}-O_{11}
M_r 670.892

Antibacterial produced by *Streptomyces cinnamonensis*

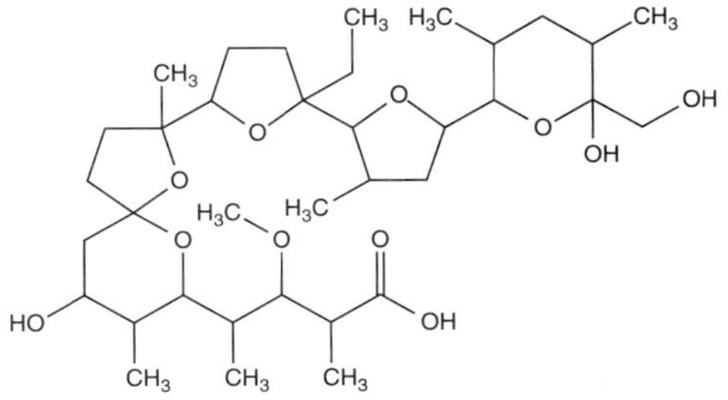

OS: *Monensin [BAN, USAN]*
IS: *A 3823 A*
IS: *ATCC 15413*
IS: *Lilly 67314*
IS: *Monensic Acid*
PH: Monensin [USP 30]

Elancoban® [vet.] (Elanco: GB, IE)
Rumensin® [vet.] (Elanco: AU, NZ)

– sodium salt:

CAS-Nr.: 0022373-78-0
OS: *Monensin Sodium BANM, USAN*
PH: Monensin Sodium USP 30

Ancoban® [vet.] (Ceva: ZA)
Coban® [vet.] (Elanco: US)
Ecox® [vet.] (Alpharma: GB)
Ecox® [vet.] (Eco: GB, ZA)
Elancoban® [vet.] (Elanco: AU, NZ, ZA)
Elancoban® [vet.] (Lilly Vet: FR)
Moneco® [vet.] (International Animal: NZ)
Moneco® [vet.] (International Animal Health: AU)
Monensin® [vet.] (MDB: ZA)
PhibroMonensin® [vet.] (Livestock Solutions: NZ)
PhibroMonensin® [vet.] (Phibro: AU)
Romensin® [vet.] (Elanco: GB)
Romensin® [vet.] (Lilly: ES)
Rumensin® [vet.] (Adisseo: AU)
Rumensin® [vet.] (Elanco: AU, NZ, US, ZA)

Monobenzone (Rec.INN)

L: Monobenzonum
I: Monobenzone
D: Monobenzon
F: Monobenzone
S: Monobenzona

Dermatological agent, demelanizing

ATC: D11AX13
CAS-Nr.: 0000103-16-2 C_{13}-H_{12}-O_2
M_r 200.239

Phenol, 4-(phenylmethoxy)-

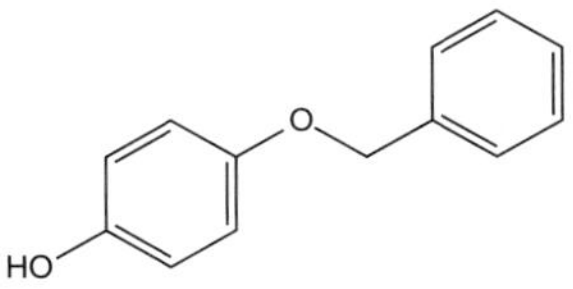

OS: *Monobenzone [DCIT, USAN]*
PH: Monobenzone [USP 30]

Benoquin® (Mac: IN)
Benoquin® (Valeant: US)
Benzoquin® (Sunthi: ID)
Monobenzone® (Vis: PL)

Monoethanolamine Oleate (Rec.INN)

L: Monoethanolamini Oleas
D: Monoethanol aminoleat
F: Oléate de Monoéthanolamine
S: Oleato de monoetanolamina

Sclerosing agent

ATC: C05BB01
CAS-Nr.: 0002272-11-9 C_{20}-H_{41}-N-O_3
M_r 343.558

9-Octadecenoic acid (Z)-, compd. with 2-aminoethanol (1:1)

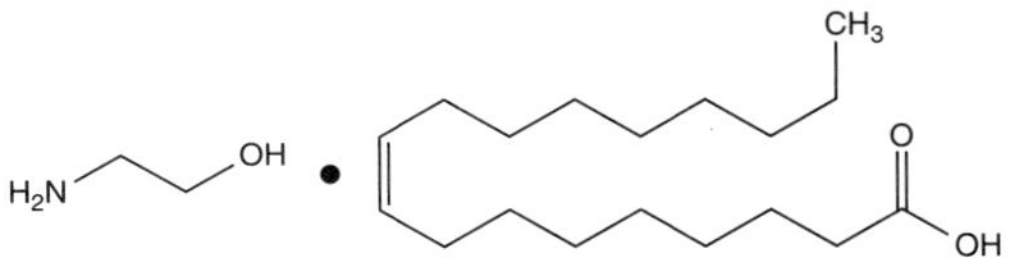

OS: *Ethanolamine Oleate [USAN]*

Ethanolamine Oleate Injection® (Evans: IL)
Ethanolamine Oleate Injection® (UCB: GB)
Oldamin® (Fuji: JP)
Oldamin® (Sankyo: JP)

M

Montelukast (Rec.INN)

L: Montelukastum
I: Montelukast
D: Montelukast
F: Montelukast
S: Montelukast

Antiasthmatic agent
Leukotrien-receptor antagonist

ATC: R03DC03
CAS-Nr.: 0158966-92-8 C_{35}-H_{36}-Cl-N-O_3-S
M_r 586.193

Cyclopropaneacetic acid, 1-[[[1-[3-[2-(7-chloro-2-quinolinyl)ethenyl]phenyl]-3-[2-(1-hydroxy-1-methylethyl)phenyl]propyl]thio]methyl]-

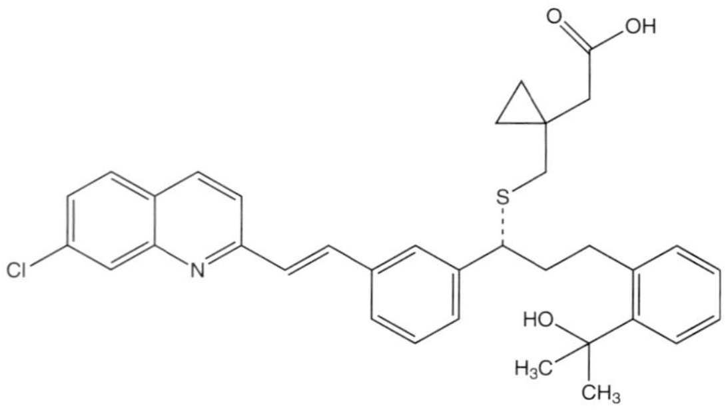

OS: *Montelukast [BAN, DCF]*

Brondilat® (Recalcine: CL)
Leukast® (Andromaco: CL)
Lukast® (Lafrancol: CO)
Montelukast Genfar® (Expofarma: CL)
Rhinosingulair® (Merck Sharp & Dohme: LU)

– sodium salt:

CAS-Nr.: 0151767-02-1
OS: *Montelukast Sodium BANM, USAN*
IS: *MK 476 (Merck)*
IS: *L 706631 (Merck)*
IS: *MK 0476 (Merck)*

Aeron® (Healthcare: BD)
Blow® (Biogen: CO)
Lukasm® (Addenda Pharma: IT)
Luxat® (Deva: GE)
Mokast® (Alco: BD)
Molus® (Apex: BD)
Monas® (Acme: BD)
Monocast® (Beximco: BD)
Montair® (Cipla: IN, LK)
Montair® (Incepta: BD)
Montegen® (Gentili: IT)
Montelukast® (Euro: NL)
Montene® (Square: BD)
Notta® (Sanovel: TR)
Onceair® (Abdi Ibrahim: TR)
Profilax® (La Santé: CO)
Provair® (Unimed & Unihealth: BD)
Reversair® (ACI: BD)
Singulair® (Dieckmann: DE)
Singulair® (Eureco: NL)
Singulair® (Euro: NL)
Singulair® (Merck: US)
Singulair® (Merck Frosst: CA)
Singulair® (Merck Sharp & Dohme: AR, AT, AU, BA, BE, BR, CH, CL, CN, CO, CR, CZ, DK, EC, ES, FR, GB, GT, HK, HN, HR, HU, IE, IL, IS, IT, LU, MX, MY, NI, NL, NZ, PA, PE, PH, PL, PT, RS, RU, SE, SG, SI, SV, TH, TR, ZA)
Singulair® (MerckSharp&Dohme: RO)
Singulair® (MSD: FI, NO)
Singulair® (Nedpharma: NL)
Singulair® (Vianex: GR)
Zespira® (Bilim: TR)

Monteplase (Rec.INN)

L: Monteplasum
D: Monteplas
F: Monteplase
S: Monteplasa

Anticoagulant, thrombolytic agent

CAS-Nr.: 0122007-85-6 C_{2569}-H_{3896}-N_{746}-O_{783}-S_{39}
M_r 59013.227

84-L-Serineplasminogen activator (human tissue-type 2-chain form)

OS: *Monteplase [USAN]*
IS: *E 6010*

Cleactor® (Eisai: JP)

Morantel (Prop.INN)

L: Morantelum
D: Morantel
F: Morantel
S: Morantel

Anthelmintic

CAS-Nr.: 0020574-50-9 C_{12}-H_{16}-N_2-S
M_r 220.34

Pyrimidine, 1,4,5,6-tetrahydro-1-methyl-2-[2-(3-methyl-2-thienyl)ethenyl]-, (E)-

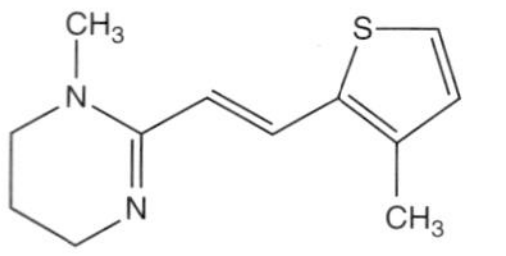

OS: *Morantel [BAN]*
IS: *UK 2964-18*

Paratect Flex® [vet.] (Pfizer Animal Health: BE)

– citrate:

CAS-Nr.: 0069525-81-1
OS: *Morantel Citrate BANM*

Banminth® [vet.] (Pfizer: ZA)
Exhelm® (Pfizer: GB)
Exhelm® [vet.] (Pfizer: NO)
Exhelm® [vet.] (Pfizer Animal Health: GB)
Goat and Sheep Wormer® [vet.] (Vetsearch: AU)
Wormtec® [vet.] (Livestock Solutions: NZ)

– tartrate:

CAS-Nr.: 0026155-31-7

OS: *Morantel Tartrate BANM, USAN*
IS: *CP 12009-18 (Pfizer, USA)*
PH: Morantel Hydrogen Tartrate for Veterinary Use Ph. Eur. 5
PH: Moranteli hydrogenotartras ad usum veterinarium Ph. Eur. 5
PH: Morantelhydrogentartrat für Tiere Ph. Eur. 5
PH: Morantel (hydrogénotartrate de) Ph. Eur. 5
PH: Morantel tartrate USP 30

Equiban® [vet.] (Pfizer Animal: AU)
Morantel tartrato® [vet.] (Pfizer: IT)
Paratect Flex® [vet.] (Orion: SE)
Paratect Flex® [vet.] (Pfizer: CH, LU, NO)
Paratect Flex® [vet.] (Pfizer Animal: DE)
Paratect Flex® [vet.] (Pfizer Animal Health: GB)
Paratect Flex® [vet.] (Pfizer Consumer Healthcare: IE)
Paratect® [vet.] (Pfizer: AT, CH, NL, NO)
Wormtec® [vet.] (Pfizer: AU)
Wormtec® [vet.] (Pfizer Animal Health: NZ)

Morclofone (Prop.INN)

L: Morclofonum
I: Morclofone
D: Morclofon
F: Morclofone
S: Morclofona

Antitussive agent

ATC: R05DB25
CAS-Nr.: 0031848-01-8 C_{21}-H_{24}-Cl-N-O_5
M_r 405.883

Methanone, (4-chlorophenyl)[3,5-dimethoxy-4-[2-(4-morpholinyl)ethoxy]phenyl]-

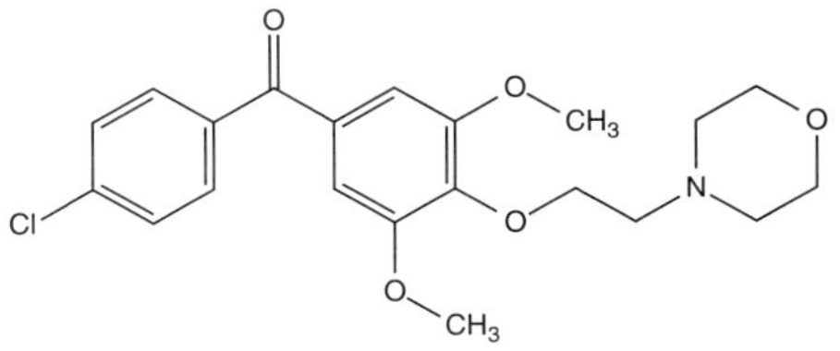

OS: *Morclofone [DCIT, USAN]*
IS: *K 3712*
IS: *Morclofonum*

Nitux® (Zambon: CH)
Plausitin® (Carlo Erba: IT)

Morinamide (Prop.INN)

L: Morinamidum
I: Morfazinamide
D: Morinamid
F: Morinamide
S: Morinamida

Antitubercular agent

ATC: J04AK04
CAS-Nr.: 0000952-54-5 C_{10}-H_{14}-N_4-O_2
M_r 222.262

Pyrazinecarboxamide, N-(4-morpholinylmethyl)-

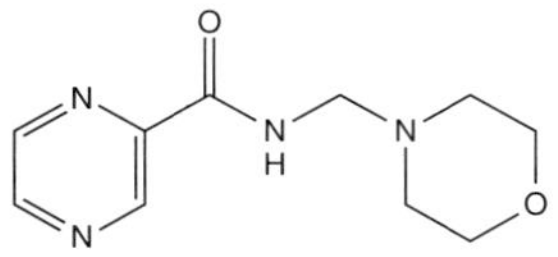

OS: *Morinamide [DCF, USAN]*
OS: *Morfazinamide [DCIT]*
IS: *B 2311*
IS: *Morfazinammide*
IS: *Morphazinamide*

– hydrochloride:
Morfozid® (Koçak: TR)

Morniflumate (Rec.INN)

L: Morniflumatum
I: Morniflumato
D: Morniflumat
F: Morniflumate
S: Morniflumato

Antiinflammatory agent

ATC: M01AX22
CAS-Nr.: 0065847-85-0 C_{19}-H_{20}-F_3-N_3-O_3
M_r 395.399

3-Pyridinecarboxylic acid, 2-[[3-(trifluoromethyl)phenyl]amino]-, 2-(4-morpholinyl)ethyl ester

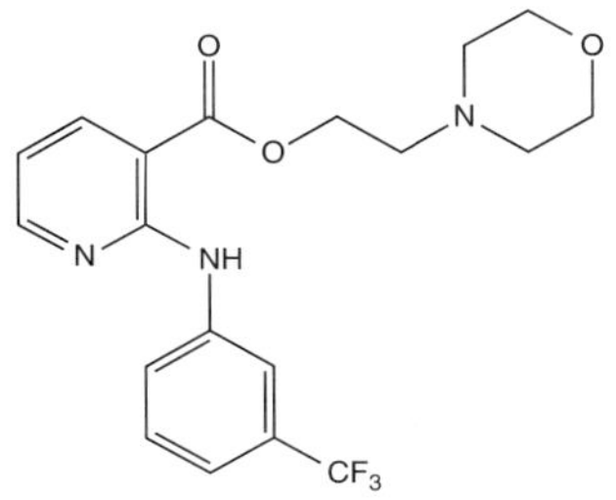

OS: *Morniflumate [DCF, USAN]*
OS: *Morniflumato [DCIT]*
IS: *UP 164*

Flomax® (Chiesi: IT)
Flumarin® (Savio: IT)
Morniflu® (Master: IT)
Niflactol® (Bristol-Myers Squibb: ES)
Niflamol® (Bristol-Myers Squibb: GR)
Niflam® [rect.] (UPSA: IT)
Niflumate® (Saidal: DZ)
Nifluril® (Bristol-Myers Squibb: BF, BI, BJ)
Nifluril® (Bristol-Myers squibb: CF)
Nifluril® (Bristol-Myers Squibb: CG, CI, CM, DZ, FR, GA, GN)
Nifluril® (Bristol-Myers squibb: MG)
Nifluril® (Bristol-Myers Squibb: ML, MR, NE, RO, SN, TD, TG, ZR)

Moroctocog Alfa (Rec.INN)

L: Moroctocogum alfa
I: Moroctocog alfa
D: Moroctocog alfa
F: Moroctocog alfa
S: Moroctocog alfa

⚕ Blood-coagulation factor

ATC: B02BD
CAS-Nr.: 0154343-54-9
C_{3953}-H_{6020}-N_{1040}-O_{1158} -S_{29}+ C_{3553}-H_{5412}-N_{956}-O_{1028}-S_{33}
M_r 87570.32

(1-742)-(1637-1648)-Blood-coagulation factor VIII (human reduced) complex with 1649-2332-blood-coagulation factor VIII (human reduced)

OS: *Moroctocog Alfa [BAN, USAN]*
IS: *Blood Coagulation Factor VIII, Recombinant*
IS: *Coagulation Factor VIII, Recombinant*
IS: *Factor VIII stimulants, Coagulants*
IS: *Moroctocog alpha*

ReFacto® (Biovitrum: NO, SE)
Refacto® (Wyeth: AT)
ReFacto® (Wyeth: AU)
Refacto® (Wyeth: BE)
ReFacto® (Wyeth: CH)
Refacto® (Wyeth: CZ)
ReFacto® (Wyeth: DE, DK)
Refacto® (Wyeth: ES, FI, FR, GB, GR, HU)
ReFacto® (Wyeth: IS)
Refacto® (Wyeth: IT, LU)
ReFacto® (Wyeth: NL, NO, NZ, SE, US)
Refacto® (Wyeth Pharmaceuticals: PT)

Morphine (BAN)

L: Morphinum
I: Morfina
D: Morphin
F: Morphine

⚕ Opioid analgesic

ATC: N02AA01
CAS-Nr.: 0000057-27-2 C_{17}-H_{19}-N-O_3
M_r 285.349

Morphinan-3,6-diol, 7,8-didehydro-4,5-epoxy-17-methyl- (5α,6α)-

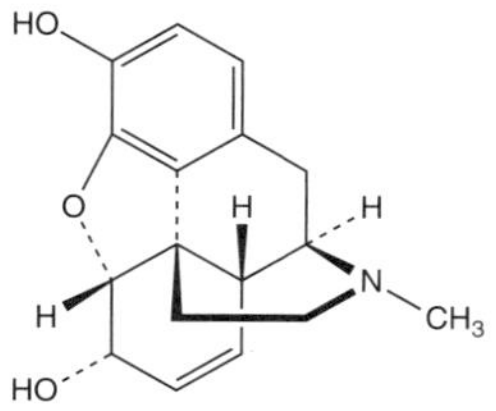

OS: *Morphine [BAN, DCF]*
OS: *Morfina [DCIT]*

Morfina Dosa® (Dosa: AR)
Morfinâ® (Zentiva: RO)
MST Continus® [susp.] (Napp: IE)

– hydrochloride:
CAS-Nr.: 0006055-06-7
OS: *Morphine Hydrochloride BANM, USAN*
PH: Morphine (chlorhydrate de) Ph. Eur. 5
PH: Morphine Hydrochloride JP XIV, Ph. Eur. 5, Ph. Int. 4
PH: Morphinhydrochlorid Ph. Eur. 5
PH: Morphini hydrochloridum Ph. Eur. 5, Ph. Int. 4

Amidiaz® (Richmond: AR)
Analmorph® (Gray: AR)
Compensan® (Lannacher: AT)
Depolan® (Lannacher: DK)
Depolan® (Nordic Drugs: FI, SE)
Docmorfine® (Docpharma: BE)
GNO® (Arion: AR)
M-retard Helvepharm® (Helvepharm: CH)
M-Stada® (Stada: DE)
M.O.S.® (Valeant: CA)
Morfin Dak® (Nycomed: DK)
Morfin Epidural® (Meda: SE)
Morfin Epidural® (Nycomed: NO)
Morfin hidroklorid Alkaloid® (Alkaloid: HR)
Morfin Meda® (Meda: SE)
Morfin SAD® (SAD: DK)
Morfin Special® (BioPhausia: SE)
Morfina Apolo® (Apolo: AR)
Morfina Braun® (Braun: ES, PT)
Morfina Clorhidrato L.CH.® (Chile: CL)
Morfina Clorhidrato® (Biosano: CL)
Morfina Clorhidrato® (Sanderson: CL)
Morfina cloridrato Molteni® (Molteni: IT)
Morfina Cloridrato Monico® (Monico: IT)
Morfina cloridrato® (Molteni: IT)
Morfina cloridrato® (Salf: IT)
Morfina Denver® (Denver: AR)
Morfina Fada® (Fada: AR)
Morfina Martian® (LKM: AR)
Morfina Monico® (Monico: IT)
Morfina Serra® (Serra Pamies: ES)
Morfina® (Braun: ES)
Morfina® (Serra Pamies: ES)
Morfine FNA® (FNA: NL)
Morfine HCl A® (Apothecon: NL)
Morfine HCl CF® (Centrafarm: NL)
Morfine HCl Gf® (Genfarma: NL)
Morfine HCl PCH® (Pharmachemie: NL)
Morfin® (Nycomed: NO)
Morphex CR® (Taro: IL)
Morphin Biotika® (Biotika: CZ)
Morphin HCl Bichsel® (Bichsel: CH)
Morphin HCl Krewel® (Krewel: DE)
Morphin HCl® (Galen: TR)
Morphin Merck® (Merck: DE)
Morphin-HCl Krewel® (Krewel: DE)
Morphin-HCl Sintetica® (Sintetica: CH)
Morphine Aguettant® (Aguettant: FR)
Morphine AP-HP® (AGEPS: FR)
Morphine Chlorhydrate Cooper® (Cooper: FR)
Morphine Chlorhydrate Lavoisier® (Chaix et du Marais: FR)
Morphine Chlorhydrate-EG® (Eurogenerics: LU)
Morphine Cooper® (Cooper: FR)
Morphine HCL® (Denolin: BE)
Morphine HCL® (Teva: IL)
Morphine Renaudin® (Renaudin: FR)

Morphine® (Martindale: GB)
Morphini hydrochloridum® (Alkaloid: BA, RS, SI)
Morphinum Hydrochloricum® (Teva: HU)
Morphin® (Aventis: CZ)
Morphin® (Leiras: FI)
MST UNO® (Bard: CZ)
Neocalmans® (Soubeiran Chobet: AR)
Oglos® [inj.] (Grunenthal: ES)
Ordine® (Mundipharma: AU)
Ra Morph® (Pfizer: NZ)
ratio-Morphine® (Ratiopharm: CA)
Stellorphinad® (Lohmann & Rauscher: BE, LU)
Stellorphine® (Lohmann & Rauscher: BE, LU)
Ticinan® (Formenti: IT)
Ticinan® (Lannacher: NL)
Vendal retard® (Lannacher: AT, CZ, RO)
Vendal® (Lannacher: AT)
Vendal® (Liba: TR)
Vendal® (Polfa Warszawa: PL)

– sulfate:

CAS-Nr.: 0006211-15-0
OS: *Morphine Sulphate BANM*
OS: *Morphine Sulfate USAN*
PH: Morphine Sulfate Ph. Int. 4, USP 30
PH: Morphine Sulphate Ph. Eur. 5
PH: Morphini sulfas Ph. Eur. 5, Ph. Int. 4
PH: Morphinsulfat Ph. Eur. 5
PH: Morphine (sulfate de) Ph. Eur. 5

Actiskenan® (Bristol-Myers Squibb: FR)
Algedol® (Pfizer: AR)
Analfin® (Tecnofarma: MX)
Anamorph® (Fawns & McAllan: AU)
Astramorph PF® (AstraZeneca: US)
Astramorph® (AstraZeneca: BR)
Avinza® (Ligand: US)
Avinza® (Organon: US)
Capros® (Medac: DE)
Contalgin Uno® (Pfizer: IS)
Contalgin® (Pfizer: DK, IS)
DepoDur® (Endo: US)
Dihydrocodeine® (Martindale: GB)
Dimorf® (Cristália: BR)
Dolcontin® (Mundipharma: FI)
Dolcontin® (Pfizer: NO, SE)
Dolocontin® (Pfizer: NO)
Doltard® (Nycomed: CZ, DK, HR, PL)
Duramorph® (Baxter: US)
Graten® [inj.] (Pisa: MX)
Infumorph® (Baxter: US)
Kadian® (Abbott: CA)
Kadian® (Actavis: US)
Kapanol CSR® (GlaxoSmithKline: AT)
Kapanol® (GlaxoSmithKline: AT, AU, BA, BE, CH, DE, FR, LU, NL)
La Morph® (Douglas: NZ)
M-beta® (betapharm: DE)
M-dolor® (Hexal: DE)
M-dolor® (Laboratoires Ethypharm: AT)
M-Eslon® (Bayer: SI)
M-Eslon® (Egis: HU)
M-Eslon® (Ethypharm: CZ)
M-Eslon® (Grünenthal: CL, PE, RS)
M-Eslon® (Multichem: NZ)
M-Eslon® (Nobel: TR)
M-long® (Grünenthal: AT, DE)
M-Stada® [Inj.] (Stada: DE)
M.I.R.® (Rafa: IL)
M.O.S. Sulfate® (Valeant: CA)
MCR-Uno® (Rafa: IL)
MCR® (Rafa: IL)
Merck-Morphine Sulphate® (Merck Generics: ZA)
Meslon® (Grünenthal: CO)
Micro Morphine® (Micro: ZA)
Mogetic® (Azupharma: DE)
Mongol® (Gerolymatos: GR)
Morapid® (Mundipharma: AT)
Morcontin Continus® (Modi-Mundipharma: IN)
Moretal® (Valeant: HU)
Morfina Long® (Bioprofarma: AR)
Morfinesulfaat Alpharma® (Alpharma: NL)
Morfinesulfaat PCH® (Pharmachemie: NL)
Morph Sandoz® (Sandoz: DE)
Morphanton® (Juta: DE)
Morphanton® (Q-Pharm: DE)
Morphgesic® (Amdipharm: GB)
Morphin AL® (Aliud: DE)
Morphin Heumann® (Heumann: DE)
Morphin Hexal® (Hexal: DE)
Morphin-Puren® (Actavis: DE)
Morphin-ratiopharm® (ratiopharm: DE)
Morphine Sulfate DBL® (Mayne: HK)
Morphine Sulfate Injection BP® (Mayne: AU)
Morphine Sulfate Injection® (Baxter: US)
Morphine Sulfate Injection® (Hospira: US)
Morphine Sulfate Injection® (IMS: US)
Morphine Sulfate Injection® (Sigma: AU)
Morphine Sulfate Lavoisier® (Chaix et du Marais: FR)
Morphine Sulfate LP-Ethypharm® (Ethypharm: LU)
Morphine Sulfate® (AstraZeneca: AU)
Morphine Sulfate® (Baxter: NZ, US)
Morphine Sulfate® (Biomed: NZ)
Morphine Sulfate® (Endo: US)
Morphine Sulfate® (Ethex: US)
Morphine Sulfate® (G & W: US)
Morphine Sulfate® (Hospira: CA, US)
Morphine Sulfate® (IMS: US)
Morphine Sulfate® (King: US)
Morphine Sulfate® (Mallinckrodt: US)
Morphine Sulfate® (Mayne: NZ, US)
Morphine Sulfate® (Paddock: US)
Morphine Sulfate® (Ranbaxy: US)
Morphine Sulfate® (Roxane: US)
Morphine Sulfate® (Sigma: AU)
Morphine Sulphate-Fresenius® (Bodene: ZA)
Morphine Sulphate® (Bodene: ZA)
Morphine Sulphate® (Macarthys: IS)
Morphine Sulphate® (Mayne: AU)
Morphine Sulphate® (UCB: GB)
Morphine Sulphate® (Wockhardt: GB)
Morphine Teva® (Teva: BE)
Morphine Universal® (Universal Pharmaceutical: HK)
Morphine® (Martindale: GB)
Morphine® (Rafa: IL)
Morphine® (Sandoz: CA)
Morphine® (UCB: GB)
Morphini sulfas® (Polfa Warszawa: PL)

Morphinsulfat Pentahydrat Allen® (Allen: AT)
Morphinsulfat-GRY® (Gry: DE)
Morphinsulfatpentahydrat GSK® (GlaxoSmith-Kline: AT)
Morphiphar® (Unicophar: BE)
Morph® (Sandoz: DE)
Moscontin® (Mundipharma: FR)
MS Contin® (Dainippon: JP)
MS Contin® (Mundipharma: AU, BE, CN, IT, LU, NL)
MS Contin® (Purdue Frederick: US)
MS Contin® (Purdue Pharma: CA)
MS Contin® (Sankyo: JP)
MS Contin® (Shionogi: JP)
MS Contin® (Takeda: JP)
MS Contin® (Tanabe: JP)
MS Direct® (Mundipharma: BE, LU)
MS Long® (Janssen: BR)
MS Mondiem® (Mundipharma: LU)
MS Mono® (Mundipharma: AU)
MS/L® (Richwood: US)
MS/S® (Richwood: US)
MSI Mundipharma® (Mundipharma: DE, SI)
MSIR® (Purdue Frederick: US)
MSIR® (Purdue Pharma: CA)
MSP® (Rafa: IL)
MSR Mundipharma® (Mundipharma: DE)
MST Continus® (Al Pharm: ZA)
MST Continus® (ASTA Medica: BR)
MST Continus® (Mahakam: ID)
MST Continus® (Medis: SI)
MST Continus® (Mundipharma: BG, CH, CZ, DE, ES, HR, HU, PH, RO)
MST Continus® (Napp: GB, HK, IE)
MST Continus® (Norpharma: PL)
MST Continus® (Raffo: AR)
MST Mundipharma® (Mundipharma: DE)
MST Retard-Granulat® (Mundipharma: DE)
MST Unicontinus® (Mundipharma: ES)
MST® (Mundipharma: PT)
Mundidol® (Mundipharma: AT)
MXL® (Napp: GB, IE)
Noceptin® (Christiaens: NL)
Noceptin® (Nycomed: LU)
OMS® (Upsher-Smith: US)
Onkomorphin® (Onkoworks: DE)
Oramorph® (Boehringer Ingelheim: GB)
Oramorph® (Molteni: AT, IT, LU, NL)
Oramorph® (Norgine: DE, ES, FR, IE)
Oramorph® (Xanodyne: US)
Painbreak® (Riemser: DE)
PMS-Morphine Sulfate® (Pharmascience: CA)
ratio-Morphine SR® (Ratiopharm: CA)
RMS® (Upsher-Smith: US)
Roxanol® (Xanodyne: US)
Sevre-Long® (Mundipharma: CH)
Sevredol® (Abbott: CZ)
Sevredol® (Douglas: NZ)
Sevredol® (Medis: SI)
Sevredol® (Mundipharma: AU, BG, CH, DE, ES, FR, HR, HU, NL, PT)
Sevredol® (Napp: GB, IE, RO)
Sevredol® (Norpharma: PL)
Skenan® (Bristol-Myers Squibb: CZ, DZ, ES, FR, IT, PT)
Skenan® (UPSA: NL)
Slovalgin® (Slovakofarma: CZ)
SRM-Rhotard® (Alliance: ZA)
Statex® (Pharmascience: SG)
Substitol® (Medis: SI)
Substitol® (Mundipharma: AT)
Twice® (Angelini: IT)
Zomorph® (Link: GB)

– tartrate:

CAS-Nr.: 0000302-31-8
OS: *Morphine Tartrate BANM*

Morphine Tartrate Injection DBL® (Mayne: AU)
Morphine tartrate® (Mayne: NZ)

Mosapramine (Rec.INN)

L: Mosapraminum
D: Mosapramin
F: Mosapramine
S: Mosapramina

⚕ Neuroleptic

ATC: N05AX10
CAS-Nr.: 0089419-40-9 C_{28}-H_{35}-Cl-N_4-O
M_r 479.078

(±)-1'-[3-(3-Chloro-10,11-dihydro-5H-dibenz[b,f]azepin-5-yl)propyl]hexahydrospiro[imidazo[1,2-a]pyridine-3(2H),4'-piperidin]-2-one

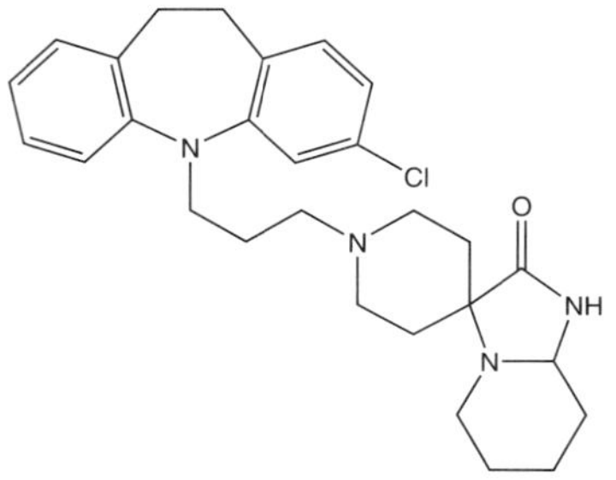

OS: *Mosapramine [USAN]*

– hydrochloride:

CAS-Nr.: 0098043-60-8
OS: *Mosapramine Hydrochloride JAN*
IS: *Y 516 (Yoshitomi, Japan)*
IS: *Clospiramine hydrochloride*

Cremin® (Mitsubishi: JP)

Mosapride (Rec.INN)

L: Mosapridum
D: Mosaprid
F: Mosapride
S: Mosaprida

⚕ Peristaltic stimulant

CAS-Nr.: 0112885-41-3 C_{21}-H_{25}-Cl-F-N_3-O_3
M_r 421.911

(±)-4-Amino-5-chloro-2-ethoxy-N-[[4-(p-fluorobenzyl)-2-morpholinyl]methyl]-benzamide [WHO]

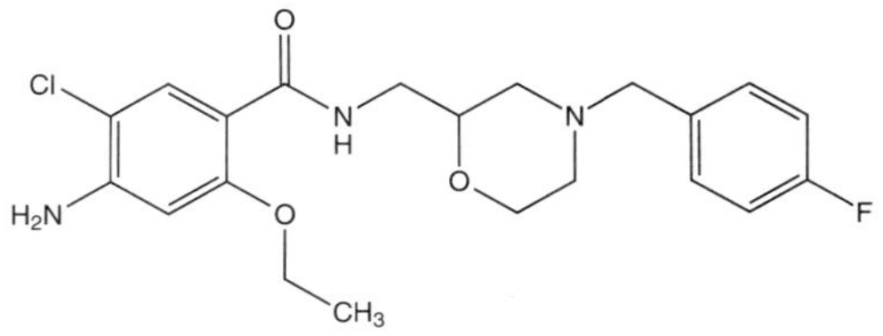

OS: *Mosapride [USAN]*

Mosart® (Cadila: LK)
Reflucil® (Tecnofarma: PE)

- **citrate dihydrate:**

CAS-Nr.: 0112885-42-4
OS: *Mosapiride citrate JAN*
IS: *AS 4370*
IS: *Rimopride citrate*

Galopran® (Laboratorios: AR)
Gasmotin® (Dainippon: JP)
Intesul® (Beta: AR)
Lostapride® (Temis-Lostalo: AR)
Mosar® (Phoenix: AR)
Perivan® (Donovan: GT)
Vagantyl® (Sidus: AR)

Motretinide (Rec.INN)

L: Motretinidum
D: Motretinid
F: Motrétinide
S: Motretinida

Dermatological agent, keratolytic

ATC: D10AD05
CAS-Nr.: 0056281-36-8 C_{23}-H_{31}-N-O_2
M_r 353.511

2,4,6,8-Nonatetraenamide, N-ethyl-9-(4-methoxy-2,3,6-trimethylphenyl)-3,7-dimethyl-, (all-E)-

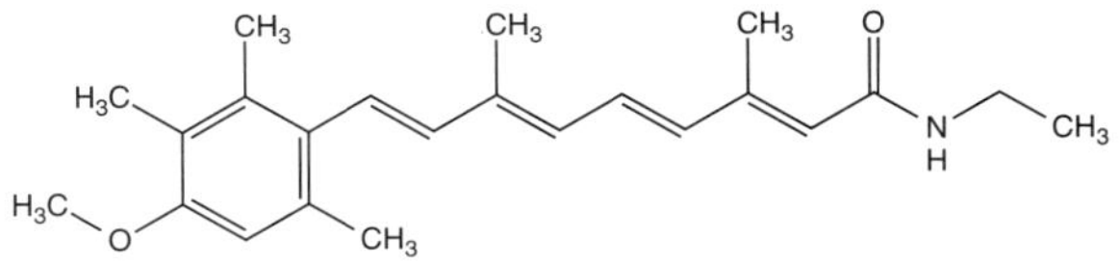

OS: *Motretinide [USAN]*
OS: *Motrétinide [DCF]*
IS: *Ro 11-1430*

Tasmaderm® (Gebro: CH)

Moxaverine (Rec.INN)

L: Moxaverinum
I: Moxaverina
D: Moxaverin
F: Moxavérine
S: Moxaverina

Antispasmodic agent

ATC: A03AD30
CAS-Nr.: 0010539-19-2 C_{20}-H_{21}-N-O_2
M_r 307.398

Isoquinoline, 3-ethyl-6,7-dimethoxy-1-(phenylmethyl)-

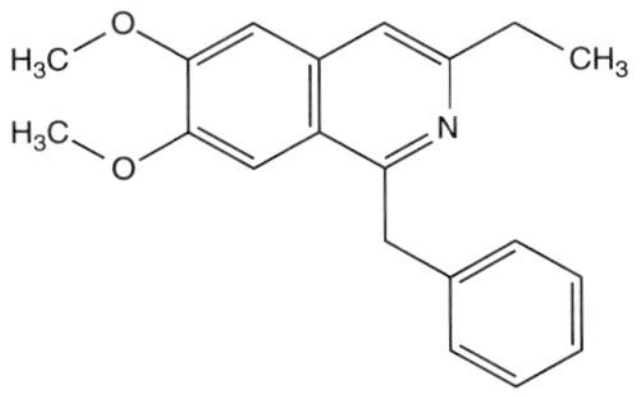

OS: *Moxaverine [BAN, USAN]*
OS: *Moxaverina [DCIT]*

- **hydrochloride:**

CAS-Nr.: 0001163-37-7
OS: *Moxaverine Hydrochloride BANM*
PH: Moxaverinhydrochlorid DAC

Certonal® (Riemser: DE)
Kollateral® (Ursapharm: DE)

Moxidectin (Rec.INN)

L: Moxidectinum
D: Moxidectin
F: Moxidectine
S: Moxidectina

Anthelmintic

Antiparasitic agent

ATCvet: QP54AB02
CAS-Nr.: 0113507-06-5 C_{37}-H_{53}-N-O_8
M_r 639.841

Milbemycin B, 5-O-demethyl-28-deoxy-25-(1,3-dimethyl-1-butenyl)-6,28-epoxy-23-(methoxyimino)-, [6R,23E,25S(E)-]- (USAN)

(6R,25S)-5-O-Demethyl-28-deoxy-25-[(E)-1,3-dimethyl-1-butenyl]-6,28-epoxy-23-oxomilbemycin B 23-(E)-(O-methyloxime) (USAN)

(2aE,4E,5'R,6R,6'S,8E,11R,13S,15S,17aR,20R,20aR,20bS)-6'-[(E)-1,3-Dimethyl-1-butenyl]-5',6,6',7,10,11,14,15,17a,20,20a,20b-dodecahydro-20,20b-dihydroxy-5',6,8,19-tetramethyl-spiro[11,15-methano-2H,13H,17H-furo[4,3,2-pq][2,6]benzodioxacyclooctadecin-13,2'-[2H]pyran]-4',17(3'H)-dione 4'-(E)-(O-methyloxime) (USAN)

(6R,25S)-5-O-Demethyl-28-deoxy-25-[(E)-1,3-dimethyl-1-butenyl]-6,28-epoxy-23-oxomilbemycin B 23-(E)-(O-methyloxime) (WHO)

M

⚭ (6R,15S)-5-O-Demethyl-28-deoxy-25-[(E)-1,3-dimethylbut-1-enyl]-6,28-epoxy-23-oxomilbemycin B (E)-23-O-methyloxime (BAN)

⚭ (6R,23E,25S)-5-*O*-Demethyl-28-deoxy-25-[(E)-1,3-dimethyl-1-butenyl]-6,28-epoxy-23-(methoxyimino)milbemycin B

⚭ 23-methyloxime LL-F282249α

⚭ Milbemycin B, 5-O-demethyl-28-deoxy-25-((1E)-1,3-dimethyl-1-butenyl)-6,28-epoxy-23-(methoxyimino)-, [6R,23E,25S]-

⚭ (2aE,4E,8E-2a¹S,5'R,6R,6'S,11R,13S,15S,17aR,20R,20aR)-6'-[(E)-1,3-Dimethylbut-1-en-1-yl]-2a¹,20-dihydroxy-4'-[(E)-methoxyimino]-5',6,8,19-tetramethyl-2a¹,3',4',5',6,6',7,10,11,14,15,,17a,20,20a-tetradecahydrospiro[11,15-methano-2H,13H,17H-furo[4,3,2-pq][2,6]benzodioxa[18annulen-13,2'-[2H]pyran]-17-on

⚭ (2aE,4E,5'R,6R,6'S,8E,11R,13S,15S,17aR,20R,20aR,20bS)-6'-[(E)-1,3-Dimethyl-1-butenyl]-5',6,6',7,10,11,14,15,17a,20,20a,20b-dodecahydro-20,20b-dihydroxy-5',6,8,19-tetramethyl-spiro[11,15-methano-2H,13H,17H-furo[4,3,2-pq][2,6]-benzodioxacyclooctadecin-13,2'-[2H]pyran]-4',17(3'H)-dion 4'-(E)-(O-methyloxim) (IUPAC)

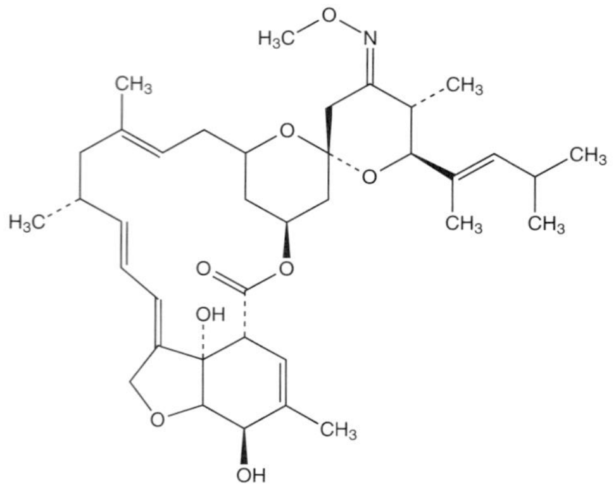

OS: *Moxidectin [BAN, USAN]*
IS: *CL 301423*

Cydectine® [vet.] (Fort Dodge: AU, FR)
Cydectin® [vet.] (Bayer Animal Health: ZA)
Cydectin® [vet.] (Fort Dodge: AU, BE, DE, GB, IT, NL, NZ, PT, US)
Cydectin® [vet.] (Pharmacia Animal Health: SE)
Cydectin® [vet.] (Scanvet: FI)
Cydectin® [vet.] (Whelehan: IE)
Cydectin® [vet.] (Wyeth: AT, CH)
Equest® [vet.] (Fort Dodge: AU, BE, DE, FR, GB, IT, LU, NL, PT)
Equest® [vet.] (Scanvet: FI)
Equest® [vet.] (Whelehan: IE)
Equest® [vet.] (Wyeth: AT, CH)
Guardian® [vet.] (Fort Dodge: FR, IT, PT)
Proheart® [vet.] (Fort Dodge: AU, US)
Quest® (Fort Dodge: US)
Vetdectin® [vet.] (Fort Dodge: NZ)

Moxifloxacin (Rec.INN)

L: Moxifloxacinum
D: Moxifloxacin
F: Moxifloxacine
S: Moxifloxacino

⚕ Antibiotic
⚕ Antiinfective agent

ATC: J01MA14,S01AX22
ATCvet: QS01AX22
CAS-Nr.: 0151096-09-2 C_{21}-H_{24}-F-N_3-O_4
M_r 401.44

⚭ 1-cyclopropyl-6-fluoro-1,4-dihydro-8-methoxy-7[(4aS,7aS)-octahydro-6H-pyrrolo[3,4-b]pyridin-6-yl]-4-oxo-3-quinolinecarboxylic acid

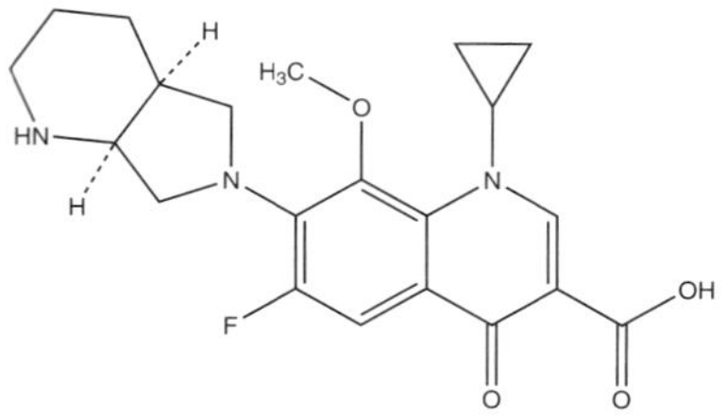

OS: *Moxifloxacin [BAN, USAN]*

Avelox IV® (Bayer: IE)
Bacterol® (Novamed: CO)
Flovacil® (Pharmabiotics: CL)
Maximox® (Orion: BD)
Megaxin® (Agis: IL)
Megaxin® (Bayer: IL)
Moxif® (Torrent: IN)
Moxin® (GMP: GE)
Moxitec® (Novus: TR)
Pitoxil® (Sanovel: TR)
Vigamox® (Alcon: AR)

– hydrochloride:

CAS-Nr.: 0186826-86-8
OS: *Moxifloxacin Hydrochloride USAN*
IS: *Bay 128039 (Bayer)*
PH: Moxifloxacin Hydrochloride Ph. Eur. 5

Actimax® (Sankyo: DE)
Actira® (Bayer: AT, ES, IT, LU)
Actira® (Sigma Tau: IT)
Avalox® (Bayer: BR, CH, DE, IE, IT)
Avelon® (Bayer: ZA)
Avelox® (Bayer: AN, AR, AT, AU, AW, BA, BB, BE, BM, BS, BZ, CA, CL, CN, CO, CR, CZ, DK, DO, EC, FI, GB, GR, GT, HK, HN, HR, HT, HU, ID, IE, JM, KY, LU, MX, MY, NI, NL, NZ, PA, PE, PH, PL, PT, RO, RS, RU, SE, SG, SI, SV, TH, TR, TT, US, VN)
Avelox® (Euro: NL)
Izilox® (Bayer: FR)
Moxiflox® (Alco: BD)
Octegra® (Bayer: AT, HU, NL)
Octegra® (Elpen: GR)
Octegra® (Innova: IT)
Octegra® (Vita: ES)
Odycin® (Beximco: BD)
Optimox® (Aristopharma: BD)
Proflox® (Bayer: LU)
Proflox® (Bial: PT)

Proflox® (Esteve: ES)
Proflox® (Therabel: BE, LU)
Vigamoxi® (Alcon: MX)
Vigamox® (Alcon: CA, CH, CL, IL, SG, TH, US, VN)

Moxisylyte (Rec.INN)

L: Moxisylytum
I: Moxisilite
D: Moxisylyt
F: Moxisylyte
S: Moxisilita

Vasodilator, peripheric
α-Adrenergic blocking agent

ATC: C04AX10
CAS-Nr.: 0000054-32-0 C_{16}-H_{25}-N-O_3
M_r 279.386

Phenol, 4-[2-(dimethylamino)ethoxy]-2-methyl-5-(1-methylethyl)-, acetate (ester)

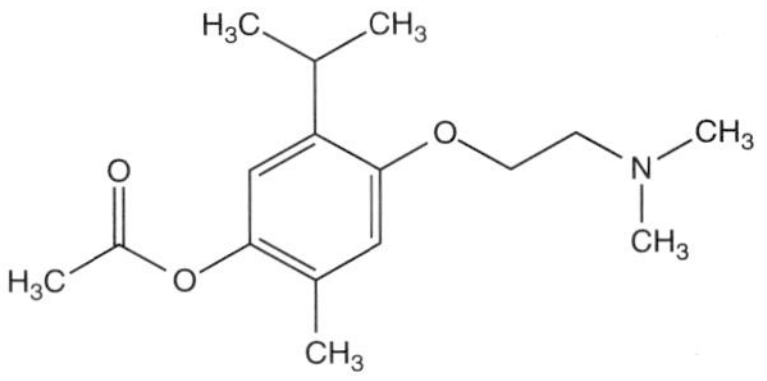

OS: *Moxisylyte [BAN, DCF]*
OS: *Thymoxamine [BAN]*
OS: *Moxisilite [DCIT]*
OS: *Moxisylyte [USAN]*
IS: *Acetoxythymoxamine*
IS: *Thymoxyalcylamine*

Carlytene® (Viatris: LU)

– hydrochloride:

CAS-Nr.: 0000964-52-3
OS: *Moxisylyte Hydrochloride BANM, JAN*
IS: *Thymoxamine Hydrochloride*
PH: Thymoxamine Hydrochloride BP 2002
PH: Moxisylyte Hydrochloride BP 2002

Carlytène® (Meda: FR)
Icavex® (Viatris: LU)
Opilon® (Concord: GB)
Opilon® (Hansam: IE)

Moxonidine (Rec.INN)

L: Moxonidinum
D: Moxonidine
F: Moxonidine
S: Moxonidina

Antihypertensive agent
α_2-Sympathomimetic agent

ATC: C02AC05
ATCvet: CO2LC05
CAS-Nr.: 0075438-57-2 C_9-H_{12}-Cl-N_5-O
M_r 241.695

4-Chloro-5-(2-imidazolin-2-ylamino)-6-methoxy-2-methylpyrimidine

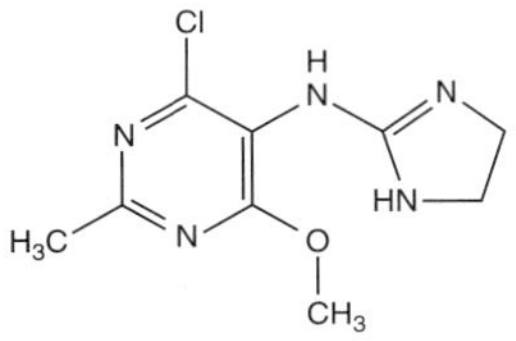

OS: *Moxonidine [BAN, USAN]*
IS: *BDF 5895 (Beiersdorf, Germany)*
IS: *BE 5895*
IS: *LY 326869 (Lilly)*
PH: Moxonidine [Ph. Eur. 5, BP 2003]
PH: Moxonidinum [Ph. Eur. 5]

Cynt® (Lilly: CZ, DE, ES, GR, HU, TR)
Cynt® (Solvay: BR, SI)
Fisiotens® (Solvay: GR, IT)
Gilutens® (Solvay: BE, LU)
Merck-Moxonidine® (Merck: BE, LU)
Moxamar® (CT: NL)
Moxaviv® (Sandoz: NL)
Moxobeta® (betapharm: DE)
Moxocard® (AWD: DE)
moxodura® (Merck dura: DE)
Moxogamma® (Wörwag Pharma: CZ, DE, HU, PL, RO, SI)
Moxoham® (Alpharma: NL)
Moxonat® (Pharmacodane: DK)
Moxonidin AAA-Pharma® (AAA Pharma: DE)
Moxonidin AbZ® (AbZ: DE)
Moxonidin Alpharma® (Alpharma: DK)
Moxonidin AL® (Aliud: DE, RO)
Moxonidin Heumann® (Heumann: DE, NL)
Moxonidin Hexal® (Hexal: DE)
Moxonidin Merck® (Merck Generics: NL)
Moxonidin ratiopharm® (ratiopharm: DK)
Moxonidin Sandoz® (Sandoz: DE)
Moxonidin Stada® (Stada: DE, SE)
Moxonidin-1A Pharma® (1A Pharma: DE)
Moxonidin-corax® (corax: DE)
Moxonidin-CT® (CT: DE)
Moxonidin-ISIS® (Alpharma: DE)
Moxonidin-ratiopharm® (ratiopharm: DE, HU)
Moxonidine Bexal® (Bexal: BE)
Moxonidine CF® (Centrafarm: NL)
Moxonidine PCH® (Pharmachemie: NL)
Moxonidine Teva® (Teva: BE)
Moxonidine-EG® (Eurogenerics: BE, LU)
Moxonidine® (Hexal: NL)
Moxonur® (Ratiopharm: NL)
Moxon® (Solvay: BE, ES, LU, PT)
Moxostad® (Stada: CZ)
Moxovasc® (AWD Pharma: NL)
Normatens® (Solvay: NL)
Normoxin® (Viatris: AT)
Physiotens® (Solvay: BG, CH, CZ, DE, DK, FI, FR, GB, HK, HR, HU, ID, MY, NO, PL, RO, RU, SE, SG, TR, ZA)
Ratiomox® (Ratiopharm: NL)

Mupirocin (Rec.INN)

L: Mupirocinum
D: Mupirocin
F: Mupirocine
S: Mupirocina

Antibiotic

ATC: D06AX09,R01AX06
CAS-Nr.: 0012650-69-0 C_{26}-H_{44}-O_9
M_r 500.638

(E)-(2S,33R,4R,5S)-[(2S,3S,4S,5S)-2,3-Epoxy-5-hydroxy-4-methylhexyl]tetrahydro-3,4-dihydroxy-β-methyl-2H-pyran-2-crotonic acid, ester with 9-Hydroxynonanoic acid

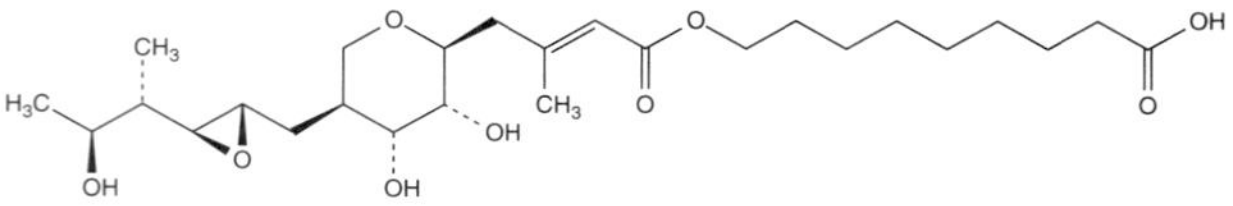

OS: *Mupirocin [BAN, USAN]*
OS: *Mupirocine [DCF]*
IS: *BRL 4910A (Beecham, Great Britain)*
IS: *PSA*
IS: *Pseudomonic Acid*
IS: *Pseudomoninsäure*
PH: Mupirocin [Ph. Eur. 5, USP 30]
PH: Mupirocinum [Ph. Eur. 5]
PH: Mupirocine [Ph. Eur. 5]

Bacrocin® (Valeant: BR)
Bactifree® (United: PH)
Bactoderm® (Agis: IL)
Bactoderm® (Ikapharmindo: ID)
Bactoderm® (Unimed & Unihealth: BD)
Bactroban® (Beecham: PT)
Bactroban® (Delphi: NL)
Bactroban® (Dowelhurst: NL)
Bactroban® (EU-Pharma: NL)
Bactroban® (Eureco: NL)
Bactroban® (Euro: NL)
Bactroban® (GlaxoSmithKline: AE, AG, AN, AR, AW, BB, BD, BE, BH, BR, CA, CH, CL, CO, CR, CZ, DK, DO, ES, FI, FR, GB, GD, GR, GT, GY, HN, HU, ID, IE, IL, IN, IR, IS, IT, JM, KW, LC, LK, LU, MX, MY, NI, NL, NZ, OM, PA, PH, PL, QA, RO, RU, SE, SG, SV, TH, TR, TT, US, VC, VN, ZA)
Betrion® (Pliva: BA, HR, SI)
Centany® (OrthoNeutrogena: US)
Hevronaz® (Rafarm: GR)
Infectopyoderm® (Infectopharm: DE)
Micoban® (Genepharm: GR)
Mupax® (Lazar: AR)
Mupiderm® (Almirall: FR)
Mupirocin-Teva® (Teva: IL)
Mupirocina® (Cristália: BR)
Mupirocin® (Fougera: US)
Mupirocin® (Perrigo: US)
Mupirocin® (Taro: US)
Mupirocin® (Teva: US)
Mupirona® (Iqfarma: PE)
Mupiron® (Eskayef: BD)
Mupirox® (AC Farma: PE)
Mupirox® (Blau Farma: PL)
Mupirox® (Fortbenton: AR)
Mupiskin® (Mastelli: IT)
Muporin® (TO Chemicals: TH)
Muroderm® (General Pharma: BD)
Paldar® (Valeant: AR)
Pibaksin® (Sanbe: ID)
Plasimine® (Isdin: ES)
Seladerm® (GlaxoSmithKline: EC)
Sinpebac® (Grossman: MX)
Supirocin® (Glenmark: LK)
Taro-Mupirocin® (Taro: CA)
Trego® (Incepta: BD)
Ultrabiotic® (Bago: CL)
Underan® (Saval: CL, PE)
Veltion® (Faran: GR)

– calcium salt:

CAS-Nr.: 0115074-43-6
OS: *Mupirocin Calcium BANM, USAN*
IS: *BRL 4910F (SmithKline Beechem, USA)*
PH: Mupirocin Calcium Ph. Eur. 5, USP 30
PH: Mupirocinum calcium Ph. Eur. 5
PH: Mupirocin-Calcium Ph. Eur. 5
PH: Mupirocine calcique Ph. Eur. 5
PH: Mupirocin Calcium Hydrate JP XIV

Bactroban Nasal® (GlaxoSmithKline: AU, CH, CL, FI, GB, IL, IS, SE, US)
Bactroban® (Delphi: NL)
Bactroban® (Dowelhurst: NL)
Bactroban® (Dr. Fisher: NL)
Bactroban® (EU-Pharma: NL)
Bactroban® (Eureco: NL)
Bactroban® (Euro: NL)
Bactroban® (GlaxoSmithKline: AR, AT, AU, BE, CH, CL, CR, CZ, DO, ES, FI, FR, GB, GT, HK, HN, HU, IT, LU, NI, NL, PA, PL, PT, SV, US)
Bactroban® (GlaxoSmithKline Consumer Healthcare: CA)
Bantix® (Mediderm: CL)
Mupax® (Lazar: AR)
Turixin® (GlaxoSmithKline: DE)

Muromonab-CD3 (Rec.INN)

L: Muromonabum-CD3
D: Muromonab-CD3
F: Muromonab-CD3
S: Muromonab-CD3

Immunomodulator

ATC: L04AA02
CAS-Nr.: 0140608-64-6

A biochemically purified IgG2α immunoglobulin consisting of a heavy chain of approx. 50.000 daltons and a light chain of approx. 25.000 daltons.

OS: *Muromonab-CD3 [DCF, JAN, USAN]*
IS: *Anti-CD3*
IS: *Human T-cell inhibitor*

Cedetrin-T® (Ivax: CZ)
Orthoclone OKT3® (Janssen: AU, BE, CZ, LU, MX, NL, NO, NZ, TH)
Orthoclone OKT3® (Santa-Farma: TR)

Orthoclone® (Janssen: AU, BG, BR, CA, CH, CR, CZ, DE, DO, FI, FR, GR, GT, HN, IL, IT, LU, NI, NL, PA, SE, SV, TH)
Orthoclone® (Kyowa: JP)

Mycophenolic Acid (Rec.INN)

L: Acidum Mycophenolicum
D: Mycophenolsäure
F: Acide mycophénolique
S: Acido micofenolico

Antineoplastic, antibiotic

ATC: L04AA06
CAS-Nr.: 0024280-93-1 C_{17}-H_{20}-O_6
M_r 320.347

4-Hexenoic acid, 6-(1,3-dihydro-4-hydroxy-6-methoxy-7-methyl-3-oxo-5-isobenzofuranyl)-4-methyl-, (E)-

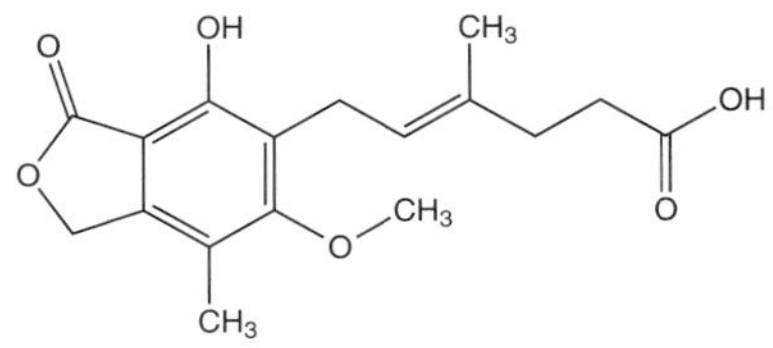

OS: *Mycophenolic Acid [BAN, USAN]*
IS: *Acidum mycophenolicum*
IS: *Lilly 68618 (Lilly, USA)*
IS: *MPA*
IS: *NSC 129185*

– mofetil:

CAS-Nr.: 0115007-34-6
OS: *Mycophenolate Mofetil BANM, USAN*
IS: *ME-MPA (Syntex, USA)*
IS: *RS 61443 (Syntex, USA)*
PH: Mycophenolate mofetil Ph. Eur. 5

Baxmune® (Ranbaxy: IN)
Cellcept® (Roche: AE, AR, AT, AU, AW, BA, BD, BE, BG, BH, BR, BW, BY, CA, CH, CL, CN, CO, CR, CU, CY, CZ, DE, DK, DO, EC, EE, EG, ES, ET, FI, FR, GB, GE, GH, GR, GT, HK, HN, HR, HU, ID, IE, IL, IN, IQ, IR, IS, IT, JM, JO, KE, KR, KW, KZ, LB, LK, LT, LU, LV, MA, MK, MU, MW, MX, MY, NA, NG, NI, NL, NO, NP, NZ, OM, PA, PE, PH, PK, PL, PT, QA, RO, RS, RU, SA, SD, SE, SG, SI, SK, SV, SY, TH, TN, TR, TT, TW, TZ, UA, UG, US, UY, UZ, VE, VN, ZA, ZM, ZW)
Cellcept® (Roche Diagnostic: DZ)
Linfonex® (Tadt: CL)

– sodium:

IS: *Mycophenolic monosodium salt*
IS: *Myxophenolic acid, sodium salt*
IS: *Mycophenolic acid monosodium salt*

Myfortic® (Novartis: AT, AU, BE, BR, CA, CH, CL, CO, CZ, DE, DK, ES, FI, FR, GB, HK, HU, ID, IE, IL, IS, IT, LU, MX, MY, NL, NO, PL, PT, RO, RS, RU, SE, SG, SI, TH, TR, US, VN)
Myfortic® (Novartis Consumer Health: HR)

M

Nabilone (Rec.INN)

L: Nabilonum
D: Nabilon
F: Nabilone
S: Nabilona

Tranquilizer
Antiemetic

ATC: A04AD11
ATCvet: QA04AD11
CAS-Nr.: 0051022-71-0 C_{24}-H_{36}-O_3
M_r 372.552

9*H*-Dibenzo[*b*,*d*]pyran-9-one, 3-(1,1-dimethylheptyl)-6,6a,7,8,10,10a-hexahydro-1-hydroxy-6,6-dimethyl-, *trans*-(±)- (USAN)

(±)-3-(1,1-Dimethylheptyl)-6,6a*beta*,7,8,10,10aα-hexahydro-1-hydroxy-6,6-dimethyl-9H-dibenzo[*b*,*d*]pyran-9-one (USAN)

trans-(±)-3-(1,1-Dimethylheptyl)-6,6a*beta*,7,8,10,10aα-hexahydro-1-hydroxy-6,6-dimethyl-9H-dibenzo[*b*,*d*]pyran-9-one

(6a*R*,10a*R*)-*rel*-3-(1,1-Dimethylheptyl)-6,6a,7,8,10,10a-hexahydro-1-hydroxy-6,6-dimethyl-9*H*-dibenzo[*b*,*d*]pyran-9-one

(±)-(6a*R*,10a*R*)-3-(1,1-Dimethylheptyl)-6a,7,8,10,10a-hexahydro-1-hydroxy-6,6-dimethyl-6*H*-benzo[c] chromen-9-one (BAN)

(±)-*trans*-3-(1,1-Dimethylheptyl)-6,6a,7,8,10,10a-hexahydro-1-hydroxy-6,6-dimethyl-9*H*-dibenzo[*b*,*d*]pyran-9-one (WHO)

(±)-*trans*-3-(1,1-Dimethylheptyl)-1-hydroxy-6,6-dimethyl-6,6a,7,8,10,10a-hexahydro-9*H*-dibenzo[*b*,*d*]pyran-9-on (IUPAC)

(6a*RS*,10a*RS*)-1-Hydroxy-6,6-dimethyl-3-(2-methyloctan-2-yl)-6,6a,7,8,10,10a-hexahydro-9*H*-benzo[*c*]chromen-9-on (ASK-S)

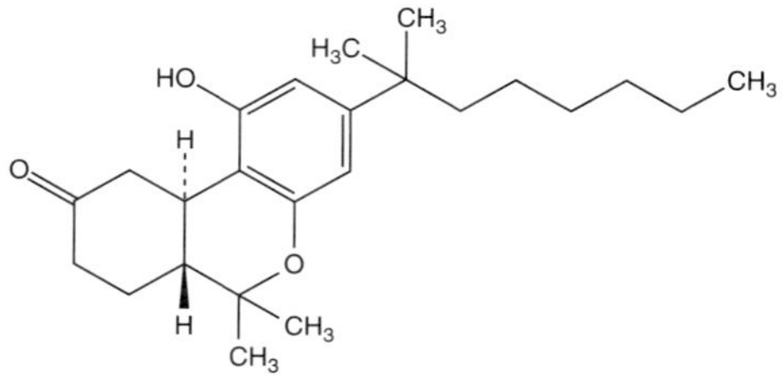

OS: *Nabilone [BAN, USAN]*
IS: *LY 109 514 (Lilly, USA)*
IS: *Cpd 109514 (Lilly, USA)*
IS: *22385 (ASK Nr.)*

Cesamet® (Valeant: AR, CA, US)
Nabilone® (Cambridge Laboratories: GB)

Nabumetone (Rec.INN)

L: Nabumetonum
I: Nabumetone
D: Nabumeton
F: Nabumétone
S: Nabumetona

Antiinflammatory agent

ATC: M01AX01
CAS-Nr.: 0042924-53-8 C_{15}-H_{16}-O_2
M_r 228.293

2-Butanone, 4-(6-methoxy-2-naphthalenyl)-

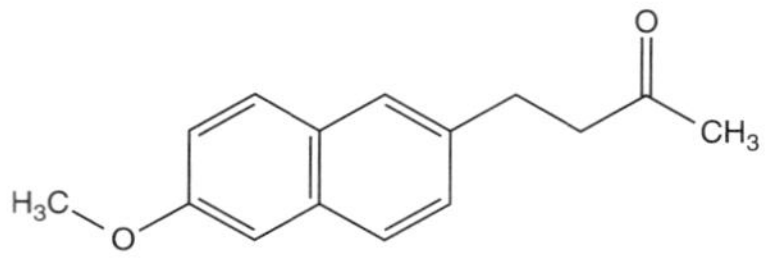

OS: *Nabumetone [BAN, JAN, USAN]*
OS: *Nabumétone [DCF]*
OS: *Nabumetone [DCIT]*
IS: *BRL 14777 (Beecham, Great Britain)*
PH: Nabumetone [Ph. Eur. 5, USP 30]
PH: Nabumetonum [Ph. Eur. 5]
PH: Nabumeton [Ph. Eur. 5]
PH: Nabumétone [Ph. Eur. 5]

Aflex® (Pharmaland: TH)
Ameinon® (Finixfarm: GR)
Anfer® (Anfarm: GR)
Apo-Nabumetone® (Apotex: CA)
Artaxan® (Malesci: IT)
Balmox® (Astellas: PT)
Balmox® (Meda: CH)
Bumetone® (Greater Pharma: TH)
Coxalgan® (Anpharm: PL)
Coxeton® (Polfa Pabianice: PL)
Elitar® (Daquimed: PT)
Ethyfen® (Medicus: GR)
Gen-Nabumetone® (Genpharm: CA)
Goflex® (Guardian: ID)
Listran® (Uriach: ES)
Mebutan® (Meda: NL)
Mevedal® (Help: GR)
Nabonet® (M & H: TH)
Nabone® (TO Chemicals: TH)
Nabucox® (Mayoly-Spindler: FR)
Nabuco® (Trima: IL)
Nabuflam® (Micro Labs: IN)
Nabugesic® (Dar-Al-Dawa: AE, BH, IQ, JO, KW, LB, LY, MT, NG, OM, QA, SA, SD, SO, TN, YE)
Nabumeton Alpharma® (Alpharma: NL)
Nabumeton A® (Apothecon: NL)
Nabumeton CF® (Centrafarm: NL)
Nabumeton Gf® (Genfarma: NL)
Nabumeton Merck® (Merck Generics: NL)
Nabumeton PCH® (Pharmachemie: NL)
Nabumeton Sandoz® (Sandoz: NL)
Nabumetone Novexal® (Novexal: GR)
Nabumetone® (Alpharma: GB)
Nabumetone® (Generics: GB)
Nabumetone® (Par: US)
Nabumetone® (Sandoz: US)
Nabumetone® (Teva: GB, US)
Naburen® (Bussié: CO, DO, GT, HN, PA, SV)

Nabuser® (Geymonat: IT)
Nabuton-Medichrom® (Medichrom: GR)
Nabuton® (ICN: PL)
Naditone® (Kleva: GR)
Nadorex® (Best: CO)
Naflex® (Seven Stars: TH)
Nametone® (Pharmasant: TH)
No-Ton® (Standard Chem & Pharm: TH)
Novo-Nabumetone® (Novopharm: CA)
Relafen® (GlaxoSmithKline Pharm.: US)
Relifen® (Aspen: ZA)
Relifen® (GlaxoSmithKline: ZA)
Relifen® (Sanwa Kagaku: JP)
Relifex® (GlaxoSmithKline: AE, AG, AN, AW, BB, BH, CR, DO, GD, GT, GY, HN, IL, IR, IS, JM, KW, LC, MX, NI, OM, PA, PL, QA, SV, TH, TR, TT, VC)
Relifex® (Meda: CZ, DE, DK, FI, GB, HU, IE, LU, NO, SE)
Relifex® (SmithKline Beecham: BR, PH)
Relif® (Meda: ES)
Religer® (Gerard: IE)
Relisan® (Merck Generics: ZA)
Relitone® (Garec: ZA)
Rodanol S® (Lek: SI)
Rodanol® (Lek: PL, SI)
Sandoz Nabumetone® (Sandoz: CA)

Nadide (Rec.INN)

L: Nadidum
I: Nadid
D: Nadid
F: Nadide
S: Nadida

Enzyme

CAS-Nr.: 0000053-84-9 — C_{21}-H_{27}-N_7-O_{14}-P_2 — M_r 663.457

Adenosine 5'-(trihydrogen diphosphate), 5'-5'-ester with 3-(aminocarbonyl)-1-β-D-ribofuranosylpyridinium hydroxide, inner salt

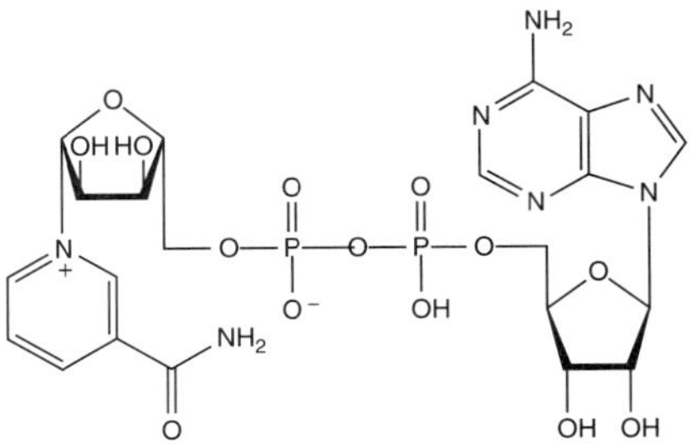

OS: *Nadide [BAN, JAN, USAN]*
OS: *Nadid [DCIT]*
IS: *CO-I*
IS: *DPN*
IS: *NAD*
IS: *Nicotinamide adenine dinucleotide*

Nad Medical® (Medical: ES)

Nadifloxacin (Rec.INN)

L: Nadifloxacinum
D: Nadifloxacin
F: Nadifloxacine
S: Nadifloxacino

Antibiotic, gyrase inhibitor

CAS-Nr.: 0124858-35-1 — C_{19}-H_{21}-F-N_2-O_4 — M_r 360.397

(±)-9-Fluoro-6,7-dihydro-8-(4-hydroxypiperidino)-5-methyl-1-oxo-1H,5H-benzo[ij]quinolizine-2-carboxylic acid

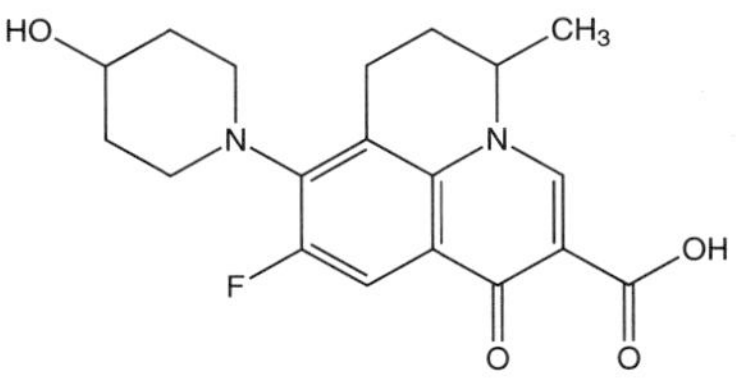

OS: *Nadifloxacin [BAN, JAN, USAN]*
IS: *OPC 7251 (Otsuka, Japan)*
IS: *Zinofloxacin*

Acuatim® (Otsuka: JP)
Nadixa® (Azevedos: PT)
Nadixa® (Ferrer: LU)
Nadixa® (Pfleger: DE)

Nadolol (Rec.INN)

L: Nadololum
I: Nadololo
D: Nadolol
F: Nadolol
S: Nadolol

β-Adrenergic blocking agent

ATC: C07AA12
CAS-Nr.: 0042200-33-9 — C_{17}-H_{27}-N-O_4 — M_r 309.413

2,3-Naphthalenediol, 5-[3-[(1,1-dimethylethyl)amino]-2-hydroxypropoxy]-1,2,3,4-tetrahydro-

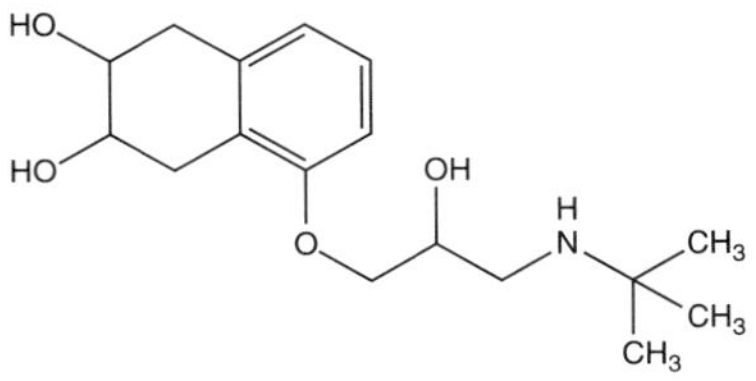

OS: *Nadolol [BAN, DCF, JAN, USAN]*
OS: *Nadololo [DCIT]*
IS: *SQ 11725 (Squibb, USA)*
PH: Nadolol [JP XIV, USP 30, Ph. Eur. 5, BP 2002]
PH: Nadololum [Ph. Eur. 5]

Anabet® (Bristol-Myers Squibb: PT)
Apo-Nadolol® (Apotex: NZ)
Apo-Nadol® (Apotex: CA)
Corgard® (Abeefe Bristol: PE)
Corgard® (Bristol-Myers Squibb: AR, BE, BR, CL, CO, ES, ET, ID, IT, KE, LU, TZ, UG, ZA, ZA)
Corgard® (IBI: CZ)

Corgard® (Monarch: US)
Corgard® (Sanofi-Aventis: FR, GB)
Nadolol® (Mylan: US)
Nadolol® (Remedica: CY)
Nadolol® (Sandoz: US)
Nadolol® (Teva: US)
Nadolol® (UDL: US)
Novo-Nadolol® (Novopharm: CA)
Solgol® (Bristol-Myers Squibb: AT, DE)
Solgol® (Sanofi-Synthelabo: ES)
Solgol® (Uriach: ES)

Nadroparin Calcium (Rec.INN)

L: Nadroparinum calcicum
I: Nadroparina calcica
D: Nadroparin calcium
F: Nadroparine calcique
S: Nadroparina calcica

Anticoagulant, platelet aggregation inhibitor
Calcium salt of depolymerized heparin

OS: *Nadroparin Calcium [BAN, USAN]*
OS: *Nadroparine calcique [DCF]*
IS: *CY 216 (Sanofi)*
IS: *Heparin, low-molecular-weight*
IS: *Heparin, niedermolekular 4-5 calcium*
PH: Nadroparin Calcium [Ph. Eur. 5]
PH: Nadroparinum calcicum [Ph. Eur. 5]
PH: Nadroparin-Calcium [Ph. Eur. 5]
PH: Nadroparine calcique [Ph. Eur. 5]

Fraxiforte® (GlaxoSmithKline: CH)
Fraxiparina® (GlaxoSmithKline: ES, IT, PT)
Fraxiparina® (Sanofi-Synthelabo: BR)
Fraxiparine® (Aktuapharma: BE)
Fraxiparine® (GlaxoSmithKline: AR, BE, CA, CH, CL, CN, CZ, FR, HK, HR, HU, LU, MX, MY, NL, NZ, PL, RO, RS, RU, SG, SI, TR)
Fraxiparine® (Sanofi-Synthelabo: AU, CO, CR, DO, EC, GR, GT, HN, ID, NI, PA, PE, PH, SV, TH, ZA)
Fraxiparin® (GlaxoSmithKline: AT, DE, GE, IL)
Fraxodi® (GlaxoSmithKline: BE, DE, FR, HU, IT, LU, NL, PL, TR)
Seledie® (Glaxo Allen: IT)
Seleparina® (Italfarmaco: IT)

Nafamostat (Rec.INN)

L: Nafamostatum
D: Nafamostat
F: Nafamostat
S: Nafamostat

Enzyme inhibitor, protease

CAS-Nr.: 0081525-10-2 C_{19}-H_{17}-N_5-O_2
M_r 347.395

Benzoic acid, 4-[(aminoiminomethyl)amino]-, 6-(aminoiminomethyl)-2-naphthalenyl ester

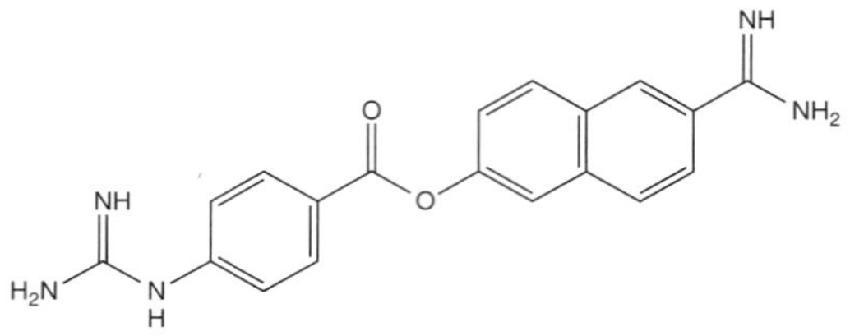

– mesilate:

CAS-Nr.: 0082956-11-4
OS: *Nafamostat Mesylate USAN*
OS: *Nafamostat Mesilate JAN*
IS: *FUT 175*

Futhan® (Torii: JP)

Nafarelin (Rec.INN)

L: Nafarelinum
D: Nafarelin
F: Nafareline
S: Nafarelina

LH-RH-agonist

ATC: H01CA02
CAS-Nr.: 0076932-56-4 C_{66}-H_{83}-N_{17}-O_{13}
M_r 1322.56

5-Oxo-L-prolyl-L-histidyl-L-tryptophyl-L-seryl-L-tyrosyl-3-(2-naphthyl)-D-alanyl-L-leucyl-L-arginyl-L-prolylglycinamide

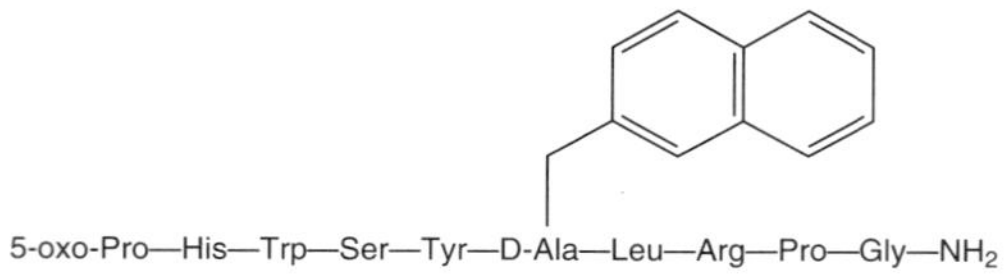

OS: *Nafarelin [BAN]*
OS: *Nafaréline [DCF]*

– acetate:

CAS-Nr.: 0086220-42-0
OS: *Nafarelin Acetate BANM, USAN*
IS: *RS-94991-298*

Gonazon® [vet.] (Intervet: FR)
Nasarel® (Dabur: IN)
Synarela® (Pfizer: DK, FI, IS, NO, SE)
Synarela® (Pharmacia: DE)
Synarel® (ARIS: TR)
Synarel® (Continental: LU)
Synarel® (Pfizer: AE, BH, BR, CA, CY, CZ, EG, ET, FR, GB, GH, IE, IL, NL, PL, SA, US, ZA)
Synarel® (Pharmacia: AU)
Synarel® (Seid: ES)
Synrelina® (Pfizer: CH)

Nafcillin (Rec.INN)

L: Nafcillinum
I: Nafcillina
D: Nafcillin
F: Nafcilline
S: Nafcilina

Antibiotic, penicillin, penicillinase-resistant

CAS-Nr.: 0000147-52-4 C_{21}-H_{22}-N_2-O_5-S
M_r 414.487

4-Thia-1-azabicyclo[3.2.0]heptane-2-carboxylic acid, 6-[[(2-ethoxy-1-naphthalenyl)carbonyl]amino]-3,3-dimethyl-7-oxo-, [2S-(2α,5α,6β)]-

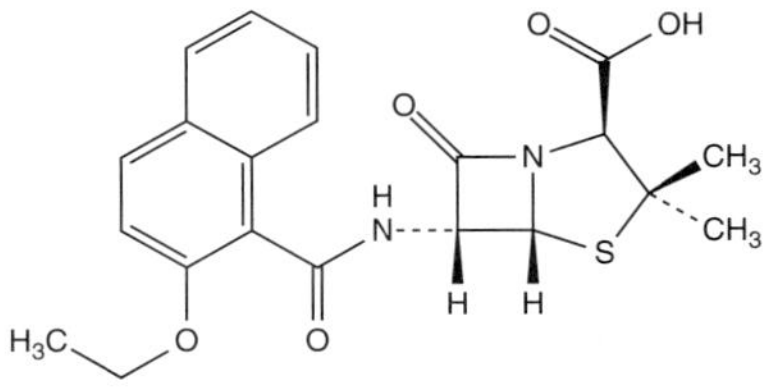

OS: *Nafcillin [BAN]*
OS: *Nafcillina [DCIT]*

– sodium salt:

CAS-Nr.: 0007177-50-6
OS: *Nafcillin Sodium BANM, USAN*
IS: *Wy 3277 (Wyeth, USA)*
IS: *Ethoxynaphthamido Penicillin Sodium*
PH: Nafcillin Sodium USP 30
PH: Nafcillinum natricum Ph. Int. II

Nafcillin Sodium® (Baxter: US)
Nafcillin Sodium® (Sandoz: US)

Naftalofos (Rec.INN)

L: Naftalofosum
D: Naftalofos
F: Naftalofos
S: Naftalofos

Anthelmintic

CAS-Nr.: 0001491-41-4 C_{16}-H_{16}-N-O_6-P
M_r 349.284

1H-Benz[de]isoquinoline-1,3(2H)-dione, 2-[(diethoxyphosphinyl)oxy]-

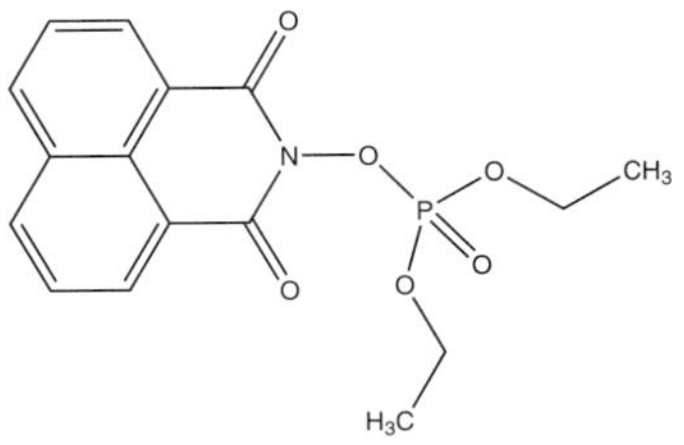

OS: *Naftalofos [BAN, USAN]*
OS: *Naphthalophos [BAN]*
IS: *Bay 9002*
IS: *S 940 (Chemagro, USA)*
IS: *ENT 25567*
IS: *E 9002*

Rametin® [vet.] (Bayer Animal Health: AU)

Naftazone (Rec.INN)

L: Naftazonum
D: Naftazon
F: Naftazone
S: Naftazona

Hemostatic agent

CAS-Nr.: 0015687-37-3 C_{11}-H_9-N_3-O_2
M_r 215.223

Hydrazinecarboxamide, 2-(1-oxo-2(1H)-naphthalenylidene)-

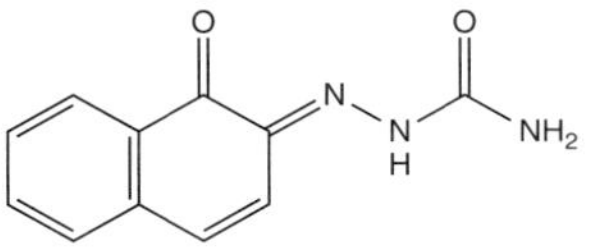

OS: *Naftazone [BAN, DCF, USAN]*

Etioven® (Sanofi-Aventis: FR)
Mediaven® (Drossapharm: CH)
Mediaven® (Will: BE, LU)

Naftidrofuryl (Rec.INN)

L: Naftidrofurylum
I: Naftidrofurile
D: Naftidrofuryl
F: Naftidrofuryl
S: Naftidrofurilo

Vasodilator, peripheric

ATC: C04AX21
CAS-Nr.: 0031329-57-4 C_{24}-H_{33}-N-O_3
M_r 383.538

2-Furanpropanoic acid, tetrahydro-α-(1-naphthalenylmethyl)-, 2-(diethylamino)ethyl ester

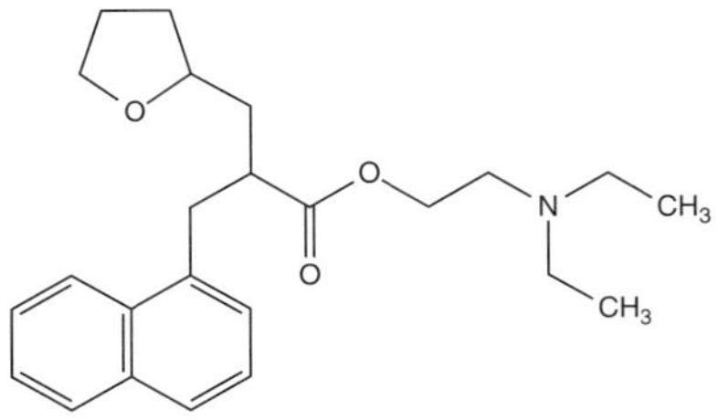

OS: *Naftidrofuryl [BAN, DCF]*
OS: *Naftidrofurile [DCIT]*
IS: *EU-1806*
IS: *LS 121*
IS: *Nafronyl*

Drosunal® (Actavis: GE)
Drosunal® (Balkanpharma: BG)
Iridux F200® (Aventis: BR)
Iridux® (Sanofi-Aventis: BR)

– oxalate:

CAS-Nr.: 0003200-06-4
OS: *Nafronyl Oxalate USAN*
OS: *Naftidrofuryl Oxalate BANM*
PH: Naftidrofuryl Hydrogen Oxalate Ph. Eur. 5
PH: Naftidrofuryli hydrogenooxalas Ph. Eur. 5
PH: Naftidrofuryl hydrogenoxalat Ph. Eur. 5

PH: Naftidrofuryl (oxalate acide de) Ph. Eur. 5

Azunaftil® (Azupharma: DE)
Di-Actane® (Menarini: FR)
Dusodril retard® (Merck: AT, DE)
Dusodril® (Merck: AT, DE)
Dusodril® (Merck KGaA: RO)
Enelbin® (Zentiva: CZ)
Frilix® (Pharos: ID)
Gévatran® (Merck Lipha Santé: FR)
Iridus® (Sanofi-Aventis: MX)
Nafrolen® (Remedica: CY)
Nafti-CT® (CT: DE)
Nafti-Puren® (Alpharma: DE)
Nafti-ratiopharm® (ratiopharm: DE)
Nafti-Sandoz® (Sandoz: DE)
Naftidrofuryl Biogaran® (Biogaran: FR)
Naftidrofuryl Merck® (Merck Génériques: FR)
Naftidrofuryl® (Alpharma: GB)
Naftilong® (Hexal: DE, LU)
Naftilong® (Sandoz: HU)
Naftilux® (Therabel: FR)
Naftodril® (Arcana: AT)
Praxilene® (Faes: ES)
Praxilene® (Formenti: IT)
Praxilene® (Merck: BE, CH, GB, HK, ID, IE, LU, SG, TH)
Praxilene® (Profarma: PE)
Praxilene® (Remek: GR)
Praxilène® (Merck Lipha Santé: FR)
Sodipryl® (Sanofi: CH)
Vascuprax® (Ikapharmindo: ID)

Naftifine (Rec.INN)

L: Naftifinum
I: Naftifina
D: Naftifin
F: Naftifine
S: Naftifina

Antifungal agent

ATC: D01AE22
CAS-Nr.: 0065472-88-0 C_{21}-H_{21}-N
M_r 287.409

1-Naphthalenemethanamine, N-methyl-N-(3-phenyl-2-propenyl)-, (E)-

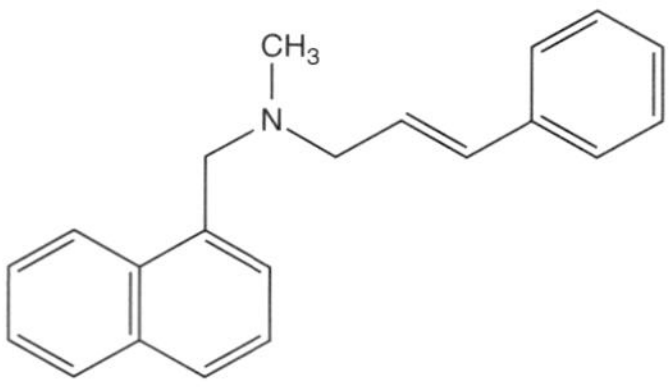

OS: *Naftifine [BAN, DCF]*
IS: *SN 105843 (Sandoz, GB)*

– hydrochloride:

CAS-Nr.: 0065473-14-5
OS: *Naftifine Hydrochloride USAN*
IS: *AW 105 843 (Sandoz, USA)*
PH: Naftifine Hydrochloride USP 30

Benecut® (Sanova: AT)
Exoderil® (Biochemie: AE, BH, CR, CY, CZ, DO, GT, HK, JO, KW, LB, NI, OM, PA, QA, SA, SD, SV, YE)
Exoderil® (Eczacibasi: TR)
Exoderil® (Lek: RU)
Exoderil® (Medice: DE)
Exoderil® (Sandoz: AT, HU, ID, PL, RO)
Exodril® (Merck: IL)
Micosona® (Schering: ES)
Naftin® (Merz: US)
Suadian® (Schering: IT)

Nalbuphine (Rec.INN)

L: Nalbuphinum
D: Nalbuphin
F: Nalbuphine
S: Nalbufina

Antidote, morphine antagonist

CAS-Nr.: 0020594-83-6 C_{21}-H_{27}-N-O_4
M_r 357.457

Morphinan-3,6,14-triol, 17-(cyclobutylmethyl)-4,5-epoxy-, (5α,6α)-

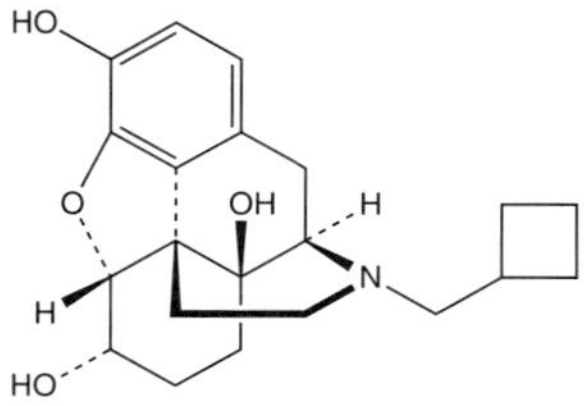

OS: *Nalbuphine [BAN, DCF]*

Intapan® (Duopharma: HK)
Nalcryn® [inj.] (Cryopharma: MX)

– hydrochloride:

CAS-Nr.: 0023277-43-2
OS: *Nalbuphine Hydrochloride BANM, USAN*
IS: *EN-2234 A (DuPont, USA)*

Bufigen® (Pisa: MX)
Gobbinal® (Gobbi: AR)
Nalbufina Chobet® (Soubeiran Chobet: AR)
Nalbufina Denver® (Denver: AR)
Nalbufina Gemepe® (Gemepe: AR)
Nalbufina Gray® (Gray: AR)
Nalbun® (Incepta: BD)
Nalbuphin Orpha® (OrPha: CH)
Nalbuphine Aguettant® (Aguettant: FR)
Nalbuphine Hydrochloride® (Hospira: US)
Nalbuphine Renaudin® (Renaudin: FR)
Naltrox® (Richmond: AR, PE)
Nopain® (Ethical: DO)
Nubaina® (AstraZeneca: AR)
Nubain® (Aventis: CR, DO, GT, HN, NI, PA, SV)
Nubain® (Boots: PH, TH)
Nubain® (Bristol-Myers Squibb: CZ, LU, TH)
Nubain® (Cristália: BR)
Nubain® (Endo: US)
Nubain® (Lamepro: NL)
Nubain® (Sandoz: CA)
Nubain® (Torrex: AT, HU, SI)
Nubain® (Vianex: GR)

Nubain® [vet.] (Bristol-Myers Squibb: GB)
Onfor® (Fada: AR)

Nalidixic Acid (Rec.INN)

L: Acidum Nalidixicum
I: Acido nalidixico
D: Nalidixinsäure
F: Acide nalidixique
S: Acido nalidixico

Antiinfective, quinolin-derivative

ATC: J01MB02
CAS-Nr.: 0000389-08-2 C_{12}-H_{12}-N_2-O_3
M_r 232.248

1,8-Naphthyridine-3-carboxylic acid, 1-ethyl-1,4-dihydro-7-methyl-4-oxo-

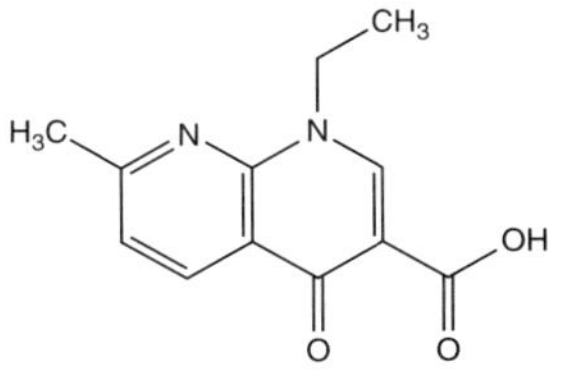

OS: *Acide nalidixique [DCF]*
OS: *Nalidixic Acid [BAN, USAN]*
OS: *Acido nalidixico [DCIT]*
IS: *Win 18320*
PH: Acidum nalidixicum [Ph. Eur. 5]
PH: Nalidixic Acid [Ph. Eur. 5, JP XIV, USP 30]
PH: Nalidixinsäure [Ph. Eur. 5]
PH: Nalidixique (acide) [Ph. Eur. 5]

Acido Nalidixico L.CH.® (Chile: CL)
Acido Nalidixico® (Neo Quimica: BR)
Degram® (Doctor's Chemical Work: BD)
Diarlop® [susp.] (Jagson Pal: IN)
Dixicon® (Jayson: BD)
Gramoneg® (Ranbaxy: IN)
Nal-acid® (Farmanic: GR)
Naldix® (Shiba: YE)
Nalidin® (Chemist: BD)
Nalidixic Acid Malpharm® (International Medical: HK)
Nalidixic Acid Malpharm® (Malaysia Chemist: SG)
Nalidixic Acid® (Remedica: CY)
Nalidixic Acid® (Schein: US)
Nalidix® (Dar-Al-Dawa: AE, BH, IQ, JO, KW, LB, LY, MT, NG, OM, QA, SA, SD, SO, TN, YE)
Nalid® (Square: BD)
Naligram® (Acme: BD)
Naligram® (ACME: LK)
Naligram® (Geymonat: IT)
Nalixid® (Zentiva: RO)
Nalix® (Aristopharma: BD)
Narigix® (Taiyo: JP)
Nebactil® (Beximco: BD)
Negadix® (CFL: IN)
NegGram® (Sanofi-Synthelabo: US)
Negram® (Krka: SI)
Negram® (Sanofi-Synthelabo: AE, BH, CY, EG, IE, JO, KW, LB, OM, QA, SA)
Negram® (Winthrop: NL)
Negram® [vet.] (Sanofi-Synthelabo: GB)
Nelidix® (Actavis: GE)
Nelidix® (Balkanpharma: BG)
Nevigramon® (Chinoin: PL)
Nevigramon® (Sanofi-Aventis: HU)
Nicelate® (Toyo Jozo: JP)
Puromylon® (Aspen: ZA)
Ultragam® (Globe: BD)
Unaserus® (Isei: JP)
Uri-Flor® (AGIPS: IT)
Uriben® (Rosemont: GB)
Uriben® [vet.] (Rosemont: GB)
Urineg® (Armoxindo: ID)
Urotan® (Markos: PE)
Utirex® (Opsonin: BD)
Winlomylon® (Al Pharm: ZA)
Wintomylon® (Sanofi-Aventis: BR, HK)
Wintomylon® (Sanofi-Synthelabo: CO, PE)
Wintorin® (Tobishi: JP)

Nalmefene (Rec.INN)

L: Nalmefenum
D: Nalmefen
F: Nalmefene
S: Nalmefeno

Antidote, morphine antagonist

CAS-Nr.: 0055096-26-9 C_{21}-H_{25}-N-O_3
M_r 339.441

Morphinan-3,14-diol, 17-(cyclopropylmethyl)-4,5-epoxy-6-methylene-, (5α)-

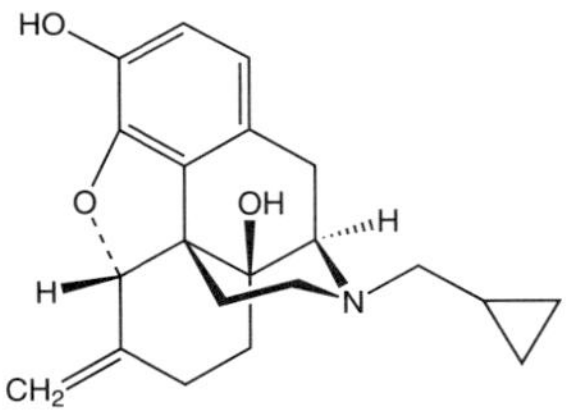

OS: *Nalmefene [BAN, USAN]*
IS: *JF 1 (Key, USA)*
IS: *Nalmetrene*
IS: *ORF 11676*

– hydrochloride:
CAS-Nr.: 0058895-64-0
OS: *Nalmefene Hydrochloride BANM*

Revex® (Baxter: US)

Nalorphine (Rec.INN)

L: Nalorphinum
I: Nalorfina
D: Nalorphin
F: Nalorphine
S: Nalorfina

Antidote, morphine antagonist

ATC: V03AB02
CAS-Nr.: 0000062-67-9 C_{19}-H_{21}-N-O_3
M_r 311.387

N

Morphinan-3,6-diol, 7,8-didehydro-4,5-epoxy-17-(2-propenyl)-, (5α,6α)-

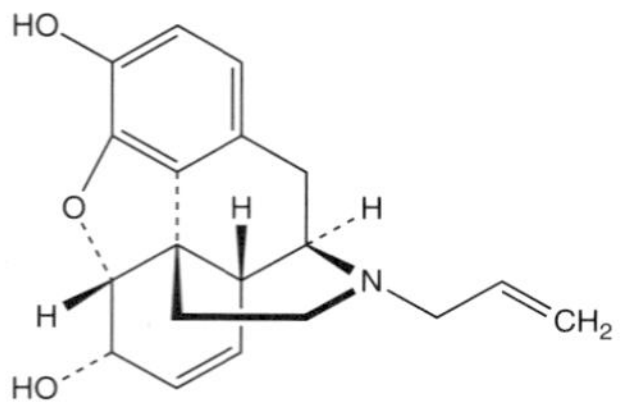

OS: *Nalorphine [BAN, DCF]*
OS: *Nalorfina [DCIT]*

Nalorphine Serb® (SERB: FR)
Nalorphine® (SERB: RO)

– hydrochloride:

CAS-Nr.: 0000057-29-4
OS: *Nalorphine Hydrochloride USAN*
PH: Nalorphine (chlorhydrate de) Ph. Franç. IX
PH: Nalorphine Hydrochloride USP 30
PH: Nalorphini hydrochloridum Ph. Int. II

Cloridrato de Nalorfina® (Janssen: BR)

Naloxone (Rec.INN)

L: Naloxonum
I: Naloxone
D: Naloxon
F: Naloxone
S: Naloxona

Antidote, morphine antagonist

ATC: V03AB15
CAS-Nr.: 0000465-65-6 C_{19}-H_{21}-N-O_4
M_r 327.387

Morphinan-6-one, 4,5-epoxy-3,14-dihydroxy-17-(2-propenyl)-, (5α)-

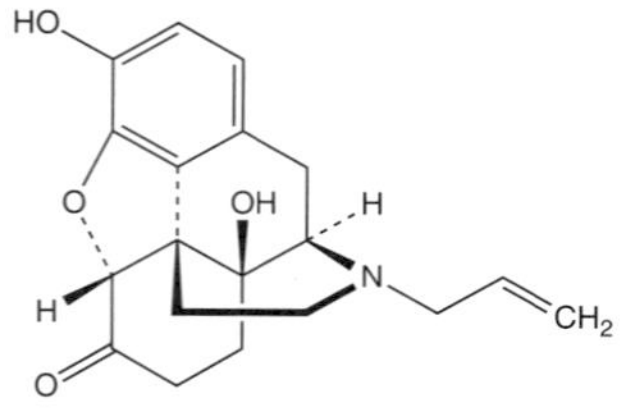

OS: *Naloxone [BAN, DCF, DCIT]*

DBL Naloxone® (Faulding/DBL: TH)
IMS Naloxone HCl® (IMS: HK)
Naloxona Denver® (Denver: AR)

– hydrochloride:

CAS-Nr.: 0000357-08-4
OS: *Naloxone Hydrochloride BANM, JAN, USAN*
IS: *EN 1530 A*
PH: Naloxone Hydrochloride JP XIV, Ph. Int. 4, USP 30
PH: Naloxone hydrochloride dihydrate Ph. Eur. 5
PH: Nalaxoni hydrochloridum Ph. Int. 4

Antiopiaz® (Richmond: AR)
Contran-H® [vet.] (Parnell: NZ)
Grayxona® (Gray: AR)
Intrenon® (Leciva: CZ)
Mapin® (Duopharma: BD, HK)
Min-I-Jet Naloxone® (UCB: GB)
Nalone® (SERB: FR)
Naloxon Curamed® (Curamed: DE)
Naloxon Delta Select® (DeltaSelect: DE)
Naloxon Inresa® (Inresa: DE)
Naloxon OrPha® (OrPha: CH)
Naloxon-ratiopharm® (ratiopharm: DE)
Naloxona Clorhidrato® (Bestpharma: CL)
Naloxona Gemepe® (Gemepe: AR)
Naloxone Abello® (Abello: ES)
Naloxone cloridrato® (Biologici: IT)
Naloxone cloridrato® (Galenica: IT)
Naloxone cloridrato® (Molteni: IT)
Naloxone cloridrato® (Salf: IT)
Naloxone HCl-Fresenius® (Bodene: ZA)
Naloxone HCl® (Abbott: TR)
Naloxone HCl® (Hexal: NL)
Naloxone Hydrochloride DBL® (DBL/Faulding: BD)
Naloxone Hydrochloride Injection® (CSL: AU, NZ)
Naloxone Hydrochloride Injection® (Mayne: AU)
Naloxone Hydrochloride® (Hameln: NL)
Naloxone Hydrochloride® (Hospira: US)
Naloxone Hydrochloride® (IMS: US)
Naloxone Hydrochloride® (International Medication Systems: GB)
Naloxone Hydrochloride® (Mayne: NZ)
Naloxone Hydrochlorid® (CSL: AU)
Naloxone Hydrochlorid® (Mayne: GB)
Naloxone® (Goldshield: GB)
Naloxone® (Mayne: IE)
Naloxone® (Polfa: CZ)
Naloxone® (Sandoz: CA)
Naloxonum Hydrochloricum® (Polfa Warszawa: PL)
Naloxon® (Polfa Warshavskiy: RU)
Narcan Neonatal® (AFT: NZ)
Narcan Neonatal® (Boots: AU)
Narcan Neonatal® (Bristol-Myers Squibb: TH)
Narcan Neonatal® (Endo: US)
Narcanti Neonatal® (Torrex: AT)
Narcanti-Vet® [vet.] (Janssen Animal Health: DE)
Narcanti-Vet® [vet.] (Torrex: AT)
Narcanti® (Bristol-Myers Squibb: CZ, DE, IS)
Narcanti® (Du Pont: US)
Narcanti® (Torrex: AT, HU, SI)
Narcan® (AFT: NZ)
Narcan® (Boots: AU)
Narcan® (Braun: NL)
Narcan® (Bristol-Myers Squibb: BE, IE, LU, TH)
Narcan® (Cristália: BR)
Narcan® (Endo: US)
Narcan® (SERB: FR)
Narcan® (Sirton: IT)
Narcan® (Vianex: GR)
Narcan® (Vitoria: PT)
Narcan® [vet.] (Bristol-Myers Squibb: GB)
Narcotan® (Troikaa: IN)
Narxona® (Scott: AR)
Naxolan® (Mayne: PT)
Naxone® (Hikma: AE, BH, EG, IQ, JO, KW, LB, LY, OM, QA, SA, SD, SY, TN, YE)

Nokoba® (Fahrenheit: ID)
P/M Naloxone® [vet.] (Schering-Plough: US)

Naltrexone (Rec.INN)

L: Naltrexonum
I: Naltrexone
D: Naltrexon
F: Naltrexone
S: Naltrexona

Antidote, morphine antagonist

ATC: N07BB04
CAS-Nr.: 0016590-41-3 C_{20}-H_{23}-N-O_4
M_r 341.414

Morphinan-6-one, 17-(cyclopropylmethyl)-4,5-epoxy-3,14-dihydroxy-, (5α)-

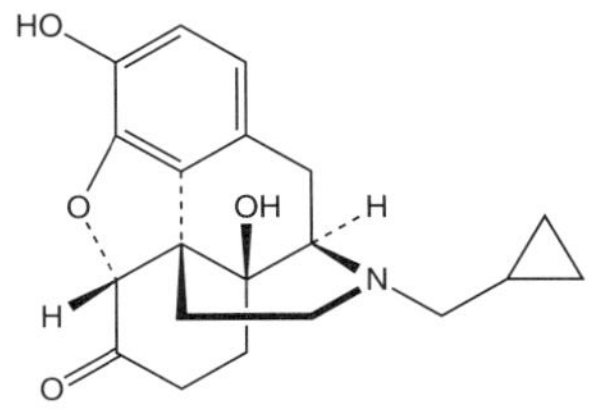

OS: *Naltrexone [BAN, DCF, DCIT, USAN]*
IS: *UM 792*

Vivitrol® (Cephalon: US)

– hydrochloride:

CAS-Nr.: 0016676-29-2
OS: *Naltrexone Hydrochloride BANM, USAN*
IS: *EN-1639 A (DuPont, USA)*
PH: Naltrexone Hydrochloride USP 30, Ph. Eur. 5

Antaxone® (Pharmazam: ES)
Antaxone® (Zambon: IT, PT, RS, RU)
Antaxon® (Zambon: GE, HU)
Basinal® (Basi: PT)
Celupan® (Lacer: ES)
Depade® (Mallinckrodt: US)
Destoxican® (Pentafarma: PT)
Ethylex® (Orphan: AT, NL)
Nalerona® (Silesia: CL, PE)
Nalorex® (Bristol-Myers Squibb: BE, GB, IE, IT, LU, NL)
Nalorex® (Eureco: NL)
Nalorex® (Schering-Plough: FR)
Nalorex® (Vianex: GR)
Nalorex® (Vitoria: PT)
Naltrax® (Navana: BD)
Naltrexin® (OrPha: CH)
Naltrexon HCl aop® (Kera Pharm: DE)
Naltrexon Hexal® (Hexal: AT)
Naltrexon Vitaflo® (Berren: FI)
Naltrexon Vitaflo® (Vitaflo: SE)
Naltrexone Hydrochloride® (Amide: US)
Naltrexone Hydrochloride® (Barr: US)
Naltrexone Hydrochloride® (Mallinckrodt: US)
Naltrexone Hydrochloride® (Sandoz: US)
Naltrexone Serb® (SERB: FR)
Narcoral® (Sirton: IT)
Nemexin® (Bristol-Myers Squibb: CH, CZ, DE)
Nemexin® (Torrex: AT)
Nodict® (Sun: IN)
Nutrexon® (Nufarindo: ID)
Phaltrexia® (Pharos: ID)
Revez® (Soubeiran Chobet: AR)
Revia Gervasi Farmacia® (Gervasi: ES)
ReVia® (Barr: US)
ReVia® (Bristol-Myers Squibb: CA)
Revia® (Bristol-Myers Squibb: DK, ES)
ReVia® (Bristol-Myers Squibb: FR)
Revia® (Bristol-Myers Squibb: HK, HR, IE, NL)
ReVia® (Bristol-Myers Squibb: NL)
Revia® (Bristol-Myers Squibb: NO, NZ, RS, SE)
ReVia® (Bristol-Myers Squibb: SE)
Revia® (Bristol-Myers Squibb: TH)
Revia® (Cristália: BR)
Revia® (Eurim: AT)
Revia® (Orphan: AU)
Revia® (Paranova: AT)
Revia® (Torrex: AT, CZ, HR, HU, SI)
Trexonil® [vet.] (Wildlife: US)

Nandrolone (Rec.INN)

L: Nandrolonum
I: Nandrolone
D: Nandrolon
F: Nandrolone
S: Nandrolona

Anabolic
Ophthalmic agent

ATC: A14AB01,S01XA11
ATCvet: QA14AB01,QS01XA11
CAS-Nr.: 0000434-22-0 C_{18}-H_{26}-O_2
M_r 274.406

Estr-4-en-3-one, 17-hydroxy-, (17β)-

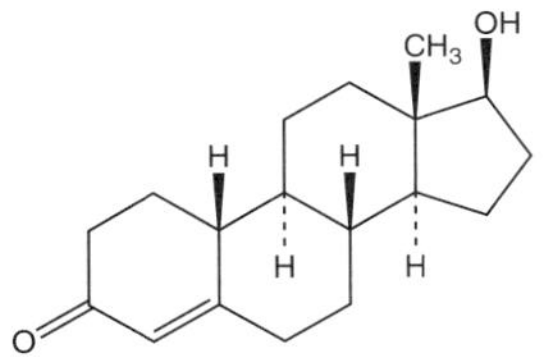

OS: *Nandrolone [BAN, DCF, DCIT]*
IS: *Nor-19-testosterone*
IS: *Norandrostenolone*
IS: *Nortestosterone*
IS: *Nortestrionate*
IS: *Oestrenolone*

Decadura® (Chemist: BD)
Duralin® (Chemist: BD)
Laurabolin® [vet.] (Intervet: BE)

– 17β-cipionate:

IS: *Nandrolone cyclopentanepropionate*
IS: *Nandroloni cypionas*

Dynabol® [vet.] (Jurox: AU)

– 17β-cyclohexylpropionate:

CAS-Nr.: 0000912-57-2
OS: *Nandrolone Cyclohexylpropionate BANM*

N

Retarbolin® [vet.] (Vericor: GB)
Sanabolicum® [vet.] (Alvetra u. Werfft: AT)

- **17β-decanoate:**
CAS-Nr.: 0000360-70-3
OS: *Nandrolone Decanoate BANM, USAN*
IS: *Abolon*
PH: Nandrolone Decanoate BP 2002, USP 30, Ph. Eur. 5
PH: Nandrolonum decanoicum 2.AB-DDR

Anaboline Depot® (Adelco: GR)
Anabolin® (Techno: BD)
Anaprolina® (Silesia: CL)
Deca-Durabolin® (AKZO Nobel: BR)
Deca-Durabolin® (Donmed: ZA)
Deca-Durabolin® (Infar: LK)
Deca-Durabolin® (Organon: AE, AR, AT, AU, BD, BE, BH, BR, CA, CH, CL, CO, CR, CY, CZ, DE, EG, ES, ET, FI, GB, GB, GH, GR, GT, HK, HN, ID, IN, IQ, IR, IT, JO, KE, KW, LB, LU, LY, MX, NI, NL, NO, OM, PE, PL, QA, RS, SA, SD, SG, SY, TH, TZ, VN, YE, ZM, ZW)
Deca-Durabolin® (Pharmaco: NZ)
Deca-Durabolin® (Salus: SI, SI)
Deca-Durabol® (Organon: SE)
Deca-Vinone® (Hikma: AE, BH, EG, IQ, JO, KW, LB, LY, OM, QA, SA, SD, SY, TN, YE)
Decabolon® (Techno: BD)
Deca® [vet.] (RWR Veterinary: AU, AU)
Extraboline® (Genepharm: GR)
Metadec® (Jagson Pal: IN)
Nandrolona Decanoato L.CH.® (Chile: CL)
Nandrolona Decanoato® (Biosano: CL)
Nandrolone Decanoate Norma® (Norma: GR)
Nandrosande® (Sanderson: CL)
Retabolil® (Gedeon Richter: HU, RU, VN)

- **17β-hexyloxyphenylpropionate:**
CAS-Nr.: 0052279-57-9

- **17β-laurate:**
CAS-Nr.: 0026490-31-3
OS: *Nandrolone Laurate BANM*
PH: Nandrolone Laurate BPvet 2002

Laurabolin® [vet.] (Intervet: AT, AU, DE, FI, FR, GB, IE, NZ, ZA)
Laurabolin® [vet.] (Organon Vet: PT)
Laurabolin® [vet.] (Veterinaria: CH)

- **17β-phenpropionate:**
CAS-Nr.: 0000062-90-8
OS: *Nandrolone Phenylpropionate BANM*
OS: *Nandrolone Phenpropionate USAN*
IS: *Nor-TPP*
PH: Nandrolone Phenpropionate USP 30
PH: Nandrolone Phenylpropionate BP 2002
PH: Nandrolonum phenylpropionicum 2.AB-DDR, PhBs IV

Deca-Durabolin® (Organon: ID)
Durabolin® (Organon: BD, GB, ID, IN, NL, VN)
Metabol® (Jagson Pal: IN)
Nandrolin® [vet.] (Intervet: AU, GB, IE)
Nandrosol® [vet.] (Alfasan: NL)
Neurabol® (Cadila: IN)
Superanabolon® (Leciva: CZ)
Superanabolon® (Spofa: CZ)
Vinone® (Hikma: AE, BH, EG, IQ, JO, KW, LB, LY, OM, QA, SA, SD, SY, TN, YE)

- **17β-(sodium sulfate):**
Anabolin® [vet.] (Alfasan: NL)
Keratyl® (Bausch & Lomb: CH)
Keratyl® (Chauvin: CZ, RO, TH)

- **17β-undecylate:**
CAS-Nr.: 0000862-89-5
IS: *Nandrolone undecanoate*

Naphazoline (Rec.INN)

L: Naphazolinum
I: Nafazolina
D: Naphazolin
F: Naphazoline
S: Nafazolina

Vasoconstrictor ORL, local

ATC: R01AA08,R01AB02,S01GA01
CAS-Nr.: 0000835-31-4 C_{14}-H_{14}-N_2
M_r 210.286

1H-Imidazole, 4,5-dihydro-2-(1-naphthalenylmethyl)-

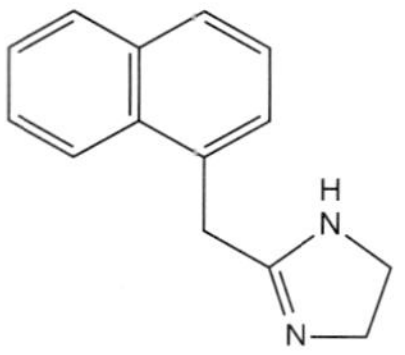

OS: *Naphazoline [BAN, DCF]*
IS: *Naphtazoline*

Hemokulin® (Hemomont: RS)
Nafazolin® (Jadran: BA)
Nafazolin® (Sanitarija: RS)
Nafazol® (Hemofarm: RS)
Naphazolin® (Sopharma: BG)
Novasol® (Pharmanova: RS)
Optrine® (Konimex: ID)
Red Off® (Chile: CL)
Rhinaf® (ECU: EC)
Rinogut® (Terapia: RO)
Rintal® (Bristol-Myers Squibb: PE)
Vasocedine Naphazoline® (Qualiphar: BE)

- **hydrochloride:**
CAS-Nr.: 0000550-99-2
OS: *Naphazoline Hydrochloride BANM, USAN*
IS: *Antan*
IS: *Naphthylmethylimidazolinum hydrochloricum*
PH: Naphazoline Hydrochloride Ph. Eur. 5, JP XIV, USP 30
PH: Naphazolinhydrochlorid Ph. Eur. 5
PH: Naphazolini hydrochloridum Ph. Eur. 5
PH: Naphazoline (chlorhydrate de) Ph. Eur. 5

Afazol Grin® (Grin: MX)
AK-Con® (Akorn: US)
Albalon® (Allergan: AU, CH, HK, LU, NL, NZ, TH, US)
Albasol® (Allergan: CO, PE)
All Clear® (Bausch & Lomb: US)
Bactio-Rhin® (Altana: AR)
Clarimir® (Andromaco: CL)
Claroft® (Alcon: BR)
Clear Eyes® (Aspen: NZ)
Clear Eyes® (Prestige Brands: US)
Cloridrato de Nafazolina® (Medley: BR)
Coldan® (Sigmapharm: AT)
Dazolin® (Roux-Ocefa: AR)
Desamin Same® (Savoma: IT)
Disel® (Andromaco: AR)
Enflucide® (Yenisehir: TR)
Floril® (Lansier: PE)
Gotinal® (Boehringer Ingelheim: AR, MX)
Idril® (Winzer: DE)
Iridina due® (Montefarmaco OTC: IT)
Isoftal® (Agepha: AT)
Miraclar® (Iquinosa: ES)
Mirafrin® (Bagó: CO)
Mirasan® (Allergan: AR)
Mirus® (Alcon: AR)
Murine Clear Eyes® (Aspen: AU)
Murine® (Abbott: GB)
Nafa-Gal® (Terapia: RO)
Nafazair® (Bausch & Lomb: US)
Naftazolina® (Bruschettini: IT)
Naphasal® (Sam-On: IL)
Naphazoline Hydrochloride® (Bausch & Lomb: US)
Naphcon forte® (Alcon: AU, BW, ER, ET, GH, IL, KE, LU, MW, NA, NG, NZ, TH, TZ, UG, ZA, ZM, ZW)
Naphcon® (Alcon: BE, BW, CA, ER, ET, GH, IL, KE, LU, MW, NA, NG, PE, TZ, UG, US, ZA, ZM, ZW)
Naphtears® (Alcon: CL)
Narix® (Cimed: BR)
Nasalex® (Fabop: AR)
Nico Drops® (Saval Nicolich: CL)
Ojo San® (Bristol-Myers Squibb: PE)
Osmoclear® (Oftalmologica: PE)
Proculin® (Alkaloid: RS)
Proculin® (Chauvin: CZ, DE, HU, RO)
Red Off Lch® (Ivax: PE)
Rhinal® (Ahimsa: AR)
Rhinex® (Wernigerode: DE)
Rhino-Dazol® (Lusa: PE)
Rhinon - Nasentropfen® (Petrasch: AT)
Rhinon® (Petrasch: AT)
Rino naftazolina® (Bruschettini: IT)
Rinofug® (Meduman: RO)
Siozwo® (Febena: DE)
Tele-Stulln® (Stulln: DE)
Vasacon® (Cendo: ID)
VasoClear® (Novartis Ophthalmics: US)
Vasocon Regular® (Ciba Vision: US)
Vasoconstrictor Pensa® (Pensa: ES)
Vasocon® (Ciba Vision: US)
VasoNit® (Optima: DE)

– nitrate:

CAS-Nr.: 0005144-52-5

OS: *Naphazoline Nitrate BANM, JAN*
IS: *Naphtylmethylimidazolinum nitricum*
PH: Naphazoline (nitrate de) Ph. Eur. 5
PH: Naphazoline Nitrate Ph. Eur. 5, JP XIV
PH: Naphazolini nitras Ph. Eur. 5
PH: Naphazolinnitrat Ph. Eur. 5

Benil® (Krka: BA, HR, RS, SI)
Colirio Alfa® (Pfizer: ES)
Collirio Alfa® (Bracco: IT)
Deltarhinol mono® (Melisana: BE)
Imidazyl® (Recordati: IT)
Minhavez® (Melisana: BE, LU)
Nazol® (Jadran: HR)
Neofenox Naphazoline® (Boots: BE)
Neusinol® (Labima: BE)
Priciasol® (Labima: BE)
Privina® (Novartis: AR, BR)
Privin® (Novartis: AT, DE)
Pupilla® (Alfa Wassermann: IT)
Rhinazin® (Polfa Warszawa: PL)
Rinazina® (GlaxoSmithKline VH: IT)
Safyr Bleu® (Aspen: ZA)
Sanorin® (Ivax: CZ)
Vasocedine® (Qualiphar: LU)
Video-mill® (Euroderm OTC: IT)
Virginiana gocce verdi® (Kelemata: IT)

Naproxen (Rec.INN)

L: Naproxenum
I: Naproxene
D: Naproxen
F: Naproxène
S: Naproxeno

Antiinflammatory agent
Analgesic
Antipyretic

ATC: G02CC02,M01AE02,M02AA12
ATCvet: QM01AE02,QG02CC02,QM02AA12
CAS-Nr.: 0022204-53-1 C_{14}-H_{14}-O_3
M_r 230.266

2-Naphthaleneacetic acid, 6-methoxy-α-methyl-, (S)-

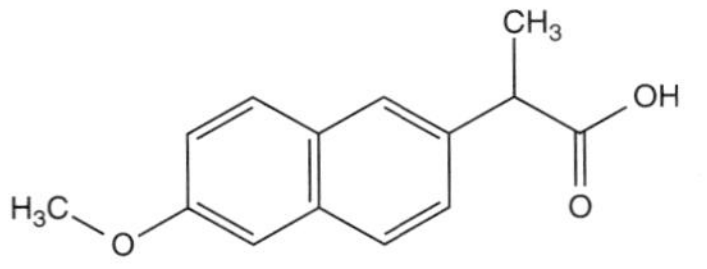

OS: *Naproxen [BAN, DCIT, JAN, USAN]*
OS: *Naproxène [DCF]*
IS: *RS 3540*
IS: *MNPA*
PH: Naproxen [Ph. Eur. 5, JP XIV, USP 30, BP 2003]
PH: Naproxenum [Ph. Eur. 5]
PH: Naproxène [Ph. Eur. 5]

Adco-Naproxen® (Al Pharm: ZA)
Aflamax® (Grünenthal: PE)
Algolider® (EG: IT)
Algonapril® (Crinos: IT)
Alidase® (Laboratorios: AR)
Aliviomas® (Alacan: ES)
Alpoxen® (Actavis: FI)

Alpoxen® (Alpharma: SE)
Anaflex® (ACI: BD)
Apo-Naproxeno® (Apotex: PE)
Apo-Naproxen® (Apotex: AN, BB, BM, BS, CA, GY, HT, JM, KY, PL, SR, TT)
Apranax® (Roche: FR)
Aproxil® (Bioplix-Biox: PE)
Artagen® (Ranbaxy: IN)
Arthrosin® (Ashbourne: GB)
Bonyl® (Orion: DK)
Bruproxen® (Bruluart: MX)
Bumaflex N® (Altana: AR)
Complement® (Magma: PE)
Congex® (Buxton: AR)
Dafloxen® [susp.] (Liomont: DO, GT, PA, SV)
Debril® (Monserrat: AR)
Difortan® (EMO: PL)
Diproxen® (Drug International: BD)
Dolofen® (Lusa: PE)
Dolormin® (McNeil: DE)
Dolorsan® (Opfermann: DE)
Doprox® (Andreu: PE)
Dysmenalgit® (Krewel: DE)
EC-Naprosyn® (Roche: US)
Eurogesic® (Saval Eurolab: CL)
Fabralgina® (Fabra: AR)
Fadalivio® (Fada: AR)
Femme free® (Douglas: AU)
Fibroxyn® (Garec: ZA)
Flaxvan® (Rontag: AR)
Floginax® (Teofarma: IT)
Flogotone® (IPhSA: CL)
Gen-Naproxen EC® (Genpharm: CA)
Gerinap® (Gerard: IE)
Gibixen® (Metapharma: IT)
Inveoxel® (Drag Pharma: CL)
Inza® (Alphapharm: AU, HK, SG)
Iraxen® (Alfa: PE)
Laser® (Princeps: IT)
Ledox® (Weifa: NO)
Lundiran® (Vir: ES)
Medilor Amex® (Amex: PE)
Melgar® (Hexa: AR)
Merck-Naproxen® (Merck Generics: ZA)
Messelxen® (Biomep: MX)
Mobilat Naproxen® (Stada: DE)
Momen® (Farma Lepori: ES)
Nafasol EC® (Aspen: ZA)
Nafasol® (Aspen: ZA)
Naflapen® (Collins: MX)
Naixan® (Tanabe: JP)
Naksetol® (Zorka: RS)
Nalgesin® (Krka: BA, HR, RS, SI)
Napflam® (Aspen: ZA)
Napmel® (Pannonpharma: HU)
Napoxpharma® (Intipharma: PE)
Napratec® [+ Misoprostol] (Pfizer: GB)
Napren® (Nycomed: NO)
Naprius® (Aesculapius: IT)
Napro-A® (Acme: BD)
Naprobene® (Merckle: CZ)
Naprobene® (Ratiopharm: AT)
Naprocid® (Gaco: BD)
Naprocutan® (mibe: DE)
Naprodex® (Alcon: EC)
Naprofidex® (Fidex: AR)
Naproflam® (Socobom: BE, LU)
Naproflam® (Winthrop: DE)
Naprogen® (Klonal: AR)
Naproksen® (Zorka: RS)
Napromed® (Infermed: PE)
Naprometin® (Roche: FI)
Napromex® (Ratiopharm: FI)
Naprontag® (Rontag: AR)
Naprorex® (Aegis: HK)
Naprosian® (Asian: TH)
Naproson® (Jayson: BD)
Naprosyn CR® (Abdi Ibrahim: TR)
Naprosyn EC® (Abdi Ibrahim: TR)
Naprosyn EC® (Roche: GB, IE, PT)
Naprosyn SR® (Roche: AU, NZ)
Naprosyne® (Grünenthal: FR)
Naprosyne® (Roche: BE, LU)
Naprosyn® (Abdi Ibrahim: TR)
Naprosyn® (Grünenthal: EC, PE)
Naprosyn® (Krewel: DE)
Naprosyn® (Krka: CZ, SI)
Naprosyn® (Minerva: GR)
Naprosyn® (Recordati: IT)
Naprosyn® (Roche: AU, BE, BR, CA, DE, DK, ES, FI, FR, GB, HK, IE, LU, MU, MX, NO, NZ, PH, PT, SE, SG, TH, US)
Naprosyn® (RPG: IN)
Naprosyn® (Valeant: HU)
Naproval® (Reig Jofre: ES)
Naproval® (Septa: ES)
Naproxen Albic® (Sanofi-Synthelabo: NL)
Naproxen AL® (Aliud: DE)
Naproxen AstraZeneca® (BioPhausia: SE)
Naproxen A® (Apothecon: NL)
Naproxen Beacons® (Beacons: SG)
Naproxen beta® (betapharm: DE)
Naproxen CF® (Centrafarm: NL)
Naproxen Copyfarm® (Copyfarm: SE)
Naproxen Delayed Release® (Alphapharm: US)
Naproxen Delayed Release® (Pliva: US)
Naproxen Delayed Release® (Sandoz: US)
Naproxen Delayed Release® (Teva: US)
Naproxen Disphar® (Disphar: NL)
Naproxen EB® (Eurobase: NL)
Naproxen FLX® (Karib: NL)
Naproxen Genericon® (Genericon: AT)
Naproxen Gf® (Genfarma: NL)
Naproxen gyn® (Asconex: DE)
Naproxen Hexal® (Hexal: DE, NL)
Naproxen HPS® (HPS: NL)
Naproxen Katwijk® (Katwijk: NL)
Naproxen Merck NM® (Merck NM: DK, SE)
Naproxen Merck® (Merck Generics: NL)
Naproxen NM Pharma® (Gerard: IS)
Naproxen Polfa® (Polfa: CZ)
Naproxen ratiopharm® (ratiopharm: DE)
Naproxen ratiopharm® (Ratiopharm: NL)
Naproxen Stada® (Stadapharm: DE)
Naproxen Teva® (Teva: NL)
Naproxen-Akri® (Akrihin: RU)
Naproxen-CT® (CT: DE)
Naproxen-CT® (Tempelhof: LU)
Naproxen-E® (Merck NM: NO)
Naproxen-Mepha® (Mepha: CH)

Naproxene EG® (Eurogenerics: BE)
Naproxene Pliva® (Pliva: IT)
Naproxene-Eurogenerics® (Eurogenerics: LU)
Naproxeno Belmac® (Belmac: ES)
Naproxeno Farmo Andina® (Farmo Andina: PE)
Naproxeno Gen-Far® (Genfar: PE)
Naproxeno Genfar® (Genfar: CO, EC)
Naproxeno Lch® (Ivax: PE)
Naproxeno MK® (MK: CO)
Naproxeno Ratiopharm® (Ratiopharm: ES)
Naproxeno® (Belmac: ES)
Naproxeno® (Britania: PE)
Naproxeno® (Farmachif: PE)
Naproxeno® (Farmandina: EC)
Naproxeno® (Induquimica: PE)
Naproxeno® (Iqfarma: PE)
Naproxeno® (La Sante: PE)
Naproxeno® (Labofar: PE)
Naproxeno® (Lusa: PE)
Naproxeno® (Memphis: CO)
Naproxeno® (Pentacoop: CO, EC, PE)
Naproxeno® (Ratiopharm: ES)
Naproxeno® (Vannier: AR)
Naproxen® (Actavis: GE)
Naproxen® (Aflofarm: PL)
Naproxen® (Alpharma: GB, NO)
Naproxen® (Arrow: GB)
Naproxen® (Balkanpharma: BG)
Naproxen® (Basic Pharma: NL)
Naproxen® (Delphi: NL)
Naproxen® (EMO: PL)
Naproxen® (Generics: CZ, GB)
Naproxen® (GenRx: NL)
Naproxen® (GlaxoSmithKline: PL)
Naproxen® (Hasco: PL)
Naproxen® (Hillcross: GB)
Naproxen® (Kronos: EC)
Naproxen® (Lagap: NL)
Naproxen® (Merck NM: NO)
Naproxen® (Pharmacin: NL)
Naproxen® (Polfa: CZ)
Naproxen® (Polfarmex: PL, RS)
Naproxen® (Roxane: US)
Naproxen® (Srbolek: RS)
Naproxen® (Teva: GB, GB)
Naproxen® (Tiofarma: NL)
Naproxen® (Wockhardt: GE)
Naproxiwieb® (Wieb: DE)
Naproxi® (Gerard: IL)
Naprox® (Eskayef: BD)
Napro® (Aristopharma: BD)
Naprux® (Andromaco: AR)
Napsod® (Unimed & Unihealth: BD)
Napsyn® (ICN: CZ)
Napxen® (Berlin: TH)
Narzen® (Shiwa: TH)
Natrax® (Polfa Pabianice: PL)
Naxen® (Alphapharm: AU)
Naxen® (Darya-Varia: ID)
Naxen® (Douglas: NZ)
Naxen® (Syntex: MX)
Naxin® (Opsonin: BD)
Naxopren® (Merck NM: FI)
Naxo® (Navana: BD)
Naxyn® (Teva: IL)
Neo Eblimon® (Guidotti: IT)
Neoflam® (Farmindustria: PE)
Nervogesic® (Evex: PE)
Neuralprona® (Lba: AR)
Noflam® (Douglas: NZ)
Novaxen® (Novag: MX)
Novo-Naprox® (Novopharm: CA)
Nu-Naprox® (Nu-Pharm: CA)
Nuprafen® (Beximco: BD)
Nycopren® (Farmabel: LU)
Nycopren® (Nycomed: AT, GR)
Nycopren® (Sanofi-Synthelabo: NL)
Pabi-Naproxen® (Polfa Pabianice: PL)
Patropan® (Chefar: EC)
Polyxen® (Pharmasant: TH)
Prexan® (Lafare: IT)
Priaxen® (Remedica: CY, ET, KE, SD, ZW)
Prodolor® (Stada: DE)
Pronaxen® (Orion: FI, SE)
Pronaxil® (Streger: MX)
Proxen SR® (Roche: AU)
Proxen® (Berenguer Infale: ES)
Proxen® (Grünenthal: AT, CH)
Proxen® (Pharmaland: TH)
Proxen® (Roche: AU, DE)
Proxen® (Therapeutics: BD)
Releve® (General Pharma: BD)
Reuxen® (Helcor: RO)
Reuxen® (Tecnifar: PT)
Rolab-Naproxen® (Sandoz: ZA)
Roxen® (BL Hua: TH)
Saprox® (Shamsul Alamin: BD)
Seladin® (Yung Shin: SG)
Servinaprox® (Novartis: BD)
Tacron® (Farmasierra: ES)
Ticoflex® (Incepta: BD)
Tundra® (Frasca: AR)
U-Proxyn® (Unison: TH)
Uniflam® (Unimed: PE)
Vantin® (Best: MX)
Veradol® (Schering: DE)
Vinsen® (Chew Brothers: TH)
Xenar® (Alfa Wassermann: IT)
Xenobid Gel® (Shreya: IN)

– aminobutanol salt:

Synalgo® (Geymonat: IT)

– cetrimonium:

IS: *Naproxenato di cetiltrimetilammonio*

Aperdan P® (ABC: IT)
Naprocet® (Boniscontro & Gazzone: IT)
Nitens® (Crinos: IT)
Proxagol® (Union Health: IT)

– lysine salt:

Prodexin® (Almirall: EG, GH, KE, SD, TZ, ZM)

– piperazine salt:

IS: *Piproxen*

– sodium salt:

CAS-Nr.: 0026159-34-2

OS: *Naproxen Sodium BANM, USAN*
IS: *Naprolag*
IS: *RS 3650*
PH: Naproxen Sodium USP 30, Ph. Eur. 5

A-Nox® (Aroma: TR)
Acroxen® (Acromax: EC)
Agilxen® (Latinfarma: CO)
Alacetan® (Asconex: DE)
Alacetan® (Pharmakon: DE)
Aleve® (Bayer: AR, AT, AU, BE, CH, DE, ES, HU, IT, LU, NL, PE, PL, SG, US, ZA)
Aleve® (Bayer Santé Familiale: FR)
Aleve® (Mecom: TR)
Alinax® (Grünenthal: CO)
Ameproxen® (O.P.V.: VN)
Anapran® (Polfa Pabianice: PL)
Anaprotab® (Sanli: TR)
Anaprox® (Minerva: GR)
Anaprox® (Roche: AU, BE, CA, CH, CR, ES, FI, FR, GB, HK, MY, NZ, PH, PK, SG, TH, US, VN, ZA)
Annoxen-S® (Siam Bheasach: TH)
Antalgin® (Roche: ES)
Apo-Napro-Na® (Apotex: CA, SG)
Apraljin® (Deva: GE, TR)
Apranax® (Abdi Ibrahim: TR)
Apranax® (Roche: BE, CH, FR, LU)
Apranax® (Valeant: HU)
Aprol® (Bilim: TR)
Apromed® (Koçak: TR)
Aprowell® (ARIS: TR)
Aproxen® (PharmaBrand: EC)
Armanaks® (Arma: TR)
Atac® (Megahealth: CL)
Atren® (Ilaçsan: TR)
Boloxen® (Kato: PL)
Bonmin® (Eras: TR)
Chemists' Own Period Pain Tablets® (Chemists: AU)
Dafloxen® [caps. tabs.] (Liomont: DO, GT, MX, PA, SV)
Deucoval® (Medipharm: CL)
Diferbest® (Best: MX)
Eazydayz® (Cipla: AU)
Eox® (Antula: SE)
Eurogesic® (Saval Eurolab: CL)
Flanax® (Grünenthal: EC)
Flanax® (Roche: PH)
Flogen® [caps] (Ivax: MX)
Floxalin® (Bioprogress Pharma: IT)
Gynestrel® (Recordati: IT)
Infor® (Interpharm: EC)
Kapnax® (Biokem: TR)
Karoksen® (Münir Sahin: TR)
Kruidvat Naproxennatrium® (Marel: NL)
Mednap® (Koçak: TR)
Miranax® (Grünenthal: AT)
Miranax® (Roche: FI, SE)
Momendol® (A.C.R.A.F. SPA: LU)
Momendol® (Angelini: IT, PT)
Momendol® (Aziende: RO)
Momendol® (Aziende Chimichi: NL)
Monarit® (Rontag: AR)
Naledyn® (Colliere: PE)
Nalgesin® (Krka: CZ)
Nalgesin® (KRKA: RU)
Naponal® (Münir Sahin: TR)
Napradol® (Abfar: TR)
Naprelan® (Carnrick: US)
Naprelan® (Elan: NL)
Napren-S® (Sandoz: TR)
Napro Itedal® (Dicofar: AR)
Naprodev® (Deva: TR)
Naprodex® (Ilaçsan: TR)
Naproflex® (Pharmasant: TH)
Naprogesic® (Bayer: AU, CL, NZ)
Naprorex® (Lampugnani: IT)
Naprosyn® (Roche: GB)
Naprotab® (Sanli: TR)
Naproxen Na PCH® (Pharmachemie: NL)
Naproxen Natrium-B® (Teva: HU)
Naproxen Sandoz® (Sandoz: DE, NL)
Naproxen Schwörer® (Schwörer: DE)
Naproxen Teva® (Teva: BE)
Naproxen-CT® (CT: DE)
Naproxene sodico DOC® (DOC Generici: IT)
Naproxene sodico Dorom® (Dorom: IT)
Naproxennatrium Alpharma® (Alpharma: NL)
Naproxennatrium Disphar® (Disphar: NL)
Naproxennatrium Gf® (Genfarma: NL)
Naproxennatrium PCH® (Pharmachemie: NL)
Naproxennatrium Ratiopharm® (Ratiopharm: NL)
Naproxennatrium Sandoz® (Sandoz: NL)
NaproxennatriumHTP® (Healthypharm: NL)
Naproxennatrium® (Dynadro: NL)
Naproxennatrium® (Etos: NL)
Naproxennatrium® (Leidapharm: NL)
Naproxennatrium® (Medcor: NL)
Naproxeno Cinfamed® (Cinfa: ES)
Naproxeno Cinfa® (Cinfa: ES)
Naproxeno MK® (Bonima: CR, DO, GT, HN, NI, PA, SV)
Naproxeno Sodico L.CH.® (Chile: CL)
Naproxeno Sodico MK® (MK: CO)
Naproxeno Sodico® (Mintlab: CL)
Naprux Gesic® (Andromaco: AR)
Naps® (Mustafa Nevzat: TR)
Narocin® (Teva: IL)
Noflam-N® (Pacific Pharm: HK)
Nopain® (Hikma: AE, BH, EG, EG, IQ, KW, LB, LY, OM, QA, SA, SD, SY, TN, YE)
Novo-Naprox Sodium® (Novopharm: CA)
Nurolasts® (Boots: AU)
Odontogesic® (Lamosan: EC)
Opraks® (Toprak: TR)
Painflex® (Mediproducts: GT)
Paraflaxan® (Life: EC)
Paraxflan® (Life: EC)
Point® (Trima: IL)
Proxidol® (Hayat: AE, BH, IQ, JO, LB, LY, OM, QA, SA, SD, YE)
Proxidol® (Markos: PE)
Relokap® (Yeni: TR)
Serviproxan® (Biochemie: TH)
Serviproxan® (Zuellig: TH)
Sindolan® (Italpharma: EC)
Soden® (DHA: HK, SG)
Sonafalm® (Multichem: NZ)
Sonap® (Square: BD)
Sonap® (Sriprasit: TH)
Soproxen® (Berlin: SG, TH)

Synax® (Biofarma: TR)
Syndol® (Bilim: TR)
Synflex® (Darya-Varia: ID)
Synflex® (Recordati: IT)
Synflex® (Roche: GB, IE, NZ, TH, ZA)
Tandax® (Novartis: MX)
Trekpleister Naproxennatrium® (Marel: NL)
Triox® (Andromaco: CL)
Uninapro® (Unifarm: IT)
Xenobid® (Shreya: IN)

Narasin (Rec.INN)

L: Narasinum
D: Narasin
F: Narasine
S: Narasina

Antiprotozoal agent, coccidiocidal [vet.]

CAS-Nr.: 0055134-13-9 C_{43}-H_{72}-O_{11}
M_r 765.049

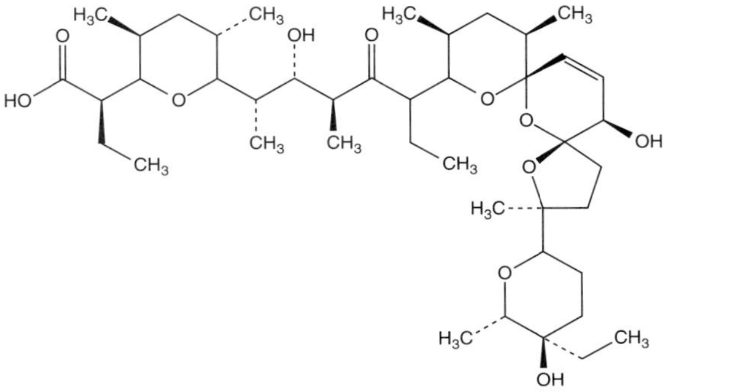

OS: *Narasin [BAN, USAN]*
IS: *Compound 79891 (Lilly, USA)*
IS: *E 765*
PH: Narasin [USP 30]

Monteban® [vet.] (Elanco: AU, GB, IE, NZ, US, ZA)
Monteban® [vet.] (Lilly Vet: FR)
Naravin® [vet.] (Elanco: AU)

Naratriptan (Rec.INN)

L: Naratriptanum
D: Naratriptan
F: Naratriptan
S: Naratriptan

Antimigraine agent
Serotonin agonist

ATC: N02CC02
CAS-Nr.: 0121679-13-8 C_{17}-H_{25}-N_3-O_2-S
M_r 335.477

1H-Indole-5-ethanesulfonamide, N-methyl-3-(1-methyl-4-piperidinyl)-

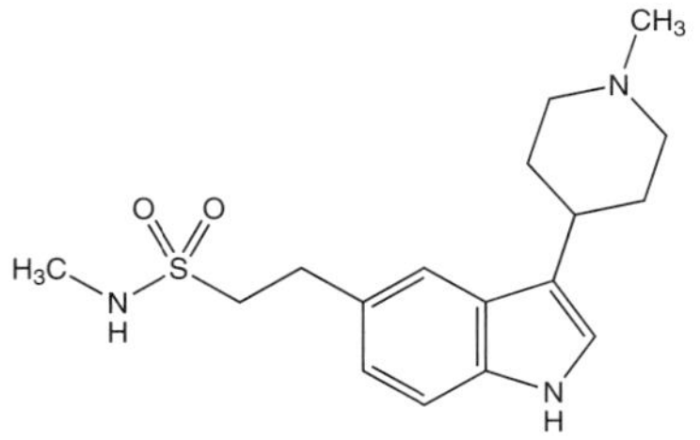

OS: *Naratriptan [BAN]*
IS: *GR 85548 X (Glaxo Wellcome, Great Britain)*
PH: Naratriptan tablets [USP 27]

Naramig® (Glaxo Wellcome: PT)
Naramig® (GlaxoSmithKline: AR, CR, DO, GT, HN, NI, PA, PE, SV, ZA)
Pimafucin® (Astellas: RO)

– hydrochloride:
CAS-Nr.: 0143388-64-1
OS: *Naratriptan Hydrochloride BANM, USAN*
IS: *GR 85548 A (Glaxo Wellcome, Great Britain)*
PH: Naratriptan hydrochloride USP 30

Amerge® (GlaxoSmithKline: CA, US)
Antimigrin® (Gebro: AT)
Formigran® (GlaxoSmithKline: DE)
Naragran® (GlaxoSmithKline: DK)
Naramig Orifarm® (GlaxoSmithKline: DK)
Naramig Paranova® (GlaxoSmithKline: DK)
Naramig® (Glaxo Wellcome: PT)
Naramig® (GlaxoSmithKline: AT, AU, BE, BG, BR, CH, CL, CO, CZ, DE, EC, ES, FI, FR, GB, GR, IL, LU, NL, NO, NZ, PE, RO, RU, SE, SG, SI, TH, TR)
Naramig® (Schwarz: DE)

Nasaruplase (Rec.INN)

L: Nasaruplasum
D: Nasaruplase
F: Nasaruplase
S: Nasaruplasa

Anticoagulant, thrombolytic agent

CAS-Nr.: 0099821-44-0 C_{2031}-H_{3121}-N_{585}-O_{601}-S_{31}
M_r 46346.019

Prourokinase (enzyme-activating) (human clone pA3/pD2/pF1 protein moiety), glycosylated

OS: *Nasaruplase [USAN]*
IS: *PPA solution*

Thrombolyse® (Green Cross: JP)

Natalizumab (Rec.INN)

L: Natalizumabum
D: Natalizumab
F: Natalizumab
S: Natalizumab

Immunomodulator
Monoclonal antibody

ATC: L04AA23
ATCvet: QL04AA23
CAS-Nr.: 0189261-10-7

immunoglobulin G4 (human-mouse monoclonal AN 100226 4-chain anti-human integrin 4), disulfide with human-mouse monoclonal AN100226 light chain, dimer (WHO)

immunoglobulin G4, anti- (human integrin alpha4) (human-mouse monoclonal AN100226 gamm4-chain), disulfide with human-mouse monoclonal AN100226 light chain, dimer

OS: *Natalizumab [USAN]*
IS: *AN 100226 (Biogen, US)*
IS: *Antegren*

Tysabri® (Biogen: CH, DE, FI, GB, IE, NL, US)
Tysabri® (BiogenIdec: SE)
Tysabri® (Elan: NO, US)

Natamycin (Prop.INN)

L: Natamycinum
I: Natamicina
D: Natamycin
F: Natamycine
S: Natamicina

Dermatological agent, local fungicide

ATC:
A01AB10,A07AA03,D01AA02,G01AA02,S01AA10
CAS-Nr.: 0007681-93-8 C_{33}-H_{47}-N-O_{13}
M_r 665.749

Pimaricin

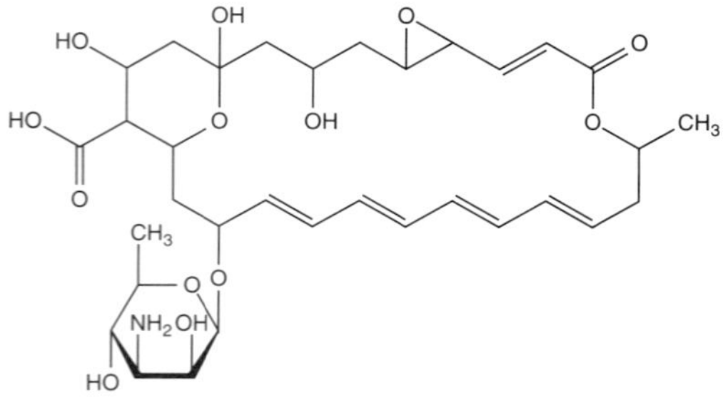

OS: *Natamycin [BAN, USAN]*
OS: *Natamycine [DCF]*
OS: *Natamicina [DCIT]*
OS: *Pimaricin [JAN]*
IS: *CL 12625*
IS: *E 235*
IS: *Antibiotic A-5283*
PH: Natamycin [USP 30]

Miconacina® (Grin: MX)
Mycophyt® [vet.] (Intervet: DE, FR, GB, NL, NZ)
Mycophyt® [vet.] (Mycofarm: BE)
Mycophyt® [vet.] (Veterinaria: CH)
Natacin® (Gaco: BD)
Natacyn® (Alcon: AR, SG, TH, US, ZA)
Natamycyna® (Unia: PL)
Natoph® (Ibn Sina: BD)
Nicin® (Nipa: BD)
Optinat® (Jayson: BD)
Pima-Biciron® (S&K: DE)
Pimafucin® (Astellas: CZ, FI, PL, RU)
Pimafucin® (Galderma: DE)
Pimafucin® (Santa-Farma: TR)
Pimafucin® (Yamanouchi: BE, HU, NL)

Nateglinide (Rec.INN)

L: Nateglinidum
D: Nateglinid
F: Nateglinide
S: Nateglinida

Antidiabetic agent

ATC: A10BX03
CAS-Nr.: 0105816-04-4 C_{19}-H_{27}-N-O_3
M_r 317.42

(-)-N-[(trans-4-isopropylcyclohexyl)carbonyl]-D-phenylalanine [WHO]

D-Phenylalanine, N-((4-(1-methylethyl)cyclohexyl)carbonyl)-, trans- [NLM]

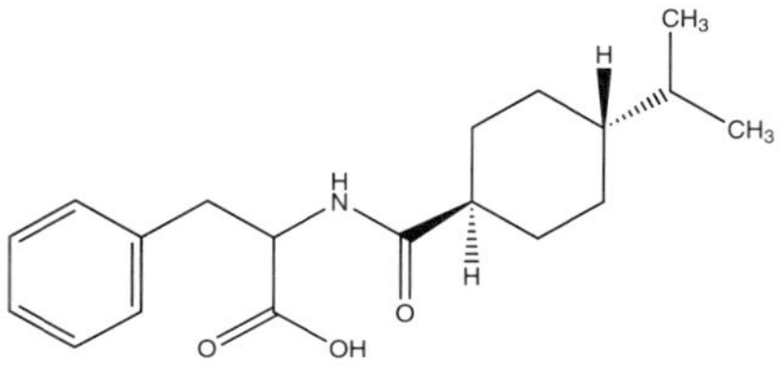

OS: *Nateglinide [BAN, USAN]*
IS: *A 4166*
IS: *AY 4166 (Ajinomoto, JP)*
IS: *DJN 608*
IS: *Meglitinide*
IS: *SDZ DJN 608 (Sandoz)*
IS: *Senaglinide*
IS: *YM 026 (Yamanouchi, JP)*

Fastic® (Aventis: JP)
Glinate® (Glenmark: IN)
Nopik® (Square: BD)
Starform® (Novartis: BR)
Starlix® (Jaba: PT)
Starlix® (Novartis: AR, BD, BR, CA, CH, CL, CN, CO, CR, DE, DO, EC, ES, FI, GB, GE, GR, GT, HN, HU, ID, IE, LU, MY, NI, NL, NO, PA, PH, RS, RU, SE, SG, SI, SV, TR, US, ZA)
Starlix® (Novartis Pharma: PE)
Starsis® (Yamanouchi: JP)
Trazec® (Novartis: LU, NL)

Nateplase (Rec.INN)

L: Nateplasum
D: Nateplase
F: Nateplase
S: Nateplasa

Anticoagulant, thrombolytic agent

CAS-Nr.: 0159445-63-3

A mixture of *N*-[*N*²-(*N*-glycyl-*L*-alanyl)-*L*-arginyl]plasminogen activator (human tissue-type 1-chain form, protein moiety), glycoform β (major component) and plasminogen activator (human tissue-type 1-chain form, protein moiety), glycoform β

OS: *Nateplase [USAN]*
IS: *NMR 701*

Milyzer® (Schering: JP)
Tepase® (Schering: JP)

Nebacumab (Rec.INN)

L: Nebacumabum
D: Nebacumab
F: Nebacumab
S: Nebacumab

Immunomodulator

CAS-Nr.: 0138661-01-5

Immunoglobulin M (human monoclonal HA-1A anti-endotoxin), disulfide with human monoclonal HA-1A *kappa*-chain, pentameric dimer

OS: *Nebacumab [BAN, USAN]*
OS: *Nébacumab [DCF]*
IS: *Antiendotoxin monoclonal antibody*
IS: *HA-1A*
IS: *Septomonab*
IS: *Xomen-E5*

Centoxin® (Centocor: LU, NL, US)

Nebivolol (Rec.INN)

L: Nebivololum
D: Nebivolol
F: Nebivolol
S: Nebivolol

β_1-Adrenergic blocking agent
Antihypertensive agent

ATC: C07AB12
CAS-Nr.: 0099200-09-6 — C_{22}-H_{25}-F_2-N-O_4, M_r 405.452

2H-1-Benzopyran-2-methanol, α,α'-[iminobis(methylene)]bis[6-fluoro-3,4-dihydro-

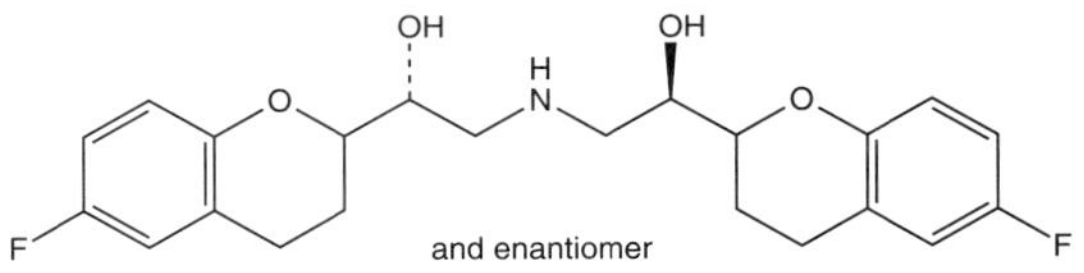

OS: *Nebivolol [BAN, USAN]*
IS: *R 65824 (Janssen, Belgium)*

Nebilet® (Al Pharm: ZA)
Nebilox® (Menarini: LU)
Nobiten® (Menarini: BE, LU)
Nodon® (Cadila: IN)

– hydrochloride:

OS: *Nebivolol Hydrochloride BANM*
IS: *R 67555*

Hypoloc® (Menarini: FI, LU, NL)
Lobivon® (Eureco: NL)
Lobivon® (Menarini: ES, GR, IT, NL)
Nebilet® (Berlin Chemie: BA)
Nebilet® (Berlin-Chemie: CZ, DE, HR, HU, PL, RO, RS, RU)
Nebilet® (Biotoscana: CO)
Nebilet® (Labomed: CL)
Nebilet® (Menarini: AR, CH, CR, DO, GB, GT, HN, IE, IT, NI, NL, PA, PT, SG, SV, TH)
Nebilet® (Retrain: ES)
Nebilet® (Sanolabor: SI)
Nebiloc® (Menarini: NL)
Nebilox® (Lusofarmaco: IT)
Nebilox® (Negma: FR)
Nebivolol® (Euro: NL)
Nomexor® (Menarini: AT)
Silostar® (Uriach: ES)
Temerit® (Menarini: FR)
Vasoxen® (I.E. Ulagay: TR)

Nedaplatin (Rec.INN)

L: Nedaplatinum
D: Nedaplatin
F: Nédaplatine
S: Nedaplatino

Antineoplastic agent

ATC: L01XA
CAS-Nr.: 0095734-82-0 — C_2-H_8-N_2-O_3-Pt, M_r 303.2

Platinum, diammine(hydroxyacetato(2-)-O¹, O²)-, (SP-4-3)-

cis-Diammine(glycolato-O¹,O²)platinum [WHO]

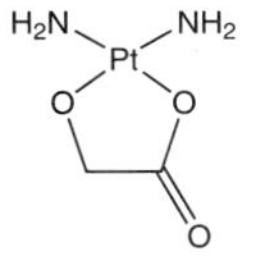

OS: *Nedaplatin [JAN, USAN]*
IS: *Latoplatin*
IS: *NSC 375101D*
IS: *S 254*
IS: *254 S*

Aqupla® (Shionogi: JP)

Nedocromil (Rec.INN)

L: **Nedocromilum**
I: **Nedocromil**
D: **Nedocromil**
F: **Nédocromil**
S: **Nedocromilo**

Antiallergic agent
Antiasthmatic agent
Antihistaminic agent

ATC: R01AC07,R03BC03,S01GX04
CAS-Nr.: 0069049-73-6 C_{19}-H_{17}-N-O_7
M_r 371.355

4H-Pyrano[3,2-g]quinoline-2,8-dicarboxylic acid, 9-ethyl-6,9-dihydro-4,6-dioxo-10-propyl-

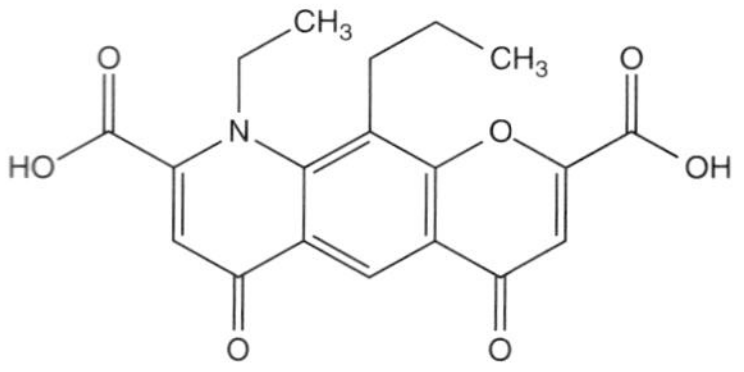

OS: *Nedocromil [BAN, USAN]*
OS: *Nédocromil [DCF]*
IS: *FPL 59002 (Fisons, USA)*

Alocril® (Allergan: US)

– disodium salt:

CAS-Nr.: 0069049-74-7
OS: *Nedocromil Sodium BANM, USAN*
IS: *FPL 59002 KP (Fisons. USA)*

Alocril® (Allergan: CA)
Cetimil® (Lesvi: ES)
Irtan® (Aventis: DE)
Kovilen® (Mediolanum: IT)
Kovinal® (Mediolanum: IT)
Rapitil® (Sanofi-Aventis: GB)
Tilade Mint® (Aventis: CZ, GH, KE, NG, UG, ZW)
Tilade Mint® (Aventis Pharma: ID)
Tilade Mint® (Sanofi-Aventis: GE, RU)
Tilade® (Aventis: AT, AU, BR, DE, DK, GR, IT, NZ)
Tilade® (EU-Pharma: NL)
Tilade® (Eurim: AT)
Tilade® (Euro: NL)
Tilade® (Merck: CZ)
Tilade® (Monarch: US)
Tilade® (Paranova: AT)
Tilade® (Sanofi-Aventis: BD, FI, GB, IE, IL, NL)
Tilad® (Sanofi-Aventis: ES)
Tilarin® (Aventis: AT, IT)
Tilavist® (Aventis: AT, DK, IS, IT, NO)
Tilavist® (Sanofi-Aventis: CH, FR, IL, NL, PT, SE)
Tilavist® (Teofarma: ES)

Nefazodone (Rec.INN)

L: **Nefazodonum**
I: **Nefazodone**
D: **Nefazodon**
F: **Nefazodone**
S: **Nefazodona**

Antidepressant

ATC: N06AX06
CAS-Nr.: 0083366-66-9 C_{25}-H_{32}-Cl-N_5-O_2
M_r 470.031

3H-1,2,4-Triazol-3-one, 2-[3-[4-(3-chlorophenyl)-1-piperazinyl)]propyl]-5-ethyl-2,4-dihydro-4-(2-phenoxyethyl)-

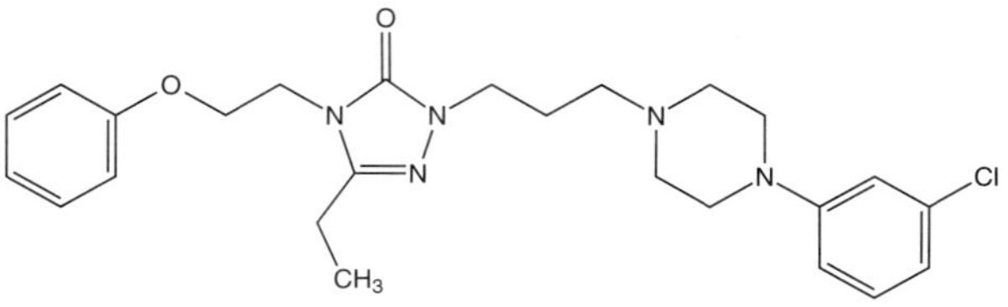

OS: *Nefazodone [BAN]*
OS: *Néfazodone [DCF]*

– hydrochloride:

CAS-Nr.: 0082752-99-6
OS: *Nefazodone Hydrochloride BANM, USAN*
IS: *BMY 13754-1 (Bristol-Myers Squibb, USA)*
IS: *MJ 13754-1 (Mead Johnson, USA)*
PH: Nefazodone Hydrochloride USP 30

Nefazodone Hydrochloride® (Dr Reddys: US)
Nefazodone Hydrochloride® (Eon: US)
Nefazodone Hydrochloride® (Par: US)
Nefazodone Hydrochloride® (Ranbaxy: US)
Nefazodone Hydrochloride® (Teva: US)
Nefirel® (Bristol-Myers Squibb: GR)
Serzone® (Bristol-Myers Squibb: AU, BR, US, ZA)

Nefopam (Rec.INN)

L: **Nefopamum**
I: **Nefopam**
D: **Nefopam**
F: **Néfopam**
S: **Nefopam**

Analgesic

ATC: N02BG06
CAS-Nr.: 0013669-70-0 C_{17}-H_{19}-N-O
M_r 253.349

1H-2,5-Benzoxazocine, 3,4,5,6-tetrahydro-5-methyl-1-phenyl-

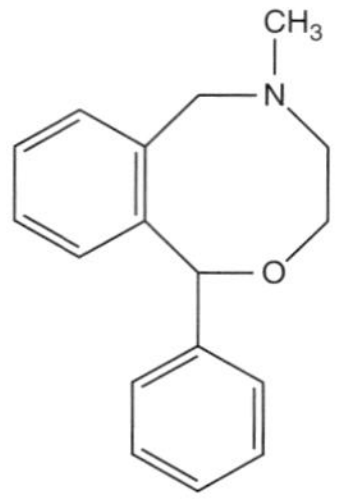

OS: *Nefopam [BAN, DCIT]*
OS: *Néfopam [DCF]*

- **hydrochloride:**

CAS-Nr.: 0023327-57-3
OS: *Nefopam Hydrochloride BANM, USAN*
IS: *Fenazoxine*
IS: *R 738*

Acupan® (3M: BE, GB, IL, KE, LU, NZ, ZA, ZW)
Acupan® (Biocodex: FR)
Acupan® (Cepa: ES)
Acupan® (Meda: IE)
Dosidol® (Domesco: VN)
Nefogesic® (Dar-Al-Dawa: AE, BH, IQ, LB, LY, NG, OM, SA, SD, YE)
Nefopam® (Jelfa: PL)
Nisidol® (Zenith Biochemicals: VN)
Oxadol® (Pharma Riace: RU)
Silentan Nefopam® (Krewel: DE)

Nelarabine (Rec.INN)

L: Nelarabinum
D: Nelarabin
F: Nelarabine
S: Nelarabina

⚕ Antineoplastic agent
⚕ Cytostatic agent, cytostaticum

ATC: L01BB07
ATCvet: QL01BB07
CAS-Nr.: 0121032-29-9 C_{11}-H_{15}-N_5-O_5
M_r 297.27

2-amino-beta-D-arabinofuranosyl-6-methoxy-9*H*-purine (WHO)

9-*beta*-D-Arabinofuranosyl-6-methoxy-9*H*-purin-2-amine (USAN)

9-(*beta*-D-Arabinofuranosyl)-6-methoxypurin-2-amin (IUPAC)

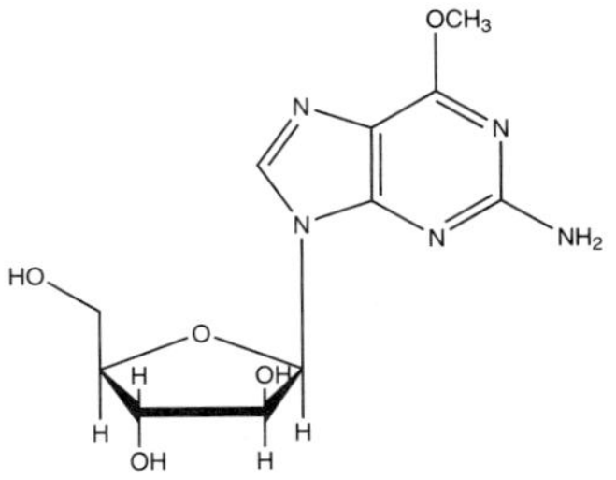

OS: *Nelarabine [BAN, USAN]*
IS: *MAY (Glaxo Wellcome, GB)*
IS: *506U*
IS: *GW 506U78*
IS: *506U78*
IS: *U78*
IS: *Nelzarabine*
IS: *33614 (ASK Nr.)*

Arranon® (GlaxoSmithKline: US)

Nelfinavir (Rec.INN)

L: Nelfinavirum
I: Nelfinavir
D: Nelfinavir
F: Nelfinavir
S: Nelfinavir

⚕ Antiviral agent, HIV protease inhibitor

ATC: J05AE04
CAS-Nr.: 0159989-64-7 C_{32}-H_{45}-N_3-O_4-S
M_r 567.802

3-Isoquinolinecarboxamide, N-(1,1-dimethylethyl)decahydro-2-[2-hydroxy-3-[(3-hydroxy-2-methylbenzoyl)amino]-4-(phenylthio)butyl]-, [3S-[2(2S*,3S*),3α,4aβ,8aβ]]-

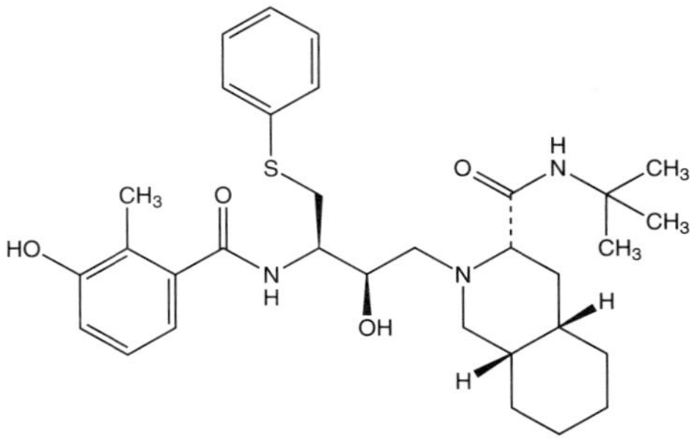

OS: *Nelfinavir [BAN]*
IS: *AG 1346 (Agouron, USA)*

Elfivir® (Biogen: CO)
Elfivir® (Repmedicas: PE)
Nelvir® (Cipla: IN)
Retroinhi® (Dosa: AR)
Viracept® (Roche: AE, AR, AU, AW, BA, CO, CR, DO, EC, EE, EG, ET, GE, GH, GT, HT, IL, JM, JP, KH, KZ, LA, LV, MA, MW, MX, MY, NG, NZ, OM, PE, PH, PY, QA, SG, TH, TN, TT, TW, TZ, UG, UY, VE, ZA)

- **mesilate:**

CAS-Nr.: 0159989-65-8
OS: *Nelfinavir Mesylate USAN*
IS: *AG 1343 (Agouron, USA)*
IS: *LY 312857 (Aguron, USA)*
IS: *Nelfinavir methanesulfonate*
PH: Nelfinavir Mesilate Ph. Int. 4
PH: Nelfinaviri mesilas Ph. Int. 4

Avifix® (Beximco: BD)
Filosfil® (Filaxis: AR)
Nalvir® (Richmond: AR)
Nelfilea® (Elea: AR)
Viracept® (Agouron: US)
Viracept® (Pfizer: CA)
Viracept® (Roche: AR, AU, BR, BW, CL, CO, ET, GH, HK, IL, IS, IT, KE, MW, MX, NA, NG, NZ, PE, PH, SD, TZ, UG, ZA, ZM, ZW)

N

Neltenexine (Rec.INN)

L: Neltenexinum
I: Neltenexina
D: Neltenexin
F: Neltenexine
S: Neltenexina

⚕ Mucolytic agent

ATC: R05CB14
CAS-Nr.: 0099453-84-6 C_{18}-H_{20}-Br_2-N_2-O_2-S
M_r 488.238

4',6'-Dibromo-α-[(trans-4-hydroxycyclohexyl)amino]-2-thiophene-carboxy-o-toluidide

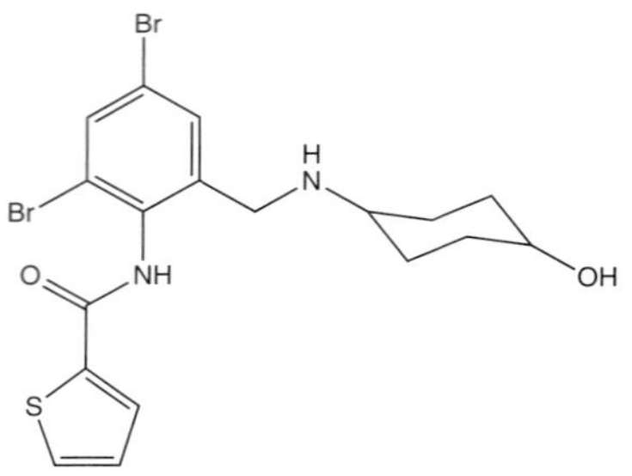

OS: *Neltenexine [USAN]*

– monohydrate:

Alveoten® (IBI: IT)
Muco4® (Sanofi-Aventis: IT)
Tenoxol® (Pulitzer: IT)

Nemonapride (Rec.INN)

L: Nemonapridum
D: Nemonaprid
F: Nemonapride
S: Nemonaprida

⚕ Neuroleptic

CAS-Nr.: 0093664-94-9 C_{21}-H_{26}-Cl-N_3-O_2
M_r 387.919

(±)-cis-N-(1-Benzyl-2-methyl-3-pyrrolidinyl)-5-chloro-4-(methylamino)-o-anisamide

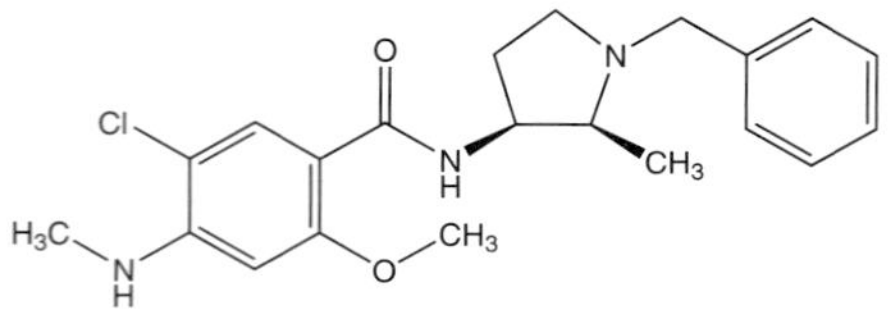

OS: *Nemonapride [JAN, USAN]*
IS: *YM 09151-2 (Yamanouchi, Japan)*
IS: *Emonapride*

Emilace® (Yamanouchi: JP)

Neomycin (Rec.INN)

L: Neomycinum
I: Neomicina
D: Neomycin
F: Néomycine
S: Neomicina

⚕ Antibiotic, aminoglycoside

ATC:
A01AB08,A07AA01,B05CA09,D06AX04,J01GB05,-R02AB01,S01AA03,S02AA07,S03AA01
CAS-Nr.: 0001404-04-2

Neomycin

OS: *Neomycin [BAN]*
OS: *Néomycine [DCF]*
OS: *Neomicina [DCIT]*

Kaomycine®[vet.] (Pharmacia Animal Health: BE)
Myneocin® (Greater Pharma: TH)
Neo Pom® (União: BR)
Neomicina L.CH.® (Chile: CL)

– sulfate:

CAS-Nr.: 0001405-10-3
OS: *Neomycin Sulphate BANM*
OS: *Neomycin Sulfate USAN*
IS: *Filmaseptic*
IS: *Noperil*
PH: Fradiomycin Sulfate JP XIV
PH: Néomycine (sulfate de) Ph. Eur. 5
PH: Neomycini sulfas Ph. Eur. 5, Ph. Int. 4
PH: Neomycinsulfat Ph. Eur. 5
PH: Neomycin Sulfate Ph. Int. 4, USP 30
PH: Neomycin Sulphate Ph. Eur. 5

Biosol Liquid® [vet.] (Pharmacia: US)
Biosol® [vet.] (Pfizer: LU, NL, ZA)
Biosol® [vet.] (Pharmacia: IT)
Biosol® [vet.] (Pharmacia Animal Health: BE)
Bykomycin® (Altana: AT)
Bykomycin® (Byk: CZ)
CNF Scour-diet® [vet.] (Chanelle: IE)
Colircusi Neomicina® (Alcon: ES)
Colivet® [vet.] (Alpharma: NO)
Colivet® [vet.] (VetPharma: NO)
Concatag® (Lafedar: AR)
Concentrat VO 59® [vet.] (Sogeval: FR)
Cysto-Myacyne N® (Schur: DE)
Dexacort® (Gemballa: BR)
Diarcap® [vet.] (Moureau: FR)
Emorex N® [vet.] (Gräub: CH)
Endomycin® [vet.] (Norbrook: IE)
Enteran® (Schoeller: AT)
Enteromicina® (Confar: PT)
Entocunimycine® [vet.] (Biové: FR)
Hyspan® [vet.] (Rice Steele: IE)
Izoneocol® [vet.] (Izo: IT)
Minims Neomycin® (Bournonville: NL)
Minims Neomycin® (Smith & Nephew: AU)
Myacyne® (Schur: DE)
Myciguent® (Lee: US)
Myciguent® (Pharmacia: ET, GH, KE, LR, RW, SL, TZ, UG, ZW)
Neo Franvet® [vet.] (Franvet: FR)

Neo-Bacin® (Eipico: AE, BH, EG, IQ, JO, KW, LB, LY, OM, QA, SA, SD, YE)
Neo-Fradin® (Pharma-Tek: US)
Neo-Rx® (Pharma-Tek: US)
Neo-Sol® [vet.] (Wade Jones: US)
Neo-Tabs® (Pharma-Tek: US)
Neobiotic® (Bernofarm: ID)
Neobiotic® [vet.] (Pharmacia Animal Health: GB, IE)
Neocina® (Hexal: BR)
Neocin® (Fischer: IL)
Neodry® [vet.] (Pharmacia Animal Health: BE)
Neoject® [vet.] (Delvet: AU)
Neomas® (Temis-Lostalo: AR)
Neomicina Salvat® (Salvat: ES)
Neomicina® (Bestpharma: CL)
Neomix® [vet.] (Pfizer Animal Health: NZ)
Neomix® [vet.] (Pharmacia: US)
Neomycin Sulfate® (Teva: US)
Neomycin Sulphate® [vet.] (Pfizer Animal: AU)
Neomycinesulfaat CF® (Centrafarm: NL)
Neomycinesulfaat® [vet.] (Eurovet: NL)
Neomycinsulfat Chevita® [vet.] (Chevita: AT)
Neomycinsulfat® [vet.] (Bioptive: DE)
Neomycinsulfat® [vet.] (Klat: DE)
Neomycinum® (Jelfa: PL)
Neomycinum® (Polfa Tarchomin: PL)
Neomycin® (Pharmacia: DE)
Neomycin® (Rekah: IL)
Neomycin® [vet.] (Agri Labs.: US)
Neomycin® [vet.] (Aspen: US)
Neomycin® [vet.] (C.C.D. Animal Health: AU)
Neomycin® [vet.] (Chevita: DE)
Neomycin® [vet.] (DurVet: US)
Neomycin® [vet.] (Pharmacia Animal Health: GB)
Neopharm® [vet.] (Bomac: AU)
Neosol® [vet.] (Med-Pharmex: US)
Neosol® [vet.] (Pfizer: NL)
Neosulf® (Alphapharm: AU)
Neovet® [vet.] (RXV: US)
Nivemycin® (Sovereign: GB)
Néomycine Avitec® [vet.] (Virbac: FR)
Néomycine Diamant® (Sanofi-Aventis: FR)
Néomycine Franvet® [vet.] (Franvet: FR)
Néomydiar® [vet.] (Novartis Santé Animale: FR)
Océmycine® [vet.] (Virbac: FR)
Ophtalkan® [vet.] (Omega Pharma France: FR)
Orojet® [vet.] (Fort Dodge: GB)
Pamycon® (Biotika: CZ)
Pomada de Neomicina® (Cimed: BR)
Pomada de Neomicina® (Infabra: BR)
Rimed NEO® [vet.] (Richter: AT)
Unguentum Neomycini® (Chema: PL)
Uro-Nebacetin N® (Altana: DE)
Vagicillin® (Schur: DE)

Neostigmine (BAN)

L: Neostigminum
I: Neostigmina
D: Neostigmin
F: Néostigmine
S: Neostigmina

Parasympathomimetic agent, cholinesterase inhibitor

CAS-Nr.: 0000059-99-4 — C_{12}-H_{20}-N_2-O_3, M_r 240.3

Benzenaminium, 3-[[(dimethylamino)carbonyl]oxy]-N,N,N-trimethyl-,

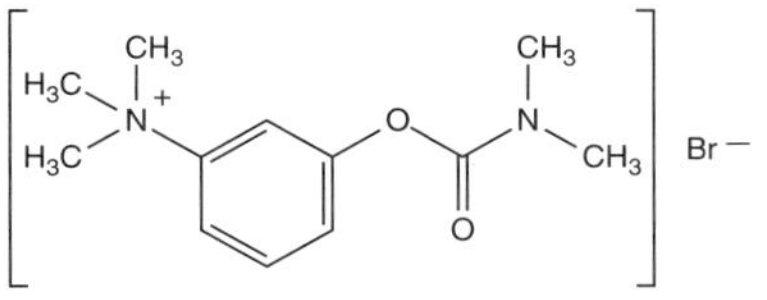

OS: *Néostigmine [DCF]*
OS: *Neostigmine [BAN]*
IS: *Synstigmin*

Neostigmina Drawer® (Drawer: AR)
Neostigmine Chi Sheng® (Chi Sheng: TH)
Neostigmine Injection BP® (Rotexmedica: RS)
Prostigmin® (ICN: TH)

– bromide:

CAS-Nr.: 0000114-80-7
OS: *Neostigmina bromuro DCIT*
OS: *Neostigmine Bromide BANM, USAN*
IS: *Synstigminbromid*
PH: Neostigmini bromidum Ph. Eur. 5, Ph. Int. 4
PH: Neostigmine Bromide Ph. Eur. 5, Ph. Int. 4, USP 30
PH: Neostigminbromid Ph. Eur. 5
PH: Néostigmine (bromure de) Ph. Eur. 5

Intrastigmina® (Menarini: BD)
Konstigmin® [vet.] (Vetochas: DE)
Konstigmin® [vet.] (Vetoquinol: CH)
Miostin® (Labormed Pharma: RO)
Miostin® (Zentiva: RO)
Neostigmin SAD® (SAD: DK)
Neostigmina Bromuro L.CH.® (Chile: CL)
Neostigmine Bromide® (Cambridge Laboratories: GB)
Neostigmine Cooper® (Cooper: GR)
Neostigmine® (Cambridge Laboratories: GB)
Neostigmin® (Balkanpharma: BG)
Normastigmin mit Pilocarpin® [+ Pilocarpine hydrochloride] (Sigmapharm: AT)
Prostigmin® (Valeant: CA, US)
Syntostigmin® (Zentiva: CZ)
Tilstigmin® (Tablets: IN)

– metilsulfate:

CAS-Nr.: 0000051-60-5
OS: *Neostigmine Metilsulfate BANM*
OS: *Neostigmine Methylsulfate JAN*
IS: *Synstigminum methylsulfuricum*
IS: *Proserinum*
PH: Néostigmine (métilsulfate de) Ph. Eur. 5
PH: Neostigmine Methylsulfate JP XIV, USP 30

N

PH: Neostigmini metilsulfas Ph. Eur. 5, Ph. Int. 4
PH: Neostigminmetilsulfat Ph. Eur. 5
PH: Neostigmine Metilsulfate Ph. Eur. 5, Ph. Int. 4

Fadastigmina® (Fada: AR)
Intrastigmina® (Lusofarmaco: IT, PT)
Micro Neostigmine Methyl Sulfate® (Micro: ZA)
Neostig Carino® (Carinopharm: DE)
Neostigmin curasan® (curasan: DE)
Neostigmin DeltaSelect® (DeltaSelect: DE)
Neostigmin-Rotexmedica® (Rotexmedica: DE)
Neostigmina Braun® (Braun: ES, PT)
Neostigmina Metilsulfato® (Biosano: CL)
Neostigmina Metilsulfato® (Sanderson: CL)
Neostigmina Northia® (Northia: AR)
Neostigmina Richmond® (Richmond: AR)
Neostigmina® (Comercial Médica: CO)
Neostigmine Astra® (AstraZeneca: ID)
Neostigmine Injection BP® (AstraZeneca: AU)
Neostigmine Methylsulfate® (Kobayashi: TH)
Neostigmine Methylsulphate Injection® (Abraxis: US)
Neostigmine Methylsulphate Injection® (American Regent: US)
Neostigmine Methylsulphate Injection® (AstraZeneca: NZ)
Neostigmine Methylsulphate Injection® (Baxter: US)
Neostigmine Methylsulphate Injection® (Teva: US)
Neostigmine Methylsulphate-Fresenius® (Bodene: ZA)
Neostigmine Methylsulphate® (Weimer: SG)
Neostigminemethylsulfaat CF® (Centrafarm: NL)
Neostigmine® (Adeka: TR)
Neostigmine® (AstraZeneca: AU, ID)
Neostigmine® (Hameln: GB)
Neostigmin® (DeltaSelect: DE)
Neostigmin® (NordMedica: SE)
Neostigmin® (Rotexmedica: HR)
Normastigmin® [inj.] (Sigmapharm: AT)
Polstigminum® (Pliva: PL)
Prostigmina® (ICN: ES)
Prostigmina® (ICN-D: IT)
Prostigmine® (CSP: FR)
Prostigmine® (Grupo Farma: CO)
Prostigmine® (ICN: CR, DO, GT, HN, IL, LU, NI, PA, PE, PT, SV)
Prostigmine® (Raffo: CL)
Prostigmine® (Valeant: BR, ES, MX)
Prostigmin® (Combiphar: ID)
Prostigmin® (ICN: AT, CZ, NL, PH)
Prostigmin® (Valeant: AR, CH, LK, US)
Stigmosan® (Pharmamagist: HU)
Syntostigmin® [inj.] (Biotika: CZ)
Tilstigmin® [inj.] (Tablets: IN)

Nepafenac (Rec.INN)

L: Nepafenacum
D: Nepafenac
F: Nepafenac
S: Nepafenaco

Analgesic
Antiinflammatory agent

CAS-Nr.: 0078281-72-8 C_{15}-H_{14}-N_2-O_2
M_r 254.28

2-(2-amino-3-benzoylphenyl)acetamide (WHO)

2-Amino-3-benzoylbenzeneacetamide (USAN)

Benzeneacetamide, 2-amino-3-benzoyl-

2-(2-amino-3-benzoylphenyl)acetamid (IUPAC)

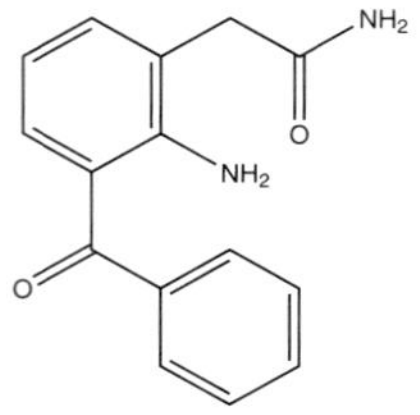

OS: *Nepafenac [USAN]*
IS: *AHR 9434*
IS: *AL 6515*

Nevanac® (Alcon: AR, US)

Nepinalone (Rec.INN)

L: Nepinalonum
I: Nepinalone
D: Nepinalon
F: Nepinalone
S: Nepinalona

Antitussive agent

ATC: R05DB26
CAS-Nr.: 0022443-11-4 C_{18}-H_{25}-N-O
M_r 271.408

(±)-3,4-Dihydro-1-methyl-1-(2-piperidinoethyl)-2(1H)-naphthalenone

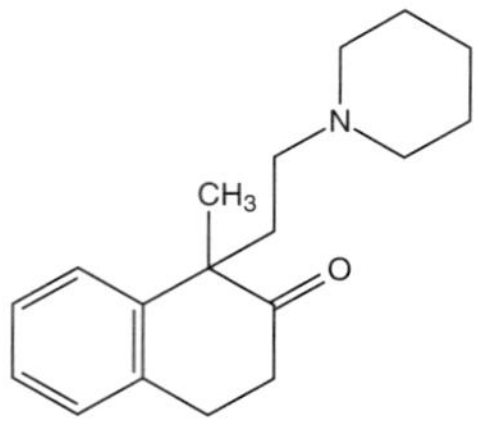

OS: *Nepinalone [USAN]*

– hydrochloride:

Nepituss® (Bioindustria: IT)
Placatus® (Noos: IT)
Tussolvina® (Pfizer: IT)

Nesiritide (Rec.INN)

L: Nesiritidum
D: Nesiritid
F: Nésiritride
S: Nesiritida

Vasodilator
renin antagonist

ATC: C01DX19
ATCvet: QC01DX19
CAS-Nr.: 0124584-08-3 C_{143}-H_{244}-N_{50}-O_{42}-S_4
M_r 3464.61

L-Seryl-L-prolyl-L-lysyl-L-methionyl-L-valyl-L-glutaminylglycyl-L-serylglycyl-L-cysteinyl-L-phenylalanylglycyl-L-arginyl-L-lysyl-L-methionyl-L-aspartyl-L-arginyl-L-isoleucyl-L-seryl-L-seryl-L-seryl-L-serylglycyl-L-leucylglycyl-L-cysteinyl-L-lysyl-L-valyl-L-leucyl-L-arginyl-L-arginyl-L-histidine cyclic (10->26)-disulfide [WHO]

Natriuretic factor-32 (human brain clone lambda hBNP57) [USAN]

OS: *Nesiritide [USAN]*
IS: *BNP*
IS: *Brain natriuretic peptide*
IS: *hBNP, recombinant*
IS: *Human B-type natriuretic peptide (hBNP)*
IS: *Natrecor (Biochemie: Austria)*

Natrecor® (Janssen: AR)
Noratak® [inj.] (Janssen: IL)

– citrate:

CAS-Nr.: 0189032-40-4

Natrecor® (Scios: US)
Noratak® (Janssen: CH)

Netilmicin (Rec.INN)

L: Netilmicinum
I: Netilmicina
D: Netilmicin
F: Nétilmicine
S: Netilmicina

Antibiotic, aminoglycoside

ATC: J01GB07,S01AA23
CAS-Nr.: 0056391-56-1 C_{21}-H_{41}-N_5-O_7
M_r 475.609

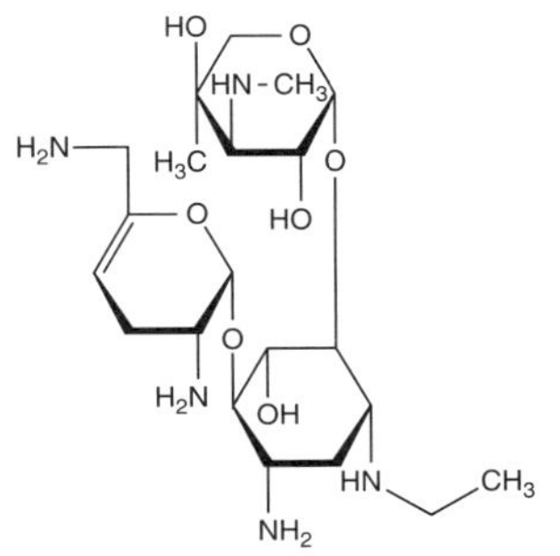

OS: *Netilmicin [BAN]*
OS: *Nétilmicine [DCF]*
OS: *Netilmicina [DCIT]*

Netira® (Teka Teknik: TR)
Netromycine® (Schering-Plough: LU)

– sulfate:

CAS-Nr.: 0056391-57-2
OS: *Netilmicin Sulfate JAN, USAN*
OS: *Netilmicin Sulphate BANM*
IS: *Sch 20569*
PH: Netilmicin Sulfate JP XIV, USP 30
PH: Netilmicini sulfas Ph. Eur. 5
PH: Netilmicin Sulphate Ph. Eur. 5
PH: Netilmicinsulfat Ph. Eur. 5
PH: Nétilmicine (sulfate de) Ph. Eur. 5

Bactrocin® (LBS: TH)
Certomycin® (Aesca: AT)
Certomycin® (Essex: DE)
Gotabiotic Plus® (Roemmers: PE)
Hypobhac® (Phapros: ID, ID)
Luoji® (Suzhou No 6: CN)
Nelin® (Biolab: TH)
Netillin® (Schering-Plough: GB, IE)
Netilyn® (Schering-Plough: FI, IS, NO, SE)
Netil® (Siam Bheasach: TH)
Netira® (Sifi: PE)
Netrocin® (Schering-Plough: ES)
Netromicina® (Kirby: EC)
Netromicina® (Schering-Plough: CR, DO, GT, HN, MX)
Netromycine® (Schering-Plough: CZ, HR, HU, LU, PL, RO, TR)
Netromycin® (Essex: CH)
Netromycin® (Fulford: IN)
Netromycin® (Schering: NL, US)
Netromycin® (Schering-Plough: AU, BD, CZ, GR, HK, ID, MY, RS, SI, TH)
Nettacin Collirio® (SIFI: IT)
Nettacin® (Schering-Plough: IT)
Nettacin® (SIFI: RO)
Nettavisc® (SIFI: IT)
Nétromicine® (Schering-Plough: FR)
Vectacin® (Essex: JP)
Zetamicin® (Menarini: IT)

Netobimin (Rec.INN)

L: Netobiminum
D: Netobimin
F: Nétobimine
S: Netobimina

Anthelmintic

CAS-Nr.: 0088255-01-0 C_{14}-H_{20}-N_4-O_7-S_2
M_r 420.474

Ethanesulfonic acid, 2-[[[(methoxycarbonyl)amino][[2-nitro-5-(propylthio)phenyl]amino]methylene]amino]-

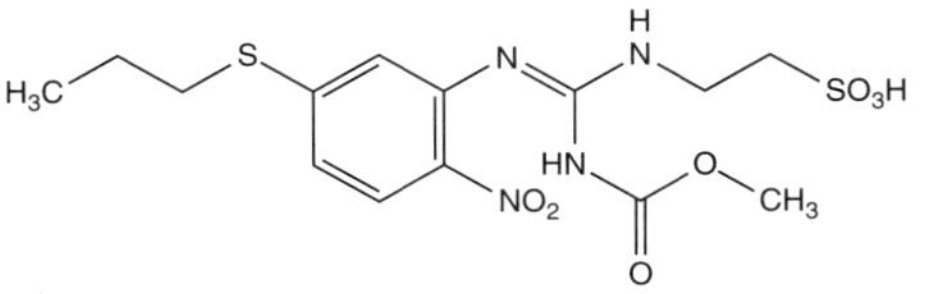

OS: *Netobimin [BAN, USAN]*
IS: *Sch 32481 (Schering, USA)*

Hapadex® [vet.] (Essex: AT)
Hapadex® [vet.] (Provet: CH)
Hapadex® [vet.] (Schering-Plough: BE, IE, IT)
Hapadex® [vet.] (Schering-Plough Vétérinaire: FR)
Hapavet® (Vetafarm: AU)

Nevirapine (Rec.INN)

L: Nevirapinum
I: Nevirapina
D: Nevirapin
F: Nevirapine
S: Nevirapina

Antiviral agent, HIV reverse transcriptase inhibitor

ATC: J05AG01
CAS-Nr.: 0129618-40-2 C_{15}-H_{14}-N_4-O
M_r 266.317

6H-Dipyrido[3,2-b:2',3'-e][1,4]diazepin-6-one, 11-cyclopropyl-5,11-dihydro-4-methyl-

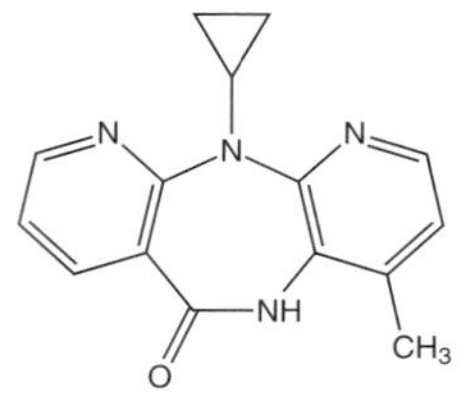

OS: *Nevirapine [USAN, BAN]*
IS: *BIRG 0587 (Boehringer Ingelheim, USA)*
PH: Nevirapine [Ph. Int. 4, USP 30]
PH: Nevirapine, anhydrous [Ph. Eur. 5]
PH: Nevirapinum [Ph. Int. 4]

Ciplanevimune® (Biotoscana: CO)
Filide® (Filaxis: AR)
Nerapin® (LKM: AR)
Nevimune® (Cipla: IN)
Nevirapina® (Elea: AR)
Nevirapina® (Farmoquimica: BR)
Nevirapina® (Ranbaxy: PE)
Nevirapine Stada® (Stada: VN)
Nevirapox® [tab.] (Biotoscana: PE)
Niverin® [tab.] (Repmedicas: PE)
Protease® (Richmond: AR)
Ritvir® (Rontag: AR)
Virainhi® (Dosa: AR)
Viramune® (Boehringer Ingelheim: AE, AR, AT, AU, BE, BH, BR, CA, CH, CL, CO, CY, CZ, DE, DK, EG, ES, FI, FR, GB, GR, HK, HR, HU, ID, IE, IL, IQ, JO, KE, KW, LB, LU, LY, MT, MX, MY, NL, NO, NZ, OM, PE, PL, PT, QA, RO, RS, RU, SA, SD, SE, SG, TH, TR, TW, US, YE, ZA)
Viramune® (Boehringer Ingelheim International-D: IT)

Nialamide (Rec.INN)

L: Nialamidum
I: Nialamide
D: Nialamid
F: Nialamide
S: Nialamida

Antidepressant, MAO-inhibitor

ATC: N06AF02
CAS-Nr.: 0000051-12-7 C_{16}-H_{18}-N_4-O_2
M_r 298.36

4-Pyridinecarboxylic acid, 2-[3-oxo-3-[(phenylmethyl)amino]propyl]hydrazide

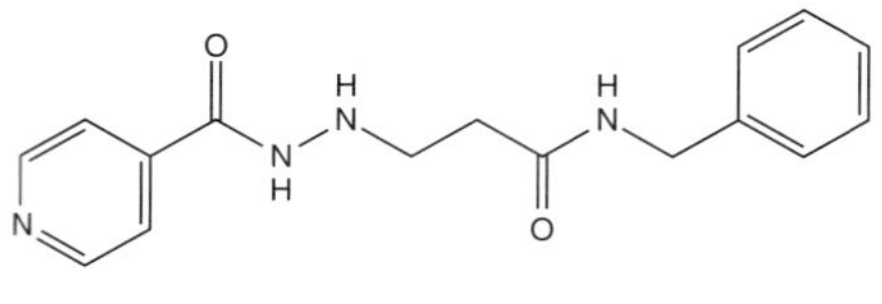

OS: *Nialamide [BAN, DCF, DCIT, USAN]*
IS: *P 1133*
PH: Nialamide [BP 1973, NF XIII]
PH: Nialamidum [Ph. Jap. 1971]

Niamid® (Pfizer: LU)

Niaprazine (Rec.INN)

L: Niaprazinum
I: Niaprazina
D: Niaprazin
F: Niaprazine
S: Niaprazina

Antiallergic agent
Histamine, H_1-receptor antagonist

ATC: N05CM16
CAS-Nr.: 0027367-90-4 C_{20}-H_{25}-F-N_4-O
M_r 356.46

3-Pyridinecarboxamide, N-[3-[4-(4-fluorophenyl)-1-piperazinyl]-1-methylpropyl]-

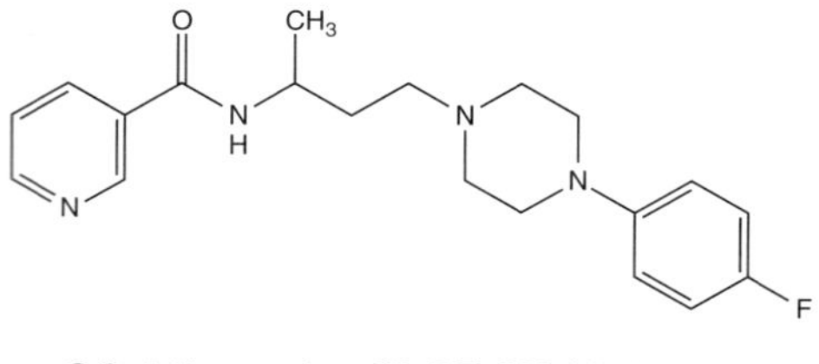

OS: *Niaprazine [DCF, USAN]*
OS: *Niaprazina [DCIT]*
IS: *CERM 1709*

Nopron® (Genopharm: FR)
Nopron® (Sanofi-Aventis: IT)

Nicametate (Rec.INN)

L: Nicametatum
D: Nicametat
F: Nicametate
S: Nicametato

⚕ Vasodilator

CAS-Nr.: 0003099-52-3 — C_{12}-H_{18}-N_2-O_2 — M_r 222.296

Nicotinate, 2-(diethylamino)ethyl-

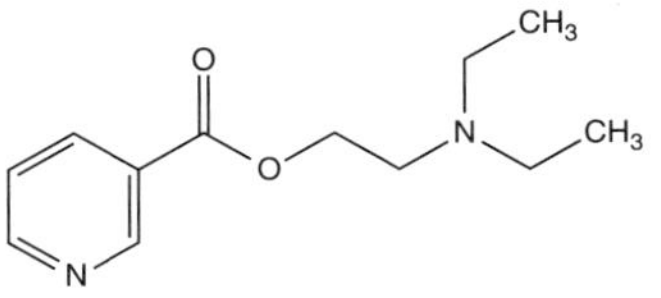

OS: *Nicamétate [DCF]*
OS: *Nicametate [BAN, USAN]*
IS: *53-11 C*

– citrate:

Euclidan® (Mayrhofer: AT)
Provasan® (Polfa Grodzisk: PL)

Nicardipine (Rec.INN)

L: Nicardipinum
I: Nicardipina
D: Nicardipin
F: Nicardipine
S: Nicardipino

⚕ Vasodilator, cerebral

ATC: C08CA04
CAS-Nr.: 0055985-32-5 — C_{26}-H_{29}-N_3-O_6 — M_r 479.548

3,5-Pyridinedicarboxylic acid, 1,4-dihydro-2,6-dimethyl-4-(3-nitrophenyl)-, methyl 2-[methyl(phenylmethyl)amino]ethyl ester

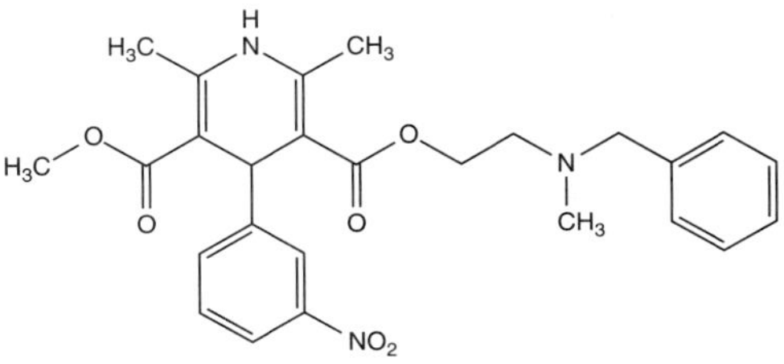

OS: *Nicardipine [BAN, DCF]*
OS: *Nicardipina [DCIT]*

Cardene® (Astellas: GB)

– hydrochloride:

CAS-Nr.: 0054527-84-3
OS: *Nicardipine Hydrochloride BANM, JAN, USAN*
IS: *RS 69216 (Syntex, USA)*
IS: *YC 93 Yamanouchi, Japan)*
PH: Nicardipine Hydrochloride JP XIV

Antagonil® (Astellas: DE)
Barizin® (Lek: SI)
Bionicard® (Rottapharm: IT)
Cardene I.V.® (ESP Pharma: US)
Cardene I.V.® (Yamanouchi: NL)
Cardene SR® (Astellas: GB)
Cardene SR® (Yamanouchi: NL)
Cardene® (Astellas: GB)
Cardene® (Roche: US)
Cardene® (Yamanouchi: NL)
Cardepine® (Great Eastern: TH)
Cardepine® (Imperial: PH)
Cardepine® (Westmont: TH)
Cardibloc® (Imperial: SG)
Cardioten® (OFF: IT)
Cardip® (Francia: IT)
Dagan® (Tedec Meiji: ES)
Flusemide® (UCB: ES)
Karden® (Novartis: AT)
Lecibral® (Solvay: ES)
Lincil® (Almirall: EG, ES, GH, KE, SD, TZ, ZM)
Lincil® (Funk: ES)
Lisanirc® (Lisapharma: IT)
Loxen® (Novartis: BF, BJ, CG, CI, CM, DZ, FR, GA, GN, MG, ML, MR, MU, NE, SN, TG, ZR)
Lucenfal® (Farma Lepori: ES)
Nerdipina® (Ferrer: ES)
Nerdipina® (OM: PT)
Neucor® (CT: IT)
Nicant® (Piam: IT)
Nicapress® (Benedetti: IT)
Nicardal® (Italfarmaco: IT)
Nicardipina Dorom® (Dorom: IT)
Nicardipina Merck® (Merck Generics: IT)
Nicardipine Hydrochloride® (Mylan: US)
Nicardipine Hydrochloride® (Par: US)
Nicardipine Hydrochloride® (Teva: US)
Nicardipine® (Generics: GB)
Nicardipino Ratiopharm® (Ratiopharm: ES)
Nicardipino Seid® (Seid: ES)
Nicarpin® (Sancarlo: IT)
Nicaven® (Farma 1: IT)
Nimicor® (Formenti: IT)
Perdipina® (Astellas: IT)
Perdipine® (Astellas: CN)
Perdipine® (Yamanouchi: ID)
Rydene® (Yamanouchi: BE, LU)
Vasodin® (Teofarma: IT)
Vasonase® (Yamanouchi: ES)

Nicergoline (Rec.INN)

L: Nicergolinum
I: Nicergolina
D: Nicergolin
F: Nicergoline
S: Nicergolina

⚕ Vasodilator

ATC: C04AE02
CAS-Nr.: 0027848-84-6 — C_{24}-H_{26}-Br-N_3-O_3 — M_r 484.402

N

Ergoline-8-methanol, 10-methoxy-1,6-dimethyl-, 5-bromo-3-pyridinecarboxylate (ester), (8β)-

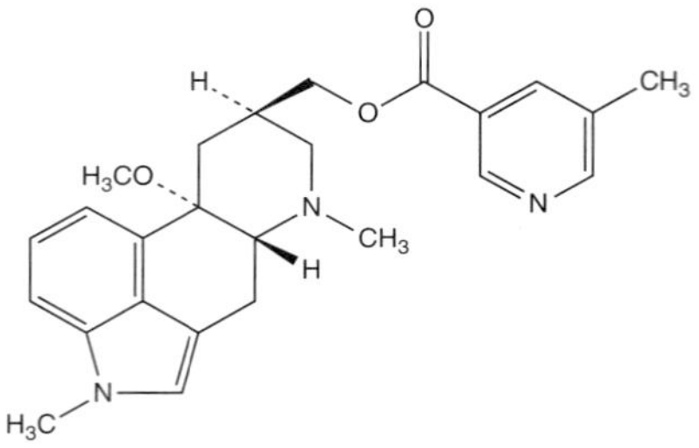

OS: *Nicergoline [BAN, DCF, JAN, USAN]*
OS: *Nicergolina [DCIT]*
IS: *FI 6714*
IS: *MNE*
PH: Nicergoline [Ph. Eur. 5, Ph. Franç. X, BP 2003]
PH: Nicergolinum [Ph. Eur. 5]

Adavin® (Lek: BA, PL, SI)
Albotyl® (Help: GR)
Cebran® (SIFI: IT)
Cergodun® (Duncan: AR)
Circulat® (Polpharma: PL)
Ergobel® (Kwizda: DE)
Ergotop® (Ivax: CZ)
Ergotop® (Kwizda: AT, HU)
Fisifax® (Reig Jofre: ES)
Fisifax® (Septa: ES)
Fitergol® [vet.] (Biokema: CH)
Fitergol® [vet.] (Merial: AT, AU, FR, GB, IT, NL, NZ, PT)
Fitergol® [vet.] (Veter: NO)
Lexilin® (Rotam Reddy: CN)
Nicergin® (Madaus: AT)
Nicergobeta® (betapharm: DE)
Nicergolin Strallhofer® (Strallhofer: AT)
nicergolin von ct® (CT: DE)
Nicergolin-CT® (CT: DE)
Nicergolin-neuraxpharm® (neuraxpharm: DE)
Nicergolin-ratiopharm® (ratiopharm: DE)
Nicergolina Angenerico® (Angenerico: IT)
Nicergolina L.CH.® (Chile: CL)
Nicergolina LPH® (Labormed Pharma: RO)
Nicergolina Ratiopharm® (Ratiopharm: IT)
Nicergolina Sandoz® (Sandoz: IT)
Nicergoline Biogaran® (Biogaran: FR)
Nicergoline EG® (EG Labo: FR)
Nicergoline Merck® (Merck Génériques: FR)
Nicergoline RPG® (RPG: FR)
Nicergolin® (Filofarm: PL)
Nicerin® (Biovena: PL)
Nicerium® (Hexal: DE, LU, RO)
Nilogrin® (Polfa: CZ, RO)
Nilogrin® (Polfa Pabianice: PL)
Sergolin® (United Pharmaceutical: AE, BH, IQ, LY, OM, QA, SA, SD, YE)
Sermion® (Carlo Erba: TR)
Sermion® (Kalbe: ID)
Sermion® (Kenfarma: ES)
Sermion® (Pfizer: AR, AT, BR, CH, CL, CR, CZ, GE, GT, HK, HN, HU, ID, MX, NI, PA, PH, PL, PT, RU, SV, TH)
Sermion® (Pharmacia: BG, CN, DE, ET, GH, GR, IT, KE, LR, RO, RS, RW, SL, TZ, UG, ZW)
Sermion® (Sanofi-Aventis: FR)
Sermion® (Tanabe: JP)
Sinergolin® (Sintofarm: RO)
Varson® (Almirall: ES)

– tartrate:

Sermion® [inj.] (Pharmacia: DE)

Niclosamide (Rec.INN)

L: Niclosamidum
I: Niclosamide
D: Niclosamid
F: Niclosamide
S: Niclosamida

Anthelmintic

ATC: P02DA01
CAS-Nr.: 0000050-65-7 C_{13}-H_8-Cl_2-N_2-O_4
M_r 327.127

Benzamide, 5-chloro-N-(2-chloro-4-nitrophenyl)-2-hydroxy-

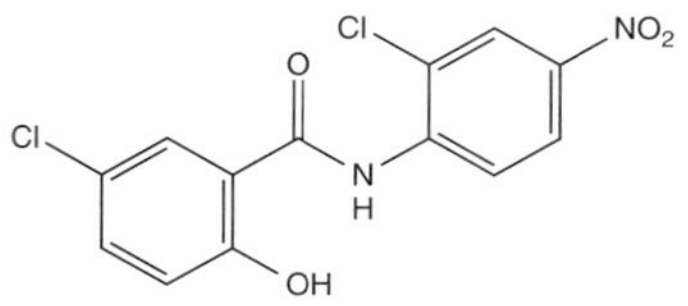

OS: *Niclosamide [BAN, DCF, DCIT, USAN]*
IS: *RP 10768*
PH: Niclosamid, Wasserfreies [Ph. Eur. 5]
PH: Niclosamide anhydre [Ph. Eur. 5]
PH: Niclosamidum [Ph. Int. 4]
PH: Niclosamidum anhydricum [Ph. Eur. 5]
PH: Niclosamide, Anhydrous [Ph. Eur. 5]
PH: Niclosamide [Ph. Int. 4]

Atenase® (UCI: BR)
Ecolint® [vet.] (Eco: ZA)
Ex-A-Lint® [vet.] (Intervet: ZA)
Féliténia® [vet.] (Véto-Centre: FR)
Kontal® (Leiras: FI)
Lintex® [vet.] (Bayer Animal Health: ZA)
Manozide® (March: TH)
Niclosan® (GlaxoSmithKline: IN)
Niclosan® (Misr: EG)
Niclosan® (Pharmasant: TH)
Supalint® [vet.] (MDB: ZA)
Telmitin® (Nakornpatana: TH)
Tredemine® (IFET: GR)
Trédémine® (Sanofi-Aventis: FR)
Unicide® (Unison: TH)
Yomesan® (Bayer: AE, AU, BE, BH, CY, CZ, DE, EG, GR, IL, IR, JO, KE, KW, LB, LU, MT, NG, NL, OM, QA, SA, SD, SE, TH, TH, TR, ZA)
Yomesan® (Bayer-D: IT)

Nicocodine (Rec.INN)

L: Nicocodinum
I: Nicocodina
D: Nicocodin
F: Nicocodine
S: Nicocodina

Antitussive agent

CAS-Nr.: 0003688-66-2 C_{24}-H_{24}-N_2-O_4
M_r 404.476

Morphinan-6-ol, 7,8-didehydro-4,5-epoxy-3-methoxy-17-methyl-, 3-pyridinecarboxylate (ester), (5α,6α)-

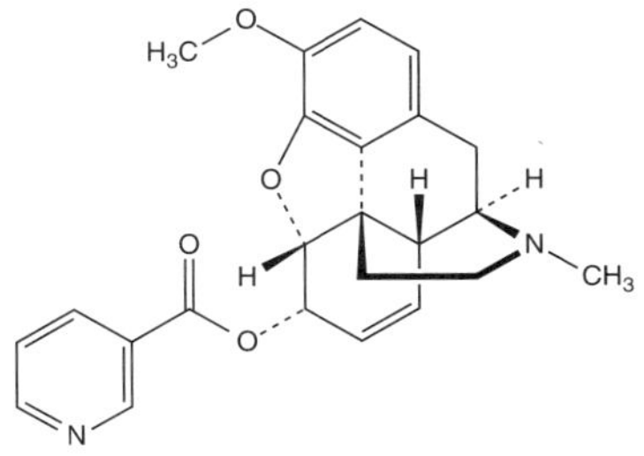

OS: *Nicocodine [BAN, DCF, USAN]*
OS: *Nicocodina [DCIT]*
IS: *6-Nicotinoylcodeine*

– hydrochloride:
Tusscodin® (Lannacher: AT)

Nicomol (Rec.INN)

L: Nicomolum
D: Nicomol
F: Nicomol
S: Nicomol

Antihyperlipidemic agent

CAS-Nr.: 0027959-26-8 C_{34}-H_{32}-N_4-O_9
M_r 640.67

3-Pyridinecarboxylic acid, (2-hydroxy-1,3-cyclohexanediylidene)tetrakis(methylene) ester

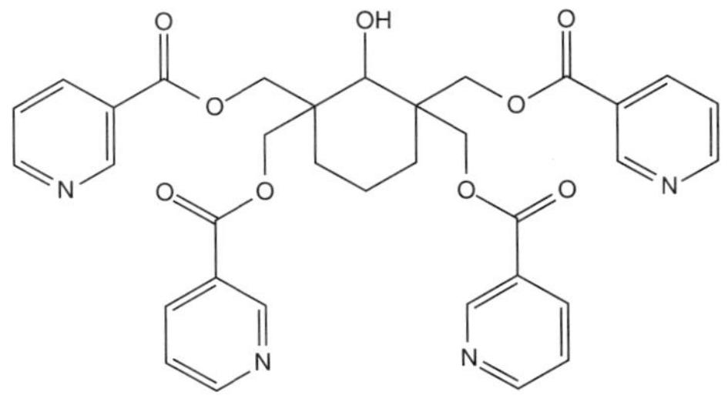

OS: *Nicomol [JAN, USAN]*
IS: *K 31*
PH: Nicomol [JP XIV]

Cholexamin® (Kyorin: JP)

Nicomorphine (Rec.INN)

L: Nicomorphinum
I: Nicomorfina
D: Nicomorphin
F: Nicomorphine
S: Nicomorfina

Opioid analgesic

ATC: N02AA04
CAS-Nr.: 0000639-48-5 C_{29}-H_{25}-N_3-O_5
M_r 495.549

Morphinan-3,6-diol, 7,8-didehydro-4,5-epoxy-17-methyl- (5α,6α)-, di-3-pyridinecarboxylate (ester)

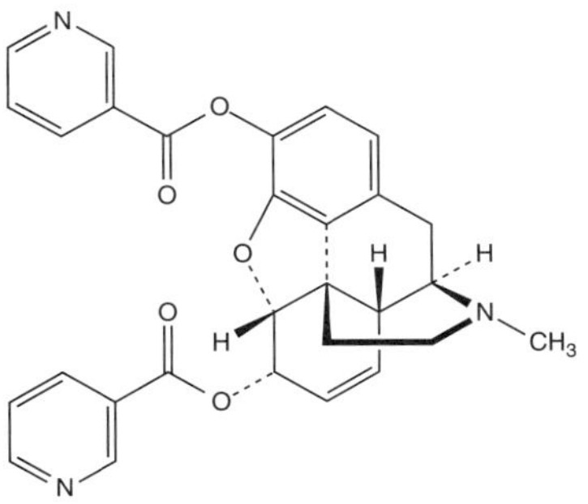

OS: *Nicomorphine [BAN, DCF, USAN]*
OS: *Nicomorfina [DCIT]*
IS: *Gewalan*
IS: *Nicophin*
IS: *Vendal*
IS: *3,6-Dinicotinoylmorphine*
IS: *Morphine dinicotinate ester*

– hydrochloride:
CAS-Nr.: 0012040-41-4

Morzet® (Apothecon: NL)
Vilan® (Lannacher: AT, DK)
Vilan® (Organon: ES, NL)
Vilan® (Synmedic: CH)
Vilan® (Teva: IL)

Nicorandil (Rec.INN)

L: Nicorandilum
D: Nicorandil
F: Nicorandil
S: Nicorandil

Coronary vasodilator

ATC: C01DX16
CAS-Nr.: 0065141-46-0 C_8-H_9-N_3-O_4
M_r 211.19

3-Pyridinecarboxamide, N-[2-(nitrooxy)ethyl]-

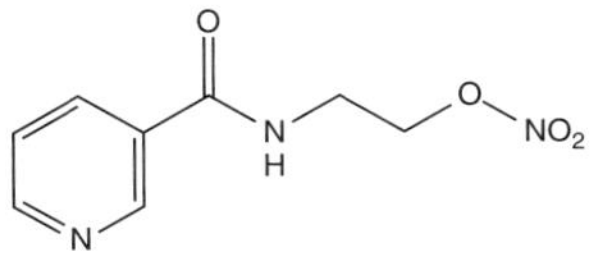

OS: *Nicorandil [BAN, DCF, JAN, USAN]*

N

IS: *2 NN*
IS: *NCR*
IS: *SG 75 (Chugai, Japan)*

Adancor® (Merck Lipha Santé: FR)
Angicor® (Aventis: DK)
Aprior® (OEP: PH)
Corangi® (Unimed & Unihealth: BD)
Corflo® (Wockhardt: IN)
Dancor® (Merck: AT, CH, ES, NL)
Ikorel® (Aventis: AU, NZ)
Ikorel® (Sanofi-Aventis: FR, GB, IE, NL)
Nicoral® (General Pharma: BD)
Nicor® (Orion: BD)
Nikoril® (Medinfar: PT)
Sigmart® (Chugai: JP)
Stimokal® (Lek: SI)
Zynicor® (Zydus: IN)

Nicotinamide (Rec.INN)

L: Nicotinamidum
I: Nicotinamide
D: Nicotinamid
F: Nicotinamide
S: Nicotinamida

Vitamin B-complex

ATC: A11HA01
CAS-Nr.: 0000098-92-0 C_6-H_6-N_2-O
M_r 122.134

3-Pyridinecarboxamide

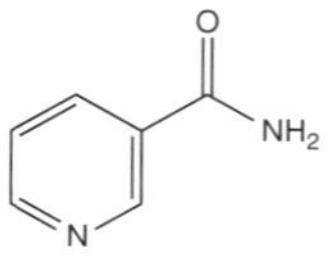

OS: *Nicotinamide [DCF, DCIT, JAN]*
OS: *Niacinamide [USAN]*
IS: *Nicamid*
IS: *Nicosedine*
IS: *Nicotinic acid amide*
IS: *Nicotylamidum*
IS: *Vitamine PP*
IS: *Antipellagra-Vitamin*
IS: *Vitamin B_3*
IS: *Pyridin-3-carboxamid*
PH: Niacinamide [USP 30]
PH: Nicotinamid [Ph. Eur. 5]
PH: Nicotinamide [JP XIV, Ph. Eur. 5, Ph. Int. 4]
PH: Nicotinamidum [Ph. Eur. 5, Ph. Int. 4]

Microvit B3® [vet.] (Adisseo: AU)
NB-3® (Sigma: AR)
Niacef® (Surya: ID)
Niacex Isdin® (Isdin: CL)
Niacex-S Isdin® (Isdin: CL)
Niacinamida® (Natural Life: AR)
Nicam® (Dermal: GB, IE)
Nicobion® (AstraZeneca: FR)
Nicobion® (Merck: DE)
Nicotinamide Gf® (Genfarma: NL)
Nicotinamide IDI® (IDI: IT)
Nicotinsäureamid Jenapharm® (Jenapharm: DE)
Nicovitol® (Lannacher: AT)
Ucemine PP® (UCB: BE, LU)
Vitamina PP Angelini® (Angelini: IT)
Vitaminum PP® (GlaxoSmithKline: PL)
Vitaminum PP® (Pliva: PL)
Vitaminum PP® (Polfa Kutno: PL)

Nicotine (USAN)

L: Nicotinum
D: Nicotin
F: Nicotine

Nicotine withdrawal agent
Insecticide

ATC: N07BA01
CAS-Nr.: 0000054-11-5 C_{10}-H_{14}-N_2
M_r 162.242

Pyridine, 3-(1-methyl-2-pyrrolidinyl)-, (S)-

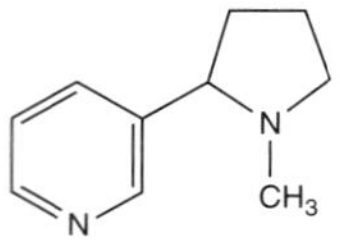

OS: *Nicotine [DCF, USAN]*
PH: Nicotinum [Ph. Eur. 5]
PH: Nicotine [Ph. Eur. 5, USP 30]
PH: Nicotin [Ph. Eur. 5]

Habitrol® (Novartis: US)
Habitrol® (Novartis Consumer Health: NZ)
Nicabate® (GlaxoSmithKline: AU)
NicoDerm CQ® (GlaxoSmithKline: US)
Nicoderm® (GlaxoSmithKline Pharm.: US)
Nicoderm® (Pfizer: CA)
Nicogum® (Pierre Fabre: FR)
Nicopass® (Pierre Fabre: FR)
Nicopatch® (PF: LU)
Nicopatch® (Pierre Fabre: FR)
Nicorette® (Galenica: GR)
Nicorette® (Pfizer: AR, AT, BE, CA, CH, CL, CZ, FI, FR, GB, HK, HR, HU, IL, IS, IT, LU, MX, MY, NO, PL, PT, RU, SE, SI)
Nicorette® (Pfizer Consumer Health: SG)
Nicorette® (Pfizer Consumer Healthcare: IE, NL, NZ)
Nicorette® (Pharmacia: AU, BG, DE, ES, ZA)
Nicotine Transdermal System® (Perrigo: US)
Nicotine Transdermal System® (Watson: US)
Nicotinell® (Novartis: AE, AG, AN, AR, AU, AW, BB, BG, BH, BM, BR, BS, CL, CZ, DK, ET, FI, GD, GH, GY, HT, IL, IQ, IS, JM, JO, KE, KW, KY, LB, LC, LU, LU, LY, MT, MY, NG, NO, OM, PT, QA, SA, SD, SE, SG, TH, TR, TR, TT, TZ, VC, YE, ZW)
Nicotinell® (Novartis Consumer Health: AT, AT, BE, CH, DE, EG, ES, GB, HU, IE, IL, IT, NL, NZ, PL)
Nicotinell® (Novartis OTC: SG)
Nicotinell® (Novartis Santé Familiale: FR, FR)
Nicotrol® (Pfizer: AT, US)
Nicotrol® (Pfizer Consumer Healthcare: NZ)
Nicotrol® (Pharmacia: ES)
Nikofrenon® (Sanavita: DE)
Niquitin Clear® (GlaxoSmithKline: ES, FR, LU)
NiQuitin CQ® (GlaxoSmithKline: GB, HR, HU, IE, PT)

Niquitin® (GlaxoSmithKline: BE, DE, FR, IL, IT, LU, NL, PL)
Niquitin® (GlaxoSmithKline Consumer Healthcare: SE)
QuitX® (Alphapharm: AU)
Quit® (Aspen: ZA)

- **betadex:**

IS: *Nicotin betacyclodextrin*
IS: *Nicotina beta-ciclodestrina*

Nicorette Microtab® (Pfizer: AT, CH, DE, FI, FR, GB, LU, SE)
Nicorette Microtab® (Pharmacia: CZ, IT)
Nicorette® (Pfizer: AT, AU, CZ, NO)

- **bitartrate:**

CAS-Nr.: 0000065-31-6
OS: *Nicotine Bitartrate USAN*

Nicorette® (Pfizer: SE)
Nicotinell® (Novartis: CH, FI, IS, PT, SE)
Nicotinell® (Novartis Consumer Health: AT, DE, ES, GB, HU, IT, NL)

- **polacrilex:**

CAS-Nr.: 0096055-45-7
OS: *Nicotine Polacrilex USAN*
IS: *Nicotin-Polacrillin*
IS: *Nicotin Resinat*
PH: Nicotine Polacrilex USP 30
PH: Nicotine Resinate Ph. Eur. 5

Cim-O-Nic® (Pfizer: SI)
Commit® (GlaxoSmithKline Pharm.: US)
Nicomax® (Pfizer: ES)
Nicorette® (GlaxoSmithKline Pharm.: US)
Nicorette® (Pfizer: AT, BR, CH, DE, DK, ES, FI, GB, HK, HU, IS, IT, LU, MX, PT, RU, SE, SI, TH)
Nicorette® (Pfizer Consumer Healthcare: NL)
Nicorette® (Pharmacia: AU, BG, CZ)
Nicotine Polacrilex® (Watson: US)
Nicotinellclassic® (Novartis Santé Familiale: FR)
Nicotinell® (Novartis: CH, DE, FI, GB, IS, PT, SE)
Nicotinell® (Novartis Consumer Health: AT, ES)
Nicotinell® (Novartis Santé Familiale: FR)
Nikotugg® (ACO: SE)
NiQuitin CQ® (GlaxoSmithKline: GB, HU)
NiQuitin® (GlaxoSmithKline: NL, PL)
NiQuitin® (GlaxoSmithKline Consumer Healthcare: DE, SE)

Nicotinic Acid (Rec.INN)

L: Acidum nicotinicum
I: Acido nicotinico
D: Nicotinsäure
F: Acide nicotinique
S: Acido nicotinico

⚕ Vitamin B-complex

ATC: C04AC01,C10AD02
CAS-Nr.: 0000059-67-6 C_6-H_5-N-O_2 M_r 123.116

3-Pyridinecarboxylic acid

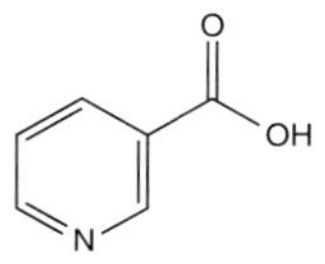

OS: *Acide nicotinique [DCF]*
OS: *Acido nicotinico [DCIT]*
OS: *Nicotinic Acid [JAN]*
OS: *Niacin [USAN]*
IS: *Nico*
IS: *Nicocidin*
IS: *Nicorol*
IS: *Nicosode*
IS: *Nikotinsäure*
IS: *S 115*
IS: *Niacin*
PH: Acidum nicotinicum [Ph. Eur. 5, Ph. Int. 4]
PH: Niacin [USP 30]
PH: Nicotinic Acid [JP XIV, Ph. Eur. 5, Ph. Int. 4, USP 30]
PH: Nicotinique (acide) [Ph. Eur. 5]
PH: Nicotinsäure [Ph. Eur. 5]

Acidi Nicotinici Solutio 1%® (Biostimulator: GE)
Acido Nicotinico-ecar® (Ecar: CO)
Acidum Nicotinicum Solution Darnitsa® (Darnitsa: GE)
Acidum Nicotinicum® (Pannonpharma: HU)
Acidum Nicotinicum® (Sopharma: BG)
Cotina® (Sanitas: CL)
Hipocol® (Valdecasas: MX)
Metri® (Libbs: BR)
Niacin® (Apotex: NZ)
Niacin® (Goldline: US)
Niacin® (Interstate Drug Exchange: US)
Niacin® (Rugby: US)
Niacin® (Sunshine: PE)
Niacor® (Upsher-Smith: US)
Nialip® (Dr Reddys: IN)
Niaspan® (Kos: US)
Niaspan® (Merck: AR, AT, CH, CL, DE, FI, GB, HK, HR, IE, LU, NL, NO, SE, SG)
Niaspan® (Merck KGaA: CN, RS)
Niaspan® (Merck Lipha Santé: FR)
Niaspan® (Oryx: CA)
Nicangin® (AstraZeneca: SE)
Nico-400® (King: US)
Nicoson® (Jayson: BD)
Nicotabs® (Thaipharmed: TH)
Nicotinex® (Fleming: US)
Nicotinic Acid® (Aspen: AU)
Nicotinic Acid® (Biopharm: GE)
Nicotinic Acid® (Rekah: IL)
Slo-Niacin® (Upsher-Smith: US)

- **benzyl ester:**

CAS-Nr.: 0000094-44-0
OS: *Benzyl Nicotinate JAN*
IS: *Nicotinsäurebenzylester*
IS: *Pyridin-3-carbonsäurebenzylester*
PH: Benzylium nicotinicum 2.AB-DDR
PH: Benzylnicotinat DAB

N

Pernionin® (Krewel: DE)
Pykaryl® (Rodleben: DE)
Rubriment® (Nycomed: AT)
Rubriment® (Riemser: DE)

- ethyl ester:

CAS-Nr.: 0000614-18-6
IS: *Nicotinsäureethylester*

Mucotherm® (Lannacher: AT)

- olamine:

IS: *Nicotinic acid ethanolamine*

- propyl ester:

PH: Propylium nicotinicum 2.AB-DDR

Elacur® (Riemser: DE)

- sodium salt:

IS: *Nicotinsäure, Natriumsalz*

Direktan® (Gerot: AT)

Nicotinyl Alcohol (USAN)

D: 3-Pyridinmethanol

Vasodilator, peripheric

ATC: C10AD05
CAS-Nr.: 0000100-55-0 C_6-H_7-N-O
M_r 109.132

3-Pyridinemethanol

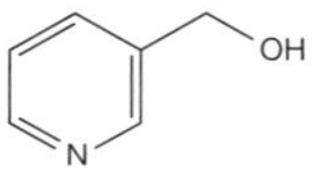

OS: *Nicotinyl Alcohol [BAN, USAN]*
IS: β-*Pyridylcarbinol*
PH: Hydroxymethylpyridinum [2.AB-DDR, PhBs IV]

- tartrate:

OS: *Nicotinyl Alcohol Tartrate BANM*
PH: Nicotinyl Alcohol Tartrate BP 1999
PH: Hydroxymethylpyridinum hydrogentartaricum 2.AB-DDR

Cetacol® (Soho: ID)
Nicotol® (Polfa Pabianice: PL)

Nifedipine (Rec.INN)

L: Nifedipinum
I: Nifedipina
D: Nifedipin
F: Nifédipine
S: Nifedipino

Antihypertensive agent
Calcium antagonist

ATC: C08CA05
CAS-Nr.: 0021829-25-4 C_{17}-H_{18}-N_2-O_6
M_r 346.351

3,5-Pyridinedicarboxylic acid, 1,4-dihydro-2,6-dimethyl-4-(2-nitrophenyl)-, dimethyl ester

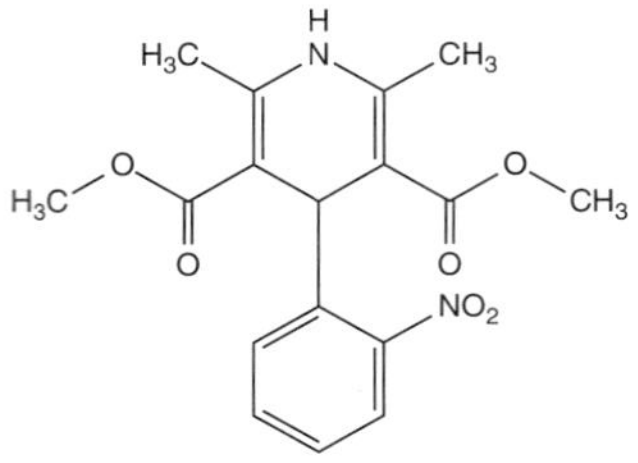

OS: *Nifedipine [BAN, DCF, JAN, USAN]*
OS: *Nifedipina [DCIT]*
IS: *Bay a 1040 (Bayer, Germany)*
PH: Nifedipine [JP XIV, Ph. Eur. 5, Ph. Int. 4, USP 30]
PH: Nifedipinum [Ph. Eur. 5, Ph. Int. 4]
PH: Nifedipin [Ph. Eur. 5]
PH: Nifédipine [Ph. Eur. 5]

Adalat CC® (Bayer: MX)
Adalat Eins® (Bayer: AT, DE, RO)
Adalat LA® (Bayer: GB, IE, MY, SG)
Adalat Oros® (Bayer: AN, AU, AW, BB, BM, BR, BS, BZ, CL, CO, CR, DO, EC, GT, HN, HT, ID, IS, JM, KY, LU, MX, NI, NO, NZ, PA, PE, SE, SI, SV, TT)
Adalat Retard® (Bayer: AT, BR, CH, CL, DE, GB, ID, LU, RO, TH)
Adalat SL® (Bayer: DE, GE, RU)
Adalate® (Bayer: FR)
Adalat® (Bayer: AE, AR, AT, AU, BE, BH, BR, CA, CH, CL, CN, CY, CZ, DE, DK, EG, ES, FI, GB, GR, HK, HU, ID, IE, IR, IS, IT, JO, JP, KE, KW, LB, LU, MT, NG, NL, NO, NZ, OM, PE, PH, PL, PT, QA, SA, SD, SE, SI, TH, TR, US, VN, ZA)
Adalat® (Delphi: NL)
Adalat® CR (Bayer: CH, RO, TH)
Adefin XL® (Alphapharm: AU)
Adefin XL® (Pacific: NZ)
Adefin® (Alphapharm: AU)
Adipine® (Pharmalliance: DZ)
Adipine® (Trinity-Chiesi: GB)
Angiopine® (Ashbourne: GB)
Antiblut® (Genepharm: GR)
Apo-Nifed PA® (Apotex: CA, SG)
Apo-Nifed® (Apotex: AN, BB, BM, BS, CA, CZ, GY, HT, JM, KY, SR, TT)
Aprical® (Shire: DE, LU)
Arrow Nifedipine® (Arrow: NZ)
Atanaal® (Sawai: JP)
Buconif® (Terrapharm: AT)
Calcheck® (Apotex: PH)

Calcianta® (Armoxindo: ID)
Calcibloc® (Therapharma: PH)
Calcigard® (Torrent: IN, RU, SG, TH)
Cardalin® (Solvay: BR)
Cardicon Osmos® (Labomed: CL)
Cardicon® (Labomed: CL)
Cardifen® (Aspen: ZA)
Cardilat® (Triomed: ZA)
Cardipin® (Spirig: CH)
Cardules® (Nicholas: IN)
Carvas® (Meprofarm: ID)
Chronadalate® (Bayer: FR)
Cipalat Retard® (Cipla: ZA)
Cisday® (Sandoz: DE)
Citilat® (CT: IT)
Conetrin® (Pauly: CO)
Coracten SR® (UCB: GB)
Coracten XL® (UCB: GB)
Coracten® (Diethelm: TH)
Coracten® (GlaxoSmithKline: AE, BH, CY, IR, JO, KW, LB, OM, QA, SY, YE)
Coracten® (ICN: TH)
Coracten® (Vianex: GR)
Coral® (So.Se.: IT)
Cordafen® (Polfa: CZ)
Cordafen® (Polpharma: PL, RU)
Cordaflex® (Egis: HU, RU)
Cordalat® (Kimia: ID)
Cordicant® (Mundipharma: DE)
Cordilat® (Tecnofarma: MX)
Cordipin® (Krka: BA, CZ, HR, PL, RO, RS)
Cordipin® (KRKA: RU)
Cordipin® (Krka: SG, SI)
Corinfar® (AWD Pharma: CZ, HU, RO)
Corinfar® (AWD.pharma: DE)
Corinfar® (Pliva: RU)
Corotrend® (BC: DE)
Corotrend® (Teva: CH)
Depicor® (E Merck: LK)
Depicor® (Merck: IN)
Depin-E® (Cadila: ER, ET, KE, LK, NG, TZ, UG, ZM, ZW)
Depin® (Cadila: IN)
Dignokonstant® (Sankyo: DE)
Dilaflux® (Medley: BR)
Dilcor® (Boi: ES)
Ditrenil® (Siam Bheasach: TH)
duranifin® (Merck dura: DE)
Ecodipin® (Sandoz: CH)
Epilat® (E.I.P.I.C.O.: RO)
Epilat® (Eipico: AE, BH, IQ, JO, KW, LB, LY, OM, QA, SA, SD, YE)
Euxat® (PH&T: IT)
Fada Nifedipina® (Fada: AR)
Farmalat® (Fahrenheit: ID)
Fedipin® (Medikon: ID)
Fedip® (Gebro: AT)
Fenamon® (Medline: TH)
Fenamon® (Medochemie: LK, SG, TH)
Fenidina® (Boniscontro & Gazzone: IT)
Ficard® (Sanofi-Aventis: BD)
Flecor-N® (Biospray: GR)
Fortipine LA 40® (Goldshield: GB)
GenRX Nifedipine® (GenRX: AU)
Glopir® (Gap: GR)
Hexadilat® (Sandoz: DK)
Hypan® (Sandipro: BE, LU)
Hypolar® (Sandoz: GB)
Inficard® (Indofarma: ID)
It-Nifedichem® (Italpharma: EC)
Jedipin® (Jenapharm: DE)
Jutadilat® (Juta: DE)
Jutadilat® (Q-Pharm: DE)
Kemolat® (Phyto: ID)
Macorel® (Elpen: GR)
Majolat® (Klinge: DE)
MTW-Nifedipin retard® (MTW: DE)
Myogard® (RPG: IN)
Myogard® (United Pharmaceutical: AE, BH, IQ, LY, OM, QA, SA, SD, YE)
Nefelid® (Farmamust: GR)
Nelapine® (Berlin: TH)
Nelapine® (Littman: PH)
Neotec® (Lacofarma: DO)
Nicardia® (Unique: IN, LK, RU)
Nidicard® (Koçak: TR)
Nidilat® (Sanofi-Aventis: TR)
Nidipine® (Square: BD)
Nifangin® (Orion: FI)
Nifar-GB® (Nafar: MX)
Nifcal® [tab.] (Dropesac: PE)
Nife AbZ® (AbZ: DE)
Nife Biochemie® (BC: DE)
nife von ct® (CT: DE, RO)
Nife-CT® (CT: DE)
Nifebene® (Ratiopharm: AT, CZ)
Nifecap® (Drug International: BD)
Nifecard XL® (Lek: CZ, RO, SI)
Nifecard® (Dar-Al-Dawa: AE, BH, IQ, LB, LY, NG, OM, SA, SD, SO, TN, YE)
Nifecard® (Lek: RU, SI, TH)
Nifecard® (Phapros: ID)
Nifecard® (Sigma: AU)
Nifeclair® (Hennig: DE)
Nifecodan® (Pharmacodane: DK)
Nifecor® (betapharm: DE)
Nifedalat® (Hexal: ZA)
Nifedel® (Klonal: AR)
Nifedi-Denk® (Denk: ET, KE, NG, TZ, UG)
Nifedical® (Teva: US)
Nifedicor® (ICN: IT)
Nifedicor® (Nikolakopoulos: GR)
Nifedicor® (Streuli: CH)
Nifedigel® (Gelcaps: MX)
Nifedine® (Sarabhai: IN)
Nifedin® (Benedetti: IT)
Nifedin® (Comerciosa: EC)
Nifedin® (Cristália: BR)
Nifedin® (Sanbe: ID)
Nifedipat® (Azupharma: DE)
Nifedipin 1 A Pharma® (1A Pharma: DE)
Nifedipin AbZ® (AbZ: DE)
Nifedipin acis® (acis: DE)
Nifedipin Alkaloid® (Alkaloid: RO)
Nifedipin Alternova® (Alternova: DK, FI)
Nifedipin AL® (Aliud: DE, HU)
Nifedipin Atid® (Dexcel: DE)
Nifedipin Basics® (Basics: DE)
Nifedipin Genericon® (Genericon: AT)
Nifedipin Hasan Retard® (Hasan: VN)

N

Nifedipin Helvepharm® (Helvepharm: CH)
Nifedipin PB® (Docpharm: DE)
Nifedipin Pharmavit® (Bristol-Myers Squibb: HU)
Nifedipin Pliva® (Pliva: HR)
Nifedipin Sandoz® (Sandoz: CH, DE)
Nifedipin Stada® (Stada: AT, LU, SG, TH)
Nifedipin Stada® (Stadapharm: DE)
Nifedipin Verla® (Verla: DE)
Nifedipin-Mepha® (Mepha: CH)
Nifedipin-ratiopharm® (Ratiopharm: BE)
Nifedipin-ratiopharm® (ratiopharm: DE, LU)
Nifedipina Alter® (Alter: PT)
Nifedipina D&G® (D & G: IT)
Nifedipina DOC® (DOC Generici: IT)
Nifedipina Dorom® (Dorom: IT)
Nifedipina EG® (EG: IT)
Nifedipina Hexal® (Hexal: IT)
Nifedipina Merck® (Merck Generics: IT)
Nifedipina Retard Feltrex® (Feltrex: DO)
Nifedipina Sandoz® (Sandoz: IT)
Nifedipina-ratiopharm® (Ratiopharm: IT)
Nifedipina® (Biotenk: AR)
Nifedipina® (Neo Quimica: BR)
Nifedipine Albic® (Sanofi-Synthelabo: NL)
Nifedipine Alpharma Aps® (Alpharma: SG)
Nifedipine Alpharma® (Alpharma: NL)
Nifedipine A® (Apothecon: NL)
Nifedipine CF® (Centrafarm: NL)
Nifedipine FLX® (Karib: NL)
Nifedipine Gf® (Genfarma: NL)
Nifedipine Hexpharm® (Hexpharm: ID)
Nifedipine Indo Farma® (Indofarma: ID)
Nifedipine Katwijk® (Katwijk: NL)
Nifedipine LA® (Elpen: SG)
Nifedipine Merck® (Merck Generics: NL)
Nifedipine Novexal® (Novexal: GR)
Nifedipine PCH® (Pharmachemie: NL)
Nifedipine Pharmamatch® (Pharmamatch: NL)
Nifedipine Ratiopharm® (Ratiopharm: BE)
Nifedipine Sandoz® (Sandoz: NL)
Nifedipine-Stada® (Stada: LU)
Nifedipine-Teva® (Teva: IL)
Nifedipine® (Actavis: RU)
Nifedipine® (Alpharma: GB)
Nifedipine® (Health Support Ltd: NZ)
Nifedipine® (Hexal: NL)
Nifedipine® (Hillcross: GB)
Nifedipine® (Mylan: US)
Nifedipine® (Polfa Grodzisk: PL)
Nifedipine® (Teva: GB, US)
Nifedipine® (Watson: US)
Nifedipino Bayvit® (Bayvit: ES)
Nifedipino Genfar® (Genfar: CO, EC, PE)
Nifedipino L.CH.® (Chile: CL)
Nifedipino MF® [tab.] (Marfan: PE)
Nifedipino MK® (Bonima: BZ, CR, DO, GT, HN, NI, PA, SV)
Nifedipino Ratiopharm® (Ratiopharm: ES)
Nifedipino® (Bayvit: ES)
Nifedipino® (Bestpharma: CL)
Nifedipino® (Britania: PE)
Nifedipino® (EMS: BR)
Nifedipino® (Ivax: PE)
Nifedipino® (Juste: ES)
Nifedipino® (Labot: PE)
Nifedipino® (LCG: PE)
Nifedipino® (Memphis: CO)
Nifedipino® (Mintlab: CL)
Nifedipino® (Pentacoop: CO)
Nifedipino® (Ratiopharm: ES)
Nifedipino® (UQP: PE)
Nifedipin® (Actavis: GE)
Nifedipin® (Balkanpharma: BG)
Nifedipin® (GAMA: GE)
Nifedipin® (Hemofarm: RS)
Nifedipin® (Laropharm: RO)
Nifedipin® (Terapia: RO)
Nifedipress® (Dexcel: GB)
Nifed® (Phoenix: AR)
Nifed® (Rowa: PE)
Nifed® (Rowex: IE)
Nifehexal® (Hexal: AT, AU, BR, DE, LU)
Nifelat Q® (Remedica: TH)
Nifelat® (Biosintética: BR)
Nifelat® (Cipla: IN)
Nifelat® (Remedica: CY, TH)
Nifelat® (TAD: DE)
Nifelat® (Zdravlje: RS)
Nifensar® (Refasa: PE)
Nifesal® (Pliva: IT)
Nifesal® (Salus: IT)
Nifeslow® (Socobom: BE, LU)
Nifestad® (Stada: PH)
Nifezzard® (Pizzard: MX)
Nifical® (Winthrop: DE)
Nifin® (Acme: BD)
Nifiran® (Pharmadica: TH)
Nifopress® (Goldshield: GB)
Nifédipine G Gam® (G Gam: FR)
Nifédipine Merck® (Merck Génériques: FR)
Nifédipine RPG® (RPG: FR)
Nipidin® (Hemofarm: RS)
Nipin® (Lisapharma: IT, SG)
Nipress® (Rider: CL)
Normadil® (GXI: PH)
Noviken® (Kendrick: MX)
Novo-Nifedin® (Novopharm: CA)
Nyefax Retard® (Douglas: NZ)
Nyefax® (Douglas: AU, TH)
Nyefax® (TTN: TH)
Osmo-Adalat® (Bayer: RU)
Osmo-Adalat® (Pharma Clal: IL)
Ospocard® (Unipack: AT)
Oxcord® (Biosintética: BR)
Pabalat® (Sanitas: CL)
Pertensal® (Viñas: ES)
Pharmaniaga Nifedipine® (Pharmaniaga: MY)
Pidilat® (Solvay: CZ, DE)
Pincard® (Lapi: ID)
Pressolat® (Agis: IL)
Procardia® (Pfizer: US)
Rolab-Nifedipine® (Sandoz: ZA)
Supracordin® (Denk: CZ)
Tensipine MR® (Genus: GB)
Tensomax® (Home Pharma: PE)
Tensomax® (Leti: CR, DO, GT, NI, PA, SV)
Tensopin® (Leti: CR, DO, GT, NI, PA, SV)
Timol CD30® (Ampharco: VN)
Vascard® (Al Pharm: ZA)
Vasdalat® (Kalbe: ID)

Viscard® (Norma: GR)
Xepalat® (Metiska: ID)
Zenusin® (Mepha: PT, TT)

Niflumic Acid (Rec.INN)

L: Acidum niflumicum
I: Acido niflumico
D: Nifluminsäure
F: Acide niflumique
S: Acido niflumico

Antiinflammatory agent
Analgesic

ATC: M01AX02,M02AA17
CAS-Nr.: 0004394-00-7 C_{13}-H_9-F_3-N_2-O_2
M_r 282.235

3-Pyridinecarboxylic acid, 2-[[3-(trifluoromethyl)phenyl]amino]-

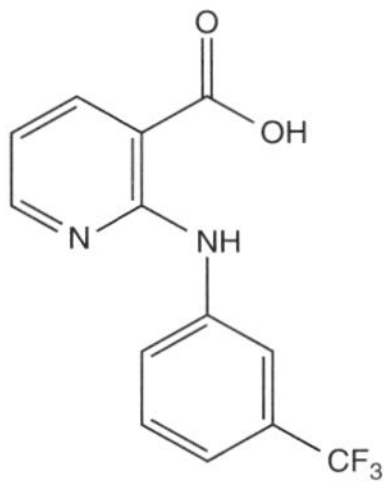

OS: *Acide niflumique [DCF]*
OS: *Acido niflumico [DCIT]*
OS: *Niflumic Acid [USAN]*
IS: *UP 83*
IS: *R 371 NF*
IS: *S 216*
PH: Niflumique (acide) [Ph. Franç. X]

Donalgin® (Gedeon Richter: HU)
Flogovital® (Bagó: AR, CR, DO, GT, HN, NI, PA, SV)
Flucidal® (Saidal: DZ)
Félalgyl® [vet.] (Sogeval: FR)
Niflactol® (Bristol-Myers Squibb: ES)
Niflamol® (Bristol-Myers Squibb: GR)
Niflam® (UPSA: IT)
Niflugel® (Bristol-Myers Squibb: BE, BF, BI, BJ)
Niflugel® (Bristol-Myers squibb: CF)
Niflugel® (Bristol-Myers Squibb: CG, CI, CM, CZ, DZ, FR, GA, GN, LU)
Niflugel® (Bristol-Myers squibb: MG)
Niflugel® (Bristol-Myers Squibb: ML, MR, MU, NE, RO, SN, TD, TG, ZR)
Niflugel® (UPSA: BG)
Nifluril® (Bristol-Myers Squibb: BE, BF, BI, BJ)
Nifluril® (Bristol-Myers squibb: CF)
Nifluril® (Bristol-Myers Squibb: CG, CI, CM, CZ, DZ, FR, GA, GN, LU)
Nifluril® (Bristol-Myers squibb: MG)
Nifluril® (Bristol-Myers Squibb: ML, MR, MU, NE, PT, SN, TD, TG, ZR)
Nifluril® (UPSA: BG)
Sepvadol® [vet.] (Sepval: FR)

Nifuratel (Rec.INN)

L: Nifuratelum
I: Nifuratel
D: Nifuratel
F: Nifuratel
S: Nifuratel

Antiinfective, nitrofuran-derivative
Antiprotozoal agent, trichomonacidal

ATC: G01AX05
CAS-Nr.: 0004936-47-4 C_{10}-H_{11}-N_3-O_5-S
M_r 285.288

2-Oxazolidinone, 5-[(methylthio)methyl]-3-[[(5-nitro-2-furanyl)methylene]amino]-

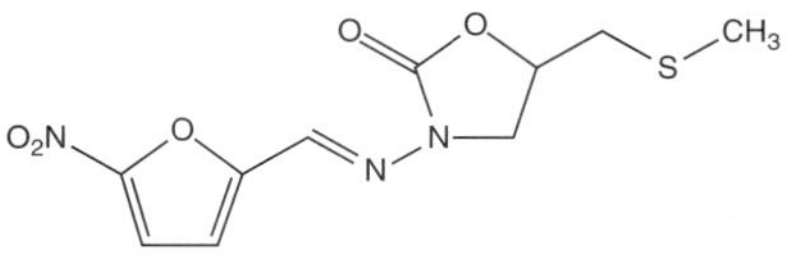

OS: *Nifuratel [BAN, DCF, DCIT, USAN]*
IS: *Methylmercadone*
IS: *NF 113*
IS: *SAP 113*

inimur® (ICN: US)
inimur® (Taurus: DE)
Macmiror® (CSC: RU)
Macmiror® (Doppel: CZ, RO)
Macmiror® (Italmex: MX)
Macmiror® (Lamepro: NL)
Macmiror® (Lepori: ES)
Macmiror® (Pharmacia: IT)
Macmiror® (Poli: PL)
Macmiror® (Sanova: AT)
Macmiror® (U.S. Summit: HK)

Nifuroxazide (Rec.INN)

L: Nifuroxazidum
I: Nifuroxazide
D: Nifuroxazid
F: Nifuroxazide
S: Nifuroxazida

Antidiarrhoeal agent
Antiinfective, nitrofuran-derivative

ATC: A07AX03
CAS-Nr.: 0000965-52-6 C_{12}-H_9-N_3-O_5
M_r 275.234

Benzoic acid, 4-hydroxy-, [(5-nitro-2-furanyl)methylene]hydrazide

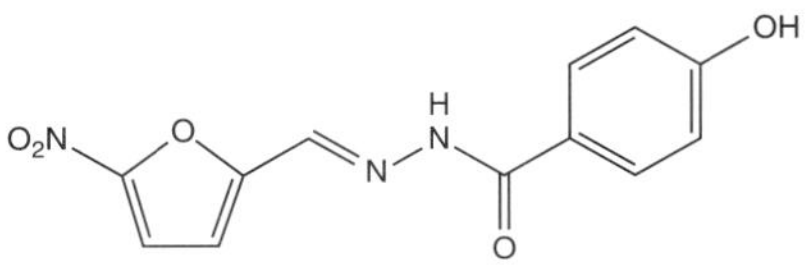

OS: *Nifuroxazide [DCF, DCIT, USAN]*
IS: *RC 27109*
PH: Nifuroxazide [Ph. Eur. 5, BP 2003]
PH: Nifuroxazidum [Ph. Eur. 5]

N

Akabar® (AF: MX)
Antinal® (Amoun: EG)
Bacifurane® (Melisana: LU)
Bifix® (Bayer Santé Familiale: FR)
Dearexin® (Mediproducts: GT, HN, NI, SV)
Debby® (Thai Nakorn Patana: TH)
Diafren® (Chinoin: CR)
Diafuryl® (Abdi Ibrahim: TR)
Diarret® (Geymonat: IT)
Ediston® (Pierre Fabre: FR)
Enfurol® (Mekophar: VN)
Entero-Caps® (Domesco: VN)
Enterodar® (Streger: MX)
Enterofuryl® (Bosnalijek: BA, RS, RU)
Enterovid® (Kral: GT)
Ercefuryl® (Sankyo: IT)
Ercefuryl® (Sanofi-Aventis: BE, BF, BJ, CF, CG, CI, CM, FR, GA, GN, HK, MG, ML, MR, MU, NE, RO, SN, TD, TG, TR, VN, ZR)
Ercefuryl® (Sanofi-Synthelabo: CZ, GH, KE, LU, NG, PH, TH, TZ, UG)
Erceryl® (Sanofi-Aventis: FR)
Ercéfuryl® (Sanofi-Aventis: FR)
Erfulyn® (Nobel: TR)
Eskapar® (Armstrong: CR, GT, HN, MX, PA, SV)
Lumifurex® (Winthrop: FR)
Nifudiar® (Meprofarm: ID)
Nifural® (Darya-Varia: ID)
Nifural® (Pharos: ID)
Nifuroksazyd® (Hasco: PL)
Nifuroksazyd® (Polfa Grodzisk: PL)
Nifuroxazide Biogaran® (Biogaran: FR)
Nifuroxazide EG® (EG Labo: FR)
Nifuroxazide EG® (Eurogenerics: BE)
Nifuroxazide G Gam® (G Gam: FR)
Nifuroxazide Ivax® (Ivax: FR)
Nifuroxazide Merck® (Merck Génériques: FR)
Nifuroxazide RPG® (RPG: FR)
Nifuroxazide Sandoz® (Sandoz: FR)
Nifuroxazide Winthrop® (Winthrop: FR)
Nifuroxazide Zydus® (Zydus: FR)
Nifuroxazide-Eurogenerics® (Eurogenerics: LU)
Nifuryl® (Günsa: TR)
Niraben® (Samchully: SG)
Nixazid® (Nun'z: GT)
Nüfro® (Münir Sahin: TR)
Panfurex® (Bouchara: BF, BJ, CF, CI, DZ, FR, GA, GN, LU, MG, ML, MR, MU, NE, SN, TD, TG, ZR)
Panfurex® (Bouchara-Recordati: HK)
Pentofuryl® (Linden: DE)
Septidiaryl® (McNeil: FR)
Topron® (Chinoin: DO, GT, MX, NI, PA, SV)

Nifurpirinol (Rec.INN)

L: Nifurpirinolum
D: Nifurpirinol
F: Nifurpirinol
S: Nifurpirinol

Antiinfective agent, antibacterial agent

ATCvet: QJ01XE
CAS-Nr.: 0013411-16-0 C_{12}-H_{10}-N_2-O_4
M_r 246.22

2-Pyridinemethanol, 6-[2-(5-nitro-2-furanyl)ethenyl]-

6-[2-(5-Nitro-2-furyl)vinyl]-2-pyridinemethanol (WHO)

6-[2-(5-Nitro-2-furyl)vinyl]-2-pyridinmethanol (IUPAC)

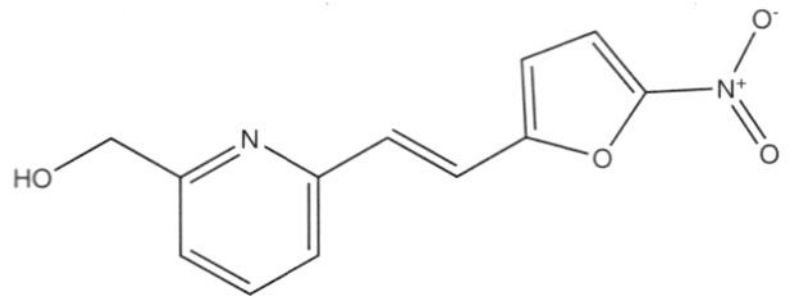

OS: *Nifurpirinol [USAN]*
IS: *Furpyrinol*
IS: *P 7138*
IS: *BRN 1216943*
IS: *CCRIS 1046*
IS: *Furanace 10*
IS: *NF 323*

JBL Furanol® [vet.] (Keller: CH)
Sera bakto Tabs® [vet.] (Alfauna: CH)
Sera baktopur® [vet.] (Alfauna: CH)

Nifurtoinol (Rec.INN)

L: Nifurtoinolum
I: Nifurtoinolo
D: Nifurtoinol
F: Nifurtoïnol
S: Nifurtoinol

Antiinfective, nitrofuran-derivative
Urinary tract antiseptic

ATC: J01XE02
CAS-Nr.: 0001088-92-2 C_9-H_8-N_4-O_6
M_r 268.203

2,4-Imidazolidinedione, 3-(hydroxymethyl)-1-[[(5-nitro-2-furanyl)methylene]amino]-

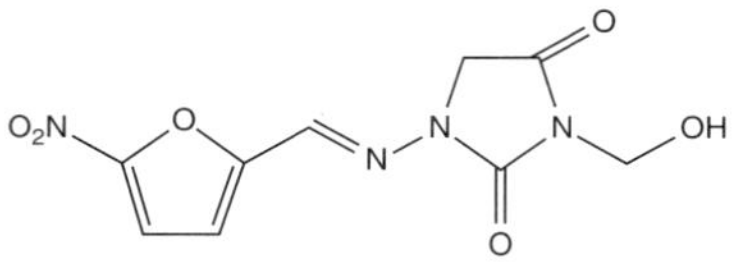

OS: *Nifurtoïnol [DCF]*
OS: *Nifurtoinolo [DCIT]*
OS: *Nifurtoinol [USAN]*
IS: *Hydroxymethylnitrofurantoinum*

Nifuryl® (Italpharma: EC)
Urfadyn PL® (Zambon: BE)
Urfadyne® (Zambon: CO)
Urfadyn® (Zambon: EC, IT, LU)

Nifurzide (Rec.INN)

L: Nifurzidum
D: Nifurzid
F: Nifurzide
S: Nifurzida

Antidiarrhoeal agent
Antiinfective, nitrofuran-derivative

ATC: A07AX04
CAS-Nr.: 0039978-42-2 C_{12}-H_8-N_4-O_6-S
M_r 336.296

5-Nitro-2-thiophenecarboxilic acid [3-(5-nitro-2-furyl)allylidene]hydrazide

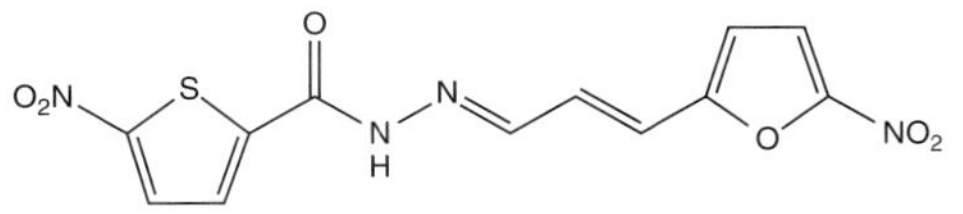

OS: *Nifurzide [DCF, USAN]*

Ricridene® (Profarma: PE)

Nikethamide (Rec.INN)

L: Nicethamidum
D: Nicethamid
F: Nicéthamide
S: Niquetamida

Analeptic

ATC: R07AB02
CAS-Nr.: 0000059-26-7 C_{10}-H_{14}-N_2-O
M_r 178.242

3-Pyridinecarboxamide, N,N-diethyl-

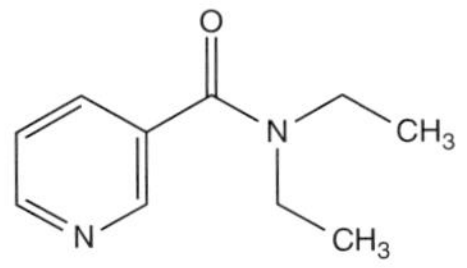

OS: *Nicéthamide [DCF]*
OS: *Nikethamide [BAN, USAN]*
IS: *Corazon*
IS: *Diaethylnicotinamidum*
IS: *Juvacor*
IS: *Nicaethamidum*
IS: *Nicotinyldiaethylamidum*
IS: *Salvacorin*
IS: *Cordiamine*
IS: *Nicetamide*
IS: *Nicotinsäurediäthylamid*
PH: Nicethamid [Ph. Eur. 5]
PH: Nicéthamide [Ph. Eur. 5]
PH: Nicethamidum [Ph. Eur. 5, Ph. Int. II, Ph. Jap. 1971]
PH: Nikethamide [Ph. Eur. 5, NF XIII]

Aminocor® (Infabi: EC)
Cardiamidum® (Polfa Pabianice: PL)
Niketamida® (Volta: CL)
Nikethamide Bidiphar® (Bidiphar: VN)
Nikethamide® (Jayson: BD)
Nikethamide® [vet.] (Wolfs: BE)

Nilutamide (Rec.INN)

L: Nilutamidum
D: Nilutamid
F: Nilutamide
S: Nilutamida

Antiandrogen
Antineoplastic agent

ATC: L02BB02
CAS-Nr.: 0063612-50-0 C_{12}-H_{10}-F_3-N_3-O_4
M_r 317.242

2,4-Imidazolidinedione, 5,5-dimethyl-3-[4-nitro-3-(trifluoromethyl)phenyl]-

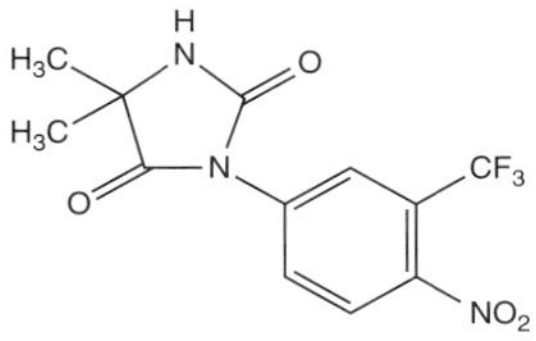

OS: *Nilutamide [BAN, DCF, USAN]*
IS: *RU 23908 (Roussel-Uclaf, USA)*

Anandron® (Aventis: AU, CR, CZ, DO, GT, HN, NI, PA, PE, RS, SV)
Anandron® (EU-Pharma: NL)
Anandron® (Eureco: NL)
Anandron® (Sanofi-Aventis: BR, CA, FR, HU, MX, NL, PT, SE)
Nilandron® (Sanofi-Aventis: US)

Nilvadipine (Rec.INN)

L: Nilvadipinum
D: Nilvadipin
F: Nilvadipine
S: Nilvadipino

Antihypertensive agent
Calcium antagonist

ATC: C08CA10
CAS-Nr.: 0075530-68-6 C_{19}-H_{19}-N_3-O_6
M_r 385.391

3,5-Pyridinedicarboxylic acid, 2-cyano-1,4-dihydro-6-methyl-4-(3-nitrophenyl)-, 3-methyl-5-(1-methylethyl) ester

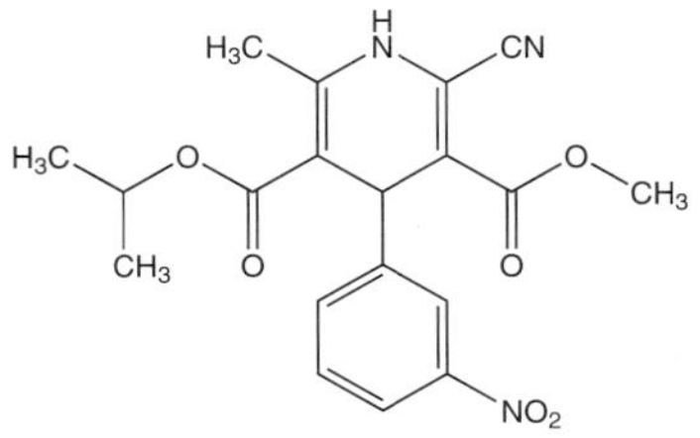

OS: *Nilvadipine [JAN, USAN]*
IS: *CL 287389*
IS: *FK 235 (Fujisawa, Japan)*
IS: *FR 34235 (Fujisawa, Japan)*
IS: *Nivadipine*
IS: *SKF 102362 (SmithKline Beecham)*
IS: *FR 24235*

N

Escor® (Merck: AT, CZ, LU)
Escor® (Orion: FI)
Escor® (Trommsdorff: DE)
Nilvadis® (Eczacibasi: TR)
Nivadil® (Astellas: IE)
Nivadil® (Dolorgiet: DE)
Nivadil® (Fujisawa: JP)
Nivadil® (Menarini: PT)
Peroma® (Vianex: GR)
Tensan® (Arcana: AT)

Nimesulide (Rec.INN)

L: **Nimesulidum**
I: **Nimesulide**
D: **Nimesulid**
F: **Nimésulide**
S: **Nimesulida**

Antiinflammatory agent
Antirheumatoid agent
Analgesic

ATC: M01AX17
ATCvet: QM01AX17
CAS-Nr.: 0051803-78-2 C_{13}-H_{12}-N_2-O_5-S
M_r 308.319

Methanesulfonamide, N-(4-nitro-2-phenoxyphenyl)-

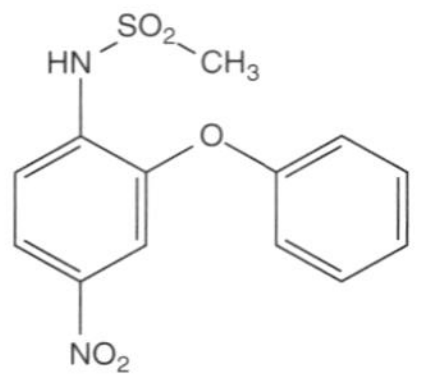

OS: *Nimesulide [BAN, DCIT, USAN]*
OS: *Nimésulide [DCF]*
IS: *R 805*
PH: Nimesulide [Ph. Eur. 5]
PH: Nimesulidum [Ph. Eur. 5]
PH: Nimesulid [Ph. Eur. 5]
PH: Nimésulide [Ph. Eur. 5]

Actasulid® (Actavis: RU)
Aflogen® (Faran: GR, RO)
Ainex® (Plough: CO)
Ainex® (Schering: PE)
Ainex® (White's: CL)
Aldoron® (Ivax: AR)
Alencast® (Chrispa: GR)
Algifeno® (Chefar: EC)
Algimesil® (Francia: IT)
Algolider® (Siar: IT)
Algosulid® (Med-One: GR)
Algover® (Iapharm: GR)
Amfalgin® (Ampharco: VN)
Amocetin® (Remedina: GR)
Antalgo® (Selvi: IT)
Antiflogil® (Farmasa: BR)
Apolide® (Apotex: PE)
Aponil® (Medochemie: RU)
Areuma® (Ecobi: IT)
Aulin® (Angelini: PT)
Aulin® (CSC: AT, RO, RS, SI)
Aulin® (Essex: CL, PH)
Aulin® (Helsinn: ID, IE)
Aulin® (Helsinn Birex: HR)
Aulin® (Medicom: CZ, PL)
Aulin® (Profesa: EC)
Aulin® (Roche: IT)
Aulin® (Vifor: CH)
Auromelid® (Farmilia: GR)
Bioxidol® (Pharmathen: GR)
Chemisulide® (Iasis: GR)
Cliovyl® (S.J.A.: GR)
Coxtral® (Leciva: CZ)
Coxtral® (Zentiva: PL, RO, RU)
Defam® (Andromaco: MX)
Deflogen® (Biolab: BR)
Degorflan® (Degort's: MX)
Delfos® (AGIPS: IT)
Dimesul® (Lafare: IT)
Discorid® (Bros: GR)
Doleside® (F.D. Farmaceutici: IT)
Doloc® (Sanitas: CL)
Dolonime® (Chalver: CO, DO, EC, HN, PA, PE, SV)
Dolostop® (Uni-Pharma: GR)
Doloxtren® (Sintactica: IT)
Domes® (So.Se.: IT)
Edemax® (SIFI: IT)
Edrigyl® (Gerolymatos: GR)
Efridol® (Aesculapius: IT)
Elinap® (Kleva: GR)
Enetra® (Actavis: GE)
Erlecit® (Doctum: GR)
Erreflog® (Errekappa: IT)
Eskaflam® (GlaxoSmithKline: MX)
Eudolene® (Savio: IT)
Fansulide® (Sofar: IT)
Feverein® (General Pharma: BD)
Fladalgin® (Proel: GR)
Flamide® (Rayere: MX)
Flogilid® (Luper: BR)
Flogostop® (Biospray: GR)
Flogovital N.F.® (Bagó: AR, CR, DO, GT, HN, NI, PA, SV)
Flolid® (CT: IT)
G-Revm® (Gap: GR)
Gerilide® (CPH: PT)
Idealid® (Almus: IT)
Igrexa® (Atlantis: MX)
Ilusemin® (Phapros: ID)
Isodol® (Magis: IT)
Kartal® (Finixfarm: GR)
Kitedo-Li® (Bruluart: MX)
Lalide® (Pharmacypria Hellas: GR)
Ledoren® (Boniscontro & Gazzone: IT)
Lemesil® (Anfarm: GR)
Lemesil® (Anfarm Hellas: RO)
Lidaflan® (Biochimico: BR)
Lide® (Globe: BD)
Lizepat® (Cosmopharm: GR)
Lusemin® (Best: MX)
Melicat® (Coup: GR)
Melimont® (Antor: GR)
Mesulid® (Boehringer Ingelheim: GR)
Mesulid® (CSC: CZ)
Mesulid® (Ergha: IE)
Mesulid® (Evex: PE)
Mesulid® (Grünenthal: CO)

Mesulid® (Helsinn Healthcare: HK)
Mesulid® (Mack: EC)
Mesulid® (Novartis: IT)
Mesulid® (Rafa: IL)
Mesulid® (Sanofi-Aventis: HU)
Mesulid® (Therabel: BE, LU)
Mesupon® (Remek: GR)
Migraless® (Pliva: IT)
Min-a-pon® (Minerva: GR)
Minesulin® (Polfa Pabianice: PL)
Mosuolit® (Help: GR)
Motival® (Biofarma: TR)
Multiformil® (Farmedia: GR)
Myxina® (Norma: GR)
Naofid® (Velka: GR)
Neera® (Square: BD)
Neosulida® (Neo Quimica: BR)
Nerelid® (New Research: IT)
Nexen® (Therabel: BJ, CG, CI, CM, FR, GA, ML, SN, TG)
Nibid® (Orion: BD)
Nicox® (Novell: ID)
Nidolon® (Euroetika: CO)
Nidol® (Damor: IT)
Nidol® (Eurodrug: HU, SG, TH, TH)
Nilide® (Pharmasant: TH)
Nim-H® (Hudson: BD)
Nimalgex® (Hexal: BR)
Nimecox® (Home Pharma: PE)
Nimed® (Chemist: BD)
Nimed® (Medicom: CZ)
Nimed® (Sanofi-Aventis: PT)
Nimed® (Schering-Plough: ID)
Nimeflan® (Infabra: BR)
Nimelide® (Genepharm: GR)
Nimelid® (Pannonpharma: HU)
Nimenol® (Krugher: IT)
Nimepast® (Pasteur: CL)
Nimepis® (Pisa: MX)
Nimesilam® (Sigma: BR)
Nimesil® (Berlin-Chemie: RU)
Nimesil® (Guidotti: CZ, PL, RO)
Nimesil® (Lusofarmaco: IT)
Nimesubal® (Baldacci: BR)
Nimesulene® (Guidotti: IT)
Nimesulid Domesco® (Domesco: VN)
Nimesulid HG. Pharm® (HG.Pharm: VN)
Nimesulid LPH® (Labormed Pharma: RO)
Nimesulida Baldacci® (Baldacci: PT)
Nimesulida Farmoz® (Farmoz: PT)
Nimesulida Generis® (Generis: PT)
Nimesulida Inibsa® (Inibsa: PT)
Nimesulida Jabasulide® (Jaba: PT)
Nimesulida Labesfal® (Labesfal: PT)
Nimesulida Mepha® (Mepha: PT)
Nimesulida Merck® (Merck Genéricos: PT)
Nimesulida Neuride® (Tecnimede: PT)
Nimesulida® (Bestpharma: CL)
Nimesulida® (EMS: BR)
Nimesulida® (Eurofarma: BR)
Nimesulida® (La Santé: CO)
Nimesulida® (Medley: BR)
Nimesulida® (Pasteur: CL)
Nimesulide Alter® (Alter: IT)
Nimesulide Angenerico® (Angenerico: IT)
Nimesulide BIG® (Benedetti: IT)
Nimesulide Biomedica Chemica® (Biomedica-Chemica: GR)
Nimesulide DOC® (DOC Generici: IT)
Nimesulide Dorom® (Dorom: IT)
Nimesulide EG® (EG: IT)
Nimesulide Hexal® (Hexal: IT)
Nimesulide Jet® (Jet: IT)
Nimesulide Merck® (Merck Generics: IT)
Nimesulide Novexal® (Novexal: GR)
Nimesulide Pliva® (Pliva: IT)
Nimesulide ratiopharm® (Ratiopharm: IT)
Nimesulide Sandoz® (Sandoz: IT)
Nimesulide Teva® (Teva: IT)
Nimesulide UCB® (UCB: IT)
Nimesulide Union Health® (Union Health: IT)
Nimesulid® (Arena: RO)
Nimesulid® (Habit: RS)
Nimesulid® (Magistra: RO)
Nimesulid® (Srbolek: RS)
Nimesulid® (Terapia: RO)
Nimesul® (Medichrom: GR)
Nimesyl® (Rider: CL)
Nimes® (Sanovel: TR)
Nimex® (Andromaco: CL)
Nimex® (Eskayef: BD)
Nimfast® (Cadila: IN)
Nimica® (Ipca: RU)
Nimind® (Indoco: TH)
Nimolide® (Asiatic Lab: BD)
Nimolid® (Ziska: BD)
Nims® (Caber: IT)
Nims® (Unimed & Unihealth: BD)
Nimulid® (Biogenetech: TH)
Nimulid® (Panacea: IN, RS)
Nimutab® (Centaur: IN)
Nipp® (Amico: BD)
Nisalgen® (UCI: BR)
Nise® (Dr Reddys: IN, SG)
Nise® (Dr. Reddy's: RU)
Nise® (Opsonin: BD)
Nisulid® (Aché: BR)
Nisulid® (Grünenthal: CL)
Nisulid® (Medicon: BD)
Nisulid® (Robapharm: CH)
Nisural® (Chile: CL)
Noalgos® (Levofarma: IT)
Normosilen® (Leti: CR, DO, GT, HN, NI, PA, SV)
Novolid® (Mediplata: PE)
Noxalide® (Lampugnani: IT)
Pantames® (Pantafarm: IT)
Pentra® (Drug International: BD)
Redaflam® (Maver: MX)
Relmex® (Ariston: EC)
Remov® (Piam: IT)
Resulin® (Istituto Chim. Internazionale: IT)
Ristolzit® (Leovan: GR)
Ritamine® (Demo: GR)
Rolaket® (Elpen: GR)
Scaflam® (Lavipharm: GR)
Scaflam® (Schering-Plough: BR)
Scaflam® (Undra: CO)
Scalid® (União: BR)
Severin® (Chinoin: CR, DO, GT, MX, NI, PA, SV)
Sintalgin® (Sintofarma: BR)

Solving® (MDM: IT)
Sorini® (Asia Pharma: PH)
Specilid® (Specifar: GR)
Stadmed Mesulid® (Stadmed: IN)
Suaron® (GMP: GE)
Sudinet® (Pharmanel: GR)
Sulidamor® (Damor: IT)
Sulidek® (Wermar: MX)
Sulidene® [vet.] (Virbac: FR, PT)
Suliden® (Somatec: BD)
Sulide® (Alco: BD)
Sulide® (TAD: IT)
Sulidin® (Embil: TR)
Sulidol-GB® (Nafar: MX)
Sulimed® (Inibsa: ES)
Sumo® (Navana: BD)
Sundir® (Quimica Son's: MX)
Suprein® (Latinfarma: CO)
Tenaprost® (Zdravlje: RS)
Tranzicalm® (Vocate: GR)
Ventor® (Rafarm: GR)
Virobron® (Temis-Lostalo: AR)
Volonten® (Viofar: GR)
Xilox® (Guidotti: HU)
Zolan® [vet.] (Virbac: CH, GB, LU, NL)

– β-cyclodextrine:

IS: *Nimesulid β-cyclodextrin*
IS: *Nimesulide β-ciclodestrina*

Mesulid Fast® (Novartis: IT)
Nimedex® (Italfarmaco: IT)

Nimetazepam (Rec.INN)

L: Nimetazepamum
D: Nimetazepam
F: Nimétazépam
S: Nimetazepam

Hypnotic
Tranquilizer

CAS-Nr.: 0002011-67-8 C_{16}-H_{13}-N_3-O_3
M_r 295.31

2H-1,4-Benzodiazepin-2-one, 1,3-dihydro-1-methyl-7-nitro-5-phenyl-

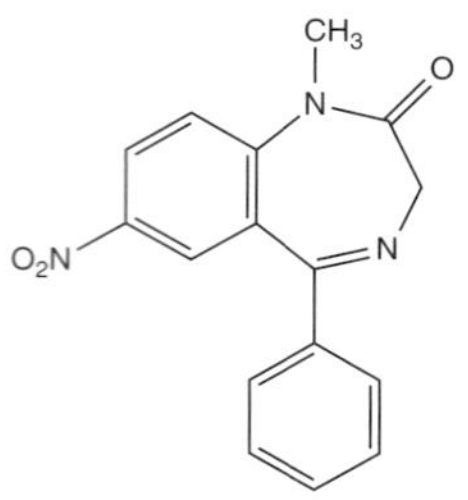

OS: *Nimetazepam [JAN, USAN]*
IS: *S 1530 (Sumitomi, Japan)*

Erimin® (Sumitomo: JP)

Nimodipine (Rec.INN)

L: Nimodipinum
I: Nimodipina
D: Nimodipin
F: Nimodipine
S: Nimodipino

Vasodilator, cerebral
Calcium antagonist

ATC: C08CA06
CAS-Nr.: 0066085-59-4 C_{21}-H_{26}-N_2-O_7
M_r 418.459

3,5-Pyridinedicarboxylic acid, 1,4-dihydro-2,6-dimethyl-4-(3-nitrophenyl)-, 2-methoxyethyl 1-methylethyl ester

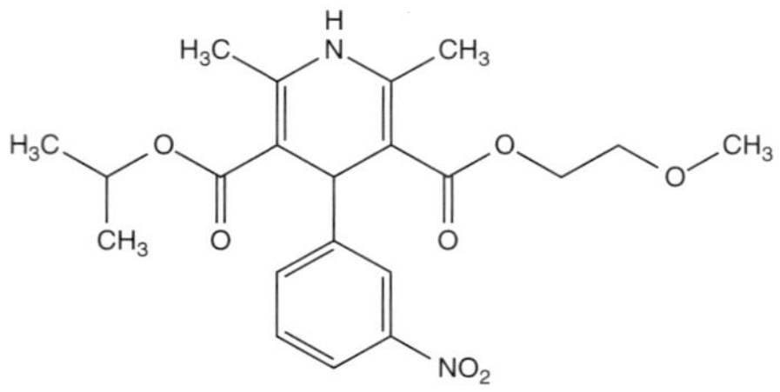

OS: *Nimodipine [BAN, DCF, USAN]*
OS: *Nimodipina [DCIT]*
IS: *Bay e 9736 (Bayer, Great Britain)*
IS: *NMDP*
PH: Nimodipine [Ph. Eur. 5, USP 30]
PH: Nimodipinum [Ph. Eur. 5]
PH: Nimodipin [Ph. Eur. 5]

AC Vascular® (Biotenk: AR)
Acival® (Geminis: AR)
Admon® (Esteve: ES)
Aniduv® (LKM: AR)
Antis® (Fluter: DO)
Aurodipine® (Aurora: GR)
Befimat® (Biomedica-Chemica: GR)
Brainal® (Andromaco: CZ, ES)
Brainal® (Librapharm: EC, ES)
Calnit® (Elan: ES)
Calnit® (Vita: ES)
Cebrofort® (Baliarda: AR)
Curban® (Rafarm: GR)
Dilceren® (Zentiva: CZ, RO)
Eugerial® (Bago: PE)
Eugerial® (Bagó: AR, CO)
Eugerial® (Merck Bagó: BR)
Explaner® (Casasco: AR)
Figozant® (Chrispa: GR)
Finacilen® (Microsules: AR)
Genovox® (Kleva: GR)
Grifonimod LCH® [compr.] (Ivax: PE)
Grifonimod® (Chile: CL)
Inimod Amex® [tab.] (Amex: PE)
Irrigor® (Tecnofarma: PE)
Kenesil® (Cantabria: ES)
Macobal® (Gramon: AR)
Megavital® (Osmopharm: DO)
Modina® (Neves: PT)
Modipin® (Rovingal: PE)
Modus® (Almirall: ES)
Modus® (Berenguer Infale: ES)

Myodipine® (Help: GR)
Naborel® (Elpen: GR)
Nemotan® (Medochemie: RO, SK, UA)
Neurocal® [tab.] (Magma: PE)
Neurogeron® (ABL: PE)
Nexol® (Infaca: DO)
Nidip® (Pauly: CO)
Nimobal® (Baldacci: BR)
Nimodilat® (Lazar: AR)
Nimodil® (Remedina: GR)
Nimodipin Hexal® (Hexal: DE)
Nimodipin-ISIS® (Alpharma: DE)
Nimodipina Mepha® (Mepha: PT)
Nimodipina Sandoz® (Sandoz: AR)
Nimodipina® (Blaskov: CO)
Nimodipino Bayvit® (Bayvit: ES)
Nimodipino L.Ch.® (Chile: CL)
Nimodipino Merck® (Merck: ES)
Nimodipino MF® [tab.] (Marfan: PE)
Nimodipino® (Bestpharma: CL)
Nimodipino® (Britania: PE)
Nimodipino® (G&R: PE)
Nimodipino® (Hexal: BR)
Nimodipino® (LCG: PE)
Nimodipino® (Pentacoop: CO)
Nimodipino® (Sanitas: CL)
Nimodipin® (Laropharm: RO)
Nimodip® (USV: LK)
Nimopin® (Ethical: DO)
Nimotop® (Bayer: AN, AR, AT, AU, AW, BA, BB, BE, BM, BR, BS, BZ, CA, CH, CL, CN, CO, CR, CZ, DE, DK, DO, EC, ES, FI, FR, GB, GR, GT, HK, HN, HR, HT, HU, ID, IE, IL, IT, JM, KY, LU, MX, MY, NI, NL, NO, NZ, PA, PE, PL, PT, RO, RS, RU, SE, SG, SI, SV, TH, TR, TT, US, VN, ZA)
Nimotop® (Paranova: AT)
Nimovac-V® (Pharmathen: GR)
Nisom® (Psipharma: CO)
Nivas® (Raffo: AR)
Noodipina® (Apsen: BR)
Nortolan® (Anfarm: GR)
Norton® (Farmasa: BR)
Oxigen® (Biosintética: BR)
Periplum® (Italfarmaco: IT)
Regental® (Tecnofarma: CL)
Remontal® (Vita: ES)
Rosital® (Faran: GR)
Sobrepina® (Baldacci: PT)
Stigmicarpin® (Bros: GR)
Tenocard® (Klonal: AR)
Thrionipen® (Antor: GR)
Trinalion® (Neo-Farmacêutica: PT)
Tropocer® (Home Pharma: PE)
Tropocer® (Leti: CR, DO, GT, HN, NI, PA, SV)
Vacer® (Sandoz: MX)
Vasoflex® (Bago: CL)
Vasotop® (Cipla: IN, PE)
Vastripine® (Mentinova: GR)
Ziremex® (Demo: GR)

Nimorazole (Rec.INN)

L: Nimorazolum
I: Nimorazolo
D: Nimorazol
F: Nimorazole
S: Nimorazol

⚕ Antiprotozoal agent, trichomonacidal

ATC: P01AB06
CAS-Nr.: 0006506-37-2 C_9-H_{14}-N_4-O_3
M_r 226.251

Morpholine, 4-[2-(5-nitro-1H-imidazol-1-yl)ethyl]-

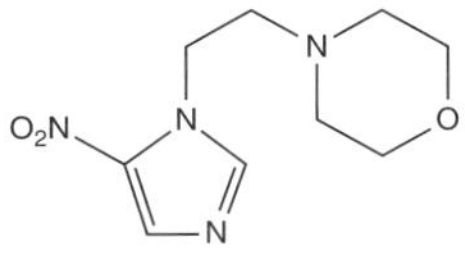

OS: *Nimorazole [BAN, DCF, USAN]*
OS: *Nimorazolo [DCIT]*
IS: *Nitrimidazine*
IS: *K 1900*
PH: Nimorazolo [F.U. IX]

Esclama® (Pharmacia: DE)
Naxogin® (Kalbe: ID)
Naxogin® (Pfizer: AT, BE, BR, CL, RU)
Naxogin® (Pharmacia: BG, CZ, ET, GH, KE, LR, LU, PE, RW, SL, TZ, UG, ZW)
Naxogin® (Rontag: AR)

Nimustine (Rec.INN)

L: Nimustinum
D: Nimustin
F: Nimustine
S: Nimustina

⚕ Antineoplastic agent

ATC: L01AD06
CAS-Nr.: 0042471-28-3 C_9-H_{13}-Cl-N_6-O_2
M_r 272.713

Urea, N'-[(4-amino-2-methyl-5-pyrimidinyl)methyl]-N-(2-chloroethyl)-N-nitroso-

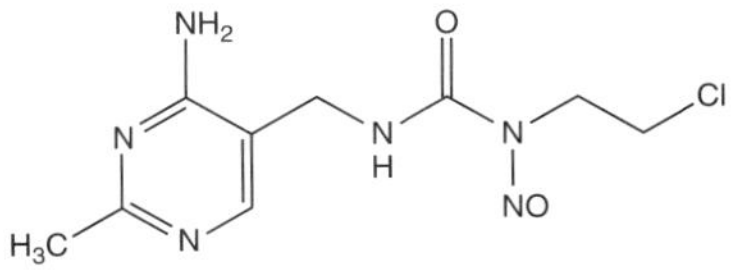

OS: *Nimustine [USAN]*
IS: *ACNU*
IS: *CS 439 (Sanyko, Japan)*

– hydrochloride:

CAS-Nr.: 0055661-38-6
OS: *Nimustine Hydrochloride JAN*

Acnu® (Baxter Oncology: DE)
Nidran® (Sankyo: CN, JP)

Nipradilol (Rec.INN)

L: Nipradilolum
D: Nipradilol
F: Nipradilol
S: Nipradilol

⚕ Antihypertensive agent

CAS-Nr.: 0081486-22-8 C_{15}-H_{22}-N_2-O_6
M_r 326.361

8-[2-Hydroxy-3-(isopropylamino)propoxy]-3-chromanol,3-nitrate

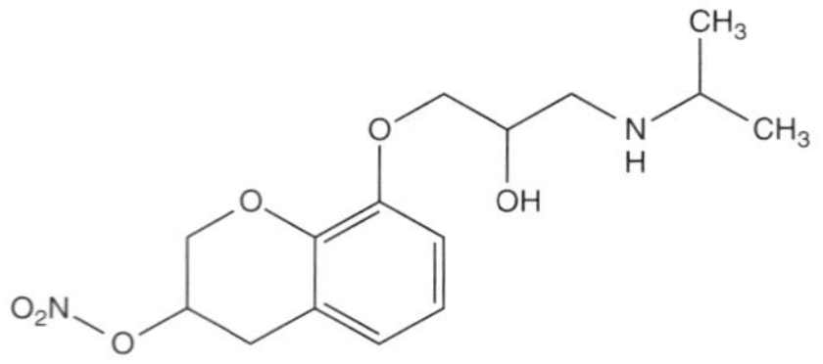

OS: *Nipradilol [JAN, USAN]*
IS: *K 351 (Kowa, Japan)*
IS: *Nipradolol*

Hypadil® (Kowa: JP)

Nisoldipine (Rec.INN)

L: Nisoldipinum
I: Nisoldipina
D: Nisoldipin
F: Nisoldipine
S: Nisoldipino

⚕ Calcium antagonist

ATC: C08CA07
CAS-Nr.: 0063675-72-9 C_{20}-H_{24}-N_2-O_6
M_r 388.432

3,5-Pyridinedicarboxylic acid, 1,4-dihydro-2,6-dimethyl-4-(2-nitrophenyl)-, methyl 2-methylpropyl ester, (±)-

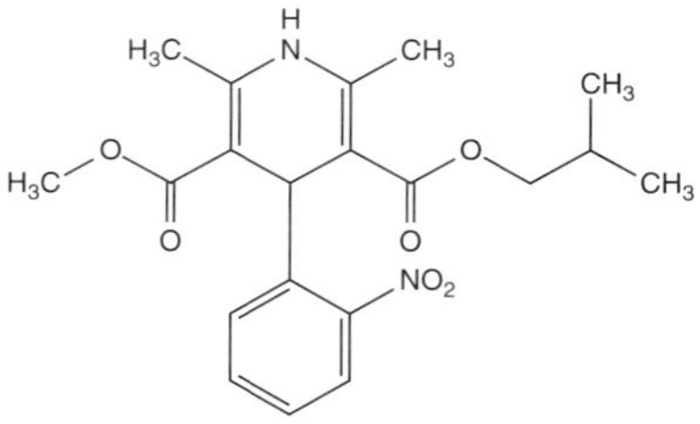

OS: *Nisoldipine [BAN, DCF, JAN, USAN]*
OS: *Nisoldipina [DCIT]*
IS: *Bay K 5552 (Bayer, Germany)*

Baymycard® (Bayer: DE, HU, RO)
Corasol® (Sanitas: CL)
Cornel® (Berenguer Infale: ES)
Nivas® (Tecnofarma: CL)
Nizoldin® (Slaviamed: RS)
Sular® (AstraZeneca: ES)
Sular® (Bayer: BE, LU)
Sular® (Bayhealth: ES)
Sular® (First Horizon: US)
Syscor® (AstraZeneca: AG, AN, AW, BM, BS, BZ, ES, GD, GY, HT, JM, LC, SR, TT, VC)
Syscor® (Bayer: AT, BE, ES, FI, GR, IT, LU, NL)
Syscor® (Bayhealth: ES)
Syscor® (Eurim: AT)
Syscor® (Forest: GB)
Syscor® (Paranova: AT)

Nitazoxanide (Rec.INN)

L: Nitazoxanidum
D: Nitaxozanid
F: Nitaxozanide
S: Nitaxozanida

⚕ Anthelmintic
⚕ Antiprotozoal agent, cryptosporidial

ATC: P02CX
CAS-Nr.: 0055981-09-4 C_{12}-H_9-N_3-O_5-S
M_r 307.28

Salicylamide, N-(5-nitro-2-thiazolyl)-, acetate (ester) [NLM]

Benzamide, 2-(acetyloxy)-N-(5-nitro-2-thiazolyl)- [NLM]

{2-[(5-Nitro-2-thiazolyl)carbamoyl]phenyl}acetat [IUPAC]

N-(5-Nitro-2-thiazolyl)salicylamide acetate (ester) [WHO]

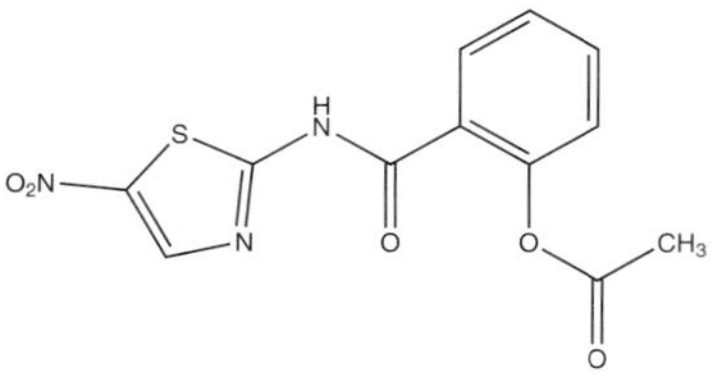

OS: *Nitazoxanide [BAN, DCF, USAN]*
IS: *Adrovet*
IS: *BRN 1225475*
IS: *DRG 0242*
IS: *EINECS 259-931-8*
IS: *Omniparax (Lab Lopez, Central America)*
IS: *Nodik (Unipharm-Pharmanov, Central America)*

Alinia® (Romark: US)
Colufase® (Columbia: EC, US)
Colufase® (Roemmers: PE)
Cryptaz® (Romark: US)
Daxon® (Columbia: US)
Daxon® (Siegfried: MX)
Heliton® (Columbia: US)
Kidonax® (Unipharm: MX)
Nitazoxanida® (Monte: AR)
Nixoran® (Roemmers: AR)
Nodik® (Unipharm: GT, HN, PA, SV)
Nor-Tripar® (Teramed: DO, SV)
Noxom® (Inti: BO, PE)
NTZ® (Unimed: US)
Padovantan® (Rayere: MX)
Paramix® (Liomont: MX)
Taxanid® (Donovan: GT)
Zoxanid® (Paill: BZ, DO, GT, HN, SV)

Nitenpyram (ASK)

D: Nitenpyram

⚕ Ectoparasiticide

ATCvet: QP53BX02
CAS-Nr.: 0150824-47-8 — C_{11}-H_{15}-Cl-N_4-O_2
M_r 270.72

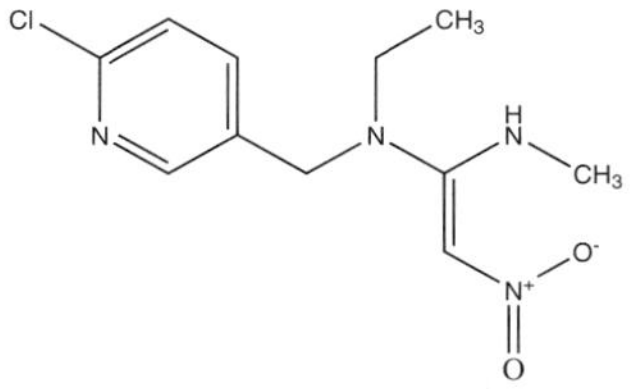

IS: *TI-304*
IS: *Bestguard*

4Fleas Tablets® [vet.] (Johnson's: GB)
Capstar® [vet.] (Novartis: FI)
Capstar® [vet.] (Novartis Animal Health: AT, CH, IT, LU, NL, NZ, ZA)
Capstar® [vet.] (Novartis Santé Animale: FR)
Capstar® [vet.] (Novartis Tiergesundheit: DE)

Nitisinone (Rec.INN)

L: Nitisinonum
D: Nitisinon
F: Nitisinone
S: Nitisinona

⚕ Enzyme inhibitor
⚕ Herbicide

ATC: A16AX04
ATCvet: QA16AX04
CAS-Nr.: 0104206-65-7 — C_{14}-H_{10}-F_3-N-O_5
M_r 329.23

1,3-Cyclohexanedione, 2-(2-nitro-4-(trifluormethyl)benzoyl)- [NLM]

2-[2-Nitro-4-(trifluormethyl)benzoyl)cyclohexan-1,3-dion [IUPAC]

2-(alpha,alpha,alpha-Trifluoro-2-nitro-p-toluoyl)-1,3-cyclohexanedione [WHO]

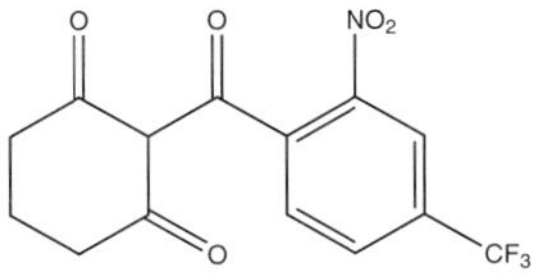

OS: *Nitisinone [USAN]*
IS: *NTBC*

Orfadin® (Orphan: DE, ES, NL)
Orfadin® (Rare Disease Therapeutics: US)
Orfadin® (Swedish Orphan: DK, FI, LU, NO, SE)

Nitrazepam (Rec.INN)

L: Nitrazepamum
I: Nitrazepam
D: Nitrazepam
F: Nitrazépam
S: Nitrazepam

⚕ Hypnotic
⚕ Anticonvulsant

ATC: N05CD02
CAS-Nr.: 0000146-22-5 — C_{15}-H_{11}-N_3-O_3
M_r 281.283

2H-1,4-Benzodiazepin-2-one, 1,3-dihydro-7-nitro-5-phenyl-

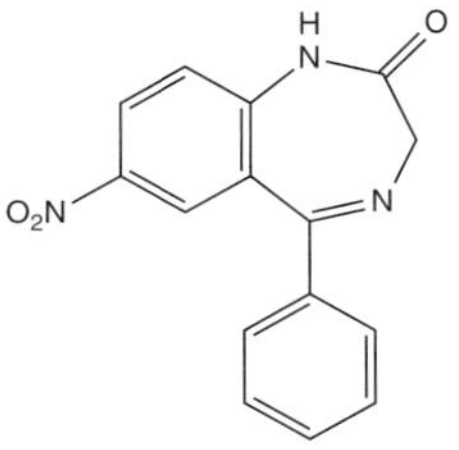

OS: *Nitrazepam [BAN, DCF, DCIT, JAN, USAN]*
IS: *LA 1*
IS: *Ro 45360*
IS: *Ro 53059 (Roche, USA)*
PH: Nitrazepam [Ph. Eur. 5, Ph. Int. 4, JP XIV]
PH: Nitrazepamum [Ph. Eur. 5, Ph. Int. 4]
PH: Nitrazépam [Ph. Eur. 5]

Alodorm® (Alphapharm: AU)
Apo-Nitrazepam® (Apotex: CA)
Apodorm® (Alpharma: DK, NO, SE)
Arem® (Aspen: ZA)
Benzalin® (Shionogi: JP)
Cerson® (Belupo: BA, HR, RS, SI)
Dormalon® (Wernigerode: DE)
Dormo-Puren® (Alpharma: DE)
Dumolid® (Alpharma: ID)
Eatan® (Desitin: DE)
Epam® (Opsonin: BD)
Eunoctin® (Gedeon Richter: HU)
Hypnotex® (Pharmaceutical Co: IN)
imeson® (Taurus: DE)
Insoma® (Pacific: NZ)
Insomin® (Orion: FI)
Mogadan® (Valeant: DE)
Mogadon® (CSP: FR)
Mogadon® (ICN: AT, AU, BE, IS, LU, NL)
Mogadon® (ICN-D: IT)
Mogadon® (MediLink: SE)
Mogadon® (Pharmaco: ZA)
Mogadon® (Valeant: CA, CH, DK, GB, HK, IE, NO)
Nelbon® (Sankyo: JP)
Neuchlonic® (Taiyo: JP)
Nipam® (Bosnalijek: RS)
Nitavan® (Stadmed: IN)
Nitrados® (Douglas: NZ, SG, TH)
Nitrados® (TTN: TH)
Nitrapan® (Cristália: BR)
Nitraphar® (Unicophar: BE)
Nitravet® (Anglo-French: IN)
Nitrazadon® (Valeant: CA)

N

Nitrazepam Actavis® (Actavis: NL)
Nitrazepam Alpharma® (Alpharma: NL)
Nitrazepam AL® (Aliud: DE)
Nitrazepam A® (Apothecon: NL)
Nitrazepam CF® (Centrafarm: NL)
Nitrazepam Dak® (Nycomed: DK)
Nitrazepam FLX® (Karib: NL)
Nitrazepam Gf® (Genfarma: NL)
Nitrazepam Katwijk® (Katwijk: NL)
Nitrazepam LPH® (Labormed Pharma: RO)
Nitrazepam Merck® (Merck Generics: NL)
Nitrazepam PCH® (Pharmachemie: NL)
Nitrazepam ratiopharm® (Ratiopharm: NL)
Nitrazepam Recip® (Recip: SE)
Nitrazepam Sandoz® (Sandoz: NL)
Nitrazepam Slovakofarma® (Zentiva: CZ)
Nitrazepam Teva® (Teva: BE)
Nitrazepam-neuraxpharm® (neuraxpharm: DE)
Nitrazepam® (Actavis: GB)
Nitrazepam® (Gedeon Richter: RO)
Nitrazepam® (GlaxoSmithKline: PL)
Nitrazepam® (Hexal: NL)
Nitrazepam® (Norgine: GB)
Nitrazepam® (Teva: GB)
Nitrazepam® (Wise: NL)
Nitrazepam® (Wockhardt: GB)
Nitrazepol® (Farmasa: BR)
Nitredon® (Remedica: CY, ET, KE, SD, ZW)
Nitrenpax® (Sanofi-Synthelabo: BR)
Nitrosun® (Sun: IN)
Noctin® (Ambee: BD)
Novanox® (Pfleger: DE)
Numbon® (Teva: IL)
Pacisyn® (Syntetic: DK)
Paxadorm® (Alliance: ZA)
Radedorm® (AWD.pharma: DE)
Radedorm® (Pliva: RU)
Rolab-Nitrazepam® (Sandoz: ZA)
Sandoz Nitrazepam® (Sandoz: CA)
Somnil® (ECU: EC)
Somnite® (Norgine: AE, AN, BB, BH, BS, CY, GB, IQ, JM, JO, KW, LB, LY, OM, QA, SA, SD, TT)
Sonebon® (Sigma: BR)
Trazem® (Bosnalijek: BA)

Nitrendipine (Rec.INN)

L: Nitrendipinum
I: Nitrendipina
D: Nitrendipin
F: Nitrendipine
S: Nitrendipino

⚕ Calcium antagonist

ATC: C08CA08
CAS-Nr.: 0039562-70-4 — C_{18}-H_{20}-N_2-O_6, M_r 360.378

3,5-Pyridinedicarboxylic acid, 1,4-dihydro-2,6-dimethyl-4-(3-nitrophenyl)-, ethyl methyl ester

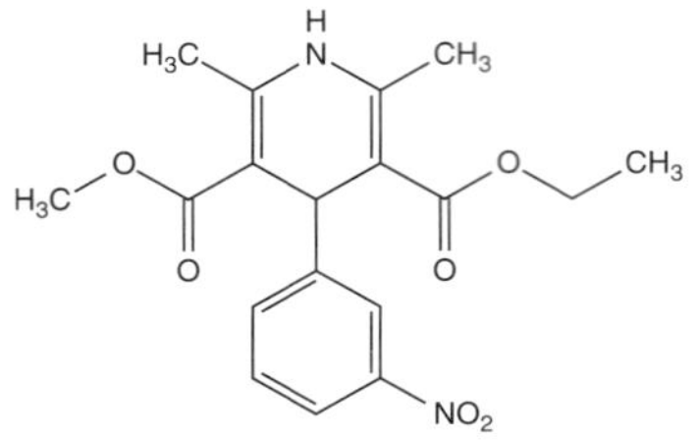

OS: *Nitrendipine [BAN, DCF, JAN, USAN]*
OS: *Nitrendipina [DCIT]*
IS: *Bay e 5009 (Bayer, Germany)*
PH: Nitrendipine [Ph. Eur. 5]
PH: Nitrendipinum [Ph. Eur. 5]
PH: Nitrendipin [Ph. Eur. 5]

Arianit® (Help: GR)
Aroselin® (Leovan: GR)
Baylotensin® (Mitsubishi: JP)
Bayotensin® (Bayer: DE)
Baypresol® (Bayer: ES)
Baypresol® (Bayropharm: ES)
Baypress® (Bayer: AT, BE, CH, CO, CZ, DK, FR, GR, HK, HU, IT, LU, NL, TH, TR)
Baypress® (Miles: US)
Baypress® (Paranova: AT)
Caltren® (Libbs: BR)
Cardiazem® (Sanitas: CL)
Crivion® (Farmamust: GR)
Deiten® (ABC: IT)
Etipress® (Ethical: DO)
Felnitrex® (Feltrex: DO)
G-Press® (Gap: GR)
Gericin® (Seid: ES)
Grifonitren® (Chile: CL)
Issopres® (Elpen: GR)
Jutapress® (Juta: DE)
Jutapress® (Q-Pharm: DE)
Leonitren® (Mentinova: GR)
Lisba® (Rafarm: GR)
Lostradyl® (Chrispa: GR)
Lusopress® (Farmaco: CZ)
Lusopress® (Lusofarmaco: IT, RO)
Miniten® (Utopian: TH)
Nelconil® (Pharmathen: GR)
Nidrel® (Schwarz: FR)
Nifecard® (Bros: GR)
Niprina® (Pensa: ES)
Nirapel® (Ivax: AR)
Nitensum® (Tecnofarma: CL)
Nitre AbZ® (AbZ: DE)
Nitre-Puren® (Actavis: DE)
Nitregamma® (Wörwag Pharma: DE)
Nitren Lich® (Winthrop: DE)
Nitrencord® (Biosintética: BR)
Nitrend KSK® (KSK Pharma: DE)
Nitrendepat® (Azupharma: DE)
Nitrendi Biochemie® (BC: DE)
Nitrendidoc® (Docpharm: DE)
Nitrendil® (Bagó: AR)
Nitrendimerck® (Merck dura: DE)
Nitrendipin 1 A Pharma® (1A Pharma: DE)
Nitrendipin AbZ® (AbZ: DE)
Nitrendipin AL® (Aliud: DE)

Nitrendipin Apogepha® (Apogepha: DE)
Nitrendipin Basics® (Basics: DE)
Nitrendipin beta® (betapharm: DE)
Nitrendipin Heumann® (Heumann: DE)
Nitrendipin Jenapharm® (mibe Jena: DE)
Nitrendipin Sandoz® (Sandoz: DE)
Nitrendipin Stada® (Stadapharm: DE)
nitrendipin von ct® (CT: DE)
nitrendipin-corax® (corax: DE)
Nitrendipin-ratiopharm® (Ratiopharm: CZ)
Nitrendipin-ratiopharm® (ratiopharm: DE)
Nitrendipine Merck® (Merck Génériques: FR)
Nitrendipino Bayvit® (Bayvit: ES)
Nitrendipino Genfar® (Genfar: EC)
Nitrendipino Ratiopharm® (Ratiopharm: ES)
Nitrendipino® (Bayvit: ES)
Nitrendipino® (Bestpharma: CL)
Nitrendipino® (Mintlab: CL)
Nitrendipino® (Ratiopharm: ES)
Nitrendipino® (Rider: CL)
Nitrendipin® (Actavis: GE)
Nitrendypina® (Anpharm: PL)
Nitrensal® (TAD: DE)
Nitrepin® (Zdravlje: RS)
Nitrepress® (Hexal: CZ, DE)
Nivitron® (Coup: GR)
Potional® (Kleva: GR)
Pressodipin® (Genepharm: GR)
Spidox® (Finixfarm: GR)
Sub Tensin® (Altana: ES)
Tensofar® (Pharma Investi: CL)
Tensogradal® (Almirall: ES)
Tensogradal® (Berenguer Infale: ES)
Tepanil® (Norma: GR)
Trendinol® (Elan: ES)
Trendinol® (Vita: ES)
Ufocard® (Proel: GR)
Unipres® (Krka: CZ, HU, RO, SI)
Vastensium® (Biomed: ES)
Vastensium® (Salvat: ES)
Xasmun® (Andromaco: ES)

Nitrofural (Prop.INN)

L: Nitrofuralum
I: Nitrofural
D: Nitrofural
F: Nitrofural
S: Nitrofural

⚕ Antiinfective, nitrofuran-derivative
⚕ Dermatological agent, topical antiseptic

ATC: B05CA03,D08AF01,D09AA03,P01CC02,S01AX04,-S02AA02
CAS-Nr.: 0000059-87-0 C_6-H_6-N_4-O_4
M_r 198.154

Hydrazinecarboxamide, 2-[(5-nitro-2-furanyl)methylene]-

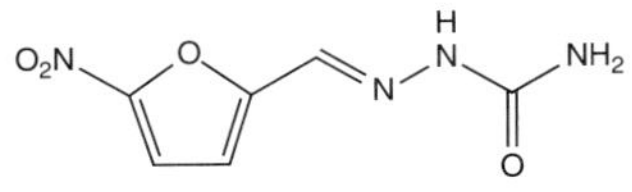

OS: *Nitrofural [DCF, DCIT]*
OS: *Nitrofurazone [BAN, USAN]*
IS: *Furacilinum*
IS: *Furaldone*
IS: *F 6*
IS: *NF 7*
PH: Nitrofural [Ph. Eur. 5]
PH: Nitrofuralum [Ph. Eur. 5]
PH: Nitrofurazone [USP 30]

Alivioderm® (Hexal: BR)
Bactacin® (Osoth: TH)
Demodek® (Drag Pharma: CL)
Dermikolin® (Radyum: TR)
Dermofurin® (Ethical: DO)
Furacine® (Norgine: BE, LU, NL)
Furacin® (Bioglan: DE)
Furacin® (Boehringer Ingelheim: CL, CO, PH)
Furacin® (Eczacibasi: TR)
Furacin® (Formenti: IT)
Furacin® (GlaxoSmithKline: IN)
Furacin® (Medifarma: PE)
Furacin® (Norgine: LU, NL)
Furacin® (Richter: AT)
Furacin® (Roberts: US)
Furacin® (Schering: BR)
Furacin® (Schering-Plough: AR)
Furacin® (Seid: ES)
Furacin® (Siegfried: MX)
Furaderm® (Toprak: TR)
Furasep® (Beximco: BD)
Furex® (Aspen: ZA)
Hantina® (Apsen: BR)
Kufro® (Andromaco: MX)
Nitrazon® (SSK: TR)
Nitrofurazona Denver® (Denver: AR)
Nitrofurazona Lafedar® (Lafedar: AR)
Nitrofurazona Sertex® (Sertex: AR)
Nitrofurazone® (Clay-Park: US)
Nitrofurazone® (Interstate Drug Exchange: US)
Nitrofurazone® (Rugby: US)
Nitrofurazone® [vet.] (Bomac: NZ)
Nitrofurazon® (Unia: PL)
Nitromed® (Omedir: AR)
Polycin® (Nakornpatana: TH)

Nitrofurantoin (Rec.INN)

L: Nitrofurantoinum
I: Nitrofurantoina
D: Nitrofurantoin
F: Nitrofurantoïne
S: Nitrofurantoina

⚕ Antiinfective, nitrofuran-derivative
⚕ Urinary tract antiseptic

ATC: J01XE01
CAS-Nr.: 0000067-20-9 C_8-H_6-N_4-O_5
M_r 238.176

2,4-Imidazolidinedione, 1-[[(5-nitro-2-furanyl)methylene]amino]-

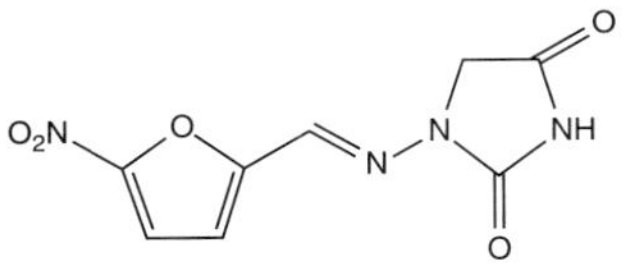

N

OS: *Nitrofurantoin [BAN, JAN]*
OS: *Nitrofurantoïne [DCF]*
IS: *F 30*
IS: *NF 153*
PH: Nitrofurantoin [Ph. Eur. 5, Ph. Int. 4, USP 30]
PH: Nitrofurantoïne [Ph. Eur. 5]
PH: Nitrofurantoinum [Ph. Eur. 5, Ph. Int. 4]

Apo-Nitrofurantoina® (Apotex: PE)
Apo-Nitrofurantoin® (Apotex: CA, SG, VN)
Cleanbac® (Prati: BR)
Furabid® (Goldshield: NL)
Furadantina® (Boehringer Ingelheim: MX)
Furadantina® (Schering-Plough: AR)
Furadantine MC® (Pharma Logistics: BE)
Furadantine® (Goldshield: NL)
Furadantine® (Merck Lipha Santé: FR)
Furadantine® (Procter & Gamble: LU)
Furadantin® (Formenti: IT)
Furadantin® (GlaxoSmithKline: IN, ZA)
Furadantin® (Goldshield: AT, DE, GB, IE)
Furadantin® (Recip: IS, NO, SE)
Furadantin® (Sciele: US)
Furadantin® (Vifor: CH)
Furadantin® [vet.] (Goldshield: GB)
Furadoïne® (Merck Lipha Santé: FR)
Furantoin Leciva® (Zentiva: CZ)
Furantoina® (Uriach: CR, DO, ES, GT, HN, NI, PA, SV)
Furedan® (Scharper: IT)
Furil® (OFF: IT)
Furobactina® (Dexter: ES)
Furolin® (Farmanic: GR)
Infurin® (Hersil: PE)
Macrobid® (Goldshield: GB, IE)
Macrobid® (Procter & Gamble: CA, US)
Macrodantina® (Boehringer Ingelheim: CL, CO, MX)
Macrodantina® (Medifarma: PE)
Macrodantina® (Schering-Plough: BR)
Macrodantin® (Boehringer Ingelheim: PH)
Macrodantin® (Geymonat: IT)
Macrodantin® (GlaxoSmithKline: ZA)
Macrodantin® (Goldshield: GB, IE)
Macrodantin® (Pharmacia: AU)
Macrodantin® (Procter & Gamble: CA, US)
Macrodin® (Remedica: CY)
Macrosan® (Sanitas: CL)
Matidan® (Mintlab: CL)
Microdoïne® (Gomenol: FR)
Mytrocin® (Greater Pharma: TH)
Neo-Furadantin® (Formenti: IT)
Nephrotoin® (Opsonin: BD)
Nifurantin® (Abic: IL)
Nifurantin® (Apogepha: DE)
Nifurantin® (Medapa: CZ)
Nifuran® (Bamford: NZ)
Nifuretten® (Apogepha: DE)
Ninur® (Belupo: HR)
Nitrofurantoin Agepha® (Agepha: AT)
Nitrofurantoin Dak® (Nycomed: DK)
Nitrofurantoin SAD® (SAD: DK)
Nitrofurantoin Synco® (Synco: HK)
Nitrofurantoin-ratiopharm® (ratiopharm: DE, LU)
Nitrofurantoina Genfar® (Genfar: CO)
Nitrofurantoina L.CH.® (Chile: CL)
Nitrofurantoina Lch® (Ivax: PE)
Nitrofurantoina Macro® (Mintlab: CL)
Nitrofurantoina® (Bestpharma: CL)
Nitrofurantoina® (Farvet: PE)
Nitrofurantoina® (IFI: IT)
Nitrofurantoina® (Ivax: PE)
Nitrofurantoina® (Mintlab: CL)
Nitrofurantoina® (Pasteur: CL)
Nitrofurantoina® [vet.] (Farvet: PE)
Nitrofurantoine CF® (Centrafarm: NL)
Nitrofurantoine Gf® (Genfarma: NL)
Nitrofurantoine Merck® (Merck Generics: NL)
Nitrofurantoine PCH® (Pharmachemie: NL)
Nitrofurantoine Sandoz® (Sandoz: NL)
Nitrofurantoine® (Hexal: NL)
Nitrofurantoine® (Katwijk: NL)
Nitrofurantoinum® (Goldshield: NL)
Nitrofurantoin® (Alpharma: GB)
Nitrofurantoin® (Kent: GB)
Nitrofurantoin® (Mylan: US)
Nitrofurantoin® (Ranbaxy: US)
Nitrofurantoin® (Sandoz: US)
Nitrofurantoin® (Teva: US)
Nitrofurantoin® (Watson: US)
Nitrofurazone® [vet.] (Ranvet: AU)
Novo-Furantoin® (Novopharm: CA)
Piyeloseptyl® (Biofarma: BA, TR)
Ralodantin® (Pharmacia: AU)
Siraliden® (Medana: PL)
Spray Polyvalente® [vet.] (Amilcar: PT)
Uro-Tablinen® (Winthrop: DE)
Urodin® (Streuli: CH)
Urospasmon® [+ Sulfadiazine] (Heumann: DE)
Uvamin® (Mepha: AE, BH, CH, CR, CY, EC, EG, GT, HN, IL, JO, KW, LB, NI, OM, PA, QA, SA, SV)

Nitroglycerin

I: Nitroglicerina
D: Glyceroltrinitrat
F: Trinitrine

⚕ Vasodilator

CAS-Nr.: 0000055-63-0 — C_3-H_5-N_3-O_9, M_r 227.103

1,2,3-Propanetriol, trinitrate

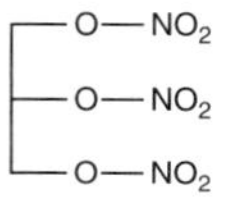

OS: *Nitroglycerin [JAN, USAN]*
OS: *Trinitrine [DCF]*
OS: *Glyceroltrinitrat []*
IS: *Nitromed*
IS: *DR 66*
IS: *Nitroglycerol*
PH: Glyceryl Trinitrate, Concentrated Solution [BP 2002]
PH: Nitroglicerina [F.U. XI]
PH: Nitroglycerin, Diluted [USP 30]
PH: Nitroglycerin Tablets [JP XIV, USP 28]
PH: trinitrine, Soluté de [Ph. Franç. IX]
PH: Glycerylis trinitratis compressi [Ph. Int. III]

Adesitrin® (Pharmacia: IT)
Amitacon® (Egis: TH)

Anginine® (GlaxoSmithKline: NZ)
Anginine® (Sigma: AU)
Angiolingual® (Royal Pharma: CL)
Angised® (GlaxoSmithKline: AE, BA, BD, BH, CY, HK, IL, IN, IR, JO, KW, LB, OM, QA, SG, SI, SY, TH, YE, ZA)
Angispan® (USV: IN)
Aquo-Trinitrosan® (Merck: DE)
Arsorb® (Sandoz: AU)
Corangin® (Novartis: DE)
Cordipatch® (Schwarz: FR)
Cordiplast® (Bayer: ES)
Cordiplast® (Cepa: ES)
Cordiplast® (Gebro: AT)
Coro-Nitro® (3M: DE)
Coro-Nitro® (Ayrton Saunders: GB)
Dauxona® (Northia: AR)
DBL Glyceryl Trinitrate® (Faulding/DBL: TH)
Deponit® (Adeka: TR, TR)
Deponit® (Altana: BE, NL)
Deponit® (AstraZeneca: AU)
Deponit® (Delphi: NL)
Deponit® (Dr. Fisher: NL)
Deponit® (Eureco: NL)
Deponit® (Eurim: AT)
Deponit® (Medcor: NL)
Deponit® (Schwarz: AT, CH, CN, CZ, DE, FI, GB, HK, IL, IT, LK, LU, MY, PE, PH, SG, US)
Dermatrans® (Bayer: IT)
Dermatrans® (Fides Ecopharma: ES)
Diafusor® (Gervasi: ES)
Diafusor® (Pierre Fabre: ES, FR)
Diafusor® (Schering-Plough: BE, LU)
Discotrine® (3M: DK, FR, IS)
Domitral® (Domesco: VN)
Enetege® (Fada: AR)
Epinitril® (Bouchara: FR)
Epinitril® (Delta: PT)
Epinitril® (Rottapharm: ES, IT)
Gen-Nitro® (Genpharm: CA)
Gepan Nitroglycerin® (Pharmapol: DE)
Glyceryl Trinitrate® (Alpharma: GB)
Glyceryl Trinitrate® (DBL/Faulding: BD)
Glyceryl Trinitrate® (Health Support Ltd: NZ)
Glyceryl Trinitrate® (Mayne: AU, GB, NZ)
Glyceryl Trinitrate® (Tempo: ID)
Glycerylnitrat SAD® (SAD: DK)
Glycerylnitrat® (Nycomed: NO)
Glytrin Spray® (AFT: NZ)
Glytrin Spray® (Bioglan: TH)
Glytrin Spray® (Sanofi-Aventis: GB, IE)
Glytrin® (Ayrton: NL)
Glytrin® (Meda: DK, SE)
Glytrin® (Pharmasol: SG)
Glytrin® (Sanofi-Aventis: GB, IE)
Glytrin® (Siam Bheasach: TH)
Glytrin® (Square: BD)
GTN® (Martindale: GB)
GTN® (Mayne: PT)
Herzer® (Nichiban: JP)
Isotor SR® (Popular: BD)
Keritrina® (Abbott: IT)
Lenitral® (Organon: NL)
Limitral® (Domesco: VN)
Lycinate® (Fawns & McAllan: AU)
Lycinate® (Healthcare Logistics: NZ)
Maycor Nitrospray® (Pfizer: CZ)
Millisrol® (Khandelwal: IN)
Millisrol® (Nippon Kayaku: JP)
MinitranS® (3M: DE)
Minitran® (3M: AR, AU, BE, CA, CH, CR, DE, DO, ES, FI, GB, GT, HN, IT, NL, NO, NZ, PA, SE, SV, US)
Minitran® (Darya-Varia: ID)
Myonit® (Troikaa: IN)
Myovin® (Cadila: IN)
Natispray® (Procter & Gamble: FR, LU)
Natispray® (Teofarma: IT)
Neos nitro OPT® (Optimed: DE)
Nidocard Retard® (Drug International: BD)
Niglinar® (ALM: PE)
Niglinar® (Rivero: AR)
Nirmin® (Zorka: RS)
Nit-Ret® (Slovakofarma: CZ)
Nitracor® (Pliva: PL)
Nitradisc® (Continental: LU)
Nitradisc® (Heumann: DE)
Nitradisc® (Pfizer: AR, BR, PT)
Nitradisc® (Pharmacia: AU, ES)
Nitraket® (3M: IT)
Nitrangin Isis® (Alpharma: DE)
Nitrangin® (Alpharma: DE)
Nitrek® (Bertek: US)
Nitriderm TTS® (Novartis: DE, FR)
Nitrilex® (Galena: CZ)
Nitrin SR® (Healthcare: BD)
Nitro Dur® (Ebewe: AT)
Nitro Dur® (Key: US)
Nitro Dur® (Schering: NL)
Nitro Dur® (Schering-Plough: AU, ES, HU, SI)
Nitro Dur® (Sigma Tau: IT)
Nitro Mack Retard® (Mack: AE, BH, CY, EG, ID, JO, KW, LB, OM, QA, SA, TH)
Nitro Mack Retard® (Pfizer: AT)
Nitro Mack® (Hameln: CZ)
Nitro Mack® (Mack: DE, ID, LU)
Nitro Mack® (Slovakofarma: CZ)
Nitro Pohl® (Pohl: CZ, DE, HU)
Nitro Pohl® (Sanova: AT)
Nitro Pohl® (Tramedico: NL)
Nitro Solvay® (Solvay: DE)
Nitro-Bid® (Aventis: AU)
Nitro-Bid® (Fougera: US)
Nitro-Dur® (Ebewe: AT)
Nitro-Dur® (Essex: CH)
Nitro-Dur® (Eureco: NL)
Nitro-Dur® (Key: CA, US)
Nitro-Dur® (Schering: AU)
Nitro-Dur® (Schering-Plough: AR, ES, GB, HK, IE, MX, NO, RS)
Nitro-Dur® (Sigma Tau: IT)
Nitro-Mack® (Galenica: GR)
Nitro-Mack® (Pfizer: AT)
Nitro-Pflaster-ratiopharm® (ratiopharm: DE)
Nitro-Pohl® (Pohl: NL)
Nitro-Time® (Time-Cap: US)
Nitrocap® (Orion: BD)
Nitrocard® (Aristopharma: BD)
Nitrocard® (Chema: PL)
Nitrocine® (Kremers-Urban: US)
Nitrocine® (Omnimed: ZA)

N

Nitrocine® (Pharos: ID)
Nitrocine® (Schwarz: GB, HK, IE, IL, LK, MY, SG, TH)
Nitrocontin® (Modi-Mundipharma: BD, IN, LK)
Nitrocor® (3M: CL)
Nitrocor® (Pharmstandart: RU)
Nitrocor® (Recordati: IT)
Nitroderm Matrix® (Novartis: ES)
Nitroderm TTS® (Gervasi: ES)
Nitroderm TTS® (Novartis: AR, AT, BE, BR, CH, CL, CR, DE, DO, ES, ET, GH, GT, HK, HN, HU, IL, IN, IT, KE, LU, LY, MT, MY, NG, NI, NZ, PA, PL, PT, RO, SD, SI, SV, TH, TR, TZ, ZW)
Nitrodom® (Dominguez: AR)
Nitrodyl® (Lavipharm: GR)
Nitrodyl® (Therabel: BE, LU)
Nitrogard® (Forest: US)
Nitrogesic® (Troikaa: IN)
Nitroglicerina Bioindustria Lim® (Bioindustria Lim: IT)
Nitroglicerina L.CH.® (Chile: CL)
Nitroglicerina PH&T® (PH&T: IT)
Nitroglicerina Richmond® (Richmond: AR)
Nitroglicerina® (Abbott: PE)
Nitroglicerina® (Biosano: CL)
Nitroglicerina® (Richmond: PE)
Nitroglicerina® (Sanderson: CL)
Nitroglicerina® (Volta: CL)
Nitroglicerin® (Srbolek: RS)
Nitroglicerină® (Zentiva: RO)
Nitroglicerol® (Bosnalijek: BA)
Nitroglycerin „Lannacher“® (Lannacher: AT)
Nitroglycerin AstraZeneca® (BioPhausia: SE)
Nitroglycerin Bioren® (Sintetica: CH)
Nitroglycerin Dak® (Nycomed: DK)
Nitroglycerin in 5% Dextrose Injection® (Baxter: CA)
Nitroglycerin in 5% Dextrose Injection® (Baxter Healthcare: US)
Nitroglycerin in 5% Dextrose Injection® (Braun: US)
Nitroglycerin Injection® (Abbott: US)
Nitroglycerin Injection® (American Regent: US)
Nitroglycerin Injection® (Baxter Hyland Immuno: US)
Nitroglycerin Injection® (Braun: US)
Nitroglycerin Recip® (Recip: SE)
Nitroglycerin Slocaps® (Eon: US)
Nitroglycerin Slovakofarma® (Slovakofarma: CZ)
Nitroglycerin Streuli® (Streuli: CH)
Nitroglycerin Transdermal System® (Hercon: US)
Nitroglycerin Transdermal System® (Mylan: US)
Nitroglycerine Amps® (Taro: IL)
Nitroglycerine® (Bipharma: NL)
Nitroglycerine® (Hexal: NL)
Nitroglycerinum® (Lek: PL)
Nitroglycerin® (Abbott: TR, US)
Nitroglycerin® (Alpharma: NO)
Nitroglycerin® (American Regent: US)
Nitroglycerin® (Baxter: US)
Nitroglycerin® (Braun: US)
Nitroglycerin® (Ethex: US)
Nitroglycerin® (SoloPak: US)
Nitroglycerin® (Teva: US)
Nitroglycerin® (United Research: US)
Nitroglyn® (Kenwood: US)
Nitroglyn® (Thiemann: DE)
Nitroject® (Sun: RU, TH)
Nitrolingual® (Aventis: AU)
Nitrolingual® (Codali: LU)
Nitrolingual® (Douglas: NZ)
Nitrolingual® (Farma-Tek: TR)
Nitrolingual® (First Horizon: US)
Nitrolingual® (Lavipharm: GR)
Nitrolingual® (Lubapharm: CH)
Nitrolingual® (Medis: BA, SI)
Nitrolingual® (Megapharm: IL)
Nitrolingual® (Merck: GB, IE)
Nitrolingual® (Merck Generics: ZA)
Nitrolingual® (Pohl: DE, DK, HR, HU, NL, NO, RS, SE, SG)
Nitrolingual® (Sanofi-Aventis: CA)
Nitrolingual® (Sanova: AT)
Nitrolingual® (Tramedico: BE, LU)
Nitrol® (Paladin: CA)
Nitrol® (Savage: US)
Nitromex® (Actavis: DK, FI)
Nitromex® (Alpharma: IS, NO, SE)
Nitromint® (Egis: BD, CZ, EG, HU, PL, RO, RU, SY, YE)
Nitromint® (Sanofi-Aventis: PT)
Nitromin® (Servier: IE)
Nitromin® (Teva: GB)
NitroMist® (NovaDel Pharma: US)
Nitronal-A® [inf.] (Lubapharm: CH)
Nitronalspray® (Pohl: FR)
Nitronal® (Douglas: NZ)
Nitronal® (Medinam: BD)
Nitronal® (Medis: SI)
Nitronal® (Megapharm: IL)
Nitronal® (Merck: GB, IE)
Nitronal® (Pohl: CH, DE, FR)
Nitrong® (Chemomedica: AT)
Nitrong® (Krka: SI)
Nitrong® (Lavipharm: GR)
Nitropack® [caps.] (Farmindustria: PE)
Nitropen® (Pharmanova: RS)
Nitroplast® (Lacer: ES)
Nitroquick® (Ethex: US)
Nitroretard Faran® (Faran: GR)
Nitrospray-ICN® (Pharmstandart: RU)
Nitrostad Retard® (Stada: VN)
Nitrostat® (Pfizer: CA, US)
Nitrostat® (Warner-Lambert: NL)
Nitrosylon® (Abbott: IT)
Nitrotab® (Able: US)
Nitrovas SR® (Popular: BD)
Nitroven® (Pohl: NO)
Nitro® (Orion: FI, RU)
Nysconitrine® (Therabel: BE, LU)
Pancoran® (Novartis: GR)
Percutol® (Pliva: GB)
Percutol® [vet.] (Pliva Animalhealth: GB)
Perganit® (AstraZeneca AB-S: IT)
Perlinganit Roztok® (Schwarz: CZ)
Perlinganit® (Adeka: TR)
Perlinganit® (Gebro: AT)
Perlinganit® (Schwarz: AT, CH, CZ, DE, FI, LU, PH, PL, RU)
Plastranit® (Jaba: PT)
Rectogesic® (Cellegy: AU, NZ, SG)

Rectogesic® (Clonmel: IE)
Rectogesic® (Prostrakan: DE)
Rectogesic® (ProStrakan: GB)
Rho-Nitro® (Sanofi-Aventis: CA)
Solinitrina® (Almirall: ES)
Solinitrina® (Berenguer Infale: ES)
Supranitrin® (Gap: GR)
Suscard Buccal® (Forest: GB)
Suscard Buccal® (Pharmax: AE, BH, CY, IE, JO, KW, MT, OM, PK, QA, YE)
Suscard® (AstraZeneca: SE)
Suscard® (Forest: GB, US)
Suscard® (Pharmax: IE)
Sustac® (Forest: GB)
Sustac® (Krka: HU, SI)
Sustac® (Pharmax: AE, BH, CY, IE, JO, KW, MT, OM, PK, QA, YE)
Sustonit® (Polfa Warshavskiy: RU)
Sustonit® (Polfa Warszawa: PL)
Top-Nitro® (Schering-Plough: IT)
Topi-Nitro® (Schering-Plough: LU)
Transderm-Nitro® (Novartis: CA, US)
Transiderm Nitro® (Novartis: AU, FI, GB, IE, NL, NO, SE)
Transiderm-Nitro® (Novartis: AU)
Transiderm® (Euro: NL)
Tridil® (Cristália: BR)
Tridil® (Faulding: US)
Tridil® (Sanofi-Synthelabo: ZA)
Trimonit® (Sanofi-Aventis: PL)
Trinipatch® (Fournier: BE, LU)
Trinipatch® (Megapharm: IL)
Trinipatch® (Novartis: CA)
Trinipatch® (Sanofi-Aventis: FR)
Trinipatch® (Sanofi-Synthelabo: GR, NL)
Trinipatch® (Vita Cientifica: ES)
Triniplas® (Novartis: IT)
Trinispray® (Sanofi-Synthelabo: ES)
Trinitrin Simplex Laleuf® (Sanofi: CH)
Trinitrina® (Acarpia-P: IT)
Trinitrine Merck® (Merck Génériques: FR)
Trinitrine Simple Laleuf® (Johnson & Johnson: FR)
Trinitrine Simple Laleuf® (Sanofi-Aventis: CH)
Trinitroglicerina Fabra® (Fabra: AR)
Trinitron® (Quesada: AR)
Trinitrosan® (Merck: DE, HR)
Trinitrosan® (Merck KGaA: RO)
Trocer® (Incepta: BD)
Venitrin® (3M Santé-F: IT)
Vernies® (Parke Davis: ES)
Will long® (Will: BE, LU)

Nitroscanate (Rec.INN)

L: Nitroscanatum
D: Nitroscanat
F: Nitroscanate
S: Nitroscanato

Anthelmintic

ATCvet: QP52AX01
CAS-Nr.: 0019881-18-6 C_{13}-H_8-N_2-O_3-S
M_r 272.287

Benzene, 1-isothiocyanato-4-(4-nitrophenoxy)-

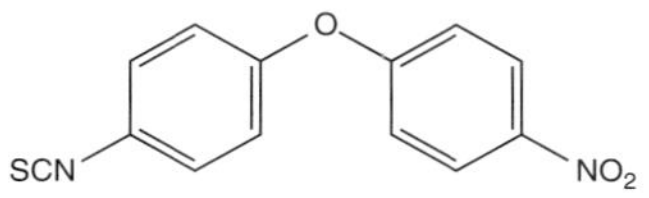

OS: *Nitroscanate [BAN, USAN]*
IS: *GS 23654*
IS: *CGA 23654*
IS: *Cantrodifene*

All in one wormer® [vet.] (Bob Martin: GB)
Cananthel® [vet.] (Stricker: CH)
Exil no Worm® [vet.] (Novartis: NL)
Lopatol® [vet.] (Asid Bonz: DE)
Lopatol® [vet.] (Novartis: BE, DK, FI, IE, LU, NL, NO, SE)
Lopatol® [vet.] (Novartis Animal Health: AT, GB, PT, ZA)
Lopatol® [vet.] (Novartis Santé Animale: FR)
Lopatol® [vet.] (Novartis Tiergesundheit: CH, DE)
Nitrosan® [vet.] (Novartis: NL)
One Dose Wormer® [vet.] (Sherley's: GB)
Ontowormtabeltten Hond® [vet.] (Novartis: NL)
Pet Care Single Dose Wormer® [vet.] (Sherley's: GB)
Scanil® [vet.] (Omega Pharma France: FR)
Skanitrol® [vet.] (Chanelle: NL)
Skanitrol® [vet.] (Schering-Plough Vet: PT)
Troscan® [vet.] (Agrovete: PT)
Troscan® [vet.] (Chanelle: GB, IE)
Troscan® [vet.] (Intervet: ZA)
Troscan® [vet.] (Richter: AT)
Troscan® [vet.] (Virbac: FR)
Wormtablet® [vet.] (Beaphar: NL)

Nitroxinil (Rec.INN)

L: Nitroxinilum
D: Nitroxinil
F: Nitroxinil
S: Nitroxinilo

Anthelmintic

CAS-Nr.: 0001689-89-0 C_7-H_3-I-N_2-O_3
M_r 290.021

Benzonitrile, 4-hydroxy-3-iodo-5-nitro-

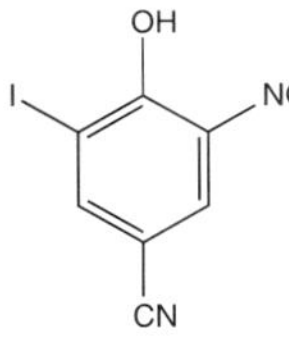

OS: *Nitroxinil [BAN, DCF, USAN]*
PH: Nitroxinil pour usage vétérinaire [Ph. Franç. X]
PH: Nitroxynil [BPvet 2002]

Deldrax® (Intervet: IE)
Dovenix® [vet.] (Merial: BE, FR, PT)
Nitavet® [vet.] (Balkanpharma: BG)
Trodax® [vet.] (Merial: GB)
Trodax® [vet.] (Vetem: IT)

– eglumine:
CAS-Nr.: 0027917-82-4

N

OS: *Nitroxinil Eglumine BANM*
IS: *M & B 10755 H*
IS: *Nitroxinil, comp. with N-ethylglucamine*
IS: *Nitroxynil Eglumine*

Trodax® [vet.] (Merial: AU, IE, ZA)

Nitroxoline (Prop.INN)

L: Nitroxolinum
I: Nitroxolina
D: Nitroxolin
F: Nitroxoline
S: Nitroxolina

Urinary tract antiseptic

ATC: J01XX07
ATCvet: QJ01XX07
CAS-Nr.: 0004008-48-4 C_9-H_6-N_2-O_3
M_r 190.16

8-Quinolinol, 5-nitro-

8-Hydroxy-5-nitrochinolin (IUPAC)

5-Nitro-8-quinolinol (WHO)

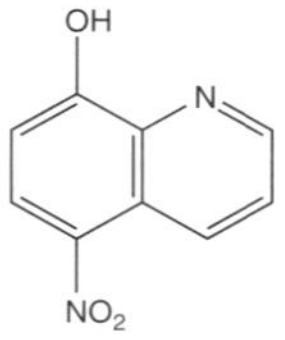

OS: *Nitroxoline [BAN, DCF, USAN]*
PH: Nitroxolinum [PhBs IV]

5-Nitrox® (Balkanpharma: BG)
5-Nitrox® (Pfizer: RU)
5-Nok® (Lek: GE, RU, SI)
Cysto-saar® (MIP: DE)
Nicene® (Al Pharm: ZA)
Nicene® (Chephasaar: DE)
Nitroxolin® (Balkanpharma: BG)
Nitroxolin® (Chephasaar: RS)
Nitroxolin® (Rosen: DE)

Nizatidine (Rec.INN)

L: Nizatidinum
I: Nizatidina
D: Nizatidin
F: Nizatidine
S: Nizatidina

Gastric secretory inhibitor
Histamine, H_2-receptor antagonist

ATC: A02BA04
CAS-Nr.: 0076963-41-2 C_{12}-H_{21}-N_5-O_2-S_2
M_r 331.47

1,1-Ethenediamine, N-[2-[[[2-[(dimethylamino)methyl]-4-thiazolyl]methyl]thio]ethyl]-N'-methyl-2-nitro-

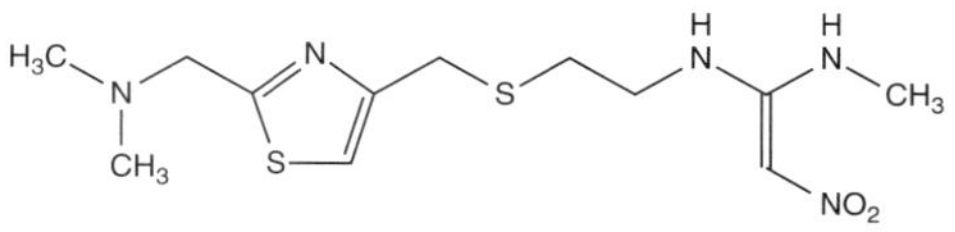

OS: *Nizatidine [BAN, DCF, JAN, USAN]*
OS: *Nizatidina [DCIT]*
IS: *LY 139037 (Lilly, USA)*
PH: Nizatidine [Ph. Eur. 5, USP 30]
PH: Nizatidinum [Ph. Eur. 5]
PH: Nizatidin [Ph. Eur. 5]

Acinon® (Zeria: JP)
Antizid® (Lilly: ZA)
Apo-Nizatidine® (Apotex: AN, BB, BM, BS, CA, GY, HT, JM, KY, SR, TT)
Axid® (Farmoquimica: BR)
Axid® (Flynn: GB, IE)
Axid® (GlaxoSmithKline: PH)
Axid® (Lilly: AT, CZ, ET, HK, ID, KE, PE, TH, TR, TZ, UG, US)
Axid® (Norgine: NL)
Axid® (Pharmascience: CA)
Axid® (Reliant: US)
Axid® (Wyeth: US)
Axid® [vet.] (Lilly: GB)
Cronizat® (Caber: IT)
Distaxid® (Norgine: ES, ES)
Flexidon® (Cosmopharm: GR)
Gen-Nizatidine® (Genpharm: CA)
Izatax® (Sandoz: DK)
Naxidine® (Lilly: NL)
Naxidin® (Praxico: HU)
Nizalap® (LAM: DO)
Nizatidin Actavis® (Actavis: DK)
Nizatidine Novexal® (Novexal: GR)
Nizatidine PCH® (Pharmachemie: NL)
Nizatidine® (Eon: US)
Nizatidine® (Genpharm: US)
Nizatidine® (Hexal: NL)
Nizatidine® (Mylan: US)
Nizatidine® (Watson: US)
Nizatidine® (Zenith Goldline: US)
Nizatidin® (VIM Spectrum: RO)
Nizaxid® (Lilly: LU)
Nizaxid® (Norgine: FR)
Nizaxid® (Prospa: PT)
Nizax® (Actavis: DK)
Nizax® (Lilly: DE)
Nizax® (Teofarma: IT)
Nizotin® (Sicomed: RO)
Novo-Nizatidine® (Novopharm: CA)
Ozeltan® (Help: GR)
Panaxid® (Norgine: LU)
PMS-Nizatidine® (Pharmascience: CA)
Tazac® (Aspen: AU)
Ulxit® (Sandoz: AT)

Nizofenone (Rec.INN)

L: Nizofenonum
D: Nizofenon
F: Nizofenone
S: Nizofenona

Nootropic
Vasodilator, cerebral

ATC: N06BX10
CAS-Nr.: 0054533-85-6 C_{21}-H_{21}-Cl-N_4-O_3
M_r 412.889

Methanone, (2-chlorophenyl)[2-[2-[(diethylamino)methyl]-1H-imidazol-1-yl]-5-nitrophenyl]-

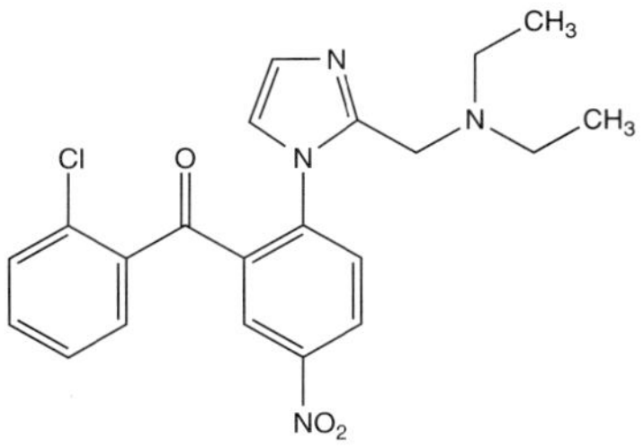

OS: *Nizofenone [USAN]*
IS: *Y 9179 (Yoshitomi, Japan)*

– fumarate:

OS: *Nizofenone Fumarate JAN*
IS: *Midafenone fumarate*

Ekonal® (Mitsubishi: JP)

Nomegestrol (Rec.INN)

L: Nomegestrolum
I: Nomegestrolo
D: Nomegestrol
F: Nomegestrol
S: Nomegestrol

Progestin

ATC: G03DB04
CAS-Nr.: 0058691-88-6 C_{21}-H_{28}-O_3
M_r 328.455

17-Hydroxy-6-methyl-19-norpregna-4,6-diene-3,20-dione

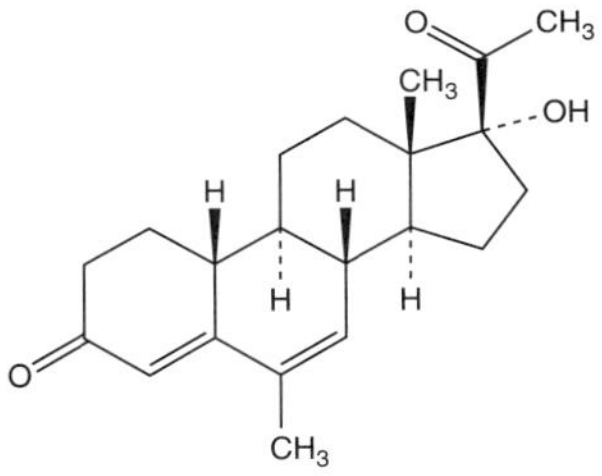

OS: *Nomégestrol [DCF]*
OS: *Nomegestrol [BAN, USAN]*

– acetate:

CAS-Nr.: 0058652-20-3
OS: *Nomegestrol Acetate BANM*
PH: Nomegestrol Acetate Ph. Eur. 5
PH: Nomegestrolacetat Ph. Eur. 5
PH: Nomegestroli acetas Ph. Eur. 5
PH: Nomégestrol (acétate de) Ph. Eur. 5

Lutenil® (Merck: BR)
Lutenyl® (Merck: AR, BE, CL, CO, HK, ID, PE, TR)
Lutenyl® (Theramex: IT, PL)
Lutenyl® (Théramex: BF, BJ, CG, CI, CM, CZ, GA, GN, MG, ML, MR, MU, NE, RO, SN, TD, TG)
Lutényl® (Théramex: MC)

Nonacog Alfa (Rec.INN)

L: Nonacogum alfa
I: Nonacog alfa
D: Nonacog alfa
F: Nonacog alfa
S: Nonacog alfa

Hemostatic agent
Blood-coagulation factor

ATC: B02BD09
CAS-Nr.: 0113478-33-4

Blood-coagulation factor IX (synthetic human) [USAN]

Blood-coagulation factor IX (human), glycoform alpha [WHO]

OS: *Nonacog Alfa [BAN, USAN, DCI]*
IS: *Nonacog alfa (recombinant coagulation factor IX)*
IS: *Blood Coagulationfactor lX (human)*
IS: *rDNA iX*
IS: *Plasma Thromboplastin Component (PTC)*
IS: *PTC*
IS: *Christmas Factor*
IS: *Antihaemophilic globulin*
IS: *Autothrombin II*
IS: *Recombinant coagulation factor IX*
PH: Human coagulation factor IX [Ph. Eur. 4]

Aimafix D.I.® (Kedrion: RS)
Aimafix D.I.® (Onko-Koçsel: TR)
Aimafix® (Biosano: CL)
Aimafix® (Kedrion: BA, GE, IT, RS)
Aimafix® (Pharma Riace: RU)
AlphaNine® (Alpha: IT)
AlphaNine® (Grifols: BD, DE, HK, NL, SG, TH, US)
Bebulin® (Baxter: US)
BeneFIX® (Baxter: BE, DE, ES, FI, FR, GB, GR, IE, NL, SE)
BeneFIX® (Genetics: US)
BeneFIX® (Wyeth: AT, AU, BR, CA, CH, CL, CO, CZ, DK, IS, IT, LU, NO, NZ)
Berinin HS® (CSL Behring: CH)
Berinin HS® (ZLB Behring: DE)
Berinin P® (Aventis: AR)
Berinin P® (ZLB Behring: ES)
Berinin-P® (Farma-Tek: TR)
Berinin-P® (Plazmed: HU)
Betafact® (Er-Kim: TR)
Betafact® (L.F.B.: LU)
Betafact® (Lab Français du Fractionnement: FR, NL)
Betafact® (Omrix: IL)
Betafact® (Vianex: GR)
Blaucoagulation IX® (Blausiegel: BR)
Facteur IX® (CAF-DCF: BE)
Factor IX Biotest® (Biotest: DE)
Factor IX Grifols® (Grifols: ES)
Factor IX P Behring® (Baxter: NL)
Faktor IX „SSI"® (Statens Serum Institut: IS)
Faktor IX SDN® (Biotest: AT, DE)
Hemoleven® (Lab Français du Fractionnement: FR)
HT Defix® (SNBTS: GB)
Humafactor-9® (Teva: HU)
Immunine Stim Plus® (Baxter: ES)
Immunine Stim Plus® (Baxter BioScience: DE)

N

Immunine® (Baxter: AR, AT, CH, CZ, HR, HU, PL, RS, SE)
Immunine® (Baxter-A: IT)
Immunine® (Eczacibasi Baxter: TR)
Immunine® (Immuno: BR)
Immunonine® (Baxter: NL)
MonoFIX-VF® (CSL: AU, NZ)
Mononine® (Aventis: AR)
Mononine® (Farma-Tek: TR)
Mononine® (Gerolymatos: GR)
Mononine® (ZLB Behring: BE, CA, DE, ES, FR, GB, IT, LU, NL, SE, SI, US)
Nanotiv® (Octapharma: ES, HR, NL, NO, SE)
Nonafact® (Sanquin: FI, LU, NL)
Octanine-F® [inj.] (Berk: TR)
Octanine-F® [inj.] (Octapharma: RU)
Octanine® (Nycomed: LU)
Octanine® (Octapharm: BE)
Octanine® (Octapharma: AT, BA, CH, CZ, DE, RS, TH)
Octanine® (ZRSTK: SI)
Profilnine® (Alpha: TH)
Profilnine® (Grifols: BD, HK, SG, US)
Proplex® (Baxter: IL, US)
Replenine® (Bio Products: SG)
Replenine® (BPL: GB)
Replenine® (Galenica: GR)
Replenine® (Kamada: IL)
Replenine® (Sodhan: TR)

Nonivamide (Rec.INN)

L: Nonivamidum
D: Nonivamid
F: Nonivamide
S: Nonivamida

Analgescic, external
Hyperemic agent

CAS-Nr.: 0002444-46-4 — C_{17}-H_{27}-NO_3, M_r 231.403

Nonanamide, N-[(4-hydroxy-3-methoxyphenyl)methyl]-

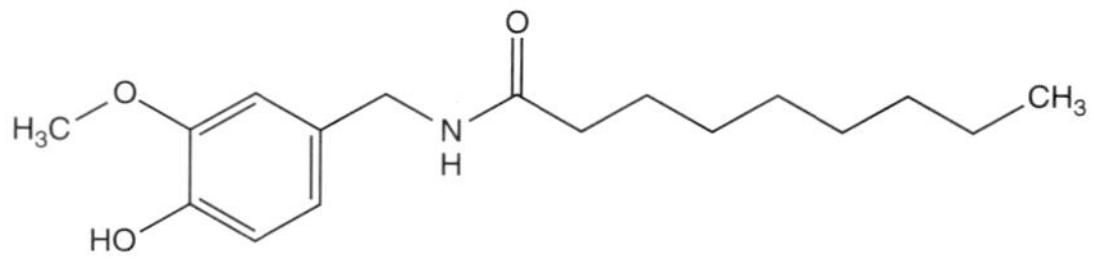

OS: *Nonivamide [DCF, USAN]*
IS: *Pseudocapsaicin*

ABC Nonivamid Hydrogel Wärme-Pflaster® (Beiersdorf: AT)
Hansaplast® (Beiersdorf: DE)

Nonoxinol (Rec.INN)

L: Nonoxinolum
I: Nonoxinolo
D: Nonoxinol
F: Nonoxinol
S: Nonoxinol

Contraceptive, spermicidal agent

CAS-Nr.: 0027986-36-3

Polyethylene glycol mono(p-nonylphenyl) ether

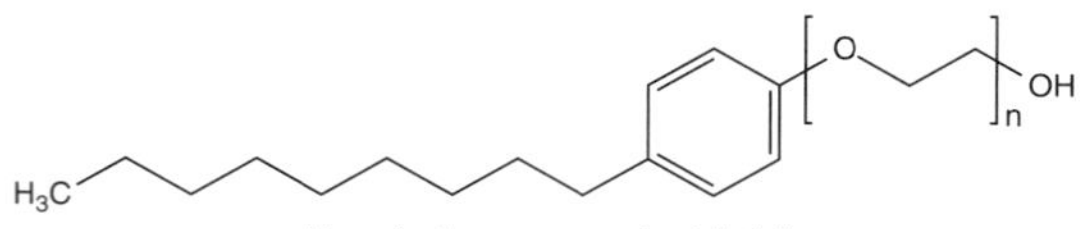

Nonoxinol x: x = approximately "n"

OS: *Nonoxinol [BAN, DCF]*
OS: *Nonoxinolo [DCIT]*
OS: *Nonoxynol [USAN]*
IS: *Cremophor NP 10*

Advantage® [vet.] (Wellspring: CA)
C-Film Lucchini® (Geymonat: IT)
C-Film Lucchini® (Luccini: BG)
Norforms® (Boehringer Ingelheim: CO)
Patentex Oval® (Medipharm: SI)
Patentex Oval® (Medra: AT)
Patentex Oval® (Merz: BG, HK, PL, RS, RU)
Patentex Oval® (Patentex: DE, LU)
Rendells® (Prisfar: PT)

– Nonoxinol 9:

CAS-Nr.: 0026027-38-3
OS: *Nonoxynol 9 USAN*
PH: Nonoxynol 9 USP 30
PH: Nonoxinolum 9 Ph. Eur. 5, Ph. Int. 4
PH: Nonoxinol 9 Ph. Eur. 5, Ph. Int. 4

Calgodip® [vet.] (Lactipar: CH)
Delfen® (Ethnor: IN)
Delfen® (Janssen: AE, AT, AU, BG, CY, CZ, EG, JO, LB, MT, SY, YE, ZA)
Glovan® (Teva: IL)
Gynol II® (Janssen: NZ)
Gynol II® (Ortho: US)
Gynol Plus® (Janssen: IS)
Impidol® (Andromaco: CL)
Impidol® (Silesia: PE)
Lorophyn® (Medifarma: PE)
Lorophyn® (Schering-Plough: AR)
Ortho-Creme® (Janssen: AU, GB)
Orthoforms® (Janssen: GB)
Patentex® (Medra: AT)
Patentex® (Merz: CZ, FI, HU)
Patentex® (Patentex: DE, LU)
Profilac Dip N® [vet.] (Westfalia: CH)
Secural® (SecFarm: PL)
Syn-A-Gen® (Vifor: CH)
Yadalan® (Llorente: ES)

Nordazepam (Rec.INN)

L: Nordazepamum
I: Nordazepam
D: Nordazepam
F: Nordazépam
S: Nordazepam

⚕ Tranquilizer

ATC: N05BA16
CAS-Nr.: 0001088-11-5 C_{15}-H_{11}-Cl-N_2-O
M_r 270.723

2H-1,4-Benzodiazepin-2-one, 7-chloro-1,3-dihydro-5-phenyl-

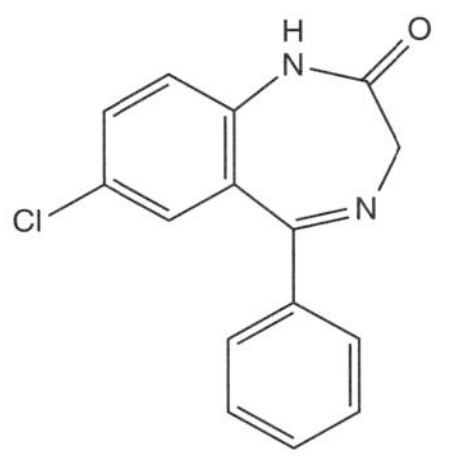

OS: *Nordazépam [DCF]*
OS: *Nordazepam [DCIT, USAN]*
IS: *Desmethyldiazepam*
IS: *Nordiazepam*
IS: *A 101*
IS: *Ro 5-2180*

Calmday® (Will: BE, LU, NL)
Madar® (Teofarma: IT)
Nordaz® (Bouchara: FR, LU, SG)
Tranxilium N® (Sanofi-Synthelabo: DE)

Norepinephrine (Rec.INN)

L: Norepinephrinum
I: Noradrenalina
D: Norepinephrin
F: Norépinéphrine
S: Norepinefrina

⚕ α-Sympathomimetic agent

ATC: C01CA03
CAS-Nr.: 0000051-41-2 C_8-H_{11}-N-O_3
M_r 169.186

1,2-Benzenediol, 4-(2-amino-1-hydroxyethyl)-, (R)-

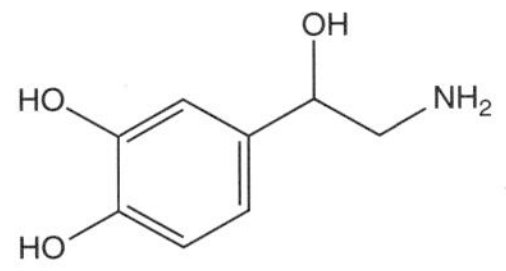

OS: *Noradrenaline [BAN, DCF]*
OS: *Norepinephrine [BAN]*
OS: *Noradrenalina [DCIT]*
IS: *Levarterenol*
PH: Noradrénaline [Ph. Franç. IX]
PH: Norepinephrine [JP XIV]
PH: Noradrenalini solutio iniectabilis [Ph. Helv. 8]

Noradrenalin SAD® (SAD: DK)
Norepinefrina Northia® (Northia: AR)
Norepinefrina® [inj.] (Abbott: PE)
Rhinopront® (Mack: LU)

– hydrochloride:

CAS-Nr.: 0000329-56-6
OS: *Norepinephrine Hydrochloride BANM*
OS: *Noradrenaline Hydrochloride BANM*
PH: Norepinephrinhydrochlorid Ph. Eur. 5
PH: Noradrenalini hydrochloridum Ph. Eur. 5
PH: Noradrenaline Hydrochloride Ph. Eur. 5
PH: Noradrénaline (chlorhydrate de) Ph. Eur. 5

Arterenol® (Sanofi-Aventis: DE)
Noradrenalin Leciva® (Leciva: CZ)

– tartrate:

CAS-Nr.: 0069815-49-2
OS: *Noradrenaline Acid Tartrate BANM*
OS: *Norepinephrine Bitartrate USAN*
OS: *Norepinephrine Acid Tartrate BANM*
IS: *Noradrenalinium tartaricum*
IS: *Noradrenaline Acid Tartrate*
IS: *Norepinephrine Acid Tartrate*
PH: Levarterenoli Bitartras Ph. Int. II
PH: Noradrénaline (tartrate de) Ph. Eur. 5
PH: Noradrenalini tartras Ph. Eur. 5
PH: Norepinephrine Bitartrate USP 30
PH: Norepinephrinhydrogentartrat Ph. Eur. 5
PH: Noradrenaline tartrate Ph. Eur. 5

Adine® (Chile: CL)
Adrenor® (Llorens: ES)
Adrenor® (Samarth: IN)
Fioritina® (Fada: AR)
Levonor® (Polfa Warszawa: PL)
Levophed® (Abbott: AU, BE, ID, LU, PE, PH, TH)
Levophed® (CTS: IL)
Levophed® (Hospira: CA, IE, US)
Levophed® (InterMed Medical Ltd: NZ)
Levophed® (Sanofi-Synthelabo: AE, BH, CY, EG, JO, KW, LB, OM, QA, SA)
Noradrenalina Biol® (Biol: AR)
Noradrenalina Braun® (Braun: ES, PT)
Noradrenalina Concentrato® (Fresenius: IT)
Noradrenalina Concentrato® (Galenica: IT)
Noradrenalina Concentrato® (Monico: IT)
Noradrenalina Concentrato® (Salf: IT)
Noradrenalina Richet® (Richet: AR)
Noradrenaline Sintetica® (Sintetica: CH)
Noradrenaline® (Abbott: GB)
Noradrénaline tartrate Aguettant® (Aguettant: FR)
Noradrénaline tartrate Renaudin® (Renaudin: FR)
Norepinefrina® (Bestpharma: CL)
Norepinefrine CF® (Centrafarm: NL)
Norepinephrine Bitartrate® (Bedford: US)
Norepinephrine Bitartrate® (Ben Venue: IL)
Norepinephrine Bitartrate® (Pharmaforce: US)
Norepinephrine Bitartrate® (Sicor: US)
Pridam® (Pisa: MX)
Vascon® (Fahrenheit: ID)

Norethandrolone (Rec.INN)

L: Norethandrolonum
D: Norethandrolon
F: Noréthandrolone
S: Noretandrolona

Androgen
Anabolic

ATC: A14AA09
CAS-Nr.: 0000052-78-8 C_{20}-H_{30}-O_2
M_r 302.46

19-Norpregn-4-en-3-one, 17-hydroxy-, (17α)-

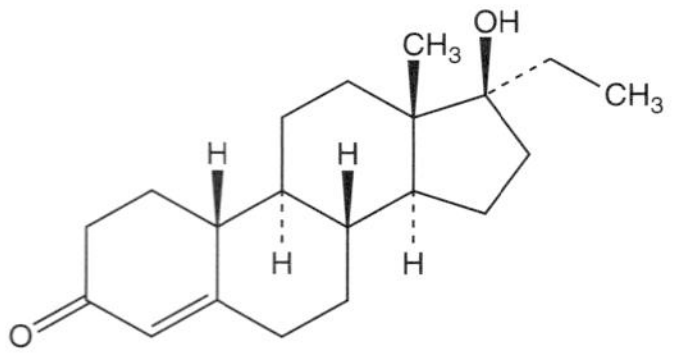

OS: *Norethandrolone [BAN, DCF, USAN]*
IS: *17 ENT*
IS: *Ethylnortestosterone*
IS: *CB 8022*
PH: Noretandrolone [F.U. IX]
PH: Norethandrolone [BP 1980, NF XIII]

Nilevar® (Pharmion: FR)

Norethisterone (Prop.INN)

L: Norethisteronum
I: Noretisterone
D: Norethisteron
F: Noréthistérone
S: Noretisterona

Progestin

ATC: G03AC01,G03DC02
CAS-Nr.: 0000068-22-4 C_{20}-H_{26}-O_2
M_r 298.428

19-Norpregn-4-en-20-yn-3-one, 17-hydroxy-, (17α)-

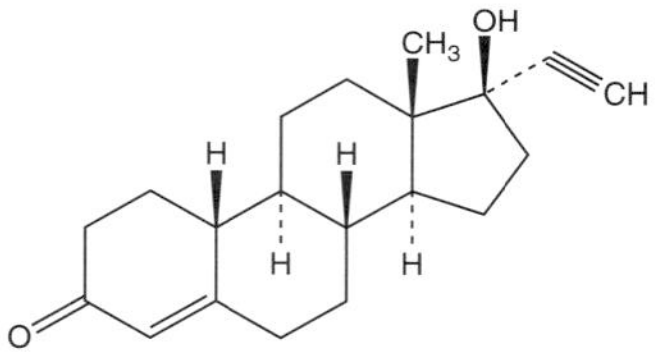

OS: *Norethisterone [BAN, DCF, JAN]*
OS: *Noretisterone [DCIT]*
OS: *Norethindrone [USAN]*
IS: *Ethinylnortestosterone*
IS: *Norpregneninolone*
IS: *LG 202*
IS: *Norethindrone USA (AHFS)*
PH: Norethindrone [USP 30]
PH: Norethisteron [Ph. Eur. 5]
PH: Norethisterone [JP XIV, Ph. Eur. 5, Ph. Int. 4]
PH: Norethisteronum [Ph. Eur. 5, Ph. Int. 4]
PH: Noréthistérone [Ph. Eur. 5]

Aminor® (Hikma: AE, BH, EG, IQ, JO, KW, LB, LY, OM, QA, SA, SD, SY, TN, YE)
Conludag® (Pfizer: NO)
Cycloreg® (Jagson Pal: IN)
Depocon® (Duopharma: BD)
Fortilut® (Gap: GR)
Locilan 28 Day® (Pharmacia: AU)
Megestran® (Sigma: BR)
Micro-Novum® (Janssen: ZA)
Micronor® (Janssen: AE, AU, BR, BR, CA, EG, GB, JO, LB, MT, SY, YE)
Micronor® (Ortho: US)
Micronovum® (Janssen: AT, CH, DE)
Mini-Pe® (Pfizer: DK, SE)
Mini-Pill® (Pfizer: FI)
Nor-Q.D.® (Watson: US)
Norcolut® (Gedeon Richter: BD, HU, SG, VN)
Norcolut® (Medimpex: BB, JM, TT)
Norcutin® (Duopharma: BD)
Norelut® (Dexa Medica: ID)
Norestin® (Biolab: BR)
Norethisteron CF® (Centrafarm: NL)
Norethisterone Beacons® (Beacons: SG)
Norethisterone® (Remedica: CY)
Norethisterone® (Sandoz: GB)
Norethisterone® (Wockhardt: GB)
Noriday 28® (Pfizer: NZ)
Noriday 28® (Pharmacia: AU)
Noriday Orifarm® (Pfizer: DK)
Noriday® (Pfizer: GB, IE)
Primolut N® (Bayer: CH)
Primolut N® (German Remedies: IN)
Primolut N® (Schering: AE, AT, AU, BH, CY, DE, EG, GB, ID, IE, IQ, IS, JO, KW, LB, LK, LY, NL, NO, NZ, OM, PH, QA, SA, SD, TH, VN, YE, ZA)
Primolut® (Schering: FI, SG)
Regumen® (Sanbe: ID)
Steron® (West-Coast: TH)
Utovlan® (Pfizer: GB)

– **17β-acetate:**
CAS-Nr.: 0000051-98-9
OS: *Norethisterone Acetate BANM*
IS: *SH 420*
IS: *Norethindrone Acetate USA (AHFS)*
PH: Norethindrone Acetate USP 30
PH: Norethisterone Acetate Ph. Eur. 5, Ph. Int. 4
PH: Norethisteroni acetas Ph. Eur. 5, Ph. Int. 4
PH: Norethisteronacetat Ph. Eur. 5
PH: Noréthistérone (acétate de) Ph. Eur. 5

Aygestin® (Duramed: US)
Gestakadin® (Kade: DE)
Milligynon® (Schering: DE, FR)
Norethindrone Acetate® (Barr: US)
Norethisteron Jenapharm® (Jenapharm: DE)
Norethisteron Slovakofarma® (Slovakofarma: CZ)
Norlutate® (Parke Davis: US)
Primolut N® (Schering: AT, TR)
Primolut N® (Schering-Plough: IL)
Primolut-Nor® (Schering: AE, AR, AT, BE, BF, BH, BJ, BR, CF, CG, CI, CL, CM, CO, CY, CZ, DE, EC, EG, ES, FI, FR, GA, GR, HR, IL, IQ, IT, JO, KW, LB, LU, LY, MG, ML, MR, MU, NE, OM, PL, PT, QA, RS, SA, SD, SE, SI, SN, TD, TG, YE)
Primolut-Nor® (Schering-D: IT)

Primosiston® (Schering: AT, BR)
Selectan® (Schering: AR)
Sovel® (Novartis: DE)
Styptin® (German Remedies: IN)

– enantate:

CAS-Nr.: 0003836-23-5
OS: *Norethisterone Enantate BANM*
IS: *ENTO*
IS: *Norethisterone heptanoate*
IS: *SH 393 (Schering, Germany)*
PH: Norethisteroni enantas Ph. Int. 4
PH: Norethisterone Enantate Ph. Int. 4

Noristerat® (German Remedies: IN)
Noristerat® (Schering: DE, GB, MX, PH, TH)
Nur-Isterate® (Schering: ZA)

Norfenefrine (Rec.INN)

L: Norfenefrinum
I: Norfenefrina
D: Norfenefrin
F: Norfénéfrine
S: Norfenefrina

α-Sympathomimetic agent

ATC: C01CA05
CAS-Nr.: 0000536-21-0 C_8-H_{11}-N-O_2
M_r 153.186

Benzenemethanol, α-(aminomethyl)-3-hydroxy-

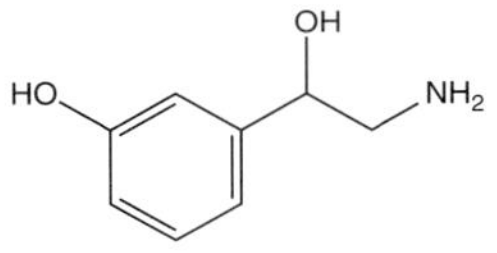

OS: *Norfenefrina [DCIT]*
OS: *Norfenefrine [USAN]*
IS: *Hydroxyphenylethanolamine*
IS: *Nor-Phenylephrine*
IS: *Norfenefrinum*

– hydrochloride:

CAS-Nr.: 0015308-34-6
OS: *Norfenefrine Hydrochloride JAN*

A.S. COR® (Sanfer: MX)
Norfenefrin Ziethen® (Ziethen: DE)
Norfenefrin-ratiopharm® (ratiopharm: DE)
Novadral® (Eczacibasi: TR)
Novadral® (Gödecke: DE)
Novadral® (Interchemia: CZ)
Novadral® (Pfizer: AT, CH)

Norfloxacin (Rec.INN)

L: Norfloxacinum
I: Norfloxacina
D: Norfloxacin
F: Norfloxacine
S: Norfloxacino

Antibiotic, gyrase inhibitor

ATC: J01MA06,S01AX12
CAS-Nr.: 0070458-96-7 C_{16}-H_{18}-F-N_3-O_3
M_r 319.35

3-Quinolinecarboxylic acid, 1-ethyl-6-fluoro-1,4-dihydro-4-oxo-7-(1-piperazinyl)-

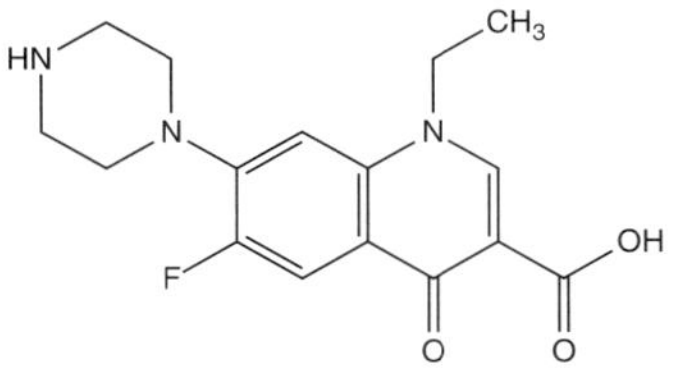

OS: *Norfloxacin [BAN, JAN, USAN]*
OS: *Norfloxacine [DCF]*
OS: *Norfloxacina [DCIT]*
IS: *AM 715 (Kyorin, Japan)*
IS: *MK 0366*
PH: Norfloxacin [JP XIV, Ph. Eur. 5, USP 30]
PH: Norfloxacinum [Ph. Eur. 5]
PH: Norfloxacine [Ph. Eur. 5]

Alenbit® (Chrispa: GR)
Ambigram® (Bussié: CO, DO, GT, HN, PA, SV)
Amicrobin® (Quimifar: ES)
Ampliron® [compr.] (Roemmers: PE)
Apirol® (Merck Sharp & Dohme: IL)
Apo-Norflox® (Apotex: AN, BB, BM, BS, CA, GY, HT, JM, KY, SR, TT)
Arrow Norfloxacin® (Arrow: NZ)
Azo Uroflam® [caps.] (Sherfarma: PE)
B.G.B Norflox® (Pond's: TH)
Baccidal® (Abbott: ES)
Baccidal® (Kyorin: JP)
Bacteriotal® (Mediproducts: GT, NI, SV)
Bactracid® (Apogepha: DE)
Barazan® (Teofarma: DE)
Bexinor® (Beacons: SG)
Bio Tarbun® (Duncan: AR)
Biofloxin® (Biochem: IN)
Chibroxine® (Merck: PE)
Chibroxine® (Merck Sharp & Dohme: LK)
Chibroxine® (Théa: FR)
Chibroxin® (Merck: AE, BH, CY, EG, IQ, IR, JO, KW, LB, OM, PE, QA, SA, SD, SY, US, YE)
Chibroxin® (Merck Sharp & Dohme: BR, CR, GT, HN, NI, PA, SV)
Chibroxin® (Pharm Supply: PL)
Chibroxin® (Thea: DE, ES)
Chibroxol® (Thea: BE, LU, NL, PT)
CO Norfloxacin® (Cobalt: CA)
Constilax® (Bros: GR)
Diperflox® (Francia: IT)
Effectsal® (Shin Poong: SG)
Epinor® (E.I.P.I.C.O.: RO)
Esclebin® (Alacan: ES)
Esclebin® (Chiesi: ES)

N

Fada Norfloxacina® (Fada: AR)
Firin® (Schwarz: DE)
Flossac® (Caber: IT)
Floxacin® (Medix: CR, DO, GT, HN, MX, NI, PA, SV)
Floxacin® (Stada: AT)
Floxamicin® (Biotenk: AR)
Floxatral® (Austral: AR)
Floxatrat® (Luper: BR)
Floxen® (Ebewe: HK)
Floxinol® (Millet Roux: BR)
Floxin® (Be-Tabs: ZA)
Flox® (Hexal: BR)
Fluseminal® (Anfarm: GR)
Fluseminal® (Anfarm Hellas: RO)
Foxgoria® (Nida: SG)
Foxinon® (M & H: TH)
Foxin® (Pharmaland: TH)
Fulgram® (Istituto Biologico Chem.: IT)
Fulgram® (Labomed: CL)
GenRX Norfloxacin® (GenRX: AU)
Gonorcin® (General Drugs House: TH)
Grenis® (Genepharm: GR, PE, RO)
Gyrablock® (Medochemie: BH, CY, CZ, IQ, JO, OM, SD, SG, SK, YE)
H-Norfloxacin® (Helcor: RO)
Insensye® (Merck Sharp & Dohme: AU)
Janacin® (Biolab: HK, TH)
Lemorcan® (Leovan: GR)
Lexfor® (Thai Nakorn Patana: TH)
Lexiflox® (Duopharma: HK)
Lexinor® (AstraZeneca: ID, PH, SE, TH)
Lorcamin® (Coup: GR)
Loxone® (Brown & Burk: LK)
Loxone® (Cosma: TH)
M-Flox® (Millimed: TH)
Manoflox® (March: TH)
Memento NF® (Merck: AR)
Menorox® [vet.] (Ceva: ZA)
Microxin® (Rayere: MX)
Myfloxin® (Greater Pharma: TH)
N-Flox® [tab.] (LCG: PE)
Naflox® (Farmigea: IT)
Nalion® (Elan: ES)
Nalion® (Sandoz: ES)
Nalion® (Vita: ES)
Nefrixine® (Hisubiette: CO)
Negaflox® (Cadila: ER, ET, KE, LK, NG, TZ, UG, ZM, ZW)
Noflo® (Banyu: JP)
Nofocin® (Srbolek: RS)
Nolicin® (Krka: BA, CZ, HR, HU, PL, RO, RS)
Nolicin® (KRKA: RU)
Nolicin® (Krka: SI)
Noprose® (California: CO)
Noracin® (Bosnalijek: BA)
Noracin® (Chew Brothers: TH)
Norax® (United Pharmaceutical: AE, BH, IQ, JO, LY, OM, QA, SA, SD, YE)
Norbactin® (Ranbaxy: LK, PE, SG, TH)
Norbactin® (Solus: IN)
Norcin Utopian® (Utopian: TH)
Norcin® (Forty-Two: TH)
Norfacin® (Shreya: RU)
Norfcin® (SM Pharm: TH)
Norfen® (Cadila: ER, ET, KE, NG, TZ, UG, ZM, ZW)
Norfloaxacin Heumann® (Heumann: DE)
Norflocin-Mepha® (Mepha: CH)
Norflocin® (Polipharm: TH)
Norflogen® (Genamerica: EC)
Norflohexal® (Hexal: AU, DE)
Norflok® (Inkeysa: ES)
Norflol® (Oriental: AR)
Norflosal® (TAD: DE, LU)
Norflostad® (Eurogenerics: LU)
norflox von ct® (CT: DE)
Norflox-1A Pharma® (1A Pharma: DE)
Norflox-AZU® (Azupharma: DE)
Norflox-Sandoz® (Sandoz: DE)
Norfloxacin AbZ® (AbZ: DE)
Norfloxacin Adico® (Adico: CH)
Norfloxacin AL® (Aliud: DE)
Norfloxacin Helvepharm® (Helvepharm: CH)
Norfloxacin Heumann® (Heumann: DE)
Norfloxacin Krka® (Krka: SE)
Norfloxacin ratiopharm® (Ratiopharm: AT)
Norfloxacin ratiopharm® (ratiopharm: DE)
Norfloxacin ratiopharm® (Ratiopharm: FI)
Norfloxacin ratiopharm® (ratiopharm: HU)
Norfloxacin Sandoz® (Sandoz: AT, CH, FI, SE)
Norfloxacin Stada® (Stada: SE)
Norfloxacin Stada® (Stadapharm: DE)
Norfloxacin-acis® (acis: DE)
Norfloxacin-K® (Krka: HU)
Norfloxacin-Ratiopharm® (Ratiopharm: BE)
Norfloxacin-Ratiopharm® (ratiopharm: LU)
Norfloxacin-Teva® (Teva: CH)
Norfloxacina ABC® (ABC: IT)
Norfloxacina Craveri® (Craveri: AR)
Norfloxacina EG® (EG: IT)
Norfloxacina Fabra® (Fabra: AR)
Norfloxacina Jet® (Jet: IT)
Norfloxacina Klonal® (Klonal: AR)
Norfloxacina MK® (MK: CO)
Norfloxacina Northia® (Northia: AR)
Norfloxacina Ratiopharm® (Ratiopharm: PT)
Norfloxacina Richet® (Richet: AR)
Norfloxacina Sandoz® (Sandoz: IT)
Norfloxacina Tad® (TAD: IT)
Norfloxacina® (Luper: BR)
Norfloxacina® (Medek: DO)
Norfloxacina® (Medicalex: CO)
Norfloxacine Alpharma® (Alpharma: NL)
Norfloxacine A® (Apothecon: NL)
Norfloxacine Biogaran® (Biogaran: FR)
Norfloxacine CF® (Centrafarm: NL)
Norfloxacine EG® (EG Labo: FR)
Norfloxacine EG® (Eurogenerics: BE)
Norfloxacine Gf® (Genfarma: NL)
Norfloxacine Ivax® (Ivax: FR)
Norfloxacine Merck® (Merck Generics: NL)
Norfloxacine Merck® (Merck Génériques: FR)
Norfloxacine PCH® (Pharmachemie: NL)
Norfloxacine Ratiopharm® (Ratiopharm: BE)
Norfloxacine Sandoz® (Sandoz: FR, NL)
Norfloxacine Teva® (Teva: BE)
Norfloxacine Winthrop® (Winthrop: FR)
Norfloxacine-EG® (Eurogenerics: LU)
Norfloxacine-Sandoz® (Sandoz: LU)
Norfloxacino Bayvit® (Bayvit: ES)
Norfloxacino Bexal® (Bexal: ES)

Norfloxacino Fmndtria® [tab.] (Farmindustria: PE)
Norfloxacino Generix® (GNR: ES)
Norfloxacino Genfar® (Genfar: CO, EC, PE)
Norfloxacino Induquimica® (Induquimica: PE)
Norfloxacino Iqfarma® (Iqfarma: PE)
Norfloxacino MF® (Marfan: PE)
Norfloxacino MK® (Bonima: BZ, CR, DO, GT, HN, NI, PA, SV)
Norfloxacino Normon® (Normon: CR, ES, GT, HN, NI, PA, SV)
Norfloxacino Qualix® (Qualix: ES)
Norfloxacino Sandoz® (Sandoz: ES)
Norfloxacino® (Biosintética: BR)
Norfloxacino® (Britania: PE)
Norfloxacino® (EMS: BR)
Norfloxacino® (Farmachif: PE)
Norfloxacino® (Farmo Andina: PE)
Norfloxacino® (G&R: PE)
Norfloxacino® (Hersil: PE)
Norfloxacino® (La Sante: PE)
Norfloxacino® (Labofar: PE)
Norfloxacino® (Memphis: CO)
Norfloxacino® (Novartis: BR)
Norfloxacino® (Pentacoop: CO, EC, PE)
Norfloxacino® (Quilab: PE)
Norfloxacino® (UQP: PE)
Norfloxacin® (Antibiotice: RO)
Norfloxacin® (Douglas: AU)
Norfloxacin® (GAMA: GE)
Norfloxacin® (Laropharm: RO)
Norfloxacin® (Milano: TH)
Norfloxacină LPH® (Labormed Pharma: RO)
Norfloxacină® (Arena: RO)
Norfloxatin-Ratiopharm® (Ratiopharm: CZ)
Norfloxbeta® (betapharm: DE)
Norfloxin® (TO Chemicals: TH)
Norflox® (Benedetti: IT)
Norflox® (Cipla: IN, RO)
Norfluxx® (Ruhrpharm: DE)
Norilet® (Dr Reddys: LK, PE)
Normax® (Ipca: IN, LK, RU)
Norocin® (Vianex: GR)
Noroxine® (Finadiet: AR)
Noroxine® (Merck Sharp & Dohme: FR)
Noroxin® (Merck: PE, US)
Noroxin® (Merck Sharp & Dohme: AN, AR, AU, AW, BB, BS, BZ, CH, GY, IT, JM, KY, LK, MX, NL, NZ, PT, TR, TT, ZA)
Noroxin® (Sharp Dohme: ES)
Noroxin® (Thea: IS)
Norsa® (Shiwa: TH)
Norsol® (Finadiet: AR)
Norsol® (Sandoz: CH)
Norxacin® (Siam Bheasach: TH)
Norxia-200® (Asian: TH)
Norzen® (FDC: LK)
Novo-Norfloxacin® (Novopharm: CA)
Noxine® (Sriprasit: TH)
Noxinor® (Masa Lab: TH)
Nufloxib® (Alpharma: AU)
Oranor® (AF: MX)
Ovinol® (Norma: GR)
Parcetin® (Denver: AR)
Pistofil® (Rafarm: GR)
Proxinor® (Progress: TH)
Quinoform® (EMS: BR)
Renoxacin® (So.Se.: IT)
Respexil® (Merck Sharp & Dohme: BR)
Rexacin® (Unison: TH)
Ritromine® (Hexa: AR)
Roxin® (Arrow: AU)
Sebercim® (GlaxoSmithKline: IT)
Senro® (Biosarto: ES)
Setanol® (Vilco: GR)
Simbra® (Pharmalat: GT)
Sinobid® (Biospray: GR)
Snoffocin® (Seven Stars: TH)
Sofasin® (Faran: GR)
Steinaclox-Medichrom® (Medichrom: GR)
Theanorf® (Farmila-Thea: IT)
Trizolin® (Remedica: CY)
Uniao Norfloxacino® (União: BR)
Uricin® (Slaviamed: RS)
Urinex® (Bioquifar: CO)
Urinox® (Charoen Bhaesaj: TH)
Uritracin® (Great Eastern: TH)
Uritracin® (United American: TH)
Uritrat® (Libbs: BR)
Uro-Linfol® (Omega: AR)
Uro-Plus® [caps.] (Medco: PE)
Urobacid® (Biochemie: AE, BH, CY, ID, JO, KW, LB, OM, QA, SA, SD, YE)
Urobacid® (Novartis: GR)
Urobacid® (Sandoz: PH)
Urobiotic® [caps.] (Iqfarma: PE)
Uroctal® (Almirall: BF, BJ, CG, CI, CM, EG, ES, GA, GH, GN, MG, ML, MR, MU, NE, SN, TG, TZ, ZM)
Uroctal® (Almirall Prodesfarma: HK)
Uroctal® (Boehringer Ingelheim: SD)
Uroctal® (Bristol-Myers Squibb: KE)
Uroctal® (Funk: ES)
Urodixil® [caps.] (Magma: PE)
Urodol® [tab.] (Dimerpharma: PE)
Urofloxin® (Lacofarma: DO)
Uroflox® (Bial: PT)
Uroflox® (Farmion: BR)
Uroflox® (Torrent: IN)
Urofos® (Panalab: AR)
Uronovag® (Gobbi: AR)
Uroplex® (Sintofarma: BR)
Uroquin® [tab.] (Bios Peru®: PE)
Uroseptal® (Bagó: AR)
Uroseptal® (Merck Bagó: BR)
Urospes-N® (Specifar: GR)
Urotem® (Temis-Lostalo: AR)
Uroxacin® (Lazar: AR)
Uticina® (So.Se.: IT)
Utin-400® (Cipla: ZA)
Utinor® (Merck Sharp & Dohme: GB)
Utinor® (Neopharmed: IT)
Vetamol® (Viofar: GR)
Wenflox® (Asofarma: AR)
Xacin® (Pharmasant: TH)
Xasmun® (Ciclum: ES)
Zoroxin® (Agepha: AT)
Zoroxin® (Merck Sharp & Dohme: AT, BE, CO, CR, GT, HN, LU, NI, PA, SV)

– nicotinate:

CAS-Nr.: 0118803-81-9

N

Quinabic® Soluble Powder [vet.] (Novartis Animal Health: ZA)

Norgestrel (Rec.INN)

L: Norgestrelum
I: Norgestrel
D: Norgestrel
F: Norgestrel
S: Norgestrel

⚕ Progestin

CAS-Nr.: 0006533-00-2 — C_{21}-H_{28}-O_2, M_r 312.455

18,19-Dinorpregn-4-en-20-yn-3-one, 13-ethyl-17-hydroxy-, (17α)-(±)-

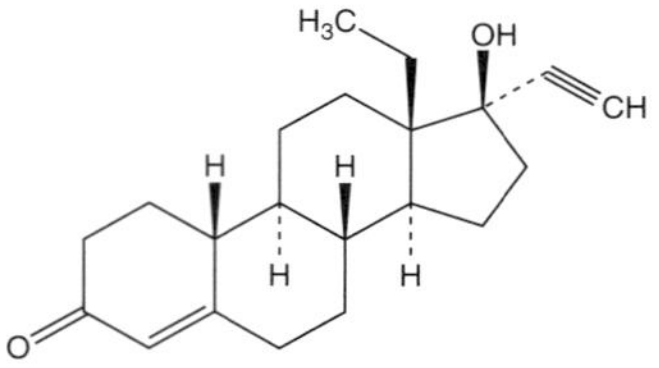

OS: *Norgestrel [BAN, DCF, DCIT, JAN, USAN]*
IS: *Wy 3707 (Wyeth, USA)*
PH: Norgestrel [Ph. Eur. 5, JP XIV, USP 30, BP 2003]
PH: Norgestrelum [Ph. Eur. 5]

Minicon® (Wyeth: BD)
Neogest® (Schering: DE)
Ovrette® (Wyeth: US)

Nortriptyline (Rec.INN)

L: Nortriptylinum
I: Nortriptilina
D: Nortriptylin
F: Nortriptyline
S: Nortriptilina

⚕ Antidepressant, tricyclic

ATC: N06AA10
CAS-Nr.: 0000072-69-5 — C_{19}-H_{21}-N, M_r 263.387

1-Propanamine, 3-(10,11-dihydro-5H-dibenzo[a,d]cyclohepten-5-ylidene)-N-methyl-

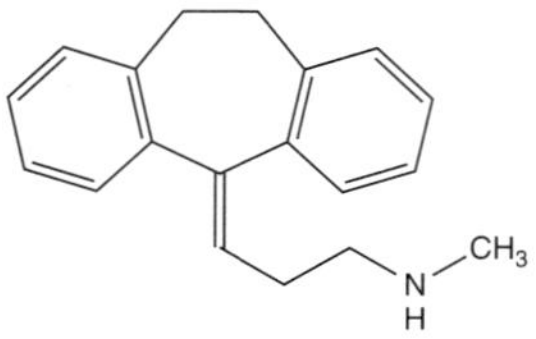

OS: *Nortriptyline [BAN, DCF]*
OS: *Nortriptilina [DCIT]*
IS: *ELF 101*
IS: *N 7048*

Norline® (Pharmaland: TH)
Nortrilen® (Lundbeck: AE, BH, EG, HK, IQ, IR, JO, KW, LB, LU, OM, QA, SA, SD, TH, YE, ZA)
Nortyline® (Condrugs: TH)

– hydrochloride:

CAS-Nr.: 0000894-71-3
OS: *Nortriptyline Hydrochloride BANM, JAN, USAN*
IS: *E.L.F. 101*
IS: *38489*
PH: Nortriptyline Hydrochloride Ph. Eur. 5, JP XIV, USP 30
PH: Nortriptylini hydrochloridum Ph. Eur. 5
PH: Nortriptyline (chlorhydrate de) Ph. Eur. 5
PH: Nortriptylinhydrochlorid Ph. Eur. 5

Allegron® (Aspen: AU)
Allegron® (King: GB)
Apo-Nortriptyline® (Apotex: CA, SG)
Apresin® (Beximco: BD)
Aventyl® (Lilly: US)
Aventyl® (Pharmascience: CA)
Aventyl® (Ranbaxy: US)
Gen-Nortriptyline® (Genpharm: CA)
Karile® (Phoenix: AR)
Modefen® (Navana: BD)
Norfenazin® (Nupel: ES)
Noritren® (Lundbeck: DK, FI, IS, IT, NO)
Norpress® (Pacific: NZ)
Norterol® (Tecnifar: PT)
Nortin® (Navana: BD)
Nortrilen® (Gerolymatos: GR)
Nortrilen® (Lundbeck: AT, BD, BE, CH, CZ, DE, LK, NL)
Nortriptyline Hydrochloride® (Mylan: US)
Nortriptyline Hydrochloride® (Pharmaceutical Associates: US)
Nortriptyline Hydrochloride® (Ranbaxy: US)
Nortriptyline Hydrochloride® (Teva: US)
Nortriptyline Hydrochloride® (Watson: US)
Nortriptyline® (Remedica: CY)
Nortylin® (Rekah: IL)
Notrilen® (Lundbeck: NL)
Novo-Nortriptyline® (Novopharm: CA)
Ortrip® (Pharmasant: TH)
Pamelor® (Mallinckrodt: US)
Pamelor® (Novartis: BR)
Paxtibi® (Biomed: ES)
ratio-Nortriptyline® (Ratiopharm: CA)
Sensaval® (Lundbeck: SE)
Sensival® (Wallace: IN)

Noscapine (Rec.INN)

L: Noscapinum
I: Noscapina
D: Noscapin
F: Noscapine
S: Noscapina

⚕ Antitussive agent

ATC: R05DA07
CAS-Nr.: 0000128-62-1 — C_{22}-H_{23}-N-O_7, M_r 413.436

1(3H)-Isobenzofuranone, 6,7-dimethoxy-3-(5,6,7,8-tetrahydro-4-methoxy-6-methyl-1,3-dioxolo[4,5-g]isoquinolin-5-yl)-, [S-(R*,S*)]-

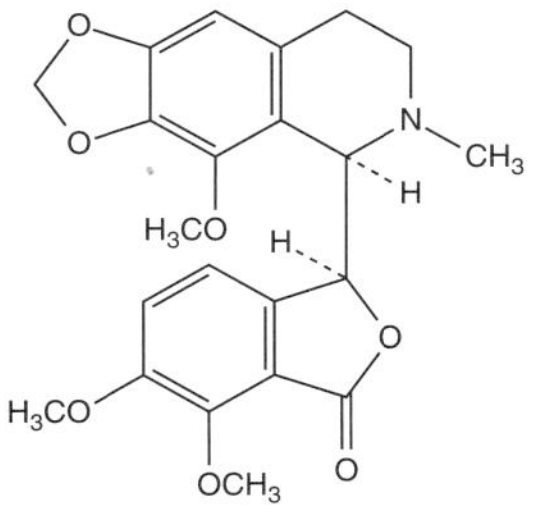

OS: *Noscapine [BAN, DCF, JAN, USAN]*
OS: *Noscapina [DCIT]*
IS: *Narcotin*
IS: *Narkotin*
IS: *Noskapin*
PH: Noscapin [Ph. Eur. 5]
PH: Noscapine [JP XIV, Ph. Eur. 5, Ph. Int. 4, USP 30]
PH: Noscapinum [Ph. Eur. 5, Ph. Int. 4]

Longatin® (Alpharma: ID)
Mercotin® (Eisai: ID)
Nipaxon® (Pfizer: SE)
Noscapin Samenwerkende Apothekers® (Samenwerkende Apothekers: NL)
Noscapina® (Mintlab: CL)
Noscapina® (Pasteur: CL)
Noscapina® (Volta: CL)
Noscapine Opsonin® (Opsonin: BD)
Noskapin ACO® (ACO: SE)
Tuscalman Berna® (Desma: ES)

– camsilate:

CAS-Nr.: 0025333-79-3
OS: *Camphoscapine DCF*
IS: *Noscapine camphorsulfonate*

– hydrochloride:

CAS-Nr.: 0000912-60-7
OS: *Noscapine Hydrochloride BANM, JAN*
IS: *Gnoscopine*
IS: *Narcotinum hydrochloricum*
PH: Noscapine (chlorhydrate de) Ph. Eur. 5
PH: Noscapine Hydrochloride JP XIV, Ph. Eur. 5, Ph. Int. 4, NF XII
PH: Noscapinhydrochlorid-Monohydrat Ph. Eur. 5
PH: Noscapini hydrochloridum Ph. Eur. 5, Ph. Int. 4

Capval Tropfen® (Dreluso: DE)
Hoestdrank Noscapine HCl® (Dynadro: NL)
Hoestdrank Noscapine HCl® (Etos: NL)
Hoestdrank Noscapine HCl® (Healthypharm: NL)
Nosca Mereprine® (Novum: BE, LU)
Noscaflex® (Wolfs: BE)
Noscapine HCl Gf® (Genfarma: NL)
Noscapine HCl Katwijk® (Katwijk: NL)
Noscapine HCl Kring® (Kring: NL)
Noscapine HCl PCH® (Pharmachemie: NL)
Noscapine HCl Sandoz® (Sandoz: NL)
Noscapine HCl® (Marel: NL)
Noskapin Dak® (Nycomed: DK)
Noskapin® (Nycomed: NO)
Roter Noscapect® (Imgroma: NL)
Streptuss Noscapinehydrochloride® (Boots: NL)
Tuscalman® (Berna: ES)
Tuscalman® (Kwizda: AT)
Tussanil-N® (Vifor: CH)

– resinate:

Capval® (Dreluso: DE)
Nitepax® (Aspen: ZA)

Noxytiolin (Rec.INN)

L: Noxytiolinum
D: Noxytiolin
F: Noxytioline
S: Noxitiolina

Antiseptic
Desinfectant

ATC: B05CA07
CAS-Nr.: 0015599-39-0 C_3-H_8-N_2-O-S
M_r 120.177

Thiourea, N-(hydroxymethyl)-N'-methyl-

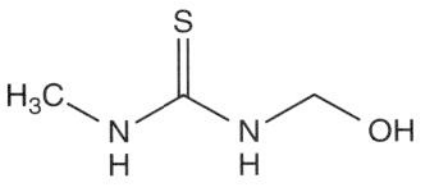

OS: *Noxytiolin [BAN, USAN]*
OS: *Noxytioline [DCF]*
IS: *Noxythiolin*

Noxyflex S® (Geistlich: GB, IE)
Noxyflex® (Innotech: FR)
Noxyflex® (Innothéra: LU)

Nystatin (Rec.INN)

L: Nystatinum
I: Nistatina
D: Nystatin
F: Nystatine
S: Nistatina

Antifungal agent

ATC: A07AA02,D01AA01,G01AA01
CAS-Nr.: 0001400-61-9 C_{47}-H_{75}-N-O_{17}
M_r 926.127

Nystatin

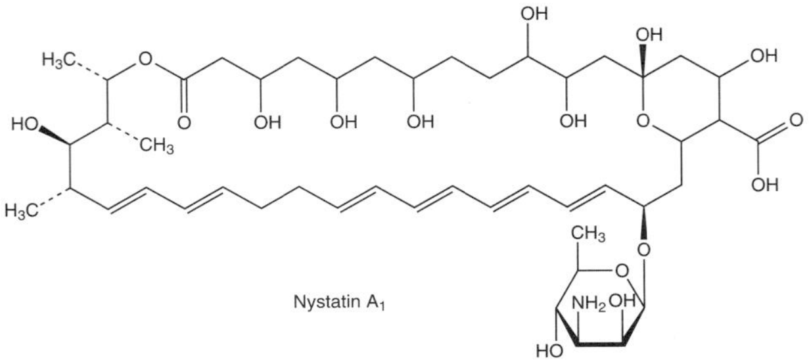

OS: *Nystatin [BAN, JAN, USAN]*
OS: *Nystatine [DCF]*
PH: Nystatin [JP XIV, Ph. Eur. 5, Ph. Int. 4, USP 30]
PH: Nystatine [Ph. Eur. 5]

PH: Nystatinum [Ph. Eur. 5, Ph. Int. 4]
PH: Nystatin Vaginal Inserts [USP 27]

Acronistina® (Acromax: EC)
Adiclair® (Ardeypharm: DE)
Afunginal® (Eurogenerics: PH)
Biofanal® (Pfleger: DE)
Candacide® (Be-Tabs: ZA)
Candermil® (LKM: AR)
Candex® (Square: BD)
Candio-Hermal® (Hermal: AT, DE, LU)
Candistatin® (Bristol-Myers Squibb: CA)
Candistatin® (Osmopharm: DO)
Candistin® (Pharos: ID)
Canstat® (Aspen: ZA)
Canstat® (Jayson: BD)
Canstat® (Wyeth: ZA)
Dequazol R® (Medifarma: PE)
Dipni® (Omega: AR)
Fefun® (Amico: BD)
Flagystatine® (Aventis: PE)
Fungatin® (Ferron: ID)
Fungicidin Leciva® (Zentiva: CZ)
Fungistin® (Beximco: BD)
Fungostatin® (AC Farma: PE)
Fungostatin® (Nobel: TR)
Kandistatin® (Metiska: ID)
Kandistat® (Kinder: BR)
Lederlind® (Riemser: DE)
Lystin® (Biopharm: TH)
Medley Nistatina® (Medley: BR)
Mibesan-S® (Alpharma: MX)
Micostatin® (Bristol-Myers Squibb: AR, BR, CL, CO, PE)
Mikostatin® (Bristol-Myers Squibb: TR)
Moronal® (Dermapharm: DE)
Multilind® (Dermapharm: CH)
Mycocin® (Ibn Sina: BD)
Mycostatine® (Bristol-Myers Squibb: BF, BJ)
Mycostatine® (Bristol-Myers squibb: CF)
Mycostatine® (Bristol-Myers Squibb: CG, CI, CM, FR, GA, GN)
Mycostatine® (Bristol-Myers squibb: MG)
Mycostatine® (Bristol-Myers Squibb: ML, MR, MU, NE, SN, TD, TG, ZR)
Mycostatine® (Sanofi-Synthelabo: CH)
Mycostatin® (Bristol-Myers Squibb: AT, AU, AU, CA, DK, ES, ET, FI, HK, ID, ID, IE, IS, IT, KE, NG, NO, NZ, PH, PT, SE, SG, TH, TZ, UG, US, ZA)
Mycostatin® (Dermapharm: AT)
Mycostatin® (Paranova: AT)
Mycostatin® (Sanofi-Aventis: CH)
Mycostatin® (Sarabhai: IN)
Mykoderm Heilsalbe® (Engelhard: DE)
MykoPosterine N® (Kade: DE)
Mykundex® (Riemser: DE)
N-Statin Oral® (Cipla: AU)
Naf® (Opsonin: BD)
Neostatin® (Pablo Cassara: AR)
Nilstat® (PSI: BE)
Nilstat® (Sigma: AU, NZ)
Nilstat® (Teofarma: LU)
Nilstat® (Wyeth: US)
Nistagrand® (Ahimsa: AR)
Nistaquim® (Quimica y Farmacia: MX)
Nistatin Pliva® (Pliva: HR)
Nistatina Denver® (Denver: AR)
Nistatina L.CH.® (Chile: CL)
Nistatina Lafedar® (Lafedar: AR)
Nistatina Lch® (Ivax: PE)
Nistatina Sintesina® (Sintesina: AR)
Nistatina® (Carrion: PE)
Nistatina® (Cristália: BR)
Nistatina® (Ducto: BR)
Nistatina® (Elofar: BR)
Nistatina® (EMS: BR)
Nistatina® (Eurofarma: BR)
Nistatina® (Farmaco: BR)
Nistatina® (Italfarmaco: IT)
Nistatina® (La Sante: PE)
Nistatina® (Luper: BR)
Nistatina® (Mintlab: CL)
Nistatina® (Neo Quimica: BR)
Nistatina® (Pentacoop: CO, EC)
Nistatina® (Teuto: BR)
Nistatin® (Opsonin: BD)
Nistatin® (Pliva: BA, SI)
Nistatină® (Antibiotice: RO)
Nistat® (Cevallos: AR)
Nistax® (Luper: BR)
Nistoral® (Chile: CL)
Nyaderm® (Taro: CA)
Nymiko® (Sanbe: ID)
Nyscan® (ACI: BD)
Nystacid® (Aspen: ZA)
Nystaderm® (Dermapharm: AT, DE)
Nystaform® (Typharm: GB)
Nystain Vaginal Tablets® (Major: US)
Nystain Vaginal Tablets® (Moore: US)
Nystain Vaginal Tablets® (Odyssey: US)
Nystain Vaginal Tablets® (Rugby: US)
Nystain Vaginal Tablets® (Sidmark: US)
Nystain Vaginal Tablets® (Zenith Goldline: US)
Nystan® (Bristol-Myers Squibb: GB)
Nystan® [vet.] (Bristol-Myers Squibb: GB)
Nystat-Rx® (X-Gen: US)
Nystatin Actavis Cream® (Actavis: GE)
Nystatin Actavis Ointment® (Actavis: GE)
Nystatin F.T. Pharma® (F.T. Pharma: VN)
Nystatin Holsten® (Holsten: DE)
Nystatin Jenapharm® (Jenapharm: DE)
Nystatin Lederle® (Dermapharm: AT)
Nystatin Lederle® (Valeant: DE)
Nystatin Lederle® (Wyeth: AT)
Nystatin Ointment® (Actavis: US)
Nystatin Ointment® (Fougera: US, US)
Nystatin Powder® (Paddock: US)
Nystatin Stada® (Stadapharm: DE)
Nystatin Yung Shin® (Yung Shin: SG)
Nystatine Labaz® (Sanofi-Synthelabo: NL)
Nystatine Plan® (Plan: CH)
Nystatine-Labaz® (Sanofi-Synthelabo: LU)
Nystatine® (Sanofi-Aventis: BE)
Nystatin® (Actavis: GE, US)
Nystatin® (Balkanpharma: BG)
Nystatin® (Biosintez: RU)
Nystatin® (Fougera: US)
Nystatin® (Hemofarm: RS)
Nystatin® (Hillcross: GB)
Nystatin® (Kent: GB)
Nystatin® (Morton Grove: US)

Nystatin® (Mutual: US)
Nystatin® (Odyssey: US)
Nystatin® (Paddock: US)
Nystatin® (Pannonpharma: HU)
Nystatin® (Par: US)
Nystatin® (Perrigo: US)
Nystatin® (Taro: IL, US)
Nystatin® (Teva: US)
Nystatin® (United Research: US)
Nystatin® (Upsher-Smith: US)
Nystatyna® (ICN: PL)
Nystatyna® (Pliva: PL)
Nystat® (Acme: BD)
Nystop® (Paddock: US)
Nyst® (Somatec: BD)
Pedi-Dri® (Pedinol: US)
PMS-Nystatin® (Pharmascience: SG)
Qualistatina® (Qualipharm: CR, GT, NI, PA)
ratio-Nystatin® (Ratiopharm: CA)
Restatin® (Remedica: CY)
Stamicin® (Zentiva: RO)

Obidoxime Chloride (Rec.INN)

L: Obidoximi chloridum
D: Obidoxim chlorid
F: Chlorure d'obidoxime
S: Cloruro de obidoxima

⚕ Antidote, cholinesterase reactivator

CAS-Nr.: 0000114-90-9 C_{14}-H_{16}-Cl_2-N_4-O_3
M_r 359.222

Pyridinium, 1,1'-[oxybis(methylene)]bis[4-[(hydroxyimino)methyl]-, dichloride

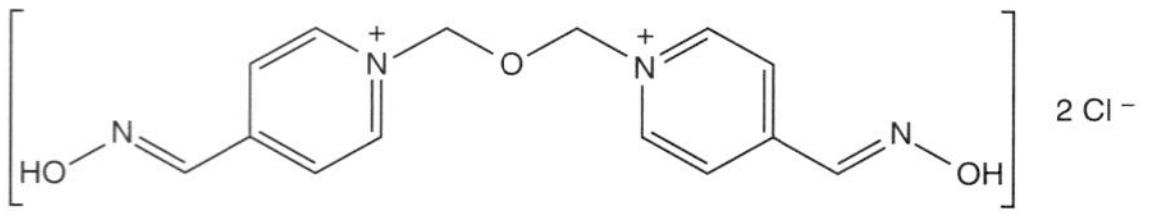

OS: *Obidoxime Chloride [USAN]*
IS: *Lu H 6*
IS: *LH-6 (Merck, Germany)*
PH: Obidoximum chloratum [2.AB-DDR]

Toxogonin® (Merck: AT, CH, CL, DE, NL)
Toxogonin® (Merck KGaA: RO)

Oblimersen (Rec.INN)

L: Oblimersenum
D: Oblimersen
F: Oblimersen
S: Oblimerseno

⚕ Cytostatic agent, cytostaticum

C_{172}-H_{221}-N_{62}-O_{91}-P_{17}-S_{17}
M_r 5685.06

P-thiothymidylyl-(3'->5')-2'-deoxy-P-thiocytidylyl-(3'->5')-P-thiothymidylyl-(3'->5')-2'-deoxy-P-thiocytidylyl-(3'->5')-2'-deoxy-P-thiocytidylyl-(3'->5')-2'-deoxy-P-thiocytidylyl-(3'->5')-2'-deoxy-P-thioadenylyl-(3'->5')-2'-deoxy-P-thioguanylyl-(3'->5')-2'-deoxy-P-thiocytidylyl-(3'->5')-2'-deoxy-P-thioguaniylyl-(3'->5')-P-thiothymidylyl-(3'->5')-2'-deoxy-P-thiogunaylyl-(3'->5')-2'-deoxy-P-thiocytidylyl-(3'->5')-2'-deoxy-P-thioguanylyl-(3'->5')-2'-deoxy-P-thiocytidylyl-(3'->5')-2'-P-deoxy- thiocytidylyl-(3'->5')-2'-deoxy-P-thioadenylyl-(3'->5')-thymidine (WHO)

– sodium:

CAS-Nr.: 0190977-41-4
OS: *Oblimersen sodium USAN*
IS: *G3139 Genta Inc., US*
IS: *Augmerosen*

Genasense® (Genta: US)

Octatropine Methylbromide (Rec.INN)

L: Octatropini methylbromidum
I: Octatropina metilbromuro
D: Octatropin methylbromid
F: Méthylbromure d'octatropine
S: Metilbromuro de octatropina

⚕ Antispasmodic agent
⚕ Parasympatholytic agent

CAS-Nr.: 0000080-50-2 C_{17}-H_{32}-Br-N-O_2
M_r 362.353

8-Azoniabicyclo[3.2.1]octane, 8,8-dimethyl-3-[(1-oxo-2-propylpentyl)oxy]-, bromide, endo-

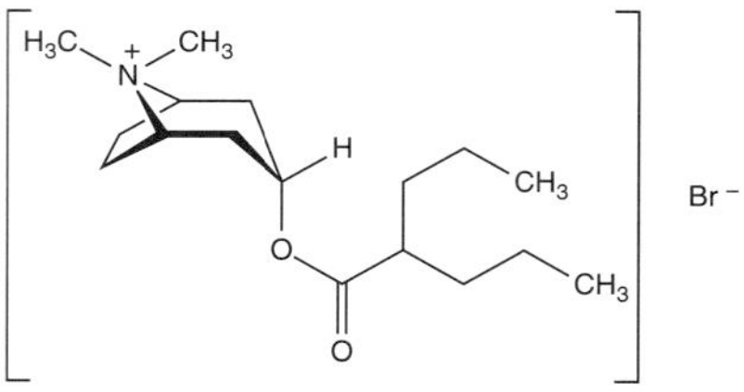

OS: *Anisotropine Methylbromide [JAN, USAN]*
OS: *Métoctatropine [DCF]*
OS: *Octatropine Methylbromide [BAN]*
OS: *Octatropina metilbromuro [DCIT]*
IS: *Lytispasm*
IS: *Octatroponum*

Octenidine (Rec.INN)

L: Octenidinum
D: Octenidin
F: Octenidine
S: Octenidina

⚕ Desinfectant
⚕ Antiseptic

CAS-Nr.: 0071251-02-0 C_{36}-H_{62}-N_4
M_r 550.92

1,1',4,4'-Tetrahydro-*N,N'*-dioctyl-1,1'-decamethylenedi-(4-pyridylideneamine)

1,1'-Decamethylenebis[1,4-dihydro-4-(octylimino) pyridine] (WHO)

1,1'-Decamethylenbis[1,4-dihydro-4-(octylimino) pyridin] (IUPAC)

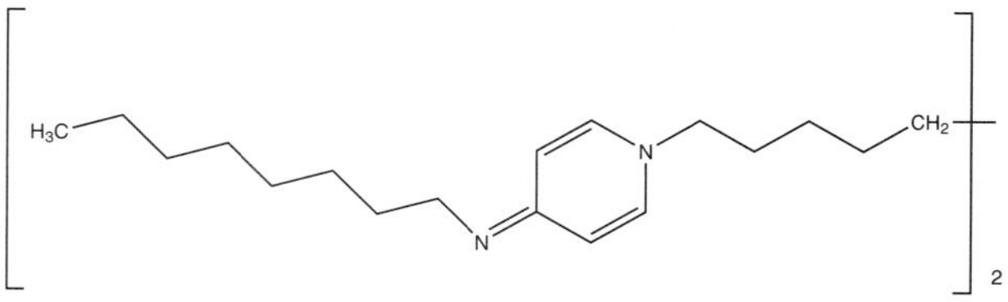

OS: *Octenidine [BAN, DCF]*
IS: *Win 41464 (Sterling-Winthrop, USA)*

– dihydrochloride:

CAS-Nr.: 0070775-75-6
OS: *Octenidine Hydrochloride BANM, USAN*
IS: *Win 41464-2 (Sterling-Winthrop, USA)*

Octenisept® (Schülke & Mayr: AT, CH, RS)
Phisomain® (Anios: FR)

Octocog Alfa (Rec.INN)

L: Octocogum alfa
D: Octocog alfa
F: Octocog alfa
S: Octocog alfa

Hemostatic agent

CAS-Nr.: 0139076-62-3

factor VIII (rDNA) (BAN)

Recombinant human anithaemophilic factor VIII (without von Willebrand factor) derived from a cloned human factor VIII gene produced from genetically engineered baby hamster kidney (bhk) cells (BAN)

OS: *Octocog Alfa [BAN]*
IS: *Blood Coagulation Factor VllI (human)*
IS: *Antihaemophilic globulin (AHG)*
IS: *AHG*
IS: *Antihaemophilic factor (AHF)*
IS: *AHF*
IS: *Blood-coagulation factor VIII (human), glycoform α*
IS: *Octocog alfa (bhk)*
PH: Human coaglulation factor VIII [Ph. Eur. 5]
PH: Factor VIII coagulationis humanus [Ph. Eur. 5]

8Y Factor VIII® [inj.] (Sodhan: TR)
8Y® (BPL: GB)
8Y® (Galenica: GR)
8Y® (Paylos: AR)
Aafact® (Sanquin: NL)
Advate® (Baxter: AT, BE, CH, CZ, DK, ES, FI, FR, GB, IS, IT, LU, NL, NO, SE, US)
Advate® (Baxter Wien: DE)
AHF® (CSL: AU, NZ)
Alphanate® (Alpha: IT, LK)
Alphanate® (Grifols: BD, GB, HK, SG, TH, US)
Amofil® (Sanquin: FI)
Antihemofiliticky Faktor® (Baxter: CZ)
Antihemophilic Factor® (American Red Cross: US)
Antihemophilic Factor® (Baxter: TH)
Antihemophilic Factor® (Bayer: US)
Antihemophilic Factor® (Genetics: US)
Antihemophilic Factor® (Teva: IL)
Antihemophilic Factor® (ZLB Behring: US)
Autoplex® (Baxter: DE, LU, US)
Autoplex® (Nabi: US)
Beriate P® (Aventis: AR)
Beriate P® (CSL Behring: CH)
Beriate P® (Farma-Tek: TR)
Beriate P® (Pharmagent: SI)
Beriate P® (ZLB Behring: AT, BR, DE, ES, HR, HU, IT, RS)
Biostate® (CSL: AU)
Blaucoagulation VIII® (Blausiegel: BR)
Czynnik VIII® (Imed: PL)
Emoclot D.I.® (Kedrion: BA, IT, RS)
Emoclot D.I.® (Onko-Koçsel: TR)
Emoclot D.I.® (Pharma Riace: RU)
Factane® (Er-Kim: TR)
Factane® (L.F.B.: LU)
Factane® (Lab Français du Fractionnement: FR)
Faktor VIII SDH INTERSERO® (Intersero: DE)
Faktor VIII® (Intersero: DE)
Fanhdi® (Dem Ilaç: TR)
Fanhdi® (Demo: GR)
Fanhdi® (Dyn: IL)
Fanhdi® (Grifols: AR, CZ, DE, ES, GB, HU)
Fanhdi® (Grifols-E: IT)
Feiba Immuno Tim 4® (Baxter: ES)
Feiba S-TIM 4® (Baxter: CH)
Feiba® (Baxter: CZ, DK, FI, FR, GB, HR, HU, PL, RS, SE, US)
Feiba® (Baxter BioScience: DE)
Feiba® (Eczacibasi Baxter: TR)
Feiba® (Teva: IL)
Haemate P® [inj.] (ZLB Behring: AT, ES, HK)
Haemoctin SDH® (Biotest: AT, CZ, DE, HU, IL, PL, RS, SG)
Haemoctin SDH® (Boehringer Ingelheim: PT)
Haemoctin SDH® (Kansuk: TR)
Helixate NexGen® (Bayer: AT, DK, GR, IS, LU, NL)
Helixate NexGen® (ZLB Behring: BE, CH, DE, ES, FR, GB, NO, SE)
Helixate® (Bayer: AT, LU, US)
Helixate® (Bayer-D: IT)
Helixate® (ZLB Behring: BE, CA, DE, ES, SE, US)
Hemofil M® (Baxter: AR, DE, ES, FR, GR, HK, HR, HU, IL, IT, LU, NL, PL, US)
Hemofil M® (Eczacibasi Baxter: TR)
Hemofil M® (ZRSTK: SI)
Humafactor-8® (Teva: HU)
Humate-P® (ZLB Behring: US)
Immunate Stim Plus® (Baxter: CZ, DE)
Immunate® (Baxter: AT, CH, CZ, DE, HR, HU, NL, PL, SE)
Immunate® (Baxter-A: IT)
Immunate® (Eczacibasi Baxter: TR)
Immunate® (Immuno: BR)
Koate HP® (Agis: IL)
Koate-DVI® (Agis: IL)
Koate-DVI® (Bayer: CL, HK, ID, PH)
Koate-DVI® (Biem: TR)
Koate-DVI® (Dipa: ID)
Koate-DVI® (Life Factor: RU)
Koate® (Bayer: IL, MY, US)
Koate® (Biem: TR)
Kogenate Bayer® (Bayer: AT, DE, DK, ES, FI, FR, GR, IE, LU, NL, NO, SE, SI)
Kogenate® [biosyn.] (Bayer: AT, AU, BE, CA, CH, DE, ES, GB, HU, IE, LU, NZ, SI, US)
Kogenate® [biosyn.] (Bayer-D: IT)
Kogenate® [biosyn.] (Biem: TR)
Liberate® (Biem: TR)
Liberate® (SNBTS: GB)
Monarc-M® (Baxter: US)
Monarc-M® (Kamada: IL)
Monoclate P® (Aventis: AR)
Monoclate P® (Centeon: IL)
Monoclate P® (Farma-Tek: TR)
Monoclate P® (Gerolymatos: GR)
Monoclate P® (ZLB Behring: DE, ES, GB, US)
Octanate® (Berk: TR)

Octanate® (Octapharma: AT, BA, CH, CZ, DE, ES, HR, HU, NL, NO, RS, RU, SE, TH)
Octanate® (Varifarma: AR)
Octanate® (ZRSTK: SI)
Octonativ-M® (Octapharma: SE)
Optivate® (BPL: GB)
Recombinate Lyfjaver® (Lyfjaver: IS)
Recombinate® [biosyn.] (Baxter: AR, AT, AU, BE, CH, DE, DK, ES, FI, FR, GR, HK, HR, HU, IS, LU, NL, NO, NZ, SE, US)
Recombinate® [biosyn.] (Baxter Healthcare-USA: IT)
Recombinate® [biosyn.] (Eczacibasi Baxter: TR)
Replenate® (BPL: GB)
Uman-Cry® (Hardis: IT)
Wilate® (Octapharma: DE)

Octotiamine (Rec.INN)

L: Octotiaminum
D: Octotiamin
F: Octotiamine
S: Octotiamina

Vitamin B_1

CAS-Nr.: 0000137-86-0 C_{23}-H_{36}-N_4-O_5-S_3
M_r 544.761

Octanoic acid, 6-(acetylthio)-8-[[2-[[(4-amino-2-methyl-5-pyrimidinyl)methyl]formylamino]-1-(2-hydroxyethyl)-1-propenyl]dithio]-, methyl ester

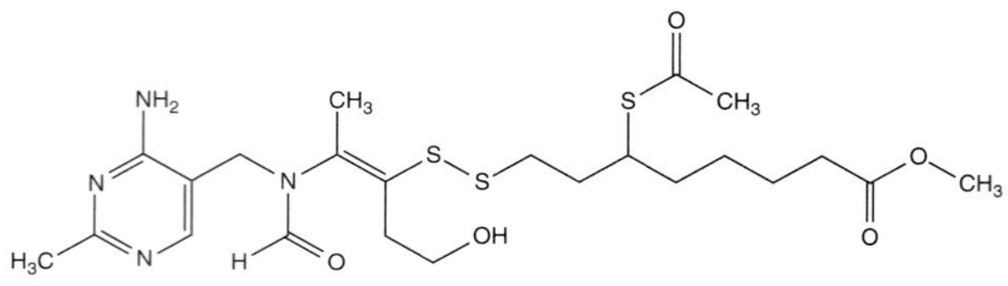

OS: *Octotiamine [JAN, USAN]*
IS: *TATD*

Neuvita® (Fujisawa: JP)

Octreotide (Rec.INN)

L: Octreotidum
D: Octreotid
F: Octréotide
S: Octreotida

Hemostatic agent, gastrointestinal tract
Hypothalamic hormone, growth hormone release inhibiting factor, GH-RIF

ATC: H01CB02
CAS-Nr.: 0083150-76-9 C_{49}-H_{66}-N_{10}-O_{10}-S_2
M_r 1019.287

D-Phenylalanyl-L-cysteinyl-L-phenylalanyl-D-tryptophyl-L-lysyl-L-threonyl-N-[(1R,2R)-2-hydroxy-1-(hydroxymethyl)propyl]-L-cysteinamido cyclic (2-7) disulfide

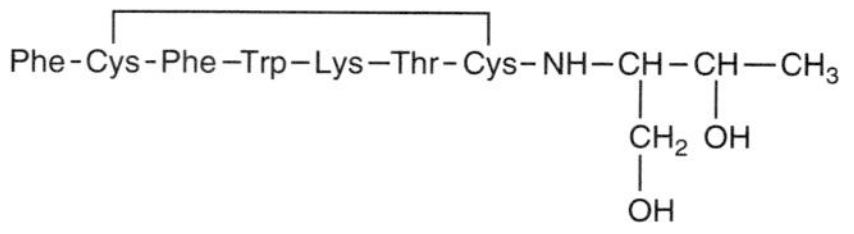

OS: *Octreotide [BAN, USAN]*
OS: *Octréotide [DCF]*
IS: *SMS 201-995 (Sandoz, USA)*

Cryostatin® (Cryopharma: MX)
Longastatina® (Italfarmaco: IT)
Nomactril® (Ivax: MX)
Samilstin® (LPB: IT)
Sandostatina® (Novartis: CO, IT, PT)
Sandostatine® (Novartis: BE)
Sandostatin® (Eurim: AT)
Sandostatin® (Novartis: AR, AT, AU, BA, BG, BR, CL, CR, CZ, DK, DO, ES, GB, GR, GT, HK, HN, ID, IE, IL, IN, IS, LU, NI, NO, NZ, PA, PL, RO, RS, RU, SV, TH, ZA)
Sandostatin® (Novartis Pharma: PE)
Sandostatin® (Paranova: AT)
Sandostatin® [vet.] (Novartis Animal Health: GB)

– acetate:

CAS-Nr.: 0079517-01-4
OS: *Octreotide Acetate BANM, JAN, USAN*
IS: *SMS 201-995 ac*

Octreotid LAR „Novartis“® (Novartis: AT)
Sandostatin LAR® (Novartis: AR, AT, AU, BR, CH, CL, CN, CO, CR, CZ, DE, DK, DO, ES, GB, GT, HK, HN, HR, HU, IS, IT, LU, NI, NO, NZ, PA, PT, RO, RS, RU, SE, SG, SI, SV, TR, US)
Sandostatin LAR® (Novartis Pharma: PE)
Sandostatine® (Dr. Fisher: NL)
Sandostatine® (EU-Pharma: NL)
Sandostatine® (Eureco: NL)
Sandostatine® (Medcor: NL)
Sandostatine® (Nedpharma: NL)
Sandostatine® (Novartis: FR, NL)
Sandostatin® (Euro: NL)
Sandostatin® (Novartis: AT, CA, CH, CN, DE, FI, GB, GE, HR, HU, IE, LK, MY, PH, RS, SE, SI, TR, US, VN)
Sandostatin® (Sandoz: PL)

Ofloxacin (Rec.INN)

L: Ofloxacinum
I: Ofloxacina
D: Ofloxacin
F: Ofloxacine
S: Ofloxacino

Antibiotic, gyrase inhibitor

ATC: J01MA01,S01AX11
CAS-Nr.: 0082419-36-1 C_{18}-H_{20}-F-N_3-O_4
M_r 361.388

7H-Pyrido[1,2,3-de]-1,4-benzoxazine-6-carboxylic acid, 9-fluoro-2,3-dihydro-3-methyl-10-(4-methyl-1-piperazinyl)-7-oxo-, (±)-

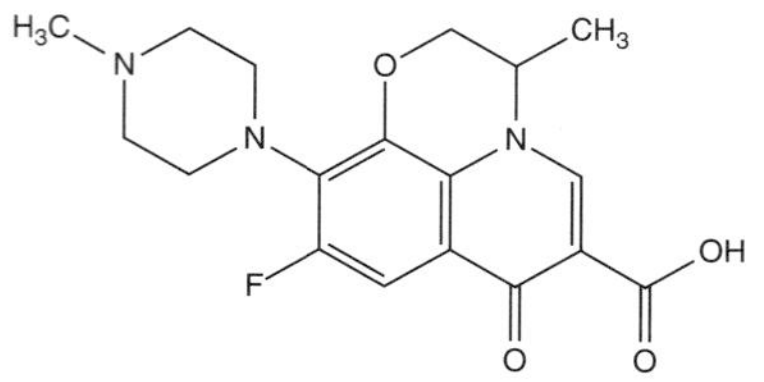

OS: *Ofloxacin [BAN, JAN, USAN]*
OS: *Ofloxacine [DCF]*

OS: *Ofloxacina [DCIT]*
IS: *DL 8280 (Daiichi Seiyaku, Japan)*
IS: *Hoe 280 (Hoechst Marion Roussel, Germany)*
IS: *83380-47-6*
IS: *85344-55-4*
IS: *ORF 18489 (Ortho, USA)*
PH: Ofloxacin [Ph. Eur. 5, USP 30]
PH: Ofloxacinum [Ph. Eur. 5]
PH: Ofloxacine [Ph. Eur. 5]

Akilen® (Sanbe: ID)
Albact® (Nabiqasim: LK)
Apo-Oflox® (Apotex: AN, BB, BM, BS, CA, GY, HT, JM, KY, SR, TT)
Bactocin® (Hormona: MX)
Betaflox® (Mahakam: ID)
Bioquil® (Atral: PT)
Biravid® (Biex: IE)
Cilox® (Remedica: CY)
Danoflox® (Dankos: ID)
Dolocep® (Domesco: VN)
Drovid® (Drogsan: TR)
Efexin® (Medikon: ID)
Ermofan® (Chrispa: GR)
Ethiflox® (Ethica: ID)
Evaflox® (Unichem: LK)
Exocine® (Allergan: FR)
Exocin® (Abdi Ibrahim: TR)
Exocin® (Allergan: DK, ES, FI, GB, IE, IT, ZA)
Exocin® (Alvia: GR)
Exocin® [vet.] (Allergan: GB)
Flobacin® (Sigma Tau: IT)
Flodemex® (Pasteur: PH)
Flonacin® (Alpharma: MX)
Flosep® (Euromex: MX)
Flotavid® (Mersifarma: ID)
Flovid® (Hovid: PH)
Floxal® (Bausch & Lomb: CH)
Floxal® (Mann: CZ, DE, HU, PL, RO, RS)
Floxal® (Riel: AT)
Floxan® (Prima: ID)
Floxedol® (Edol: PT)
Floxika® (Ikapharmindo: ID)
Floxil® (Evex: PE)
Floxil® (Janssen: AR, MX)
Floxinaf® (Indofarma: ID)
Floxin® (Daiichi: US)
Floxin® (Janssen: CA)
Floxin® (Ortho: US)
Floxstat® (Janssen: BR, CO, CR, DO, EC, GT, HN, MX, NI, PA, SV)
Floxur® (Merind: IN)
Floxy® (Millimed: TH)
Girasid® (Daiichi: JP)
Grenis Oflo® (Genepharm: RO)
Grenis-Oflo® (Genepharm: GR)
Gyroflox® (Gry: DE)
Hyflox® (Masa Lab: TH)
Ibacnol® (Degort's: MX)
Inoflox® (Biomedis: PH, SG)
Kafra® (GMP: GE)
Konovid® (TO Chemicals: TH)
Kozoksin® (Biokem: TR)
Liflox® (Mecosin: ID)
Loxinter® (Interbat: ID)
Maxifloxina® (Ethical: DO)
Medofloxine® (Medochemie: BG)
Mefoxa® (Metiska: ID)
Menefloks® (Mustafa Nevzat: TR)
Merck-Ofloxacine® (Generics: LU)
Merck-Ofloxacine® (Merck: BE)
Monoflocet® (Sanofi-Aventis: FR)
Newflox® (Valeant: AR)
Nilavid® (Nicholas: ID)
Nockwoo Oxacin® (Welfide: VN)
Nostil® (Latinofarma: BR)
Novalid® (Nicholas: ID)
Novecin® (United Pharmaceutical: AE, BH, IQ, JO, LY, OM, QA, SA, SD, YE)
Novo-Ofloxacin® (Novopharm: CA)
Nufafloqo® (Nufarindo: ID)
O-Flox® (Silom: TH)
Occidal® (Ranbaxy: TH)
Octin® (Cipla: ZA)
Ocuflox® (Allergan: AU, CA, MX, US)
Ofcin® (HG.Pharm: VN)
Ofcin® (Yung Shin: SG)
Ofkozin® (Koçak: TR)
Oflacin® (Drug International: BD)
Oflin® (Cadila: IN)
Oflo TAD® (TAD: DE)
Oflo-IV® (Unique: LK)
Oflobid® (Hilton: LK)
Oflocee® (Farmaline: TH)
Oflocet® (Sanofi-Aventis: BF, BJ, CF, CG, CI, CM, FR, GA, GN, MG, ML, MR, MU, NE, PT, SN, TD, TG, ZR)
Oflocide® (Abdi Ibrahim: TR)
Oflocide® (Tripharma: RU)
Oflocin® (GlaxoSmithKline: IT)
Oflocollyre® (Biospray: GR)
Oflodex® (Dexcel: IL)
Oflodinex® (Polpharma: PL)
oflodura® (Merck dura: DE)
Oflogen® (Merck: HU)
Oflohexal® (Hexal: DE)
Ofloks® (Eczacibasi: TR)
Oflovir® (Vir: ES)
Oflox Basics® (Basics: DE)
Oflox-CT® (CT: DE)
Oflox-Sandoz® (Sandoz: DE)
Ofloxacin 1A-Pharma® (1A Pharma: DE)
Ofloxacin AbZ® (AbZ: DE)
Ofloxacin AL® (Aliud: DE)
Ofloxacin Apex® (Apex: NL)
Ofloxacin Arcana® (Arcana: AT)
Ofloxacin Consilient® (Consilient: DK)
Ofloxacin Dexa Medica® (Dexa Medica: ID)
Ofloxacin Domesco® (Domesco: VN)
Ofloxacin Heumann® (Heumann: DE)
Ofloxacin Indo Farma® (Indofarma: ID)
Ofloxacin ratiopharm® (Ratiopharm: AT)
Ofloxacin ratiopharm® (ratiopharm: DE)
Ofloxacin Stada® (Stada: DK)
Ofloxacin Stada® (Stadapharm: DE)
Ofloxacin-B® (Teva: HU)
Ofloxacin-Promed® (Promed: RU)
Ofloxacin-Teva® (Teva: IL)
Ofloxacina Merck® (Merck Genéricos: PT)
Ofloxacina Poen® (Poen: AR)
Ofloxacina Ratiopharm® (Ratiopharm: PT)
Ofloxacina® (Farmoz: IL)

Ofloxacine A® (Apothecon: NL)
Ofloxacine Biogaran® (Biogaran: FR)
Ofloxacine CF® (Centrafarm: NL)
Ofloxacine EG® (Eurogenerics: BE)
Ofloxacine Gf® (Genfarma: NL)
Ofloxacine Merck® (Merck Generics: NL)
Ofloxacine Merck® (Merck Génériques: FR)
Ofloxacine PCH® (Pharmachemie: NL)
Ofloxacine PSI® (PSI: NL)
Ofloxacine Ratiopharm® (Ratiopharm: BE)
Ofloxacine RPG® (RPG: FR)
Ofloxacine Sandoz® (Sandoz: BE, FR)
Ofloxacine Teva® (Teva: BE)
Ofloxacine Winthrop® (Winthrop: FR)
Ofloxacine-EG® (Eurogenerics: LU)
Ofloxacine-Sandoz® (Sandoz: LU)
Ofloxacine® (Hexal: NL)
Ofloxacino Combino Pharm® (Combino: ES)
Ofloxacino Ranbaxy® (Ranbaxy: ES)
Ofloxacino Teva® (Teva: ES)
Ofloxacino® (Alcon: BR)
Ofloxacino® (Neo Quimica: BR)
Ofloxacino® (Teuto: BR)
Ofloxacin® (Akorn: US)
Ofloxacin® (Antibiotice: RO)
Ofloxacin® (Bausch & Lomb: US)
Ofloxacin® (Indofarma: ID)
Ofloxacin® (Makis Pharma: RU)
Ofloxacin® (Par: US)
Ofloxacin® (Ranbaxy: US)
Ofloxacin® (Teva: GB, US)
Ofloxan® (Janssen: BR)
Ofloxa® (LBS: TH)
Ofloxbeta® (betapharm: DE)
Ofloxin® (Leciva: CZ)
Ofloxin® (Siam Bheasach: TH)
Ofloxin® (Zentiva: RO, RU)
Oflox® (Allergan: AR, BR, CL, CO, CR, EC, GT, IL, PA, PE, SV)
Oflox® (Shiba: YE)
Oflox® (Stada: AT)
Oflo® (Unique: RU)
Onexacin® (Apotex: PH)
Ostrid® (Otto: ID)
Otoflox® (Pablo Cassara: AR)
Oxken® (Kendrick: MX)
Pharflox® (Pharos: ID)
Poenflox® (Pharma Investi: CL)
Poncoquin® (Armoxindo: ID)
Qinolon® (Great Eastern: TH)
Qinolon® (Therapharma: TH)
Qinolon® (UAP: PH)
Qipro® (Meprofarm: ID)
Quiflural® (Rayere: MX)
Quinoflox® (LAM: DO)
Quinomax® [tab.] (Medifarma: PE)
Quinomed® (Bausch & Lomb: AR)
Quinovid® (Mugi: ID)
Rafocilina® (Raffo: AR)
Remecilox® (Remedica: VN)
Rutix® (Square: BD)
Seracin® (Pharmaland: TH)
Surnox® (Aventis: ES)
Tabrin® (Aventis: GR)
Tafloc® (Aspen: ZA)
Taravid® (Aventis: GH, KE, NG, ZW)
Taravid® (Howse & McGeorge: UG)
Taricin® (Akrihin: RU)
Tariflox® (Dexa Medica: ID)
Tarivid Ophtalmic® (Ferron: ID)
Tarivid Ophtalmic® (Santen: TH)
Tarivid Otic Solution® (Daiichi: TH)
Tarivid Richter® (Gedeon Richter: HU)
Tarivid® (Aventis: AT, DE, DK, IN, LK, LU, NO, SI, ZA)
Tarivid® (Biotika: CZ)
Tarivid® (Daiichi: CN, HK, ID, JP, MY, SG, TH)
Tarivid® (Eureco: NL)
Tarivid® (Kalbe: ID)
Tarivid® (Sanofi-Aventis: BE, CH, FI, GB, GE, IE, IL, NL, PL, RU, SE, TR)
Tarivid® (Santen: JP)
Taroflox® (Aventis: CZ)
Trafloxal® (Tramedico: BE, NL)
Tructum® [sol.] (Tecnofarma: PE)
Uniflox® (Unimed: RO, RS)
Uro-Tarivid® (Sanofi-Aventis: DE, IL)
Viotisone® (Unison: TH)
Visiren® (Jugoremedija: RS)
Zanocin® (Ranbaxy: CZ, HU, PE, RO, ZA)

– hydrochloride:

Docofloxacine® (Docpharma: BE)
Docofloxacine® (Ranbaxy: LU)
Oflocet® [inj.] (Sanofi-Aventis: PT)
Ofloxin INF® (Leciva: CZ)
Surnox® [inj.] (Aventis: ES)
Tarivid® [inj.] (Aventis: AT, IN, IS, NO, SI)
Tarivid® [inj.] (Dankos: ID)
Tarivid® [inj.] (Kalbe: ID)
Tarivid® [inj.] (Sanofi-Aventis: DE, HU, IE, NL, PT, TR)

Olaflur (Rec.INN)

L: Olaflurum
D: Olaflur
F: Olaflur
S: Olaflur

Prophylactic

ATC: A01AA03
CAS-Nr.: 0006818-37-7 C_{27}-H_{60}-F_2-N_2-O_3
M_r 498.77

2,2'-[[3-[(2-Hydroxyethyl)octadecylamino]propyl]imino]diethanol dihydrofluoride (WHO)

Ethanol, 2,2'-({3-[(2-hydroxyethyl)octadecylamino]propyl}imino)bis, dihydrofluorid (USAN)

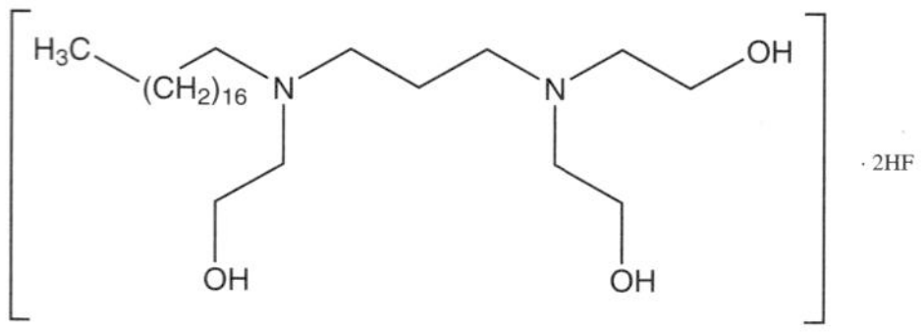

OS: *Olaflur [BAN, DCF, USAN]*
IS: *GA 297 (CH)*
IS: *SKF 38095 (Smith Kline & French, USA)*

Aminfluorid® (Belupo: HR, SI)

Olanzapine (Rec.INN)

L: Olanzapinum
D: Olanzapin
F: Olanzapine
S: Olanzapina

Neuroleptic
Serotonin antagonist

ATC: N05AH03
CAS-Nr.: 0132539-06-1 C_{17}-H_{20}-N_4-S
M_r 312.447

10H-Thieno[2,3-b][1,5]benzodiazepine, 2-methyl-4-(4-methyl-1-piperazinyl)-

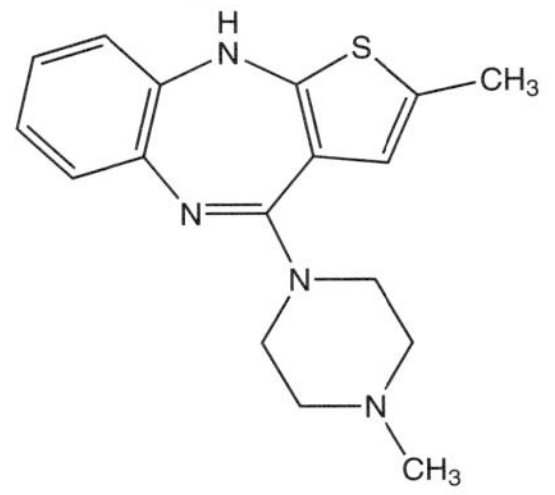

OS: *Olanzapine [BAN, USAN]*
IS: *LY 170053 (Lilly, USA)*
IS: *Zyprex*

Deprex® (Square: BD)
Dozic® (Tecnofarma: CO)
Frenial® (Biogen: CO)
Joyzol® (Wockhardt: IN)
Lopez® (General Pharma: BD)
Midax® (Gador: AR)
Oleanz® (Sun: LK)
Olexa® (Cipla: IN)
Olzapin® (Lek-AM: PL)
Reformal® (Ethical: DO)
Rexapin® (Abdi Ibrahim: TR)
Vaira® (Belupo: HR)
Ximin® (Watson: CN)
Xytrex® (ACI: BD)
Zalasta® (Jadran: HR)
Zalasta® (Krka: PL, RS)
Zapina® (Fluter: DO)
Zelta® (Bussié: CO, DO, GT, HN, PA, SV)
Zolafren® (Adamed: PL)
Zyprexa D.A.C.® (D.A.C.: IS)
Zyprexa Lyfjaver® (Lyfjaver: IS)
Zyprexa Velotab® (Lilly: AT, BA, DE, ES, HR, IL, IS, LU, NO, PT, RO, SI, TR)
Zyprexa Zydis® (Lilly: CL)
Zyprexa® (Lilly: AR, AT, AU, BA, BE, BR, CA, CH, CL, CO, CR, CZ, DE, DK, DO, ES, FI, FR, GB, GR, GT, HK, HN, HR, HU, ID, IE, IL, IS, IT, JP, LK, LU, MX, MY, NI, NL, NO, NZ, PA, PE, PH, PL, PT, RO, RS, RU, SE, SG, SI, SV, TH, TR, US, ZA)

Olaquindox (Rec.INN)

L: Olaquindoxum
D: Olaquindox
F: Olaquindox
S: Olaquindox

Antiinfective agent, antibacterial agent

ATCvet: QJ01MQ01
CAS-Nr.: 0023696-28-8 C_{12}-H_{13}-N_3-O_4
M_r 263.266

2-Quinoxalinecarboxamide, N-(2-hydroxyethyl)-3-methyl-, 1,4-dioxide

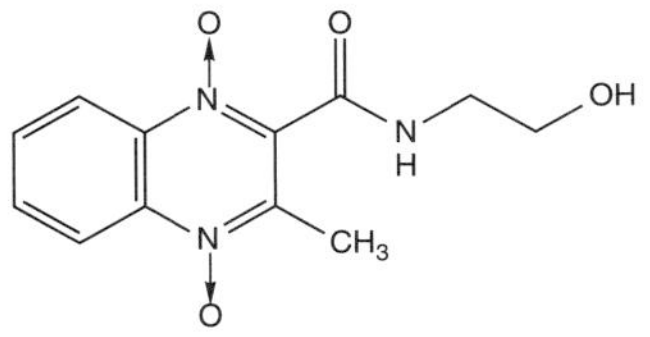

OS: *Olaquindox [BAN, USAN]*
IS: *Bay Va 9391 (Bayer, Germany)*
IS: *E 851 (EU-number)*

Dox-R-Pan® [vet.] (Adisseo: AU)
Keyquindox® [vet.] (International Animal Health: AU)
Olaquindox® [vet.] (C.C.D. Animal Health: AU)
Olaquindox® [vet.] (Ceva: ZA)

Olmesartan Medoxomil (Rec.INN)

L: Olmesartanum Medoxomilum
D: Olmesartan Medoxomil
F: Olmésartan Médoxomil
S: Olmesartàn Medoxomilo

Angiotensin-II antagonist
Antihypertensive agent

ATC: C09CA08
ATCvet: QC09CA08
CAS-Nr.: 0144689-63-4 C_{29}-H_{30}-N_6-O_6
M_r 558.59

5-Methyl-2-oxo-1,3-dioxol-4-ylmethyl-4-(1-hydroxy-1-methylethyl)-2-propyl-1-[2'-(1H-tetrazol-5-yl)biphenyl-4-ylmethyl]imidazol-5-carboxylat [IUPAC]

4-(1-hydroxy-1-methylethyl)-2-propyl-1-((2'-(1H-tetrazol-5-yl) (1,1'-biphenyl)-4 -yl)methyl)-1H-imidazole-5-carboxylic acid, (5-methyl-2-oxo-1,3-dioxol-4-yl)methyl ester

O

2,3-Dihydroxy-2-butenyl 4-(1-hydroxy-1-methylethyl)-2-propyl-1-[p-(o-1H-tetrazol-5-ylphenyl)benzyl]imidazole-5-carboxylate, cyclic 2,3-carbonate [WHO]

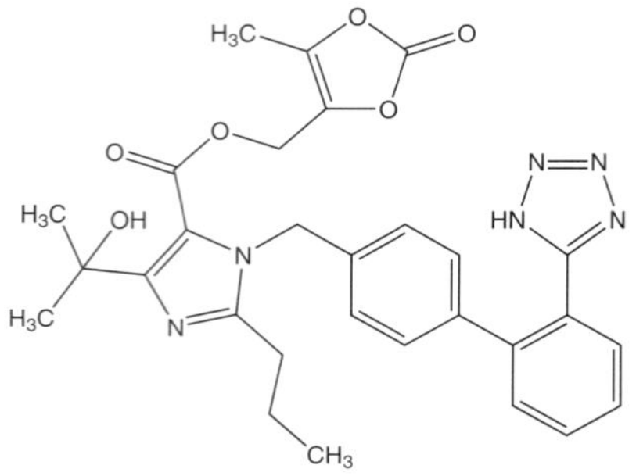

OS: *Olmesartan Medoxomil [USAN, BAN]*
IS: *CS 866 (Sankyo, Japan)*
IS: *Benevas (Sankyo, Japan)*

Almetec® (Schering-Plough: MX)
Alteis® (Menarini: FR)
Belsar® (Menarini: BE)
Benetor® (Galen: IE)
Benetor® (Menarini: FI)
Benicar® (Forest: US)
Benicar® (Sankyo: BR, US)
Hipersar® (I.E. Ulagay: TR)
Ixia® (Menarini: ES)
Menartan® (Berlin-Chemie: RS)
Mencord® (Menarini: AT)
Olmec® (Phoenix: AR)
Olmes® (Sankyo: NL)
Olmetec® (Daiichi: NO)
Olmetec® (Daiichi Sankyo: CH, ES, FR, GB)
Olmetec® (Leiras: FI)
Olmetec® (Menarini: CZ)
Olmetec® (Pfizer: BR, HK, SG, TR)
Olmetec® (Sankyo: AT, BE, CN, DE, DK, IL, IS, IT, LU, NL, PT)
Olpress® (Menarini: IT)
Olsar® (Menarini: PT)
Omesar® (Menarini: IE)
Openvas® (Pfizer: ES)
Planunac® (Guidotti: IT)
Plaunac® (Menarini: IT)
Tensiol® (Menarini: SI)
Tensonit® (Ivax: AR)
Votum® (Berlin-Chemie: DE)
Votum® (Menarini: CH)

Olopatadine (Rec.INN)

L: Olopatadinum
D: Olopatadin
F: Olopatadine
S: Olopatadina

Antiallergic agent
Histamine, H_1-receptor antagonist

ATC: R01AC08
ATCvet: QS01GX09
CAS-Nr.: 0113806-05-6 C_{21}-H_{23}-N-O_3
M_r 337.425

Dibenz[b,e]oxepin-2-acetic acid, 11-[3-(dimethylamino)-propylidene]-6,11-dihydro-

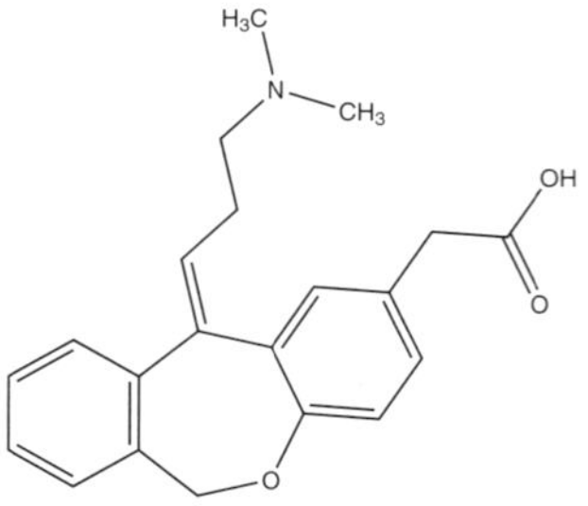

OS: *Olopatadine [BAN]*

Opatanol® (Alcon: DK, IE)

– hydrochloride:

CAS-Nr.: 0140462-76-6
OS: *Olopatadine Hydrochloride BANM, USAN*
IS: *ALO 4943 A (Kyowa Hakko, Japan)*
IS: *KW 4679 (Kyowa Hakko Japan)*

Olopatadine Hydrochloride® (Alcon: US)
Opatanol® (Alcon: BE, CH, CZ, DE, ES, FI, FR, GB, HR, HU, IS, IT, LU, NL, NO, PL, PT, RO, SE, SI)
Patanol® (Alcon: AR, AU, BR, CA, CL, CN, CO, CR, EC, GT, HK, HN, IL, LK, MX, NI, PA, SG, SV, TH, TR, US, ZA)
Patanol® (Pacific: NZ)

Olprinone (Rec.INN)

L: Olprinonum
D: Olprinon
F: Olprinone
S: Olprinona

Cardiac stimulant, cardiotonic agent

CAS-Nr.: 0106730-54-5 C_{14}-H_{10}-N_4-O
M_r 250.274

1,2-dihydro-imidazo[1,2-α]pyridin-6-yl-6-methyl-2-oxonicotinonitrile [WHO]

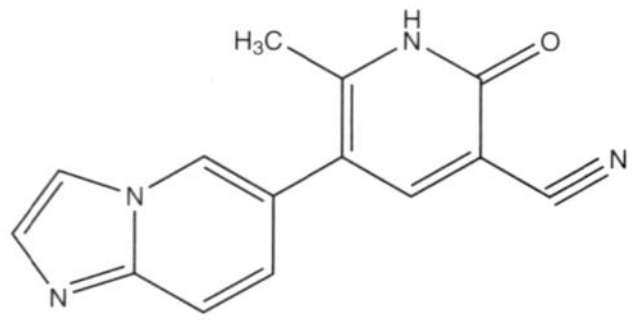

OS: *Olprinone [USAN]*
IS: *Loprinone*

– hydrochloride monohydrate:

OS: *Olprinone Hydrochloride JAN*
IS: *E 1020*
IS: *Loprinone hydrochloride*

Coretec® (Eisai: JP)

Olsalazine (Rec.INN)

L: Olsalazinum
D: Olsalazin
F: Olsalazine
S: Olsalazina

Gastrointestinal agent

ATC: A07EC03
CAS-Nr.: 0015722-48-2 C_{14}-H_{10}-N_2-O_6
M_r 302.254

Benzoic acid, 3,3'-azobis[6-hydroxy-

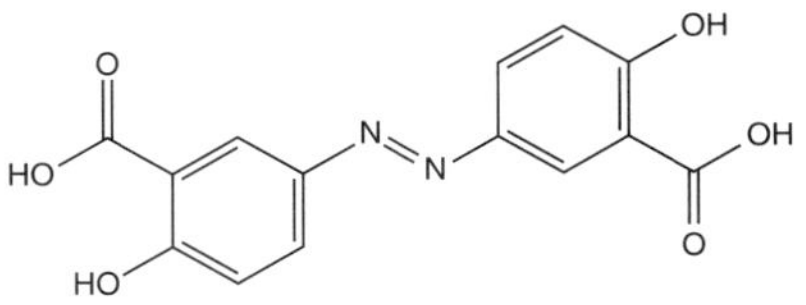

OS: *Olsalazine [BAN, DCF]*
IS: *C.I. Mordant Yellow 5 (WHO)*

– disodium salt:

CAS-Nr.: 0006054-98-4
OS: *Olsalazine Sodium BANM, USAN*
IS: *ADS*
IS: *Azodisal sodium*
IS: *Disodium azobis*
IS: *DSA*
IS: *CI 14130*
PH: Olsalazine Sodium Ph. Eur. 5
PH: Olsalazinum natricum Ph. Eur. 5
PH: Olsalazine sodique Ph. Eur. 5
PH: Olsalazin-Natrium Ph. Eur. 5

Dipentum® (Celltech: IS, NL, US)
Dipentum® (Lundbeck: CA)
Dipentum® (Pfizer: CL, IL)
Dipentum® (Pharmabroker: NZ)
Dipentum® (Pharmacia: AU, IT, ZA)
Dipentum® (UCB: AT, CH, DE, DK, FI, FR, GB, HK, IE, NO, SE)
Dipentum® [vet.] (UCB: GB)

Omalizumab (Rec.INN)

L: Omalizumabum
D: Omalizumab
F: Omalizumab
S: Omalizumab

Antiallergic agent
Antiasthmatic agent
Immunomodulator

ATC: R03DX05
CAS-Nr.: 0242138-07-4

Immunoglobulin G, anti-(human immunoglobulin E Fc region) (human-mouse monoclonal E25 clone psVIE26 gamma-chain), disulfide with human-mouse monoclonal E25 clone psVIE26 *k63-chain, dimer [WHO]

OS: *Omalizumab [BAN, USAN]*
IS: *AL 901*
IS: *anti-Ig E*
IS: *CGP 51901*
IS: *E25*
IS: *Humanized anti-IgE monoclonal antibody*
IS: *IGE 025*
IS: *Monoclonal antibody E25*
IS: *Monoklonaler Antikörper E25*
IS: *Monoklonaler Anti-Ig E Antikörper, human, rekombiniert*
IS: *Olizumab*
IS: *Recombinant humanized anti-IgE monoclonal antibody*
IS: *rhu MAb-E25*
IS: *TNX 901*
IS: *psVIE26 *k63-chain, dimer (WHO)*

Xolair® (Genentech: US)
Xolair® (Novartis: AR, AT, AU, BR, CA, CH, CZ, DE, ES, FI, FR, GB, HK, HU, IE, IL, MX, NO, NZ, PL, SE, SG)
Xolair® (Novartis Consumer Health: HR)
Xolair® (Novartis Europharm: DK)

Omega-3-acid Ethyl Esters (Ph. Eur.)

L: Omega-3 acidorum esteri ethylici
D: Omega-3-Säurenethylester
F: Oméga-3 (esters éthyliques d'acides)

Antihyperlipidemic agent

Ethyl esters of alpha-linolenic acid (C18:3 n-3), moroctic acid (C18:4 n-3), C20:4 n-3, timnodonic (eicosapentaenoic) acid (C20:5 n-3; EPA), C21:5 n-3, clupanodonic acid (C22:5 n-3) and cervonic (docosahexaenoic) acid (C22:6 n-3; DHA) (Ph. Eur.)

OS: *Omega-3-acid Ethyl Esters [USAN]*
IS: *K 85*
PH: Omega-3-Acid Ethyl Esters [Ph. Eur. 5]
PH: Omega-3-acidorum esteri ethylici [Ph. Eur. 5]
PH: Omega-3-Säurenethylester [Ph. Eur. 5]
PH: Oméga-3 (esters éthyliques d'acides) [Ph. Eur. 5]
PH: Omega-3-acid Ethyl Esters 90 [BP 2003]

Marincap® (Koçak: TR)
Maxepa® (Pierre Fabre: FR)
Maxepa® (Seven Seas: GB, IE)
Omacor® (Euro: NL)
Omacor® (Ferrer: ES)
Omacor® (Pfizer: NO)
Omacor® (Pierre Fabre: FR)
Omacor® (Pronova: LU, NL, SI)
Omacor® (Reliant: US)
Omacor® (Solvay: AT, BE, DE, GB, HR, IE, IT, TH)

Omeprazole (Rec.INN)

L: Omeprazolum
I: Omeprazolo
D: Omeprazol
F: Oméprazole
S: Omeprazol

⚕ Enzyme inhibitor, (H^+ + K^+) ATPase
⚕ Gastric secretory inhibitor

ATC: A02BC01
CAS-Nr.: 0073590-58-6 C_{17}-H_{19}-N_3-O_3-S
M_r 345.429

1H-Benzimidazole, 5-methoxy-2-[[(4-methoxy-3,5-dimethyl-2-pyridinyl)methyl]sulfinyl]-

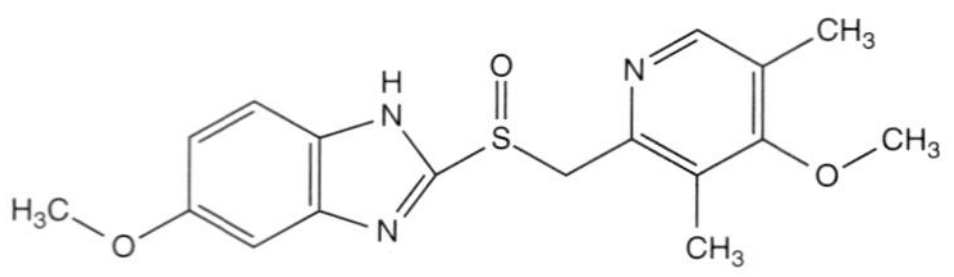

OS: *Omeprazole [BAN, JAN, USAN]*
OS: *Oméprazole [DCF]*
IS: *H 168/68 (Astra, Sweden)*
PH: Omeprazolum [Ph. Eur. 5]
PH: Oméprazole [Ph. Eur. 5]
PH: Omeprazol [Ph. Eur. 5]
PH: Omeprazole [Ph. Eur. 5, USP 30]

Acimed® (Sanitas: AR)
Adco-Omeprazole® (Al Pharm: ZA)
Agrixal® (Bruluagsa: MX)
Airomet-Aom® (Masa Lab: TH)
Alboz® (Collins: MX)
Altosec® (Aspen: ZA)
Antra® (AstraZeneca: AT, IT)
Apo-Omeprazole® (Apotex: CA)
Apo-Ome® (Apotex: CZ)
Asec® (Sanofi-Aventis: BD)
Aspra® (Apex: BD)
Audazol® (Lesvi: ES)
Aulcer® (Alacan: ES)
Aziatop® (Elea: AR)
Belifax® (Pharmathen: GR)
Belmazol® (Belmac: ES)
Belmazol® (Daquimed: PT)
Biocid® (Biochem: IN)
Bioprazol® (Biofarm: PL)
Brux® (Cinetic: AR)
Bysec® (Biex: IE)
Ceprandal® (Sigma Tau: ES)
Cizole® (Victory: MX)
Contral® (Corsa: ID)
Cosec® (Drug International: BD)
Criogel® (Roddome: EC)
Danlox® (Casasco: AR)
Demeprazol® (Deva: TR)
Desec® (TO Chemicals: TH)
Docomepra® (Docpharma: BE)
Docomepra® (Romikim: LU)
Dolintol® (Vir: ES)
Domer® (Best: MX)
Dosate® (Pharmasant: TH)
Dotrome® (Domesco: VN)
Dudencer® (Stada: VN)
Dudencer® (Tempo: ID)
Duogas® (MacroPhar: TH)
Elgam® (Daiichi Sankyo: ES)
Elkostop® (Minerva: GR)
Elkotheran® (Bros: GR)
Emage® (Edruc: BD)
Emeproton® (Cantabria: ES)
Emez® (Edruc: BD)
Epirazole® (E.I.P.I.C.O.: RO)
Epirazole® (Eipico: AE, BH, IQ, JO, KW, LB, LY, OM, QA, SA, SD, YE)
Erbolin® (Biofarma: TR)
Erradic® (Libbs: BR)
Eselan® (Anfarm: GR)
Etiprazol® (Ethical: DO)
Eucid® (Greater Pharma: TH)
Ezipol® (Kleva: GR)
Fabrazol® (Fabra: AR)
Fada Omeprazol® (Fada: AR)
Fendiprazol® (Northia: AR)
Fordex® (Leti: CR, DO, GT, HN, PA, SV)
Gamaprazol® (GAMA: GE)
Gasec Gastrocaps® (Mepha: AE, BH, CY, EG, IQ, JO, KW, LB, OM, PL, QA, SA)
Gasec® (Medis: SI)
Gasec® (Mepha: CZ, EC, SG, TT)
Gasec® (Mepharm: MY)
Gaspiren® (Biolab: BR)
Gaspron® (Magnachem: DO)
Gastec® (Laboratorios: AR)
Gaster® (Unison: TH)
Gastop Lch® (Ivax: PE)
Gastracid® (AWD.pharma: DE)
Gastrimut® (Normon: DO, ES, GT, NI, PA, SV)
Gastrium® (Aché: BR)
Gastrogard® [vet.] (Merial: DE, FR, GB, IT, NL, PT)
Gastrogard® [vet.] (Veter: FI)
Gastromax-EP® (Tripharma: TR)
Gastroprazol® (Lamsa: AR)
Gastroprazol® (Streuli: CH)
Gastroshield® [vet.] (Merial: AU)
Gastrotem® (Temis-Lostalo: AR)
Gastrozol® (Pharmstandart: RU)
Gastrozol® [vet.] (Axon: AU)
Gertalgin® (Faran: GR)
Glaveral® (Help: GR, RO)
Gomec® (GDH: TH)
Grizol® (Grisi Hnos: MX)
H-Etom® (Hisubiette: CO)
Healer® (Amico: BD)
Helicid® (Zentiva: CZ, PL, RO, RU)
Hovizol® (Hovid: PH)
Hycid-20® (XL: VN)
Indurgan® (Shire: ES)
Indurgan® (Solvay: ES)
Inhibita® (Delta: BD)
Inhibitron® (Liomont: MX)
Inhipump® (Pharos: ID)
Inpro® (Bio-Pharma: BD)
Ipirasa® (Esteve: ES)
Kerlofin® (Chrispa: GR)
Klispel® (Ativus: BR)
Klomeprax® (Klonal: AR)
Lanex® (Lavipharm: GR)
Lenar® (Biomedica-Chemica: GR)
Lokit® (Kopran: LK)

Loklor® (Medikon: ID)
Lomac® (Cipla: CZ, IN, TH, VN)
Lomepral® (Pharmacia: BR)
Lomex-T® (Actavis: IS)
Lomex® (Actavis: IS)
Lomex® (Saval: CL)
Lopraz® (Hayat: BH, IQ, LB, LY, OM, QA, SA, SD, YE)
Lopraz® (Ivax: IE)
Loproc® (Norma: GR)
Lordin® (Vianex: GR)
Losamel® (Clonmel: IE)
Losaprol® (Luper: BR)
Losar® (Biochimico: BR)
Loseca® (AstraZeneca: MX)
Losectil® (Eskayef: BD)
Losec® (Abic: IL)
Losec® (AstraZeneca: AE, AG, AN, AT, AU, AW, BE, BG, BH, BM, BS, BZ, CA, CN, CY, CZ, DK, ET, GB, GD, GE, GH, GR, GY, HT, HU, ID, IE, IQ, JM, KE, KW, LB, LC, LU, LY, MT, MW, MY, MZ, NG, NL, NL, NZ, OM, PE, PH, PL, PT, QA, RO, RS, SA, SD, SE, SR, TH, TR, TT, TZ, UG, VC, YE, ZA, ZM, ZW)
Losec® (AstraZeneca AB-S: IT)
Losec® (Aventis: CR, DO, GT, HN, NI, PA, SV)
Losec® (Eurim: AT)
Losec® (Paranova: AT)
Losec® (Tau: ES)
Losec® [vet.] (AstraZeneca: GB)
Losepine® (Pinewood: IE)
Loseprazol® (Liconsa: RS)
Loseprazol® (Pro.Med: CZ, HR)
Lozaprin® (Coup: GR)
Lozap® (Farmoquimica: BR)
Madiprazole® (Pharmadica: TH)
Malortil® (Specifar: GR)
Medoome 20/Ome20® (Medopharm: VN)
Meiceral® (Tedec-Meiji: TH)
Meisec® (Meiji: ID)
Mepha Gasec® (Mepha: CR, GT, HN, NI, PA, SV)
Mepha-Gasec® (Mepha: PE)
Mepral® (Bracco: IT)
Meprazol® (Hexal: AU)
Mepraz® (Ampharco: VN)
Mepraz® (Eurofarma: BR)
Meprox® (La Santé: CO)
Merck-Omeprazol® (Aktuapharma: BE)
Merck-Omeprazol® (Merck: BE)
Merofex® (SBL: MX)
Metsec® (TP Drug: TH)
Miol® (Robert: ES)
Miracid® (Berlin: TH)
Mopral® (AstraZeneca: ES, FR)
Morecon® (Kalbe: ID)
MTW-Omeprazol® (MTW: DE)
Mucoxol® (Montpellier: AR)
Nocid® (Farmaline: TH)
Norpramin® (Schwarz: ES)
Norsec® (Guardian: ID)
Notis® (Schwarz: PL)
Novek® (Agen: ES)
Nuclosina® (Labiana: RS)
Nuclosina® (Valeant: ES)
O-20® (Asiatic Lab: BD)
O-Sid® (Siam Bheasach: TH)
Ocid® (Cadila: ER, ET, IN, KE, LK, NG, TZ, UG, ZM, ZW)
Ocid® (Zydus: RU)
Ocid® (Zydus Cadila: SG)
Odamesol® (Farmanic: GR)
Odasol® (Genepharm: GR, RO)
Ofnimarex® (Biospray: GR)
Ogal® (Lafrancol: CO, PE)
Olexin® (Rayere: MX)
Olit® (Cadila: TH)
Omapren® (Lesvi: ES)
Omaprin® (Doctor's Chemical Work: BD)
Omar® (Hexal: PL)
Ome TAD® (TAD: DE)
Ome-Gastrin® (Inti: PE)
OME-nerton® (Dolorgiet: DE)
Ome-Puren® (Alpharma: DE)
Ome-Q® (Juta: DE)
Ome-Q® (Q-Pharm: DE)
Omebeta® (betapharm: DE)
Omecap® (Chemist: BD)
Omecap® (Hudson: BD)
Omecidol® (PharmaBrand: EC)
Omec® (Hexal: AT)
Omedar® (Dar-Al-Dawa: RO)
Omedec® (H.G.: EC)
Omedin® (Acme: BD)
Omedoc® (Docpharm: DE)
Omed® (Sandoz: CH)
Omegamma® (Wörwag Pharma: DE)
Omegastrol® (Ducto: BR)
Omegastron® (Pharma&Co: AT)
Omegast® (Nobel: TR)
Omegen® (Merck: HU)
Omegut® (Popular: BD)
OmeLich® (Winthrop: DE)
Omelind® (Lindopharm: DE)
Omelix® (ratiopharm: DK)
Omel® (Medicon: BD)
Omepal-20® (Hemas: LK)
Omepirex® (Winthrop: CZ)
Omepradex® (Dexcel: IL)
Omepral® (Donovan: GT, SV)
Omepral® (Medco: PE)
Omeprasec® (Aventis: BR)
Omepratop® (Topgen: BE)
Omeprax® (Sanitas: CL)
Omeprax® (Synthesis: CO)
Omeprazen® (Malesci: IT)
Omeprazid® (Nobel: BA, RS, TR)
Omeprazol 1A Pharma® (1A Pharma: AT, DE)
Omeprazol AbZ® (AbZ: DE)
Omeprazol Accedo® (Accedo: DE)
Omeprazol Acyfabrik® (Acyfabrik: ES)
Omeprazol AFSA® (Antibioticos: ES)
Omeprazol Agen® (Agen: ES)
Omeprazol AG® (American Generics: PE)
Omeprazol Alpharma® (Alpharma: NL)
Omeprazol Alternova® (Alternova: AT)
Omeprazol Alter® (Alter: ES, PT)
Omeprazol AL® (Aliud: CZ, DE)
Omeprazol Angenérico® (Angenérico: ES, PT)
Omeprazol Aphar® (Litaphar: ES)
Omeprazol Arafarma® (Arafarma: ES)
Omeprazol Arcana® (Arcana: AT)

Omeprazol Arrow® (Arrow: SE)
Omeprazol Asol® (Asol: ES)
Omeprazol AWD® (AWD.pharma: DE)
Omeprazol AZU® (Azupharma: DE)
Omeprazol A® (Apothecon: NL)
Omeprazol Basics® (Basics: DE)
Omeprazol Bayvit® (Stada: ES)
Omeprazol Bexal® (Bexal: ES, PT)
Omeprazol Biochemie® (Biochemie: CO)
Omeprazol Biocrom® (Biocrom: AR)
Omeprazol biomo® (biomo: DE)
Omeprazol BMM Pharma® (BMM: DK, FI, SE)
Omeprazol CF® (Centrafarm: NL)
Omeprazol Ciclum® (Ciclum: PT)
Omeprazol Cinfamed® (Cinfa: ES)
Omeprazol Cinfa® (Cinfa: ES)
Omeprazol Combino Pharm® (Combino: ES)
Omeprazol Cuvegen® (Perez Gimenez: ES)
Omeprazol Cuve® (Cuvefarma: ES)
Omeprazol Daquimed® (Daquimed: PT)
Omeprazol Davur® (Davur: ES)
Omeprazol Decrox® (Decrox: ES)
Omeprazol Denver® (Denver: AR)
Omeprazol Dexter® (Dexter: ES)
Omeprazol Domesco® (Domesco: VN)
Omeprazol dura® (Merck dura: DE)
Omeprazol Durban® (Durban: ES)
Omeprazol Edigen® (Edigen: ES)
Omeprazol Egis® (Egis: PL)
Omeprazol Esteve® (Esteve: ES)
Omeprazol Farmoz® (Farmoz: PT)
Omeprazol Farmygel® (Edigen: ES)
Omeprazol Farmygel® (Farmygel: ES)
Omeprazol Fmndtria® (Farmindustria: PE)
Omeprazol G.E.S.® (Ges Genericos: ES)
Omeprazol Gasec® (Mepha: PT)
Omeprazol Genericon® (Genericon: AT)
Omeprazol Generis® (Generis: PT)
Omeprazol Genfarma® (Genfarma: ES)
Omeprazol Genfar® (Genfar: CO, EC)
Omeprazol Germed® (Germed: PT)
Omeprazol Gf® (Genfarma: NL)
Omeprazol Grapa® (Grapa: ES)
Omeprazol Helvepharm® (Helvepharm: CH)
Omeprazol Heumann® (Heumann: DE)
Omeprazol Hexal® (Sandoz: HU)
Omeprazol HG. Pharm® (HG.Pharm: VN)
Omeprazol Ilab® (Inmunolab: AR)
Omeprazol Isa® (ISA: AR)
Omeprazol ITF® (ITF: PT)
Omeprazol Julphar® (Julphar: DE)
Omeprazol Juventus® (Juventus: ES)
Omeprazol Katwijk® (Katwijk: NL)
Omeprazol Kern® (Kern: ES)
Omeprazol Korhispana® (Korhispana: ES)
Omeprazol KSK® (KSK Pharma: DE)
Omeprazol L.CH.® (Chile: CL)
Omeprazol Labesfal® (Labesfal: PT)
Omeprazol Lareq® (Lareq: ES)
Omeprazol Lasa® (Faes: ES)
Omeprazol Liconsa® (Liconsa: ES, HU)
Omeprazol Lindo® (Lindopharm: DE)
Omeprazol LPH® (Labormed Pharma: RO)
Omeprazol Mabo® (Mabo: ES)
Omeprazol Mede® (Reig Jofre: ES)
Omeprazol Medinfar® (Medinfar: PT)
Omeprazol Mepraz® (Baldacci: PT)
Omeprazol Merck NM® (Merck NM: SE)
Omeprazol Merck® (Merck: ES)
Omeprazol Merck® (Merck dura: DE)
Omeprazol Merck® (Merck Generics: NL)
Omeprazol Merck® (Merck Genéricos: PT)
Omeprazol MK® (MK: CO)
Omeprazol Nexo® (Nexo: AR)
Omeprazol Normon® (Normon: CR, ES, GT, HN, NI, PA, SV)
Omeprazol Ometon® (Clintex: PT)
Omeprazol Orsade® (Orsade: ES)
Omeprazol PCH® (Pharmachemie: NL)
Omeprazol Pensa® (Pensa: ES)
Omeprazol Pharmagenus® (Pharmagenus: ES)
Omeprazol Prazolene® (Cipan: PT)
Omeprazol Proclor® (Pentafarma: PT)
Omeprazol Ranbaxy® (Ranbaxy: ES)
Omeprazol Ratiopharm® (Ratiopharm: AT)
Omeprazol Ratiopharm® (ratiopharm: DK)
Omeprazol Ratiopharm® (Ratiopharm: ES, FI)
Omeprazol Ratiopharm® (ratiopharm: HU)
Omeprazol Ratiopharm® (Ratiopharm: PT, SE)
Omeprazol Recept® (Recept: DK)
Omeprazol Richet® (Richet: AR)
Omeprazol Rimafar® (Rimafar: ES)
Omeprazol Romikim Farma® (Romikim: ES)
Omeprazol Rubio® (Rubio: ES)
Omeprazol Sandoz® (Sandoz: BE, CH, DE, ES, FI, LU, NL, PT, SE, ZA)
Omeprazol Stada® (Stada: ES, NL)
Omeprazol Stada® (Stadapharm: DE)
Omeprazol Sumol® (Sumol: ES)
Omeprazol Tarbis® (Tarbis: ES)
Omeprazol Tedec® (Tedec Meiji: ES)
Omeprazol Teva® (Teva: CH)
Omeprazol Universal Farm® (Universal Farma: ES)
Omeprazol Ur® (Uso Racional: ES)
Omeprazol Uxa® (Uxafarma: ES)
Omeprazol Vir® (Vir: ES)
Omeprazol Winthrop® (Winthrop: ES, PT)
Omeprazol-20 Ratio® (Ratio: DO)
Omeprazol-CT® (CT: DE)
Omeprazol-E® (Egis: CZ)
Omeprazol-Lam® (LAM: DO)
Omeprazol-ratiopharm® (Ratiopharm: CZ)
Omeprazol-ratiopharm® (ratiopharm: DE)
Omeprazol-Richter® (Gedeon Richter: RU)
Omeprazol-Stada® (Stada: LU)
Omeprazol-Teva® (Teva: CH)
Omeprazol-Topgen® (Topgen: LU)
Omeprazol-Zys® (Zephyrus: NL)
Omeprazole Bouchara-Recordati® (Bouchara: FR)
Omeprazole EG® (Eurogenerics: BE)
Omeprazole Finixfarm® (Finixfarm: GR)
Omeprazole Indo Farma® (Indofarma: ID)
Omeprazole Ratiopharm® (Ratiopharm: BE)
Omeprazole Ratiopharm® (ratiopharm: LU)
Omeprazole Teva® (Teva: BE)
Omeprazole Zydus® (Zydus: FR)
Omeprazole-EG® (Eurogenerics: LU)
Omeprazole-FPO® (Obolenskoe: RU)
Omeprazole® (Actavis: GB)
Omeprazole® (Apotex: US)

Omeprazole® (Canonpharma: RU)
Omeprazole® (Dexcel: GB)
Omeprazole® (Kremers-Urban: US)
Omeprazole® (Lek: US)
Omeprazole® (Mylan: US)
Omeprazole® (Olainfarm: GE)
Omeprazol® (Antibiotice: RO)
Omeprazol® (Belmac: RO)
Omeprazol® (Bestpharma: CL)
Omeprazol® (Biocrom: PE)
Omeprazol® (Biosintética: BR)
Omeprazol® (Blaskov: CO)
Omeprazol® (BMM: NO)
Omeprazol® (Chemo Iberica: NL)
Omeprazol® (Chemopharma: CL)
Omeprazol® (Fampharm: RS)
Omeprazol® (Farmandina: EC)
Omeprazol® (Farmo Andina: PE)
Omeprazol® (GAMA: GE)
Omeprazol® (Gedeon Richter: RO)
Omeprazol® (GMP: GE)
Omeprazol® (Grünenthal: PE)
Omeprazol® (Hexal: NL)
Omeprazol® (Intas: RS)
Omeprazol® (IPhSA: CL)
Omeprazol® (La Sante: PE)
Omeprazol® (LCG: PE)
Omeprazol® (Libbs: BR)
Omeprazol® (Lyka Labs: RO)
Omeprazol® (Medek: DO)
Omeprazol® (Medicalex: CO)
Omeprazol® (Medley: BR)
Omeprazol® (Mintlab: CL)
Omeprazol® (Ozone Laboratories: RO)
Omeprazol® (Pentacoop: CO, EC)
Omeprazol® (Perugen: PE)
Omeprazol® (ratiopharm: NO)
Omeprazol® (Recept: NL)
Omeprazol® (Replekfarm: RS)
Omeprazol® (Rider: CL)
Omeprazol® (Teuto: BR)
Omeprazol® (Volta: CL)
Omeprazon® (Mitsubishi: JP)
Omeprazostad® (Stada: LU)
Omepra® (Alco: BD)
Omepra® (B.A. Farma: PT)
Omepren-20® (Blue Cross: LK)
Omepril® (ECU: EC)
Omeprol Medichrom® (Medichrom: GR)
Omeprol® (Hexal: CZ)
Omeprol® (Sandoz: TR)
Omeprol® (Zdravlje: RS)
Omeprol® (Ziska: BD)
Omeprotec® (Hexal: BR)
Omep® (Aristopharma: BD, LK)
OMEP® (Hexal: DE)
Omep® (Hexal: LU)
OMEP® (Salutas Pharma: RS)
Omep® (UCI: BR)
Omeran® (Europharm: RO)
Omera® (Slovakofarma: CZ)
Omesan® (Laboratorios San Luis: DO)
Omesec® (CCM Pharma: SG)
Omesil® (Silva: BD)
Omestad® (Teva: LU)
Ometac® (Navana: BD)
Ometid® (Opsonin: BD)
Ometrix Amex® (Amex: PE)
Omex® (Garmisch: CO)
Omezol-Mepha® (Mepha: CH)
Omezol-Stada® (Stada: LU)
Omezole® (Hovid: SG)
Omezol® (Alembic: IN, LK)
Omezol® (Alkaloid: RS)
Omezol® (Best: CO)
Omezol® (Farmavita: BA)
Omezzol® (Interpharm: EC)
Omez® (Dr Reddys: LK, RO, TH, ZA)
Omez® (Dr. Reddy's: RU)
Ome® (Somatec: BD)
Omicap® (Micro Labs: LK)
Omicap® (Neopharm: TH)
Omiloc® (Hexal: ZA)
Omipix® (Biopharm: RU)
Omisec® (United Pharmaceutical: AE, BH, IQ, JO, LY, OM, QA, SA, SD, YE)
Omitac® (Gaco: BD)
Omitin® (Nipa: BD)
Omitox® (Shreya: RU)
Omizac® (Torrent: IN, RU)
Omolin® (Chemo Iberica: NL)
Ompranyt® (Bial: ES)
Omsec® (Techno: BD)
OMZ® (Ferron: ID)
Oméprazole Biogaran® (Biogaran: FR)
Oméprazole G Gam® (G Gam: FR)
Oméprazole Irex® (Irex: FR)
Oméprazole Ivax® (Ivax: FR)
Oméprazole Merck® (Merck Génériques: FR)
Oméprazole RPG® (RPG: FR)
Oméprazole Sandoz® (Sandoz: FR)
Oméprazole Winthrop® (Winthrop: FR)
Onexal® (Libraphrma: CO)
Onic® (Nicholas: ID)
Opal® (Healthcare: BD)
OPM® (Meprofarm: ID)
Oprafel® (Feltrex: DO)
Oprax® (Farmindustria: PE)
Oprazole Atlantic® (Atlantic: TH)
Oprazole® (Hikma: AE, BH, EG, IQ, JO, KW, LB, LY, OM, QA, SA, SD, SY, TN, YE)
Oprazol® (Spirig: CH)
Oprazon® (Ariston: BR)
Op® (Globe: BD)
Oracap® (Bidiphar: VN)
Orazole® (Bussié: CO)
Orazol® (Pharmalab: PE)
Ortalox® (Jadran: HR)
Ortanol® (Lek: BA, CZ, HR, PL, RO, SI)
Osiren® (Probiomed: MX)
Ozid® (Darya-Varia: ID)
Ozole® (Peoples: BD)
Panzer® (Wermar: MX)
Parizac® (Lacer: DO, ES, GT, HN, SV)
Penrazole® (Elpen: SG)
Penrazol® (Elpen: GR)
Peprazol® (Libbs: BR)
Pepticum® (Grünenthal: EC)
Pepticum® (Libraphrm: ES)
Peptidin® (Proanmed: CO)

Pharmaniaga Omeprazole® (Pharmaniaga: MY)
Physma® (Q-Pharma: AR)
Pilorfast® (Bioindustria: EC)
PIP Acid® (Iasis: GR)
Plusprazol® (Dosa: AR)
Polprazol® (Polpharma: PL)
Ppi® (Acme: BD)
Pram® (Mystic: BD)
Pratiprazol® (Prati: BR)
Pravil® (Duncan: AR)
Prazidec® (Tecnofarma: MX)
Prazogas® (Chalver: CO, DO, HN)
Prazolene® (Cipan: PT)
Prazolen® (Bussié: DO, GT, HN, PA, SV)
Prazole® (Renata: BD)
Prazolin® (Pharmanel: GR)
Prazolit® (Ivax: MX)
Prazolo® (Mintlab: CL)
Prazol® (Polfa Pabianice: PL)
Presec® (Unimed & Unihealth: BD)
Prevas® (General Pharma: BD)
Prevencid® (Rangs: BD)
Prilosec® (AstraZeneca: US)
Probitor® (Biochemie: CR, DO, GT, NI, PA, SV, TH)
Probitor® (Novartis: BD, GR)
Probitor® (Sandoz: AU, HU)
Procap® (Orion: BD)
Procelac® (Ivax: AR)
Proceptin® (Beximco: BD, SG)
Proclor® (Pentafarma: PT)
Prohibit® (Sandoz: ID)
Prolok® (Ibn Sina: BD)
Prosek® (Eczacibasi: TR)
Protacid® (Generix: SV)
Proton® (Medinfar: PT)
Proton® (Pharmalliance: DZ)
Protop® (Interbat: ID)
Protosec® (Unimed: PE)
Prysma® (Q-Pharma: ES)
Pumpitor® (Sanbe: ID)
Redusec® (Solas: ID)
Regasec® (Combiphar: ID)
Regulacid® (Lazar: AR)
Risek® (Gulf: RO)
Risek® (Julpharma: EC)
Rocer® (Otto: ID)
Romep® (Rowex: IE)
Romesec® (Ranbaxy: PE, SG)
Rome® (Rephco: BD)
Romisan® (Chemo Iberica: LU, NL)
Roweprazol® (Rowe: CR, DO, EC, HN, NI, PA, SV)
Rythomogastryl® (Rafarm: GR)
Sanamidol® (Inkeysa: ES)
Seclo® (Square: BD, LK)
Sedacid® (SMB: BE, LU)
Severon® (Profarma: TH)
Sieral® (Farmamust: GR)
Socid® (Soho: ID)
Som® (Shamsul Alamin: BD)
Stomacer® (Prima: ID)
Stomec® (Progress: TH)
Stomex® (Young Poong Pharm: VN)
Target plus® (Belupo: HR)
Target® (Belupo: HR)
Target® (Marksman: BD)
Tarzol® (Uni: CO)
Tarzol® (Unipharm: MX)
Tasec® (Fluter: DO)
Timezol® (Penn: AR)
Ufonitren® (Proel: GR)
Ulc-Out® (Raffo: CL)
Ulcefor® (Elofar: BR)
Ulcelac® (Bago: CL)
Ulcer-X® (Medicon: BD)
Ulceral® (Tedec Meiji: ES)
Ulcesep® (Centrum: ES)
Ulcidex® (Omnifarma: EC)
Ulcid® (Astellas: IE)
Ulcometion® (Reig Jofre: ES)
Ulcoprol® (Actavis: GE)
Ulcosan® (Bosnalijek: BA)
Ulcozol® (Bagó: AR, CO)
Ulcozol® (Merck Bagó: BR)
Ulcrux® (Prater: CL)
Ulcuprazol® (Newport: CR, DO, GT, HN, NI, PA, SV)
Ulnor® (BC: DE)
Ulprazole® (Polipharm: TH)
Ulprazol® (Infaca: DO)
Ulsen® (Senosiain: DO, MX, SV)
Ultop® (Krka: BA, CZ, HR, RO)
Ultop® (KRKA: RU)
Ultop® (Krka: SI)
Ulzol® (Dabur: IN)
Ulzol® (Ethica: ID)
Ulzol® (Pliva: BA, HR, HU, PL, RO, SI)
Upral® (Lancasco: DO, GT, HN, SV)
Veralox® (Demo: GR)
Victrix® (Farmasa: BR)
Vulcasid® (Atlantis: MX)
Xeldrin® (ACI: BD)
Xilapen® (Lacofarma: DO)
Xoprin® (Refasa: PE)
Zatrol® (ABL: PE)
Zatrol® (Andromaco: CL)
Zefxon® (Biolab: TH)
Zegerid® (Santarus: US)
Zenpro® (Xepa-Soul Pattinson: SG)
Zepral® (Ikapharmindo: ID)
Zerocid® (Sun: RU)
Zimor® (Rubio: DO, ES, GT, PA, SG, SV, TH)
Zimor® (TTN: TH)
Zollocid® (Landson: ID)
Zoltenk® (Biotenk: AR)
Zoltum® (AstraZeneca: FR)
Zomepral® (Chile: CL)
Zoral® (Andromaco: MX)
Zoximed® (Medix: MX)

– **sodium salt:**

OS: *Omeprazole Sodium BANM, USAN*
IS: *H 168/68 sodium (Astra)*
PH: Omeprazolum natricum Ph. Eur. 5
PH: Omeprazol-Natrium Ph. Eur. 5
PH: Omeprazole Sodium Ph. Eur. 5
PH: Oméprazole sodique Ph. Eur. 5

Antra® [inj.] (AstraZeneca: CH, DE, IT)
Fendiprazol® [inj.] (Northia: AR)
Helicid® (Zentiva: CZ, PL)
Ibax® (Sandoz: MX)
Inhibitron® [inf.] (Liomont: MX)

Klomeprax® (Klonal: AR)
Losec® (AstraZeneca: AT, AU, BE, BR, CL, CZ, EC, FI, GB, IE, IS, MX, NL, NO, NZ, PE, PT, SE, SG, VN)
Losec® (AstraZeneca AB-S: IT)
Losec® (Tau: ES)
Luokai® (Suzhou No 6: CN)
Mepral® [inj.] (Bracco: IT)
Miol® (Robert: ES)
Mopral® (AstraZeneca: ES, FR)
Omeprasec® (AstraZeneca: AR)
Omeprazen® [inj.] (Malesci: IT)
Omeprazol Gen-Far® (Genfar: PE)
Omeprazol Sodico® (Eurofarma: BR)
Omeprazole AstraZeneca® (AstraZeneca: HU)
Omeprazol® (Bestpharma: CL)
Omeprazol® (Volta: CL)
Pravil® (Duncan: AR)
Timezol® (Richmond: AR)
Ulcozol® (Bagó: AR)
Zomepral® (Chile: CL)

– magnesium salt:

OS: *Omeprazole Magnesium USAN*
IS: *H 168/68 magnesium (AstraZeneca)*
IS: *Omeprazol hemimagnesium*

Acimax® (Alphapharm: AU)
Antra MUPS® (AstraZeneca: CH, DE)
Logastric® (Biothera: BE)
Losec Mups® (AstraZeneca: AR, BR, CA, CO, EC, FI, GB, HK, IS, NO, PE, RO, SE, SG, TH, VN)
Losec® (AstraZeneca: AU, BE, CA, NL, NO)
Losec® (Delphi: NL)
Losec® Mups® (AstraZeneca: CN)
Mopral® (Italmex: MX)
Omeprasec® (AstraZeneca: AR)
Omeprazol MUPS® (AstraZeneca: NL)
Prilosec® (Procter & Gamble: US)

Omoconazole (Rec.INN)

L: Omoconazolum
D: Omoconazol
F: Omoconazole
S: Omoconazol

Antifungal agent

ATC: D01AC13,G01AF16
CAS-Nr.: 0074512-12-2 C_{20}-H_{17}-Cl_3-N_2-O_2
M_r 423.726

(Z)-1-[2,4-Dichloro-β-[2-(p-chlorophenoxy)ethoxy]-α-methylstyryl]imidazole

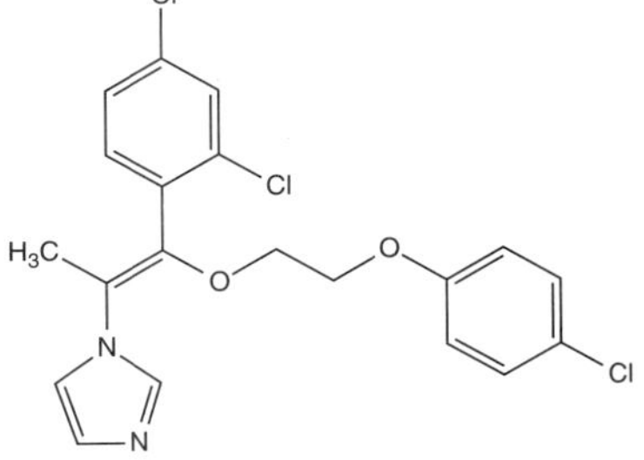

OS: *Omoconazole [DCF]*
IS: *CM 8282*

– nitrate:

CAS-Nr.: 0083621-06-1
OS: *Omoconazole Nitrate USAN*

Afongan® (AB: AT)
Afongan® (Galderma: ES, IT, LU)
Fongamil® (Biorga: FR)
Fongamil® (Juste: ES)
Fongamil® (Remek: GR)
Fongamil® (Saninter: PT)
Fongarex® (Besins: FR)
Mikogal® (Teva: HU)

Ondansetron (Rec.INN)

L: Ondansetronum
I: Ondansetrone
D: Ondansetron
F: Ondansetron
S: Ondansetron

Antiemetic
Serotonin antagonist

ATC: A04AA01
CAS-Nr.: 0116002-70-1 C_{18}-H_{19}-N_3-O
M_r 293.38

4H-Carbazol-4-one, 1,2,3,9-tetrahydro-9-methyl-3-[(2-methyl-1H-imidazol-1-yl)methyl]-

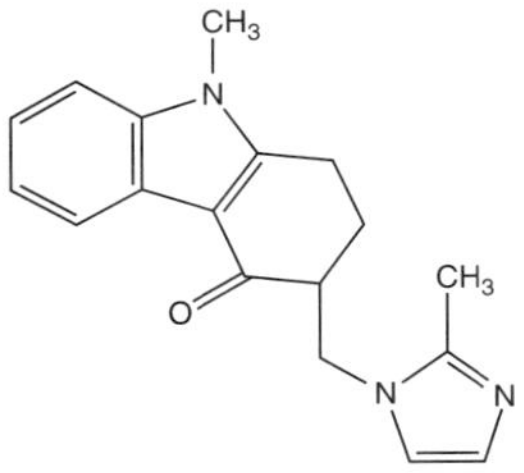

OS: *Ondansetron [BAN, USAN]*
OS: *Ondansétron [DCF]*
IS: *GR 38032 F*
PH: Ondansetron [USP 30]

Amilene® (Tecnofarma: CL)
Avessa® (GlaxoSmithKline: LU)
Avessa® (Hemofarm: RS)
Cellondan lingual® (cell pharm: DE)
Danofran T3A® (T3A: RO)
Dantron 8® (Unison: TH)
Famotidin AbZ® (AbZ: DE)
Finaber® (Microsules: AR)
Frazon® (Ferron: ID)
Gardoton® (Raffo: CL)
Izofran Zydis® (GlaxoSmithKline: CL)
Izofran® (GlaxoSmithKline: CL)
Modificial® (Tecnofarma: CO, PE)
Narfoz® (Pharos: ID)
Odanex® (Saval Eurolab: CL)
Onaserone® (Incepta: BD)
Ondansetron Fabra® (Fabra: AR)
Ondansetron Mayne® (Mayne: DE, SE)
Ondansetron Northia® (Northia: AR)
Ondansetron Richet® (Richet: AR)
Ondansetron® (Kampar: CL)
Ondasan® (Slaviamed: RS)

O

Onilat® (Lek: SI)
Setronon® (Pliva: BA, HR, SI)
Trorix® (Baxter: CL)
Trosedan® (Amex: PE)
Vomceran® (Kalbe: ID)
Zetron® (Biolab: TH)
Zofran Melt® (GlaxoSmithKline: GB)
Zofran Zydis® (GlaxoSmithKline: IE, NZ)
Zofran® (Glaxo Wellcome: PT)
Zofran® (GlaxoSmithKline: AT, BE, CA, CH, CN, CR, CZ, DE, DO, FI, GB, GT, HN, HU, LU, NI, NL, PA, PL, RU, SV, TH, US)
Zofran® (Paranova: AT)
Zofron® (GlaxoSmithKline: GR)
Zophren® (GlaxoSmithKline: FR)

– hydrochloride:

CAS-Nr.: 0099614-01-4
OS: *Ondansetron Hydrochloride BANM, JAN, USAN*
PH: Ondansetron Hydrochloride USP 30
PH: Ondansetron hydrochloride dihydrate Ph. Eur. 5, BP 2003
PH: Ondansetroni hydrochloridum dihydricum Ph. Eur. 5

Amal® (Probiomed: MX)
Ansentron® (Biosintética: BR)
Antivom® (Teva: HU)
Atossa® (Anpharm: PL)
Atossa® (ICN: PL)
Axisetron® (Apo Care: DE)
Bryterol® (Ropsohn: CO)
Cedantron® (Soho: ID)
Cellondan® (cell pharm: DE)
Cetron® (Raffo: AR)
Cloridrato de Ondansetrona® (Eurofarma: BR)
Cruzafen® (Rafarm: GR)
Danac® (Lemery: MX)
Dantenk® (Biotenk: AR)
Dismolan® (Rivero: AR)
Emeset® (Cipla: CZ, IN, LK, RO, TH, VN)
Emetron® (Gedeon Richter: CZ, HU, PL, RU)
Emistat® (Healthcare: BD)
Emital® (Ivax: IE)
Emizof® (Gerard: IE)
Espasevit® (Richmond: AR, PE)
Hexatron® (Hexal: DK)
Invomit® (Interbat: ID)
Izofran® (GlaxoSmithKline: CL)
Lartron® (Bruluart: MX)
Modifical® (Asofarma: MX)
Modifical® (Günther: BR)
Modifical® (Tecnofarma: PE)
Modifical® (Zodiac: BR)
Modificial® (Zodiac: BR)
Nalisen® (Cryopharma: MX)
Nausedron® (Cristália: BR, BR)
Novo-Ondansetron® (Novopharm: CA)
Oncoemet® (Biotoscana: CL)
Ondansetron 1A Farma® (1A Farma: DK)
Ondansetron 1A Pharma® (1A Pharma: DE)
Ondansetron Alternova® (Alternova: DK, SE)
Ondansetron Ardez® (Ardez: CZ)
Ondansetron B. Braun® (Braun: DE)
Ondansetron Basics® (Basics: DE)
Ondansetron beta® (betapharm: DE)
Ondansetron CF® (Centrafarm: NL)
Ondansetron Copyfarm® (Copyfarm: SE)
Ondansetron DeltaSelect® (DeltaSelect: DE)
Ondansetron Denver® (Denver: AR)
Ondansetron Durascan® (DuraScan: DK)
Ondansetron Ebewe® (Ebewe: SI)
Ondansetron Filaxis® (Filaxis: AR)
Ondansetron Fresenius Kabi® (Fresenius: SE)
Ondansetron Generis® (Generis: ES)
Ondansetron Gobbi® (Gobbi: AR)
Ondansetron Hexal® (Hexal: AT, DE, DK)
Ondansetron Hexal® (Sandoz: FI)
Ondansetron Hikma® (Hikma: DE)
Ondansetron Hydrochloride® (Sicor: US)
Ondansetron Inibsa® (Madaus: ES)
Ondansetron Inresa® (Inresa: DE)
Ondansetron Kabi® (Fresenius: DE)
Ondansetron Lazar® (Lazar: AR)
Ondansetron Madaus® (Madaus: ES)
Ondansetron Martian® (LKM: AR)
Ondansetron Mayne® (Mayne: ES)
Ondansetron Merck NM® (Merck NM: SE)
Ondansetron Nycomed® (Nycomed: DK, NO, SE)
Ondansetron Pliva® (Pliva: HU)
Ondansetron Ratiopharm® (Ratiopharm: ES)
Ondansetron Sandoz® (Sandoz: CH, DE, ES, HU, SE, SI)
Ondansetron Stada® (Stada: DE, DK, ES, SE)
Ondansetron Teva® (Teva: CZ, SE)
Ondansetron Winthrop® (Winthrop: DE)
Ondansetron-Gry® (Gry: DE)
Ondansetron-Mepha® (Mepha: CH)
Ondansetron-ratiopharm® (ratiopharm: DE)
Ondansetron-Z® (GlaxoSmithKline: HU)
Ondansetron® (Bestpharma: CL)
Ondansetron® (Biosano: CL)
Ondansetron® (Biosintética: BR)
Ondansetron® (Blaskov: CO)
Ondansetron® (Hexal: NL)
Ondansetron® (Rowex: IE)
Ondansetron® (Sandoz: CA)
Ondansetron® (Volta: CL)
Ondansetron® (Wockhardt: GB)
Ondaren® (Pharmanel: GR)
Ondatron® (Medicopharm: DE)
Ondax® (Heimdall: CO)
Onda® (Vianex: GR)
Ondemet® (Beacon: GB)
Ondemet® (Leciva: CZ)
Ondran® (Pinewood: IE)
Onsat® (Beximco: BD)
Onsia® (Siam Bheasach: TH)
Osetron® (ACI: BD)
Osetron® (Dr Reddys: LK, RO)
ratio-Ondansetron® (Ratiopharm: CA)
Sandoz Ondansetron® (Sandoz: CA)
Seton® (Delta: BD)
Setronon® (Pliva: CZ, PL, RU)
Setron® (Slovakofarma: CZ)
Tiosalis® (Teva: AR)
Vomiof® (Stadmed: IN)
Yatrox® (Mediplata: PE)
Yatrox® (Procter & Gamble: ES)
Zetron® (Biolab: TH)

Zofer® (Adeka: TR)
Zofran Flexi-amp® (GlaxoSmithKline: GB)
Zofran Zydis® (GlaxoSmithKline: AT, CZ, DE, ES, IE, LU, TH, TR)
Zofran® [tab./inj.] (EU-Pharma: NL)
Zofran® [tab./inj.] (Eureco: NL)
Zofran® [tab./inj.] (Euro: NL)
Zofran® [tab./inj.] (GlaxoSmithKline: AE, AG, AN, AR, AT, AU, AW, BA, BB, BE, BG, BH, BR, CA, CH, CR, CZ, DE, DK, DO, EC, ES, FI, GB, GD, GE, GT, GY, HK, HN, HR, HU, ID, IE, IL, IR, IS, IT, JM, KW, LC, MX, MY, NI, NL, NO, NZ, OM, PA, PE, PH, PL, QA, RO, RS, SE, SG, SI, SV, TH, TR, TT, US, VC, ZA)
Zofran® [tab./inj.] (Nedpharma: NL)
Zofran® [tab./inj.] (Paranova: AT)
Zoltem® (Nobel: BA, TR)
Zophren® (GlaxoSmithKline: FR)
Zotrix® (Alternova: DK, SE)

Opipramol (Rec.INN)

L: Opipramolum
I: Opipramolo
D: Opipramol
F: Opipramol
S: Opipramol

Antidepressant, tricyclic

ATC: N06AA05
CAS-Nr.: 0000315-72-0 — C_{23}-H_{29}-N_3-O, M_r 363.515

1-Piperazineethanol, 4-[3-(5H-dibenz[b,f]azepin-5-yl)propyl]-

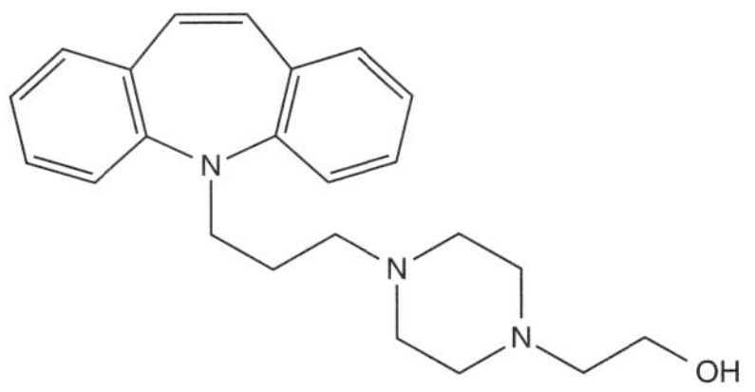

OS: *Opipramol [BAN, DCF]*
OS: *Opipramolo [DCIT]*

Opipramol biomo® (biomo: DE)
Opipramol dura® (Merck dura: DE)
Opipramol-ISIS® (Actavis: DE)

– dihydrochloride:

CAS-Nr.: 0000909-39-7
OS: *Opipramol Hydrochloride BANM, USAN*
IS: *G 33 040 (Geigy, USA)*

Deprenil® (Terra: TR)
Insidon® (Novartis: AG, AN, AT, AW, BB, BM, BS, CH, DE, ET, GD, GH, GY, HT, IT, JM, KE, KY, LC, LU, LY, MT, NG, SD, TR, TT, TZ, VC, ZW)
Insomin® (Tripharma: TR)
Inzeton® (Biokem: TR)
Opimol® (Temmler: DE)
Opipra TAD® (TAD: DE)
Opipramo 1A Pharma® (1A Pharma: DE)
Opipramol AbZ® (AbZ: DE)
Opipramol AL® (Aliud: DE)
Opipramol beta® (betapharm: DE)
Opipramol esparma® (esparma: DE)
Opipramol Hexal® (Hexal: DE)
Opipramol real® (Dolorgiet: DE)
Opipramol Sandoz® (Sandoz: DE)
Opipramol Stada® (Stada: DE)
Opipramol-CT® (CT: DE)
Opipramol-neuraxpharm® (neuraxpharm: DE)
Opipramol-ratiopharm® (ratiopharm: DE)
Opipramol® (Holsten: DE)
Opipram® (Krewel: DE)
Opridon® (Deva: TR)
Oprimol® (Taro: IL)
Pramolan® (Polpharma: PL)

Oprelevkin (Rec.INN)

L: Oprelvekinum
D: Oprelvekin
F: Oprelvékine
S: Oprelvekina

Immunomodulator

ATC: L03AC02
ATCvet: QL03AC02
CAS-Nr.: 0145941-26-0 — C_{854}-H_{1411}-N_{253}-O_{235}-S_2, M_r 19047.04

2-178-Interleukin 11 (human clone pXM/IL-11)

OS: *Oprelvekin [USAN]*
IS: *Rhil-11*

Neumega® (Genetics: US)
Neumega® (Wyeth: BR, CL, CO)

Orazamide (Rec.INN)

L: Orazamidum
D: Orazamid
F: Orazamide
S: Orazamida

Hepatic protectant

CAS-Nr.: 0060104-30-5 — C_9-H_{10}-N_6-O_5.$_2H_2O$, M_r 318.279

4-Pyrimidinecarboxylic acid, 1,2,3,6-tetrahydro-2,6-dioxo-, compd. with 5-amino-1H-imidazole-4-carboxamide (1:1)

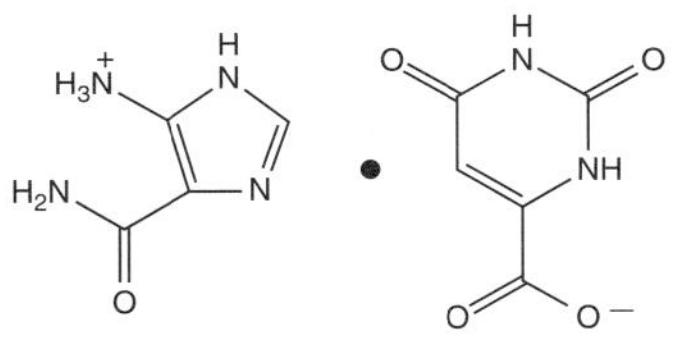

OS: *Orazamide [DCF, USAN]*
IS: *AICA*

Carbaica® (Pharmafar: IT)

O

Orbifloxacin (Rec.INN)

L: Orbifloxacinum
D: Orbifloxacin
F: Orbifloxacine
S: Orbifloxacino

Antibiotic

ATCvet: QJ01MA95
CAS-Nr.: 0113617-63-3 C_{19}-H_{20}-F_3-N_3-O_3
M_r 395.38

1-cyclopropyl-7-(cis-3,5-dimethyl-1-piperazinyl)-55,6,8-trifluoro-1,4,dihydro-4-oxo-3-quinolinecarboxylic acid

1-Cyclopropyl-7-(cis-3,5-dimethyl-1-piperazinyl)-5,6,8-trifluoro-1,4-dihydro-4-oxo-3-quinolinecarboxylic acid

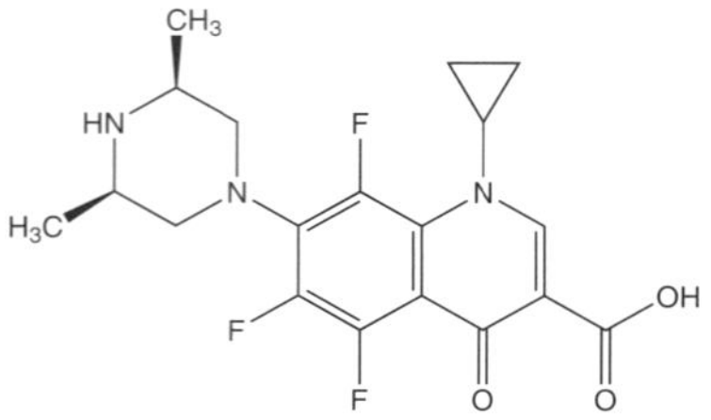

OS: *Orbifloxacin [USAN]*
IS: *Marufloxacin*

Orbax® [vet.] (Essex: AT, DE)
Orbax® [vet.] (Schering-Plough: LU, SE, US)
Orbax® [vet.] (Schering-Plough Animal: AU, ZA)
Orbax® [vet.] (Schering-Plough Vet: PT)
Orbax® [vet.] (Vetcare: FI)

Orciprenaline (Rec.INN)

L: Orciprenalinum
I: Orciprenalina
D: Orciprenalin
F: Orciprénaline
S: Orciprenalina

Bronchodilator
β-Sympathomimetic agent

ATC: R03AB03,R03CB03
CAS-Nr.: 0000586-06-1 C_{11}-H_{17}-N-O_3
M_r 211.267

1,3-Benzenediol, 5-[1-hydroxy-2-[(1-methylethyl)amino]ethyl]-

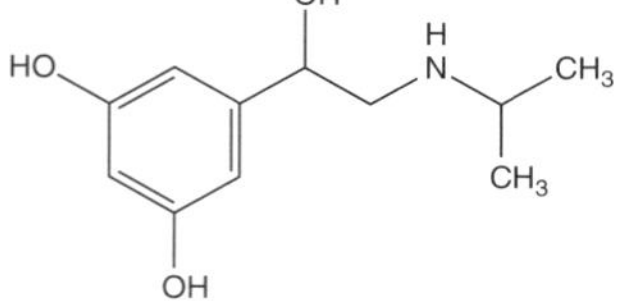

OS: *Orciprenaline [BAN, DCF]*
OS: *Orciprenalina [DCIT]*
IS: *Metaproterenol*

– sulfate:
CAS-Nr.: 0005874-97-5
OS: *Metaproterenol Sulfate JAN, USAN*
OS: *Orciprenaline Sulphate BANM*
IS: *GM 16462*
IS: *Th 152*
PH: Metaproterenol Sulfate USP 30
PH: Orciprenaline Sulphate Ph. Eur. 5
PH: Orciprenaline Sulfate JP XIV
PH: Orciprenalini sulfas Ph. Eur. 5
PH: Orciprenalinsulfat Ph. Eur. 5
PH: Orciprénaline (sulfate d') Ph. Eur. 5

Alotec® (Boehringer Ingelheim: JP)
Alupent® (Boehringer Ingelheim: AE, AT, AU, BH, CY, DE, EG, ES, GB, ID, IQ, IT, JO, KE, KW, LB, LK, LU, LY, MT, MX, NL, OM, QA, SA, SD, TH, US, YE)
Alupent® (German Remedies: IN)
Apo-Orciprenaline® (Apotex: CA)
Astmopent® (GlaxoSmithKline: BG, GE)
Astmopent® (Polfa: CZ)
Astmopent® (Polfa Warszawa: PL)
Metaproterenol Sulfate® (Dey: US)
Metaproterenol Sulfate® (Morton Grove: US)
Metaproterenol Sulfate® (Nephron: US)
Metaproterenol Sulfate® (Novex: US)
Metaproterenol Sulfate® (Silarx: US)
Metaproterenol Sulfate® (Teva: US)
Metaproterenol Sulfate® (Watson: US)

Orgotein (Rec.INN)

L: Orgoteinum
I: Orgoteina
D: Orgotein
F: Orgotéine
S: Orgoteina

Antiinflammatory agent
Antirheumatoid agent

ATC: M01AX14
CAS-Nr.: 0009016-01-7

Water-soluble protein of molecular weight about 33 000 with compact conformation maintained by about 4 gram-atoms of divalent metal; produced from beef liver

OS: *Orgotein [BAN, USAN]*
OS: *Orgotéine [DCF]*
OS: *Orgoteina [DCIT]*
IS: *Bovine copper-zinc superoxide dismutase*
IS: *Ontosein*
IS: *Ormetein*
IS: *Palosein*
IS: *SOD*
IS: *Superoxide dismutase [bovine]*

Ontosein® (Tedec Meiji: ES)
Palosein® [vet.] (Alvetra u. Werfft: AT)
Palosein® [vet.] (Oxis: US)

Orlistat (Rec.INN)

L: Orlistatum
D: Orlistat
F: Orlistat
S: Orlistat

Enzyme inhibitor

ATC: A08AB01
CAS-Nr.: 0096829-58-2 C_{29}-H_{53}-N-O_5
M_r 495.753

L-Leucine, N-formyl-, 1-[(3-hexyl-4-oxo-2-oxetanyl)methyl]dodecyl ester, [2S-[2α(R*),3β]]-

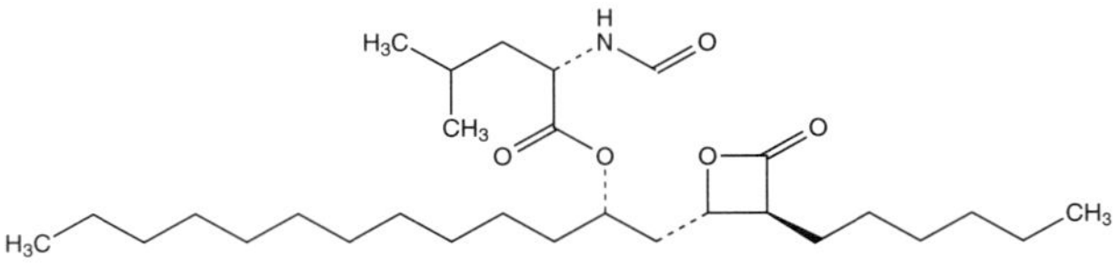

OS: *Orlistat [BAN, USAN]*
IS: *Orlipastat*
IS: *Ro 18-0647002 (Roche, USA)*
IS: *Tetrahydrolipstatin*
IS: *THL*
IS: *Ro 18-0647 (Roche)*

Alli® (GlaxoSmithKline Consumer Healthcare: US)
Fingras® (Phoenix: AR)
Orlip® (GMP: GE)
Redustat® (Liomont: MX)
Viplena® (K2 Pharmacare: CL)
Xenical® (Roche: AE, AM, AR, AT, AU, AW, BA, BD, BE, BG, BN, BO, BR, BW, BY, CA, CH, CL, CN, CO, CR, CU, CY, CZ, DE, DK, DO, EC, EE, ES, ET, FI, FR, GB, GE, GH, GR, GT, HK, HN, HR, HU, ID, IE, IL, IS, IT, JM, JO, KE, KH, KR, KW, KZ, LA, LB, LK, LT, LU, LV, MA, MK, MW, MX, MY, NA, NG, NI, NL, NO, NZ, PA, PE, PH, PK, PL, PT, PY, QA, RO, RS, RU, SA, SD, SE, SI, SK, SV, TH, TM, TR, TT, TW, TZ, UA, UG, US, UY, UZ, VE, VN, ZA, ZM, ZW)
Xenical® (Roche RX: SG)
Xeniplus® (Elea: AR)
Xinplex® (Craveri: AR)

Ormeloxifene (Rec.INN)

L: Ormeloxifenum
D: Ormeloxifen
F: Ormeloxifene
S: Ormeloxifeno

Antiestrogen

Contraceptive

CAS-Nr.: 0078994-24-8 C_{30}-H_{35}-N-O_3
M_r 457.62

7-Methoxy-2,2-dimethyl-3-phenyl-4-[4-(2-pyrrolidinoethoxy)phenyl]chromane, trans-

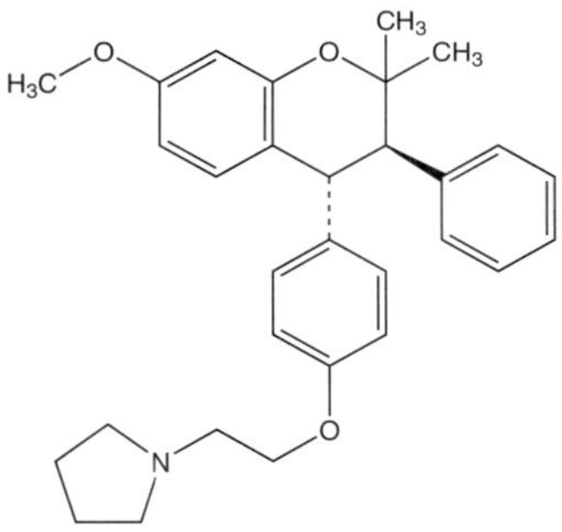

OS: *Ormeloxifene [USAN]*
IS: *Centchromane*

Centron® (Torrent: IN)

Ornidazole (Rec.INN)

L: Ornidazolum
I: Ornidazolo
D: Ornidazol
F: Ornidazole
S: Ornidazol

Antiprotozoal agent, amebicide

Antiprotozoal agent, trichomonacidal

ATC: G01AF06,J01XD03,P01AB03
CAS-Nr.: 0016773-42-5 C_7-H_{10}-Cl-N_3-O_3
M_r 219.637

1H-Imidazole-1-ethanol, α-(chloromethyl)-2-methyl-5-nitro-

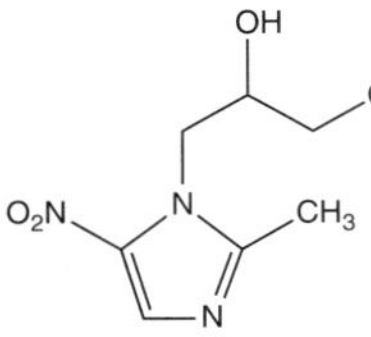

OS: *Ornidazole [DCF, USAN]*
IS: *Ro 7-0207 (Hoffmann La Roche, Germany)*

Avrazor® (Leciva: CZ)
Biteral® (Roche: TR)
Borneral® (Biokem: TR)
Dazolic® (Sun: RU)
Entamizole® (Abbott: IN)
Invigan® (Bago: CL)
Mebaxol® (Richmond: AR)
Oniz® (Stadmed: IN)
Oniz® (Unimed & Unihealth: BD)
Ornidazol Biocrom® (Biocrom: AR)
Ornidazol Gemepe® (Gemepe: AR)
Ornidazol Richet® (Richet: AR)
Ornidazol-Vero® (Verofarm: RU)
Ornidazole SERB® (SERB: FR)
Ornidone® (Tripharma: TR)
Ornid® (Drug International: BD)
Ornil® (Opsonin: BD)
Ornisid® (Abdi Ibrahim: TR)
Ornisid® (Tripharma: RU)
Ornitop® (Toprak: TR)
Robic® (Square: BD)

Tiberal® (Roche: BE, BJ, BY, CH, CO, CU, EC, EE, GE, GH, GT, JM, KR, KZ, LV, MD, NZ, RO, RU, SN, TM, TR, TT, UA)
Tiberal® (SERB: LU, MA)
Tibéral® (SERB: FR)
Xynor® (Beximco: BD)
Zil® (Sarabhai: IN)

Ornipressin (Rec.INN)

L: Ornipressinum
D: Ornipressin
F: Ornipressine
S: Ornipresina

Vasoconstrictor

ATC: H01BA05
CAS-Nr.: 0003397-23-7 C_{45}-H_{63}-N_{13}-O_{12}-S_2
M_r 1042.249

Vasopressin, 8-L-ornithine-

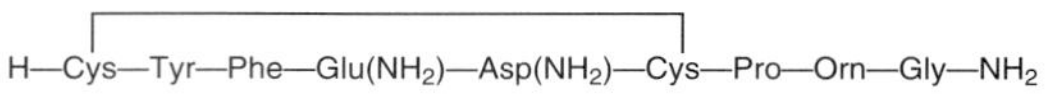

OS: *Ornipressine [DCF]*
OS: *Ornipressin [USAN]*
IS: *[Orn⁸] Vasopressin*

POR-8 Ferring® (Ferring: AT)
Por-8® (Ferring: ZA)
Por-8® (Novartis: DE)
Por-8® (Sandoz: LU)

Ornithine (Rec.INN)

L: Ornithinum
I: Ornitina
D: Ornithin
F: Ornithine
S: Ornitina

Hepatic protectant

CAS-Nr.: 0000070-26-8 C_5-H_{12}-N_2-O_2
M_r 132.171

L-Ornithine

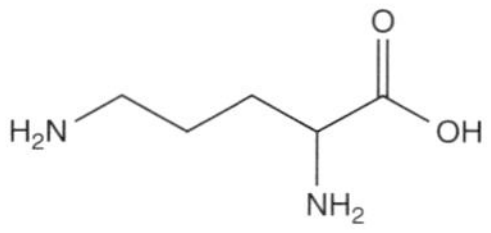

OS: *Ornithine [DCF, USAN]*
OS: *Ornitina [DCIT]*
OS: *l-Ornithine-L-aspartate []*
IS: *Orn*
IS: *(S)-2,5-Diaminopentansäure*
IS: *(S)-(+)-2,5-Diaminovaleriansäure (IUPAC)*

– aspartate:

IS: *L-Ornithin-L-aspartate (IUPAC)*
PH: Ornithinaspartat DAB 1999

Cere „Merz"® (Kolassa: AT)
Hepa-Merz® (Assos: TR)
Hepa-Merz® (Binz: CO)
Hepa-Merz® (Darier: MX)
Hepa-Merz® (Kolassa: AT)
Hepa-Merz® (Merz: CR, DE, DO, GT, HK, HN, HU, NI, PA, PL, RS, RU, SV)
Hepa-Merz® (Merz Pharma: VN)
Hepa-Merz® (Naturprodukt: CZ)
Hepa-Vibolex® (Rosen: DE)
Hepatil® (Pliva: PL)
Hevtin® (Pharos: ID)

– oxoglurate:

IS: *Ornithine 2-oxoglutarate*

Cétornan® (Chiesi: DZ, FR)
Ornicetil® (Alkaloid: BA)
Ornicetil® (Ebewe: AT)
Ornicetil® (Geymonat: IT)
Ornicetil® (Nordmark: DE)
Ornicetil® (Sanofi-Synthelabo: ES)
Ornicétil® (Chiesi: FR)

Ornoprostil (Rec.INN)

L: Ornoprostilum
D: Ornoprostil
F: Ornoprostil
S: Ornoprostilo

Treatment of gastric ulcera

CAS-Nr.: 0070667-26-4 C_{23}-H_{38}-O_6
M_r 410.557

Prost-13-en-1-oic acid, 11,15-dihydroxy-17,20-dimethyl-6,9-dioxo-, methyl ester, (11α,13E,15S,17S)-

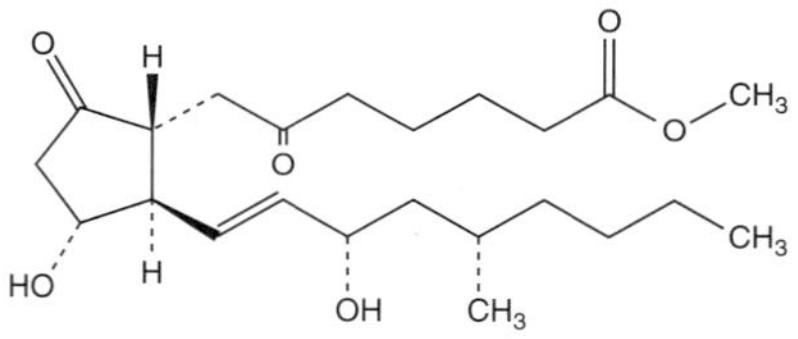

OS: *Ornoprostil [JAN, USAN]*
IS: *ONO 1308 (Ono, Japan)*

Ronok® (Ono: JP)

Orotic Acid (Prop.INN)

L: Acidum Oroticum
I: Acido orotico
D: Orotsäure
F: Acide orotique
S: Acido orotico

Hepatic protectant
Uricosuric agent

CAS-Nr.: 0000065-86-1 C_5-H_4-N_2-O_4
M_r 156.107

4-Pyrimidinecarboxylic acid, 1,2,3,6-tetrahydro-2,6-dioxo-

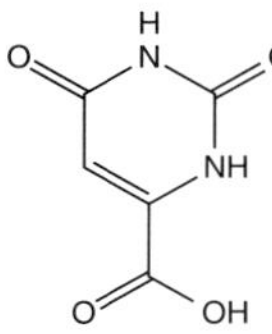

OS: *Acide orotique [DCF]*
OS: *Orotic Acid [BAN, USAN]*
OS: *Acido orotico [DCIT]*
IS: *Molkensäure*
IS: *4-Uracilcarbonsäure*
IS: *Uracil-6-carbonsäure*
IS: *Vitamin B_{13}*
PH: Orotsäure, wasserfreie [DAB 1996]
PH: Orotsäure [DAC]

– calcium salt:
CAS-Nr.: 0022454-86-0
PH: Calciumorotat-Dihydrat DAC

Calciumorotat® (Ursapharm: DE)

– magnesium salt:
CAS-Nr.: 0027067-77-2
IS: *Hippocras*
PH: Magnesiumorotat DAB 1996
PH: Magnesiumorotat-Dihydrat DAC

magnerot CLASSIC® (Wörwag Pharma: DE)
Magnerot® (Mauermann: CZ)
Magnerot® (Wörwag Pharma: HU, RO)

– zinc salt:
CAS-Nr.: 0060388-02-5
PH: Zinkorotat-Dihydrat DAC

Zinkorotat® (Croma: AT)
Zinkorotat® (Ursapharm: DE)
Zinkorot® (Wörwag Pharma: DE)

Orphenadrine (Rec.INN)

L: Orphenadrinum
I: Orfenadrina
D: Orphenadrin
F: Orphénadrine
S: Orfenadrina

Antiparkinsonian, central anticholinergic

CAS-Nr.: 0000083-98-7 C_{18}-H_{23}-N-O
M_r 269.392

Ethanamine, N,N-dimethyl-2-[(2-methylphenyl)phenylmethoxy]-

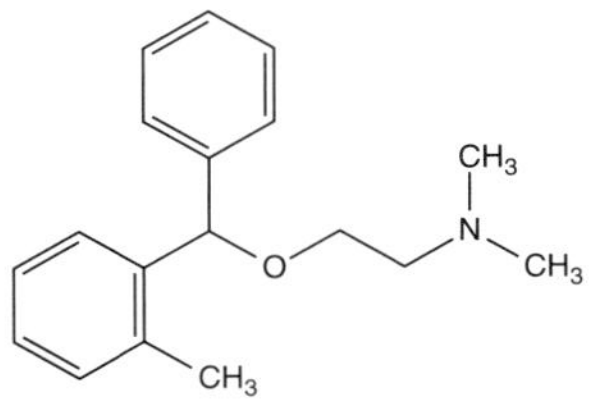

OS: *Orphenadrine [BAN, DCF]*
OS: *Orfenadrina [DCIT]*

Mialgin® (Cipa: PE)
Orfenadrina® (Carrion: PE)
Orphenadrine Citrate Synco® (Synco: HK)

– citrate:
CAS-Nr.: 0004682-36-4
OS: *Orphenadrine Citrate BANM, USAN*
PH: Orphenadrine citrate Ph. Eur. 5, USP 30
PH: Orphenadrini citras Ph. Eur. 5

Antiflex® (Clint: US)
Derflex® (Aventis: BR)
Flexin® (Taro: IL)
Norflex® (3M: AU, CA, CR, DE, DO, FI, GB, GT, HN, KE, LU, NZ, PA, SE, SV, TH, US, ZA, ZW)
Norflex® (Cana: GR)
Norflex® (Farmindustria: PE)
Orfenadrina Citrato MF® (Marfan: PE)
Orfenaflex® (Paill: DO)
Orphenadrine Citrate® (Actavis: US)
Orphenadrine Citrate® (Global: US)
Orphenadrine Citrate® (Kiel: US)
Orphenadrine Citrate® (Sandoz: US)
Orphenate® (Hyrex: US)
Plenactol® (3M: CL)
Relaflex® (Vijosa: GT, HN, NI, SV)
Sandoz Orphenadrine® (Sandoz: CA)

– hydrochloride:
CAS-Nr.: 0000341-69-5
OS: *Orphenadrine Hydrochloride BANM*
PH: Orphenadrine Hydrochloride Ph. Eur. 5
PH: Orphenadrini hydrochloridum Ph. Eur. 5

Biorphen® (Alliance: GB)
Disipal® (3M: AU, ZA)
Disipal® (Astellas: GB, IT)
Disipal® (CSL: NZ)
Disipal® (Gerolymatos: GR)
Disipal® (Teva: IL)
Disipal® (Yamanouchi: BE, CZ, LU)
Efaflex® (Amex: PE)
Lysantin® (Medic: DK)
Orfenadrine HCl CF® (Centrafarm: NL)
Orfenal® (Remedica: CY, TH)
Orphenadrine Hydrochloride® (Rosemont: GB)
Orphipal® (GlaxoSmithKline: IN)

Oryzanol

D: gamma-Oryzanol

Drug acting on the central nervous system

CAS-Nr.: 0011042-64-1 C_{40}-H_{58}-O_4
M_r 602.904

O

Triacontanyl 3-(4-hydroxy-3-methoxyphenyl)prop-2-enolate

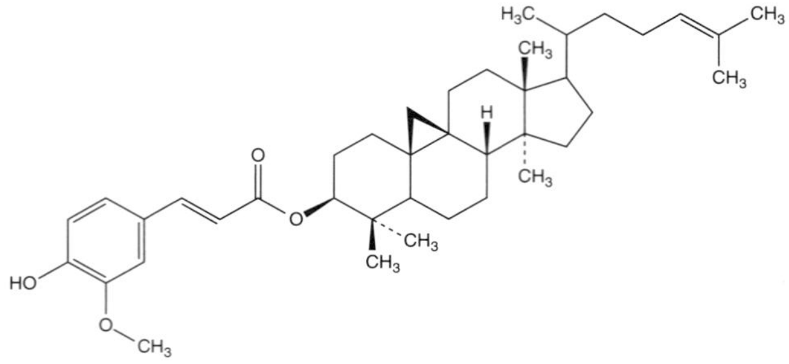

IS: *Gamma Oryzanol*
IS: *λ-Oryzanol*

Hi-Z® (Otsuka: JP)
Oliver® (Sanzen: JP)

Oseltamivir (Rec.INN)

L: Oseltamivirum
D: Oseltamivir
F: Oseltamivir
S: Oseltamivir

Antiviral agent
Enzyme inhibitor, neuraminidase, influenza virus

ATC: J05AH02
ATCvet: QJ05AH02
CAS-Nr.: 0196618-13-0 C_{16}-H_{28}-N_2-O_4
M_r 312.46

Ethyl (3R,4R,5S)-4-acetamido-5-amino-3-(1-ethylpropoxy)010cyclohexene-1-carboxylate

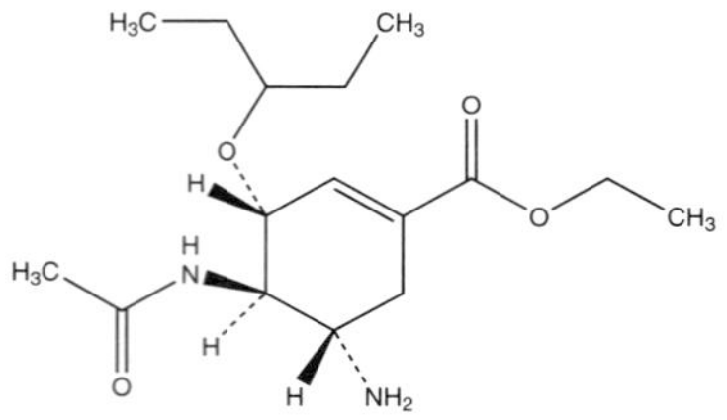

OS: *Oseltamivir [BAN, USAN]*
IS: *GS 4104 (Gilead Sciences, USA)*

Agucort® (LKM: AR)

– phosphate:

CAS-Nr.: 0204255-11-8
OS: *Oseltamivir Phosphate USAN*
IS: *Ro 64-0796/002 (Roche)*
IS: *GS 4104/002 (Gilead Sciences, US)*

Oseltamivir® (Shanghai Pharma Group: CN)
Oseltamivir® (Sunve: CN)
Rimivat® (Andromaco: CL)
Saiflu® (Saidal: DZ)
Tamiflu® (Roche: AE, AR, AT, AU, BE, BG, BH, BR, CA, CH, CL, CN, CZ, DE, DK, ES, FI, FR, GB, GE, GR, HK, HR, HU, ID, IE, IL, IS, IT, JP, KR, KW, LK, LT, LU, LV, MA, MX, MY, NL, NO, NZ, PH, PL, PT, QA, RO, RS, RU, SA, SE, SI, TH, TR, TW, UA, US, UY, VN)
Tamiflu® (Roche Diagnostic: DZ)
Tamiflu® (Roche RX: SG)
Virobin® (Recalcine: CL)

Otilonium Bromide (Rec.INN)

L: Otilonii Bromidum
I: Otilonio bromuro
D: Otilonium bromid
F: Bromure d'Otilonium
S: Bromuro de otilonio

Antispasmodic agent
Parasympatholytic agent

ATC: A03AB06
CAS-Nr.: 0026095-59-0 C_{29}-H_{43}-Br-N_2-O_4
M_r 563.583

Ethanaminium, N,N-diethyl-N-methyl-2-[[4-[[2-(octyloxy)benzoyl]amino]benzoyl]oxy]-, bromide

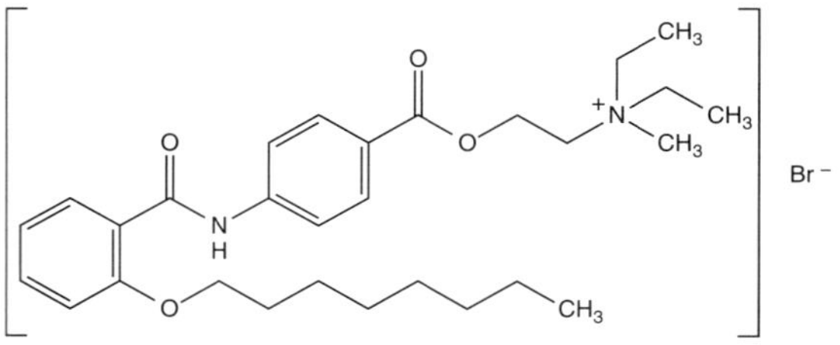

OS: *Otilonium Bromide [BAN, USAN]*
OS: *Otilonio bromuro [DCIT]*

Doralin® (Menarini: GR)
Lonium® (Apsen: BR)
Pasminox® (Beta: AR)
Spasen® (Firma: IT)
Spasmoctyl® (Guidotti: ES)
Spasmoctyl® (Menarini: AR, CR, DO, GT, HN, NI, PA, SV)
Spasmogen® (Menarini: IL)
Spasmomen® (Berlin-Chemie: HU, RO)
Spasmomen® (Biotoscana: CO, PE)
Spasmomen® (I.E. Ulagay: TR)
Spasmomen® (Menarini: AE, BE, BH, CY, CZ, EC, EG, HK, IL, IQ, IT, JO, KW, LB, LU, LY, MA, MT, OM, QA, SA, SD, SY, TN, YE)

Ouabain (Ph. Eur.)

L: Ouabainum
I: Oubaina
D: Ouabain-8-Wasser
F: Ouabaine

Cardiac glycoside

CAS-Nr.: 0011018-89-6 C_{29}-H_{44}-O_{12}·$8H_2O$
M_r 728.831

3-[(6-Deoxy-α-L-mannopyranosyl)oxyl]-1,5,11,14,19-pentahydroxy-(1β,3β,5β,11α)-card-20(22)-enolide, octahydrate

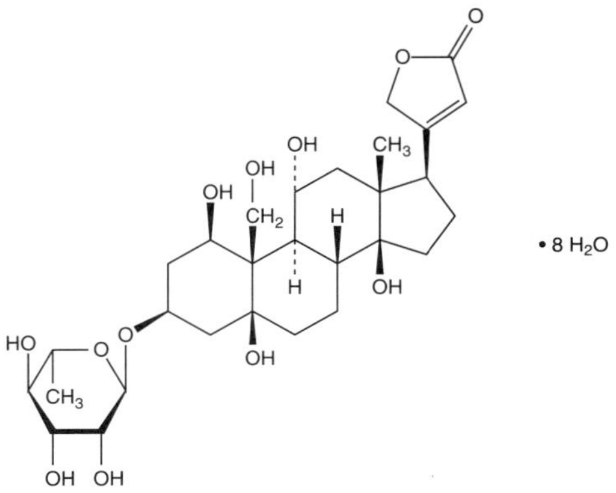

OS: *Ouabaïne [DCF]*
OS: *Oubaina [DCIT]*
OS: *Ouabain [USAN]*
IS: *g-Strophanthosidum*
IS: *Strophalen*
IS: *Strophena*
IS: *g-Strophanthin*
IS: *Acocantherin*
PH: Ouabain [Ph. Eur. 5, USP XX]
PH: Ouabaïne [Ph. Eur. 5]
PH: Ouabainum [Ph. Eur. 5, Ph. Int. II]
PH: G-Strophanthin [JP XIII]

Ouabainum® (Pharmachemie: NL)
Strodival® (Herbert: LU)
Strodival® (Kolassa: AT)
Strodival® (Meda: DE)
Strophanektan G® [vet.] (Richter: AT)

Oxaceprol (Rec.INN)

L: Oxaceprolum
D: Oxaceprol
F: Oxacéprol
S: Oxaceprol

Antiinflammatory agent

ATC: D11AX09
CAS-Nr.: 0033996-33-7 C_7-H_{11}-N-O_4
M_r 173.175

L-Proline, 1-acetyl-4-hydroxy-, trans-

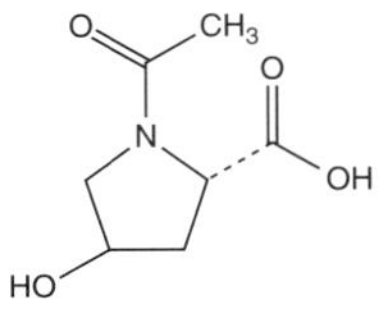

OS: *Oxacéprol [DCF]*
OS: *Oxaceprol [USAN]*
IS: *AHP*
IS: *BSM 7639*

AHP® (Rosen: DE)
Artromed® (Chephasaar: RS)
Joint® (Pfizer: AR)
Jonctum® (CS: FR)
Jonctum® (Inibsa: ES)
Tejuntivo® (Iquinosa: ES)

Oxacillin (Rec.INN)

L: Oxacillinum
I: Oxacillina
D: Oxacillin
F: Oxacilline
S: Oxacilina

Antibiotic, penicillin, penicillinase-resistant

ATC: J01CF04
CAS-Nr.: 0000066-79-5 C_{19}-H_{19}-N_3-O_5-S
M_r 401.451

4-Thia-1-azabicyclo[3.2.0]heptane-2-carboxylic acid, 3,3-dimethyl-6-[[(5-methyl-3-phenyl-4-isoxazolyl)carbonyl]amino]-7-oxo-, [2S-(2α,5α,6β)]-

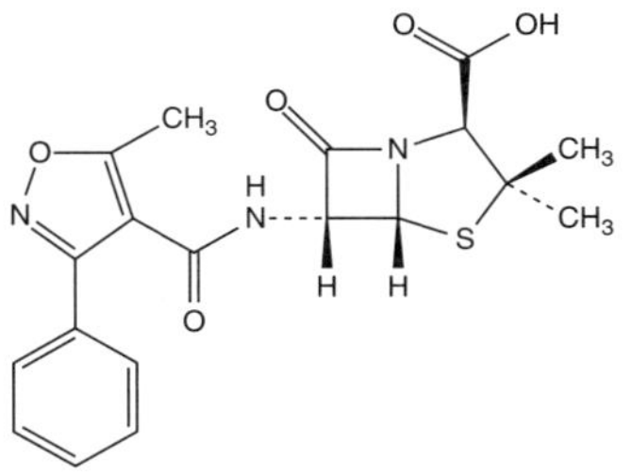

OS: *Oxacillin [BAN]*
OS: *Oxacilline [DCF]*
OS: *Oxacillina [DCIT]*
IS: *AB 1400*
IS: *BRL 1400*

Dicloxal Ox® [sol.-inj.] (Magma: PE)
Oxacilina® (Blaskov: CO)
Oxacilina® (Memphis: CO)
Oxacilina® (Pentacoop: CO)
Oxacilinã Forte® (Lek: RO)
Oxacilinã Forte® (Mark: RO)
Oxacillin® (Balkanpharma: BG)
Oxacil® (Biochimico: BR)
Oxalin® (Europharm: RO)
Stapenor® [vet.] (Bayer Sante Animale: FR)

– sodium salt:

OS: *Oxacillin Sodium USAN*
PH: Oxacillin Sodium USP 30
PH: Oxacillinum natricum PhBs IV, Ph. Int. II
PH: Oxacillin sodium monohydrate Ph. Eur. 5

Bactocill® (GlaxoSmithKline Pharm.: US)
Biolab Oxacilina® (Biolab: BR)
Bristopen® (Bristol-Myers Squibb: BF, BI, BJ)
Bristopen® (Bristol-Myers squibb: CF)
Bristopen® (Bristol-Myers Squibb: CG, CI, CM, DZ, FR, GA, GN)
Bristopen® (Bristol-Myers squibb: MG)
Bristopen® (Bristol-Myers Squibb: ML, MR, MU, NE, SN, TD, TG, ZR)
InfectoStaph® [inj.] (Infectopharm: DE)
Masteet® [vet.] (Albrecht: DE)
Oxacilin Leciva® (Leciva: CZ)
Oxacilina Sodica® (Eurofarma: BR)
Oxacilina® [sol.-inj.] (Britania: PE)
Oxacilina® [sol.-inj.] (Cristália: BR)
Oxacilina® [sol.-inj.] (Farmo Andina: PE)
Oxacilina® [sol.-inj.] (Vitalis: PE)
Oxacilinã® (Antibiotice: RO)

Oxacilină® (Arena: RO)
Oxacilină® (Europharm: RO)
Oxacilină® (Farmex: RO)
Oxacilină® (Lek: RO)
Oxacilină® (Ozone Laboratories: RO)
Oxacillin Sodium® (Baxter: US)
Oxacillin Sodium® (Sandoz: US)
Oxacilline Panpharma® (Panpharma: FR)
Oxacillin® [vet.] (Alvetra: DE)
Oxacillin® [vet.] (CP: DE)
Oxacillin® [vet.] (Veyx: DE)
Oxacillin® [vet.] (Virbac: DE)
Penstapho® (Bristol-Myers Squibb: BE, IT, LU)
Prostafilina® [susp.] (Abeefe Bristol: PE)
Prostaphlin® (Bristol-Myers Squibb: CZ)
Staficilin-N® (Bristol-Myers Squibb: BR)
Stapenor® [vet.] (Bayer: IT)
Stapenor® [vet.] (Bayer Animal: DE)

Oxaliplatin (Rec.INN)

L: Oxaliplatinum
D: Oxaliplatin
F: Oxaliplatine
S: Oxaliplatino

Antineoplastic agent

ATC: L01XA03
CAS-Nr.: 0061825-94-3 C_8-H_{14}-N_2-O_4-Pt
M_r 397.21

Platinum, (1,2-cyclohexanediamine-N,N')(ethane-dioato(2-)-O,O')-, (SP-4-2-(1R-trans))-

[(1R,2R)-1,2-Cyclohexanediamine-N,N'][oxalato(2-)-O,O']platinum [WHO]

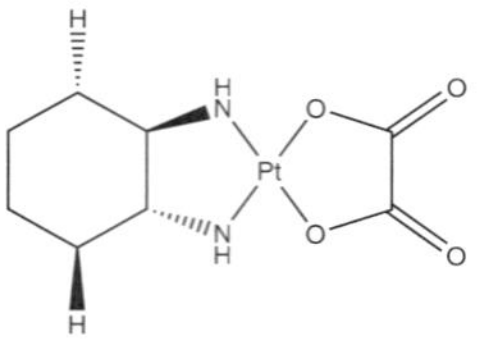

OS: *Oxaliplatine [DCF]*
OS: *Oxaliplatin [BAN, USAN]*
IS: *1-OHP*
IS: *1670 RB*
IS: *L-OHP (Nippou Kayahu, Tokyo)*
IS: *Debiopharm (Nippon Kayaku, Tokyo)*
IS: *RP 54780*
IS: *NSC 266046*
IS: *JM 83*
IS: *SR 96669*
PH: Oxaliplatin [Ph. Eur. 5, BP 2003]
PH: Oxaliplatinum [Ph. Eur. 5]

Crisapla® (LKM: AR)
Croloxat® (cell pharm: DE)
Dabenzol® (Filaxis: AR)
Dacotin® (Dr Reddys: IN)
Dacplat® (Pfizer: AR)
Eloxatine® (Sanofi-Aventis: FR, GE, RU)
Eloxatine® (Sanofi-Synthelabo: PH, TH, US)
Eloxatin® (Aventis: NZ)
Eloxatin® (Sanofi-Aventis: AT, BE, BR, CL, DE, FI, GB, HK, IL, IT, MX, MY, NL, NO, PL, RO, RS, SE, SG, SI, TR, US, VN)
Eloxatin® (Sanofi-Synthelabo: CO, DK, EC, ES, ID, LU, PE, TH)
Kebir® (Aspen: AR)
Medoxa® (Medac: DE)
Metaplatin® (Teva: AR)
Mitog® (Microsules: AR)
O-Plat® (Raffo: AR)
O-Plat® (Tecnofarma: CL)
O-Plat® (Zodiac: BR)
Oplat® (Tecnofarma: CO)
Oxali NC® (Neocorp: DE)
Oxaliplatin Mayne® (Mayne: DE, IE, SE)
Oxaliplatin Medac® (Medac: FI)
Oxaliplatin Pliva® (Pliva: BA, HR)
Oxaliplatin Winthrop® (Sanofi-Aventis: SI)
Oxaliplatin Winthrop® (Winthrop: DE, NO)
Oxaliplatino Biocrom® (Biocrom: AR)
Oxaliplatino Delta® (Delta Farma: AR)
Oxaliplatino Rontag® (Rontag: AR)
Oxaliplatino Servycal® (Servycal: AR)
Oxaliplatino Varifarma® (Varifarma: AR)
Oxaliplatino® (Baxter: CL)
Oxaliplatino® (Biocrom: PE)
Oxaliplatino® (Biolatina: CL)
Oxaliplatino® (Kampar: CL)
Oxaliplatino® (Servycal: PE)
Oxalip® (American Taiwan Biopharm: TH)
Oxaltie® (Bioprofarma: AR)
Platinostyl® (Ivax: AR, PE)
Plusplatin® (Dosa: AR)
Riboxatin® (ribosepharm: DE)
Riptam® (Asofarma: MX)
Tecnoplat® [inj.] (Tecnofarma: PE)
Uxalun® (Novartis: BR)
Uxalun® (Sandoz: AR)
Xaliplat® (Richmond: AR, PE)

Oxamniquine (Rec.INN)

L: Oxamniquinum
D: Oxamniquin
F: Oxamniquine
S: Oxamniquina

Anthelmintic

ATC: P02BA02
CAS-Nr.: 0021738-42-1 C_{14}-H_{21}-N_3-O_3
M_r 279.352

6-Quinolinemethanol, 1,2,3,4-tetrahydro-2-[[(1-methylethyl)amino]methyl]-7-nitro-

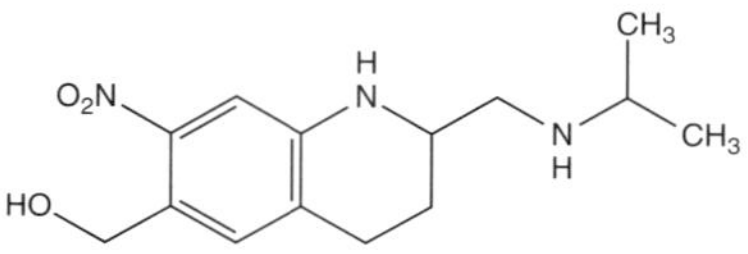

OS: *Oxamniquine [BAN, DCF, USAN]*
IS: *UK 4271 (Pfizer, USA)*
PH: Oxamniquine [Ph. Franç. X, Ph. Int. 4, USP 23]
PH: Oxamniquinum [Ph. Int. 4]

Mansil® (Pfizer: BR)

Oxandrolone (Rec.INN)

L: Oxandrolonum
I: Oxandrolone
D: Oxandrolon
F: Oxandrolone
S: Oxandrolona

Androgen
Anabolic

ATC: A14AA08
CAS-Nr.: 0000053-39-4 — C_{19}-H_{30}-O_3, M_r 306.449

2-Oxaandrostan-3-one, 17-hydroxy-17-methyl-, (5α,17β)-

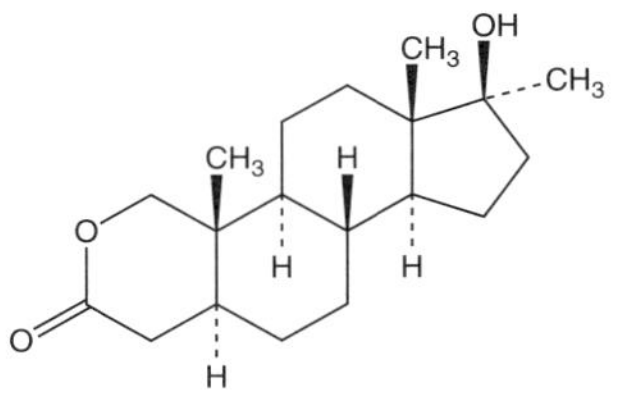

OS: *Oxandrolone [BAN, DCF, DCIT, JAN, USAN]*
IS: *Protivar*
IS: *CB 8075*
IS: *SC 11585*
PH: Oxandrolone [USP 30]

Oxandrin® (CSL: AU)
Oxandrin® (Savient: US)
Xtendrol® (Atlantis: MX)

Oxapium Iodide (Rec.INN)

L: Oxapii Iodidum
D: Oxapium iodid
F: Iodure d'Oxapium
S: Ioduro de oxapio

Antispasmodic agent

CAS-Nr.: 0006577-41-9 — C_{22}-H_{34}-I-N-O_2, M_r 471.424

Piperidinium, 1-[(2-cyclohexyl-2-phenyl-1,3-dioxolan-4-yl)methyl]-1-methyl-, iodide

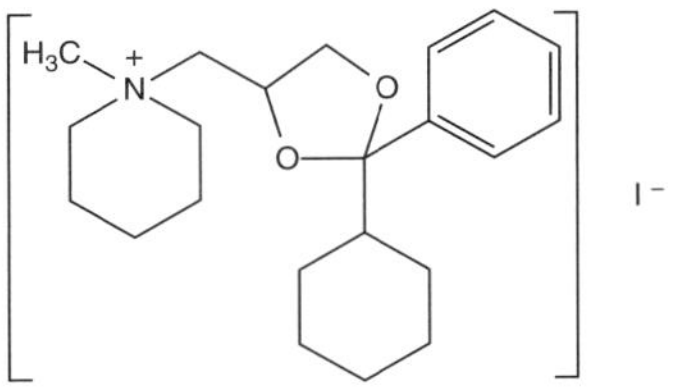

OS: *Oxapium Iodide [JAN, USAN]*
IS: *SH 100*
IS: *Cyclonium iodid*
PH: Oxapium Iodide [JP XIV]

Allyproid® (Maruko: JP)
Espalexan® (Taiho: JP)
Esperan® (Toyama: JP)
Oxaperan® (Takeshima: JP)

Oxaprozin (Rec.INN)

L: Oxaprozinum
D: Oxaprozin
F: Oxaprozine
S: Oxaprozina

Antiinflammatory agent

ATC: M01AE12
CAS-Nr.: 0021256-18-8 — C_{18}-H_{15}-N-O_3, M_r 293.328

2-Oxazolepropanoic acid, 4,5-diphenyl-

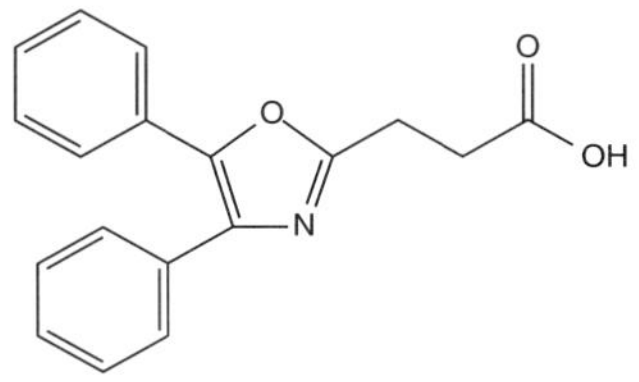

OS: *Oxaprozin [BAN, JAN, USAN]*
OS: *Oxaprozine [DCF]*
IS: *Wy 21743 (Wyeth, USA)*
PH: Oxaprozin [JP XIV, USP 30]

Apo-Oxaprozin® (Apotex: CA)
Danoprox® (TRB: DE)
Daypro® (Pfizer: CA)
Daypro® (Searle: US)
Dayrun® (CSC: CZ, DE, RO, RS, SI)
Deflam® (Akromed: ZA)
Duraprox® (Biomeks: TR)
Duraprox® (Gerolymatos: GR)
Duraprox® (Novamed: CO)
Duraprox® (Sanofi-Pasteur: CL)
Oxaprozin® (Caraco: US)
Oxaprozin® (Ivax: US)
Oxaprozin® (Teva: US)
Walix® (Fidia: IT)
Walix® (Silesia: CL)

Oxatomide (Rec.INN)

L: Oxatomidum
I: Oxatomide
D: Oxatomid
F: Oxatomide
S: Oxatomida

Antiallergic agent
Antiasthmatic agent
Histamine, H_1-receptor antagonist

ATC: R06AE06
CAS-Nr.: 0060607-34-3 — C_{27}-H_{30}-N_4-O, M_r 426.577

2H-Benzimidazol-2-one, 1-[3-[4-(diphenylmethyl)-1-piperazinyl]propyl]-1,3-dihydro-

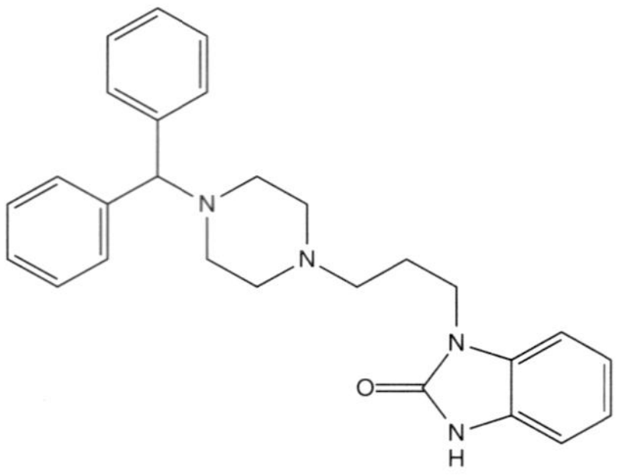

OS: *Oxatomide [BAN, DCF, DCIT, JAN, USAN]*
IS: *R 35443*

Cobiona® (Esteve: ES)
Fensedyl® (Laboratorios: AR)
Oxatokey® (Inkeysa: ES)
Oxtin® (Guardian: ID)
Terzine® (Seven Stars: TH)
Tinset® [tabs./susp.] (Euro: NL)
Tinset® [tabs./susp.] (Formenti: IT)
Tinset® [tabs./susp.] (Janssen: AE, AR, AT, CR, CY, DE, DO, EG, FR, GR, GT, HN, ID, JO, LB, LU, MT, MX, NI, NL, PA, PT, SA, SD, SV, TH, YE, ZA)
Tinset® [tabs./susp.] (Janssen-Cilag: CL)
Tinset® [tabs./susp.] (Medimpex: CZ)

– monohydrate:

Tinset® [gel] (Formenti: IT)
Tinset® [gel] (Janssen: AR, CR, DO, GT, HN, MX, NI, PA, SV)

Oxazepam (Rec.INN)

L: Oxazepamum
I: Oxazepam
D: Oxazepam
F: Oxazépam
S: Oxazepam

Tranquilizer

ATC: N05BA04
CAS-Nr.: 0000604-75-1 C_{15}-H_{11}-Cl-N_2-O_2
M_r 286.723

2H-1,4-Benzodiazepin-2-one, 7-chloro-1,3-dihydro-3-hydroxy-5-phenyl-

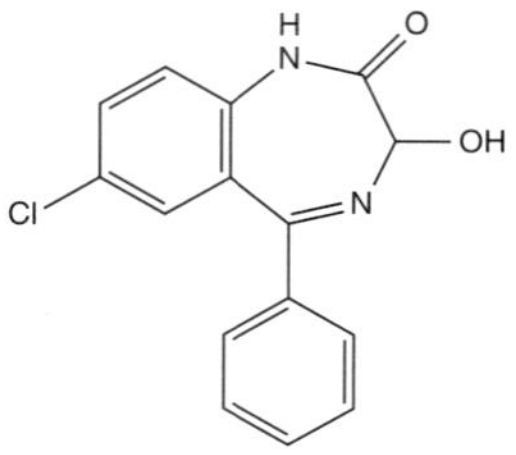

OS: *Oxazepam [BAN, DCF, DCIT, JAN, USAN]*
IS: *CB 8092*
IS: *Wy 3498*
PH: Oxazepam [Ph. Eur. 5, USP 30]
PH: Oxazepamum [Ph. Eur. 5]
PH: Oxazépam [Ph. Eur. 5]

Adumbran® (Boehringer Ingelheim: AT, DE, ES, IT, SI)
Alepam® (Alphapharm: AU)
Alopam® (Actavis: DK)
Alopam® (Alpharma: NO)
Anxiolit® (Gerot: AT)
Anxiolit® (Vifor: CH)
Apo-Oxazepam® (Apotex: CA)
Azutranquil® (Azupharma: DE)
durazepam® (Merck dura: DE)
Limbial® (Chiesi: IT)
Mirfudorm® (Merckle: DE)
Murelax® (Fawns & McAllan: AU)
Noctazepam® (Hexal: DE)
Noctazepam® (Neuro Hexal: DE)
Noripam® (Aspen: ZA)
Oksazepam® (Belupo: HR, SI)
Opamox® (Orion: FI)
Ox-Pam® (Douglas: NZ)
Oxa 1A Pharma® (1A Pharma: DE)
Oxa-CT® (CT: DE)
Oxabenz® (Actavis: DK)
Oxahexal® (Hexal: AT, DE)
Oxamin® (Ratiopharm: FI)
Oxam® (Genexo: PL)
Oxapax® (Sandoz: DK)
Oxaphar® (Unicophar: BE)
Oxascand® (Teva: SE)
Oxazepam 1A Pharma® (1A Pharma: DE)
Oxazepam Actavis® (Actavis: NL)
Oxazepam Alpharma® (Alpharma: NL)
Oxazepam AL® (Aliud: DE)
Oxazepam A® (Apothecon: NL)
Oxazepam CF® (Centrafarm: NL)
Oxazepam EB® (Eurobase: NL)
Oxazepam EG® (Eurogenerics: BE)
Oxazepam FLX® (Karib: NL)
Oxazepam Hexal® (Hexal: DE)
Oxazepam Katwijk® (Katwijk: NL)
Oxazepam Leciva® (Leciva: CZ)
Oxazepam Merck® (Merck Generics: NL)
Oxazepam PCH® (Pharmachemie: NL)
Oxazepam ratiopharm® (Ratiopharm: NL)
Oxazepam SAD® (SAD: DK)
Oxazepam Sandoz® (Sandoz: DE, NL)
Oxazepam Stada® (Stadapharm: DE)
Oxazepam Teva® (Teva: BE)
Oxazepam-neuraxpharm® (neuraxpharm: DE)
Oxazepam-ratiopharm® (ratiopharm: DE, LU)
Oxazepam® (Actavis: US)
Oxazepam® (Delphi: NL)
Oxazepam® (GlaxoSmithKline: PL)
Oxazepam® (Hexal: NL)
Oxazepam® (Sandoz: US)
Oxazepam® (Teva: US)
Oxazepam® (Watson: US)
Praxiten® (Pliva: BA, HR, SI)
Praxiten® (Teofarma: DE)
Praxiten® (Wyeth: AT)
Purata® (Aspen: ZA)
Rolab Oxazepam® (Sandoz: ZA)
Serax® (Faulding: US)
Serenal® (Wyeth Pharmaceuticals: PT)
Serepax® (Akromed: ZA)
Serepax® (Sigma: AU)

Serepax® (Wyeth: CL, IN)
Seresta® (Biodim: FR)
Seresta® (EuroCept: NL)
Seresta® (Wyeth: BE, CH, LU)
Serpax® (Wyeth Medica Ireland-EIR: IT)
Sobril® (Pfizer: IS, NO, SE)
Séresta® (Biodim: FR)
Tazepam® (Polfa Tarchomin: RU)
Tranquo® (Boehringer Ingelheim: BE, LU)
Uskan® (Desitin: DE)
Vaben® (Rafa: IL)

Oxazolam (Rec.INN)

L: Oxazolamum
D: Oxazolam
F: Oxazolam
S: Oxazolam

Tranquilizer

CAS-Nr.: 0024143-17-7 C_{18}-H_{17}-Cl-N_2-O_2
M_r 328.804

Oxazolo[3,2-d][1,4]benzodiazepin-6(5H)-one, 10-chloro-2,3,7,11b-tetrahydro-2-methyl-11b-phenyl-

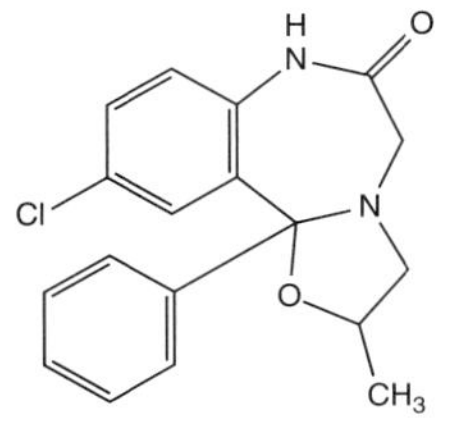

OS: *Oxazolam [JAN, USAN]*
PH: Oxazolam [JP XIV]

Serenal® (Sankyo: JP)

Oxcarbazepine (Rec.INN)

L: Oxcarbazepinum
I: Oxcarbazepina
D: Oxcarbazepin
F: Oxcarbazepine
S: Oxcarbazepina

Antiepileptic

ATC: N03AF02
CAS-Nr.: 0028721-07-5 C_{15}-H_{12}-N_2-O_2
M_r 252.281

10,11-Dihydro-10-oxo-5H-dibenz[b,f]azepine-5-carboxamide

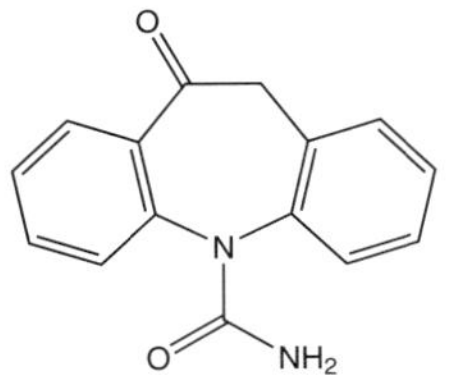

OS: *Oxcarbazépine [DCF]*
OS: *Oxcarbazepine [BAN, USAN]*
IS: *GP 47680 (Geigy)*
IS: *KIN-493*

Actinum® (Armstrong: MX)
Apydan® (Algol: FI)
Apydan® (Desitin: DK, HU, PL)
Auram® (Aché: BR)
Aurene® (Ivax: AR)
Deprectal-S® (Psicofarma: MX)
Deprectal® (Psicofarma: MX)
Leptal® (Healthcare: BD)
Oxcarbatol® (Dar-Al-Dawa: AE, BH, IQ, JO, KW, LB, LY, MT, NG, OM, QA, SA, SD, SO, TN, YE)
Oxcarbazepin dura® (Merck dura: DE)
Oxca® (Bouzen: AR)
Oxetol® (Sun Pharma: MX)
Oxicodal® (Drugtech-Recalcine: CL)
Oxrate® (Merind: IN)
Rupox® (Medipharma: AR)
Timox® (Desitin: DE)
Tolep® (Novartis: IT)
Trileptal® (Novartis: AR, AT, AU, BD, BE, BR, CA, CH, CL, CN, CO, CR, DE, DK, DO, EC, ES, FI, FR, GB, GR, GT, HK, HN, HU, ID, IE, IS, IT, LU, MX, MY, NI, NL, NO, NZ, PA, PH, PL, RO, RS, RU, SE, SV, TH, TR, US, VN, ZA)
Trileptal® (Novartis Consumer Health: HR)
Trileptal® (Novartis Pharma: PE)
Trileptin® (Novartis: IL)

Oxedrine (BAN)

I: Oxedrina
D: Oxedrin
F: Oxedrine

Antihypotensive agent
Sympathomimetic agent

ATC: C01CA08,S01GA06
ATCvet: QC01CA08,QS01FB90,QS01GA06
CAS-Nr.: 0000094-07-5 C_9-H_{13}-N-O_2
M_r 167.213

Benzenemethanol, 4-hydroxy-α-[(methylamino)methyl]-

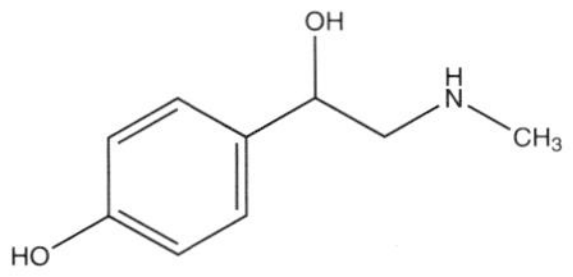

OS: *Synephrine [DCF]*
OS: *Oxedrine [BAN, DCF, USAN]*
IS: *Symphetaminum*

– tartrate:

CAS-Nr.: 0016589-24-5
OS: *Oxedrine Tartrate BANM*
IS: *Aethaphen*
IS: *Sympadrin*
PH: Oxedrine Tartrate BP 1980
PH: Oxedrintartrat DAB 8
PH: para-Hydroxyphenylmethylaminoaethanolum tartaricum OeAB
PH: Sinefrina tartrato F.U. IX
PH: Synephrinium tartaricum Ph. Helv. VI

Dacryoboraline® (McNeil: FR)
Sympalept® (Streuli: CH)

Sympathomim® (ExtractumPharma: HU)
Sympatol® (Boehringer Ingelheim: AT, IT)
Sympatol® (Kwizda: AT)

– hydrochloride:

CAS-Nr.: 0005985-28-4
IS: *Synephrine hydrochloride*
IS: *l-1-p-Hydroxyphenyl-2-methylamino-1-ethanol hydrochloride*

Ocuton® (Ritter: HK)

Oxeladin (Rec.INN)

L: Oxeladinum
I: Oxeladina
D: Oxeladin
F: Oxéladine
S: Oxeladina

Antitussive agent

ATC: R05DB09
CAS-Nr.: 0000468-61-1 C_{20}-H_{33}-N-O_3
M_r 335.494

Benzeneacetic acid, α,α-diethyl-, 2-[2-(diethylamino)ethoxy]ethyl ester

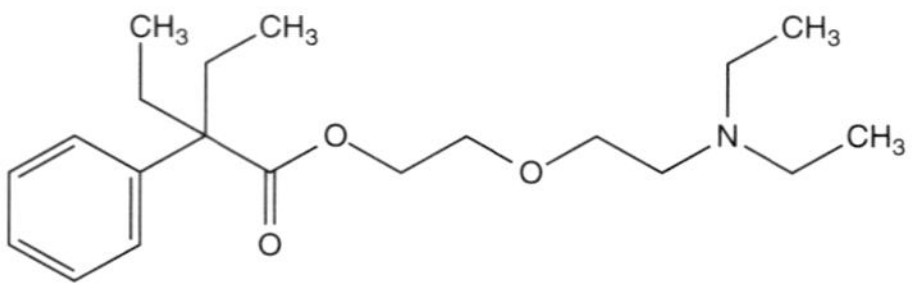

OS: *Oxeladin [BAN, USAN]*
OS: *Oxéladine [DCF]*
OS: *Oxeladina [DCIT]*

– citrate:

CAS-Nr.: 0052432-72-1
OS: *Oxeladin Citrate JAN*
PH: Oxeladindihydrogencitrat DAC 1988
PH: Oxeladin hydrogen citrate Ph. Eur. 5
PH: Oxeladini hydrogenocitras Ph. Eur. 5

Elitos® (Andromaco: AR)
Frenotos® (Columbia: AR)
Nadetos® (Raymos: AR)
Oxeladin® (Actavis: IS)
Paxeladine® (Beaufour Ipsen: RO)
Paxéladine® (Ipsen: FR)

Oxendolone (Rec.INN)

L: Oxendolonum
D: Oxendolon
F: Oxendolone
S: Oxendolona

Antiandrogen

CAS-Nr.: 0033765-68-3 C_{20}-H_{30}-O_2
M_r 302.46

Estr-4-en-3-one, 16-ethyl-17-hydroxy-, (16β,17β)-

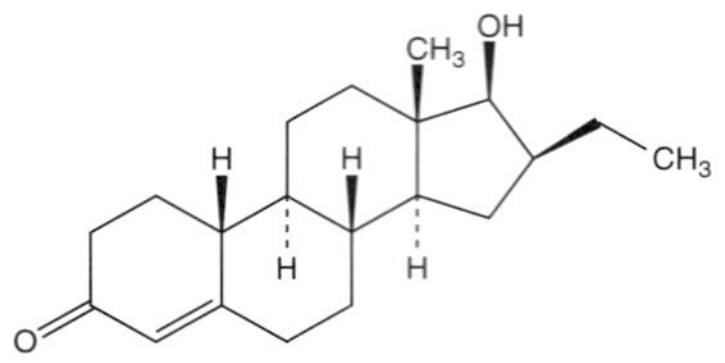

OS: *Oxendolone [JAN, USAN]*
IS: *TSAA 291 (Takeda, Japan)*

Prostetin® (Takeda: JP)

Oxerutins (BAN)

D: Oxerutine

Drug acting on the complex of varicose symptoms
Vascular protectant

Mixture of five different O-(β-hydroxyethyl) rutosides, not less than 45 per cent of which is troxerutin

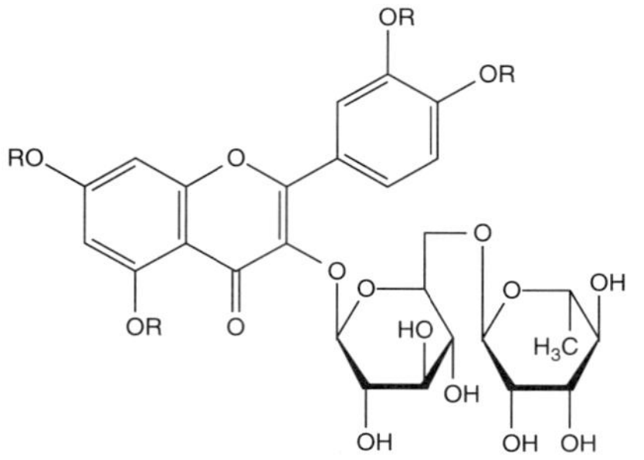

R = H or 1-4 x $-CH_2-CH_2-OH$

OS: *Oxerutins [BAN, USAN]*
IS: *HR*
IS: *Trihydroxyethylrutoside*
IS: *Z 12007*

Paroven® (Novartis: AU, ZA)
Paroven® (Novartis Consumer Health: GB)
Relvène® (Expanscience: FR)
Venoruton® (Novartis: AE, AR, BH, CH, CO, CZ, DE, ES, IL, IQ, JO, LB, LU, MT, PT, SA, SD, SY, TH, TR)
Venoruton® (Novartis Consumer Health: AT, BE, EG, HU, IT, NL)

Oxetacaine (Rec.INN)

L: Oxetacainum
I: Oxetacaina
D: Oxetacain
F: Oxétacaïne
S: Oxetacaina

Local anesthetic

ATC: C05AD06
CAS-Nr.: 0000126-27-2 C_{28}-H_{41}-N_3-O_3
M_r 467.666

Acetamide, 2,2'-[(2-hydroxyethyl)imino]bis[N-(1,1-dimethyl-2-phenylethyl)-N-methyl-

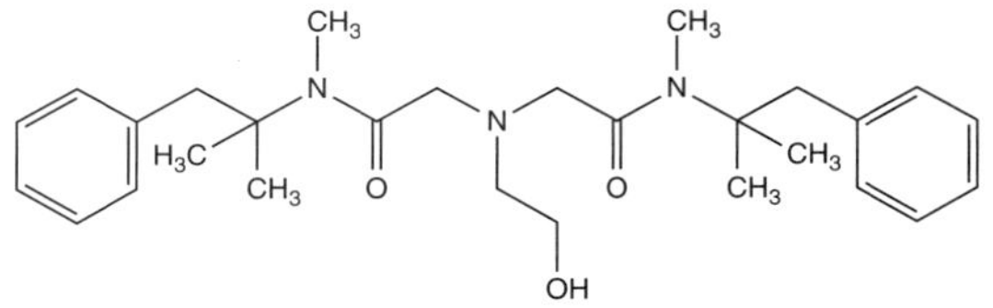

OS: *Oxethazaine [JAN, USAN]*
OS: *Oxétacaïne [DCF]*
OS: *Oxetacaine [BAN]*
OS: *Oxetacaina [DCIT]*
IS: *Wy 806*
PH: Oxetacainum [2.AB-DDR]
PH: Oxethazaine [JP XIV]
PH: Oxetacaine [BP 2002]

Strocain® (Eisai: CR, DO, GT, HK, JP, SG, SV)
Tepilta® (ICN: AT)
Topicain® (Chugai: JP)

- hydrochloride:

CAS-Nr.: 0013930-31-9

Emoren® (Novasorel: IT)

Oxetorone (Rec.INN)

L: Oxetoronum
D: Oxetoron
F: Oxétorone
S: Oxetorona

Antimigraine agent

ATC: N02CX06
CAS-Nr.: 0026020-55-3 C_{21}-H_{21}-N-O_2
M_r 319.409

1-Propanamine, 3-benzofuro[3,2-c][1]benzoxepin-6(12H)-ylidene-N,N-dimethyl-

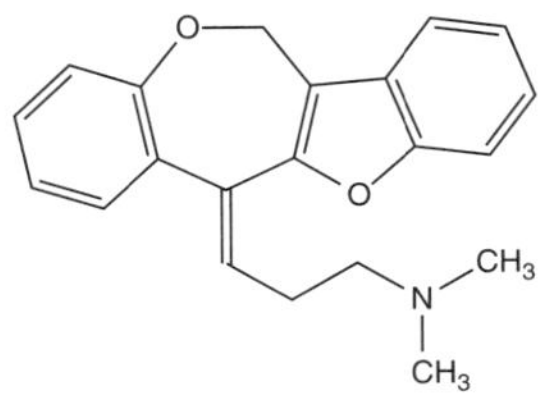

OS: *Oxétorone [DCF]*

- fumarate:

CAS-Nr.: 0034522-46-8
OS: *Oxetorone Fumarate USAN*
IS: *L 6257 (Labaz, France)*

Nocertone® (Sanofi-Aventis: BE, FR)
Nocertone® (Sanofi-Synthelabo: CZ, LU)

Oxibendazole (Rec.INN)

L: Oxibendazolum
D: Oxibendazol
F: Oxibendazole
S: Oxibendazol

Anthelmintic

CAS-Nr.: 0020559-55-1 C_{12}-H_{15}-N_3-O_3
M_r 249.282

Carbamic acid, (5-propoxy-1H-benzimidazol-2-yl)-, methyl ester

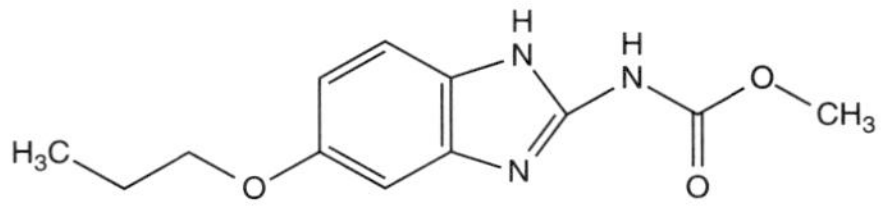

OS: *Oxibendazole [BAN, USAN]*
IS: *SKF 30310 (Smith Kline Beecham, USA)*

Anthelcide® [vet.] (Pfizer Animal Health: US)
Anthelcide® [vet.] (Ranvet: AU)
Cofamix OBZ® [vet.] (Coophavet: FR)
Daclo® [vet.] (Franvet: FR)
Equiminthe® [vet.] (Virbac: FR)
Equitac® [vet.] (Pfizer: CH)
Loditac® [vet.] (Biokema: CH)
Loditac® [vet.] (Pfizer Animal Health: IE)
Oximinth® [vet.] (Virbac: AU)
Pig Helm® [vet.] (Noé: FR)
Prémélange Z56® [vet.] (Franvet: FR)
Vermequine® [vet.] (Ceva: FR)

Oxiconazole (Rec.INN)

L: Oxiconazolum
D: Oxiconazol
F: Oxiconazole
S: Oxiconazol

Antifungal agent

ATC: D01AC11,G01AF17
CAS-Nr.: 0064211-45-6 C_{18}-H_{13}-Cl_4-N_3-O
M_r 429.132

Ethanone, 1-(2,4-dichlorophenyl)-2-(1H-imidazol-1-yl)-, O-[(2,4-dichlorophenyl)methyl]oxime, (Z)-

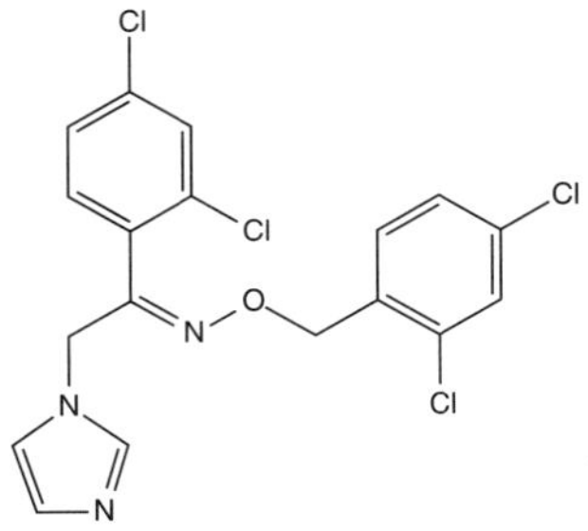

OS: *Oxiconazole [BAN, DCF]*
IS: *Ro 13-8996/000*

- nitrate:

CAS-Nr.: 0064211-46-7
OS: *Oxiconazole Nitrate BANM, JAN, USAN*
IS: *Ro 13-8996/001*
IS: *Sgd 301-76 (Siegfried, Switzerland)*

IS: *ST 813 (Boehringer Ingelheim, Germany)*

Fonx® (Astellas: FR)
Liderman® (Jacoby: AT)
Myfungar® (Leciva: CZ)
Myfungar® (Taurus: DE)
Myfungar® (Zentiva: RU)
Oceral® (Roche: BR, TR)
Oceral® (Teva: CH)
Oceral® (Yamanouchi: DE)
Oxipelle® (Valeant: BR)
Oxistat® (GlaxoSmithKline: CR, DO, GT, HN, MX, NI, PA, SV, US)
Salongo Vaginal® (Biosarto: ES)
Salongo® (Biosarto: ES)

Oxilofrine (Rec.INN)

L: Oxilofrinum
D: Oxilofrin
F: Oxilofrine
S: Oxilofrina

Antihypotensive agent
Sympathomimetic agent

CAS-Nr.: 0000365-26-4 — C_{10}-H_{15}-N-O_2, M_r 181.24

Benzenemethanol, 4-hydroxy-α-[1-(methylamino)ethyl]-

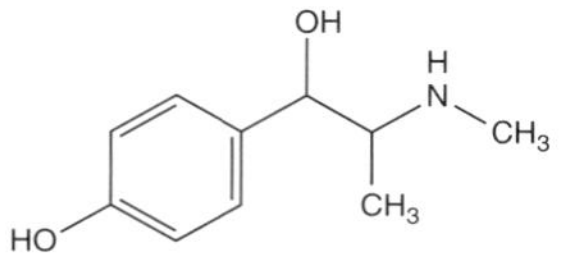

OS: *Oxilofrine [USAN]*
IS: *4-HMP*
IS: *p-Hydroxy-ephedrine*
IS: *Suprifen*
IS: *Oxilofrine*
IS: *Methylsynephrin*
IS: *Oxyephedrin*

– hydrochloride:

CAS-Nr.: 0000942-51-8

Carnigen® (Aventis: AT, DE)

Oxitriptan (Rec.INN)

L: Oxitriptanum
I: Oxitriptano
D: Oxitriptan
F: Oxitriptan
S: Oxitriptan

Antidepressant

ATC: N06AX01
CAS-Nr.: 0004350-09-8 — C_{11}-H_{12}-N_2-O_3, M_r 220.237

L-Tryptophan, 5-hydroxy-

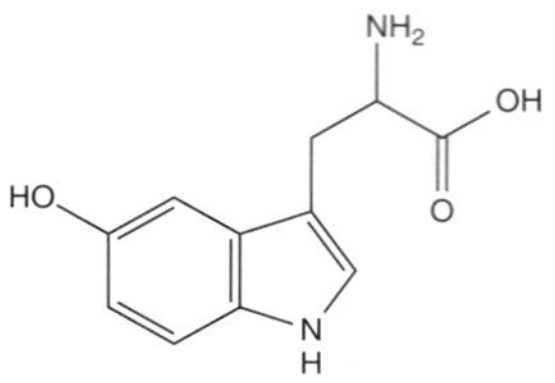

OS: *Oxitriptan [DCF, USAN]*
OS: *Oxitriptano [DCIT]*
IS: *Hydroxy-5 L-tryptophane*
IS: *L-5-HTP*

Cincofarm® (Farma Lepori: ES)
Cincofarm® (Lepori: PT)
Levothym® (Lundbeck: DE)
Lévotonine® (Panpharma: FR)
Tript-OH® (Sigma Tau: CH, IT)

Oxitropium Bromide (Rec.INN)

L: Oxitropii bromidum
D: Oxitropium bromid
F: Bromure d'Oxitropium
S: Bromuro de oxitropio

Bronchodilator
Parasympatholytic agent

ATC: R03BB02
CAS-Nr.: 0030286-75-0 — C_{19}-H_{26}-Br-N-O_4, M_r 412.327

3-Oxa-9-azoniatricyclo[3.3.1.02,4]nonane, 9-ethyl-7-(3-hydroxy-1-oxo-2-phenylpropoxy)-9-methyl-, bromide, [7(S)-(1α,2β,4β,5α,7β)]-

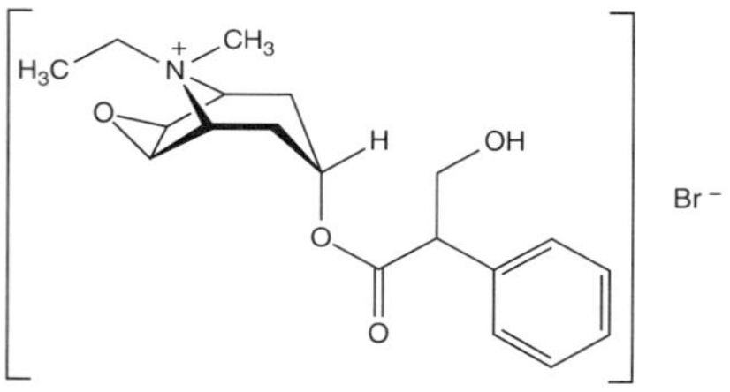

OS: *Oxitropium (bromure d') [DCF]*
OS: *Oxitropium Bromide [BAN, JAN, USAN]*
IS: *Ba 253 (Boehringer Ingelheim, Germany)*
IS: *Ba 253-BR-L (Boehringer Ingelheim, Germany)*
PH: Oxitropium bromide [Ph. Eur. 5]

Oxivent® (Boehringer Ingelheim: DE, IE, IT, LU)
Tersigan® (Boehringer Ingelheim: JP)

Oxolamine (Rec.INN)

L: Oxolaminum
I: Oxolamina
D: Oxolamin
F: Oxolamine
S: Oxolamina

Antitussive agent

ATC: R05DB07
CAS-Nr.: 0000959-14-8 — C_{14}-H_{19}-N_3-O, M_r 245.336

1,2,4-Oxadiazole-5-ethanamine, N,N-diethyl-3-phenyl-

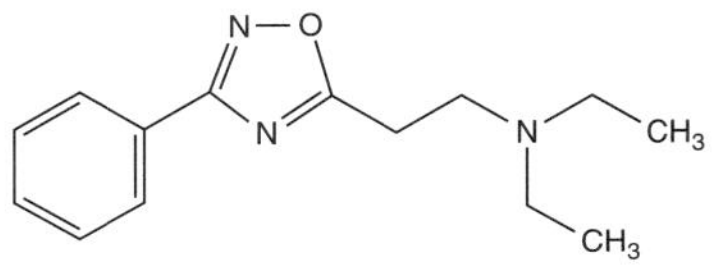

OS: *Oxolamine [DCF, USAN]*
OS: *Oxolamina [DCIT]*

– citrate:

CAS-Nr.: 0001949-20-8
IS: *Oxodiazol citrate*
IS: *AF 438 (Angelini, Italy)*

Bredon® (Organon: CR, ES, GT, HN, ID)
Fenko® (Biokem: TR)
Kalamin® (Sandoz: TR)
Numosol Adultos® (Medipharm: CL)
Numosol Infantil® (Medipharm: CL)
Oxathos® (Medix: MX)
Oxolamina® (Angelini: PT)
Oxolamina® (Mintlab: CL)
Oxol® (Lacofarma: DO)
Perebron® (Angelini: IT)
Perebron® (Chile: CL)
Perebron® (Lepori: ES)
Respibron® (Andromaco: CL)
Sekodin® (Akdeniz: TR)
Symphocal® (Abic: IL)
Tulox® (Mintlab: CL)
Tussibron® (Feltrex: DO)
Tussibron® (Sella: IT)
Uniplus® (Tecnoquimicas: CO)

– phosphate:

CAS-Nr.: 0001949-19-5

Oksabron® (Deva: TR)
Oxolamina® (Mintlab: CL)
Perbrons® (Casel: TR)
Perebron® (Angelini: IT)
Perebron® (Chile: CL)
Perebron® (Lepori: ES)
Perebron® (Santa-Farma: TR)
Respibron® (Andromaco: CL)
Subitol® (Toprak: TR)
Tulox® (Mintlab: CL)

Oxolinic Acid (Rec.INN)

L: Acidum Oxolinicum
I: Acido oxolinico
D: Oxolinsäure
F: Acide oxolinique
S: Acido oxolinico

Antiinfective, quinolin-derivative

ATC: J01MB05
CAS-Nr.: 0014698-29-4 C_{13}-H_{11}-N-O_5
M_r 261.241

1,3-Dioxolo[4,5-g]quinoline-7-carboxylic acid, 5-ethyl-5,8-dihydro-8-oxo-

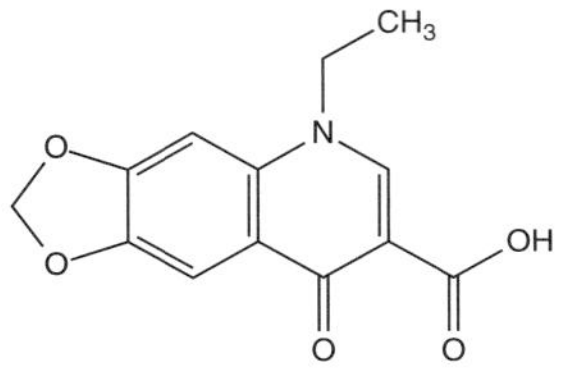

OS: *Acide oxolinique [DCF]*
OS: *Oxolinic Acid [BAN, USAN]*
OS: *Acido oxolinico [DCIT]*
IS: *W 4565*
PH: Acidum oxolinicum [Ph. Eur. 5]
PH: Oxolinic Acid [Ph. Eur. 5]
PH: Oxolinsäure [Ph. Eur. 5]
PH: Acide oxolinique [Ph. Eur. 5]

Aqualinic® [vet.] (Vetrepharm: GB)
Aquinox® [vet.] (Cypharm: IE)
Aquinox® [vet.] (Vericor: GB)
Cofamix Acide Oxolinique® [vet.] (Coophavet: FR)
Cofoxyl® [vet.] (Coophavet: FR)
Concentrat VO 69® [vet.] (Sogeval: FR)
Desurol® (Leciva: CZ)
Inoxyl® [vet.] (Arovet: CH)
Inoxyl® [vet.] (Biové: FR)
Inoxyl® [vet.] (Iberil: PT)
Inoxyl® [vet.] (Inovet: NL)
Oxolini® (GAMA: GE)
Oxomid® [vet.] (Chevita: AT)
Oxomid® [vet.] (Virbac: FR)

Oxomemazine (Rec.INN)

L: Oxomemazinum
D: Oxomemazin
F: Oxomémazine
S: Oxomemazina

Antiallergic agent
Histamine, H_1-receptor antagonist

ATC: R06AD08
CAS-Nr.: 0003689-50-7 C_{18}-H_{22}-N_2-O_2-S
M_r 330.454

10H-Phenothiazine-10-propanamine, N,N,β-trimethyl-, 5,5-dioxide

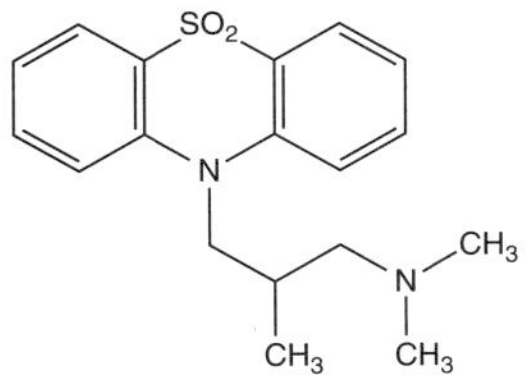

OS: *Oxomémazine [DCF]*
OS: *Oxomemazine [USAN]*
IS: *RP 6847*

Doxergan® (Aventis: LU)
Toplexil® (Sanofi-Aventis: FR)

O

Oxprenolol (Rec.INN)

L: Oxprenololum
I: Oxprenololo
D: Oxprenolol
F: Oxprénolol
S: Oxprenolol

β-Adrenergic blocking agent

ATC: C07AA02
CAS-Nr.: 0006452-71-7 C_{15}-H_{23}-N-O_3
M_r 265.359

2-Propanol, 1-[(1-methylethyl)amino]-3-[2-(2-propenyloxy)phenoxy]-

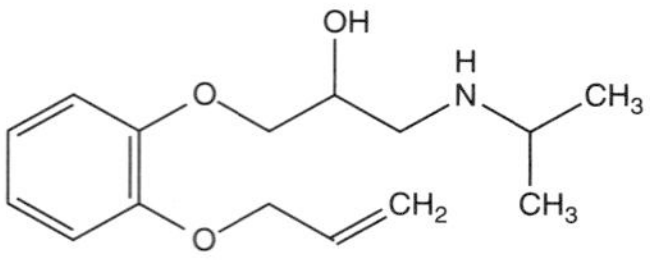

OS: *Oxprenolol [BAN, DCF]*
OS: *Oxprenololo [DCIT]*

Oxprenolol HCl Sandoz® (Sandoz: NL)
Oxprenolol® (Remedica: CY)

– hydrochloride:

CAS-Nr.: 0006452-73-9
OS: *Oxprenolol Hydrochloride BANM, JAN, USAN*
IS: *Ba 39089*
IS: *Tracosal*
PH: Oxprenolol Hydrochloride Ph. Eur. 5, JP XIV, USP 30
PH: Oxprenololi hydrochloridum Ph. Eur. 5
PH: Oxprenololhydrochlorid Ph. Eur. 5
PH: Oxprénolol (chlorhydrate d') Ph. Eur. 5

Corbeton® (Alphapharm: AU)
Oxprenolol HCl CF® (Centrafarm: NL)
Slow Trasicor® (Amdipharm: GB)
Slow Trasicor® (Novartis: CH)
Slow-Trasicor® (Amdipharm: GB)
Trasicor® (Amdipharm: GB)
Trasicor® (Novartis: AT, CA, CH, DE, ES, ET, FR, GH, GR, IT, KE, LU, LY, MT, NG, SD, TZ, ZW)
Trasicor® (Pliva: HR)
Trasicor® (Sandoz: NL)

Oxybuprocaine (Rec.INN)

L: Oxybuprocainum
I: Oxibuprocaina
D: Oxybuprocain
F: Oxybuprocaïne
S: Oxibuprocaina

Local anesthetic

ATC: D04AB03,S01HA02
CAS-Nr.: 0000099-43-4 C_{17}-H_{28}-N_2-O_3
M_r 308.431

Benzoic acid, 4-amino-3-butoxy-, 2-(diethylamino)ethyl ester

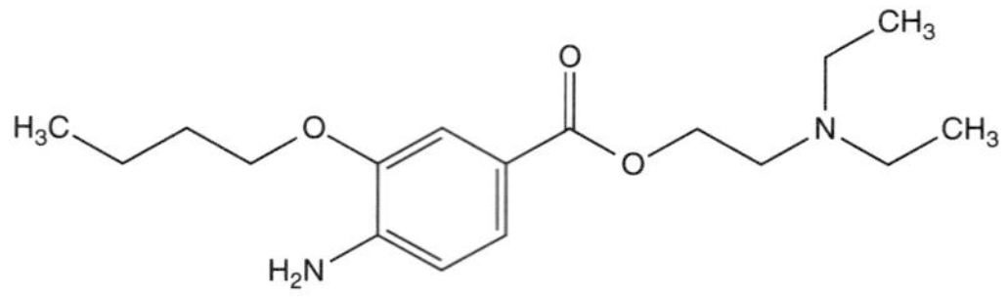

OS: *Oxybuprocaine [BAN, DCF]*
OS: *Oxibuprocaina [DCIT]*
IS: *Benoxinat*

Inokain® (Promed: RU)
Monofree Oxybuprocaine® (Teva: LU)
Monofree Oxybuprocaine® (Thea: BE)
Oxybuprocaine Minims® (Chauvin: NL)

– hydrochloride:

CAS-Nr.: 0005987-82-6
OS: *Oxybuprocaine Hydrochloride BANM, USAN*
PH: Benoxinate Hydrochloride USP 30
PH: Oxybuprocaine Hydrochloride Ph. Eur. 5, JP XIV
PH: Oxybuprocaini hydrochloridum Ph. Eur. 5
PH: Oxybuprocaïne (chlorhydrate d') Ph. Eur. 5
PH: Oxybuprocainhydrochlorid Ph. Eur. 5

Anestocil® (Edol: PT)
Benoxinate® (Liba: TR)
Benoxinato Cloridrato® (Alfa Intes: IT)
Benoxinat® (Agepha: AT)
Benoxinat® (Alcon: DE)
Benoxi® (Unimed: CZ, RS)
Benox® (Eipico: AE, BH, EG, IQ, JO, KW, LB, LY, OM, QA, SA, SD, YE)
Cebesin® (Bausch & Lomb: CH)
Chlorhydrate d'Oxybuprocaïne-Chauvin® (Chauvin: LU)
Chlorhydrate d'Oxybuprocaïne® (Chauvin: LU)
Chlorhydrate d'Oxybuprocaïne® (Novartis: FR)
Conjuncain EDO® (Mann: DE)
Cébésine® (Chauvin: FR)
Humacain® (Teva: HU)
Lacrimin® (Santen: JP)
Localin® (Fischer: IL)
Minims Benoxinate Hydrochloride® (Chauvin Bausch & Lomb: HK)
Minims Benoxinate® (Chauvin: IE)
Minims Oxybuprocaine Hydrochloride® (Bausch & Lomb: NZ)
Minims Oxybuprocaine Hydrochloride® (Chauvin: NL)
Minims Oxybuprocaine Hydrochloride® (Novartis: FI)
Monofree Oxybuprocaine HCl® (Thea: NL)
Novain® (Agepha: AT)
Novesina® (Novartis: IT)
Novesine® (Bournonville: LU, NL)
Novesine® (Novartis: RO)
Novesine® (Omnivision: DE, LU)
Novesin® (Bournonville: NL)
Novesin® (Ciba Vision: BD)
Novesin® (Novartis: CZ, TH, TR)
Novesin® (Omnivision: CH)
Oftan Obucain® (Santen: FI)

OQ-Seina® (Oftalmoquimica: CO)
Oxibuprokain® (Chauvin: NO)
Oxibuprokain® (Novartis Ophthalmics: SE)
Oxinest® (Latinofarma: BR)
Oxybuprocaine Minims® (Chauvin: BE)
Oxybuprocaine Monofree® (Bournonville: NL)
Oxybuprocaine SDU Faure® (Novartis: CH)
Oxycaine® (Reman Drug: BD)
Prescaina® (Llorens: ES)
Unicaine® (Thea: BE, LU)

Oxybutynin (Rec.INN)

L: Oxybutyninum
I: Oxibutinina
D: Oxybutynin
F: Oxybutynine
S: Oxibutinina

Antispasmodic agent

ATC: G04BD04
CAS-Nr.: 0005633-20-5 C_{22}-H_{31}-N-O_3 M_r 357.5

Benzeneacetic acid, α-cyclohexyl-α-hydroxy-, 4-(diethylamino)-2-butynyl ester

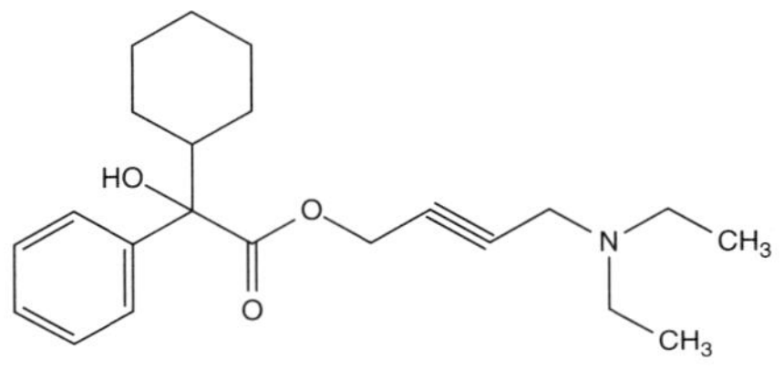

OS: *Oxybutynin [BAN, USAN]*
OS: *Oxybutynine [DCF]*
OS: *Oxibutinina [DCIT]*
IS: *MJ 3038*
IS: *MJ 5058*
IS: *MJ 4309-1*

Frenurin® (UCI: BR)
Kentera® (Nicobrand: DK, LU, NL, NO)
Kentera® (UCB: CH, DE, FI, GB, IE, SE)
Lenditro® (Aspen: ZA)
Odranal® (Raffo: CL)
Oxibutinina® (Blaskov: CO)
Oxybutynin AbZ® (AbZ: DE)
Oxybutynine HCl Alpharma® (Alpharma: NL)
Oxytrol® [TTS] (Paladin: CA)
Oxytrol® [TTS] (Watson: US)
Uropran® (Tecnoquimicas: CO)

– hydrochloride:

CAS-Nr.: 0001508-65-2
OS: *Oxybutynin Chloride USAN*
OS: *Oxybutynin Hydrochloride BANM*
IS: *MJ 4309-1*
PH: Oxybutynin Chloride USP 30
PH: Oxybutynini hydrochloridum Ph. Eur. 5
PH: Oxybutynin Hydrochloride Ph. Eur. 5
PH: Oxybutynine (chlorhydrate d') Ph. Eur. 5
PH: Oxybutyninhydrochlorid Ph. Eur. 5

Apo-Oxybutynin® (Apotex: AN, BB, BM, BS, CA, GY, HK, HT, JM, KY, NZ, SR, TT)
Chlorhydrate d'Oxybutynine-Genthon® (Genthon: LU)
Cystonorm® (esparma: DE)
Cystrin® (Leiras: CZ)
Cystrin® (Sanofi-Aventis: FI, GB, IE, PL)
Cystrin® (Sanofi-Synthelabo: LU, NL)
Delak® (Raffo: AR)
Delifon® (Best: CO)
Detrusan® (Stada: AT)
Ditropan® (Aventis: AU)
Ditropan® (Janssen: CA)
Ditropan® (Ortho: US)
Ditropan® (Paranova: AT)
Ditropan® (Phoenix: AR)
Ditropan® (Sanofi-Aventis: AT, BE, CH, FI, FR, GB, HU, IE, IT, PL, SE)
Ditropan® (Sanofi-Synthelabo: CZ, ES, GR, IS, LU, PT, ZA)
Diutropan® (Nupharma: TH)
Dresplan® (Smaller: ES)
Dridase® (Altana: NL)
Dridase® (Sanofi-Synthelabo: DE)
Driptane® (Fournier: BE, PH, PL, RO)
Driptane® (Solvay: FR, RU)
Gen-Oxybutynin® (Genpharm: CA)
Goldham Oxybutyninehydrochloride® (Niche: NL)
Incontinol® (Millet Roux: BR)
Kentera® (Nicobrand: CZ)
Lyrinel® (Janssen: CH, DE, GB, IE, IL, LU, MX)
Merck-Oxybutynine® (Merck: BE)
Merck-Oxybutynine® (Merck Generics: ZA)
Mutum® (Tecnofarma: CO)
Nefryl® (Armstrong: MX)
Novitropan® (CTS: IL)
Novo-Oxybutynin® (Novopharm: CA)
Nu-Oxybutyn® (Nu-Pharm: CA)
Ossibutinina Merck® (Merck Generics: IT)
Oxibutinina EG® (EG: IT)
Oxibutinina Ferring® (Ferring: AR)
Oxitina® (LKM: AR)
Oxyb AbZ® (AbZ: DE)
Oxybugamma® (Wörwag Pharma: DE)
Oxybutin Holsten® (Holsten: DE)
Oxybutinine Biogaran® (Biogaran: FR)
Oxybuton® (Abbott: DE)
Oxybutynin AL® (Aliud: DE)
Oxybutynin Chloride Tablets® (Geneva: US)
Oxybutynin Chloride Tablets® (Goldline: US)
Oxybutynin Chloride Tablets® (Major: US)
Oxybutynin Chloride Tablets® (Rosemont: US)
Oxybutynin Chloride Tablets® (Rugby: US)
Oxybutynin Chloride Tablets® (Sidmark: US)
Oxybutynin Chloride Tablets® (United Research: US)
Oxybutynin GM® (Genmedix: IL)
Oxybutynin Grachtenhaus® (Grachtenhaus: DE)
Oxybutynin HCl ratiopharm® (Ratiopharm: NL)
Oxybutynin Hexal® (Hexal: AT, DE)
Oxybutynin Hydrochloride® (Alpharma: GB)
Oxybutynin Hydrochloride® (Arrow: GB)
Oxybutynin Hydrochloride® (Teva: GB)
Oxybutynin Merck NM® (Merck NM: FI, SE)
Oxybutynin Nycomed® (Nycomed: AT)

Oxybutynin Ratiopharm® (Ratiopharm: BE)
Oxybutynin Ratiopharm® (ratiopharm: DE)
Oxybutynin Sandoz® (Sandoz: DE)
Oxybutynin Stada® (Stadapharm: DE)
oxybutynin von ct® (CT: DE)
Oxybutynin-Generics® (Generics: LU)
Oxybutynin-MaxMedic® (MaxMedic: DE)
Oxybutynin-Puren® (Alpharma: DE)
Oxybutynine Bexal® (Bexal: BE)
Oxybutynine EG® (EG Labo: FR)
Oxybutynine EG® (Eurogenerics: BE, LU)
Oxybutynine HCI Sandoz® (Sandoz: NL)
Oxybutynine HCl A® (Apothecon: NL)
Oxybutynine HCl CF® (Centrafarm: NL)
Oxybutynine HCl Gf® (Genfarma: NL)
Oxybutynine HCl Katwijk® (Katwijk: NL)
Oxybutynine HCl Merck® (Merck Generics: NL)
Oxybutynine HCl PCH® (Pharmachemie: NL)
Oxybutynine HCl Sandoz® (Sandoz: NL)
Oxybutynine HCl® (GenRx: NL)
Oxybutynine HCl® (Genthon: NL)
Oxybutynine HCl® (Hexal: NL)
Oxybutynine HCl® (Synthon: NL)
Oxybutynine Merck® (Merck Génériques: FR)
Oxybutyninehydrochloride® (Niche: NL)
Oxybutyninhydrochlorid ratiopharm® (Ratiopharm: AT)
Oxybutyninhydrochlorid Sandoz® (Sandoz: DE)
Oxymedin® (Kade: DE)
Oxyspas® (Cipla: IN, ZA)
Oxyurin® (Klonal: AR)
PMS-Oxybutynin® (Pharmascience: CA)
Pollakisu® (Kodama: JP)
Retebem® (Pfizer: AR)
Retemicon® (Panalab: AR)
Retemic® (Apsen: BR)
Reteven® (Tecnofarma: PE)
Rolab-Oxybutynin HCl® (Sandoz: ZA)
Ryol® (Schwarz: DE)
Socliden® (Amex: PE)
Spasyt® (TAD: DE)
Tavor® (Asofarma: MX)
Urazol® (Tecnofarma: CL)
Urazol® (Zodiac: BR)
Urequin® (Craveri: AR)
Uricont® (Gianfarma: PE)
Uricont® (Rider: CL)
Uricont® (Teva: IL)
Uricon® (Beximco: BD)
Urihexal® (Hexal: ZA)
Uromax® (Purdue Pharma: CA)
Uropan® (Koçak: TR)
Uroton® (Biovena: PL)
Uroxal® (Fournier: CZ, HU)
Zatur® (CCD: FR)
Üropan® (Koçak: TR)

Oxyclozanide (Rec.INN)

L: Oxyclozanidum
D: Oxyclozanid
F: Oxyclozanide
S: Oxiclozanida

Anthelmintic

CAS-Nr.: 0002277-92-1 C_{13}-H_6-Cl_5-N-O_3
M_r 401.451

Benzamide, 2,3,5-trichloro-N-(3,5-dichloro-2-hydroxyphenyl)-6-hydroxy-

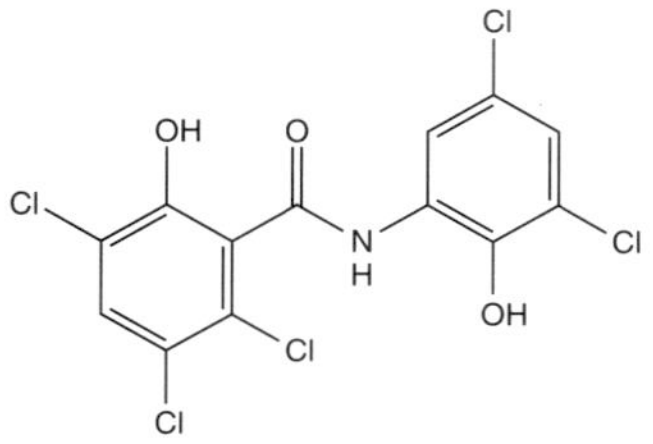

OS: *Oxyclozanide [BAN, USAN]*
PH: Oxyclozanidum [PhBs IV]
PH: Oxyclozanide [BPvet 2002]

Douvistome® [vet.] (Ceva: FR)
Zanil® [vet.] (Schering-Plough Vétérinaire: FR)

Oxycodone (Rec.INN)

L: Oxycodonum
I: Oxicodone
D: Oxycodon
F: Oxycodone
S: Oxicodona

Opioid analgesic

ATC: N02AA05
CAS-Nr.: 0000076-42-6 C_{18}-H_{21}-N-O_4
M_r 315.376

Morphinan-6-one, 4,5-epoxy-14-hydroxy-3-methoxy-17-methyl-, (5α)-

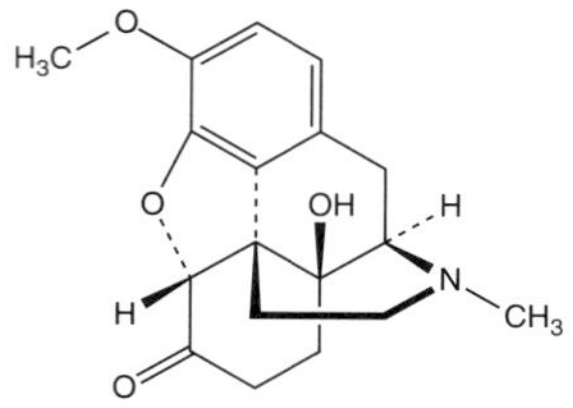

OS: *Oxicodone [DCIT]*
OS: *Oxycodone [BAN, DCF, USAN]*
IS: *Oxiconum*
IS: *Ossicodone*
IS: *Dihydrohydroxycodeinon*

– hydrochloride:

CAS-Nr.: 0000124-90-3
OS: *Oxycodone Hydrochloride JAN, USAN*
IS: *Bionine*
IS: *Dihydrone*
IS: *Oxydihydrocodeinonum hydrochloricum*
IS: *Pancodine*
IS: *Thecodinum*

PH: Hydroxydihydrocodeinonum hydrochloricum OeAB
PH: Oxycodone (chlorhydrate d') Ph. Franç. X
PH: Oxycodone Hydrochloride JP XIV, USP 30, Ph. Eur. 5
PH: Oxycodonhydrochlorid DAB 1999
PH: Oxycodoni hydrochloridum Ph. Int. II
PH: Oxycodonium chloratum PhBs IV, Ph. Helv. VI

Codix® (Librapharma: CO)
Endocodone® (Endo: US)
Endone® (Boots: AU)
M-Oxy® (Mallinckrodt: US)
Oxanest® (Leiras: FI)
Oxicalmans® (Soubeiran Chobet: AR)
Oxinovag® (Gobbi: AR)
Oxy IR® (Purdue Pharma: CA)
Oxycod Syrup® (Rafa: IL)
Oxycodon-HCl Stada® (Stada: DE)
Oxycodon-HCl-beta® (betapharm: DE)
Oxycodon-HCl-ratiopharm® (ratiopharm: DE)
Oxycodon-HCl® Hexal (Hexal: DE)
Oxycodone Hydrochloride® (Amide: US)
Oxycodone Hydrochloride® (Ethex: US)
Oxycodone Hydrochloride® (Mallinckrodt: US)
Oxycodone Hydrochloride® (Watson: US)
Oxycontin® (ExtractumPharma: HU)
Oxycontin® (Medis: SI)
Oxycontin® (Mundipharma: AT, AU, CH, CN, CZ, ES, FI, FR, HR, IT, LU, NL, NO, NZ, PH, RO, SE)
Oxycontin® (Napp: GB, IE)
Oxycontin® (Norpharma: DK, IS)
Oxycontin® (Purdue Pharma: CA, US)
Oxycontin® (Rafa: IL)
Oxycontin® (Raffo: AR)
Oxycontin® (Tecnofarma: CL, CO, PE)
Oxycontin® (Zodiac: BR)
Oxydose® (Ethex: US)
OxyFast® (Purdue Pharma: US)
Oxygesic® (Mundipharma: DE)
OxyIR® (Purdue Pharma: US)
Oxynorm® (Mundipharma: AT, AU, CH, ES, FI, FR, NL, NO, NZ, SE)
Oxynorm® (Napp: GB, IE)
Oxynorm® (Norpharma: DK)
Percolone® (Endo: US)
Roxicodone® (Elan: US)
Supeudol® (Sandoz: CA)

– pectinate:

Proladone® (Pharmalab: AU)

Oxyfedrine (Rec.INN)

L: Oxyfedrinum
I: Oxifedrina
D: Oxyfedrin
F: Oxyfédrine
S: Oxifedrina

Coronary vasodilator

ATC: C01DX03
CAS-Nr.: 0015687-41-9 C_{19}-H_{23}-N-O_3
M_r 313.403

1-Propanone, 3-[(2-hydroxy-1-methyl-2-phenylethyl)amino]-1-(3-methoxyphenyl)-, [R-(R*,S*)]-

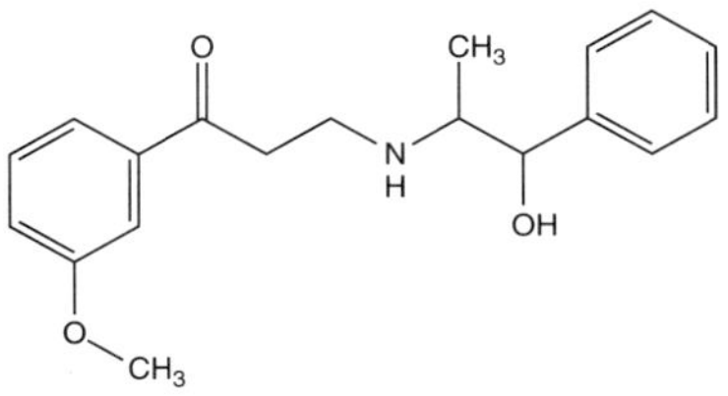

OS: *Oxyfedrine [BAN, DCF, USAN]*
OS: *Oxifedrina [DCIT]*
PH: Oxifedrinum [Ph. Nord.]

– hydrochloride:

CAS-Nr.: 0016777-42-7
OS: *Oxyfedrine Hydrochloride JAN*
PH: DL-Oxyfedrinum hydrochloricum 2.AB-DDR

Ildamen® (Sidefarma: PT)
Ildamen® (Zydus: IN)

Oxymetazoline (Rec.INN)

L: Oxymetazolinum
I: Oximetazolina
D: Oxymetazolin
F: Oxymétazoline
S: Oximetazolina

Vasoconstrictor ORL, local

ATC: R01AA05,R01AB07,S01GA04
CAS-Nr.: 0001491-59-4 C_{16}-H_{24}-N_2-O
M_r 260.388

Phenol, 3-[(4,5-dihydro-1H-imidazol-2-yl)methyl]-6-(1,1-dimethylethyl)-2,4-dimethyl-

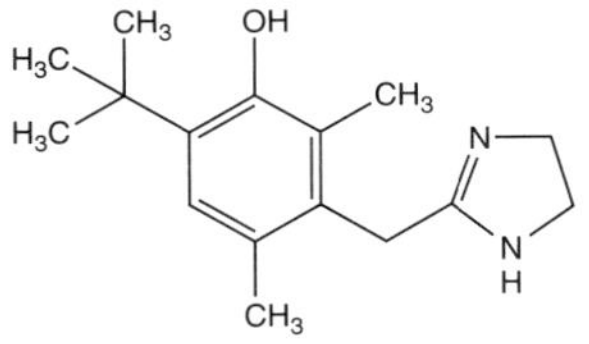

OS: *Oxymetazoline [BAN, DCF]*
OS: *Oximetazolina [DCIT]*

AF-TIPA® (Perrigo: IL)
Burazin® (Kurtsan: TR)
Eyeston® (Farvet: PE)
Lekonil® (Lek: SI)
Nafazin® (Julphar: RO)
Nasorhinathiol® (Sanofi-Synthelabo: PT)
Operil® (Lek: BA, HR, RS, SI)
Oxamet® (Zentiva: CZ)
Rinophar® (Farvet: PE)
Rynatan D® (Medifarma: PE)

– hydrochloride:

CAS-Nr.: 0002315-02-8
OS: *Oxymetazoline Hydrochloride BANM, JAN, USAN*
IS: *H 990*
PH: Oxymetazoline Hydrochloride Ph. Eur. 5, USP 30

PH: Oxymetazolini hydrochloridum Ph. Eur. 5
PH: Oxymétazoline (chlorhydrate d') Ph. Eur. 5
PH: Oxymetazolinhydrochlorid Ph. Eur. 5

12 Hour Nasal Spray® (Barre: US)
12 Hour Nasal Spray® (United Research: US)
4-Way® (Bristol-Myers Squibb: US)
Acatar® (US Pharmacia: PL)
Actifed® (Pfizer Consumer Health Care: IT)
Afrazine® (Schering-Plough: GB)
Afrin Paediatric® (Aristopharma: BD)
Afrine Nasal® (Aristopharma: BD)
Afrin® (Plough: CO)
Afrin® (Schering-Plough: AG, AN, AW, BB, BM, BR, BS, BZ, GD, GY, HK, HT, HU, ID, JM, KE, KY, LC, MX, MY, PL, RO, SG, US)
Afrin® (White: EC)
Alerfrin® (Allergan: ES)
Alerjon® (Edol: PT)
Allerest® (Novartis: US)
Alrin Kids® (Teva: IL)
Alrin® (Teva: IL)
Antirrinum® (Reig Jofre: ES)
Apracur® (H. Medica: AR)
Aturgyl® (Sanofi-Aventis: BR, FR)
Benzedrex® (Menley & James: US)
Bisolspray Nebulicina® (Boehringer Ingelheim: PT)
Chemists' Own Decongestant Nasal® (Chemists: AU)
Cheracol® (Roberts: US)
Claritin® (Schering: CA)
Clarivis® (Ophtha: CO)
Coricidin® (Schering-Plough: IT)
Corilisina® (Esteve: ES)
Couldespir® (Alter: ES)
Desfrin® (União: BR)
Dimetapp 12 Hour Decongestant Nasal Spray® (Wyeth: AU, NZ)
Dristan 12 Hour Spray® (Wyeth: US)
Dristan® (Aspen: ZA)
Dristan® (Wyeth: CA, US)
Drixine® (Plough: CO)
Drixine® (Schering-Plough: AU, NZ)
Duramist® (Pfeiffer: US)
Duration® (Schering-Plough: HK, US)
Facimin® (Mintlab: CL)
Freenal® (Aché: BR)
Genasal® (Ivax: US)
Iliadin® (CCS: SE)
Iliadin® (Merck: CL, DK, HK, ID, MX, NO, PE, SG, TH)
Iliadin® (Merck Generics: ZA)
Iliadin® (Santa-Farma: TR)
Ilvinax® (Merck: ES)
Lidil® (Roemmers: AR)
Logicin® (Sigma: AU, HK)
Merck-P Nasal® (Merck Generics: ZA)
Nafazol® (Incobra: CO)
Nasal Decongestant® (Taro: US)
Nasex® (Janssen: PT)
Nasin® (AstraZeneca: SE)
Nasivin® (Bracco: IT)
Nasivin® (Iromedica: CH)
Nasivin® (Merck: AT, BR, CZ, DE, HR, HU, LU, NL, PL, SI)
Nasivin® (Merck KGaA: RO)
Nasivin® (Nycomed: GE, RU)
Nasivion® (E Merck: LK)
Nasivion® (Merck: IN)
Nasolina® (Salvat: ES)
Nazolin® (Beximco: BD, SG)
Nazol® (Sagmel: RU)
Nebulicina® (Boehringer Ingelheim: ES)
Neo-Synephrine 12 Hour® (Bayer: US)
Neo-Synephrine® (Bayer: US)
Nesivine® (Merck: BE)
Newclar® (Valeant: AR)
Nezeril® (AstraZeneca: IS, NL, SE)
Nosox® (Hasco: PL)
Nostrilla® (Insight: US)
NTZ® (Bayer: US)
NTZ® (Sterling Health: US)
Ocuclear® (Schering-Plough: US)
Ocuclear® (White: EC)
Oftinal® (Schering-Plough: ES)
Oksinazal® (Eczacibasi: TR)
Oxalin® (Polfa Warszawa: PL)
Oxilin® (Allergan: IT)
Oxilin® (Pasteur: CL)
Oximetazolina Edigen® (Edigen: ES)
Oximisyn® (Roemmers: CO)
Oxy-Nase® (Hoe: SG)
Oxylin® (Allergan: MX, NL)
Oxymeta® (Schein: US)
Oxymet® (Greater Pharma: TH)
Panoxi® (Bausch & Lomb: AR)
Pernazene® (Jolly-Jatel: FR)
Resoxym® (ICN: PL)
Respibien® (Cinfa: ES)
Respir® (Schering-Plough: ES)
Rhino Humex® (Urgo: BE)
Rhinoclir® (Agis: IL)
Rhinofrenol® (Merck: CO)
Rhinox® (Nycomed: NO)
Rinerge® (Atral: PT)
Rino Calyptol® (SIT: IT)
Rinoxin® (TIS Farmaceutic: RO)
Rynex® (Incepta: BD)
Serranasal® (Serra Pamies: ES)
Sinarest® (Centaur: IN)
Sinarest® (Novartis: US)
Sinulen® (Medibrands: IL)
Sparkling White Eye Drops® (Al Pharm: ZA)
Utabon® (Uriach: CR, DO, ES, GT, HN, NI, PA, SV)
Vicks Sinex® (Procter & Gamble: AU, BE, CH, FI, GB, IT, LU, NL, NZ, US)
Vicks Spray Nasal® (Procter & Gamble: ES)
Visine L.R.® (Pfizer: US)
Visine® (Pfizer: AR, CA, ID)
Vistoxyn® (Pharm-Allergan: DE)
Wick Sinex® (Procter & Gamble: AT, RO)
Wick Sinex® (Wick: DE)
Yusin® (Maigal: AR)

Oxymetholone (Rec.INN)

L: Oxymetholonum
D: Oxymetholon
F: Oxymétholone
S: Oximetolona

Androgen
Anabolic

ATC: A14AA05
ATCvet: QA14AA05
CAS-Nr.: 0000434-07-1 C_{21}-H_{32}-O_3
M_r 332.487

Androstan-3-one, 17-hydroxy-2-(hydroxymethylene)-17-methyl-, (5α,17β)-

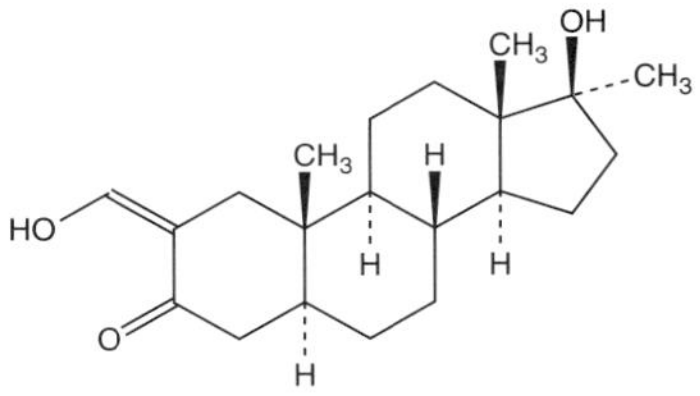

OS: *Oxymetholone [BAN, DCF, JAN, USAN]*
IS: *CI 406 (Parke Davis, USA)*
PH: Oxymetholone [BP 2002, JP XIV, USP 30]

Adroyd® (Pfizer: IN)
Anapolon® (Abdi Ibrahim: TR)
Androlic® (British Dispensary: TH)

Oxymorphone (Rec.INN)

L: Oxymorphonum
I: Oximorfone
D: Oxymorphon
F: Oxymorphone
S: Oximorfona

Opioid analgesic

CAS-Nr.: 0000076-41-5 C_{17}-H_{19}-N-O_4
M_r 301.349

Morphinan-6-one, 4,5-epoxy-3,14-dihydroxy-17-methyl-, (5α)-

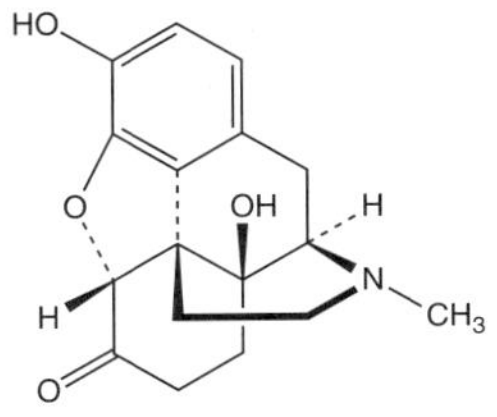

OS: *Oxymorphone [BAN, DCF]*
OS: *Oximorfone [DCIT]*
IS: *Dihydroxymorphinone*
IS: *Oxydimorphone*
IS: *14-Hydroxydihydromorphinone*

– hydrochloride:
CAS-Nr.: 0000357-07-3
OS: *Oxymorphone Hydrochloride USAN*
PH: Oxymorphone Hydrochloride USP 30

Numorphan® (Endo: US)
Opana® (Endo: US)
P/M Oxymorphone® [vet.] (Schering-Plough: US)

Oxyphenbutazone (Rec.INN)

L: Oxyphenbutazonum
I: Oxifenbutazone
D: Oxyphenbutazon
F: Oxyphenbutazone
S: Oxifenbutazona

Antiinflammatory agent
Analgesic
Antipyretic

ATC: M01AA03,M02AA04,S01BC02
CAS-Nr.: 0000129-20-4 C_{19}-H_{20}-N_2-O_3
M_r 324.37

3,5-Pyrazolidinedione, 4-butyl-1-(4-hydroxyphenyl)-2-phenyl-

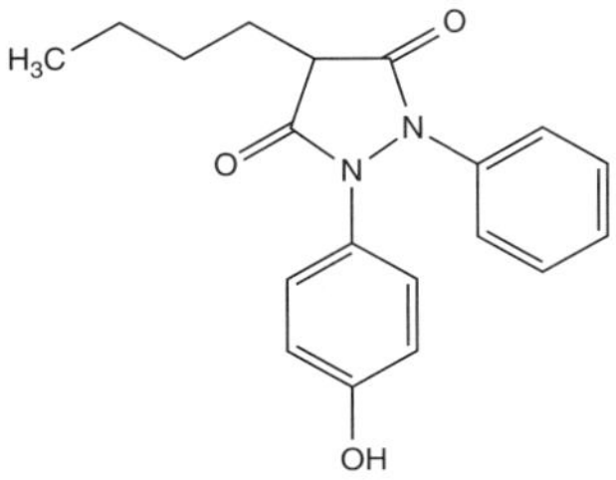

OS: *Oxyphenbutazone [BAN, DCF, USAN]*
OS: *Oxifenbutazone [DCIT]*
IS: *Butanova*
IS: *Hydroxyphenylbutazone*
IS: *Oxazolidin*

Reozon® (Medichem: ID)
Sponderil® (Bernofarm: ID)

– monohydrate:
CAS-Nr.: 0007081-38-1
PH: Oxifenbutazone Ph. Eur. 4
PH: Oxyphenbutazon Ph. Eur. 4
PH: Oxyphenbutazone Ph. Eur. 4, USP 23
PH: Oxyphenbutazonum Ph. Eur. 4

Oxifenbutazona® (Pasteur: CL)

Oxyphencyclimine (Rec.INN)

L: Oxyphencycliminum
I: Oxifenciclimina
D: Oxyphencyclimin
F: Oxyphencyclimine
S: Oxifenciclimina

Antispasmodic agent
Gastric secretory inhibitor
Parasympatholytic agent

ATC: A03AA01
CAS-Nr.: 0000125-53-1 C_{20}-H_{28}-N_2-O_3
M_r 344.464

Benzeneacetic acid, α-cyclohexyl-α-hydroxy-, (1,4,5,6-tetrahydro-1-methyl-2-pyrimidinyl)methyl ester

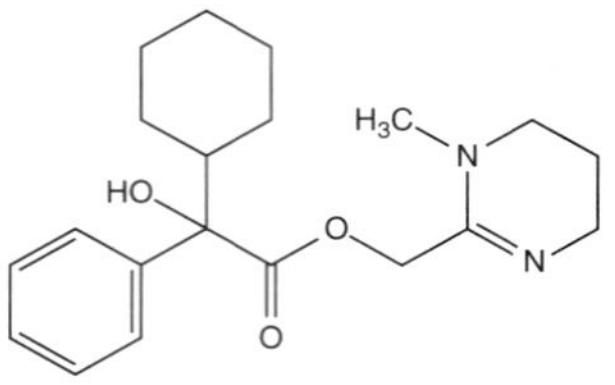

OS: *Oxyphencyclimine [BAN, DCF]*
OS: *Oxifenciclimina [DCIT]*
IS: *Oxiphencycliminum*

- **hydrochloride:**

CAS-Nr.: 0000125-52-0
OS: *Oxyphencyclimine Hydrochloride JAN, USAN*
PH: Oxyphencyclimine Hydrochloride BP 1973, USP XXII

Daricon® (Pfizer: HK, NL)
Med-Spastic® (Medicine Supply: TH)
Oxyno® (Milano: TH)
Proclimine® (Progress: TH)
Ranicon® (Renata: BD)

Oxyphenisatine (Rec.INN)

L: Oxyphenisatinum
D: Oxyphenisatin
F: Oxyphénisatine
S: Oxifenisatina

Laxative, cathartic

CAS-Nr.: 0000125-13-3 — C_{20}-H_{15}-N-O_3, M_r 317.35

2H-Indol-2-one, 1,3-dihydro-3,3-bis(4-hydroxyphenyl)-

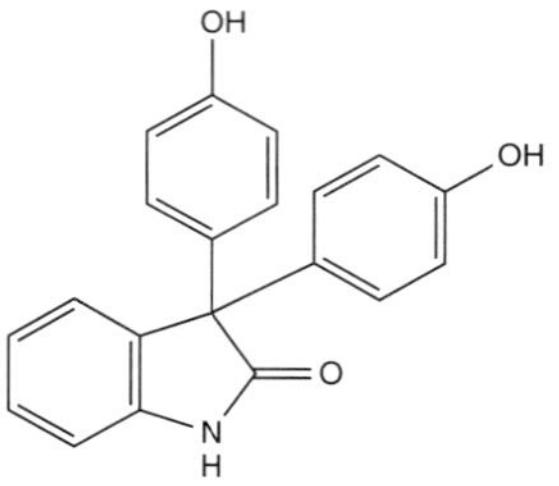

OS: *Oxyphenisatine [BAN]*
OS: *Oxyphénisatine [DCF]*
IS: *Isolax*
IS: *Oxyphenisatin*
IS: *Dioxyphenylisatin*
PH: Oxyphenisatinum [2.AB-DDR]

Isaphen® (Sopharma: BG)

Oxyphenonium Bromide (Rec.INN)

L: Oxyphenonii bromidum
D: Oxyphenonium bromid
F: Bromure d'oxyphénonium
S: Bromuro de oxifenonio

Antispasmodic agent
Gastric secretory inhibitor
Parasympatholytic agent

CAS-Nr.: 0000050-10-2 — C_{21}-H_{34}-Br-N-O_3, M_r 428.413

Ethanaminium, 2-[(cyclohexylhydroxyphenylacetyl)oxy]-N,N-diethyl-N-methyl-, bromide

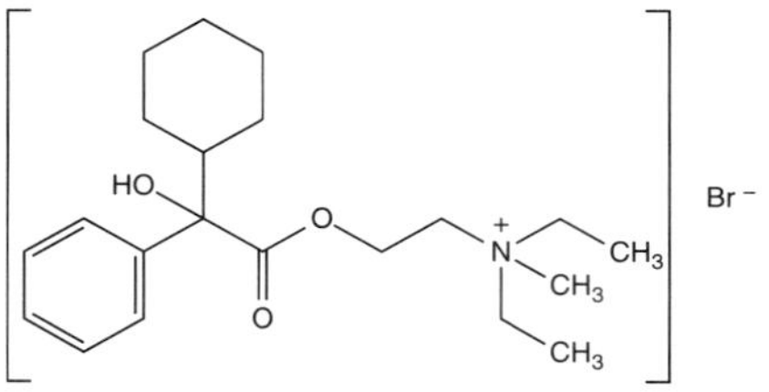

OS: *Oxyphenonium Bromide [BAN, USAN]*
OS: *Oxyphénonium [DCF]*
IS: *Ba 5473*
IS: *C 5473*
PH: Oxyphenonium bromatum [PhBs IV]

A-Spasm® (Acme: BD)
Antispasmin® (Actavis: GE)
Antrenex® (Opsonin: BD)
Antrenyl Duplex® (Novartis: ET, GH, KE, LY, MT, NG, SD, TZ, ZW)
Antrenyl® (Novartis: BD, ET, GH, IN, KE, LY, MT, NG, SD, TZ, ZW)
Isonil® (Amico: BD)
Spasmophen® (Polfa Pabianice: PL)

Oxyprothepin

D: Oxyprothepin

Neuroleptic

CAS-Nr.: 0029604-16-8 — C_{22}-H_{28}-N_2-O-S_2, M_r 400.606

1-Piperazinepropanol, 4-[10,11-dihydro-8-(methylthio)dibenzo[b,f]thiepin-10-yl]-

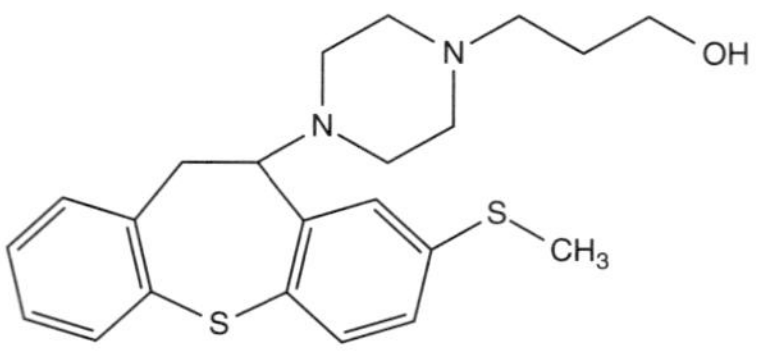

IS: *VUFB 8334*

- **decanoate:**

Meclopin® [inj.] (Spofa: CZ)

Oxyquinoline (USAN)

D: 8-Chinolinol

⚕ Antiprotozoal agent

ATC: A01AB07,D08AH03,G01AC30,R02AA14
CAS-Nr.: 0000148-24-3 C_9-H_7-N-O
M_r 145.165

8-Quinolinol

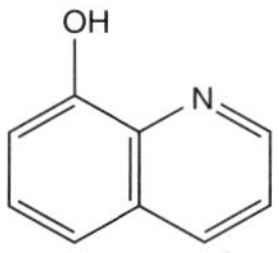

OS: *Oxyquinoline [USAN]*
IS: *8-Hydroxyquinoline*
IS: *Oxychinolin*
PH: Hydroxychinolinum [2.AB-DDR]
PH: Oxyquinol [Ph. Franç. X]

Aseptifluid® [vet.] (SFAN: FR)

– sulfate:

CAS-Nr.: 0000134-31-6
OS: *Oxyquinoline Sulfate USAN*
IS: *Oxine*
IS: *Oxyleine*
IS: *Sulfoquinol*
IS: *Vetoquinol*
IS: *8-Hydroxyquinoline sulfate*
IS: *8-Quinolinol, sulfate (2:1) (salt)*
IS: *Chinosol*
IS: *AI3-03968*
IS: *Cryptonol*
IS: *EPA Pesticide Chemical Code 059804*
IS: *Octofen*
IS: *Oxine sulfate*
PH: Hydroxychinolinum sulfuricum 2.AB-DDR
PH: Oxychinolini sulfas Ph. Helv. 8
PH: Oxyquinol Ph. Franç. IX
PH: Oxyquinoline Sulfate USP 30

Leioderm® (Riemser: DE)
Oxychinolinsulfaat Samenwerkende Apothekers® (Samenwerkende Apothekers: NL)
Superol® (Chefaro: NL)

– sulfate, equimolecular mixt. with potassium sulfate:

CAS-Nr.: 0122557-04-9
IS: *Perquinol*
IS: *Sulfachin*
IS: *Chinosol*
PH: Hydroxychinolinum Kalium Sulfuricum OeAB

Chinosol® (Chinosol: DE)

Oxytetracycline (Rec.INN)

L: Oxytetracyclinum
I: Oxitetraciclina
D: Oxytetracyclin
F: Oxytétracycline
S: Oxitetraciclina

⚕ Antibiotic, tetracycline

ATC: D06AA03,G01AA07,J01AA06,S01AA04
ATCvet: QJ01AA06
CAS-Nr.: 0000079-57-2 C_{22}-H_{24}-N_2-O_9
M_r 460.454

4-Dimethylamino-1,4,4a,5,5a,6,11,12a-octahydro-3,5,6,10,12,12a-hexahydroxy-6-methyl-1,11-dioxo-2-naphthacencarbocamide

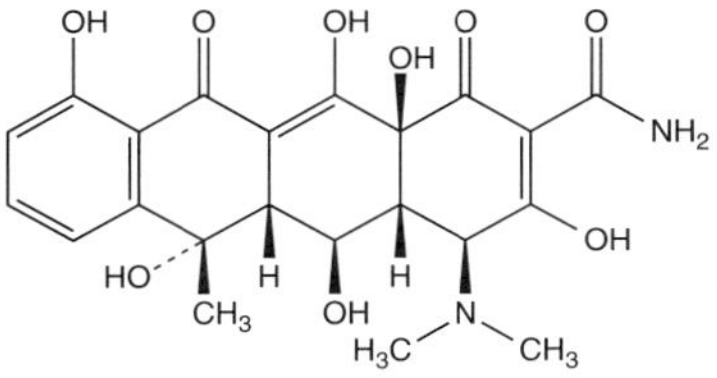

OS: *Oxytetracycline [BAN, DCF, JAN, USAN]*
OS: *Oxitetraciclina [DCIT]*
IS: *Hydroxytetracyclinum*

Agrimycin® [vet.] (Agri Labs.: US)
Alamycin® [vet.] (Arovet: CH)
Alamycin® [vet.] (Norbrook: AU, GB, NL)
Alphamycin® [vet.] (PCL: NZ)
Ascotetra® [vet.] (Ascor: IT)
Baxyl LA® [vet.] (Prodivet: BE)
Bio-Mycin® [vet.] (Boehringer Ingelheim Vetmedica: US)
Biocyl® [vet.] (Anthony: US)
Bivatop LA® [vet.] (Boehringer Ingelheim: AU)
Capsotetra® [vet.] (Ascor: IT)
Cofamix Oxytétracycline® [vet.] (Coophavet: FR)
Concentrat VO 31® [vet.] (Sogeval: FR)
Coopertet® [vet.] (Schering-Plough Vet: PT)
Cyclival® [vet.] (Biové: FR)
Delcycline LA® [vet.] (Delvet: AU)
Delvocycline® [vet.] (Mycofarm: NL)
Duphacycline® [vet.] (Fort Dodge: BE)
Duphacycline® [vet.] (Wyeth: CH)
Duramycin® [vet.] (DurVet: US)
Ecomycin® [vet.] (Eco: ZA)
Econotet® [vet.] (Eco: ZA)
Elox® [vet.] (Berna Veterinärprodukte AG: CH)
Engemycine® [vet.] (Mycofarm: BE)
Engemycin® [vet.] (Intervet: GB, NZ)
Engemycin® [vet.] (Veterinaria: CH)
Geomycin® (Pliva: BA, HR, SI)
Hexasol® [vet.] (Norbrook: GB)
Hostacycline LA® [vet.] (Bimeda: NL)
Hostacycline LA® [vet.] (Hoechst Animal Health: BE)
Impetet® (ACI: BD)
Kyroxy® [vet.] (Tre I: IT)
Liquamycin® [vet.] (Pfizer: ZA)
Liquamycin® [vet.] (Pfizer Animal Health: US)
Longicine® [vet.] (Vetoquinol: BE, FR, LU)
Maxim® [vet.] (Phoenix: US)
Medicyclin® [vet.] (Bayer: AT)

O

Mycen LA® [vet.] (Vericor: GB)
Ornimed Oxytetracycline® [vet.] (LAB: GB)
Ossibiotic® [vet.] (Tre I: IT)
Ossicalf® [vet.] (Ceva: IT)
Ossitetraciclina® [vet.] (Ascor: IT)
Ossitetraciclina® [vet.] (Biosint: IT)
Ossitetraciclina® [vet.] (Chemifarma: IT)
Ossitetraciclina® [vet.] (Doxal: IT)
Ossitetraciclina® [vet.] (Nuova Veterinaria: IT)
Ossitetraciclina® [vet.] (Sintofarm: IT)
Ossitetraciclina® [vet.] (Tecnozoo: IT)
Ossitetraciclina® [vet.] (Tre I: IT)
Ossitetraciclina® [vet.] (Unione: IT)
OTC® [vet.] (DurVet: US)
OT® [vet.] (Vetus: US)
Oxater® [vet.] (Biosint: IT)
Oxi-kel® [vet.] (Kela: PT)
Oxiclina® (Lusa: PE)
Oxifarm® [vet.] (Sintofarm: IT)
Oxiter® [vet.] (Doxal: IT)
Oxi® [vet.] (Doxal: IT)
OXTC® [vet.] (Pfizer Animal Health: US)
Oxy-kel® [vet.] (Wolfs: BE)
Oxy-Mycin® [vet.] (AgriPharm: US)
Oxy-Tet Soluble® [vet.] (ID Russell: US)
Oxy-Vet® [vet.] (Western: US)
Oxybiotic® [vet.] (Vetco: US)
Oxycap® (Globe: BD)
Oxycin® (Nipa: BD)
Oxycline® (GDH: TH)
Oxylim® (Atlantic: SG)
Oxylon® [vet.] (Noé: FR)
Oxymicin® [vet.] (Norbrook: PT)
Oxysentin® [vet.] (Jacoby: AT)
Oxyshot LA® [vet.] (Osborn: US)
Oxytetracycline Indo Farma® (Indofarma: ID)
Oxytetracycline® [vet.] (Ceva: ZA)
Oxytetracycline® [vet.] (DurVet: US)
Oxytetracycline® [vet.] (Wolfs: BE)
Oxytetra® [vet.] (Virbac: ZA)
Oxytet® [vet.] (Eco: ZA)
Oxytet® [vet.] (Ilium Veterinary Products: AU)
Oxytétracycline Franvet® [vet.] (Franvet: FR)
Oxytétracycline® [vet.] (Celtic: FR)
Petracin® (Peoples: BD)
Phenix® [vet.] (Virbac: ZA)
Protet® [vet.] (Chemuniqué: ZA)
Reverin® [vet.] (Intervet: ZA)
Santamix Oxytétracycline® [vet.] (Santamix: FR)
SQ-Cycline® (Square: BD)
Tecoxy® [vet.] (Virbac: NZ)
Tenaline® [vet.] (Ceva: PT)
Tenasan LA® [vet.] (Sanofi-Synthelabo: BE)
Teracin® (Medicon: BD)
Terasol® [vet.] (PCL: NZ)
Terramicina® (Farmasierra: ES)
Terramicina® (Pfizer: AR, CR, DO, GT, HN, MX, NI, PA, PE, SV)
Terramycin Ophth® (Pfizer: ID)
Terramycin Prolongatum® [vet.] (Pfizer: AT, NO)
Terramycine® [vet.] (Pfizer Animal Health: BE)
Terramycin® (Pfizer: AN, BB, DO, EG, ET, GY, HT, JM, KE, MW, NG, SD, TT, US)
Terramycin® [vet.] (Pfizer: CH, US)
Terramycin® [vet.] (Pfizer Animal: AU)
Terramycin® [vet.] (Pfizer Animal Health: GB, NZ, US)
Tetradent® (Medifarma: PE)
Tetran® (Wagner Pharmafax: HU)
Tetraphar® (Farvet: PE)
Tetraplex® [vet.] (Cypharm: IE)
Tetraplex® [vet.] (Vericor: GB)
Tetrasol® [vet.] (Richter: AT)
Tetrasona® [caps./sol.-inj.] (Medifarma: PE)
Tetravet Blue® [vet.] (Bomac: NZ)
Tetroxy® [vet.] (Advanced Verterinary Supplies: AU)
Tetroxy® [vet.] (Bimeda: GB)
Tridox® [vet.] (Eurovet: NL)
Tridox® [vet.] (Forma: PT)
Triple-Two-La® [vet.] (MDB: ZA)
Ténaline LA® [vet.] (Ceva: FR)
Uniciclina® [vet.] (Unione: IT)

– dihydrate:

CAS-Nr.: 0006153-64-6
OS: *Oxytetracycline Dihydrate BANM, JAN*
IS: *Terrafungine*
PH: Hydroxytetracyclinum dihydratum OeAB IX
PH: Ossitetraciclina biidrato F.U. IX
PH: Oxytetracyclin-Dihydrat DAB 8
PH: Oxytetracyclini dihydras Ph. Int. 4
PH: Oxytetracyclinum dihydratum 2.AB-DDR
PH: Oxytetracyclinum dihydricum Ph. Helv. VI, Ph. Eur. 5
PH: Oxytetracycline USP 30
PH: Oxytetracycline dihydrate BP 2003, Ph. Eur. 5, Ph. Int. 4

Alamycin® [vet.] (Norbrook: AU, GB, IE, NL, NZ, ZA)
Alamycin® [vet.] (VAAS: IT)
Alamycin® [vet.] (Vet Medic: FI)
Baxyl LA® [vet.] (CP: DE)
Baxyl LA® [vet.] (Veyx: DE)
Baxyl LA® [vet.] (WDT: DE)
Bivatop® [vet.] (Boehringer Ingelheim: NL)
Bivatop® [vet.] (Boehringer Ingelheim Animals: NZ)
Bivatop® [vet.] (Boehringer Ingelheim Vetmedica: IE)
Bivatop® [vet.] (Vetcare: FI)
Clinimycin® (Galen: IE)
Crotetra® [vet.] (Cropsa: PT)
Cuxacyclin® [vet.] (Animedic: DE)
Cuxacyclin® [vet.] (Animedica: AT)
Cyclosol® [vet.] (Eurovet: BE, NL)
Cyclosol® [vet.] (Gräub: CH)
Cyclosol® [vet.] (Virbac: FR)
Duocycline LA® [vet.] (Univet: IE)
Duphaciclina® [vet.] (Fort Dodge: IT)
Duphacyclin XL® [vet.] (Wyeth: AT)
Duphacycline® [vet.] (Fort Dodge: DE, FR, GB)
Duphacycline® [vet.] (Scanvet: FI)
Duphacyclin® [vet.] (Wyeth: AT)
Duraciclina® [vet.] (Bayer: IT)
Duracykline® [vet.] (Bayer Sante Animale: FR)
Embacycline LA® [vet.] (Merial: GB)
Forticilina® [vet.] (Iapsa: PT)
Hi-Tet® [vet.] (Bayer Animal Health: ZA)
Hostacyclin LA® [vet.] (Hoechst Roussel Vet: AT)
Hostacycline LA® [vet.] (Hoechst Vet: IE)

Langa Mycin® [vet.] (Elangeni: ZA)
Longicine® [vet.] (Vetoquinol: NL)
Maxoject LA® [vet.] (Interpharm: IE)
Medicilline® [vet.] (Bayer Animal: PT)
Noromycin® [vet.] (Norbrook: ZA)
Ossitetraciclina® [vet.] (Adisseo: IT)
Ossitetra® [vet.] (Adisseo: IT)
Oxipra® [vet.] (Ceva: DE)
Oxipra® [vet.] (Chevita: DE)
Oxiritard® [vet.] (AFI: IT)
Oxtra® [vet.] (Fatro: IT, PT)
Oxy-Eco® [vet.] (International Animal Health: AU)
Oxysentin® [vet.] (Novartis: AT)
Oxysentin® [vet.] (Novartis Tiergesundheit: CH)
Oxytetracycline® (Alpharma: GB)
Oxytetracycline® (Kent: GB)
Oxytetracycline® (Teva: GB)
Oxytetramix® (Ashbourne: GB)
Oxytetraseptin® [vet.] (Vetoquinol: CH)
Oxytetrin® [vet.] (Schering-Plough Animal: NZ)
Oxytétracycline Vétoquinol® [vet.] (Vetoquinol: FR)
Prokalen® [vet.] (Chevita: AT)
Terralon® [vet.] (Virbac: CH, DE, FR, IT, ZA)
Terramycin LA® [vet.] (Pfizer: CH, IT)
Terramycin LA® [vet.] (Pfizer Animal Health: GB, IE)
Terramycine (T.L.A.)® [vet.] (Pfizer Santé Animale: FR)
Terramycin® [vet.] (Pfizer Animal: DE)
Terramycin® [vet.] (Pfizer Animal Health: GB)
Tetramin® [vet.] (Pharmacia Animal Health: GB)
Tetroxy® [vet.] (Reamor: NZ)
Tetroxy® [vet.] (VetPharma: SE)

– hydrochloride:

CAS-Nr.: 0002058-46-0
OS: *Oxytetracycline Hydrochloride BANM, JAN, USAN*
IS: *Embryostat*
IS: *Hydroxytetracyclinum hydrochloricum*
IS: *Mepatar*
PH: Oxytétracycline (chlorhydrate d') Ph. Eur. 5
PH: Oxytetracycline Hydrochloride JP XIV, Ph. Eur. 5, Ph. Int. 4, USP 30
PH: Oxytetracyclinhydrochlorid Ph. Eur. 5
PH: Oxytetracyclini hydrochloridum Ph. Eur. 5, Ph. Int. 4

A.F.S. Oxytet® [vet.] (Controlled Medications Pty Ltd: AU)
Acti Tetra® [vet.] (Biové: FR)
Aerocyclin® [vet.] (Bayer: AT)
Agrimycin® [vet.] (Agri Labs.: US)
Alamycin® [vet.] (Arovet: CH)
Alamycin® [vet.] (Norbrook: AU, GB, IE, NL, NZ, ZA)
Aquacycline® [vet.] (Ceva: NO)
Aquatet® [vet.] (Vetrepharm: GB)
Be-Oxytet® (Be-Tabs: ZA)
Bio-Mycin® [vet.] (Boehringer Ingelheim Vetmedica: US)
Bisolvomycin® [vet.] (Boehringer Ingelheim Vetmedica: IE)
Bivatop® [vet.] (Boehringer Ingelheim Animal: PT)
Chanacycline® [vet.] (Chanelle: IE)
Chemotrex® (Medichem: ID)
Clamicina® [vet.] (Calier: PT)
Compomix V Terrasol® [vet.] (Noé: FR)
Corsamycin® (Corsa: ID)
Cotet® (Sandoz: ZA)
Curamycin® [vet.] (Bayer Animal Health: ZA)
Cyclosol® [vet.] (Eurovet: NL)
Dihydro® [vet.] (Floris: NL)
Duphacycline® [vet.] (Fort Dodge: BE, DE, FR, GB, PT)
Duphacycline® [vet.] (Interchem: IE)
Duphacyclin® [vet.] (Wyeth: AT)
Duramycin® [vet.] (DurVet: US)
Ecomycin® [vet.] (Eco: ZA)
Embacycline® [vet.] (Merial: GB)
Engemicina® [vet.] (Intervet: IT)
Engemicina® [vet.] (Organon Vet: PT)
Engemycine® [vet.] (Intervet: NL)
Engemycin® [vet.] (Delvet: AU)
Engemycin® [vet.] (Intervet: AT, DE, FI, FR, GB, SE, ZA)
Engemycin® [vet.] (Veterinaria: CH)
Feedmix® [vet.] (Dopharma: NL)
Finabiotic® [vet.] (Schering-Plough: IE)
Geomicina® (Atral: PT)
Geomycine® [vet.] (Dopharma: NL)
Hi-Tet® [vet.] (Bayer Animal Health: ZA)
Inca Oxy B® [vet.] (Inca: AU)
Limoxin® [vet.] (Interchemie: NL)
Liquachel® [vet.] (Rachelle: US)
Maxoject® [vet.] (Interpharm: IE)
Metrijet® [vet.] (Intervet: GB, IE)
Miltet® [vet.] (Bayer Animal Health: ZA)
Mycen® [vet.] (Vericor: GB)
Nageboorte® [vet.] (Eurovet: NL)
Necrospray® [vet.] (Bayer Animal Health: ZA)
Neo Spray® [vet.] (Intervet: IT)
O-4 Cycline® (Garec: ZA)
O.T.C.® [vet.] (A.S.T.: NL)
Obermycin® [vet.] (Virbac: ZA)
Occrycetin® [vet.] (Fort Dodge: GB, IE)
Orimycin® [vet.] (Orion: FI)
Ossitetraciclina® [vet.] (Adisseo: IT)
Ossitetraciclina® [vet.] (Ceva: IT)
Ossitetraciclina® [vet.] (Fatro: IT)
OTC® [vet.] (C.C.D. Animal Health: AU)
OTC® [vet.] (Franvet: FR)
OTC® [vet.] (Kepro: NL)
OTC® [vet.] (WDT: DE)
Oxacin® (Doctor's Chemical Work: BD)
Oxecylin® (Acme: BD)
Oxitetraciclina® [vet.] (Dopharma: PT)
Oxtra® [vet.] (Fatro: IT)
Oxy-Mycin® [vet.] (RXV: US)
Oxy-Tet® [vet.] (Anchor: US)
Oxy-Vet® [vet.] (Western: US)
Oxybiotic® [vet.] (Butler: US)
Oxycare® [vet.] (Animalcare: GB)
Oxycomplex® [vet.] (Bimeda: GB)
Oxycycline® (GDH: TH)
Oxycyclin® [vet.] (Bayer: AT)
Oxyfoam® [vet.] (Virbac: NZ)
Oxyject® [vet.] (Boehringer Ingelheim: CH)
Oxyject® [vet.] (Boehringer Ingelheim Vetmedica: AT)

O

Oxyject® [vet.] (Dopharma: NL)
Oxykel® [vet.] (Kombivet: NL)
Oxylim® (Atlantic: TH)
Oxylin® [vet.] (Ceva: NL)
Oxymav® [vet.] (Mavlab: AU)
Oxypan® (Al Pharm: ZA)
Oxysol® [vet.] (Eurovet: NL)
Oxytetracycline HCl® [vet.] (Dopharma: NL)
Oxytetracycline HCl® [vet.] (Eurovet: NL)
Oxytetracycline HCl® [vet.] (Prodivet: BE)
Oxytetracycline® [vet.] (Alfasan: NL)
Oxytetracycline® [vet.] (C.C.D. Animal Health: AU)
Oxytetracycline® [vet.] (Dopharma: NL)
Oxytetracycline® [vet.] (Dutch Farm Veterinary: NL)
Oxytetracycline® [vet.] (F. Ernst: NL)
Oxytetracyclini SR® (Pharma Pössneck: DE)
Oxytetracyclinsalbe® (Leyh: DE)
Oxytetracyclin® [vet.] (Balkanpharma: BG)
Oxytetral® (Alpharma: DK, NO, SE)
Oxytetramix® [vet.] (Eurovet: NL)
Oxytetrasol® [vet.] (Virbac: IE)
Oxytetra® [vet.] (Floris: NL)
Oxytetra® [vet.] (Phoenix: NZ)
Oxytetra® [vet.] (Stricker: CH)
Oxytet® [vet.] (Lienert: AU)
Oxytétracycline Avitec® [vet.] (Virbac: FR)
Oxytétracycline Coophavet® [vet.] (Coophavet: FR)
Oxytétracycline Franvet® [vet.] (Franvet: FR)
Oxytétracycline Vétoquinol® [vet.] (Vetoquinol: FR)
Oxytétrin® [vet.] (Intervet: FR)
Oxyvet® (Rachelle: US)
Oxy® [vet.] (Dopharma: NL)
Oxy® [vet.] (Eurovet: NL)
Pan-Terramicina® [vet.] (Pfizer: IT)
Posicycline® (Alcon: FR)
Promycin® [vet.] (Phoenix: US)
Renamycin® (Renata: BD)
Rimed OTC® [vet.] (Richter: AT)
Romicin® [vet.] (Intervet: IT)
Roscocycline-100® [vet.] (Apex: AU)
Rosocycline® [vet.] (Apex: AU)
Roxy® (Al Pharm: ZA)
Solmycin® [vet.] (Fort Dodge: PT)
Status SQ® [vet.] (Boehringer Ingelheim Vetmedica: US)
Terra-Cortil® (Pfizer: BR, FI, PE)
Terra-Vet® [vet.] (Aspen: US)
Terrafungine LA® [vet.] (Virbac: IE)
Terralon® [vet.] (Virbac: ZA)
Terramicina Oftalmica® (Farmasierra: ES)
Terramicina® (Farmasierra: ES)
Terramicina® (Pfizer: BR)
Terramicina® [vet.] (Pfizer: IT)
Terramicina® [vet.] (Pfizer Animal: PT)
Terramycine® [vet.] (Pfizer: BE, BR, NL)
Terramycine® [vet.] (Pfizer Animal Health: GB, IE)
Terramycine® [vet.] (Pfizer Santé Animale: FR)
Terramycine® [vet.] (Phibro: AU)
Terramycin® (Pfizer: EG, ET, GH, GM, GR, ID, IN, KE, LR, MW, NG, PH, SD, SG, SL, US)
Terramycin® [vet.] (Livestock Solutions: NZ)
Terramycin® [vet.] (Orion: SE)
Terramycin® [vet.] (Pfizer: AT, CH, FI, NO, ZA)
Terramycin® [vet.] (Pfizer Animal: AU, DE)
Terramycin® [vet.] (Pfizer Animal Health: GB, NZ, US)
Terramycin® [vet.] (Phibro: AU)
Terricil® (Edol: PT)
Tetcin® [vet.] (Vetoquinol: GB)
Tetramel® (Aspen: ZA)
Tetran® (Wagner Pharmafax: HU)
Tetrasol® [vet.] (Agrovete: PT)
Tetrasol® [vet.] (Richter: AT)
Tetratime® [vet.] (Virbac: FR)
Tetravet® [vet.] (Bomac: AU, NZ)
Ténaline® [vet.] (Ceva: FR)
Ursocyclin® [vet.] (Gräub: CH)
Ursocyclin® [vet.] (Richter: AT)
Ursocyclin® [vet.] (Serumber: DE)
Uterox® [vet.] (Parnell: AU)
Utozyme® [vet.] (Jurox: AU)
Vanacyclin® [vet.] (Vana: AT)
Vetcyklin® [vet.] (Pharmacia Animal Health: SE)

– magnesiumoxyethylammonium salt:

Tetraguard® [vet.] (Stockguard: NZ)
Tetroxy® [vet.] (Bimeda: GB)

Oxytocin (Rec.INN)

L: Oxytocinum
I: Oxitocina
D: Oxytocin
F: Oxytocine
S: Oxitocina

Oxytocic
Posterior pituitary hormone

ATC: H01BB02
ATCvet: QH01BB02
CAS-Nr.: 0000050-56-6 C_{43}-H_{66}-N_{12}-O_{12}-S_2
M_r 1007.241

Oxytocin

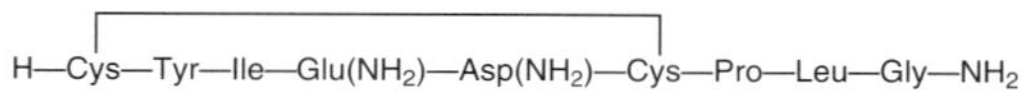

OS: *Oxytocin [BAN, JAN, USAN]*
OS: *Oxytocine [DCF]*
OS: *Oxitocina [DCIT]*
IS: *Mipareton*
IS: *Ocytormone*
IS: *Oxytan*
IS: *Pituilobine O*
IS: *Postlobin O*
IS: *α-Hypophamine*
PH: Oxytocin [JP XIV, Ph. Eur. 5, USP 30]
PH: Oxytocini injectio [Ph. Int. II]
PH: Oxytocinum [Ph. Eur. 5]
PH: Oxytocine [Ph. Eur. 5]

A.A. Oxytocine P.I.® [vet.] (A.A.-Vet: NL)
Biocytocine® [vet.] (Biové: FR)
Butocin® [vet.] (Bomac: NZ)
Butocin® [vet.] (Pharmtech: AU)
Facilpart® [vet.] (Iapsa: PT)
Fentocin® [vet.] (Virbac: ZA)

Hipofisina® (Biol: AR)
Hipracin® [vet.] (Hipra: PT)
Hipracin® [vet.] (Nordvacc: SE)
Intertocin-S® [vet.] (Intervet: ZA)
Intertocine-S® [vet.] (Intervet: BE)
Intertocine-S® [vet.] (Organon Vet: PT)
Intertocine-S® [vet.] (Veterinaria: CH)
Intertocine® [vet.] (Intervet: AT)
Ipofamina® [vet.] (Tre I: IT)
Izossitocina® [vet.] (Izo: IT)
Leotocin® [vet.] (Boehringer Ingelheim Animals: NZ)
Naox® (Eurofarma: BR)
Neurofisin® [vet.] (Fatro: IT)
Nocytocine® [vet.] (Noé: FR)
Ocin® (Opsonin: BD)
Ocitocina Biol® (Biol: AR)
Ocitocina Richmond® (Richmond: AR)
Ocytex® [vet.] (Coophavet: FR)
Ocytocine® [vet.] (Intervet: FR)
Ocytovem® [vet.] (Ceva: FR)
Ocytovet® [vet.] (Virbac: FR)
Orasthin® (Aventis: DE)
Orastina® (Aventis: BR)
Ossitocina BIL® (Biologici: IT)
Oxitocina Drawer® (Drawer: AR)
Oxitocina L.CH.® (Chile: CL)
Oxitocina Larjan® (Veinfar: AR)
Oxitocina Lch® (Ivax: PE)
Oxitocina® (Biosano: CL)
Oxitocina® (Eurofarma: BR)
Oxitocina® (Sanderson: CL)
Oxitocina® [vet.] (Vetlima: PT)
Oxitocinã® (Sicomed: RO)
Oxitopisa® (Comerciosa: EC)
Oxitopisa® (Pisa: MX)
Oxitopisa® (Schein: PE)
Oxoject® [vet.] (Vetus: US)
Oxytocin Bengen® [vet.] (WDT: DE)
Oxytocin Carino® (Carinopharm: DE)
Oxytocin Ferring-Leciva® (Ferring: CZ)
Oxytocin Gap® (Gap: GR)
Oxytocin Graeub® [vet.] (Gräub: CH)
Oxytocin Graeub® [vet.] (Schoeller: AT)
Oxytocin Hexal® (Hexal: DE)
Oxytocin Rotexmedica® (Rotexmedica: DE)
Oxytocin Stricker® [vet.] (Stricker: CH)
Oxytocin Synth-Richter® (Medline: TH)
Oxytocin S® (Ethica: ID)
Oxytocin Vana® [vet.] (Vana: AT)
Oxytocin Vétoquinol® [vet.] (Vetoquinol: CH)
Oxytocine synthétique KELA® [vet.] (Wolfs: BE)
Oxytocine synthétique® [vet.] (Codifar: BE)
Oxytocine synthétique® [vet.] (Prodivet: BE)
Oxytocine S® [vet.] (Eurovet: BE)
Oxytocine S® [vet.] (Fort Dodge: BE)
Oxytocine S® [vet.] (Intervet: AU, GB)
Oxytocin® (Abraxis: US)
Oxytocin® (Ferring: RO)
Oxytocin® (Gedeon Richter: HU, PL, RS, RU, VN)
Oxytocin® (Hospira: CA)
Oxytocin® (Rotexmedica: IL)
Oxytocin® [vet.] (Albrecht: DE)
Oxytocin® [vet.] (Alma: DE)
Oxytocin® [vet.] (Animedic: DE)
Oxytocin® [vet.] (Anthony: US)
Oxytocin® [vet.] (Aspen: US)
Oxytocin® [vet.] (Atarost: DE)
Oxytocin® [vet.] (Ceva: DE)
Oxytocin® [vet.] (CP: DE)
Oxytocin® [vet.] (Dopharma: NL)
Oxytocin® [vet.] (Eurovet: NL)
Oxytocin® [vet.] (Forma: PT)
Oxytocin® [vet.] (Intervet: AU, GB, IE, NL, NZ)
Oxytocin® [vet.] (Klat: DE)
Oxytocin® [vet.] (Leo: GB, IE)
Oxytocin® [vet.] (Novartis: AU)
Oxytocin® [vet.] (Osborn: US)
Oxytocin® [vet.] (Phoenix: US)
Oxytocin® [vet.] (Pro Labs: US)
Oxytocin® [vet.] (RXV: US)
Oxytocin® [vet.] (Vedco: US)
Oxytocin® [vet.] (Vetochas: DE)
Oxytocin® [vet.] (Vetpharm: NZ)
Oxytocin® [vet.] (VetTek: US)
Oxytocin® [vet.] (Veyx: DE)
Oxytocin® [vet.] (Western: US)
Oxytocin® [vet.] (Whelehan: IE)
Oxytocinã S® (Sicomed: RO)
Oxytolin® [vet.] (Ceva: NL)
Oxytosel® [vet.] (Selecta: DE)
Paratoxin® [vet.] (Pharmacia Animal Health: SE)
Partoxin® [vet.] (Pharmacia Animal Health: SE)
Partoxin® [vet.] (Pharmaxim vet: FI)
Physovetin® [vet.] (Streuli: CH)
Pitocina® [vet.] (Intervet: IT)
Pitocin® [inj.] (Chemist: BD)
Pitocin® [inj.] (Monarch: US)
Pitocin® [inj.] (Pfizer: IN, PE)
Pitogin® (Ethica: ID)
Piton-S® (AKZO Nobel: BR)
Piton-S® (Organon: BD, ID, NL)
Pitosol® [vet.] (Gräub: CH)
Pitry® [vet.] (Interpharm: IE)
Pituifral® [vet.] (Fort Dodge: PT)
Pituisan® [vet.] (Alfasan: NL)
Placentol® [vet.] (Ceva: PT)
Postuitrin® (I.E. Ulagay: TR)
Ritovet® [vet.] (Richter: AT)
Synpitan-vet® [vet.] (Alvetra u. Werfft: AT)
Synpitan® (Deva: TR)
Synpitan® [vet.] (Alvetra: DE)
Synpitan® [vet.] (Sanochemia: CH)
Syntocinon® (Alliance: GB)
Syntocinon® (Novartis: AR, AT, AU, BD, BE, BR, CH, CL, DE, DK, ES, ET, FI, FR, GH, HK, ID, IE, IN, IS, IT, KE, LU, LY, MT, MY, NG, NL, NO, NZ, PH, PT, RS, SD, SE, SG, SI, TZ, US, ZA, ZW)
Syntocinon® (Novartis Consumer Health: HR)
Syntocinon® (Novartis Pharma: PE)
Syntocinon® (Sandoz: MX)
Syntocin® (Techno: BD)
Syntocin® [vet.] (Ilium Veterinary Products: AU)
Tranoxy® (Biolink: PH)
Veracuril® (Fada: AR)
Xitocin® (Cryopharma: MX)

O

Ozagrel (Rec.INN)

L: Ozagrelum
D: Ozagrel
F: Ozagrel
S: Ozagrel

⚕ Anticoagulant, platelet aggregation inhibitor

CAS-Nr.: 0082571-53-7 C_{13}-H_{12}-N_2-O_2
M_r 228.259

2-Propenoic acid, 3-[4-(1H-imidazol-1-ylmethyl)phenyl]-, (E)-

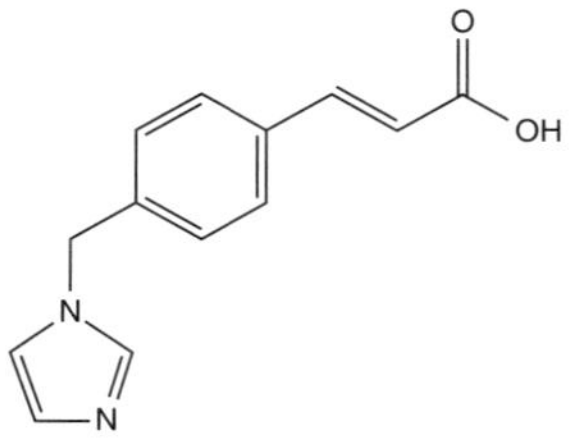

OS: *Ozagrel [USAN]*
IS: *OKY-046*

Cataclot® (Ono: JP)

- **hydrochloride:**

Domenan® (Kissei: JP)
Vega® (Ono: JP)
Xanbon® (Kissei: JP)

Paclitaxel (Rec.INN)

L: **Paclitaxelum**
I: **Paclitaxel**
D: **Paclitaxel**
F: **Paclitaxel**
S: **Paclitaxel**

Antineoplastic agent

ATC: L01CD01
CAS-Nr.: 0033069-62-4 C_{47}-H_{51}-N-O_{14}
M_r 853.935

(2S,5R,7S,10R,13S)-10,20-Bis(acetoxy)-2-benzoyloxy-1,7-dihydroxy-9-oxo-5,20-epoxytax-11-en-13-yl (3S)-3-benzoylamino-3-phenyl-D-lactate

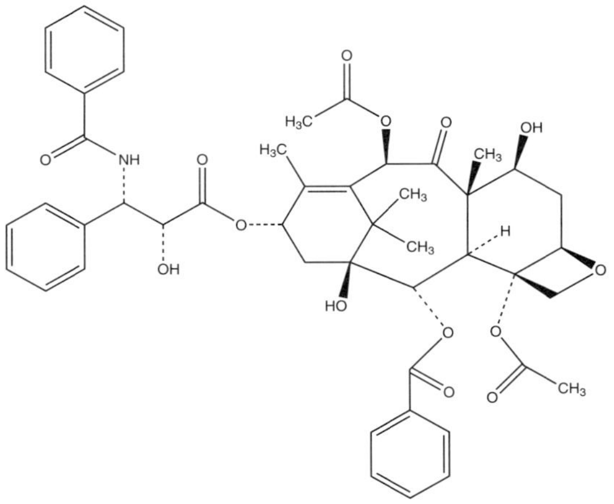

OS: *Paclitaxel [DCF, BAN, USAN]*
IS: *7-epi-Taxol*
IS: *BMS 181339-01 (Bristol-Myers Squibb)*
IS: *NSC 125973*
IS: *Taxol-A*
PH: Paclitaxel [USP 30, Ph. Eur. 5]

Abraxane® (Abraxis: CA, US)
Aclixel® (Armstrong: MX)
Anzatax® (Faulding/DBL: TH)
Anzatax® (Mayne: AU, BR, HK, IT, MY, SG)
Anzatax® (Orna: TR)
Apo-Paclitaxel® (Apotex: CA)
Asotax® (Asofarma: MX)
Asotax® (Raffo: AR)
Biolyse Paclitaxel® (Key: ZA)
Biopaxel® (Biosintética: BR)
Biotax® (Faulding: IL)
Britaxol® (Bristol-Myers Squibb: CL)
Celltaxel® (cell pharm: DE)
Clitaxel® (Pfizer: AR)
Cryoxet® (Cryopharma: MX)
Dalys® (Dosa: AR)
Drifen® (Richmond: AR, PE)
Ebetaxel® (Ebewe: AT, IL, VN)
Ebetaxel® (Liba: TR)
Genexol® (Pezomed: HU)
Genexol® (Samyang: SG)
Intaxel® (Dabur: HU, LK, PH, TH)
Magytax® (Hungaro-Gen: HU)
Medixel® (Taro: IL)
Mitotax® (Dr Reddys: LK)
Mitotax® (Dr. Reddy's: RU)
NeoTaxan® (Neocorp: DE)
Oncoplaxel® (Biotoscana: CL)
Onxol® (Ivax: CZ)
Onxol® (Teva: US)
Paclikebir® (Aspen: AR)
Paclitaxel Dakota® (Dakota: FR)
Paclitaxel Delta® (Delta Farma: AR)
Paclitaxel Ebewe® (Ebewe: HR, HU, RS, RU, SI)
Paclitaxel Ebewe® (InterPharma: NZ)
Paclitaxel Ebewe® (Nycomed: CH)
Paclitaxel Hexal® (Hexal: DE)
Paclitaxel Ipfi® (Ipfi: IT)
Paclitaxel Lachema® (Pliva: CZ)
Paclitaxel Mayne® (Mayne: AT, CH, DE, DK, FI, HU, IE, NL, NO, PT)
Paclitaxel Meda® (Meda: DK)
Paclitaxel Microsules® (Microsules: AR)
Paclitaxel O.R.C.A.pharm® (O.R.C.A.: DE)
Paclitaxel PCH® (Pharmachemie: NL)
Paclitaxel Rontag® (Rontag: AR)
Paclitaxel Servycal® (Servycal: AR)
Paclitaxel Teva® (Teva: SE)
Paclitaxel Varifarma® (Varifarma: AR)
Paclitaxel-GRY® (Gry: DE)
Paclitaxel-Lans® (Verofarm: RU)
Paclitaxel-Mepha® (Mepha: CH)
Paclitaxel-ratiopharm® (ratiopharm: DE)
Paclitaxel-Teva® (Teva: CZ)
Paclitaxel/Intaxel® (Payam Neda: BR)
Paclitaxel® (Amex: PE)
Paclitaxel® (Baxter: CL)
Paclitaxel® (Bedford: US)
Paclitaxel® (Biolyse: IL)
Paclitaxel® (Farmaconsult: NL)
Paclitaxel® (Kampar: CL)
Paclitaxel® (Mayne: US)
Paclitaxel® (Omega: RO)
Paclitaxel® (Servycal: PE)
Paclitaxel® (UDL: US)
Paclitaxin® (Pharmacemie: SI)
Paclitaxin® (Pharmachemie: NL)
Paclitax® (Eurofarma: BR)
Pacliteva® (Teva: AR)
Paklitaxel Actavis® (Actavis: SE)
Paklitaxel Meda® (Meda: SE)
Paklitaxfil® (Filaxis: AR)
Panataxel® (Bioprofarma: AR)
Parexel® (Abbott: CO)
Parexel® (Tecnofarma: PE)
Parexel® (Zodiac: BR)
Paxel® (Cristália: BR)
Paxene® (Combino: ES)
Paxene® (Ivax: CZ, LU, RO)
Paxene® (Mayne: BE, SE)
Paxene® (Norton: AT, HU, IT, NL)
Paxlitaxel Pliva® (Pliva: HR)
Paxus® (Kalbe: ID)
Pentoxol® (Neoraxis: CL)
Poltaxel® (Polfa Tarchomin: PL)
Praxel® (Chile: CL)
Praxel® (Lemery: MX, PE)
Ribotax® (ribosepharm: DE)
Sindaxel® (Actavis: GE)
Sindaxel® (Sindan: PL, RO)
Tarvexol® (Novartis: BR)
Tarvexol® (Sandoz: AR)

Taxocris® (LKM: AR)
Taxodiol® (Tecnofarma: CL)
TaxoGal® (Galenika: RS)
Taxol® (Abeefe Bristol: PE)
Taxol® (Bristol-Myers Squibb: AR, AT, AU, BA, BE, BG, BR, CA, CH, CI, CN, CZ, DE, DK, DZ, EC, ES, FI, FR, GA, GB, GE, GN, GR, HK, HR, HU, ID, IE, IS, IT, LU, ML, MU, NE, NL, NO, NZ, PH, PL, PT, RO, RS, RU, SE, SG, SI, SN, TD, TG, TH, TR, US, ZA)
Taxol® (PharmaSwiss: SI)
Taxomedac® (Medac: DE)
Taycovit® (Ivax: AR, PE)
Teva-Paclitaxel® (Pharmachemie: ZA)

Padimate O (USAN)

D: Padimat O

Dermatological agent, sunscreen

CAS-Nr.: 0021245-02-3 C_{17}-H_{27}-N-O_2
M_r 277.413

4-Dimethylaminobenzoate, 2-ethylhexyl

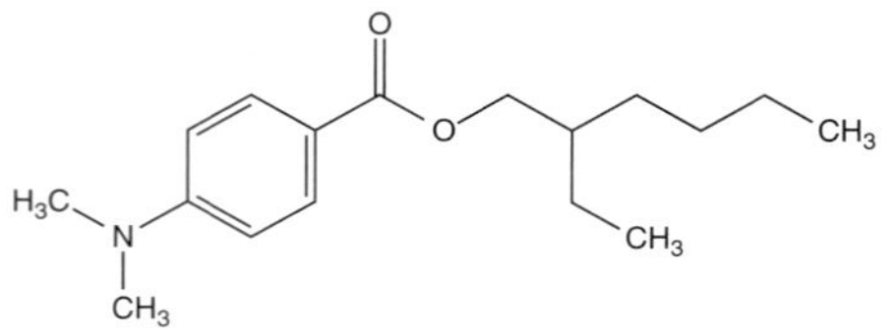

OS: *Padimate O [BANM, USAN]*
IS: *Octyl p-N,N-dimethyl-aminobenzoate*
IS: *Escalol 507*
PH: Padimate O [USP 30]

Vunsu® (Costec: AR)

Palifermin (Rec.INN)

L: Paliferminum
D: Palifermin
F: Palifermine
S: Palifermina

Growth factor

Fibrinoblast Growth Factor, human

ATC: V03AF08
ATCvet: QV03AF08
CAS-Nr.: 0162394-19-6 C_{729}-H_{1156}-N_{204}-O_{207}-S_{10}

human fibroblast growth factor-(24-163)-peptide (WHO)

24-163 fibroblast growht factor 7 (human) (USAN)

Peptide-(24-163)-facteur de croissance du fibroblaste humain

Peptido-(24-163)-factor de crecimiento del fibroblasto humano

OS: *Palifermin [USAN]*
IS: *Keratinocyte Growth Factor (Amgen, US)*
IS: *KGF*
IS: *rh KGF*
IS: *rHu-KGf*

Kepivance® (Amgen: DE, DK, ES, FI, FR, GB, HU, IE, IT, NL, NO, PL, SE, US)

Paliperidone (Rec.INN)

L: Paliperidonum
D: Paliperidon
F: Paliperidone
S: Paliperidona
ATC: N05AX13
ATCvet: QN05AX13
CAS-Nr.: 0144598-75-4 C_{23}-H_{27}-F-N_4-O_3
M_r 426.54

(+-)-3-[2-[4-(6-fluoro-1,2-benzisoxazol-3-yl)piperidino]ethyl]-6,7,8,9-tetrahydro-9-hydroxy-2-methly-4*H*-pyrido[1,2-*a*]pyrimidin-4-one WHO

(RS)-3-{2-[4-(6-Fluor-1,2-benzisoxazol-3-yl)piperidino]ethyl}-9-hydroxy-2-methly-6,7,8,9-tetrahydro-4*H*-pyrido[1,2-*a*]pyrimidin-4-on IUPAC

4H-Pyrido(1,2-a)pyrimidin-4-one, 3-(2-(4-(6-fluoro-1,2-benzisoxazol-3-yl)-1-piperidinyl)ethyl)-6,7,8,9-tetrahydro-9-hydroxy-2-methyl-

(RS)-3-(2-(4-(6-Fluoro-1,2-benzisoxazol-3-yl)piperidin-1-yl)ethyl)-9-hydroxy-2-methyl-6,7,8,9-tetrahydro-4H-pyrido(1,2-a)pyrimidin-4-one

(9RS)-3-[2-[4-(6-fluoro-1,2-benzisoxazol-3-yl)piperidino]ethyl]-6,7,8,9-tetrahexadecanoic acid

3-[2-[4-(6-fluoro-1,2-benzisoxazol-3-yl)piperidinyl]ethyl]-6,7,8,9-tetrahydro-2-methly-4-oxo-4H-pyrido(1,2-a)pyrimidin-9-yl

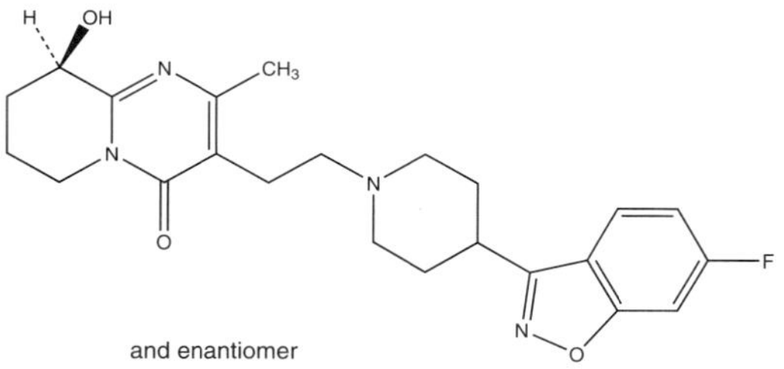

OS: *Paliperidone [USAN]*
IS: *R-76477 (Johnson&Johnson, US)*
IS: *9-Hydroxyrisperidone*
IS: *ELAN C3*
IS: *RO-92670*

Invega® (Janssen: DE, US)

Palivizumab (Rec.INN)

L: Palivizumabum
D: Palivizumab
F: Palivizumab
S: Palivizumab

Immunomodulator

ATC: J06BB
CAS-Nr.: 0188039-54-5

Immunoglobulin G 1 (human-mouse monoclonal MEDI-493 gamma1-chain anti-respiratory syncytial virus protein F), disulfide with human-mouse monoclonal MEDI-493 kappa-chain, dimer [WHO]

OS: *Palivizumab [BAN, USAN]*
IS: *MEDI 493 (MedImmune, USA)*

Abbosynagis® (Abbott: IL)
Synagis® (Abbott: AE, AR, AT, AU, BH, CA, CH, CL, CO, CR, CZ, DE, DK, DO, EG, ES, FI, FR, GB, GR, GT, HN, HR, HU, IE, IQ, IR, IS, IT, JO, KW, LB, LU, MX, NI, NL, NO, NZ, OM, PA, PL, QA, SD, SE, SI, SV, SY, YE, ZA)
Synagis® (MedImmune: HK, JP, US)
Synagis® (Ross: US)

Palmidrol (Rec.INN)

L: Palmidrolum
D: Palmidrol
F: Palmidrol
S: Palmidrol

Antiinflammatory agent

CAS-Nr.: 0000544-31-0 C_{18}-H_{37}-N-O_2
M_r 299.504

Hexadecanamide, N-(2-hydroxyethyl)-

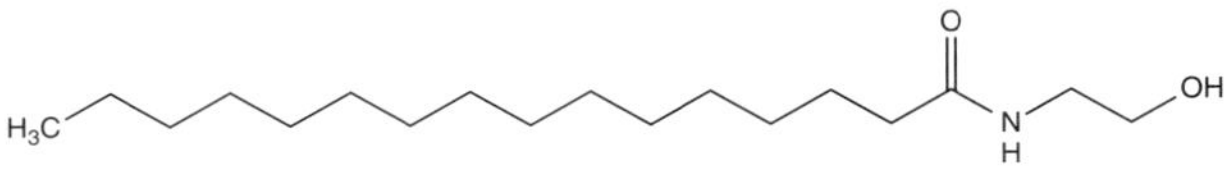

OS: *Palmidrol [USAN]*
IS: *Palmitoylethanolamide*
IS: *Palmitylethanolamide*

Palmidrol Prodes® (Almirall: ES)

Palonosetron (Rec.INN)

L: Palonosetronum
D: Palonosetron
F: Palonosétron
S: Palonosetrón

Antiemetic

ATC: A04AA05
ATCvet: QA04AA05
CAS-Nr.: 0135729-61-2 C_{19}-H_{24}-N_2-O
M_r 294.4

(3aS)-2,3,3a,4,5,6-hexahydro-2-[(3S)-3-quinuclidinyl]-1H-benz[de]isoquinolin-1-one (WHO)

(3aS)-2-[(3S)-1-azabicyclo[2,2,2]oct-3-yl]-2,3,3a,4,5,6-hexahydro-1H-benz[de]isoquinolein-1-one (WHO)

(3aS)-2,3,3a,4,5,6-tetrahidro-2-[(3S)-3-quinuclidinil]-1H-benz[de]isoquinolin-1-ona (WHO)

(3aS)-2,3,3a,4,5,6-Hexahydro-2-[(S)-chinuclidin-3-yl]-1H-benzo[de]isochinolin-1-on (IUPAC)

1H-Benz(de)isoquinolin-1-one SB: 2-(1-azabicyclo(2.2.2)oct-3-yl)-2,3,3a,4,5,6-hexahydro- ST: (S-(R*, R*))-

1H-Benz(de)isoquinolin-1-one SB: 2-(3S)-1-azabicyclo(2.2.2)oct-3-yl-2,3,3a,4,5,6-hexahydro- ST: (3aS)- (9CI)

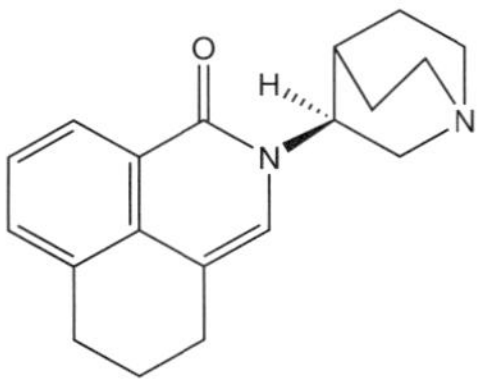

IS: *2-Qhbiqo*
IS: *RS 25259*

Aloxi® (Helsinn Birex: HR)

– hydrochloride:

CAS-Nr.: 0135729-62-3
OS: *Palonosetron Hydrochloride USAN*
IS: *RS 25259-197*

Aloxi® (Biovitrum: SE)
Aloxi® (Cambridge Laboratories: GB)
Aloxi® (Helsinn: HU, IE, IT, LU, NL, NO, PL, RS)
Aloxi® (Helsinn Birex: AT)
Aloxi® (Italfarmaco: ES)
Aloxi® (Medicom: CZ)
Aloxi® (MGI: US)
Aloxi® (ribosepharm: DE)
Aloxi® (Vifor: CH)
Onicit® (Schering-Plough: AR, CL, MX)
Paloxi Inject® (Rafa: IL)

Pamidronic Acid (Rec.INN)

L: Acidum pamidronicum
D: Pamidronsäure
F: Acide pamidronique
S: Acido pamidronico

Calcium regulating agent

ATC: M05BA03
CAS-Nr.: 0040391-99-9 C_3-H_{11}-N-O_7-P_2
M_r 235.071

(3-Amino-1-hydroxypropylidene)diphosphonic acid

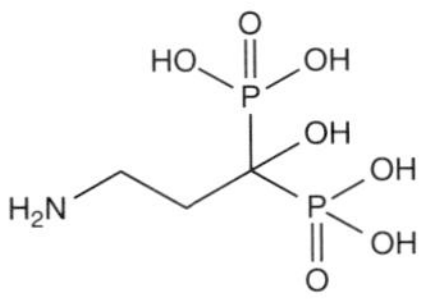

OS: *Pamidronic Acid [BAN, USAN]*
OS: *Pamidronique (acide) [DCF]*

Pamidronaat Mayne® (Mayne: NL)
Pamidronate Teva® (Teva: CZ)
Ribodroat® (ribosepharm: DE)

– disodium salt:

CAS-Nr.: 0109552-15-0
OS: *Disodium Pamidronate BANM*
OS: *Pamidronate Disodium USAN*
PH: Disodium Pamidronate BP 1999
PH: Pamidronate disodium pentahydrate Ph. Eur. 5
PH: Pamidronate Disodium USP 30

Amidrox® (Crinos: IT)
Aminomux® (Gador: AR)
Aminomux® (Pasteur: CL)
Aredia® (Novartis: AG, AN, AT, AU, AW, BA, BB, BE, BG, BM, BR, BS, CA, CH, CN, CO, CZ, DE, DK, ES, ET, FI, GB, GD, GE, GH, GR, GY, HK, HT, HU, ID, IE, IL, IS, IT, JM, KE, KY, LC, LK, LU, LY, MT, MY, NG, NL, PH, PL, RO, RS, RU, SD, SE, SI, TH, TR, TT, TZ, US, VC, VN, ZA, ZW)
Aredia® (Novartis Consumer Health: HR)
Aredia® (Novartis Pharma: PE)
Arédia® (Novartis: FR)
DBL Disodium Pamidronate® (Faulding/DBL: TH)
Disodium Pamidronate® (Wockhardt: GB)
Ebedronat® (Medac: AT)
Medac Disodium Pamidronate® (Medac: GB)
Pamdosa® (Dosa: AR)
Pamidran® (Mayne: PT)
Pamidro-cell® (cell pharm: DE)
Pamidrom® (Cristália: BR)
Pamidron Hexal® (Hexal: DE)
Pamidron Sandoz® (Sandoz: CH)
Pamidronaat Mayne® (Mayne: BE)
Pamidronat GRY® (Gry: DE)
Pamidronat O.R.C.A.pharm® (O.R.C.A.: DE)
Pamidronatdinatrium Mayne® (Mayne: DK, FI, IS, NO, SE)
Pamidronate Disodium Injection® (Mayne: US)
Pamidronate Disodium® (American Pharmaceutical Partners: US)
Pamidronate Disodium® (Bedford: US)
Pamidronate Disodium® (Genmedix: IL)
Pamidronate Disodium® (Mayne: CA)
Pamidronate Disodium® (Medison: IL)
Pamidronate Disodium® (Pharmaceutical Partners of Canada: CA)
Pamidronate Disodium® (Sandoz: CA)
Pamidronate Disodium® (Sicor: US)
Pamidronate Mayne® (Mayne: HU, LU)
Pamidronato Disodico IBP® (IBP: IT)
Pamidronato Disodico Mayne® (Mayne: IT)
Pamidronato Servycal® (Servycal: AR)
Pamifos® (Dabur: IN)
Pamifos® (Medac: DE, DK, ES, FI, SE)
Pamifos® (Vipharm: PL)
Pamipro® (Medac: NL)
Pamired® (Dr Reddys: LK)
Pamisol® (Indochina: TH)
Pamisol® (Mayne: AU, HK, MY, NZ, SG)
Pamitor® (Torrex: AT, CZ, HR, HU, PL, RS, SI)
Xinsidona® (Padro: ES)

Pancreatin (BAN)

L: Pancreatinum
I: Pancreatina
D: Pankreatin

⚕ Pancreatic enzyme

CAS-Nr.: 0008049-47-6

Preparation of mammalian pancreas containing enzymes having protease, lipase and amylase activity

OS: *Pancreatin [BAN, USAN]*

PH: Pancreatin [JP XIII, USP 30]
PH: Pancreas polvere [Ph. Eur. 5]
PH: Pancreatis pulvis [Ph. Eur. 5]
PH: Pankreas-Pulver [Ph. Eur. 5]
PH: Pancreas powder [Ph. Eur. 5]

A-Zyme® (Acme: BD)
Bilipeptal mono® (Evisco: DE)
Cholospasminase® (Merck KGaA: DE)
Cholspasminase® (Merck: DE)
Combizym® (Luitpold: PE)
Combizym® (Sankyo: AT, IT, PL, TH)
Combizym® (Selena Fournier: SE)
Combizym® (Will: LU, NL)
Cotazym® (Celltech: DE)
Cotazym® (Organon: ID)
Creon® (Alfa: PE)
Creon® (Altana: AR)
Creon® (Boehringer Ingelheim: NZ)
Creon® (Italmex: MX)
Creon® (Schering: ZA)
Creon® (Solvay: AU, AU, BE, BR, CA, CH, CN, EC, FR, GB, GR, HK, IE, IL, IS, IT, LU, LU, MY, NL, NO, SE, SG, TH, US)
Crezyme® (Opsonin: BD)
Créon® (Solvay: FR)
Digestase® (Bristol-Myers Squibb: PE)
Dispeptal® (Nicholas: IN)
Donnazyme® (Wyeth: US)
Entozyme® (Robins: US)
Enzyflat® (Solvay: AT)
Enzym-Lefax® (Bayer: DE)
Euflat-E® (Südmedica: DE)
Festal® (Aventis: IN)
Festal® (Jugoremedija: RS)
Festal® (Sanofi-Aventis: BD, GE)
Gastrix® (Abbott: CZ)
Helopanflat® (Rösch & Handel: AT)
Helopanzym® (Rösch & Handel: AT)
Hevertozym® (Hevert: DE)
Intestinol® (Koçak: TR)
Kreon® (Dr. F. Frik: TR)
Kreon® (Solvay: AT, BG, CZ, DE, ES, HR, HU, PL, PT, RU, SI)
Lipancrea® (Polfa Warszawa: PL)
Lipazym® (Bittermedizin: DE)
Lypex® [vet.] (Vet Plus: GB)
Mezym® (Berlin-Chemie: DE, HU, RO, RU)
Neo-Pancreatinum® (Jelfa: PL)
Neo-Panpur® (Egis: HU)
Nutrizym® (GlaxoSmithKline: DE)
Nutrizym® (Merck: AT, GB, IE)
Opti-Free® (Alcon: BG, BR)
Ozym® (Trommsdorff: DE)
Panaze® (Krka: BA, SI)
Pancrease® (Janssen: BR, CZ, ES, GB, IE, NL)
Pancreatic Plus® [vet.] (Butler: US)
Pancreatin 4X USP® (Vitaline: US)
Pancreatin 8X USP® (Vitaline: US)
Pancreatina II MK® (Anglopharma: CO)
Pancreatine® [vet.] (MP: FR)
Pancreolan® (Leciva: CZ)
Pancrex V® (Paines & Byrne: GB)
Pancrex-Vet® [vet.] (Pfizer Animal: DE)
Pancrex-Vet® [vet.] (Pharmacia Animal Health: GB)
Pancrex® (Paines & Byrne: GB, NZ)

Pancrex® (United Drug: IE)
Pancrezyme® [vet.] (Daniels: US)
Pancrin® (Solvay: AT, IT)
Pangrol® (Berlin-Chemie: CZ, DE, HU)
Pangrol® (Nordmark: DE)
Pankrease® (Janssen: ZA)
Pankreatan® (Novartis: DE)
Pankreatin Laves® (Laves: DE)
Pankreatin Laves® (Nordmark: DE)
Pankreatin Mikro-ratiopharm® (ratiopharm: DE)
Pankreatin Rosco® (Ipex: SE)
Pankreatin Stada® (Stadapharm: DE)
Pankreatin® (Galenika: RS)
Pankreoflat® (Dr. F. Frik: TR)
Pankreoflat® (Faes: ES)
Pankreoflat® (Solvay: IL, IN)
Pankreon® (Solvay: AT, DE)
Pankreozym® (Raffo: AR)
Panpeptal® (Philopharm: DE)
Panpur® (Axcan: DE)
Panzym® [vet.] (Vet Plus: GB)
Panzynorm® (Axcan: DE)
Panzynorm® (German Remedies: IN)
Panzynorm® (Krka: CZ)
Panzynorm® (KRKA: RU)
Panzynorm® (Pharmaselect: AT)
Panzytrat® (Abbott: CO)
Panzytrat® (Axcan: CZ, DE, HU, PL)
Panzytrat® (Knoll: BR, NL)
Panzytrat® (Nordmark: LU)
Panzytrat® (Sigma Tau: CH)
Panzytrat® (Technipro: AU)
Panzytrat® (Vianex: GR)
Papine® (Duphar: ES)
Penzital® (Shreya: RU)
Polyzym® (Alcon: AT, BR)
Ppzyme® (Peoples: BD)
Suzyme® (Square: BD)
Trepetan® (Alpharma: MX)
Tryplase® [vet.] (Intervet: FR, GB, IE, NL)
Unexym® (Repha: DE)
Viokase-V® [vet.] (Fort Dodge: US)
Viokase® (Aspen: ZA)
Viokase® (Wyeth: AU)
Zymet® (Beximco: BD)

Pancrelipase (USAN)

D: Pancrelipase

Pancreatic enzyme

CAS-Nr.: 0053608-75-6

A concentrate of pancreatic enzymes standardized for lipase content

OS: *Pancrelipase [USAN]*
IS: *Containing enzymes (prinicpally lipase with amylase and protease)*
PH: Pancrelipase [USP 30]

Cotazym ECS® (Pharmaco: NZ)
Cotazym-S Forte® (Organon: AU)
Cotazym-S® (Organon: US)
Cotazym® (Organon: CA, US)
Creon® (Solvay: IT, US)
dmh® (Axcan: CA, US)
Ku-Zyme® (Schwarz: US)
Lipram® (Global: US)
Pancrease® (Janssen: AU, CA, CR, DO, GB, GT, HN, IS, IT, NI, NO, PA, SE, SV)
Pancrease® (Ortho: US)
Pancrease® (Ortho-McNeil: IL)
Pancrebarb® (Digestive: US)
Pancrecarb® (Digestive: US)
Pancrelipase® (Global: US)
Pancrex® (Mipharm: IT)
Pancron® (Pecos: US)
Pangestyme® (Ethex: US)
Panokase® (Breckenridge: US)
Panokase® (Econolab: US)
Panzytrat® (Pharmaco: NZ)
Prolipase® (Janssen: AT, CZ)
Prolipase® (McNeil: US)
Ultrase® (Axcan: CA, US)
Zymase® (Organon: US)

Pancuronium Bromide (Rec.INN)

L: Pancuronii Bromidum
I: Pancuronio bromuro
D: Pancuronium bromid
F: Bromure de Pancuronium
S: Bromuro de pancuronio

Neuromuscular blocking agent

CAS-Nr.: 0015500-66-0 C_{35}-H_{60}-Br_2-N_2-O_4
M_r 732.685

Piperidinium, 1,1'-[(2β,3α,5α,16β,17β)-3,17-bis(acetyloxy)androstane-2,16-diyl]bis[1-methyl-, dibromide

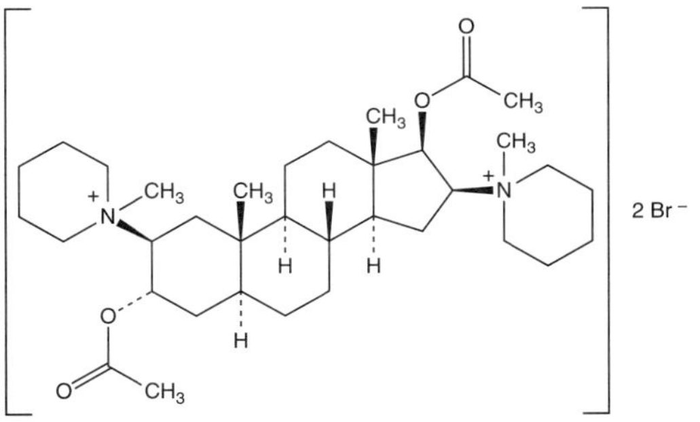

OS: *Pancuronium [DCF]*
OS: *Pancuronium Bromide [BAN, JAN, USAN]*
OS: *Pancuronio bromuro [DCIT]*
IS: *Org NA 97*
IS: *Poncuronium*
IS: *NA 97*
PH: Pancuronii bromidum [Ph. Eur. 5]
PH: Pancuronium Bromide [JP XIV, Ph. Eur. 5, USP 30]
PH: Pancuroniumbromid [Ph. Eur. 5]
PH: Pancuronium (bromure de) [Ph. Eur. 5]

Alpax® (Hikma: AE, BH, EG, IQ, JO, KW, LB, LY, OM, QA, SA, SD, SY, TN, YE)
Bemicin® (Northia: AR)
Bromurex® (Ecar: CO)
Panalon® (Techno: BD)
Panconium® (Khandelwal: IN)

Pancuronio Bromuro® (Bestpharma: CL)
Pancuronio Fabra® (Fabra: AR)
Pancuronio Gray® (Gray: AR)
Pancuronio Richmond® (Richmond: AR)
Pancuronium Bromide Profarma® (Profarma: TH)
Pancuronium Bromide-Fresenius® (Bodene: ZA)
Pancuronium Bromide® (AstraZeneca: AU, NZ)
Pancuronium Bromide® (Baxter: US)
Pancuronium Bromide® (Bodene: ZA)
Pancuronium Bromide® (Hospira: US)
Pancuronium Bromide® (Sicor: US)
Pancuronium Deltaselect® (DeltaSelect: DE)
Pancuronium Deltaselect® (Deltaselect: RS)
Pancuronium Inresa® (Inresa: DE)
Pancuronium Lisapharma® (Lisapharma: TH)
Pancuronium Organon® (Organon: DE)
Pancuronium-ratiopharm® (ratiopharm: DE)
Pancuronium® (Goldshield: GB)
Pancuronium® (Jelfa: PL)
Pancuronium® (Mayne: GB)
Pancuronium® (Rotexmedica: HR, RS)
Pancuron® (Cristália: BR)
Pancuron® (Scott: AR)
Pancurox® (Mayne: PT)
Pavulon® (Euro: NL)
Pavulon® (Organon: AE, AR, AT, AU, BD, BH, BR, CH, CL, CY, CZ, EG, ES, FI, FR, HK, HR, HU, ID, IQ, IR, IT, JO, KW, LB, LU, LY, NL, OM, PH, QA, RO, RS, SA, SD, SE, SG, SY, TH, TR, US, YE)
Pavulon® (Organon Teknika: BE)
Pavulon® (Salus: SI)
Pavulon® (Sanofi-Synthelabo: ZA)
Plumger® (Fada: AR)

Pangamic Acid

L: Acidum pangamicum
D: Pangamsäure

Vitamin

CAS-Nr.: 0011006-56-7 C_{20}-H_{40}-N_2-O_8
M_r 436.56

D-Gluconic acid, 6-[bis[bis(1-methylethyl)amino]acetate]-

6-O-[Bis(diisopropylamino)acetyl]-D-gluconsäure (IUPAC)

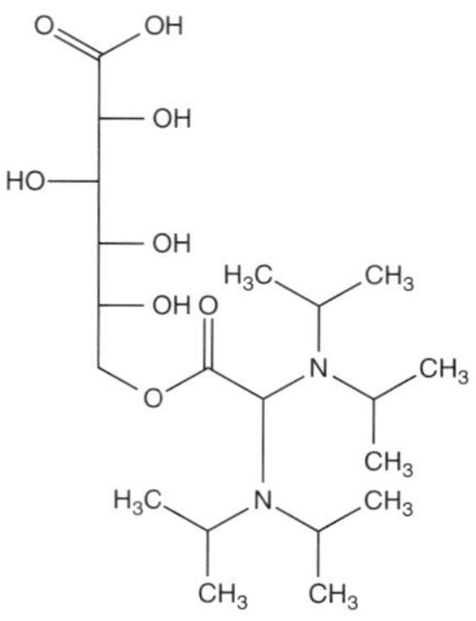

IS: *Vitamin B_{15}*

– calcium salt:

CAS-Nr.: 0011041-98-8

Pulsor® (Tecnimede: PT)

– sodium salt:

OYO® (Polypharm: DE)

Panitumumab (Rec.INN)

L: Panitumumabum
D: Panitumumab
F: Panitumumab
S: Panitumumab

Antineoplastic agent
Monoclonal antibody
Immunomodulator
Cytostatic agent, cytostaticum

ATC: L01XC08
ATCvet: QL01XC08
CAS-Nr.: 0339177-26-3

C_{6398}-H_{9878}-N_{1694}-O_{2016}-S_{48}
M_r 142345.74

immunoglobulin, anti-(human epidermal growth factor receptor) (human monoclonal ABX-EGF heavy chain), disulfide with human monoclonal ABX-EGF light chain, dimer (WHO)

Immunoglobulin, human (anti-human epidermal growth factor receptor) monoclonal antibody (ABX-EGF)
IS: *ABX-EGF MAb*
IS: *rHuMAB-EGFr*
IS: *anti-EGFr MAb*

Vectibix® (Amgen: US)

Pantethine

D: Pantethin

Amino acid

ATC: A11HA32
CAS-Nr.: 0016816-67-4 C_{22}-H_{42}-N_4-O_8-S_2
M_r 554.738

Butanamide, N,N'-[dithiobis[2,1-ethanediylimino(3-oxo-3,1-propanediyl)]]bis[2,4-dihydroxy-3,3-dimethyl-, [R-(R*,R*)]-

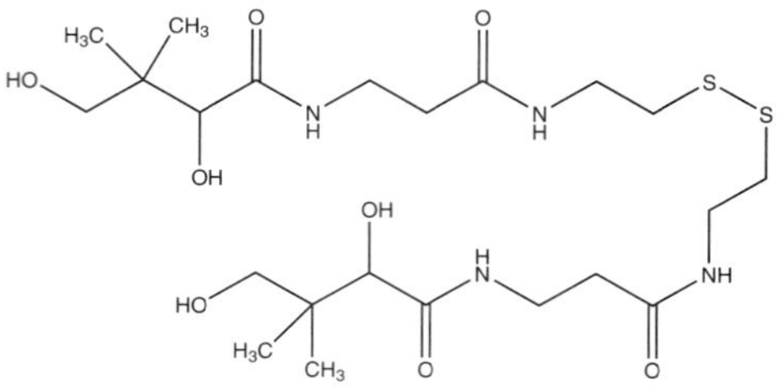

OS: *Pantethine [USAN]*
PH: Pantethine [JP XIV]

Pantetina® (Pharmafar: IT)
Pantomin® (Daiichi: JP)
Pantosin® (Daiichi: JP)

Pantoprazole (Rec.INN)

L: Pantoprazolum
D: Pantoprazol
F: Pantoprazole
S: Pantoprazol

Enzyme inhibitor, ($H^+ + K^+$) ATPase
Gastric secretory inhibitor

ATC: A02BC02
CAS-Nr.: 0102625-70-7 C_{16}-H_{15}-F_2-N_3-O_4-S
M_r 383.386

5-(Difluoromethoxy)-2-[[(3,4-dimethoxy-2-pyridyl)methyl]sulfinyl]benzimidazole

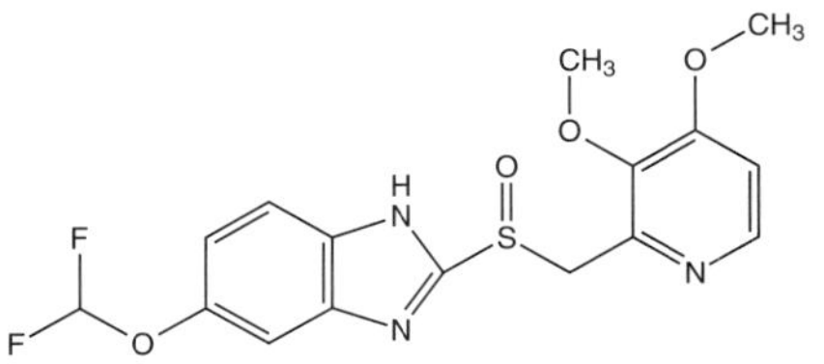

OS: *Pantoprazole [BAN, DCF, USAN]*
IS: *BY 1023 (Byk Gulden, Germany)*
IS: *SKF 96022 (Smith Kline Beecham, USA)*

Ciproton® (Victory: MX)
Controloc® (Altana: BA, TH)
Controloc® (Altana-Bayer: IL)
Controloc® (Bayer: ZA)
Controloc® (Schering-Plough: TH)
Noprop® (Farmasa: BR)
P-20® (Asiatic Lab: BD)
Panprin® (Doctor's Chemical Work: BD)
Pantecta® (Novartis: CR, DO, GT, HN, NI, PA, SV)
Panto-Byk® (Altana: LU)
Pantodac® (Ziska: BD)
Pantodar® (Dar-Al-Dawa: AE, BH, IQ, JO, LB, LY, NG, OM, SA, SD, SO, TN, YE)
Pantogen® (General Pharma: BD)
Pantoloc® [Tab. Inj.] (Altana: CN)
Pantopaz® (Hexal: BR)
Pantoprazol Recordati® (Recordati: ES)
Pantoprazole Domesco® (Domesco: VN)
Pantozol® (Altana: MX)
Panzol® (Amico: BD)
Panz® (ACI: BD)
Prazolan® (Liomont: MX)
Propanta® (Shamsul Alamin: BD)
Protium® (Altana: IE)
Regad® (Quimico: MX)
Tecta® (Altana: MX)
Tropaz® (Orion: BD)
Ulcepraz® (Novartis: PH)
Zipantola® (Pliva: BA, HR)
Ziprol® (Baldacci: BR)
Zoltum® (Tecnofarma: PE)
Zurcal® (Grünenthal: MX)
Zurcal® (Novartis: CL)

– sodium salt:

CAS-Nr.: 0164579-32-2
OS: *Pantoprazole Sodium USAN*
IS: *SKF 96022-Z*
IS: *Pantoprazole Sesquihydrate*

Anagastra® (Altana: ES)
Apton® (Delta: PT)
Controloc® (Altana: CZ, HR, HU, MY, PL, RO, SG, SI)
Controloc® (Bayer: ZA)
Controloc® (Nycomed: RS)
Controloc® (Sanofi-Synthelabo: GR)
Eupantol® (Altana: FR)
Gastromax® (Gador: AR)
Inipomp® (Sanofi-Aventis: FR)
Kuppam® (Probiomed: MX)
Leminter® (Lemery: MX)
Otonix® (Peoples: BD)
Pangest® (Beta: AR)
Pansec® (Drug International: BD)
Pantac® (Navana: BD)
Pantecta® (Abbott: IT)
Pantecta® (Altana: ES)
Panthec® (Sanovel: TR)
Pantid® (Opsonin: BD)
Pantobex® (Beximco: BD)
Pantocal® (Eurofarma: BR)
Pantocarm® (Altana: ES)
Pantocas® (Casasco: AR)
Pantocid® (Sun: LK)
Pantoc® (Altana: PT)
Pantodac® (Zydus: IN)
Pantoloc® (Altana: AT, CA, DK, PH, ZA)
Pantoloc® (Altana Pharma: VN)
Pantoloc® (Nycomed: GE, HK, SE)
Pantonix® (Incepta: BD)
Pantopan® (Pharmacia: IT)
Pantoprazol Byk® (Altana: NL)
Pantoprazol Cinfa® (Cinfa: ES)
Pantoprazol Esteve Farmaceutica® (Esteve: ES)
Pantoprazol Kern Pharma® (Kern: ES)
Pantoprazol Madaus® (Madaus: ES)
Pantoprazol Merck® (Merck: ES)
Pantoprazol Pensa® (Pensa: ES)
Pantoprazol Ratiopharm® (Ratiopharm: FI)
Pantoprazol® (EU-Pharma: NL)
Pantoprazol® (Euro: NL)
Pantopra® (Alco: BD)
Pantop® (Altana: AR)
Pantorc® (Altana: IT)
Pantorc® (Eureco: NL)
Pantorc® (Euro: NL)
Pantor® (Bosnalijek: BA)
Pantozol® (Altana: BE, BR, CH, DE, LU, MX, NL)
Pantozol® (Delphi: NL)
Pantozol® (Dr. Fisher: NL)
Pantozol® (Gaco: BD)
Pantozol® (Medcor: NL)
Pantozol® (Pharos: ID)
Panto® (Altana: CA)
Panto® (Sandoz: TR)
Panto® (Somatec: BD)
Pantpas® (Bayer: TR)
Pantus® (Baliarda: AR)
Peptazol® (Montpellier: AR)
Peptazol® (Recordati: IT)
Prasocid-40® (XL: VN)
Protium® (Altana: GB, IE)
Protium® (Unimed & Unihealth: BD)
Proton-P® (Aristopharma: BD)
Protonex® (Abdi Ibrahim: TR)

Protonix® (Wyeth: US)
Pulcet® (Nobel: RS, TR)
Rifun® (Sanol: DE)
Rifun® (Schwarz: DE)
Singastril® (Andromaco: CL)
Sipar® (Duncan: AR)
Somac® (Altana: NO)
Somac® (Pfizer: AU, FI)
Sunpraz® (Sun: RU)
Supracam® (Raffo: AR)
Topra® (Jayson: BD)
Ulcemex® (Recalcine: CL)
Ulcoreks® (Bilim: TR)
Ulcotenal® (Altana: ES)
Unigastrozol® (Unipharm: MX)
Zolpra® (Ranbaxy: MX)
Zovanta-40® (Dr Reddys: LK)
Zurcale® (Altana: BE)
Zurcal® (Novartis: BR, CO, EC, PT)
Zurcal® (Novartis Pharma: PE)
Zurcal® (Nycomed: AT, CH)
Zurcazol® (Nycomed: GR)

Pantothenic Acid (BAN)

L: Acidum pantothenicum
D: Pantothensäure

Vitamin B-complex

ATC: A11HA,D03AX04
CAS-Nr.: 0000079-83-4 C_9-H_{17}-N-O_5
M_r 219.23

β-Alanine, N-(2,4-dihydroxy-3,3-dimethyl-1-oxobutyl)-, calcium salt (2:1), (R)-

Propionic acid, (+)-(*R*)-3-(2,4-dihydroxy-3,3-dimethylbutyramido)

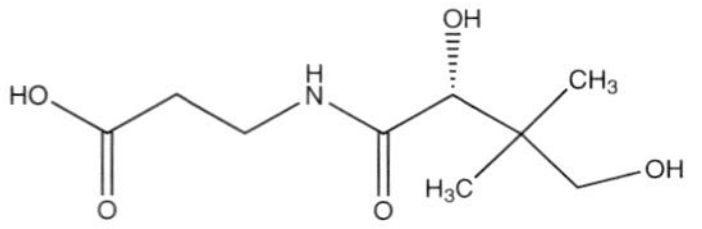

OS: *Pantothenic Acid [BAN]*
IS: *Vitamin B_3*

Pantothen Pharmaselect® (Pharmaselect: AT)

– calcium salt:

CAS-Nr.: 0000137-08-6
OS: *Pantothénate de calcium DCF*
OS: *Calcium Pantothenate BAN, USAN*
PH: Calcium Pantothenate Ph. Eur. 5, JP XIV, USP 30
PH: Calciumpantothenat Ph. Eur. 5
PH: Calcium (pantothénate de) Ph. Eur. 5
PH: Calcii pantothenas Ph. Eur. 5

Calcinate® (Gaco: BD)
Calcipan® (Sanofi-Aventis: BD)
Calcium Pantothenicum® (Jelfa: PL)
Calcium Pantothenicum® (Zentiva: CZ)
Calci® (Opsonin: BD)
Kerato Biciron® (S&K: DE)
Microvit B5® [vet.] (Adisseo: AU)
Pantenol® (Remevita: RS)
Panthenol® (Hemofarm: RS)
Panthol® (Lekarna: SI)
Pantoson® (Jayson: BD)

Papain (USAN)

D: Papain

Enzyme, proteolytic

CAS-Nr.: 0009001-73-4

A purified proteolytic substance derived from *Carica papaya* Linné

OS: *Papain [USAN]*
IS: *Papainase*
PH: Papain [USP 30]

Eurolase® (Europharm: HK)
Hydrocare® (Allergan: BR)
Papain Marching® (Marching Pharmaceutical: HK)
Papenzima® (Pfizer: CL)

Papaveretum (BAN)

L: Papaveretum
D: Opium-Konzentrat

Opioid analgesic

Obsolete substance (don't use = history)

ATC: N02AA10
CAS-Nr.: 0008002-76-4

A mixture of 253 parts of morphine hydrochloride, 23 parts of papaverine hydrochloride and 20 parts of codeine hydrochloride

OS: *Papaveretum [BAN, USAN]*
IS: *ASPAV*
PH: Papaveretum [BP2002]

Papaveretum® (Martindale: GB)

Papaverine (BAN)

I: Papaverina
D: Papaverin
F: Papavérine

Antispasmodic agent

Vasodilator

ATC: A03AD01,G04BE02
CAS-Nr.: 0000058-74-2 C_{20}-H_{21}-N-O_4
M_r 339.398

Isoquinoline, 1-[(3,4-dimethoxyphenyl)methyl]-6,7-dimethoxy-

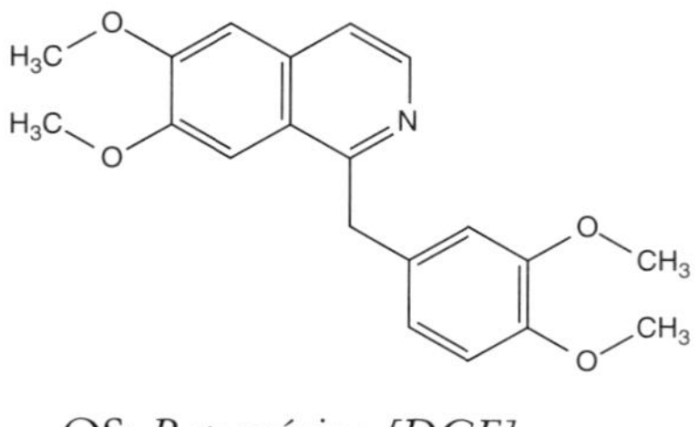

OS: *Papavérine [DCF]*
OS: *Papaverine [BAN]*

Mesotina® [sol.-inj.] (ALM: PE)
Papaverine Indo Farma® (Indofarma: ID)

- **hydrochloride:**

CAS-Nr.: 0000061-25-6
OS: *Papaverine Hydrochloride BANM, JAN, USAN*
PH: Papavérine (chlorhydrate de) Ph. Eur. 5
PH: Papaverine Hydrochloride JP XIV, Ph. Eur. 5, Ph. Int. 4, USP 30
PH: Papaverinhydrochlorid Ph. Eur. 5
PH: Papaverini hydrochloridum Ph. Eur. 5, Ph. Int. 4

Clorhidrat de Papaverinã® (Fabiol: RO)
Cloridrato de Papaverina® (Geyer: BR)
DBL Papaverine® (Faulding/DBL: TH)
Fada Papaverina® (Fada: AR)
Mesotina® (Rivero: AR)
Papaverin Hydrochloric® (Biopharm: GE)
Papaverin Oba® (OBA: DK)
Papaverin Spofa® (Spofa: CZ)
Papaverina Clorhidrato® (Biosano: CL)
Papaverina Clorhidrato® (Sanderson: CL)
Papaverina Cloridrato® (Fresenius: IT)
Papaverina Cloridrato® (Galenica: IT)
Papaverina Cloridrato® (Monico: IT)
Papaverina Cloridrato® (Salf: IT)
Papaverina Hé Teofarma® (Teofarma: IT)
Papaverine HCl PCH® (Pharmachemie: NL)
Papaverine HCl ratiopharm® (Ratiopharm: NL)
Papaverine HCl® (Rekah: IL)
Papaverine Hydrochloride-DBL® (Mayne: HK)
Papaverine Hydrochloride® (American Regent: US)
Papaverine Hydrochloride® (Bedford: US)
Papaverine Hydrochloride® (Eon: US)
Papaverine Hydrochloride® (Mayne: AU, NZ)
Papaverine Hydrochloride® (Nizhpharm: RU)
Papaverine Hydrochloride® (Teva: IL)
Papaverine Hydrochloride® (United Research: US)
Papaverine® (Aspen: ZA)
Papaverine® (Sandoz: CA)
Papaverini HCL® (Ethica: ID)
Papaverini HCL® (Soho: ID)
Papaverinum Hydrochloricum® (Actavis: GE)
Papaverinum Hydrochloricum® (Polfa Warszawa: PL)
Papaverinum Hydrochloricum® (Sanofi-Aventis: HU)
Papaverin® (Galen: TR)
Papaverinã® (Arena: RO)
Papaverinã® (Labormed Pharma: RO)
Papaverinã® (Laropharm: RO)
Papaverinã® (Sicomed: RO)
Papaverinã® (Sintofarm: RO)
Papaverinã® (Terapia: RO)
Papavérine Aguettant® (Aguettant: FR)
Papavérine Serb® (SERB: FR)
Para-Time® (Time-Cap: US)

- **sulfate:**

CAS-Nr.: 0032808-09-6

Papaverin Recip® (Recip: SE)
Papaverin SAD® (SAD: DK)
Papaverinesulfaat CF® (Centrafarm: NL)

Paracetamol (Rec.INN)

L: Paracetamolum
I: Paracetamolo
D: Paracetamol
F: Paracétamol
S: Paracetamol

Analgesic
Antipyretic

ATC: N02BE01
ATCvet: QN02BE01,QN02BE51,QN02BE71
CAS-Nr.: 0000103-90-2 C_8-H_9-N-O_2
M_r 151.17

Acetamide, N-(4-hydroxyphenyl)-

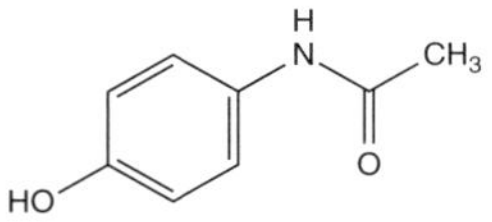

OS: *Paracetamol [BAN, DCF]*
OS: *Paracetamolo [DCIT]*
OS: *Acetaminophen [USAN]*
IS: *N-Acetyl-p-aminophenol*
IS: *NAPAP*
IS: *p-Acetamidophenol*
IS: *Termidor*
IS: *4'-Hydroxyacetanilide (WHO)*
PH: Acetaminophen [JP XIV, USP 30]
PH: Paracetamol [Ph. Eur. 5, Ph. Int. 4]
PH: Paracetamolum [Ph. Eur. 5, Ph. Int. 4]
PH: Paracétamol [Ph. Eur. 5]

2-A® (Mystic: BD)
A-Mol Pediatric® (Siam Bheasach: TH)
A-Mol® (Siam Bheasach: TH)
A-Mycin® (Renata: BD)
A-Per® (Aroma: TR)
Abrolet® (Rekah: IL)
Abrol® (Rekah: IL)
Acamoli® (Teva: IL)
Acamol® (Teva: IL)
Acamol® (Volta: CL)
Acenol® (Galena: CZ, PL)
Acephen® (G & W: US)
Acertol® (Lacer: ES)
Aceta-P® (PP Lab: TH)
Acetagen® (Genamerica: EC)
Acetalgin® (Streuli: CH)
Acetamil® (Lab. Ducto: BR)
Acetaminofen Genfar® (Genfar: CO, EC)
Acetaminofen® (Blaskov: CO)
Acetaminofen® (Farmandina: EC)
Acetaminofen® (Medicalex: CO)
Acetaminofen® (Memphis: CO)
Acetaminofen® (MK: CO)
Acetaminofen® (Pentacoop: CO, EC)
Acetaminophen® (CorePharma: US)
Acetaminophen® (Perrigo: US)
Acetaminophen® (Riva: CA)
Acetaminophen® (Roxane: US)
Acetaminophen® (UDL: US)
Acetamin® (H.G.: EC)
Acetamol® (Abiogen: IT)
Acetasil® (Silom: TH)

P

Aceta® (Bio-Pharma: BD)
Aceta® (Century: US)
Acetolit® (Mertens: AR)
Acet® (Pharmascience: SG)
Ace® (Square: BD)
Actadol® (Medopharm: VN)
Actol® (Somatec: BD)
Actron® (Bayer: ES)
Adco-Paracetamol® (Al Pharm: ZA)
Adinol® (Bruluart: MX)
Adol® (Julphar: RO)
Adorem® (California: CO)
Aeknil® (Therapeutic: PH)
Afebrin® (Konimex: ID)
Afebryl® (SMB: LU)
Aldolor® (CTS: IL)
Algiafin® (IPhSA: CL)
Algogen® (Nakornpatana: TH)
Algostase mono® (SMB: BE)
Algostase® (SMB: LU)
Alikal® (GlaxoSmithKline: AR)
Alphagesic® (Pharmac: ID)
Alpiny® (SSP: JP)
Alvedon forte® (AstraZeneca: SE)
Alvedon® (AstraZeneca: GB, SE)
Alvedon® (Multicare: PH)
Ametrex® (Anglopharma: CO)
Amol® (Shaphaco: IQ, YE)
Anacin® (Wyeth: US)
Anadin Paracetamol® (Wyeth: IE)
Anadin Paracetamol® (Wyeth Consumer Healthcare: PT)
Analpyrin® (Acme: BD)
Anasor® (Finlay: HN)
Andox® (Atlantis: MX)
Anhiba® (Hokuriku: JP)
Antalgic® (CAPS: ZA)
Antidol® (Cinfa: ES)
Apamide® (Lacofarma: DO)
APAP® (US Pharmacia: PL)
APA® (Lannacher: AT)
APA® (Opsonin: BD)
Apiretal® (Ern: ES)
Apo-Acetaminophen® (Apotex: CA, CZ, PE)
Apotel® (Uni-Pharma: GR)
Apracur Granulado® (H. Medica: AR)
Arfen® (Medochemie: BH, HK, IQ, JO, OM, SD, YE)
Arthritis Foundation Aspirin Free® (McNeil Pharmaceutical: US)
Asomal® (Radyum: TR)
Asta® (Rephco: BD)
Atamel® (Pfizer: PE)
Atasol® (Church & Dwight: CA)
ATP® (General Pharma: BD)
Atralidon® (Atral: PT)
Axea Paracetamol® (Axea: DE)
Babyfever® (O.P.V.: VN)
Bandol® (Pharmacia: ES)
Bebetina® (White: EC)
Becetamol® (Gebro: CH)
ben-u-ron® (Bene: CZ, DE, HU, LU)
ben-u-ron® (Neo-Farmacêutica: PT)
ben-u-ron® (Novartis: DE)
Ben-u-ron® (Nutrimedis: CH)
ben-u-ron® (Sigmapharm: AT)
Benuron® (Bene: CZ, DE, DE)
Biogesic® (Biomedis: ID, SG, TH)
Biogesic® (Great Eastern: TH)
Biogesic® (United Pharma: VN)
Biogrip-T® (Gramon: AR)
Bodrex forte® (Tempo: ID)
Bolidol® (Kern: ES)
Brunomol® (Brunel: ZA)
Calapol® (GlaxoSmithKline: ID)
Calorex® (Konimex: ID)
Calpol 6 plus® (GlaxoSmithKline: BA, BG, GE, PL, SI, TR)
Calpol 6 plus® (Pfizer Consumer Healthcare: GB)
Calpol® (GlaxoSmithKline: AE, AG, AN, AW, BA, BB, BF, BG, BH, BJ, CF, CG, CI, CM, CY, CZ, GA, GD, GN, GY, IN, IR, JM, JO, KW, LB, LC, MG, ML, MR, MU, NE, OM, PH, PL, QA, RO, RU, SG, SI, SN, SY, TD, TG, TH, TR, TT, VC, YE, ZA, ZR)
Calpol® (Pfizer: IE)
Calpol® (Pfizer Consumer Healthcare: GB)
Captin® (Krewel: DE)
Catajap® (Jayson: BD)
Causalon® (Phoenix: AR)
Cefalex® (Geyer: BR)
Cefecon D® (Nizhpharm: RU)
Cemol® (Inga: LK)
Cemol® (Pharmasant: TH)
Cetadol® (Doctor's Chemical Work: BD)
Cetafrin® (Luper: BR)
Cetalgin® (Sanofi-Aventis: BD)
Chemists' Own Paracetamol® (Chemists: AU)
Children's Bufferin® (Bristol-Myers Squibb: CN)
Children's Panadol® (GlaxoSmithKline: AU)
Children's Tylenol® (Janssen: ZA)
Children's Tylenol® (Janssen-Cilag: VN)
Children's Tylenol® (Johnson & Johnson: AU)
Claradol® (Bayer Santé Familiale: FR)
Codipar® (GlaxoSmithKline: PL)
Codipar® (Goldshield: GB)
Contac® (GlaxoSmithKline: DE)
Contra-Schmerz P® (Wild: CH)
Contratemp® (Mugi: ID)
Cotibin Compuesto® (Andromaco: CL)
Crocin® (GlaxoSmithKline: IN)
Croix blanche mono® (SMB: BE)
Croix Blanche® (SMB: LU)
Cupanol® (Dermofarm: ES)
Cupanol® (Guardian: ID)
Curpol® (Pfizer: BE, LU)
Cytramon-P® (Batfarma: GE)
Dafalgan Odis® (Bristol-Myers Squibb: LU)
Dafalgan Odis® (Upsamedica: CH)
Dafalgan® (Bristol-Myers Squibb: BE, BF, BJ)
Dafalgan® (Bristol-Myers squibb: CF)
Dafalgan® (Bristol-Myers Squibb: CG, CH, CI, CM, DZ, FR, GA, GN, LU)
Dafalgan® (Bristol-Myers squibb: MG)
Dafalgan® (Bristol-Myers Squibb: ML, MR, MU, NE, PT, SN, TD, TG)
Dafalgan® (UPSA: CZ)
Daga® (Aventis: TH)
Daimeton® (Drag Pharma: CL)
Daleron® (Krka: BA, CZ, HR, SI)
Dalminette® (Norma: GR)
Dapyrin® (Hexpharm: ID)

Daro Paracetamol® (Heca: NL)
Daygrip® (Lafedar: AR)
Debrinol® (Medichem: ID)
Decolgen ACE® (United Pharma: VN)
Depanas® (Dexa Medica: ID)
Depyrin® (Delta: BD)
Dexamol Kid® (Dexxon: IL)
Dexamol® (Dexxon: IL)
Dhamol® (DHA: SG)
Dirox® (Gramon: AR)
Disprol® (Reckitt Benckiser: BD, GB, IE)
Docpara® (Docpharma: LU)
Dolal® (Remek: GR)
Dolex® (GlaxoSmithKline: CO)
Dolgesic® (Novag: ES)
Doliprane® (Gaco: BD)
Doliprane® (Nicholas: IN)
Doliprane® (Sanofi-Aventis: FR)
Dolitabs® (Sanofi-Aventis: FR)
Dolko® (Therabel: BF, BJ, CF, CG, CI, CM, FR, GA, GN, MG, ML, MR, MU, NE, SN, TD, TG, ZR)
Doloaproxol® (Markos: PE)
Dolofebril® (Farbioquimsa: PE)
Dolofen® (Procaps: CO)
Dolol-Instant® (Sandipro: BE, LU)
Dolomolargesico® (Sherfarma: PE)
Dolomol® (Hikma: AE, BH, EG, IQ, KW, LB, LY, OM, QA, SA, SD, SY, TN, YE)
Doloptal® (Novartis: CO)
Dolostop® (Bayer: ES)
Dolotec® (Innotech: FR)
Dolprone® (Melisana: BE, LU)
Dolprone® (Sanofi-Aventis: CH)
Doluvital® (Valdecasas: MX)
Dolviran® (Bayer: MX)
Dopagan® (Domesco: VN)
Dopalgan® (Domesco: VN)
Dopalogan® (Domesco: VN)
Dopamol® (Domesco: VN)
Dorico® (Luper: BR)
Dorico® (Sanofi-Synthelabo: BR)
Dorocoff® (Hevert: DE)
Dorocol® (Domesco: VN)
Dumin® (Alpharma: ID)
Duorol® (Chefaro: ES)
Dymadon® (Pfizer: AU)
Eferalgan® (Bristol-Myers Squibb: BA, CZ)
Efferalganodis® (Bristol-Myers Squibb: BF, BI, BJ)
Efferalganodis® (Bristol-Myers squibb: CF)
Efferalganodis® (Bristol-Myers Squibb: CG, CI, CM, GA, GN)
Efferalganodis® (Bristol-Myers squibb: MG)
Efferalganodis® (Bristol-Myers Squibb: ML, MR, MU, NE, SN, TD, TG, ZR)
Efferalganodis® (UPSA: FR)
Efferalgan® (Bristol-Myers Squibb: BF, BI, BJ)
Efferalgan® (Bristol-Myers squibb: CF)
Efferalgan® (Bristol-Myers Squibb: CG, CI, CM, DZ, ES, FR, GA, GE, GN, HR, HU, IT, LU)
Efferalgan® (Bristol-Myers squibb: MG)
Efferalgan® (Bristol-Myers Squibb: ML, MR, MU, NE, PL, PT, RO, RS, SN, TD, TG, TR, ZR)
Efferalgan® (PharmaSwiss: SI)
Efferalgan® (UPSA: BG, CZ)
Efferalgan® (UPSA (Bristol Myers Squibb): RS)
Efpa Efervesan® (Adeka: TR)
Ekosetol® (Yeni: TR)
Empaped® (Altana: ZA)
Emsgrip® (EMS: BR)
Enelfa® (Dolorgiet: AE, BH, DE, EG, LU, OM, QA, SA, SD, YE)
Enelfa® (Schoeller: AT)
Eraldor® (Schering-Plough: EC)
Erphamol® (Fahrenheit: ID)
Ethics Paracetamol® (Multichem: NZ)
Etos Paracetamol® (Etos: NL)
Expandox® (Expanpharm: FR)
Fada Paracetamol® (Fada: AR)
Farmadol® (Fahrenheit: ID)
Fast® (Acme: BD)
Fast® (Amico: BD)
Fea® (Navana: BD)
Febralgin® (Biosintética: BR)
Febralgin® (Boehringer Ingelheim: BR)
Febrectal® (Almirall: ES)
Febrectal® (Funk: ES)
Febricet® (Hemofarm: RS)
Febridol Clear® (Douglas: AU)
Febridol® (Cipla: AU)
Fensum® (Merckle: DE)
Fevac® (Orion: BD)
Fevamol® (Garec: ZA)
Feverall® (Actelion: US)
Fevrin® (Armoxindo: ID)
Fibrexin® (Menarini: SG)
Fibrimol® (ABL: PE)
Fibrimol® (Andromaco: CL)
Filanc® (Continentales: MX)
Fitamol® (Sanofi-Aventis: BD)
Flectadol® (Pharmalab: PE)
Flutabs® (Pharmstandart: RU)
Fébrectol® (Winthrop: FR)
G-Paracetamol® (Gonoshasthaya: BD)
Gabbrocet® [vet.] (Ceva: IT)
Gamatherm® (GAMA: GE)
Gelocatil® (Gelos: ES)
Geluprane® (Sanofi-Aventis: FR)
Genapap® (Teva: US)
Genebs® (Teva: US)
Geniol-P® (Mintlab: CL)
Genspir® (Vocate: GR)
Geralgine-P® (Münir Sahin: TR)
Getol® (Globe: BD)
Go-Pain P® (P D: ZA)
Gold Cross Paracetamol® (Biotech: AU)
Gripin Bebe® (Gripin: TR)
Gripostad® (Stada: BA)
Grippex® (Hexal: DE)
Grippostad® (Stada: AT, BG, DE, HR, HU, PL)
Gunaceta® (Sunthi: ID)
Hapacol® (HG.Pharm: VN)
Hedex® (GlaxoSmithKline: NL)
Hepa® (Hudson: BD)
Herron Paracetamol® (Herron: AU)
Infants' Tylenol® (Janssen-Cilag: VN)
Influbene N® (Mepha: CH)
Itedal® (Dicofar: AR)
Jagcin® (Jagson Pal: IN)
Jopamol® (Jordan Pharmaceutical Manufacturing: BG)

Julphadol® (Julpharma: EC)
Junior Parapaed® (AFT: NZ)
Kafa® (Vifor: CH)
Kataprin® (Sanli: TR)
Kemolas® (Solas: ID)
Kenox® (Caribe: CO)
Kinderparacetamol CF® (Centrafarm: NL)
Kinderparacetamol® (Dynadro: NL)
Kinderparacetamol® (Etos: NL)
Kinderparacetamol® (Healthypharm: NL)
Kinderparacetamol® (Leidapharm: NL)
Kinderparacetamol® (SDG: NL)
Kit-Syrup® (Continental-Pharm: TH)
Kitadol® (Chile: CL)
Kratofin simplex® (Kwizda: AT)
Kruidvat Kinderparacetamol® (Marel: NL)
Kruidvat Paracetamol® (Marel: NL)
Kruidvat Paracetamol® (Pharmethica: NL)
Kyofen® (Seres: CO)
Lafayette Paracetamol® (Lafayette: PH)
Lagalgin® (Lagap: NL)
Lanamol® (Landson: ID)
Lekadol® (Lek: BA, HR, SI)
Lemgrip® (Reckitt Benckiser: LU)
Lemsip® (Reckitt & Colman: IE)
Lemsip® (Reckitt Benckiser: BE, NZ)
Levadol® (Italfar: IT)
Liquiprin® (Lee: US)
Lisopan® (Azevedos: PT)
Liviolex® (LCG: PE)
Lotemp® (Biolab: TH)
Lupocet® (Belupo: BA, HR)
Magnidol® (Streger: MX)
Malidens® (Nicholas: IN)
Mebinol® (Colliere: PE)
Medibudget Schmerztabletten Paracetamol® (Medibudget: CH)
Medinol® (SSL: GB)
Medipyrin® (Medicamenta: CZ)
Mejoral® (Elisium: AR)
Mejoral® (GlaxoSmithKline: MX)
Melabon Infantil® (Lacer: ES)
Mexalen® (Merckle: DE)
Mexalen® (Ratiopharm: AT, CZ)
Mexalen® (ratiopharm: HU)
Minafen® (Drogsan: TR)
Minofen® (Epifarma: IT)
Minoset® (Bayer: TR)
Miralgin® (Zorka: RS)
Momentol® (Pharmaco: BD)
Momentum® (CSC: AT)
Momentum® (Wabosan: AT)
Momentum® (Whitehall-Much: DE)
Momentum® (Wyeth: NL)
Mono Praecimed® (Molimin: DE)
Mypara® (Greater Pharma: TH)
N-Paracetamol® (Nordfarm: RO)
Nalgesik® (Phyto: ID)
Napafen® (ECU: EC)
Napamol® (Al Pharm: ZA)
Napa® (Beximco: BD, SG)
Naprex® (Pediatrica: ID, SG)
Naprex® (United Pharma: VN)
Nasamol® (Nicholas: ID)
Nasa® (Millimed: TH)
Neopap® (PolyMedica: US)
Neverdol® (Roxfarma: PE)
Nipa® (Nipa: BD)
Nodipir® (Klonal: AR)
Normaflu® (Alfa Wassermann: IT)
Normotemp® (Italpharma: EC)
Novo Asat® (Gezzi: AR)
Novo-Gesic® (Novopharm: CA, PL)
Nufadol® (Nufarindo: ID)
Ottopan® (Otto: ID)
Pacemol® (Gemballa: BR)
Pacimol® (Ipca: IN, LK)
Pacimol® (National Druggists: ZA)
Paedialgon® (Rosen: DE)
Painamol® (Be-Tabs: ZA)
Paldesic® (Rosemont: GB)
Pamol® (Dar-Al-Dawa: AE, BH, IQ, LB, LY, NG, OM, SA, SD, TN, YE)
Pamol® (Interbat: ID)
Pamol® (Leiras: FI)
Pamol® (Nycomed: DK, NO, SE)
Pamol® (Pfizer Consumer Healthcare: NZ)
Panadol 7+ years® (GlaxoSmithKline: AU)
Panadol Actifast® (GlaxoSmithKline: HK)
Panadol Actifast® (GlaxoSmithKline Consumer Healthcare: LK)
Panadol Adultos® (GlaxoSmithKline: CL, PE)
Panadol Baby & Infant® (GlaxoSmithKline: BG)
Panadol Baby® (Glaxo Wellcome: HR)
Panadol Baby® (GlaxoSmithKline: BA, BG, CZ, GE, RO, SI)
Panadol Extend® (GlaxoSmithKline: AU)
Panadol Infantil® (GlaxoSmithKline: PE)
Panadol Junior® (GlaxoSmithKline: BG, CZ, LU)
Panadol Rapide® (GlaxoSmithKline: CZ, RO, SI)
Panadol Rapide® (GlaxoSmithKline Consumer Healthcare: NZ)
Panadol Zapp® (GlaxoSmithKline: LU)
Panadol® (GlaxoSmithKline: AU, BA, BE, BF, BG, BJ, CF, CG, CI, CL, CM, CZ, ES, FI, FR, GA, GB, GE, GN, GR, HK, HR, HU, IE, IL, IT, LU, MG, ML, MR, MU, NE, NL, PE, PL, PT, RO, RS, SG, SI, SN, TD, TG, TH, TR, ZR)
Panadol® (GlaxoSmithKline Consumer Healthcare: CH, DE, LK, NZ)
Panadol® (GlaxoSmithKline Pharm.: US)
Panadol® (SmithKline Beecham: SI)
Panadol® (Sterling: ID)
Panado® (Al Pharm: ZA)
Panaflam® (Sherfarma: PE)
Panagesic Adultos® (Chemopharma: CL)
Panagesic Infantil® (Chemopharma: CL)
Panam Retard® (Sandoz: DK)
Panamax® (Sanofi-Synthelabo: AU)
Panasorbe® (Sanofi-Synthelabo: PT)
Panodil® (GlaxoSmithKline: DK, IS, NO)
Panodil® (GlaxoSmithKline Consumer Healthcare: SE)
Para-C® (Chemist: BD)
Para-GDEK® (Millimed: TH)
Para-G® (Millimed: TH)
Para-Suppo® (Orion: FI)
Para-Tabs® (Orion: FI)
Para-z-mol® (Cabuchi: AR)
Paracap® (Masa Lab: TH)
Paracare® (PSM: NZ)

Paracen® (Aegis: AE, BG, BH, IQ, KW, LB, LY, MA, NG, OM, QA, SA, SD, SY, TN, YE)
Paraceon® (Verman: FI)
Paracet Junior® (Gripin: TR)
Paracetamol 1A-Pharma® (1A Pharma: DE)
Paracetamol 500mg Lennon® (Aspen: ZA)
Paracetamol AbZ® (AbZ: DE)
Paracetamol Agrand® (Ahimsa: AR)
Paracetamol Alpharma ApS® (Alpharma: SG)
Paracetamol Alpharma® (Alpharma: NL)
Paracetamol AL® (Aliud: DE)
Paracetamol AZU® (Azupharma: DE)
Paracetamol A® (Apothecon: NL)
Paracetamol BC® (Berlin-Chemie: DE)
Paracetamol beta® (betapharm: DE)
Paracetamol Bipharma® (Bipharma: NL)
Paracetamol Brifarma® (Caldeira & Marques: PT)
Paracetamol CF® (Centrafarm: NL)
Paracetamol Cuve® (Perez Gimenez: ES)
Paracetamol Denk® (Denk: DE)
Paracetamol Dexa Medica® (Dexa Medica: ID)
Paracetamol Edigen® (Edigen: ES)
Paracetamol EG® (Eurogenerics: BE)
Paracetamol Elixir „S.A.D.“® (Aspen: ZA)
Paracetamol Esteve® (Esteve: ES)
Paracetamol Extra Fort® (Pharmex: RO)
Paracetamol Fecofar® (Fecofar: AR)
Paracetamol FLX® (Karib: NL)
Paracetamol Fortbenton® (Fortbenton: AR)
Paracetamol Gelos® (Gelos: ES)
Paracetamol Gen-Far® (Genfar: PE)
Paracetamol Genericon® (Genericon: AT)
Paracetamol Generis® (Generis: PT)
Paracetamol Hemopharm® (Hemopharm: DE)
Paracetamol Heumann® (Heumann: DE)
Paracetamol Hexal® (Hexal: DE, NL)
Paracetamol Hexpharm® (Hexpharm: ID)
Paracetamol HTP® (Healthypharm: NL)
Paracetamol Hänseler® (Hänseler: CH)
Paracetamol Infantil® (Mintlab: CL)
Paracetamol Iqfarma® (Iqfarma: PE)
Paracetamol Jadran® (Jadran: HR)
Paracetamol Katwijk® (Katwijk: NL)
Paracetamol Kern® (Kern: ES)
Paracetamol Kring® (Kring: NL)
Paracetamol L.CH.® (Chile: CL)
Paracetamol Labesfal® (Labesfal: PT)
Paracetamol Lafedar® (Lafedar: AR)
Paracetamol Lazar® (Lazar: AR)
Paracetamol Lch® (Ivax: PE)
Paracetamol Lekarna® (Lekarna: SI)
Paracetamol Lennon® (Aspen: ZA)
Paracetamol Lichtenstein® (Winthrop: DE)
Paracetamol LPH® (Labormed Pharma: RO)
Paracetamol Lünpharma® (Lünpharma: DE)
Paracetamol Merck® (Merck Generics: NL)
Paracetamol Mundogen® (Mundogen: ES)
Paracetamol Nycomed® (Nycomed: AT)
Paracetamol PCH® (Pharmachemie: NL)
Paracetamol Pediyatrik® (Saba: TR)
Paracetamol Pharmachemie® (Pharmachemie: NL)
Paracetamol Pharmagenus® (Pharmagenus: ES)
Paracetamol PT Copii® (Terapia: RO)
Paracetamol Raffo® (Raffo: AR)
Paracetamol Ratiopharm® (Ratiopharm: FI)
Paracetamol Ratiopharm® (ratiopharm: LU)
Paracetamol Ratiopharm® (Ratiopharm: NL, PT)
Paracetamol Roter® (Imgroma: NL)
Paracetamol Rösch® (Rösch & Handel: AT)
Paracetamol SAD® (SAD: DK)
Paracetamol Samenwerkende Apothekers® (Samenwerkende Apothekers: NL)
Paracetamol Sandoz® (Sandoz: DE, ES, NL)
Paracetamol Sant Gall® (Sant: AR)
Paracetamol Sierra Pamies® (Serra Pamies: ES)
Paracetamol Stada® (Stadapharm: DE)
Paracetamol Tablets® (Aventis: AU)
Paracetamol Teva® (Teva: BE)
Paracetamol Therapeuticon® (Bayer: NL)
Paracetamol UPSA® (Bristol-Myers Squibb: CH)
Paracetamol Vannier® (Vannier: AR)
paracetamol von ct® (CT: DE)
Paracetamol Walker® (Walker: AR)
Paracetamol Winthrop® (Sanofi-Aventis: VN)
Paracetamol Winthrop® (Sanofi-Synthelabo: ES)
Paracetamol Zikidis® (Biospray: GR)
Paracetamol-CT® (CT: DE)
Paracetamol-Hemofarm® (Hemofarm: RU)
Paracetamol-ratiopharm® (ratiopharm: DE, LU)
Paracetamol-saar® (MIP: DE)
Paracetamolo ABC® (ABC: IT)
Paracetamolo Allen® (Allen: IT)
Paracetamolo D&G® (D & G: IT)
Paracetamolo Merck® (Merck Generics: IT)
Paracetamolo Teva® (Teva: IT)
Paracetamolo Unifarm® (Unifarm: IT)
Paracetamolo-ratiopharm® (Ratiopharm: IT)
Paracetamolo® (AFOM: IT)
Paracetamolo® (Boots: IT)
Paracetamolo® (Dynacren: IT)
Paracetamolo® (Ecobi: IT)
Paracetamolo® (Farmacologico: IT)
Paracetamolo® (IFI: IT)
Paracetamolo® (Marco Viti: IT)
Paracetamolo® (Nova Argentia: IT)
Paracetamolo® (OFF: IT)
Paracetamolo® (Ogna: IT)
Paracetamolo® (Sella: IT)
Paracetamolo® (Zeta: IT)
Paracetamol® (Actavis: GE, NL)
Paracetamol® (Aflofarm: PL)
Paracetamol® (Alpharma: GB, NO)
Paracetamol® (Antibiotice: RO)
Paracetamol® (Arena: RO)
Paracetamol® (Bago: CL)
Paracetamol® (Bailly: BF, BJ, CF, CG, CI, CM, GA, GN, MG, ML, MR, NE, TD, TG, ZR)
Paracetamol® (Balkanpharma: BG)
Paracetamol® (Batfarma: GE)
Paracetamol® (Bestpharma: CL)
Paracetamol® (Biofarm: PL)
Paracetamol® (Biomed: NZ)
Paracetamol® (Biopharm: GE)
Paracetamol® (Bosnalijek: BA)
Paracetamol® (Britania: PE)
Paracetamol® (Chance: PL)
Paracetamol® (Cipla: AU)
Paracetamol® (Dynadro: NL)
Paracetamol® (Elifarma: PE)
Paracetamol® (Etos: NL)

Paracetamol® (Europharm: RO)
Paracetamol® (Fabiol: RO)
Paracetamol® (Farmex: RO)
Paracetamol® (Farmina: PL)
Paracetamol® (Farmo Andina: PE)
Paracetamol® (Filofarm: PL)
Paracetamol® (Galena: PL)
Paracetamol® (Galenika: RS)
Paracetamol® (GenRx: NL)
Paracetamol® (Hasco: PL)
Paracetamol® (Healthypharm: NL)
Paracetamol® (Herbapol-Wroclaw: PL)
Paracetamol® (Hersil: PE)
Paracetamol® (Hillcross: GB)
Paracetamol® (Imgroma: NL)
Paracetamol® (Induquimica: PE)
Paracetamol® (La Sante: PE)
Paracetamol® (LCG: PE)
Paracetamol® (Lusa: PE)
Paracetamol® (Magistra: RO)
Paracetamol® (Marcmed: PL)
Paracetamol® (Marel: NL)
Paracetamol® (Martindale: GB)
Paracetamol® (Mintlab: CL)
Paracetamol® (MR Pharma: DE)
Paracetamol® (Ozone Laboratories: RO)
Paracetamol® (Pasteur: CL)
Paracetamol® (Pentacoop: PE)
Paracetamol® (Pharmacia: BG)
Paracetamol® (Pharmacin: NL)
Paracetamol® (Polfa Lódz: PL)
Paracetamol® (Polfarmex: PL)
Paracetamol® (Prafa: ID)
Paracetamol® (PSM: NZ)
Paracetamol® (Quimica Hindu: PE)
Paracetamol® (Remevita: RS)
Paracetamol® (Roxfarma: PE)
Paracetamol® (SDG: NL)
Paracetamol® (Sigmapharm: RS)
Paracetamol® (Sintesina: AR)
Paracetamol® (Sintofarm: RO)
Paracetamol® (Sopharma: BG)
Paracetamol® (Teva: GB)
Paracetamol® (Valma: CL)
Paracetamol® (Zentiva: RO)
Paracetamol® (Ziska: BD)
Paracetam® [vet.] (Sogeval: LU)
Paracetol® (Interpharm: LK)
Paracetol® (Prafa: ID)
Paracetol® (TIS Farmaceutic: RO)
Paracet® (Osotspa: TH)
Paracet® (Weifa: NO)
Paracet® (Zdravlje: RS)
Paracin Kid Tabs.® (Stadmed: IN)
Paracétamol Biogaran® (Biogaran: FR)
Paracétamol EG® (EG Labo: FR)
Paracétamol G Gam® (G Gam: FR)
Paracétamol Ivax® (Ivax: FR)
Paracétamol Merck® (Merck Génériques: FR)
Paracétamol RPG® (RPG: FR)
Paracétamol Sandoz® (Sandoz: FR)
Paracétamol SmithKline Beecham® (GlaxoSmith-Kline: FR)
Paracétamol Winthrop® (Winthrop: FR)
Paracétamol Zydus® (Zydus: FR)
Paradrops® (Actavis: IS)
Parafludeten® (Alter: ES)
Parafon Forte® (Janssen: PE)
Parageniol® (GlaxoSmithKline: AR)
Paragin® (Pharmasant: TH)
Parahexal® (Hexal: AU)
Parakapton® (Strallhofer: AT)
Paralen® (Zentiva: CZ)
Paralgan® (Saidal: DZ)
Paralgen® (Legrand EMS: BR)
Paralgin® (Fawns & McAllan: AU)
Paralief® (Clonmel: IE)
Paralink® (Rice Steele: IE)
Paralyoc® (Cephalon: FR)
Paramax® (Vitabalans: FI, HU)
Paramidol® (Markos: PE)
Paramidol® (Pharmex: RO)
Paramol T.P.® (TP Drug: TH)
Paramolan® (Medinfar: PT)
Paramolan® (Trima: IL)
Paramol® (Bernofarm: ID)
Paramol® (Dexxon: IL)
Paramol® (GDH: TH)
Paranox-S® (Sanofi-Aventis: TR)
Paranox® (Sanofi-Aventis: TR)
Parapaed® (Pinewood: IE)
Parapaed® (Ritsert: DE)
Paraphar® (Unicophar: BE)
Parapyrol® (GlaxoSmithKline: BD)
Parasedol® (Koçak: TR)
Parasupp® (Actavis: IS)
Paratabs® (Actavis: DK, IS)
Paratabs® (Pinewood: IE)
Paratol® (Chew Brothers: TH)
Paratral® (Austral: AR)
Parat® (Asian: TH)
Para® (Amico: BD)
Parcetol® (Biokem: TR)
Parclen® (Lamsa: AR)
Parmol® (Knoll: AU)
Parol® (Atabay: TR)
Paroma® (Sanovel: TR)
Parox Meltab® (Saval: CL)
Parsel® (Novartis: PT)
Partamol® (Atlantic: TH)
Parvid® (Genesis: PH)
Paximol® (ICM: SG)
PCM-Hemofarm® (Hemofarm: RS)
PCM-Hemopharm® (Hemopharm: DE)
Pe-Tam® (Qualiphar: LU)
PediApap® (Central: US)
Pediatrix® (Rougier: CA)
Peinfort® (Ebewe: AT)
Pemol® (Chinta: TH)
Perdolan® (Janssen: BE, LU)
Perfalgan® (Bristol-Myers Squibb: AT, AU, BF, BI, BJ)
Perfalgan® (Bristol-Myers squibb: CF)
Perfalgan® (Bristol-Myers Squibb: CG, CH, CI, CM, DE, DK, DZ, ES, FI, FR, GA, GB, GN, IE, IS)
Perfalgan® (Bristol-Myers squibb: MG)
Perfalgan® (Bristol-Myers Squibb: ML, MR, MU, NE, NL, NO, NZ, PL, PT, RO, RU, SE, SN, TD, TG, TR, VN, ZR)
Perfalgan® (UPSA: IT)
Perfusalgan® (Bristol-Myers Squibb: BE, LU)

Pharmadol® (Sodhan: TR)
Phenaphen® with Codeine (Robins: US)
Pinex® (Alpharma: DK, NO)
Pirofen® (Deva: TR)
Piros® (Menarini: IT)
Plicet® (Pliva: BA, HR)
Plovacal® (Medipharma: AR)
Polmofen® (Yeni: TR)
Pontalsic® (Andromaco: ES)
Poro® (Yung Shin: SG)
Pracetam® [vet.] (Sogeval: FR, NL)
Praedialgon® (Rosen: DE)
Prefer® (Marksman: BD)
Prodenas® (Hexpharm: ID)
Progesic® (Metiska: ID, ID)
Progesic® (Xepa-Soul Pattinson: HK)
Prolief® (Al Pharm: ZA)
Propoxi 66® (Iqfarma: PE)
Propyretic® (Combiphar: ID)
Puernol® (Formenti: IT)
Pyracon® (BL Hua: TH)
Pyrac® (Medimet: BD)
Pyradol® (Xixia: ZA)
Pyralgin® (Renata: BD)
Pyramol® (Peoples: BD)
Pyretal® (Shiwa: TH)
Pyrexin® (Meprofarm: ID)
Pyrexon® (Wockhardt: IN)
Pyrex® (Pharos: ID)
Pyrigesic® (East India: IN)
Ramol® (Nakornpatana: TH)
Ramol® (Shiba: YE)
Rapidol® (Pfizer: CL)
Rapidol® (Ranbaxy: SG)
Reliv® (AstraZeneca: SE)
Remalgin® (Reman Drug: BD)
Remedol® (Remedica: BH, CY, JO, OM, SD, SG, YE)
Remol® (Remedy: BD)
Resakal® (Puerto Galiano: ES)
Reset® (Incepta: BD)
Rexidol® (Medichem: PH)
Rokamol® (Taro: IL)
Roter Paracetamol® (Imgroma: NL)
RubieMol® (RubiePharm: DE)
Rubophen® (Sanofi-Aventis: HU)
Salzone® (Wallace: GH, GM, KE, NG, SD)
Sanador® (Laropharm: RO)
Sanicopyrine® (Sanico: BE)
Sanidol® (Sanofi-Synthelabo: BG)
Sanipirina® (Bayer: IT)
Sanmol® (Sanbe: ID)
Sapramol® (Frater: DZ)
Sara® (Thai Nakorn Patana: TH)
Saridon® (Bayer: PH)
Sedalito® (Merck: MX)
Sedo-Febril Pediatrico® (Oysa: PE)
Sensamol® (Perrigo: IL)
Servigesic® (Novartis: BD)
Seskamol® (SSK: TR)
Setamol® (Reckitt Benckiser: AU)
Setamol® (Unifarm: PE)
Setamol® (Yeni: TR)
Sifenol® (Hiperonline: TR)
Silpa® (Silva: BD)
Sinapol® (Ibn Sina: BD)
Sinaspril Paracetamol® (Bayer: NL)
Sinedol® (Sued: DO)
Sinmol® (Maxfarma: ES)
Sinpro N® (Wörwag Pharma: DE)
Six Plus Parapaed® (AFT: NZ)
Snaplets-FR® (Kunming Baker Norton: CN)
Sonotemp® (Sophien: DE)
SPMC Paracetamol® (SPMC: LK)
Stop Grip® (Bolivar Farma: PE)
Sumagesic® (United Americans: ID)
Supofen® (Basi: PT)
Suppap® (Raway: US)
Supracalm® (Tecnofarma: CL, PE)
Tachipirina® (Angelini: IT)
Tafirol® (Asofarma: MX)
Tafirol® (Lasifarma: AR)
Tafirol® (Sidus: AR)
Talgo® (Ern: ES)
Tamen® (Eskayef: BD)
Tamifen® (Ariston: EC)
Tamol® (Apex: BD)
Tamol® (Sandoz: TR)
Tandamol® (Medicon: BD)
Tapsin Infantil® (Maver: CL)
Tapsin® (Maver: CL, PE)
Tazamol® (Polfa Tarchomin: PL)
Tempain® (Blooming Fields: PH)
Temperal® (Prodes: ES)
Tempil® (Alco: BD)
Tempol® (Asiatic Lab: BD)
Tempra® (Bristol: CO)
Tempra® (Bristol-Myers Squibb: CR, EC, GT, HN, ID, LU, NI, PA, SV)
Tempra® (Mead Johnson: CA, MX, TH, US)
Teralgex® (Bioplix-Biox: PE)
Termacet® (Toprak: TR)
Termagon® (Mecosin: ID)
Termalgine® (Novartis: TR)
Termalgin® (Novartis: ES)
Termax® (Acromax: EC)
Termo-Ped® (Stiefel: BR)
Termofin® (Kronos: EC)
Termofren® (Roemmers: AR)
Termol® (União: BR)
Tetradox® (Richmond: AR)
Tiffy® (Medochemie: HK)
Tilderol® (Medifarma: PE)
Tilekin® (Kinder: BR)
Timidal® (Gaco: BD)
Tiptipot Aldolor® (CTS: IL)
Togal® (Togal: DE)
Trekpleister Kinderparacetamol® (Marel: NL)
Trekpleister Paracetamol® (Marel: NL)
Trekpleister Paracetamol® (Pharmethica: NL)
Treupel Dolo Paracetamol® (Meda: CH)
Treupel® (Peruano-Germano: PE)
Treuphadol® (Treupha: CH)
Tumdi® (Sriprasit: TH)
Tumid® (Sriprasit: TH)
Turpan® (Corsa: ID)
Tydenol® (Edruc: BD)
Tydol® (O.P.V.: VN)
Tylenol Forte® (Janssen: BG)
Tylenol® (Janssen: BG, BR, CH, CY, CZ, EG, JO, LB, MT, SA, SD, SY, TH, YE, ZA)

Tylenol® (Janssen-Cilag: VN)
Tylenol® (Johnson & Johnson: AU, CN, NL)
Tylenol® (McNeil: CA, ES, US)
Tylephen® (IQB: BR)
Tylex® (Janssen: CR, DO, GT, HN, MX, NI, PA, SV)
Tylol® (Nobel: BA, TR)
Tymol® (Pharmaland: TH)
Tymol® (Reckitt Benckiser: AU)
Ultrafen® (Feltrex: DO)
Ultragin® (Wyeth: IN)
Umbral® (Interpharm: EC)
Uni Ace® (United Research: US)
Unicap® (Unison: TH)
Unigrip® (União: BR)
Unimol® (Unison: TH)
Uracet® (Umeda: TH)
Varipan® (Pharma Marketing: ZA)
Vemol® (PP Lab: TH)
Vermidon® (Sandoz: TR)
Vick Vitapyrena® (Procter & Gamble: PE)
Vicks Paracetamol® (Procter & Gamble: NL)
Vick® (Procter: AR)
Viclor® (Richet: AR)
Vimoli® (Vitamed: IL)
Volpan® (Bilim: TR)
Winadol® (Farma: EC)
Winadol® (Grupo Farma: CO)
Winasorb® (K2 Pharmacare: CL)
Winasorb® (Sanofi-Synthelabo: CR, GT, HN, NI, PA, SV)
Winpain® (Brunel: ZA)
Xcel® (ACI: BD)
Xebramol® (Progress: TH)
Xepamol® (Metiska: ID)
Xpa® (Aristopharma: BD)
Xumadol® (Italfarmaco: ES)
Xumadol® (ITF: CL)
Zaldaks® (Ilaçsan: TR)
Zerin® (Jayson: BD)
Zolben® (Novartis: CL)
Zolben® (Sanopharm: CH)

Paraldehyde (USP)

L: Paraldehydum
I: Paraldeide
D: Paraldehyd
F: Paraldehyde

Hypnotic

ATC: N05CC05
CAS-Nr.: 0000123-63-7 C_6-H_{12}-O_3
M_r 132.162

1,3,5-Trioxane, 2,4,6-trimethyl-

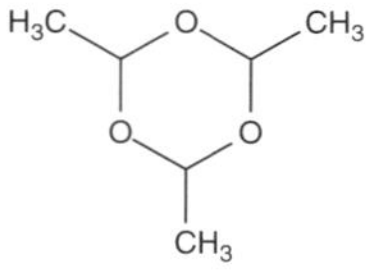

OS: *Paraldéhyde [DCF]*
OS: *Paraldehyde [USAN]*
IS: *Paracetaldehyde*
IS: *Trimer of acetaldehyde*
PH: Paraldehyd [Ph. Eur. 5]
PH: Paraldehyde [Ph. Eur. 5, USP 30]
PH: Paraldehydum [Ph. Eur. 5]
PH: Paraldéhyde [Ph. Eur. 5]

Paraldehyde DBL® (Mayne: HK)
Paraldehyde® (Mayne: AU, CA, GB, NZ)

Paramethasone (Rec.INN)

L: Paramethasonum
I: Parametasone
D: Paramethason
F: Paraméthasone
S: Parametasona

Adrenal cortex hormone, glucocorticoid

ATC: H02AB05
CAS-Nr.: 0000053-33-8 C_{22}-H_{29}-F-O_5
M_r 392.474

Pregna-1,4-diene-3,20-dione, 6-fluoro-11,17,21-trihydroxy-16-methyl-, (6α,11β,16α)-

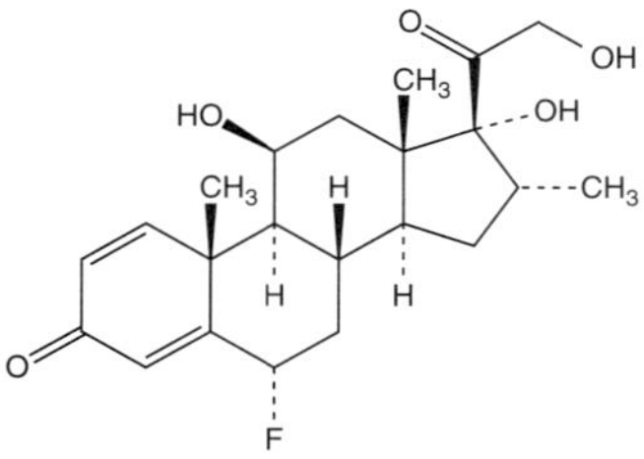

OS: *Paramethasone [BAN]*
OS: *Paraméthasone [DCF]*
OS: *Parametasone [DCIT]*
IS: *CS 1483*

– 21-acetate:
CAS-Nr.: 0001597-82-6
OS: *Paramethasone Acetate BANM, JAN, USAN*
PH: Paramethasone Acetate USP 30

Cortidene Depot® (Berna: ES)
Depo-Dilar® (Abdi Ibrahim: TR)
Dilar® (Syntex: MX)
Paramesone® (Tanabe: JP)

Parecoxib (Rec.INN)

L: Parecoxibum
D: Parecoxib
F: Parécoxib
S: Parecoxib

COX - 2 inhibitor
Antiinflammatory agent

ATC: M01AH04
CAS-Nr.: 0198470-84-7 C_{19}-H_{18}-N_2-O_4-S
M_r 370.43

N-[[p-(5-Methyl-3-phenyl-4-isoxazolyl)phenyl]sulfonyl]propionamide [WHO]

N-{[4-(5-Methyl-3-phenylisoxazol-4-yl)phenyl]sulfonyl}propionamid [IUPAC]

Propanamide, N-[[4-(5-methyl-3-phenyl-4-isoxazolyl)phenyl]sulfonyl]- [USAN]

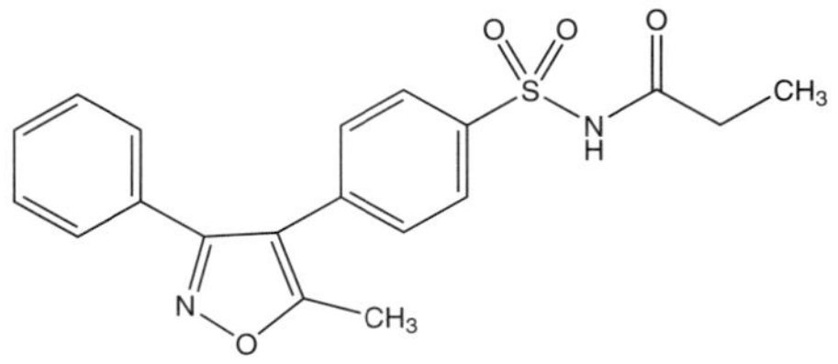

OS: *Parecoxib [BAN, USAN]*
IS: *Rayzon (Pharmacia, GB)*
IS: *SC 69124 (Searle, USA)*
IS: *Xapit (Pharmacia, GB)*

Dynastat® (Pfizer: IE)
Rayzon® (Pharmacia: ZA)

– sodium salt:

CAS-Nr.: 0197502-82-2
OS: *Parecoxib Sodium USAN, BAN*
IS: *SC 69124 A (Searle, USA)*
IS: *Xapit*
IS: *Rayzon*

Bextra iv/im® (Pfizer: BR)
Dynastat® (Pfizer: AT, AU, BE, DE, FI, FR, GB, HK, HU, ID, MX, NL, NO, NZ, PH, PT, RU, SE, SI, TH)
Dynastat® (Pharmacia: CO, CZ, DK, ES, GR, IS, IT, LU, RO)
Pro-Bextra® (Pfizer: CL)
Valcox® (Unichem: IN)

Pargeverine (Rec.INN)

L: Pargeverinum
D: Pargeverin
F: Pargévérine
S: Pargeverina

Antispasmodic agent

CAS-Nr.: 0013479-13-5 C_{21}-H_{23}-N-O_3
M_r 337.425

Benzeneacetic acid, α-phenyl-α-(2-propynyloxy)-, 2-(dimethylamino)ethyl ester

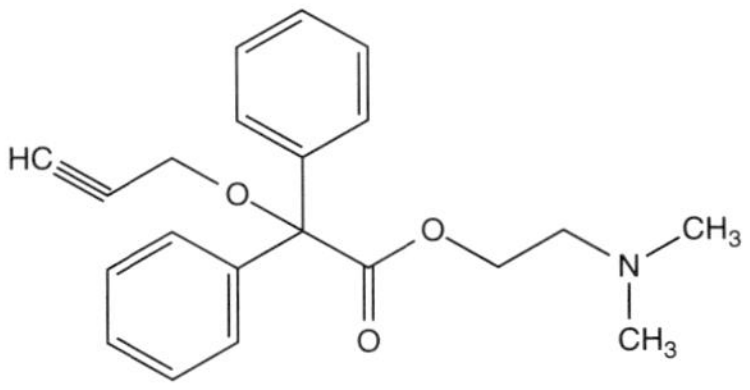

OS: *Pargeverine [USAN]*
IS: *BE 50*
IS: *R 164*
IS: *Propinox*

– hydrochloride:

IS: *Propinox hydrochloride*

Bevitex® (Prater: CL)
Bramedil® (Grünenthal: EC)
Daprinol® (Infaca: DO)
Nova® (Lazar: AR)
Plidan® (Roemmers: PE)
Plidán® (Siegfried: MX)
Propinox® (Sued: DO)
Sernox® (Paill: SV)
Sertal® (Roemmers: AR)
Vagopax® (Jaba: PT)
Viadil® (Pharma Investi: CL)
Viplan® (Medipharm: CL)
Viproxil® (Andromaco: CL)

Paricalcitol (Rec.INN)

L: Paricalcitolum
D: Paricalcitol
F: Paricalcitol
S: Paricalcitol

Vitamin D analogue

ATC: A11CC07
ATCvet: QA11CC07
CAS-Nr.: 0131918-61-1 C_{27}-H_{44}-O_3
M_r 416.64

(7E,22E)-19-nor-9,10-secoergosta-5,7,22-triene-1α,3β,25-triol [WHO]

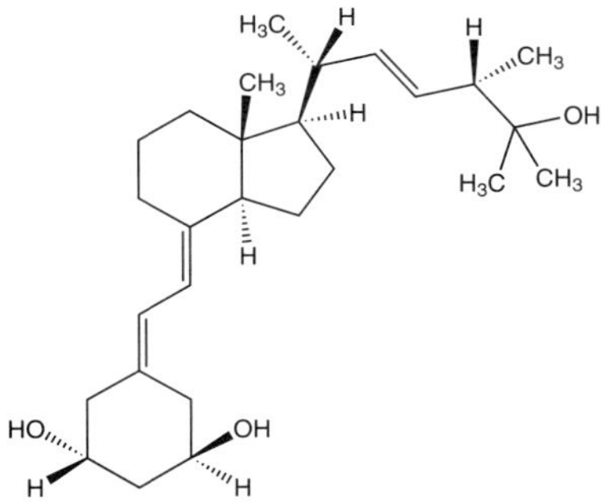

OS: *Paricalcitol [USAN]*
IS: *19-Nor-1-α-25-Dihydroxyvitamin D_2*
IS: *ABT 358 (Abbott)*
IS: *Compound 49510*
PH: Paricalcitol [USP 30]

Zemplar® (Abbott: AT, CA, CH, CZ, DE, DK, ES, FI, GB, HK, HR, HU, IE, IT, LU, MX, NL, NO, PT, RS, SE, SG, TR, US)

Parnaparin Sodium (Rec.INN)

L: Parnaparinum natricum
D: Parnaparin-Natrium
F: Parnaparine sodique
S: Parnaparina sodica

Anticoagulant, platelet aggregation inhibitor
Sodium salt of depolymerized heparin

OS: *Parnaparin Sodium [BAN, USAN]*
IS: *Heparin, low-molecular-weight*
IS: *OP 21-23*
IS: *Barnaparin Sodium*
PH: Parnaparin Sodium [Ph. Eur. 5]
PH: Parnaparinum natricum [Ph. Eur. 5]
PH: Parnaparine sodique [Ph. Eur. 5]
PH: Parnaparin-Natrium [Ph. Eur. 5]

Fluxum® (Alfa Wassermann: HU, IT, PL)
Fluxum® (Armstrong: MX)
Fluxum® (Medicom: CZ)
Fluxum® (Santa-Farma: TR)

Paromomycin (Rec.INN)

L: Paromomycinum
I: Paromomicina
D: Paromomycin
F: Paromomycine
S: Paromomicina

Antibiotic, aminoglycoside

ATC: A07AA06
CAS-Nr.: 0007542-37-2 C_{23}-H_{45}-N_5-O_{14}
M_r 615.663

O-2,6-Diamino-2,6-dideoxy-β-L-idopyranosyl-(1-3)-O-β-D-ribofuranosyl-(1-5)-O-(2-amino-2-deoxy-α-D-glucopyranosyl-(1-4)-2-deoxystreptamine

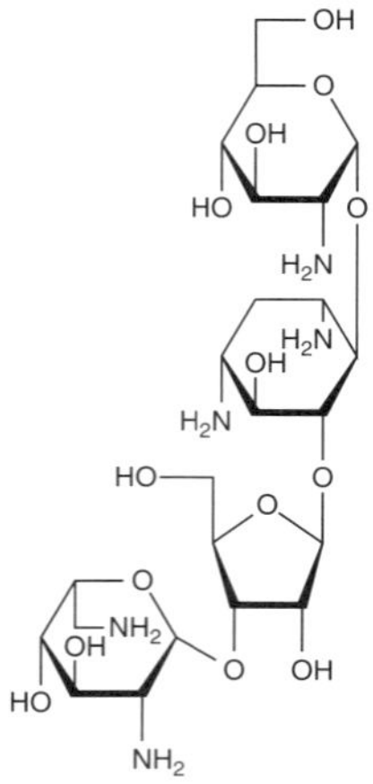

OS: *Paromomycin [BAN]*
OS: *Paromomycine [DCF]*
OS: *Paromomicina [DCIT]*
IS: *Estomycinum*
IS: *Poucimycinum*
IS: *Aminosidin*

Gabbrovet® [vet.] (Boehringer Ingelheim: BE)
Humatin® (Parke Davis: DE)
Paromomycin® [vet.] (IDIS: GB)

– sulfate:

CAS-Nr.: 0001263-89-4
OS: *Paromomycin Sulfate JAN, USAN*
IS: *Catenulin*
IS: *Hydroxymyxine*
IS: *R 400*
IS: *Aminosidine sulfate*
PH: Amminosidina solfato F.U. VIII
PH: Paromomycini sulfas Ph. Int. 4
PH: Paromomycin Sulfate Ph. Int. 4, USP 30
PH: Paromomycin Sulphate BPC 1973

Dediacol® (Lancasco: GT, HN, NI, SV)
Gabbromicina® (Pharmacia: ET, GH, KE, LR, RW, SL, TZ, UG, ZW)
Gabbroral® (Kalbe: ID)
Gabbroral® (Pfizer: BE, CR, GT, HN, ID, NI, PA, SV)
Gabbroral® (Pharmacia: ET, GH, IT, KE, LR, LU, RW, SL, TZ, UG, ZW)
Gabbrovet 70® [vet.] (Boehringer Ingelheim: BE)
Gabroral® (Pharmacia: BG)
Gabrosidina® (Paill: DO, SV)
Humatin-Pulvis® (Pfizer: AT)
Humatin® (Erfa: CA)
Humatin® (Eurim: AT)
Humatin® (Monarch: US)
Humatin® (Parke Davis: DE, ES)
Humatin® (Pfizer: AT, CH, IT)
Kaman® (Savio: IT)
Paramox® (Sued: DO)
Paromomycin Sulfate® (Caraco: US)

Paroxetine (Rec.INN)

L: Paroxetinum
D: Paroxetin
F: Paroxetine
S: Paroxetina

Antidepressant

ATC: N06AB05
CAS-Nr.: 0061869-08-7 C_{19}-H_{20}-F-N-O_3
M_r 329.379

(-)-trans-4-(p-Fluorophenyl)-3-[[3,4-(methylene-dioxy)phenoxy]methyl]-piperidine

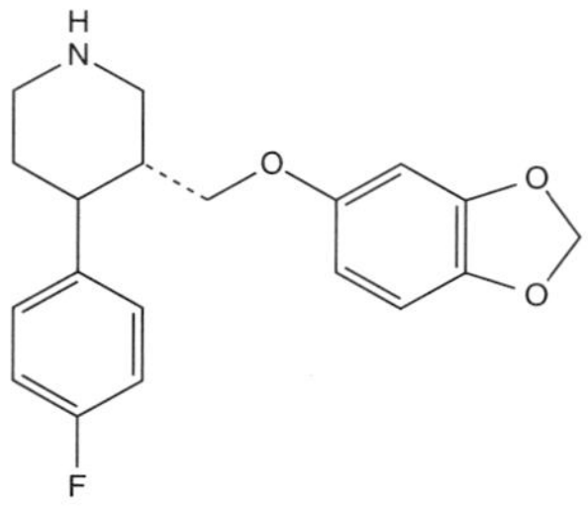

OS: *Paroxetine [BAN, USAN]*
OS: *Paroxétine [DCF]*
IS: *BRL 29060 (Beecham, Great Britain)*
IS: *FG 7051 (Ferrosan, Sweden)*

ALS-Paroxetin® (Apotex: RO)
Apodepi® (Kéri: HU)
Arketis® (Medochemie: RO)
CO Paroxetine® (Cobalt: CA)
Deprozel® (Pliva: BA, HR)
Merck-Paroxetine® (Merck: BE, LU)
Neurotrox® (Elea: AR)
Olane® (Phoenix: AR)
Pamax® (Sanitas: CL)
Pamoxet® (LKM: AR)
Parogen® (Merck: HU, SI)
Parotur® (Cantabria: ES)
Paroxetin AWD® (AWD: DE)
Paroxetine Bexal® (Bexal: BE)
Paroxetine EG® (Eurogenerics: BE)
Paroxetine Ratiopharm® (Ratiopharm: BE)
Paroxetine Topgen® (Topgen: BE)
Paroxetine-Teva® (Teva: IL)
Paxan® (Tecnoquimicas: CO)
Paxetin® (Actavis: IS)
Plisil® (Pliva: SI)
Rexetin® (Gedeon Richter: RU)

Upar® (Fluter: DO)
Xet® (Zydus: IN)
Xilanic® (Filaxis: AR)

- **hydrochloride:**

CAS-Nr.: 0078246-49-8
OS: *Paroxetine Hydrochloride BANM*
IS: *BRL 29060 A (Beecham, Great Britain)*
PH: Paroxetine hydrochloride hemihydrate Ph. Eur. 5, BP 2003
PH: Paroxetini hydrochloridum hemihydricum Ph. Eur. 5
PH: Paroxetine hydrochloride USP 30
PH: Paroxetine hydrochloride, anhydrous Ph. Eur. 5

Afenexil® (Temis-Lostalo: AR)
Allenopar® (Gerot: AT)
Apo-Paroxetine® (Apotex: CA)
Apo-Parox® (Apotex: CZ)
Aropax® (GlaxoSmithKline: AR, AU, BE, BR, LU, NZ, ZA)
Aropax® (Novartis: MX)
Arotin® (Hexal: BR)
Aroxat® (GlaxoSmithKline: CL)
Bectam® (Labomed: CL)
Benepax® (Apsen: BR)
Casbol® (Solvay: ES)
Cebrilin® (Libbs: BR)
Datevan® (Rontag: AR)
Denerval® (Jaba: PT)
Deroxat® (GlaxoSmithKline: FR)
Deroxat® (Orifarm: CH)
Dropaxin® (Italfarmaco: IT)
Euplix® (Desitin: DE)
Eutimil® (Valda: IT)
Frosinor® (Novartis: ES)
Gen-Paroxetine® (Genpharm: CA)
GenRX Paroxetine® (GenRX: AU)
Loxamine® (Pacific: NZ)
Melev® (Beximco: BD)
Meplar® (Baliarda: AR)
Motivan® (Faes: ES)
Novo-Paroxetine® (Novopharm: CA)
Optipar® (Sandoz: FI)
Oxat® (Square: BD)
Oxepar® (Azevedos: PT)
Oxetine® (Hexal: AU)
Paluxetil® (Sandoz: AT)
Paluxon® (Sandoz: SI)
Paretin® (Sandoz: HU)
Parexat® (Spirig: CH)
Parocetan® (Stada: AT)
Paroksetiini Glaxosmithkline® (GlaxoSmithKline: FI)
Parolex® (GEA: CZ)
ParoLich® (Winthrop: DE)
Paromerck® (Generics: PL)
Paronex® (Sandoz: CH)
Paroser® (Pinewood: IE)
Parotin® (CTS: IL)
Paroxalon® (Krewel: DE)
Paroxat® (Actavis: IS)
Paroxat® (GlaxoSmithKline: HU, SI)
Paroxat® (Hexal: AT, DE, LU)
paroxedura® (Merck dura: DE)
Paroxetin 1A Farma® (1A Farma: DK)
Paroxetin 1A Pharma® (1A Pharma: AT, DE)
Paroxetin AbZ® (AbZ: DE)
Paroxetin Actavis® (Actavis: DK, FI, NO)
Paroxetin Alpharma® (Alpharma: NL)
Paroxetin AL® (Aliud: DE, RO)
Paroxetin Arcana® (Arcana: AT)
Paroxetin Basics® (Basics: DE)
Paroxetin beta® (betapharm: DE)
Paroxetin Copyfarm® (Copyfarm: DK)
Paroxetin Generics® (Merck NM: FI)
Paroxetin HelvePharm® (Helvepharm: CH)
Paroxetin Heumann® (Heumann: DE)
Paroxetin Hexal® (Hexal: DK, NO)
Paroxetin Hexal® (Sandoz: SE)
Paroxetin Holsten® (Holsten: DE)
Paroxetin interpharm® (Interpharm: AT)
Paroxetin Lindo® (Lindopharm: DE)
Paroxetin Merck NM® (Merck NM: SE)
Paroxetin neuraxpharm® (neuraxpharm: DE)
Paroxetin Nycomed® (Nycomed: NO)
Paroxetin PCD® (Pharmacodane: DK)
Paroxetin ratiopharm® (Ratiopharm: AT)
Paroxetin ratiopharm® (ratiopharm: DE)
Paroxetin ratiopharm® (Ratiopharm: FI)
Paroxetin ratiopharm® (ratiopharm: HU)
Paroxetin ratiopharm® (Ratiopharm: SE)
Paroxetin real® (Dolorgiet: DE)
Paroxetin Sandoz® (Sandoz: AT, DE, DK, NL, SE)
Paroxetin Stada® (Stada: FI, RO)
Paroxetin Stada® (Stadapharm: DE)
Paroxetin TAD® (TAD: DE)
Paroxetin Teva® (Teva: CH)
Paroxetin-biomo® (biomo: DE)
Paroxetin-CT® (CT: DE)
Paroxetin-Hormosan® (Hormosan: DE)
Paroxetin-Isis® (Isis: DE)
Paroxetin-Mepha® (Mepha: CH)
Paroxetina Acost® (Acost: ES)
Paroxetina Allen® (Allen: IT)
Paroxetina Alpharma® (Alpharma: PT)
Paroxetina Alter® (Alter: ES, PT)
Paroxetina Angenérico® (Angenérico: ES)
Paroxetina Aphar® (Litaphar: ES)
Paroxetina Arafarma® (Arafarma: ES)
Paroxetina Bayvit® (Bayvit: ES)
Paroxetina Bexal® (Bexal: ES, PT)
Paroxetina Cinfa® (Cinfa: ES)
Paroxetina Cuve® (Cuvefarma: ES)
Paroxetina Davur® (Davur: ES)
Paroxetina Decrox® (Decrox: ES)
Paroxetina Doc® (DOC Generici: IT)
Paroxetina Edigen® (Edigen: ES)
Paroxetina EG® (EG: IT)
Paroxetina Farmoz® (Farmoz: PT)
Paroxetina Generis® (Generis: PT)
Paroxetina Hexal® (Hexal: IT)
Paroxetina Jaba® (Jaba: PT)
Paroxetina Kern® (Kern: ES)
Paroxetina Labesfal® (Labesfal: PT)
Paroxetina Mepha® (Mepha: PT)
Paroxetina Merck® (Merck: ES)
Paroxetina Merck® (Merck Generics: IT)
Paroxetina Merck® (Merck Genéricos: PT)
Paroxetina Mundogen® (Mundogen: ES)
Paroxetina Pharmagenus® (Pharmagenus: ES)

Paroxetina Ranbaxy® (Ranbaxy: ES)
Paroxetina Ratiomed® (Ratiopharm: ES)
Paroxetina Ratiopharm® (Ratiopharm: ES, IT, PT)
Paroxetina Rimafarm® (Rimafar: ES)
Paroxetina Sandoz® (Sandoz: IT, PT)
Paroxetina Stada® (Stada: ES)
Paroxetina Synthon® (Farma Lepori: ES)
Paroxetina Tamarang® (Tamarang: ES)
Paroxetina Tarbis® (Tarbis: ES)
Paroxetina Tecnimede® (Tecnimede: PT)
Paroxetina Tevagen® (Teva: ES)
Paroxetina Ur® (Uso Racional: ES)
Paroxetine Actavis® (Actavis: NL)
Paroxetine A® (Apothecon: NL)
Paroxetine CF® (Centrafarm: NL)
Paroxetine EG® (Eurogenerics: LU)
Paroxetine GSK® (GlaxoSmithKline: NL)
Paroxetine Hydrochloride® (Alphapharm: US)
Paroxetine Katwijk® (Katwijk: NL)
Paroxetine Merck® (Merck Generics: NL)
Paroxetine OF® (Hexal: NL)
Paroxetine PCH® (Pharmachemie: NL)
Paroxetine Ranbaxy® (Ranbaxy: NL)
Paroxetine Ratiopharm® (Ratiopharm: CZ)
Paroxetine Ratiopharm® (ratiopharm: LU)
Paroxetine ratiopharm® (Ratiopharm: NL)
Paroxetine Sandoz® (Sandoz: BE, LU, NL)
Paroxetine Topgen® (Topgen: LU)
Paroxetine® (Generics: GB)
Paroxetine® (Genthon: NL)
Paroxetine® (GlaxoSmithKline: NL)
Paroxetine® (ICC: NL)
Paroxetin® (Allen: AT)
Paroxetin® (GlaxoSmithKline: NO)
Paroxetop® (Streuli: CH)
Paroxet® (Pharmalab: PE)
Paroxiflex® (Stada: SE)
Parox® (Rowex: IE)
Paroxétine Biogaran® (Biogaran: FR)
Paroxétine G Gam® (G Gam: FR)
Paroxétine Merck® (Merck Génériques: FR)
Paroxétine Sandoz® (Sandoz: FR)
Paroxétine Winthrop® (Winthrop: FR)
Paxeratio® (ratiopharm: PL)
Paxetil® (Bial: PT)
Paxil CR® (GlaxoSmithKline: AR, US)
Paxil® (GlaxoSmithKline: AG, AN, AW, BB, BR, CA, CR, DO, EC, GD, GT, GY, HN, JM, LC, MX, NI, PA, RU, SV, TR, TT, US, VC)
Paxtine® (Alphapharm: AU)
Paxtin® (Hexal: PL)
Paxt® (Gerard: IE)
Paxxet® (Unipharm: IL)
PMS-Paroxetine® (Pharmascience: CA)
Pondera® (Eurofarma: BR)
Posivyl® (Chile: CL)
Psicoasten® (Beta: AR)
ratio-Paroxetine® (Ratiopharm: CA)
Remood® (Gedeon Richter: CZ)
Rexetin® (Gedeon Richter: HU, PL)
Sandoz Paroxetine® (Sandoz: CA)
Serestill® (Chemi: IT)
Seretran® (Drugtech-Recalcine: CL)
Sereupin® (Abbott: IT)
Seroxat® (Belupo: BA, HR)
Seroxat® (GlaxoSmithKline: AE, AT, BE, BH, CN, CO, CZ, DE, DK, ES, FI, GB, GR, HK, HU, ID, IE, IL, IR, IS, IT, KW, LK, LU, MY, NL, NO, OM, PE, PH, PL, PT, QA, RO, RS, SE, SG, SI, TH)
Seroxat® (Novartis: TR)
Sicotral® (Indeco: AR)
Stiliden® (Lifepharma: IT)
Tagonis® (GlaxoSmithKline: DE)
Tiarix® (Casasco: AR)
Traviata® (Andromaco: CL)
Xerenex® (Psicofarma: MX)
Xetanor® (Actavis: GE, PL)
Xetanor® (Fako: TR)
Xetin® (Belmac: ES)

– mesilate:

OS: *Paroxetine mesilate USAN*

Daparox® (Angelini: IT)
Daparox® (Farma Lepori: ES)
Divarius® (Chiesi: FR)
Ennos® (Angelini: IT)
Ennos® (Lannacher: AT)
Euplix® (Desitin: DE, SE)
Meloxat® (Clonmel: IE)
Paratonina® (Farma Lepori: ES)
Paroxetine Alpharma® (Alpharma: NL)
Paroxetine CF® (Centrafarm: NL)
Paroxetine Kiron® (Kiron: NL)
Pexeva® (JDS Pharmaceuticals: US)

Pefloxacin (Rec.INN)

L: Pefloxacinum
I: Pefloxacina
D: Pefloxacin
F: Péfloxacine
S: Pefloxacino

Antiinfective, quinolin-derivative

ATC: J01MA03
CAS-Nr.: 0070458-92-3 C_{17}-H_{20}-F-N_3-O_3
M_r 333.377

3-Quinolinecarboxylic acid, 1-ethyl-6-fluoro-1,4-dihydro-7-(4-methyl-1-piperazinyl)-4-oxo-

3-Quinolinecarboxylic acid, 1,4-dihydro-1-ethyl-6-fluoro-7-(4-methyl-1-piperazinyl)-4-oxo-

1-Ethyl-6-fluoro-1,4-dihydro-7-(4-methyl-1-piperazinyl)-4-oxo-3-quinolinecarboxylic acid WHO

1-Ethyl-6-fluor-7-(4-methyl-1-piperazin-1-yl)-4-oxo-1,4-dihydrochinolin-3-carbonsäure IUPAC

1-Ethyl-6-fluoro-1,4-dihydro-4-oxo-7-(4-methyl-1-piperazinyl)-3-quinolinecarboxylic acid

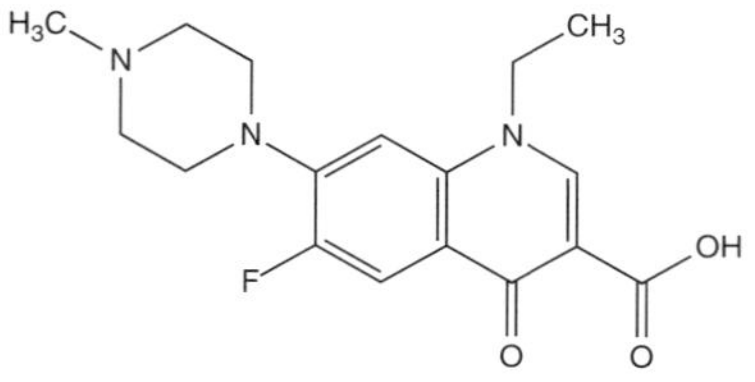

OS: *Pefloxacin [BAN, USAN]*
OS: *Péfloxacine [DCF]*

OS: *Pefloxacina [DCIT]*
IS: *EU 5306*
IS: *RB 1589 (Roger Bellon, France)*

Abaktal® (Lek: BA, CZ, GE, HR, PL, RO, RU, SI)
Dexaflox® (Dexa Medica: ID)
Labocton® (Viofar: GR)
Nobac® (Ibn Sina: BD)
Pefbid® (Alembic: IN)
Peflacine® (Aventis: GH, KE, NG, PE, TH, ZW)
Peflacine® (Sanofi-Aventis: BF, BJ, CF, CG, CI, CM, GA, GN, MG, ML, MR, MU, NE, SN, TD, TG, ZR)
Peflon® (GlaxoSmithKline: BD)
Pefloxacin Domesco® (Domesco: VN)
Pelox-400® (Transatlantic International: RU)
Pelox® (Wockhardt: BW, GH, IN, KE, LS, MW, NA, SD, SZ, TZ, UG, ZM)
Unikpef® (Unique: RU)

– mesilate:

CAS-Nr.: 0070458-95-6
OS: *Pefloxacin Mesilate BAN*
OS: *Pefloxacin Mesylate USAN*
IS: *RP 41982 (Rhone-Poulenc, France)*
PH: Péfloxacine (mésilate de) dihydraté Ph. Eur. 5
PH: Pefloxacin Mesilate Dihydrate Ph. Eur. 5, BP
PH: Pefloxacini mesilas dihydricus Ph. Eur. 5
PH: Pefloxacinmesilat-Dihydrat Ph. Eur. 5

Azuben® (Ipsen: ES)
Bioflen® (Bruluart: MX)
Idrostamin® (Gap: GR)
Isofloxin® (Beximco: BD)
Niux® (Sanitas: AR)
Peflacina® (Aventis: CR, GT, HN, NI, PA, SV)
Peflacine Injection® (Aventis: GH, KE, NG, ZW)
Peflacine® (Aventis: ES)
Peflacine® (Aventis Pharma: ID)
Peflacine® (Eczacibasi: TR)
Peflacine® (Egis: PL)
Peflacine® (Sanofi-Aventis: BD, FR, VN)
Peflacin® (Aventis: IT)
Peflacin® (Sanofi-Aventis: BR)
Pefloksacyna® (Polfa Grodzisk: PL)
Peflox® (Drug International: BD)
Peflox® (Formenti: IT)
Piprox® (Opsonin: BD)
Proflox® (Cipla: IN, RO, VN)
Péflacine® (Egis: HU)
Péflacine® (Sanofi-Aventis: FR)

Pegaptanib (Rec.INN)

L: Pegaptanibum
D: Pegaptanib
F: Pégaptanib
S: Pegaptanib

Angiogenesis inhibitor
Vascular Endothelial Growth Factor antagonist

ATC: S01LA03
ATCvet: QS01XA17
CAS-Nr.: 0222716-86-1
C_{294}-H_{370}-F_{13}-N_{107}-O_{188}-P_{28}[C_2-H_4-O]n

5'-ester of (2'-deoxy-2'-fluoro)C-Gm-Gm-A-A-(2'-deoxy-2'-fluoro)U-(2'-deoxy-2'-fluoro)C-Am-Gm-(2'-deoxy-2'-fluoro)U-Gm-Am-Am-(2'-deoxy-2'-fluoro)U-Gm-(2'-deoxy-2'-fluoro)C-(2'-deoxy-2'-fluoro)U-(2'-deoxy-2'-fluoro)U-Am-(2'-deoxy-2'-fluoro)U-Am-(2'-deoxy-2'-fluoro)C-am-(2'-deoxy-2'-fluoro)U-(2'-deoxy-2'-fluoro)C-(2'-deoxy-2'-fluoro)C-Gm-(3'->3'-dT with α,α'-[[(1S)-1-[[5-(phosphonooxy)pentyl]carbamoyl]pentane-1,5-diyl]bis(iminocarbonyl)]bis[omega-methoxy-poly(oxyethane-1,2-diyl)] (WHO)

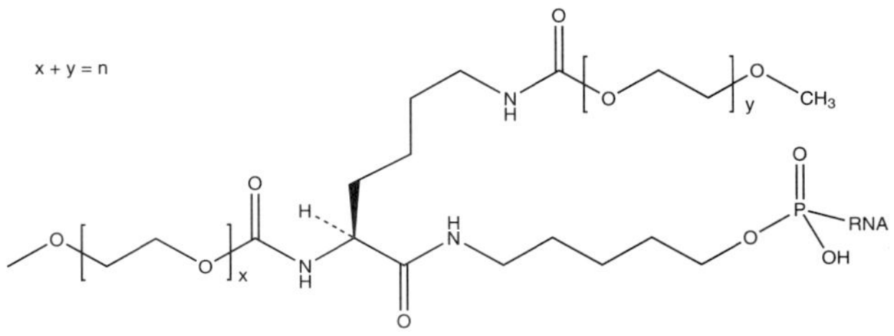

OS: *Pegaptanib [BAN]*

– octasodium:

CAS-Nr.: 0222716-86-1
OS: *Pegabtanib Octasodium USAN*
IS: *EYE001 (Eyetech, US)*
IS: *NX1838 (Eyetech, US)*

Macugen® (Eyetech: US)
Macugen® (Pfizer: CA, CH, DE, DK, ES, FI, GB, HK, IE, MX, NO, SE, TR, US)

Pegaspargase (Rec.INN)

L: Pegaspargasum
D: Pegaspargase
F: Pegaspargase
S: Pegaspargasa

Antineoplastic agent

CAS-Nr.: 0130167-69-0

Asparaginase, reaction product with succinic anhydride, esters with polyethylene glycol monomethyl ether

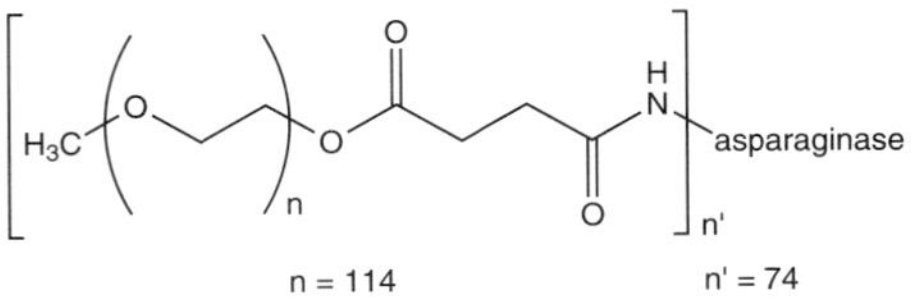

OS: *Pegaspargase [USAN]*
IS: *PEG-L-asparaginase*

Oncaspar® (Enzon: US)
Oncaspar® (Filaxis: AR)
Oncaspar® (Medac: DE)
Oncaspar® (medac: PL)

Pegfilgrastim (Rec.INN)

L: Pegfilgrastimum
D: Pegfilgrastim
F: Pegfilgrastime
S: Pegfilgrastim

⚕ Colony stimulating factor, granulocyte, G-CSF
⚕ Immunomodulator

ATC: L03AA13
CAS-Nr.: 0020825-92-3
C_{849}-H_{1347}-N_{223}-O_{244}-S_9'(C_2-$H_{4\text{-}0}$)n

Colony-stimulating factor (human), 3-hydroxypropyl-N-methionyl-, 1-ether with alpha-methyl-omega-hydroxypoly(oxy-1,2-ethanediyl)

OS: *Pegfilgrastim [BAN, USAN]*
IS: *Filgrastim SD01*
IS: *PEG-GCS*
IS: *PEG-granulocyte-colony stimulating factor*
IS: *SD Neupogen*
IS: *SD 01*

Neulasta® (Amgen: AT, AU, BE, CA, CH, CZ, DE, DK, ES, FI, FR, GB, HU, IE, IS, IT, LU, NL, NO, PL, PT, SE, SI, US)
Neulastim® (Roche: IL, MX)
Neupopeg® (Dompé: NL)
Neupopeg® (Dompé Biotec: IT)

Peginterferon Alfa 2-a (Rec.INN)

L: Peginterferonum alfa-2a
D: Peginterferon alfa 2-a
F: Peginterferon alfa 2-a
S: Peginterferon alfa 2-a

⚕ Hepatitis treatment
⚕ Immunomodulator

ATC: L03AB11
CAS-Nr.: 0198153-51-4

Mono(N2,N6-dicarboxy-L-lysyl)interferon alfa-2a, diesters with polyethylene glycol monomethyl ether [WHO]

OS: *Peginterferon Alfa 2-a [BAN, USAN]*
IS: *Interferon alfa-2a macrogol*
IS: *Interferon alfa-2a [poly(oxyethylen)]*
IS: *Interferon alfa-2a, pegyliert*
IS: *PEG-interferon alfa-2a*
IS: *Polyethylene glycol interferon alfa-2a*
IS: *Ro 258310*

Pegasys® (Roche: AE, AM, AR, AT, AU, AW, AZ, BA, BD, BE, BG, BH, BR, BY, CA, CH, CI, CL, CM, CN, CO, CR, CU, CZ, DE, DK, DO, EC, EE, EG, ES, FI, FR, GB, GE, GH, GR, GT, HK, HN, HR, HU, ID, IE, IL, IN, IR, IS, IT, JO, JP, KE, KH, KR, KW, KZ, LA, LB, LK, LT, LU, LV, MA, MK, MU, MX, MY, NI, NL, NO, NZ, OM, PE, PH, PK, PL, PT, PY, QA, RO, RS, RU, SA, SE, SG, SI, SK, SN, SV, SY, TH, TN, TR, TW, UA, US, UY, UZ, VE, VN, ZA)
Pegasys® (Roche Diagnostic: DZ)
Pegasys® (Roche RX: SG)
Unitron® (Schering: CA)

Peginterferon Alfa 2-b (Rec.INN)

L: Peginterferonum alfa-2b
D: Peginterferon alfa 2-b
F: Peginterferon alfa 2-b
S: Peginterferon alfa 2-b

⚕ Hepatitis treatment
⚕ Immunomodulator

ATC: L03AB10
CAS-Nr.: 0215647-85-1

Monocarboxyinterferon alfa-2b, diesters with polyethylene glycol monomethyl ether [WHO]

OS: *Peginterferon Alfa 2-b [BAN, USAN]*
IS: *Alfatranol*
IS: *Interferon alfa-2b macrogol*
IS: *Interferon alfa-2b [poly(oxyethylen)]*
IS: *Interferon alfa-2b, pegyliert*
IS: *PEG-interferon alfa-2b*
IS: *Pegylated, recombinant interferon alfa-2b*
IS: *Polyethylene glycol interferon alfa-2b*
IS: *Virtron*

Intron A Peg® (Schering: AR)
Peg-Intron® (Schering-Plough: CL, HK)
Pegintron® (Essex: CH, DE)
PEGIntron® (Kirby: EC)
PEGIntron® (Schering: US)
PEGIntron® (Schering-Plough: AU)
Pegintron® (Schering-Plough: BE, BR)
PEGIntron® (Schering-Plough: CR)
Pegintron® (Schering-Plough: CZ)
PEGIntron® (Schering-Plough: DO)
Pegintron® (Schering-Plough: ES, FI, GR)
PEGIntron® (Schering-Plough: GT, HN)
Pegintron® (Schering-Plough: HR, HU, ID)
PEGIntron® (Schering-Plough: IL)
Pegintron® (Schering-Plough: IS, IT, LU, MY, NL, NO, PE, PL, RO, RS, RU, SE, SG, SI)
PEGIntron® (Schering-Plough: TH)
Pegintron® (Schering-Plough: TR, US, VN)
Pegintron® (SP Europe: AT, DK)
Pegtron® (Schering-Plough: MX)
Viraferonpeg® (Schering-Plough: FR, GB, IE)

Pegvisomant (Rec.INN)

L: Pegvisomantum
D: Pegvisomant
F: Pegvisomant
S: Pegvisomant

⚕ Growth hormone antagonist
⚕ Anterior pituitary hormone

ATC: H01AX01
ATCvet: QH01AX01
CAS-Nr.: 0218620-50-9

18-L-aspartic acid-21-L-asparagine-120-L-lysine-167-L-asparagine-168-L-alanine-171-L-serine-172-L-arginine-174-L-serine-179-L-threonine growth hormone (human), reaction product with polyethylene glycol

Growth Hormone (human), reaction product with polyethylene glycol

OS: *Pegvisomant [USAN]*
IS: *B 2036-PEG (Sensus, USA)*
IS: *G 120K-PEG (Sensus, USA)*
IS: *Pegylated human growth hormone mutein*

Somavert® (Pfizer: AR, AT, BE, CA, CH, CZ, DE, FI, FR, GB, IE, IL, IS, IT, LU, MX, NL, NO, RS, SE, SI, US)
Somavert® (Pharmacia: DK, ES)

Pemetrexed (Rec.INN)

L: Pemetrexedum
D: Pemetrexed
F: Pemetrexed
S: Pemetrexed

Antineoplastic agent
Enzyme inhibitor

ATC: L01BA04
ATCvet: QL01BA04
CAS-Nr.: 0137281-23-3 C_{20}-H_{21}-N_5-O_6
M_r 427.42

N-[p-[2-(2-amino-4,7-dihydro-4-oxo-1H-pyrrolo[2,3-d]pyrimidin-5-yl)ethyl]benzoyl]-L-glutamic acid (WHO)

N-{4-[2-(2-Amino-4,7-dihydro-4-oxo-1H-pyrrolo[2,3-d]pyrimidin-5-yl)ethyl]benzoyl}-L-glutaminsäure (IUPAC)

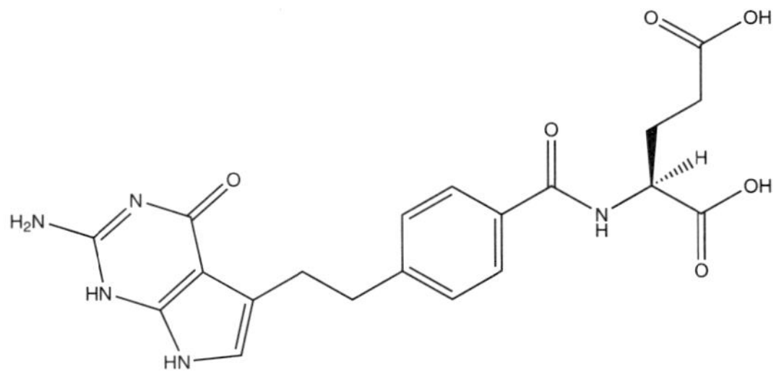

OS: *Pemetrexed [BAN]*

Alimta® (Lilly: AR)

– disodium:

CAS-Nr.: 0150399-23-8
OS: *Pemetrexed Disodium USAN*
IS: *LY 231514 (Lilly)*

Alimta® (Lilly: AT, AU, BA, CA, CH, CL, CZ, DE, DK, ES, FI, FR, GB, HK, HR, IL, IN, IS, IT, LU, MX, MY, NL, NO, NZ, PH, PL, PT, RO, RS, RU, SE, SG, TH, TR, US)
Almita® (Lilly: BR)

Pemirolast (Rec.INN)

L: Pemirolastum
D: Pemirolast
F: Pemirolast
S: Pemirolast

Antiallergic agent
Antihistaminic agent
Histamine, H_1-receptor antagonist

CAS-Nr.: 0069372-19-6 C_{10}-H_8-N_6-O
M_r 228.234

9-Methyl-3-(1H-tetrazol-5-yl)-4H-pyrido[1,2-a]pyrimidin-4-one

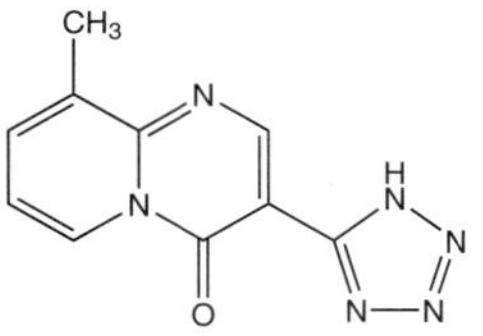

Pemirox® (Alcon: TH)
Pemirox® (Santen: HK)

– potassium salt:

CAS-Nr.: 0100299-08-9
OS: *Pemirolast Potassium USAN*
IS: *BMY 26517 (Bristol-Myers Squibb)*
IS: *DE 068*
IS: *TBX (Tokyo Tanabe, Japan)*

Alamast® (Santen: US)
Alamast® (Vistakon: US)
Alegysal® (Ferron: ID)
Alegysal® (Mitsubishi: JP)

Pemoline (Rec.INN)

L: Pemolinum
I: Pemolina
D: Pemolin
F: Pémoline
S: Pemolina

Psychostimulant

ATC: N06BA05
CAS-Nr.: 0002152-34-3 C_9-H_8-N_2-O_2
M_r 176.183

4(5H)-Oxazolone, 2-amino-5-phenyl-

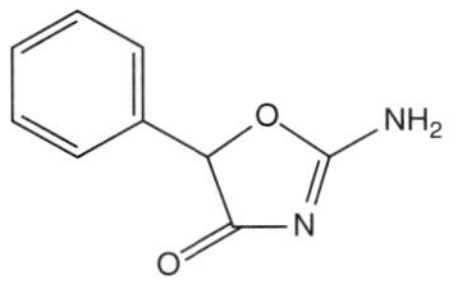

OS: *Pemoline [BAN, DCF, JAN, USAN]*
OS: *Pemolina [DCIT]*
IS: *Phenylisohydantoine*
IS: *Phenylpseudohydantoine*
IS: *LA 956*
IS: *PIO USA (AHFS)*

Betanamin® (Sanwa Kagaku: JP)
Ceractiv® (Andromaco: CL)

P

Cylert® (Abbott: IL)
Nitan® (Rekah: IL)
PemADD® (Mallinckrodt: US)
Pemoline® (Mallinckrodt: US)
Pemoline® (Teva: US)
Tradon® (Lilly: DE)

Penamecillin (Rec.INN)

L: Penamecillinum
D: Penamecillin
F: Pénamécilline
S: Penamecilina

Antibiotic, penicillin, penicillinase-sensitive

ATC: J01CE06
CAS-Nr.: 0000983-85-7 C_{19}-H_{22}-N_2-O_6-S
M_r 406.465

4-Thia-1-azabicyclo[3.2.0]heptane-2-carboxylic acid, 3,3-dimethyl-7-oxo-6-[(phenylacetyl)amino]- [2S-(2α,5α,6β)]-, (acetyloxy)methyl ester

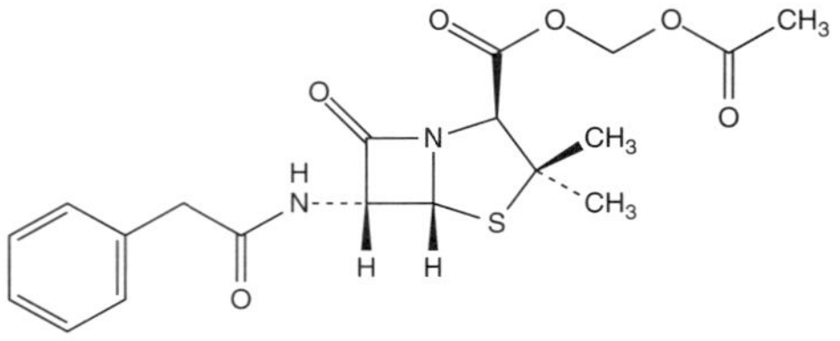

OS: *Penamecillin [BAN, USAN]*
IS: *Wy 20788*
IS: *Penicillin-G-acetoxymethylester*

Maripen® (Teva: HU)
Penclen® (Zentiva: CZ)

Penbutolol (Rec.INN)

L: Penbutololum
D: Penbutolol
F: Penbutolol
S: Penbutolol

β-Adrenergic blocking agent

ATC: C07AA23
CAS-Nr.: 0038363-40-5 C_{18}-H_{29}-N-O_2
M_r 291.44

2-Propanol, 1-(2-cyclopentylphenoxy)-3-[(1,1-dimethylethyl)amino]-, (S)-

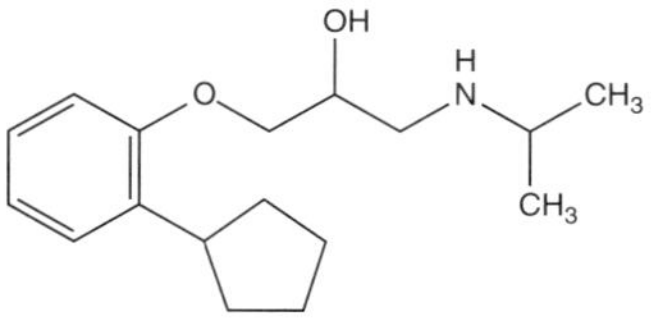

OS: *Penbutolol [BAN, DCF]*
OS: *Penbutololo [DCIT]*
IS: *Hoe 893d (Hoechst Marion Roussel, Germany)*

– sulfate:

OS: *Penbutolol Sulfate JAN, USAN*
OS: *Penbutolol Sulphate BANM*
PH: Penbutolol Sulfate JP XIV, USP 30
PH: Penbutolol Sulphate Ph. Eur. 5
PH: Penbutololi sulfas Ph. Eur. 5
PH: Penbutololsulfat Ph. Eur. 5
PH: Penbutolol (sulfate de) Ph. Eur. 5

Betapressin® (Wolff: DE)

Penciclovir (Rec.INN)

L: Penciclovirum
I: Penciclovir
D: Penciclovir
F: Penciclovir
S: Penciclovir

Antiviral agent

ATC: D06BB06,J05AB13
ATCvet: QD06BB06,QJ05AB13
CAS-Nr.: 0039809-25-1 C_{10}-H_{15}-N_5-O_3
M_r 253.26

6H-Purin-6-one, 2-amino-1,9-dihydro-9-[4-hydroxy-3-(hydroxymethyl)butyl]-

9-[4-Hydroxy-3-(hydroxymethyl)butyl]guanin (IUPAC)

9-[4-Hydroxy-3-(hydroxymethyl)butyl]guanine (WHO)

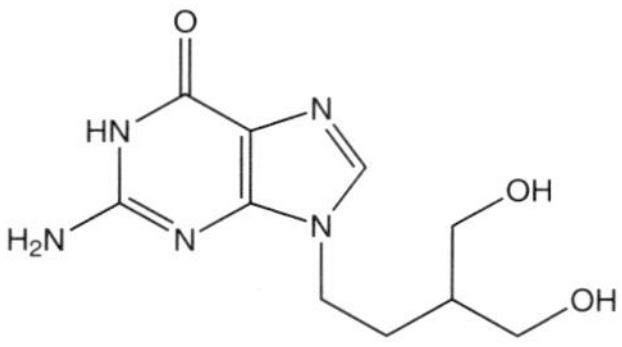

OS: *Penciclovir [BAN, DCF, USAN]*
IS: *BRL 39123 (SmithKline Beecham, USA)*

Denavir® (Novartis: CA, US)
Famvir® [extern] (GlaxoSmithKline: BR)
Famvir® [extern] (Novartis: AT, CH, NL)
Fenistil Pencivir® (Novartis: DE, RU)
Fenivir® (Novartis: CH)
Penciclovir-Novartis® (Novartis: LU)
Pentavir® (Fortbenton: AR)
Vectavir® (GlaxoSmithKline: BG)
Vectavir® (GlaxoSmithKline Consumer Healthcare: NZ)
Vectavir® (Novartis: CZ, DE, DK, ES, FI, GR, HU, IL, IS, IT, LU, NL, NO, SE, TR)
Vectavir® (Novartis Consumer Health: BE, GB)
Vectavir® (SmithKline Beecham: AT, ES)
Zilip® (LPB: IT)

Penethamate Hydriodide (BAN)

D: Penethacillin hydroiodid

⚕ Antibiotic, penicillin, penicillinase-sensitive

CAS-Nr.: 0000808-71-9 C_{22}-H_{32}-I-N_3-O_4-S
M_r 561.488

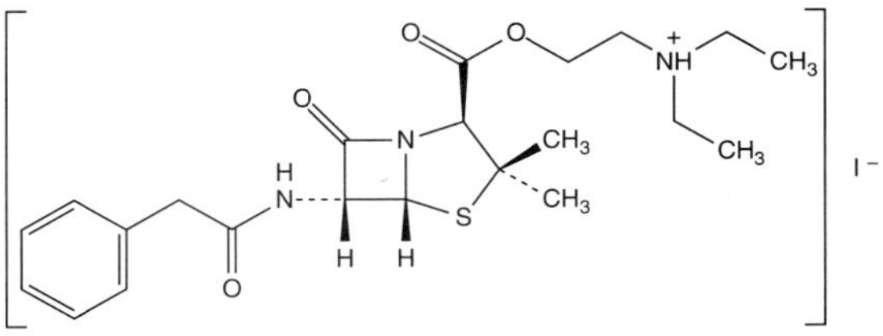

OS: *Penethamate Hydriodide [BANM, USAN]*
IS: *Bronchopon*

Ingel-Mamyzin® [vet.] (Boehringer Ingelheim Vetmedica: AT)
Ingel-Mamyzin® [vet.] (Boehrvet: DE)
Leocillin® [vet.] (Boehringer Ingelheim: AU)
Leocillin® [vet.] (Leo: DK, NO)
Mammyzine® [vet.] (Boehringer Ingelheim: BE)
Mamyzin® [vet.] (Boehringer Ingelheim: AU, CH, IT, NL, NO, SE)
Mamyzin® [vet.] (Boehringer Ingelheim Animals: NZ)
Mamyzin® [vet.] (Jacoby: AT)
Mamyzin® [vet.] (Vetcare: FI)
Penetavet® [vet.] (Boehringer Ingelheim Santé Animale: FR)
Stop M® [vet.] (Boehringer Ingelheim Santé Animale: FR)

Penfluridol (Rec.INN)

L: Penfluridolum
D: Penfluridol
F: Penfluridol
S: Penfluridol

⚕ Neuroleptic

ATC: N05AG03
CAS-Nr.: 0026864-56-2 C_{28}-H_{27}-Cl-F_5-N-O
M_r 523.984

4-Piperidinol, 1-[4,4-bis(4-fluorophenyl)butyl]-4-[4-chloro-3-(trifluoromethyl)phenyl]-

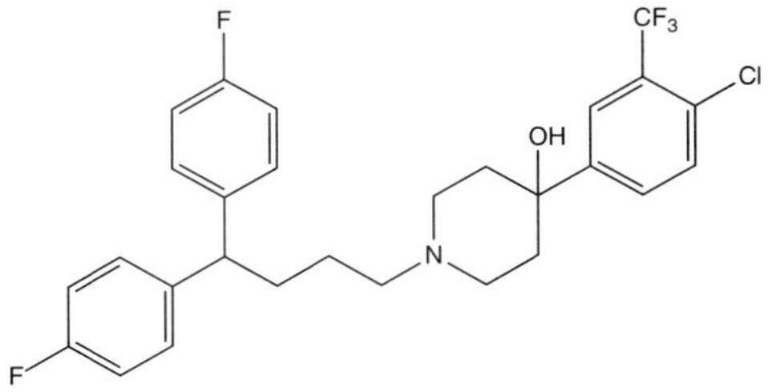

OS: *Penfluridol [BAN, DCF, USAN]*
IS: *R 16341 (Janssen, Germany)*
IS: *TLP 607 (Tanabe, Japan)*
IS: *McN-JR 16341*
PH: Penfluridolum [PhBs IV]

Flupidol® (Janssen: GR)
Semap® (Janssen: AE, AT, BE, BG, BR, CH, CY, CZ, DK, EG, IL, JO, LB, LU, MT, MX, NL, SA, SD, YE)
Sémap® (Janssen: FR)

Penicillamine (Rec.INN)

L: Penicillaminum
I: Penicillamina
D: Penicillamin
F: Pénicillamine
S: Penicilamina

⚕ Antidote, chelating agent

ATC: M01CC01
CAS-Nr.: 0000052-67-5 C_5-H_{11}-N-O_2-S
M_r 149.213

D-Valine, 3-mercapto-

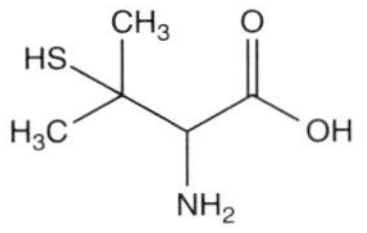

OS: *Penicillamine [BAN, DCF, JAN, USAN]*
OS: *Penicillamina [DCIT]*
IS: *β-Mercaptovaline*
PH: Penicillamin [Ph. Eur. 5]
PH: Penicillamine [Ph. Eur. 5, Ph. Int. 4, USP 30]
PH: Penicillaminum [Ph. Eur. 5, Ph. Int. 4]
PH: Pénicillamine [Ph. Eur. 5]

Adalken® (Kendrick: MX)
Artamin® (Biochemie: AE, BH, CY, JO, KW, LB, OM, QA, SA, SD, YE)
Artamin® (Sandoz: AT)
Atamir® (Sandoz: DK, IS)
Cilamin® (Panacea: IN)
Cuprenil® (Polfa Kutno: PL)
Cuprimine® (Merck: US)
Cuprimine® (Merck Frosst: CA)
Cuprimine® (Merck Sharp & Dohme: AR, NL, TH)
Cuprimine® (Prodome: BR)
Cupripen® (Inmunosyn: CO)
Cupripen® (Omedir: AR)
Cupripen® (Rubio: CR, DO, ES, GT, PA, SV)
Cupripren® (Bestpharma: CL)
D-Penamine® (Alphapharm: AU)
D-Penamine® (Pacific: NZ)
Distamine® (Alliance: GB, IE)
Distamine® (Lilly: AT, NL)
Distamine® [vet.] (Alliance: GB)
Distamin® (Samarth: IN)
Gerodyl® (Hexal: NL)
Kelatine® (Astellas: PT)
Mercaptyl® (Abbott: CH)
Mercaptyl® (Knoll: DE)
Metalcaptase® (Abbott: ZA)
Metalcaptase® (Heyl: CZ, DE, LU)
Metalcaptase® (Taisho: JP)
Penicillamine Ifet® (IFET: GR)
Penicillamine® (Alpharma: GB)
Penicillamine® (Hillcross: GB)
Penicillamine® (Teva: GB)
Trolovol® (Dexo: FR)

P

– hydrochloride:

CAS-Nr.: 0002219-30-9
IS: *DPA*
PH: Penicillamine Hydrochloride BP 1973

Pemine® (Lilly: IT)

Penicillin G Procaine

L: Benzylpenicillinum procainum
I: Benzilpenicillina procainica
D: Benzylpenicillin-Procain
F: Benzylpénicilline procaïne
S: Penicilina Procaínica

⚕ Antibiotic, penicillin, penicillinase-sensitive

ATC: J01CE09
ATCvet: QJ01CE09
CAS-Nr.: 0000054-35-3 C_{29}-H_{38}-N_4-O_6-S
M_r 588.72

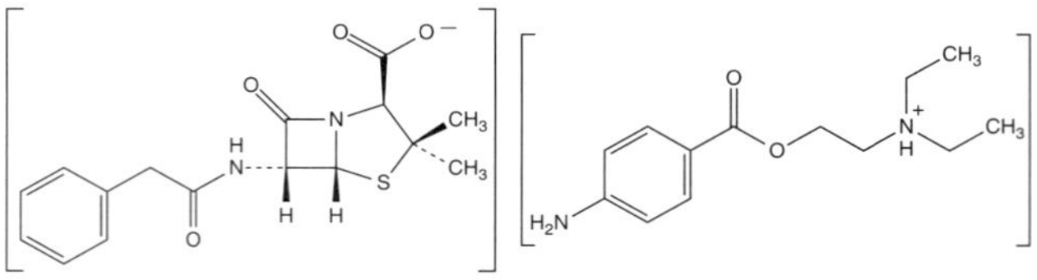

OS: *Benzylpénicilline procaïne [DCF]*
OS: *Procaine Benzylpenicillin [BAN]*
OS: *Procaine Penicillin [BAN]*
OS: *Penicillin G Procaine [USAN]*

Agri-Cillin® [vet.] (Agri Labs.: US)
Aquacillin® [vet.] (Vetco: US)
Aqucilina® (Antibioticos: ES)
Aqucilina® (Reig Jofre: ES)
Bencilpenicilina Procainica® [sol.-inj.] (Britania: PE)
Bencilpenicilina Procainica® [sol.-inj.] (D.N.M.: PE)
Bencilpenicilina Procainica® [sol.-inj.] (Vitalis: PE)
Bicillin® (King: US)
Bomacillin® [vet.] (Bomac: NZ)
Bomacillin® [vet.] (Pharm Tech: AU)
Bovicillin® [vet.] (Bomac: NZ)
Bovipen® [vet.] (Stockguard: NZ)
Carepen® [vet.] (Vetcare: FI)
Cowpen® [vet.] (Bomac: NZ)
Crysticillin® [vet.] (Fort Dodge: US)
Depocilline® [vet.] (Intervet: FR, NL)
Depocilline® [vet.] (Mycofarm: BE)
Depocilline® [vet.] (Organon Vet: PT)
Depocillin® [vet.] (Intervet: AU, GB, IE, NZ, ZA)
Drenovac® (Nikkho: BR)
Dropen® [vet.] (Doxal: IT)
Duphapen® [vet.] (Fort Dodge: FR, GB, LU, NL)
Duphapen® [vet.] (Interchem: IE)
Duphapen® [vet.] (Wyeth: AT, CH)
Duplocilline® [vet.] (Intervet: FR)
Econopen® [vet.] (Vericor: GB)
Efitard® (Antibiotice: RO)
Ethacilin® [vet.] (Intervet: FI, GB, SE)
Farmaproina® (Reig Jofre: ES)
Fortified Procaine Penicillin® (Antibiotice: RO)
Intracillin® [vet.] (Stockguard: NZ)
Kemopen® (Phyto: ID)
Lenticillin® [vet.] (Merial: GB)
Masticillin® [vet.] (Stockguard: NZ)
Microcillin® [vet.] (Anthony: US)
Microfen® [vet.] (Ascor: IT)
Mylipen® [vet.] (Schering-Plough Veterinary: GB)
Neotrimicina® [vet.] (Vetem: IT)
Norocillin® [vet.] (Arovet: CH)
Norocillin® [vet.] (Norbrook: AU, GB, IE, NL, NZ)
Novocillin® (Novo Nordisk: ZA)
Odontovac® (Nikkho: BR)
P.P. 30% Susp.® [vet.] (Ceva: NL)
Pen-Aqueous® [vet.] (AgriPharm: US)
Pen-Aqueous® [vet.] (DurVet: US)
Pen-Aqueous® [vet.] (RXV: US)
Pen-G Porcaine® [vet.] (VetTek: US)
Pen-G® [vet.] (Phoenix: US)
Penacare® [vet.] (Animalcare: GB)
Penalone® [vet.] (Schering-Plough Animal: NZ)
Penicilina G Procaina Genfar® (Genfar: CO)
Penicilina G Procainica® (Memphis: CO)
Penicilina G Procainica® (Pentacoop: CO)
Penicilina G Procainica® (Vitrofarma: PE)
Penicilina Procainica MF® [sol.-inj.] (Marfan: PE)
Penicilina Procainica® [sol.-inj.] (Vitrofarma: PE)
Penicillin G Porcaine® [vet.] (Aspen: US)
Penicillin G Porcaine® [vet.] (Butler: US)
Penicillin G Potassium BMS® (Bristol-Myers Squibb: TH)
Penicilline® [vet.] (Wolfs: BE)
Penject® [vet.] (Dopharma: NL)
Penject® [vet.] (Vetus: US)
Penovet® [vet.] (Boehringer Ingelheim: NO, SE)
Penovet® [vet.] (Vetcare: FI)
Pen® [vet.] (Eurovet: NL)
Pfi- Pen G® [vet.] (Pfizer Animal Health: US)
Pharmacillin® [vet.] (Interpharm: IE)
Pharmacillin® [vet.] (Phoenix: NZ)
Praxavet Pen-30® [vet.] (Boehringer Ingelheim: NL)
Procacillina® [vet.] (Merial: IT)
Procain-Penicillin-G® [vet.] (Intervet: DE)
Procal® [vet.] (Stockguard: NZ)
Procillin® (Balkanpharma: BG)
Procillin® (CAPS: ZA)
Procpen® [vet.] (Eurovet: NL)
Propen® [vet.] (Ilium Veterinary Products: AU)
Serocillin® (Norbrook: AT)
Ultraject® [vet.] (Norbrook: ZA)
Ultrapen LA® [vet.] (Norbrook: GB, IE, NZ)
Unicillin® [vet.] (Univet: IE)
Veyxid® [vet.] (Veyx: DE)

– monohydrate:

CAS-Nr.: 0006130-64-9
PH: Penicillin G Procaine USP 30
PH: Benzylpénicilline procaïne Ph. Eur. 5
PH: Benzylpenicillin-Procain Ph. Eur. 5
PH: Benzylpenicillin Procaine JP XI, Ph. Eur. 5
PH: Benzylpenicillinum procainum Ph. Eur. 5
PH: Procaini benzylpenicillinum Ph. Int. 4
PH: Procaine Benzylpenicillin BP 2002 (vet.), Ph. Eur. 5, Ph. Int. 4

Aquacaine® [vet.] (Boehringer Ingelheim: AU)
Cilicaine Syringe® (Healthcare Logistics: NZ)
Cilicaine Syringe® (Sigma: AU)
Ilcocillin® [vet.] (Novartis: AT)
Ilcocillin® [vet.] (Novartis Tiergesundheit: CH)

Mammacillin® [vet.] (Alvetra u. Werfft: AT)
Mammacillin® [vet.] (Stricker: CH)
Miliopen® [vet.] (Gräub: CH)
Monocillin® [vet.] (Vetoquinol: CH)
Novocillin® (Novocol: US)
Penicillinum procainicum® (Polfa Tarchomin: PL)
Pro-Pen® [vet.] (Animedic: DE)
Proc-Sel® [vet.] (Selecta: DE)
Procacillin® [vet.] (Veterinaria: CH)
Procain-Penicillin „Albrecht"® [vet.] (Albrecht: DE)
Procain-Penicillin Streuli® [vet.] (Streuli: CH)
Procain-Penicillin-G® [vet.] (Animedic: DE)
Procain-Penicillin-G® [vet.] (CP: DE)
Procain-Penicillin-G® [vet.] (Pharmacia: DE)
Procain-Penicillin-G® [vet.] (WDT: DE)
Procaine Penicillin. G® (Meiji: ID)
Procaine Penicillin. G® (Orion: FI)
Procillin® [vet.] (Alvetra: DE)
Procillin® [vet.] (CP: DE)
Retardillin® (Teva: HU)
Urso-Mamycin® [vet.] (Serumber: DE)
Vetriproc® [vet.] (Ceva: DE)
Wycillin® (King: US)

Pentaerithrityl Tetranitrate (Rec.INN)

L: Pentaerithrityli Tetranitras
I: Pentaeritrile tetranitrato
D: Pentaerythrityl tetranitrat
F: Tétranitrate de Pentaérythrityle
S: Tetranitrato de pentaeritritilo

Coronary vasodilator

ATC: C01DA05
CAS-Nr.: 0000078-11-5 C_5-H_8-N_4-O_{12}
M_r 316.159

1,3-Propanediol, 2,2-bis[(nitrooxy)methyl]-, dinitrate (ester)

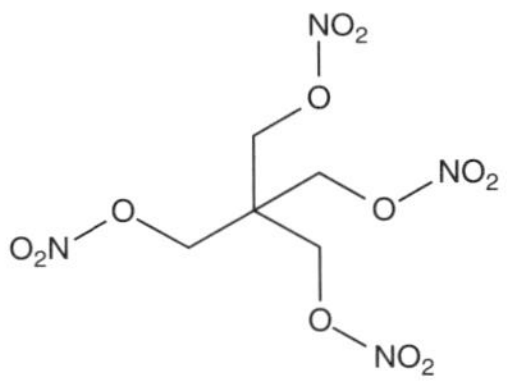

OS: *Pentaerythritol Tetranitrate [BAN, JAN, USAN]*
OS: *Pentaérythrityle, Tétranitrate de [DCF]*
OS: *Pentaeritrile tetranitrato [DCIT]*
IS: *Nitropenthrite*
IS: *Nitropenton*
IS: *Pentanitrolum*
IS: *Pentrinat*
IS: *Nitropentaerytherolum trituratum*
IS: *Pentaerythritylium tetranitricum trituratum 10%*
IS: *PETN*
PH: Pentaerythritol Tetranitrate [USP 23]
PH: Pentaerythrityl Tetranitrate, Diluted [Ph. Eur. 5]
PH: Pentaerythrityli tetranitras dilutus [Ph. Eur. 5]
PH: Pentaérythrityle (tétranitrate de) [Ph. Eur. 5]
PH: Pentaerythrityltetranitrat-Verreibung [Ph. Eur. 5]

Dilcoran® (Alpharma: DE)
Dilcoran® (Hemofarm: RS)
Lentonitrat® (Srbolek: RS)
Nirason® (Ravensberg: DE)
Nitrolong® (Actavis: GE)
Nitropector® (Terapia: RO)
Nitropenton® (Egis: HU)
Pentaerythritol® (Galena: PL)
Pentalong® (Alpharma: DE)
Peritrate® (Parke Davis: ES)
Peritrate® (Pfizer: EG, ET, GH, GM, IN, KE, LR, MW, NG, SD, SL, TH)
Peritrate® (Teofarma: IT)

Pentaerythritol

D: Pentaerythritol

Laxative

CAS-Nr.: 0000115-77-5 C_5-H_{12}-O_4
M_r 136.151

Propane-1,3-diol, 2,2-bis(hydroxymethyl)-

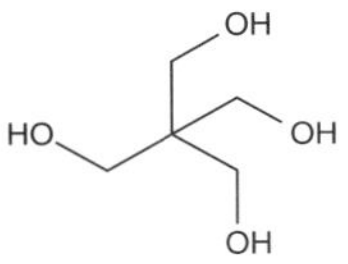

IS: *Tetramethylolmethane*
IS: *Pentaerythrit (ASK)*

Auxitrans® (Aérocid: FR)

Pentagastrin (Rec.INN)

L: Pentagastrinum
D: Pentagastrin
F: Pentagastrine
S: Pentagastrina

Diagnostic, gastric function
Gastric secretory stimulant

ATC: V04CG04
CAS-Nr.: 0005534-95-2 C_{37}-H_{49}-N_7-O_9-S
M_r 767.929

L-Phenylalaninamide, N-[(1,1-dimethylethoxy)carbonyl]-β-alanyl-L-tryptophyl-L-methionyl-L-α-aspartyl-

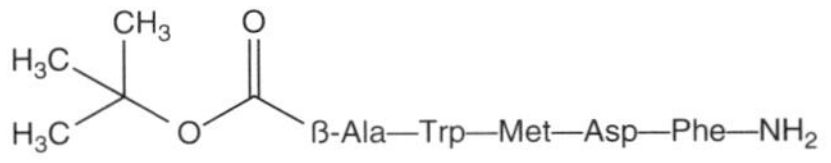

OS: *Pentagastrin [BAN, JAN, USAN]*
OS: *Pentagastrine [DCF]*
IS: *AY 6608*
IS: *ICI 50123*
PH: Pentagastrin [BP 2002]
PH: Pentagastrinum [PhBs IV]

Pentagastrin® (Cambridge Laboratories: GB)
Peptavlon® (SERB: FR)

Pentalamide (Rec.INN)

L: Pentalamidum
D: Pentalamid
F: Pentalamide
S: Pentalamida

⚕ Dermatological agent, local fungicide

CAS-Nr.: 0005579-06-6 C_{12}-H_{17}-N-O_2
M_r 207.278

Benzamide, 2-(pentyloxy)-

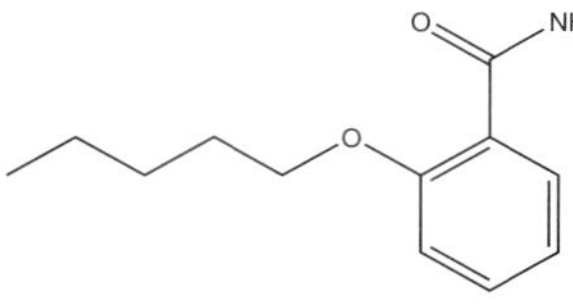

OS: *Pentalamide [BAN, USAN]*
IS: *Pentyloxybenzamide*

Hestar® (Pisa: MX)

Pentamidine (Rec.INN)

L: Pentamidinum
I: Pentamidina
D: Pentamidin
F: Pentamidine
S: Pentamidina

⚕ Antiprotozoal agent, leishmaniocidal
⚕ Antiprotozoal agent, trypanocidal

CAS-Nr.: 0000100-33-4 C_{19}-H_{24}-N_4-O_2
M_r 340.441

Benzenecarboximidamide, 4,4'-[1,5-pentanediylbis(oxy)]bis-

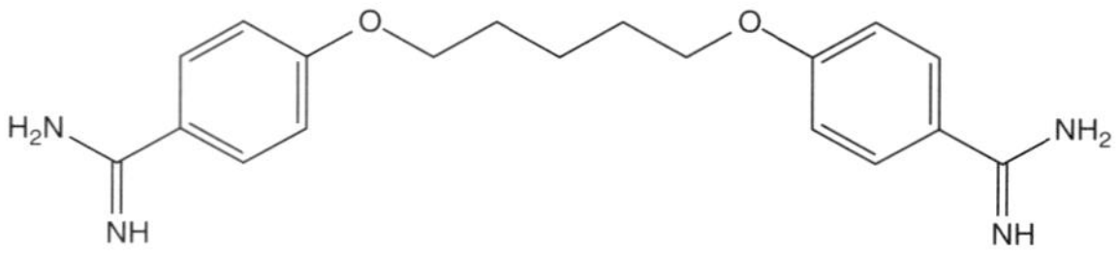

OS: *Pentamidine [BAN, DCF, USAN]*

Lomidine® [vet.] (Rhône Mérieux: BE)

– isetionate:

CAS-Nr.: 0000140-64-7
OS: *Pentamidine Isetionate BANM, JAN*
IS: *Pentamidine 2-hydroxyethanesulfonate*
IS: *Pentamidine Isethionate*
PH: Pentamidine Diisetionate Ph. Eur. 5
PH: Pentamidini isetionas Ph. Int. 4
PH: Pentamidine (diisétionate de) Ph. Eur. 5
PH: Pentamidini diisetionas Ph. Eur. 5
PH: Pentamidindiisetionat Ph. Eur. 5
PH: Pentamidine Isetionate Ph. Int. 4

NebuPent® (American Pharmaceutical Partners: US)
Pentacarinat® (Aventis: IL, IT, LU, NZ, PE, TH)
Pentacarinat® (Gerot: AT)
Pentacarinat® (GlaxoSmithKline: DE)
Pentacarinat® (Sanofi-Aventis: BE, BR, CH, DE, ES, FR, GB, NL, PT, SE)
Pentacarinat® (Sicor: US)
Pentacarinat® [vet.] (JHC: GB)
Pentamidina Combinopharm® (Combino: ES)
Pentamidina Filaxis® (Filaxis: AR)
Pentamidina Richet® (Richet: AR)
Pentamidina® (Eurofarma: BR)
Pentamidine Isethionate® (Baxter: US)
Pentamidine Isethionate® (Hospira: US)
Pentamidine Isethionate® (Mayne: CA, SG)
Pentamidine Isethionate® (Steris: US)
Pentamina® (Mayne: PT)
Pentam® (American Pharmaceutical Partners: US)

Pentastarch (USAN)

D: Pentastarch

⚕ Plasmaexpander

CAS-Nr.: 0009005-27-0

Starch, 2-hydroxyethyl, having a high degree of etherification

OS: *Pentastarch [BAN, USAN]*
IS: *ASL 607 (DuPont, USA)*

HAES-steril® (Fresenius: RU, ZA)
HAES-steril® (Fresenius Kabi Deut.-D: IT)
Hemohes® (Braun: GB, NO)
HyperHaes® (Fresenius: CH, DK, IS, LU, NL, NO, RU)
Infukoll HES® (Serum-Werk: RU)
Pentaspan® (Aventis: BR)
Pentaspan® (Bristol-Myers Squibb: CA)
Pentaspan® (Du Pont: US)
Pentastarch® (Baxter: IT, LU)
Refortan® (Berlin-Chemie: RU)
Sabax Pentastarch® (Critical Care: ZA)

Pentazocine (Rec.INN)

L: Pentazocinum
I: Pentazocina
D: Pentazocin
F: Pentazocine
S: Pentazocina

⚕ Analgesic

ATC: N02AD01
CAS-Nr.: 0000359-83-1 C_{19}-H_{27}-N-O
M_r 285.435

2,6-Methano-3-benzazocin-8-ol, 1,2,3,4,5,6-hexahydro-6,11-dimethyl-3-(3-methyl-2-butenyl)-, (2α,6α,11R*)-

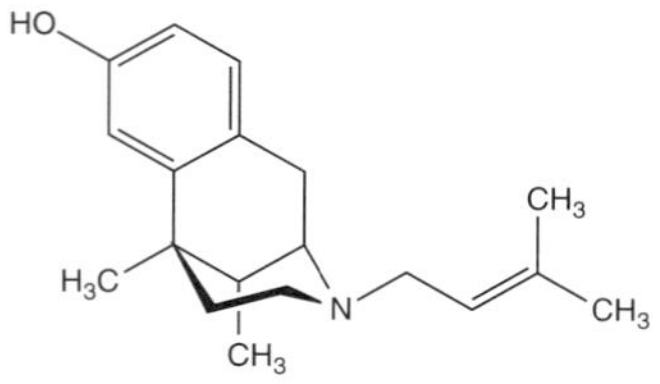

OS: *Pentazocina [DCIT]*
OS: *Pentazocine [BAN, DCF, JAN, USAN]*
IS: *NIH 7958*

IS: *Win 20228 (Winthrop, USA)*
PH: Pentazocine [Ph. Eur. 5, JP XIV, USP 30]
PH: Pentazocin [Ph. Eur. 5]
PH: Pentazocinum [Ph. Eur. 5]

Fortal® (Sanofi-Synthelabo: BE, LU)
Fortral® (Krka: BA, CZ, HR, RS, SI)
Fortral® (Kwizda: AT)
Fortral® (Sanofi-Synthelabo: AT, DE)
Fortral® (Winthrop: NL)
Peltazon® (Grelan: JP)
Pentagin® (Sankyo: JP)
Pentazocine-Profarma® (Profarma: TH)
Saldoren® (Sicomed: RO)
Sosenol® (Al Pharm: ZA)

– hydrochloride:
CAS-Nr.: 0064024-15-3
OS: *Pentazocine Hydrochloride BANM, USAN*
IS: *CS 350 (Sankyo, Japan)*
PH: Pentazocine Hydrochloride Ph. Eur. 5, USP 30
PH: Pentazocinhydrochlorid Ph. Eur. 5
PH: Pentazocine (chlorhydrate de) Ph. Eur. 5
PH: Pentazocini hydrochloridum Ph. Eur. 5

Fortal® (Sanofi-Aventis: NL)
Fortral® (Krka: RO)
Fortral® (Sanofi-Synthelabo: AU, DE, NL)
Fortwin® (Ranbaxy: IN, RO)
Pangon® (LBS: TH)
Pentazocine® (Actavis: GB)
Pentazocine® (Generics: GB)
Sosegon® [compr.] (Sanofi-Synthelabo: ES)
Sosegon® [compr.] (Yamanouchi: JP)
Stopain® (Beximco: BD)
Talwin® (Hospira: CA)
Talwin® (Sanofi-Aventis: CA)

– lactate:
CAS-Nr.: 0017146-95-1
OS: *Pentazocine Lactate BANM, USAN*
PH: Pentazocine Lactate BP 2003, Ph. Eur. 5
PH: Pentazocine Lactate Injection USP 27
PH: Pentazocine Injection USP 30

Fortral® (Sanofi-Synthelabo: AU, DE, NL)
Fortwin® (Ranbaxy: IN, TH)
Pangon® (LBS: TH)
Pentawin® (Biochem: IN)
Pentazocina Fides® (Fides Ecopharma: ES)
Pentazocine-Fresenius® (Bodene: ZA)
Pentazocinum® (Polfa Warszawa: PL)
Sosegon® [inj./rect.] (Sanofi-Synthelabo: ES)
Sosegon® [inj./rect.] (Yamanouchi: JP)
Talwin® (CTS: IL)
Talwin® (Hospira: CA, IT, US)

Pentobarbital (Rec.INN)

L: Pentobarbitalum
I: Pentobarbital
D: Pentobarbital
F: Pentobarbital
S: Pentobarbital

Hypnotic

ATC: N05CA01
CAS-Nr.: 0000076-74-4 C_{11}-H_{18}-N_2-O_3
M_r 226.285

2,4,6(1H,3H,5H)-Pyrimidinetrione, 5-ethyl-5-(1-methylbutyl)-

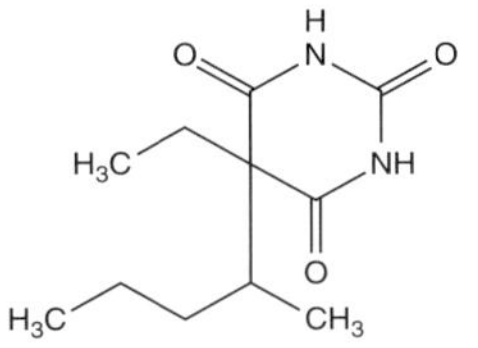

OS: *Pentobarbital [BAN, DCF, DCIT, USAN]*
IS: *Ethaminal*
IS: *Mebubarbital*
IS: *Mebumalum*
IS: *Pentobarbitone*
IS: *Acidum aethylmethylbutylbarbituricum*
PH: Pentobarbital [Ph. Eur. 5, USP 30]
PH: Pentobarbitalum [Ph. Eur. 5]

Euthapent® [vet.] (Kyron: ZA)
Mebumal SAD® (SAD: DK)
Narkodorm® [vet.] (Alvetra: DE)
Narkodorm® [vet.] (CP: DE)
Nembutal® (Ovation: US)
Sagatal® [vet.] (Merial: IE)

– sodium salt:
CAS-Nr.: 0000057-33-0
OS: *Pentobarbital Sodium BANM, JAN, USAN*
IS: *Barbityral*
IS: *Pentobarbitone, soluble*
IS: *Pentobarbitone Sodium*
IS: *Natrium aethyl-methylbutylbarbituricum*
PH: Pentobarbital-Natrium Ph. Eur. 5
PH: Pentobarbital sodique Ph. Eur. 5
PH: Pentobarbital Sodium Ph. Eur. 5, USP 30
PH: Pentobarbitalum natricum Ph. Eur. 5

Dolethal® [vet.] (Vetoquinol: BE, GB, IE, NL)
Doléthal® [vet.] (Vetoquinol: FR)
Dorminal® [vet.] (Alfasan: NL)
Esconarkon® [vet.] (Streuli: CH)
Eutasil® [vet.] (Ceva: PT)
Eutha 77® [vet.] (Essex: DE)
Eutha 77® [vet.] (Provet: CH)
Eutha-Naze® [vet.] (Bayer Animal Health: ZA)
Euthanasia® [vet.] (Apex: AU)
Euthasol® [vet.] (A.S.T.: NL)
Euthatal® [vet.] (Merial: GB, IE)
Euthesate® [vet.] (Ceva: NL)
Lethabarb® [vet.] (Virbac: AU)
Lethanal® [vet.] (Eurovet: NL)
Lethobarb® [vet.] (Fort Dodge: GB)
Mebunat® [vet.] (Orion: FI)
Narcoren® [vet.] (Merial: DE)

P

Narcoren® [vet.] (Veterinaria: CH)
Natriumpentobarbital® [vet.] (Wolfs: BE)
Nembutal Sodium® (Hospira: US)
Nembutal Sodium® (Ovation: US)
Nembutal® [vet.] (Ceva: NL)
Nembutal® [vet.] (Merial: AU)
Nembutal® [vet.] (Richter: AT)
Nembutal® [vet.] (Sanofi-Synthelabo: BE)
Pentobarbital Sodium Injection® (Wyeth: US)
Pentobarbital® [vet.] (Ceva: FR)
Pentobarbital® [vet.] (Loveridge: GB)
Pentobarb® [vet.] (Ilium Veterinary Products: AU)
Pentobarb® [vet.] (Provet: NZ)
Pentoject® [vet.] (Animalcare: GB)
Pentosol® [vet.] (Med-Pharmex: US)
Sagatal® [vet.] (Merial: GB)
Sleepaway® [vet.] (Fort Dodge: US)
Socumb-6-GR® [vet.] (Butler: US)
Sodium Pentobarbital® [vet.] (Butler: US)
Valabarb® [vet.] (Jurox: AU)
Vetanarcol® [vet.] (Intervet: AT)
Vetanarcol® [vet.] (Veterinaria: CH)

Pentosan Polysulfate Sodium (Rec.INN)

L: Natrii pentosani polysulfas
D: Natrium pentosan polysulfat
F: Pentosane polysulfate sodique
S: Pentosano polisulfato sodico

⚕ Anticoagulant

ATC: C05BA04
CAS-Nr.: 0037319-17-8 $(C_5\text{-}H_6\text{-}Na\text{-}O_{10}\text{-}S_2)_n$

Xylan, hydrogen sulfate, sodium salt

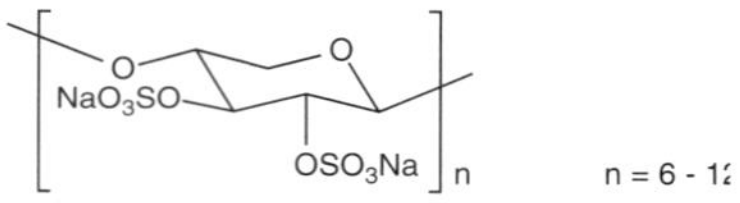

OS: *Pentosan Polysulfate Sodium [BAN, USAN]*
OS: *Pentosane polysulfate sodique [DCF]*
IS: *Hoe/Bay 946*
IS: *PZ 68*
IS: *SP 54*
IS: *Xylan, polysulfate sodium*
IS: *Pentosan Polysulphate Sodium*

Cartrophen® [vet.] (Albrecht: DE)
Cartrophen® [vet.] (Arthropharm: GB)
Cartrophen® [vet.] (Biopharm: AU)
Cartrophen® [vet.] (N-vet: SE)
Cartrophen® [vet.] (Therapeutix: NZ)
Catrophen® [vet.] (Arthropharm: GB)
Catrophen® [vet.] (Biopharm: AU)
Elmiron® (Arthropharm: AU)
Elmiron® (Baker Norton: US)
Elmiron® (Janssen: CA)
Fibrase® (Teofarma: IT)
Fibrezym® (Bene: DE)
Hémoclar® (Sanofi-Aventis: FR)
Pentarthron® [vet.] (Nature Vet: AU)
Pentarthron® [vet.] (Virbac: NZ)
Pentosanpolysulfat SP 54® (Bene: DE)
Pentosan® [vet.] (Nature Vet: AU)
Pentosan® [vet.] (Vetpharm: NZ)
Polyanion® (Sigmapharm: AT)
SP54® (Bene: HU)
Sylvet® [vet.] (Therapeutix: NZ)
Tavan-SP® (Aventis: ZA)
Thrombocid® (Bene: DE)
Thrombocid® (Lacer: DO, ES, GT, HN, NI, SV)
Thrombocid® (Milupa: CH)
Thrombocid® (Neo-Farmacêutica: PT)
Thrombocid® (Sigmapharm: AT)

Pentostatin (Rec.INN)

L: Pentostatinum
D: Pentostatin
F: Pentostatine
S: Pentostatina

⚕ Antineoplastic, antibiotic

ATC: L01XX08
CAS-Nr.: 0053910-25-1 $C_{11}\text{-}H_{16}\text{-}N_4\text{-}O_4$
M_r 268.289

Imidazo[4,5-d][1,3]diazepin-8-ol, 3-(2-deoxy-β-D-erythro-pentofuranosyl)-3,6,7,8-tetrahydro-, (R)-

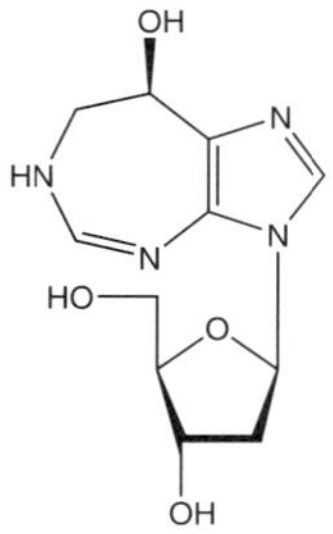

OS: *Pentostatin [BAN, JAN, USAN]*
OS: *Pentostatine [DCF]*
IS: *2'-dCF*
IS: *2'-Deoxycoformycin*
IS: *CI 825 (Parke Davis, USA)*
IS: *Co-V*
IS: *Co-vidarabine*
IS: *DCF*
IS: *NSC 218321*
IS: *PD-ADI*

Nipent® (EuroGen: NL)
Nipent® (Parke Davis: ES)
Nipent® (Pfizer: GR, IT)
Nipent® (SuperGen: US)
Nipent® (Wyeth: DE, FR)
Pentostatin® (Wyeth: NZ)

Pentoxifylline (Rec.INN)

L: Pentoxifyllinum
I: Pentoxifillina
D: Pentoxifyllin
F: Pentoxifylline
S: Pentoxifilina

⚕ Vasodilator, peripheric

ATC: C04AD03
CAS-Nr.: 0006493-05-6 $C_{13}\text{-}H_{18}\text{-}N_4\text{-}O_3$
M_r 278.327

1H-Purine-2,6-dione, 3,7-dihydro-3,7-dimethyl-1-(5-oxohexyl)-

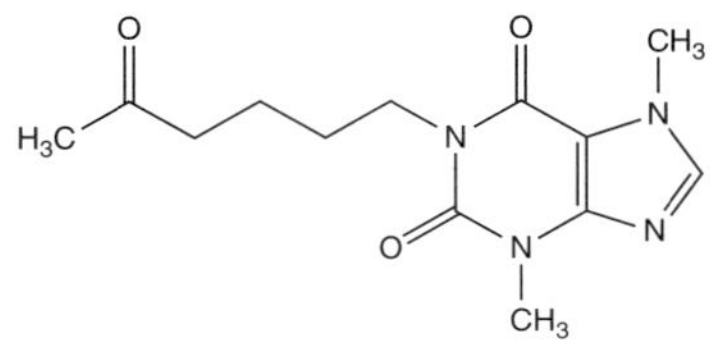

OS: *Pentoxifylline [BAN, DCF, JAN, USAN]*
OS: *Pentoxifillina [DCIT]*
OS: *Oxpentifylline [BAN]*
IS: *BL 191 (Albert Roussel, Germany)*
IS: *PTX (Sigma, USA)*
PH: Pentoxifyllinum [Ph. Eur. 5]
PH: Pentoxifyllin [Ph. Eur. 5]
PH: Pentoxifylline [Ph. Eur. 5, JP XIII, USP 30]

Agapurin retard® (Zentiva: BD, CZ)
Agapurin® (medphano: DE)
Agapurin® (Slovakofarma: CZ, TH)
Agapurin® (Zentiva: CZ, GE, PL, RO)
Angiopent® (Helcor: RO)
Apo-Pentoxifilina® (Apotex: PE)
Apo-Pentoxifylline® (Apotex: AN, BB, BM, BS, CA, CZ, GY, HT, JM, KY, SR, TT)
Apo-Pentox® (Apotex: PL)
Artal® (Pharmia: FI)
Azupentat® (Jenapharm: CZ)
Chinotal® (Pannonpharma: HU)
Claudicat® (Altana: DE, PT)
Damaton® (Galenika: RS)
Dartelin® (Lek: BA, HR, PL, SI)
Difusil® (Elvetium: PE)
Dospan-Pento® (Ivax: AR)
Duplat® (Degort's: MX)
Durapental® (Merck: PE)
Durapental® (Merck dura: DE)
Elastab® (TO Chemicals: TH)
Elorgan® (Aventis: ES)
Erypent® (Sunthi: ID)
Erytral® (Medikon: ID)
Fixoten® (Cryopharma: MX)
Flexital® (Sun: RU, TH)
Haemodyn® (Astellas: AT)
Haemodyn® (Klinge: DE)
Hemovas® (Robert: ES)
Herden® (Remedica: BH, JO, OM, SD, YE)
Kentadin® (Kendrick: MX)
Lentrin® (Metiska: ID)
Oxopurin® (Dexxon: IL)
Penlol® (Pose: TH)
Pentamon® (Pliva: HR)
Pentilin® (Krka: BA, CZ, HR, PL, RS, SI)
Pento AbZ® (AbZ: DE)
Pento-Puren® (Alpharma: DE)
Pentoflux® (Bouchara: FR)
Pentohexal® (Hameln: CZ)
Pentohexal® (Hexal: AT, DE, PL, SI)
Pentohexal® (Salutas Pharma: RS)
Pentoksifilin® (Hemofarm: RS)
Pentolab® (Lamsa: AR)
Pentomer® (Merckle: DE)
Pentomer® (Ratiopharm: AT, CZ)
Pentox-CT® (CT: DE, LU)
Pentoxi Genericon® (Genericon: AT)
Pentoxi Retard® (Terapia: RO)
Pentoxi-Mepha® (Mepha: CH)
Pentoxifilina Alter® (Alter: ES)
Pentoxifilina Belmac® (Belmac: ES)
Pentoxifilina Bexal® (Bexal: PT)
Pentoxifilina Davur® (Davur: ES)
Pentoxifilina Farmabion® (Farmabion: ES)
Pentoxifilina Generis® (Generis: PT)
Pentoxifilina Genfar® (Expofarma: CL)
Pentoxifilina Genfar® (Genfar: CO)
Pentoxifilina L.CH.® (Chile: CL)
Pentoxifilina Merck® (Merck: CO)
Pentoxifilina® (Kope Trading: PE)
Pentoxifilina® (La Santé: CO)
Pentoxifilina® (Mintlab: CL)
Pentoxifilin® (Arena: RO)
Pentoxifilin® (La Santé: CO)
Pentoxifilin® (Terapia: RO)
Pentoxifyllin acis® (acis: DE)
Pentoxifyllin AL® (Aliud: CZ, DE, HU)
Pentoxifyllin Basics® (Basics: DE)
Pentoxifyllin Lindo® (Lindopharm: DE)
Pentoxifyllin Pharmavit® (Bristol-Myers Squibb: HU)
Pentoxifyllin Sandoz® (Sandoz: DE)
Pentoxifyllin Stada® (Stadapharm: DE)
Pentoxifyllin-B® (Teva: HU)
Pentoxifyllin-ratiopharm® (ratiopharm: DE, LU)
Pentoxifyllin-ratiopharm® (Ratiopharm: NL)
Pentoxifylline Biogaran® (Biogaran: FR)
Pentoxifylline EG® (EG Labo: FR)
Pentoxifylline Merck® (Merck Génériques: FR)
Pentoxifylline PCH® (Pharmachemie: NL)
Pentoxifylline RPG® (RPG: FR)
Pentoxifylline Sandoz® (Sandoz: FR)
Pentoxifylline-Akri® (Akrihin: RU)
Pentoxifylline-Teva® (Teva: IL)
Pentoxifylline® (Actavis: US)
Pentoxifylline® (Biovail: US)
Pentoxifylline® (Clonmel: US)
Pentoxifylline® (Impax: US)
Pentoxifylline® (Karib: NL)
Pentoxifylline® (Mylan: US)
Pentoxifylline® (Pliva: US)
Pentoxifylline® (Shreya: RU)
Pentoxifylline® (Teva: US)
Pentoxifylline® (Torpharm: US)
Pentoxifylline® (Watson: US)
Pentoxifyllinum Biotika® (Biotika: CZ)
Pentoxifyllin® (Actavis: GE)
Pentoxifyllin® (Balkanpharma: BG)
Pentoxifyllin® (GAMA: GE)
Pentoxil® (Upsher-Smith: US)
PentoxiMed® (S. Med: AT)
Pentoxin® (Ethical: DO)
Pentoxin® (Ratiopharm: FI)
Pentoxy Heumann® (Heumann: DE)
Pentoxyl-EP® (ExtractumPharma: HU)
Pentox® (Abdi Ibrahim: TR)
Pentox® (Farmasa: BR)
Pentox® (Littman: PH)
Perental® (Meizler: BR)
Perivax R® (Chalver: CO, EC, PE)
Pexal® (Mepha: CR, EC, GT, HN, PA, SV, TT)
Pexol® (Mepha: PE)

P

Platof® (Sanbe: ID)
Polfilin® (Polpharma: PL)
Previscan® (Investi: AR)
Ralofekt® (Temmler: DE)
ratio-Pentoxifylline® (Ratiopharm: CA)
Rentylin® (Shire: DE, LU)
Reotal® (Kalbe: ID)
Retimax® (Alcon: ES)
Sufisal® (Silanes: MX)
Tarontal® (Aventis: GR)
Tarontal® (Bernofarm: ID)
Tirentall® (GAMA: GE)
Torental® (Aventis: LU)
Torental® (Sanofi-Aventis: BE, FR)
Trenat® (Interbat: ID)
Trenfyl® (Pharos: ID)
Trenlin® (CCM Pharma: SG)
Trental® (Aventis: AT, AU, BR, CO, CR, CZ, DE, DK, DO, EC, GT, HN, IN, IS, IT, LK, NI, NO, NZ, PA, PE, PH, SI, SV, TH, US, ZA)
Trental® (Aventis Pharma: ID)
Trental® (Jugoremedija: RS)
Trental® (Sanofi-Aventis: AR, BD, CA, CH, CL, FI, GB, GE, HK, HR, HU, IE, IL, MX, MY, NL, PL, PT, RO, RU, SG, TR)
Trentilin® (Santa-Farma: TR)
Trentox® (Ferron: ID)
Trenxy® (Ikapharmindo: ID)
Trepal® (TTN: TH)
Vantoxyl® (Bruluart: MX)
Vasonit® (Lannacher: AT, CZ)
Vasonit® (Optima: DE)
Vasonit® (Schwarz: RU)
Xipen® (Best: MX)
Zumavastal® (Prima: ID)

Pentoxyverine (Rec.INN)

L: Pentoxyverinum
I: Pentoxiverina
D: Pentoxyverin
F: Pentoxyvérine
S: Pentoxiverina

Antitussive agent

ATC: R05DB05
CAS-Nr.: 0000077-23-6 C_{20}-H_{31}-N-O_3
M_r 333.478

Cyclopentanecarboxylic acid, 1-phenyl-, 2-[2-(diethylamino)ethoxy]ethyl ester

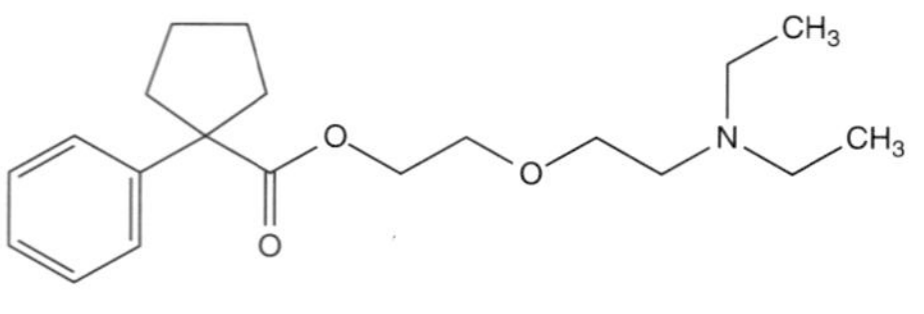

OS: *Pentoxyvérine [DCF]*
OS: *Pentoxiverina [DCIT]*
OS: *Pentoxyverine [BAN]*
IS: *Carbapentane*
IS: *Tusolven*
IS: *UCB 2543*

Balsoclase E® (UCB: NL)
Pentoxyverin UCB® (UCB: AT)
Sedotussin® (UCB: AT, CZ, DE)

– citrate:

CAS-Nr.: 0023142-01-0
OS: *Pentoxyverine citrate BANM, JAN*
OS: *Carbetapentane Citrate USAN*
PH: Carbetapentane Citrate NF XIII
PH: Pentoxyverine Citrate JP XIV
PH: Pentoxyverine Hydrogen Citrate Ph. Eur. 5
PH: Pentoxyverini hydrogencitras Ph. Eur. 5
PH: Pentoxyvérine (hydrogénocitrate) Ph. Eur. 5
PH: Pentoxyverinhydrogencitrat Ph. Eur. 5

Balsoclase antitussivum® (UCB: BE)
Balsoclase® (UCB: LU, NL)
Calnathal TP® (Zensei: JP)
Pectosan® (Cooper: FR)
Pencal® (Tatsumi Kagaku: JP)
Pentoxyverin UCB® (UCB: AT)
Sedotussin® (UCB: AT, DE, HU)
Takabetan® (Takata: JP)
Toclase® (Sumitomo: JP)
Toclase® (UCB: FI, FR, PH, SE, TH)
Vicks® (Procter & Gamble: FR)

– hydrochloride:

CAS-Nr.: 0001045-21-2

Sedotussin® (Rodleben: DE)
Sedotussin® (UCB: AT, DE)
Sedotussin® (Vedim: DE)
Toclase® (UCB: FI, NO, SE, TH, TR)
Tuclase® (UCB: BE, GR, IT, LU, NL)

Peplomycin (Rec.INN)

L: Peplomycinum
I: Peplomycina
D: Peplomycin
F: Peplomycine
S: Peplomycina

Antineoplastic, antibiotic

CAS-Nr.: 0068247-85-8 C_{61}-H_{88}-N_{18}-O_{21}-S_2
M_r 1473.675

Bleomycinamide, N^1-[3-[(1-phenylethyl)amino]propyl]-, (S)-

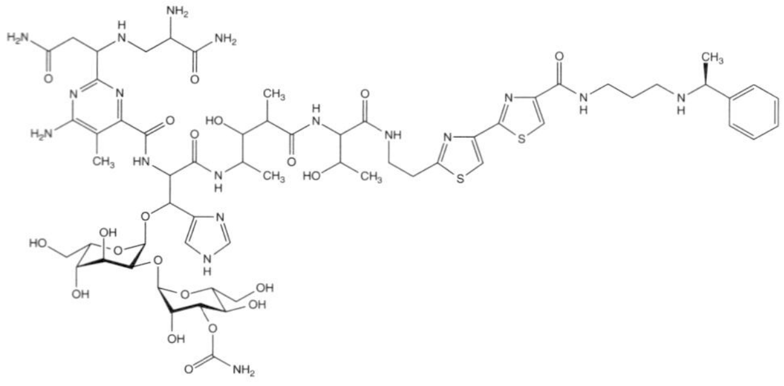

OS: *Péplomycine [DCF]*
OS: *Peplomycina [DCIT]*
IS: *NK 631 (Nippon Kayaku, Japan)*
IS: *PEP-Bleomycin*

– sulfate:

CAS-Nr.: 0070384-29-1
OS: *Peplomycin Sulfate JAN, USAN*
PH: Peplomycin Sulfate JP XIV

Pepleo® (Nippon Kayaku: JP)

Perazine

D: Perazin

Neuroleptic

ATC: N05AB10
CAS-Nr.: 0000084-97-9 C_{20}-H_{25}-N_3-S
M_r 339.51

10H-Phenothiazine, 10-[3-(4-methyl-1-piperazinyl)propyl]-

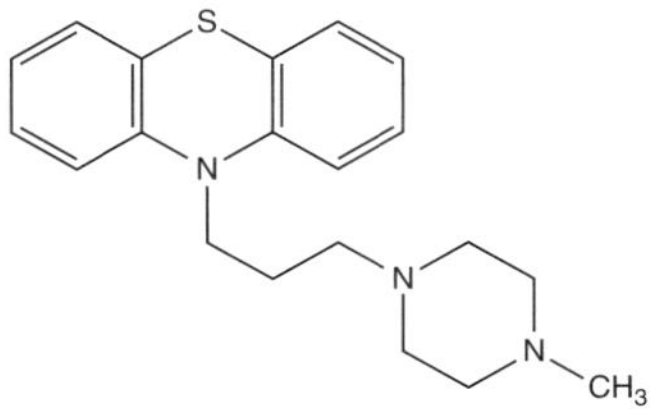

IS: *P 725*

– dimalonate:

CAS-Nr.: 0014777-25-4
PH: Perazin-bis(hydrogenmalonat) DAC

Perazin-neuraxpharm® (neuraxpharm: DE)
Perazin® (Hasco: PL)
Perazyna® (Galena: PL)
Pernazinum® (Labor: PL)
Taxilan® (Lundbeck: DE)

Perflunafene (Rec.INN)

L: Perflunafenum
D: Perflunafen
F: Perflunafene
S: Perflunafeno

Diagnostic

ATC: S01KX
CAS-Nr.: 0000306-94-5 C_{10}-F_{18}
M_r 462.08

Octadecafluorodecahydronaphtalene

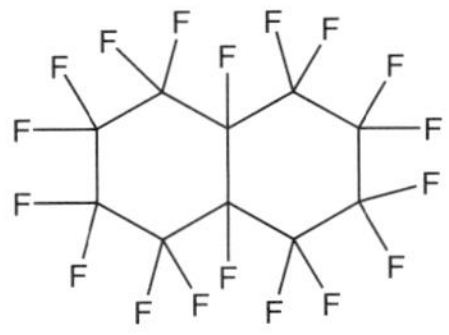

OS: *Perflunafene [BAN, USAN]*
IS: *Fluosol-DA*
IS: *Perfluordecalin*
IS: *F-DC*
IS: *PP 5*
IS: *PFD*

Acri-deca® (Acri.Tec: DE)
DK-Line® (Abdi Ibrahim: TR)

Perflutren (Rec.INN)

L: Perflutrenum
D: Perflutren
F: Perflutrène
S: Perflutreno

Diagnostic agent

ATC: V08D,V09G
CAS-Nr.: 0000076-19-7 C_3-F_8
M_r 188.02

Octafluoropropane [WHO]

Propane, octafluoro- [USAN]

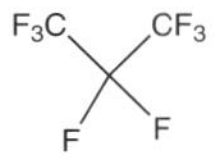

OS: *Perflutren [USAN]*
IS: *DMP 115 (DuPont Merck)*
IS: *FS 069*
IS: *Kitgas*
IS: *MRX 115*
IS: *YM 454*
IS: *Octafluoropropangas*
PH: Perflutren Protein-Type A Microspheres Injectable Suspension [USP 27]

Definity® (Bristol-Myers Squibb: CA, CL, US)
Luminity® (Bristol-Myers Squibb: DE)
Optison® (Amersham: AT, AU, CZ, DE, ES, HU, NL)
Optison® (Amersham Health AS-N: IT)
Optison® (GE Healthcare: SE)
Optison® (Mallinckrodt: LU)

Pergolide (Rec.INN)

L: Pergolidum
D: Pergolid
F: Pergolide
S: Pergolida

Antiparkinsonian, dopaminergic

Lactation suppressant

ATC: N04BC02
CAS-Nr.: 0066104-22-1 C_{19}-H_{26}-N_2-S
M_r 314.497

Ergoline, 8-[(methylthio)methyl]-6-propyl-, (8β)-

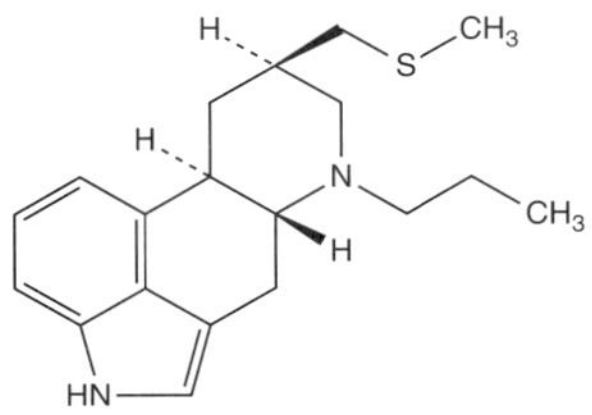

OS: *Pergolide [BAN, DCF]*
IS: *Ly 141 B*

Geranil® (Neuropharma: AR)
Pergolide CF® (Centrafarm: NL)
Pergolide Merck® (Merck: NL)

P

Pergolide Teva® (Teva: IL)
Permax® (Lilly: NL)

- **mesilate:**

CAS-Nr.: 0066104-23-2
OS: *Pergolide Mesylate USAN*
OS: *Pergolide Mesilate BANM*
IS: *LY 127809 (Lilly, USA)*
PH: Pergolide Mesilate Ph. Eur. 5
PH: Pergolidi mesilas Ph. Eur. 5
PH: Pergolidmesilat Ph. Eur. 5
PH: Pergolide (mésilate de) Ph. Eur. 5
PH: Pergolide Mesylate USP 30

Aroltex® (LKM: AR)
Celance® (Lilly: BR, FR, GB, IE, PE, TH)
Celance® (Roemmers: AR)
Celance® [vet.] (Lilly: GB)
Célance® (Lilly: FR)
Hizest® (Ivax: CZ)
Nopar® (Lilly: IT)
Parkotil® (Lilly: DE, HU)
Pergolid AbZ® (AbZ: DE)
Pergolid AL® (Aliud: DE)
Pergolid beta® (betapharm: DE)
Pergolid Copyfarm® (Copyfarm: DK)
Pergolid Hexal® (Hexal: DE)
Pergolid ratiopharm® (ratiopharm: DE, DK)
Pergolid ratiopharm® (Ratiopharm: NL)
Pergolid Sandoz® (Sandoz: DE)
Pergolid Stada® (Stadapharm: DE)
Pergolid-neuraxpharm® (neuraxpharm: DE)
Pergolida Ratiopharm® (Ratiopharm: ES)
Pergolida Teva® (Teva: ES)
Pergolide A® (Apothecon: NL)
Pergolide Disphar® (Disphar: NL)
Pergolide Ivax® (Ivax: CZ)
Pergolide Mesylate® (Ivax: US)
Pergolide Mesylate® (Teva: US)
Pergolide PCH® (Pharmachemie: NL)
Pergolide ratiopharm® (Ratiopharm: NL)
Pergolide Sandoz® (Sandoz: NL)
Pergolide® (Hexal: NL)
Pergolide® (Ivax: NL)
Pergolide® (Lilly: IL)
Permax D.A.C.® (D.A.C.: IS)
Permax® (Aspen: AU)
Permax® (Eurim: AT)
Permax® (Healthcare Logistics: NZ)
Permax® (Lilly: AT, BE, CH, CZ, DK, FI, IS, LU, NL, PT, SI, TR, ZA)
Permax® (Paranova: AT)
Permax® (Shire: CA)
Permax® (Valeant: US)
Pharken® (Elanco: ES)
Pharken® (Lilly: ES)

Perhexiline (Rec.INN)

L: Perhexilinum
D: Perhexilin
F: Perhexiline
S: Perhexilina

⚕ Coronary vasodilator
⚕ Calcium antagonist

ATC: C08EX02
CAS-Nr.: 0006621-47-2 C_{19}-H_{35}-N
M_r 277.499

Piperidine, 2-(2,2-dicyclohexylethyl)-

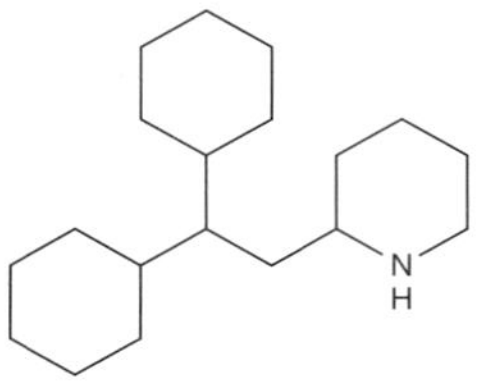

OS: *Perhexiline [BAN, DCF]*

- **maleate:**

CAS-Nr.: 0006724-53-4
OS: *Perhexiline Maleate USAN*
IS: *WSM 3978*

Pexig® (Aventis: NZ)
Pexsig® (Sigma: AU, NZ)

Periciazine (Prop.INN)

L: Periciazinum
I: Periciazina
D: Periciazin
F: Périciazine
S: Periciazina

⚕ Neuroleptic

ATC: N05AC01
CAS-Nr.: 0002622-26-6 C_{21}-H_{23}-N_3-O-S
M_r 365.505

10H-Phenothiazine-2-carbonitrile, 10-[3-(4-hydroxy-1-piperidinyl)propyl]-

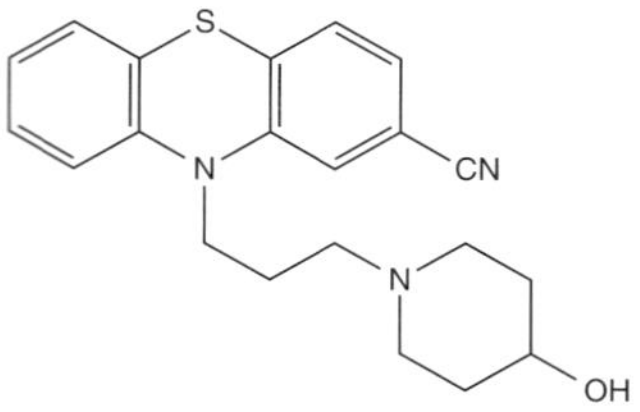

OS: *Pericyazine [BAN]*
OS: *Propericiazine [DCF, JAN]*
OS: *Periciazina [DCIT, USAN]*
IS: *RP 8909*
IS: *SKF 20716*
IS: *Bayer 1409 (Bayer)*

Iriyakin® (Toyo Pharmar: JP)
Nemactil® (Aventis: ES)
Neulactil® (Aventis: AU, CH, DK, NZ, ZA)
Neulactil® (Sanofi-Aventis: FI, GB, HK)

Neuleptil® (Aventis: CZ, IT, PE)
Neuleptil® (Erfa: CA)
Neuleptil® (Sanofi-Aventis: AR, BR, CL, FR, GE, IL, NL, RU)

– mesilate:

IS: *Periciazine methanesulfonate*

Neuleptil® (Teofarma: IT)

Perindopril (Rec.INN)

L: Perindoprilum
D: Perindopril
F: Perindopril
S: Perindopril

ACE-inhibitor
Antihypertensive agent

ATC: C09AA04
CAS-Nr.: 0082834-16-0 C_{19}-H_{32}-N_2-O_5
M_r 368.485

1H-Indole-2-carboxylic acid, 1-[2-[[1-(ethoxycarbonyl)-butyl]amino]-1-oxopropyl]octahydro-, [2S-[1[R*(R*)],2α,-3aβ,7aβ]]-

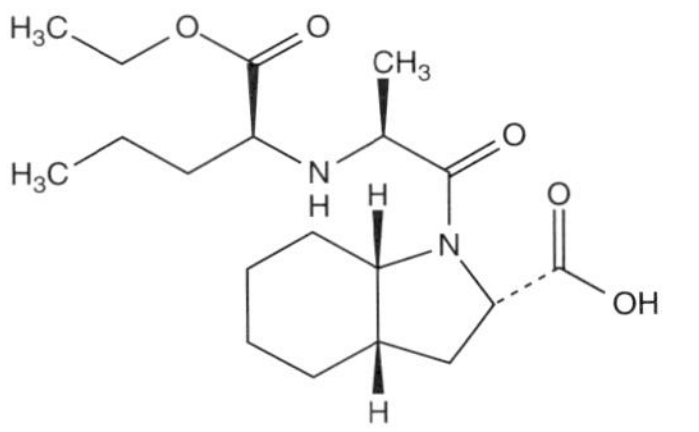

OS: *Perindopril [BAN, USAN]*
OS: *Périndopril [DCF]*
IS: *McN-A-2833 (Mc Neil, USA)*
IS: *S 9490 (Servier, France)*

Acertil® (Servier: CN)
Agulan® (GMP: GE)
Bioprexanil® (Servier: SI)
Coversyl® (Euroetika: CO)
Coversyl® (Sanfer: MX)
Coversyl® (Servier: AE, AN, AN, AW, BB, BD, BH, BM, BR, BS, BZ, EG, GD, GH, GR, GY, IE, IQ, JM, JO, KW, KY, LB, LC, LK, MT, NG, NL, OM, QA, SA, SD, SG, SY, TH, TR, TT, VC, YE, ZA)
Inopil® (Delta: BD)
Perindan® (Galex: SI)
Prenessa® (Krka: CZ)
Prenessa® (Salus: SI)
Prestarium® (Servier: CZ, RO)
Prexanil® (Servier: CZ, HR, RS, SI)

– arginine:

Coversyl Arginine® (Servier: IE)
Prestarium® (Servier: PL)

– erbumine:

CAS-Nr.: 0107133-36-8
OS: *Perindopril Erbumine BANM, USAN*
IS: *McN-A-2833-109 (Mc Neil, USA)*
IS: *Perindopril tert-butyl amino salt SRVGB*
IS: *S 9490-3 (Servier, France)*
PH: Perindopril tert-butylamine Ph. Eur. 5

Aceon® (Solvay: US)
Acertil® (Servier: HK)
Armix® (Servier: HU)
Coverene® (Servier: AR)
Coverex® (Egis: HU, LU, NL, SI)
Coversum® (Servier: AT, CH, DE)
Coversyl® [comp.] (Aktuapharma: BE)
Coversyl® [comp.] (EU-Pharma: NL)
Coversyl® [comp.] (Euro: NL)
Coversyl® [comp.] (Grünenthal: CL)
Coversyl® [comp.] (Medcor: NL)
Coversyl® [comp.] (Serdia: IN)
Coversyl® [comp.] (Servier: AU, BE, BR, CA, CR, DK, DO, ES, FI, FR, GB, GT, HN, IS, LU, MY, NI, NL, NZ, PA, PH, PT, SV, VN, ZA)
Coversyl® [comp.] (Servier-F: IT)
Pendoril® (Renata: BD)
Perindopril A® (Apothecon: NL)
Perindopril Copyfarm® (Copyfarm: CH)
Perindopril tert-Butylamine KR® (Kromme Rijn: NL)
Perindopril tert-butylamine ratiopharm® (Ratiopharm: NL)
Perindopril tert-butylamine® (Stada: NL)
Prenessa® (Krka: HU, PL)
Prestarium® (Servier: PL, RU)
Prexum® (Biogaran: ZA)
Prexum® (Servier: ID)
Procaptan® (Stroder: IT)

Permethrin (Rec.INN)

L: Permethrinum
D: Permethrin
F: Perméthrine
S: Permetrina

Insecticide
Pediculocide

ATC: P03AC04
CAS-Nr.: 0052645-53-1 C_{21}-H_{20}-Cl_2-O_3
M_r 391.291

Cyclopropanecarboxylic acid, 3-(2,2-dichloroethenyl)-2,2-dimethyl-, (3-phenoxyphenyl)methyl ester

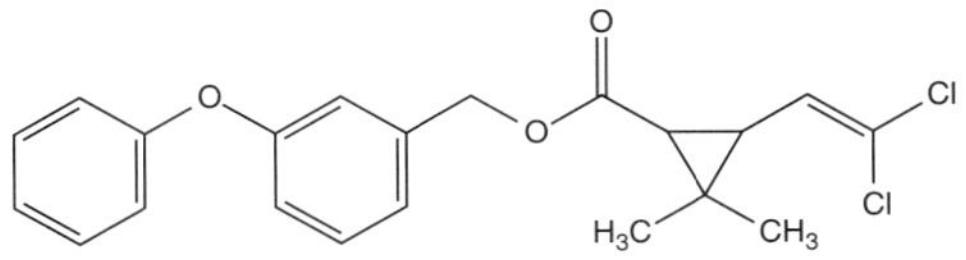

OS: *Permethrin [BAN, USAN]*
OS: *Perméthrine [DCF]*

Acticin® (Bertek: US)
Arotrix® (Aristopharma: BD)
Assithrin® [vet.] (Delicia: DE)
Assy® (Assistance: AR)
Atroban® [vet.] (Schering-Plough: US)
Auriplak® [vet.] (Virbac: DE, GB, NL)
Back Side® [vet.] (Agri Labs.: US)
Beau Beau Anti-Vlooienshampoo® [vet.] (Beaphar: NL)

P

Billy Peach® [vet.] (Virbac: NZ)
Bolfo® [vet.] (Bayer: SE)
Boss Pour-on for Cattle® [vet.] (Schering-Plough: US)
Bovi Clip® [vet.] (Virbac: NL)
Brute Pour-on for Cattle® [vet.] (Y-Tex: US)
Buzz-off® [vet.] (Bio-Ceutic: US)
Cabis® (Doctor's Chemical Work: BD)
Canac® [vet.] (Sinclair: GB)
Canovel® [vet.] (Pfizer Animal Health: GB)
Capitis® (Fecofar: AR)
Care 4 Month Flea Collar® [vet.] (Virbac: AU)
Care Flea Shampoo® [vet.] (Virbac: AU)
Care Long Acting Spray® [vet.] (Virbac: AU)
Care Permethrin Foam Mousse® [vet.] (Virbac: AU)
Cat Flea Collar® [vet.] (Sherley's: GB)
Catovel® [vet.] (Pfizer Animal Health: GB)
Catron® [vet.] (Boehringer Ingelheim Vetmedica: US)
Companion Flea Powder® [vet.] (Battle: GB)
Crown Louse Powder® [vet.] (Cypharm: IE)
Defencare® [vet.] (Virbac: DE, GB, NL)
Defencat® [vet.] (Virbac: BE, CH, FR, GB)
Defend Exspot Insecticide for Dogs® [vet.] (Schering-Plough: US)
Defend Flea & Tick Cream Rinse® [vet.] (Schering-Plough: US)
Defendog® [vet.] (Virbac: BE, CH, FR, IT, NL)
Deorix® (Popular: BD)
Dermoper® (Defuen: AR)
Dertil® (Drag Pharma: CL)
Destolit® (Farmindustria: PE)
Detebencil® (Roux-Ocefa: AR)
Dog Spot on® [vet.] (Bob Martin: GB)
Dog-Net® [vet.] (Omega Pharma France: FR)
Durasect® [vet.] (Pfizer: US)
Ectiban® [vet.] (DurVet: US)
Ecto-soothe® [vet.] (Virbac: NZ)
Elimate® (Incepta: BD)
Elimex® (Dr. Collado: DO)
Elimite® (Allergan: US)
Eolia® [vet.] (Inomark: CH)
Equi-Phar® [vet.] (Vedco: US)
Equine Spray® [vet.] (Anchor: US)
Ermite® (Jayson: BD)
Escort P® [vet.] (Schering-Plough: US)
Exelpet Flea and Tick Kill Concentrate® [vet.] (Exelpet: AU)
Exetick® [vet.] (Schering-Plough Animal: AU)
Exil® [vet.] (Francodex: NL)
Exil® [vet.] (Virbac: NL)
Exit® [vet.] (RXV: US)
Exspot® [vet.] (Essex: DE)
Exspot® [vet.] (Provet: CH)
Exspot® [vet.] (Schering-Plough: SE)
Exspot® [vet.] (Schering-Plough Animal: ZA)
Exspot® [vet.] (Schering-Plough Veterinary: GB)
Exspot® [vet.] (Vetcare: FI)
Felt Cat Flea Collar® [vet.] (Johnson & Johnson: GB)
Fido's Permethrin Rinse Concentrate® [vet.] (Mavlab: AU)
Flea & Tick Spot on® [vet.] (Bob Martin: GB)
Flea and Tick Kill Concentrate® [vet.] (Exelpet: AU)
Fleaban® [vet.] (Exelpet: AU)
Fleatrol® [vet.] (Virbac: NZ)
Fly Repellent Plus for Horses® [vet.] (Schering-Plough Veterinary: GB)
Flyper® [vet.] (Crown Animals: GB)
Fripi® (Monserrat: AR)
Fussy Puss Cat Flea Collar® [vet.] (Sinclair: GB)
Gamabenceno Plus® (Bussié: CO, GT, HN, SV)
Gamaderm® (Biochem: CO)
Gardstar® [vet.] (Y-Tex: US)
Head-to-tail Flea Powder® [vet.] (Schering-Plough Veterinary: GB)
Helpp® (ISA: AR)
Horsecare Permeth® [vet.] (DurVet: US)
Infectopedicul® (Infectopharm: DE)
InfectoScab® (Infectopharm: DE)
Insecticidal Shampoo® [vet.] (Sherley's: GB)
Kilmack® [vet.] (Omega Pharma France: FR)
Kilnits® (Andromaco: CL)
Kinderval® (Omicron: AR)
Kwellada® (ARIS: TR)
Kwellada® (GlaxoSmithKline Consumer Healthcare: CA)
Kwell® (GlaxoSmithKline: AR, PH)
Licerin® (Drug International: BD)
Lincoln Lice Control Plus® [vet.] (Battle: GB)
Lincoln Sweet Itch Control® [vet.] (Battle: GB)
Lorix® (Opsonin: BD)
Lotrix® (GlaxoSmithKline: BD)
Louse Powder® [vet.] (Arnolds: GB)
Loxazol® (Chefaro: NL)
Loxazol® (GlaxoSmithKline: NL)
Loxazol® (Interdelta: CH)
Lyclear Cream Rinse® (Chefaro: IE)
Lyclear Dermal Cream® (Chefaro: GB)
Lyclear Dermal Cream® (GlaxoSmithKline: IE, IL)
Lyclear® (Chefaro: GB)
Lyclear® (GlaxoSmithKline: AE, BH, IR, KW, OM, QA, ZA)
Lyclear® (Pfizer: AU)
Lyderm® (PSM: NZ)
Max antiparasite® [vet.] (Vitakraft: CH)
Mite-X® (Fischer: IL)
Mithin® (Edruc: BD)
Natura Insecticidal Collar® [vet.] (Virbac: GB)
New Z Permethrin® [vet.] (Farnam: US)
New-Nok® (Meditrend: IL)
Nidifol-G® (GAMA: GE)
Nix Creme Rinse® (GlaxoSmithKline: BG)
Nix Creme Rinse® (Insight: US)
Nix Creme Rinse® (Omega: LU)
Nix Dermal® (GlaxoSmithKline: AG, AN, AW, BB, BG, GD, GY, JM, LC, SI, TT, VC)
Nix® (ACO: DK, IS, NO)
Nix® (Aco Hud: FI)
Nix® (ACO Hud: SE)
Nix® (Chefaro: IT)
Nix® (GlaxoSmithKline: CA, RO, RU, SE)
Nix® (Insight: CA, US)
Nix® (Omega: BE, FR)
Nopucid® (Farmindustria: PE)
Nopucid® (Interbelle: AR)
Noscab® (Beximco: BD)
Novo-Herklin 2000® (Armstrong: CR, MX)
Ongedierteshampoo® [vet.] (Beaphar: NL)
Pediletan® (Cimed: BR)

Perlice® (Galderma: IN)
Perls® (Globe: BD)
Permectrin® [vet.] (Agri Labs.: US)
Permectrin® [vet.] (Anchor: US)
Permectrin® [vet.] (Aspen: US)
Permectrin® [vet.] (Boehringer Ingelheim Vetmedica: US)
Permectrin® [vet.] (DurVet: US)
Permenin® (Medicon: BD)
Permethrin® (Alpharma: US)
Permethrin® (Clay-Park: US)
Permethrin® [vet.] (Johnson's: GB)
Permethrin® [vet.] (Sherley's: GB)
Permetrina OTC® (OTC: ES)
Permin® (Acme: BD)
Permisol® (ACI: BD)
Permit® [vet.] (Inomark: CH)
Permoxin® [vet.] (Dermacare-Vet: AU)
Permoxin® [vet.] (Pfizer Animal Health: NZ)
Permoxin® [vet.] (Phoenix: NZ)
Perosa® (Eskayef: BD)
Piostop® (Hexal: BR)
Preventic LA® [vet.] (Allerderm: US)
Preventic Permethrin® [vet.] (Virbac: DE)
Proofi-Care® [vet.] (Essex: DE)
ProTICall® [vet.] (Schering-Plough: US)
Prozap® [vet.] (Loveland: US)
Pulvex Spot® [vet.] (Schering-Plough: BE, BE)
Pulvex Spot® [vet.] (Schering-Plough Vétérinaire: FR)
Pulvex® [vet.] (Schering-Plough Vétérinaire: FR)
Pyrifoam® (Dermatech: AU)
Python® [vet.] (Y-Tex: US)
Quellada Head Lice Treatment® (GlaxoSmithKline: AU)
Quellada Head Lice Treatment® (Stafford-Miller: HK)
Quellada Scabies Treatment® (Stafford-Miller: HK)
Quick-Kill® [vet.] (Pharmachem: AU)
Quitoso® (Elisium: AR)
Repel-A-Cide Dip® [vet.] (Happy Jack: US)
Ridect® [vet.] (Pfizer Animal Health: GB)
Ridect® [vet.] (Pfizer Consumer Healthcare: IE)
Sarcop® (Unipharma: ES)
Scabex® (Square: BD)
Scabid® (Chemist: BD)
Scabimite® (Galenium: ID)
Scabisan® (Chinoin: DO, HN, MX, NI, PA)
Scaper® (Bio-Pharma: BD)
Scarin® (Ibn Sina: BD)
Secto Flea Powder® [vet.] (Sinclair: GB)
Shampooing Antiparasitaire ICC chien® [vet.] (Petco: CH)
Skilin® (General Pharma: BD)
Stomoxin E.C.® [vet.] (Schering-Plough: BE)
Stomoxin® [vet.] (Schering-Plough: BE)
Swift® [vet.] (Cypharm: IE)
Swift® [vet.] (Novartis Animal Health: AU)
Swift® [vet.] (Young's: GB)
Switch® [vet.] (Day Son: GB)
Synerkyl® [vet.] (DVM: US)
Tectonik® [vet.] (Virbac: BE)
Tic-Tac® (United Pharmaceutical: AE, BH, IQ, JO, LY, OM, QA, SA, SD, YE)
Tick-Fence® [vet.] (Novartis: NL)
Tindal® (Luper: BR)
Velvet Flea Collar® [vet.] (Bob Martin: GB)
Vetzyme JDS Insecticidal Shampoo® [vet.] (Seven Seas: GB)
Wellcare® [vet.] (Essex: DE)
Witty® (Natural Health: AR)
Xenex® [vet.] (Genitirix: GB)
Y-Tex Brute® [vet.] (Flycam: AU)
Zalvor® (GlaxoSmithKline: BE, LU, TR)
Zehu-Ze® (Biogal: IL)
Zekout® [vet.] (ICF: IT)
Zunex® (Rephco: BD)

Perphenazine (Rec.INN)

L: Perphenazinum
I: Perfenazina
D: Perphenazin
F: Perphénazine
S: Perfenazina

Neuroleptic

ATC: N05AB03
CAS-Nr.: 0000058-39-9 C_{21}-H_{26}-Cl-N_3-O-S
M_r 403.979

1-Piperazineethanol, 4-[3-(2-chloro-10H-phenothiazin-10-yl)propyl]-

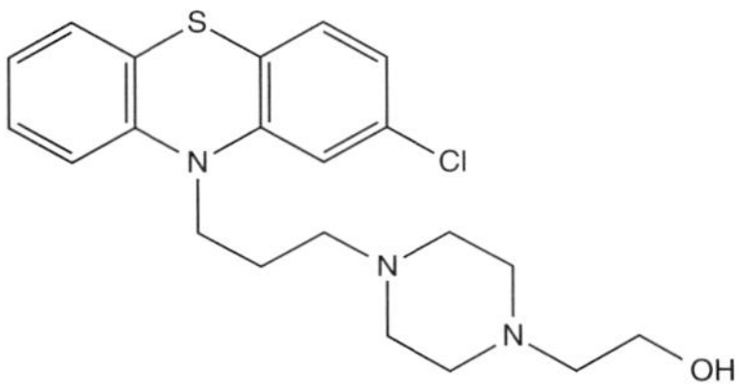

OS: *Perphenazine [BAN, DCF, JAN, USAN]*
OS: *Perfenazina [DCIT]*
IS: *Chlorpiprazin*
IS: *SC 7105*
IS: *Sch 3940*
PH: Perphenazine [Ph. Eur. 5, JP XIV, USP 30]
PH: Perphenazinum [Ph. Eur. 5]
PH: Perphenazin [Ph. Eur. 5]
PH: Perphénazine [Ph. Eur. 5]

Apo-Perphenazine® (Apotex: CA)
Conazine® (Condrugs: TH)
Decentan® (Merck: AT, DE, ES)
Fentazin® (Goldshield: GB, IE)
Leptopsique® (Psicofarma: MX)
Peratsin® (Orion: FI)
Perfenazin Leciva® (Leciva: CZ)
Perfenazine CF® (Centrafarm: NL)
Perfenazine PCH® (Pharmachemie: NL)
Pernamed® (Medifive: TH)
Pernazine® (Atlantic: TH)
Perphenan® (Taro: IL)
Perphenazin-neuraxpharm® (neuraxpharm: DE)
Perphenazine® (Pharmaceutical Associates: US)
Perphenazine® (Sandoz: US)
Perphenazine® (Teva: US)
Perphenazine® (Vintage: US)
Perzine-P® (PP Lab: TH)
Porazine® (Pharmasant: TH)
Trilafon® (Essex: CH)

P

Trilafon® (Schering: CA, NL, US)
Trilafon® (Schering-Plough: DK, ID, IS, IT, LU, NO, PL, SE)

– decanoate:

Trilafon dekanoat® (Schering-Plough: DK, IS, NO, SE)

– enantate:

CAS-Nr.: 0017528-28-8
IS: *Perphenazine heptanoate*

Decentan Depot® [inj.] (Merck: DE)
Trilafon enantat® (Schering-Plough: SE)
Trilafon® (Euro: NL)
Trilafon® (Schering-Plough: IT, PL)
Trilifan Retard® (Schering-Plough: FR)

Pethidine (INN)

L: Pethidinum
I: PetidinaPethidine
D: Pethidin
F: Pethidine
S: Petidina

Opioid analgesic

ATC: N02AB02
ATCvet: QN02AB02, QN02AB52, QN02AB72, QN02AG03

CAS-Nr.: 0000057-42-1 $C_{15}H_{21}NO_2$ M_r 247.33

4-Piperidinecarboxylic acid, 1-methyl-4-phenyl-, ethyl ester
Ethyl-1methyl-4-phenylpiperidine-4-carboxylate

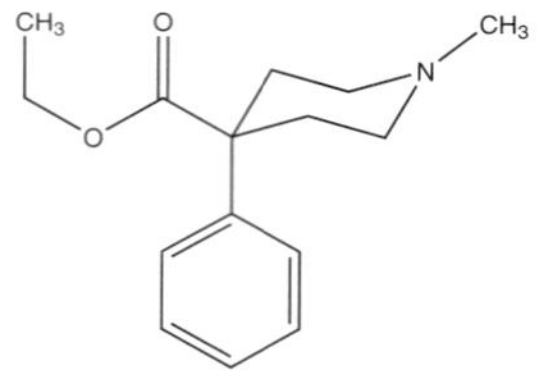

OS: *Pethidine [BAN, DCF]*
OS: *Petidina [DCIT]*
IS: *Isonipecaïne*
IS: *Meperidine*

Pethidine DBL® (Mayne: HK)

– hydrochloride:

CAS-Nr.: 0000050-13-5
OS: *Pethidine Hydrochloride BANM, JAN*
OS: *Meperidine Hydrochloride USAN*
IS: *Sauteralgyl*
IS: *Spasmedal*
IS: *Spasmodolin*
IS: *Meperidine Hydrochloride AHFS (USA)*
IS: *Isonipecaine Hydrochloride AHFS (USA)*
IS: *Pethidine Hydrochloride AHFS (USA)*
PH: Meperidine Hydrochloride USP 30
PH: Péthidine (chlorhydrate de) Ph. Eur. 5
PH: Pethidine Hydrochloride Ph. Eur. 5, Ph. Int. 4, JP XIV
PH: Pethidinhydrochlorid Ph. Eur. 5
PH: Pethidini hydrochloridum Ph. Eur. 5, Ph. Int. 4

Aldolan® [inj.] (Liba: TR)
Alodan® (Gerot: AT)
Cluyer® (Fada: AR)
Demerol® (Abbott: CL)
Demerol® (Hospira: US)
Demerol® (Sanofi-Aventis: CA, US)
Dolantina® (Kern: ES)
Dolantina® (Sanofi-Aventis: BR)
Dolantine® (Aventis: LU)
Dolantine® (Sanofi-Aventis: BE)
Dolantin® (Aventis: RS, SI)
Dolantin® (Sanofi-Aventis: DE)
Dolargan® (Chinoin: PL)
Dolargan® (Sanofi-Aventis: HU)
Dolcontral® (Jenapharm: DE)
Dolcontral® (Polfa Warszawa: PL)
Dolestine® (Teva: IL)
Dolosal® (Cristália: BR)
Dolsin® (Biotika: CZ)
Dolsin® (Slovakofarma: CZ)
G-Pethidine® (Gonoshasthaya: BD)
Meperidina Chobet® (Soubeiran Chobet: AR)
Meperidina Denver® (Denver: AR)
Meperidina Richmond® (Richmond: AR)
Meperidine HCl® (AstraZeneca: US)
Meperidine HCl® (Baxter: US)
Meperidine HCl® (Hospira: US)
Meperidine HCl® (Roxane: US)
Meperidine® (Sandoz: CA)
Meperol® (LKM: AR)
Merck-Pethidine HCl® (Merck Generics: ZA)
Mialgin® (Zentiva: RO)
Micro Pethidine® (Micro: ZA)
Pamergan P100® (Martindale: GB)
Pethidin Amino® (Amino: CH)
Pethidin HCl Bichsel® (Bichsel: CH)
Pethidin Streuli® (Streuli: CH)
Pethidin.Sintetica® (Sintetica: CH)
Pethidine BP® (Macarthys: IS)
Pethidine HCl-Fresenius® (Bodene: ZA)
Pethidine Hydrochloride® (Biomed: NZ)
Pethidine Hydrochloride® (Bodene: ZA)
Pethidine Hydrochloride® (Douglas: NZ)
Pethidine Hydrochloride® (Mayne: NZ, SG)
Pethidine Hydrochloride® (PSM: NZ)
Pethidine Hydrochloride® (Sigma: AU)
Pethidine Injection BP® (AstraZeneca: AU)
Pethidine Injection BP® (Mayne: AU)
Pethidine Renaudin® (Renaudin: FR)
Pethidine® (Wockhardt: GB)
Pethidine® [vet.] (Arnolds: GB)
Pethidine® [vet.] (Parnell: AU)
Pethidine® [vet.] (Provet: NZ)
Pethidini HCl PCH® (Pharmachemie: NL)
Petidin Dak® (Nycomed: DK)
Petidin Ipex® (Ipex: SE)
Petidin SAD® (SAD: DK)
Petidina Clorhidrato® (Biosano: CL)
Petidina Clorhidrato® (Sanderson: CL)
Petidina Cloridrato® (Molteni: IT)
Petidina Cloridrato® (Monico: IT)
Petidina Cloridrato® (Salf: IT)
Petidin® (Nycomed: NO)

Péthidine Renaudin® (Renaudin: FR)
Scholl Callous Removal® (SSL: GB)

Phenamacide

D: Phenamazid

Antispasmodic agent

CAS-Nr.: 0084580-27-8 C_{13}-H_{19}-N-O_2
M_r 221.305

Benzeneacetic acid, α-amino-, 3-methylbutyl ester, (±)-

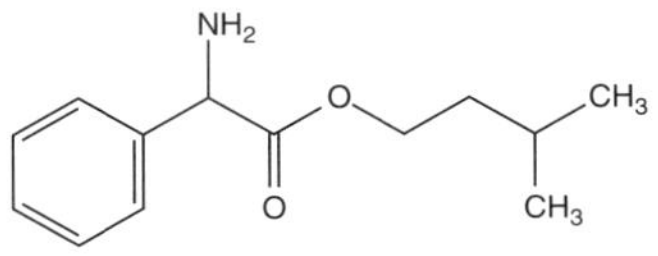

– hydrochloride:

CAS-Nr.: 0031031-74-0
PH: Phenamacidum hydrochloricum 2.AB-DDR

Aklonin® (Wernigerode: DE)

Phenazone (Rec.INN)

L: Phenazonum
I: Fenazone
D: Phenazon
F: Phénazone
S: Fenazona

Analgesic
Antipyretic

ATC: N02BB01
CAS-Nr.: 0000060-80-0 C_{11}-H_{12}-N_2-O
M_r 188.237

3H-Pyrazol-3-one, 1,2-dihydro-1,5-dimethyl-2-phenyl-

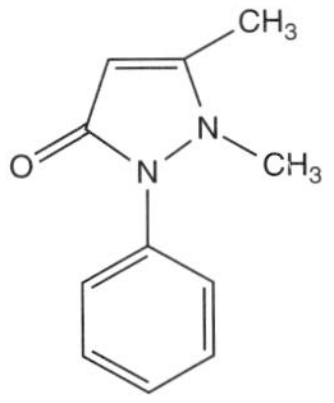

OS: *Phenazone [BAN, DCF]*
OS: *Fenazone [DCIT]*
OS: *Antipyrine [USAN]*
IS: *Anodynin*
IS: *Azophen*
IS: *Dimethyloxyquinizine*
IS: *Methozin*
IS: *Oxydimethylquinizine*
IS: *Parodyne*
IS: *Phenyldimethylpyrazolone*
IS: *Phenylon*
IS: *Sedatine*
PH: Antipyrine [JP XIV, USP 30]
PH: Phenazon [Ph. Eur. 5]
PH: Phenazone [Ph. Eur. 5]
PH: Phenazonum [Ph. Eur. 5, Ph. Int. II]
PH: Phénazone [Ph. Eur. 5]

Antotalgin® (Farmina: PL)
Aurone® (Aspen: ZA)
Migräne-Kranit® (Krewel: DE)
Migränin Phenazon® (Reckitt Benckiser: DE)
Mono Migränin® (Boots: DE)
Otophen® (Al Pharm: ZA)
Tropex® (Rowa: AE, CY, HK, IE, JO, KW, MT, OM, SG)

Phenazopyridine (Rec.INN)

L: Phenazopyridinum
I: Fenazopiridina
D: Phenazopyridin
F: Phénazopyridine
S: Fenazopiridina

Analgesic

ATC: G04BX06
CAS-Nr.: 0000094-78-0 C_{11}-H_{11}-N_5
M_r 213.259

2,6-Pyridinediamine, 3-(phenylazo)-

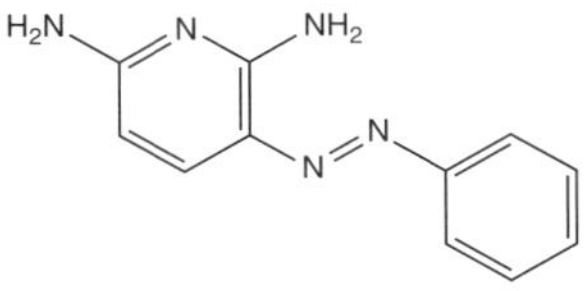

OS: *Phenazopyridine [BAN, DCF]*
OS: *Fenazopiridina [DCIT]*

Azo Cefasabal® (Hersil: PE)
Azo-Wintomylon® (Sanofi-Synthelabo: PE)
Fenazopiridina® (Hersil: PE)
Fenazopiridina® (UQP: PE)

– hydrochloride:

CAS-Nr.: 0000136-40-3
OS: *Phenazopyridine Hydrochloride USAN*
IS: *Giracid*
IS: *NC 150*
IS: *W 1655*
PH: Phenazopyridine Hydrochloride USP 30

Ammilazo® (MacroPhar: TH)
Anazo® (Medicine Supply: TH)
Azo-Dine® (Republic Drug: US)
Azo-Gesic® (Major: US)
Azo-Gesic® (United Research: US)
Azo-Natural® (Cemco: US)
Azo-Standard® (PolyMedica: US)
Baridium® (Pfeiffer: US)
Cistalgina® (Fortbenton: AR)
Nazamit® (Mintlab: CL)
Nefrecil® (Labor: PL)
Nordox® (Tecnofarma: CL)
Phanezopyridine® (Interstate Drug Exchange: US)
Phenazo® (Valeant: CA)
Phendiridine® (TP Drug: TH)
Pirimir® (Sanofi-Aventis: MX)
Prodium® (Requa: US)
Pyridium® (Gödecke: DE)
Pyridium® (Parke Davis: ES)

P

Pyridium® (Pfizer: BR, BZ, CL, CR, GT, HK, HN, ID, IN, NI, PA, PE, SV, ZA)
Pyridium® (Warner Chilcott: US)
Re-Azo® (Reese: US)
Sedural® (Rekah: IL)
Sumedium® (Milano: TH)
Uretil® (União: BR)
Urodine® (Interstate Drug Exchange: US)
Urodine® (Schein: US)
Uroflam® (Sherfarma: PE)
Urogesic® (Atlantic: SG)
Urogesic® (Edwards: US)
Uropirid® (LCG: PE)
Uropol Forte N® (Bristol-Myers Squibb: PE)
Uropyrine® (Sterop: BE)
Uroxacin® (Tecnofarma: CO)
UTI Relief® (Consumers Choice: US)

Phendimetrazine (Rec.INN)

L: Phendimetrazinum
I: Fendimetrazina
D: Phendimetrazin
F: Phendimétrazine
S: Fendimetrazina

Anorexic
Psychostimulant

CAS-Nr.: 0000634-03-7 C_{12}-H_{17}-N-O
M_r 191.278

Morpholine, 3,4-dimethyl-2-phenyl-, (2S-trans)-

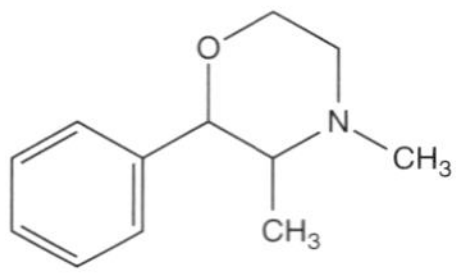

OS: *Phendimetrazine [BAN, DCF]*
OS: *Fendimetrazina [DCIT]*
IS: *Phenimethoxazine*
IS: *Sedafamen*
IS: *McN-R 747-11*

– hydrochloride:

CAS-Nr.: 0007635-51-0

Antapentan® (Gerot: AT)

– tartrate:

CAS-Nr.: 0000050-58-8
OS: *Phendimetrazine Tartrate USAN*
PH: Phendimetrazine Tartrate USP 30
PH: Phendimetrazinum hydrogentartaricum 2.AB-DDR

Adipost® (Jones: US)
Bontril® (Valeant: US)
Melfiat® (Numark: US)
Obesan® (Technikon: ZA)
Obex-LA® (Al Pharm: ZA)
Obezine® (Western Research: US)
Phendimetrazine Tartate® (Hyrex: US)
Prelu-2® (Roxane: US)
X-Trozine® (Shire: US)

Phenelzine (Prop.INN)

L: Phenelzinum
D: Phenelzin
F: Phénelzine
S: Fenelzina

Antidepressant, MAO-inhibitor

ATC: N06AF03
CAS-Nr.: 0000051-71-8 C_8-H_{12}-N_2
M_r 136.204

Hydrazine, (2-phenylethyl)-

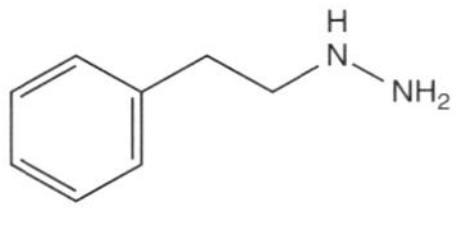

OS: *Phenelzine [BAN, DCF]*
IS: *β-Phenylethylhydrazine*
IS: *Alazine*

– sulfate:

CAS-Nr.: 0000156-51-4
OS: *Phenelzine Sulphate BANM*
OS: *Phenelzine Sulfate USAN*
IS: *Monofen*
IS: *W 1544*
PH: Phenelzine Sulfate USP 30
PH: Phenelzine Sulphate BP 2002

Nardelzine® (Parke Davis: ES)
Nardelzine® (Pfizer: BE, LU)
Nardelzine® (Warner Chilcott: US)
Nardil® (Concord: GB)
Nardil® (Erfa: CA)
Nardil® (Hansam: IE)
Nardil® (Link: AU, NZ)
Nardil® (Pfizer: US)

Pheneticillin (Rec.INN)

L: Pheneticillinum
I: Feneticillina
D: Pheneticillin
F: Phénéticilline
S: Feneticilina

Antibiotic, penicillin, penicillinase-sensitive

ATC: J01CE05
CAS-Nr.: 0000147-55-7 C_{17}-H_{20}-N_2-O_5-S
M_r 364.427

4-Thia-1-azabicyclo[3.2.0]heptane-2-carboxylic acid, 3,3-dimethyl-7-oxo-6-[(1-oxo-2-phenoxypropyl)amino]-, [2S-(2α,5α,6β)]-

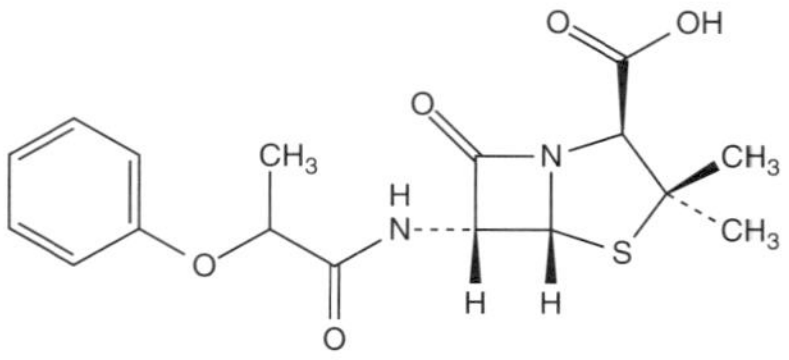

OS: *Pheneticillin [BAN]*
OS: *Phénéticilline [DCF]*
OS: *Feneticillina [DCIT]*

OS: *Phenethicillin [BAN]*
IS: *α-Phenoxyethylpenicillin*
IS: *6-(α-Phenoxypropionylamino)-penicillinsäure*

– potassium salt:

CAS-Nr.: 0000132-93-4
OS: *Pheneticillin Potassium USAN*
IS: *Potassium penicillin-152*
PH: Phenethicillin Potassium BP 1993, JP XI, USP XX
PH: Pheneticillinum Kalicum Ph. Int. II

Broxil® (GlaxoSmithKline: NL)

Pheneturide (Rec.INN)

L: Pheneturidum
D: Pheneturid
F: Phénéturide
S: Feneturida

Antiepileptic

ATC: N03AX13
CAS-Nr.: 0000090-49-3 — C_{11}-H_{14}-N_2-O_2, M_r 206.253

Benzeneacetamide, N-(aminocarbonyl)-α-ethyl-

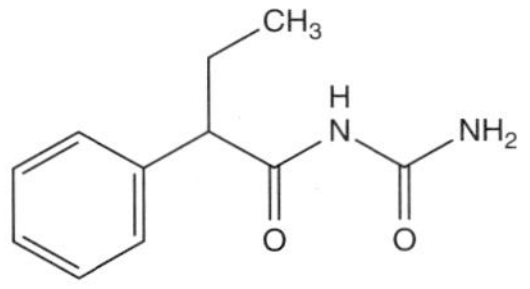

OS: *Pheneturide [BAN, DCF, USAN]*
IS: *Ethylphenacemid*
IS: *EPA*
IS: *2-Phenylbutyrylurea (IUPAC, WHO)*
IS: *S 46*

Laburide® (Wolfs: BE)

Phenformin (Prop.INN)

L: Phenforminum
I: Fenformina
D: Phenformin
F: Phenformine
S: Fenformina

Antidiabetic agent

ATC: A10BA01
CAS-Nr.: 0000114-86-3 — C_{10}-H_{15}-N_5, M_r 205.28

Imidodicarbonimidic diamide, N-(2-phenylethyl)-

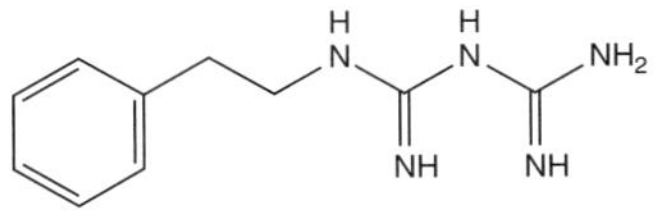

OS: *Phenformine [DCF]*
OS: *Phenformin [BAN]*
OS: *Fenformina [DCIT]*
IS: *1-Phenethylbiguanide (ASK, IUPAC, WHO)*

– hydrochloride:

CAS-Nr.: 0000834-28-6
OS: *Phenformin Hydrochloride USAN*
IS: *Diaformin*
IS: *Dibophen*
IS: *Diguabet*
PH: Phenformin Hydrochloride BP 1980, USP XIX

Debei® (Eurofarma: BR)

Phenindamine (Rec.INN)

L: Phenindaminum
D: Phenindamin
F: Phénindamine
S: Fenindamina

Antiallergic agent
Histamine, H_1-receptor antagonist

ATC: R06AX04
CAS-Nr.: 0000082-88-2 — C_{19}-H_{19}-N, M_r 261.371

1H-Indeno[2,1-c]pyridine, 2,3,4,9-tetrahydro-2-methyl-9-phenyl-

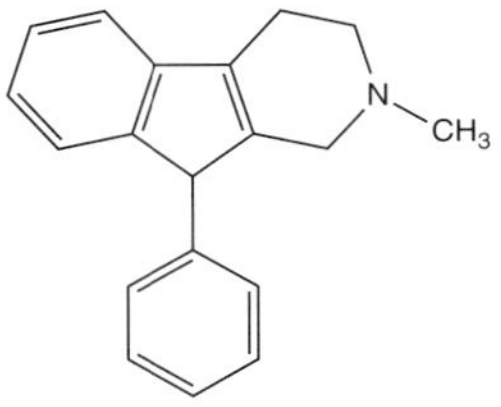

OS: *Phenindamine [BAN, DCF]*

– tartrate:

CAS-Nr.: 0000569-59-5
OS: *Phenindamine Tartrate BANM, USAN*
PH: Phenindamine Tartrate BP 2002, NF XIV
PH: Phenindamini tartras Ph. Int. II

Nolahist® (Carnrick: US)

Phenindione (Rec.INN)

L: Phenindionum
I: Fenindione
D: Phenindion
F: Phénindione
S: Fenindiona

Anticoagulant, vitamin K antagonist

ATC: B01AA02
CAS-Nr.: 0000083-12-5 — C_{15}-H_{10}-O_2, M_r 222.245

1H-Indene-1,3(2H)-dione, 2-phenyl-

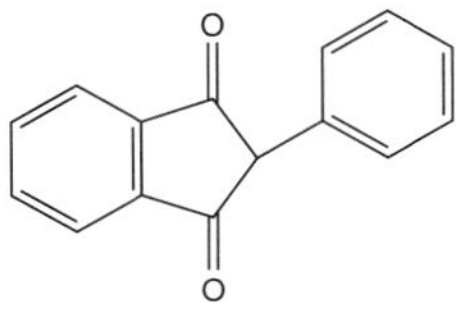

OS: *Phenindione [BAN, DCF, USAN]*
OS: *Fenindione [DCIT]*

PH: Phenindione [BP 2002, USP XXII]

Dindevan® (Biological: IN)
Dindevan® (Sigma: AU)
Phenindione® (Goldshield: GB)

Pheniramine (Rec.INN)

L: Pheniraminum
I: Femiramina
D: Pheniramin
F: Phéniramine
S: Feniramina

Antiallergic agent
Histamine, H_1-receptor antagonist

ATC: R06AB05
CAS-Nr.: 0000086-21-5 C_{16}-H_{20}-N_2
M_r 240.356

2-Pyridinepropanamine, N,N-dimethyl-λ-phenyl-

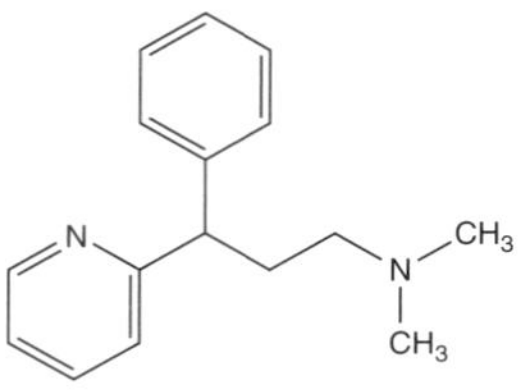

OS: *Pheniramine [BAN, DCF]*
OS: *Femiramina [DCIT]*
IS: *Tripoton*
IS: *Histapyridamine*
IS: *Prophenpyridamine*

– maleate:

CAS-Nr.: 0000132-20-7
OS: *Pheniramine Maleate BANM, USAN*
IS: *Prophenpyridamine maleate*
PH: Pheniramine Maleate Ph. Eur. 5, USP 30
PH: Pheniraminhydrogenmaleat Ph. Eur. 5
PH: Pheniramini maleas Ph. Eur. 5
PH: Phéniramine (maléate de) Ph. Eur. 5

Alervil® (Incepta: BD)
Avil® (Aventis: AT, AU, IN, LK, LU)
Avil® (Aventis Pharma: ID)
Avil® (Jugoremedija: RS)
Avil® (Sandoz: TR)
Avil® (Sanofi-Aventis: BD)
Benohist® (Bernofarm: ID)
Pevil® (ACI: BD)

Phenobarbital (Rec.INN)

L: Phenobarbitalum
I: Fenobarbital
D: Phenobarbital
F: Phénobarbital
S: Fenobarbital

Hypnotic
Antiepileptic
Anticonvulsant

ATC: N03AA02
ATCvet: QN03AA02
CAS-Nr.: 0000050-06-6 C_{12}-H_{12}-N_2-O_3
M_r 232.248

2,4,6(1H,3H,5H)-Pyrimidinetrione, 5-ethyl-5-phenyl-

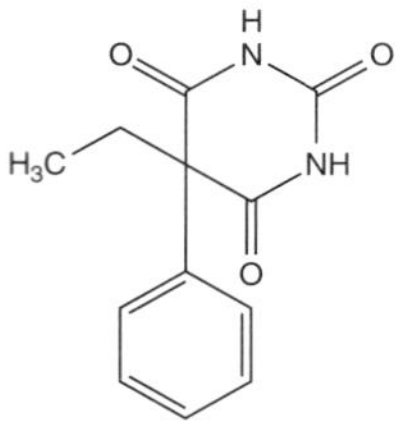

OS: *Fenobarbital [DCIT]*
OS: *Phenobarbital [BAN, JAN, USAN]*
OS: *Phénobarbital [DCF]*
IS: *Phenemalum*
IS: *Phenylethylbarbituric acid*
IS: *Phenobarbitone*
IS: *Acidum phenylaethylbarbituricum*
PH: Phenobarbital [JP XIV, Ph. Eur. 5, Ph. Int. 4, USP 30]
PH: Phenobarbitalum [Ph. Eur. 5, Ph. Int. 4]
PH: Phénobarbital [Ph. Eur. 5]

Alepsal® (Sanofi-Aventis: MX)
Alepsal® (Spedrog-Caillon: AR)
Aparoxal® (Pierre Fabre: FR)
Aphenylbarbit® (Streuli: CH)
Barbivet® [vet.] (Vetcare: FI)
Bialminal® (Bial: PT)
Edhanol® (Solvay: BR)
Epiphen® [vet.] (Hi-Perform: AU)
Epiphen® [vet.] (Vetoquinol: GB)
Fada Fenobarbital® (Fada: AR)
Fenemal Dak® (Nycomed: DK)
Fenemal Recip® (Recip: IS, SE)
Fenemal SAD® (SAD: DK)
Fenemal® (Nycomed: NO)
Fenemal® [vet.] (Nycomed: NO)
Fenobarbital Cevallos® (Cevallos: AR)
Fenobarbital FNA® (FNA: NL)
Fenobarbital Klonal® (Klonal: AR)
Fenobarbital L.CH.® (Chile: CL)
Fenobarbital PCH® (Pharmachemie: NL)
Fenobarbital ratiopharm® (Ratiopharm: NL)
Fenobarbital Richmond® (Richmond: AR)
Fenobarbital® (Cipa: PE)
Fenobarbital® (Lusa: PE)
Fenobarbital® (Zentiva: RO)
Fenobarbiton® (Galenika: RS)
Fenocris® (Cristália: BR)

Gardenale® (Aventis: IT)
Gardenal® (Aventis: ES, GR, LU)
Gardenal® (Nicholas: IN)
Gardenal® (Sanofi-Aventis: AR, BE, BR)
Gardénal® (Sanofi-Aventis: FR)
Kaneuron® (SERB: FR)
Lethyl® (Aspen: ZA)
Lumidrops® (Uni-Pharma: GR)
Luminaletas® (Bayer: AR, PT)
Luminaletas® (Kern: ES)
Luminaletten® (Bayer: TR)
Luminaletten® (Desitin: DE)
Luminalettes® (Bayer: IN)
Luminalette® (Bracco: IT)
Luminale® (Bracco: IT)
Luminalum® (Galenus: PL)
Luminalum® (GlaxoSmithKline: PL)
Luminalum® (Unia: PL)
Luminal® (Bayer: AR, IN, PT, TR)
Luminal® (CTS: IL)
Luminal® (Desitin: DE)
Luminal® (Kern: ES)
Luminal® (Merck: CH)
Neurolal® (Saidal: DZ)
Phenaemaletten® (Desitin: CZ, DE)
Phenaemal® (Desitin: CZ)
Phenobarbital Dibropharm® (Dibropharm: DE)
Phenobarbital Hänseler® (Hänseler: CH)
Phenobarbital® (Century: US)
Phenobarbital® (Goldline: US)
Phenobarbital® (Lilly: US)
Phenobarbital® (Major: US)
Phenobarbital® (Moore: US)
Phenobarbital® (Parmed: US)
Phenobarbital® (Rekah: IL)
Phenobarbital® (Roxane: US)
Phenobarbital® (Rugby: US)
Phenobarbital® (Schein: US)
Phenobarbital® (Warner Chilcott: US)
Phenobarbiton natrijum® (Hemofarm: RS)
Phenobarbitone® (Mayne: AU)
Phenobarbitone® (Orion: AU)
Phenobarbitone® (Sam-On: IL)
Phenobarbiton® (Hemofarm: RS)
Phenobarbiton® (Pliva: BA, HR, SI)
Phenobarb® (PP Lab: TH)
Phenomav® [vet.] (Mavlab: AU)
Phenoson® (Jayson: BD)
PMS-Phenobarbital® (Pharmascience: CA)
Sevenaletta® (Valeant: HU)
Sevenal® (Valeant: HU)
Solfoton® (Poythress: US)

– diethylamine:

Gratusminal® (Almirall: ES)

– sodium salt:

CAS-Nr.: 0000057-30-7
OS: *Phenobarbital Sodium BANM, JAN, USAN*
IS: *Phenobarbitone Sodium*
PH: Phenobarbital-Natrium Ph. Eur. 5
PH: Phenobarbital Sodium Ph. Eur. 5, Ph. Int. 4, USP 30
PH: Phenobarbitalum natricum JPX, Ph. Eur. 5, Ph. Int. 4
PH: Phénobarbital sodique Ph. Eur. 5

Euthanimal® [vet.] (Alfasan: NL)
Fenobarbital Larjan® [inj.] (Veinfar: AR)
Fenobarbital Richmond® [inj.] (Richmond: AR)
Fenobarbital Sodico® (Biosano: CL)
Fenobarbitale Sodico® (Biologici: IT)
Fenobarbitale Sodico® (Salf: IT)
Fenobarbital® (Life: EC)
Gardenal Sodium® (Aventis: TH, ZA)
Gardenal® (Aventis: CZ, ES)
Gardénal® [inj.] (Sanofi-Aventis: FR)
Luminale® [inj.] (Bracco: IT)
Luminal® [inj.] (Abbott: IL)
Luminal® [inj.] (Desitin: CZ, DE)
Luminal® [inj.] (Sanofi-Aventis: US)
Menobarb® (Milano: TH)
Pevalon® (Remedica: CY)
Phenobarbital Atlantic® (Atlantic: TH)
Phenobarbital Sodium® (Baxter: US)
Phenobarbital Sodium® (Wyeth: US)
Phenobarbital® (Martindale: GB)
Phenobarbiton natrium® (Pliva: SI)
Phenobarbitone Sodium® (Fawns & McAllan: AU)
Phenobarbitone Sodium® (MidWest: NZ)
Phenobarbitone Sodium® (Sigma: AU)
Phenobarbitone® [inj.] (Mayne: AU)
Phenotal® (Asian: TH)
Sibital® (Mersifarma: ID)

Phenol (USAN)

L: Phenolum
I: Fenolo
D: Phenol
F: Phénol

Anaesthetic, local
Analgesic
Antipsoriatic agent
Desinfectant
Pharmaceutic aid, preservative

ATC: C05BB05,D08AE03,N01BX03
CAS-Nr.: 0000108-95-2 C_6-H_6-O
M_r 94.114

Phenol

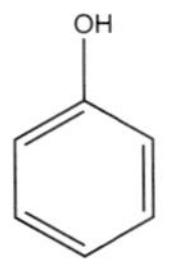

OS: *Phenol [JAN, USAN]*
IS: *Acid carbolique*
IS: *AI3 01814*
IS: *Benzenol*
IS: *Carbolic acid*
IS: *Caswell No.649*
IS: *CCRIS 504*
IS: *CTFA 02288*
IS: *Dentogene (Genicot-Houssian, Belgium)*
IS: *EINECS 203-632-7*
IS: *EPA Pesticide Chemical Code 064001*
IS: *FEMA No.3223*

IS: *HSDB 113*
IS: *Hydroxybenzene*
IS: *Izal*
IS: *NCI C50124*
IS: *NSC 36808*
IS: *Oxybenzene*
IS: *Phenic acid*
IS: *Phenylic acid*
IS: *PhOH*
IS: *RCRA waste number U188*
PH: Phenolum [Ph. Eur. 5]
PH: Phenol [Ph. Eur. 5, USP 30]
PH: Phénol [Ph. Eur. 5]
PH: Phenol, verflüssigtes [Ph. H. 10]

Cepastat® (Sanofi-Aventis: HK)
Mastidina Pomada® [vet.] (Ceva: PT)
Oily Phenol Injection® (Mayne: AU, HK, NZ)
Oily Phenol Injection® (UCB: GB)
Paoscle® (Torii: JP)
Phenol® [liquified] (MidWest: NZ)
Septosol® (Xeragen: ZA)

Phenolphthalein (Rec.INN)

L: Phenolphthaleinum
I: Fenolftaleina
D: Phenolphthalein
F: Phénolphtaléine
S: Fenolftaleina

Laxative, cathartic

ATC: A06AB04
CAS-Nr.: 0000077-09-8 C_{20}-H_{14}-O_4
M_r 318.332

1(3H)-Isobenzofuranone, 3,3-bis(4-hydroxyphenyl)-

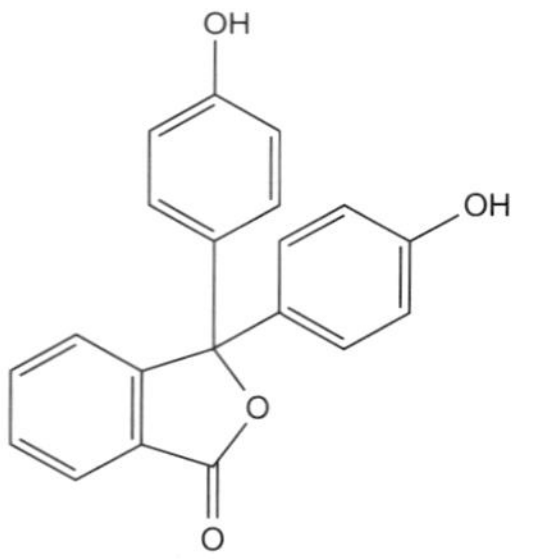

OS: *Phenolphthalein [BAN, USAN]*
OS: *Phénolphtaléine [DCF]*
OS: *Fenolftaleina [DCIT]*
IS: *Laxane*
IS: *Laxiline*
PH: Phenolphthalein [Ph. Eur. 5, USP 30]
PH: Phenolphthaleinum [Ph. Eur. 5]
PH: Phénolphtaléine [Ph. Eur. 5]

Agarol® (Pfizer: ET, GH, GM, IN, KE, LR, MW, NG, SD, SL)
Alin® (Biofarma: TR)
Easylax® (Sam-On: IL)
Fenolftaleina® (Valma: CL)
Fructines® (Fucus: AR)
Lacto-Purga® (DM: BR)
Laksafenol® (Liba: TR)
Laxative Tablets® [vet.] (Bob Martin: GB)
Laxettes® (Mentholatum: AU)
Musilaks® (Günsa: TR)
Phenolphtaleinum® (Valeant: HU)
Purmolax® (BL Hua: TH)
Regulim® (Atlantic: TH)

Phenolsulphonphthalein (BAN)

L: Phenolsulfonphthaleinum
I: Fenolsolfonftaleina
D: Phenolrot
F: Phénolsulfonephtaléine

Diagnostic, kidney function

CAS-Nr.: 0000143-74-8 C_{19}-H_{14}-O_5-S
M_r 354.381

Phenol, 4,4'-(3H-2,1-benzoxathiol-3-ylidene)bis-, S,S-dioxide

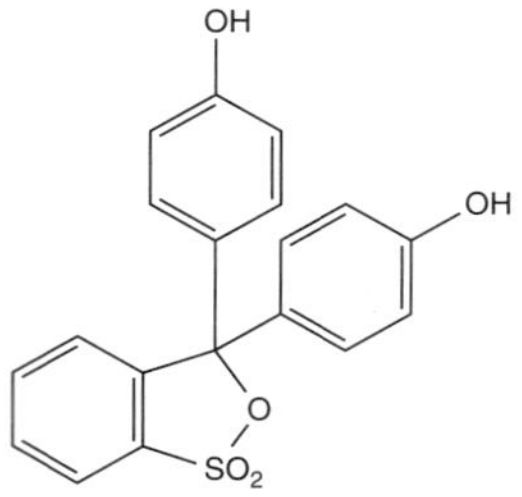

OS: *Phénolsulfonephtaléine [DCF]*
OS: *Phenolsulphonphthalein [BAN]*
OS: *Phenolsulfonphthalein [USAN]*
IS: *Fenolipuna*
IS: *P.S.P.*
IS: *Phenol Red*
IS: *Sulphental*
IS: *Sulphonthal*
PH: Phénolsulfonephtaléine [Ph. Eur. 5]
PH: Phenolsulfonphthalein [Ph. Eur. 5, JP XIV, USP 30]
PH: Phenolsulfonphthaleinum [Ph. Eur. 5]

Fenolsulfonftaleina® (Fresenius: IT)
Fenolsulfonftaleina® (Salf: IT)

Phenothrin (Rec.INN)

L: Phenothrinum
D: Phenothrin
F: Phénothrine
S: Fenotrina

Insecticide

ATC: P03AC03
CAS-Nr.: 0026002-80-2 C_{23}-H_{26}-O_3
M_r 350.461

Cyclopropanecarboxylic acid, 2,2-dimethyl-3-(2-methyl-1-propenyl)-, (3-phenoxyphenyl)methyl ester

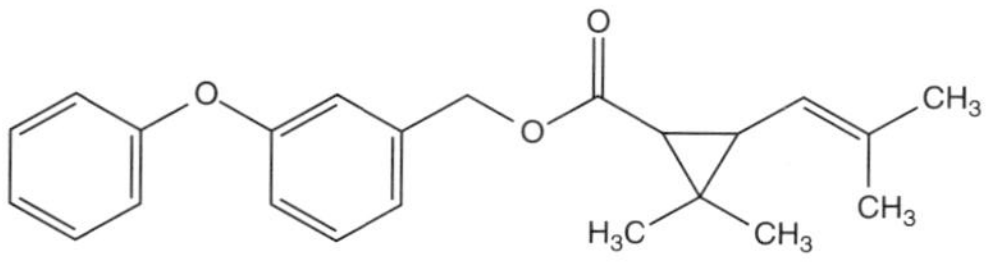

OS: *Phenothrin [BAN, USAN]*
OS: *Phénothrine [DCF]*

Anti-Bit Sampuan® (Eczacibasi: TR)
Anti-Bit® (Eczacibasi: RU)
Fenotrine® (Seton: NL)
Full Marks® (SSL: GB, NZ)
Hegor Mediker® (Richardson-Vicks: US)
Herklin® (Armstrong: MX)
Hégor Antipoux® (Dermophil Indien: FR)
Hégor Antipoux® (Incomex: MC)
Hégor Antipoux® (Procter & Gamble: LU)
Itax® (Pierre Fabre: FR, RU)
Item Antipoux® (Dermophil Indien: FR)
Item Antipoux® (Gandhour: FR)
Parasidose® (Gilbert: FR)
Parasidose® (Multichem: NZ)
Sumo® (Interbelle: AR)

Phenoxybenzamine (Rec.INN)

L: Phenoxybenzaminum
D: Phenoxybenzamin
F: Phénoxybenzamine
S: Fenoxibenzamina

⚕ Antihypertensive agent
⚕ Vasodilator, peripheric
⚕ α-Adrenergic blocking agent

ATC: C04AX02
CAS-Nr.: 0000059-96-1 C_{18}-H_{22}-Cl-N-O
M_r 303.834

Benzenemethanamine, N-(2-chloroethyl)-N-(1-methyl-2-phenoxyethyl)-

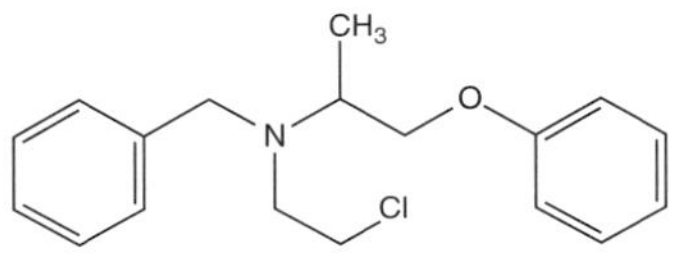

OS: *Phenoxybenzamine [BAN]*
IS: *Bensylyte*

– hydrochloride:

CAS-Nr.: 0000063-92-3
OS: *Phenoxybenzamine Hydrochloride BANM, USAN*
IS: *SKF 688 A*
PH: Phenoxybenzamine Hydrochloride BP 2002, USP 30

Dibenyline® (GlaxoSmithKline: AE, BH, CY, EG, IQ, IR, JO, KW, LB, LU, NL, OM, QA, SY, YE)
Dibenyline® (Goldshield: GB, IL)
Dibenyline® (Link: AU, NZ)
Dibenyline® (Universal Pharmaceutical: HK)
Dibenyline® [vet.] (Goldshield: GB)
Dibenzyline® (Wellspring: US)
Dibenzyran® (esparma: AT, DE)
Fenoxene® (Samarth: IN)
Phenoxyl® [vet.] (Parnell: AU)

Phenoxyethanol (Ph. Eur.)

L: Phenoxyethanolum
I: Fenossietanolo
D: 2-Phenoxyethanol
F: Phénoxyéthanol

⚕ Pharmaceutic aid, preservative
⚕ Antiseptic

CAS-Nr.: 0000122-99-6 C_8-H_{10}-O_2
M_r 138.168

Ethanol, 2-phenoxy-

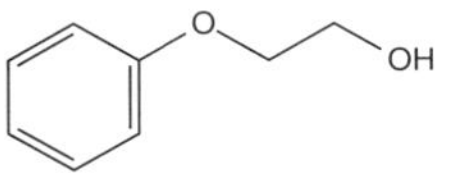

IS: *Phenoxethol*
IS: *Phenoxetol*
IS: *Ethylenglykolmonophenylether*
PH: Phenoxyethanol [Ph. Eur. 5, USP 30]
PH: Phenoxyethanolum [Ph. Eur. 5]
PH: Phénoxyéthanol [Ph. Eur. 5]

Fungal Terminator® [vet.] (Sinclair: GB)

Phenoxymethylpenicillin (Rec.INN)

L: Phenoxymethylpenicillinum
I: Fenossimetilpenicillina
D: Phenoxymethylpenicillin
F: Phénoxyméthylpénicilline
S: Fenoximetilpenicilina

⚕ Antibiotic, penicillin, penicillinase-sensitive

ATC: J01CE02
CAS-Nr.: 0000087-08-1 C_{16}-H_{18}-N_2-O_5-S
M_r 350.4

4-Thia-1-azabicyclo[3.2.0]heptane-2-carboxylic acid, 3,3-dimethyl-7-oxo-6-[(phenoxyacetyl)amino]-, [2S-(2α,5α,6β)]-

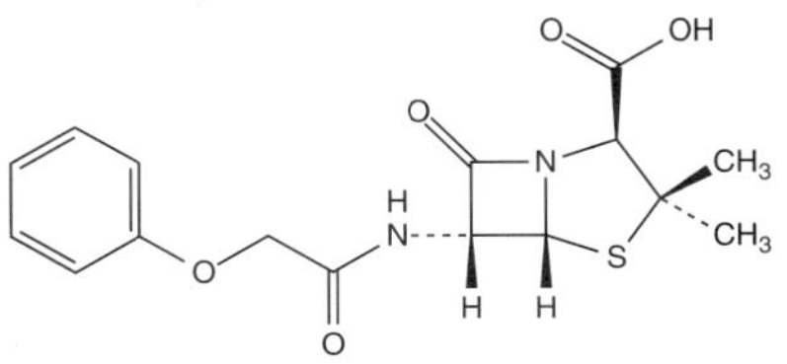

OS: *Penicillin V [USAN]*
OS: *Phenoxymethylpenicilline [DCF]*
OS: *Phenoxymethylpenicillin [BAN]*
OS: *Fenossimetilpenicillina [DCIT]*
IS: *Phenomycilline*
PH: Penicillin V [USP 30]
PH: Phenoxymethylpenicillin [Ph. Eur. 5, Ph. Int. 4]
PH: Phénoxyméthylpénicilline [Ph. Eur. 5]
PH: Phenoxymethylpenicillinum [Ph. Eur. 5, Ph. Int. 4, Ph. Jap. 1976]

Acipen-V® (Yamanouchi: NL)
Crystapen® (GlaxoSmithKline: BD)
Cytapen® (Edruc: BD)
Fenocin® (Alpharma: ID)
Fenoximetilpenicilina® (Mintlab: CL)
Flamicyn-VK® (Pharmaco: BD)

Ibaden® (Lek: SI)
Kopen® (Athlone: IE)
LPV® [compr.] (CSL: AU)
Oracilline® [compr.] (Schwarz: FR)
Ospa-V® (Shiba: YE)
Ospen® (Biochemie: AE, BH, CR, CY, DO, GT, JO, KW, LB, NI, OM, PA, QA, SA, SD, SV, YE)
Ospen® (Krka: BA, SI)
Ospen® (Novartis: GR)
Ospen® (Sandoz: AT, ID, RO, SG)
Pen Oral® (Sanofi-Aventis: AR)
Pen V Atlantic® (Atlantic: TH)
Pen V General Drugs House® (GDH: TH)
Pen-V® (General Drugs House: TH)
Pencin-V® (Nipa: BD)
Pener® (Unison: TH)
Penicilina V Sandoz® (Sandoz: AR)
Penicillin V Athlone® (Athlone: HK)
Penveno® (Milano: TH)
Phenocillin® (Streuli: CH)
Phenoxyl-VK® (Jayson: BD)
Phenoxynethylpenicillin Oral Solution® (AFT: NZ)
Rafapen V-K® (Rafa: IL)
Rafapen® (Rafa: IL)
Servipen-V® (Biochemie: TH)
SPMC Phenoxymethylpenicillin® (SPMC: LK)
Tipen® (Therapeutics: BD)
Vikadar® (Dar-Al-Dawa: AE, BH, IQ, JO, KW, LB, LY, MT, NG, OM, QA, SA, SD, SO, TN, YE)

– benzathine:

CAS-Nr.: 0005928-84-7
OS: *Penicillin V Benzathine USAN*
IS: *DBED-Penicillin V*
IS: *Penicilline V, comp. with N,N'-dibenzylethylene-diamine*
PH: Penicillin V Benzathine USP 30

Abbocillin V® (Abbott: AU)
Benoral® (Reig Jofre: ES)
Bimepen® (Galenika: RS)
Cilicaine V® (Sigma: AU)
InfectoBicillin® (Infectopharm: DE)
LPV® [liqu.oral] (CSL: AU)
Oracilline® [liqu.oral] (Aventis: LU)
Oracilline® [liqu.oral] (Schwarz: FR)
Ospen® (Krka: BA, CZ, SI)
Ospen® (Lek: RU)
Ospen® (Sandoz: CH, CZ, HU, PL)
Pen-Os® (Eczacibasi: TR)
Penicillin Spirig® (Spirig: CH)
Silapen® (Belupo: BA, HR)

– calcium salt:

CAS-Nr.: 0073368-74-8
PH: Phenoxymethylpenicillin Calcium BP 1988, Ph. Int. 4
PH: Phenoxymethylpenicillinum calcicum Ph. Int. 4

Calcipen® (Alter: ES)
Calvepen® (Clonmel: IE)
V-Penicillin Mega Biotika® (Biotika: CZ)
V-Penicillin Slovakofarma® (Slovakofarma: CZ)

– potassium salt:

CAS-Nr.: 0000132-98-9
OS: *Penicillin V Potassium USAN*
OS: *Phenoxymethylpenicillin Potassium BANM, JAN*
PH: Penicillin V Potassium USP 30
PH: Phénoxyméthylpénicilline potassique Ph. Eur. 5
PH: Phenoxymethylpenicillin-Kalium Ph. Eur. 5
PH: Phenoxymethylpenicillin Potassium Ph. Eur. 5, Ph. Int. 4, JP XIV
PH: Phenoxymethylpenicillinum kalicum Ph. Eur. 5, Ph. Int. 4

Abbocillin VK® (Sigma: AU)
Acipen Solutab® (Yamanouchi: NL)
Anapenil® (Grossman: MX)
Apo-Pen VK® (Apotex: CA)
Apocillin® (Alpharma: NO)
Arcasin® (Engelhard: AE, BH, CY, KW, LB, OM, QA, SA, SY)
Arcasin® (Meda: DE)
Betapen® (Be-Tabs: ZA)
Biopen VK® (Bio-Pharma: BD)
Cilicaine VK® (Healthcare Logistics: NZ)
Cilicaine VK® (Sigma: AU)
Cilopen VK® (Douglas: AU)
Cliacil® (Aventis: AT)
Cliacil® (Jugoremedija: RS)
Cliacil® (Sanofi-Aventis: BD, TR)
durapenicillin® (Merck dura: DE)
Eracillin-K® (Gaco: BD)
Fada Penicilina® (Fada: AR)
Fenoximetil Penicilina Potasica L.CH.® (Chile: CL)
Fenoximetilpenicilina Fabra® (Fabra: AR)
Fenoximetilpenicilina Lafedar® (Lafedar: AR)
Fenoximetilpenicilina Medipharma® (Medipharma: AR)
Fenoximetilpenicilina Potasica LCH® (Ivax: PE)
Fenoxymethylpenicilline CF® (Centrafarm: NL)
Fenoxymethylpenicilline PCH® (Pharmachemie: NL)
Fenoxymethylpenicillinekalium Gf® (Genfarma: NL)
Fenoxypen® (Novo Nordisk: EG, GH, KE, NG, SD, TZ, UG, ZM)
Infectocillin® (Infectopharm: DE)
Isocillin® (Sanofi-Aventis: DE)
Ispenoral® (Rosen: DE)
Jenacillin V® (Jenapharm: DE)
Kavepenin® (AstraZeneca: IS, SE)
Len V.K.® (Aspen: ZA)
LPV® [caps.] (CSL: AU)
Medicilina Oral® [tab.] (Medifarma: PE)
Medicilina® [gran./sir./compr.] (Grünenthal: PE)
Medicillin® (Ratiopharm: FI)
Megacilina Oral® (Grünenthal: EC)
Megacilina® (Grünenthal: PE)
Megacillin® [compr.] (Grünenthal: AT, DE, LU)
Meracilina® (Aché: BR)
Milcopen® (Leiras: FI)
Mobiot® [tab.] (Farmindustria: PE)
Novo-Pen-VK® (Novopharm: CA)
Open® (Opsonin: BD)
Oracilina® [tab./susp.] (Sanitas: PE)
Oracilin® (Legrand EMS: BR)
Oracyn-K® (Sanofi-Aventis: BD)
Ospen® (Sandoz: CH, CZ, HU, PL, RO)

P-Mega-Tablinen® (Winthrop: DE)
Pancillin® (Sandoz: DK)
Peceve® (Ipex: SE)
Pen AbZ® (AbZ: DE)
Pen Mega-1A Pharma® (1A Pharma: DE)
Pen-C® (Chemist: BD)
Pen-Lich® (Winthrop: DE)
Pen-V Genericon® (Genericon: AT)
Pen-V Lannacher® (Lannacher: AT)
Pen-V-K L.U.T.® (Pharmafrid: DE)
Pen-Ve-Oral® (Eurofarma: BR)
Pen-Vee K® (Biochemie: CO)
Pen-Vee K® (Wyeth: US)
Pen-Vi-K® (Sandoz: MX)
Pen-V® (Genericon: AT)
Pen-V® (Sanofi-Aventis: BD)
Penagrand® (Ahimsa: AR)
Penbene® (Merckle: CZ)
Penbene® (Ratiopharm: AT)
Penbeta® (betapharm: DE)
Pencid® (Zentiva: CZ)
Penfantil® (Klonal: AR)
Penhexal® (Hexal: AU, DE, LU)
Peni-Oral® (AHP: LU)
Peni-Oral® (Vesale: BE, LU)
Penicilina Oral Richet® (Richet: AR)
Penicilina V® (Legrand EMS: BR)
Penicilinã V® (Europharm: RO)
Penicillat® (Azupharma: DE)
Penicillin Cimex® (Cimex: CH)
Penicillin Sandoz® (Sandoz: DE)
Penicillin Spirig® (Spirig: CH)
Penicillin V AbZ® (AbZ: DE)
Penicillin V acis® (acis: DE)
Penicillin V AL® (Aliud: DE)
Penicillin V dura® (Merck dura: DE)
Penicillin V Potassium® (Sandoz: US)
Penicillin V Potassium® (Teva: US)
Penicillin V Stada® (Stadapharm: DE)
Penicillin V Wolff® (Wolff: DE)
penicillin V-CT® (CT: DE)
Penicillin V-ratiopharm® (ratiopharm: DE, LU)
Penicillin VK® (Teva: US)
Penicillin-V-Wolff® (Wolff: DE)
Penilevel® (Ern: ES)
Penopen® (Remedica: CY, ET, GH, KE, TZ)
Penstad V® (Stada: AT)
Penvik® (Square: BD)
Phenoxpenici Lindo® (Lindopharm: DE)
Phenoxymethylpenicillin® (Alpharma: GB)
Phenoxymethylpenicillin® (Arrow: GB)
Phenoxymethylpenicillin® (Generics: GB)
Phenoxymethylpenicillin® (GenRx: NL)
Phenoxymethylpenicillin® (Sandoz: GB)
Phenoxymethylpenicillin® (Teva: GB)
Pota-Vi-Kin® (Collins: MX)
Potencil® [vet.] (Cypharm: IE)
Potencil® [vet.] (Novartis Animal Health: GB)
Potencil® [vet.] (Vericor: GB)
Prevecilina® (Grünenthal: CO)
Primcillin® (AstraZeneca: DK)
Rocilin® (Rosco: DK)
Sandoz Pen-V-K® (Sandoz: ZA)
Stabicilline® (Vifor: CH)
Star-Pen® (Sandoz: AT)
Tikacillin® (AstraZeneca: SE)
V-Pen® (Orion: FI)
Veetids® (Apothecon: US)
Veetids® (Geneva: US)
Vepicombin® (Nycomed: DK)
Weifapenin® (Weifa: NO)
Weifapenin® [vet.] (Weifa: NO)

Phenprobamate (Rec.INN)

L: Phenprobamatum
D: Phenprobamat
F: Phenprobamate
S: Fenprobamato

⚕ Tranquilizer

ATC: M03BA01
CAS-Nr.: 0000673-31-4 C_{10}-H_{13}-N-O_2
M_r 179.224

Benzenepropanol, carbamate

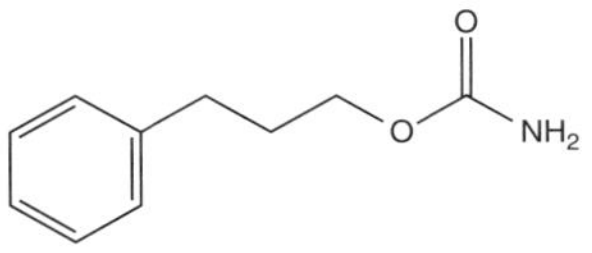

OS: *Phenprobamate [BAN, DCF, JAN, USAN]*
IS: *Actozine*
IS: *MH 532*
IS: *Proformiphen*
IS: *3-Phenyl-1-propanol carbamate (WHO)*

Gamaflex® (Abdi Ibrahim: TR)
Gamakuil® (Embil: TR)
Spantol® (Chemiphar: JP)

Phenprocoumon (Rec.INN)

L: Phenprocoumonum
D: Phenprocoumon
F: Phenprocoumone
S: Fenprocumon

⚕ Anticoagulant, vitamin K antagonist

ATC: B01AA04
CAS-Nr.: 0000435-97-2 C_{18}-H_{16}-O_3
M_r 280.326

2H-1-Benzopyran-2-one, 4-hydroxy-3-(1-phenylp-ropyl)-

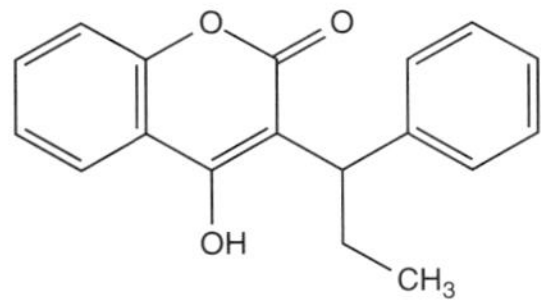

OS: *Phenprocoumon [BAN, USAN]*
IS: *Phenprocoumarol*
PH: Phenprocoumon [DAC, USP XXII]

Falithrom® (Hexal: DE)
Fenprocoumon A® (Apothecon: NL)
Fenprocoumon ratiopharm® (Ratiopharm: NL)
Fenprocoumon Sandoz® (Sandoz: NL)
Fenprocoumon® (Hexal: NL)

P

Marcoumar® (Roche: AT, BE, BR, CH, DE, DK, LU, NL, SE)
Marcumar® (Roche: DE)
Marcuphen-CT® (CT: DE)
Phenpro AbZ® (AbZ: DE)
Phenpro.-ratiopharm® (ratiopharm: DE)
Phenprocoumon ratiopharm® (Ratiopharm: AT)
Phenprogramma® (Wörwag Pharma: DE)

Phentermine (Rec.INN)

L: Phenterminum
I: Fentermina
D: Phentermin
F: Phentermine
S: Fentermina

Anorexic
Psychostimulant

ATC: A08AA01
CAS-Nr.: 0000122-09-8 C_{10}-H_{15}-N
M_r 149.24

Benzeneethanamine, α,α-dimethyl-

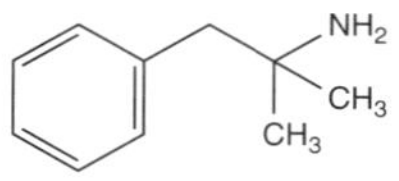

OS: *Phentermine [BAN, DCF, USAN]*
OS: *Fentermina [DCIT]*

Duromine® (3M: MY)
Ionamin® (Medeva: US)
Ionamin® (Sanofi-Aventis: CA)
Phentermine Trenker® (Trenker: HK)

– hydrochloride:

CAS-Nr.: 0001197-21-3
OS: *Phentermine Hydrochloride USAN*
PH: Phentermine Hydrochloride USP 30

Adipex-P® (Gate: US)
Ifa Acxion® (Investigacion Farmaceutica: MX)
Ifa Reduccing® (Investigacion Farmaceutica: MX)
Panbesy® (Eurodrug: HK, SG, TH)
Phentermine HCl SR Osmopharm® (Osmopharm: TH)
Phentermine HCl SR Osmopharm® (TTN: TH)
Phentermine Hydrochloride® (Camall: US)
Phentermine Hydrochloride® (Eon: US)
Phentermine Hydrochloride® (Interstate Drug Exchange: US)
Phentermine Hydrochloride® (Parmed: US)
Phentermine Hydrochloride® (Vintage: US)
Phentermine Quality® (Quality: HK)
Phentride® (Western Research: US)
Teramine® (Legere: US)
Terfamex® (Medix: MX)
Unifast® (Reid Rowell: US)

– resinate:

IS: *Phentermine Resine*
IS: *Phentermin-Resin*

Adipex® (Gerot: AT, CZ)
Duromine® (3M: AU, CR, DO, GB, GT, HK, HN, LK, NZ, PA, SG, SV, TH, ZA)
Ionamin® (Celltech: US)
Ionamin® (Sanofi-Aventis: CA)
Phentermine Trenker® (Trenker: TH)
Razin® (CTS: IL)

Phentetramine

D: Fentetramin
S: Fentetramina

Antihypotensive agent

ATC: C01C
CAS-Nr.: 0040914-99-6 C_{17}-H_{21}-N_5-O_4
M_r 359.39

(RS)-8-{[2-Hydroxy-2-(3-hydroxyphenyl)ethyl]methylamino}-1,3,7-trimethylpurin-2,6(1H,3H)-dion [IUPAC]

8-[N-(m,beta-Dihydroxyphenethyl)-N-methylamino]caffeine

3,7-Dihydro-8-[[2-hydroxy-2-(3-hydroxyphenyl)-ethyl]methylamino]-1,3,7-trimethyl-1H-purine-2,6-dione [IUPAC]

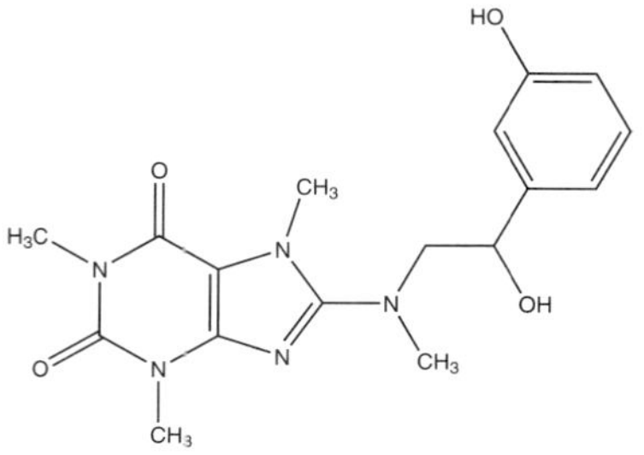

IS: *Alzatone*
IS: *Fenolamina y Dioxipurina (Bagó, CO)*
IS: *Fentetramine*
IS: *Fentetran*

Alcaten® (Ariston: BR)
Alzaten® (Ariston: EC, EC, UY)
Alzaten® (Bago: PE)
Alzaten® (Bagó: CO)

Phentolamine (Rec.INN)

L: Phentolaminum
I: Fentolamina
D: Phentolamin
F: Phentolamine
S: Fentolamina

Antihypertensive agent
α-Adrenergic blocking agent

ATC: C04AB01,G04BE05
CAS-Nr.: 0000050-60-2 C_{17}-H_{19}-N_3-O
M_r 281.369

⊶ Phenol, 3-[[(4,5-dihydro-1H-imidazol-2-yl)methyl](4-methylphenyl)amino]-

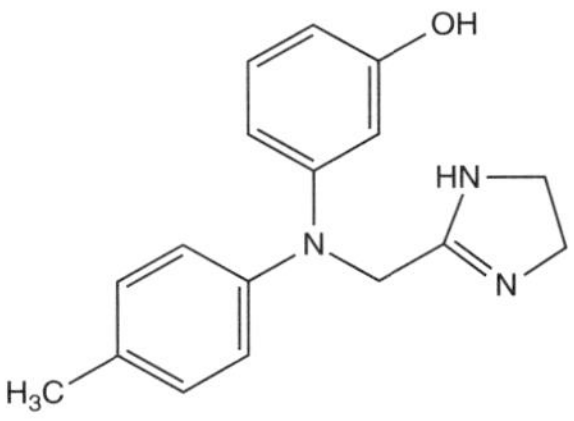

OS: *Phentolamine [BAN, DCF]*
OS: *Fentolamina [DCIT]*

- **mesilate:**

CAS-Nr.: 0000065-28-1
OS: *Phentolamine Mesilate BANM, JAN*
OS: *Phentolamine Mesylate USAN*
IS: *Phentolamine methanesulfonate*
IS: *Vesomax*
IS: *Phentolamine Mesylate*
PH: Phentolamine Mesylate USP 30
PH: Phentolamini mesylas Ph. Int. II
PH: Phentolamini mesilas Ph. Eur. 5
PH: Phentolamine Mesilate Ph. Eur. 5
PH: Phenolamine (mésilate de) Ph. Eur. 5
PH: Phentolaminmesilat Ph. Eur. 5

Herivyl® (Libbs: BR)
Phentolamine Mesylate® (Bedford: US)
Regitina® (Novartis: AR, BR)
Regitine® (Novartis: AU, BE, HU, IL, LU, NL, NZ, US)
Regitin® (Novartis: CH, DK)
Rogitine® (Alliance: GB)
Rogitine® (Paladin: CA)
Vasomax® (Schering-Plough: BR)

Phenylbutazone (Rec.INN)

L: Phenylbutazonum
I: Fenilbutazone
D: Phenylbutazon
F: Phénylbutazone
S: Fenilbutazona

⚕ Antiinflammatory agent
⚕ Analgesic
⚕ Antipyretic

ATC: M01AA01,M02AA01
ATCvet: QM01AA01
CAS-Nr.: 0000050-33-9 C_{19}-H_{20}-N_2-O_2
M_r 308.389

⊶ 3,5-Pyrazolidinedione, 4-butyl-1,2-diphenyl-

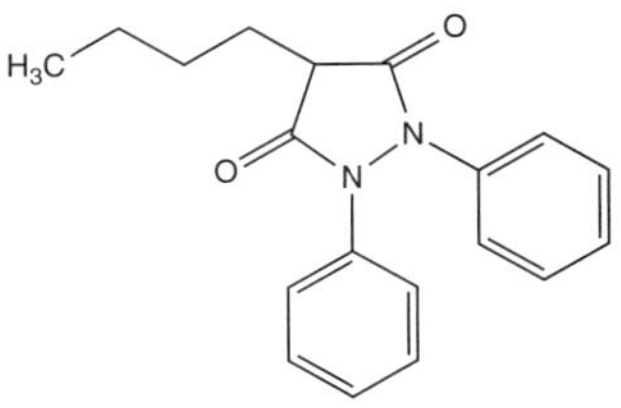

OS: *Phenylbutazone [BAN, DCF, JAN, USAN]*
OS: *Fenilbutazone [DCIT]*
IS: *Butadionum*
PH: Phenylbutazon [Ph. Eur. 5]
PH: Phenylbutazone [Ph. Eur. 5, JP XIV, USP 30]
PH: Phenylbutazonum [Ph. Eur. 5, Ph. Int. II]
PH: Phénylbutazone [Ph. Eur. 5]

Akrofen® (Nufarindo: ID)
Ambene® (Merckle: DE)
Antipyranal® [vet.] (Alfasan: NL)
Arthrisel® [vet.] (Selecta: DE)
Butadion® (Gedeon Richter: GE)
Butadion® (Streuli: CH)
Butadion® [vet.] (Streuli: CH)
Butaject® [vet.] (Vetus: US)
Butalone® [vet.] (Apex: AU)
Butamav® [vet.] (Mavlab: AU)
Butapirazol® (GlaxoSmithKline: PL)
Butapirazol® (Polfa Warszawa: PL)
Butasan® [vet.] (Vetochas: DE)
Butasan® [vet.] (Vetoquinol: CH)
Butasyl® [vet.] (Novartis Animal Health: AU)
Butatabs® [vet.] (Vetus: US)
Butazolidina® (Novartis: BR, ES)
Butazolidina® (Padro: ES)
Butazolidine® (Novartis: BE, FR, LU)
Butazolidin® (Fagron: NL)
Butazolidin® (Novartis: AG, AN, AT, AU, AW, BB, BM, BS, DE, ET, GD, GH, GY, HT, IT, JM, KE, KY, LC, MT, NG, SD, TT, TZ, VC, ZW)
Bute® [vet.] (Acme: IT)
Bute® [vet.] (Ranvet: AU)
Bute® [vet.] (Virbac: NZ)
Butin® [vet.] (Parnell: AU, NZ)
Companazone® [vet.] (Arnolds: GB)
Deltazone® [vet.] (Delvet: AU)
Equi-Phar Phenylbutazone® [vet.] (Vedco: US)
Equibutazone® [vet.] (Virbac: AU)
Equipalazone® [vet.] (Arnolds: GB)
Equipalazone® [vet.] (Bomac: NZ)
Equipalazone® [vet.] (Delvet: AU)
Equipalazone® [vet.] (Intervet: DE, FR)
Equipalazone® [vet.] (Kyron: ZA)
Equipalazone® [vet.] (Veterinaria: CH)
Equiphen® [vet.] (Luitpold: US)
Equizone® [vet.] (Bomac: NZ)
exrheudon OPT® (Optimed: DE)
Fenilbutazona Genfar® (Genfar: CO)
Fenilbutazona L.CH.® (Chile: CL)
Fenilbutazona® (Biosano: CL)
Fenilbutazona® (Mintlab: CL)
Fenilbutazona® (Sanitas: CL)
Fenilbutazone® [vet.] (Ati: IT)
Fenilbutazonă MK® (Mark: RO)
Fenilbutazonă® (Antibiotice: RO)
Fenilbutazonă® (Europharm: RO)
Fenilbutazonă® (Gedeon Richter: RO)
Fenilbutazonă® (Hyperion: RO)
Fenilbutazonă® (Ozone Laboratories: RO)
Fenilbutazonă® (Sintofarm: RO)
Fenylbutazon FNA® (FNA: NL)
Fenylbutazon Oba® (OBA: DK)
Fenylbutazone® [vet.] (Virbac: ZA)
Fenylbutazon® [vet.] (Kombivet: NL)
Fenylbutazon® [vet.] (Leo: SE)
Hippopalazon® [vet.] (Aristvet: DE)
Inflazone® (Aspen: ZA)
Irgapan® (Dexa Medica: ID)

P

Kadol® (Teofarma: IT)
Myoton® [vet.] (Jurox: AU, NZ)
Oraljcct® [vet.] (Bomac: NZ)
P-Butazone® [vet.] (Vetsearch: AU)
PBZ® [vet.] (Virbac: AU)
Phen-Buta-Vet® [vet.] (Anthony: US)
Phenogel® [vet.] (Fort Dodge: GB)
Phenycare® [vet.] (Animalcare: GB)
Phenylarthrite® [vet.] (Bayer Animal Health: ZA)
Phenylarthrite® [vet.] (Vetoquinol: AU, IE)
Phenylbuta-Kel® [vet.] (Wolfs: BE)
Phenylbutazone® [vet.] (Butler: US, US)
Phenylbutazone® [vet.] (Loveridge: GB)
Phenylbutazone® [vet.] (Millpledge: GB)
Phenylbutazone® [vet.] (Phoenix: US)
Phenylbutazone® [vet.] (RXV: US)
Phenylbutazone® [vet.] (Vedco: US)
Phenylbutazone® [vet.] (VetTek: US)
Phenylbutazone® [vet.] (Western: US)
Phenylbutazon® (Gedeon Richter: HU)
Phenylbutazon® [vet.] (Albrecht: DE)
Phenylbutazon® [vet.] (Alvetra: DE)
Phenylbutazon® [vet.] (Aristvet: DE)
Phenylbutazon® [vet.] (CP: DE)
Phenylbutazon® [vet.] (Eurovet: NL)
Phenylbutazon® [vet.] (Riemser: DE)
Phenylbutazon® [vet.] (Selecta: DE)
Phenylbute® [vet.] (Caledonian: NZ)
Phenylbute® [vet.] (Jurox: AU)
Pro-Bute® [vet.] (Pro Labs: US)
Pro-Dynam® [vet.] (Leo: GB, IE)

– calcium salt:

Butazona Calcica® (Boehringer Ingelheim: BR)
Fenilbutazona® (Neo Quimica: BR)
Peralgin® (Infabra: BR)

– sodium salt:

CAS-Nr.: 0000129-18-0

Afibutazone® [vet.] (AFI: IT)
Ambene® [inj.] (Merckle: DE, GE)
Ekybute® [vet.] (Audevard: FR)
Fenilbutazone® [vet.] (Intervet: IT)
Nabudone® [vet.] (Ilium Veterinary Products: AU)
Phenylbutazon® [vet.] (WDT: DE)
Phénylarthrite® [vet.] (Vetoquinol: FR)

Phenylephrine (Rec.INN)

L: Phenylephrinum
I: Fenilefrina
D: Phenylephrin
F: Phényléphrine
S: Fenilefrina

Antihypotensive agent
α-Sympathomimetic agent

ATC:
C01CA06,R01AA04,R01AB01,R01BA03,S01FB01,-S01GA05
CAS-Nr.: 0000059-42-7 C_9-H_{13}-N-O_2
M_r 167.213

Benzenemethanol, 3-hydroxy-α-[(methylamino)methyl]-, (R)-

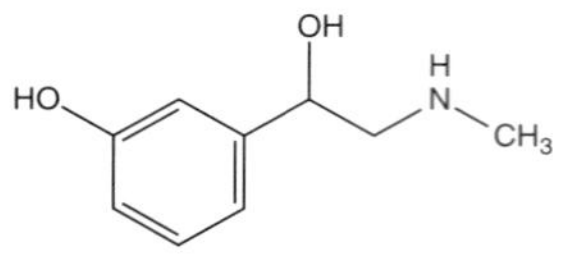

OS: *Phenylephrine [BAN, DCF]*
OS: *Fenilefrina [DCIT]*
IS: *L-m-Synephrine*
IS: *Metaoxedrinum*
IS: *Neo-Oxedrine*
PH: Phenylephrinum [Ph. Eur. 5]
PH: Phenylephrin [Ph. Eur. 5]
PH: Phenylephrine [Ph. Eur. 5]
PH: Phényléphrine [Ph. Eur. 5]

Nasenspray Spirig für Kinder® (Spirig: CH)
Nilefrin® (Terapia: RO)
Phenylephrine Minims® (Chauvin: BE)

– hydrochloride:

CAS-Nr.: 0000061-76-7
OS: *Phenylephrine Hydrochloride BANM, USAN*
IS: *Mesatonum*
IS: *Néosynéphrine (chlorhydrate de)*
PH: Phényléphrine (chlorhydrate de) Ph. Eur. 5
PH: Phenylephrine Hydrochloride Ph. Eur. 5, JP XIV, USP 30
PH: Phenylephrini hydrochloridum Ph. Eur. 5
PH: Phenylephrinhydrochlorid Ph. Eur. 5

Ada® (Estedi: ES)
AF-TAF® (Sam-On: IL)
AK-Dilate® (Akorn: PE, US)
AK-Nefrin® (Akorn: PE)
Albalon Relief® (Allergan: AU)
Alconefrin-12® (PolyMedica: US)
Alconefrin-25® (PolyMedica: US)
Alconefrin-50® (PolyMedica: US)
Analux® (Alcon: ES)
Boradrine® (Thea: BE, LU, NL)
Boraline® (McNeil: ES)
Chlorhydrate de Phenylephrine-Chauvin® (Chauvin: LU)
Colircusi Fenilefrina® (Alcon: ES)
Disneumon® (Solvay: ES)
Efrin® (Fischer: IL)
Efrisel® (Cendo: ID)
Fadalefrina® (Fada: AR)
Fenilefrina Clorhidrato® (Bestpharma: CL)
Fenilefrina Cloridrato® (AFOM: IT)
Fenilefrina Cloridrato® (Dynacren: IT)
Fenilefrina Cloridrato® (Ogna: IT)
Fenilefrina Cloridrato® (Quifarmed: CO)
Fenilefrina Gray® (Gray: AR)
Fenilefrina® (Allergan: BR)
Fenilefrina® (Lansier: PE)
Fenilefrin® (Cristália: BR)
Fenilefrin® (Sanovel: TR)
Fenylefrine Minims® (Chauvin: NL)
Fenylefrine Monofree® (Bournonville: NL)
Irifrin® (Promed: RU)
Isonefrine® (Tubilux: IT)
Isopto Frin® (Alcon: AU, CZ, GB, LU, SG)

Metaoxedrin Minims® (Chauvin: NO)
Metaoxedrin Ophtha® (Ophtha: DK)
Metaoxedrin SAD® (SAD: DK)
Minims Fenylefrinehydrochloride® (Chauvin: NL)
Minims Phenylephrin Hydrochlorid® (Chauvin: AT)
Minims Phenylephrine Hydrochloride® (Bausch & Lomb: NZ)
Minims Phenylephrine Hydrochloride® (Chauvin: AT, GB, SG)
Minims Phenylephrine Hydrochloride® (Novartis: FI)
Minims Phenylephrine Hydrochloride® [vet.] (Chauvin: GB)
Minims Phenylephrine® (Bournonville: NL)
Minims Phenylephrine® (Chauvin: IE)
Minims Phenylephrine® (Germania: AT)
Mirazul® (Fardi: ES)
Monofree Fenylefrine HCl® (Thea: NL)
Moviflex® (Sankyo: AT)
Mydfrin® (Alcon: BW, CA, CL, ER, ET, GH, KE, MW, NA, NG, PE, SG, TR, TZ, UG, US, ZA, ZM, ZW)
Naphensyl® (Al Pharm: ZA)
Nazol® (Sagmel: RU)
Neo-Mydrial® (Winzer: DE)
Neo-Sinefrina® (GlaxoSmithKline: PT)
Neo-Sinefrina® (Sanofi-Synthelabo: BR)
Neo-Synephrine® (Abbott: AU, CZ)
Neo-Synephrine® (Bayer: US)
Neo-Synephrine® (Hospira: CA)
Neo-Synephrine® (InterMed Medical Ltd: NZ)
Neo-Synephrine® (Sanofi-Aventis: IL, US)
Neo-Synephrine® (Sanofi-Synthelabo: AE, BH, CY, EG, JO, KW, LB, OM, QA, SA)
Neo-Synephrine® (Teofarma: IT)
Neosinefrina® (Sanofi-Synthelabo: BR)
Neosynephrin-POS® (Ursapharm: CZ, DE, PL)
Non Drowsy Sudafed Congestion Relief® (Pfizer Consumer Healthcare: GB)
Nostril® (Novartis: US)
Néosynéphrine AP-HP® (AGEPS: FR)
Néosynéphrine Faure® (Europhta: MC)
Ocu-Phrin® (Ocumed: US)
Orbi® (Lansier: PE)
Otriven Baby® (Novartis Consumer Health: DE)
Phenylephrin „Blache“® (Bausch & Lomb: CH)
Phenylephrine Bournonville® (Teva: LU)
Phenylephrine Cooper® (Cooper: GR)
Phenylephrine Covan® (Al Pharm: ZA)
Phenylephrine HCl Silom Medical® (Silom: TH)
Phenylephrine Hydrochloride® (American Regent: US)
Phenylephrine Hydrochloride® (Bausch & Lomb: US)
Phenylephrine Hydrochloride® (Baxter: US)
Phenylephrine Hydrochloride® (Falcon: US)
Phenylephrine Hydrochloride® (Novartis Ophthalmics: SE)
Phenylephrine® (Martindale: GB)
Phenylephrine® (Sovereign: GB)
Phenylephrine® (Thea: BE)
Poen Efrina® (Poen: AR)
Prefrin® (Allergan: AU, HK, US)
Prefrin® (Pharm-Allergan: AT)
Preparation H® (Wyeth: US)
Pulmol-G® (Roxfarma: PE)
Qura® (Laboratorios: AR)
Relief® (Allergan: US)
Rexophtal® (Bausch & Lomb: CH)
Rhinall® (Scherer: US)
Ribex Nasale® (Pfizer Consumer Health Care: IT)
Rynatan® (Medifarma: PE)
St. Joseph® (McNeil: US)
Sudafed PE® (Pfizer: US)
Vacon® (Scherer: US)
Vibrocil® (Novartis: GE)
Vibrocil® (Novartis Pharma: PE)
Vicks Sinex® (Procter & Gamble: US)
Visadron® (Alcon: DE)
Visadron® (Boehringer Ingelheim: AE, AT, BE, BH, CY, EG, ES, IQ, IT, JO, KE, KW, LB, LU, LY, MT, NL, OM, PT, QA, SA, SD, YE)
Vistafrin® (Allergan: ES)

– tartrate:

CAS-Nr.: 0013998-27-1
OS: *Phenylephrine Tartrate BANM*
IS: *Phenylephedrine Tartrate*
PH: Phenylephrine Bitartrate USP 30

Boraline® (Merck: AE, BH, CY, EG, IQ, IR, JO, KW, LB, OM, QA, SA, SD, SY, YE)

– tannate:

Ricobid-D® (Rico: US)

Phenylphenol

D: Phenylphenol

⚕ Desinfectant

CAS-Nr.: 0000090-43-7 C_{12}-H_{10}-O
M_r 170.212

[1,1'-Biphenyl]ol

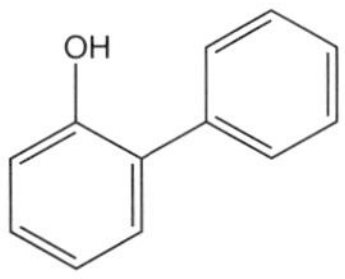

IS: *Dowicide 1*
IS: *Orthoxenol*
IS: *E 231 (EU-number)*
IS: *o-Phenylphenol (INCI)*
IS: *2-Phenylphenol (ASK-S)*

Amocid® (Lysoform: DE)
Dodesept farblos® (Merck: AT)
Dodesept gefärbt® (Merck: AT)

P

Phenylpropanolamine (Rec.INN)

L: Phenylpropanolaminum
I: Fenilpropanolamina
D: Phenylpropanolamin
F: Phenylpropanolamine
S: Fenilpropanolamina

⚕ Sympathomimetic agent
⚕ Vasoconstrictor ORL, systemic

ATC: R01BA01
CAS-Nr.: 0014838-15-4 C_9-H_{13}-N-O
M_r 151.213

Benzenemethanol, α-(1-aminoethyl)-, (R*,S*)-(±)-

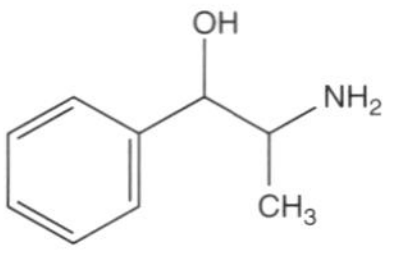

OS: *Phenylpropanolamine [BAN]*
OS: *Phénylpropanolamine [DCF]*
IS: *Norephedrine*

Fansia® (Eurodrug: TH)

– hydrochloride:

CAS-Nr.: 0000154-41-6
OS: *Phenylpropanolamine Hydrochloride BANM, USAN*
PH: Phenylpropanolamine Hydrochloride Ph. Eur. 5, USP 30
PH: Phenylpropanolamini hydrochloridum Ph. Eur. 5
PH: Phenylpropanolaminhydrochlorid Ph. Eur. 5
PH: Phénylpropanolamine (chlorhydrate de) Ph. Eur. 5

Acutrim® (Novartis: US)
Boxogetten® (Cheplapharm: DE)
Decolgen® (United: PH)
Disudrin® (Pediatrica: PH)
Ed-80® (Newport: CR, GT, HN, NI, PA, SV)
Incontex® [vet.] (Gräub: CH)
Incontex® [vet.] (Schoeller: AT)
Kontexin® (Pfizer: AT)
Propalin® [vet.] (Ati: IT)
Propalin® [vet.] (Vetcare: FI)
Propalin® [vet.] (Vetochas: DE)
Propalin® [vet.] (Vetoquinol: AT, AU, CH, FR, GB, IE, LU, NL)
Propalin® [vet.] (Vétoquinol: PT)
Recatol® (Riemser: DE)
Rinexin® (Recip: FI, IS, NO, SE)
Westrim® (Jones: US)

Phenytoin (Rec.INN)

L: Phenytoinum
I: Fenitoina
D: Phenytoin
F: Phénytoïne
S: Fenitoina

⚕ Antiepileptic

ATC: N03AB02
CAS-Nr.: 0000057-41-0 C_{15}-H_{12}-N_2-O_2
M_r 252.281

2,4-Imidazolidinedione, 5,5-diphenyl-

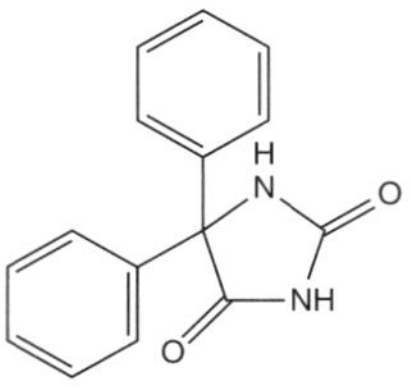

OS: *Phenytoin [BAN, JAN, USAN]*
OS: *Phénytoïne [DCF]*
OS: *Fenitoina [DCIT]*
IS: *Phenantoin*
IS: *Diphenylhydantoinum*
IS: *DPH USA (AHFS)*
PH: Phenytoin [JP XIV, Ph. Eur. 5, Ph. Int. 4, USP 30]
PH: Phénytoïne [Ph. Eur. 5]
PH: Phenytoinum [Ph. Eur. 5, Ph. Int. 4]

Di-Hydan® (Genopharm: FR)
Di-Hydan® (Sanofi-Synthelabo: LU)
Dilantin® (Pfizer: AU, CA, IL, NZ, US, US)
Diphedan® (Ambee: BD)
Diphedan® (Egis: HU)
Ditoin® (Atlantic: TH)
Epamin® [susp./inj.] (Pfizer: BZ, CR, GT, HN, MX, NI, PA, SV)
Epanutin® [susp.] (Parke Davis: DE, IE)
Epanutin® [susp.] (Pfizer: AT, BE, ES, GB, GR, ZA)
Epelin® (Pfizer: BR)
Epilan-D-Gerot® (Gerot: AT, CZ)
Epilan-D-Gerot® (Salus: SI)
Epinat® (Nycomed: NO)
Fenantoin Recip® (Recip: IS, SE)
Fenital® (Cristália: BR)
Fenitenk® (Biotenk: AR)
Fenitoina Biocrom® (Biocrom: AR)
Fenitoina Sandoz® (Sandoz: ES)
Fenitoina® (Cristália: BR)
Fenitoin® (Gedeon Richter: RO)
Fenytoin Dak® (Nycomed: DK)
Hidantal® (Sanofi-Aventis: BR)
Hidantoina® (Sanofi-Aventis: MX)
Hydantin® (Orion: FI)
Hydantol® (Fujinaga: JP)
Lehydan® (Nevada Pharma: SE)
Lotoquis® (Beta: AR)
Pepsytoin-100® (Pond's: TH)
Phenhydan® (Desitin: CH, DE, LU)
Phenhydan® (Medsan: TR)
Phenydan® (Desitin: RO)
Phenytoin AWD® (AWD.pharma: DE)
Phenytoin DBL® (Mayne: HK)
Phenytoin Oral Suspension® (Actavis: US)

Phenytoin Oral Suspension® (Morton Grove: US)
Phenytoin Oral Suspension® (UDL: US)
Phenytoin Oral Suspension® (VistaPharm: US)
Phenytoin Oral Suspension® (Xactdose: US)
Phenytoin-Gerot® (Gerot: CH)
Phenytoin® (Morton Grove: US)
Rexin® [vet.] (Parnell: AU)
Sinergina® (Faes: ES)
Sodanton® (Slovakofarma: SK)
Sodanton® (Zentiva: CZ)
Taro-Phenytoin® (Taro: CA)
Zentropil® (Sandoz: DE)

– sodium salt:

CAS-Nr.: 0000630-93-3
OS: *Phenytoin Sodium BANM, JAN, USAN*
IS: *Diphenylhydantoini Natrium*
PH: Phénytoïne sodique Ph. Eur. 5
PH: Phenytoin-Natrium Ph. Eur. 5
PH: Phenytoin Sodium Ph. Eur. 5, Ph. Int. 4, USP 30
PH: Phenytoin Sodium for Injection JP XIV
PH: Phenytoinum natricum Ph. Eur. 5, Ph. Int. 4

Aleviatin® (Dainippon: JP)
Aurantin® (Pfizer: IT)
Dantoin® (Pharmasant: TH)
Difetoin® (Pliva: HR)
Dilantin® (Pfizer: AU, CA, FR, HK, ID, IN, NZ, SG, TH, US)
Dintoina® (Recordati: IT)
Diphantoine Z® (Katwijk: NL)
Diphantoine® (Katwijk: NL)
Diphantoine® (Wolfs: BE, LU)
Ditomed® (Medifive: TH)
Epamin® [caps.] (Elea: AR)
Epamin® [caps.] (Pfizer: BZ, CL, CO, CR, GT, HN, MX, NI, PA, PE, SV)
Epanutin® [caps] (Davis: ES)
Epanutin® [caps] (Parke Davis: DE, IE, IL, PL)
Epanutin® [caps] (Pfizer: AE, AT, BE, BH, CY, CZ, EG, GB, GR, HU, JO, KW, LB, LU, NL, OM, SA, SE, TR, ZA)
Epanutin® [vet.] (Pfizer Animal Health: GB)
Epdantoin® (Embil: TR)
Epelin® (Pfizer: BR)
Epitard® [vet.] (Intervet: NL)
Epsolin® (Cadila: IN)
Eptoin® (Abbott: IN)
Etoina® (Klonal: AR)
Felantin® (Iqfarma: PE)
Fenidantoin® [tabs] (Italmex: MX)
Fenigramon® (Gramon: AR)
Fenitoina Combino Pharm® (Combino: ES)
Fenitoina Denver Farma® (Denver: AR)
Fenitoina Generis® (Generis: ES)
Fenitoina Genfarma® (Genfarma: ES)
Fenitoina Ges® (Ges Genericos: ES)
Fenitoina Iqfarma® (Iqfarma: PE)
Fenitoina Kern® (Kern: ES)
Fenitoina Lch® (Ivax: PE)
Fenitoina PH&T® (PH&T: IT)
Fenitoina Richmond® (Richmond: AR)
Fenitoina Rubio® (Rubio: CR, DO, ES, GT, PA, SV, TH)
Fenitoina Rubio® (TTN: TH)
Fenitoina Sodica Prompt L.CH.® (Chile: CL)
Fenitoina Sodica Promt® (Mintlab: CL)
Fenitoina Sodica® (Bestpharma: CL)
Fenitoina Sodica® (IFI: IT)
Fenitoina Sodica® (Ivax: PE)
Fenitoina® (Richmond: PE)
Fenitoina® (Rubio: ES)
Fenitron® [tabs] (Psicofarma: MX)
Hidantal® (Sanofi-Aventis: BR)
Hidantina® (Vitoria: PT)
Hidantin® (Yeni: TR)
Hidantoina® (Sanofi-Aventis: MX)
Kutoin® (Mersifarma: ID)
Lotoquis® (Beta: AR)
Neosidantoina® (Bristol-Myers Squibb: ES)
Norstan-Phenytoin Sodium® (Aspen: ZA)
Opliphon® (Fada: AR)
Phenhydan® (Desitin: CH, DE)
Phenhydan® (Gerot: AT)
Phenilep® (Prafa: ID)
Phenytek® (Mylan: US)
Phenytoin Antigen® (Filiz: TR)
Phenytoin Ikapharmindo® (Ikapharmindo: ID)
Phenytoin Injection BP® (Mayne: AU, NZ)
Phenytoin Injection DBL® (Mayne: AU, SG)
Phenytoin Sodium® (Barr: US)
Phenytoin Sodium® (Baxter: US)
Phenytoin Sodium® (Hospira: US)
Phenytoin Sodium® (Major: US)
Phenytoin Sodium® (Mylan: US)
Phenytoin Sodium® (Pliva: US)
Phenytoin Sodium® (Teva: US)
Phenytoin Sodium® (Watson: US)
Phenytoin Sodium® (Wyeth: IL)
Phenytoinum® (Polfa Warszawa: PL)
Phenytoin® (Goldshield: GB)
Phenytoin® (Mayne: GB)
Phenytoin® (Teva: GB)
Utoin® (Umeda: TH)

Phloroglucinol

L: Phloroglucinolum anhydricum
D: Phloroglucin, wasserfrei
F: Phloroglucinol

Antispasmodic agent

ATC: A03AX12
ATCvet: QA03AX12
CAS-Nr.: 0000108-73-6 C_6-H_6-O_3
M_r 126.114

1,3,5-Benzenetriol

1,3,5-Trihydroxybenzol IUPAC

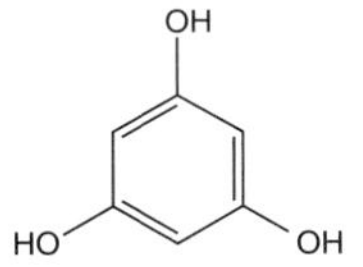

OS: *Phloroglucinol [DCF]*
IS: *1,3,5-Trihydroxybenzene*
IS: *1,3,5-Triol*
IS: *3,5-Dihydroxyphenol*
IS: *5-Hydroxyresorcinol*
IS: *5-Oxyresorcinol*
IS: *5-Oxyresorcinolphloroglucin*
IS: *s-Trihydroxybenzene*

PH: Phloroglucinol [Ph. Franç. X, USP 30]
PH: Phloroglucinol anhydrous [Ph. Eur. 5]
PH: Phloroglucinol dihyrate [Ph. Eur. 5]

Panclasa® (Atlantis: MX)
Pasmovit® (Finadiet: AR)
Phloroglucinol Biogaran® (Biogaran: FR)
Phloroglucinol Sandoz® (Sandoz: FR)
Spasfon-Lyoc® (Cephalon: FR)
Spasfon® (Farma: EC)
Spasfon® (Grupo Farma: GT, PA, SV)
Spasmex® (Scharper: IT)
Spasmocalm® (Cooper: FR)
Spassirex® (Winthrop: FR)

- **polymer dihydrogen phosphate:**

CAS-Nr.: 0051202-77-8
IS: *Polyphloroglucinol phosphate*
IS: *Polyphloroglucin phosphate*
IS: *Phloroglucinphosphat, polymerisiert*

Dealyd® (Rösch & Handel: AT)

Pholcodine (Rec.INN)

L: Pholcodinum
I: Folcodina
D: Pholcodin
F: Pholcodine
S: Folcodina

Antitussive agent

ATC: R05DA08
CAS-Nr.: 0000509-67-1 C_{23}-H_{30}-N_2-O_4
M_r 398.513

Morphinan-6-ol, 7,8-didehydro-4,5-epoxy-17-methyl-3-[2-(4-morpholinyl)ethoxy]-, (5α,6α)-

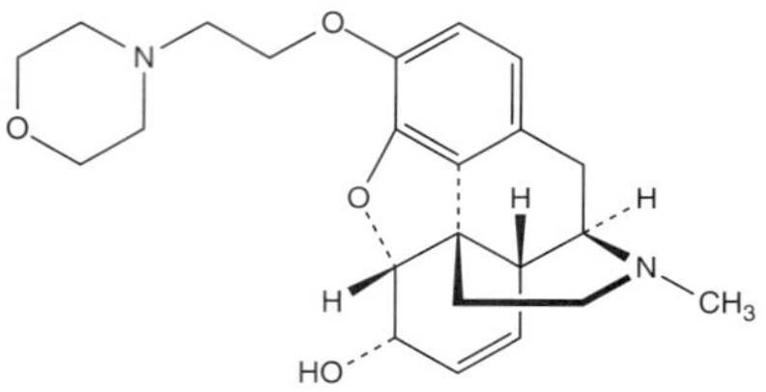

OS: *Pholcodine [BAN, DCF, USAN]*
OS: *Folcodina [DCIT]*
IS: *Prodromine*
PH: Pholcodin [Ph. Eur. 5]
PH: Pholcodine [Ph. Eur. 5]
PH: Pholcodinum [Ph. Eur. 5, Ph. Int. II]

Benylin® (Pfizer Consumer Healthcare: GB)
Biocalyptol® (Zambon: FR)
Dimétane® (Wyeth: FR)
Duro-Tuss® (3M: AU, MY, NZ, SG)
Folkodin® (Sanitarija: RS)
Galenphol® (Thornton & Ross: GB)
Humex Toux Sèche Pholcodine® (Urgo: FR)
Pavacol-D® (Ransom: GB)
Pharmakod toux sèche® (Sanofi-Aventis: FR)
Pholcodex® (Pinewood: IE)
Pholcodine Irex® (Winthrop: FR)
Pholcodine Linctus® (Adco Drug: ZA)
Pholcodine Linctus® (PSM: NZ)
Pholcodine Winthrop® (Winthrop: FR)
Pholcodine® (AFT: NZ)
Pholcodine® (Sanofi-Aventis: BD)
Pholcodin® (Alkaloid: BA, HR, RS, SI)
Pholcolinct® (Al Pharm: ZA)
Pholcolin® (Antigen: IE)
Pholtix® (3M: CR, DO, GT, HN, PA, SV)
Respilène® (Sanofi-Aventis: FR)
Rhinathiol toux sèche® (Sanofi-Aventis: BF, BJ, CF, CG, CI, CM, GA, GN, MG, ML, MR, MU, NE, SN, TD, TG, ZR)
Rhinathiol® (Sanofi-Aventis: FR)
Tuxi® (Leiras: FI)
Tuxi® (Weifa: NO)

Pholedrine (Rec.INN)

L: Pholedrinum
I: Foledrina
D: Pholedrin
F: Pholédrine
S: Foledrina

Antihypotensive agent
Sympathomimetic agent

CAS-Nr.: 0000370-14-9 C_{10}-H_{15}-N-O
M_r 165.24

Phenol, 4-[2-(methylamino)propyl]-

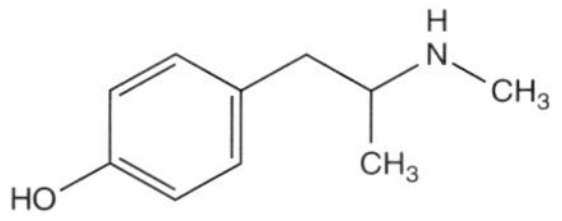

OS: *Pholedrine [BAN, DCF, USAN]*
OS: *Foledrina [DCIT]*

- **sulfate:**

CAS-Nr.: 0006114-26-7
PH: Pholedrinum sulfuricum 2.AB-DDR

Pholedrin liquidum® (Krewel: DE)
Pholedrin-longo-Isis® (Alpharma: DE)

Phosmet (BAN)

D: Phosmet

Insecticide

CAS-Nr.: 0000732-11-6 C_{11}-H_{12}-N-O_4-P-S_2
M_r 317.317

O,O-Dimethyl phthalimidomethyl phosphorodithioate

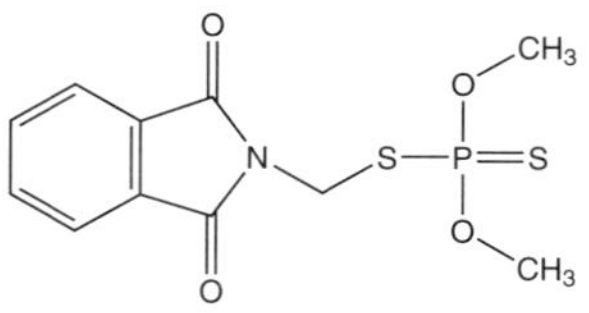

OS: *Phosmet [BAN, USAN]*
IS: *ENT 25705*
IS: *R 1504*

Del-Phos® (Schering-Plough: US)
Paramite® (Hoechst-Roussel: US)
Porect® (Pfizer: AU)
Poron® (Novartis Animal Health: AU)
ProTICall Derma-Dip® (Hoechst-Roussel: US)
Young's Poron® [vet.] (Cypharm: IE)

Phosphatidylserine

D: Phosphatidylserin

Nootropic

C_8-H_{19}-N_2-O_6-P
M_r 270.23

(S)-O-(2-Amino-2-carboxyethyl)-O'-(2-trimethylammoniumethyl)phosphate

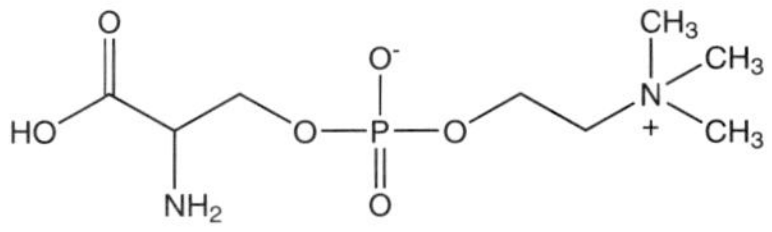

Bros® (Fidia: IT)
Sicotrat® (TRB: BR)

Phoxim (Prop.INN)

L: Phoximum
D: Phoxim
F: Phoxime
S: Foxima

Anthelmintic [vet.]

CAS-Nr.: 0014816-18-3 C_{12}-H_{15}-N_2-O_3-P-S
M_r 298.302

3,5-Dioxa-6-aza-4-phosphaoct-6-ene-8-nitrile, 4-ethoxy-7-phenyl-, 4-sulfide

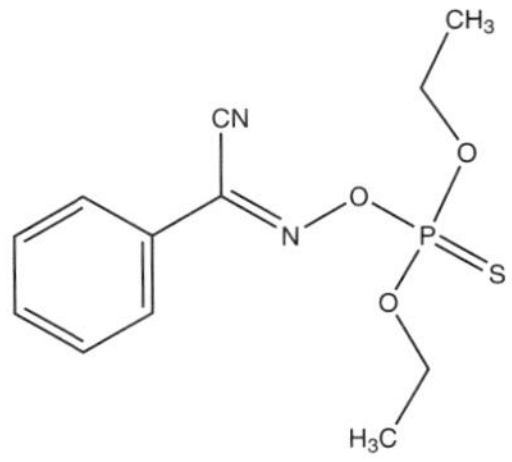

OS: *Phoxim [BAN, USAN]*
IS: *Bayer 9053*
IS: *Bayer 77488*
IS: *SRA 7502*

Sebacil® [vet.] (Bayer: AT, DK, IE, NO, SE)
Sebacil® [vet.] (Bayer Animal: DE)
Sebacil® [vet.] (Bayer Sante Animale: FR)
Sebacil® [vet.] (Orion: FI)
Sebacil® [vet.] (Provet: CH)

Physostigmine (BAN)

I: Fisostigmina
D: Physostigmin
F: Eserine

Miotic agent

Parasympathomimetic agent, cholinesterase inhibitor

ATC: S01EB05,V03AB19
CAS-Nr.: 0000057-47-6 C_{15}-H_{21}-N_3-O_2
M_r 275.363

Pyrrolo[2,3-b]indol-5-ol, 1,2,3,3a,8,8a-hexahydro-1,3a,8-trimethyl-, methylcarbamate (ester), (3aS-cis)-

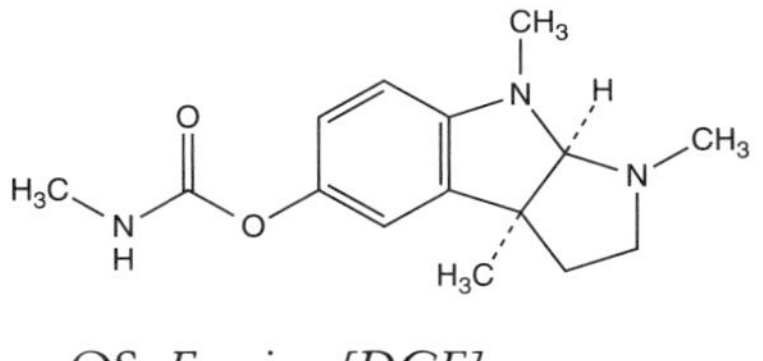

OS: *Eserine [DCF]*
OS: *Physostigmine [BAN, USAN]*
PH: Physostigmine [USP 30]

– salicylate:

CAS-Nr.: 0000057-64-7
OS: *Physostigmine Salicylate BANM, JAN*
PH: Esérine (salicylate d') Ph. Eur. 5
PH: Eserini salicyla Physostigmini salicylas Ph. Eur. 5
PH: Physostigmine Salicylate JP XIII, Ph. Eur. 5, Ph. Int. 4, USP 30
PH: Physostigmini salicylas Ph. Int. 4
PH: Physostigminsalicylat Ph. Eur. 5

Anticholium® (Germania: AT)
Anticholium® (Köhler: DE)
Antilirium® (Forest: US)
Eserina Salicilato® (Salf: IT)
Feligastryl® [vet.] (Biokema: CH)
Physostigmine Salicylate® (Akorn: US)
Physostigmine Salicylate® (Mayne: AU, US)
Physostigmine Salicylate® (Taylor: US)

– sulfate:

CAS-Nr.: 0000064-47-1
OS: *Physostigmine Sulphate BANM*
PH: Physostigmine Sulfate USP 30
PH: Physostigmine Sulphate Ph. Eur. 5
PH: Physostigmini sulfas JPX, Ph. Eur. 5
PH: Physostigminsulfat Ph. Eur. 5
PH: Esérine (sulfate d') Ph. Eur. 5
PH: Eserine sulphate Ph. Eur. 5

Physostigmine Sulfate® (Fougera: US)

Phytomenadione (Rec.INN)

L: Phytomenadionum
I: Fitomenadione
D: Phytomenadion
F: Phytoménadione
S: Fitomenadiona

Vitamin K

ATC: B02BA01
CAS-Nr.: 0000084-80-0 C_{31}-H_{46}-O_2
M_r 450.709

1,4-Naphthalenedione, 2-methyl-3-(3,7,11,15-tetramethyl-2-hexadecenyl)-, [R-[R*,R*-(E)]]-

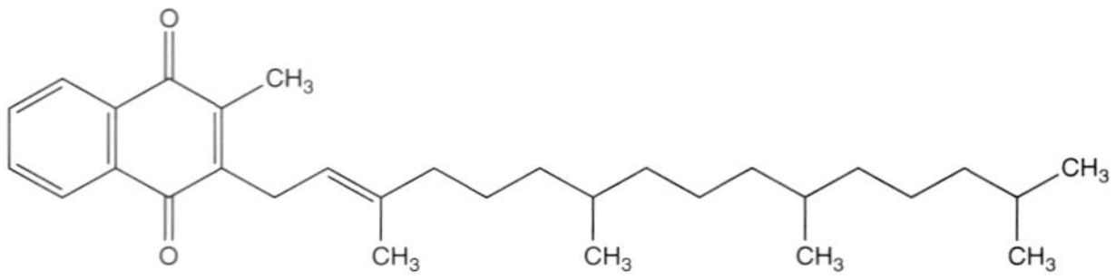

OS: *Phytomenadione [BAN, DCF]*
OS: *Fitomenadione [DCIT]*
OS: *Phytonadione [JAN, USAN]*
IS: *Phylloquinone*
IS: *Vitamin K_1*
PH: Phytomenadione [Ph. Eur. 5, Ph. Int. 4]
PH: Phytoménadione [Ph. Eur. 5]
PH: Phytomenadionum [Ph. Eur. 5, Ph. Int. 4]
PH: Phytonadione [JP XIV, USP 30]
PH: Phytomenadion [Ph. Eur. 5]

AquaMEPHYTON® (Merck: US)
Fitomenadiona Larjan® (Veinfar: AR)
Fitomenadiona® (Biosano: CL)
Fitomenadiona® (Sanderson: CL)
Fitomenadionă® (Terapia: RO)
Fitoquinona L.CH.® (Chile: CL)
Fytomenadion FNA® (FNA: NL)
Fytomenadionconcentraat FNA® (FNA: NL)
Hymeron-K1® (Yamanouchi: JP)
K-Mav® [vet.] (Mavlab: AU)
K.P.® (PP Lab: TH)
Kanakion® (Roche: BD, BR, DE, FI, PT)
Kanavit® (Biotika: CZ)
Kanavit® (medphano: DE)
Kanavit® (Slovakofarma: CZ)
Kanavit® (Spofa: CZ)
Kanavit® (Zentiva: CZ)
Kaywan® (Eisai: ID)
Kenadion® (Samarth: IN)
Koagulon® [vet.] (Parnell: AU)
Konakion® (Roche: AE, AR, AT, AU, BA, BD, BE, BR, BW, CH, CL, CO, CR, CY, DE, DK, DO, DZ, EC, EG, ES, ET, FI, GB, GH, GR, GT, HK, HN, HR, HT, HU, IE, IL, IS, IT, JM, JO, KE, KW, LB, LK, LU, LV, LY, MA, ML, MU, MW, MX, MY, NA, NI, NL, NO, NZ, OM, PA, PE, PH, PK, PY, QA, RS, SA, SD, SE, SG, SI, SV, TH, TR, TZ, UG, US, UY, ZA, ZM, ZW)
Konakion® [vet.] (Roche: GB)
Menadion Medic® (Medic: DK)
Mephyton® (Merck: US)
Phytonadione Injection® (Hospira: US)
Phytonadione Injection® (IMS: US)
Rupek® (Duncan: AR)
Vicasol® (Biopharm: GE)
Vitacon® (Polfa Warszawa: PL)
Vitamin K1 Atlantic® (Atlantic: TH)
Vitamin K1® [vet.] (Hi-Perform: AU)
Vitamina K1 Biol® (Biol: AR)
Vitamine K1 Roche® (Roche: FR)
Vitamine K® [vet.] (Alfasan: NL)
Vitamine K® [vet.] (Coophavet: FR)
Vitamine K® [vet.] (Hi-Perform: AU)
Vitamine K® [vet.] (TVM: FR)
Vitamon K® (Omega: BE, LU)

Picloxydine (Rec.INN)

L: Picloxydinum
D: Picloxydin
F: Picloxydine
S: Picloxidina

Antifungal agent
Antiseptic

ATC: S01AX16
CAS-Nr.: 0005636-92-0 C_{20}-H_{24}-Cl_2-N_{10}
M_r 475.412

1,4-Piperazinedicarboximidamide, N,N"-bis[[(4-chlorophenyl)amino]iminomethyl]-

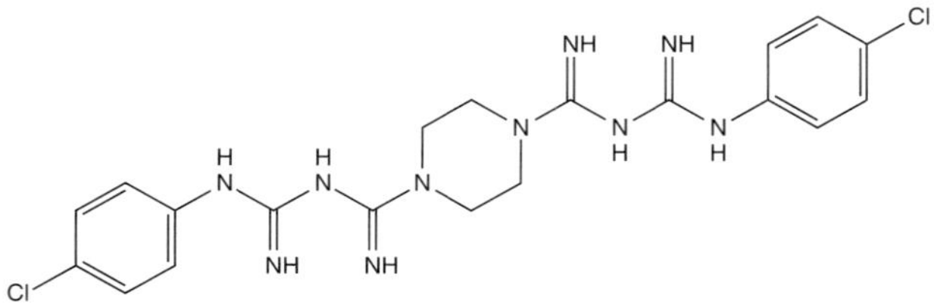

OS: *Picloxydine [BAN, DCF, USAN]*

– hydrochloride:

Vitabact® (Novartis: FR, RU)
Vitabact® (Novartis Ophthalmics: HU)

Picotamide

D: Picotamid

Anticoagulant, platelet aggregation inhibitor
Anticoagulant, thrombolytic agent

ATC: B01AC03
CAS-Nr.: 0032828-81-2 C_{21}-H_{20}-N_4-O_3
M_r 376.431

1,3-Benzenedicarboxamide, 4-methoxy-N,N'-bis(3-pyridinylmethyl)-

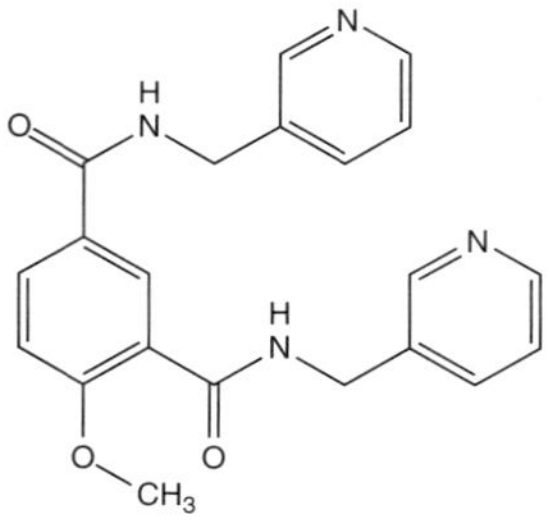

OS: *Picotamide [BAN, USAN]*

Plactidil® (Novartis: IT, IT)

Pidotimod (Rec.INN)

L: Pidotimodum
I: Pidotimod
D: Pidotimod
F: Pidotimod
S: Pidotimod

Immunomodulator

ATC: L03AX05
CAS-Nr.: 0121808-62-6 $C_9-H_{12}-N_2-O_4-S$
M_r 244.275

(R)-3-[(S)-5-Oxoprolyl]-4-thiazolidinecarboxylic acid

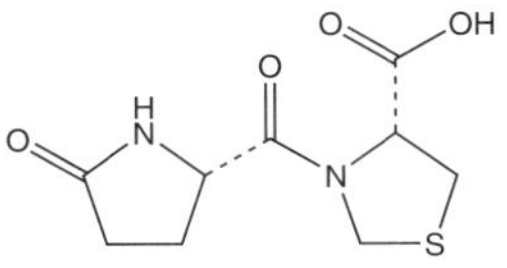

OS: *Pidotimod [USAN]*

Adimod® (Armstrong: CR, DO, GT, HN, MX, PA, SV)
Fuluyin® (Changzheng: CN)
Onaka® (Max Farma: IT)
Pigitil® (Dorom: IT)
Polimod® (Pharmacia: IT)
Polimod® (Pharmanel: GR)

Piketoprofen (Rec.INN)

L: Piketoprofenum
D: Piketoprofen
F: Pikétoprofène
S: Piketoprofeno

Antiinflammatory agent

CAS-Nr.: 0060576-13-8 $C_{22}-H_{20}-N_2-O_2$
M_r 344.422

Benzeneacetamide, 3-benzoyl-α-methyl-N-(4-methyl-2-pyridinyl)-

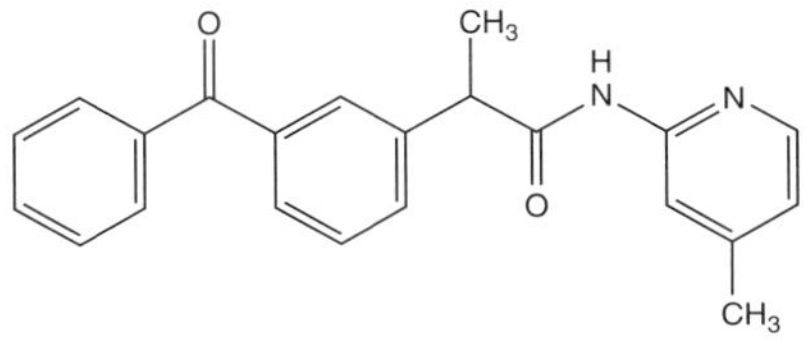

OS: *Piketoprofen [USAN]*

Calmatel® (Almirall: ES)

– hydrochloride:

Calmatel® (Almirall: ES)
Picalm® (Grünenthal: PT)
Triparsean® (Pantofarma: ES)
Triparsean® (Tecnobio: ES)
Zemalex® (ITF: PT)

Pilocarpine (BAN)

L: Pilocarpinum
I: Pilocarpina
D: Pilocarpin
F: Pilocarpine

Parasympathomimetic agent, direct acting

ATC: N07AX01,S01EB01
ATCvet: QS01EB01
CAS-Nr.: 0000092-13-7 $C_{11}-H_{16}-N_2-O_2$
M_r 208.269

2(3H)-Furanone, 3-ethyldihydro-4-[(1-methyl-1H-imidazol-5-yl)methyl]-, (3S-cis)-

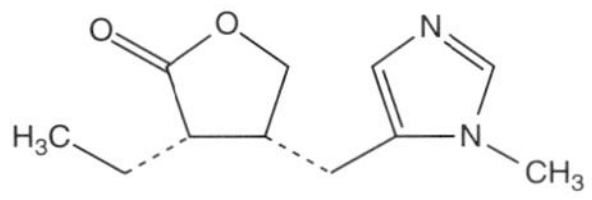

OS: *Pilocarpine [BAN, DCF, JAN]*
PH: Pilocarpine [USP 30]
PH: Pilocarpinum [2.AB-DDR]

Isopto Carpine® (Alcon: BW, ER, ET, GB, GH, KE, MW, NA, NG, TZ, UG, ZM, ZW)
Ocusert® (Allergan: AU)
Pilocarin® (Terapia: RO)
Pilocarpin ankerpharm® (Chauvin: CZ, DE)
Pilocarpina® (Biosano: CL)
Pilocarpina® (Saval: EC)
Pilocarpina® (Saval Nicolich: CL)
Pilocarpine HCl PCH® (Pharmachemie: NL)
Pilocarpine-Falcon® (Alcon: LU)
Pilocarpol® (Mayrhofer: AT)
Pilokarpin® (Pliva: BA)

– borate:

CAS-Nr.: 0016509-56-1

Normastigmin mit Pilocarpin® [+ Neostigmine bromide] (Sigmapharm: AT)

– hydrochloride:

CAS-Nr.: 0000054-71-7
OS: *Pilocarpine Hydrochloride BANM, JAN, USAN*
PH: Pilocarpine Hydrochloride JP XIV, Ph. Eur. 5, Ph. Int. 4, USP 30
PH: Pilocarpinhydrochlorid Ph. Eur. 5
PH: Pilocarpini hydrochloridum Ph. Eur. 5, Ph. Int. 4
PH: Pilocarpine (chlorhydrate de) Ph. Eur. 5

Apicarpin® (Amman Pharm: RO)
Asipine® (Asiatic Lab: BD)
Borocarpin® (Winzer: DE)
Caliprene® (Lemery: MX)
Cendo Carpine® (Cendo: ID, ID)
Colircusi Pilocarpina® (Alcon: ES)
Dispercarpine® (Novartis: GR)
Dropilton® (Bruschettini: IT)
Dropil® (Bruschettini: IT, RO)
Glaucocarpine® (Taro: IL)
Humacarpin® (Teva: HU)
Isopto Carpina® (Alcon: AR, ES)
Isopto Carpine® (Alcon: AU, BD, BR, CA, FI, GB, GR, IL, IS, LK, LU, NL, RO, SG, TH, US, ZA)
Isopto Pilocarpina® (Alcon: CL)

Isopto Pilokarpin® [vet.] (Alcon: SE)
Isopto-Carpine® (Alcon: BE, NO)
Isopto-Pilocarpine® (Alcon: FR)
Isopto-Pilokarpin® (Alcon: SE)
Klonocarpina® (Klonal: AR)
Locarpin-F® (Roster: PE)
Mi-Pilo® (Fischer: IL)
Minims Pilocarpine® [vet.] (Chauvin: GB)
Miokarpin® (Hemomont: RS)
Neutral Pilocarpine® (Pharmatel: AU)
Ocu-Carpine® (Ocumed: US)
Oftan Pilocarpin® (Santen: RU)
Oogdruppels Pilocarpine® [vet.] (Alfasan: NL)
P.V. Carpine® (Allergan: AU)
Pilo-Drop® (Reman Drug: BD)
Pilo-Stulln® (Stulln: DE)
Pilocarcil® (Edol: PT)
Pilocarpin Agepha® (Agepha: AT)
Pilocarpin ankerpharm® (Chauvin: CZ, DE)
Pilocarpin Puroptal® (Agepha: AT)
Pilocarpin Puroptal® (Metochem: AT)
Pilocarpina cloridrato® (Tubilux: IT)
Pilocarpina Lux® (Allergan Ph.-Eir: IT)
Pilocarpina® (Allergan: BR)
Pilocarpina® (Nicolich: PE)
Pilocarpina® (Tubilux: IT)
Pilocarpine Hydrochloride Ophthalmic Solution® (Akorn: US)
Pilocarpine Hydrochloride Ophthalmic Solution® (Bausch & Lomb: US)
Pilocarpine Hydrochloride Ophthalmic Solution® (Falcon: US)
Pilocarpine Hydrochloride® (Alpharma: GB)
Pilocarpine Hydrochloride® (Hillcross: GB)
Pilocarpine Hydrochloride® (Martindale: GB)
Pilocarpinehydrochloride HPS® (HPS: NL)
Pilocarpine® (Ioquin: AU)
Pilocarpine® (Opso Saline: BD)
Pilocarpine® (Vitamed: IL)
Pilocarpinum® (Polfa Warszawa: PL)
Pilocar® (Iolab: US)
Pilocar® (Novartis: US)
Pilocollyre® (Cooper: GR)
Pilodrops® [vet.] (Ceva: NL)
Pilogel® (Alcon: AT, CL, CZ, GB, IE, IL, LU, NL, SG, ZA)
Pilogel® [vet.] (Alcon: GB)
Pilokarpin „Ophtha“® (Ophtha: DK)
Pilokarpin CCS® (CCS: SE)
Pilokarpin Minims® (Chauvin: NO)
Pilokarpin® (Ophtha: NO)
Pilomann® (Mann: DE, LU)
Pilomin® (Nipa: BD)
Pilopine HS® (Alcon: BW, CA, ER, ET, GH, KE, MW, NA, NG, TZ, UG, US, ZA, ZM, ZW)
Pilopt® (Healthcare Logistics: NZ)
Pilopt® (Sigma: AU)
Pilosed® (Bilim: TR)
Pilostat® (Bausch & Lomb: US)
Pilotonina® (Farmila: CZ)
Pilotonina® (Farmila-Thea: IT)
Pilo® (Chauvin: FR)
Pilo® (Viatris: BE)
Salagen® (American Taiwan Biopharm: TH)
Salagen® (Euroetika: CO)
Salagen® (Megapharm: IL)
Salagen® (MGI: US)
Salagen® (MGI Pharma: HK)
Salagen® (Novartis: AT, BE, CH, DE, ES, FI, FR, GB, GR, IE, IT, LU, NL, PT, SI)
Salagen® (Novartis Ophthalmics: HU, SE)
Salagen® (Pfizer: CA)
Sanpilo® (Santen: JP)
Spersacarpine® (Omnivision: CH, LU)
Spersacarpin® (Novartis: LU)
Spersacarpin® (Omnivision: DE, LU)
Wetol® (Beta: AR)
Ximex Opticar® (Konimex: ID)

– nitrate:

CAS-Nr.: 0000148-72-1
OS: *Pilocarpine Nitrate BANM, USAN*
PH: Pilocarpine (nitrate de) Ph. Eur. 5
PH: Pilocarpine Nitrate Ph. Eur. 5, Ph. Int. 4, USP 30
PH: Pilocarpini nitras Ph. Eur. 5, Ph. Int. 4
PH: Pilocarpinnitrat Ph. Eur. 5

Carpo-Miotic® (Bell: IN)
Minims Pilocarpine Nitrate® (Bausch & Lomb: AU, NZ)
Minims Pilocarpine Nitrate® (Cahill May Roberts: IE)
Minims Pilocarpine Nitrate® (Chauvin: AT, GB, SG)
Minims Pilocarpine Nitrate® (Chauvin Bausch & Lomb: HK)
Minims Pilocarpine Nitrate® (Novartis: FI)
Minims Pilocarpinenitraat® (Chauvin: NL)
Minims Pilocarpine® (Chauvin: IE)
Minims Pilocarpinnitrat® (Chauvin: AT)
Monofree Pilocarpinenitraat® (Thea: NL)
Nitrate de Pilocarpine-Chauvin® (Chauvin: LU)
Pilagan® (Allergan: US)
Pilocarpina Farmigea® (Farmigea: IT)
Pilocarpine Faure® (Europhta: MC)
Pilocarpine Minims® (Chauvin: BE)
Pilokarpin® (Novartis Ophthalmics: SE)
Pilopos® (Ursapharm: CZ, DE)
Sonadryl® (Allergan: AR)

Pilsicainide (Rec.INN)

L: Pilsicainidum
D: Pilsicainid
F: Pilsicainide
S: Pilsicainida

Antiarrhythmic agent

CAS-Nr.: 0088069-67-4 C_{17}-H_{24}-N_2-O
M_r 272.399

Tetrahydro-1H-pyrrolizine-7a(5H)-aceto-2',6'-xylidide

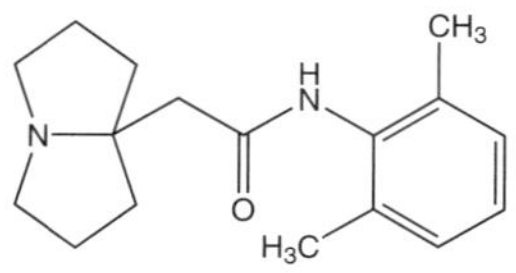

OS: *Pilsicainide [USAN]*
IS: *N-(2,6-Dimethylphenyl)-8-pyrrolizidineacetamide*

- **hydrochloride:**

CAS-Nr.: 0088069-49-2
OS: *Pilsicainide Hydrochloride JAN*
IS: *SUN 1165 (Suntory, Japan)*

Sunrythm® (Suntory: JP)

Pimecrolimus (Rec.INN)

L: Pimecrolimusum
D: Pimecrolimus
F: Pimecrolimus
S: Pimecrolimus

Antipruritic
Dermatological agent
Immunosuppressant

ATC: D11AX15
ATCvet: QD11AX15
CAS-Nr.: 0137071-32-0 C_{43}-H_{68}-Cl-N-O_{11}
M_r 810.47

(3S,4R,5S,8R,9E,12S,14S,15R,16S,18R,19R,26aS)-3-[(E)-2-[(1R,3R,4S)-4-chloro-3-methoxycyclohexyl]-1-methylvinyl]-8-ethyl-5,6,8,11,12,13,14,15,16,17,18,19,24,25,26,26a-hexadecahydro-5,19-dihydroxy-14,16-dimethoxy-4,10,12,18-tetramethyl-15,19-epoxy-3H-pyrido[2,1-c][1,4]oxaazacyclotricosine-1,7,20,21(4H,23H)-tetrone [WHO]

15,19-Epoxy-3H-pyrido[2,1-c][1,4]oxaazacyclotricosine-1,17,20,21[4H,23H]-tetrone, 3-[[1E]-2-[[1R,3R,4S]-4-chloro-3-methoxycyclohexyl]-1-methylethenyl]-8-ethyl-5,6,8,11,12,13,14,15,16,17,18,19,24,26,26a-hexadecahydro-5,19-dihydroxy-14,16-dimethoxy-4,10,12,18-tetramethyl-, [3S,4R,5S,8R,9E,12S,14S,15R,16S,18R,19R,26aS]-[USAN]

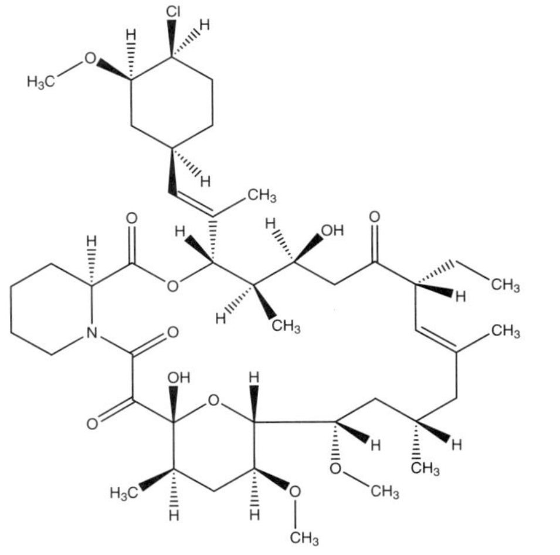

OS: *Pimecrolimus [BAN, USAN]*
IS: *ASM 981*
IS: *Elidel*
IS: *SDZ ASM 981*
IS: *33-Epi-chloro-33-desoxyascomycin*

Douglan® (3M: DE)
Elidel® (Euro: NL)
Elidel® (Kimia: ID)
Elidel® (Medcor: NL)
Elidel® (Novartis: AR, AT, AU, BA, BD, BE, BR, CA, CH, CL, CO, CR, CZ, DE, DK, DO, ES, FI, GB, GE, GT, HK, HN, HU, IL, IS, IT, LU, MX, MY, NI, NL, NO, NZ, PA, PH, PL, PT, RO, RS, RU, SE, SG, SI, SV, TH, TR, US, ZA)
Elidel® (Novartis Consumer Health: HR)
Isaplic® (Novartis: ES)
Rizan® (Esteve: ES)

Pimethixene (Rec.INN)

L: Pimethixenum
D: Pimethixen
F: Piméthixène
S: Pimetixeno

Histamine, H_1-receptor antagonist

ATC: R06AX23
CAS-Nr.: 0000314-03-4 C_{19}-H_{19}-N-S
M_r 293.431

Piperidine, 1-methyl-4-(9H-thioxanthen-9-ylidene)-

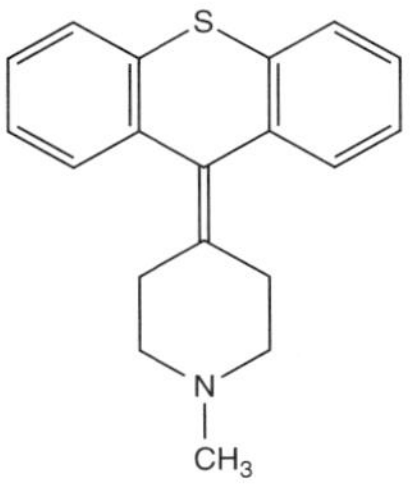

OS: *Piméthixène [DCF]*
OS: *Pimethixene [USAN]*
IS: *BP 400*

Calmixène® (Novartis: FR)
Muricalm® (Novartis: BR)
Sonin® (ASTA Medica: BR)

Pimobendan (Rec.INN)

L: Pimobendanum
D: Pimobendan
F: Pimobendane
S: Pimobendan

Vasodilator
Cardiac stimulant, cardiotonic agent

CAS-Nr.: 0074150-27-9 C_{19}-H_{18}-N_4-O_2
M_r 334.38

4,5-Dihydro-6-[2-(p-methoxyphenyl)-5-benzimidazolyl]-5-methyl-3(2H)-pyridazinone

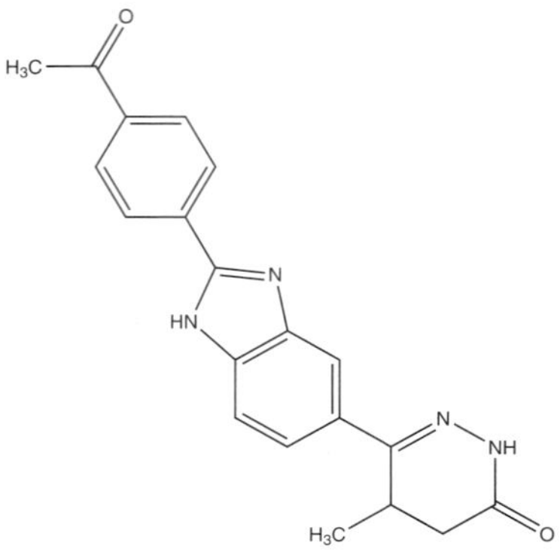

OS: *Pimobendan [USAN, BAN]*
IS: *UD-CG 115 BS (Thomae. Germany)*
IS: *dl-Pimobendan*
PH: Pimobendan [Ph. Eur. 5]

Acardi® (Boehringer Ingelheim: JP)
Vetmedin® [vet.] (Boehringer Ingelheim: AU, CH, IT, LU, NL, NO, SE)
Vetmedin® [vet.] (Boehringer Ingelheim Animal: PT)
Vetmedin® [vet.] (Boehringer Ingelheim Animals: NZ)
Vetmedin® [vet.] (Boehringer Ingelheim Santé Animale: FR)
Vetmedin® [vet.] (Boehringer Ingelheim Vetmedica: AT, GB)
Vetmedin® [vet.] (Boehrvet: DE)
Vetmedin® [vet.] (Vetcare: FI)

Pimozide (Rec.INN)

L: Pimozidum
I: Pimozide
D: Pimozid
F: Pimozide
S: Pimozida

Neuroleptic

ATC: N05AG02
CAS-Nr.: 0002062-78-4 C_{28}-H_{29}-F_2-N_3-O
M_r 461.57

2H-Benzimidazol-2-one, 1-[1-[4,4-bis(4-fluorophenyl)butyl]-4-piperidinyl]-1,3-dihydro-

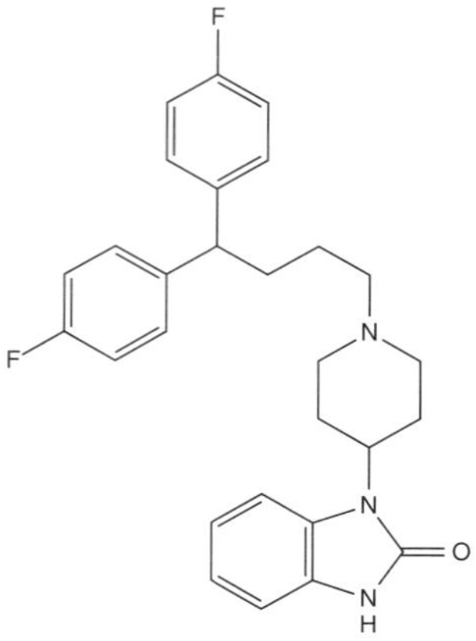

OS: *Pimozide [BAN, DCF, DCIT, JAN, USAN]*
IS: *McN-JR-6238 (McNeil, USA)*
IS: *R 6238 (Janssen, Germany)*
PH: Pimozide [Ph. Eur. 5, USP 30]
PH: Pimozidum [Ph. Eur. 5]
PH: Pimozid [Ph. Eur. 5]

Apo-Pimozide® (Apotex: CA)
Nörofren® (Sanofi-Aventis: TR)
Orap forte® (Janssen: AR, BG, DE, ID, IL, LK, PE, TH)
Orap forte® (Janssen-Cilag: CL)
Orap® (Ethnor: IN)
Orap® (Fujisawa: JP)
Orap® (Gate: US)
Orap® (Janssen: AE, AT, AU, BE, BG, BR, CY, CZ, DE, DK, EG, ES, FR, GB, HK, ID, IE, IT, JO, LB, LK, LU, MT, NL, SA, SD, TH, YE, ZA)
Orap® (Medimpex: CZ)
Orap® (Pharmascience: CA)
Pimozida® (Dosa: AR)
Pizide® (Pharmasant: TH)

Pinaverium Bromide (Rec.INN)

L: Pinaverii Bromidum
I: Pinaverio bromuro
D: Pinaverium bromid
F: Bromure de Pinavérium
S: Bromuro de pinaverio

Antispasmodic agent

CAS-Nr.: 0053251-94-8 C_{26}-H_{41}-Br_2-N-O_4
M_r 591.424

Morpholinium, 4-[(2-bromo-4,5-dimethoxyphenyl)methyl]-4-[2-[2-(6,6-dimethylbicyclo[3.1.1]hept-2-yl)ethoxy]ethyl]-, bromide

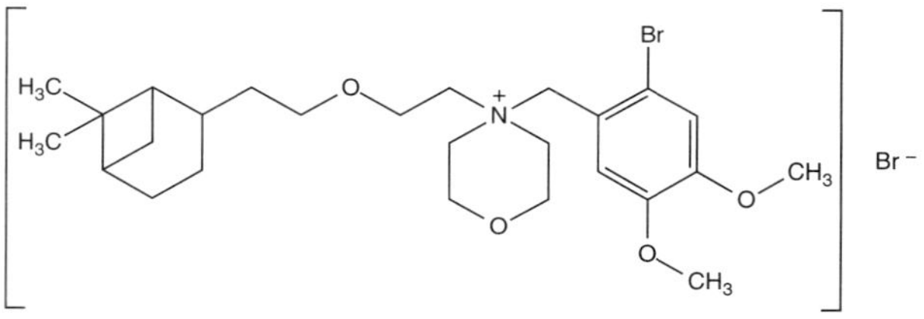

OS: *Pinaverio bromuro [DCIT]*
OS: *Pinaverium Bromide [USAN]*

Dicetel® (Altana: BR)
Dicetel® (Dr. F. Frik: TR)
Dicetel® (Grünenthal: CO, PE)
Dicetel® (Ipsen: RU)
Dicetel® (Italmex: MX)
Dicetel® (Organon: ES)
Dicetel® (Raffo: AR)
Dicetel® (Solvay: AT, BE, BG, CA, CH, CN, CZ, EC, FR, GR, HU, IT, LU, PT, TH)
Distental® (Euromex: MX)
Eldicet® (Recalcine: CL)
Eldicet® (Solvay: ES, IN, PH)
Zerpyco® (Atlantis: MX)

Pinazepam (Rec.INN)

L: Pinazepamum
I: Pinazepam
D: Pinazepam
F: Pinazépam
S: Pinazepam

⚕ Tranquilizer

ATC: N05BA14
CAS-Nr.: 0052463-83-9 C_{18}-H_{13}-Cl-N_2-O
M_r 308.772

2H-1,4-Benzodiazepin-2-one, 7-chloro-1,3-dihydro-5-phenyl-1-(2-propynyl)-

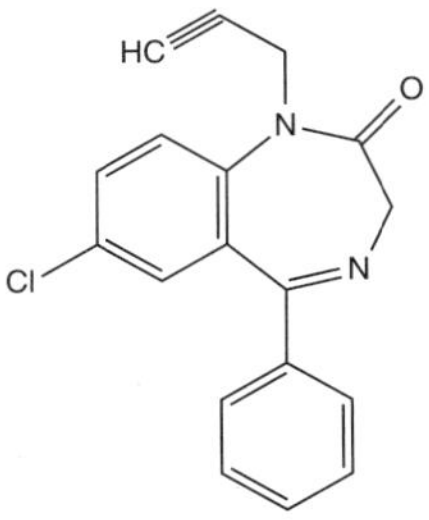

OS: *Pinazepam [DCIT, USAN]*
IS: *Z 905*

Domar® (Eurodrug: HK, SG, TH)
Domar® (Teofarma: IT)
Duna® (Tedec Meiji: ES)
Yunir® (Eurodrug: MX)

Pindolol (Rec.INN)

L: Pindololum
I: Pindololo
D: Pindolol
F: Pindolol
S: Pindolol

⚕ Glaucoma treatment
⚕ β-Adrenergic blocking agent

ATC: C07AA03
CAS-Nr.: 0013523-86-9 C_{14}-H_{20}-N_2-O_2
M_r 248.334

2-Propanol, 1-(1H-indol-4-yloxy)-3-[(1-methylethyl)amino]-

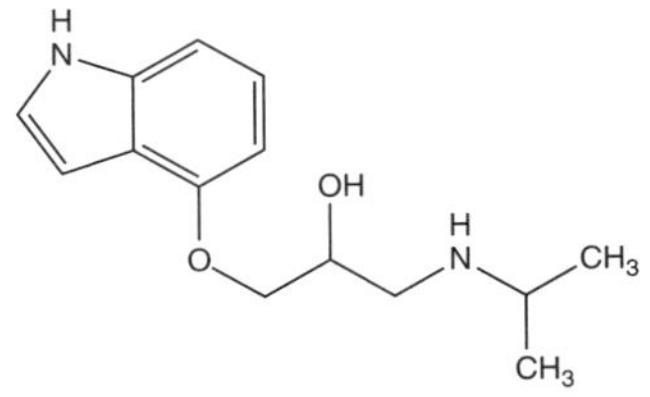

OS: *Pindolol [BAN, DCF, JAN, USAN]*
OS: *Pindololo [DCIT]*
IS: *LB-46*
PH: Pindolol [Ph. Eur. 5, JP XIV, USP 30]
PH: Pindololum [Ph. Eur. 5]

Apo-Pindol® (Apotex: CA, CZ)
Barbloc® (Alphapharm: AU)
Decreten® (Alpharma: ID)
durapindol® (Merck dura: DE)
Gen-Pindolol® (Genpharm: CA)
Glauco-Stulln® (Stulln: DE)
Hexapindol® (Sandoz: DK)
Novo-Pindol® (Novopharm: CA)
Nu-Pindol® (Nu-Pharm: CA)
Pinden® (Unipharm: IL)
Pindocor® (Merck NM: FI)
Pindolol CF® (Centrafarm: NL)
Pindolol Helvepharm® (Helvepharm: CH)
Pindolol Merck NM® (Merck NM: DK, SE)
Pindolol PCH® (Pharmachemie: NL)
Pindolol ratiopharm® (Ratiopharm: NL)
Pindolol Sandoz® (Sandoz: NL)
Pindolol® (Genpharm: US)
Pindolol® (Mutual: US)
Pindolol® (Mylan: US)
Pindolol® (Sandoz: US)
Pindolol® (Teva: US)
Pindolol® (Watson: US)
Pindol® (Pacific: NZ)
Pinloc® (Orion: FI)
Sandoz Pindolol® (Sandoz: CA)
Viskeen® (Novartis: NL)
Visken® (Amdipharm: GB)
Visken® (Egis: CZ, HU, RU)
Visken® (Novartis: AT, AU, BE, BR, CA, CH, DE, DK, ET, FI, FR, GB, GH, GR, HK, IE, IN, IS, IT, KE, LU, LY, MT, NG, PH, PL, SD, TR, TZ, US, ZW)
Viskén® (Novartis: SE)

Pioglitazone (Rec.INN)

L: Pioglitazonum
D: Pioglitazon
F: Pioglitazone
S: Pioglitazona

⚕ Antidiabetic agent

ATC: A10BG03
CAS-Nr.: 0111025-46-8 C_{19}-H_{20}-N_2-O_3-S
M_r 356.44

(+/-)-5-[p-[2-(5-Ethyl-2-pyridyl)ethoxy]benzyl]-2,4-thiazolidinedione [WHO]

2,4-Thiazolidinedione, 5-((4-(2-(5-ethyl-2-pyridinyl)ethoxy)phenyl)methyl)-, monohydrochloride, (+-)- [USAN]

2,4-Thiazolidinedione, 5-((4-(2-(5-ethyl-2-pyridinyl)ethoxy)phenyl)methyl)-, (+-)- [NLM]

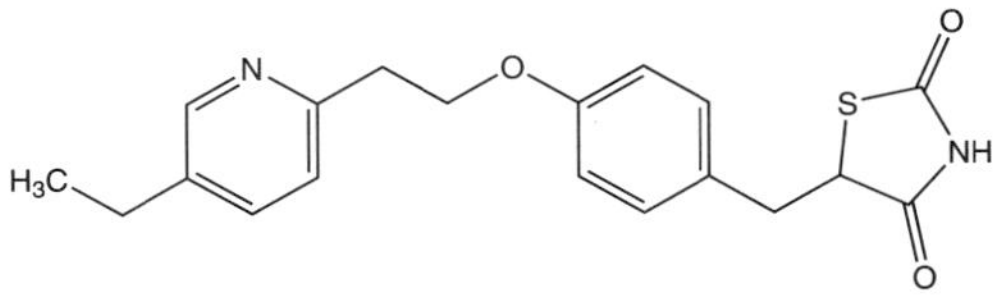

OS: *Pioglitazone [BAN]*
IS: *AD 4833 (Takeda, JP)*
IS: *U 72107 E (Upjohn, Takeda)*

Actose® (Unimed & Unihealth: BD)
Actos® (Lilly: ES, ZA)
Actos® (Takeda: TH)
Actos® (Takeda Europe: AT)
G-Tase® (Unichem: IN)

Glizone® (Zydus: IN)
Glustin® (Takeda: LU)
Opam® (Wockhardt: IN)
Piolit® (Alco: BD)
Tiazac® (Biopharm: CL)
Tos® (Square: BD)
Zactos® (Lilly: MX)

- **hydrochloride:**

CAS-Nr.: 0112529-15-4
OS: *Pioglitazone Hydrochloride USAN*
IS: *U 72107 A (Upjohn)*

Actos® (Abbott: AR, BR, CO, PE)
Actos® (Lilly: AU, BE, CA, CR, CZ, ES, FI, GT, HN, NL, NZ, PA, PT, RO, RU, SE, SI, SV, ZA)
Actos® (Takeda: CH, DE, DK, FR, GB, GR, HK, IE, IS, JP, LU, NO, PH, US)
Actos® (Takeda Europe: AT)
Actos® (Takeda Europe R&D-GB: IT)
Adpas® (General Pharma: BD)
Cereluc® (Beta: AR)
Diabestat® (Andromaco: CL)
Diaglit® (Beximco: BD)
Dianorm® (General Pharma: BD)
Diavista® (Dr Reddys: LK)
Dopili® (Domesco: VN)
Dropia® (Sanovel: TR)
Glifix® (Bilim: TR)
Glitazon® (Ibn Sina: BD)
Glucemin® (Biogen: CO)
Glucozon® (Aristopharma: BD)
Glustin® (Takeda: NL)
Higlucem® (Lazar: AR)
Piodar® (Incepta: BD)
Pioglar® (Ranbaxy: LK)
Pioglin® (Renata: BD)
Pioglitazone Stada® (Stada: VN)
Pioglit® (Phoenix: AR)
Pioglit® (Sun: LK)
Piol® (Opsonin: BD)
Poizena® (Drug International: BD)

Pipamperone (Rec.INN)

L: Pipamperonum
I: Pipamperone
D: Pipamperon
F: Pipampérone
S: Pipamperona

Neuroleptic

ATC: N05AD05
CAS-Nr.: 0001893-33-0 C_{21}-H_{30}-F-N_3-O_2
M_r 375.501

[1,4'-Bipiperidine]-4'-carboxamide, 1'-[4-(4-fluorophenyl)-4-oxobutyl]-

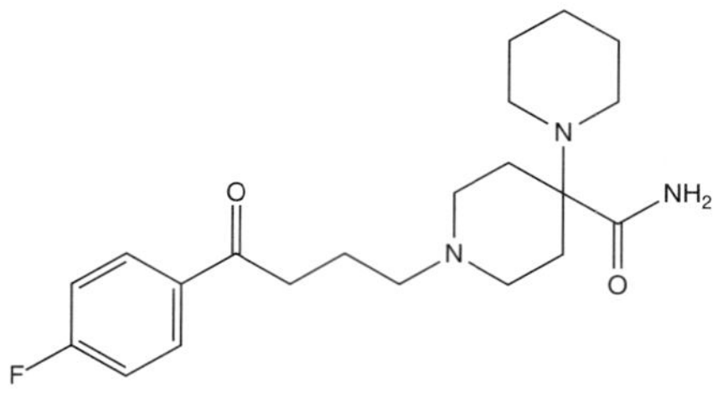

OS: *Pipamperone [BAN, DCF, DCIT, USAN]*
IS: *Floropipamide*
IS: *Dipiperon*
IS: *R 3345*

- **dihydrochloride:**

CAS-Nr.: 0002448-68-2
OS: *Pipamperone Hydrochloride JAN*
IS: *R 3345*

Dipiperon® (Janssen: BE, CH, DE, DK, GR, LU, NL)
Dipipéron® (Janssen: FR)
Pipamperon Hexal® (Hexal: DE)
Pipamperon Sandoz® (Sandoz: DE, NL)
Pipamperon-1A Pharma® (1A Pharma: DE)
Pipamperon-neuraxpharm® (neuraxpharm: DE)
Pipamperon® (Hexal: NL)
Piperonil® (Lusofarmaco: IT)

Pipazetate (Rec.INN)

L: Pipazetatum
I: Pipazetato
D: Pipazetat
F: Pipazétate
S: Pipazetato

Antitussive agent

ATC: R05DB11
CAS-Nr.: 0002167-85-3 C_{21}-H_{25}-N_3-O_3-S
M_r 399.521

10H-Pyrido[3,2-b][1,4]benzothiazine-10-carboxylic acid, 2-[2-(1-piperidinyl)ethoxy]ethyl ester

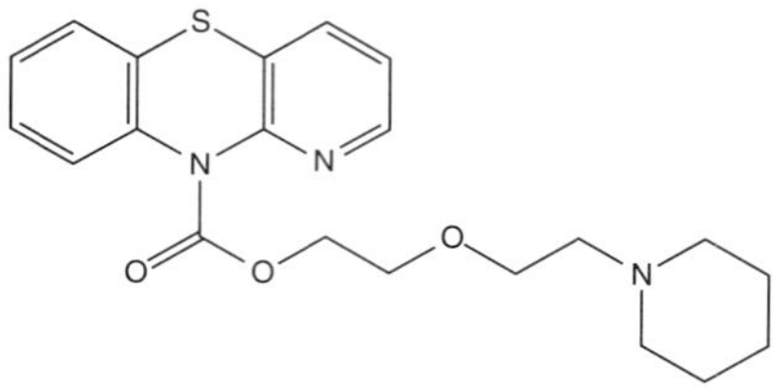

OS: *Pipazethate [USAN]*
OS: *Pipazétate [DCF]*
OS: *Pipazetate [BAN]*
OS: *Pipazetato [DCIT]*
IS: *Piperestazinum*

- **hydrochloride:**

CAS-Nr.: 0006056-11-7
IS: *D 254*

Selgon® (Eipico: AE, BH, EG, IQ, JO, KW, LB, LY, OM, QA, SA, SD, YE)
Selvigon® (Aché: BR)
Selvigon® (ASTA Medica: ID)
Selvigon® (Sanfer: MX)
Selvjgon® (Aventis: IT)
Transpulmin® (Transfarma: TH)

Pipecuronium Bromide (Rec.INN)

L: Pipecuronii Bromidum
D: Pipecuronium bromid
F: Bromure de Pipécuronium
S: Bromuro de pipecuronio

Neuromuscular blocking agent

ATC: M03AC06
CAS-Nr.: 0052212-02-9 C_{35}-H_{62}-Br_2-N_4-O_4
M_r 762.721

Piperazinium, 4,4'-[(2β,3α,5α,16β,17β)-3,17-bis(acetyloxy)androstane-2,16-diyl]bis[1,1-dimethyl-, dibromide

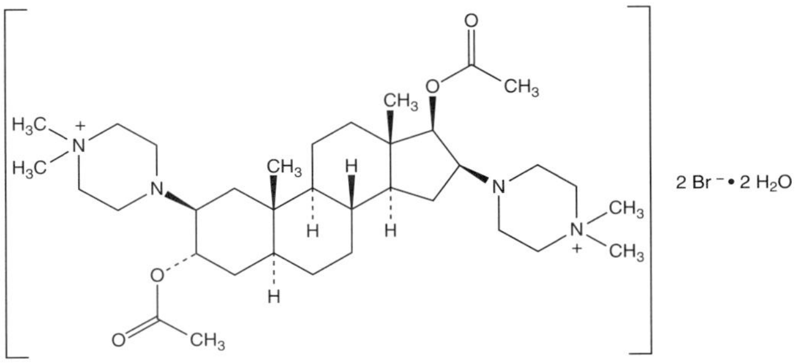

OS: *Pipecuronium Bromide [BAN, USAN]*
IS: *RGH 1106*

Arduan® (Gedeon Richter: BD, CN, CZ, EG, GE, HU, PL, RO, RU, SY, VN, YE)
Arduan® (Organon: ES, IT)
Vero-Pipecuronium® (Verofarm: RU)

Pipemidic Acid (Rec.INN)

L: Acidum Pipemidicum
I: Acido pipemidico
D: Pipemidsäure
F: Acide pipémidique
S: Acido pipemidico

Antiinfective, quinolin-derivative

ATC: J01MB04
CAS-Nr.: 0051940-44-4 C_{14}-H_{17}-N_5-O_3
M_r 303.34

Pyrido[2,3-d]pyrimidine-6-carboxylic acid, 8-ethyl-5,8-dihydro-5-oxo-2-(1-piperazinyl)-

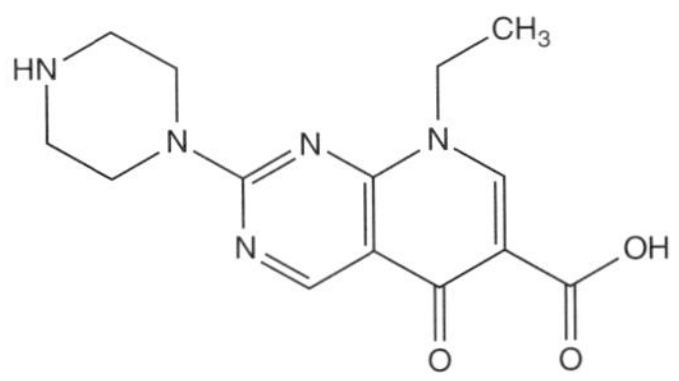

OS: *Acide pipémidique [DCF]*
OS: *Acido pipemidico [DCIT]*
OS: *Pipemidic Acid [USAN]*
IS: *Piperamic acid*
IS: *SIVA*
IS: *RB 1489 (Roger Bellon, France)*
PH: Pipemidic Acid [USP 30]

Acido Pipemidico EG® (EG: IT)
Acido Pipemidico Jet® (Jet: IT)
Acido Pipemidico Tad® (TAD: IT)
Balurol® (Baldacci: BR)
Biosoviran® (Bioprogress: IT)
Cistil® (Acromax: EC)
Cistomid® (Farma 1: IT)
Diperpen® (Francia: IT)
Elofuran® (Elofar: BR)
Faremid® (Lafare: IT)
Filtrax® (Ipso-Pharma: IT)
Finuret® (Laboratorios: AR)
Galusan® (Almirall: ES)
Impresial® (Zambon: ID)
Memento® (Merck: AR)
Nuril® (Almirall: EG, ES, GH, KE, SD, TZ, ZM)
Nuril® (Prodes: ES)
Palin® (Lek: BA, CZ, PL, RS, RU, SI)
Palin® (Phapros: ID)
Pimidel® (Krka: CZ, SI)
Pipedac® (Teofarma: IT)
Pipegal® (Galenika: RS)
Pipem® (Zorka: RS)
Pipram® (Teofarma: IT)
Pipurol® (Zambon: BR)
Priper® (Ivax: AR)
Purid® (Sanofi-Aventis: CL)
Urinter® (Interbat: ID)
Urisan® (Tedec Meiji: ES)
Uro Cefasabal NF® [tab.] (Hersil: PE)
Urodene® (OFF: IT)
Urolin® (Polfa Grodzisk: PL)
Uromix® (Pyridam: ID)
Uropimide® (Rider: CL)
Uropimid® (CT: IT)
Uropipedil® (Viamedica: ES)
Uropipemid® (AF: MX)
Urosan® (AGIPS: IT)
Urosetic® (Finmedical: IT)
Urotractin® (Eurodrug: HK, SG, TH)
Urotractin® (GlaxoSmithKline: IT)
Urotractin® (Sanbe: ID)
Utrex® (Prima: ID)

– trihydrate:

OS: *Pipemidic Acid Trihydrate JAN*
PH: Pipemidic Acid Trihydrate JP XIV, Ph. Eur. 5
PH: Acidum pipemidicum trihydricum Ph. Eur. 5

Deblaston® (Altana: ZA)
Deblaston® (Madaus: AT, DE)
Dolcol® (Dainippon: JP)
Pipedic® (Central Poly: TH)
Pipefort® (Lampugnani: IT)
Pipemid® (Visufarma: IT)
Pipram® (Aventis: BR)
Pipram® (Sanofi-Aventis: FR, NL)
Pipurin® (NCSN: IT)
Pipurol® (Zambon: BR)

P

Urixin® (Abbott: ID)
Urotractin® (Teofarma: IT)
Uroxina® (Farmalab: BR)

Pipenzolate Bromide (Rec.INN)

L: Pipenzolati Bromidum
I: Pipenzolato bromuro
D: Pipenzolat bromid
F: Bromure de Pipenzolate
S: Bromuro de pipenzolato

Antispasmodic agent
Parasympatholytic agent

CAS-Nr.: 0000125-51-9 — C_{22}-H_{28}-Br-N-O_3, M_r 434.376

Piperidinium, 1-ethyl-3-[(hydroxydiphenylacetyl)oxy]-1-methyl-, bromide

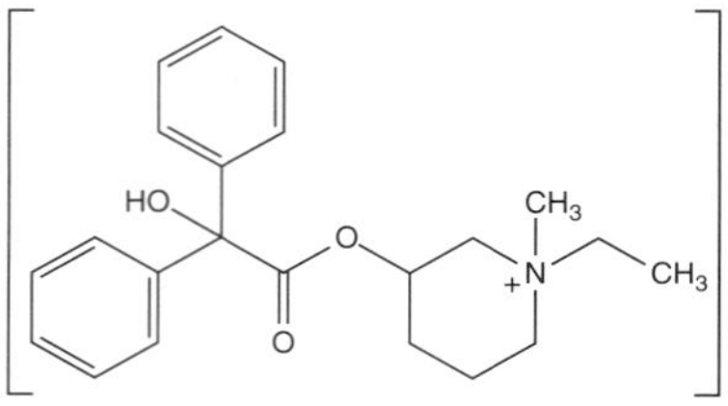

OS: *Pipenzolate Bromide [BAN, USAN]*
OS: *Pipenzolato bromuro [DCIT]*
IS: *Pipenzolate methylbromide*
IS: *JB 323*
PH: Pipenzolato bromuro [F.U. IX]

Ila-Med® (Paesel + Lorei: DE)
Piptalin® (Deva: TR)

Piperacetazine (Rec.INN)

L: Piperacetazinum
D: Piperacetazin
F: Pipéracétazine
S: Piperacetazina

Neuroleptic

CAS-Nr.: 0003819-00-9 — C_{24}-H_{30}-N_2-O_2-S, M_r 410.584

Ethanone, 1-[10-[3-[4-(2-hydroxyethyl)-1-piperidinyl]propyl]-10H-phenothiazin-2-yl]-

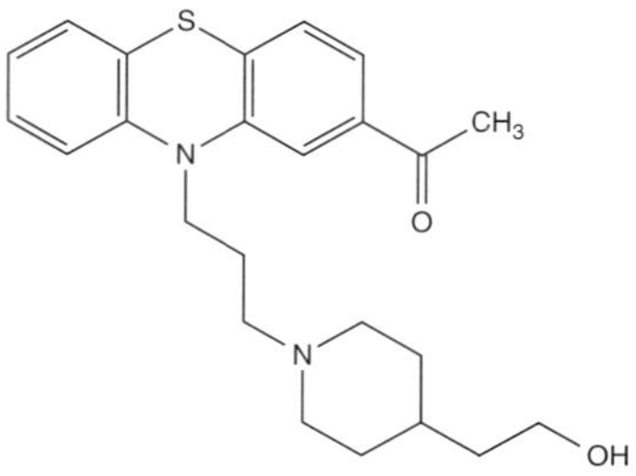

OS: *Piperacetazine [USAN]*
IS: *PC-1421*
PH: Piperacetazine [USP XXII]

Kietud® [vet.] (Virbac: FR)

Piperacillin (Rec.INN)

L: Piperacillinum
I: Piperacillina
D: Piperacillin
F: Pipéracilline
S: Piperacilina

Neuroleptic

ATC: J01CA12
CAS-Nr.: 0061477-96-1 — C_{23}-H_{27}-N_5-O_7-S, M_r 517.579

4-Thia-1-azabicyclo[3.2.0]heptane-2-carboxylic acid, 6-[[[[(4-ethyl-2,3-dioxo-1-piperazinyl)carbonyl]amino]phenylacetyl]amino]-3,3-dimethyl-7-oxo-, [

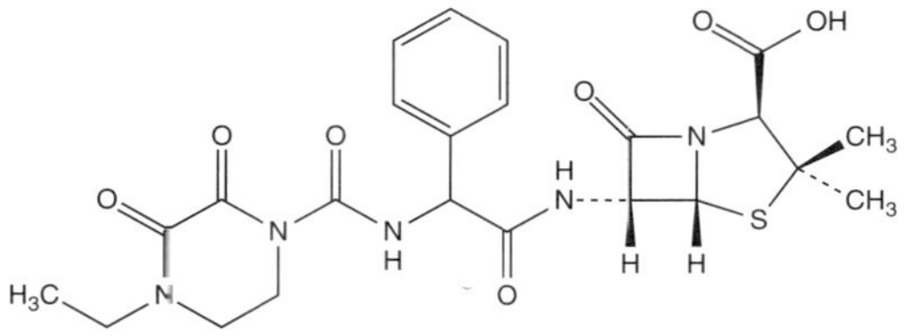

OS: *Piperacillin [BAN, USAN]*
OS: *Pipéracilline [DCF]*
OS: *Piperacillina [DCIT]*
PH: Piperacillin [Ph. Eur. 5, USP 30]
PH: Piperacillinum [Ph. Eur. 5]
PH: Pipéracilline [Ph. Eur. 5]

Peracin® (Pharmadica: TH)
Piperacilina-Tazobactam Northia® [+ Tazobactam] (Northia: AR)
Tazocin® [+Tazobactam] (Wyeth: BE, TH, VN)

– sodium salt:
CAS-Nr.: 0059703-84-3
OS: *Piperacillin Sodium BANM, JAN, USAN*
IS: *BL-P 1908*
IS: *CI 867*
IS: *T 1220 (Toyama, Japan)*
IS: *TA 058*
IS: *CL 227193 (lederle, USA)*
PH: Piperacillin Sodium Ph. Eur. 5, JP XIV, USP 30
PH: Piperacillinum natricum Ph. Eur. 5
PH: Piperacillin-Natrium Ph. Eur. 5
PH: Pipéracilline sodique Ph. Eur. 5

Cilpier® (Pierrel: IT)
Diperil® (Bioethical: IT)
Ecosette® (Ecobi: IT)
Fada Piperacilina® (Fada: AR)
Farecillin® (Lafare: IT)
Fengtailing® [+ Tazobactam sodium salt] (Asia Pioneer: CN)
Fengtailing® [+ Tazobactam sodium salt] (Shanghai Pharma Group: CN)
Pentcillin® (Toyama: JP)
Peracil® (Boniscontro & Gazzone: IT)
Perasint® (ACS: IT)
Picillin® (CT: IT)
Piperacilina Richet® (Richet: AR)
Piperacilina-Tazobactam Richet® [+ Tazobactam sodium salt] (Richet: AR)
Piperacillin DeltaSelect® (DeltaSelect: DE)

Piperacillin Eberth® (Eberth: DE)
Piperacillin Fresenius® (Fresenius: DE)
Piperacillin Hexal® (Hexal: DE)
Piperacillin Hikma® (Hikma: DE)
Piperacillin-ratiopharm® (ratiopharm: DE)
Piperacillina DOC® (DOC Generici: IT)
Piperacillina Dorom® (Dorom: IT)
Piperacillina EG® (EG: IT)
Piperacillina Jet® (Jet: IT)
Piperacillina K24® (K24: IT)
Piperacillina Pliva® (Pliva: IT)
Piperacillina Sandoz® (Sandoz: IT)
Piperacillina Teva® (Teva: IT)
Piperacilline Bipharma® (Bipharma: NL)
Piperacilline Merck® (Merck Generics: NL)
Piperacillin® (Actavis: GE)
Piperacillin® (Balkanpharma: BG)
Piperacillin® (Mayne: AU, CA, NZ)
Piperacillin® (Polfa Tarchomin: PL)
Piperacillin® (Rafa: IL)
Piperac® (Klonal: AR)
Piperital® (IBI: IT)
Pipersal® (Farma 1: IT)
Pipertex® (Pharmatex: IT)
Piper® [+ Tazobactam sodium salt] (Ahimsa: AR)
Pipetexina® [+ Tazobactam sodium salt] (Richmond: AR)
Pipracil® (Wyeth: IN, TH, US)
Pipracin® (Vitamed: IL)
Pipraks® (Eczacibasi: TR, YE)
Pipril® (Lederle: AU, CY, DE, EG, JO, KW, LB, OM, QA, SA, YE)
Pipril® (Wyeth: AE, AT, BH, CZ, ES, GR, RS)
Pipéracilline Dakota Pharm® (Dakota: FR)
Pipéracilline G Gam® (G Gam: FR)
Pipéracilline Panpharma® (Panpharma: FR)
Reparcillin® (New Research: IT)
Sabax Piperacillin® (Critical Care: ZA)
Semipenil® (Magis: IT)
Sintoplus® (PH&T: IT)
Tazobac® [+ Tazobactam sodium salt] (Wyeth: CH, DE, IT, NL)
Tazobac® [+ Tazobactam sodium salt] (Wyeth Pharmaceuticals: PT)
Tazobax® [+Tazobactam sodium salt] (Sandoz: ZA)
Tazocel® [+ Tazobactam sodium salt] (Wyeth: ES)
Tazocilline® [+ Tazobactam sodium salt] (Wyeth: FR)
Tazocin® [+ Tazobactam sodium salt] (Lederle: CY, EG, IL, JO, KW, LB, OM, QA, SA, YE)
Tazocin® [+ Tazobactam sodium salt] (Rajawali: ID)
Tazocin® [+ Tazobactam sodium salt] (Wyeth: AE, AU, BH, BR, CN, CO, CR, CZ, DO, FI, GB, GR, GT, HK, HN, HR, HU, ID, IE, IT, LU, MX, MY, NI, NO, NZ, PA, PL, RS, SE, SG, SI, SV, TR, ZA)
Tazonam® [+ Tazobactam sodium salt] (Wyeth: AT, CL)
Tronazam® (Richmond: AR)
Zosyn® [+ Tazobactam sodium] (Wyeth: IN, US)

Piperazine

L: Piperacinum
I: Piperazina
D: Piperazin
F: Piperazine

Anthelmintic

ATC: P02CB01
ATCvet: QP52AH01
CAS-Nr.: 0000110-85-0 C_4-H_{10}-N_2
M_r 86.144

Piperazine

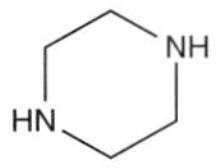

OS: *Pipérazine [DCF]*
OS: *Piperazine [USAN]*
IS: *Dispermin*
IS: *Kennel-Maid*
IS: *Wurmirazin*
IS: *Diethylendiamin*
IS: *Hexahydropropyrazin*
PH: Piperazine [USP 30]
PH: Piperazinum [PhBs IV]

Citropiperazina® (Bruno: IT)
Elmidog® [vet.] (Pagnini: IT)
Helmicid® (Actavis: GE)
Piperazine® [vet.] (C.C.D. Animal Health: AU)
Piperazine® [vet.] (Inca: AU)
Piperazin® (Balkanpharma: BG)
Pipérazine Véprol® [vet.] (Virbac: FR)
Puppy easy-worm syrup® [vet.] (Johnson's: GB)
Soluverm® [vet.] (Biové: FR)
Upixon® (Bayer: ID)
Worm-Away® [vet.] (Robins: US)

– adipate:

CAS-Nr.: 0000142-88-1
IS: *Mapiprin*
IS: *Piparaver*
IS: *Piperazinium adipinicum*
IS: *Vermilass*
PH: Piperazinadipat Ph. Eur. 5
PH: Pipérazine (adipate de) Ph. Eur. 5
PH: Piperazine Adipate JP XIV, Ph. Eur. 5, Ph. Int. 4
PH: Piperazini adipas Ph. Eur. 5, Ph. Int. 4

Asoxian® (Chefar: EC)
Izovermina® [vet.] (Izo: IT)
Kennel Wormer® [vet.] (Happy Jack: US)
Piavetrin® [vet.] (Agraria: DE)
Pip A Tabs® [vet.] (Apex: AU)
Plurivers® [vet.] (Véto-Centre: FR)
Puppy Paste® [vet.] (Happy Jack: US)
Vepiol® [vet.] (Hoechst Animal Health: BE)
Vermi Quimpe® (Quimpe: ES)

– citrate:

CAS-Nr.: 0000144-29-6
IS: *Piperazinium citricum*
IS: *Vermipharmette*
PH: Piperazincitrat Ph. Eur. 5

PH: Pipérazine (citrate de) Ph. Eur. 5
PH: Piperazine Citrate Ph. Eur. 5, Ph. Int. 4, USP 30
PH: Piperazini citras Ph. Eur. 5, Ph. Int. 4

Ascalix® (Wallace: GH, GM, KE, NG, SD)
Ascapipérazine® [vet.] (Vetoquinol: FR)
Bayopet Wormol® [vet.] (Bayer Animal Health: ZA)
Citrate de Piperazine® [vet.] (Coophavet: FR)
Helman® (Richter: AT)
Nemasin® [vet.] (Gräub: CH)
Océverm® [vet.] (Virbac: FR)
Opovermifuge® [vet.] (Omega Pharma France: FR)
Padax® (Al Pharm: ZA)
PC Powder® [vet.] (Pharmachem: AU)
Pip-Cit Roundworm Syrup® [vet.] (Apex: AU)
Piperazin Jacoby® [vet.] (Jacoby: AT)
Piperazine Citrate® (Global Source: US)
Piperazine Citrate® [vet.] (Arnolds: GB)
Piperazine Citrate® [vet.] (Battle: GB)
Piperazine Citrate® [vet.] (Loveridge: GB)
Piperazine Citrate® [vet.] (Millpledge: GB)
Piperazine® [vet.] (Alfasan: NL)
Piperazine® [vet.] (Inca: AU)
Piperazine® [vet.] (Pharmachem: AU)
Piperazyl® (H.G.: EC)
Piperfarma® (Lacofarma: DO)
Piprine® (Be-Tabs: ZA)
Puppy and Kitten Worm Syrup® [vet.] (Troy: AU)
Roundworm® [vet.] (Bob Martin: GB)
Vermex® (B L Hua: TH)
Worming Cream® [vet.] (Sherley's: GB)
Worming Syrup® [vet.] (Sherley's: GB)
Zoovermil® [vet.] (Farmacia Confianca: PT)

– hexahydrate:

CAS-Nr.: 0000142-63-2
IS: *Avitra*
IS: *Piperazini hydras*
PH: Pipérazine (hydrate de) Ph. Eur. 5
PH: Piperazine Hydrate Ph. Eur. 5
PH: Piperazin-Hexahydrat Ph. Eur. 5
PH: Piperazinum hydricum Ph. Eur. 5

Ascarzan® (Mecosin: ID)
Ascomin® (Minorock: ID)
Askaripar® (Eras: TR)
Helmicide® (Atabay: TR)
Helmipar® (Saba: TR)
Oksiaskaril® (Aroma: TR)
Padrax® (Farpasa: PE)
Piperacyl® (Tempo: ID)
Piperazina Merey® (Merey: CO)
Pipermel® (Basi: PT)
Pipertox® (Codilab: PT)
Pipérazine Coophavet® [vet.] (Coophavet: FR)
Siropar® (Adeka: TR)
Vermifugo de Piperazina® [vet.] (Amilcar: PT)
Vermilen® (Quimioterapica: BR)
Vermyl® [vet.] (Virbac: FR)

– phosphate:

PH: Piperazine Phosphate BP 1999, JP XIII, USP XX
PH: Piperazini phosphas Ph. Int. II

Canovel® [vet.] (Pfizer Animal Health: GB)
Catovel® [vet.] (Pfizer Animal Health: GB)
Easy round wormer® [vet.] (Johnson's: GB)
Endorid® [vet.] (Pfizer Animal Health: GB)
Palatable® [vet.] (Exelpet: AU)
Palatable® [vet.] (Johnson's: GB)
Pripsen® (Thornton & Ross: IE)

Piperidolate (Rec.INN)

L: Piperidolatum
D: Piperidolat
F: Pipéridolate
S: Piperidolato

Antispasmodic agent
Parasympatholytic agent

ATC: A03AA30
CAS-Nr.: 0000082-98-4 C_{21}-H_{25}-N-O_2
M_r 323.441

Benzeneacetic acid, α-phenyl-, 1-ethyl-3-piperidinyl ester

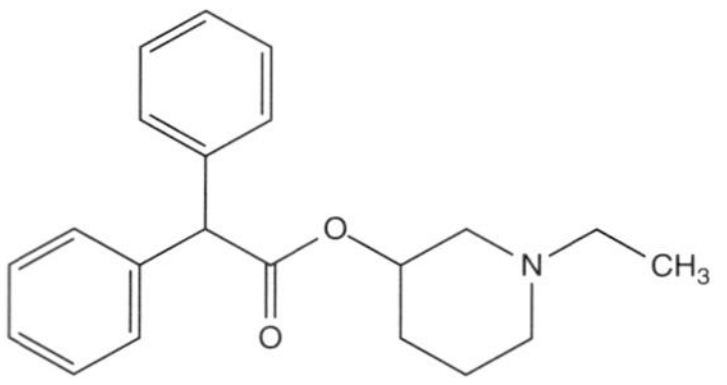

OS: *Piperidolate [BAN]*
OS: *Pipéridolate [DCF]*

– hydrochloride:

CAS-Nr.: 0000129-77-1
OS: *Piperidolate Hydrochloride BANM*
PH: Piperidolate Hydrochloride USP XX

Dactil® (Kissei: JP)
Dactil® (Sanofi-Aventis: MX)

Piperonyl Butoxide (BAN)

D: Piperonylbutoxid
F: Butoxyde de pipéronyle

Insecticide

CAS-Nr.: 0000051-03-6 C_{19}-H_{30}-O_5
M_r 338.449

1,3-Benzodioxole, 5-((2-(2-butoxyethoxy)ethoxy)methyl)-6-propyl-

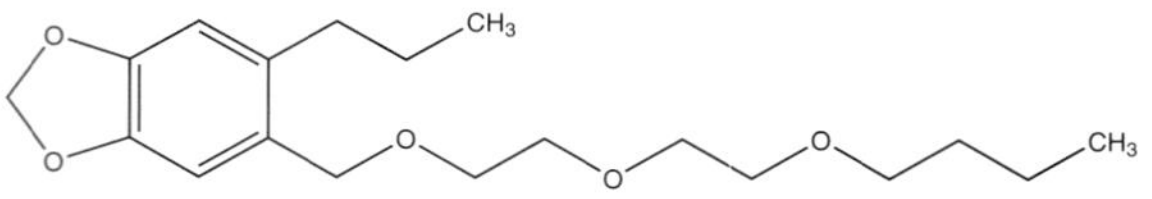

OS: *Piperonyl Butoxide [BAN, USAN]*
OS: *Pipéronyl (butoxyde de) [DCF]*
IS: *AI3 14250*
IS: *BRN 0288063*
IS: *Butacide*
IS: *Butocide*
IS: *Butoxide (synergist)*
IS: *Caswell No.670*
IS: *CCRIS 522*
IS: *EINECS 200-076-7*

IS: *ENT 14,250*
IS: *EPA Pesticide Chemical Code 067501*
IS: *FMC 5273*
IS: *HSDB 1755*
IS: *NCI C02813*
IS: *NIA 5273*
IS: *NSC 8401*
IS: *Nusyn-noxfish*
IS: *PB*
IS: *Pyrenone 606*
IS: *Quitoso*
PH: Piperonyl Butoxide [BPvet 2002]

Para Pio® (Medical: PT)

Pipethanate (Rec.INN)

L: Pipethanatum
D: Pipethanat
F: Pipéthanate
S: Pipetanato

Antispasmodic agent

CAS-Nr.: 0004546-39-8 C_{21}-H_{25}-N-O_3
M_r 339.441

Benzeneacetic acid, α-hydroxy-α-phenyl-, 2-(1-piperidinyl)ethyl ester

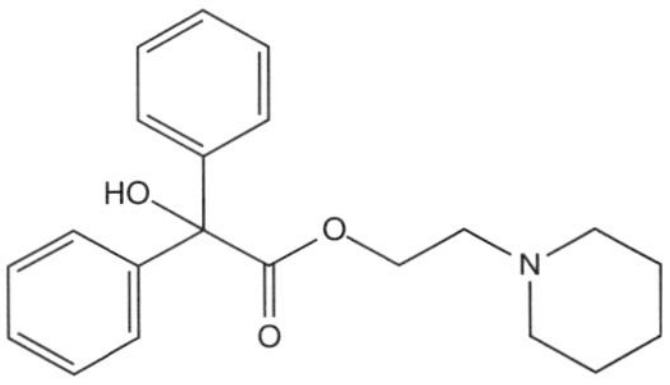

OS: *Piperilate [USAN]*

- ethobromide:

CAS-Nr.: 0023182-46-9
IS: *Ethylpipethanate bromide*

Panpurol® (Shinyaku: JP)
Spasmodil® (Istituto Biologico Chem.: IT)

- hydrochloride:

CAS-Nr.: 0004544-15-4
IS: *Piperilate hydrochloride*

Nospasmin® (Sanitas: CL)

Pipobroman (Prop.INN)

L: Pipobromanum
D: Pipobroman
F: Pipobroman
S: Pipobroman

Antineoplastic, alkylating agent

ATC: L01AX02
CAS-Nr.: 0000054-91-1 C_{10}-H_{16}-Br_2-N_2-O_2
M_r 356.058

Piperazine, 1,4-bis(3-bromo-1-oxopropyl)-

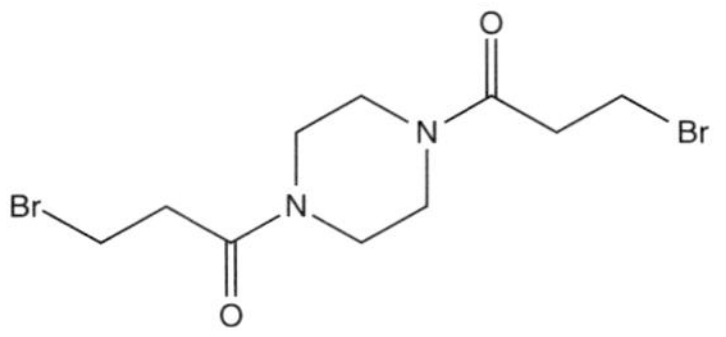

OS: *Pipobroman [DCF, USAN]*
IS: *A 8103*
PH: Pipobroman [USP XXII]

Vercite® (Abbott: IT)
Vercyte® (Abbott: FR)

Pipotiazine (Rec.INN)

L: Pipotiazinum
D: Pipotiazin
F: Pipotiazine
S: Pipotiazina

Neuroleptic

ATC: N05AC04
CAS-Nr.: 0039860-99-6 C_{24}-H_{33}-N_3-O_3-S_2
M_r 475.678

10H-Phenothiazine-2-sulfonamide, 10-[3-[4-(2-hydroxyethyl)-1-piperidinyl]propyl]-N,N-dimethyl-

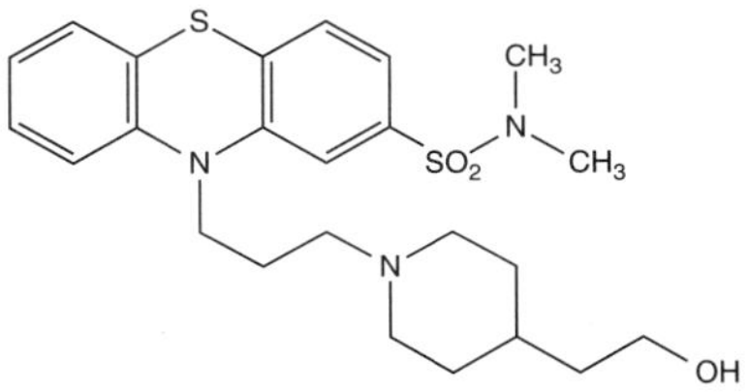

OS: *Pipotiazine [BAN, DCF]*
IS: *Pipothiazine*
IS: *RP 19366 (Rhone-Poulenc, France)*

Piportil® (Aventis: BR, LU)
Piportil® (Sanofi-Aventis: FR, NL)
Pipotiazina Dosa® (Dosa: AR)

- palmitate:

CAS-Nr.: 0037517-26-3
OS: *Pipotiazine Palmitate BANM, USAN*
IS: *Pipothiazine Palmitate*
IS: *RP 19552 (Rhone-Poulenc, France)*

Lonseren® (Aventis: ES)
Piportil Depot® [inj.] (Sanofi-Aventis: GB)
Piportil L4® [inj.] (Aventis: CO, PE)
Piportil L4® [inj.] (Sanofi-Aventis: BR, FR, MX)
Piportil Longum® (Aventis: LU)
Piportil® (Aventis: BR, NZ, SG)
Piportil® (Sanofi-Aventis: AR, CA, CL, HU)

Pipoxolan (Prop.INN)

L: Pipoxolanum
D: Pipoxolan
F: Pipoxolan
S: Pipoxolan

⚕ Antispasmodic agent

CAS-Nr.: 0023744-24-3 C_{22}-H_{25}-N-O_3
M_r 351.452

1,3-Dioxolan-4-one, 5,5-diphenyl-2-[2-(1-piperidinyl)ethyl]-

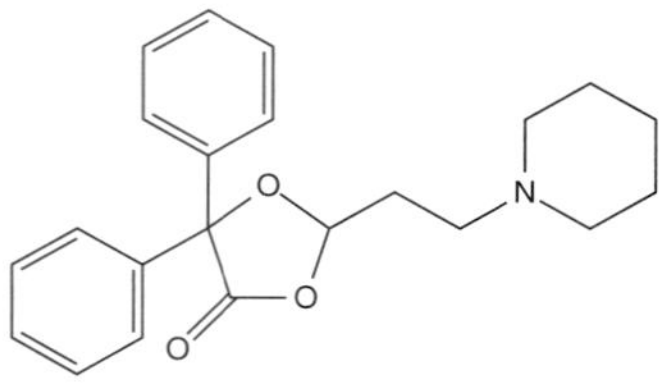

OS: *Pipoxolan [BAN]*

Rowapraxin® (Rowa: DE, LU)

Piracetam (Rec.INN)

L: Piracetamum
I: Piracetam
D: Piracetam
F: Piracétam
S: Piracetam

⚕ Nootropic

ATC: N06BX03
CAS-Nr.: 0007491-74-9 C_6-H_{10}-N_2-O_2
M_r 142.166

1-Pyrrolidineacetamide, 2-oxo-

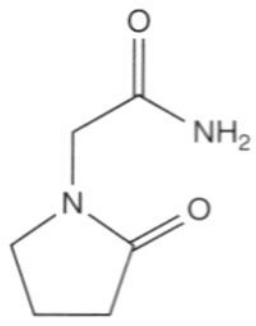

OS: *Piracetam [BAN, DCF, DCIT, USAN]*
IS: *Euvifor*
IS: *UCB 6215*
IS: *CL 871 (UCB, Belgium)*
IS: *SKF 38462 (Smith Kline & French, USA)*
PH: Piracétam [Ph. Franç. X, Ph. Eur. 5]
PH: Piracetam [DAC, Ph. Eur. 5, BP 2003]
PH: Piracetamum [Ph. Eur. 5]

Aminotrophylle-88® (Proel: GR)
Antikun® (Interbat: ID)
Avigilen® (Riemser: DE)
Benocetam® (Bernofarm: ID)
Braintop® (Exel: BE, LU)
Breinox® (Farma: EC)
Cebragil® (Boehringer Ingelheim: GR)
Cebrotonin® (Ritter: CR, DO, HN, NI, PA, SG, SV)
Cerebroforte® (Azupharma: DE)
Cerebrol® (Chefar: EC)
Cerebropan® (Kedrion: IT)
Cerebryl® (Kwizda: AT, CZ, HU)
Cerepar N® (Merckle: DE)
Cetoros® (Phapros: ID)
Ciclobrain® (Coronet: ID)
Ciclofalina® (Almirall: ES)
Cintilan® (Medley: BR)
Cosmoxim® (Cosmopharm: GR)
Cuxabrain® (TAD: DE)
Dinagen® (Hormona: MX)
Docpirace® (Docpharma: BE, LU)
Embol® (Yung Shin: TH)
Encebion® (Medikon: ID)
Ethopil® (Ethica: ID)
Fepiram® (Ferron: ID)
Gabacet® (Sanofi-Aventis: FR)
Geratam® (UCB: BE, CZ, LU)
Gotropil® (Guardian: ID)
Hasancetam 800® (Hasan: VN)
Kalicor® (Lek: CZ, SI)
Latropil® (Lapi: ID)
Latys® (Leovan: GR)
Lobelo® (Rafarm: GR)
Lucetam® (Egis: BD, HU, PL, RO, RU)
Meditam® (Help: GR)
Medotam® (Medopharm: VN)
Memoril® (Meditop: HU)
Memotal® (Sicomed: RO)
Memotal® (Zentiva: RO)
Memotropil® (Polpharma: PL, RU)
Mempil® (GDH: TH)
Mersitropil® (Mersifarma: ID)
N-Piracetam® (Nordfarm: RO)
Neurobasal® (Abbott: CO)
Neurobasal® (Ethical: DO)
Neurocet® (Kalbe: ID)
Neurolep® (Square: BD)
Neurostim® (Helcor: RO)
Neurotam® (Dankos: ID)
Noforit® (Kite: GR)
Noocephal® (Pyridam: ID)
Noocetam® (Pharmasant: TH)
Noodis® (UCB: BE, LU)
Noostan® (HLB: AR)
Noostan® (UCB: PT)
Nootrofic® (Cristália: BR)
Nootrop-Piracetam® (GMP: GE)
Nootropil® (Alfa: PE)
Nootropil® (EU-Pharma: NL)
Nootropil® (Eurim: AT)
Nootropil® (Euro: NL)
Nootropil® (Jelfa: PL)
Nootropil® (Librapharma: CO)
Nootropil® (Medis: SI)
Nootropil® (Paranova: AT)
Nootropil® (Sanofi-Aventis: BR)
Nootropil® (UCB: AT, BE, CH, CZ, ES, FI, GB, HK, HU, ID, IN, IT, LU, MX, MY, NL, NO, PH, PL, RO, RU, SE, SG, TH, TR, ZA)
Nootropil® (Vedim: PT)
Nootropyl® (Sanofi-Pasteur: CL)
Nootropyl® (UCB: BF, BJ, CF, CG, CI, CM, FR, GA, GN, MG, ML, MR, MU, NE, SN, TD, TG, ZR)
Nootrop® (UCB: DE)
Normabraïn® (Torrent: IN)
Normabraïn® (UCB: DE)
Novacetam® (Shiba: YE)

Novocephal® (Fresenius: AT)
Nudipyl® (Bidiphar: VN)
Nufacetam® (Nufarindo: ID)
Nörotrop® (Biokem: TR)
Oikamid® (Pliva: BA, CZ, HR, RS)
Oxebral® (Infaca: DO)
Oxibran® (Prospa: PT)
Oxynium® (Uni-Pharma: GR)
Picetam® (Farmoquimica: DO)
Pirabene® (Merckle: DE)
Pirabene® (Ratiopharm: AT, CZ)
Pirabene® (ratiopharm: HU)
Piracebral® (Hexal: DE, LU)
Piracebral® (Sandoz: HU)
Piracem® (Specifar: GR)
Piracetam AbZ® (AbZ: DE)
Piracetam AL® (Aliud: CZ, DE, HU, RO)
Piracetam Bexal® (Bexal: PT)
Piracetam CF® (Centrafarm: NL)
Piracetam Dexa Medica® (Dexa Medica: ID)
Piracetam EG® (Eurogenerics: BE)
Piracetam Heumann® (Heumann: DE)
Piracetam Hexpharm® (Hexpharm: ID)
Piracetam Interpharm® (Interpharm: AT)
Piracetam LPH® (Labormed Pharma: RO)
Piracetam MK® (MK: CO)
Piracetam Obolenskoe® (Obolenskoe: RU)
Piracetam Ratiopharm® (ratiopharm: DE, LU)
Piracetam Ratiopharm® (Ratiopharm: NL, PT)
Piracetam Sandoz® (Sandoz: DE, NL)
Piracetam Stada® (Stadapharm: DE)
Piracetam Teva® (Teva: BE)
Piracetam Verla® (Verla: DE)
piracetam von ct® (CT: DE)
Piracetam Zydus® (Zydus: FR)
Piracetam-Egis® (Egis: CZ)
Piracetam-Elbe-Med® (Schöning-Berlin: DE)
Piracetam-Eurogenerics® (Eurogenerics: LU)
Piracetam-neuraxpharm® (neuraxpharm: DE)
Piracetam-Richter® (Gedeon Richter: RU)
Piracetam-RPh® (Rodleben: DE)
Piracetam-UCB® (UCB: BE, LU)
Piracetam® (Akrihin: RU)
Piracetam® (Antibiotice: RO)
Piracetam® (Arena: RO)
Piracetam® (Egis: CZ)
Piracetam® (Eurogenerics: BE)
Piracetam® (Fabiol: RO)
Piracetam® (Fampharm: RS)
Piracetam® (Faran: RS)
Piracetam® (Farmex: RO)
Piracetam® (Gedeon Richter: RO)
Piracetam® (Hexal: NL)
Piracetam® (Laropharm: RO)
Piracetam® (Magistra: RO)
Piracetam® (Olainfarm: GE)
Piracetam® (Ozone Laboratories: RO)
Piracetam® (Pentacoop: CO, EC)
Piracetam® (Ratiopharm: PT)
Piracetam® (Shreya: RU)
Piracetam® (Slavia Pharm: RO)
Piracetam® (Terapia: RO)
Piracetam® (TG Farm: RS)
Piracetam® (UCB: NL)
Piracetam® (Wise: NL)
Piracetop® (Topgen: BE)
Piracetrop® (Holsten: DE)
Piracétam Biogaran® (Biogaran: FR)
Piracétam EG® (EG Labo: FR)
Piracétam G Gam® (G Gam: FR)
Piracétam Ivax® (Ivax: FR)
Piracétam Merck® (Merck Génériques: FR)
Piracétam RPG® (RPG: FR)
Piracétam Sandoz® (Sandoz: FR)
Pirastam® (Bawiss: CO)
Piratam® (Beacons: SG)
Piratam® (GlaxoSmithKline: IN)
Piratropil® (Jelfa: RU)
Pirax® (Sandoz: CH)
Pratropil® (Fahrenheit: ID)
Primatam® (Prima: ID)
Procetam® (Meprofarm: ID)
Psycoton® (Benedetti: IT)
Pyramem® (Actavis: GE)
Pyramen® (Balkanpharma: BG)
Racetam® (Samjin: SG)
Resibron® (Ikapharmindo: ID)
Scantropil® (Tempo: ID)
Scarda® (Pharmaland: TH)
Sinapsan® (Rodleben: DE)
Sotropil® (Soho: ID)
Stamin® (Faran: GR)
Stimubral® (Lusofarmaco: PT)
Tiracetam® (Fluter: DO)
Tropilex® (Prafa: ID)

Pirarubicin (Rec.INN)

L: Pirarubicinum
D: Pirarubicin
F: Pirarubicine
S: Pirarubicina

Antineoplastic, antibiotic

ATC: L01DB08
CAS-Nr.: 0072496-41-4 C_{32}-H_{37}-N-O_{12}
M_r 627.658

(8S,10S)-10-[[3-Amino-2,3,6-trideoxy-4-O-(2R-tetrahydro-2H-pyran-2-yl)-α-L-lyxo-hexopyranosyl]oxy]-8-glycoloyl-7,8,9,10-tetrahydro-6,8,11-trihydroxy-1-methoxy-5,12-naphthacenedione

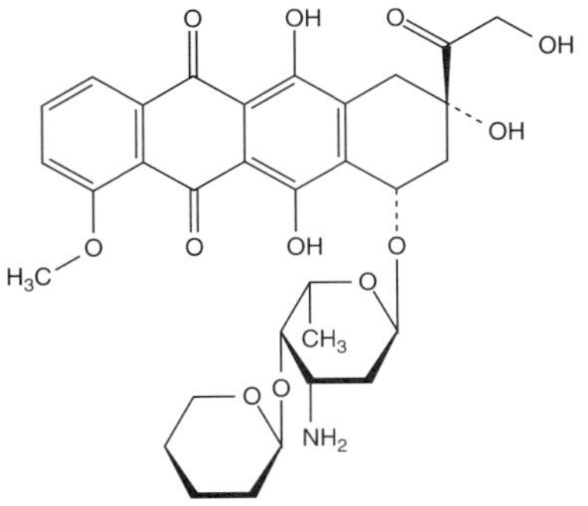

OS: *Pirarubicine [DCF]*
OS: *Pirarubicin [JAN, USAN]*
IS: *THP*
IS: *THP-ADM*
IS: *THP-Doxorubicin*

Théprubicine® (Sanofi-Aventis: FR)

- **hydrochloride:**

Pinorubin® (Nippon Kayaku: JP)
Therarubicin® (Meiji: JP)

Pirbuterol (Rec.INN)

L: Pirbuterolum
D: Pirbuterol
F: Pirbutérol
S: Pirbuterol

Bronchodilator

ATC: R03AC08,R03CC07
CAS-Nr.: 0038677-81-5 C_{12}-H_{20}-N_2-O_3
M_r 240.312

2,6-Pyridinedimethanol, α6-[[(1,1-dimethylethyl)amino]methyl]-3-hydroxy-

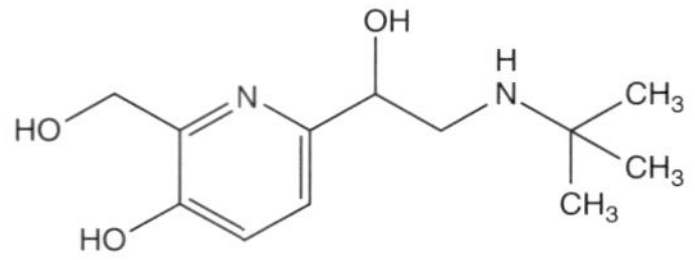

OS: *Pirbuterol [BAN]*
OS: *Pirbutérol [DCF]*
IS: *CP 24315-1*
IS: *Pyrbuterol*

- **acetate:**

CAS-Nr.: 0065652-44-0
OS: *Pirbuterol Acetate BANM, USAN*
IS: *CO 24314-14 (Pfizer, USA)*

Maxair Autohaler® (3M: FR)
Spirolair® (3M: LU)

Pirenoxine (Rec.INN)

L: Pirenoxinum
D: Pirenoxin
F: Pirénoxine
S: Pirenoxina

Cataract treatment

CAS-Nr.: 0001043-21-6 C_{16}-H_8-N_2-O_5
M_r 308.26

5H-Pyrido[3,2-a]phenoxazine-3-carboxylic acid, 1-hydroxy-5-oxo-

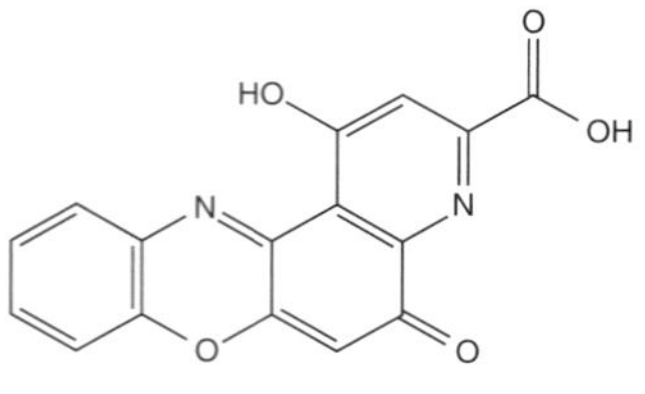

OS: *Pirenoxine [JAN, USAN]*
OS: *Pirénoxine [DCF]*
IS: *Pirfenoxone*
PH: Pirenoxine [JP XIV]

Catalin G® (Refasa: PE)
Catalin-K® (Senju: JP)
Catalin® (Allergan: IN)
Catalin® (Takeda: TH)
Kary Uni® (Ferron: ID)
Kary Uni® (Santen: HK, SG, TH)

- **sodium salt:**

Catalin® (Senju: PL)
Catalin® (Takeda: HK, ID, SG)
Clarvisan® (Alcon: ES)
Clarvisan® (Allergan Ph.-Eir: IT)
Clarvisan® (Seber: PT)
Clarvisol® (Allergan: BR)
Clarvisor® [vet.] (Chassot: DE)
Pirfalin® (Farmigea: IT)

Pirenzepine (Rec.INN)

L: Pirenzepinum
I: Pirenzepina
D: Pirenzepin
F: Pirenzépine
S: Pirenzepina

Gastric secretory inhibitor

ATC: A02BX03
CAS-Nr.: 0028797-61-7 C_{19}-H_{21}-N_5-O_2
M_r 351.427

6H-Pyrido[2,3-b][1,4]benzodiazepin-6-one, 5,11-dihydro-11-[(4-methyl-1-piperazinyl)acetyl]-

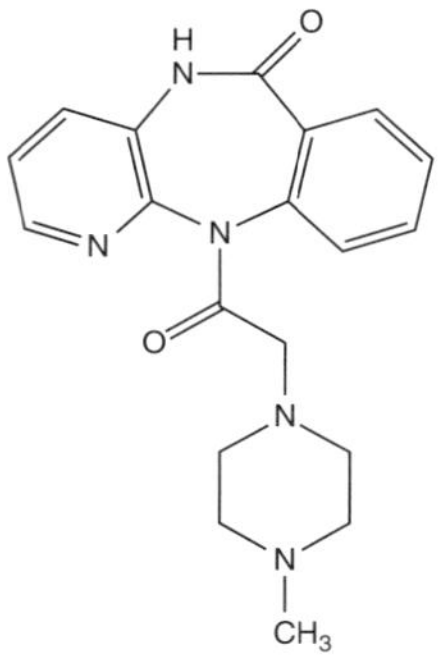

OS: *Pirenzepine [BAN, DCF]*
OS: *Pirenzepina [DCIT]*
IS: *L-S519*

- **dihydrochloride:**

OS: *Pirenzepine Hydrochloride BANM, USAN*
PH: Pirenzepindihydrochlorid-Monohydrat Ph. Eur. 5
PH: Pirenzepine Dihydrochloride Monohydrat Ph. Eur. 5
PH: Pirenzepini dihydrochloridum monohydricum Ph. Eur. 5
PH: Pirenzépine (dichlorhydrate de) monohydraté Ph. Eur. 5

Cevanil® (Pharmasant: TH)
Gastrizin® (United Pharmaceutical: AE, BH, LY, OM, QA, SA, SD, YE)
Gastropiren® (AGIPS: IT)
Gastrozepin® (Boehringer Ingelheim: AE, AG, AN, AT, AW, BB, BH, BM, BS, CY, CZ, DE, EG, ES, GD, GY, HR, HT, ID, IQ, IT, JM, JO, JP, KE, KW, KY, LB, LC, LY, MT, NL, OM, QA, RU, SA, SD, TT, VC, YE)

Gastrozepin® (Slovakofarma: CZ)
Pirenzepin-ratiopharm® (ratiopharm: DE)

Piretanide (Rec.INN)

L: Piretanidum
I: Piretanide
D: Piretanid
F: Pirétanide
S: Piretanida

Antihypertensive agent
Diuretic

ATC: C03CA03
CAS-Nr.: 0055837-27-9 C_{17}-H_{18}-N_2-O_5-S
M_r 362.411

Benzoic acid, 3-(aminosulfonyl)-4-phenoxy-5-(1-pyrrolidinyl)-

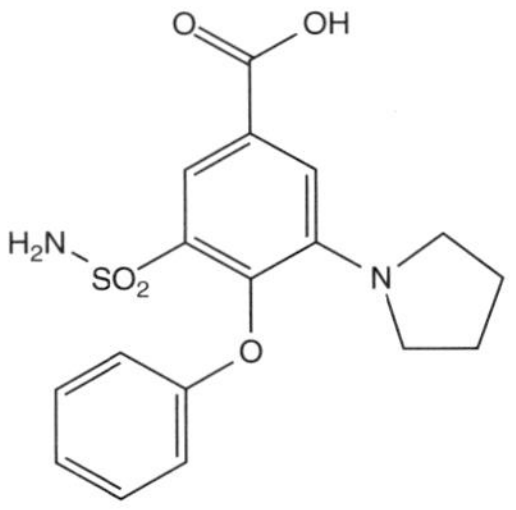

OS: *Piretanide [BAN, DCF, DCIT, JAN, USAN]*
IS: *Hoe 118*
IS: *S 734118*
PH: Piretanide [Ph. Eur. 5]
PH: Piretanidum [Ph. Eur. 5]
PH: Piretanid [Ph. Eur. 5]
PH: Pirétanide [Ph. Eur. 5]

Arelix® (Aventis: AT, DE, LU)
Arelix® (Aventis Pharma: ID)
Arelix® (Bipharma: NL)
Arelix® (Sanofi-Aventis: BR, CH, IE)
Arelix® (Sanofi-Synthelabo: ZA)
Eurelix® (Sanofi-Aventis: FR)
Perbilen® (Aventis: ES)
Piretanid 1A Pharma® (1A Pharma: DE)
Piretanid Hexal® (Hexal: DE)
Piretanid Sandoz® (Sandoz: DE)
Tauliz® (Aventis: IT)

– sodium salt:

Arelix® [inj.] (Aventis: AT, DE)

Piribedil (Rec.INN)

L: Piribedilum
I: Piribedil
D: Piribedil
F: Piribédil
S: Piribedil

Antiparkinsonian, dopaminergic

ATC: N04BC08
CAS-Nr.: 0003605-01-4 C_{16}-H_{18}-N_4-O_2
M_r 298.36

Pyrimidine, 2-[4-(1,3-benzodioxol-5-ylmethyl)-1-piperazinyl]-

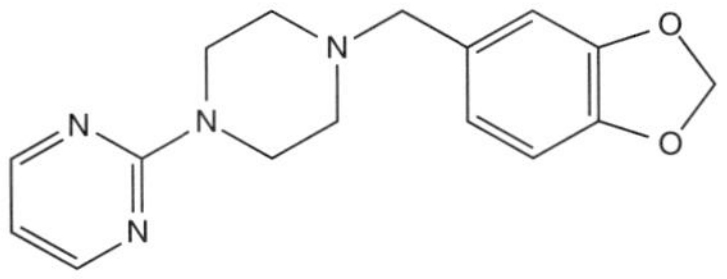

OS: *Piribedil [DCF, DCIT, USAN]*
IS: *ET 495*
IS: *Piprazidine*
IS: *S 495*
IS: *EU 4200*
IS: *Piribedyl*

Pronoran® (Servier: PL, RO, RU)
Trastal® (Servier: CN)
Trivastal Retard® (Servier: BR, TH, VN)
Trivastal® (Euthérapie: FR)
Trivastal® (Serdia: IN)
Trivastal® (Servier: AE, AN, AN, AR, AW, BB, BH, BM, BR, BS, BZ, DE, EG, GD, GY, IQ, JM, JO, KW, KY, LB, LC, LU, MT, MY, OM, PH, PT, QA, SA, SG, SY, TH, TR, TT, VC, YE)
Trivastan® (Servier-F: IT)

– mesilate:

IS: *Piribedil methanesulfonate*

Trivastal ® [inj.] (Euthérapie: FR)

Pirisudanol (Rec.INN)

L: Pirisudanolum
I: Pirisudanolo
D: Pirisudanol
F: Pirisudanol
S: Pirisudanol

Psychostimulant

ATC: N06BX08
CAS-Nr.: 0033605-94-6 C_{16}-H_{24}-N_2-O_6
M_r 340.388

Butanedioic acid, 2-(dimethylamino)ethyl [5-hydroxy-4-(hydroxymethyl)-6-methyl-3-pyridinyl]methyl ester

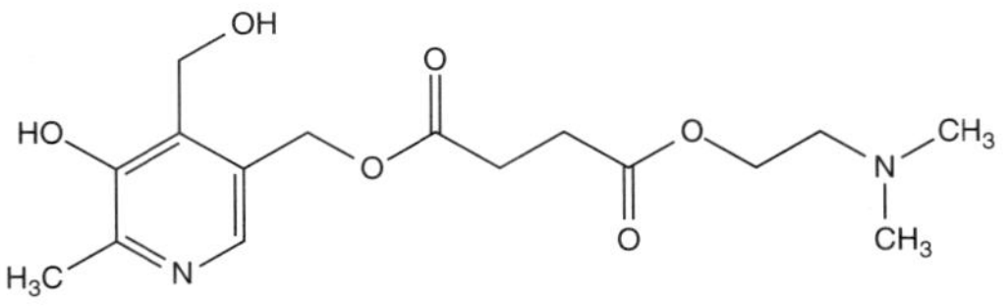

OS: *Pirisudanol [DCF, USAN]*
OS: *Pirisudanolo [DCIT]*
IS: *Pyrisuccideanol*

– dimaleate:

CAS-Nr.: 0053659-00-0

Mentis® (Menarini: CR, DO, GT, HN, NI, PA, SV)
Mentis® (Tecefarma: ES)
Pridana® (Novartis: PT)

Piritramide (Rec.INN)

L: Piritramidum
I: Piritramide
D: Piritramid
F: Piritramide
S: Piritramida

Opioid analgesic

ATC: N02AC03
CAS-Nr.: 0000302-41-0 C_{27}-H_{34}-N_4-O
M_r 430.609

[1,4'-Bipiperidine]-4'-carboxamide, 1'-(3-cyano-3,3-diphenylpropyl)-

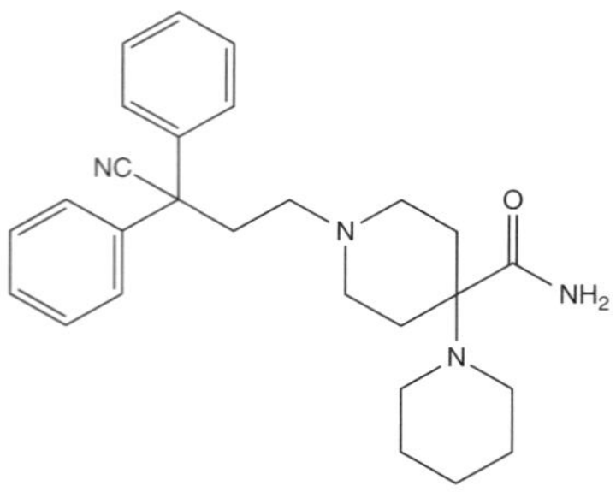

OS: *Piritramide [BAN, DCF, DCIT, USAN]*
IS: *Pirinitramide*
IS: *R 3365*

Dipidolor® (Janssen: AT, BE, CZ, DE, LU, NL)

Pirlimycin (Rec.INN)

L: Pirlimycinum
D: Pirlimycin
F: Pirlimycine
S: Pirlimicina

Antibiotic

ATCvet: QJ51FF90
CAS-Nr.: 0079548-73-5 C_{17}-H_{31}-Cl-N_2-O_5-S
M_r 410.96

Methyl 7-chloro-6,7,8-trideoxy-6-(*cis*-4-ethyl-L-pipecolamido)-1-thio-L-*threo*-α-D-*galacto*octopyranoside (WHO)

(2S-*cis*)-Methyl 7-chloro-6,7,8-trideoxy-6-[[(4-ethyl-2-piperidinyl)carbonyl]-amino]-1-thio-L-*threo*-α-D-*galacto*-octopyranoside

Methyl 7-chlor-6,7,8-tridesoxy-6-(4α-ethyl-2α-piperidylcarboxamido)-1-thio-L-*threo*-α-D-*galacto*octopyranosid (IUPAC)

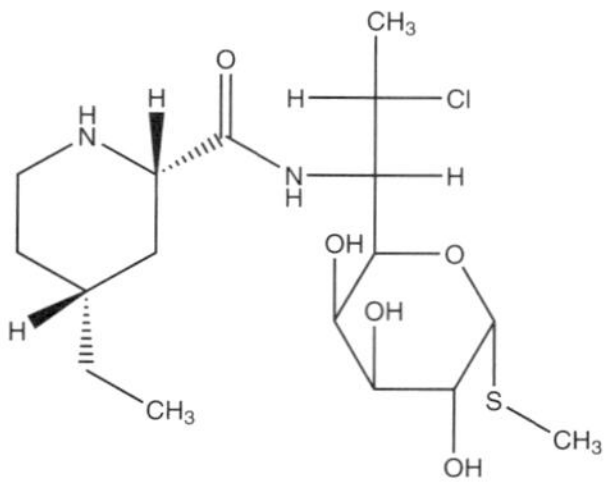

IS: *U 57930E (Upjohn, US)*

Pirsue® [vet.] (Pfizer: NL)

– hydrochloride:

CAS-Nr.: 0077495-92-2
OS: *Pirlimycin Hydrochloride USAN*
IS: *U-57930 E*
IS: *Pyrlimycin Hydrochloride Monohydrate*

Pirsue® [vet.] (Pfizer: AT, FI)
Pirsue® [vet.] (Pfizer Animal: DE)
Pirsue® [vet.] (Pfizer Animal Health: GB)
Pirsue® [vet.] (Pfizer Santé Animale: FR)
Pirsue® [vet.] (Pharmacia: IT)
Pirsue® [vet.] (Pharmacia Animal Health: SE)

Pirlindole (Rec.INN)

L: Pirlindolum
D: Pirlindol
F: Pirlindol
S: Pirlindol

Antidepressant

CAS-Nr.: 0060762-57-4 C_{15}-H_{18}-N_2
M_r 226.329

1H-Pyrazino[3,2,1-jk]carbazole, 2,3,3a,4,5,6-hexahydro-8-methyl-

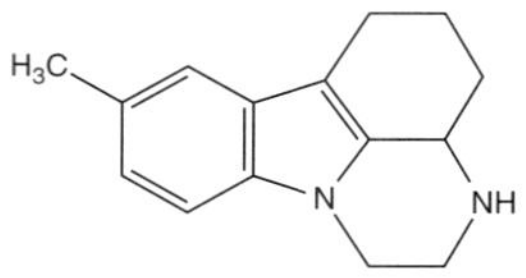

OS: *Pirlindole [USAN]*

Pyrazidol® (Masterlek: RU)

– hydrochloride:

CAS-Nr.: 0016154-78-2

Implementor® (Pentafarma: PT)

Pirmenol (Rec.INN)

L: Pirmenolum
D: Pirmenol
F: Pirmenol
S: Pirmenol

Antiarrhythmic agent

CAS-Nr.: 0068252-19-7 C_{22}-H_{30}-N_2-O
M_r 338.502

2-Pyridinemethanol, α-[3-(2,6-dimethyl-1-piperidinyl)propyl]-α-phenyl-, cis-, (±)-

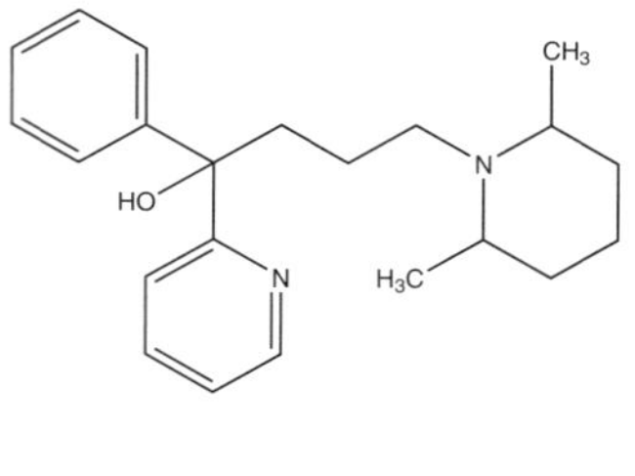

– hydrochloride:

CAS-Nr.: 0061477-94-9
OS: *Pirmenol Hydrochloride USAN*

IS: *CCRIS 5243*
IS: *CI 845 (Parke Davis, USA)*
IS: *Pirmavar (Park Davids, USA)*

Pimenol® (Dainippon: JP)

Piroheptine (Rec.INN)

L: Piroheptinum
D: Piroheptin
F: Piroheptine
S: Piroheptina

⚕ Antiparkinsonian

CAS-Nr.: 0016378-21-5 C_{22}-H_{25}-N
M_r 303.452

Pyrrolidine, 3-(10,11-dihydro-5H-dibenzo[a,d]cyclohepten-5-ylidene)-1-ethyl-2-methyl-

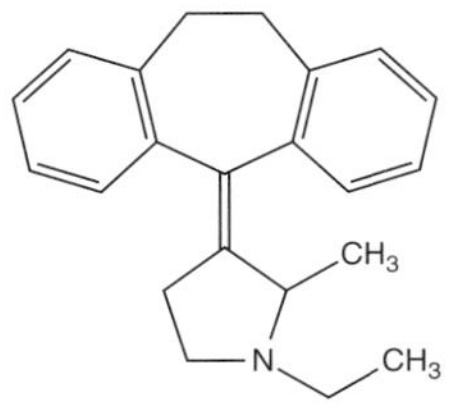

OS: *Piroheptine [USAN]*
IS: *PHT*

– hydrochloride:

CAS-Nr.: 0016378-22-6
IS: *FK 1190 (Fujisawa, Japan)*

Trimol® (Fujisawa: JP)

Piromidic Acid (Rec.INN)

L: Acidum Piromidicum
I: Acido piromidico
D: Piromidsäure
F: Acide piromidique
S: Acido piromidico

⚕ Antiinfective, quinolin-derivative

ATC: J01MB03
CAS-Nr.: 0019562-30-2 C_{14}-H_{16}-N_4-O_3
M_r 288.322

Pyrido[2,3-d]pyrimidine-6-carboxylic acid, 8-ethyl-5,8-dihydro-5-oxo-2-(1-pyrrolidinyl)-

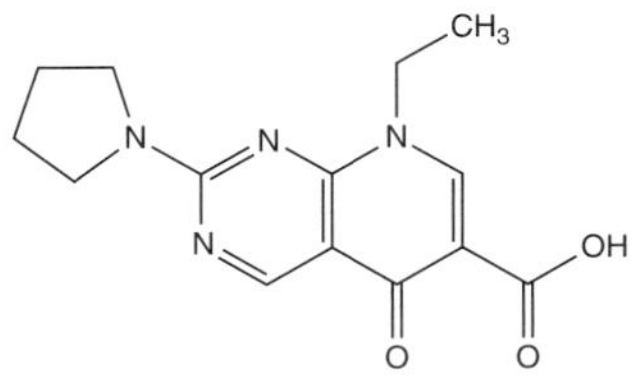

OS: *Acide piromidique [DCF]*
OS: *Acido piromidico [DCIT]*
OS: *Piromidic Acid [USAN]*
IS: *PD-93*

Panacid® (Dainippon: JP)

Piroxicam (Rec.INN)

L: Piroxicamum
I: Piroxicam
D: Piroxicam
F: Piroxicam
S: Piroxicam

⚕ Antiinflammatory agent

ATC: M01AC01,M02AA07,S01BC06
ATCvet: QM01AC01,QM02AA07,QS01BC06
CAS-Nr.: 0036322-90-4 C_{15}-H_{13}-N_3-O_4-S
M_r 331.359

2H-1,2-Benzothiazine-3-carboxamide, 4-hydroxy-2-methyl-N-2-pyridinyl-, 1,1-dioxide

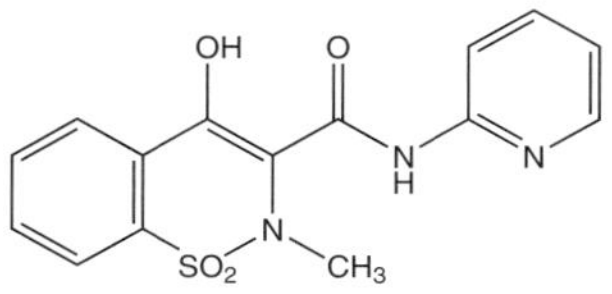

OS: *Piroxicam [BAN, DCF, DCIT, JAN, USAN]*
IS: *CP 16171 (Pfizer, USA)*
PH: Piroxicam [Ph. Eur. 5, USP 30]
PH: Piroxicamum [Ph. Eur. 5]

Adco-Piroxicam® (Al Pharm: ZA)
Algoxam® (Boniscontro & Gazzone: IT)
Ammidene® (MacroPhar: TH)
Anartrit® (Hexal: BR)
Antiflog® (Firma: IT)
Apo-Piroxicam® (Apotex: AN, BB, BM, BS, CA, CZ, GY, HT, JM, KY, PE, SG, SR, TT, VN)
Arten® (Donovan: GT)
Artrigesic® (Ethical: DO)
Artrilase® (Bagó: CR, DO, GT, HN, NI, PA, SV)
Artritin® (Lusa: PE)
Artronil® (Acromax: EC)
Artroxicam® (So.Se.: IT)
Atidem® (Bristol-Myers Squibb: PE)
Atiflam® (Andreu: PE)
Baxo® (Toyama: JP)
Benisan® (Fabra: AR)
Benoxicam® (Bernofarm: ID)
Bicam® (Biolab: TH)
Bleduran® (Anfarm: GR)
Brexic® (Wockhardt: IN)
Brexivel® (Promedica: IT)
Brionot® (Casasco: AR)
Brucam® (Bruluart: MX)
Bruxicam® (Bruschettini: IT, RO)
Ciclofast® (Grünenthal: PE)
Clevian® (Aesculapius: IT)
Clinit® (Hormosan: DE)
Conzila® (Mentinova: GR)
CPL Alliance Piroxicam® (Alliance: ZA)
Dains® (Alpharma: ID)
Dexicam® (OFF: IT)
Dixonal® (Medix: DO, GT, HN, NI, SV)
Doblexan® (Organon: ES)
Doblexan® (Quimifar: ES)
Docpiroxi® (Docpharma: BE, LU)
Dolonex® (Pfizer: IN)
durapirox® (Merck dura: DE)
Erazon® (Farmal: HR)

Erazon® (Krka: BA, CZ, SI)
Erazon® (Spofa: CZ)
Errekam® (TAD: IT)
Euroxi® (Copernico: IT)
Exipan® (Agis: IL)
Fabudol® (Volta: CL)
Facicam® (Senosiain: DO, GT, MX)
Fada Piroxicam® (Fada: AR)
Farxican® (Farmoquimica: DO)
Fasax® (BC: DE)
Felcam® (Asian: TH)
Felcam® (Mugi: ID)
Felcam® (Pharmalliance: DZ)
Feldegel® (Pfizer: ES)
Felden-Gel® (Pfizer: AT, IS)
Felden-Quick-Solve® (Pfizer: AT)
Feldene Fast® (Pfizer: IT)
Feldene Flash® (Pfizer: CL, ES, PE)
Feldene Gel® (Pfizer: AE, AU, BH, BR, BZ, CL, CO, CR, CY, CZ, EG, ET, GB, GH, GM, GT, HK, HN, ID, IE, IL, JO, KE, KW, LB, LK, LR, MW, NG, NI, OM, PA, PT, SA, SD, SL, SV, TH)
Feldene SinGad® (Pfizer: DK)
Feldene-D® (Pfizer: PE)
Feldene-D® (Roerig: AU)
Feldene® (Aktuapharma: BE)
Feldene® (Nefox: ES)
Feldene® (Pfizer: AE, AN, BB, BE, BF, BH, BJ, BR, BZ, CF, CG, CI, CL, CM, CO, CR, CZ, DO, EG, ET, GA, GB, GE, GH, GM, GN, GR, GT, GY, HK, HN, HT, HU, ID, IE, IL, IT, JM, KE, LK, LR, LU, MG, ML, MR, MU, MW, MX, NE, NG, NI, NL, OM, PA, PE, PH, PL, PT, RO, SD, SG, SL, SN, SV, TD, TG, TH, TT, US, VN, ZA, ZR)
Feldene® (Roerig: AU)
Feldene® [vet.] (Pfizer Animal Health: GB)
Felden® (Mack: DE)
Felden® (Pfizer: AT, CH, DE, DK, FI, IS, NO, SE, TR)
Feldex® (Sun: BD)
Feldox® (Farmion: BR)
Feldène® (Pfizer: FR)
Felrox® (Seng Thai: TH)
Finalgel Sport® (Boehringer Ingelheim: BG)
Finalgel® (Boehringer Ingelheim: RO, RU)
Flamadol® (Balkanpharma: BG)
Flamic® (Siam Bheasach: TH)
Flamostat® (Cimed: BR)
Flexar® (Menarini: PT)
Flexase® (TAD: DE)
Flexicam® (Renata: BD)
Flexicam® (Unifarm: PE)
Flodeneu® (Remedina: GR)
Flodol® (Farma 1: IT)
Flogosine® (Ahimsa: AR)
Flogostil® [vet.] (Trebifarma: IT)
Flogoxen® (Medley: BR)
Geldène® (Pfizer: BF, BJ, CF, CG, CI, CM, FR, GA, GN, MG, ML, MR, MU, NE, SN, TD, TG, ZR)
Gelprox® (Procaps: DO)
Gen-Piroxicam® (Genpharm: CA)
GenRX Piroxicam® (GenRX: AU)
Grecotens® (Genepharm: GR)
Homocalmefyba® (Northia: AR)
Hotemin® (Egis: BG, CZ, HU, JM, PL, RO, YE)
Hotemin® (Medimpex: BB, JM, TT)
Huma-Pirocam® (Teva: HU)
Ifemed® (Medifive: TH)
Improntal® (Fides Ecopharma: ES)
Improntal® (Rottapharm: ES)
Infeld® (Interbat: ID)
Inflaced® (Dexo: FR)
Inflamene® (Farmalab: BR)
Inflanan® (Marjan: BR)
Inflanox® (Farmoquimica: BR)
Inflax® (Ativus: BR)
Ipsoflog® (Epifarma: IT)
Italpyd® (Italchem: EC)
Jenapirox® (Jenapharm: DE)
Jenapirox® (mibe: DE)
Kifadene® (Kimia: ID)
Kydoflam® (Seres: CO)
Lampoflex® (Lampugnani: IT)
Lanareuma® (Landson: ID)
Lisedema® (Climax: BR)
Luboreta® (Belupo: BA, HR)
Lubor® (Belupo: BA, HR)
Macroxam® (SK Pharma: PH)
Manoxicam® (Lam Thong: TH)
Maswin® (Masa Lab: TH)
Maxicam® (Hexpharm: ID)
Maxtol® (Bausch & Lomb: AR)
Mepirox® (Meprofarm: ID)
Merck-Piroxicam® (Merck: BE)
Micar® (Microsules: AR)
Mobilat akut Piroxicam® (Sankyo: DE)
Mobilis® (Alphapharm: AU)
Movon® (Ipca: IN)
Moxicam® (Milano: TH)
Nac® (Klonal: AR)
Nalgesic® (Hexa: AR)
Neo Axedil® (Norma: GR)
Neogel® (Masa Lab: TH)
Neotica® (Thai Nakorn Patana: TH)
Normetil® (Feltrex: DO)
Novo-Pirocam® (Novopharm: CA)
Oksikam® (Sanofi-Aventis: TR)
Osteocalmine® (Oriental: AR)
Painrelipt-D® (Biostam: GR)
Parixam® (Apotex: PH)
PC-20® (Millimed: TH)
Pedifan® (Vilco: GR)
Pemar® (Medipharm: CL)
Pericam® (Clonmel: IE)
Piram D® (Pacific: NZ)
Piram® (GDH: TH)
Pirax® (Pharmaland: TH)
Piricam® (Cadila: ER, ET, KE, LK, NG, TZ, UG, ZM, ZW)
Piro AbZ® (AbZ: DE)
Piro KD® (Kade: DE)
Piro-Phlogont® (Azupharma: DE)
Piroalgin® (Lafedar: AR)
Pirobeta® (betapharm: DE)
Pirocam® (Dexa Medica: ID)
Pirocam® (Ratiopharm: AT)
Pirocam® (Spirig: CH)
Pirocaps® (Magma: PE)
Pirocreat® (Bailly: BF, BJ, CF, CG, CI, CM, GA, GN, ML, MR, NE, SN, TD, TG, ZR)
Pirocutan® (mibe: DE)
Pirodene® (Medikon: ID)

Pirofel® (Sanbe: ID)
Piroflam® (Winthrop: DE)
Piroftal® (Bruschettini: IT)
Pirohexal-D® (Hexal: AU)
Piromax® (Home Pharma: PE)
Piromed® (3DDD Pharma: BE)
Pirom® (Sandoz: DK)
PirorheumA® (Hexal: DE, LU)
Pirorheum® (Hexal: AT, DE, LU)
Pirorheum® (Sandoz: HU)
Pirosol® (Sandoz: CH)
pirox von ct® (CT: DE)
Pirox-CT® (CT: DE)
Piroxal® (Actavis: FI)
Piroxam® (PP Lab: TH)
Piroxcin® (Polipharm: TH)
Piroxed® (Lacofarma: DO)
Piroxene® (Solvay: BR)
Piroxen® (Codal Synto: TH)
Piroxicam ABC® (ABC: IT)
Piroxicam AbZ® (AbZ: DE)
Piroxicam acis® (acis: DE)
Piroxicam AG® (American Generics: PE)
Piroxicam Albic® (Sanofi-Synthelabo: NL)
Piroxicam Alpharma® (Alpharma: NL)
Piroxicam Alter® (Alter: IT)
Piroxicam AL® (Aliud: CZ, DE, HU)
Piroxicam Arcana® (Arcana: AT)
Piroxicam A® (Apothecon: NL)
Piroxicam Bexal® (Bexal: BE)
Piroxicam Biogaran® (Biogaran: FR)
Piroxicam Biol® (Biol: AR)
Piroxicam CF® (Centrafarm: NL)
Piroxicam Cinfa® (Cinfa: ES)
Piroxicam DOC® (DOC Generici: IT)
Piroxicam Domesco® (Domesco: VN)
Piroxicam Dorom® (Dorom: IT)
Piroxicam Edigen® (Edigen: ES)
Piroxicam EG® (EG: IT)
Piroxicam EG® (EG Labo: FR)
Piroxicam EG® (Eurogenerics: BE)
Piroxicam F.T. Pharma® (F.T. Pharma: VN)
Piroxicam findusFit® (findusFit: DE)
Piroxicam FLX® (Karib: NL)
Piroxicam G Gam® (G Gam: FR)
Piroxicam Gel MK® (MK: CO)
Piroxicam Gen-Far® (Genfar: PE)
Piroxicam Genfar® (Genfar: CO, EC)
Piroxicam Helvepharm® (Helvepharm: CH)
Piroxicam Heumann® (Heumann: DE)
Piroxicam Hexal® (Hexal: DE, IT, NL)
Piroxicam Hexpharm® (Hexpharm: ID)
Piroxicam Indo Farma® (Indofarma: ID)
Piroxicam Iqfarma® (Iqfarma: PE)
Piroxicam Irex® (Winthrop: FR)
Piroxicam Ivax® (Ivax: FR)
Piroxicam Jenapharm® (Jenapharm: DE)
Piroxicam Jet® (Jet: IT)
Piroxicam Katwijk® (Katwijk: NL)
Piroxicam Klast® (Linden: DE)
Piroxicam L.CH.® (Chile: CL)
Piroxicam Lch® (Ivax: PE)
Piroxicam Lindo® (Lindopharm: DE)
Piroxicam LPH® (Labormed Pharma: RO)
Piroxicam Merck NM® (Merck NM: DK, SE)
Piroxicam Merck® (Merck Generics: IT)
Piroxicam Merck® (Merck Génériques: FR)
Piroxicam MF® (Marfan: PE)
Piroxicam MK® (Bonima: BZ, CR, DO, GT, HN, NI, PA, SV)
Piroxicam MK® (Mark: RO)
Piroxicam MK® (MK: CO)
Piroxicam PB® (Docpharm: DE)
Piroxicam PCH® (Pharmachemie: NL)
Piroxicam Pharmachemie® (Teva: LU)
Piroxicam Pharmagenus® (Pharmagenus: ES)
Piroxicam Ratiopharm® (Ratiopharm: ES, NL, PT)
Piroxicam Rigo® (Rigo: AR)
Piroxicam RPG® (RPG: FR)
Piroxicam Sandoz® (Sandoz: BE, DE, FR, IT, NL)
Piroxicam Stada® (Stada: AT, TH)
Piroxicam Stada® (Stadapharm: DE)
Piroxicam Tamarang® (Tamarang: ES)
Piroxicam Teva® (Teva: BE, IT)
Piroxicam Ur® (Uso Racional: ES)
Piroxicam Vannier® (Vannier: AR)
Piroxicam Verla® (Verla: DE)
Piroxicam Winthrop® (Winthrop: FR)
Piroxicam Zydus® (Zydus: FR)
Piroxicam-AbZ® (AbZ: DE)
Piroxicam-Akri® (Akrihin: RU)
Piroxicam-B® (Teva: HU)
Piroxicam-Mepha® (Mepha: CH)
Piroxicam-ratiopharm® (Ratiopharm: BE)
Piroxicam-ratiopharm® (ratiopharm: DE)
Piroxicam-ratiopharm® (Ratiopharm: ES, IT)
Piroxicam-ratiopharm® (ratiopharm: LU)
Piroxicam® (Alpharma: GB)
Piroxicam® (Antibiotice: RO)
Piroxicam® (Arena: RO)
Piroxicam® (Bestpharma: CL)
Piroxicam® (Biosano: CL)
Piroxicam® (Blaskov: CO)
Piroxicam® (Bouzen: AR)
Piroxicam® (Dupomar: AR)
Piroxicam® (Fabiol: RO)
Piroxicam® (Generics: GB)
Piroxicam® (GlaxoSmithKline: PL)
Piroxicam® (GMP: GE)
Piroxicam® (Helcor: RO)
Piroxicam® (Hillcross: GB)
Piroxicam® (Jelfa: PL, RU)
Piroxicam® (Kent: GB)
Piroxicam® (La Sante: PE)
Piroxicam® (Laropharm: RO)
Piroxicam® (LCG: PE)
Piroxicam® (Lusa: PE)
Piroxicam® (Medicalex: CO)
Piroxicam® (Memphis: CO)
Piroxicam® (Merck NM: NO)
Piroxicam® (Mintlab: CL)
Piroxicam® (Neo Quimica: BR)
Piroxicam® (Ozone Laboratories: RO)
Piroxicam® (Pasteur: CL)
Piroxicam® (Pentacoop: CO, EC, PE)
Piroxicam® (Quimica Hindu: PE)
Piroxicam® (Reig Jofre: ES)
Piroxicam® (Rider: CL)
Piroxicam® (Sanitas: CL)
Piroxicam® (Sintofarm: RO)

Piroxicam® (Slavia Pharm: RO)
Piroxicam® (Sopharma: RU)
Piroxicam® (Terapia: RO)
Piroxicam® (UQP: PE)
Piroxifen® (Dansk: BR)
Piroxiflam® (Sankyo: BR)
Piroxim® (ECU: EC)
Piroxim® (Hisubiette: CO)
Piroxin® (Ratiopharm: FI)
Piroxiphar® (Unicophar: BE)
Piroxistad® (Stada: AT)
Piroxitop® (Topgen: BE)
Piroxsal® (Slavia Pharm: RO)
Piroxsil® (Silom: TH)
Piroxymed® (Ethimed: BE)
Pirox® (Alpharma: NO)
Pirox® (Amat: AT)
Pirox® (Cipla: IN)
Pirox® (Medicine Supply: TH)
Pirox® (Merckle: CZ)
Piro® (AbZ: DE)
Pixicam® (Hexal: ZA)
Polipirox® (Mayne: IT)
Polydene® (Socobom: BE, LU)
Polyxicam® (Pharmasant: TH)
Posedene® (Pose: TH)
Pricam® (Mintlab: CL)
Pro-Roxikam® (Pro.Med: CZ)
Pro-Roxikam® (Pro.Med.CS: BA)
Proponol® (Help: GR)
Proxalyoc® (Cephalon: FR)
Proxican® (Magnachem: DO)
Proxigel® (Procaps: CO)
Prä-Brexidol® (Pharmacia: DE)
Pyrocaps® (Be-Tabs: ZA)
Pyroxy® (Shiwa: TH)
ratioMobil® (ratiopharm: DE)
Remisil® (Biosaúde: PT)
Remoxicam® (Alkaloid: RS)
Reumador® (GlaxoSmithKline: CZ)
Reumador® (Slovakofarma: BG)
Reumador® (Zentiva: HU)
Reumagil® (K.B.R.: IT)
Reumoxican® (Medinfar: PT)
Rexicam® (Otto: ID)
Rexil® (Metiska: ID)
Rheudene® (Gaco: BD)
Rheugesic® (Medpro: ZA)
Rheumaden® (Pharos: ID)
Rheumitin® (Krewel: DE)
Roccaxin® (Thai Nakorn Patana: TH)
Rolab-Piroxicam® (Sandoz: ZA)
Rosiden® (Shin Poong: SG)
Roxam® (Bosnalijek: BA)
Roxazin® (Basi: PT)
Roxene® (Pliva: IT)
Roxenil® (Caber: IT)
Roxicam® (Shiba: YE)
Roxidene® (Combiphar: ID)
Roxiden® (Boniscontro & Gazzone: IT)
Roxifen® (TO Chemicals: SG, TH)
Roxikam® (Zdravlje: RS)
Roxitan® (Remedica: CY, ET, KE, SD, ZW)
Roxium® (M & H: TH)
Roxycam® (Greater Pharma: TH)
Rumadene® (Chew Brothers: TH)
Rumaxicam® (March: TH)
Ruvamed® (Coup: GR)
Salvacam® (Biomed: ES)
Salvacam® (Salvat: DO, ES, GT, NI, PA, SV)
Sasulen® (Faes: ES)
Scandene® (Tempo: ID)
Sefdene® (Unison: SG)
Sofden® (Soho: ID)
Solicam® (SMB: BE, LU)
Solocalm® (Laboratorios: AR)
Sotilen® (Medochemie: BG, BH, CY, IQ, JO, LK, OM, SD, SK, TH, YE)
Spirox® (Copernico: IT)
Stopen® (Biogen: CO)
Suganril® (Sarabhai: IN)
Tirovel® (Duncan: AR)
Trixicam® (Vitarum: AR)
Tropidene® (Tropica: ID)
Unicam® (United Pharmaceutical: AE, BH, IQ, JO, LY, OM, QA, SA, SD, YE)
Verand® (Anglopharma: CO)
Vitaxicam® (Robert: CR, DO, ES, PA)
Vitaxicam® (Robert Ferrer: SG)
Xicalom® (Solas: ID)
Xicam® (Pharmasant: TH)
Xycam® (Aspen: ZA)
Zerospasm® (Proel: GR)
Zitumex® (Rafarm: GR)

– **cinnamate:**

CAS-Nr.: 0087234-24-0
OS: *Piroxicam Cinnamate USAN*
IS: *Cinnoxicam*
IS: *SPA-S-510 (Prodotti, Italy)*

Sinartrol® (Pharmanel: GR)
Sinartrol® (SPA: IT)

– **β-cyclodextrine:**

CAS-Nr.: 0096684-40-1
OS: *Piroxicam Betadex BAN, USAN*

Brexecam® (Al Pharm: ZA)
Brexicam® (Mack: EC)
Brexicam® (Pharmacia: CR, GT, HN, NI, PA, SV)
Brexicam® (Pierre-Fabre: MX)
Brexidol® (Asche: DE)
Brexidol® (Nycomed: NO, SE)
Brexidol® (Trinity-Chiesi: GB)
Brexidol® [vet.] (Trinity-Chiesi: GB)
Brexine® (Christiaens: BE, NL)
Brexine® (Nycomed: LU, NL)
Brexinil® (Andromaco: ES)
Brexinil® (Chiesi: ES)
Brexin® (Chiesi: CY, EG, GR, IQ, JO, KW, LB, LK, OM, SA, SY, TH, VN)
Brexin® (Gross: BR)
Brexin® (Neo-Farmacêutica: PT)
Brexin® (Pierre Fabre: FR)
Brexin® (Promedica: IT, IT)
Brexin® (Torrex: AT, HU)
Cicladol® (Farmalab: BR)
Cicladol® (Master: IT)
Cycladol® (Chiesi: BF, BJ, CG, CI, CM, DZ, ES, FR, GA, SN, TG)

Cycladol® (I.E. Ulagay: TR)
Flamexin® (Chiesi: CZ, HU, RO)
Flamexin® (Polfa Kutno: PL)
Flogene® (Aché: BR)

– pivalate:

Ciclafast® (Master: IT)

Pivampicillin (Rec.INN)

L: Pivampicillinum
I: Pivampicillina
D: Pivampicillin
F: Pivampicilline
S: Pivampicilina

Antibiotic, penicillin, broad-spectrum
Antibiotic, penicillin, penicillinase-sensitive

ATC: J01CA02
CAS-Nr.: 0033817-20-8 C_{22}-H_{29}-N_3-O_6-S
M_r 463.564

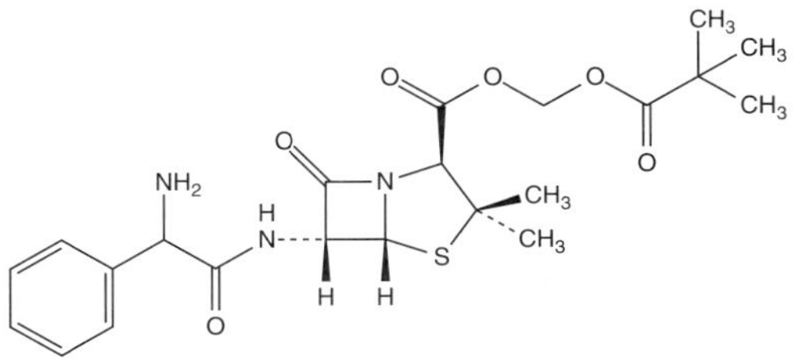

OS: *Pivampicillin [BAN]*
OS: *Pivampicilline [DCF]*
OS: *Pivampicillina [DCIT]*
PH: Pivampicillinum [Ph. Eur. 5]
PH: Pivampicillin [Ph. Eur. 5]
PH: Pivampicilline [Ph. Eur. 5]

Pondocillin® (Leo: AN, BB, CA, DK, IE, JM, NO, TT)
Pondocillin® (Merck: AT)
Pro Ampi® (Leo: LU)
Proampi® (GlaxoSmithKline: FR)

Pivmecillinam (Rec.INN)

L: Pivmecillinamum
I: Pivmecillinam
D: Pivmecillinam
F: Pivmécillinam
S: Pivmecilinam

Antibiotic, penicillin, penicillinase-sensitive

ATC: J01CA08
CAS-Nr.: 0032886-97-8 C_{21}-H_{33}-N_3-O_5-S
M_r 439.585

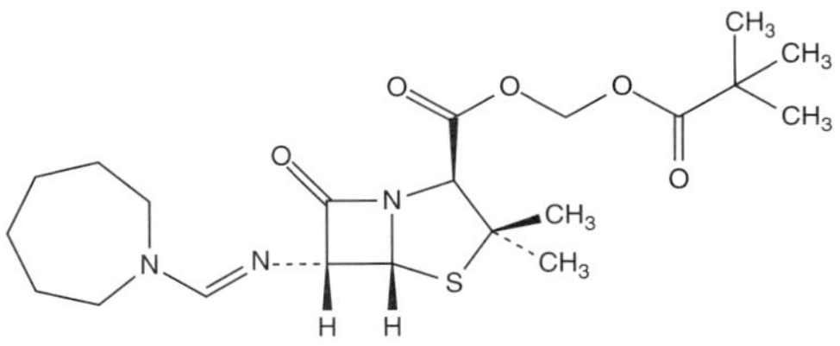

OS: *Amdinocillin Pivoxil [USAN]*
OS: *Pivmecillinam [BAN, DCF, DCIT]*
IS: *FL 1039*
IS: *Ro 109071 (Roche, USA)*

Apexid® (Apex: BD)
Lexipen® (Techno: BD)
Piv® (Globe: BD)
V-Cillin® (Asiatic Lab: BD)

– hydrochloride:

CAS-Nr.: 0032887-03-9
OS: *Pivmecillinam Hydrochloride BANM, JAN*
OS: *Amdinocillin Pivoxil USAN*
PH: Pivmecillinam Hydrochloride Ph. Eur. 5, JP XIV
PH: Pivmecillinami hydrochloridum Ph. Eur. 5
PH: Pivmecillinamhydrochlorid Ph. Eur. 5
PH: Pivmécillinam (chlorydrate de) Ph. Eur. 5

Alexid® (Aristopharma: BD)
Emcil® (Square: BD)
Melysin® (Takeda: JP)
Relexid® (Renata: BD)
Selexid® (Leo: AT, DK, FI, FR, GB, LK, SE)

Pizotifen (Rec.INN)

L: Pizotifenum
D: Pizotifen
F: Pizotifène
S: Pizotifeno

Antimigraine agent
Serotonin antagonist

ATC: N02CX01
CAS-Nr.: 0015574-96-6 C_{19}-H_{21}-N-S
M_r 295.447

Piperidine, 4-(9,10-dihydro-4H-benzo[4,5]cyclohepta[1,2-b]thien-4-ylidene)-1-methyl-

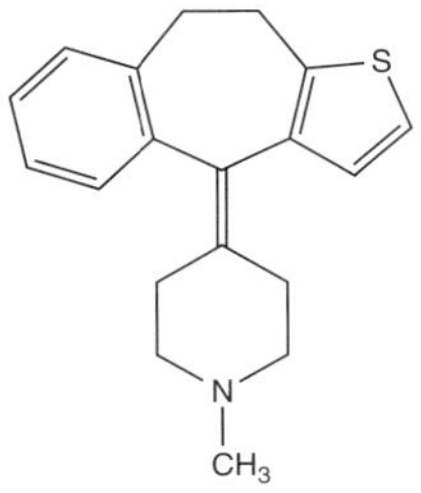

OS: *Pizotifen [BAN]*
OS: *Pizotifène [DCF]*
OS: *Pizotyline [USAN]*
IS: *BC-105*
IS: *Litec*
IS: *Polomigran*

Lysagor® (Kalbe: ID)
Megofen® (Techno: BD)
Micrazen® (Pharmalliance: DZ)
Migrafen® (Globe: BD)
Pifen® (Opsonin: BD)
Pitofen® (Medicon: BD)
Pizo-A® (Acme: BD)
Pizotin® (Nipa: BD)
Sandomigran® (Novartis: CZ, ES, ZA)
Sandomigrin® (Novartis: IS)
Zofen® (Pharmaland: TH)

- **malate:**

CAS-Nr.: 0005189-11-7
OS: *Pizotifen Malate BANM*
IS: *Pizotifen(hydroxysuccinat)*
PH: Pizotifen Malate BP 2002

Anorsia® (Asian: TH)
Avidro® (Beximco: BD)
Micrazen® (Pharmalliance: DZ)
Migranil® (Square: BD)
Mosegor® (Novartis: CH, DE, ES, ET, GH, GR, KE, LU, LY, MT, NG, SD, TH, TZ, ZW)
Moselar® (Milano: TH)
Pizofen® (Navana: BD)
Pizofen® (Shiba: YE)
Pizomed® (Medifive: TH)
Pizotifen® (Alpharma: GB)
Pizotifen® (Teva: GB)
Polomigran® (Polon: PL)
Sandomigran® (Novartis: AR, AT, AU, BE, BR, CZ, DE, ES, ET, GH, HK, IT, KE, LK, LY, MT, MY, NG, NL, NZ, SD, TR, TZ, ZW)
Sandomigran® (Paladin: CA)
Sandomigrin® (Novartis: DK, SE)
Sanmigran® (Novartis: FR)
Sanomigran® (Novartis: AR, GB, IE)
Zofen® (Aristopharma: BD)

Plaunotol (Rec.INN)

L: Plaunotolum
D: Plaunotol
F: Plaunotol
S: Plaunotol

Treatment of gastric ulcera

CAS-Nr.: 0064218-02-6 C_{20}-H_{34}-O_2
M_r 306.492

2,6-Octadiene-1,8-diol, 2-(4,8-dimethyl-3,7-nonadienyl)-6-methyl-, (Z,E,E)-

(2Z,6E)-2-[(3E)-4,8- Dimethyl-3,7-nonadienyl]-6-methyl-2,6-octadien-1,8-diol [IUPAC]

(2Z,6E)-2-[(3E)-4,8-Dimethyl-3,7-nonadienyl]-6-methyl-2,6-octadiene-1,8-diol [WHO]

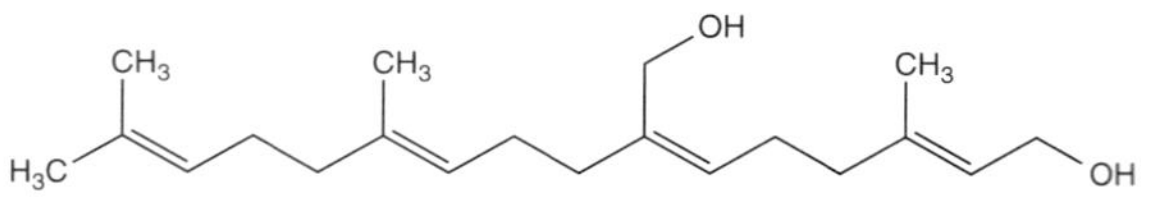

OS: *Plaunotol [JAN, USAN]*
IS: *CS 684 Sankyo, J*

Kelnac® (Sankyo: JP, TH)

Podophyllotoxin (BAN)

I: Podofillotossina
D: Podophyllotoxin
F: Podophyllotoxine

Dermatological agent, antimitotic

ATC: D06BB04
CAS-Nr.: 0000518-28-5 C_{22}-H_{22}-O_8
M_r 414.418

Furo[3',4':6,7]naphtho[2,3-d]-1,3-dioxol-6(5aH)-one, 5,8,8a,9-tetrahydro-9-hydroxy-5-(3,4,5-trimethoxyphenyl)-, [5R-(5α,5aβ,8aα,9α)]-

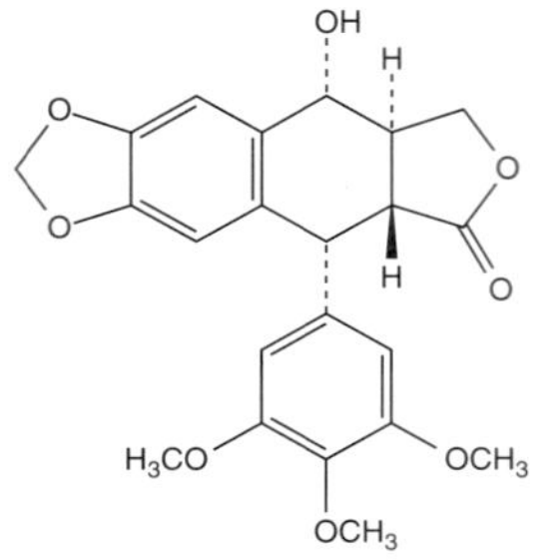

OS: *Podofilox [USAN]*
OS: *Podophyllotoxine [DCF]*
OS: *Podophyllotoxin [BAN]*

Condilom® (Bussié: CO)
Condiver® (Cientifico: CO)
Condyline® (Ardern: GB)
Condyline® (Astellas: FR, IT, PL, RO, RU)
Condyline® (Canderm: CA)
Condyline® (CSL: NZ)
Condyline® (Galderma: DK, FI, NO, SE)
Condyline® (Hamilton: AU)
Condyline® (Nycomed: CH, HU, IE)
Condyline® (Yamanouchi: BE, NL)
Condylox® (Hapra: CZ)
Condylox® (Nycomed: AT, CN, IL)
Condylox® (Watson: US)
Condylox® (Wolff: DE)
Podocon-25® (Paddock: US)
Podofilm® (Paladin: CA)
Podoxin® (Pablo Cassara: AR)
Warix® (Drossapharm: CH)
Wartec® (Fides Ecopharma: ES)
Wartec® (Organon: GR)
Wartec® (Rottapharm: ES)
Wartec® (Stiefel: AU, BE, CZ, DE, DK, FI, HK, HU, IT, MX, NL, NO, NZ, PL, RO, SE, SG, ZA)
Warticon® (Stiefel: GB, IE)

Policosanol

D: Policosanol

Antihyperlipidemic agent
Anticoagulant, platelet aggregation inhibitor

ATC: C10AX08
CAS-Nr.: 0142583-61-7

Mixture of high molecular weight aliphatic alcohols isolated from sugar cane (*Saccharum officinarum*); main component is octacosasol
IS: *PPG 5*
IS: *Ateromixol*
IS: *CCRIS 7209*

Ateromixol® (Bagó: CO)
Ateromixol® (Dalmer: CU)
Colesolvin® (Refasa: PE)
Lipex® (Elea: AR)
PPG® (Bago: CL, PE)
PPG® (Dalmer: CU)
PPG® (Farmacuba: CU)

Policresulen (Rec.INN)

L: Policresulenum
I: Policresulene
D: Policresulen
F: Policresulene
S: Policresuleno

Antiseptic
Wound healing

ATC: D08AE02,G01AX03
CAS-Nr.: 0101418-00-2

Benzenesulfonic acid, 2-hydroxy-3-methyl-, polymer with formaldehyde

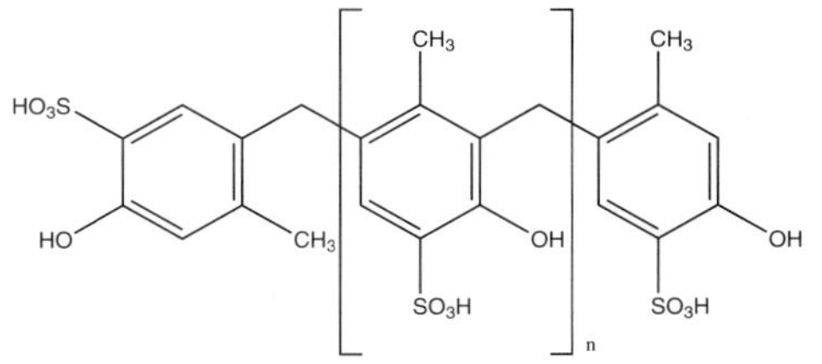

OS: *Policresulen [USAN]*

Albocresil® (Altana: AR, BR)
Albothyl® (Altana: AE, BD, BH, CN, DE, EG, HR, IQ, IR, JO, KW, LB, LY, MX, MY, OM, PH, PL, QA, SA, SG, SI)
Albothyl® (Nycomed: HK, RS)
Albothyl® (Pharos: ID)
Albothyl® (Rowe: EC)
Altana Albothyl® (Altana Pharma: VN)
Chassot-Novugen® [vet.] (Chassot: DE)
Emaftol® (Ogna: IT)
Lotagen® [vet.] (Bayer Animal Health: ZA)
Lotagen® [vet.] (Biokema: CH)
Lotagen® [vet.] (Essex: AT, DE)
Lotagen® [vet.] (Schering-Plough Vétérinaire: FR)
Negatol® (Altana: IT)
Negatol® (Juventus: ES)
Nelex® (Altana: PT)
Novugen® [vet.] (Vetoquinol: CH)
Vagothyl® (Polfa: CZ)
Vagothyl® (Polfa Pabianice: HU, PL)
Vagothyl® (Polfa Pabianskiy: RU)

Polidocanol

L: Polidocanolum
I: Polidocanolo
D: Polidocanol
F: Polidocanol
S: Polidocanol

Contraceptive, spermicidal agent
Local anesthetic
Pharmaceutic aid, surfactant
Sclerosing agent

ATC: C05BB02
CAS-Nr.: 0009002-92-0

Poly(oxy-1,2-ethanediyl), α-dodecyl-Ω-hydroxy-

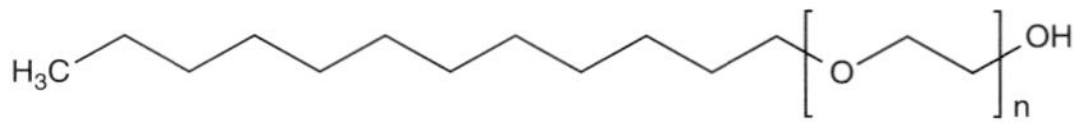

OS: *Laureth 9 [USAN]*
OS: *Polidocanolo [DCIT]*
OS: *Polidocanol [USAN]*
IS: *AET*
IS: *DoR 9*
IS: *HPED*
IS: *Hydroxypolyethoxydodecane*
IS: *Pistocain*
IS: *Polyethylene glycol monododecyl ether*
IS: *Thesit*
PH: Polidocanol 600 [DAC]
PH: Macrogol Lauryl Ether [Ph. Eur. 4]
PH: Macrogollaurylether [Ph. Eur. 4]
PH: Macrogol (éther laurique de) [Ph. Eur. 4]
PH: Macrogoli aetherum laurilicum [Ph. Eur. 4]

Aethoxysklerol-Kreussler® (Rajawali: ID)
Aethoxysklerol® (BSN: AU)
Aethoxysklerol® (Cem Farma: TR)
Aethoxysklerol® (Chemische Fabrik: CZ)
Aethoxysklerol® (Codali: BE, LU)
Aethoxysklerol® (Dominguez: AR)
Aethoxysklerol® (Inverdia: SE)
Aethoxysklerol® (Kreussler: CH, DE, DK, FI, HU, PL, TH)
Aethoxysklerol® (Nycomed: AT)
Aethoxysklerol® (Rajawali: ID)
Aethoxysklerol® (Sigma: NL)
Aetoxisclerol® (Kreussler: FR)
Anaesthesulf® (Ritsert: DE)
Atossisclerol® (Kreussler-D: IT)
Etoxisclerol® (Bama: ES)
Europuran® (Strathmann: LU)
Haenal-Polidocanol® (Strathmann: LU)
Polidocanol Alet® (Ivax: AR)
Recessan® (Kreussler: DE)
Sclerovein® (Resinag: CH)

Polihexanide (Rec.INN)

L: Polihexanidum
D: Epirizol
F: Polihexanide
S: Polihexanida

Antiseptic

ATC: D08AC05
CAS-Nr.: 0028757-48-4 $(C_8\text{-}H_{17}\text{-}N_5\text{-}H\text{-}Cl)_n$

Poly(imino-imido-carbonyl-imino-imido-carbonyl-imino-hexamethylene-monohydrochloride)

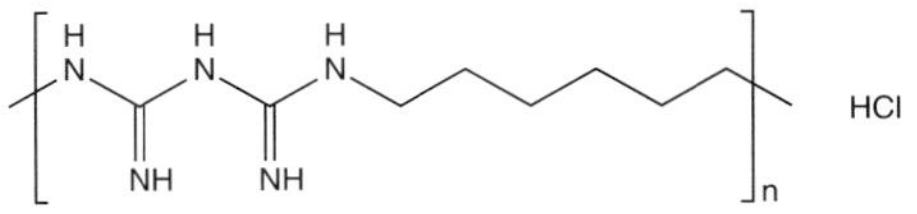

OS: *Polihexanide [BAN, USAN]*
OS: *Polyhexanide [BAN]*
IS: *ICI 9073*
IS: *Vantocil IB*

P

Lavasept® (Braun: CH)
Lavasept® (Fresenius: RU)
Sapphire® [vet.] (Evans Vanodine: GB)
Serasept® (Serag-Wiessner: DE)

Poloxamer (Rec.INN)

L: Poloxamerum
I: Poloxamera
D: Poloxamer
F: Poloxamère
S: Poloxamero

Laxative
Pharmaceutic aid

CAS-Nr.: 0106392-12-5

Polyoxyethylene-polyoxypropylene glycol block copolymer

$HO—(C_2H_4O)_a—(C_3H_6O)_b—(C_2H_4O)_c—H$

OS: *Poloxalkol 188 [DCF]*
OS: *Poloxamer [BAN, USAN]*
OS: *Poloxamère [DCF]*
OS: *Poloxamer 188 [JAN]*
PH: Poloxamer [USP 30]
PH: Poloxamers [Ph. Eur. 5]
PH: Poloxamere [Ph. Eur. 5]
PH: Poloxamères [Ph. Eur. 5]
PH: Poloxamera [Ph. Eur. 5]

Coloxyl® (Fawns & McAllan: AU)
Coloxyl® (Sigma: NZ)
Exocorpol® (Green Cross: JP)

Polycarbophil (Rec.INN)

L: Polycarbophilum
D: Polycarbophil
F: Polycarbophile
S: Policarbofila

Antidiarrhoeal agent
Laxative, bulk-forming

CAS-Nr.: 0009003-97-8

Polycarbophil

OS: *Polycarbophil [BAN, USAN]*
OS: *Polycarbophile [DCF]*
IS: *WI 140*
PH: Polycarbophil [USP 30]

Hidrogel® (Omega: AR)
Hidrogel® (Raffo: CL)
Replens® (Campus Pharma: SE)
Replens® (Janssen: IT)
Replens® (Wellspring: CA)

– calcium salt:

CAS-Nr.: 0009003-97-8
OS: *Calcium Polycarbophil USAN*
OS: *Polycarbophil Calcium BANM*
IS: *AHR 3260 B*
PH: Calcium Polycarbophil USP 30

Equalactin® (Numark: US)
Fibercom® (Wyeth: EC)
Fibercon® (Lederle: IL)
Fibercon® (Whitehall: CO)
Fibercon® (Whitehall-Much: DE)
Fibercon® (Wyeth: NL, TH, US)
Fibernorm® (G & W: US)
Modula® (Antonetto: IT)
Muvinor® (Libbs: BR)
Pursennid® (Novartis: DK)

Polyestradiol Phosphate (Rec.INN)

L: Polyestradioli phosphas
D: Polyestradiol phosphat
F: Phosphate de polyestradiol
S: Fosfato de poliestradiol

Estrogen

CAS-Nr.: 0028014-46-2 $(C_{18}\text{-}H_{22})_m(O_4\text{-}P)_n$

Estra-1,3,5(10)-triene-3,17-diol (17β)-, polymer with phosphoric acid

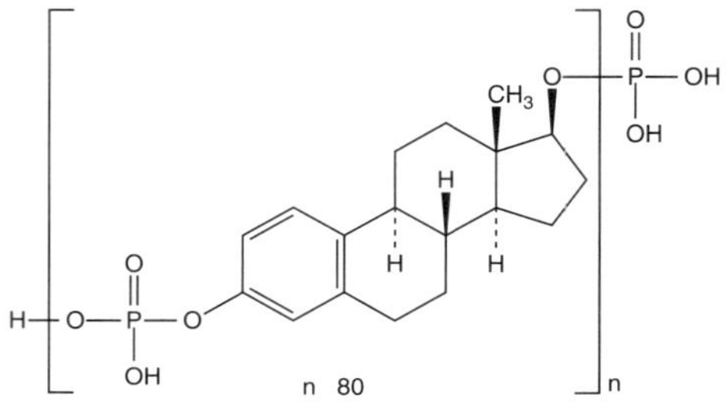

OS: *Polyestradiol Phosphate [BAN, USAN]*
IS: *Leo 114 (Leo)*
IS: *Estradiol phosphate polymer*
IS: *Estradiolphosphat polymeres*

Estradurin® (Pfizer: AT, DK)

Polyferose (USAN)

D: Polyferose

Antianaemic agent

CAS-Nr.: 0009009-29-4

Polyferose

OS: *Polyferose [USAN]*

Fe-Tinic® (Ethex: US)
Ferrex® (Breckenridge: US)
Ferrosig® (Sigma: AU, NZ)
Ferrum H Injection® (Baxter: AU)
Ferrum-H® (Sigma: AU)
Hytinic® (Hyrex: US)
Niferex® (Schwarz: HK)
Niferex® (Ther-Rx: US)
Niferex® (Tillomed: GB)
Nu-Iron® (Merz: US)

Polygeline (Prop.INN)

L: Polygelinum
I: Poligelina
D: Polygelin
F: Polygéline
S: Poligelina

Plasmaexpander

ATC: B05AA10
CAS-Nr.: 0009015-56-9

Polymer of urea and polypeptides derived from denatured gelatin

OS: *Polygeline [BAN, USAN]*
OS: *Poligelina [DCIT]*

Emagel® (Pierrel: IT)
Gelafundin® (Braun: DE)
Gelofusine® (Braun: AU, FI, GB, LU, SE, TR, ZA)
Gelofusine® (Medis: SI)
Gelplex® (Fresenius: IT)
Haemaccel® (AFT: NZ)
Haemaccel® (Aventis: AT, AU, BR, CR, DE, DO, EC, GR, GT, HN, IL, LU, NI, PA, SV, TH, ZA)
Haemaccel® (Aventis Pharma: ID)
Haemaccel® (Nicholas: IN)
Haemaccel® (Sanofi-Aventis: BD, NL, RS)
Haemaccel® (Theraselect: LU, RO)

Polymyxin B (Rec.INN)

L: Polymyxinum B
I: Polimixina B
D: Polymyxin B
F: Polymyxine B
S: Polimixina B

Antibiotic, polypeptide

ATC: A07AA05,J01XB02,S01AA18,S02AA11,S03AA03
ATCvet: QS01AA18
CAS-Nr.: 0001404-26-8

Polymyxin B

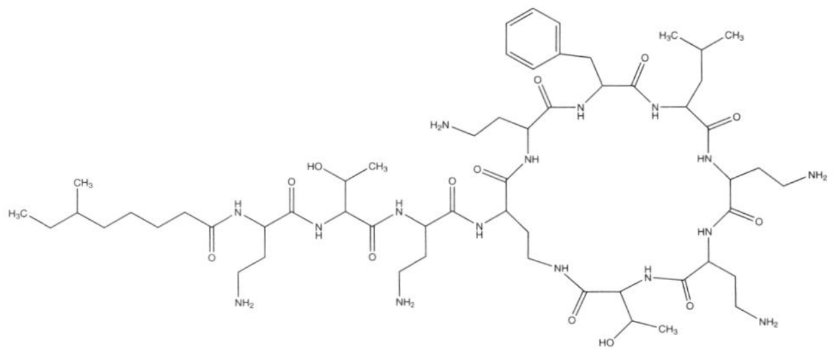

OS: *Polymyxin B [BAN]*
OS: *Polymyxine B [DCF]*
OS: *Polimixina B [DCIT]*
IS: *Polymyxin*

Polysporin® (Pfizer: BR)

– sulfate:

CAS-Nr.: 0001405-20-5
OS: *Polymyxin B Sulphate BANM*
OS: *Polymyxin B Sulfate USAN*
PH: Polymyxin-B-Sulfat Ph. Eur. 5
PH: Polymyxin B Sulfate JP XIV, USP 30
PH: Polymyxin B Sulphate Ph. Eur. 5
PH: Polymyxine B (sulfate de) Ph. Eur. 5
PH: Polymyxini B sulfas Ph. Eur. 5, Ph. Int. II

Aerosporin® (GlaxoSmithKline: PH)
Aerosporin® (GlaxoSmithKline Pharm.: US)
Bacitracin Zinc & Polymyxin B sulfate® [+ Bacitracin zinc salt] (Fougera: US)
Isopto-Biotic® [vet.] (Alcon: SE)
Mastimyxin® [vet.] (Vetoquinol: CH)
Polyfax® (Intra: IE)
Polymyxin B Pfizer® (Pfizer: DE)
Polymyxin B Sulfate® (Bedford: US)
Polymyxin B Sulfate® (Pfizer: US)
Polymyxin B Sulfate® (Pharma-Tek: US)
Polysporin® (GlaxoSmithKline: AG, AN, AW, BB, GD, GY, JM, LC, TT, VC)

Polynoxylin (Rec.INN)

L: Polynoxylinum
D: Polynoxylin
F: Polynoxyline
S: Polinoxilina

Dermatological agent, topical antiseptic
Desinfectant
Antifungal agent

ATC: A01AB05,D01AE05
CAS-Nr.: 0009011-05-6 $(C_4\text{-}H_8\text{-}N_2\text{-}O_3)_n$

Urea, polymer with formaldehyde

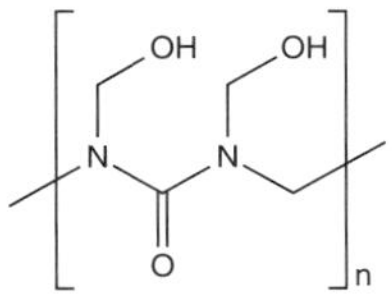

OS: *Polynoxylin [BAN, USAN]*
IS: *Polyoxymethylenurea*
IS: *Formaldehyd-Urea-Kondensat*
IS: *Polymethylenharnstoff*
IS: *Polyoxymethylene urea*

Anaflex® (Chemomedica: AT)
Anaflex® (Geistlich: GB)
Anaflex® (McNeil: US)

Polystyrene Sulfonate

D: Polystyrolsulfonsäure

Antidote, ion-exchange resin

ATC: V03AE01

Diethenylbenzene, polymer with sulfonated ethenylbenzene

– calcium salt:

PH: Calcium Polystyrene Sulfonate JP XIV

Anti-Kalium® (Medice: DE)
Calcium Resonium® (Aventis: NZ)

Calcium Resonium® (Sanofi-Aventis: GB, HK, IE, PL)
Calcium Resonium® (Sanofi-Synthelabo: AU, CZ, DE, NL)
CPS Pulver® (Brady: AT)
CPS Pulver® (Gry: DE)
Elutit® Calcium (Felgenträger: DE)
Kalimate® (Masu: TH)
Kalimate® (Nikken: JP)
Kalitake® (Dipa: ID)
Kayexalate Calcium® (Sanofi-Synthelabo: LU)
Kayexalate Ca® (Sanofi-Aventis: BE)
R.I.C.-Calcio® (Dominguez: AR)
Resincalcio® (Bestpharma: CL)
Resincalcio® (Inmunosyn: CO)
Resincalcio® (Omedir: AR)
Resincalcio® (Rubio: ES)
Resincalcio® (TTN: TH)
Resonium Calcium® (Sanofi-Aventis: CA, NO, SE)
Resonium Calcium® (Sanofi-Synthelabo: DK)
Sorbisterit® (Fresenius: AT, CH, LU, NL)
Sorbisterit® (Fresenius Medical Care: DE)
Sorbisterit® (Medias: SI)
Sorbisterit® (Pentafarma: CL)
Sorcal® (Wyeth: BR)
Zerolit® (OPG: NL)

– sodium salt:

CAS-Nr.: 0009003-59-2
OS: *Polystyrène sulfonate de sodium DCF*
IS: *Natrium polistirex*
IS: *Natriumpolystyrolsulfonat*
PH: Sodium Polystyrene Sulfonate JP XIV, USP 30
PH: Sodium Polystyrene Sulphonate BP 2002

Elutit® Natrium (Felgenträger: DE)
Kayexalate Na® (Sanofi Winthrop: BE)
Kayexalate® (Sanofi-Aventis: CA, FR, IL, IT, US)
Kayexalate® (Sanofi-Synthelabo: GH, KE, MT, NG, TZ, UG)
Kionex® (Paddock: US)
PMS-Sodium Polystyrene Sulfonate® (Pharmascience: SG)
Resinsodio® (Bestpharma: CL)
Resinsodio® (Rubio: CR, DO, ES, GT, PA, SG, SV)
Resonium A® (Aventis: NZ)
Resonium A® (EU-Pharma: NL)
Resonium A® (Eureco: NL)
Resonium A® (Sanofi-Aventis: GB, HK, HU, PL)
Resonium A® (Sanofi-Synthelabo: AT, AU, DE, NL, TH)
Resonium® (Sanofi-Aventis: CH, FI, GB, SE)
Resonium® (Sanofi-Synthelabo: AT, AU, DE, DK, NL)
Sodium Polystyrene Sulfonate® (Carolina: US)
Sodium Polystyrene Sulfonate® (Roxane: US)
SPS® (Carolina: US)

Polythiazide (Rec.INN)

L: Polythiazidum
D: Polythiazid
F: Polythiazide
S: Politiazida

Diuretic, benzothiadiazide

ATC: C03AA05
CAS-Nr.: 0000346-18-9 C_{11}-H_{13}-Cl-F_3-N_3-O_4-S_3
M_r 439.885

2H-1,2,4-Benzothiadiazine-7-sulfonamide, 6-chloro-3,4-dihydro-2-methyl-3-[[(2,2,2-trifluoroethyl)thio]methyl]-, 1,1-dioxide

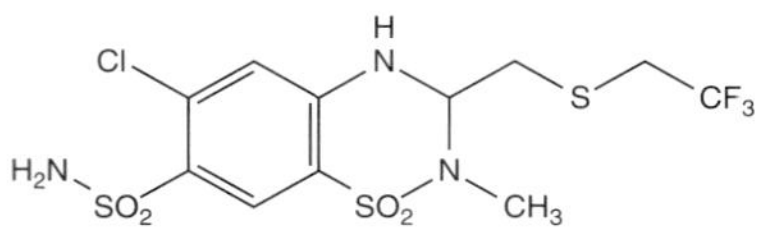

OS: *Polythiazide [BAN, DCF, JAN, USAN]*
IS: *P 2525*
PH: Polythiazide [BP 1999, USP 23]

Renese® (Pfizer: LU, US)

Poractant Alfa (BAN)

Drug acting on the respiratory system

CAS-Nr.: 0129069-19-8

An extract of porcine lung containing not less than 90% of phospholipids, about 1% of hydrophobic proteins (SP-B and SP-C) and about 9% of other lipids

OS: *Poractant Alfa [BAN, USAN]*
IS: *porcine lung surfactant extract*

Curosurf® (Chiesi: CN, CY, CZ, EG, ES, FR, GR, HU, IT, JO, KW, LB, OM, PL, RO, RS, SA, SY, VN)
Curosurf® (Dey: US)
Curosurf® (Douglas: NZ)
Curosurf® (Farmalab: BR)
Curosurf® (Leiras: FI)
Curosurf® (Nycomed: AT, CH, DE, DK, GE, IS, NL, NO, RU, SE)
Curosurf® (Pharma Logistics: BE)
Curosurf® (Safeline: ZA)
Curosurf® (Serono: LU)
Curosurf® (Teva: IL)
Curosurf® (Torrex: SI)
Curosurf® (Trinity: IE)

Porfimer Sodium (Rec.INN)

L: Porfimerum natricum
D: Porfimer natrium
F: Porfimere sodique
S: Porfimer sodico

Photosensitizing agent
Antineoplastic agent

ATC: L01XD01
ATCvet: QL01XD01
CAS-Nr.: 0087806-31-3

Polyporphrin oligomer containing ester and ether linkage

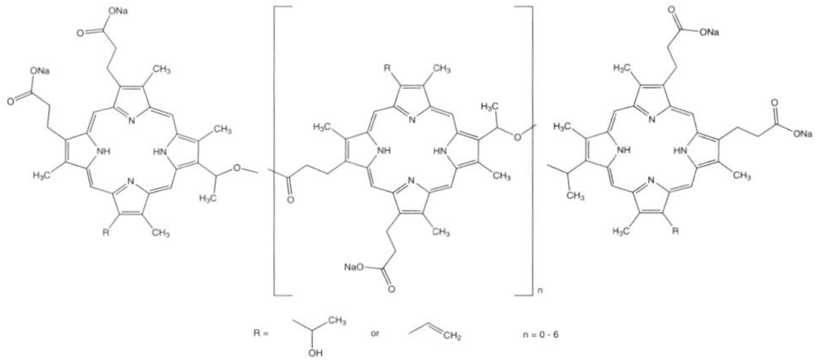

OS: *Porfimer Sodium [BAN, USAN]*
OS: *Porfimère sodique [DCF]*
IS: *CL 184116 (Cyanamid, USA)*
IS: *DHE*
IS: *Dihaematoporphyrin Ether*
IS: *Dihematoporphyrin Ether*
IS: *Photofrin II (WHO)*

PhotoBarr® (Axcan: NL)
Photofrin® (Andromaco: CL)
Photofrin® (Axcan: CA, HU, IL, NL, US)
Photofrin® (Ipsen: DE)
Photofrin® (Lederle: JP)
Photofrin® (Meduna: DE)
Photofrin® (Sinclair: GB)

Posaconazole (Rec.INN)

L: Posaconazolum
D: Posaconazol
F: Posaconazole
S: Posaconazol

Antifungal agent

ATC: J02AC04
ATCvet: QJ02AC04
CAS-Nr.: 0171228-49-2 C_{37}-H_{42}-F_2-N_8-O_4
M_r 700.78

4-[p-[4-[p-[[(3R,5R)-5-(2,4-difluorophenyl)tetrahydro-5-(1H-1,2,4-triazol-1-ylmethyl)-3-furyl]methoxy]phenyl]-1-piperazinyl]phenyl]-1-[(1S,2S)-1-ethyl-2-hydroxypropyl]-delta²-1,2,4-triazolin-5-one (WHO)

1-[(1S,2S)Ethyl-2-hydroxypropyl]-2,3-dihydro-4-{4-[4-(4-{2-[(2S,4R)-(1,2,4-triazol-1-ylmethyl)-2-(2,4-difluorphenyl)oxolan-4-ylmethyl]phenyl}piperazin-1-yl)phenyl]}-1,2,4-triazol-3-on (IUPAC)

3H-1,2,4-Triazol-3-one, 4-[4-[4-[4-[[5-(2,4-difluorophenyl)tetrahydro-5-(1H-1,2,4-triazol-1-ylmethyl)-3-furanyl]methoxy]phenyl]-1-piperazinyl]phenyl]-2-(1-ethyl-2-hydroxypropyl)-2,4-dihydro-, [3R-[3α(1S*,2S*),5α]]- (USAN)

2,5-Anhydro-1,3,4-trideoxy-2-C-(2,4-difluorophenyl)-4-[[4-[4-(4-[1-(1S,2S)-1-ethyl-2-hydroxypropyl]-1,5-dihydro-5-oxo-4H-1,2,4-triazol-4-yl]phenyl]-1-piperazinyl]phenoxy]methyl]-1-(1H-1,2,4-triazol-1-yl)-D-threo-pentitol

(3R-cis)-4-[4-[4-[4-[5-(2,4-difluorophenyl)-5-(1,2,4-triazol-1-ylmethyl)tetrahydrofuran-3-ylmethoxy]-phenyl]piperazin-1-yl]phenyl]-2-[1(S)-ethyl-2(S)-hydroxypropyl]-3,4-dihydro-2H-1,2,4 -triazol-3-one

4-[4-(4-{4-[(3R,5R)-5-]2,4-Difluorophenyl}tetrahydro-5-(1H-1,2,4-triazol-1-ylmethyl)-3-furylmethoxy]phenyl}piperazin-1-yl)phenyl]-2-[(1S,2S)-1-ethyl-2-hydroxypropyl]-2,4-dihydro-3H-1,2,4-triazol-3-one (BAN)

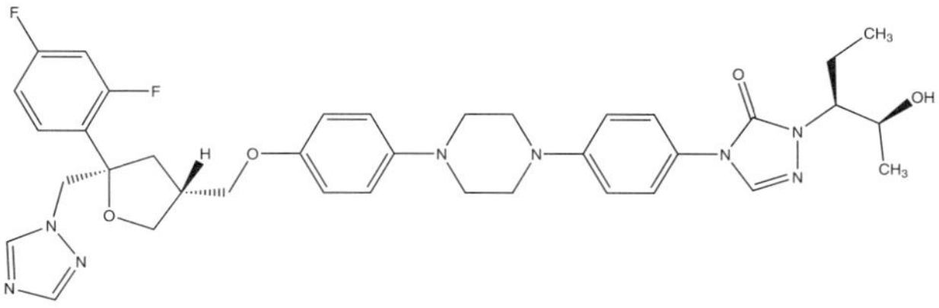

OS: *Posaconazole [BAN, USAN]*
IS: *SCH 56592 Schering-Plough HealthCare, US*

Noxafil® (Essex: CH, DE)
Noxafil® (Schering-Plough: FI, FR, GB, NL, NO, SE, SI, US)
Noxafil® (SP Europe: DK)

Potassium

L: Kalium
I: Potassio
D: Kalium
F: Potassium
S: Potasio

Mineral agent

Nabumeton A® (DeltaSelect: DE)

– bicarbonate:

CAS-Nr.: 0000298-14-6
OS: *Potassium Bicarbonate USAN*
IS: *E 501 (EU-number)*
PH: Kaliumhydrogencarbonat Ph. Eur. 5
PH: Potassium Hydrogen Carbonate Ph. Eur. 5
PH: Kalii hydrogencarbonas Ph. Eur. 5
PH: Potassium (bicarbonate de) Ph. Eur. 5
PH: Potassium Bicarbonate USP 30

Boi K® (Merck: ES)
K+ Care® (Alra: US)
K-Lyte® (Bristol-Myers Squibb: US)
Kalinor® (Abbott: LU)
Klor-Con® (Upsher-Smith: US)
Medefizz® (Medefield: AU)
Potassium Bicarbonate® (Major: US)
Potassium Bicarbonate® (Schein: US)
Potassium Bicarbonate® (Teva: US)

Potassium Bicarbonate® (United Research: US)
Quic-k® (Western Research: US)

- **bromide:**

CAS-Nr.: 0007758-02-3
OS: *Potassium Bromide JAN, USAN*
PH: Potassium Bromide Ph. Eur. 5, USP 30
PH: Kaliumbromid Ph. Eur. 5
PH: Kalii bromidum Ph. Eur. 5
PH: Potassium (bromure de) Ph. Eur. 5

Bromapex® [vet.] (Apex: AU)
DIBRO-BE mono® (Dibropharm: DE)
Epibrom® (Hi-Perform: AU)
Epibrom® [vet.] (Hi-Perform: AU)
Epilease® [vet.] (Vet Plus: GB)
KBr Tablets® [vet.] (Genitirix: GB)

- **chloride:**

CAS-Nr.: 0007447-40-7
OS: *Potassium Chloride JAN, USAN*
IS: *E 508 (EU-number)*
PH: Kalii chloridum Ph. Eur. 5, Ph. Int. 4
PH: Potassio cloruro F.U. XI
PH: Potassium Chloride JP XIV, Ph. Eur. 5, Ph. Int. 4, USP 30
PH: Potassium (chlorure de) Ph. Eur. 5
PH: Kaliumchlorid Ph. Eur. 5

Addex-Kaliumklorid® (Fresenius: FI, NO, SE)
Ap Inyec Cloruro Potasic® (Fresenius: ES)
Apo-K® (Apotex: CA, CZ)
Beta-K® [vet.] (Bomac: NZ)
Beta-K® [vet.] (Vetsearch: AU)
Buco Regis® (Ramon: ES)
Cena-K® (Century: US)
Chloropotassuril® (Melisana: BE, LU)
Clorato Potasico Brum® (Brum: ES)
Clorato Potasico Orravan® (Orravan: ES)
Cloreto de potássio® (Braun: PT)
Cloreto de potássio® (Labesfal: PT)
Cloreto de potássio® (Novartis: PT)
Clorpotasium® (Trifarma: PE)
Cloruro de potasio Apolo® (Apolo: AR)
Cloruro de potasio Biocrom® (Biocrom: AR)
Cloruro de potasio Biol® (Biol: AR)
Cloruro de potasio Drawer® (Drawer: AR)
Cloruro de Potasio Fabra® (Fabra: AR)
Cloruro de potasio Larjan® (Veinfar: AR)
Cloruro de potasio Northia® (Northia: AR)
Cloruro de Potasio® (Bestpharma: CL)
Cloruro de Potasio® (Biosano: CL)
Cloruro de Potasio® (Britania: PE)
Cloruro de Potasio® (ISP: PE)
Cloruro de Potasio® (Lusa: PE)
Cloruro de Potasio® (Oysa: PE)
Cloruro de Potasio® (Sanitas: PE)
Cloruro Potasico Braun® (Braun: ES)
Cloruro Potasico Grifols® (Grifols: ES)
Cloruro Potasico UCB® (UCB: ES)
Clorură de Potasiu® (Braun: RO)
Co-Salt® (Pfizer: AR)
Control-K® (Merck: AR)
Diffu-K® (UCB: FR)
Durekal® (Leo: FI)
Duro-K® (Sandoz: AU)
Electro-K® (Acme: BD)
Gen-K® (Goldline: US)
Hemodial B® (Trifarma: PE)
K+ 10® (Alra: US)
K+ 8® (Alra: US)
K+ Care® (Alra: US)
K-10® (GlaxoSmithKline: CA)
K-Dur® (Key: CA, US)
K-Dur® (Schering-Plough: MX)
K-Ide® (Interstate Drug Exchange: US)
K-Lor® (Abbott: US)
K-Norm® (Fisons: US)
K-Tab® (Abbott: US)
Kaion Retard® (Andromaco: CL)
Kaldyum® (Egis: HU, PL)
Kaleorid® (Leo: DK, FR, IS, NO, SE)
Kaleorid® (Leo Pharma: VN)
Kaliglutol® (Streuli: CH)
Kalii Chloridi® (Lekarna: SI)
Kalij klorid Jadran® (Jadran: HR)
Kalij klorid® (HZTM: HR)
Kalij klorid® (Jadran: BA)
Kalij klorid® (Pliva: HR)
Kalijum hlorid® (Jadran: RS)
Kalijum hlorid® (Sigmapharm: RS)
Kalimat prolongatum® (Lek: PL)
Kalinor-retard P® (Abbott: DE, LU)
Kalinorm® (Leiras: FI)
Kaliolite® (Merck: MX)
Kalipoz prolongatum® (GlaxoSmithKline: PL)
Kalisol® (Orion: FI)
Kalitabs® (Leo: SE)
Kalitrans-Retard® (Stada: LU)
Kalitrans® (Fresenius: LU)
Kalitrans® (Fresenius Medical Care: DE)
Kalium Chloratum Biomedica® (Biomedica: CZ)
Kalium Chloratum Infusia® (Infusia: CZ)
Kalium Chloratum Leciva® (Leciva: CZ)
Kalium chloratum Sintetica® (Sintetica: CH)
Kalium chloratum Streuli® (Streuli: CH)
Kalium Chloratum® (Pharmamagist: HU)
Kalium Chloratum® (Polfa Warszawa: PL)
Kalium Chloratum® (Trifarma: PE)
Kalium Chlorid Fresenius® (Fresenius: LU, RS)
Kalium Chlorid-Braun® (Braun: LU)
Kalium Chlorid® (Fresenius: LU)
Kalium Durettes® (AstraZeneca: LU, NL)
Kalium Duriles® (AstraZeneca: DE)
Kalium Durules® (Teva: HU)
Kalium Hausmann® (Vifor: CH)
Kalium Retard Nycomed® (Nycomed: SE)
Kalium-Duriles® (AstraZeneca: DE)
Kalium-R® (Valeant: HU)
Kaliumchlorid Bernburg® (Serum-Werk: DE)
Kaliumchlorid Braun® (Braun: AT, CH, DE, HU, LU)
Kaliumchlorid Fresenius® (Fresenius: AT, DE, LU)
Kaliumchlorid-Köhler® (Köhler: DE)
Kaliumchloride PCH® (Pharmachemie: NL)
Kaliumchloride® (Braun: NL)
Kaliumchloride® (Fresenius: NL)
Kaliumchoride CF® (Centrafarm: NL)
Kaliumklorid Braun® (Braun: FI, NO, SE)
Kalium® (Lusa: PE)
Kalium® (Polfa Warszawa: PL)
Kalium® (Polfarmex: PL)

Kalnormin® (ICN: CZ)
Kaochlor® (Savage: US)
Kaon-Cl-10® (Savage: US)
Kaon-Cl® (Savage: US)
Kato® (ICN: US)
Kay Ciel® (Forest: US)
Kay-Cee-L® (Geistlich: GB, IE)
KCl ACS Dobfar Info® (ACS: CH)
KCl-retard Hausmann® (Vifor: CH)
KCl-retard Zyma® (Novartis: AT, CH, DE)
KCl-retard Zyma® (Zyma: CZ)
KCL-Retard® (Astellas: IT)
Kelefusin® (Pisa: MX)
Keylyte® (Wallace: IN)
Klor-Con® (Upsher-Smith: US)
Klorfen® (Columbia: US)
Klotrix® (Bristol-Myers Squibb: US)
KSR® (Alphapharm: AU)
KSR® (Merck: ID)
KT® (Jayson: BD)
Lento-Kalium® (Teofarma: IT)
M-Kaliumchlorid Deltaselect® (DeltaSelect: DE)
M-Kaliumchlorid Fresenius® (Fresenius: DE)
M-Kaliumchlorid pfrimmer® (Baxter: DE)
Meinsol Cloruro Potasico® (Fresenius: ES)
Micro-Kalium® (Lannacher: AT)
Micro-K® (Ther-Rx: US)
Micro-K® (Wyeth: CA)
Miral® (Leiras: FI)
Orakit® (Fada: AR)
Plenish-K® (Aspen: ZA)
Plus Kalium retard® (Amino: CH)
Potasio Cloruro® (Sanderson: CL)
Potasion® (Sanofi-Aventis: ES)
Potasio® (Natural Life: AR)
Potassio cloruro® (Baxter: IT)
Potassio cloruro® (Bieffe: IT)
Potassio cloruro® (Bioindustria Lim: IT)
Potassio cloruro® (Braun: IT)
Potassio cloruro® (Clintec Parenteral-F: IT)
Potassio cloruro® (Fresenius: IT)
Potassio cloruro® (Galenica: IT)
Potassio cloruro® (Monico: IT)
Potassio cloruro® (Salf: IT)
Potassium Chloride-Fresenius® (Bodene: ZA)
Potassium Chloride® (Abraxis: US)
Potassium Chloride® (AstraZeneca: AU, CA)
Potassium Chloride® (Baxter: US)
Potassium Chloride® (Braun: US)
Potassium Chloride® (Ethex: US)
Potassium Chloride® (Hospira: CA, US)
Potassium Chloride® (Major: US)
Potassium Chloride® (Teva: US)
Potassium Chloride® (United Research: US)
Potassium Chloride® (Western Research: US)
Potassium chlorure Aguettant® (Aguettant: FR)
Potassium chlorure Lavoisier® (Chaix et du Marais: FR)
Potassium Richard® (Richard: FR)
Potasyum Klorür® (Biofarma: TR)
Potasyum Klorür® (Drogsan: TR)
Potasyum Klorür® (Galen: TR)
Potasyum Klorür® (Koçak: TR)
Potasyum Klorür® (Osel: TR)
Rekafarm® (Farmakos: RS)
Rekawan® (Riemser: DE)
Rum-K® (Fleming: US)
Sabax Potassium Chloride® (Critical Care: ZA)
Sal Dietetica® (Reccius: CL)
Sandoz-K® (Sandoz: ZA)
Slow-K® (Alliance: GB)
Slow-K® (Frumtost: BR)
Slow-K® (Novartis: AG, AN, AU, AW, BB, BM, BR, BS, CA, CL, ET, GD, GH, GY, HK, HT, IE, IL, JM, KE, KY, LC, LY, MT, MY, NG, NL, NZ, SD, TT, TZ, US, VC, ZA, ZW)
Solucion de Cloruro de Potasio Richmond® (Richmond: AR)
Soluciones Parenterales® (Fidex: AR)
Span-K® (Aspen: AU)
Spofalyt-Kalium® (Galena: CZ)
Sterile Potassium Chloride Contentrate® (AstraZeneca: AU)
Sterile Potassium Chloride Contentrate® (Pharmacia: AU)
Ten-K® (Summit Pharmaceuticals: US)

– citrate:

CAS-Nr.: 0006100-05-6
OS: *Potassium Citrate USAN*
IS: *E 332 (EU-number)*
PH: Kalii citras Ph. Eur. 5, Ph. Int. 4
PH: Kaliumcitrat Ph. Eur. 5
PH: Potassium (citrate de) Ph. Eur. 5
PH: Potassium Citrate Ph. Eur. 5, Ph. Int. 4, USP 30

Acalka® (Patriot: PH)
Acalka® (Robert: ES)
Citro-K® (Licol: CO)
Cystopurin® (Roche: IE)
Cytra-k® (Cypress: US)
K-Lyte® (Wellspring: CA)
Kajos® (AstraZeneca: NO)
Kajos® (BioPhausia: SE)
Kalinor® (Abbott: HR)
Kalinor® (Knoll: DE)
Kalium Verla® (Verla: DE)
Litocit® (Apsen: BR)
LTK250® (Sigma: AR)
Polycitra-K® (Janssen: CA)
Polycitra-K® (Ortho: US)
Urocit-K® (Aymed: TR)
Urocit-K® (International Medical: HK)
Urocit-K® (Orphan: AU)
Urokit® (Casasco: AR)

– gluconate:

CAS-Nr.: 0000299-27-4
OS: *Potassium Gluconate JAN, USAN*
IS: *E 577 (EU-number)*
PH: Potassium Gluconate USP 30
PH: Kaliumgluconat DAC

Boi K Gluconate® (Boi: ES)
Glu-K® (Western Research: US)
Gluconate de Potassium H³ Santé® (Aérocid: FR)
Gluconsan-K® (Kaken: JP)
Hypokal® [vet.] (Mavlab: AU)
Kaligel® [vet.] (Kyron: ZA)
Kalium Gluconicum® (Polfarmex: PL)
Kalstat® [vet.] (Apex: AU)

P

Kaon® (Montpellier: AR)
Kaon® (Savage: US)
Oligosol K® (Pharmafactory: CH)
Oligosol K® (Pharmethic: BE)
Oligostim Potassium® (Boiron: LU)
Oligostim Potassium® (Dolisos: FR)
Potasio Gluconate® (Arion: PE)
Potasio Gluconato L.CH.® (Chile: CL)
Potassium Oligosol® (Labcatal: FR)
Tumil-K® [vet.] (Arnolds: GB)
Ultra-K® (Melisana: BE, LU)
Yonka® (Andromaco: CL)

– nitrate:

CAS-Nr.: 0007757-79-1
OS: *Potassium Nitrate JAN, USAN*
IS: *EU 252 (EU-Nummer)*
IS: *Kalisalpeter*
PH: Kalii nitras Ph. Eur. 5
PH: Kaliumnitrat Ph. Eur. 5
PH: Potassium (nitrate de) Ph. Eur. 5
PH: Potassium Nitrate Ph. Eur. 5, USP 30

Denquel Sensitive Teeth® (Procter & Gamble: US)
Dolni-K® (Farpag: CO)

– permanganate:

OS: *Potassium Permanganate USAN*

Permanganate de Potassium Lafran® (Lafran: FR)

– tartrate:

Nati-K® (DB: FR)

Potassium Canrenoate (Rec.INN)

L: Kalii canrenoas
I: Canrenoato di potassio
D: Kalium canrenoat
F: Canrénoate de potassium
S: Canrenoato potasico

Diuretic, aldosterone antagonist

ATC: C03DA02
CAS-Nr.: 0002181-04-6 C_{22}-H_{29}-K-O_4
M_r 396.574

Pregna-4,6-diene-21-carboxylic acid, 17-hydroxy-3-oxo-, monopotassium salt, (17α)-

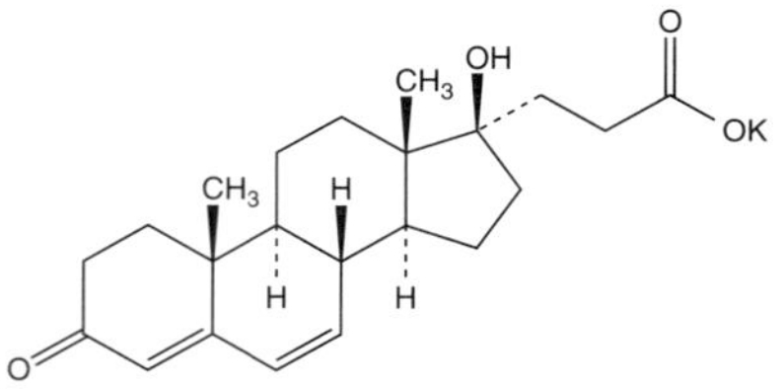

OS: *Canrenoate Potassium [USAN]*
OS: *Canrenoato di potassio [DCIT]*
OS: *Potassium Canrenoate [JAN]*
IS: *Aldadiene potassium*
IS: *MF 465a*
IS: *SC 14266*
PH: Potassium Canrenoate [JP XIV]

Aldactone® [inj.] (Riemser: AT, CZ, PL)
Aldactone® [inj.] (Roche: DE)
Canrenol® (Grünenthal: BE, LU)
Dikantal® (Crinos: IT)
Diurek® (Boniscontro & Gazzone: IT)
Kalium-Can.-ratiopharm® (ratiopharm: DE)
Kanrenol® (Abbott: IT)
Luvion® (GiEnne: IT)
Potassio Canrenoato RK® (Errekappa: IT)
Potassio Canrenoato Sandoz® (Sandoz: IT)
Potassio Canrenoato Union Health® (Union Health: IT)
Soldactone® (Continental: BE, LU)
Soldactone® (Dainippon: JP)
Soldactone® (Pfizer: CH, NL)
Soludactone® (Pfizer: FR)
Venactone® (Benedetti: IT)

Potassium Glucaldrate (Rec.INN)

L: Kalii Glucaldras
D: Kalium glucaldrat
F: Glucaldrate de potassium
S: Glucaldrato potasico

Antacid

CAS-Nr.: 0023835-15-6 C_6-H_{16}-Al-K-O_{11}
M_r 330.274

Aluminate(1-), diaqua[D-gluconato(2-)-O1,O2]dihydroxy-, potassium

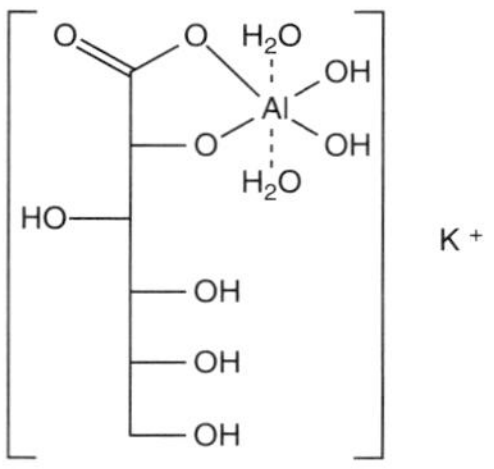

OS: *Potassium Glucaldrate [USAN]*
IS: *Kalii glucaldras*

– tromethamine:

IS: *Aloglutamol*
IS: *Tromethamol Glucaldrate*

Sabro® (Senosiain: DO, GT, HN, MX, PA, SV)

Potassium Iodide (USP)

L: Kalii iodidum
I: Potassio ioduro
D: Kaliumiodid
F: Potassium (iodure de)

Expectorant
Iodide therapeutic agent

ATC: R05CA02,S01XA04,V03AB21
CAS-Nr.: 0007681-11-0 K-I
M_r 166

Potassium iodide (KI)

OS: *Potassium Iodide [JAN, USAN]*

PH: Kalii iodidum [Ph. Eur. 5, Ph. Int. 4]
PH: Kaliumiodid [Ph. Eur. 5]
PH: Potassium (iodure de) [Ph. Eur. 5]
PH: Potassium Iodide [JP XIV, Ph. Eur. 5, Ph. Int. 4, USP 30]

Antistruminum Tabulettae-Darnitsa® (Darnitsa: GE)
Iodastrumin Darnitsa® (Darnitza: BG)
Iodeto de Potassio® (Ducto: BR)
Iodomarin® (Berlin-Chemie: RU)
Iodure de Potassium-Recip® (Recip: LU)
Iodure de Potassium® (Pharmacie: FR)
Iosat® (Anbex: US)
Jod beta® (betapharm: DE)
Jodbalance® (Nycomed: GE, RU)
Jodetten Henning® (Henning Berlin: DE)
Jodetten Henning® (Sanofi-Aventis: DE)
Jodgamma® (Wörwag Pharma: DE)
Jodid Draselný Unimed Pharma® (Unimed: CZ)
Jodid dura® (Merck dura: DE)
Jodid Hexal® (Hexal: DE)
Jodid Merck® (Merck: AT)
Jodid Verla® (Verla: DE)
Jodid-CT® (CT: DE)
Jodid-ratiopharm® (ratiopharm: DE)
Jodid® (Merck: CZ, DE, HU, LU, PL)
Jodid® (Merck KGaA: RO)
Jodid® (Merck Sharp & Dohme: SI)
Jodid® (Nycomed: GE)
Jodinat® (Lindopharm: DE)
Jodix® (Orion: FI)
Jodox® (Berlin-Chemie: PL)
Jód plus® (Selenium Pharma: HU)
Kalijev Jodid® (Lek: SI)
Kalium jodatum® (Merck: DE)
Kaliumiodid Armeeapotheke® (Armeeapotheke: CH)
Kaliumiodid BC® (Berlin-Chemie: DE)
Kaliumiodid® (BAG: CH)
Kaliumiodid® (Berlin-Chemie: RS)
Kaliumjodaat® (Pharmachemie: NL)
Kaliumjodid Lannacher® (Lannacher: AT, DE, LU)
Kaliumjodid Recip® (Recip: SE)
Kaliumjodide FNA® (FNA: NL)
Mono-Jod® (Philopharm: DE)
Pima® (Fleming: US)
Potassium Iodate® (Cambridge Laboratories: GB)
Potassium Iodide Saturated® (Consolidated Midland: US)
Potassium Iodide Saturated® (Roxane: US)
Potassium Iodide® (Obolenskoe: RU)
SSKI® (Upsher-Smith: US)
Thyprotect® (Hennig: DE)
Thyprotect® (Sanofi-Synthelabo: DE)
Thyro-Block® (Medpointe: US)
Thyro-Safe® (Recip: US)
Thyrosafe® (Recip: US)
ThyroShield® (Fleming: US)
Vitreolent® (Ciba Vision: BG)
Yoduk® (Recordati: ES)

Potassium Sodium Hydrogen Citrate

D: Hexakalium-hexanatrium-trihydrogen-pentacitrat

⚕ Alkalinizer

CAS-Nr.: 0055049-48-4 C_{30}-H_{28}-K_6-Na_6-O_{30}
M_r 1241.094

Hexapotassium hexasodium pentacitrate hydrate complex
IS: *Hexakalium hexanatrium trihydrogen pentacitrat*
IS: *Kalium natrium hydrogencitrat (6:6:3:5)*

Apocit® (Apogepha: DE)
Blanel® (Pfleger: DE, LU)
Oxalyt® (Madaus: AT)
Renapur® (Schering-Plough: SE)
Uralyt-U® (Altana: ZA)
Uralyt-U® (Madaus: AE, AT, BE, BH, DE, EG, IT, KW, LU, OM, QA, RO, SA)
Uralyt-U® (Neo-Farmacêutica: PT)
Uralyt-U® (Oui Heng: TH)
Uralyt-U® (Teva: IL)

Povidone (Rec.INN)

L: Polyvidonum
I: Polivinilpirrolidone
D: Povidon
F: Polyvidone
S: Polividona

⚕ Pharmaceutic aid
⚕ Plasmaexpander

CAS-Nr.: 0009003-39-8 (C_6-H_9-N-O)$_n$

2-Pyrrolidinone, 1-ethenyl-, homopolymer

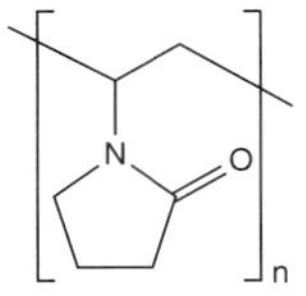

OS: *Polyvidone [DCF]*
OS: *Povidone [BAN, JAN, USAN]*
IS: *Poly-N-Vinyllactam*
IS: *PVP*
IS: *E 1201*
IS: *Kollidon*
IS: *Polyvidon*
IS: *Polyvinylpyrrolidon*
IS: *RP 143*
IS: *Crospovidone*
PH: Polyvidonum [Ph. Int. 4]
PH: Polyvinylpyrrolidone K 2 [- K 30; - K 90 JP XIV]
PH: Povidone [Ph. Eur. 5, Ph. Int. 4, USP 30]
PH: Povidonum [Ph. Eur. 5]
PH: Polyvidon [Ph. Eur. 5]

Aloclair® (Butler: DE)
Arufil® (Chauvin: CZ, DE)
Bolinan® (Bayer: CH)
Bolinan® (Bayer Santé Familiale: FR)
Bolinan® (Hamilton: AU)
Clarover® (Novartis: IT)
Cleaniode® [vet.] (SFAN: FR)

P

Direa® [vet.] (Mavlab: NZ)
Dulcilarmes® (Allergan: FR)
Duratears Free® (Alcon: NL)
Fluidabak® (Théa: FR)
Hypotears Plus® (Al Pharm: ZA)
Hypotears Plus® (Novartis: BR)
Hypotears Plus® (Novartis Ophtalmics: CZ)
Hypotears Plus® (Novartis Ophthalmics: LK)
Hypotears® (Novartis: AR, ES, IL, IT)
Lacophtal® (Winzer: DE)
Lacri-Stulln® (Stulln: DE)
Liquifilm Tears® (Abdi Ibrahim: TR)
Liquifilm Tears® (Allergan: BE, CA, ES, FI, HK, IL, NZ)
Logical® (Armstrong: MX)
Nutrivisc® (Novartis: FR)
Oculac® (Novartis: CH, DK, FI, IS, NO)
Oculac® (Novartis Ophthalmics: SE)
Oculotec Fluid® (Novartis: CL)
Oculotect® (Novartis: AT, BE, DE, ES, GB, NL, PT, TR)
Oculotect® (Novartis Ophthalmics: HU, PL, SG, VN)
Protagens® (Alcon: NL)
Protagent® (Alcon: AT, CH, DE, IT)
Protagent® (Liba: TR)
Protear® (Aristopharma: BD)
Refresh® (Abdi Ibrahim: TR)
Refresh® (Allergan: ZA)
Renu® (Bausch & Lomb: AR)
Rohto Zi Fresh Eye Drops® (Mentholatum: AU)
Siccagent® (Alcon: BE, LU)
Tears Plus® (Allergan: ZA)
Unifluid® (Théa: FR)
Vid-Comod® (Ursapharm: RU)
Vidirakt S mit PVP® (Mann: DE, LU)
Vidisept® (Mann: DE, PL)
Vidisic PVP Ophtiole® (Tramedico: NL)
Wet-Comod® (Ursapharm: DE)

Povidone-Iodine (BAN)

L: Povidonum iodinatum
I: Povidone-iodio
D: Polyvidon iod
F: Povidone iodée
S: Iodopovidona

Antiseptic
Desinfectant

ATC: D08AG02,D09AA09,D11AC06,G01AX11,R02AA15
CAS-Nr.: 0025655-41-8 $(C_6\text{-}H_9\text{-}N\text{-}O)_n.xI$

2-Pyrrolidinone, 1-ethenyl-, homopolymer, compd. with iodine

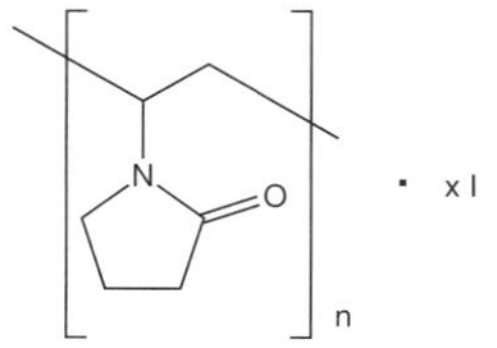

OS: *Povidone-Iodine [BAN, JAN, USAN]*
IS: *30-06 (BASF)*
IS: *FC 1026 (BASF)*
IS: *Iodopovidonum*
IS: *Mundidon*
IS: *Polyvinylpyrrolidone iodine*
IS: *PVP-Iodine (BASF)*
IS: *Jod-Polyvidon*
IS: *Polyvidon iod*
IS: *Polyvidon-Iod-Komplex*
PH: Polyvidon-Iod [Ph. Eur. 5]
PH: Povidone-Iodine [JP XIV, USP 30]
PH: Povidone, Iodinated [Ph. Eur. 5]
PH: Povidonum iodinatum [Ph. Eur. 5]
PH: Povidone iodée [Ph. Eur. 5]

Abodine® (Abbott: ID)
Acydona® (Pliva: ES)
Agramelk® [vet.] (Agraria: DE)
Alphadine® (Nicholas: IN)
Alphadine® (Pharmac: ID)
Annadine® (Unison: TH)
Antisept D® (Bosnalijek: RS)
Antiseptico Fidex® (Fidex: AR)
Apodin® (Globe: BD)
Arodin® (Aristopharma: BD)
Asepsan® (Zambon: IT)
Asepta® (Konimex: ID)
Bactedene® (MacroPhar: TH)
Bacterodine® (Dr. Collado: DO)
Bactroderm® (Ecar: CO)
Batiodin® (Oro: TR)
Batticon® (Adeka: TR)
Batticon® (Trommsdorff: DE)
Benodin® (Bernofarm: ID)
Bernadine® (Shiwa: TH)
Betadermyl® (Dagra: NL)
Betadine Alcohol® (Baxter: NZ)
Betadine Alcohol® (Orion: NZ)
Betadine Antiseptic® (Baxter: NZ)
Betadine Bucal® (Viatris: ES)
Betadine Champu® (Viatris: ES)
Betadine Cold Sore® (Pharmabroker: NZ)
Betadine Pre-Operative Body Wash® (Baxter: NZ)
Betadine Scrub® (Viatris: ES)
Betadine Vaginal® (Viatris: ES)
Betadine Vaginal® (Win-Medicare: BD)
Betadine® (Al Pharm: ZA)
Betadine® (Alkaloid: BA, HR, RS, SI)
Betadine® (Baxter: NZ)
Betadine® (Egis: BG, CZ, HU, JM, PL, RO, RU)
Betadine® (Gervasi: ES)
Betadine® (Leiras: FI)
Betadine® (Mahakam: ID)
Betadine® (Mayne: AU)
Betadine® (Meda: FR)
Betadine® (Medimpex: BB, JM, TT)
Betadine® (Mundipharma: CH, CZ, HK, IS, TH, VN)
Betadine® (Mölnlycke: GB)
Betadine® (Purdue Frederick: US)
Betadine® (Purdue Pharma: CA)
Betadine® (Viatris: ES, IT, NL, PT)
Betadine® (Win-Medicare: BD, IN, LK)
Betadine® [vet.] (Mundipharma: CH)
Betadine® [vet.] (Viatris: NL)
Betadona® (Mundipharma: AT)
Betaisodona® (Mundipharma: AT, DE)
Betakon® (Aroma: TR)
Betasan® (Mundipharma: AT)

Betaseptic® (Mundipharma: AT, CH, DE)
Betatul Aposto® (Viatris: ES)
Biocil® (Formula: NZ)
Biodine® [vet.] (Vetpharm: NZ)
Biokadin® (Kansuk: TR)
Blockade® [vet.] (DeLaval: CH, NL)
Braunoderm® (Braun: AT, BE, CH, DE, ES, IE, LU)
Braunol-ratiopharm® (ratiopharm: DE)
Braunol® (Bouty: IT)
Braunol® (Braun: AT, BE, BG, CH, CZ, DE, ES, IE, LU, NL, PT)
Braunol® (Braun Melsungen-D: IT)
Braunol® (Medis: SI)
Braunosan® (Braun: CH, DE, IE, LU)
Braunovidon® (Braun: CH, CZ, DE, IE, LU, PL)
Braunovidon® (Sanova: AT)
Braunovidon® [vet.] (Braun: DE)
Buffered Iodine Spray® [vet.] (International Animal Health: AU)
Cavodine® (Biolab: TH)
Cleanagel® [vet.] (SFAN: FR)
Colpo-Cleaner® (Dolhay Klinika: HU)
Coopercare® [vet.] (Schering-Plough Veterinary: GB)
Corsasep® (Corsa: ID)
Curadona® (Lainco: ES)
Dansepta® (Dankos: ID)
Deosan® [vet.] (DiverseyLever: GB)
Dermadine® (Medpro: ZA)
Destrobac® (Gebro: CH)
Destrobac® (Teleflex: IT)
Difexon® (Bago: CL)
Diformil® (Faes: ES)
Dinasepte-vet® [vet.] (Cosmofarma Animal: PT)
Dioxodin® (JGB: CO)
Dipal® [vet.] (Alfa-Laval: GB)
Dipal® [vet.] (DeLaval: NL)
Donadin® (Ibn Sina: BD)
Duvodine® (Alpharma: ID)
Eprodine® (Pond's: TH)
Eso-jod® (Esoform: IT)
Estreptosil NF® (Iqfarma: PE)
Fada Iodopovidona® (Fada: AR)
Forinfec® (Lapi: ID)
Freka-cid® (Stada: DE, HK, TH)
Gammadin® (OFF: IT)
Germitol® [vet.] (Ceva: IT)
Golasept® (Zeta: IT)
Hexal PI Antiseptic Ointment® (Hexal: AU)
Ido Safe® (Roker: PE)
Idovit® (Vitamed: IL)
Inadine® (Janssen: BG)
Inadine® (Johnson & Johnson: DE, LU, NL)
Io-Shield® [vet.] (Ecolab: CH)
Iodep® (Novara: AR)
Iodex Buccal® (Qualiphar: BE, LU)
Iodex® (Qualiphar: BE, LU)
Iodiflor® (Floris: IL)
Iodina® (Orravan: ES)
Iodine Teat Spray® [vet.] (Aakland: NZ)
Iodine Tincture® (Orion: AU)
Iodin® [vet.] (Troy: AU)
Iodină® (TIS Farmaceutic: RO)
Iodis-T® (TIS Farmaceutic: RO)
Iodo-Polividona® (Roxfarma: PE)
Iodo-Vit® (Vitamed: IL)
Iodomax® (Lafedar: AR)
Iodosept® (Gedeon Richter: RO)
Iodoten® (Pierrel: IT)
Iodovet-Spray® [vet.] (CP: DE)
Iodoxyd® (Nizhpharm: RU)
Iodo® (Sanitas: AR)
Iodure de Potassium-Recip® (Qualiphar: BE)
Iopox® (Denver: AR)
Iosan® [vet.] (Novartis Animal Health: GB)
Iosol® (Unimed & Unihealth: BD)
Iso-Betadine® (Viatris: BE, LU)
Isodine® (Boehringer Ingelheim: CO, MX)
Isodine® (Dagra: NL)
Isodine® (Mahakam: ID)
Isodine® (Medifarma: PE)
Isodine® (Meiji: TH)
Isodine® (Purdue Frederick: US)
Isosol® (Merkez: TR)
Ivone® [vet.] (Jurox: AU)
Izosept® (Bosnalijek: BA)
Jod-PVP-Spray® [vet.] (Albrecht: DE)
Jod-PVP-Spray® [vet.] (Selecta: DE)
Jodasept® (Actavis: GE)
Jodasept® (Balkanpharma: BG)
Jodi gel® (Gemi: PL)
Jodisol Roztok® (Spofa Dental: CZ)
Jodisol Spray s Mechanickým Rozprasovacem® (Spofa Dental: CZ)
Jodisol® (Dental: RO)
Jodoplex® (Streuli: CH)
Jodosept® [vet.] (Vetochas: DE)
Kemodin® (Phyto: ID)
Lanodip® [vet.] (Bayer Animal Health: ZA)
Lanodip® [vet.] (Kilco: GB)
Masocare® [vet.] (Evans Vanodine: GB)
Masodine® [vet.] (Evans Vanodine: GB)
Mercuchrom® (Krewel: DE)
Microshield PVP® (Johnson & Johnson: AU)
Milbidine® [vet.] (Bayer Animal Health: ZA)
Movidone® (Milano: TH)
Mugisept® (Mugi: ID)
Neo Iodine® (Combiphar: ID)
Neojodin® (Iwaki: JP)
Norvidine® [vet.] (Allerderm: AU)
Oculotect® (Novartis: RO)
Oftasteril® (Alfa Intes: IT)
OQ-Septic® (Oftalmoquimica: CO)
Orto Dermo P® (Normon: ES)
P Vidine® (PP Lab: TH)
Pervinox® (Phoenix: AR)
Petatul Aposito® (Viatris: ES)
Pevidine® [vet.] (Vericor: GB)
Podine® (Aspen: ZA)
Poliodine dermique® (Galephar: CH)
Poliodine® (Gifrer Barbezat: FR)
Polividona Yodada Cuve® (Perez Gimenez: ES)
Polividona Yodada Neusc® (Neusc: ES)
Polividona Yodada® (Pasteur: CL)
Polividona Yodada® (Valma: CL)
Polodina-R® (Polon: PL)
Polseptol® (GlaxoSmithKline: PL)
Polydine® (Fischer: IL)
Polydin® (Chemist: BD)
Polydona® (Bioglan: DE)

P

Polyod® (Drogsan: TR)
Polysept® (Dermapharm: DE)
Polysept® (Rekah: IL)
Povadine® (BL Hua: TH)
Povadyne® (Remedica: CY)
Povi Complex® (Hexa: AR)
Povibac® (Sertex: AR)
Povicler® (Monserrat: AR)
Poviderm® (Farmec: IT)
Povidine® (Alco: BD)
Povidine® (Stadmed: IN)
Povidon Iodin Domesco® (Domesco: VN)
Povidon jod® (Remevita: RS)
Povidon jod® (Zdravlje: RS)
Povidon jod® (Zorka: RS)
Povidona Iodada Sintesina® (Sintesina: AR)
Povidone Aqueous® (Orion: NZ)
Povidone Iode® [vet.] (Eurovet: BE)
Povidone Iodine F.T. Pharma® (F.T. Pharma: VN)
Povidone Iodine® (Medica: BG)
Povidone Iodine® (Orion: NZ)
Povidone Iodine® [vet.] (Eurovet: BE)
Povidone Iodine® [vet.] (Kyron: ZA)
Povidone Iodine® [vet.] (Millimed: TH)
Povidone iodée Merck® (Merck Génériques: FR)
Povidone-Iiodine BL Hua® (BL Hua: TH)
Povidyn® (ECU: EC)
Povin® (Opsonin: BD)
Poviod® (Saba: TR)
Povisept Mouth Wash® (Shiba: YE)
Poviseptin® (Mertsel: TR)
Povisept® (Shiba: YE)
Povisep® (Jayson: BD)
Poviyodo® (Roxfarma: PE)
Proactive® [vet.] (DeLaval: CH)
Provia® (Asiatic Lab: BD)
Proviodine® (Pan-Well: HK)
Proviodine® (Rougier: CA)
PV Jod® (Hasco: PL)
PVP-Iod Spray® [vet.] (Bioptive: DE)
PVP-Iodine® (Chema: PL)
PVP-Iodine® (Floris: IL)
PVP-Iodine® [vet.] (Apex: AU)
PVP-Jod AL® (Aliud: DE)
PVP-Jod Hexal® (Hexal: DE)
PVP-Jod Salbe Lichtenstein® (Winthrop: DE)
PVP-Jod-ratiopharm® (Ratiopharm: AT)
PVP-Jod-ratiopharm® (ratiopharm: DE)
QuarterMate® [vet.] (Alfa-Laval: GB)
Riodine® (Orion: NZ)
Saniphor® [vet.] (Battle: GB)
Sanoyodo® (Cinfa: ES)
Savedin® (Gaco: BD)
Scansepta® (Tempo: ID)
Sepfadine® (Thai Nakorn Patana: TH)
Sepso J® (Hofmann & Sommer: DE)
Septadine® (Be-Tabs: ZA)
Septadine® (Prafa: ID)
Septadine® (Teva: IL)
Septidine® (Osoth: TH)
Septil® (Azevedos: PT)
Septisooth® (Pharmachoice: ZA)
Star Iodocare® [vet.] (DiverseyLever: GB)
Star Ready-Dip® [vet.] (DiverseyLever: GB)
Steridine® (Xeragen: ZA)
Sterox® (Mecosin: ID)
Summer's Eve® (CB Fleet: MY)
Super Concentrate Teat Dip or Spray® [vet.] (Kilco: GB)
Superteat® [vet.] (Alfa-Laval: GB)
Tamodine® [vet.] (Vetark: GB)
Teatguard® [vet.] (Ecolab: NZ)
Teatspray® [vet.] (Merial: NZ)
Thelisan N® [vet.] (Gräub: CH)
Topionic Scrub® (Almirall: ES)
Topionic® (Almirall: ES)
Traumasept® (Wolff: DE)
Tycoytycoy® (Bouzen: AR)
Ultracare Iodoshield® [vet.] (Fil: NZ)
Upodine® (Umeda: TH)
Vagel® [vet.] (Noé: FR)
Veloucid® [vet.] (Ecolab: CH)
Vet-Sept Lösung® [vet.] (Albrecht: DE)
Vet-Sept Salbe® [vet.] (Albrecht: DE)
Vet-Sept Spray® [vet.] (Albrecht: DE)
Vetadine® [vet.] (Bomac: NZ)
Vetadine® [vet.] (Pharmtech: AU)
Vetasept® [vet.] (Animalcare: GB)
Vetisept® [vet.] (Gräub: CH)
Vetisept® [vet.] (Schoeller: AT)
Videne® (3M: GB)
Videne® (Adams: TH)
Videne® (Adams Healthcare: HK)
Videne® (Ecolab: GB)
Vidisep® (Kimia: ID)
Viodin® (Square: BD)
Vétédine® [vet.] (Vetoquinol: FR)
Wokadine® (Transatlantic International: RU)
Wokadine® (Wockhardt: BW, GH, IN, KE, LK, LS, MW, NA, SD, SZ, TZ, UG, ZM)
Woundine® [vet.] (Kyron: ZA)
Wundesin® (Gebro: AT)
X-tardine® (Pharmasant: TH)
Yodogerm® (America: PE)
Yodopovidona Gen-Far® (Genfar: PE)
Yodopovidona Genfar® (Genfar: CO)
Yodopovidona® (Medicalex: CO)
Yovisol® (Farbioquimsa: PE)

Prajmalium Bitartrate (Rec.INN)

L: Prajmalii bitartras
I: Prajmalo bitartrato
D: Prajmalium bitartrat
F: Bitartrate de prajmalium
S: Bitartrato de prajmalio

⚕ Antiarrhythmic agent

CAS-Nr.: 0002589-47-1 — C_{27}-H_{38}-N_2-O_8, M_r 518.621

Ajmalanium, 17,21-dihydroxy-4-propyl-, (17R,21α)-, salt with [R-(R*,R*)]-2,3-dihydroxybutanedioic acid (1:1)

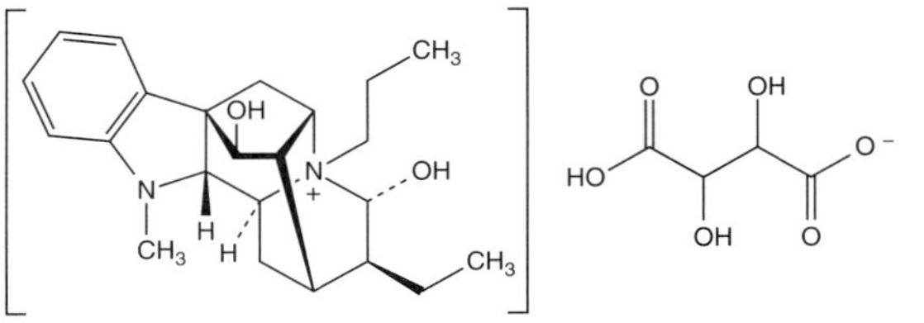

OS: *Prajmalium Bitartrate [BAN, USAN]*
OS: *Prajmalo bitartrato [DCIT]*
IS: *GT 1012*
IS: *NPAB*
IS: *Prajmalum*

Neo Gilurythmal® (Solvay: LU)
Neo-Gilurytmal® (Salus: SI)
Neo-Gilurytmal® (Solvay: AT, BG, CZ, DE, HU, ID)

Pralidoxime Chloride (USP)

D: Pralidoxim chlorid

Antidote, cholinesterase reactivator
Enzyme inducer

ATC: V03AB04
ATCvet: QV03AB04
CAS-Nr.: 0000051-15-0 C_7-H_9-Cl-N_2-O
M_r 172.61

Pyridinum, 2-[(hydroxyimino)methyl]-1-methyl-, chloride (USAN)

2-Formyl-1-methylpyridinum chloride oxime (USAN)

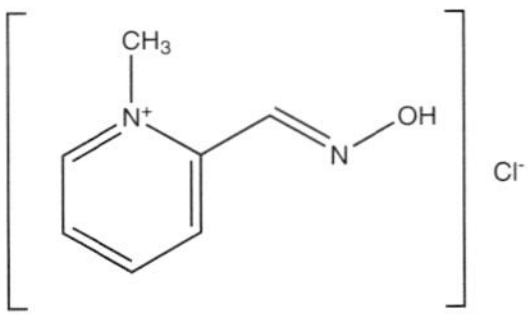

OS: *Pralidoxime Chloride [USAN]*
IS: *2-PAM*
IS: *2-PAM Chloride*
IS: *2-Pyridine Aldoxime Methochloride*
IS: *Protopam chloride*
IS: *NSC 164614*
IS: *Pralidoxine chloride*
IS: *ComboPen*
IS: *N-Methylpyridine-2-aldoxime chloride*
PH: Pralidoxime Chloride [USP 30]

Pralidoxime Chloride® (Asian: TH)
Protopam Chloride® (Baxter: US)

Pralidoxime Iodide (Rec.INN)

L: Pralidoximi iodidum
D: Pralidoxim iodid
F: Iodure de pralidoxime
S: Ioduro de pralidoxima

Antidote, cholinesterase reactivator

CAS-Nr.: 0000094-63-3 C_7-H_9-I-N_2-O
M_r 264.069

Pyridinium, 2-[(hydroxyimino)methyl]-1-methyl-, iodide USAN

2-Formyl-1-methylpyridinum iodide oxime (USAN)

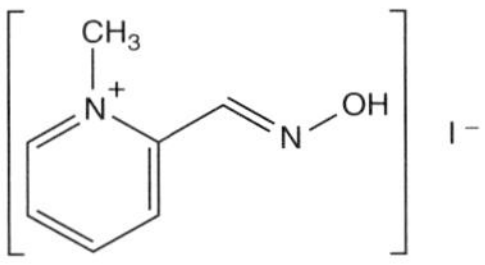

OS: *Pralidoxime Iodide [BANM, JAN, USAN]*
PH: Pralidoximi iodidum [Ph. Int. II]
PH: Pralidoxinium méthoiodatum [Ph. Helv. VI]

Neopam® (Troikaa: IN)
Pam® (Sumitomo: JP)
Pralidoxime Iodide Injection® (Pharmalab: AU)
Pralidoxime Iodide® (AFT: NZ)

Pralidoxime Mesylate (USAN)

I: Pralidossima mesilato
D: Pralidoxim mesilat
F: Pralidoxime (mésilate de)

Antidote, cholinesterase reactivator

CAS-Nr.: 0000154-97-2 C_8-H_{12}-N_2-O_4-S
M_r 232.26

Pyridinum, 2-[(hydroxyimino)methyl]-1-methyl-, methanesulfonate (USAN)

2-Formyl-1-methylpyridinum methanesulfonate oxime (USAN)

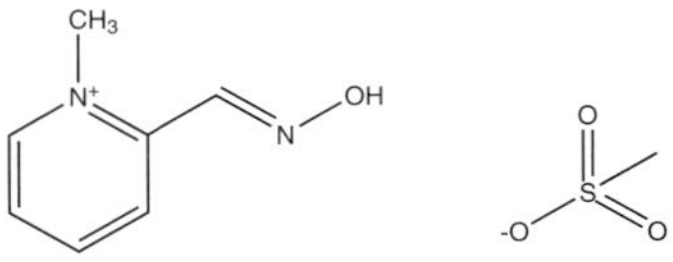

OS: *Pralidoxime Mesylate [USAN]*
IS: *Pralidoxime methanesulfonate*
IS: *Contrathion*
IS: *N-Methylpyridinium-2-aldoxime methanesulphonate*
IS: *Protopam methanesulfonate*
IS: *2-Pam methanesulfonate*
PH: Pralidossima metilsolfato [F.U. IX]

Contrathion® (Sanofi-Aventis: AR, BR, IT)
Contrathion® (SERB: FR)

P

Pramipexole (Rec.INN)

L: Pramipexolum
D: Pramipexol
F: Pramipexole
S: Pramipexol

Antiparkinsonian, dopaminergic

ATC: N04BC05
CAS-Nr.: 0104632-26-0 — C_{10}-H_{17}-N_3-S
M_r 211.336

2,6-Benzothiazolediamine, 4,5,6,7-tetrahydro-N[6]-propyl-

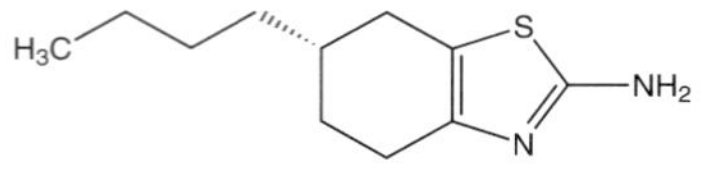

OS: *Pramipexole [BAN, DCF, USAN]*
IS: *U 98528 E (Upjohn, USA)*
IS: *SUD 919 CL 24*

Mirapexin® (Boehringer Ingelheim: ES)
Mirapexin® (Pharmacia: ES)
Nixol® (Filaxis: AR)
Pexola® (Boehringer Ingelheim: CO)
Portiv® (Buxton: AR)
Pramipex® (Sun: IN)

- dihydrochloride monohydrate:

CAS-Nr.: 0191217-81-9
OS: *Pramipexole Hydrochloride BANM, USAN*
IS: *SND 919 Cl 2Y (Boehringer Ingelheim, Germany)*
IS: *PNU 98528 (Pharmacia Upjohn)*

Daquiran® (Boehringer Ingelheim International: AT)
Daquiran® (Thomae: LU, NL)
Mirapexin® (Boehringer Ingelheim: BE, DK, GB, HU, IE, LU, NL, PL)
Mirapexin® (Pfizer: HR, RO, SI)
Mirapexin® (Pharmacia: BG, CZ, GR, IT, RS)
Mirapex® (Boehringer Ingelheim: CA, RU, US)
Mirapex® (Pharmacia: BR)
Pexola® (Boehringer Ingelheim: TR, ZA)
Sifrol® (Boehringer Ingelheim: AE, AR, BH, BR, CH, CL, CY, DE, DK, EG, FI, FR, ID, IQ, IS, JO, KW, LB, LU, LY, MT, MX, NL, NO, OM, PH, QA, SA, SE, SG, YE)
Sifrol® (Boehringer Ingelheim International: AT)

Pramiracetam (Rec.INN)

L: Pramiracetamum
D: Pramiracetam
F: Pramiracetam
S: Pramiracetam

Nootropic
Psychostimulant

ATC: N06BX16
CAS-Nr.: 0068497-62-1 — C_{14}-H_{27}-N_3-O_2
M_r 269.4

1-Pyrrolidineacetamide, N-[2-[bis(1-methylethyl)amino]ethyl]-2-oxo

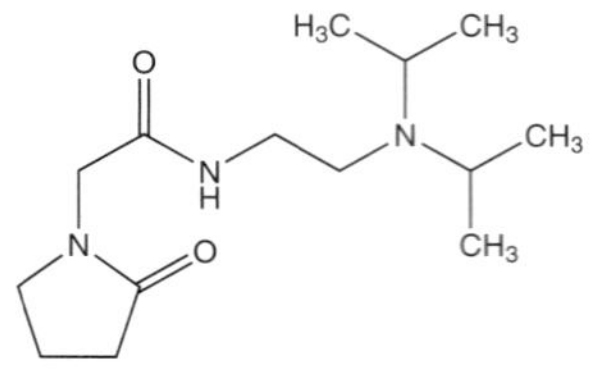

IS: *Amacetam*

- sulfate:

CAS-Nr.: 0072869-16-0
OS: *Pramiracetam Sulfate USAN*
IS: *CI 879 (Parke Davis, USA)*

Neupramir® (Lusofarmaco: IT)
Pramistar® (Berlin-Chemie: RO)
Pramistar® (Firma: IT)

Pramiverine (Rec.INN)

L: Pramiverinum
I: Pramiverina
D: Pramiverin
F: Pramivérine
S: Pramiverina

Antispasmodic agent

CAS-Nr.: 0014334-40-8 — C_{21}-H_{27}-N
M_r 293.457

Cyclohexanaminium, N-(1-methylethyl)-4,4-diphenyl-

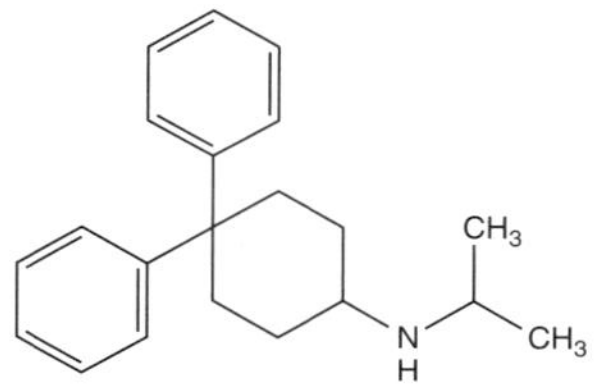

OS: *Pramiverine [BAN, USAN]*
OS: *Pramiverina [DCIT]*
IS: *HSp 2986 (Merck, Germany)*

Sistalgina® (Merck: EC)

Pramlintide (Rec.INN)

L: Pramlintidum
D: Pramlintid
F: Pramlintide
S: Pramlintida

Antidiabetic agent
Hypoglycemic

CAS-Nr.: 0151126-32-8 — C_{171}-H_{267}-N_{51}-O_{53}-S_2
M_r 3949.45

L-lysyl-L-cysteinyl-L-asparaginyl-L-threonyl-L-alanyl-L-threonyl-L-cysteinyl-L-alanyl-L-threonyl-L-glutaminyl-L-arginyl-L-leucyl-L-alanyl-L-asparaginyl-L-phenylalanyl-L-leucyl-L-valyl-L-histidyl-L-seryl-L-seryl-L-asparaginyl-L-asparaginyl-

L-phenylalanylglycyl-L-prolyl-L-isoleucyl-L-leucyl-L-prolyl-L-prolyl-L-threonyl-L-asparaginyl-L-valylglycyl-L-seryl-L-asparaginyl-L-threonyl-L-tyrosinamide, cyclic (2->7)-disulfide (WHO)

25-L-Proline-28-L-proline-29-L-proline-amylin (human)

Amylin (human), 25-L-proline-28-L-proline-29-L-proline-

L-Tyrosinamide, L-lysyl-L-cysteinyl-L-asparaginyl-L-threonyl-L-alanyl-L-threonyl-L-cysteinyl-L-alanyl-L-threonyl-L-glutaminyl-L-arginyl-L-leucyl-L-alanyl-L-asparaginyl-L-phenylalanyl-L-leucyl-L-valyl-L-histidyl-L-seryl-L-seryl-L-asparaginyl-L-asparaginyl-L-phenylalanyl-glycyl-L-prolyl-L-isoleucyl-L-leucyl-L-prolyl-L-prolyl-L-threonyl-L-asparaginyl-L-valylglycyl-L-seryl-L-asparaginyl-L-threonyl-, cyclic (2->7)-disulfide (USAN)

OS: *Pramlintide [BAN, USAN]*
IS: *AC-137 (Amylin, US)*
IS: *Tripro-amylin*
IS: *AC-0137*
IS: *Normylin*
IS: *25, 28, 29 tripro-amylin*

– acetate:

CAS-Nr.: 0196078-30-5
OS: *Pramlintide Acetate BANM, USAN*
IS: *Pramlintide acetate hydrate*

Symlin® (Amylin: US)

Pramocaine (Rec.INN)

L: Pramocainum
I: Pramocaina
D: Pramocain
F: Pramocaïne
S: Pramocaina

Local anesthetic

ATC: C05AD07
CAS-Nr.: 0000140-65-8 C_{17}-H_{27}-N-O_3
M_r 293.413

Morpholine, 4-[3-(4-butoxyphenoxy)propyl]-

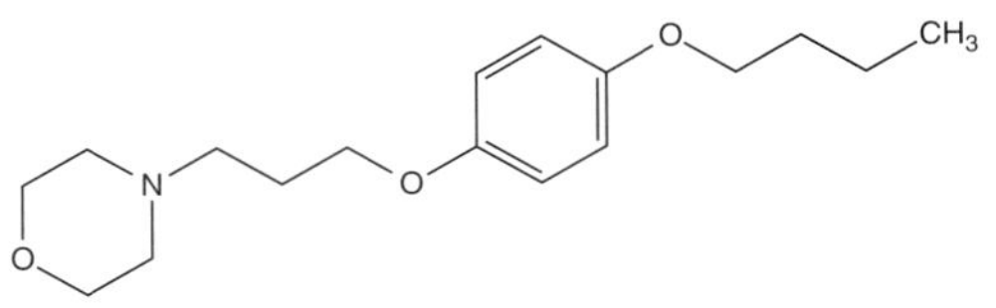

OS: *Pramocaïne [DCF]*
OS: *Pramocaine [BAN]*
OS: *Pramocaina [DCIT]*
IS: *Proxazocaïn*
IS: *Pramoxine*

– hydrochloride:

CAS-Nr.: 0000637-58-1
OS: *Pramocaine Hydrochloride BANM*
OS: *Pramoxine Hydrochloride USAN*
IS: *Pallisan*
IS: *Pramoxine Hydrochloride*
PH: Pramoxine Hydrochloride USP 30

Anugesic® (Pfizer: ZA)
Balsabit® (Pensa: ES)
Campho-Phenique® (Bayer: US)
Fleet Pain Relief® (Fleet: US)
Hemorrhoidal Anesthetic Cream® (Clay-Park: US)
Itch-X® (Ascher: US)
PrameGel® (GenDerm: US)
Pramox® (Isdin: ES)
Prax® (Ferndale: US)
proctoFoam® (Schwarz: US)
Sarmed® (Medibrands: IL)
Tronolane® (Monticello: US)
Tronotene® (Teofarma: IT)
Tronothane® (Abbott: FR)
Tronothane® (Ross: US)
Vagisil® (Combe: US)

Pranlukast (Rec.INN)

L: Pranlukastum
D: Pranlukast
F: Pranlukast
S: Pranlukast

Antiasthmatic agent
Antiinflammatory agent
Leukotrien-receptor antagonist

ATC: R03DC02
CAS-Nr.: 0103177-37-3 C_{27}-H_{23}-N_5-O_4
M_r 481.531

N-[4-Oxo-2-(1H-tetrazol-5-yl)-4H-1-benzopyran-8-yl]-p-(4-phenylbutoxy)benzamide [WHO]

N-[4-Oxo-2-(1H-tetrazol-5-yl)-4H-1-benzopyran-8-yl]-p-(4-phenylbutoxy)benzamide

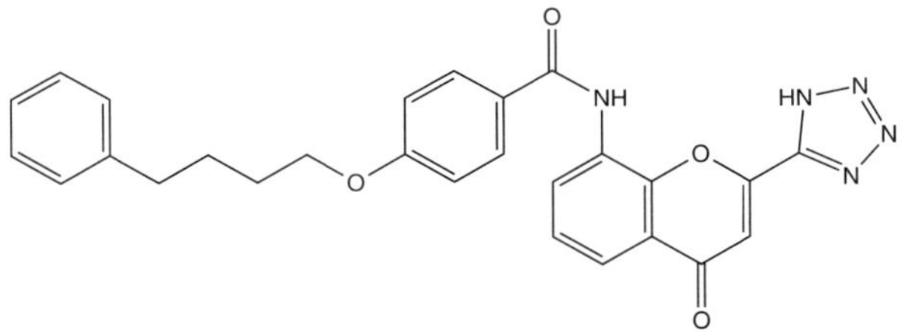

OS: *Pranlukast [BAN, USAN]*
IS: *ONO 1078 (Ono, Japan)*
IS: *ONO-RS 411 (Ono, Japan)*

Azlaire® (Schering-Plough: MX)

– hemihydrate:

OS: *Pranlukast hydrate JAN*
IS: *Dolukast hydrate*
IS: *Ultair (Ono / Smithkline Beecham, USA)*

Azlaire® [caps.] (Essex: CO)
Azlaire® [caps.] (Schering-Plough: CR, DO, GT, HN, MX)
Onon® (Ono: JP)

Pranoprofen (Rec.INN)

L: **Pranoprofenum**
D: **Pranoprofen**
F: **Pranoprofène**
S: **Pranoprofeno**

Antiinflammatory agent
Analgesic
Antipyretic

ATC: S01BC09
CAS-Nr.: 0052549-17-4 C_{15}-H_{13}-N-O_3
M_r 255.279

α-Methyl-5H-[1]benzopyrano[2,3-b]pyridine-7-acetic acid

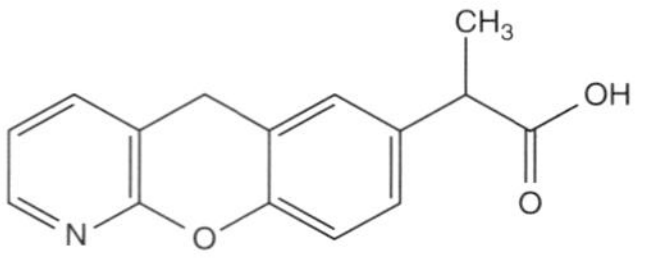

OS: *Pranoprofen [JAN, USAN]*
OS: *Pranoprofène [DCF]*
IS: *Y 8004 (Yoshitomi, Japan)*
PH: Pranoprofen [JP XIV]

Difen® (Allergan: BR)
Niflan® (Senju: JP)
Oftalar® (Alcon: ES, HU, IT, PT, TR)
Pranofen® (Alcon: GR)
Pranoflog® (SIFI: IT)
Pranopulin® (Senju: CN)
Pranox® (Viatris: BE, LU)

Prasterone (Rec.INN)

L: **Prasteronum**
I: **Prasterone**
D: **Prasteron**
F: **Prastérone**
S: **Prasterona**

Androgen

CAS-Nr.: 0000053-43-0 C_{19}-H_{28}-O_2
M_r 288.433

Androst-5-en-17-one, 3-hydroxy-, (3β)-

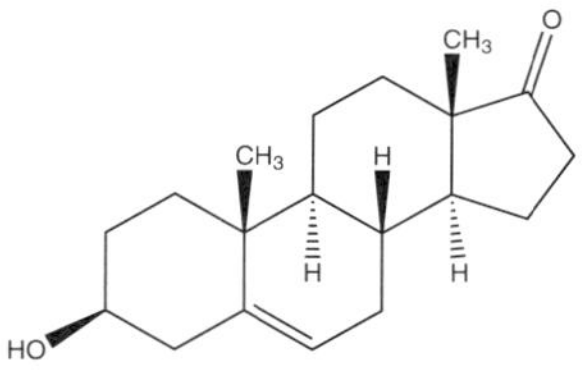

OS: *Prastérone [DCF]*
OS: *Prasterone [DCIT, USAN]*
IS: *Dehydroandrosterone*
IS: *Dehydroepiandrosterone*
IS: *DHEA*
IS: *EL 10*
IS: *GL 701*

Biolaif® (Medix: MX)
Biosteron® (Lek-AM: PL)
DHEA® (Curtis: PL)

Pravastatin (Rec.INN)

L: **Pravastatinum**
I: **Pravastatina**
D: **Pravastatin**
F: **Pravastatine**
S: **Pravastatina**

Antihyperlipidemic agent

ATC: C10AA03
CAS-Nr.: 0081093-37-0 C_{23}-H_{36}-O_7
M_r 424.541

1-Naphthaleneheptanoic acid, 1,2,6,7,8,8a-hexahydro-β,δ,6-trihydroxy-2-methyl-8-(2-methyl-1-oxobutoxy)-

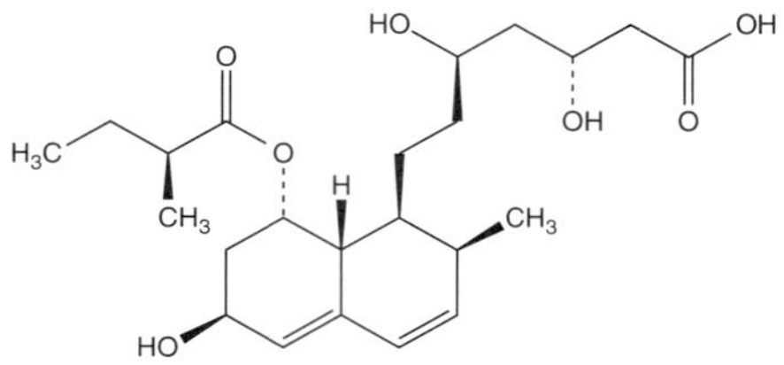

OS: *Pravastatin [BAN]*
OS: *Pravastatine [DCF]*
OS: *Pravastatina [DCIT]*
IS: *Eptastatin*
IS: *CS 514 (Sankyo, Japan)*
IS: *SQ 31000 (Squibb, USA)*

Brufincol® (Bruluart: MX)
Pralip® (Lek: RO, SI)
Pravalipem® (Qualitec: ES)
Pravasine® (Bristol-Myers Squibb: LU)
Pravastatina Acost® (Acost: ES)
Pravastatina Angenerico® (Angenérico: ES)
Pravastatina Bayvit® (Stada: ES)
Pravastatina Cinfa® (Cinfa: ES)
Pravastatina Kern Pharma® (Kern: ES)
Pravastatina Merck® (Alter: ES)
Pravastatina Ranbaxy® (Ranbaxy: ES)
Pravastatina Ur® (Uso Racional: ES)
Pravator® (Ranbaxy: PE)
Pravator® (Stancare: IN)
Pravyl® (Biogen: CO)
Pritanol® (Alodial: PT)
Statikard® (Pliva: HR)

– sodium salt:
CAS-Nr.: 0081131-70-6
OS: *Pravastatin Sodium BANM, JAN, USAN*
PH: Pravastatin Sodium Ph. Eur. 5, USP 30, BP 2003
PH: Pravastatinum natricum Ph. Eur. 5

Aplactin® (UPSA: IT)
Apo-Pravastatin® (Apotex: CA)
Apo-Prava® (Apotex: PL)
Astin® (Probiomed: MX)
Bristacol® (Bristol-Myers Squibb: ES)
Bristacol® (Juste: ES)
Bystat® (Biex: IE)
Cholespar® (Pharos: ID)
Cholstat® (Ivax: IE)
CO Pravastatin® (Cobalt: CA)
Col-Alphar® (Alpharma: MX)
Colpradin® (Biomep: MX)

Doc Pravastatine® (Docpharma: BE)
Doc Pravastatine® (Ranbaxy: LU)
Elisor® (Bristol-Myers Squibb: BF, BJ)
Elisor® (Bristol-Myers squibb: CF)
Elisor® (Bristol-Myers Squibb: CG, CI, CM, DZ, FR, GA, GN)
Elisor® (Bristol-Myers squibb: MG)
Elisor® (Bristol-Myers Squibb: ML, MR, MU, NE, SN, TD, TG, ZR)
Emipastin® (Degort's: MX)
Galastat® (Galenika: RS)
Gen-Pravastatin® (Genpharm: CA)
Kenstatin® (Kendrick: MX)
Lipemol® (Bristol-Myers Squibb: ES)
Liplat® (Esteve: ES)
Lipostat® (Bristol-Myers Squibb: BG, CZ, GB, IE, PH, RO, US)
Lipratif® (Alfred Tiefenbacher: NL)
Loretsin® (Best: MX)
Maxudin® (Menarini: GR)
Merckprareduct® (Sankyo: BE)
Mevachol® (Meprofarm: ID)
Mevalotin Protect® (Sankyo: TH)
Mevalotin® (Daiichi Sankyo: CH)
Mevalotin® (Sankyo: BR, CN, DE, ID, JP, TH)
Nikron® (Sanofi-Aventis: HU)
Novales® (Novell: ID)
Novina® (Novag: MX)
Novo-Pravastatin® (Novopharm: CA)
Nu-Pravastatin® (Nu-Pharm: CA)
Panlipol® (Bristol-Myers Squibb: GR)
PMS-Pravastatin® (Pharmascience: CA)
Pralipan® (Billev: LU)
Prareduct® (Daiichi Sankyo: ES)
Prasterol® (Lusofarmaco: IT)
Prastin® (Teva: HU)
Pratiflip® (Alfred Tiefenbacher: NL)
Prava Basics® (Basics: DE)
Prava-Q® (Juta: DE)
Prava-Teva® (ratiopharm: DE)
Pravabeta® (betapharm: DE)
Pravachol® (Bristol-Myers Squibb: AT, AU, CA, CN, DK, FI, GR, HK, ID, IS, NO, NZ, SE, SG, TR, US)
Pravacol® (Bristol-Myers Squibb: AR, BR, CL, CO, CR, EC, GT, HN, NI, PA, PE, PT, SV)
Pravagamma® (Wörwag Pharma: DE)
PravaLich® (Winthrop: DE)
Pravalip® (mibe: DE)
Pravalip® (Trima: IL)
Pravalotin® (Mepha: CH)
Pravamel® (Clonmel: IE)
Pravandrea® (Ratiopharm: NL)
Pravaselect® (Menarini: IT)
Pravasine® (Bristol-Myers Squibb: BE)
Pravasin® (Bristol-Myers Squibb: DE, LU)
Pravasta eco® (Sandoz: CH)
Pravastar® (Apotex: HU)
Pravastatin 1A Farma® (1A Farma: DK)
Pravastatin 1A Pharma® (1A Pharma: AT, DE)
Pravastatin AbZ® (AbZ: DE)
Pravastatin AET® (Alternova: NL)
Pravastatin Alternova® (Alternova: AT, DK, FI)
Pravastatin AL® (Aliud: DE)
Pravastatin AWD® (AWD.pharma: DE)
Pravastatin Billev® (Billev: NL)
Pravastatin Copyfarm® (Copyfarm: SE)
Pravastatin dura® (Merck dura: DE)
Pravastatin Genericon® (Genericon: AT)
Pravastatin Helvepharm® (Helvepharm: CH)
Pravastatin Heumann® (Heumann: DE)
Pravastatin Hexal® (Hexal: AT, DE, DK, LU)
Pravastatin Hexal® (Sandoz: FI, SE)
Pravastatin Interpharm® (Interpharm: AT)
Pravastatin Kwizda® (Kwizda: DE)
Pravastatin Nycomed® (Nycomed: CH, DK, NO, SE)
Pravastatin Omnia® (Omnia: SE)
Pravastatin Pliva® (Pliva: HU, SI)
Pravastatin Ranbaxy® (Ranbaxy: DK)
Pravastatin Ranbaxy® (Sabora: FI)
Pravastatin ratiopharm® (Ratiopharm: AT)
Pravastatin ratiopharm® (ratiopharm: DE)
Pravastatin ratiopharm® (Ratiopharm: FI)
Pravastatin Sandoz® (Sandoz: AT, CH, DE, DK, FI, NO, SE)
Pravastatin Sodium® (Apotex: US)
Pravastatin Sodium® (Teva: US)
Pravastatin Stada® (Stada: AT, DK, SE)
Pravastatin Stada® (Stadapharm: DE)
Pravastatin Streuli® (Streuli: CH)
Pravastatin TAD® (TAD: DE)
Pravastatin Teva® (Teva: IL, SE)
Pravastatin Winthrop® (Sanofi-Aventis: FI)
Pravastatin Winthrop® (Winthrop: NL)
Pravastatin-Corax® (corax: DE)
Pravastatin-CT® (CT: DE)
Pravastatin-Isis® (Alpharma: DE)
Pravastatin-saar® (MIP: DE)
Pravastatin-Teva® (Teva: CH)
Pravastatina Alter® (Alter: ES, PT)
Pravastatina Angenérico® (Angenérico: PT)
Pravastatina Bexal® (Bexal: ES, PT)
Pravastatina Farmoz® (Farmoz: PT)
Pravastatina Generis® (Generis: PT)
Pravastatina Merck Genéricos® (Merck Genéricos: PT)
Pravastatina Pritanol® (Alodial: PT)
Pravastatina Ratiopharm® (Ratiopharm: ES, PT)
Pravastatina Sandoz® (Sandoz: ES, PT)
Pravastatine A® (Apothecon: NL)
Pravastatine Bexal® (Bexal: BE)
Pravastatine Biogaran® (Biogaran: FR)
Pravastatine Bouchara-Recordati® (Bouchara: FR)
Pravastatine EG® (Eurogenerics: BE)
Pravastatine NA CF® (Centrafarm: NL)
Pravastatine Na KR® (Kromme Rijn: NL)
Pravastatine Na Merck® (Merck: NL)
Pravastatine Na Stada® (Stada: NL)
Pravastatine Na® (Hexal: NL)
Pravastatine Ranbaxy® (Ranbaxy: NL)
Pravastatine Sandoz® (Sandoz: BE, LU)
Pravastatine-Ratiopharm® (ratiopharm: LU)
Pravastatinenatrium Actavis® (Actavis: NL)
Pravastatinenatrium Alpharma® (Alpharma: NL)
Pravastatinenatrium Katwijk® (Katwijk: NL)
Pravastatinenatrium PCH® (Pharmachemie: NL)
Pravastatinenatrium ratiopharm® (Ratiopharm: NL)
Pravastatinenatrium Sandoz® (Sandoz: NL)
Pravastatinenatrium Stichting® (Stichting: NL)
Pravastatinenatrium® (Delphi: NL)
Pravastatinenatrium® (Tenlec: NL)

Pravastatin® (Ranbaxy: NO)
Pravastax® (Drossapharm: CH)
Pravatin® (Spirig: CH)
Pravator® (Ranbaxy: LU)
Pravat® (Pinewood: IE)
Pravitin® (Rowex: IE)
Pritadol® (Alter: ES)
ratio-Pravastatin® (Ratiopharm: CA)
Sanaprav® (Sankyo: AT, IT, PT)
Sandoz Pravastatin® (Sandoz: CA)
Selectin® (Bristol-Myers Squibb: IT)
Selektine® (Bristol-Myers Squibb: NL)
Selipran® (Bristol-Myers Squibb: AT, CH)
Sigaprava® (Sigapharm: DE)
Statifil® (Alfred Tiefenbacher: NL)
Vastatifix® (Alfred Tiefenbacher: NL)
Vasten® (Sanofi-Aventis: FR)

Prazepam (Rec.INN)

L: Prazepamum
I: Prazepam
D: Prazepam
F: Prazépam
S: Prazepam

Tranquilizer

ATC: N05BA11
CAS-Nr.: 0002955-38-6 C_{19}-H_{17}-Cl-N_2-O
M_r 324.815

2H-1,4-Benzodiazepin-2-one, 7-chloro-1-(cyclopropylmethyl)-1,3-dihydro-5-phenyl-

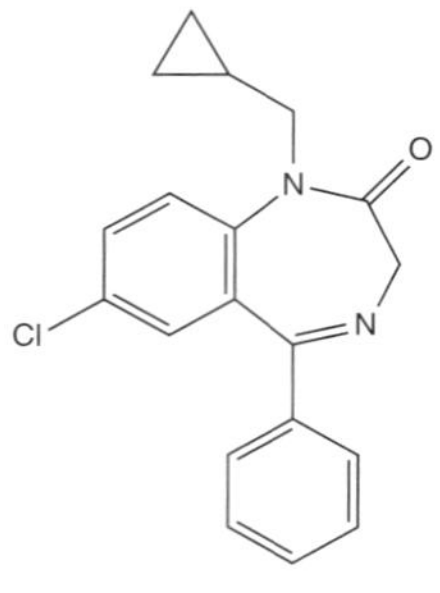

OS: *Prazepam [BAN, DCF, DCIT, JAN, USAN]*
IS: *W 4020*
IS: *K 373*
PH: Prazepam [Ph. Eur. 5, JP XIV, USP 23]
PH: Prazepamum [Ph. Eur. 5]
PH: Prazépam [Ph. Eur. 5]

Centrac® (Pfizer: GR)
Centrax® (Parke Davis: IE)
Demetrin® (Hemofarm: RS)
Demetrin® (Interchemia: CZ)
Demetrin® (Parke Davis: DE, ES)
Demetrin® (Pfizer: AT, CH, PT, SI, ZA)
Lysanxia® (Lynapharm: FR)
Lysanxia® (Pfizer: BE, BF, BJ, CF, CG, CI, CM, GA, GN, LU, MG, ML, MR, MU, NE, SN, TD, TG, ZR)
Mono Demetrin® (Gödecke: DE)
Mono Demetrin® (Parke Davis: DE)
Pozapam® (Pharmasant: TH)
Prasepine® (Pfizer: TH)
Prazene® (Pfizer: IT)
Reapam® (Pfizer: NL)
Trepidan® (Max Farma: IT)

Praziquantel (Rec.INN)

L: Praziquantelum
D: Praziquantel
F: Praziquantel
S: Prazicuantel

Anthelmintic

ATC: P02BA01
ATCvet: QP52AA01
CAS-Nr.: 0055268-74-1 C_{19}-H_{24}-N_2-O_2
M_r 312.421

4H-Pyrazino[2,1-a]isoquinolin-4-one, 2-(cyclohexylcarbonyl)-1,2,3,6,7,11b-hexahydro-

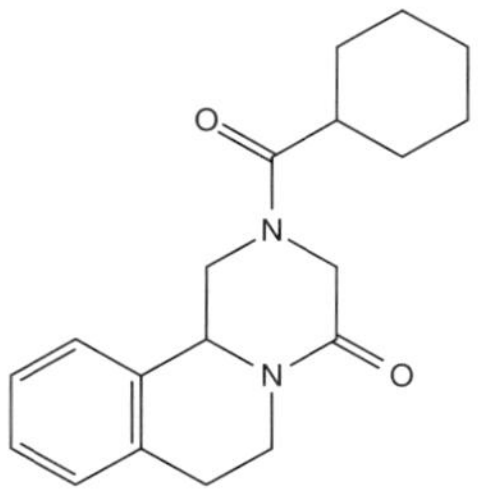

OS: *Praziquantel [BAN, DCF, JAN, USAN]*
IS: *EMBay 8440*
IS: *EMD 29810*
PH: Praziquantel [Ph. Eur. 5, Ph. Int. 4, USP 30]
PH: Praziquantelum [Ph. Eur. 5, Ph. Int. 4]

Adtape® [vet.] (Ancare: NZ)
Anipracit® [vet.] (Animedic: DE)
Band-Ex® [vet.] (Albrecht: DE)
Band-Ex® [vet.] (CP: DE)
Bermoxel® (Medochemie: BH, CY, IQ, JO, OM, SD, YE)
Biltricide® (Bayer: AE, AU, BH, CA, CY, DE, EG, FR, HK, IL, IR, JO, KE, KW, LB, MT, NL, OM, QA, RU, SA, SD, TZ, UG, US, ZA)
Bioquantel® [vet.] (Boehringer Ingelheim: IT)
Brutel® [vet.] (Bayer Animal Health: ZA)
Canifelmin® [vet.] (Richter: AT)
Caniquantel® [vet.] (Gräub: CH)
Caniquantel® [vet.] (IDT: DE)
Cesol® (Merck: CL, DE, MX)
Cesol® (Merck KGaA: RO)
Cestocur® [vet.] (Bayer Animal: DE, PT)
Cestocur® [vet.] (Bayer Animal Health: ZA)
Cestocur® [vet.] (Bayer Sante Animale: FR)
Cestocur® [vet.] (Provet: CH)
Cestox® (Merck: BR)
Cisticid® (Merck: BR, CL, MX, PE)
Crede Mintic Zipratel® [vet.] (Experto: ZA)
Cysticide® (Merck: DE)
Cysticide® (Merck Generics: ZA)
Distocide® (Eipico: AE, BH, EG, IQ, JO, KW, LB, LY, OM, QA, SA, SD, YE)
Droncit® [vet.] (Bayer: AT, BE, IE, IT, LU, NL, NO, SE)
Droncit® [vet.] (Bayer Animal: DE, NZ, PT)
Droncit® [vet.] (Bayer Animal Health: AU, GB)
Droncit® [vet.] (Bayer Consumer Care: US)
Droncit® [vet.] (Bayer Sante Animale: FR)
Droncit® [vet.] (Orion: FI)

Droncit® [vet.] (Provet: CH)
Droncit® [vet.] (Skretting: NO)
Ecotel® [vet.] (Eco: ZA)
Helmiben® [compr.] (Cipa: PE)
Ichteocestodin® [vet.] (Balkanpharma: BG)
Mansonil Lintworm® [vet.] (Bayer: NL)
Mycotricide® (SM Pharm: TH)
Neomansonil® [vet.] (Bayer: IT)
Opticide® (Pharmaland: TH)
Paratak® [vet.] (Bomac: NZ)
Paratak® [vet.] (Pharm Tech: AU)
Paratek® [vet.] (Pharm Tech: AU)
Plativers® [vet.] (Véto-Centre: FR)
Popantel Tapeworm Tablets for Dogs and Cats® [vet.] (Jurox: AU)
Praquantel® (Atlantic: TH)
Prasikon® (Polipharm: TH)
Prazinex® [vet.] (Albrecht: DE)
Praziquantel® [vet.] (Albrecht: DE)
Praziquantel® [vet.] (Alfasan: NL)
Praziquantel® [vet.] (Atarost: DE)
Praziquantel® [vet.] (Balkanpharma: BG)
Praziquantel® [vet.] (Intervet: IT)
Praziquantel® [vet.] (MDB: ZA)
Praziquantel® [vet.] (Schoeller: AT)
Praziquasel® [vet.] (Selecta: DE)
Prazite® (Asian: TH)
Prazitral® (Austral: AR)
Rid-A-Lint® [vet.] (Intervet: ZA)
Tapewormer for Dogs and Cats® [vet.] (Virbac: AU)
Tenil® [vet.] (Atral Animal: PT)
Tenivalan® [vet.] (Merial: FR)
Vetbancid® [vet.] (CP: DE)
Vetcare® [vet.] (Ancare: NZ)
Wormicide® (Greater Pharma: TH)
Wormicide® [vet.] (Virbac: NZ)
Z-Queen® (Pond's: TH)
Zipyran® [vet.] (Calier: PT)

Prazosin (Rec.INN)

L: Prazosinum
I: Prazosin
D: Prazosin
F: Prazosine
S: Prazosina

Antihypertensive agent
Vasodilator, peripheric

ATC: C02CA01
CAS-Nr.: 0019216-56-9 C_{19}-H_{21}-N_5-O_4
M_r 383.427

Piperazine, 1-(4-amino-6,7-dimethoxy-2-quinazolinyl)-4-(2-furanylcarbonyl)-

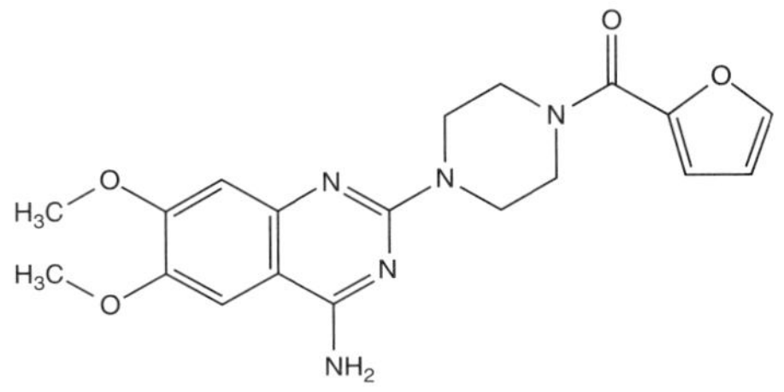

OS: *Prazosin [BAN, DCIT]*
OS: *Prazosine [DCF]*
IS: *Furazosin*

Hypovase® [vet.] (Pfizer Animal Health: GB)
Minipress® (Pfizer: LK)
Minipres® (Howmedica: ES)
Minipres® (Nostrum: ES)

– hydrochloride:

CAS-Nr.: 0019237-84-4
OS: *Prazosin Hydrochloride BANM, JAN, USAN*
IS: *CP 12299-1 (Pfizer, USA)*
IS: *Furazosin hydrochloride*
PH: Prazosin Hydrochloride Ph. Eur. 5, USP 30
PH: Prazosini hydrochloridum Ph. Eur. 5
PH: Prazosinhydrochlorid Ph. Eur. 5
PH: Prazosine (chlorhydrate de) Ph. Eur. 5

Adversuten® (Asta Medica: CZ)
Adversuten® (AWD.pharma: DE)
Alphapress® (Renata: BD)
Alpress® (Pfizer: FR)
Apo-Prazo® (Apotex: CA)
Atodel® (Remedica: CY, TH)
Decliten® (Ariston: AR)
Deprazolin® (Leciva: CZ)
duramipress® (Merck dura: DE)
GenRX Prazosin® (GenRX: AU)
Hexapress® (Sandoz: DK)
Hypotens® (Dexxon: IL)
Hypovase® (Pfizer: GB, IE)
Hyprosin® (Pacific: NZ)
Lopress® (Siam Pharmaceutical: TH)
Minipres Retard® (Pfizer: AR)
Minipres SR® (Pfizer: CO)
Minipress® (Pfizer: AE, AN, AT, AU, BB, BE, BE, BH, BR, CA, CO, CZ, DE, DO, EG, ET, FR, GH, GM, GY, HK, HT, HU, ID, IN, IT, JM, JO, JP, KE, KW, LB, LR, LU, MW, NG, NL, OM, PH, RO, SA, SD, SG, SL, TH, TT, US, ZA)
Minipres® (Pfizer: BZ, CR, GT, HN, NI, PA, SV)
Novo-Prazin® (Novopharm: CA)
Parabowl® (Masa Lab: TH)
Polpressin® (Polpharma: PL)
Polypress® (Pharmasant: TH)
Pratsiol® (Aspen: ZA)
Pratsiol® (Douglas: AU)
Pratsiol® (Orion: FI)
Prazac® (Orion: DK)
Prazosin Atid® (Dexcel: DE)
Prazosin hydrochloride® (Mylan: US)
Prazosin hydrochloride® (Teva: US)
Prazosin hydrochloride® (UDL: US)
Prazosin-ratiopharm® (ratiopharm: DE)
Prazosin-ratiopharm® (Ratiopharm: NL)
Prazosine Merck® (Merck Generics: NL)
Prazosine PCH® (Pharmachemie: NL)
Prazosine Sandoz® (Sandoz: NL)
Prazosin® (Alpharma: GB)
Prazosin® (Hillcross: GB)
Pressin® (Alphapharm: AU)
Pressin® (Utopian: TH)
Vasoflex® (Alkaloid: BA, HR, SI)

P

Prednicarbate (Rec.INN)

L: Prednicarbatum
D: Prednicarbat
F: Prednicarbate
S: Prednicarbato

Adrenal cortex hormone, glucocorticoid
Dermatological agent

ATC: D07AC18
CAS-Nr.: 0073771-04-7 C_{27}-H_{36}-O_8
M_r 488.585

Pregna-1,4-diene-3,20-dione, 17-[(ethoxycarbonyl)oxy]-11-hydroxy-21-(1-oxopropoxy)-, (11β)-

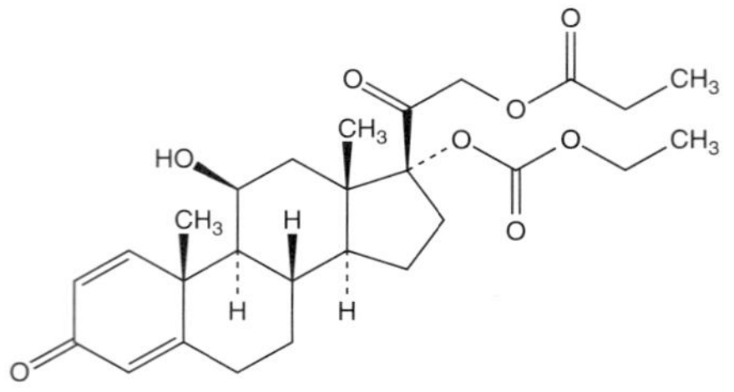

OS: *Prednicarbate [BAN, USAN]*
IS: *Hoe 777 (Hoechst-Roussel, USA)*
IS: *S 770777*
PH: Prednicarbate [Ph. Eur. 5, USP 30]
PH: Prednicarbatum [Ph. Eur. 5]
PH: Prednicarbat [Ph. Eur. 5]

Alisyd® (Darier: MX)
Batmen® (Menarini: ES)
Dermatop® (Aventis: CZ, DE, EC, TH)
Dermatop® (Aventis Pharma: ID)
Dermatop® (Dermik: US)
Dermatop® (Sanofi-Aventis: BR, CA, CL, IT, TR)
Peitel® (Novag: ES)
Prednicarbat acis® (acis: DE)
Prednitop® (Abbott: CH)
Prednitop® (Aventis: AT)
Prednitop® (Dermapharm: DE)
Topimax® [ungt.] (Menarini: CR, DO, GT, HN, NI, PA, SV)

Prednisolone (Rec.INN)

L: Prednisolonum
I: Prednisolone
D: Prednisolon
F: Prednisolone
S: Prednisolona

Adrenal cortex hormone, glucocorticoid

ATC: A07EA01,C05AA04,D07AA03,D07XA02,H02AB06,R01AD02,S01BA04,S01CB02,S02BA03,S03BA02
CAS-Nr.: 0000050-24-8 C_{21}-H_{28}-O_5
M_r 360.455

Pregna-1,4-diene-3,20-dione, 11,17,21-trihydroxy-, (11β)-

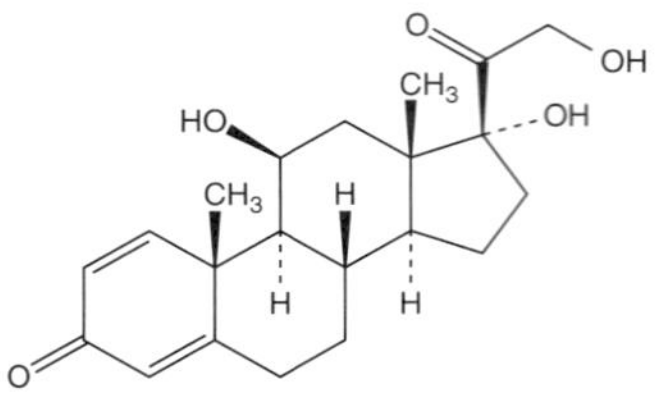

OS: *Prednisolone [BAN, DCF, DCIT, JAN, USAN]*
IS: *Deltahydrocortisone*
IS: *Glucortin*
IS: *Hexy-Solupred*
IS: *Insolone*
IS: *Intalsolone*
IS: *Mediasolone*
IS: *Meprisolon*
IS: *Metacortandralone*
IS: *Meti-Derm*
IS: *Nurisolon*
IS: *Paracortol*
IS: *Predni*
IS: *Predniliderm*
IS: *Prednis*
IS: *Prenolone*
IS: *Solone*
IS: *Sterolone*
PH: Prednisolon [Ph. Eur. 5]
PH: Prednisolone [JP XIV, Ph. Eur. 5, Ph. Int. 4, USP 30]
PH: Prednisolonum [Ph. Eur. 5, Ph. Int. 4]

Alferm® (Schöning-Berlin: DE)
Aprednislon® (Merck: AT)
Capsoid® (CAPS: ZA)
Clémisolone® [vet.] (Omega Pharma France: FR)
Corotrope® (Remedica: CY)
Cortan® (Incepta: BD)
Danalone® (Trima: IL)
Decortin H® (Merck: DE, IS)
Delta Cortef® [vet.] (Pharmacia: AU)
Delta-Hädensa® (Dr. Kolossa + Merz: AT)
Deltacortril® (Pfizer: GB, GR, LU, TR)
Deltacortril® (Phoenix: IE)
Dermipred® [vet.] (Sogeval: FR)
Dermosolon® (Dermapharm: DE)
Dhasolone® (DHA: SG)
Di-Adreson-F® [compr.] (Organon: ET, GH, HK, KE, TH, TH, TZ, ZM, ZW)
Dontisolon D® (Aventis: DE)
duraprednisolon® (Merck dura: DE)
Encortolon® (Polfa Pabianice: PL)
Epo-Medrol® (Pharmacia: PE)
hefasolon® [compr.] (Riemser: DE)
Hydrocortancyl® (Sanofi-Aventis: FR)
Klismacort® (Bene: DE)
Kühlprednon-Salbe® (Gerot: AT)
Lenisolone® (Aspen: ZA)
Lepicortinolo® (Decomed: PT)
Linola-H N® (Hapra: CZ)
Linola-H N® (Wolff: DE)
Linola-H-Fett N® (Wolff: CZ, DE, HU)
Lygal® (Taurus: DE)
Macrolone® [vet.] (Mavlab: AU)
Megasolone® [vet.] (Merial: FR)

Microlone® [vet.] (Mavlab: AU)
Microsolone® [vet.] (Merial: FR)
Neocorten® (Sanli: TR)
Oftalmol® (Hemomont: RS)
Opredsone/Prednisolone® (Greater Pharma: TH)
Panafcortelone® (Aspen: AU)
Polypred® (Pharmasant: TH)
Precodil® (Opsonin: BD)
Pred F® (Allergan: CO)
Pred-X® [vet.] (Apex: AU)
Preddy Granules® [vet.] (Bomac: NZ)
Preddy Granules® [vet.] (Vetsearch: AU)
Predinga® (Inga: LK)
Predisole® (PP Lab: TH)
Predlone® (Astron: LK)
Prednersone® (GDH: TH)
Predni H Tablinen® (Winthrop: DE)
Predni-blue® (Blue: DE)
Prednicare® [vet.] (Animalcare: GB)
Prednidale® [vet.] (Arnolds: GB)
Prednihexal® (Hexal: AT, DE)
Prednip® (Interpharm: LK)
Prednisil® (Silom: TH)
Prednisolon acis® (acis: DE)
Prednisolon Agepha® (Agepha: AT)
Prednisolon Alpharma® (Alpharma: NL)
Prednisolon AL® (Aliud: DE)
Prednisolon A® (Apothecon: NL)
Prednisolon CF® (Centrafarm: NL)
Prednisolon DAK® (Nycomed: DK)
Prednisolon GALEN® (Galenpharma: DE)
Prednisolon Galepharm® (Galepharm: CH)
Prednisolon Indo Farma® (Indofarma: ID)
Prednisolon Jenapharm® (mibe Jena: DE)
Prednisolon Katwijk® (Katwijk: NL)
Prednisolon LAW® (Riemser: DE)
Prednisolon Merck® (Merck dura: DE)
Prednisolon Merck® (Merck Generics: NL)
Prednisolon Nycomed® (Nycomed: AT, GE)
Prednisolon Nycomed® [vet.] (Nycomed: NO)
Prednisolon PCH® (Pharmachemie: NL)
Prednisolon Pfizer® (Pfizer: SE)
Prednisolon ratiopharm® (Ratiopharm: NL)
Prednisolon Recip® (Recip: SE)
Prednisolon Rotexmedica® (Rotexmedica: DE)
Prednisolon Sandoz® (Sandoz: NL)
Prednisolon Streuli® (Streuli: CH)
Prednisolon-Augensalbe Jenapharm® (Jenapharm: DE)
Prednisolon-ratiopharm® (ratiopharm: DE)
Prednisolon-ratiopharm® (Ratiopharm: NL)
Prednisolona MK® (MK: CO)
Prednisolona® (Aventis: BR)
Prednisolona® (Pentacoop: CO, PE)
Prednisolone Ambee® (Ambee: BD)
Prednisolone Atlantic® (Atlantic: SG, TH)
Prednisolone Beacons® (Beacons: SG)
Prednisolone Glaxo® (GlaxoSmithKline: BD)
Prednisolone Pharmasant® (Pharmasant: TH)
Prednisolone Ratiopharm® (ratiopharm: LU)
Prednisolone Syrup® (Alpharma: US)
Prednisolone Syrup® (Ethex: US)
Prednisolone Syrup® (Hi-Tech: US)
Prednisolone Syrup® (Morton Grove: US)
Prednisolone Syrup® (Paddock: US)
Prednisolone Syrup® (Pharmaceutical Associates: US)
Prednisolone Syrup® (WE Pharmaceuticals: US)
Prednisolone Yung Shin® (Yung Shin: SG)
Prednisolone® (Actavis: GB)
Prednisolone® (Akrihin: RU)
Prednisolone® (Arrow: GB)
Prednisolone® (Biopharm: RU)
Prednisolone® (Health Support Ltd: NZ)
Prednisolone® (Hillcross: GB)
Prednisolone® (Mutual: US)
Prednisolone® (Nizhpharm: RU)
Prednisolone® (Roxane: US)
Prednisolone® (Shreya: RU)
Prednisolone® (Teva: GB)
Prednisolone® (Trigen: US)
Prednisolone® (Vintage: US)
Prednisolone® (Watson: US)
Prednisolone® (Wockhardt: GB, GE)
Prednisolone® [vet.] (Alfasan: NL)
Prednisolone® [vet.] (Bayer Animal Health: ZA)
Prednisolone® [vet.] (Codifar: BE)
Prednisolone® [vet.] (Eurovet: BE)
Prednisolone® [vet.] (Jurox: AU)
Prednisolone® [vet.] (Millpledge: GB)
Prednisolone® [vet.] (Prodivet: BE)
Prednisolone® [vet.] (Wolfs: BE)
Prednisolon® (Actavis: GE)
Prednisolon® (Balkanpharma: BG)
Prednisolon® (Fako: TR)
Prednisolon® (Gedeon Richter: HU)
Prednisolon® (Ipca: RU)
Prednisolon® (Leiras: FI)
Prednisolon® (Nycomed: NO)
Prednisolon® (Pannonpharma: HU)
Prednisolon® (Tiofarma: NL)
Prednisolon® [vet.] (Albrecht: DE)
Prednisolon® [vet.] (Animedic: DE)
Prednisolon® [vet.] (Ceva: DE)
Prednisolon® [vet.] (CP: DE)
Prednisolon® [vet.] (Kombivet: NL)
Prednisolon® [vet.] (Veyx: DE)
Prednistab® [vet.] (Vedco: US)
Prednistab® [vet.] (Vet-A-Mix: US)
Prednitex® [vet.] (Novartis Santé Animale: FR)
Prednoral® [vet.] (A.S.T.: NL)
Preflam® (Cipla: ZA)
Prelone® (Aché: BR)
Prelone® (Aeroceuticals: US)
Prelone® (Al Pharm: ZA)
Prelone® (Megapharm: IL)
Prezolon® (Nycomed: GR)
Scheriproct® (Schering: PE)
Scherisolona® (Schering: CO, PE)
Solone® (Fawns & McAllan: AU)
Solpren® (ECU: EC)
Spiricort® (Spirig: CH)
SPMC Prednisolone® (SPMC: LK)
Vetsolone® [vet.] (Bayer: IT)
Walesolone® (MBD: SG)
Wysolone® (Wyeth: IN)

– **21-acetate:**
CAS-Nr.: 0000052-21-1
OS: *Prednisolone Acetate BANM, JAN, USAN*

IS: *Hydrocortidelt*
PH: Prednisolone (acétate de) Ph. Eur. 5
PH: Prednisolone Acetate JP XIV, Ph. Eur. 5, Ph. Int. 4, USP 30
PH: Prednisoloni acetas Ph. Eur. 5, Ph. Int. 4
PH: Prednisolonacetat Ph. Eur. 5

Adelone® (Cooper: GR)
Cotolone® (Truxton: US)
Deltastab® [inj.] (Sovereign: GB)
Diopred® (Sandoz: CA)
Dontisolon D® (Aventis: DE)
Econopred® (Alcon: BD, BW, ER, ET, GH, KE, LK, MW, NA, NG, TZ, UG, US, ZA, ZM, ZW)
Hexacorton® (Orva: TR)
Hexacorton® (Spirig: CH)
Hostacortina® [vet.] (Hoechst Vet: PT)
Hydrocortancyl® [inj.] (Sanofi-Aventis: FR)
Inf-Oph® (Seng Thai: TH)
InfectoCortikrupp® (Infectopharm: DE)
Inflanefran® (Pharm-Allergan: CZ, DE)
Key-Pred® (Hyrex: US)
Novosterol® [vet.] (Ceva: IT)
Pred Forte® (Allergan: BE, CA, CH, CL, CO, ES, FI, GB, HK, IL, LU, MY, NL, NZ, SG, US)
Pred Forte® [vet.] (Allergan: GB)
Pred fort® (Allergan: BR)
Pred Mild® (Allergan: BR, CA, HK, IE, MY, NZ, SG, US)
Pred Un® (Grin: MX)
Pred-Forte® (Abdi Ibrahim: TR)
Pred-Forte® (Allergan: TH)
Pred-Mild® (Allergan: TH, ZA)
Pred-NF® (Grin: MX)
Prednefrin® (Allergan: CO, CR, GT, MX, PA, SV)
Predni H Injekt® (Winthrop: DE)
Predni Lichtenstein® (Winthrop: DE)
Predni-Ophtal® (Winzer: DE)
Predni-POS® (Ursapharm: CZ, DE)
Prednigalen® (Galen: DE)
Prednihexal® (Hexal: AT)
Predniocil® (Edol: PT)
Prednisolon Vétoquinol® [vet.] (Vetoquinol: CH)
Prednisolon-Acetat® [vet.] (Selecta: DE)
Prednisolon-P Streuli® (Streuli: CH)
Prednisolone Acetate® (Falcon: US)
Prednisolone Acetate® (Rekah: IL)
Prednisolone-Dispersa® (Novartis: GR)
Prednisolonum® (Polfa Warszawa: PL)
Prednisolon® [vet.] (Albrecht: DE)
Prednisolon® [vet.] (Alma: DE)
Prednisolon® [vet.] (CP: DE)
Prednisolo® [vet.] (Intervet: IT)
Prednitab® [vet.] (Alfasan: NL)
Predsolets® (S.M.B. Farma: CL)
ratio-Prednisolone® (Ratiopharm: CA)
Sandoz Prednisolone® (Sandoz: CA)
Sophipren® (Sophia: MX)
Ultracortenol® (Ciba Vision: BG)
Ultracortenol® (Novartis: AR, AT, BE, CZ, DE, DK, IL, IS, LU, NL, NO, RO)
Ultracortenol® (Novartis Ophthalmics: CO, HU)

– 21-(disodium phosphate):

CAS-Nr.: 0000125-02-0
OS: *Prednisolone Sodium Phosphate BANM, USAN*
IS: *Optival*
IS: *Parisilon*
PH: Prednisolone Sodium Phosphate Ph. Eur. 5, Ph. Int. 4, USP 30
PH: Prednisoloni natrii phosphas Ph. Eur. 5, Ph. Int. 4
PH: Prednisolondihydrogenphosphat-Dinatrium Ph. Eur. 5
PH: Prednisolone (phosphate sodique de) Ph. Eur. 5

AK-Pred® (Akorn: PE, US)
Fisiopred® (Aventis: CO, CR, HN, NI, PA, SV)
Fisopred® (Aventis: CR, HN, NI, PA, SV)
Fisopred® (Sanofi-Aventis: MX)
Fisopred® (Specia Rhodia: PE)
Fosfato sodico de Prednisolona® (Medley: BR)
hefasolon® (Riemser: DE)
Inflamase® (Novartis Ophthalmics: US)
Key-Pred SP® (Hyrex: US)
Medopred® (Medochemie: RU)
Meticortelone® (Schering-Plough: MX)
Minims Prednisolondinatriumfosfaat® (Chauvin: NL)
Minims Prednisolone Sodium Phosphate® (Chauvin: GB)
Minims Prednisolone® (Bausch & Lomb: AU, NZ)
Minims Prednisolone® (Chauvin: IE)
Minims Prednisolone® [vet.] (Chauvin: GB)
Norsol® (Bilim: TR)
Ophtapred® (Dar-Al-Dawa: AE, BH, IQ, JO, KW, LB, LY, MT, NG, OM, QA, SA, SD, SO, TN, YE)
Orapred ODT® (Alliant: US)
Orapred® (Alliant: US)
Orapred® (Bio Marin: US)
Pediapred® (Celltech: US)
Pediapred® (Sanofi-Aventis: CA)
Pred-Clysma® (Schering: DK, NO, SE)
PredMix Oral Liquid® (Aspen: AU)
Prednabene® (Merckle: DE)
Prednesol® (Phoenix: IE)
Prednisolon FNA® (FNA: NL)
Prednisolona Lisan® (Lisan: CR)
Prednisolone Sodium Phosphate® (Bausch & Lomb: US)
Prednisolone Sodium Phosphate® (Ethex: US)
Prednisolone Sodium Phosphate® (Hi-Tech: US)
Prednisolone Sodium Phosphate® (Morton Grove: US)
Prednisolone Sodium Phosphate® (Pharmaceutical Associates: US)
Prednisolone Sodium Phosphate® (WE Pharmaceuticals: US)
Prednisolone® (Sovereign: GB)
Prednisolon® (Sanofi-Aventis: BR)
Predsim® (Schering-Plough: BR)
Predsol® (UCB: GB, IE)
Predsol® [vet.] (Celltech: IE)
Predsol® [vet.] (GlaxoSmithKline: NZ)
Predsol® [vet.] (Sigma: AU)
Predsol® [vet.] (UCB: GB)
Rectopred® (Jacoby: AT)
Redipred® (Aspen: NZ)
Redipred® (Aventis: AU)
Soluble Prednisolone® (Sovereign: GB)
Sterisol® [vet.] (Anthony: US)

- **21-(hydrogen succinate):**

CAS-Nr.: 0002920-86-7
PH: Prednisolone Hemisuccinate USP 30
PH: Prednisolone Succinate JP XIII
PH: Prednisolonum hydrogensuccinicum 2.AB-DDR

Cortilisa® [vet.] (AFI: IT)
Lepicortinolo® [inj.] (Decomed: PT)
Prednisolon-Succinat Streuli® (Streuli: CH)
Prednisolut® (mibe: DE)
Prednisolut® (mibe Jena: DE)

- **21-pivalate:**

CAS-Nr.: 0001107-99-9
OS: *Prednisolone Pivalate BANM*
IS: *Prednisolone trimethylacetate*
PH: Prednisolone Pivalate Ph. Eur. 5
PH: Prednisoloni pivalas Ph. Eur. 5
PH: Prednisolonpivalat Ph. Eur. 5
PH: Prednisolone (pivalate de) Ph. Eur. 5

Mecortolon® (Jelfa: PL)
Ultracortenol® (Ciba Vision: BG)
Ultracortenol® (Novartis: CH, CZ, DE, FI, IS, NL)
Ultracortenol® (Novartis Ophtalmics: CH)
Ultracortenol® (Novartis Ophthalmics: HU, SE)

- **21-(sodium succinate):**

CAS-Nr.: 0001715-33-9
OS: *Prednisolone Sodium Succinate USAN*
PH: Prednisolone Sodium Succinate for Injection JP XIV, USP 30
PH: Prednisoloni et natrii succinatis pulvis ad injectionem Ph. Int. 4
PH: Prednisolone Sodium Succinate Powder for Injections Ph. Int. 4

Di-Adreson-F Aquosum® [inj.] (Organon: ET, FI, GH, HU, KE, NL, TZ, ZM, ZW)
Precortalon® aquosum (Organon: SE)
Prednisolonnatriumsuccinaat CF® (Centrafarm: NL)
Solu-Dacortin® (Merck: AT, LU)
Solu-Decortin H® (Merck: DE)
Solu-Decortin® (Merck: CZ, DE)
Solu-Decortin® (Merck KGaA: RO)
Solu-Delta-Cortef® [vet.] (Pfizer: ZA)
Solu-Delta-Cortef® [vet.] (Pfizer Animal Health: NZ)
Solu-Delta-Cortef® [vet.] (Pharmacia: AU, LU, US)
Solu-Delta-Cortef® [vet.] (Pharmacia Animal Health: BE)

- **21-(sodium 3-sulfobenzoate):**

CAS-Nr.: 0000630-67-1
OS: *Prednisolone Metasulphobenzoate Sodium BANM*
IS: *Cortico-Sol*
IS: *Prednisolone sodium metasulfobenzoate*

Phoscortil-Klysma® (Kolassa: AT)
Predenema® (Forest: AN, BB, BS, GB, JM, LC, VC)
Predenema® (Pharmax: AE, BH, CY, IE, JO, KW, MT, OM, PK, QA, YE)
Predfoam® (Forest: AN, BB, BS, GB, JM, LC, VC)
Predfoam® (Pharmax: AE, BH, CY, IE, JO, KW, MT, OM, PK, QA, YE)
Prednisolone Biogaran® (Biogaran: FR)
Prednisolone EG® (EG Labo: FR)
Prednisolone Ivax® (Ivax: FR)
Prednisolone Merck® (Merck Génériques: FR)
Prednisolone RPG® (RPG: FR)
Prednisolone Sandoz® (Sandoz: FR)
Prednisolone Winthrop® (Winthrop: FR)
Solupred® (Sanofi-Aventis: FR)

- **21-(sodium tetrahydrophthalate):**

CAS-Nr.: 0010059-14-0

Fenicort® (Jelfa: PL)

- **21-steaglate:**

CAS-Nr.: 0005060-55-9
OS: *Prednisolone Steaglate BAN*
IS: *Prednisolone stearoyl-glycolate*
IS: *Prednisoloni steaglas*

Estilsona® (Ern: ES)
Sintisone® (Pfizer: PT)
Sintisone® (Pharmacia: LU)

Prednisone (Rec.INN)

L: Prednisonum
I: Prednisone
D: Prednison
F: Prednisone
S: Prednisona

Adrenal cortex hormone, glucocorticoid

ATC: A07EA03,H02AB07
CAS-Nr.: 0000053-03-2 C_{21}-H_{26}-O_5
M_r 358.439

Pregna-1,4-diene-3,11,20-trione, 17,21-dihydroxy-

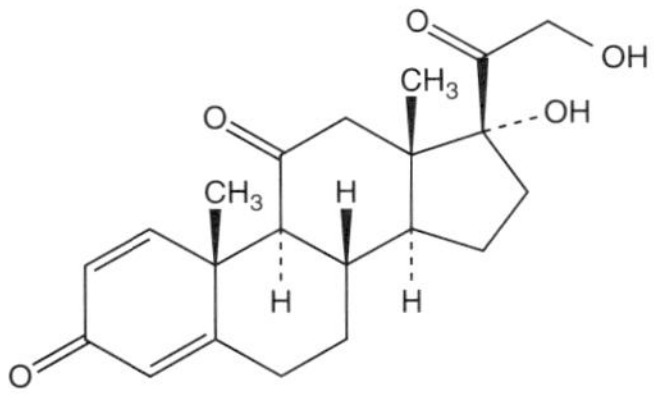

OS: *Prednisone [BAN, DCF, DCIT, USAN]*
IS: *Co-Deltra*
IS: *Cortidelt*
IS: *Deltacortisone*
IS: *Deltatrione*
IS: *Idrosone*
IS: *Insone*
IS: *Intalsone*
IS: *Juvason*
IS: *Mediasone*
IS: *Metacortandracin*
IS: *Metisone*
PH: Prednison [Ph. Eur. 5]
PH: Prednisone [Ph. Eur. 5, USP 30]
PH: Prednisonum [Ph. Eur. 5, Ph. Int. II]

Apo-Prednisona® (Apotex: PE)
Apo-Prednisone® (Apotex: CA, NZ, VN)

P

Be-Tabs Prednisone® (Be-Tabs: ZA)
Bersen MD® (Pasteur: CL)
Bersen® (Pasteur: CL)
Cortancyl® (Sanofi-Aventis: FR)
Cortiprex Lch® (Ivax: PE)
Cortiprex® (Chile: CL)
Cutason® (mibe: DE)
Dacortin® (Merck: ES)
Dacortin® (Merck KGaA: DE)
Decortin® (Merck: DE, HR)
Dehydrocortison® (Actavis: GE)
Dehydrocortison® (Balkanpharma: BG)
Deltacortene® (Bruno: IT)
Deltasone® (Pfizer: US)
Deltasone® (Renata: BD)
Deltison® (Recip: IS, SE)
Encorton® (Polfa Pabianice: PL)
Meticorten® (Essex: CL)
Meticorten® (Key: EC)
Meticorten® (Schering: PE, US)
Meticorten® (Schering-Plough: AR, BR, CR, DO, GT, HN, MX, PT)
Meticorten® [vet.] (Schering-Plough: US)
Metilpres® (TRB: AR)
Nisocortec® (Monsanti: PE)
Nizon® (Bosnalijek: BA)
Norapred® (Bruluart: MX)
Novo-Prednisone® (Novopharm: CA)
Panafcort® (Al Pharm: ZA)
Panafcort® (Aspen: AU)
Pehacort® (Phapros: ID)
Predicorten® (Stiefel: BR)
Predni Tablinen® (Winthrop: DE)
Prednipirine® (Lanpharm: AR)
Prednison acsis® (acis: DE)
Prednison Alpharma® (Alpharma: NL)
Prednison A® (Apothecon: NL)
Prednison CF® (Centrafarm: NL)
Prednison DAK® (Nycomed: DK)
Prednison Domesco® (Domesco: VN)
Prednison Galen® (Galenpharma: DE)
Prednison Galepharm® (Galepharm: CH)
Prednison Hexal® (Hexal: DE)
Prednison Leciva® (Leciva: CZ)
Prednison Merck® (Merck Generics: NL)
Prednison PCH® (Pharmachemie: NL)
Prednison Ratiopharm® (Ratiopharm: NL)
Prednison Sandoz® (Sandoz: NL)
Prednison Streuli® (Streuli: CH)
Prednison-ratiopharm® (ratiopharm: DE)
Prednison-ratiopharm® (Ratiopharm: NL)
Prednisona Alonga® (Sanofi-Synthelabo: ES)
Prednisona Iqfarma® (Iqfarma: PE)
Prednisona L.CH.® (Chile: CL)
Prednisona Lch® (Ivax: PE)
Prednisona MF® (Marfan: PE)
Prednisona® (Bestpharma: CL)
Prednisona® (Farvet: PE)
Prednisona® (Hersil: PE)
Prednisona® (Labofar: PE)
Prednisona® (LCG: PE)
Prednisona® (Mintlab: CL)
Prednisona® (Monsanti: PE)
Prednisona® (Neo Quimica: BR)
Prednisona® (Rider: CL)
Prednisona® (UQP: PE)
Prednisone Biogaran® (Biogaran: FR)
Prednisone GXI® (GXI: PH)
Prednisone Hexpharm® (Hexpharm: ID)
Prednisone Intensol® (Roxane: US)
Prednisone Organon® (Organon: PH)
Prednisone Sandoz® (Sandoz: FR)
Prednisone Winthrop® (Winthrop: FR)
Prednisone® (Major: US)
Prednisone® (Rekah: IL)
Prednisone® (Remedica: CY)
Prednisone® (Roxane: US)
Prednisone® (Rugby: US)
Prednisone® (Vintage: US)
Prednisone® (Watson: US)
Prednison® (Farmakos: RS)
Prednison® (Hexal: NL)
Prednison® (Katwijk: NL)
Prednison® (Leciva: CZ)
Prednison® (Orion: FI)
Prednison® [vet.] (Kombivet: NL)
Prednizon® (Bosnalijek: RS)
Prednizon® (Jugoremedija: RS)
Predsolan® [vet.] (Schering-Plough: IT)
Predsolone® (Lennon: AU)
Predsone® (Lennon: AU)
Predson® (Cristália: BR)
Procion® (Medipharm: CL)
Pronison® (Galenika: RS)
Pulmison® (Boehringer Ingelheim: ZA)
Rectodelt® (Trommsdorf: CZ, HU)
Rectodelt® (Trommsdorff: DE)
Sone® (Fawns & McAllan: AU)
Sterapred® (Merz: US)
Uniao Prednisona® (União: BR)
Winpred® (Valeant: CA)

- **21-acetate:**

CAS-Nr.: 0000125-10-0
OS: *Prednisone Acetate BANM*
PH: Prednisone (acétate de) Ph. Franç. IX
PH: Prednisoni Acetas Ph. Int. II

Prednisolon® (Polfa Warshavskiy: RU)
Prednison® (Arena: RO)
Prednison® (Gedeon Richter: RO)
Prednison® (Magistra: RO)
Prednison® (Sintofarm: RO)
Premandol® (Spirig: CH)

Prednylidene (Rec.INN)

L: Prednylidenum
D: Prednyliden
F: Prednylidène
S: Prednilideno

⚕ Adrenal cortex hormone, glucocorticoid

ATC: H02AB11
CAS-Nr.: 0000599-33-7

C_{22}-H_{28}-O_5
M_r 372.466

Pregna-1,4-diene-3,20-dione, 11,17,21-trihydroxy-16-methylene-, (11β)-

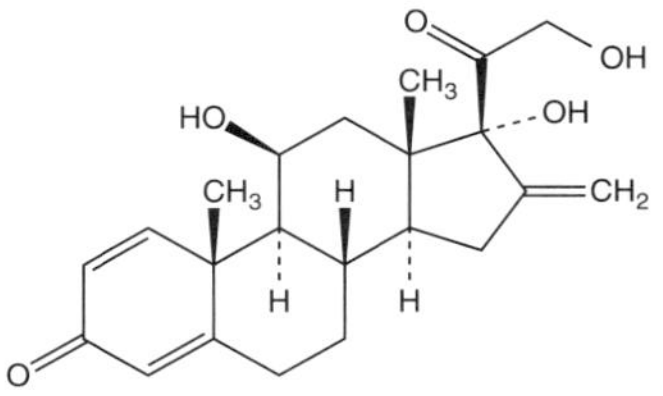

OS: *Prednylidene [BAN, DCF, USAN]*
IS: *16-Methylenprednisolon*

Decortilen® (Merck KGaA: DE)

Pregabalin (Rec.INN)

L: Pregabalinum
D: Pregabalin
F: Prégabaline
S: Pregabalina

Antiepileptic

ATC: N03AX16
ATCvet: QN03AX16
CAS-Nr.: 0148553-50-8 C_8-H_{17}-N-O_2
M_r 159.23

(S)-3-(Aminomethyl)-5-methylhexanoic acid (WHO)

(S)-3-(Aminomethyl)-5-methylhexansäure (IUPAC)

(S)-(+)-4-amino-3-(2-methylpropyl)butanoic acid

(S)-(+)-3-isobutyl-gamma-aminobutyric acid

Hexanoic acid, 3-(aminomethyl)-5-methyl-, (3S)-

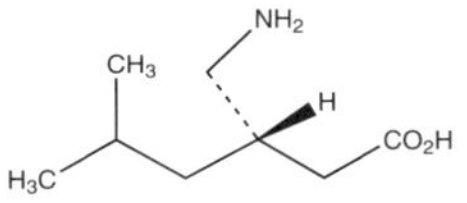

OS: *Pregabalin [USAN, BAN]*
IS: *CI 1008 (Warner-Lambert, USA)*
IS: *PD 144723 (Warner Lambert, US)*
IS: *Isobutyl GABA*
IS: *PGN*
IS: *NS-2330 (NeuroSearch)*

Lyrica® (Eurim: DE)
Lyrica® (Pfizer: AR, AT, BE, CA, CH, CL, CY, CZ, DE, DK, EE, ES, FI, FR, GB, GR, HK, HR, HU, IE, IL, IS, IT, LT, LU, LV, MT, MX, NL, NO, NZ, PL, RO, RS, RU, SE, SG, SI, SK, US)
Pregab® (Torrent: IN)
Pregobin® (Drugtech-Recalcine: CL)

Prenoxdiazine (Rec.INN)

L: Prenoxdiazinum
I: Prenoxdiazina
D: Prenoxdiazin
F: Prénoxdiazine
S: Prenoxdiazina

Antitussive agent

ATC: R05DB18
CAS-Nr.: 0047543-65-7 C_{23}-H_{27}-N_3-O
M_r 361.499

Piperidine, 1-[2-[3-(2,2-diphenylethyl)-1,2,4-oxadiazol-5-yl]ethyl]-

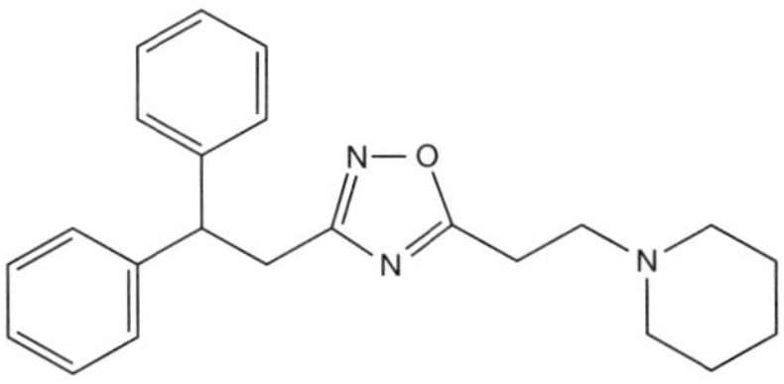

OS: *Prenoxdiazina [DCIT]*
OS: *Prenoxdiazine [USAN]*
IS: *HK 256*

Libexin® (Chinoin: BG)

– hydrochloride:

CAS-Nr.: 0000982-43-4
IS: *HK 256*

Libexin® (Khandelwal: IN)
Libexin® (Sanofi-Aventis: HU, RU)
Libexin® (Sanofi-Synthelabo: CZ)
Rhinathiol Tusso® (Sanofi-Aventis: HU)

Pridinol (Rec.INN)

L: Pridinolum
I: Pridinolo
D: Pridinol
F: Pridinol
S: Pridinol

Antiparkinsonian, central anticholinergic

ATC: M03BX03
CAS-Nr.: 0000511-45-5 C_{20}-H_{25}-N-O
M_r 295.43

1-Piperidinepropanol, α,α-diphenyl-

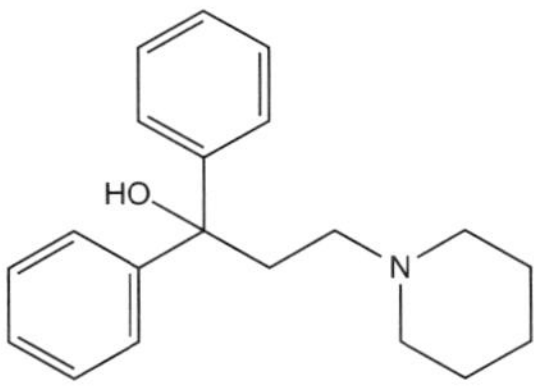

OS: *Pridinol [DCF, USAN]*
OS: *Pridinolo [DCIT]*

– hydrochloride:

CAS-Nr.: 0000968-58-1

P

IS: *238 C*

Pridinol® (Polon: PL)

- **mesilate:**

CAS-Nr.: 0006856-31-1
IS: *Pridinol methanesulfonate*
IS: *HH 212*

Konlax® (Shinyaku: JP)
Loxeen® (Tobishi: JP)
Lyseen® (Novartis Consumer Health: IT)
Myoson® (Strathmann: DE)
Polmesilat® (Polon: PL)

Prifinium Bromide (Rec.INN)

L: Prifinii Bromidum
I: Prifinio bromuro
D: Prifinium bromid
F: Bromure de Prifinium
S: Bromuro de prifinio

Antispasmodic agent

ATC: A03AB18
CAS-Nr.: 0004630-95-9 — C_{22}-H_{28}-Br-N, M_r 386.376

Pyrrolidinium, 3-(diphenylmethylene)-1,1-diethyl-2-methyl-, bromide

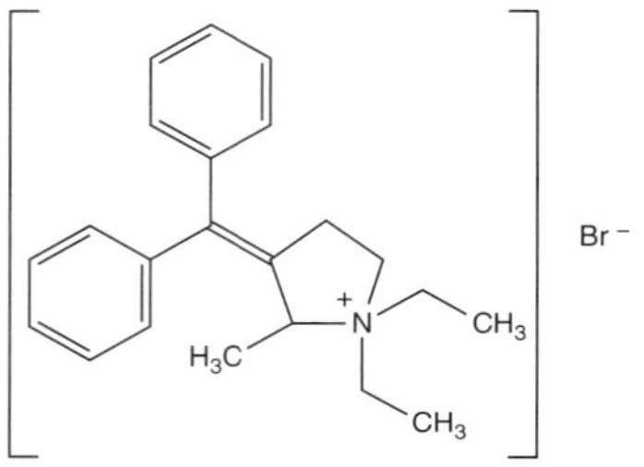

OS: *Prifinio bromuro [DCIT]*
OS: *Prifinium Bromide [JAN, USAN]*
IS: *PDB*
IS: *Pyrodifenium bromide*

Padrin® (Fujisawa: JP)
Prifidiar® [vet.] (Selecta: DE)
Prifidiar® [vet.] (Univete: PT)
Prifinial® [vet.] (Vetoquinol: AT, CH, FR)
Riabal® (Fujisawa: TH)
Riabal® (Hikma: AE, BH, IQ, JO, KW, SA, SY)
Riabal® (IBI: IT)

Prilocaine (Rec.INN)

L: Prilocainum
I: Prilocaina
D: Prilocain
F: Prilocaïne
S: Prilocaina

I ocal anesthetic

N01BB04
.: 0000721-50-6 — C_{13}-H_{20}-N_2-O, M_r 220.323

Propanamide, N-(2-methylphenyl)-2-(propylamino)-

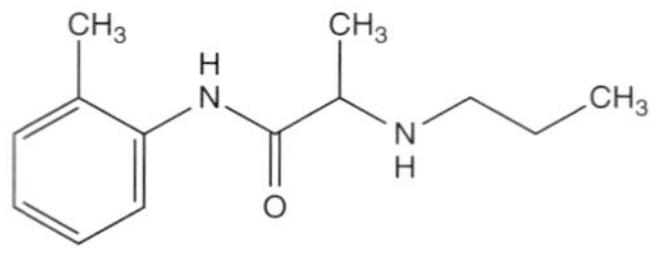

OS: *Prilocaine [BAN, USAN]*
OS: *Prilocaïne [DCF]*
OS: *Prilocaina [DCIT]*
IS: *Propitocaine*
PH: Prilocainum [Ph. Eur. 5]
PH: Prilocaine [Ph. Eur. 5, USP 30]
PH: Prilocain [Ph. Eur. 5]
PH: Prilocaïne [Ph. Eur. 5]

- **hydrochloride:**

CAS-Nr.: 0001786-81-8
OS: *Prilocaine Hydrochloride BANM, USAN*
OS: *Propitocaine Hydrochloride JAN*
IS: *Astra 1512 (Astra, USA)*
IS: *L 67*
PH: Prilocaine Hydrochloride Ph. Eur. 5, USP 30
PH: Prilocaini hydrochloridum Ph. Eur. 5
PH: Prilocaïne (chlorhydrate de) Ph. Eur. 5
PH: Prilocainhydrochlorid Ph. Eur. 5

Citanest Dental Octapressin® [+ Felypressin] (Dentsply: FI, IS, NO, SE)
Citanest Dental® (Dentsply: AU)
Citanest Octapressin® [+ Felypressin] (AstraZeneca: AE, BH, CY, EG, IQ, JO, KW, LB, LY, MT, OM, QA, SA, SY, YE)
Citanest Octapressin® [+ Felypressin] (Dentsply: IT)
Citanest Octapressin® [+ Felypressin] (Inibsa: ES)
Citanest® (AstraZeneca: AU, BE, GB, GE, LU, NL, NZ, SE, TR, US)
Citanest® (Inibsa: ES)
Citanest® [vet.] (AstraZeneca: GB)
Citocain® [+ Felypressin] (Cristália: BR)
Prilocaine Sintetica® (Sintetica: CH)
Prilocaine® [vet.] (Delvet: AU)
Prilocaine® [vet.] (Parnell: AU)
Xylonest® (AstraZeneca: CH, DE)

Primaquine (Rec.INN)

L: Primaquinum
I: Primachina
D: Primaquin
F: Primaquine
S: Primaquina

Antiprotozoal agent, antimalarial

ATC: P01BA03
CAS-Nr.: 0000090-34-6 — C_{15}-H_{21}-N_3-O, M_r 259.363

1,4-Pentanediamine, N4-(6-methoxy-8-quinolinyl)-

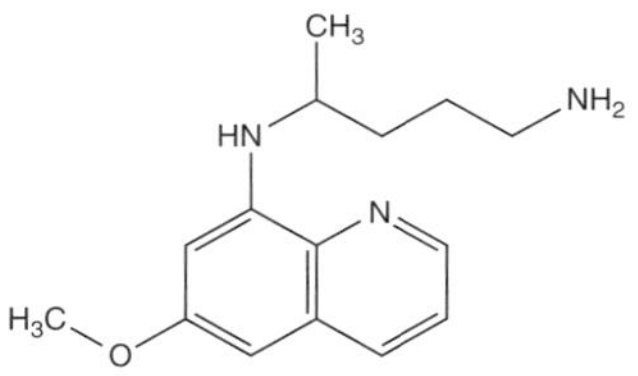

OS: *Primaquine [BAN, DCF]*
OS: *Primachina [DCIT]*
IS: *Primachinum*
IS: *SN 13272*

Kanaprim® (Globe: BD)
P-Quin® (Opsonin: BD)
Primaquina® [tab.] (Cipa: PE)

– phosphate:

CAS-Nr.: 0000063-45-6
OS: *Primaquine Phosphate BANM, USAN*
PH: Primaquine (diphosphate de) Ph. Eur. 5
PH: Primaquine Phosphate USP 30
PH: Primaquini diphosphas Ph. Eur. 5, Ph. Int. 4
PH: Primaquinbisdihydrogenphosphat Ph. Eur. 5
PH: Primaquine Diphosphate Ph. Eur. 5, Ph. Int. 4

Jasoprim® (Jayson: BD)
Kinder Primaquina® (Kinder: BR)
Malirid® (Ipca: IN)
PMQ-Inga® (Inga: IN)
Primacin® (Boucher & Muir: AU)
Primaquina® (Blaskov: CO)
Primaquina® (Quimioterapica: BR)
Primaquine® (Durbin: GB)
Primaquine® (Remedica: CY)
Primaquine® (Sanofi-Aventis: CA, US)
SPMC Primaquine Phosphate® (SPMC: LK)

Primidone (Rec.INN)

L: Primidonum
I: Primidone
D: Primidon
F: Primidone
S: Primidona

Antiepileptic

ATC: N03AA03
CAS-Nr.: 0000125-33-7 C_{12}-H_{14}-N_2-O_2
M_r 218.264

4,6(1H,5H)-Pyrimidinedione, 5-ethyldihydro-5-phenyl-

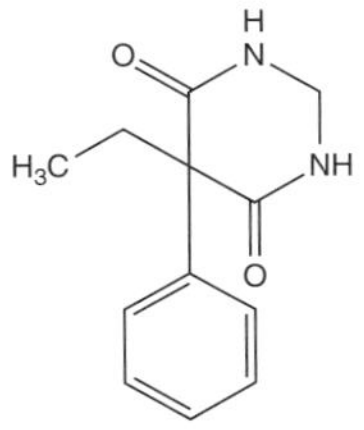

OS: *Primidone [BAN, DCF, DCIT, JAN, USAN]*
IS: *Rö 101*
IS: *Primaclone USA (AHFS)*
IS: *Desoxyphenobarbital USA (AHFS)*
PH: Primidon [Ph. Eur. 5]
PH: Primidone [Ph. Eur. 5, USP 30, JP XIV]
PH: Primidonum [Ph. Eur. 5, Ph. Int. II]

Apo-Primidone® (Apotex: CA, NZ)
Cyral® (Gerot: AT)
Epidona® (Wyeth: BR)
Hexamidin® (Akrihin: RU)
Liskantin® (Desitin: CZ, DE, LU)
Mizodin® (Unia: PL)
Mylepsinum® (AWD: DE)
Mysolane® [vet.] (Schering-Plough Vétérinaire: FR)
Mysoline® (Acorus: IE)
Mysoline® (AstraZeneca: AE, AG, AN, AR, AT, AU, AW, BE, BH, BM, BR, BS, BZ, CY, CZ, EG, ES, GD, GE, GY, HT, ID, IQ, JM, JO, KW, LB, LC, LU, LY, MT, OM, PE, QA, SA, SR, SY, TR, TT, VC, YE, ZA)
Mysoline® (Cana: GR)
Mysoline® (Fagron: NL)
Mysoline® (Nicholas: IN)
Mysoline® (ProReo: CH)
Mysoline® (SERB: FR)
Mysoline® (SIT: IT)
Mysoline® (Valeant: US)
Mysoline® [vet.] (Schering-Plough Veterinary: GB)
Neuroxyn® [vet.] (Boehringer Ingelheim: US)
Primidon Era® (Era Medical: DK)
Primidon Holsten® (Holsten: DE)
Primidon Holsten® (Holsten Pharma: SI)
Primidona L.CH.® (Chile: CL)
Primidona® (Apsen: BR)
Primidona® (Mintlab: CL)
Primidone® (Lannett: US)
Primidone® (United Research: US)
Primidone® (Watson: US)
Primidone® [vet.] (Butler: US)
Primidone® [vet.] (Fort Dodge: US)
Primidone® [vet.] (Vedco: US)
Primidone® [vet.] (Western: US)
Primidon® (Apsen: BR)
Primidon® (Pliva: SI)
Primidon® [vet.] (Eurovet: NL)
Primitabs® [vet.] (Vetus: US)
Prysoline® (Rekah: IL)
Resimatil® (Sanofi-Aventis: DE)
Sertan® (Valeant: HU)
Wyeth Pirimidona® (Wyeth: BR)

Pristinamycin (Rec.INN)

L: Pristinamycinum
D: Pristinamycin
F: Pristinamycine
S: Pristinamicina

Antibiotic

ATC: J01FG01
CAS-Nr.: 0011006-76-1

Antibiotic produced by *Streptomyces pristina spiralis*, or the same substance produced by any other means

OS: *Pristinamycin [BAN, USAN]*
OS: *Pristinamycine [DCF]*

P

IS: *RP 7293*

Pyostacine® (Sanofi-Aventis: FR, IL, RO)

Probenecid (Rec.INN)

L: Probenecidum
I: Probenecid
D: Probenecid
F: Probénécide
S: Probenecida

Uricosuric agent

ATC: M04AB01
CAS-Nr.: 0000057-66-9 — C_{13}-H_{19}-N-O_4-S
M_r 285.365

Benzoic acid, 4-[(dipropylamino)sulfonyl]-

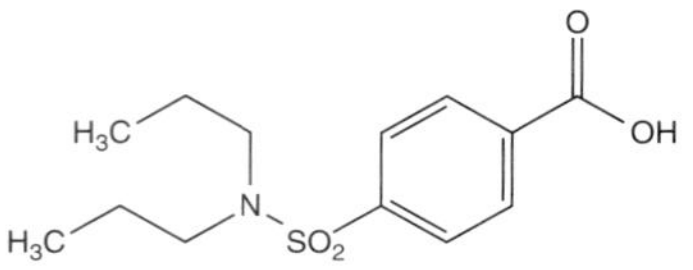

OS: *Probenecid [BAN, DCIT, JAN, USAN]*
OS: *Probénécide [DCF]*
PH: Probenecid [JP XIV, Ph. Eur. 5, Ph. Int. 4, USP 30]
PH: Probénécide [Ph. Eur. 5]
PH: Probenecidum [Ph. Eur. 5, Ph. Int. 4]

Benacid® (Chew Brothers: TH)
Bencid® (Geno: IN)
Bencid® (Pharmaland: TH)
Benecid® (Valdecasas: MX)
Benemide® (Bouchara: FR)
Benuryl® (IDIS: GB)
Benuryl® (Teva: IL)
Benuryl® (Valeant: CA)
Pro-Cid® (Pharmalab: AU)
Probecid® (AstraZeneca: NO)
Probecid® (BioPhausia: SE)
Probenecid Medic® (Medic: DK)
Probenecid Synco® (Synco: HK)
Probenecid Weimer® (Biokanol: DE)
Probenecid® (AFT: NZ)
Probenecid® (Teva: US)
Probenecid® (Watson: US)
Probenid® (Dexa Medica: ID)
Proben® (Aspen: ZA)
Santuril® (Lipomed: CH)

Probucol (Rec.INN)

L: Probucolum
I: Probucolo
D: Probucol
F: Probucol
S: Probucol

Antihyperlipidemic agent

ATC: C10AX02
CAS-Nr.: 0023288-49-5 — C_{31}-H_{48}-O_2-S_2
M_r 516.845

Phenol, 4,4'-[(1-methylethylidene)bis(thio)]bis[2,6-bis(1,1-dimethylethyl)-

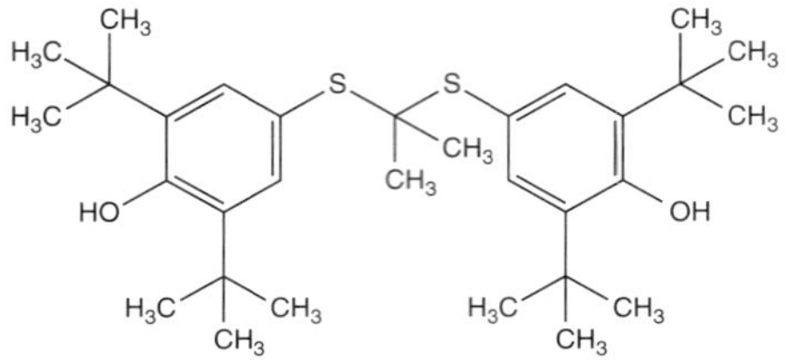

OS: *Probucol [BAN, DCF, JAN, USAN]*
OS: *Probucolo [DCIT]*
IS: *DH-581 (Merrell Dow, USA)*
PH: Probucol [USP 30]

Lesterol® (Aventis: BR)
Lurselle® (Aventis: AU)
Lurselle® (Lepetit: IT)
Sinlestal® (Daiichi: JP)

Procainamide (Rec.INN)

L: Procainamidum
I: Procainamide
D: Procainamid
F: Procaïnamide
S: Procainamida

Antiarrhythmic agent

ATC: C01BA02
CAS-Nr.: 0000051-06-9 — C_{13}-H_{21}-N_3-O
M_r 235.341

Benzamide, 4-amino-N-[2-(diethylamino)ethyl]-

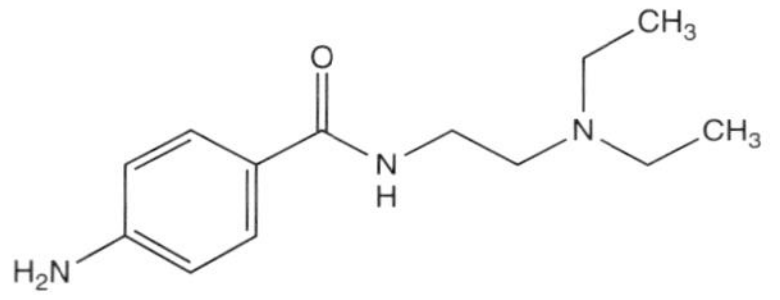

OS: *Procainamide [BAN, DCF, DCIT]*

– hydrochloride:

CAS-Nr.: 0000614-39-1
OS: *Procainamide Hydrochloride BANM, JAN, USAN*
IS: *Novocainamidum (USSRP)*
PH: Procaïnamide (chlorhydrate de) Ph. Eur. 5
PH: Procainamide Hydrochloride JP XIV, Ph. Eur. 5, Ph. Int. 4, USP 30
PH: Procainamidhydrochlorid Ph. Eur. 5
PH: Procainamidi hydrochloridum Ph. Eur. 5, Ph. Int. 4

Biocoryl® (Uriach: ES)
Pasconeural-Injektopas® (Pascoe: DE)
Procainamide Cloridrato® (Fresenius: IT)
Procainamide Cloridrato® (Salf: IT)
Procainamide Hydrochloride® (Hospira: US)
Procainamide Hydrochloride® (IMS: US)
Procainamide Hydrochloride® (Sandoz: US)
Procainamide Hydrochloride® (Teva: US)
Procamide® (Zambon: BR, IT)
Procan SR® (Erfa: CA)
Procan SR® (Parke Davis: US)

Procanbid® (Monarch: US)
Pronestyl® (Apothecon: US)
Pronestyl® (Bristol-Myers Squibb: AU, ET, GB, IE, KE, LU, NL, NZ, TZ, UG, ZA)
Pronestyl® (Sarabhai: IN)
Pronestyl® [vet.] (Bristol-Myers Squibb: GB)

Procaine (Rec.INN)

L: Procainum
I: Procaina
D: Procain
F: Procaïne
S: Procaina

Local anesthetic

ATC: C05AD05,N01BA02,S01HA05
CAS-Nr.: 0000059-46-1 C_{13}-H_{20}-N_2-O_2
M_r 236.323

Benzoic acid, 4-amino-, 2-(diethylamino)ethyl ester

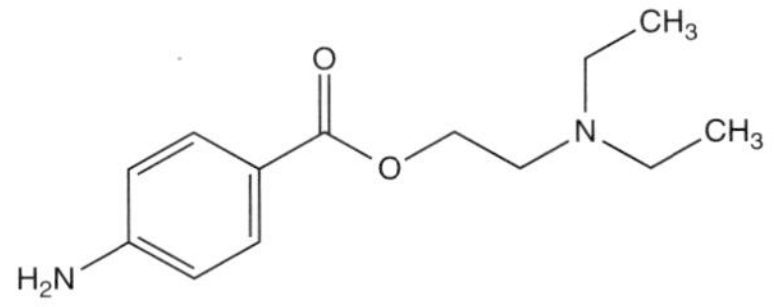

OS: *Procaine [BAN, DCF]*
OS: *Procaina [DCIT]*
IS: *2-Diethylaminoethyl 4-aminobenzoat (WHO)*

Solution of Novocain® (Batfarma: GE)

– hydrochloride:

CAS-Nr.: 0000051-05-8
OS: *Procaine Hydrochloride BANM, JAN, USAN*
IS: *Anosycocain*
IS: *Atoxycocain*
IS: *Novocainum (USSRP)*
PH: Procaïne (chlorhydrate de) Ph. Eur. 5
PH: Procaine Hydrochloride JP XIV, Ph. Eur. 5, Ph. Int. 4, USP 30
PH: Procainhydrochlorid Ph. Eur. 5
PH: Procaini hydrochloridum Ph. Eur. 5, Ph. Int. 4

Clorhidrato de procaina Biocrom® (Biocrom: AR)
Endocaina® (Lanpharm: AR)
Epidural Injection® [vet.] (Vedco: US)
Fadacaina® (Fada: AR)
Geroaslan H3® (Sanova: AT)
Gerovital H3® (Bipharma: NL)
Gerovital H3® (Hong Kong Medical: HK)
Gerovital H3® (Sanova: AT)
Hewedolor-Procain® (Hevert: DE)
Injectio Polocaini hydrochlorici® (Polpharma: PL)
Injectio Procaini Chlorati Ardeapharma® (Ardeapharma: CZ)
K.H.3-Geriatricum Schwarzhaupt® (Riemser: AT)
K.H.3-Geriatricum Schwarzhaupt® (Schwarzhaupt: AT)
Lenident Zeta® (Zeta: IT)
Lophakomp-Procain N® (Lomapharm: DE)
Minocain® [vet.] (Albrecht: DE)
Minocain® [vet.] (WDT: DE)
Novanaest® (Gebro: AT)
Novocain® (Biopharm: GE)
Novocain® (Hospira: US)
Procain DeltaSelect® (DeltaSelect: DE)
Procain Jenapharm® (Jenapharm: DE)
Procain Leciva® (Zentiva: CZ)
Procain Röwo® (Pharmakon: DE)
Procain Steigerwald® (Steigerwald: DE)
procain-loges® (Loges: DE)
Procaina Apolo® (Apolo: AR)
Procaina Klonal® (Klonal: AR)
Procaina Lafedar® (Lafedar: AR)
Procaina Larjan® (Veinfar: AR)
Procaina Serra® (Serra Pamies: ES)
Procaine Hydrochloride Demo® (Demo: GR)
Procaine Hydrochloride Injection® (Baxter: NZ)
Procaine Hydrochloride Injection® (Mayne: AU)
Procaine-Stella® (Lohmann & Rauscher: LU)
Procaine® (Leciva: CZ)
Procaine® (Martindale: GB)
Procaini HCL® (Ethica: ID)
Procain® (Scott: AR)
Procasel® [vet.] (Selecta: DE)
Procaïne chlorhydrate Lavoisier® (Chaix et du Marais: FR)
Prokain® (Teva: HU)
Röwo Procain® (Pharmakon: DE)
Vanaproc® [vet.] (Vana: AT)
Vina-H3® (F.T. Pharma: VN)
Willcain® [vet.] (Arnolds: GB)

Procarbazine (Rec.INN)

L: Procarbazinum
I: Procarbazina
D: Procarbazin
F: Procarbazine
S: Procarbazina

Antineoplastic agent

ATC: L01XB01
CAS-Nr.: 0000671-16-9 C_{12}-H_{19}-N_3-O
M_r 221.314

Benzamide, N-(1-methylethyl)-4-[(2-methylhydrazino)methyl]-

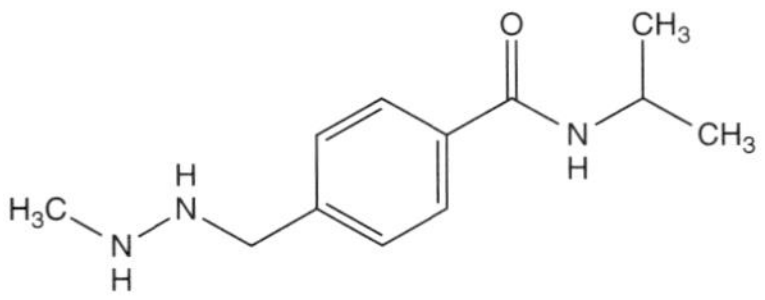

OS: *Procarbazine [BAN, DCF]*
OS: *Procarbazina [DCIT]*
IS: *Ibenzmethyzine*

– hydrochloride:

CAS-Nr.: 0000366-70-1
OS: *Procarbazine Hydrochloride JAN, USAN*
IS: *NSC 77213*
IS: *PRO*
IS: *Ro 4-6467*
PH: Procarbazine Hydrochloride JP XIV, Ph. Int. 4, USP 30
PH: Procarbazini hydrochloridum Ph. Int. 4

P

Matulane® (Sigma Tau: CA, US)
Natulanar® (Eurofarma: BR)
Natulan® (Ethifarma: NL)
Natulan® (Pharma Riace: RU)
Natulan® (Sigma Tau: DE, ES, FR, IT)
Procarbazine® (AFT: NZ)
Procarbazine® (Cambridge Laboratories: GB)

Procaterol (Rec.INN)

L: **Procaterolum**
I: **Procaterolo**
D: **Procaterol**
F: **Procatérol**
S: **Procaterol**

⚕ Bronchodilator

ATC: R03AC16,R03CC08
CAS-Nr.: 0072332-33-3 C_{16}-H_{22}-N_2-O_3
M_r 290.372

2(1H)-Quinolinone, 8-hydroxy-5-[1-hydroxy-2-[(1-methylethyl)amino]butyl]-, (R*,S*)-(±)-

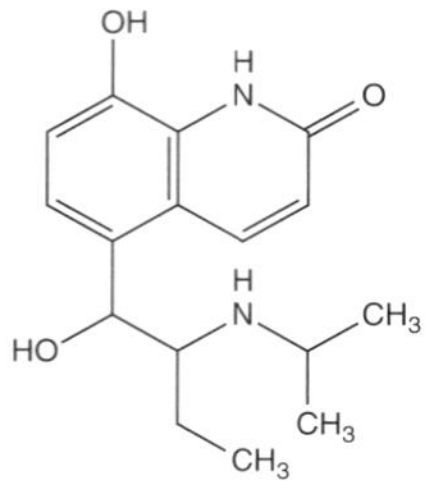

OS: *Procaterol [BAN, DCF]*
OS: *Procaterolo [DCIT]*

Meptin® (Otsuka: MY)

– hydrochloride:

CAS-Nr.: 0059828-07-8
OS: *Procaterol Hydrochloride BANM, JAN, USAN*
IS: *CI 888 (Parke Davis, USA)*
IS: *OPC 2009 (Otsuka, Japan)*
PH: Procaterol Hydrochloride JP XIV

Meptin® (Otsuka: CN, HK, ID, JP, SG, TH)

– hydrochloride hemihydrate:

CAS-Nr.: 0081262-93-3

Caterol® (Central Poly: TH)
Lontermin® (Lek: CZ, SI)
Meptin Air® (Otsuka: ID, TH)
Onsudil® (Jaba: PT)
Onsukil® (Grünenthal: DE)
Onsukil® (Otsuka: ES)
Procadil® (Recordati: IT)
Propulm® (SIT: IT)

Prochlorperazine (Rec.INN)

L: **Prochlorperazinum**
I: **Proclorperazina**
D: **Prochlorperazin**
F: **Prochlorpérazine**
S: **Proclorperazina**

⚕ Neuroleptic

ATC: N05AB04
CAS-Nr.: 0000058-38-8 C_{20}-H_{24}-Cl-N_3-S
M_r 373.952

10H-Phenothiazine, 2-chloro-10-[3-(4-methyl-1-piperazinyl)propyl]-

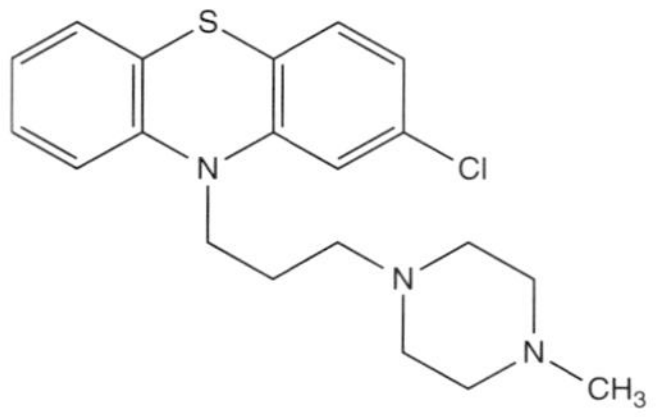

OS: *Prochlorperazine [BAN, DCF, JAN, USAN]*
OS: *Prochlorpémazine [DCF]*
OS: *Proclorperazina [DCIT]*
IS: *Chlormeprazine*
IS: *Chloropernazine*
IS: *RP 6140*
IS: *SKF 4657*
PH: Prochlorperazine [USP 26]
PH: Prochlorperazinum [PhBs IV]

Compazine® (GlaxoSmithKline: US)
Compro® (Paddock: US)
Prochlorperazine Suppositories® (Cheshire: US)
Prochlorperazine Suppositories® (G & W: US)
Prochlorperazine Suppositories® (PD-RX: US)
Prochlorperazine Suppositories® (Quality Care: US)
Stemetil® (Aventis: AU, DK, GH, IT, KE, NG, NO, ZA, ZW)
Stemetil® (Aventis Pharma: ID)
Stemetil® (Nicholas: IN)
Stemetil® (Sanofi-Aventis: GB, IE, NL, SE, SG)
Stemetil® [vet.] (Castlemead: GB)

– edisilate:

CAS-Nr.: 0001257-78-9
OS: *Prochlorperazine Edisylate USAN*
IS: *Prochlorperazine 1,2-ethanedisulfonate*
PH: Prochlorperazine Edisylate USP 30

Compazine® (GlaxoSmithKline: US)

– maleate:

CAS-Nr.: 0000084-02-6
OS: *Prochlorperazine Maleate BANM, JAN, USAN*
IS: *Capazine*
IS: *Emetiral*
PH: Prochlorpérazine (maléate de) Ph. Eur. 5
PH: Prochlorperazine Maleate Ph. Eur. 5, JP XIV, USP 30
PH: Prochlorperazinhydrogenmaleat Ph. Eur. 5
PH: Prochlorperazini maleas Ph. Eur. 5, Ph. Int. II

Ametil® (Aristopharma: BD)
Antinaus® (Pacific: NZ)
Apo-Prochlorazine® (Apotex: CA)
Avotil® (Rephco: BD)
Buccastem® (Reckitt Benckiser: IE, NZ)
Carmetic® (Carlisle: AG, AN, AW, BB, BS, BZ, GD, GY, JM, LC, SR, TT, VC)
Chloropernazinum® (Labor: PL)
Compazine® (GlaxoSmithKline: US)
Dhaperazine® (DHA: HK, SG)
Emetiral® (Zentiva: RO)
Emidoxyn® (Shreya: IN)
Melatil® (Gaco: BD)
Mitil® (Aspen: ZA)
Nautisol® (Medochemie: BH, KE, OM, SD, SD, UG)
Prochlorperazine® (Alpharma: GB)
Prochlorperazine® (Generics: GB)
Prochlorperazine® (Hillcross: GB)
Prochlorperazine® (Leciva: CZ)
Prochlorperazine® (Teva: GB)
Prochlor® (Beacons: SG)
Proclozine® (Pharmasant: TH)
Promat® (Navana: BD)
Prozière® (Ashbourne: GB)
Scripto-metic® (Al Pharm: ZA)
Seratil® (Christo Pharmaceutical: HK)
Stemetil® (Aventis: AU, GH, IS, KE, NG, NZ, TH, ZW)
Stemetil® (Aventis Pharma: ID)
Stemetil® (Sanofi-Aventis: BD, FI, GB, HK, IE, SE)
Stemetil® (Teofarma: IT)
Stemzine® (Aventis: AU)
Steremal® (Remedica: CY, ET, KE, SD, ZW)
Vergon® (Opsonin: BD)

– mesilate:

CAS-Nr.: 0005132-55-8
OS: *Prochlorperazine Mesilate BANM, JAN*
IS: *Prochlorperazine methanesulfonate*
IS: *Prochlorperazine Mesylate*
PH: Prochlorperazine Mesilate BP 2002

Prochlorperazine® (Sandoz: CA)
Stemetil® (Aventis: AU, NZ)
Stemetil® (Sanofi-Aventis: CA, GB, HK, IE)

Procyclidine (Rec.INN)

L: Procyclidinum
I: Prociclidina
D: Procyclidin
F: Procyclidine
S: Prociclidina

Antiparkinsonian, central anticholinergic

ATC: N04AA04
CAS-Nr.: 0000077-37-2 — C_{19}-H_{29}-N-O, M_r 287.451

1-Pyrrolidinepropanol, α-cyclohexyl-α-phenyl-

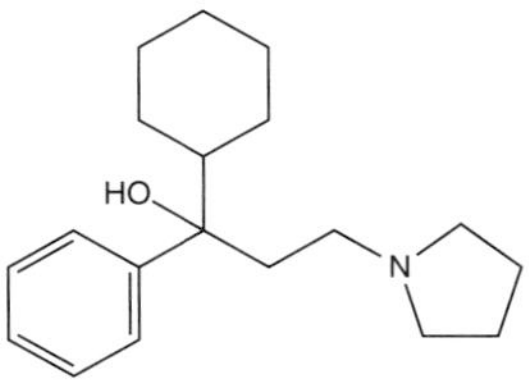

OS: *Procyclidine [BAN, DCF, USAN]*
OS: *Prociclidina [DCIT]*

– hydrochloride:

CAS-Nr.: 0001508-76-5
OS: *Procyclidine Hydrochloride BANM, USAN*
PH: Procyclidine Hydrochloride BP 2002, USP 30
PH: Procyclidini Hydrochloridum Ph. Int. II

Arpicolin® (Rosemont: GB)
Extranil® (General Pharma: BD)
Kdrine® (Opsonin: BD)
Kemadren® (GlaxoSmithKline: ES)
Kemadrin® (GlaxoSmithKline: AE, AG, AN, AT, AW, BB, BD, BE, BH, CH, CZ, DK, GB, GD, GY, HU, IL, IN, IR, IT, JM, KW, LC, LU, NL, NZ, OM, QA, TT, VC)
Kemadrin® (Monarch: US)
Kemadrin® (Wellcome: IE)
Osnervan® (GlaxoSmithKline: DE)
Perkinil® (Square: BD)
Procyclidine® (Alpharma: GB)
Procyclidine® (Remedica: CY)
Procyclidine® (Teva: GB)

Profenamine (Rec.INN)

L: Profenaminum
D: Profenamin
F: Profénamine
S: Profenamina

Antiparkinsonian, central anticholinergic

ATC: N04AA05
CAS-Nr.: 0000522-00-9 — C_{19}-H_{24}-N_2-S, M_r 312.481

10H-Phenothiazine-10-ethanamine, N,N-diethyl-α-methyl-

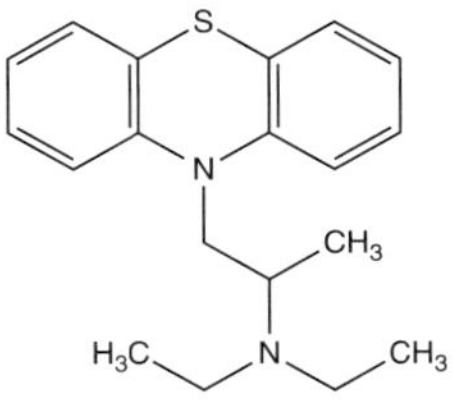

OS: *Profenamine [BAN]*
OS: *Profénamine [DCF]*
OS: *Ethopropazine [BAN]*
IS: *Isothazine*
IS: *Phenopropazine*
IS: *Prophenaminum*
IS: *RP 3356*
IS: *W 483*

P

- **hydrochloride:**
  CAS-Nr.: 0001094-08-2
  OS: *Profenamine Hydrochloride JAN*
  OS: *Ethopropazine Hydrochloride USAN*
  PH: Ethopropazine Hydrochloride BP 1973, USP 23
  PH: Profenamini hydrochloridum Ph. Int. II

  Parsitan® (Erfa: CA)

Progesterone (Rec.INN)

L: Progesteronum
I: Progesterone
D: Progesteron
F: Progestérone
S: Progesterona

Progestin

ATC: G03DA04
ATCvet: QG03D,QG03AC,QL02AB
CAS-Nr.: 0000057-83-0 C_{21}-H_{30}-O_2
M_r 314.471

Pregn-4-ene-3,20-dione

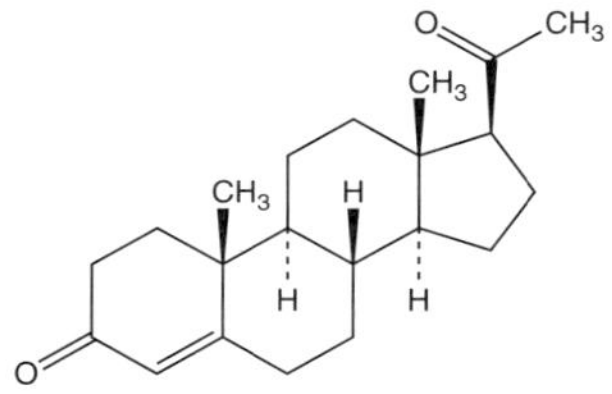

OS: *Progesterone [BAN, DCF, DCIT, JAN, USAN]*
IS: *Lutogynon*
IS: *Prolusteron*
IS: *Syntolutin*
IS: *BP 14*
IS: *Corpus-luteum-Hormon*
IS: *Pregn-4-ene-3,20-dione (WHO)*
PH: Progesteron [Ph. Eur. 5]
PH: Progesterone [JP XIV, Ph. Eur. 5, Ph. Int. 4, USP 30]
PH: Progesteronum [Ph. Eur. 5, Ph. Int. 4]
PH: Progestérone [Ph. Eur. 5]

Agolutin® (Biotika: CZ, SK)
Ciclosterona® (Lusa: PE)
CIDR® [vet.] (Fatro: IT)
CIDR® [vet.] (Livestock Improvement: NZ)
CIDR® [vet.] (Pfizer Animal Health: NZ)
CIDR® [vet.] (Richter: AT)
Crinone® (DKSH: ID)
Crinone® (Douglas: NZ)
Crinone® (Serono: AR, AU, BD, BE, BR, CA, CZ, DE, DK, ES, FI, GB, GR, HR, IE, IL, IT, LK, LU, NO, PE, PT, RU, SE, SG, TH, TR)
Crinone® (Serono Pharma: CH)
Crinone® (Serum Institute: IN)
Cue-Mate® [vet.] (Bomac: NZ)
Cue-Mate® [vet.] (Pfizer Animal: AU)
Cuerpo Amarillo Fuerte® (Hormona: MX)
Cutifitol® (Llorente: ES)
Cyclogest® (Actavis: GB, SG)
Cyclogest® (Assos: TR)
Cyclogest® (Aventis: TH, ZA)
Darstin® (Seid: ES)
Eazi-breed CIDR® [vet.] (ART: GB)
Eazi-breed CIDR® [vet.] (Pfizer: CH)
Eazi-breed CIDR® [vet.] (Pfizer Animal Health: NZ)
Eazi-breed CIDR® [vet.] (Pharmacia: AU)
Endometrin® (Ferring: HK, IL, US)
Esolut® (Angelini: IT)
Estima® (Effik: FR)
Evapause® (Zambon: FR)
Geslutin® (Asofarma: MX)
Geslutin® (Tecnofarma: CO, PE)
Gester® (Merck: AR)
Gestone® (Amsa: IT)
Gestone® (Ferring: IL)
Gestone® (Paines & Byrne: AE, BH, CY, LY, MT, OM)
Hormoral® (Silesia: CL)
Lugesteron® (Leiras: FI)
Luteal-Rl® (Medifarma: PE)
Luteina® (Adamed: PL)
Luteosan® [vet.] (Alvetra u. Werfft: AT)
Luteosan® [vet.] (Sanochemia: CH)
Lutogynestryl® (Aventis: PE)
Mafel® (Raymos: AR)
Mastoprofen® (Antibiotice: RO)
Menaelle® (Théramex: MC)
Naturogest® (German Remedies: IN)
Ornisteril® [vet.] (Biové: FR)
Premastan® (CORNE: MX)
Prid® [vet.] (Biokema: CH)
Prid® [vet.] (Ceva: FR)
Progeffik® (Effik: ES, IT)
Progenar-Gele® (Menarini: PT)
Progendo® (Gynopharm: CL)
Progestan® (Koçak: TR)
Progestan® (Organon: NL)
Progesteron Dak® (Nycomed: DK)
Progesteron Gräub® [vet.] (Gräub: CH)
Progesteron Gräub® [vet.] (Schoeller: AT)
Progesteron Streuli® (Streuli: CH)
Progesteron Streuli® [vet.] (Streuli: CH)
Progesteron Stricker® [vet.] (Stricker: CH)
Progesterona L.CH.® (Chile: CL)
Progesterona® (Bestpharma: CL)
Progesterona® (Biosano: CL)
Progesterona® (Sanderson: CL)
Progesterone Biologici® (Biologici: SG)
Progesterone Injection® (Abraxis: US)
Progesterone Injection® (Watson: US)
Progesterone Powder® (Paddock: US)
Progesterone Powder® (X-Gen: US)
Progesterone® (Biopharm: GE)
Progesterone® (Cytex: CA)
Progesterone® (Orion: AU)
Progesterone® [vet.] (Intervet: GB, IE)
Progesterone® [vet.] (Jurox: AU)
Progesteronum® (Jelfa: PL)
Progesteron® [vet.] (Albrecht: DE)
Progesteron® [vet.] (CP: DE)
Progestine® (Organon: NL)
Progestin® (Vijosa: GT, NI, PA, SV)
Progestin® [vet.] (Intervet: AU)
Progestogel® (Besins: BE, FR, LU, RU, VN)
Progestogel® (Kade/Besins: DE)
Progestogel® (Lab. Besins: RO)
Progestogel® (Lusofarmaco: IT)

Progestogel® (Organon: ES)
Progestogel® (Piette: TH)
Progestogel® (Seid: ES)
Progestogel® (Vifor: CH)
Progestosol® (Seid: ES)
Progest® (Elea: AR)
Progestérone Biogaran® (Biogaran: FR)
Progestérone Merck® (Merck Génériques: FR)
Progésterone Sandoz® (Sandoz: FR)
Proluton® (Schering: AR, AU, IT)
Prometrium® (Rottapharm: IT)
Prometrium® (Schering: CA)
Prometrium® (Solvay: US)
Prontogest® (Amsa: IT)
Prosphere® (AF: MX)
Susten® (Sun: LK)
Utrogestan® (Besins: BE, CZ, FR, HR, HU, IL, LU, RU, VN)
Utrogestan® (CORNE: MX)
Utrogestan® (Farma: EC)
Utrogestan® (Farmoquimica: BR)
Utrogestan® (Jaba: PT)
Utrogestan® (Lab. Besins: RO)
Utrogestan® (Medi Challenge: ZA)
Utrogestan® (Piette: TH)
Utrogestan® (Sanofi-Aventis: IE)
Utrogestan® (Seid: ES)
Utrogestan® (Viatris: AT)
Utrogestan® (Vifor: CH)
Utrogestran® (Faran: GR)
Utrogest® (Kade/Besins: DE)

Proglumetacin (Rec.INN)

L: Proglumetacinum
I: Proglumetacina
D: Proglumetacin
F: Proglumétacine
S: Proglumetacina

Antiinflammatory agent
Analgesic

ATC: M01AB14
CAS-Nr.: 0057132-53-3 C_{46}-H_{58}-Cl-N_5-O_8
M_r 844.47

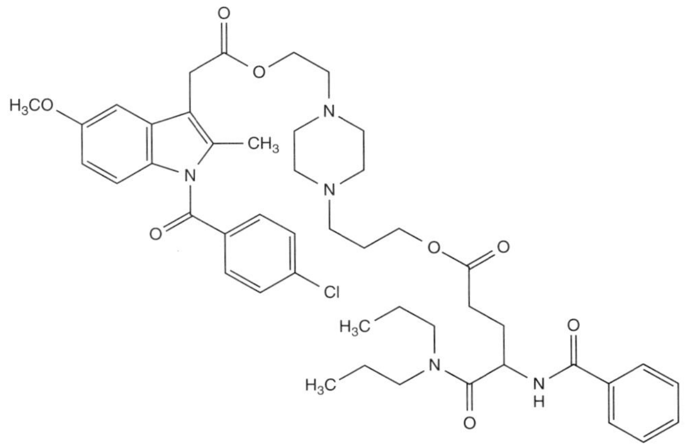

OS: *Proglumetacin [BAN, USAN]*
OS: *Proglumetacina [DCIT]*

Bruxel® (Ivax: AR)

– dimaleate:

CAS-Nr.: 0059209-40-4
OS: *Proglumetacin Maleate JAN*
IS: *CR 604*

Afloxan® (Rotta: HK)
Afloxan® (Rotta Pharmaceuticals: BO, DO, GT, HN, HT, PA, SV, TH)
Afloxan® (Rotta Pharmalink: PH)
Afloxan® (Rottapharm: CL, IT, VN)
Miridacin® (Taiho: JP)
Prodamox® (Rubio: ES)
Protaxil® (Delta: PT)
Protaxil® (Opfermann: DE)
Protaxil® (Rottapharm: ES)
Protaxon® (Opfermann: DE)
Protaxon® (Sanofi-Synthelabo: AT)
Proxil® (Rottapharm: IT)
Tolindol® (Meuse: BE, LU)

Proglumide (Rec.INN)

L: Proglumidum
I: Proglumide
D: Proglumid
F: Proglumide
S: Proglumida

Parasympatholytic agent

ATC: A02BX06
CAS-Nr.: 0006620-60-6 C_{18}-H_{26}-N_2-O_4
M_r 334.426

Pentanoic acid, 4-(benzoylamino)-5-(dipropylamino)-5-oxo-, (±)-

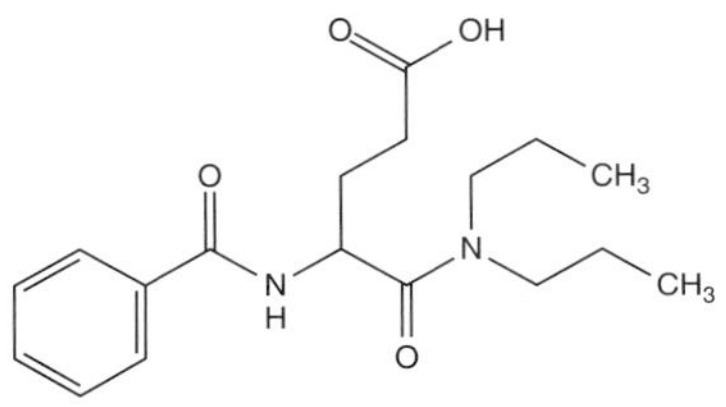

OS: *Proglumide [BAN, DCF, DCIT, JAN, USAN]*
IS: *CR 242*
IS: *KXM*
IS: *W 5219*
IS: *Xylamide*
PH: Proglumide [JP XIV]

Milid® (Lepori: ES)
Milid® (Opfermann: DE)
Milid® (Rottapharm: IT)
Milid® (Sanochemia: AT)
Promid® (Kaken: JP)

Proguanil (Rec.INN)

L: Proguanilum
I: Proguanile
D: Proguanil
F: Proguanil
S: Proguanil

Antiprotozoal agent, antimalarial

ATC: P01BB01
CAS-Nr.: 0000500-92-5 C_{11}-H_{16}-Cl-N_5
M_r 253.749

Imidodicarbonimidic diamide, N-(4-chlorophenyl)-N'-(1-methylethyl)-

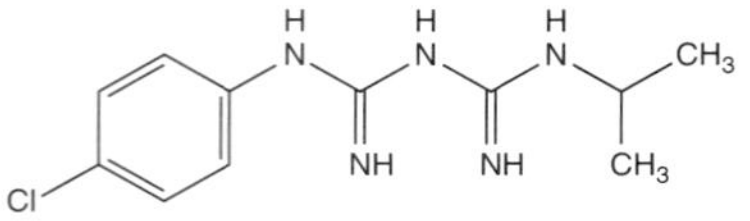

OS: *Proguanil [BAN, DCF]*
IS: *Chloriguane*
IS: *PR 3359*
IS: *Proguanide*
IS: *SN 12837*
PH: Trimipraminhydrogenmaleat [DAB 1999]

– hydrochloride:
CAS-Nr.: 0000637-32-1
OS: *Proguanil Hydrochloride BANM*
OS: *Chloroguanide Hydrochloride USAN*
IS: *Chloroguanide hydrochloride*
IS: *Bigumalum*
PH: Proguanile cloridrato F.U. IX
PH: Proguanil Hydrochloride BP 2003, Ph. Eur. 5, Ph. Int. 4
PH: Proguanili hydrochloridum Ph. Eur. 5, Ph. Int. 4
PH: Chloroguanide Hydrochloride USP XIV

Laveran® (Unicure: IN)
Malarone® [+ Atovaquone] (GlaxoSmithKline: AT, AU, CA, CH, DE, ES, FI, FR, GB, HK, IE, IT, LU, MY, NO, NZ, SE, SG, TH, US)
Paludrine® (AstraZeneca: AE, AT, AU, BE, BH, CY, DE, DK, EG, ET, FR, GB, GH, IE, IL, IQ, IT, JO, KE, KW, LB, LU, LY, MT, MW, MZ, NG, NL, NO, OM, PT, QA, SA, SD, SE, SY, TZ, UG, YE, ZA, ZM, ZW)
Paludrine® (EU-Pharma: NL)
Paludrine® (Euro: NL)
Paludrine® (Medcor: NL)

Proligestone (Rec.INN)

L: Proligestonum
D: Proligeston
F: Proligestone
S: Proligestona

Progestin

ATCvet: QG03DA90
CAS-Nr.: 0023873-85-0 C_{24}-H_{34}-O_4
M_r 386.536

Pregn-4-ene-3,20-dione, 14,17-[propylidenebis(oxy)]-

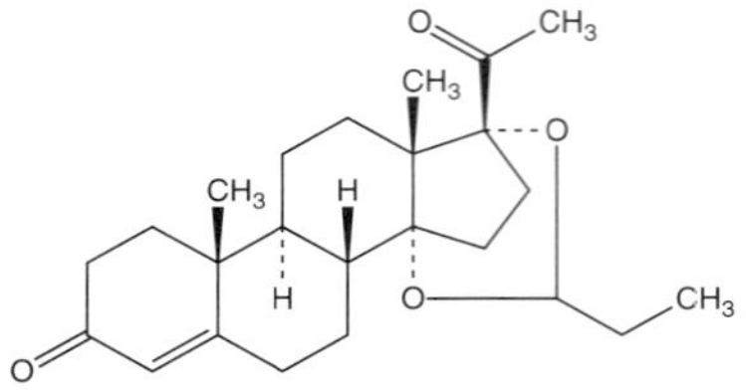

OS: *Proligestone [BAN, USAN]*

Covinan® [vet.] (Intervet: AU, BE, IT, NL)
Covinan® [vet.] (Organon Vet: PT)
Delvosteron® [vet.] (Intervet: AT, DE, FR, GB, IE, LU, NL, NZ)
Delvosteron® [vet.] (Mycofarm: BE)
Delvosteron® [vet.] (Veterinaria: CH)

Promazine (Rec.INN)

L: Promazinum
I: Promazina
D: Promazin
F: Promazine
S: Promazina

Neuroleptic

ATC: N05AA03
CAS-Nr.: 0000058-40-2 C_{17}-H_{20}-N_2-S
M_r 284.427

10H-Phenothiazine-10-propanamine, N,N-dimethyl-

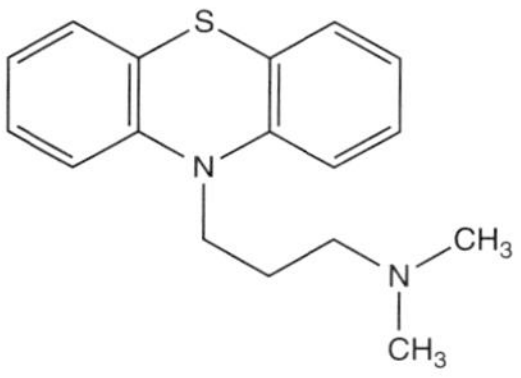

OS: *Promazine [BAN, DCF]*
OS: *Promazina [DCIT]*
IS: *Verophen*
IS: *A 145*
IS: *RP 3276*
IS: *Wy 1094*

Combelen® [vet.] (Bayer: IT)

– hydrochloride:
CAS-Nr.: 0000053-60-1
OS: *Promazine Hydrochloride BANM, USAN*
IS: *Frenil*
PH: Promazine Hydrochloride Ph. Eur. 5, USP 30
PH: Promazini hydrochloridum Ph. Eur. 5
PH: Promazinhydrochlorid Ph. Eur. 5
PH: Promazine (chlorhydrate de) Ph. Eur. 5

Prazine® (AHP: LU)
Prazine® (Pliva: BA, HR, SI)
Prazine® (Tentan: CH)
Promazine® (Remedica: CY)
Promazine® (Rosemont: GB)
Promazine® [vet.] (Fort Dodge: US)
Promazin® (Jelfa: PL)

Protactyl® (Hexal: DE, DE)
Sinophenin® (Rodleben: DE)
Sparine® (Akromed: ZA)
Sparine® (Wyeth: US)
Talofen® (Fournier: IT)
Tranquazine® (Anthony: US)

Promegestone (Rec.INN)

L: Promegestonum
D: Promegeston
F: Promégestone
S: Promegestona

Progestin

ATC: G03DB07
CAS-Nr.: 0034184-77-5 C_{22}-H_{30}-O_2
M_r 326.482

Estra-4,9-dien-3-one, 17-methyl-17-(1-oxopropyl)-, (17β)-

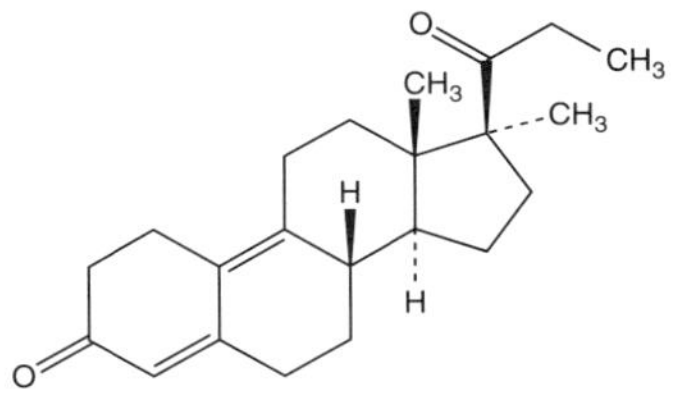

OS: *Promégestone [DCF]*
OS: *Promegestone [USAN]*
IS: *R 5020*

Surgestone® (Sanofi-Aventis: FR, PT)

Promestriene (Rec.INN)

L: Promestrienum
I: Promestriene
D: Promestrien
F: Promestriène
S: Promestrieno

Estrogen

ATC: G03CA09
CAS-Nr.: 0039219-28-8 C_{22}-H_{32}-O_2
M_r 328.498

Estra-1,3,5(10)-triene, 17-methoxy-3-propoxy-, (17β)-

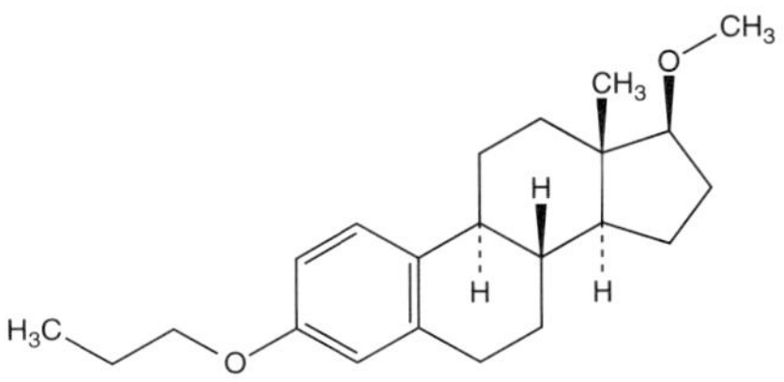

OS: *Promestriène [DCF]*
OS: *Promestriene [DCIT, USAN]*

Colpotrofine® (Altana: BR)
Colpotrofin® (Andromaco: ES)
Colpotrofin® (Boi: ES)
Colpotrofin® (Grunenthal: ES)
Colpotrophine® (Merck: AR, HK, PE, TR)
Colpotrophine® (Merck KGaA: CN)
Colpotrophine® (Merck Theramex: SG)
Colpotrophine® (Scherer: CZ)
Colpotrophine® (Theramex: CN, IT)
Colpotrophine® (Théramex: BF, CG, CI, CM, CZ, GA, GN, MC, ML, MR, MU, RO, SN, TG)
Colpotrophine® (Vifor: CH)
Delipoderm® (Reig Jofre: ES)

Promethazine (Rec.INN)

L: Promethazinum
I: Prometazina
D: Promethazin
F: Prométhazine
S: Prometazina

Antiallergic agent
Histamine, H_1-receptor antagonist
Antihistaminic agent

ATC: D04AA10,R06AD02
CAS-Nr.: 0000060-87-7 C_{17}-H_{20}-N_2-S
M_r 284.427

10H-Phenothiazine-10-ethanamine, N,N,α-trimethyl-

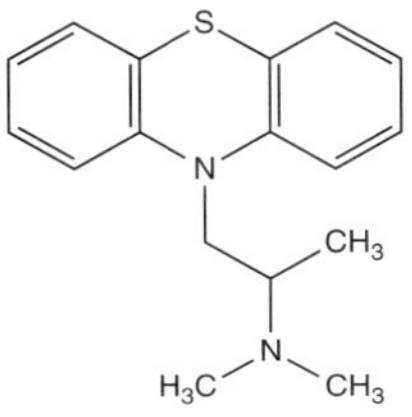

OS: *Promethazine [BAN, DCF]*
OS: *Prometazina [DCIT]*
IS: *Lilly 01516 (Lilly)*
IS: *PM 284*
IS: *RP 3277*

Cremefenergan® (Aventis: BR)
Fargan® (Carlo Erba: IT)
Fenergan® (Aventis: PE)
Fenergan® (Sanofi-Aventis: AR, BR)
Fenergan® (Vitoria: PT)
Phénergan® [creme] (UCB: FR)
Prometazina OFF® (OFF: IT)
Prometazina® (AFOM: IT)
Prometazina® (Boots: IT)
Prometazina® (Dynacren: IT)
Prometazina® (Ecobi: IT)
Prometazina® (Farma 1: IT)
Prometazina® (IFI: IT)
Prometazina® (Lachifarma: IT)
Prometazina® (Marco Viti: IT)
Prometazina® (Nova Argentia: IT)
Prometazina® (Ogna: IT)
Prometazina® (Olcelli: IT)
Prometazina® (Ramini: IT)
Prometazina® (Sella: IT)
Prometazina® (Zeta: IT)
Promethazin Domesco® (Domesco: VN)

– hydrochloride:
CAS-Nr.: 0000058-33-3

OS: *Promethazine Hydrochloride BANM, JAN, USAN*
IS: *Proazamine chloride*
IS: *Diprazinum*
PH: Prométhazine (chlorhydrate de) Ph. Eur. 5
PH: Promethazine Hydrochloride JP XIV, Ph. Eur. 5, Ph. Int. 4, USP 30
PH: Promethazinhydrochlorid Ph. Eur. 5
PH: Promethazini hydrochloridum Ph. Eur. 5, Ph. Int. 4

Allphen® (Medimet: BD)
Antiallersin® (Actavis: GE)
Antiallersin® (Balkanpharma: BG)
Antinaus® (Clint: US)
Atosil® (Bayer: DE)
Brunazine® (Brunel: ZA)
Closin® (Combustin: DE)
Daralix® (Aspen: ZA)
Diphergan® (Altana: PL)
Diphergan® (Jelfa: PL)
Eusedon® (Krewel: DE)
Fada Prometazina® (Fada: AR)
Farganesse® (Pharmacia: IT)
Fenazil® (Sella: IT)
Fenazine® (Shiba: YE)
Fenazin® (Synco: HK)
Frinova® (Sanofi-Aventis: ES)
Gold Cross Antihistamine Elixir® (Biotech: AU)
Histabil® (Pacific: BD)
Histazin® (United Pharmaceutical: AE, BH, IQ, JO, LY, OM, QA, SA, SD, YE)
Histerzin® (Edruc: BD)
Insomn-Eze® (Aventis: AU)
Lenazine® (Aspen: ZA)
Lergigan® (Recip: SE)
Meta® (Millimed: TH)
Nyal Plus+ Allergy Relief® (ICN: AU)
Otosil® (Opsonin: BD)
Pamergan® (Cristália: BR)
Pentazine® (Century: US)
Phenadoz® (Paddock: US)
Phenazine 50® (Keene: US)
Phenerex® (Jayson: BD)
Phenergan® (Aventis: AU, DK, EG, GH, IS, KE, LU, NG, NO, NZ, TH, ZA, ZW)
Phenergan® (Aventis Pharma: ID)
Phenergan® (Nicholas: IN)
Phenergan® (Sanofi-Aventis: BD, BE, GB, IE, VN)
Phenergan® (Wyeth: US)
Phénergan® [compr.] (UCB: FR)
Pipolphen® (Egis: HU, RU)
Prohist® (Be-Tabs: ZA)
Promacot® (Truxton: US)
Promadryl® (Gamma: LK)
Promargan® (Gaco: BD)
Prometazin ERA® (Era Medical: DK)
Prometazina Cevallos® (Cevallos: AR)
Prometazina Larjan® (Veinfar: AR)
Prometazina Vannier® (Vannier: AR)
Prometazina® (Ecobi: IT)
Prometazina® (IFI: IT)
Promethazin 5 Berlin-Chemie® (Berlin-Chemie: CZ)
Promethazin-neuraxpharm® (neuraxpharm: DE)
Promethazine CF® (Centrafarm: NL)
Promethazine DHA® (DHA: HK)
Promethazine HCl-Fresenius® (Bodene: ZA)
Promethazine HCl® (G & W: US)
Promethazine Hydrochloride Injection® (Baxter: US)
Promethazine Hydrochloride Injection® (Bioniche: US)
Promethazine Hydrochloride Injection® (Hospira: US)
Promethazine Hydrochloride Injection® (Mayne: AU)
Promethazine Hydrochloride Injection® (Sandoz: CA)
Promethazine Hydrochloride Injection® (Sicor: US)
Promethazine Hydrochloride Suppositories® (Able: US)
Promethazine Hydrochloride Suppositories® (Clay-Park: US)
Promethazine Hydrochloride Suppositories® (G & W: US)
Promethazine Hydrochloride Tablets® (Able: US)
Promethazine Hydrochloride Tablets® (Sandoz: US)
Promethazine Hydrochloride Tablets® (Watson: US)
Promethazine Hydrochloride® (Able: US)
Promethazine Hydrochloride® (Baxter: US)
Promethazine Hydrochloride® (Bioniche: US)
Promethazine Hydrochloride® (Clay-Park: US)
Promethazine Hydrochloride® (G & W: US)
Promethazine Hydrochloride® (Hi-Tech: US)
Promethazine Hydrochloride® (Hospira: US)
Promethazine Hydrochloride® (Mayne: SG)
Promethazine Hydrochloride® (Morton Grove: US)
Promethazine Hydrochloride® (Remedica: CY)
Promethazine Hydrochloride® (Sandoz: US)
Promethazine Hydrochloride® (Sicor: US)
Promethazine Hydrochloride® (Watson: US)
Promethazine PCH® (Pharmachemie: NL)
Promethazine ratiopharm® (Ratiopharm: NL)
Promethazine® (Vitamed: IL)
Promethegan® (G & W: US)
Promezin® (Beximco: BD)
Promodin® (Chemist: BD)
Proneurin® (Hexal: DE)
Prorex® (Hyrex: US)
Prothazin® (Knoll: AU)
Prothazin® (Rodleben: DE)
Prothazin® (UCB: CZ)
Prothiazine® (CTS: IL)
Prozin® (Eskayef: BD)
Receptozine® (Be-Tabs: ZA)
Sirupus Promethazini PCH® (Pharmachemie: NL)
Sominex® (Thornton & Ross: GB)
SPMC Promethazine HCl® (SPMC: LK)
Titanox® (Demo: GR, TH)

– maleate:

Romergan® (Biofarm: RO)
Romergan® (Terapia: RO)

– teoclate:

CAS-Nr.: 0017693-51-5
OS: *Promethazine Teoclate BAN, JAN, USAN*
IS: *Promethazine 8-chlorotheophyllinate*
IS: *Promethazine Theoclate*

PH: Promethazine Teoclate BP 2002

Anvomin® (Christo Pharmaceutical: HK)
Avomine® (Aspen: ZA)
Avomine® (Aventis: AU, NZ)
Avomine® (Manx: GB)
Avomine® (Nicholas: IN)
Avomine® (Sanofi-Aventis: BD)
Avopreg® (Aventis Pharma: ID)
Nufapreg® (Nufarindo: ID)
Promet® (Opsonin: BD)
Synvomin® (Synco: HK)

Promolate (Rec.INN)

L: Promolatum
I: Promolato
D: Promolat
F: Promolate
S: Promolato

Antitussive agent

CAS-Nr.: 0003615-74-5 — C_{16}-H_{23}-N-O_4, M_r 293.36

Propanoic acid, 2-methyl-2-phenoxy-, 2-(4-morpholinyl)ethyl ester

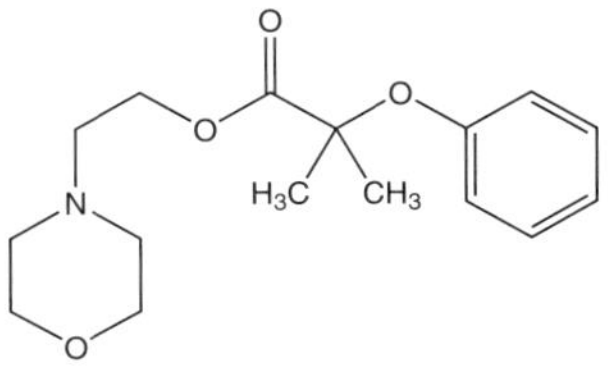

OS: *Promolate [USAN]*
IS: *BRN 1012387*
IS: *EINECS 222-797-6*
IS: *Mebetus*
IS: *Kebiding*
IS: *Massobron*
IS: *Morfetilbutina*
IS: *Morphetylbutyne*

Atusil® (Pediapharm: CL)

Propacetamol (Rec.INN)

L: Propacetamolum
D: Propacetamol
F: Propacetamol
S: Propacetamol

Analgesic
Antipyretic

ATC: N02BE05
CAS-Nr.: 0066532-85-2 — C_{14}-H_{20}-N_2-O_3, M_r 264.334

Glycine, N,N-diethyl-, 4-(acetylamino)phenyl ester

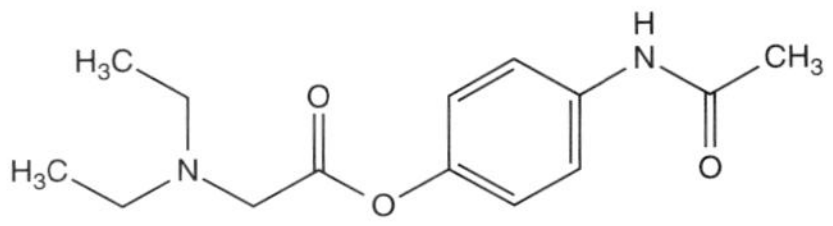

OS: *Propacetamol [BAN, USAN]*
IS: *UP 34101 (UPSA, France)*

– hydrochloride:

PH: Propacetamoli hydrochloridum Ph. Eur. 5
PH: Propacetamol Hydrochloride Ph. Eur. 5
PH: Propacetamolhydrochlorid Ph. Eur. 5
PH: Propacétamol (chlorhydrate de) Ph. Eur. 5

Pro-Dafalgan® (Bristol-Myers Squibb: LU)
Pro-efferalgan® (Bristol-Myers Squibb: IT)

Propafenone (Rec.INN)

L: Propafenonum
I: Propafenone
D: Propafenon
F: Propafénone
S: Propafenona

Antiarrhythmic agent

ATC: C01BC03
CAS-Nr.: 0054063-53-5 — C_{21}-H_{27}-N-O_3, M_r 341.457

1-Propanone, 1-[2-[2-hydroxy-3-(propylamino)propoxy]phenyl]-3-phenyl-

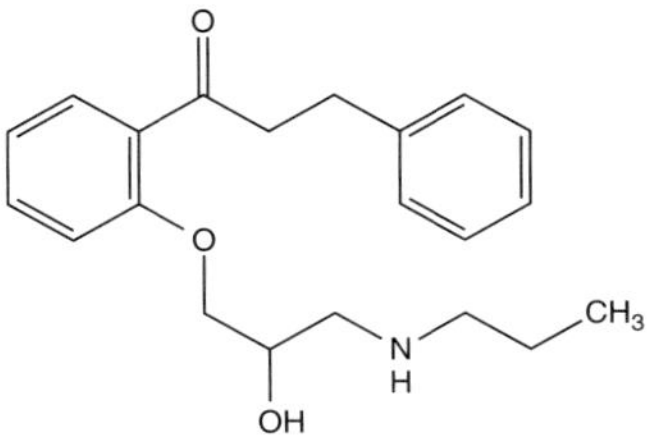

OS: *Propafenone [BAN, DCF]*
OS: *Propafenone [DCIT]*

Propafenon Hexal® (Hexal: DE, LU)
Propafenon-Hexal® (Hexal: LU)
Propafenonă® (Arena: RO)

– hydrochloride:

CAS-Nr.: 0034183-22-7
OS: *Propafenone Hydrochloride BANM, JAN, USAN*
IS: *Fenopraine hydrochloride*
IS: *SA 79*
IS: *WZ 88462-3*
PH: Propafenone Hydrochloride USP 30, Ph. Eur. 5

Apo-Propafenone® (Apotex: CA)
Arythmol® (Abbott: GB, IE)
Arythmol® (Knoll: DE)
Cardiofenone® (Polifarma: IT)
Cuxafenon® (TAD: DE)
Fenorit® (Boniscontro & Gazzone: IT)
Gen-Propafenone® (Genpharm: CA)
Jutanorm® (Juta: DE)
Jutanorm® (Q-Pharm: DE)
Nistaken® [tabs] (Kendrick: MX)
Normorytmin® (Abbott: AR)
Polfenon® (Polpharma: PL)
Profenan® (Slaviamed: RS)
Profenorm® (Pro.Med: CZ)
Profex® (Taro: IL)
Prolekofen® (Lek: CZ, SI)
Pronon® (Yamanouchi: JP)
Propafenon Alkaloid® (Alkaloid: HR)

Propafenon AL® (Aliud: CZ, DE, HU, RO)
Propafenon Carino® (Carinopharm: DE)
Propafenon Genericon® (Genericon: AT, HR)
Propafenon HCl PCH® (Pharmachemie: NL)
Propafenon Pharmavit® (Bristol-Myers Squibb: HU)
Propafenon Sandoz® (Sandoz: DE)
Propafenon Stada® (Stada: DE)
propafenon von ct® (CT: DE)
Propafenon-ratiopharm® (ratiopharm: DE)
Propafenone DOC® (DOC Generici: IT)
Propafenone EG® (EG: IT)
Propafenone Hydrochloride® (Ethex: US)
Propafenone Hydrochloride® (Mutual: US)
Propafenone Hydrochloride® (Qualitest: US)
Propafenone Hydrochloride® (United Research: US)
Propafenone Hydrochloride® (Watson: US)
Propafenone RK® (Errekappa: IT)
Propafenone Sandoz® (Sandoz: IT)
Propafenone Union Health® (Union Health: IT)
Propafenone-ratiopharm® (Ratiopharm: IT)
Propafenon® (Alkaloid: RS, SI)
Propafenon® (Carinopharm: DE)
Propafen® (Heimdall: CO)
Propafen® (Zorka: RS)
Propamerck® (Merck dura: DE)
Propanorm® (Pro.Med: CZ)
Propanorm® (Pro.Med.: RU)
Propanorm® (Pro.Med.CS: BA)
Ritmocor® (Drugtech-Recalcine: CL)
Ritmonorm® (Knoll: BR, DE)
Rythmex® (Teva: IL)
Rythmol® (Abbott: CA, FR, US, ZA)
Rythmol® (Knoll: DE)
Rytmo-Puren® (Actavis: DE)
Rytmogenat® (Azupharma: DE)
Rytmonorma® (Abbott: AT)
Rytmonorma® (Eurim: AT)
Rytmonorma® (Paranova: AT)
Rytmonorm® (Abbott: BA, BE, CH, CN, CO, CZ, DE, DK, ES, FI, HK, HR, HU, ID, IS, IT, LU, NL, NZ, PE, PL, PT, RO, RU, SE, SG, SI, TH, TR)
Rytmonorm® (Ebewe: RO)
Rytmonorm® (EU-Pharma: NL)
Rytmonorm® (Knoll: AE, BH, CR, DO, EG, GT, HN, IR, JO, KW, LB, NI, OM, PA, QA, SA, SV)

Propamidine (Rec.INN)

L: Propamidinum
D: Propamidin
F: Propamidine
S: Propamidina

Antiprotozoal agent
Antiseptic
Desinfectant

ATC: D08AC03,S01AX15
CAS-Nr.: 0000104-32-5 C_{17}-H_{20}-N_4-O_2
M_r 312.387

Benzenecarboximidamide, 4,4'-[1,3-propanediylbis(oxy)]bis-

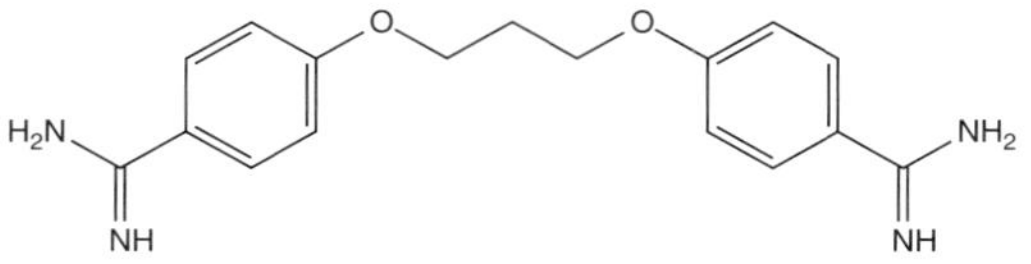

OS: *Propamidine [BAN, DCF, USAN]*

- isetionate:
CAS-Nr.: 0000140-63-6
OS: *Propamidine Isetionate BANM*
IS: *Propamidine 2-hydroxyethanesulfonate*

Golden Eye Drops® (Typharm: GB)

Propanidid (Rec.INN)

L: Propanididum
D: Propanidid
F: Propanidide
S: Propanidida

Intravenous anesthetic

ATC: N01AX04
CAS-Nr.: 0001421-14-3 C_{18}-H_{27}-N-O_5
M_r 337.424

Benzeneacetic acid, 4-[2-(diethylamino)-2-oxoethoxy]-3-methoxy-, propyl ester

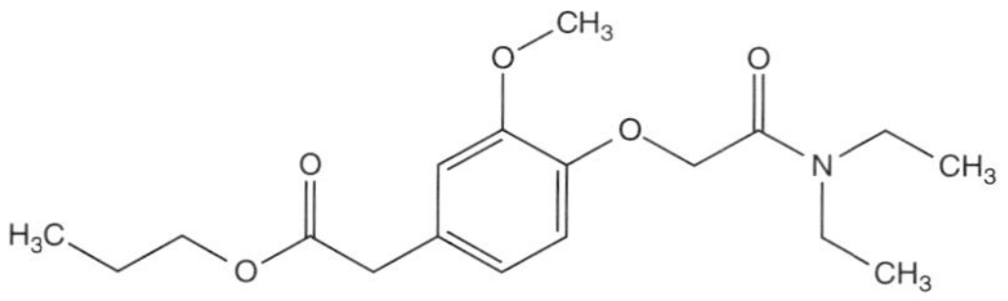

OS: *Propanidid [BAN, USAN]*
OS: *Propanidide [DCF]*
IS: *Bayer 1420*
IS: *FBA 1420*
PH: Propanidid [BP 1988]
PH: Propanididum [PhBs IV]

Panitol® (Cryopharma: MX)
Progray® (Gray: AR)

Propantheline Bromide (Rec.INN)

L: Propanthelini Bromidum
I: Propantelina bromuro
D: Propanthelin bromid
F: Bromure de Propanthéline
S: Bromuro de proantelina

Antispasmodic agent
Gastric secretory inhibitor
Parasympatholytic agent

CAS-Nr.: 0000050-34-0 C_{23}-H_{30}-Br-N-O_3
M_r 448.403

2-Propanaminium, N-methyl-N-(1-methylethyl)-N-[2-[(9H-xanthen-9-ylcarbonyl)oxy]ethyl]-, bromide

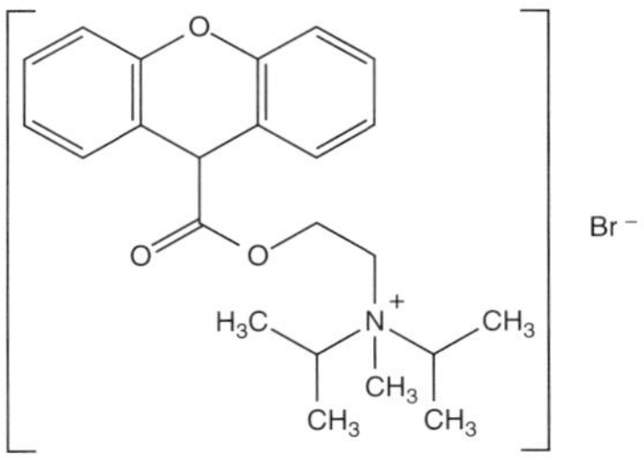

OS: *Propantheline Bromide [BAN, JAN, USAN]*
OS: *Propanthelinium [DCF]*
OS: *Propantelina bromuro [DCIT]*
IS: *SC 3171*
PH: Propanthéline (bromure de) [Ph. Eur. 5]
PH: Propantheline Bromide [Ph. Eur. 5, JP XIV, USP 30]
PH: Propanthelini bromidum [Ph. Eur. 5, Ph. Int. II]
PH: Propanthelinbromid [Ph. Eur. 5]

Ercoril® (Medic: DK)
Pro Banthine® (Aspen: ZA)
Pro-Banthine® (Concord: GB)
Pro-Banthine® (Continental: LU)
Pro-Banthine® (Healthcare Logistics: NZ)
Pro-Banthine® (Roberts: US)
Pro-Banthine® (RPG: IN)
Pro-Banthine® (Shire: CA)
Pro-Banthine® (Sigma: AU)
Pro-Banthine® (Soho: ID)
Propan B® [vet.] (Nature Vet: AU)
Propan B® [vet.] (Vetpharm: NZ)
Propantheline Bromide® (Roxane: US)
Propantheline® (Remedica: CY)
Propanthene® (Gaco: BD)
Relax® [vet.] (Virbac: NZ)

Propatylnitrate (Rec.INN)

L: Propatylnitratum
D: Propatylnitrat
F: Propatylnitrate
S: Propatilnitrato

Vasodilator

ATC: C01DA07
CAS-Nr.: 0002921-92-8 C_6-H_{11}-N_3-O_9
M_r 269.184

1,3-Propanediol, 2-ethyl-2-[(nitrooxy)methyl]-, dinitrate (ester)

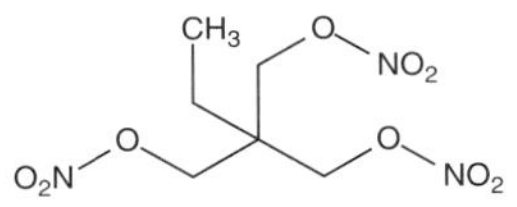

OS: *Propatylnitrate [BAN, DCF]*
OS: *Propatyl Nitrate [USAN]*
IS: *ETTN*
IS: *Ettriol trinitrate*
IS: *Win 9317*

Sustrate® (Bristol-Myers Squibb: BR)

Propentofylline (Rec.INN)

L: Propentofyllinum
D: Propentofyllin
F: Propentofylline
S: Propentofilina

Vasodilator
Psychostimulant

CAS-Nr.: 0055242-55-2 C_{15}-H_{22}-N_4-O_3
M_r 306.381

1H-Purine-2,6-dione, 3,7-dihydro-3-methyl-1-(5-oxohexyl)-7-propyl-

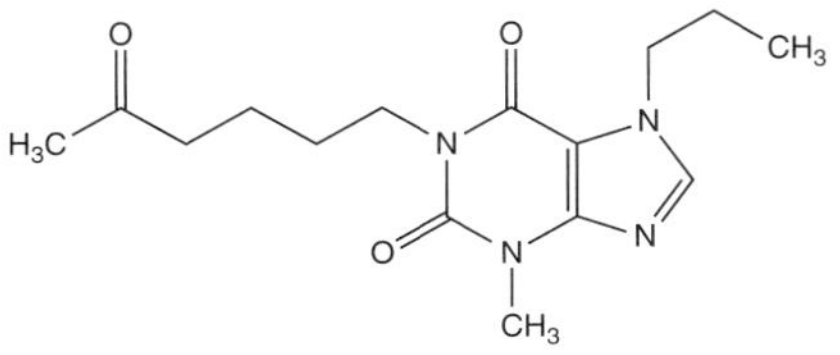

OS: *Propentofylline [BAN, DCF, JAN, USAN]*
IS: *HWA 285 (Hoechst Marion Roussel, Germany)*

Karsivan® [vet.] (Agvet: NZ)
Karsivan® [vet.] (Aventis: DE)
Karsivan® [vet.] (Hoechst Animal Health: BE)
Karsivan® [vet.] (Hoechst Vet: PT)
Karsivan® [vet.] (Intervet: AT, DE, FR, IT, LU, NO, ZA)
Karsivan® [vet.] (Veterinaria: CH)
Vivitonin® [vet.] (Intervet: AU, GB, NZ)

Propetamphos (BAN)

D: Propetamphos

Antiparasitic agent

ATCvet: QP53AF09
CAS-Nr.: 0031218-83-4 C_{10}-H_{20}-N-O_4-P-S
M_r 281.31

Isopropyl (E)-3-[(ethylamino)(methyoxy)phosphinothioyloxy]but-2-enoate (BAN)

(E)-Isopropyl 3-[ethylamino(methoxy)thiophosphoryloxy]crotonat (IUPAC)

(E)-3-[[(Ethylamino)methoxyphosphinothioyl]-oxy]-2-butenoic acid 1-methylethyl ester

(E)-3-Hydroxycrotonic acid isopropyl ester, *O*-ester with *O*-methyl ethylphosphoramidothioate

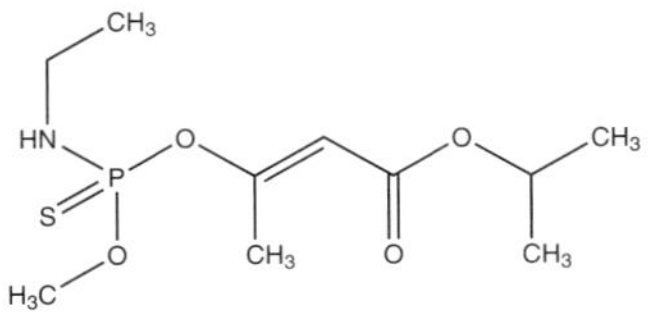

OS: *Propetamphos [BAN, USAN]*
IS: *SAN 3221*
IS: *Blotic*
IS: *Safrotin S 200*
IS: *Gardecto*
IS: *Paratikan*
IS: *VEL 4283*
IS: *OMS 1502*
IS: *HSDB 6985*

P

IS: *Caswell No. 706A*
IS: *EPA Pesticide Chemical Code 113601*

Collier antiparasitaire Clément-Thékan® [vet.] (Omega Pharma France: FR)
Deadmag® (Novartis Animal Health: AU)
Destruct® [vet.] (Bayer Animal: NZ)
Ectomort Plus Lanolin® (Novartis Animal Health: AU)
Magget® (Novartis Animal Health: AU)
Mules ,N Mark II Blowfly Dressing® (Nufarm: AU)
Pab-Nf® [vet.] (Bayer Animal Health: ZA)
Seraphos® (Nufarm: AU)
Seraphos® [vet.] (Bayer Animal: NZ)
Young's Ectomort Sheep Dip® [vet.] (Cypharm: IE)

Propicillin (Prop.INN)

L: Propicillinum
I: Propicillina
D: Propicillin
F: Propicilline
S: Propicilina

⚕ Antibiotic, penicillin, penicillinase-sensitive

ATC: J01CE03
CAS-Nr.: 0000551-27-9 C_{18}-H_{22}-N_2-O_5-S
M_r 378.454

4-Thia-1-azabicyclo[3.2.0]heptane-2-carboxylic acid, 3,3-dimethyl-7-oxo-6-[(1-oxo-2-phenoxybutyl)amino]-, [2S-(2α,5α,6β)]-

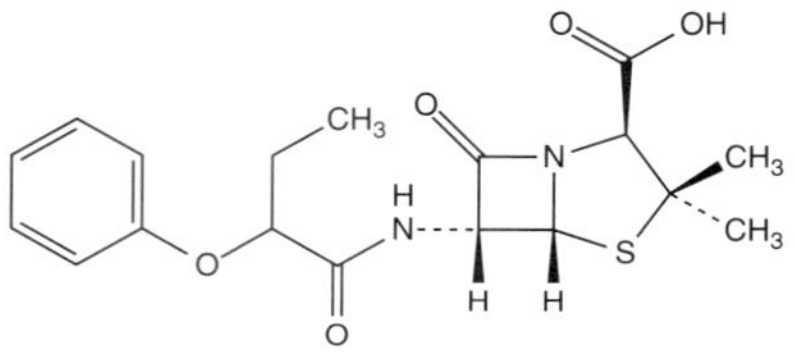

OS: *Propicillin [BAN, USAN]*
OS: *Propicilline [DCF]*
OS: *Propicillina [DCIT]*
IS: *Bayer 5395 (Bayer)*
IS: *BRL 284*
IS: *PA 248*
IS: *6-(α-Phenoxybutyramido)penicillansäure (ASK)*
IS: *(1-Phenoxypropyl)penicillin (WHO)*

- potassium salt:

CAS-Nr.: 0001245-44-9
OS: *Propicillin Potassium BANM*
OS: *Propicillin Potassium JAN*
IS: *6-(α-Phenoxybutyramido)penicillansäure, Kaliumsalz (ASK)*
IS: *Propicillinum kalicum*
PH: Propicillin Potassium BP 1973
PH: Propicillinum Kalicum Ph. Int. II

Baycillin® (Bayer: DE)

Propiomazine (Rec.INN)

L: Propiomazinum
D: Propiomazin
F: Propiomazine
S: Propiomazina

⚕ Hypnotic

ATC: N05CM06
ATCvet: QN05CM06
CAS-Nr.: 0000362-29-8 C_{20}-H_{24}-N_2-O-S
M_r 340.492

1-Propanone, 1-[10-[2-(dimethylamino)propyl]-10H-phenothiazin-2-yl]-

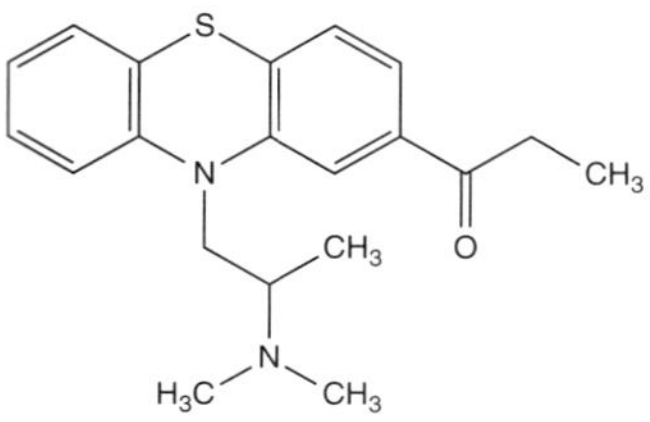

OS: *Propiomazine [BAN, DCF, USAN]*

- maleate:

CAS-Nr.: 0003568-23-8
IS: *CB 1678*
IS: *Wy 1359*

Propavan® (Sanofi-Aventis: SE)

Propionic Acid

L: Acidum propionicum
D: Propionsäure
F: Acide propionique

⚕ Antifungal agent
⚕ Antiseptic

CAS-Nr.: 0000079-09-4 C_3-H_6-O_2
M_r 74.081

Propanoic acid

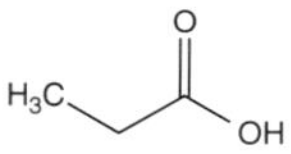

OS: *Propionic Acid [USAN]*
IS: *E 280 (EU-number)*
IS: *Acidum propionicum*
PH: Propionic Acid [USP 30]

- calcium and sodium salt:

Rumigastryl® [vet.] (Ceva: FR)

- sodium salt:

CAS-Nr.: 0000137-40-6
IS: *E 281 (EU-number)*
IS: *Natriumpropanoat*
PH: Sodium (propionate de) Ph. Franç. X
PH: Sodium Propionate USP 30, BP 2003, Ph. Eur. 5
PH: Natriumpropionat DAC
PH: Sodium Propionate BPvet 2002

Izopropionat® [vet.] (Izo: IT)
Natriumpropionat ufamed® [vet.] (Ufamed: CH)
Natriumpropionat® [vet.] (Inrophar: DE)
Natriumpropionat® [vet.] (WDT: DE)

Propiverine (Rec.INN)

L: Propiverinum
D: Propiverin
F: Propivérine
S: Propiverina

⚕ Parasympatholytic agent

ATC: G04BD06
CAS-Nr.: 0060569-19-9 C_{23}-H_{29}-N-O_3
M_r 367.495

Benzeneacetic acid, α-phenyl-α-propoxy-, 1-methyl-4-piperidinyl ester

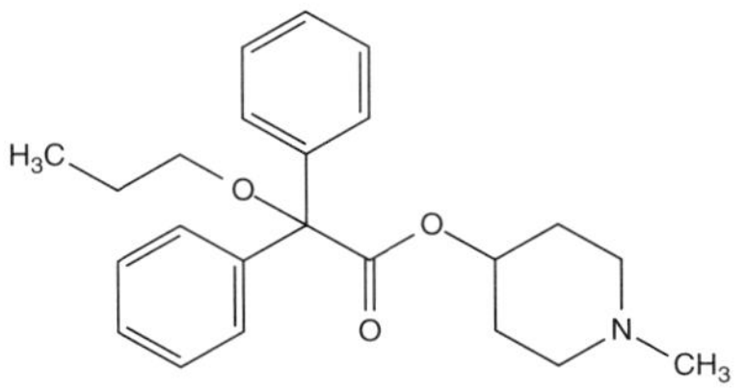

OS: *Propiverine [BAN, USAN]*

– hydrochloride:
CAS-Nr.: 0054556-98-8
OS: *Propiverine Hydrochloride BANM, JAN*
PH: Propiverinum hydrochloricum 2.AB-DDR

Detrunorm® (Amdipharm: GB)
Detrunorm® (Apogepha: LU)
Detrunorm® (Pharmafrica: ZA)
Detrunorm® (Schering-Plough: HR, SI)
Mictonetten® (Apogepha: CZ, DE)
Mictonorm® (Apogepha: CZ, DE, LU)
Mictonorm® (Zuellig: TH)

Propofol (Rec.INN)

L: Propofolum
D: Propofol
F: Propofol
S: Propofol

⚕ Intravenous anesthetic

ATC: N01AX10
ATCvet: QN01AX10
CAS-Nr.: 0002078-54-8 C_{12}-H_{18}-O
M_r 178.276

Phenol, 2,6-bis(1-methylethyl)-

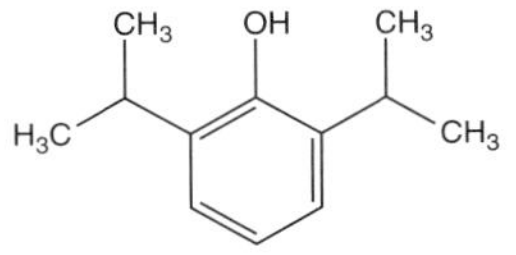

OS: *Propofol [BAN, DCF, USAN]*
IS: *Disoprofol*
IS: *ICI 35868*
IS: *2,6-Diisopropylphenol (IUPAC, WHO)*
PH: Propofol [Ph. Eur. 5, USP 30]
PH: Propofolum [Ph. Eur. 5]

Abbofol® (Abbott: PL)
Aquafol® [vet.] (Parnell: AU, NZ)
Diprivan® (AstraZeneca: AE, AG, AN, AR, AT, AU, AW, BD, BE, BG, BH, BM, BS, BZ, CA, CL, CN, CR, CY, CZ, DK, DO, EC, EG, ES, ET, FR, GB, GD, GE, GH, GT, GY, HK, HN, HT, HU, ID, IL, IQ, IS, IT, JM, JO, KE, KW, LB, LC, LK, LU, LY, MT, MW, MX, MY, MZ, NG, NI, NL, NO, NZ, OM, PA, PE, PH, PL, PT, QA, RS, SA, SD, SE, SG, SI, SR, SV, SY, TH, TR, TT, TZ, UG, US, VC, VN, YE, ZA, ZM, ZW)
Diprivan® (Cana: GR)
Diprivan® (Nicholas: IN)
Diprofol® (Taro: IL)
Disoprivan® (AstraZeneca: CH, DE, HR)
Dorfomol® (Actavis: GE)
Fresofol® (Fresenius: AR, BD, TH)
Fresofol® (Pharmatel Fresenius Kabi NZ Ltd: NZ)
Gobbifol® (Gobbi: AR)
Indufol® (Lemery: MX)
Ivofol® (Juste: ES)
Jing An® (Fresenius: CN)
Morpheas® (Baxter: GR)
Narcofol® [vet.] (CP: DE)
Oleo-Lax® (Fada: AR)
Plofed® (Polfa Warszawa: PL)
Pofol® (Dong Kook: TH)
Pofol® (Sandoz: TR)
Procare® [vet.] (Animalcare: GB)
Pronest® (Meizler: BR)
Propofabb® (Abbott: LU)
Propoflo® [vet.] (Abbott: GB)
Propofol Abbott® (Abbott: AT, CZ, ES, GR, TH)
Propofol Abbott® (Electra-Box: SE)
Propofol B.Braun® (Braun: DK, IT)
Propofol Dakota Pharm® (Dakota: FR)
Propofol Enzypharm® (Genthon: HU)
Propofol Fresenius Kabi® (Fresenius: DK, FI, SE)
Propofol Fresenius® (Bodene: ZA)
Propofol Fresenius® (Fresenius: AT, AU, BA, CH, CZ, DE, ES, FR, GR, HR, HU, LU, NL, PL, RO)
Propofol Fresenius® (Medias: SI)
Propofol Gemepe® (Gemepe: AR)
Propofol Genthon® (Adeka: TR)
Propofol Genthon® (Genthon: CZ)
Propofol Gray® (Gray: AR)
Propofol IBI® (IBI: IT)
Propofol Injection Emulsion® (Mayne: AU)
Propofol Kabi® (Fresenius: IT)
Propofol Northia® (Northia: AR)
Propofol Nycomed® (Nycomed: AT)
Propofol Sandoz® (Sandoz: AU)
Propofol-BC® (Biochemie: AU)
Propofol-Lipuro® (Braun: AT, CH, CO, DE, DE, ES, FI, HK, IL, LU, NL, NO, PT, RO, SE, TH, TR)
Propofol-Lipuro® (Vioser: GR)
Propofol-ratiopharm® (ratiopharm: DE)
Propofol® (Abbott: AU, CZ, IL, TR)
Propofol® (Alpharma: NO)
Propofol® (Baxter: US)
Propofol® (Bedford: US)
Propofol® (Bestpharma: CL)
Propofol® (Biosintética: BR)
Propofol® (Braun: PT)

Propofol® (Cristália: BR)
Propofol® (Fresenius: BE, RS, RU, TR)
Propofol® (Genthon: CZ, NL)
Propofol® (Hospira: CA, NL)
Propofol® (Novopharm: CA)
Propofol® (Unimed & Unihealth: BD)
Propofol® (Volta: CL)
Propofol® [vet.] (Abbott: US)
Propolipid® (Fresenius: DK, FI, IS, NO, SE)
Propovan® (Cristália: BR)
Propoven® (Medias: SI)
Propovet® [vet.] (Abbott: LU, NL)
Rapinovet® [vet.] (Essex: DE)
Rapinovet® [vet.] (Richter: AT)
Rapinovet® [vet.] (Schering-Plough: BE, IE, IT, SE, US)
Rapinovet® [vet.] (Schering-Plough Animal: AU)
Rapinovet® [vet.] (Schering-Plough Veterinary: GB)
Rapinovet® [vet.] (Schering-Plough Vétérinaire: FR)
Rapinovet® [vet.] (Vetcare: FI)
Recofol® (Agis: IL)
Recofol® (Alphapharm: AU)
Recofol® (Dexa Medica: ID)
Recofol® (Er-Kim: TR)
Recofol® (Leiras: BD, CZ)
Recofol® (Merck Generics: ZA)
Recofol® (Schering: AT, BA, DZ, ES, FI, NL, RO, RS, RU, TH)
Recofol® (Schering Oy: SG)
Recofol® (Tillotts: CH)
Repose® [vet.] (Norbrook: AU, NZ)
Stuart Propofol® (Stuart: NL)

Propoxur (BAN)

D: Propoxur

Insecticide
Antiparasitic agent

CAS-Nr.: 0000114-26-1 C_{11}-H_{15}-N-O_3
M_r 209.24

2-Isopropoxyphenyl methylcarbamate

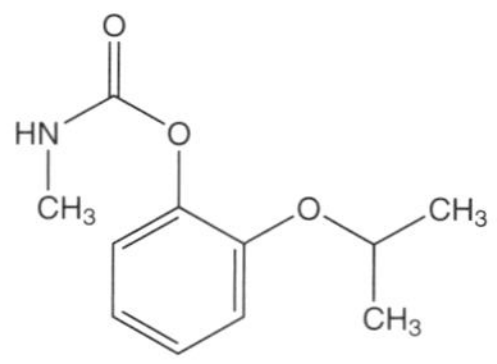

OS: *Propoxur [BAN, USAN]*
IS: *Aprocarb*
IS: *BAY 39007*
IS: *BAY 5122*
IS: *Bay 9010*
IS: *EPA Pestizide Chemical Code 047802*
IS: *PHC 7*

Bayer 5 Month Flea and Tick Collar® [vet.] (Bayer Animal: NZ)
Bayopet Tick and Flea® [vet.] (Bayer Animal Health: ZA)
Bifex® [vet.] (Provet: CH)
Big Red Flea Spray® [vet.] (Sherley's: GB)
Bolfo Bruine Band® [vet.] (Bayer: NL)
Bolfo® [vet.] (Bayer: IT, NL)
Bolfo® [vet.] (Bayer Animal: DE)
Catmack® [vet.] (Omega Pharma France: FR)
Collier Insecticide Biocanina® [vet.] (Véto-Centre: FR)
Kyrox® [vet.] (Kyron: ZA)
Negasunt® (Bayer Animal Health: GB)
Vet-Kem Breakaway Flea Collar® [vet.] (Sherley's: GB)

Propranolol (Rec.INN)

L: Propranololum
I: Propranololo
D: Propranolol
F: Propranolol
S: Propranolol

β-Adrenergic blocking agent

ATC: C07AA05
CAS-Nr.: 0000525-66-6 C_{16}-H_{21}-N-O_2
M_r 259.354

2-Propanol, 1-[(1-methylethyl)amino]-3-(1-naphthalenyloxy)-

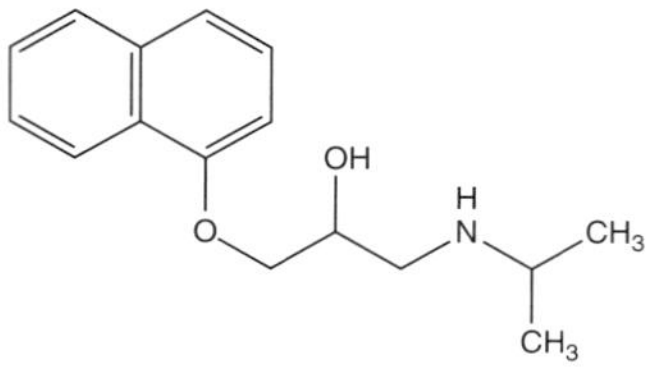

OS: *Propranolol [BAN, DCF]*
OS: *Propranololo [DCIT]*

Anaprilin® (GMP: GE)
Anaprilin® (Severnaya Zvezda: GE)
Capronol® (Schein: PE)
Carpronol® [tab.] (Schein: PE)
Dorocardyl® (Domesco: VN)
Emforal® (Remedica: BH, JO, OM, SD, YE)
Hopranolol® [tab.] (Unifarm: PE)
Inderal® (AstraZeneca: VN)
Inpanol® (DHA: HK, SG)
N-Propranolol® (Arena: RO)
Palon® (Unison: TH)
Propanolol LCH® [compr.] (Ivax: PE)
Propanolol Vannier® (Vannier: AR)
Propanolol® (Hersil: PE)
Propanolol® (LCG: PE)
Propanolol® (Pasteur: CL)
Propanolol® (Sanitas: CL)
Propra-ratiopharm® (ratiopharm: DE)
Propranolol Eurogenerics® (Eurogenerics: LU)
Propranolol Iqfarma® [tab.] (Iqfarma: PE)
Propranolol LCH® (Ivax: PE)
Propranolol® (Actavis: GE)
Propranolol® (Bio EEL: RO)
Propranolol® (Hersil: PE)
Propranolol® (LCG: PE)
Propranolol® (Medicalex: CO)
Propranolol® (Memphis: CO)
Propranolol® (Pentacoop: CO)
SPMC Propranolol® (SPMC: LK)

– dibudinate:

IS: *Propranolol 2,6-di-tert-butyl-1,5-naphthalenedisulfonate*

Novo-Pranol® (Novopharm: CA)

– hydrochloride:

CAS-Nr.: 0003506-09-0
OS: *Propranolol Hydrochloride BANM, JAN, USAN*
IS: *AY 64043 (Ayerst, USA)*
IS: *ICI 45520*
PH: Propranolol (chlorhydrate de) Ph. Eur. 5
PH: Propranololhydrochlorid Ph. Eur. 5
PH: Propranolol Hydrochloride JP XIV, Ph. Eur. 5, Ph. Int. 4, USP 30
PH: Propranololi hydrochloridum Ph. Eur. 5, Ph. Int. 4

Alperol® (Pharmasant: TH)
Apo-Propranolol® (Apotex: CA, VN)
Arcablock® (Amat: AT)
Artensol® (Wyeth: CO)
Atensin® (Medochemie: TH)
Avlocardyl® (AstraZeneca: FR)
Beta-Prograne® (Tillomed: GB)
Beta-Tablinen® (Winthrop: DE)
Betabloc® (USV: IN)
Betalol® (Berlin: TH)
Betapress® (Polipharm: TH)
Betaspan® (GlaxoSmithKline: IN)
Cardenol® (TO Chemicals: TH)
Cardinol® (Pacific: NZ)
Ciplar® (Cipla: IN)
Colliprol® (Collins: MX)
Corbeta® (Sarabhai: IN)
Coriodal® (Sanitas: CL)
Deralin® (Abic: IL)
Deralin® (Alphapharm: AU)
Dideral® (Sanofi-Aventis: TR)
Dociton® (mibe: DE)
Elbrol® (Pfleger: DE)
Emforal® (Remedica: CY, TH)
Farmadral® (Fahrenheit: ID)
G-Propranolol® (Gonoshasthaya: BD)
Half-Inderal® (AstraZeneca: GB)
Herzbase® (Nichiiko: JP)
Huma-Pronol® (Teva: HU)
Hémipralon® (Ipsen: FR)
Inderalici® (AstraZeneca: MX)
Inderal® (Astra: NZ)
Inderal® (AstraZeneca: AE, AG, AN, AR, AT, AU, AW, BE, BG, BH, BM, BR, BS, BZ, CH, CR, CY, DO, ET, GB, GD, GE, GH, GT, GY, HK, HN, HT, ID, IE, IL, IQ, IT, JM, KE, KW, LB, LC, LU, LY, MT, MW, MY, MZ, NG, NI, NO, OM, PA, PE, PT, QA, SA, SD, SE, SG, SR, SV, TH, TT, TZ, UG, VC, YE, ZA, ZM, ZW)
Inderal® (Cana: GR)
Inderal® (Nicholas: IN)
Inderal® (Wyeth: CA, US)
Inderal® [vet.] (AstraZeneca: GB)
Indever® (ACI: BD)
Innopran® (Reliant: US)
Normpress® (Greater Pharma: TH)
Obsidan® (Alpharma: DE)
Oposim® (Richet: AR)
Perlol® (Asian: TH)
Phanerol® (Apotex: PH)
Pharmaniaga Propranolol® (Pharmaniaga: MY)
Pirimetan® (Richmond: AR)
Pralol® (Pharmasant: TH)
Pranidol® (Victory: MX)
Pranolol® (Alpharma: NO)
Prodorol® (Be-Tabs: ZA)
Prolol® (Atlantic: TH)
Prolol® (Dexxon: IL)
Propabloc® (Azupharma: DE)
Propal® (Sandoz: DK)
Propam® (Vitalpharma: BE)
Propanil® (Lacofarma: DO)
Propanolol Clorhidrato® (Bestpharma: CL)
Propanolol Clorhidrato® (Biosano: CL)
Propanolol Lafedar® (Lafedar: AR)
Prophylux® (Hennig: DE)
Propra retard-ratiopharm® (ratiopharm: DE)
propra von ct® (CT: DE)
Propra-ratiopharm® (ratiopharm: DE)
Proprahexal® (Hexal: AT)
Propral® (Orion: FI)
Propranolol Alpharma ApS® (Alpharma: SG)
Propranolol AL® (Aliud: DE)
Propranolol Clorhidrato® (Mintlab: CL)
Propranolol Clorhidrato® (Sanderson: CL)
Propranolol Dak® (Nycomed: DK)
Propranolol EG® (Eurogenerics: BE)
Propranolol GRY® (Teva: DE)
Propranolol HCl Alpharma® (Alpharma: NL)
Propranolol HCl A® (Apothecon: NL)
Propranolol HCl CF® (Centrafarm: NL)
Propranolol HCl FLX® (Karib: NL)
Propranolol HCl Interpharm® (Interpharm: LK)
Propranolol HCl Katwijk® (Katwijk: NL)
Propranolol HCl PCH® (Pharmachemie: NL)
Propranolol HCl ratiopharm® (Ratiopharm: NL)
Propranolol Helvepharm® (Helvepharm: CH)
Propranolol Hydrochloride® (Alpharma: GB)
Propranolol Hydrochloride® (American Pharmaceutical Partners: US)
Propranolol Hydrochloride® (Bedford: US)
Propranolol Hydrochloride® (Mylan: US)
Propranolol Hydrochloride® (Pliva: US, US)
Propranolol Hydrochloride® (Roxane: US)
Propranolol Hydrochloride® (Teva: GB, US)
Propranolol Hydrochloride® (UDL: US)
Propranolol Hydrochloride® (Watson: US)
Propranolol L.CH.® (Chile: CL)
Propranolol Lek® (Lek: HR)
Propranolol Merck NM® (Merck NM: DK, SE)
Propranolol MK® (Bonima: CR, DO, GT, HN, NI, PA, SV)
Propranolol MK® (MK: CO)
Propranolol NM Pharma® (Gerard: IS)
Propranolol Sandoz® (Sandoz: DE, NL)
Propranolol Stada® (Stadapharm: DE)
Propranolol Teva® (Teva: BE)
Propranolol-CT® (CT: DE)
Propranololhydrochloride Lagap® (Katwijk: NL)
Propranololhydrochloride® (Karib: NL)
Propranolol® (Actavis: GB)
Propranolol® (Akadimpex: HU)
Propranolol® (Arena: RO)
Propranolol® (Balkanpharma: BG)

Propranolol® (Bio EEL: RO)
Propranolol® (Ecar: CO)
Propranolol® (Gador: AR)
Propranolol® (Galenika: RS)
Propranolol® (Hillcross: GB)
Propranolol® (Iqfarma: PE)
Propranolol® (Lek: BA, SI)
Propranolol® (Mintlab: CL)
Propranolol® (Neo Quimica: BR)
Propranolol® (Opsonin: BD)
Propranolol® (Polfa Warszawa: PL)
Propranolol® (Sicomed: RO)
Propranolol® (Sintofarm: RO)
Propranolol® (Teva: GB)
Propranol® (Opsonin: BD)
Propranur® (StegroPharm: DE)
Propraphar® (Unicophar: BE)
Pur-Bloka® (Aspen: ZA)
Ranoprin® (Ratiopharm: FI)
Rebaten® (Sigma: BR)
Rolab-Propranolol HCl® (Sandoz: ZA)
Sawatal LA® (Sawai: JP)
Slow Deralin® (Abic: IL)
Sumial® (Icaro: ES)
Syntonol® (Codal Synto: TH)
Syprol® (Rosemont: GB)
Uniao Propranolol® (União: BR)

Propylhexedrine (Rec.INN)

L: Propylhexedrinum
D: Propylhexedrin
F: Propylhexédrine
S: Propilhexedrina

Sympathomimetic agent

CAS-Nr.: 0000101-40-6 C_{10}-H_{21}-N
M_r 155.288

Cyclohexaneethanamine, N,α-dimethyl-

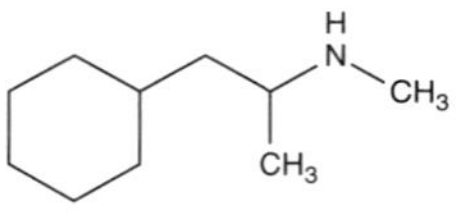

OS: *Propylhexedrine [BAN, DCF, USAN]*
IS: *Cyclexedrine*
IS: *Obesin*
IS: *CHP*
PH: Propylhexedrine [BPC 1979, USP 30]

Benzedrex® (Ascher: US)

– hydrochloride:

CAS-Nr.: 0006192-95-6
PH: Propylhexedrinum hydrochloricum DAB 7-DDR

Eventin® (Abbott: KW, SA)

Propylthiouracil (Rec.INN)

L: Propylthiouracilum
I: Propiltiouracile
D: Propylthiouracil
F: Propylthiouracile
S: Propiltiouracilo

Antithyroid agent

ATC: H03BA02
CAS-Nr.: 0000051-52-5 C_7-H_{10}-N_2-O-S
M_r 170.237

4(1H)-Pyrimidinone, 2,3-dihydro-6-propyl-2-thioxo-

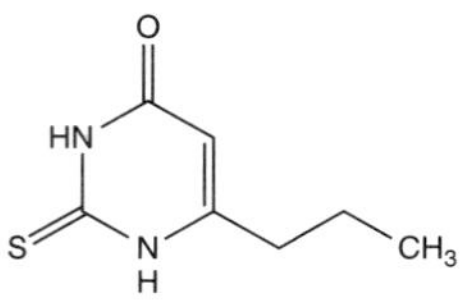

OS: *Propylthiouracil [BAN, JAN, USAN]*
OS: *Propylthiouracile [DCF]*
OS: *Propiltiouracile [DCIT]*
IS: *6-Propyl-2-thiouracil (WHO)*
IS: *6-Propyl-2-thio-2,4(1H,3H)-pyrimidinedione (WHO)*
PH: Propylthiouracil [JP XIV, Ph. Eur. 5, Ph. Int. 4, USP 30]
PH: Propylthiouracile [Ph. Eur. 5]
PH: Propylthiouracilum [Ph. Eur. 5, Ph. Int. 4]

Biolab Propiltiouracil® (Biolab: BR)
CP-PTU® (Christo Pharmaceutical: HK)
Propiltiouracilo L.CH.® (Chile: CL)
Propiltiouracilo® (Bestpharma: CL)
Propiltiouracil® (Alkaloid: BA, HR, SI)
Propiltiouracil® (Pharmacia: BR)
Propil® (Pfizer: BR)
Propycil® (Dr. F. Frik: TR)
Propycil® (Pro Concepta: CH)
Propycil® (Solvay: BG, CZ, DE)
Propyl-Thyracil® (Paladin: CA)
Propylthiocil® (Teva: IL)
Propylthiouracil DHA® (DHA: SG)
Propylthiouracil Greater Pharma® (Greater Pharma: TH)
Propylthiouracil Lederle® (Wyeth: TH)
Propylthiouracil PCH® (Pharmachemie: NL)
Propylthiouracil ratiopharm® (Ratiopharm: NL)
Propylthiouracil Synco® (Synco: HK)
Propylthiouracile AP-HP® (AGEPS: FR)
Propylthiouracile-Christiaens® (Nycomed: LU)
Propylthiouracile® (Christiaens: BE)
Propylthiouracil® (Christiaens: LU)
Propylthiouracil® (CP Pharmaceuticals: GE)
Propylthiouracil® (Hillcross: GB)
Propylthiouracil® (Pharmalab: AU)
Propylthiouracil® (Wockhardt: GB)
Propyltiouracil Medic® (Medic: DK)
Propyl® (Sriprasit: SG, TH)
Prothiucil® (Sanova: AT)
Prothuril® (Uni-Pharma: GR)
PTU® (Alkaloid: BA, RS)
Thyrosan® (Sun-Farm: PL)
Tiotil® (Abigo: SE)

Tirostat® (Metlen: CO)
Uracil® (Pharmasant: TH)

Propyphenazone (Rec.INN)

L: Propyphenazonum
I: Propifenazone
D: Propyphenazon
F: Propyphénazone
S: Propifenazona

Analgesic
Antipyretic

ATC: N02BB04
CAS-Nr.: 0000479-92-5 C_{14}-H_{18}-N_2-O
M_r 230.318

3H-Pyrazol-3-one, 1,2-dihydro-1,5-dimethyl-4-(1-methylethyl)-2-phenyl-

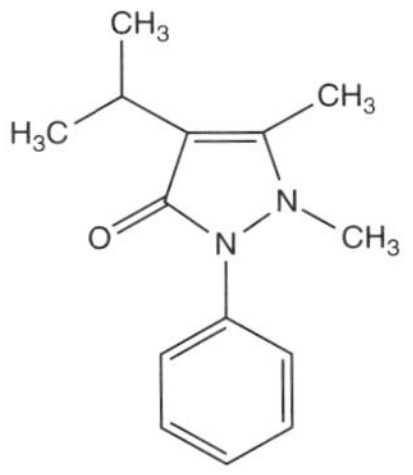

OS: *Propyphenazone [BAN, DCF, USAN]*
OS: *Isopropylantipyrine [JAN]*
OS: *Propifenazone [DCIT]*
IS: *Isopropylphenazonum*
PH: Isopropylantipyrine [JP XIV]
PH: Propyphenazon [Ph. Eur. 5]
PH: Propyphenazone [Ph. Eur. 5]
PH: Propyphenazonum [Ph. Eur. 5]
PH: Propyphénazone [Ph. Eur. 5]

Cibalgin® (Novartis: ET, GH, KE, LY, MT, NG, SD, TZ, ZW)
Demex® (Berlin-Chemie: DE)
Dim-Antos® (Pharmonta: AT)
Propifenazona® (Arena: RO)
Propifenazone® (AFOM: IT)
Propifenazone® (Ogna: IT)
Propifenazone® (Zeta: IT)

Proquazone (Rec.INN)

L: Proquazonum
D: Proquazon
F: Proquazone
S: Procuazona

Antiinflammatory agent
Analgesic
Antipyretic

ATC: M01AX13
CAS-Nr.: 0022760-18-5 C_{18}-H_{18}-N_2-O
M_r 278.362

2(1H)-Quinazolinone, 7-methyl-1-(1-methylethyl)-4-phenyl-

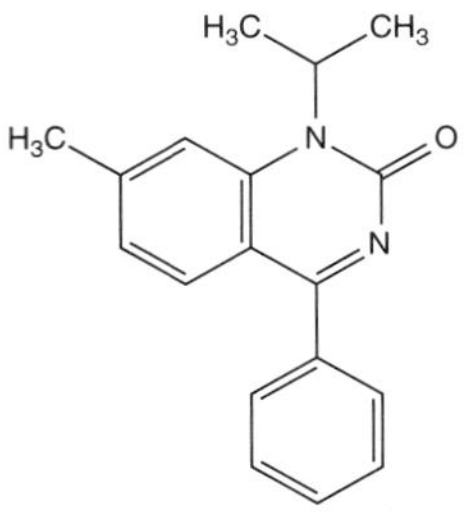

OS: *Proquazone [BAN, DCF, USAN]*
IS: *43-715 (Sandoz-USA)*
IS: *RU 43-715*

Biarison® (Novartis: TR)

Proscillaridin (Rec.INN)

L: Proscillaridinum
I: Proscillaridina
D: Proscillaridin
F: Proscillaridine
S: Proscilaridina

Cardiac glycoside

ATC: C01AB01
CAS-Nr.: 0000466-06-8 C_{30}-H_{42}-O_8
M_r 530.666

Bufa-4,20,22-trienolide, 3-[(6-deoxy-α-L-mannopyranosyl)oxy]-14-hydroxy-, (3β)-

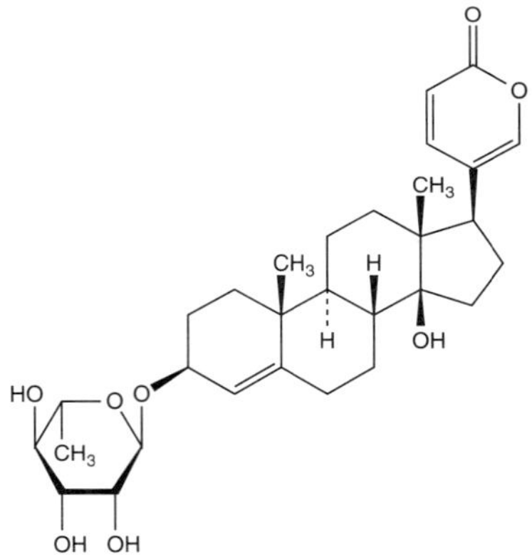

OS: *Proscillaridin [BAN, JAN, USAN]*
OS: *Proscillaridine [DCF]*
OS: *Proscillaridina [DCIT]*
IS: *Proscillicardin-A*
IS: *Scillarenin-rhamnosid*
PH: Proscillaridin [DAC]

Proscillaridin® (Polfa Kutno: PL)
Talusin® (Abbott: DE, PL)
Talusin® (Knoll: AU, CH)

Protamine Hydrochloride (BAN)

L: Protamini hydrochloridum
I: Protamina cloridrato
D: Protamin hydrochlorid
F: Protamine (chlorhydrate de)

Antidote

A mixture of the hydrochlorides of basic peptides prepared from the sperm or roe of suitable species of fish

OS: *Protamine Hydrochloride [BAN]*
PH: Protamine Hydrochloride [Ph. Eur. 5, BP 2002]
PH: Protaminhydrochlorid [Ph. Eur. 5]
PH: Protamine (chlorhydrate de) [Ph. Eur. 5]
PH: Protamini hydrochloridum [Ph. Eur. 5]

Protamin ICN® (ICN: AT, CZ, NL)
Protamin Valeant® (Valeant: CH, DE)
Protamina® (Grupo Farma: CO)
Protamina® (ICN: DO, GT, HN, IT, NI, PA, PE)
Protamina® (Raffo: CL)
Protamina® (Valeant: AR, MX)
Protamine 100® (Pharma Logistics: BE)
Protamine® (ICN: LU, NL)
Protamin® (ICN: AT)
Protamin® (Onko-Koçsel: TR)
Protamin® (Sanico: BE)
Protamin® (Valeant: HU)

Protamine Sulfate (Rec.INN)

L: Protamini sulfas
I: Protamina solfato
D: Protamin sulfat
F: Sulfate de protamine
S: Sulfato de protamina

Antidote, anticoagulant antagonist

CAS-Nr.: 0009009-65-8

Protamine sulfate

OS: *Protamine (sulfate de) [DCF]*
OS: *Protamine Sulphate [BAN]*
OS: *Protamina solfato [DCIT]*
OS: *Protamine Sulfate [JAN, USAN]*
PH: Protamine Sulfate [JP XIV, Ph. Int. 4, USP 30]
PH: Protamine Sulphate [Ph. Eur. 5, BP 2002]
PH: Protamini sulfas [Ph. Eur. 5, Ph. Int. 4]
PH: Protaminsulfat [Ph. Eur. 5]
PH: Protamine (sulfate de) [Ph. Eur. 5]

Denpru® (Fada: AR)
Prosulf® (CP Pharmaceuticals: IL)
Prosulf® (Vantone: HK)
Prosulf® (Wockhardt: GB, GE)
Prosulf® [vet.] (Wockhardt: GB)
Protamin sulfat® (Galenika: RO, RS)
Protamin sulfat® (ICN: CZ)
Protamina Leo® (Altana: ES)
Protamina Rovi® (Rovi: ES)
Protamina Sulfato Leo® (Pentafarma: CL)
Protamina Sulfato® (Bestpharma: CL)
Protamine Choay® (Sanofi-Aventis: FR)
Protamine Sulfaat Leo® (Leo: BE)
Protamine Sulfate Kamada® (Kamada: TH)
Protamine Sulfate-Leo® (Leo: LU)
Protamine Sulfate® (Abraxis: US)
Protamine Sulfate® (Artex: NZ)
Protamine Sulfate® (Aventis: AU)
Protamine Sulfate® (Kamada: IL)
Protamine Sulfate® (Leo: LU)
Protamine Sulfate® (Sandoz: CA)
Protamine Sulphate Leo® (LEO: GR)
Protamine Sulphate Leo® (Leo: TH)
Protamine Sulphate® (Leo: IE)
Protamine Sulphate® (Sovereign: GB)
Protamine Sulphate® (UCB: GB)
Protaminsulfat Leo® (Leo: DE, DK, IS, SE)
Protaminsulfat Novo® (Novo Nordisk: AT)
Protaminsulfat® (Leo: NO)
Protaminum Sulfuricum® (Biomed-Warszawa: PL)
Prota® (Samarth: IN)
Sulfato Protamina Leo® (Leo: PT)

Prothipendyl (Rec.INN)

L: Prothipendylum
D: Prothipendyl
F: Prothipendyl
S: Protipendilo

Neuroleptic

ATC: N05AX07
CAS-Nr.: 0000303-69-5 C_{16}-H_{19}-N_3-S
M_r 285.418

10H-Pyrido[3,2-b][1,4]benzothiazine-10-propanamine, N,N-dimethyl-

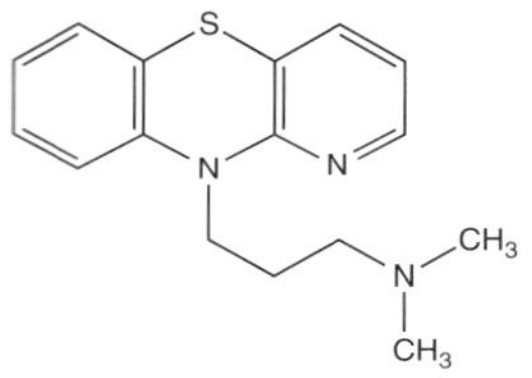

OS: *Prothipendyl [BAN, DCF]*
IS: *Azaphenothiazine*
IS: *Phrenotropin*
IS: *AY 56031*
IS: *D 206*
IS: *LG 206*

– hydrochloride:

OS: *Prothipendyl Hydrochloride USAN*

Dominal® (AWD.pharma: DE)
Dominal® (Meda: AT)
Dominal® (Viatris: BE, LU)

Protionamide (Rec.INN)

L: Protionamidum
D: Protionamid
F: Protionamide
S: Protionamida

⚕ Antitubercular agent

ATC: J04AD01
CAS-Nr.: 0014222-60-7 C_9-H_{12}-N_2-S
M_r 180.275

4-Pyridinecarbothioamide, 2-propyl-

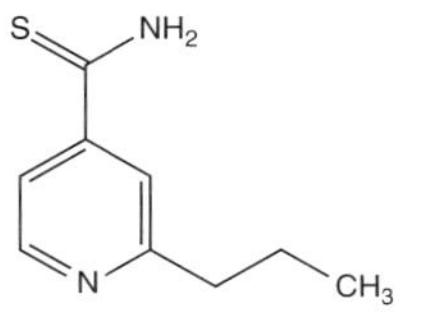

OS: *Protionamide [BAN, DCF, USAN]*
OS: *Prothionamide [BAN, JAN]*
IS: *PTH*
IS: *PTP*
IS: *RP 9778*
IS: *Th 1321*
IS: *2-Propylthiosonicotinamide (WHO)*
PH: Prothionamide [BP 1988, Ph. Int. 4, JP XIV]
PH: Protionamidum [Ph. Int. 4]

Ektebin® (Riemser: DE)
Ektebin® (Sanavita: RO)
Ektebin® (Wernigerode: DE)
Peteha® (Fatol: DE, HK)
Promid® (Biofarm: RO)
Promid® (Biofarma: TR)
Prothicid® (Themis: IN)
Prothionamide® (Promed: RU)
Protionamide-Akri® (Akrihin: RU)
Tionamid® (Koçak: TR)

Protirelin (Rec.INN)

L: Protirelinum
I: Protirelina
D: Protirelin
F: Protiréline
S: Protirelina

⚕ Hypothalamic hormone, thyrotropin releasing hormone, TRH

ATC: V04CJ02
CAS-Nr.: 0024305-27-9 C_{16}-H_{22}-N_6-O_4
M_r 362.412

L-Prolinamide, 5-oxo-L-prolyl-L-histidyl-

5-oxo-Pro—His—Pro—NH_2

OS: *Protirelin [BAN, JAN, USAN]*
OS: *Protiréline [DCF]*
OS: *Protirelina [DCIT]*
IS: *Abbott 38579 (Abbott, USA)*
IS: *Lopremone*
IS: *RU 15077*
IS: *TRH*
IS: *Tyroliberin*
IS: *TRF*
PH: Protirelin [Ph. Eur. 5, JP XIV]
PH: Protirelinum [Ph. Eur. 5]
PH: Protiréline [Ph. Eur. 5]

Antepan® (Henning Berlin: DE)
Antepan® (Sanofi-Synthelabo: DE)
Antepan® (Sanovi-Aventis: AT)
Protirelin® (Cambridge Laboratories: GB)
Relefact TRH® (Aventis: AT, DE, GR, IL)
Relefact TRH® (Odan: CA)
Stimu-TSH® (Ferring: FR)
Thyroliberin TRH Merck® (Merck: AT, DE)
TRH Ferring® (Er-Kim: TR)
TRH Ferring® (Ferring: AR, DE)
TRH Prem® (Novartis Consumer Health: ES)
TRH-UCB® (UCB: LU)
TRH® (Berlin-Chemie: CZ)
TRH® (Ferring: IL)
TRH® (UCB: BE, LU)

– tartrate:

OS: *Protirelin Tartrate JAN*
PH: Protirelin Tartrate JP XIV

Hirtonin® (Takeda: JP)

Protriptyline (Rec.INN)

L: Protriptylinum
I: Protriptilina
D: Protriptylin
F: Protriptyline
S: Protriptilina

⚕ Antidepressant, tricyclic

ATC: N06AA11
CAS-Nr.: 0000438-60-8 C_{19}-H_{21}-N
M_r 263.387

5H-Dibenzo[a,d]cycloheptene-5-propanamine, N-methyl-

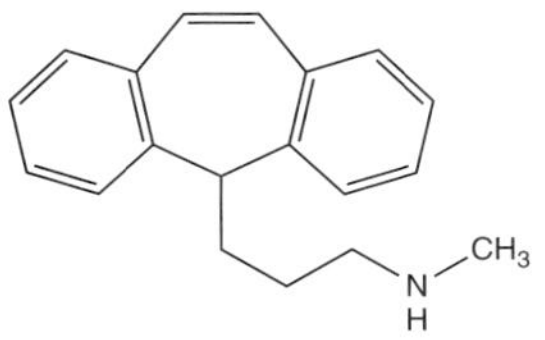

OS: *Protriptyline [BAN, DCF]*
OS: *Protriptilina [DCIT]*

– hydrochloride:

CAS-Nr.: 0001225-55-4
OS: *Protriptyline Hydrochloride BANM, USAN*
IS: *MK 240*
PH: Protriptyline Hydrochloride BP 2002, USP 30

Vivactil® (Odyssey: US)

Proxibarbal (Rec.INN)

L: Proxibarbalum
D: Proxibarbal
F: Proxibarbal
S: Proxibarbal

⚕ Antimigraine agent

ATC: N05CA22
CAS-Nr.: 0002537-29-3 C_{10}-H_{14}-N_2-O_4
M_r 226.242

2,4,6(1H,3H,5H)-Pyrimidinetrione, 5-(2-hydroxypropyl)-5-(2-propenyl)-

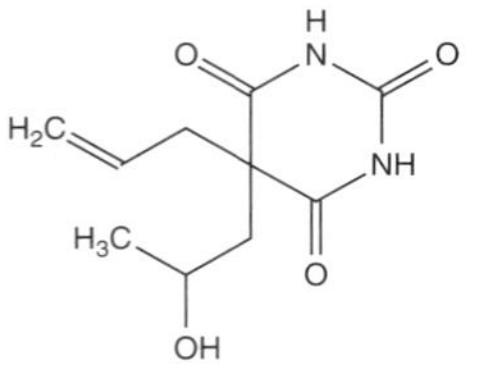

OS: *Proxibarbal [USAN]*
IS: *HH 184*

Vasalgin® (ExtractumPharma: HU)

Proxymetacaine (Rec.INN)

L: Proxymetacainum
D: Proxymetacain
F: Proxymétacaïne
S: Proximetacaina

⚕ Local anesthetic

ATC: S01HA04
CAS-Nr.: 0000499-67-2 C_{16}-H_{26}-N_2-O_3
M_r 294.404

Benzoic acid, 3-amino-4-propoxy-, 2-(diethylamino)ethyl ester

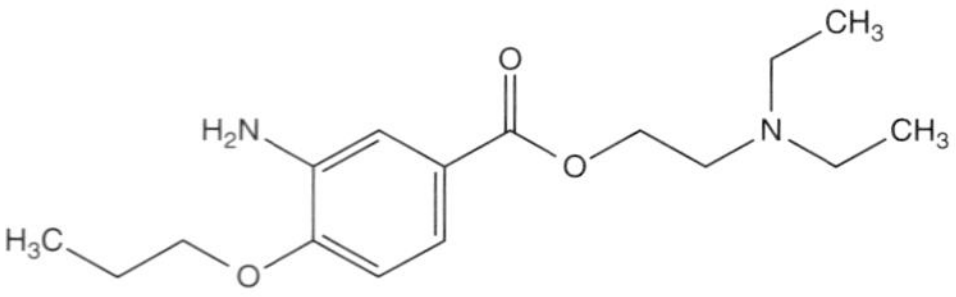

OS: *Proxymetacaine [BAN, DCF]*
IS: *Proparacaine*

– hydrochloride:

CAS-Nr.: 0005875-06-9
OS: *Proxymetacaine Hydrochloride BANM*
OS: *Proparacaine Hydrochloride USAN*
PH: Proxymetacaine Hydrochloride BP 2002
PH: Proxymetacainhydrochlorid DAC
PH: Proparacaine Hydrochloride USP 30

Alcaine® (Alcon: AU, BD, BE, BW, CA, CH, ER, ET, GE, GH, GR, HK, IS, KE, LK, MW, NA, NG, NO, PE, PL, SG, SI, TR, TZ, UG, ZA, ZM, ZW)
Anestalcon® (Alcon: AR, BR, CL)
Kainair® (Pharmafair: US)
Minims Proxymetacaine® (Chauvin: GB)
Minims Proxymetacaine® [vet.] (Chauvin: GB)
Miraxil® (Bagó: CO)
Ocu-Caine® (Ocumed: US)
Ophthetic® (Allergan: AU, US)
Parcaine® (Ocusoft: US)
Proparacaina L.CH.® (Chile: CL)
Proparacaina Lch® (Ivax: PE)
Proparacaine Hydrochloride® (Akorn: US)
Proparacaine Hydrochloride® (Bausch & Lomb: US)
Proparacaine Hydrochloride® (Falcon: US)
Proparakain-POS® (Ursapharm: DE)
Proxymetacaine® (Alcon: NZ)
Visonest® (Allergan: BR)

Pseudoephedrine (Rec.INN)

L: Pseudoephedrinum
I: Pseudoefedrina
D: Pseudoephedrin
F: Pseudoéphédrine
S: Pseudoefedrina

⚕ Sympathomimetic agent

ATC: R01BA02
CAS-Nr.: 0000090-82-4 C_{10}-H_{15}-N-O
M_r 165.24

Benzenemethanol, α-[1-(methylamino)ethyl]-, [S-(R*,R*)]-

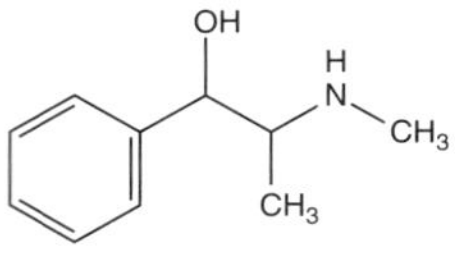

OS: *Pseudoephedrine [BAN]*
OS: *Pseudoéphédrine [DCF]*
OS: *Pseudoefedrina [DCIT]*

Neo Durasina® (GlaxoSmithKline: ES)
Neodurasina® (GlaxoSmithKline: ES)
Pseudoefedrina OTC Iberica® (OTC: ES)
Rinomax® (Ern: ES)

– hydrochloride:

CAS-Nr.: 0000345-78-8
OS: *Pseudoephedrine Hydrochloride BANM, USAN*
PH: Pseudoephedrine Hydrochloride Ph. Eur. 5, USP 30
PH: Pseudoephedrini hydrochloridum Ph. Eur. 5
PH: Pseudoéphédrine (chlorhydrate de) Ph. Eur. 5
PH: Pseudoephedrinhydrochlorid Ph. Eur. 5

Adco-Sufedrin® (Al Pharm: ZA)
Brocon® (Globe: BD)
Chemists' Own Sinus Relief® (Chemists: AU)
Contac® (GlaxoSmithKline: CA)
Decofed® (Actavis: US)
Decongestant® (CVS: US)
Demazin Day/Night Relief® (Schering-Plough: AU)
Dexan® (Recalcine: CL)
Dimetapp® (Wyeth: US)
Disudrin® (Medifarma: ID)
Drilix® (Be-Tabs: ZA)
Drinasal S® (Merck Generics: ZA)
Drixoral® (Schering-Plough: US)
Efidac 24® (Hogil: US)
Efryl Rhume® (Sandoz: FR)

Eksofed® (Bilim: TR)
Eltor® (Sanofi-Aventis: CA)
Galpseud® (Thornton & Ross: GB)
Genaphed® (Teva: US)
Infant Decongestant® (CVS: US)
Kidkare® (Rugby: US)
Logicin Sinus Tablet® (Sigma: AU)
Meltus® (SSL: GB)
Mex® (Phoenix: AR)
Monofed® (Garec: ZA)
Myfedrine® (Morton Grove: US)
Neo Triaminic® (Novartis: ID)
Non Drowsy Sudafed Decongestant® (Pfizer Consumer Healthcare: GB)
Non-Drowsy Sudafed® (Pfizer Consumer Healthcare: GB)
Otrinol® (Novartis: AE, BH, CH, IL, IQ, JO, KW, LB, OM, QA, SA, YE)
Otrinol® (Novartis Consumer Health: EG)
Pedia Relief® (Bergen Brunswig: US)
PediaCare® (Pfizer: US)
Pseudoephedrine Asian Pharm® (Asian: TH)
Pseudoephedrine Medicine Supply® (Progress: TH)
Pseudoephedrine Milano® (Milano: TH)
Pseudoephedrine® (Cardinal Health: US)
Pseudofrin® (Trianon: CA)
Rhinoaspirine® (Bayer: LU)
Rinogest® (Sanovel: TR)
Rinomar® (Janssen: BE, LU)
Simply Stuffy® (McNeil: US)
Sinu-Med Tablets® (Triomed: ZA)
Sinufed® (Hauck: US)
Sinufed® (Trima: IL)
Sinutab Mono® (Pfizer: LU)
Soludrill Rhinites® (Pierre Fabre: LU)
Su-phedrin® (Eckerd: US)
Sudafed Decongestant® (Pfizer Consumer Healthcare: CA, NZ)
Sudafed® (GlaxoSmithKline: AE, AG, AN, AW, BB, BD, BH, FR, GD, GE, GY, ID, IN, IR, JM, KW, LC, MX, OM, PL, QA, RO, SG, TR, TT, VC, ZA)
Sudafed® (Pfizer: AU, CA, PT, US)
Sudafed® (Pfizer Consumer Healthcare: IE, NZ)
Sudomyl® (PSM: NZ)
Sudorin® (Incepta: BD)
Suphedrine® (Bergen Brunswig: US)
Suphedrine® (Rite Aid: US)
Suphedrin® (Bergen Brunswig: US)
Symptofed® (Al Pharm: ZA)
Taroph ed® (Taro: IL)
Tiptipot Afalpi® (CTS: IL)
Triaminic® (Novartis: US)
Vasocedine Pseudoephedrine® (Qualiphar: BE, LU)

– sulfate:

CAS-Nr.: 0007460-12-0
OS: *Pseudoephedrine Sulfate USAN*
PH: Pseudoephedrine Sulfate USP 30

Clarinase® (Schering-Plough: BE, CZ, FR, IS, LU)
Demazin Sinus® (Schering-Plough: AU)
Drixoral® (Schering-Plough: US)
Duration® (Schering-Plough: US)

Psoralen

D: Psoralen
F: Psoralène

Dermatological agent, melanizing

CAS-Nr.: 0000066-97-7 — C_{11}-H_6-O_3, M_r 186.169

7H-Furo[3,2-g][1]-benzopyran-7-one

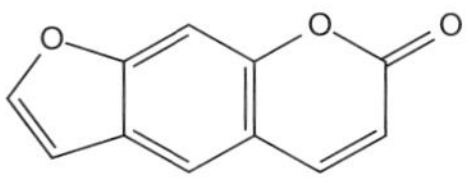

OS: *Psoralène [DCF]*
IS: *Ficusin*

Manaderm® (Wyeth: IN)
Novo Melanidina® (Llorente: ES)

Pyrantel (Rec.INN)

L: Pyrantelum
I: Pirantel
D: Pyrantel
F: Pyrantel
S: Pirantel

Anthelmintic

ATC: P02CC01
ATCvet: QP52AF02
CAS-Nr.: 0015686-83-6 — C_{11}-H_{14}-N_2-S, M_r 206.313

Pyrimidine, 1,4,5,6-tetrahydro-1-methyl-2-[2-(2-thienyl)ethenyl]-, (E)-

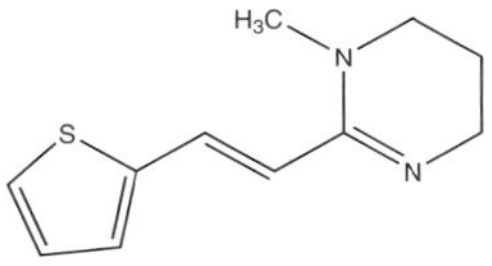

OS: *Pyrantel [BAN, DCF]*
OS: *Pirantel [DCIT]*

Bantel® (Thai Nakorn Patana: TH)
Helmintox® (Innotech: DZ)
Konvermex® (Konimex: ID)
Pirantel Pamoato MK® (MK: CO)
Pirascarin® [vet.] (Balkanpharma: BG)
Pyrapam® (GDH: TH)

– embonate:

CAS-Nr.: 0022204-24-6
OS: *Pyrantel Embonate BANM*
OS: *Pyrantel Pamoate JAN, USAN*
IS: *CP 10 423-16*
IS: *Antiminth*
IS: *Combantrin*
PH: Pyranteli embonas Ph. Int. 4, Ph. Eur. 5
PH: Pyrantel Pamoate JP XIV, USP 30
PH: Pyrantel embonate Ph. Eur. 5, Ph. Int. 4

Antelcat® [vet.] (Biokema: CH)
Antezole® [vet.] (Kyron: ZA)
Anthel® (Alphapharm: AU)
Antiminth® (Pfizer: US)

P

Ascarel® (Pfeiffer: US)
Ascarical® (Farmoquimica: BR)
Banminth® [vet.] (Orion: SE)
Banminth® [vet.] (Pfizer: AT, CH, CH, NL, NO)
Banminth® [vet.] (Pfizer Animal: DE)
Billy Peach Wormex® [vet.] (Virbac: NZ)
Cancare® [vet.] (Ancare: NZ)
Canex Puppy Suspension® [vet.] (Pfizer: FI)
Canex Puppy Suspension® [vet.] (Pfizer Animal: AU)
Canex Puppy Suspension® [vet.] (Pfizer Animal Health: NZ)
Catminth® [vet.] (Pfizer: LU)
Catminth® [vet.] (Pfizer Animal Health: BE)
Cobantril® (Interdelta: CH)
Combantrin® (Infectopharm: AT)
Combantrin® (Pfizer: AE, AN, AU, BB, BH, CL, CO, DO, ET, GH, GM, GR, GY, HT, ID, IL, IN, IT, JM, JO, KE, KW, LB, LK, LR, MW, MX, NG, OM, PE, PT, SA, SD, SL, TT, VN, ZA)
Combantrin® (Pfizer Consumer Healthcare: CA, NZ)
Combantrin® (Teofarma: FR)
Combatrin® (Pfizer: AU)
Conpyran® (Armoxindo: ID)
Delentin® (Renata: BD)
Dogminth® [vet.] (Pfizer: LU)
Dogminth® [vet.] (Pfizer Animal Health: BE)
Early Bird® (Mentholatum: AU)
Equivermon® [vet.] (WDT: DE)
Exelpet Palatable Puppy Worming Suspension® [vet.] (Exelpet: AU)
Fyrantel® [vet.] (VetPharma: SE)
H-Phamonex® (Hisubiette: CO)
Helmex® (Infectopharm: DE)
Helmintox® (Innotech: DZ, FR, RO, RU)
Hippoparex® [vet.] (Serumber: DE)
Hippotwin® [vet.] (Caballo: LU, NL)
Horseminth® [vet.] (Pfizer: LU)
Horseminth® [vet.] (Pfizer Animal Health: BE)
HRT® (Oro: TR)
Jernadex® [vet.] (Virbac: DE)
Kontil® (Bilim: TR)
Lombriareu® (Areu: ES)
Medicomtrin® (Medikon: ID)
Melphin® (Beximco: BD)
Mirrix® [vet.] (Pfizer: FI)
Nemex® [vet.] (Pfizer: IT, US, ZA)
Nemocid® (Ipca: RU)
Nemocid® (Mexin: IN)
Pamoato de Pirantel Genfar® (Genfar: CO, EC)
Pamoato de Pirantel® (Farmandina: EC)
Pamox® (Procaps: CO)
Panatel-125® (Pharmascience: VN)
Pin-X® (Effcon: US)
Pirantel Pamoato Genfar® (Genfar: PE)
Pirantel Pamoato® (La Santé: CO)
Pirantel® (Saba: TR)
Pirantrin® (Biokem: TR)
Pirapam® (Dexa Medica: ID)
Piraska® (Supra: ID)
Pirel® (Anglopharma: CO)
Provid® [vet.] (Chanelle: GB)
Provid® [vet.] (Scanvet: FI)
Proworm® (Hexpharm: ID)
Pyrantel Indo Farma® (Indofarma: ID)
Pyrantel Pamoate® (Cypress: US)
Pyrantel Pamoate® (Liquipharm: US)
Pyrantel Paste® [vet.] (Albrecht: DE)
Pyrantel Paste® [vet.] (WDT: DE)
Pyrantelum® (Medana: PL)
Pyrantelum® (Polpharma: PL)
Pyrantel® (Balkanpharma: BG)
Pyrantel® (Biopharm: RU)
Pyrantel® [vet.] (Alfasan: NL)
Pyrantel® [vet.] (Eudaemonic: US)
Pyrantel® [vet.] (Intervet: IT)
Pyrantin® (Astron: LK)
Pyrantin® (Mecosin: ID)
Pyratabs® [vet.] (Fort Dodge: US)
Pyratape® [vet.] (Hoechst Vet: IE)
Pyratape® [vet.] (Intervet: GB)
Reese's Pinworm Medicine® (Reese: US)
Runcid® [vet.] (Albrecht: DE)
Runcid® [vet.] (CP: DE)
Sepantel® [vet.] (Albrecht: DE)
Sepantel® [vet.] (Scanvet: FI)
Sepantel® [vet.] (Sogeval: FR, NL)
Strongid-P® [vet.] (Pfizer: CH, FI)
Strongid-P® [vet.] (Pfizer Animal Health: GB)
Strongid-P® [vet.] (Pfizer Consumer Healthcare: IE)
Strongid® [vet.] (Pfizer: IT, US)
Strongid® [vet.] (Pfizer Animal: PT)
Strongid® [vet.] (Pfizer Animal Health: GB)
Strongid® [vet.] (Pfizer Consumer Healthcare: IE)
Strongid® [vet.] (Pfizer Santé Animale: FR)
Sure Shot Liquid Wormer® [vet.] (Performer: US)
Tamoa® (Lacofarma: DO)
Trilombrin® (Farmasierra: ES)
Verminal® [vet.] (Albrecht: DE)
Worm Ban® [vet.] (Troy: AU)
Wormpasta® [vet.] (Beaphar: NL)
Wormtabletten® [vet.] (Eurovet: NL)

– tartrate:

CAS-Nr.: 0033401-94-4
OS: *Pyrantel Tartrate USAN*
IS: *CP 10 423-18 (Pfizer, USA)*

Banminth® [vet.] (Pfizer: CH)
Banminth® [vet.] (Pfizer Consumer Health: US)
Equi-Phar® [vet.] (Vedco: US)
Horsecare® [vet.] (DurVet: US)
Purina Colt and Horse Wormer® [vet.] (Purina: US)
Strongid C® [vet.] (Pfizer: US)

Pyrazinamide (Rec.INN)

L: Pyrazinamidum
I: Pirazinamide
D: Pyrazinamid
F: Pyrazinamide
S: Pirazinamida

⚕ Antitubercular agent

ATC: J04AK01
CAS-Nr.: 0000098-96-4 C_5-H_5-N_3-O
M_r 123.125

Pyrazinecarboxamide

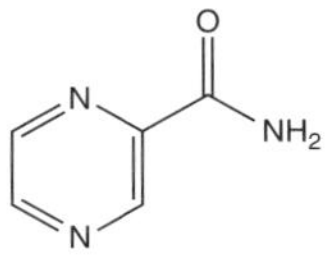

OS: *Pyrazinamide [BAN, DCF, JAN, USAN]*
OS: *Pirazinamide [DCIT]*
IS: *Pyrizinamide*
IS: *Pyrazinecarboxamide (WHO)*
IS: *Pyrazinoic Acid Amide*
PH: Pyrazinamide [JP XIV, Ph. Eur. 5, Ph. Int. 4, USP 30]
PH: Pyrazinamidum [Ph. Eur. 5, Ph. Int. 4]
PH: Pyrazinamid [Ph. Eur. 5]

Corsazinamid® (Corsa: ID)
Firazin® (Sanofi-Aventis: BD)
Neotibi® (Pyridam: ID)
P-Zide® (Cadila: IN)
Pezeta-Ciba® (Sandoz: ID)
Phthizopriam® [+Isoniazid] (Akrihin: RU)
Piraldina® (Bracco: IT)
Pirazinamida Lafedar® (Lafedar: AR)
Pirazinamida Prodes® (Almirall: ES)
Pirazinamida Veinfar® (Veinfar: AR)
Pirazinamida® (Antibiotice: RO)
Pirazinamida® (Bestpharma: CL)
Pirazinamida® (Refasa: PE)
Pirazinamida® (Roemmers: PE)
Pirazinid® (Kocak: BA)
Pirazinid® (Koçak: TR)
Pirilène® (Sanofi-Aventis: FR)
Pramide® (Winthrop: PT)
Prazina® (Armoxindo: ID)
Pulmodex® (Dexa Medica: ID)
Pyrafat® (Fatol: AT, DE)
Pyramide® (Pharmasant: TH)
Pyratab® (Shiwa: TH)
Pyrazide® (Aventis: ZA)
Pyrazinamid Jenapharm® (Jenapharm: DE)
Pyrazinamid Krka® (Krka: HR)
Pyrazinamid Lederle® (Riemser: DE)
Pyrazinamid Lederle® (Wyeth: AT)
Pyrazinamid Provita® (Provita: AT)
Pyrazinamid SAD® (SAD: DK)
Pyrazinamid-Akri® (Akrihin: RU)
Pyrazinamid-PP® (Pannonpharma: HU)
Pyrazinamide Atlantic® (Atlantic: TH)
Pyrazinamide CF® (Centrafarm: NL)
Pyrazinamide Genepharm® (Genepharm: GR)
Pyrazinamide Indo Farma® (Indofarma: ID)
Pyrazinamide Labatec® (Labatec: CH)
Pyrazinamide Lederle® (Wyeth: TH)
Pyrazinamide PCH® (Pharmachemie: NL)
Pyrazinamide® (AFT: NZ)
Pyrazinamide® (Ipca: RU)
Pyrazinamide® (Makis Pharma: RU)
Pyrazinamide® (Stada: US)
Pyrazinamide® (VersaPharm: US)
Pyrazinamide® (West-Ward: US)
Pyrazinamid® (ExtractumPharma: HU)
Pyrazinamid® (Farmapol: PL)
Pyrazinamid® (Krka: BA, SI)
Pyzina® (Lupin: IN)
Pyzin® (Lupin: IN)
PZA-Ciba® (Novartis: BD, IN)
PZA-Ciba® (Promed: RU)
PZA-Ciba® (Sandoz: PH, SG)
PZAHefa® (Riemser: DE)
PZAHefa® (Wernigerode: DE)
PZA® (Roemmers: PE)
PZA® (Zuellig: TH)
Rifater® [+Isoniazid +Rifampicin] (Sanofi-Aventis: HK, IE)
Rolab-Pyrazinamide® (Sandoz: ZA)
Sanazet® (Sanbe: ID)
Siramid® (Mersifarma: ID)
Tb Zet® (Meprofarm: ID)
Tebrazid® (Continental: LU, SA, SD)
Tebrazid® (ICN: US)
Tebrazid® (Valeant: CA)
Tisamid® (Orion: CZ, FI)
Zcure® (Natrapharm: PH)
Zinamide® (Merck Sharp & Dohme: AU)

Pyrethrin I

L: Pyrethrinum
D: Pyrethrin I
F: Pyrethrine I
S: Piretrina I

Insecticide

ATC: P03BA
ATCvet: QP53AC
CAS-Nr.: 0000121-21-1 C_{21}-H_{28}-O_3
M_r 328.44

(1*R*,*3*R)-2,2-Dimethyl-3-[2-methyl-1-propenyl]cyclopropanecarboxylic acid (1*S*)-2-methyl-4-oxo-3-(2*Z£r)-2,4-pentadienyl-2-cyclopenten-1-yl ester*

chrysanthemummonocarboxylic acid pyrethrolone ester

{(1*S*)-2-Methyl-4-oxo-3-[(*Z*)-penta-2,4-dien-1-yl]cyclopent-2-enyl}[(1*R*,3*R*)-2,2-dimethyl-3-(2-methylprop-1-en-1-yl)cyclopropancarboxylat] (IUPAC)

2-Methyl-4-oxo-3-(penta-2,4-dienyl)cyclopent-2-enyl (1R-)(1α(S*(Z)),3beta))-chrysanthemate

Cyclopropanecarboxlic acid, 2,2-dimethyl-3-(2-methyl-1-propenyl)-, 2-methyl-4-oxo-3-(2,4-pentadienyl)-2-cyclopenten-1-yl ester, (1theta-(1α(S(Z)),3beta))-

Cyclopropanecarboxylic acid, 2,2-dimethyl-3-(2-methylpropenyl)- ester with 4-hydroxy-3-methyl-2-(2,4-pentadienyl)-2-cyclopenten-1-one

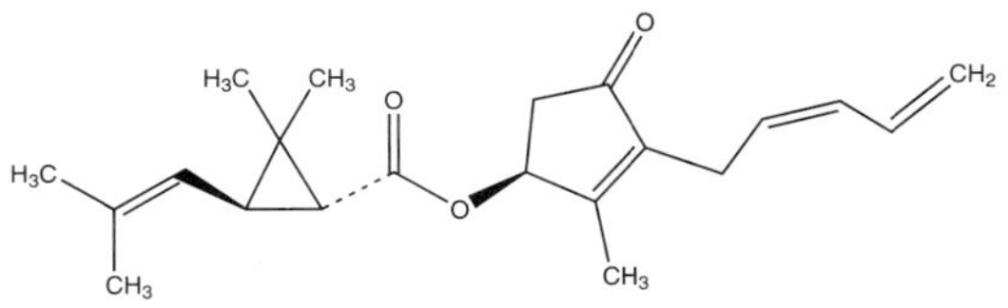

IS: *(+)-Pyrethronyl (+)-trans-chrysanthemate*
IS: *BRN 2004306*
IS: *EPA Pesticide Chemical code 069001*

P

IS: *HSDB 6302*
IS: *EINECS 204-455-8*
IS: *Caswell No. 715*

Bubil® (Jaka: HR)
Bubil® (Remevita: RS)

Pyricarbate (Rec.INN)

L: Pyricarbatum
I: Piricarbato
D: Pyricarbat
F: Pyricarbate
S: Piricarbato

⚕ Antihyperlipidemic agent

CAS-Nr.: 0001882-26-4 C_{11}-H_{15}-N_3-O_4
M_r 253.271

2,6-Pyridinedimethanol, bis(methylcarbamate) (ester)

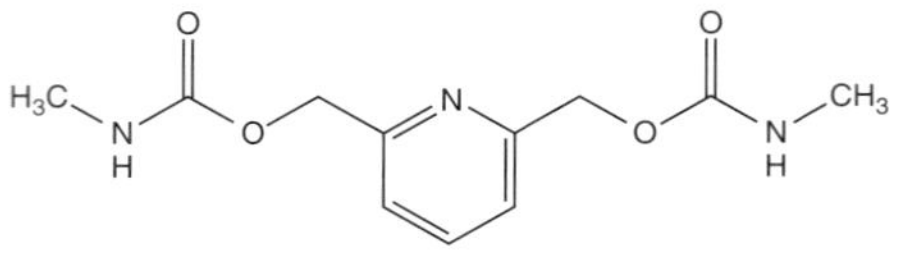

OS: *Pyricarbate [DCF, USAN]*
OS: *Piricarbato [DCIT]*
OS: *Pyridinol Carbamate [JAN]*
IS: *Ba 17 (Kali-Chemie, Germany)*
IS: *P 23*
IS: *H 3749*
PH: Pyricarbate [Ph. Franç. X]

Anginin® (Banyu: JP)
Anginin® (Teva: IL)
Cicloven® (AGIPS: IT)

Pyridostigmine Bromide (Rec.INN)

L: Pyridostigmini Bromidum
I: Piridostigmina bromuro
D: Pyridostigmin bromid
F: Bromure de Pyridostigmine
S: Bromuro de piridostigmina

⚕ Parasympathomimetic agent, cholinesterase inhibitor

CAS-Nr.: 0000101-26-8 C_9-H_{13}-Br-N_2-O_2
M_r 261.123

Pyridinium, 3-[[(dimethylamino)carbonyl]oxy]-1-methyl-, bromide

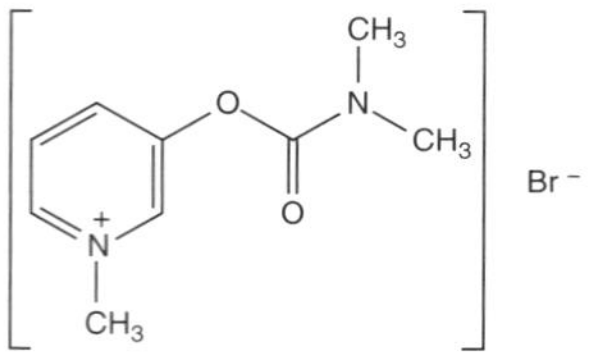

OS: *Pyridostigmine [DCF]*
OS: *Pyridostigmine Bromide [BAN, JAN, USAN]*
OS: *Piridostigmina bromuro [DCIT]*
PH: Pyridostigminbromid [Ph. Eur. 5]
PH: Pyridostigmine Bromide [JP XIV, Ph. Eur. 5, Ph. Int. 4, USP 30]
PH: Pyridostigmini bromidum [Ph. Eur. 5, Ph. Int. 4]
PH: Pyridostigmine (bromure de) [Ph. Eur. 5]

Distinon® (Samarth: IN)
Dostirav® (Promedic: RO)
Kalymin® (Asta Medica: CZ)
Kalymin® (Pliva: RU)
Kalymin® (Temmler: DE)
Mestinon® (CSP: FR)
Mestinon® (Grupo Farma: CO)
Mestinon® (ICN: AT, AU, BR, CR, DO, GT, HN, IL, LU, NI, NL, PA, PE, PH, PL, PT, RO, RS, SV, TH)
Mestinon® (ICN-D: IT)
Mestinon® (MediLink: SE)
Mestinon® (Onko-Koçsel: TR)
Mestinon® (Pharma Logistics: BE)
Mestinon® (Pharmaco: ZA)
Mestinon® (Raffo: CL)
Mestinon® (Roche: SI)
Mestinon® (Valeant: AR, CA, CH, CZ, DE, DK, ES, FI, GB, HK, HU, ID, IE, LK, MX, NO, NZ, SG, US)
Mestinon® [vet.] (Valeant: GB)
Pyridostigmine Bromide-Sunve Pharm® (Sunve: CN)
Pyridostigmine Bromide® (Global: US)
Pyridostigmine Bromide® (Ranbaxy: US)
Regonol® (Organon: US)

Pyridoxal Phosphate

D: Codecarboxylase

⚕ Vitamin B_6

ATC: A11HA06
CAS-Nr.: 0000054-47-7 C_8-H_{10}-N-O_6-P
M_r 247.148

4-Pyridinecarboxaldehyde, 3-hydroxy-2-methyl-5-[(phosphonooxy)methyl]-

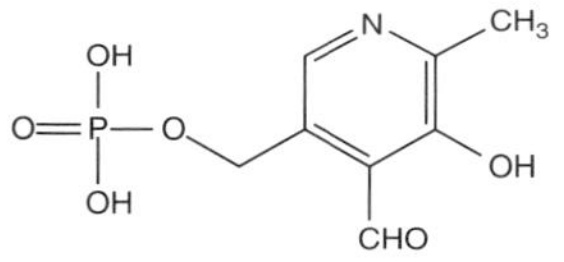

OS: *Pyridoxal Phosphate [JAN, USAN]*
PH: Pyridoxal 5-phosphate [USP 30]

Biosechs® (Wakamoto: JP)
Himitan® (Toyo Pharmar: JP)

Pyridoxine (Rec.INN)

L: Pyridoxinum
I: Piridossina
D: Pyridoxin
F: Pyridoxine
S: Piridoxina

⚕ Vitamin B_6

CAS-Nr.: 0000065-23-6 C_8-H_{11}-N-O_3
M_r 169.186

3,4-Pyridinedimethanol, 5-hydroxy-6-methyl-

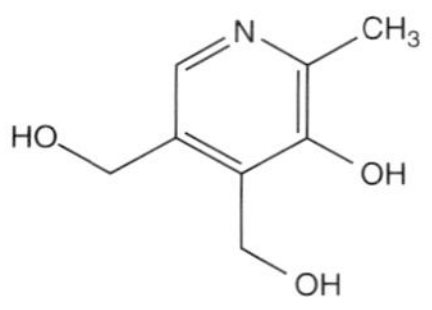

OS: *Pyridoxine [BAN, DCF]*
OS: *Piridossina [DCIT]*
IS: *Adermin*
IS: *Piridossima*
IS: *Piridoxolum*
IS: *Vitamin B_6*

B_6 Vigen® (Eras: TR)
Lean & Fit® (Arion: PE)
Libavit B_6® (Liba: TR)
Piridoxina Fmndtria® (Farmindustria: PE)
Piridoxina® (Farvet: PE)
Piridoxina® (Sanitas: PE)
Pyricontin® (Modi-Mundipharma: IN, LK)
Sicovit B_6® (Zentiva: RO)
Vit.B6 Agepha® (Agepha: AT)
Vitamin B6® (Alkaloid: BA)
Vitamin B6® (Hemofarm: RS)
Vitamin B6® (Replekfarm: RS)
Vitamin B6® (Sopharma: BG)

– hydrochloride:

CAS-Nr.: 0000058-56-0
OS: *Pyridoxine Hydrochloride BANM, JAN, USAN*
IS: *Pyridoxinium chloratum*
IS: *Vitamin-B_6-hydrochlorid*
PH: Pyridoxine (chlorhydrate de) Ph. Eur. 5
PH: Pyridoxine Hydrochloride JP XIV, Ph. Eur. 5, Ph. Int. 4, USP 30
PH: Pyridoxinhydrochlorid Ph. Eur. 5
PH: Pyridoxini hydrochloridum Ph. Eur. 5, Ph. Int. 4

Anacrodyne® (Rekah: IL)
Apo-Pyridoxine® (Apotex: NZ)
B-6 Pharmasant® (Pharmasant: TH)
B-Six® (Sam-On: IL)
B6-ASmedic® (Dyckerhoff: DE)
B6-Vicotrat® (Heyl: DE)
Be-Tabs Pyridoxine HCl® (Be-Tabs: ZA)
Bedoxine® (Meuse: BE, LU)
Bedoxin® (Galenika: BA, RS)
Benadon® (Bayer: AR, AT, CH, ES, GB, IE, IT, PT, SE)
Besix® (Remek: GR)
Bonasanit® (Biokanol: DE)
Burgerstein Vitamin B_6® (Antistress: CH)
Bécilan® (DB: FR)
Béres B6-vitamin® (Béres: HU)
Dermo 6® (Pharma Développement: FR)
G-Vitamin B6® (Gonoshasthaya: BD)
Godabion B6® (Merck: ES)
Healtheries Vitamin B6® (Healtheries: NZ)
Heksavit® (Leiras: FI)
Hexobion® (Merck: DE)
Isozid N® (Fatol: DE)
Lactosec® (Aspen: ZA)
Microvit B6® [vet.] (Adisseo: AU)
Novirell B6® (Sanorell: DE)
Piridoksin® (Zdravlje: RS)
Piridoxina Clorhidrato® (Biosano: CL)
Piridoxina Clorhidrato® (ISP: PE)
Piridoxina Clorhidrato® (Sanderson: CL)
Plivit B6® (Pliva: BA, HR, SI)
Pyridoxin Hydrochlorid® (Biopharm: GE)
Pyridoxin Leciva® (Zentiva: CZ)
Pyridoxin Recip® (Recip: SE)
Pyridoxin SAD® (SAD: DK)
Pyridoxine HCl CF® (Centrafarm: NL)
Pyridoxine HCl PCH® (Pharmachemie: NL)
Pyridoxine HCl ratiopharm® (Ratiopharm: NL)
Pyridoxine Hydrochloride® (Baxter: NZ)
Pyridoxine Hydrochloride® (Bioniche: CA)
Pyridoxine Hydrochloride® (Dixon-Shane: US)
Pyridoxine Hydrochloride® (Fawns & McAllan: AU)
Pyridoxine Hydrochloride® (Geneva: US)
Pyridoxine Hydrochloride® (Moore: US)
Pyridoxine Hydrochloride® (Schein: US)
Pyridoxine-Labaz® (Eumedica: LU)
Pyridoxine® (BR: GB)
Pyridoxine® (Eumedica: BE)
Pyridoxine® (Hillcross: GB)
Pyridoxine® (Wockhardt: GB)
Pyridoxini HCL® (Ethica: ID)
Pyridoxini HCL® (Soho: ID)
Pyridoxin® (Leciva: CZ)
Pyrol® (Jayson: BD)
Seis-B® (Apsen: BR)
Thompson's Vitamin B6® (Thompson: NZ)
Vita-B6® (Vitabalans: FI)
Vitabe® (Andromaco: CL)
Vitamin B_6 Streuli® (Streuli: CH)
Vitamin B_6® (Mission: US)
Vitamin B6 Domesco® (Domesco: VN)
Vitamin B6 F.T. Pharma® (F.T. Pharma: VN)
Vitamin B6 Jenapharm® (Jenapharm: DE)
Vitamin B6 Kimia® (Kimia: ID)
Vitamin B6-atiopharm® (ratiopharm: DE)
Vitamin B6-Hevert® (Hevert: DE)
Vitamin B6-Injektopas® (Pascoe: DE)
Vitamin B6® (Egis: HU)
Vitamin B6® (Kimia: ID)
Vitamina B_6® (Terapia: RO)
Vitamina B6® (Sunshine: PE)
Vitamine B6 Aguettant® (Aguettant: FR)
Vitamine B6 Richard® (Richard: FR)
Vitaminum B6® (Pliva: PL)
Vitaminum B6® (Polfa Kutno: PL)
Vitaminum B6® (Polfarmex: PL)
Xanturenasi® (Teofarma: IT)

– oxoglurate:

IS: *PAK*
IS: *Pyridoxine 2-oxoglutarate*
IS: *Piriglutin*

Conductasa® (Teofarma: ES)

Pyrimethamine (Rec.INN)

L: Pyrimethaminum
I: Pirimetamina
D: Pyrimethamin
F: Pyriméthamine
S: Pirimetamina

⚕ Antiprotozoal agent, antimalarial

ATC: P01BD01
CAS-Nr.: 0000058-14-0 C_{12}-H_{13}-Cl-N_4
M_r 248.726

2,4-Pyrimidinediamine, 5-(4-chlorophenyl)-6-ethyl-

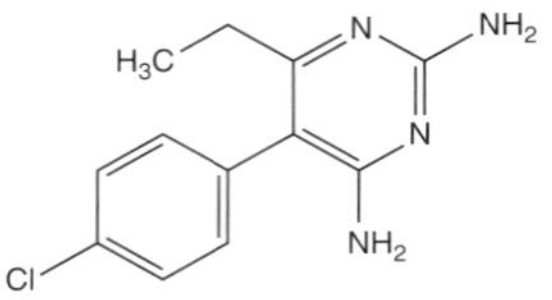

OS: *Pyrimethamine [BAN, DCF, JAN, USAN]*
OS: *Pirimetamina [DCIT]*
PH: Pyrimethamin [Ph. Eur. 5]
PH: Pyrimethamine [Ph. Eur. 5, Ph. Int. 4, USP 30]
PH: Pyrimethaminum [Ph. Eur. 5, Ph. Int. 4]

Daraprim® (GlaxoSmithKline: AE, AG, AN, AR, AT, AU, AW, BB, BE, BG, BH, BR, CA, CH, CL, CZ, DE, ES, GB, GD, GY, IE, IR, JM, KW, LC, LU, MX, NL, OM, PL, QA, TH, TT, US, VC, ZA)
Fansidar® [+ Sulfadoxine] (Roche: AE, AU, BF, BJ, BR, CG, CH, CI, CM, CO, EC, ET, FR, GA, GB, GH, GN, ID, IE, IL, KE, MG, ML, MR, MY, NE, NG, PH, PK, RU, SA, SN, TG, YE, ZA, ZR, ZW)
Malocide® (Sanofi-Aventis: FR)
Pyrison® (Jayson: BD)
Vitadar® [+ Sulfadoxine] (Mediplata: PE)

Pyriproxyfen

D: Pyriproxifen

Antiparasitic agent

CAS-Nr.: 0095737-68-1 C_{20}-H_{19}-N-O_3 M_r 321.38

Pyridine, 2-(1-methyl-2-(4-phenoxyphenoxy)ethoxy)-

4-Phenoxyphenyl (RS)-2-(2-pyridyloxy)propylether

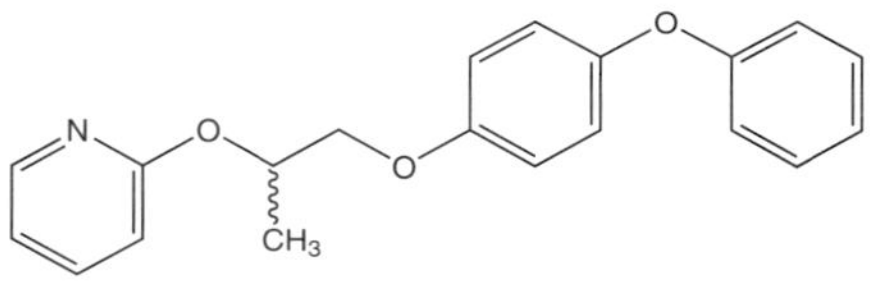

IS: *Pyriproxyfen*
IS: *S 31183*
IS: *S 9138*
IS: *SK 591*
IS: *OMS 3019*
IS: *HSDB 7053*

Bodygard® [collar for cats] (Virbac: AU)
Breakthru IGR Nylar Stripe-On® (VPL: US)
Cyclio® [vet.] (Virbac: AU, CH, DE, FR, LU, NL)
Twin Spot® [vet.] (Virbac: NL)

Pyrithione Zinc (Rec.INN)

L: Pyrithionum Zincicum
D: Pyrithion zink
F: Pyrithione zincique
S: Piritiona cincica

Dermatological agent, antiseborrheic

ATC: D11AX12
CAS-Nr.: 0013463-41-7 C_{10}-H_8-N_2-O_2-S_2-Zn M_r 317.684

Zinc, bis(1-hydroxy-2(1H)-pyridinethionato-O,S)-, (T-4)-

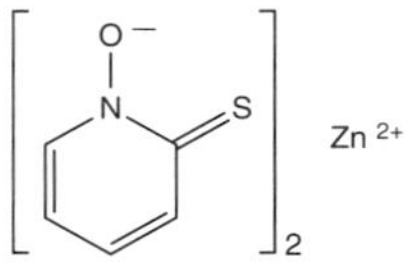

OS: *Pyrithione Zinc [BAN, USAN]*
IS: *Zinc Pyrithione*

Biolane® (Prater: CL)
Dan-Gard® (Stiefel: US)
de-squaman® (Hermal: DE)
Desquaman® (Hermal: AT, IL, LU)
DHS Zinc® (Dispolab: CL)
Dos Ele® (DNR: AR)
Freederm Zink® (Schering-Plough: RU)
Min-Huil® (Neo-Dermos: AR)
Pirimed® (Roemmers: CO)
Pirisalil® (Sanofi-Synthelabo: CO)
Shampoo Bawiss® (Bawiss: CO)
Skaelud® (Propharma: DK)
Skin Cap® (Volta: CL)
Skin-Cap® (Cheminova: CN, RU)
Z.P.Dermil® (Edol: PT)
Zetion® (Mustafa Nevzat: TR)
Zincation® (Isdin: ES)
ZNP® (Stiefel: CL, MX, US)
ZNP® (Valeo: CA)

Pyritinol (Rec.INN)

L: Pyritinolum
I: Piritinolo
D: Pyritinol
F: Pyritinol
S: Piritinol

Nootropic

ATC: N06BX02
CAS-Nr.: 0001098-97-1 C_{16}-H_{20}-N_2-O_4-S_2 M_r 368.476

4-Pyridinemethanol, 3,3'-[dithiobis(methylene)]bis[5-hydroxy-6-methyl-

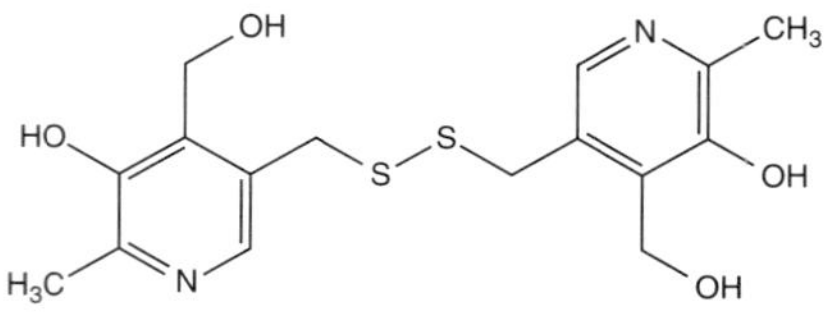

OS: *Pyritinol [BAN, DCF, USAN]*
OS: *Piritinolo [DCIT]*
IS: *Pyritioxine*

Encefabol® (Merck: CO)
Encepan® (Interbat: ID)
Encephabol® (Merck: AT, CZ, LU, MX)
Piritinol L.CH.® (Chile: CL)

– dihydrochloride:

OS: *Pyritioxine Hydrochloride JAN*

Bonifen® (Merck: ES)
Cebbol® (Mecosin: ID)

Cerbon-6® (Confar: PT)
Encefabol® (Bracco: IT)
Encefabol® (Mepro: CL)
Encefabol® (Merck: BR, EC, PE)
Encephabol® (Merck: AE, AT, BH, CY, CZ, DE, EG, HK, ID, IN, IQ, IR, JO, KW, LB, LU, MX, OM, QA, SA, SD, TH, TH, YE)
Encephabol® (Merck Generics: ZA)
Encephabol® (Merck KGaA: RO)
Encephabol® (Nycomed: GE, RU)
Encidin® (Bernofarm: ID)
Enebrol® (Ikapharmindo: ID)
Enerbol® (Ikapharmindo: ID)
Enerbol® (Pliva: CZ, RO)
Memonol® (Utopian: TH)
Piritinol Diclorhidrato® (Mintlab: CL)
Piritinol® (Terapia: RO)
Pyritil® (Biolab: TH)

Pyrrolnitrin (Rec.INN)

L: Pyrrolnitrinum
D: Pyrrolnitrin
F: Pyrrolnitrine
S: Pirrolnitrina

Antifungal agent

ATC: D01AA07
CAS-Nr.: 0001018-71-9 C_{10}-H_6-Cl_2-N_2-O_2 M_r 257.078

1H-Pyrrole, 3-chloro-4-(3-chloro-2-nitrophenyl)-

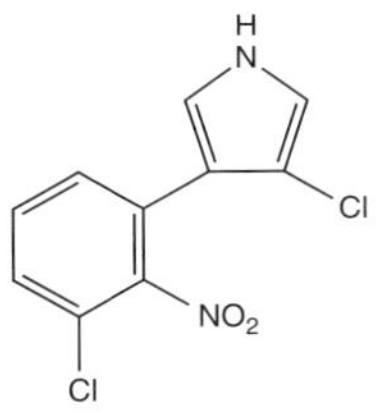

OS: *Pyrrolnitrin [JAN, USAN]*
IS: *Lilly 52230*
IS: *NSC-107654*
IS: *FR 5759*

Micutrin® (Pharmacia: IT)

Pyrvinium Pamoate (USP)

L: Pyrvinii embonas
I: Pirvinio pamoato
D: Pyrvinium embonat
F: Embonate de pyrvinium
S: Embonato de pirvinio

Anthelmintic

CAS-Nr.: 0003546-41-6 C_{75}-H_{70}-N_6-O_6 M_r 1151.39

Quinolinium, 6-(dimethylamino)-2-[2-(2,5-dimethyl-1-phenyl-1*H*-pyrrol-3-yl)ethenyl]-1-methyl-, salt with 4,4'-methylenebis[3-hydroxy-2-naphthalenecarboxylic acid] (2:1) USAN

6-(Dimethylamino)-2-[2-(2,5-dimethyl-1-phenylpyrrol-3-yl)vinyl]-1-methylquinolinium 4,4'-methylenebis[3-hydroxy-2-naphthoate] (2:1) USAN

6-(Dimethylamino)-2-[2-(2,5-dimethyl-1-phenyl-1*H*-pyrrol-3-yl)ethenyl]-1-methylquinolinium salt with 4,4'-methylenebis[3-hydroxy-2-naphthalenecarboxylic acid] (2:1)

Bis[6-(dimethylamino)-2-[2-(2,5-dimethyl-1-phenylpyrrol-3-yl)vinyl]-1-methylquinolinium] 4,4'-methylenebis(3-hydroxy-2-naphthoate)

6-(Dimethylamino)-2-[2-(2,5-dimethyl-1-phenyl-3-pyrryl)vinyl]-1-methylquinolinium salt of 2,2'-dihydroxy-1,1'-dinaphthylmethane-3,3'-dicarboxylic acid

Pyrvinium 4,4'-methylenebis(3-hydroxy-2-naphthalene-2-carboxylate)

Quinolinium, 6-(dimethylamino)-2-[2-(2,5-dimethyl-1-phenylpyrrol-3-yl)vinyl]-1-methyl-, salt with 4,4'-methylenebis[3-hydroxy-2-naphthoic acid] (2:1)

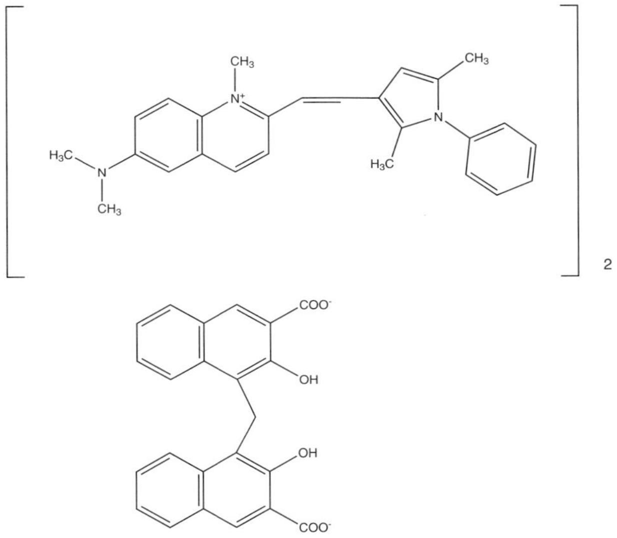

OS: *Pyrvinium pamoate [BAN, USAN, JAN]*
OS: *Pirvinio pamoato [DCIT]*
OS: *Viprynium embonate [BAN, USAN]*
IS: *Povan (Parke Davis, US)*
IS: *Povanyl*
IS: *Al3-27252*
IS: *Alnoxin*
IS: *Altolat*
IS: *CCRIS 3438*
IS: *EINECS 222-596-3*
IS: *NSC 223622*
IS: *SN-4395*
IS: *Rastofuran*
IS: *Avermol*
IS: *Euvin*
PH: Pyrvinium pamoate [USP]
PH: Pyrvinium embonicum [PhBs IV]

Molevac® (Parke Davis: DE)
Molevac® (Pfizer: AT)

P

Pamoxan® (Uriach: ES, HN)
Pirok® (Bilim: TR)
Povanyl® (Omega: FR)
Pyrcon® (Krewel: DE)
Pyrvinium® (Ivax: CZ)
Pyrvin® (Orion: FI)
Tru® (Elea: AR)
Vanquin® (Recip: DK, NO, SE)

Quazepam (Rec.INN)

L: Quazepamum
I: Quazepam
D: Quazepam
F: Quazépam
S: Quazepam

Hypnotic
Tranquilizer

ATC: N05CD10
CAS-Nr.: 0036735-22-5 C_{17}-H_{11}-Cl-F_4-N_2-S
M_r 386.805

2H-1,4-Benzodiazepin-2-thione, 7-chloro-5-(2-fluorophenyl)-1,3-dihydro-1-(2,2,2-trifluoroethyl)-

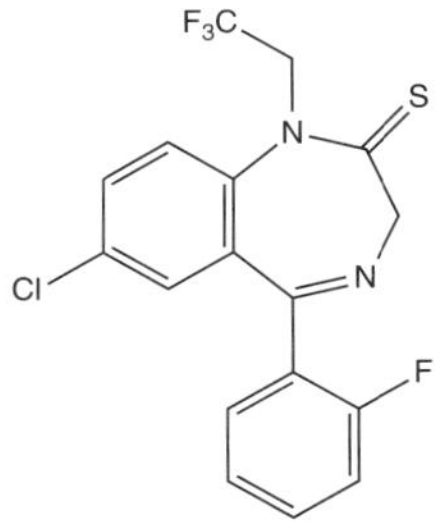

OS: *Quazepam [BAN, DCF, DCIT, USAN]*
IS: *Sch 16134 (Schering, USA)*
PH: Quazepam [USP 30]

Doral® (Medpointe: US)
Quiedorm® (Menarini: ES)

Quetiapine (Rec.INN)

L: Quetiapinum
D: Quetiapin
F: Quetiapine
S: Quetiapina

Neuroleptic

ATC: N05AH04
CAS-Nr.: 0111974-69-7 C_{21}-H_{25}-N_3-O_2-S
M_r 383.521

Ethanol, 2-[2-(4-dibenzo[b,f][1,4]thiazepin-11-yl-1-piperazinyl)ethoxy]-

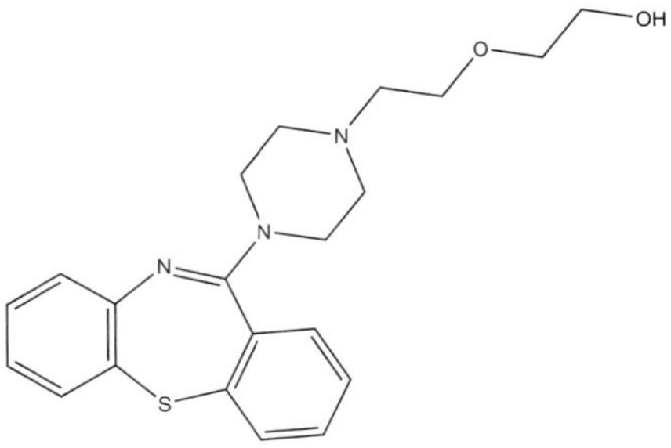

OS: *Quetiapine [BAN]*

Norsic® (Andromaco: CL)
Quetidin® (Drugtech-Recalcine: CL)
Seroquel® (AstraZeneca: ID, NL)
Socalm® (Ranbaxy: IN)

– fumarate:
CAS-Nr.: 0111974-72-2
OS: *Quetiapine Fumarate BANM, USAN*
IS: *ICI 204636 (Zeneca, Great Britain)*
IS: *ZD 5077 (Zeneca, Great Britain)*
IS: *ZM 204636 (Zeneca, Great Britain)*

Alzen® (Tecnifar: PT)
Asicot® (Chile: CL)
Cedrina® (AstraZeneca: TR)
Ketilept® (Egis: HU)
Ketrel® (Celon: PL)
Quetiapine Zeneca® (AstraZeneca: LU, NL)
Quetiazic® (Raffo: AR)
Quiet® (Incepta: BD)
Seroquel D.A.C.® (D.A.C.: IS)
Seroquel Lyfjaver® (Lyfjaver: IS)
Seroquel® (AstraZeneca: AG, AN, AT, AU, AW, BE, BM, BS, BZ, CA, CH, CL, CN, CO, CR, CZ, DE, DK, DO, EC, ES, FI, GB, GD, GE, GR, GT, GY, HK, HN, HR, HT, HU, ID, IE, IL, IS, IT, JM, LC, LU, MX, MY, NI, NL, NO, NZ, PA, PE, PH, PL, PT, RO, RS, RU, SE, SG, SI, SR, SV, TH, TR, TT, US, VC, ZA)
Seroquel® (Bagó: AR)
Seroquel® (Biosintética: BR)
Seroquel® (Delphi: NL)
Seroquel® (Dr. Fisher: NL)
Seroquel® (EU-Pharma: NL)
Seroquel® (Eureco: NL)
Seroquel® (Eurim: AT)
Seroquel® (Euro: NL)
Seroquel® (Medcor: NL)
Seroquel® (Nedpharma: NL)
Vesparax® (Lazar: AR)

Quinagolide (Rec.INN)

L: Quinagolidum
D: Quinagolid
F: Quinagolide
S: Quinagolida

Prolactin inhibitor

ATC: G02CB04
CAS-Nr.: 0087056-78-8 C_{20}-H_{33}-N_3-O_3-S
M_r 395.574

(±)-N,N-Diethyl-N'-[(3R*,4aR*,10aS*)-1,2,3,4,4a,5,10,10a-octahydro-6-hydroxy-1-propylbenzo[g]quinolin-3-yl]sulfamide

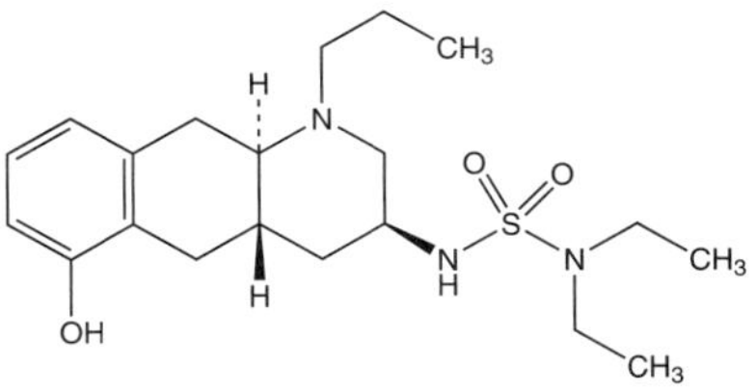

OS: *Quinagolide [BAN, DCF, USAN]*
IS: *CV 205-502 (Sandoz)*
IS: *SDZ CV 205-502 (Sandoz, Switzerland)*

Norprolac® (Ferring: LU, RS)
Norprolac® (Novartis: ZA)

P

- **hydrochloride:**

CAS-Nr.: 0094424-50-7
OS: *Quinagolide Hydrochloride BAN*
IS: *CV 205-502*

Norprolac® (Ferring: CA, CH, CZ, FI, FR, GB, HR, LU, MX, NL, NO, PL, SE)
Norprolac® (Novartis: AT, CO, DE, ES, GR, HU, IL, ZA)
Prodelion® (Sandoz: ES)

Quinapril (Rec.INN)

L: Quinaprilum
D: Quinapril
F: Quinapril
S: Quinapril

ACE-inhibitor
Antihypertensive agent

ATC: C09AA06
CAS-Nr.: 0085441-61-8 C_{25}-H_{30}-N_2-O_5
M_r 438.535

3-Isoquinolinecarboxylic acid, 2-[2-[[1-(ethoxycarbonyl)-3-phenylpropyl]amino]-1-oxopropyl]-1,2,3,4-tetrahydro-, [3S-[2[R*(R*)],3R*]]-

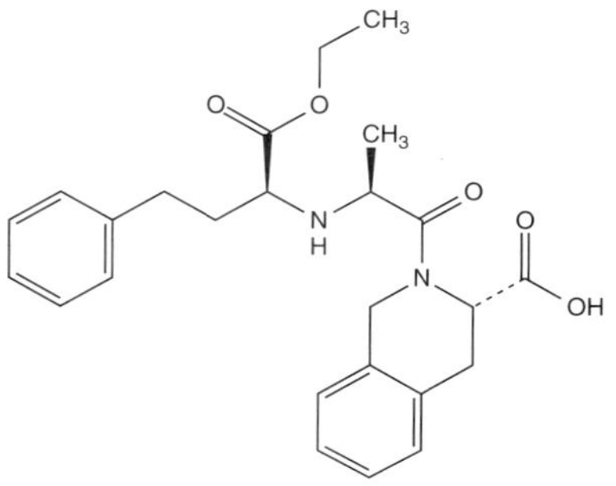

OS: *Quinapril [BAN, DCF]*
IS: *Asig*
IS: *Kvinapril*
PH: Quinapril tablets [USP 27]

Accupro® (Gödecke: DE)
Accupro® (Parke Davis: DE, IE)
Accupro® (Pfizer: DE, PL, RU)
Accuretic® (Parke Davis: IE)
Acurenal® (ICN: PL)
AprilGen® (Generics: PL)
Aquril® (Labormed Pharma: RO)
Hemokvin® (Hemofarm: RS)
Quinapril beta® (betapharm: DE)
Quinapril EG® (Eurogenerics: BE)
Quinapril Sandoz® (Hexal: RO)
Quinapril Sandoz® (Sandoz: NL)
Quinapril Teva® (Teva: PL)
Quinapril-Ratiopharm® (ratiopharm: LU)
Quinapro® (Biex: IE)
Quiprex® (Heimdall: CO)

- **hydrochloride:**

CAS-Nr.: 0082586-55-8
OS: *Quinapril Hydrochloride USAN*
IS: *CI 906 (Parke Davis, USA)*
IS: *PD-109452-2*
PH: Quinapril hydrochloride USP 30

Accupril® (Impexeco: BE)
Accupril® (Parke Davis: CO)
Accupril® (Pfizer: AR, AU, BR, BZ, CA, CL, CR, GT, HK, HN, ID, LU, NI, NZ, PA, PH, SG, SV, TH, US, VN, ZA)
Accuprin® (Pfizer: IT)
Accupron® (Pfizer: GR)
Accupro® (Gödecke: CZ, DE)
Accupro® (Mack: DE)
Accupro® (Parke Davis: DE)
Accupro® (Pfizer: AT, CH, DE, DK, FI, GB, GE, HU, RO, SE)
Accuretic® (Pfizer: AR)
Acequin® (Recordati: IT)
Acugen® (Merck: HU)
Acuitel® (Pfizer: FR, TR)
Acuprel® (Pfizer: ES)
Acupril® [tab.] (Delphi: NL)
Acupril® [tab.] (Parke Davis: NL)
Acupril® [tab.] (Pfizer: MX, NL, PE, PT)
Acuretic® (Pfizer: PT)
Asig® (Sigma: AU)
Ectren® (Menarini: ES)
Korec® (Sanofi-Aventis: FR)
Lidaltrin® (Lacer: ES)
QuinaLich® (Winthrop: DE)
Quinapril AbZ® (AbZ: DE)
Quinapril Actavis® (Actavis: DK)
Quinapril Alpharma® (Alpharma: NL)
Quinapril Alternova® (Alternova: DK, SE)
Quinapril AL® (Aliud: DE, RO)
Quinapril A® (Apothecon: NL)
Quinapril CF® (Apothecon: NL)
Quinapril Cinfamed® (Cinfa: ES)
Quinapril Cinfa® (Cinfa: ES)
Quinapril Disphar® (Disphar: NL)
Quinapril HCl® (Teva: US)
Quinapril Heumann® (Heumann: DE)
Quinapril Hexal® (Hexal: DE)
Quinapril Hydrochloride® (Ranbaxy: US)
Quinapril Katwijk® (Katwijk: NL)
Quinapril Merck® (Merck: ES)
Quinapril Merck® (Merck Generics: NL)
Quinapril MK® (MK: CO)
Quinapril PCH® (Pharmachemie: NL)
Quinapril Ranbaxy® (Ranbaxy: NL)
Quinapril ratiopharm® (ratiopharm: DE)
Quinapril ratiopharm® (Ratiopharm: NL)
Quinapril Stada® (Stada: DE)
Quinapril von ct® (CT: DE)
Quinapril® (Basics: NL)
Quinapril® (F.G. Ventu: NL)
Quinapril® (Hexal: NL)
Quinaten® (Tecnoquimicas: CO)
Quinazil® (Malesci: IT)
Quiril® (Sandoz: CH)
Quniapril-Teva® (Teva: CZ)
Vasocor® (Azevedos: PT)

Quinaprilat (Rec.INN)

L: Quinaprilatum
D: Quinaprilat
F: Quinaprilate
S: Quinaprilat

ACE-inhibitor
Antihypertensive agent

CAS-Nr.: 0085441-60-7 C_{23}-H_{26}-N_2-O_5
M_r 410.481

3-Isoquinolinecarboxylic acid, 2-[2-[(1-carboxy-3-phenylpropyl)amino]-1-oxopropyl]-1,2,3,4-tetrahydro-, [3S-[2[R*(R*)],3R*]]-

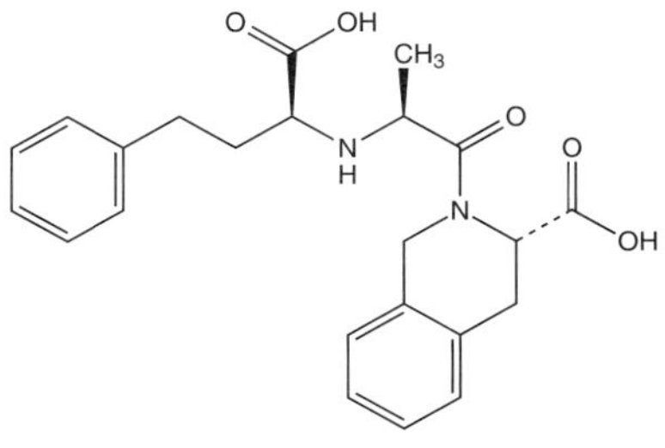

OS: *Quinaprilat [USAN]*
OS: *Quinaprilate [DCF]*
IS: *CI 928 (Parke Davis, USA)*

Accuprin® (Pfizer: IT)
Quinazide® (Malesci: IT)
Quinazil® (Malesci: IT)

– **monohydrate:**
Acupril i.v.® (Parke Davis: NL)

Quinestrol (Rec.INN)

L: Quinestrolum
I: Quinestrolo
D: Quinestrol
F: Quinestrol
S: Quinestrol

Estrogen

CAS-Nr.: 0000152-43-2 C_{25}-H_{32}-O_2
M_r 364.531

19-Norpregna-1,3,5(10)-trien-20-yn-17-ol, 3-(cyclopentyloxy)-, (17α)-

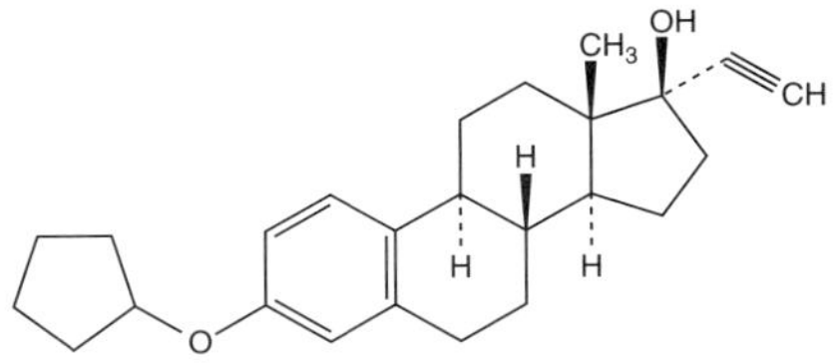

OS: *Quinestrol [BAN, DCF, USAN]*
OS: *Quinestrolo [DCIT]*
IS: *EECPE*
IS: *W 3566*
PH: Quinestrol [USP XXII]

Qui-Lea® (Elea: AR)

Quinfamide (Rec.INN)

L: Quinfamidum
D: Quinfamid
F: Quinfamide
S: Quinfamida

Antiprotozoal agent, amebicide

CAS-Nr.: 0062265-68-3 C_{16}-H_{13}-Cl_2-N-O_4
M_r 354.19

2-Furancarboxylic acid, 1-(dichloroacetyl)-1,2,3,4-tetrahydro-6-quinolinyl ester

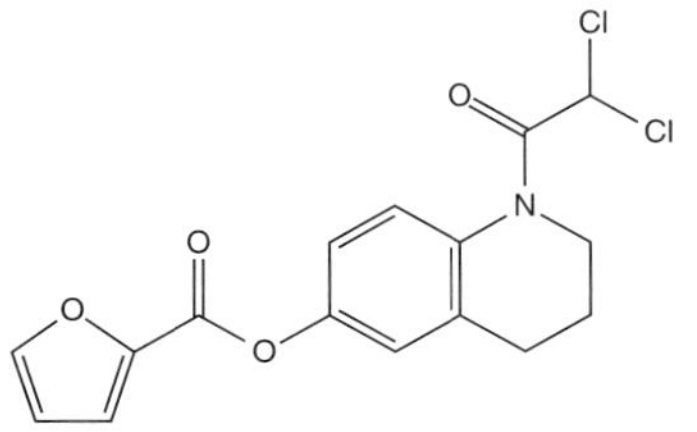

OS: *Quinfamide [USAN]*
IS: *Win 40014 (Winthrop, USA)*

Amecid® (Bruluart: MX)
Amefin® (Grünenthal: CO)
Amefin® (Pfizer: CR, GT, HN, MX, NI, PA, SV)
Amenide® (Sanofi-Synthelabo: EC)
Amenox® (Sanofi-Aventis: MX)
Amofarma® (Continentales: MX)
Bisidim® (Best: MX)
Etimeba® (Ethical: DO)
Finalam® (Pfizer: GT, HN)
Fracel® (Lacofarma: DO)
Mebafar® (Farmoquimica: DO)
Protosin® (Streger: MX)
Quifamin® (Fluter: DO)

Quinidine (BAN)

I: Chinidina
D: Chinidin
F: Quinidine

Antiarrhythmic agent
Antiprotozoal agent, antimalarial

ATC: C01BA01
CAS-Nr.: 0000056-54-2 C_{20}-H_{24}-N_2-O_2
M_r 324.432

Cinchonan-9-ol, 6'-methoxy-, (9S)-

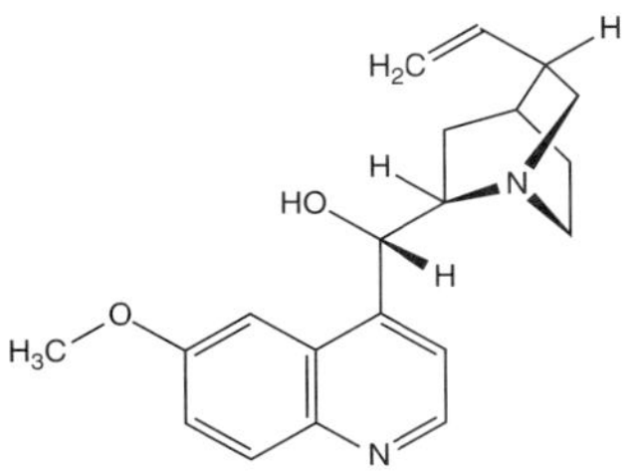

OS: *Quinidine [BAN, DCF, USAN]*
IS: *Chinidin*

Kinidin® [vet.] (AstraZeneca: GB)

- **arabogalactanesulfate:**

Longachin® (Teofarma: IT)
Longacor® (Adilna: TR)
Sulfas Chinidin® (Kimia: ID)

- **5-ethyl 5-phenyl barbiturate:**

CAS-Nr.: 0001400-48-2
IS: *Chinidin-phenylethylbarbiturat*
IS: *Quinidine, comp. with Phenobarbital (1:1)*

Natisedina® (Teofarma: IT)
Natisedine® (Barrenne: BR)
Natisedine® (Sanofi-Synthelabo: NL)
Natisedine® (Sanovel: TR)

- **gluconate:**

CAS-Nr.: 0007054-25-3
OS: *Quinidine Gluconate USAN*
PH: Quinidine Gluconate USP 30

Quinaglute Dura-Tabs® (Berlex: US)
Quinaglute Dura-Tabs® (Schering: ZA)
Quinaglute® (Berlex: US)
Quinidine Gluconate® (Lilly: CA, US)
Quinidine Gluconate® (Mutual: US)
Quinidine Gluconate® (United Research: US)

- **hydrogen sulfate:**

CAS-Nr.: 0000747-45-5
OS: *Quinidine Bisulphate BANM*
IS: *Chinidinum bisulfuricum*
IS: *Quinidine disulfate*
PH: Chinidina solfato F.U. IX
PH: Quinidine Bisulphate BP 2002

Biquin Durules® (AstraZeneca: CA)
Chinidin-Duriles® (AstraZeneca: AT, DE)
Chinidin-retard-Isis® (Isis: DE)
Kinidin Durules® (AstraZeneca: AE, AU, BH, CY, CZ, EG, IQ, JO, KW, LB, MT, OM, QA, SA, SY, YE)
Kinidine Durettes® (AstraZeneca: NL)
Kinidine Durettes® (Euro: NL)
Kiniduron® (Orion: FI)
Quiniduran® (Teva: IL)

- **polygalacturonate:**

CAS-Nr.: 0007681-28-9
IS: *Quinidine poly(D-galacturonate) hydrate*

Cardioquin® (ASTA Medica: NL)
Cardioquin® (Purdue Frederick: US)
Cardioquin® (Purdue Pharma: CA)
Ritmocor® (Malesci: IT)

- **sulfate:**

CAS-Nr.: 0006591-63-5
OS: *Quinidine Sulphate BANM*
OS: *Quinidine Sulfate JAN, USAN*
IS: *Chinidinhemisulfat-1-Wasser*
PH: Chinidini sulfas Ph. Eur. 5
PH: Quinidine Sulfate JP XIV, Ph. Int. 4, USP 30
PH: Quinidini sulfas Ph. Int. 4
PH: Chinidinsulfat Ph. Eur. 5
PH: Quinidine (sulfate de) Ph. Eur. 5

Chinidin Retard® (Valeant: HU)
Chinidin Sulfas® (Balkanpharma: BG)
Chinidina® (Laropharm: RO)
Chinidinum Sulfuricum® (Actavis: GE)
Chinidinum Sulfuricum® (Polfa Warszawa: PL)
Chinidinum Sulfuricum® (Valeant: HU)
Chinidină Sulfat® (Arena: RO)
Chinteina® (Lafare: IT)
Kinidinesulfaat PCH® (Pharmachemie: NL)
Kinidine® (AstraZeneca: LU)
Kinidin® (AstraZeneca: IE)
Lennon-Quinidine Sulphate® (Aspen: ZA)
Quinicardine® (Barrenne: BR)
Quinicardine® (Colliere: PE)
Quinidex® (Wyeth: US)
Quinidina Dominguez® (Dominguez: AR)
Quinidina Sulfato L.CH.® (Chile: CL)
Quinidine Duriles® (AstraZeneca: BR)
Quinidine Sulfate® (Eon: US)
Quinidine Sulfate® (Mutual: US)
Quinidine Sulfate® (Teva: US)
Quinidine Sulfate® (United Research: US)
Quinidine Sulfate® (Watson: US)
Quinidine Sulphate® (Rekah: IL)
Quinidine Sulphate® (Trima: IL)
Quinidine® (GlaxoSmithKline: IN)

Quinine (BAN)

I: Chinina
D: Chinin
F: Quinine

Antiprotozoal agent, antimalarial
Antipyretic

ATC: P01BC01
CAS-Nr.: 0000130-95-0 C_{20}-H_{24}-N_2-O_2
M_r 324.432

Cinchonan-9-ol, 6'-methoxy-, (8α,9R)-

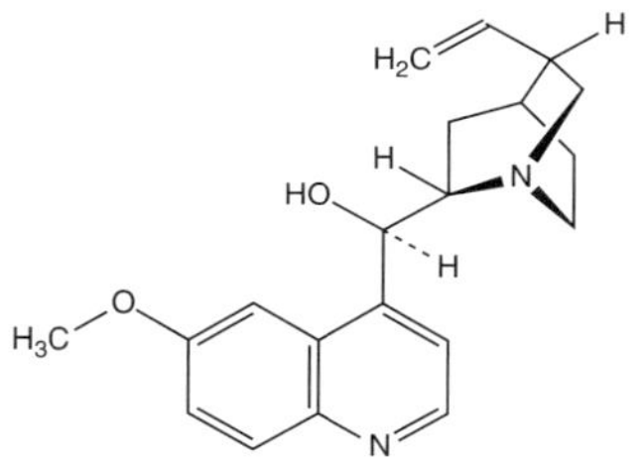

OS: *Quinine [BAN, DCF, USAN]*
IS: *Chininum*
PH: Chinina [F.U. IX]
PH: Quinine [Ph. Franç. IX]

Kinder Quinina® (Kinder: BR)

- **dihydrochloride:**

CAS-Nr.: 0000060-93-5
OS: *Quinine Dihydrochloride BANM*
IS: *Chininum dihydrochloricum*
PH: Chinina cloridrato F.U. X
PH: Chininum dihydrochloricum OeAB IX
PH: Quinine Dihydrochloride BP 2003, Ph. Int. 4, NF XIII
PH: Quinini dihydrochloridum Ph. Int. 4

Adco-Quinine Dihydrochloride® (Al Pharm: ZA)
G-Quinine® (Gonoshasthaya: BD)
Jasoquin® (Jayson: BD)
Paluquina® (Quimioterapica: BR)
Quinine® (Biomed: NZ)
Quininga® (Inga: IN)

- **ethylcarbonate:**

CAS-Nr.: 0000083-75-0
OS: *Quinine Ethylcarbonate JAN*
IS: *Chininum aethylocarbonicum*
IS: *Euquinine*
PH: Quinine (éthylcarbonate de) Ph. Franç. IX
PH: Quinine Ethylcarbonate JP XIV

Aethylcarbonas Chinin® (Kimia: ID)

- **hydrochloride:**

OS: *Quinine Hydrochloride BANM, JAN*
PH: Chininhydrochlorid Ph. Eur. 5
PH: Chinini hydrochloridum Ph. Eur. 5
PH: Quinine (chlorhydrate de) Ph. Eur. 5
PH: Quinine Hydrochloride Ph. Eur. 5, Ph. Int. 4, JP XIV
PH: Quinini hydrochloridum Ph. Int. 4

Chinina Cloridrato® (Fisiopharma: IT)
Chinina Cloridrato® (Galenica: IT)
Chinina Cloridrato® (Salf: IT)
Chininum hydrochloricum® (Merck dura: DE)
Kinin Dak® (Nycomed: DK)
Kinin Recip® (Recip: SE)
Kinin SAD® (SAD: DK)
Quinimax® (Sanofi-Aventis: FR)
Quinimax® (Sanofi-Synthelabo: GH, KE, MT, NG, TZ, UG)
Quinine Dihydrochloride® (Pharmalab: AU)
Quinine Lafran® (Lafran: FR)
Quinine-P® (Picharn: TH)
Requin® (Rephco: BD)
Surquina® (Innotech: FR)

- **hydrogen sulfate:**

OS: *Quinine Bisulphate BANM*
PH: Chinina solfato F.U. IX
PH: Chininum bisulfuricum OeAB IX
PH: Quinine Bisulphate BP 1999
PH: Quinini bisulfas Ph. Int. 4
PH: Quinine Bisulfate Ph. Int. 4

Biquinate® (Aventis: AU)
Quinine Bisulphate® (Remedica: CY)

- **sulfate:**

CAS-Nr.: 0006119-70-6
OS: *Quinine Sulphate BANM*
OS: *Quinine Sulfate JAN, USAN*
IS: *Chininium sulfuricum*
PH: Chinini sulfas Ph. Eur. 5
PH: Quinine Sulfate JP XIV, Ph. Int. 4, USP 30
PH: Quinini sulfas Ph. Int. 4
PH: Chininsulfat Ph. Eur. 5
PH: Quinine (sulfate de) Ph. Eur. 5

Apo-Quinine® (Apotex: CA)
Chinina Solfato® (AFOM: IT)
Chinina Solfato® (Nova Argentia: IT)
Chinina Solfato® (Zeta: IT)
Chinini Sulfas® (Artecef: NL)
Circonyl® (TRB: AR)
Genin® (GDH: TH)
Jasoquin® (Jayson: BD)
Kanaquine® (Globe: BD)
Kinin Actavis® (Actavis: IS)
Lennon - Quinine sulphate® (Aspen: ZA)
Lennon-Quinine Sulphate® (Aspen: ZA)
Limptar® (Cassella-med: DE)
Novo-Quinine® (Novopharm: CA)
Q200® (Pacific: NZ)
Q300® (Pacific: NZ)
Quinate® (Aventis: AU)
Quinbisul® (Alphapharm: AU)
Quinina® [tab./sol.-inj.] (Cipa: PE)
Quinine Sulfate® (Actavis: IE)
Quinine Sulfate® (Rekah: IL)
Quinine Sulphate® (Alpharma: GB)
Quinine Sulphate® (Generics: GB)
Quinine Sulphate® (Hillcross: GB)
Quinine Sulphate® (Kent: GB)
Quinine Sulphate® (Remedica: CY)
Quinine Sulphate® (Teva: GB)
Quinine Sulphate® (Wockhardt: GB)
Quinine-H® (Hudson: BD)
Quinine-Odan® (Odan: CA)
Quinine-P® (Picharn: TH)
Quininga® (Inga: IN)
Quinsul® (Alphapharm: AU)
Quins® (Opsonin: BD)

Quinisocaine (Rec.INN)

L: Quinisocainum
D: Quinisocain
F: Quinisocaïne
S: Quinisocaina

⚕ Local anesthetic

ATC: D04AB05
CAS-Nr.: 0000086-80-6 C_{17}-H_{24}-N_2-O
M_r 272.399

Ethanamine, 2-[(3-butyl-1-isoquinolinyl)oxy]-N,N-dimethyl-

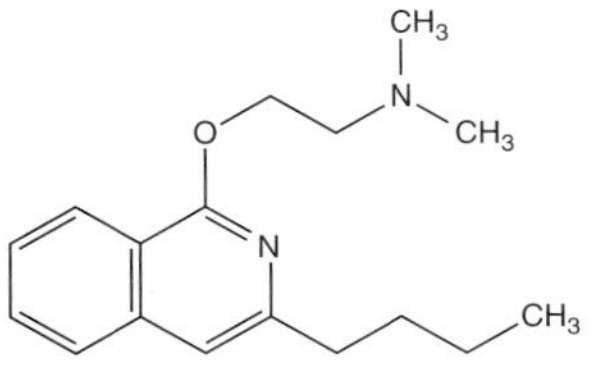

OS: *Quinisocaine [BAN]*
OS: *Quinisocaïne [DCF]*
OS: *Dimethisoquin [BAN]*

- **hydrochloride:**

CAS-Nr.: 0002773-92-4
OS: *Dimethisoquin Hydrochloride USAN*
IS: *Quinoleine*
PH: Dimethisoquin Hydrochloride USP XX

Haenal® (Strathmann: DE)
Isochinol® [extern.-ung.] (Schwarzhaupt: DE, LU)
Isochinol® [extern.-ung.] (Vifor: CH)

Rabeprazole (Rec.INN)

L: Rabeprazolum
D: Rabeprazol
F: Rabeprazole
S: Rabeprazol

Enzyme inhibitor, ($H^+ + K^+$) ATPase
Gastric secretory inhibitor

CAS-Nr.: 0117976-89-3 C_{18}-H_{21}-N_3-O_3-S
M_r 359.456

1H-Benzimidazole, 2-[[[4-(3-methoxypropoxy)-3-methyl-2-pyridinyl]-methyl]sulfinyl]-

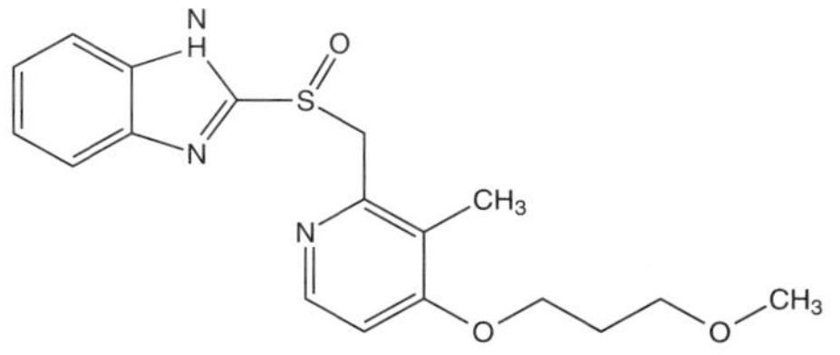

OS: *Rabeprazole [BAN, DCF]*

Eraloc® (GMP: GE)
Finix® (Opsonin: BD)

– sodium salt:

CAS-Nr.: 0117976-90-6
OS: *Rabeprazole Sodium BANM, USAN*
IS: *E 3810 (Esai, Japan)*
IS: *LY 307640 (Lilly, USA)*
IS: *Sodium pariprazole*

AcipHex® (Eisai: ES, US)
AcipHex® (Janssen: US)
Gastrodine® (Medipharm: CL)
Paricel® (ACI: BD)
Pariet® (Delphi: NL)
Pariet® (Dr. Fisher: NL)
Pariet® (Eisai: DE, GB, HK, ID, JP, MY, RO, SG, TH, VN)
Pariet® (EU-Pharma: NL)
Pariet® (Eureco: NL)
Pariet® (Euro: NL)
Pariet® (Grapharma: NL)
Pariet® (Janssen: AR, AT, AU, BE, BG, BR, CA, CH, CO, CR, DE, DK, DO, ES, FI, FR, GB, GR, GT, HN, HU, IE, IS, IT, LU, MX, NI, NL, PA, PE, PL, PT, RU, SE, SV, ZA)
Pariet® (Janssen-Cilag: TR)
Pariet® (Medcor: NL)
Pariet® (Nedpharma: NL)
Pariet® (Paranova: AT)
Prabex® (Sandoz: TR)
Rabec® (Phoenix: AR)
Rabeloc® (Cadila: IN, LK)
Ramprazole® (XL: VN)
Raprazol® (Fluter: DO)
Rotec® (Ethical: DO)

Racecadotril (Rec.INN)

L: Racecadotrilum
D: Racecadotril
F: Racecadotril
S: Racecadotrilo

Antidiarrhoeal agent
Enzyme inhibitor

ATC: A07XA04
ATCvet: QA07XA04
CAS-Nr.: 0081110-73-8 C_{21}-H_{23}-N-O_4-S
M_r 385.49

(±)-N-[α-(Mercaptomethyl)hydrocinnamoyl]glycine, benzyl ester, acetate (ester) (WHO)

(RS)-Benzyl 2-({2-[(acetylsulfanyl)methyl]-3-phenylpropanoyl}amino)acetat (IUPAC)

N-[2-[(Acetylthio)-methyl]-1-oxo-3-phenylpropyl]glycine phenylmethyl ester

N-[(R,S)-3-acetylthio-2-benzylpropanoyl]glycine benzyl ester

Glycine, N-(2-((acetylthio)methyl)-1-oxo-3-phenylpropyl)-, phenylmethyl ester, (+-)-

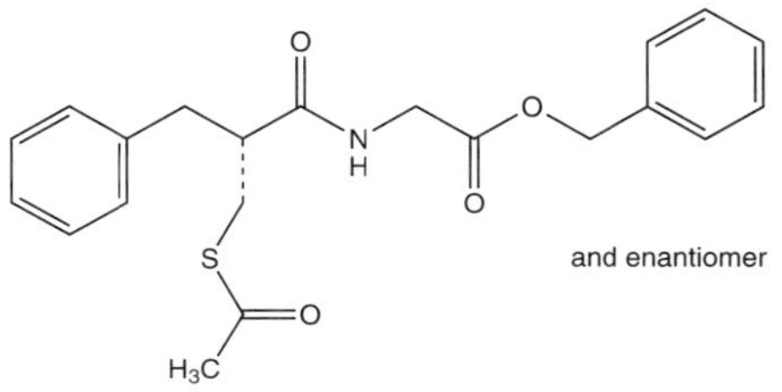

OS: *Racecadotril [DCF, USAN]*
IS: *Acetorphan*
IS: *Ecatorfate*

Hidrasec® (Fournier: RO)
Hidrasec® (GlaxoSmithKline: ID, PE, PH, TH)
Hidrasec® (Novag: MX)
Infloran Berna® (Berna: PE)
Tiorfan® (Bioprojet: FR)
Tiorfan® (CPH: PT)
Tiorfan® (Ferrer: ES)
Tiorfan® (GlaxoSmithKline: BR)
Tiorfan® (Trommsdorff: DE)

Racepinefrine (Rec.INN)

L: Racepinefrinum
D: Racepinefrin
F: Racepinefrine
S: Racepinefrina

α-Sympathomimetic agent

CAS-Nr.: 0000329-65-7 C_9-H_{13}-N-O_3
M_r 183.213

1,2-Benzenediol, 4-[1-hydroxy-2-(methylamino)ethyl]-, (±)-

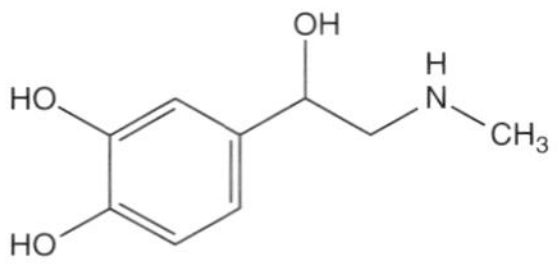

OS: *Racepinephrine [USAN]*
PH: Racepinephrine [USP 30]

- **hydrochloride:**

CAS-Nr.: 0000329-63-5
PH: Racepinephrine Hydrochloride USP 30

Breatheasy Inhalant® (Pascal: US)
Micronefrin® (Bird: US)
Nephron® (Bestpharma: CL)
S-2 Inhalant® (Nephron: US)

Rafoxanide (Rec.INN)

L: Rafoxanidum
D: Rafoxanid
F: Rafoxanide
S: Rafoxanida

Anthelmintic

CAS-Nr.: 0022662-39-1 — C_{19}-H_{11}-Cl_2-I_2-N-O_3 — M_r 626.007

Benzamide, N-[3-chloro-4-(4-chlorophenoxy)phenyl]-2-hydroxy-3,5-diiodo-

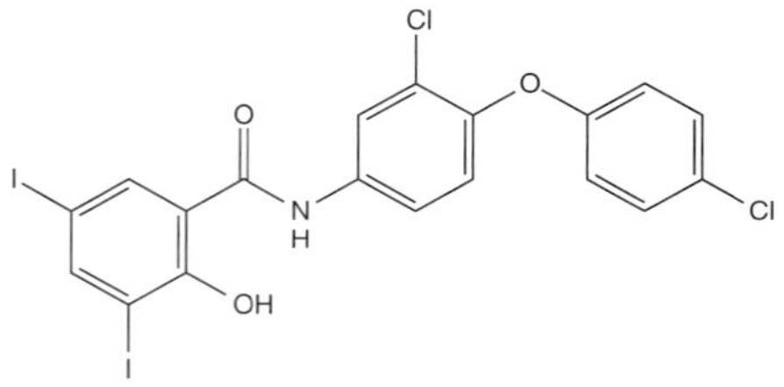

OS: *Rafoxanide [BAN, USAN]*
IS: *MK 990*

Nasalcur® [vet.] (Intervet: ZA)
Ranide® [vet.] (Merial: BE)
Ranigel® [vet.] (Intervet: IT)
Ranox® [vet.] (Pfizer: ZA)
Ridafluke® [vet.] (Chanelle: IE)

Raloxifene (Rec.INN)

L: Raloxifenum
D: Raloxifen
F: Raloxifene
S: Raloxifeno

Antiestrogen

CAS-Nr.: 0084449-90-1 — C_{28}-H_{27}-N-O_4-S — M_r 473.594

Methanone, [6-hydroxy-2-(4-hydroxyphenyl)benzo[b]thien-3-yl]-[4-[2-(1-piperidinyl)ethoxy]phenyl]-

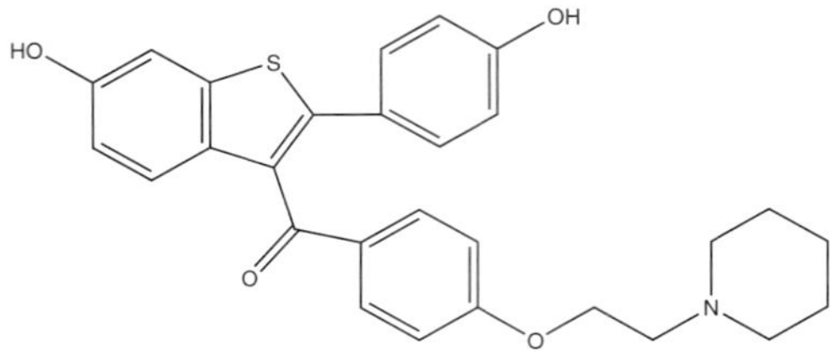

OS: *Raloxifene [BAN]*
IS: *Keoxifene*
IS: *LY 139481 (Lilly, USA)*

Eviden® (Fluter: DO)
Raxeto® (Dosa: AR)

- **hydrochloride:**

CAS-Nr.: 0082640-04-8
OS: *Raloxifene Hydrochloride BANM, USAN*
IS: *Keoxifene Hydrochloride*
IS: *LY 156758 (Lilly, USA)*

Aloxif® (Incepta: BD)
Bonmax® (Zydus: IN)
Celvista® (Lilly: LU, TH)
Evista® (Lilly: AR, AT, AU, BE, BR, CA, CH, CL, CO, CR, CZ, DE, DK, DO, ES, FI, FR, GB, GR, GT, HK, HN, HR, HU, ID, IE, IL, IS, IT, LK, LU, MX, MY, NI, NL, NO, NZ, PA, PE, PH, PL, PT, RO, RS, SE, SG, SI, SV, TR, TW, US, ZA)
Evista® (Lyfjaver: IS)
Ketidin® (Montpellier: AR)
Optruma® (Lilly: DE, IT, LU, NL)
Optruma® (Merckle: DE)
Optruma® (Pensa: ES)
Optruma® (Pierre Fabre: FR)
Optruma® (Vitoria: PT)
Oxilar® (Square: BD)
Ralox® (Orion: BD)

Ramelteon (Rec.INN)

L: Ramelteonum
D: Ramelteon
F: Ramelteon
S: Rameltéon

Selective melatonin receptor agonist

CAS-Nr.: 0196597-26-9 — C_{16}-H_{21}-N-O_2 — M_r 259.34

N-{2-[(8S)-1,6,7,8-tetrahydro-2H-indeno[5,4-b]furan-8-yl]ethyl}=propanamide (WHO)

(-)-(S)-N-[2-(2,6,7,8-Tetrahydro-1H-indeno[5,4-b]furan-8-yl)ethyl]propionamid (IUPAC)

Propanamide, N-(2-((8S)-1,6,7,8-tetrahydro-2H-indeno(5,4-b)furan-8-yl)ethyl)-

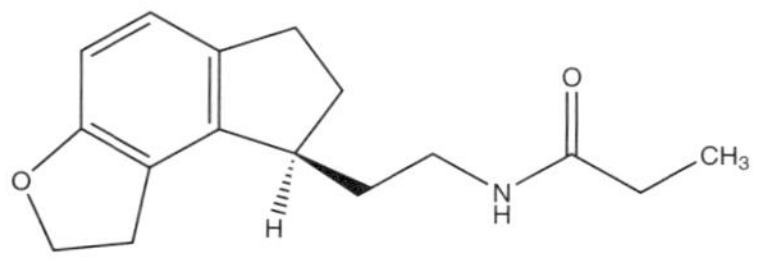

OS: *Ramelteon [BAN]*
IS: *TAK-375 (Takeda, JP)*

Rozerem® (Takeda: DE, US)

Ramipril (Rec.INN)

L: Ramiprilum
D: Ramipril
F: Ramipril
S: Ramipril

ACE-inhibitor
Antihypertensive agent

ATC: C09AA05
CAS-Nr.: 0087333-19-5 C_{23}-H_{32}-N_2-O_5 M_r 416.529

Cyclopenta[b]pyrrole-2-carboxylic acid, 1-[2-[[1-(ethoxycarbonyl)-3-phenylpropyl]amino]-1-oxopropyl]octahydro-, [2S-[1[R*(R*)],2α,3aβ,6aβ]]-

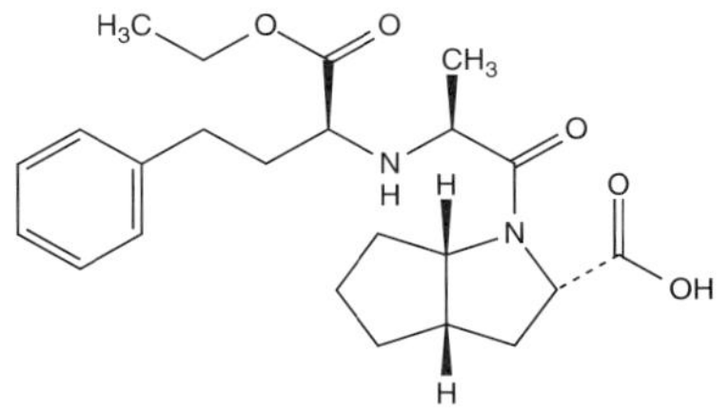

OS: *Ramipril [BAN, DCF, USAN]*
IS: *Hoe 498 (Hoechst-Roussel, Germany)*
PH: Ramiprilum [Ph. Eur. 5]
PH: Ramipril [Ph. Eur. 5, USP 230]

Acovil® (Aventis: ES)
Altace® (King: US)
Altace® (Sanofi-Aventis: CA)
Amprilan® (Krka: CZ, HU)
Ampril® (Krka: RO, RS)
Ampril® (Salus: SI)
Blokace® (Fako: TR)
Bytrite® (Biex: IE)
Carasel® (Almirall: ES)
Cardace® (Aventis: IN, LK)
Cardace® (Sanofi-Aventis: BD, FI)
Cardiopril® (Dr Reddys: IN)
Certara® (Infaca: DO)
Corpril® (Ranbaxy: HU, RS, TH)
Delix® (Sanofi-Aventis: DE, TR)
Ecator® (Torrent: BR)
Emren® (Gedeon Richter: HU)
Hartil® (Egis: CZ, HU, RO, RU)
Hypace® (Techno: BD)
Hyperil® (Ferron: ID)
Hypren® (AstraZeneca: AT)
Lannapril® (Lannacher: AT)
Loavel® (Sanofi-Aventis: IE)
Lostapres® (Temis-Lostalo: AR)
Meramyl® (Keri Pharma: SI)
Meramyl® (Kéri: HU)
Miocardin® (Fluter: DO)
Miril® (Ivax: CZ)
Mitrip® (Polfa Kutno: PL)
Naprix® (Libbs: BR)
Piramil® (Lek: HR, RS)
Piramil® (Novartis: BD, RS)
Piramil® (Sandoz: CZ, HU, PL, RO, SI)
Piramil® (Zuellig: TH)
Prilinda® (Hemofarm: RS)
Pril® (Apex: BD)
Primace® (Beximco: BD)
Protace® (Unimed & Unihealth: BD)
Quark® (Polifarma: IT)
Ramace® (AstraZeneca: BE, GE, IS, LU, NL, ZA)
Ramace® (Aventis: AU)
Ramace® (Opsonin: BD)
Ramace® (Teva: HU)
Rami Sandoz® (Sandoz: CH)
Rami TAD® (TAD: DE)
Rami-Q® (Juta: DE)
Ramicard® (AWD.pharma: DE)
Ramicard® (Drug International: BD)
Ramicard® (Stada: CZ)
Ramicar® (LAM: DO)
Ramiclair® (Hennig: DE)
Ramicor® (Ranbaxy: PL)
Ramic® (Pinewood: IE)
Ramigamma® (Wörwag Pharma: DE)
RamiLich® (Winthrop: DE)
Ramilo® (Rowex: IE)
Ramil® (Actavis: IS)
Ramil® (Popular: BD)
Ramil® (Zentiva: CZ)
Ramipharm® (Pharma&Co: AT)
Ramipress® (Silva: BD)
Ramipres® (Hexal: DO)
Ramipres® (Pasteur: CL)
Ramipril 1A Farma® (1A Farma: DK)
Ramipril 1A Pharma® (1A Pharma: AT, DE)
Ramipril AbZ® (AbZ: DE)
Ramipril accedo® (Accedo: DE)
Ramipril Actavis® (Actavis: CZ, DK, FI, NO, SE)
Ramipril Alpharma® (Alpharma: PT)
Ramipril Alter® (Alter: PT)
Ramipril AL® (Aliud: DE)
Ramipril Arrow® (Arrow: SE)
Ramipril A® (Apothecon: NL)
Ramipril Basics® (Basics: DE)
Ramipril beta® (betapharm: DE)
Ramipril Bexal® (Bexal: ES)
Ramipril Bouchara-Recordati® (Bouchara: FR)
Ramipril CF® (Centrafarm: NL)
Ramipril Copyfarm® (Copyfarm: FI, SE)
Ramipril Corax® (corax: DE)
Ramipril dura® (Merck dura: DE)
Ramipril EG® (Eurogenerics: BE)
Ramipril Genericon® (Genericon: AT)
Ramipril Generis® (Generis: PT)
Ramipril Germed® (Germed: PT)
Ramipril Heumann® (Heumann: DE)
Ramipril Hexal® (Hexal: AT, DE, DK, LU)
Ramipril Hexal® (Sandoz: FI, SE)
Ramipril Interpharm® (Interpharm: AT)
Ramipril ISIS® (Actavis: DE)
Ramipril J. Neves® (Neves: PT)
Ramipril KR® (Kromme Rijn: NL)
Ramipril KSK® (KSK Pharma: DE)
Ramipril Labesfal® (Labesfal: PT)
Ramipril Medgenerics® (Sanofi-Aventis: FI)
Ramipril Mepha® (Mepha: PT)

R

Ramipril Merck® (Merck Generics: NL)
Ramipril Nycomed® (Nycomed: DK)
Ramipril Olinka® (Olinka: NL)
Ramipril PCD® (Pharmacodane: DK)
Ramipril PCH® (Pharmachemie: NL)
Ramipril Prevent® (Sanofi-Aventis: HU)
Ramipril Ranbaxy® (Ranbaxy: NL)
Ramipril Ranbaxy® (Sabora: FI)
Ramipril Ratiopharm® (Ratiopharm: AT)
Ramipril Ratiopharm® (ratiopharm: DK)
Ramipril Ratiopharm® (Ratiopharm: ES, FI, NL, PT)
Ramipril Romace® (Pentafarma: PT)
Ramipril Sandoz® (Sandoz: AT, DE, DK, ES, FI, FR, NL, NO, PT, SE)
Ramipril Stada® (Stada: DE, RO)
Ramipril TAD® (TAD: DE)
Ramipril Teva® (Teva: IL)
Ramipril Winthrop® (Sanofi-Aventis: CH)
Ramipril Winthrop® (Winthrop: FR, NO, PT, SE)
Ramipril-AC® (Helcor: RO)
ramipril-corax® (corax: DE)
Ramipril-CT® (CT: DE)
Ramipril-Isis® (Alpharma: DE)
Ramipril-ratiopharm® (Ratiopharm: CZ)
Ramipril-ratiopharm® (ratiopharm: DE, HU)
Ramipril® (Cobalt: US)
Ramipril® (Farmal: HR)
Ramipril® (Hexal: NL)
Ramipro® (General Pharma: BD)
Ramiran® (Ranbaxy: RO)
Ramiril® (Cosma: TH)
Ramitace® (Clonmel: IE)
Ramitens® (PharmaSwiss: RS)
Ramitens® (Rafa: IL)
Ramitren® (GlaxoSmithKline: CZ, HU)
Ramiwin® (Aventis: ZA)
Ramiwin® (Chinoin: HU)
Ramoril® (Incepta: BD)
Ramtace® (Unison: TH)
Remik® (Olinka: NL)
Renipril® (Saidal: DZ)
Ripril® (Square: BD)
Ruisutan® (Rotam Reddy: CN)
Stibenyl® (Pharmanel: GR)
Triateckit® (Sanofi-Aventis: FR)
Triatec® (Aventis: BR, DK, GR, IT, NO)
Triatec® (Aventis Pharma: ID)
Triatec® (Sanofi-Aventis: BF, BJ, CF, CG, CH, CI, CL, CM, FR, GA, GN, MG, ML, MR, MU, NE, PT, SE, SN, TD, TG, ZR)
Tritace® (Aventis: AT, AU, BA, CO, CR, CZ, DO, EC, GH, GT, HN, KE, LU, NG, NI, PA, PH, RS, SI, SV, TH, ZA, ZW)
Tritace® (Sanofi-Aventis: AR, BD, BE, CN, GB, GE, HK, HR, HU, IE, IL, MX, MY, NL, PL, RO, SG)
Unipril® (AstraZeneca: IT)
Vasotop® [vet.] (Hoechst Vet: PT)
Vasotop® [vet.] (Intervet: AT, AU, DE, FI, FR, GB, IT, LU, NL, NZ)
Vasotop® [vet.] (Veterinaria: CH)
Vesdil® (AstraZeneca: CH, DE)
Vesdil® (Promed: DE)
Vivace® (Actavis: GE)
Vivace® (Medis: SI)
Zabien® (Aventis: DE)

Ramosetron (Rec.INN)

L: Ramosetronum
D: Ramosetron
F: Ramosetron
S: Ramosetron

Serotonin antagonist

ATC: A04AD
CAS-Nr.: 0132036-88-5 — C_{17}-H_{17}-N_3-O
M_r 279.34

(-)-(R)-1-methylindol-3-yl 4,5,6,7-tetrahydro-5-benzimidazolyl ketone

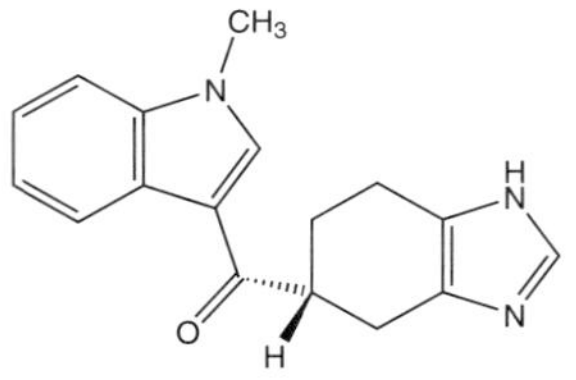

OS: *Ramosetron [USAN]*

- hydrochloride:

CAS-Nr.: 0132907-72-3
IS: *YM 060 (Yamanouchi, Japan)*

Nasea® (Astellas: CN)
Nasea® (Yamanouchi: JP, TH)

Ranelic acid (Rec.INN)

L: Acidum ranelicum
D: Ranelinsäure
F: Acide ranélique
S: Acido ranélico

CAS-Nr.: 0135459-90-4 — C_{12}-H_{10}-N_2-O_8-S
M_r 342.28

5-[Bis(carboxymethyl)amino]-2-carboxy-4-cyano-3-thiopheneacetic acid (WHO)

5-[Bis(carboxymethyl)amino]-2-carboxy-4-cyano-thiophen-3-essigsäure (IUPAC)

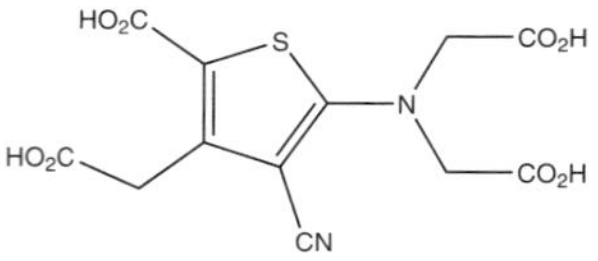

OS: *Ranelic Acid [USAN]*
OS: *Acide ranélique [(DCF)]*

- strontium salt:

CAS-Nr.: 0135459-87-9
OS: *M05BX03 ATC WHO*
OS: *QM05BX03 ATC vet. WHO*
IS: *Ranelinsäure, Strontiumsalz*
IS: *FK-481*
IS: *S-12911*

Osseor® (Servier: HR, LU, NL, RO)
Protelos® (Servier: AT, BE, CZ, DE, DK, ES, FI, FR, GB, HU, IE, IS, LU, NL, PL, SE, SI, TR)
Protos® (Servier: HK)

Ranibizumab (USAN)

L: Ranibizumabum
D: Ranibizumab
S: Ranibizumab

⚕ Ophthalmic agent

ATC: S01LA04
ATCvet: QS01LA04
CAS-Nr.: 0347396-82-1

immunoglobulin G1, anti-(human vascular endothelial growth factor) Fab fragment (human - mouse monoclonal rhuFAB V2 gamma1-chain), disulfide with human-mouse monoclonal rhuFAB V2 light chain (USAN)

OS: *Ranibizumab [BAN, USAN]*
IS: *AMD Fab (Genentech, US)*
IS: *rhuFab V2*

Lucentis® (Genentech: US)
Lucentis® (Novartis: CH, DE, IE)

Ranimustine (Rec.INN)

L: Ranimustinum
D: Ranimustin
F: Ranimustine
S: Ranimustina

⚕ Antineoplastic, alkylating agent

ATC: L01AD07
CAS-Nr.: 0058994-96-0 C_{10}-H_{18}-Cl-N_3-O_7
M_r 327.734

α-D-Glucopyranoside, methyl 6-[[[(2-chloroethyl)nitrosoamino]carbonyl]amino]-6-deoxy-

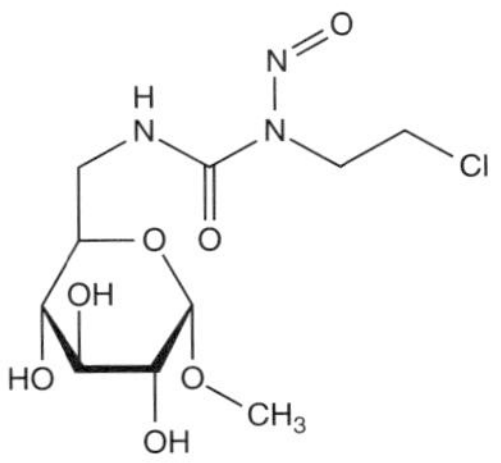

OS: *Ranimustine [JAN, USAN]*
IS: *MCNU*
IS: *Ranomustin*

Cymerin® (Mitsubishi: JP)

Ranitidine (Rec.INN)

L: Ranitidinum
I: Ranitidina
D: Ranitidin
F: Ranitidine
S: Ranitidina

⚕ Gastric secretory inhibitor
⚕ Histamine, H_2-receptor antagonist

ATC: A02BA02
CAS-Nr.: 0066357-35-5 C_{13}-H_{22}-N_4-O_3-S
M_r 314.419

1,1-Ethenediamine, N-[2-[[[5-[(dimethylamino)methyl]-2-furanyl]methyl]thio]ethyl]-N'-methyl-2-nitro-

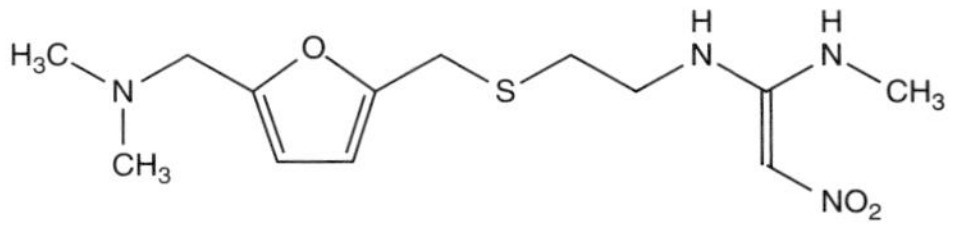

OS: *Ranitidine [BAN, DCF, USAN]*
OS: *Ranitidina [DCIT]*
IS: *AH 19065*

Aceptin-R® (Asiatic Lab: BD)
Acidex® (Ivax: AR)
Acin® (Bio-Pharma: BD)
Alin® (Rephco: BD)
Apoprin® (Apotex: PE)
Asinar® (Sanofi-Aventis: BD)
Bentid® (Benham: BD)
Digen Eff® (Ozone Laboratories: RO)
Digen® (Ozone Laboratories: RO)
Duran® (Techno: BD)
Editin-R® (Edruc: BD)
Espaven® (Gezzi: AR)
Gastranin Zdrovit® (Natur Produkt: PL)
Gastran® (Actavis: IS)
Gastrial® (Sanofi-Aventis: AR)
Histac® (Ranbaxy: TH)
It-Ranichem® (Italpharma: EC)
Maritidine® (Marching Pharmaceutical: HK)
Mystin-R® (Mystic: BD)
Neoceptin® (Beximco: BD, SG)
Neopep® (Central Pharm: BD)
Neotin® (Nipa: BD)
Normacid® (Chemico: BD)
Peotid® (Peoples: BD)
Peptoran® (Pliva: BA, HR)
Peptosol® (Opso Saline: BD)
Radine® (Pond's: TH)
Radin® (Dexa Medica: HK)
Rancet® (Hisubiette: CO)
Randil® (Magnachem: DO)
Ranibos® (Bosnalijek: BA)
Ranicodan® (Pharmacodane: DK)
Ranicur® (Merck NM: FI)
Ranidine® (Biolab: SG)
Ranidine® (Bussié: CO)
Ranidin® (Bussié: CO)
Ranid® (Ziska: BD)
Ranifur® (Farmo Andina: PE)
Ranifur® (Ivax: MX)
Ranilay® (Finlay: HN)
Raniogas® (Chalver: CO, DO, EC, GT, HN, PA, SV)
Raniplex® (Bussié: GT, HN)
Ranisan® (Pro.Med: HR)
Ranital® (Farmal: HR)
Ranital® (Lek: BA, RO, SI)
Ranitax® (Saval: CL, PE)
Ranitidimyl® (Lamyl: SV)
Ranitidin Domesco® (Domesco: VN)
Ranitidin Europharma® (Pliva: HR)
Ranitidina Genfar® (Genfar: CO, EC)
Ranitidina L.CH.® (Chile: CL)
Ranitidina Lafedar® (Lafedar: AR)
Ranitidina Lch® (Ivax: PE)
Ranitidina MF® (Marfan: PE)

R

Ranitidina MK® (Bonima: BZ, CR, DO, GT, HN, HT, NI, PA, SV)
Ranitidina MK® (MK: CO)
Ranitidina Perugen® (Perugen: PE)
Ranitidina Rigo® (Rigo: AR)
Ranitidina® (Biosano: CL)
Ranitidina® (Blaskov: CO)
Ranitidina® (Britania: PE)
Ranitidina® (Chemopharma: CL)
Ranitidina® (Farmachif: PE)
Ranitidina® (Farmandina: EC)
Ranitidina® (Farmo Andina: PE)
Ranitidina® (Grünenthal: PE)
Ranitidina® (IPhSA: CL)
Ranitidina® (ISP: PE)
Ranitidina® (La Sante: PE)
Ranitidina® (Labofar: PE)
Ranitidina® (Medicalex: CO)
Ranitidina® (Medifarma: PE)
Ranitidina® (Memphis: CO)
Ranitidina® (Mintlab: CL)
Ranitidina® (Pentacoop: CO, PE)
Ranitidina® (Sanderson: CL)
Ranitidina® (UQP: PE)
Ranitidina® (Vitalis: PE)
Ranitidina® (Vitrofarma: PE)
Ranitidine A® (Apothecon: NL)
Ranitidine Bexal® (Bexal: BE)
Ranitidine Dong-IL® (Ebewe: HK)
Ranitidine Duopharma® (Duopharma: HK)
Ranitidine IPS® (IPS: LU)
Ranitidine Pharmacin® (Pharmacin: HK)
Ranitidine Ratiopharm® (Ratiopharm: BE)
Ranitidine Sandoz® (Sandoz: BE)
Ranitidine Teva® (Teva: BE)
Ranitidine-Glaxo Wellcome® (GlaxoSmithKline: LU)
Ranitidine-Sandoz® (Sandoz: LU)
Ranitidin® (Arena: RO)
Ranitidin® (Fabiol: RO)
Ranitidin® (Helcor: RO)
Ranitidin® (Hemofarm: BA)
Ranitidin® (Indofarma: ID)
Ranitidin® (Ozone Laboratories: RO)
Ranitidin® (Pharmex: RO)
Ranitidin® (Slavia Pharm: RO)
Ranitidin® (Unipharm: BG)
Ranitidinã® (Antibiotice: RO)
Ranitidinã® (Laropharm: RO)
Ranitidinã® (Magistra: RO)
Ranitinidina LPH® (Labormed Pharma: RO)
Ranitor® (Popular: BD)
Raniver® (Osel: TR)
Ranix® (Jadran: HR)
Rani® (Alco: BD)
Rank® (Donovan: GT, SV)
Ransana® (Habit: RS)
Rantac® (Unique: LK)
Ranuber® (ICN: RS)
Ranuber® (Labiana: RS)
Ratica® (LBS: TH)
Raticina® (Laboratorios: AR)
Reflux® (Monte: AR)
Renicon® (Medicon: BD)
Rhine® (Healthcare: BD)
Romatidine® (Antibiotice: RO)
RT® (Silva: BD)
Sadin® (Shamsul Alamin: BD)
Solvertyl® (ICN: PL)
Tinadin® (Delta: BD)
Tiroran® (Biochemie: CR, DO, GT, NI, PA, SV)
Tricker® (Meprofarm: ID)
Ulcar® (Drug International: BD)
Ulcergo® (Eurogenerics: PH)
Ulcogut® (Pro.Med: RS)
Ulcoren® (Medley: BR)
Ulticer® (Medreich: HK)
Ultran® (Randall: MX)
Unitac® (Gaco: BD)
Xanidine® (Berlin: SG)
Xeradin® (Metiska: ID)
Zactin® (Unimed & Unihealth: BD)
Zanamet® (TO Chemicals: TH)
Zantac® (GlaxoSmithKline: AE, AR, BG, BH, CY, EC, IL, IR, JO, KW, LB, LU, OM, PE, QA, RO, SY, YE)
Zantidon® (Siam Bheasach: TH)
Zenil® (Rangs: BD)
Zostac® (Marksman: BD)

– bismuth citrate:

CAS-Nr.: 0128345-62-0
OS: *Ranitidine Bismuth Citrate BAN, USAN*
IS: *GR 122311X (Glaxo, Great Britain)*
IS: *Ranitidine Bismutrex*

Azanplus® (GlaxoSmithKline: MX)
Bismo-Ranit® (Magma: PE)
Elicodil® (Menarini: IT)
Pylorid® (Glaxo: ES)
Pylorid® (Glaxo Group: LU)
Pylorid® (Glaxo Group Limited-GB: IT)
Pylorid® (GlaxoSmithKline: BE, BR, CR, DO, EC, FI, GB, GT, HN, HU, IE, NI, NL, NO, PA, SV, TH)
Pylorisin® (GlaxoSmithKline: AT)
Ruibei® (Tsinghua Yuanxing: CN)
Tritec® (GlaxoSmithKline Pharm.: US)

– hydrochloride:

CAS-Nr.: 0066357-59-3
OS: *Ranitidine Hydrochloride BANM, JAN, USAN*
IS: *AH 19 065*
IS: *Aci-Bloc® Mepha Pharma AG, CH*
PH: Ranitidine Hydrochloride Ph. Eur. 5, USP 30
PH: Ranitidini hydrochloridum Ph. Eur. 5
PH: Ranitidine (chlorhydrate de) Ph. Eur. 5
PH: Ranitidinhydrochlorid Ph. Eur. 5

Aciflux® (Andromaco: CL)
Aciflux® (Bristol-Myers Squibb: PE)
Aciloc® (Cadila: ER, ET, IN, KE, LK, NG, RU, TH, TZ, UG, ZM, ZW)
Acloral® (Liomont: MX)
Acran® (Sanbe: ID)
Aldin® (Merck: ID)
Alivian® (Fabop: AR)
Alphadine® (Minerva: GR)
Alquen® (Allen: ES)
Alquen® (GlaxoSmithKline: ES)
Antagon® (Ativus: BR)
Antak® (GlaxoSmithKline: BR)
Aova® (Velka: GR)

Apo-Ranitidina® (Apotex: PE)
Apo-Ranitidine® (Apotex: AN, BB, BM, BS, CA, CZ, GY, HK, HT, JM, KY, NZ, SG, SR, TT, VN)
Arcid® (Diafarm: ES)
Ardoral® (Cinfa: ES)
Arnetin® (Fisiopharma: CZ)
Arnetin® (Medochemie: RO)
Arrow Ranitidine® (Arrow: NZ)
Artonil® (Sandoz: SE)
Asýran® (Actavis: IS)
Atural® (Roemmers: PE)
Ausran® (Sigma: AU)
Azantac® (GlaxoSmithKline: FR, MX)
Azantac® (PCO: NL)
Azuranit® (Azupharma: DE)
B-Alcerin® (Medicus: GR)
Baroxal® (Remek: GR)
Be-Tabs Ranitidine® (Be-Tabs: ZA)
Bindazac® (Norma: GR)
Blumol® (Iasis: GR)
Brixoral® (Biospray: GR)
Ceftrinal® (Farmedia: GR)
Chopintac® (Nufarindo: ID)
Cloridrato de Ranitidina® (EMS: BR)
Cloridrato de Ranitidina® (Eurofarma: BR)
Cloridrato de Ranitidina® (Farmoquimica: BR)
Cloridrato de Ranitidina® (Hexal: BR)
Cloridrato de Ranitidina® (Medley: BR)
Cloridrato de Ranitidina® (Merck: BR)
Cloridrato de Ranitidina® (Teuto: BR)
Cloridrato de Ranitidina® (União: BR)
CO Ranitidine® (Cobalt: CA)
Conranin® (Armoxindo: ID)
Consec® (Jagson Pal: IN)
Coralen® [inj.] (Alter: ES)
CPL Alliance Ranitidine® (Alliance: ZA)
Denitine® (Doctor's Chemical Work: BD)
Denulcer® (Stada: ES)
Docraniti® (Docpharma: BE)
Docraniti® (Ranbaxy: LU)
Dolilux® (Farma 1: IT)
Driges® (Grisi Hnos: MX)
Dualid® (Duncan: AR)
Epadoren® (Demo: GR)
Ezopta® (Biomedica-Chemica: GR)
Faboacid R® (Fabop: AR)
Fada Ranitidina® (Fada: AR)
Fagus® (Abbott: ES)
Fendibina® (Northia: AR)
Galebiron® (Biomedica-Chemica: GR)
Gaproxen® (Gap: GR)
Gastridina® (Bial: PT)
Gastridin® (Interbat: ID)
Gastriflam® (Sherfarma: PE)
Gastro-Soothe® [vet.] (Bomac: AU)
Gastrolav® (Vitoria: PT)
Gastrolets® (Hexa: AR)
Gastrosedol® (Nova Argentia: AR)
Gastrozac® (Klonal: AR)
Gavilast® (Reckitt Benckiser: AU)
Gen-Ranitidine® (Genpharm: CA)
GenRX Ranitidine® (GenRX: AU)
Gepin® (General Pharma: BD)
Gertac® (Gerard: IE)
Gertocalm® (Faran: GR, RO)
Gi-Tak® (Be-Tabs: ZA)
Hexal Ranitic® (Hexal: AU)
Hexer® (Dankos: ID)
Hi-Tac® (Hudson: BD)
Histac® (Ranbaxy: CZ, HU, IN, LK, PE, RO, SG)
Histak® (Ranbaxy: ZA)
Hyzan® (Xepa-Soul Pattinson: HK, SG)
Indoran® (Indofarma: ID)
Inseac® (Ibn Sina: BD)
Inside Brus® (Antula: NO)
Inside® (Antula: FI, SE)
Iqfadina® (IQFA: MX)
Junizac® (Juta: DE)
Junizac® (Q-Pharm: DE)
Kemoranin® (Phyto: ID)
Kruidvat Ranitidine® (Marel: NL)
Label® (Aché: BR)
Lake® (Faes: ES)
Leiracid® (Laboratorios: ES)
Libradina® (Libraphar: EC)
Logat® (Libbs: BR)
Lomadryl® (Chrispa: GR)
Lorbitidina® (Lba: AR)
Lumaren® (Elpen: GR, SG)
Lumeran® (Aristopharma: BD, HK)
Luvier® (Casasco: AR)
Maagzuurremmer Ranitidine® (Leidapharm: NL)
Merck-Ranitidine® (Merck: BE)
Meticel® (GlaxoSmithKline: ES)
MTW-Ranitidin® (MTW: DE)
Mylanta Ranitidine® (Pfizer: AU)
Narigen® (Vocate: GR)
Neotack® (Square: BD, LK)
Nipodur® (Anfarm: GR)
Nitised® (Petsiavas: GR)
Norma-H® (Renata: BD)
Notrab® (Microsules: AR)
Novo-Ranidine® (Novopharm: CA, PL)
Nu-Ranit® (Nu-Pharm: CA)
Odanet® (Farmanic: GR)
Pep-Rani® (Medinfar: PT)
Peptab® (Sanofi-Aventis: PT)
Pepticure® (Nabiqasim: LK)
Peptil-H® (Eskayef: BD)
Pharmaniaga Ranitidine® (Pharmaniaga: MY)
PMS-Ranitidine® (Pharmascience: CA)
Ptinolin® (Help: GR)
Quantor® [inj.] (Allen: ES)
Quantor® [inj.] (Almirall: ES)
R-Loc® (Cadila: IN)
Radan® (Marjan: BR)
Radinat® (ECU: EC)
Radine® (Meizler: BR)
Radin® (Dexa Medica: ID)
Ramadine® (Apotex: PH)
Ran H2® (Seid: ES)
Ran Lich® (Winthrop: DE)
Ranal® (Alpharma: ID)
Rancus® (Mersifarma: ID)
Randil® (Magnachem: DO)
Rani 2® (Alphapharm: AU)
Rani AbZ® (AbZ: DE)
Rani-nerton® (Dolorgiet: DE)
Rani-Puren® (Alpharma: DE)
Rani-Q® (Merck NM: SE)

Rani-Sanorania® (Winthrop: DE)
Raniben® (Firma: IT)
Raniberl® (Berlin-Chemie: CZ, DE, PL)
Ranibeta® (betapharm: DE)
Ranibloc® (Glaxo Allen: IT)
Ranibloc® (Wolff: DE)
Ranicel® (Chile: CL)
Ranicid® (M & H: TH)
Ranicid® (PharmaBrand: EC)
Raniclon® (Novartis: GR)
Ranicux® (TAD: DE)
Ranic® (Hexal: AT, PL)
Ranidex® (OFF: IT)
Ranidil® (Menarini: IT)
Ranidine® (Biolab: TH)
Ranidin® (Acme: BD)
Ranidin® (Faes: ES)
Ranidin® (União: BR)
Ranidura® (Merck dura: DE)
Ranifur® [inj.] (Ivax: MX)
Ranigast® (Polpharma: PL)
Ranihexal® (Hexal: AU, ZA)
Ranilonga® (Sanofi-Synthelabo: ES)
Ranimax® (Torrent: PL)
Ranimed® (Lamsa: AR)
Ranimed® (Sandoz: CH)
Ranimerck® (Merck dura: DE)
Ranimex® (Orion: FI)
Raninorm Genericon® (Genericon: AT)
Ranin® (Pharos: ID)
Raniphar® (Anglopharma: CO)
Raniplex® (Remedica: CY)
Raniplex® (Solvay: FR)
Raniprotect® (Riemser: DE)
Ranisan® (Pro.Med: CZ, PL)
Ranisan® (Pro.Med.: RU)
Ranisan® (Pro.Med.CS: BA)
Ranisan® (Shiba: YE)
Ranisan® (Zdravlje: RS)
Ranisen® (Senosiain: DO, GT, HN, MX, PA, SV)
Ranison® (Jayson: BD)
Ranitab® (Basics: DE)
Ranitab® (Deva: TR)
Ranitab® (H.G.: EC)
Ranital® (Jugoremedija: RS)
Ranital® (Lek: BA, CZ)
Ranitex® (Pharmalliance: DZ)
Ranitic® (Hexal: DE, LU)
Ranitic® (Rowex: IE)
Ranitic® (Salutas Pharma: RS)
Ranitic® (Sandoz: HU)
Ranitic® (Tillomed: GB)
Ranitidin 1A Pharma® (1A Pharma: AT, DE)
Ranitidin AbZ® (AbZ: DE)
Ranitidin accedo® (Accedo: DE)
Ranitidin acis® (acis: DE)
Ranitidin Alpharma® (Actavis: FI)
Ranitidin Alpharma® (Alpharma: AT)
Ranitidin AL® (Aliud: DE)
Ranitidin Arcana® (Arcana: AT)
Ranitidin Atid® (Dexcel: DE)
Ranitidin AWD® (AWD.pharma: DE)
Ranitidin Axea® (Axea: DE)
Ranitidin axsan® (Axio: DE)
Ranitidin AZU® (Azupharma: DE)
Ranitidin Basics® (Basics: DE)
Ranitidin Helvepharm® (Helvepharm: CH)
Ranitidin Hexal® (Hexal: AT)
Ranitidin Hexal® (Sandoz: SE)
Ranitidin Hikma® (Hikma: DE)
Ranitidin Lannacher® (Lannacher: AT)
Ranitidin Merck NM® (Merck NM: SE)
Ranitidin Merck® (Merck Sharp & Dohme: AT)
Ranitidin Nycomed® (Nycomed: AT)
Ranitidin PB® (Docpharm: DE)
Ranitidin Ranbaxy® (Ranbaxy: AT)
Ranitidin ratiopharm® (Ratiopharm: AT)
Ranitidin ratiopharm® (ratiopharm: DE, DK)
Ranitidin ratiopharm® (Ratiopharm: SE)
Ranitidin Recip® (Recip: SE)
Ranitidin Sandoz® (Sandoz: AT, DE, DK, FI, SE)
Ranitidin Stada® (Stada: AT)
Ranitidin Stada® (Stadapharm: DE)
ranitidin von ct® (CT: DE)
Ranitidin-axcount® (AxiCorp: DE)
Ranitidin-B® (Teva: HU)
Ranitidin-CT® (CT: DE)
Ranitidin-Isis® (Alpharma: DE)
Ranitidin-Mepha® (Mepha: CH)
Ranitidin-ratiopharm® (ratiopharm: DE)
Ranitidin-saar® (MIP: DE)
Ranitidina ABC® (ABC: IT)
Ranitidina Agen® (Agen: ES)
Ranitidina AG® (American Generics: PE)
Ranitidina Allen® (Allen: IT)
Ranitidina Alpharma® (Alpharma: PT)
Ranitidina Alter® (Alter: ES)
Ranitidina Angenerico® (Angenerico: IT)
Ranitidina Bexal® (Bexal: ES, PT)
Ranitidina Biol® (Biol: AR)
Ranitidina Boniscontro® (Boniscontro & Gazzone: IT)
Ranitidina Chemo® (Liconsa: ES)
Ranitidina Cinfa® (Cinfa: ES)
Ranitidina Combino Pharm® (Combino: ES)
Ranitidina Cuve® (Perez Gimenez: ES)
Ranitidina D&G® (D & G: IT)
Ranitidina Denver Farma® (Denver: AR)
Ranitidina DOC® (DOC Generici: IT)
Ranitidina Drawer® (Drawer: AR)
Ranitidina Durban® (Durban: ES)
Ranitidina Ecar® (Ecar: CO)
Ranitidina EG® (EG: IT)
Ranitidina Farmoz® (Farmoz: PT)
Ranitidina Farmygel® (Farmygel: ES)
Ranitidina Fmndtria® (Farmindustria: PE)
Ranitidina Gen-Far® (Genfar: PE)
Ranitidina Generis® (Generis: PT)
Ranitidina Grapa® (Grapa: ES)
Ranitidina Hexal® (Hexal: IT)
Ranitidina IBIRN® (Ibirn: IT)
Ranitidina Ilab® (Inmunolab: AR)
Ranitidina Jet® (Jet: IT)
Ranitidina Kern® (Kern: ES)
Ranitidina Lareq® (Lareq: ES)
Ranitidina Larjan® (Veinfar: AR)
Ranitidina Lazar® (Lazar: AR)
Ranitidina Lisan® (Lisan: CR)
Ranitidina Mabo® (Mabo: ES)
Ranitidina Magis® (Magis: IT)

Ranitidina Merck® (Merck: ES)
Ranitidina Merck® (Merck Generics: IT)
Ranitidina Merck® (Merck Genéricos: PT)
Ranitidina Millet® (Millet: AR)
Ranitidina Mundogen® (Mundogen: ES)
Ranitidina Normon® (Normon: CR, DO, ES, GT, HN, NI, PA, SV)
Ranitidina Pantafarm® (Pantafarm: IT)
Ranitidina Pliva® (Pliva: IT)
Ranitidina Predilu Grifols® (Grifols: ES)
Ranitidina Prediluida Grifols® (Grifols: ES)
Ranitidina Ranbaxy® (Ranbaxy: ES)
Ranitidina Ratiopharm® (Ratiopharm: ES, IT, PT)
Ranitidina Research® (New Research: IT)
Ranitidina Sandoz® (Sandoz: ES, IT, PT)
Ranitidina Sigma Tau® (Sigma Tau: IT)
Ranitidina T.S.® (Farmaceutici T.S.: IT)
Ranitidina Tamarang® (Tamarang: ES)
Ranitidina Taribs® (Tarbis: ES)
Ranitidina Teva® (Teva: IT)
Ranitidina Ur® (Uso Racional: ES)
Ranitidina Uxa® (Uxafarma: ES)
Ranitidina Vannier® (Vannier: AR)
Ranitidina Vir® (Vir: ES)
Ranitidina Winthrop® (Winthrop: PT)
Ranitidina-Feltrex® (Feltrex: DO)
Ranitidina® (Bestpharma: CL)
Ranitidina® (Infabra: BR)
Ranitidina® (Luper: BR)
Ranitidina® (Payam Neda: BR)
Ranitidina® (Volta: CL)
Ranitidine Alpharma® (Alpharma: NL)
Ranitidine Biogaran® (Biogaran: FR)
Ranitidine Biostam® (Biostam: GR)
Ranitidine CF® (Centrafarm: NL)
Ranitidine Disphar® (Disphar: NL)
Ranitidine EG® (EG Labo: FR)
Ranitidine EG® (Eurogenerics: BE)
Ranitidine FLX® (Karib: NL)
Ranitidine G Gam® (G Gam: FR)
Ranitidine Hexpharm® (Hexpharm: ID)
Ranitidine Hydrochloride® (Bedford: US)
Ranitidine Hydrochloride® (Ranbaxy: US)
Ranitidine Hydrochloride® (Sandoz: US)
Ranitidine Hydrochloride® (Teva: US)
Ranitidine Hydrochloride® (Watson: US)
Ranitidine Indo Farma® (Indofarma: ID)
Ranitidine Irex® (Winthrop: FR)
Ranitidine Ivax® (Ivax: FR)
Ranitidine Katwijk® (Katwijk: NL)
Ranitidine Merck® (Merck Generics: NL)
Ranitidine Merck® (Merck Génériques: FR)
Ranitidine PCH® (Pharmachemie: NL)
Ranitidine Ranbaxy® (Ranbaxy: NL)
Ranitidine Ranbaxy® (Sabora: FI)
Ranitidine Ratiopharm® (Ratiopharm: NL)
Ranitidine RPG® (RPG: FR)
Ranitidine Sandoz® (Sandoz: FR, NL)
Ranitidine Winthrop® (Winthrop: FR)
Ranitidine Zydus® (Zydus: FR)
Ranitidine-Akri® (Akrihin: RU)
Ranitidine-BC® (Biochemie: AU)
Ranitidine-EG® (Eurogenerics: LU)
Ranitidine-Merck® (Generics: LU)
Ranitidine® (Alpharma: GB)
Ranitidine® (Delphi: NL)
Ranitidine® (Dynadro: NL)
Ranitidine® (Etos: NL)
Ranitidine® (Generics: GB)
Ranitidine® (GenRx: NL)
Ranitidine® (GlaxoSmithKline: NL)
Ranitidine® (Goldshield: GB)
Ranitidine® (Healthypharm: NL)
Ranitidine® (Hexal: NL)
Ranitidine® (Hillcross: GB)
Ranitidine® (Leyden: NL)
Ranitidine® (Marel: NL)
Ranitidine® (Pharmacin: NL)
Ranitidine® (Pharmamatch: NL)
Ranitidine® (Ranbaxy: GB, NO)
Ranitidine® (Sandoz: CA)
Ranitidine® (Shreya: RU)
Ranitidine® (Teva: GB, GB)
Ranitidin® (Alpharma: NO)
Ranitidin® (Demo: RS)
Ranitidin® (Fampharm: RS)
Ranitidin® (Galenika: RS)
Ranitidin® (Hemofarm: RS, RU)
Ranitidin® (Indofarma: ID)
Ranitidin® (Merck NM: NO)
Ranitidin® (ratiopharm: NO)
Ranitidin® (Remevita: RS)
Ranitidin® (Sopharma: RU)
Ranitidin® (Zorka: RS)
Ranitidoc® (Docpharm: DE)
Ranitid® (Opsonin: BD)
Ranitil® (EMS: BR)
Ranitine® (Azevedos: PT)
Ranitine® (Biofarma: TR)
Ranitin® (Torrent: IN, PL)
Ranitral® (Sanitas: AR)
Ranitul Oriental® (Oriental: AR)
Ranitydyna® (Sanofi-Aventis: PL)
Ranityrol® (Sandoz: AT)
Ranit® (LCG: PE)
Ranixal® (Ratiopharm: FI)
Ranix® (Abbott: ES)
Ranix® (Chemist: BD)
Ranizac® (Pharmanel: GR)
Ranobel® (Nobel: BA)
Ranopine® (Pinewood: IE)
Ranoxyl® (Douglas: AU)
Rantac® (Unique: RU)
Rantec® (Medimet: BD)
Ranteen® (Aspen: ZA)
Ranticid® (Kimia: ID)
Rantin® (Kalbe: ID)
Ranuber® (Valeant: ES)
Ranul® (Apex: BD)
Ran® (Angenérico: PT)
Ratic® (Atlantic: SG, TH)
ratio-Ranitidine® (Ratiopharm: CA)
Raudil® (Novag: MX)
Raxide® (GXI: PH)
Razidin® (Balkanpharma: BG)
Reetac-R® (Navana: BD)
Renatac® (Fahrenheit: ID)
Renfort® (Pasteur: PH)
Renul® (Apex: BD)
Restopon® (Bros: GR)

Ribolin® (Vianex: GR)
Riflux® (Polfarmex: PL)
Rothonal® (Farmamust: GR)
Rubiulcer® (Rubio: ES)
Sandoz Ranitidine® (Sandoz: CA)
Scanarin® (Tempo: ID)
Semuele® (Doctum: GR)
Sensigard® (Copernico: IT)
Simetac® (Vida: HK)
Smaril® (Coup: GR)
Sostril® (GlaxoSmithKline: DE)
Specinor® (Specifar: GR)
Stacer® (Atral: PT)
Sustac® (Pfizer: AR)
Sveltanet® (Iapharm: GR)
Synthomanet® (Remedina: GR)
Tanidina® (Robert: ES)
Taural® (Roemmers: AR)
Tazepin® (Climax: BR)
Teogrand® (Ahimsa: AR)
Terposen® (Vir: ES)
Tianak® (Wermar: MX)
Tipac® (Mintlab: CL)
Tomag® (Temis-Lostalo: AR)
Toriol® (Lesvi: ES)
Trekpleister Maagzuurremmer Ranitidine® (Marel: NL)
Tupast® (Kleva: GR)
Ulceged® (Laboratorios San Luis: SV)
Ulcer Relief® [vet.] (International Animal Health: AU)
Ulceranin® (Otto: ID, ID)
Ulceran® (Bristol-Myers Squibb: PE)
Ulceran® (Teva: HU)
Ulcerguard® [vet.] (Ranvet: AU)
Ulcerit® (Hexal: BR)
Ulcevit® (Bruluart: MX)
Ulcex® (Guidotti: IT)
Ulcidin® (Spirig: CH)
Ulcodin® (Alkaloid: RS)
Ulcodin® (Farmavita: BA)
Ulcomet® (Pharmathen: GR)
Ulcoran® (Europharm: RO)
Ulcosan® (Ivax: CZ)
Ulcosin® (Ivax: HU)
Ulcotenk® (Biotenk: AR)
Ulcuran® (Abfar: TR)
Ulgasin® (Feltrex: DO)
Ulran® (Krka: SI)
Ulsal® (Gebro: AT)
Ultac® (Cipla: AU, IN)
Ultak® (Cipla: ZA)
Ultradin® (Globe: BD)
Umaren® (Egis: HU)
Underacid® (Pliva: ES)
Unitin® (Unipharm: MX)
Verlost® (Rafarm: GR)
Vingional® (Fabra: AR)
Vizerul® (Montpellier: AR)
Wiacid® (Landson: ID)
Xanidine® (Berlin: TH)
Xanomel® (Clonmel: IE)
Xantid® (ACI: BD)
Yara® (Lamda: GR)
Zadine® (UCI: BR)
Zandid® (Koçak: TR)
Zanidex® (Dexcel: IL)
Zantac® (Aktuapharma: BE)
Zantac® (Delphi: NL)
Zantac® (EU-Pharma: NL)
Zantac® (GlaxoSmithKline: AG, AN, AR, AT, AU, AW, BA, BB, BD, BE, BG, CA, CL, CO, CR, CZ, DK, DO, ES, FI, GB, GD, GE, GR, GT, GY, HK, HN, HU, ID, IE, IS, IT, JM, LC, LK, LU, MY, NI, NL, NO, NZ, PA, PE, PH, PL, PT, RO, RU, SE, SG, SV, TH, TR, TT, US, VC, VN, ZA)
Zantac® (Medcor: NL)
Zantac® (Pfizer: US)
Zantac® (Pfizer Consumer Healthcare: CA)
Zantac® [vet.] (GlaxoSmithKline: GB)
Zantadin® (Soho: ID)
Zantarac® (Allen: AT)
Zantic® (Glaxo Wellcome: US)
Zantic® (GlaxoSmithKline: CH, DE)
Zendhin® (DHA: HK, SG)
Zinetac® (GlaxoSmithKline: IN)
Zodin® (Somatec: BD)
Zoliden® (Uni-Pharma: GR)
Zoran® (Dr. Reddy's: RU)
Zorep® (Amico: BD)
Zumaran® (Prima: ID)
Zurfix® (Finixfarm: GR)
Zylium® (Farmasa: BR)

Ranolazine (Rec.INN)

L: Ranolazinum
D: Ranolazin
F: Ranolazine
S: Ranolazina

Cardiac agent
Enzyme inhibitor

ATC: C01EB18
ATCvet: QC01EB18
CAS-Nr.: 0095635-55-5 C_{24}-H_{33}-N_3-O_4
M_r 427.54

(+/-)-4-[2-hydroxy-3-(*o*-methoxyphenoxy)propyl]-1-piperazineaceto-2',6'-xylidide (WHO)

(RS)-4-[2-Hydroxy-3-(2-methoxyphenoxy)propyl]-2',6'-dimethylpiperazin-1-acetanilid (IUPAC)

N-(2,6-Dimethylphenyl)-4-[2-hydroxy-3-(2-methoxyphenoxy)propyl]-1-piperazineacetamide

(+/-)-1-[3-(2-methoxyphenoxy)-2-hydroxypropyl]-4-[*N*-(2,6-dimethylphenyl)carbamoylmethyl]piperazine

1-Piperazineacetamide, N-(2,6-dimethylphenyl)-4-(2-hydroxy-3-(2-methoxyphenoxy)propyl)-, (+/-)-(CAS)

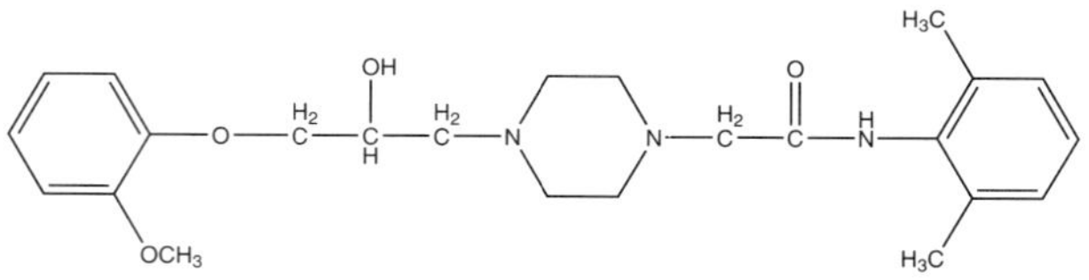

IS: *(-)-Ranolazine*
IS: *CVT-303*

IS: *RAN D*
IS: *RS-43285-003*
IS: *Ran4*
IS: *KEG-1295*

– hydrochloride:

CAS-Nr.: 0095635-56-6
OS: *Ranolazine hydrochloride USAN*
IS: *RS-43285 (Syntex, US)*
IS: *Ranolazine dihydrochloride*
IS: *24225 (ASK Nr.)*

Ranexa® (CV Therapeutics: US)

Rapacuronium Bromide (Rec.INN)

L: Rapacuronii bromidum
D: Rapacuronium bromid
F: Bromure de rapacuronium
S: Bromuro de rapacuronio

Neuromuscular blocking agent

CAS-Nr.: 0156137-99-4 C_{37}-H_{61}-Br-N_2-O_4
M_r 677.8

1-Allyl-1-(3alpha,17beta-dihydroxy-2beta-piperidino-5alpha-androstan-16beta-yl)piperidinium bromide, 3-acetate 17-propionate [WHO]

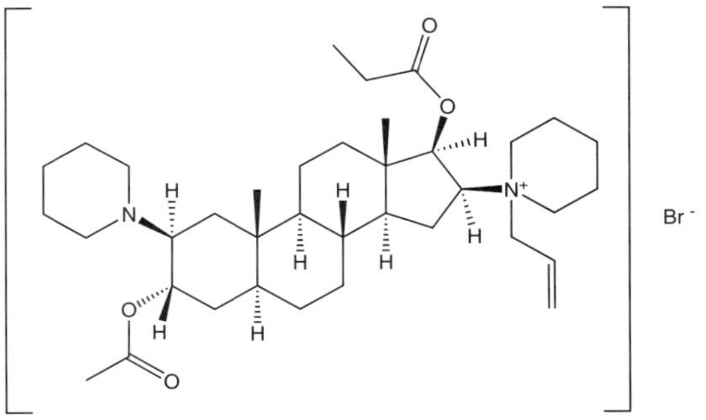

OS: *Rapacuronium Bromide [BAN, USAN]*
IS: *Org 9487 (Organon, NL)*

Raplon® (Organon: US)

Rasagiline (Rec.INN)

L: Rasagilinum
D: Rasagilin
F: Rasagiline
S: Rasagilina

Neuroprotective
Enzyme inhibitor, monoaminoxydase type B

ATC: N04BD02
ATCvet: N04BD02
CAS-Nr.: 0136236-51-6 C_{12}-H_{13}-N
M_r 171.24

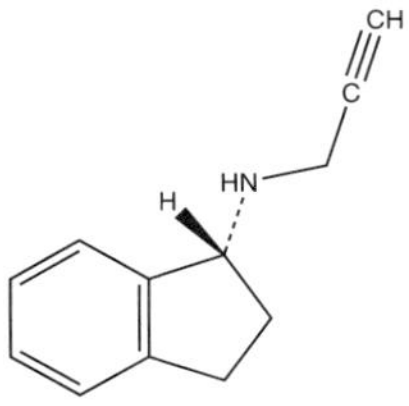

IS: *N-propargyl-1-(R)aminoindan*

Azilect® (Teva: PL)

– mesilate:

CAS-Nr.: 0161735-79-1
OS: *Rasagiline mesylate USAN*
IS: *TVP 1012 (Teva, IL)*
IS: *Rasagiline methanesulfonate*
IS: *1(R)-(Propargylamino)indan Methanesufonate*
IS: *AGN-1135*
IS: *TVP-101*

Azilect® (Lundbeck: CH, DE, FI, GB, IE, SE, TR)
Azilect® (Teva: AT, CA, DK, ES, HR, IL, LU, NL, NO, SI, US)
Elbrus® (Roemmers: AR)

Rasburicase (Rec.INN)

L: Rasburicasum
D: Rasburicase
F: Rasburicase
S: Rasburicasa

Treatment of gout

ATC: V03AF07
CAS-Nr.: 0134774-45-1
C_{1523}-H_{2383}-N_{417}-O_{462}-S_7 (monomer)

Oxidase, urate (Aspergillus flavus clone 9C/9A reduced) [USAN]

Urate oxydase (tetramer of the N-acetylpolypeptide of 301 amino acids) [WHO]

OS: *Rasburicase [BAN, USAN]*
IS: *SR 29142 (Sanofi-Synthelabo, France)*
IS: *Urate oxidase, recombinant*
IS: *Recombinant urate oxidase*

Elitek® (Sanofi-Aventis: US)
Fasturtec® (Aventis: NZ)
Fasturtec® (Sanofi-Aventis: BE, CA, CH, ES, FI, FR, GB, HK, HU, IE, MY, NO, PL, SE, SG)

R

Fasturtec® (Sanofi-Synthelabo: AT, AU, CZ, DE, DK, GR, IT, LU, NL)

Raubasine (DCF)

D: Raubasin
F: Raubasine

Vasodilator

CAS-Nr.: 0000483-04-5 C_{21}-H_{24}-N_2-O_3
M_r 352.443

Oxayohimban-16-carboxylic acid, 16,17-didehydro-19-methyl-, methyl ester, (19α)-

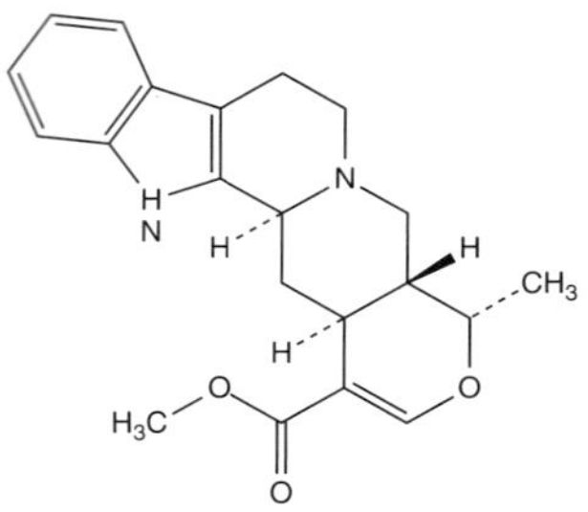

OS: *Raubasine [DCF]*
IS: *Ajmalicine*
IS: *Tetrahydroserpentin*
IS: *delta-Yohimbin*

Defluina forte® (Ebewe: AT)
Lamuran® (SIT: IT)

Razoxane (Rec.INN)

L: Razoxanum
D: Razoxan
F: Razoxane
S: Razoxano

Antineoplastic, antimitotic

CAS-Nr.: 0021416-87-5 C_{11}-H_{16}-N_4-O_4
M_r 268.289

(±)-4,4'-Propylenedi-2,6-piperazinedione

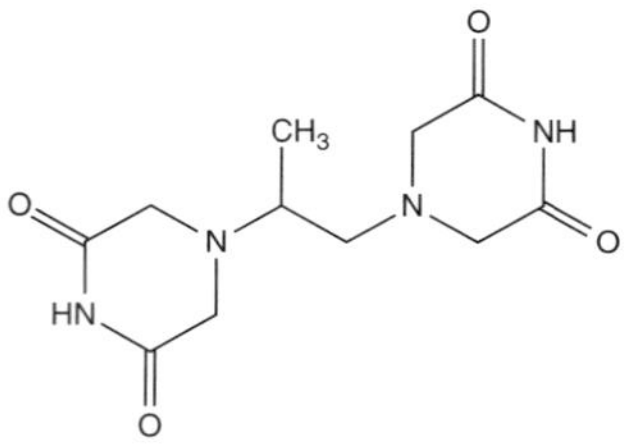

OS: *Razoxane [BAN, USAN]*
IS: *ICI 59118*
IS: *ICRF 159*
IS: *NSC 129943*
IS: *Propylendiamintetraessigsäure-diimid*

Cardioxane® (Tecnofarma: CL)

Rebamipide (Rec.INN)

L: Rebamipidum
D: Rebamipid
F: Rebamipide
S: Rebamipida

Treatment of gastric ulcera

CAS-Nr.: 0111911-87-6 C_{19}-H_{15}-Cl-N_2-O_4
M_r 370.799

(±)-α-(p-Chlorobenzamido)-1,2-dihydro-2-oxo-4-quinolinepropionic acid

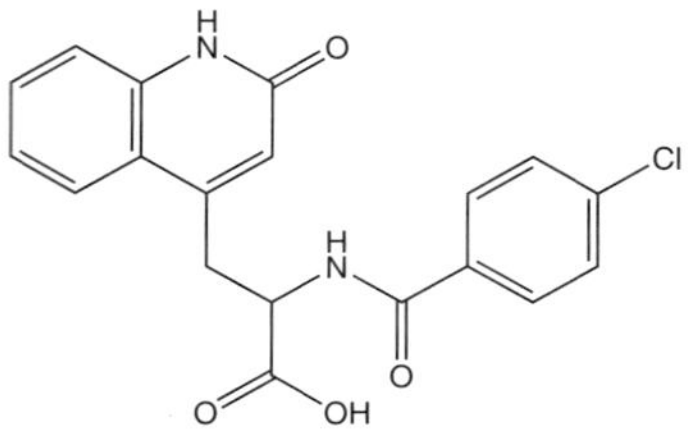

OS: *Rebamipide [JAN, USAN]*
IS: *OPC 12759*
IS: *Pramipide*
IS: *Proamipide*

Mucosta® (Otsuka: CN, ID, JP, TH)

Reboxetine (Rec.INN)

L: Reboxetinum
I: Reboxetina
D: Reboxetin
F: Reboxetine
S: Reboxetina

Antidepressant

ATC: N06AX18
CAS-Nr.: 0098769-81-4 C_{19}-H_{23}-N-O_3
M_r 313.403

(±)-(2R*)-2-[(αR*)-α-(o-Ethoxyphenoxy)benzyl]morpholine

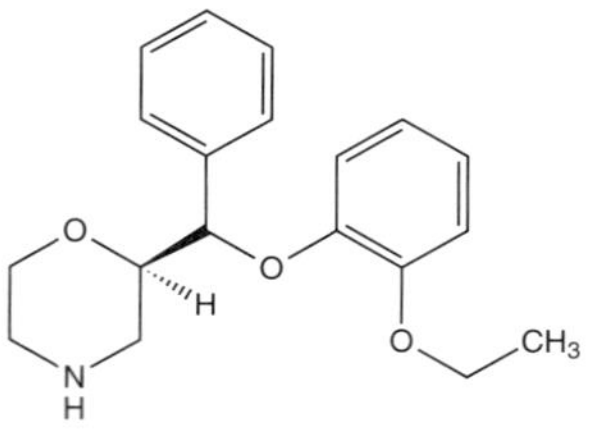

OS: *Reboxetina [DCIT]*
OS: *Reboxetine [BAN, USAN]*

Edronax® (Pfizer: CR, GT, HN, HR, IE, IL, NI, PA, PL, PT, SE, SI, SV)
Edronax® (Pharmacia: BG, LU, PE, ZA)
Narebox® (Zydus: IN)
Prolift® (Pfizer: CL)

– mesilate:

CAS-Nr.: 0098769-82-5
OS: *Reboxetine Mesilate BANM*
OS: *Reboxetine Mesylate USAN*
IS: *FCE 20124 (Farmitalia Carlo Erba, Italy)*

IS: *PNU 155950 E (Pharmacia Upjohn)*

Davedax® (Bracco: IT)
Edronax® (Pfizer: AT, BE, CH, DK, FI, GB, HU, IS, NO, NZ, TR)
Edronax® (Pharmacia: AU, CZ, DE, IT, PE)
Integrex® (Pharmacia: CO)
Irenor® (Juste: ES)
Norebox® (Pfizer: ES)
Prolift® (Pharmacia: BR)
Solvex® (Merz: DE)

Remifentanil (Rec.INN)

L: Remifentanilum
D: Remifentanil
F: Remifentanil
S: Remifentanilo

Opioid analgesic

ATC: N01AH06
ATCvet: QN01AH06
CAS-Nr.: 0132875-61-7 C_{20}-H_{28}-N_2-O_5
M_r 376.464

1-Piperidinepropanoic acid, 4-(methoxycarbonyl)-4-[(1-oxopropyl)phenylamino]-, methyl ester

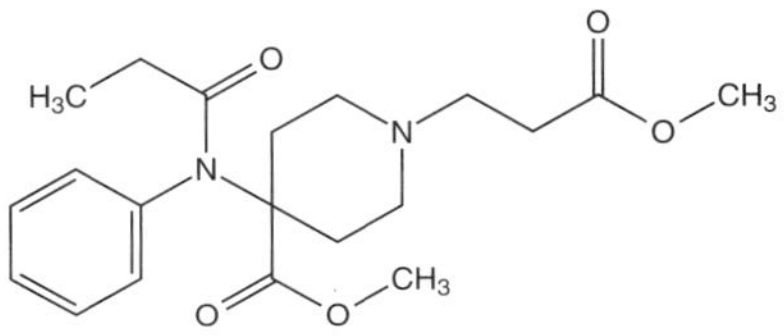

OS: *Remifentanil [BAN]*
IS: *GI 87084 X (Glaxo Wellcome, USA)*

Ultiva® (GlaxoSmithKline: ZA)

– hydrochloride:

CAS-Nr.: 0132539-07-2
OS: *Remifentanil Hydrochloride BANM, USAN*
IS: *GI 87084 B (Glaxo, USA)*

Remifentanil Allen® (Allen: AT)
Ultiva® (Abbott: CA)
Ultiva® (Glaxo Wellcome: US)
Ultiva® (GlaxoSmithKline: AE, AR, AT, AU, BD, BE, BG, BH, BR, CH, CL, CO, CZ, DE, DK, EC, ES, FI, FR, GB, GR, HK, IL, IR, IT, KW, LU, MX, NL, NO, NZ, OM, PL, PT, QA, RS, SE, SG, SI, TR)
Ultiva® (Pharmacia: RO)
Ultiva® [vet.] (Elan: GB)

Repaglinide (Rec.INN)

L: Repaglinidum
D: Repaglinid
F: Repaglinide
S: Repaglinida

Antidiabetic agent

ATC: A10BX02
CAS-Nr.: 0135062-02-1 C_{27}-H_{36}-N_2-O_4
M_r 452.605

(+)-2-Ethoxy-α-[[(S)-α-isobutyl-o-piperidinobenzyl]carbamoyl]-p-toluic acid

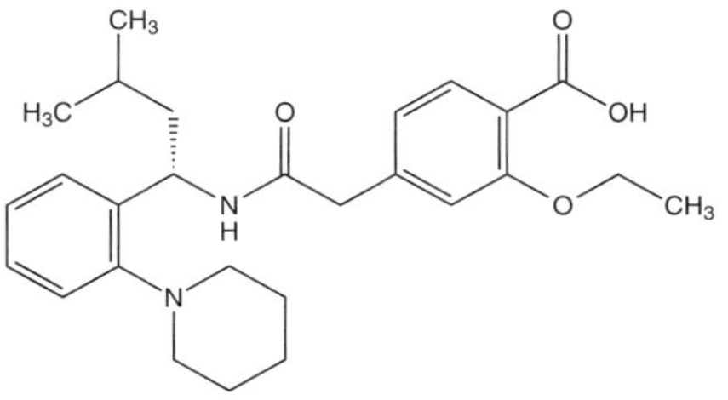

OS: *Repaglinide [BAN, USAN]*
IS: *AG-EE 623 ZW*
PH: Repaglinide [USP 30, Ph. Eur. 5]

Dianorm Rephco® (Rephco: BD)
Diarepa® (Techno: BD)
Glimet® (Drug International: BD)
GlucoNorm® (Novo Nordisk: CA)
Glukenil® (Lazar: AR)
Hipover® (Biopharm: CL)
Nomopil® (Incepta: BD)
Novade® (Eczacibasi: TR)
Novo Norm® (Novo Nordisk: RO)
Novonorm® (Dexa Medica: ID)
Novonorm® (Novo Nordisk: AR, AT, AU, BA, BD, BE, BH, CH, CL, CN, CY, CZ, DE, DK, EG, ES, FI, FR, GB, GR, HK, HR, HU, ID, IE, IL, IQ, IR, IS, IT, JO, KW, LB, LU, MX, MY, NL, NO, OM, PE, PL, QA, RS, RU, SA, SD, SE, SG, SI, SY, TH, TR, YE, ZA)
Novonorm® (Roemmers: CO)
Prandil® (Unimed & Unihealth: BD)
Prandin® (Daiichi Sankyo: GB)
Prandin® (Medley: BR)
Prandin® (Menarini: ES)
Prandin® (Novo Nordisk: LU, NL, US)
Prandin® (Sanfer: MX)
Premil® (Beximco: BD)
Rapilin® (Sun: IN)
Regan® (Stancare: IN)
Reglin® (General Pharma: BD)
Repaglid® (Alco: BD)
Sestrine® (Beta: AR)
Singlin® (Renata: BD)

Repirinast (Rec.INN)

L: Repirinastum
D: Repirinast
F: Repirinast
S: Repirinast

Antiallergic agent

CAS-Nr.: 0073080-51-0 C_{20}-H_{21}-N-O_5
M_r 355.398

R

Isopentyl 5,6-dihydro-7,8-dimethyl-4,5-dioxo-4H-pyrano[3,2-c]quinoline-2-carboxylate

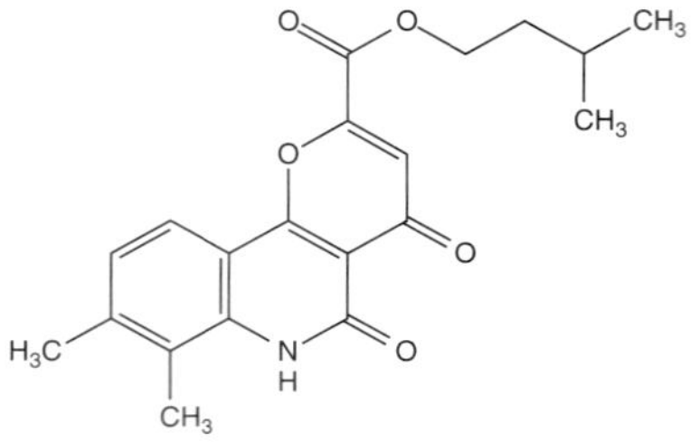

OS: *Repirinast [JAN, USAN]*
IS: *MY 5116 (Mitsubishi Kasei, Japan)*

Romet® (Mitsubishi: JP)

Reproterol (Rec.INN)

L: Reproterolum
I: Reproterolo
D: Reproterol
F: Réprotérol
S: Reproterol

Antiasthmatic agent
β_1-Sympathomimetic agent
Bronchodilator

ATC: R03AC15,R03CC14
CAS-Nr.: 0054063-54-6 C_{18}-H_{23}-N_5-O_5
M_r 389.432

1H-Purine-2,6-dione, 7-[3-[[2-(3,5-dihydroxyphenyl)-2-hydroxyethyl]amino]propyl]-3,7-dihydro-1,3-dimethyl-

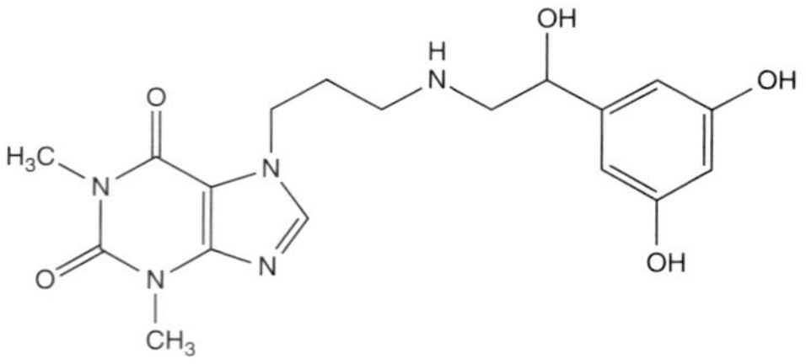

OS: *Reproterol [BAN]*
OS: *Reproterolo [DCIT]*
IS: *D 1959*

– hydrochloride:

CAS-Nr.: 0013055-82-8
OS: *Reproterol Hydrochloride BANM, USAN*

Bronchospasmin® (Meda: DE)

Reserpine (Rec.INN)

L: Reserpinum
I: Reserpina
D: Reserpin
F: Réserpine
S: Reserpina

Antihypertensive agent
Sedative

ATC: C02AA02
CAS-Nr.: 0000050-55-5 C_{33}-H_{40}-N_2-O_9
M_r 608.703

Yohimban-16-carboxylic acid, 11,17-dimethoxy-18-[(3,4,5-trimethoxybenzoyl)oxy]-, methyl ester, (3β,16β,17α,18β,20α)-

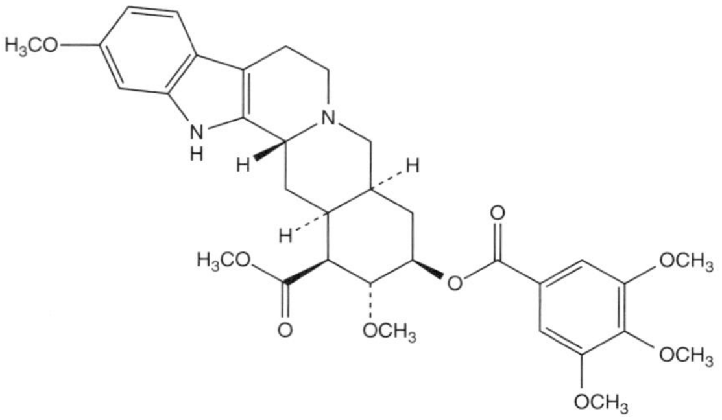

OS: *Reserpine [BAN, DCF, JAN, USAN]*
OS: *Reserpina [DCIT]*
IS: *Mephaserpin*
PH: Reserpin [Ph. Eur. 5]
PH: Reserpine [JP XIV, Ph. Eur. 5, Ph. Int. 4, USP 30]
PH: Reserpinum [Ph. Eur. 5, Ph. Int. 4]
PH: Réserpine [Ph. Eur. 5]

Rakelin® [vet.] (Nature Vet: AU)
Rakelin® [vet.] (Vetpharm: NZ)
Resapin® (Soho: ID)
Reserpina® (Gross: BR)
Reserpina® (IFI: IT)
Reserpine® (Aspen: ZA)
Reserpine® (Eon: US)
Reserpine® (PP Lab: TH)
Reserpine® (Sandoz: US)
Reserpin® (Balkanpharma: BG)
Serpasil® (Biochemie: ID)

Resmethrin

F: Resmethrine

Insecticide

CAS-Nr.: 0010453-86-8 C_{22}-H_{26}-O_3
M_r 338.4

5-Benzyl-3-furylmethyl (1RS,3RS)-(1RS,3SR)-2,2-dimethyl-3-(2-methylprop-1-enyl)cyclopropanecarboxylate

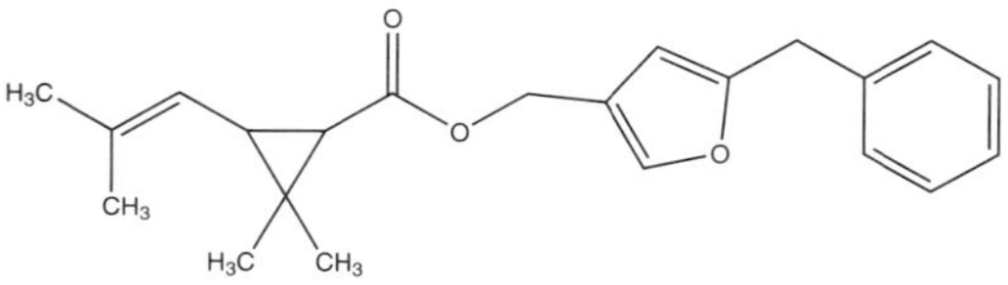

IS: *5-Benzylfurfuryl chrysanthemate*

Durakyl® (DVM: US)
Ectokyl® (DVM: US)

Resocortol (Rec.INN)

L: Resocortolum
D: Resocortol
S: Resocortol

Antiinflammatory agent

ATCvet: QD07AC90
CAS-Nr.: 0076675-97-3 C_{22}-H_{32}-O_4
M_r 360.5

11beta,17α-Dihydroxy-17-propionylandrost-4-en-3-one (WHO)

11beta,17α-Dihydroxy-17-propionylandrost-4-en-3-on (IUPAC)

Androst-4-en-3-one,11beta-hydroxy-17α-(1-oxobutoxy)-

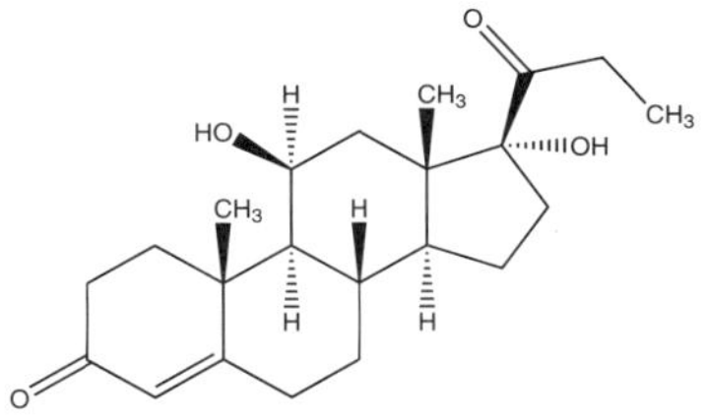

– butyrate:
CAS-Nr.: 0076738-96-0
OS: *Resocortol Butyrate USAN*
IS: *ALO 2184 (Diosynth B. V., NL)*
IS: *ORG 7417*

Pruban® [vet.] (Intervet: NL, PT)
Pruban® [vet.] (Veterinaria: CH)

Retapamulin (Rec.INN)

L: Retapamulinum
D: Retapamulin
F: Retapamuline
S: Retapamulina

Antibiotic

ATC: D06AX13
CAS-Nr.: 0224452-66-8 C_{30}-H_{47}-N-O_4-S
M_r 517.76

(3aS,4R,5S,6S,8R,9R,9aR,10R)-6-ethenyl-5-hydroxy-4,6,9,10-tetramethyl-1-oxodecahydro-3a,9-propanocyclopenta[8]annulen-8-yl{[(1R,3s,5S)8-methyl-8-azabicyclo[3.2.1]octan-3-yl]=sulfanyl}acetate WHO

(3aS,4R,5S,6S,8R,9R,9aR,10R)-6-ethenyl-5-hydroxy-4,6,9,10-tetramethyl-1-oxodecahydro-3a,9-propancyclopenta[8]annulen-8-yl{[(1R,3s,5S)8-methyl-8-azabicyclo[3.2.1]octan-3-yl]=sulfanyl}acetat IUPAC

Acetic acid, (((3-exo)-8-methyl-8-azabicyclo(3.2.1)oct-3-yl)thio)-, (3aS,4R,5S,6S,8R,9R,9aR,10R)-6-ethenyldecahydro-5-hydroxy-4,6,9,10-tetramethyl-1-oxo-3a,9-propano-3aH-cyclopentacycloocten-8-yl ester

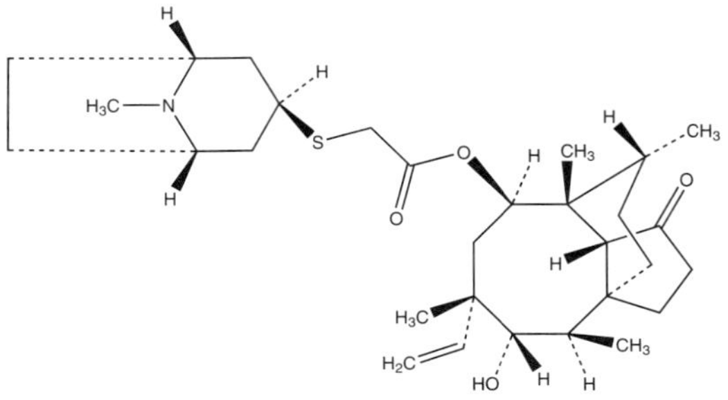

IS: *SB-275833 (GSK, GB)*

Altabax® (GlaxoSmithKline: US)

Reteplase (Rec.INN)

L: Reteplasum
D: Reteplase
F: Reteplase
S: Reteplasa

Anticoagulant, thrombolytic agent

ATC: B01AD07
CAS-Nr.: 0133652-38-7 C_{1736}-H_{2653}-N_{499}-O_{522}-S_{22}
M_r 39573.63

173-L-Serine-174-L-tyrosine-175-L-glutamine-173-527-plasminogen activator (human tissue-type)

OS: *Reteplase [BAN, USAN]*
IS: *BM 06022 (Boehringer Mannheim, Germany)*

Rapilysin® (Roche: AE, AT, AU, BE, BG, BH, CH, DE, DK, ES, FI, FR, GB, GR, IE, IS, IT, KW, LU, LV, MK, NL, NO, NZ, OM, PT, QA, RO, SA, SE)
Retavase® (BioPharma: US)
Retavase® (Biovail: CA)

Retinol (Rec.INN)

L: Retinolum
I: Retinolo
D: Retinol
F: Rétinol
S: Retinol

Vitamin A

Antiacne

ATC: D10AD02,R01AX02,S01XA02
CAS-Nr.: 0000068-26-8 C_{20}-H_{30}-O
M_r 286.46

Retinol

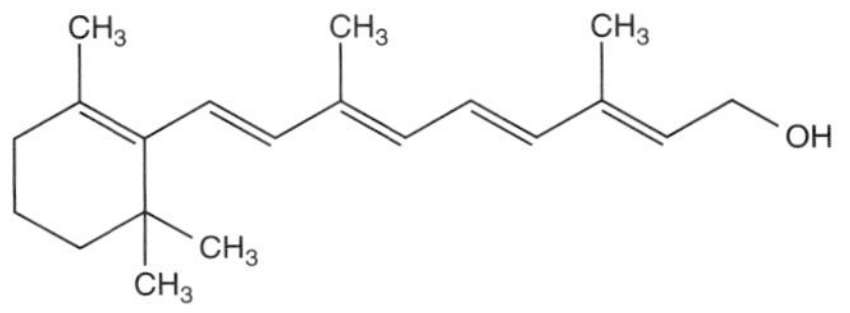

OS: *Retinol [BAN, DCF, USAN]*
OS: *Retinolo [DCIT]*
IS: *Atamin*
IS: *Axerophtholum*

R

IS: *Vitamin A_1*
PH: Vitamin A [Ph. Eur. 5, USP 30]
PH: Vitaminum A [Ph. Eur. 5]
PH: Vitamine A [Ph. Eur. 5]

A 313® (Pharma Développement: FR)
A-vitamin Medic® (Medic: DK)
Adermicina® (Quimica Medical: AR)
Adrusen® (Sifi: PE)
Amenite® (Amenite: AR)
Aquasol A® (aai: US)
Aquasol A® (Mayne: US)
Aquasol A® (USV: IN)
Asol® (Purdue Frederick: US)
Atomoderma A® (Imvi: AR)
Avibon® (Sanofi-Aventis: FR)
Avicap® (Koçak: TR)
Avigen® (Eras: TR)
Avitana® (Pfizer: CL)
Bagovit A® (Bagó: AR)
Bio Crem A-Bioplix-Biox® (Bioplix-Biox: PE)
Cazmar® (Fucus: AR)
Dakrina® (Akorn: PE)
Davitamon A® (Organon: AE, BH, CY, EG, ES, IQ, IR, JO, KW, LB, LY, OM, QA, SA, SD, SY, YE)
Domsedan® (Fortbenton: AR)
Epiteliol® (Medifarma: PE)
Equivital® [vet.] (Marienfelde: DE)
Eurotretin® (Euroderm: AR)
Evitex A® (Alcon: ES)
Flavostat® (Lafedar: AR)
Hurukus® (Status Salud: AR)
Masc Witaminowa ochronna® (Homeofarm: PL)
Masc z Witamina A® (Farmina: PL)
Masc z Witamina A® (Galenowe: PL)
Metabolite-A® (Forder: AR)
Microret® (Darier: MX)
Microvit A Prosol® [vet.] (Adisseo: AU)
Oculotect® (Novartis: RO)
Ovit-A® (Opsonin: BD)
Retiblan® (Procaps: CO)
Retinol L.CH.® (Chile: CL)
Retnol® (Aldoquin: CO)
Rinocusi® (Sanofi-Aventis: ES)
Rinovitex® (Alcon: ES)
Rovigon® (Bayer: KE, TZ, UG, ZM)
Rovigon® (Nicholas: IN)
Rovisol A® [vet.] (Bayer: BE)
Sensivit® (Unimed: RS)
Skinderm A® (Maigal: AR)
Tanvimil A® (Raymos: AR)
Thompson's Vitamin A® (Thompson: NZ)
Vitamin A Atlantic® (Atlantic: TH)
Vitamin A® (Blackmores: AU)
Vitamin A® (Egis: HU)
Vitamin A® (Health Support Ltd: NZ)
Vitamin A® (Janssen: AU)
Vitamin A® (New Hope Nutrition: NZ)
Vitamin A® (Pharco: RO)
Vitamine A Dulcis® (Allergan: FR)
Vitamine A Faure® (Europhta: MC)
Vitamine A Nepalm® (Nepalm: FR)

– acetate:

CAS-Nr.: 0000127-47-9
OS: *Retinol Acetate JAN*
IS: *Vitamin A acetate*
IS: *Retinyl acetate (INCI)*
PH: Retinol Acetate JP XIV

Arovit® (Bayer: AR, BR, CO, IT, PE)
Avitol® (Lannacher: AT)
Axerophthol® (Biotika: CZ)
Carovigen® (Eras: TR)
Dif Vitamin A Masivo® (Bayer: ES)
Gelacet® (Hermal: AT)
Microvit A Supra® [vet.] (Adisseo: AU)
RetiNit® (Optima: DE)
Sicovit A® (Sicomed: RO)
Vit A N® (Farmigea: IT)
Vitamin A Dispersa® (Novartis: DE)
Vitamin A Kimia® (Kimia: ID)
Vitamin A Slovakofarma® (Slovakofarma: CZ)
Vitamin A Streuli® (Streuli: CH)
Vitamin A® (Kimia: ID)
Vitamina A® (Arion: PE)
Vitamina A® (Biofarm: RO)
Vitamina A® (MD&D International: PE)
Vitamina A® (Sunshine: PE)
Vitamuruine® (Medgenix: BE, LU)

– palmitate:

CAS-Nr.: 0000079-81-2
OS: *Retinol Palmiate JAN*
IS: *Vitamin A palmitate*
PH: Retinol Palmitate JP XIV

A Grin® (Grin: MX)
A-Forte® (Globe: BD)
A-Mulsin® (Mucos: CZ, DE)
A-Vita® (Leiras: FI)
A-vitel® (Medipharma: AR)
Acon® (Aventis: CR, DO, GT, HN, NI, PA, SV)
Acon® (Sanofi-Aventis: MX)
Aesol® (Leiras: FI)
Aksoderm® (Gemi: PL)
Aquavit® (USV: LK)
Arovit® (Bayer: BR, CH, CL, IN, IT, LU, PE, SE, ZA)
Augenschutz-Kapseln® (Salus-Haus: DE)
Bagovit-A® (Bago: CL)
Bagovit-A® (Bagó: CR, DO, GT, HN, NI, PA, SV)
Biominol A® (Alter: ES)
Bruvita® (Bruluart: MX)
Burgerstein Vitamin A® (Antistress: CH)
Chemvita Vitamin A® (Multichem: NZ)
Chocola A® (Eisai: JP)
Dermalife (Vitamin A)® (Orion: NZ)
Dermosavit® (Coel: PL)
Dermotin „A“® (Mex-América: MX)
Dermovit A® (Coel: PL)
Fiosen-A® (Cosmetica: AR)
Hypotears Gel® (Medis: SI)
Hypotears Gel® (Novartis: BD)
Hypotears Gel® (Novartis Ophtalmics: CZ)
Hypotears Gel® (Novartis Ophthalmics: LK)
Masc ochronna z witamina A® (Hasco: PL)
Masivol® (Valeant: AR)
Oculotect® (Novartis: BG, CH, CN, DE, LU)
Oculotect® (Novartis Ophthalmics: HU, PL, VN)
Oleovit A® (Fresenius: AT)
Oleovit® (Fresenius: AT)
Opto Vit-A® (Hermes: DE)

Ratinol® (Drug International: BD)
Retinol® (Hersil: PE)
Retinol® (Ursapharm: DE)
Ro-A-Vit® (Bayer: KE, NZ, TZ, UG, ZM)
Solan-M® (Winzer: DE)
Ungvita® (Bayer: AU, NZ)
Univit-A® (United Pharmaceutical: AE, BH, IQ, JO, LY, OM, QA, SA, SD, YE)
Viadrops® [vet.] (Ceva: NL)
Vit.A Agepha® (Agepha: AT)
VitA-POS® (Pharma Medica: CH)
VitA-POS® (Ursapharm: RU)
Vitadral® (Wernigerode: DE)
Vitafluid® (Mann: DE)
Vitagel® (Mann: DE)
Vitamin A „Blache“® (Bausch & Lomb: CH)
Vitamin A Bioextra® (Bioextra: HU)
Vitamin A Jenapharm® (Jenapharm: DE)
Vitamin A Palmitate® (Cambridge Laboratories: GB)
Vitamin A Sanhelios® (Börner: AT)
Vitamin A Streuli® [Ampullen] (Streuli: CH)
Vitamin A-POS® (Biem: TR)
Vitamin A-POS® (Zentiva: CZ)
Vitamin A® (Janssen: AU)
Vitamin A® (PSM: NZ)
Vitamin-A-saar® (MIP: DE)
Vitamina A® (Sigma: AR)
Vitamine A FNA® (FNA: NL)
Vitaminum A® (Gal: PL)
Vitaminum A® (GlaxoSmithKline: PL)
Vitaminum A® (Hasco: PL)
Vitaminum A® (Medana: PL)

– propionate:

Microvit A DLC® [vet.] (Adisseo: AU)

Reviparin Sodium (Rec.INN)

L: Reviparinum natricum
D: Reviparin natrium
F: Reviparine sodique
S: Reviparina sodica

⚕ Anticoagulant, platelet aggregation inhibitor
Sodium salt of depolymerized heparin

OS: *Reviparin Sodium [BAN, USAN]*
OS: *Réviparine sodique [DCF]*
IS: *Heparin, low-molecular-weight*

Clivarina® (Schwarz: IT)
Clivarine® (Abbott: IN)
Clivarin® (Abbott: AT, BA, CZ, DE, GR, HR, HU, LU, PL, PT, RO, RS, SI)
Clivarin® (Baxter Vertrieb: AT)

Ribavirin (Rec.INN)

L: Ribavirinum
D: Ribavirin
F: Ribavirine
S: Ribavirina

⚕ Antiviral agent

ATC: L03AB60
CAS-Nr.: 0036791-04-5 C_8-H_{12}-N_4-O_5
M_r 244.224

1H-1,2,4-Triazole-3-carboxamide, 1-β-D-ribofuranosyl-

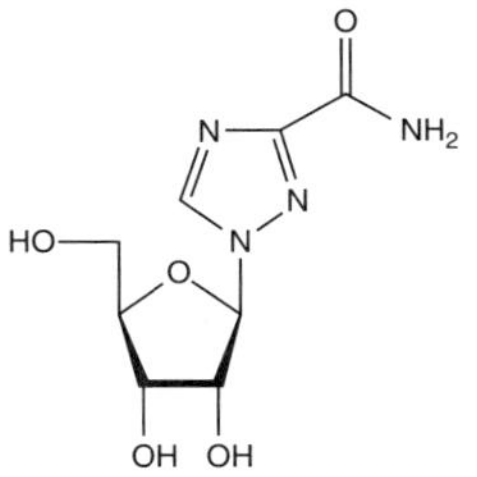

OS: *Ribavirin [BAN, USAN]*
OS: *Tribavirin [BAN]*
IS: *ICN 1229*
PH: Ribavirin [USP 30, Ph. Eur. 5]
PH: Tribavirin [BP 1999]
PH: Ribavirin [BP 2002]
PH: Ribavirinum [Ph. Eur. 5]

Arviron® (Masterlek: RU)
Celbarin® (Incepta: BD)
Copegus® (Medcor: NL)
Copegus® (Roche: AL, AR, AT, BA, BE, BG, CH, CZ, DE, DK, ES, FI, FR, GB, GR, HK, HR, HU, IE, IL, IS, IT, LT, LU, LV, MA, MK, MX, NL, NO, NZ, PL, PT, RO, RS, SE, SI, TH, TN, TR, TW, UA, US, ZA)
Copegus® (Roche RX: SG)
Desiken® (Kendrick: MX)
Rebetol® (Essex: CH, DE)
Rebetol® (Kirby: EC)
Rebetol® (Schering: BE, US)
Rebetol® (Schering-Plough: BR, CL, CR, CZ, DO, ES, FI, FR, GB, GR, GT, HK, HN, HU, ID, IE, IL, IS, IT, JP, LU, MY, NL, NO, PE, PL, RO, RS, RU, SE, SG, SI, TH, TR, VN)
Rebetol® (SP Europe: AT, DK)
Ribapeg® (Makis Pharma: RU)
Ribasphere® (Three Rivers: US)
Ribavin® (Lupin: IN)
Ribavirin® (Blausiegel: BR)
Ribavirin® (Sandoz: US)
Ribavirin® (Teva: US)
Ribavirin® (Zydus: US)
Rivarin® (Healthcare: BD)
Trivorin® (Lemery: MX)
Vero-Ribavirin® (Verofarm: RU)
Vibuzol® (Sandoz: AR)
Vilona® (Valeant: MX)
Viramid® (Valeant: BR)
Virazide® (Armoxindo: ID)
Virazide® (Grossman: CR, DO, GT, HN, MX, NI, PA, SV)
Virazide® (ICN: AU)

R

Virazole® (ICN: AE, BH, CR, ES, GT, HN, JO, KW, LB, LU, NI, NL, OM, QA, SA, SD, SV, YE)
Virazole® (ICN-D: IT)
Virazole® (MediLink: SE)
Virazole® (Pharma Logistics: BE)
Virazole® (UCI: BR)
Virazole® (Valeant: CA, DE, GB, RU, SG, US)
Viron® (Sanovel: TR)
Xilopar® (Filaxis: AR)

Riboflavin (Rec.INN)

L: Riboflavinum
I: Riboflavina
D: Riboflavin
F: Riboflavine
S: Riboflavina

⚕ Vitamin B_2

CAS-Nr.: 0000083-88-5 — C_{17}-H_{20}-N_4-O_6, M_r 376.387

Riboflavin

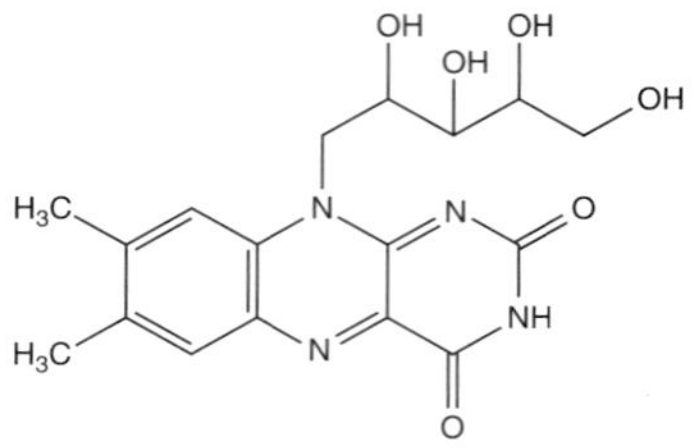

OS: *Riboflavine [DCF]*
OS: *Riboflavin [BAN, USAN]*
OS: *Riboflavina [DCIT]*
IS: *Lactoflavin (INCI)*
IS: *Vitaflavine*
IS: *Vitamin B_2*
IS: *E 101 (EU-number)*
PH: Riboflavin [JP XIV, Ph. Eur. 5, Ph. Int. 4, USP 30]
PH: Riboflavina [Ph. Eur. 5]
PH: Riboflavinum [Ph. Eur. 5, Ph. Int. 4]

B2-ASmedic® (Dyckerhoff: DE)
Berivine® (Meuse: BE, LU)
Bioflavin® (Milano: TH)
Béflavine® (Bayer Santé Familiale: FR)
Microvit B2® [vet.] (Adisseo: AU)
Riboflavin Leciva® (Leciva: CZ)
Riboflavina® (Sanitas: CL)
Riboflavine PCH® (Pharmachemie: NL)
Riboflavine Ratiopharm® (Ratiopharm: NL)
Riboflavine® (Chemist: BD)
Riboflavine® (Rekah: IL)
Riboflavin® (Amico: BD)
Riboflavin® (Chemist: BD)
Riboflavin® (Freeda: US)
Riboflavin® (Leciva: CZ)
Riboflavin® (Medicon: BD)
Riboflavin® (Rugby: US)
Riboflavin® (Schein: US)
Ribon® (Therabel: BE, LU)
Ribosina® (Ibn Sina: BD)
Riboson® (Jayson: BD)
Ribotab® (Ziska: BD)
Sicovit B_2® (Sicomed: RO)
Vita-B2® (Vitabalans: FI)
Vitamin B_2 Streuli® (Streuli: CH)
Vitamin B2 Jenapharm® (Jenapharm: DE)
Vitamin B2® (Sopharma: BG)
Vitamina B2® (Sunshine: PE)
Vitaminum B2® (Pliva: PL)
Vitaminum B2® (Polfa Kutno: PL)

– phosphate sodium salt:

CAS-Nr.: 0000130-40-5
OS: *Riboflavin Sodium Phosphate BANM*
OS: *Riboflavin 5'-phosphate sodium USAN*
PH: Riboflavin Sodium Phosphate Ph. Eur. 5, JP XIV
PH: Riboflavini natrii phosphas Ph. Eur. 5
PH: Riboflavine (phosphate sodique de) Ph. Eur. 5
PH: Riboflavinphosphat-Natrium-Dihydrat Ph. Eur. 5
PH: Riboflavin 5'-phosphate sodium USP 30

Bisulase® (Toa Eiyo: JP)
Bisulase® (Yamanouchi: JP)
Riboflavin Fosfat® (Sicomed: RO)
Vitamin B_2 Streuli® [inj.] (Streuli: CH)

– tetrabutyrate:

PH: Butyrate, Riboflavin JP XIII

Bi-Love-G® (Isei: JP)

Ribostamycin (Rec.INN)

L: Ribostamycinum
I: Ribostamicina
D: Ribostamycin
F: Ribostamycine
S: Ribostamicina

⚕ Antibiotic, aminoglycoside

ATC: J01GB10
CAS-Nr.: 0025546-65-0 — C_{17}-H_{34}-N_4-O_{10}, M_r 454.499

D-Streptamine, O-2,6-diamino-2,6-dideoxy-α-D-glucopyranosyl-(1-4)-O-[β-D-ribofuranosyl-(1-5)]-2-deoxy-

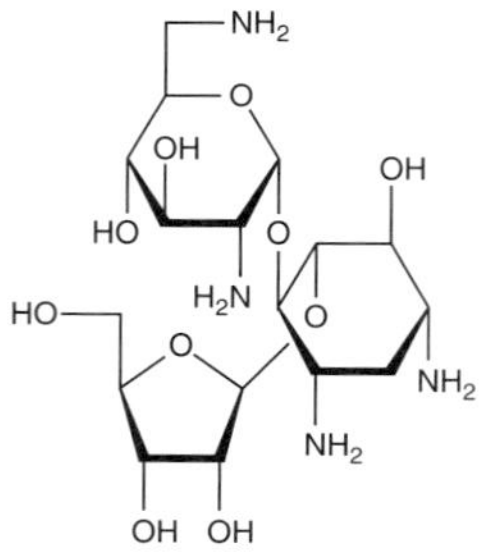

OS: *Ribostamycin [BAN, USAN]*
OS: *Ribostamycine [DCF]*
OS: *Ribostamicina [DCIT]*
IS: *SF 733*

– sulfate:

CAS-Nr.: 0053797-35-6
OS: *Ribostamycin Sulfate JAN*

PH: Ribostamycin Sulfate JP XIV

Vistamycin® (Meiji: JP)

Rifabutin (Rec.INN)

L: Rifabutinum
I: Rifabutina
D: Rifabutin
F: Rifabutine
S: Rifabutina

Antitubercular agent
Antibiotic

ATC: J04AB04
CAS-Nr.: 0072559-06-9 — C_{46}-H_{62}-N_4-O_{11}, M_r 847.042

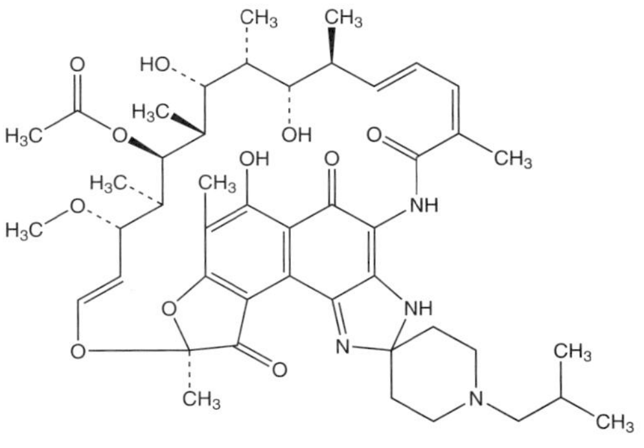

OS: *Rifabutin [BAN, USAN]*
OS: *Rifabutine [DCF]*
OS: *Rifabutina [DCIT]*
IS: *Ansamicin*
IS: *Ansamycin*
IS: *LM 427 (Farmitalia Carlo Erba, Italy)*
PH: Rifabutin [Ph. Eur. 5, USP 30, BP 2002]
PH: Rifabutine [Ph. Eur. 5]
PH: Rifabutinum [Ph. Eur. 5]

Alfacid® (Grünenthal: DE)
Ansatipine® (Pfizer: FR)
Ansatipin® (Kenfarma: ES)
Ansatipin® (Pfizer: FI, SE)
Mycobutin® (Pfizer: AT, BE, CA, CH, CZ, DE, GB, HK, IL, NL, NZ, PT, TR, US)
Mycobutin® (Pharmacia: AU, BG, IT, LU, RO, ZA)
Rifabutin Pfizer® (Pfizer: DK)

Rifampicin (Rec.INN)

L: Rifampicinum
I: Rifampicina
D: Rifampicin
F: Rifampicine
S: Rifampicina

Antitubercular agent
Antibiotic

ATC: J04AB02
CAS-Nr.: 0013292-46-1 — C_{43}-H_{58}-N_4-O_{12}, M_r 822.977

Rifamycin, 3-[[(4-methyl-1-piperazinyl)imino]methyl]-

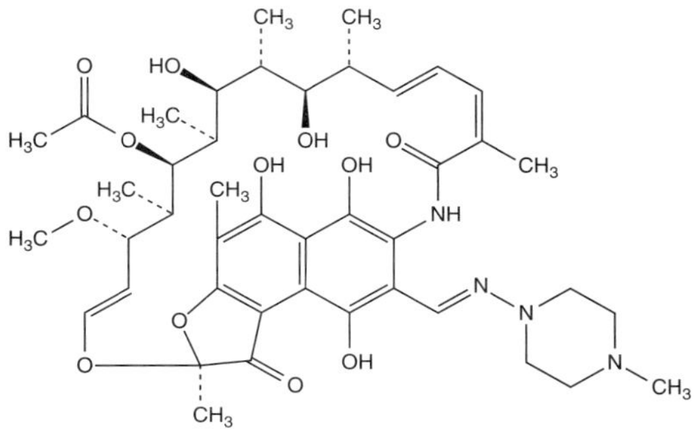

OS: *Rifampicin [BAN, JAN]*
OS: *Rifampicine [DCF]*
OS: *Rifampin [USAN]*
OS: *Rifampicina [DCIT]*
IS: *RIF*
IS: *Rifaldazin*
IS: *Rifamycin AMP*
IS: *1040 EH*
PH: Rifampicin [JP XIV, Ph. Int. 4]
PH: Rifampicine [Ph. Eur. 5]
PH: Rifampicinum [Ph. Eur. 5, Ph. Int. 4]
PH: Rifampin [USP 30]

Arficin® (Belupo: BA, CZ, HR, SI)
Benemicin® (medphano: DE)
Benemicin® (Polfa: CZ)
Corifam® (Coronet: ID)
Crisarfam® (Pharmacare: PH)
Eremfat® (Fatol: AT, DE)
Famri® (Pyridam: ID)
Firifam® (Sanofi-Aventis: BD)
G-Rifampicin® (Gonoshasthaya: BD)
Lafayette Rifampicin® (Lafayette: PH)
Lanarif® (Landson: ID)
Manorifcin® (March: TH)
Medirif® (Medikon: ID)
Merimac® (Mersifarma: ID)
Moxina Dos® [+ Isoniazid] (Richmond: AR)
Moxina® (Richmond: AR)
Prolung® (Galenium: ID)
R-Cin® (Lupin: IN)
R-Cin® (Specpharm: ZA)
Ramfin® (Biolab: TH)
Rampicin® (Shiwa: TH)
Refambin® (Doctor's Chemical Work: BD)
Refanin® (Opsonin: BD)
Ricin® (Atlantic: TH)
Rifabiotic® (Bernofarm: ID)
Rifacilin® (Pharmaceutical Co: IN)
Rifacin® (Prafa: ID)
Rifadecina® (Klonal: AR)
Rifadine® (Aventis: LU)
Rifadine® (Duncan: PH)
Rifadine® (Sanofi-Aventis: BE, FR)
Rifadin® (Aventis: AU, GH, GR, KE, NG, NZ, TH, US, ZW)
Rifadin® (Howse & McGeorge: UG)
Rifadin® (Lepetit: IT)
Rifadin® (Sanofi-Aventis: AR, CA, GB, HK, IE, MX, NL, PT, SE, TR)
Rifadin® [vet.] (Aventis: GB)
Rifagen® (General Drugs House: TH)

Rifagen® (Llorente: ES)
Rifaldin® (Aventis: ES)
Rifaldin® (Hoechst: BR)
Rifaldin® (Sanofi-Aventis: CL)
Rifam-P® (PP Lab: TH)
Rifamax® (Duncan: PH)
Rifamazid® [+ Isoniazid] (Polfa Tarchomin: PL)
Rifamcin® (Pond's: TH)
Rifamec® (Mecosin: ID)
Rifamed® (Pharmamed: HU)
Rifamor® (Galenika: RS)
Rifampicin Capsules® (Eon: US)
Rifampicin Capsules® (Sandoz: US)
Rifampicin Capsules® (VersaPharm: US)
Rifampicin Domesco® (Domesco: VN)
Rifampicin Hexpharm® (Hexpharm: ID)
Rifampicin Indo Farma® (Indofarma: ID)
Rifampicin Labatec® (Labatec: CH)
Rifampicin Lederle® (Wyeth: TH)
Rifampicina Fabra® (Fabra: AR)
Rifampicina Iqfarma® [susp.] (Iqfarma: PE)
Rifampicina L.CH.® (Chile: CL)
Rifampicina MK® (MK: CO)
Rifampicina Richet® (Richet: AR)
Rifampicina® [caps./susp.] (Bestpharma: CL)
Rifampicina® [caps./susp.] (Carrion: PE)
Rifampicina® [caps./susp.] (Magma: PE)
Rifampicina® [caps./susp.] (Marfan: PE)
Rifampicine Sandoz® (Sandoz: NL)
RifampicinHefa® (Riemser: DE)
RifampicinHefa® (Wernigerode: DE)
Rifampicin® (Generics: GB)
Rifampicin® (Hexpharm: ID)
Rifampicină® (Arena: RO)
Rifampicină® (Europharm: RO)
Rifampicyna® (Polfa Tarchomin: PL)
Rifampin for Injection® (Bedford: US)
Rifampin® (Eon: US)
Rifampin® (Pharos: ID)
Rifamtibi® (Sanbe: ID)
Rifamycin® (Biochem: IN)
Rifam® (Dexa Medica: ID)
Rifam® (Siam Bheasach: TH)
Rifan® (Sicomed: RO)
Rifapen® (Lacofarma: DO)
Rifapin® (Shiba: YE)
Rifaren® (Remedica: CY)
Rifasynt® (Medochemie: HK, SK)
Rifater® [+ Isoniazid + Pyrazinamide] (Sanofi-Aventis: HK, IE)
Rifa® (Grünenthal: DE)
Rifcap® (Kocak: BA)
Rifcap® (Koçak: TR)
Rifex® (Winthrop: PT)
Rifinah® [+ Isoniazid] (Aventis: NZ)
Rifinah® [+ Isoniazid] (Sanofi-Aventis: AR, HK, IE)
Rifladin® (Aventis: BR)
Rifocin® (Aventis: AT)
Rifoldin® (Aventis: AT)
Riftan® (Hemofarm: RS)
RIF® (Armoxindo: ID)
Rimactane® (Amide: US)
Rimactane® (Novartis: AG, AN, AW, BB, BD, BM, BS, ET, GD, GH, GY, HK, HT, IE, IN, JM, KE, KY, LC, LY, MT, NG, SD, TT, TZ, VC, ZW)
Rimactane® (Sandoz: GB, ID, PH, ZA)
Rimactane® (Zuellig: TH)
Rimactane® [vet.] (Swedish Orphan: GB)
Rimactan® (Biochemie: CO)
Rimactan® (Eurim: AT)
Rimactan® (Geminis: ES)
Rimactan® (Novartis: IT, LU, NL)
Rimactan® (Paranova: AT)
Rimactan® (Pliva: HR)
Rimactan® (Roemmers: PE)
Rimactan® (Sandoz: AT, CH, ES, FR, IL, IS, NO, SE)
Rimactazid 300® (Roemmers: PE)
Rimactazid® [+ Isoniazid] (Novartis: RU)
Rimactazid® [+ Isoniazid] (Sandoz: FI, NO, SE)
Rimactazid® [+ Isoniazid] (Swedish Orphan: IE)
Rimapen® (Orion: FI)
Rimecin® (Pharmasant: TH)
Rimycin® (Alphapharm: AU)
Rofact® (Valeant: CA)
Sinerdol® (Antibiotice: RO)
Siticox® (Sarabhai: IN)
SPMC Rifampicin® (SPMC: LK)
Tubocin® (Actavis: GE)
Tubocin® (Balkanpharma: BG)
Tuborin® (Balkanpharma: BG)

– sodium salt:

Eremfat i.v.® (Croma: AT)
Eremfat i.v.® (Fatol: AT, DE)
Rifadine® [inj.] (Sanofi-Aventis: FR)
Rifaldin® [inj.] (Aventis: ES)
Rifampicina Richet® (Richet: AR)
RifampicinHefa® [inj.] (Riemser: DE)
RifampicinHefa® [inj.] (Wernigerode: DE)
Rifa® [inj.] (Grünenthal: DE)
Rimactan® [inj.] (Sandoz: CH)

Rifamycin (Rec.INN)

L: **Rifamycinum**
I: **Rifamicina**
D: **Rifamycin**
F: **Rifamycine**
S: **Rifamicina**

Antitubercular agent
Antibiotic

ATC: J04AB03,S02AA12
CAS-Nr.: 0006998-60-3 C_{37}-H_{47}-N-O_{12}
M_r 697.793

Rifamycin SV, an antibiotic produced by certain strains of *Streptomyces mediterranei*, or the same substance produced by any other means

(12Z,14E,24E)-5,6,9,17,19-Pentahydroxy-23-methoxy-2,4,12,16,18,20,22-heptamethyl-1,11-dioxo-

2,7-(epoxypentadeca-1,11,13-trieneimino)naphtol[2,1-b]furane-21-yl acetate

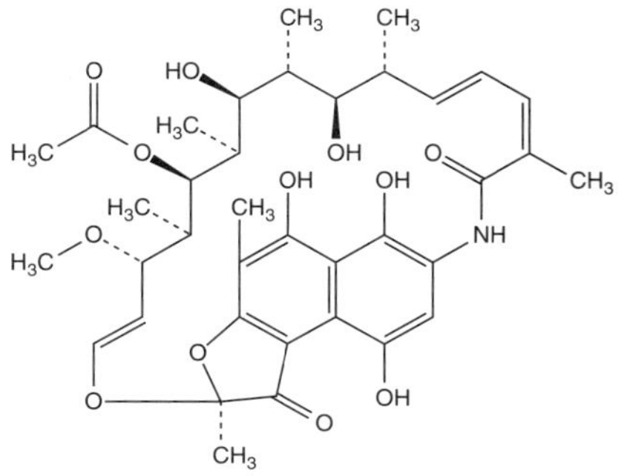

OS: *Rifamycin [BAN, USAN]*
OS: *Rifamycine [DCF]*
OS: *Rifamicina [DCIT]*
IS: *Rifamycin SV, produced by Streptomyces mediterranei (WHO)*
IS: *Rifamycin SV, produced by any other means (WHO)*
PH: Rifamicina [F.U. VIII]

Ambiblist® (Magma: PE)
Codimycine® [vet.] (Codifar: BE)
Duoblist® (Refasa: PE)
Rifametrin® [vet.] (Balkanpharma: BG)
Rifamycine® (Teva: LU)
Rifamycine® (Thea: BE)
Rifijet® [vet.] (Mycofarm: BE)
Rifocina® (Aventis: CR, EC, GT, HN, PA, PE, SV)
Rifocina® (Sanofi-Aventis: AR, PT)
Rifocin® (Aventis: GH, KE, NG, ZW)
Rifocin® (Sanofi-Aventis: TR)
RIF® (Armoxindo: ID)
RIF® (Kocak: BA)
RIF® (Koçak: TR)

– sodium salt:

CAS-Nr.: 0014897-39-3
OS: *Rifamycin Sodium BANM*
PH: Rifamycine sodique Ph. Eur. 5
PH: Rifamycin-Natrium Ph. Eur. 5
PH: Rifamycin Sodium Ph. Eur. 5
PH: Rifamycinum natricum Ph. Eur. 5

Otofa® (Bouchara: BF, BJ, CF, CG, CH, CI, CM, DZ, FR, GA, GN, LU, MG, ML, MR, MU, NE, SN, TD, TG, ZR)
Otofa® (Bouchara-Recordati: RU, VN)
Rifamicina Biocrom® (Biocrom: AR)
Rifamicina Colirio® (Merck Sharp & Dohme: ES)
Rifamicina Lafedar® (Lafedar: AR)
Rifamicina SV Denver® (Denver: AR)
Rifamicina SV Richet® (Richet: AR)
Rifamicina-G® (Klonal: AR)
Rifamycine Chibret® (Théa: FR)
Rifijet® [vet.] (Intervet: AT)
Rifijet® [vet.] (Veterinaria: CH)
Rifocina® (Aventis: BR, CO, CR, ES, GT, HN, PA, SV)
Rifocine® (Aventis: LU)
Rifocine® (Sanofi-Aventis: BE)
Rifocin® [inj.] (Aventis: AT)
Rifocin® [inj.] (Lepetit: IT)
Rifocyna® (Sanofi-Aventis: MX)

Rifapentine (Rec.INN)

L: Rifapentinum
I: Rifapentina
D: Rifapentin
F: Rifapentine
S: Rifapentina

Antitubercular agent
Antibiotic

ATC: J04AB05
ATCvet: QJ04AB05
CAS-Nr.: 0061379-65-5 C_{47}-H_{64}-N_4-O_{12}
M_r 877.069

Rifamycin, 3-[[4-cyclopentyl-1-piperazinyl)imino]methyl]-

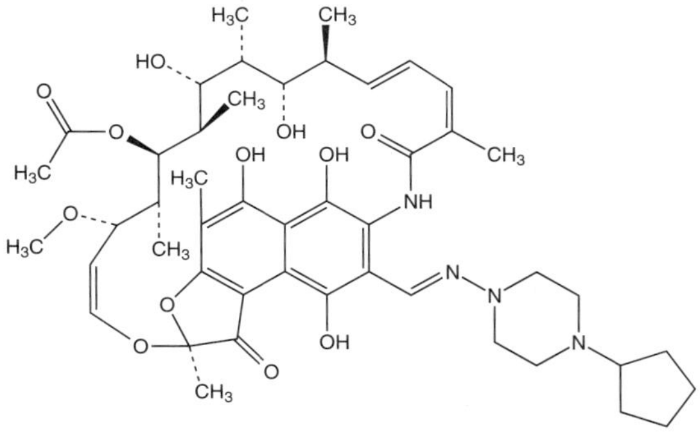

OS: *Rifapentina [DCIT]*
OS: *Rifapentine [BAN, USAN]*
IS: *DL 473-IT*
IS: *L 11473*
IS: *MDL 473*
IS: *R 773*
IS: *DL 473*

Priftin® (Sanofi-Aventis: US)

Rifaximin (Rec.INN)

L: Rifaximinum
I: Rifaximina
D: Rifaximin
F: Rifaximine
S: Rifaximina

Antibiotic

ATC: A07AA11,D06AX11
CAS-Nr.: 0080621-81-4 C_{43}-H_{51}-N_3-O_{11}
M_r 785.911

(2S,16Z,18E,20S,21S,22R,23R,24R,25S,26R,27S,28E)-5,6,21,23,25-Pentahydroxy-27-methoxy-2,4,11,16,20,22,24,26-octamethyl-2,7-(epoxypentadeca[1,11,13]trienimino)benzofuro[4,5-e]pyrido[1,2-a]benzimidazole-1, 15-dione, 25-ac

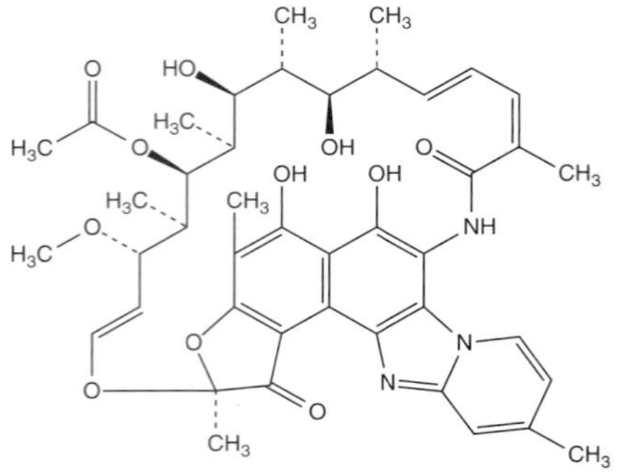

OS: *Rifaximin [USAN]*
OS: *Rifaximina [DCIT]*
IS: *L 105*
IS: *Rifaxidine*

Cefaximin® [vet.] (Fatro: IT)
Colidimin® (Ratiopharm: AT)
Fatroximin® [vet.] (Fatro: IT)
Fatrox® [vet.] (Vetoquinol: FR)
Flonorm® (Schering-Plough: MX)
Flonorm® (Zambon: CO)
Lormyx® (Alfa Wassermann: CN)
Normix® (Alfa Wassermann: CZ, HU, IT, RO)
Redactiv® (Alfa Wassermann: IT)
Rifacol® (Formenti: IT)
Spiraxin® (Bama: ES)
Xifaxan® (Salix: US)
Zaxine® (Madaus: ES)

Rilmazafone (Rec.INN)

L: Rilmazafonum
D: Rilmazafon
F: Rilmazafone
S: Rilmazafona

Hypnotic

CAS-Nr.: 0099593-25-6 C_{21}-H_{20}-Cl_2-N_6-O_3
M_r 475.351

5-[(2-Aminoacetamido)methyl]-1-[4-chloro-2-(o-chlorobenzoyl)phenyl]-N,N-dimethyl-1H-1,2,4-triazole-3-carboxamide

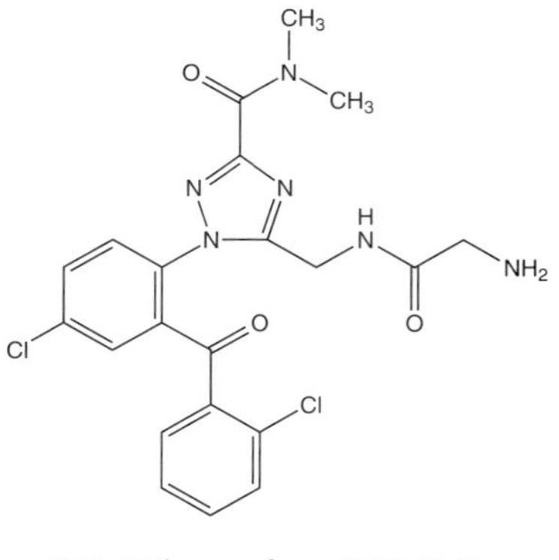

OS: *Rilmazafone [USAN]*
IS: *S 450191 (Shionogi, Japan)*

– hydrochloride:

CAS-Nr.: 0085815-37-8
OS: *Rilmazafone Hydrochloride JAN*

Rhythmy® (Shionogi: JP)

Rilmenidine (Rec.INN)

L: Rilmenidinum
D: Rilmenidin
F: Rilmenidine
S: Rilmenidina

Antihypertensive agent
α_2-Sympathomimetic agent

ATC: C02AC06
CAS-Nr.: 0054187-04-1 C_{10}-H_{16}-N_2-O
M_r 180.258

2-Oxazolamine, N-(dicyclopropylmethyl)-4,5-dihydro-

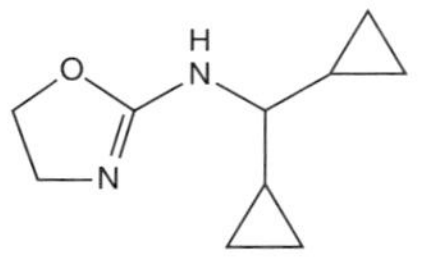

OS: *Rilménidine [DCF]*
OS: *Rilmenidine [USAN]*
IS: *S 3341 (Servier, France)*

Albarel® (Egis: RU)
Hyperdix® (Servier: TH)
Hyperium® (Servier: AN, AN, AW, BB, BM, BS, BZ, GD, GY, JM, KY, LC, TT, VC, VN)
Iperdix® (Servier: HK)

– dihydrogen phosphate:

PH: Rilmenidin dihydrogen phosphate Ph. Eur. 5, BP 2003
PH: Rilmenidini dihydrogenophosphas Ph. Eur. 5

Hyperdix® (Servier: PH)
Hyperium® (Biopharma: FR)
Hyperium® (Servier: AR, BR, LU, PT, TR)
Hyperlex® (Servier: HU)
Iterium® (Servier: AT)
Rilménidine Biogaran® (Biogaran: FR)
Rilménidine Merck® (Merck Génériques: FR)
Tenaxum® (Egis: HU)
Tenaxum® (Servier: CZ, PL, RO)

Riluzole (Rec.INN)

L: **Riluzolum**
I: **Riluzolo**
D: **Riluzol**
F: **Riluzole**
S: **Riluzol**

Neuroprotective
Glutamate antagonist
Antiepileptic

ATC: N07XX02
CAS-Nr.: 0001744-22-5 C_8-H_5-F_3-N_2-O-S
M_r 234.208

2-Benzothiazolamine, 6-(trifluoromethoxy)-

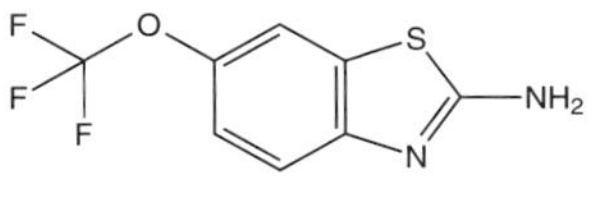

OS: *Riluzole [BAN, DCF, USAN]*
IS: *PK 26124*
IS: *RP 54274 (Rhône-Poulenc Rorer, USA)*

Rilutek® (Aventis: AT, AU, BR, CO, CZ, DE, DK, EC, GR, IS, IT, LU, NO, NZ, PE, SI, TH, ZA)
Rilutek® (Sanofi-Aventis: AR, BE, CA, CH, CL, ES, FI, FR, GB, HK, HU, IE, IL, MX, NL, PL, PT, RO, SE, SG, TR, US)
Rilutek® (Usiphar: RS)
Riluzole® (Impax: US)

Rimantadine (Rec.INN)

L: **Rimantadinum**
D: **Rimantadin**
F: **Rimantadine**
S: **Rimantadina**

Antiviral agent

ATC: J05AC02
CAS-Nr.: 0013392-28-4 C_{12}-H_{21}-N
M_r 179.31

Tricyclo[3.3.1.13,7]decane-1-methanamine, α-methyl-

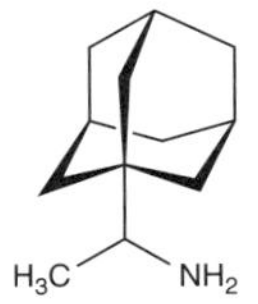

OS: *Rimantadine [BAN, DCF]*

– hydrochloride:

CAS-Nr.: 0001501-84-4
OS: *Rimantadine Hydrochloride BANM, USAN*
IS: *EXP 126 (DuPont, USA)*
PH: Rimantadine hydrochloride USP 30

Flumadine® (Forest: US)
Gabirol® (Chinoin: MX)
Rimantadine Hydrochloride® (CorePharma: US)
Rimantadine Hydrochloride® (Global: US)

Rimexolone (Rec.INN)

L: **Rimexolonum**
I: **Rimexolone**
D: **Rimexolon**
F: **Rimexolone**
S: **Rimexolona**

Adrenal cortex hormone, glucocorticoid

ATC: H02AB12,S01BA13
CAS-Nr.: 0049697-38-3 C_{24}-H_{34}-O_3
M_r 370.536

Androsta-1,4-dien-3-one, 11-hydroxy-16,17-dimethyl-17-(1-oxopropyl)-, (11β,16α,17β)-

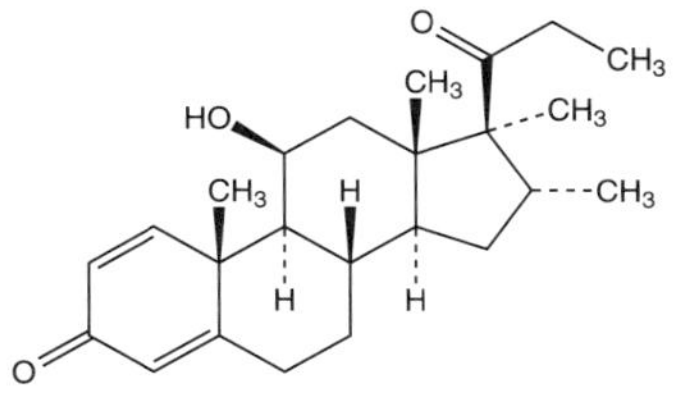

OS: *Rimexolone [BAN, DCF, USAN]*
IS: *Org 6216 (Organon, Great Britain)*
PH: Rimexolone [USP 30]

Rimexel® (Organon: NL)
Rimexel® (UCB: DE)
Vexolon® (Alcon: BE, LU)
Vexol® (Alcon: AT, BR, CA, CH, DE, DK, ES, FI, FR, GB, GR, IE, IT, MX, NL, NO, PT, SE, TR, US)
Vexol® [vet.] (Alcon: GB)

Rimonabant (Rec.INN)

L: **Rimonabantum**
D: **Rimonabant**
F: **Rimonabant**
S: **Rimonabant**

Antiadiabetic agent, oral

CAS-Nr.: 0168273-06-1 C_{22}-H_{21}-Cl_3-N_3-O
M_r 463.79

5-(p-chlorophenyl)-1-(2,4-dichlorophenyl)-4-methyl-N-piperidinopyrazole-3-carboxamide (WHO)

5-(4-Chlorphenyl)-1-(2,4-dichlorphenyl)-4-methyl-N-piperidinopyrazol-3-carboxamid (IUPAC)

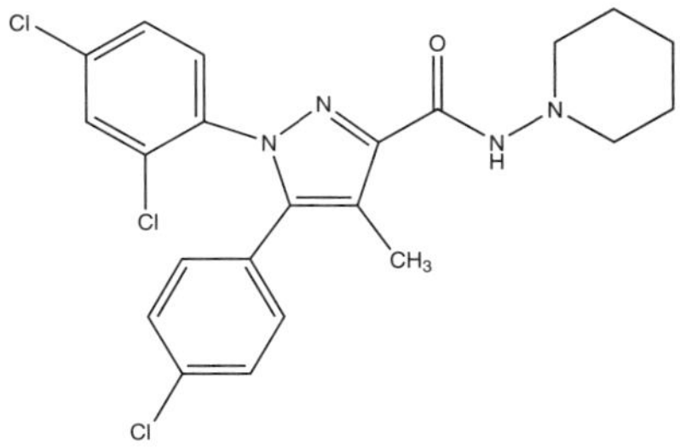

OS: *Rimonabant [USAN]*
IS: *SR 141716*
IS: *SR 141716A*

R

Acomplia® (Sanofi-Aventis: AR, CH, DE, FI, GB, IE, MX, NO, SE)
Acomplia® (Sanofi-Synthelabo: DK)
Resibant® (Bagó: AR)

Risedronic Acid (Rec.INN)

L: Acidum risedronicum
D: Risedronsäure
F: Acide risedroniqe
S: Acido risedronico

Calcium regulating agent

ATC: M05BA07
CAS-Nr.: 0105462-24-6 C_7-H_{11}-N-O_7-P_2
M_r 283.13

Phosphonic acid, [1-hydroxy-2-(3-pyridinyl)ethylidene]bis-

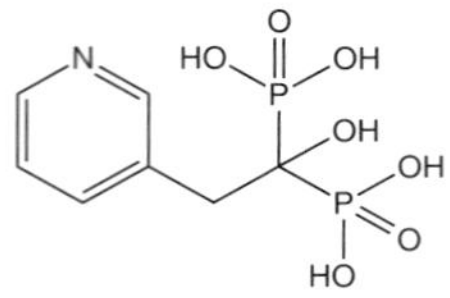

OS: *Risedronic Acid [BAN, USAN]*

Actonel® (Aventis: CO)
Ridron® (Baliarda: AR)

– monosodium salt:

CAS-Nr.: 0115436-72-1
OS: *Risedronate Sodium BANM, USAN*
IS: *NE 58095 (Norwich-Eaton, USA)*

Acrel® (Vita: ES)
Actonel® (Aventis: AT, AU, CO, CR, CZ, DE, DO, EC, ES, GR, GT, HN, IN, NI, PA, PE, RS, SG, SI, SV, TH, ZA)
Actonel® (Aventis Pharma: ID)
Actonel® (Procter & Gamble: BE, CA, DE, FR, IE, IT, JP, LU, NL, US)
Actonel® (Sanofi-Aventis: AR, BR, CH, CL, GE, HK, HR, HU, IL, MX, MY, PH, PL, PT, RO, TR)
Benet® (Takeda: JP)
Ductonar® (Roux-Ocefa: AR)
Esat® (Fluter: DO)
Maxidronato® (Ethical: DO)
Optinate Septimum® (Aventis: IS)
Optinate® (Aventis: DK, IS, NO)
Optinate® (Lepetit: IT)
Optinate® (Sanofi-Aventis: FI, SE)
Osteonate® (Kalbe: ID)
Rentop® (Montpellier: AR)
Ribastamin® (Beta: AR)
Risedon® (Buxton: AR)
Risofos® (Cipla: IN)
Seralis® (Landsteiner: MX)

Risperidone (Rec.INN)

L: Risperidonum
I: Risperidone
D: Risperidon
F: Rispéridone
S: Risperidona

Neuroleptic

ATC: N05AX08
CAS-Nr.: 0106266-06-2 C_{23}-H_{27}-F-N_4-O_2
M_r 410.509

3-[2-[4-(6-Fluoro-1,2-benzisoxazol-3-yl)piperidino]ethyl]-6,7,8,9-tetrahydro-2-methyl-4H-pyrido[1,2-a]pyrimidin-4-one

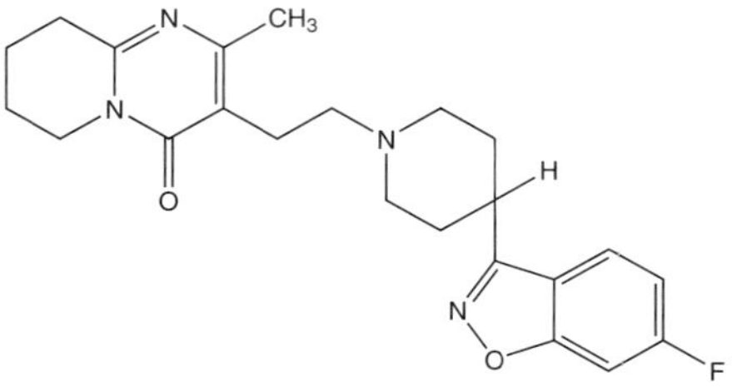

OS: *Risperidone [BAN, USAN]*
OS: *Rispéridone [DCF]*
IS: *R 64766 (Janssen, Belgium)*
PH: Risperidone [Ph. Eur. 5, USP 30]
PH: Risperidonum [Ph. Eur. 5]
PH: Risperidon [Ph. Eur. 5]
PH: Rispéridone [Ph. Eur. 5]

Arketin® (Lesvi: ES)
Avanxe® (Ethical: DO)
Belivon® (J.C. Healthcare: IT)
Belivon® (Organon: AT, LU, NL)
CO Risperidone® (Cobalt: CA)
Dozic® (Raffo: AR)
Dropicine® (Beta: AR)
Edalen® (Temis-Lostalo: AR)
Evolux® (Fluter: DO)
Goval® (Pharma Investi: CL)
Hunperdal® (Gedeon Richter: HU)
Lioxam® (Grünenthal: PL)
Mepharis® (Mepha: PL)
Neripros® (Pharos: ID)
Nivelan® (ABL: PE)
Noprenia® (Novell: ID)
Novo-Risperidone® (Novopharm: CA)
Perdox® (Pharmaconsult: HU)
Persidal® (Mersifarma: ID)
PMS-Risperidone® (Pharmascience: CA)
Prospera® (Belupo: HR)
Radigen® (Medipharm: CL)
ratio-Risperidone® (Ratiopharm: CA)
Resco® (Drug International: BD)
Respidon® (Torrent: BR)
Restelea® (Elea: AR)
Riatul® (Baliarda: AR)
Ridal® (Douglas: NZ)
Rileptid® (Egis: RU)
Ripedon® (Egis: HU)
Riscord® (General Pharma: BD)
Risdonal® (Makis Pharma: RU)
Risnia® (Cipla: LK)

Rison® (Actavis: IS)
Rispa® (Orion: BD)
Rispen® (Zentiva: CZ, PL, RO)
Risperatio® (ratiopharm: PL)
Risperdal Consta® [inj.] (Janssen: AR, AT, AU, BR, CA, CH, CZ, DE, DK, ES, FI, FR, GB, GE, IL, IS, LU, MX, MY, NL, NO, PH, PT, SE, TH, US)
Risperdal Consta® [inj.] (Janssen-Cilag: CL, TR)
Risperdal Consta® [inj.] (Johnson & Johnson: SI)
Risperdal D.A.C.® (D.A.C.: IS)
Risperdal Flasta® (Janssen: ES)
Risperdal Quicklet® (Janssen: CZ, PT)
Risperdal Quicklet® (Janssen-Cilag: TR)
Risperdal Quicklet® (Johnson & Johnson: SI)
Risperdal® (Ethnor: IN)
Risperdal® (Eurim: AT)
Risperdal® (Janssen: AE, AR, AT, AU, BE, BR, CA, CH, CO, CR, CY, CZ, DE, DK, DO, DZ, EC, EG, ES, FI, FR, GB, GR, GT, HK, HN, HU, ID, IE, IL, IS, IT, JO, LB, LK, LU, MT, MX, MY, NI, NL, NO, NZ, PA, PE, PH, PT, SA, SD, SE, SG, SV, TH, US, YE, ZA)
Risperdal® (Janssen-Cilag: CL, TR, VN)
Risperdal® (Johnson & Johnson: SI)
Risperdal® (Paranova: AT)
Risperdal® (Unimed & Unihealth: BD)
Risperidex® (Dexcel: IL)
Risperidon Actavis® (Actavis: CZ)
Risperidon Sandoz® (Sandoz: NL, SI)
Risperidon-ratiopharm® (Ratiopharm: CZ)
Risperidon-ratiopharm® (ratiopharm: HU)
Risperidona Bayvit® (Bayvit: ES)
Risperidona Cantabria® (Cantabria: ES)
Risperidona Dosa® (Dosa: AR)
Risperidona Fmndtria® (Farmindustria: PE)
Risperidona Genpharma® (Genpharma: AR)
Risperidona Mabo® (Mabo: ES)
Risperidona Sandoz® (Sandoz: ES)
Risperidona Tarbis® (Tarbis: ES)
Risperidone Cevallos® (Cevallos: AR)
Risperidon® (Cristália: BR)
Risperin® (Gador: AR)
Risperiwin® (Sanofi-Aventis: PL)
Risperon® (Lek-AM: PL)
Risperwin® (Chinoin: HU)
Risper® (Bouzen: AR)
Rispex® (Vannier: AR)
Rispolept Consta® (Janssen: RO, RU)
Rispolept® [tab./inj.] (Janssen: BG, GE, HR, PL, RO, RS, RU)
Rispolux® (Kemofarmacija: SI)
Rispolux® (Lek: HR)
Rispolux® (Novartis: BD)
Rispolux® (Sandoz: CZ, HU, MX, PL)
Rispond® (Trima: IL)
Rispons® (Actavis: HU)
Risporan® (Ranbaxy: RO)
Rissar® (Alkaloid: RS)
Rissar® (Farmavita: BA)
Risset® (Farmacom: PL)
Risset® (Pliva: BA, HR, RO, RS, RU, SI)
Rizodal® (Guardian: ID)
Ronkal® (Zentiva: HU)
Rosipin® (Medico: HU)
Rozidal® (Solus: IN)
Ryspolit® (Polpharma: PL)
Sandoz Risperidone® (Sandoz: CA)
Sequinan® (Ivax: AR)
Spax® (Bestpharma: CL)
Speridan® (Actavis: PL, RU)
Spiron® (Andromaco: CL)
Torendo® (Krka: RS, SI)
Tractal® (Roemmers: CO)
Winperid® (Winthrop: CZ)
Zargus® (Biosintética: BR)
Zofredal® (Kalbe: ID)
Ñorispez® (Quimico: MX)

– tartrate:

Risperdal® (Janssen: CA)

Ritiometan (Rec.INN)

L: Ritiometanum
D: Ritiometan
F: Ritiometan
S: Ritiometan

⚕ Antiseptic

ATC: R01AX05
CAS-Nr.: 0034914-39-1 C_7-H_{10}-O_6-S_3
M_r 286.337

Acetic acid, 2,2',2"-[methylidynetris(thio)]tris-

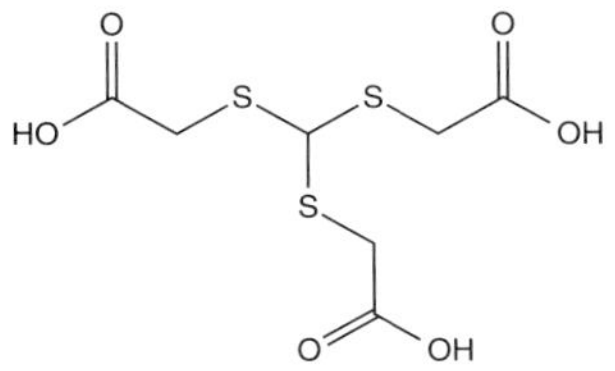

OS: *Ritiométan [DCF]*
OS: *Ritiometan [USAN]*

– magnesium salt:

Nécyrane® (UCB: FR)

Ritodrine (Rec.INN)

L: Ritodrinum
I: Ritodrina
D: Ritodrin
F: Ritodrine
S: Ritodrina

⚕ Uterorelaxant
⚕ β_2-Sympathomimetic agent

ATC: G02CA01
CAS-Nr.: 0026652-09-5 C_{17}-H_{21}-N-O_3
M_r 287.365

Benzenemethanol, 4-hydroxy-α-[1-[[2-(4-hydroxyphenyl)ethyl]amino]ethyl]-, (R*,S*)-

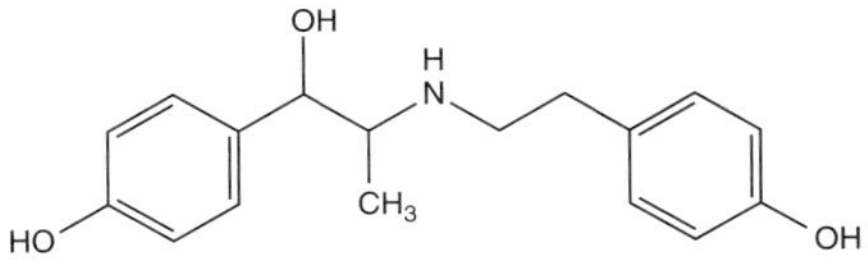

OS: *Ritodrine [BAN, DCF, USAN]*

R

OS: *Ritodrina [DCIT]*
IS: *Du 21220*

– hydrochloride:

CAS-Nr.: 0023239-51-2
OS: *Ritodrine Hydrochloride BANM, JAN, USAN*
PH: Ritodrine Hydrochloride BP 2002, USP 30

Materlac® (ABL: PE)
Miodrina® (Apsen: BR)
Miolene® (Lusofarmaco: IT)
Miolene® (Menarini: CR, DO, GT, HN, NI, PA, SV)
Pre Par® (Eumedica: LU)
Pre Par® (Reig Jofre: ES)
Pre-Par® (Belupo: SI)
Pre-Par® (Duphar: ES)
Pre-Par® (Eczacibasi: TR)
Pre-Par® (Eumedica: BE)
Pre-Par® (Solvay: CZ, DE, ES, IT, LU, NL)
Ritodrine HCl CF® (Centrafarm: NL)
Ritopar® (Agis: IL)
Ritopar® (Elea: AR)
Utemerin® (Kissei: JP)
Yutopar® (Alembic: IN)
Yutopar® (Durbin: GB)
Yutopar® (Janssen: AU)
Yutopar® (Solvay: ID)

Ritonavir (Rec.INN)

L: Ritonavirum
I: Ritonavir
D: Ritonavir
F: Ritonavir
S: Ritonavir

⚕ Antiviral agent, HIV protease inhibitor

ATC: J05AE03
CAS-Nr.: 0155213-67-5 C_{37}-H_{48}-N_6-O_5-S_2
M_r 720.971

☞ 5-Thiazolylmethyl [(αS)-α-[(1S,3S)-1-hydroxy-3-[(2S)-2-[3-[(2-isopropyl-4-thiazolyl)methyl]-3-methylureido]-3-methylbutyramido]-4-phenylbutyl]phenethyl]carbamate

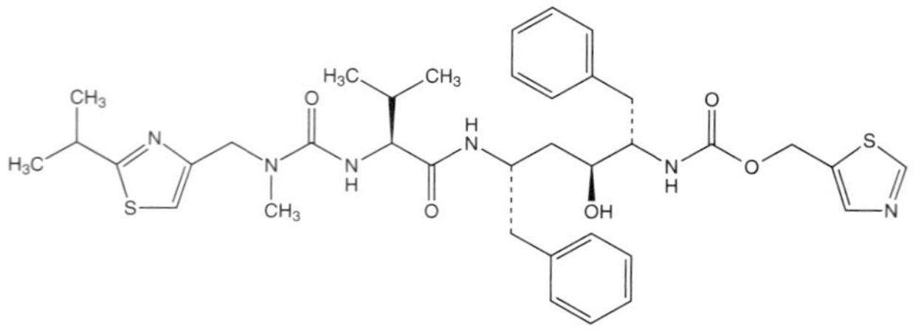

OS: *Ritonavir [BAN, USAN]*
IS: *Abbott-84538*
IS: *ABT 538*
PH: Ritonavir [Ph. Int. 4, USP 30]
PH: Ritonavirum [Ph. Int. 4]

Kaletra® [+ Lopinavir] (Abbott: AE, AT, BA, BH, CA, CH, CL, CO, CZ, DE, EG, FI, FR, GB, GR, HK, HR, HU, IL, IQ, IR, IT, JO, JP, KW, LB, LU, MY, NL, NO, NZ, OM, PE, PL, PR, PT, QA, RS, RU, SA, SE, SG, SI, SY, TH, TR, US, UY, YE, ZA)
Norvir® (Abbott: AE, AT, AU, BE, BH, BR, CA, CH, CL, CO, CR, CZ, DE, DK, DO, EG, ES, FI, FR, GB, GR, GT, HK, HN, HU, ID, IL, IQ, IR, IS, IT, JO, KW, LB, LU, MY, NI, NL, NO, NZ, OM, PA, PE, PL, QA, RO, RS, SA, SE, SV, SY, TH, TR, US, YE, ZA)
Norvir® (Amgen: SI)
Ritomune® (Cipla: IN)
Ritonavir Abbott® (Abbott: AR)

Rituximab (Rec.INN)

L: Rituximabum
I: Rituximab
D: Rituximab
F: Rituximab
S: Rituximab

⚕ Immunomodulator

ATC: L01XC02
CAS-Nr.: 0174722-31-7

☞ Immunoglobulin G 1 (human-mouse monoclonal IDEC-C2B8 gama 1-chain anti-human antigen CD 20), disulfide with human-mouse monoclonal IDEC-C2B8 kapa-chain, dimer

OS: *Rituximab [BAN, USAN]*
IS: *IDEC 102 (IDEC, USA)*
IS: *IDEC C2B8 (IDEC, USA)*

Mabthera® (Genentech: US)
Mabthera® (Roche: AE, AL, AR, AT, AU, AW, BA, BD, BE, BG, BH, BR, BY, CA, CH, CL, CN, CO, CR, CU, CY, CZ, DE, DK, DO, EC, EE, EG, ES, FI, FR, GB, GE, GR, GT, HK, HN, HR, HU, ID, IE, IL, IN, IS, IT, JM, JO, JP, KW, KZ, LB, LK, LT, LU, LV, MA, MK, MX, MY, NI, NL, NO, NP, NZ, OM, PA, PE, PH, PK, PL, PT, QA, RO, RS, RU, SE, SI, SK, SV, TH, TR, TT, TW, UA, UY, VE, ZA)
Mabthera® (Roche RX: SG)
Rituxan® (Genentech: US)
Rituxan® (IDEC: US)
Rituxan® (Roche: CA)

Rivastigmine (Rec.INN)

L: Rivastigminum
I: Rivastigmina
D: Rivastigmin
F: Rivastigmine
S: Rivastigmina

⚕ Nootropic

ATC: N06DA03
CAS-Nr.: 0123441-03-2 C_{14}-H_{22}-N_2-O_2
M_r 250.35

☞ (-)-m-[(S)-1-(Dimethylamino)ethyl]phenyl ethylmethylcarbamate

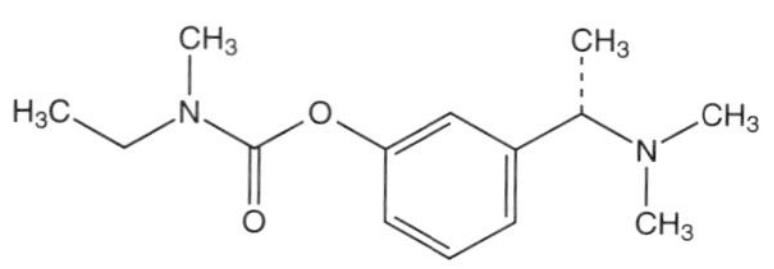

OS: *Rivastigmine [BAN, DCF, USAN]*
IS: *ENA 713 (Sandoz)*
IS: *SDZ 212-713 (Sandoz)*
IS: *SDZ-ENA 713 (Sandoz)*

Prometax® (Novartis: LU, NL)
Remizeral® (Raffo: AR)

- **tartrate:**

CAS-Nr.: 0129101-54-8

Exelon® (Lyfjaver: IS)
Exelon® (Novartis: AR, AT, AU, BD, BE, BR, CA, CH, CL, CN, CO, CR, CZ, DE, DK, DO, EC, ES, FI, FR, GB, GR, GT, HK, HN, HU, ID, IE, IL, IN, IS, IT, LK, LU, MX, MY, NI, NL, NO, NZ, PA, PH, PL, PT, RO, RS, RU, SE, SG, SI, SV, TH, TR, US, ZA)
Exelon® (Novartis Pharma: PE)
Prometax® (Bial: PT)
Prometax® (Biosintética: BR)
Prometax® (Esteve: ES)
Prometax® (Novartis: GR, IT, NL)

Rizatriptan (Rec.INN)

L: **Rizatriptanum**
I: **Rizatriptan**
D: **Rizatriptan**
F: **Rizatriptan**
S: **Rizatriptan**

Antimigraine agent
Serotonin agonist

CAS-Nr.: 0144034-80-0 C_{15}-H_{19}-N_5
M_r 269.367

1H-Indole-3-ethanamine, N,N-dimethyl-5-(1H-1,2,4-triazol-1-ylmethyl)-

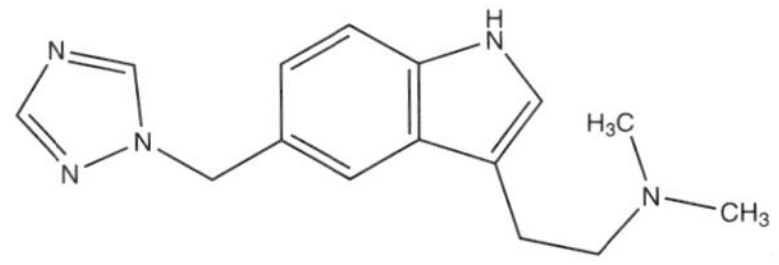

OS: *Rizatriptan [BAN]*

Maxalt® (Merck Sharp & Dohme: AT, CH, CL, CR, GT, HR, LU, NL, PA, PE, RS, SE, SV, ZA)
Migriz® (Chemist: BD)
Rizact® (Cipla: IN)
Rizalt® (Merck Sharp & Dohme: IL)
Rizamig® (Healthcare: BD)
Rizat® (Acme: BD)

- **benzoate:**

CAS-Nr.: 0145202-66-0
OS: *Rizatriptan Benzoate BANM, USAN*
IS: *MK 0462 (Merck Sharp & Dohme, Great Britain)*

Maxalt Rapitab® (Merck Sharp & Dohme: AT)
Maxalt RPD® (Merck: CZ)
Maxalt RPD® (MerckSharp&Dohme: RO)
Maxalt® (Merck: US)
Maxalt® (Merck Frosst: CA)
Maxalt® (Merck Sharp & Dohme: AT, BE, CH, CZ, DE, DK, ES, GB, HU, IS, IT, MX, NL, NZ, PE, PL, PT, SE, SI)
Maxalt® (MerckSharp&Dohme: RO)
Maxalt® (MSD: FI, NO)
Maxalt® (Vianex: GR)
Rizaliv® (Neopharmed: IT)
Rizatan® (Merck Sharp & Dohme: NL)
Rizatriptan® (Euro: NL)

Robenidine (Rec.INN)

L: **Robenidinum**
D: **Robenidin**
F: **Robénidine**
S: **Robenidina**

Antiprotozoal agent, coccidiocidal

CAS-Nr.: 0025875-51-8 C_{15}-H_{13}-Cl_2-N_5
M_r 334.219

Carbonimidic dihydrazide, bis[(4-chlorophenyl)methylene]-

OS: *Robenidine [BAN]*
IS: *CL 78116*
IS: *Robenzidene*

- **hydrochloride:**

CAS-Nr.: 0025875-50-7
OS: *Robenidine Hydrochloride USAN*
IS: *CL 78116*

Cycostat® [vet.] (Alpharma: FR, GB, NZ)
Cycostat® [vet.] (Biopharm: AU)
Cycostat® [vet.] (Instavet: ZA)
Cytostat® (Alpharma: AU)

Rociverine (Rec.INN)

L: **Rociverinum**
I: **Rociverina**
D: **Rociverin**
F: **Rocivérine**
S: **Rociverina**

Antispasmodic agent

ATC: A03AA06
CAS-Nr.: 0053716-44-2 C_{20}-H_{37}-N-O_3
M_r 339.526

[1,1'-Bicyclohexyl]-2-carboxylic acid, 1-hydroxy-, 2-(diethylamino)-1-methylethyl ester

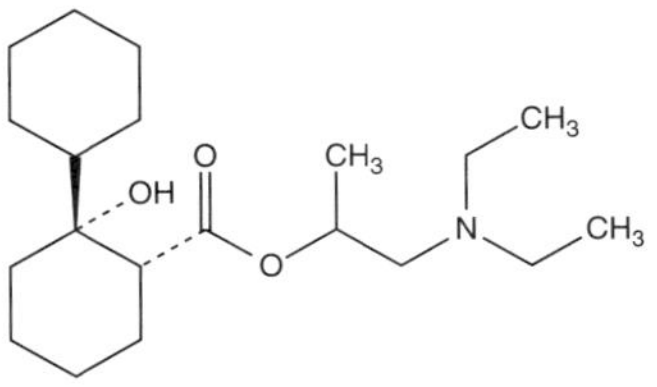

OS: *Rociverina [DCIT]*
OS: *Rociverine [USAN]*
IS: *LG 30158*

Rilaten® (Biotoscana: CO)
Rilaten® (Guidotti: IT)
Rilaten® (Menarini: DO, GT, HN, NI, PA, SV)

R

Rocuronium Bromide (Rec.INN)

L: Rocuronii bromidum
D: Rocuronium bromid
F: Bromure de rocuronium
S: Bromuro de rocuronio

Neuromuscular blocking agent

ATC: M03AC09
CAS-Nr.: 0119302-91-9 C_{32}-H_{53}-Br-N_2-O_4
M_r 609.696

1-Allyl-1-(3α,17β-dihydroxy-2β-morpholino-5α-androstan-16β-yl)pyrrolidinium bromide, 17-acetate

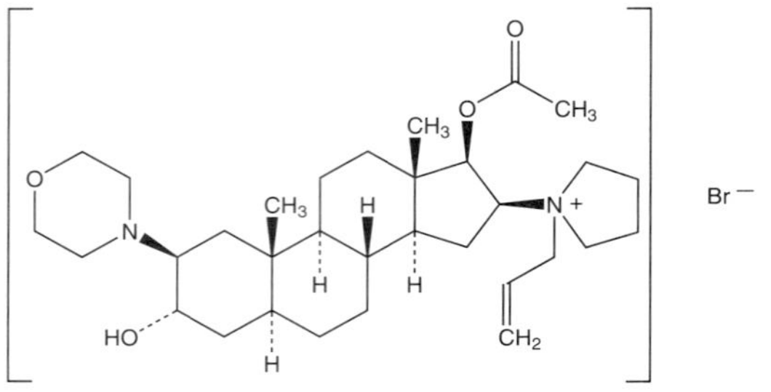

OS: *Rocuronium (bromure de) [DCF]*
OS: *Rocuronium Bromide [BAN, USAN]*
IS: *Org 9426 (Organon, USA)*
PH: Rocuronium Bromide [Ph. Eur. 5]

Esmeron® (Organon: AE, AT, AU, BD, BE, BH, BR, CH, CL, CY, CZ, DE, DK, EG, ES, FI, FR, GB, GR, HK, HR, HU, ID, IL, IQ, IR, IS, IT, JO, KW, LB, LU, LY, MX, NL, NO, NZ, OM, PE, PH, PL, QA, RO, RS, SA, SD, SE, SG, SY, TH, TR, YE)
Esmeron® (Salus: SI)
Esmeron® (Sanofi-Synthelabo: ZA)
Esmeron® [vet.] (Organon Animalhealth: GB)
Zemuron® (Organon: CA, US)

Rokitamycin (Rec.INN)

L: Rokitamycinum
I: Rokitamicina
D: Rokitamycin
F: Rokitamycine
S: Rokitamicina

Antibiotic, macrolide

ATC: J01FA12
CAS-Nr.: 0074014-51-0 C_{42}-H_{69}-N-O_{15}
M_r 828.024

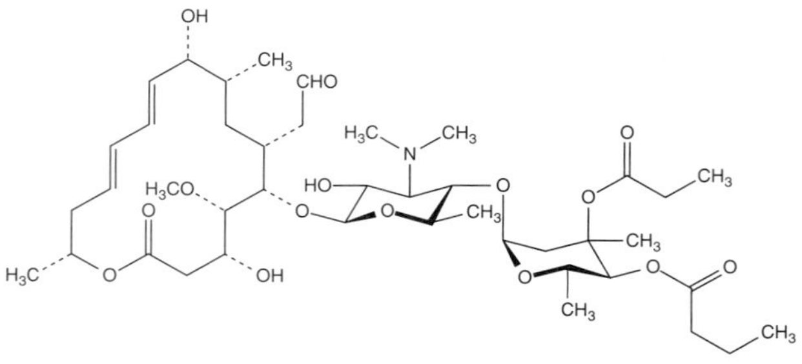

OS: *Rokitamycin [JAN, USAN]*
IS: *TMS-19-Q (Toyo Jozo, Japan)*
PH: Rokitamycin [JP XIV]

Paidocin® (Promedica: IT)
Ricamycin® (Toyo Jozo: JP)
Rokital® (Formenti: IT)
Turos® (Grünenthal: CO)
Turos® (Mack: EC)

Romifidine (Rec.INN)

L: Romifidinum
D: Romifidin
F: Romifidine
S: Romifidina

α_2-Sympathomimetic agent
ATCvet: QN05CM93
CAS-Nr.: 0065896-16-4 C_9-H_9-Br-F-N_3
M_r 258.101

2-(2-Bromo-6-fluoroanilino)-2-imidazoline

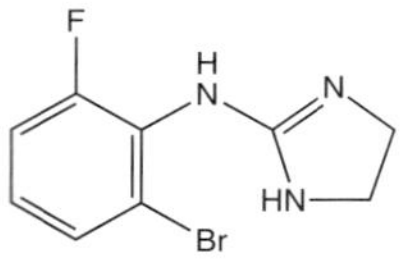

OS: *Romifidine [BAN, USAN]*
IS: *STH 2130 (Boehringer Ingelheim, Germany)*

Rimidys® [vet.] (Virbac: GB)
Sedivet® [vet.] (Boehringer Ingelheim: AU, IE)
Sedivet® [vet.] (Boehringer Ingelheim Animal: PT)
Sedivet® [vet.] (Boehringer Ingelheim Vetmedica: GB)

– hydrochloride:

CAS-Nr.: 0065896-14-2
OS: *Romifidine Hydrochloride BANM*

Romidys® [vet.] (Boehringer Ingelheim Animal: PT)
Romidys® [vet.] (Virbac: CH, DE, FR, IT, LU)
Sedivet® [vet.] (Bayer Animal Health: ZA)
Sedivet® [vet.] (Boehringer Ingelheim: BE, CH, IT, LU, NL, NO, SE)
Sedivet® [vet.] (Boehringer Ingelheim Animals: NZ)
Sedivet® [vet.] (Boehringer Ingelheim Santé Animale: FR)
Sedivet® [vet.] (Boehrvet: DE)

Romurtide (Rec.INN)

L: Romurtidum
D: Romurtid
F: Romurtide
S: Romurtida

Immunomodulator

CAS-Nr.: 0078113-36-7 C_{43}-H_{78}-N_6-O_{13}
M_r 887.157

2-Acetamido-3-O-[(R)-1-[[(S)-1-[[(R)-1-carbamoyl-3-[[(S)-carboxy-5-stearamidopentyl]carbamoyl] propyl]carbamoyl]ethyl]carbamoyl]ethyl]-2-deoxy-D-glucopyranose

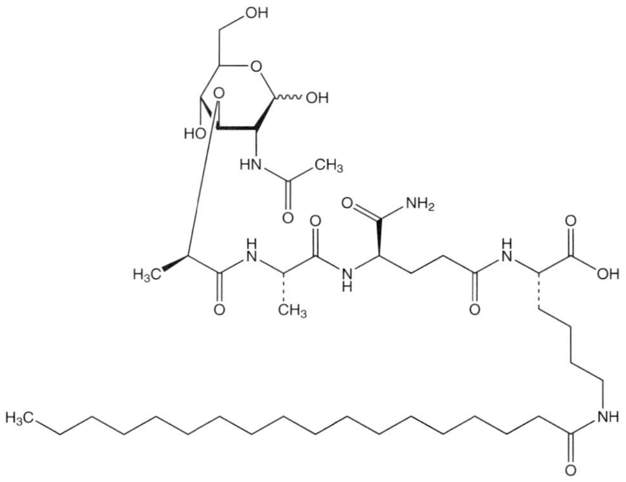

OS: *Romurtide [JAN, USAN]*
IS: *DJ 7041 (Daiichi, Japan)*
IS: *MDP-Lys (L18)*
IS: *Muroctasin*

Nopia® (Daiichi: JP)

Ronidazole (Prop.INN)

L: Ronidazolum
D: Ronidazol
F: Ronidazole
S: Ronidazol

Antiprotozoal agent

CAS-Nr.: 0007681-76-7 C_6-H_8-N_4-O_4
M_r 200.17

1H-Imidazole-2-methanol, 1-methyl-5-nitro-, carbamate (ester)

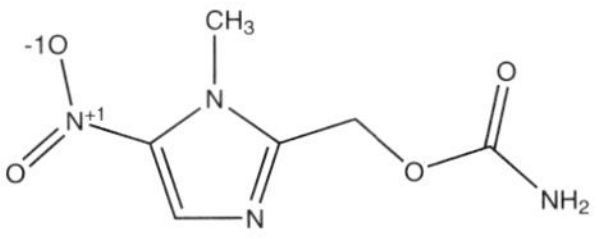

OS: *Ronidazole [BAN, USAN]*

Belga® [vet.] (H.J.M.: NL)
Ronida® (Hesse: DE)
Ronivet® (Vetafarm: AU)
Ronizol® [vet.] (A.S.T.: NL)
Tricho plus® [vet.] (Oropharma: NL)
Trichocure® [vet.] (Oropharma: NL)
Trichorex® [vet.] (Ornis: FR)
Turbosole® [vet.] (All Farm Animal Health: AU)

Ropinirole (Rec.INN)

L: Ropinirolum
I: Ropinirolo
D: Ropinirol
F: Ropinirole
S: Ropinirol

Antiparkinsonian, dopaminergic

ATC: N04BC04
CAS-Nr.: 0091374-21-9 C_{16}-H_{24}-N_2-O
M_r 260.388

2(H)-Indol-2-one, 4-[2-(dipropylamino)ethyl]-1,3-dihydro-

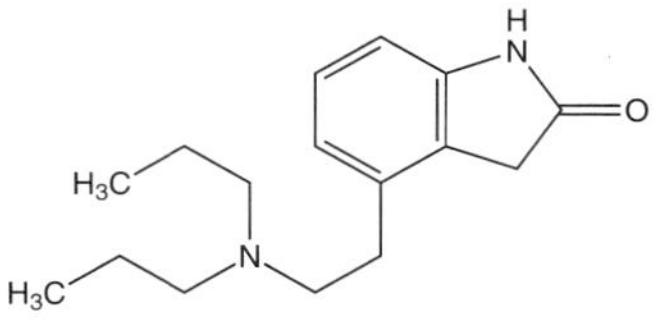

OS: *Ropinirole [BAN]*
IS: *SKF 101468 (SmithKline Beecham, USA)*
IS: *SK&F-101468*
IS: *IOD RA0295*

Ropitor® (Torrent: IN)

– hydrochloride:
CAS-Nr.: 0091374-20-8
OS: *Ropinirole Hydrochloride BANM, USAN*
IS: *SKF 101468-A (SmithKline Beecham, USA)*

Adartrel® (GlaxoSmithKline: CH, DE, DK, FI, FR, GB, IE, NL, NO, SE)
Requip D.A.C.® (D.A.C.: IS)
Requip® (Beecham: PT)
Requip® (GlaxoSmithKline: AR, AT, AU, BE, BR, CA, CH, CL, CZ, DE, DK, ES, FI, FR, GB, GR, HK, HR, HU, IE, IL, IS, KR, LU, MY, NL, NO, NZ, PL, RO, RS, SE, SG, SI, TR, US, ZA)
Requip® (Paranova: AT)
Requip® (SmithKline Beecham-F: IT)
Ropark® (Sun: LK)

R

Ropivacaine (Rec.INN)

L: Ropivacainum
I: Ropivacaina
D: Ropivacain
F: Ropivacaine
S: Ropivacaina

Local anesthetic

ATC: N01BB09
CAS-Nr.: 0084057-95-4 C_{17}-H_{26}-N_2-O
M_r 274.415

(-)-1-Propyl-2',6'-pipecoloxylidide

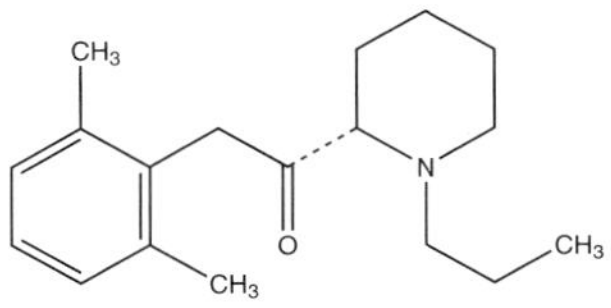

OS: *Ropivacaine [BAN, USAN]*

IS: *AL 281*

Naropin® (AstraZeneca: AE, AG, AN, AW, BH, BM, BS, BZ, CY, EG, GD, GY, HT, IQ, JM, JO, KW, LB, LC, LY, MT, OM, QA, SA, SR, SY, TR, TT, VC, YE, ZA)

- hydrochloride:

CAS-Nr.: 0132112-35-7
OS: *Ropivacaine Hydrochloride BANM*
PH: Ropivacaine Hydrochloride USP 30

Naropeine® (AstraZeneca: FR, PT)
Naropeine® (Cana: GR)
Naropina® (AstraZeneca: IT)
Naropin® (AstraZeneca: AR, AT, AU, BE, BR, CA, CH, CL, CN, CZ, DE, DK, ES, FI, GB, GE, HK, HU, ID, IL, IS, LU, MY, NL, NO, NZ, PH, PL, RO, RU, SG, TH, US, ZA)
Naropin® (Representaciones e Investigaciones Medicas: MX)
Narop® (AstraZeneca: IL, SE)

Rosiglitazone (Rec.INN)

L: Rosiglitazonum
D: Rosiglitazon
F: Rosiglitazone
S: Rosiglitazona

Antidiabetic agent

ATC: A10BG02
CAS-Nr.: 0122320-73-4 C_{18}-H_{19}-N_3-O_3-S
M_r 357.44

(±)-5-[p-[2-(methyl-2-pyridylamino)ethoxy]benzyl]-2,4-thiazolidinedione [WHO]

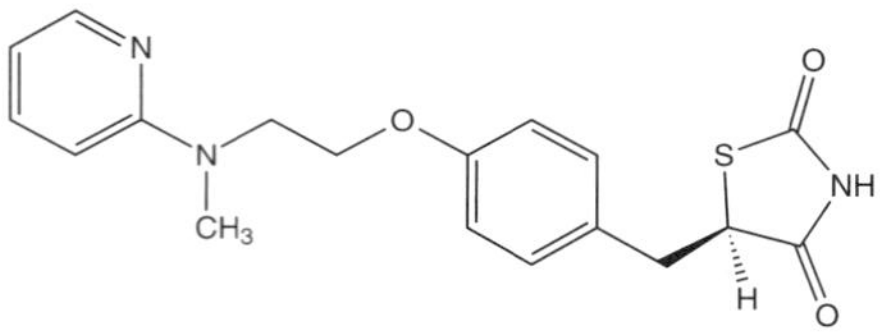

OS: *Rosiglitazone [BAN, DCF]*

Gaudil® (Craveri: AR)
Roglit® (Gedeon Richter: RU)
Rosit® (Delta: BD)
Rosix® (Garmisch: CO)
Weigeluo® (Sunve: CN)

- maleate:

CAS-Nr.: 0155141-29-0
OS: *Rosiglitazone Maleate USAN*
IS: *BRL 49653 C (Smithkline Beecham, GB)*

Avandia® (GlaxoSmithKline: AG, AN, AR, AU, AW, BA, BB, BE, BR, CA, CH, CL, CN, CO, CR, CZ, DE, DK, DO, EC, ES, FI, FR, GB, GD, GR, GT, GY, HK, HN, HR, HU, ID, IE, IL, IS, JM, LC, LK, LU, MX, MY, NI, NL, NO, NZ, PA, PE, PH, PL, PT, RO, RS, RU, SE, SG, SV, TH, TR, TT, US, VC, VN, ZA)
Avandia® (SmithKline Beecham: AT, SI)
Avandia® (SmithKline Beecham-GB: IT)
Diaben® (Elea: AR)
Dorosi® (Domesco: VN)
Glimide® (Beta: AR)
Gliximina® (Denver: AR)
Gludex® (Montpellier: AR)
Hasandia® (Hasan: VN)
Rosenda® (Biofarma: TR)
Rosicon® (Glenmark: IN, LK)
Rosiglitazona Richet® (Richet: AR)
Rosiglit® (Lazar: AR)
Rosvel® (Sanovel: TR)

Rosoxacin (Rec.INN)

L: Rosoxacinum
D: Rosoxacin
F: Rosoxacine
S: Rosoxacino

Antiinfective, quinolin-derivative

ATC: J01MB01
CAS-Nr.: 0040034-42-2 C_{17}-H_{14}-N_2-O_3
M_r 294.319

3-Quinolinecarboxylic acid, 1-ethyl-1,4-dihydro-4-oxo-7-(4-pyridinyl)-

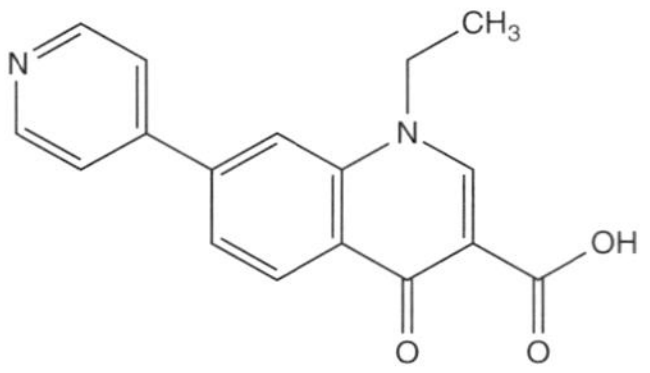

OS: *Acrosoxacin [BAN]*
OS: *Rosoxacin [BAN, USAN]*
OS: *Rosoxacine [DCF]*
IS: *Win 35213*
IS: *TO 133*

Eradacil® (Sanofi-Aventis: BR)
Eradacil® (Sanofi-Synthelabo: AE, BH, CY, EG, JO, KW, LB, OM, QA, SA)

Rosuvastatin (Rec.INN)

L: Rosuvastatinum
D: Rosuvastatin
F: Rosuvastatine
S: Rosuvastatina

Antihyperlipidemic agent

ATC: C10AA07
CAS-Nr.: 0287714-41-4 C_{22}-H_{28}-F-N_3-O_6-S
M_r 481.55

6-Heptenoic acid, 7-[4-[4-fluorophenyl]-6-[1-methylethyl]-2-[methyl[methylsulfonyl]amino]-5-pyrimidinyl]-3,5-dihy-droxy-

(3R,5S,6E)-7-[4-(p-fluorophenyl)-6-isopropyl-2-(N-methylmethanesulfonamido)-5-pyrimidinyl]-3,5-dihydroxy-6-heptenoic acid [WHO]

6-Heptenoic acid, 7-[4-[4-fluorophenyl]-6-[1-methylethyl]-2-[methyl[methylsulfonyl]amino]-5-

pyrimidinyl]-3,5-dihy-droxy-, calcium salt [2:1] [USAN]

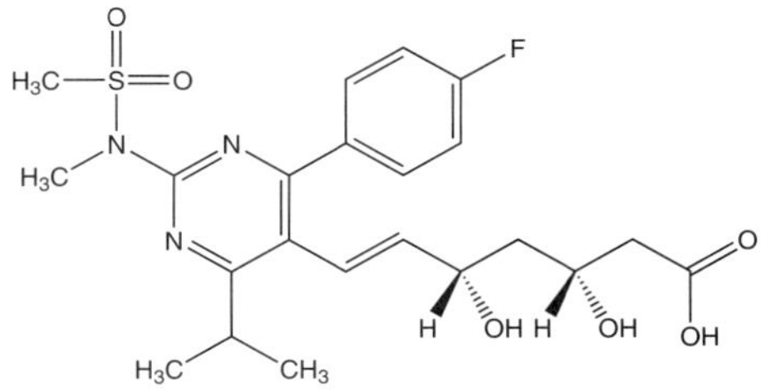

OS: *Rosuvastatin [BAN]*

Creston® (Eskayef: BD)
Rosumed® (Labomed: CL)
Rosuvas® (Ranbaxy: IN)
Rosuva® (Square: BD)
Rovast® (Healthcare: BD)
Sinlip® (Gador: AR)

– **calcium salt:**

CAS-Nr.: 0147098-20-2
OS: *Rosuvastatin Calcium BANM, USAN*
IS: *S 4522 (Shionogi, Japan)*
IS: *ZD 4522 (Astra Zeneca, Great Britian)*

Cirantan® (AstraZeneca: NL)
Cresadex® (Drugtech-Recalcine: CL)
Crestor® (AstraZeneca: AR, AT, BE, BR, CA, CH, CL, CR, CZ, DK, DO, FI, FR, GB, GE, GT, HK, HN, HR, HU, ID, IE, IL, IS, IT, LK, LU, MX, MY, NI, NL, PA, PH, PT, RO, RU, SE, SG, SI, SV, TH, TR, US, VN)
Crestor® (Delphi: NL)
Crestor® (Dr. Fisher: NL)
Crestor® (EU-Pharma: NL)
Crestor® (Euro: NL)
Crestor® (Medcor: NL)
Provisacor® (AstraZeneca: IT, NL)
Rosuvastatin AstraZeneca® (AstraZeneca: NL)
Rosuvastatina Richet® (Richet: AR)
Rosuvastatine® (Euro: NL)
Rosuvastatine® (Grapharma: NL)
Rosuvastatine® (Medcor: NL)
Rosuvast® (Bagó: AR)
Rovartal® (Roemmers: AR)
Simestat® (Simesa: IT)
Visacor® (Medinfar: PT)
Vivacor® (Biosintética: BR)

Rotenone

L: Rotenonum
D: Rotenon
S: Rotenona

Insecticide

CAS-Nr.: 0000083-79-4 — C_{23}-H_{22}-O_6, M_r 394.42

[2*R*-(2α,6aα,12aα)]-1,2,12,12a-Tetrahydro-8,9-dimethoxy-2-(1-methylethenyl)[1]benzopyrano[3,4-*b*]furo[2,3-*h*][1]benzopyran-6(6a*H*)-one

1,2,12,12a-Tetrahydro-8,9-dimethoxy-2-(1-methylvinyl)-[1]benzopyrano[3,4-*b*]furo[2,3-*h*-][1]benzopyran-6(6a*H*)-on (IUPAC)

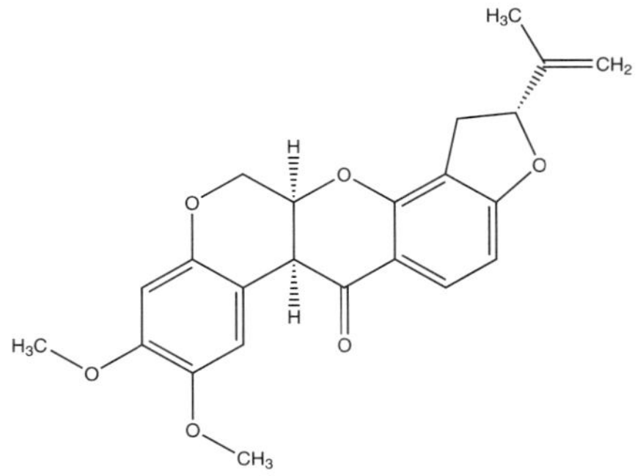

IS: *Derrin*
IS: *Tubatoxin*
IS: *Canex*
IS: *Noxfire*
IS: *Barbasco*
IS: *Prentox*
IS: *Protax*
IS: *Ronone*
IS: *Rotacide E.C.*

Flockmaster® [vet.] (Western: AU)
Rotomite® [vet.] (Novartis Animal Health: AU)

Rotigotine (Rec.INN)

L: Rotigotinum
D: Rotigotin
F: Rotigotine
S: Rotigotina

Antiparkinsonian
Dopamine agonist

ATC: N04BC09
ATCvet: QN04BC09
CAS-Nr.: 0099755-59-6 — C_{19}-H_{25}-N-O-S, M_r 315.47

(-)-(S)-5,6,7,8-tetrahydro-6-[propyl[2-(2-thienyl)ethyl]amino]-1-naphthol (WHO)

(-)-(S)-6-[Propyl[2-(2-thienyl)ethyl]amino]-5,6,7,8-tetrahydro-1-naphtol (IUPAC)

1-Naphthalenol, 5,6,7,8-tetrahydro-5-(propyl(2-(2-thienyl)ethyl)amino)-, (S)- (CAS)

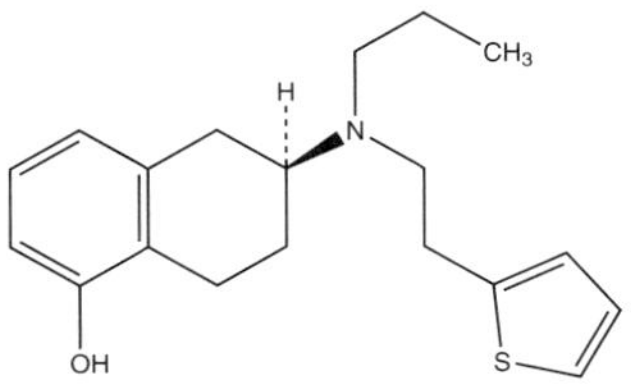

OS: *Rotigotine [USAN]*

Neupro® [TTS] (Schwarz: CH, DE, FI, GB, IE, NO, SE, US)

Roxatidine (Rec.INN)

L: Roxatidinum
I: Roxatidina
D: Roxatidin
F: Roxatidine
S: Roxatidina

Histamine, H_2-receptor antagonist

ATC: A02BA06
CAS-Nr.: 0078273-80-0 — C_{17}-H_{26}-N_2-O_3
M_r 306.415

Acetamide, 2-hydroxy-N-[3-[3-(1-piperidinylmethyl)phenoxy]propyl]-

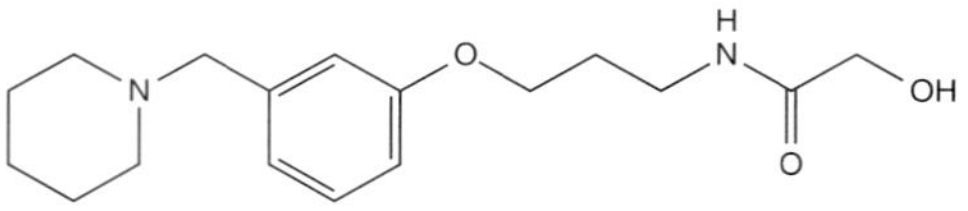

OS: *Roxatidine [BAN, DCF]*
IS: *Hoe 062*

Roxit® (Knoll: NL)

- **acetate:**

CAS-Nr.: 0078628-28-1
OS: *Roxatidine Acetate BAN*
IS: *Hoe 670*
IS: *Pifatidin*
IS: *TZV 0460*

- **acetate hydrochloride:**

CAS-Nr.: 0093793-83-0
OS: *Roxatidine Acetate Hydrochloride JAN, BANM, USAN*
IS: *Hoe 760 (Hoechsr, GB)*
IS: *TZU 0460 (Teikoku, Japan)*

Altat® (Teikoku Hormone: JP)
Gastralgin® (De Angeli: IT)
Neo H2® (Boniscontro & Gazzone: IT)
Rotane® (Aventis: IN)
Roxan® (Aventis Pharma: ID)
Roxit® (Aventis: IT)
Roxit® (Sanofi-Aventis: BD)
Zarocs® (Pharmazam: ES)

Roxithromycin (Rec.INN)

L: Roxithromycinum
I: Roxitromicina
D: Roxithromycin
F: Roxithromycine
S: Roxitromicina

Antibiotic, macrolide

ATC: J01FA06
CAS-Nr.: 0080214-83-1 — C_{41}-H_{76}-N_2-O_{15}
M_r 837.079

Erythromycin, 9-[O-[(2-methoxyethoxy)methyl]oxime]

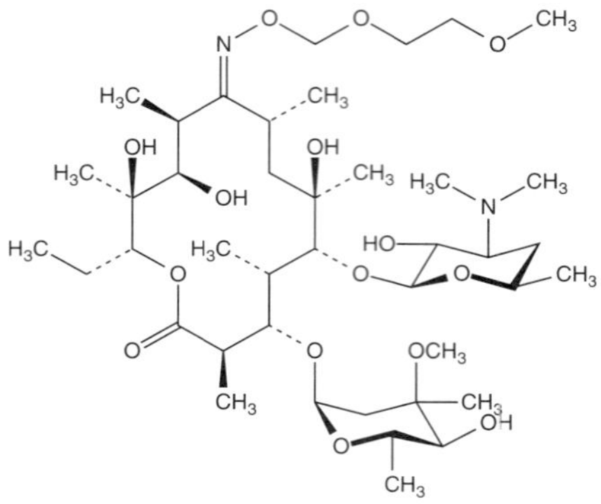

OS: *Roxithromycin [JAN, USAN]*
OS: *Roxithromycine [DCF]*
IS: *RU 28965 (Hoechst-Roussel, USA)*
IS: *RU 965 (Hoechst-Roussel, USA)*
PH: Roxithromycin [JP XIV, Ph. Eur. 5]
PH: Roxithromycinum [Ph. Eur. 5]
PH: Roxithromycine [Ph. Eur. 5]

Acevor® (Help: GR)
Ammirox® (MacroPhar: TH)
Anbiolid® (Meprofarm: ID)
Aristomycin® (Farmanic: GR)
Arrow Roxithromycin® (Arrow: NZ)
Asmetic® (Farmilia: GR)
Assoral® (Savio: IT)
Azuril® (Pharmanel: GR)
Bazuctril® (Chrispa: GR)
Biaxsig® (Aventis: AU)
Bicofen® (Iapharm: GR)
Biostatik® (Pharos: ID)
Claramid® (Aventis: LU)
Claramid® (Pfizer: FR)
Coroxin® (Community: TH)
Delitroxin® (Pharmathen: GR)
Delos® (Dallas: AR)
Docroxithro® (Docpharma: BE)
Dorolid® (Domesco: VN)
Elrox® (Biopharm: RU)
Eroxade® (Osoth: TH)
Erybros® (Bros: GR)
Floxid® (Solvay: BR)
Forimycin® (DuraScan: DK)
Infectoroxit® (Infectopharm: DE)
Ixor® (Soho: ID)
Klomicina® (Klonal: AR)
Macrol® (UAP: PH)
Macrosil® (Faes: ES)
Makrodex® (Dexa Medica: LK)
Monobac® (Novamed: CO)
MTW-Roxithromycin® (MTW: DE)
Neo-Suxigal® (Anfarm: GR)
Oksitrolid® (Phapros: ID)
Overal® (Lusofarmaco: IT)
Pedilid® (Incepta: BD)
Pedrox® (Beximco: BD)
Poliroxin® (Polipharm: TH)
Ramivan® (Medipharm: CL)
Redotrin® (Coup: GR)
Remora® (Nobel: BA, TR)
Renicin® (Lek: PL, SI)

Renicin® (Teva: HU)
Ritosin® (Biofarma: TR)
Rocky® (Amico: BD)
Roksimin® (Il-Ko: TR)
Roksitromicin® (Srbolek: RS)
Roksolit® (Eczacibasi: RO, TR)
Rolexit® (Nufarindo: ID)
Rolicyn® (Polfa Tarchomin: PL)
Rolid® (Globe: BD)
Romicin® (Pacific: NZ)
Romyk® (Lindopharm: DE)
Rossitrol® (Aventis: IT)
Rothricin® (Siam Bheasach: TH)
Rotramin® (Celltech: ES)
Rotram® (Schering-Plough: BR)
Roxacine® (Asiatic Lab: BD)
Roxamed® (Dar-Al-Dawa: AE, BH, IQ, JO, KW, LB, LY, MT, NG, OM, QA, RO, SA, SD, SO, TN, YE)
Roxcin® (Alco: BD)
Roxcin® (Biopharm: TH)
Roxeptin® (Ipca: IN, RU)
Roxi 1A Pharma® (1A Pharma: DE)
Roxi Basics® (Basics: DE)
Roxi TAD® (TAD: DE)
Roxi-CT® (CT: DE)
Roxi-Fatol® (Fatol: DE)
Roxi-Puren® (Alpharma: DE)
Roxi-Q® (Juta: DE)
Roxi-Q® (Q-Pharm: DE)
Roxi-saar® (MIP: DE)
Roxi-Wolff® (Wolff: DE)
Roxibeta® (betapharm: DE)
Roxibion® (Leiras: FI)
Roxicilline-Medichrom® (Medichrom: GR)
Roxicin® (Atlantic: TH)
roxidura® (Merck dura: DE)
Roxid® (Alembic: IN, LK, SG)
Roxid® (Pharmalliance: DZ)
Roxigamma® (Wörwag Pharma: DE)
Roxigrün® (Grünenthal: DE)
RoxiHefa® (Riemser: DE)
RoxiHefa® (Sanavita: RO)
Roxihexal® (Hexal: DE, RU)
Roxilan® (Olan-Kemed: TH)
Roximin-Galenica® (Iasis: GR)
Roximin® (Pharmaland: TH)
Roximisan® (Slaviamed: RS)
Roximstad® (Pharmacodane: DK)
Roxiratio® (ratiopharm: PL)
Roxithro-Lich® (Winthrop: DE)
Roxithromycin AbZ® (AbZ: DE)
Roxithromycin accedo® (Accedo: DE)
Roxithromycin Actavis® (Actavis: DK)
Roxithromycin AL® (Aliud: CZ, DE, RO)
Roxithromycin Atid® (Dexcel: DE)
Roxithromycin AWD® (AWD.pharma: DE)
ROXITHROMYCIN axcount® (Axcount: DE)
Roxithromycin Bidiphar® (Bidiphar: VN)
Roxithromycin Biochemie® (Novartis: GR)
Roxithromycin Central® (Central Poly: TH)
Roxithromycin Copyfarm® (Copyfarm: DK, FI)
Roxithromycin Eberth® (Eberth: DE)
Roxithromycin Genericon® (Genericon: AT)
Roxithromycin Heumann® (Heumann: DE)
Roxithromycin Lek® (Lek: RU)
Roxithromycin ratiopharm® (Ratiopharm: CZ)
Roxithromycin ratiopharm® (ratiopharm: DE, HU)
Roxithromycin Sandoz® (Sandoz: AT, DE, FI)
Roxithromycin Stada® (Stadapharm: DE)
Roxithromycin Tyrol Pharma® (Sandoz: AT)
Roxithromycin-axcount® (AxiCorp: DE)
Roxithromycin-axsan® (Axio: DE)
Roxithromycin-Hexal® (Hexal: ZA)
Roxithromycine Biogaran® (Biogaran: FR)
Roxithromycine EG® (EG Labo: FR)
Roxithromycine EG® (Eurogenerics: BE)
Roxithromycine G Gam® (G Gam: FR)
Roxithromycine Ivax® (Ivax: FR)
Roxithromycine Merck® (Merck Génériques: FR)
Roxithromycine RPG® (RPG: FR)
Roxithromycine Sandoz® (Sandoz: FR)
Roxithromycine Winthrop® (Winthrop: FR)
Roxithromycine Zydus® (Zydus: FR)
Roxithromycine-EG® (Eurogenerics: LU)
Roxithromycin® (GMP: GE)
Roxithrostad® (Stada: AT)
Roxithroxyl® (Bangkok: TH)
Roxithro® (Millimed: TH)
Roxitin® (TP Drug: TH)
Roxitop® (Farmaline: TH)
Roxitromicina Bexal®® (Bexal: ES)
Roxitromicina Centrum® (Centrum: ES)
Roxitromicina Farmoz® (Farmoz: PT)
Roxitromicina Richet® (Richet: AR)
Roxitromicina Sandoz® (Sandoz: ES, PT)
Roxitromycine CF® (Centrafarm: NL)
Roxitromycine® (Hexal: NL)
Roxitron® (ICN: PL)
Roxiwieb® (Wieb: DE)
Roxlecon® (Pond's: TH)
Roxl® (XL: VN)
Roxomycin® (Silom: TH)
Roxo® (Unipharm: IL)
Roxthomed® (Medicine Supply: TH)
Roxthrin® (TO Chemicals: TH)
Roxto® (M & H: TH)
Roxtrocin® (Greater Pharma: TH)
Roxydin® (Great Eastern: TH)
Roxylor® (Shreya: RU)
Roxyrol® (Concept: IN)
Roxyspes® (Specifar: GR)
Roxy® (Cipla: VN)
Roxy® (Sriprasit: TH)
Rucin® (General Drugs House: TH)
Rulide® (Aventis: AT, AU, CR, DO, ES, GT, HN, NI, PA, SV, ZA)
Rulide® (Eurim: AT)
Rulide® (Paranova: AT)
Rulide® (Sanofi-Aventis: NL, PT)
Rulid® (Aventis: BR, EC, GR, JP, LU, PE, PH, SG, TH)
Rulid® (Aventis Pharma: ID)
Rulid® (Lepetit: IT)
Rulid® (Roussel: RO, VN)
Rulid® (Sanofi-Aventis: AR, BE, BF, BJ, CF, CG, CH, CI, CM, DE, FR, GA, GE, GN, HK, HU, IL, MG, ML, MR, MU, MX, MY, NE, PL, RU, SN, TD, TG, TR, ZR)
Rulid® (Winthrop: DE)
Rulid® (Zentiva: CZ)
Runac® (Jugoremedija: RS)
Ruxcine® (Mugi: ID)

R

Ruxid® (United Pharmaceutical: AE, BH, IQ, JO, LY, OM, QA, SA, SD, YE)
Ryth® (Navana: BD)
Seide® (Rafarm: GR)
Simacron® (Tempo: ID)
Sitro® (Interbat: ID)
Surlid® (Aventis: DK)
Surlid® (Sanofi-Aventis: FI, SE)
Thriostaxil® (Finixfarm: GR)
Tirabicin® (Kleva: GR)
Toscamycin-R® (Genepharm: GR, PE)
Unorox® (Centaur: IN)
Uonin® (Unison: TH)
Uplores® (Sanbe: ID)
Uramilon® (Biomedica-Chemica: GR)
Utolid® (Utopian: TH)
Vaselpin® (Faran: GR)
Vomitoran® (Norma: GR)
Xitrocin® (Polfa Pabianice: PL)
Xorin® (Pyridam: ID)

Rufinamide (Rec.INN)

L: Rufinamidum
D: Rufinamid
F: Rufinamide
S: Rufinamida

Antiepileptic
Anticonvulsant

ATC: N03AF03
ATCvet: QN03AF03
CAS-Nr.: 0106308-44-5 C_{10}-H_8-F_2-N_4-O
M_r 238.19

1-(2,6-Difluorobenzyl)-1*H*-1,2,3-triazole-4-carboxamide WHO

1-(2,6-Difluorbenzyl)-1*H*-1,2,3-triazol-4-carboxamid IUPAC

1*H*-1,2,3-Triazole-4-carboxamide, 1-[(2,6-difluorophenyl)methyl]- USAN

1-[(2,6-Difluorophenyl)methyl]-1*H*-1,2,3-triazole-4-carboxamide

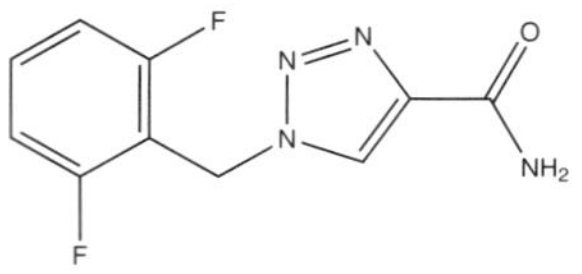

OS: *Rufinamide [USAN, BAN]*
IS: *RUF 331 (Novartis, CH)*
IS: *CGP-33101 (Novartis, CH)*

Inovelon® (Eisai: AT, DE, FI, SE)

Rufloxacin (Rec.INN)

L: Rufloxacinum
I: Rufloxacina
D: Rufloxacin
F: Rufloxacine
S: Rufloxacino

Antibiotic, gyrase inhibitor

ATC: J01MA10
CAS-Nr.: 0101363-10-4 C_{17}-H_{18}-F-N_3-O_3-S
M_r 363.421

9-Fluoro-2,3-dihydro-10-(4-methyl-1-piperazinyl)-7-oxo-7H-pyrido[1,2,3-de]-1,4-benzothiazine-6-carboxylic acid

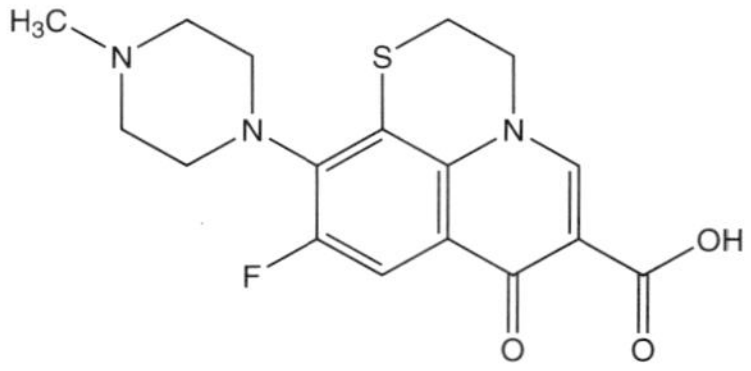

OS: *Rufloxacin [BAN, USAN]*
IS: *MF 934*

Uroflox® (BJC: TH)

– hydrochloride:

Monos® (Selvi: IT)
Qari® (Leurquin: CN)
Qari® (Mediolanum: IT)
Ruflam® (Bagó: CO)
Tebraxin® (Bracco: IT)
Uroflox® (Armstrong: MX)

Rupatadine (Rec.INN)

L: Rupatadinum
D: Rupatadin
F: Rupatadine
S: Rupatadina

Antihistaminic agent

ATC: R06AX28
ATCvet: QR06AX28
CAS-Nr.: 0158876-82-5 C_{26}-H_{26}-Cl-N_3
M_r 415.96

8-Chloro-6,11-dihydro-11-[1-[(5-methyl-3-pyridyl)methyl]-4-piperidylidene]-5*H*-benzo[5,6]cyclohepta[1,2-*b*]pyridine WHO

8-Chloro-6,11-dihydro-11-[1-{(5-methylpyrid-3-yl)methyl]piperid-4-yliden}-5*H*-benzo[5,6]cyclohepta[1,2-*b*]pyridin IUPAC

5H-Benzo(5,6)cyclohepta(1,2-b)pyridine, 8-chloro-6,11-dihydro-11-(1-((5-methyl-3-pyridinyl)methyl)-4-piperidinylidene)-

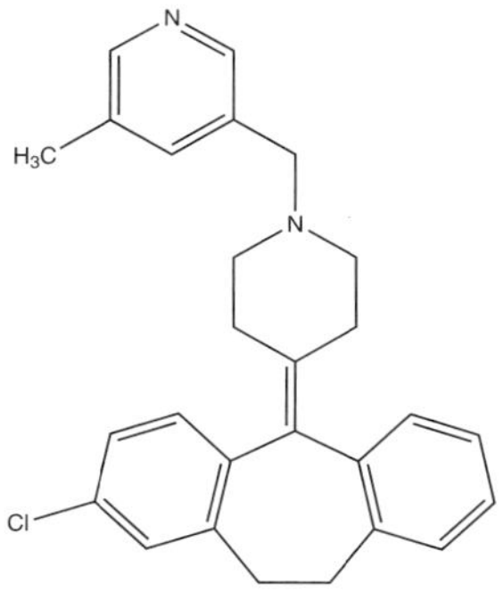

OS: *Rupatadine [USAN]*
IS: *UR-12592*

– fumarate:

CAS-Nr.: 0182349-12-8
IS: *UR-12592 fumarate (Uriach, ES)*

Alergoliber® (Recordati: ES)
Rinialer® (Bial: ES, PT)

Ruscogenin

D: Ruscogenin

Antihemorrhoidal agent

CAS-Nr.: 0000472-11-7 — C_{27}-H_{42}-O_4, M_r 430.633

Spirost-5-ene-1,3-diol, (1β,3β,25R)-

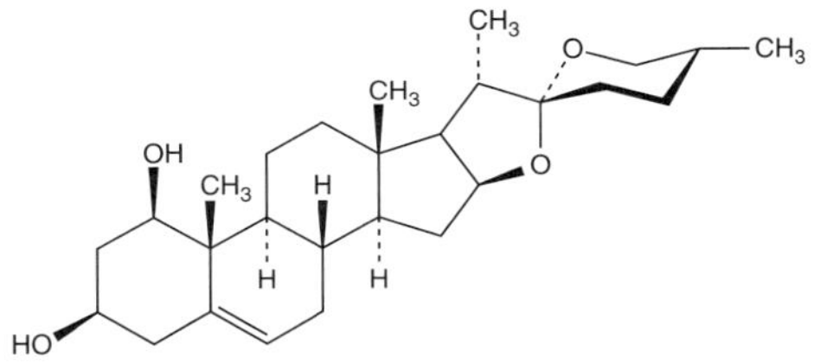

Flebodolor® (Spedrog-Caillon: AR)
Ruscorectal® (Heumann: DE)
Ruscorectal® (Juste: ES)

Rutoside (Rec.INN)

L: Rutosidum
I: Rutoside
D: Rutosid
F: Rutoside
S: Rutosido

Drug acting on the complex of varicose symptoms

Vascular protectant

ATC: C05CA01
CAS-Nr.: 0000153-18-4 — C_{27}-H_{30}-O_{16}, M_r 610.537

4H-1-Benzopyran-4-one, 3-[[6-O-(6-deoxy-α-L-mannopyranosyl)-β-D-glucopyranosyl]oxy]-2-(3,4-dihydroxyphenyl)-5,7-dihydroxy-

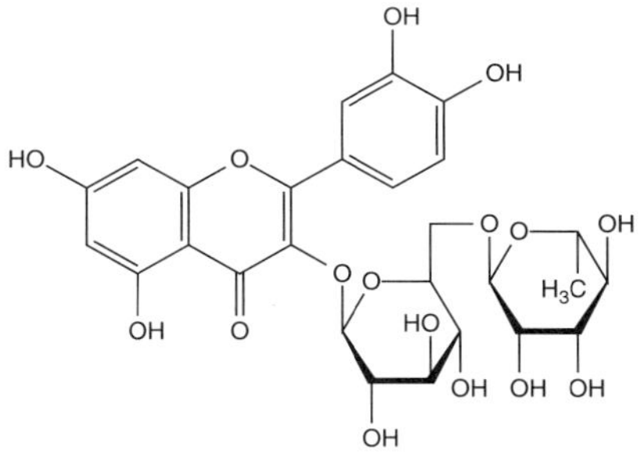

OS: *Rutoside [BAN, DCF, DCIT]*
OS: *Rutin [JAN, USAN]*
IS: *Sclerutin*
IS: *Rutinum*
PH: Rutine [Ph. Franç. X]
PH: Rutinum [OeAB, Ph. Jap. 1971]
PH: Rutosid [DAB]
PH: Rutosidum [Ph. Helv. 8]
PH: Rutin [NF XI]

Rutinion® (biomo: DE)
Rutin® (Rekah: IL)
Rutin® (Twardy: DE)
Venoruton® (Dr. Fisher: NL)
Venoruton® (EU-Pharma: NL)
Venoruton® (Euro: NL)
Venoruton® (Medcor: NL)
Venoruton® (Medis: SI)
Venoruton® (Novartis: AE, BH, BR, DE, IQ, JO, KW, LB, LU, NL, OM, PT, QA, RU, SA, YE)
Venoruton® (Novartis Consumer Health: EG)

Saccharin (Ph. Eur.)

L: Saccharinum
I: Saccarina
D: Saccharin
F: Saccharine

Sweetening agent

CAS-Nr.: 0000081-07-2 C_7-H_5-N-O_3-S
M_r 183.187

1,2-Benzisothiazol-3(2H)-one, 1,1-dioxide

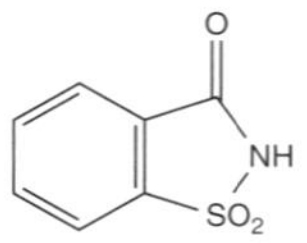

OS: *Saccharine [DCF]*
OS: *Saccharin [USAN]*
IS: *Benzosulfimide*
IS: *Saccharimidum*
IS: *o-Benzoesäuresulfinid*
IS: *2-Sulfobenzoesäureamid*
IS: *E 954*
PH: Saccharin [Ph. Eur. 5, USP 30]
PH: Saccharine [Ph. Eur. 5]
PH: Saccharinum [Ph. Eur. 5]

Sakarin-Oro® (Oro: TR)
Sakarin® (Münir Sahin: TR)
Sakkarin® (Vita: TR)

– sodium salt:
CAS-Nr.: 0000128-44-9
OS: *Saccharin Sodium USAN*
IS: *Saccharinum solubile*
IS: *E 954*
PH: Saccharine sodique Ph. Eur. 5
PH: Saccharin-Natrium Ph. Eur. 5
PH: Saccharin Sodium JP XIV, Ph. Eur. 5, Ph. Int. 4, USP 30
PH: Saccharinum natricum Ph. Eur. 5, Ph. Int. 4

Hermesetas Original® (Grossmann: EC)
Hermesetas Original® (Sifar: TR)

Sacrosidase (USAN)

L: Sacrosidasum
D: Sacrosidase
S: Sacrosidasa

Enzyme
Enzyme, replacement therapy

ATC: A16AB06
ATCvet: QA16AB06
CAS-Nr.: 0085897-35-4

β - Fructofuranosidase (Saccharomyces cerevisiae clone FI4 protein moiety reduced) (USAN)

OS: *Sacrosidase [USAN]*
IS: *Sucraid (Red Star Yeast & Products, US)*

Sucraid® (Orphan: US)

Salbutamol (Rec.INN)

L: Salbutamolum
I: Salbutamolo
D: Salbutamol
F: Salbutamol
S: Salbutamol

Bronchodilator
β_2-Sympathomimetic agent

ATC: R03AC02,R03CC02
CAS-Nr.: 0018559-94-9 C_{13}-H_{21}-N-O_3
M_r 239.321

1,3-Benzenedimethanol, α1-[[(1,1-dimethyl-ethyl)amino]methyl]-4-hydroxy-

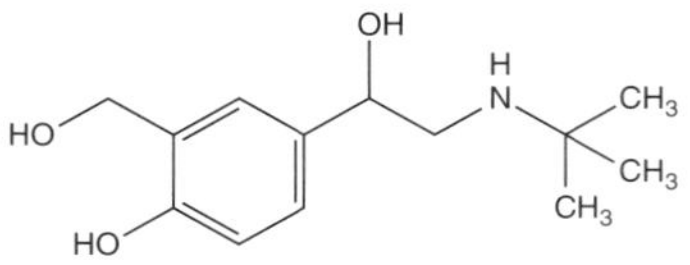

OS: *Albuterol [USAN]*
OS: *Salbutamol [BAN, DCF]*
OS: *Salbutamolo [DCIT]*
IS: *AH 3365*
PH: Albuterol [USP 30]
PH: Salbutamol [Ph. Eur. 5, Ph. Int. 4]
PH: Salbutamolo [Ph. Eur. 5]
PH: Salbutamolum [Ph. Eur. 5, Ph. Int. 4]

Aero-Sal® (Andromaco: CL)
Aerojet® (Farmalab: BR)
Aerolin® (GlaxoSmithKline: BR, CL)
Aerolin® (Magnachem: DO)
Airmax® (Chalver: CO)
Airomir® (3M: LU)
Airomir® (Ivax: NO)
Airomir® (Medsan: TR)
Albugenol® (Generix: DO, GT, HN, SV)
Albuterol® (Andrx: US)
Albuterol® (Armstrong: US)
Albuterol® (Genpharm: US)
Albuterol® (Teva: US)
Albuterol® (Warrick: US)
Aloprol® (Hemofarm: RS)
Apo-Salvent® (Apotex: CA, VN)
Asmacare® (Kimia: ID)
Asmasal® (Silom: TH)
Asmavent Inhalador® (Mintlab: CL)
Assal® [susp.] (Salus: MX)
Asthavent® (Cipla: ZA)
Azmasol® (Beximco: BD, SG)
Bemin® (Genamerica: EC)
Broncovaleas® (Valeas: IT)
Bronter® (Hisubiette: CO)
Bropil® (Pediapharm: CL)
Butahale® (Dr Reddys: LK)
Buto Asma® (Aldo Union: ES)
Buto Asma® (Aldo-Union: TH)
Buto Asma® (Iberofarma: PE)
Butovent® (Chiesi: CY, EG, IT, JO, KW, LB, LK, LU, NL, OM, SA, SY, TH)
Butovent® (Farmalab: BR)
Buventol Easyhaler® (Alpharma: ID)
Buventol Easyhaler® (Harn Thai: TH)
Ciplabutol IDM® (Biotoscana: CO)

Clickhaler Salbutamol® (Innovata: NL)
Derihaler® (German Remedies: IN)
Docsalbuta® (Docpharma: BE)
Duopack® (Altana: AR)
Easyhaler Salbutamol® (Ranbaxy: GB)
Ecovent® (Sandoz: CH)
Farbutamol® (Farbioquimsa: PE)
Fesema® (Etex: CL)
Fesema® (GlaxoSmithKline: CL)
Gerivent® (Gerard: IE)
Hasalbu® (HG.Pharm: VN)
Inbumed® (Victory: MX)
Krosalburol® (Kronos: EC)
Librentin® (Westmont: ID)
Medihaler® (3M: AR)
Normobron® (Chiesi: GR)
Novolizer Salbutamol® (Viatris: BE)
Pneumolat® (Farmion: BR)
Proventil® (Schering: US)
Pulvinal® Salbutamol (Trinity-Chiesi: GB)
Salamol Easi-Breathe® (Ivax: IE)
Salamol Easi-Breathe® (Teva: GB)
Salamol® (Galena: CZ)
Salamol® (Ivax: RO)
Salbodil® (Terbol: PE)
Salbufar® (Farmoquimica: DO)
Salbulin® (3M: GB, LU)
SalbuSandoz® (Sandoz: DE)
Salbutalan® (Quimica y Farmacia: MX)
Salbutamol Aerosol® (Chemopharma: CL)
Salbutamol Aerosol® (Sanitas: CL)
Salbutamol Aldo-Union® (Iberofarma: PE)
Salbutamol Alpharma® (Alpharma: NL)
Salbutamol A® (Apothecon: NL)
Salbutamol CF® (Centrafarm: NL)
Salbutamol Cyclocaps® (Teva: GB)
Salbutamol Ecar® (Ecar: CO)
Salbutamol Fabra® (Fabra: AR)
Salbutamol Genfar® (Genfar: CO, EC)
Salbutamol Iqfarma® (Iqfarma: PE)
Salbutamol L.CH.® (Chile: CL)
Salbutamol Lch® (Ivax: PE)
Salbutamol Memphis® (Memphis: CO)
Salbutamol Merck® (Merck: CO)
Salbutamol MK® (Bonima: CR, DO, GT, HN, NI, PA, SV)
Salbutamol MK® (MK: CO)
Salbutamol NM Pharma® (Gerard: IS)
Salbutamol Norton® (Docpharma: LU)
Salbutamol PCH® (Pharmachemie: NL)
Salbutamol Ratiopharm® (Ratiopharm: NL)
Salbutamol Sandoz® (Sandoz: NL)
Salbutamol Taifun® (LAB: LU)
Salbutamol WFZ Polfa® (Polfa: CZ)
Salbutamol-Glaxo Wellcome® (GlaxoSmithKline: LU)
Salbutamol® (Alpharma: GB)
Salbutamol® (Altana: AR)
Salbutamol® (Arrow: GB)
Salbutamol® (Bestpharma: CL)
Salbutamol® (Chemopharma: CL)
Salbutamol® (Elifarma: PE)
Salbutamol® (Farmo Andina: PE)
Salbutamol® (GlaxoSmithKline: BG, PL)
Salbutamol® (GMP: GE)
Salbutamol® (Hersil: PE)
Salbutamol® (Induquimica: PE)
Salbutamol® (Ivax: NL)
Salbutamol® (Jugoremedija: RS)
Salbutamol® (La Santé: CO)
Salbutamol® (LCG: PE)
Salbutamol® (Magistra: RO)
Salbutamol® (Medicalex: CO)
Salbutamol® (Memphis: CO)
Salbutamol® (Mintlab: CL)
Salbutamol® (Pasteur: CL)
Salbutamol® (Pentacoop: CO, EC, PE)
Salbutamol® (Perugen: PE)
Salbutamol® (Polfa: CZ)
Salbutamol® (Polfa Warshavskiy: RU)
Salbutamol® (Polfa Warszawa: PL)
Salbutamol® (Qualicont: PE)
Salbutamol® (TIS Farmaceutic: RO)
Salbutamol® (UQP: PE)
Salbutamol® (Volta: CL)
Salbutam® (Medco: PE)
Salbutol® (Altana: AR)
Salbutral® (Pablo Cassara: AR)
Salbut® (General Pharma: BD)
Salgim® (Pulmomed: RU)
Salmaplon® (Khandelwal: IN)
Saltamol® (Zambon: BR)
Saltos® (Pulmomed: RU)
Servitamol® (Novartis Pharma: PE)
Solia® (Medline: TH)
Spalmotil® (Galenika: RS)
SPMC Salbutamol® (SPMC: LK)
Sultanol-Dosieraerosol® (GlaxoSmithKline: AT, DE)
Sultolin® (Square: LK)
Teoden® (Biosintética: BR)
Vari-Salbutamol® (Pharma Marketing: ZA)
Velaspir® (Norton: PL)
Vent-O-Sal® (Bilim: TR)
Ventamol® (Pinewood: IE)
Ventilan® (Glaxo Wellcome: PT)
Ventimax® (AC Farma: PE)
Ventmax® (Chiesi: IT)
Ventolin Rotacaps® (Allen & Hanburys: AU)
Ventolin® (Allen & Hanburys: AU, IE)
Ventolin® (GlaxoSmithKline: AG, AN, AW, BB, BD, BE, BG, CA, CR, CZ, DO, EC, ES, GD, GT, GY, HN, IL, IS, JM, LC, LU, NI, PA, PE, PH, PL, RO, RS, SI, SV, TT, US, VC, VN)
Ventolin® (Pliva: HR)
Ventolin® [vet.] (GlaxoSmithKline: GB)
Violin® (TO Chemicals: TH)
Yontal® (Duncan: AR)
Zebu® (Pond's: TH)

– sulfate:

CAS-Nr.: 0051022-70-9
OS: *Albuterol Sulfate USAN*
OS: *Salbutamol Sulphate BANM*
OS: *Salbutamol Sulfate JAN*
IS: *SNG 299 (Dainippon, Japan)*
PH: Albuterol Sulfate USP 30
PH: Salbutamoli sulfas Ph. Eur. 5, Ph. Int. 4
PH: Salbutamol Sulfate JP XIV, Ph. Int. 4
PH: Salbutamol Sulphate Ph. Eur. 5
PH: Salbutamolsulfat Ph. Eur. 5

PH: Salbutamol (sulfate de) Ph. Eur. 5

AccuNeb® (Dey: US)
Actolin® (Globe: BD)
Aero-Ped® (Stiefel: BR)
Aerolin® (3M: GB, IL, NL)
Aerolin® (Eipico: AE, BH, EG, IQ, JO, KW, LB, LY, OM, QA, SA, SD, YE)
Aerolin® (GlaxoSmithKline: BR, CL, GR)
Aerovan® (Donovan: GT)
Aerovent® (Cipla: PH)
Airet® (Medeva: US)
Airomir Autohaler® (3M: AU)
Airomir Autohaler® (Ivax: FR, NO, SE)
Airomir Autohaler® (Teva: GB)
Airomir Autohaler® (UCB: LU)
Airomir® (3M: AR, AU, CA, CL, CR, DO, GB, GT, HN, MY, NL, NZ, PA, PH, SV, TH, ZA)
Airomir® (Ivax: DK, FR, IE, SE)
Airomir® (Teva: FI, GB)
Airomir® (UCB: BE, LU)
Albuterol Sulfate® (Actavis: US)
Albuterol Sulfate® (Alpharma: US)
Albuterol Sulfate® (Bausch & Lomb: US)
Albuterol Sulfate® (Dey: US)
Albuterol Sulfate® (Hi-Tech: US)
Albuterol Sulfate® (Morton Grove: US)
Albuterol Sulfate® (Mutual: US)
Albuterol Sulfate® (Mylan: US)
Albuterol Sulfate® (Nephron: US)
Albuterol Sulfate® (Novex: US)
Albuterol Sulfate® (Respirare: US)
Albuterol Sulfate® (Teva: US)
Albuterol Sulfate® (Warrick: US)
Aldobronquial® (Aldo Union: ES)
Alunic® (Lacofarma: DO)
Alvolex® (Silva: BD)
Amocasin® (Northia: AR)
Apo-Salvent® (Apotex: PE)
Apsomol® (Farmasan: DE)
As-Tazis® (Nichiiko: JP)
Asmadil® (APM: AE, BG, BH, IQ, JO, KW, LB, LY, NG, OM, QA, SA, SD, SY, TN, YE)
Asmakil® (Elofar: BR)
Asmalin® (Pediatrica: PH)
Asmalin® (UAP: PH)
Asmanil-Inga® (Inga: LK)
Asmasal Clickhaler® (Celltech: ES)
Asmasal Clickhaler® (UCB: FR, GB, IE)
Asmatol® (Roux-Ocefa: AR)
Asmolex® (Aristopharma: BD)
Asmol® (Alphapharm: AU)
Asmoquinol® (Ducto: BR)
Assal® (Salus: MX)
Astec® (Gebro: AT)
Asthalin® (Cipla: LK, RO, VN)
Asthalin® (Rex: NZ)
Asthmalitan® (MIT Gesundheit: DE)
Asthmanil® (Pharmaco: BD)
Asthmolin® (Pharmasant: TH)
Asthmotrat® (Uni-Pharma: GR)
Asul® (Asiatic Lab: BD)
Avedox-Fc® (Continentales: MX)
Azmacon® (Armoxindo: ID)
Azmet® (Medicon: BD)
Broad® (Nipa: BD)
Brodil® (ACI: BD)
Brolax® (Somatec: BD)
Broncho-Inhalat® (Astellas: DE)
Bronchospray® (Astellas: DE)
Broncho® (Astellas: DE)
Broncobutol® (Farvet: PE)
Broncodil® (Infabra: BR)
Broncodil® (Interpharm: LK)
Bronkolax® (Beximco: BD)
Bronter® (Hisubiette: CO)
Brusal® (Bruluart: MX)
Butahale® (Dr Reddys: SG)
Butamol® (Arrow: AU)
Butamol® (Lafedar: AR)
Butamol® (Pharmaland: TH)
Butamol® (Somatec: BD)
Buto Air® (Aldo Union: ES)
Buto Asma® (Aldo Union: ES)
Buto Asma® (Aldo-Union: TH)
Buto Asma® (Iberofarma: PE)
Butotal® (Grünenthal: CL, PE)
Buventol Easyhaler® (Lannacher: AT)
Buventol Easyhaler® (Meda: DK, NO, SE)
Buventol Easyhaler® (Orion: CZ, FI, FR, HU, MY, SG)
Ciplabutol® (Biotoscana: CO)
Cybutol® (Pharmachemie: LK)
Cyclocaps Salbutamol® (PB: DE)
D-Butamol® (Doctor's Chemical Work: BD)
Dilatamol® (Bernofarm: ID)
Dipulmin® (Allen: ES)
Ecosal® (Ivax: CZ, HU, RS)
Ecovent® [inhal.-liqu.] (Sandoz: CH)
Epaq® (Arrow: AU)
Epaq® (Ivax: DE)
Etinoline® (Ethypharm: CN)
Etol® (Edruc: BD)
Fartolin® (Fahrenheit: ID)
Fesema® (Etex: CL)
G-Salbutamol® (Gonoshasthaya: BD)
Gen-Salbutamol® (Genpharm: CA)
Glisend® (Konimex: ID)
Lasal® (Lapi: ID)
Loftan® (GlaxoSmithKline: DE)
Medolin® (Medochemie: SG)
Microterol® (Microsules: AR)
Nebutrax® (Vannier: AR)
Novolizer Salbutamol® (Meda: IE)
Ontril® (Bosnalijek: BA)
Pentamol® (Penta Arzneimittel: DE)
ProAir® (Teva: US)
Proventil® (Schering: US)
Provexel® (Multicare: PH)
Pulmolin® (Opsonin: BD)
Pädiamol® (Pädia: DE)
ratio-Salbutamol® (Ratiopharm: CA)
Resdil® (One Pharma: PH)
Respiret® (Klonal: AR)
Respiroma® (Solvay: ES)
Respolin® (3M: BD, CL, TH)
Respolin® (Darya-Varia: ID)
Respolin® (Jayson: BD)
Salamol Steri Neb® (Teva: GB)
Salamol® (Airflow: NZ)
Salamol® (Teva: CH, GB)
Salapin® (AFT: NZ)

Salbetol® (FDC: IN)
Salbit® (Ethicalpharma: PE)
Salbron® (Dankos: ID)
Salbu Novolizer® (Astellas: DE)
Salbu-Fatol® (Fatol: DE)
Salbu-Sandoz® (Sandoz: DE)
Salbubreathe Sandoz® (Sandoz: DE)
Salbubronch® (Infectopharm: DE)
Salbuhexal® (Hexal: DE)
Salbulair® (Ivax: DE)
Salbulind® (Lindopharm: DE)
Salbulin® (Medsan: TR)
Salbulin® [compr./liqu.oral] (3M: CR, DO, GB, GT, HN, PA, SV)
Salbulin® [compr./liqu.oral] (Fada: AR)
Salbumol Chrono® (Help: GR)
Salbumol® (GlaxoSmithKline: FR)
Salbunova® (Lavipharm: GR)
Salbupp® (Dermapharm: DE)
Salburin® (Luper: BR)
Salbusian® (Asian: TH)
Salbutac® (Polipharm: TH)
Salbutal® (Sanofi-Aventis: BD)
Salbutam SR® (Nobel: TR)
Salbutamol Aldo Union® (Aldo Union: ES)
Salbutamol AL® (Aliud: DE)
Salbutamol Arrow® (Arrow: SE)
Salbutamol AstraZeneca® (AstraZeneca: AT)
Salbutamol Atid® (Dexcel: DE)
Salbutamol A® (Apothecon: NL)
Salbutamol Bidiphar® (Bidiphar: VN)
Salbutamol CF® (Centrafarm: NL)
Salbutamol Denver® (Denver: AR, AR)
Salbutamol Domesco® (Domesco: VN)
Salbutamol Gen-Far® (Genfar: PE)
Salbutamol Indo Farma® (Indofarma: ID)
Salbutamol Inhalation® (Pharmacia: AU)
Salbutamol Lafedar® (Lafedar: AR)
Salbutamol Novolizer® (Viatris: PT)
Salbutamol Pfizer® (Pfizer: SG)
Salbutamol Ratiopharm® (Ratiopharm: NL)
Salbutamol Richet® (Richet: AR)
Salbutamol Rigar® (Rigar: PA)
Salbutamol Sandoz® (Sandoz: DE, NL)
Salbutamol Stada® (Stadapharm: DE)
Salbutamol Trom® (Trommsdorff: DE)
Salbutamol T® (TIS Farmaceutic: RO)
Salbutamol Yung Shin® (Yung Shin: SG)
Salbutamol-CT® (CT: DE)
Salbutamol-ratiopharm® (ratiopharm: DE)
Salbutamol® (3M: GB)
Salbutamol® (Alpharma: GB)
Salbutamol® (Cristália: BR)
Salbutamol® (E.I.P.I.C.O.: RO)
Salbutamol® (Galen: GB)
Salbutamol® (Hasco: PL)
Salbutamol® (Hillcross: GB)
Salbutamol® (Ivax: NL)
Salbutamol® (Karib: NL)
Salbutamol® (Luper: BR)
Salbutamol® (Perugen: PE)
Salbutamol® (Pharmacia: AU)
Salbutamol® (Polfa Warszawa: HU)
Salbutamol® (Remedica: CY)
Salbutamol® (Sandoz: GB)
Salbutamol® (Teva: GB)
Salbutamol® (Viatris: NL)
Salbutol® (Altana: AR)
Salbutol® (Colliere: PE)
Salbutol® (Sandoz: TR)
Salbutral® (Pablo Cassara: AR)
Salbuvent® (Elifarma: PE)
Salbuvent® (Nycomed: DK)
Salbuven® (Pharos: ID)
Salbu® (Bio-Pharma: BD)
Salda® (Millimed: TH)
Salden® (Newport: CR, EC, GT, HN, NI, PA, SV)
Salmol Atlantic® (Atlantic: TH)
Salmol Syrup® (Biolab: TH)
Salmolin® (Acme: BD)
Salmol® (Atlantic: SG)
Salmol® (Medimet: BD)
Salmundin® (Mundipharma: DE)
Salsol® (Kee: IN)
Salvent® (Cipla: LK)
Sandoz Salbutamol® (Sandoz: CA)
Steri-Neb Salamol® (Ivax: IE)
Steri-Neb Salamol® (Norton: PL)
Sultanol® (GlaxoSmithKline: AT, DE)
Sultanol® (Schwarz: DE)
Sultolin® (Square: BD)
Suprasma® (Dexa Medica: ID)
Tolin® (Mystic: BD)
Torpex® [vet.] (Boehringer Ingelheim Vetmedica: US)
Uniao Salbuamol® (União: BR)
Unibron® (Unipharm: MX)
Venasma® (Hexpharm: ID)
Venderol® (Beacons: SG)
Venetlin® (Sankyo: JP)
Venol® (Gaco: BD)
Ventab® (Ikapharmindo: ID)
Ventadur® (Celltech: ES)
Ventar® (GXI: PH)
Venterol® (Greater Pharma: TH)
Venterol® (Kalbe: ID)
Venteze® (Aspen: ZA)
Ventilan® (GlaxoSmithKline: CO)
Ventilastin® (Meda: DE)
Ventilastin® Novolizer® (Meda: DE, ES, FR)
Ventilastin® Novolizer® (Viatris: LU)
Ventisal® (Ibn Sina: BD)
Ventmax® (Chiesi: IT)
Ventmax® (Trinity-Chiesi: GB)
Ventodisks® (Allen & Hanburys: IE)
Ventodisks® (GlaxoSmithKline: CZ, FR, GB)
Ventodisk® (GlaxoSmithKline: CA, CH, CZ, LU, PL)
Ventolin Accuhaler® (GlaxoSmithKline: GB)
Ventolin Disks® (Allen & Hanburys: AU)
Ventolin Diskus® (Allen & Hanburys: IE)
Ventolin Diskus® (GlaxoSmithKline: CZ, IL, IS, LU, RO)
Ventolin Elixir® (GlaxoSmithKline: NZ)
Ventolin Evohaler® (Allen & Hanburys: IE)
Ventolin Evohaler® (GlaxoSmithKline: GB, LK)
Ventolin Inhaler® (GlaxoSmithKline: CZ, NZ, RO)
Ventolin Nebules® (Allen & Hanburys: AU)
Ventolin Nebules® (GlaxoSmithKline: GB, LU, NZ, RU)
Ventolin Respirador® (GlaxoSmithKline: ES)

Ventolin Respirator® (Allen & Hanburys: AU, IE)
Ventolin Respirator® (GlaxoSmithKline: GB)
Ventoline Evohaler® (GlaxoSmithKline: GB)
Ventoline® (GlaxoSmithKline: DK, FI, FR, IS, NO, SE)
Ventolin® [tabs./sol./sir.] (Allen & Hanburys: AU, IE)
Ventolin® [tabs./sol./sir.] (GlaxoSmithKline: AE, AG, AN, AR, AW, BA, BB, BE, BH, CA, CH, CN, CR, CZ, DO, EC, ES, GB, GD, GE, GT, GY, HK, HN, HU, ID, IL, IR, IT, JM, KW, LC, LU, MX, MY, NI, NL, NZ, OM, PA, PE, PH, QA, RO, RS, RU, SG, SI, SV, TH, TR, TT, US, VC, VN, ZA)
Ventolin® [tabs./sol./sir.] (Pliva: HR)
Ventol® (Shiba: YE)
Volmac® (GlaxoSmithKline: DE)
Volmax® (Glaxo Allen: IT)
Volmax® (GlaxoSmithKline: AE, BH, CH, CZ, DK, GB, HK, ID, IR, KW, MY, NZ, OM, QA, SG, TH, TR, ZA)
Volmax® (Muro: US)
Vospire ER® (Dava: US)
Zoom® (Fabop: AR)

Salicylamide (Rec.INN)

L: Salicylamidum
I: Salicilamide
D: Salicylamid
F: Salicylamide
S: Salicilamida

Antiinflammatory agent
Analgesic
Antipyretic

ATC: N02BA05
CAS-Nr.: 0000065-45-2 C_7-H_7-N-O_2
M_r 137.143

Benzamide, 2-hydroxy-

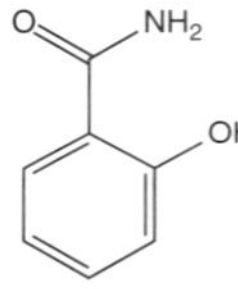

OS: *Salicylamide [BAN, DCF, JAN, USAN]*
OS: *Salicilamide [DCIT]*
IS: *R 12*
IS: *Salizylsäureamid*
PH: Salicylamid [DAC]
PH: Salicylamide [USP 30]
PH: Salicylamidum [2.AB-DDR, OeAB, Ph. Jap. 1971]

Isosal® (Sanochemia: AT)
Waldheim Rheumacreme® (Sanochemia: AT)

Salicylic Acid (USP)

L: Acidum salicylicum
I: Acido salicilico
D: Salicylsäure
F: Acide salicylique
S: Acido salicilico

Antiinflammatory agent
Analgesic
Antipyretic
Dermatological agent, keratolytic

ATC: D01AE12,S01BC08
CAS-Nr.: 0000069-72-7 C_7-H_6-O_3
M_r 138.125

Benzoic acid, 2-hydroxy-

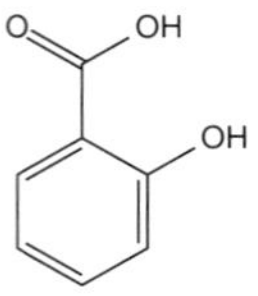

OS: *Acide salicylique [DCF]*
OS: *Salicylic Acid [USAN]*
PH: Acidum salicylicum [Ph. Eur. 5, Ph. Int. 4]
PH: Salicylic Acid [JP XIV, Ph. Eur. 5, Ph. Int. 4, USP 30]
PH: Salicylique (acide) [Ph. Eur. 5]
PH: Salicylsäure [Ph. Eur. 5]

Acido Salicilico® (Lachifarma: IT)
Acido Salicilico® (Marco Viti: IT)
Acido Salicilico® (New.Fa.dem.: IT)
Acido Salicilico® (Nova Argentia: IT)
Acido Salicilico® (Ramini: IT)
Acido Salicilico® (Sella: IT)
Acido Salicilico® (Zeta: IT)
Acnisal® (Alliance: GB)
Acnisal® (United Drug: IE)
Actispirine® [vet.] (Biové: FR)
Aknefug-liquid® (Wolff: DE)
Antiphlogistine® (Doetsch Grether: CH)
Callicida Gras® (Quimifar: ES)
Callicida Salve® (Cederroth: ES)
Callofin® (Alcor: ES)
Callous® (SSL: PL)
Capasal Shampoo® (Dermal: GB, IE)
Clear Away® (Schering-Plough: US)
Clearasil Medicated Wipes® (Boots: AU)
Clearasil Medicated Wipes® (Procter & Gamble: US)
Clearex® (Medibrands: IL)
Cocois® (UCB: GB, IE)
Collomack® (Pfizer Consumer Healthcare: DE)
Compeedmed® (Johnson & Johnson: BE)
Compound W® (Medtech: US)
Compound W® (SSL: GB, IE)
Coricide le diable® (Sodia: FR)
Cornstop® (Qualiphar: BE)
Corn® (SSL: PL)
Deep Cleansing® (GlaxoSmithKline: US)
Dermi-cyl Schrundensalbe® (Liebermann: AT)
Dermiplus® (Monsanti: PE)
DHS Sal Shampoo® (Dispolab: CL)
DHS Sal Shampoo® (Person & Covey: US)

Doribel® (Luper: BR)
Doril® (DM: BR)
Duofilm® (Sanova: AT)
Duofilm® (Schering-Plough: US)
Duofilm® (Stiefel: AE, AR, AU, BE, BH, CA, CR, EG, GB, GT, HK, HN, IR, JO, KW, LB, LU, NI, NL, NZ, OM, PA, PE, QA, SA, SV, SY, TH, YE)
Duoforte 27® (Stiefel: CA)
Duoforte® (Stiefel: AR)
DuoPlant® (Schering-Plough: US)
DuoPlant® (Stiefel: CL, CO, CR, DO, GT, HN, MX, NI, PA, PE, SV)
Dupofol® (Dupomar: AR)
Egozite Cradle Cap Lotion® (Lision Hong: HK)
Egozite® (Ego: AE, AU, CY)
Emzaclear® (Sandoz: ZA)
Feuille de saule® (Gilbert: FR)
Formule W® (Wyeth: NL)
Fostex® (Bristol-Myers Squibb: US)
Freezone® (Medtech: US)
Gehwol® (Gerlach: DE)
Gold Cross Salicylic Acid® (Biotech: AU)
Gordofilm® (Gordon: US)
Guttaplast® (Beiersdorf: DE)
Hansaplast® (Beiersdorf: DE)
Humopin N® (Schöning-Berlin: DE)
Hydrisalic® (Pedinol: US)
Ionil Plus® (Galderma: BR)
Ionil Plus® (Healthpoint: US)
Ionil® (Galderma: AU, PE)
Ionil® (Healthpoint: US)
Kerato-sal® (Medica: BG)
Lygal® (Desitin: LU)
Lygal® (Taurus: DE)
Masc przeciw odciskom® (Farmal: PL)
Masolek® (Sopharma: BG)
Mediklin® (Maver: CL)
Mediplast® (Beiersdorf: DE, US)
MG 217® (Triton: US)
Mulit-Action® (GlaxoSmithKline Pharm.: US)
Multi-Action® (GlaxoSmithKline: US)
Neutrogena Clear Pore® (Neutrogena: US)
Neutrogena® (Johnson & Johnson: AU, CL)
Neutrogena® (Neutrogena: US)
Node DS Shampoo Crema® (Dispolab: CL)
Noxzema® (Procter & Gamble: US)
Occlusal® (Alliance: GB, IE)
Occlusal® (Bioglan: US)
Off-Ezy® (Del: US)
Oil Free Acne Wash® (Neutrogena: AR)
Oxy Balance® (GlaxoSmithKline: US)
Oxy medicated cream® (Novartis: BG)
Oxy Salicylic Acid® (Mentholatum: IL)
P&S® (Teva: US)
Panscol® (Zenith Goldline: US)
Propa pH® (Del: US)
Psorimed® (Leo: IE)
Psorimed® (Wolff: DE, HR)
Quitacallos® (Farmo Quimica: CL)
Reutysal® (Unipharm: BG)
Sal-Acid® (Pedinol: US)
Sal-Plant® (Pedinol: US)
Salactic® (Pedinol: US)
SalAc® (Bioglan: US)
Salicyl Galderma® (Galderma: DK)
Salicylic Acid Cleansing Bar® (Stiefel: US)
Salicylic Acid® (David Craig: NZ)
Salicylic Acid® (PSM: NZ)
Salicylzuur Collodium FNA® (FNA: NL)
Salicylzuur Hydrogel FNA® (FNA: NL)
Salicylzuur Zalf FNA® (FNA: NL)
Salicylzuuroplossing FNA® (FNA: NL)
Saliderm® (Profarm: PL)
Salikaren® (Rekah: IL)
Salpad® (Pharmatrix: AR)
Salsil® (Embil: TR)
Salsyvase® (Ipex: SE)
Sanitos® (DB: FR)
Santaspi® [vet.] (Santamix: FR)
Sastid® (Stiefel: CL)
Scholl Corn Removal® (Scholl: IL)
Scholl Corn Removal® (SSL: GB)
Scholl Hühneraugen Pflaster® (Medicopharmacia: SI)
Scholl Hühneraugen Pflaster® (SSL: CH)
Schrundensalbe Dermi-cyl® (Liebermann: DE)
Seal and Heal® (SSL: PL)
Sebasorb® (Summers: US)
Sebucare® (Bristol-Myers Squibb: US)
Sicombyl® (Christiaens: BE)
Sicombyl® (Nycomed: LU)
Soft Corn® (SSL: PL)
Sophtal-POS® (Ursapharm: DE)
Sophtal® (Alcon: FR)
Squamasol® (Ichthyol: AT, DE)
StayClear® (Boots: US)
Stri-dex Clear® (Blistex: US)
Stri-dex Pads® (Blistex: US)
Stri-Dex® (Blistex: US)
T/Sal® (Neutrogena: AR)
Trans-Plantar® (Prater: CL)
Trans-Plantar® (Tsumura: US)
Trans-Plantar® (Westwood-Squibb: CA)
Trans-Ver-Sal® (Difa: IT)
Trans-Ver-Sal® (Doak Dermatologics: US)
Trans-Ver-Sal® (Prater: CL)
Trans-Ver-Sal® (Westwood-Squibb: CA)
Transvercid® (Pierre Fabre: FR)
Unguento Morry® (Teofarma: ES)
URGO ACTIV Hühneraugenpflaster® (Urgo: DE)
Urgo Cor Dressing® (Urgo: PL)
Urgocor® (Urgo: DE)
Vericaps® (Ovelle: IE)
Verrucid® (Galenpharma: DE)
Verrupatch® (Viñas: ES)
Verruplan® (Viñas: ES)
Verrutopic AS® (Andromaco: AR)
Verrutrix® (Pharmatrix: AR)
Wart-Off® (Pfizer: US)

– magnesium salt:

CAS-Nr.: 0006150-94-3
OS: *Magnesium Salicylate USAN*
IS: *Magnesiumsalicylat-4-Wasser*
PH: Magnesium Salicylate USP 30

Backache® (Bristol-Myers: US)
Doan's® (Novartis: US)
Keygesic-10® (Key: US)
Mobidin® (Ascher: US)
Momentum® (Medtech: US)

- sodium salt:

CAS-Nr.: 0000054-21-7
OS: *Sodium Salicylate JAN*
PH: Natrii salicylas Ph. Eur. 5, Ph. Int. 4
PH: Natriumsalicylat Ph. Eur. 5
PH: Sodium (salicylate de) Ph. Eur. 5
PH: Sodium Salicylate JP XIV, Ph. Eur. 5, Ph. Int. 4, USP 30

Artrifen® (Farmacol: CO)
Entersal® (Mustafa Nevzat: TR)
Na-Salicylaat® [vet.] (Dopharma: NL)
Natrium Salicylicum Biotika® (Biotika: CZ)
Natriumsalicylaat® [vet.] (Eurovet: NL)
Salsprin® [vet.] (Nature Vet: AU)

- trolamine:

CAS-Nr.: 0002174-16-5
IS: *Salicylic acid triethanolamine*
IS: *Triethanolamine Salicylate*
PH: Trolamine Salicylate USP 30

Arthricream® (Clay-Park: US)
Arthricreme® (Osco: US)
Arthricreme® (Rite Aid: US)
Arthricreme® (Sav-On: US)
Arthritis Pain Medicine® (Teva: US)
Aspercreme® (Chattem: US)
Bengay No Odour® (Pfizer Consumer Healthcare: CA)
Bexidermil® (Isdin: ES)
Goanna Arthritis Cream® (Herron: AU)
Metsal AR® (3M: AU)
Mobisyl® (Ascher: US)
Myoflex® (Bayer Consumer: CA)
Myoflex® (Novartis: US)
Rubesal® (Hamilton: AU)
Sportscreme® (Chattem: US)

Salinomycin (Rec.INN)

L: Salinomycinum
D: Salinomycin
F: Salinomycine
S: Salinomicina

Antiprotozoal agent, coccidiocidal

CAS-Nr.: 0053003-10-4 C_{42}-H_{70}-O_{11}
M_r 751.022

OS: *Salinomycin [BAN]*
IS: *K 364*
IS: *K 748364 A*

Procoxacin® [vet.] (Chemuniqué: ZA)
Salinomycin® [vet.] (MDB: ZA)

- sodium salt:

CAS-Nr.: 0055721-31-8

Aviax® [vet.] (Forum: GB)
Bio-Cox® [vet.] (Alpharma: AU, GB, NZ)
Bio-Cox® [vet.] (Roche Vitamins: US)
Biocox® [vet.] (Instavet: ZA)
Coxistac® (Phibro: AU)
Coxistac® [vet.] (Forum: GB)
Coxistac® [vet.] (Livestock Solutions: NZ)
Coxistac® [vet.] (Phibro: AU)
Coxistat® [vet.] (Pfizer: AU)
Posistac® [vet.] (Phibro: AU)
Posistat® [vet.] (Pfizer: AU)
Sacox® [vet.] (Hoechst Vet: IE)
Sacox® [vet.] (Intervet: AU, GB, ZA)
Sal-Eco® [vet.] (Eco: GB)
Salecox® [vet.] (Eco: ZA)
Saleco® [vet.] (International Animal Health: AU)
Salinocox® [vet.] (Ceva: ZA)
Salinomax® [vet.] (Alpharma: FR)
Salocin® [vet.] (Intervet: AU, GB)
Virbacox® [vet.] (Virbac: ZA)

Salmeterol (Rec.INN)

L: Salmeterolum
D: Salmeterol
F: Salmeterol
S: Salmeterol

Bronchodilator
β_2-Sympathomimetic agent

ATC: R03AC12
CAS-Nr.: 0089365-50-4 C_{25}-H_{37}-N-O_4
M_r 415.581

1,3-Benzenedimethanol, 4-hydroxy-α^1-[[[6-(4-phenylbutoxy)hexyl]amino]methyl]-, (±)-

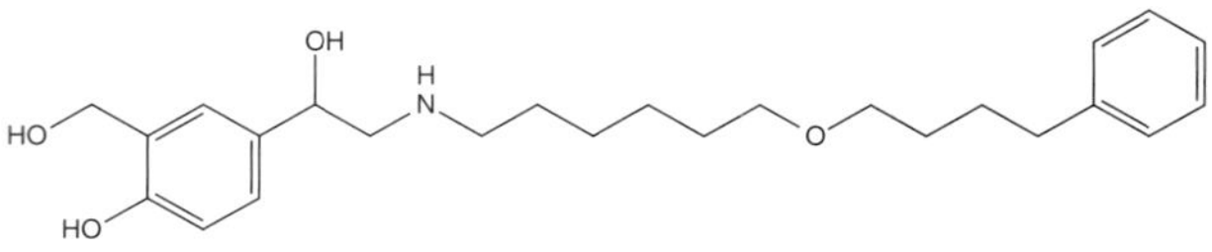

OS: *Salmeterol [BAN, USAN]*
OS: *Salmétérol [DCF]*
IS: *GR 33343 X (Glaxo, Great Britain)*

Salmeter® (Dr Reddys: IN)
Seretide Accuhaler® [+ Fluticasone propionate] (GlaxoSmithKline: ES, GB, IN)
Serevent® (Glaxo Wellcome: SI)
Serevent® (GlaxoSmithKline: AE, AG, AN, AW, BA, BB, BE, BH, GD, GY, IR, JM, KW, LC, LU, OM, QA, RS, TT, VC)
Serevent® [vet.] (GlaxoSmithKline: GB)
Seroflo® [+ Fluticasone propionate] (Cipla: IN)

- xinafoate:

CAS-Nr.: 0094749-08-3
OS: *Salmeterol Xinafoate BANM, USAN*
IS: *GR 33343 G (Glaxo, Great Britain)*
PH: Salmeterol xinafoate Ph. Eur. 5

Abrilar® (Roemmers: PE)
aeromax® (GlaxoSmithKline: DE)
Anasma Accuhaler® [+ Fluticasone propionate] (Alter: ES)
Anasma® [+ Fluticasone propionate] (Alter: ES)
Arial® (Dompé: IT)
Axinat® (Acme: BD)
Beglan® (Faes: ES)
Betamican® (Alter: ES)
Bexitrol® (Beximco: BD)

Brisomax® [+ Fluticasone propionate] (Bial: PT)
Dilamax® (Bial: PT)
Flutivent® [+ Fluticasone proprionate] (Pablo Cassara: AR)
Inaladuo Accuhaler® [+ Fluticasone propionate] (Faes: ES)
Inaladuo® [+ Fluticasone propionate] (Faes: ES)
Inaspir® (Almirall: ES)
Maizar® [+ Fluticasone propionate] (Vitoria: PT)
Plusvent Accuhaler® [+ Fluticasone propionate] (Almirall: ES)
Plusvent® [+ Fluticasone propionate] (Almirall: ES)
Salmate® (Square: BD)
Salmerol® (Acme: BD)
Salmetedur® (Menarini: IT)
Salmeterol „Allen"® (Allen: AT)
Salmeterol® (Bestpharma: CL)
Salmeter® (Dr Reddys: LK)
Salmeter® (Jalalabad: BD)
Salspray® (Cipla: LK)
Seretaide® [+ Fluticasone propionate] (Glaxo Wellcome: PT)
Seretaide® [+ Fluticasone propionate] (GlaxoSmithKline: CN)
Seretide Diskus Lyfjaver® [+ Fluticason propionate] (Lyfjaver: IS)
Seretide Diskus® [+ Fluticason propionate] (GlaxoSmithKline: AT, BA, BR, CL, CZ, IS, LU, PE, RO, RS, SI)
Seretide Evohaler® [+ Fluticason propionate] (GlaxoSmithKline: GB)
Seretide® [+ Fluticason propionate] (Allen & Hanburys: AU)
Seretide® [+ Fluticason propionate] (GlaxoSmithKline: AT, BA, BE, BR, CH, CL, CZ, ES, FI, FR, GB, GE, GR, HK, HR, IE, IS, LU, NO, NZ, PE, PL, RO, RU, SE, SG, SI, TH, TR, VN)
Seretide® [+ Fluticasone] (GlaxoSmithKline: AR)
Serevent Accuhaler® (Allen & Hanburys: AU)
Serevent Accuhaler® (GlaxoSmithKline: ES, GB, NZ)
Serevent Diskus® (GlaxoSmithKline: AT, BR, CH, CL, CZ, DE, FR, IL, IS, LU, SI, US)
Serevent Inhalador® (GlaxoSmithKline: CL)
Serevent Inhaler® (Allen & Hanburys: AU)
Serevent Inhaler® (GlaxoSmithKline: NZ)
Serevent Rotadisk® (GlaxoSmithKline: AT)
Serevent® (Allen & Hanburys: AU)
Serevent® (Delphi: NL)
Serevent® (Dowelhurst: NL)
Serevent® (Dr. Fisher: NL)
Serevent® (EU-Pharma: NL)
Serevent® (Eureco: NL)
Serevent® (Euro: NL)
Serevent® (Glaxo Wellcome: PT)
Serevent® (GlaxoSmithKline: AR, AT, BA, BD, BE, BG, BR, CA, CH, CR, CZ, DE, DK, DO, EC, ES, FI, FR, GB, GE, GR, GT, HK, HN, HR, HU, ID, IE, IS, IT, LU, MX, MY, NI, NL, NO, PA, PE, PH, PL, RO, RU, SE, SG, SI, SV, TH, TR, US, ZA)
Serevent® (Medcor: NL)
Serevent® (Nedpharma: NL)
Serobid® (Cipla: IN, LK)
Ultrabeta® (Vitoria: PT)
Veraspir® [+ Fluticasone proprionate] (Alodial: PT)

Salsalate (Rec.INN)

L: Salsalatum
D: Salsalat
F: Salsalate
S: Salsalato

Antiinflammatory agent
Analgesic

CAS-Nr.: 0000552-94-3 C_{14}-H_{10}-O_5
M_r 258.234

Benzoic acid, 2-hydroxy-, 2-carboxyphenyl ester

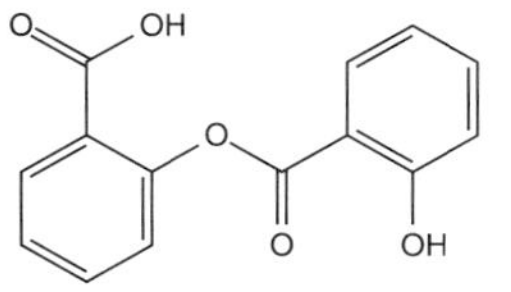

OS: *Salsalate [BAN, USAN]*
OS: *Sasapyrine [JAN]*
IS: *Acidum salicylosalicylicum*
IS: *Salicylsalicylic acid*
IS: *Disalicylsäure*
IS: *O-Salicyloylsalicylsäure*
IS: *Salicylic acid, biomolecular ester*
PH: Salsalate [BP 1993, USP 30]

Argesic® (Econo Med: US)
Disalcid® (3M: GB, KE, US, ZA, ZW)
Mono-Gesic® (Schwarz: US)
Salflex® (Amarin: US)
Salsitab® (Upsher-Smith: US)

Samarium (^{153}Sm) lexidronam (Rec.INN)

L: Samarii (^{153}Sm) lexidronamum
D: Samarium (^{153}Sm) lexidronam
F: Samarium (^{153}Sm) lexidronam
S: Samario (^{153}Sm) lexidronam

Radiodiagnostic agent

CAS-Nr.: 0154427-83-5 C_6-H_{17}-N_2-O_{12}-P_4-^{153}Sm
M_r 586.102

Pentahydrogen (OC-6-21)-[[ethylenebis(nitrilodimethylene)]tetraphosphonato](8-)-N,N',O^P,$O^{P'}$,$O^{P''}$,$O^{P'''}$-samarate(5-)-^{153}Sm

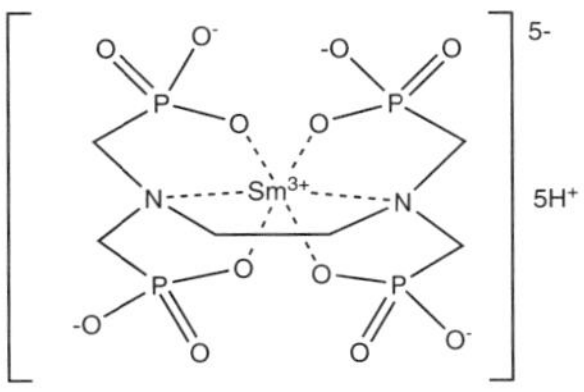

IS: *(^{153}Sm)Samarium ethylendiamintetramethyl phosphorsäure*
PH: Samarium Sm 153 lexidronam [USP 27]

Quadramet® (Cis Bio: LU)
Quadramet® (Schering: ES)

– pentasodium:
CAS-Nr.: 0160369-78-8

S

OS: *Samarium Sm 153 Lexidronam Pentasodium USAN*
IS: *CYT-424 (Cytogen, USA)*
IS: *^{153}Sm-EDTMP*

Quadramet® (ARI: AU)
Quadramet® (Cis Bio International: NL)
Quadramet® (Cis Bio-F: IT)
Quadramet® (Cytogen: US)

Sapropterin (Rec.INN)

L: Sapropterinum
D: Sapropterin
F: Sapropterine
S: Sapropterina

Drug for metabolic disease treatment

ATC: A16AX07
ATCvet: QA16AX07
CAS-Nr.: 0062989-33-7 C_9-H_{15}-N_5-O_3
M_r 241.269

(-)-(6R)-2-Amino-6-[(1R,2S)-1,2-dihydroxypropyl]-5,6,7,8-tetrahydro-4(3H)-pteridinone

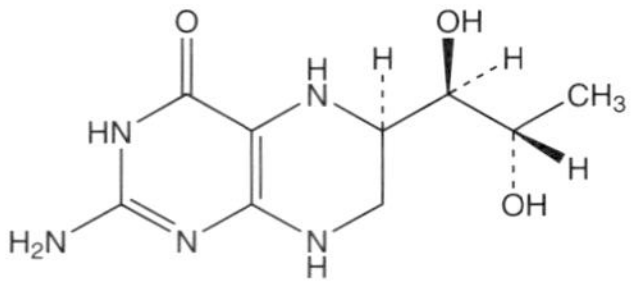

IS: *6R-BH$_4$*
IS: *Dapropterin*
IS: *R-THBP*
IS: *Tetrahydrobiopterin*

– dihydrochloride:

CAS-Nr.: 0069056-38-8
IS: *Sun 0588 (Suntory, Japan)*

Biopten® (Suntory: JP)

Saquinavir (Rec.INN)

L: Saquinavirum
D: Saquinavir
F: Saquinavir
S: Saquinavir

Antiviral agent, HIV protease inhibitor

ATC: J05AE01
CAS-Nr.: 0127779-20-8 C_{38}-H_{50}-N_6-O_5
M_r 670.878

(S)-N-[(αS)-α-[(1R)-2-[(3S,4aS,8aS)-3-(tert-Butylcarbamoyl)octahydro-2(1H)-isoquinolyl]-1-hydroxyethyl]phenethyl]-2-quinaldamido succinamide

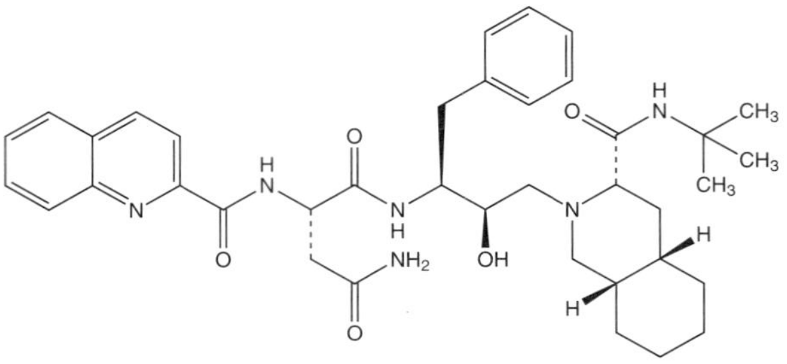

OS: *Saquinavir [BAN, USAN]*
IS: *Compound XVI*
IS: *Ro 31-8959 (Roche, USA)*
IS: *Ro 31-8959/000 (Hoffmann-LaRoche)*
PH: Saquinavir [Ph. Int. 4]
PH: Saquinavirum [Ph. Int. 4]

Fortovase® (Roche: AT, AU, BD, BE, BG, BR, BW, CA, CH, CL, CN, CO, CZ, DE, DK, EC, EE, ES, ET, FI, FR, GB, GH, GR, IE, IL, IN, IS, IT, KE, KH, KZ, LU, LV, MU, MW, MW, MX, NA, NG, NL, NO, NZ, OM, PE, PL, PT, RO, RS, RU, SD, SE, SG, SK, TH, TW, TZ, UG, US, UY, ZA, ZM, ZW)
Invirase® (Roche: IE)
Sakavir® (Biogen: CO)
Sakavir® (Repmedicas: PE)

– mesilate:

CAS-Nr.: 0149845-06-7
OS: *Saquinavir Mesylate BANM, USAN*
IS: *Ro 31-8959/003 (Roche, USA)*
PH: Saquinavir Mesylate Ph. Int. 4, USP 30
PH: Saquinaviri mesylas Ph. Int. 4

Fortovase® (Roche: AR, AU, CH, IN, NL, RO, US)
Invirase® (Roche: AT, AU, BE, BR, BW, CA, CH, CL, CZ, DE, DK, ES, ET, FI, FR, GB, GH, GR, GT, HK, HR, HU, IL, IS, IT, KE, KH, LA, LU, LV, MU, MW, MX, MY, NA, NG, NL, NO, NZ, PA, PH, PL, PT, RO, RS, RU, SA, SD, SE, SK, TZ, UG, US, UY, VN, ZA, ZM, ZW)
Proteovir® (Richmond: AR)

Sarafloxacin (Rec.INN)

L: Sarafloxacinum
D: Sarafloxacin
F: Sarafloxacine
S: Sarafloxacino

Antibiotic, gyrase inhibitor
Antiinfective agent, antibacterial agent

CAS-Nr.: 0098105-99-8 C_{20}-H_{17}-F_2-N_3-O_3
M_r 385.36

6-fluoro-1-(*p*-fluorophenyl)-1,4-dihydro-4-oxo-7-(1-piperazinyl)-3-quinoline-carboxylic acid (WHO)

6-fluoro-1-(4-fluorophenyl)-1,4-dihydro-4-oxo-7-(1-piperazinyl)-3-quinolinecarboxylic acid

6-fluoro-1-(4-fluorophenyl)-1,4-dihydro-4-oxo-7-(1-piperazinyl)-3-chinolincarbonsäure (IUPAC)

3-Quinolinecarboxylic acid, 6-fluoro-1-(4-fluorop-henyl)-1,4dihydro-4-oxo7-(1-piperazinyl)- (USAN)

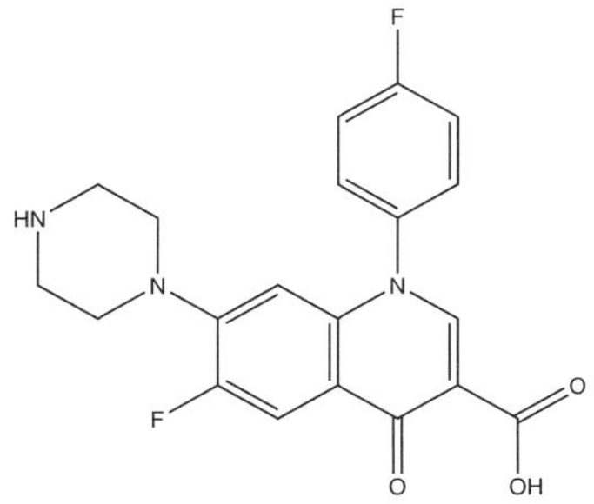

OS: *Sarafloxacin Hydrochloride [BAN]*
OS: *Sarafloxacin Hydrochloride [USAN]*
IS: *A-57135 (Abbott, US)*

– hydrochloride:
CAS-Nr.: 0091296-87-6
IS: *A 56620 (Abbott, US)*

Sarafin® [vet.] (Vetrepharm: GB)

Sargramostim (Rec.INN)

L: Sargramostimum
D: Sargramostim
F: Sargramostim
S: Sargramostim

Colony stimulating factor, granulocyte-macrophage, GM-CSF

Immunomodulator

ATC: L03AA09
CAS-Nr.: 0123774-72-1 C_{639}-H_{1002}-N_{168}-O_{196}-S_8
M_r 14431.205

23-L-Leucinecolony-stimulating factor 2 (human clone pHG25 protein moiety)

OS: *Sargramostim [BAN, DCF, USAN]*
IS: *BI 61012*
IS: *BL 400*
IS: *rGM-CSF*
IS: *rHu GM-CSF*
PH: Sargramostim [USP 30]

Leukine® (Berlex: US)

Sarmazenil (Rec.INN)

Antidote, benzodiazepines

CAS-Nr.: 0078771-13-8 C_{15}-H_{14}-Cl-N_3-O_3
M_r 319.757

Ethyl 7-chloro-5,6-dihydro-5-methyl-6-oxo-4H-imidazo-[1,5-a][1,4]benzodiazepine-3-carboxylate

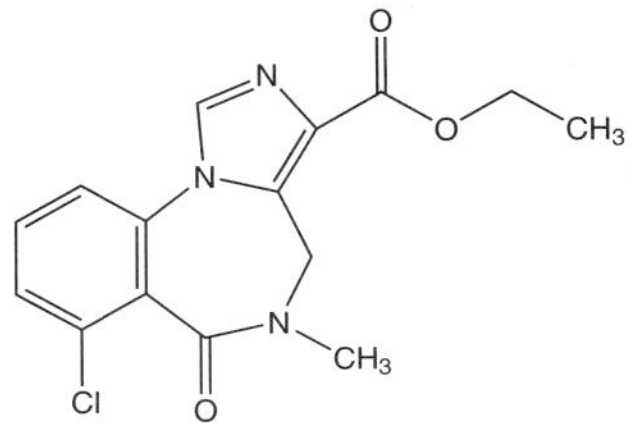

IS: *Ro 15-4513*

Sarmasol® [vet.] (Gräub: CH)

Sarpogrelate (Rec.INN)

L: Sarpogrelatum
D: Sarpogrelat
F: Sarpogrelate
S: Sarpogrelato

Anticoagulant, platelet aggregation inhibitor

CAS-Nr.: 0125926-17-2 C_{24}-H_{31}-N-O_6
M_r 429.522

(±)-2-(Dimethylamino)-1-[[o(m-methoxyphene-thyl)phenoxy]methyl]ethylhydrogen succinate

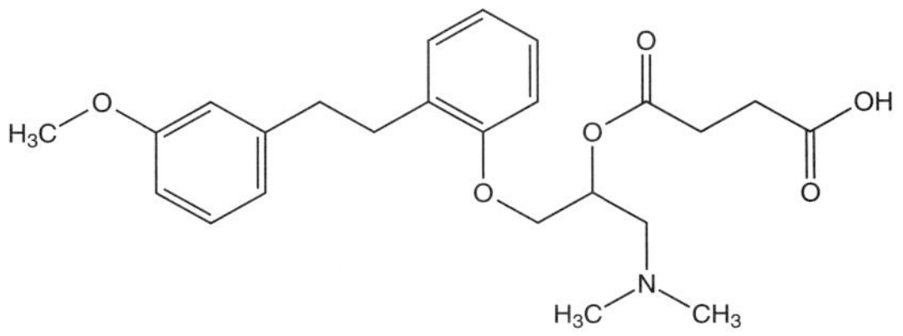

– hydrochloride:
CAS-Nr.: 0135159-51-2
OS: *Sarpogrelate Hydrochloride JAN*
IS: *MCI 9042 (Mitsubishi Kasei, Japan)*

Anplag® (Mitsubishi: JP)

Scopolamine (DCF)

L: Scopolaminum
I: Scopolamina
D: Scopolamin
F: Scopolamine

Parasympatholytic agent

ATC: A04AD01,N05CM05,S01FA02
CAS-Nr.: 0000051-34-3 C_{17}-H_{21}-N-O_4
M_r 303.365

Benzeneacetic acid, α-(hydroxymethyl)-, 9-methyl-3-oxa-9-azatricyclo[3.3.1.02,4]non-7-yl ester, [7(S)-(1α,2β,4β,5α,7β)]-

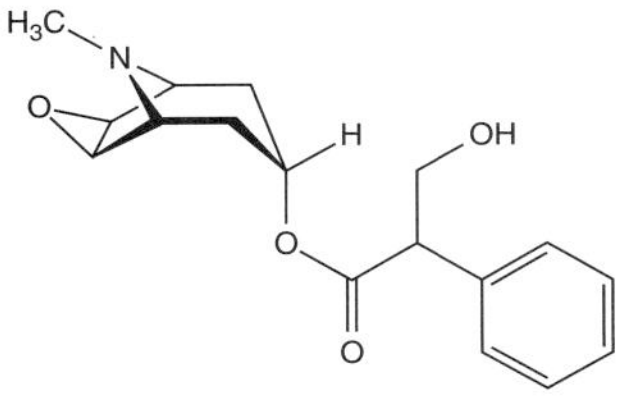

OS: *Hyoscine [BAN]*
OS: *Scopolamine [DCF]*
IS: *Escopolamina*
IS: *Hyoszin*
IS: *Epoxytropintropat*
IS: *Hyoscin*
PH: Scopolamine [Ph. Eur. 5]

Scopace® (Hope: US)
Scopoderm TTS® (Novartis: AT, DE, ZA)

Scopoderm TTS® (Novartis Consumer Health: GB, NL, NZ)
Scopoderm TTS® (Novartis Santé Familiale: FR)
Scopoderm® (Novartis: DK, FI, IS, LU, NO, SE)
Transcop® (Recordati: IT)
Transderm Scop® (Novartis: US)
Transderm-V® (Novartis: CA)

– borate:

Boro-Scopol® (Winzer: DE)

– hydrobromide:

CAS-Nr.: 0006533-68-2
OS: *Hyoscine Hydrobromide BANM, JAN*
IS: *Hyoscini hydrobromidum*
PH: Hyoscine Hydrobromide Ph. Eur. 5
PH: Hyoscini hydrobromidum Ph. Eur. 5, Ph. Int. II
PH: Scopolamine (bromhydrate de) Ph. Eur. 5
PH: Scopolamine Hydrobromide JP XIV, USP 30
PH: Scopolaminhydrobromid Ph. Eur. 5
PH: Scopolamini hydrobromidum Ph. Eur. 5

Cendo Scopola® (Cendo: ID)
Escopolamina Braun® (Braun: ES, PT)
Escopolamina N-Butyl Bromuro® (Sanderson: CL)
Hyoscine Hydrobromide DBL® (Mayne: HK, NZ, SG)
Hyoscine® (Mayne: AU)
Hyoscine® (Sandoz: CA)
Hyoscine® (Wockhardt: GB)
Isopto Hyoscine® (Alcon: US)
Kwells® (Bayer: AU, GB)
Oftan Scopolamin® (Santen: FI)
Scoburen® (Renaudin: FR)
Scopalgine® [vet.] (TVM: FR)
Scopolamina Bromidrato Alfa Intes® (Alfa Intes: IT)
Scopolamina Bromidrato® (Biologici: IT)
Scopolamina Bromidrato® (Fresenius: IT)
Scopolamina Bromidrato® (Salf: IT)
Scopolamine Cooper® (Cooper: FR)
Scopolamine Dispersa® (Omnivision: CH)
Scopolamine Hydrobromide® (Abraxis: US)
Scopolamine Hydrobromide® (Hospira: CA)
Scopolamine Hydrobromide® (Teva: IL)
Skopolamin Ophtha® (Ophtha: DK)
Skopolamin SAD® (SAD: DK)
Travacalm HO® (Key: AU)

Secbutabarbital (Rec.INN)

L: Secbutabarbitalum
I: Secbutabarbital
D: Secbutabarbital
F: Secbutabarbital
S: Secbutabarbital

Hypnotic

CAS-Nr.: 0000125-40-6 C_{10}-H_{16}-N_2-O_3
M_r 212.258

2,4,6(1H,3H,5H)-Pyrimidinetrione, 5-ethyl-5-(1-methylpropyl)-

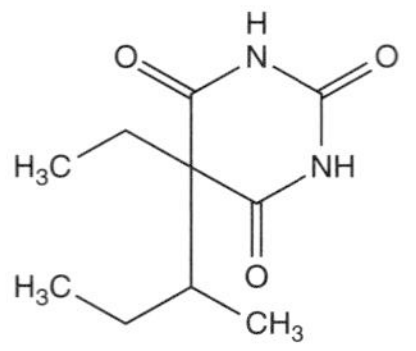

OS: *Secbutabarbital [BAN, DCF, DCIT]*
IS: *Butabarbitone*
IS: *Secumalum*
IS: *Secbutobarbitone*
IS: *5-sec-Butyl-5-ethylbarbituric acid (WHO)*
PH: Butabarbital [USP 30]
PH: Secbutobarbitone [BP 1980]

– sodium salt:

CAS-Nr.: 0000143-81-7
IS: *Asturidon*
PH: Butabarbital Sodium USP 30

Butisol Sodium® (Medpointe: US)

Secnidazole (Rec.INN)

L: Secnidazolum
D: Secnidazol
F: Secnidazole
S: Secnidazol

Antiprotozoal agent, amebicide
Antiprotozoal agent, trichomonacidal

ATC: P01AB07
CAS-Nr.: 0003366-95-8 C_7-H_{11}-N_3-O_3
M_r 185.195

1H-Imidazole-1-ethanol, α,2-dimethyl-5-nitro-

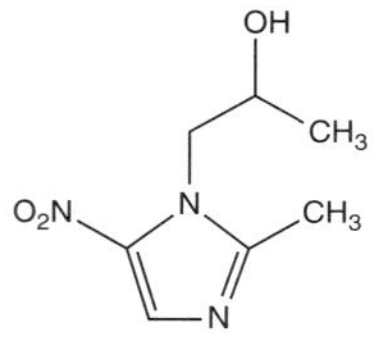

OS: *Secnidazole [BAN, DCF]*
IS: *RP 14539 (Specia)*
IS: *PM 185184*

Bianos® (Interpharm: EC)
Bianos® (Procaps: DO)
Bianos® (Unimed: PE)
Daksol® (La Santé: CO)
Deprozol® (Aché: BR)
Ecuzol® (ECU: EC)
Flagentyl® (Aventis: GH, KE, NG, PH, ZW)
Flagentyl® (Aventis Pharma: ID)
Flagentyl® (Eczacibasi: TR)
Flagentyl® (Howse & McGeorge: UG)
Flagentyl® (Sanofi-Aventis: AR, BF, BJ, CF, CG, CI, CM, FR, GA, GN, MG, ML, MR, MU, NE, SN, TD, TG, VN, ZR)
Flagentyl® (Vitoria: PT)
Giarameb® (Acromax: EC)
Gisistin® (Best: MX)

Gynerium® (Victory: MX)
Italnidazol® (Italpharma: EC)
Kral-Ameb® (Kral: GT)
Libranidazol® (Librapharm: EC)
Liondox Plus® [tab./caps.] (Roemmers: PE)
Maxidazol® (Ethical: DO)
Minovag® (Novag: MX)
Noameba-DS® (Ipca: IN)
Nor-Secnal® (Teramed: DO, GT, HN, SV)
Pazidol® (Life: EC)
Pleyazen® (Weider: CO)
Pronil® (Acme: BD)
Sabima® (Atlantis: MX)
Secnezol® (Bosnalijek: BA)
Secni-Plus® (Farmoquimica: BR)
Secnichem® (Biochem: CO)
Secnidal® (Aventis: BR, CO, CR, EC, GT, HN, NI, PA, PE, SV)
Secnidal® (Sanofi-Aventis: BD, MX)
Secnidazol Feltrex® (Feltrex: DO)
Secnidazol Genfar® (Genfar: CO, PE)
Secnidazol MK® (MK: CO)
Secnidazol® (Colmed: PE)
Secnidazol® (Genfar: EC)
Secnidazol® (Grünenthal: PE)
Secnidazol® (Lisan: CR)
Secnidazol® (Medicalex: CO)
Secnidazol® (Memphis: CO)
Secnidazol® (Pentacoop: CO, EC, PE)
Secnid® (Square: BD)
Secnihexal® (Hexal: BR)
Secnil® (Nicholas: IN)
Secnimed® (Proanmed: CO)
Secnizol® (UCI: BR)
Secnol® (IPRAD: FR)
Secsilen® (Rocnarf: EC)
Sedil® (California: CO)
Sentyl® (Sunthi: ID)
Sezol® (ACI: BD)
Sindil® (GlaxoSmithKline: EC)
Strebenzol® (Streger: MX)
Tagera Forte® (Unichem: LK, VN)
Tecnid® (Aventis: BR)

Secobarbital (Rec.INN)

L: Secobarbitalum
I: Secobarbital
D: Secobarbital
F: Sécobarbital
S: Secobarbital

Hypnotic

ATC: N05CA06
ATCvet: QN05CA06,QN51AA02,QN51AA52
CAS-Nr.: 0000076-73-3 — C_{12}-H_{18}-N_2-O_3 — M_r 238.296

2,4,6(1H,3H,5H)-Pyrimidinetrione, 5-(1-methylbutyl)-5-(2-propenyl)-

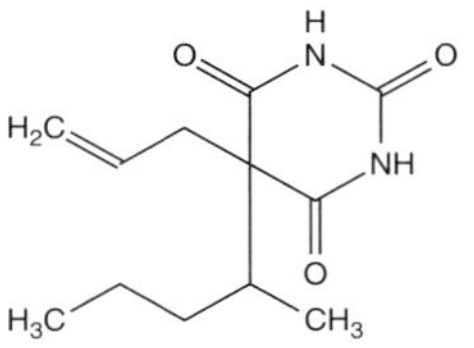

OS: *Secobarbitale [DCIT]*
OS: *Sécobarbital [DCF]*
IS: *Meballymalum*
IS: *Quinalbarbitone*
IS: *5-Allyl-5-(1-methylbutyl)barbituric acid (WHO)*
PH: Secobarbital [USP 30]

– sodium salt:

CAS-Nr.: 0000309-43-3
OS: *Secobarbital Sodium BAN, JAN*
OS: *Quinalbarbitone sodium BAN*
IS: *Soluble Secobarbital*
PH: Natrium allylmethylbutylbarbituricum OeAB
PH: Secobarbitale sodico F.U. IX
PH: Secobarbital-Natrium DAB 1999
PH: Secobarbital sodique Ph. Franç. X
PH: Secobarbital Sodium BP 1999, USP 30
PH: Secobarbitalum natricum Ph. Eur. II, Ph. Helv. VII, Ph. Int. II

Secobarbital Sodium® (Halsey Drug: US)
Secobarbital Sodium® (Interstate Drug Exchange: US)
Secobarbital Sodium® (Lannett: US)
Secobarbital Sodium® (Wyeth: US)
Seconal Sodium® (Flynn: GB)
Seconal Sodium® (Lilly: CA)
Seconal® (Ranbaxy: US)

Secretin (Rec.INN)

L: Secretinum
D: Secretin
F: Sécrétine
S: Secretina

Autacoid
Diagnostic, pancreas function

ATC: V04CK01
CAS-Nr.: 0001393-25-5

Secretin

OS: *Sécretine [DCF]*
OS: *Secretin [BAN, JAN]*
IS: *E 286 (Eisai, Japan)*
IS: *Hormoduodine*
IS: *Hoe 069*
PH: Secretin [JP XIV]

ChiRhoStim® (ChiRhoClin: US)
Human Secretin® (ChiRhoClin: US)
Secreflo® (ChiRhoClin: US)

– hydrochloride:

Secrelux® (Sanochemia: DE)

Selamectin (Rec.INN)

L: Selamectinum
D: Selamectin
F: Sélamectine
S: Selamectina

Anthelmintic
Antiparasitic agent

ATCvet: QP54AA05
CAS-Nr.: 0165108-07-6 C_{43}-H_{63}-N-O_{11}
M_r 769.96

25-Cyclohexyl-4'-O-de(2,6-dideoxy-3-O-methyl-α-L-*arabino*-hexopyranosyl)-5-demethoxy-25-de(1-methylpropyl)-22,23-dihydro-5-(hydroxyimino)-avermectin A1a (USAN)

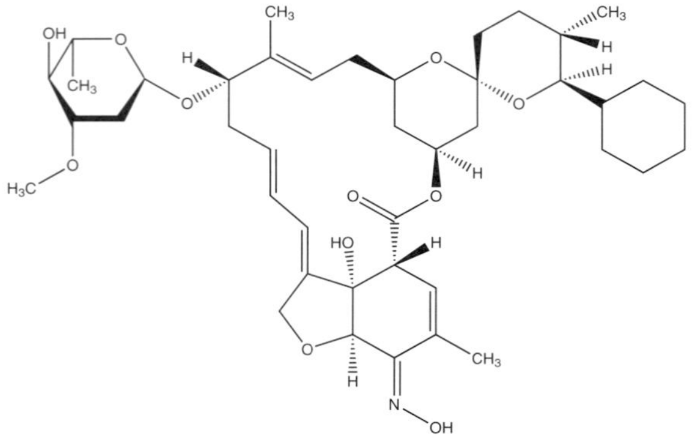

OS: *Selamectin [USAN]*
IS: *UK-124114*

Revolution® [vet.] (Pfizer: AU)
Revolution® [vet.] (Pfizer Animal Health: NZ)
Stronghold® [vet.] (Pfizer: FI, IT, NL)
Stronghold® [vet.] (Pfizer Animal: DE, PT)
Stronghold® [vet.] (Pfizer Animal Health: CH, GB)
Stronghold® [vet.] (Pfizer Santé Animale: FR)

Selegiline (Rec.INN)

L: Selegilinum
I: Selegilina
D: Selegilin
F: Sélégiline
S: Selegilina

Antiparkinsonian
Enzyme inhibitor, monoaminoxydase type B

ATC: N04BD01
CAS-Nr.: 0014611-51-9 C_{13}-H_{17}-N
M_r 187.289

Benzeneethanamine, N,α-dimethyl-N-2-propynyl-, (R)-

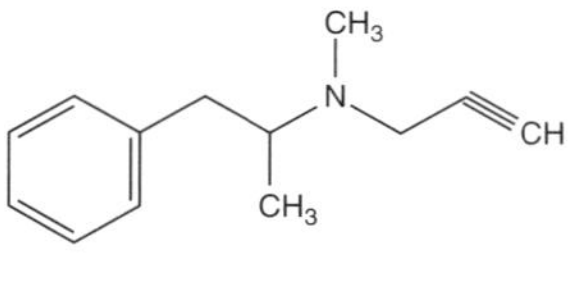

OS: *Selegiline [BAN]*
OS: *Sélégiline [DCF]*
OS: *Selegilina [DCIT]*
IS: *E 250*
IS: *L-Deprenalin*
IS: *L-Deprenil*
IS: *L-Deprenyl*

ALS-Selegilina® (Apotex: RO)
Cognitive® (Ebewe: VN)
Elepril® (Farmasa: BR)
Emsam® [TTS] (Bristol-Myers Squibb: US)
Jumexil® (Farmalab: BR)
Nozid® (Sanofi-Aventis: HR)
Selgian® [vet.] (Ceva: PT)
Selgian® [vet.] (Sanofi-Synthelabo: BE)

– hydrochloride:

CAS-Nr.: 0014611-52-0
OS: *Selegiline Hydrochloride BANM, USAN*
PH: Selegiline Hydrochloride Ph. Eur. 5, USP 30
PH: Seligilini hydrochloridum Ph. Eur. 5
PH: Sélégiline (chlorhydrate de) Ph. Eur. 5
PH: Selegilinhydrochlorid Ph. Eur. 5

Amboneural® (Arcana: AT)
Anipryl® (Pfizer Consumer Health: US)
Antiparkin® (Viatris: DE)
Apo-Selegiline® (Apotex: CA, NZ)
Apo-Seleg® (Apotex: CZ)
Apo-Selin® (Apotex: PL)
Atapryl® (Athena: US)
Brintenal® (Beta: AR)
Carbex® (Endo: US)
Cloridrato de Selegilina® (Biosintética: BR)
Cognitiv® (Ebewe: AT, CZ, HU, RO, RU)
Cosmopril® (Cosmopharm: GR)
Deprilan® (Biosintética: BR)
Déprényl® (Orion: FR)
Egibren® (Chiesi: IT)
Eldepryl® (Douglas: AU, NZ)
Eldepryl® (Orion: DK, FI, GB, IE, NO, SE)
Eldepryl® (Reckitt Benckiser: ZA)
Eldepryl® (Somerset: US)
Eldepryl® (Viatris: BE, LU, NL)
Endopryl® (Remedica: CY)
Feliselin® (Rafarm: GR)
Gen-Selegiline® (Genpharm: CA)
Julab® (Biolab: HK, TH)
Jumexal® (Sanofi-Aventis: CH)
Jumexal® (Sanofi-Synthelabo: CR, GT, HN, NI, PA, SV)
Jumexil® (Farmalab: BR)
Jumex® (Chiesi: IT)
Jumex® (Chinoin: CZ, PL)
Jumex® (Dexxon: IL)
Jumex® (Eurim: AT)
Jumex® (Ivax: AR)
Jumex® (Novartis: PT)
Jumex® (Paranova: AT)
Jumex® (Sanofi-Aventis: HK, HR, HU, MY, SG)
Jumex® (Sanofi-Synthelabo: AT, CR, GT, HN, ID, NI, PA, RO, SI, SV, TH)
Jumex® (Torrent: IN)
Juprenil® (Zorka: RS)
Jutagilin® (Juta: DE)
Jutagilin® (Q-Pharm: DE)
Kinabide® (Bago: PE)
Krautin® (Pharmanel: GR)
MAOtil® (acis: DE)

Moverdin® (Koçak: TR)
Movergan® (Orion: DE)
Niar® (Abbott: BR, CZ)
Novo-Selegiline® (Novopharm: CA)
Otrasel® (Cephalon: FR)
Plurimen® (Viatris: ES)
Procythol® (Sanofi-Synthelabo: GR)
Regepar® (Enzypharm: AT)
Regepar® (Sanofi-Synthelabo: AT)
Resostyl® (Chrispa: GR)
Sedicel® (Psipharma: CO)
Sefmex® (Unison: HK, TH)
Segan® (Polpharma: PL)
Seldepar® (Sandoz: TR)
Selecim® (Siegfried: RO)
Selecom® (Fulton: IT)
Seledat® (Master: IT)
Selegam® (Hexal: DE)
Selegam® (Neuro Hexal: DE)
Selegilin Alpharma® (Alpharma: NL)
Selegilin AL® (Aliud: DE)
Selegilin Azu® (Azupharma: DE)
Selegilin Genericon® (Genericon: AT)
Selegilin Generics® (Merck NM: FI)
Selegilin HCl-Austropharm® (Ebewe: AT)
Selegilin Helvepharm® (Helvepharm: CH)
Selegilin Heumann® (Heumann: DE)
Selegilin Hexal® (Hexal: DE)
Selegilin Merck NM® (Merck NM: SE)
Selegilin NM Pharma® (Gerard: IS)
Selegilin NM® (Gerard: DK)
Selegilin Sandoz® (Sandoz: DE)
Selegilin Sofotec® (Sofotec: DE)
Selegilin Stada® (Stadapharm: DE)
selegilin von ct® (CT: DE)
Selegilin-Mepha® (Mepha: CH)
Selegilin-neuraxpharm® (neuraxpharm: DE)
Selegilin-ratiopharm® (Ratiopharm: CZ)
Selegilin-ratiopharm® (ratiopharm: DE)
Selegilin-TEVA® (Teva: DE)
Selegilina Davur® (Davur: ES)
Selegilina Generis® (Generis: PT)
Selegilina Profas® (Pliva: ES)
Selegiline HCl Actavis® (Actavis: NL)
Selegiline HCl A® (Apothecon: NL)
Selegiline HCl CF® (Centrafarm: NL)
Selegiline HCl FLX® (Karib: NL)
Selegiline HCl PCH® (Pharmachemie: NL)
Selegiline HCl ratiopharm® (Ratiopharm: NL)
Selegiline HCl Sandoz® (Sandoz: NL)
Selegiline HCl® (Hexal: NL)
Selegiline Hydrochloride Pharmathen® (Pharmathen: GR)
Selegiline Hydrochloride® (Alpharma: GB)
Selegiline Hydrochloride® (Apotex: US)
Selegiline Hydrochloride® (Endo: US)
Selegiline Hydrochloride® (Hillcross: GB)
Selegiline Hydrochloride® (Teva: GB, US)
Selegiline Merck® (Merck: HU)
Selegiline Merck® (Merck Generics: NL)
Selegiline Teva® (Teva: IL, RO)
Selegiline-Chinoin® (Sanofi-Aventis: HU)
Selegilinehydrochloride Disphar® (Disphar: NL)
Selegiline® (CTS: IL)
Selegilinhydrochlorid Hexal® (Hexal: AT)
Selegilinhydrochlorid Nycomed® (Nycomed: AT)
Selegilin® (Merck NM: NO)
Selegilin® (Merckle: CZ)
Selegilin® (Sanofi-Synthelabo: AT)
Selegil® (Abbott: CO, PE)
Selegos® (Medochemie: BG, HK, LK, RO, SG)
Selemerck® (Merck dura: DE)
Selepark® (betapharm: DE)
Selerin® (Anpharm: PL)
Selgene® (Alphapharm: AU)
Selgian® [vet.] (Biokema: CH)
Selgian® [vet.] (Ceva: DE, FR, GB, IT, NL, PT)
Selgimed® (Hennig: DE)
Selgina® (Andromaco: CL)
Selgin® (INTAS: IN)
Selgin® (Polfa Pabianice: PL)
Selgres® (ICN: PL)
Seline® (Berlin: TH)
Selpak® (Modulus: US)
Silin Sofotec® (Sofotec: DE)
Sélégiline Biogaran® (Biogaran: FR)
Sélégiline Merck® (Merck Génériques: FR)
Xilopar® (Cephalon: DE)
Xilopar® (Elan: AT)
Xilopar® (Esteve: PT)
Xilopar® (Zeneus: IT)
Zelapar® (Valeant: AR)
Zel® (Valeant: US)

Selenium Sulfide (USP)

L: Selenii disulfidum
I: Selenio disolfuro
D: Selendisulfid

Dermatological agent, antiseborrheic
Antifungal agent

ATC: D01AE13
CAS-Nr.: 0007488-56-4 Se-S_2
M_r 143.08

Selenium sulfide

Selenium disulphide

Selenium(IV) disulfide (1:2)
PH: Selenium Sulfide [USP 30]
PH: Selenium Disulphide [Ph. Eur. 5]
PH: Selendisulfid [Ph. Eur. 5]
PH: Selenii disulfidum [Ph. Eur. 5, Ph. Int. 4]
PH: Sélénium (disulfure de) [Ph. Eur. 5]
PH: Selenium Disulfide [Ph. Int. 4]

Abbottselsun® (Abbott: ES)
Big S® [vet.] (Sykes Vet: AU)
Bioselenium® (Uriach: DO, ES, GT, HN, SV)
Caspiselenio® (Diafarm: ES)
Caspiselenio® (Kin: ES)
Deposel® [vet.] (Novartis Animal Health: AU)
Ellsurex® (Galderma: DE)
Exelpet Itch Wash® [vet.] (Exelpet: AU)
Exsel® (Allergan: US)
Head & Shoulders® (Procter & Gamble: US)
Permatrace 3 Year Selenium Pellets for Sheep® [vet.] (Coopers Animal Health: AU)
Permatrace Selenium Pellets for Cattle® [vet.] (Coopers Animal Health: AU)

Sebosel® (Taro: IL, TH)
Selazul® (Abbott: ID)
Selederm® [vet.] (Troy: AU)
Seleen® [vet.] (Biokema: CH)
Seleen® [vet.] (Ceva: GB)
Selenase® (Er-Kim: TR)
Selenium Drench® [vet.] (Virbac: AU)
Selenix® (Novartis: PT)
Selenol® (Propharma: DK)
Selovin-5® [vet.] (Pharm Tech: AU)
Selpor® [vet.] (Virbac: AU)
Selsun Azul® (Abbott: BR)
Selsun Azul® (Volta: CL)
Selsun Blue® (Abbott: ID)
Selsun Blue® (Chattem: IS, NO, US)
Selsun Blue® (Wilson: NZ)
Selsun Gold® (Chattem: US)
Selsun Ouro® (Abbott: BR)
Selsun Rx® (Chattem: US)
Selsun Selenium Sulfide® (Mentholatum: HK)
Selsun® (Abbott: AE, AU, BH, BR, EG, GB, ID, IE, IL, IQ, IR, JO, KW, LB, NL, OM, QA, RO, SA, SY, YE, ZA)
Selsun® (Berren: FI)
Selsun® (Chattem: AT, DE, DK, IS, LU, NL, NO, PL)
Selsun® (Medcor: NL)
Selsun® (Pharmadéveloppement: FR)
Selsun® (Rohto-Mentholatum: TH)
Selsun® (Ross: US)
Selsun® (Tramedico: BE, LU)
Selsun® (Vifor: CH)
Selsun® (Vitaflo: SE)
Selukos® (Ipex: AT, DE, NO, SE)
Selukos® (Meda: FI)
Selvet® [vet.] (Ceva: NL)
Selvet® [vet.] (Sanofi-Synthelabo: BE)
Topisel® (Galenium: ID)
Versel® (Valeo: CA)

Semduramicin (Rec.INN)

L: Semduramicinum
D: Semduramicin
F: Semduramicine
S: Semduramicina

Antibiotic

CAS-Nr.: 0113378-31-7 — C_{45}-H_{76}-O_{16}, M_r 873.103

Lonomycin A, 23,27-didemethoxy-2,6,22-tridemethyl-5,-11-di-O-demethyl-6-methoxy-22-[(tetrahydro-5-methoxy-6-methyl-2H-pyran-2-yl)oxy]-, [3R,4S,5S,6R,7S,22S(2S,-5S,6R)]-

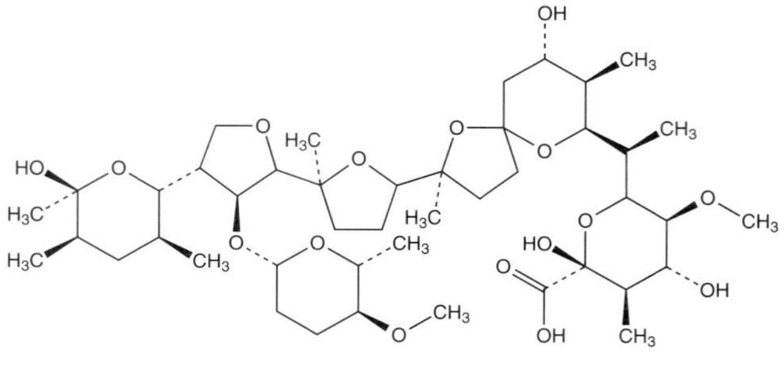

OS: *Semduramicin [BAN, USAN]*
IS: *UK 61689 (Pfizer, USA)*

Avjax® [vet.] (Phibro: AU)

– sodium salt:

CAS-Nr.: 0119068-77-8
OS: *Semduramicin Sodium USAN*
IS: *UK 61689-2 (Pfizer, USA)*

Aviax® [vet.] (Livestock Solutions: NZ)
Aviax® [vet.] (Phibro: AU)

Seratrodast (Rec.INN)

L: Seratrodastum
D: Seratrodast
F: Seratrodast
S: Seratrodast

Antiasthmatic agent
Antiinflammatory agent

CAS-Nr.: 0112665-43-7 — C_{22}-H_{26}-O_4, M_r 354.45

Benzeneheptanoic acid, zita-(2,4,5-trimethyl-3,6-dioxo-1,4-cyclohexadien-1-yl)-, (±)-

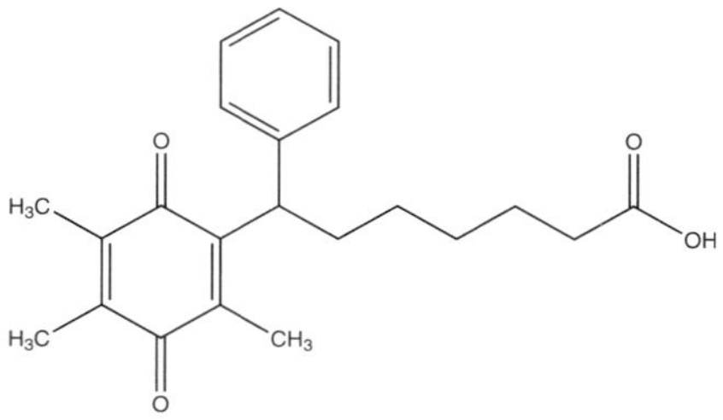

OS: *Seratrodast [USAN]*
IS: *A 73001*
IS: *AA 2414 (Takeda, Japan)*
IS: *Abott 73001*
IS: *ABT 001*
IS: *Serabenast*

Bronica® (Takeda: JP)

Sermorelin (Rec.INN)

L: Sermorelinum
D: Sermorelin
F: Sermoreline
S: Sermorelina

Diagnostic, pituitary function

ATC: H01AC04,V04CD03
CAS-Nr.: 0086168-78-7 — C_{149}-H_{246}-N_{44}-O_{42}-S, M_r 3358.107

Growth hormone-releasing factor (human)-(1-29)-peptide amide

OS: *Sermorelin [BAN]*
OS: *Sermoréline [DCF]*
IS: *GHRF (1-29)-NH_2*
IS: *GRF$^{1-29}$*

Geref® (Serono: ES, IT, SE)

– acetate:

CAS-Nr.: 0114466-38-5
OS: *Sermorelin Acetate USAN*

Geref® (Serono: AT, DE, GB, GR, IE, PT, US)

Serrapeptase (Rec.INN)

L: Serrapeptasum
I: Serrapeptasi
D: Serrapeptase
F: Serrapeptase
S: Serrapeptasa

Antiinflammatory agent
Enzyme

CAS-Nr.: 0037312-62-2

A proteolitic enzyme derived from *Serratia* sp. E15

OS: *Serrapeptase [DCF, JAN]*
OS: *Serrapeptasi [DCIT]*
IS: *Serratiopeptidase*

Aniflazime® (Seber: PT)
Aniflazym® (Takeda: DE, JP)
Bidanzen® (GlaxoSmithKline: IN)
Dailat® (Pharmasant: TH)
Damizen® (Farmo Quimica: CL)
Danzen® (Allergan: BR)
Danzen® (APM: AE, BG, BH, IQ, JO, KW, LB, LY, NG, OM, QA, SA, SD, SY, TN, YE)
Danzen® (Casasco: AR)
Danzen® (Hormona: MX)
Danzen® (Takeda: HK, IT, JP, SG, TH)
Danzyme® (Medicine Supply: TH)
Dasen® (Takeda: JP)
Dazen® (Takeda: FR)
Denzo® (TO Chemicals: TH)
Doren® (Domesco: VN)
Flanzen® (Sigma: IN)
Kineto® (Systopic: IN)
Medotase® (Medopharm: VN)
Petizen® (Hawon: VN)
Podase® (Pose: TH)
Rodase® (Pond's: TH)
Seraim® (Anglo-French: IN)
Seramed® (Medifive: TH)
Serradase ECT® (Siam Bheasach: TH)
Serrano® (M & H: TH)
Serrao® (Masa Lab: TH)
Serrapep® (Asian: TH)
Serrason® (Unison: TH)
Serratiopeptidase Domesco® (Domesco: VN)
Serrazyme® (Shin Poong: SG)
Serrin® (MacroPhar: TH)
Sinsia® (Seoul Pharm: SG)
Sumidin® (Pharmaland: TH)
Unizen® (Unison: HK, TH)

Sertaconazole (Rec.INN)

L: Sertaconazolum
D: Sertaconazol
F: Sertaconazole
S: Sertaconazol

Antifungal agent

ATC: D01AC14
ATCvet: QD01AC14
CAS-Nr.: 0099592-32-2 C_{20}-H_{15}-Cl_3-N_2-O-S
M_r 437.77

(±)-1-[2,4-Dichloro-β-[(7-chlorobenzo[b]thien-3-yl)methoxy]phenyl]imidazole (WHO)

[R,S]-(±)-1-{2,4-Dichlor-β-[(7-chlorbenzo[b]thien-3-yl)methoxy]phenethyl}imidazol (IUPAC)

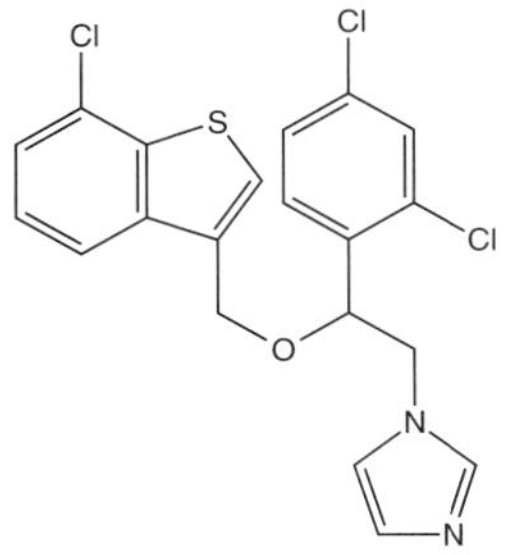

OS: *Sertaconazole [BAN]*
IS: *BRN 5385663*
IS: *FI-7045*

Mykosert® (Pfleger: DE)

– nitrate:

CAS-Nr.: 0099592-39-9
IS: *FI 7056*
PH: Sertaconazole Nitrate Ph. Eur. 5
PH: Sertaconazoli nitras Ph. Eur. 5
PH: Sertaconazolnitrat Ph. Eur. 5
PH: Sertaconazole (nitrate de) Ph. Eur. 5

Dermofix® (Azevedos: PT)
Dermofix® (Darya-Varia: ID)
Dermofix® (Ferrer: DO, ES)
Dermoseptic® (Ferrer: ES)
Ertaczo® (OrthoNeutrogena: US)
Gine Zalain® (Cantabria: ES)
Ginedermofix Vaginal® (Ferrer: ES)
Ginedermofix® (Ferrer: ES)
Gyno-Zalain® (Ferrer: PE)
Gyno-Zalain® (Pfizer: BR)
Monazol® (Théramex: MC)
Mykosert® (Pfleger: DE)
Sertacream® (Ferrer-E: IT)
Sertaderm® (Shire: IT)
Sertadie® (Geymonat: IT)
Sertagyn® (Shire: IT)
Sertopic® (CPH: PT)
Tromderm® (Silesia: CL)
Zalain® (Adeka: TR)
Zalain® (Andromaco: CL)
Zalain® (Cantabria: ES)
Zalain® (Egis: RU)
Zalain® (Ferrer: ES, PE)
Zalain® (Life: EC)

S

Zalain® (Pfizer: BR)
Zalain® (Robert: CR, DO, GT, HN, NI, PA, SV)
Zalain® (Robert Ferrer: SG)
Zalain® (Temis-Lostalo: AR)
Zalain® (Trommsdorff: DE)
Zalaïn® (Trommsdorff: DE)

Sertindole (Rec.INN)

L: Sertindolum
D: Sertindol
F: Sertindole
S: Sertindol

⚕ Neuroleptic

ATC: N05AE03
CAS-Nr.: 0106516-24-9 C_{24}-H_{26}-Cl-F-N_4-O
M_r 440.962

2-Imidazolidinone, 1-[2-[4-[5-chloro-1-(4-fluorophenyl)-1H-indol-3-yl]-1-piperidinyl]ethyl]-

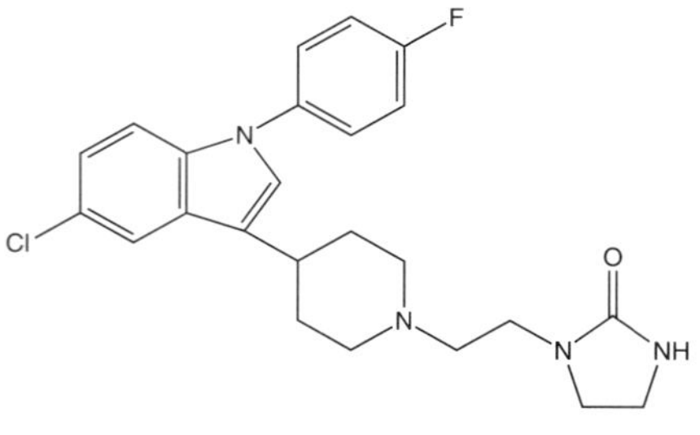

OS: *Sertindole [BAN, USAN]*
IS: *Lu 23-174 (Lundbeck, Denmark)*

Serdolect® (Lundbeck: AT, CH, CZ, DE, DK, ES, FI, GB, IT, LU, NL, NO, RU, SE)

Sertraline (Rec.INN)

L: Sertralinum
D: Sertralin
F: Sertraline
S: Sertralina

⚕ Antidepressant

ATC: N06AB06
CAS-Nr.: 0079617-96-2 C_{17}-H_{17}-Cl_2-N
M_r 306.233

1-Naphthalenamine, 4-(3,4-dichlorophenyl)-1,2,3,4-tetrahydro-N-methyl-, (1S-cis)-

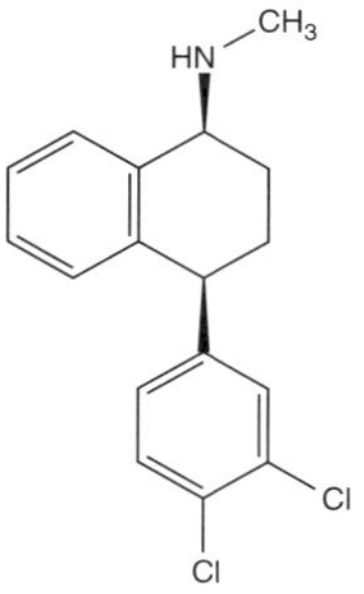

OS: *Sertraline [BAN, DCF]*

Atralin® (Beximco: BD)
Chear® (ACI: BD)
Deprax® (Saval: CL)
Deprecalm® (Lazar: AR)
Doc Sertraline® (Docpharma: BE)
Doc Sertraline® (Ranbaxy: LU)
Eleval® (Drugtech-Recalcine: CL)
Eleval® (Pharmalab: PE)
Halea® (Belupo: HR)
Implicane® (Tecnofarma: CL)
Lesefer® (Lafrancol: CO)
Lustral® [vet.] (Pfizer Animal Health: GB)
Luxeta® (Pliva: BA, HR, PL)
Mapron® (Pliva: SI)
Merck-Sertraline® (Merck: BE)
Nudep® (Guardian: ID)
Sedoran® (Raffo: CL)
Serenata® (Torrent: BR, RU)
Serimel® (Clonmel: IE)
Serlain® (Pfizer: BE)
Serolux® (Novartis: BD)
Sertal® (Drug International: BD)
Sertiva® (Novartis: RS)
Sertiva® (Sandoz: SI)
Sertralin Hexal® (Hexal: DK, NO)
Sertralin-Ratiopharm® (ratiopharm: LU)
Sertralina Genfar® (Genfar: CO)
Sertralina Tarbis® (Tarbis: ES)
Sertralina® (Arena: RO)
Sertralina® (Chemopharma: CL)
Sertralina® (Chile: CL)
Sertralina® (Pentacoop: CO)
Sertraline Alpharma® (Alpharma: NL)
Sertraline Bexal® (Bexal: BE)
Sertraline Eg® (Eurogenerics: BE)
Sertraline Teva® (Teva: IL)
Sertraniche® (Niche: IE)
Sertranquil® (Bioquifar: CO)
Setrax® (Garmisch: CO)
Sonalia® (Jadran: HR)
Tralin® (Silva: BD)
Zetral® (Bosnalijek: BA)
Zoloft® (Pfizer: AE, BH, CO, CY, EG, JO, KW, LB, NO, OM, SA)

– hydrochloride:

CAS-Nr.: 0079559-97-0
OS: *Sertraline Hydrochloride BANM, USAN*
IS: *CP 51974-1 (Pfizer, USA)*

Adjuvin® (Lannacher: AT)
Aleval® (Sun Pharma: MX)
Altisben® (Alter: ES)
Altruline® (Pfizer: BZ, CR, GT, HN, MX, NI, PA, SV)
Aluprex® (Collins: MX)
Anilar® (LKM: AR)
Apo-Sertraline® (Apotex: AN, BB, BM, BS, CA, GY, HT, JM, KY, SR, TT)
Apo-Sertral® (Apotex: CZ)
Aremis® (Esteve: ES)
Asentra® (Krka: BA, CZ, HR, HU, NL, PL, RO, RS)
Asentra® (KRKA: RU)
Asentra® (Krka: SI)
Atenix® (Raffo: AR)
Besitran® (Euro: NL)
Besitran® (Pfizer: ES)
Bicromil® (Cetus: AR)
Cloridrato de Sertralina® (Biosintética: BR)

Cloridrato de Sertralina® (Eurofarma: BR)
Cloridrato de Sertralina® (Medley: BR)
Depesert® (Merck Genericos: ES)
Deprax® (Saval: EC)
Deprefolt® (Actavis: RU)
Depreger® (Gerard: IE)
Deptral® (Meprofarm: ID)
Dominium® (Tecnofarma: CO, PE)
Emergen® (Chile: CL)
Fatral® (Fahrenheit: ID)
Fridep® (Mersifarma: ID)
Gen-Sertraline® (Genpharm: CA)
Gladem® (Boehringer Ingelheim: AT, CH, DE)
Insertec® (Baliarda: AR)
Irradial® (Ivax: AR)
Lowfin® (Mintlab: CL)
Lusert® (Pinewood: IE)
Lustral® (Pfizer: GB, IE, IL, TR)
Novativ® (Ativus: BR)
Novo-Sertraline® (Novopharm: CA)
Nu-Sertraline® (Nu-Pharm: CA)
PMS-Sertaline® (Pharmascience: CA)
Prodepres® (Ethical: DO)
Prosertin® (Probiomed: MX)
ratio-Sertraline® (Ratiopharm: CA)
Sandoz Sertraline® (Sandoz: CA)
Selectra® (Sanovel: TR)
Seralin-Mepha® (Mepha: CH)
Seralin® (Eczacibasi: TR)
Sercerin® (Farmasa: BR)
Serdep® (Fako: TR)
Serivo® (Pasteur: CL)
Serlain® (Pfizer: LU)
Serlan® (Rowex: IE)
Serlife® (Ranbaxy: ZA)
Serlift® (Ranbaxy: CZ, HU, PE, RO, RS)
Serlina® (Rontag: AR)
Serlof® (Dankos: ID)
Serolux® (Sandoz: MX)
Seronex® (Pharmavita: CL)
Seronip® (UCI: BR)
Sertadepi® (Kéri: HU)
Sertagen® (Merck: HU)
Sertahexal® (Hexal: PL)
Serta® (Unichem: IN, LK, VN)
Sertex® (Psicofarma: MX)
Sertra TAD® (TAD: DE)
Sertra-ISIS® (Isis: DE)
Sertragen® (Streuli: CH)
Sertral Spirig® (Spirig: CH)
Sertralin 1A Farma® (1A Farma: DK)
Sertralin 1A Pharma® (1A Pharma: DE)
Sertralin AbZ® (AbZ: DE)
Sertralin Actavis® (Actavis: CH, CZ, SE)
Sertralin Alternova® (Alternova: DK, FI)
Sertralin AL® (Aliud: DE)
Sertralin Basics® (Basics: DE)
Sertralin beta® (betapharm: DE)
Sertralin Copyfarm® (Copyfarm: DK, FI, SE)
Sertralin Dr. Heinz® (Hexal: AT)
Sertralin dura® (Merck dura: DE)
Sertralin HelvePharm® (Helvepharm: CH)
Sertralin Heumann® (Heumann: DE)
Sertralin Hexal® (Hexal: CZ, DE, LU, SI)
Sertralin Hexal® (Sandoz: FI, HU, SE)
Sertralin Irex® (Winthrop: CZ)
Sertralin Ivax® (Ivax: SE)
Sertralin Krka® (Krka: DK, FI, SE)
Sertralin Kwizda® (Kwizda: DE)
Sertralin Merck® (Merck: SI)
Sertralin Merck® (Merck NM: DK, SE)
Sertralin Orion® (Orion: DK, FI, SE)
Sertralin Ranbaxy® (Ranbaxy: DK, SE)
Sertralin Ranbaxy® (Sabora: FI)
Sertralin ratiopharm® (Ratiopharm: CZ)
Sertralin ratiopharm® (ratiopharm: DE, DK)
Sertralin ratiopharm® (Ratiopharm: FI)
Sertralin ratiopharm® (ratiopharm: HU)
Sertralin ratiopharm® (Ratiopharm: SE)
Sertralin Sandoz® (Sandoz: CH, DE, DK, SE)
Sertralin Stada® (Stada: AT, DK, SE)
Sertralin Stada® (Stadapharm: DE)
Sertralin Teva® (Teva: CH, DE)
Sertralin Winthrop® (Winthrop: DE, LU)
sertralin-biomo® (biomo: DE)
Sertralin-CT® (CT: DE)
Sertralin-Hormosan® (Hormosan: DE)
Sertralin-neuraxpharm® (neuraxpharm: DE)
Sertralina Acost® (Acost: ES)
Sertralina Alter® (Alter: ES, PT)
Sertralina Angenerico® (Angenerico: IT)
Sertralina Angenerico® (Angenérico: ES)
Sertralina Aphar® (Litaphar: ES)
Sertralina Aserta® (Pentafarma: PT)
Sertralina Bayvit® (Bayvit: ES)
Sertralina Belmac® (Belmac: ES)
Sertralina Bexal® (Bexal: ES, PT)
Sertralina Cinfa® (Cinfa: ES)
Sertralina Combino Pharm® (Combino: ES)
Sertralina Cuve® (Cuvefarma: ES)
Sertralina Davur® (Davur: ES)
Sertralina Dermogen® (Cantabria: ES)
Sertralina Edigen® (Edigen: ES)
Sertralina EG® (EG: IT)
Sertralina Farmoz® (Farmoz: PT)
Sertralina Generis® (Generis: PT)
Sertralina Grapa® (Grapa: ES)
Sertralina Hexal® (Hexal: IT)
Sertralina Invicta Farma® (Invicta: ES)
Sertralina Juventus® (Juventus: ES)
Sertralina Kern® (Kern: ES)
Sertralina Mabo® (Mabo: ES)
Sertralina Merck® (Merck: ES)
Sertralina Merck® (Merck Generics: IT)
Sertralina Merck® (Merck Genéricos: PT)
Sertralina MK® (MK: CO)
Sertralina Mundogen® (Mundogen: ES)
Sertralina Normon® (Normon: ES)
Sertralina Pharmagenus® (Pharmagenus: ES)
Sertralina Ranbaxy® (Ranbaxy: ES, IT)
Sertralina Ratiopharm® (Ratiopharm: ES, IT)
Sertralina Rimafar® (Rimafar: ES)
Sertralina Rubio® (Rubio: ES)
Sertralina Sandoz® (Sandoz: ES, IT)
Sertralina Stada® (Stada: ES)
Sertralina Tevagen® (Teva: ES)
Sertralina Teva® (Teva: IT)
Sertralina Ur® (Uso Racional: ES)
Sertralina Vancombex® (Combino: ES)
Sertralina Winthrop® (Winthrop: ES, IT, PT)

Sertralina® (La Sante: PE)
Sertralina® (La Santé: CO)
Sertralina® (Lakor: CO)
Sertralina® (Mintlab: CL)
Sertraline Actavis® (Actavis: NL)
Sertraline A® (Apothecon: NL)
Sertraline Biogaran® (Biogaran: FR)
Sertraline HCl CF® (Centrafarm: NL)
Sertraline KR® (Kromme Rijn: NL)
Sertraline Merck® (Merck Generics: NL)
Sertraline PCH® (Pharmachemie: NL)
Sertraline Ranbaxy® (Ranbaxy: NL)
Sertraline Ranbaxy® (RPG: FR)
Sertraline ratiopharm® (Ratiopharm: BE, NL)
Sertraline Sandoz® (Sandoz: FR, NL)
Sertraline Winthrop® (Winthrop: FR)
Sertraline Zydus® (Zydus: FR)
Sertraline-New Asiatic Pharm® (New Asiatic Pharm: CN)
Sertraline® (Shanghai Pharma Group: CN)
Sertraline® (Wockhardt: GB)
Sertralin® (KRKA: NO)
Sertralin® (Ozone Laboratories: RO)
Sertralix® (Merck: ES)
Sertralon® (Krewel: DE)
Sertral® (Actavis: IS)
Sertranex® (Novamed: CO)
Sertrex® (1A Pharma: AT)
Sertrin® (Sandoz: CH)
Sertwin® (Chinoin: HU)
Sertzol® (Ranbaxy: ZA)
Setaloft® (Actavis: PL)
Setaratio® (ratiopharm: PL)
Setra® (General Pharma: BD)
Sosser® (Psipharma: CO)
Stimuloton® (Egis: CZ, HU, PL, RO, RU)
Stimuloton® (Eisai: HK)
Tatig® (Bioindustria: IT)
Tolrest® (Biosintética: BR)
Torin® (Verofarm: RU)
Tralina® (Fluter: DO)
Tralinser® (IPhSA: CL)
Tresleen® (Pfizer: AT)
Xydep® (Arrow: AU)
Zoloft D.A.C.® (D.A.C.: IS)
Zoloft® (Pfizer: AN, AR, AT, BA, BB, BR, CA, CH, CN, CZ, DE, DK, DO, FI, FR, GE, GR, GY, HK, HR, HT, HU, ID, IS, IT, JM, LK, MY, NL, NO, NZ, PE, PL, PT, RO, RS, RU, SE, SG, SI, TH, TT, US, VN, ZA)
Zoloft® (Roerig: AU)
Zotral® (Polpharma: PL)

Setiptiline (Rec.INN)

Antidepressant

CAS-Nr.: 0057262-94-9 C_{19}-H_{19}-N
M_r 261.371

2,3,4,9-Tetrahydro-2-methyl-1H-dibenzo[3,4:6,7]cyclohepta[1,2-c]pyridine

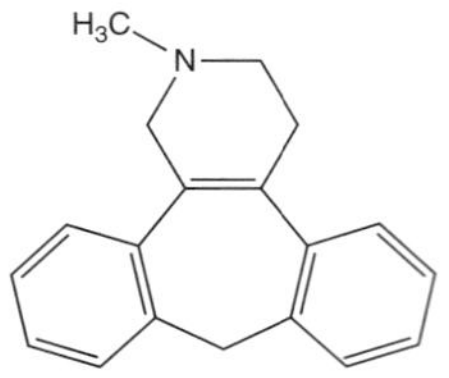

IS: *MO 8282*
IS: *Org 82-82 (Organon)*

– maleate:

OS: *Setiptiline Maleate JAN*

Tecipul® (Mochida: JP)

Sevelamer (Rec.INN)

L: Sevelamerum
D: Sevelamer
F: Sevelamer
S: Sevelamero

Phosphate binder

ATC: V03AE02
ATCvet: QV03AE02
CAS-Nr.: 0052757-95-6

(C_3-H_7-N)$_m$-(C_3-H_5-ClO)$_n$

2-Propen-1-amine polymer with (chloromethyl)oxirane

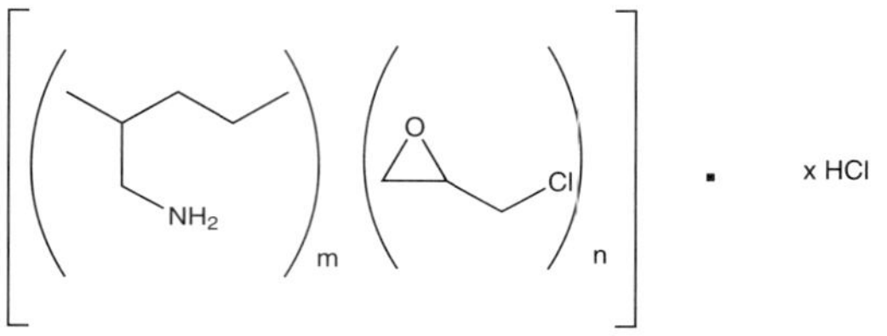

OS: *Sevelamer [BAN]*

Renagel® (Genzyme: NO)

– hydrochloride:

CAS-Nr.: 0182683-00-7
OS: *Sevelamer Hydrochloride BANM, USAN*
IS: *GT 16026 A (Dow Chemical, USA)*

Genzyme-Renagel® (Pentafarma: CL)
Renagel® (Eczacibasi Baxter: TR)
Renagel® (Genzyme: AR, AT, BE, BR, CA, CH, CZ, DE, DK, ES, FI, FR, GB, GR, HR, HU, IE, IL, IS, IT, LU, NL, PL, PT, RO, RS, SE, SI, US)

Sevoflurane (Rec.INN)

L: **Sevofluranum**
D: **Sevofluran**
F: **Sévoflurane**
S: **Sevoflurano**

⚕ Anesthetic (inhalation)

ATC: N01AB08
CAS-Nr.: 0028523-86-6 C_4-H_3-F_7-O
M_r 200.068

Propane, 1,1,1,3,3,3-hexafluoro-2-(fluoromethoxy)-

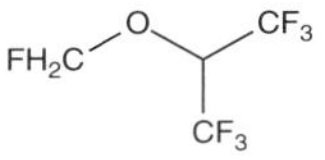

OS: *Sevoflurane [BAN, JAN, USAN]*
OS: *Sévoflurane [DCF]*
IS: *Bax 3084 (Baxter, USA)*
IS: *MR6S4*

Eraldin® (Richmond: AR)
Sevoflo® [vet.] (Abbott: GB)
Sevoflo® [vet.] (Abbott Animal: PT)
Sevoflo® [vet.] (Advanced Anaesthesia: AU)
Sevoflurane® (Abbott: GB)
Sevoflurane® (Baxter Healthcare: US)
Sevorane® (Abbott: AR, AT, AU, BA, BR, CA, CH, CL, CN, CR, CZ, DE, DK, ES, FI, FR, GR, GT, HK, HN, HR, HU, ID, IL, IS, IT, LU, MX, NI, NL, NO, NZ, PA, PE, PH, PL, RO, RS, SE, SG, SI, SV, TH, TR)
Sevoran® (Abbott: RU)
Ultane® (Abbott: ZA)

Sibutramine (Rec.INN)

L: **Sibutraminum**
D: **Sibutramin**
F: **Sibutramine**
S: **Sibutramina**

⚕ Anorexic
⚕ Antidepressant

ATC: A08AA10
CAS-Nr.: 0106650-56-0 C_{17}-H_{26}-Cl-N
M_r 279.855

Cyclobutanemethanamine, 1-(4-chlorophenyl)-N,N-dimethyl-α-(2-methylpropyl)-, (±)-

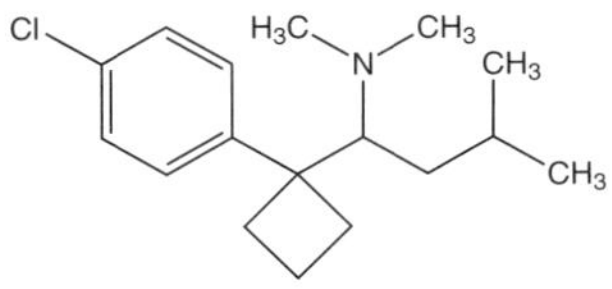

OS: *Sibutramine [BAN, DCF]*

Butramin® (Drug International: BD)
Butramin® (La Santé: CO)
Downtrat® (Dosa: AR)
Ipogras® (Chile: CL)
Ipogras® (Ivax: PE)
Mesura® (ABL: PE)
Mesura® (Andromaco: CL)
Obestat® (Cipla: IN)
Reduten® (Sanitas: CL)
Sacietyl® (Finadiet: AR)
Saton® (Saval: CL, EC)
Sibutramina MK® (MK: CO)
Sibutramina® (La Santé: CO)
Sibutrax® (Garmisch: CO)

– hydrochloride monohydrate:

CAS-Nr.: 0125494-59-9
OS: *Sibutramine Hydrochloride BANM, USAN*
IS: *BTS 54524 (Boots, GB)*

Adecid® (Armstrong: MX)
Aderan® (Roemmers: AR)
Adisar® (Pharma Investi: CL)
Adisar® (Roemmers: PE)
Asisten® (Roemmers: CO)
Atenix® (Tecnofarma: CL)
Celtec® (Biogen: CO)
Cetonil® (Gutis: CR)
Controlex® (Bussié: CO)
Delganex® (Ethical: DO)
Ectiva® (Abbott: IT)
Ectiva® (Altana: MX)
Formina® (Fluter: DO)
Gea® (Sandoz: MX)
Ipomex® (Ivax: AR)
Lindaxa® (Zentiva: CZ)
Lowex® (Unipharm: GT)
Medixil® (Rider: CL)
Meridia® (Abbott: CA, CZ, PL, RU, US)
Milical® (Recalcine: CL)
Mintagras® (Mintlab: CL)
Obenil® (Square: BD)
Plenty® (Medley: BR)
Plenty® (Procaps: CO)
Raductil® (Abbott: CR, DO, GT, HN, MX, NI, PA, SV)
Reductil® (Abbott: AE, AT, AU, BA, BE, BH, BR, CH, CL, CO, DE, DK, EG, ES, FI, GB, HK, HR, HU, ID, IE, IQ, IR, IS, IT, JO, KW, LB, LU, MY, NL, NO, NZ, OM, PE, PH, PT, QA, RO, SD, SE, SG, SI, SY, TH, TR, YE, ZA)
Reductil® (Euro: NL)
Reductil® (Medcor: NL)
Reductil® (Nedpharma: NL)
Reductil® (Teva: IL)
Reduxal® (Hexal: DO)
Redux® (Unimed & Unihealth: BD)
Serotramin® (Medix: MX)
Sibulin® (Beximco: BD)
Sibumin® (Hexal: DO)
Sibuthin® (ACI: BD)
Sibutral® (Abbott: FR)
Sibutrim® (Glenmark: LK)
Sibutrin® (General Pharma: BD)
Sibu® (Bouzen: AR)
Siruton® (Landsteiner: MX)
Slim® (Rephco: BD)
W control® (Lancasco: GT)
Zelium® (Eczacibasi: TR)

S

Siccanin (Rec.INN)

L: Siccaninum
D: Siccanin
F: Siccanine
S: Sicanina

⚕ Antifungal agent

CAS-Nr.: 0022733-60-4 C_{22}-H_{30}-O_3
M_r 342.482

13H-Benzo[a]furo[2,3,4-mn]xanthen-11-ol, 1,2,3,4,4a,5,6,6a,11b,13b-decahydro-4,4,6a,9-tetramethyl-, [4aS-(4aα,6aα,11bα,13aR*,13bα)]-

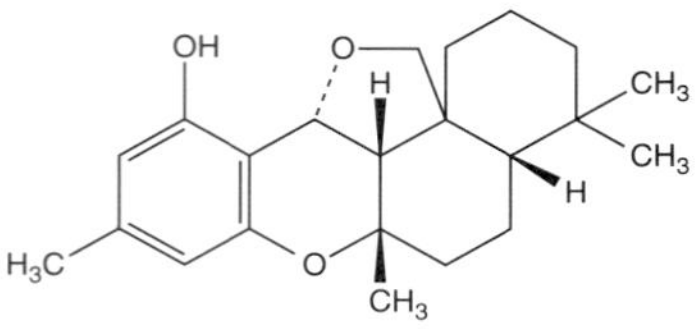

OS: *Siccanin [JAN]*
IS: *SI 23548*
IS: *BH 34*

Siccanin® (Sankyo: JP)

Sildenafil (Rec.INN)

L: Sildenafilum
D: Sildenafil
F: Sildenafil
S: Sildenafilo

⚕ Vasodilator

ATC: G04BE03
CAS-Nr.: 0139755-83-2 C_{22}-H_{30}-N_6-O_4-S
M_r 474.602

Piperazine, 1-[[3-(6,7-dihydro-1-methyl-7-oxo-3-propyl-1H-pyrazolo[4,3-d]pyrimidin-5-yl)-4-ethoxyphenyl]sulfonyl]-4-methyl-

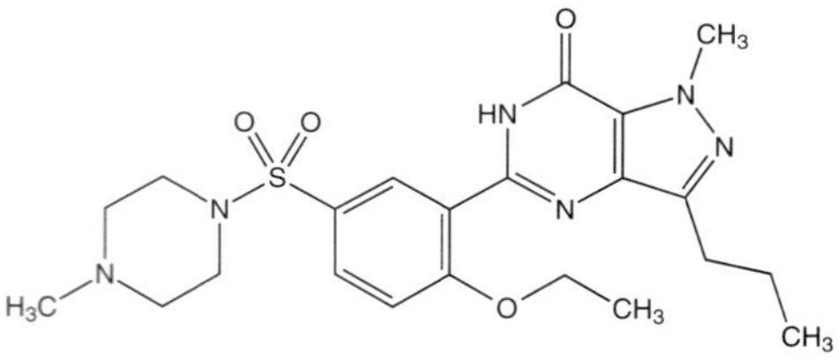

OS: *Sildenafil [BAN]*
IS: *UK 92480*

4x4® (ISA: AR)
Anaus® (Beta: AR)
Aphrodil® (Dar-Al-Dawa: AE, BH, IQ, JO, KW, LB, LY, MT, NG, OM, QA, SA, SD, SO, TN, YE)
Dinamico® (Pliva: BA, HR)
Dirtop® (Medipharm: CL)
Erosfil® (Andromaco: CL)
Firmel® (Craveri: AR)
Helpin® (Drugtech-Recalcine: CL)
Magnus® (Sidus: AR)
Nitro® (Rontag: AR)
Ripol® (Chile: CL)
Sildenafil® (La Sante: PE)
Sildenafil® (Medicalex: CO)
Sildenafil® (Memphis: CO)
Sildenafil® (Pentacoop: CO)
Vorst-M® (Laboratorios: AR)

– citrate:

CAS-Nr.: 0171599-83-0
OS: *Sildenafil Citrate BANM, USAN*
IS: *UK 92480-10*

Alfin® (Sanitas: CL)
Bifort® (Finadiet: AR)
Caverta® (Ranbaxy: IN, LK)
Cupid® (Cadila: LK)
Degra® (Deva: GE, TR)
Diserec® (América: CO)
Disilden® (IPhSA: CL)
Egira® (Sanovel: TR)
Ejertol® (Biogen: CO)
Elebra® (Farmacol: CO)
Erectol® (Northia: AR)
Erefil® (Heimdall: CO)
Erilin® (Tecnoquimicas: CO)
Eroxim-fast® (Lafrancol: CO)
Eroxim® (Lafrancol: CO)
Expit® (Lazar: AR)
Falic® (TRB: AR)
File® (Bouzen: AR)
Firmel® (Craveri: AR)
Hormotone® (Hisubiette: CO)
Incresil® (Permatec: AR)
Juvigor® (Roux-Ocefa: AR)
Lifter® (Saval: CL)
Lumix® (Bagó: AR)
Magnus® (Sidus: AR)
Maxdosa® (Dosa: AR)
Nexofil® (Nexo: AR)
Nor Vibrax® (Teramed: SV)
Novalif® (Pharmavita: CL)
Patrex® (Pfizer: MX, NL)
Patrex® (Roerig: LU)
Penegra® (Zydus: IN)
Permitil® (Panalab: AR)
Revatio® (Pfizer: CA, DE, ES, FI, FR, GB, HU, IE, IL, NO, RO, SE, SI, US)
Segurex® (Gador: AR)
Seler® (Pasteur: CL)
Sex-Men® (Chalver: CO)
Siafil® (Rider: CL)
Silagra® (Cipla: LK)
Sildefil® (Pfizer: AR)
Sildegra® (Fako: TR)
Sildenafil Genfar® (Expofarma: CL)
Sildenafil Genfar® (Genfar: CO)
Sildenafil Ilab® (Inmunolab: AR)
Sildenafil MK® (MK: CO)
Sildenafil Sandoz® (Sandoz: AR)
Tecnomax® (Raffo: AR)
Tranky® (Incobra: CO)
Viagra® (Pfizer: AR, AT, AU, BA, BE, BF, BJ, BR, BZ, CA, CG, CH, CI, CL, CM, CN, CO, CR, CZ, DE, DK, ES, FI, FR, GA, GB, GE, GN, GT, HK, HN, HR, HU, ID, IE, IL, IN, IS, IT, JP, LK, LU, ML, MU, MX, MY, NI, NL, NO, NZ, PA, PE, PL, PT, RO, RS, RU, SE, SG, SI, SN, SV, TG, TH, TR, US, VN, ZA, ZR)
Vigor® (Q-Pharma: AR)
Vigradina® (Bioquifar: CO)

Vigrande® (Eczacibasi: TR)
Vimax® (Pharma Investi: CL)
Vimax® (Roemmers: AR, PE)
Virilon® (Temis-Lostalo: AR)
Viripotens® (Microsules: AR)
Vorst® (Laboratorios: AR)
Zilfic® (Mintlab: CL)

Silibinin (Rec.INN)

L: Silibininum
D: Silibinin
F: Silibinine
S: Silibinina

Hepatic protectant

CAS-Nr.: 0022888-70-6 C_{25}-H_{22}-O_{10}
M_r 482.451

3,5,7-Trihydroxy-2-[3-(4-hydroxy-3-methoxyphenyl)-2-(hydroxymethyl)-1,4-benzodioxan-6-yl]-4-chromanone

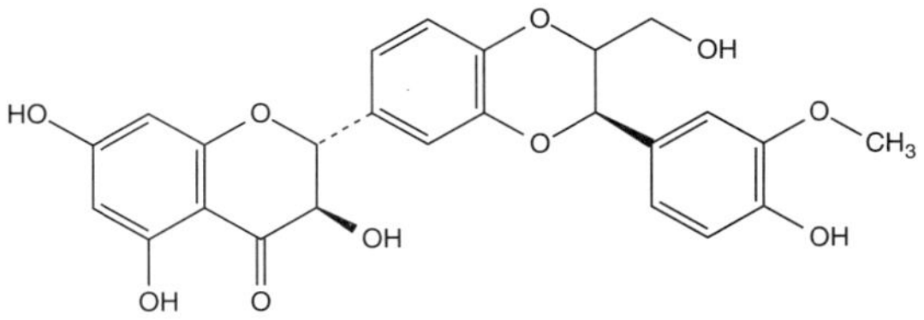

OS: *Silibinine [DCF]*
IS: *Silybin*
IS: *Silymarin I*
PH: Silibinin [DAB 2001]

Alepa-forte® (Duopharm: DE)
Apihepar® (Madaus: AT)
Apihepar® (Viatris: AT)
Bilsyl® (Anglopharma: CO)
Carsil® (Sopharma: RU)
Cefasilymarin® (Cefak: DE)
Eleparon® (Sankyo: BR)
Flavobion® (Leciva: CZ)
Hegrimarin® (Strathmann: HU)
Hepalidin® (H.G.: EC)
Hepar-Pasc® (Pascoe: DE)
Heparsyx® (Syxyl: DE)
Hepato-Clean® (Fitomax: PE)
Hepavital® (Ethical: DO)
Hepavit® (Laser: PE)
Heplant® (Spitzner: DE)
Higanatur® (Sherfarma: PE)
Lagosa® (Wörwag Pharma: DE, RO)
Laragon® (Roemmers: AR)
Legalon® (Altana: MX, ZA)
Legalon® (Germed: CZ)
Legalon® (Grünenthal: CO)
Legalon® (Mack: EC)
Legalon® (Madaus: AT, DE, ES, HU, IT, LU, PH, PL, RO, TH)
Legalon® (Neo-Farmacêutica: PT)
Legalon® (Zeller: CH)
Leprotek® (Zdravlje: RS)
Limarin® (Serum Institute: IN)
Lomacholan® (Lomapharm: DE)
Légalon® (Madaus: FR)
Pluropon® (Boehringer Ingelheim: PE)
Poikicholan® (Lomapharm: DE)
Samarin® (Berlin: TH)
Silarine® (Vir: ES)
Silegon® (Teva: HU)
Silibene® (Merckle: DE)
Silibinum® (Arena: RO)
Silibion® (Hisubiette: CO)
Silicur® (Hexal: DE, LU)
Silimarina Genfar® (Genfar: CO, EC)
Silimarina® (Bawiss: CO)
Silimarina® (Medical: ES)
Silimarin® (Pliva: IT)
Silimarină® (Biofarm: RO)
Silimarină® (Fabiol: RO)
Silimarit® (Bionorica: DE)
Silimax® (Filofarm: PL)
Siliver® (Farmasa: BR)
Silmar® (Bawiss: CO)
Silmar® (Hennig: DE)
Silvaysan® (Sanum-Kehlbeck: DE)
Sily-Sabona® (Sabona: DE)
Silybon® (Micro Labs: IN)
Silygal® (Ivax: CZ)
Silyhexal® (Hexal: AT)
Silymarin AL® (Aliud: CZ, DE)
Silymarin Instant® (Sedico: RO)
Silymarin Stada® (Stadapharm: DE)
silymarin von ct® (CT: DE)
Silymarin Ziethen® (Ziethen: DE)
Silymarin-Hexal® (Hexal: LU)
Silymarin® (Belupo: BA)
Sylimarol® (Herbapol-Poznan: PL)
Syliverin® (Aflofarm: PL)
Wellness Mariendistel® (Wellness: AT)

– 2',3-di(sodium succinate):
IS: *SDHS*

Legalon SIL® [inj.] (Madaus: BE, DE, ES, HU, LU)
Legalon SIL® [inj.] (Pharmaquest: US)
Legalon SIL® [inj.] (Zeller: CH)
Silibinin Madaus® (Madaus: AT)

Simaldrate (Prop.INN)

L: Simaldratum
D: Simaldrat
F: Simaldrate
S: Simaldrato

Antacid

CAS-Nr.: 0012408-47-8 Al_2-Mg_2-O_{11}-Si_3.nH_2O

Aluminate(4-), tris[metasilicato(2-)]dioxodi-, magnesium (1:2), hydrate

OS: *Silodrate [USAN]*
IS: *MP 1051 (Mallinckrodt, USA)*
IS: *Simaldolate*

Gelusil® (Hemofarm: RS, RU)
Gelusil® (Interchemia: CZ)
Gelusil® (Pfizer: BG, CH, EG, ET, GH, ID, KE, LR, MW, NG, SD, SL)
Gelusil® (Pfizer Consumer Healthcare: DE)

S

Simvastatin (Rec.INN)

L: Simvastatinum
I: Simvastatina
D: Simvastatin
F: Simvastatine
S: Simvastatina

Antihyperlipidemic agent

ATC: C10AA01
CAS-Nr.: 0079902-63-9 C_{25}-H_{38}-O_5
M_r 418.579

Butanoic acid, 2,2-dimethyl-, 1,2,3,7,8,8a-hexahydro-3,7-dimethyl-8-[2-(tetrahydro-4-hydroxy-6-oxo-2H-pyran-2-yl)-ethyl]-1-naphthalenyl ester

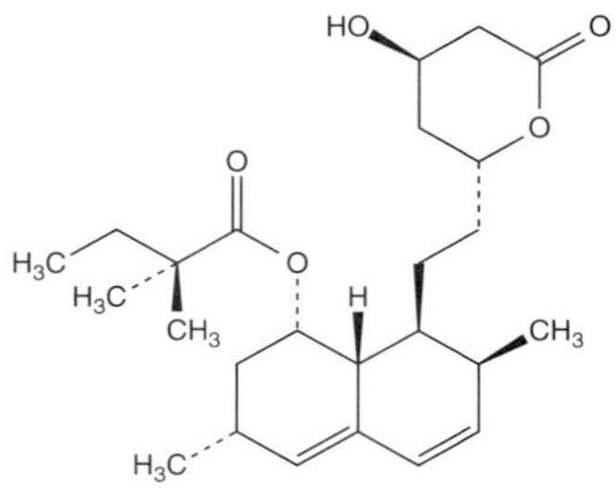

OS: *Simvastatin [BAN, USAN]*
OS: *Simvastatine [DCF]*
OS: *Simvastatina [DCIT]*
IS: *MK 733*
IS: *Synvinolin*
PH: Simvastatin [Ph. Eur. 5, USP 30]
PH: Simvastatinum [Ph. Eur. 5]
PH: Simvastatine [Ph. Eur. 5]

Actalipid® (Actavis: GE, RU)
Adco-Simvastatin® (Al Pharm: ZA)
Antichol® (Medicus: GR)
Apo-Simvastatin® (Apotex: CA)
Apo-Simva® (Apotex: CZ)
Arianel® (Roemmers: CO)
Arudel® (Alter: ES)
Astax® (Farmal: HR)
Aterostat® (Leksir: RU)
Avastin® (Beximco: BD)
Awestatin® (AWD Pharma: HU)
BeL Simvastatin® (Winthrop: DE)
Belmalip® (Belmac: ES)
Bestatin® (Berlin: TH)
Bozara® (Merck Sharp & Dohme: NL)
Cardin® (Schwarz: PL)
Cholemed® (3DDD Pharma: BE)
Cholestat® (Kalbe: ID)
Cholestat® (Kalbe Farma: LK)
Cholipam® (Hemofarm: RS)
Christatin® (Chrispa: GR)
CO Simvastatin® (Cobalt: CA)
Colastatina® (Tecnoquimicas: CO)
Colemin® (Biohorm: ES)
Colesken® (Kendrick: MX)
Colestricon® (Pasteur: PH)
Colvast® (Incobra: CO)
Covastin® (Fournier: SG)
Covastin® (Pan Pharma: LK)
Detrovel® (Fahrenheit: ID)
DHA-Simvastatin® (DHA: SG)
Docsimvasta® (Docpharma: BE, LU)
Dosavastatin® (Dosa: AR)
Esvat® (Ferron: ID)
Ethicol® (Ethica: ID)
Eucor® (Greater Pharma: TH)
Extrastatin® (S.J.A.: GR)
Fada Simvastatina® (Fada: AR)
Gemistatin® (Geminis: AR)
Gen-Simvastatin® (Genpharm: CA)
Gerosim® (Gerot: AT)
Glutasey® (Alacan: ES)
Goldastatin® (Leovan: GR)
Histop® (Salvat: ES)
Hollesta® (Alkaloid: RS)
Ifistatin® (Unique: LK)
Ifistatin® (Unique Pharm: SG)
Inegan® (Ethical: DO)
Ipramid® (Farmedia: GR)
Jabastatina® (Jaba: PT)
Kavelor® (Home Pharma: PE)
Kavelor® (Leti: CR, DO, GT, NI, PA, SV)
Klonastin® (Klonal: AR)
Kymazol® (Rafarm: GR)
Labistatin® (Sandoz: AR)
Lepur® (Elpen: GR)
Lipart® (Lek: CZ)
Lipcut® (Sandoz: FI)
Lipex® (Amrad: AU)
Lipex® (Merck Sharp & Dohme: BA, HR, NZ)
Lipociden® (Vita: ES)
Liponorm® (Gentili: IT)
Liporex® (Genepharm: GR)
Lipovas® (Banyu: JP)
Lipovas® (Sandoz: TR)
Lisac® (Laboratorios: AR)
Lochol® (Siam Bheasach: TH)
Lodalès® (Sanofi-Aventis: FR)
Lovacor® (Farmasa: BR)
Lowcholid® (Biomedica-Chemica: GR)
Medipo® (Mediolanum: IT)
Merck-Simvastatine® (Merck: BE)
Mersivas® (Mersifarma: ID)
Mivalen® (Ativus: BR)
Nimicor® (Recalcine: CL)
Nitastin® (Iasis: GR)
Nivelipol® (Temis-Lostalo: AR)
Nor-Vastina® (Teramed: SV)
Normicor® (Dr. Collado: DO)
Normofat® (Soho: ID)
Normotherin® (Uni-Pharma: GR)
Nosterol® (Lamsa: AR)
Novastin® (Drug International: BD)
Novo-Simvastatin® (Novopharm: CA)
Nyzoc® (Nycomed: AT)
Pantok® (Lacer: ES)
Perichol® (Pharmacodane: DK)
Phalol® (Phapros: ID)
Pharmaniaga Simvastatin® (Pharmaniaga: MY)
PMS-Simvastatin® (Pharmascience: CA)
Pontizoc® (Nufarindo: ID)
Protecta® (Belupo: HR)
Pulsarat® (Liomont: MX)
ratio-Simivastatin® (Ratiopharm: CA)
Rechol® (Pharos: ID)
Recol® (ACI: BD)

Redusterol® (Finixfarm: GR)
Redusterol® (Raffo: AR)
Rendapid® (Bernofarm: ID)
Ritechol® (Niche: IE)
Rowestin® (Rowe: CR, DO, GT, HN, NI, PA, SV)
Sandoz Simvastatin® (Sandoz: CA)
Several® (Duncan: AR)
Sicor® (Sandoz: HU)
Sigalip® (Sigapharm: DE)
Simacor® (Square: BD)
Simator® (Pinewood: IE)
Simbado® (Lapi: ID)
Simcard® (Cipla: HR, LK, ZA)
Simchol® (Ikapharmindo: ID)
Simcora® (Sandoz: CH)
Simcor® (Antibiotice: RO)
Simcor® (Hexal: AT)
Simcor® (Medikon: ID)
Simcor® (Ranbaxy: CN)
Simgal® (Ivax: CZ, PL, RO)
Simhasan® (Hasan: VN)
Simirex® (Winthrop: CZ)
Simlip® (Slovakofarma: CZ)
Simlo® (Ipca: RU)
Simlo® (Victory: MX)
Simovil® (Merck Sharp & Dohme: IL)
Simplaqor® (Biochemie: CO, CR, DO, GT, NI, PA, SV)
Simplaqor® (Novartis: BD)
Simplaqor® (Sandoz: MX)
Simratio® (ratiopharm: PL)
Simredin® (Polfa Kutno: PL)
Simtan® (Clonmel: IE)
Simtin® (Eurodrug: HK, SG)
Simva Basics® (Basics: DE)
Simva TAD® (TAD: DE)
Simva-Henning® (Hennig: DE)
SimvaAPS® (APS: DE)
Simvabeta® (betapharm: DE)
Simvacard® (AWD.pharma: DE)
Simvacard® (Zentiva: CZ, GE, PL, RO, RU)
Simvachol® (Polfa Grodzisk: PL)
Simvacol® (Teva: HU)
Simvacor® (Kleva: GR)
Simvacor® (Lindopharm: DE)
Simvacor® (Merck: LU)
Simvacor® (Pharma Dynamics: ZA)
Simvacor® (Polfarmex: PL)
Simvacor® (Unipharm: IL)
Simvadoc® (Docpharm: DE)
Simvadura® (Merck dura: DE)
Simvafour® (Fournier: BE)
Simvagamma® (Wörwag Pharma: DE, HU, RO)
SimvaHexal® (Hexal: DE, LU, PL, RO, RU)
Simvakol® (Nobel: BA, TR)
Simvalimit® (Grindex: RU)
Simvalip® (mibe: DE)
Simvar® (Arrow: AU)
Simvasin Spirig® (Spirig: CH)
Simvass® (Rider: CL)
Simvastad® (Stada: AT)
Simvastan® (Heimdall: CO)
Simvastatiini Ennapharma® (Ennapharma: FI)
Simvastatin 1A Farma® (1A Farma: DK)
Simvastatin 1A Pharma® (1A Pharma: AT, DE)
Simvastatin 1A Pharma® (1a Pharma: HU)
Simvastatin AAA-Pharma® (AAA Pharma: DE)
Simvastatin AbZ® (AbZ: DE)
Simvastatin accedo® (Accedo: DE)
Simvastatin Actavis® (Actavis: DK, FI, NO, SE)
Simvastatin Alpharma® (Actavis: FI)
Simvastatin Alpharma® (Alpharma: DK)
Simvastatin Alternova® (Alternova: AT, DK, FI, SE)
Simvastatin AL® (Aliud: DE, RO)
Simvastatin Arrow® (Arrow: DK, NO, SE, SI)
Simvastatin AWD® (AWD.pharma: DE)
Simvastatin AZU® (Azupharma: DE)
Simvastatin biomo® (biomo: DE)
Simvastatin Copyfarm® (Copyfarm: FI, SE)
Simvastatin Dexa Medica® (Dexa Medica: ID)
Simvastatin Domesco® (Domesco: VN)
Simvastatin FP® (Farmaprojects: NL)
Simvastatin Gen Med® (Gen Med: AR)
Simvastatin Genericon® (Genericon: AT)
Simvastatin Helvepharm® (Helvepharm: CH)
Simvastatin Heumann® (Wieb: DE)
Simvastatin Hexal® (Hexal: AT, DK, NO)
Simvastatin Hexal® (Sandoz: SE)
Simvastatin Hexpharm® (Hexpharm: ID)
Simvastatin Interpharm® (Interpharm: AT)
Simvastatin Ivax® (Ivax: SE)
Simvastatin Ivax® (Teva: FI)
Simvastatin Krka® (Krka: DK, FI)
Simvastatin Krka® (KRKA: NO)
Simvastatin Krka® (Krka: SE)
Simvastatin Lek® (Lek: SI)
Simvastatin LPH® (Labormed Pharma: RO)
Simvastatin Merck NM® (Merck NM: FI, SE)
Simvastatin Merck® (Ivowen: AT)
Simvastatin Merck® (Merck: AT)
Simvastatin Northia® (Northia: AR)
Simvastatin Novexal® (Novexal: GR)
Simvastatin Nycomed® (Nycomed: NO)
Simvastatin Q-Pharm® (Juta: DE)
Simvastatin Q-Pharm® (Q-Pharm: DE)
Simvastatin Ranbaxy® (Ranbaxy: SI)
Simvastatin ratiopharm® (Ratiopharm: AT, CZ, FI)
Simvastatin ratiopharm® (ratiopharm: HU)
Simvastatin real® (Dolorgiet: DE)
Simvastatin Sandoz® (Sandoz: AT, DE, DK, FI, SE)
Simvastatin Stada® (Stada: DE, SE, VN)
Simvastatin Teva® (Teva: CH)
Simvastatin Wolff® (Wolff: DE)
Simvastatin-axcount® (AxiCorp: DE)
Simvastatin-axsan® (Axio: DE)
Simvastatin-corax® (corax: DE)
Simvastatin-CT® (CT: DE)
Simvastatin-Isis® (Alpharma: DE)
Simvastatin-ratiopharm® (ratiopharm: DE)
Simvastatin-RPM® (ratiopharm: LU)
Simvastatin-saar® (MIP: DE)
Simvastatin-Teva® (Teva: DE, IL)
Simvastatina Acost® (Acost: ES)
Simvastatina Alter® (Alter: ES)
Simvastatina Bayvit® (Bayvit: ES)
Simvastatina Bexal® (Bexal: ES)
Simvastatina Cinfa® (Cinfa: ES)
Simvastatina Combino Pharm® (Combino: ES)
Simvastatina Cuve® (Perez Gimenez: ES)
Simvastatina Davur® (Davur: ES)
Simvastatina Decrox® (Decrox: ES)

Simvastatina Desgen® (Generfarma: ES)
Simvastatina Edigen® (Edigen: ES)
Simvastatina Genfar® (Expofarma: CL)
Simvastatina Grapa® (Grapa: ES)
Simvastatina Juventus® (Juventus: ES)
Simvastatina Kern® (Kern: ES)
Simvastatina Liconsa® (Liconsa: ES)
Simvastatina Mabo® (Mabo: ES)
Simvastatina Merck® (Merck: CO, ES)
Simvastatina Midy® (Midy: ES)
Simvastatina MK® (MK: CO)
Simvastatina Normon® (Normon: ES)
Simvastatina Pliva® (Pliva: ES)
Simvastatina Ratiopharm® (Abbott: ES)
Simvastatina Rimafar® (Rimafar: ES)
Simvastatina Sandoz® (Sandoz: ES)
Simvastatina Sumol® (Sumol: ES)
Simvastatina Synthon® (Pan Quimica Farmaceutica: ES)
Simvastatina Tarbis® (Tarbis: ES)
Simvastatina Tecnigen® (Tecnimede: ES)
Simvastatina Ur® (Cantabria: ES)
Simvastatina Uxa® (Uxafarma: ES)
Simvastatina Vegal® (Vegal: ES)
Simvastatina Vir® (Vir: ES)
Simvastatina® (Bestpharma: CL)
Simvastatina® (Blaskov: CO)
Simvastatina® (Medicalex: CO)
Simvastatina® (Pasteur: CL)
Simvastatina® (Pentacoop: CO)
Simvastatine AAA-Pharma® (AAA Pharma: NL)
Simvastatine Actavis® (Actavis: NL)
Simvastatine Alpharma® (Alpharma: NL)
Simvastatine Aurobindo® (Aurobindo: NL)
Simvastatine A® (Apothecon: NL)
Simvastatine Bexal® (Bexal: BE)
Simvastatine Biogaran® (Biogaran: FR)
Simvastatine BioOrganics® (BioOrganics: NL)
Simvastatine Bouchara-Recordati® (Bouchara: FR)
Simvastatine CF® (Centrafarm: NL)
Simvastatine Consilient® (Consilient: NL)
Simvastatine EG® (Eurogenerics: BE)
Simvastatine FP® (Farmaprojects: NL)
Simvastatine Generosan® (Generosan: NL)
Simvastatine Katwijk® (Katwijk: NL)
Simvastatine Merck® (Merck Generics: NL)
Simvastatine MSD® (Merck Sharp & Dohme: NL)
Simvastatine NeoPharma® (Neopharma: NL)
Simvastatine PCH® (Pharmachemie: NL)
Simvastatine PSI® (PSI: NL)
Simvastatine Ranbaxy® (Ranbaxy: NL)
Simvastatine ratiopharm® (Ratiopharm: BE, NL)
Simvastatine Sandoz® (Sandoz: BE, FR, NL)
Simvastatine TAD® (TAD: NL)
Simvastatine Teva® (Teva: BE)
Simvastatine Winthrop® (Winthrop: FR, NL)
Simvastatine Wörwag® (Wörwag: NL)
Simvastatine Zydus® (Zydus: FR)
Simvastatine-Apex® (Apex: NL)
Simvastatine-Sandoz® (Sandoz: LU)
Simvastatine® (Delphi: NL)
Simvastatine® (Genthon: NL)
Simvastatine® (Hexal: NL)
Simvastatine® (Ivax: NL)
Simvastatine® (Synthon: NL)
SimvastatinX® (Cardiologix: DE)
Simvastatin® (Alpharma: NO)
Simvastatin® (Dexa Medica: ID)
Simvastatin® (Dr Reddys: US)
Simvastatin® (Gevita: NO)
Simvastatin® (Hexpharm: ID)
Simvastatin® (Laropharm: RO)
Simvastatin® (Ozone Laboratories: RO)
Simvastatin® (Ranbaxy: US)
Simvastatin® (ratiopharm: NO)
Simvastatin® (Srbolek: RS)
Simvastatin® (Terapia: RO)
Simvastatin® (Teva: US)
Simvasterol® (Polpharma: PL)
Simvastin-Mepha® (Mepha: CH)
Simvastin® (Medopharm: VN)
Simvastol® (Gedeon Richter: RU)
Simvast® (Magnachem: DO)
Simvast® (Streuli: CH)
Simvatin® (Acme: BD)
Simvatin® (Biospray: GR)
Simvatin® (Lannacher: AT)
Simvatin® (O.P.V.: VN)
Simvaxon® (Dexxon: IL)
Simvax® (Hexal: CZ)
Simvax® (Jadran: HR)
Simva® (Salutas Pharma: RS)
Simvep® (ExtractumPharma: HU)
Simvor® (Ranbaxy: CZ, HU, LK, PE, RO, RS, SG, TH)
Simvostol® (Themis: LK)
Simvotin® (Ranbaxy: ZA)
Simvotin® (Stancare: IN)
Simzor® (Gerard: IE)
Sinova® (Combiphar: ID)
Sinpor® (Neves: PT)
Sintenal® (Helcor: RO)
Sinvacor® (Merck Sharp & Dohme: IT, SI)
Sinvascor® (Baldacci: BR)
Sinvastacor® (Hexal: BR)
Sinvastatina Alpharma® (Alpharma: PT)
Sinvastatina Alter® (Alter: PT)
Sinvastatina Angenérico® (Angenérico: PT)
Sinvastatina Baldacci® (Baldacci: PT)
Sinvastatina Bexal® (Bexal: PT)
Sinvastatina Biolipe® (Biosaúde: PT)
Sinvastatina Farmoz® (Farmoz: PT)
Sinvastatina Frosst® (Frosst: PT)
Sinvastatina Generis® (Generis: PT)
Sinvastatina Germed® (Germed: PT)
Sinvastatina ITF® (ITF: PT)
Sinvastatina Jaba® (Jaba: PT)
Sinvastatina Labesfal® (Labesfal: PT)
Sinvastatina Mepha® (Mepha: PT)
Sinvastatina Merck® (Merck Genéricos: PT)
Sinvastatina Ratiopharm® (Ratiopharm: PT)
Sinvastatina Sandoz® (Sandoz: PT)
Sinvastatina Sinvastil® (Neo-Farmacêutica: PT)
Sinvastatina Tecnimede® (Tecnimede: PT)
Sinvastatina Vascorim® (Vida: PT)
Sinvastatina Winthrop® (Winthrop: PT)
Sinvastatina Zera® (Pentafarma: PT)
Sinvatrox® (Legrand EMS: BR)
Sivacor® (Actavis: IS)
Sivastin® (Sigma Tau: IT)
Sivatin® (Rowex: IE)

Sivinar® (Anfarm: GR)
Sotovastin® (Bros: GR)
Starezin® (Leovan: GR)
Stasiva® (Pharmanel: GR)
Statex® (Pliva: BA, HR)
Statinal® (Specifar: GR)
Statin® (Lafrancol: CO)
Sumaclina® (Alodial: PT)
Tanavat® (Microsules: AR)
Taro-Simvastatin® (Taro: CA)
Teylor® (Dom: ES)
Torio® (Unison: TH)
Valemia® (Sanbe: ID)
Vascor® (Biolab: TH)
Vasilip® (Egis: HU)
Vasilip® (Krka: BA, CZ, HR, PL, RO, RS)
Vasilip® (KRKA: RU)
Vasilip® (Krka: SI)
Vasomed® (Chemopharma: CL)
Vasotenal® (Pharma Investi: CL)
Vasotenal® (Roemmers: AR, PE)
Vastan® (ICN: PL)
Vastatin® (Vocate: GR)
Vaster® (Nicholas: ID)
Vastocor® (Incepta: BD)
Vazim® (Prima: ID)
Viaxal® (Farmindustria: PE)
Vida-Up® (United Pharma: VN)
Vidastat® (Therapharma: PH)
Vytorin® (Merck Sharp & Dohme: BR)
Ximve® (Farma Projekt: PL)
Zeid® (Senosiain: MX)
Zemox® (Varipharm: DE)
Zeplan® (Gedeon Richter: RO)
Zetina® (PharmaBrand: EC)
Zimmex® (Silom: TH)
Zo-20® (GMP: GE)
Zocolip® (DuraScan: DK)
Zocord® (Merck Sharp & Dohme: AT, SE)
Zocor® (Aktuapharma: BE)
Zocor® (Dieckmann: DE)
Zocor® (Lyfjaver: IS)
Zocor® (Merck: US)
Zocor® (Merck Frosst: CA)
Zocor® (Merck Sharp & Dohme: AN, AR, AU, AW, BB, BE, BR, BS, BZ, CH, CL, CN, CO, CR, CZ, DE, DK, DZ, EC, ES, FR, GB, GT, GY, HK, HN, HU, ID, IE, IS, JM, KY, LK, LU, MX, MY, NI, NL, PA, PE, PH, PL, PT, RS, RU, SG, SV, TH, TR, TT, VN, ZA)
Zocor® (MerckSharp&Dohme: RO)
Zocor® (MSD: FI, NO)
Zocor® (Neopharmed: IT)
Zocor® (Vianex: GR)
Zorced® (Collins: MX)
Zorstat® (Pliva: SI)
Zosta® (USV: LK)
Zostine® (Pharmalliance: DZ)
Zostin® (Renata: BD)
Zovast® (Darya-Varia: ID)
Zovatin® (Eczacibasi: RU, TR)
Zurocid® (Farmilia: GR)

Sincalide (Rec.INN)

L: Sincalidum
D: Sincalid
F: Sincalide
S: Sincalida

Diagnostic, gall-bladder function

ATC: V04CC03
CAS-Nr.: 0025126-32-3 C_{49}-H_{62}-N_{10}-O_{16}-S_3
M_r 1143.315

Caerulein, 1-de(5-oxo-L-proline)-2-de-L-glutamine-5-L-methionine-

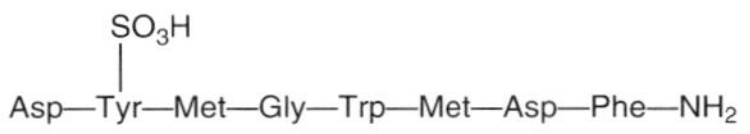

OS: *Sincalide [BAN, USAN]*
IS: *SQ 19844 (Squibb, USA)*
IS: *CCK 8*

Kinevac® (Bracco: US)

Sirolimus (Rec.INN)

L: Sirolimusum
D: Sirolimus
F: Sirolimus
S: Sirolimus

Immunosuppressant

ATC: L04AA10
CAS-Nr.: 0053123-88-9 C_{51}-H_{79}-N-O_{13}
M_r 914.19

(3S,6R,7E,9R,10R,12R,14S,15E,17E,19E,21S,23S,26-R,27R,34aS)-9,10,12,13,14,21,22,23,24,25,26,27,32,33,34,34a-Hexadecahydro-9,27-dihydroxy-3-[(1R)-2-[(1S,3R,4R)-4-hydroxy-3-methoxycyclohexyl]-1-methylethyl]-10,21-dime [WHO]

(3S,6R,7E,9R,10R,12R,14S,15E,17E,19E,21S,23S,26-R,27R,34aS)-9,10,12,13,14,21,22,23,24,25,26,27,32,33,34,34a-Hexadecahydro-9,27-dihydroxy-3-{(1R)-2-[(1S,3R,4R)-4-hydroxy-3-methoxycyclohexyl]-1-methylethyl}-10,2 [IUPAC]

S

Rapamycin [USAN]

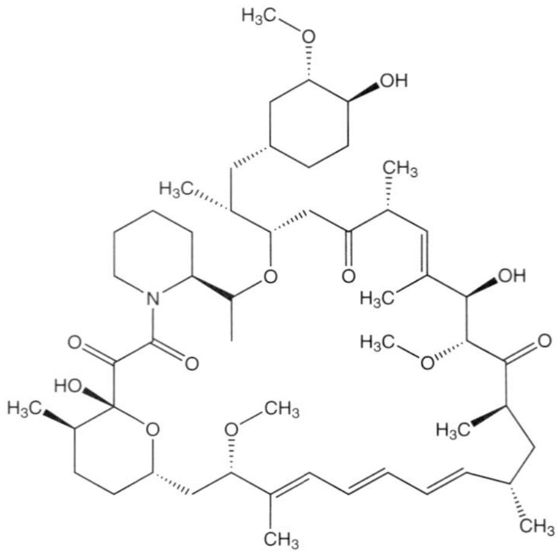

OS: *Sirolimus [BAN, USAN]*
IS: *NSC-226080*
IS: *NSC-606698*
IS: *AY-22989 (Wyeth, US)*
IS: *WY-090217 (Wyeth, US)*
IS: *Rapamune*
IS: *Rapamycin*

Rapamune® (Wyeth: AR, AT, AU, BE, BR, CA, CH, CL, CN, CO, CZ, DE, DK, ES, FI, FR, GB, GR, HK, HR, HU, IE, IL, IN, IS, IT, LU, MX, MY, NL, NO, NZ, PH, PL, RO, RS, SE, SG, SI, TH, TR, US, ZA)
Yixinke® (NCPC: CN)

Sisomicin (Rec.INN)

L: Sisomicinum
I: Sisomicina
D: Sisomicin
F: Sisomicine
S: Sisomicina

Antibiotic, aminoglycoside

ATC: J01GB08
CAS-Nr.: 0032385-11-8 C_{19}-H_{37}-N_5-O_7
M_r 447.555

O-2,6-Diamino-2,3,4,6-tetradeoxy-alpha-D-glycero-hex-4-enopyranosyl-(1->4)-O-[3-deoxy-4-C-methyl-3-(methylamino)-beta-L-arabinopyranosyl-(1->6)]-2-deoxy-D-streptamine

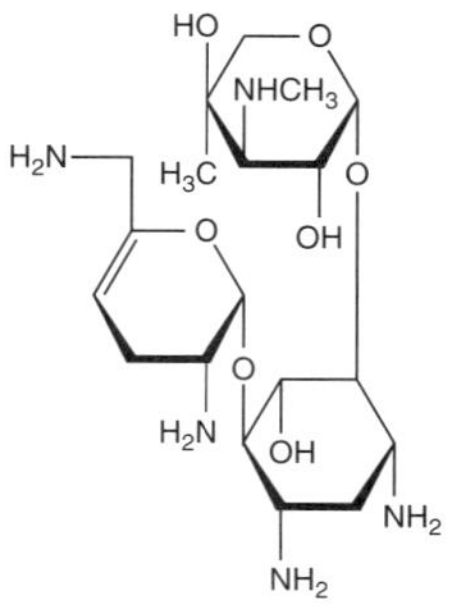

OS: *Sisomicin [BAN, USAN]*
OS: *Sisomicine [DCF]*
OS: *Sisomicina [DCIT]*
IS: *Antibiotic 6640*
IS: *Rickamicina*
IS: *Sissomicin*
IS: *Bay c 8990*

– sulfate:

CAS-Nr.: 0053179-09-2
OS: *Sisomicin Sulfate JAN, USAN*
IS: *Sch 13475*
PH: Sisomicin Sulfate JP XIV, USP 30

Siseptin® (Yamanouchi: JP)
Sisoptin® (Themis: IN)

Sitagliptin (Prop.INN)

L: Sitagliptinum
D: Sitagliptin
F: Sitagliptine
S: Sitagliptina

Antidiabetic agent

CAS-Nr.: 0486460-32-6 C_{16}-H_{15}-F_6-N_5-O
M_r 407.31

(3R)-3-amino-1-[3-(trifluoromethyl)-5,6,7,8-tetrahydro-5H-[1,2,4]triazolo[4,3-a]pyrazin-7-yl]-4-(2,4,5-trifluorophenyl)butan-1-one (WHO)

(R)-3-Amino-1-[3-(trifluoromethyl)-5,6,7,8-tetrahydro[1,2,4]triazol[4,3-a]pyrazin-7-yl]-4-(2,4,5-trifluorphenyl)butan-1-on (IUPAC)

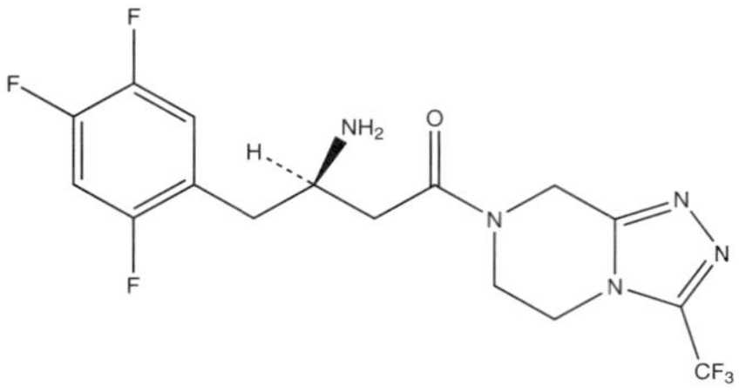

– phosphate:

CAS-Nr.: 0654671-78-0
OS: *Sitagliptin phosphate USAN*
IS: *MK 04311*
IS: *ONO- 5435*

Januvia® (Merck: US)
Januvia® (Merck Sharp & Dohme: CH, DE, IE, MX)

Sitaxentan (Rec.INN)

L: Sitaxentanum
D: Sitaxentan
F: Sitaxentan
S: Sitaxentan

Endothelin antagonist

CAS-Nr.: 0184036-34-8 C_{18}-H_{15}-Cl-N_2-O_6-S_2
M_r 454.9

N-(4-chloro-3-methyl-5-isoxazolyl)-2-[[4,5-(methylenedioxy)-o-tolyl]acetyl]-3-thiophenesulfonamide WHO

N-(4-Chlor-3-methylisoxazol-5-yl)-2-[(4,5-methylendioxy-2-methylphenyl)acetyl]thiophen-2-sulfonamid IUPAC

N-(4-Chlor-3-methylisoxazol-5-yl)-2-[2-(6-methyl-1,3-benzodioxol-5-yl)acetyl]thiophen-2-sulfonamid

3-Thiophenesulfonamide, N-(4-chloro-3-methyl-5-isoxyzolyl)-2-((6-methyl-1,3-benzodioxol-5-yl)acetyl)-

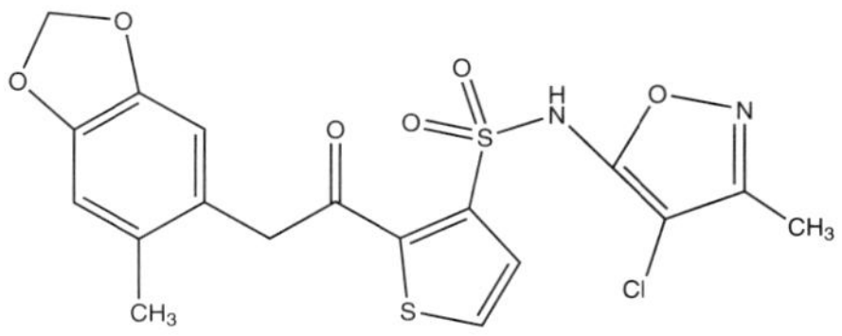

IS: *IPI 1040*
IS: *TBX 11251 (Texas Biotechn, US)*
IS: *Sitaxsentan*

– sodium:

CAS-Nr.: 0210421-74-2
IS: *TBC-11251*

Thelin® (Encysive: DE, IE)

Sitosterol, β-

D: beta-Sitosterin

Antihyperlipidemic agent

CAS-Nr.: 0000083-46-5 C_{29}-H_{50}-O
M_r 414.719

Stigmast-5-en-3-ol, (3β)-

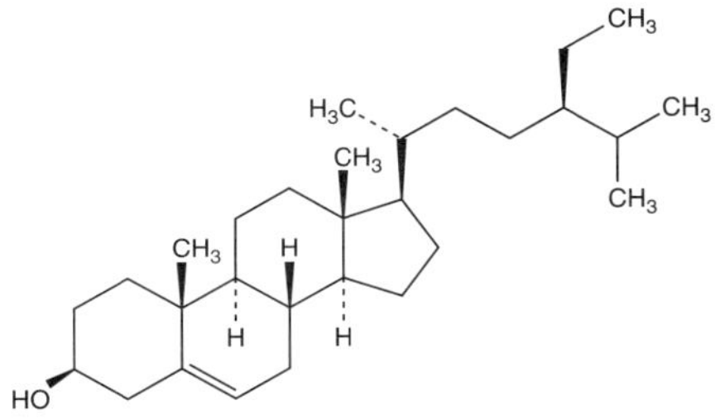

IS: *β-Sitosterin*
IS: *Phytosterol*
IS: *Beta-sitosterol*
IS: *5-Stigmasten-3β-ol*

Azuprostat Sandoz® (Sandoz: DE)
Flemun® (Intermuti: DE)
Harzol® (Europharm: AT)
Harzol® (Schwarz: DE)
Mebo® (Julpharma: EC)
Peposterol® (Herbapol-Poznan: PL)
Prostacur® (Finadiet: AR)
Prostasal® (TAD: DE)
Prosterol® (Herbapol-Poznan: PL)
Sitosterin Prostata-Kapseln® (Schwarz: DE)
Triastonal® (Schwarz: DE)

Sizofiran (Rec.INN)

L: Sizofiranum
D: Sizofiran
F: Sizofiran
S: Sizofiran

Immunostimulant

CAS-Nr.: 0009050-67-3 $(C_{24}$-H_{40}-$O_{20})_n$

Poly[3-(O-β-D-glucopyranosyl-(1-3)-O-[β-D-glucopyranosyl-(1-6)]-O-β-D-glucopyranosyl-(1-3)-O-β-D-glucopyranosyl)-]

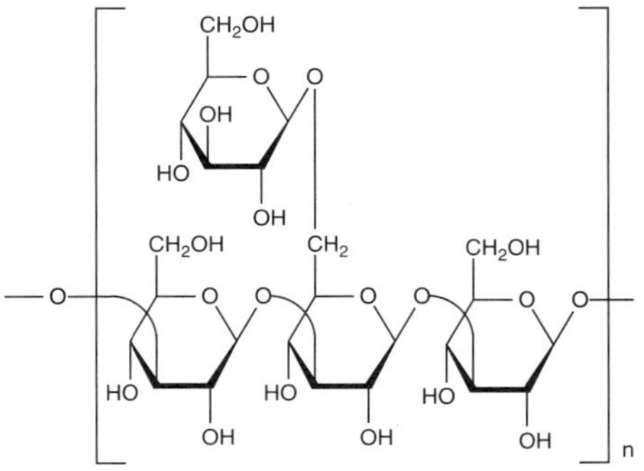

OS: *Sizofiran [JAN]*
IS: *Schizophyllan*

Sonifilan® (Kaken: JP)

Smectite

L: Smectitum
D: Smectit
F: Smectite

Antacid

CAS-Nr.: 0012199-37-0

Smectite-group minerals
IS: *Dioktaedrischer Smektit*
IS: *Aluminiumsilicat, Typ Bolus-montmorillonit*

Colina® (INTERSAN: DE)
Montmorillonite® [vet.] (Vetoquinol: BE)
Smecta® (Beaufour Ipsen: CZ, HR, HU, LU, MY, PL, RO, SG)
Smecta® (Ipsen: FR, HK, RS, RU, TH)
Smectivet® [vet.] (Boehringer Ingelheim: LU)
Smectivet® [vet.] (Boehringer Ingelheim Santé Animale: FR)
Smectivet® [vet.] (Fendigo: BE)

Sobrerol (F.U.)

I: Sobrerolo
D: Sobrerol

Expectorant

Mucolytic agent

ATC: R05CB07
CAS-Nr.: 0000498-71-5 C_{10}-H_{18}-O_2
M_r 170.254

S

3-Cyclohexene-1-methanol, 5-hydroxy-α,α,4-trimethyl-

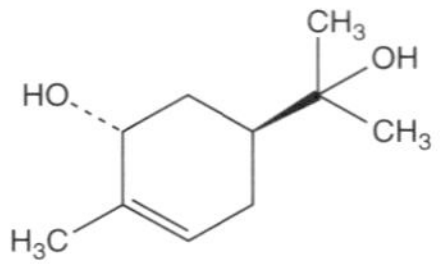

IS: *Cyclidrol*
PH: Sobrerolo [F.U. IX]

Mucoflux® (Rotta: HK, MY, SG)
Mucoflux® (Rotta Pharmaceuticals: BO, DO, GT, HN, HT, PA, SV, TH)
Mucoflux® (Rotta Pharmalink: PH)
Sobrepin® (Abbott: BR)
Sobrepin® (Bayer: IT)
Sobrepin® (Tedec Meiji: ES)
Sopulmin® (Scharper: IT)

Sobuzoxane (Rec.INN)

L: Sobuzoxanum
D: Sobuzoxan
F: Sobuzoxane
S: Sobuzoxano

Antineoplastic agent

CAS-Nr.: 0098631-95-9 — C_{22}-H_{34}-N_4-O_{10} — M_r 514.554

4,4'-Ethylenebis[1-(hydroxymethyl)-2,6-piperazinedione]bis(isobutylcarbonate) (ester)

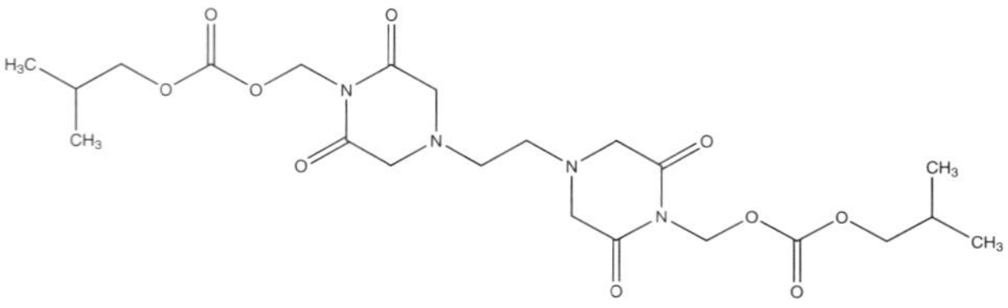

OS: *Sobuzoxane [JAN]*
IS: *MST 16*

Perazolin® (Zenyaku Kogyo K.K: JP)

Sodium Amidotrizoate (Rec.INN)

L: Natrii Amidotrizoas
I: Amidotrizoato di sodio
D: Natrium amidotrizoat
F: Amidotrizoate de sodium
S: Amidotrizoato sodico

Contrast medium

CAS-Nr.: 0000737-31-5 — C_{11}-H_8-I_3-N_2-Na-O_4 — M_r 635.895

Benzoic acid, 3,5-bis(acetylamino)-2,4,6-triiodo-, monosodium salt

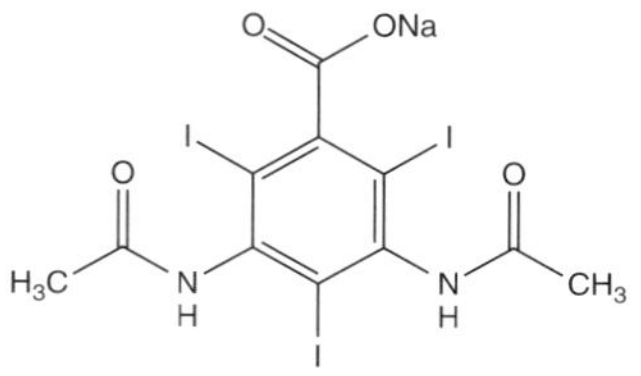

OS: *Sodium Amidotrizoate [BANM]*
OS: *Amidotrizoato di sodio [DCIT]*
OS: *Diatrizoate Sodium [USAN]*
IS: *Sodium Diatrizoate*
PH: Diatrizoate Sodium [USP 30]
PH: Sodium Amidotrizoate [Ph. Eur. 5, Ph. Int. 4]
PH: Natrii amidotrizoas [Ph. Eur. 5, Ph. Int. 4]
PH: Natrium amidotrizoat [Ph. Eur. 5]

Ethibloc® (Ethicon: DE)
Hypaque 25% 50%® (Sanofi-Synthelabo: BR)
Hypaque Sodium® (Nycomed: US)
Urographin® (Schering: RU)
Urovideo® (Santa-Farma: TR)

– calcium, meglumine and sodium salt:

Plenigraf® (Juste: ES)

– lysine and sodium salt:

Gastrolux-CT® (Sanochemia: DE)
Peritrast® (Köhler: DE)

– lysine salt:

Peritrast® (Köhler: DE, HU)
Peritrast® (Köhler Chemie: AT)

– meglumine:

CAS-Nr.: 0006284-40-8
OS: *Meglumine Amidotrizoate BANM*
OS: *Meglumine Amidotrizoate Injection JAN*
IS: *Amidotrizoic acid, comp. with N-methylglucamine*
PH: Diatrizoate Meglumine USP 26
PH: Meglumine Amidotrizoate Injection JP XIV
PH: Meglumine Diatrizoate Injection BP 1999

Angiografin® (Schering: CN)
Cystografin® (Bracco: US)
Cystografin® (Schering: DE)
Hypaque M-60%® (Farpasa: PE)
Hypaque Meglumina® (Fortbenton: AR)
Hypaque Meglumina® (Sanofi-Synthelabo: BR, CO)
Hypaque-Cysto® (Nycomed: US)
Hypaque® (Nycomed: US)
Radialar 280® (Juste: ES)
Reliev® (Schering: CL, CO)
Reno-30® (Bracco: US)
Reno-60® (Bracco: US)
Reno-DIP® (Bracco: US)
Trazograph® (Unique: RU)
Uro Angigrafin® (Schering: ES)
Uro-Angiografin® (Schering: DE, ES)
Urografin® (Schering: AT, AU, CZ, DK, IL, NZ)
Urolux® (Sanochemia: DE)
Urovist® (Berlex: US)
Urovist® (Schering: DE, TR)

– meglumine and sodium salt:

PH: Diatrizoate Meglumine and Diatrizoate Sodium Injection USP 24
PH: Meglumine Sodium Amidotrizoate Injection JP XIII

Gastrografine® (Schering: BE, DZ, FR)
Gastrografin® (Bayer: CH)
Gastrografin® (Bracco: US)

Gastrografin® (Schering: AT, AU, DE, ES, FI, GB, HR, IT, LU, NL, NO, NZ, RO, SE, SI, ZA)
Gastrolux® (Sanochemia: DE)
Hypaque M75% M76%® (Sanofi-Synthelabo: BR)
Hypaque® (Fortbenton: AR)
Hypaque® (Nycomed: US)
MD-76® (Mallinckrodt: AU, PE, US)
MD-76® (Tyco: CA)
MD-Gastroview® (Mallinckrodt: AU, PE, US)
Odiston® (Zentiva: RO)
Pielograf® (Juste: ES)
Pielograf® (Schering: CO)
Radiosélectan urinaire® (Schering: DE, FR)
Reno-Cal® (Bracco: US)
Renografin® (Bracco: US)
Trazograf® (Juste: ES)
Urografina® (Schering: BR)
Urografine® (Schering: LU)
Urografin® (German Remedies: IN)
Urografin® (Schering: AT, DE, ES, GB, NL, RO, SE, SI, TR, ZA)
Urolux Retro® (Sanochemia: DE)

Sodium Aurothiomalate (Rec.INN)

L: Natrii Aurothiomalas
D: Natrium aurothiomalat
F: Aurothiomalate de sodium
S: Aurotiomalato sodico

Antirheumatoid agent

ATC: M01CB01
CAS-Nr.: 0012244-57-4 C_4-H_3-Au-Na_2-O_4-S
M_r 390.078

Butanedioic acid, mercapto-, monogold(1+) sodium salt

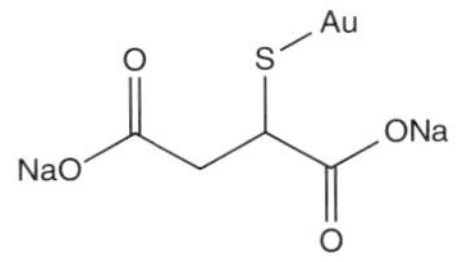

PH: Gold Sodium Thiomalate [USP XXI]
PH: Sodium Aurothiomalate [BP 2002, JP XIV, Ph. Eur. 5]

Aurolate® (Taylor: US)
Miocrin® (Inmunosyn: CO)
Miocrin® (Rubio: CR, DO, ES, GT, PA, SG, SV)
Myochrysine® (Sanofi-Aventis: CA)
Myocrisin® (Aventis: AU, DK, NO, NZ, TH)
Myocrisin® (Sanofi-Aventis: FI, GB, SE)
Shiosol® (Shionogi: JP)
Sodium Aurothiomalate® (Sandoz: CA)
Tauredon® (Altana: AT, CH, CZ, DE, NL, PT, RO)
Tauredon® (Nycomed: RS)

Sodium Aurothiosulfate (Rec.INN)

L: Natrii aurotiosulfas
I: Aurotiosulfato di sodio
D: Natrium aurothiosulfat
F: Aurothiosulfate de sodium
S: Aurotiosulfato sodico

Antirheumatoid agent

CAS-Nr.: 0010210-36-3 Au-Na_3-O_6-S_4.$_2H_2O$
M_r 526.22

Thiosulfuric acid ($H_2S_2O_3$), gold($^{1+}$) sodium salt (2:1:3), dihydrate

OS: *Aurotiosulfato di sodio [DCIT]*

Crytioro® (Drag Pharma: CL)
Fosfocrisolo® (Zambon: IT)

Sodium Bicarbonate (USP)

L: Natrii hydrogeni carbonas
I: Sodio bicarbonato
D: Natriumhydrogencarbonat
F: Bicarbonate de sodium
S: Sodio bicarbonato

Alkalinizer

ATC: B05XA02
CAS-Nr.: 0000144-55-8 Na-H-C-O_3
M_r 84.01

Carbonic acid monosodium salt

OS: *Sodium Bicarbonate [JAN]*
OS: *Bicarbonate de sodium [DCF]*
IS: *Natriumbikarbonat*
IS: *Monosodium carbonate*
IS: *Natron, doppeltkohlensaures*
IS: *Natron*
IS: *E 500*
PH: Natrii hydrogeni carbonas [Ph. Eur. 5]
PH: Sodium Bicarbonate [JP XIV, USP 30]
PH: Sodium Hydrogen Carbonate [Ph. Eur. 5, Ph. Int. 4]
PH: Natiumhydrogencarbonat [PH. Eur. 5]
PH: Bicarbonate de sodium [Ph. Eur. 5]
PH: Natrii hydrogenocarbonas [Ph. Int. 4]

Acidosan® [vet.] (Vetoquinol: CH)
Alkala T® (Sanum-Kehlbeck: DE)
Arm & Hammer® (Church & Dwight: US)
Babic® (Teva: IL)
BicaNorm® (Fresenius Medical Care: IE)
Bicarbonat de Sodiu® (Braun: RO)
Bicarbonate de Sodium Aguettant® (Aguettant: FR)
Bicarbonate de Sodium Lavoisier® (Chaix et du Marais: FR)
Bicarbonate de Sodium-Baxter® (Baxter: LU)
Bicarbonate de Sodium® [vet.] (Aguettant: FR)
Bicarbonato de Sodio EWE® (Sanitas: AR)
Bicarbonato de Sodio Püler® (H. Medica: AR)
Bicarbonato de Sodio® (Biosano: CL)
Bicarbonato de Sodio® (Fecofar: AR)
Bicarbonato de Sodio® (Geyer: BR)
Bicarbonato de Sodio® (Oriental: AR)

S

Bicarbonato de Sodio® (Qualicont: PE)
Bicarbonato de Sodio® (Reccius: CL)
Bicarbonato de Sodio® (Sanderson: CL)
Bicarbonato de Sodio® (UQP: PE)
Bicarbonato de Sosa T M® (Novartis: ES)
Bicarbonato de Sódio Labesfal® (Labesfal: PT)
Bicarbonato Sod Agadrian® (Tecnisan: ES)
Bicarbonato Sod Bieffe M® (Baxter: ES)
Bicarbonato Sod Cinfa® (Cinfa: ES)
Bicarbonato Sod Dalmau® (Edosa: ES)
Bicarbonato Sod Grifols® (Grifols: ES)
Bicarbonato Sod Orravan® (Orravan: ES)
Bicarbonato Sod Pege® (Puerto Galiano: ES)
Bicarbonato Sod PG® (Perez Gimenez: ES)
Bicarbonato Sod Serra® (Serra Pamies: ES)
Bicarbonato Sod Viviar® (Viviar: ES)
Bicarbonato Sodico Braun® (Braun: ES)
Bicarbonato Sodico Mein® (Fresenius: ES)
Bullrich Salz® (Mundipharma: AT)
Citrocarbonate® (Lee: US)
Corega® (GlaxoSmithKline: AR)
Electrolade® (Eastern: IE)
Enhos® (Kansuk: TR)
Hospasol® (Gambro: ES)
Koncentrovani® (Zorka: RS)
Min-I-Jet Sodium Bicarbonate® (UCB: GB)
Molar Sodium Bicarbonat® (Drogsan: TR)
Molar Sodium Bicarbonat® (Galen: TR)
Molar Sodium Bicarbonat® (Osel: TR)
Natrij-hidrogenkarbonat® (HZTM: HR)
Natrij-hidrogenkarbonat® (Pliva: HR)
Natrijev hidrogenkarbonat® (Medis: SI)
Natrium bicarbonat ACS Dobfar Info® (ACS: CH)
Natrium Bicarbonicum „Bichsel“® (Bichsel: CH)
Natrium bicarbonicum® (Polpharma: PL)
Natrium bicarbonicum® (Sopharma: BG)
Natrium-Bicarbonat B.Braun® (Braun: CH)
Natriumbicarbonaat® (Braun: NL)
Natriumbicarbonaat® (IMS: NL)
Natriumbicarbonat Fresenius® (Fresenius: AT, RS)
Natriumbicarbonat SAD® (SAD: DK)
Natriumbicarbonate Braun® (Braun: FI)
Natriumbikarbonat Fresenius Kabi® (Fresenius: SE)
Natriumbikarbonat isotonisk SAD® (SAD: DK)
Natriumbikarbonat® (Recip: IS, SE)
Natriumhydrogencarbonat Fresenius® (Fresenius: BA, LU)
Natriumhydrogencarbonat-Lösung Köhler® (Köhler: DE)
Natriumhydrogencarbonat® (Baxter: DE)
Natriumhydrogencarbonat® (Braun: DE)
Natriumhydrogencarbonat® (DeltaSelect: DE)
Natriumhydrogencarbonat® (Fresenius Medical Care: BG, DE)
Natriumhydrogenkarbonat® (Braun: NO)
Nazidil® (GlaxoSmithKline: EC)
Nephrotrans® (Medice: DE)
Nephrotrans® (Salmon: CH)
Neutalizer® [vet.] (RXV: US)
Neut® (Hospira: US)
Purgyl® (Istanbul Ilaç: TR)
Soda Mint® (CMC: US)
Sodibic® (Aventis: AU)
Sodio Bicarbonato® (Bieffe: IT)
Sodio Bicarbonato® (Bioindustria Lim: IT)
Sodio Bicarbonato® (Biomedica Foscama: IT)
Sodio Bicarbonato® (Diaco: IT)
Sodio Bicarbonato® (Dynacren: IT)
Sodio Bicarbonato® (Eurospital: IT)
Sodio Bicarbonato® (Farmacologico: IT)
Sodio Bicarbonato® (Fresenius: IT)
Sodio Bicarbonato® (Galenica: IT)
Sodio Bicarbonato® (Marco Viti: IT)
Sodio Bicarbonato® (Monico: IT)
Sodio Bicarbonato® (Nova Argentia: IT)
Sodio Bicarbonato® (Ogna: IT)
Sodio Bicarbonato® (Pierrel: IT)
Sodio Bicarbonato® (Salf: IT)
Sodio Bicarbonato® (Sella: IT)
Sodio Bicarbonato® (Zeta: IT)
Sodium Bicarbonate Additive Solution® (Abraxis: US)
Sodium Bicarbonate Atlantic® (Atlantic Lab: TH)
Sodium Bicarbonate Biomed® (Biomed: NZ)
Sodium Bicarbonate Pfrimmer® (Kalbe: ID)
Sodium Bicarbonate® (Abraxis: US)
Sodium Bicarbonate® (American Pharmaceutical Partners: US)
Sodium Bicarbonate® (American Regent: US)
Sodium Bicarbonate® (AstraZeneca: AU)
Sodium Bicarbonate® (Baxter: US)
Sodium Bicarbonate® (Biomed: NZ)
Sodium Bicarbonate® (CMC: US)
Sodium Bicarbonate® (CSL: AU, NZ)
Sodium Bicarbonate® (David Craig: NZ)
Sodium Bicarbonate® (Fima: ID)
Sodium Bicarbonate® (Hospira: CA, US)
Sodium Bicarbonate® (International Medication Systems: GB)
Sodium Bicarbonate® (Lilly: US)
Sodium Bicarbonate® (Pfizer: AU)
Sodium Bicarbonate® (PharmaLab: NZ)
Sodium Bicarbonate® (Rugby: US)
Sodium Bicarbonate® (Teva: GB)
Sodium Bicarbonate® (Thornton & Ross: GB)
Sodium Bicarbonate® (United Research: US)
Solucion Bicarbonato de Sodio® (Sanderson: CL)
Soluciones Parenterales® (Fidex: AR)
Venofusin Bicarb Sodico® (Fresenius: ES)

Sodium Citrate (USP)

L: Natrii citras
D: Natriumcitrat
F: Citrate de sodium

Mineral agent
Alkalinizer

ATC: B05CB02
CAS-Nr.: 0000068-04-2

C_6-H_5-Na_3-O_7
M_r 258.07

1,2,3-Propanetricarboxylic acid, trisodium salt

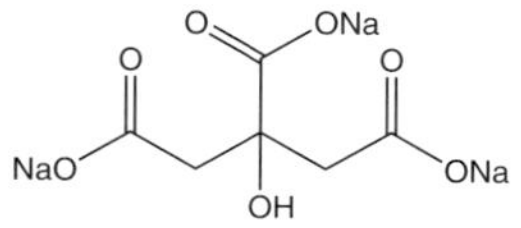

OS: *Sodium Citrate [JAN]*
IS: *Trisodium citrat*

IS: *Trinatrium Citronensäure*
IS: *Sodium Citrate*
IS: *Trinatrium citrat*
IS: *E 331*
PH: Sodium Citrate [JP XIV, USP 30, Ph. Eur. 4]
PH: Natrii citras [Ph. Int. 4]

Alkasol® (Stadmed: IN)
Citralka® (Pfizer: IN)
Citrato de Sódio Labesfal® (Labesfal: PT)
Neutradex® [vet.] (Bomac: NZ)
Neutradex® [vet.] (Eurovet: BE)
Neutradex® [vet.] (Floris: NL)
Oricitral® (TTK: IN)
Sodio Citrato® (AFOM: IT)
Sodio Citrato® (Bioindustria Lim: IT)
Sodio Citrato® (Fresenius: IT)
Sodio Citrato® (Galenica: IT)
Sodio Citrato® (Monico: IT)
Sodio Citrato® (Salf: IT)

Sodium Cyclamate (Rec.INN)

L: Natrii cyclamas
I: Ciclamato di sodio
D: Natrium cyclamat
F: Cyclamate de sodium
S: Ciclamato sodico

Dietary agent
Pharmaceutic aid, flavouring agent

CAS-Nr.: 0000139-05-9 — C6-H12-N-Na-O3-S, M_r 201.222

Sulfamic acid, cyclohexyl-, monosodium salt

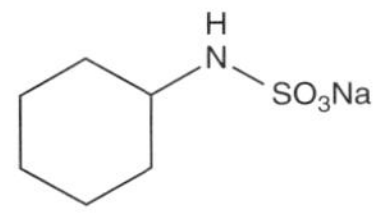

OS: *Sodium (cyclamate de) [DCF]*
OS: *Sodium Cyclamate [BAN]*
OS: *Ciclamato di sodio [DCIT]*
IS: *E 952 (EU-Nummer)*
IS: *Natriumcyclohexylamidosulfat*
IS: *Natrium cyclohexylsulfamat*
IS: *Sodium cyclohexanesufamate*
PH: Natrii cyclamas [Ph. Eur. 5]
PH: Natriumcyclamat [Ph. Eur. 5]
PH: Sodium (cyclamate de) [Ph. Eur. 5]
PH: Sodium Cyclamate [Ph. Eur. 5]

Dulceril® (Codilab: PT)

Sodium Feredetate (Rec.INN)

L: Natrii feredetas
D: Natrium feredetat
F: Férédétate de sodium
S: Feredato sodico

Antianaemic agent

ATC: B03AB03
CAS-Nr.: 0015708-41-5 — C10-H12-Fe-N2-Na-O8, M_r 367.066

Ferrate(1-), [[N,N'-1,2-ethanediylbis[N-(carboxy-methyl)glycinato]](4-)-N,N',O,O',ON,ON']-, sodium, (OC-6-21)-

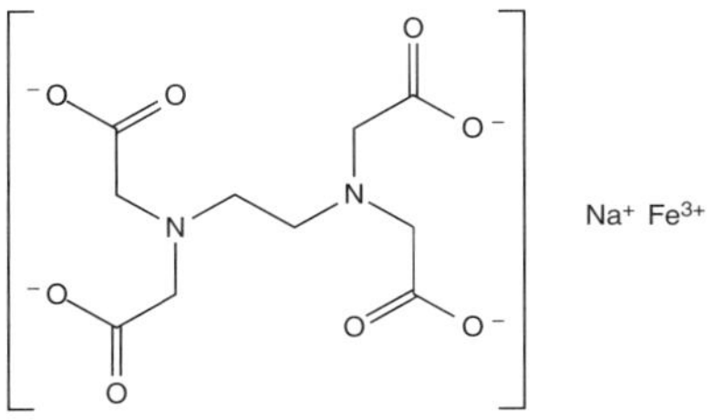

OS: *Férédétate de sodium [DCF]*
OS: *Sodium Feredetate [BAN]*
IS: *Ferrol*
IS: *Sodium Ironedetate*
IS: *Natrium-Eisen(III)-edetat*
IS: *Natrium-Eisen(III)-ethylendiamintetraacetat*
IS: *Sodium ironedetate*
PH: Sodium Feredetate [BP 2002]

Ferrostrane® (Pfizer: BF, BJ, CF, CG, CI, CM, GA, GN, MG, ML, MR, MU, NE, SN, TD, TG, ZR)
Ferrostrane® (Teofarma: FR)
Sytron® (Link: GB)

Sodium Fluoride (USP)

L: Natrii fluoridum
I: Sodio fluoruro
D: Natrium-fluorid
F: Sodium (fluorure de)

Mineral agent
Prophylactic, dental caries

ATC: A01AA01,A12CD01
CAS-Nr.: 0007681-49-4 — Na-F, M_r 41.99

Sodium fluoride (NaF)

OS: *Sodium Fluoride [JAN]*
PH: Natrii fluoridum [Ph. Eur. 5, Ph. Int. 4]
PH: Natriumfluorid [Ph. Eur. 5]
PH: Sodium (fluorure de) [Ph. Eur. 5]
PH: Sodium Fluoride [Ph. Eur. 5, Ph. Int. 4, USP 30]

ACT® (Johnson & Johnson: US)
Aquafresh® (GlaxoSmithKline: AR)
Arthrofluor® (Teva: HU)
Caristop Diario® (Maver: CL)
Caristop Semanal® (Maver: CL)
Checkmate® (Oral-B: US)
Compu Fluoride® (Aspen: ZA)
Control Rx® (Omnii: US)
Dentan® (Ipex: SE)
Dentirol Fluor® (Dentirol: SE)
Dentocar® (Pannonpharma: HU)
Duraphat® (Colgate-Palmolive: AT, CH, DE, DK, FI, GB, IS, IT, NL, NO, SE)
Duraphat® (CTS: IL)
Duraphat® (ICN: US)
En-De-Kay® (Manx: GB)
Endekay Fluotabs® (Manx: GB)
Fludent® (Actavis: FI)
Fludent® (Alpharma: SE)

Fluden® (Rekah: IL)
Fluodontyl® (Procter & Gamble: ES, FR)
Fluodontyl® (Sanofi-Synthelabo: BE, LU)
Fluodont® (Gebro: AT)
Fluogum® (Procter & Gamble: FR)
Fluonatril® (Belupo: HR, SI)
Fluor Kin® (Kin: ES)
Fluor Lacer® (Lacer: DO, ES, GT, HN, SV)
Fluor Oligosol® (Labcatal: FR)
Fluor SMB® (SMB: LU)
Fluor Unicophar® (Unicophar: BE)
Fluor Verde® (Angelini: IT)
Fluor-a-Day® (Dental: GB)
Fluor-a-Day® (Pharmascience: CA)
Fluorcalcic® (Viatris: CZ)
Fluordent® (Laboratorios: AR)
Fluorescinnatrium Chauvin® (Novartis Ophthalmics: SE)
Fluoretten® (Aventis: DE)
Fluorette® (Fertin: DK, IS, NO)
Fluorette® (Meda: SE)
Fluorex® (Crinex: FR)
Fluoricare® (Otto: ID)
Fluorid Gel DENTSPLY DeTrey® (Dentsply: DE)
Fluorie® (PSM: NZ)
Fluorigard® (Colgate: US)
Fluorigard® (Colgate-Palmolive: GB)
Fluorilette® (Leiras: FI)
Fluorinse® (Oral-B: US)
Fluoritab® (Fluoritab: US)
Fluorlausn Actavis® (Actavis: IS)
FluoroCare® (Colgate: US)
Fluorofoam® (Colgate: US)
Fluorogal® (Galenika: RS)
Fluorogel® (Naf: AR)
Fluorostom® (Biofarm: RO)
Fluoros® (Jenapharm: DE)
Fluortöflur® (Actavis: IS)
Fluoruro de Sodio® (Sanderson: CL)
Fluoruro® (Naf: AR)
Fluor® (SMB: BE)
Fluossen® (ICN: CZ, PL)
Fluotic® (Sanofi-Aventis: CA)
Fluoxytil® (UCB: TR)
Flura-Drops® (Kirkman: US)
Flura-Loz® (Kirkman: US)
Flura-Tab® (Kirkman: US)
Fluvium® (Rekah: IL)
Flux® (Alpharma: NO)
Karidium® (Young Dental: US)
Karigel® (Young Dental: US)
Listermint® (Pfizer: ID)
Luride® (Colgate: US)
NAF® (Bosnalijek: BA)
NAF® (Naf: AR)
Natrium Fluoratum Slovakofarma® (Zentiva: CZ)
Natriumfluorid Baer® (Baer: LU)
Natriumfluorid Baer® (Sanova: AT)
Natriumfluorid Baer® (Südmedica: DE)
Natriumfluoride Dagra® (Viatris: NL)
Natriumfluoride FNA® (FNA: NL)
Natriumfluoride Gf® (Genfarma: NL)
Natriumfluoride PCH® (Pharmachemie: NL)
Natriumfluoride® (Chefaro: NL)
Neutra-Foam® (Oral-B: US)
Neutracare® (Oral-B: US)
NeutraFluor® (Colgate-Palmolive: AU)
Oligostim Fluor® (Boiron: LU)
Oligostim Fluor® (Dolisos: FR)
Ossin® (Grünenthal: CO, CZ, DE, RO)
Ossiplex® (Gebro: AT)
Ossofluor® (Streuli: CH)
Osteofluor® (Merck: AT)
Osteofluor® (Sanofi-Synthelabo: NL)
Otofluor® (Bell: IN)
Pediaflor® (Ross: US)
PreviDent® (Colgate: US)
Procal® (Christiaens: LU, NL)
Procal® (Nycomed: LU)
Sensodyne® (GlaxoSmithKline: DE)
SF 5000 Plus® (Cypress: US)
SF Gel® (Cypress: US)
Sodio Fluoruro® (AFOM: IT)
T.A.C.® (Grimberg: AR)
Teeth-Tough® (Vitamed: IL)
Thera-Flur® (Colgate: US)
Top Dent Fluor® (Meda: SE)
Vinafluor® (Nicholas: ID)
Vitaflur® (Maver: CL)
Xerodent® (Actavis: FI)
Xerodent® (Alpharma: NO, SE)
Z-Fluor® (Novartis Consumer Health: BE)
Zymafluor® (Novartis: AE, BH, CZ, IQ, JO, KW, LB, LU, OM, PL, PT, QA, RO, SA, TH, TR, YE, ZA)
Zymafluor® (Novartis Consumer Health: AT, CH, DE, EG, ES, HU, IL, IT, NL)
Zymafluor® (Novartis Santé Familiale: FR)

Sodium Iodide (USAN)

L: Natrii iodidum
I: Sodio ioduro
D: Natriumiodid
F: Sodium (iodure de)

Expectorant
Iodide therapeutic agent

CAS-Nr.: 0007681-82-5 Na-I
M_r 149.89

Sodium iodide

OS: *Sodium Iodide [JAN]*
PH: Natrii iodidum [Ph. Eur. 5, Ph. Int. II]
PH: Natriumiodid [Ph. Eur. 5]
PH: Sodium (iodure de) [Ph. Eur. 5]
PH: Sodium Iodide [Ph. Eur. 5, JP XIV, USP 30]

Bristol-Myers Squibb Sodium Iodide (I123)® (Bristol-Myers Squibb: NL)
Curicap® (Nordion: LU)
Iodject® [vet.] (Vetus: US)
Iodure Véto-Veine® [vet.] (Coophavet: FR)
Iodure Vétoquinol® [vet.] (Vetoquinol: FR)
Natriumiodid SAD® (SAD: DK)
Natriumiodide® (Amersham: NL)
Sodide® [vet.] (Parnell: AU)
Sodium Iodide® (Mallinckrodt: CH, US)
Sodium Iodide® [vet.] (Aspen: US)
Sodium Iodide® [vet.] (Pro Labs: US)
Sodium Iodide® [vet.] (Western: US)

Sodium Iodide (^{131}I) (Rec.INN)

L: Natrii iodidum (131 I)
D: Natriumiodid (131I)
F: Iodure (131I) de sodium
S: Ioduro sodico (131 i)

Diagnostic, thyroid function

CAS-Nr.: 0007790-26-3 — $Na\text{-}^{131}I$, M_r 153.99

Sodium iodide ($Na^{131}I$)

OS: *Sodium Iodide I^{131} [USAN]*
IS: *Natrii radio-iodati [^{131}I], Solutio*
IS: *Natrium radio-iodatum (^{131}I)*
PH: iodure de Sodium [^{131}I], Soluté d' [Ph. Franç. X]
PH: Natrii iodidi [^{131}I] solutio [Ph. Eur. 5]
PH: Natrii jodati [^{131}I], Solutio [OeAB]
PH: Natrii Radio-iodidi [^{131}I] Injectio [Ph. Int. II]
PH: Natrium[^{131}I]iodid-Lösung [DAB 1999]
PH: Sodio ioduro [^{131}I] soluzione [F.U. X]
PH: Sodium Iodide [^{131}I] Capsule [- Solution BP 2002, JP XIV, Ph. Eur. 5]
PH: Sodium Iodide I 131 Capsule [- Injection USP 27, Ph. Eur. 5]
PH: natrii iodati (^{131}), Injectio [PhBs IV]
PH: Natrii iodidi[^{131}I] capsulae ad usum diagnosticum [Ph. Eur. 4]
PH: Natrium[^{131}I]iodid-Kapseln für diagnostische Zwecke [DAB 1999]
PH: Sodium Iodide [131I] capsules for diagnostic use [Ph. Eur. 5]

Bristol-Myers Squibb Sodium Iodide (I131)® (Bristol-Myers Squibb: NL)
Curicap® (Nucliber: ES)
Iodure de Sodium® (Viatris: BE)
Radioiodurâ® (INCDFIN: RO)
Sodium Iodide® (Amersham: NL)
Sodium Iodide® (ARI: AU)
Sodium Iodide® (Mallinckrodt: NL)
Theracap 131® (Amersham: NL)

Sodium Monofluorophosphate (USP)

D: Natrium fluorophosphat

Mineral agent
Prophylactic, dental caries

ATC: A01AA02,A12CD02
CAS-Nr.: 0010163-15-2 — $F\text{-}Na_2\text{-}O_3\text{-}P$, M_r 143.95

Phosphorofluoridic acid, disodium salt

OS: *Sodium (monofluorophosphate de) [DCF]*
IS: *Disodium phosphorofluoridate*
IS: *MFP Sodium*
IS: *Natrii monofluorophosphas*
IS: *Sodium Fluorophosphate*
PH: Sodium Monofluorophosphate [USP 26]

Mono-Tridin® (Opfermann: DE)
Monoflor® (Sigma: NL)

Sodium Morrhuate (Rec.INN)

L: Natrii morrhuas
D: Natrium morrhuat
F: Morrhuate de sodium
S: Morruato sodico

Sclerosing agent

CAS-Nr.: 0008031-09-2

Sodium morrhuate
PH: Morrhuate Sodium Injection [USP 26]

Morrhuate Sodium® (American Regent: US)
Scleromate® (Glenwood: US)

Sodium Nitrite (USAN)

L: Natrii nitris
I: Sodio nitrito
D: Natrium nitrit
F: Nitrite de sodium

Antidote
Vasodilator

ATC: V03AB08
ATCvet: QV03AB08
CAS-Nr.: 0007632-00-0 — $Na\text{-}N\text{-}O_2$, M_r 69

Nitrous acid, sodium salt (USAN)

OS: *Natriumnitrit [IUPAC]*
IS: *Erinitrit*
IS: *E 250*
IS: *Synfat 1004*
IS: *HSDB 757*
IS: *Filmerine*
IS: *CCRIS 559*
IS: *Salpetrigsaures Natrium*
PH: Sodium nitrite [Ph. Eur. 5, Ph. Int. 4, USP 30]
PH: Natriumnitrit [Ph. Eur. 5]
PH: Natrii nitris [Ph. Eur. 5, Ph. Int. 4]

Sodium Nitrite® [Inj.] (Hope: US)
Sodium Nitrite® [Inj.] (Mayne: AU, NZ)

S

Sodium Nitroprusside (USP)

L: Natrii nitroprussias
I: Sodio nitroprussiato
D: Nitroprussidnatrium
F: Sodium (nitroprussiate de)
S: Nitroprusiato de sodio

Antihypertensive agent
Vasodilator, peripheric

CAS-Nr.: 0013755-38-9 — $C_5\text{-}Fe\text{-}Na_2\text{-}N_6\text{-}O.2H_2O$, M_r 297.977

Ferrate(2-), pentakis(cyano-C)nitrosyl-, disodium, dihydrate (OC-6-22)-

$Na_2[Fe(CN)_5NO] \cdot 2H_2O$

OS: *Sodium (nitroprussiate de) [DCF]*
PH: Natrii nitroprussias [Ph. Eur. 5]
PH: Natrii nitroprussidum [Ph. Int. 4]

PH: Nitroprussidnatrium [Ph. Eur. 5]
PH: Sodium (nitroprussiate de) [Ph. Eur. 5]
PH: Sodium Nitroprusside [Ph. Eur. 5, Ph. Int. 4, USP 30]

Clenil® [inj.] (Colliere: PE)
DBL Sodium Nitroprusside® (Faulding/DBL: TH)
Hypoten L® (Al Pharm: ZA)
Ketostix® (Bayer: AU)
Naniprus® (Sopharma: RU)
Nipride® (Biolab: BR)
Nipride® (Mayne: CA)
Niprusodio® (Fada: AR)
Nipruss® (Adeka: TR)
Nipruss® (Schwarz: CZ, DE, IL, LU)
Nitriate® (SERB: FR)
Nitropress® (Abbott: PE)
Nitropress® (Hospira: US)
Nitroprusiato de Sodio Ecar® (Ecar: CO)
Nitroprusiato de Sodio Richmond® (Richmond: AR)
Nitroprusiato de Sodio® (Bestpharma: CL)
Nitroprusiato de Sodio® (Richmond: PE)
Nitroprussiat Fides® (Fides Ecopharma: ES)
Nitroprussiat Fides® (Rottapharm: ES)
Nitroprus® (Cristália: BR)
Nitroprus® (Scott: AR)
Sodio Nitroprussiato® (Fresenius: IT)
Sodio Nitroprussiato® (Malesci: IT)
Sodio Nitroprussiato® (Salf: IT)
Sodium Nitroprusside BP® (Mayne: AU, NZ)
Sodium Nitroprusside DBL® [inj.] (DBL/Faulding: BD)
Sodium Nitroprusside DBL® [inj.] (Mayne: HK, SG)
Sodium Nitroprusside DBL® [inj.] (Tempo: ID)
Sodium Nitroprusside® (Mayne: GB)
Sodium Nitroprusside® (Sicor: US)
Sodium Nitroprusside® (Tempo: ID)
Sonide® (Gufic: IN)

Sodium Phenylbutyrate (USAN)

D: Natriumphenylbutyrat
F: Phénylbutyrate sodique

Drug for metabolic disease treatment

ATC: A16AX03
CAS-Nr.: 0001716-12-7 C_{10}-H_{11}-Na-O_2
M_r 186.188

Benzenebutanoic acid, sodium salt

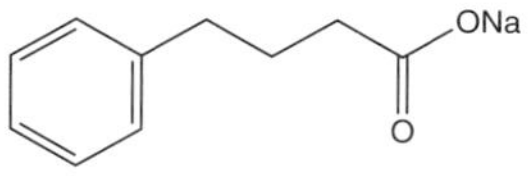

OS: *Sodium Phenylbutyrate [BAN, USAN]*

Ammonaps® (Orphan: AT, DE, ES, FR, LU, NL, PL)
Ammonaps® (Orphan Europe: IT)
Ammonaps® (Swedish Orphan: DK, GB, SE)
Buphenyl® (Ucyclyd: US)

Sodium Phosphate Dibasic (USAN)

L: Dinatrii phosphas anhydricus
I: Sodio fosfato bibasico anidro
D: Natriummonohydrogenphosphat, wasserfreies
F: Phosphate disodique anhydre

Laxative
Laxative, cathartic

ATC: A06AG01
ATCvet: QA06AG01
CAS-Nr.: 0007558-79-4 Na_2-H-P-O_4
M_r 141.96

Phosporic acid, disodium salt, anhydrous (USAN)
IS: *Natrium monohydrogenphosphoricum anhydricum*
IS: *Natrium phosphoricum exsiccatum*
IS: *Disodium Hydrogen Phosphate*
IS: *Natrii Phosphas*
IS: *Sodium Phosphate, exsiccated*
IS: *Disodium hydrogen orthophosphate*
IS: *E 339*
IS: *Disodium orthophosphate*
IS: *Phosphate of soda*
IS: *Secondary sodium phosphate*
IS: *Phosphoric acid, disodium salt*
IS: *Hydrogénophosphate de sodium anhydre*
IS: *Natrii monohydrogenphosphas*
IS: *Natriumphosphat, sekundäres*
IS: *Disodium Phosphate*
IS: *DSP*
IS: *HSDB 376*
IS: *Natrii phosphas anhydricus*
PH: Dibasic Sodium Phosphate anhydrous [USP]
PH: Disodium hydrogen phosphate anhydrous [BP]

De Witts Ready-to-use-Enema® (E.C. De Witt: LU)
Fleet Enema® (CB Fleet: MY)
Fleet Enema® (DeWitt: GB)
Fleet Enema® (Dexxon: IL)
Fleet Enema® (Fleet: HK, PE, US)
Fleet Enema® (Johnson & Johnson Merck: CA)
Fleet Enema® (Kozmed: TR)
Fleet Enema® (Rider: CL)
Fleet Fosfo-Soda® (Kozmed: TR)
Fleet Fosfo-Soda® (Rider: CL)
Fleet Phospho-Soda® (CB Fleet: MY)
Fleet Phospho-Soda® (Ferring: FR)
Fleet Phospho® (DeWitt: GB, LU)
Fleet Phospho® (E C De Witt: AT)
Fleet Phospho® (Ferring: DE)
Fleet Phospho® (Fleet: AU, US)
Fleet Ready-to-Use Enema® (Fleet: AU, LU)
Fleet® (De Witt: IE)
Fletchers Phosphate® (Forest: GB)
Fletchers Phosphate® (Pharmax: IE)
Osmoprep® (Salix: US)
Practo Clyss® (Braun: LU)
Tekfema® (Rivero: AR)
Visicol® (InKine: US)

Sodium Picosulfate (Rec.INN)

L: **Natrii picosulfas**
I: **Picosulfato sodico**
D: **Natrium picosulfat**
F: **Picosulfate de sodium**
S: **Picosulfato sodico**

⚕ Laxative, cathartic

ATC: A06AB08
CAS-Nr.: 0010040-45-6 C_{18}-H_{13}-N-Na_2-O_8-S_2
M_r 481.412

Phenol, 4,4'-(2-pyridinylmethylene)bis-, bis(hydrogen sulfate) (ester), disodium salt

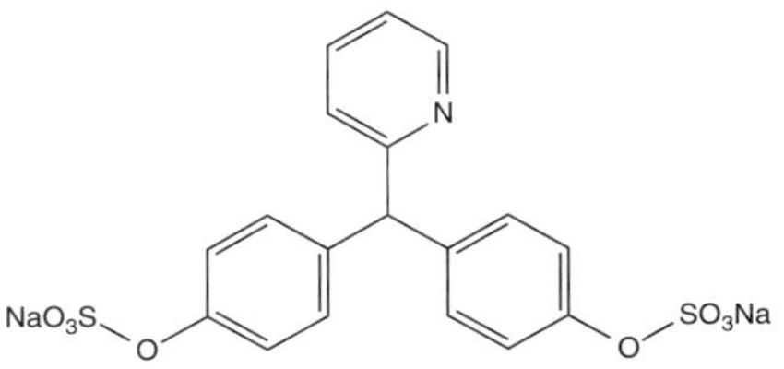

OS: *Picosulfate de sodium [DCF]*
OS: *Sodium Picosulfate [BAN, JAN]*
OS: *Picosulfato sodico [DCIT]*
IS: *Sodium Picosulphate*
IS: *DA 1773*
IS: *LA 391*
PH: Sodium Picosulfate [BP 2002, JP XIV]

Actilax® (Medic: DK)
Agaffin-Abführgel® (Merck: AT)
Agaffin-Dragees® (Merck: AT)
Agaffin-Tropfen® (Merck: AT)
Agarol chicles® (Interbelle: AR)
Agarol® (Pfizer: AR, CO, PE)
Agiolax Pico® (Madaus: DE)
Anara® (Chinoin: CR, DO, GT, MX, NI, PA, SV)
Chaldol® (Ohta: JP)
Cirulaxia® (Altana: AR)
Contumax® (Casen: ES)
Cremalax® (Abbott: IN)
Dagol Cetus® (Cetus: AR)
Darmol® (Omegin: DE)
Darmol® (Schnidgall: HU)
Dibrolax® (Farmindustria: PE)
Diltin® (Cimed: BR)
Dulco-lax perles® (Boehringer Ingelheim: GB, IE)
Dulcodruppels® (Boehringer Ingelheim: NL)
Dulcolax® (Boehringer Ingelheim: AR, CL, GB)
Durolax SP Drops® (Boehringer Ingelheim: AU)
Euchessina CM® (Antonetto: IT)
Evacuol® (Almirall: ES)
Ezor® (Lainco: ES)
Factor Laxante Ilab® (Inmunolab: AR)
Falquigut gocce® (Falqui: IT)
Feen-A-Mint® (Interbelle: AR)
Fisiolax® (Ethical: DO)
Forlax® (IMA: BR)
Forlax® (Synthesis: CO)
Fructines® (DB: FR)
Fructines® (Pharmethic: BE)
Fructines® (Uhlmann-Eyraud: CH)
Gocce® (SIT: IT)
Gotalax® (Mertens: AR)
Gutalax® (Boehringer Ingelheim: ES)
Guttalax® (Boehringer Ingelheim: AT, BR, CZ, HU, IT, PT, RU)
Guttalax® (Galena: CZ)
Guttalax® (Silesia: CL)
Guttalax® (Wolfs: LU)
Kritel® (Monserrat: AR)
Kritel® [inj.] (Monserrat: AR)
Laxamin® (Temis-Lostalo: AR)
Laxans-ratiopharm Pico® (ratiopharm: DE)
Laxantil® (Chemopharma: CL)
Laxasan® (Gebro: AT, CH)
Laxoberal® (Boehringer Ingelheim: CL, DE, DK, GB, IE, NO, SE)
Laxoberal® (De Angeli: IT)
Laxoberon® (Boehringer Ingelheim: BE, CH, CO, FI, ID, LU, MX, NL, PE)
Laxoberon® (Teijin: JP)
Laxodal® (Baldacci: PT)
Laxotin® (Alfa: PE)
Laxygal® (Ivax: CZ, HU)
Liquidepur® (McNeil: DE)
Lubrilax® (Normon: ES)
Natrijum pikosulfat® (Zdravlje: RS)
Picolaxine® (Pharmacobel: BE)
Picolax® (Eipico: AE, BH, IQ, JO, KW, LB, LY, OM, QA, SA, SD, YE)
Picolax® (Falqui: IT)
Picolax® (Ferring: GB, IE)
Picolax® (Neo-Farmacêutica: PT)
Picolon® (Medic: DK)
Pilules de Vichy® (Omega: BE, LU)
Rapilax® (Merck: AR)
Regulax Picosulfat® (Krewel: DE)
Skilax® (Almirall: BF, BJ, CG, CI, CM, ES, GA, GN, MG, ML, MR, MU, NE, SN, TD, TG, ZR)
Skilax® (Refasa: PE)
Trali® (Pfizer: AR)
Verilax® (Laboratorios: AR)
Yodolin® (Hexa: AR)

– monohydrate:

PH: Natrii picosulfas Ph. Eur. 5
PH: Natriumpicosulfat Ph. Eur. 5
PH: Sodium (picosulfate de) Ph. Eur. 5
PH: Sodium Picosulfate Ph. Eur. 5

Abführ-Drages Heumann® (Heumann: DE)
Cilaxoral® (Ferring: SE)
Dulcolax NP® (Boehringer Ingelheim: DE)
Dulcopearls® (Boehringer Ingelheim: NL)
Dulcopic® (Boehringer Ingelheim: RO)
Guttalax® (Boehringer Ingelheim: BR)
Laxoberon® (Boehringer Ingelheim: FI)
Midro Pico® (Midro: DE)
Regulax Picosulfat® (Krewel: CZ, DE)

Sodium Stibogluconate (Rec.INN)

L: Natrii stibogluconas
I: Sodio stibogluconato
D: Natrium stibogluconat
F: Stibogluconate de sodium
S: Estibogluconato sodico

Antiprotozoal agent, leishmaniocidal

ATC: P01CB02
CAS-Nr.: 0016037-91-5

C_{12}-H_{17}-Na_3-O_{17}-Sb_2.9H_2O
M_r 907.918

D-Gluconic acid, 2,4:2',4'-O-(oxydistibylidyne)bis-, Sb,Sb'-dioxide, trisodium salt, nonahydrate

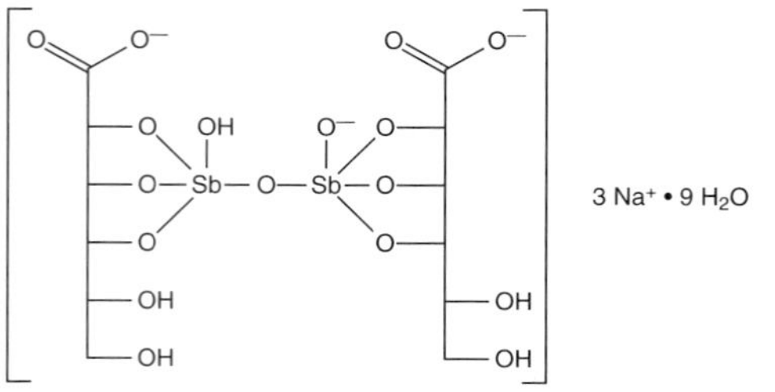

OS: *Sodium Stibogluconate [BAN]*
OS: *Stibogluconate sodique [DCF]*
IS: *Solusurmin*
IS: *Natriumstibogluconat-9-Wasser*
IS: *Stibogluconat*
PH: Natrii stibogluconas [Ph. Int. 4]
PH: Sodio stibogluconato [F.U. XI]
PH: Sodium Stibogluconate [BP 2002, Ph. Int. 4]

Pentostam® (GlaxoSmithKline: AE, BH, GB, IL, IR, KW, OM, QA)
Pentostam® [vet.] (GlaxoSmithKline: GB)
Sodio Stibogluconato® (Fresenius: IT)
Sodio Stibogluconato® (Salf: IT)
Stibatin® (GlaxoSmithKline: BD)
Stiboson® (Jayson: BD)

Sodium Tetradecyl Sulfate (Rec.INN)

L: Natrii tetradecylis sulfas
D: Natrium tetradecylsulfat
F: Tétradécyl sulfate de sodium
S: Tetradecilsulfato sodico

Sclerosing agent

ATC: C05BB04
CAS-Nr.: 0000139-88-8 C_{14}-H_{29}-Na-O_4-S
M_r 316.436

1-Tetradecanol, hydrogen sulfate, sodium salt

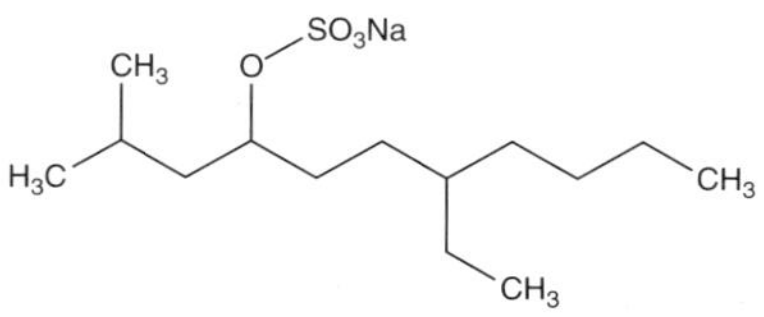

IS: *Tergitol 4*
IS: *Sodium myristyl sulfate*
IS: *Sodium tetradecyl sulphate*
IS: *Tetradecylhydrogensulfat, Natriumsalz*
PH: Sodium Tetradecyl Sulphate Concentrate [BP 2002]

Fibro Vein® (Australasien: AU)
Fibro Vein® (Craveri: AR)
Fibro Vein® (Mac Pharma: IT)
Fibro Vein® (NZMS: NZ)
Fibro Vein® (STD: GB)
Sotradecol® (Elkins-Sinn: US)
Trombovar® (Bouty: IT)
Trombovar® (Innothera: NL)
Trombovar® (Innothéra: FR)

Sofalcone (Prop.INN)

L: Sofalconum
D: Sofalcon
F: Sofalcone
S: Sofalcona

Treatment of gastric ulcera

CAS-Nr.: 0064506-49-6 C_{27}-H_{30}-O_6
M_r 450.537

Acetic acid, [5-[(3-methyl-2-butenyl)oxy]-2-[3-[4-[(3-methyl-2-butenyl)oxy]phenyl]-1-oxo-2-propenyl]phenoxy]-

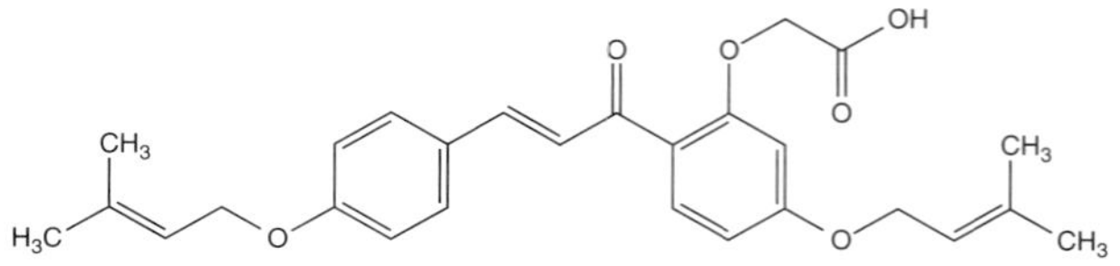

OS: *Sofalcone [JAN]*
IS: *Su 88 (Taisho, Japan)*

Solon® (Taisho: JP)

Solifenacin (Rec.INN)

L: Solifenacinum
D: Solifenacin
F: Solifenacine
S: Solifenacina

M_3 muscarin receptor antagonist, selective
Anticholinergic

ATC: G04BD08
ATCvet: QG04BD08
CAS-Nr.: 0242478-37-1 C_{23}-H_{26}-N_2-O_2
M_r 362.51

(3R)-1-azabicyclo[2.2.2]oct-3-yl (1S)-1-phenyl-3,4-dihydroisoquinoline-2(1H)-carboxylate (WHO)

(R)-1-Azabicyclo[2.2.2]oct-3-yl (S)-1-phenyl-3,4-dihydroisochinolin-2(1H)-carboxylat (IUPAC)

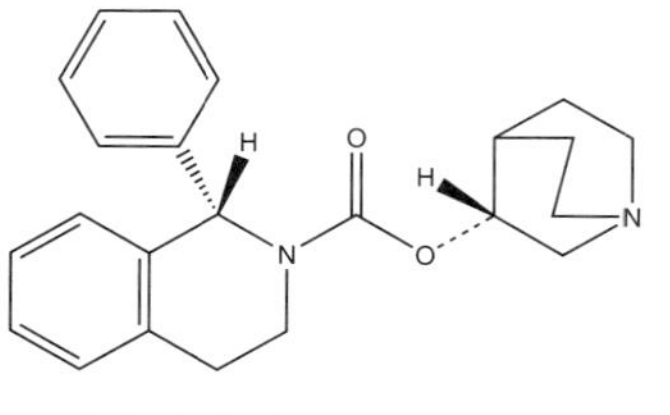

OS: *Solifenacin [BAN]*

– succinate:

CAS-Nr.: 0242478-38-2
OS: *Solifenacin succinate USAN*
IS: *YM905 (Yamanouchi, US)*
IS: *YM-67905 (Yamanouchi, USA)*
IS: *YM67905*

Flomin® (Yamanouchi: NL)
Solifenacina Yamanouchi® (Yamanouchi: ES)
Uriclin® (Yamanouchi: NL)
Vesicare® (Astellas: CA, CH, CZ, DK, FI, FR, GB, HU, NO, PL, PT, RO, RU, SE, SI, US)
Vesicare® (Eurolab: AR)
Vesicare® (Fujisawa: HK)
Vesicare® (Galderma: IS)
Vesicare® (GlaxoSmithKline: US)
Vesicare® (Liomont: MX)
Vesicare® (Yamanouchi: BE, ES, LU, NL)
Vesiker® (Astellas: IT)
Vesikur® (Astellas: DE)
Vesitirim® (Astellas: IE)

Somatorelin (Rec.INN)

L: Somatorelinum
I: Somatorelina
D: Somatorelin
F: Somatoréline
S: Somatorelina

Diagnostic, pituitary function
Hypothalamic hormone, growth hormone releasing hormone, GH-RH

ATC: V04CD05
CAS-Nr.: 0083930-13-6 C_{215}-H_{358}-N_{72}-O_{66}-S
M_r 5040.009

Somatoliberin (human pancreatic islet)

OS: *Somatoréline [DCF]*
OS: *Somatorelina [DCIT]*
IS: *GHRF*
IS: *Somatoliberin*
IS: *GHRH (1-44) Amide*
IS: *GRF 1-44*

– acetate:

OS: *Somatorelin Acetate JAN*

GHRH Ferring® (Ferring: GB, IT, LU, NL)
GHRH-Ferring® (Ferring: BE, CH, DE, GB, IT, LU)
Stimu-GH® (Ferring: FR)

Somatostatin (Rec.INN)

L: Somatostatinum
I: Somatostatina
D: Somatostatin
F: Somatostatine
S: Somatostatina

Hemostatic agent, gastrointestinal tract
Hypothalamic hormone, growth hormone release inhibiting factor, GH-RIF

ATC: H01CB01
ATCvet: QH01CB01
CAS-Nr.: 0038916-34-6 C_{76}-H_{104}-N_{18}-O_{19}-S_2
M_r 1637.968

Ala—Gly—Cys—Lys—Asp (NH_2)—Phe—Phe—Trp—Lys—Thr—Phe—Thr—Ser—Cys

OS: *Somatostatin [BAN]*
OS: *Somatostatine [DCF]*
OS: *Somatostatina [DCIT]*
IS: *GH-RIH*
IS: *SRIF*
IS: *Ayerst 25511 (Ayerst)*
PH: Somatostatinum [Ph. Eur. 5]
PH: Somatostatine [Ph. Eur. 5]
PH: Somatostatin [Ph. Eur. 5]

Eklivan® (Proel: GR, RS)
Etaxene® (Alfa Wassermann: IT)
Modustatine® (Sanofi-Aventis: FR)
Saizen® [biosyn.] (Serono: ZA)
Shishitai® (Jida: CN)
Somatosan® (Dem Ilaç: TR)
Somatostatin-UCB® (UCB: CZ, GR, ID)
Somatostatina UCB® (UCB: PT)
Stilamin® (DKSH: ID)
Stilamin® (Serono: BD, CN, HK, IT, LU, TH)
Stilamin® (Serono Pharma: CH)

– acetate:

IS: *SRIF-A*
Etaxene® (S Charoen Bhaesaj: TH)
Ikestatina® (Crinos: IT)
Modustatina® (Sanofi Synthelabo-F: IT)
Modustatine® (Sanofi-Aventis: FR)
Modustatine® (Sanofi-Synthelabo: LU)
Nastoren® (Lepetit: IT)
Resurmide® (IBI: IT)
Sadolin® (Elpen: GR)
Somabion® (Medicus: GR)
Somastin® (Serum Institute: IN)
Somatin® (Torrex: AT)
Somatolan® (Lannacher: AT)
Somatostatin DeltaSelect® (DeltaSelect: DE)
Somatostatin Hexal® (Hexal: DE)
Somatostatin Inresa® (Inresa: DE)
Somatostatin-UCB® (Medis: SI)
Somatostatin-UCB® (UCB: AT, CZ, GR, HU, ID, MY, PL, SG, TH, TR, AT)
Somatostatina Combino Pharm® (Combino: ES)
Somatostatina Combino PH® (Combino: ES)
Somatostatina IBP® (IBP: IT)
Somatostatina ICN® (ICN: ES)
Somatostatina PH&T® (PH&T: IT)

Somatostatina UCB® (UCB-B: IT)
Somatostatina Vedim® (Vedim: ES)
Somatostatina® (Delta Farma: AR)
Somatostatine UCB® (UCB: BE, CH, FR, LU, NL)
Somonal® (Juste: ES)
Stilamin® (Omnimed: ZA)
Stilamin® (Serono: AT, BR, CA, HK, IT)
Stilamin® (Serum Institute: IN)
Stilamin® (Vianex: GR)
UCB Somatostatin® (UCB: PH)
Zecnil® (Ferring: IT)

– diacetate:
Ciprolen® (Genentech: US)

Somatrem (Prop.INN)

L: Somatremum
I: Somatrem
D: Somatrem
F: Somatrem
S: Somatrem

⚕ Posterior pituitary hormone, antidiuretic hormone, ADH

ATC: H01AC02
CAS-Nr.: 0082030-87-3 C_{995}-H_{1537}-N_{263}-O_{301}-S_8
M_r 22257.351

Somatotropin (human), N-L-methionyl-

OS: *Somatrem [BAN, DCIT, JAN, USAN]*
IS: *Methionyl-somatotropin*

Protropin® (Genentech: US)
Protropin® (Roche: CA)

Somatropine (Rec.INN)

L: Somatropinum
I: Somatropina
D: Somatropin
F: Somatropine
S: Somatropina

⚕ Anterior pituitary hormone, growth hormone, GH

CAS-Nr.: 0012629-01-5 C_{990}-H_{1528}-N_{262}-O_{300}-S_7
M_r 22126.154

Growth hormon (human), r-DNA derived

OS: *Somatotrophine [DCF]*
OS: *Somatropin [BAN, JAN, USAN]*
OS: *Somatropine [DCF]*
OS: *Somatropina [DCIT]*
IS: *rhGH*
IS: *SF*
IS: *ST*
IS: *STh*
IS: *CB 311*
IS: *SM 8144 (Sumitomo, Japan)*
IS: *Genotropine*
PH: Somatropine [Ph. Eur. 5]
PH: Somatropinum [Ph. Eur. 5]
PH: Somatropin [Ph. Eur. 5, USP 30]

Biotropin® (Chalver: CO)
Biotropin® (Enila: BR)
Biotropin® (Ivax: AR)
Cryotropin® (Cryopharma: MX)
EquiGen® [vet.] (BresaGen: AU)
Genheal® (United Cell Biotech: CN)
Genotonorm® [biosyn.] (Pfizer: BE, CL, FR)
Genotonorm® [biosyn.] (Pharmacia: ES, LU)
Genotropin® [biosyn.] (Dowelhurst: NL)
Genotropin® [biosyn.] (Dr. Fisher: NL)
Genotropin® [biosyn.] (Eureco: NL)
Genotropin® [biosyn.] (Euro: NL)
Genotropin® [biosyn.] (Paranova: AT)
Genotropin® [biosyn.] (Pfizer: AT, BA, BR, CH, CR, CZ, DK, FI, GB, GT, HK, HN, HR, HU, ID, IE, IL, IS, MX, MY, NI, NL, NO, NZ, PA, PL, PT, RO, RU, SE, SG, SI, SV, TR)
Genotropin® [biosyn.] (Pharmacia: AU, CO, DE, GR, IT, PE, RS, ZA)
Genotropin® [vet.] (Pfizer Animal Health: GB)
Gentonorm® (Pharmacia: ES, LU)
HHT® (Biolatina: CL)
HHT® (Farmindustria: PE)
HHT® (Landsteiner: MX)
HHT® (Sidus: AR)
Humatrope® (EU-Pharma: NL)
Humatrope® (Eureco: NL)
Humatrope® (Euro: NL)
Humatrope® (Irisfarma: ES)
Humatrope® (Lilly: AT, AU, BA, BE, BR, CA, CH, CL, CO, CZ, DE, DK, ES, ET, FI, GB, GR, HR, HU, IN, IS, IT, KE, LU, MX, NL, NO, PE, PH, PT, RS, RU, SE, SG, SI, TR, TZ, UG, US, ZA)
Humatrope® [vet.] (Lilly: GB)
Hutrope® (Lilly: AR, CL)
Maxomat® [biosyn.] (Sanofi-Aventis: FR)
Norditropin NordiLet® (Novo Nordisk: CL, RU)
Norditropin Simplexx® (Dr. Fisher: NL)
Norditropin Simplexx® (Eureco: NL)
Norditropin Simplexx® (Euro: NL)
Norditropin Simplexx® (Novo Nordisk: AR, AT, BD, CZ, DE, ES, GB, HR, IL, IS, IT, LU, NL, NO, PT, RO, SI, TR)
Norditropin Simplexx® (Paranova: AT)
Norditropine Simplexx® (Novo Nordisk: FR)
Norditropine® (Novo Nordisk: FR)
Norditropin® (Ferron: ID)
Norditropin® (Novo Nordisk: AT, AT, AU, BA, BD, BE, BH, CH, CY, CZ, DE, DE, DK, EG, ES, FI, GB, GH, GR, HK, HU, IE, IL, IQ, IR, IT, JO, JP, KE, KW, LB, LU, LU, MX, NG, NL, NL, NZ, OM, PT, QA, RO, RS, SA, SD, SE, SG, SI, SY, TR, TZ, UG, YE, ZA, ZM)
Norditropin® (Roemmers: CO, PE)
Norditropin® (Yamanouchi: JP)
Nutropin Aq® (Ipsen: DE, DK, ES, FR, GB, IT, LU, SE)
Nutropinaq® (Beaufour Ipsen: RO)
Nutropinaq® (Ipsen: BE, CZ, FI, NL, NO)
Nutropin® (Beaufour Ipsen: HU)
Nutropin® (Genentech: US)
Nutropin® (Ipsen: DE, LU, NL)
Nutropin® (Roche: CA)
Omnitrope® (Sandoz: AU, DE, NL, SE, SI, US)
Saizen® [biosyn.] (DKSH: ID)
Saizen® [biosyn.] (Healthcare Logistics: NZ)
Saizen® [biosyn.] (Higiea: SI)

Saizen® [biosyn.] (Serono: AT, AU, BD, BE, BR, CA, CN, CZ, DE, ES, FI, FR, GB, GR, HK, HU, IE, IS, IT, LK, LU, NO, PE, PT, RU, SE, SG, TH, TR, VN)
Saizen® [biosyn.] (Serono Pharma: CH)
Saizen® [biosyn.] (Serum Institute: IN)
SciTropin® (SciGen: AU, PH)
Scitropin® (SciGen: SG)
Serostim® (Serono: CA)
Somatrop® (Biosintética: BR)
Umatrope® [biosyn.] (Lilly: FR)
Zomacton® [biosyn.] (Chemipharm: GR)
Zomacton® [biosyn.] (Dr. Fisher: NL)
Zomacton® [biosyn.] (Er-Kim: TR)
Zomacton® [biosyn.] (EU-Pharma: NL)
Zomacton® [biosyn.] (Ferring: AT, BE, CZ, DE, DK, ES, FR, GB, IE, IT, LU, NL, NO, RO, SE)
Zomacton® [biosyn.] (Medcor: NL)
Zorbtive® (Serono: US)

Sorafenib (Prop.INN)

L: Sorafenibum
D: Sorafenib
F: Sorafenib
S: Sorafenib

Antineoplastic agent
Anticancer
Cytostatic agent, cytostaticum

ATC: L01XE05
ATCvet: QL01XE05
CAS-Nr.: 0284461-73-0 — C_{21}-H_{16}-Cl-F_3-N_4-O_3, M_r 464.83

4-(4-{3-[4-Chloro-3-(trifluoromethyl)phenyl]ureido}phenoxy)-N²-methylpyridine-2-carboxamide (WHO)

4-(4-{3-[4-Chloro-3-(trifluormethyl)phenyl]ureido}phenoxy)-N²-methylpyridin-2-carboxamid (IUPAC)

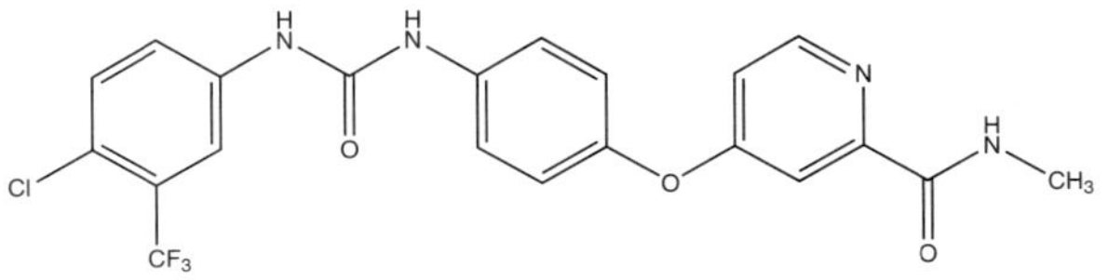

– tosylate:
IS: *BAY 43-9006 (Bayer / Onyx, US)*

Nexavar® (Bayer: AR, CA, CH, CL, DE, FI, FR, GB, IE, MX, NL, NO, SE, US)

Sorbitol (Ph. Eur.)

L: Sorbitolum
I: Sorbitolo
D: Sorbit
F: Sorbitol

Dietary agent
Laxative
Pharmaceutic aid

ATC: A06AG07,B05CX02,V04CC01
CAS-Nr.: 0000050-70-4 — C_6-H_{14}-O_6, M_r 182.178

D-Glucitol

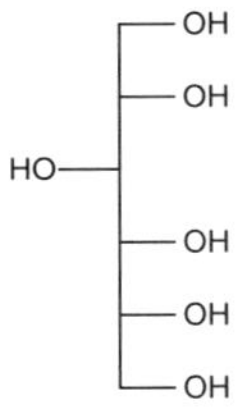

OS: *Sorbitol [DCF]*
IS: *Sorbit*
IS: *E 420*
IS: *D-Glucit*
IS: *D-Glucitol*
PH: D-Sorbitol [JP XIV]
PH: Sorbitol [Ph. Eur. 5, USP 30]
PH: Sorbitolum [Ph. Eur. 5]

Dokisscool® (Domesco: VN)
Klyx® (Pharmachemie: NL)
Resulax® (BioPhausia: SE)
Sorbilax® (Pharmacia: AU)
Sorbit Leopold® (Fresenius: AT)
Sorbit Mayrhofer® (Mayrhofer: AT)
Sorbitol Aguettant® (Aguettant: FR)
Sorbitol Corsa® (Corsa: ID)
Sorbitol Delalande® (Sanofi-Aventis: BE, FR, VN)
Sorbitol Delalande® (Sanofi-Synthelabo: LU)
Sorbitol Domesco® (Domesco: VN)
Sorbitol-Infusionslösung® (Serum-Werk: DE)
Sorbitol® (Baxter Healthcare: US)
Sorbitol® (Corsa: ID)
Sorbitol® (Infomed: RO)
Sorbitol® (Sanofi-Synthelabo: ID)
Sorbi® (Orion: NZ)
Yal® (Jacoby: AT)
Yal® (Trommsdorf: CZ)
Yal® (Trommsdorff: DE)

Sotalol (Rec.INN)

L: Sotalolum
I: Sotalolo
D: Sotalol
F: Sotalol
S: Sotalol

β-Adrenergic blocking agent

ATC: C07AA07
CAS-Nr.: 0003930-20-9 — C_{12}-H_{20}-N_2-O_3-S, M_r 272.372

Methanesulfonamide, N-[4-[1-hydroxy-2-[(1-methylethyl)amino]ethyl]phenyl]-

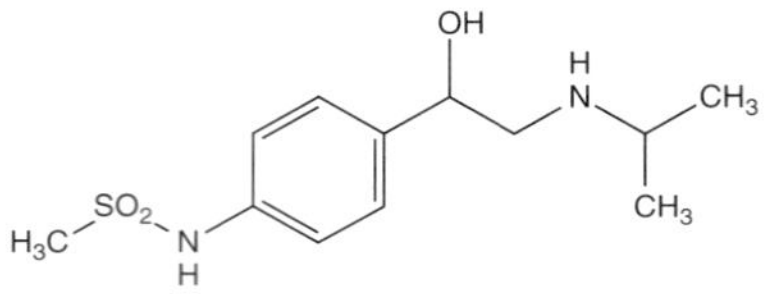

OS: *Sotalol [BAN, DCF]*
OS: *Sotalolo [DCIT]*

Darob mite® (Abbott: BA, HR, RS, SI)
Merck-Sotalol® (Merck: BE)
Sotalex® (Bristol-Myers Squibb: LU)
Sotalol HCl Alpharma® (Alpharma: NL)
Sotalol Teva® (Teva: ES)
Sotanorm® (Actavis: GE)
Sotapor® (Bristol-Myers Squibb: ES)

– hydrochloride:

CAS-Nr.: 0000959-24-0
OS: *Sotalol Hydrochloride BANM, USAN*
IS: *MJ 1999*
PH: Sotalol Hydrochloride Ph. Eur. 5, USP 27
PH: Sotaloli hydrochloridum Ph. Eur. 5
PH: Sotalolhydrochlorid Ph. Eur. 5
PH: Sotalol (chlorhydrate de) Ph. Eur. 5

ALS-Soltalol® (Apotex: RO)
Apo-Sotalol® (Apotex: CA, SG)
Beta-Cardone® (UCB: GB)
Beta-Cardone® [vet.] (UCB: GB)
Betapace AF® (Berlex: US)
Betapace® (Berlex: US)
Biosotal® (Sanofi-Aventis: PL)
Cardol® (Alphapharm: AU)
Cloridrato de Sotalol® (Hexal: BR)
Cloridrato de Sotalol® (Merck: BR)
CO Sotalol® (Cobalt: CA)
CorSotalol® (Merck dura: DE)
Darob® (Abbott: BA, DE, HR, PL, PT, RO, SI, TR)
Darob® (Ebewe: AT)
Favorex® (TAD: DE)
Gen-Sotalol® (Genpharm: CA)
GenRX Sotalol® (GenRX: AU)
Gilucor® (Solvay: AT, BG, DE)
Hipecor® (Bristol-Myers Squibb: CL)
Jutalex® (Juta: DE)
Jutalex® (Q-Pharm: DE)
MTW-Sotalol® (MTW: DE)
Novo-Sotalol® (Novopharm: CA)
Nu-Sotalol® (Nu-Pharm: CA)
PMS-Sotalol® (Pharmascience: CA)
ratio-Sotalol® (Ratiopharm: CA)
Rentibloc® (Shire: DE)
Rytmobeta® (Abbott: IT)
Sandoz Sotalol® (Sandoz: CA)
Solavert® (Arrow: AU)
Sorine® (Upsher-Smith: US)
Sota AbZ® (AbZ: DE)
Sota-Lich® (Winthrop: DE)
Sota-Puren® (Actavis: DE)
Sota-saar® (MIP: DE)
Sotabeta® (betapharm: DE)
Sotacor® (Bristol-Myers Squibb: AT, AU, BR, CN, CO, DK, ET, FI, GB, HK, ID, IE, IS, KE, NL, NO, NZ, SE, SG, TZ, UG, ZA)
Sotacor® (Investi: AR)
Sotacor® [vet.] (Bristol-Myers Squibb: GB)
Sotagamma® (Wörwag Pharma: DE, RO)
Sotahexal® (Hexal: AT, AU, BR, CZ, DE, PL, RU, ZA)
Sotahexal® (Sandoz: HU)
Sotalex Mite® (Bristol-Myers Squibb: CZ)
Sotalex® (Bristol-Myers Squibb: BE, BF, BG)
Sotalex® (Bristol-Myers squibb: CF)
Sotalex® (Bristol-Myers Squibb: CH, CI, CM, CZ, DE, FR, GA, GE, GN, HU, IT, LU)
Sotalex® (Bristol-Myers squibb: MG)
Sotalex® (Bristol-Myers Squibb: ML, MR, MU, PH, RU, SN)
Sotalex® (Unimed & Unihealth: BD)
Sotalin® (Ratiopharm: FI)
Sotalodoc® (Docpharm: DE)
Sotalol 1A-Pharma® (1A Pharma: DE)
Sotalol AbZ® (AbZ: DE)
Sotalol acis® (acis: DE)
Sotalol Alpharma® (Alpharma: DK)
Sotalol AL® (Aliud: CZ, DE, HU, RO)
Sotalol Arcana® (Arcana: AT)
Sotalol Basics® (Basics: DE)
Sotalol Bexal® (Bexal: BE)
Sotalol Biogaran® (Biogaran: FR)
Sotalol Carino® (Carinopharm: DE)
Sotalol Ebewe® (Ebewe: AT)
Sotalol G Gam® (G Gam: FR)
Sotalol Generics® (Merck NM: FI)
Sotalol GM® (Gerard: IL)
Sotalol HCl A® (Apothecon: NL)
Sotalol HCl CF® (Centrafarm: NL)
Sotalol HCl Katwijk® (Katwijk: NL)
Sotalol HCl Merck® (Merck Generics: NL)
Sotalol HCl PCH® (Pharmachemie: NL)
Sotalol HCl ratiopharm® (Ratiopharm: NL)
Sotalol HCl Sandoz® (Sandoz: NL)
Sotalol HCl® (Hexal: NL)
Sotalol HCl® (Karib: NL)
Sotalol Heumann® (Heumann: DE)
Sotalol Hydrochloride® (Apotex: US)
Sotalol Hydrochloride® (Mylan: US)
Sotalol Hydrochloride® (Par: US)
Sotalol Ivax® (Ivax: FR)
Sotalol Lindo® (Lindopharm: DE)
Sotalol Merck NM® (Merck NM: DK, SE)
Sotalol Merck® (Merck Génériques: FR)
Sotalol NM Pharma® (Gerard: IS)
Sotalol ratiopharm® (ratiopharm: DE)
Sotalol ratiopharm® (Ratiopharm: SE)
Sotalol RPG® (RPG: FR)
Sotalol Sandoz® (Sandoz: BE, DE, FR)
Sotalol Verla® (Verla: DE)
sotalol von ct® (CT: DE)
Sotalol Winthrop® (Winthrop: FR)
sotalol-corax® (corax: DE)
Sotalol-CT® (CT: DE)
Sotalol-Mepha® (Mepha: CH)
Sotalol-SL® (Slovakofarma: CZ)
Sotalolo Angenerico® (Angenerico: IT)
Sotalolo Hexal® (Hexal: IT)
Sotalolo Merck® (Merck Generics: IT)

Sotalolo Teva® (Teva: IT)
Sotalol® (Alpharma: NO)
Sotalol® (Generics: GB)
Sotalol® (Hillcross: GB)
Sotalol® (Merck NM: NO)
Sotalol® (Pacific: NZ)
Sotalol® (Slovakofarma: CZ)
Sotamed® (S. Med: AT)
Sotarit® (Dr. Collado: DO)
Sotarit® (Sandoz: TR)
Sotaryt® (Azupharma: DE)
Sotastad® (Stada: AT)
Sotastad® (Stadapharm: DE)
Sotoger® (Gerard: IE)
Talozin® (Adeka: TR)

Spaglumic Acid (Rec.INN)

L: Acidum Spaglumicum
D: Spagluminsäure
F: Acide spaglumique
S: Acido espaglumico

Antiallergic agent

ATC: R01AC05,S01GX03
CAS-Nr.: 0004910-46-7 C_{11}-H_{16}-N_2-O_8
M_r 304.269

L-Glutamic acid, N-(N-acetyl-L-α-aspartyl)-

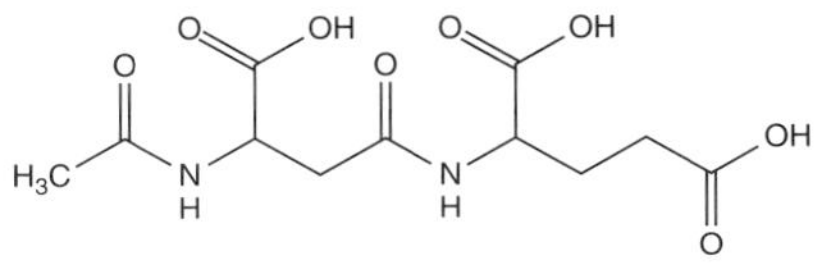

OS: *Acide spaglumique [DCF]*
IS: *N-Acetyl aspartyl glutamic acid*
IS: *NAAGA*

– magnesium salt:

IS: *F 8610*

Rhinaaxia® (Agepha: AT)
Rhinaaxia® (Allergan: BR)
Rhinaaxia® (Théa: FR)

– sodium salt:

Alerbak® (Pfizer: CL)
Naabak® (Allergan: BR)
Naabak® (Pfizer: AR, SG)
Naabak® (Pharmacia: CO)
Naabak® (Thea: PT)
Naabak® (Théa: FR)
Naaxiafree® (Théa: FR)
Naaxia® (Al Pharm: ZA)
Naaxia® (Novartis: CZ, GR, IT, PT, RO, TR)
Naaxia® (Novartis Ophthalmics: HU)
Naaxia® (Pfizer: CL)
Naaxia® (Silroc: HK)
Naaxia® (Thea: ES)
Naaxia® (Théa: FR)
Rhinaaxia® (Allergan: BR)
Rhinaaxia® (Zambon: IT)

Sparfloxacin (Rec.INN)

L: Sparfloxacinum
D: Sparfloxacin
F: Sparfloxacine
S: Esparfloxacino

Antibiotic, gyrase inhibitor

ATC: J01MA09
CAS-Nr.: 0110871-86-8 C_{19}-H_{22}-F_2-N_4-O_3
M_r 392.425

3-Quinolinecarboxylic acid, 5-amino-1-cyclopropyl-7-(3,5-dimethyl-1-piperazinyl)-6,8-difluoro-1,4-dihydro-4-oxo-, cis-

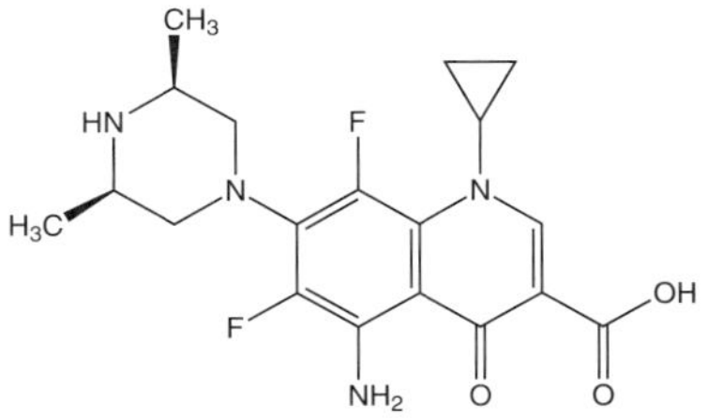

OS: *Sparfloxacin [BAN, JAN, USAN]*
OS: *Sparfloxacine [DCF]*
IS: *AT 4140 (Dainippon, Japan)*
IS: *CI 978 (Parke Davis, USA)*
IS: *PD 131501*
IS: *RP 64206*
IS: *Cl 938*

Aciflox® (ACI: BD)
Anspar® (Unimed & Unihealth: BD)
Asaf® (Asiatic Lab: BD)
Flospar® (Unichem: VN)
Floxipar® (Acme: BD)
Megaflox® (Hudson: BD)
Neospectra® (Jayson: BD)
Newspar® (Interbat: ID)
Omniflox® (Aristopharma: BD)
Panflox® (Amico: BD)
Parflox® (Somatec: BD)
Parlox® (Eskayef: BD)
Quinoflox® (Healthcare: BD)
Redspar® (Sunthi: ID)
Resflok® (Sanbe: ID)
Saga® (Square: BD)
Spacin® (Novartis: BD)
Spalox® (Edruc: BD)
Spara® (Dainippon: JP)
Sparbact® (Ipca: RU)
Sparcin® (Chemist: BD)
Spardac® (Cadila: IN)
Sparfloxacin Domesco® (Domesco: VN)
Sparflox® (Alco: BD)
Spargam® (United Pharmaceutical: AE, BH, IQ, JO, LY, OM, QA, SA, SD, YE)
Spark® (Navana: BD)
Sparlin® (Bimhl: BD)
Sparlox® (Sun: BD, IN)
Sparonex® (Drug International: BD)
Sparos® (Pharos: ID)
Sparx® (Wockhardt: GH, IN, KE, LK, SD, SZ, TZ, UG, ZM)
Spar® (Globe: BD)

S

Zagam® (Aventis: US)
Zagam® (Bertek: US)

Spectinomycin (Rec.INN)

L: Spectinomycinum
I: Spectinomicina
D: Spectinomycin
F: Spectinomycine
S: Espectinomicina

Antibiotic, aminoglycoside

ATC: J01XX04
CAS-Nr.: 0001695-77-8 C_{14}-H_{24}-N_2-O_7
M_r 332.366

4H-Pyrano[2,3-b][1,4]benzodioxin-4-one, decahydro-4a,7,9-trihydroxy-2-methyl-6,8-bis(methylamino)-, [2R-(2α,4aβ,5aβ,6β,7β,8β,9α,9aα,10aβ)]-

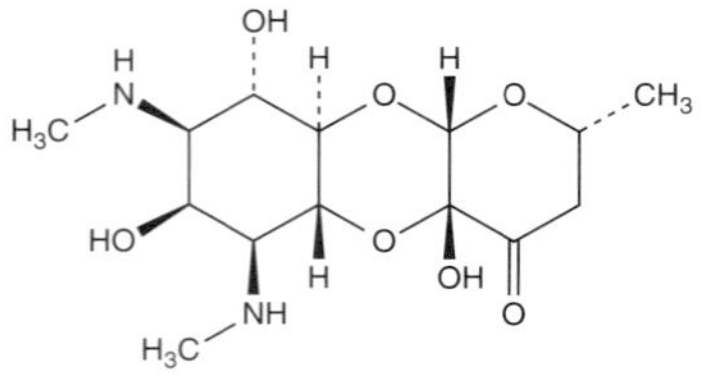

OS: *Spectinomycin [BAN]*
OS: *Spectinomycine [DCF]*
OS: *Spectinomicina [DCIT]*
IS: *Actinospectacin*
IS: *Espectinomicina*
IS: *M 141*
IS: *U 18409*

Adspec® [vet.] (Pharmacia: US)
Ethiocol® (Colliere: PE)
Prospec® [vet.] (Valdar: US)
Spectam W® [vet.] (Merial: BE)
Spectam® [vet.] (Sanofi-Synthelabo: BE)
Spectinomicina® [vet.] (Ascor: IT)
Spectinomicina® [vet.] (Chemifarma: IT)
Spectinomicina® [vet.] (Sintofarm: IT)
Spectinomix® [vet.] (Sintofarm: IT)
Spectin® [vet.] (Chemifarma: IT)
Spectrablock® [vet.] (Ancare: NZ)

– dihydrochloride:

CAS-Nr.: 0022189-32-8
OS: *Spectinomycin Hydrochloride BANM, USAN*
PH: Spectinomycin Hydrochloride Ph. Eur. 5, Ph. Int. 4, USP 30
PH: Spectinomycini hydrochloridum Ph. Eur. 5, Ph. Int. 4
PH: Spectinomycinhydrochlorid Ph. Eur. 5
PH: Spectinomycin dihydrochloride pentahydrate Ph. Eur. 5

Ferkel Spectam® [vet.] (Ceva: DE)
Kempi® (Pharmacia: ES)
Kirin® (Medochemie: HK, LK, RO, RU)
Spectam W® [vet.] (Ceva: DE)
Spectam® [vet.] (Agri Labs.: US)
Spectam® [vet.] (Biokema: CH)
Spectam® [vet.] (Ceva: DE, FR, GB, NL, PT)
Spectam® [vet.] (Interpharm: IE)
Spectam® [vet.] (Osborn: US)
Spectam® [vet.] (Richter: AT)
Spectinomycin Hydrochloride® [vet.] (Aspen: US)
Stanilo® (Pfizer: DE)
Togamycin® (Pharmacia: ET, GH, KE, LR, RW, SL, TZ, UG, ZW)
Trobicine® (Pfizer: BF, BJ, CF, CG, CI, CM, FR, GA, GN, MG, ML, MR, MU, NE, SN, TD, TG, ZR)
Trobicin® (Pfizer: BE, CH, HK, HR, ID, IN, LU, PE, PT, SG, TH, US, VN)
Trobicin® (Pharmacia: AU, BG, BR, CO, IT, ZA)
Trobicin® (Willvonseder & Marchesani: AT)
Vabicin® (Atlantic: TH)

Spiramycin (Rec.INN)

L: Spiramycinum
I: Spiramicina
D: Spiramycin
F: Spiramycine
S: Espiramicina

Antibiotic, macrolide

ATC: J01FA02
ATCvet: QJ01FA02
CAS-Nr.: 0008025-81-8 C_{43}-H_{74}-N_2-O_{14}
M_r 843.085

Antibiotic produced by *Streptomyces ambofaciens*

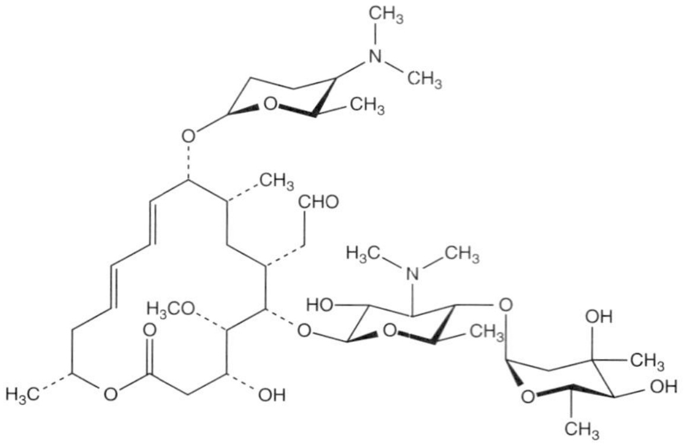

OS: *Spiramycin [BAN, USAN]*
OS: *Spiramycine [DCF]*
OS: *Spiramicina [DCIT]*
IS: *Espiramicina*
IS: *E 710*
IS: *IL 5902*
IS: *RP 5337*
PH: Spiramycin [Ph. Eur. 5]
PH: Spiramycine [Ph. Eur. 5]
PH: Spiramycinum [Ph. Eur. 5]

Afispir® [vet.] (AFI: IT)
Anpro® [vet.] (Chemifarma: IT)
Anticoryza® [vet.] (Moureau: FR)
Anticor® [vet.] (Ceva: IT)
Broncospir® [vet.] (Pagnini: IT)
Captalin® [vet.] (Merial: BE, FR, IT, LU, PT)
Copalspir® [vet.] (Sintofarm: IT)
Doropycin® (Domesco: VN)
Ethirov® (Ethica: ID)
Hypermycin® (Prafa: ID)
Inamycin® (Indofarma: ID)
Ismacrol® (Indonesian: ID)

Medirov® (Medikon: ID)
Novispir® [vet.] (Intervet: IT)
Osmycin® (Pharos: ID)
Rofacin® (Corsa: ID)
Rovadin® (Otto: ID)
Rovamicina® (Aventis: BR, IT)
Rovamycine® (Aventis: CZ, ES, GH, KE, LU, NG, ZW)
Rovamycine® (Aventis Pharma: ID)
Rovamycine® (Eczacibasi: TR)
Rovamycine® (Grünenthal: FR)
Rovamycine® (Odan: CA)
Rovamycine® (Sanofi-Aventis: BD, BE, BF, BJ, CF, CG, CH, CI, CM, GA, GE, GN, HK, HU, IL, MG, ML, MR, MU, MY, NE, NL, PL, PT, RO, RU, SG, SN, TD, TG, VN, ZR)
Rovamycine® (Teofarma: DE)
Rovamycin® (Aventis: NO, TH)
Rovamycin® (Gerot: AT)
Rovamycin® (Nicholas: IN)
Rovas® (HG.Pharm: VN)
Selectomycin® (Grünenthal: DE)
Sorov® (Soho: ID)
Spirabiotic® (Kimia: ID)
Spiracin® (TO Chemicals: TH)
Spiradan® (Dankos: ID)
Spiramicina Merck® (Merck Generics: IT)
Spiramicina® [vet.] (Adisseo: IT)
Spiramicina® [vet.] (Ceva: IT)
Spiramicina® [vet.] (Chemifarma: IT)
Spiramicina® [vet.] (Doxal: IT)
Spiramicina® [vet.] (Nuova Veterinaria: IT)
Spiramicina® [vet.] (Pagnini: IT)
Spiramicina® [vet.] (Sintofarm: IT)
Spiramicina® [vet.] (Tecnozoo: IT)
Spiramicina® [vet.] (Tre I: IT)
Spiramicina® [vet.] (Unione: IT)
Spiramin® [vet.] (Merial: IT)
Spiramix® [vet.] (Adisseo: IT)
Spiramycin Bidiphar® (Bidiphar: VN)
Spiramycin Dexa Medica® (Dexa Medica: ID)
Spiramycin Indo Farma® (Indofarma: ID)
Spiram® [vet.] (Nuova ICC: IT)
Spiranter® (Interbat: ID)
Spirasin® (Sanbe: ID)
Spiravet® [vet.] (Vetem: IT)
Spiromix® (Pulitzer: IT)
Spirovet® [vet.] (Ceva: FR)
Suanovil® [vet.] (Biokema: CH)
Suanovil® [vet.] (Merial: BE, DE, FR, LU, NL, PT)
Tre I Spira® [vet.] (Tre I: IT)

– acetate:

OS: *Acetylspiramycin JAN*
PH: Acetylspiramycin JP XIV

Dicorvin® (Valeant: ES)

– adipate:

Rovamycine® [inj.] (Aventis: CZ)
Rovamycine® [inj.] (Grünenthal: FR)
Sol Spiramix® [vet.] (Unione: IT)
Spiramastin® [vet.] (Vetoquinol: CH)
Spiramicina® [vet.] (Adisseo: IT)
Spiramicina® [vet.] (Ascor: IT)
Spiramycin® [vet.] (Pharmacia Animal Health: SE)
Spiramycin® [vet.] (Veter: FI)
Suanovil® [vet.] (Coophavet: FR)
Suanovil® [vet.] (Merial: ZA)

– embonate:

IS: *Spiramycine pamoate*

Cofamix STS®[vet.] (Coophavet: FR)
Concentrat VO 02® [vet.] (Sogeval: FR)
Santamix Spira® [vet.] (Santamix: FR)
Spirasol® [vet.] (Ascor: IT)

Spirapril (Rec.INN)

L: Spiraprilum
D: Spirapril
F: Spirapril
S: Espirapril

ACE-inhibitor
Antihypertensive agent

ATC: C09AA11
CAS-Nr.: 0083647-97-6 C_{22}-H_{30}-N_2-O_5-S_2
M_r 466.622

(8S)-7-[(S)-N-[(S)-1-Carboxy-3-phenylpropyl]alanyl]-1,4-dithia-7-azaspiro[4,4]nonane-8-carboxylic acid, 1-ethyl ester

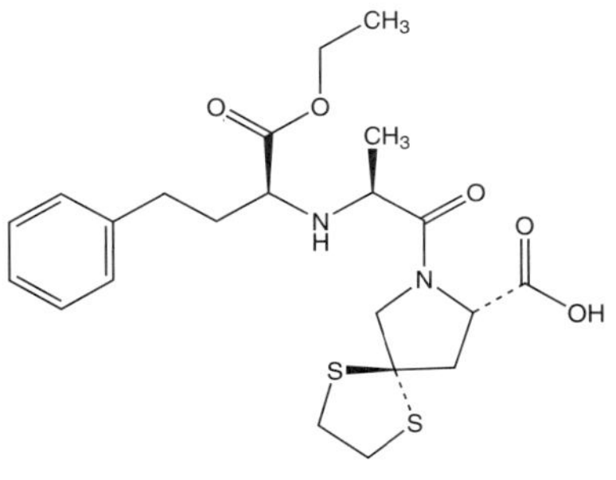

OS: *Spirapril [BAN, DCF]*

– hydrochloride:

CAS-Nr.: 0094841-17-5
OS: *Spirapril Hydrochloride BANM, USAN*
IS: *Sch 33844 (Schering, USA)*
PH: Spirapril hydrochloride monohydrate Ph. Eur. 5
PH: Spiraprili hydrochloridum monohydricum Ph. Eur. 5

Quadropril® (AWD Pharma: HU)
Quadropril® (AWD.pharma: DE)
Quadropril® (Pliva: RU)
Quadropril® (Viatris: AT, NL)
Renormax® (Italfarmaco: ES)
Renormax® (Sandoz: US)
Renormax® (Schering-Plough: IT)
Renpress® (ICN: ES)
Renpress® (Novartis: CZ)
Renpress® (Sandoz: NL)
Setrilan® (Essex: IT)

S

Spironolactone (Rec.INN)

L: Spironolactonum
I: Spironolattone
D: Spironolacton
F: Spironolactone
S: Espironolactona

Diuretic, aldosterone antagonist

ATC: C03DA01
CAS-Nr.: 0000052-01-7 C_{24}-H_{32}-O_4-S
M_r 416.58

Pregn-4-ene-21-carboxylic acid, 7-(acetylthio)-17-hydroxy-3-oxo-, λ-lactone, (7α,17α)-

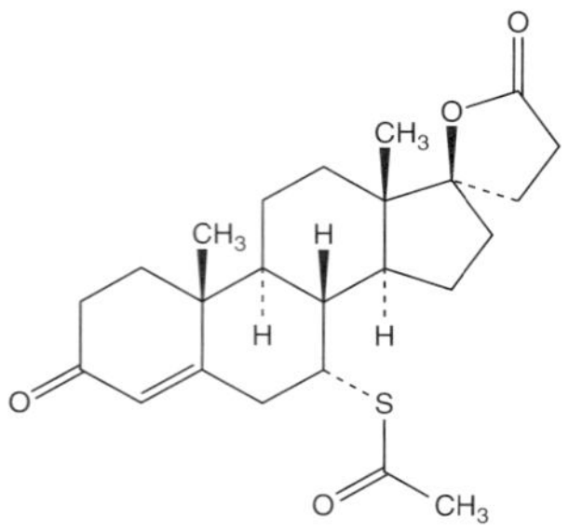

OS: *Spironolactone [BAN, DCF, JAN]*
OS: *Spironolattone [DCIT]*
IS: *SC 9420*
PH: Spironolactone [JP XIV, Ph. Eur. 5, Ph. Int. 4, USP 30]
PH: Spironolactonum [Ph. Eur. 5, Ph. Int. 4]
PH: Spironolacton [Ph. Eur. 5]

Aldactone-A® (ARIS: TR)
Aldactone-A® (Pfizer: AN, AR, BB, CR, GT, GY, HN, HT, PA, SV, TT)
Aldactone-A® (Pharmacia: ES, PE)
Aldactone® (ARIS: TR)
Aldactone® (Continental: BE, LU)
Aldactone® (Grünenthal: CO)
Aldactone® (Lepetit: IT)
Aldactone® (Pfizer: AE, AR, BF, BH, BJ, BR, CA, CF, CG, CH, CI, CM, CY, EG, ET, FI, FR, GA, GB, GH, GN, HK, ID, IE, IL, IS, JO, KE, LB, MG, ML, MR, MU, MX, NE, NG, NL, NO, OM, PH, PT, SA, SE, SG, SN, TD, TG, TH, US, ZR)
Aldactone® (Pharmacia: AU, ES, GR, ZA)
Aldactone® (Pharmadica: TH)
Aldactone® (Riemser: CZ, SI)
Aldactone® (Roche: AT, BA, DE, HR, SI)
Aldactone® (RPG: IN)
Aldactone® [vet.] (Pfizer Animal Health: GB)
Aldonar® (Upsifarma: PT)
Aldospirone® (Teva: IL)
Alizar® (Gynopharm: CL)
Alspiron® (Helcor: RO)
Altone® (Pharmasant: TH)
Aporasnon® (Nichiiko: JP)
Aquareduct® (Azupharma: DE)
Capriaton® (Fahrenheit: ID)
Cardactona® (Pasteur: CL)
Carpiaton® (Fahrenheit: ID)
Digi-Aldopur® (Kwizda: AT)
Docspirono® (Docpharma: BE, LU)
duraspiron® (Merck dura: DE)
Espimax® (Klonal: AR)
Espirone® (Carrion: PE)
Espironolactona Alter® (Alter: ES, PT)
Espironolactona Denver® (Denver: AR)
Espironolactona Generis® (Generis: PT)
Espironolactona L.CH.® (Chile: CL)
Espironolactona Northia® (Northia: AR)
Espironolactona® (AC Farma: PE)
Espironolactona® (Bestpharma: CL)
Espironolactona® (Blaskov: CO)
Espironolactona® (Mintlab: CL)
Expal® (Bagó: AR)
Flumach® (Mayoly-Spindler: FR)
Hexalacton® (Sandoz: DK)
Huma-Spiroton® (Teva: HU)
Hyles® (Berlin: TH)
Jenaspiron® (Jenapharm: DE)
Kespirona® (Heimdall: CO)
Lacalmin® (Tatsumi Kagaku: JP)
Lanx® (Elea: AR)
Letonal® (Otto: ID)
Modulactone® (Lafedar: AR)
Nefrotone® (Socobom: LU)
Normital® (Phoenix: AR)
Novo-Spiroton® (Novopharm: CA)
Osiren® (Lafedar: AR)
Osyrol® [compr.] (Aventis: DE)
Pilactone® (Sanofi-Aventis: BD)
Pondactone® (Pond's: TH)
Practon® (Pfizer: FR)
Primacton® (Streuli: CH)
Rediun-E® (Baliarda: AR)
Sandoz Spironolactone® (Sandoz: ZA)
Spiractin® (Alphapharm: AU)
Spiractin® (Aspen: ZA)
Spiresis® (Orion: FI)
Spirix® (Leiras: FI)
Spirix® (Nycomed: DK, IS, NO)
Spiro-CT® (CT: DE)
Spirobene® (Ratiopharm: AT)
Spirobeta® (betapharm: DE)
Spiroctan® (Ferlux: FR)
Spirogamma® (Wörwag Pharma: DE)
Spirohexal® (Hexal: AT)
Spirolacton® (Phapros: ID)
Spirolang® (SIT: IT)
Spirolone® (Glynn: CZ)
Spirolon® (Comerciosa: EC)
Spirolon® (Remedica: CY, ET, KE, SD, ZW)
Spironex® (PP Lab: TH)
Spirono Genericon® (Genericon: AT)
Spirono-Isis® (Alpharma: DE)
Spironolacton AAA® (AAA Pharma: DE)
Spironolacton Agepha® (Agepha: AT)
Spironolacton Alpharma® (Alpharma: NL)
Spironolacton AL® (Aliud: DE)
Spironolacton AWD® (AWD.pharma: DE)
Spironolacton A® (Apothecon: NL)
Spironolacton CF® (Centrafarm: NL)
Spironolacton dura® (Merck dura: DE)
Spironolacton FLX® (Karib: NL)
Spironolacton Heumann® (Heumann: DE)
Spironolacton Hexal® (Hexal: DE)
Spironolacton Katwijk® (Katwijk: NL)
Spironolacton Merck® (Merck Generics: NL)
Spironolacton PCH® (Pharmacia: NL)

Spironolacton Sandoz® (Sandoz: DE, NL)
Spironolacton Stada® (Stadapharm: DE)
Spironolacton TAD® (TAD: DE)
Spironolacton-ratiopharm® (ratiopharm: DE, LU)
Spironolacton-ratiopharm® (Ratiopharm: NL)
Spironolactone Biogaran® (Biogaran: FR)
Spironolactone EG® (EG Labo: FR)
Spironolactone EG® (Eurogenerics: BE)
Spironolactone G Gam® (G Gam: FR)
Spironolactone Ivax® (Ivax: FR)
Spironolactone Merck® (Merck Génériques: FR)
Spironolactone RPG® (RPG: FR)
Spironolactone Sandoz® (Sandoz: BE, FR)
Spironolactone Winthrop® (Winthrop: FR)
Spironolactone-Eurogenerics® (Eurogenerics: LU)
Spironolactone-Sandoz® (Sandoz: LU)
Spironolactone® (Actavis: US)
Spironolactone® (Alpharma: GB)
Spironolactone® (Biomed: NZ)
Spironolactone® (Hillcross: GB)
Spironolactone® (Mutual: US)
Spironolactone® (Mylan: US)
Spironolactone® (Rosemont: GB)
Spironolactone® (Sandoz: US)
Spironolactone® (Teva: GB)
Spironolactone® (UDL: US)
Spironolactone® (United Research: US)
Spironolacton® (Actavis: GE)
Spironolacton® (Balkanpharma: BG)
Spironolacton® (GenRx: NL)
Spironolacton® (Hexal: NL)
Spironolacton® (Karib: NL)
Spironolacton® (Pfizer: NL)
Spironolactonă® (Bio EEL: RO)
Spironolactonă® (Laropharm: RO)
Spironolactonă® (Ozone Laboratories: RO)
Spironolactonă® (Terapia: RO)
Spironolakton Nycomed® (Nycomed: SE)
Spironolakton Pfizer® (Pfizer: SE)
Spironolakton® (Galenika: RS)
Spironol® (Pharmachemie: IL)
Spironol® (Polfa Grodzisk: PL)
Spironone® (Dexo: FR)
Spiron® (Orion: DK)
Spiron® (ratiopharm: HU)
Spiron® (Therapeutics: BD)
Spirotone® (Pacific: NZ)
Spirotop® (Topgen: BE)
Uractonum® (Medochemie: SG)
Urusonin® (Isei: JP)
Verospilactone® (Obolenskoe: RU)
Verospiron® (Ambee: BD)
Verospiron® (Gedeon Richter: CZ, HU, PL, RO, RU, VN)
Verospiron® (Hormosan: DE)
Vivitar® (Armstrong: MX)
Xenalon® (Mepha: CH)

Stannous Fluoride (USP)

D: Zinn(II)-fluorid

Prophylactic, dental caries

CAS-Nr.: 0007783-47-3 F_2-Sn
M_r 156.69

Tin fluoride
IS: *Stannic Fluoride*
IS: *Tin Difluoride*
PH: Stannous Fluoride [USP 30]

Gel-Kam® (Colgate: US)
Gel-Tin® (Young Dental: US)
Omnii-Gel® (Omnii: US)
Omnii-Med® (Omnii: US)
Stanimax® (Ortho: US)
Stop® (Oral-B: US)

Stanozolol (Rec.INN)

L: Stanozololum
I: Stanozololo
D: Stanozolol
F: Stanozolol
S: Estanozolol

Androgen
Anabolic

ATC: A14AA02
ATCvet: QA14AA02
CAS-Nr.: 0010418-03-8 C_{21}-H_{32}-N_2-O
M_r 328.507

2'H-Androst-2-eno[3,2-c]pyrazol-17-ol, 17-methyl-, (5α,17β)-

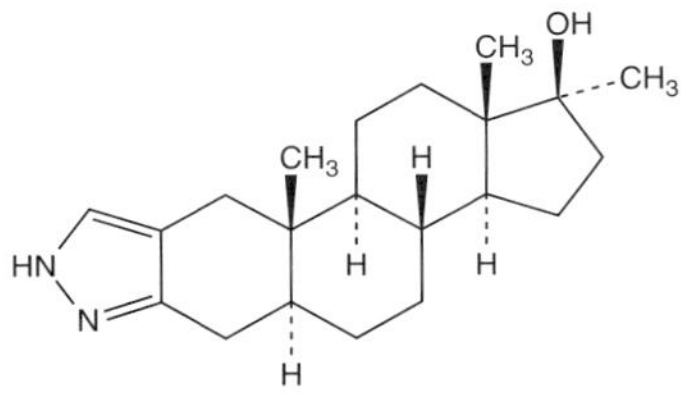

OS: *Stanozolol [BAN, DCF, JAN, USAN]*
OS: *Stanozololo [DCIT]*
IS: *Androstanazole*
IS: *Stanazol*
IS: *Stanazolol*
PH: Stanozolol [Ph. Eur. 5, USP 30]
PH: Stanozololo [Ph. Eur. 5]
PH: Stanozolol [Ph. Eur. 5]

Menabol® (CFL: IN)
Neurabol Caps.® (Cadila: IN)
Stanabolic® [vet.] (Ilium Veterinary Products: AU)
Stanazol® [vet.] (RWR Veterinary: AU)
Stanazol® [vet.] (Vetpharm: NZ)
Stanol® (Body Research: TH)
Stanosus® [vet.] (Jurox: AU)
Stargate® [vet.] (Acme: IT)
Winstrol® (Sanofi-Synthelabo: AE, BH, CY, EG, JO, KW, LB, OM, QA, SA)
Winstrol® (Zambon: ES, IT)
Winstrol® [vet.] (Pharmacia: US)

S

Stavudine (Prop.INN)

L: Stavudinum
I: Stavudina
D: Stavudin
F: Stavudine
S: Estavudina

Antiviral agent, HIV reverse transcriptase inhibitor

ATC: J05AF04
CAS-Nr.: 0003056-17-5 C_{10}-H_{12}-N_2-O_4
M_r 224.226

1-(2,3-Dideoxy-β-D-glycero-pent-2-enofuran-osyl)thymine

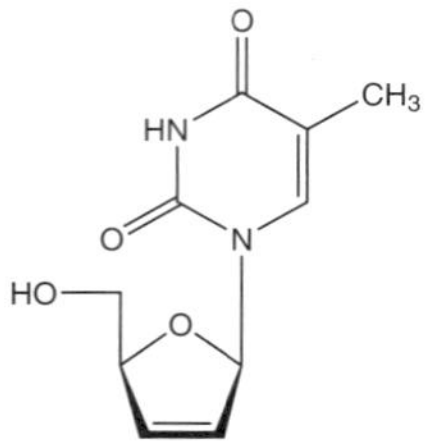

OS: *Stavudine [BAN, USAN]*
IS: *BMY 27857 (Bristol-Myers Squibb, USA)*
IS: *d4T*
PH: Stavudine [Ph. Eur. 5, USP 30]

Actastav® (Actavis: RU)
Aspen Stavudine® (Aspen: ZA)
Ciplastavir® (Biotoscana: CO)
Estavudina® [caps./tab.] (Induquimica: PE)
Estavudina® [caps./tab.] (Ranbaxy: PE)
Estavudina® [caps./tab.] (Richmond: PE)
Estavudina® [caps./tab.] (Servycal: PE)
Estavudox® [tab.] (Biotoscana: PE)
Exvihr® (Biogen: CO)
Exvihr® (Repmedicas: PE)
Landstav® (Landsteiner: MX)
Lion® (Filaxis: AR)
S.T.V.® (Ivax: AR)
Stamar® (LKM: AR)
Stavir® (Cipla: IN, ZA)
Stavubergen® (Paylos: AR)
Stavudina Dosa® (Dosa: AR)
Stavudine Stada® (Stada: VN)
Tonavir® (Richmond: AR, PE)
Zeritavir® (Bristol-Myers Squibb: BR)
Zerit® (Abeefe Bristol: PE)
Zerit® (Bristol-Myers Squibb: AR, AT, AU, BA, BE, BF, BI, BJ, CA, CG, CH, CI, CL, CM, CZ, DE, DK, DZ, EC, ES, FI, FR, GA, GB, GE, GN, GR, HK, HR, HU, ID, IE, IS, IT, LU, ML, MR, MX, NE, NL, NO, NZ, PL, PT, RO, RS, RU, SE, SG, SI, SN, TD, TG, TH, TR, US, ZA, ZR)

Stiripentol (Rec.INN)

L: Stiripentolum
D: Stiripentol
F: Stiripentol
S: Estiripentol

Muscle relaxant
Anxiolytic
Anticonvulsant
Cytochrome P450 inhibitor

ATC: N03AX17
ATCvet: QN03AX17
CAS-Nr.: 0049763-96-4 C_{14}-H_{18}-O_3
M_r 234.29

4,4-Dimethyl-1-[(3,4-methylenedioxy)phenyl]-1-penten-3-ol (WHO)

(RS)-1-(1,3-Benzodioxol-5-yl)-4,4-dimethyl-1-penten-3-ol (IUPAC)

(RS)-(E)-4,4-Dimethyl-1-(3,4-methylendioxyphe-nyl)-1-penten-3-ol (IUPAC)

1-(1,3-Benzodioxol-5-yl)-4,4-dimethyl-1-penten-3-ol

1-Penten-3-ol, 1-(1,3-benzodioxol-5-yl)-4,4-dimethyl- (USAN)

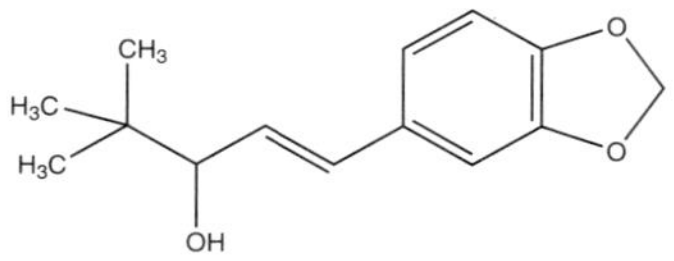

OS: *Stiripentol [USAN]*
IS: *BCX 2600 (Biocodex, FR)*
IS: *BRN 1313047*
IS: *EINECS 256-480-9*

Diacomit® (Biocodex: FR)

Stirofos (USAN)

D: Tetrachlorvinfos

Enzyme inhibitor
Antiparasitic agent
Insecticide

ATCvet: QP53AF14
CAS-Nr.: 0022248-79-9 C_{19}-H_9-Cl_4-O_4-P
M_r 365.96

Phosphoric acid, 2-chloro-1-(2,4,5-trichlorophe-nyl)ethenyldimethyl ester, (Z)-; USAN

(Z)-2-Chloro-1-(2,4,5-trichlorophenyl)ethenyl dimethyl phosphate

O-[2-Chlor-1-(2,4,5-trichlorphenyl)vinyl]-O',O"-dimethylphosphat (IUPAC)

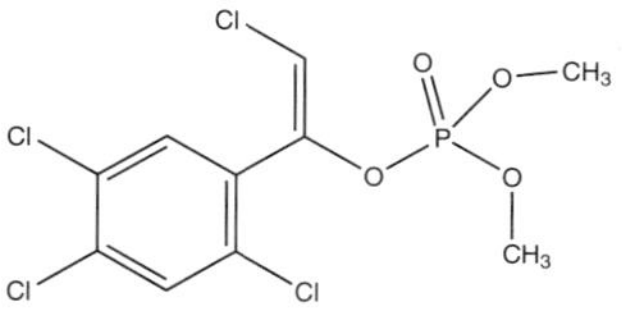

OS: *Stirofos [USAN]*
IS: *Stirofos (Shell Chemical, USA)*
IS: *Tetrachlorvinphos*
IS: *Z-Tetrachlorvinphos*
IS: *Appex*
IS: *Debantic*
IS: *Dietreen*
IS: *Gardcide*
IS: *Gardona*
IS: *Rabon*
IS: *Rabond*
IS: *Shell SD 8447*
IS: *Stirophos*
IS: *Vinphos*
IS: *SD 3447*
IS: *Antorgan*
IS: *Rabond*
IS: *Appex*
IS: *Debantic*
IS: *Dietreen*
IS: *Gardcide*
IS: *Gardona*
IS: *Shell SD 8447*
IS: *Vinfos*

Canine Forte® [vet.] (Eurovet: BE)
Chevi-Tren® [vet.] (Chevita: DE)
Feline® [vet.] (Eurovet: BE)
Kadox Retard® [vet.] (Chassot: DE)
Perlicat® [vet.] (Omega Pharma France: FR)
Prozap Dust'R® (Loveland: US)
Rabon Dust® (Agri Labs.: US)
Rabon Livestock Dust® (DurVet: US)
Rabon WP Insecticide® (Boehringer Ingelheim Vetmedica: US)
Tétratic® [vet.] (Omega Pharma France: FR)
Zecken-Floh-Band® [vet.] (Albrecht: DE)

Streptokinase (Rec.INN)

L: Streptokinasum
I: Streptochinasi
D: Streptokinase
F: Streptokinase
S: Estreptoquinasa

Enzyme, fibrinolytic

ATC: B01AD01
CAS-Nr.: 0009002-01-1

Co-enzyme obtained from cultures of various strains of *Streptococcus haemolyticus*

OS: *Streptokinase [BAN, DCF]*
OS: *Streptochinasi [DCIT]*
PH: Streptokinase [Ph. Eur. 4]
PH: Streptokinasum [Ph. Eur. 4]

Durakinase® (Dong Kook: BD)
Durakinase® (Ivax: MX)
Estreptoquinasa B.Braun® (Braun: AR)
Estreptoquinasa® (Aventis: AR)
Estreptoquinasa® (Bestpharma: CL)
Fimakinase® (Kalbe: ID)
Heberkinasa® (Tecnoquimicas: CO)
Kabikinase® (Kalbe: ID)
Kabikinase® (Pfizer: IL)
Kabikinase® (Pharmacia: AU, BE, BG, CZ, DE, ES, NL)
Streptase® (AstraZeneca: US)
Streptase® (Aventis: AT, AU, BR, CR, DE, DO, EC, GT, HN, IN, IT, LU, NI, PA, PE, PH, SV, TH, ZA)
Streptase® (Aventis Behring: IL)
Streptase® (Aventis Pharma: ID)
Streptase® (CSL Behring: CH)
Streptase® (Dexa Medica: ID)
Streptase® (Farma-Tek: TR)
Streptase® (Healthcare Logistics: NZ)
Streptase® (Sanofi-Aventis: BD, PL, RO)
Streptase® (ZLB Behring: BE, CA, CZ, DK, ES, FR, GB, HK, HR, HU, LU, NL, NO, RS, SE, US)
Streptokinaza® (K and K medicoplast: PL)
Streptonase® (Blausiegel: BR)
Unitinase® (Meizler: BR)
Zykinase® (Cadila: IN)

Streptokinase-Streptodornase

D: Streptokinase-Streptodornase

Enzyme, fibrinolytic
Enzyme, proteolytic

CAS-Nr.: 0008048-16-6

Mixture of enzymes obtained from cultures of various strains of *Streptococcus haemolyticus*

Ernodasa® (Ern: ES)
Varidasa® (Cantabria: ES)
Varidase® (Dermapharm: AT)
Varidase® (Lederle: DE)
Varidase® (Meda: FI, NO)
Varidase® (Wyeth: AT, IT)

Streptomycin (Rec.INN)

L: Streptomycinum
I: Streptomicina
D: Streptomycin
F: Streptomycine
S: Estreptomicina

Antibiotic, aminoglycoside

ATC: A07AA04,J01GA01
CAS-Nr.: 0000057-92-1

C_{21}-H_{39}-N_7-O_{12}
M_r 581.613

D-Streptamine, O-2-deoxy-2-(methylamino)-α-L-glucopyranosyl-(1-2)-O-5-deoxy-3-C-formyl-α-L-lyxofuranosyl-(1-4)-N,N'-bis(aminoiminomethyl)-

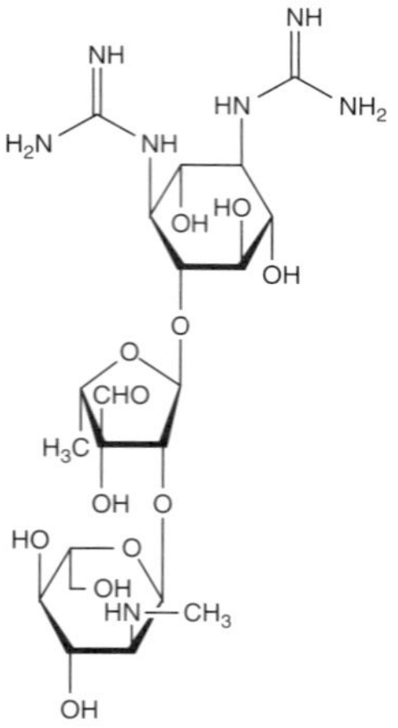

OS: *Streptomycin [BAN]*
OS: *Streptomicina [DCIT]*
OS: *Streptomycine [DCF]*
IS: *Strepidin-4-α-streptobiosaminosid*

Estreptomicina L.CH.® (Chile: CL)
Ethicol® (Colliere: PE)
Streptomicin Sulfat® (Galenika: RS)
Streptomycin® (Batfarma: GE)
Strevital® (Antibiotice: RO)

- **sulfate:**

CAS-Nr.: 0003810-74-0
OS: *Streptomycin Sulphate BANM*
OS: *Streptomycin Sulfate JAN*
PH: Streptomycine (sulfate de) Ph. Eur. 5
PH: Streptomycini sulfas Ph. Eur. 5, Ph. Int. 4
PH: Streptomycinsulfat Ph. Eur. 5
PH: Streptomycin Sulfate JP XIV, Ph. Int. 4, USP 30
PH: Streptomycin Sulphate Ph. Eur. 5

Ambistryn® (Sarabhai: IN)
Devomycin® [vet.] (Norbrook: GB, IE)
Dulphar® [vet.] (Interchem: IE)
Estreptomicina Atral® (Atral: PT)
Estreptomicina Clariana® (Clariana: ES)
Estreptomicina Klonal® (Klonal: AR)
Estreptomicina Normon® (Normon: ES)
Estreptomicina Reig Jofre® (Reig Jofre: ES)
Estreptomicina Richet® (Richet: AR)
Estreptomicina Sulfato® (Lusa: PE)
Estreptomicina® (Bestpharma: CL)
Estreptomicina® (Bristol-Myers Squibb: PE)
Estreptomicina® (Rontag: AR)
Izostreptomicina® [vet.] (Izo: IT)
Novostrep® (Novo Nordisk: ZA)
Solustrep® (CAPS: ZA)
Strekacin® [vet.] (Intervet: IT)
Strep-Deva® (Deva: TR)
Strepto-Fatol® (Fatol: DE)
StreptoHefa® (Riemser: DE)
Streptomicina Solfato® (Bristol-Myers Squibb: IT)
Streptomicina Solfato® (Fisiopharma: IT)
Streptomicina Solfato® (ISF: IT)
Streptomisin® (I.E. Ulagay: TR)
Streptomycin Grünenthal® (Grünenthal: CZ, DE)
Streptomycin Opsonin® (Opsonin: BD)
Streptomycin Renata® (Renata: BD)
Streptomycin Rotexmedica® (Rotexmedica: DE)
Streptomycin Sulfate® (X-Gen: US)
Streptomycin sulfat® (Galenika: BA)
Streptomycin Sulphate Meiji® (Meiji: ID, MY)
Streptomycin Sulphate® (UCB: GB)
Streptomycine Cooper® (Cooper: GR)
Streptomycine Panpharma® (Panpharma: FR)
Streptomycinum® (Polfa Tarchomin: PL)
Streptomycin® (Balkanpharma: BG)
Streptomycin® (Biotika: CZ)
Streptomycin® (Pannonpharma: HU)
Streptomycin® (Rotexmedica: DE)
Streptomycin® (SteriMax: CA)
Streptomycin® [vet.] (Interpharm: IE)
Streptowerfft® [vet.] (Alvetra u. Werfft: AT)
Strepto® (General Drugs House: TH)

Streptozocin (Rec.INN)

L: Streptozocinum
D: Streptozocin
F: Streptozocine
S: Estreptozocina

Antineoplastic, antibiotic

ATC: L01AD04
CAS-Nr.: 0018883-66-4 — C_8-H_{15}-N_3-O_7, M_r 265.238

D-Glucose, 2-deoxy-2-[[(methylnitrosoamino)carbonyl]amino]-

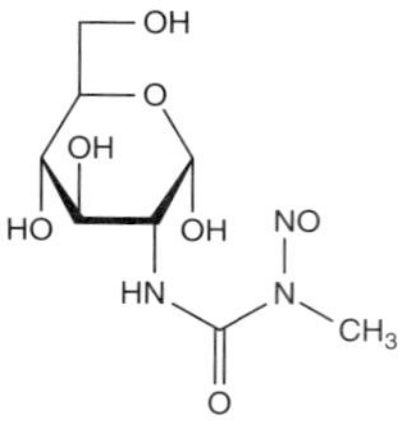

OS: *Streptozocin [USAN]*
OS: *Streptozocine [DCF]*
IS: *U 9889 (Upjohn, USA)*
IS: *NRRL 2697*
IS: *NRRL 3125*
IS: *Streptozotocin*

Zanosar® (Pfizer: CA, CH, FR, IL, US)

Strontium Chloride Sr 89 (USAN)

D: [89Sr]Strontium-chlorid

Antineoplastic, radioactive isotope

CAS-Nr.: 0038270-90-5 — ^{89}Sr-Cl_2, M_r 159.9

Strontium-89 chloride

OS: *Strontium Chloride Sr 89 [USAN]*
IS: *Sms 2 PA (Amersham, USA)*
PH: Strontium Chloride Sr 89 Injection [USP 26]

Metastron® (Amersham: AU, ES, IT, LU, NL)
Metastron® (GE Healthcare: FR, RO)

Sensodyne® (ARIS: TR)
Sensodyne® (GlaxoSmithKline: AT, CA)
Sensodyne® (Lamosan: EC)

Strophanthin-K

D: k-Strophanthin

Cardiac glycoside

CAS-Nr.: 0011005-63-3

Strophanthin

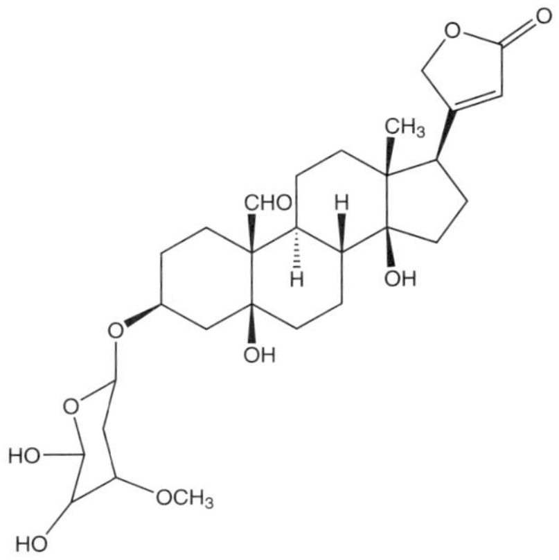

IS: *Cymarine*
IS: *Strofan-K*
PH: K-Strophantinum [OeAB]
PH: Strofantina K [F.U. IX]

Strophantin® (Halychpharm: GE)

Succimer (Rec.INN)

L: Succimerum
D: Succimer
F: Succimer
S: Succimero

Antidote, chelating agent

Diagnostic

CAS-Nr.: 0000304-55-2 — C_4-H_6-O_4-S_2, M_r 182.212

Butanedioic acid, 2,3-dimercapto-

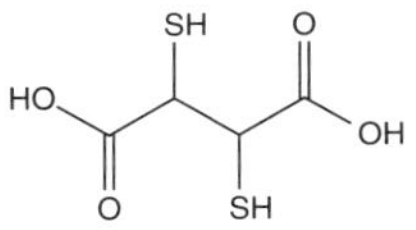

OS: *Succimer [BAN, DCF, USAN]*
IS: *DIM-SA (Medi-Physics, USA)*
IS: *DMSA*
IS: *Suximer*

Chemet® (Janssen: AT)
Chemet® (Sanofi-Synthelabo: US)
Nephroscint® (Bristol-Myers Squibb: NL)
Succicaptal® (SERB: FR)
TechneScan DMSA® (Mallinckrodt: NL)

Succinimide

D: Succinimid

Hypooxaluric agent

ATC: G04BX10
CAS-Nr.: 0000123-56-8 — C_4-H_5-N-O_2, M_r 99.094

Pyrrolidine-2,5-dione

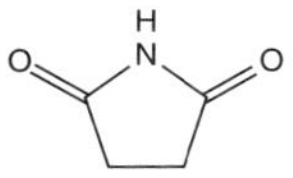

IS: *Butanimide*

Succinimide Pharbiol® (SERP: MC)

Sucralfate (Rec.INN)

L: Sucralfatum
I: Sucralfato
D: Sucralfat
F: Sucralfate
S: Sucralfato

Antacid

ATC: A02BX02
CAS-Nr.: 0054182-58-0 — C_{12}-H_m-Al_{16}-O_n-S_8

Sucrose hydrogen sulfate basic aluminium salt

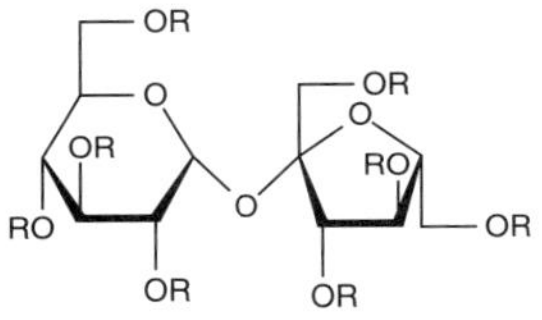

R = SO_3 [Al_2 $(OH)_5$]

OS: *Sucralfate [BAN, DCF, JAN, USAN]*
OS: *Sucralfato [DCIT]*
IS: *CGA-6J*
IS: *OS 202*
PH: Sucralfate [JP XIV, USP 30]

Alfate® (Stadmed: IN)
Alsucral® (Orion: FI, SG)
Alsucral® (Ropsohn: CO)
Alusulin® (Teva: HU)
Andapsin® (Orion: SE)
Antepsin® (Baldacci: IT)
Antepsin® (Bilim: TR)
Antepsin® (Boehringer Ingelheim: AR)
Antepsin® (Chemico: BD)
Antepsin® (Chugai: GB, IE)
Antepsin® (Orion: DK, FI, IS, NO)
Antepsin® [vet.] (Chugai: GB)
Apo-Sucralfate® (Apotex: CA, HK)
Benofat® (Bernofarm: ID)
Carafate® (Anspec: NZ)
Carafate® (Aspen: AU)
Carafate® (Axcan: US)
Citogel® (Geymonat: IT)
Crafilm® (Francia: IT)
Dip® (Merck: CO, EC)
Escudo® (Lampugnani: IT)
Gastalfet® (Beximco: BD)

Gastonic® (Nipa: BD)
Gastral® (Novag: ES)
Gastrofait® (E.I.P.I.C.O.: RO)
Gastrofait® (Eipico: AE, BH, IQ, JO, KW, LB, LY, OM, QA, SA, SD, YE)
Gastrogel® (Giuliani: IT)
Hexagastron® (DuraScan: DK)
Inpepsa® (Fahrenheit: ID)
Iselpin® (Wyeth: PH)
Keal® (EG Labo: LU)
Kéal® (EG Labo: FR)
Mulcatel® (Maver: CL)
Musin® (Otto: ID)
Neciblok® (Dankos: ID)
Netunal® (Merck: AR)
Novo-Sucralate® (Novopharm: CA)
Nu-Sucralfate® (Nu-Pharm: CA)
Peptonorm® (Uni-Pharma: GR)
Sucrabest® (Combustin: DE)
Sucrabest® (Hexal: LU)
Sucrafen® (Lerd Singh: TH)
Sucrahasan® (Hasan: VN)
Sucralan® (Lannacher: AT, CZ, RO)
Sucralbene® (Ratiopharm: AT)
Sucralfaat Alpharma® (Alpharma: NL)
Sucralfaat Giulini® (Giulini: NL)
Sucralfaat Katwijk® (Katwijk: NL)
Sucralfaat Merck® (Merck Generics: NL)
Sucralfaat PCH® (Pharmachemie: NL)
Sucralfaat ratiopharm® (Ratiopharm: NL)
Sucralfaat Sandoz® (Sandoz: NL)
Sucralfat Genericon® (Genericon: AT)
Sucralfat Merck® (Merck: AT)
Sucralfat-ratiopharm® (ratiopharm: DE)
Sucralfate RPG® (RPG: FR)
Sucralfate® (Eon: US)
Sucralfate® (Martec: US)
Sucralfate® (Teva: US)
Sucralfate® (UDL: US)
Sucralfate® (Warrick: US)
Sucralfate® (Watson: US)
Sucralfato ABC® (ABC: IT)
Sucralfato Angenerico® (Angenerico: IT)
Sucralfato BIG® (Benedetti: IT)
Sucralfato Denver® (Denver: AR)
Sucralfato DOC® (DOC Generici: IT)
Sucralfato Ecar® (Ecar: CO)
Sucralfato Generis® (Generis: PT)
Sucralfato Merck® (Merck Generics: IT)
Sucralfato Merck® (Merck Genéricos: PT)
Sucralfato Pliva® (Pliva: IT)
Sucralfato Teva® (Teva: IT)
Sucralfat® (Actavis: GE)
Sucralfat® (Balkanpharma: BG)
Sucralfin® (Inverni della Beffa: IT)
Sucralmax® (Quesada: AR)
Sucralstad® (Stada: AT)
Sucralum® (Inibsa: ES)
Sucral® (Bioprogress: IT)
Sucral® (Ranbaxy: TH)
Sucramal® (Menarini: AE, BH, CY, DO, EC, EG, GT, HN, IQ, JO, KW, LB, LY, MA, MT, NI, OM, PA, QA, SA, SD, SV, SY, TN, YE)
Sucramal® (Sanofi-Aventis: IT)
Sucramed® (S. Med: AT)
Sucraphil® (Philopharm: DE)
Sucrase® (Zydus: IN)
Sucrassyl® (Paill: BZ, DO, GT, HN, SV)
Sucrate Gel® (Sriprasit: TH)
Sucrate® (Lisapharma: IT)
Sucroril® (Sofar: IT)
Sude® (Lisapharma: CN)
Sugar® (Farma 1: IT)
Sugast® (Selvi: IT)
Sulcran® (Silesia: CL, PE)
Sulcrate® (Axcan: CA)
Sulcrate® (Chugai: JP)
Suril® (Ibirn: IT)
Ulcar® (Sanofi-Aventis: FR)
Ulcefate® (Siam Bheasach: TH)
Ulcerlmin® (Chugai: JP)
Ulcermin® (Berenguer Infale: ES)
Ulcermin® (Jaba: PT)
Ulcertec® (DHA: SG)
Ulcogant® (Dr. Fisher: NL)
Ulcogant® (Merck: AT, BE, CH, CR, CZ, DE, DO, GT, HN, HU, LU, NI, NL, PA, PE, SV)
Ulcon® (Farma: EC)
Ulcrafate® (Polipharm: TH)
Ulcrast® (Boniscontro & Gazzone: IT)
Ulcumaag® (Pyridam: ID)
Ulcyte® (Alphapharm: AU)
Ulgastran® (Polfa Grodzisk: PL)
Ulsafate® (Combiphar: ID)
Ulsanic® (Aspen: ZA)
Ulsanic® (Chugai: HK, JP, TH)
Ulsanic® (Darya-Varia: ID)
Ulsanic® (Teva: IL)
Ulsec® (Asiatic Lab: BD)
Ulsicral® (Ikapharmindo: ID)
Ulsidex® (Dexa Medica: ID)
Unival® (Senosiain: MX)
Urbal® (Merck: ES)
Venter® (Akrihin: RU)
Venter® (Krka: CZ, HU, PL, RO, SI)

Sufentanil (Rec.INN)

L: Sufentanilum
I: Sufentanil
D: Sufentanil
F: Sufentanil
S: Sufentanilo

⚕ Opioid analgesic

ATC: N01AH03
CAS-Nr.: 0056030-54-7

C_{22}-H_{30}-N_2-O_2-S
M_r 386.562

Propanamide, N-[4-(methoxymethyl)-1-[2-(2-thienyl)ethyl]-4-piperidinyl]-N-phenyl-

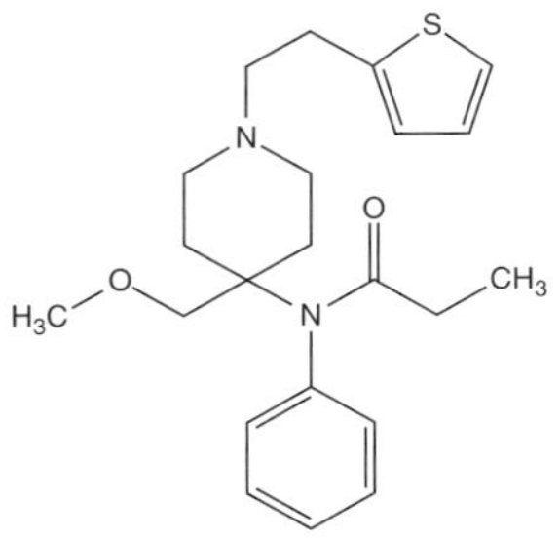

OS: *Sufentanil [BAN, DCF, DCIT, USAN]*
IS: *R 30730 (Janssen, Belgium)*
PH: Sufentanilum [Ph. Eur. 5]
PH: Sufentanil [Ph. Eur. 5]

Sufentanil-Fresenius® (Fresenius: LU)
Sufenta® (Janssen: LU)

– citrate:

CAS-Nr.: 0060561-17-3
OS: *Sufentanil Citrate BANM, USAN*
IS: *R 33800*
PH: Sufentanil Citrate Ph. Eur. 5, USP 30
PH: Sufentanili citras Ph. Eur. 5
PH: Sufentanilcitrat Ph. Eur. 5
PH: Sufentanil (citrate de) Ph. Eur. 5

Disufen® (Angenerico: IT)
Fastfen® (Cristália: BR)
Fentatienil® (Angelini: IT)
Sufentanil Citrate Injection® (Baxter: US)
Sufentanil Citrate Injection® (Hospira: US)
Sufentanil Citrate Injection® (Sandoz: CA)
Sufentanil Curamed® (DeltaSelect: DE)
Sufentanil curasan® (curasan: DE)
Sufentanil DeltaSelect® (DeltaSelect: DE)
Sufentanil EuroCept® (EuroCept: NL)
Sufentanil Fresenius® (Fresenius: NL)
Sufentanil Hameln® (Hameln: DK, FI, NL)
Sufentanil Hexal® (Hexal: DE)
Sufentanil Narcomed® (Eurocept: HU)
Sufentanil Nycomed® (Nycomed: AT)
Sufentanil Renaudin® (Renaudin: FR)
Sufentanil Torrex® (Torrex: AT, CZ, HU, PL, RS, SI)
Sufentanil-hameln® (Hameln: IT)
Sufentanil-ratiopharm® (ratiopharm: DE)
Sufenta® (Akorn: US)
Sufenta® (Janssen: AR, AT, BE, BG, BR, CA, CH, CZ, DE, DK, FI, FR, ID, IS, LU, NL, NO, RS, SE, ZA)
Sufenta® (Janssen-Cilag: CL, TR)
Zuftil® (Pisa: MX)

Sulbactam (Rec.INN)

L: Sulbactamum
D: Sulbactam
F: Sulbactam
S: Sulbactam

Enzyme inhibitor, β-lactamase

ATC: J01CG01
CAS-Nr.: 0068373-14-8 C_8-H_{11}-N-O_5-S
M_r 233.246

4-Thia-1-azabicyclo[3.2.0]heptane-2-carboxylic acid, 3,3-dimethyl-7-oxo-, 4,4-dioxide, (2S-cis)-

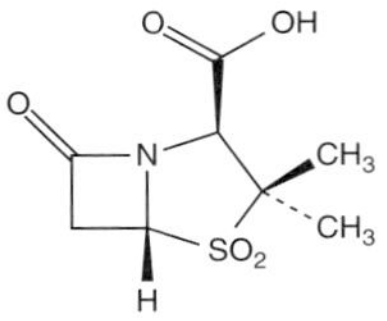

OS: *Sulbactam [BAN, DCF, USAN]*
IS: *CP 45899 (Pfizer, USA)*

Ampicilina + Sulbactam® [+ Ampicillin] (Blaskov: CO)
Penactam inj.® [+ Ampicillin] (Krka: SI)
Sulbacin® [+ Ampicillin] (Unichem: IN, LK)
Sulperason® [+Cefoperazone] (Pfizer: RU)
Unasyn® [+ Ampicillin] (Pfizer: CL, ID, PE)

– pivoxil:

CAS-Nr.: 0069388-79-0
OS: *Pivsulbactam BAN*
OS: *Sulbactam Pivoxil USAN*
IS: *CP 47904 (Pfizer, USA)*

Darzitil® [+ Amoxicillin trihydrate] (Fabra: AR)
Sulbamox IBL® [+ Amoxicillin trihydrate] (Bago: CL)
TrifamoxIBL® [+ Amoxicillin trihydrate] (Bago: RU)

– sodium salt:

CAS-Nr.: 0069388-84-7
OS: *Sulbactam Sodium BANM, JAN, USAN*
IS: *CP 45 899-2 (Pfizer, USA)*
PH: Sulbactam Sodium JP XIV, USP 30, Ph. Eur. 5

Alfasid® (Fako: TR)
Aminoxidin-Sulbactam® [+ Ampicillin sodium salt] (Fada: AR)
Ampi-bis plus® [+ Ampicillin sodium salt] (Northia: AR)
Ampicilina con Sulbactam® [+ Ampicilin sodium salt] (Bestpharma: CL)
Ampicillin + Sulbactam DeltaSelect® [+ Ampicillin sodium salt] (DeltaSelect: DE)
Ampicillin and Sulbactam for Injection® [+ Ampicillin sodium salt] (Baxter: US)
Ampicillin Hexal® [+ Ampicillin sodium salt] (Hexal: DE)
Ampicillin-ratiopharm comp.® [+ Ampicillin sodium salt] (ratiopharm: DE)
Ampicillin/Sulbactam Kabi® [+ Ampicillin sodium salt] (Fresenius: DE)
Ampicilllina e Sulbactam IBI® [+Ampicillinsodium salt:] (IBI: IT)
Ampigen SB® [+ Ampicillin sodium salt] (Fabra: AR)
Ampiplus® [+ Ampicillin sodium salt] (Antibiotice: RO)
Ampisid® [+ Ampicillin sodium salt] [inj.] (Mustafa Nevzat: GE, TR)
Ampisulcillin® [+Ampicillin sodium salt] (Zdravlje: RS)
Amplisul® [+ Ampicillin sodium salt] (Chalver: CO)
Begalin-P® [+ Ampicillin sodium salt] (Pfizer: GR)

S

Bethacil® [+ Ampicillin sodium salt] [inj.] (Bioindustria: IT)
Cefoperazona con Sulbactam® [+ Cefoperazone sodium salt] (Bestpharma: CL)
Cefoperazona® [+ Cefoperazone sodium salt] (Richet: AR)
Cinam® [+ Ampicillin] (Sanbe: ID)
Combactam® (Pfizer: AT, DE)
Combicid® [+ Ampicillin sodium salt] (Bilim: TR)
Dodacin® [+Ampicillin sodium salt] (Domesco: VN)
Duobaktam® [+ Ampicillin sodium salt] (Eczacibasi: TR)
Duobak® [+ Ampicillin sodium salt] (Koçak: TR)
Duocid® [+ Ampicillin sodium salt] [inj.] (Pfizer: TR)
Nobecid® [+ Ampicillin sodium salt] (Nobel: TR)
Prixin® [+ Ampicillin Sodium salt] (Richmond: AR)
Sulbacin® [vial] [+ Ampicillin sodium salt] (Unichem: LK, VN)
Sulbactam® (Balkanpharma: BG)
Sulbaksit® [+ Ampicillin sodium salt] (Tüm Ekip: TR)
Sulcef® [+Cefoperazone sodium salt] (Medochemie: RU)
Sulcid® [+ Ampicillin sodium salt] (I.E. Ulagay: TR)
Sulperazon® [+ Cefoperazone sodium salt] (Pfizer: CL, CN, CO, CZ, GE, HK, JP, PE, PL, TR, VN)
Sultamicilina Richet® [+ Ampicillin sodium salt] (Richet: AR)
Sultasid® [+ Ampicillin sodium salt] (Toprak: TR)
Sultibac® [+ Ampicillin sodium salt] (Biofarma: TR)
Unacid® [+ Ampicillin sodium salt][inj.] (Pfizer: DE)
Unasyn i.m./i.v.® [+ Ampicillin sodium salt] (Pfizer: CO, RO, TH)
Unasyn-S® [+ Ampicillin sodium salt] (Pfizer: JP)
Unasyna® [+ Ampicillin sodium salt] (Pfizer: AR)
Unasyn® [+ Ampicillin sodium salt] (Farmasierra: ES)
Unasyn® [+ Ampicillin sodium salt] (Pfizer: AE, AT, BH, BR, BZ, CN, CO, CR, CY, CZ, EG, GE, GT, HN, HU, ID, ID, IL, IT, JO, KW, LB, MY, NI, OM, PA, SA, SG, SV, US, VN)
Unasyn® [+ Ampicillin sodium salt] (Polfa Tarchomin: PL)

Sulbenicillin (Rec.INN)

L: Sulbenicillinum
I: Sulbenicillina
D: Sulbenicillin
F: Sulbénicilline
S: Sulbenicilina

Antibiotic, penicillin, broad-spectrum

ATC: J01CA16
CAS-Nr.: 0034779-28-7 C_{16}-H_{18}-N_2-O_7-S_2
M_r 414.46

4-Thia-1-azabicyclo[3.2.0]heptane-2-carboxylic acid, 3,3-dimethyl-7-oxo-6-[(phenylsulfoacetyl)amino]-, [2S-[2α,5α,6β(S*)]]-

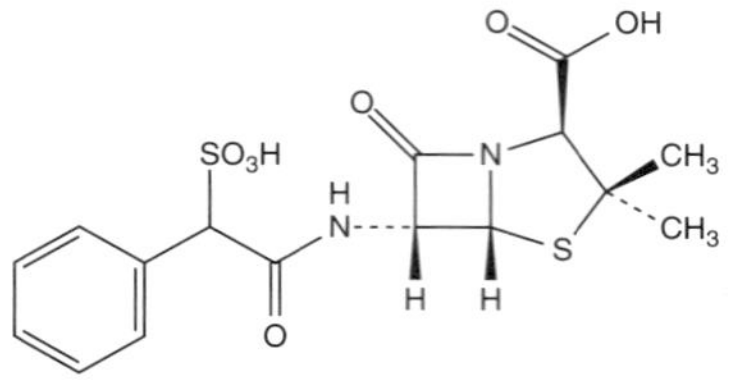

OS: *Sulbenicillina [DCIT]*
IS: *Sulfobenzylpenicillin*
IS: *Sulfocillin*

– sodium salt:

CAS-Nr.: 0028002-18-8
OS: *Sulbenicillin Sodium JAN*
PH: Sulbenicillin Sodium JP XIV

Kedacillin® (Hormona: MX)
Kedacillin® (Takeda: ID, JP)
Sulpelin® (Senju: JP)

Sulbutiamine (Rec.INN)

L: Sulbutiaminum
D: Sulbutiamin
F: Sulbutiamine
S: Sulbutiamina

Vitamin B_1

ATC: A11DA02
CAS-Nr.: 0003286-46-2 C_{32}-H_{46}-N_8-O_6-S_2
M_r 702.92

Propanoic acid, 2-methyl-, dithiobis[3-[1-[[(4-amino-2-methyl-5-pyrimidinyl)methyl]formylamino] ethylidene]-3,1-propanediyl] ester

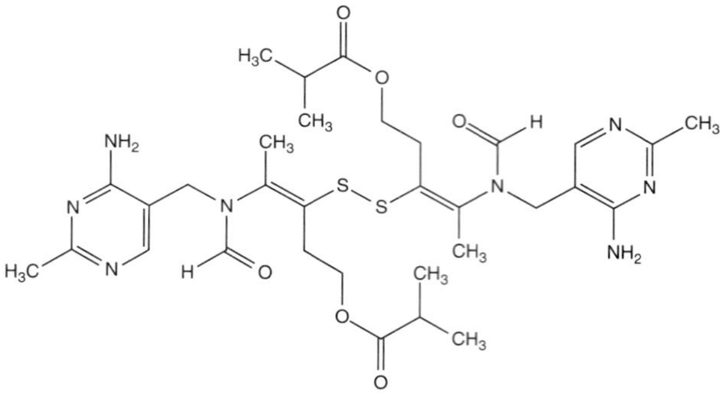

OS: *Bisibutiamine [JAN]*
OS: *Sulbutiamine [DCF]*
IS: *S 5007*
IS: *Bisibutiamin*

Arcalion® (Alfa: PE)
Arcalion® (Euroetika: CO)
Arcalion® (Grünenthal: CL)
Arcalion® (Serdia: IN)
Arcalion® (Servier: AE, AN, AN, AW, BB, BH, BM, BR, BS, BZ, CH, CR, DO, EG, ES, GD, GH, GT, GY, HK, HN, ID, IQ, JM, JO, KW, KY, LB, LC, LU, MT, MX, MY, NG, NI, OM, PA, PH, PT, QA, SA, SD, SG, SV, SY, TH, TR, TT, VC, VN, YE)

Arcalion® (Therval: FR)
Enerion® (Egis: RU)
Enerion® (Servier: RO)
Megastene® (Servier: AR)
Surmenalit® (Faes: CR, DO, ES, GT, HN, NI, PA, SV)

Sulconazole (Rec.INN)

L: Sulconazolum
D: Sulconazol
F: Sulconazole
S: Sulconazol

Antifungal agent

ATC: D01AC09
CAS-Nr.: 0061318-90-9 C_{18}-H_{15}-Cl_3-N_2-S
M_r 397.76

1H-Imidazole, 1-[2-[[(4-chlorophenyl)methyl]thio]-2-(2,4-dichlorophenyl)ethyl]-, (±)-

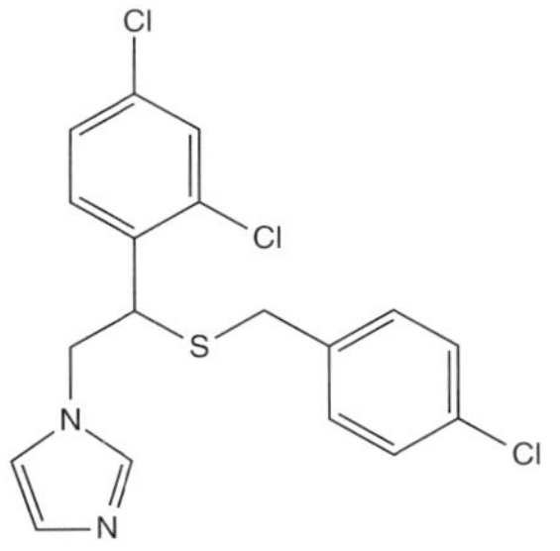

OS: *Sulconazole [BAN, DCF]*

– nitrate:

CAS-Nr.: 0061318-91-0
OS: *Sulconazole Nitrate BANM, JAN, USAN*
IS: *RS 44872 (Syntex, USA)*
IS: *RS 44872-00-10-3 (Syntex, USA)*
PH: Sulconazole Nitrate USP 30
PH: Sulconazole (nitrate de) Ph. Franç. X

Exelderm® (Abdi Ibrahim: TR)
Exelderm® (Derma: GB)
Exelderm® (Schwarz: IT)
Exelderm® (Westwood Squibb: US)
Fulcol® (Rowe: DO)
Myk 1® (Will: BE, LU, NL)
Myk® (Jolly-Jatel: FR)
Myk® (Will: NL)

Suleparoid

D: Suleparoid
F: Suleparoide

Drug acting on the complex of varicose symptoms
Vascular protectant

CAS-Nr.: 0009050-30-0

Heparitin sulfate

Aremin® (Difass: IT)
Arteven® (Boehringer Ingelheim: IT)
Clarema® (Damor: IT)
Hemovasal® (Manetti Roberts: IT)
Tavidan® (Baldacci: IT)
Vasorema® (Inverni della Beffa: IT)
Vas® (Geymonat: IT)

Sulfacetamide (Rec.INN)

L: Sulfacetamidum
I: Sulfacetamide
D: Sulfacetamid
F: Sulfacétamide
S: Sulfacetamida

Antiinfective, sulfonamid

ATC: S01AB04
CAS-Nr.: 0000144-80-9 C_8-H_{10}-N_2-O_3-S
M_r 214.248

Acetamide, N-[(4-aminophenyl)sulfonyl]-

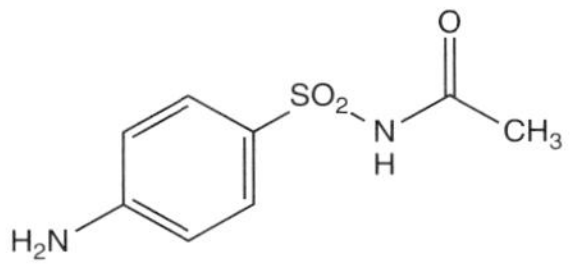

OS: *Sulfacétamide [DCF]*
OS: *Sulfacetamide [BAN, DCIT]*
IS: *Sulphacetamide*
IS: *Sulfanilazetamid*
PH: Sulfacetamide [Ph. Int. 4, USP 30]
PH: Sulfacetamidum [Ph. Int. 4]
PH: Sulfanilacetamidum [OeAB]
PH: Sulfacetamid [DAC]

Sulfacetamida® (Blaskov: CO)
Sulphacetamide® (Polpharma: CZ)

– sodium salt:

CAS-Nr.: 0006209-17-2
OS: *Sulfacetamide Sodium BANM*
PH: Sulfacétamide sodique Ph. Eur. 5
PH: Sulfacetamide Sodium Ph. Eur. 5, Ph. Int. 4, USP 30
PH: Sulfacetamid-Natrium Ph. Eur. 5
PH: Sulfacetamidum natricum Ph. Eur. 5, Ph. Int. 4

Acetopt® (Sigma: AU)
AK-Sulf® (Akorn: PE, US)
Albucid® (Allergan: IN)
Albucid® (Chauvin: DE)
Albucid® (Nicholas: ID)
Albuvit® (Cendo: ID)
Anginamide® (Medgenix: BE)
Antebor® (Wolfs: BE, LU)
Antébor® (Johnson & Johnson: FR)
Antébor® (Wolfs: BE)
Beocid® (Metochem: AT)
Blef-10® (Allergan: CO, EC, GT, PA, PE)
Blefamide® (Allergan: PE)
Bleph-10® (Allergan: AU, NZ)
Bleph® (Allergan: TH, US)
Cetazin® (Sigmapharm: AT)
Colircusi Sulfacetamida® (Alcon: ES)
Dansemid® (Dankos: ID)
Dermaseb® (Pablo Cassara: AR)
Icid® (Nipa: BD)
Isopto Cetamide® (Alcon: BE, BW, ER, ET, GH, KE, LU, MW, NA, NG, TZ, UG, US, ZA, ZM, ZW)

Isotic Cetride® (Fahrenheit: ID)
Klaron® (Dermik: IL)
Lennon-Sulphacetamide® (Aspen: ZA)
Locula® (East India: IN)
Oftacetamida® (Qualipharm: CR, GT, NI, PA)
Opsar® (Thai PD Chemicals: TH)
Optacid® (Reman Drug: BD)
Optal® (Olan-Kemed: TH)
Optamid® (Proge: IT)
Optimide® (Jayson: BD)
Optisol® (Fischer: IL)
Paraqueimol® (Aché: BR)
Sivex® (Orva: TR)
Sodium Sulamyd® (Schering: US)
Sulf-10® (Novartis: US)
Sulfa 10® (Viatris: BE)
Sulfacetamid Ofteno® (Sophia: MX)
Sulfacetamide Sodium® (Akorn: US)
Sulfacetamide Sodium® (Bausch & Lomb: US)
Sulfacetamide Sodium® (Falcon: US)
Sulfacetamide Sodium® (Fougera: US)
Sulfacetamidum® (Polfa Warszawa: PL)
Sulfacetamidum® (Polpharma: PL)
Sulfacid® (Fischer: IL)
Sulfacollyre® (Pharmacobel: BE)
Sulfex® (Xepa-Soul Pattinson: HK)
Sulf® (Novartis: US)
Sulop® (Medifarma: PE)
Sulphacetamide-Polpharma® (Polpharma: CZ)
Synsul® (Roemmers: CO)

Sulfachlorpyridazine (Rec.INN)

L: Sulfachlorpyridazinum
D: Sulfachlorpyridazin
F: Sulfachlorpyridazine
S: Sulfaclorpiridazina

Antiinfective, sulfonamid

CAS-Nr.: 0000080-32-0 C_{10}-H_9-Cl-N_4-O_2-S
M_r 284.732

Benzenesulfonamide, 4-amino-N-(6-chloro-3-pyridazinyl)-

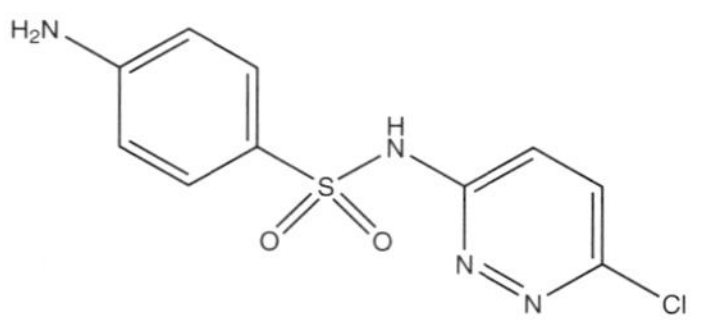

OS: *Sulfachloropyridazine [BAN, DCF]*
IS: *Cluricol*
IS: *Sulphachlorpyridazine*
PH: Sulfachlorpyridazine [USP 30]

BS Poeder® [vet.] (H.J.M.: NL)

Sulfaclozine (Rec.INN)

L: Sulfaclozinum
D: Sulfaclozin
F: Sulfaclozine
S: Sulfaclozina

Antiinfective, sulfonamid
Antiprotozoal agent, coccidiocidal

ATCvet: QP51AG04
CAS-Nr.: 0027890-59-1 C_{10}-H_9-Cl-N_4-O_2-S
M_r 284.732

N-(6-Chloropyrazinyl)sulfanilamide

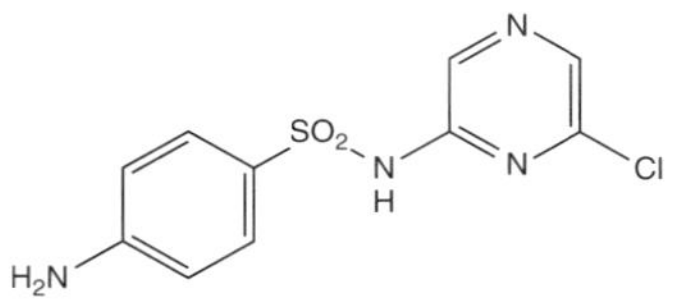

IS: *Sulfachlorpyrazin*
PH: Sulfaclozinum [Ph. Nord.]

– sodium salt:

Esb3® [vet.] (Novartis: AT, NL)
Esb3® [vet.] (Novartis Animal Health: PT, ZA)
Esb3® [vet.] (Novartis Tiergesundheit: CH)
Esbetre® (Novartis Veterinärmedicin: SE)

Sulfadiazine (Rec.INN)

L: Sulfadiazinum
I: Sulfadiazina
D: Sulfadiazin
F: Sulfadiazine
S: Sulfadiazina

Antiinfective, sulfonamid

ATC: J01EC02
CAS-Nr.: 0000068-35-9 C_{10}-H_{10}-N_4-O_2-S
M_r 250.29

Benzenesulfonamide, 4-amino-N-2-pyrimidinyl-

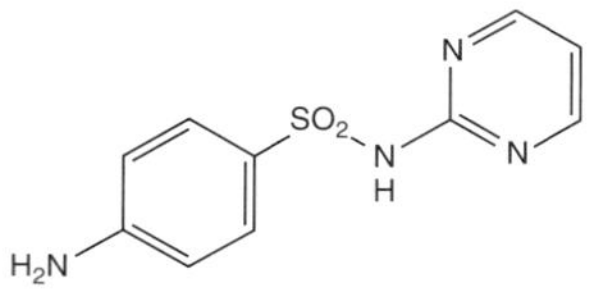

OS: *Sulfadiazine [BAN, DCF, JAN]*
OS: *Sulfadiazina [DCIT]*
IS: *Sulphadiazine*
PH: Sulfadiazin [Ph. Eur. 5]
PH: Sulfadiazine [Ph. Eur. 5, USP 30]
PH: Sulfadiazinum [Ph. Eur. 5, Ph. Int. II, Ph. Jap. 1971]

A.F.S. Trimsul®[vet.] (Controlled Medications Pty Ltd: AU)
Adjusol®[vet.] (Reagro: PT)
Adjusol®[vet.] (Virbac: FR)
Chanoprim®[vet.] (Chanelle: GB)
Devloprim®[vet.] (Intervet: GB)
Diaziprim®[vet.] (Franvet: FR)
Diméral®[vet.] (Franvet: FR)
Ditrim® [+ Trimethoprim] (Orion: FI)

Doxatrim®[vet.] (Doxal: IT)
Duphatrim®[vet.] (Fort Dodge: GB)
Duphatroxim®[vet.] (Fort Dodge: BE, LU, NL)
Dynaprim®[vet.] (Adisseo: IT)
Equitrim®[vet.] (Boehringer Ingelheim Vetmedica: GB)
Floracid®[vet.] (Albrecht: DE)
Gelliprim®[vet.] (Intervet: IT)
Klato Prim®[vet.] (Klat: DE)
Microsulfa®[vet.] (Tre I: IT)
Microtrim®[vet.] (Eurovet: NL)
Neopridimet®[vet.] (Fatro: IT)
Norodine®[vet.] (Arovet: CH)
Norodine®[vet.] (Bayer: IT)
Norodine®[vet.] (Bayer Animal Health: ZA)
Norodine®[vet.] (Norbrook: GB, NL, NZ)
Oriprim®[vet.] (Orion: FI)
Osmon®[vet.] (Richter: AT)
Praxavet TMPS®[vet.] (Boehringer Ingelheim: NL)
Primasol®[vet.] (Ceva: FR)
Prisulfan®[vet.] (Norbrook: AT)
Prémélange Z30®[vet.] (Franvet: FR)
Silvazine® (Chemist: BD)
Strinacin®[vet.] (Merial: GB)
Sulfadiazin Streuli® (Streuli: CH)
Sulfadiazin-Heyl® (Heyl: DE)
Sulfadiazina L.CH.® (Chile: CL)
Sulfadiazina Reig Jofre® (Reig Jofre: ES)
Sulfadiazina Vannier® (Vannier: AR)
Sulfadiazina® (Ecobi: IT)
Sulfadiazina® (IFI: IT)
Sulfadiazina® (Neo Quimica: BR)
Sulfadiazine Tablets® (Eon: US)
Sulfadiazine Tablets® (Raway: US)
Sulfadiazine Tablets® (Sandoz: US)
Sulfadiazine® (Wockhardt: GB)
Sulfatrim®[vet.] (A.S.T.: NL)
Sulfatrim®[vet.] (Novartis Animal Health: GB)
Sulphargin® (Grindex: RU)
Sulphatrim®[vet.] (International Animal Health: AU)
Sultrival®[vet.] (Sogeval: FR)
Synutrim®[vet.] (Bioptive: DE)
Synutrim®[vet.] (Novartis Animal Health: GB)
Synutrim®[vet.] (Vetochas: DE)
TMP Sulfa Noé®[vet.] (Noé: FR)
Tribactral®[vet.] (Jurox: AU)
Tribrissen®[vet.] (Essex: DE)
Tribrissen®[vet.] (Jurox: AU)
Tribrissen®[vet.] (Provet: CH)
Tribrissen®[vet.] (Schering-Plough: BE, SE)
Tribrissen®[vet.] (Schering-Plough Animal: NZ)
Tribrissen®[vet.] (Schering-Plough Vet: PT)
Tribrissen®[vet.] (Schering-Plough Vétérinaire: FR)
Tribrissen®[vet.] (Vetcare: FI)
Triglobe® [+ Trimethoprim] (AstraZeneca: BR, PH)
Trim/Sul®[vet.] (Eurovet: NL)
Trimacare®[vet.] (Animalcare: GB)
Trimazine®[vet.] (Apex: AU)
Trimediazine®[vet.] (Doxal: IT)
Trimediazine®[vet.] (ScanimalHealth: SE)
Trimediazine®[vet.] (Vetoquinol: GB)
Trimedoxine®[vet.] (Vetoquinol: GB)
Trimesul®[vet.] (Vetem: IT)
Trimetho-Diazin®[vet.] (Animedic: DE)
Trimetho-Tabs®[vet.] (CP: DE)
Trimethoprim-Sulfadiazine®[vet.] (Kombivet: NL)
Trimethoprim-Sulfadiazin®[vet.] (Bioptive: DE)
Trimethosulfa®[vet.] (Tre I: IT)
Trimethotab®[vet.] (Pharm Tech: AU)
Trimetin Duplo® [+ Trimethoprim] (Vitabalans: FI)
Trimeto Tad Paste®[vet.] (Animedic: DE)
Trimilac®[vet.] (Norbrook: PT)
Trimlac®[vet.] (Bayer: IT)
Trimlac®[vet.] (Norbrook: AT)
Trinacol®[vet.] (Boehringer Ingelheim Vetmedica: GB)
Trisoprim®[vet.] (Ilium Veterinary Products: AU)
Trisulfin®[vet.] (Bomac: NZ)
Trisulvet®[vet.] (Ceva: DE)
Trisuprime®[vet.] (Bayer: BE, LU)
Trizine®[vet.] (Delvet: AU)
TSO-Tabletten®[vet.] (CP: DE)
Tucoprim®[vet.] (Pfizer: AT, LU, NL)
Tucoprim®[vet.] (Pharmacia: IT)
Uniprim®[vet.] (Pfizer Animal Health: GB)
Urospasmon® [+ Nitrofurantoin] (Heumann: DE)
Ventipulmin TMP/S®[vet.] (Boehringer Ingelheim Vetmedica: GB)
Zitep® (Andromaco: MX)
Zoosoltrin®[vet.] (Farmacia Confianca: PT)

– silver salt:

CAS-Nr.: 0022199-08-2
OS: *Silver Sulfadiazine USAN*
OS: *Sulfadiazine Silver BANM, JAN*
PH: Silver Sulfadiazine JP XIV, USP 30
PH: Sulfadiazinum argentum Ph. Int. 4
PH: Sulfadiazine Silver Ph. Int. 4

Aldo-Silvederma® (Aldo-Union: HK)
Argedin® (Bosnalijek: BA)
Argentafil® (Valeant: MX)
Bacternil® (Prodotti Dott. Maffioli: IT)
Bentol® (Doctor's Chemical Work: BD)
Brandiazin® (medphano: DE)
Burnazin® (Darya-Varia: ID)
Burnsil® (Beximco: BD)
Dazine® (Alco: BD)
Dermazin® (Lek: BA, BG, CZ, HR, HU, PL, RO, RS, RU, SI, TH)
Dermazin® (Lek Ljubljana: HK)
Dermazin® (Medopharm: DE)
Dermazin® (Novartis: BD)
Dermazin® (Phapros: ID)
Dermoplata® (Fluter: DO)
Dersa® (Shamsul Alamin: BD)
Flamazine® (Smith & Nephew: CA, DK, FI, GB, HK, IE, IS, NO, SG, TH, ZA)
Flamazine® (Unimed & Unihealth: BD)
Flamazine® [vet.] (Smith & Nephew: GB)
Flammazine® (Duphar: ES)
Flammazine® (Solvay: AT, BE, BG, CH, CZ, DE, ES, FR, LU, NL, PH, PT)
Sanaderm® (Zdravlje: RS)
Sicazine® (Smith & Nephew: FR)
Silbecor® (Biotech: ZA)
Silcream® (Jayson: BD)
Silder® (Eczacibasi: TR)
Silvadazin® (Aristopharma: BD)
Silvadene® (Monarch: US)

S

Silvadiazin® (Toprak: TR)
Silvadina® (Roker: PE)
Silvadin® (ECU: EC)
Silvamed® (Koçak: TR)
Silvederma® (Aldo Union: ES)
Silverdin® (Deva: TR)
Silverol® (Abic: IL)
Silvertone® (Resinag: CH)
Silverzine® (Gaco: BD)
Sofargen® (Sofar: IT)
SSD AF® (Par: US)
SSD® (Par: US)
SSZ Aplicaps® (Gufic: IN)
Sulfadiacina de Plata Memphis® (Memphis: CO)
Sulfadiazina de Plata Genfar® (Genfar: CO)
Sulfadiazine d'argent EG® (Eurogenerics: BE)
Sulfaplata® (Bussié: CO, DO, GT, HN, PA, SV)
Sulfasil® (Purna: BE)
Sulfatral® (Austral: AR)
Thermazene® (Major: US)
Thermazene® (Par: US)
Thermazene® (Sherwood: US)
Thermazene® (Teva: US)
Urgotül® (Urgo: DE)
Zilversulfadiazine Alpharma® (Alpharma: NL)
Zilversulfadiazine CF® (Centrafarm: NL)
Zilversulfadiazine PCH® (Pharmachemie: NL)
Zilversulfadiazine ratiopharm® (Ratiopharm: NL)
Zilversulfadiazine Sandoz® (Sandoz: NL)
Zilversulfadiazine Solvay® (Solvay: NL)

– sodium salt:

CAS-Nr.: 0000547-32-0
IS: *Soluble Sulfadiazine*
IS: *Sulphadiazine Sodium*
PH: Sulfadiazine Sodium USP 30
PH: Sulfadiazini Natrium OeAB
PH: Sulfadiazinum natricum Ph. Int. II
PH: Sulphadiazine Sodium BP 1968

Cofamix TSD®[vet.] (Coophavet: FR)
Cubarmix®[vet.] (Dopharma: NL)
Cubarmix®[vet.] (Franvet: FR)
Diproxine®[vet.] (Coophavet: FR)
Santamix Sulfadiazine Triméthoprime®[vet.] (Santamix: FR)
Sulfadiazin+TMP®[vet.] (Chevita: DE)
Sulfadiazina® (Salf: IT)
Trimethosol®[vet.] (Agrotech: AU)
Trimethosulf®[vet.] (Eurovet: NL)
Trimeto Tad®[vet.] (Animedic: DE)
Trimeto Tad®[vet.] (Animedica: AT, NL)
Trimeto Tad®[vet.] (Farmoquil: PT)
Trimetotat®[vet.] (Animedic: DE)
Trimsol®[vet.] (Floris: NL)
Zad-G® (Gufic: IN)

Sulfadicramide (Rec.INN)

L: Sulfadicramidum
D: Sulfadicramid
F: Sulfadicramide
S: Sulfadicramida

Antiinfective, sulfonamid

ATC: S01AB03
CAS-Nr.: 0000115-68-4 C_{11}-H_{14}-N_2-O_3-S
M_r 254.313

2-Butenamide, N-[(4-aminophenyl)sulfonyl]-3-methyl-

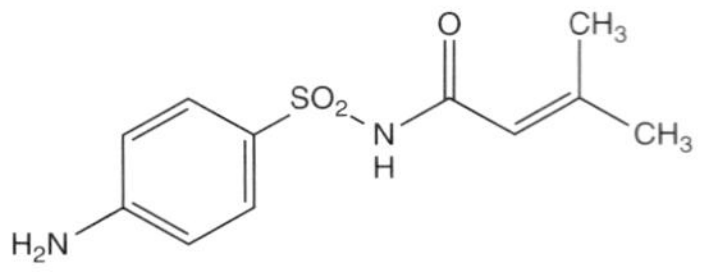

OS: *Sulfadicramide [DCF]*
IS: *Progarmed*
IS: *Sulfadicrolamide*

Irgamid® (Ciba Vision: BG, NL)

Sulfadimethoxine (Rec.INN)

L: Sulfadimethoxinum
I: Sulfadimetoxina
D: Sulfadimethoxin
F: Sulfadiméthoxine
S: Sulfadimetoxina

Antiinfective, sulfonamid

ATC: J01ED01
CAS-Nr.: 0000122-11-2 C_{12}-H_{14}-N_4-O_4-S
M_r 310.344

Benzenesulfonamide, 4-amino-N-(2,6-dimethoxy-4-pyrimidinyl)-

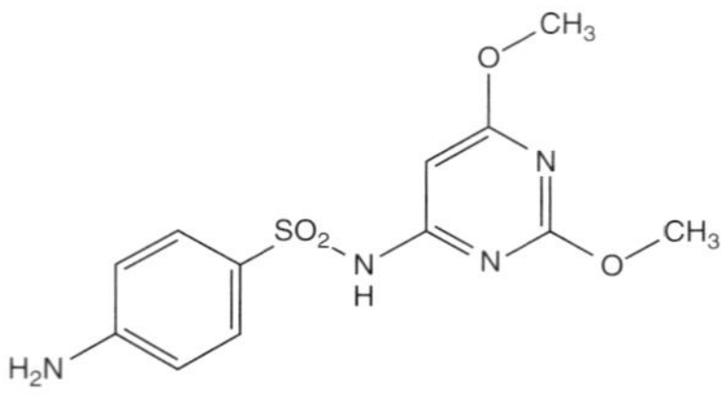

OS: *Sulfadiméthoxine [DCF]*
OS: *Sulfadimethoxine [BAN, JAN]*
OS: *Sulfadimetoxina [DCIT]*
IS: *Sulphadimethoxine*
PH: Solfadimetossina [F.U. IX]
PH: Sulfadimethoxine [USP 30, Ph. Franç. X]
PH: Sulphadimethoxine [BP 1988]
PH: Sulphadimethoxinum [Ph. Jap. 1971]

Abcid® (Daiichi: JP)
Abcoon® (Meiji: JP)
Acti Méthoxine® [vet.] (Biové: FR)
Albon® [vet.] (Pfizer Animal Health: US)
Amidurene® [vet.] (Biové: FR)
Ascodimetossina® [vet.] (Ascor: IT)
Coccidex® [vet.] (Ornis: FR)
Coccilyse® [vet.] (Moureau: FR)
Cofamix Sulfadiméthoxine® [vet.] (Coophavet: FR)

Cunicoxil® [vet.] (Biové: FR)
Di-Methox® [vet.] (Agri Labs.: US)
Dimetossin® [vet.] (Chemifarma: IT)
Dimexin® (Fuso: JP)
Emericid® [vet.] (Virbac: FR)
Kokzidiol SD® [vet.] (Albrecht: DE)
Kokzidiol SD® [vet.] (WDT: DE)
Kokzidiol SD® [vet.] (Weinboeh: DE)
Kokzidol® [vet.] (Serumber: DE)
Lapavil® [vet.] (Ceva: FR)
Metoxyl® [vet.] (Virbac: FR)
Prazil®[vet.] (Merial: IT)
Pridimet®[vet.] (Fatro: IT)
Relardon® [vet.] (Vetoquinol: CH)
Retardon® [vet.] (Chassot: DE)
Sadimet® [vet.] (Fatro: IT)
Santamix Sulfadiméthoxine® [vet.] (Santamix: FR)
SDM® [vet.] (Phoenix: US)
Suldimet® [vet.] (Doxal: IT)
Sulfadimethoxin-Na® [vet.] (Alfasan: NL)
Sulfadimethoxine® [vet.] (Alfasan: NL)
Sulfadimethoxine® [vet.] (Aspen: US)
Sulfadimethoxine® [vet.] (Butler: US)
Sulfadimethoxine® [vet.] (DurVet: US)
Sulfadimethoxine® [vet.] (Vedco: US)
Sulfadimetossina® (IFI: IT)
Sulfadimetossina® (Nova Argentia: IT)
Sulfadimetossina® [vet.] (Adisseo: IT)
Sulfadimetossina® [vet.] (Candioli: IT)
Sulfadimetossina® [vet.] (Ceva: IT)
Sulfadimetossina® [vet.] (Chemifarma: IT)
Sulfadimetossina® [vet.] (Sintofarm: IT)
Sulfadiméthoxine Franvet® [vet.] (Franvet: FR)
Sulfalon® [vet.] (Virbac: FR)
Sulfaprim®[vet.] (Fatro: IT)
Sulxin® (Chugai: JP)
Trimethoprim-Sulfadimetossina®[vet.] (Adisseo: IT)
Trimethoprim-Sulfadimetossina®[vet.] (Chemifarma: IT)
Ultrasulfon® [vet.] (Streuli: CH)
Unimetox® [vet.] (Unione: IT)

– sodium:

CAS-Nr.: 0001037-50-9
OS: *Sulfadimethoxine Sodium USAN*
PH: Sulfadimethoxine Sodium USP 30

Bactotril®[vet.] (Virbac: FR)
Biaprim®[vet.] (Biové: FR)
Cofamix TMP®[vet.] (Coophavet: FR)
Coxi Plus® [vet.] (Vetrepharm: GB)
Disulfox® [vet.] (Intervet: ZA)
Ecosulf® [vet.] (Eco: ZA)
Mucoxid® [vet.] (Ceva: FR)
Prequinix®[vet.] (Virbac: FR)
Quinocridine® [vet.] (Omega Pharma France: FR)
Sulfadimetossina® [vet.] (Ascor: IT)
Sulfadimetossina® [vet.] (Doxal: IT)
Sulfadimetossina® [vet.] (Sintofarm: IT)
Sunix® [vet.] (Coophavet: FR)
Trimethox®[vet.] (Sogeval: FR)
Trimédoxyne®[vet.] (Coophavet: FR)
Triméthosulfa®[vet.] (Coophavet: FR)
Trisulmix®[vet.] (Coophavet: FR)

Sulfadimidine (Rec.INN)

L: Sulfadimidinum
D: Sulfadimidin
F: Sulfadimidine
S: Sulfadimidina

Antiinfective, sulfonamid

ATC: J01EB03
CAS-Nr.: 0000057-68-1 C_{12}-H_{14}-N_4-O_2-S
M_r 278.344

Benzenesulfonamide, 4-amino-N-(4,6-dimethyl-2-pyrimidinyl)-

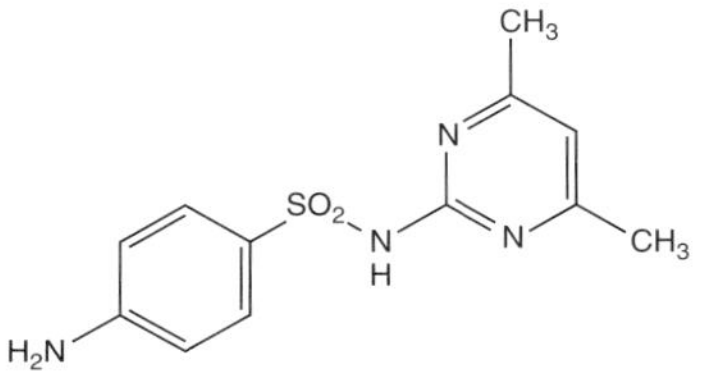

OS: *Sulfadimidine [BAN, DCF]*
IS: *Diazil*
IS: *Gynogelin*
IS: *Sulfadimerazine*
IS: *Sulfadimetine*
IS: *Sulfametazina*
IS: *Sulphadimidine*
PH: Sulfadimidin [Ph. Eur. 5]
PH: Sulfadimidine [BPvet 2003, Ph. Eur. 5, Ph. Int. 4]
PH: Sulfadimidinum [Ph. Eur. 5, Ph. Int. 4]
PH: Sulfamethazine [USP 30]

Amphoprim®[vet.] (Virbac: AU, FR, IT, NZ, PT)
Bimadine® [vet.] (Bimeda: GB)
Bimotirm®[vet.] (VetPharma: SE)
Bovazine SR Bolus® [vet.] (Vedco: US)
Bovibol® [vet.] (Chevita: AT)
Bovibol® [vet.] (Provet: CH)
Cofamix Sulfadimidine CR® [vet.] (Coophavet: FR)
Concentrat VO 33® [vet.] (Sogeval: FR)
Mucoprim®[vet.] (Ilium Veterinary Products: AU)
Neazina® [vet.] (Vetem: IT)
Rota-TS®[vet.] (Vetochas: DE)
Septosyl® (Pannonpharma: HU)
Sodium Sulfamethazine Antibacterial Soluble Powder® [vet.] (DurVet: US)
Sulfa-Max III Calf Bolus® [vet.] (Agri Labs.: US)
Sulfadimidin® [vet.] (Animedic: DE)
Sulfadimidin® [vet.] (Chevita: DE)
Sulfadimidin® [vet.] (Klat: DE)
Sulfadimérazine Noé® [vet.] (Noé: FR)
Sulfasure SR® [vet.] (Aspen: US)
Sulfasure SR® [vet.] (Boehringer Ingelheim Vetmedica: US)
Sulfasure SR® [vet.] (Butler: US)
Sulmet® [vet.] (Fort Dodge: US)
Sulpha No.2 Powder® [vet.] (Chanelle: IE)
Sulpha-T®[vet.] (Caledonian: NZ)
Sulphadimidine® [vet.] (Interpharm: IE)
Sulprim®[vet.] (Ilium Veterinary Products: AU)
Suprasulfa® [vet.] (RXV: US)
Suprasulfa® [vet.] (Western: US)
Sustain III® [vet.] (Agri Labs.: US)
Sustain III® [vet.] (AgriPharm: US)
Sustain III® [vet.] (DurVet: US)

S

Sustain III® [vet.] (Osborn: US)
Sustain III® [vet.] (Vedco: US)
Trimidine®[vet.] (Parnell: AU, NZ)
Trimsulp®[vet.] (Phoenix: NZ)
Triprim®[vet.] (Ausrichter: AU, NZ)

– sodium salt:

CAS-Nr.: 0001981-58-4
OS: *Sulfadimidine Sodium BANM*
IS: *Sulphadimidine Sodium*
PH: Sulfadimidini Natrium OeAB
PH: Sulfadimidinum natricum PhBs IV, Ph. Int. 4
PH: Sulfadimidine Sodium BP 2002, Ph. Int. 4

Bimadine® [vet.] (Bimeda: GB)
Cliftons® [vet.] (Virbac: AU)
Dimerasol® [vet.] (Richter: AT)
Dimowerfft® [vet.] (Alvetra u. Werfft: AT)
Hefromed®[vet.] (Klat: DE)
Hefrotrim®[vet.] (Klat: DE)
Intradine® [vet.] (Norbrook: GB, IE, NL)
Natrii Sulfadimidinum® [vet.] (Codifar: BE)
Panazin® [vet.] (Gräub: CH)
Potrim®[vet.] (Fort Dodge: DE)
Riketron®[vet.] (Animedic: DE)
Santalina® (Richter: AT)
Suldim® [vet.] (David Veterinary Laboratories: AU)
Sulfadimidin NA® [vet.] (Animedic: DE)
Sulfadimidine® [vet.] (C.C.D. Animal Health: AU)
Sulfadimidine® [vet.] (Codifar: BE)
Sulfadimidine® [vet.] (Prodivet: BE)
Sulfadimidine® [vet.] (Wolfs: BE)
Sulfadimidin® [vet.] (Animedic: DE)
Sulfadimidin® [vet.] (Chevita: DE)
Sulfadimidin® [vet.] (Klat: DE)
Sulfadimidin® [vet.] (Selecta: DE)
Sulfadimidin® [vet.] (Serumber: DE)
Sulfadimérazine CSI® [vet.] (Coophavet: FR)
Sulfadi® [vet.] (Sogeval: FR)
Sulfamethazin Streuli® [vet.] (Streuli: CH)
Sulfazine® [vet.] (Bayer Animal Health: ZA)
Sulfoxine 33® [vet.] (Vetoquinol: GB)
Sulmet® [vet.] (Fort Dodge: US)
Sulphamezathine® [vet.] (Cooper: ZA)
Trimethosel®[vet.] (Selecta: DE)
Vesadin® [vet.] (Merial: GB)
Vetrimosulf®[vet.] (Ceva: DE)

Sulfadoxine (Rec.INN)

L: Sulfadoxinum
I: Sulfadoxina
D: Sulfadoxin
F: Sulfadoxine
S: Sulfadoxina

Antiinfective, sulfonamid

CAS-Nr.: 0002447-57-6 C_{12}-H_{14}-N_4-O_4-S
M_r 310.344

Benzenesulfonamide, 4-amino-N-(5,6-dimethoxy-4-pyrimidinyl)-

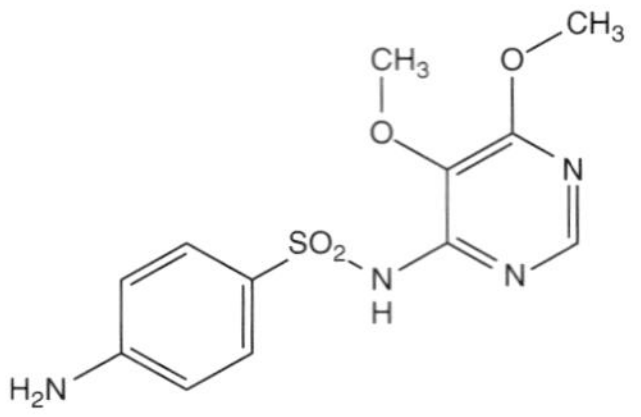

OS: *Sulfadoxine [BAN, DCF, JAN, USAN]*
OS: *Sulfadoxina [DCIT]*
IS: *Ro 4-4393*
IS: *Sulfometoxinum*
IS: *Sulforthomidine*
IS: *Sulphorthodimethoxine*
IS: *Sulformetoxin*
PH: Sulfadoxine [Ph. Eur. 5, Ph. Int. 4, USP 30]
PH: Sulfadoxinum [Ph. Eur. 5, Ph. Int. 4]
PH: Sulfadoxin [Ph. Eur. 5]

Bimotrim®[vet.] (Bimeda: GB)
Borgal®[vet.] (Intervet: AT, DE, FI, FR, GB, LU, NL, NO, SE)
Borgal®[vet.] (Veterinaria: CH)
Delvoprim®[vet.] (Intervet: NL)
Dofatrim®[vet.] (Dopharma: NL, PT)
Duoprim®[vet.] (Essex: DE)
Duoprim®[vet.] (Schering-Plough: LU)
Duoprim®[vet.] (Schering-Plough Vétérinaire: FR)
Duoprim®[vet.] (Vetcare: FI)
Fansidar® [+ Pyrimethamine] (Roche: AE, AU, BF, BJ, BR, CG, CH, CI, CM, CO, EC, ET, FR, GA, GB, GH, GN, ID, IE, IL, KE, MG, ML, MR, MY, NE, NG, PH, PK, RU, SA, SN, TG, YE, ZA, ZR, ZW)
Gorban®[vet.] (Hoechst Vet: PT)
Sulphix®[vet.] (Alma: DE)
TMPS®[vet.] (Pharm Tech: AU)
Tridox®[vet.] (Delvet: AU)
Trimetox®[vet.] (Veyx: DE)
Trimosulf®[vet.] (WDT: DE)
Trivetrin®[vet.] (Schering-Plough Vet: PT)
Tubrucid®[vet.] (Albrecht: DE)
Vitadar® [+ Pyrimethamine] (Mediplata: PE)

Sulfafurazole (Prop.INN)

L: Sulfafurazolum
I: Sulfafurazolo
D: Sulfafurazol
F: Sulfafurazol
S: Sulfafurazol

Antiinfective, sulfonamid

ATC: J01EB05,S01AB02
CAS-Nr.: 0000127-69-5 C_{11}-H_{13}-N_3-O_3-S
M_r 267.315

Benzenesulfonamide, 4-amino-N-(3,4-dimethyl-5-isoxazolyl)-

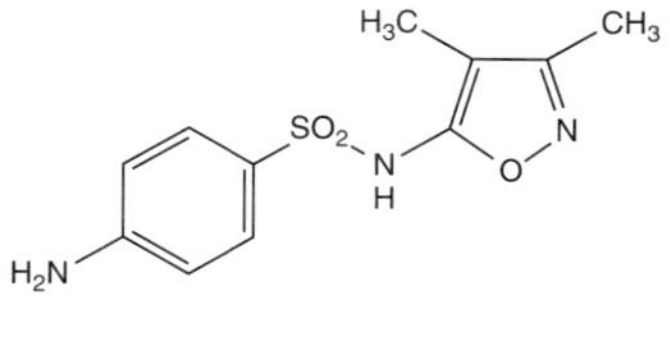

OS: *Sulfafurazol [DCF]*
OS: *Sulfafurazole [BAN]*
OS: *Sulfafurazolo [DCIT]*
OS: *Sulfisoxazole [JAN]*
IS: *Sulphafurazole*
PH: Sulfafurazol [Ph. Eur. 5]
PH: Sulfafurazolum [Ph. Eur. 5, Ph. Int. II]
PH: Sulfisoxazole [JP XIV, USP 30]
PH: Sulfafurazole [Ph. Eur. 5]

Neoxazol® (Zentiva: RO)
Sulfafurazol FNA® (FNA: NL)
Sulfafurazol® (Arena: RO)
Sulfasol® (Pliva: BA, HR, SI)

– acetate:

Gantrisin Pediatric® [susp.] (Roche: US)

– diolamine:

CAS-Nr.: 0004299-60-9
OS: *Sulfisoxazole Diolamine USAN*
IS: *Nu 445*
IS: *Sulfafurazol diethanolamine*
PH: Sulfisoxazole Diolamine USP 23

Gansol® (Sanovel: TR)
Gantrisin® [ophthalm.] (Roche: US)

Sulfaguanidine (Rec.INN)

L: Sulfaguanidinum
I: Sulfaguanidina
D: Sulfaguanidin
F: Sulfaguanidine
S: Sulfaguanidina

Antiinfective, sulfonamid

ATC: A07AB03
CAS-Nr.: 0000057-67-0 C_7-H_{10}-N_4-O_2-S
M_r 214.257

Benzenesulfonamide, 4-amino-N-(aminoiminomethyl)-

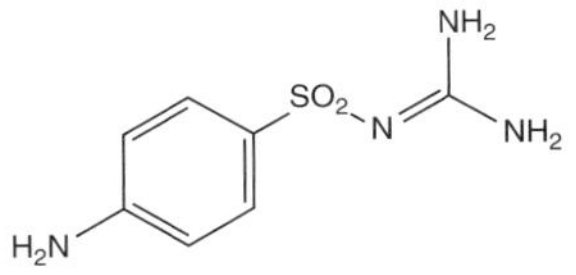

OS: *Sulfaguanidine [BAN, DCF]*
OS: *Sulfaguanidina [DCIT]*
IS: *Guanicil*
IS: *Ruocid*
IS: *Sulfanilguanidin*
IS: *Sulphaguanidine*
IS: *RP 2275*
IS: *Sulginum*
PH: Sulfaguanidine [Ph. Eur. 5, NF XI]
PH: Sulfaguanidinum [Ph. Eur. 5]
PH: Sulfaguanidin [Ph. Eur. 5]

Gastro-Entéricanis Biocanina® [vet.] (Véto-Centre: FR)
Sulfaguanidin® (Actavis: GE)
Sulfaguanidin® (Balkanpharma: BG)

Sulfamerazine (Rec.INN)

L: Sulfamerazinum
I: Sulfamerazina
D: Sulfamerazin
F: Sulfamérazine
S: Sulfamerazina

Antiinfective, sulfonamid

ATC: J01ED07,D06BA06
ATCvet: QJ01EE07,QJ01EW18,QD06BA06
CAS-Nr.: 0000127-79-7 C_{11}-H_{12}-N_4-O_2-S
M_r 264.317

Benzenesulfonamide, 4-amino-N-(4-methyl-2-pyrimidinyl)-

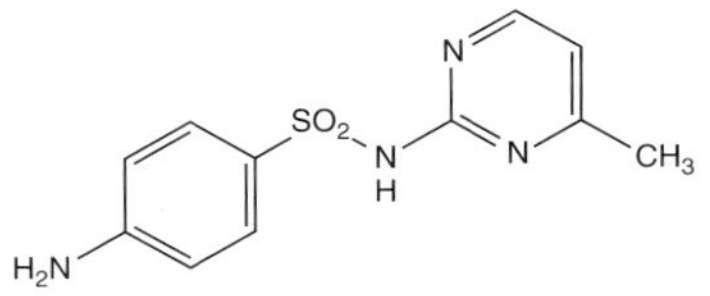

OS: *Sulfamerazine [BAN, DCF]*
OS: *Sulfamerazina [DCIT]*
PH: Sulfamerazin [Ph. Eur. 5]
PH: Sulfamerazine [Ph. Eur. 5, USP 23]
PH: Sulfamerazinum [Ph. Eur. 5, Ph. Int. II]
PH: Sulfamérazine [Ph. Eur. 5]

Decotox® [vet.] (Ascor: IT)
Trimetox®[vet.] (Veyx: DE)

Sulfamethizole (Rec.INN)

L: Sulfamethizolum
I: Sulfametizolo
D: Sulfamethizol
F: Sulfaméthizol
S: Sulfametizol

Antiinfective, sulfonamid

ATC: B05CA04,D06BA04,J01EB02,S01AB01
CAS-Nr.: 0000144-82-1 C_9-H_{10}-N_4-O_2-S_2
M_r 270.339

Benzenesulfonamide, 4-amino-N-(5-methyl-1,3,4-thiadiazol-2-yl)-

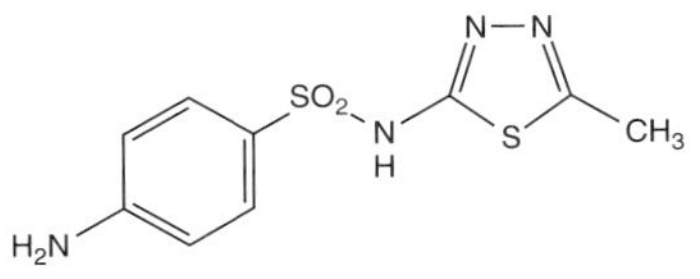

OS: *Sulfaméthizol [DCF]*
OS: *Sulfamethizole [BAN, JAN]*
OS: *Sulfametizolo [DCIT]*
IS: *Sulfamethylthiadiazole*
IS: *Sulphamethizole*
PH: Sulfamethizol [Ph. Eur. 5]
PH: Sulfamethizole [Ph. Eur. 5, JP XIV, USP 30]
PH: Sulfamethizolum [Ph. Eur. 5]
PH: Sulfaméthizol [Ph. Eur. 5]

Filosulfa® [vet.] (Adisseo: IT)
Luco-Oph® (Seng Thai: TH)
Lucosil® (Lundbeck: AT)
Lucosil® (Rosco: DK)

Metamed® [vet.] (Tre I: IT)
Rufol® (Urgo: FR)
Sulfamethizol FNA® (FNA: NL)
Sulfamethizol ratiopharm® (Ratiopharm: NL)
Sulfametizol „Ophtha"® (Ophtha: DK)
Sulfametizol SAD® (SAD: DK)
Sulphamethizole® (Pfizer: IN)

Sulfamethoxazole (Rec.INN)

L: Sulfamethoxazolum
I: Sulfametoxazolo
D: Sulfamethoxazol
F: Sulfaméthoxazole
S: Sulfametoxazol

⚕ Antiinfective, sulfonamid

ATC: J01EC01,J01EE07
CAS-Nr.: 0000723-46-6 C_{10}-H_{11}-N_3-O_3-S
M_r 253.288

Benzenesulfonamide, 4-amino-N-(5-methyl-3-isoxazolyl)-

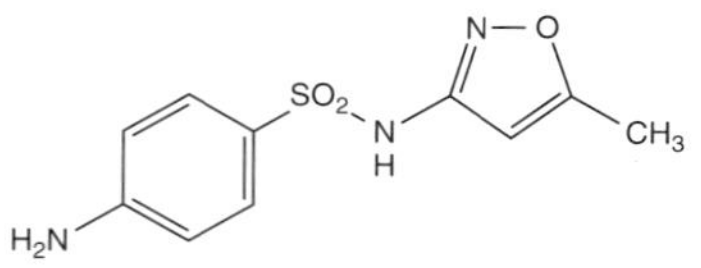

OS: *Sulfamethoxazole [BAN, DCF, JAN, USAN]*
OS: *Sulfametoxazolo [DCIT]*
IS: *Sulfisomezole*
IS: *Sulphamethoxazole*
IS: *MS 53*
IS: *Ro 4-2130 (Roche, USA)*
PH: Sulfamethoxazol [Ph. Eur. 5]
PH: Sulfamethoxazole [JP XIV, Ph. Eur. 5, Ph. Int. 4, USP 30]
PH: Sulfamethoxazolum [Ph. Eur. 5, Ph. Int. 4]
PH: Sulfaméthoxazole [Ph. Eur. 5]

A.A. Trim P.I.®[vet.] (A.A.-Vet: NL)
Actin® [+Trimethoprin] (Siam Bheasach: TH)
Actrim® [+ Trimethoprim] (Globe: BD)
Adco-Co-Trimoxazole® [+ Trimethoprim] (Al Pharm: ZA)
Adrenol® [+ Trimethoprim] (Fabra: AR)
Alfatrim® [+ Trimethoprim] (Alfasan: NL)
Altavit®[vet.] (Doxal: IT)
Amphoprimol®[vet.] (Virbac: NL)
Anitrim® [+ Trimethoprim] (Italmex: MX)
Apo-Bactotrim® [+ Trimethoprim] (Apotex: PE)
Apo-Sulfatrim® [+ Trimethoprim] (Apotex: AN, BB, BM, BS, CA, GY, HT, JM, KY, SG, SR, TT)
Assepium® [+ Trimethoprim] (Gross: BR)
Astrim® [+ Trimethoprim] (Astron: LK)
Bac-Sulfitrin® [+ Trimethoprim] (Ducto: BR)
Bacfar® [+ Trimethoprim] (Elofar: BR)
Bacin® [+ Trimethoprim] (Atlantic: SG)
Bacris® [+ Trimethoprim] (Cristália: BR)
Bacsul® [+ Trimethoprim] (Roneld Grace: PE)
Bactacin® [+ Trimethoprim] (Aristopharma: BD)
Bactelan® [+Trimethoprim] (Quimica y Farmacia: MX)
Bacterol® [+ Trimethoprim] (Farmindustria: PE)
Bacticel® [+ Trimethoprim] (Bago: PE)
Bacticel® [+ Trimethoprim] (Bagó: AR, CR, DO, GT, HN, NI, PA, SV)
Bactipront® [+ Trimethoprim] (Renata: BD)
Bactiver® [+ Trimethoprim] (Maver: MX)
Bactoprim® [+ Trimethoprim] (Combiphar: ID)
Bactoreduct® (Azupharma: DE)
Bactricid® [+ Trimethoprim] (Soho: ID)
Bactricin® [+ Trimethoprim] (Marjan: BR)
Bactrimel® [+ Trimethoprim] (Roche: CL, GR, NL)
Bactrim® [+ Trimethoprim] (Galenika: RS)
Bactrim® [+ Trimethoprim] (Nicholas: IN)
Bactrim® [+ Trimethoprim] (Roche: AE, AM, AR, AT, AU, AW, AZ, BA, BE, BF, BJ, BO, BR, CG, CH, CI, CL, CM, CO, CR, CZ, DE, DK, DO, EC, EE, FI, FR, GA, GB, GE, GH, GN, GR, GT, HN, ID, IT, JM, JO, JP, KE, KH, KZ, LB, LK, LU, LV, LY, MA, MG, ML, MR, MU, MX, MY, NI, NL, NO, NZ, PA, PE, PH, PK, PL, PT, RO, RS, RU, SA, SE, SG, SN, SV, TH, TM, TR, TT, TZ, UA, UG, UY, UZ, VE, ZA, ZM)
Bactrim® [+ Trimethoprim] (Women First: US)
Bactrizol® [+ Trimethoprim] (Corsa: ID)
Bactropin® [+ Trimethoprim] (Cimed: BR)
Bactropin® [+ Trimethoprim] (Quimica Son's: MX)
Bacxal® [+ Trimethoprim] (Pharmacare: PH)
Baczole® [+Trimethoprim] (Nakornpatana: TH)
Baktimol® [+ Trimethoprim] (Habit: RS)
Bakton® [+ Trimethoprim] (Sandoz: TR)
Balkatrin® [+ Trimethoprim] (APM: AE, BG, BH, IQ, JO, KW, LB, LY, NG, OM, QA, SA, SD, SY, TN, YE)
Balsoprim® [+ Trimethoprim] (Juste: ES)
Balsoprim® [+ Trimethoprim] (OM: PE)
Bencole® [+ Trimethoprim] (Al Pharm: ZA)
Benectrin® [+ Trimethoprim] (Legrand EMS: BR)
Berlocid® [+ Trimethoprim] (Berlin-Chemie: CZ, DE)
Bibakrim® [+ Trimethoprim] (Biokem: TR)
Bioprim® [+ Trimethoprim] (Norma: GR)
Bioprim® [+ Trimethoprim] (Zdravlje: RS)
Biotrim® [+ Trimethoprim] (Bio-Pharma: BD)
Biseptol® [+ Trimethoprim] (Medana: PL)
Biseptol® [+ Trimethoprim] (Polfa: CZ, RO)
Biseptol® [+ Trimethoprim] (Polfa Pabianice: PL)
Biseptol® [+ Trimethoprim] (Polfa Pabianskiy: RU)
Biseptol® [+ Trimethoprim] (Polfa Warshavskiy: RU)
Biseptol® [+ Trimethoprim] (Polfa Warszawa: PL)
Biseptrin® [+ Trimethoprim] (Europharm: RO)
Bismoral® [+ Trimethoprim] (Slovakofarma: CZ)
Bitrim® [+ Trimethoprim] (Sanofi-Aventis: BD)
Broncoflam® [+ Trimethoprim] (Sherfarma: PE)
Bucktrygama® (GAMA: GE)
Busetal® [+ Trimethoprim] (Uriach: ES)
Canibioprim®[vet.] (Véto-Centre: FR)
Chemitrim® [+ Trimethoprim] (Biomedica Foscama: IT)
Ciplin® [+ Trimethoprim] (Cipla: IN)
Co-Tasian® [+Trimethoprim] (Asian: TH)
Co-Trimed® [+Trimethoprim] (Medifive: TH)
Co-Trimoxazol Alpharma® [+ Trimethoprim] (Alpharma: NL)
Co-Trimoxazol A® [+ Trimethoprim] (Apothecon: NL)
Co-Trimoxazol CF® [+ Trimethoprim] (Centrafarm: NL)

Co-Trimoxazol Gf® [+ Trimethoprim] (Genfarma: NL)
Co-Trimoxazol Wellcome® [+ Trimethoprim] (GlaxoSmithKline: NL)
Co-Trimoxazol-Akri® [+ Trimethoprim] (Akrihin: RU)
Co-trimoxazol-HelvePharm® [+ Trimethoprim] (Helvepharm: CH)
Co-Trimoxazole EG® [+ Trimethoprim] (Eurogenerics: BE)
Co-Trimoxazole Eurogenerics® [+ Trimethoprim] (Eurogenerics: LU)
Co-Trimoxazole Indo Farma® [+ Trimethoprim] (Indofarma: ID)
Co-Trimoxazole Interpharm® [+ Trimethoprim] (Interpharm: LK)
Co-Trimoxazol® [+ Trimethoprim] (Alpharma: GB)
Co-Trimoxazol® [+ Trimethoprim] (Centrafarm: NL)
Co-Trimoxazol® [+ Trimethoprim] (Dagra: NL)
Co-Trimoxazol® [+ Trimethoprim] (Hexal: NL)
Co-Trimoxazol® [+ Trimethoprim] (Hillcross: GB)
Co-Trimoxazol® [+ Trimethoprim] (ICN: NL)
Co-Trimoxazol® [+ Trimethoprim] (Karib: NL)
Co-Trimoxazol® [+ Trimethoprim] (Katwijk: NL)
Co-Trimoxazol® [+ Trimethoprim] (Kent: GB)
Co-Trimoxazol® [+ Trimethoprim] (Lagap: NL)
Co-Trimoxazol® [+ Trimethoprim] (Mayne: GB)
Co-Trimoxazol® [+ Trimethoprim] (Multipharma: NL)
Co-Trimoxazol®[vet.] (Wolfs: BE)
Co-Trim® [+ Trimethoprim] (Bio EEL: RO)
Co-Try® [+ Trimethoprim] (Jess: BD)
Colizole® [+ Trimethoprim] (East India: IN)
Conprim® [+Trimethroprim] (Condrugs: TH)
Cosat® [+ Trimethoprim] (Eskayef: BD)
Cotamox® [+Trimethoprim] (Asian: TH)
Cotribene® [+ Trimethoprim] (Ratiopharm: AT)
Cotrim 1A Pharma® [+ Trimethoprim] (1A Pharma: DE)
Cotrim AbZ® [+ Trimethoprim] (AbZ: DE)
Cotrim forte Heumann® [+ Trimethoprim] (Heumann: DE)
Cotrim Forte Ratiopharm® [+ Trimethoprim] (ratiopharm: LU)
Cotrim Forte Ratiopharm® [+ Trimethoprim] (Ratiopharm: PT)
cotrim forte von ct® [+ Trimethoprim] (CT: DE)
Cotrim-CT® [+ Trimethoprim] (CT: DE)
Cotrim-Diolan® [+ Trimethoprim] (Engelhard: AE, BH, CY, KW, LB, OM, QA, SA, SY)
Cotrim-Diolan® [+ Trimethoprim] (Meda: DE)
Cotrim-forte RAN® [+ Trimethoprim] (R.A.N.: DE)
Cotrim-ratiopharm® [+ Trimethoprim] (Ratiopharm: BE)
Cotrim-ratiopharm® [+ Trimethoprim] (ratiopharm: DE, LU)
Cotrim-Sandoz® [+ Trimethoprim] (Sandoz: DE)
Cotrim. L.U.T.® [+ Trimethoprim] (Pharmafrid: DE)
CotrimHefa® [+ Trimethoprim] (Riemser: DE)
CotrimHefa® [+ Trimethoprim] (Wernigerode: DE)
Cotrimhexal® [+ Trimethoprim] (Hexal: DE, LU)
Cotrimol® [+ Trimethoprim] (United Americans: ID)
Cotrimox-Wolff® [+ Trimethoprim] (Wolff: DE)
Cotrimoxazol AL® [+ Trimethoprim] (Aliud: CZ, DE)
Cotrimoxazol Forte L.Ch.® [+ Trimethoprim] (Chile: CL)
Cotrimoxazol Forte MF® [+ Trimethoprim] (Marfan: PE)
Cotrimoxazol Genericon® [+ Trimethoprim] (Genericon: AT)
Cotrimoxazol Ratiopharm® [+ Trimethoprim] (Ratiopharm: PT)
Cotrimoxazol Richet® [+ Trimethoprim] (Richet: AR)
Cotrimoxazol Sandoz® [+ Trimethoprim] (Sandoz: NL)
Cotrimoxazol Vannier® [+ Trimethoprim] (Vannier: AR)
Cotrimoxazol® [+ Trimethoprim] (Aliud: CZ)
Cotrimoxazol® [+ Trimethoprim] (Bestpharma: CL)
Cotrimoxazol® [+ Trimethoprim] (Faromed: AT)
Cotrimoxazol® [+ Trimethoprim] (Hexal: AT)
Cotrimoxazol® [+ Trimethoprim] (Mintlab: CL)
Cotrimoxazol® [+ Trimethoprim] (Sanitas: CL)
Cotrimox® [+ Trimethoprim] (Inga: LK)
Cotrimstada® [+ Trimethoprim] (Stadapharm: DE)
Cotrim® [+ Trimethoprim] (Bailly: BF, BJ, CF, CG, CI, CM, GA, GN, MG, ML, MR, NE, SN, TD, TG, ZR)
Cotrim® [+ Trimethoprim] (Lemmon: US)
Cotrim® [+ Trimethoprim] (Medochemie: BH, ET, HK, OM, SD, TZ)
Cotrim® [+ Trimethoprim] (Ratiopharm: FI)
Cotrim® [+ Trimethoprim] (Spirig: CH)
Cotrim® [+ Trimethoprim] (Square: BD)
Cotripharm® [+ Trimethoprim] (Pharmamed: HU)
Cotrix® [+ Trimethoprim] (Shiba: YE)
Cotrizol-G® [+ Trimethoprim] (Klonal: AR)
Cots® [+ Trimethoprim] (Opsonin: BD)
Cozole® [+ Trimethoprim] (Be-Tabs: ZA)
Danferane® [+ Trimethoprim] (Rivero: AR)
Deprim® [+ Trimethoprim] (Remedica: CY, ET, GH, KE, TZ)
Dhatrin® [+ Trimethoprim] (DHA: SG)
Diatrim®[vet.] (Eurovet: NL)
Dientrin® [+Trimethoprim] (Farmindustria: PE)
Dientrin® [+Trimethoprim] (Sanofi-Aventis: BR)
Diseptyl® [+ Trimethoprim] (Rekah: IL)
Ditrim® [+ Trimethoprim] (Drug International: BD)
Doctrim® [+ Trimethoprim] (Doctor's Chemical Work: BD)
Dosulfin® [+ Trimethoprim] (Sandoz: AR)
Droxol® [+ Trimethoprim] (Farmindustria: PE)
Drylin® [+ Trimethoprim] (Merckle: DE)
Dumotrim® [+ Trimethoprim] (Alpharma: ID)
Duoctrin® [+Trimethoprim] (Haller: BR)
Durobac® [+ Trimethoprim] (Pharm Ent: ZA)
Ectaprim® [+ Trimethoprim] (Liomont: MX)
Editrim® [+ Trimethoprim] (Edruc: BD)
Eduprim® [+ Trimetoprim] (F5 Profas: ES)
Eliprim® [+ Trimethoprim] (Elifarma: PE)
Epitrim® [+ Trimethoprim] (E.I.P.I.C.O.: RO)
Erphatrim® [+ Trimethoprim] (Erlimpex: ID)
Esbesul® [+Trimethoprim] (Bosnalijek: BA)
Escoprim® [+ Trimethoprim] (Streuli: CH)

Espectrin® [+ Trimethoprim] (GlaxoSmithKline: BR)
Eusaprim® [+ Trimethoprim] (GlaxoSmithKline: AT, BE, DE, IT, LU, NL, SE)
Exazol® [+ Trimethoprim] (Andreu: PE)
Fameprim® [+ Trimethoprim] (Mecosin: ID)
Feedmix TS®[vet.] (Dopharma: NL)
Fisat® [+ Trimethoprim] (Sanofi-Aventis: BD)
Foltrim® [+ Trimethoprim] (Pharmaco: BD)
G-Co-Trimoxazole® [+ Trimethoprim] (Gonoshasthaya: BD)
Gantrim® [+ Trimethoprim] (Geymonat: IT)
Gentrim® [+ Trimethoprim] (General Pharma: BD)
Globaxol® [+ Trimethoprim] (GXI: PH)
Gobens Trim® [+Trimethoprim] (Normon: ES)
Groprim® [+ Trimethoprim] (Grossmann: CH)
Groseptol® [+Trimethoprim] (Polfa Grodzisk: PL)
Gunametrim® [+ Trimethoprim] (Sunthi: ID)
Hippotrim®[vet.] (Bayer: SE)
Ikaprim® [+ Trimethoprim] (Ikapharmindo: ID)
Inatrim® [+ Trimethoprim] (Indofarma: ID)
Induprim® [+ Trimethoprim] (Monsanti: PE)
Infectrim® [+ Trimethoprim] (Hersil: PE)
Infectrin® [+ Trimethoprim] (Boehringer Ingelheim: BR)
Irgagen® [+ Trimethoprim] (Drag Pharma: CL)
Jasotrim® [+ Trimethoprim] (Jayson: BD)
Kaftrim® [+ Trimethoprim] (Kimia: ID)
Kemoprim® [+ Trimethoprim] (I.E. Ulagay: TR)
Kepinol® [+ Trimethoprim] (Pfleger: DE)
Kombitrim®[vet.] (Kombivet: NL)
Ladar Child® [+Trimethoprim] (Millimed: TH)
Lafayette Cotrimoxazole® [+ Trimethoprim] (Lafayette: PH)
Lagatrim® [+ Trimethoprim] (Alliance: ZA)
Lagatrim® [+ Trimethoprim] (Lagap: CH)
Lapikot® [+ Trimethoprim] (Lapi: ID)
Lastrim® [+Trimethoprim] (Chew Brothers: TH)
Latrim® [+Trimethoprim] (Chew Brothers: TH)
Letus® [+Trimethoprim] (Unison: HK, TH)
Lidaprim® [+ Trimethoprim] (Alkaloid: BA)
Lidoprim S®[vet.] (Prodivet: BE)
Linaris® [+ Trimethoprim] (R.A.N.: DE)
Lupectrin® [+Trimethoprim] (Luper: BR)
M-Trim® [+Trimethoprin] (Milano: TH)
Mebryn® [+ Trimethoprim] (Colliere: PE)
Meditrim® [+ Trimethoprim] (Medikon: ID)
Meditrim® [+ Trimethoprim] (Xeragen: ZA)
Mega-Prim® [+Trimethoprim] (BL Hua: TH)
Megabroncoflam® [+ Trimethoprim] (Sherfarma: PE)
Megaset® [+ Trimethoprim] (Alco: BD)
Megatrim® [+ Trimethoprim] (Beximco: BD)
Meprotrin® [+ Trimethoprim] (Meprofarm: ID)
Merck-Co-Trimoxazole® [+ Trimethoprim] (Merck Generics: ZA)
Methotrin® [+ Trimethoprim] (Gaco: BD)
Methoxasol®[vet.] (Eurovet: AT, NL)
Methoxasol®[vet.] (Virbac: ZA)
Metoprim® [+ Trimethoprim] (Münir Sahin: TR)
Metoxiprim® [+ Trimethoprim] (Siegfried: MX)
Metrim® [+ Trimethoprim] (Chemist: BD)
Metrim® [+ Trimethoprim] (Siam Bheasach: TH)
Metxaprim® [+Trimethoprim] (GDH: TH)
Micro Co-Trimoxazole® [+ Trimethoprim] (Micro: ZA)
Momentol Oral® [+ Trimethoprim] (Bristol-Myers Squibb: ES)
Moxalas® [+ Trimethoprim] (Solas: ID)
Mycosamthong® [+Trimethoprim] (Sermmitr: TH)
Navatrim® [+ Trimethoprim] (Navana: BD)
Neotrim® [+ Trimethoprim] (Medicon: BD)
Neotrin® [+ Trimethoprim] (Neo Quimica: BR)
Netocur® [+ Trimethoprim] (Duncan: AR)
Nopil® [+ Trimethoprim] (Mepha: CH)
Norodine®[vet.] (Scanvet: NO)
Novidrine® [+ Trimethoprim] (Northia: AR)
Novo-Trimel® [+ Trimethoprim] (Novopharm: CA)
Novotrim® [+ Trimethoprim] (Markos: PE)
Noxaprim®[vet.] (Acme: IT)
Nu-Cotrimox® [+ Trimethoprim] (Nu-Pharm: CA)
Nufaprim® [+ Trimethoprim] (Nufarindo: ID)
Octrim® [+ Trimethoprim] (Orion: BD)
Oecotrim® [+ Trimethoprim] (Fresenius: AT)
Omsat® [+ Trimethoprim] (Roche: BW, ET, GH, KE, MU, MW, NA, NG, SD, TZ, UG, ZM, ZW)
Organosol®[vet.] (Dopharma: NL)
Oribact® [+ Trimethoprim] (Orion: AE, BH)
Oriprim® [+ Trimethoprim] (Cadila: IN, KE, TZ, UG, ZM)
Oriprim® [+ Trimethoprim] (Zydus: RU)
Ottoprim® [+ Trimethoprim] (Otto: ID)
Pehatrim® [+ Trimethoprim] (Phapros: ID)
Plurisul Forte LCH® [+ Trimethoprim] (Ivax: PE)
Po-Trim® [+Trimethopirm] (Polipharm: TH)
Politrim® [+ Trimethoprim] (Acme: BD)
Primadex® [+ Trimethoprim] (Dexa Medica: ID)
Primazole® [+ Trimethoprim] (Kalbe: ID)
Primazol® [+ Trimethoprim] (Actavis: IS)
Primazol® [+ Trimethoprim] (Saidal: DZ)
Primotren® [+Trimethoprim] (Lek: BA, CZ, SI)
Pulkrin® [+ Trimethoprim] (Kinder: BR)
Purbac® [+ Trimethoprim] (Aspen: ZA)
Quimio-Ped® [+ Trimethoprim] (Stiefel: BR)
Regtin® [+ Trimethoprim] (Rephco: BD)
Resprim® [+ Trimethoprim] (Teva: IL)
Ribatrim® [+ Trimethoprim] (Apex: BD)
Rolab-Co-Trimoxazole® [+ Trimethoprim] (Sandoz: ZA)
Roxtrim® [+ Trimethoprim] (Roxfarma: PE)
Saluprim® [+ Trimethoprim] (Laboratorios San Luis: SV)
Sandoz Co-Trimoxazole® [+Trimethoprim] (Sandoz: ZA)
Sanprima® [+ Trimethoprim] (Sanbe: ID)
Sepmax® [+ Trimethoprim] (GlaxoSmithKline: IN)
Septiolan® [+ Trimethoprim] (Climax: BR)
Septran® [+ Trimethoprim] (GlaxoSmithKline: CR, DO, GT, HN, IN, NI, PA, SV, ZA)
Septra® [+ Trimethoprim] (Asiatic Lab: BD)
Septra® [+ Trimethoprim] (GlaxoSmithKline: AG, AN, AW, BB, CA, GD, GY, JM, LC, TT, VC)
Septra® [+ Trimethoprim] (Monarch: US)
Septrin® [+ Trimethoprim] (Celltech: ES)
Septrin® [+ Trimethoprim] (Genesis: TR)
Septrin® [+ Trimethoprim] (GlaxoSmithKline: AE, BD, BG, BH, CL, CO, GB, GE, GR, HK, ID, IE, IL, IR, KW, MX, OM, PE, PH, PL, PT, QA, RO)
Septrin® [+ Trimethoprim] (Sigma: AU)

Servitrim® [+ Trimethoprim] (Novartis: BD, MX)
Shatrim® [+ Trimethoprim] (Shaphaco: IQ, YE)
Sigaprim® [+ Trimethoprim] (Alpharma: DE)
Sinatrim® [+ Trimethoprim] (Ibn Sina: BD)
Sinersul® [+Trimethoprim] (Pliva: BA, HR)
Sinomin® (Shionogi: JP)
Sitrim® [+ Trimethoprim] (Silva: BD)
Soltrim® [+ Trimethoprim] (Almirall: ES)
Soltrim® [+ Trimethoprim] (Bruluart: MX)
Spectrem® [+ Trimethoprim] (Armoxindo: ID)
Spectrim® [+ Trimethoprim] (Alliance: ZA)
SPMC Co-Trimoxazole® [+ Trimethoprim] (SPMC: LK)
Sulbacta® [+Trimethoprim] (Olan-Kemed: TH)
Sulbron® [+ Trimethoprim] (Finlay: HN)
Sulfa+Trimetoprima® [+ Trimethoprim] (Britania: PE)
Sulfa+Trim® [+ Trimethoprim] (Iqfarma: PE)
Sulfa-24 NF® [+ Trimethoprim] (Bioplix-Biox: PE)
Sulfagrand® [+ Trimethoprim] (Ahimsa: AR)
Sulfamet+Trimetop® [+ Trimethoprim] (Quilab: PE)
Sulfamethoxazol med trimethoprim SAD® [+ Trimethoprim] (SAD: DK)
Sulfamethoxazole and Trimethoprim® [+ Trimethoprim] (Elkins-Sinn: US)
Sulfamethoxazole and Trimethoprim® [+ Trimethoprim] (Gensia: US)
Sulfamethoxazole and Trimethoprim® [+ Trimethoprim] (Mayne: NZ, SG)
Sulfamethoxazole and Trimethoprim® [+ Trimethoprim] (Teva: US)
Sulfamethoxazole Tablets® (Geneva: US)
Sulfametoxasol y Trimetoprima MF® [+ Trimethoprim] (Marfan: PE)
Sulfametoxazol Tri® [+ Trimethoprim] (UQP: PE)
Sulfametoxazol+Trimetoprima Elifarma® [+ Trimethoprim] (Elifarma: PE)
Sulfametoxazol+Trimetoprima® [+ Trimethoprim] (Chemnova: PE)
Sulfametoxazol+Trimetoprima® [+ Trimethoprim] (Induquimica: PE)
Sulfametoxazol+Trimetoprima® [+ Trimethoprim] (Labofar: PE)
Sulfametoxazol+Trimetoprima® [+ Trimethoprim] (LCG: PE)
Sulfametoxazol+Trimetoprima® [+ Trimethoprim] (Mission Pharma.: PE)
Sulfametoxazol+Trimetoprima® [+ Trimethoprim] (Monsanti: PE)
Sulfametoxazol+Trimetoprima® [+ Trimethoprim] (Perugen: PE)
Sulfametoxazol+Trimetoprima® [+ Trimethoprim] (Roxfarma: PE)
Sulfametoxazol+Trimetoprima® [+ Trimethoprim] (Sherfarma: PE)
Sulfametoxazol/Trimetoprima® [+ Trimethoprim] (Induquimica: PE)
Sulfaprim® [+ Trimethoprim] (SSK: TR)
Sulfatrim® [+ Trimethoprim] (Actavis: US)
Sulfatrim® [+ Trimethoprim] (Rigar: PA)
Sulfatrim® [+ Trimethoprim] (United Research: US)
Sulfatrim® [+ Trimethoprim] (Vitamed: IL)
Sulfinam® [+ Trimethoprim] (América: CO)
Sulfoid® [+Trimethoprim] (Valdecasas: MX)
Sulfometh® [+Trimethoprim] (BL Hua: TH)
Sulfotrim® [+ Trimethoprim] (Hexal: NL)
Sulfotrim® [+ Trimethoprim] (Multipharma: NL)
Sulmethotrim®[vet.] (Virbac: ZA)
Sulmetrim®[vet.] (Virbac: ZA)
Sulotrim® [+ Trimethoprim] (Belupo: HR)
Sulphatrim® [+ Trimethoprim] (Amico: BD)
Sulphax® [+ Trimethoprim] (Medco: PE)
Sulphytrim® [+ Trimethoprim] (Intipharma: PE)
Sulprim® [+ Trimethoprim] (Prafa: ID)
Sulprim® [+ Trimethoprim] (Somatec: BD)
Sulthrim® [+ Trimethoprim] (Hisubiette: CO)
Sultri-C® [+ Trimethoprim] (Pharma-C: PE)
Sultrian®[vet.] (Sogeval: FR)
Sultrima® [+ Trimethoprim] (Schein: PE)
Sultrim® [+ Trimethoprim] (Dimerpharma: PE)
Sultrim® [+ Trimethoprim] (Farmoquimica: DO)
Sumetoprin® [+ Trimethoprim] (Magma: PE)
Sumetrolim® [+ Trimethoprim] (Egis: CZ, HU, JM, RO)
Sumetrolim® [+ Trimethoprim] (Medimpex: BB, JM, TT)
Suntrim® [+Trimethoprim] (MacroPhar: TH)
Supracombin® [+ Trimethoprim] (Grünenthal: AT, DE)
Suprasulf® [+ Trimethoprim] (Roemmers: PE)
Supreme® [+ Trimethoprim] (Dropesac: PE)
Supreme® [+ Trimethoprim] (Ethicalpharma: PE)
Suprimass® [+ Trimethoprim] (Iqfarma: PE)
Suprim® [+ Trimethoprim] (Hovid: SG)
Suprim® [+ Trimethoprim] (Nipa: BD)
T.M.P.S.®[vet.] (Dutch Farm Veterinary: NL)
T.S.S.®[vet.] (Forma: PT)
Tagremin® [+ Trimethoprim] (Zentiva: RO)
Terasul-F® [+ Trimethoprim] (Etyc: CO)
Terbosulfa® [+ Trimethoprim] (Terbol: PE)
TMP/SMZ®[vet.] (Dopharma: NL)
TMP/SMZ®[vet.] (Vetlima: PT)
TMPS®[vet.] (Albrecht: DE)
TMS® [+ Trimethoprim] (TAD: DE)
Trelibec® [+Trimethoprim] (Mintlab: CL)
Tricot® [+ Trimethoprim] (Reman Drug: BD)
Trifen® [+ Trimethoprim] (Ilaçsan: TR)
Trim Sulfa® [+ Trimethoprim] (Farmo Andina: PE)
Trimaxazole® [+ Trimethoprim] (Beacons: SG)
Trimesulfin® [+ Trimethoprim] (Farbioquimsa: PE)
Trimesulf® [+ Trimethoprim] (Farmacoop: CO)
Trimet-S® [+ Trimethoprim] (Lacofarma: DO)
Trimethazol®[vet.] (Stricker: CH)
Trimethazol®[vet.] (Thannesberger: AT)
Trimethox® [+Trimethoprim] (CAPS: ZA)
Trimetoger® [+ Trimethoprim] (Streger: MX)
Trimeton® [+ Trimethoprim] (Jalalabad: BD)
Trimetoprim Sulfa Ecar® [+ Trimethoprim] (Ecar: CO)
Trimetoprim Sulfa Genfar® [+ Sulfamethoxazole] (Genfar: PE)
Trimetoprim Sulfa Genfar® [+ Trimetoprim] (Genfar: CO, PE)
Trimetoprim Sulfametoxazol MK® [+ Trimethoprim] (MK: CO)
Trimetoprim Sulfametoxazol® [+ Trimetoprim] (La Santé: CO)
Trimetoprim-Sulfa® [+ Trimethoprim] (Blaskov: CO)

S

Trimetoprim-Sulfa® [+ Trimethoprim] (Lisan: CR, NI)
Trimetoprim-Sulfa® [+ Trimethoprim] (Medicalex: CO)
Trimetoprim-Sulfa® [+ Trimethoprim] (Memphis: CO)
Trimetoprima Sulfametoxazol MK® [+ Trimethoprim] (Bonima: BZ, CR, DO, GT, HN, NI, PA, SV)
Trimetoprima/Sulfametoxazol-F® [+ Trimethoprim] (Pentacoop: PE)
Trimexazole® [+Trimethopirm] (Pharmasant: TH)
Trimexazol® [+ Trimethoprim] (Sanofi-Synthelabo: BR)
Trimexazol® [+ Trimethoprim] (Valeant: MX)
Trimexole-F® [+ Trimethoprim] (Rayere: MX)
Trimezol® [+ Trimethoprim] (Mugi: ID)
Trimidar-M® [+ Trimethoprim] (Dar-Al-Dawa: AE, BH, IQ, JO, KW, LB, LY, MT, NG, OM, QA, RO, SA, SD, SO, TN, YE)
Triminex® [+ Trimethoprim] (Konimex: ID)
Trimoks® [+ Trimethoprim] (Atabay: TR)
Trimosazol® [+ Trimethoprim] (Farmakos: RS)
Trimosul® [+ Trimethoprim] (Hemofarm: RS)
Trimoxis® [+ Trimethoprim] (Genesis: PH)
Trimoxol® [+ Trimethoprim] (Yamanouchi: NL)
Trimoxsul® [+ Trimethoprim] (Interbat: ID)
Trimsulint®[vet.] (Produlab: NL)
Triprim®[vet.] (Pharmaland: TH)
Trisolvat® [+ Trimethoprim] (Best: CO)
Trisulf Werfft®[vet.] (Alvetra u. Werfft: AT)
Trisulfose® [+ Trimethoprim] (Wyeth: IN)
Trisulin®[vet.] (Ceva: NL)
Trisul® [+Trimethoprim] (Pacific: NZ)
Tritenk® [+ Trimethoprim] (Biotenk: AR)
Tritosul ® [+ Trimethoprim] (Suiphar: DO)
Trixzol® [+ Trimethoprim] (Westmont: ID, TH)
Trizole® [+ Trimethoprim] (Medifarma: ID)
Trizole® [+ Trimethoprim] (Pediatrica: PH)
TS®[vet.] (Dutch Farm Veterinary: NL)
Two-Septol® [+ Trimethoprim] (Cyntfarm: PL)
Ulfaprim® [+ Trimethoprim] (Hexpharm: ID)
Urisept® [+ Trimethoprim] (Schering-Plough: AR)
Urobactrim® [+ Trimethoprim] (Roche: PE)
Uropol „IMA"® [Trimethoprim] (IMA: BR)
Vanadyl® [+ Trimethoprim] (Best: MX)
Vanasulf®[vet.] (Vana: AT)
Xepaprim® [+ Trimethoprim] (Metiska: ID)
Xerazole® [+ Trimethoprim] (Qestmed: ZA)
Z-Trim® [+ Trimethoprim] (Ziska: BD)
Zaxol® [+ Trimethoprim] (Techno: BD)
Zoltrim® [+ Trimethoprim] (Metiska: ID)
Zultrop® [+ Trimethoprim] (Tropica: ID)

Sulfamethoxypyridazine (Rec.INN)

L: Sulfamethoxypyridazinum
I: Sulfametoxipiridazina
D: Sulfamethoxypyridazin
F: Sulfaméthoxypyridazine
S: Sulfametoxipiridazina

Antiinfective, sulfonamid

ATC: J01ED05
CAS-Nr.: 0000080-35-3 C_{11}-H_{12}-N_4-O_3-S
M_r 280.317

Benzenesulfonamide, 4-amino-N-(6-methoxy-3-pyridazinyl)-

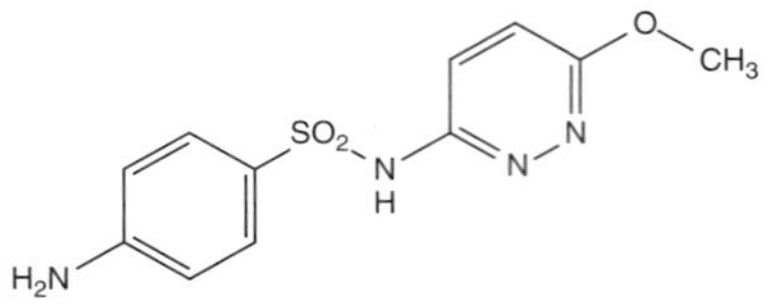

OS: *Sulfaméthoxypyridazine [DCF]*
OS: *Sulfamethoxypyridazine [BAN]*
OS: *Sulfametoxipiridazina [DCIT]*
IS: *Novosul*
IS: *Sulfa Spirig*
IS: *Sulphamethoxypyridazine*
IS: *FA 24*
IS: *RP 7522*
PH: Sulfamethoxypyridazin für Tiere [Ph. Eur. 5]
PH: Sulfaméthoxypyridazine pour usage vétérinaire [Ph. Eur. 5]
PH: Sulfamethoxypyridazinum ad usum veterinarium [Ph. Eur. 5, Ph. Int. III, Ph. Jap. 1971]
PH: Sulfametoxypyridazine for Veterinary Use [Ph. Eur. 5]
PH: Sulfamethoxypyridazine [Ph. Int. 4]
PH: Sulfamethoxypyridazinum [Ph. Int. 4]

Amphoprim Bolus®[vet.] (Virbac: NZ)
Langzeitsulfonamid® [vet.] (Animedic: DE)
Midicel® [vet.] (Pharmacia Animal Health: GB, IE)
Sulfamethoxy® [vet.] (Selecta: DE)
Sulfaméthox® [vet.] (Vetoquinol: FR)
Sulfapyrine LA® [vet.] (Vetoquinol: GB)
Sulfatrim® [vet.] [+ Trimethoprim] (Virbac: ZA)
Vetkelfizina® [vet.] (Vetem: IT)
Vetryl®[vet.] (Univete: PT)

– sodium salt:

Avemix®[vet.] (Vetoquinol: FR)
Bimalong® [vet.] (Bimeda: GB)

Sulfametoxydiazine (Rec.INN)

L: Sulfametoxydiazinum
I: Sulfametoxidiazina
D: Sulfametoxydiazin
F: Sulfamétoxydiazine
S: Sulfametoxidiazina

Antiinfective, sulfonamid

ATC: J01ED04
CAS-Nr.: 0000651-06-9 C_{11}-H_{12}-N_4-O_3-S
M_r 280.317

Benzenesulfonamide, 4-amino-N-(5-methoxy-2-pyrimidinyl)-

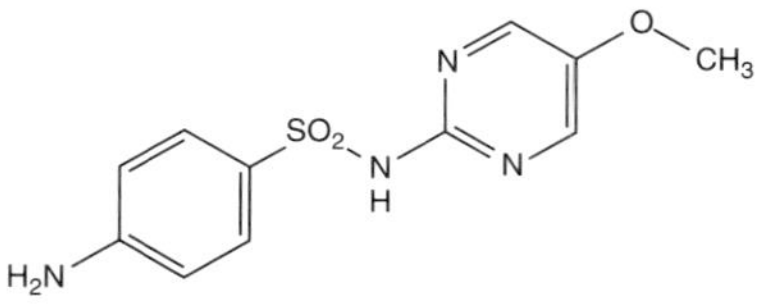

OS: *Sulfameter [USAN]*
OS: *Sulfamétoxydiazine [DCF]*
OS: *Sulfametoxydiazine [BAN]*
OS: *Sulfametoxidiazina [DCIT]*

IS: *AHR 857 (Robins, USA)*
IS: *Juvoxin*
IS: *Sulfametin*
IS: *Sulphamethoxydiazine*
IS: *Bayer 5400*
IS: *SH 613*
PH: Sulfametoxydiazinum [PhBs IV]
PH: Sulfametoxydiazine [BP 1999]
PH: Sulfametoxydiazin [DAB 1996]

Izometazina® [vet.] (Izo: IT)
Ultrasol® [vet.] (Richter: AT)

Sulfametrole (Rec.INN)

L: Sulfametrolum
I: Sulfametrolo
D: Sulfametrol
F: Sulfamétrole
S: Sulfametrol

Antiinfective, sulfonamid

CAS-Nr.: 0032909-92-5 C_9-H_{10}-N_4-O_3-S_2
M_r 286.339

Benzenesulfonamide, 4-amino-N-(4-methoxy-1,2,5-thiadiazol-3-yl)-

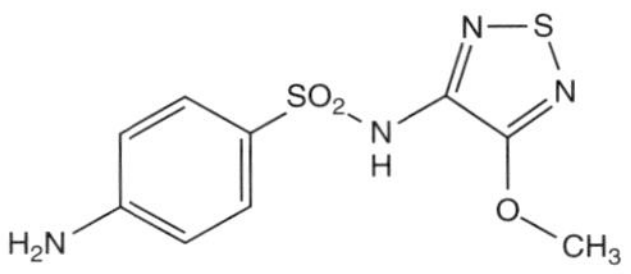

OS: *Sulfametrole [BAN, DCF]*
IS: *ST 8005*

Lidaprim® [+ Trimethoprim] (Alkaloid: HR)
Lidaprim® [+ Trimethoprim] (Lisapharma: IT)
Lidaprim® [+ Trimethoprim] (Novartis: AG, AN, AW, BB, BM, BS, ET, GD, GH, GY, HT, JM, KE, KY, LC, LY, MT, NG, SD, TT, TZ, VC, ZW)
Lidaprim® [+ Trimethoprim] (Nycomed: AT, GR, HK)
Lidatrim® [+ Trimethoprim] (Nycomed: NL)

Sulfamidochrysoidine

D: 2',4'-Diaminoazobenzol-4-sulfonamid

Antiinfective, sulfonamid

CAS-Nr.: 0000103-12-8 C_{12}-H_{13}-N_5-O_2-S
M_r 291.346

Benzenesulfonamide, 4-[(2,4-diaminophenyl)azo]-
IS: *Streptozon*
IS: *Azosulfamid*
PH: Diaminoazobenzolsulfonamidum [OeAB IX]

Aseptil Rojo® (Sanitas: PE)

Sulfamonomethoxine (Rec.INN)

L: Sulfamonomethoxinum
D: Sulfamonomethoxin
F: Sulfamonométhoxine
S: Sulfamonometoxina

Antiinfective, sulfonamid

CAS-Nr.: 0001220-83-3 C_{11}-H_{12}-N_4-O_3-S
M_r 280.317

Benzenesulfonamide, 4-amino-N-(6-methoxy-4-pyrimidinyl)-

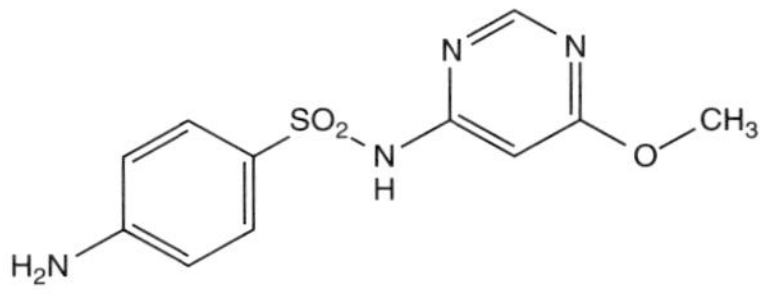

OS: *Sulfamonomethoxine [BAN, JAN, USAN]*
IS: *DJ-1550*
IS: *ICI 32525*
IS: *Ro 4-3476*
PH: Sulfamonomethoxine [JP XIV]

Daimeton® (Daiichi: JP)
Daimeton® [vet.] (Izo: IT)
Duphadin S20® [vet.] (Fort Dodge: BE)
Duphadin S20® [vet.] (Interchem: IE)

Sulfamoxole (Rec.INN)

L: Sulfamoxolum
I: Sulfamoxolo
D: Sulfamoxol
F: Sulfamoxole
S: Sulfamoxol

Antiinfective, sulfonamid

ATC: J01EC03
CAS-Nr.: 0000729-99-7 C_{11}-H_{13}-N_3-O_3-S
M_r 267.315

Benzenesulfonamide, 4-amino-N-(4,5-dimethyl-2-oxazolyl)-

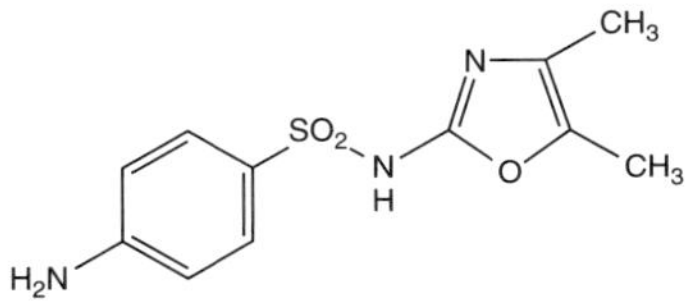

OS: *Sulfamoxole [BAN, DCF, USAN]*
OS: *Sulfamoxolo [DCIT]*
IS: *Sulfadimethyloxazole*
IS: *L 102*
PH: Sulfamoxole [Ph. Franç. X]

Sulfovet® [vet.] (Alvetra u. Werfft: AT)

Sulfanilamide (Rec.INN)

L: Sulfanilamidum
I: Solfanilamide
D: Sulfanilamid
F: Sulfanilamide
S: Sulfanilamida

Antiinfective, sulfonamid

ATC: J01EB06,D06BA05
ATCvet: QJ01EQ06,QD06BA05
CAS-Nr.: 0000063-74-1 C_6-H_8-N_2-O_2-S
M_r 172.21

Benzenesulfonamide, 4-amino-

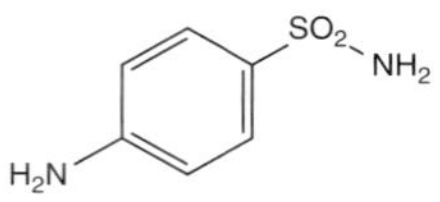

OS: *Sulfanilamide [DCF, DCIT]*
IS: *Lysococcine*
IS: *Neo-coccyl*
IS: *Ovulamide*
IS: *Probiamide*
IS: *Pulvoprobiamide*
IS: *Streptamyl*
IS: *Sulfanyd*
IS: *F 1162*
IS: *Streptocidum*
PH: Sulfanilamide [Ph. Eur. 5, NF XI]
PH: Sulfanilamidum [Ph. Eur. 5, Ph. Int. II, Ph. Jap. 1971]
PH: Sulfanilamid [Ph. Eur. 5]

Albucide Liqvo® (Liqvor: GE)
Azol Polvo® (Kern: ES)
Streptamin® [vet.] (Streuli: CH)
Streptocid® (Biopharm: GE)
Streptocid® (Halychpharm: GE)
Sulphanilamide® [vet.] (Virbac: ZA)
Sulwerfft-Puder® [vet.] (Alvetra u. Werfft: AT)

Sulfaquinoxaline (Rec.INN)

L: Sulfaquinoxalinum
D: Sulfaquinoxalin
F: Sulfaquinoxaline
S: Sulfaquinoxalina

Antiinfective, sulfonamid

CAS-Nr.: 0000059-40-5 C_{14}-H_{12}-N_4-O_2-S
M_r 300.35

Benzenesulfonamide, 4-amino-N-2-quinoxalinyl-

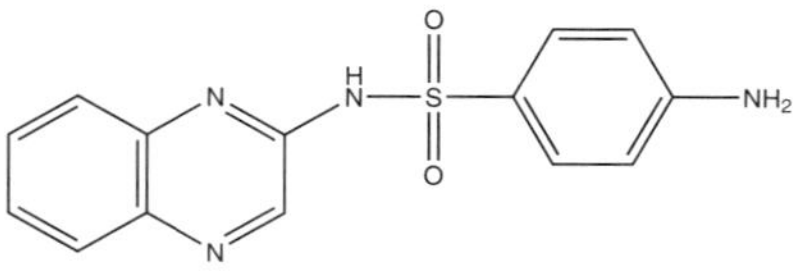

OS: *Sulfaquinoxaline [BAN, DCF]*
IS: *Sulfabenzpyrazinum*
PH: Sulfaquinoxaline [Ph. Franç. X, USP 30, BPvet 2002]
PH: Sulfaquinoxalinum [2.AB-DDR]

Izochinossal® [vet.] (Izo: IT)
Quinoxal® [vet.] (Doxal: IT)
Solaquin® [vet.] (Unione: IT)
Sulfa Quin® [vet.] (Inca: AU)
Sulfachinossalina® [vet.] (Adisseo: IT)
Sulfachinossalina® [vet.] (Chemifarma: IT)
Triquin®[vet.] (Schering-Plough Vet: PT)

– sodium salt:

CAS-Nr.: 0000967-80-6
OS: *Sulfaquinoxaline Sodium BANM*
IS: *Embazin*
PH: Sulfaquinoxaline sodique Ph. Franç. X

Sulfachinossalina® [vet.] (Unione: IT)
Sulfaquinoxaline® [vet.] (C.C.D. Animal Health: AU)
Sulfaquinoxaline® [vet.] (Dopharma: NL)
Sulfaquinoxalin® [vet.] (Animedic: DE)
Sulfaquinoxalin® [vet.] (Klat: DE)

Sulfasalazine (Rec.INN)

L: Sulfasalazinum
I: Sulfasalazina
D: Sulfasalazin
F: Salazosulfapyridine
S: Sulfasalazina

Antiinfective, sulfonamid

ATC: A07EC01
CAS-Nr.: 0000599-79-1 C_{18}-H_{14}-N_4-O_5-S
M_r 398.41

Benzoic acid, 2-hydroxy-5-[[4-[(2-pyridinylamino)sulfonyl]phenyl]azo]-

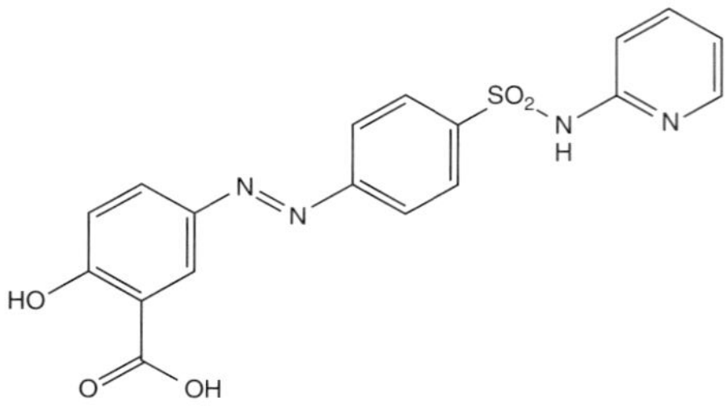

OS: *Sulfasalazine [BAN, DCF, USAN]*
OS: *Sulfasalazina [DCIT]*
OS: *Salazosulfapyridine [JAN]*
IS: *Azopyrin*
IS: *Salicylazosulfapyridine*
PH: Salazosulfapyridine [JP XIV]
PH: Sulfasalazine [Ph. Eur. 5, Ph. Int. 4, USP 30]
PH: Sulfasalazinum [Ph. Eur. 5, Ph. Int. 4]
PH: Sulfasalazin [Ph. Eur. 5]

Azulfidine EN-tabs® (Pfizer: US)
Azulfidine-EN® (Pfizer: CL)
Azulfidine-EN® (Pharmacia: PE)
Azulfidine® (Pfizer: AR, CL, DE, US)
Azulfidine® (Pharmacia: PE)
Azulfin® (Apsen: BR)
Colo-Pleon® (Sanofi-Synthelabo: DE)
Falazine® (Indunidas: EC)
Flogostop® (Ivax: AR)

Gastropyrin® (Orion: AE, BH, BH, EG, EG, JO, KW, LB, OM, QA, YE)
Pleon® (Sanofi-Aventis: DE)
PMS-Sulfasalazine® (Pharmascience: SG)
Pyralin EN® (Pharmacia: AU)
Rosulfant® (Ropsohn: CO)
Salasopyrin® (Pharmacia: BG)
Salazar® (Cadila: IN)
Salazidin® (Helcor: RO)
Salazine® (Opsonin: BD)
Salazopirina® (Jaba: PT)
Salazopyrin EN® (Pfizer: IL, IS, NO, RO, TH)
Salazopyrin EN® (Pharmacia & Upjohn: LK)
Salazopyrina® (Pfizer: ES)
Salazopyrine® (Pfizer: BE, FR)
Salazopyrine® (Pharmacia: LU, NL)
Salazopyrin® (Eczacibasi: TR)
Salazopyrin® (Pfizer: AT, BA, CA, CH, CH, CZ, DK, FI, GB, GB, HK, HR, HU, IE, IL, IS, MY, NO, NZ, PL, RS, SE, SG, TH)
Salazopyrin® (Pharmacia: AU, CO, CZ, IT, NL, TH, ZA)
Salazopyrin® [vet.] (Pfizer Animal Health: GB)
Salazopyrin®-EN (Krka: RO)
Salazopyrin®-EN (Pfizer: IL)
Salazopyrin®-EN (Pharmacia: IT, TH)
Salazosulfapyridine® [vet.] (Kombivet: NL)
Salazosulfapyridinum® (Pfizer: NL)
Salopyrine® (Adelco: GR)
Saridine® (Atlantic: TH)
Sazo EN® (Wallace: IN)
Sulazine® (Alpharma: GB)
Sulcolon® (Bernofarm: ID)
Sulfaenterin® (Balkanpharma: BG)
Sulfasalazin Hexal® (Hexal: DE)
Sulfasalazin Krka® (Krka: SI)
Sulfasalazin K® (Krka: CZ)
Sulfasalazin medac® (Alternova: FI)
Sulfasalazin medac® (Medac: DE, DK, SE)
Sulfasalazin-Heyl® (Heyl: DE)
Sulfasalazina® (Bestpharma: CL)
Sulfasalazina® (Lakor: CO)
Sulfasalazine CF® (Centrafarm: NL)
Sulfasalazine FNA® (FNA: NL)
Sulfasalazine Katwijk® (Katwijk: NL)
Sulfasalazine Merck® (Merck Generics: NL)
Sulfasalazine PCH® (Pharmachemie: NL)
Sulfasalazine ratiopharm® (Ratiopharm: NL)
Sulfasalazine Sandoz® (Sandoz: NL)
Sulfasalazine-En® (KRKA: RU)
Sulfasalazine® (Alpharma: GB)
Sulfasalazine® (Hillcross: GB)
Sulfasalazine® (KRKA: RU)
Sulfasalazin® (Fampharm: RS)
Sulfasalazin® (Krka: BA, CZ, HR, PL, SI)
Sulphasalazine® (Remedica: CY)
Weiliufen® (Sunve: CN)

Sulfathiazole (Rec.INN)

L: Sulfathiazolum
I: Sulfatiazolo
D: Sulfathiazol
F: Sulfathiazol
S: Sulfatiazol

⚕ Antiinfective, sulfonamid

ATC: D06BA02,J01EB07
ATCvet: QD06BA02
CAS-Nr.: 0000072-14-0 — C_9-H_9-N_3-O_2-S_2
M_r 255.321

Benzenesulfonamide, 4-amino-N-2-thiazolyl-

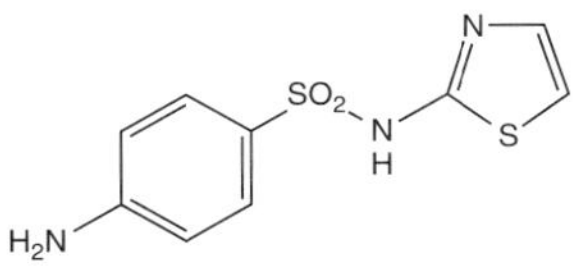

OS: *Sulfathiazol [DCF]*
OS: *Sulfathiazole [BAN]*
OS: *Sulfatiazolo [DCIT]*
IS: *Septozol*
IS: *Sulphathiazole*
IS: *Ciba 3714*
IS: *M & B 760*
IS: *RP 2090*
IS: *Norsulfazolum*
PH: Sulfathiazol [Ph. Eur. 5]
PH: Sulfathiazole [Ph. Eur. 5, USP 30]
PH: Sulfathiazolum [Ph. Eur. 5, Ph. Int. II]

Anprotiazolo® [vet.] (Chemifarma: IT)
Argosulfan® (Jelfa: GE, HU, PL, RU)
Ascoformil® [vet.] (Ascor: IT)
Formil® [vet.] (Doxal: IT)
SFD-Hufkrebspaste® [vet.] (WDT: DE)
Socatyl® [vet.] (Novartis: AT, NL)
Socatyl® [vet.] (Novartis Veterinärmedicin: SE)
Sulfathiazol® (Slovakofarma: CZ)
Sulfatiazol® (Fecofar: AR)
Welt-Sulfazol® (Welt: AR)

– sodium salt:

CAS-Nr.: 0000144-74-1
OS: *Sulfathiazole Sodium BANM*
IS: *Sulphathiazole Sodium*
PH: Sulfathiazoli Natrium OeAB
PH: Sulfathiazolum Natricum Ph. Int. II
PH: Sulfathiazolum Natrium 2.AB-DDR
PH: Sulfathiazole Sodium BPvet 2002, USP 30

Sulfiram (Rec.INN)

L: Sulfiramum
D: Sulfiram
F: Sulfiram
S: Sulfiram

⚕ Scabicide

CAS-Nr.: 0000095-05-6 — C_{10}-H_{20}-N_2-S_3
M_r 264.47

S

Thiodicarbonic diamide, tetraethyl-

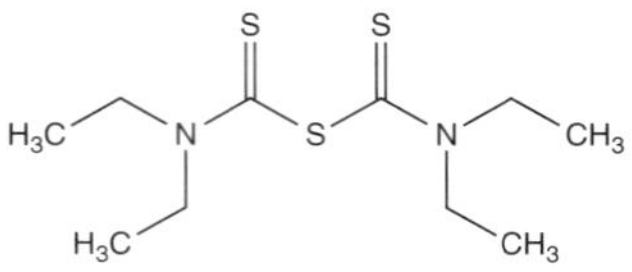

OS: *Sulfiram [BAN]*
OS: *Sulfirame [DCF]*
OS: *Monosulfiram [BAN]*
IS: *Bis(diethylthiocarbamoyl)sulfide (WHO)*
IS: *Tetraethylthiuram-monosulfid*
PH: Sulfiramum [OeAB]
PH: Monosulfiram [BP 1993]

Sulfiram® (Neo Quimica: BR)
Tetmosol® (AstraZeneca: AE, BH, BR, CY, EG, IQ, JO, KW, LB, LY, MT, OM, QA, SA, SY, YE, ZA)
Tetmosol® (Nicholas: IN)
Tetrasol® (ACI: BD)

Sulfogaiacol (Rec.INN)

L: Sulfogaiacolum
I: Sulfoguaiacolo
D: Sulfogaiacol
F: Sulfogaïacol
S: Sulfoguayacol

Expectorant

CAS-Nr.: 0001321-14-8 C_7-H_7-K-O_5-S
M_r 242.293

Benzenesulfonic acid, hydroxymethoxy-, monopotassium salt

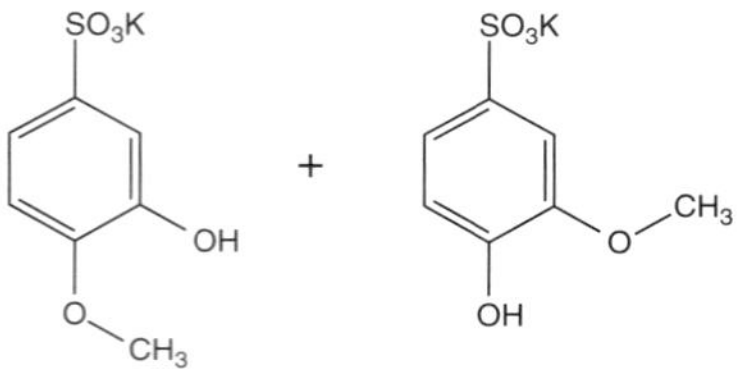

OS: *Sulfogaiacol [DCF]*
OS: *Sulfoguaiacolo [DCIT]*
IS: *Potassium guaiacolsulfonate (WHO)*
IS: *Kalium guaiacolsulfonicum*
IS: *Kalium sulfaguajakol*
IS: *Kalium sulfoguajacolicum*
PH: Kalium guajacolsulfonicum [OeAB IX]
PH: Potassio solfoguaiacolato [F.U. VIII]
PH: Potassium Guaiacolsulfonate [JP XIV, USP 30]
PH: Sulfoguajacol [Ph. Franç. IX]
PH: Sulfogaiacolum [2.AB-DDR]
PH: Sulfogaïacol [Ph. Franç. X]
PH: Sulfogaiacol-Hydrat [DAC]

Apitussic® (Apipol: PL)
Diabetussic® (Hasco: PL)
Gayabeksin® (Casel: TR)
Kalium Guajacolosulfonicum® (Galena: PL)
Pectosorin® (Richter: AT)
Sirupus Kalii guajacolosulfonici® (Vis: PL)
Tioguaialina® (Montefarmaco OTC: IT)

Sulglicotide (Rec.INN)

L: Sulglicotidum
I: Sulglicotide
D: Sulglicotid
F: Sulglicotide
S: Sulglicotida

Gastrointestinal agent

ATC: A02BX08
CAS-Nr.: 0054182-59-1

Glycopeptides, sulfo-

OS: *Sulglicotide [BAN, DCIT]*
IS: *Sulglycotide*

Gliptide® (Crinos: IT)

Sulindac (Rec.INN)

L: Sulindacum
I: Sulindac
D: Sulindac
F: Sulindac
S: Sulindaco

Antiinflammatory agent
Analgesic
Antipyretic

ATC: M01AB02
CAS-Nr.: 0038194-50-2 C_{20}-H_{17}-F-O_3-S
M_r 356.416

1H-Indene-3-acetic acid, 5-fluoro-2-methyl-1-[[4-(methylsulfinyl)phenyl]methylene]-, (Z)-

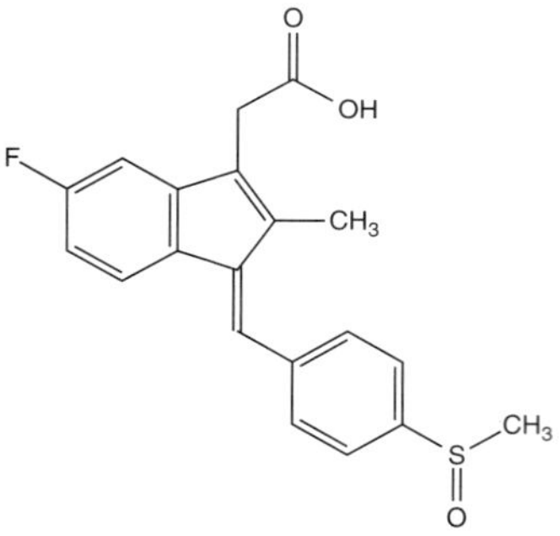

OS: *Sulindac [BAN, DCF, DCIT, JAN, USAN]*
IS: *MK 231 (Merck, USA)*
PH: Sulindac [Ph. Eur. 5, USP 30]
PH: Sulindacum [Ph. Eur. 5]

Aclin® (Alphapharm: AU, HK)
Adco-Sulindac® (Al Pharm: ZA)
Algocetil® (Francia: IT)
Apo-Sulin® (Apotex: CA, PE)
Arthrocine® (Substipharm: FR)
Artribid® (Merck Sharp & Dohme: PT)
Brurem® (Bruluart: MX)
Cencenag® (Pharmasant: TH)
Cenlidac® (Pharmasant: TH)
Clinoril® (B L Hua: TH)
Clinoril® (Merck: AE, BH, CY, EG, IQ, IR, JO, KW, LB, OM, PE, QA, SA, SD, SY, US, YE)

Clinoril® (Merck Sharp & Dohme: AT, AU, BE, GB, IE, LU, MX, NL, NZ, SE, ZA)
Clinoril® (MSD: NO)
Clinoril® (Neopharmed: IT)
Clison® (Alpharma: MX)
Daclin® (Pacific: NZ)
Novo-Sundac® (Novopharm: CA)
Renidac® (Tecnofarma: MX)
Sindac® (Hikma: AE, BH, EG, IQ, JO, KW, LB, LY, OM, QA, SA, SD, SY, TN, YE)
Sulindac PCH® (Pharmachemie: NL)
Sulindac ratiopharm® (Ratiopharm: NL)
Sulindaco Lisan® (Lisan: CR)
Sulindac® (Generics: GB)
Sulindac® (Mutual: US)
Sulindac® (Mylan: US)
Sulindac® (Sandoz: US)
Sulindac® (Teva: US)
Sulindal® (Chibret: ES)
Sulindal® (Merck Sharp & Dohme: ES)
Vindacin® (Best: MX)

Sulodexide (Rec.INN)

L: Sulodexidum
I: Sulodexide
D: Sulodexid
F: Sulodexide
S: Sulodexida

Antihyperlipidemic agent

ATC: B01AB11
CAS-Nr.: 0057821-29-1

Glucorono-2-amino-2-deoxyglucoglucan sulfate

OS: *Sulodexide [DCIT]*
IS: *Sulodexine*
IS: *3 GS*

Angioflux® (Mitim: IT)
Aterina® (Tedec Meiji: ES)
Ateroxide® (Difass: IT)
Luzone® (Sigma Tau: ES)
Provenal® (Pulitzer: IT)
Ravenol® (Caber: IT)
Treparin® (Nuovo: IT)
Vessel Due F® (Alfa Wassermann: CN, CZ, HU, IT, PH, RO)
Vessel Due F® (CSC: RU)
Vessel® (Alfa Wassermann: CZ, IT, MY, PL)

Sulphobromophthalein (BAN)

D: Bromsulfalein

Diagnostic, liver function

ATC: V04CE
CAS-Nr.: 0000297-83-6 C_{20}-H_{10}-Br_4-O_{10}-S_2
M_r 794.02

Benzenesulfonic acid, 3,3'-(4,5,6,7-tetrabromo-3-oxo-1(3H)-isobenzofuranylidene)bis[6-hydroxy-

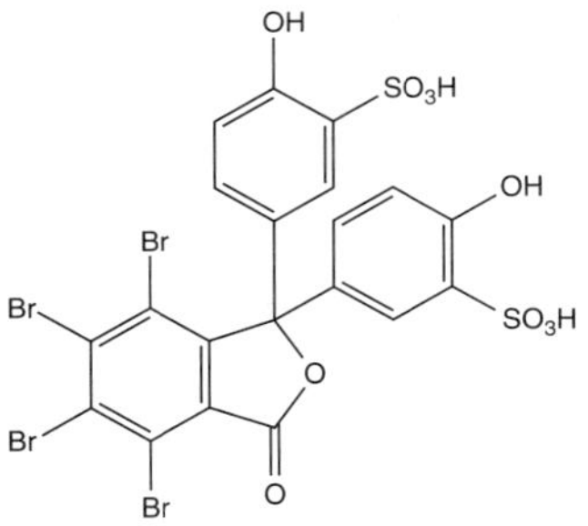

OS: *Sulphobromophthalein [BAN]*

– disodium salt:

CAS-Nr.: 0000071-67-0
OS: *Sulphobromophthalein Sodium BANM*
PH: Bromsulfophthaleinum natricum PhBs IV
PH: Sulfobromophthalein Sodium JP XIV, USP XXII
PH: Sulfobromphthaleinum Natrium 2.AB-DDR
PH: Sulphobromophthalein Sodium BP 1988

Bromosulfoftaleina Sodica® (Monico: IT)
Bromosulfoftaleina Sodica® (Salf: IT)

Sulpiride (Rec.INN)

L: Sulpiridum
I: Sulpiride
D: Sulpirid
F: Sulpiride
S: Sulpirida

Gastric secretory inhibitor
Neuroleptic

ATC: N05AL01
CAS-Nr.: 0015676-16-1 C_{15}-H_{23}-N_3-O_4-S
M_r 341.439

Benzamide, 5-(aminosulfonyl)-N-[(1-ethyl-2-pyrrolidinyl)methyl]-2-methoxy-

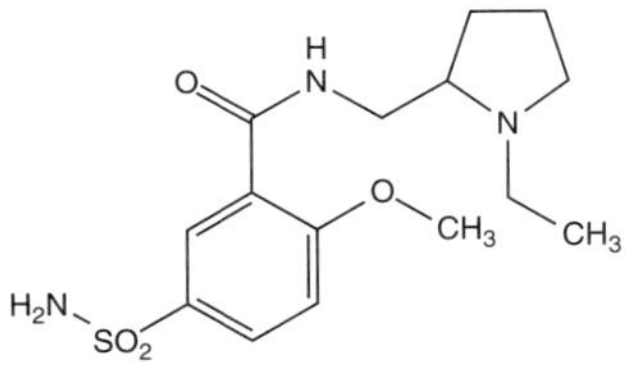

OS: *Sulpiride [BAN, DCF, DCIT, JAN, USAN]*
IS: *FK 880 (Fujisawa, Japan)*
IS: *RD 1403*
PH: Sulpiride [Ph. Eur. 5, JP XIV]
PH: Sulpiridum [Ph. Eur. 5]
PH: Sulpirid [Ph. Eur. 5]

Abilit® (Sumitomo: JP)
Aplacid® (ITF: CL)
Arminol® (Krewel: DE)
Betamac T® (Sawai: JP)
Betamaks® (Grindex: RU)
Bosnyl® (Bosnalijek: BA)
Calmoflorine® (Coup: GR)
Championyl® (Sanofi-Aventis: IT)
Coolspan® (Hishiyama: JP)

Darleton® (Anfarm: GR)
Depral® (Valeant: HU)
Devodil® (Remedica: CY, ET, KE, SD, ZW)
Digton® (Areu: ES)
Dobren® (Teofarma: IT)
Docsulpiri® (Docpharma: BE)
Dogmatil® (Aktuapharma: BE)
Dogmatil® (Eurim: AT)
Dogmatil® (Paranova: AT)
Dogmatil® (Pharmapartner: BE)
Dogmatil® (Sanofi-Aventis: AT, BE, BR, CH, FR, HK, MY, NL, TR, VN)
Dogmatil® (Sanofi-Synthelabo: CO, CR, CZ, DE, DK, DO, ES, GT, HN, LU, NI, PA, PH, PT, SV)
Dogmatil® (Soho: ID)
Dogmatyl® (Fujisawa: JP)
Dogmatyl® (Sanofi-Synthelabo: GR)
Dolmatil® (Sanofi-Aventis: GB, IE)
Eclorion® (Norma: GR)
Eglek® (Masterlek: RU)
Eglonil® (Sanofi-Aventis: RU)
Eglonyl® (Alkaloid: BA, HR, RS, SI)
Eglonyl® (Medimpex: CZ)
Eglonyl® (Sanofi-Aventis: GE, HU, RO)
Eglonyl® (Sanofi-Synthelabo: ZA)
Ekilid® (Sanofi-Aventis: MX)
Equilid® (Bruno: IT)
Equilid® (Sanofi-Aventis: BR)
Espiride® (Aspen: ZA)
Finul® (Farvet: PE)
Guastil® (Uriach: ES)
Keityl® (Sankei: JP)
Lebopride® (Spyfarma: ES)
Margenol® (Tatsumi Kagaku: JP)
Maxdotyl® (Domesco: VN)
Meresa® (Adeka: TR)
Meresa® (Dolorgiet: AE, BH, DE, EG, LU, OM, QA, SA, SD, YE)
Meresa® (Sanova: AT)
Miradol® (Mitsui: JP)
Modal Forte® (Rafa: IL)
Modal® (Rafa: IL)
neogama® (Hormosan: DE)
Nufarol® (Rafarm: GR)
Nylipark® (Farmanic: GR)
Pontiride® (Psicofarma: MX)
Prosulpin® (Pro.Med: CZ, RU)
Psicocen® (Centrum: ES)
Pyrikappl® (Isei: JP)
Restful® (Bros: GR)
Rimastine® (Armstrong: MX)
Sanblex® (Medipharm: CL)
Sandoz Sulpiride® (Sandoz: ZA)
Sedusen® (Sanitas: CL)
Seeglu® (Nagase: JP)
Skanozen® (Tsuruhara: JP)
Stamaclit® (Towa Yakuhin: JP)
Stamonevrol® (Biostam: GR)
Sulpigut® (Pro.Med: RS)
Sulpilan® (Labomed: CL)
Sulpiphar® (Unicophar: BE)
Sulpiren® (Medochemie: BH, CY, ET, IQ, JO, OM, SD, TZ)
Sulpirid 1A Pharma® (1A Pharma: DE)
Sulpirid AL® (Aliud: DE)
Sulpirid beta® (betapharm: DE)
Sulpirid Hexal® (Hexal: DE)
Sulpirid Hormosan® (Hormosan: DE)
Sulpirid Jadran® (Jadran: HR)
Sulpirid real® (Dolorgiet: DE)
Sulpirid Sandoz® (Sandoz: DE)
Sulpirid Stada® (Stadapharm: DE)
sulpirid von ct® (CT: DE)
Sulpirid-neuraxpharm® (neuraxpharm: DE)
Sulpirid-ratiopharm® (ratiopharm: DE)
Sulpirid-RPh® (Rodleben: DE)
Sulpirida® (Volta: CL)
Sulpiride EG® (Eurogenerics: BE)
Sulpiride G Gam® (G Gam: FR)
Sulpiride Ivax® (Ivax: FR)
Sulpiride Merck® (Merck Génériques: FR)
Sulpiride Sandoz® (Sandoz: FR)
Sulpiride Teva® (Teva: BE)
Sulpiride-Eurogenerics® (Eurogenerics: LU)
Sulpiride® (Generics: GB)
Sulpiride® (Teva: GB)
Sulpiride® (Wockhardt: GB)
Sulpirid® (Belupo: BA, HR, SI)
Sulpirid® (Farmakos: RS)
Sulpirid® (ICN: RS)
Sulpirid® (Jadran: BA)
Sulpirid® (Srbolek: RS)
Sulpirid® (Zdravlje: RS)
Sulpirol® (Hexal: CZ)
Sulpirol® (Salutas: CZ)
Sulpiryd® (Pliva: PL)
Sulpitil® (Pfizer: GB)
Sulpivert® (Hennig: DE)
Sulpor® (Rosemont: GB)
Sulp® (Hexal: DE)
Sulp® (Neuro Hexal: DE)
Sulrid® (Pharmalliance: DZ)
Supesanile® (Choseido: JP)
Suprium® (Sanofi-Aventis: FI)
Synédil® (Erempharma: FR)
Sülpir® (Sanofi-Aventis: TR)
Tepavil® (Almirall: ES)
Tepazepan® (Medifarma: PE)
Tohpiride® (Toyo Pharmar: JP)
Valirem® (Genepharm: GR)
Vertigo-Meresa® (Dolorgiet: DE)
vertigo-neogama® (Hormosan: DE)
Vipral® (Ivax: AR)
Youmathyle® (Yoshindo: JP)
Zeprid® (Nobel: TR)

Sulprostone (Rec.INN)

L: Sulprostonum
I: Sulprostone
D: Sulproston
F: Sulprostone
S: Sulprostona

Prostaglandin

ATC: G02AD05
CAS-Nr.: 0060325-46-4 C_{23}-H_{31}-N-O_7-S
M_r 465.571

5-Heptenamide, 7-[3-hydroxy-2-(3-hydroxy-4-phenoxy-1-butenyl)-5-oxocyclopentyl]-N-(methylsulfonyl)-, [1R-[1α(Z),2β(1E,3R*),3α]]-

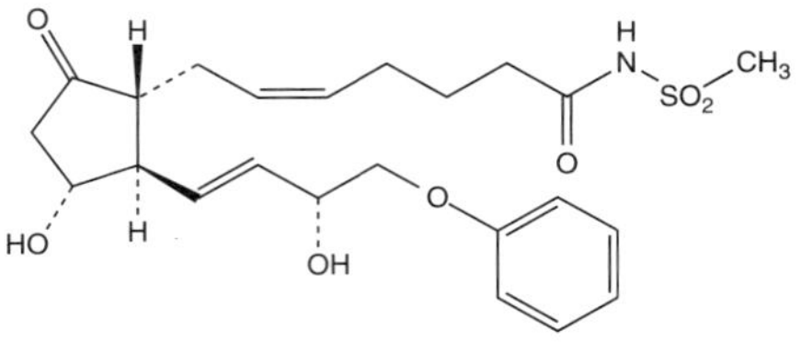

OS: *Sulprostone [DCF, USAN]*
IS: *CP 34089 (Pfizer)*
IS: *ZK 57671 (Schering AG)*
IS: *SHB 286*

Nalador® (Bayer: CH)
Nalador® (Schering: AT, CZ, DE, FR, ID, IT, LK, NL, TH)

Sultamicillin (Rec.INN)

L: Sultamicillinum
I: Sultamicillina
D: Sultamicillin
F: Sultamicilline
S: Sultamicillina

Antibiotic, penicillin, broad-spectrum
Enzyme inhibitor, β-lactamase

ATC: J01CR04
CAS-Nr.: 0076497-13-7 C_{25}-H_{30}-N_4-O_9-S_2
M_r 594.675

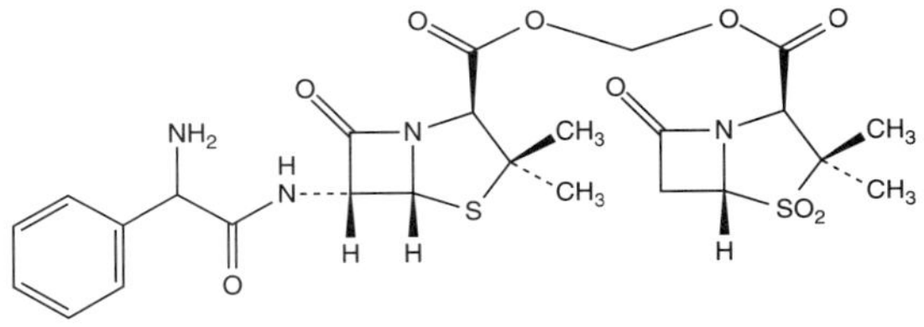

OS: *Sultamicillin [BAN, USAN]*
OS: *Sultamicilline [DCF]*
OS: *Sultamicillina [DCIT]*
IS: *CP 49952 (Pfizer, USA)*
PH: Sultamicillin [Ph. Eur. 5]

Alfasid® (Fako: TR)
Ampicilina-Sulbactam® [sol.-inj.] (Vitalis: PE)
Ampisid® (Mustafa Nevzat: TR)
Bacmicine® (Bioquifar: CO)
Bactesul® (Tecnoquimicas: CO)
Bactesyn® (Kalbe: ID)
Combicid® (Bilim: TR)
Devasid® (Deva: GE, TR)
Duobaktam® (Eczacibasi: TR)
Duobak® (Koçak: TR)
Duocid® (Pfizer: TR)
Fipexiam® [sol.-inj./tab./pulv.-susp.] (Home Pharma: PE)
Fipexiam® [sol.-inj./tab./pulv.-susp.] (Leti: CR, DO, GT, HN, NI, PA, SV)
Libractam Amex® [sol.-inj.] (Amex: PE)
Nobecid® (Nobel: TR)
Nobecid® [tabs.] (Nobel: TR)
Prixin® (Richmond: PE)
Quimolox® (Italpharma: EC)
Sulamp® (La Santé: CO)
Sulbamox IBL® [susp. compr. inj.] (Bago: PE)
Sulcid® (I.E. Ulagay: TR)
Sultamat® (Atabay: TR)
Sultamicilina La Sante® (La Sante: PE)
Sultamicilina MK® (MK: CO)
Sultamicilina® (Pentacoop: CO)
Sultasid® (Toprak: TR)
Sultibac® (Biofarma: TR)
Unacid PD® (Pfizer: DE)
Unasyn Tablet® (Pfizer: TH)
Unasyna® (Pfizer: AR)
Unasyn® (Pfizer: AT, CO, EG, ET, ID, IT, KE, MW, MY, NG, PE, PL, SD, TH, VN)

– tosilate:

OS: *Sultamicillin Tosilate JAN*
PH: Sultamicillin Tosilate JP XIV
PH: Sultamicillin tosilate dihydrate Ph. Eur. 5

Ampigen SB® (Fabra: AR)
Sulbacin® [+ Ampicillin] (Unichem: IN)
Sultalbac® (América: CO)
Sultamicilina Richet® [oral susp.] (Richet: AR)
Terabiol® (Lancasco: GT, HN, SV)
Unacid PD® (Pfizer: DE)
Unasyn Oral® (Pfizer: BR)
Unasyna® (Pfizer: CL)
Unasyn® (Farmasierra: ES)
Unasyn® (Pfizer: AT, BZ, CR, CZ, GT, HK, HN, HU, ID, IT, LK, NI, PA, RO, SV, VN)

Sultiame (Rec.INN)

L: Sultiamum
I: Sultiame
D: Sultiam
F: Sultiame
S: Sultiamo

Antiepileptic

ATC: N03AX03
CAS-Nr.: 0000061-56-3 C_{10}-H_{14}-N_2-O_4-S_2
M_r 290.362

Benzenesulfonamide, 4-(tetrahydro-2H-1,2-thiazin-2-yl)-, S,S-dioxide

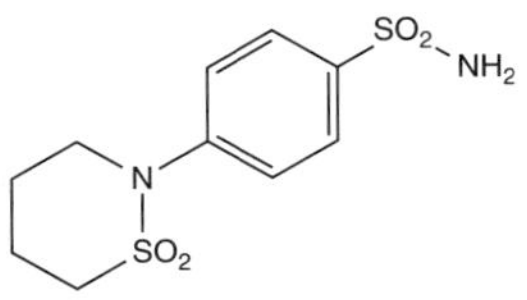

OS: *Sulthiame [USAN]*
OS: *Sultiame [BAN, DCF, DCIT, JAN]*
IS: *RP 10248*
IS: *Bayer A 168*
IS: *Riker 594*
PH: Sulthiame [BP 1988]
PH: Sultiame [JP XIV]

Ospolot® (Bayer: GR)
Ospolot® (Desitin: CH, CZ, DE, HU, IL)
Ospolot® (Orphan: AT)
Ospolot® (Pharmalab: AU)

S

Ospolot® (Teva: AR)

Sultopride (Rec.INN)

L: Sultopridum
I: Sultopride
D: Sultoprid
F: Sultopride
S: Sultoprida

Neuroleptic

ATC: N05AL02
CAS-Nr.: 0053583-79-2 — C_{17}-H_{26}-N_2-O_4-S, M_r 354.475

Benzamide, N-[(1-ethyl-2-pyrrolidinyl)methyl]-5-(ethylsulfonyl)-2-methoxy-

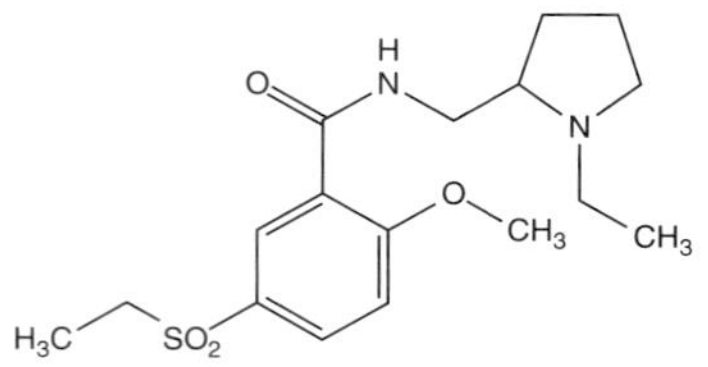

OS: *Sultopride [DCF, DCIT]*
IS: *LIN 1418*

– hydrochloride:

CAS-Nr.: 0023694-17-9
OS: *Sultopride Hydrochloride JAN*

Barnetil® (Dainippon: JP)
Barnetil® (Mitsui: JP)
Barnetil® (Sanofi-Aventis: FR)
Sultopride Panpharma® (Panpharma: FR)

Sultosilic Acid (Rec.INN)

L: Acido sultosilico
D: Sultosilinsäure
F: Acide sultosilique
S: Acidum sultosilicum

Antihyperlipidemic agent

CAS-Nr.: 0057775-26-5 — C_{13}-H_{12}-O_7-S_2, M_r 344.359

2,5-Dihydroxybenzenesulfonic acid 5-p-toluenesulfonate

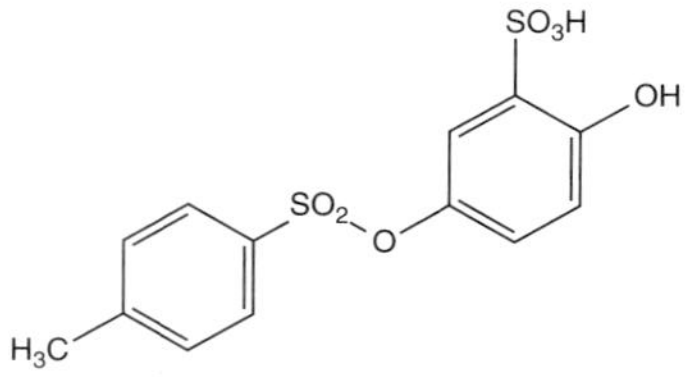

– piperazine salt:

IS: *A 585 (Esteve, Spain)*

Mimedran® (Esteve: ES)

Sumatriptan (Rec.INN)

L: Sumatriptanum
I: Sumatriptan
D: Sumatriptan
F: Sumatriptan
S: Sumatriptan

Antimigraine agent
Serotonin agonist

ATC: N02CC01
CAS-Nr.: 0103628-46-2 — C_{14}-H_{21}-N_3-O_2-S, M_r 295.412

3-[2-(Dimethylamino)ethyl]-N-methylindole-5-methanesulfonamide

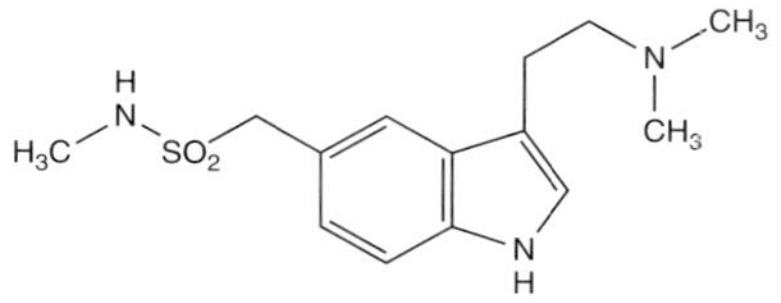

OS: *Sumatriptan [BAN, DCF]*
IS: *GR 43175 X (Glaxo)*
PH: Sumatriptan [USP 30]

Adracon® (Inti: PE)
Etimigran® (Ethical: DO)
Imigrane® (GlaxoSmithKline: HR)
Imigran® (Eurim: AT)
Imigran® (GlaxoSmithKline: AT, BA, BR, CH, CL, CO, CZ, DE, EC, FI, GB, HU, IE, IT, NL, RO, RS, RU, SE, ZA)
Imigran® (Medcor: NL)
Imigran® (Paranova: AT)
Imitrex® (GlaxoSmithKline: LU, US)
Migraneitor® (Driburg: AR)
Somatran® (Andromaco: CL)
Sumatriptan Allen® (Allen: AT)
Sumatriptan Baggerman® (Baggerman: NL)
Sumatriptan Genfar® (Genfar: CO)
Sumatriptan Merck® (Merck Generics: NL)
Sumax® (Libbs: BR)
Sumetrin® (Alkaloid: BA)

– succinate:

CAS-Nr.: 0103628-48-4
OS: *Sumatriptan Succinate BANM, USAN*
IS: *GR 43175 C (Glaxo)*
IS: *SN 308*
PH: Sumatriptan Succinate Ph. Eur. 5
PH: Sumatriptani succinas Ph. Eur. 5
PH: Sumatriptan (succinate de) Ph. Eur. 5
PH: Sumatripransuccinat Ph. Eur. 5

Amigrenin® (Verofarm: RU)
Arcoiran® (Alter: ES)
Arrow Sumatriptan® (Arrow: NZ)
Cetatrex® (Soho: ID)
CO Sumatriptan® (Cobalt: CA)
Dolmigral® (Prodes: ES)
Fermig® (Raam: MX)
Gen-Sumatriptan® (Genpharm: CA)
Imigran Sprintab® (Montrose: CZ)
Imigrane® (GlaxoSmithKline: BG, FR)
Imigranradis® (Glaxo Wellcome: PT)
Imigran® (Eurim: AT)

Imigran® (Glaxo Wellcome: PT)
Imigran® (GlaxoSmithKline: AE, AG, AN, AT, AU, AW, BB, BH, BR, CH, CH, CL, CO, CR, CY, CZ, DE, DK, DO, EC, ES, FI, GB, GD, GE, GR, GT, GY, HK, HN, HR, HU, IE, IR, IS, IT, JM, JO, KW, LB, LC, LK, MX, MY, NI, NL, NO, NZ, OM, PA, PE, PH, PL, QA, RO, RS, RU, SE, SG, SI, SV, SY, TH, TR, TT, VC, YE, ZA)
Imigran® (Paranova: AT)
Imiject® (GlaxoSmithKline: FR)
Imitag® (Pinewood: IE)
Imitrex® (GlaxoSmithKline: BE, CA, ID, IL, LU, US)
Micranil® (Phoenix: AR)
Migrafel® (Feltrex: DO)
Migragesin® (Psipharma: CO)
Migrastat® (Gerard: IE)
Nograine® (Victory: MX)
Novo-Sumatriptan® (Novopharm: CA)
PMS-Sumatriptan® (Pharmascience: CA)
ratio-Sumatriptan® (Ratiopharm: CA)
Rosemig® (GlaxoSmithKline: CZ, SI)
Sandoz Sumatriptan® (Sandoz: CA)
Sitran® (Farmacol: CO)
Sumalieve® (Clonmel: IE)
Sumamigren® (Polpharma: PL)
Sumarix® (Ratiopharm: NL)
Sumatran® (Rowex: IE)
Sumatridex® (Dexcel: IL)
Sumatriptan 1A Farma® (1A Farma: DK)
Sumatriptan 1A Pharma® (1A Pharma: DE)
Sumatriptan AbZ® (AbZ: DE)
Sumatriptan Actavis® (Actavis: DE, NL, SE)
Sumatriptan Allen® (Allen: AT)
Sumatriptan AL® (Aliud: DE)
Sumatriptan AWD® (AWD: DE)
Sumatriptan A® (Apothecon: NL)
Sumatriptan Basics® (Basics: DE)
Sumatriptan beta® (betapharm: DE)
Sumatriptan CF® (Centrafarm: NL)
Sumatriptan Copyfarm® (Copyfarm: FI)
Sumatriptan dura® (Merck dura: DE)
Sumatriptan Focus® (Focus: NL)
Sumatriptan FTAB® (Baggerman: NL)
Sumatriptan GSK® (GlaxoSmithKline: DK)
Sumatriptan Hexal® (Hexal: DE, DK)
Sumatriptan Hormosan® (Hormosan: DE)
Sumatriptan Katwijk® (Katwijk: NL)
Sumatriptan Merck NM® (Merck NM: DK, FI, SE)
Sumatriptan Niche® (Niche: IE)
Sumatriptan PCH® (Pharmachemie: NL)
Sumatriptan PSI® (PSI: NL)
Sumatriptan ratiopharm® (ratiopharm: DE)
Sumatriptan ratiopharm® (Ratiopharm: FI, NL)
Sumatriptan real® (Dolorgiet: DE)
Sumatriptan Sandoz® (Sandoz: DE, DK, ES, FI, NL, SE)
Sumatriptan Stada® (Stada: DE)
Sumatriptan TAD® (TAD: DE)
Sumatriptan Teva® (Teva: DE)
Sumatriptan Winthrop® (Winthrop: DE)
Sumatriptan-biomo® (biomo: DE)
Sumatriptan-CT® (CT: DE)
Sumatriptan-Kranit® (Krewel: DE)
Sumatriptan® (Hexal: NL)
Sumatriptan® (IPhSA: CL)
Sumigran® (General Pharma: BD)
Sumigra® (Sandoz: CZ, PL, SI)
Suminat® (Sun: IN)
Suvalan® (Arrow: AU)
Triptagic® (Tempo: ID)

Sunitinib (Rec.INN)

L: Sunitinibum
D: Sunitinib
F: Sunitinib
S: Sunitinib

Antineoplastic agent

ATC: L01XE04
ATCvet: QL01XE04
CAS-Nr.: 0557795-19-4 C_{22}-H_{27}-F-N_4-O_2
M_r 398.47

N-[2-(diethylamino)ethyl]-5-[(Z)-(5-fluoro-2-oxo-1,2-dihydro-3*H*-indol-3-ylidene)methyl]-2,4-dimethyl-1*H*-pyrrole-3-carboxamide (WHO)

5-(5-Fluor-2-oxo-1,2-dihydroindol-3-ylidenmethyl)-2,4-dimethyl-1*H*-pyrrol-3-carbonsäure (2-diethylaminoethyl)amid (IUPAC)

1H-Pyrrole-3-carboxamide, N-(2-(diethylamino)ethyl)-5-((Z)-(5-fluoro-1,2-dihydro-2-oxo-3H-indol-3-ylidene)methyl)-2,4-dimethyl-

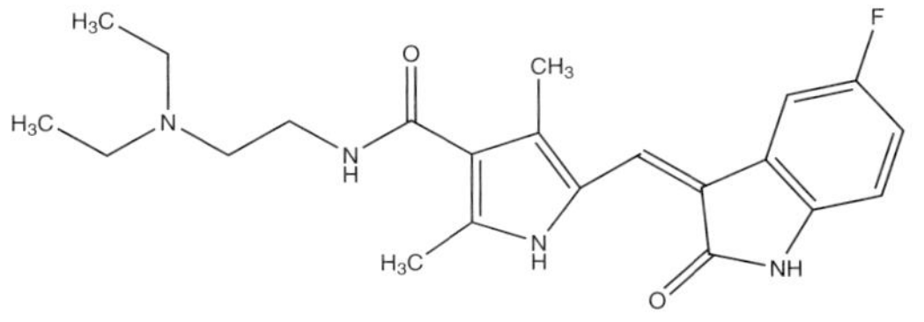

– malate:

CAS-Nr.: 0341031-54-7
IS: *SU010398*
IS: *PHA-290940AD*
IS: *SU-11248 (L-malate salt)*

Sutent® (Pfizer: CA, CH, DE, FI, GB, IE, MX, NL, NO, NZ, SE, US)

Suprofen (Rec.INN)

L: Suprofenum
I: Suprofene
D: Suprofen
F: Suprofène
S: Suprofeno

Antiinflammatory agent

ATC: M01AE07
CAS-Nr.: 0040828-46-4 C_{14}-H_{12}-O_3-S
M_r 260.31

Benzeneacetic acid, α-methyl-4-(2-thienylcarbonyl)-

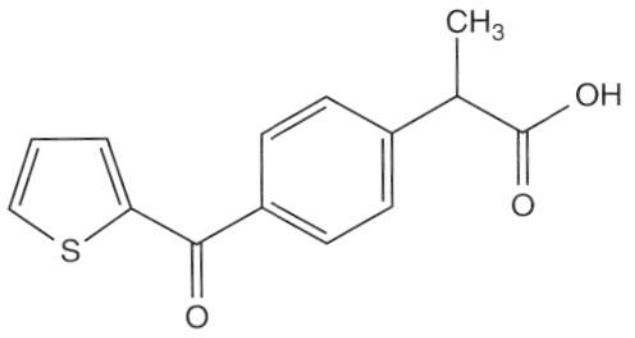

S

OS: *Suprofen [BAN, JAN, USAN]*
OS: *Suprofène [DCF]*
OS: *Suprofene [DCIT]*
IS: *R 25061 (Janssen)*
IS: *TN 762*
PH: Suprofen [USP 30]

Procofen® (Alcon: BR)
Srendam® (Kayaku: JP)
Sulprotin® (Chemiphar: JP)
Sulprotin® (Taiyo: JP)
Topalgic® (Shoji: JP)

Suramin Sodium (Rec.INN)

L: Suraminum Natricum
D: Suramin natrium
F: Suramine sodique
S: Suramina sodica

⚕ Antiprotozoal agent, trypanocidal

ATC: P01CX02
CAS-Nr.: 0000129-46-4 C_{51}-H_{34}-N_6-Na_6-O_{23}-S_6
M_r 1429.193

1,3,5-Naphthalenetrisulfonic acid, 8,8'-[carbonylbis[imino-3,1-phenylenecarbonylimino(4-methyl-3,1-phenylene)carbonylimino]]bis-, hexasodium salt

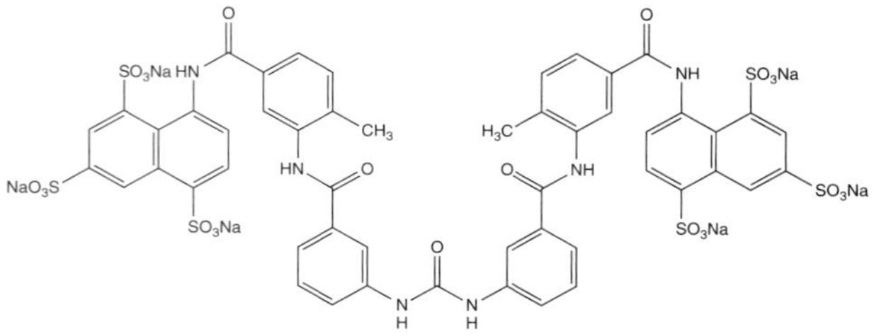

OS: *Suramine sodique [DCF]*
OS: *Suramin Hexasodium [USAN]*
IS: *Bayer 205*
IS: *CI 1003*
IS: *Naganium*
PH: Suramin [BPC 1979]
PH: Suramina sodica [F.U. IX]
PH: Suramine sodique [Ph. Franç. X]
PH: Suraminum natricum [Ph. Int. 4]
PH: Suramin Sodium [Ph. Int. 4, USP XVII]

Bayer 205® (Bayer: KE, TZ, UG)

Suxamethonium Chloride (Prop.INN)

L: Suxamethonii chloridum
I: Succinilcolina cloruro
D: Suxamethonium chlorid
F: Chlorure de suxaméthonium
S: Cloruro de suxametonio

⚕ Neuromuscular blocking agent

CAS-Nr.: 0000071-27-2 C_{14}-H_{30}-Cl_2-N_2-O_4
M_r 361.314

Ethanaminium, 2,2'-[(1,4-dioxo-1,4-butanediyl)bis(oxy)]bis[N,N,N-trimethyl-, dichloride

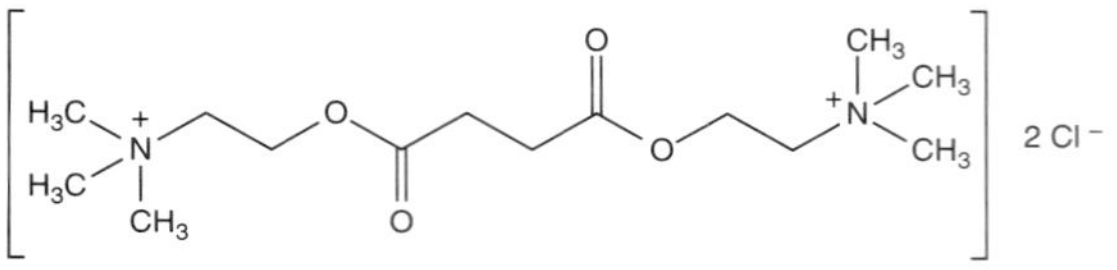

OS: *Suxamethonium Chloride [BAN, JAN]*
OS: *Suxaméthonium [DCF]*
OS: *Succinilcolina cloruro [DCIT]*
IS: *Succicurarium*
IS: *Suxamethonum*
IS: *Succinylcholine chloride*
IS: *Succinyldicholinium chloratum*
PH: Succinylcholine Chloride [USP 30]
PH: Suxamethonii chloridum [Ph. Eur. 5, Ph. Int. 4]
PH: Suxaméthonium (chlorure de) [Ph. Eur. 5]
PH: Suxamethoniumchlorid [Ph. Eur. 5]
PH: Suxamethonium Chloride [Ph. Eur. 5, Ph. Int. 4, JP XIV]

Actirelax® (Northia: AR)
Anectine® (GlaxoSmithKline: AE, AG, AN, AW, BB, BH, ES, GB, GD, GY, IR, JM, KW, LC, MX, OM, QA, TT, US, VC)
Anectine® [vet.] (GlaxoSmithKline: GB)
Celocurin® (Ipex: SE)
Chlorsuccillin® (Jelfa: PL)
Curalest® (Pharmachemie: NL)
Distensil L® (Trifarma: PE)
Ethicholine DBL® (Mayne: SG)
Fosfitone® (Fada: AR)
Lycitrope® (Cooper: GR)
Lysthenon® (Fako: TR)
Lysthenon® (Nycomed: AT, CH, DE, GE, RO)
Midarine® (GlaxoSmithKline: CH, IN, IT, RS)
Mioflex Braun® (Braun: ES, PT)
Myoplegine® (Christiaens: LU)
Myoplegine® (Nycomed: LU)
Myotenlis® (Pharmacia: IT)
Pantolax® (DeltaSelect: DE)
Quelicin® (Abbott: ID)
Quelicin® (Hospira: CA, US)
Scoline® (Aspen: ZA)
Scoline® (GlaxoSmithKline: ZA)
Succinilcolina Cloruro® (Biologici: IT)
Succinilcolina Fabra® (Fabra: AR)
Succinilcolina Gray® (Gray: AR)
Succinilcolina Konal® (Klonal: AR)
Succinilcolina Richmond® (Richmond: AR)
Succinilcolina Rivero® (Rivero: AR)
Succinolin® (Amino: CH)
Succinyl Asta Siccum® (ASTA Medica: ID)
Succinyl Asta Siccum® (Transfarma: TH)
Succinyl Asta® (ASTA Medica: BD, ID)
Succinyl Asta® (Dagra: NL)
Succinyl Asta® (Viatris: LU)
Succinylcholin DeltaSelect® (DeltaSelect: DE)
Succinylcholine Chloride Injection® (Organon: US)
Succinyl® (Taro: IL)
Succinyl® (Zuellig: TH)
Succi® (Scott: AR)
Sukolin® (Orion: FI)
Suxamethon SAD® (SAD: DK)
Suxamethonium Chloride-Fresenius® (Bodene: ZA)

Suxamethonium Chloride® (AstraZeneca: AU, NZ)
Suxamethonium Chloride® (Bodene: ZA)
Suxamethonium Chloride® (Goldshield: GB)
Suxamethoniumchloride CF® (Centrafarm: NL)
Suxametonio Cloruro® (Bestpharma: CL)
Suxametonio Cloruro® (Sanderson: CL)

Suxethonium Chloride (Rec.INN)

L: Suxethonii Chloridum
D: Suxethonium chlorid
F: Chlorure de Suxéthonium
S: Cloruro de suxetonio

Neuromuscular blocking agent

CAS-Nr.: 0054063-57-9 C_{16}-H_{34}-Cl_2-N_2-O_4
M_r 389.368

Ethanaminium, 2,2'-[(1,4-dioxo-1,4-butanediyl)bis(oxy)]bis[N-ethyl-N,N-dimethyl-, dichloride

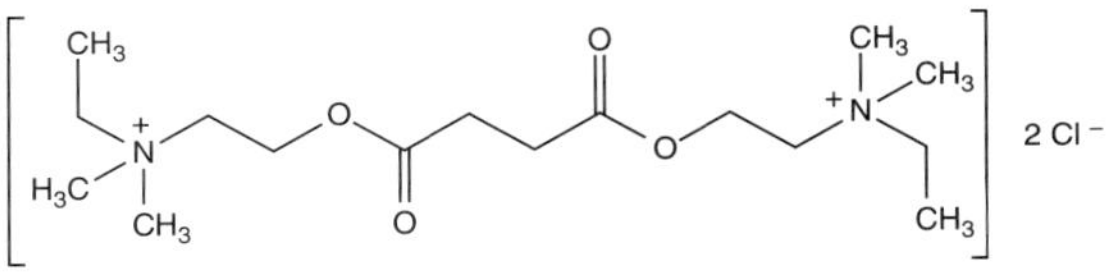

OS: *Suxethonium Chloride [BAN]*
IS: *Suxethonum*

Curacit® (Nycomed: NO)

Suxibuzone (Rec.INN)

L: Suxibuzonum
D: Suxibuzon
F: Suxibuzone
S: Suxibuzona

Antiinflammatory agent
Analgesic
Antipyretic

ATC: M02AA22
ATCvet: QM01AA90,QM02AA22
CAS-Nr.: 0027470-51-5 C_{24}-H_{26}-N_2-O_6
M_r 438.492

Butanedioic acid, mono[(4-butyl-3,5-dioxo-1,2-diphenyl-4-pyrazolidinyl)methyl] ester

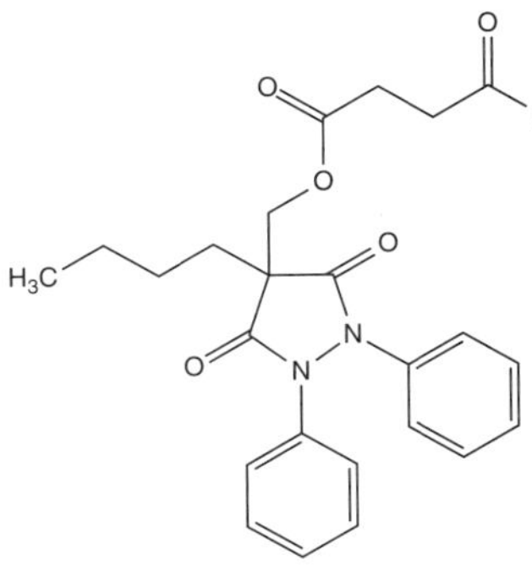

OS: *Suxibuzone [BAN, DCF, JAN]*
IS: *AE 17*
PH: Suxibuzone [Ph. Eur. 5]
PH: Suxibuzonum [Ph. Eur. 5]
PH: Suxibuzon [Ph. Eur. 5]

Danilon® (Esteve: ES)
Danilon® [vet.] (Esteve: IT)
Danilon® [vet.] (Esteve Veterinaria: PT)
Danilon® [vet.] (Janssen Animal Health: GB)
Danilon® [vet.] (Veterinaria: CH)
Vet-Danilon® [vet.] (Esteve Veterinaria: PT)
Vet-Danilon® [vet.] (Veterinaria: CH)

Tacalcitol (Rec.INN)

L: Tacalcitolum
D: Tacalcitol
F: Tacalcitol
S: Tacalcitol

Dermatological agent, antipsoriatic

ATC: D05AX04
CAS-Nr.: 0057333-96-7 C_{27}-H_{44}-O_3
M_r 416.649

(+)-(5Z,7E,24R)-9,10-Secocholesta-5,7,10(19)-triene-1α,3β,24-triol

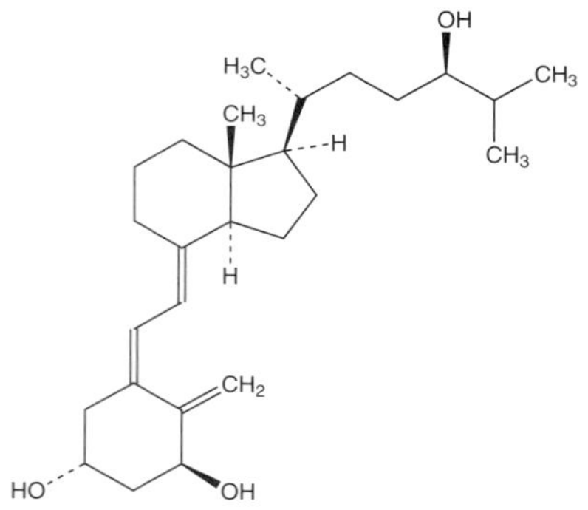

OS: *Tacalcitol [BAN, JAN]*
IS: *TV 02*

Bonalfa® (Isdin: ES)
Bonalfa® (Teijin: CN)

- monohydrate:

OS: *Tacalcitol JAN*

Apsor® (Merck Lipha Santé: FR)
Bonalfa® (Fujisawa: JP)
Bonalfa® (Schering: PE)
Bonalfa® (Teijin: JP)
Bonalfa® (White's: CL)
Curatoderm® (Boots: BE, PL)
Curatoderm® (Hermal: AT, CZ, DE, IL)
Curatoderm® (Reckitt Benckiser: CH, GB)
Ticlapsor® (Abiogen: IT)
Vellutan® (Abiogen: IT)

Tacrine (Rec.INN)

L: Tacrinum
D: Tacrin
F: Tacrine
S: Tacrina

Antidote, curare antagonist
Parasympathomimetic agent, cholinesterase inhibitor

ATC: N06DA01
CAS-Nr.: 0000321-64-2 C_{13}-H_{14}-N_2
M_r 198.275

9-Acridinamine, 1,2,3,4-tetrahydro-

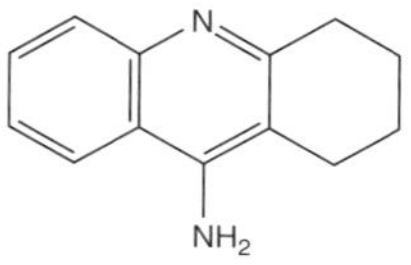

OS: *Tacrine [BAN, DCF]*
IS: *THA*

Tacrinal® (Biosintética: BR)
Talem® (LKM: AR)

- hydrochloride:

CAS-Nr.: 0001684-40-8
OS: *Tacrine Hydrochloride BANM, USAN*
IS: *CI 970 (Parke Davis)*
PH: Tacrine Hydrochloride USP 30

Cognex® (Aché: BR)
Cognex® (Genesis: GR)
Cognex® (Horizon: US)
Cognex® (OTL Pharma: ES)
Cognex® (Parke Davis: AU, DE)
Cognex® (Pfizer: CL)

Tacrolimus (Rec.INN)

L: Tacrolimusum
D: Tacrolimus
F: Tacrolimus
S: Tacrolimus

Immunosuppressant

ATC: D11AX14,L04AA05
CAS-Nr.: 0104987-11-3 C_{44}-H_{69}-N-O_{12}
M_r 804.046

Immunosuppressant derived from *Streptomyces tsukubaensis*

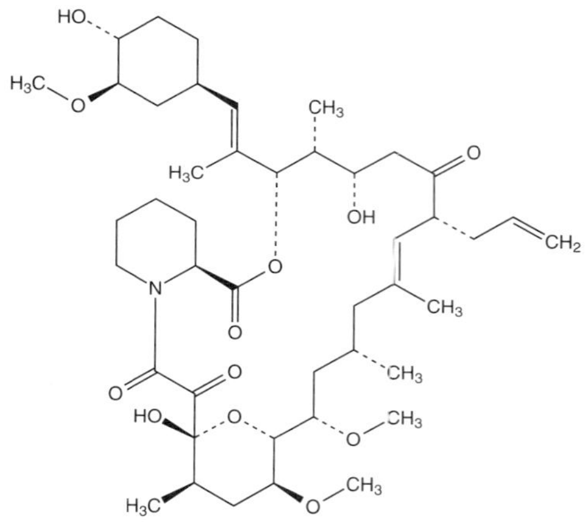

OS: *Tacrolimus [BAN]*

Advagraf® (Astellas: DE)
Mustopic® (Systopic: IN)
Proalid® (Darier: MX)
Prograft® (Astellas: NL)
Prograft® (Delphi: NL)
Prograft® (Dowelhurst: NL)
Prograft® (Fujisawa: BE, LU, NL)
Prograf® (Astellas: BA, CA, CH, CZ, DE, FI, FR, GB, HR, HU, IE, IL, NO, PL, RO, RS, RU, SE, US)
Prograf® (Critical Care: ZA)
Prograf® (Dr. Fisher: NL)
Prograf® (Eczacibasi: TR)
Prograf® (EU-Pharma: NL)
Prograf® (Eureco: NL)
Prograf® (Euro: NL)
Prograf® (Fujisawa: AT, CN, ES, HK, IT)

Prograf® (Gador: AR)
Prograf® (Hikma: AE, BH, EG, IQ, JO, KW, LB, LY, OM, QA, SA, SD, SY, TN, YE)
Prograf® (Janssen: AU, BR, MY, NZ, PH, SG, TH)
Prograf® (Medcor: NL)
Prograf® (Nedpharma: NL)
Prograf® (Paranova: AT)
Prograf® (Pharma Investi: CL)
Prograf® (PharmaSwiss: SI)
Prograf® (Vianex: GR)
Protopic® (Roche: AR, BR, CL)
Remus® (Square: BD)
T-Inmun® (Mediderm: CL)
T-Inmun® (Tadt: CL)
Tacroderm® (Nicholas: IN)
Tacrolim® (Incepta: BD)
Tacrol® (Acme: BD)
Tacroz® (Glenmark: LK)

– monohydrate:

CAS-Nr.: 0109581-93-3
OS: *Tacrolimus USAN*
OS: *Tacrolimus Hydrate JAN*
IS: *FK 506 (Fujisawa, Japan)*
IS: *FR 900506*
IS: *L 683590*

Limustin® (Landsteiner: MX)
Prograf® (Astellas: DK, US)
Prograf® (Fujisawa: JP)
Prograf® (Janssen: CR, DO, GT, HN, MX, NI, PA, SV)
Protopic® (Astellas: CA, CH, CN, DE, DK, FI, FR, GB, IE, IL, IS, IT, NO, PL, PT, SE, US)
Protopic® (Fujisawa: AT, BE, CZ, ES, GR, HK, HU, JP, LU, NL, SI)
Protopic® (Janssen: MY, SG, TH)
Protopic® (Roche: MX)
Protopy® (Fujisawa: LU, NL)

Tadalafil (Rec.INN)

L: Tadalafilum
D: Tadalafil
F: Tadalafil
S: Tadalafilo

Vasodilator

ATC: G04BE08
CAS-Nr.: 0171596-29-5 C_{22}-H_{19}-N_3-O_4
M_r 389.41

(6R,12aR)-6-(1,3-Benzodioxol-5-yl)-2-methyl-2,3,6,7,12,12a-hexahydropyrazino[1',2':1,6]pyrido[3,4-b]indole-1,4-dione [WHO]

Pyrazino[1',2':1,6]pyrido[3,4-b]indole-1,4-dione, 6-(1,3-benzo-dioxol-5-yl)-2,3,6,7,12,12a-hexahydro-2-methyl-, (6R-12aR)- [USAN]

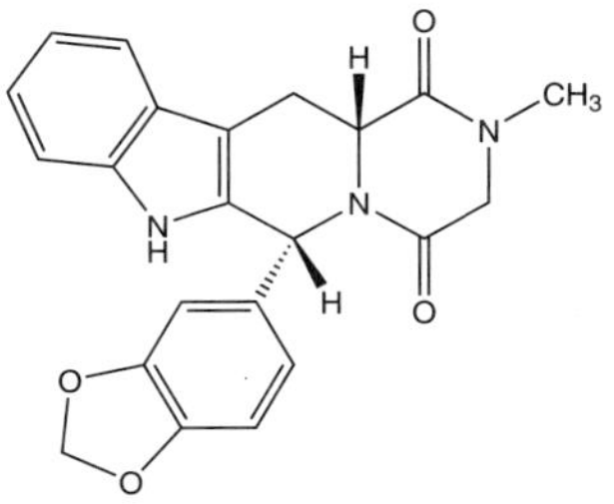

OS: *Tadalafil [USAN, BAN]*
IS: *EP 740668 B 1998*
IS: *GF 196960*
IS: *GG 960*
IS: *ICOS 351*
IS: *IC 351 (Lilly ICOS)*

Apcalis® (Ajanta: GE)
Cialis® (Eli Lilly: VN)
Cialis® (Lilly: AR, AU, BA, BE, BR, CA, CH, CL, CO, CZ, DE, DK, ES, FI, FR, GB, GE, GR, HK, HR, HU, ID, IE, IL, IS, IT, LK, LU, MX, MY, NL, NO, NZ, PH, PL, PT, RO, RS, RU, SE, SG, SI, TH, TR, US, ZA)
Cialis® (Lilly Icos: AT)
Cialis® (Whitehall: LU)
Forzest® (Ranbaxy: IN)
Zydalis® (Zydus: IN)

Talampicillin (Rec.INN)

L: Talampicillinum
I: Talampicillina
D: Talampicillin
F: Talampicilline
S: Talampicilina

Antibiotic, penicillin, broad-spectrum
Antibiotic, penicillin, penicillinase-sensitive

ATC: J01CA15
CAS-Nr.: 0047747-56-8 C_{24}-H_{23}-N_3-O_6-S
M_r 481.538

D-(-)-6-(2-Amino-2-phenylacetamido)-3,3-dimethyl-7-oxo-4-thia-1-azabicyclo[3.2.0]-heptane-2-carboxylic acid ester with 3-Hydroxyphthalide

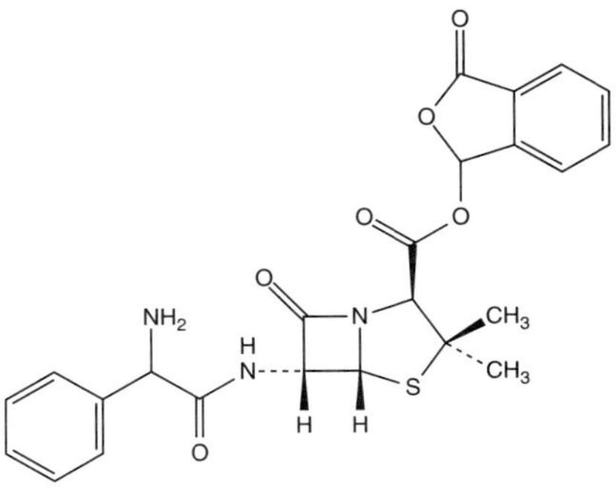

OS: *Talampicillin [BAN]*
OS: *Talampicillina [DCIT]*

IS: *PC 183*

– hydrochloride:

CAS-Nr.: 0039878-70-1
OS: *Talampicillin Hydrochloride BANM, JAN, USAN*
IS: *BRL 8988 (Beecham, Great Britain)*
PH: Talampicllin Hydrochloride JP XIV

TAPC® (Yamanouchi: JP)
Yamacillin® (Yamanouchi: JP)

Talinolol (Rec.INN)

L: Talinololum
D: Talinolol
F: Talinolol
S: Talinolol

β-Adrenergic blocking agent

ATC: C07AB13
CAS-Nr.: 0057460-41-0 C_{20}-H_{33}-N_3-O_3
M_r 363.514

Urea, N-cyclohexyl-N'-[4-[3-[(1,1-dimethylethyl)amino]-2-hydroxypropoxy]phenyl]-, (±)-

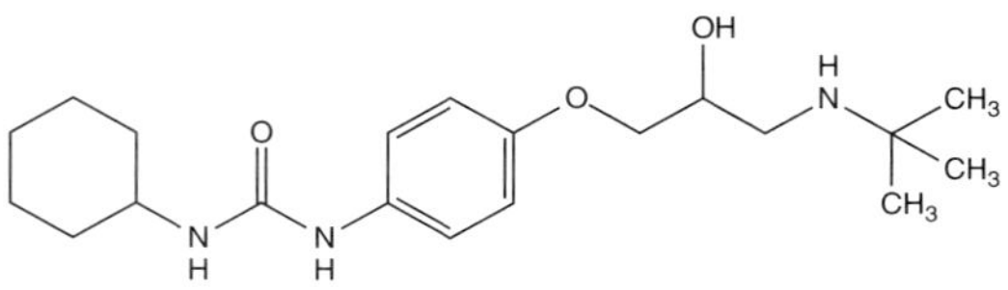

IS: *O2-115*
PH: Talinololum [2.AB-DDR]

Cordanum® (Asta Medica: CZ)
Cordanum® (AWD Pharma: DE, RO)

Talipexole (Rec.INN)

L: Talipexolum
D: Talipexol
F: Talipexole
S: Talipexol

Antiparkinsonian
Dopamine agonist

CAS-Nr.: 0101626-70-4 C_{10}-H_{15}-N_3-S
M_r 209.32

6-Allyl-2-amino-5,6,7,8-tetrahydro-4H-thiazolo[4,5-d]azepine

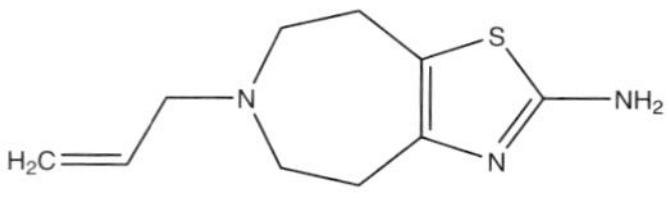

IS: *Alefexole*
IS: *B-HT 920*

– dihydrochloride:

CAS-Nr.: 0036085-73-1
IS: *Alefexole hydrochloride*

Domin® (Boehringer Ingelheim: JP)

Talniflumate (Rec.INN)

L: Talniflumatum
D: Talniflumat
F: Talniflumate
S: Talniflumato

Antiinflammatory agent
Analgesic

CAS-Nr.: 0066898-62-2 C_{21}-H_{13}-F_3-N_2-O_4
M_r 414.355

3-Pyridinecarboxylic acid, 2-[[3-(trifluoromethyl)phenyl]amino]-, 1,3-dihydro-3-oxo-1-isobenzofuranyl ester

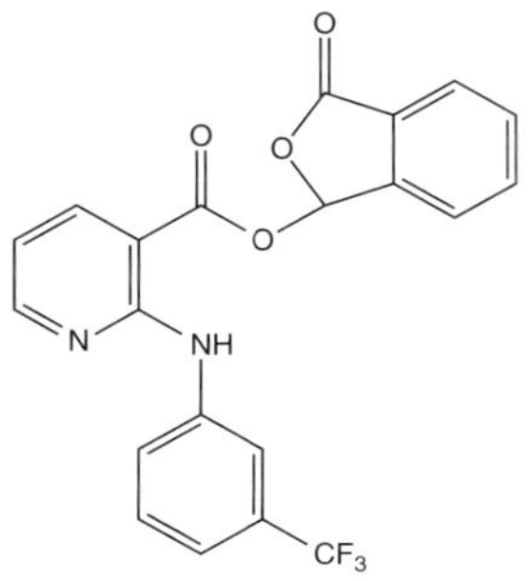

OS: *Talniflumate [DCF, USAN]*
IS: *BA 7602-06 (Bago, Argentina)*

Somalgen® (Bagó: AR)

Tamoxifen (Rec.INN)

L: Tamoxifenum
I: Tamoxifene
D: Tamoxifen
F: Tamoxifène
S: Tamoxifeno

Antiestrogen

ATC: L02BA01
CAS-Nr.: 0010540-29-1 C_{26}-H_{29}-N-O
M_r 371.528

Ethanamine, 2-[4-(1,2-diphenyl-1-butenyl)phenoxy]-N,N-dimethyl-, (Z)-

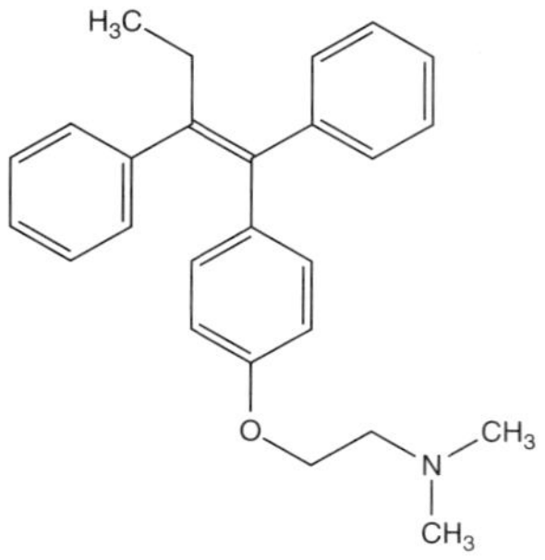

OS: *Tamoxifene [DCF, DCIT]*
OS: *Tamoxifen [BAN]*

Bilem® (Lemery: PE)
Doctamoxifene® (Docpharma: BE)
Fenobest® (Best: MX)
Mamofen® (Khandelwal: IN)
Merck-Tamoxifen® (Merck: BE)
Neophedan® (Aspen: ZA)

P&U Tamoxifen® (Pharmacia: BR)
Tamifen® (Medochemie: LK)
Tamoplex® (Pharmachemie: ID, NL)
Tamoplex® (Teva: BE)
Tamoxifen Bexal® (Bexal: BE)
Tamoxifen Ebewe® (Ebewe: PL, RS)
Tamoxifen Ebewe® (Ferron: ID)
Tamoxifen ratiopharm® (Ratiopharm: BE)
Tamoxifen ratiopharm® (ratiopharm: LU)
Tamoxifen-Ebewe® (Ebewe: RU)
Tamoxifen-Hexal® (Hexal: LU)
Tamoxifeno Bilem® [compr.] (Lemery: PE)
Tamoxifeno Rontag® (Biocrom: AR)
Tamoxifeno Rontag® (Rontag: AR)
Tamoxifeno R® (Raymos: AR)
Tamoxifeno® (AC Farma: PE)
Tamoxifeno® (Baxter: CL)
Tamoxifeno® (Kampar: CL)
Tamoxifen® (Pliva: BA)
Tamoxifen® (Remedica: RS)
Tamoxifen® (Wockhardt: GE)
Tamoxi® (Generics: IL)
Tamoxsta® (Baxter: PH)

– citrate:

CAS-Nr.: 0054965-24-1
OS: *Tamoxifen Citrate BANM, JAN, USAN*
IS: *ICI 46474 (Zeneca, Great Britain)*
PH: Tamoxifen Citrate Ph. Eur. 5, Ph. Int. 4, USP 30
PH: Tamoxifeni citras Ph. Eur. 5, Ph. Int. 4
PH: Tamoxifene (citrate de) Ph. Eur. 5
PH: Tamoxifen dihydrogencitrat Ph. Eur. 5

Adifen® (A.Di.Pharm: GR)
Apo-Tamox® (Apotex: AN, BB, BM, BS, CA, GY, HT, JM, KY, SG, SR, TT)
Asta Medica Tamoxifeno® (ASTA Medica: BR)
Bagotam® (Armstrong: MX)
Bioxifeno® (Biosintética: BR)
Citofen® (Bosnalijek: BA)
Crisafeno® (LKM: AR)
Ebefen® (Ebewe: AT)
Femoxtal® (Victory: MX)
Gen-Tamoxifen® (Genpharm: CA)
Genox® (Alphapharm: AU)
Genox® (Pacific: NZ)
GenRX Tamoxifen® (GenRX: AU)
Ginarsan® (Elvetium: PE)
Ginarsan® (Ivax: AR)
Gynatam® (Dabur: PH, TH)
Jenoxifen® (Jenapharm: DE)
Jenoxifen® (mibe: DE)
Kessar® (Orion-SF: IT)
Kessar® (Pfizer: AT, CL, FR)
Kessar® (Pharmachemie: NL)
Kessar® (Pharmacia: DE, GR, ZA)
Ledertam® (Wyeth: IT)
Mandofen® (Juta: DE)
Mandofen® (Q-Pharm: DE)
Neophedan® (Aspen: ZA)
Nolgen® (Antigen: IE)
Nolvadex-D® (AstraZeneca: AR)
Nolvadex® (ACI: BD)
Nolvadex® (Aktuapharma: BE)
Nolvadex® (AstraZeneca: AE, AG, AN, AT, AU, AW, BA, BD, BE, BG, BH, BM, BR, BS, BZ, CA, CH, CL, CO, CR, CY, CZ, DE, DO, EC, EG, ES, ET, FR, GB, GD, GE, GH, GR, GT, GY, HK, HN, HR, HT, ID, IE, IL, IQ, IT, JM, JO, KE, KW, LB, LC, LK, LU, LY, MT, MW, MX, MY, MZ, NG, NI, NL, NO, NZ, OM, PA, PE, PH, PL, PT, QA, RO, RS, SA, SD, SE, SG, SI, SR, SV, SY, TH, TR, TT, TZ, UG, US, VC, VN, VN, YE, ZA, ZM, ZW)
Nolvadex® (ICI: IN)
Nolvadex® (Paranova: AT)
Nomafen® (Fidia: IT)
Nourytam® (Nourypharma: DE)
Novadex® (AstraZeneca: AT)
Novo-Tamoxifen® (Novopharm: CA)
Novofen® (Comerciosa: EC)
Novofen® (Remedica: CY, ET, GH, KE, TH, TZ)
Oncotamox® (Biotoscana: CL)
Oncotam® (Mayoly-Spindler: FR)
Puretam® (Biotrends: GR)
Rolap® (Teva: AR)
Soltamox® (Rosemont: GB)
Soltamox® (Savient: US)
Tadex® (Atafarm: TR)
Tadex® (Orion: FI)
Tamax® (Fresenius: AT)
Tamec® (Sandoz: CH)
Tamexin® (Ratiopharm: FI)
Tamifen® (Medochemie: CZ, RU)
Tamizam® (Zambon: BE, LU)
Tamofen® (Aventis: BR)
Tamofen® (Er-Kim: TR)
Tamofen® (Gerot: AT)
Tamofen® (JDH: TH)
Tamofen® (Kalbe: ID)
Tamofen® (Kalbe Farma: LK)
Tamofen® (Leiras: FI)
Tamofen® (Rhodia: IL)
Tamofen® (Sanofi-Aventis: CA)
Tamofen® (Schering: CN)
Tamofen® (Schering Oy: SG)
Tamofen® (Torrent: IN)
Tamokadin® (Kade: DE)
Tamona® (Beximco: BD)
Tamoneprin® (Sindan: RO)
Tamooex® (Meizler: BR)
Tamopham® (Phamos: DE)
Tamoplex® (Chemipharm: GR)
Tamoplex® (Lannacher: AT)
Tamoplex® (Med: TR)
Tamoplex® (Pacific: TH)
Tamoplex® (Pharmachemie: BD, LK, MY, NL, ZA)
Tamoplex® (Teva: CZ)
Tamosin® (Sigma: AU)
Tamox 1A Pharma® (1A Pharma: DE)
Tamox AbZ® (AbZ: DE)
Tamox-GRY® (Gry: DE)
Tamox-TEVA® (Teva: DE)
Tamoxene® (Lisapharma: IT)
Tamoxen® (CTS: IL)
Tamoxen® (Douglas: AU)
Tamoxen® (General Pharma: BD)
Tamoxifen „Ebewe“® (Ebewe: CZ, VN)
Tamoxifen Abic-Teva® (RX: TH)
Tamoxifen AbZ® (AbZ: DE)
Tamoxifen Alpharma® (Alpharma: NL)
Tamoxifen AL® (Aliud: DE)
Tamoxifen Arcana® (Arcana: AT)

T

Tamoxifen A® (Apothecon: NL)
Tamoxifen beta® (betapharm: DE)
Tamoxifen BP® (Hemat: TR)
Tamoxifen cell pharm® (cell pharm: DE)
Tamoxifen Cell® (Assos: TR)
Tamoxifen CF® (Centrafarm: NL)
Tamoxifen Citrate® (Aegis: US)
Tamoxifen Citrate® (Andrx: US)
Tamoxifen Citrate® (Barr: US)
Tamoxifen Citrate® (Ivax: US)
Tamoxifen Citrate® (Mylan: US)
Tamoxifen Citrate® (Roxane: US)
Tamoxifen Ebewe® (Ebewe: AT, CZ, GR)
Tamoxifen Ebewe® (Schumit: TH)
Tamoxifen Farmos® (Bristol-Myers Squibb: CH)
Tamoxifen Heumann® (Heumann: DE)
Tamoxifen Hexal® (1A Pharma: PL)
Tamoxifen Hexal® (Hexal: AT, AU, DE, RO)
Tamoxifen Hexal® (Sandoz: HU)
Tamoxifen Katwijk® (Katwijk: NL)
Tamoxifen Lachema® (Lachema: CZ)
Tamoxifen medac® (Medac: DE)
Tamoxifen Medis® (Medis: SI)
Tamoxifen Merck NM® (Merck NM: DK, SE)
Tamoxifen Merck® (Merck Generics: NL)
Tamoxifen NC® (Neocorp: DE)
Tamoxifen NM Pharma® (Generics: IS)
Tamoxifen Nordic® (Nordic Drugs: SE)
Tamoxifen Novexal® (Novexal: GR)
Tamoxifen Nycomed® (Nycomed: AT)
Tamoxifen PCH® (Pharmachemie: NL)
Tamoxifen ratiopharm® (Ratiopharm: AT, CZ)
Tamoxifen ratiopharm® (ratiopharm: DE)
Tamoxifen ratiopharm® (Ratiopharm: NL)
Tamoxifen Sandoz® (Sandoz: NL)
Tamoxifen Teva® (Teva: HU, NL)
Tamoxifen-CT® (CT: DE)
Tamoxifen.d.a.v.i.d® (David: DE)
Tamoxifene BIG® (Benedetti: IT)
Tamoxifene EG® (EG: IT)
Tamoxifene EG® (Eurogenerics: BE)
Tamoxifene PH&T® (PH&T: IT)
Tamoxifene Ratiopharm® (Ratiopharm: IT)
Tamoxifene Segix® (Segix: IT)
Tamoxifene Tad® (TAD: IT)
Tamoxifeno Biotenk® (Biotenk: AR)
Tamoxifeno Cinfa® (Cinfa: ES)
Tamoxifeno Dosa® (Dosa: AR)
Tamoxifeno Edigen® (Edigen: ES)
Tamoxifeno Elfar® (Elfar: ES)
Tamoxifeno Farmoz® (Farmoz: PT)
Tamoxifeno Ferrer Farma® (Ferrer: ES)
Tamoxifeno Filaxis® (Filaxis: AR)
Tamoxifeno Funk® (Prasfarma: ES)
Tamoxifeno Gador® (Farmed: TR)
Tamoxifeno Gador® (Gador: AR)
Tamoxifeno Generis® (Generis: PT)
Tamoxifeno Labesfal® (Labesfal: PT)
Tamoxifeno Lazar® (Lazar: AR)
Tamoxifeno Lepori® (Farma Lepori: ES)
Tamoxifeno Microsules® (Microsules: AR)
Tamoxifeno Ratiopharm® (Ratiopharm: ES)
Tamoxifeno Sandoz® (Sandoz: AR)
Tamoxifeno Ur® (Uso Racional: ES)
Tamoxifeno Varifarma® (Varifarma: AR)
Tamoxifeno® (Bestpharma: CL)
Tamoxifeno® (Biochemie: CO)
Tamoxifeno® (Biosintética: BR)
Tamoxifeno® (Chiesi: ES)
Tamoxifeno® (Kenfarma: ES)
Tamoxifeno® (Lepori: ES)
Tamoxifeno® (Payam Neda: BR)
Tamoxifeno® (Prasfarma: ES)
Tamoxifeno® (Ratiopharm: ES)
Tamoxifeno® (Sanofi-Pasteur: CL)
Tamoxifen® (Aliud: DE)
Tamoxifen® (Alpharma: GB)
Tamoxifen® (Blaskov: CO)
Tamoxifen® (Cristália: BR)
Tamoxifen® (Egis: PL)
Tamoxifen® (Hexal: NL, RU)
Tamoxifen® (Hillcross: GB)
Tamoxifen® (Kent: GB)
Tamoxifen® (Lachema: CZ)
Tamoxifen® (Med: TR)
Tamoxifen® (Merck NM: NO)
Tamoxifen® (Orion: RU)
Tamoxifen® (Shreya: RU)
Tamoxifen® (Teva: GB)
Tamoxifen® (Vipharm: PL)
Tamoxifen® (Wockhardt: GB)
Tamoxifène Biogaran® (Biogaran: FR)
Tamoxifène EG® (EG Labo: FR)
Tamoxifène G Gam® (G Gam: FR)
Tamoxifène Merck® (Merck Génériques: FR)
Tamoxifène RPG® (RPG: FR)
Tamoxifène Sandoz® (Sandoz: FR)
Tamoxifène Zydus® (Zydus: FR)
Tamoximerck® (Merck dura: DE)
Tamoxin® (Eurofarma: BR)
Tamoxistad® (Stadapharm: DE)
Tamoxis® (Bioprofarma: AR)
Tamox® (Cristália: BR)
Tamox® (Rowex: IE)
Taxfeno® (Raffo: AR)
Taxofen® (Blausiegel: BR)
Taxus® [tabs] (Asofarma: MX)
Taxus® [tabs] (Tecnofarma: CL, CO, PE)
Tecnotax® (Zodiac: BR)
Trimetrox® (Richmond: AR)
Tuosomin® (BJC: TH)
Yacesal® (Smaller: ES)
Zitazonium® (Egis: BD, CZ, EG, HK, HU, JM, MY, RU, SY, YE)
Zitazonium® (Medimpex: BB, JM, TT)
Zitazonium® (Medline: TH)
Zitazonium® (Thiemann: DE)
Zymoplex® (Genepharm: GR)

Tamsulosin (Rec.INN)

L: **Tamsulosinum**
D: **Tamsulosin**
F: **Tamsulosine**
S: **Tamsulosina**

Drug affecting the renal function and the urinary tract
α-Adrenergic blocking agent

ATC: G04CA02
CAS-Nr.: 0106133-20-4 C_{20}-H_{28}-N_2-O_5-S
M_r 408.524

(-)-(R)-5-[2-[[2-(o-Ethoxyphenoxy)ethyl]amino]propyl]-2-methoxybenzenesulfonamide

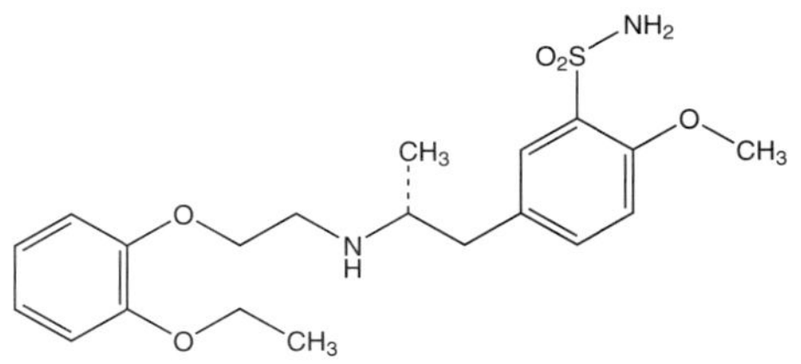

OS: *Tamsulosin [BAN]*
OS: *Tamsulosine [DCF]*

Bazetham® (Pliva: BA, HR, SI)
Cepalux® (ratiopharm: DK)
Contiflo MR® (Ranbaxy: RO)
Flomax® (Boehringer Ingelheim: TR, US)
Omexel® (Astellas: FR)
Omnic Tocas® (Astellas: RO)
Prostacin® (Incepta: BD)
Taliz® (GMP: GE)
Tamosin® (Belupo: HR)
Tamsu-Q® (Juta: DE)
Tamsulon® (Tecnofarma: CO)
Tamsulon® (Zodiac: BR)
Tamsulosiinhydrokloridi Copyfarm® (Copyfarm: FI)
Tamsulosin dura® (Merck dura: DE)
Tamsulosin esparma® (esparma: DE)
Tamsulosinhydrochlorid AWD® (AWD.pharma: DE)
Tamsuolsin AL® (Aliud: DE)

– hydrochloride:

CAS-Nr.: 0106463-17-6
OS: *Tamsulosin Hydrochloride BANM, JAN, USAN*
IS: *LY 253351*
IS: *Y 617*
IS: *YM 12617-1 (Yamanouchi, USA)*
IS: *YM 617 (Yamanouchi, USA)*
PH: Tamsulosin hydrochloride Ph. Eur. 5

Aclosan® (Gobbi: AR)
Aglandin retard® (Lannacher: AT)
Alna Ocas® (Boehringer Ingelheim: DE)
Alna retard® (Boehringer Ingelheim International: AT)
Alna® (Boehringer Ingelheim: AT, DE)
Asoflon® (Asofarma: MX)
Bazetham® (Pliva: PL)
Botam® (Bioethical: IT)
Controlpros® (Rontag: AR)
Espontal® (Panalab: AR)
Eupen® (Chile: CL)
Expros® (Astellas: FI)
Flomaxtra® (Astellas: GB)
Flomaxtra® (CSL: NZ)
Flomax® (Boehringer Ingelheim: CA, US)
Flomax® (CSL: AU)
Flomax® (Yamanouchi: ZA)
Fokusin® (Zentiva: CZ, GE, PL, RO, RU)
Gotely® (Tecnofarma: CL)
Harnal® (Astellas: CN)
Harnal® (Fujisawa: HK)
Harnal® (Yamanouchi: ID, JP, TH)
Josir® (Boehringer Ingelheim: DZ, FR)
Lostam® (Temis-Lostalo: AR)
Mapelor® (Boehringer Ingelheim: NL)
Masulin® (Sandoz: DK)
Maxflo-U® (Rangs: BD)
Maxrin® (Square: BD)
Mecir® (Boehringer Ingelheim: FR)
Omic® (Yamanouchi: BE, LU)
Omix® (Astellas: CH, FR)
Omnexel® (Niche: IE)
Omnic Lyfjaver® (Lyfjaver: IS)
Omnic Ocas® (Astellas: RU)
Omnic® (Aktuapharma: NL)
Omnic® (Astellas: BA, CZ, DE, DK, FI, GB, IE, IS, IT, NO, PL, PT, RO, SI)
Omnic® (Delphi: NL)
Omnic® (Dowelhurst: NL)
Omnic® (Dr. Fisher: NL)
Omnic® (EU-Pharma: NL)
Omnic® (Euro: NL)
Omnic® (Eurofarma: BR)
Omnic® (Eurolab: AR)
Omnic® (Gerolymatos: GR)
Omnic® (Labomed: CL)
Omnic® (Tecnoquimicas: CO)
Omnic® (Veldos: SI)
Omnic® (Yamanouchi: BG, ES, HR, HU, IL, NL, PE, RU)
Omnistad® (Stada: DK)
Pradif® (Boehringer Ingelheim: CH, GR)
Pradif® (Boehringer Ingelheim International-D: IT)
Prostacure® (mibe: DE)
Prostadil® (Schwarz: DE)
Prostalitan® (Gry: DE)
Prostall® (Drugtech-Recalcine: CL)
Prostamnic® (Schwarz: PL)
Prostazid® (Madaus: DE)
Reduprost® (Raffo: AR)
Secotex® (Boehringer Ingelheim: AR, BR, CL, CO, CR, DO, EC, GT, HN, MX, NI, PA, PE, SV)
Stronazon® (Actavis: GB)
Sulix® (Rider: CL)
Tadin® (TAD: DE)
Tamictor® (Avansor: FI)
Tamlic® (Epifarma: IT)
Tamlosin® (Orion: BD)
Tamnic® (Clonmel: IE)
Tamsin® (Arrow: DK)
Tamsol® (Gedeon Richter: HU, RO)
Tamsu Merck® (Merck: SI)
Tamsu-astellas® (Astellas: DE)
Tamsublock® (Pfleger: DE)
Tamsudil® (Actavis: GE, PL)

T

Tamsugen® (Generics: PL)
Tamsulek® (Lek: PL)
Tamsulo-Isis® (Actavis: DE)
Tamsulogen® (Merck NM: DK)
Tamsulosiinhydrokloridi Sandoz® (Sandoz: FI)
Tamsulosin AbZ® (AbZ: DE)
Tamsulosin AL® (Aliud: DE)
Tamsulosin Basics® (Basics: DE)
Tamsulosin beta® (betapharm: DE)
Tamsulosin biomo® (biomo: DE)
Tamsulosin Doc® (DOC Generici: IT)
Tamsulosin Hexal® (Hexal: DE)
Tamsulosin Hydrochlorid Actavis® (Actavis: CZ, DK)
Tamsulosin Kwizda® (Kwizda: DE)
Tamsulosin Merck® (Merck: IT)
Tamsulosin Pliva® (Pliva: CZ)
Tamsulosin Sandoz® (Sandoz: DE, HU)
Tamsulosin Stada® (Stadapharm: DE)
Tamsulosin Teva® (Teva: CZ, IT)
Tamsulosin Winthrop® (Winthrop: DE)
Tamsulosin-CT® (CT: DE)
Tamsulosin-ratiopharm® (ratiopharm: DE, HU, PL)
Tamsulosin-Uropharm® (Sandoz: DE)
Tamsulosina Angenerico® (Angenerico: IT)
Tamsulosina Eg® (EG: IT)
Tamsulosina Ratiopharm® (Ratiopharm: IT)
Tamsulosina Sandoz® (Sandoz: IT)
Tamsulosina Winthrop® (Winthrop: IT)
Tamsulosinhydrochlorid Heumann® (Heumann: DE)
Tamsulosini Hydrochloridum Yamanouchi® (Yamanouchi: NL)
Tamsulozin® (Lek: SI)
Tamsumedin® (Kade: DE)
Tamsumin® (Ratiopharm: FI)
Tamsunar® (Apogepha: DE)
Tamsuna® (Sandoz: AR)
Tamsunova® (Docpharma: DK)
Tamsu® (Rowex: IE)
Tansiloprost® (Finadiet: AR)
Tansulosina Mepha® (Mepha: PT)
Tanyz® (Krka: CZ, HU, PL, RO, SI)
Uprox® (United Pharma: PL)
Urimax® (Cipla: IN, LK)
Uroflo® (Beximco: BD)
Urolosin® (Fher: ES)
Urolosin® (General Pharma: BD)
Uromax® (Unimed & Unihealth: BD)
Urostad® (Stada: PL)
Vi-Uril® (Bago: CL)

Tandospirone (Rec.INN)

L: Tandospironum
D: Tandospiron
F: Tandospirone
S: Tandospirona

⚕ Tranquilizer

ATC: N05B
CAS-Nr.: 0087760-53-0 C_{21}-H_{29}-N_5-O_2
M_r 383.5

(1R,2S,3R,4S)-N-{4-[4-(Pyrimidin-2-yl)-piperazin-1-yl]butyl}-8,9,10-trinobornane-2,3-dicarboximide (1:1)

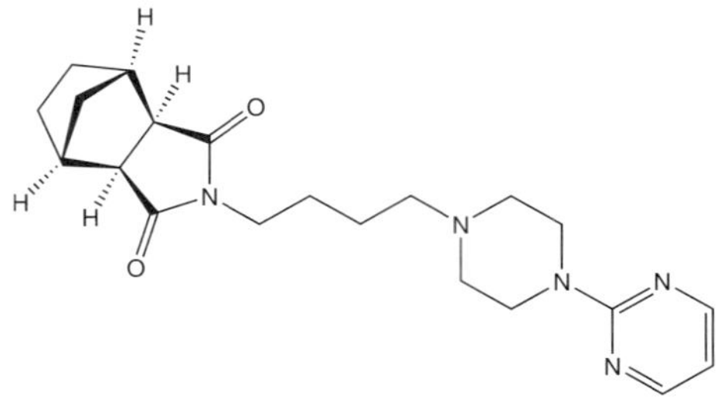

OS: *Tandospirone [BAN]*
IS: *SM 3997 (Sumitomo, Japan)*

– citrate:

CAS-Nr.: 0112457-95-1
OS: *Tandospirone Citrate BANM, USAN*

Sediel® (Dainippon: CN)
Sediel® (Sumitomo: JP)

Tasonermin (Rec.INN)

L: Tasonerminum
D: Tasonermin
F: Tasonermine
S: Tasonermina

⚕ Antineoplastic agent

ATC: L03AA
CAS-Nr.: 0094948-59-1 C_{778}-H_{1225}-N_{215}-O_{231}-S_2
M_r 17353.82

1-157-Tumor necrosis factor alfa-1a (human) [WHO]

OS: *Tasonermin [BAN]*
IS: *Beromun*
IS: *Cachectin*
IS: *FK 516*
IS: *PT 050*
IS: *PAC 4D*
IS: *SUN 5051*
IS: *Tumor necrosis factor*
IS: *Tumor necrosis factor alfa-1a*
IS: *Tumor necrosis factor-alpha*

Beromun® (Boehringer Ingelheim: ES, FR, IT, LU, NL, SE)
Beromun® (Boehringer Ingelheim International: AT)

Taurine (Rec.INN)

L: Taurinum
I: Taurina
D: Taurin
F: Taurine
S: Taurina

⚕ Cardiac agent
⚕ Drug for metabolic disease treatment

CAS-Nr.: 0000107-35-7 C_2-H_7-N-O_3-S
M_r 125.148

⌕ 2-Aminoethanesulphonic acid

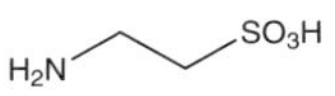

OS: *Aminoethylsulfonic Acid [JAN]*
OS: *Taurina [DCIT]*
OS: *Taurine [DCF]*
PH: Taurine [USP 30]

Dibicor® (Pik-Pharma: RU)
Taurex® (Medica Pedia: PH)

Taurolidine (Rec.INN)

L: Taurolidinum
D: Taurolidin
F: Taurolidine
S: Taurolidina

⚕ Antiinfective agent

ATC: B05CA05
CAS-Nr.: 0019388-87-5 C_7-H_{16}-N_4-O_4-S_2
M_r 284.365

⌕ 2H-1,2,4-Thiadiazine, 4,4'-methylenebis[tetrahydro-, 1,1,1',1'-tetraoxide

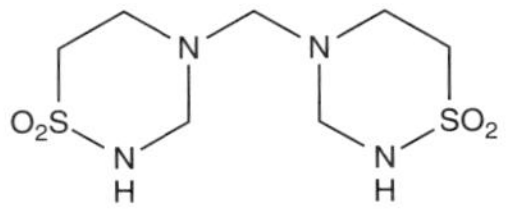

OS: *Taurolidine [BAN, DCF]*
IS: *Geistlich 1183*
IS: *1183 (GB)*
IS: *Taurolin*

Taurolin® (Boehringer Ingelheim: DE)
Taurolin® (Chemomedica: AT)
Taurolin® (DeVriMed: NL)
Taurolin® (Geistlich: CH)
Taurolin® (Saba: TR)

Tauroursodeoxycholic Acid

L: Acidum tauroursodeoxycholicum
D: Tauroursodesoxycholsäure

⚕ Treatment of cholesterol gallstones

CAS-Nr.: 0014605-22-2 C_{26}-H_{45}-N-O_6-S
M_r 499.716

⌕ 2-(3α,7β-Dihydroxy-5β-cholan-24-oylamino)ethanesulfonic acid

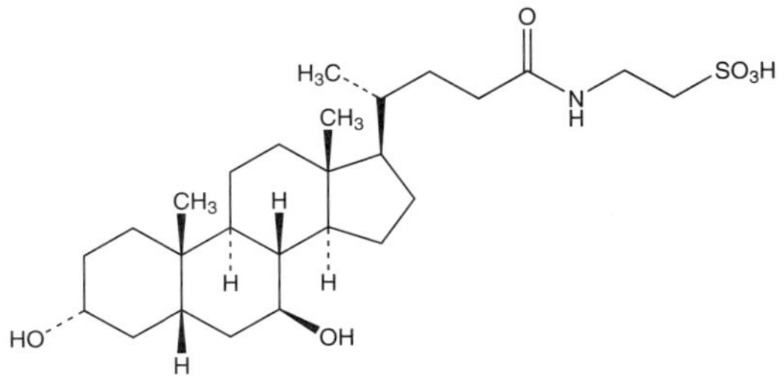

IS: *TUDCA*

– dihydrate:
CAS-Nr.: 0117609-50-4

Tauro® (Teofarma: IT)

Tazanolast (Rec.INN)

D: Tazanolast

⚕ Antiallergic agent

CAS-Nr.: 0082989-25-1 C_{13}-H_{15}-N_5-O_3
M_r 289.313

⌕ Butyl 3'-(1H-tetrazol-5-yl)oxanilate

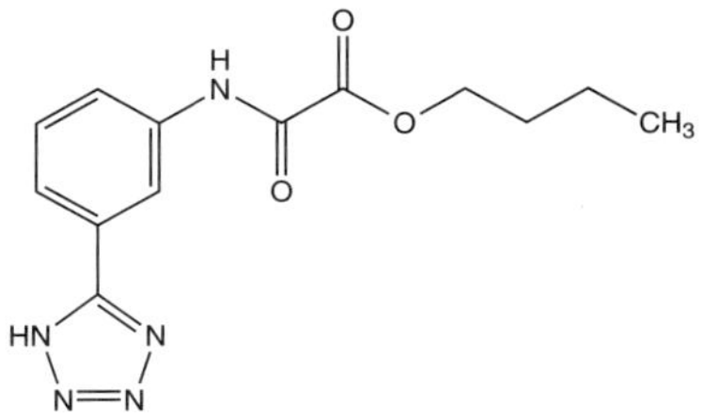

OS: *Tazanolast [JAN]*
IS: *MTB (Wakamoto, Japan)*
IS: *WP-833 (Wakamoto, Japan)*

Tazalest® (Wakamoto: JP)
Tazanol® (Torii: JP)

Tazarotene (Rec.INN)

L: Tazarotenum
D: Tazaroten
F: Tazarotene
S: Tazaroteno

⚕ Dermatological agent, keratolytic
⚕ Antipsoriatic agent

ATC: D05AX05
CAS-Nr.: 0118292-40-3 C_{21}-H_{21}-N-O_2-S
M_r 351.469

⌕ 3-Pyridinecarboxylic acid, 6-[(3,4-dihydro-4,4-dimethyl-2H-1-benzothiopyran-6-yl)ethynyl]-, ethyl ester

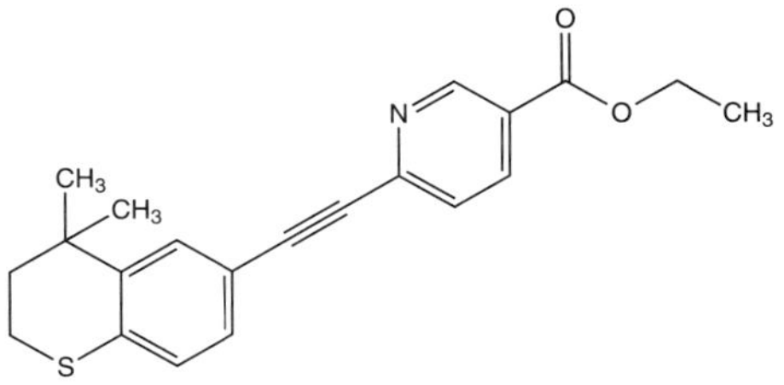

OS: *Tazarotene [BAN, USAN]*
IS: *AGN 190168 (Allergan, USA)*

Avage® (Allergan: US)
La Tez® (Nicholas: IN)
Tazorac® (Allergan: CA, US)
Tazorac® (Pierre Fabre: CZ)
Zorac® (Allergan: AT, GB)
Zorac® (Belupo: HR)
Zorac® (Pierre Fabre: BE, CH, DE, ES, FR, GR, IT, LU, PL, RS)
Zorak® (Allergan: ZA)

T

Tazobactam (Rec.INN)

L: Tazobactamum
D: Tazobactam
F: Tazobactam
S: Tazobactam

Enzyme inhibitor, β-lactamase

ATC: J01CG02
CAS-Nr.: 0089786-04-9 C_{10}-H_{12}-N_4-O_5-S
M_r 300.306

(2S,3S,5R)-3-Methyl-7-oxo-3-(1H-1,2,3-triazol-1-ylmethyl)-4-thia-1-azabicyclo[3.2.0]heptane-2-carboxylic acid, 4,4-dioxide

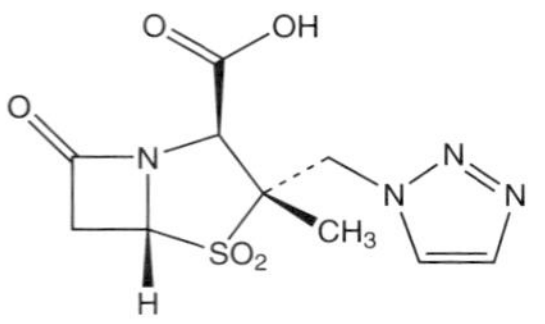

OS: *Tazobactam [BAN, DCF, USAN]*
IS: *CL 298741*
IS: *YTR 830H*

Piperacilina-Tazobactam Northia® [+ Piperacillin] (Northia: AR)
Tazocin® [+Piperacillin] (Wyeth: BE, TH, VN)

- sodium salt:

CAS-Nr.: 0089785-84-2
OS: *Tazobactam Sodium USAN*
IS: *CL 307579*
IS: *YTR 830*

Fengtailing® [+ Piperacillin sodium salt] (Asia Pioneer: CN)
Fengtailing® [+ Piperacillin sodium salt] (Shanghai Pharma Group: CN)
Piperacilina-Tazobactam Richet® [+ Piperacillin sodium salt] (Richet: AR)
Piper® [+ Piperacillin sodium salt] (Ahimsa: AR)
Pipetexina® [+ Piperacillin sodium salt] (Richmond: AR)
Tazobac® [+ Piperacillin sodium salt] (Wyeth: CH, DE, IT, NL)
Tazobac® [+ Piperacillin sodium salt] (Wyeth Pharmaceuticals: PT)
Tazobax® [+Piperacillin sodium salt] (Sandoz: ZA)
Tazocel® [+ Piperacillin sodium salt] (Wyeth: ES)
Tazocilline® [+ Piperacillin sodium salt] (Wyeth: FR)
Tazocin® [+ Piperacillin sodium salt] (Lederle: CY, EG, IL, JO, KW, LB, OM, QA, SA, YE)
Tazocin® [+ Piperacillin sodium salt] (Rajawali: ID)
Tazocin® [+ Piperacillin sodium salt] (Wyeth: AE, AU, BH, BR, CN, CO, CR, CZ, DO, FI, GB, GR, GT, HK, HN, HR, HU, ID, IE, IT, LU, MX, MY, NI, NO, NZ, PA, PL, RS, SE, SG, SI, SV, TR, ZA)
Tazonam® [+ Piperacillin sodium salt] (Wyeth: AT, CL)
Zosyn® [+ Piperacillin sodium] (Wyeth: IN, US)

Teceleukin (Rec.INN)

L: Teceleukinum
D: Teceleukin
F: Técéleukine
S: Teceleukina

Antiviral agent
Immunostimulant

CAS-Nr.: 0094218-75-4 C_{698}-H_{1127}-N_{179}-O_{204}-S_8
M_r 15547.964

Methionylinterleukin 2 (human), N-L-

OS: *Teceleukin [BAN, USAN]*
IS: *BG 8301 (Biogen)*
IS: *RO 23 6019 (Hoffmann-La Roche)*

Imunace® (Shionogi: JP)

Teclozan (Rec.INN)

L: Teclozanum
D: Teclozan
F: Téclozan
S: Teclozan

Antiprotozoal agent, amebicide

ATC: P01AC04
CAS-Nr.: 0005560-78-1 C_{20}-H_{28}-Cl_4-N_2-O_4
M_r 502.264

Acetamide, N,N'-[1,4-phenylenebis(methylene)]bis[2,2-dichloro-N-(2-ethoxyethyl)-

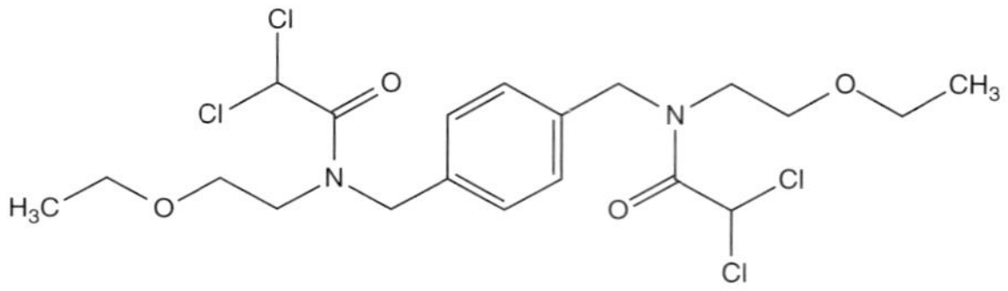

OS: *Teclozan [USAN]*
IS: *Win 13146*
IS: *Win AM 13146*

Falmonox® (Sanofi-Synthelabo: BR, CO, EC)

Tegafur (Rec.INN)

L: Tegafurum
I: Tegafur
D: Tegafur
F: Tégafur
S: Tegafur

Antineoplastic, antimetabolite

ATC: L01BC03
CAS-Nr.: 0017902-23-7 C_8-H_9-F-N_2-O_3
M_r 200.18

2,4(1H,3H)-Pyrimidinedione, 5-fluoro-1-(tetrahydro-2-furanyl)-

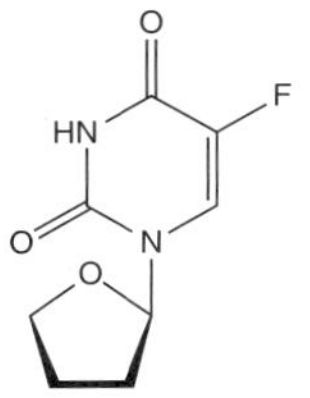

OS: *Tegafur [BAN, DCIT, JAN, USAN]*
IS: *BRN 0525766*
IS: *CCRIS 2762*
IS: *EINECS 241-846-2*
IS: *FT 207*
IS: *MJF 12264*
IS: *NSC 148958*
IS: *FR 1574684*
IS: *WR 220066*
IS: *FT*
PH: Ftorafurum [PhBs IV]
PH: Tegafur [JP XIV]

Fental® (Kanebo: JP)
Ftorafur® (Grindex: CZ, HU, RU)
Furofutran® (Taiyo: JP)
Futraful® (Otsuka: HK, ID)
Futraful® (Taiho: JP)
Lifril® (Kissei: JP)
Lunacin® (Sawai: JP)
Uftoral® (Merck: GB)
UFT® (Bristol-Myers Squibb: BE, BR, IS, ZA)
UFT® (Genmedix: IL)
UFT® (Merck: SE)
Utefos® (Almirall: ES)
Utefos® (Prasfarma: ES)

Tegaserod (Rec.INN)

L: Tegaserodum
D: Tegaserod
F: Tegaserod
S: Tegaserod

Serotonin antagonist

ATC: A03AE02
CAS-Nr.: 0145158-71-0 — C_{16}-H_{23}-N_5-O, M_r 301.39

1-[[(5-Methoxyindol-3-yl)methylene]amino]-3-pentylguanidine [WHO]

1-{[(5-Methoxyindol-3-yl)methyliden]amino}-3-pentylguanidin [IUPAC]

Hydrazinecarboximidamide, 2-[(5-methoxy-1H-indol-3-yl)methylene]-N-pentyl- [USAN]

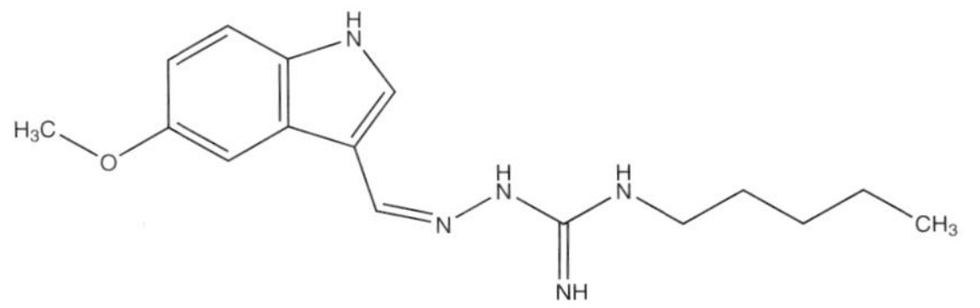

OS: *Tegaserod [BAN, USAN]*
IS: *HTF 919*
IS: *SDZ-HTF 919*

Altezerod® (Altius: AR)
Colonaid® (Recalcine: CL)
Tegarid® (Renata: BD)
Tegod® (ACI: BD)
Tibs® (Eskayef: BD)
Zelmac® (Novartis: AR)

– maleate:

CAS-Nr.: 0189188-57-6
OS: *Tegaserod Maleate USAN*
IS: *HTF 919 (Novartis, Schweiz)*
IS: *SDZ HTF 919*

Coloserod® (Lazar: AR)
Doresa® (Incepta: BD)
Procinet® (Quesada: AR)
Serod® (Aristopharma: BD)
Tegarod® (Cinetic: AR)
Tegaserod Richet® (Richet: AR)
Tegibs® (Torrent: IN)
Tegod® (Cipla: IN)
Tesod® (Square: BD)
Ther® (Chile: CL)
Zelmac® (Novartis: AU, BD, BR, CL, CN, CO, CR, CZ, DO, EC, GT, HK, HN, ID, IL, MX, MY, NI, PA, RS, SG, SV, TH, TR, VE, VN)
Zelmac® (Novartis Pharma: PE)
Zelnorm® (Novartis: CA, PH, US, ZA)

Teicoplanin (Rec.INN)

L: Teicoplaninum
I: Teicoplanina
D: Teicoplanin
F: Teicoplanine
S: Teicoplanina

Antibiotic

ATC: J01XA02
CAS-Nr.: 0061036-62-2

Antibiotic obtained from cultures of *Actinoplanes teichomyceticus*, or the same substance produced by other means

OS: *Teicoplanin [BAN, USAN]*
OS: *Téicoplanine [DCF]*
OS: *Teicoplanina [DCIT]*
IS: *A 8327*
IS: *DL 507-IT*
IS: *L 12507*
IS: *MDL 507 (Merrell Dow)*
IS: *Teichomycin A_2*
PH: Teicoplanin [JP XIV]

Taiklonal® (Klonal: AR)
Targocid® (Aventis: AT, AU, BR, CR, CZ, DK, DO, ES, GH, GT, IN, KE, LK, LU, NG, NO, NZ, PA, PE, RS, SI, SV, TH, ZA, ZW)
Targocid® (Aventis Pharma: ID)
Targocid® (Howse & McGeorge: UG)
Targocid® (Sanofi-Aventis: AR, BE, CH, CL, DE, FI, FR, GB, HK, HR, HU, IE, IL, MX, MY, NL, PL, RO, SE, SG, TR)
Targocid® (Vianex: GR)

Targosid® (Lepetit: IT)
Targosid® (Sanofi-Aventis: PT)
Teicoplanina Northia® (Northia: AR)
Teicoplanina Richet® (Richet: AR)
Teicox® (Richmond: AR)

Telbivudine (Prop.INN)

L: Telbivudinum
D: Telbivudin
F: Telbivudine
S: Telbivudina

Antiviral agent

Antiviral agent used in treatment of hepatitis B infection

ATC: J05AF11
ATCvet: QJ05AF11
CAS-Nr.: 0003424-98-4 C_{10}-H_{14}-N_2-O_5
M_r 242.23

1-(2-deoxy-beta-L-*erythro*-pentofuranosyl)-5-methylpyrimidine-2,4(1H,3H)-dione (WHO)

1-(2-Desoxy-beta-L-ribofuranosyl)-5-methylpyrimidin-2,4-dion (IUPAC)

2'-Deoxy-L-thymidine

2,4(1H,3H)-Pyrimidinedione, 1-(2-deoxy-b-L-erythro-pentofuranosyl)-5-methyl-

Thymine, 1-(2-deoxy-beta-L-erythro-pentofuranosyl)-

beta-L-2'-Deoxythymidine

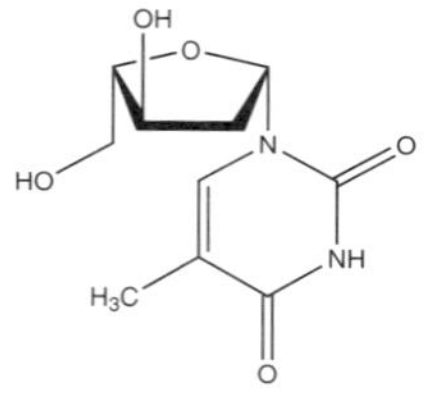

OS: *Telbivudine [BAN]*
IS: *LDT 600*
IS: *L-Thymidine*
IS: *LdT*
IS: *beta-L-Thymidine*
IS: *NB 02B*
IS: *NV-02B (Novirio Pharmaceuticals, US)*
IS: *Epavudine*

Sebivo® (Novartis: CH, DE)
Tyzeka® (Idenix: US)
Tyzeka® (Novartis: US)

Telithromycin (Rec.INN)

L: Telithromycinum
D: Telithromycin
F: Télithromycine
S: Telitromicina

Antibiotic, macrolide

Antibiotic, ketolide

ATC: J01FA15
ATCvet: QJ01FA15
CAS-Nr.: 0173838-31-8 C_{43}-H_{65}-N_5-O_{10}
M_r 812.13

11,12-Dideoxy-3-des(2,6-dideoxy-3-C,3-O-dimethyl-alpha-L-altropyranosyloxy)-6-O-methyl-3-oxo-12,11-(oxycarbonylimino)-Nsup(11)-(4-(4-(3-pyridyl)imidzol-1-yl)butyl)erythromycin

11, 12-Dideoxy-3-des (2,6-dideoxy-3-C,3-O-dimethyl-alpha-L-altropyranosyloxy) - 6 - O - methyl - 3 - oxo - 12, 11 - (oxycarbonylimino) -N sup(11) - (4-(4- (3-pyridyl) imidzol - 1 - yl)butyl) erythromycin

(3aS,4R,7R,9R,10R,11R,13R,15R,15aR)-4-ethyloctahydro-11-methoxy-3a,7,9,11,13,15-hexamethyl-1-[4-[4-(3-pyridyl)imidazol-1-yl]butyl]-10-[[3,4,6-trideoxy-3-(dimethylamino)-beta-D-xylo-hexapyranosyl]oxy]-2H-oxacyclotetradecino[4,3-d]oxazole-2,6,8,14(1H,7H,9H)-tetrone (WHO)

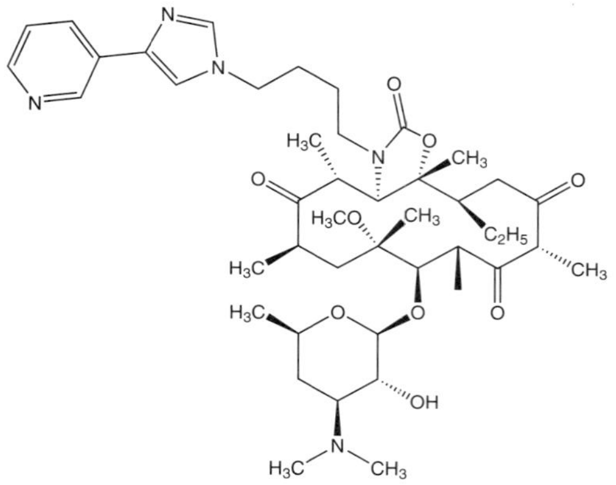

OS: *Telithromycin [BAN]*
IS: *HMR 3647 (Hoechst Marion Roussel)*
IS: *RU 66647 (Hoechst Marion Roussel)*
IS: *Levviax (Aventis)*
IS: *RU 647*

Ketek® (Aventis: AT, BA, CO, CR, DO, EC, ES, GR, GT, HN, NI, PA, PE, RS, SI, SV, TH, ZA)
Ketek® (Aventis Pharma-F: IT)
Ketek® (Sanofi-Aventis: BE, BR, CA, DE, FI, FR, GB, HR, IE, MX, NL, PL, PT, RO, SE, TR, US)
Ketek® (ZLB Behring: ES)
Levviax® (Aventis: ES)

Telmesteine (Rec.INN)

L: **Telmesteinum**
D: **Telmestein**
F: **Telmesteine**
S: **Telmesteina**

⚕ Mucolytic agent

CAS-Nr.: 0122946-43-4 C_7-H_{11}-N-O_4-S
M_r 205.23

(-)-3-Ethyl hydrogen (R)-3,4-thiazolidinedicarboxylate

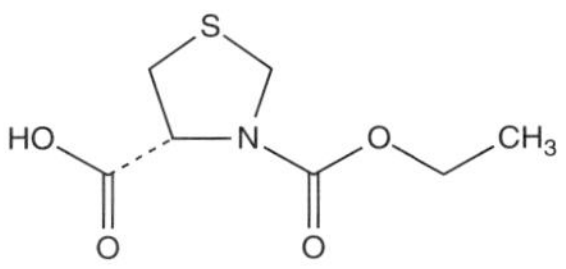

Reolase® (Pulitzer: IT)

Telmisartan (Rec.INN)

L: **Telmisartanum**
D: **Telmisartan**
F: **Telmisartan**
S: **Telmisartan**

⚕ Angiotensin-II antagonist
⚕ Antihypertensive agent
ATCvet: QC09DA07
CAS-Nr.: 0144701-48-4 C_{33}-H_{30}-N_4-O_2
M_r 514.643

[1,1'-Biphenyl]-2-carboxylic acid, 4'-[(1,4'-dimethyl-2'-propyl[2,6'-bi-1H-benzimidazol]-1'-yl)methyl]-

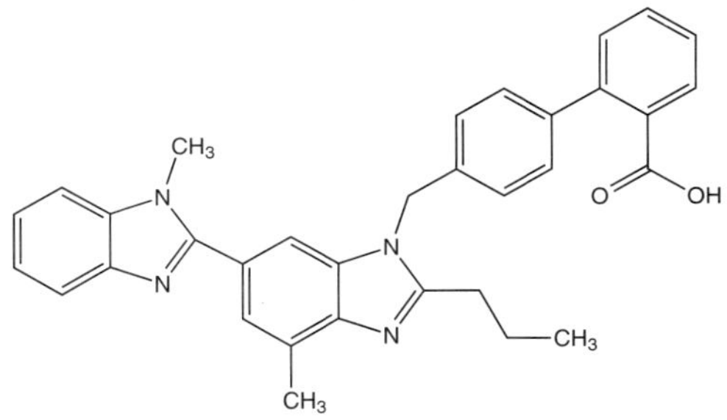

OS: *Telmisartan [BAN, DCF, USAN]*
IS: *BIBR 277 SE (Boehringer Ingelheim, Germany)*

Deprevex® (Klonal: AR)
Gliosartan® (Bagó: AR)
Kinzalmono® (Bayer: BE, DE, DE, FI, LU, NL)
Kinzal® (Bayer: CH)
Micardis® (Abbott: US)
Micardis® (Boehringer Ingelheim: AE, AR, AT, AU, BE, BH, BR, CA, CH, CL, CO, CR, CY, CZ, DE, DK, DO, EC, EG, ES, FI, FR, GB, GR, GT, HK, HN, HR, HU, ID, IE, IQ, JO, JP, KE, KW, LB, LU, LY, MT, MX, MY, NI, NL, NO, OM, PA, PE, PH, PL, QA, RO, RS, RU, SA, SD, SE, SG, SI, SV, TH, TR, US, VN, YE, ZA)
Micardis® (Boehringer Ingelheim International-D: IT)
Mitosan® (Novartis: BD)
Predxal® (Armstrong: MX)
Pritor® (Bayer: FR, PL)
Pritor® (Glaxo Group: LU)
Pritor® (Glaxo Group Limited-GB: IT)
Pritor® (Glaxo Wellcome: PT)
Pritor® (GlaxoSmithKline: AU, BA, BR, CZ, ES, GR, HR, HU, NL, PE, PH, RO, SI, TR)
Saitan® (WPU: CN)
Samertan® (Bago: CL)
Telma® (Glenmark: IN)
Telpres® (Nicholas: IN)
Telsan® (Orion: BD)

Temazepam (Rec.INN)

L: **Temazepamum**
I: **Temazepam**
D: **Temazepam**
F: **Témazépam**
S: **Temazepam**

⚕ Tranquilizer
⚕ Hypnotic

ATC: N05CD07
CAS-Nr.: 0000846-50-4 C_{16}-H_{13}-Cl-N_2-O_2
M_r 300.75

2H-1,4-Benzodiazepin-2-one, 7-chloro-1,3-dihydro-3-hydroxy-1-methyl-5-phenyl-

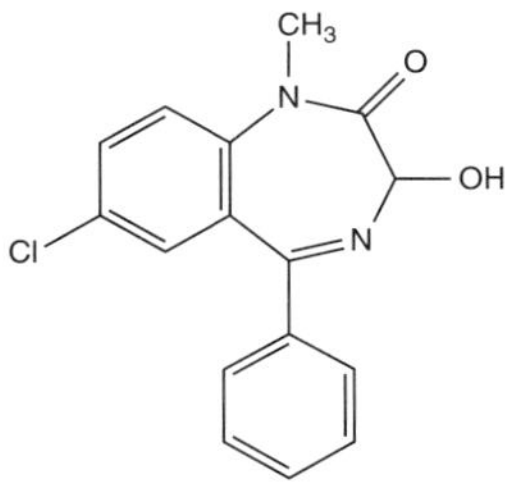

OS: *Temazepam [BAN, DCF, DCIT, USAN]*
IS: *Methyloxazepam*
IS: *Wy 3917 (Wyeth, USA)*
IS: *ER 115*
IS: *K 3917*
PH: Temazepam [USP 30, Ph. Eur. 5]
PH: Temazepamum [Ph. Eur. 5]
PH: Témazépam [Ph. Eur. 5]

Apo-Temazepam® (Apotex: CA)
CO Temazepam® (Cobalt: CA)
Euhypnos® (Pfizer: TH)
Euhypnos® (Pharmacia: BE, NL)
Euhypnos® (Sigma: AU)
Euipnos® (Teva: IT)
Gen-Temazepam® (Genpharm: CA)
Insomniger® (Gerard: IE)
Levanxol® (Pharmacia: NL)
Levanxol® (Strallhofer: AT)
Norkotral Tema® (Desitin: DE)
Normison® (AHP: LU)
Normison® (Akromed: ZA)
Normison® (EuroCept: NL)
Normison® (Genopharm: FR)
Normison® (Meda: FI)
Normison® (Sigma: NZ)
Normison® (Teofarma: PT)
Normison® (Valeant: CH)
Normison® (Wyeth: AU, IT)
Normitab® (Katwijk: NL)

Nortem® (Ivax: IE)
Novo-Temazepam® (Novopharm: CA)
Planum® (Pharmacia: DE)
PMS-Temazepam® (Pharmascience: CA)
Pronervon T® (Scheffler: DE)
ratio-Temazepam® (Ratiopharm: CA)
Remestan® (Kwizda: AT)
Remestan® (Valeant: DE)
Remestan® (Wyeth: AT)
Restoril® (Mallinckrodt: US)
Restoril® (Oryx: CA)
Signopam® (Polfa Tarchomin: PL)
Signopam® (Polfa Tarchomin S. A.: HU)
Temazep-CT® (CT: DE)
Temazepam Actavis® (Actavis: NL)
Temazepam Alpharma® (Alpharma: NL)
Temazepam A® (Apothecon: NL)
Temazepam Capsules® (Actavis: US)
Temazepam Capsules® (Mylan: US)
Temazepam Capsules® (Sandoz: US)
Temazepam CF® (Centrafarm: NL)
Temazepam FLX® (Karib: NL)
Temazepam Katwijk® (Katwijk: NL)
Temazepam Merck® (Merck Generics: NL)
Temazepam PCH® (Pharmachemie: NL)
Temazepam ratiopharm® (Ratiopharm: NL)
Temazepam Sandoz® (Sandoz: NL)
Temazepam® (Actavis: GB)
Temazepam® (Generics: GB)
Temazepam® (Genus: GB)
Temazepam® (Hillcross: GB)
Temazepam® (Ivax: NL)
Temazepam® (Pfizer: GB)
Temazepam® (Sandoz: GB)
Temazepam® (Teva: GB)
Temaze® (Alphapharm: AU)
Temtabs® (Fawns & McAllan: AU)
Tenox® (Orion: FI, IE)
Wyeth Normison® (Wyeth: GR)

Temocapril (Rec.INN)

L: Temocaprilum
D: Temocapril
F: Temocapril
S: Temocapril

ACE-inhibitor
Antihypertensive agent

CAS-Nr.: 0111902-57-9 — C_{23}-H_{28}-N_2-O_5-S_2, M_r 476.617

1,4-Thiazepine-4-(5H)-acetic acid, 6-[[1-(ethoxycarbonyl)-3-phenylpropyl]amino]tetrahydro-5-oxo-2-(2-thienyl)-, [2S-[2α,6β(R*)]]-

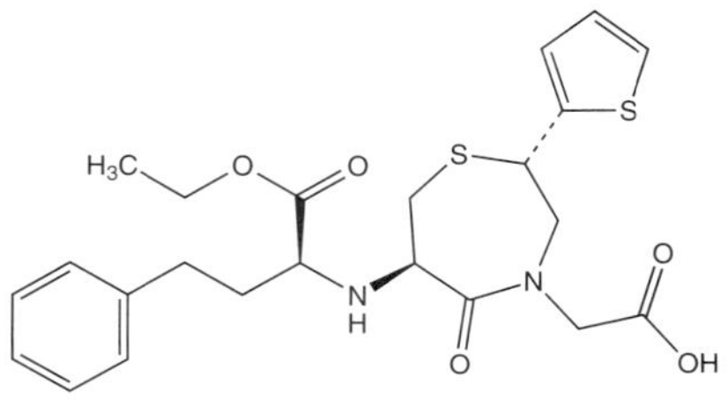

OS: *Temocapril [BAN]*

– hydrochloride:

CAS-Nr.: 0110221-44-8
OS: *Temocapril Hydrochloride BANM, JAN, USAN*
IS: *CS 622 (Sankyo, Japan)*
IS: *RS 5142*

Acecol® (Sankyo: JP)

Temocillin (Rec.INN)

L: Temocillinum
D: Temocillin
F: Témocilline
S: Temocilina

Antibiotic, penicillin, penicillinase-sensitive

ATC: J01CA17
CAS-Nr.: 0066148-78-5 — C_{16}-H_{18}-N_2-O_7-S_2, M_r 414.46

4-Thia-1-azabicyclo[3.2.0]heptane-2-carboxylic acid, 6-[(carboxy-3-thienylacetyl)amino]-6-methoxy-3,3-dimethyl-7-oxo-, [2S-(2α,5α,6α)]-

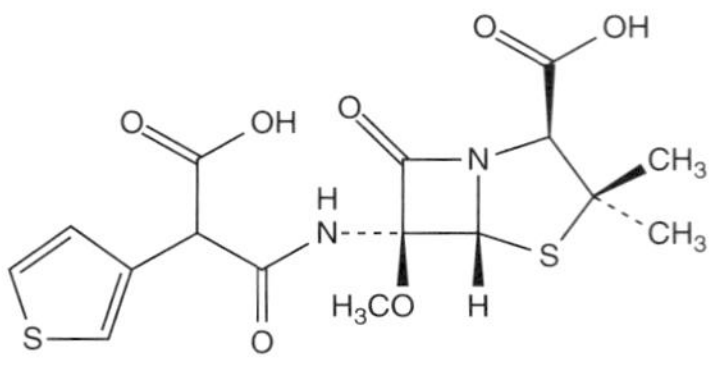

OS: *Temocillin [BAN, USAN]*

– disodium salt:

CAS-Nr.: 0061545-06-0
OS: *Temocillin Sodium BANM*
IS: *BRL 17421 (Beecham, GB)*

Negaban® (Eumedica: BE, LU)

Temoporfin (Rec.INN)

L: Temoporfinum
D: Temoporfin
F: Temoporfine
S: Temoporfina

Photosensitizing agent
Antineoplastic agent

ATC: L01XD05
ATCvet: QL01XD05
CAS-Nr.: 0122341-38-2 — C_{44}-H_{32}-N_4-O_4, M_r 680.75

3,3',3",3"'-(7,8-Dihydroporphyrin-5,10,15,20-tetrayl)tetraphenol [WHO]

Phenol, 3,3',3",3"'-(7,8-dihydro-21H,23H-porphine-5,10,15,20-tetrayl)tetrakis- [USAN]

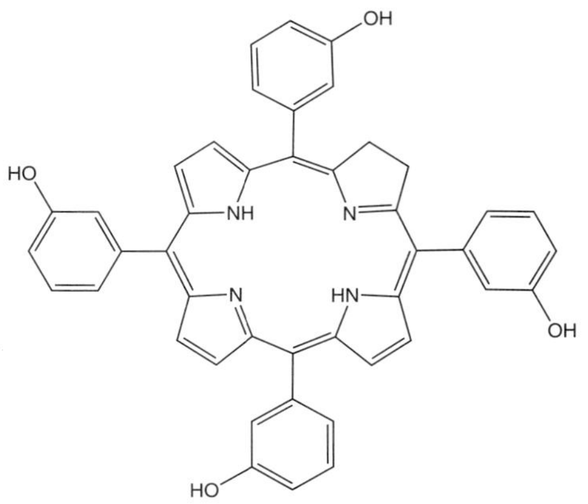

OS: *Temoporfin [BAN, USAN]*
IS: *EF 9 (Scotia, Great Britain)*
IS: *HK7*
IS: *KW 2345*
IS: *m-THPC*
IS: *mTHPC*
IS: *meta-Tetrahydroxyphenyl chlorin*

Foscan® (Biolitec: BE, DE, DK, GB, LU, NL, NO)
Foscan® (Medison: IL)

Temozolomide (Rec.INN)

L: Temozolomidum
D: Temozolomid
F: Temozolomide
S: Temozolomida

Antineoplastic, alkylating agent

CAS-Nr.: 0085622-93-1 C_6-H_6-N_6-O_2 M_r 194.174

Imidazo(5,1-d)(1,2,3,5)tetrazine-8-carboxamide, 3,4-dihydro-3-methyl-4-oxo-

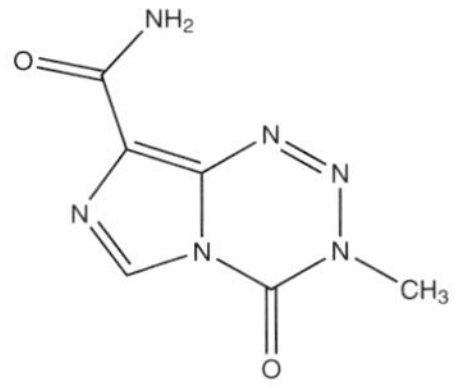

OS: *Temozolomide [BAN, DCF, USAN]*
IS: *BRN 5547136*
IS: *CCRG 81045 (Cancer Research Compaign Technology, Great Britain)*
IS: *M & B 39831 (May & Baker, Great Britain)*
IS: *Methazolastone*
IS: *NSC 362856*
IS: *SCH 52365 (Schering-Plough HealthCare, USA)*

Dralitem® (Raffo: AR)
Temodal® (Essex: CH, DE)
Temodal® (Schering: AT, BR, CA)
Temodal® (Schering-Plough: AR, AU, BE, CL, CO, CR, CZ, DO, ES, FI, FR, GB, GR, GT, HK, HN, HR, HU, ID, IE, IL, IS, LU, MX, MY, NL, NO, NZ, PE, PL, RO, RS, RU, SE, SG, SI, TH, TR)
Temodal® (SP Europe: DK)
Temodal® (SP Europe-B: IT)
Temodar® (Schering: US)

Temsirolimus (Rec.INN)

L: Temserolimusum
D: Temserolimus
F: Temsirolimus

Anticancer

Antineoplastic, immunosuppressant

Cytostatic agent, cytostaticum

CAS-Nr.: 0162635-04-3 C_{56}-H_{87}-N-O_{16} M_r 1030.3

(1R, 2R, 4S)-4-{(2R)-2-[(3S, 6R, 7E, 9R, 10R, 12R, 14S, 15E, 17E, 19E, 21S, 23S, 26R, 27R, 34aS)-9, 27-Dihydroxy-10, 21-dimethoxy-6, 8, 12, 14, 20, 26-hexamethyl-1, 5, 11, 28, 29-pentaoxo-1, 4, 5, 6, 9, 10, 11, 12, 13, 14, 21, 22, 23, 24, 25, 26, 27, 28, 29, 31, 32, 33, 34, 34a-tetracosahydro-3H-23, 27-epoxypyrido[2, 1-c][1, 4]-oxazacyclohentriacontin-3-yl]propyl}-2-ethoxycyclohexyl 3-hydroxy-2-(hydroxymethyl)-2-methylpropanoate WHO

(1R, 9S, 12S, 15R, 16E, 18R, 19R, 21R, 23S, 24E, 26E, 28E, 30S, 32S, 35R)-1, 18-Dihydroxy-12-(2-{4(R)-[3-hydroxy-2-(hydroxymethyl)-2-methylpropionyloxy]-3(R)-methoxycyclohex-1(R)-yl}-1(R)-methylethyl)-19, 30-dimethoxy, 15, 17, 21, 23, 29, 35-hexamethyl-11, 36-dioxa-4-azatricyclo[30.3.1.0(4.9)]hexatriaconta-16, 24, 26, 28-tetraen-2, 3, 10, 14, 20-pentaon IUPAC

Rapamycin, 42-(3-hydroxy-2-(hydroxymethyl)-2-methylpropanoate)

Rapamycin 42-(2, 2-bis(hydroxymethyl)propionate)

(3S, 6R, 7E, 9R, 10R, 12R, 14S, 15E, 17E, 19E, 21S, 23S, 26R, 27R, 34aS)-9, 10, 12, 13, 14, 21, 22, 23, 24, 25, 26, 27, 32, 33, 34, 34a-Hexadecahydro-9, 27-dihydroxy-3-((1R)-2-((1S, 3R, 4R)-4-hydroxy-3-methoxycyclohexyl)-1-methylethyl)-10, 21-dimethoxy-6, 8, 12, 14, 20, 26-hexamethyl-23, 27-epoxy-3H-pyrido(2,1-c)(1,4)oxaazacyclohentriacontine-

1,5,11,28,29(4H,6H,31H)-pentone 4'-(2,2-bis(hydroxymethyl)propionate)

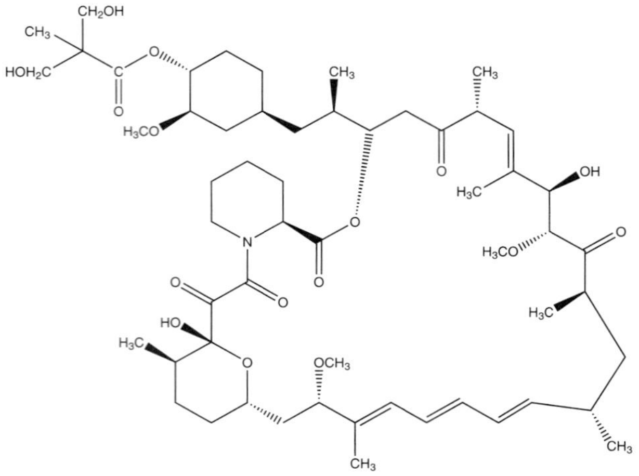

OS: *Temsirolimus [BAN, USAN]*
IS: *CCl-779*
IS: *WAY-CCl 779*
IS: *NSC-683864 (Wyeth-Agerst, US)*

Torisel® (Wyeth: US)

Tenecteplase (Rec.INN)

L: Tenecteplasum
D: Tenecteplase
F: Tenecteplase
S: Tenecteplasa

Anticoagulant, thrombolytic agent

ATC: B01AD11
CAS-Nr.: 0191588-94-0 C_{2558}-H_{3872}-N_{738}-O_{781}-S_{40}
M_r 58750.08

103-L-Asparagine-117-L-glutamine-296-L-alanine-297-L-alanine-298-L-alanine-299-L-alanineplasminogen activator (human tissue-type)

OS: *Tenecteplase [BAN, USAN]*
IS: *TNK-tPA*
IS: *TNK*
IS: *TNK-tissue plasminogen activator*

Metalyse® (Boehringer Ingelheim: AT, AU, BE, BR, CH, CL, CZ, DE, DK, ES, FI, FR, GB, HK, HU, IE, IS, IT, LU, MX, NL, NO, NZ, PL, PT, RO, RS, RU, SE, TH, ZA)
TNKase® (Genentech: US)
TNKase® (Roche: CA)

Teniposide (Rec.INN)

L: Teniposidum
I: Teniposide
D: Teniposid
F: Téniposide
S: Teniposido

Antineoplastic, antimitotic

ATC: L01CB02
CAS-Nr.: 0029767-20-2 C_{32}-H_{32}-O_{13}-S
M_r 656.668

4'-Demethylepipodophyllotoxin-9-(4,6-O-2-thenylidene-β-D-glucopyranoside)

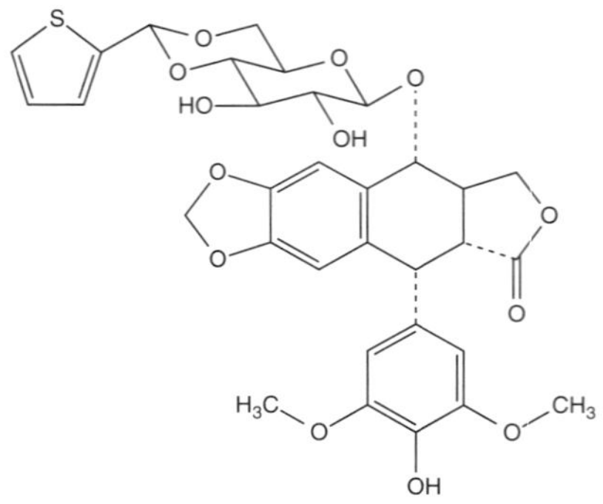

OS: *Teniposide [BAN, DCF, DCIT, USAN]*
IS: *Epidophyllotoxin*
IS: *EPT*
IS: *PGT*
IS: *VM 26*

VM 26 Bristol® (Bristol-Myers Squibb: DE)
Vumon® (Bristol-Myers Squibb: AR, AT, AU, BE, BG, BR, CA, CL, CN, CZ, ES, HK, IT, LU, NL, NZ, PL, US, ZA)

Tenofovir (Rec.INN)

L: Tenofovirum
D: Tenofovir
F: Tenofovir
S: Tenofovir

Antiviral agent, HIV reverse transcriptase inhibitor

ATC: J05AF
CAS-Nr.: 0147127-20-6 C_9-H_{14}-N_5-O_4-P
M_r 287.25

[[(R)-2-(6-Amino-9H-purin-9-yl)-1-methylethoxy]methyl]phosphonic acid [WHO]

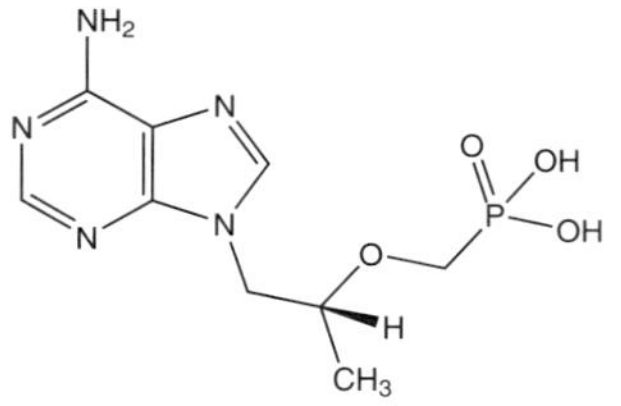

OS: *Tenofovir [BAN]*
IS: *GS 1278 (Gilead Science, USA)*
IS: *GS 4331*

– disoproxil fumarate:

CAS-Nr.: 0202138-50-9
OS: *Tenofovir Disoproxil Fumarate USAN*
IS: *GS 4331-05*

Viread® (Er-Kim: TR)
Viread® (Gador: AR)
Viread® (Gilead: AT, AU, CA, CY, CZ, DE, DK, EE, ES, FR, GB, GR, IE, IL, IS, IT, JP, LT, LU, LV, MT, NL, NO, PL, SI, SK, US)
Viread® (Muir Hutchinson: NZ)
Viread® (Orphan: SE)
Viread® (Pharma Investi: CL)
Viread® (Stendhal: MX)

Viread® (Swedish Orphan: FI)
Viread® (TRB Chemedica: CH)
Viread® (UCB: BE)

Tenoic Acid

D: 2-Thiophencarbonsäure
F: Acide ténoïque

Expectorant

CAS-Nr.: 0000527-72-0 C_5-H_4-O_2-S
M_r 128.147

Thiophene-2-carboxylic acid

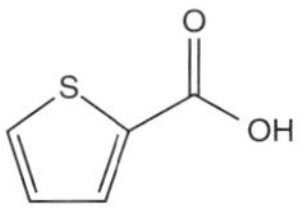

OS: *Ténoïque (acide) [DCF]*
IS: *Thenoic acid*
IS: *α-Thiophenic acid*
IS: *Thiophene-2-carboxylate*
IS: *2-Thiophenic acid*

Rhinotrophyl® (Jolly-Jatel: FR)

– sodium salt:

Soufrane® (Sanofi-Aventis: FR)

Tenonitrozole (Prop.INN)

L: Tenonitrozolum
I: Tenonitrazolo
D: Tenonitrozol
F: Ténonitrozole
S: Tenonitrozol

Antiprotozoal agent

ATC: P01AX08
CAS-Nr.: 0003810-35-3 C_8-H_5-N_3-O_3-S_2
M_r 255.278

2-Thiophenecarboxamide, N-(5-nitro-2-thiazolyl)-

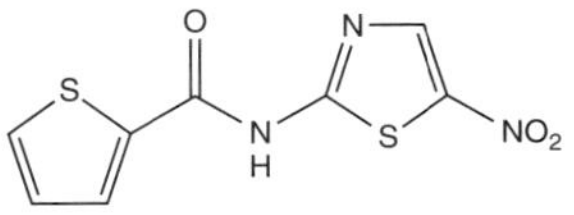

OS: *Ténonitrozole [DCF]*
OS: *Tenonitrazolo [DCIT]*
IS: *Moniflagon*

Atrican® (Bouty: IT)
Atrican® (Innotech: FR, RO, RS, RU)
Atrican® (Innothéra: LU)

Tenoxicam (Rec.INN)

L: Tenoxicamum
D: Tenoxicam
F: Ténoxicam
S: Tenoxicam

Antiinflammatory agent
Analgesic

ATC: M01AC02
CAS-Nr.: 0059804-37-4 C_{13}-H_{11}-N_3-O_4-S_2
M_r 337.381

2H-Thieno[2,3-e]-1,2-thiazine-3-carboxamide, 4-hydroxy-2-methyl-N-2-pyridinyl-, 1,1-dioxide

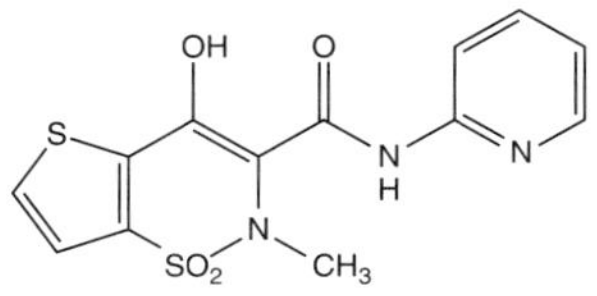

OS: *Tenoxicam [BAN, JAN, USAN]*
OS: *Ténoxicam [DCF]*
IS: *Ro 12-0068/000 (Roche, USA)*
PH: Tenoxicamum [Ph. Eur. 5]
PH: Tenoxicam [Ph. Eur. 5]
PH: Ténoxicam [Ph. Eur. 5]

Admiral® (S.J.A.: GR)
Alganex® (Roche: SE)
Algin-Vek® (Faran: GR)
Amcinafal® (Relyo: GR)
Ampirovix® (Farmedia: GR)
Apo-Tenoxicam® (Apotex: CA)
Arthirinal® (Remedica: CY, VN)
Artricom® (Combiphar: ID)
Artrilase® (Bago: PE)
Artriunic® (Novag: ES)
Artrocam® (Pliva: CZ, HR)
Artroxicam Medichrom® (Medichrom: GR)
Aspagin® (Proel: GR)
Biodruff® (Farmamust: GR)
Bioflam Dental Softgel® (Rider: CL)
Bioflam® (Rider: CL)
Bioreucam® (Angenérico: PT)
Dolmen® (Sigma Tau: IT)
Doxican® (Azevedos: PT)
Dranat® (Remedina: GR)
Hobaticam® (Finixfarm: GR)
Hobatolex® (Finixfarm: GR)
Indo-Bros® (Bros: GR)
Istotosal® (Biospray: GR)
Legil® (Millet Roux: BR)
Liaderyl® (Kleva: GR)
Meditil® (Medikon: ID)
Memzotil® (Pharmasant: TH)
Mobiflex® (Roche: GB)
Nadamen® (Medochemie: TH)
Neo-Adlibamin® (Norma: GR)
Neo-Antiperstam® (Biostam: GR)
Neo-Endusix® (Anfarm: GR)
Neo-Endusix® (Anfarm Hellas: RO)
Nobateks® (Nobel: TR)
Nokam® (Zorka: RS)
Notritis® (Sanbe: ID)
Novo-Tenoxicam® (Novopharm: CA)

Octiveran® (Elpen: GR)
Oksamen-L® (Mustafa Nevzat: TR)
Oksamen® (Mustafa Nevzat: TR)
Oxaflam® (Fahrenheit: ID)
Oxytel® (Coup: GR)
Palitenox® (Pharmathen: GR)
Pilopil® (Guardian: ID)
Ponsolit® (Biomedica-Chemica: GR)
Redac® (Gerolymatos: GR)
Reutenox® (Solvay: ES)
Rexalgan® (Dompé: IT)
Rodix® (La Santé: CO)
Seftil® (Unison: TH)
Sinoral® (Biolab: TH)
Soral® (Help: GR)
Teconam® (Asian: TH)
Tefarel® (Indunidas: EC)
Teflan® (União: BR)
Tenalgin® (Vida: PT)
Tenart® (Sanovel: TR)
Tenax® (Siam Bheasach: TH)
Tenocam® (Eurofarma: BR)
Tenocam® (M & H: TH)
Tenoksan® (Drogsan: TR)
Tenoktil® (Eczacibasi: TR, YE)
Tenotec® (Aché: BR)
Tenoxam® (Shiba: YE)
Tenoxen® (Biosintética: BR)
Tenoxicam Alternova® (Alternova: DK)
Tenoxicam Bidiphar® (Bidiphar: VN)
Tenoxicam Gen-Far® (Genfar: PE)
Tenoxicam Generis® (Generis: PT)
Tenoxicam Genfar® (Genfar: CO)
Tenoxicam LPH® (Labormed Pharma: RO)
Tenoxicam Merck® (Merck Genéricos: PT)
Tenoxicam MK® (Bonima: CR, DO, GT, HN, NI, PA, SV)
Tenoxicam Sos® (So.Se.: IT)
Tenoxicam® (Arena: RO)
Tenoxicam® (Bestpharma: CL)
Tenoxicam® (Laropharm: RO)
Tenoxicam® (Mintlab: CL)
Tenoxicam® (Pentacoop: CO, PE)
Tenoxicam® (Sanitas: CL)
Tenoxicam® (Sicomed: RO)
Tenoxican® (Medicalex: CO)
Tenoxil® (Olan-Kemed: TH)
Tenoxitic® (O.P.V.: VN)
Tenox® (Biofarma: TR)
Tenox® (Charoen Bhaesaj: TH)
Tentepanil® (Leovan: GR)
Tenxil® (Medline: TH)
Texocam® (Bussié: DO, HN, PA, SV)
Thenil® (Interbat: ID)
Tilcitin® (Roche: GR)
Tilcotil® (Aktuapharma: BE)
Tilcotil® (Andreu: ES)
Tilcotil® (Roche: AE, BE, BF, BG, BJ, BR, BW, CG, CH, CL, CM, CO, CR, CU, DK, DO, EC, FI, FR, GA, GB, GN, GR, GT, HK, HN, ID, IS, JM, JO, JP, KH, LA, LB, LU, MA, MG, ML, MX, MY, NA, NZ, OM, PH, PT, QA, RO, SE, SN, TH, TR, TT, TW, ZA)
Tilcotil® (Teva: HU)
Tilflam® (Dexa Medica: ID)
Tilko® (Koçak: TR)
Tiloxican® (Hexal: BR)
Tobitil® (Ranbaxy: IN, ZA)
Tonox® (Utopian: TH)
Toscacalm® (Genepharm: GR)
Velasor® (Vocate: GR)
Vienoks® (Toprak: TR)
Voir® (Velka: GR)
Xotilon® (Pyridam: ID)
Zibelant® (Chrispa: GR)
Zikaral® (Sanovel: TR)

Tepoxalin (Rec.INN)

L: Tepoxalinum
D: Tepoxalin
F: Tepoxaline
S: Tepoxalina

Antiinflammatory agent
COX - 2 inhibitor
Antipsoriatic agent

ATCvet: QM01AE92
CAS-Nr.: 0103475-41-8 C_{20}-H_{20}-Cl-N_3-O_3
M_r 385.85

5-(p-chlorophenyl)-1-(p-methoxyphenyl)-N-methylpyrazole-3-propionohydroxamic acid

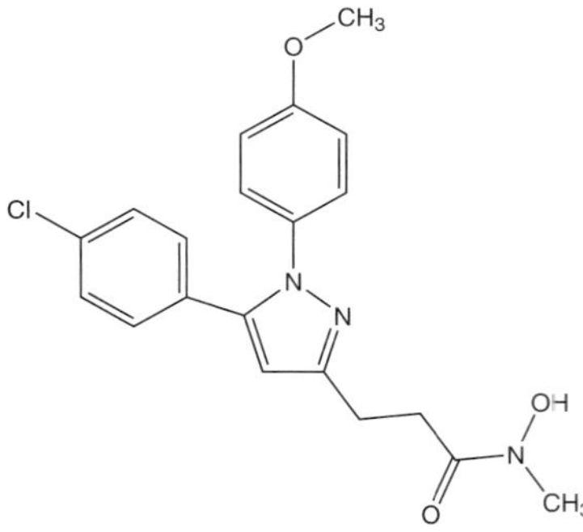

OS: *Tepoxalin [USAN]*
IS: *ORF 20485 (Ortho, USA)*
IS: *RWJ 20485*

Zubrin® [vet.] (Essex: DE)
Zubrin® [vet.] (Galena: FI)
Zubrin® [vet.] (Pharm Tech: AU)
Zubrin® [vet.] (Provet: CH)
Zubrin® [vet.] (Schering-Plough: IT, SE)
Zubrin® [vet.] (Schering-Plough Veterinary: GB)
Zubrin® [vet.] (Schering-Plough Vétérinaire: FR)

Teprenone (Rec.INN)

L: Teprenonum
D: Teprenon
F: Teprenone
S: Teprenona

Treatment of gastric ulcera

CAS-Nr.: 0006809-52-5 C_{23}-H_{38}-O
M_r 330.557

6,10,14,18, Tetramethyl-5,9,13,17-nonadecatetraen-2-one, mixture of (5*E*,9*E*,13*E*) and (5*Z*,9*E*,13*E*) isomers

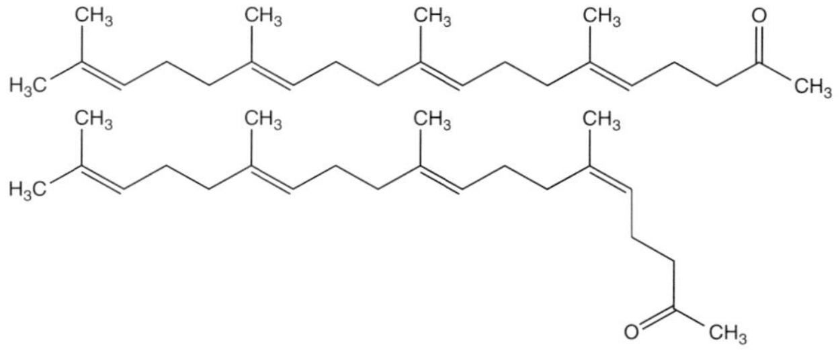

OS: *Teprenone [JAN]*
IS: *Geranylgeranylacetone*

Purubex® (Eisai: ID)
Selbex® (Eisai: DO, JP, SV, TH, VN)

Terazosin (Rec.INN)

L: Terazosinum
D: Terazosin
F: Térazosine
S: Terazosina

Antihypertensive agent

ATC: G04CA03
CAS-Nr.: 0063590-64-7 C_{19}-H_{25}-N_5-O_4
M_r 387.459

Piperazine, 1-(4-amino-6,7-dimethoxy-2-quinazolinyl)-4-[(tetrahydro-2-furanyl)carbonyl]-

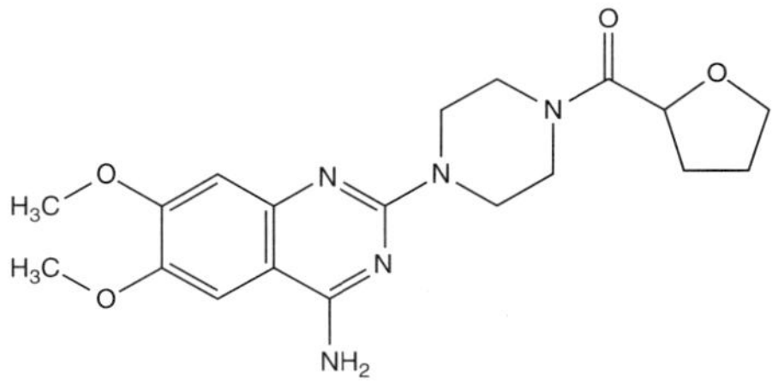

OS: *Terazosin [BAN]*
OS: *Térazosine [DCF]*

Adecur® (Tecnofarma: CL)
Blavin® (Baliarda: AR)
Fosfomik® (Finadiet: AR)
Kornam® (Lek: BA, RS, RU, SI)
Merck-Terazosine® (Merck: BE)
Merck-Terazosin® (Merck: LU)
Setegis® (Egis: RU)
Teraprost® [tab.] (Hersil: PE)
Terazosabb® (Abbott: BE, LU)
Terazosin AWD® (AWD.pharma: DE)
Terazosina Northia® (Northia: AR)
Terazosina Sandoz® (Sandoz: IT)
Terazosina® [tab.] (Induquimica: PE)
Terazosine EG® (Eurogenerics: BE)
Tructum® (Tecnofarma: CO)
Uro-Hytrin® (Abbott: LU)

– hydrochloride:

CAS-Nr.: 0070024-40-7
OS: *Terazosin Hydrochloride BANM, USAN*
IS: *Abbott 45975 (Abbott, USA)*
PH: Terazosin hydrochloride USP 30
PH: Terazosin hydrochloride dihydrate Ph. Eur. 5

Adecur® (Asofarma: MX)
Adecur® (Zodiac: BR)
Adenex® (Tecnofarma: PE)
Alfaprost® (Elfar: ES)
Andrin® (Casasco: AR)
Apo-Terazosin® (Apotex: AN, BB, BM, BS, CA, GY, HT, JM, KY, SR, TT)
Benaprost® (Bagó: AR)
Cloridrato de Terazosina® (Abbott: BR)
Deflox® (Abbott: ES)
Dysalfa® (Solvay: FR)
Eglidon® (Merck: AR)
Ezosina® (Fournier: IT)
Flotrin® (mibe: DE)
Flumarc® (Raffo: AR)
Geriprost® (Ivax: AR)
Heitrin® (Abbott: DE)
Hitrin® (Abbott: CR, GT, HN, NI, PA, SV)
Hytracin® (Dainabot: JP)
Hytrin BPH® (Abbott: CH, GB)
Hytrin BPH® (Pro Concepta: CH)
Hytrinex® (Abbott: SE)
Hytrine® (CSP: FR)
Hytrin® (Abbott: AU, BE, BR, CA, CL, CN, CO, CZ, GB, GR, HK, HU, ID, IL, IN, LK, LU, MY, NL, NZ, PE, PL, PT, RO, SG, TH, TR, US, ZA)
Hytrin® (Amdipharm: IE)
Hytrin® (Eureco: NL)
Hytrin® (Unimed & Unihealth: BD)
Ibiprovir® (IBI: IT)
Isontyn® (Abbott: AR)
Itrin® (Abbott: IT)
Kornam® (Lek: CZ, HU, PL)
Magnurol® (Esteve: ES)
Mayul® (Salvat: ES)
Novo-Terazosin® (Novopharm: CA)
Olyster® (Cadila: IN)
Panaprost® (Panalab: AR)
PMS-Terazosin® (Pharmascience: CA)
Prostatil® (Pulitzer: IT)
Prostol® (Drug International: BD)
Proxatan® (Sandoz: AR)
ratio-Terazosin® (Ratiopharm: CA)
Romaken® (Kendrick: MX)
Rosyn® (Techno: BD)
Setegis® (Egis: HU, PL)
Sinalfa® (Abbott: DK, IS, SE)
Sinalfa® (Amdipharm: NO)
Sutif® (Farma Lepori: ES)
Tera TAD® (TAD: DE)
Terablock® (Pfleger: DE)
Terafluss® (Madaus: IT)
Teranar® (Apogepha: DE)
Teraprost® (Malesci: IT)
Terasin® (Rowe: DO, EC)
Teraumon® (Smaller: ES)
Terazid® (Madaus: DE)
Terazoflo® (Gry: DE)
Terazon® (Incepta: BD)
Terazosin 1A Pharma® (1A Pharma: DE)
Terazosin AbZ® (AbZ: DE)
Terazosin Alternova® (Alternova: DK)
Terazosin AL® (Aliud: DE)
Terazosin Arcana® (Arcana: AT)

T

Terazosin AZU® (Azupharma: DE)
Terazosin BASICS® (Basics: DE)
Terazosin beta® (betapharm: DE)
Terazosin Copyfarm® (Copyfarm: DK, SE)
Terazosin Hexal® (Hexal: CZ, DE)
Terazosin Hexal® (Sandoz: SE)
Terazosin Hydrochloride® (Geneva: US)
Terazosin Hydrochloride® (Mylan: US)
Terazosin Hydrochloride® (Teva: US)
Terazosin Merck NM® (Merck NM: DK, SE)
Terazosin PCD® (Pharmacodane: DK)
Terazosin PCH® (Pharmachemie: NL)
Terazosin PSI® (PSI: NL)
Terazosin Sandoz® (Sandoz: DE)
Terazosin Stada® (Stada: DE, SE)
Terazosin von ct® (CT: DE)
Terazosin Winthrop® (Winthrop: DE)
Terazosin-ratiopharm® (Ratiopharm: AT)
Terazosin-ratiopharm® (ratiopharm: DE)
Terazosina ABC® (ABC: IT)
Terazosina Alter® (Alter: ES, PT)
Terazosina DOC® (DOC Generici: IT)
Terazosina EG® (EG: IT)
Terazosina Hexal® (Hexal: IT)
Terazosina Kern® (Kern: ES)
Terazosina Mabo® (Mabo: ES)
Terazosina Merck® (Merck Generics: IT)
Terazosina Pliva® (Pliva: IT)
Terazosina Qualix® (Qualix: ES)
Terazosina Ratiopharm® (Ratiopharm: ES, IT)
Terazosina Rubio® (Rubio: ES)
Terazosina Tad® (TAD: IT)
Terazosina Teva® (Teva: ES, IT)
Terazosine Apex® (Apex: NL)
Terazosine PCH® (Pharmachemie: NL)
Terazosine® (Hexal: NL)
Terazosin® (Egis: RO)
Terazosin® (Generics: GB)
Terazosin® (Teva: GB)
Terenar® (Apogepha: DE)
Tesin® (Hexal: PL)
Tezosyn® (Ethical: DO)
Térazosine Biogaran® (Biogaran: FR)
Térazosine Merck® (Merck Génériques: FR)
Unoprost® (Guidotti: IT)
Urocard® (Stada: AT)
Urodie® (Abbott: IT)
Uroflo® (Abbott: AT)
Vasomet® (Nikken: JP)
Vicard® (Abbott: AT)
Vicard® (Nycomed: AT)
Zayasel® (Salvat: ES)
Zytrin® (Stadmed: IN)

Terbinafine (Rec.INN)

L: Terbinafinum
D: Terbinafin
F: Terbinafine
S: Terbinafina

Antifungal agent

ATC: D01AE15,D01BA02
CAS-Nr.: 0091161-71-6

C_{21}-H_{25}-N
M_r 291.441

1-Naphtalenemethanamine, *N*-(6,6-dimethyl-2-hepten-4-ynyl)-*N*-methyl-,(*E*)-

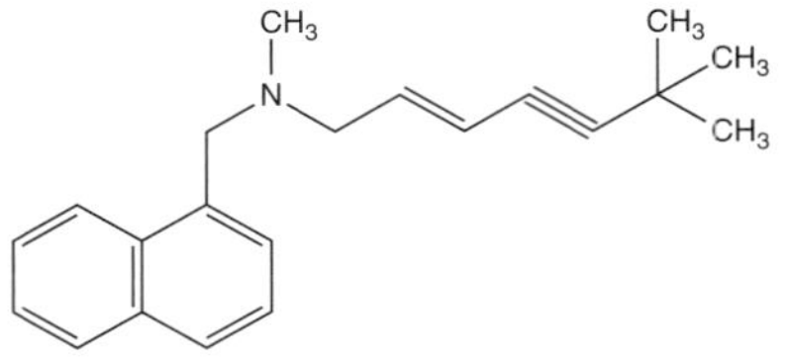

OS: *Terbinafine [BAN, DCF, USAN]*
IS: *SF 83627*

Atifan® (Krka: BA, HR, SI)
Demsil® (Vocate: GR)
Elater® (Medipharm: CL)
Finex® (Saval: EC, PE)
Finex® (Saval Eurolab: CL)
Fungoterbine® (Nizhpharm: RU)
Fungueal® (Lazar: AR)
Lamisil DermGel® (Medis: SI)
Lamisil DermGel® (Novartis: AT, AU, CH, DE, LU, MX, RU, SE, SI)
Lamisil DermGel® (Novartis Consumer Health: HR, HU, NZ)
Lamisildermgel® (Novartis Santé Familiale: FR)
Lamisil® (Medis: SI)
Lamisil® (Novartis: AR, AT, BE, BG, CH, CO, CR, DO, DZ, ES, FI, GE, GR, GT, HN, IS, LU, NI, NO, PA, RS, SE, SI, SV)
Lamisil® (Novartis C.H.: PE)
Lamisil® (Novartis Consumer Health: DE)
Lamisil® (Novartis Pharma: PE)
Lamisil® (Sandoz: ES)
Maditez® (Medipharma: AR)
Merck-Terbinafine® (Merck: BE)
Micostop® [compr.] (ABL: PE)
Micoterat® [compr./emuls.] (ABL: PE)
Romiver® (Rafarm: GR)
Tacna® (LKM: AR)
Terbinafine Teva® (Teva: BE)
Terbinafine-Medimpex® (Medimpex: LU)
Terbinox® (Unique: RU)
Terbisil® [tab./emuls.] (AC Farma: PE)
Terfex® (Pharmalab: PE)
Termicon® (Pharmstandart: RU)
Termisil® (Ferron: ID)
Termisil® (Genepharm: GR)
Verbinaf® (Pliva: BA, HR)

– hydrochloride:

CAS-Nr.: 0078628-80-5
OS: *Terbinafine Hydrochloride BANM, JAN*
IS: *SF 83627 (Sandoz-Wander)*
PH: Terbinafine hydrochloride Ph. Eur. 5

Afugin® (Hexal: PL)
Amiada® (Intendis: DE)
Amykal® (Pelpharma: AT)
Anpar® (Doctor's Chemical Work: BD)
Apo-Terbinafine® (Apotex: CA, NZ)
Binafin® (Shreya: RU)
Brinaf® (Slovakofarma: CZ)
Cloridrato de Terbinafina® (EMS: BR)
Cloridrato de Terbinafina® (Eurofarma: BR)
Cloridrato de Terbinafina® (Fármaco: BR)
Cloridrato de Terbinafina® (Medley: BR)

CO Terbanifine® (Cobalt: CA)
Corbinal® (Biofarma: TR)
Daskil® (LPB: IT)
Daskil® (Novartis: AT)
Daskyl® (Azevedos: PT)
Derbicil® (Incepta: BD)
Derfin® (Alco: BD)
Dermasil® (Rafa: IL)
Dermatin® (Pfleger: DE)
Dermoxyl® (Chile: CL)
Elater® (Medipharm: CL)
Exifine® (Dr Reddys: IN, LK)
Exifine® (Dr. Reddy's: RU)
Exifine® (Ranbaxy: PE)
Finater® (Popular: BD)
Finex® (Sintofarma: BR)
Fungafine® (Ivax: IE)
Fungasil® (Clonmel: IE)
Funginix® (Sandoz: DK)
Fungitif® (Alfred Tiefenbacher: NL)
Fungizid ratiopharm® (ratiopharm: DE)
Fungorin® (Orion: FI)
Fungoterbine® (Nizhpharm: RU)
Fyterdin® (Unipharm: MX)
Gen-Terbinafine® (Genpharm: CA)
Infud® (General Pharma: BD)
Interbi® (Interbat: ID)
Lamican® (Canonpharma: RU)
Lamicosil® (Novartis: ES)
Lamidaz® (Saidal: DZ)
Laminox® (Abdi Ibrahim: TR)
Lamisil Topico® (Novartis: CL)
Lamisilatt® (Novartis: PL)
Lamisil® [tbl.] (Apotheek Spanhoff: NL)
Lamisil® [tbl.] (Chrispa: GR)
Lamisil® [tbl.] (Delphi: NL)
Lamisil® [tbl.] (Dowelhurst: NL)
Lamisil® [tbl.] (Dr. Fisher: NL)
Lamisil® [tbl.] (EU-Pharma: NL)
Lamisil® [tbl.] (Eureco: NL)
Lamisil® [tbl.] (Euro: NL)
Lamisil® [tbl.] (Medis: SI)
Lamisil® [tbl.] (Nedpharma: NL)
Lamisil® [tbl.] (Novartis: AG, AN, AR, AT, AU, AW, BA, BB, BD, BE, BF, BJ, BM, BR, BS, CA, CG, CH, CI, CL, CM, CN, CO, CR, CZ, DE, DK, DO, DZ, EC, ES, ET, FI, FR, GA, GB, GD, GE, GH, GN, GT, GY, HK, HN, HR, HT, HU, ID, IE, IL, IN, IS, IT, JM, KE, KY, LC, LU, LY, MG, ML, MR, MT, MU, MX, MY, NE, NG, NI, NL, NZ, PA, PH, PL, PT, RO, RS, RU, SD, SE, SG, SI, SN, SV, TG, TH, TR, TT, TZ, US, VC, ZA, ZR, ZW)
Lamisil® [tbl.] (Novartis Consumer Health: NZ, VN)
Lamisil® [tbl.] (Paranova: AT)
Lamisil® [tbl.] (Sandoz: ES)
Lamisil® [vet.] (Novartis Animal Health: GB)
Lanafine® (Niche: IE)
Micoset® (Bago: CL)
Micostop® (Andromaco: CL)
Micoter® (EMS: BR)
Mikonafin® (Münir Sahin: TR)
Mycelvan® (Liomont: MX)
Mycocur® (Nobel: TR)
Mycofin® (Eskayef: BD)
Myconafine® (Actavis: GE, PL)
Myconormin® (Hermal: DE, LU)
Myconormin® (Reckitt Benckiser: CH)
Nafitev® (Lemery: MX)
Nailderm® (Gerard: IE)
Novo-Terbinafine® (Novopharm: CA)
Octosan® (Sanofi-Aventis: DE)
Onychon Zentiva® (Zentiva: CZ)
Onychon® (Leciva: CZ)
Onychon® (Zentiva: RO)
Onymax® (Galderma: CH, DE, PL)
Patir® (Rafa: IL)
Piecidex® (Andromaco: AR)
PMS-Terbinafine® (Pharmascience: CA)
Sandoz Terbinafine® (Sandoz: CA)
Skinabin® (ACI: BD)
Tefine® (Sandoz: SI)
Tekfin® (Deva: TR)
Telfin® (Unimed & Unihealth: BD)
Tenasil® (Homeofarm: PL)
Terafin® (Fako: TR)
Terbafin® (Kleva: GR)
Terbex® (Beximco: BD)
Terbiderm® (Dermapharm: DE, NL)
Terbiderm® (Gedeon Richter: PL)
Terbifil® (Sandoz: CH)
Terbifin® (Aristopharma: BD)
Terbigalen® (Galen: DE)
Terbigen® (Generics: PL)
Terbigram® (Verisfield: GR)
Terbihexal® (Hexal: CZ)
Terbina-Q® (Juta: DE)
Terbina-Q® (Q-Pharm: DE)
Terbinafiini Enna® (Ennapharma: FI)
Terbinafin 1A Farma® (1A Farma: DK)
Terbinafin 1A Pharma® (1A Pharma: DE)
Terbinafin 1A Pharma® (1a Pharma: HU)
Terbinafin AbZ® (AbZ: DE)
Terbinafin Actavis® (Actavis: CH, DK, SE)
Terbinafin Alpharma® (Actavis: FI)
Terbinafin Alpharma® (Alpharma: DK, SE)
Terbinafin Alternova® (Alternova: FI)
Terbinafin AL® (Aliud: DE)
Terbinafin Arrow® (Arrow: SE)
Terbinafin beta® (betapharm: DE)
Terbinafin Copyfarm® (Copyfarm: DK, FI, SE)
Terbinafin dura® (Merck dura: DE)
Terbinafin HelvePharm® (Helvepharm: CH)
Terbinafin Hexal® (Hexal: DE, DK, NO)
Terbinafin Hexal® (Sandoz: FI, HU, SE)
Terbinafin IVAX® (Ivax: FI, SE)
Terbinafin KSK® (KSK Pharma: DE)
Terbinafin Kwizda® (Kwizda: DE)
Terbinafin Merck® (Merck: SI)
Terbinafin Merck® (Merck NM: DK, SE)
Terbinafin Nordic Drugs® (Nordic Drugs: DK, SE)
Terbinafin ratiopharm® (Ratiopharm: AT)
Terbinafin ratiopharm® (ratiopharm: DE, DK)
Terbinafin ratiopharm® (Ratiopharm: FI, SE)
Terbinafin Sandoz® (Sandoz: DE)
Terbinafin Stada® (Stada: AT, DK, SE)
Terbinafin Stada® (Stadapharm: DE)
Terbinafin Teva® (Teva: DE, IL)
Terbinafin Winthrop® (Winthrop: DE)
Terbinafin-CT® (CT: DE)
Terbinafin-ISIS® (Alpharma: DE)

Terbinafin-Mepha® (Mepha: CO)
Terbinafina Baldacci® (Baldacci: PT)
Terbinafina Eg® (EG: IT)
Terbinafina Farmoz® (Farmoz: PT)
Terbinafina Hexal® (Hexal: IT)
Terbinafina Jaba® (Jaba: PT)
Terbinafina Merck® (Merck Generics: IT)
Terbinafina Merck® (Merck Genéricos: PT)
Terbinafina Richet® (Richet: AR)
Terbinafina Sandoz® (Sandoz: IT)
Terbinafina Teva® (Teva: IT)
Terbinafina® (Mintlab: CL)
Terbinafine AET® (Alfred Tiefenbacher: NL)
Terbinafine Alpharma® (Alpharma: NL)
Terbinafine A® (Apothecon: NL)
Terbinafine CF® (Centrafarm: NL)
Terbinafine Merck® (Merck Generics: NL)
Terbinafine Olinka® (Olinka: NL)
Terbinafine PCH® (Pharmachemie: NL)
Terbinafine Perivita® (Perivita: NL)
Terbinafine ratiopharm® (Ratiopharm: NL)
Terbinafine Sandoz® (Sandoz: NL)
Terbinafine TAD® (TAD: NL)
Terbinafine-Teva® (Teva: IL)
Terbinafine® (Hexal: NL)
Terbinafine® (Stichting: NL)
Terbinafinhydrochlorid AL® (Aliud: DE)
Terbinafinhydrochlorid Stada® (Stadapharm: DE)
Terbinafin® (Alpharma: NO)
Terbinafin® (Copyfarm: NO)
Terbinafin® (Nordic Drugs: NO)
Terbinafin® (ratiopharm: NO)
Terbinax® (Drossapharm: CH)
Terbin® (Eczacibasi: TR)
Terbin® (Opsonin: BD)
Terbisil® (Actavis: IS)
Terbisil® (Gedeon Richter: CZ, HU, JM, PL, RO, RU)
Terbisil® (Santa-Farma: TR)
Terbix® (Sued: DO)
Terbix® (Unipharm: CR, GT, NI, SV)
Terbonile® (Bilim: TR)
Terekol® (Panalab: AR)
Terfex® (Mediderm: CL)
Terfin® (Elea: AR)
Terfungin® (Alfred Tiefenbacher: NL)
Termider® (Bio-Pharma: BD)
Ternaf® (Rowex: IE)
Tiebinafin® (Alfred Tiefenbacher: NL)
Tigal® (Sanovel: TR)
Tineafin® (Spirig: CH)
Unasal® (Senosiain: MX)
Undofen® (GlaxoSmithKline: PL)
Xfin® (Square: BD)
Xilatril® (Darier: MX)

Terbutaline (Rec.INN)

L: **Terbutalinum**
I: **Terbutalina**
D: **Terbutalin**
F: **Terbutaline**
S: **Terbutalina**

Antiasthmatic agent
β_2-Sympathomimetic agent

ATC: R03AC03,R03CC03
CAS-Nr.: 0023031-25-6 C_{12}-H_{19}-N-O_3
M_r 225.294

1,3-Benzenediol, 5-[2-[(1,1-dimethylethyl)amino]-1-hydroxyethyl]-

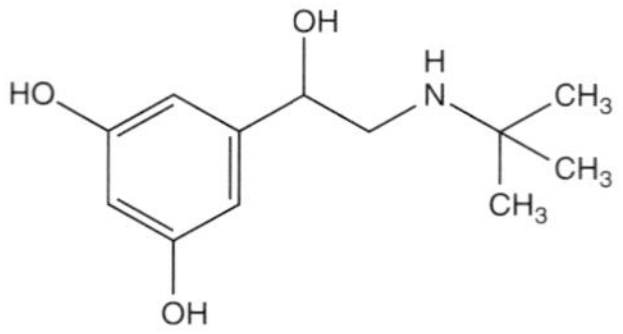

OS: *Terbutaline [BAN, DCF]*
OS: *Terbutalina [DCIT]*

Asthmasian® (Asian Pharmaceutical: TH)
Terbutalina® (Pentacoop: CO)

– sulfate:

CAS-Nr.: 0023031-32-5
OS: *Terbutaline Sulfate JAN, USAN*
OS: *Terbutaline Sulphate BANM*
IS: *KWD 2019*
PH: Terbutaline Sulfate JP XIV, USP 30
PH: Terbutalini sulfas Ph. Eur. 5
PH: Terbutalinsulfat Ph. Eur. 5
PH: Terbutaline (sulfate de) Ph. Eur. 5
PH: Terbutaline Sulphate Ph. Eur. 5

Adrenyl® (UCI: BR)
Aerodur® Turbohaler® (AstraZeneca: DE)
Aerodur® Turbohaler® (pharma-stern: DE)
Aironyl® (Sedico: RO)
Alloxygen® (Tynor: PH)
Asmabet® (Mahakam: ID)
Asmaline® (Polipharm: TH)
Asthamsian® (Asian: TH)
Asthmoprotect® (Azupharma: DE)
Ataline® (Medochemie: HK, LK, SG)
Bintasma® (Dankos: ID)
Brasmatic® (Darya-Varia: ID)
Brethine® (aai: US)
Bricalin® (Teva: IL)
Bricanyl Respirator® (AstraZeneca: GB, IE)
Bricanyl Respules® (AstraZeneca: GB, IE)
Bricanyl Retard® (AstraZeneca: IS)
Bricanyl SA® (AstraZeneca: IE)
Bricanyl Turbohaler® (AstraZeneca: AE, AG, AN, AT, AW, BG, BH, BM, BR, BS, BZ, CY, EG, ET, FR, GB, GD, GH, GY, HT, IE, IQ, JM, JO, KE, KW, LB, LC, LU, LY, MT, MW, MZ, NG, NO, NZ, OM, PT, QA, SA, SD, SR, SY, TH, TT, TZ, UG, VC, YE, ZM, ZW)
Bricanyl Turbuhaler® (AstraZeneca: CZ, IS, PE)
Bricanyl-Duriles® (AstraZeneca: DE)
Bricanyl-Duriles® (pharma-stern: DE)

Bricanyl® (AstraZeneca: AE, AR, AT, AU, BE, BH, BI, BR, BR, BR, CA, CH, CN, CY, CZ, DE, DK, EG, FI, FR, GB, GE, HK, HU, IE, IN, IQ, IS, IT, JO, KW, LB, LK, LU, LY, MT, MY, NL, NO, OM, PE, PH, PT, QA, RE, SA, SE, SG, SY, TH, TR, VN, YE, ZA)
Bricanyl® (Delphi: NL)
Bricanyl® (Egis: CZ)
Bricanyl® (EU-Pharma: NL)
Bricanyl® (Eureco: NL)
Bricanyl® (Euro: NL)
Bricanyl® (pharma-stern: DE)
Bricanyl® [vet.] (AstraZeneca: GB)
Bricasma® (AstraZeneca: ID)
Bricasol® (AstraZeneca: CN)
Broncholine® (TO Chemicals: TH)
Bronchonyl® [Comp.] (Pharmasant: TH)
Bronco Asmo® (Pond's: TH)
Bucaril® (Pharmaland: TH)
Cencanyl® (Pharmasant: TH)
Contimit® (Lindopharm: DE)
Dracanyl Turbuhaler Abacus® (AstraZeneca: DK)
Dracanyl Turbuhaler Orifarm® (AstraZeneca: DK)
Dracanyl Turbuhaler Singad® (AstraZeneca: DK)
Dracanyl® (AstraZeneca: GR)
Forasma® (Guardian: ID)
Lafayette Terbutaline Sulfate® (Lafayette: PH)
Lasmalin® (Lapi: ID)
Med-Broncodil® (Medicine Supply: TH)
Nairet® (Otto: ID)
Pharmaniaga Terbutaline® (Pharmaniaga: MY)
Proasma-T® (Progress: TH)
Prosmalin® (Mecosin: ID)
Pulmobron® (Mugi: ID)
Pulmoxcel® (GXI: PH)
Sedakter® (Corsa: ID)
Sulterline® (TP Drug: TH)
Syntovent® (Codal Synto: LK)
Tabas® (Meprofarm: ID)
Tedipulmo® (Estedi: ES)
Terasma® (Medikon: ID)
Terbasmin Europharma DK® (AstraZeneca: DK)
Terbasmin Inhalacion® (AstraZeneca: ES)
Terbasmin Orifarm® (AstraZeneca: DK)
Terbasmin Paranova® (AstraZeneca: DK)
Terbasmin Singad® (AstraZeneca: DK)
Terbasmin Turbuhaler 2care4® (AstraZeneca: DK)
Terbasmin Turbuhaler® (AstraZeneca: ES)
Terbasmin Turbuhaler® (D.A.C.: IS)
Terbasmin® (AstraZeneca: ES)
Terbasmin® (Ern: ES)
Terbasmin® (Euro: NL)
Terbron® (Biolab: TH)
Terbulin® (Great Eastern: TH)
Terbulin® (Vitamed: IL)
Terbulin® (Westmont: TH)
Terbul® (Hexal: DE, LU)
Terbuno® (Milano: TH)
Terburop® (Ropsohn: CO)
Terbutalin AL® (Aliud: DE, HU)
Terbutalin Sandoz® (Sandoz: DE)
Terbutalin Stada® (Stadapharm: DE)
terbutalin von ct® (CT: DE)
Terbutalin-ratiopharm® (ratiopharm: DE)
Terbutaline Sulfate® [inj.] (Bedford: US)
Terbutaline Sulfate® [inj.] (Sicor: US)
Terbutaline Sulfate® [tabs.] (Global: US)
Terbutaline® (Remedica: CY)
Tervent® (Unimed & Unihealth: BD)
Tismalin® (Metiska: ID)
Tolbin® (Unison: TH)

Terconazole (Rec.INN)

L: Terconazolum
I: Terconazolo
D: Terconazol
F: Terconazole
S: Terconazol

Antifungal agent

ATC: G01AG02
CAS-Nr.: 0067915-31-5 C_{26}-H_{31}-Cl_2-N_5-O_3
M_r 532.484

Piperazine, 1-[4-[[2-(2,4-dichlorophenyl)-2-(1H-1,2,4-triazol-1-ylmethyl)-1,3-dioxolan-4-yl]methoxy]phenyl]-4-(1-methylethyl)-, cis-

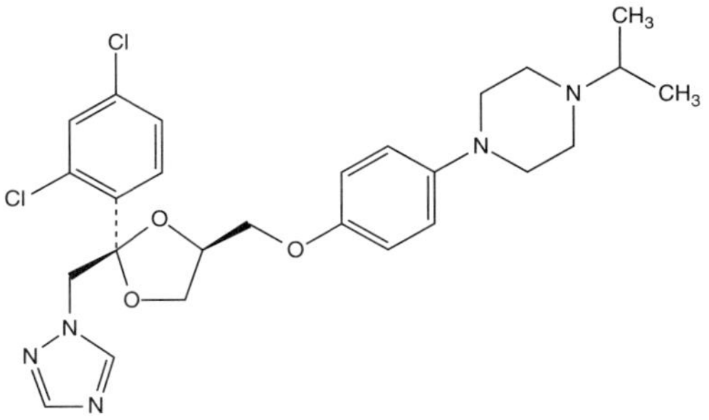

OS: *Terconazole [BAN, DCF, USAN]*
OS: *Terconazolo [DCIT]*
IS: *R 42470*
IS: *Triaconazole*
PH: Terconazole [Ph. Eur. 5]
PH: Terconazolum [Ph. Eur. 5]
PH: Terconazol [Ph. Eur. 5]

Fungistat® (Janssen: CO, MX)
Gyno Fungistat® (Janssen: BR)
Gyno Fungix® (Janssen: BR)
Gyno-Fungix® (Janssen: BR)
Gyno-Terazol® (Janssen: BE, CZ, LU, NL)
Taro-Terconazole® (Taro: CA)
Terazol® (Janssen: CA, ZA)
Terazol® (Ortho: US)
Terconazole® (Perrigo: US)
Terconazole® (Taro: US)
Terconazole® (Watson: US)

Terfenadine (Rec.INN)

L: Terfenadinum
I: Terfenadina
D: Terfenadin
F: Terfénadine
S: Terfenadina

Antiallergic agent
Histamine, H_1-receptor antagonist

ATC: R06AX12
CAS-Nr.: 0050679-08-8 C_{32}-H_{41}-N-O_2
M_r 471.69

1-Piperidinebutanol, α-[4-(1,1-dimethylethyl)phenyl]-4-(hydroxydiphenylmethyl)-

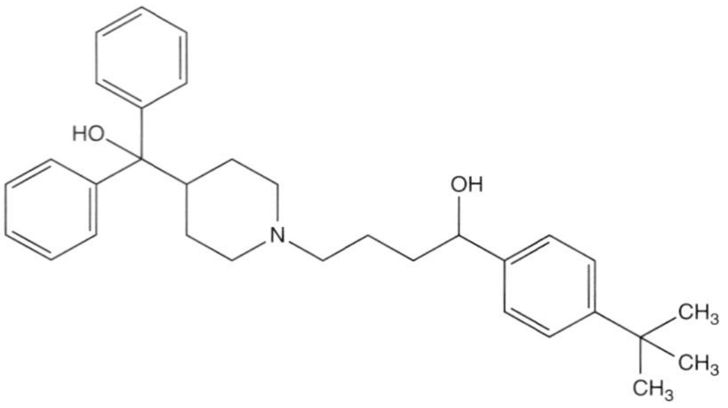

OS: *Terfenadine [BAN, DCF, JAN, USAN]*
OS: *Terfenadina [DCIT]*
IS: *RMI 9918 (Marion Merrell Dow, USA)*
PH: Terfenadine [Ph. Eur. 5, USP 23]
PH: Terfenadinum [Ph. Eur. 5]
PH: Terfenadin [Ph. Eur. 5]
PH: Terfénadine [Ph. Eur. 5]

Allerzil® (Bruno: IT)
Alpenaso® (Soho: ID)
Bronal® (Galenika: BA, RS)
Cyater® (Sigma Tau: ES)
Effie® (Codal Synto: LK)
Fenadin® (Opsonin: BD)
Hisfedin® (Wolff: DE)
Histalergan® (Sanitas: CL)
Lotanax® (Leciva: CZ)
Pylitep® (Hexpharm: ID)
Rapidal® (Bial: ES)
Servinin® (Novartis: BD)
Tamagon® (Medochemie: BH, CY, IQ, JO, LK, OM, SD, YE)
Tefen® (Srbolek: RS)
Teldane® (Aventis: DE, PE)
Teldane® (Ewopharma: CZ)
Teldane® (Lepetit: IT)
Terfedura® (Merck dura: DE)
Terfemundin® (Mundipharma: DE)
Terfenadin AL® (Aliud: CZ, DE)
Terfenadin ratiopharm® (ratiopharm: DE)
Terfenadin Stada® (Stada: AT)
Terfenadin Stada® (Stadapharm: DE)
Terfenadine Albic® (Sanofi-Synthelabo: NL)
Terfenadine A® (Apothecon: NL)
Terfenadine CF® (Centrafarm: NL)
Terfenadine FLX® (Karib: NL)
Terfenadine PCH® (Pharmachemie: NL)
Terfenadine ratiopharm® (Ratiopharm: NL)
Terfenadine Sandoz® (Sandoz: NL)
Terfenadine® (Hexal: NL)
Terfenadin® (Dexa Medica: ID)
Terfin® (Interbat: ID)
Teridin® (Krka: CZ, SI)
Terlane® (Mundipharma: AT)
Ternadin® (Dunar: ES)
Triludan® (Aventis: LU, ZA)
Triludan® (Sanofi-Aventis: NL)

Terguride (Rec.INN)

L: Terguridum
D: Tergurid
F: Terguride
S: Tergurida

Antiparkinsonian, dopaminergic
Prolactin inhibitor

CAS-Nr.: 0037686-84-3 C_{20}-H_{28}-N_4-O
M_r 340.47

Urea, N,N-diethyl-N'-[(8α)-6-methylergolin-8-yl]-

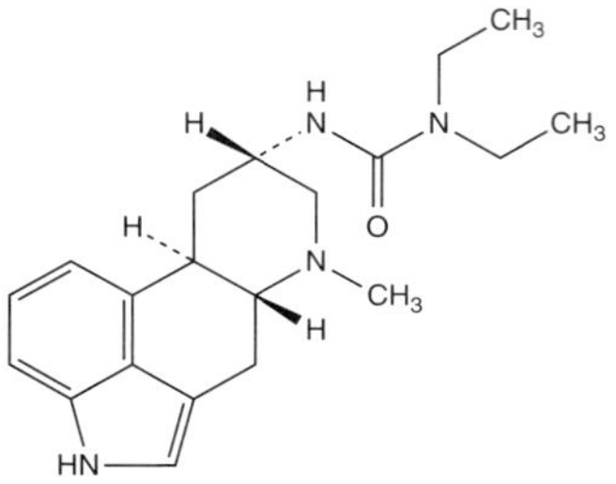

IS: *Dironyl*
IS: *TDHL*
IS: *Transdihydrolisuride*
IS: *VUFB 6638*
IS: *ZK 31224*

Teluron® (Nihon Schering: JP)

– maleate:

Mysalfon® (Ivax: CZ)

Teriparatide (Rec.INN)

L: Teriparatidum
D: Teriparatid
F: Teriparatide
S: Teriparatida

Calcium regulating agent
Diagnostic

ATC: H05AA02
CAS-Nr.: 0052232-67-4 C_{181}-H_{291}-N_{55}-O_{51}-S_2
M_r 4117.989

Ser—Val—Ser—Glu—Ile—Glu(NH_2)—Leu—Met—His—
Asp(NH_2)—Leu—Gly—Lys—His—Leu—Asp(NH_2)—Ser—
Met—Glu—Arg—Val—Glu—Trp—Leu—Arg—Lys—Lys—
Leu—Glu(NH_2)—Asp—Val—His—Asp(NH_2)—Phe

OS: *Teriparatide [USAN]*
IS: *LY 333334 (Lilly, USA)*
IS: *rhPTH(1-34)*

Forsteo® (Lilly: AT, BE, CH, CZ, DE, DK, ES, FI, FR, GB, HU, IE, IS, IT, LU, NL, NO, PT, RO, RU, SE, SI, TR)
Forteo® (Lilly: AU, BR, CA, CL, HK, HR, IL, IN, LK, MX, MY, NZ, RS, SG, US, ZA)

– acetate:

CAS-Nr.: 0099294-94-7
OS: *Teriparatide Acetate JAN, USAN*
IS: *ZAMI 420*
IS: *hPTH 1-34*

Human PTH® (Toyo Jozo: JP)
Parathar® (Aventis: US)

Terizidone (Rec.INN)

L: Terizidonum
I: Terizidone
D: Terizidon
F: Térizidone
S: Terizidona

Antitubercular agent

ATC: J04AK03
CAS-Nr.: 0025683-71-0 — C_{14}-H_{14}-N_4-O_4
M_r 302.306

3-Isoxazolidinone, 4,4'-[1,4-phenylenebis(methylidynenitrilo)]bis-

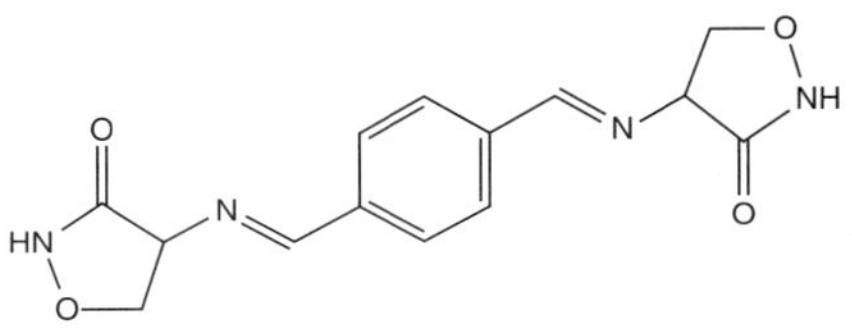

OS: *Terizidone [DCIT]*
IS: *R 2360*

Terivalidin® (Aventis: ZA)
Terivalidin® (Gerot: AT)
Terivalidin® (Viñas: ES)
Terizidon® (Fatol: DE)

Terlipressin (Rec.INN)

L: Terlipressinum
D: Terlipressin
F: Terlipressine
S: Terlipresina

Posterior pituitary hormone, antidiuretic hormone, ADH

Vasoconstrictor

ATC: H01BA04
CAS-Nr.: 0014636-12-5 — C_{52}-H_{74}-N_{16}-O_{15}-S_2
M_r 1227.444

Vasopressin, N-[N-(N-glycylglycyl)glycyl]-8-L-lysine-

N-[N-(N-Glycylglycyl)glycyl]-8-L-lysine vasopressin (WHO)

N-[N-(N-Glycylglycyl)glycyl]-8-L-lysinvasopressin (IUPAC)

Gly—Gly—Gly—Cys—Tyr—Phe—Glu(NH_2)—Asp(NH_2)—Cys—Pro—Lys—Gly—NH_2

OS: *Terlipressin [BAN]*
OS: *Terlipressine [DCF]*
IS: *TGLVP*
IS: *Triglycyllylpressin*

Remestyp® (Ferring: CZ, PL, RO)

– acetate:

Haemopressin® (Curatis: DE)
Haemopressin® (Meduna: DE)
Haemopressin® (Torrex: AT)

– diacetate:

IS: *Glycylpressin*

Glipressina® (Ferring: IT)
Glycylpressin® (Ferring: AR, AT, DE)
Glypressine® (Ferring: FR)
Glypressin® (Ferring: AE, BE, BH, CH, CN, DK, EG, ES, FI, GB, HK, HU, IE, IS, JO, KW, LB, LU, NL, NO, OM, PK, QA, SA, SE, SG, SI, SY, TH, TR, TW, YE)

Tertatolol (Rec.INN)

L: Tertatololum
D: Tertatolol
F: Tertatolol
S: Tertatolol

Antiarrhythmic agent
Antihypertensive agent
β-Adrenergic blocking agent

ATC: C07AA16
CAS-Nr.: 0034784-64-0 — C_{16}-H_{25}-N-O_2-S
M_r 295.446

2-Propanol, 1-[(3,4-dihydro-2H-1-benzothiopyran-8-yl)oxy]-3-[(1,1-dimethylethyl)amino]-, (±)-

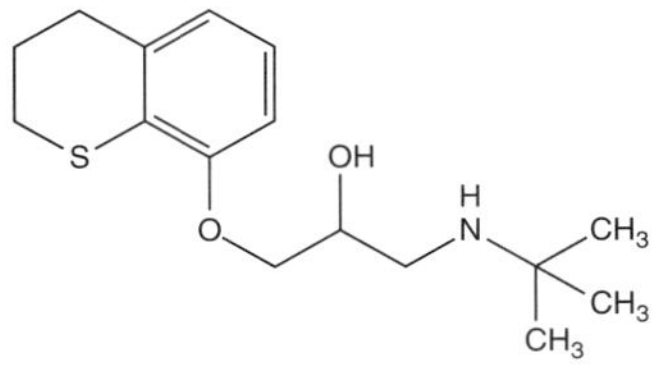

OS: *Tertatolol [BAN, DCF]*
IS: *SE 2395*

Evartan® (Servier: RO)

– hydrochloride:

CAS-Nr.: 0033580-30-2
IS: *SE 2395*

Artexal® (Servier: DK, IE)
Artex® (Servier: LU, NL, PT)
Artex® (Therval: FR)

Testolactone (Rec.INN)

L: Testolactonum
D: Testolacton
F: Testolactone
S: Testolactona

Androgen

CAS-Nr.: 0000968-93-4 C_{19}-H_{24}-O_3
M_r 300.401

D-Homo-17a-oxaandrosta-1,4-diene-3,17-dione

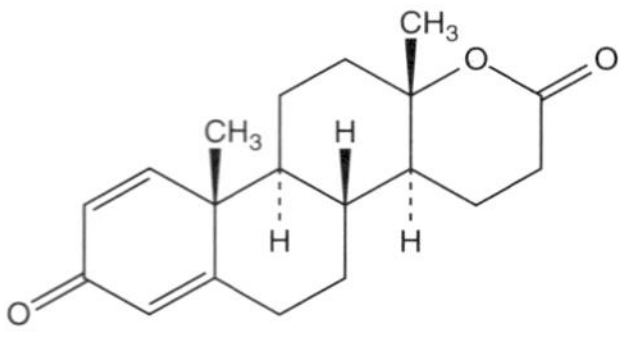

OS: *Testolactone [USAN]*
IS: *NSC 23759*
IS: *SQ 9538*
PH: Testolactone [USP 30]

Teslac® (Bristol-Myers Squibb: US)

Testosterone (Rec.INN)

L: Testosteronum
I: Testosterone
D: Testosteron
F: Testostérone
S: Testosterona

Androgen

ATC: G03BA03
CAS-Nr.: 0000058-22-0 C_{19}-H_{28}-O_2
M_r 288.433

Androst-4-en-3-one, 17β-hydroxy

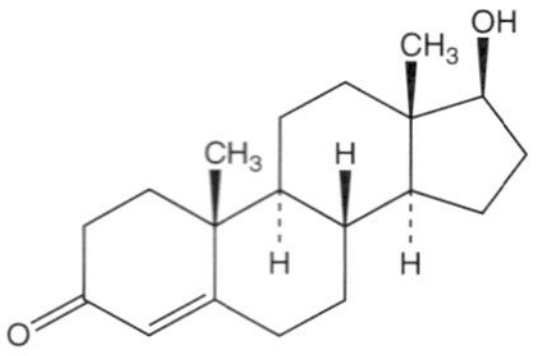

OS: *Testosterone [BAN, DCF, DCIT, USAN]*
IS: *Mertestate*
IS: *Synandrol F*
IS: *Testandrone*
IS: *Testobase aqueous*
IS: *Testodrin*
IS: *Testosteroid*
IS: *Testryl*
IS: *Virosterone*
PH: Testosterone [Ph. Eur. 5, USP 30]
PH: Testosteronum [Ph. Eur. 5, Ph. Jap. 1971]
PH: Testosteron [Ph. Eur. 5]
PH: Testostérone [Ph. Eur. 5]

Androderm® (AstraZeneca: DE)
Androderm® (Cepa: ES)
Androderm® (Mayne: AU, NZ)
Androderm® (Paladin: CA)
Androderm® (Promed: DE)
Androderm® (Schwarz: IT)
Androderm® (Watson: US)
Androgel® (Besins: BE, GE, IL, IT, LU, NL, VN)
Androgel® (Solvay: CA, FR, RU)
Androgel® (Unimed: US)
Androlone® (Beta: AR)
Andropatch® (GlaxoSmithKline: GB, IE)
Andropatch® (Schwarz: NL)
Androtag® (Rontag: AR)
Androtop® (Lab Besins: SI)
Androtop® (Solvay: DE)
Atmos® (AstraZeneca: FI, IS, NO, SE)
Intrinsa® (Procter & Gamble: DE, FR)
Lowtiyel® (Italmex: MX)
Nebido® (Schering: AR, CL)
Primoteston Depot® (Schering: EC)
Striant® (Ardana: DK, GB, IE, NL)
Striant® (Columbia: US)
Striant® (CytoChemia: DE)
Sustenan® (Organon: CL)
Sustogen® (Techno: BD)
Testim® (Auxilium: US)
Testim® (Ipsen: BE, DE, DK, ES, FI, GB, IE, IT, LU, NL, SE)
Testocaps® (Organon: CL)
Testoderm® (Ferring: AT)
Testoderm® (Ortho: US)
Testogel® (Bayer: CH)
Testogel® (Besins: AT, DK, IS, IT, LU, NL, NO)
Testogel® (Jenapharm: DE)
Testogel® (Schering: ES, FI, GB, IE, PT, SE, TR)
Testogol® (Jenapharm: DE)
Testopel® (Bartor: US)
Testosteron Ferring® (Ferring: AT)
Testosterone heptylate SERP® (SERP: BF, BJ, CF, CG, CI, CM, GA, GN, MG, ML, MR, MU, NE, SN, TD, TG, ZR)
Testosterone Implants® (Donmed: ZA)
Testosterone Implants® (Organon: AU, NZ)
Testosterone Implant® (Organon: GB, SG)
Testosterone Suspension® [vet.] (RWR Veterinary: AU)
Testosus® [vet.] (Jurox: AU)
Tostran® (Prostrakan: DE)
Tostrex® (ProStrakan: SE)
Y-45® (Incepta: BD)

– **17β-cipionate:**

CAS-Nr.: 0000058-20-8
IS: *Depo-Testadiol*
IS: *Supertest*
IS: *Testosterone cyclopentanepropionate*
PH: Testosterone Cypionate USP 30

Depo-Testosterone® (Pfizer: CA, NZ, SG, US)
Depo-Testosterone® (Pharmacia: ZA)
Deposteron® (Sigma: BR)
Depotrone® (Al Pharm: ZA)
Testan® [vet.] (Bayer Animal Health: ZA)
Testex Elmu® (Altana: ES)
Testo LA® [vet.] (Jurox: AU)
Virilon® (Star: US)

– **17β-decanoate:**

CAS-Nr.: 0005721-91-5
OS: *Testosterone Decanoate BANM*

PH: Testosterone Decanoate BP 2002, Ph. Eur. 5

Andriol Testocaps® (Organon: AT)
Andriol® (Organon: VN)
Testocaps® (Organon: BE, LU)

- **17β-enantate:**

CAS-Nr.: 0000315-37-7
OS: *Testosterone Enanthate BANM*
OS: *Testosterone Heptanoate JAN*
IS: *3-Oxoandrost-4-en-17β-ylheptanoat*
PH: Testosterone Enanthate JP XIV, USP 30
PH: Testosteroni enantas Ph. Eur. 5, Ph. Int. 4
PH: Testosteronenantat Ph. Eur. 5
PH: Testostérone (énantate de) Ph. Eur. 5
PH: Testosterone Enantate Ph. Eur. 5, Ph. Int. 4

Androtardyl® (Schering: BF, BJ, CF, CG, CI, DE, DZ, FR, ML, MU, NE, SN, TG)
Delatestryl® (Savient: US)
Delatestryl® (Theramed: CA)
Enarmon® (Teikoku Hormone: JP)
Jenasteron® (Jenapharm: MY)
Panteston® (Organon: PE)
Primoniat Depot® (Schering: CL)
Primoteston Depot® (Schering: AU, CR, DE, GT, HN, NI, NZ, PA, SV)
Ropel Liquid Testosterone® [vet.] (Jurox: AU)
Testim® (Ipsen: PT)
Testinon® (Mochida: JP)
Testo-Enant® (Geymonat: IT)
Testosteron Depot Eifelfango® (Eifelfango: DE)
Testosteron Depot Galen® (Galenpharma: DE)
Testosteron Depot Jenapharm® (Jenapharm: DE)
Testosteron Depot Rotexmedica® (Rotexmedica: DE)
Testosteron depo® (Galenika: BA, RS)
Testosterona Enantato L.CH.® (Chile: CL)
Testosterone Enantate® (Cambridge Laboratories: GB)
Testosteronum® (Jelfa: PL)
Testoviron Depot® (Bayer: CH)
Testoviron Depot® (Schering: AR, AT, CR, DE, DK, ES, GT, HK, HN, IL, IS, LK, LU, NI, NL, PA, PE, PT, SV, TH)
Testoviron® (Schering: AR, CO, GR)

- **mixt. of esters:**

Durateston® [vet.] (Intervet: AT, BE, GB)
Durateston® [vet.] (Organon: BR)
Durateston® [vet.] (Veterinaria: CH)
Omnadren® (Jelfa: PL, RU)
Sustanon® [decanoate isocaproate phenpropionate and propionate] (Donmed: ZA)
Sustanon® [decanoate isocaproate phenpropionate and propionate] (Organon: AE, AU, BD, BE, BH, CY, CZ, EG, ET, FI, GB, GH, HK, ID, IE, IL, IN, IQ, IR, IT, IT, JO, KE, KW, LB, LY, NL, OM, QA, SA, SD, SY, TR, TZ, YE, ZM, ZW)
Sustanon® [decanoate isocaproate phenpropionate and propionate] (Pharmaco: NZ)
Sustanon® [isocaproate phenpropionate and propionate] (Organon: AR, AU, GB, IE, IN, NL)
Testoviron Depot® [enantate and propionate] (German Remedies: IN)
Testoviron Depot® [enantate and propionate] (Schering: AE, AT, BH, CR, CY, DE, EG, ES, GT, HN, IE, IQ, IS, IT, JO, KW, LB, LY, NI, NL, OM, PA, QA, SA, SD, SV, YE)

- **17β-phenpropionate:**

CAS-Nr.: 0001255-49-8
OS: *Testosterone Phenylpropionate BANM*
PH: Testosterone Phenylpropionate BPvet 2002

Testanon 50® (Organon: IN)

- **17β-propionate:**

CAS-Nr.: 0000057-85-2
OS: *Testosterone Propionate BANM, JAN*
IS: *Andrusol P*
IS: *Anertan*
IS: *Depot Androteston*
IS: *Masenate*
IS: *Suprasteron*
IS: *Synandrol*
IS: *Syndren*
IS: *Synerone*
IS: *Testormon*
IS: *Testosid*
IS: *Testoxyl*
IS: *3-Oxo-4-androst-17β-ylpropionate*
IS: *Androlon*
IS: *Andronate*
IS: *Androteston*
IS: *Andrusol-P*
IS: *Enarmon*
IS: *Homandren*
IS: *Hormoteston*
IS: *Orchiol*
IS: *Orchistin*
IS: *Oreton propionate*
IS: *Pantestin*
IS: *Primotestone*
IS: *Propiokan*
IS: *Sterandryl*
PH: Testostérone (propionate de) Ph. Eur. 5
PH: Testosterone Propionate JP XIV, Ph. Eur. 5, Ph. Int. 4, USP 30
PH: Testosteroni propionas Ph. Eur. 5, Ph. Int. 4
PH: Testosteronpropionat Ph. Eur. 5

Ropel Testosterone Pellets® [vet.] (Jurox: AU)
Supertest® [vet.] (Vetsearch: AU)
Tepro® [vet.] (Virbac: AU)
Testanon 25® (Organon: IN)
Testex Elmu® (Altana: ES)
Testoprop® [vet.] (Jurox: AU)
Testosteron propionat Eifelfango® (Eifelfango: DE)
Testosterone Propionate March® (March: TH)
Testovis® [inj.] (SIT: IT)
Virormone® (Paines & Byrne: AE, BH, CY, LY, MT, OM)

- **17β-undecylate:**

CAS-Nr.: 0005949-44-0
OS: *Testosterone Undecanoate BANM, USAN*

Andriol® (Eureco: NL)
Andriol® (Eurim: AT)
Andriol® (Euro: NL)

Andriol® (Organon: AE, AT, AU, BD, BH, CA, CH, CN, CR, CY, DE, EG, ET, GH, GT, HK, HN, HU, ID, IQ, IR, IT, JO, KE, KW, LB, LK, LY, MX, NI, NL, NO, OM, PH, QA, RS, SA, SG, SY, TH, TZ, YE, ZM, ZW)
Androxon® (Donmed: ZA)
Androxon® (Organon: BR, IL)
Nebido® (Bayer: CH)
Nebido® (Jenapharm: DE)
Nebido® (Schering: AT, CZ, DK, FI, FR, GB, HR, HU, IE, IS, MX, NL, NO, PL, RO, RS, RU, SE, SI, TR)
Nuvir® (Organon: IN)
Pantestone® (Organon: FR)
Panteston® (Organon: FI, NZ)
Restandol Orifarm® (Organon: DK)
Restandol® (Organon: GB, GR, IE)
Testosteronundecanoaat Schering® (Schering: NL)
Undestor® (Organon: AR, CZ, LU, PL, RO, SE)
Undestor® (Schering: DE)
Virigen® (Actavis: DK)

Tetrabenazine (Rec.INN)

L: Tetrabenazinum
D: Tetrabenazin
F: Tétrabénazine
S: Tetrabenazina

Neuroleptic

ATC: N05AK01
ATCvet: QN05AK01
CAS-Nr.: 0000058-46-8 C_{19}-H_{27}-N-O_3
M_r 317.42

2H-Benzo[a]quinolizin-2-one, 1,3,4,6,7,11b-hexahydro-9,10-dimethoxy-3-(2-methylpropyl)-

(RS)-2,3,4,6,7,11b-Hexahydro-3-isobutyl-9-10-dimethoxy-1H-benzo[a]chinolizin-2-on (IUPAC)

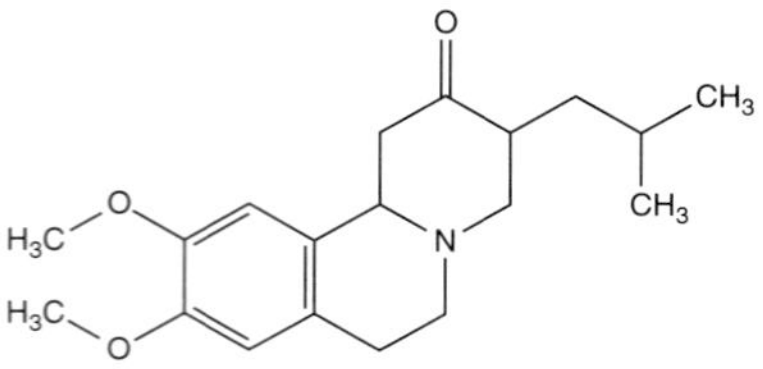

OS: *Tetrabenazine [BAN]*
IS: *Ro 1-9569*

Nitoman® (Cambridge: IE)
Nitoman® (MediLink: DK)
Nitoman® (Prestwick: CA)
Nitoman® (Temmler: DE)
Revocon® (Sun: IN)
Tetrabenazine® (Orphan: AU)
Xenazine® (AFT: NZ)
Xenazine® (Cambridge Laboratories: GB)
Xenazine® (Megapharm: IL)
Xenazine® (OPi: FR)

Tetracaine (Rec.INN)

L: Tetracainum
I: Tetracaina
D: Tetracain
F: Tétracaïne
S: Tetracaina

Local anesthetic

ATC: C05AD02,D04AB06,N01BA03,S01HA03
CAS-Nr.: 0000094-24-6 C_{15}-H_{24}-N_2-O_2
M_r 264.377

Benzoic acid, 4-(butylamino)-, 2-(dimethylamino)ethyl ester

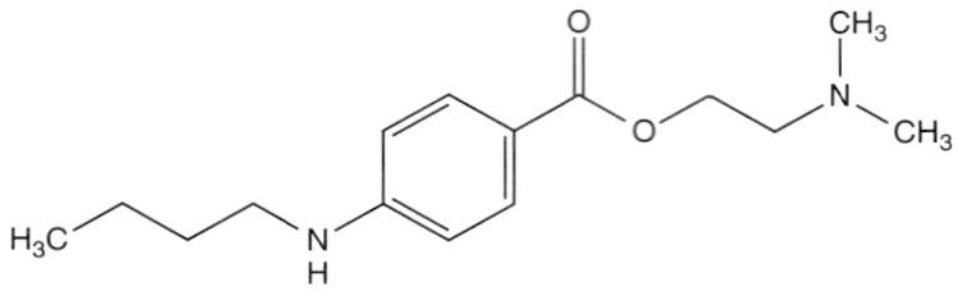

OS: *Amethocaine [BAN]*
OS: *Tétracaïne [DCF]*
OS: *Tetracaine [BAN]*
OS: *Tetracaina [DCIT]*
PH: Tetracaine [USP 30]

Ametop® (Smith & Nephew: GB, HK, NZ)
Anestesia Topi Braun® (Braun: ES)
Lubricante Urol Organon® (Organon: ES)
Pantocain® (Cendo: ID)
Tetracaine Minims® (Chauvin: NL)

– hydrochloride:

CAS-Nr.: 0000136-47-0
OS: *Tetracaine Hydrochloride BANM, JAN*
IS: *Foncaine*
IS: *Dicainum*
IS: *Amethocaine Hydrochloride*
PH: Tetracaine Hydrochloride JP XIV, Ph. Eur. 5, Ph. Int. 4, USP 30
PH: Tetracaini hydrochloridum Ph. Eur. 5, Ph. Int. 4
PH: Tétracaïne (chlorhydrate de) Ph. Eur. 5
PH: Tetracainhydrochlorid Ph. Eur. 5

Amethocaine® (Al Pharm: ZA)
Ametop® (Smith & Nephew: CA)
Anethaine Cream® (Torbet: GB)
Chlorhydrate de Tetracaine-Chauvin® (Chauvin: LU)
Covostet® (Al Pharm: ZA)
Dynexan® (Nycomed: AT)
Hemonet® (Diafarm: ES)
Minims Amethocain Hydrochlorid® (Chauvin: AT)
Minims Amethocaine Hydrochloride® (Chauvin: AT)
Minims Amethocaine Hydrochloride® (Chauvin Bausch & Lomb: HK)
Minims Amethocaine® (Chauvin: IE)
Minims Ametocaina® [vet.] (Chauvin: GB)
Minims Tetracaine Hydrochloride® (Bausch & Lomb: NZ)
Minims Tetracaine Hydrochloride® (Chauvin: NL)
Minims Tetracaine Hydrochloride® (Novartis: FI)
Minims Tetracaine® (Chauvin: GB)
Ophtocain® (Winzer: DE)

Pontocaine® (Hospira: CA, US)
Solutricine Tétracaïne® (Sanofi-Aventis: FR)
Styptocaine® (Pedinol: US)
Tetcaine® (Ocusoft: US)
Tetracaine Hydrochloride Cooper® (Cooper: GR)
Tetracaine Hydrochloride® (Alcon: TH)
Tetracaine Hydrochloride® (Bausch & Lomb: US)
Tetracaine Minims® (Chauvin: BE)
Tetracaine SDU Faure® (Novartis: CH)
Tetrakain Chauvin® (Novartis Ophthalmics: SE)
Tetrakain Minims® (Chauvin: NO)
Tetrakain® (Hemomont: RS)
Tétracaine® [vet.] (TVM: FR)
Tétracaïne Faure® (Novartis: FR)
VT Doses Tétracaine® [vet.] (Virbac: FR)

Tetracosactide (Rec.INN)

L: Tetracosactidum
I: Tetracosactide
D: Tetracosactid
F: Tétracosactide
S: Tetracosactida

Anterior pituitary hormone, adrenocorticotropic hormone, ACTH

ATC: H01AA02
CAS-Nr.: 0016960-16-0 C_{136}-H_{210}-N_{40}-O_{31}-S
M_r 2933.636

α1-24-Corticotropin

Ser—Tyr—Ser—Met—Glu—His—Phe—Arg—Trp—Gly—
Lys—Pro—Val—Gly—Lys—Lys—Arg—Arg—Pro—Val—
Tyr—Lys—Val—Tyr—Pro

OS: *Cosyntropin [USAN]*
OS: *Tétracosactide [DCF]*
OS: *Tetracosactide [BAN, DCIT]*
IS: *Tetracosactrin*
IS: *Ciba 30920 Ba (Ciba)*
PH: Tetracosactidum [Ph. Eur. 5]
PH: Tétracosactide [Ph. Eur. 5]
PH: Tetracosactid [Ph. Eur. 5]
PH: Tetracosactide [Ph. Eur. 5]

Cortrosina Depot® (AKZO Nobel: BR)
Cortrosyn Depot® (Organon: IT)
Cortrosyn® (Amphastar: CA)
Cortrosyn® (Organon: US)
Synacthen® (Novartis: AT, AU, CL, LU)
Synacthène® (Novartis: FR)

– acetate:

CAS-Nr.: 0060189-34-6
OS: *Tetracosactide Acetate BANM*
IS: *Tetracosactidi hexaacetas*
IS: *Tetracosactrin Acetate*

Cortrosina® (AKZO Nobel: BR)
Cortrosyn Depot® (Organon: AE, BH, CY, EG, IQ, IR, JO, KW, LB, LY, OM, QA, SA, SD, SY, YE)
Cortrosyn® (Organon: HK, NL)
Nuvacthen Depot® (Novartis: ES)
Nuvacthen Depot® (Padro: ES)
Synacthen Depot® (Alliance: GB)
Synacthen Depot® (Novartis: CH, IL, IT, NZ, PT, RO, RU, ZA)
Synacthen® (Alliance: GB)
Synacthen® (Novartis: AT, AU, BE, CH, DE, DK, IE, IT, NL, NZ, PT, SE)
Synacthen® [vet.] (Alliance: GB)

– zinc suspension:

PH: Tetracosactrin Zinc Injection BP 1999

Synacthen Depot® (Novartis: AT, AU, CA, CZ, ET, GH, KE, LU, LY, MT, NG, RO, SD, TR, TZ, ZW)
Synacthène Retard® (Novartis: FR)

Tetracycline (Rec.INN)

L: Tetracyclinum
I: Tetraciclina
D: Tetracyclin
F: Tétracycline
S: Tetraciclina

Antibiotic, tetracycline

ATC:
A01AB13,D06AA04,J01AA07,S01AA09,S02AA08,-S03AA02
CAS-Nr.: 0000060-54-8 C_{22}-H_{24}-N_2-O_8
M_r 444.454

2-Naphthacenecarboxamide, 4-(dimethylamino)-1,4,4a,5,5a,6,11,12a-octahydro-3,6,10,12,12a-pentahydroxy-6-methyl-1,11-dioxo-, [4S-(4α,4aα,5aα,6β,12aα)]-

Imidazo[2,1-b]thiazole, 2,3,5,6-tetrahydro-6-phenyl-, (±)-

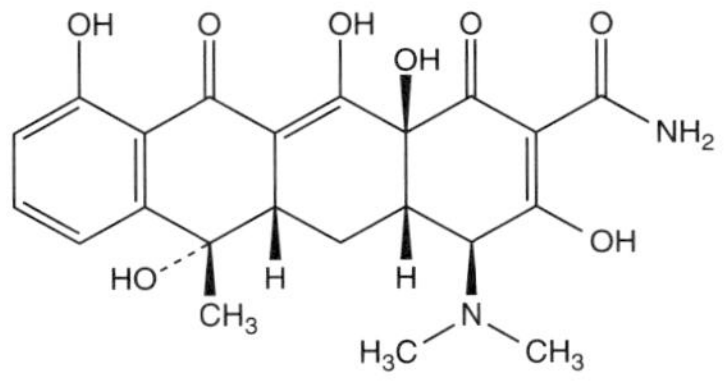

OS: *Tetracycline [BAN, DCF, JAN]*
OS: *Tetraciclina [DCIT]*
PH: Tetracycline [JP XIII, USP 30, Ph. Eur. 5]
PH: Tetracyclinum [Ph. Eur. 5]
PH: Tétracycline [Ph. Eur. 5]
PH: Tetracyclin [Ph. Eur. 5]

Anprociclina® [vet.] (Chemifarma: IT)
Hostaciclina® (Aventis: PE)
Hostacyclin® (Aventis: GR)
Oftalmolosa Cusi Tetracycline® (Alcon Cusi: SG)
Quemiciclina-S® (LCG: PE)
Sumycin Syrup® [liqu.oral-sir.] (Par: US)
Taracycline® (Gaco: BD)
Tetrabiotico® (H.G.: EC)
Tetrachel-Vet® [vet.] (Rachelle: US)
Tetraciclina Genfar® (Genfar: CO, PE)
Tetraciclina L.CH.® (Chile: CL)
Tetraciclina® [caps.] (Britania: PE)
Tetraciclina® [caps.] (Farmachif: PE)
Tetraciclina® [caps.] (Farmo Andina: PE)
Tetraciclina® [caps.] (Induquimica: PE)
Tetraciclina® [caps.] (Intipharma: PE)

T

Tetraciclina® [caps.] (La Sante: PE)
Tetraciclina® [caps.] (Labofar: PE)
Tetraciclina® [caps.] (Lansier: PE)
Tetraciclina® [caps.] (Luper: BR)
Tetraciclina® [caps.] (Mintlab: CL)
Tetraciclina® [caps.] (Pentacoop: PE)
Tetraciclina® [caps.] (Salufarma: PE)
Tetracycline Actavis Ointment® (Actavis: GE)
Tetracycline Indo Farma® (Indofarma: ID)
Tetralan® [caps.] (Lansier: PE)
Tetramax® (Luper: BR)
Tetranase® (Galderma: PE)
Tetrana® (Atlantic: TH)
Tetraseptin® [vet.] (Vetoquinol: AT, CH)
Tetrin® (Interbat: ID)

– complex with sodium metaphosphate:

CAS-Nr.: 0001336-20-5
OS: *Tetracycline Phosphate Complex BAN*
OS: *Tetracycline Metaphosphate JAN*
PH: Tetracycline Metaphosphate JP XIII
PH: Tetracycline Phosphate Complex USP 23

Cetacycline-P® (Soho: ID)
Sanlin® (Sanbe: ID)
Super Tetra® (Darya-Varia: ID)
Super Tetra® (Pharos: ID)
Tetradar® (Dar-Al-Dawa: AE, BH, IQ, JO, KW, LB, LY, MT, NG, OM, QA, SA, SD, SO, TN, YE)
TFC® [vet.] (Bedson: ZA)

– hydrochloride:

CAS-Nr.: 0000064-75-5
OS: *Tetracycline Hydrochloride BANM, JAN*
IS: *Mediacycline*
IS: *Polfamycin*
PH: Tetracyclini hydrochloridum Ph. Eur. 5, Ph. Int. 4
PH: Tetracycline Hydrochloride JP XIV, Ph. Eur. 5, Ph. Int. 4, USP 30
PH: Tétracycline (chlorhydrate de) Ph. Eur. 5
PH: Tetracyclinhydrochlorid Ph. Eur. 5

A-Tetra® (Acme: BD)
Achromycin® (Riemser: DE)
Achromycin® (Sigma: AU)
Achromycin® (Wyeth: AT, IN, SE, TH)
Acromicina® (Wyeth: MX)
Actisite® (Dentaid: ES)
Actisite® (Willvonseder & Marchesani: AT)
Ambotetra® (Janssen: MX)
Ambra Sinto-T® (Medley: BR)
Ambramicina® (Scharper: IT)
Amracin® (Galenika: RS)
Apo-Tetra® (Apotex: CA, PE)
Apocyclin® (Actavis: FI)
Bactocyline® (Medicon: BD)
Beatacycline® (Beacons: SG)
Biotine® (ICM: SG)
Ciclobiotico® (Atral: PT)
Ciclotetryl® (Fortbenton: AR)
Clémycine® [vet.] (Omega Pharma France: FR)
Conmycin® (Armoxindo: ID)
Corsatet® (Corsa: ID)
Cyclutrin® [vet.] (Streuli: CH)
Decacycline® (Beximco: BD)
Dumocycline® (Alpharma: ID)
Dumocycline® (Dumex: AE, BH, CY, EG, IQ, JO, KW, LB, LY, OM, QA, SA, SD, YE)
Duramycin® [vet.] (DurVet: US)
Erifor® (Bruluart: MX)
Etra-Bol® [vet.] (CP: DE)
Félibiotic® [vet.] (Sogeval: FR)
Harticilin® (Quimioterapica: BR)
Hitetra® (Mecosin: ID)
Hostacycline® (Aventis: IN, LU)
Hydromycin® (PP Lab: TH)
Ikacycline® (Ikapharmindo: ID)
Imex® (Assos: TR)
Imex® (Merz: DE, LU)
Indocycline® (Nufarindo: ID)
Injecur® [vet.] (Intervet: AT)
Jmycin® (Jayson: BD)
Kemoclin® (Phyto: ID)
Latycin® (Biochemie: AE, BH, CY, JO, KW, LB, OM, QA, SA, SD, YE)
Latycin® (Boucher & Muir: AU)
Lenocin® (General Drugs House: TH)
Mediletten® [vet.] (Medivet: CH)
Medocycline® (Medochemie: HK)
Meprotertra® (Meprofarm: ID)
Monatrex® (Amico: BD)
Multigram® (Prati: BR)
Novo-Tetra® (Novopharm: CA)
Nu-Tetra® (Nu-Pharm: CA)
Oblets Gynécologiques® [vet.] (Coophavet: FR)
Oblicarmine® [vet.] (Boehringer Ingelheim: AU)
Optycin® (Boucher & Muir: AU)
Orencyclin F-500® (Aventis: PE)
Oricyclin® (Orion: CZ, FI)
Panadia® [vet.] (Virbac: FR)
Panmycin Aquadrops® [vet.] (Pharmacia: NZ)
Pantocycline® (Chew Brothers: TH)
Parenzyme Tetraciclina® (Medley: BR)
Polyotic® [vet.] (Fort Dodge: US)
Pro-Tet® [vet.] (Rachelle: US)
Quimocyclar® (Grossman: MX)
Quimpe Antibiotico® (Quimpe: ES)
Recycline® (Rekah: IL)
Resteclin® (Sarabhai: IN)
Servitet® (Novartis: BD)
Sogécycline® [vet.] (Sogeval: FR)
Solclor® [vet.] (Unione: IT)
Solu-Tet 324® [vet.] (Wade Jones: US)
Solutet Soluble Powder® [vet.] (Vedco: US)
Spectrocycline® (Westmont: ID)
Subamycin® (Dey's Medical Stores: IN)
Sumycin® (Par: US)
Supramycin® (Grünenthal: DE)
TC® (Somatec: BD)
Tefilin® (Hermal: DE)
Tera-Cap® (Apex: BD)
Teracilin® (Doctor's Chemical Work: BD)
Tet-324® [vet.] (Phoenix: US)
Tetra Central® (Pharmasant: TH)
Tetra Hubber® [compr.] (Valeant: ES)
Tetra Sanbe® (Sanbe: ID)
Tetra-Bol® [vet.] (CP: DE)
Tetra-D® [vet.] (Rachelle: US)
Tetrabiotic® (Bernofarm: ID)
Tetrabiotic® [vet.] (Provet: CH)

Tetraciclina Ariston® (Ariston: EC)
Tetraciclina Clorhidrato® (Bestpharma: CL)
Tetraciclina Italfarmaco® (Italfarmaco: ES)
Tetraciclina MF® (Marfan: PE)
Tetraciclina Omega® (Omega: AR)
Tetraciclina® (Bestpharma: CL)
Tetraciclina® (Ducto: BR)
Tetraciclina® (Infabra: BR)
Tetraciclina® (Neo Quimica: BR)
Tetraciclină Chlorhidrat® (Antibiotice: RO)
Tetraciclină® (Antibiotice: RO)
Tetraciclină® (Arena: RO)
Tetraciclină® (Europharm: RO)
Tetraciclină® (Lek: RO)
Tetraciclină® (Sicomed: RO)
Tetracin® (Opso Saline: BD)
Tetracyclin A.L.® (Alpharma: DK)
Tetracyclin Domesco® (Domesco: VN)
Tetracyclin HCI® [vet.] (Animedic: DE)
Tetracyclin HCI® [vet.] (Bioptive: DE)
Tetracyclin Uterus Stab® [vet.] (Atarost: DE)
Tetracyclin Wolff® (Wolff: DE, HU)
Tetracyclin-Heyl® (Heyl: DE)
Tetracyclin-ratiopharm® (ratiopharm: DE)
Tetracyclin-Stricker® [vet.] (Stricker: CH)
Tetracycline Chemist® (Chemist: BD)
Tetracycline HCL CF® (Centrafarm: NL)
Tetracycline HCl PCH® (Pharmachemie: NL)
Tetracycline HCl ratiopharm® (Ratiopharm: NL)
Tetracycline Hydrochloride® (Barr: US)
Tetracycline Hydrochloride® (Ivax: US)
Tetracycline Hydrochloride® (Wyeth: US)
Tetracycline Hydrochloride® [vet.] (Phoenix: NZ)
Tetracycline Opsonin® (Opsonin: BD)
Tetracycline-H® (Hudson: BD)
Tetracycline® (Alpharma: GB)
Tetracycline® (Hillcross: GB)
Tetracycline® (Kent: GB)
Tetracycline® (Nizhpharm: RU)
Tetracycline® (Remedica: CY)
Tetracycline® (Vitamed: IL)
Tetracycline® [vet.] (AgriPharm: US)
Tetracycline® [vet.] (Boehringer Ingelheim Vetmedica: US)
Tetracycline® [vet.] (Butler: US)
Tetracycline® [vet.] (Global: US)
Tetracycline® [vet.] (RXV: US)
Tetracycline® [vet.] (Vetco: US)
Tetracyclinum® (Chema: PL)
Tetracyclinum® (Polfa Tarchomin: PL)
Tetracyclin® (Actavis: GE)
Tetracyclin® (Alpharma: NO)
Tetracyclin® (Arco: NO)
Tetracyclin® (Balkanpharma: BG)
Tetracyclin® [vet.] (Alma: DE)
Tetracyclin® [vet.] (WDT: DE)
Tetracyklin Dak® (Nycomed: DK)
Tetracyklin Recip® (Recip: SE)
Tetracylinhydrochlorid® [vet.] (Animedic: DE)
Tetracylinhydrochlorid® [vet.] (Klat: DE)
Tetracyn® (Renata: BD)
Tetradex® (Dexa Medica: ID)
Tetrafen® (Globe: BD)
Tetragen® (General Pharma: BD)
Tetraicin® (Ziska: BD)
Tetralan® (Lannett: US)
Tetralet® (Fako: TR)
Tetralution® (Merckle: DE)
Tetramin® (Adeka: TR)
Tetramycin® (Asiatic Lab: BD)
Tetrano® (Milano: TH)
Tetran® [vet.] (Gräub: CH)
Tetrarco® (Armoxindo: ID)
Tetrarco® (Clarben: ES)
Tetrarco® (ICN: NL)
Tetrarco® (Richter: AT)
Tetraseptin® [vet.] (Vetochas: DE)
Tetraseptin® [vet.] (Vetoquinol: CH)
Tetrasina® (Ibn Sina: BD)
Tetrasol Soluble® [vet.] (Med-Pharmex: US)
Tetraval® [vet.] (Sogeval: FR)
Tetrax® (Square: BD)
Tetra® (Mustafa Nevzat: TR)
Tetrecu® (ECU: EC)
Tetrex® (Bristol-Myers Squibb: AU, BR)
Tetrex® (Hormona: MX)
Tetroblet® [vet.] (Fendigo: BE)
Tetsol® [vet.] (Vericor: GB)
Tetsol® [vet.] (Wade Jones: US)
Tevacycline® (Teva: IL)
Topicycline® (Roberts: US)
Topicycline® (Shire: GB)
Tétracycline Coophavet® [vet.] (Coophavet: FR)
Utroletten N® [vet.] (Vetoquinol: CH)
Zootetracil® [vet.] (Farmacia Confianca: PT)

Tetramethrin (Rec.INN)

L: Tetramethrinum
D: Tetramethrin
F: Tetramethrine
S: Tetramethrina

Insecticide
Pediculocide

ATC: P03BA04
ATCvet: QP53AC13
CAS-Nr.: 0007696-12-0

C_{19}-H_{25}-N-O_4
M_r 331.41

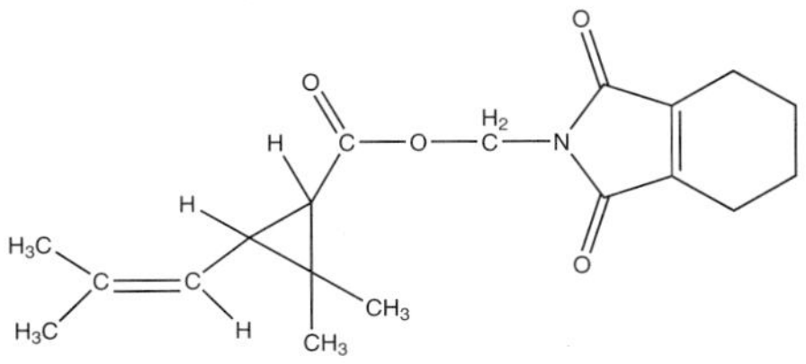

OS: *Tetraméthrine [DCF]*
IS: *FMC-9260*
IS: *SP-1103*
IS: *Neo-Pynamin*
IS: *Phthalthrin*
IS: *OMS 1011*
IS: *Bioneopynamin*
IS: *AI3-27339*
IS: *CCRIS 3284*
IS: *Caswell No.844*
IS: *HSDB 6738*
IS: *Indectol*

IS: *Multicide*
IS: *Niagara nia-9260*
IS: *Py-kill*
IS: *Sumitomo SP-1103*
IS: *Tetralate*

Shampooing Antiparasitaire TMT® [vet.] (Omega Pharma France: FR)

Tetramisole (Rec.INN)

L: Tetramisolum
I: Tetramisolo
D: Tetramisol
F: Tétramisole
S: Tetramisol

Anthelmintic

CAS-Nr.: 0005036-02-2 C_{11}-H_{12}-N_2-S
M_r 204.297

Imidazo[2,1-b]thiazole, 2,3,5,6-tetrahydro-6-phenyl-, (±)-

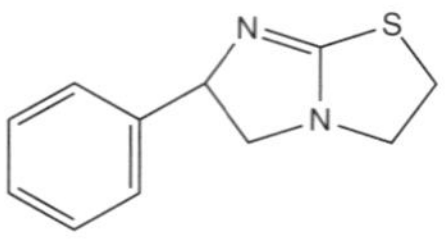

OS: *Tetramisole [BAN, DCF]*
OS: *Tetramisolo [DCIT]*
IS: *ICI 50627*

Ascaverm® (Gemballa: BR)
Tetramisole® [vet.] (Candioli: IT)
Tetramisole® [vet.] (Formevet: IT)
Tetramisole® [vet.] (Pagnini: IT)
Vetramisol® [vet.] (Sabiol: PT)

Tetrazepam (Prop.INN)

L: Tetrazepamum
D: Tetrazepam
F: Tétrazépam
S: Tetrazepam

Muscle relaxant

ATC: M03BX07
CAS-Nr.: 0010379-14-3 C_{16}-H_{17}-Cl-N_2-O
M_r 288.782

2H-1,4-Benzodiazepin-2-one, 7-chloro-5-(1-cyclohexen-1-yl)-1,3-dihydro-1-methyl-

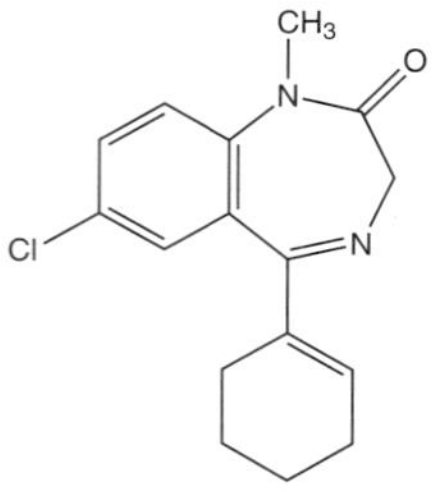

OS: *Tétrazépam [DCF]*
OS: *Tetrazepam [BAN]*
IS: *CB 4261*
PH: Tetrazepam [Ph. Eur. 5]
PH: Tetrazepamum [Ph. Eur. 5]
PH: Tétrazépam [Ph. Eur. 5]

Epsipam® (Will: BE, LU)
Megavix® (Winthrop: FR)
Miolastan® (Sanofi-Aventis: MX)
Miozepam® (Jelfa: PL)
Mobiforton® (Winthrop: DE)
MTW-Tetrazepam® (MTW: DE)
Musapam® (Krewel: DE)
Musaril® (Kwizda: AT)
Musaril® (Sanofi-Synthelabo: DE)
Muskelat® (Azupharma: DE)
Myolastan® (Sanofi-Aventis: BE, CL, FR, PL, RO, RS)
Myolastan® (Sanofi-Synthelabo: AT, CZ, EC, ES, LU, PE)
Myopam® (Chephasaar: PL)
Myospasmal® (TAD: DE)
Mégavix® (Winthrop: FR)
Panos® (Daiichi Sankyo: FR)
Relaxam® (Helcor: RO)
Rilex® (Gry: DE)
Spasmorelax® (Lindopharm: DE)
Tethexal® (Hexal: DE)
Tetra-saar® (MIP: DE)
Tetramdura® (Merck dura: DE)
Tetraratio® (ratiopharm: PL)
Tetrarelax® (mibe: DE)
Tetrazep 1A Pharma® (1A Pharma: DE)
Tetrazep-CT® (CT: DE)
Tetrazepam 1A-Pharma® (1A Pharma: DE)
Tetrazepam AbZ® (AbZ: DE)
Tetrazepam AL® (Aliud: DE)
Tetrazepam beta® (betapharm: DE)
Tetrazepam Hexal® (Hexal: DE)
Tetrazepam Sandoz® (Sandoz: DE)
Tetrazepam Stada® (Stadapharm: DE)
Tetrazepam Zydus® (Zydus: FR)
Tetrazepam-MIP® (MIP: RS)
Tetrazepam-neuraxpharm® (neuraxpharm: DE)
Tetrazepam-ratiopharm® (ratiopharm: DE)
Tétrazépam Biogaran® (Biogaran: FR)
Tétrazépam EG® (EG Labo: FR)
Tétrazépam G Gam® (G Gam: FR)
Tétrazépam Ivax® (Ivax: FR)
Tétrazépam Merck® (Merck Génériques: FR)
Tétrazépam RPG® (RPG: FR)
Tétrazépam Sandoz® (Sandoz: FR)
Tétrazépam Winthrop® (Winthrop: FR)

Tetridamine (Rec.INN)

L: Tetridaminum
I: Tetridamina
D: Tetridamin
F: Tétridamine
S: Tetridamina

Antiinflammatory agent
Analgesic

CAS-Nr.: 0017289-49-5 C_9-H_{15}-N_3
M_r 165.249

2H-Indazole-3-amine, 4,5,6,7-tetrahydro-N,2-dimethyl-

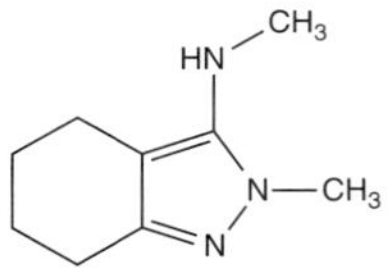

OS: *Tetrydamine [USAN]*
OS: *Tetridamina [DCIT]*
IS: *Methyndamine*
IS: *Poli 67 (Polichimica, Italy)*

- **maleate:**

Deb® (Pharmacia: IT)
Fomene® (Almirall: ES)
Fomene® (Funk: ES)

Tetrofosmin (Rec.INN)

L: Tetrofosminum
I: Tetrofosmina
D: Tetrofosmin
F: Tetrofosmine
S: Tetrofosmina

Diagnostic agent

CAS-Nr.: 0127502-06-1 C_{18}-H_{40}-O_4-P_2
M_r 382.458

3,12-Dioxa-6,9-diphosphatetradecane, 6,9-bis(2-ethoxyethyl)-

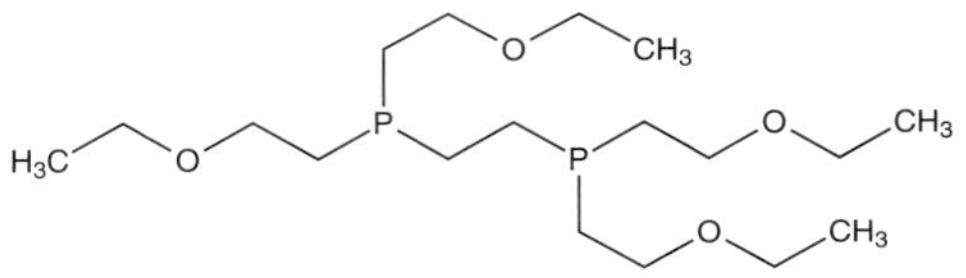

OS: *Tetrofosmin [BAN, JAN, USAN]*
OS: *Tétrofosmine [DCF]*
IS: *P 53 (Amersham, Great Britain)*

Myoview® (Amersham: AU, IT, LU, NL)
Myoview® (GE Healthcare: ES, FR, RO)

Tetryzoline (Rec.INN)

L: Tetryzolinum
I: Tetrizolina
D: Tetryzolin
F: Tétryzoline
S: Tetrizolina

Vasoconstrictor ORL, local

ATC: R01AA06,R01AB03,S01GA02
CAS-Nr.: 0000084-22-0 C_{13}-H_{16}-N_2
M_r 200.291

1H-Imidazole, 4,5-dihydro-2-(1,2,3,4-tetrahydro-1-naphthalenyl)-

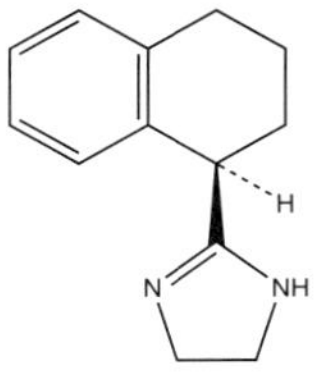

OS: *Tetryzoline [BAN]*
OS: *Tétryzoline [DCF]*
OS: *Tetrizolina [DCIT]*
OS: *Tetrahydrozoline [BAN]*

ABC Spray® (Minato: JP)
Caltheon® (Chephasaar: DE)
Stilla® (Teva: IL)
V--Zoline® (Vitamed: IL)
Visine Original Eye Drops® (Pfizer: AU)

- **hydrochloride:**

CAS-Nr.: 0000522-48-5
IS: *Tetrahydrozolini chloridum*
PH: Tetrahydrozoline Hydrochloride USP 30
PH: Tetryzoline Hydrochloride Ph. Eur. 5

Alarm® [vet.] (TVM: FR)
Azoline® (Fischer: IL)
Azulina Llorens® (Llorens: ES)
Bano® (Poen: AR)
Berberil N® (Mann: DE, LU)
Berberil® (Mann: PL)
Braito® (Konimex: ID)
Burnil® (Kurtsan: TR)
Cendo Vision® (Cendo: ID)
Chiosan® (Lafedar: AR)
Colirio Eyemo® (Farpasa: PE)
Collyrium® (Bausch & Lomb: US)
Demetil® (Farmila-Thea: IT)
Extra® (Bausch & Lomb: US)
Extra® Eye Drops (Bausch & Lomb: US)
Eye Drops® (Bausch & Lomb: US)
Eye-Mo® (GlaxoSmithKline: PH)
Eye-Visol® (Bilim: TR)
Eye-Zine® (Ocumed: US)
Isotic Clearin® (Fahrenheit: ID)
Montevizin® (Hemomont: RS)
Murine Plus® (Abbott: PE)
Murine Plus® (Prestige Brands: US)
Murine Sore Eyes® (Aspen: AU)
Murine Sore Eyes® (Ross: US)
Narbel® (Chugai: JP)
Octilia® (Bouty: IT)
Octilia® (Sifi: PE)
Octilia® (Zambon: RU)
Ocudiafan® (Biosintex: AR)
Oftan Starine® (Santen: FI)
Oftizoline® (Bestpharma: CL)
Ophtalmin® (Winzer: DE)
Optigene® (Pfeiffer: US)
Optizoline® (Xepa-Soul Pattinson: HK)
Piam® (Denver: AR)
Rex® (Global: ID)
Rhinex® (Wernigerode: DE)
Rhinopront Top® (Pfizer: CH)

Starazolin® (Polpharma: PL)
Stilla Decongestionante® (Abic: IL)
Stilla Decongestionante® (Angelini: IT)
Tetra-Ide® (Interstate Drug Exchange: US)
Tetrahydrozoline Hydrochloride® (Rugby: US)
Tetrilin® (MIP: DE)
Tetryvil® (Hasco: PL)
Tyzine® (Kenwood: US)
Tyzine® (Mack: CZ)
Tyzine® (Pfizer: BA, BG, DE, DK, HR, HU, RO, RU)
V-Zoline® (Vitamed: IL)
Vasopos® (Ursapharm: CZ, DE, RO)
Vasorinil® (Euroderm OTC: IT)
Visine Yxin ED® (Pfizer Consumer Healthcare: DE)
Visine® (Pfizer: AU, BE, BG, CA, CH, CZ, DE, EG, ET, FI, GE, GH, GM, HK, HR, HU, ID, IL, IN, KE, LR, MW, NG, NL, PL, PT, RO, RS, RU, SD, SI, SL, TH, TR, US, VN)
Visine® (Pfizer Consumer Health: SG)
Visine® (Pfizer Consumer Health Care: IT)
Visine® (Pfizer Consumer Healthcare: NZ)
Visine® (Roerig: CL)
Visional® (Maver: CL)
Visolin® (Darya-Varia: ID)
Vispring® (Pfizer: ES)
Visubril® (Allergan: AR)
Visustrin® (Centra Medicamenta: IT)
Vizine® (Pfizer: BA)
Yxin® (Pfizer: DE)

Thalidomide (Rec.INN)

L: Thalidomidum
I: Talidomide
D: Thalidomid
F: Thalidomide
S: Talidomida

Immunosuppressant
Dermatological agent
Leprostatic agent, antileprotic agent

ATC: L04AX02
ATCvet: QL04AX02
CAS-Nr.: 0000050-35-1 C_{13}-H_{10}-N_2-O_4
M_r 258.23

1H-Isoindole-1,3(2H)-dione, 2-(2,6-dioxo-3-piperidinyl)-

Phthalimide, N-(2,6-dioxo-3-piperidinyl)-

N-(2,6-Dioxo-3-piperidyl)phthalimide (WHO)

(RS)-N-(2,6-Dioxo-3-piperidyl)phthalimid (IUPAC)

α-Phthalimidoglutarimide (WHO)

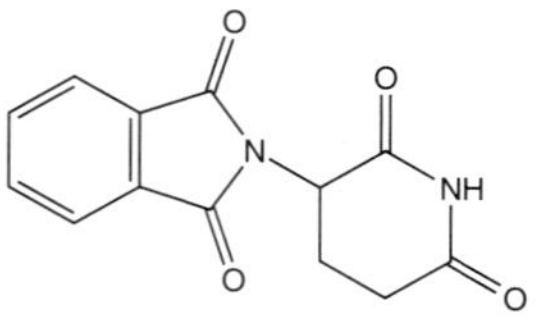

OS: *Thalidomide [BAN, USAN, DCF, DCIT]*
IS: *Contergan*
IS: *K 17*
IS: *Kevadon*
IS: *NSC 66847*
IS: *Sauramide*
IS: *(RS)-N-(2,6-Dioxo-3-piperidyl)phthalimid*
IS: *alpha-Phtahlimidoglutarimide*
IS: *5-22-13-00224 (Beilstein Handbook References)*
IS: *BRN 0030233*
IS: *E-217*
IS: *NSC 527179*
IS: *HSDB 3586*
IS: *AI3-50606*
PH: Thalidomide [USP 30]

Inmunoprin® (Asofarma: MX)
Inmunoprin® (Tecnofarma: CL)
Talizer® (Serral: MX)
Thalidomide Pharmion® (Douglas: NZ)
Thalidomide Pharmion® (Er-Kim: TR)
Thalidomide Pharmion® (Pharmion: AU, IL)
Thalidomide® (Health Support Ltd: NZ)
Thalix® (Dabur: IN)
Thalomid® (Celgene: US)
Thalomid® (Pharmion: AU)

Thebacon (Prop.INN)

L: Thebaconum
I: Tebacone
D: Thebacon
F: Thébacone
S: Tebacon

Antitussive agent
Opioid analgesic

ATC: R05DA10
CAS-Nr.: 0000466-90-0 C_{20}-H_{23}-N-O_4
M_r 341.414

Morphinan-6-ol, 6,7-didehydro-4,5-epoxy-3-methoxy-17-methyl-, acetate (ester), (5α)-

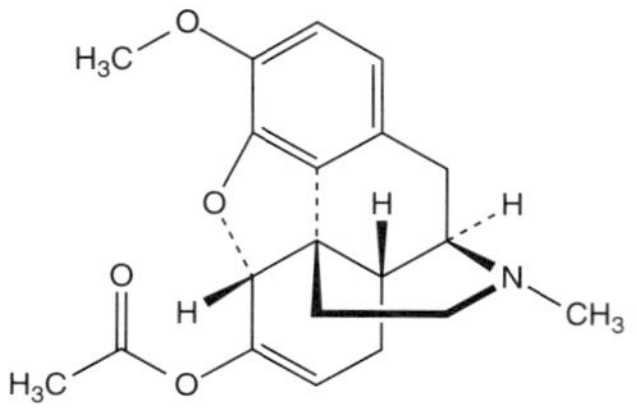

OS: *Thebacon [BAN]*
OS: *Thébacone [DCF]*
OS: *Tebacone [DCIT]*
IS: *Negadol*
IS: *Acetyldihydrocodeinone (WHO)*

– hydrochloride:
CAS-Nr.: 0020236-82-2

Acedicone® (Boehringer Ingelheim: BE, LU)

Theophylline (BAN)

L: Theophyllinum
I: Teofillina
D: Theophyllin
F: Theophylline

Antiasthmatic agent
Cardiac stimulant, cardiotonic agent
Diuretic

ATC: R03DA04,R03DA54,R03DA74,R03DB04
ATCvet:
QR03DA04,QR03DA54,QR03DA74,QR03DB04
CAS-Nr.: 0000058-55-9 C_7-H_8-N_4-O_2
M_r 180.181

1H-Purine-2,6-dione, 3,7-dihydro-1,3-dimethyl-

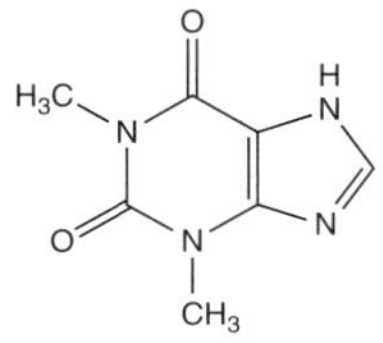

OS: *Theophylline [DCF]*
OS: *Teofillina [DCIT]*
OS: *Theophylline [BAN, JAN]*
IS: *1,3-Dimethyl-xanthin*
PH: Theophylline [Ph. Eur. 5, JP XIV]
PH: Theophyllinum [Ph. Eur. 5, Ph. Int. II]
PH: Theophyllin [Ph. Eur. 5]

Aberten® (Menarini: GR)
Aerobin Mite® (Farmasan: TH)
Aerobin Mite® (TTN: TH)
Aerobin® (Farmasan: DE)
Afonilum SR® (Abbott: BA)
Afonilum® (Abbott: CZ, DE, PL)
Afonilum® (Ebewe: AT)
Afonilum® (Knoll: CZ)
afpred forte-Theo® (Riemser: DE)
Alcophyllin® (Al Pharm: ZA)
Almarion® (Chew Brothers: TH)
Aminomal Elisir® (Malesci: IT)
Apo-Theo LA® (Apotex: CA, SG)
Asmacron® (Synthesis: CO)
Asmafilina® (Infabi: EC)
Asmanyl® (Square: BD)
Asmasolon® (Great Eastern: TH)
Asmasolon® (Westmont: TH)
Bronchophylin® (Darya-Varia: ID)
Bronchoretard® (Astellas: DE)
Brondilex® (Medifarma: ID)
Bronkolin® (Adeka: TR)
Bronoday® (TTN: TH)
Bronsolvan® (Kalbe: ID)
Bykophyllin® [vet.] (Richter: AT)
Contiphyllin® (Lindopharm: DE)
Corvental® [vet.] (Vericor: GB)
Corvental® [vet.] (Veterinaria: CH)
Crisasma® (Sintesina: AR)
Cronasma® (Orion: DE)
Diffumal® (Malesci: IT)
Dilatrane® (SERP: BF, BJ, CF, CG, CI, CM, FR, GA, GN, MG, ML, MR, MU, NE, SN, TD, TG, ZR)
Ditenate® (Meda: DE)
Drilyna® (Bagó: AR)
Duraphyllin® (Merck dura: DE)
duraphyllin® (Merck dura: DE)
Durofilin® (Zdravlje: RS)
Egifilin® (Egis: HU)
Elixifilin® (Bmartin: ES)
Elixine® (Saval: CL)
Elixofilina® (Schering: DO, PE)
Elixophyllin® (Forest: US)
Etipramid® (Ethypharm: CN)
Eufilina Venosa® (Altana: ES)
Eufilina® (Altana: PT)
Euphyllin retard N® (Altana: CH)
Euphyllin Retard® (Altana: AE, AT, BD, BH, EG, IQ, IR, JO, KW, LB, LK, LY, OM, QA, SA, ZA)
Euphyllin Retard® (Pharos: ID)
Euphyllina® (Altana: IT)
Euphylline L.A.® (Altana: FR)
Euphyllin® (Altana: BE, CH, CZ, PL)
Euphylong® (Altana: AE, BA, BH, DE, EG, HU, IQ, IR, JO, KW, LB, LY, NL, OM, QA, SA)
Euphylong® (Nycomed: HK, RS)
Franol® (Sanofi-Aventis: BR)
Franol® (Sanofi-Synthelabo: TH)
Frivent® (Dompé: IT)
Histafilin® (Estedi: ES)
Kalbron® (Dankos: ID)
Liopect® (Lafedar: AR)
Lodrane® (Poythress: US)
Med-Phylline® (Medicine Supply: TH)
Mediphylline Chrono® (Medicus: GR)
Megabron® [vet.] (Acme: IT)
Microphyllin® (Aventis: ZA)
Nefoben® (Ivax: AR)
Neulin® (3M: BD)
New Tedral® (Gamma: LK)
Novo-Theophyl® (Novopharm: CA)
Nuelin SA® (3M: GB)
Nuelin SA® (Meda: IE)
Nuelin SR® (3M: AU, LK, TH)
Nuelin® [tabs.] (3M: AU, CR, DK, DO, FI, GB, GT, HN, LK, MY, NO, NZ, PA, SG, SV, TH, ZA)
Pediaphyllin PL® (SMB: BE, LU)
Pediaphyllin PL® (Zambon: NL)
Pharmaniaga Theophylline® (Pharmaniaga: MY)
Pharphylline® (Pharbita: NL)
Phylobid® (Wockhardt: GH, IN, KE, SD, SZ, TZ, UG, ZM)
Phyloday® (Wockhardt: IN)
Pirasmin® (Carlo Erba: TR)
Pneumogéine® (SERP: MC)
Polyasma® (Pharmasant: TH)
Pulmeno® (Novartis: ES)
Pulmidur® (AstraZeneca: AT)
PulmiDur® (pharma-stern: DE)
Pulmo-Timelets® (Temmler: DE)
Pulmophyllin® (Al Pharm: ZA)
Quibron® (Bristol-Myers Squibb: ID)
Quibron® (Monarch: US)
Respicur® (Altana: AT, IT)
Retafyllin® (Orion: FI, HU, TH)
Retaphy SRl® (Kimia: ID)
Retaphyl® (Kimia: ID)
Sandoz Theophylline Anhydrous® (Sandoz: ZA)
Slo-Bid® (ZLB Behring: US)

Slo-Phyllin® (Aventis: IE, US)
Slo-Phyllin® (Merck: GB)
Solosin® (Sanofi-Aventis: DE)
Solucao de Teofilina Bermácia® (Companhia: BR)
Spophyllin® [compr.] (Slovakofarma: CZ, SK)
Spophyllin® [compr.] (Zentiva: BD)
Spophyllin® [liqu.oral] (Galena: CZ)
T-Phyl® (Purdue Frederick: US)
Talofilina® (Novartis: BR)
Talotren® (Klinge: DE)
Talotren® (Novartis: TR)
Tefamin Elisir® (Recordati: IT)
Temaco® (Nakornpatana: TH)
Teobag® (Eczacibasi Baxter: TR)
Teobid® (Grupo Farma: CO, GT, PA, SV)
Teofilina Bermacia® (Companhia: BR)
Teofilina Biocrom® (Biocrom: AR)
Teofilina Ecar® (Ecar: CO)
Teofilina Fabra® (Fabra: AR)
Teofilina Fmndtria® (Farmindustria: PE)
Teofilina Gen-Far® (Genfar: PE)
Teofilina Genfar® (Genfar: CO, EC)
Teofilina Lafedar® (Lafedar: AR)
Teofilina Prediluida® (Grifols: ES)
Teofilina Ratiopharm® (Ratiopharm: ES)
Teofilinar® (Synthesis: CO)
Teofilina® (Ariston: BR)
Teofilina® (Bestpharma: CL)
Teofilina® (Hersil: PE)
Teofilina® (La Sante: PE)
Teofilina® (Medicalex: CO)
Teofilină® (Terapia: RO)
Teofylamin „Medic“® (Medic: DK)
Teofylamin SAD® (SAD: DK)
Teofyllamin Ipex® (Ipex: SE)
Teokap® (Nobel: BA, TR)
Teolin® (Lek: HR, SI)
Teolixir® (Anglopharma: CO)
Teolixir® (Biogalenica: ES)
Teolong® (Knoll: BR, CR, DO, GT, HN, NI, PA, SV)
Teosona® (Phoenix: AR)
Teotard® (Krka: BA, CZ, HR, RO)
Teotard® (KRKA: RU)
Teotard® (Krka: SI)
Teovent® (Schering-Plough: PT)
Teromol® (Aldo Union: ES)
Theo Pa® (GlaxoSmithKline: IN)
theo von ct® [caps.] (CT: DE)
Theo-24® (Pharmacia: IT)
Theo-24® (UCB: US)
Theo-2® (SMB: BE, LU)
Theo-2® (Zambon: NL)
Theo-Bros® (Bros: GR)
Theo-CT® (CT: DE)
Theo-Dur® (AstraZeneca: AU, CZ, DK, IS, NO, PH, SE)
Theo-Dur® (Key: US)
Theo-Dur® (Lavipharm: GR)
Theo-Dur® (Recordati: IT)
Theo-Dur® (Vegal: ES)
Theo-SR® (GlaxoSmithKline: RO)
Theo-X® (Carnrick: US)
Theobron® (Interbat: ID)
Theochron® (Forest: US)
Theolair® (3M: BE, CA, CH, ES, IT, LU, NL, US)
Theolair® (Euro: NL)
Theolair® (Farmindustria: PE)
Theolin® (AstraZeneca: NL)
Theolin® (Beacons: SG)
Theolin® (Bristol-Myers Squibb: PE)
Theolin® (United Pharmaceutical: AE, BH, IQ, JO, LY, OM, QA, SA, SD, YE)
Theolong® (Eisai: JP)
Theomol® (Klinge: DE)
Theophen® (Aspen: ZA)
Theophtard® (Teva: HU)
Theophyllin AL® (Aliud: DE)
Theophyllin AZU® (Azupharma: DE)
Theophyllin Heumann® (Heumann: DE)
Theophyllin Hexal® (Hexal: DE)
Theophyllin Merck® (Merck dura: DE)
Theophyllin Sandoz® (Sandoz: DE)
Theophyllin Stada® (Stadapharm: DE)
Theophyllin-ratiopharm® (ratiopharm: DE, LU)
Theophylline® (Actavis: US)
Theophylline® (Baxter: IL)
Theophylline® (Inwood: US)
Theophylline® (Roxane: US)
Theophyllinum® (Baxter: PL)
Theoplus® (Altana: ZA)
Theoplus® (PF: LU)
Theoplus® (Pierre Fabre: CR, CZ, DO, ES, GT, HN, NI, PA, PL, SV)
Theospan® (Laser: US)
Theospirex® [caps./compr.] (Biofarm: PL)
Theospirex® [caps./compr.] (Gebro: AT)
Theospirex® [caps./compr.] (Krewel: DE)
Theospirex® [caps./compr.] (Novartis: HU)
Theostat® (Laser: US)
Theostat® (PF: LU)
Theotard® (CTS: IL)
Theotrim® (Trima: IL, TH)
Theovent® (Drug International: BD)
Theovent® (GlaxoSmithKline: PL)
Theovent® (Schering: US)
Theovent® (Schering-Plough: LU)
Tromphyllin® (Trommsdorff: DE)
Tédralan® (SERP: MC)
Uni-Dur® (Recordati: IT)
Uni-Dur® (Schering-Plough: US)
Unicontin® (Modi-Mundipharma: BD, IN, LK)
Unicontin® (Purdue Frederick: US)
Unicontin® (Viatris: PT)
Unidur® (Schering-Plough: ID)
Unifyl Continus® (Mundipharma: CH)
Unifyl® (Mundipharma: AT)
Unilair® (3M: DE)
Unilong® (Altana: ES)
Uniphyllin Continus® (Napp: GB, IE)
Uniphyllin® (Mundipharma: DE)
Uniphyllin® (Napp: GB, IE)
Uniphyllin® (Uni-Pharma: GR)
Uniphyl® (Al Pharm: ZA)
Uniphyl® (Purdue Frederick: US)
Uniphyl® (Purdue Pharma: CA)
UniXan® (Norpharma: DK)
Xanthium® (Galephar: FR)
Xanthium® (SMB: BE, LU, TH)
Zepholin® (Astellas: IE)

- **lysine salt:**
  Paidomal® (Malesci: IT)

- **monohydrate:**
  CAS-Nr.: 0005967-84-0
  OS: *Theophylline Hydrate BANM*
  PH: Theophylline USP 30
  PH: Theophylline Monohydrate Ph. Eur. 5
  PH: Théophylline monohydratée Ph. Eur. 5
  PH: Theophyllin-Monohydrat Ph. Eur. 5
  PH: Theophyllinum monohydricum Ph. Eur. 5

  Theofol® (Leiras: FI)
  Theophylline Bruneau® (Sanofi-Synthelabo: LU)
  Theoplus® (Germania: AT)
  Theoplus® (Pierre Fabre: CZ)
  Theospan® (Laser: US)
  Theostat® (Laser: US)
  Theostat® (Pierre Fabre: VN)
  Théostat® (Pierre Fabre: FR)
  Xanthium® (Medsan: TR)
  Xanthium® (SMB: SG)

Theophylline Sodium Glycinate (USP)

D: Theophyllin natrium glycinat

Antiasthmatic agent
Cardiac stimulant, cardiotonic agent
Diuretic

CAS-Nr.: 0008000-10-0

Glycine, mixt. with 3,7-dihydro-1,3-dimethyl-1H-purine-2,6-dione sodium salt
PH: Theophylline Sodium Glycinate [USP 30]

Aerobin® [inj.] (Farmasan: DE)
Afonilum novo® (Abbott: DE)
Anlate® (Nipa: BD)
Arofil® (Incepta: BD)
Asmain® (Edruc: BD)
Bronchoparat® (Astellas: DE)
Drilyna forte® (Bagó: AR)
G-Theophylline® (Gonoshasthaya: BD)
Glyphyllin® (Rekah: IL)
Jasonphylin® (Jayson: BD)
Nuelin® [liquef.] (3M: CR, DO, GB, GT, HN, NZ, PA, SV)
Nuelin® [liquef.] (United Drug: IE)
Teofilina Lafedar® (Lafedar: AR)
Thenglate® (Acme: BD)
Theonate® (Doctor's Chemical Work: BD)
Theospirex® (Gebro: AT)

Thiamazole (Rec.INN)

L: Thiamazolum
I: Tiamazolo
D: Thiamazol
F: Thiamazol
S: Tiamazol

Antithyroid agent

ATC: H03BB02
CAS-Nr.: 0000060-56-0 C_4-H_6-N_2-S
M_r 114.172

2H-Imidazole-2-thione, 1,3-dihydro-1-methyl-

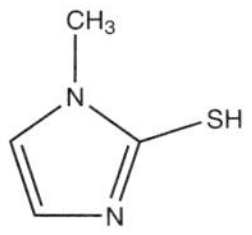

OS: *Thiamazole [BAN, DCF, JAN]*
OS: *Tiamazolo [DCIT]*
OS: *Methimazole [BAN]*
IS: *Mercazolylum*
PH: Methimazole [USP 30]
PH: Metimazolo [F.U. IX]
PH: Thiamazole [JP XIV, Ph. Eur. 5]
PH: Thiamazolum [Ph. Eur. 5, 2.AB-DDR]

Athyrazol® (Jadran: BA, HR)
Athyrazol® (Salus: SI)
Favistan® (Asta Medica: CZ)
Favistan® (Bosnalijek: BA)
Favistan® (Sandoz: AT)
Favistan® (Temmler: DE)
Felimazole® [vet.] (Agrovete: PT)
Felimazole® [vet.] (Arnolds: AT, GB, LU, NL)
Felimazole® [vet.] (Janssen Animal Health: DE)
Felimazole® [vet.] (Janssen Santé Animale: FR)
Felimazole® [vet.] (Veterinaria: CH)
Mercaptizol® (Taro: IL)
Mercazolil® (Akrihin: RU)
Methimazole Yung Shin® (Yung Shin: TH)
Methizol® (Philopharm: DE)
Metibasol® (Sanobia: PT)
Metizol® (ICN: PL)
Metothyrin® (Pannonpharma: HU)
Strumazol® (Christiaens: BE)
Strumazol® (Nycomed: LU)
Strumazol® (Organon: NL, PH)
Tapazole® (King: US)
Tapazole® (Lilly: IL, PH, TH)
Tapazole® (Teofarma: IT)
Tapazol® (Lilly: BR, PE)
Thacapzol® (Recip: SE)
Thiamazol 1A Farma® (1A Farma: DK)
Thiamazol Henning® (Henning Berlin: DE)
Thiamazol Henning® (Mayrhofer: AT)
Thiamazol Henning® (Sanofi-Synthelabo: DE)
Thiamazol Hexal® (Hexal: DE)
Thiamazol Lindopharm® (Lindopharm: DE)
Thiamazol Sandoz® (Sandoz: AT)
Thyromazol® (Abdi Ibrahim: TR)
Thyrozol® (Merck: CL, CZ, DE, ID, LU, PE, PL, SG)
Thyrozol® (Merck KGaA: CN, RO)
Thyrozol® (Nycomed: RU)
Tiastat® (Bosnalijek: RS)
Timazol® (Sriprasit: TH)

Tirodril® (Estedi: ES)
Unimazole® (Uni-Pharma: GR)

Thiamine (Rec.INN)

L: Thiaminum
I: Tiamina
D: Thiamin
F: Thiamine
S: Tiamina

Vitamin B_1

CAS-Nr.: 0000059-43-8 C_{12}-H_{17}-Cl-N_4-O-S
M_r 300.818

Thiazolium, 3-[(4-amino-2-methyl-5-pyrimidinyl)methyl]-5-(2-hydroxyethyl)-4-methyl- chloride

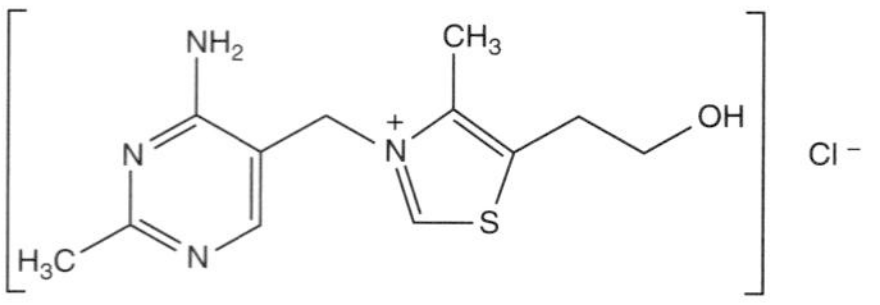

OS: *Thiamine [BAN, DCF]*
OS: *Tiamina [DCIT]*
IS: *Aneurinum*
IS: *Vitamin B_1*
IS: *Aneurinchlorid*
IS: *Thiamin chlorid*

A-B1® (Acme: BD)
Benalgis® (Franco-Indian: IN)
Beovit® (Square: BD)
Berin® (GlaxoSmithKline: BD)
Lennon-Thiamine Hydrochloride® (Aspen: ZA)
Neurovit® (Medimet: BD)
Thiabin® (Medicon: BD)
Thiamine Opsonin® (Opsonin: BD)
Thiason® (Jayson: BD)
Thiosina® (Ibn Sina: BD)
Tiamina Genfar® (Genfar: CO)
Tiamina Iqfarma® (Iqfarma: PE)
Venofortan® (Ariston: BR)
Vitamin B1 B L Hua® (BL Hua: TH)
Vitamin B1® (Alkaloid: BA, RS)
Vitamin B1® (Balkanpharma: BG)
Vitamin B1® (Hemofarm: RS)

– disulfide:

CAS-Nr.: 0000067-16-3
OS: *Thiamine Disulfide JAN*
IS: *Aneurin disulfide*
IS: *Bisthiamine*

Biogen® (Fuso: JP)
Hithia® (Kobayashi Seiyaku: JP)
Menamin® (PP Lab: TH)

– hydrochloride:

CAS-Nr.: 0000067-03-8
OS: *Thiamine Hydrochloride BANM*
IS: *Aneurinum hydrochloricum*
IS: *Vitamin-B_1-chlorid-hydrochlorid*
PH: Thiaminchloridhydrochlorid Ph. Eur. 5
PH: Thiamine (chlorhydrate de) Ph. Eur. 5
PH: Thiamine Hydrochloride JP XIV, Ph. Eur. 5, Ph. Int. 4, USP 30
PH: Thiamini hydrochloridum Ph. Eur. 5, Ph. Int. 4

Abery® (Daiichi: JP)
Actamin® (Yashima: JP)
Aneurin-AS® (Teva: DE)
Apo-Thiamine® (Apotex: NZ)
Avitron-V® (Beximco: BD)
Bemin® (Beximco: BD)
Benerva® (Bayer: BE, BR, CH, CO, ES, GB, IE, IT, LU, MX, PE, SE)
Benerva® (Bayer Santé Familiale: FR)
Beneuran® (Nycomed: AT)
Beneurol® (Meuse: BE, LU)
Berin® (GlaxoSmithKline: BD)
Beta-Sol® (Fawns & McAllan: AU)
Betabion® (Merck: DE, SE)
Betamine® (Wolfs: BE, LU)
Betamin® (Aventis: AU)
Bevigen® (Eras: TR)
Bevitol® (Lannacher: AT)
Bévitine® (DB: FR)
D-Thia® (Drug International: BD)
Doxal® (Sigma: BR)
Dozeneurin® (Sigma: BR)
Equivit B® [vet.] (Kentucky: AU)
Metabolin® (Takeda: JP)
Narvit® (Chemist: BD)
Neuramin® (Orion: FI)
Novirell B1® (Sanorell: DE)
Plivit B1® (Pliva: BA, HR, SI)
Pottie's Nervine Powder® [vet.] (Sykes Vet: AU)
Renerv® (Gaco: BD)
Sicovit B_1® (Zentiva: RO)
Thia-1® (Edruc: BD)
Thiabene® (Ratiopharm: CZ)
Thiamin Chlorid® (Biopharm: GE)
Thiamin Leciva® (Zentiva: CZ)
Thiamine HCl Injection® (Elkins-Sinn: US)
Thiamine HCl Injection® (Goldline: US)
Thiamine HCl Injection® (Lilly: US)
Thiamine HCl Injection® (Major: US)
Thiamine HCl PCH® (Pharmachemie: NL)
Thiamine HCl ratiopharm® (Ratiopharm: NL)
Thiamine Hydrochloride® (Dixon-Shane: US)
Thiamine Hydrochloride® (Faulding: US)
Thiamine Hydrochloride® (Freeda: US)
Thiamine Hydrochloride® (Genetco: US)
Thiamine Hydrochloride® (Geneva: US)
Thiamine Hydrochloride® (Lilly: US)
Thiamine Hydrochloride® (Major: US)
Thiamine Hydrochloride® (NBTY: US)
Thiamine Hydrochloride® (Rugby: US)
Thiamine Hydrochloride® (Schein: US)
Thiamine Hydrochloride® (Wyeth: US)
Thiamine Hydrochloride® (Zenith Goldline: US)
Thiamine® (Bayer: GB)
Thiamine® (Health Support Ltd: NZ)
Thiamini hydrochloridum® (Pharmachemie: NL)
Thiamin® (Leciva: CZ)
Thiasel® [vet.] (Selecta: DE)
Thiatab® (Mystic: BD)
Thiolex® (Globe: BD)
Tiamidon® (Medipharma: AR)
Tiamin SAD® (SAD: DK)

Tiamina Austral® (Austral: AR)
Tiamina Clorhidrato L.CH.® (Chile: CL)
Tiamina Clorhidrato® (Biosano: CL)
Tiamina Clorhidrato® (Sanderson: CL)
Tiamina Ecar® (Ecar: CO)
Tiamina Gen-Far® (Genfar: PE)
Tone® (Orion: BD)
Vit.B1 Agepha® (Agepha: AT)
Vita-B1® (Vitabalans: FI)
Vitamin B_1® (Hemofarm: RS)
Vitamin B1 Domesco® (Domesco: VN)
Vitamin B1 F.T. Pharma® (F.T. Pharma: VN)
Vitamin B1 Jenapharm® (Jenapharm: DE)
Vitamin B1 Soho/Ethica® (Ethica: ID)
Vitamin B1 Soho/Ethica® (Soho: ID)
Vitamin B1 Winthrop® (Winthrop: DE)
Vitamin B1-Hevert® (Hevert: DE)
Vitamin B1-Injektopas® (Pascoe: DE)
Vitamin B1-ratiopharm® (ratiopharm: DE)
Vitamin B1® (Actavis: GE)
Vitamin B1® (Ethica: ID)
Vitamin B1® (Sanofi-Aventis: HU)
Vitamin B1® (Soho: ID)
Vitamin B1® [vet.] (Bimeda: GB)
Vitamin B1® [vet.] (Nature Vet: AU)
Vitamina B1 Angelini® (Angelini: IT)
Vitamina B1 Biol® (Biol: AR)
Vitamina B1 Salf® (Salf: IT)
Vitamina B1® (Sunshine: PE)
Vitaminum B1® (Pliva: PL)
Vitaminum B1® (Polfa Grodzisk: PL)
Vitaminum B1® (Polfa Kutno: PL)
Vitaminum B1® (Polfarmex: PL)
Vitanon® [inj.] (Fuso: JP)
Vitobun® (Chephasaar: DE)

– nitrate:

CAS-Nr.: 0000532-43-4
OS: *Thiamine Nitrate BANM, JAN*
IS: *Aneurinum nitricum*
PH: Thiamine (nitrate de) Ph. Eur. 5
PH: Thiamine Mononitrate Ph. Int. 4, USP 30
PH: Thiamine Nitrate Ph. Eur. 5, JP XIV
PH: Thiamini mononitras Ph. Int. 4
PH: Thiamini nitras Ph. Eur. 5
PH: Thiaminnitrat Ph. Eur. 5

B1-ASmedic® (Dyckerhoff: DE)
Béres B1-vitamin® (Béres: HU)
Tiamina Ecar® (Ecar: CO)

– phosphate:

IS: *Aneurin-o-phosphorsäureester-monophosphat*
IS: *Aneurin-phosphorsäureesterphosphat*

Trifosfaneurina® (Lepori: ES, PT)

Thiamphenicol (Rec.INN)

L: Thiamphenicolum
I: Tiamfenicolo
D: Thiamphenicol
F: Thiamphénicol
S: Tiamfenicol

Antibiotic, chloramphenicol

ATC: J01BA02
CAS-Nr.: 0015318-45-3 C_{12}-H_{15}-Cl_2-N-O_5-S
M_r 356.222

Acetamide, 2,2-dichloro-N-[2-hydroxy-1-(hydroxymethyl)-2-[4-(methylsulfonyl)phenyl]ethyl]-, [R-(R*,R*)]-

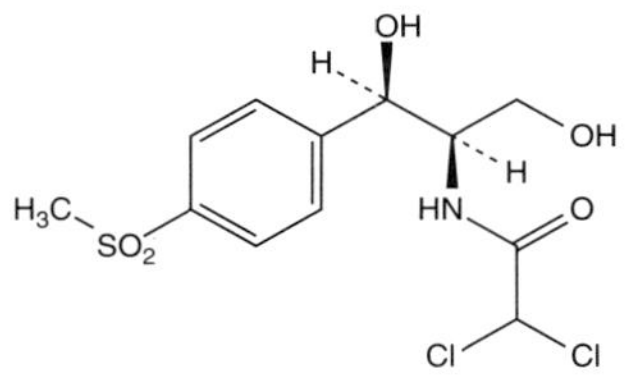

OS: *Thiamphenicol [BAN, DCF, JAN, USAN]*
OS: *Tiamfenicolo [DCIT]*
IS: *Dextrosulfenidol*
IS: *Vicemycetin*
IS: *Win 5063-2*
PH: Thiamphenicol [Ph. Eur. 5]
PH: Thiamphenicolum [Ph. Eur. 5]
PH: Tiamfenicolo [Ph. Eur. 5]
PH: Thiamphénicol [Ph. Eur. 5]

Biothicol® (Sanbe: ID)
Cetathiacol® (Soho: ID)
Comthycol® (Combiphar: ID)
Conucol® (Armoxindo: ID)
Corsafen® (Corsa: ID)
Daiticin® (Erlimpex: ID)
Dexycol® (Dexa Medica: ID)
Genicol® (Guardian: ID)
Glitisol® (Zambon: BR, IT)
Inticol® (Indofarma: ID)
Ipibiofen® (Indonesian: ID)
Kalticol® (Kalbe: ID)
Lacophen® (Lapi: ID)
Lanacol® (Landson: ID)
Lipafen® (Hexpharm: ID)
Nikolam® (Meprofarm: ID)
Nilacol® (Nicholas: ID)
Nufathiam® (Nufarindo: ID)
Négérol® [vet.] (Ceva: FR)
Opiphen® (Otto: ID)
Phenobiotic® (Bernofarm: ID)
Promixin® (Pyridam: ID)
Renamoca® (Fahrenheit: ID)
Sendicol® (Coronet: ID)
Solathim® (Solas: ID)
Thiambiotic® (Prafa: ID)
Thiamcin® (GDH: TH)
Thiamet® (Ethica: ID)
Thiamika® (Ikapharmindo: ID)
Thiamphenicol Indo Farma® (Indofarma: ID)
Thiamphenicol® (Indofarma: ID)
Thiamycin® (Interbat: ID)
Thianicol® (Dankos: ID)

Thiobactin® (Sanofi-Aventis: BF, BJ, CF, CG, CI, CM, GA, GN, MG, ML, MR, MU, NE, SN, TD, TG, ZR)
Thiobactin® (Sanofi-Synthelabo: GH, KE, MT, NG, TZ, UG)
Thiophenicol® (Sanofi-Aventis: FR, VN)
Thiophenicol® (Sanofi-Synthelabo: AE, BH, CY, EG, JO, KW, LB, OM, QA, SA)
Thislacol® (Metiska: ID)
Tiacin® (Aventis Pharma: ID)
Tiamfenicolo® [vet.] (Ceva: IT)
Tiofen® (Sanovel: TR)
Tiofen® [inj.] (Sanovel: TR)
Treomycin® (Chew Brothers: TH)
Troviakol® (Tropica: ID)
Urfamycine® (Zambon: BE, ES, LU)
Urfamycin® (Bilim: TR)
Urfamycin® (Sermmitr: TH)
Urfamycin® (Zambon: CO, EC, ES, ID, TH)
Urfamycin® [vet.] (Fatro: IT)
Urfekol® (Medikon: ID)
Venacol® (Mugi: ID)
Zumatab® (Prima: ID)

– glycinate acetylcysteinate:

Fluimucil Antibiotico® (Zambon: IT)
Fluimucil Antibiotic® (Zambon: BE, LU, RU)

– glycinate hydrochloride:

CAS-Nr.: 0002611-61-2
PH: Tiamfenicolo glicinato cloridrato F.U. IX

Glitisol® [inj.] (Zambon: BR, IT)
Urfamucol® [vet.] (Fatro: IT)
Urfamycine® [inj.] (Inpharzam: CH)
Urfamycin® [inj.] (Sermmitr: TH)
Urfamycin® [inj.] (Zambon: ES, HK, TH)

Thiamylal Sodium (USP)

D: 5-Allyl-5-(1-methylbutyl)-2-thiobarbitursäure, Natriumsalz

Intravenous anesthetic

CAS-Nr.: 0000337-47-3 C_{12}-H_{17}-N_2-Na-O_2-S
M_r 276.338

4,6(1H,5H)-Pyrimidinedione, dihydro-5-(1-methylbutyl)-5-(2-propenyl)-2-thioxo-, monosodium salt

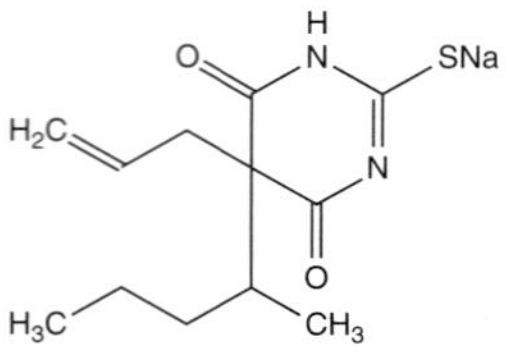

OS: *Thiamylal Sodium [JAN]*
IS: *5-Allyl-5-(1-methylbutyl)thiobarbitursäure, Natriumsalz*
IS: *Thiamlylal-Natrium*
IS: *Thioquinal barbitone*
PH: Thiamylal Sodium [JP XIV]
PH: Thiamylal Sodium [for Injection] [USP 23]

Surital® [vet.] (Pharmacia: DE)

Thiethylperazine (Rec.INN)

L: Thiethylperazinum
I: Tietilperazina
D: Thiethylperazin
F: Thiéthylpérazine
S: Tietilperazina

Antiemetic

ATC: R06AD03
CAS-Nr.: 0001420-55-9 C_{22}-H_{29}-N_3-S_2
M_r 399.624

10H-Phenothiazine, 2-(ethylthio)-10-[3-(4-methyl-1-piperazinyl)propyl]-

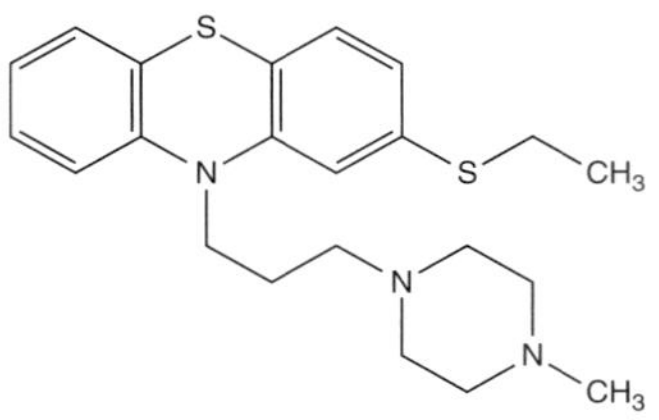

OS: *Thiethylperazine [BAN, DCF, USAN]*
OS: *Tietilperazina [DCIT]*

Torecan® (Egis: HU)

– maleate:

CAS-Nr.: 0001179-69-7
OS: *Thiethylperazine Maleate JAN, USAN*
IS: *GS 95*
IS: *Norzine (Perdue Frederick, USA)*
IS: *NSC 130044*
IS: *Thiethylpiperazindihydrogenmaleat*
PH: Thiethylperazine Maleate USP 30
PH: Thiéthylpérazine (dimaléate de) Ph. Franç. X
PH: Thiethylperazini maleas Ph. Helv. 8
PH: Thiethylperazinium hydrogenmaleinicum PhBs IV

Torecan® (Egis: HU)
Torecan® (Krka: BA, CZ, HR, PL, SI)
Torecan® (Novartis: AT, CH, CL, DE, ES, ET, GH, IT, KE, LU, LY, MT, NG, SD, SE, TZ, ZW)
Torecan® (Roxane: US)

Thioacetazone (Rec.INN)

L: Thioacetazonum
D: Thioacetazon
F: Thioacétazone
S: Tioacetazona

Antitubercular agent

CAS-Nr.: 0000104-06-3 C_{10}-H_{12}-N_4-O-S
M_r 236.306

Acetamide, N-[4-[[(aminothioxomethyl)hydrazono]methyl]phenyl]-

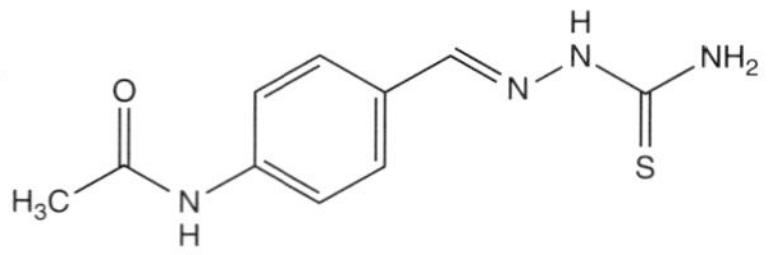

OS: *Thioacetazone [BAN]*

OS: *Thioacétazone [DCF]*
OS: *Thiacetazone [BAN]*
IS: *Amithiozone*
IS: *Tb I-698*
IS: *Tebezonum*
PH: Thiacetazone [BPC 1979, Ph. Int. 4]
PH: Thioacetazonum [DAB 7-DDR, Ph. Int. 4]

Citazon® (Koçak: TR)

Thiocolchicoside (Rec.INN)

L: Thiocolchicosidum
I: Tiocolchicoside
D: Thiocolchicosid
F: Thiocolchicoside
S: Tiocolchicosido

Muscle relaxant

ATC: M03BX05
CAS-Nr.: 0000602-41-5 C_{27}-H_{33}-N-O_{10}-S
M_r 563.631

Acetamide, N-[3-(β-D-glucopyranosyloxy)-5,6,7,9-tetrahydro-1,2-dimethoxy-10-(methylthio)-9-oxobenzo[a]heptalen-7-yl]-, (S)-

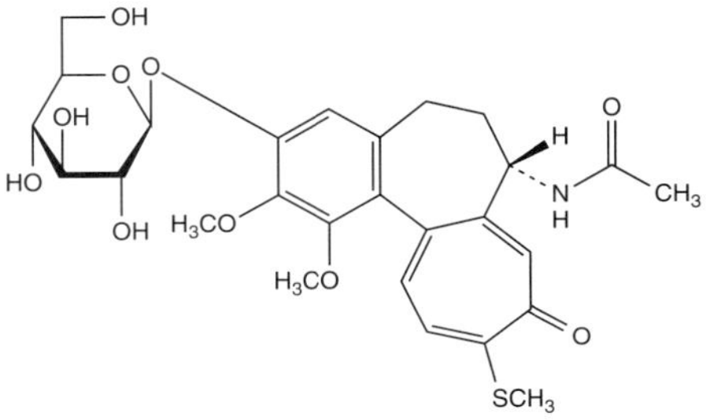

OS: *Thiocolchicoside [DCF]*
OS: *Tiocolchicoside [DCIT]*
PH: Thiocolchicoside [Ph. Franç. X]

Adeleks® (Mustafa Nevzat: TR)
Coltramyl® (Aventis: PE)
Coltramyl® (Korangi: PT)
Coltramyl® (Roussel: VN)
Coltramyl® (Sanofi-Aventis: FR)
Coltrax® (Sanofi-Aventis: BR)
Decontril® (Boniscontro & Gazzone: IT)
Dynaxon® (Winthrop: TR)
Miorel® (Daiichi Sankyo: FR)
Miotens® (Dompé: IT)
Muscoflex® (Bilim: TR)
Muscoflex® (Epifarma: IT)
Muscoril® (Inverni della Beffa: IT)
Muscoril® (Sanofi-Aventis: PL, TR)
Muscoril® (Sanofi-Synthelabo: CZ, GR)
Myoplège® (Genévrier: FR)
Myoril® (Sanofi-Aventis: IN)
Neoflax® (Menarini: CR, DO, GT, HN, NI, PA, SV)
Neuroflax® (Aventis: PE)
Relmus® (Sanofi-Synthelabo: PT)
Sciomir® (CT: IT)
Strialisin® (MDM: IT)
Teraside® (Krugher: IT)
Thiocolchicoside Biogaran® (Biogaran: FR)
Thiocolchicoside EG® (EG Labo: FR)
Thiocolchicoside G Gam® (G Gam: FR)
Thiocolchicoside Ivax® (Ivax: FR)
Thiocolchicoside Merck® (Merck Génériques: FR)
Thiocolchicoside Sandoz® (Sandoz: FR)
Thiocolchicoside Winthrop® (Winthrop: FR)
Thiospa® (Eczacibasi: TR)
Ticathion® (Pliva: IT)
Tiocolchicoside DOC® (DOC Generici: IT)
Tiocolchicoside EG® (EG: IT)
Tiocolchicoside Sandoz® (Sandoz: IT)
Tiocolchicoside Union Health® (Union Health: IT)
Tiocolchicoside Winthrop® (Winthrop: IT)
Tiorelax® (Santa-Farma: TR)
Tiorilene® (Boniscontro & Gazzone: IT)
Tioside® (Caber: IT)

Thioctic Acid

L: Acidum thiocticum
D: DL-alpha-Liponsäure

Hepatic protectant

ATC: A16AX01
CAS-Nr.: 0000062-46-4 C_8-H_{14}-O_2-S_2
M_r 206.32

1,2-Dithiolane-3-pentanoic acid

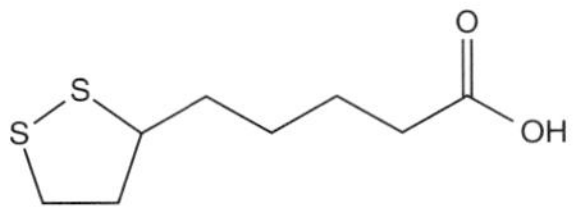

OS: *Thioctic Acid [BAN, JAN]*
IS: *α-Lipoic Acid*
IS: *Lipoaminsäure*
IS: *6,8-Thioctsäure*
PH: Thioctic Acid [Ph. Eur. 5]

Alpha-Lipogamma® (Wörwag Pharma: DE)
Alpha-Lipon AL® (Aliud: DE)
Alpha-Lipon Stada® (Stadapharm: DE)
alpha-Liponsäure Sandoz® (Sandoz: DE)
Alpha-Liponsäure Sofotec® (Sofotec: DE)
Alpha-Liponsäure-CT® (CT: DE)
Alpha-Lipon® [inj.] (Stada: CN)
alpha-Vibolex® (Rosen: DE)
Alphaflam® (Winthrop: DE)
Berlithion® (Berlin-Chemie: RS, RU)
Berlition® (Berlin Chemie: BA)
Biletan® (Gador: AR)
biomo-lipon® (biomo: DE)
duralipon® (Merck dura: DE)
espa-lipon® (esparma: DE, RU)
Fenint® (Pharmacia: DE)
Juthiac® (Juta: DE)
Juthiac® (Q-Pharm: DE)
Lipoicin® (Takeda: HK, TH)
Liponsäure-ratiopharm® (ratiopharm: DE)
MTW-Alphaliponsäure® (MTW: DE)
Neurium® (Hexal: DE)
Neurotioct® (TRB: AR)
Neutracol® (Beta: AR)
Pleomix-Alpha® (Illa: DE)
Thioctacid® (Bayer: MX)
Thioctacid® (Meda: RO)
Thioctacid® (Pliva: RU)
Thioctacid® (Viatris: AT, CZ, DE, HU, RO)

T

Thiogamma oral® (Wörwag Pharma: CZ, DE)
Thiogamma® (Artesan: RS)
Thiogamma® (Solupharm: RS)
Thiogamma® (Wörwag Pharma: CZ, DE, HU, PL, RO, RU)
Tioctan® (Farmindustria: PE)
Tioctan® (Fujisawa: JP)
Tioctan® (Purissimus: AR)
Tioctan® (Roth: AT)
Tioctan® [vet.] (Bayer Animal Health: ZA)
Tromlipon® (Trommsdorff: DE)
Verla-Lipon® (Verla: DE)

– amide:

OS: *Thioctic Acid Amide JAN*

– tromethamine:

Pleomix-Alpha N® [inj.] (Illa: DE)
Thioctacid T® [inj.] (Pliva: RU)
Thioctacid T® [inj.] (Viatris: CZ, DE)
Thioctacid® [inj.] (Viatris: AT, CZ)
Tromlipon® [inj.] (Trommsdorff: DE)

– ethylenediamine:

IS: *Ethylenediamine thioctate*
IS: *Thioctic acid diaminoethane*
IS: *Thioctic acid ethanediamine*
IS: *alpha-Liponsäure, Ethylenbis(azan)-Salz*

Alpha-Lipogamma® (Wörwag Pharma: DE)
Alpha-Lipon Stada® (Stadapharm: DE)
alpha-Liponsäure Sandoz® (Sandoz: DE)
Alpha-Lipon® [inj.] (Stada: DE)
biomo-lipon® [inj.] (biomo: DE)
espa-lipon® [inj.] (esparma: DE)
Fenint® [inj.] (Pharmacia: DE)
Liponsäure-ratiopharm® [inj.] (ratiopharm: DE)
Neurium® [inj.] (Hexal: DE)
Verla-Lipon® [inj.] (Verla: DE)
Vitatrans® (Medice: DE)

– meglumine:

Alpha-Lipogamma® [inj.] (Wörwag Pharma: DE)
Thiogamma Injekt® (Solupharm: CZ)
Thiogamma Injekt® (Wörwag Pharma: DE)

Thiomersal (BAN)

L: Thiomersalum
I: Tiomersal
D: Thiomersal
F: Mercurothiolate sodique
S: Tiomersal

Antiseptic
Desinfectant

ATC: D08AK06
CAS-Nr.: 0000054-64-8 C_9-H_{19}-Hg-Na-O_2-S
M_r 404.81

Mercurate(1-), ethyl[2-mercaptobenzoato(2-)-O,S]-, sodium

Sodium salt of o-(ethylmercurithio)benzoic acid

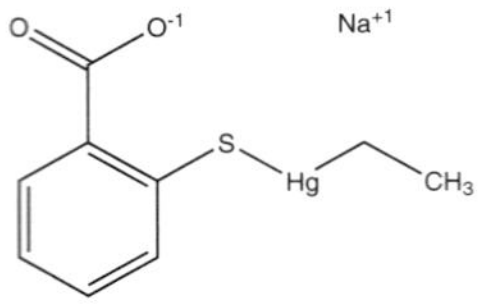

OS: *Thiomersal [BAN, JAN]*
IS: *Mercurothiolat*
PH: Thimerosal [USP 30]
PH: Thiomersal [Ph. Eur. 5]
PH: Thiomersalum [Ph. Eur. 5]

Intrasept® (Farmo Quimica: CL)
Merthiolate Incoloro® (Hersil: PE)
Merthiolate Plus® (Hersil: PE)
Merthiolate Rojo® (Hersil: PE)
Merthiolate® (Lilly: BR, TH)
Merthiolate® (Quimica Medical: AR)
Vitaseptol® (Europhta: MC)

Thiopental Sodium

L: Thiopentalum natricum
I: Tiopental sodico
D: Thiopental natrium
F: Thiopental sodique
S: Tiopental sodico

Intravenous anesthetic

CAS-Nr.: 0000071-73-8 C_{11}-H_{17}-N_2-Na-O_2-S
M_r 264.327

4,6(1H,5H)-Pyrimidinedione, 5-ethyldihydro-5-(1-methylbutyl)-2-thioxo-, monosodium salt

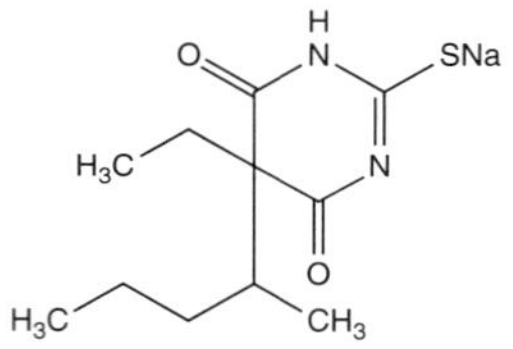

OS: *Thiopental [DCF]*
OS: *Thiopental Sodium [BANM, JAN]*
OS: *Tiopental sodico [DCIT]*
IS: *Bitaryl*
IS: *Omexolon*
IS: *Penthiobarbital sodium*
IS: *Thiobarbital sodium*
IS: *Thiomebumalum*
IS: *Thiopentone sodium*
IS: *Natrium aethyl-methylbutylthiobarbituricum*
PH: Thiopental et carbonate sodiques [Ph. Eur. 5]
PH: Thiopental-Natrium [Ph. Eur. 5]
PH: Thiopental Sodium [JP XIV, Ph. Int. 4, USP 30]
PH: Thiopentalum natricum [Ph. Int. 4]
PH: Thiopentalum natricum et natrii carbonas [Ph. Eur. 5]
PH: Thiopental Sodium and Sodium Carbonate [Ph. Eur. 5]

Anesthal® (Jagson Pal: IN)
Bensulf® (Fada: AR)

Bomathal® [vet.] (Bomac: AU, NZ)
Bomathal® [vet.] (Novartis Animal Health: NZ)
Farmotal® (Pharmacia: IT)
Intraval Sodium® [vet.] (Merial: GB, IE, ZA)
Nesdonal® [vet.] (Merial: FR, NL)
Pental Sodyum® (I.E. Ulagay: TR)
Penthotal Sodium® (Abbott: ID)
Pentothal Abbott® (Abbott: GR, TH)
Pentothal Natrium® (Abbott: IS)
Pentothal Natrium® (Electra-Box: FI, SE)
Pentothal Natrium® (Hospira: DK)
Pentothal Sodico® (Abbott: ES)
Pentothal Sodium® (Abbott: ES, ID, TR)
Pentothal Sodium® (Hospira: IT)
Pentothal Sodium® (Unimed & Unihealth: BD)
Pentothal® (Abbott: AU, BE, IL, IT, LU)
Pentothal® (Hospira: CA, NL, NO, US)
Pentothal® (Ospedalia: CH)
Pentothal® [vet.] (Abbott: TH)
Pentothal® [vet.] (Intervet: IT)
Pentothal® [vet.] (Merial: AU)
Sodipental® [inj.] (Ecar: CO)
Thiobarb® [vet.] (Jurox: AU)
Thionembutal® (Abbott: BR)
Thiopental Biochemie® (Biochemie: BD)
Thiopental Gap® (Gap: GR)
Thiopental ICN® (ICN: CZ)
Thiopental Inresa® (Inresa: DE)
Thiopental Nycomed® (Nycomed: DE)
Thiopental Rotexmedica® (Rotexmedica: DE)
Thiopental Sandoz® (Sandoz: AT, HU)
Thiopental Sodico® (Braun: PE)
Thiopental Sodium® (Baxter: US)
Thiopental Sodium® (E.I.P.I.C.O.: RO)
Thiopental Valeant® (Valeant: CZ)
Thiopental® (Biochemie: AE, BH, CY, JO, KW, LB, OM, QA, SA, SD, YE)
Thiopental® (ICN: CZ)
Thiopental® (Link: GB)
Thiopental® (Sandoz: PL, RO, SG)
Thiovet® [vet.] (Cypharm: IE)
Thiovet® [vet.] (Novartis Animal Health: GB)
Tiobarbital Braun® (Braun: ES)
Tiomebumalnatrium SAD® (SAD: DK)
Tiopental Biochemie® (Biochemie: CO)
Tiopental Braun® (Braun: PT)
Tiopental Sodico® (Bestpharma: CL)
Tiopental® (Cristália: BR)
Tiopental® (Richmond: AR)
Trapanal® (Altana: DE)
Veterinary Pentothal® [vet.] (Merial: US)

Thioproperazine (Rec.INN)

L: Thioproperazinum
D: Thioproperazin
F: Thiopropérazine
S: Tioproperazina

Neuroleptic

ATC: N05AB08
CAS-Nr.: 0000316-81-4 — C_{22}-H_{30}-N_4-O_2-S_2, M_r 446.642

10H-Phenothiazine-2-sulfonamide, N,N-dimethyl-10-[3-(4-methyl-1-piperazinyl)propyl]-

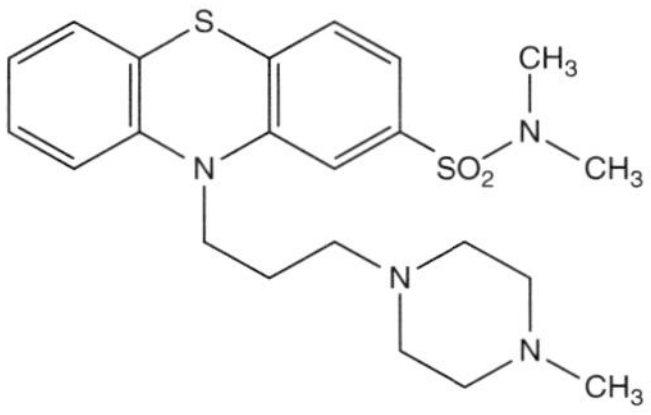

OS: *Thioproperazine [BAN, DCF]*
IS: *Thioperazin*

– mesilate:

CAS-Nr.: 0002347-80-0
OS: *Thioproperazine Mesilate BANM*
OS: *Thioproperazine Dimethanesulfonate JAN*
IS: *Thioproperazine methanesulfonate*
PH: Thiopropérazine (dimésilate de) Ph. Franç. X

Majeptil® (Aventis: ES, GR, PE)
Majeptil® (Erfa: CA)
Majeptil® (Sanofi-Aventis: RU)
Tioridazina Lch® (Ivax: PE)

Thioridazine (Rec.INN)

L: Thioridazinum
I: Tioridazina
D: Thioridazin
F: Thioridazine
S: Tioridazina

Neuroleptic

ATC: N05AC02
CAS-Nr.: 0000050-52-2 — C_{21}-H_{26}-N_2-S_2, M_r 370.579

10H-Phenothiazine, 10-[2-(1-methyl-2-piperidinyl)ethyl]-2-(methylthio)-

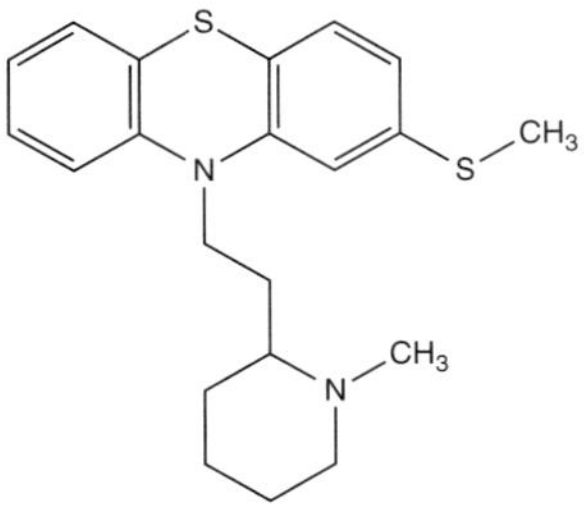

OS: *Thioridazine [BAN, DCF, USAN]*
OS: *Tioridazina [DCIT]*
IS: *TP 21*
PH: Thioridazine [BP 2002, Ph. Franç. X, USP 30, Ph. Eur. 5]
PH: Thioridazinum [Ph. Helv. 8, Ph. Eur. 5]

Apo-Thioridazine® (Apotex: SG)
Mellaril-S® (Novartis: US)
Sonapax® (Jelfa: RU)
Tioridazina L.CH.® (Chile: CL)
Tioridazina® (Sanitas: CL)

– hydrochloride:

CAS-Nr.: 0000130-61-0

T

OS: *Thioridazine Hydrochloride BANM, JAN*
IS: *Sonapax*
PH: Thioridazine (chlorhydrate de) Ph. Eur. 5
PH: Thioridazine Hydrochloride Ph. Eur. 5, JP XIV, USP 30
PH: Thioridazinhydrochlorid Ph. Eur. 5
PH: Thioridazini hydrochloridum Ph. Eur. 5

Aldazine® (Alphapharm: AU)
Apo-Thioridazine® (Apotex: CA, VN)
Calmaril® (Siam Bheasach: TH)
Dazine-P® (PP Lab: TH)
Meleril® (Valeant: AR)
Mellaril® (Novartis: US)
Mellaril® (Sandoz: CA)
Mellerettes® (Novartis: TR)
Melleril® (Novartis: BR, SI, TR)
Ridazine® (Atlantic: TH)
Ridazin® (Taro: IL)
Simultan® (Andromaco: CL)
Thiodazine® (Sun: RU)
Thiomed® (Medifive: TH)
Thioridazin Leciva® (Leciva: CZ)
Thioridazin-neuraxpharm® (neuraxpharm: DE)
Thioridazine HCL® (Roxane: US)
Thioridazine Hydrochloride® (Alpharma: US)
Thioridazine Hydrochloride® (Hi-Tech: US)
Thioridazine Hydrochloride® (Teva: US)
Thioridazine® (Alpharma: GB)
Thioridazine® (Masterlek: RU)
Thioridazine® (Remedica: CY)
Thioridazin® (Actavis: GE)
Thioridazin® (Balkanpharma: BG)
Thioridazin® (Jelfa: PL)
Thioridazin® (Leciva: CZ)
Thioril® (Torrent: IN, RU)
Thiosia® (Asian: TH)
Tioridazina Clorhidrato® (Bestpharma: CL)
Trixifen® (Hemofarm: RS)

Thiosalicylic Acid

D: Thiosalicylsäure

Analgesic
Antipyretic

CAS-Nr.: 0000147-93-3 C_7-H_6-O_2-S
M_r 154.185

Benzoic acid, 2-mercapto-

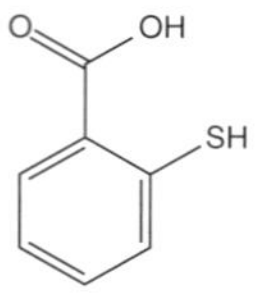

IS: *2-Sulfanylbenzoesäure*

Pirosal® (Teral Labs: US)
Sodium Thiosalicylate® (Hyrex: US)
Sodium Thiosalicylate® (Mayne: CA)
Thiocyl® (Alba: US)

– sodium salt:

CPC-Thiosal® (Carpenter: US)
Rexolate® (Hyrex: US)

Thiotepa (Rec.INN)

L: Thiotepum
D: Thiotepa
F: Thiotépa
S: Tiotepa

Antineoplastic, alkylating agent

ATC: L01AC01
CAS-Nr.: 0000052-24-4 C_6-H_{12}-N_3-P-S
M_r 189.222

Aziridine, 1,1',1"-phosphinothioylidynetris-

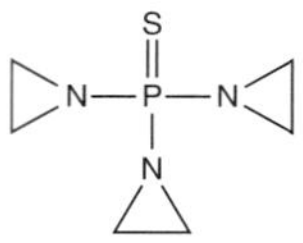

OS: *Thiotepa [BAN, DCF, JAN]*
IS: *Thiophosphamide*
IS: *Thiophosphamidum*
PH: Thiotepa [BP 2002, JP XIV, Ph. Franç. X, USP 30]

Ledertepa® (EuroCept: NL)
Onco Tiotepa® (Prasfarma: ES)
Tespamin® (Sumitomo: JP)
Thio-Tepa® (Leciva: CZ)
Thio-Tepa® (Lederle: CL)
Thio-Tepa® (Wyeth: AT)
Thio-Thepa Torrex® (Torrex: AT)
Thioplex® (Amgen: US)
Thioplex® (Wyeth: IT)
Thiotepa for Injection® (Abraxis: US)
Thiotepa for Injection® (Bedford: US)
Thiotepa for Injection® (Sicor: US)
Thiotepa Lederle® (Cyanamid: CZ)
Thiotepa Lederle® (Riemser: DE)
Thiotepa Lederle® (Wyeth: AT)
Thiotepa® (Lederle: CY, EG, IL, JO, KW, LB, OM, QA, SA, YE)
Thiotepa® (Meda: SE)
Thiotepa® (Sigma: AU)
Thiotepa® (Wyeth: AE, BH, CZ, IN)
Thiotepa® [vet.] (Goldshield: GB)
Thiotépa Genopharm® (Genopharm: FR)

Thiram (Rec.INN)

L: Thiramum
D: Thiram
F: Thirame
S: Tiramo

Antifungal agent
Antiseptic
Desinfectant
Insecticide

ATC: P03AA05
CAS-Nr.: 0000137-26-8 C_6-H_{12}-N_2-S_4
M_r 240.422

Thioperoxydicarbonic diamide ($[(H_2N)C(S)]_2S_2$), tetramethyl-

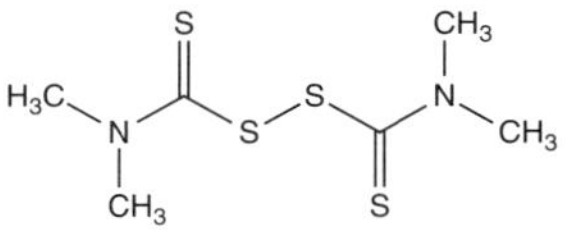

OS: *Thiram [USAN]*
IS: *Arasan*
IS: *SQ 1489*
IS: *Tetramethylthiuram disulfide*
IS: *TMTD*
IS: *TUADS*
IS: *Bis(dimethylthiocarbamoyl)disulfide*

Bacteriostat® [vet.] (Novartis Animal Health: AU)
Nobecutan® (AstraZeneca: LU, NL)

Thonzylamine (Rec.INN)

L: Thonzylaminum
I: Tonzilamina
D: Thonzylamin
F: Thonzylamine
S: Toncilamina

Antiallergic agent
Histamine, H_1-receptor antagonist
Antihistaminic agent

ATC: D04AA01,R01AC06,R06AC06
CAS-Nr.: 0000091-85-0 — C_{16}-H_{22}-N_4-O
M_r 286.392

1,2-Ethanediamine, N-[(4-methoxyphenyl)methyl]-N',N'-dimethyl-N-2-pyrimidinyl-

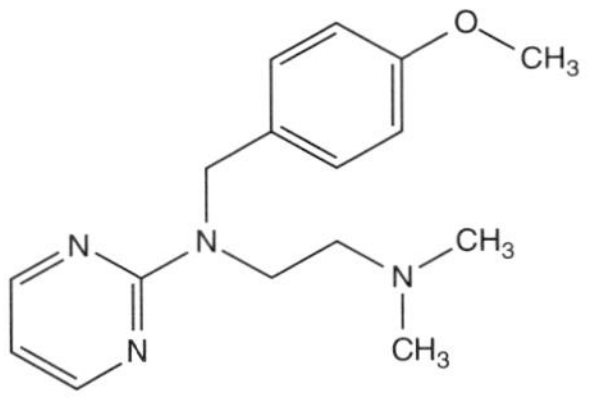

OS: *Thonzylamine [BAN, DCF]*
OS: *Tonzilamina [DCIT]*

Tonamil® (Ecobi: IT)

Thrombin (Rec.INN)

L: Thrombinum
I: Trombina
D: Thrombin
F: Thrombine

Hemostatic agent

ATC: B02BC06,B02BD30
CAS-Nr.: 0009002-04-4

OS: *Thrombine [DCF]*
OS: *Trombina [DCIT]*
OS: *Thrombin [JAN]*
IS: *Fibrinogenase*
IS: *Blutgerinnungsfaktor lla ASK-S*
PH: Thrombin [USP 30]
PH: Thrombin, Dried Human [BPC 1979]
PH: Thrombinum [2.AB-DDR]

Gastrotrombina® (Biomed-Lublin: PL)
Thrombin-JMI® (Jones: US)
Thrombinar® (Armour: US)
Thrombinar® (Jones: US)
Thrombogen® (Ethicon: US)
Thrombostat® [bovine] (Parke Davis: AU, US)
Trombina® (Biomed-Lublin: PL)

Thymalfasin (Rec.INN)

L: Thymalfasinum
D: Thymalfasin
F: Thymalfasine
S: Timalfasina

Antineoplastic agent
Hepatitis treatment
Immunomodulator

CAS-Nr.: 0062304-98-7 — C_{129}-H_{215}-N_{33}-O_{55}
M_r 3108.469

Thymosin α1 (ox)

OS: *Thymalfasin [USAN]*
IS: *Timalfasina*
IS: *Timosin α-1*

Zadaxin® (SciClone: CN, HK, IT, MY, SG, TH)
Zadaxin® (Tempo: ID)

Thymol (Ph. Eur.)

I: Timolo
D: Thymol
F: Thymol

Anthelmintic
Antiseptic

CAS-Nr.: 0000089-83-8 — C_{10}-H_{14}-O
M_r 150.222

Phenol, 5-methyl-2-(1-methylethyl)-

OS: *Thymol [DCF, JAN]*
PH: Thymol [JP XIII, USP 30]
PH: Thymolum [Ph. Eur. 5]
PH: Thymol [Ph. Eur. 5]

Apiguard® [vet.] (Apivet: CH)
Apiguard® [vet.] (Noé: FR)
Apiguard® [vet.] (Vita: GB, LU, NL)
Thymovar® [vet.] (Andermatt: CH, NL)

Thymopentin (Rec.INN)

L: Thymopentinum
I: Timopentina
D: Thymopentin
F: Thymopentine
S: Timopentina

⚕ Immunostimulant

ATC: L03AX09
CAS-Nr.: 0069558-55-0 C_{30}-H_{49}-N_9-O_9
M_r 679.812

L-Tyrosine, N-[N-[N-(N2-L-arginyl-L-lysyl)-L-α-aspartyl]-L-valyl]-

Arg—Lys—Asp—Val—Tyr

OS: *Thymopentin [BAN, USAN]*
OS: *Timopentina [DCIT]*
IS: *ORF 15244 (ortho, USA)*
IS: *Thymopoetin 32-36-pentapeptide*
IS: *TP 5*

Sintomodulina® (Italfarmaco: IT)

Thyrotropin Alfa (Rec.INN)

L: Thyrotropinum alfa
D: Thyrotropin alfa
F: Thyrotropine alfa
S: Tirotropina alfa

⚕ Thyrotropin analogue

ATC: V04CJ01
CAS-Nr.: 0194100-83-9 C_{1039}-H_{1602}-N_{274}-O_{307}-S_{27}
M_r 23709.28

Thyrotropin (human beta-subunit protein moiety), complex with chorionic gonadotropin (human alpha-subunit protein moiety) [WHO]

OS: *Thyrotropin Alfa [BAN, USAN]*
OS: *Thyrotropine alfa [DCF]*

Thyrogen® (Genzyme: AT, BE, CA, CZ, DE, DK, ES, FI, FR, IL, IT, LU, NL, NO, PL, RO, SE, US)
Thyrogen® (Knoll: US)
Thyrogen® [vet.] (Genzyme: GB)

Tiabendazole (Rec.INN)

L: Tiabendazolum
I: Tiabendazolo
D: Tiabendazol
F: Tiabendazol
S: Tiabendazol

⚕ Anthelmintic

ATC: D01AC06,P02CA02
CAS-Nr.: 0000148-79-8 C_{10}-H_7-N_3-S
M_r 201.256

1H-Benzimidazole, 2-(4-thiazolyl)-

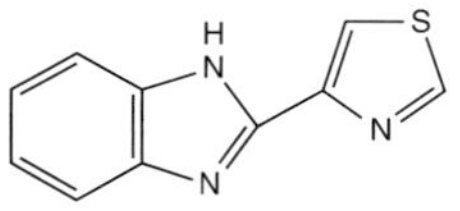

OS: *Thiabendazole [USAN, BAN]*
OS: *Tiabendazole [BAN, JAN]*
IS: *MK 360*
IS: *E 233*
PH: Thiabendazole [USP 30]
PH: Tiabendazolum [Ph. Eur. 5, Ph. Int. 4]
PH: Tiabendazol [Ph. Eur. 5]
PH: Tiabendazole [Ph. Eur. 5, Ph. Int. 4]

Foldan® (Andromaco: AR)
Foldan® (Biolab: BR)
Mintezol® (Cahill May Roberts: IE)
Mintezol® (Merck: US)
Mintezol® (Merck Sharp & Dohme: AU, CZ, EG, GR, NL, ZA)
Mintezol® [vet.] (IDIS: GB)
Stronglozole® [vet.] (Noé: FR)
Thiaben® (UCI: BR)
Thibenzole® [vet.] (Richter: AT)
Tiabendazole® (Remedica: CY)
Tiabendazol® (Elofar: BR)
Tiabendazol® [vet.] (Ceva: DE)
Tiafarma® (Lacofarma: DO)
Triasox® (Berna: ES)
Tutiverm® (Elofar: BR)

Tiagabine (Rec.INN)

L: Tiagabinum
I: Tiagabina
D: Tiagabin
F: Tiagabine
S: Tiagabina

⚕ Antiepileptic

ATC: N03AG06
CAS-Nr.: 0115103-54-3 C_{20}-H_{25}-N-O_2-S_2
M_r 375.55

(-)-(R)-1-[4,4-Bis(3-methyl-2-thienyl)-3-butenyl]nipecotic acid

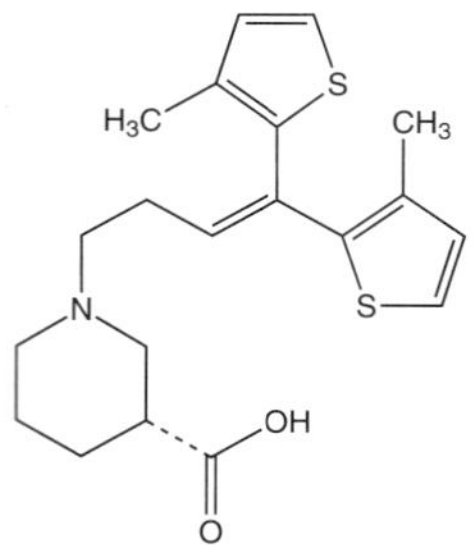

OS: *Tiagabine [BAN, DCF]*
IS: *N 05-0328 (Novo Nordisk, Norway)*
IS: *NNC 05-0328*
IS: *NO 328*

Gabitril® (Cephalon: AT, IE, IS)
Gabitril® (Cephalon-F: IT)
Gabitril® (Lafon: LU)
Gabitril® (Sanofi-Aventis: PL)
Gabitril® (Sanofi-Synthelabo: BE)

– hydrochloride:
CAS-Nr.: 0145821-59-6
OS: *Tiagabine Hydrochloride BANM, USAN*

IS: *Abbott 70569 (Abbott, USA)*
IS: *ABT 569 (Abbott, USA)*
PH: Tiagabine Hydrochloride USP 30

Gabitril® (Cephalon: DE, DK, FI, FR, GB, US)
Gabitril® (Globopharm: CH)
Gabitril® (ITF: PT)
Gabitril® (Mayne: AU)
Gabitril® (Sanofi-Synthelabo: ES, GR)
Gabitril® (Torrex: CZ, HU, SI)

Tiamulin (Rec.INN)

L: Tiamulinum
D: Tiamulin
F: Tiamuline
S: Tiamulina

Antiinfective agent, antibacterial agent
Antiprotozoal agent

ATCvet: QJ01XX92
CAS-Nr.: 0055297-95-5 C_{28}-H_{47}-N-O_4-S
M_r 493.754

Acetic acid, [[2-(diethylamino)ethyl]thio]-, 6-ethenyldecahydro-5-hydroxy-4,6,9,10-tetramethyl-1-oxo-3a,9-propano-3aH-cyclopentacycloocten-8-yl ester, [3aS

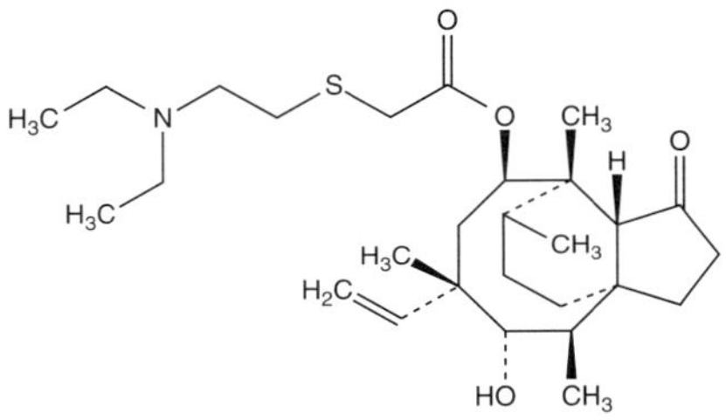

OS: *Tiamulin [BAN, USAN]*
IS: *SQ 14055*
PH: Tiamulin for veterinary use [Ph. Eur. 5]
PH: Tiamulinum ad usum veterinarium [Ph. Eur. 5]
PH: Tiamulin [USP 30]

Colindox® [vet.] (Doxal: IT)
Thiamil® [vet.] (Intervet: IT)
Tiamulina® [vet.] (Doxal: IT)
Tiamutin® [vet.] (Biokema: CH)
Tiamutin® [vet.] (Novartis Tiergesundheit: CH, DE)
Tiamutin® [vet.] (Sandoz: AT)
Tyamulex® [vet.] (Tre I: IT)
Tyclo® [vet.] (Lilly: IT)
Tylosin® [vet.] (Chemifarma: IT)

– fumarate:

CAS-Nr.: 0055297-96-6
OS: *Tiamulin Fumarate BANM, USAN*
IS: *81723 hfu*
IS: *SQ 22947 (Squibb, USA)*
PH: Tiamulini hydrogenofumaras ad usum veterinarium Ph. Eur. 5
PH: Tiamulin hydrogen fumarate for veterinary use Ph. Eur. 5
PH: Tiamulin fumarate USP 30

Belga Tai® [vet.] (H.J.M.: NL)
Denagard® [vet.] (Novartis Santé Animale: FR)
Dynamutilin® (Adisseo: AU)
Dynamutilin® [vet.] (Adisseo: AU)
Dynamutilin® [vet.] (PCL: NZ)
Santamix Tiamuline® [vet.] (Santamix: FR)
Sintomutylin® [vet.] (Sintofarm: IT)
Tiaclor® [vet.] (Ceva: IT)
Tialin® [vet.] (Eurovet: NL)
Tiamix® [vet.] (Chemifarma: IT)
Tiamulina® [vet.] (Ceva: IT)
Tiamulina® [vet.] (Chemifarma: IT)
Tiamulina® [vet.] (Nuova ICC: IT)
Tiamulina® [vet.] (Sintofarm: IT)
Tiamulina® [vet.] (Tre I: IT)
Tiamulin® [vet.] (Animedic: DE)
Tiamulin® [vet.] (Bioptive: DE)
Tiamulin® [vet.] (Lienert: AU)
Tiamupharm® [vet.] (Bomac: AU)
Tiamusol® [vet.] (Eurovet: NL)
Tiamutine® [vet.] (Novartis: NO)
Tiamutin® [vet.] (Bioptive: DE)
Tiamutin® [vet.] (Leo: GB, IE)
Tiamutin® [vet.] (Lienert: AU)
Tiamutin® [vet.] (Novartis: NL)
Tiamutin® [vet.] (Novartis Animal Health: PT, ZA)
Tiamutin® [vet.] (Novartis Tiergesundheit: CH, DE)
Tiamutin® [vet.] (Novartis Veterinärmedicin: SE)
Tiamutin® [vet.] (Orion: FI)
Tiamutin® [vet.] (Sandoz: AT)
Tiamutin® [vet.] (Vetem: IT)
Tiamuval® [vet.] (Sogeval: FR)
Tiamvet® [vet.] (Ceva: FR, IT)
Tiasol® [vet.] (Eurovet: NL)
Tyagel® [vet.] (Nuova ICC: IT)
Ursomutin® [vet.] (Serumber: DE)
Vetamulin® [vet.] (Vetlima: PT)

Tianeptine (Rec.INN)

L: Tianeptinum
D: Tianeptin
F: Tianeptine
S: Tianeptina

Antidepressant, tricyclic

ATC: N06AX14
CAS-Nr.: 0066981-73-5 C_{21}-H_{25}-Cl-N_2-O_4-S
M_r 436.961

Heptanoic acid, 7-[(3-chloro-6,11-dihydro-6-methyldibenzo[c,f][1,2]thiazepin-11-yl)amino]-, S,S-dioxide

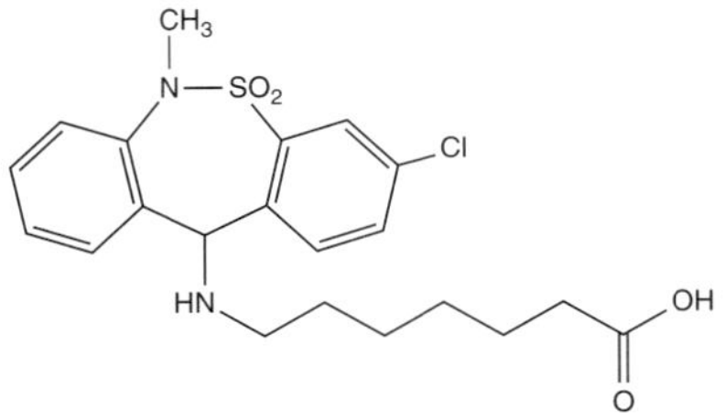

OS: *Tianeptine [DCF]*

Coaxil® (Servier: HR, RU, SI)
Stablon® (Serdia: IN)
Stablon® (Servier: BR, ID, LU, MY, TH, VN)
Tatinol® (Servier: CN)

T

- **sodium salt:**

IS: *S 1574*
PH: Tianeptine sodium Ph. Eur. 5, BP 2003
PH: Tianeptinum natricum Ph. Eur. 5

Coaxil® (Servier: CZ, HU, PL, RO, RS)
Stablon® (Ardix: FR)
Stablon® (Servier: AE, AN, AN, AR, AT, AW, BB, BH, BM, BS, BZ, CR, DO, EG, GD, GT, GY, HN, IQ, JM, JO, KW, KY, LB, LC, MT, NI, OM, PA, PH, PT, QA, SA, SG, SV, SY, TR, TT, VC, YE)

Tiapride (Rec.INN)

L: Tiapridum
I: Tiapride
D: Tiaprid
F: Tiapride
S: Tiaprida

Neuroleptic

ATC: N05AL03
CAS-Nr.: 0051012-32-9 C_{15}-H_{24}-N_2-O_4-S
M_r 328.437

Benzamide, N-[2-(diethylamino)ethyl]-2-methoxy-5-(methylsulfonyl)-

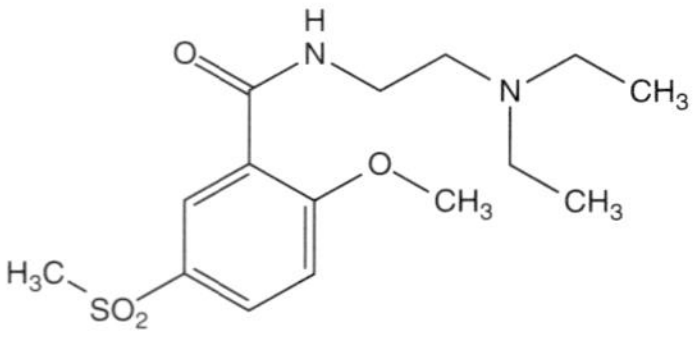

OS: *Tiapride [BAN, DCF, DCIT]*
IS: *Mesulpridum*

Tiapridal® (Sanofi-Aventis: NL)
Tiapridal® (Sanofi-Synthelabo: BR, GR, LU)
Tiapride® (Remedica: CY)

- **hydrochloride:**

CAS-Nr.: 0051012-33-0
OS: *Tiapride Hydrochloride BANM, JAN*
IS: *FLO 1347*
PH: Tiapride Hydrochloride Ph. Eur. 5
PH: Tiapridi hydrochloridum Ph. Eur. 5
PH: Tiapridhydrochlorid Ph. Eur. 5
PH: Tiapride (chlorhydrate de) Ph. Eur. 5

Betaprid® (Jacobsen: NL)
Delpral® (Sanofi-Synthelabo: AT)
Doparid® (Rafa: IL)
Elbaprid® (Jacobsen: NL)
Gramalil® (Fujisawa: JP)
Italprid® (Teofarma: IT)
Sereprid® (Labomed: CL)
Sereprile® (Sanofi-Aventis: IT)
Tiacob® (Jacobsen: NL)
Tiajac® (Jacobsen: NL)
Tiapra® (Zentiva: CZ)
Tiaprid 1A Pharma® (1A Pharma: DE)
Tiaprid AbZ® (AbZ: DE)
Tiaprid AL® (Aliud: DE)
Tiaprid AWD® (AWD: DE)
Tiaprid Hexal® (Hexal: DE)
Tiaprid Sandoz® (Sandoz: DE)
Tiaprid Stada® (Stada: DE)
Tiaprid Winthrop® (Winthrop: DE)
Tiaprid-biomo® (biomo: DE)
Tiaprid-CT® (CT: DE)
Tiaprid-Isis® (Isis: DE)
Tiaprid-neuraxpharm® (neuraxpharm: DE)
Tiaprid-ratiopharm® (ratiopharm: DE)
Tiapridal® (Euro: NL)
Tiapridal® (Sanofi-Aventis: BE, CH, FR, HU, PL, RO)
Tiapridal® (Sanofi-Synthelabo: CO, CR, CZ, DO, GT, HN, NI, NL, PA, PT, SV)
Tiapride AWD® (AWD Pharma: NL)
Tiapride Hexal® (Hexal: NL)
Tiapride Jacobsen Pharma® (Jacobsen: NL)
Tiapride Merck® (Merck Génériques: FR)
Tiapride Panpharma® (Panpharma: FR)
Tiapride Ratiopharm® (Ratiopharm: NL)
Tiapride Sandoz® (Sandoz: FR)
Tiapride Stada® (Stada: NL)
Tiapridex® (Sanofi-Aventis: DE)
Tiaprizal® (Sanofi-Synthelabo: ES)
Tiazet® (Ratiopharm: NL)

Tiaprofenic Acid (Rec.INN)

L: Acidum tiaprofenicum
I: Acido tiaprofenico
D: Tiaprofensäure
F: Acide tiaprofénique
S: Acido tiaprofenico

Antiinflammatory agent
Analgesic
Antipyretic

ATC: M01AE11
CAS-Nr.: 0033005-95-7 C_{14}-H_{12}-O_3-S
M_r 260.31

2-Thiopheneacetic acid, 5-benzoyl-α-methyl-

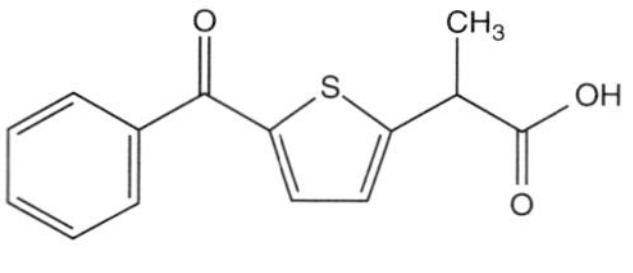

OS: *Acide tiaprofénique [DCF]*
OS: *Tiaprofenic Acid [BAN, JAN]*
OS: *Acido tiaprofenico [DCIT]*
IS: *FC 3001*
IS: *RU 15060 (Roussel-Uclaf, France)*
PH: Tiaprofenic Acid [Ph. Eur. 5]
PH: Acidum tiaprofenicum [Ph. Eur. 5]
PH: Acide tiaprofénique [Ph. Eur. 5]
PH: Tiaprofensäure [Ph. Eur. 5]

Acide tiaprofénique EG® (EG Labo: FR)
Acide tiaprofénique Irex® (Winthrop: FR)
Acide tiaprofénique Ivax® (Ivax: FR)
Acide tiaprofénique Winthrop® (Winthrop: FR)
Apo-Tiaprofenic® (Apotex: CA)
Fengam® (Pharmasant: TH)
Flanid® (PF: LU)
Flanid® (Pierre Fabre: FR)
Novo-Tiaprofenic® (Novopharm: CA)
Surgamyl® (Aventis: DK)

Surgamyl® (Sanofi-Aventis: FI)
Surgamyl® (Scharper: IT)
Surgam® (Aventis: AU, EC, NZ, PE, TH)
Surgam® (Aventis Pharma: ID)
Surgam® (Grünenthal: FR)
Surgam® (Roussel: VN)
Surgam® (Sanofi-Aventis: BF, BJ, CA, CF, CG, CI, CM, DE, GA, GB, GN, HU, MG, ML, MR, MU, MX, NE, NL, PL, PT, SN, TD, TG, TR, ZR)
Surgam® (Tramedico: BE)
Surgam® (Zentiva: CZ)
Tiaprofenic Acid® (Alpharma: GB)
Turganil® (Jugoremedija: RS)

Tiaprost (Rec.INN)

L: Tiaprostum
D: Tiaprost
F: Tiaprost
S: Tiaprost

Prostaglandin

CAS-Nr.: 0071116-82-0 C_{20}-H_{28}-O_6-S
M_r 396.504

(±)-(*Z*)-7-[(1*R**,2*R**,3*R**,5*S**)-3,5-Dihydroxy-2-[(*E*)-(3*R***S**)-3-hydroxy-4-(3-thienyloxy)-1-butenyl]cyclopentyl]-5-heptenoic acid

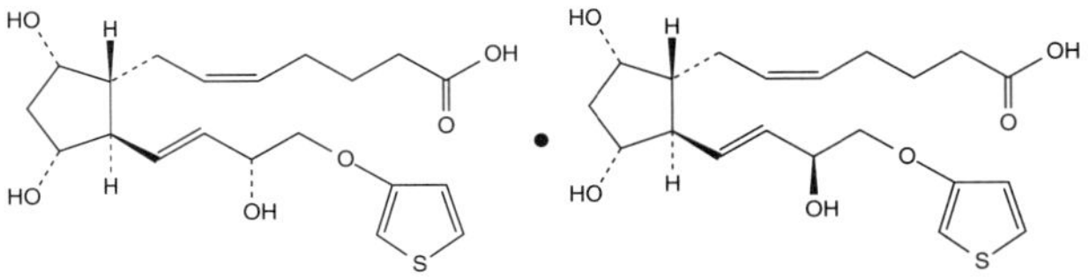

OS: *Tiaprost [BAN]*

Iliren® [vet.] (Hoechst Animal Health: BE)
Iliren® [vet.] (Intervet: GB)
Iliren® [vet.] (Provet: CH)

– tromethamine:

IS: *Tiaprost trometamol*

Iliren® [vet.] (Intervet: AT, DE)
Iliren® [vet.] (Veterinaria: CH)

Tiaramide (Rec.INN)

L: Tiaramidum
D: Tiaramid
F: Tiaramide
S: Tiaramida

Antiinflammatory agent
Analgesic

CAS-Nr.: 0032527-55-2 C_{15}-H_{18}-Cl-N_3-O_3-S
M_r 355.849

1-Piperazineethanol, 4-[(5-chloro-2-oxo-3(2H)-benzothiazolyl)acetyl]-

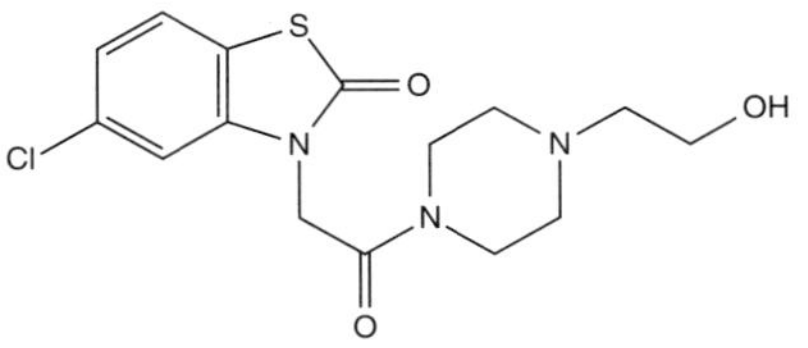

OS: *Tiaramide [BAN]*
IS: *USV 2592 (USV, USA)*

– hydrochloride:

CAS-Nr.: 0035941-71-0
OS: *Tiaramide Hydrochloride JAN, USAN*
IS: *NTA-194 (Fujisawa, Japan)*
IS: *FK 1160*
PH: Tiaramide Hydrochloride JP XIV

Solantal® (Fujisawa: JP)

Tibezonium Iodide (Rec.INN)

L: Tibezonii Iodidum
I: Tibezonio ioduro
D: Tibezonium iodid
F: Iodure de Tibézonium
S: Ioduro de tibezonio

Antiinfective agent

ATC: A01AB15
CAS-Nr.: 0054663-47-7 C_{28}-H_{32}-I-N_3-S_2
M_r 601.614

Ethanaminium, N,N-diethyl-N-methyl-2-[[4-[4-(phenylthio)phenyl]-3H-1,5-benzodiazepin-2-yl]thio]-, iodide

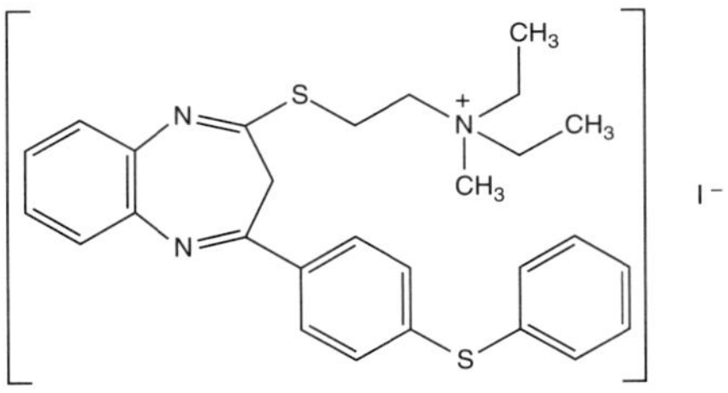

OS: *Tibezonio ioduro [DCIT]*
IS: *Rec 15/0691*
IS: *Thiabenzazonium iodide*

Antoral® (Recordati: IT)
Maxius® (OM: PT)

T

Tibolone (Rec.INN)

L: Tibolonum
I: Tibolone
D: Tibolon
F: Tibolone
S: Tibolona

⚕ Anabolic

⚕ Antineoplastic agent

ATC: G03DC05
CAS-Nr.: 0005630-53-5 C_{21}-H_{28}-O_2
M_r 312.455

19-Norpregn-5(10)-en-20-yn-3-one, 17-hydroxy-7-methyl-, (7α,17α)-

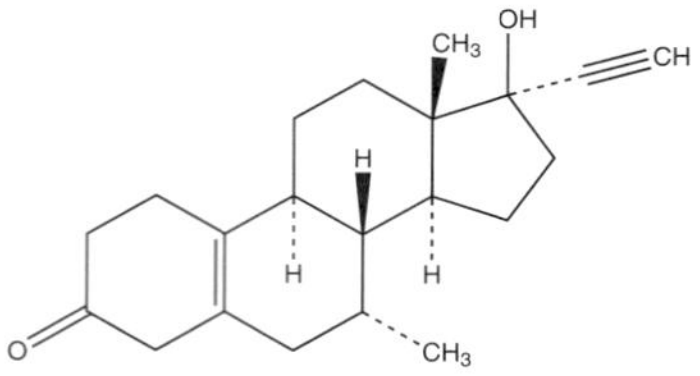

OS: *Tibolone [BAN, DCF, USAN]*
IS: *Org OD 14*
PH: Tibolone [Ph. Eur. 5]

Boltin® (Organon: ES)
Climafem® (Andromaco: CL)
Climatix® (Investi: AR)
Discretal® (Beta: AR)
Libiam® (Libbs: BR)
Lirex® (Silesia: CL)
Livial® (Alpe: SI)
Livial® (Delphi: NL)
Livial® (Dr. Fisher: NL)
Livial® (EU-Pharma: NL)
Livial® (Euro: NL)
Livial® (Nedpharma: NL)
Livial® (Organon: AE, AT, AU, BD, BE, BH, BR, CH, CL, CN, CO, CR, CY, CZ, DK, EG, FI, FR, GB, GR, HK, HN, HR, HU, ID, IE, IL, IN, IQ, IR, IS, IT, JO, KW, LB, LU, LY, MX, NI, NL, NO, OM, PE, PH, PL, QA, RS, SA, SD, SE, SG, SY, TH, TR, VN, YE)
Livial® (Salus: SI)
Liviella® (Organon: DE)
Liviel® (Organon: AT)
Livifem® (Donmed: ZA)
Menorest® (Renata: BD)
Paraclim® (Elea: AR)
Pauxa® (Fluter: DO)
Plenovid® (Tecnofarma: CL)
Reduclim® (Farmoquimica: BR)
Senalina® (Omega: AR)
Tiboclim® (Panalab: AR)
Tibofem® (Organon: AR)
Tibolona® (Monte: AR)
Tibolon® (EU-Pharma: NL)
Tibolon® (Organon: NL)
Tibomax® (Zydus: IN)
Tibonella® (Chalver: CO)
Tibone® (Techno: BD)
Tinox® (Gynopharm: CL)
Tinox® (Pharmalab: PE)
Tirovarina® (Biol: AR)
Tobe® (Chile: CL)
Tocline® (Rontag: AR)
Ubilon® (Incepta: BD)
Uterone® (Jagson Pal: IN)

Ticarcillin (Rec.INN)

L: Ticarcillinum
I: Ticarcillina
D: Ticarcillin
F: Ticarcilline
S: Ticarcilina

⚕ Antibiotic, penicillin, broad-spectrum

ATC: J01CA13
CAS-Nr.: 0034787-01-4 C_{15}-H_{16}-N_2-O_6-S_2
M_r 384.433

4-Thia-1-azabicyclo[3.2.0]heptane-2-carboxylic acid, 6-[(carboxy-3-thienylacetyl)amino]-3,3-dimethyl-7-oxo-, [2S-[2α,5α,6β(S*)]]-

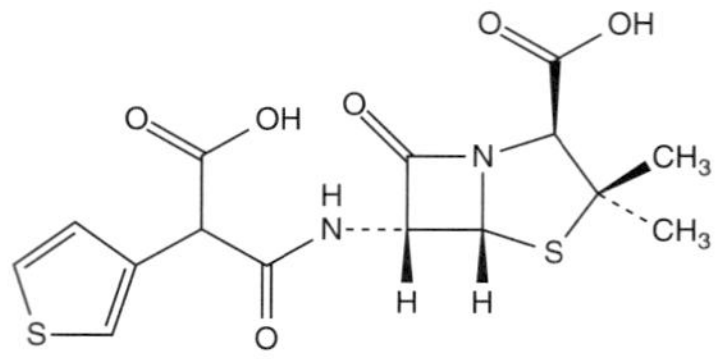

OS: *Ticarcillin [BAN]*
OS: *Ticarcilline [DCF]*
OS: *Ticarcillina [DCIT]*

Ticillin® [vet.] (Pfizer: US)

– disodium salt:

CAS-Nr.: 0004697-14-7
OS: *Ticarcillin Disodium USAN*
OS: *Ticarcillin Sodium BANM, JAN*
IS: *BRL 2288 (Beecham, USA)*
PH: Ticarcillin Disodium USP 30
PH: Ticarcillin Sodium Ph. Eur. 5, JP XIV
PH: Ticarcillinum natricum Ph. Eur. 5
PH: Ticarcilline sodique Ph. Eur. 5
PH: Ticarcillin-Natrium Ph. Eur. 5

Claventin® [+ Clavulanic Acid potassium salt] (GlaxoSmithKline: FR)
Ticarpen® (GlaxoSmithKline: FR, NL)
Ticarpen® (SmithKline Beecham: ES)
Ticar® (GlaxoSmithKline Pharm.: US)
Timenten® [+ Clavulanic Acid potassium salt] (SmithKline Beecham: AT, BR)
Timentin® [+ Clavulanic Acid potassium salt] (GlaxoSmithKline: AE, AU, BE, BH, BR, CA, CR, CZ, DO, GB, GR, GT, HK, HN, IL, IN, IR, IT, KW, LK, LU, NI, NL, NZ, OM, PA, PL, QA, RO, RU, SV, US)

Ticlopidine (Rec.INN)

L: **Ticlopidinum**
I: **Ticlopidina**
D: **Ticlopidin**
F: **Ticlopidine**
S: **Ticlopidina**

Anticoagulant, platelet aggregation inhibitor

ATC: B01AC05
CAS-Nr.: 0055142-85-3 C_{14}-H_{14}-Cl-N-S
M_r 263.786

Thieno[3,2-c]pyridine, 5-[(2-chlorophenyl)methyl]-4,5,6,7-tetrahydro-

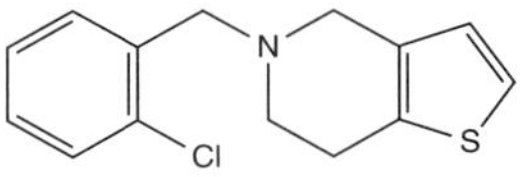

OS: *Ticlopidine [BAN, DCF]*
OS: *Ticlopidina [DCIT]*
IS: *4-C-32*

Cenpidine® (Pharmasant: TH)
Iapton® (Egis: RO)
Ticlodin® (Helcor: RO)
Ticlopididna Ciclum® (Ciclum: PT)
Ticlopidin-Puren® (Alpharma: DE)
Ticlopidina Genfar® (Genfar: CO)
Ticloter® (Terapia: RO)

– hydrochloride:

CAS-Nr.: 0053885-35-1
OS: *Ticlopidine Hydrochloride BANM, JAN, USAN*
IS: *53-32 C*
PH: Ticlopidine (chlorhydrate de) Ph. Eur. 5
PH: Ticlopidini hydrochloridum Ph. Eur. 5
PH: Ticlopidinhydrochlorid Ph. Eur. 5
PH: Ticlopidine Hydrochloride Ph. Eur. 5, JP XIV

Aclotin® (ICN: CZ, PL)
Aclotin® (Valeant: HU)
Agretik® (Biokem: TR)
Agulan® (Darya-Varia: ID)
Anghostan-100® (Biostam: GR)
Antigreg® (Piam: IT)
Antigreg® (Vecchi Piam: SG)
Antiplak® (Ethical: DO)
Aplaket® (Delta: PT)
Aplaket® (Rotta: HK, MY, SG)
Aplaket® (Rotta Pharmaceuticals: CR, GT, HN, PA, SV, TH)
Aplaket® (Rottapharm: CZ, IT)
Aplatic® (ratiopharm: HU)
Apo-Clodin® (Apotex: PL)
Apo-Ticlopidine® (Apotex: CA)
Apo-Tic® (Apotex: CZ)
Cartrilet® (Fahrenheit: ID)
Chiaro® (Mediolanum: IT)
Cloridrato de Ticlopidina® (Biosintética: BR)
Cloridrato de Ticlopidina® (Merck: BR)
Clox® (Caber: IT)
Desitic® (Declimed: DE)
Dosier® (Casasco: AR)
Etfariol® (Vilco: GR)
Fluilast® (Boniscontro & Gazzone: IT)
Flupid® (Damor: IT)
Fluxidin® (Epifarma: IT)
Gen-Ticlopidine® (Genpharm: CA)
Goclid® (Guardian: ID)
Iclopid® (Polfa Pabianice: PL)
Ifapidin® (Anpharm: PL)
Ipaton® (Egis: CZ, HU, RO)
Klodin® (Savio: IT)
Lipozil® (LAM: DO)
Neo Fulvigal® (Anfarm: GR)
Neo-Omnipen® (Norma: GR)
Novo-Ticlopidine® (Novopharm: CA)
Nu-Ticlopidine® (Nu-Pharm: CA)
Nufaclapide® (Nufarindo: ID)
Opteron® (GiEnne: IT)
Panaldine® (Daiichi: JP)
Piclodin® (Pharos: ID)
Plaquetal® (Menarini: PT)
Plaquetil® (Rider: CL)
Ruxicolan® (Rafarm: GR)
Sandoz Ticlopidine® (Sandoz: CA)
Siclot® (Siam Bheasach: TH)
Tagren® (Krka: CZ, HR, SI)
Thrombodine® (Lannacher: AT)
Ticard® (Sanbe: ID)
Ticdine® (Fascino: TH)
Ticlid® (Roche: AU, CA, NZ, US)
Ticlid® (Sanofi-Aventis: AR, BE, CL, FR, HK, HU, MY, NO, PL, RO, SE, SG, TR)
Ticlid® (Sanofi-Synthelabo: BR, CO, CR, CZ, DO, EC, GR, GT, HN, ID, IS, LU, NI, PA, PE, PH, SV, TH)
Ticlid® (Syntex: MX)
Ticlobal® (Baldacci: BR)
Ticlocard® (Koçak: TR)
Ticlodix® (Hemofarm: RS)
Ticlodix® (Vitoria: PT)
Ticlodone® (Almirall: ES)
Ticlodone® (Gerolymatos: GR)
Ticlodone® (Sanofi-Synthelabo: AT)
Ticlodone® (Sigma Tau: IT)
Ticlon® (Interbat: ID)
Ticlopidin AL® (Aliud: DE)
Ticlopidin beta® (betapharm: DE)
Ticlopidin Hexal® (Hexal: DE)
Ticlopidin Ratiopharm® (Ratiopharm: AT, BE, CZ)
Ticlopidin Ratiopharm® (ratiopharm: DE)
Ticlopidin Sandoz® (Sandoz: DE)
Ticlopidin Stada® (Stadapharm: DE)
ticlopidin von ct® (CT: DE)
Ticlopidin-neuraxpharm® (neuraxpharm: DE)
Ticlopidina Alter® (Alter: ES, IT, PT)
Ticlopidina Angenerico® (Angenerico: IT)
Ticlopidina Bexal® (Bexal: PT)
Ticlopidina BIG® (Benedetti: IT)
Ticlopidina Ciclum® (Ciclum: PT)
Ticlopidina Cinfa® (Cinfa: ES)
Ticlopidina DOC® (DOC Generici: IT)
Ticlopidina Dorom® (Dorom: IT)
Ticlopidina EG® (EG: IT)
Ticlopidina Farmoz® (Farmoz: PT)
Ticlopidina Generis® (Generis: PT)
Ticlopidina Hexal® (Hexal: IT)
Ticlopidina Jet® (Jet: IT)
Ticlopidina Labesfal® (Labesfal: PT)
Ticlopidina Merck® (Merck: ES)
Ticlopidina Merck® (Merck Generics: IT)

Ticlopidina Merck® (Merck Genéricos: PT)
Ticlopidina Movin® (Neo-Farmacêutica: PT)
Ticlopidina Normon® (Normon: CR, ES, GT, HN, NI, PA, SV)
Ticlopidina Pliva® (Pliva: IT)
Ticlopidina Quesada® (Quesada: AR)
Ticlopidina Ranbaxy® (Ranbaxy: ES)
Ticlopidina Ratiopharm® (Ratiopharm: ES, PT)
Ticlopidina RK® (Errekappa: IT)
Ticlopidina Rubio® (Rubio: ES)
Ticlopidina Sandoz® (Sandoz: IT)
Ticlopidina Stada® (Stada: ES)
Ticlopidina Tad® (TAD: IT)
Ticlopidina Teva® (Teva: ES, IT)
Ticlopidina Ticlopat® (Biosaúde: PT)
Ticlopidina Trombopat® (Pentafarma: PT)
Ticlopidina Union Health® (Union Health: IT)
Ticlopidina Ur® (Cantabria: ES)
Ticlopidina-ratiopharm® (Ratiopharm: IT)
Ticlopidina® (Benedetti: IT)
Ticlopidina® (EG: IT)
Ticlopidina® (Kope Trading: PE)
Ticlopidina® (Pliva: IT)
Ticlopidine Chinoin® (Sanofi-Aventis: HU)
Ticlopidine EG® (Eurogenerics: BE)
Ticlopidine Hexal® (Hexal: AU)
Ticlopidine Merck® (Merck Génériques: FR)
Ticlopidine Poli® (Monsanto: PL)
Ticlopidine Poli® (Poli: RO)
Ticlopidine Teva® (Teva: BE, IL)
Ticlopid® (Drug International: BD)
Ticlopid® (Heimdall: CO)
Ticlopine® (Umeda: TH)
Ticlop® (Zydus: IN)
Ticlosyn® (Synthesis: CO, DO)
Ticlovas® (USV: LK)
Ticlo® (Greater Pharma: TH)
Ticlo® (Schwarz: PL, RU)
Ticuring® (Lapi: ID)
Tikleen® (Ipca: IN)
Tiklid® (Eurim: AT)
Tiklid® (Paranova: AT)
Tiklid® (Sanofi-Aventis: ES, IT)
Tiklid® (Sanofi-Synthelabo: AT)
Tiklyd® (Sanofi-Synthelabo: DE, PT)
Tikol® (Eurodrug: TH)
Tilodene® (Alphapharm: AU)
Tilopin® (Unison: TH)
Tiodin® (TO Chemicals: SG)
Tipidine® (Seven Stars: TH)
Tipidin® (DHA: SG)
Trombenal® (Bagó: AR)
Tyklid® (Sanofi Torrent: IN)
Viladil® (Berlin: TH)

Tiemonium Iodide (Rec.INN)

L: Tiemonii Iodidum
I: Tiemonio ioduro
D: Tiemonium iodid
F: Iodure de Tiémonium
S: Ioduro de tiemonio

Antispasmodic agent
Parasympatholytic agent
Anticholinergic

ATC: A03AB17,A03DA07
ATCvet: QA03AB17
CAS-Nr.: 0000144-12-7 C_{18}-H_{24}-I-N-O_2-S
M_r 445.36

Morpholinium, 4-[3-hydroxy-3-phenyl-3-(2-thienyl)propyl]-4-methyl-, iodide

4-(3-Hydroxy-3-phenyl-3-(2-thienyl)propyl)-4-methyl-morpholinium iodide WHO

1-alpha-Thienyl-1-phenyl-3-N-methylmorpholinium 1-propanol iodide

(RS)-4-[3-Hydroxy-3-phenyl-3-(2-thienyl)propyl]-4-methylmorpholinium iodid IUPAC

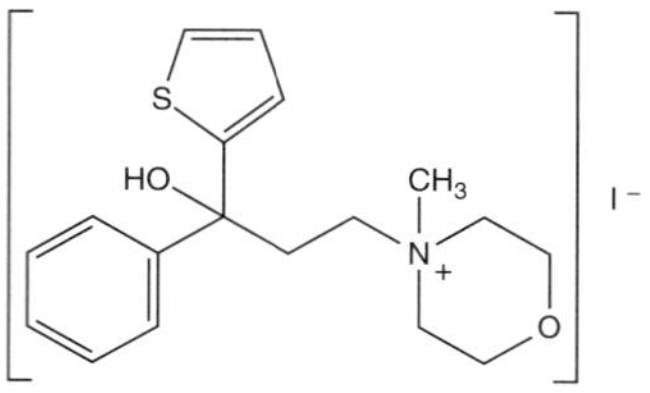

OS: *Tiemonium [DCF]*
OS: *Tiemonium Iodide [BAN, USAN, JAN]*
OS: *Tiemonio ioduro [DCIT]*
IS: *CERFA 114*
IS: *TE 114*
IS: *114 C.E.*
IS: *EINECS 205-616-5*

Spasmodol® [vet.] (Novartis Santé Animale: FR)
Visceralgine® (Exel: LU)

Tiemonium Methylsulfate

D: Tiemonium mesilat
S: Tiemonio, metilsulfato de

Antispasmodic agent
Parasympatholytic agent

CAS-Nr.: 0006504-57-0

C_{18}-H_{24}-N-O_2-S.C-H_3-O_4-S
M_r 429.6

4-[3-Hydroxy-3-phenyl-3-(2-thienyl)propyl]-4-methylmorpholinium methyl sulfat IUPAC

4-(3-Hydroxy-3-phenyl-3-(2-thienyl)propyl)-4-methylmorpholinium methyl sulphate

4-(3-Hydroxy-3-phenyl-3-(2-thienyl)propyl)-4-methylmorpholinium, methyl sulfate (salt)

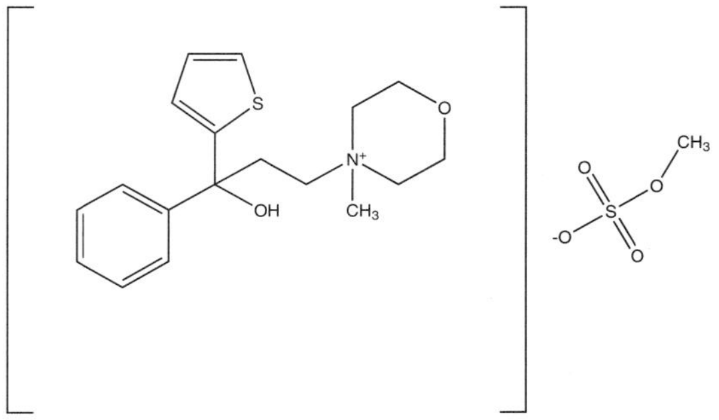

IS: *EINECS 229-386-0*
IS: *FARD 100 (I)*
IS: *Tiemonium metilsulfat*

Algin® (Renata: BD)
Onium® (Orion: BD)
Timem® (Silva: BD)
Timonal® (Saidal: DZ)
Veralgin® (Aristopharma: BD)
Veset® (Healthcare: BD)
Visceralgine® [Tbl., Sirup] (Organon: BD, ID)
Viscéralgine® [Tbl.] (Organon: FR)

Tigecycline (Rec.INN)

L: Tigecyclinum
D: Tigecycline
F: Tigecycline
S: Tigeciclina

Antibiotic
Antibiotic, tetracycline
Bacterial protein synthesis inhibitor

ATC: J01AA12
ATCvet: QJ01AA12
CAS-Nr.: 0220620-09-7 C_{29}-H_{39}-N_5-O_8
M_r 585.65

(4S,4aS,5aR,12aS)-4,7-bis(dimethylamino)-9-[[[(1,1-dimethylethyl)amino]acetyl]amino]-3,10,12,12a-tetrahydroxy-1,11-dioxo-1,4,4a,5,5a,6,11,12a-octahydrotetracene-2-carboxamide (WHO)

(4S,4aS,5aR,12aS)-4,7-bis(dimethylamino)-9-[(tert-butylamino)acetamido]-3,10,12,12a-tetrahydroxy-1,11-dioxo-1,4,4a,5,5a,6,11,12a-octahydronaphthacen-2-carboxamid (IUPAC)

2-Naphthacenecarboxamide, 4,7,bis(dimethylamino)-9-[[[(1,1-dimethylethyl)amino]acetyl]amino]-1,4,4a,5,5a,6,11,12a-octahydro-3,10,12,12a-tetrahxdroxy-1,11-dioxo-, (4S,4aS,5aR,12aS)- (USAN)

9-(N-tert-Butylglycylamido)-6-demethyl-6-deoxy-7-(dimethylamino)tetracycline

(4S,4aS,5aR,12aS)-9-(N-tert-Butyl-glycylamino)-4,7-bis(dimethylamino)-3,10,12,12a-tetrahydroxy-1,11-dioxo-1,4,4a,5,5a,6,11,12-octahydronaphthacene-2-carboxamide

(4S,4aS,5aR,12aS)-9-(2-(tert-butylamono)acetamido)-4,7-bis(dimethylamino)-1,4,4a,5,5a,6,11,12a-octahydro-3,10,12,12a-tetrahydroxy-1,11-dioxo-2-naphthacenecarboxamide

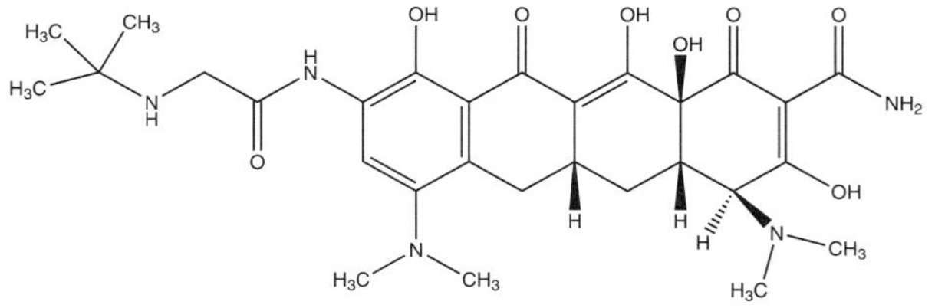

OS: *Tigecycline [USAN]*
IS: *WAY-GAR-936 (Wyeth, US)*
IS: *TBG-MINO*
IS: *GAR-936 (American Home Prod., US)*
IS: *CL-329998*
IS: *CL-331002*
IS: *DMG-DMDOT*
IS: *DMG-MINO*

Tygacil® (Wyeth: DE, DK, ES, FI, FR, GB, MX, NO, PL, SE, US)

Tilactase (Rec.INN)

L: Tilactasum
D: Tilactase
F: Tilactase
S: Tilactasa

Drug for metabolic disease treatment
Enzyme

CAS-Nr.: 0009031-11-2

IS: *Galactosidase,* β-
OS: *Tilactase [JAN]*
PH: Lactase [USP 27]

Deminase® (Fuso: JP)
Galantase® (Mitsubishi: JP)
Lacdigest® (Grogg: CH)
Lacdigest® (Italchimici: IT)
Lactase® (Strathmann: HU)
Lactas® (Dominguez: AR)
Lactyme® (Wakamoto: JP)
Millact® (Shionogi: JP)
Oryzatym® (Yakult: JP)
Silact® (Sofar: IT)
Tilactase Farmoz® (Farmoz: PT)

Tiletamine (Rec.INN)

L: Tiletaminum
D: Tiletamin
F: Tilétamine
S: Tiletamina

Antiepileptic
General anesthetic

CAS-Nr.: 0014176-49-9 C_{12}-H_{17}-N-O-S
M_r 223.338

Cyclohexanone, 2-(ethylamino)-2-(2-thienyl)-

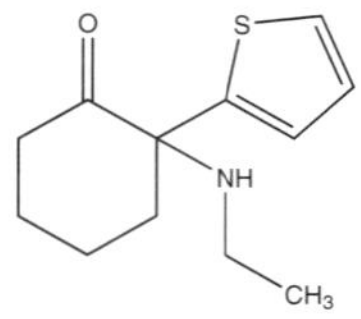

OS: *Tiletamine [BAN]*

- hydrochloride:

OS: *Tiletamine Hydrochloride BANM, USAN*
IS: *CI 634 (Parke Davis)*
PH: Tiletamine Hydrochloride USP 30

Zoletil® [vet.] (Virbac: LU)

Tilidine (Prop.INN)

L: Tilidinum
I: Tilidina
D: Tilidin
F: Tilidine
S: Tilidina

Opioid analgesic

ATC: N02AX01
CAS-Nr.: 0020380-58-9 C_{17}-H_{23}-N-O_2
M_r 273.381

3-Cyclohexene-1-carboxylic acid, 2-(dimethylamino)-1-phenyl-, ethyl ester, trans-(±)-

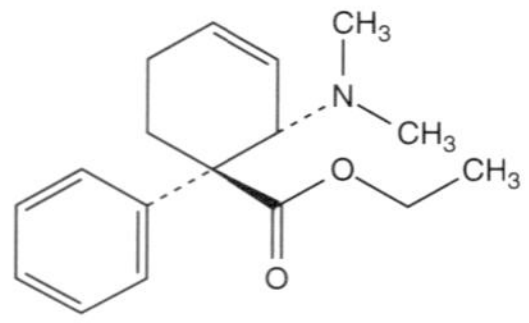

OS: *Tilidate [BAN]*
OS: *Tilidina [DCIT]*
IS: *Gö 1261 C (Gödecke)*
IS: *W 5759 A*

- hydrochloride:

CAS-Nr.: 0027107-79-5
OS: *Tilidine Hydrochloride USAN*

Valoron® (Hemofarm: RS)
Valoron® (Pfizer: LU, ZA)

- hydrochloride hemihydrate:

CAS-Nr.: 0027107-79-5
PH: Tilidine hydrochloride hemihydrate Ph. Eur. 5
PH: Tilidini hydrochloridum hemihydricum Ph. Eur. 5

Tilidin Gödecke® (Gödecke: DE)
Valoron® (Ivax: CZ)
Valoron® (Pfizer: CH, ZA)

Tilisolol (Rec.INN)

L: Tilisololum
D: Tilisolol
F: Tilisolol
S: Tilisolol

β-Adrenergic blocking agent

CAS-Nr.: 0085136-71-6 C_{17}-H_{24}-N_2-O_3
M_r 304.399

(±)-4-[3-(tert-Butylamino)-2-hydroxypropoxy]-2-methylisocarbostyril

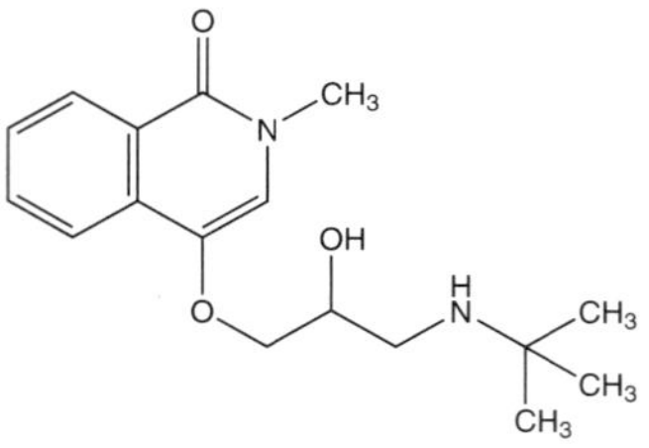

- hydrochloride:

CAS-Nr.: 0062774-96-3
OS: *Tilisolol Hydrochloride JAN*
IS: *N 696 (Nisshin, Japan)*

Daim® (Nisshin: JP)
Selecal® (Toyama: JP)

Tilmicosin (Rec.INN)

L: Tilmicosinum
D: Tilmicosin
F: Tilmicosine
S: Tilmicosina

Antibiotic

CAS-Nr.: 0108050-54-0 C_{46}-H_{80}-N_2-O_{13}
M_r 869.166

Tylosin, 4A-O-de(2,6-dideoxy-3-C-methyl-α-L-ribo-hexopyranosyl)-20-deoxo-20-(3,5-dimethyl-1-piperidinyl)-, 20(cis)-

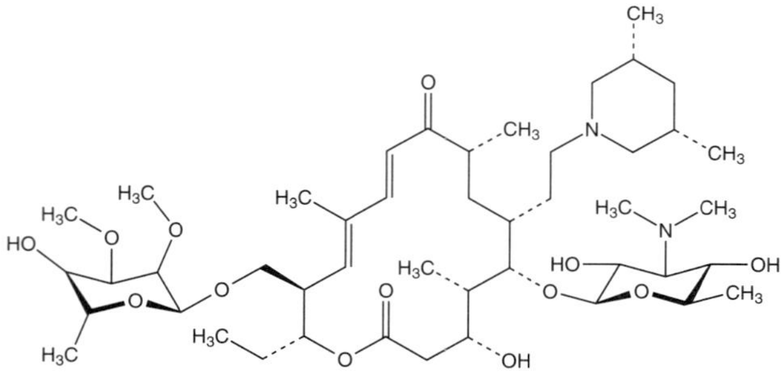

OS: *Tilmicosin [BAN, USAN]*
IS: *EL 870*
IS: *LY 177370 (Lilly, USA)*
PH: Tilmicosin [USP 30]

Micotil® [vet.] (Boehringer Ingelheim Vetmedica: AT)
Micotil® [vet.] (Boehrvet: DE)
Micotil® [vet.] (Elanco: GB, IE, NZ, US, ZA)
Micotil® [vet.] (Lilly: IT, NL, US)
Micotil® [vet.] (Lilly Vet: FR, PT)

Micotil® [vet.] (Provet: CH)
Micotil® [vet.] (Richter: AT)
Pneumotil® [vet.] (Lilly: NL)
Pulmotil® [vet.] (Elanco: AU, GB, US)
Pulmotil® [vet.] (Lilly Vet: FR)
Pulmotil® [vet.] (Selectchemie: CH)

- **phosphate:**

CAS-Nr.: 0137330-13-3
OS: *Tilmicosin Phosphate USAN*
IS: *LY 177370 phosphate (Lylli, USA)*

Micotil® [vet.] (Elanco: AU)
Pulmotil® [vet.] (Animedic: DE)
Pulmotil® [vet.] (Elanco: DE, GB, IE, NZ, ZA)
Pulmotil® [vet.] (Lilly: IT, LU, NL)
Pulmotil® [vet.] (Lilly Vet: FR, PT)
Pulmotil® [vet.] (Richter: AT)
Pulmotil® [vet.] (Selectchemie: CH)
Santamix Tilmicosine® [vet.] (Santamix: FR)

Tiludronic Acid (Rec.INN)

L: Acidum tiludronicum
D: Tiludronsäure
F: Acide tiludronique
S: Acido tiludronico

Calcium regulating agent

ATC: M05BA05
CAS-Nr.: 0089987-06-4 C_7-H_9-Cl-O_6-P_2-S
M_r 318.599

Phosphonic acid, [[(4-chlorophenyl)thio]methylene]bis-

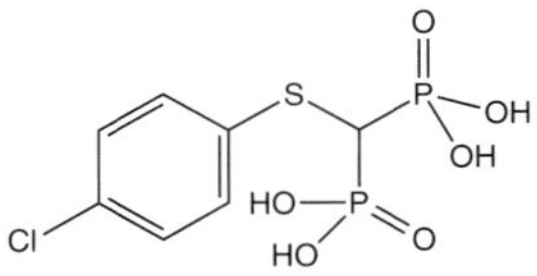

OS: *Tiludronic Acid [BAN]*
OS: *Tiludronique (acide) [DCF]*

- **disodium salt:**

CAS-Nr.: 0149845-07-8
OS: *Tiludronate Disodium USAN*
OS: *Tiludronate Sodium BANM*
IS: *SR 41319B (Sanofi Winthrop, USA)*

Skelid® (Mayne: AU)
Skelid® (Sanofi-Aventis: BE, CH, FR, GB, HU, NL)
Skelid® (Sanofi-Synthelabo: AT, BR, DE, ES, LU)
Tildren® [vet.] (Ceva: AT, FR, LU, NL, NO)
Tildren® [vet.] (Vetem: IT)
Tiludronsäure Sanofi® (Sanofi-Synthelabo: AT)

Timepidium Bromide (Rec.INN)

L: Timepidii Bromidum
D: Timepidium bromid
F: Bromure de Timépidium
S: Bromuro de timepidio

Parasympatholytic agent

ATC: A03AB19
CAS-Nr.: 0035035-05-3 C_{17}-H_{22}-Br-N-O-S_2
M_r 400.393

Piperidinium, 3-(di-2-thienylmethylene)-5-methoxy-1,1-dimethyl-, bromide

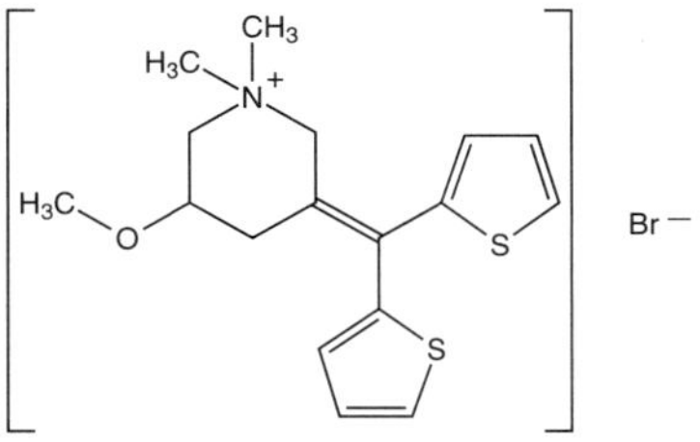

OS: *Timepidium Bromide [JAN]*
IS: *SA 504 (Tanabe, Japan)*
PH: Timepidium Bromide [JP XIV]

Sesden® (Tanabe: ID, JP)
Sesden® (Tanabe Seiyaku: SG)

Timiperone (Rec.INN)

L: Timiperonum
D: Timiperon
F: Timipérone
S: Timiperona

Neuroleptic

CAS-Nr.: 0057648-21-2 C_{22}-H_{24}-F-N_3-O-S
M_r 397.524

1-Butanone, 4-[4-(2,3-dihydro-2-thioxo-1H-benzimidazol-1-yl)-1-piperidinyl]-1-(4-fluorophenyl)-

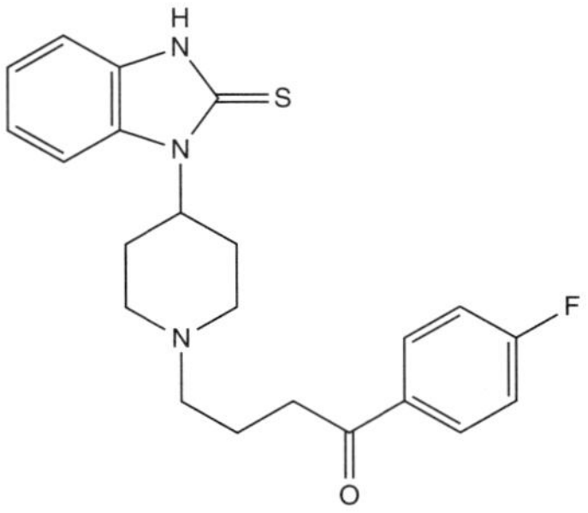

IS: *DD 3480 (Daiichi Seiyaku, Japan)*

Tolopelon® (Daiichi: JP)

Timolol (Rec.INN)

L: Timololum
I: Timololo
D: Timolol
F: Timolol
S: Timolol

⚕ Glaucoma treatment
⚕ β-Adrenergic blocking agent

ATC: C07AA06,S01ED01
CAS-Nr.: 0026839-75-8 C_{13}-H_{24}-N_4-O_3-S
M_r 316.435

2-Propanol, 1-[(1,1-dimethylethyl)amino]-3-[[4-(4-morpholinyl)-1,2,5-thiadiazol-3-yl]oxy]-, (S)-

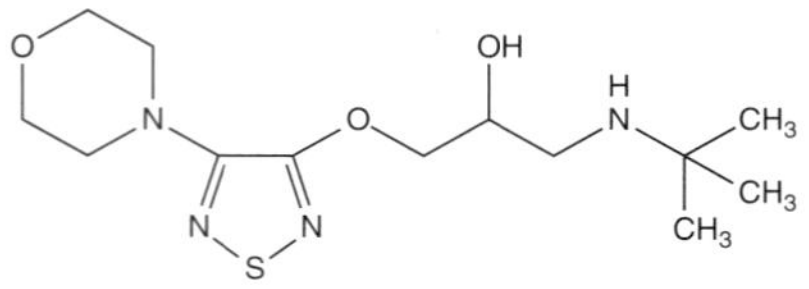

OS: *Timolol [BAN, DCF, USAN]*
OS: *Timololo [DCIT]*

Dispatim® (Novartis: LU)
Dispatim® (Omnivision: LU)
Glaumol® (Galenika: RS)
Nyogel® (Novartis Ophthalmics: IE)
Ocupres® (Cadila: IN)
Poentimol® (Poen: AR)
Timabak® (Teva: LU)
Timabak® (Thea: BE)
Timadren® (Hemomont: RS)
Timalen® (Jadran: BA, HR)
Timo-Pos® (Ursapharm: BE, LU)
Timolat® (Ibn Sina: BD)
Timolol L.CH.® (Chile: CL)
Timolol-Falcon® (Alcon: LU)
Timolol® (Alcon: BE)
Timolol® (Alkaloid: RS)
Timolol® (Chauvin: BE)
Timoptolgel® (Merck Sharp & Dohme: BE, LU)
Unitimolol® (Unimed: RO, RS)

– maleate:

CAS-Nr.: 0026921-17-5
OS: *Timolol Maleate BANM, JAN, USAN*
IS: *MK 950*
PH: Timolol (maléate de) Ph. Eur. 5
PH: Timololhydrogenmaleat Ph. Eur. 5
PH: Timololi maleas Ph. Eur. 5, Ph. Int. 4
PH: Timolol Maleate Ph. Eur. 5, Ph. Int. 4, USP 30

Apo-Timol® (Apotex: CA, NZ)
Apo-Timop® (Apotex: CA, CZ, NZ)
Aquanil® (Omnivision: DK)
Aristomol® (Aristopharma: BD)
Arutimol® (Chauvin: CZ, DE, HU, RO)
Atiglauc® (Biosintex: AR)
Betamolol® (Medifarma: PE)
Betim® (Valeant: GB)
Blocadren Depot® (Merck Sharp & Dohme: IS)
Blocadren Depot® (MSD: NO)
Blocadren® (Merck: US)
Blocadren® (Merck Sharp & Dohme: AT, AU, BE, ES, IS, LU, NL, SE)
Blocadren® (MSD: NO)
Blocadren® (SIT: IT)
Blocanol Depot® (MSD: FI)
Blocanol® (MSD: FI)
Chibro-Timoptol® (Chibret: DE)
Cusimolol® (Alcon: ES, HU, IT, PL)
Digaol® (Ioltech: FR)
Dispatim® (Novartis: AT, DE)
Dispatim® (Omnivision: DE, LU)
Droptimol® (Farmigea: IT)
Fotil® (Santen: IS)
Galuco Oph® (Seng Thai: TH)
Gaoptol® (Europhta: MC)
Gen-Timolol® (Genpharm: CA)
Glafemak® (Alvia: GR)
Glatim® (Amhof: AR)
Glaucopress® (Pharos: ID)
Glaucosan® (Hexal: ZA)
Glaucotensil T® (Roemmers: PE)
Glausolets® (S.M.B. Farma: CL)
Glautimol® (Alcon: BR)
Globitan® (Antibioticos: MX)
Globitan® (Procaps: CO)
Glucomol® (Allergan: IN)
Glymol® (Biopharm: RU)
Huma-Timolol® (Teva: HU)
Ialutim® (Bausch & Lomb: IT)
Imot Ofteno® (Sophia: MX)
Isotic Adretor® (Fahrenheit: ID)
Istalol® (Ista: US)
Kentimol ED® (Darya-Varia: ID)
Klonalol® (Klonal: AR)
Lithimole® (Cooper: GR)
Lolomit® (Quifarmed: CO)
Loptomit® (Thea: NL)
Maleato de Timolol® (Blaskov: CO)
Noval® (Demo: GR)
Novo-Timol® (Novopharm: CA)
Nyogel® (Al Pharm: ZA)
Nyogel® (Novartis: AU, BE, DE, FR, GB, GR, IT, LU, NL, NZ, PT)
Nyolol® (Ciba Vision: BD, BG)
Nyolol® (Europhta: MC)
Nyolol® (Novartis: BD, CH, CL, ES, GR, HU, ID, IL, MX, PT, RO, RU, TH, TR)
Nyolol® (Novartis Ophthalmics: CO, PE, PL, SG, VN)
Nyolol® (Novo Nordisk: SI)
Ocumed® (Promed: RU)
Ocupres-E® (Cadila: RU)
Ofal® (Novartis: AR)
Oftabet® (Roemmers: CO)
Oftamolol® (Alcon: DK)
Oftan Timolol® (Santen: CZ, FI, HU, PL, RU, TH)
Oftan® (Santen: NO)
Oftensin® (Polpharma: CZ, PL)
Oftimolo® (Farmila-Thea: IT)
Ophtamolol® (Dar-Al-Dawa: AE, BH, IQ, JO, KW, LB, LY, MT, NG, OM, QA, RO, SA, SD, SO, TN, YE)
Ophthamolol® (Ophtha: CO)
Ophtim® (Théa: FR)
Optimol® (Alphapharm: AU)
Optimol® (Roster: PE)

Optimol® (Santen: DK, IS, SE)
Plostim® (Alcon: AR)
PMS-Timolol® (Pharmascience: CA)
Proflax® (Sidus: AR)
Protevis® (Allergan: AR)
Sandoz Timolol® (Sandoz: CA)
Shemol® (Grin: MX)
Temlo® (Square: BD)
Temserin® (Merck Sharp & Dohme: NL)
Temserin® (Vianex: GR)
Tenopt® (Sigma: AU)
Thilotim® (Farmex: GR)
Tiloptic® (Merck Sharp & Dohme: IL)
Tim-Ophtal® (Sanbe: ID)
Tim-Ophtal® (Winzer: DE)
Timabak® (Agepha: AT)
Timabak® (Pfizer: CL, SG)
Timabak® (Santa-Farma: TR)
Timabak® (Thea: ES, PT)
Timabak® (Théa: FR)
Timacar® (Merck Sharp & Dohme: DK)
Timacor® (Substipharm: FR)
Timed® (Bausch & Lomb: AR)
Timisol® (Sandoz: CH)
Timo-Comod® (Ursapharm: CH, CZ, DE, NL, PL, RO)
Timo-Gal® (Terapia: RO)
Timo-Optal® (Olan-Kemed: TH)
Timo-Stulln® (Stulln: DE)
Timocomod® (Biem: TR)
Timocomod® (Europhta: MC)
Timodrop® (Biolab: TH)
Timodrop® (Reman Drug: BD)
TimoEDO® (Mann: DE)
Timoftal® (Agepha: AT)
Timoftol® (Merck Sharp & Dohme: ES)
Timogel® (Thea: ES)
Timoglau® (Edol: PT)
Timohexal® (Hexal: AT, CZ, DE, LU, PL, RU)
Timolabak® (Farmila-Thea: IT)
Timolen® (Davi: PT)
Timolol Alcon® (Alcon: FI, FR, SE)
Timolol Alpharma® (Alpharma: NL)
Timolol A® (Apothecon: NL)
Timolol CCS® (CCS: SE)
Timolol CF® (Centrafarm: NL)
Timolol Ciba Vision® (Novartis: AT)
Timolol CV® (Novartis: DE)
Timolol Denver® (Denver: AR)
Timolol Dorf® (Pharmadorf: AR)
Timolol G Gam® (G Gam: FR)
Timolol GFS® (Falcon: US)
Timolol HPS® (HPS: NL)
Timolol Katwijk® (Katwijk: NL)
Timolol Lansier® (Lansier: PE)
Timolol Lch® (Ivax: PE)
Timolol Maleate® (Alcon: TH)
Timolol Maleate® (Apotex: US)
Timolol Maleate® (Bausch & Lomb: US)
Timolol Maleate® (Falcon: US)
Timolol Maleate® (Mylan: US)
Timolol Maleato Chauvin® (Chauvin: PE)
Timolol Maleato® (Biosano: CL)
Timolol Maleato® (Medicalex: CO)
Timolol Novartis® (Novartis: AT)
Timolol PCH® (Pharmachemie: NL)
Timolol PSI® (PSI: NL)
Timolol Ratiopharm® (Ratiopharm: NL)
Timolol Sandoz® (Sandoz: ES, NL)
Timolol Santen® (Croma: AT)
Timolol Unimed Pharma® (Unimed: CZ)
Timolol Wasser® (Wasser: PE)
Timolol-Chauvin® (Chauvin: LU)
Timolol-POS® (Biem: TR)
Timolol-POS® (Ursapharm: CZ, DE, IL, PL, RU)
Timolol-ratiopharm® (ratiopharm: DE)
Timololo Novartis® (Novartis Ophthalmics-GB: IT)
Timolol® (Allergan: BR)
Timolol® (Alpharma: GB)
Timolol® (Basic Pharma: NL)
Timolol® (Bestpharma: CL)
Timolol® (Carrion: PE)
Timolol® (E.I.P.I.C.O.: RO)
Timolol® (Hexal: NL)
Timolol® (Hillcross: GB)
Timolol® (Martindale: GB)
Timolol® (Opso Saline: BD)
Timolol® (Teva: GB)
Timolol® (Unimed: CZ)
Timolol® (Ursapharm: CZ)
Timolo® (Bell: IN)
Timolux® (Tubilux: IT)
Timol® (Pharmachemie: LK)
Timomann® (Mann: DE)
Timomin® (Nipa: BD)
Timophtal® (Agepha: AT)
Timopres® (Roemmers: CO)
Timoptic XE® (Merck: US)
Timoptic XE® (Merck Frosst: CA)
Timoptic XE® (Merck Sharp & Dohme: AN, AR, AW, BB, BS, BZ, CH, GY, JM, KY, SI, TR, TT)
Timoptic® (Merck: PE, US)
Timoptic® (Merck Frosst: CA)
Timoptic® (Merck Sharp & Dohme: AT, CH, CZ, PL)
Timoptic® (MerckSharp&Dohme: RO)
Timoptol XE® (Merck: PE)
Timoptol XE® (Merck Sharp & Dohme: AU, BR, CO, MY, NZ, SG)
Timoptol® (Chibret: PT)
Timoptol® (Leciva: CZ)
Timoptol® (Merck Sharp & Dohme: AU, BE, BR, CL, CO, CR, CZ, FR, GB, GT, HN, IE, IT, LK, LU, MX, MY, NI, NL, NZ, PA, PH, SG, SV, TH, ZA)
Timoptol® (Santen: JP)
Timoptol® [vet.] (Merck Sharp & Dohme Animals: GB)
Timop® (Chile: CL)
Timosan® (Santen: DK, FI, IS, NO, SE)
Timosil® (Silom: TH)
Timosol® (Bilim: TR)
Timox® (Lansier: PE)
Timozzard® (Pizzard: MX)
Tiof® (Saval: EC, PE)
Tiof® (Saval Nicolich: CL)
Uni Timolol® (Unimed: CZ)
V-Optic® (Vitamed: IL)
Vistagan® (Allergan: PE)
Waucosin® (Proel: GR)
Xalcom® (Pfizer: IS)

Ximex Opticom® (Konimex: ID)
Yesan® (Rafarm: GR)
Zopirol® (Phoenix: AR)

- **hemihydrate:**

Betimol® (Vistakon: US)

Timonacic (Rec.INN)

L: Timonacicum
I: Timonacic
D: Timonacic
F: Timonacic
S: Timonacico

Hepatic protectant

CAS-Nr.: 0000444-27-9 C_4-H_7-N-O_2-S M_r 133.17

4-Thiazolidinecarboxylic acid

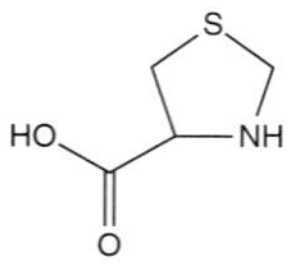

OS: *Timonacic [DCIT]*
IS: *ATC*
IS: *Thioproline*
PH: Timonacicum [PhBs IV]

Hepacom® (Sanofi-Aventis: PL)
Heparegen® (Jelfa: PL)

Tinidazole (Rec.INN)

L: Tinidazolum
I: Tinidazolo
D: Tinidazol
F: Tinidazole
S: Tinidazol

Antiprotozoal agent, trichomonacidal

ATC: J01XD02,P01AB02
CAS-Nr.: 0019387-91-8 C_8-H_{13}-N_3-O_4-S M_r 247.282

1H-Imidazole, 1-[2-(ethylsulfonyl)ethyl]-2-methyl-5-nitro-

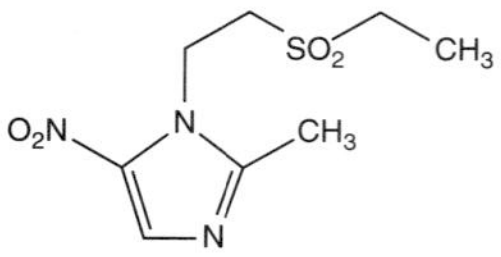

OS: *Tinidazole [BAN, DCF, JAN, USAN]*
OS: *Tinidazolo [DCIT]*
IS: *CP 12574*
PH: Tinidazole [Ph. Eur. 5, JP XIV, USP 30]
PH: Tinidazolum [Ph. Eur. 5]
PH: Tinidazol [Ph. Eur. 5]

Amebamagma® (Wyeth: IN)
Amibiol® (Etyc: CO)
Amplium® (Farmasa: BR)
Asiazole-TN® (Asian: TH)
Enidazol® (East India: IN)
Estovyn-T® (Grossman: CR, DO, GT, HN, MX, NI, PA, SV)
Facyl® (Medley: BR)
Fasdal® (PharmaBrand: EC)
Fasigin® (Pfizer: IT)
Fasigyne® (Pfizer: BF, BJ, CF, CG, CI, CM, GA, GN, MG, ML, MR, MU, NE, SN, TD, TG, VN, ZR)
Fasigyne® (Teofarma: FR)
Fasigyn® (Pfizer: AE, AN, AR, AT, AU, BB, BE, BH, BR, BZ, CH, CL, CO, CR, CY, DO, EG, EG, ET, GB, GE, GT, GY, HK, HN, HT, ID, IL, IN, JM, JO, KE, KW, LB, LK, LU, MW, MX, NG, NI, NL, OM, PA, PE, PT, RO, SA, SD, SE, SG, SV, TH, TT, UG, ZA)
Flatin® (Prafa: ID)
Funida® (Nakornpatana: TH)
Ginosutin® (AKZO Nobel: BR)
Gynormal® (Andromaco: AR)
Idazole® (Chew Brothers: TH)
Indazol® (Hisubiette: CO)
Ladylen® (Mertens: AR)
Nidazol® (Gemballa: BR)
Pletil® (Pfizer: BR)
Porquis® (Feltrex: DO)
Proquis® (Feltrex: DO)
Protocide® (Unipharm: IL)
Protogyn® (Hayat: AE, BH, IQ, JO, LB, LY, OM, QA, SA, SD, YE)
Protogyn® (Renata: BD)
Sip® (Chefar: EC)
Sporinex® (Medline: TH)
Tenibex® (Rocnarf: EC)
Timerol® (Remedica: CY)
Tinazole® (General Drugs House: TH)
Tindamax® (Presutti: US)
Tiniba® (Cadila: ET, GH, KE, MW, NG, SD, TZ, UG, ZM)
Tiniba® (Zydus: IN, RU)
Tinidafyl® (Jagson Pal: IN)
Tinidameb® (Chalver: CO, DO, EC, HN, PA, SV)
Tinidan® (ECU: EC)
Tinidazol Domesco® (Domesco: VN)
Tinidazol Ecar® (Ecar: CO)
Tinidazol Genfar® (Genfar: CO, EC, PE)
Tinidazol L.CH.® (Chile: CL)
Tinidazol Lch® (Ivax: PE)
Tinidazol MK® (Bonima: CR, DO, GT, HN, NI, PA, SV)
Tinidazol MK® (MK: CO)
Tinidazole-Akri® (Akrihin: RU)
Tinidazole® (Polpharma: HU)
Tinidazole® (Unique: RU)
Tinidazolum® (Polpharma: PL)
Tinidazol® (Actavis: GE)
Tinidazol® (Balkanpharma: BG)
Tinidazol® (Blaskov: CO)
Tinidazol® (Farmandina: EC)
Tinidazol® (Ivax: PE)
Tinidazol® (Kronos: EC)
Tinidazol® (La Sante: PE)
Tinidazol® (Medicalex: CO)
Tinidazol® (Memphis: CO)
Tinidazol® (Mintlab: CL)
Tinidazol® (Pentacoop: EC, PE)
Tinidral® (Infaca: DO)
Tinigen® (Genamerica: EC)

Tinigrun® (Grünenthal: EC)
Tinizol® (Infomed: RO)
Tinizol® (Zentiva: RO)
Tini® (Codal Synto: TH)
Tinox® (Lacofarma: DO)
Tiprogyn® (Helcor: RO)
Tizol® (Farmoquimica: DO)
Tonid® (Milano: TH)
Triagil® (Galenika: RS)
Trichonas® (Pharmasant: TH)
Tricogyn® (Pharmaland: TH)
Tricolam® (Farmasierra: ES)
Triconidazol® (ABL: PE)
Tricozone® (B L Hua: TH)
Trigyn® (Continental-Pharm: TH)
Trimonase® (Mipharm: IT)
Trinigyn® (Grünenthal: MX)
Troxxil® (Chile: CL)
Troxxil® (Ivax: PE)

Tinoridine (Rec.INN)

L: Tinoridinum
D: Tinoridin
F: Tinoridine
S: Tinoridina

Antiinflammatory agent
Analgesic

CAS-Nr.: 0024237-54-5 C_{17}-H_{20}-N_2-O_2-S
M_r 316.427

Thieno[2,3-c]pyridine-3-carboxylic acid, 2-amino-4,5,6,7-tetrahydro-6-(phenylmethyl)-, ethyl ester

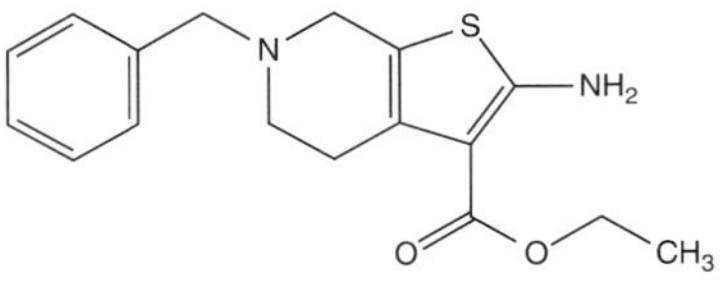

OS: *Tinoridine [DCF]*

– hydrochloride:
CAS-Nr.: 0025913-34-2
OS: *Tinoridine hydrochloride JAN*
IS: *Y 3642*

Nonflamin® (Takeda: ID)

Tinzaparin Sodium (Rec.INN)

L: Tinzaparinum natricum
D: Tinzaparin natrium
F: Tinzaparine sodique
S: Tinzaparina sodica

Anticoagulant, platelet aggregation inhibitor

CAS-Nr.: 0009041-08-1

Sodium salt of depolymerized heparin

OS: *Tinzaparin Sodium [BAN, USAN]*
OS: *Tinzaparine sodique [DCF]*
IS: *Heparin, low-molecular-weight*
PH: Tinzaparin Sodium [Ph. Eur. 5]
PH: Tinzaparinum natricum [Ph. Eur. 5]
PH: Tinzaparine sodique [Ph. Eur. 5]
PH: Tinzaparin-Natrium [Ph. Eur. 5]

Innohep® (Abdi Ibrahim: TR)
Innohep® (Braun: CO)
Innohep® (CSL: NZ)
Innohep® (Formenti: IT)
Innohep® (Leo: AT, BE, CA, CR, DE, DK, DO, ES, FR, GB)
Innohep® (LEO: GR)
Innohep® (Leo: GT, HK, HN, IE, IL, LK, LU, MY, NL, NO, PA, PH, PT, RO, SE, SG, SV, TH)
Innohep® (Pharmagan: SI)
Innohep® (Pharmion: US)
Innohep® (ZLB: DE)

Tioconazole (Rec.INN)

L: Tioconazolum
I: Tioconazolo
D: Tioconazol
F: Tioconazole
S: Tioconazol

Antifungal agent

ATC: D01AC07,G01AF08
CAS-Nr.: 0065899-73-2 C_{16}-H_{13}-Cl_3-N_2-O-S
M_r 387.71

1H-Imidazole, 1-[2-[(2-chloro-3-thienyl)methoxy]-2-(2,4-dichlorophenyl)ethyl]-

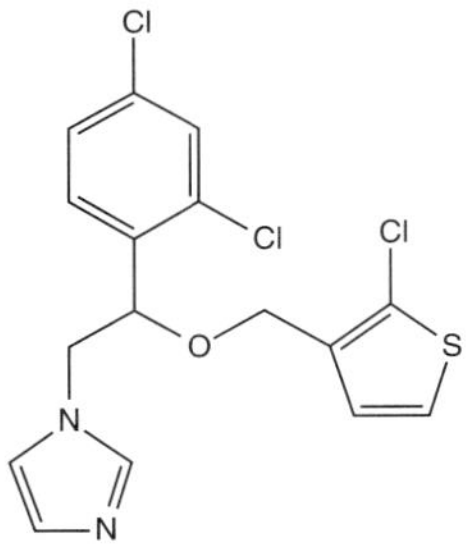

OS: *Tioconazole [BAN, DCF, JAN, USAN]*
OS: *Tioconazolo [DCIT]*
IS: *TIO*
IS: *UK 20 349 (Pfizer, USA)*
PH: Tioconazole [USP 30, Ph. Eur. 5]
PH: Tioconazolum [Ph. Eur. 5]

Conasyd® (Renata: BD)
Cotinazin® (Pfizer: GR)
Dermo-Rest® (Eczacibasi: TR)
Dermo-Trosyd® (Pfizer: TR)
Epizol® (Farmindustria: PE)
Gino Tralen® (Pfizer: BR)
Gino-Tralen® (Pfizer: BR)
Gino-Trosyd® (Pfizer: BZ, CR, GT, HN, IT, NI, PA, PE, PT, SV)
Gyno-Trosyd® (Pfizer: AT, CH, CO, EG, ET, FI, GH, GM, HK, KE, LR, MW, NG, PE, SD, SG, SL, TR, ZA)
Gyno-Trosyd® (Teofarma: FR)
Honguil® (Raymos: AR)
Monistat® (Personal: US)
Mykontral® (Riemser: DE)
Niofen® (Investi: AR)
Prodermal® (Meprofarm: ID)

Telset® (Medipharm: CL)
Tinazol® (Darrow: BR)
Tiocan® (Toprak: TR)
Tiocell® (Adilna: TR)
Tioconazol Gen-Far® (Genfar: PE)
Tioconazol Genfar® (Genfar: CO, EC)
Tioconazol MK® (Bonima: BZ, CR, DO, GT, HN, NI, PA, SV)
Tioconazole® (Perrigo: US)
Tiomicol® (Panalab: AR)
Tralen® (Pfizer: BR)
Trosderm® (Pfizer: ES)
Trosid Ginecologico® (Pfizer: ES)
Trosid® (Daiichi Sankyo: ES)
Trosid® (Pfizer: ES)
Trosyd® (Pfizer: AR, AT, BZ, CH, CO, CR, EG, ET, FI, GH, GM, GT, HK, HN, ID, KE, LK, LR, MW, NG, NI, PA, PE, PH, PT, SD, SG, SL, SV, TH, ZA)
Trosyd® (Pfizer Consumer Health Care: IT)
Trosyd® (Teofarma: FR)
Trosyl® (Pfizer: GB, IE)
Tycon® (Acme: BD)
Vagistat® (Bristol-Myers Squibb: US)

Tioguanine (Rec.INN)

L: Tioguaninum
I: Tioguanina
D: Tioguanin
F: Tioguanine
S: Tioguanina

Antineoplastic, antimetabolite

ATC: L01BB03
CAS-Nr.: 0000154-42-7 C_5-H_5-N_5-S
M_r 167.205

6H-Purine-6-thione, 2-amino-1,7-dihydro-

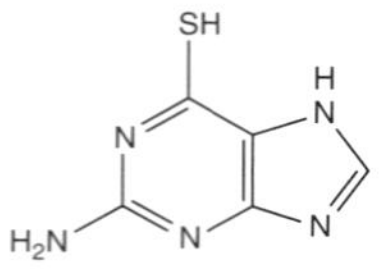

OS: *Tioguanine [BAN]*
OS: *Thioguanine [BAN]*
IS: *6-TG*
IS: *NSC 752*
IS: *Wellcome U 3 B*
PH: Thioguanine [USP 27]
PH: Tioguanine [BP 2002]

Lanvis® (GlaxoSmithKline: AE, AG, AN, AR, AU, AW, BB, BE, BG, BH, BR, CA, CH, CL, CZ, FR, GB, GD, GY, HK, IL, IR, JM, KW, LC, NL, NZ, OM, PL, QA, RO, SE, SG, SI, TH, TR, TT, VC, ZA)
Lanvis® (Wellcome: IE)
Lanvis® [vet.] (GlaxoSmithKline: GB)
Tabloid® (GlaxoSmithKline Pharm.: US)
Thioguanin Glaxo Wellcome® (GlaxoSmithKline: IL)
Thioguanin-GSK® (GlaxoSmithKline: AT, DE)
Thioguanine Tabloid® (GlaxoSmithKline: US)
Thioguanine Wellcome® (Wellcome-GB: IT)
Tioguanina GSK® (GlaxoSmithKline: ES)

Tiopronin (Rec.INN)

L: Tioproninum
I: Tiopronina
D: Tiopronin
F: Tiopronine
S: Tiopronina

Antidote, chelating agent
Hepatic protectant
Mucolytic agent

ATC: R05CB12
CAS-Nr.: 0001953-02-2 C_5-H_9-N-O_3-S
M_r 163.197

Glycine, N-(2-mercapto-1-oxopropyl)-

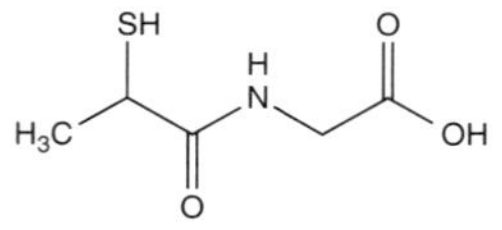

OS: *Tiopronine [DCF]*
OS: *Tiopronina [DCIT]*
OS: *Tiopronin [JAN]*
IS: *Mercaptopropionyl)-glycin, N-(α-*
IS: *SF 522*

Acadione® (Sanofi-Aventis: FR)
Captimer® (MIT Gesundheit: DE)
Thiola® (Coop. Farm.: IT)
Thiola® (Mission: US)
Thiola® (Santen: JP)
Thiosol® (Coop. Farm.: IT)

Tiotixene (Rec.INN)

L: Tiotixenum
D: Tiotixen
F: Tiotixène
S: Tiotixeno

Neuroleptic

ATC: N05AF04
CAS-Nr.: 0003313-26-6 C_{23}-H_{29}-N_3-O_2-S_2
M_r 443.635

9H-Thioxanthene-2-sulfonamide, N,N-dimethyl-9-[3-(4-methyl-1-piperazinyl)propylidene]-, (Z)-

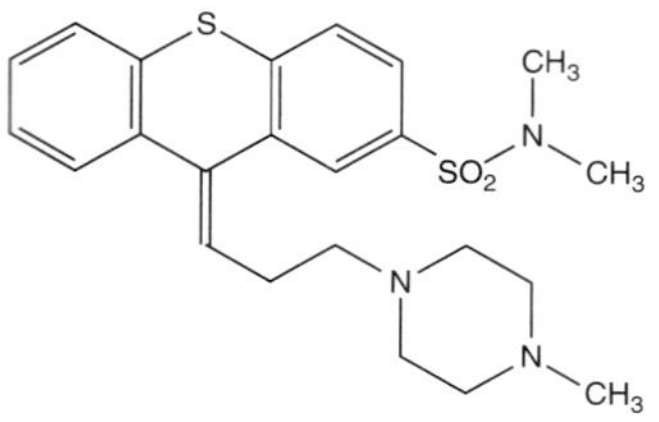

OS: *Thiothixene [USAN, BAN]*
OS: *Tiotixène [DCF]*
OS: *Tiotixene [BAN, JAN]*
IS: *P 4657 B*
PH: Thiothixene [USP 30]

Navane® (Erfa: CA)
Navane® (Pfizer: AN, AU, BB, DO, GY, HT, JM, NL, TT, US)

– dihydrochloride:

CAS-Nr.: 0049746-09-0
OS: *Thiothixene Hydrochloride USAN*
IS: *CP 12252-1 (Pfizer)*
PH: Thiothixene Hydrochloride USP 30

Thiothixene Hydrochloride® (Teva: US)

Tiotropium Bromide (Rec.INN)

L: Tiotropii bromidum
D: Tiotropium bromid
F: Bromure de tiotropium
S: Bromuro de tiotropio

Parasympatholytic agent
Bronchodilator

ATC: R03BB04
CAS-Nr.: 0139404-48-1 C_{19}-H_{22}-Br-N-O_4-S_2
M_r 472.43

6beta,7beta-Epoxy-3beta-hydroxy-8-methyl-1alphaH,5alphaH-tropanium bromide, di-2-thienylglycolate [WHO]

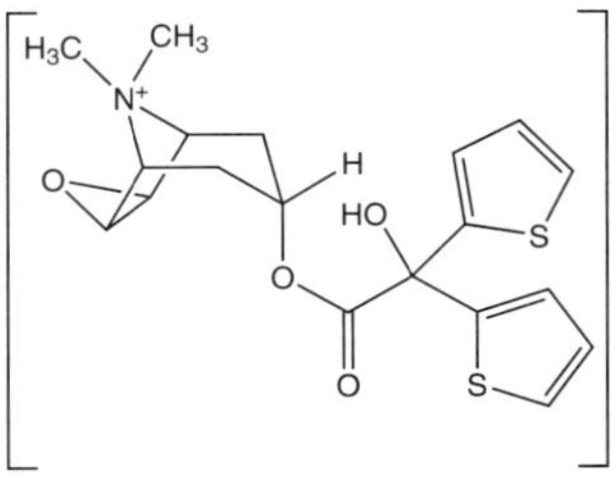

OS: *Tiotropium Bromide [BAN]*
IS: *Ba 679 BR (Boehringer Ingelheim, Germany)*

Spiriva D.A.C.® (Nycomed: IS)
Spiriva HandiHaler® (Pfizer: GE)

– monohydrate:

Favint® (Boehringer Ingelheim: LU, NL)
Spiriva® (Boehringer Ingelheim: AR, AT, AU, BA, BE, CA, CH, CL, CN, CO, CR, CZ, DE, DK, DO, ES, FI, FR, GB, GR, GT, HK, HN, HR, HU, ID, IE, IL, IS, IT, JP, LU, MX, MY, NI, NL, NO, NZ, PA, PH, PL, PT, RO, RS, RU, SE, SG, SI, SK, SV, TH, TR, US, VN, ZA)
Spiriva® (Dr. Fisher: NL)
Spiriva® (Euro: NL)
Spiriva® (Pfizer: ID, MY, NO, SE, TH, TR)
Tiova® (Cipla: IN, LK)

Tipepidine (Rec.INN)

L: Tipepidinum
I: Tipepidina
D: Tipepidin
F: Tipépidine
S: Tipepidina

Antitussive agent

ATC: R05DB24
CAS-Nr.: 0005169-78-8 C_{15}-H_{17}-N-S_2
M_r 275.43

Piperidine, 3-(di-2-thienylmethylene)-1-methyl-

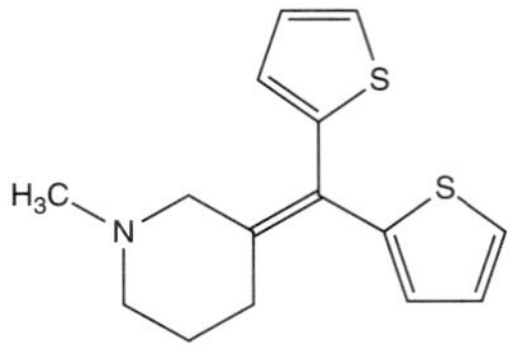

OS: *Tipépidine [DCF]*
OS: *Tipepidina [DCIT]*
IS: *AT 327*
IS: *CR 662*

– hibenzate:

CAS-Nr.: 0031139-87-4
OS: *Tipepidine Hibenzate JAN*
IS: *Tipepidine o-(4-hydroxybenzoyl) benzoate*
PH: Tipepidine Hibenzate JP XIV

Asverin® (Tanabe: JP)
Asvex® (Tanabe: ID)

– citrate:

CAS-Nr.: 0014698-07-8
IS: *Tipepidine citrate monohydrate*
IS: *Bithiodine*

Asinol® (Asiatic Lab: BD)

Tipranavir (Rec.INN)

L: Tipranavirum
D: Tipranavir
F: Tipranavir
S: Tipranavir

Antiviral agent, HIV protease inhibitor, nonpeptidic

ATC: J05AE09
ATCvet: QJ05AE09
CAS-Nr.: 0174484-41-4 C_{31}-H_{33}-F_3-N_2-O_5-S
M_r 602.72

3'-[(1R)-1-[(6R)-5,6-dihydro-4-hydroxy-2-oxo-6-phenethyl-6-propyl-2H-pyran-3-yl]propyl]-5-(trifluoromethyl)-2-pyridinesulfonanilide (WHO)

N-(3-{(1R)-1-[(6R)-4-Hydroxy-2-oxo-6-(2-phenethyl)-6-propyl-5,6-dihydro-2H-pyran-3-yl]propyl}phenyl)-5-(trifluormethyl)-2-pyridin-2-sulfonamid (IUPAC)

2-Pyridinesulfonamide, N-(3-((1R)-1-((6R)-5,6-dihydro-4-hydroxy-2-oxo-6-(2-phenethyl)-6-propyl-2H-pyran-3-yl)propyl)phenyl)-5-(trifluormethyl)-

2-Pyridinesulfonamide, N-(3-(1-(5,6-dihydro-4-hydroxy-2-oxo-6-(2-phenylethyl)-6-propyl-2Hpyran-3-yl)propyl)phenyl)-5-(trifluormethyl)-, (R-(R*,R*))-

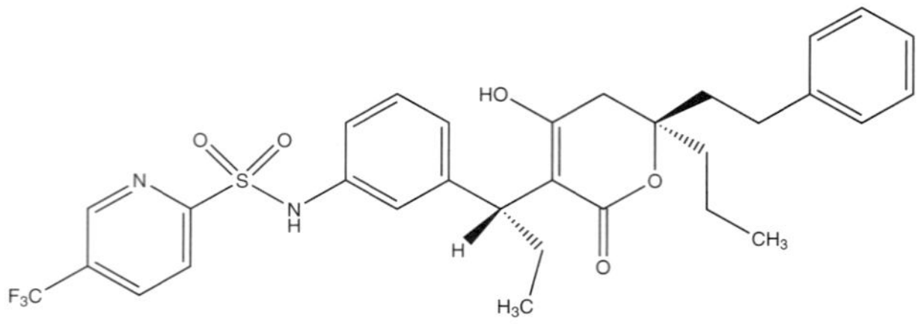

OS: *Tipranavir [BAN]*
IS: *PNU-140690 (Pharmacia & Upjohn, US)*
IS: *U-140690 (Pharmacia & Upjohn, US)*

Aptivus® (Boehringer Ingelheim: AR, AT, CA, CH, DE, DK, ES, FI, FR, GB, IE, IT, MX, NL, NO, PL, SE, US)

Tiquizium Bromide (Rec.INN)

L: Tiquizii bromidum
D: Tiquizium bromid
F: Bromure de tiquizum
S: Bromuro de tiquizo

Antispasmodic agent
Parasympatholytic agent

CAS-Nr.: 0071731-58-3 — C_{19}-H_{24}-Br-N-S_2, M_r 410.431

Quinolizinium, decahydro-3-(di(2-thienyl)methylene)-5-methyl-, bromide, (E)- [RTECS]

trans-3-(Di-2-thienylmethylene)octahydro-5-methyl-2H-quinoliziniu- m bromide

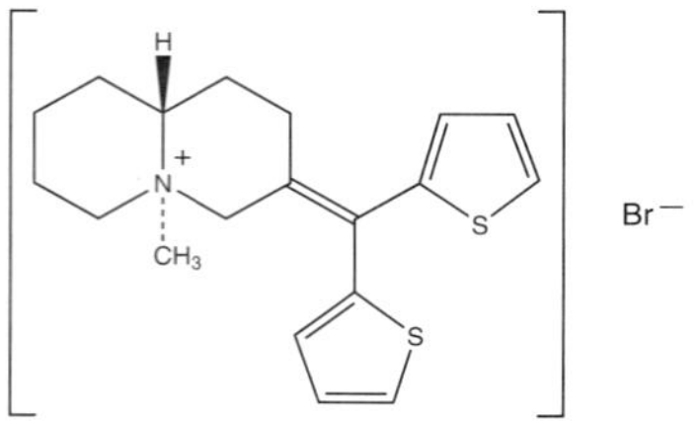

OS: *Tiquizium Bromide [JAN]*
IS: *HSR 902 (Hokuriku, Japan)*

Thiaton® (Hokuriku: JP)

Tiratricol (Rec.INN)

L: Tiratricolum
D: Tiratricol
F: Tiratricol
S: Tiratricol

Thyroid hormone

ATC: D11AX08,H03AA04
CAS-Nr.: 0000051-24-1 — C_{14}-H_9-I_3-O_4, M_r 621.926

Benzeneacetic acid, 4-(4-hydroxy-3-iodophenoxy)-3,5-diiodo-

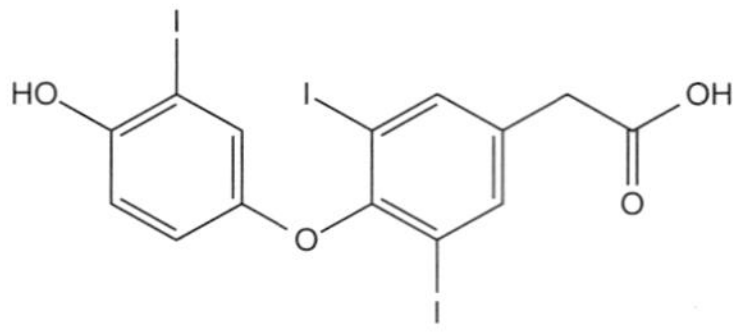

OS: *Tiratricol [DCF]*
IS: *TA 3*
IS: *TRIAC*
IS: *Triiodothyroacetic acid*

Nulobes® (Columbia: AR)
Triacana® (Sidus: AR)
Triac® (Aché: BR)
Tricana® (Laphal Francia: PE)
Trimag® (União: BR)
Téatrois® (DB: FR)

Tirilazad (Rec.INN)

L: Tirilazadum
D: Tirilazad
F: Tirilazad
S: Tirilazad

Enzyme inhibitor, lipid peroxidation

ATC: N07XX01
CAS-Nr.: 0110101-66-1 — C_{38}-H_{52}-N_6-O_2, M_r 624.894

Pregna-1,4,9(11)-triene-3,20-dione, 21-[4-(2,6-di-1-pyrrolidinyl-4-pyrimidinyl)-1-piperazinyl]-16-methyl-

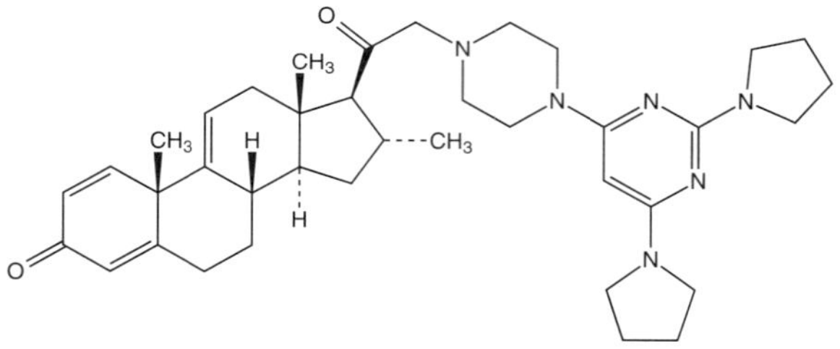

OS: *Tirilazad [BAN]*

– mesilate:

CAS-Nr.: 0149042-61-5
OS: *Tirilazad Mesylate USAN*
OS: *Tirilazad Mesilate BANM*
IS: *U 74006F (Upjohn, USA)*

Freedox® (Pfizer: AT)
Freedox® (Pharmacia: AU, BE, ZA)

Tirofiban (Rec.INN)

L: Tirofibanum
D: Tirofiban
F: Tirofiban
S: Tirofiban

⚕ Anticoagulant, platelet aggregation inhibitor

CAS-Nr.: 0144494-65-5 C_{22}-H_{36}-N_2-O_5-S
M_r 440.61

Tyrosine, N-(butylsufonyl)-O-[4-(4-piperidinyl)butyl]-

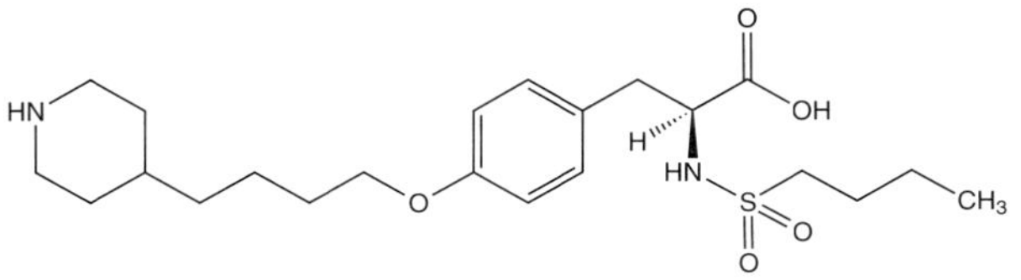

OS: *Tirofiban [BAN]*

Agrastat® (Merck Sharp & Dohme: CO, ES)

- hydrochloride monohydrate:

CAS-Nr.: 0150915-40-5
OS: *Tirofiban Hydrochloride BANM, USAN*
IS: *L 700,462*
IS: *MK 383 (Merck, USA)*

Aggrastat® (Merck Sharp & Dohme: AT, HK, HR, IE, NL, PH, PL, RS)
Aggrastat® (MerckSharp&Dohme: RO)
Aggrastat® (MSD: NO)
Aggribloc® (Nicholas: IN)
Agiolax® (Madaus: NO)
Agiolax® (Meda: SE)
Agiolax® (Merck: US)
Agiolax® (Merck Frosst: CA)
Agiolax® (Merck Sharp & Dohme: AT, AU, BE, CH, CZ, DE, DK, HU, IL, IS, IT, LU, MY, NL, NZ, PH, SI, TH, TR, ZA)
Agiolax® (MerckSharp&Dohme: RO)
Agiolax® (MSD: FI)
Agiolax® (Vianex: GR)
Agrastat® (Merck: PE)
Agrastat® (Merck Sharp & Dohme: AR, BR, CL, CO, CR, DZ, EC, FR, GT, HN, MX, NI, PA, SV)

Tiropramide (Rec.INN)

L: Tiropramidum
I: Tiropramide
D: Tiropramid
F: Tiropramide
S: Tiropramida

⚕ Antispasmodic agent

ATC: A03AC05
CAS-Nr.: 0055837-29-1 C_{28}-H_{41}-N_3-O_3
M_r 467.666

Benzenepropanamide, α-(benzoylamino)-4-[2-(diethylamino)ethoxy]-N,N-dipropyl-, (±)-

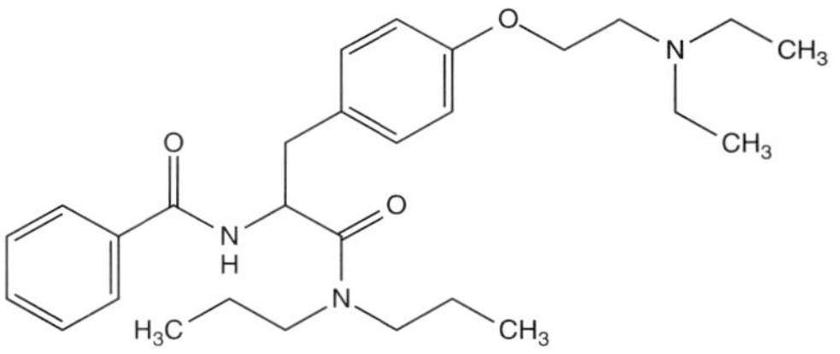

OS: *Tiropramide [DCF, DCIT]*
IS: *CR 605*

- hydrochloride:

CAS-Nr.: 0057227-16-4

Alfospas® (Rottapharm: IT)
Maiorad® (Delta: PT)
Maiorad® (Rotta Pharmaceuticals: BO, DO, GT, HN, HT, PA, SV, TH)
Maiorad® (Rottapharm: IT, VN)

Tisokinase (JAN)

D: Tisokinase

⚕ Anticoagulant, thrombolytic agent

CAS-Nr.: 0105913-11-9 C_{2569}-H_{3896}-N_{746}-O_{783}-S_{39}
M_r 59013.227

Tissue plasminogen activator

OS: *Tisokinase [JAN]*

Hapase® (Kowa: JP)
Plasvata® (Asahi: JP)

Tisopurine (Rec.INN)

L: Tisopurinum
D: Tisopurin
F: Tisopurine
S: Tisopurina

⚕ Uricosuric agent

ATC: M04AA02
CAS-Nr.: 0005334-23-6 C_5-H_4-N_4-S
M_r 152.187

4H-Pyrazolo[3,4-d]pyrimidine-4-thione, 1,5-dihydro-

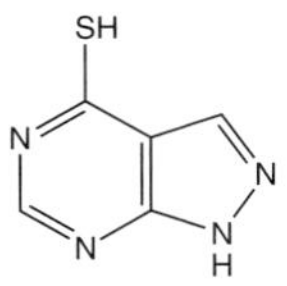

OS: *Tisopurine [DCF]*
IS: *RS 570-T*
IS: *Thioallopurinol*
IS: *Thiopurinol*

Exuracid® (Rösch & Handel: AT)

T

Tixocortol (Rec.INN)

L: Tixocortolum
D: Tixocortol
F: Tixocortol
S: Tixocortol

Adrenal cortex hormone, glucocorticoid
Dermatological agent

ATC: A07EA05,R01AD07
CAS-Nr.: 0061951-99-3 C_{21}-H_{30}-O_4-S
M_r 378.531

Pregn-4-ene-3,20-dione, 11,17-dihydroxy-21-mercapto-, (11β)-

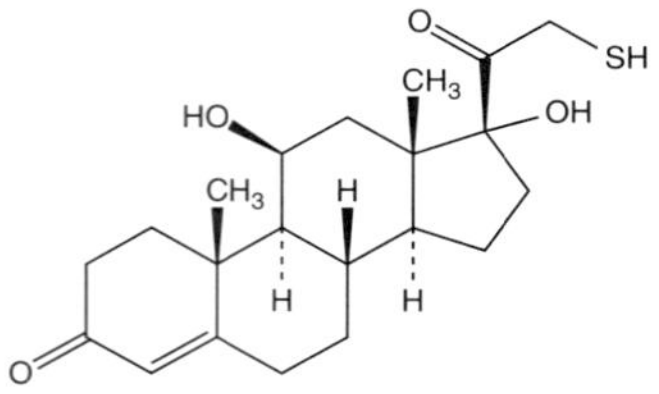

OS: *Tixocortol [BAN, DCF]*
IS: *JO 1016*

– 21-pivalate:
CAS-Nr.: 0055560-96-8
OS: *Tixocortol Pivalate BANM, USAN*
IS: *J 01016*
IS: *Tixocortol trimethylacetate*

Pivalone® (ASTA Medica: NL)
Pivalone® (Pfizer: BF, BJ, CF, CG, CI, CM, FR, GA, GN, MG, ML, MR, MU, NE, RO, SN, TD, TG, VN, ZR)
Pivalone® (Uhlmann-Eyraud: CH)
Tiovalone® (Juste: ES)

Tizanidine (Rec.INN)

L: Tizanidinum
D: Tizanidin
F: Tizanidine
S: Tizanidina

Muscle relaxant

ATC: M03BX02
CAS-Nr.: 0051322-75-9 C_9-H_8-Cl-N_5-S
M_r 253.723

2,1,3-Benzothiadiazol-4-amine, 5-chloro-N-(4,5-dihydro-1H-imidazol-2-yl)-

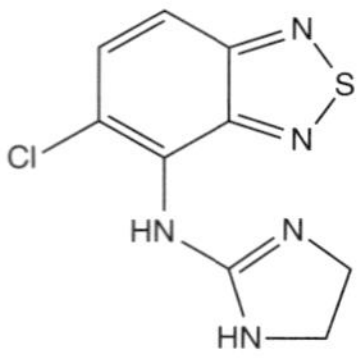

OS: *Tizanidine [BAN, DCF]*

Sirdalud® (Novartis: ES, LU, RS)
Tizadin® (ACI: BD)

– hydrochloride:
CAS-Nr.: 0064461-82-1
OS: *Tizanidine Hydrochloride BANM, USAN*
IS: *AN 021*
IS: *DS 103-282*
PH: Tizanidine Hydrochloride USP 30

Apo-Tizanidine® (Apotex: CA)
Devalud® (Deva: TR)
Mio-Relax® (Bioquifar: CO)
Myos-Nor® (Best: CO)
Relentus® (Beximco: BD)
Sirdalud® (Eurim: AT)
Sirdalud® (Novartis: AG, AN, AR, AT, AW, BB, BD, BE, BM, BR, BS, CH, CL, CO, CZ, DE, DK, ES, ET, FI, GD, GE, GH, GR, GY, HT, HU, ID, IN, IT, JM, KE, KY, LC, LY, MT, MX, NG, NL, PH, PL, PT, RS, RU, SD, SI, TH, TR, TT, TZ, VC, VN, ZW)
Sirdalud® (Paranova: AT)
Tizanidine® (Alphapharm: US)
Tizanidine® (Dr Reddys: US)
Tizan® (Sun: TH)
Zanaflex® (Acorda: US)
Zanaflex® (Cephalon: GB, IE)
Zanaflex® (Shire: CA)

Tobramycin (Rec.INN)

L: Tobramycinum
I: Tobramicina
D: Tobramycin
F: Tobramycine
S: Tobramicina

Antibiotic, aminoglycoside

ATC: J01GB01,S01AA12
CAS-Nr.: 0032986-56-4 C_{18}-H_{37}-N_5-O_9
M_r 467.544

D-Streptamine, O-3-amino-3-deoxy-α-D-glucopyranosyl-(1-6)-O-[2,6-diamino-2,3,6-trideoxy-α-D-ribo-hexopyranosyl-(1-4)]-2-deoxy-

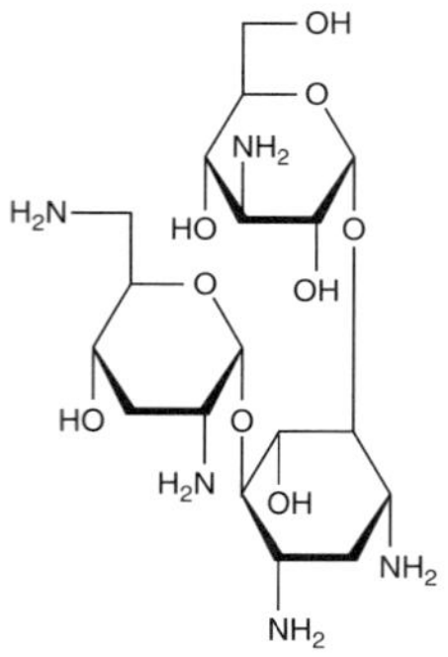

OS: *Tobramycin [BAN, JAN, USAN]*
OS: *Tobramycine [DCF]*
OS: *Tobramicina [DCIT]*
IS: *Nebramycin-Faktor 6*
PH: Tobramycin [Ph. Eur. 5, JP XIV, USP 30]
PH: Tobramycinum [Ph. Eur. 5]
PH: Tobramycine [Ph. Eur. 5]

AK-Tob® (Akorn: US)
Bioptic® (Bausch & Lomb: AR)
Biracin-E® (Bidiphar: VN)
Biracin® (Bidiphar: VN)
boradrine® (Alcon: PE)
Bralifex® (Sanbe: ID)

Bramitob® (Chiesi: IT)
Brulamycin® (Enzypharm: AT)
Brulamycin® (Medimpex: CZ)
Colther® (Farmamust: GR)
Cromycin® (Croma: AT)
Eyebrex® (Alvia: GR)
Eyetobrin® (Cooper: GR)
Fotex® (Phoenix: AR)
Gernebcin® (Infectopharm: DE)
Gotabiotic® (Poen: AR)
Gotabiotic® (Roemmers: PE)
Ikobel® (Rafarm: GR)
Isotic Tobryne® (Fahrenheit: ID)
Klonamicin® (Klonal: AR)
Obry® (Grin: MX)
Ocumicin® (Roemmers: CO)
Oftalbrax® (Biosintex: AR)
Oftalmotrisol Tobramicina® (Incobra: CO)
Ophthabracin® (Ophtha: CO)
Radina® (Amhof: AR)
Sandoz Tobramycin® (Sandoz: CA)
Thilomaxine® (Liba: TR)
Tobacin® (Aristo: IN)
Tobi® (Amrad: AU)
Tobi® (Asiatic Lab: BD)
Tobi® (Asofarma: MX)
Tobi® (Baxter: NZ)
Tobi® (Cardinal: RO)
Tobi® (Chiron: CZ, DK, ES, HU, IL, IT, NL, US)
Tobi® (Chiron Corporation: AT)
Tobi® (Genesis: GR)
Tobi® (Novartis: DE, FR, GB, IE, NO)
Tobi® (Orphan: SE)
Tobi® (Pathogenesis: LU)
Tobi® (Solvay: BE)
Tobi® (Swedish Orphan: FI)
Tobi® (Teva: AR)
Tobi® (Vifor: CH)
Tobrabact® (Medicom: NL)
Tobrabact® (Novartis: ES, IT, RO)
Tobrabiotic® (Denver: AR)
Tobracin® (Latinofarma: BR)
Tobracin® (Opso Saline: BD)
Tobradex® (Alcon: PE)
Tobradosa® (Dosa: AR)
Tobragan® (Allergan: AR, BR, CL, CO)
Tobragrammed® (Quifarmed: CO)
Tobralex® (Alcon: GB)
Tobral® (Alcon: IT)
Tobramaxin® (Alcon: DE)
Tobramed® (Quifarmed: CO)
Tobramicina Cassara® (Pablo Cassara: AR)
Tobramicina Cusi® (Alcon: ES)
Tobramicina Dorf® (Pharmadorf: AR)
Tobramicina Lch® (Ivax: PE)
Tobramicina Tor® (Blaskov: CO)
Tobramicina Wasser® (Wasser: PE)
Tobramicina® (Bestpharma: CL)
Tobramicina® (Tecnofarma: CL)
Tobramina® (Lilly: BR)
Tobramisona® (Wasser: PE)
Tobramixin® (Procaps: CO)
Tobramycin Alcon® (Alcon: TH)
Tobramycine Mayne® (Mayne: BE, NL)
Tobramycine-Falcon® (Alcon: LU)
Tobramycine-Mayne® (Mayne: LU)
Tobramycin® (Actavis: GE)
Tobramycin® (Akorn: US)
Tobramycin® (Balkanpharma: BG)
Tobramycin® (Bausch & Lomb: US)
Tobramycin® (Falcon: US)
Tobramycin® (Sandoz: CA)
Tobrased® (Bilim: TR)
Tobrasol® (Ocusoft: US)
Tobrastill® (Bruschettini: IT)
Tobravisc® (Alcon: LU)
Tobrazol® (Lansier: PE)
Tobrex® (Alcon: AR, AT, AU, BA, BD, BE, BR, BW, CA, CH, CL, CN, CO, CZ, DK, EC, ER, ES, ET, FI, FR, GH, GR, HR, HU, ID, IL, KE, LK, LU, MW, MX, NA, NG, NL, NO, NZ, PE, PL, PT, RO, RS, SE, SG, TH, TR, TZ, UG, US, ZA, ZM, ZW)
Tobrex® (Ebewe: HK)
Tobrin® (Actavis: GE)
Tobrin® (Balkanpharma: BG)
Tobrin® (Chile: CL)
Tobrin® (E.I.P.I.C.O.: RO)
Tobrin® (Eipico: AE, BH, EG, IQ, JO, KW, LB, LY, OM, QA, SA, SD, YE)
Tobsin® (I.E. Ulagay: TR)
Tomycine® (Novartis Ophthalmics: US)
Tomycin® (Ibn Sina: BD)
Toracin® (Ebewe: HK)
Tuberbut® (LKM: AR)
Unitob® (Roster: PE)
Verbram® (Antibioticos: MX)
Wasser Tob® (Wasser: PE)
Xao® (Ingens: AR)
Xolof® (Saval Nicolich: CL)

– sulfate:

CAS-Nr.: 0079645-27-5
OS: *Tobramycin Sulphate BANM*
IS: *Lilly 47663 (Lilly)*
PH: Tobramycin Sulfate USP 30

Bramicil® (Fisiopharma: IT)
Brulamycin® (medphano: DE)
Brulamycin® (Teva: HU)
Brulamycin® (Torrex: AT)
Dartobcin® (Darya-Varia: ID)
Monobracin® (Faran: GR)
Monotobrin® (Pharmanel: GR)
Nebcina® (EuroCept: NO)
Nebcina® (Meda: SE)
Nebcine® (Erempharma: FR)
Nebcin® (Aspen: AU, ZA)
Nebcin® (Lilly: ET, GR, HR, IL, KE, NZ, TZ, UG, US)
Nebcin® [vet.] (King: GB)
Nebicina® (Teofarma: IT)
Obracin® (EuroCept: BE, NL)
Obracin® (Lilly: LU)
Obracin® (Teva: CH)
Thilo-Micine® (Farmex: GR)
Tobcin® (Novartis: BD)
Tobirax® (Gaco: BD)
Tobi® (Chiron: PL)
Tobi® (Novartis: CA)
Tobra Gobens® (Normon: DO, ES)
TOBRA-cell® (cell pharm: DE)
Tobracin® (Shionogi: JP)

Tobradistin® (Dista: ES)
Tobramicina Braun® (Braun: ES)
Tobramicina IBI® (IBI: IT)
Tobramicina Normon® (Normon: ES)
Tobramicina® (Braun: PT)
Tobramin® (Nipa: BD)
Tobramycin Injection® (Mayne: AU, NZ)
Tobramycin Injection® (Pfizer: AU)
Tobramycin Sulfate® (Abraxis: US)
Tobramycin Sulfate® (Hospira: US)
Tobramycin Sulfate® (Sicor: US)
Tobramycin Sulfate® (X-Gen: US)
Tobramycin Sulphate® (Balkanpharma: BG)
Tobramycin-Fresenius® (Bodene: ZA)
Tobramycin-mp® (medphano: DE)
Tobramycine CF® (Centrafarm: NL)
Tobramycin® (Alpharma: GB)
Tobramycin® (Balkanpharma: BG)
Tobramycin® (Mayne: AU, GB)
Tobramycin® (Pfizer: AU)
Tobramycin® (Pharmaceutical Partners of Canada: CA)
Tobraneg® (Elder: IN)
Tobrasix® (Lilly: AT)
Tobrex® (Alcon: HR, RO)
Tobrex® (Firma: IT)
Tobryne® (Fahrenheit: ID)
Tomycin® (Orion: FI)
Trazil® (Sophia: MX)

Tocainide (Rec.INN)

L: Tocainidum
D: Tocainid
F: Tocaïnide
S: Tocainida

Antiarrhythmic agent

ATC: C01BB03
CAS-Nr.: 0041708-72-9 C_{11}-H_{16}-N_2-O
M_r 192.269

Propanamide, 2-amino-N-(2,6-dimethylphenyl)-

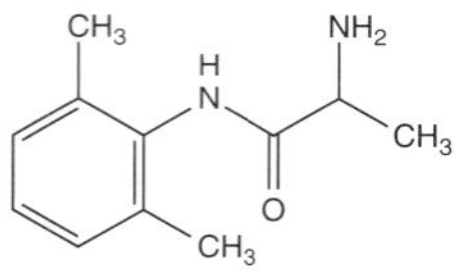

OS: *Tocainide [BAN, USAN]*

– hydrochloride:

CAS-Nr.: 0035891-93-1
OS: *Tocainide Hydrochloride BANM*
IS: *APX*
IS: *W 36095*
PH: Tocainide Hydrochloride USP 30

Tonocard® (AstraZeneca: NL, US)
Tonocard® (Merck: US)
Xylotocan® (AstraZeneca: DE)

Tocilizumab (Rec.INN)

L: Tocilizumabum
D: Tocilizumab
F: Tocilizumab
S: Tocilizumab

Immunomodulator
Monoclonal antibody

ATC: L04AA
CAS-Nr.: 0375823-41-9
C_{6423}-H_{9976}-N_{1720}-O_{2018}-S_{42}
M_r 144985.03

immunoglobulin G1, anti-(human interleukin 6 receptor) (human-mouse monoclonal MRA heavy chain), disulfide with human-mouse monoclonal MRA kappa-chain, dimer WHO
IS: *MRA*
IS: *R-1569*
IS: *Atlizumab*

Actemra® (Chugai: JP)

Tocopherol, α- (Ph. Eur.)

L: α-Tocopherolum
I: DL-α-Tocoferolo
D: DL-α-Tocopherol
F: Alpha tocopherol

Vitamin E

ATC: A11HA03
ATCvet: QA11HA03
CAS-Nr.: 0010191-41-0 C_{29}-H_{50}-O_2
M_r 430.719

2,5,7,8-Tetramethyl-2-(4,8,12-trimethyltridecyl)-chroman-6-ol

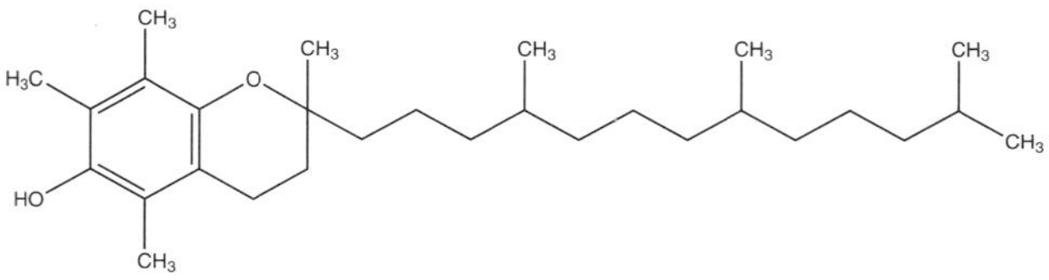

OS: *Alpha-tocophérol [DCF]*
OS: *Tocopherol [JAN]*
IS: *E 307*
PH: Tocopherol [JP XIV]
PH: α-Tocopherolum [Ph. Eur. 5]
PH: Vitamin E [USP 30]
PH: α-Tocopherol [Ph. Eur. 5]
PH: DL-α-Tocopherol [Ph. Eur. 5]
PH: all-rac-α-Tocopherol [Ph. Eur. 5]
PH: Tocopherolum, int-rac-α [Ph. Eur. 5]
PH: RRR-α-Tocopherol [Ph. Eur. 5]

Actis® [vet.] (Sogeval: FR)
Adedriol® [vet.] (Eurovet: NL)
Alfa-E® (Aristopharma: BD)
Bio-E-Vitamin® (Pharma Nord: FI, NO)
Bio-E-Vitamin® (Pharma Nord ApS: TH)
Bio-E® (Dr Reddys: LK)
Biopto-E® (Jenapharm: DE)
Biovit E® (Bio-Pharma: BD)
Bioweyxin® [vet.] (Veyx: DE)

Blackmores Bio E® (Blackmores: TH)
Burgerstein Vitamin E® (Antistress: CH)
Dalfarol® (Darya-Varia: ID)
Diluvac® [vet.] (Intervet: NL)
Docviteee® (Docpharma: BE)
Domenat® (Domesco: VN)
E-Cap® (Drug International: BD)
E-Devit® (Framingham: AR)
E-Tab® (Acme: BD)
E-Vitamin-ratiopharm® (ratiopharm: DE)
Ecobiosan® (Sandoz: CH)
Ecovit® (Globe: BD)
Efynal® (Healthcare: BD)
Egogyn® (Gynopharm: CL)
Elex Verla® (Verla: DE)
Elife® (Rephco: BD)
Enat® (Mega: ID)
Energy with Natural Vitamin E® (Pharmatech: PE)
Ephynal® (Bayer: AR)
Eplonat® (Infirmarius-Rovit: DE)
Equiday E® (Algol: FI)
Equiday E® (Solvay: DE)
Equivit E® [vet.] (Kentucky: AU)
Etec 1000® (Tecnofarma: CL)
ETEC® (Raffo: AR)
Etocoderm® (Richter: AT)
Etocovit® (Richter: AT)
Etox® (Universal Medicare: LK)
Eurovita E® (GlaxoSmithKline: RO)
Eusovit® (Strathmann: DE)
Evidon® (Doctor's Chemical Work: BD)
Evipon® (Armoxindo: ID)
Evit® (Europharm: AT)
Evit® (Scherer: CZ)
Evit® (Square: BD)
Evit® (Vita Health Care: CH)
Flexal Vitamin E® (Hexal: DE)
Formula-E® (Beximco: BD)
Grandpherol® (Sandoz: TR)
Hydrovit E® [vet.] (Adisseo: AU)
Jasovit-E® (Jayson: BD)
Keri Vit E® (Bristol-Myers Squibb: HK)
Lanturol® (Landson: ID)
Lipo E Vitamin E 800 „Vit"® (Vita Health Care: CH)
Liquid E® [vet.] (Stride: ZA)
Malton E® (Riemser: DE)
Mamasan® (Pharmafem: AR)
Microvit E® [vet.] (Adisseo: AU)
Mowivit Vitamin E® (Rodisma-Med: DE)
Myra® (Myra: SG)
Natopherol® (Abbott: ID, SG)
Natur-E® (Darya-Varia: ID)
Natural Vitamin E Medicrafts® (Mega: TH)
Natural Vitamin E® (Pharmatech: PE)
Natural Wealth Vitamin E-200 i.j.® (NBTY: HR)
Naturol® (Prafa: ID)
Nutrivit-E® (ACI: BD)
Nycoplus E-vitamin® (Nycomed: NO)
Omega III® (Nutrifarma: TR)
Optovit E® (Hermes: AT, DE)
Optovit E® (Qualiphar: BE)
Optovit® (Hermes: DE)
Optovit® (Vifor: CH)
Ovit-E® (Opsonin: BD)
Pasteur Pharma Vitamin E® (Pasteur: PH)
Placent-E® (Navana: BD)
Plenovit Vitamna E® (Phoenix: AR)
Poxid® (Renata: BD)
Prima-E® (Prima: ID)
Puncto E® (Grünwalder: DE)
Renbo-E® (Novartis: BD)
Rigentex® (Bracco: IT)
Rovisol E® [vet.] (Bayer: BE)
Santa-E® (Sanbe: ID)
Sicovit E® (Sicomed: RO)
Squibb Vitamin E® (Bristol-Myers Squibb: SG)
Sursum® (Abiogen: IT)
Tetefit® (Medra: AT)
Tocopherine® (Soho: ID)
Tocovenös® (Fresenius: AT)
Tocovite® [vet.] (Arnolds: GB)
Tocovit® (Medicap: LK)
Tocovit® (Orion: BD)
Togasan Vitamin E® (Togal: DE)
Tokosel® [vet.] (Pharmaxim: NO)
Tokovit® (Hasco: PL)
Univit-E® (United Pharmaceutical: AE, BH, IQ, JO, LY, OM, QA, SA, SD, YE)
Uno-Vit® (Wiedemann: DE)
Vinpo-E® (Hexpharm: ID)
Vit E hydrosol® [vet.] (Balkanpharma: BG)
Vit.E Stada® (Stada: DE)
Vita-E® (Edruc: BD)
Vita-E® (Wörwag Pharma: DE)
Vitactiv® (HWS-OTC-Service: AT)
Vitaferol® (Otto: ID)
Vitamin E AL® (Aliud: DE)
Vitamin E Asian Pharm® (Asian: TH)
Vitamin E Pfizer® (Pfizer: TH)
Vitamin E® (Biofarm: RO)
Vitamin E® (Fidia: RS)
Vitamin E® (Geneva: US)
Vitamin E® (Perrigo: IL)
Vitamin E® (Pharco: RO)
Vitamin E® (Quality: PE)
Vitamin E® (Remevita: RS)
Vitamin E® (Schein: US)
Vitamin E® (Srbolek: RS)
Vitamin E® (Sun Naturals: PE)
Vitamin E® (Zentiva: RO)
Vitamin-E EVI-MIRALE® (Twardy: DE)
Vitamin-E-Natur® (Jenapharm: DE)
Vitamin-E400 MG XL Lab® (XL: VN)
Vitamina E 500 Arko® (Arkochim: ES)
Vitamina E Arion Mason® (Arion: PE)
Vitamina E L.Ch.® (Chile: CL)
Vitamina E MD® (MD&D International: PE)
Vitamina E Natural® (Framingham: AR)
Vitamina E® (Argenfarma: AR)
Vitamina E® (Garden House: AR)
Vitamina E® (Ivax: PE)
Vitamina E® (Lafarmen: AR)
Vitamina E® (Mintlab: CL)
Vitamina E® (Natufarma: AR)
Vitamina E® (Natumed: PE)
Vitamina E® (Natural Life: AR)
Vitamina E® (Unifarm: PE)
Vitamina E® (Unimed: PE)
Vitamine E PCH® (Pharmachemie: NL)

Vitamine E® [vet.] (Alfasan: NL)
Vitamine E® [vet.] (Virbac: AU)
Vitazell® (Köhler: DE)
Vitesol E® (Unimed: PE)
Vitole E® (Medana: PL)

– acetate:

CAS-Nr.: 0052225-20-4
OS: *Tocopherol Acetate JAN*
IS: *Acetyltocopherolum*
IS: *Tocoferolum aceticum*
IS: *Acetyl-α-tocopherol*
IS: *Vitamin-E-acetat*
PH: α-Tocopheryl Acetate Concentrate (Powder Form) Ph. Eur. 5
PH: α-Tocophérol (acétate d') Ph. Eur. 5
PH: α-Tocopherolacetat Ph. Eur. 5
PH: Tocopherol Acetate JP XIV
PH: α-Tocopheroli acetas pulvis Ph. Eur. 5
PH: all-rac-α-Tocopheryl acetate Ph. Eur. 5
PH: RRR-α-Tocopheryl acetate Ph. Eur. 5

Additiva Vitamin E® (Scheffler: DE)
Alfa-Tocoferol Acetate® (Stada: GE)
Allsan Vitamin E® (Biomed: CH)
Antioxidans E-Hevert® (Hevert: DE)
Apomedica Vitamin E® (Apomedica: AT)
Apozema Vitamin E® (Apomedica: AT)
Aquasol E® (aai: US)
Aquasol E® (Procaps: CO)
Aquasol-E® (Roddome: EC)
Aquavit E® (Procaps: DO)
Auxina E® (Chiesi: ES)
Avigilen Vit. E® (Sanova: AT)
Bakanasan Vitamin E® (Bregenzer: AT)
Biocare® (Novamed: CO)
Biogelat Vitamin E® (Metochem: AT)
Biosan® (Biocur: DE)
Crevet E® (Prater: CL)
Davitamon E® (Organon: NL)
Dermorelle® (IPRAD: FR)
Dermovit E® (Coel: PL)
Detulin® (McNeil: DE)
Detulin® (Woelm: LU)
Doppelherz Vitamin E® (Queisser: AT, DE, RU)
Drogapur Vitamin E® (Metochem: AT)
E Vitamin E® (medphano: DE)
E-Drops® (Ranbaxy: TH)
E-Mulsin® (Mucos: DE)
E-Tonil® (APS: DE)
E-Vicotrat® (Heyl: DE)
E-Vidon® (Abigo: SE)
E-Vimin® (BioPhausia: SE)
E-Vitamin-ratiopharm® (ratiopharm: DE, LU)
E-Vitum® (Merck: IT)
Eforol® (Yeni: TR)
Egogyn® (GYNOpharm: CO)
Enova® (Bristol-Myers Squibb: ID)
Ephynal Roche® (Roche: AT)
Ephynal® (Bayer: AT, BE, BR, CH, CO, ES, GB, IE, IT, LU, PE, PT, SE, TR, ZA)
Ephynal® (Bayer Santé Familiale: FR)
Erevit® (Biotika: CZ)
Erevit® (Zentiva: CZ)
Etovit® (USV: LK)
Evicap® (Kocak: BA)
Evicap® (Koçak: TR)
Evigen® (Eras: TR)
Evimec® (Mecosin: ID)
Eviol® (Gap: GR)
Evion® (Bracco: IT)
Evion® (E Merck: LK)
Evion® (Merck: AR, DE, ID, IN)
Evitex-Vitamin E® (Stanley: IL)
Evitol® (Krka: BA, RS, SI)
Evitol® (Lannacher: AT)
Evitol® (Teva: IL)
Evitrex® (Pal Labs: IL)
Evit® (mibe: DE)
Evon® (Bilim: TR)
Gewusst wie Vitamin E® (Metochem: AT)
Ido-E® (ACO: SE)
Ido-E® (Pfizer: FI, NO)
Ixopolet® (Best: MX)
Juvela® (Eisai: JP)
Macro Natural Vitamin E Cream® (Wyeth: AU)
Natovit® (Bruno: IT)
Natural-E® (Nutrifarma: TR)
Océferol® [vet.] (Virbac: FR)
Orginal E® (Pyridam: ID)
Richtavit E® [vet.] (Ausrichter: AU)
Sanavitan S® (Böttger: DE)
Sanhelios Vitamin E® (Bregenzer: AT)
Sant-E-Gal® (ICN: BG)
Selevitan® [vet.] (Pharmacia Animal Health: SE)
Snow-E Muscle® [vet.] (International Animal: NZ)
Snow-E Muscle® [vet.] (International Animal Health: AU)
Spondyvit® (Valeant: DE)
Tocoferole Acetat® (Biopharm: GE)
Tocolion® (Sciencex: FR)
Tocopa® (Arkopharma: FR)
Tocopharm® (Troyapharm: BG)
Tocorell N® (Sanorell: DE)
Tocorell Vit. E® (Sanorell: DE)
Tocosules® (Tablets: LK)
Tocovital® (Steigerwald: DE)
Toco® (Pharma 2000: FR)
Tokovitan® (Orion: FI)
VE 150® (Tecnifar: PT)
Vibolex® (MIP: DE)
Vita E® (Aché: BR)
Vita-E® (Interpharm: EC)
Vita-E® (Wörwag Pharma: DE)
Vitagutt Vitamin E® (Schwarzhaupt: DE)
Vitamin E Bioextra® (Bioextra: HU)
Vitamin E Domesco® (Domesco: VN)
Vitamin E ratiopharm® (Ratiopharm: AT)
Vitamin E Sanum® (Sanum-Kehlbeck: DE)
Vitamin E Slovakofarma® (Slovakofarma: CZ)
Vitamin E Stada® (Stada: AT)
Vitamin E Suspension® (Cambridge Laboratories: GB)
Vitamin E Svus® (Svus: CZ)
Vitamin E Zentiva® (Zentiva: GE, RU)
Vitamin E-Mepha® (Mepha: CH)
Vitamin E-mp® (medphano: DE)
Vitamin E® (Balkanpharma: BG)
Vitamin E® (Cambridge Laboratories: GB)
Vitamin E® (Pharmamagist: HU)
Vitamin E® (Powergenics: AR)

Vitamin E® (Twardy: AT, DE)
Vitamin E® (Zentiva: PL)
Vitamin E® [vet.] (Animedic: DE)
Vitamin E® [vet.] (Ogris: AT)
Vitamin E® [vet.] (S.E.O.A.: FR)
Vitamina E Knop® (Knop: CL)
Vitamina E Procaps® (Procaps: CO)
Vitamina E Vca® (Bergamon: IT)
Vitamina E® (Arion: PE)
Vitamina E® (Bawiss: CO)
Vitamina E® (Bestpharma: CL)
Vitamina E® (Hexal: BR)
Vitamina E® (Labomed: CL)
Vitamina E® (Sanitas: CL)
Vitamine E Merck® (Merck Génériques: FR)
Vitamine E Nepalm® (Nepalm: FR)
Vitamine E Sandoz® (Sandoz: FR)
Vitamine E® [vet.] (Coophavet: FR)
Vitaminum E® (Curtis: PL)
Vitaminum E® (Gal: PL)
Vitaminum E® (GlaxoSmithKline: PL)
Vitaminum E® (Hasco: PL)
Vitaminum E® (Medana: PL)
Vitaminum E® (Polfarmex: PL)
Vitaminum E® (Synteza: PL)
Vitasol E® [vet.] (Dopharma: NL)
Wellness Vitamin E® (Wellness: AT)
White E® [vet.] (Bomac: NZ)
Witamina E® (Queisser: PL)
Zyme® (Blooming Fields: PH)

– calcium succinate:

OS: *Tocopherol Calcium Succinate JAN*
PH: Tocopherol Calcium Succinate JP XIV

E-Tab-S® (Isei: JP)
Juvelon® (Eisai: JP)

– nicotinate:

CAS-Nr.: 0016676-75-8
OS: *Tocopherol Nicotinate JAN*
IS: *Tocopheryl nicotinate*
PH: Tocopherol Nicotinate JP XIV

Enico® (Eisai: DO, GT, ID, JP, SV)
Hijuven® (Eisai: HK, JP, MY)
Juvela Nicotinate® (Eisai: JP)
Juvela N® (Eisai: JP)
Kenton S® (Sawai: JP)

– succinate:

CAS-Nr.: 0017407-37-3
IS: *DL-α-Tocopheryl acid succinate*
PH: DL-α-Tocopheroli hydrogensuccinas Ph. Eur. 5
PH: RRR-α-Tocopheryl hydrogen succinate Ph. Eur. 5
PH: RRR-α-Tocopherylis hydrogenosuccinas Ph. Eur. 5
PH: DL-α-Tocopheryl hydrogen succinate Ph. Eur. 5

Vitamin-E Dragees® (Wiedemann: DE)
White-E® [vet.] (Bomac: NZ)
White-E® [vet.] (Vetsearch: AU)

Todralazine (Prop.INN)

L: Todralazinum
D: Todralazin
F: Todralazine
S: Todralazina

Antihypertensive agent
Vasodilator, peripheric

CAS-Nr.: 0014679-73-3 C_{11}-H_{12}-N_4-O_2
M_r 232.257

Hydrazinecarboxylic acid, 2-(1-phthalazinyl)-, ethyl ester

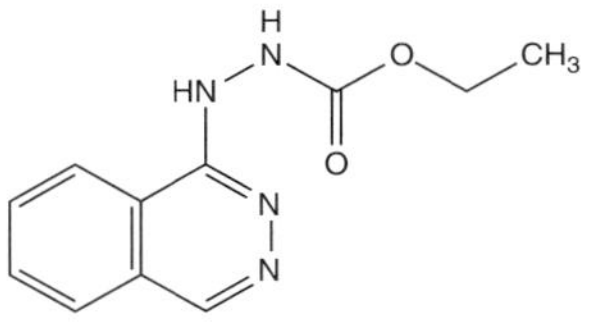

OS: *Todralazine [BAN]*
IS: *Ecarazine*
IS: *BT 621*
IS: *Ecarizin*

– hydrochloride:

CAS-Nr.: 0003778-76-5
IS: *BT 621*
IS: *CEPH*
PH: Todralazine Hydrochloride JP XIV

Apiracohl® (Kyowa: JP)
Binazin® (Polfa Pabianice: PL)
Hydrapron® (Isei: JP)

Tofisopam (Rec.INN)

L: Tofisopamum
D: Tofisopam
F: Tofisopam
S: Tofisopam

Tranquilizer

ATC: N05BA23
CAS-Nr.: 0022345-47-7 C_{22}-H_{26}-N_2-O_4
M_r 382.47

5H-2,3-Benzodiazepin, 1-(3,4-dimethoxyphenyl)-5-ethyl-7,8-dimethoxy-4-methyl-

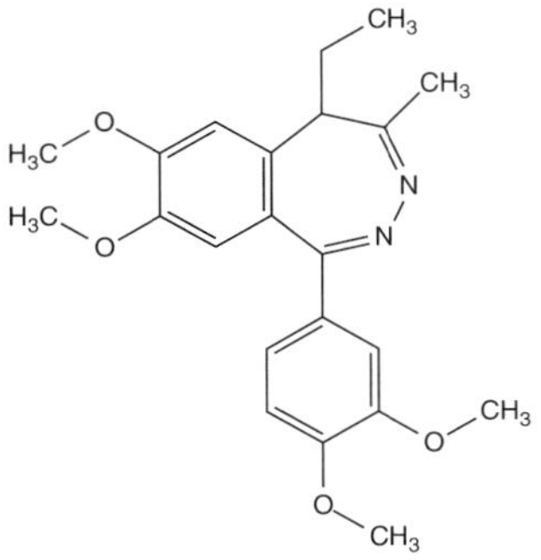

OS: *Tofisopam [DCF, JAN]*
IS: *EGYT 341*
PH: Tofisopam [JP XIV]

Grandaxin® (Egis: CZ, EG, HU, RO, RU, TH)

T

Tolazamide (Rec.INN)

L: Tolazamidum
I: Tolazamide
D: Tolazamid
F: Tolazamide
S: Tolazamida

⚕ Antidiabetic agent

ATC: A10BB05
CAS-Nr.: 0001156-19-0 C_{14}-H_{21}-N_3-O_3-S
M_r 311.412

Benzenesulfonamide, N-[[(hexahydro-1H-azepin-1-yl)amino]carbonyl]-4-methyl-

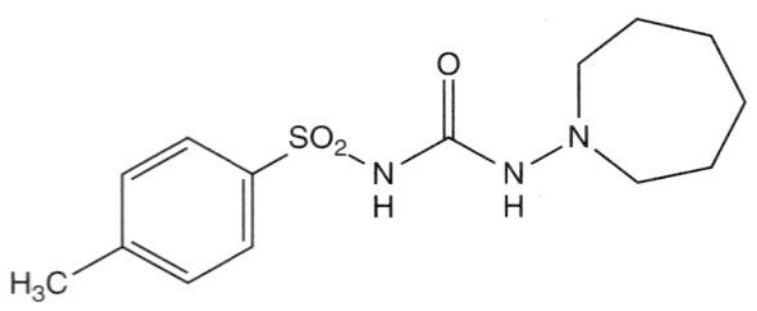

OS: *Tolazamide [BAN, DCF, DCIT, JAN, USAN]*
IS: *U 17835*
PH: Tolazamide [BP 2002, JP XIV, USP 30]

Tolazamide® (Mylan: US)
Tolinase® (Alter: ES)
Tolinase® (Pfizer: US)

Tolazoline (Rec.INN)

L: Tolazolinum
D: Tolazolin
F: Tolazoline
S: Tolazolina

⚕ Vasodilator, peripheric
⚕ α-Adrenergic blocking agent

ATC: C04AB02,M02AX02
CAS-Nr.: 0000059-98-3 C_{10}-H_{12}-N_2
M_r 160.226

1H-Imidazole, 4,5-dihydro-2-(phenylmethyl)-

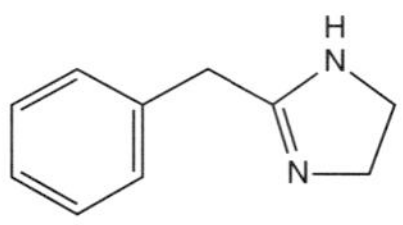

OS: *Tolazoline [BAN, DCF]*
IS: *Benzazolin*

Tolazine® [vet.] (Lloyd: US)

– hydrochloride:

CAS-Nr.: 0000059-97-2
OS: *Tolazoline Hydrochloride BANM, JAN*
IS: *Benzazoline hydrochloride*
PH: Benzylimidazolinum hydrochloricum OeAB
PH: Tolazolina cloridrato F.U. IX
PH: Tolazoline Hydrochloride BP 1980, USP 30
PH: Tolazolinium chloratum PhBs IV
PH: Tolazolinum hydrochloricum 2.AB-DDR

Divascol® (Spofa: CZ)
Priscoline® (Novartis: US)
Tolazine® [vet.] (Lloyd: NZ)

Tolbutamide (Rec.INN)

L: Tolbutamidum
I: Tolbutamide
D: Tolbutamid
F: Tolbutamide
S: Tolbutamida

⚕ Antidiabetic agent

ATC: A10BB03,V04CA01
CAS-Nr.: 0000064-77-7 C_{12}-H_{18}-N_2-O_3-S
M_r 270.356

Benzenesulfonamide, N-[(butylamino)carbonyl]-4-methyl-

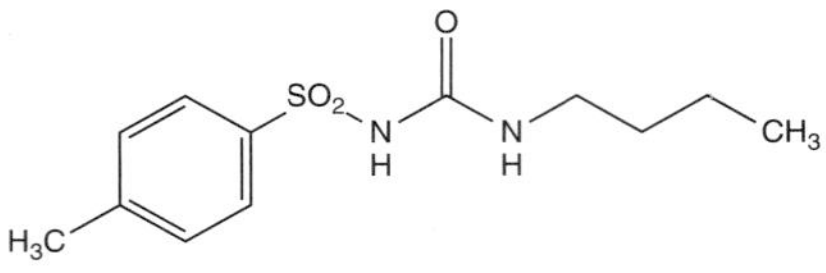

OS: *Tolbutamide [BAN, DCF, DCIT, JAN]*
IS: *D 860 H*
IS: *Tolglybutamide*
IS: *Butamidum*
IS: *HLS 831*
IS: *U 2043*
PH: Tolbutamid [Ph. Eur. 5]
PH: Tolbutamide [JP XIV, Ph. Eur. 5, Ph. Int. 4, USP 30]
PH: Tolbutamidum [Ph. Eur. 5, Ph. Int. 4]

Apo-Tolbutamide® (Apotex: CA)
Arcosal® (Rosco: DK)
Artosin® (Reckitt Benckiser: AU)
Artosin® (Roche: MX)
Artosin® (Yamanouchi: JP)
Butamide® (Toyama: JP)
Diaben® (Chugai: JP)
Diabetol® (Polpharma: PL)
Diabetose® (Nichiiko: JP)
Diamide Inga® (Inga: LK)
Diatol® (Pacific: NZ)
Diatol® (Pacific Pharm: HK)
Dirastan® (Slovakofarma: CZ)
Dirastan® (Zentiva: CZ)
Orabet® (Berlin-Chemie: DE)
Orinase® (Pfizer: US)
Orsinon® (Rekah: IL)
Tolbutamid R.A.N.® (R.A.N.: DE)
Tolbutamide Alpharma® (Alpharma: NL)
Tolbutamide A® (Apothecon: NL)
Tolbutamide CF® (Centrafarm: NL)
Tolbutamide FLX® (Karib: NL)
Tolbutamide Katwijk® (Katwijk: NL)
Tolbutamide Merck® (Merck Generics: NL)
Tolbutamide PCH® (Pharmachemie: NL)
Tolbutamide ratiopharm® (Ratiopharm: NL)
Tolbutamide Sandoz® (Sandoz: NL)
Tolbutamide® (Delphi: NL)
Tolbutamide® (GenRx: NL)
Tolbutamide® (Hexal: NL)
Tolbutamide® (Hillcross: GB)
Tolbutamide® (Katwijk: NL)
Tolbutamide® (Mylan: US)
Tolbutamide® (Sandoz: US)
Tolbutamide® (Teva: GB, US)

Tolbutamide® (Watson: US)
Tolbutamid® (Sintofarm: RO)
Tolbutamina® (Bestpharma: CL)
Tolmide® (Beacons: SG)

Tolcapone (Rec.INN)

L: Tolcaponum
D: Tolcapon
F: Tolcapone
S: Tolcapona

Antiparkinsonian
COMT inhibitor

ATC: N04BX01
ATCvet: QN04BX01
CAS-Nr.: 0134308-13-7 C_{14}-H_{11}-N-O_5
M_r 273.24

Methanone, (3,4-dihydroxy-5-nitrophenyl)(4-methyl-phenyl)-

3,4-Dihydroxy-4'-methyl-5-nitrobenzophenon (IUPAC)

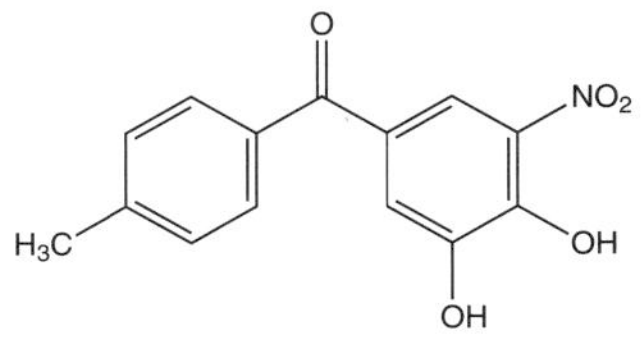

OS: *Tolcapone [BAN, USAN]*
IS: *Ro 40-7592 (Roche, USA)*
PH: Tolcapone [USP 30]

Tasmar® (MediLink: SE)
Tasmar® (Roche: BR, CL, ZA)
Tasmar® (Valeant: AR, AT, CH, CR, CZ, DE, DK, ES, FI, FR, GB, HU, IE, IT, LU, MX, NL, NZ, PA, PE, PL, RU, SG, TT, US, UY)
Tasmar® (Valeant Pharmaceuticals: SI)

Tolciclate (Rec.INN)

L: Tolciclatum
I: Tolciclato
D: Tolciclat
F: Tolciclate
S: Tolciclato

Antifungal agent

ATC: D01AE19
CAS-Nr.: 0050838-36-3 C_{20}-H_{21}-N-O-S
M_r 323.458

Carbamothioic acid, methyl(3-methylphenyl)-, O-(1,2,3,4-tetrahydro-1,4-methanonaphthalen-6-yl) ester

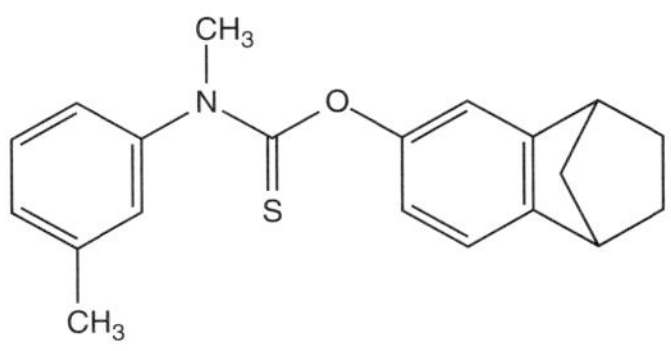

OS: *Tolciclate [JAN, USAN]*
OS: *Tolciclato [DCIT]*
IS: *KC 9147*

Tolmicen® (Pharmacia: BG, CZ, IT)
Tolmicil® (Pharmacia: GR)
Tolmicol® (Pharmacia: BR)

Toldimfos (Rec.INN)

L: Toldimfosum
D: Toldimfos
F: Toldimfos
S: Toldimfos

Tonic

CAS-Nr.: 0057808-64-7 C_9-H_{14}-N-O_2-P
M_r 199.191

Phosphinic acid, [4-(dimethylamino)-2-methylphenyl]-

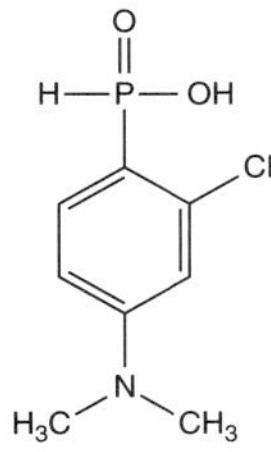

OS: *Toldimfos [BAN]*
IS: *Toluylphosphenic acid*

Phosphijet® [vet.] (Noé: FR)
Tonophosphan® [vet.] (Intervet: FR)

– sodium salt:
CAS-Nr.: 0005787-63-3
OS: *Toldimfos Sodium BANM*

Cobaphos® [vet.] (Richter: AT)
Escophos® [vet.] (Streuli: CH)
Foston® [vet.] (Intervet: GB)
Phosphonortonic® [vet.] (Vetoquinol: FR)
Vetophos® [vet.] (Veyx: DE)

Tolfenamic Acid (Rec.INN)

L: Acidum tolfenamicum
D: Tolfenaminsäure
F: Acide tolfénamique
S: Acido tolfenamico

Antiinflammatory agent

ATC: M01AG02
CAS-Nr.: 0013710-19-5 C_{14}-H_{12}-Cl-N-O_2
M_r 261.71

Benzoic acid, 2-[(3-chloro-2-methylphenyl)amino]-

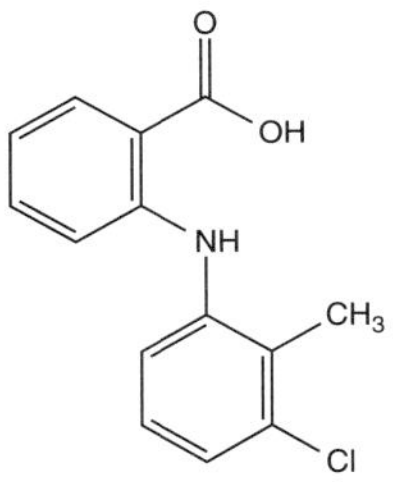

T

OS: *Tolfenamic Acid [BAN, JAN]*
PH: Tolfenamic Acid [Ph. Eur. 5]
PH: Acidum tolfenamicum [Ph. Eur. 5]
PH: Tolfénamique (acide) [Ph. Eur. 5]
PH: Tolfenaminsäure [Ph. Eur. 5]

Clotam® (Faran: GR)
Clotam® (Hexal: NL)
Clotam® (Leiras: CZ)
Clotam® (Sandoz: FI)
Dolfenax® (Chalver: CO, PE)
Fenamic® (Enila: BR)
Flocur® (Beta: AR)
Gantil® (Elpen: GR)
Migea® (Gea: PL)
Migea® (Hexal: AT, CZ, DK, NO)
Migea® (Sandoz: HU)
Polmonin® (Farmanic: GR)
Purfalox® (Kleva: GR)
Rociclyn® (Zambon: NL)
Tolfamic® (Mentinova: GR)
Tolfedine® [vet.] (Ati: IT)
Tolfedine® [vet.] (Selecta: DE)
Tolfedine® [vet.] (Univete: PT)
Tolfedine® [vet.] (Vetochas: DE)
Tolfedine® [vet.] (Vetoquinol: AT, AU, BE, CH, GB, IE, LU, NL)
Tolfedin® [vet.] (Schering-Plough: SE)
Tolfedin® [vet.] (Vetoquinol: AT, CH)
Tolfine® [vet.] (Vetoquinol: FR, GB, NL)
Tolfédine® [vet.] (Vetoquinol: FR)
Turbaund® (Rafarm: GR)

Tolmetin (Rec.INN)

L: Tolmetinum
I: Tolmetina
D: Tolmetin
F: Tolmétine
S: Tolmetina

Antiinflammatory agent

ATC: M01AB03,M02AA21
CAS-Nr.: 0026171-23-3 C_{15}-H_{15}-N-O_3
M_r 257.295

1H-Pyrrole-2-acetic acid, 1-methyl-5-(4-methylbenzoyl)-

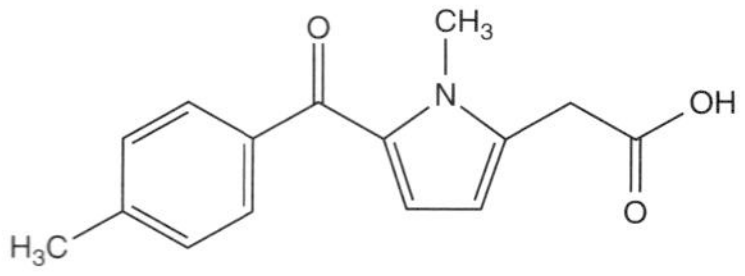

OS: *Tolmetin [BAN, USAN]*
OS: *Tolmétine [DCF]*
OS: *Tolmetina [DCIT]*
IS: *McN 2559 (McNeil, USA)*

Tolectin® (Janssen: AE, AT, BG, CY, CZ, EG, JO, LB, LU, MT, SA, SY)
Tolectin® (Ortho: US)

– sodium salt:

CAS-Nr.: 0064490-92-2
OS: *Tolmetin Sodium BANM, JAN, USAN*
IS: *McN 2559-21-98 (McNeil, USA)*
PH: Tolmetin Sodium USP 30

Artocaptin® (Estedi: ES)
Artrocaptin® (Estedi: ES)
Tolectin® (Janssen: AT, BE, BG, CZ, IE, IT, MX, NL, ZA)
Tolectin® (Ortho: US)
Tolectin® (Santa-Farma: TR)
Tolmetin Sodium® (Actavis: US)
Tolmetin Sodium® (Mutual: US)
Tolmetin Sodium® (Mylan: US)
Tolmetin Sodium® (Sandoz: US)
Tolmetin Sodium® (Teva: US)

Tolnaftate (Rec.INN)

L: Tolnaftatum
I: Tolnaftato
D: Tolnaftat
F: Tolnaftate
S: Tolnaftato

Antifungal agent

ATC: D01AE18
CAS-Nr.: 0002398-96-1 C_{19}-H_{17}-N-O-S
M_r 307.415

Carbamothioic acid, methyl(3-methylphenyl)-, O-2-naphthalenyl ester

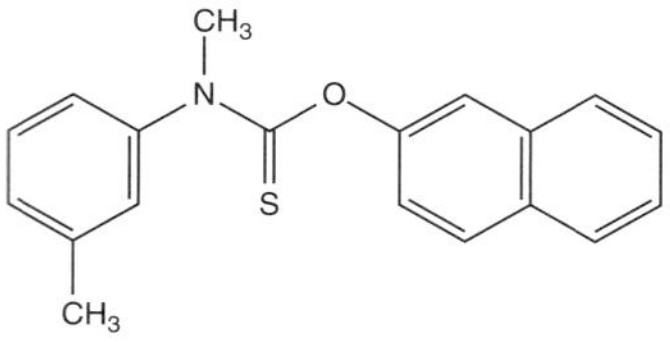

OS: *Tolnaftate [BAN, DCF, JAN, USAN]*
OS: *Tolnaftato [DCIT]*
IS: *Naphthiomate-T*
IS: *Sch 10144*
PH: Tolnaftat [Ph. Eur. 5]
PH: Tolnaftate [Ph. Eur. 5, JP XIV, USP 30]
PH: Tolnaftatum [Ph. Eur. 5]

Aftate® (Schering-Plough: HK, US)
Athlete's Foot® (Scholl: HU, IL)
Breezee® (Pedinol: US)
Chinofungin® (Sanofi-Aventis: HU)
Digifungin® (Wagner Pharmafax: HU)
Ezon-T® (Unison: TH)
Ezon-T® (Yamanouchi: JP)
Genaspor® (Zenith Goldline: US)
Hi-Alarzin® (Yamanouchi: JP)
Micoisdin® (Isdin: ES)
Miconaft® (Europharm: RO)
Mikoderm® (Adeka: TR)
Naftate® (Pharmac: ID)
NP-27® (Thompson: US)
Pitrex® (Teva: IL)
Ringworm Ointment® (Douglas: AU)
Scholl Athlete's Foot Cream® (SSL: GB)
Scholl Athlete's Foot Powder® (SSL: GB)
Separin® (Sumitomo: JP)
Sporiline® (Schering-Plough: FR)
Tinactin® (Assos: TR)
Tinactin® (Schering-Plough: US)

Tinaderm-Tinactin® (Schering-Plough: AG, AN, AW, BB, BM, BS, BZ, GD, GY, HT, JM, KY, LC)
Tinaderm® (Essex: CO)
Tinaderm® (Fulford: IN)
Tinaderm® (Profesa: EC)
Tinaderm® (Schering-Plough: AU, BD, ES, ET, IT, KE, MX, SG)
Tinaderm® (White's: CL)
Tinasol® (Fischer: IL)
Tinatox® (Riemser: DE)
Tinavate® (Dabur: LK)
Tineafax® (Douglas: AU)
Ting® (Insight: US)
Tolnaderm® (Hoe: LK)
Tolnaderm® (Sterfil: IN)
Tolnaftato L.CH.® (Chile: CL)
Tonoftal® (Essex: DE)
Tono® (Milano: TH)
ZeaSorb® (Stiefel: CA)

Tolperisone (Rec.INN)

L: Tolperisonum
D: Tolperison
F: Tolpérisone
S: Tolperisona

Muscle relaxant

ATC: M03BX04
CAS-Nr.: 0000728-88-1 C_{16}-H_{23}-N-O
M_r 245.37

1-Propanone, 2-methyl-1-(4-methylphenyl)-3-(1-piperidinyl)-

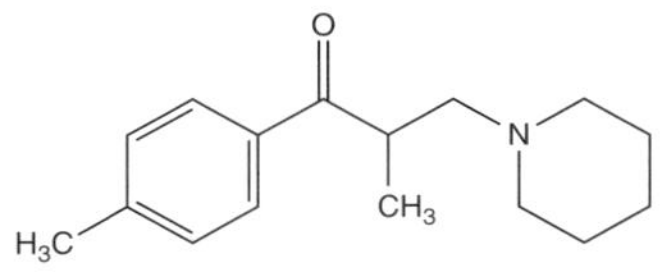

OS: *Tolperisone [BAN]*
IS: *Mydeton*

Musclex® (Aristopharma: BD)
Mydosone® (Condrugs: TH)
Tolperison® (Terapia: RO)

– hydrochloride:

CAS-Nr.: 0003644-61-9
OS: *Tolperisone Hydrochloride JAN*
IS: *N-533*
PH: Tolperisone Hydrochloride JP XIV

Besnoline® (Kotobuki: JP)
Biocalm® (Biolab: TH)
Menopatol® (Chemiphar: JP)
Miodom® (Dominguez: AR)
Muscalm® (Nippon Kayaku: JP)
Musocalm® (Progress: TH)
Mydeton® (Gedeon Richter: HU)
Mydocalm® (Gedeon Richter: BD, CZ, HK, PL, RO, RU, TH, VN)
Mydocalm® (Katwijk: NL)
Mydocalm® (Labatec: CH)
Mydocalm® (Nycomed: AT)
Mydocalm® (Strathmann: DE)
Mydono® (Milano: TH)
Myolax® (Incepta: BD)
Myoxan® (TO Chemicals: TH)
Nichiperisone® (Nichiiko: JP)
Risocalm® (Medifive: TH)
Shiwalax® (Shiwa: TH)
Sinorum® (Towa Yakuhin: JP)
Soneriper® (Pharmasant: TH)
Spamus® (T Man: TH)
Tanderon® (Pharmaland: TH)
Tolcalm® (General Pharma: BD)
Tolflex® (Lagap: CH)
Tolperis® (ICN: PL)
Tolson® (Opsonin: BD)
Toperin® (Eskayef: BD)
Topownan® (Tsuruhara: JP)

Tolterodine (Rec.INN)

L: Tolterodinum
D: Tolterodin
F: Tolterodine
S: Tolterodina

Antispasmodic agent

ATC: G04BD07
CAS-Nr.: 0124937-51-5 C_{22}-H_{31}-N-O
M_r 325.5

(+)-(R)-2-[α-[2-(Diisopropylamino)ethyl]benzyl]-p-cresol

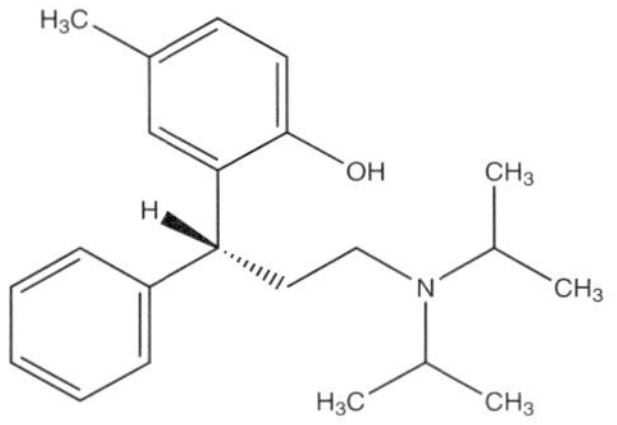

OS: *Tolterodine [BAN, DCF, USAN]*
IS: *Kabi 2234*
IS: *PNU 200583 (Pharmacia & Upjohn, Spain)*

Ucol® (Square: BD)

– tartrate:

CAS-Nr.: 0124937-52-6
OS: *Tolterodine Tartrate BANM, USAN*
IS: *PNU 200583 E (Pharmacia & Upjohn)*

Breminal® (Gobbi: AR)
Detrol® (Pfizer: CA, US)
Detrusitol® (Pfizer: AR, AT, BE, BR, CH, CL, CR, CZ, DK, FI, GB, GB, GE, GT, HK, HN, HU, ID, IE, IL, IL, IN, IS, IT, LU, MX, NI, NL, NL, NO, NZ, PA, PH, PL, PT, RS, RU, SE, SE, SG, SI, SV, TR)
Detrusitol® (Pharmacia: BG, CO, DE, ES, PE, RO, TH, ZA)
Detrusitol® (Pharmacia & Upjohn: SI)
Detsel SR® (Pfizer: NL)
Détrusitol® (Pfizer: FR)
Tolorin® (General Pharma: BD)
Toltem® (Temis-Lostalo: AR)
Tolter® (Renata: BD)
Toltex® (Koçak: TR)

Urginol® (Panalab: AR)
Urotrol® (Almirall: ES)

Toltrazuril (Rec.INN)

L: Toltrazurilum
D: Toltrazuril
F: Toltrazuril
S: Toltrazurilo

Antiparasitic agent
ATCvet: QP51AJ01
CAS-Nr.: 0069004-03-1 C_{18}-H_{14}-F_3-N_3-O_4-S
M_r 425.4

1,3,5-Triazine-2,4,6(1*H*,3*H*,5*H*)-trione,1-methyl-3-[3-methyl-4-[4-[(trifluoromethyl)thio]phenoxy]-phenyl]-

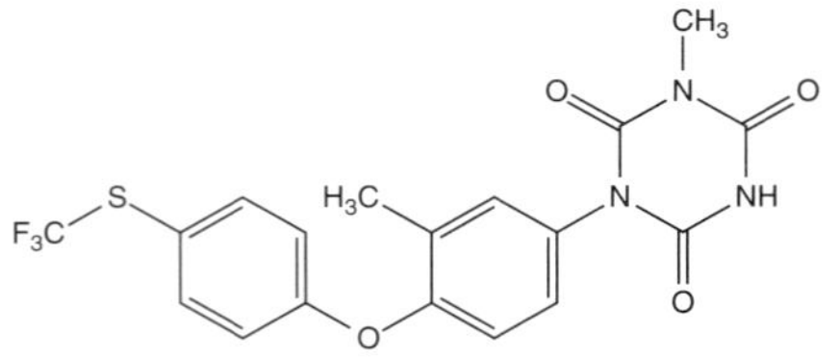

OS: *Toltrazuril [BAN, USAN]*
IS: *Bay Vi 9142 (Bayer, Great Britain)*

Baycox® [vet.] (Bayer: AT, BE, IE, IT, NL, NO, SE)
Baycox® [vet.] (Bayer Animal: DE, NZ, PT)
Baycox® [vet.] (Bayer Animal Health: AU, GB, ZA)
Baycox® [vet.] (Bayer Santé Animale: FR)
Baycox® [vet.] (Orion: FI)
Baycox® [vet.] (Provet: CH)
Cevazuril® [vet.] (Ceva: FR)

Topiramate (Rec.INN)

L: Topiramatum
D: Topiramat
F: Topiramate
S: Topiramato

Antiepileptic

ATC: N03AX11
CAS-Nr.: 0097240-79-4 C_{12}-H_{21}-N-O_8-S
M_r 339.37

2,3:4,5-Di-O-Isopropylidene-β-D-fructopyranose sulfamate

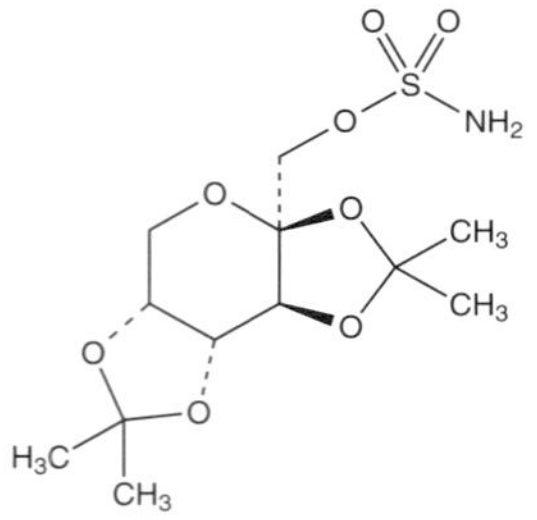

OS: *Topiramate [BAN, DCF, USAN]*
IS: *McN 4853 (McNeil, USA)*
IS: *RWJ 17021-000*
PH: Topiramate [USP 30]

Bipomax® (Janssen: ES)
Epiramat® (Pliva: HR)
Epitomax Orifarm® (Janssen: DK)
Epitomax Paranova® (Janssen-Cilag: DK)
Epitomax® (Euro: NL)
Epitomax® (Janssen: FR)
Gen-Topiramate® (Genpharm: CA)
Letop® (Lek: SI)
Neutop® (Elea: AR)
Novo-Topiramate® (Novopharm: CA)
ratio-Topiramate® (Ratiopharm: CA)
Sandoz Topiramate® (Sandoz: CA)
Topamac Orifarm® (Janssen: DK)
Topamac® (Janssen: AR, CO, GR, IN, PE)
Topamax® (D.A.C.: IS)
Topamax® (Eurim: AT)
Topamax® (Janssen: AT, AU, BE, BG, BR, CA, CH, CR, CZ, DE, DO, ES, GB, GE, GT, HK, HN, HR, HU, ID, IE, IL, IT, LU, MX, MY, NI, NL, NZ, PA, PH, PL, PT, RO, RS, RU, SG, SV, TH, ZA)
Topamax® (Janssen-Cilag: CL, TR, VN)
Topamax® (Johnson & Johnson: SI)
Topamax® (Ortho: US)
Topamax® (Paranova: AT)
Topamax® (Unimed & Unihealth: BD)
Topictal® (Raffo: AR)
Topimax Lyfjaver® (Lyfjaver: IS)
Topimax® (Janssen: DK, FI, IS, NO, SE)
Topiramaat® (Medcor: NL)
Topiramat Ratiopharm® (Ratiopharm: FI)
Topiramat Ratiopharm® (ratiopharm: PL)
Toprel® (Drugtech-Recalcine: CL)

Topotecan (Prop.INN)

L: Topotecanum
D: Topotecan
F: Topotecane
S: Topotecan

Antineoplastic agent

ATC: L01XX17
CAS-Nr.: 0123948-87-8 C_{23}-H_{23}-N_3-O_5
M_r 421.467

1H-Pyrano[3',4':6,7]indolizino[1,2-b]quinoline-3,14(4H,12H)-dione, 10-[(dimethylamino)methyl]-4-ethyl-4,9-dihydroxy-

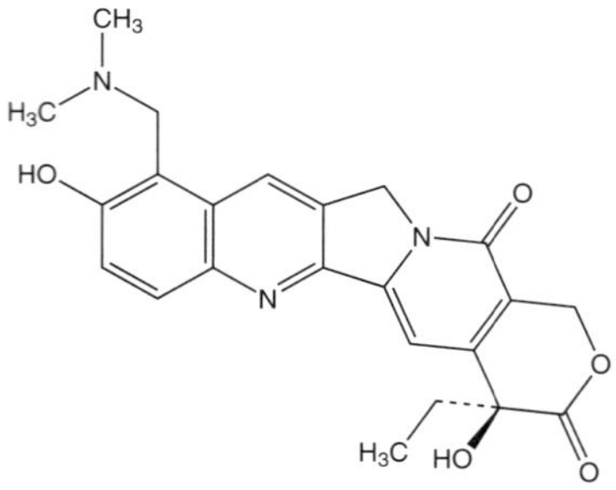

OS: *Topotecan [BAN]*

Hycamtin® (GlaxoSmithKline: IE)
Topokebir® (Aspen: AR)
Topotecan® [sol.-inj.] (Tecnofarma: PE)

- **hydrochloride:**

CAS-Nr.: 0119413-54-6
OS: *Topotecan Hydrochloride BANM, USAN*
IS: *E 89/001*
IS: *NSC 609699*
IS: *SKF S-104864-A (SmithKline Beecham, USA)*

Asotecan® (Raffo: AR)
Hycamtin® (GlaxoSmithKline: AE, AR, AT, AU, BE, BH, BR, CA, CH, CL, CN, CZ, DE, DK, ES, FI, FR, GB, GR, HK, HR, HU, IL, IR, IS, KW, LU, NL, NO, OM, PL, PT, QA, RO, RU, SE, SG, SI, TH, TR, ZA)
Hycamtin® (GlaxoSmithKline Pharm.: US)
Hycamtin® (SmithKline Beecham-GB: IT)
Oncotecan® (Tecnofarma: CO, PE)
Potekam® (Dosa: AR)
Tisogen® (Bioprofarma: AR)
Topotecan Microsules® (Microsules: AR)
Topotel® (Dabur: IN, TH)
Viatopin® (GlaxoSmithKline: HU)

Torasemide (Rec.INN)

L: Torasemidum
D: Torasemid
F: Torasémide
S: Torasemida

Diuretic, loop

ATC: C03CA04
CAS-Nr.: 0056211-40-6 C_{16}-H_{20}-N_4-O_3-S
M_r 348.436

3-Pyridinesulfonamide, N-[[(1-methylethyl)amino]carbonyl]-4-[(3-methylphenyl)amino]-

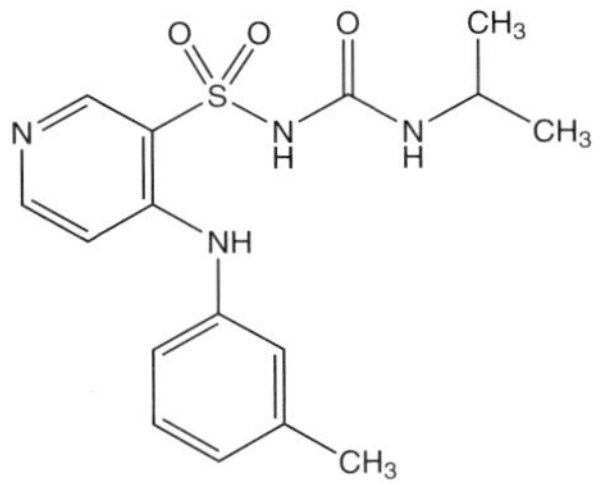

OS: *Torasemide [BAN]*
OS: *Torasémide [DCF]*
OS: *Torsemide [USAN]*
IS: *AC 4464 (Christiaens, Belgium)*
IS: *BM 02.015 (Boehringer Mannheim, Germany)*
IS: *JDL 464*
IS: *AC 3525*
PH: Torasemide anhydrous [Ph. Eur. 5]
PH: Torsemide [USP 30]

Demadex® (Roche: US)
Dilast® (Incepta: BD)
Dilutol® (Roche: ES)
Ditec® (Techno: BD)
Diuremid® (Guidotti: IT)
Diuresix® (Menarini: IT)
Diuver® (Pliva: BA, HR, PL, RS, RU, SI)
Dytor® (Cipla: IN)
Dytor® (Unimed & Unihealth: BD)
Isodiur® (Italfarmaco: ES)
Luprac® (Toyama: JP)
Luretic® (Drug International: BD)
Sutril® (Novag: ES)
Tadegan® (Pliva: ES)
Tadegan® (Tarbis: ES)
Tomide® (Acme: BD)
Toracard® (AWD: DE)
Toragamma® (Wörwag Pharma: DE)
Toral® (Kalbe: ID)
Toramid® (Spirig: CH)
Torasem-Mepha® (Mepha: CH)
Torasemid 1A Pharma® (1A Pharma: DE)
Torasemid AbZ® (AbZ: DE)
Torasemid accedo® (Accedo: DE)
Torasemid Actavis® (Actavis: DE, SE)
Torasemid AL® (Aliud: DE)
Torasemid beta® (betapharm: DE)
Torasemid dura® (Merck dura: DE)
Torasemid Helvepharm® (Helvepharm: CH)
Torasemid Heumann® (Heumann: DE)
Torasemid Hexal® (Hexal: AT, DE, LU)
Torasemid Hexal® (Sandoz: SE)
Torasemid Roche® (Roche: AT)
Torasemid Sandoz® (Sandoz: CH, DE)
Torasemid Stada® (Stada: DE)
Torasemid TAD® (TAD: DE)
Torasemid-corax® (corax: DE)
Torasemid-ct® (CT: DE)
Torasemid-ratiopharm® (ratiopharm: DE)
Torasemid-Teva® (Teva: CH, DE)
Torasemida Bayvit® (Bayvit: ES)
Torasemida Cinfa® (Cinfa: ES)
Torasemida Combino Pharm® (Combino: ES)
Torasemida Edigen® (Edigen: ES)
Torasemida Ratiopharm® (Ratiopharm: ES)
Torasemida Tarbis® (Tarbis: ES)
Torasemide Bexal® (Bexal: BE)
Torasemide Hexal® (Hexal: IT)
Torasemide Merck® (Merck Generics: IT)
Torasemide Pliva® (Pliva: IT)
Torasemide Teva® (Teva: IT)
Torasemide-Eurogenerics® (Eurogenerics: LU)
Torasid-GRY® (Gry: DE)
Torasis® (Sandoz: CH)
Torem® (Berlin-Chemie: DE)
Torem® (Bosnalijek: BA)
Torem® (Roche: AR, BE, CH, DE, ES, GB, IT, KR, LT, LU, LV, SE, TH, US, ZA)
Torrem® (Roche: BE, LU)
Torsemide® (Apotex: US)
Torsemide® (Par: US)
Torsemide® (Pliva: US)
Torsemide® (Roxane: US)
Torsemide® (Teva: US)
Torsemide® (UDL: US)
Trifas® (Berlin-Chemie: PL)
Unat® (Rajawali: ID)
Unat® (Roche: DE, HK, LU, TH, ZA)

- **sodium salt:**

CAS-Nr.: 0072810-59-4
OS: *Torasemide Sodium BANM*

Dilutol® (Roche: ES)
Diuremid® (Guidotti: IT)
Diuresix® (Menarini: IT)
Isodiur® (Italfarmaco: ES)
Sutril® (Novag: ES)

Toradiur® [inj.] (Roche: IT)
Torasemid Roche® (Roche: AT)
Torem® [inj.] (Berlin-Chemie: DE)
Torem® [inj.] (Roche: CH)
Unat® [inj.] (Roche: DE)

Toremifene (Rec.INN)

L: Toremifenum
D: Toremifen
F: Torémifène
S: Toremifeno

Antiestrogen
Antineoplastic agent

ATC: L02BA02
CAS-Nr.: 0089778-26-7 C_{26}-H_{28}-Cl-N-O
M_r 405.97

2-[*p*-[(*Z*)-4-Chloro-1,2-diphenyl-1-butenyl]phenoxy]-*N*,*N*-dimethylethylamine

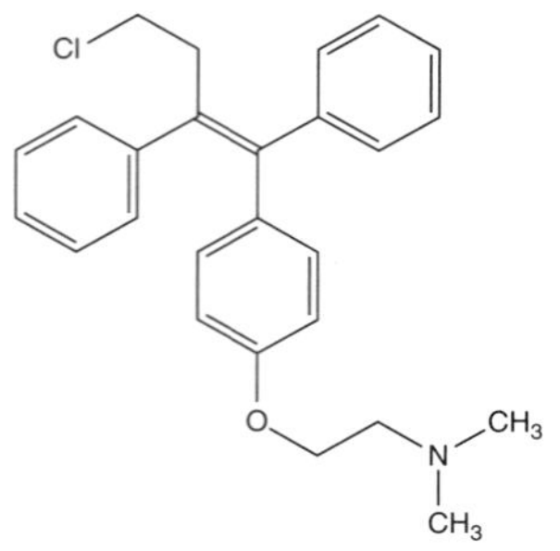

OS: *Toremifene [BAN]*
OS: *Torémifène [DCF]*
IS: *FC 1157 (Farmos Group, Finland)*

Fareston® (Orion: CZ, IE)
Fareston® (Schering: ZA)
Fareston® (Schering-Plough: TH)

– citrate:

CAS-Nr.: 0089778-27-8
OS: *Toremifene Citrate USAN*
IS: *FC 1157a (Farmos Group, Finland)*

Fareston® (Abdi Ibrahim: TR)
Fareston® (Baxter: BE)
Fareston® (Baxter Oncology: DE)
Fareston® (Orion: AT, CH, FI, FI, FR, GB, HU, LU, NL, RU, SE)
Fareston® (Schering: PE)
Fareston® (Schering-Plough: AU, BR, CR, DO, ES, GT, HN, IT, NZ)

Tositumomab (Rec.INN)

L: Tositumomabum
D: Tositumomab
F: Tositumomab
S: Tositumomab

Antineoplastic agent
Immunomodulator
Monoclonal antibody

ATC: V10XA53,V09X,L01XC
CAS-Nr.: 0208921-02-2

Immunoglobulin G2a anti-(human antigen CD 20) (mouse monoclonal clone B1R1 gamma 2a-chain), disulfide with mouse monoclonal clone B1R1 £ x-chain, dimer
IS: *US 5595721*

– 131 iodine:

CAS-Nr.: 0192391-48-3
IS: *CD-20-iodine 131*
IS: *Tositumomab iodine 131I*
IS: *SB-393229*

Bexxar® (Corixa: US)
Bexxar® (GlaxoSmithKline: CA)
Bexxar® (GlaxoSmithKline Pharm.: US)

Tosufloxacin (Rec.INN)

L: Tosufloxacinum
D: Tosufloxacin
F: Tosufloxacine
S: Tosufloxacino

Antibiotic, gyrase inhibitor

CAS-Nr.: 0108138-46-1 C_{19}-H_{15}-F_3-N_4-O_3
M_r 404.369

1,8-Naphthyridine-3-carboxylic acid, 7-(3-amino-1-pyrrolidinyl)-1-(2,4-difluorophenyl)-6-fluoro-1,4-dihydro-4-oxo-, (±)-

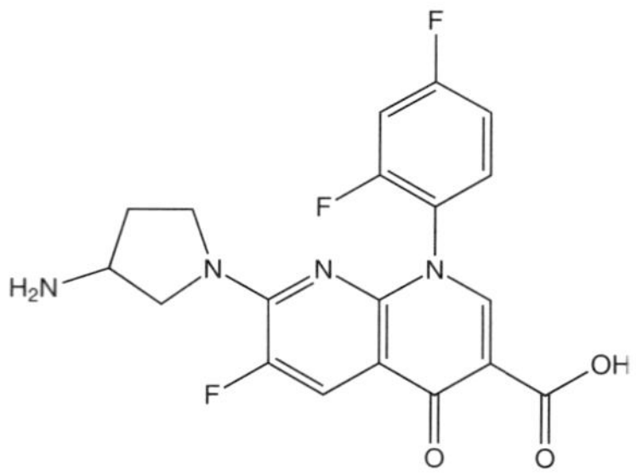

OS: *Tosufloxacin [USAN]*
IS: *Abbott-61827 (Abbott, USA)*

– tosilate:

OS: *Tosufloxacin Tosilate JAN*
IS: *T 3262*
IS: *Tosufloxacin tosylate*

Ozex® (Toyama: JP)
Tosuxacin® (Dainabot: JP)

Tosylchloramide Sodium (Rec.INN)

L: Tosylchloramidum Natricum
I: Tosilcloramide sodica
D: Tosylchloramid natrium
F: Tosylchloramide sodique
S: Tosilcloramida sodica

Antiseptic
Desinfectant

ATC: D08AX04
CAS-Nr.: 0000127-65-1 C_7-H_7-Cl-N-Na-O_2-S
M_r 227.643

Benzenesulfonamide, N-chloro-4-methyl-, sodium salt

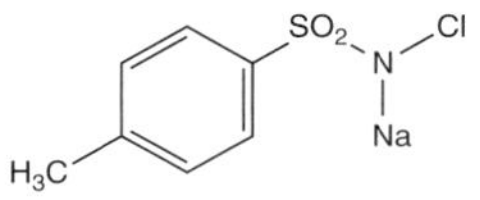

OS: *Tosylchloramide Sodium [BAN]*
OS: *Chloramine [BAN]*
IS: *Chloramine-T*
IS: *Chlorozone*
IS: *Natrium sulfamidochloratum*
IS: *Benzensulfochloramidum natricum*
PH: Tosylchloramide Sodium [Ph. Eur. 5]
PH: Tosylchloramidum Natricum [Ph. Eur. 5]
PH: Tosylchloramid-Natrium [Ph. Eur. 5]
PH: Chloramine T [USP 30]

Amuclor Med® (Amuchina: IT)
Chloramin T-Lysoform® (Lysoform: DE)
Chloramine Pura® (Sanofi-Aventis: BE)
Chloramine Pura® (Sanofi-Synthelabo: LU)
Chloramine T® [vet.] (Vetark: GB)
Chloraseptine® (Sterop: BE)
Chlorazol® (Qualiphar: BE, LU)
Chloronguent® (Sterop: BE)
Clonazone® (DB: FR)
Clonazone® (Lagepha: BE)
Clorina® (Bristol-Myers Squibb: ES)
Clorina® (Lysoform: DE)
Dermedal® (Farmec: IT)
Euclorina® (Bracco: IT)
Hydroclonazone® (DB: FR)
Minachlor® (Esoform: IT)
Nycex® [vet.] (Mavlab: AU)
Steridrolo® (Molteni: IT)
Trichlorol® (Lysoform: DE)

Tramadol (Rec.INN)

L: Tramadolum
I: Tramadolo
D: Tramadol
F: Tramadol
S: Tramadol

Opioid analgesic

ATC: N02AX02
CAS-Nr.: 0027203-92-5 C_{16}-H_{25}-N-O_2
M_r 263.386

Cyclohexanol, 2-[(dimethylamino)methyl]-1-(3-methoxyphenyl)-, trans-(±)-

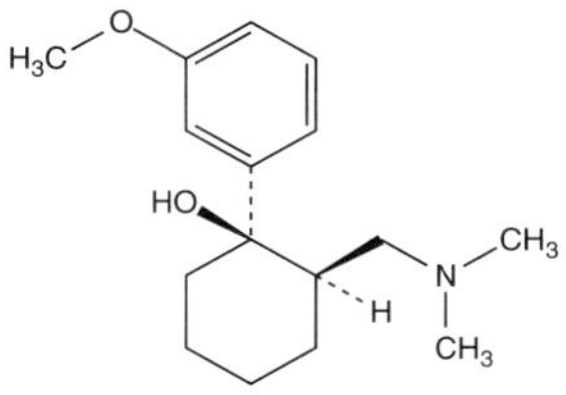

OS: *Tramadol [BAN, DCF]*
OS: *Tramadolo [DCIT]*
IS: *E 265*
IS: *E 381*
IS: *E 382*
IS: *E 383*
IS: *K 315*

Amanda® (Unison: TH)
Dolsic® (Phapros: ID)
K-Alma® (Antibiotice: RO)
Lumidol® (Belupo: BA, HR)
Millidiol® (Millimed: TH)
Nonalges® (Tempo: ID)
Nufapotram® (Nufarindo: ID)
Pharmadol® (Pharmaland: TH)
Trama 24® (Lannacher: RS)
Tramacalm® (Helcor: RO)
Tramacur® (Pliva: SI)
Tramadol Eel® (Bio EEL: RO)
Tramadol Genfar® (Genfar: CO)
Tramadol HCl CF® (Centrafarm: NL)
Tramadol Indo Farma® (Indofarma: ID)
Tramadol LPH® (Labormed Pharma: RO)
Tramadol® (Blaskov: CO)
Tramadol® (Memphis: CO)
Tramag® (Magistra: RO)
Tramal® (Altana: AR)
Tramium® (SMB: LU)
Traumasik® (Medikon: ID)

– hydrochloride:

CAS-Nr.: 0036282-47-0
OS: *Tramadol Hydrochloride BANM, JAN, USAN*
IS: *CG-315 E (Grünenthal, Germany)*
IS: *K 315*
IS: *U 26225 A (Upjohn, USA)*
PH: Tramadolhydrochlorid DAC, Ph. Eur. 5
PH: Tramadol hydrochloride Ph. Eur. 5, BP 2002
PH: Tramadoli hydrochloridum Ph. Eur. 5

Adamon® (Meda: AT)
Adamon® (Viatris: HU, IT)
Adolonta® (Andromaco: ES)
Adolonta® (Grunenthal: ES)
Amadol® (Meda: DE)
Amadol® (TAD: DE)
Ammitram® (MacroPhar: TH)
Anadol® (Square: BD)
Anadol® (TO Chemicals: TH)
Analab® (Biolab: TH)
Anangor® (Biosintética: BR)
Andalpha® (Alpharma: ID)
Bellatram® (Soho: ID)
Biodalgic® (Biocodex: FR)
Biodol® (Niche: IE)

Boldol® (Bosnalijek: BA)
By-Madol® (Ergha: IE)
Calmador® (Finadiet: AR)
Ceparidin® (Centrum: ES)
Citra® (Victory: MX)
Cloridrato de Tramadol® (Eurofarma: BR)
Cloridrato de Tramadol® (Hexal: BR)
Cloridrato de Tramadol® (Merck: BR)
Contramal® (Abdi Ibrahim: TR)
Contramal® (Formenti: IT)
Contramal® (Grünenthal: BE, FR, HU)
Contramal® (Sarabhai: IN)
Contramal® (Teva: HU)
Cromatodol® (Croma: AT)
D.M.Dol® (Bolivar Farma: PE)
Doctramado® (Docpharma: BE)
Dolana® (Combiphar: ID)
Dolgesik® (Mersifarma: ID)
Dolika® (Ikapharmindo: ID)
Dolmal® (Biolink: PH)
Dolocap® (Erlimpex: ID)
Dolodol® (Cantabria: ES)
Dolol® (Nycomed: DK)
Doloran® (Novartis: BD)
Dolotramin® (Streuli: CH)
Dolotram® (Pharmaplan: ZA)
Dolotram® (Sun: BD)
Doltard® (Therabel: NL)
Dolzam Uno® (Zambon: LU)
Dolzam® (Zambon: BE, LU)
Domadol® (Unichem: LK)
Dromadol® (Teva: GB)
Ecodolor® (Sandoz: CH)
Etigesic® (Ethical: DO)
Eufindol® (Bestpharma: CL)
Forgesic® (Bernofarm: ID)
Fortradol® (Formenti Dott.: IT)
Fraxidol® (Edmond: IT)
Fraxidol® (Geymonat: IT)
GenRX Tramadol® (GenRX: AU)
Imadol® (Delta: BD)
Intradol® (Indofarma: ID)
Jutadol® (Juta: DE)
Jutadol® (Q-Pharm: DE)
Kamadol® (Kimia: ID)
Lucidol® (Beximco: BD)
Mabron® (Interchemia: CZ)
Mabron® (Medochemie: BD, BG, BH, CZ, IQ, JO, LK, MY, OM, RO, SD, SG, SK, TH, YE)
Madola® (Pharmaland: TH)
Madol® (Masa Lab: TH)
Mandolgin® (Sandoz: DK)
Manol® (Sanitas: CL)
Minidol® (Andromaco: CL)
Monocrixo® (Therabel: FR)
MTW-Tramadol® (MTW: DE)
Nobligan® (Altana: AR)
Nobligan® (Baldacci: PT)
Nobligan® (Grünenthal: DK, IS, MX, NO)
Nobligan® (Meda: SE)
Nycodol® (Nycomed: AT)
Omnidol® (California: CO)
Orasic® (Otto: ID)
Orozamudol® (Meda: FR)
Paxilfar® (Tecnifar: PT)
Pengesic® (Hovid: PH, SG)
Poltram® (Polpharma: PL)
Pramol® (Lancasco: GT)
Prontalgin® (Therabel Pharma N.V.-NL: IT)
Prontofort® (Medix: MX)
Protradon® (Fisiopharma: CZ)
Protradon® (Pro.Med: CZ, HR, RS)
Protradon® (Pro.Med.CS: BA)
Radol® (Pyridam: ID)
Rofy® (Codal Synto: TH)
Rx Tramadol HCl® (GenRx: NL)
Sefmal® (Unison: SG, TH)
Seminac® (Mahakam: ID)
Sensitram® (Libbs: BR)
Simatral® (Ethica: ID)
Sintradon® (Zdravlje: RS)
Sintral® (América: CO)
Sylador® (Sanofi-Synthelabo: BR)
Syndol® (Healthcare: BD)
T-long® (AWD.pharma: DE)
Tadol® (Krka: SI)
Tadol® (Pharmacodane: DK)
Takadol® (Expanscience: FR)
Tamadol® (Mystic: BD)
Tamadol® (Shiba: YE)
Tamolan® (Olan-Kemed: TH)
TDL® (Patriot: PH)
Theradol® (Therabel: LU, NL)
Tial® (Lindopharm: DE)
Timarol® (Chile: CL)
Tioner® (Gebro: ES)
Tiparol® (AstraZeneca: SE)
Tiral® (Lindopharm: DE)
Tolma® (Pasteur: PH)
Topalgic® (Sanofi-Aventis: FR)
Trabar® (Mepha: IL)
Trabilin® (Mepha: CR, GT, HN, NI, PA, SV, TT)
Trabilin® (Mepharm: MY)
Tracine® (Progress: TH)
Tradogesic® (Bangkok: TH)
Tradol Puren® (Alpharma: DE)
Tradolan® (Lannacher: AT, DK, IS, RO)
Tradolan® (Nordic Drugs: FI, SE)
Tradolgesic® (Bangkok Drug: TH)
Tradol® (Grünenthal: MX)
Tradol® (Rowex: IE)
Tradol® (Shin Poong: SG)
Tradol® (Techno: BD)
Tradonal® (ASTA Medica: ID)
Tradonal® (Meda: CH)
Tradonal® (Transfarma: TH)
Tradonal® (Viatris: BE, ES, IT, LU, NL)
Tradosik® (Sanbe: ID)
Tradyl® (Interbat: ID)
Traflash® (Viatris: IT)
Tragesik® (Dankos: ID)
Tralgiol® (Ciclum: ES)
Tralgit® (Zentiva: CZ, GE, RO)
Tralic® (Andromaco: MX)
Tralodie® (Therabel: IT)
Trama AbZ® (AbZ: DE)
Trama KD® (Kade: DE)
Trama-Klosidol® (Bagó: AR)
Tramabene® (Ratiopharm: AT, CZ)
Tramabeta® (betapharm: DE)

Tramacap® (Aristopharma: BD)
Tramadex® (Dexcel: IL)
Tramadin® (Ratiopharm: FI)
Tramadoc® (Docpharm: DE)
Tramadol 1A Farma® (1A Farma: DK)
Tramadol 1A Pharma® (1A Pharma: AT, DE)
Tramadol AbZ® (AbZ: DE)
Tramadol acis® (acis: DE)
Tramadol Actavis® (Actavis: DK, SE)
Tramadol Alpharma ApS® (Alpharma: SG)
Tramadol Alpharma® (Alpharma: NL)
Tramadol AL® (Aliud: CZ, DE, HU, RO)
Tramadol Asta Medica® (Viatris: ES)
Tramadol Basics® (Basics: DE)
Tramadol Bayvit® (Bayvit: ES)
Tramadol Bexal® (Bexal: BE, ES)
Tramadol Biogaran® (Biogaran: FR)
Tramadol Ciclum® (Ciclum: PT)
Tramadol Cinfa® (Cinfa: ES)
Tramadol Clorhidrato® (Sanderson: CL)
Tramadol Diasa® (Diasa: ES)
Tramadol Dolgit® (Dolorgiet: DE)
Tramadol Edigen® (Edigen: ES)
Tramadol EG® (EG Labo: FR)
Tramadol EG® (Eurogenerics: BE)
Tramadol Farmasierra® (Farmasierra: ES)
Tramadol G Gam® (G Gam: FR)
Tramadol Gen-Far® (Genfar: PE)
Tramadol Generis® (Generis: PT)
Tramadol Hameln® (Hameln: DE)
Tramadol HCl A® (Apothecon: NL)
Tramadol HCl Disphar® (Disphar: NL)
Tramadol HCL Duiven® (ICC: NL)
Tramadol HCL Gerot® (Gerot: AT)
Tramadol HCl Katwijk® (Katwijk: NL)
Tramadol HCl Merck® (Merck Generics: NL)
Tramadol HCl PCH® (Pharmachemie: NL)
Tramadol HCl ratiopharm® (Centrafarm: NL)
Tramadol HCl Sandoz® (Sandoz: NL)
Tramadol HCL® (Caraco: US)
Tramadol HCL® (CorePharma: US)
Tramadol HCL® (Dagra: NL)
Tramadol HCL® (Eon: US)
Tramadol HCL® (Grünenthal: NL)
Tramadol HCL® (Hexal: NL)
Tramadol HCL® (Leyden: NL)
Tramadol HCL® (Mallinckrodt: US)
Tramadol HCL® (Mutual: US)
Tramadol HCL® (Mylan: US)
Tramadol HCL® (Purepac: US)
Tramadol HCL® (Sidmark: US)
Tramadol HCL® (Teva: US)
Tramadol HCL® (Torpharm: US)
Tramadol HCL® (Watson: US)
Tramadol Helvepharm® (Helvepharm: CH)
Tramadol Heumann® (Heumann: DE)
Tramadol Hexal® (Hexal: DK, NL, NO)
Tramadol Hexal® (Sandoz: FI, SE)
Tramadol HF® (Biotika: CZ)
Tramadol Hydrochloride® (AFT: NZ)
Tramadol Hydrochloride® (Biovail: US)
Tramadol Hydrochloride® (Generics: GB)
Tramadol Hydrochloride® (Genus: GB)
Tramadol Hydrochloride® (Mallinckrodt: US)
Tramadol Hydrochloride® (Mylan: US)
Tramadol Hydrochloride® (Par: US)
Tramadol Hydrochloride® (Sovereign: GB)
Tramadol Hydrochloride® (Sterwin: GB)
Tramadol Hydrochloride® (Teva: GB)
Tramadol Hydrochloride® (Tillomed: GB)
Tramadol Hydrochloride® (Watson: US)
Tramadol Irex® (Winthrop: FR)
Tramadol Ivax® (Ivax: FR)
Tramadol Kern® (Kern: ES)
Tramadol K® (Krka: CZ)
Tramadol Labesfal® (Labesfal: PT)
Tramadol Lannacher® (Lannacher: CZ, LU, RU)
Tramadol Lichtenstein® (Winthrop: DE)
Tramadol Lindo® (Lindopharm: DE)
Tramadol Mabo® (Mabo: ES)
Tramadol Meda® (Meda: SE)
Tramadol Mepha® (Mepha: CH)
Tramadol Merck® (Merck Génériques: FR)
Tramadol Montvel® (Vegal: ES)
Tramadol Normon® (Normon: CR, DO, ES, GT, HN, NI, PA, SV)
Tramadol Nycomed® (Nycomed: CZ)
Tramadol PB® (Docpharm: DE)
Tramadol Raslafar® (Raslafar: ES)
Tramadol Ratiopharm® (ratiopharm: DE)
Tramadol ratiopharm® (ratiopharm: DE)
Tramadol Ratiopharm® (Ratiopharm: ES)
Tramadol Ratiopharm® (ratiopharm: HU)
Tramadol ratiopharm® (Ratiopharm: NL, RU)
Tramadol Ratiopharm® (Ratiopharm: SE, TH)
Tramadol Retard Hexal® (Hexal: DK)
Tramadol Sandoz® (Sandoz: DE, FI, FR, NL)
Tramadol Scand Pharm® (Merck NM: SE)
Tramadol Slovakofarma® (Slovakofarma: CZ)
Tramadol SL® (Zentiva: HU)
Tramadol Stada® (Nizhpharm: RU)
Tramadol Stada® (Stada: AT, BA, SE, SG, TH)
Tramadol Stada® (Stadapharm: DE)
Tramadol Svus Kapky® (Svus: CZ)
Tramadol Teva® (Teva: BE)
Tramadol uno® (1A Pharma: DE)
Tramadol Vegal® (Vegal: ES)
Tramadol Viatris® (Viatris: PT)
Tramadol Winthrop® (Winthrop: FR, PT)
Tramadol Zydus® (Zydus: FR)
Tramadol-Akri® (Akrihin: RU)
Tramadol-CT® (CT: DE)
Tramadol-Dolgit® (Dolorgiet: DE)
Tramadol-EG® (Eurogenerics: LU)
Tramadol-K® (Krka: CZ)
Tramadol-Sandoz® (Sandoz: DE)
Tramadolhydrochlorid Arcana® (Arcana: AT)
Tramadolhydrochlorid Gerot® (Gerot: AT)
Tramadolhydrochlorid Hexal® (Hexal: AT)
Tramadolhydrochloride® (Viatris: NL)
Tramadolo Angenerico® (Angenerico: IT)
Tramadolo Dorom® (Dorom: IT)
Tramadolo EG® (EG: IT)
Tramadolo Hexal® (Hexal: IT)
Tramadolo Sandoz® (Sandoz: IT)
Tramadolo Viatris® (Viatris: IT)
Tramadolor retard® (Hexal: AT)
Tramadolor uno® (Hexal: DE)
Tramadolor® (Hexal: AT, AU, DE, LU, RO)
Tramadolor® (Sandoz: HU, TR)

Tramadol® (Aliud: CZ)
Tramadol® (Amat: AT)
Tramadol® (Biosano: CL)
Tramadol® (Farmal: HR)
Tramadol® (Gedeon Richter: RU)
Tramadol® (GlaxoSmithKline: PL)
Tramadol® (Hemofarm: CZ, RS)
Tramadol® (Hexal: RU)
Tramadol® (Katwijk: NL)
Tramadol® (Kope Trading: PE)
Tramadol® (Krka: BA, RO)
Tramadol® (Ophalac: CO)
Tramadol® (Pliva: PL)
Tramadol® (Polfa Grodzisk: PL)
Tramadol® (ratiopharm: NO)
Tramadol® (Sanitas: CL)
Tramadol® (Sicomed: RO)
Tramadol® (Svus: CZ)
Tramadol® (Synteza: PL)
Tramadon® (Cristália: BR)
Tramadura® (Merck dura: DE)
Tramagetic® (Azupharma: DE)
Tramagetic® (Nycomed: LU, NL, NO)
Tramagit® (Krewel: CZ, DE)
Tramahexal® (Hexal: PL, ZA)
Tramake® (Galen: IE)
Tramalgic® (Christiaens: NL)
Tramalgic® (Nycomed: HU)
Tramalin® (EG: IT)
Tramal® (Altana: AR, NL)
Tramal® (CSL: AU, NZ)
Tramal® (Grunenthal: PH, SG)
Tramal® (Grünenthal: AE, AT, BA, BH, CH, CL, CN, CO, CY, CZ, DE, EC, HK, HR, IL, JO, KW, LB, LU, LU, OM, PE, PL, PT, QA, RO, RU, SA, SI)
Tramal® (Janssen: ZA)
Tramal® (Leciva: CZ)
Tramal® (Orion: FI)
Tramal® (Pfizer: BR)
Tramal® (Pharos: ID)
Tramal® (Sanofi-Synthelabo: TH, TH)
Tramal® (Unimed & Unihealth: BD)
Tramamed® (Hexal: LU)
Tramamed® (Medifive: TH)
Tramapine® (Pinewood: IE)
Tramastad® (Stada: AT)
Tramax® (Pond's: TH)
Tramazac® (Cadila: IN, LK)
Trambo® (Actavis: FI)
Tramcontin® (Mundipharma: CN)
Tramelene® (Ethypharm: LU, NL)
Tramex® (Antigen: IE)
Tramium® (SMB: BE, SG)
Tramoda® (LBS: TH)
Tramol-L® (Actavis: IS)
Tramol® (Actelion: IS)
Tramundal retard® (Mundipharma: AT, CZ)
Tramundal® (Mundipharma: AT, CZ)
Tramundin® (Medis: SI)
Tramundin® (Mundipharma: CH, CZ, DE, HR, PH)
Tramundin® (Norpharma: PL)
Tranal® (Opsonin: BD)
Trasedal® (Elerté: FR)
Trasik® (Fahrenheit: ID)
Travex® (Meda: DE)
Travex® (Tropon: DE)
Travex® (Viatris: PT)
TRD-Contin® (Modi-Mundipharma: IN)
Trexol® (Atlantis: MX)
Trodon® (Zorka: RS)
Trofen® (TP Drug: TH)
Trol® (Apex: BD)
Trosic® (GDH: TH)
Trumen® (General Pharma: BD)
Trunal DX® (Dexa Medica: LK)
Trunal DX® (Ferron: ID)
Tugesal® (Meprofarm: ID)
Ultramex® (Adeka: TR)
Ultram® (Ortho: US)
Ultram® (PriCara: US)
Urgendol® (Win-Medicare: IN, LK, RO)
Volcidol-S® (Pharmasant: TH)
Winpain® (Incepta: BD)
Wintradol® (Sanofi-Synthelabo: CO)
Xymel® (Clonmel: IE)
Zamadol® (Meda: GB, IE)
Zamudol® (Meda: FR)
Zodol® (Saval: PE)
Zodol® (Saval Eurolab: CL)
Zumalgic® (Erempharma: FR, LU)
Zumatram® (Prima: ID)
Zydol SR® (Arrow: AU)
Zydol SR® (CSL: AU)
Zydol® (Arrow: AU)
Zydol® (CSL: AU)
Zydol® (Grünenthal: GB, IE)
Zytram Bid® (Zambon: ES)
Zytram® (Norpharma: IS)
Zytram® (Pharmaco: NZ)
Zytram® (Zambon: ES)

Tramazoline (Rec.INN)

L: Tramazolinum
D: Tramazolin
F: Tramazoline
S: Tramazolina

Vasoconstrictor ORL, local

ATC: R01AA09
CAS-Nr.: 0001082-57-1 C_{13}-H_{17}-N_3
M_r 215.309

1H-Imidazole-2-amine, 4,5-dihydro-N-(5,6,7,8-tetrahydro-1-naphthalenyl)-

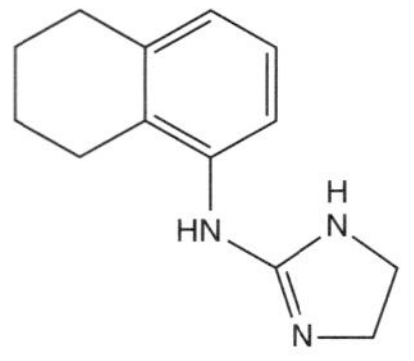

OS: *Tramazoline [BAN]*
IS: *KB 227*

Muconasal® (Boehringer Ingelheim: RO)

– hydrochloride:

CAS-Nr.: 0003715-09-0
OS: *Tramazoline Hydrochloride USAN, BANM, JAN*

PH: Tramazoline Hydrochloride Monohydrate Ph. Eur. 5
PH: Tramazolini hydrochloridum monohydricum Ph. Eur. 5
PH: Tramazoline (chlorhydrate de) monohydraté Ph. Eur. 5
PH: Tramazolinhydrochlorid-Monhydrat Ph. Eur. 5

Biciron® (Alcon: DE)
Bisolnasal® (Boehringer Ingelheim: NL)
Ellatun® (Alcon: DE)
Rhinospray® (Boehringer Ingelheim: AT, BE, DE, ES, HU, LU, NL, PT)
Rinogutt® (Boehringer Ingelheim: IT)
Spray-Tish® (Boehringer Ingelheim: AU)

Trandolapril (Rec.INN)

L: Trandolaprilum
D: Trandolapril
F: Trandolapril
S: Trandolapril

ACE-inhibitor
Antihypertensive agent

ATC: C09AA10
CAS-Nr.: 0087679-37-6 C_{24}-H_{34}-N_2-O_5
M_r 430.556

(2S,3aR,7aS)-1-[(S)-N-[(S)-1-Carboxy-3-phenylpropyl]alanyl]hexahydro-2-indolinecarboxylic acid, 1-ethyl ester

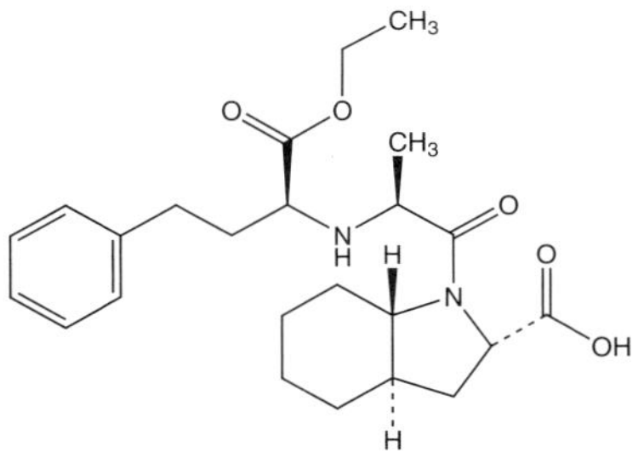

OS: *Trandolapril [BAN, DCF]*
IS: *Ru 44570 (Roussel-Uclaf, France)*
PH: Trandolapril [Ph. Eur. 5]

Afenil® (Vianex: GR)
Gopten® (Abbott: AU, BA, CH, CO, CZ, DE, ES, GB, HR, HU, ID, IE, IT, LU, NL, NO, NZ, PL, PT, RO, RU, SE, SI, TR)
Gopten® (Ebewe: AT)
Gopten® (Knoll: AU, BR)
Mavik® (Abbott: CA, US, ZA)
Odrik® (Abbott: DK, FR, IE, NL)
Odrik® (Alter: ES)
Odrik® (ASTA Medica: BR)
Odrik® (Aventis: AU, GR, LU, PE)
Odrik® (Vitoria: PT)
Udrik® (Abbott: DE)

Tranexamic Acid (Rec.INN)

L: Acidum Tranexamicum
I: Acido tranexamico
D: Tranexamsäure
F: Acide tranexamique
S: Acido tranexamico

Hemostatic agent

ATC: B02AA02
CAS-Nr.: 0001197-18-8 C_8-H_{15}-N-O_2
M_r 157.218

Cyclohexanecarboxylic acid, 4-(aminomethyl)-, trans-

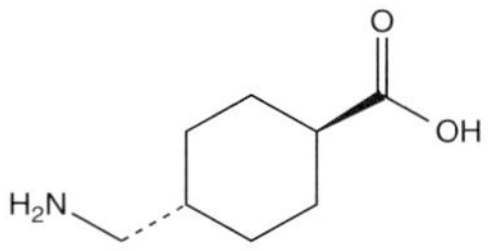

OS: *Acide tranexamique [DCF]*
OS: *Tranexamic Acid [BAN, JAN, USAN]*
OS: *Acido tranexamico [DCIT]*
IS: *Bay 3517*
IS: *CL 65336 (Lederle, USA)*
IS: *AMCHA*
IS: *RP 18429*
PH: Tranexamic Acid [Ph. Eur. 5, JP XIV]
PH: Acidum tranexamicum [Ph. Eur. 5]
PH: Tranexamique (acide) [Ph. Eur. 5]
PH: Tranexamsäure [Ph. Eur. 5]

Acido Tranexamico Bioindustria Lim® (Bioindustria Lim: IT)
Acido Tranexamico® (Bestpharma: CL)
Amchafibrin® (Rottapharm: ES)
Asamnex® (Metiska: ID)
Azeptil® (Medochemie: BD, LK)
Caprilon® (Leiras: FI)
Clonex® (Corsa: ID)
Cyklo-F® (Meda: SE)
Cyklokapron® (Erbapharma: ID)
Cyklokapron® (Meda: AT, CH, DE, DK, FI, GB, IE, IS, NL, NO, SE)
Cyklokapron® (Pfizer: AT, CA, DE, GB, HK, IS, NL, NO, NZ, PH, SE, ZA)
Cyklokapron® (Pfizer Consumer Health: SG)
Cyklokapron® (Pharmacia: AU, CZ)
Cyklokapron® [Inj.] (Pfizer: IE, SG)
Ditranex® (Dipa: ID)
Ditranex® (Prafa: ID)
Espercil® (Grünenthal: CL)
Exacyl® (Bournonville Eumedica: BE)
Exacyl® (Eumedica: LU)
Exacyl® (Polfa Warszawa: PL)
Exacyl® (Sanofi-Aventis: FR, HU, PL)
Exacyl® (Sanofi-Synthelabo: CZ)
Hemotran® (Domesco: VN)
Hexakapron® (Teva: IL)
Hexatron® (Nippon Shinyaku: JP)
Intermic® (Interbat: ID)
Kalnex® (Dankos: ID)
Kalnex® (Kalbe: ID)
Nexa® (Dankos: ID)
Rikavarin® (Toyo Jozo: JP)
Ronex® (Pharos: ID)

T

Spotof® (CCD: FR)
Theranex® (Westmont: ID)
Tramic® (TO Chemicals: TH)
Tranarest® (Zydus: IN)
Tranexamic Acid® (Link: GB)
Tranexamic Acid® (Remedica: CY)
Tranexamic Acid® (Sandoz: CA)
Tranexaminezuur® (Dowelhurst: NL)
Tranexamsyre Pfizer® (Pfizer: DK)
Tranexam® (Ropsohn: CO)
Tranexan® (Taiyo: JP)
Tranexid® (Dexa Medica: ID)
Tranex® (Malesci: IT)
Tranex® (Menarini: BD)
Tranon® (Recip: SE)
Transamine® (Fako: TR)
Transamin® (Daiichi: BD, CN, HK, ID, JP, MY, TH, VN)
Transamin® (Nikkho: BR)
Transamin® (Nikolakopoulos: GR)
Transamin® (Otto: ID)
Transamin® (Refasa: PE)
Trasamlon® (Toho: JP)
Traxyl® (Organon: BD)
Ugurol® (Rottapharm: IT)
Vasolamin® [vet.] (Ilium Veterinary Products: AU)

Tranilast (Rec.INN)

L: Tranilastum
D: Tranilast
F: Tranilast
S: Tranilast

Histamine, H_1-receptor antagonist

CAS-Nr.: 0053902-12-8 C_{18}-H_{17}-N-O_5
M_r 327.344

Benzoic acid, 2-[[3-(3,4-dimethoxyphenyl)-1-oxo-2-propenyl]amino]-

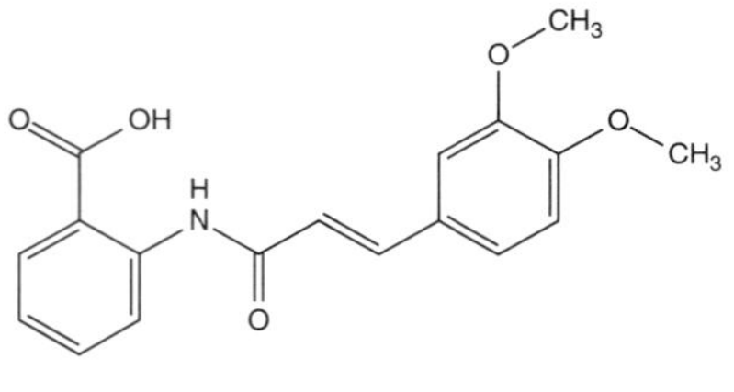

OS: *Tranilast [JAN, USAN]*
IS: *MK 341*

Rizaben® (Kissei: JP)

Tranylcypromine (Rec.INN)

L: Tranylcyprominum
I: Tranilcipromina
D: Tranylcypromin
F: Tranylcypromine
S: Tranilcipromina

Antidepressant, MAO-inhibitor

ATC: N06AF04
CAS-Nr.: 0000155-09-9 C_9-H_{11}-N
M_r 133.197

Cyclopropanamine, 2-phenyl-, trans-(±)-

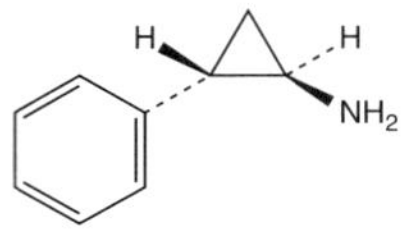

OS: *Tranylcypromine [BAN, DCF]*
OS: *Tranilcipromina [DCIT]*

Parnate® (GlaxoSmithKline: BR)
Parnate® (Pharmafrica: ZA)

– sulfate:

CAS-Nr.: 0013492-01-8
OS: *Tranylcypromine Sulphate BANM*
IS: *Tranylcypromin hemisulfat*
PH: Tranylcypromine Sulfate USP XXI
PH: Tranylcypromine Sulphate BP 2002

Jatrosom® (esparma: DE)
Parnate® (GlaxoSmithKline: AE, BH, CA, IR, KW, OM, QA, US)
Parnate® (Goldshield: ES, IE)
Parnate® (Link: AU, NZ)
Parnate® (Procter & Gamble: DE)
Tranylcypromine® (Goldshield: GB)

Trapidil (Rec.INN)

L: Trapidilum
D: Trapidil
F: Trapidil
S: Trapidil

Coronary vasodilator

ATC: C01DX11
CAS-Nr.: 0015421-84-8 C_{10}-H_{15}-N_5
M_r 205.28

[1,2,4]Triazolo[1,5-a]pyrimidin-7-amine, N,N-diethyl-5-methyl-

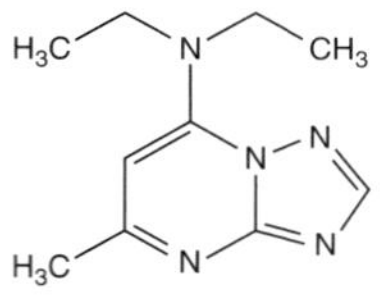

OS: *Trapidil [BAN, JAN]*
IS: *AR 12008*
IS: *Trapymin*
PH: Trapidilum [Ph. Eur. 5]
PH: Trapidil [Ph. Eur. 5, JP XIV]

Rocornal® (UCB: DE)
Travisco® (Farmalab: BR)
Travisco® (Master: IT)

Trastuzumab (Rec.INN)

L: Trastuzumabum
D: Trastuzumab
F: Trastuzumab
S: Trastuzumab

Immunomodulator

ATC: L01XC03
ATCvet: QL01XC03
CAS-Nr.: 0180288-69-1

Immunoglobulin G1 (human-mouse monoclonal rhuMab HER2-gamma1-chain antihuman p185c-erbB2receptor), disulfide with human-mouse monoclonal rhuMab HER2 light chain, dimer (WHO)

OS: *Trastuzumab [BAN]*
IS: *Anti-HER-2 monoclonal antibody*
IS: *MAB anti-HER-2*

Herceptin® (Genentech: US)
Herceptin® (Roche: AE, AR, AT, AU, BA, BD, BE, BG, BH, BJ, BO, BR, CA, CH, CL, CN, CO, CR, CU, CY, CZ, DE, DK, DO, EC, EE, EG, ES, FI, FR, GB, GE, GR, GT, HK, HN, HR, HR, HU, ID, IE, IL, IN, IS, IT, JM, JO, KW, KZ, LB, LK, LT, LU, LV, MA, MD, MX, MY, NI, NL, NO, NZ, OM, PA, PE, PH, PK, PL, PT, PY, QA, RO, RS, RU, SA, SE, SI, SK, SV, TH, TR, TT, TW, UY, UZ, VE, ZA)
Herceptin® (Roche Diagnostic: DZ)
Herceptin® (Roche RX: SG)

Travoprost (Rec.INN)

L: Travoprostum
D: Travoprost
F: Travoprost
S: Travoprost

Glaucoma treatment

ATC: S01EE04
ATCvet: QS01EE04
CAS-Nr.: 0157283-68-6 C_{26}-H_{35}-F_3-O_6
M_r 500.61

(5Z)-7-((1R,2R,3R,5S)-3,5-dihydroxy-2-((1E,3R)-3-hydroxy-4-(3-(trifluoromethyl) phenoxy)-1-butenyl)cyclopentyl)-5-heptenoic acid 1-methylethyl ester

Isopropyl (Z)-7-[(1R,2R,3R,5S)-3,5-dihydroxy-2-[(1E,3R)-3-hydroxy-4-[(alpha,alpha,alpha-trifluoro-m-tolyl)oxy]-1-butenyl]cyclopentyl]-5-heptenoate [WHO]

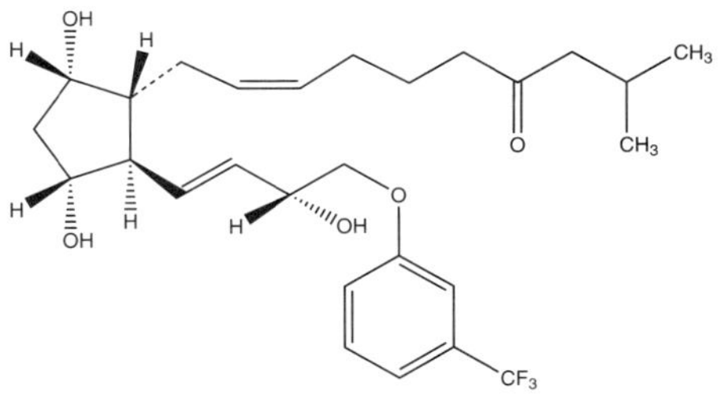

OS: *Travoprost [BAN, USAN]*
IS: *AL 6221 (Alcon, USA)*

Alcon Travatan® (Alcon: CL)
Arvo® (Phoenix: AR)
Glaucoprost® (Poen: AR)
Travatan® (Alcon: AR, AT, AU, BA, BE, BR, CA, CH, CN, CO, CR, CZ, DE, DK, EC, ES, FI, FR, GB, GR, GT, HK, HN, HR, HU, IE, IL, IS, IT, LU, MX, NI, NL, NO, NZ, PA, PE, PL, PR, PT, RO, RS, SE, SG, SI, SV, TH, TR, US, UY, VE, VN, ZA)
Travatan® [vet.] (Alcon: GB)

Trazodone (Rec.INN)

L: Trazodonum
I: Trazodone
D: Trazodon
F: Trazodone
S: Trazodona

Tranquilizer
Antidepressant

ATC: N06AX05
CAS-Nr.: 0019794-93-5 C_{19}-H_{22}-Cl-N_5-O
M_r 371.885

1,2,4-Triazolo[4,3-a]pyridin-3(2H)-one, 2-[3-[4-(3-chlorophenyl)-1-piperazinyl]propyl]-

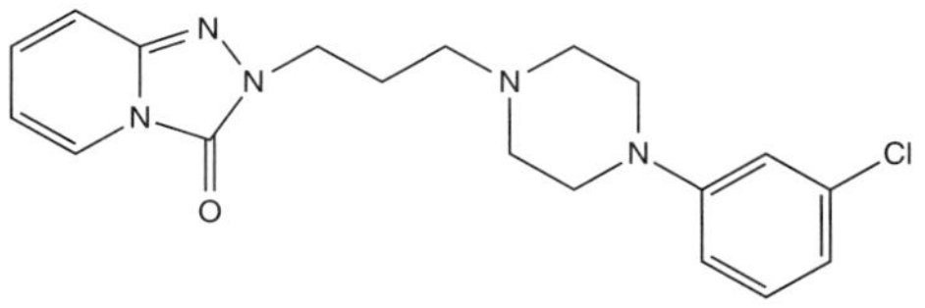

OS: *Trazodone [BAN, DCF, DCIT]*

Trazodona® (Lakor: CO)
Trazodone MK® (MK: CO)
Trittico® (Chile: CL)
Trittico® (Eipico: AE, BH, EG, IQ, JO, KW, LB, LY, OM, QA, SA, SD, YE)
Trittico® (Tecnoquimicas: CO)

– hydrochloride:

CAS-Nr.: 0025332-39-2
OS: *Trazodone Hydrochloride BANM, JAN, USAN*
IS: *AF 1161 (Angelini, Italia)*
PH: Trazodone Hydrochloride BP 2002, USP 30

Apo-Trazodone® (Apotex: CA)
Azona® (Orion: FI)
Deprax® (Farma Lepori: ES)
Desirel® (Codal Synto: TH)
Desyrel® (Angelini: IT)
Desyrel® (Apothecon: US)
Desyrel® (Bristol-Myers Squibb: CA, US)
Desyrel® (Hankyu: JP)
Desyrel® (Santa-Farma: TR)
Devidon® (Lek: SI)
Diapresan® (Bago: CL)
Doc Trazodone® (Docpharma: BE)
Donaren® (Apsen: BR)
Gen-Trazodone® (Genpharm: CA)
Mei Su Yu® (Watson: CN)
Mesyrel® (Lotus: CN)
Molipaxin® (Aventis: ZA)
Molipaxin® (Sanofi-Aventis: GB, IE)

T

Nestrolan® (3DDD Pharma: BE)
Novo-Trazodone® (Novopharm: CA)
Nu-Trazodone® (Nu-Pharm: CA)
PMS-Trazodone® (Pharmascience: CA)
ratio-Trazodone® (Ratiopharm: CA)
Reslin® (Kanebo: JP)
Taxagon® (Ivax: AR)
Thombran® (Boehringer Ingelheim: DE)
Trant® (Maver: CL)
Trazodil® (Unipharm: IL)
Trazodon Hexal® (Hexal: DE)
Trazodon-neuraxpharm® (neuraxpharm: DE)
Trazodone Hydrochloride® (Barr: US)
Trazodone Hydrochloride® (Mutual: US)
Trazodone Hydrochloride® (Sandoz: US)
Trazodone-Sandoz® (Sandoz: LU)
Trazodone® (Generics: GB)
Trazodone® (Teva: GB)
Trazolan® (Continental: BE, CY, LU, SA)
Trazolan® (Pfizer: NL)
Trazone® (Kalbe: ID)
Trazone® (Tecnifar: PT)
Triticum® (Lepori: PT)
Trittico AC® (Chile: CL)
Trittico AC® (CSC: RO)
Trittico AC® (Medicom: CZ)
Trittico AC® (Tecnoquimicas: CO)
Trittico retard® (CSC: AT)
Trittico® (Acraf: CH)
Trittico® (Angelini: IT, PL)
Trittico® (Angelini Francesco: HK, SG)
Trittico® (Aziende: IL)
Trittico® (CSC: AT, HU, RS, RU)
Trittico® (Faran: GR)
Trittico® (Medicom: CZ)
Trittico® (Tecnoquimicas: CO)
Tronsalan® (Medipharm: CL)

Trenbolone (Rec.INN)

L: Trenbolonum
D: Trenbolon
F: Trenbolone
S: Trenbolona

Anabolic

CAS-Nr.: 0010161-33-8 C_{18}-H_{22}-O_2
M_r 270.374

Estra-4,9,11-trien-3-one, 17-hydroxy-, (17β)-

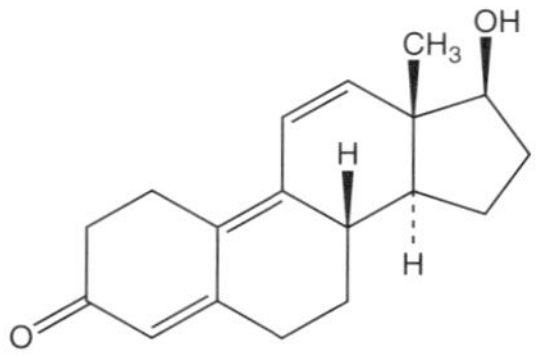

OS: *Trenbolone [BAN, DCF]*
IS: *R 2580*

– **17β-acetate:**
CAS-Nr.: 0010161-34-9
OS: *Trenbolone Acetate BANM, USAN*
IS: *RU 1697 (Roussel-Uclaf, France)*
PH: Trenbolone Acetate USP 30

Progro T-S® [vet.] (Pro Beef: AU)

Treosulfan (Rec.INN)

L: Treosulfanum
D: Treosulfan
F: Tréosulfan
S: Treosulfano

Antineoplastic, alkylating agent

ATC: L01AB02
CAS-Nr.: 0000299-75-2 C_6-H_{14}-O_8-S_2
M_r 278.298

1,2,3,4-Butanetetrol, 1,4-dimethanesulfonate, [S-(R*,R*)]-

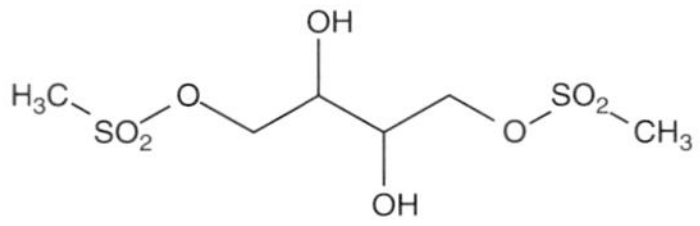

OS: *Treosulfan [BAN]*
IS: *Dihydroxybusulfan*

Ovastat® (Medac: DE)
Treosulfan Medac® (Meda: IS)
Treosulfan Medac® (Medac: DK)
Treosulfan medac® (Medac: NL)
Treosulfan® (Medac: DE, GB)

Trepibutone (Rec.INN)

L: Trepibutonum
D: Trepibuton
F: Trépibutone
S: Trepibutona

Antispasmodic agent
Choleretic

ATC: A03AX09
CAS-Nr.: 0041826-92-0 C_{16}-H_{22}-O_6
M_r 310.352

Benzenebutanoic acid, 2,4,5-triethoxy-λ-oxo-

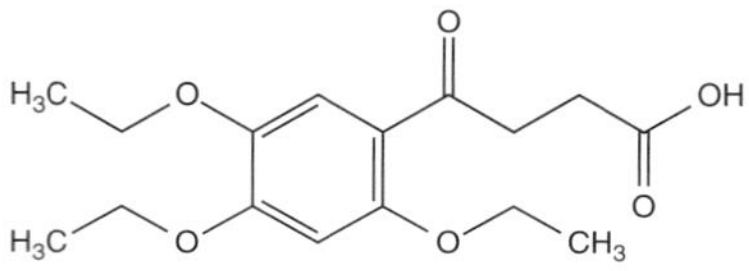

OS: *Trepibutone [JAN]*
IS: *AA 149 (Takeda, Japan)*
PH: Trepibutone [JP XIV]

Choliatron® (Seber: PT)
Supacal® (Ohara: JP)

Treprostinil (Rec.INN)

D: Treprostinil
S: Treprostinilo

⚕ Vasodilator
⚕ Anticoagulant, platelet aggregation inhibitor

ATC: B01AC21
ATCvet: QB01AC21
CAS-Nr.: 0081846-19-7 C_{23}-H_{34}-O_5
M_r 390.62

Acetic acid, [[(1R,2R,3aS,9aS)-2,3,3a,4,9,9a-hexahydro-2-hydroxy-1-[(3S)-3-hydroxyoctyl]-1H-benz[f]inden-5-yl]oxy]- [USAN]

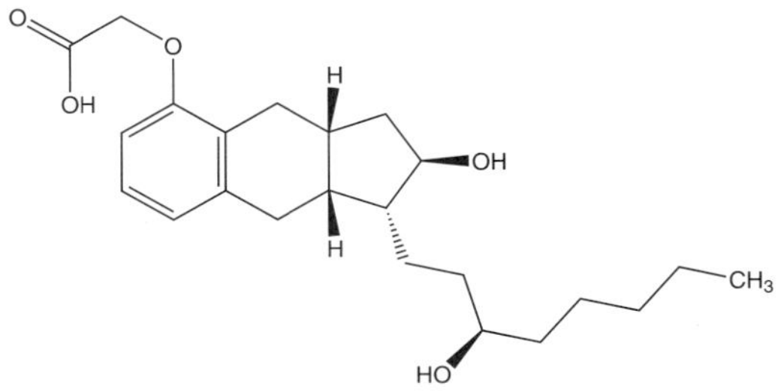

OS: *Treprostinil [USAN]*
IS: *15AU81*
IS: *LRX 15*
IS: *Uniprost*
IS: *UT 15*

– monosodium salt:

CAS-Nr.: 0289840-64-4
IS: *BW 15AU*
IS: *U 62840*

Remodulin® (Andromaco: CL)
Remodulin® (OrPha: CH)
Remodulin® (Orphan: AU)
Remodulin® (United Therapeutics: US)

Tretinoin (Rec.INN)

L: Tretinoinum
I: Tretinoina
D: Tretinoin
F: Trétinoïne
S: Tretinoina

⚕ Dermatological agent, keratolytic

ATC: D10AD01,L01XX14
CAS-Nr.: 0000302-79-4 C_{20}-H_{28}-O_2
M_r 300.444

Retinoic acid

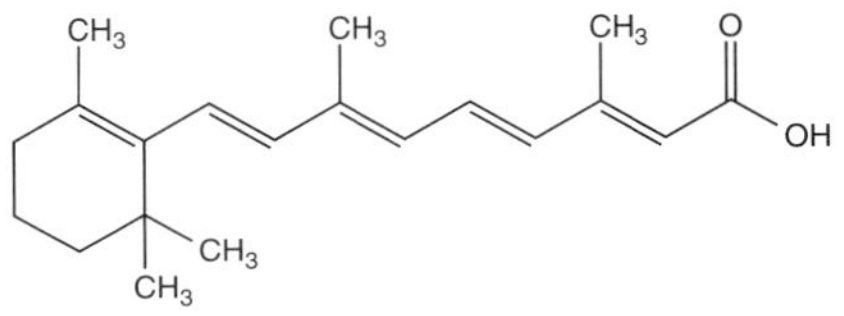

OS: *Tretinoin [BAN, USAN]*
OS: *Trétinoïne [DCF]*
OS: *Tretinoina [DCIT]*
IS: *Vitamin A acid*
IS: *Retinoic acid*
PH: Tretinoin [Ph. Eur. 5, USP 30]
PH: Tretinoinum [Ph. Eur. 5]
PH: Trétinoïne [Ph. Eur. 5]

A-Acido® (Dominguez: AR)
Aberela® (Janssen: NO, SE)
Acid A Vit® (Pierre Fabre: NL)
Acnederm® (NIHFI: RO)
Acnelyse® (Abdi Ibrahim: TR)
Airol® (Pierre Fabre: CH, DE, GR, IL, IT, PL, RO)
Airol® (Pierre Fabre/Pharmalink: PH)
Airol® (Progiderm: CZ)
Aldoquin anti-acne® (Aldoquin: CO)
Alquin-Gel® (Aldoquin: CO)
Alten® (Medochemie: BD, SG)
Arretin® (ICN: PL)
Arretin® (Valeant: MX)
Avita® (Mylan: US)
Avitcid® (Orion: FI)
Betarretin® (Roemmers: CO, PE)
Cordes VAS® (Ichthyol: DE)
Cosmotrin® (Beximco: BD)
Derm A® (Dermpharma: PH)
Dermodan® (ITF: CL)
Dermojuventus® (Juventus: ES)
Derugin® (Leciva: BG, CZ)
Diamalin® (Sindan: RO)
Dorpiel® (Fortbenton: AR)
Effederm® (CS: FR)
Eudyna® (Abbott: AT)
Eudyna® (Ebewe: AT)
Eudyna® (German Remedies: IN)
Eudyna® (Knoll: BG)
Eudyna® (Tunggal: ID)
Facenol® (Konimex: ID)
Ilotycin-A® (Quatromed: ZA)
Jeraklin® (Darya-Varia: ID)
Ketrel® (Saninter: PT)
Kétrel® (Biorga: FR)
Locacid® (3M: AR)
Locacid® (Pierre Fabre: CZ, FR, IL, LU, PL, PT, VN)
Lotioblanc® (Panalab: AR)
Melavita® (Galenium: ID)
Neotretin® (Pablo Cassara: AR)
Nilac® (Square: BD)
Niterey® (Pharmatrix: AR)
Nuface® (Guardian: ID)
Rejuva-A® (Stiefel: CA)
Renova® (Janssen: MY, TH, ZA)
Renova® (Janssen-Cilag: VN)
Renova® (Johnson & Johnson: CA)
Renova® (Ortho: US)
Retacnyl® (Galderma: AR, BR, CL, CR, DO, FR, GT, MX, PA, PE, SG, SV, TH, ZA)
Retavit® (AC Farma: PE)
Retavit® (CTS: IL)
Reticrem® (Bussié: CO)
Retigel® (Bussié: CO)
Retin-A® (Janssen: AE, AR, AT, AU, BG, BR, CH, CO, CR, CY, CZ, DO, EC, FR, GB, GT, HN, ID, IE, IL, IS, IT, JO, LB, LK, MT, MY, NI, NZ, PA, PE, PL, PT, RO, SA, SD, SG, SV, SY, TH, ZA)
Retin-A® (Janssen-Cilag: CL)
Retin-A® (Johnson & Johnson: CA)
Retin-A® (Ortho: US)

T

Retin-A® (Sanofi-Aventis: BD)
Retin-A® [vet.] (Janssen Animal Health: GB)
Retinova® (Janssen: BR, NZ, SG)
Retinova® (Johnson & Johnson: BE, ES, LU)
Retino® (Abdi Ibrahim: TR)
Retin® (Janssen: CZ)
Retirides® (OTC: ES)
ReTrieve Cream® (Dermatech: AU)
Skinovit® (Roi: ID)
Smooderm® (Dar-Al-Dawa: AE, BH, IQ, JO, KW, LB, LY, MT, NG, OM, QA, RO, SA, SD, SO, TN, YE)
Stieva-A® (Stiefel: AU, CA, CL, CO, CR, DO, GT, HK, HN, MX, NI, PA, SG, SV, TH)
Stievamycin® (Stiefel: PE)
Tersaderm® (Aldoquin: CO)
Trena® (ACI: BD)
Trentin® (Ikapharmindo: ID)
Tretinoderm AC® (Defuen: AR)
Tretinoina Same® (Savoma: IT)
Tretinoina® (Bassa: PE)
Tretinoine Kefrane® (Johnson & Johnson: LU)
Tretinoin® (Spear: US)
Tretin® (Atafarm: TR)
Trinon® (Renata: BD)
Versanoid® (Roche: AR)
Vesanoid® (Roche: AE, AR, AT, AU, BE, BR, CA, CH, CL, CO, CZ, DE, DK, EG, ES, FI, GB, GR, HK, HR, IE, IL, IN, IS, IT, JO, JP, KR, KW, KZ, LK, LU, MX, MY, NL, NZ, OM, PE, PH, PK, PL, PT, RS, RU, SA, SG, SK, TH, TR, TW, US, UY, VE, ZA)
Vesanoïd® (Roche: FR)
Vitacid® (Astellas: PT)
Vitacid® (Surya: ID)
Vitamin A Acid® (Sanofi-Aventis: CA)
Vitanol-A® (Stiefel: BR)
Vitanol® (Stiefel: ES)

Tretinoin Tocoferil (Rec.INN)

L: Tretinoinum tocoferilum
D: Tretinoin tocoferil
F: Tretinoine tocoferil
S: Tretinoina tocoferilo

Dermatological agent

CAS-Nr.: 0040516-48-1 C_{49}-H_{76}-O_3
M_r 713.147

(±)-(2R*)-2,5,7,8-Tetramethyl-2-[(4R*,8R*)-4,8,12-trimethyltridecyl]-6-chromanyl retinoate

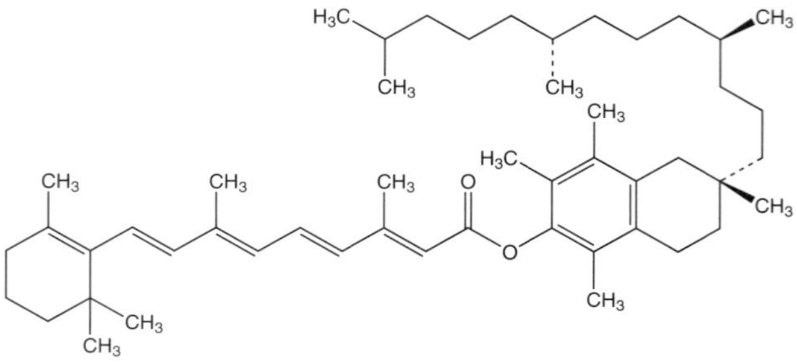

OS: *Tretinoin Tocoferil [JAN]*
IS: *NSC 122758*
IS: *Ro 1-5488*
IS: *Tocoretinate (Nisshin Flour Milling, Japan)*
IS: *α-Tocopheryl retinoate*

Olcenon® (Lederle: JP)

Tretoquinol (Prop.INN)

L: Tretoquinolum
I: Tretochinolo
D: Tretoquinol
F: Trétoquinol
S: Tretoquinol

Bronchodilator
β_2-Sympathomimetic agent

ATC: R03AC09,R03CC09
CAS-Nr.: 0030418-38-3 C_{19}-H_{23}-N-O_5
M_r 345.403

6,7-Isoquinolinediol, 1,2,3,4-tetrahydro-1-[(3,4,5-trimethoxyphenyl)methyl]-, (S)-

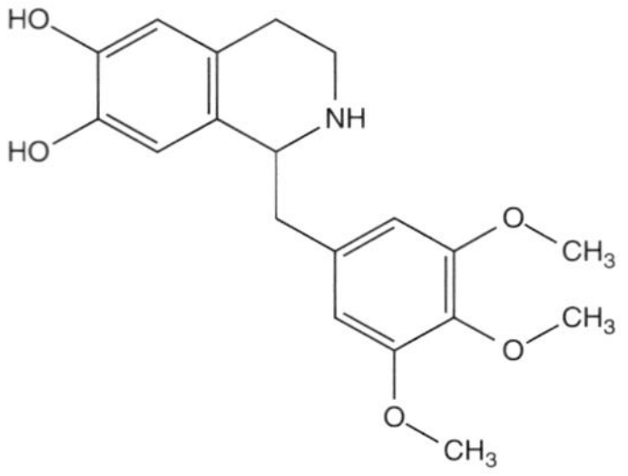

OS: *Tretochinolo [DCIT]*
IS: *AQ-110*
IS: *TMQ*
IS: *Trimethoquinol*

– **hydrochloride:**
CAS-Nr.: 0018559-59-6
OS: *Trimetoquinol Hydrochloride JAN*
PH: Trimetoquinol Hydrochloride JP XIV

Inolin® (Tanabe: ID, JP)

Triamcinolone (Rec.INN)

L: Triamcinolonum
I: Triamcinolone
D: Triamcinolon
F: Triamcinolone
S: Triamcinolona

Adrenal cortex hormone, glucocorticoid

ATC: A01AC01,D07AB09,D07XB02,H02AB08,R01AD1-1,S01BA05
CAS-Nr.: 0000124-94-7 C_{21}-H_{27}-F-O_6
M_r 394.447

Pregna-1,4-diene-3,20-dione, 9-fluoro-11,16,17,21-tetrahydroxy-, (11β,16α)-

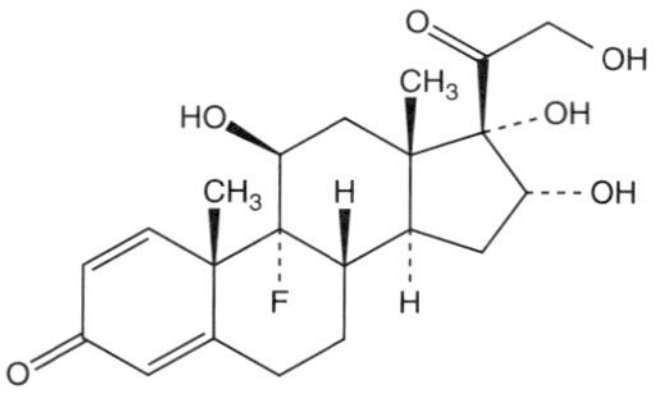

OS: *Triamcinolone [BAN, DCF, DCIT, JAN]*
IS: *Fluoxyprednisolon*
PH: Triamcinolone [Ph. Eur. 5, JP XIV, USP 30]
PH: Triamcinolonum [Ph. Eur. 5]
PH: Triamcinolon [Ph. Eur. 5]

Aristo-Pak® (Fujisawa: US)
Aristocort® (Astellas: US)
Cortiflex® (AC Farma: PE)
Delphicort® (Dermapharm: AT)
Delphicort® (Riemser: DE)
Derma-S® [vet.] (TVM: FR)
Fucidin Cream® (Leo: TH)
Ipercortis® (AGIPS: IT)
Kenacort® (Bristol-Myers Squibb: AR, ET, ID, IT, KE, LU, NL, PE, TZ, UG, US)
Kenacort® (Dermapharm: CH)
Kenaderm-L® (Lansier: PE)
Ledercort® (Wyeth: ES, IN, IT, NL)
Polcortolone® (Polfa Pabianice: HU)
Polcortolon® [compr.] (Polfa Pabianice: PL)
Polcortolon® [compr.] (Polfa Pabianskiy: RU)
Rhinisan® (Alcon: DE)
Simacort® (Siam Bheasach: TH)
Sterocort® (Taro: IL)
Triam-Oral® (Winthrop: DE)
Triamcinolon CF® (Centrafarm: NL)
Triamcinolon PCH® (Pharmachemie: NL)
Triamcinolon ratiopharm® (Ratiopharm: NL)
Triamcinolona Iqfarma® (Iqfarma: PE)
Triamcinolona® (Farvet: PE)
Triamcinolona® (Klonal: AR)
Triamcinolone® (Remedica: CY)
Triamcort® [Tab.] (Interbat: ID)
Triampoen® (Poen: AR)
Tricortone® (Fawns & McAllan: AU)
Trinolon® (Kimia: ID)
Uvitriam® [vet.] (Ceva: IT)
Volon® (Dermapharm: AT, DE)

– 16α,17α-acetonide:

CAS-Nr.: 0000076-25-5
OS: *Triamcinolone (acétonide de) DCF*
OS: *Triamcinolone Acetonide BAN, JAN*
IS: *Triamcinolone cyclic 16,17-acetal with acetone*
PH: Triamcinolonacetonid Ph. Eur. 5
PH: Triamcinolone (acétonide de) Ph. Eur. 5
PH: Triamcinolone Acetonide Ph. Eur. 5, JP XIV, USP 30
PH: Triamcinoloni acetonidum Ph. Eur. 5

Adcortyl in Orabase® (Bristol-Myers Squibb: GB, IE)
Adcortyl® (Bristol-Myers Squibb: GB, IE)
Adecortyl® [vet.] (Bristol-Myers Squibb: GB)
Aftab® (Opfermann: DE)
Aftab® (Rottapharm: FI, IT)
Airclin® (Aché: BR)
Albicort® (Sanofi-Aventis: BE)
Albicort® (Sanofi-Synthelabo: LU, NL)
Aristocort® (Aristopharma: BD)
Aristocort® (Astellas: US)
Aristocort® (Sigma: AU, NZ)
Aristocort® (Valeo: CA)
Aristocort® (Wyeth: TH)
Azmacort® (Aventis: BR, PE)
Azmacort® (Kos: US)
Azmacort® (Sanofi-Aventis: BD)
Cenolon® (Incepta: BD)
Centocort® (Pharmasant: TH)
Cortalone® [vet.] (A.S.T.: NL)
Cortalone® [vet.] (Vedco: US)
Coupe-A® (Fukuchi: JP)
Cremor Triamcinolon A® (Apothecon: NL)
Cremor Triamcinoloni Gf® (Genfarma: NL)
Cremor TriamcinoloniPCH® (Pharmachemie: NL)
Delphi® (Erfa: BE, LU)
Delphi® (Wyeth: NL)
Depocort® [vet.] (Ceva: NL)
Dermacort® (DHA: SG)
Facort® (Biolab: TH)
Flutex® (Syosset: US)
Fortcinolona® (Fortbenton: AR)
Ftorocort® (Gedeon Richter: HU, RU, TH)
Generlog® (General Drugs House: TH)
Glytop® (Pharmatrix: AR)
Intralon® (Darier: MX)
Kanolone® (LBS: TH)
Kela® (TO Chemicals: TH)
Kemzid® (Unison: TH)
Kenacort A® (Bristol-Myers Squibb: AR, AU, BE, CL, CN, CO, ET, HK, ID, IT, KE, LU, NL, NZ, PE, PH, TH, TR, TZ, UG)
Kenacort A® (Dermapharm: CH)
Kenacort A® (Euro: NL)
Kenacort Retard® (Bristol-Myers Squibb: BF, BI, BJ)
Kenacort Retard® (Bristol-Myers squibb: CF)
Kenacort Retard® (Bristol-Myers Squibb: CG, CI, CM, DZ, FR, GA, GN)
Kenacort Retard® (Bristol-Myers squibb: MG)
Kenacort Retard® (Bristol-Myers Squibb: ML, MR, MU, NE, SN, TD, TG, ZR)
Kenacort-T® [inj. ungt.] (Bristol-Myers Squibb: NO, SE)
Kenacort® (Bristol-Myers Squibb: FI, IT, LU, NZ, SG)
Kenacort® (Dr. Fisher: NL)
Kenacort® (Sarabhai: IN)
Kenalog Orabase® (Bristol-Myers Squibb: ES, HK, ID, TH, ZA)
Kenalog® (Bristol-Myers Squibb: AU, DE, DK, ET, GB, GE, IE, IS, KE, NZ, RU, SG, TZ, UG)
Kenalog® (IBI: CZ)
Kenalog® (Krka: HR, HU, RS, SI)
Kenalog® (Sandoz: US)
Kenalog® (Westwood-Squibb: CA)
Keno® (TO Chemicals: SG, TH, TH)
Kortikoid-ratiopharm® (ratiopharm: DE)
Laver® (Neopharm: TH)
Ledercort® (Wyeth: AR, IN)
Linola Cort Triam® (Wolff: DE)
Manolone® (Lam Thong: TH)
Metoral® (Unison: TH)
Milanolone® (Milano: TH)
Nasacor AQ® (Aventis: GH, KE, NG, ZW)
Nasacor AQ® (Aventis Pharma: ID)
Nasacor AQ® (Sanofi-Aventis: US)
Nasacort® (Aventis: AT, BA, CO, CR, DE, DK, DO, EC, GR, GT, HN, IS, IT, LU, NI, NO, PA, PE, SV, TH)
Nasacort® (Italfarmaco: ES)
Nasacort® (Sanofi-Aventis: AR, BD, BR, CA, CH, CL, FI, FR, GB, HK, IE, MX, MY, NL, RO, SE, SG, TR, US)

Nasacor® (Aventis: ZA)
Nergen® [vet.] (Animedic: DE)
Nergen® [vet.] (Selecta: DE)
Omcilon-A® (Bristol-Myers Squibb: BR)
Oracort® (AFT: NZ)
Oracort® (Taro: CA, IL)
Oral-T® (Silom: TH)
Oralog® (Pharmasant: TH)
Oramedy® (Dong Kook: SG)
Orcilone® (Chew Brothers: TH)
Orrepaste® (Hoe: SG)
Parkesteron® [vet.] (Pharmacia: DE)
Polcortolon® (Jelfa: PL, RU)
Polcortolon® (medphano: DE)
Risto® (Progress: TH)
Shincort® (Yung Shin: SG, TH)
Simacort® (Siam Bheasach: TH)
Sinakort-A® (I.E. Ulagay: TR)
Stelone® (General Pharma: BD)
Steronase AQ® (Sanofi-Aventis: IL)
T-1® (Osoth: TH)
Ta Ososth® (Osoth: TH)
Tacinol® (Polipharm: TH)
Tac® (Parnell: US)
Telnase® (Aventis: AU, NZ)
Tess® (Troikaa: IN)
Topilone® (Chew Brothers: TH)
Tramsilone® (Greater Pharma: TH)
Tramsone® (Hoe: LK)
Tri-Kort® (Keene: US)
Tri-Nasal® (Muro: US)
Triacet® (Teva: US)
Triacort® (Pharmatex: IT)
Triaderm® (Taro: CA)
Triam Injekt® (Winthrop: DE)
Triam Lichtenstein® (Winthrop: DE)
Triam Wolff® (Wolff: DE)
Triam-A® (Hyrex: US)
Triam-Denk 40® (Denk: ET, KE, NG, TZ, UG)
Triam-Forte® (Hyrex: US)
Triama® (Samakeephaesaj: TH)
Triamcinolon Acetonid® (Antibiotice: RO)
Triamcinolon FNA® (FNA: NL)
Triamcinolon Galena® (Ivax: CZ)
Triamcinolon HBF® (Herbacos: CZ)
Triamcinolon Leciva® (Zentiva: CZ, GE)
Triamcinolonacetonide A® (Apothecon: NL)
Triamcinolonacetonide CF® (Centrafarm: NL)
Triamcinolonacetonide Sandoz® (Sandoz: NL)
Triamcinolonacetonidecrème FNA Merck® (Merck Generics: NL)
Triamcinolonacetonide® (Basic Pharma: NL)
Triamcinolonacetonide® (Katwijk: NL)
Triamcinolona® (Bawiss: CO)
Triamcinolona® (Biocrom: PE)
Triamcinolona® (Induquimica: PE)
Triamcinolone Acetonide® (CMC: US)
Triamcinolone Acetonide® (Rugby: US)
Triamcinolone Acetonide® (Sandoz: CA)
Triamcinolone Acetonide® [vet.] (Alfasan: NL)
Triamcinolone Acetonide® [vet.] (Boehringer Ingelheim Vetmedica: US)
Triamcinolone Dental® (Major: US)
Triamcinolone Dental® (Rugby: US)
Triamcinolone Dental® (Sandoz: US)
Triamcinolone Dental® (Taro: US)
Triamcinolone Dental® (Teva: US)
Triamcinolone Winthrop® (Sanofi-Aventis: CH)
Triamcinolon® (Fagron: NL)
Triamcinolon® (Ivax: CZ)
Triamcinolon® (Leciva: CZ)
Triamciterap® (Frasca: AR)
Triamcort® (Helvepharm: CH)
Triamgalen® (Galenpharma: DE)
Triamhexal® (Hexal: DE)
Triamolone® [vet.] (Jurox: AU)
Triamtabs® [vet.] (Vetus: US)
Triamvirgi® (Fisiopharma: IT)
Triam® (Lichtenstein Pharmazeutika: DE)
Tridez® (Prima: ID)
Trigon Depot® (Bristol-Myers Squibb: ES)
Trilosil® (Silom: TH)
Trim® (M & H: TH)
Trinolone® (Nida: SG)
Trispray® (Square: BD)
Unguentum Triamcinoloni PCH® (Pharmachemie: NL)
Unguentum Triamcinoloni ratiopharm® (Ratiopharm: NL)
Unif® (Tek Chemical: TH)
Vacinolone-V® (Atlantic: TH)
Vetalog® [vet.] (Fort Dodge: US)
Volon A® (Dermapharm: AT, DE)
Volonimat® (Dermapharm: DE)
Volon® [vet.] (Novartis Tiergesundheit: DE)

– 16α,17α-acetonide 21-phosphate dipotassium salt:

Kenacort A Solubile® (Bristol-Myers Squibb: NL)
Kenacort A Solubile® (Dermapharm: CH)
Solu-Volon A® (Dermapharm: AT)

– 16α,21-diacetate:

CAS-Nr.: 0000067-78-7
OS: *Triamcinolone Diacetate JAN*
PH: Triamcinolone Diacetate USP 30

Amcort® (Keene: US)
Aristocort® (Fujisawa: US)
Canitédarol® [vet.] (Merial: FR)
Delphicort® [inj.] (Dermapharm: AT)
Delphicort® [inj.] (Riemser: DE)
Proctosteroid® (Aldo Union: ES)
Triam forte® (Hyrex: US)
Tristoject® (Merz: US)

– hexacetonide:

CAS-Nr.: 0005611-51-8
OS: *Triamcinolone (hexacétonide de) DCF*
OS: *Triamcinolone Hexacetonide BAN, USAN*
OS: *Triamcinolone esacetonide DCIT*
IS: *Triamcinolone 16,17-acetonide 21-(3,3-dimethylbutyrate)*
PH: Triamcinolone Hexacetonide Ph. Eur. 5, USP 30
PH: Triamcinoloni hexacetonidum Ph. Eur. 5
PH: Triamcinolonhexacetonid Ph. Eur. 5
PH: Triamcinolone (hexacétonide de) Ph. Eur. 5

Aristospan® (Sabex: US)
Aristospan® (Valeo: CA)

Hexatrione® (Daiichi Sankyo: FR)
Lederlon® (Riemser: DE)
Lederspan® (Meda: DK, FI, IS, NO)
Lederspan® (Wyeth: AT, LU, SE)
Triancil® (Apsen: BR)

Triamterene (Rec.INN)

L: Triamterenum
I: Triamterene
D: Triamteren
F: Triamtérène
S: Triamtereno

Diuretic

ATC: C03DB02
CAS-Nr.: 0000396-01-0 C_{12}-H_{11}-N_7
M_r 253.29

2,4,7-Pteridinetriamine, 6-phenyl-

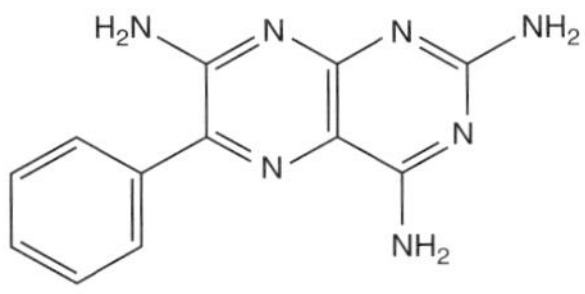

OS: *Triamterene [BAN, DCF, DCIT, JAN, USAN]*
IS: *Fl 6143*
IS: *SKF 8542*
PH: Triamteren [Ph. Eur. 5]
PH: Triamterene [Ph. Eur. 5, JP XIV, USP 30]
PH: Triamterenum [Ph. Eur. 5]

Dyazide® (Goldshield: IE)
Dyrenium® (Wellspring: US)
Dytac® (GlaxoSmithKline: NL)
Dytac® (Goldshield: GB)
Dytac® (SMB: BE)
Triamtereen Alpharma® (Alpharma: NL)
Triamtereen A® (Apothecon: NL)
Triamtereen CF® (Centrafarm: NL)
Triamtereen FLX® (Karib: NL)
Triamtereen Katwijk® (Katwijk: NL)
Triamtereen Merck® (Merck Generics: NL)
Triamtereen PCH® (Pharmachemie: NL)
Triamtereen Ratiopharm® (Ratiopharm: NL)
Triamtereen Sandoz® (Sandoz: NL)
Triamtereen-OF® (GlaxoSmithKline: NL)
Triamtereen® (Delphi: NL)
Triamtereen® (GenRx: NL)
Triamteren Pharmavit® (Bristol-Myers Squibb: HU)
Triteren® (Sumitomo: JP)

Triazolam (Rec.INN)

L: Triazolamum
I: Triazolam
D: Triazolam
F: Triazolam
S: Triazolam

Hypnotic

ATC: N05CD05
CAS-Nr.: 0028911-01-5 C_{17}-H_{12}-Cl_2-N_4
M_r 343.223

4H-[1,2,4]Triazolo[4,3-a][1,4]benzodiazepine, 8-chloro-6-(2-chlorophenyl)-1-methyl-

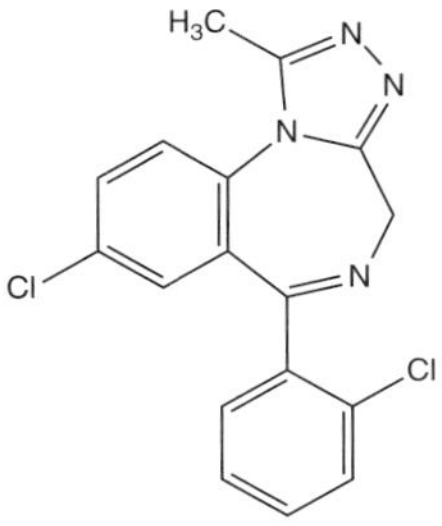

OS: *Triazolam [BAN, DCF, DCIT, JAN, USAN]*
IS: *Clorazolam*
IS: *U 33030 (Upjohn, USA)*
PH: Triazolam [USP 30]

Apo-Triazo® (Apotex: CA)
Gen-Triazolam® (Genpharm: CA)
Halcion® (Pfizer: AT, BE, CA, CH, CR, DK, FI, GT, HK, HN, ID, IE, IL, IS, MX, NI, NL, NZ, PA, PT, SE, SV, TH, US)
Halcion® (Pharmacia: AU, BG, BR, CZ, DE, ES, ET, GH, GR, IT, KE, LR, LU, RW, SL, TZ, UG, ZA, ZW)
Hypam® (Pacific: NZ)
Rilamir® (Hexal: DK)
Somese® (Pfizer: CL, MY)
Somese® (Pharmacia: CO, PE)
Songar® (Valeas: IT)
Triazolam „1A Farma“® (1A Farma: DK)
Triazolam ABC® (ABC: IT)
Triazolam Almus® (Almus: IT)
Triazolam EG® (EG: IT)
Triazolam Merck NM® (Merck NM: DK, SE)
Triazolam Merck® (Merck Generics: IT)
Triazolam NM Pharma® (Gerard: IS)
Triazolam Pliva® (Pliva: IT)
Triazolam Ratiopharm® (Ratiopharm: IT)
Triazolam Sandoz® (Sandoz: IT)
Triazolam Teva® (Teva: IT)
Trilam® (Gerard: IE)
Trycam® (Douglas: TH)
Trycam® (TTN: TH)

Tribenoside (Rec.INN)

L: Tribenosidum
I: Tribenoside
D: Tribenosid
F: Tribénoside
S: Tribenosido

Sclerosing agent

ATC: C05AX05
CAS-Nr.: 0010310-32-4 C_{29}-H_{34}-O_6
M_r 478.591

T

D-Glucofuranoside, ethyl 3,5,6-tris-O-(phenylmethyl)-

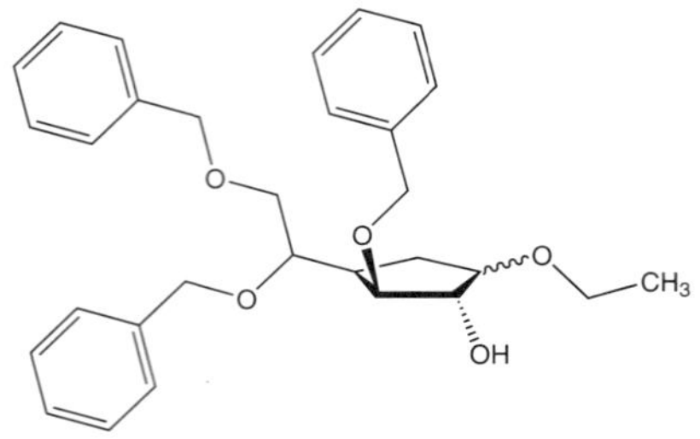

OS: *Tribenoside [DCF, DCIT, JAN, USAN, BAN]*
IS: *Ba 21401*
IS: *BS 356*
IS: *CIBA 21401-Ba*
PH: Tribenoside [Ph. Eur. 5, BP 2002]
PH: Tribénoside [Ph. Eur. 5]
PH: Tribenosid [Ph. Eur. 5]
PH: Tribenosidum [Ph. Eur. 5]

Glyvenol® (Novartis: AG, AN, AT, AW, BB, BE, BM, BR, BS, CO, CZ, ET, GD, GH, GY, HT, IT, JM, KE, KY, LC, LK, LU, LY, MT, NG, PH, RU, SD, TT, TZ, VC, ZW)
Glyvenol® (Novartis Pharma: PE)
Hemocuron® (Takeda: JP)

Tribuzone (Prop.INN)

L: Tribuzonum
D: Tribuzon
F: Tribuzone
S: Tribuzona

Analgesic
Antiinflammatory agent

CAS-Nr.: 0013221-27-7 — C_{22}-H_{24}-N_2-O_3, M_r 364.454

3,5-Pyrazolidinedione, 4-(4,4-dimethyl-3-oxopentyl)-1,2-diphenyl-

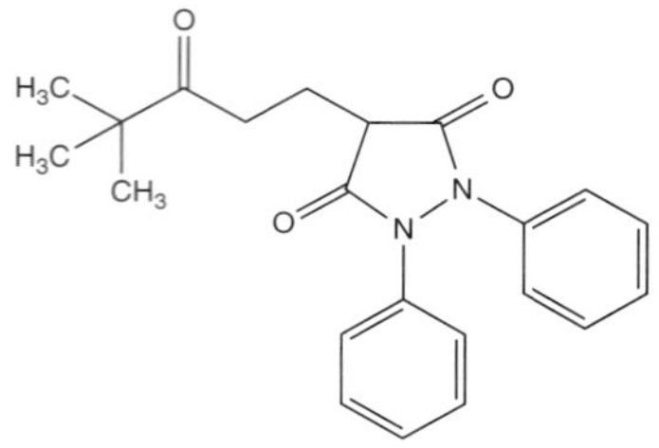

IS: *Trimethazone*
PH: Tribuzonum [PhBs IV]

Benetazon® (Spofa: CZ)

Tricaine

D: Tricain

Local anesthetic

CAS-Nr.: 0000582-33-2 — C_9-H_{11}-N-O_2, M_r 165.19

Ethyl m-aminobenzoate

3-Aminobenzoic acid ethyl ester

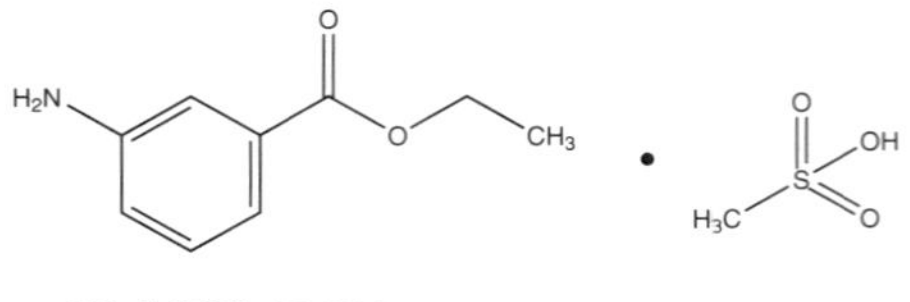

IS: *NCS 39593*
IS: *AI3-02743*
IS: *m-Ethoxycarbonylaniline*

– mesilate:

CAS-Nr.: 0000886-86-2
IS: *MS-222*
IS: *Tricaine methanesulfonate*
IS: *Metacaine*
IS: *TS-222*
IS: *NCS 93790*
IS: *m-aminobenzoic acid ethyl ester methanesulfonate*

Finquel® (Argent: US)
MS 222® [vet.] (Alpharma: GB)
MS 222® [vet.] (Thomson & Joseph: GB)
Tricaine-S® (Western Chemical: US)

Trichlormethiazide (Rec.INN)

L: Trichlormethiazidum
I: Triclormetiazide
D: Trichlormethiazid
F: Trichlorméthiazide
S: Triclormetiazida

Diuretic, benzothiadiazide

ATC: C03AA06
CAS-Nr.: 0000133-67-5 — C_8-H_8-Cl_3-N_3-O_4-S_2, M_r 380.652

2H-1,2,4-Benzothiadiazine-7-sulfonamide, 6-chloro-3-(dichloromethyl)-3,4-dihydro-, 1,1-dioxide

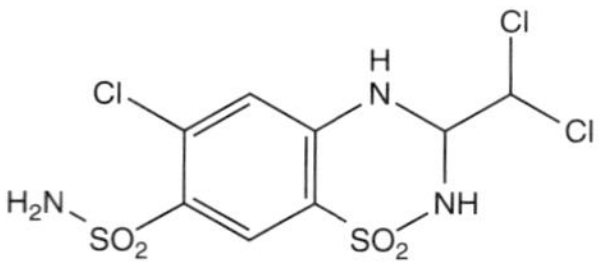

OS: *Triclormetiazide [DCIT]*
PH: Trichlormethiazide [JP XIV, USP 30]

Anistadin® (Maruko: JP)
Aquazide® (Jones: US)
Carvacron® (Taiyo: JP)
Flutoria® (Towa Yakuhin: JP)
Naqua® (Key: US)
Trichlormethiazide® (Camall: US)

Trichloroacetic Acid (USAN)

L: Acidum trichloraceticum
D: Trichloressigsäure
F: Acide trichloracétique

Astringent
Dermatological agent, caustic

CAS-Nr.: 0000076-03-9 — C_2-H-Cl_3-O_2 — M_r 163.38

Acetic acid, trichloro-

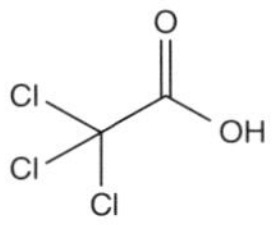

IS: *TCA*
PH: Acide trichloroacétique [Ph. Eur. 5]
PH: Trichloressigsäure [Ph. Eur. 5]
PH: Trichloroacetic Acid [Ph. Eur. 5, USP 30]
PH: Acidum trichloraceticum [Ph. Eur. 5]

Acide Trichloracétique® [vet.] (Ceva: FR)
Acido Tricloroacetico Ogna® (Ogna: IT)
Acido Tricloroacetico® (New.Fa.dem.: IT)
Acido Tricloroacetico® (Zeta: IT)
CL tre® (Nova Argentia: IT)

Triclabendazole (Rec.INN)

L: Triclabendazolum
D: Triclabendazol
F: Triclabendazole
S: Triclabendazol

Anthelmintic

ATC: P02BX04
CAS-Nr.: 0068786-66-3 — C_{14}-H_9-Cl_3-N_2-O-S — M_r 359.656

1H-Benzimidazole, 5-chloro-6-(2,3-dichlorophen-oxy)-2-(methylthio)-

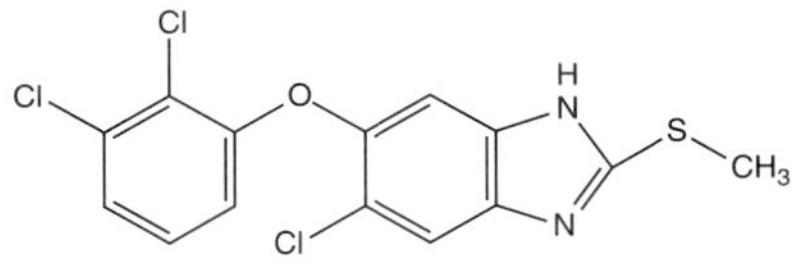

OS: *Triclabendazole [BAN]*
IS: *CGA 89317 (Ciba-Geigy, USA)*

Ecofluke® [vet.] (Eco: ZA)
Egaten® (Novartis: FR)
Endofluke® [vet.] (Animedic: DE)
Fascicur® [vet.] (Intervet: FR)
Fascinex® [vet.] (Novartis Santé Animale: FR)
Fasicare® [vet.] (Novartis Animal Health: AU)
Fasinex® [vet.] (Jacoby: AT)
Fasinex® [vet.] (Novartis: DK, NL)
Fasinex® [vet.] (Novartis Animal Health: AU, GB, NZ, PT, ZA)
Fasinex® [vet.] (Novartis Consumer Health: IE)
Fasinex® [vet.] (Novartis Tiergesundheit: CH, DE)
Flukare® [vet.] (Virbac: AU, ZA)
Tremacide® [vet.] (Jurox: AU)
Tribex® [vet.] (Alstoe: GB)
Tribex® [vet.] (Chanelle: GB, NL)
Triclanil® [vet.] (Virbac: FR)

Triclocarban (Rec.INN)

L: Triclocarbanum
I: Triclocarban
D: Triclocarban
F: Triclocarban
S: Triclocarbano

Antiseptic
Desinfectant

CAS-Nr.: 0000101-20-2 — C_{13}-H_9-Cl_3-N_2-O — M_r 315.585

Urea, N-(4-chlorophenyl)-N'-(3,4-dichlorophenyl)-

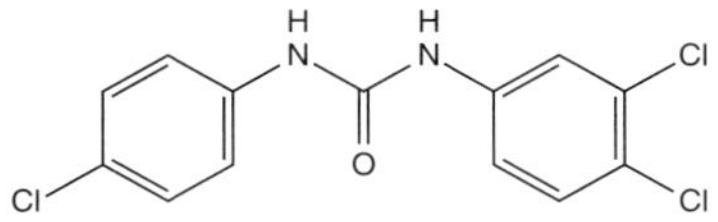

OS: *Triclocarban [DCF, DCIT, USAN]*
IS: *TCC*
IS: *CB 8158*
PH: Triclocarbanum [2.AB-DDR]

Cutisan® (Reckitt Benckiser: FR)
Derso TCC® (Aché: BR)
Septivon® (Omega: FR)
Solubacter® (Reckitt Benckiser: FR)
Ungel® (Stiefel: AR)

Triclofos (Rec.INN)

L: Triclofosum
I: Triclofos
D: Triclofos
F: Triclofos
S: Triclofos

Hypnotic

ATC: N05CM07
ATCvet: QN05CM07
CAS-Nr.: 0000306-52-5 — C_2-H_4-Cl_3-O_4-P — M_r 229.374

Ethanol, 2,2,2-trichloro-, dihydrogen phosphate

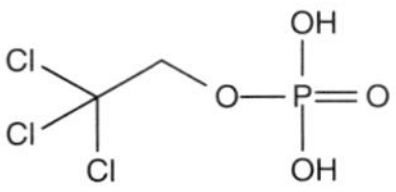

OS: *Triclofos [BAN, DCIT]*
IS: *Triclophos*

Neguvon® [vet.] (Bayer: IT)
Neguvon® [vet.] (Bayer Animal Health: AU)

– sodium salt:
CAS-Nr.: 0007246-20-0
OS: *Triclofos Sodium BANM, JAN, USAN*
PH: Triclofos Sodium BP 2002, JP XIV

Triclofos Elixir® (UCB: GB)
Triclonam® (CTS: IL)
Tricloryl® (GlaxoSmithKline: IN)

T

Triclosan (Rec.INN)

L: Triclosanum
I: Triclosano
D: Triclosan
F: Triclosan
S: Triclosan

⚕ Desinfectant

ATC: D08AE04,D09AA06
CAS-Nr.: 0003380-34-5 C_{12}-H_7-Cl_3-O_2
M_r 289.538

Phenol, 5-chloro-2-(2,4-dichlorophenoxy)-

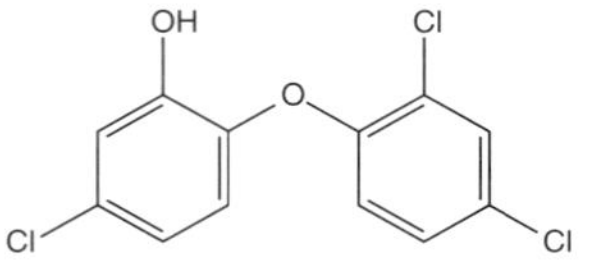

OS: *Triclosan [BAN, DCF, USAN]*
IS: *CH 3565*
IS: *Cloxifenolum*
IS: *GP 41353*
PH: Triclosanum [2.AB-DDR]
PH: Triclosan [USP 30]

Adasept® (Odan: CA)
Antiseptin® (Sanitas: CL)
Aquasept® (Mölnlycke: GB)
Cliniclean® [vet.] (Pharmachem: AU)
Cliniderm® (Wild: CH)
Dermax® (Fischer: IL)
Lavasept® (Farmo Quimica: CL)
Lipo Sol® (Widmer: CH)
Lipo-Sol® (Widmer: CH)
Liquid Soap Pre-Op Wash® (Orion: NZ)
Microshield T® (Johnson & Johnson: AU)
pHisoHex® (Sanofi-Synthelabo: ID)
Procutol® (Spirig: CH)
Proderm® (Galderma: BR)
Sanigermin® (Sanitas: CL)
Sapoderm® (Reckitt Benckiser: AU)
Tersaseptic® (Doak Dermatologics: US)
Tersaseptic® (Trans Canaderm: CA)
Tratoderm Sabonete IMA® (IMA: BR)
Virulex® (Pose: TH)

Triflumuron

D: Triflumuron

⚕ Insecticide

CAS-Nr.: 0064628-44-0 C_{15}-H_{10}-Cl-F_3-N_2-O_3
M_r 358.72

Benzamide, 2-chloro-*N*-(((4-(trifluoromethoxy)phenyl)amino)carbonyl-

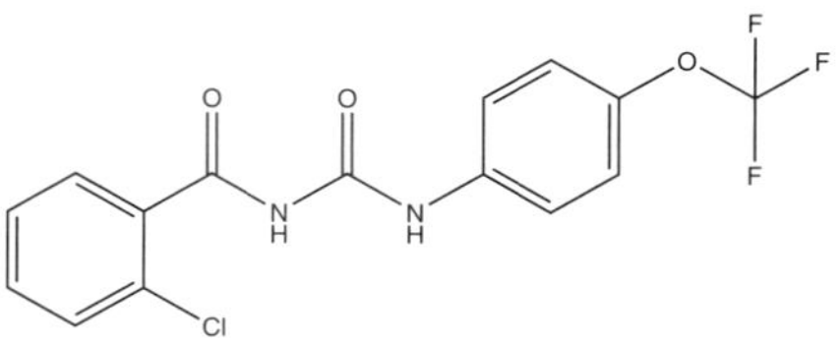

IS: *BAY-SIR 8514*
IS: *EPA Pesticide Chemical Code 118201*
IS: *SIR 8514*
IS: *Trifluron*
IS: *Trifumuron*

Baycidal® [vet.] (Bayer Environmental Science: FR)
Clipguard® [vet.] (Novartis Animal Health: AU, NZ)
Command® [vet.] (Western: AU)
Epic Ezy® [vet.] (Jurox: NZ)
Exit® [vet.] (Ancare: NZ)
Virbac IGR® [vet.] (Virbac: AU)
Virbac Pour-On® [vet.] (Virbac: AU)
Zapp® [vet.] (Bayer Animal: NZ)
Zapp® [vet.] (Bayer Animal Health: AU, ZA)

Trifluoperazine (Rec.INN)

L: Trifluoperazinum
D: Trifluoperazin
F: Trifluopérazine
S: Trifluoperazina

⚕ Neuroleptic

ATC: N05AB06
CAS-Nr.: 0000117-89-5 C_{21}-H_{24}-F_3-N_3-S
M_r 407.513

10H-Phenothiazine, 10-[3-(4-methyl-1-piperazinyl)propyl]-2-(trifluoromethyl)-

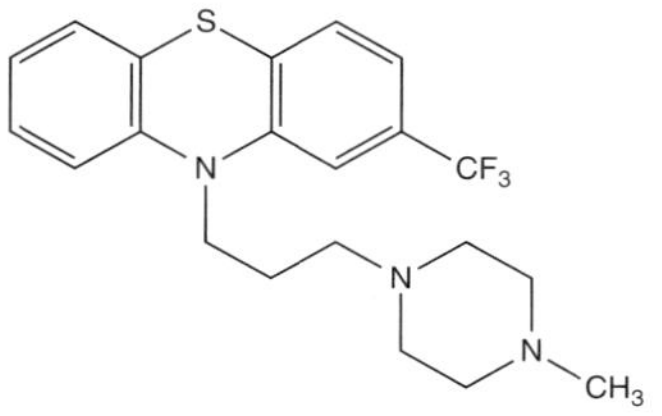

OS: *Trifluoperazine [BAN, DCF]*
IS: *Triphthazin*
IS: *SKF 5019*

Apo-Trifluoperazine® (Apotex: HK, SG)
Modiur® (Bagó: CO)
Psyrazine® (Condrugs: TH)
Triflumed® (Medifive: TH)
Trinicalm® (Torrent: IN)
Triozine® (Pharmasant: TH)

– hydrochloride:

CAS-Nr.: 0000440-17-5
OS: *Trifluoperazine Hydrochloride BANM*
PH: Trifluoperazindihydrochlorid Ph. Eur. 5
PH: Trifluopérazine (chlorhydrate de) Ph. Eur. 5
PH: Trifluoperazine Hydrochloride Ph. Eur. 5, USP 30
PH: Trifluoperazini hydrochloridum Ph. Eur. 5

Apo-Trifluoperazine® (Apotex: CA, PL)
Eskazine® (SmithKline Beecham: ES)
Flupazine® [tabs] (Psicofarma: MX)
Modalina® (SIT: IT)
SPMC Trifluoperazine HCl® (SPMC: LK)
Stelazine Spansules® (Goldshield: GB)
Stelazine® (Armstrong: MX)
Stelazine® (Bagó: CO)
Stelazine® (GlaxoSmithKline: AE, BH, IR, KW, OM, PE, QA)

Stelazine® (GlaxoSmithKline Pharm.: US)
Stelazine® (Goldshield: GB, IE)
Stelazine® (Link: AU, NZ)
Stelazine® (Pharmafrica: ZA)
Stelazine® (Pharos: ID)
Stelazine® (Schering-Plough: AR)
Stelazine® (Scios: US)
Stelazine® (SmithKline Beecham: BR)
Stelazine® (Vianex: GR)
Stelium® (Ni-The: GR)
Stilizan® (Dr. F. Frik: TR)
Telazine® (Eskayef: BD)
Trifluoperazine Hydrochloride® (Mylan: US)
Trifluoperazine Hydrochloride® (Sandoz: US)
Trifluoperazine Hydrochloride® (UDL: US)
Trifluoperazine® (Remedica: CY)
Trifluoperazine® (Rosemont: GB)
Triplex® (Sriprasit: TH)

Trifluperidol (Rec.INN)

L: Trifluperidolum
I: Trifluperidolo
D: Trifluperidol
F: Triflupéridol
S: Trifluperidol

⚕ Neuroleptic

ATC: N05AD02
CAS-Nr.: 0000749-13-3 C_{22}-H_{23}-F_4-N-O_2
M_r 409.436

1-Butanone, 1-(4-fluorophenyl)-4-[4-hydroxy-4-[3-(trifluoromethyl)phenyl]-1-piperidinyl]-

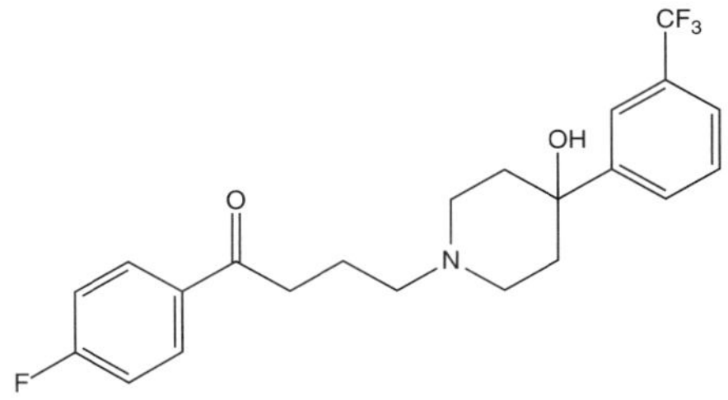

OS: *Trifluperidol [BAN, DCF, USAN]*
OS: *Trifluperidolo [DCIT]*
IS: *McN-JR 2498*
IS: *R 2498*

– hydrochloride:
CAS-Nr.: 0002062-77-3
IS: *R 2498*
PH: Trifluperidolhydrochlorid DAC

Triperidol® (Ethnor: IN)

Triflupromazine (Rec.INN)

L: Triflupromazinum
D: Triflupromazin
F: Triflupromazine
S: Triflupromazina

⚕ Neuroleptic

ATC: N05AA05
CAS-Nr.: 0000146-54-3 C_{18}-H_{19}-F_3-N_2-S
M_r 352.43

10H-Phenothiazine-10-propanamine, N,N-dimethyl-2-(trifluoromethyl)-

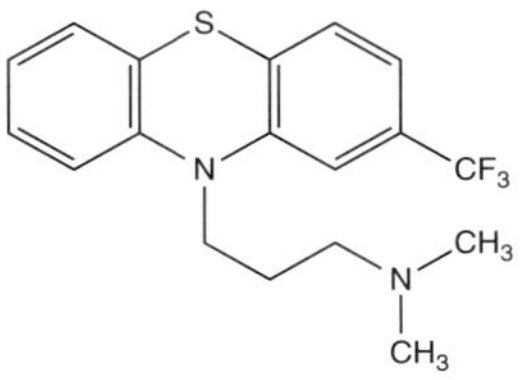

OS: *Triflupromazine [BAN, DCF]*
OS: *Fluopromazine [BAN]*
IS: *MC 4703*
IS: *SKF 4648-A*
PH: Triflupromazine [USP 30]

– hydrochloride:
CAS-Nr.: 0001098-60-8
OS: *Triflupromazine Hydrochloride JAN*
PH: Triflupromazine Hydrochloride USP 30

Psyquil® (Sanofi-Synthelabo: AT, DE)
Siquil® (Bristol-Myers Squibb: NL)
Siquil® (Sarabhai: IN)

Trifluridine (Rec.INN)

L: Trifluridinum
D: Trifluridin
F: Trifluridine
S: Trifluridina

⚕ Antiviral agent

ATC: S01AD02
CAS-Nr.: 0000070-00-8 C_{10}-H_{11}-F_3-N_2-O_5
M_r 296.218

Thymidine, α,α,α-trifluoro-

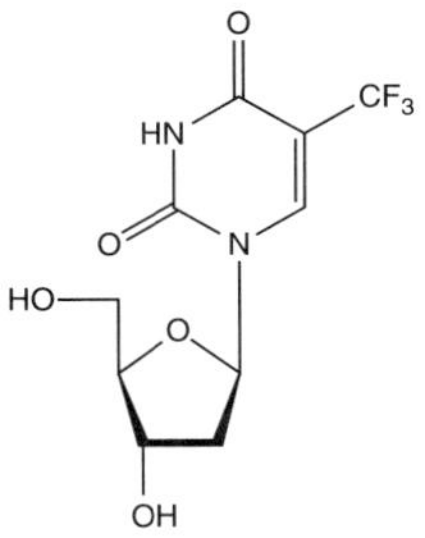

OS: *Trifluridine [DCF, USAN]*
IS: *F_3T*
IS: *Trifluorothymidinum*
PH: Trifluridine [USP 30]

Sandoz Trifluridine® (Sandoz: CA)
TFT Ophtiole® (Tramedico: NL)

TFT Thilo® (Liba: TR)
Thilol® (Farmex: GR)
Triflumann® (Mann: DE, LU)
Trifluridine® (Falcon: US)
Triherpine® (Novartis: CZ, IT, TH)
Viromidin® (Alcon: ES)
Virophta® (Allergan: FR)
Viroptic® (Monarch: US)
Viroptic® (Theramed: CA)

Triflusal (Rec.INN)

L: Triflusalum
I: Triflusal
D: Triflusal
F: Triflusal
S: Triflusal

Anticoagulant, platelet aggregation inhibitor

CAS-Nr.: 0000322-79-2 C_{10}-H_7-F_3-O_4
M_r 248.166

Benzoic acid, 2-(acetyloxy)-4-(trifluoromethyl)-

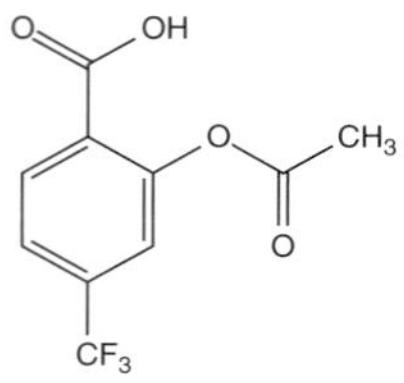

OS: *Triflusal [BAN]*
IS: *UR 1501 (Uriach, Spain)*
PH: Triflusalum [Ph. Eur. 5]
PH: Triflusal [Ph. Eur. 5]

Aflen® (Galenica: GR)
Aflen® (Sicomed: RO)
Anpeval® (Vir: ES)
Disgren® (Bagó: AR)
Disgren® (Biosintética: BR)
Disgren® (Hormona: MX)
Disgren® (Menarini: CR, DO, GT, HN, NI, PA, SV)
Disgren® (OM: PE)
Disgren® (Uriach: ES, HU)
Tecnosal® (Tecnifar: PT)
Triflusal Alter® (Alter: PT)
Triflusal Bayvit® (Stada: ES)
Triflusal Biohorm® (Biohorm: ES)
Triflusal Lareq® (Lareq: ES)
Triflusal Pharmagenus® (Pharmagenus: ES)
Triflusal Ratiopharm® (Ratiopharm: ES)
Triflusal Sandoz® (Sandoz: ES)
Triflusal Stada® (Stada: ES)
Triflusal Teva® (Teva: ES)
Triflusal Uriach® (Uriach: ES)
Triflusal Ur® (Uso Racional: ES)
Triflux® (Scharper: IT)

Trihexyphenidyl (Rec.INN)

L: Trihexyphenidylum
I: Triesifenidile
D: Trihexyphenidyl
F: Trihexyphénidyle
S: Trihexifenidilo

Antiparkinsonian, central anticholinergic

ATC: N04AA01
CAS-Nr.: 0000144-11-6 C_{20}-H_{31}-N-O
M_r 301.478

1-Piperidinepropanol, α-cyclohexyl-α-phenyl-

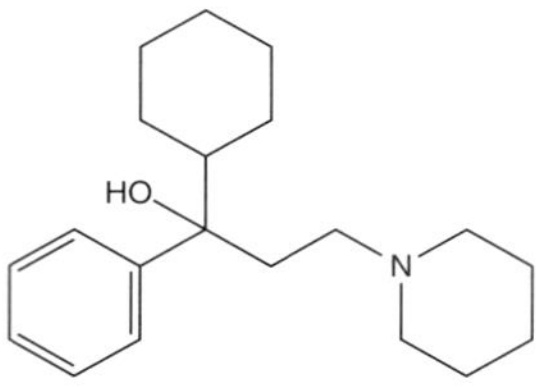

OS: *Benzhexol [BAN]*
OS: *Trihexyphénidyle [DCF]*
OS: *Trihexyphenidyl [BAN]*
OS: *Triesifenidile [DCIT]*
IS: *Win 511*

Apo-Trihex® (Apotex: SG)
Artandyl® (Synco: HK)
Artane® (Lederle: IL)
SPMC Benzhexol® (SPMC: LK)
Tonaril® (Chile: CL)

– hydrochloride:

CAS-Nr.: 0000052-49-3
OS: *Trihexyphenidyl Hydrochloride BANM, JAN*
IS: *Parkidyl*
IS: *Benzhexol Hydrochloride*
PH: Trihexyphénidyle (chlorhydrate de) Ph. Eur. 5
PH: Trihexyphenidyl Hydrochloride JP XIV, Ph. Eur. 5, Ph. Int. 4, USP 30
PH: Trihexyphenidyli hydrochloridum Ph. Eur. 5, Ph. Int. 4
PH: Trihexyphenidylhydrochlorid Ph. Eur. 5

Acamed® (Medifive: TH)
ACA® (Atlantic: TH)
Apo-Trihex® (Apotex: CA, VN)
Arkine® (Pyridam: ID)
Artane® (Hemofarm: RS)
Artane® (Lederle: AU, CL, ID)
Artane® (PSI: BE)
Artane® (Sanofi-Aventis: FR)
Artane® (Teofarma: DE, ES, IT, LU, NL, PT)
Artane® (Torrex: AT)
Artane® (Wyeth: AR, BR, PE, TH, US, ZA)
Beahexol® (Beacons: SG)
Broflex® (Alliance: GB)
Hexymer® (Mersifarma: ID)
Hipokinon® (Psicofarma: MX)
Pacitane® (Wyeth: IN)
Pargitan® (Nevada Pharma: SE)
Parkinane LP® (Eisai: FR)
Parkisan® (Actavis: GE)
Parkopan® (Hexal: DE, PL)
Partane® (Taro: IL)

Peragit® (Medic: DK)
Pozhexol® (Pharmasant: TH)
Pyramistin® (Yamanouchi: JP)
Rodenal® (Rekah: IL)
Romparkin® (Terapia: RO)
Sedrena® (Daiichi: JP)
Tenvatil® (Drugtech-Recalcine: CL)
Tridyl® (Condrugs: TH)
Triexidyl® (Cristália: BR)
Triexiphenidyl® (Cristália: BR)
Trihexifenidilo Cevallos® (Cevallos: AR)
Trihexifenidilo Clorhidrato® (Bestpharma: CL)
Trihexyphenidyl Hydrochloride Elixir® (Pharmaceutical Associates: US)
Trihexyphenidyl Hydrochloride Elixir® (Pharmaceutical Ventures: US)
Trihexyphenidyl Hydrochloride® [tabs.] (URL: US)
Trihexyphenidyl Hydrochloride® [tabs.] (Vintage: US)
Trihexyphenidyl Hydrochloride® [tabs.] (Watson: US)
Trihexyphenidyl Hydrochloride® [tabs.] (West-Ward: US)
Trihexyphenidyl Indo Farma® (Indofarma: ID)
Trihexyphenidyl® (Genus: GB)
Trihexyphenidyl® (Remedica: CY)
Triphedinon® (Toho: JP)

Trilostane (Prop.INN)

L: Trilostanum
D: Trilostan
F: Trilostane
S: Trilostano

Adrenocorticosteroid biosynthesis inhibitor

ATC: H02CA01
CAS-Nr.: 0013647-35-3 C_{20}-H_{27}-N-O_3
M_r 329.446

Androst-2-ene-2-carbonitrile, 4,5-epoxy-3,17-dihydroxy-, (4α,5α,17β)-

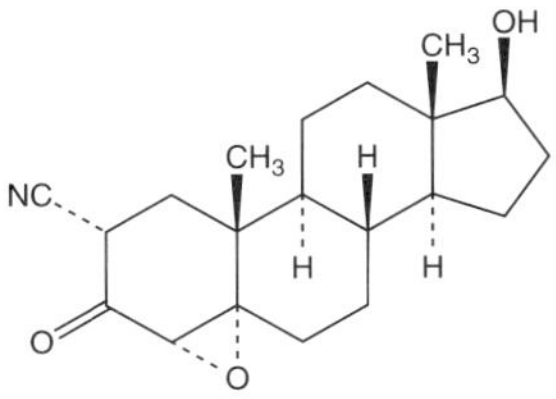

OS: *Trilostane [BAN, DCF, USAN]*
IS: *Win 24540 (Winthrop, USA)*

Desopan® (Mochida: JP)
Modrenal® (Bioenvision: GB)
Vetoryl® [vet.] (Arnolds: GB)
Vetoryl® [vet.] (Janssen Animal Health: DE)

Trimebutine (Rec.INN)

L: Trimebutinum
I: Trimebutina
D: Trimebutin
F: Trimébutine
S: Trimebutina

Antispasmodic agent

ATC: A03AA05
CAS-Nr.: 0039133-31-8 C_{22}-H_{29}-N-O_5
M_r 387.484

Benzoic acid, 3,4,5-trimethoxy-, 2-(dimethylamino)-2-phenylbutyl ester

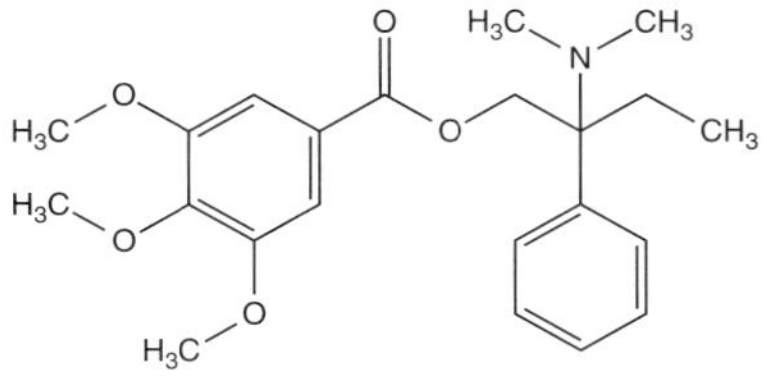

OS: *Trimebutine [BAN, DCF]*
OS: *Trimebutina [DCIT]*

Biorgan® (Ivax: AR)
Cineprac® (Liferpal: MX)
Debridat® (GlaxoSmithKline: MX)
Debridat® (Grünenthal: EC)
Debridat® (Pfizer: RO, VN)
Débridat® (Pfizer: FR, TG)
Garapepsin® (Medichrom: GR)
Ibutin® (Galenica: GR)
Ibutin® (Zentiva: RO)
Krisxon® (Quimica Son's: MX)
Libertrim® (AF: MX)
Prescol® (Atlantis: MX)
Promebutin® (Terapia: RO)
Trimebutina Gen-Far® (Genfar: PE)
Trimebutina Genfar® (Genfar: CO)
Trimebutina® (Blaskov: CO)
Trimebutina® (Medicalex: CO)
Trimebutino Maleato® (Mintlab: CL)
Trimet® (Roemmers: PE)
Tritima® (Jin Yang Pharm: VN)

– maleate:

CAS-Nr.: 0034140-59-5
OS: *Trimebutine Maleate JAN*
IS: *Trimebutin hydrogenmaleat*

Apo-Trimebutine® (Apotex: CA)
Bumetin® (La Santé: CO)
Cerekinon® (Tanabe: JP)
Cerekinon® (Tanabe Seiyaku: HK, MY, SG, TH)
Colixane® (Sanitas: AR)
Colobutine® (Fournier: RO)
Debridat AP® (Pfizer: CL)
Debridat® (Abdi Ibrahim: TR)
Debridat® (Croma: AT)
Debridat® (Enila: BR)
Debridat® (Grupo Farma: CO)
Debridat® (Pfizer: AR, PL, PT, SG, VN)
Debridat® (Sigma Tau: IT)
Debridat® (Uhlmann-Eyraud: CH)
Digerent® (Polifarma: IT)

T

Dolbutin® (Euromex: MX)
Dolpic Forte® (Pasteur: CL)
Débridat® (Pfizer: BF, BJ, CF, CG, CI, CM, FR, GA, GN, MG, ML, MU, NE, SN, TD)
Eumotil® (Baliarda: AR)
Fenatrop® (Gador: AR)
Miopropan® (Laboratorios: AR)
Modulon® (Axcan: CA)
Modulon® (Pfizer: FR)
Muvett® (Procaps: CO, DO)
Polibutin® (Juste: ES)
Sapridate® (Frater: DZ)
Scitin® (Wermar: MX)
Synespas® (Synthesis: CO)
Transacalm® (Norgine: FR)
Tribudat® (Santa-Farma: TR)
Tributin® (Incobra: CO)
Tribux® (Biofarm: PL)
Trimebutina MK® (MK: CO)
Trim® (Saval: CL)
Trimébutine Biogaran® (Biogaran: FR)
Trimébutine EG® (EG Labo: FR)
Trimébutine G Gam® (G Gam: FR)
Trimébutine Ivax® (Ivax: FR)
Trimébutine Merck® (Merck Génériques: FR)
Trimébutine Sandoz® (Sandoz: FR)
Trimébutine Winthrop® (Winthrop: FR)
Trimébutine Zydus® (Zydus: FR)

Trimecaine (Rec.INN)

L: Trimecainum
D: Trimecain
F: Trimécaine
S: Trimecaina

Local anesthetic

CAS-Nr.: 0000616-68-2 C_{15}-H_{24}-N_{2}-O
M_r 248.377

Acetamide, 2-(diethylamino)-N-(2,4,6-trimethylphenyl)-

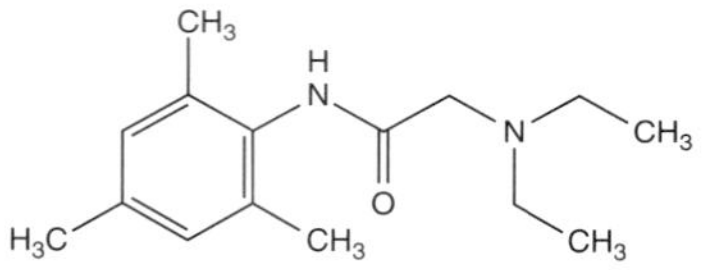

IS: *Mesdicain*
IS: *Mesidicain*

- hydrochloride:

CAS-Nr.: 0001027-14-1
PH: Trimecainium chloratum PhBs IV

Injectio Trimecainii Chlorati Ardeapharma® (Ardeapharma: CZ)
Mesocain® (Zentiva: CZ)

Trimetazidine (Rec.INN)

L: Trimetazidinum
I: Trimetazidina
D: Trimetazidin
F: Trimétazidine
S: Trimetazidina

Coronary vasodilator

ATC: C01EB15
CAS-Nr.: 0005011-34-7 C_{14}-H_{22}-N_{2}-O_{3}
M_r 266.35

Piperazine, 1-[(2,3,4-trimethoxyphenyl)methyl]-

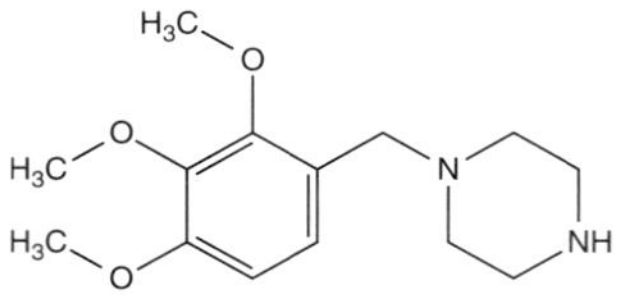

OS: *Trimetazidine [BAN, DCF]*
IS: *S 5016*
IS: *S 4004*
IS: *USVP-D 177*

Dilatan® (Terapia: RO)
Flavedon MR® (Serdia: IN)
Medizidin® (Okasa Pharma: RO)
Moduxin® (Gedeon Richter: RO)
Predozone® (Ozone Laboratories: RO)
Trimecor® (GMP: GE)
Trimetazide® (Polfa Pabianskiy: RU)
Trimetazidina Labesfal® (Labesfal: PT)
Trimetazidin® (VIM Spectrum: RO)
Trimetazidină LPH® (Labormed Pharma: RO)
Trivedon® (Cipla: RO)
Trizidine® (Pharmasant: TH)
Vastor® (Pharmalliance: DZ)

- dihydrochloride:

CAS-Nr.: 0013171-25-0
OS: *Trimetazidine Hydrochloride BANM, JAN*
PH: Trimetazidine Hydrochloride JP XIV
PH: Trimetazidine Dhydrochloride Ph. Eur. 5
PH: Trimetazidindihydrochlorid Ph. Eur. 5
PH: Trimétazidine (dichlorhydrate de) Ph. Eur. 5
PH: Trimetazidini dihydrochloridum Ph. Eur. 5

Adexor® (Egis: HU)
Angimet® (Orion: BD)
Anginox® (General Pharma: BD)
Centrophène® (Zydus: FR)
Deprenorm® (Canonpharma: RU)
Eftifarene® (F.T. Pharma: VN)
Feelnor® (Incepta: BD)
Flavedon® (Serdia: IN)
Idaptan® (Danval: ES)
Imovexil® (Chrispa: GR)
Intervein® (Gerolymatos: GR)
Kyurinett® (Zensei: JP)
Liomagen® (Chrispa: GR)
Matenol® (Unison: TH)
Metacard® (Ipca: IN)
Metagard® (Ipca: SG)
Metazydyna® (Polfa Pabianice: PL)
Novazidine® (Medicus: GR)

Preductal® (Anpharm: PL)
Preductal® (Servier: CZ, HR, HU, PL, RO, RS, RU, SI)
Rimecor® (Makis Pharma: RU)
Tacirel® (Jaba: PT)
Trimedin® (Kleva: GR)
Trimeperad® (Kotobuki: JP)
Trimetaratio® (ratiopharm: PL)
Trimetazidin HG. Pharm® (HG.Pharm: VN)
Trimetazidina Baldacci® (Baldacci: PT)
Trimetazidina Bexal® (Bexal: PT)
Trimetazidina Davur® (Davur: ES)
Trimetazidina Generis® (Generis: PT)
Trimetazidina Jaba® (Jaba: PT)
Trimetazidina Mepha® (Mepha: PT)
Trimetazidina Merck® (Merck Genéricos: PT)
Trimetazidina Ratiopharm® (Ratiopharm: PT)
Trimetazidina Rimafar® (Rimafar: ES)
Trimetazidina Winthrop® (Winthrop: PT)
Trimetazidine Dihydrochloride Novexal® (Novexal: GR)
Trimetazidine Servier® (Servier: SI)
Trimevert® (Med-One: GR)
Trimétazidine Biogaran® (Biogaran: FR)
Trimétazidine EG® (EG Labo: FR)
Trimétazidine G Gam® (G Gam: FR)
Trimétazidine Ivax® (Ivax: FR)
Trimétazidine Merck® (Merck Génériques: FR)
Trimétazidine RPG® (RPG: FR)
Trimétazidine Sandoz® (Sandoz: FR)
Trimétazidine Winthrop® (Winthrop: FR)
Trizedon® (Servier: ID)
Vaso Rimal® (Belmac: ES)
Vasorel® (Servier: CN)
Vasranta® (Mekophar: VN)
Vastarel® (Alfa: PE)
Vastarel® (Biopharma: FR)
Vastarel® (Euroetika: CO)
Vastarel® (Grünenthal: CL)
Vastarel® (Servier: AE, AN, AN, AR, AW, BB, BH, BM, BR, BS, BZ, CR, DK, DO, EG, GD, GH, GR, GT, GY, HK, HN, IE, IQ, JM, JO, KW, KY, LB, LC, LU, MT, MY, NG, NI, OM, PA, PH, PT, QA, SA, SD, SG, SV, SY, TH, TR, TT, VC, VN, YE)
Vastarel® (Stroder: IT)
Vastazin® (Takeda: JP)
Vastinol® (TO Chemicals: TH)
Vosfarel® (Domesco: VN)
Zidin® (Finixfarm: GR)

Trimethadione (Rec.INN)

L: Trimethadionum
I: Trimetadione
D: Trimethadion
F: Triméthadione
S: Trimetadiona

Antiepileptic

ATC: N03AC02
CAS-Nr.: 0000127-48-0 C_6-H_9-N-O_3
M_r 143.148

2,4-Oxazolidinedione, 3,5,5-trimethyl-

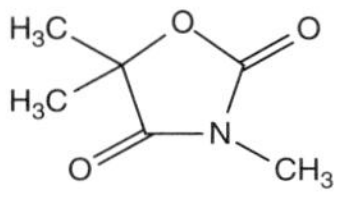

OS: *Triméthadione [DCF]*
OS: *Trimethadione [BAN, JAN]*
OS: *Troxidone [BAN]*
IS: *Trimethinum*
PH: Trimethadion [Ph. Eur. 5]
PH: Trimethadione [JP XIV, Ph. Eur. 5, Ph. Int. 4, USP 23]
PH: Trimethadionum [Ph. Eur. 5, Ph. Int. 4]

Tridione Dulcet® (Abbott: US)

Trimethobenzamide (Rec.INN)

L: Trimethobenzamidum
I: Trimetobenzamide
D: Trimethobenzamid
F: Triméthobenzamide
S: Trimetobenzamida

Antiemetic

CAS-Nr.: 0000138-56-7 C_{21}-H_{28}-N_2-O_5
M_r 388.475

Benzamide, N-[[4-[2-(dimethylamino)ethoxy]phenyl]methyl]-3,4,5-trimethoxy-

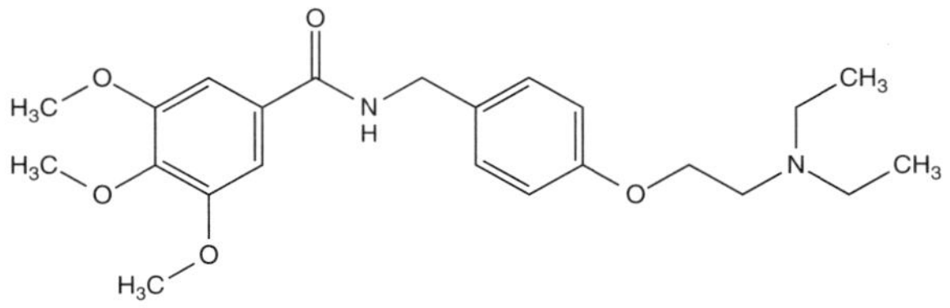

OS: *Trimetobenzamide [DCIT]*

Ametik Damla® (Kurtsan: TR)
Anti-Vomit® (Deva: TR)

– hydrochloride:

CAS-Nr.: 0000554-92-7
PH: Trimethobenzamide Hydrochloride USP 30

Emedur® (Sanofi-Aventis: TR)
Tebamide® (G & W: US)
Tigan® (Monarch: US)
Trimethobenzamide Hydrochloride® (Hospira: US)
Trimethobenzamide Hydrochloride® (Paddock: US)
Trimethobenzamide Hydrochloride® (Perrigo: US)
Vomet® (I.E. Ulagay: TR)
Vomitin® (Akdeniz: TR)

Trimethoprim (Rec.INN)

L: **Trimethoprimum**
I: **Trimetoprim**
D: **Trimethoprim**
F: **Triméthoprime**
S: **Trimetoprima**

⚕ Antiinfective agent

ATC: J01EA01,J01EE07
CAS-Nr.: 0000738-70-5 C_{14}-H_{18}-N_4-O_3
M_r 290.338

2,4-Pyrimidinediamine, 5-[(3,4,5-trimethoxyphenyl)methyl]-

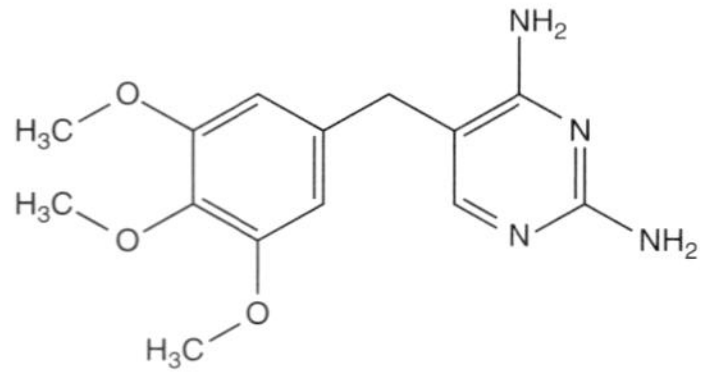

OS: *Trimethoprim [BAN, JAN, USAN]*
OS: *Triméthoprime [DCF]*
OS: *Trimetoprim [DCIT]*
IS: *BW 56-72*
IS: *Ro 6-2153-12 F*
PH: Trimethoprim [BP 2003, Ph. Eur. 5, Ph. Int. 4, USP 30]
PH: Triméthoprime [Ph. Eur. 5]
PH: Trimethoprimum [Ph. Eur. 5, Ph. Int. 4]
PH: Trimetoprim [Ph. Eur. 5]

A.A. Trim P.I.®[vet.] (A.A.-Vet: NL)
A.F.S. Trimsul®[vet.] (Controlled Medications Pty Ltd: AU)
Actin® [+Sulfamethoxazole] (Siam Bheasach: TH)
Actrim® [+ Sulfamethoxazole] (Globe: BD)
Adco-Co-Trimoxazole® [+ Sulfamethoxazole] (Al Pharm: ZA)
Adjusol®[vet.] (Reagro: PT)
Adjusol®[vet.] (Virbac: FR)
Adrenol® [+ Sulfamethoxazole] (Fabra: AR)
Alfatrim® [+ Sulfamethoxazole] (Alfasan: NL)
Alprim® (Alphapharm: AU, SG)
Altavit®[vet.] (Doxal: IT)
Amphoprim Bolus®[vet.] (Virbac: NZ)
Amphoprimol®[vet.] (Virbac: NL)
Amphoprim®[vet.] (Virbac: AU, FR, IT, NZ, PT)
Apo-Bactotrim® [+ Sulfamethoxazole] (Apotex: PE)
Apo-Sulfatrim® [+ Sulfamethoxazole] (Apotex: AN, BB, BM, BS, CA, GY, HT, JM, KY, SG, SR, TT)
Apo-Trimethoprim® (Apotex: CA)
Assepium® [+ Sulfamethoxazole] (Gross: BR)
Astrim® [+ Sulfamethoxazole] (Astron: LK)
Avemix®[vet.] (Vetoquinol: FR)
Avlotrin® [+ Sulfamethoxazole] (ACI: BD)
Bac-Sulfitrin® [+ Sulfamethoxazole] (Ducto: BR)
Bacfar® [+ Sulfamethoxazole] (Elofar: BR)
Bacin® [+ Sulfamethoxazole] (Atlantic: SG)
Bacris® [+ Sulfamethoxazole] (Cristália: BR)
Bacsul® [+ Sulfamethoxazole] (Roneld Grace: PE)
Bactacin® [+ Sulfamethoxazole] (Aristopharma: BD)
Bactelan® [+Sulfamethoxazole] (Quimica y Farmacia: MX)
Bacterol® [+ Sulfamethoxazole] (Farmindustria: PE)
Bacticel® [+ Sulfamethoxazole] (Bago: PE)
Bacticel® [+ Sulfamethoxazole] (Bagó: AR, CR, DO, GT, HN, NI, PA, SV)
Bactipront® [+ Sulfamethoxazole] (Renata: BD)
Bactiver® [+ Sulfamethoxazole] (Maver: MX)
Bactoprim® [+ Sulfamethoxazole] (Combiphar: ID)
Bactotril®[vet.] (Virbac: FR)
Bactricid® [+ Sulfamethoxazole] (Soho: ID)
Bactricin® [+ Sulfamethoxazole] (Marjan: BR)
Bactrimel® [+ Sulfamethoxazole] (Roche: CL, GR, NL)
Bactrim® [+ Sulfamethoxazole] (Galenika: RS)
Bactrim® [+ Sulfamethoxazole] (Nicholas: IN)
Bactrim® [+ Sulfamethoxazole] (Roche: AE, AM, AR, AT, AU, AW, AZ, BA, BE, BF, BJ, BO, BR, CG, CH, CI, CL, CM, CO, CR, CZ, DE, DK, DO, EC, EE, FI, FR, GA, GB, GE, GH, GN, GR, GT, HN, ID, IT, JM, JO, JP, KE, KH, KZ, LB, LK, LU, LV, LY, MA, MG, ML, MR, MU, MX, MY, NI, NL, NO, NZ, PA, PE, PH, PK, PL, PT, RO, RS, RU, SA, SE, SG, SN, SV, TH, TM, TR, TT, TZ, UA, UG, UY, UZ, VE, ZA, ZM)
Bactrim® [+ Sulfamethoxazole] (Women First: US)
Bactrizol® [+ Sulfamethoxazole] (Corsa: ID)
Bactropin® [+ Sulfamethoxazole] (Cimed: BR)
Bactropin® [+ Sulfamethoxazole] (Quimica Son's: MX)
Bacxal® [+ Sulfamethoxazole] (Pharmacare: PH)
Baczole® [+Sulfamethoxazole] (Nakornpatana: TH)
Baktimol® [+ Sulfamethoxazole] (Habit: RS)
Bakton® [+ Sulfamethoxazole] (Sandoz: TR)
Balkatrin® [+ Sulfamethoxazole] (APM: AE, BG, BH, IQ, JO, KW, LB, LY, NG, OM, QA, SA, SD, SY, TN, YE)
Balsoprim® [+ Sulfamethoxazole] (Juste: ES)
Balsoprim® [+ Sulfamethoxazole] (OM: PE)
Bencole® [+ Sulfamethoxazole] (Al Pharm: ZA)
Benectrin® [+ Sulfamethoxazole] (Legrand EMS: BR)
Berlocid® [+ Sulfamethoxazole] (Berlin-Chemie: CZ, DE)
Biaprim®[vet.] (Biové: FR)
Bibakrim® [+ Sulfamethoxazole] (Biokem: TR)
Bimotrim®[vet.] (Bimeda: GB)
Bimotrin®[vet.] (VetPharma: SE)
Bioprim® [+ Sulfamethoxazole] (Norma: GR)
Bioprim® [+ Sulfamethoxazole] (Zdravlje: RS)
Biotrim® [+ Sulfamethoxazole] (Bio-Pharma: BD)
Biseptol® [+ Sulfamethoxazole] (Medana: PL)
Biseptol® [+ Sulfamethoxazole] (Polfa: CZ, RO)
Biseptol® [+ Sulfamethoxazole] (Polfa Pabianice: PL)
Biseptol® [+ Sulfamethoxazole] (Polfa Pabianskiy: RU)
Biseptol® [+ Sulfamethoxazole] (Polfa Warshavskiy: RU)
Biseptol® [+ Sulfamethoxazole] (Polfa Warszawa: PL)
Biseptrin® [+ Sulfamethoxazole] (Europharm: RO)
Bismoral® [+ Sulfamethoxazol] (Slovakofarma: CZ)
Bitrim® [+ Sulfamethoxazole] (Sanofi-Aventis: BD)
Borgal®[vet.] (Intervet: AT, DE, FI, FR, GB, LU, NL, NO, SE)
Borgal®[vet.] (Veterinaria: CH)
Broncoflam® [+ Sulfamethoxazole] (Sherfarma: PE)
Busetal® [+ Sulfamethoxazole] (Uriach: ES)
Canibioprim®[vet.] (Véto-Centre: FR)

Chanoprim®[vet.] (Chanelle: GB)
Chemitrim® [+ Sulfamethoxazol] (Biomedica Foscama: IT)
Ciplin® [+ Sulfamethoxazole] (Cipla: IN)
Co-Tasian® [+Sulfamethoxazole] (Asian: TH)
Co-Trimed® [+Sulfamethoxazole] (Medifive: TH)
Co-Trimoxazol Alpharma® [+ Sulfamethoxazole] (Alpharma: NL)
Co-Trimoxazol A® [+ Sulfamethoxazole] (Apothecon: NL)
Co-Trimoxazol CF® [+ Sulfamethoxazole] (Centrafarm: NL)
Co-Trimoxazol Gf® [+ Sulfamethoxazole] (Genfarma: NL)
Co-Trimoxazol PCH® [+ Sulfamethoxazole] (Pharmachemie: NL, NL)
Co-Trimoxazol Wellcome® [+ Sulfamethoxazole] (GlaxoSmithKline: NL)
Co-Trimoxazol-Akri® [+ Sulfamethoxazole] (Akrihin: RU)
Co-trimoxazol-HelvePharm® [+Sulfamethoxazole] (Helvepharm: CH)
Co-Trimoxazole EG® [+ Sulfamethoxazole] (Eurogenerics: BE)
Co-Trimoxazole Eurogenerics® [+ Sulfamethoxazole] (Eurogenerics: LU)
Co-Trimoxazole Indo Farma®® [+ Sulfamethoxazole] (Indofarma: ID)
Co-Trimoxazole Interpharm® [+Sulfamethoxazole] (Interpharm: LK)
Co-Trimoxazol® [+ Sulfamethoxazole] (Alpharma: GB)
Co-Trimoxazol® [+ Sulfamethoxazole] (Centrafarm: NL)
Co-Trimoxazol® [+ Sulfamethoxazole] (Dagra: NL)
Co-Trimoxazol® [+ Sulfamethoxazole] (Hexal: NL)
Co-Trimoxazol® [+ Sulfamethoxazole] (Hillcross: GB)
Co-Trimoxazol® [+ Sulfamethoxazole] (ICN: NL)
Co-Trimoxazol® [+ Sulfamethoxazole] (Karib: NL)
Co-Trimoxazol® [+ Sulfamethoxazole] (Katwijk: NL)
Co-Trimoxazol® [+ Sulfamethoxazole] (Kent: GB)
Co-Trimoxazol® [+ Sulfamethoxazole] (Lagap: NL)
Co-Trimoxazol® [+ Sulfamethoxazole] (Mayne: GB)
Co-Trimoxazol® [+ Sulfamethoxazole] (Multipharma: NL)
Co-Trimoxazol®[vet.] (Wolfs: BE)
Co-Trim® [+ Sulfamethoxazole] (Bio EEL: RO)
Co-Try® [+ Sulfamethoxazole] (Jess: BD)
Cofamix STS®[vet.] (Coophavet: FR)
Cofamix TMT®[vet.] (Coophavet: FR)
Cofamix TSD®[vet.] (Coophavet: FR)
Colizole® [+ Sulfamethoxazole] (East India: IN)
Conprim® [+Sulfamethoxazole] (Condrugs: TH)
Cosat® [+ Sulfamethoxazole] (Eskayef: BD)
Cotamox® [+Sulfamethoxazole] (Asian: TH)
Cotribene® [+ Sulfamethoxazole] (Ratiopharm: AT)
Cotrim 1A Pharma® [+ Sulfamethoxazole] (1A Pharma: DE)
Cotrim AbZ® [+ Sulfamethoxazole] (AbZ: DE)
Cotrim Forte Ratiopharm® [+ Sulfamethoxazole] (ratiopharm: LU)
Cotrim Forte Ratiopharm® [+ Sulfamethoxazole] (Ratiopharm: PT)
Cotrim-CT® [+ Sulfamethoxazole] (CT: DE)
Cotrim-Diolan® [+ Sulfamethoxazole] (Engelhard: AE, BH, CY, KW, LB, OM, QA, SA, SY)
Cotrim-Diolan® [+ Sulfamethoxazole] (Meda: DE)
Cotrim-forte RAN® [+ Sulfamethoxazol] (R.A.N.: DE)
Cotrim-ratiopharm® [+ Sulfamethoxazole] (Ratiopharm: BE)
Cotrim-ratiopharm® [+ Sulfamethoxazole] (ratiopharm: DE, LU)
Cotrim-Sandoz® [+ Sulfamethoxazole] (Sandoz: DE)
Cotrim. L.U.T.® [+ Sulfamethoxazole] (Pharmafrid: DE)
CotrimHefa® [+ Sulfamethoxazole] (Riemser: DE)
CotrimHefa® [+ Sulfamethoxazole] (Wernigerode: DE)
Cotrimhexal® [+ Sulfamethoxazole] (Hexal: DE, LU)
Cotrimol® [+ Sulfamethoxazole] (United Americans: ID)
Cotrimox-Wolff® [+ Sulfamethoxazole] (Wolff: DE)
Cotrimoxazol AL® [+ Sulfamethoxazole] (Aliud: CZ, DE)
Cotrimoxazol Forte L.Ch.® [+ Sulfamethoxazol] (Chile: CL)
Cotrimoxazol Forte MF® [+ Sulfamethoxazole] (Marfan: PE)
Cotrimoxazol Genericon® [+ Sulfamethoxazole] (Genericon: AT)
Cotrimoxazol Ratiopharm® [+ Sulfamethoxazole] (Ratiopharm: PT)
Cotrimoxazol Richet® [+ Sulfamethoxazole] (Richet: AR)
Cotrimoxazol Sandoz® [+ Sulfamethoxazole] (Sandoz: NL)
Cotrimoxazol Vannier® [+ Sulfamethoxazole] (Vannier: AR)
Cotrimoxazol® [+ Sulfamethoxazole] (Aliud: CZ)
Cotrimoxazol® [+ Sulfamethoxazole] (Bestpharma: CL)
Cotrimoxazol® [+ Sulfamethoxazole] (Faromed: AT)
Cotrimoxazol® [+ Sulfamethoxazole] (Hexal: AT)
Cotrimoxazol® [+ Sulfamethoxazole] (Mintlab: CL)
Cotrimoxazol® [+ Sulfamethoxazole] (Sanitas: CL)
Cotrimox® [+ Sulfamethoxazole] (Inga: LK)
Cotrimstada® [+ Sulfamethoxazole] (Stadapharm: DE)
Cotrim® [+ Sulfamethoxazole] (Bailly: BF, BJ, CF, CG, CI, CM, GA, GN, MG, ML, MR, NE, SN, TD, TG, ZR)
Cotrim® [+ Sulfamethoxazole] (Lemmon: US)
Cotrim® [+ Sulfamethoxazole] (Medochemie: BH, ET, HK, OM, SD, TZ)
Cotrim® [+ Sulfamethoxazole] (Ratiopharm: FI)
Cotrim® [+ Sulfamethoxazole] (Spirig: CH)
Cotrim® [+ Sulfamethoxazole] (Square: BD)
Cotripharm® [+ Sulfamethoxazole] (Praxipharm: HU)
Cotrix® [+ Sulfamethoxazole] (Shiba: YE)
Cotrizol-G® [+ Sulfamethoxazole] (Klonal: AR)
Cots® [+ Sulfamethoxazole] (Opsonin: BD)
Cozole® [+ Sulfamethoxazole] (Be-Tabs: ZA)
Cubarmix®[vet.] (Dopharma: NL)
Cubarmix®[vet.] (Franvet: FR)

Danferane® [+ Sulfamethoxazole] (Rivero: AR)
Delvoprim®[vet.] (Intervet: NL)
Deprim® [+ Sulfamethoxazole] (Remedica: CY, ET, GH, KE, TZ)
Devloprim®[vet.] (Intervet: GB)
Dhatrin® [+ Sulfamethoxazole] (DHA: SG)
Diatrim®[vet.] (Eurovet: NL)
Diaziprim®[vet.] (Franvet: FR)
Dientrin® [+Sulfamethoxazole] (Farmindustria: PE)
Dientrin® [+Sulfamethoxazole] (Sanofi-Aventis: BR)
Diméral®[vet.] (Franvet: FR)
Diproxine®[vet.] (Coophavet: FR)
Diseptyl® [+ Sulfamethoxazole] (Rekah: IL)
Ditrim® [+ Sulfadiazine] (Orion: FI)
Ditrim® [+ Sulfamethoxazole] (Drug International: BD)
Doctrim® [+ Sulfamethoxazole] (Doctor's Chemical Work: BD)
Dofatrim®[vet.] (Dopharma: NL, PT)
Dosulfin® [+ Sulfamethoxazole] (Sandoz: AR)
Doxatrim®[vet.] (Doxal: IT)
Droxol® [+ Sulfamethoxazol] (Farmindustria: PE)
Drylin® [+ Sulfamethoxazol] (Merckle: DE)
Dumotrim® [+ Sulfamethoxazole] (Alpharma: ID)
Duoctrin® [+ Sulfamethoxazole] (Haller: BR)
Duoprim®[vet.] (Essex: DE)
Duoprim®[vet.] (Schering-Plough: LU)
Duoprim®[vet.] (Schering-Plough Vétérinaire: FR)
Duoprim®[vet.] (Vetcare: FI)
Duphatrim®[vet.] (Fort Dodge: GB)
Duphatroxim®[vet.] (Fort Dodge: BE, LU, NL)
Durobac® [+ Sulfamethoxazole] (Pharm Ent: ZA)
Dynaprim®[vet.] (Adisseo: IT)
Ectaprim® [+ Sulfamethoxazole] (Liomont: MX)
Editrim® [+ Sulfamethoxazole] (Edruc: BD)
Eduprim® [+ Sulfamethoxazole] (F5 Profas: ES)
Eliprim® [+ Sulfamethoxazole] (Elifarma: PE)
Epitrim® [+ Sulfamethoxazole] (E.I.P.I.C.O.: RO)
Equitrim®[vet.] (Boehringer Ingelheim Vetmedica: GB)
Erphatrim® [+ Sulfamethoxazole] (Erlimpex: ID)
Esbesul® [+Sulfamethoxazole] (Bosnalijek: BA)
Escoprim® [+ Sulfamethoxazol] (Streuli: CH)
Espectrin® [+ Sulfamethoxazole] (GlaxoSmith-Kline: BR)
Espectroprima® [+ Sulfamethoxazol] (Prati: BR)
Espectroprima® [+ Trimethoprim] (Prati: BR)
Eusaprim® [+ Sulfamethoxazol] (GlaxoSmithKline: AT, BE, DE, IT, LU, NL, SE)
Exazol® [+ Sulfamethoxazole] (Andreu: PE)
Fameprim® [+ Sulfamethoxazole] (Mecosin: ID)
Feedmix TS®[vet.] (Dopharma: NL)
Fisat® [+ Sulfamethoxazole] (Sanofi-Aventis: BD)
Floracid®[vet.] (Albrecht: DE)
Foltrim® [+ Sulfamethoxazole] (Pharmaco: BD)
G-Co-Trimoxazole® [+ Sulfamethoxazole] (Gonoshasthaya: BD)
Gantrim® [+ Sulfamethoxazol] (Geymonat: IT)
Gelliprim®[vet.] (Intervet: IT)
Gentrim® [+ Sulfamethoxazole] (General Pharma: BD)
Globaxol® [+ Sulfamethoxazole] (GXI: PH)
Gobens Trim® [+ Sulfamethoxazole] (Normon: ES)
Gorban®[vet.] (Hoechst Vet: PT)
Groprim® [+ Sulfamethoxazole] (Grossmann: CH)
Groseptol® [+Sulfamethoxazole] (Polfa Grodzisk: PL)
Gunametrim® [+ Sulfamethoxazole] (Sunthi: ID)
Hefromed®[vet.] (Klat: DE)
Hefrotrim®[vet.] (Klat: DE)
Hippotrim®[vet.] (Bayer: SE)
Idotrim® (Abigo: SE)
Ikaprim® [+ Sulfamethoxazole] (Ikapharmindo: ID)
Inatrim® [+ Sulfamethoxazole] (Indofarma: ID)
Induprim® [+ Sulfamethoxazole] (Monsanti: PE)
Infectotrimet® (Infectopharm: AT, DE)
Infectrim® [+ Sulfamethoxazole] (Hersil: PE)
Infectrin® [+ Sulfamethoxazole] (Boehringer Ingelheim: BR)
Instalac® [vet.] (Virbac: IT)
Irgagen® [+ Sulfamethoxazol] (Drag Pharma: CL)
Jasotrim® [+ Sulfamethoxazole] (Jayson: BD)
Kaftrim® [+ Sulfamethoxazole] (Kimia: ID)
Kemoprim® [+ Sulfamethoxazole] (I.E. Ulagay: TR)
Kepinol® [+ Sulfamethoxazol] (Pfleger: DE)
Klato Prim®[vet.] (Klat: DE)
Kombitrim®[vet.] (Kombivet: NL)
Ladar Child® [+Sulfamethoxazole] (Millimed: TH)
Lafayette Cotrimoxazole® [+ Sulfamethoxazole] (Lafayette: PH)
Lagatrim® [+ Sulfamethoxazole] (Alliance: ZA)
Lagatrim® [+ Sulfamethoxazole] (Lagap: CH)
Lapikot® [+ Sulfamethoxazole] (Lapi: ID)
Lastrim® [+Sulfamethoxazole] (Chew Brothers: TH)
Latrim® [+Sulfamethoxazole] (Chew Brothers: TH)
Letus® [+Sulfamethoxazole] (Unison: TH)
Lidaprim® [+ Sulfamethoxazole] (Alkaloid: BA)
Lidaprim® [+Sulfametrole] (Lisapharma: IT)
Lidaprim® [+Sulfametrole] (Novartis: AG, AN, AW, BB, BM, BS, ET, GD, GH, GY, HT, JM, KE, KY, LC, LY, MT, NG, SD, TT, TZ, VC, ZW)
Lidaprim® [+Sulfametrole] (Nycomed: AT, GR, HK)
Lidatrim® [+Sulfametrol] (Nycomed: NL)
Lidoprim S®[vet.] (Prodivet: BE)
Linaris® [+ Sulfamethoxazol] (R.A.N.: DE)
Lupectrin® [+Sulfamethoxazole] (Luper: BR)
M-Trim® [+Sulfamethoxazole] (Milano: TH)
Masticuran® [vet.] (Virbac: DE)
Mebryn® [+ Sulfamethoxazole] (Colliere: PE)
Meditrim® [+Sulfamethoxazole] (Medikon: ID)
Meditrim® [+Sulfamethoxazole] (Xeragen: ZA)
Mega-Prim® [+Sulfamethoxazole] (BL Hua: TH)
Megabroncoflam® [+ Sulfamethoxazole] (Sherfarma: PE)
Megaset® [+ Sulfamethoxazole] (Alco: BD)
Megatrim® [+ Sulfamethoxazole] (Beximco: BD)
Meprotrin® [+ Sulfamehtoxazole] (Meprofarm: ID)
Merck-Co-Trimoxazole® [+ Sulfamethoxazole] (Merck Generics: ZA)
Methotrin® [+ Sulfamethoxazole] (Gaco: BD)
Methoxasol®[vet.] (Eurovet: AT, NL)
Methoxasol®[vet.] (Virbac: ZA)
Metoprim® [+ Sulfamethoxazole] (Münir Sahin: TR)
Metoxiprim® [+ Sulfamethoxazole] (Siegfried: MX)
Metrim® [+ Sulfamethoxazole] (Chemist: BD)
Metrim® [+ Sulfamethoxazole] (Siam Bheasach: TH)
Metxaprim® [+Sulfamethoxazole] (GDH: TH)

Micro Co-Trimoxazole® [+ Sulphamethoxazole] (Micro: ZA)
Microsulfa®[vet.] (Tre I: IT)
Microtrim®[vet.] (Eurovet: NL)
Momentol Oral® [+ Sulfamethoxazole] (Bristol-Myers Squibb: ES)
Monoprim® (Nycomed: AT)
Monotrim® (Chemidex: IE)
Monotrim® (Hexal: DK, IS, NL)
Motrim® (Lannacher: AT)
Moxalas® [+ Sulfamethoxazole] (Solas: ID)
Mucoprim®[vet.] (Ilium Veterinary Products: AU)
Mycosamthong® [+Sulfamethoxazole] (Sermmitr: TH)
Navatrim® [+ Sulfamethoxazole] (Navana: BD)
Neopridimet®[vet.] (Fatro: IT)
Neoset® [+ Sulfamethoxazole] (Alco: BD)
Neotrim® [+ Sulfamethoxazole] (Medicon: BD)
Neotrin® [+ Sulfamethoxazole] (Neo Quimica: BR)
Netocur® [+ Sulfamethoxazole] (Duncan: AR)
Nopil® [+ Sulfamethoxazol] (Mepha: CH)
Norodine®[vet.] (Arovet: CH)
Norodine®[vet.] (Bayer: IT)
Norodine®[vet.] (Bayer Animal Health: ZA)
Norodine®[vet.] (Norbrook: GB, NL, NZ)
Norodine®[vet.] (Scanvet: NO)
Novidrine® [+ Sulfamehoxazole] (Northia: AR)
Novo-Trimel® [+ Sulfamethoxazole] (Novopharm: CA)
Novotrim® [+ Sulfamethoxazole] (Markos: PE)
Noxaprim®[vet.] (Acme: IT)
Nu-Cotrimox® [+ Sulfamethoxazole] (Nu-Pharm: CA)
Nufaprim® [+ Sulfamethoxazole] (Nufarindo: ID)
Octrim® [+ Sulfamethoxazole] (Orion: BD)
Oecotrim® [+ Sulfamethoxazol] (Fresenius: AT)
Omsat® [+ Sulfamethoxazole] (Roche: BW, ET, GH, KE, MU, MW, NA, NG, SD, TZ, UG, ZM, ZW)
Organosol®[vet.] (Dopharma: NL)
Oribact® [+ Sulfamethoxazole] (Orion: AE, BH)
Oriprim® [+ Sulfamethoxazole] (Cadila: IN, KE, TZ, UG, ZM)
Oriprim® [+ Sulfamethoxazole] (Zydus: RU)
Oriprim®[vet.] (Orion: FI)
Osmon®[vet.] (Richter: AT)
Ottoprim® [+ Sulfamethoxazole] (Otto: ID)
Pehatrim® [+ Sulfamethoxazole] (Phapros: ID)
Plurisul Forte LCH® [+ Sulfamethoxazole] (Ivax: PE)
Po-Trim® [+Sulfamethoxazole] (Polipharm: TH)
Politrim® [+ Sulfamethoxazole] (Acme: BD)
Potrim®[vet.] (Fort Dodge: DE)
Praxavet TMPS®[vet.] (Boehringer Ingelheim: NL)
Prazil®[vet.] (Merial: IT)
Prequinix®[vet.] (Virbac: FR)
Pridimet®[vet.] (Fatro: IT)
Primadex® [+ Sulfamethoxazole] (Dexa Medica: ID)
Primasol®[vet.] (Ceva: FR)
Primazole® [+ Sulfamethoxazole] (Kalbe: ID)
Primazol® [+ Sulfamethoxazole] (Actavis: IS)
Primazol® [+ Sulfamethoxazole] (Saidal: DZ)
Primotren® [+Sulfamethoxazole] (Lek: BA, CZ, SI)
Primsol® (FSC: US)
Prisulfan®[vet.] (Norbrook: AT)
Proloprim® (Monarch: US)
Prémélange Z30®[vet.] (Franvet: FR)
Pulkrin® [+ Sulfamethoxazole] (Kinder: BR)
Purbac® [+ Sulfamethoxazole] (Aspen: ZA)
Qiftrim® [+ Sulfamethoxazol] (Hexal: BR)
Quimio-Ped® [+ Sulfamethoxazole] (Stiefel: BR)
Regtin® [+ Sulfamethoxazole] (Rephco: BD)
Resprim® [+ Sulfamethoxazole] (Teva: IL)
Ribatrim® [+ Sulfamethoxazole] (Apex: BD)
Riketron®[vet.] (Animedic: DE)
Rolab-Co-Trimoxazole® [+ Sulfamethoxazole] (Sandoz: ZA)
Rota-TS®[vet.] (Vetochas: DE)
Roxtrim® [+Sulfamethoxazole] (Roxfarma: PE)
Saluprim® [+ Sulfamethoxazol] (Laboratorios San Luis: SV)
Sandoz Co-Trimoxazole® [+Sulfamethoxazole] (Sandoz: ZA)
Sanprima® [+ Sulfamthoxazole] (Sanbe: ID)
Santamix Sulfadiazine Triméthoprome®[vet.] (Santamix: FR)
Sepmax® [+ Sulfamethoxazole] (GlaxoSmithKline: IN)
Septiolan® [+ Sulfamethoxazole] (Climax: BR)
Septran® [+ Sulfamethoxazole] (GlaxoSmithKline: CR, DO, GT, HN, IN, NI, PA, SV, ZA)
Septra® [+ Sulfamethoxazole] (Asiatic Lab: BD)
Septra® [+ Sulfamethoxazole] (GlaxoSmithKline: AG, AN, AW, BB, CA, GD, GY, JM, LC, TT, VC)
Septra® [+ Sulfamethoxazole] (Monarch: US)
Septrin® [+ Sulfamethoxazole] (Celltech: ES)
Septrin® [+ Sulfamethoxazole] (Genesis: TR)
Septrin® [+ Sulfamethoxazole] (GlaxoSmithKline: AE, BD, BG, BH, CL, CO, GB, GE, GR, HK, ID, IE, IL, IR, KW, MX, OM, PE, PH, PL, PT, QA, RO)
Septrin® [+ Sulfamethoxazole] (Pharmacia: AU)
Servitrim® [+ Sulfamethoxazole] (Novartis: BD, MX)
Shatrim® [+ Sulfamethoxazole] (Shaphaco: IQ, YE)
Sigaprim® [+ Sulfamethoxazole] (Alpharma: DE)
Sinatrim® [+ Sulfamethoxazole] (Ibn Sina: BD)
Sinersul® [+Sulfamethoxazole] (Pliva: BA, HR)
Sitrim® [+ Sulfamethoxazole] (Silva: BD)
Solotrim® (Hexal: AT)
Solotrim® (Teva: IL)
Soltrim® [+ Sulfamethoxazole] (Almirall: ES)
Soltrim® [+ Sulfamethoxazole] (Bruluart: MX)
Spectrem® [+ Sulfamethoxazole] (Armoxindo: ID)
Spectrim® [+ Sulfamethoxazole] (Alliance: ZA)
SPMC Co-Trimoxazole® [+ Sulfamethoxazole] (SPMC: LK)
Strinacin®[vet.] (Merial: GB)
Sulbacta® [+Sulfamethoxazole] (Olan-Kemed: TH)
Sulbron® [+ Sulfamethoxazole] (Finlay: HN)
Sulfa+Trimetoprima® [+ Sulfamethoxazole] (Britania: PE)
Sulfa+Trim® [+ Sulfamethoxazol] (Iqfarma: PE)
Sulfa-24 NF® [+ Sulfamethoxazol] (Bioplix-Biox: PE)
Sulfadiazin+TMP®[vet.] (Chevita: DE)
Sulfagrand® [+ Sulfamethoxazol] (Ahimsa: AR)
Sulfamet+Trimetop® [+ Sulfamethoxazole] (Quilab: PE)
Sulfamethoxazole and Trimethoprim® [+ Sulfamethoxazole] (Elkins-Sinn: US)
Sulfamethoxazole and Trimethoprim® [+ Sulfamethoxazole] (Gensia: US)

T

Sulfamethoxazole and Trimethoprim® [+ Sulfamethoxazole] (Mayne: NZ, SG)
Sulfamethoxazole and Trimethoprim® [+ Sulfamethoxazole] (Teva: US)
Sulfametoxasol y Trimetoprima MF® [+ Sulfamethoxazole] (Marfan: PE)
Sulfametoxazol Tri® [+ Sulfamethoxazole] (UQP: PE)
Sulfametoxazol+Trimetoprima Bestpharm® [+ Sulfamethoxazole] (Bestpharma: PE)
Sulfametoxazol+Trimetoprima Bestpharm® [+Trimethoprim] (Bestpharma: PE)
Sulfametoxazol+Trimetoprima Elifarma® [+ Sulfamethoxazole] (Elifarma: PE)
Sulfametoxazol+Trimetoprima® [+ Sulfamethoxazole] (Chemnova: PE)
Sulfametoxazol+Trimetoprima® [+ Sulfamethoxazole] (Induquimica: PE)
Sulfametoxazol+Trimetoprima® [+ Sulfamethoxazole] (Labofar: PE)
Sulfametoxazol+Trimetoprima® [+ Sulfamethoxazole] (LCG: PE)
Sulfametoxazol+Trimetoprima® [+ Sulfamethoxazole] (Mission Pharma.: PE)
Sulfametoxazol+Trimetoprima® [+ Sulfamethoxazole] (Monsanti: PE)
Sulfametoxazol+Trimetoprima® [+ Sulfamethoxazole] (Perugen: PE)
Sulfametoxazol+Trimetoprima® [+ Sulfamethoxazole] (Roxfarma: PE)
Sulfametoxazol+Trimetoprima® [+ Sulfamethoxazole] (Sherfarma: PE)
Sulfametoxazol/Trimetoprima® [+ Sulfamethoxazole] (Induquimica: PE)
Sulfaprim® [+ Sulfamethoxazole] (SSK: TR)
Sulfaprim®[vet.] (Fatro: IT)
Sulfatrim® [+ Sulfamethoxazole] (Actavis: US)
Sulfatrim® [+ Sulfamethoxazole] (Rigar: PA)
Sulfatrim® [+ Sulfamethoxazole] (United Research: US)
Sulfatrim® [+ Sulfamethoxazole] (Vitamed: IL)
Sulfatrim®[vet.] (A.S.T.: NL)
Sulfatrim®[vet.] (Novartis Animal Health: GB)
Sulfatrim®[vet.] (Virbac: ZA)
Sulfinam® [+Sulfamethoxazole] (América: CO)
Sulfoid® [+Sulfamethoxazole] (Valdecasas: MX)
Sulfometh® [+Sulfamethoxazole] (BL Hua: TH)
Sulfotrim® [+ Sulfamethoxazol] (Hexal: NL)
Sulfotrim® [+ Sulfamethoxazol] (Multipharma: NL)
Sulmethotrim®[vet.] (Virbac: ZA)
Sulmetrim®[vet.] (Virbac: ZA)
Sulotrim® [+ Sulfamethoxazole] (Belupo: HR)
Sulpha-T®[vet.] (Caledonian: NZ)
Sulphatrim® [+ Sulfamethoxazole] (Amico: BD)
Sulphatrim®[vet.] (International Animal Health: AU)
Sulphax® [+ Sulfamethoxazole] (Medco: PE)
Sulphix®[vet.] (Alma: DE)
Sulphytrim® [+ Sulfamethoxazole] (Intipharma: PE)
Sulprim® [+ Sulfamethoxazole] (Prafa: ID)
Sulprim® [+ Sulfamethoxazole] (Somatec: BD)
Sulprim®[vet.] (Ilium Veterinary Products: AU)
Sulthrim® [+ Sulfamethoxazole] (Hisubiette: CO)
Sultri-C® [+ Sulfamethoxazole] (Pharma-C: PE)
Sultrian®[vet.] (Sogeval: FR)
Sultrima® [+ Sulfamethoxazole] (Schein: PE)
Sultrim® [+ Sulfamethoxazole] (Dimerpharma: PE)
Sultrim® [+ Sulfamethoxazole] (Farmoquimica: DO)
Sultrival®[vet.] (Sogeval: FR)
Sumetoprin® [+ Sulfamethoxazole] (Magma: PE)
Sumetrolim® [+ Sulfamethoxazole] (Egis: CZ, HU, JM, RO)
Sumetrolim® [+ Sulfamethoxazole] (Medimpex: BB, JM, TT)
Suntrim® [+Sulfamethoxazole] (MacroPhar: TH)
Supracombin® [+ Sulfamethoxazol] (Grünenthal: AT, DE)
Suprasulf® [+ Sulfamethoxazole] (Roemmers: PE)
Supreme® [+ Sulfamethoxazole] (Dropesac: PE)
Supreme® [+ Sulfamethoxazole] (Ethicalpharma: PE)
Suprimass® [+ Sulfamethoxazole] (Iqfarma: PE)
Suprim® [+ Sulfamethoxazole] (Hovid: SG)
Suprim® [+ Sulfamethoxazole] (Nipa: BD)
Synutrim®[vet.] (Bioptive: DE)
Synutrim®[vet.] (Novartis Animal Health: GB)
Synutrim®[vet.] (Vetochas: DE)
T.M.P.S.®[vet.] (Dutch Farm Veterinary: NL)
T.S.S.®[vet.] (Forma: PT)
Tagremin® [+ Sulfamethoxazole] (Zentiva: RO)
Tediprima® (Estedi: ES)
Terasul-F® [+ Sulfamethoxazole] (Etyc: CO)
Terbosulfa® [+ Sulfamethoxazole] (Terbol: PE)
TMP Sulfa Noé®[vet.] (Noé: FR)
TMP/SMZ®[vet.] (Dopharma: NL)
TMP/SMZ®[vet.] (Vetlima: PT)
TMPS®[vet.] (Albrecht: DE)
TMPS®[vet.] (Pharm Tech: AU)
TMPS®[vet.] (WDT: DE)
TMP® (Pacific: NZ)
TMS® [+ Sulfamethoxazol] (TAD: DE)
Trelibec® [+Sulfamethoxazole] (Mintlab: CL)
Tribactral®[vet.] (Jurox: AU)
Tribrissen®[vet.] (Essex: DE)
Tribrissen®[vet.] (Jurox: AU)
Tribrissen®[vet.] (Provet: CH)
Tribrissen®[vet.] (Schering-Plough: BE, SE)
Tribrissen®[vet.] (Schering-Plough Animal: NZ)
Tribrissen®[vet.] (Schering-Plough Vet: PT)
Tribrissen®[vet.] (Schering-Plough Vétérinaire: FR)
Tribrissen®[vet.] (Vetcare: FI)
Tricot® [+ Sulfamethoxazole] (Reman Drug: BD)
Tridox®[vet.] (Delvet: AU)
Trifen® [+ Sulfamethoxazole] (Ilaçsan: TR)
Triglobe® [+ Sulfadiazine] (AstraZeneca: BR, PH)
Trim Sulfa® [+ Sulfamethoxazole] (Farmo Andina: PE)
Trim/Sul®[vet.] (Eurovet: NL)
Trimacare®[vet.] (Animalcare: GB)
Trimaxazole® [+ Sulfamethoxazole] (Beacons: SG)
Trimazine®[vet.] (Apex: AU)
Trimediazine®[vet.] (Doxal: IT)
Trimediazine®[vet.] (ScanimalHealth: SE)
Trimediazine®[vet.] (Vetoquinol: GB)
Trimedoxine®[vet.] (Vetoquinol: GB)
Trimesan® (Sun-Farm: PL)
Trimesulfin® [+ Sulfamethoxazole] (Farbioquimsa: PE)
Trimesulf® [+ Sulfamethoxazole] (Farmacoop: CO)
Trimesul®[vet.] (Vetem: IT)

Trimet-S® [+ Sulfamethoxazole] (Lacofarma: DO)
Trimethazol®[vet.] (Stricker: CH)
Trimethazol®[vet.] (Thannesberger: AT)
Trimetho-Diazin®[vet.] (Animedic: DE)
Trimetho-Tabs®[vet.] (CP: DE)
Trimethoprim 1A Farma® (1A Farma: DK)
Trimethoprim Alpharma® (Alpharma: NL)
Trimethoprim A® (Apothecon: NL)
Trimethoprim CF® (Centrafarm: NL)
Trimethoprim Gerot® (Gerot: AT)
Trimethoprim PCH® (Pharmachemie: NL)
Trimethoprim ratiopharm® (Ratiopharm: NL)
Trimethoprim Sandoz® (Sandoz: NL)
Trimethoprim Wellcome® (GlaxoSmithKline: NL)
Trimethoprim-Injektor® [vet.] (Atarost: DE)
Trimethoprim-Sulfadiazine®[vet.] (Kombivet: NL)
Trimethoprim-Sulfadiazin®[vet.] (Bioptive: DE)
Trimethoprim-Sulfadimethossina®[vet.] (Adisseo: IT)
Trimethoprim-Sulfadimethossina®[vet.] (Chemifarma: IT)
Trimethoprim® (Alpharma: GB)
Trimethoprim® (Hexal: NL)
Trimethoprim® (Kent: GB)
Trimethoprim® (Teva: GB, US)
Trimethoprim® (Watson: US)
Trimethoprim® [vet.] (Aesculaap: NL)
Trimethoprim® [vet.] (Dopharma: NL)
Trimethosel®[vet.] (Selecta: DE)
Trimethosol®[vet.] (Agrotech: AU)
Trimethosulfa®[vet.] (Tre I: IT)
Trimethosulf®[vet.] (Eurovet: NL)
Trimethotab®[vet.] (Pharm Tech: AU)
Trimethox® [+Sulfamethoxazole] (CAPS: ZA)
Trimethox®[vet.] (Sogeval: FR)
Trimetin Duplo® [+ Sulfadiazine] (Vitabalans: FI)
Trimetin® (Vitabalans: FI)
Trimeto Tad Paste®[vet.] (Animedic: DE)
Trimeto Tad®[vet.] (Animedic: DE)
Trimeto Tad®[vet.] (Animedica: AT, NL)
Trimeto Tad®[vet.] (Farmoquil: PT)
Trimetoger® [+ Sulfamethoxazole] (Streger: MX)
Trimeton® [+ Sulfamethoxazole] (Jalalabad: BD)
Trimetoprim AstraZeneca® (AstraZeneca: IS, SE)
Trimetoprim Sulfa Ecar® [+ Sulfamethoxazole] (Ecar: CO)
Trimetoprim Sulfa Genfar® [+ Sulfamethoxazole] (Genfar: CO)
Trimetoprim Sulfametoxazol MK® [+ Sulfamethoxazole] (MK: CO)
Trimetoprim Sulfametoxazol® [+ Sulfamethoxazole] (La Santé: CO)
Trimetoprim-Sulfa® [+ Sulfamethoxazole] (Blaskov: CO)
Trimetoprim-Sulfa® [+ Sulfamethoxazole] (Lisan: CR, NI)
Trimetoprim-Sulfa® [+ Sulfamethoxazole] (Medicalex: CO)
Trimetoprim-Sulfa® [+ Sulfamethoxazole] (Memphis: CO)
Trimetoprima Sulfametoxazol MK® [+ Sulfamethoxazole] (Bonima: BZ, CR, DO, GT, HN, NI, PA, SV)
Trimetoprima/Sulfametoxazol-F® [+ Sulfamethoxazole] (Pentacoop: PE)
Trimetoprim® (Orion: NO)
Trimetotat®[vet.] (Animedic: DE)
Trimetox®[vet.] (Veyx: DE, DE)
Trimexazole® [+Sulfamethoxazole] (Pharmasant: TH)
Trimexazol® [+ Sulfamethoxazole] (Sanofi-Synthelabo: BR)
Trimexazol® [+ Sulfamethoxazole] (Valeant: MX)
Trimexole-F® [+ Sulfamethoxazole] (Rayere: MX)
Trimex® (Ratiopharm: FI)
Trimezol® [+ Sulfamethoxazole] (Mugi: ID)
Trimidar-M® [+ Sulfamethoxazole] (Dar-Al-Dawa: AE, BH, IQ, JO, KW, LB, LY, MT, NG, OM, QA, RO, SA, SD, SO, TN, YE)
Trimidar® (Dar-Al-Dawa: AE, BH, IQ, JO, KW, LB, LY, MT, NG, OM, QA, SA, SD, SO, TN, YE)
Trimidine®[vet.] (Parnell: AU, NZ)
Trimilac®[vet.] (Norbrook: PT)
Triminex® [+ Sulfamethoxazole] (Konimex: ID)
Trimlac®[vet.] (Bayer: IT)
Trimlac®[vet.] (Norbrook: AT)
Trimoks® [+ Sulfamethoxazole] (Atabay: TR)
Trimopan® (Orion: DK, FI)
Trimosazol® [+ Sulfamethoxazole] (Farmakos: RS)
Trimosulf®[vet.] (Veyx: DE)
Trimosul® [+ Sulfamethoxazole] (Hemofarm: RS)
Trimoxis® [+ Sulfamethoxazole] (Genesis: PH)
Trimoxol® [+ Sulfamethoxazole] (Yamanouchi: NL)
Trimoxsul® [+ Sulfamethoxazole] (Interbat: ID)
Trimsol®[vet.] (Floris: NL)
Trimsulint®[vet.] (Produlab: NL)
Trimsulp®[vet.] (Phoenix: NZ)
Trimédoxyne®[vet.] (Coophavet: FR)
Triméthosulfa®[vet.] (Coophavet: FR)
Trinacol®[vet.] (Boehringer Ingelheim Vetmedica: GB)
Triprim® (Ratiopharm: AT, CZ)
Triprim® (Roche: ZA)
Triprim® (Sigma: AU)
Triprim®[vet.] (Ausrichter: AU, NZ)
Triprim®[vet.] (Pharmaland: TH)
Triquin®[vet.] (Schering-Plough Vet: PT)
Trisolvat® [+ Sulfamethoxazole] (Best: CO)
Trisoprim®[vet.] (Ilium Veterinary Products: AU)
Trisulf Werfft®[vet.] (Alvetra u. Werfft: AT)
Trisulfin®[vet.] (Bomac: NZ)
Trisulfose® [+ Sulfamethoxazole] (Wyeth: IN)
Trisulin®[vet.] (Ceva: NL)
Trisulmix®[vet.] (Coophavet: FR)
Trisulvet®[vet.] (Ceva: DE)
Trisul® [+Sulfamethoxanzole] (Pacific: NZ)
Trisuprime®[vet.] (Bayer: BE, LU)
Tritenk® [+ Sulfamethoxazole] (Biotenk: AR)
Tritosul® [+ Sulfamethoxazole] (Suiphar: DO)
Trivetrin®[vet.] (Schering-Plough Vet: PT)
Trixzol® [+ Sulfamethoxazole] (Westmont: ID, TH)
Trizine®[vet.] (Delvet: AU)
Trizole® [+ Sulfamethoxazole] (Medifarma: ID)
Trizole® [+ Sulfamethoxazole] (Pediatrica: PH)
TSO-Tabletten®[vet.] (CP: DE)
TS®[vet.] (Dutch Farm Veterinary: NL)
Tubrucid®[vet.] (Albrecht: DE)
Tucoprim®[vet.] (Pfizer: AT, LU, NL)
Tucoprim®[vet.] (Pharmacia: IT)
Tutmosin® [vet.] (VAAS: IT)
Two-Septol® [+ Sulfamethoxazole] (Cyntfarm: PL)

Ulfaprim® [+ Sulfamethoxazole] (Hexpharm: ID)
Uniprim®[vet.] (Pfizer Animal Health: GB)
Urisept® [+ Sulfamethoxazole] (Schering-Plough: AR)
Urobactrim® [+ Sulfamethoxazole] (Roche: PE)
Uropol „IMA"® [Sulfamethoxazole] (IMA: BR)
Urotrim® (Medana: PL)
Utisept® (S.T. Pharma: TH)
Vanadyl® [+ Sulfamethoxazole] (Best: MX)
Vanasulf®[vet.] (Vana: AT)
Ventipulmin TMP/S®[vet.] (Boehringer Ingelheim Vetmedica: GB)
Vetrimosulf®[vet.] (Ceva: DE)
Vetryl®[vet.] (Univete: PT)
Wellcoprim® (GlaxoSmithKline: AT, LU, NL)
Wiatrim® [+ Sulfamethoxazole] (Landson: ID, ID)
Xepaprim® [+ Sulfamethoxazole] (Metiska: ID)
Xerazole® [+ Sulfamethoxazole] (Qestmed: ZA)
Z-Trim® [+ Sulfamethoxazole] (Ziska: BD)
Zaxol® [+ Sulfamethoxazole] (Techno: BD)
Zoltrim® [+ Sulfamethoxazole] (Metiska: ID)
Zoosoltrin®[vet.] (Farmacia Confianca: PT)
Zultrop® [+ Sulfamethoxazole] (Tropica: ID)

– lactate:

Wellcoprim® (GlaxoSmithKline: NL)

Trimetozine (Rec.INN)

L: Trimetozinum
D: Trimetozin
F: Trimétozine
S: Trimetozina

Hypnotic
Anxiolytic

CAS-Nr.: 0000635-41-6 C_{14}-H_{19}-N-O_5
M_r 281.316

Morpholine, 4-(3,4,5-trimethoxybenzoyl)-

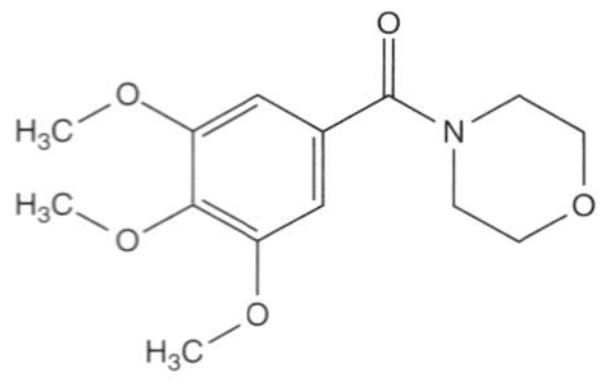

OS: *Trimetozine [DCF, USAN]*
IS: *PS 2383*
IS: *Abbott 22370 (Abbott)*
IS: *V 7*

Relazine® [vet.] (Novartis Santé Animale: FR)
Trioxazin® (ExtractumPharma: HU)

Trimetrexate (Rec.INN)

L: Trimetrexatum
D: Trimetrexat
F: Trimetrexate
S: Trimetrexato

Antineoplastic, antimetabolite
Antiprotozoal agent

ATC: P01AX07
CAS-Nr.: 0052128-35-5 C_{19}-H_{23}-N_5-O_3
M_r 369.443

2,4-Quinazolinediamine, 5-methyl-6-[[(3,4,5-trimethoxyphenyl)amino]methyl]-

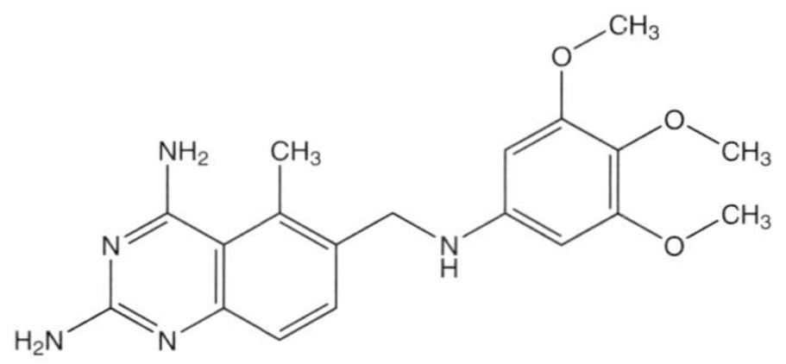

OS: *Trimetrexate [BAN, USAN]*
IS: *CI 898 (Parke-Davis, USA)*
IS: *JB 11*
IS: *NSC 249008*
IS: *TMQ*
IS: *TMTX*

– glucuronate:

CAS-Nr.: 0082952-64-5
OS: *Trimetrexate Glucuronate USAN*
IS: *Trimetrexat (D-gluconat)*

Neutrexin® (Ipsen: ES, IT)
Neutrexin® (Lilly: CA)
Neutrexin® (MedImmune: US)
Neutrexin® (Schering-Plough: TH)
Neutrexin® (US Bioscience: NL, US)

Trimipramine (Rec.INN)

L: Trimipraminum
I: Trimipramina
D: Trimipramin
F: Trimipramine
S: Trimipramina

Antidepressant, tricyclic

ATC: N06AA06
CAS-Nr.: 0000739-71-9 C_{20}-H_{26}-N_2
M_r 294.448

5H-Dibenz[b,f]azepine-5-propanamine, 10,11-dihydro-N,N,β-trimethyl-

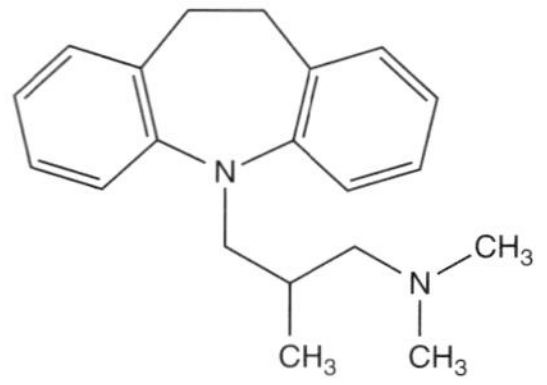

OS: *Trimipramine [BAN, DCF, USAN]*
IS: *IL 6001*

IS: *RP 7162*
IS: *IF 6120*

Sapilent® (ExtractumPharma: HU)
Surmontil® (Aspen: AU)
Surmontil® (Aventis: IT, PE, ZA)
Surmontil® (Nicholas: IN)
Surmontil® (Sanofi-Aventis: IL)
Tripress® (Pacific: NZ)
Tydamine® (Aspen: ZA)

- **maleate:**

CAS-Nr.: 0000521-78-8
OS: *Trimipramine Maleate BANM, JAN, USAN*
PH: Trimipramine (maléate de) Ph. Eur. 5
PH: Trimipramine Maleate Ph. Eur. 5
PH: Trimipramini maleas Ph. Eur. 5
PH: Trimipraminmaleat Ph. Eur. 5

Apo-Trimip® (Apotex: CA)
Herphonal® (Temmler: DE)
Rhotrimine® (Rhodiapharm: CA)
Stangyl® (Aventis: DE)
Surmontil® (Aspen: NZ)
Surmontil® (Aventis: DK, IS, IT, NO, PE)
Surmontil® (Odyssey: US)
Surmontil® (Patriot: PH)
Surmontil® (Sanofi-Aventis: CH, ES, FR, GB, HK, IE, NL, SE)
Surmontil® (Vitoria: PT)
trimidura® (Merck dura: DE)
Trimineurin® (Hexal: DE)
Trimin® (Sandoz: CH)
Trimipramin 1A Pharma® (1A Pharma: DE)
Trimipramin AL® (Aliud: DE)
Trimipramin Beta® (betapharm: DE)
Trimipramin ISIS® (Alpharma: DE)
Trimipramin Sandoz® (Sandoz: DE)
Trimipramin Stada® (Stadapharm: DE)
Trimipramin TAD® (TAD: DE)
Trimipramin-biomo® (biomo: DE)
Trimipramin-neuraxpharm® (neuraxpharm: DE)

- **mesilate:**

IS: *Trimipramine methanesulfonate*

Herphonal® [drops] (Temmler: DE)
Stangyl® (Aventis: DE)
Surmontil® [inj.] (Sanofi-Aventis: CH, FR)
Trimipramin-neuraxpharm® (neuraxpharm: DE)

Trioxysalen (Rec.INN)

L: Trioxysalenum
I: Trioxisalene
D: Trioxysalen
F: Trioxysalène
S: Trioxisaleno

Dermatological agent, melanizing

ATC: D05AD01,D05BA01
CAS-Nr.: 0003902-71-4 — C_{14}-H_{12}-O_3
M_r 228.25

7H-Furo[3,2-g][1]benzopyran-7-one, 2,5,9-trimethyl-

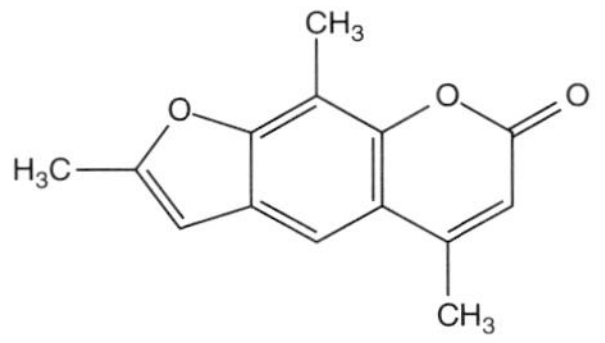

OS: *Trioxsalen [USAN]*
OS: *Trioxysalène [DCF]*
OS: *Trioxysalen [JAN]*
IS: *Trioxisalenum*
IS: *Trimethylpsoralen*
PH: Trioxsalen [USP 30]

Neosoralen® (Mac: IN)
Trioxsalen® (Remedica: CY)
Tripsor® (Orion: FI)
Trisoralen® (Dermatech: AU)
Trisoralen® (ICN: AE, BH, JO, KW, LB, OM, QA, SA, SD, US, YE)
Trisoralen® (Italfarmaco: IT)
Trisoralen® (Santen: JP)

Tripamide (Rec.INN)

L: Tripamidum
D: Tripamid
F: Tripamide
S: Tripamida

Antihypertensive agent
Diuretic
Vasodilator, peripheric

CAS-Nr.: 0073803-48-2 — C_{16}-H_{20}-Cl-N_3-O_3-S
M_r 369.876

Benzamide, 3-(aminosulfonyl)-4-chloro-N-(octahydro-4,7-methano-2H-isoindol-2-yl)-, (3aα,4α,7α,7aα)-

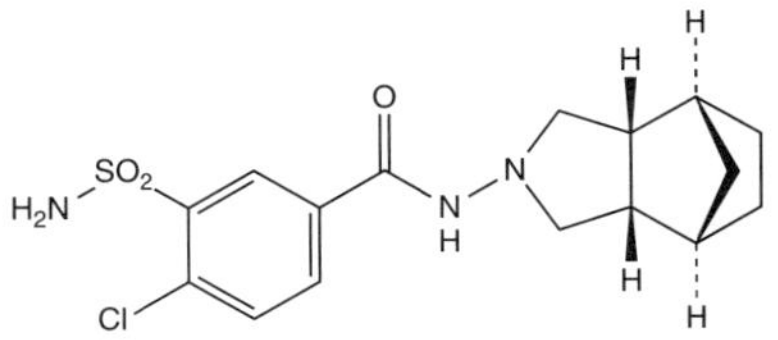

OS: *Tripamide [JAN, USAN]*
IS: *ADR-033 (Adria, USA)*
IS: *E-614*
IS: *TDS*

Normonal® (Eisai: JP, TH)

Tripelennamine (Rec.INN)

L: Tripelennaminum
I: Tripelennamina
D: Tripelennamin
F: Tripélennamine
S: Tripelennamina

Antiallergic agent
Histamine, H_1-receptor antagonist

ATC: D04AA04,R06AC04
CAS-Nr.: 0000091-81-6 C_{16}-H_{21}-N_3
M_r 255.374

1,2-Ethanediamine, N,N-dimethyl-N'-(phenylmethyl)-N'-2-pyridinyl-

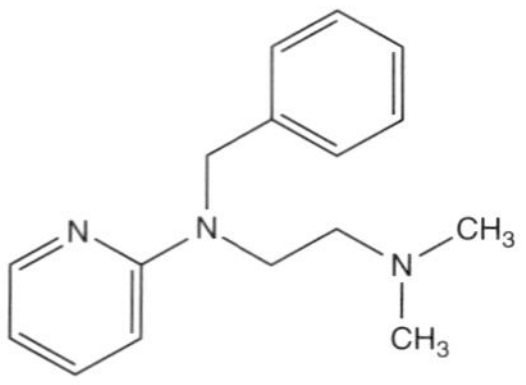

OS: *Tripelennamine [BAN, DCF]*
OS: *Tripelennamina [DCIT]*
IS: *RP 2750*

– hydrochloride:

CAS-Nr.: 0000154-69-8
OS: *Tripelennamine Hydrochloride BANM*
PH: Tripélénamine (chlorhydrate de) Ph. Franç. IX
PH: Tripelennamine Hydrochloride USP 30
PH: Tripelennamini hydrochloridum Ph. Int. II

Azaron® (Chefaro: DE, ES, NL)
Azaron® (Organon: ES)
Azaron® (Sanova: AT)
Etono® (Aco Hud: FI)
Histantin® [vet.] (Parnell: AU)
Tripel® (Corsa: ID)
Vetibenzamin® [vet.] (Novartis Tiergesundheit: CH)

Triphosadenine (DCF)

D: Adenosin triphosphat
F: Triphosadénine
S: Adenosina trifosfato

Vasodilator

CAS-Nr.: 0000056-65-5 C_{10}-H_{16}-N_5-O_{13}-P_3
M_r 507.198

Adenosine 5'-(tetrahydrogen triphosphate)

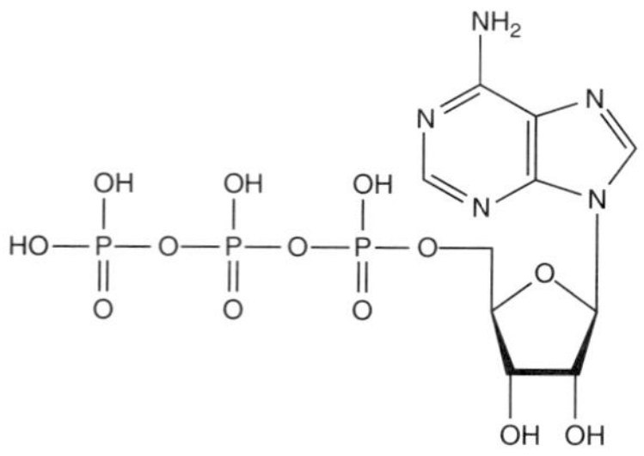

OS: *Triphosadénine [DCF]*
IS: *Adenosine triphosphate*
IS: *Adenylpyrophosphoric acid*
IS: *Adenyltriphosphoric acid*
IS: *ATP*

– disodium salt:

CAS-Nr.: 0000987-65-5
OS: *Adenosine Triphosphate Disodium JAN*
IS: *Adenosine-5'-triphosphat, Dinatriumsalz*
PH: Natrium adenosintriphosphoricum PhBs IV
PH: Adenosintriphosphat-Dinatrium DAB 1999

Atenen® (Tsuruhara: JP)
ATP Dankos® (Dankos: ID)
ATP Kyowa® (Hexpharm: ID)
ATP Kyowa® (Kyowa: JP)
Atépadène® (Mayoly-Spindler: FR)
Striadyne® (Genopharm: FR)

– sodium salt:

Atepodin® (Medix: ES)
Fosfobion® (Sicomed: RO)

Triprolidine (Rec.INN)

L: Triprolidinum
I: Tripolidina
D: Triprolidin
F: Triprolidine
S: Tripolidina

Antiallergic agent
Histamine, H_1-receptor antagonist

ATC: R06AX07
CAS-Nr.: 0000486-12-4 C_{19}-H_{22}-N_2
M_r 278.405

Pyridine, 2-[1-(4-methylphenyl)-3-(1-pyrrolidinyl)-1-propenyl]-, (E)-

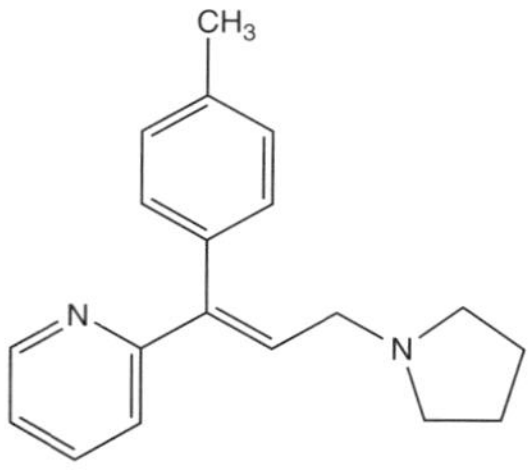

OS: *Triprolidine [BAN, DCF]*
OS: *Tripolidina [DCIT]*

– hydrochloride monohydrate:

CAS-Nr.: 0006138-79-0
OS: *Triprolidine Hydrochloride BANM, JAN, USAN*
PH: Triprolidine Hydrochloride BP 2002, USP 30

Pro Actidil® (Wellcome: ES)
Pro-Actidil® (GlaxoSmithKline: AE, BH, IL, IR, KW, OM, QA)
Pro-Actidil® (Wellcome: ES)

Triptorelin (Rec.INN)

L: Triptorelinum
D: Triptorelin
F: Triptoréline
S: Triptorelina

Antineoplastic agent
LH-RH-agonist

ATC: L02AE04
CAS-Nr.: 0057773-63-4 C_{64}-H_{82}-N_{18}-O_{13}
M_r 1311.54

Luteinizing hormone-releasing factor (pig), 6-D-tryptophan-

5-oxo-Pro—His—Trp—Ser—Tyr—D-Trp—Leu—Arg—Pro—Gly—NH_2

OS: *Triptorelin [BAN, USAN]*
OS: *Triptoréline [DCF]*
IS: *Gonadorelin [6-D-Trp]*
IS: *CL 118532 (Lederle, US)*

Arvekap® (Ipsen: GR)
Decapaptyl® (Ferring: CN, HR)
Decapeptyl CR® (Ferring: HR)
Decapeptyl® (Ferring: HK, IL, MY, PL, SG, TH)
Decapeptyl® (Ipsen: ES, GB, IE, IT, LU)
Decapeptyl® (Pharmaplan: ZA)
Diphereline® (Ipsen: HK, RS, RU, TH)
Diphereline® (PharmaSwiss: SI)
Décapeptyl® (Ipsen: FR)
Neo Decapeptyl® (Tecnofarma: PE)

– acetate:

Decapeptyl Depot® (Er-Kim: TR)
Decapeptyl Depot® (Ferring: AT, CZ, DE, DK, ES, IS)
Decapeptyl® (Er-Kim: TR)
Decapeptyl® (Ferring: AE, AT, BH, CH, CZ, DE, EG, FI, HR, HU, IL, IN, IS, JO, KW, LB, NL, OM, PK, PL, QA, SA, SY, YE)
Decapeptyl® (Ipsen: BE, ES, GB, PT)
Decapeptyl® (Sidus: AR)
Decapeptyl® (Tecnofarma: CL)
Diphereline® (Beaufour Ipsen: HU, PL, RO)
Diphereline® (Ipsen: CZ, CZ, IL)
Diphereline® (PharmaSwiss: SI)
Gonapeptyl® (Ferring: AR, ES, FR, GB, IE, IT, LU, NL)

– embonate:

Decapeptyl® (Ferring: IL, SE)
Decapeptyl® (Ipsen: IT, PT)
Decapeptyl® (Tecnofarma: CO)
Decapetyl Trimestral® (Ipsen: ES)
Dipherelin® (Beaufour Ipsen: HU)
Dipherelin® (Ipsen: IL)
Décapeptyl LP® (Ipsen: FR)
Neo Decapeptyl® (Aché: BR)
Pamorelin® (Ipsen: DE, DK, FI, NL, NO)
Trelstar® (Paladin: CA)
Trelstar® (Watson: US)

Tritoqualine (Rec.INN)

L: Tritoqualinum
I: Tritoqualina
D: Tritoqualin
F: Tritoqualine
S: Tritocualina

Antiallergic agent
Antihistaminic agent

ATC: R06AX21
CAS-Nr.: 0014504-73-5 C_{26}-H_{32}-N_2-O_8
M_r 500.562

1(3H)-Isobenzofuranone, 7-amino-4,5,6-triethoxy-3-(5,6,7,8-tetrahydro-4-methoxy-6-methyl-1,3-dioxolo[4,5-g]isoquinolin-5-yl)-

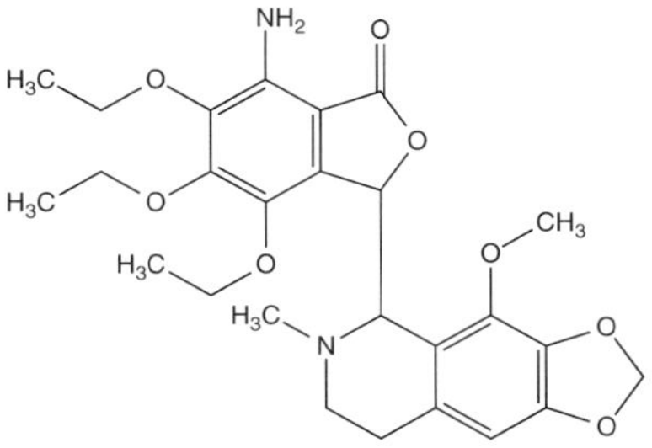

OS: *Tritoqualine [DCF]*
OS: *Tritoqualina [DCIT]*

Hypostamine® (Chiesi: FR)

Troclosene (DCF)

L: Troclosenum
D: Troclosen
F: Troclosène
S: Trocloseno

Dermatological agent, topical antiseptic
Desinfectant

CAS-Nr.: 0002782-57-2 C_3-Cl_2-N_3-O_3^-

1,3,5-Triazine-2,4,6(1H,3H,5H)-trione, 1,3-dichloro-, potassium salt

1,3,5-Triazine-2,4,6(1H,3H,5H)-trione, 1,3-dichloro-

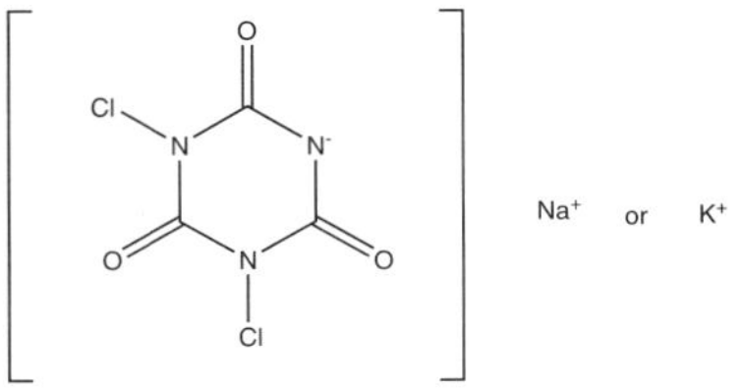

OS: *Troclosène [DCF]*
IS: *Troclosene Anion*
IS: *EPA Pesticide Chemical Code 081401*
IS: *ACL 70*
IS: *AI3-25257*
IS: *CCRIS 4787*
IS: *CDB 60*
IS: *Caswell No. 327*
IS: *Fi Clor 71*
IS: *HSDB 5897*
IS: *Hilite 60*

T

IS: *Orced*

Taharsept® (Medentech: IL)

- **sodium salt:**

CAS-Nr.: 0002893-78-9
IS: *Sodium dichloro-s-triazinetrione*
IS: *Sodium dichloroisocyanurate*
IS: *Natriumdichlorisocyanat*

Agrisept® [vet.] (Ecolab: NZ)
Equisept® [vet.] (SEOA: FR)
Klor-De® (Medentech: IL)
Klorsept® (Medentech: IL)
Taharmayim® (Medentech: IL)
Tahartaf® (Medentech: IL)

Trofosfamide (Rec.INN)

L: Trofosfamidum
I: Trofosfamide
D: Trofosfamid
F: Trofosfamide
S: Trofosfamida

Antineoplastic, alkylating agent

ATC: L01AA07
CAS-Nr.: 0022089-22-1 C_9-H_{18}-Cl_3-N_2-O_2-P
M_r 323.583

2H-1,3,2-Oxazaphosphorin-2-amine, N,N,3-tris(2-chloroethyl)tetrahydro-, 2-oxide

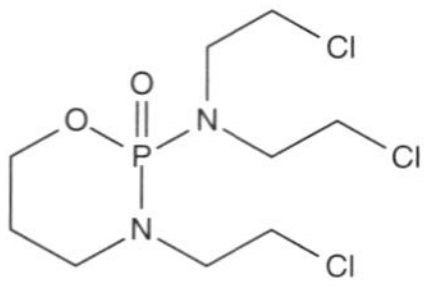

IS: *Z 4828*
IS: *Asta Z-4828 (Asta)*
IS: *Trophosphamide*

Genoxal Trofosfamida® (Prasfarma: ES)
Ixoten® (Baxter Oncology: DE)

Troglitazone (Rec.INN)

L: Troglitazonum
D: Troglitazon
F: Troglitazone
S: Troglitazona

Antidiabetic agent

ATC: A10BG01
CAS-Nr.: 0097322-87-7 C_{24}-H_{27}-N-O_5-S
M_r 441.55

2,4-Thiazolidinedione, 5-[[4-[(3,4-dihydro-6-hydroxy-2,5,7,8-tetramethyl-2H-1-benzopyran-2-yl)methoxy]-phenyl]methyl]-

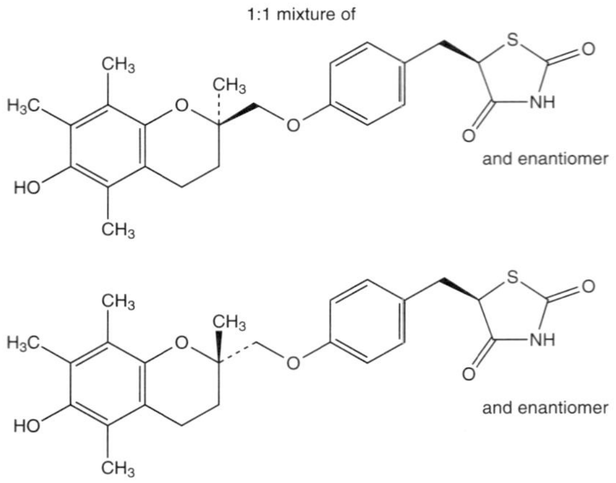

OS: *Troglitazone [BAN, USAN]*
IS: *CI 991 (Sankyo, Japan)*
IS: *CS 045 (Sankyo, Japan)*
IS: *GR 92132X (Sankyo, Japan)*

Rezulin® (Parke Davis: US)

Troleandomycin (Rec.INN)

L: Troleandomycinum
I: Troleandomicina
D: Troleandomycin
F: Troléandomycine
S: Troleandomicina

Antibiotic, macrolide

ATC: J01FA08
CAS-Nr.: 0002751-09-9 C_{41}-H_{67}-N-O_{15}
M_r 813.997

Oleandomycin, triacetate (ester)

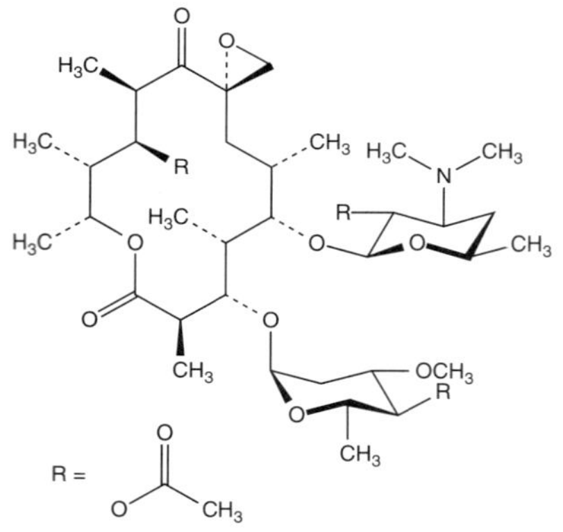

OS: *Troleandomycin [BAN, USAN]*
OS: *Troléandomycine [DCF]*
OS: *Troleandomicina [DCIT]*
OS: *Triacetyloleandomycin [BAN]*
IS: *Evramycin*
IS: *TAO*
IS: *CRL 613 (France)*
IS: *Oleandomycintriaceat*
PH: Triacetyloleandomycinum [Ph. Jap. 1971]
PH: Troleandomycin [USP 30]
PH: Troléandomycine [Ph. Franç. X]
PH: Troleandomycinum [PhBs IV]

TAO® (Pfizer: US)
Triocetin® (OFF: IT)

Tromantadine (Rec.INN)

L: Tromantadinum
I: Tromantadina
D: Tromantadin
F: Tromantadine
S: Tromantadina

⚕ Antiviral agent

ATC: D06BB02,J05AC03
CAS-Nr.: 0053783-83-8 C_{16}-H_{28}-N_2-O_2
M_r 280.42

Acetamide, 2-[2-(dimethylamino)ethoxy]-N-tricyclo[3.3.1.13,7]dec-1-yl-

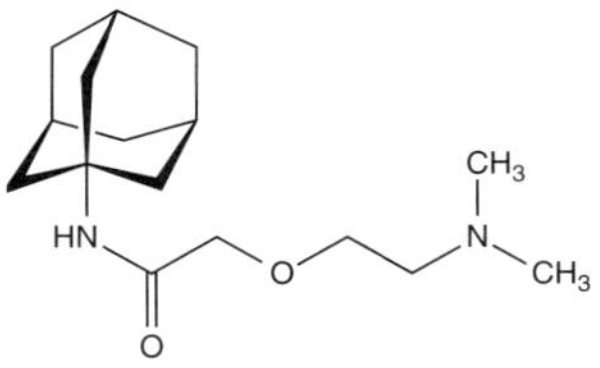

OS: *Tromantadine [DCF]*
OS: *Tromantadina [DCIT]*

– hydrochloride:

CAS-Nr.: 0042544-24-5
IS: *D 41 (Merz, Germany)*

Herpex® (Pfizer: BR)
Viru-Merz Serol® (Merz: CH, DE, RU)
Viru-Merz® (Combiphar: ID)
Viru-Merz® (Grünenthal: EC)
Viru-Merz® (Kolassa: AT)
Viru-Merz® (Medinfar: PT)
Viru-Merz® (Merz: AE, BH, CR, CY, CZ, DE, DO, EG, GT, HK, HN, HU, IL, JO, KW, LB, LU, MT, NI, OM, PA, PE, PL, RS, SA, SD, SV, YE)
Viru-Merz® (Sanofi-Aventis: NL)
Viru-Serol® (Darier: MX)
Viru-Serol® (Lacer: ES)

Trometamol (Rec.INN)

L: Trometamolum
I: Trometamolo
D: Trometamol
F: Trométamol
S: Trometamol

⚕ Osmotic diuretic

ATC: B05BB03,B05XX02
CAS-Nr.: 0000077-86-1 C_4-H_{11}-N-O_3
M_r 121.142

1,3-Propanediol, 2-amino-2-(hydroxymethyl)-

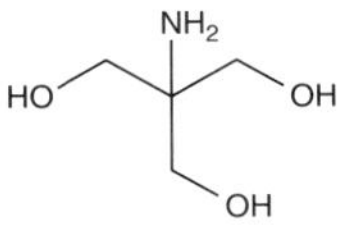

OS: *Trometamol [BAN, DCF]*
OS: *Tromethamine [USAN]*
OS: *Trometamolo [DCIT]*
IS: *Tham*
IS: *Tris*
PH: Trometamolum [Ph. Eur. 5]
PH: Tromethamine [USP 30]
PH: Trometamol [Ph. Eur. 5]
PH: Trométamol [Ph. Eur. 5]

Addex-Tham® (Fresenius: SE)
Thamesol® (Diaco: IT)
Tham® (Abbott: AU)
Tham® (Hospira: US)
Tribonat® (Fresenius: NO, SE)
Tris Fresenius® [inj.] (Fresenius: AT)
Trometamol N® (Berlin-Chemie: RO)

Tropatepine (Rec.INN)

L: Tropatepinum
D: Tropatepin
F: Tropatépine
S: Tropatepina

⚕ Antiparkinsonian, central anticholinergic

ATC: N04AA12
CAS-Nr.: 0027574-24-9 C_{22}-H_{23}-N-S
M_r 333.496

8-Azabicyclo[3.2.1]octane, 3-dibenzo[b,e]thiepin-11(6H)-ylidene-8-methyl-

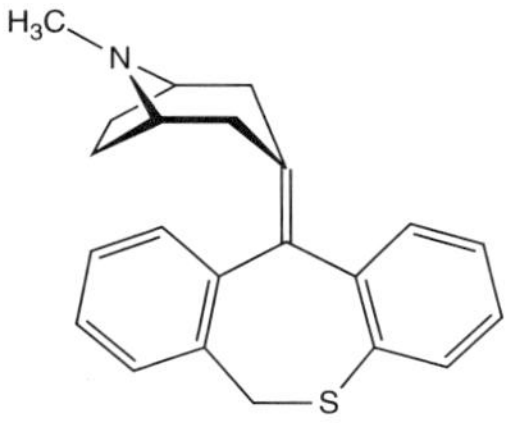

OS: *Tropatépine [DCF]*

– hydrochloride:

CAS-Nr.: 0027574-25-0
IS: *SD 1248-17*

Lepticur Park® (Sanofi-Aventis: FR)
Lepticur® (Sanofi-Aventis: FR)

Tropicamide (Rec.INN)

L: Tropicamidum
I: Tropicamide
D: Tropicamid
F: Tropicamide
S: Tropicamida

⚕ Mydriatic agent
⚕ Parasympatholytic agent

ATC: S01FA06
CAS-Nr.: 0001508-75-4 C_{17}-H_{20}-N_2-O_2
M_r 284.367

Benzeneacetamide, N-ethyl-α-(hydroxymethyl)-N-(4-pyridinylmethyl)-

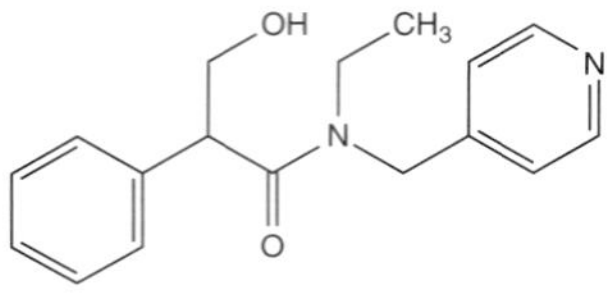

OS: *Tropicamide [BAN, DCIT, JAN, USAN]*
IS: *Ro 1-7683*
PH: Tropicamid [Ph. Eur. 5]
PH: Tropicamide [JP XIV, Ph. Eur. 5, Ph. Int. 4, USP 30]
PH: Tropicamidum [Ph. Eur. 5, Ph. Int. 4]

Cendo Mydriatyl® (Cendo: ID)
Ciclomidrin® (Latinofarma: BR)
Colircusi Tropicamida® (Alcon: ES)
Minims Tropicamide® (Bausch & Lomb: NZ)
Minims Tropicamide® (Chauvin: GB, IE, NL, SG)
Minims Tropicamide® (Chauvin Bausch & Lomb: HK)
Minims Tropicamide® [vet.] (Chauvin: GB)
Monofree Tropicamide® (Teva: LU)
Monofree Tropicamide® (Thea: BE, NL)
Mydral® (Ocusoft: US)
Mydramide® (Fischer: IL)
Mydriacyl® (Alcon: AU, BD, BE, BR, BW, CA, CL, CZ, DK, ER, ET, GB, GH, HK, IE, IS, KE, LK, MW, NA, NG, NZ, PE, RO, SE, SG, SI, TH, TZ, UG, US, ZA, ZM, ZW)
Mydriacyl® [vet.] (Alcon: GB, SE)
Mydriaticum Dispersa® (Omnivision: CH)
Mydriaticum® (Agepha: AT)
Mydriaticum® (Al Pharm: ZA)
Mydriaticum® (Bournonville: LU, NL)
Mydriaticum® (Ciba Vision: BD)
Mydriaticum® (Novartis: BD)
Mydriaticum® (Stulln: DE)
Mydriaticum® (Théa: FR)
Mydrin-M® (Santen: JP)
Mydrum® (Chauvin: CZ, DE, HU, RO)
Ocu-Tropic® (Ocumed: US)
Oftan Tropicamid® (Santen: FI)
Tropamid® (Bilim: TR)
Tropicacyl® (Akorn: PE, US)
Tropicamida Lansier® (Lansier: PE)
Tropicamide Faure® (Novartis: FR)
Tropicamide Minims® (Chauvin: NL)
Tropicamide Monofree® (Bournonville: NL)
Tropicamide SDU Faure® (Novartis: CH)
Tropicamide® (Bausch & Lomb: US)
Tropicamide® (Bournonville: NL)
Tropicamide® (Falcon: US)
Tropicamide® (Opso Saline: BD)
Tropicamide® (Thea: NL)
Tropicamidum® (Polfa Warszawa: PL)
Tropicamid® (Polfa Warshavskiy: RU)
Tropicamidă® (Terapia: RO)
Tropicamin® (Nipa: BD)
Tropicam® (Aristopharma: BD)
Tropicil® (Edol: PT)
Tropicol® (Thea: BE, LU)
Tropico® (Bell: IN)
Tropikamid Chauvin® (Novartis Ophthalmics: SE)
Tropikamid Minims® (Chauvin: NO)
Tropimil® (Farmigea: IT)
Tropixal® (Demo: GR, RO)
Trusil® (Gaco: BD)
Visumidriatic® (Visufarma: IT)

Tropisetron (Rec.INN)

L: Tropisetronum
D: Tropisetron
F: Tropisétrone
S: Tropisetron

Antiemetic
Serotonin antagonist

ATC: A04AA03
CAS-Nr.: 0089565-68-4 C_{17}-H_{20}-N_2-O_2
M_r 284.367

1αH,5αH-Tropan-3α-yl indole-3-carboxylate

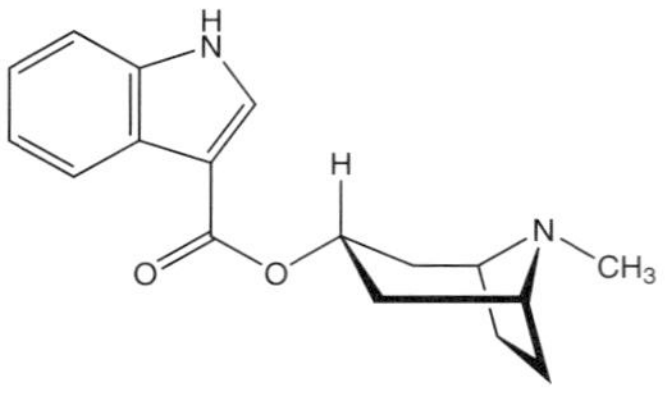

OS: *Tropisetron [BAN]*
OS: *Tropisétrone [DCF]*
IS: *ICS 205930*

– hydrochloride:

CAS-Nr.: 0105826-92-4
OS: *Tropisetron Hydrochloride BANM*
PH: Tropisetron hydrochloride Ph. Eur. 5

Navoban® (Novartis: AR, AT, AU, BG, BR, CH, CL, CN, CO, CR, CZ, DE, DK, DO, ES, FI, FR, GB, GE, GR, GT, HK, HN, HR, HU, ID, IL, IS, IT, LU, MX, MY, NI, NO, NZ, PA, PH, PL, PT, RS, RU, SE, SI, SV, TH, TR, ZA)
Navoban® (Novartis Pharma: PE)
Novaban® (Novartis: BE, NL)
Saronil® (Sandoz: ES)
Tropisetron Novartis® (Novartis: AT)
Tropisetron® (Eureco: NL)
Tropisetron® (Euro: NL)

Trospium Chloride (Rec.INN)

L: Trospii chloridum
D: Trospium chlorid
F: Chlorure de trospium
S: Cloruro de trospio

Antispasmodic agent

CAS-Nr.: 0010405-02-4 C_{25}-H_{30}-Cl-N-O_3
M_r 427.975

Spiro[8-azoniabicyclo[3.2.1]octane-8,1'-pyrrolidinium], 3-[(hydroxydiphenylacetyl)oxy]-, chloride, (1α,3β,5α)-

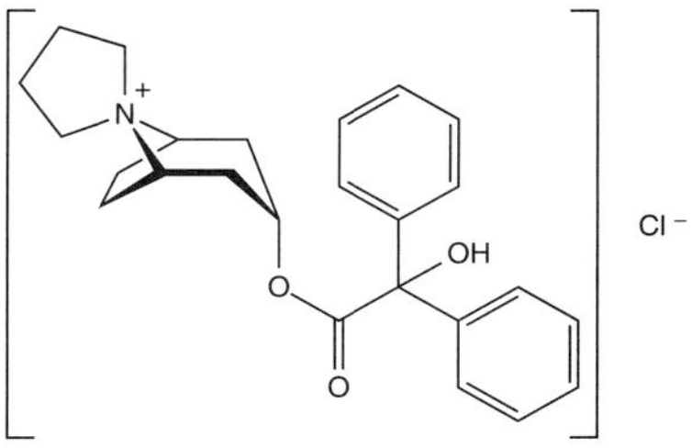

OS: *Trospium Chloride [BAN, JAN, USAN]*
IS: *Trospum*
PH: Trospium chloride [Ph. Eur. 5]

Ceris® (Madaus: FR)
Inkontan® (Montavit: AT)
Regurin® (Galen: GB, IE)
Rekont® (Madaus: AT)
Sanctura® (Indevus: US)
Sanctura® (Odyssey: US)
Spasmed® (Pro.Med: CZ)
Spasmex® (Biol: AR)
Spasmex® (Er-Kim: TR)
Spasmex® (Lek: BA, HR, SI)
Spasmex® (Pfleger: DE, IL, LU, RU)
Spasmex® (Pro.Med: CZ)
Spasmex® (Rider: CL)
Spasmo-lyt® (Madaus: DK, LU)
Spasmo-lyt® (Medac: FI)
Spasmo-lyt® (Oui Heng: TH)
Spasmo-Rhoival TC® (Madaus: DE)
Spasmo-Urgenin Neo® (Zeller: CH)
Spasmo-Urgenin TC® (Madaus: DE, LU)
Spasmo-Urgenin® (Madaus: AE, AT, BH, EG, KW, OM, QA, SA)
Spasmolyt® (Madaus: AT, DE)
Spasmolyt® (Paranova: AT)
Spasmoplex Orifarm® (Madaus: DK)
Spasmoplex Paranova® (Madaus: DK)
Spasmoplex® (Neo-Farmacêutica: PT)
Trosec® (Oryx: CA)
Trospijum® (Jugoremedija: RS)
Trospi® (Medac: DE)
Uraplex® (Alfa Wassermann: IT)
Uraplex® (Madaus: ES, LU)
Uraton® (Intermuti: DE)
Uricon® (Altana: ZA)

Trovafloxacin (Rec.INN)

L: Trovafloxacinum
D: Trovafloxacin
F: Trovafloxacine
S: Trovafloxacino

Antibiotic, gyrase inhibitor

CAS-Nr.: 0147059-72-1 C_{20}-H_{15}-F_3-N_4-O_3
M_r 416.38

1,8-Naphthyridine-3-carboxylic acid, 7-(6-amino-3-azabicyclo[3.1.0]hex-3-yl)-1-(2,4-difluorophenyl)-6-fluoro-1,4-dihydro-4-oxo-(1α,5α,6α)-

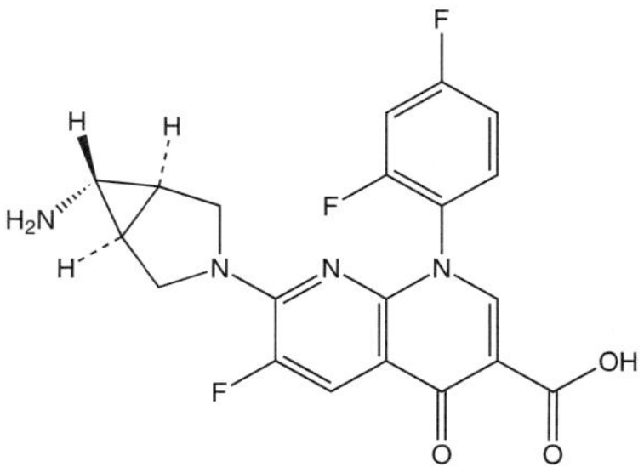

IS: *CP 99219*

– mesilate:
CAS-Nr.: 0147059-75-4
OS: *Trovafloxacin Mesylate USAN*
IS: *CP 99219-27 (Pfizer, USA)*
IS: *Trovafloxacin methansulfonat (1:1)*

Trovan® (Pfizer: US)

Troxerutin (Rec.INN)

L: Troxerutinum
I: Troxerutina
D: Troxerutin
F: Troxérutine
S: Troxerutina

Drug acting on the complex of varicose symptoms
Vascular protectant

ATC: C05CA04
CAS-Nr.: 0007085-55-4 C_{33}-H_{42}-O_{19}
M_r 742.699

4H-1-Benzopyran-4-one, 2-[3,4-bis(2-hydroxyethoxy)phenyl]-3-[[6-O-(6-deoxy-α-L-mannopyranosyl)-β-D-glucopyranosyl]oxy]-5-hydroxy-7-(2-hydroxyethoxy)-

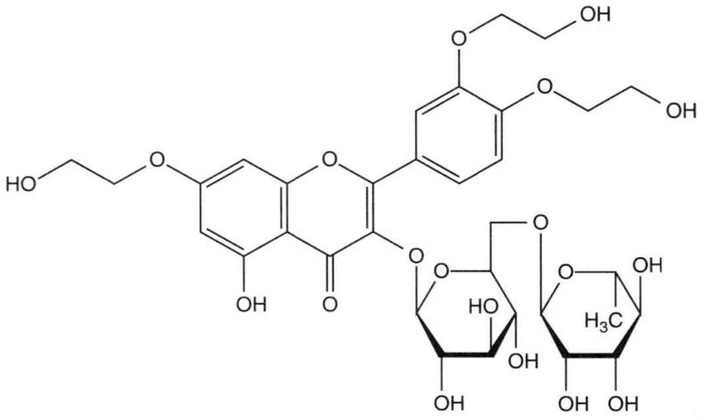

OS: *Troxerutin [BAN]*
OS: *Troxérutine [DCF]*
OS: *Troxerutina [DCIT]*
IS: *Z 6000*
PH: Troxerutin [DAB 1999]
PH: Troxerutin [Ph. Eur. 5]

Arceligasol® (Gezzi: AR)
Cilkanol® (Leciva: CZ)
Docrutosi® (Docpharma: BE)
Medirutin® (aar pharma: DE)
Plaudit® [80 mg/2 mL] (Barrymore: CN)

Posorutin® (Ursapharm: DE, PL)
Pur-Rutin® (Andreabal: CH)
Rhéoflux® (Niverpharm: FR)
Rutilina® (Laboratorios: AR)
Rutinoven® (R & C: PL)
Rutoven® (Herbapol-Poznan: PL)
Teboven® (Farmasa: MX)
Troxemed® (Medica: BG)
Troxeratio® (ratiopharm: PL)
Troxerutin Leciva® (Zentiva: RU)
Troxerutin MK® (Mark: RO)
Troxerutin Vramed® (Sopharma: RU)
Troxerutin Vramed® (Vramed: BG)
Troxerutin-ratiopharm® (ratiopharm: DE)
Troxerutin® (Chema: PL)
Troxerutin® (Chirmis Farmimpex: RO)
Troxerutin® (Synteza: PL)
Troxevasin® (Actavis: GE, RU)
Troxevasin® (Balkanpharma: BG, RO)
Troxeven® (Kreussler: DE)
Troxérutine Biogaran® (Biogaran: FR)
Troxérutine EG® (EG Labo: FR)
Troxérutine Mazal® (Biogaran: FR)
Troxérutine Merck® (Merck Génériques: FR)
Troxérutine RPG® (RPG: FR)
Troxérutine Sandoz® (Sandoz: FR)
Vastribil® (Farmasan: DE)
Veinamitol® (Negma: BE, FR, LU, RO)
Veno SL® (Ursapharm: DE)
Venolan® (Polfa Grodzisk: PL)
Venolen® (Pharma-Line: IT)
Venoruton® (Medis: SI)
Venoruton® (Novartis: BG, CL, RO)
Venoruton® (Novartis Consumer Health: AT, ES, PL)
Venoton® (Europharm: RO)
Venotrex® (Pliva: PL)
Venotrulan Trox® (Truw: DE)
Venutabs® (Lubapharm: CH)
Venutabs® (Permamed: CH)

Troxipide (Rec.INN)

L: Troxipidum
D: Troxipid
F: Troxipide
S: Troxipida

Treatment of gastric ulcera

ATC: A02BX11
CAS-Nr.: 0030751-05-4 C_{15}-H_{22}-N_2-O_4
M_r 294.361

Benzamide, 3,4,5-trimethoxy-N-3-piperidinyl-, (±)-

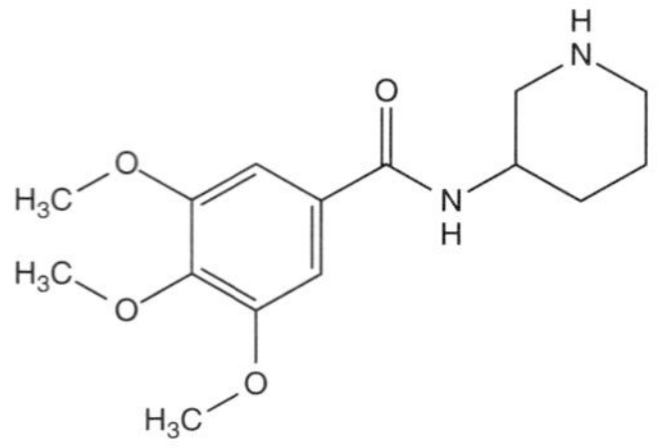

OS: *Troxipide [JAN]*
IS: *KU 54*

Aplace® (Kyorin: JP)

Trypsin (BAN)

L: Trypsinum
I: Tripsina
D: Trypsin
F: Trypsine

Enzyme, proteolytic
Wound healing

ATC: B06AA07,D03BA01
CAS-Nr.: 0009002-07-7

Proteolytic enzyme crystallized from an extract of the pancreas gland of the ox, *Bos taurus*

OS: *Trypsine [DCF]*
OS: *Trypsin [BAN, JAN]*
PH: Trypsin, Cristallized [USP 30]
PH: Trypsine [Ph. Eur. 5]
PH: Trypsinum [Ph. Eur. 5]
PH: Trypsin [Ph. Eur. 5]

Soluzyme® (Lupin: IN)

Tryptophan (Rec.INN)

L: Tryptophanum
I: Triptofano
D: Tryptophan
F: Tryptophane
S: Triptofano

Antidepressant
Hypnotic

ATC: N06AX02
CAS-Nr.: 0000073-22-3 C_{11}-H_{12}-N_2-O_2
M_r 204.237

L-Tryptophan

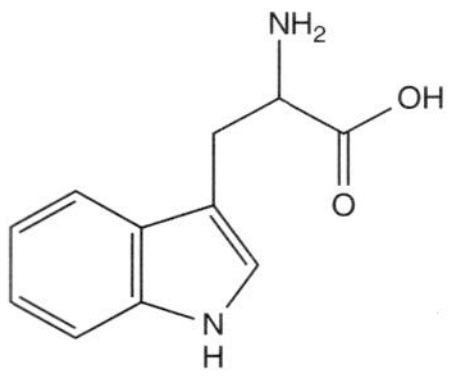

OS: *Tryptophan [USAN]*
OS: *Tryptophane [DCF]*
OS: *Triptofano [DCIT]*
OS: *L-Tryptophan [JAN]*
PH: Tryptophane [Ph. Eur. 5]
PH: L-Tryptophan [JP XIV]
PH: Tryptophan [Ph. Eur. 5, USP 30]
PH: Tryptophanum [Ph. Eur. 5]

Apo-Tryptophan® (Apotex: CA)
Ardeydorm® (Ardeypharm: DE)
Ardeytropin® (Ardeypharm: DE)
Kalma® (Stada: AT, DE)
L-Tryptophan-ratiopharm® (ratiopharm: DE)
Optimax® (Merck: GB)
PMS-Tryptophan® (Pharmascience: CA)
ratio-Tryptophan® (Ratiopharm: CA)
Tryptan® (Valeant: CA)

Tubocurarine Chloride (Rec.INN)

L: Tubocurarini chloridum
I: Tubocurarina cloruro
D: Tubocurarin chlorid
F: Chlorure de tubocurarine
S: Cloruro de tubocurarina

Neuromuscular blocking agent

CAS-Nr.: 0000057-94-3 C_{37}-H_{42}-Cl_2-N_2-O_6
M_r 681.663

Tubocuraranium, 7',12'-dihydroxy-6,6'-dimethoxy-2,2',2'-trimethyl-, chloride, hydrochloride

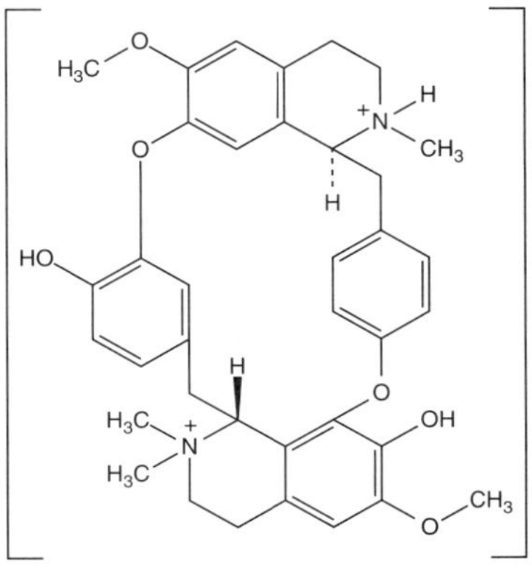

OS: *Tubocurarine [DCF]*
OS: *Tubocurarine Chloride [BAN]*
OS: *Tubocurarina cloruro [DCIT]*
IS: *DL-Tubocurarine chlorid*
PH: Tubocurarinchlorid [Ph. Eur. 5]
PH: Tubocurarine (chlorure de) [Ph. Eur. 5]
PH: Tubocurarine Chloride [Ph. Eur. 5, JP XIV, Ph. Int. 4, USP 30]
PH: Tubocurarini chloridum [Ph. Eur. 5, Ph. Int. 4]

Tubarine® (GlaxoSmithKline: AE, BH, IL, IR, KW, OM, QA)
Tubocurarine Chloride® (Apothecon: US)
Tubocurarine Chloride® (Lilly: US)

Tulathromycin (Rec.INN)

L: Tulathromycinum
D: Tulathromycin
F: Tulathromycine
S: Tulathromycina

Antibiotic [vet.]
ATCvet: QJ01FA94
CAS-Nr.: 0217500-96-4 C_{41}-H_{79}-N_3-O_{12}
M_r 806.08

A mixture of Tulathromycin A and Tulathromycin B (in equilibrium in solution): (WHO)

Tulathromycin A: (2R,3S,4R,5R,8R,10R,11R,12S,13S,14R)-13-[(2,6-dideoxy-3-C-methyl-3-O-methyl-4-C-[(propylamino)methyl]-α-L-*ribo*-hexopyranosyl)oxy]-2-ethyl-3,4,10-trihydroxy-3,5,8,10,12,14-hexamethyl-11-[[3,4,6-trideoxy-3-(dimethylamino)-beta-D-*xylo*-hexopyranosyl]oxy]-1-oxa-6-azacyclopentadecan-15-one (WHO)

Tulathromycin B: (2R,3R,6R,8R,9R,10S,11S,12R)-11-[(2,6-dideoxy-3-C-methyl-3-O-methyl-4-C-[(propylamino)methyl]-α-L-*ribo*-hexopyranosyl)oxy]-2-[(1R,2R)-1,2-dihydroxy-1-methylbutyl]-8-hydroxy-3,6,8,10,12-pentamethyl-9-[[3,4,6-trideoxy-3-(dimethylamino)-beta-D-*xylo*-hexopyranosyl]oxy]-1-oxa-4-azacyclotridecan-13-one (WHO)

Tulathromycin A: (2R,3S,4R,5R,8R,10R,11R,12S,13S,14R)-13-{(2,6-Didesoxy-3-C-methyl-3-O-methyl-4-C-[(propylamino)methyl]-α-L-*ribo*-hexopyranosyl)oxy}-2-ethyl-3,4,10-trihydroxy-3,5,8,10,12,14-hexamethyl-11-{[3,4,6-trideoxy-3-(dimethylamino)-beta-D-*xylo*-hexopyranosyl]oxy}-1-oxa-6-azacyclopentadecan-15-on (IUPAC)

Tulathromycin B: (2R,3R,6R,8R,9R,10S,11S,12R)-11-{(2,6-Didesoxy-3-C-methyl-3-O-methyl-4-C-[(propylamino)methyl]-α-L-*ribo*-hexopyranosyl)oxy}-2-[(1R,2R)-1,2-dihydroxy-1-methylbutyl]-8-hydroxy-3,6,8,10,12-pentamethyl-9-{[3,4,6-trideoxy-3-(dimethylamino)-beta-D-*xylo*-hexopyranosyl]oxy}-1-oxa-4-azacyclotridecan-13-on (IUPAC)

Tulathromycin A: 1-oxa-6-azacyclopentadecan-15-one, 13-[(2,6-dideoxy-3-C-methyl-3-O-methyl-4-C-[(propylamino)methyl]-α-L-*ribo*-hexopyranosyl)oxy]-2-ethyl-3,4,10-trihydroxy-3,5,8,10,12,14-hexamethyl-11-[[3,4,6-trideoxy-3-(dimethylamino)-beta-D-*xylo*-hexopyranosyl]oxy]-,(2R,3S,4R,5R,8R,10R,11R,12S,13S,14R)- (USAN)

Tulathromycin B: 1-oxa-4-azacyclotridecan-13-one, 11-[(2,6-dideoxy-3-C-methyl-3-O-methyl-4-C-[(propylamino)methyl]-α-L-*ribo*-hexopyranosyl)oxy]-2-(1,2-dihydroxy-1-methylbutyl)-8-hydroxy-3,6,8,10,12-pentamethyl-9-[[3,4,6-trideoxy-3-(dimethylamino)-beta-D-*xylo*-hexopyranosyl]oxy]-, (2S,3S,6R,8R,9R,10S,11S,12R)- (USAN)

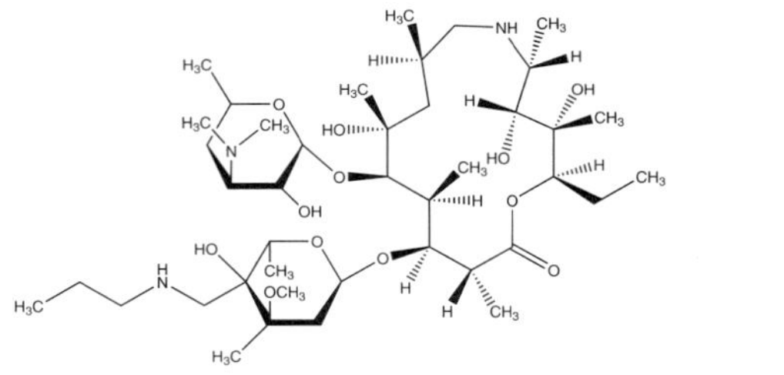

Tulathromycin A

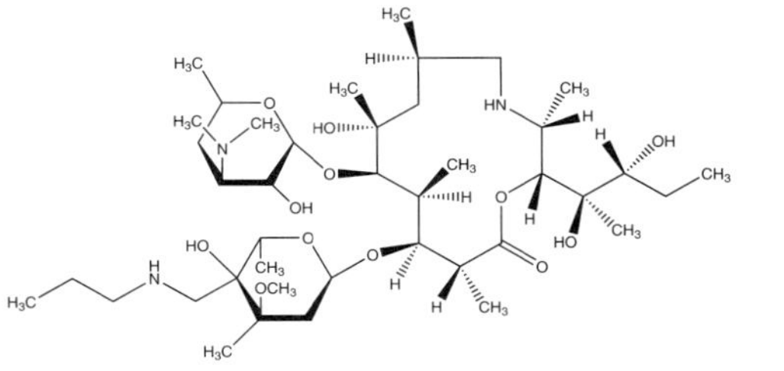

Tulathromycin B

OS: *Tulathromycin [USAN]*
OS: *280755-12-6 [CAS]*
IS: *CP-472,295 (Pfizer, US)*
IS: *CP-547,272 (Pfizer, US)*

Draxxin® [vet.] (Pfizer: FI, IT, NL)
Draxxin® [vet.] (Pfizer Animal: DE, PT)
Draxxin® [vet.] (Pfizer Animal Health: CH, GB)
Draxxin® [vet.] (Pfizer Santé Animale: FR)

Tulobuterol (Rec.INN)

L: Tulobuterolum
D: Tulobuterol
F: Tulobutérol
S: Tulobuterol

Bronchodilator

β-Sympathomimetic agent

ATC: R03AC11,R03CC11
CAS-Nr.: 0041570-61-0 C_{12}-H_{18}-Cl-N-O
M_r 227.736

Benzenemethanol, 2-chloro-α-[[(1,1-dimethylethyl)amino]methyl]-

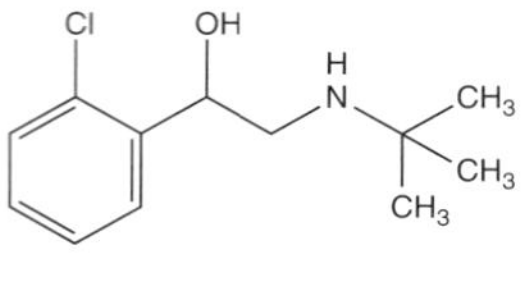

OS: *Tulobuterol [BAN]*
OS: *Tulobutérol [DCF]*

– hydrochloride:

CAS-Nr.: 0056776-01-3
OS: *Tulobuterol Hydrochloride JAN*
IS: *C-78 (Hokuriku Seiyaku, Japan)*
PH: Tulobuterol Hydrochloride JP XIV

Atenos® (UCB: DE)
Berachin® (Tanabe: JP)
Brelomax® (Abbott: DE)
Bremax® (Abbott: AT, PH)
Bremax® (Unimed & Unihealth: BD)
Breton® (Drug International: BD)
Hokunalin® (Hokuriku: JP)
Respacal® (UCB: BE, LU)

Tylosin (Rec.INN)

L: Tylosinum
I: Tilosina
D: Tylosin
F: Tylosine
S: Tilosina

Antibiotic

ATCvet: QJ01FA90
CAS-Nr.: 0001401-69-0 $C_{46}H_{75}O_{17}N$
M_r 717.72

Antibiotic obtained from cultures of Streptomyces fradiae, or the same substance produced by any other means

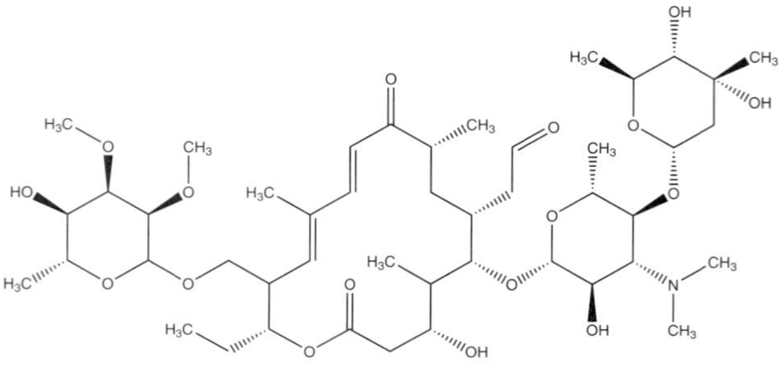

OS: *Tylosin [BAN]*
OS: *Tilosina [DCIT]*
IS: *Desmycosin*
PH: Tylosinum ad usum veterinarium [Ph. Eur. 5]
PH: Tylosin [USP 30]
PH: Tylosin for Veterinary Use [Ph. Eur. 5]
PH: Tylosin pour usage vétérinaire [Ph. Eur. 5]
PH: Tylosin für Tiere [Ph. Eur. 5]

Bilosin® [vet.] (Advanced Verterinary Supplies: AU)
Bilosin® [vet.] (Bimeda: GB)
Broncotyl® [vet.] (Pagnini: IT)
Depotyl® [vet.] (Bayer: IT)
Depotyl® [vet.] (Bayer Sante Animale: FR)
Depotyl® [vet.] (Norbrook: PT)
Dianta® [vet.] (Hoechst Vet: PT)
Jectyl® [vet.] (Syva: PT)
Neo Tylan® [vet.] (Lilly: IT)
Norotyl® [vet.] (Norbrook: AU, GB, NZ, ZA)
Pharmasin® (Balkanpharma: BG)
Pharmasin® [vet.] (Sintofarm: IT)
Promote® [vet.] (Virbac: ZA)
Tiljet® [vet.] (Vetem: IT)
Tilomix® [vet.] (Nuova ICC: IT)
Tilosina® [vet.] (Adisseo: IT)
Tilosina® [vet.] (Ceva: IT)
Tilosina® [vet.] (Chemifarma: IT)
Tilosina® [vet.] (Doxal: IT)
Tilosina® [vet.] (Sintofarm: IT)
Tylacare® [vet.] (Animalcare: GB)
Tylan® [vet.] (Animedic: DE)
Tylan® [vet.] (Boehringer Ingelheim: CH)
Tylan® [vet.] (Bomac: NZ)
Tylan® [vet.] (Elanco: AU, DE, FI, GB, IE, NZ, SE, US, ZA)
Tylan® [vet.] (Lilly: ES, IT, NL)
Tylan® [vet.] (Lilly Vet: FR, PT)
Tylan® [vet.] (Richter: AT)
Tylan® [vet.] (Selectchemie: CH)
Tylobel® [vet.] (Veyx: DE)
Tyloguard® [vet.] (Stockguard: NZ)
Tylometrin® [vet.] (Balkanpharma: BG)
Tylosel-200® [vet.] (Selecta: DE)
Tylosina® [vet.] (Pagnini: IT)
Tylosine® [vet.] (Lilly: NL)
Tylosin® (Agri Labs.: US)
Tylosin® (Aspen: US)
Tylosin® (Balkanpharma: BG)
Tylosin® [vet.] (Alma: DE)
Tylosin® [vet.] (Ceva: ZA)
Tyluvet® [vet.] (Vetoquinol: GB)
Ungutil® [vet.] (Balkanpharma: BG)
Vanatyl® [vet.] (Vana: AT)
Vetil® [vet.] (Ati: IT)

– phosphate:

OS: *Tylosin Phosphate BANM*
IS: *E 713*
PH: Tylosin phosphate bulk solution for veterinary use Ph. Eur. 5

Afilosina® [vet.] (AFI: IT)
Concentrat VO 07® [vet.] (Sogeval: FR)
Klato Lan® [vet.] (Klat: DE)
Santamix Tylo® [vet.] (Santamix: FR)
TP® [vet.] (Bioptive: DE)
Tylan® [vet.] (Animedic: DE)

Tylan® [vet.] (Elanco: DE, GB, IE, NZ, SE, US)
Tylan® [vet.] (Lilly: NL)
Tylan® [vet.] (Lilly Vet: FR)
Tylan® [vet.] (Phibro: AU)
Tylan® [vet.] (Richter: AT)
Tyleco® [vet.] (Eco: ZA)
Tylenterol® [vet.] (Bioptive: DE)
Tylosin Phosphate® (Balkanpharma: BG)
Tylosin® [vet.] (Animedic: DE)

– tartrate:

CAS-Nr.: 0001405-54-5
OS: *Tylosin Tartrate BANM*
PH: Tylosini tartras ad usum veterinarium Ph. Eur. 5
PH: Tylosin Tartrate for Veterinary Use Ph. Eur. 5
PH: Tylosintartrat für Tiere Ph. Eur. 5
PH: Tylosine (tartrate de) pour usage vétérinaire Ph. Eur. 5
PH: Tylosin Tartrate USP 30

A.F.S. Tylan® [vet.] (Controlled Medications Pty Ltd: AU)
Ascotyl® [vet.] (Ascor: IT)
Axentyl® [vet.] (Virbac: FR)
Compomix V T® [vet.] (Noé: FR)
Klato Lan® [vet.] (Klat: DE)
Pharmasin® (Balkanpharma: BG)
Tilosina® [vet.] (Ascor: IT, IT)
Tilosina® [vet.] (Chemifarma: IT)
Tilosina® [vet.] (Nuova ICC: IT)
Tilosina® [vet.] (Sintofarm: IT)
Tilosina® [vet.] (Tre I: IT)
Tilosina® [vet.] (Unione: IT)
Tylan® [vet.] (Animedic: DE)
Tylan® [vet.] (Atarost: DE)
Tylan® [vet.] (Elanco: AU, DE, FI, GB, IE, NZ, SE, US, ZA)
Tylan® [vet.] (Lilly: ES, IT, NL)
Tylan® [vet.] (Lilly Vet: FR)
Tylan® [vet.] (Richter: AT)
Tylan® [vet.] (Selectchemie: CH)
Tylatrat® [vet.] (Inrophar: DE)
Tyleco® [vet.] (International Animal Health: AU)
Tylomix® [vet.] (Bomac: NZ)
Tylomix® [vet.] (Pharm Tech: AU)
Tylonsina® [vet.] (Biosint: IT)
Tyloral® [vet.] (Franvet: FR)
Tylosin Tartrate® (Balkanpharma: BG)
Tylosin Tartrate® [vet.] (Ceva: ZA)
Tylosin Tartrate® [vet.] (Virbac: ZA)
Tylosine® [vet.] (Alfasan: NL)
Tylosine® [vet.] (Ceva: NL)
Tylosine® [vet.] (Eurovet: NL)
Tylosintartrat® [vet.] (Bioptive: DE)
Tylosin® [vet.] (Albrecht: DE)
Tylosin® [vet.] (Atarost: DE)
Tylosin® [vet.] (Ceva: DE)
Tylosin® [vet.] (CP: DE)
Tylosin® [vet.] (Klat: DE)
Tylosin® [vet.] (Medistar: DE)
Tylosin® [vet.] (Selecta: DE)
Tylosin® [vet.] (Veyx: DE)
Tylosin® [vet.] (WDT: DE)
Tyloveto-S® [vet.] (Instavet: ZA)
Tylovet® [vet.] (Pharmtech: AU)
Tylox® [vet.] (Tre I: IT)
Tylo® [vet.] (Phoenix: NZ)
Tylo® [vet.] (Virbac: ZA)

Tyloxapol (Rec.INN)

L: Tyloxapolum
D: Tyloxapol
F: Tyloxapol
S: Tiloxapol

Pharmaceutic aid, surfactant
Expectorant

ATC: R05CA01
CAS-Nr.: 0025301-02-4

Formaldehyde, polymer with oxirane and 4-(1,1,3,3-tetramethylbutyl)phenol

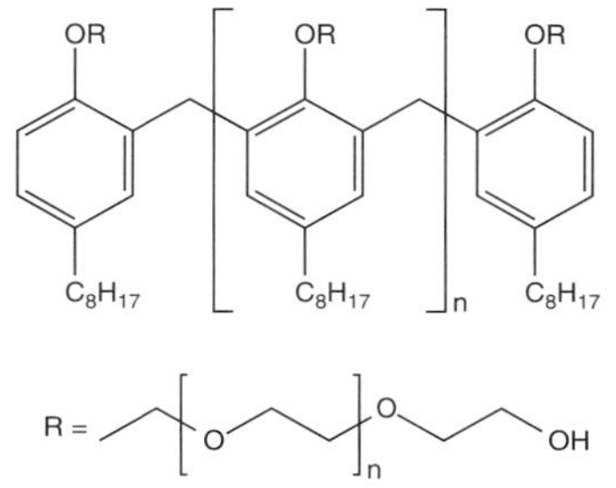

OS: *Tyloxapol [BAN, DCF, USAN]*
PH: Tyloxapol [USP 30]

Enuclene® (Alcon: CA)
Tacholiquin® (Bene: DE)
Tacholiquin® (Sigmapharm: AT)

Tymazoline (BAN)

D: Tymazolin

Vasoconstrictor ORL, local
Sympathomimetic agent

ATC: R01AA13
CAS-Nr.: 0024243-97-8 C_{14}-H_{20}-N_2-O
M_r 232.334

1H-Imidazole, 4,5-dihydro-2-[[5-methyl-2-(1-methylethyl)phenoxy]methyl]-

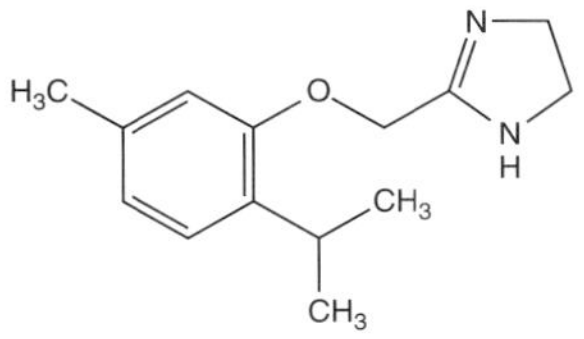

OS: *Tymazoline [BAN]*

– hydrochloride:

CAS-Nr.: 0028120-03-8

Pernazene® (Sanofi-Synthelabo: TH)
Thymazen® (Polfa Warszawa: PL)

Tyrosine, 3,5-dibromo-, L-

D: 3,5-Dibromtyrosin

⚕ Antithyroid agent

ATC: H03BX02
ATCvet: QH03BX02
CAS-Nr.: 0000300-38-9

C_9-H_9-Br_2-N-O_3
M_r 338.981

3,5-Dibromo-L-tyrosine

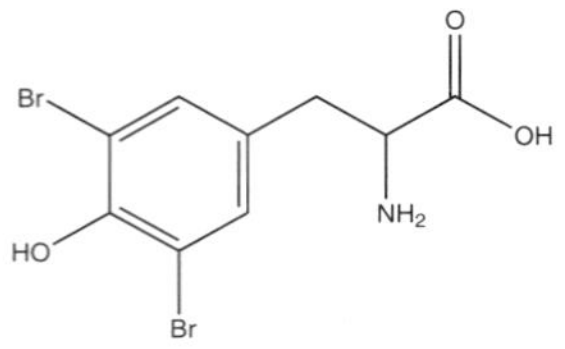

IS: *Dibromotirina*
IS: *Dibromotyrosine*

Bromotiren® (Baldacci: IT)

Tyrothricin (Rec.INN)

L: Tyrothricinum
I: Tirotricina
D: Tyrothricin
F: Tyrothricine
S: Tirotricina

⚕ Antibiotic, polypeptide

ATC: D06AX08,R02AB02,S01AA05
CAS-Nr.: 0001404-88-2

An antibacterial substance produced by the growth of *Bacillus brevis*

OS: *Tyrothricin [BAN]*
OS: *Tyrothricine [DCF]*
OS: *Tirotricina [DCIT]*
PH: Tyrothricin [USP 30]
PH: Tyrothricinum [Ph. Helv. 8, Ph. Eur. 5]
PH: Tyrothricin [Ph. Eur. 5]

Faringotricina® (SIT: IT)
Hydrotricine® (Aventis: IT)
Hydrotricine® (Vitoria: PT)
Limexx® (Agepha: AT)
Limexx® (Kwizda: AT)
Neolet® (Eczacibasi: TR)
Oralbiotico® (Sanofi-Synthelabo: PT)
Rinotricina® (SIT: IT)
Tyrosur® (Engelhard: AE, BH, CY, DE, KW, LB, LU, OM, QA, SA, SY)

Ubenimex (Rec.INN)

L: Ubenimexum
D: Ubenimex
F: Ubenimex
S: Ubenimex

⚕ Immunomodulator

CAS-Nr.: 0058970-76-6 — C_{16}-H_{24}-N_2-O_4
M_r 308.388

L-Leucine, N-(3-amino-2-hydroxy-1-oxo-4-phenylbutyl)-, [S-(R*,S*)]-

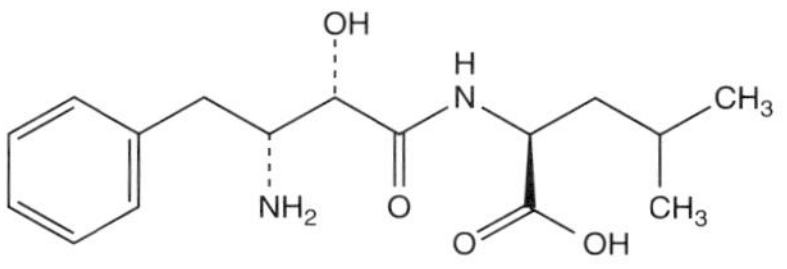

OS: *Ubenimex [JAN]*
IS: *NK 421 (Nippon Kayaku, Japan)*

Bestatin® (Nippon Kayaku: CZ, JP)

Ubidecarenone (Rec.INN)

L: Ubidecarenonum
I: Ubidecarenone
D: Ubidecarenon
F: Ubidécarénone
S: Ubidecarenona

⚕ Cardiac stimulant, cardiotonic agent

ATC: C01EB09
CAS-Nr.: 0000303-98-0 — C_{59}-H_{90}-O_4
M_r 863.369

2,5-Cyclohexadiene-1,4-dione, 2-(3,7,11,15,19,23,27,31,35,39-decamethyl-2,6,10,14,18,22,26,30,34,38-tetracontadecaenyl)-5,6-dimethoxy-3-methyl-, (all-E)-

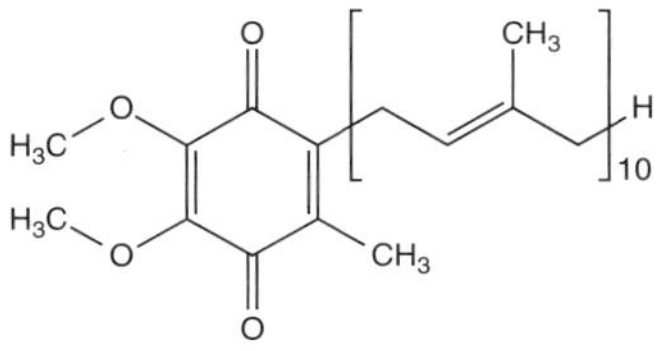

OS: *Ubidecarenone [BAN, DCIT, JAN]*
IS: *Coenzyme Q_{10}*
IS: *CoQ 10*
IS: *E 0216 (Eisai, Japan)*
IS: *NSC 140865*
IS: *Q 199*
IS: *Ubiquinone-10*
IS: *Coenzym Q*
IS: *Ubichinon*
IS: *Ubiquinone*
PH: Ubidécarénone [Ph. Eur. 5]
PH: Ubidecarenone [Ph. Eur. 5, JP XIV, USP 30]
PH: Ubidecarenonum [Ph. Eur. 5]
PH: Ubidecarenon [Ph. Eur. 5]

Adelir® (Teikoku Kagaku: JP)
Alerton® (Mega: ID)
Bio-Quinone Q10® (Pharma Nord ApS: TH)
Co-En Q® (Corsa: ID)
Coedieci® (Mitim: IT)
Coex® (Farmasa: BR)
Decafar® (Lafare: IT)
Decaquinone® (Eisai: TH)
Decaquinon® (Eisai: VN)
Decorenone® (Italfarmaco: IT)
Eiquinon® (Eisai: HK)
Emitolon® (Tatsumi Kagaku: JP)
Envit Q® (Polfa Pabianice: PL)
Heartcin® (Ohta: JP)
Inokiten® (Chemiphar: JP)
Kaitron T® (Sawai: JP)
Myoqinon® (Pharma Nord: HU)
Naturkaps Koenzym Q10® (Hasco: PL)
Neuquinon® (Eisai: CN, JP, MY)
Q 10® (Sidefarma: PT)
Q-Sport® (Pharos: ID)
Q-Ten® (Novell: ID)
Rasanen® (Towa Yakuhin: JP)
Tridemin® (Isei: JP)
Ubenzima® (Pentafarma: PT)
Ubi-Q® (Eisai: ID)
Ubi-Q® (Fourtts: SG)
Ubicor® (Magis: IT)
Ubidenone® (Esseti: IT)
Ubidex® (OFF: IT)
Ubimaior® (Chiesi: IT)
Ubivis® (AGIPS: IT)
Udekinon® (Tobishi: JP)
Vita Care Q10® (Jemo: PL)
Vita Co-Enzyme Q10® (VitaHealth: SG)

Ulinastatin (Rec.INN)

L: Ulinastatinum
D: Ulinastatin
F: Ulinastatine
S: Ulinastatina

⚕ Enzyme inhibitor, protease

CAS-Nr.: 0080449-31-6

Glycoprotein of molecular weight about 67,000 isolated from human urine, inhibiting mainly proteolytic enzymes

OS: *Ulinastatin [JAN]*
IS: *Urinastatin*
PH: Ulinastatin [JP XIV]

Miraclid® (Mochida: JP)

U

Ulobetasol (Rec.INN)

L: Ulobetasolum
D: Ulobetasol
F: Ulobetasol
S: Ulobetasol

⚕ Adrenal cortex hormone, glucocorticoid

ATC: D07AC21
CAS-Nr.: 0098651-66-2 — C_{22}-H_{27}-Cl-F_2-O_4
M_r 428.908

⚗ 21-Chloro-6α,9-difluoro-11β,17-dihydroxy-16β-methylpregna-1,4-diene-3,20-dione

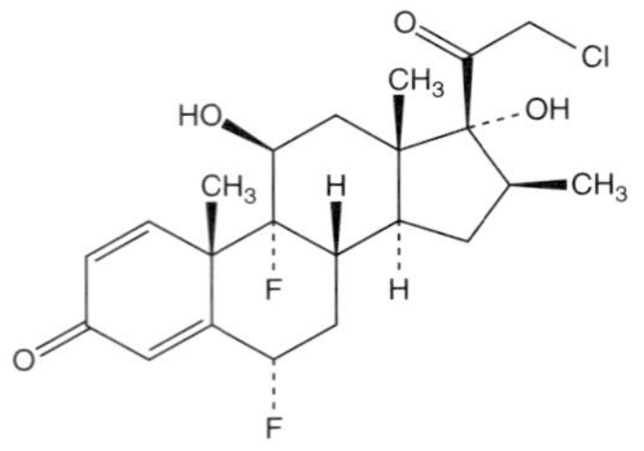

OS: *Ulobétasol [DCF]*

- **propionate:**

CAS-Nr.: 0066852-54-8
OS: *Halobetasol Propionate USAN*
IS: *BMY 30056 (Bristol-Myers, USA)*
IS: *CGP 14458*
IS: *Miracorten (Novartis, CH)*

Ultravate® (Westwood Squibb: US)
Ultravate® (Westwood-Squibb: CA)

Undecylenic Acid (USP)

L: Acidum undecylenicum
I: Acido undecilenico
D: Undecylensäure
F: Acide undécylénique

⚕ Antifungal agent

ATC: D01AE54
CAS-Nr.: 0000112-38-9 C_{11}-H_{20}-O_2
M_r 184.281

⚗ 10-Undecenoic acid

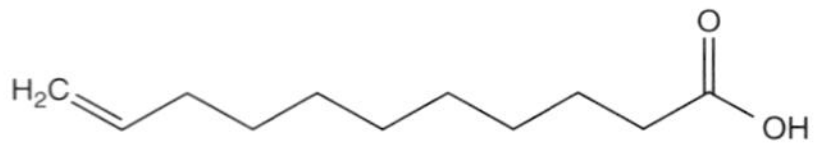

OS: *Acide undécylénique [DCF]*
OS: *Undecylenic Acid [JAN]*
IS: *10-Undecensäure*
IS: *Undeconic Acid*
PH: Acidum undecylenicum [Ph. Eur. 5, Ph. Int. II, Ph. Jap. 1971]
PH: Undecylenic Acid [Ph. Eur. 5, USP 30]
PH: Undécylénique (acide) [Ph. Eur. 5]
PH: Undecylensäure [Ph. Eur. 5]

Fungi-Nail® (Kramer: US)
Gordochrom® (Gordon: US)
Myco-Decidin® (Ivax: CZ)
Mycodécyl® Solution (Tonipharm: FR)
Mykodermina® (Pampa: PL)
Umasam® (Szama: AR)
Undelenic® (Gordon: US)

- **calcium salt:**

CAS-Nr.: 0001322-14-1
OS: *Calcium Undecylenate USAN*
IS: *Calcium 10-undecylenat*
PH: Calcium undecylenate USP 30

Caldesene® (Fisons: US)
Caldesene® (Novartis: US)
Caldesene® (Roche: IE)
Protectol® (Daniels: US)
Protectol® (Jones: US)

- **free acid and zinc salt:**

Mycodécyl® (Tonipharm: FR)
Mycodécyl® Crème (Tonipharm: FR)
Mycota® (Reckitt Benckiser: ZA)
Mycota® (Thornton & Ross: GB)
Undelenic® (Gordon: US)
Unguentum Undecylenicum® (Chema: PL)

- **free acid, calcium and zinc salt:**

Mycodécyl® Poudre (Tonipharm: FR)

- **zinc salt:**

CAS-Nr.: 0000557-08-4
OS: *Zinc Undecylenate JAN*
IS: *Zinkundecylenat*
PH: Zinc (undécylénate de) Ph. Eur. 5
PH: Zinci undecylenas Ph. Eur. 5
PH: Zinc Undecylenate Ph. Eur. 5, USP 30
PH: Zinkundecylenat Ph. Eur. 5

Fungil® (Colliere: PE)
Imo® (H.G.: EC)
Sanafitil® (Farmindustria: PE)

Unoprostone (Rec.INN)

L: Unoprostonum
D: Unoproston
F: Unoprostone
S: Unoprostona

⚕ Glaucoma treatment

ATC: S01EE02
CAS-Nr.: 0120373-36-6 C_{22}-H_{38}-O_5
M_r 382.53

⚗ (+)-Isopropyl Z-7-[(1R,2R,3R,5S)-3,5-Dihydroxy-2-(3-oxodecyl)cyclopentyl]hept-5-enoate

⚗ (+)-(Z)-7-[(1R,2R,3R,5S)-3,5-Dihydroxy-2-(3-oxodecyl)cyclopentyl]-5-heptenoic acid [WHO]

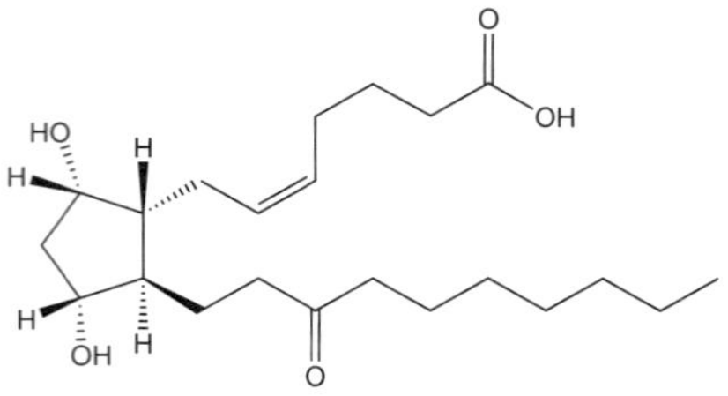

IS: *Synthetic analogue of dinoprost (prostaglandin F2alpha)*

- **isopropyl ester:**

CAS-Nr.: 0120373-24-2
OS: *Isopropyl unoprostone JAN*
IS: *UF 021*

Rescula® (Ciba Vision: PH)
Rescula® (Fujisawa: JP)
Rescula® (Novartis: AR, BR, CL, CZ, MX, NL, TH)

Rescula® (Novartis Ophthalmics: CO, CO, HU, PE, US)
Rescula® (Ueno: JP)

Urapidil (Rec.INN)

L: Urapidilum
I: Urapidil
D: Urapidil
F: Urapidil
S: Urapidil

Antihypertensive agent

ATC: C02CA06
CAS-Nr.: 0034661-75-1 C_{20}-H_{29}-N_5-O_3
M_r 387.502

2,4(1H,3H)-Pyrimidinedione, 6-[[3-[4-(2-methoxyphenyl)-1-piperazinyl]propyl]amino]-1,3-dimethyl-

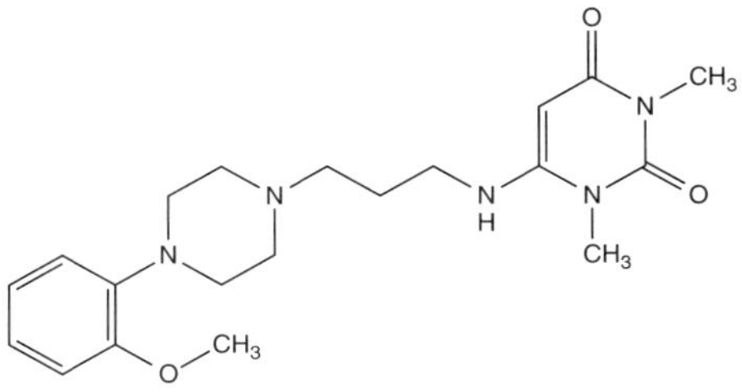

OS: *Urapidil [BAN, DCF, DCIT, JAN]*
IS: *B 66256 (Byk Gulden, Germany)*

Ebrantil® (Altana: AT, BA, BE, CZ, DE, HR, HU, LU, NL, PL, SI)
Ebrantil® (Kaken: JP)
Ebrantil® (Nycomed: RS)
Ebrantil® (Paranova: AT)
Ebrantil® (Sanwa Kagaku: JP)
Eupressyl® (Altana: FR)
Médiatensyl® (Altana: FR)
Urapidil Carino® (Carinopharm: DE)
Urapidil-Pharmore® (Pharmore: DE)

– hydrochloride:

CAS-Nr.: 0064887-14-5

Ebrantil® [inj.] (Altana: AT, BE, CH, CN, CZ, DE, HU, IT, LU)
Ebrantil® [inj.] (Byk: SI)
Ebrantil® [inj.] (Nycomed: GE)
Elgadil® (Altana: ES)
Eupressyl® [inj.] (Altana: FR)
Urapidil-ratiopharm® [inj.] (ratiopharm: DE)

Urea (USP)

L: Ureum
I: Urea
D: Harnstoff
F: Urée
S: Urea

Dermatological agent, keratolytic
Diagnosticum
Osmotic diuretic

CAS-Nr.: 0000057-13-6 C-H_4-N_2-O
M_r 60.063

Carbamide

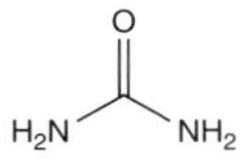

OS: *Urea [JAN]*
IS: *Carbamidum*
IS: *E 927b*
IS: *Kohlensäurediamid*
PH: Urea [JP XIV, USP 30, Ph. Eur. 5]
PH: Ureum [Ph. Eur. 5]
PH: Harnstoff [Ph. Eur. 5]
PH: Urée [Ph. Eur. 5]

Aqua Care® (Numark: US)
Aquacare/HP® (Allergan: AU)
Aquacare® (Allergan: AU, NZ)
Aquadrate® (Alliance: GB, IE)
Aqurea® (ICM: SG)
Ayr con Urea® (S.M.B. Farma: CL)
Ayr-5® (S.M.B. Farma: CL)
Balisa® (Riemser: DE)
Balneum® (Hermal: SG)
Basodexan® (Hermal: DE)
Basodexan® (Procter & Gamble: AT)
Calmuderm® (Roi: ID)
Calmurid® (Galderma: AT, AU, DE, GB, IL, LU, NL)
Calmurid® (Jaba: PT)
Calmurid® (Medcor: NL)
Calmuril® (Aco Hud: FI)
Calmuril® (ACO Hud: SE)
Canoderm® (Aco Hud: FI)
Canoderm® (ACO Hud: SE)
Carbaderm® (Gebro: CH)
Carbamid Widmer® (Widmer: CH, DE)
Carbamid® (Widmer: LU)
Caress® (Schering-Plough: SE)
Carmed® (Surya: ID)
Carmol® (Doak Dermatologics: US)
Derma Keri® (Darier: MX)
DermaDrate® (Dermatech: AU)
Dermoplast® (Mex-América: MX)
Diabact® (MDE: GB)
Elacutan® (Riemser: DE)
Equra® (Square: BD)
Eucerin® (Beiersdorf: CH, DE, GB, IE)
Euderm® (Xepa-Soul Pattinson: HK)
Eukrim® (Beximco: BD)
Excipial U Hydrolotio® (Spirig: CH, CZ)
Excipial U Lipolotio® (Spirig: CH, CZ)
Excipial® (Orva: TR)
Excipial® (Spirig: CZ)

Fenuril® (Aco Hud: FI)
Fenuril® (ACO Hud: SE)
Gen-Hydroxyurea® (Genpharm: CA)
Gordon's Urea® (Gordon: US)
Hamilton Dry Skin Treatment Cream® (Hamilton: AU)
Helicobacter Test HP-Plus® (Espire: GB)
Hidroplus® (Lagos: AR)
Hyanit N® (Strathmann: DE)
Hyderm® (Labomed: CL)
Intrauterine Bolus® [vet.] (Agri Labs.: US)
Karbasal® (CCS: SE)
Karmosan® (Darier: MX)
Keratopic® (Pablo Cassara: AR)
Linola Urea® (Pharmagan: SI)
Linola Urea® (Teva: CH)
Linola Urea® (Wolff: CZ, DE, HU)
Lociherp® (Maigal: AR)
Moisderm® (Interbat: ID)
Monilen® (Recip: SE)
Nubral® (AB: AT)
Nubral® (Galderma: DE)
Nutra-plus® (Liba: TR)
Nutralcon® (Galderma: AR)
Nutraplus® (Galderma: AU, BR, CH, GB, IE, NZ, SG, TH)
Nutraplus® (Healthpoint: US)
Nutraplus® (Summit: TH)
Onychomal® (Hermal: DE, LU)
Pastaron® (Sato: JP)
PCR Harnstoffsalbe® (PCR: DE)
Pylori Chik® (Sorin: ES)
Rea-Lo® (Med-Derm: US)
Sebexol® (Devesa: DE)
Soft u derm® (Galenium: ID)
Tau Kit® (Isomed: ES)
Ultra Mide® (Teva: US)
Uramol® (Stiefel: CL, MX)
Ureacin® (Pedinol: US)
Ureaderm® (Roemmers: CO)
Ureadin® (ABL: PE)
Ureadin® (Isdin: AR, CL)
Ureaphil® (Hospira: US)
Urea® (MidWest: NZ)
Urecare® (Orion: AU)
Urecare® (Pfizer Consumer Health: SG)
Urecrem® (Ethicus: AR)
Urederm® (Hamilton: AU, HK)
Urederm® (Roi: ID)
Uremol® (Stiefel: AR)
Uremol® (Trans Canaderm: CA)
Ureotop® (Dermapharm: DE)
Urepearl® (Otsuka: JP)
Ureum FNA® (FNA: NL)
Urisec® (Odan: CA)
Uterine Bolus® [vet.] (DurVet: US)
Xerobase® (Pablo Cassara: AR)
Ürederm® (Orva: TR)

– peroxyde:

CAS-Nr.: 0000124-43-6
IS: *Urea hydrogen peroxide*
IS: *Carbamide Peroxide USA (AHFS)*
PH: Carbamide Peroxide USP 26
PH: Carbamidum peroxidatum 2.AB-DDR

Antiseptic Mouth Cleanser® (Major: US)
Antiseptic Mouth Cleanser® (McKesson: US)
Auro® (Del: US)
Cankaid® (Dickinson: US)
Carbamide Peroxide® (Sandoz: US)
Debrox® (GlaxoSmithKline: US)
Dental Oxide® (Eckerd: US)
E.R.O.® (Scherer: US)
Ear Drops® (Goldline: US)
Ear Drops® (Interstate Drug Exchange: US)
Ear Drops® (Moore: US)
Ear Drops® (Rugby: US)
Elawox® (Bioglan: DE)
Exterol® (Dermal: GB, IE, IL)
Ginoxil® (Euroderm RDC: IT)
Gly-Oxide® (GlaxoSmithKline: US)
Hyperol® (Meditop: HU)
Mollifene® (Pfeiffer: US)
Murine® (Prestige Brands: US)
Orajel® (Del: US)
Oral Cleansing Solution® (CVS: US)
Otex® (DDD: GB)
Proxigel® (Block Drug: US)
Wasserstoffperoxid® [vet.] (Albrecht: DE)
Yadid® (Gezzi: AR)

– ^{13}C:

IS: *Urea, C13 markiert*
IS: *(^{13}C) Harnstoff*
PH: Urea C 13 USP 27

Citredici UBT Kit® (Cortex: IT)
Diabact UBT® (Kibion: SE)
Expirobacter® (Prodotti Dott. Maffioli: IT)
Helico State® (Campro: DE)
Helico State® (Simac: NL)
Helicobacter Test HP-Plus® (Utandningstester: SE)
Helicobacter Test Infai® (Infai: AT, CH, CZ, DE, ES, GB, IT, LU, NL)
Helicobacter Test Infai® (Nucliber: ES)
Helicobacter Test Infai® (Pliva: SI)
Helicobacter Test Utandningstester® (Utandningstester: DK)
Helicokit® (Italchimici: IT)
Pylobactell® (Torbet: GB, LU, NL)
Ubtest® (Otsuka: ES)
UBTest® (Otsuka: NL)

Uridine 5'-Triphosphate

D: Uridin 5'-triphosphat

⚕ Psychostimulant

CAS-Nr.: 0000063-39-8 C_9-H_{15}-N_2-O_{15}-P_3
M_r 484.149

Uridine 5'-(tetrahydrogen triphosphate)

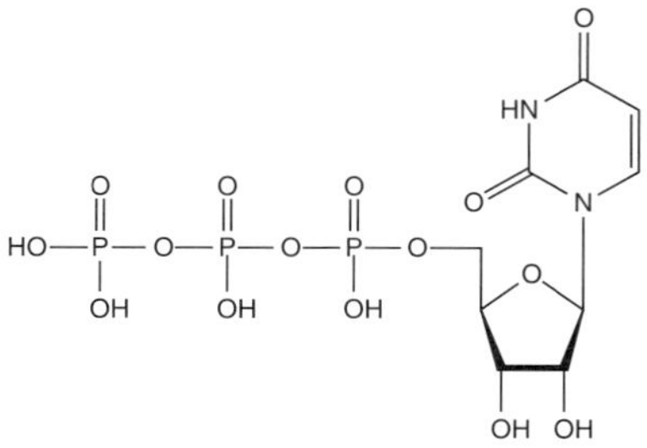

IS: *Uracylic Acid*
IS: *UTP*

– sodium salt:

Uteplex® (Biodim: FR)

Urofollitropin (Rec.INN)

L: Urofollitropinum
I: Urofollitropina
D: Urofollitropin
F: Urofollitropine
S: Urofolitropina

Extra pituitary gonadotropic hormone, FSH-like action

ATC: G03GA04
CAS-Nr.: 0097048-13-0

A preparation of menopausal gonadotrophin extracted from human urine, but possessing negligible luteinising hormone (LH) activity

OS: *Urofollitropin [BAN, USAN]*
OS: *Urofollitropine [DCF]*
OS: *Urofollitropina [DCIT]*
IS: *Urofollitrophin*
IS: *FSH*
PH: Urofollitropinum [Ph. Eur. 5]
PH: Urofollitropin [Ph. Eur. 5]
PH: Urofollitropine [Ph. Eur. 5]

Altermon® (Faran: GR)
Bravelle® (Ferring: AT, CA, DE, IE, SE, US)
Fertinorm® (Serono: AT, DE)
Follegon® (Organon: NL)
Follitrin® (Ferring: AR, CL)
Fostimon® (CORNE: MX)
Fostimon® (Genévrier: FR)
Fostimon® (IBSA: CH, CZ, HK, HU, IT, RS)
Gonotrop F® (Win-Medicare: IN)
Lishenbao® (Livzon Zhuhai: CN)
Metrodin HP® (Dipa: ID)
Metrodin HP® (Serono: AU, GR, IL, IT, NL, RU)
Metrodine HP® (Serono: BR, NL)
Metrodin® (Dipa: ID)
Metrodin® (Serono: BE, LU, NL, US)
Metrodin® (Serum Institute: IN)
Metrodin® (Teva: IL)

Urokinase (Rec.INN)

L: Urokinasum
I: Urochinasi
D: Urokinase
F: Urokinase
S: Uroquinasa

Enzyme, proteolytic

ATC: B01AD04
CAS-Nr.: 0009039-53-6

A plasminogen activator isolated from human sources

OS: *Urokinase [BAN, DCF, JAN, USAN]*
OS: *Urochinasi [DCIT]*
PH: Urokinasum [Ph. Eur. 5]
PH: Urokinase [Ph. Eur. 5, JP XIV]

Abbokinase® (Abbott: AT, ES, IL, LU, NL)
Abbokinase® (Hospira: US)
Actosolv® (Aventis: AT)
Actosolv® (Aventis Ph. Deuts.-D: IT)
Actosolv® (Bournonville Eumedica: BE)
Actosolv® (Eumedica: FR, LU)
Alfakinasi® (Alfa Wassermann: IT)
Corase® (Medac: DE)
Medacinase® (Medac: NL)
Rheotromb® (curasan: DE)
Rheotromb® (DeltaSelect: CZ, HU)
Syner-Kinase® (Syner-Med: GB)
Uni-Kinase® (Unichem: IN)
Urochinasi Crinos® (Crinos: IT)
Urokinase Choay® (Bournonville: LU)
Urokinase Choay® (Sanofi Synthelabo-F: IT)
Urokinase Choay® (Sanofi-Aventis: FR)
Urokinase Choay® (Sanofi-Synthelabo: NL)
Urokinase Ebewe® (Ebewe: AT)
Urokinase HS Medac® (Medac: DE)
Urokinase HS Medac® (medac: LU)
Urokinase HS Medac® (Pharma Consulting: CH)
Urokinase Kabi® (Medac: NL)
Urokinase Torrex® (Torrex: AT)
Urokinase Vedim® (UCB: ES)
Urokinase-KGCC® (Korea Green Cross: TH)
Urokinase-KGCC® (Onko-Koçsel: TR)
Urokinase-Yoshitomi® (Benesis: HK, SG)
Urokinase® (Green Cross: MY)
Urokinase® (medac: LU)
Urokinasi PH&T® (PH&T: IT)
Urokinaza® (K and K medicoplast: PL)
Uronase® (Mochida: JP)
Uroquidan® (UCB: ES)
Uroquinasa® (Bestpharma: CL)

Ursodeoxycholic Acid (Rec.INN)

L: Acidum Ursodeoxycholicum
I: Acido ursodesossicolico
D: Ursodeoxycholsäure
F: Acide ursodésoxycholique
S: Acido ursodeoxicolico

Treatment of cholesterol gallstones

ATC: A05AA02
CAS-Nr.: 0000128-13-2 C_{24}-H_{40}-O_4
M_r 392.584

Cholan-24-oic acid, 3,7-dihydroxy-, (3α,5β,7β)-

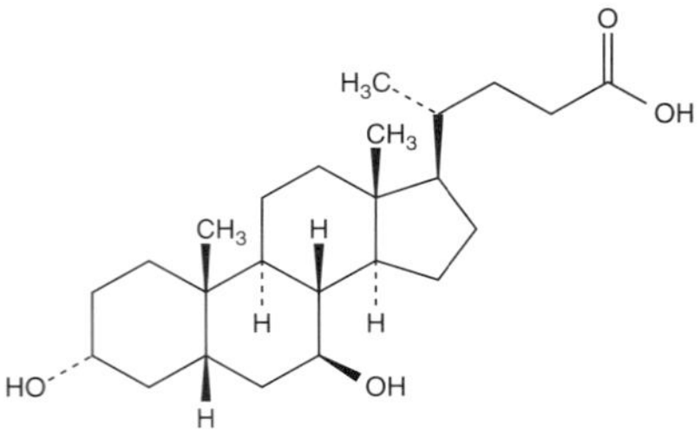

OS: *Acide ursodésoxycholique [DCF]*
OS: *Ursodeoxycholic Acid [BAN]*
OS: *Ursodiol [USAN]*
OS: *Acido ursodesossicolico [DCIT]*
OS: *Ursodesoxycholic Acid [JAN]*
IS: *UDCA*
IS: *UDC*
PH: Ursodeoxycholic Acid [Ph. Eur. 5, JP XIV]
PH: Ursodiol [USP 30]
PH: Acidum ursodeoxycholicum [Ph. Eur. 5]
PH: Ursodeoxycholsäure [Ph. Eur. 5]
PH: Acide ursodésoxycholique [Ph. Eur. 5]

Acido Ursodesossicolico Angenerico® (Angenerico: IT)
Acido Ursodesossicolico Dorom® (Dorom: IT)
Acido Ursodesossicolico EG® (EG: IT)
Acido Ursodesossicolico Merck® (Merck Generics: IT)
Acido Ursodesossicolico Pliva® (Pliva: IT)
Acido Ursodesossicolico Ratiopharm® (Ratiopharm: IT)
Acido Ursodesossicolico Teva® (Teva: IT)
Acido Ursodesossicolico Winthrop® (Winthrop: IT)
Actigall® (Novartis: NZ)
Adursal® (Leiras: FI)
Biliepar® (Ibirn: IT)
Biliepar® (Instituto Bioterapico Nazionale: PL)
Cholit-Ursan® (Stada: DE)
Cholofalk® (Falk: DE)
De-ursil® (Sanofi-Aventis: CH)
Delursan® (Axcan: FR)
Desocol® (Lampugnani: IT)
Desoxil® (Boniscontro & Gazzone: IT)
Destolit® (Norgine: GB)
Destolit® (Sanofi-Aventis: PT)
Destolit® [vet.] (Norgine Animalhealth: GB)
Deursil® (Sanofi-Aventis: IT)
Dexo® (Dominguez: AR)
Dissolursil® (Farma 1: IT)
Estazor® (Fahrenheit: ID)
Fraurs® (Francia: IT)
Litoff® (Caber: IT)
Litomen® (Best: CO)
Litursol® (Crinos: IT)
Pramur® (Prafa: ID)
Proursan® (Pro.Med: PL)
Solutrat® (Sandoz: AR)
Stonex® (Opsonin: BD)
UDC AL® (Aliud: DE)
UDC Hexal® (Hexal: DE)
UDCA Ferring® (Ferring: AR)
Udiliv® (Solvay: IN)
Urdafalk® (Darya-Varia: ID)
Urdahex® (Dankos: ID)
Urdes® (Errekappa: IT)
Urdox® (Wockhardt: GB)
Urdox® [vet.] (Wockhardt: GB)
Ursacol® (Zambon: BR, CO, IT)
Ursidesox® (Duncan: AR)
Ursilon® (IBI: IT)
Urso Heumann® (Heumann: DE)
Ursobilane® (Estedi: ES)
Ursobil® (Istituto Biologico Chem.: IT)
Ursocam® (Polfarmex: PL)
Ursochol® (Delphi: NL)
Ursochol® (Dr. Fisher: NL)
Ursochol® (EU-Pharma: NL)
Ursochol® (Eureco: NL)
Ursochol® (Euro: NL)
Ursochol® (Zambon: BE, CH, DE, ES, ID, LU, NL)
Ursodeoxycholic Acid-Sunve Pharm® (Sunve: CN)
Ursodeoxycholic Acid® (Hillcross: GB)
Ursodeoxycholzuur® (Imphos: NL)
Ursodil® (General Pharma: BD)
Ursodiol® (Bioprogress Pharma: IT)
Ursodiol® (HLB: AR)
Ursofalk® (ARIS: TR)
Ursofalk® (Biotoscana: CL, CO, PE)
Ursofalk® (Cevallos: AR)
Ursofalk® (Codali: BE, LU)
Ursofalk® (Dr Falk: IE)
Ursofalk® (Evopharma: BG)
Ursofalk® (Ewopharma: RO)
Ursofalk® (Falk: BA, CN, CZ, DE, EC, GB, HK, HR, HU, IL, MY, NO, PH, PL, PT, RO, RS, SG, TH)
Ursofalk® (Farmasa: MX)
Ursofalk® (Galenica: GR)
Ursofalk® (Meda: SE)
Ursofalk® (Merck: AT)
Ursofalk® (Orphan: AU)
Ursofalk® (Salus: SI)
Ursofalk® (Tramedico: NL)
Ursofalk® (Vifor: CH)
Ursoflor® (So.Se.: IT)
Ursogal® (Galen: GB)
Ursogal® [vet.] (Galen: GB)
Ursolac® (Biomedica Foscama: IT)
Ursolin® (Berlin: TH)
Ursolisin® (Magis: IT)
Ursolite® (Vita: ES)
Ursolit® (CTS: IL)
Ursolvan® (Sanofi-Aventis: FR)
Ursomax® (Altius: AR)
Ursopol® (ICN: PL)
Ursosan® (Aventis: ZA)
Ursosan® (Medico-Farmis: SI)
Ursosan® (Mitsubishi: HK, JP)

Ursosan® (Pro.Med: CZ, RO, RS)
Ursosan® (Pro.Med.: RU)
Ursosan® (Pro.Med.CS: BA)
Urso® (Axcan: CA, US)
Urso® (Mitsubishi: JP)
Urzac® (Quesada: AR)

- **bis(sodium succinate):**

IS: *Acidum ursodeoxycholicum (bis(emisuccinato) disodico)*
IS: *Acidum ursodeoxycholicum bis(natrium succinatum)*

Ursodamor® (Damor: IT)

Valaciclovir (Rec.INN)

L: Valaciclovirum
I: Valaciclovir
D: Valaciclovir
F: Valaciclovir
S: Valaciclovir

Antiviral agent

ATC: J05AB11
CAS-Nr.: 0124832-26-4 C_{13}-H_{20}-N_6-O_4
M_r 324.363

L-Valine, ester with 9-[(2-hydroxy-ethoxy)methyl]guanine

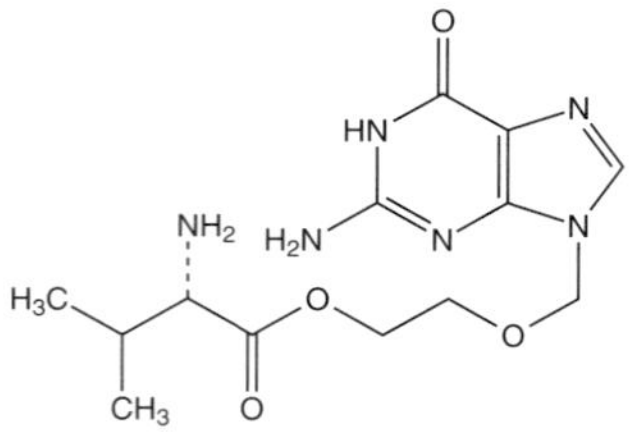

OS: *Valaciclovir [BAN, DCF]*

Bagovir® [compr.] (Bago: PE)
Vadiral® (Farmindustria: PE)
Vadiral® (Mediderm: CL)
Valaciclovir® (Medcor: NL)
Valcivir® (Cipla: IN)
Valtrex® (GlaxoSmithKline: BG, CL, FI, GB, GR, HK, PE, PH, TH, TR)
Viranet® (LKM: AR)
Zelitrex® (GlaxoSmithKline: BE, LU, ZA)

– hydrochloride:

CAS-Nr.: 0124832-27-5
OS: *Valaciclovir Hydrochloride BANM*
OS: *Valacyclovir Hydrochloride USAN*
IS: *256 U 87 (Burroughs Wellcome, USA)*

Herclov® (Sanbe: ID)
Lizhuwei® (Livzon Zhuhai: CN)
Rapivir® (GlaxoSmithKline: MX)
Talavir® (Sigma Tau: IT)
Valavir® (Alodial: PT)
Valavir® (Orion: FI)
Valcyclor® (Biogen: CO)
Valherpes® (Pensa: ES)
Valtrex D.A.C.® (D.A.C.: IS)
Valtrex® (Eurim: AT)
Valtrex® (Glaxo Wellcome: PT)
Valtrex® (GlaxoSmithKline: AE, AG, AN, AR, AT, AU, AW, BB, BG, BH, BR, CA, CH, CO, CR, CZ, DE, DO, EC, ES, FI, GB, GD, GE, GT, GY, HN, ID, IE, IL, IR, IS, JM, KW, LC, MY, NI, NO, NZ, OM, PA, QA, RO, RU, SE, SG, SI, SV, TT, US, VC)
Valtrex® (Paranova: AT)
Valztrex® (Northia: AR)
Viramixal® (Panalab: AR)
Virval® (Novag: ES)
Zelitrex® (Delphi: NL)
Zelitrex® (EU-Pharma: NL)
Zelitrex® (Euro: NL)
Zelitrex® (GlaxoSmithKline: DK, FR, IT, NL)

Valdecoxib (Rec.INN)

L: Valdecoxibum
D: Valdecoxib
F: Valdecoxib
S: Valdecoxib

COX - 2 inhibitor

ATC: M01AH03
CAS-Nr.: 0181695-72-7 C_{16}-H_{14}-N_2-O_3-S
M_r 314.36

Benzenesulfonamide, 4-(5-methyl-3-phenyl-4-isoxazolyl)- [NLM]

4-(5-Methyl-3-phenylisoxazol-4-yl)benzolsulfonamid [IUPAC]

p-(5-Methyl-3-phenyl-4-isoxazolyl)benzenesulfonamide [WHO]

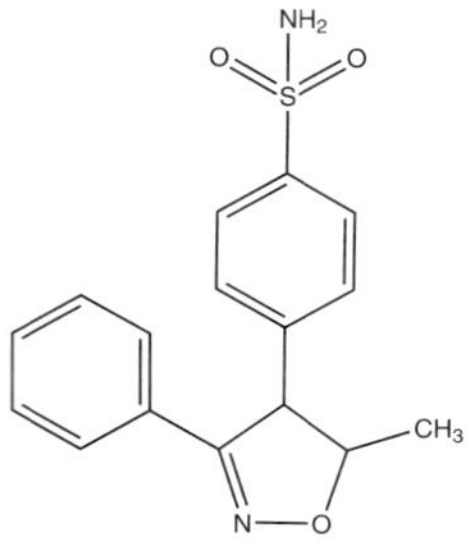

OS: *Valdecoxib [USAN, BAN]*
IS: *SC 65872 (Searle)*

Bextra® (Mack: SI)
Bextra® (Pfizer: AT, CL, CZ, ID, LU, NL, PH, SE, SI, ZA)
Bextra® (Pharmacia: CO)
Bextra® (Pharmacia Limited-GB: IT)
Decox® (Apex: BD)
Kudeq® (Pfizer: LU, NL)
V-Cox® (Beximco: BD)
Valcox® (Opsonin: BD)
Valdex® (Renata: BD)
Valdol® (Navana: BD)
Valdure® (Pfizer: BZ, CR, GT, HN, NI, PA, SV)
Valiflex® (ACI: BD)
Valora® (Globe: BD)
Valus® (Glenmark: IN)
Vaxib® (Novartis: BD)
Venus® (Bio-Pharma: BD)
Vexib® (Asiatic Lab: BD)
Vextra® (Orion: BD)
Vib® (Acme: BD)
Xtra® (Square: BD)

Valethamate Bromide

D: Diethyl-methyl-2-(3-methyl-2-phenylvaleryloxy)ethylammonium

Antispasmodic agent

CAS-Nr.: 0000090-22-2 C_{19}-H_{32}-Br-N-O_2
M_r 386.375

Ethanaminium, N,N-diethyl-N-methyl-2-[(3-methyl-1-oxo-2-phenylpentyl)oxy]-, bromide

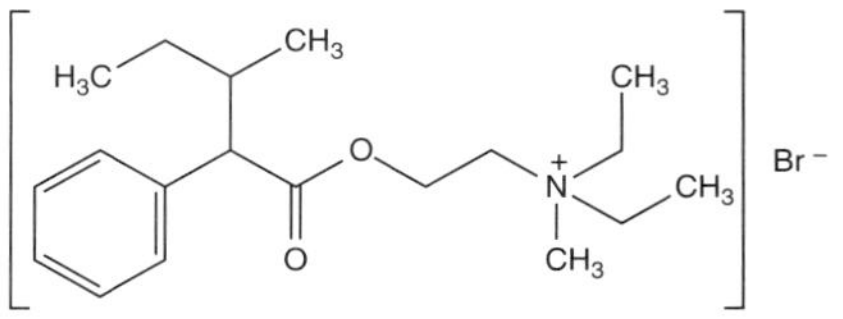

IS: *S 78*
PH: Valethamate Bromide [NF XIII]

Epidosin® (Dr. F. Frik: TR)
Epidosin® (Solvay: ID)
Epidosin® (TTK: IN)

Valganciclovir (Rec.INN)

L: Valganciclovirum
D: Valganciclovir
F: Valganciclovir
S: Valganciclovir

Antiviral agent

ATC: J05AB11
CAS-Nr.: 0175865-60-8 C_{14}-H_{22}-N_6-O_5 M_r 354.37

(RS)-2-[(2-Amino-6-oxo-1,6-dihydro-9H-purin-9-yl)methoxy]-3-hydroxypropyl (S)-2-amino-3-methylbutanoat [IUPAC]

L-Valine, ester with 9-[[2-hydroxy-1-(hydroxymethyl)-ethoxy]methyl]guanine [WHO]

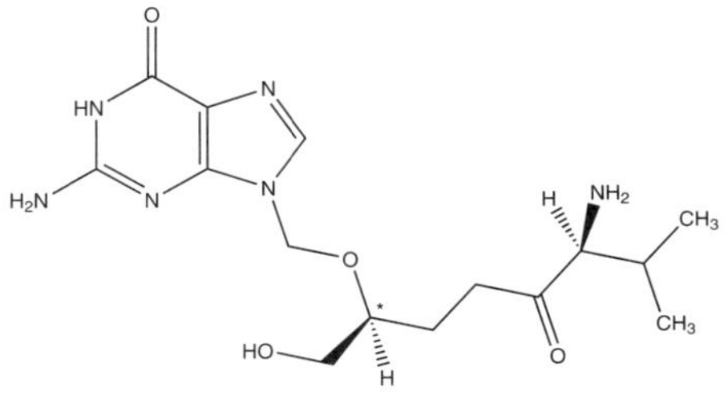

and epimer at C*

OS: *Valganciclovir [BAN]*
IS: *Valine ester prodrug of ganciclovir*

Valcyte® (Roche: NO, ZA)
Valcyte® (Roche RX: SG)
Valixa® (Roche: AR)

– hydrochloride:

CAS-Nr.: 0175865-59-5
OS: *Valganciclovir Hydrochloride USAN, BANM*
IS: *Cymeval*
IS: *Ganciclovir valine hydrochloride*
IS: *Ro 1079070/194 (Hoffmann La-Roche, CH)*
IS: *RS 079070-194 (Hoffmann La-Roche, CH)*
IS: *Valcyt*

Darilin® (Recordati: IT)
Rovalcyte® (Roche: FR)
Valcyte® (Roche: AT, AU, BE, BR, BY, CA, CH, CL, CN, CO, CR, CY, CZ, DE, DK, DO, EC, EE, ES, FI, GB, GR, GT, HK, HR, HU, IE, IL, IN, IS, IT, KE, KW, LK, LU, LV, MX, MY, NL, NZ, PA, PH, PL, PR, PT, RO, RS, SA, SD, SE, TH, TT, TW, US, ZA)
Valcyte® (Roche RX: SG)
Valixa® (Roche: CL, CO, NL)

Valnemulin (Rec.INN)

L: Valnemulinum
D: Valnemulin
F: Valnemuline
S: Valnemulina

Antibiotic [vet.]

CAS-Nr.: 0101312-92-9 C_{31}-H_{52}-N_2-O_5-S M_r 564.82

[[2-[(R)-2-Amino-3-methylbutyramido]-1,1-dimethylethyl]thio]acetic acid, 8-ester with (3aS,4R,5S,6S,8R,9R,9aR,10R)-octahydro-5,8-dihydroxy-4,6,9,10-tetramethyl-6-vinyl-3a,9-propano-3aH-cyclopentacycloocten-1(4H)-one

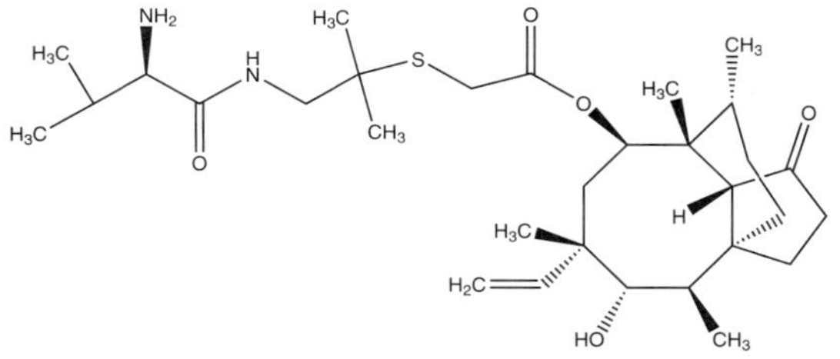

OS: *Valnemulin [BAN]*

– hydrochloride:

OS: *Valnemulin Hydrochloride BAN*
PH: Valnemulin hydrochloride for veterinary use Ph. Eur. 5

Econor® [vet.] (Novartis: AT, NL)
Econor® [vet.] (Novartis Animal Health: GB)
Econor® [vet.] (Novartis Tiergesundheit: CH, DE)

Valproate Semisodium (Rec.INN)

L: Valproatum seminatricum
D: Valproat seminatrium
F: Valproate semisodique
S: Valproato semisodico

Antiepileptic

CAS-Nr.: 0076584-70-8 (C_{16}-H_{31}-Na-O_4)n

Sodium hydrogen bis(2-propylvalerate), oligomer

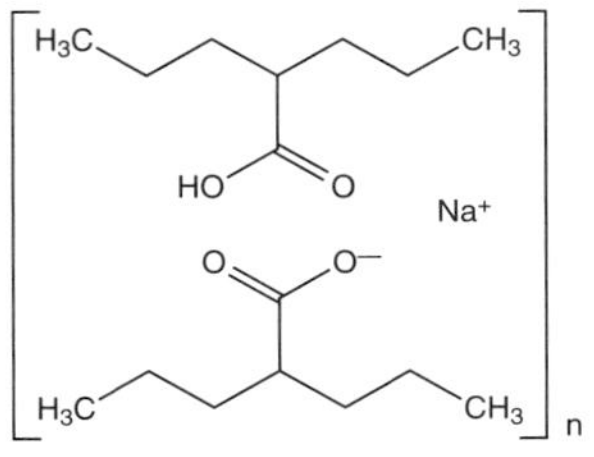

OS: *Divalproex Sodium [USAN]*

V

OS: *Semisodium Valproate [BAN]*
OS: *Valproate semisodique [DCF]*
IS: *Abbott 50711*
IS: *Valproic acid semisodium salt (2:1)*
IS: *Sodium hydrogen bis(2-propylpentanoate)*
IS: *Sodium hydrogen bis(2-propylvalerate)*
IS: *Sodium hydrogen divalproate*
IS: *Sprinkle*
PH: Divalproex Sodium [USP 26]

Delepsine® (Orion: DK)
Depakote® (Abbott: BR, ID, PH, PH, US)
Depakote® (Sanofi-Aventis: GB)
Depakote® (Sanofi-Synthelabo: LU)
Epilex® (Abbott: IN)
Epilex® (Knoll: IN)
Epilim® [vet.] (Sanofi-Synthelabo: GB)
Epival® (Abbott: CA, CR, DO, GT, HN, MX, NI, PA, PH, SV)
Epival® (Unimed & Unihealth: BD, BD)
Merck-Valproate® (Merck: BE)
Valcote® (Abbott: AR, CO, PE)
Valparin Alkalets® (Torrent: IN)
Valparin® (Torrent: IN, RU, SG, TH)
Valproat® (Rowex: IE)

Valproic Acid (Rec.INN)

L: Acidum Valproicum
I: Acido valproico
D: Valproinsäure
F: Acide valproïque
S: Acido valproico

Antiepileptic

ATC: N03AG01
CAS-Nr.: 0000099-66-1

C_8-H_{16}-O_2
M_r 144.216

Pentanoic acid, 2-propyl-

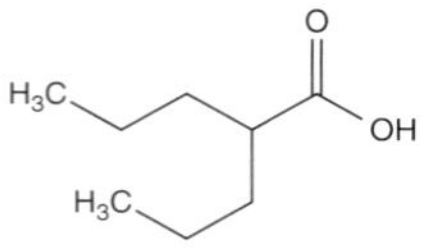

OS: *Acide valproïque [DCF]*
OS: *Valproic Acid [BAN, USAN]*
OS: *Acido valproico [DCIT]*
IS: *DPA*
IS: *44089 (Abbott, USA)*
PH: Valproic Acid [Ph. Eur. 5, USP 30]
PH: Acidum valproicum [Ph. Eur. 5]
PH: Valproinsäure [Ph. Eur. 5]
PH: Acide valproïque [Ph. Eur. 5]

Acido Valproico Merck® (Merck: CO)
Apo-Divalproex® (Apotex: CA)
Apo-Valproic® (Apotex: AN, BB, BM, BS, CA, GY, HT, JM, KY, SR, TT)
Atemperator® (Drugtech-Recalcine: CL)
Convulex® (Altana: LU, NL, ZA)
Convulex® (Bestpharma: CL)
Convulex® (Gerot: AT, CZ, HU, LU, PL, RO, SG)
Convulex® (Lannacher: RU)
Convulex® (Liba: TR)
Convulex® (Lundbeck: DE)
Convulex® (Orion: CH)
Convulex® (Pfizer: GB)
Depakene® (Abbott: AR, BR, CL, CO, ID, US)
Depakine Zuur® (Sanofi-Synthelabo: NL)
Epilim® (Sanofi-Aventis: GB)
Ferbin® (Novamed: CO)
Gen-Valproic® (Genpharm: CA)
Milzone® (Rubio: ES)
Novo-Valproic® (Novopharm: CA)
PMS-Valproic Acid® (Pharmascience: CA)
Propymal® (Katwijk: NL, NL)
ratio-Valproic® (Ratiopharm: CA)
Sandoz Valproic® (Sandoz: CA)
Torval CR® (Torrent: BR)
Valcote Sprinkle® (Abbott: CL)
Valporal® (Teva: IL)
Valproate de sodium Irex® (Irex: FR)
Valpronova® (Chemnova: PE)
Valprosid® (Bagó: CO)
Valproïnezuur FNA® (FNA: NL)
Valsup® (Psipharma: CO)

– calcium salt:

IS: *Calcium valproat*
PH: Calcium valproicum 2.AB-DDR

Convulsofin® (Asta Medica: CZ)
Convulsofin® (AWD.pharma: DE)
Convulsofin® (Pliva: RU)

– magnesium salt:

CAS-Nr.: 0062959-43-7
IS: *Magnesiumvalproat*
IS: *Valproinsäure, Magnesiumsalz (2:1)*

Atemperator® (Armstrong: CR, DO, GT, HN, MX, NI, PA, SV)
Atemperator® (Bagó: CO)
Criam® (Psicofarma: MX)
Depamag® (Sigma Tau: IT)
Dipromal® (ICN: PL)
Exibral® (Bagó: AR)
Logical® (Ivax: AR)
Trankitec® (Tecnofarma: MX)
Vemantina® (Cryopharma: MX)

– sodium salt:

CAS-Nr.: 0001069-66-5
OS: *Sodium Valproate BANM, JAN*
OS: *Valproate Sodium USAN*
IS: *Abbott 44090*
IS: *Dipropylacetate*
IS: *Sodium Di-N-Propylacetate*
IS: *Divalproex sodium*
PH: Natrii valproas Ph. Eur. 5, Ph. Int. 4
PH: Sodium (valproate de) Ph. Eur. 5
PH: Sodium Valproate Ph. Eur. 5, Ph. Int. 4, JP XIV
PH: Natriumvalproat Ph. Eur. 5

Absenor® (Orion: FI, SE)
Apilepsin® (Krka: BA, CZ, HR, RS, SI)
Cereb® (Ohta: JP)
Convulex® (Altana: BE)
Convulex® (Gerot: AT, CZ, HU, LU)
Convulex® (Lannacher: RU)
Convulex® (Liba: TR)

Convulex® (Lundbeck: DE)
Convulex® (Orion: CH)
Convulsofin-Tropfen® (Wernigerode: DE)
Depacon® (Hospira: US)
Depakene® (Abbott: BR, CA, CL, CO, CR, DO, GT, HN, NI, PA, PE, PH, PH, SV, US)
Depakene® (Kyowa: JP)
Depakine Chrono® (Lek: HR)
Depakine Chrono® (Sanofi-Aventis: AT, CH)
Depakine Chrono® (Sanofi-Synthelabo: CZ, LU, PT, SI, TH)
Depakine Crono® (Sanofi-Synthelabo: ES)
Depakine Paranova® (Sanofi-Synthelabo: DK)
Depakine® (Aktuapharma: BE)
Depakine® (GlaxoSmithKline: RS)
Depakine® (Sanofi-Aventis: AT, CH, GE, HU, NL, PL, RO, RU, VN)
Depakine® (Sanofi-Synthelabo: BE, CZ, ES, GR, LU, PT, TH)
Depakin® (Sanofi Synthelabo-F: IT)
Depakin® (Sanofi-Aventis: TR)
Depalept® (Sanofi-Aventis: IL)
Deprakine® (Sanofi-Aventis: FI, NO)
Deprakine® (Sanofi-Synthelabo: DK)
Diplexil® (Tecnifar: PT)
Diproex® (Unichem: IN)
Dépakine® (Sanofi-Aventis: BF, BJ, CF, CG, CI, CM, FR, GA, GN, IS, MG, ML, MR, MU, NE, SN, TD, TG, ZR)
Dépakote® (Sanofi-Aventis: FR)
Eftil® (Zorka: RS)
Encorate Chrono® (Sun: LK)
Encorate® (Sun: BD, LK, RU)
Epilim® (Aventis: NZ)
Epilim® (Sanofi-Aventis: GB, HK, IE, MY, SG)
Epilim® (Sanofi-Synthelabo: AU, GH, KE, MT, NG, TZ, UG, ZA)
Ergenyl Chronosphere® (Sanofi-Aventis: DE)
Ergenyl® (Sanofi-Aventis: DE, SE)
espa-valept® (esparma: DE)
Espertal® (Ethical: DO)
Everiden® (Slovakofarma: SK)
Everiden® (Zentiva: CZ)
Leptilanil® (Novartis: AT)
Leptilan® (Novartis: AG, AN, AW, BB, BM, BS, DE, ET, GD, GH, GY, HT, ID, JM, KE, KY, LC, LY, MT, NG, SD, TT, TZ, VC, ZW)
Movileps® (Dexa Medica: ID)
Natrii valproas® (Sanofi-Aventis: NL)
Natriumvalproaat Actavis® (Actavis: NL)
Natriumvalproaat CF® (Centrafarm: NL)
Natriumvalproaat Chrono Winthrop® (Winthrop: NL)
Natriumvalproaat chrono® (Hexal: NL)
Natriumvalproaat Enteric® (Sanofi-Synthelabo: NL)
Natriumvalproaat PCH® (Pharmachemie: NL)
Natriumvalproaat ratiopharm® (Ratiopharm: NL)
Natriumvalproaat Sandoz® (Sandoz: NL)
Natriumvalproaat® (Katwijk: NL)
Neuractin® (Drugtech-Recalcine: CL)
Novo-Divalproex® (Novopharm: CA)
Nu-Divalproex® (Nu-Pharm: CA)
Orfiril long® (Desitin: CZ, NO)
Orfiril retard® (Desitin: IS, NO)
Orfiril® (Colliere: PE)
Orfiril® (Desitin: CH, CZ, DE, DK, FI, HU, IL, IS, NO, PL, RO, SE)
Orfiril® (Pharmachemie: NL)
Orfiril® (Ranbaxy: SG)
Orlept® (Wockhardt: GB, GE)
Petilin® (Remedica: CY, ET, KE, RO)
Selenica-R® (Nikken: JP)
Sodium Valproate® (Alpharma: GB)
Sodium Valproate® (Hillcross: GB)
Sodium Valproate® (Teva: GB)
Soval® (Aristopharma: BD)
Valcote® (Abbott: CL)
Valepil® (Arena: RO)
Valex® (Incepta: BD)
Valpakine® (Sanofi-Aventis: BR)
Valpakine® (Sanofi-Synthelabo: BR, CR, DO, EC, GT, HN, PE, SV)
Valporal® [liqu.oral] (Teva: IL)
Valprax® (AC Farma: PE)
Valpro AL® (Aliud: DE)
Valpro beta® (betapharm: DE)
Valpro TAD® (TAD: DE)
Valproat AbZ® (AbZ: DE)
Valproat AWD® (AWD: DE)
Valproat Chrono Winthrop® (Winthrop: DE)
Valproat chrono-CT® (CT: DE)
Valproat Desitin® (Desitin: DE)
Valproat Hexal® (Hexal: DE)
Valproat RPh® (Rodleben: DE)
Valproat Sandoz® (Sandoz: DE)
Valproat Stada® (Stada: DE)
Valproat-CT® (CT: DE)
Valproat-neuraxpharm® (neuraxpharm: DE)
Valproat-RPh® (Rodleben: DE)
Valproate de sodium RPG® (RPG: FR)
Valproate de sodium Sandoz® (Sandoz: FR)
valprodura® (Merck dura: DE)
Valprogama® (GAMA: GE)
Valproinsäure-CT® (CT: DE)
Valproinsäure-ratiopharm® (ratiopharm: DE)
Valprolept® (Hexal: DE)
Valprolept® (Neuro Hexal: DE)
ValproNa-Teva® (Teva: DE)
Valpro® (Alphapharm: AU)

Valpromide (Rec.INN)

L: Valpromidum
I: Valpromide
D: Valpromid
F: Valpromide
S: Valpromida

⚕ Antiepileptic

ATC: N03AG02
CAS-Nr.: 0002430-27-5 C_8-H_{17}-N-O
M_r 143.234

Pentanamide, 2-propyl-

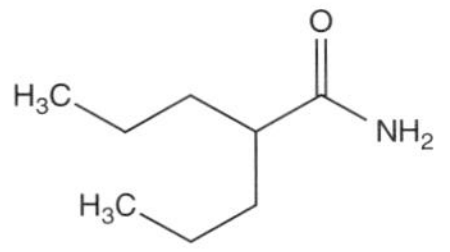

OS: *Valpromide [DCF, DCIT]*

V

IS: *Dipropylacetamide*

Depamide® (Sanofi-Aventis: IT, PL)
Depamide® (Sanofi-Synthelabo: ES)
Diprozin® (Pliva: CZ)
Dépamide® (Sanofi-Aventis: FR)

Valrubicin (Rec.INN)

L: Valrubicinum
D: Valrubicin
F: Valrubicine
S: Valrubicina

Antineoplastic, antibiotic

ATC: L01DB09
CAS-Nr.: 0056124-62-0 C_{34}-H_{36}-F_3-N-O_{13}
M_r 723.672

(8S, 10S)-8-glycoloyl-7,8,9,10-tetrahydro-6,8,11-trihydroxy-1-methoxy-10-[[2,3,6-trideoxy-3-(2,2,2-trifluoroacetamido)-α-L-lyxo-hexopyranosyl]oxy]-5,12-naphthacenedione 8[2]-valerate [WHO]

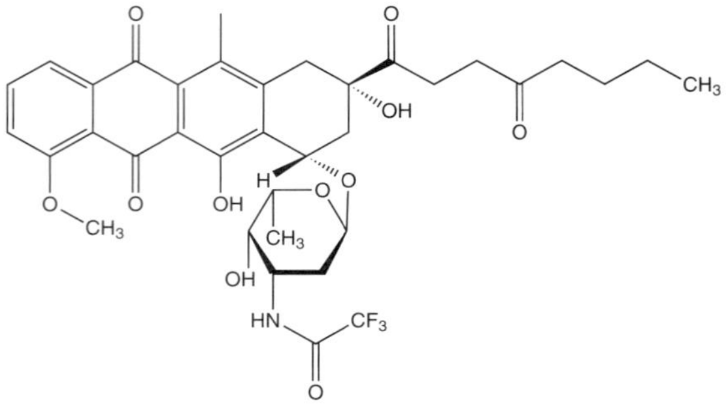

IS: *AD 32*
IS: *NSC 246131*
PH: Valrubicin [USP 30]

Valstar® (Celltech: US)
Valstar® (Medison: IL)

Valsartan (Rec.INN)

L: Valsartanum
I: Valsartan
D: Valsartan
F: Valsartan
S: Valsartan

Angiotensin-II antagonist
Antihypertensive agent

ATC: C09CA03
CAS-Nr.: 0137862-53-4 C_{24}-H_{29}-N_5-O_3
M_r 435.546

N-[p-(o-1H-Tetrazol-5-ylphenyl)benzyl]-N-valeryl-L-valine

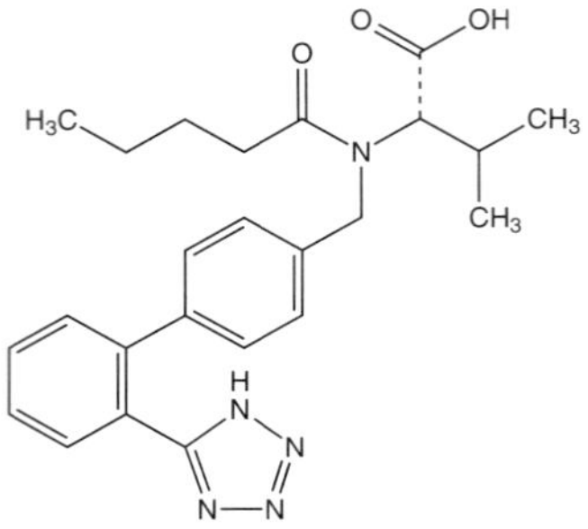

OS: *Valsartan [BAN, USAN]*
IS: *CGP 48933 (Ciba-Geigy, USA)*
PH: Valsartan [USP 30]

Alpertan® (Raffo: AR)
Alsartan® (Fluter: DO)
Arovan® (Aristopharma: BD)
Cardival® (Drug International: BD)
Cordinate® (AWD.pharma: DE)
Dalzad® (Novartis: GR)
Diovane® (Novartis: BE)
Diovan® (Novartis: AG, AN, AR, AT, AW, BA, BB, BD, BM, BR, BS, CA, CH, CN, CO, CR, CZ, DE, DK, DO, EC, ES, FI, GB, GD, GE, GR, GT, GY, HK, HN, HT, HU, ID, IE, IL, IN, IS, JM, KY, LC, LK, LU, MX, MY, NI, NL, NO, PA, PH, PL, PT, RO, RS, RU, SE, SG, SI, SV, TH, TR, TT, US, VC, VN, ZA)
Diovan® (Novartis Consumer Health: HR)
Diovan® (Novartis Pharma: PE)
Disys® (Healthcare: BD)
Dosara® (Andromaco: CL)
Kalpress® (Lacer: ES)
Miten® (Cepa: ES)
Nisis® (Ipsen: FR)
Provas® (Sanol: DE)
Provas® (Schwarz: DE)
Rixil® (Bracco: IT)
Sarval® (Baliarda: AR)
Simultan® (Lazar: AR)
Starval® (Ranbaxy: IN, PE)
Tareg® (Clintex: PT)
Tareg® (Novartis: BF, CG, CI, CL, DZ, FR, GA, GN, IT, MG, MU, SN, TG, ZR)
Valaplex® (Chile: CL)
Valcap® (Beximco: BD)
Valpression® (Menarini: IT)
Valpress® (Silva: BD)
Valsacor® (Krka: SI)
Valsan® (Mystic: BD)
Valsartan MK® (MK: CO)
Valsartan Northia® (Northia: AR)
Vals® (Esteve: ES)
Valtan® (Lafrancol: CO)
Varexan® (Novartis: HU)
Vartalan® (Drugtech-Recalcine: CL)

Vancomycin (Rec.INN)

L: Vancomycinum
I: Vancomicina
D: Vancomycin
F: Vancomycine
S: Vancomicina

Antibiotic

ATC: A07AA09,J01XA01
CAS-Nr.: 0001404-90-6 C_{66}-H_{75}-Cl_2-N_9-O_{24}
M_r 1449.22

Vancomycin

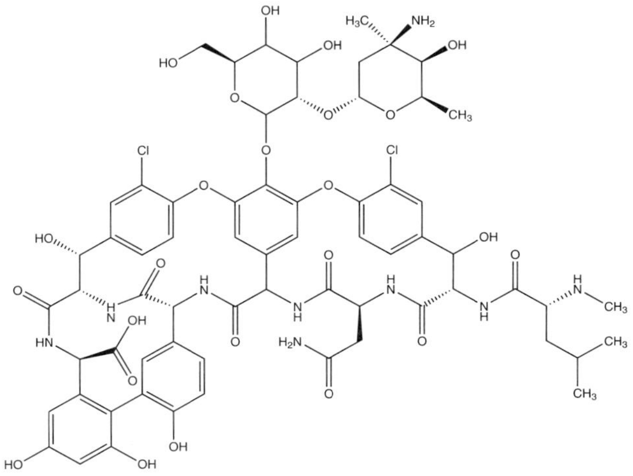

OS: *Vancomycin [BAN]*
OS: *Vancomycine [DCF]*
OS: *Vancomicina [DCIT]*
PH: Vancomycin [USP 30]

Faulding-Vancomicina® (Mayne: BR)
Kovan® (Chile: CL)
Vanaurus® [inj.] (Schein: PE)
Vancobiotic® [sol.-inj.] (Terbonova: PE)
Vancocina® [sol.-inj.] (Cipa: PE)
Vancomicina Bestpharma® [sol.-inj.] (Bestpharma: PE)
Vancomicina Biocrom® (Biocrom: AR)
Vancomicina Northia® (Northia: AR)
Vancomicina® [pulv.] (Abbott: PE)
Vancomycin Hameln® (Hameln: DE)
Vankocin® (Lilly: RS)

– hydrochloride:

CAS-Nr.: 0001404-93-9
OS: *Vancomycin Hydrochloride BANM*
PH: Vancomycin Hydrochloride Ph. Eur. 5, JP XIV, USP 30
PH: Vancomycini hydrochloridum Ph. Eur. 5, Ph. Int. II
PH: Vancomycine (chlorhydrate de) Ph. Eur. 5
PH: Vancomycinhydrochlorid Ph. Eur. 5

Aspen Vancomycin® (Aspen: ZA)
Cloridrato de Vancomicina® (Eurofarma: BR)
Copovan® (Biologici: IT)
DBL Vancomycin® (Faulding/DBL: TH)
Diatracin® (Dista: ES)
Edicin® (Lek: BA, CZ, HR, PL, RO, RS, RU, SI, TH)
Farmaciclin® (Farma 1: IT)
Icoplax® [inj.] (Richmond: AR, PE)
Laikexin® (Xinchang: CN)
Levovanox® (Levofarma: IT)
Lyphocin® (APP: HK)
Maxivanil® (Max Farma: IT)
Rivervan® (Rivero: AR)
Vamistol® (Demo: GR)
Vamysin® (Teva: BE, LU)
VANCO-cell® (cell pharm: DE)
Vanco-saar® (MIP: DE)
Vanco-Sandoz® (Sandoz: DE)
Vanco-Teva® (Teva: IL)
Vancoabbott® (Abbott: BR)
Vancocid® (Biochimico: BR)
Vancocin HCl® (Lilly: US)
Vancocina A.P.® (Lilly: IT)
Vancocina® (Lilly: BR, IT, PT)
Vancocin® (AstraZeneca: IN)
Vancocin® (Flynn: GB, IE)
Vancocin® (Hungaro-Gen: HU)
Vancocin® (Lilly: AT, AU, BE, CA, CZ, ET, ID, KE, LK, LU, NG, NL, NL, NZ, PH, PL, RO, RS, RU, TH, TZ, UG, US)
Vancocin® (Nordmedica: DK, IS)
Vancocin® (NordMedica: SE)
Vancocin® (Sandoz: MX, ZA)
Vancocin® (Teva: CH)
Vancocin® (ViroPharma: US)
Vancocin® [vet.] (Lilly: GB)
Vancomax® (Klonal: AR)
Vancomicina Abbott® (Abbott: ES, IT)
Vancomicina Ahimsa® (Ahimsa: AR)
Vancomicina Biosintetica® (Biosintética: BR)
Vancomicina Chiesi® (Chiesi: ES)
Vancomicina Combino Pharm® (Combino: ES)
Vancomicina Fabra® (Fabra: AR)
Vancomicina Filaxis® (Filaxis: AR)
Vancomicina HCl® (Comercial Médica: CO)
Vancomicina Hospira® (Hospira: IT)
Vancomicina IBP® (IBP: IT)
Vancomicina Normon® (Normon: ES)
Vancomicina Richet® (Richet: AR)
Vancomicina® [inj.] (Bestpharma: CL)
Vancomicina® [inj.] (Richmond: PE)
Vancomicina® [inj.] (Volta: CL)
Vancomicyn® (Riemser: DE)
Vancomycin Abbott® (Abbott: AT, DE, ID, IS)
Vancomycin Alpharma® (Actavis: FI)
Vancomycin Alpharma® (Alpharma: DK, IS, SE)
Vancomycin Bidiphar® (Bidiphar: VN)
Vancomycin CP Lilly® (Lilly: DE)
Vancomycin DBL® (DBL/Faulding: BD)
Vancomycin DBL® (Orna: TR)
Vancomycin DeltaSelect® (DeltaSelect: DE)
Vancomycin Faulding® (Pharmaplan: ZA)
Vancomycin HCL Abbott® (Abbott: TH)
Vancomycin HCL Fujisawa® (APP: TH)
Vancomycin Hexal® (Hexal: DE)
Vancomycin Hospira® (Electra-Box: FI, SE)
Vancomycin Hydrochloride Abbott® (Abbott: GR)
Vancomycin Hydrochloride® (Abbott: AU, HK)
Vancomycin Hydrochloride® (Abraxis: US)
Vancomycin Hydrochloride® (Hospira: CA, US)
Vancomycin Hydrochloride® (Lilly: JP)
Vancomycin Hydrochloride® (Mayne: NZ, SG)

Vancomycin Hydrochloride® (Pharmaceutical Partners of Canada: CA)
Vancomycin Lederle® (Riemser: DE)
Vancomycin Lilly® (Lilly: AT, DE)
Vancomycin Mayne® (Mayne: LU)
Vancomycin Merck® (Merck: IL)
Vancomycin MIP® (MIP: PL, RS)
Vancomycin Sandoz® (Sandoz: CH)
Vancomycin Vianex® (Vianex: GR)
Vancomycin Wyeth Lederle® (Wyeth: GR)
Vancomycin-ratiopharm® (ratiopharm: DE)
Vancomycine Alpharma® (Alpharma: NL)
Vancomycine Bristol® (Bristol-Myers Squibb: LU)
Vancomycine Lederle® (Riemser: DE)
Vancomycine Mayne® (Mayne: BE, NL)
Vancomycine PCH® (Pharmachemie: NL)
Vancomycine PSI® (PSI: NL)
Vancomycine Sandoz® (Sandoz: FR)
Vancomycine® (EuroCept: NL)
Vancomycine® (Hospira: NL)
Vancomycin® (Actavis: GB)
Vancomycin® (Alpharma: NO)
Vancomycin® (Genmedix: IL)
Vancomycin® (Hospira: NO)
Vancomycin® (Mayne: AU, GB)
Vancomycin® (Pacific: NZ)
Vancorin® (Hemat: TR)
Vancotenk® (Biotenk: AR)
Vancotex® (Pharmatex: IT, RS)
Vanco® (Bayer: IT)
Vankomisin® (Abbott: TR)
Varedet® (Fada: AR)
Vero-Vancomycin® (Verofarm: RU)
Voncon® (Lilly: GR)
Zengac® (Fisiopharma: IT)

Vardenafil (Rec.INN)

L: Vardenafilum
D: Vardenafil
F: Vardénafil
S: Vardenafil

Vasodilator

ATC: G04BE09
CAS-Nr.: 0224785-90-4 — C_{23}-H_{32}-N_6-O_4-S, M_r 488.6

1-[[3-(3,4-dihydro-5-methyl-4-oxo-7-propylimidazo[5,1-f]-as-triazin-2-yl)-4-ethoxyphenyl]sulfonyl]-4-ethylpiperazine (WHO)

Piperazine, 1-[[3-(1,4-dihydro-5-methyl-4-oxo-7-propylimidazo[5,1-*f*][1,2,4]triazin-2-yl)-4-ethoxyphenyl]sulfonyl]-4-ethyl-

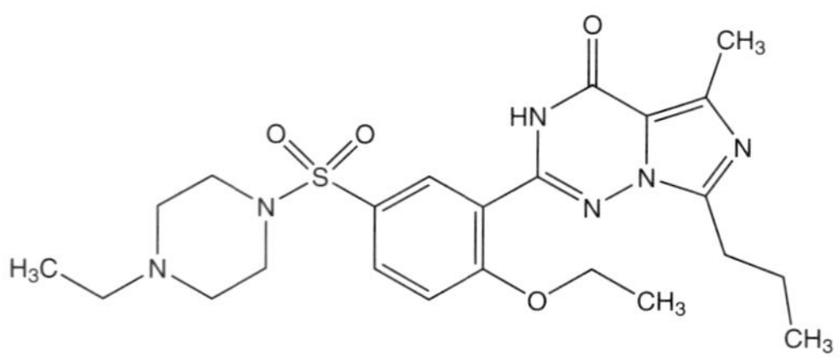

OS: *Vardenafil [BAN]*
IS: *BAY 389456 (Bayer, Germany)*
IS: *DE 19750085 1997*
IS: *WO 99/24433 1999*

Levitra® (Bayer: IE)

– hydrochloride trihydrate:

Levitra® (Bayer: AR, AT, AU, BA, BE, BR, CA, CH, CL, CN, CO, CZ, DE, DK, ES, FI, FR, GB, GR, HK, HR, HU, ID, IL, IS, IT, JP, KR, LU, MX, MY, NL, NO, NZ, PH, PL, PT, PY, RS, RU, SE, SG, SI, TH, TR, US, VN, ZA)
Levitra® (GlaxoSmithKline: KR, PH, RO, US)
Levitra® (Schering-Plough: US)
Vivanza® (Bayer: AT, DE, ES, IE, IS, IT, LU, NL)
Vivanza® (GlaxoSmithKline: IT)

Varenicline (Rec.INN)

L: Vareinclinum
D: Vareniclin
F: Varénicline
S: Vareniclina

Nicotine withdrawal agent

ATC: N07BA03
ATCvet: QN07BA03
CAS-Nr.: 0249296-44-4 — C_{13}-H_{13}-N_3, M_r 211.3

7,8,9,10-tetrahydro-6*H*-6,10-methanoazepino[4,5-*g*]quinoxaline (WHO)

(6*R*,10*S*)-7,8,9,10-Tetrahydro-6,10-methano-6*H*-pyrazino[2,3-*h*][3]benzazepin (IUPAC)

6,10-Methano-6H-pyrazino(2,3-h)(3)benzazepine, 7,8,9,10-tetrahydro-

7,8,9,10-Tetrahydro-6,10-methano-6H-pyrazino(2,3-h)(3)benzazepine

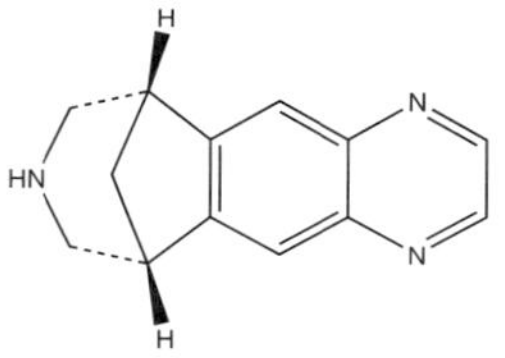

OS: *Varencline [BAN]*
IS: *CP 526555*

– tartrate:

CAS-Nr.: 0375815-87-5
OS: *Varencline tartrate USAN*
IS: *CP-526555-18 (Pfizer, US)*

Champix® (Pfizer: DE, ES, FI, IE, MX, NO, NZ, SE, US)
Chantix® (Pfizer: DE, US)

Vasopressin (USP)

L: **Vasopressini**
I: **Vasopressina**
D: **Vasopressin**
F: **Vasopressine**
S: **Vasopresina**

Posterior pituitary hormone, antidiuretic hormone, ADH

ATC: H01BA01
CAS-Nr.: 0000113-79-1 C_{46}-H_{65}-N_{15}-O_{12}-S_2
M_r 1084.296

Vasopressin

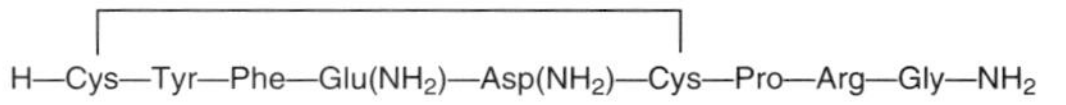

OS: *Vasopressine [DCF]*
OS: *Vasopressina [DCIT]*
IS: *Vasotan*
IS: *Antidiuretin*
PH: Vasopressina-Adiuretina preparazione iniettabile [F.U. VIII]
PH: vasopressini, Iniectabile [Ph. Helv. VI]
PH: Vasopressini injectio [Ph. Int. II]
PH: Vasopressin Injection [BP 1980, JP XIV]
PH: Vasopressin [USP 30]

App Vasopressin® (APP: HK)
Pitressin® (Goldshield: IE)
Pitressin® (Link: AU, NZ)
Pitressin® (Monarch: US)
Pitressin® [vet.] (Goldshield: GB)
Pressyn® (Ferring: CA)
Vasopresina U.S.P.® (Comercial Médica: CO)
Vasopressin® (Abraxis: US)
Vasopressin® (American Regent: US)
Vasopressin® (Pharmaceutical Partners of Canada: CA)
Vasopressin® (Sandoz: CA)

Vecuronium Bromide (Rec.INN)

L: **Vecuronii Bromidum**
I: **Vecuronio bromuro**
D: **Vecuronium bromid**
F: **Bromure de Vécuronium**
S: **Bromuro de vecuronio**

Neuromuscular blocking agent

CAS-Nr.: 0050700-72-6 C_{34}-H_{57}-Br-N_2-O_4
M_r 637.75

Piperidinium, 1-[(2β,3α,5α,16β,17β)-3,17-bis(acetyloxy)-2-(1-piperidinyl)androstan-16-yl]-1-methyl-, bromide

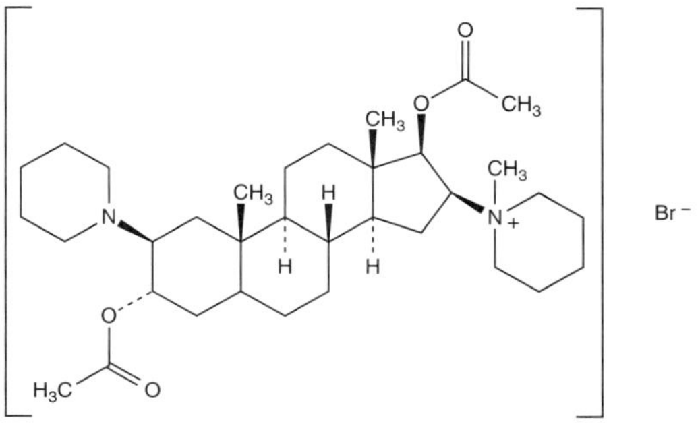

OS: *Vecuronium Bromide [BAN, JAN, USAN]*
OS: *Vecuronio bromuro [DCIT]*
IS: *NC 45*
IS: *Necuronium bromide*
IS: *Org NC 45*
PH: Vecuronium bromide [Ph. Eur. 5, USP 30]

Blok-L® (Fako: TR)
Curlem® (Ethicalpharma: PE)
Galaren® (Fada: AR)
Nodescrón® (Pisa: MX)
Norcuron® (Organon: AE, AT, AU, BD, BH, BR, CH, CL, CY, CZ, DE, EG, ES, FI, FR, GB, GR, HK, HR, HU, ID, IL, IN, IQ, IR, IT, JO, KW, LB, LU, LY, MX, NL, NO, OM, PE, PH, PL, QA, RO, RS, SA, SD, SE, SG, SY, TH, TR, US, YE)
Norcuron® (Organon Teknika: BE)
Norcuron® (Pharmaco: NZ)
Norcuron® (Salus: SI)
Norcuron® (Sanofi-Synthelabo: ZA)
Norcuron® [vet.] (Organon Animalhealth: GB)
Rivecrum® (Rivero: AR)
Vecubrom® (Trifarma: PE)
Vecural® (Richmond: AR, PE)
Vecuronio Bromuro® (Bestpharma: CL)
Vecuronio Gray® (Gray: AR)
Vecuronium Bromide® (Baxter Healthcare: US)
Vecuronium Bromide® (Bedford: US)
Vecuronium Bromide® (Hospira: US)
Vecuronium Bromide® (Sicor: US)
Vecuronium Bromide® (Steris: US)
Vecuronium Inresa® (Inresa: DE)
Vecuron® (Cristália: BR)
Vecuron® (Scott: AR)

Vedaprofen (Rec.INN)

L: **Vedaprofenum**
D: **Vedaprofen**
F: **Védaprofene**
S: **Vedaprofeno**

Antiinflammatory agent [vet.]
ATCvet: QM01AE90
CAS-Nr.: 0071109-09-6 C_{19}-H_{22}-O_2
M_r 282.38

(+/-)-4-Cyclohexyl-alpha-methyl-1-naphthaleneacetic acid [WHO]

(RS)-2-(4-Cyclohexyl-1-naphthyl)propionic acid [BAN]

Naphthaleneacetic acid, 4-cyclohexyl-alpha-methyl-, (+/-)- [USAN]

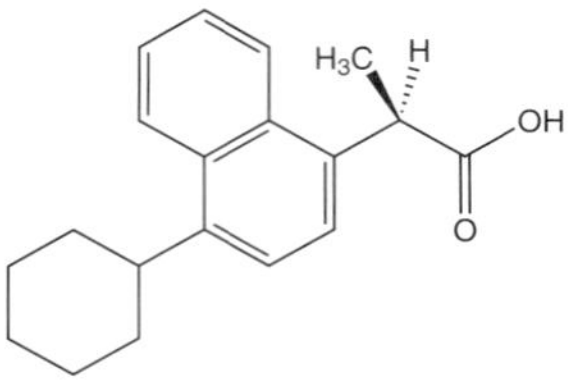

OS: *Vedaprofen [BAN, USAN]*
IS: *CERM 10202 (PCAS, France)*
IS: *PM 150 (Intervet)*

Quadrisol® [vet.] (Intervet: AT, AU, DE, FI, FR, GB, IT, NL, NO, PT, SE)
Quadrisol® [vet.] (Veterinaria: CH)

– meglumine:
Quadrisol® [vet.] (Intervet: DE, FR, IT, SE, ZA)

Venlafaxine (Rec.INN)

L: Venlafaxinum
I: Venlafaxina
D: Venlafaxin
F: Venlafaxine
S: Venlafaxina

Antidepressant

ATC: N06AX16
CAS-Nr.: 0093413-69-5 C_{17}-H_{27}-N-O_2
M_r 277.413

(±)-1-[α-[(Dimethylamino)methyl]-p-methoxy-benzyl]cyclohexanol

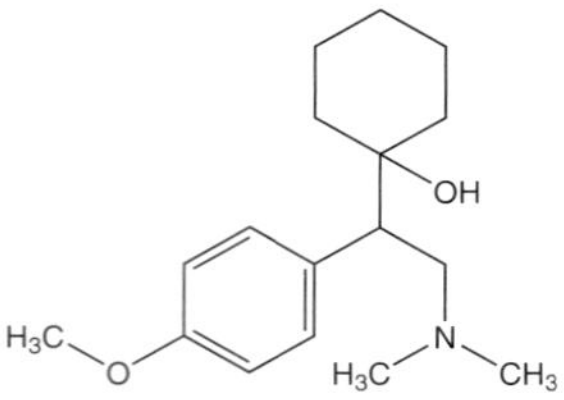

OS: *Venlafaxine [BAN, DCF]*
IS: *Wy 45030*

Alventa® (Salus: SI)
Dobupal Orifarm® (Wyeth: DK)
Efectin ER® (Wyeth: HR, RO)
Efectin® (Wyeth: HR, HU, RO, RS)
Efevelone® (Actavis: RU)
Efexor-Exel® (Wyeth: LU)
Effexor XR® (Wyeth: US)
Effexor® (Wyeth: US)
Mezine® (Phoenix: AR)
Norpilen® (Andromaco: CL)
Sentidol® (Medipharm: CL)
Sesaren® (Pharma Investi: CL)
Vandral Retard SinGad® (Wyeth: DK)
Venlafaxin LPH® (Labormed Pharma: RO)
Venlafaxina Combino Pharm® (Combino: ES)
Venlafaxina Dosa® (Dosa: AR)
Venlafaxina Masterfarm® (Combino: ES)
Venlax® (Saval: CL)

– hydrochloride:
CAS-Nr.: 0099300-78-4
OS: *Venlafaxine Hydrochloride BANM, USAN*
IS: *Wy 45030 (Wyeth, USA)*
PH: Venlafaxine Hydrochloride Ph. Eur. 5

Benolaxe® (Landsteiner: MX)
Depurol® (Royal Pharma: CL)
Dobupal® (Almirall: ES)
Efectin ER® (Paranova: AT)
Efectin ER® (Wyeth: AT)
Efectin® (Paranova: AT)
Efectin® (Wyeth: AT, CZ, HU, PL, SI)
Efexor Depot® (Wyeth: IS)
Efexor XR D.A.C.® (D.A.C.: IS)
Efexor XR® (Wyeth: AU, CL, CN, IL, SG, TR, ZA)
Efexor XR® (Wyeth Pharmaceuticals: PT)
Efexor® (AHP: LU)
Efexor® (Kwizda: AT)
Efexor® (Wyeth: AE, AR, AT, AU, BE, BH, BR, CH, CO, CR, CY, DK, DO, EC, EG, FI, GB, GR, GT, HK, HN, ID, IE, IL, IS, JO, KW, LB, LU, MT, MX, NI, NL, NO, NZ, OM, PA, PE, QA, SA, SE, SV, TH, TR, YE, ZA)
Efexor® (Wyeth Medica Ireland-EIR: IT)
Efexor® (Wyeth Pharmaceuticals: PT)
Effexor Paranova® (Wyeth: DK)
Effexor® (Neopharm: IL)
Effexor® (Wyeth: CA, FR, IE, MY, US)
Elafax® (Gador: AR)
Faxine® (Wyeth: IT)
Flavix® (Wockhardt: IN)
Ganavax® (Rontag: AR)
Lafax® (Medicon: BD)
Nervix® (Bago: CL)
Odven® (Quimico: MX)
Quilarex® (Ariston: AR)
Senexon® (Drugtech-Recalcine: CL)
Sesaren® (Roemmers: AR)
Subelan® (Pharmavita: CL)
Trevilor® (Wyeth: DE)
Vandral Orifarm® (Wyeth: DK)
Vandral® (Wyeth: ES)
Velafax® (Pliva: BA, HR, PL, RU)
Velaxin® (Egis: CZ, HU, PL, RU)
Veniz® (Sun: LK)
Venlafaxina Arafarma® (Arafarma: ES)
Venlafaxina Bexal® (Bexal: ES)
Venlafaxina Cevallos® (Cevallos: AR)
Venlafaxina Normon® (Normon: ES)
Venlafaxina Ratiopharm® (Ratiopharm: ES)
Venlafaxine Hydrochloride® (Teva: US)
Venlafaxine-Apex® (Apex: NL)
Venlaf® (Orion: BD)
Venlax® (General Pharma: BD)
Venlax® (Saval: CL)
Venla® (Unipharm: IL)
Venlor® (Cipla: IN)
Viepax® (Dexcel: IL)

Veralipride (Rec.INN)

L: Veralipridum
I: Veralipride
D: Veraliprid
F: Véralipride
S: Veraliprida

Gonadotropin inhibitor

CAS-Nr.: 0066644-81-3 — C_{17}-H_{25}-N_3-O_5-S, M_r 383.477

Benzamide, 5-(aminosulfonyl)-2,3-dimethoxy-N-[[1-(2-propenyl)-2-pyrrolidinyl]methyl]-

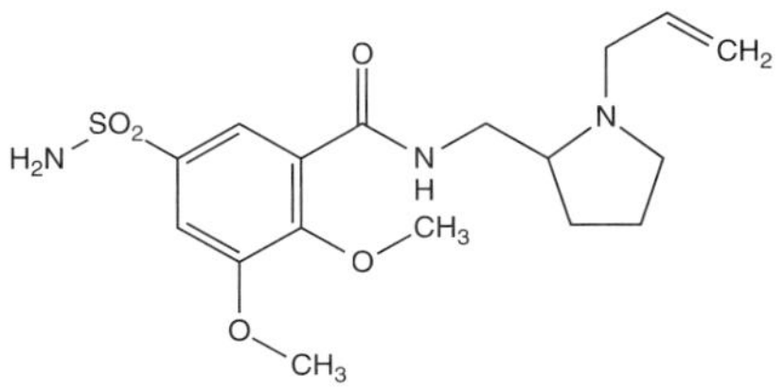

OS: *Véralipride [DCF]*
OS: *Veralipride [DCIT]*
IS: *LIR 1660*

Aclimafel® (AF: MX)
Agradil® (Sanofi-Aventis: IT)
Agreal® (Sanofi-Aventis: BE, BR, CL)
Agreal® (Sanofi-Synthelabo: CO, CR, DO, ES, GT, HN, LU, NI, PA, PE, PT, SV)
Agréal® (Grünenthal: FR)
Gamaline V® (Fitomax: PE)
Veralipral® (Finadiet: AR)
Veralipril® (Sanofi-Aventis: IT)

Verapamil (Rec.INN)

L: Verapamilum
I: Verapamil
D: Verapamil
F: Vérapamil
S: Verapamilo

Antiarrhythmic agent
Vasodilator

ATC: C08DA01
CAS-Nr.: 0000052-53-9 — C_{27}-H_{38}-N_2-O_4, M_r 454.621

Benzeneacetonitrile, α-[3-[[2-(3,4-dimethoxyphenyl)ethyl]methylamino]propyl]-3,4-dimethoxy-α-(1-methylethyl)-

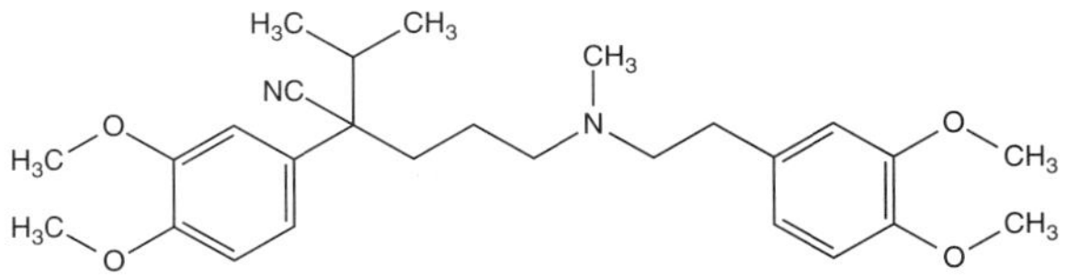

OS: *Verapamil [BAN, DCF, DCIT, USAN]*
IS: *CP 16533-1*
IS: *D 365*
IS: *Iproveratril*

Coragina® (Lacofarma: DO)
Isoptina SR® (Abbott: CL)
Niposoluted® (Italchem: EC)
Stada Uno® (Stada: TH)
Vera-CT® (CT: DE)
Verahexal® (Salutas Fahlberg: CZ)
Verapamil R® (Actavis: GE)
Verapamilo Genfar® (Genfar: CO, EC, PE)
Verapamilo Perugen® (Perugen: PE)
Verapamilo® (Carrion: PE)
Verapamilo® (Farmandina: EC)
Verapamilo® (La Sante: PE)
Verapamilo® (Medicalex: CO)
Verapamilo® (Memphis: CO)
Verapamilo® (Pentacoop: EC)
Verpamil® (Orion: SG)
Vérapamil G Gam® (G Gam: FR)

– hydrochloride:

CAS-Nr.: 0000152-11-4
OS: *Verapamil Hydrochloride BANM, JAN, USAN*
PH: Verapamil Hydrochloride JP XIV, Ph. Eur. 5, Ph. Int. 4, USP 30
PH: Verapamili hydrochloridum Ph. Eur. 5, Ph. Int. 4
PH: Verapamilhydrochlorid Ph. Eur. 5
PH: Vérapamil (chlorhydrate de) Ph. Eur. 5

Akilen® (Medochemie: BD)
Anpec® (Alphapharm: AU)
Apo-Verap® (Apotex: CA)
Azupamil® (Azupharma: DE)
Bosoptin® (Bosnalijek: BA)
Calan® (Pfizer: US)
Calaptin® (Nicholas: IN)
Calcicard® (Pharma Dynamics: ZA)
Cardinorm® (New Research: IT)
Cardiolen® (Sanitas: CL)
Cardioprotect® (BC: DE)
Cardiover® (Landson: ID)
Caveril® (Remedica: BH, CY, JO, OM, SD, TH, YE)
Chinopamil R® (Pannonpharma: HU)
Cloridrato de Verapamil® (Abbott: BR)
Cloridrato de Verapamil® (Hexal: BR)
Cloridrato de Verapamil® (Teuto: BR)
Cordamil® (Helcor: RO)
Cordilox® (Abbott: AU)
Cordilox® (Teva: GB)
Cordilox® [vet.] (Ivax: GB)
Corpamil® (Bernofarm: ID)
Covera-HS® (Pfizer: CA, US)
Cronovera® (Pharmacia: BR)
Dilacoran® (Abbott: MX)
Dilacoron® (Abbott: BR)
durasoptin® (Merck dura: DE)
Falicard® (AWD Pharma: RO)
Falicard® (AWD.pharma: DE)
Fibrocard® (Medsan: TR)
Finoptin® (Orion: RU)
Flamon® (Mepha: CH)
Geangin® (GEA: DK, IS)
Geangin® (Hexal: NL)
Gen-Verapamil® (Genpharm: CA)
Half Securon SR® (Abbott: GB)
Hexasoptin® (Sandoz: DK)
Ikacor® (Teva: IL)
Ikapress® (Teva: IL)
Isopamil® (GDH: TH)
Isoptin retard® (Abbott: AT, CH, IS, NO)

Isoptin SR® (Abbott: AU, CN, CZ, HU, ID, IE, PE, RU, TH, ZA)
Isoptin SR® (Knoll: CR, DO, GT, HN, NI, PA, SV)
Isoptina® (Abbott: CL)
Isoptine® (Abbott: BE, FR)
Isoptino® (Abbott: AR)
Isoptin® (Abbott: AT, AT, AU, CA, CH, CO, CZ, DE, DK, FI, HK, HU, IE, IT, LU, NL, NO, NZ, PE, PH, PL, PT, RO, RU, SE, SG, TH, TR, US, ZA)
Isoptin® (Knoll: AE, BH, EG, HR, IR, JO, KW, LB, OM, QA, SA)
Isoptin® (Pliva: BA, HR)
Isoptin® (Tunggal: ID)
Isoptin® (Vianex: GR)
Izopamil® (Galenika: RS)
Jenapamil® (Jenapharm: DE)
Lekoptin® (Lek: BA, CZ, PL, SI)
Librapamil® (Librapharm: EC)
Lodixal® (Abbott: BE)
Manidon® (Abbott: ES)
Manidon® (Knoll: DE)
Novo-Veramil® (Novopharm: CA, PL)
Nu-Verap® (Nu-Pharm: CA)
Presocor® (Rider: CL)
Quasar® (Abbott: IT)
Ravamil SR® (Merck Generics: ZA)
Rolab-Verapamil HCl® (Sandoz: ZA)
Securon SR® (Abbott: GB)
Securon® (Abbott: GB)
Securon® (Knoll: DE)
Securon® [vet.] (Abbott: GB)
SPMC Verapamil HCl® (SPMC: LK)
Staveran® (Polpharma: PL)
Tarka® (Abbott: GB, SI)
Univer® (Cephalon: GB)
Vasomil® (Aspen: ZA)
Vera AbZ® (AbZ: DE)
vera von ct® (CT: DE)
Vera-Lich® (Winthrop: DE)
Verabeta® (betapharm: DE)
Veracal® (Incepta: BD)
Veracaps SR® (Sigma: AU)
Veracor® (Dexxon: IL)
Veragamma® (Wörwag Pharma: DE)
Verahexal® (Hexal: AU, CZ, DE, LU, ZA)
Verakard® (Nycomed: NO)
Veraloc® (Orion: DK, IS)
Veral® (Investi: AR)
Veramex retard® (Sanofi-Synthelabo: DE)
Veramex® (Sanofi-Synthelabo: DE)
Veramex® (Winthrop: DE)
Veramil® (Orion: IE)
Veramil® (Rangs: BD)
Veramil® (Themis: IN)
Veranorm® (Actavis: DE)
Verapabene® (Ratiopharm: AT)
Verapal® (Lafedar: AR)
Verapamil 1A Farma® (1A Farma: DK)
Verapamil 1A-Pharma® (1A Pharma: DE)
Verapamil Abbott® (Abbott: AT)
Verapamil AbZ® (AbZ: DE)
Verapamil acis® (acis: DE)
Verapamil AL® (Aliud: CZ, DE, HU, RO)
Verapamil Angenerico® (Angenerico: IT)
Verapamil Atid® (Dexcel: DE)
Verapamil A® (Apothecon: NL)
Verapamil Basics® (Basics: DE)
Verapamil Carino® (Carinopharm: DE)
Verapamil DOC® (DOC Generici: IT)
Verapamil HCl Alpharma® (Alpharma: NL)
Verapamil HCl CF® (Centrafarm: NL)
Verapamil HCl Dexcel® (Dexcel: NL)
Verapamil HCl Katwijk® (Katwijk: NL)
Verapamil HCl Merck® (Merck Generics: NL)
Verapamil HCl PCH® (Pharmachemie: NL)
Verapamil HCl Ratiopharm® (Ratiopharm: NL)
Verapamil HCl Sandoz® (Sandoz: NL)
Verapamil HCl® (Hexal: NL)
Verapamil Hennig® (Hennig: DE)
Verapamil Hexal® (Hexal: DK, IT)
Verapamil Hydrochloride® (American Regent: US)
Verapamil Hydrochloride® (Bedford: US)
Verapamil Hydrochloride® (Hospira: CA, US)
Verapamil Hydrochloride® (Major: US)
Verapamil Hydrochloride® (Mylan: US)
Verapamil Hydrochloride® (Teva: US)
Verapamil Hydrochloride® (UDL: US)
Verapamil Lindo® (Lindopharm: DE)
Verapamil Merck NM® (Merck NM: DK, SE)
Verapamil Merck® (Merck Generics: IT)
Verapamil NM Pharma® (Gerard: IS)
Verapamil PB® (Docpharm: DE)
Verapamil Pliva® (Pliva: IT)
Verapamil Ratiopharm® (ratiopharm: DE)
Verapamil Ratiopharm® (Ratiopharm: IT, PT)
Verapamil Ratio® (Ratio: DO)
Verapamil Sandoz® (Sandoz: DE)
Verapamil Slovakofarma® (Slovakofarma: CZ)
Verapamil Teva® (Teva: IT)
Verapamil Verla® (Verla: DE)
Verapamil Wolff® (Wolff: DE)
Verapamil-Teva® (Teva: DE)
Verapamilo Clorhidrato® (Biosano: CL)
Verapamilo Clorhidrato® (Sanderson: CL)
Verapamilo Lafedar® (Lafedar: AR)
Verapamilo MK® (Bonima: BZ, CR, DO, GT, HN, NI, PA, SV)
Verapamilo MK® (MK: CO)
Verapamilo® (Ecar: CO)
Verapamil® (Akrihin: RU)
Verapamil® (Alkaloid: RS)
Verapamil® (Alpharma: GB)
Verapamil® (Arena: RO)
Verapamil® (Balkanpharma: BG)
Verapamil® (Cristália: BR)
Verapamil® (Generics: GB)
Verapamil® (Hemofarm: RS)
Verapamil® (Hillcross: GB)
Verapamil® (Neo Quimica: BR)
Verapamil® (Orion: IE)
Verapamil® (Sanofi-Aventis: HU, RO)
Verapamil® (Shreya: RU)
Verapamil® (Slovakofarma: CZ)
Verapamil® (Srbolek: RS)
Verapamil® (Teva: GB)
Verapamil® (Zdravlje: RS)
Verapam® (Streuli: CH)
Verapin® (Berlin: TH)
Verapress MR® (Dexcel: GB)
Verapress SR® (Dexcel: IL)

Veraptin® (Boniscontro & Gazzone: IT)
Verap® (Rowex: IE)
Verasal® (TAD: DE)
Verastad® (Stada: AT)
Veratad® (Synthesis: CO, DO)
Veratril® (Heimdall: CO)
Verelan® (Wyeth: US)
Verisop® (Gerard: IE)
Vermine® (Pharmasant: TH)
Vermin® (Ratiopharm: FI)
Verogalid ER® (Ivax: CZ, HU, RO)
Veroptinstada® (Stadapharm: DE)
Veroptin® (Biokem: TR)
Verpamil® (Gry: DE)
Verpamil® (Orion: AE, BH, CZ, EG, FI, JO, KW, LB, OM, QA, YE)
Verpamil® (Pacific: NZ)
Vertab® (Trinity-Chiesi: GB)
Vérapamil Biogaran® (Biogaran: FR)
Vérapamil EG® (EG Labo: FR)
Vérapamil Ivax® (Ivax: FR)
Vérapamil Merck® (Merck Génériques: FR)
Vérapamil Sandoz® (Sandoz: FR)
Zolvera® (Rosemont: GB)

Verteporfin (Rec.INN)

L: Verteporfinum
D: Verteporfin
F: Verteporfine
S: Verteporfina

Photosensitizing agent
Antineoplastic agent

ATC: S01LA01
CAS-Nr.: 0129497-78-5 C_{41}-H_{42}-N_4-O_8 M_r 718.79

23H,25H-Benzo(b)porphine-9,13-dipropanoic acid, 18-ethenyl-4,4a-dihydro-3,4-bis(methoxycarbonyl)-4a,8,14,19-tetra- methyl-, monomethyl ester, trans- [USAN]

a mixture (50:50) of: (+/-)-trans-3,4-Dicarboxy-4,4a-dihydro-4a,8,14,19-tetramethyl-18-vinyl-23H,25H-benzo[b]porphine-9,13-dipropionic acid,3,4,9-trimethyl ester and (+/-)-trans-3,4-Dicarboxy-4,4a-dihydro-4a,8,14,19-tetramethyl-18-vinyl-23H,25H-benzo[b]porphine-9,13-dipropionic acid [WHO]

3H,25H-Benzo(b)porphine-9,13-dipropanoic acid, 18-ethenyl-4,4a-dihydro-3,4-bis(methoxycarbonyl)-4a,8,14,19-tetra- methyl-, monomethyl ester, trans-

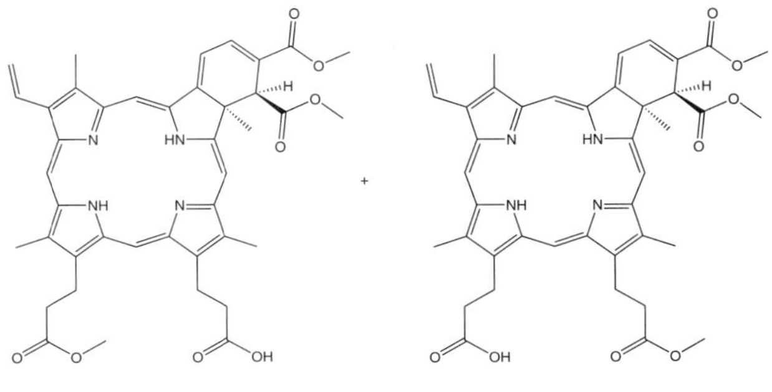

OS: *Verteporfin [BAN, USAN]*
IS: *BPD*
IS: *BPD-MA*
IS: *CL 318952 (CDN)*
IS: *FF 18*
PH: Verteporfin [USP 30]

Visudyne® (Novartis: AR, AU, BE, CA, CH, CL, CN, CZ, DE, DK, ES, FI, FR, GB, HK, ID, IS, LU, MY, NL, NO, NZ, PL, PT, RO, RU, SI, TH, TR, US, ZA)
Visudyne® (Novartis Consumer Health: HR)
Visudyne® (Novartis Ophthalmics: AT, CO, HU, IL, LK, PE, SE, SG)
Visudyne® (Novartis Ophthalmics-GB: IT)
Visudyne® (QLT: US)

Vesnarinone (Rec.INN)

L: Vesnarinonum
D: Vesnarinon
F: Vesnarinone
S: Vesnarinona

Cardiac stimulant, cardiotonic agent
Coronary vasodilator

CAS-Nr.: 0081840-15-5 C_{22}-H_{25}-N_3-O_4 M_r 395.472

Piperazine, 1-(3,4-dimethoxybenzoyl)-4-(1,2,3,4-tetrahydro-2-oxo-6-quinolinyl)-

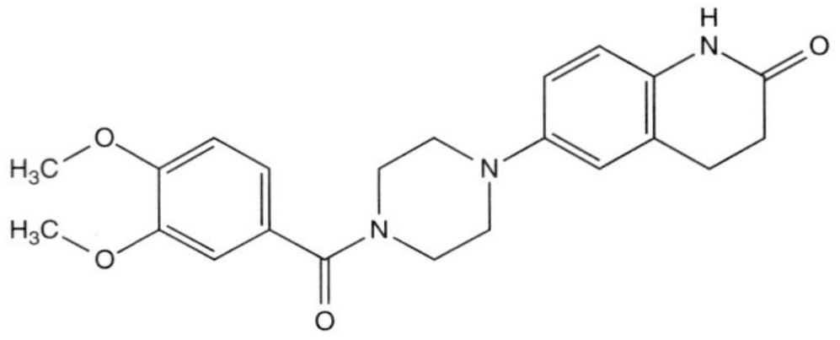

OS: *Vesnarinone [JAN, USAN]*
IS: *OPC 8212 (Otsuka, Japan)*

Arkin-Z® (Otsuka: JP)

Vetrabutine (Rec.INN)

L: Vetrabutinum
D: Vetrabutin
F: Vétrabutine
S: Vetrabutina

Uterorelaxant

CAS-Nr.: 0003735-45-3 C_{20}-H_{27}-N-O_2 M_r 313.446

Benzenebutanamine, α-(3,4-dimethoxyphenyl)-N,N-dimethyl-

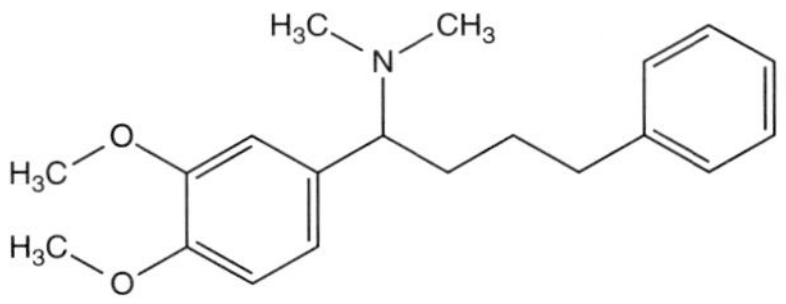

OS: *Vetrabutine [BAN]*
IS: *Revatrine*
IS: *Dimophebumine*
IS: *Refatrin*
IS: *SP 281*

Monzal® [vet.] (Boehringer Ingelheim Santé Animale: FR)

- **hydrochloride:**

CAS-Nr.: 0005974-09-4
OS: *Vetrabutine Hydrochloride BANM*

Monzaldon® [vet.] (Boehringer Ingelheim: IE)
Monzaldon® [vet.] (Boehringer Ingelheim Vetmedica: GB)
Monzal® [vet.] (Boehringer Ingelheim: AT, IT)
Monzal® [vet.] (Boehrvet: DE)

Vidarabine (Rec.INN)

L: Vidarabinum
D: Vidarabin
F: Vidarabine
S: Vidarabina

Antiviral agent

ATC: J05AB03,S01AD06
CAS-Nr.: 0005536-17-4 C_{10}-H_{13}-N_{5}-O_{4}
M_r 267.264

9H-Purin-6-amine, 9-β-D-arabinofuranosyl-

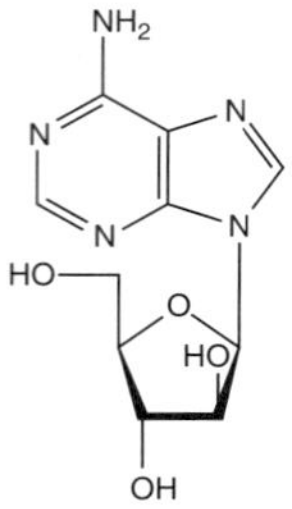

OS: *Vidarabine [BAN, DCF, JAN]*
IS: *Ara-A*
IS: *CI 673 (Parke Davis, USA)*
PH: Vidarabine [USP 30]

Arasena-A® (Mochida: JP)
Tekarin® (Med-One: GR)
Vira-A® [unguent.] (Monarch: US)
Vireprin® (Kleva: GR)

Vigabatrin (Rec.INN)

L: Vigabatrinum
D: Vigabatrin
F: Vigabatrine
S: Vigabatrina

Antiepileptic

ATC: N03AG04
CAS-Nr.: 0060643-86-9 C_{6}-H_{11}-N-O_{2}
M_r 129.164

5-Hexenoic acid, 4-amino-

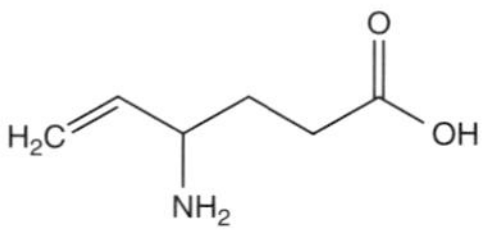

OS: *Vigabatrin [BAN, USAN]*
OS: *Vigabatrine [DCF]*
IS: *MDL 71754 (Merrell Dow, USA)*
IS: *RMI 71754 (Merrell, France)*
IS: *λ-Vinyl-GABA*
PH: Vigabatrin [BP 2002]

Sabrilan® (Agis: IL)
Sabrilex® (Aventis: DK, ES, IS, NO)
Sabrilex® (Euro: NL)
Sabrilex® (Sanofi-Aventis: FI, SE)
Sabril® (Aventis: AT, AU, BR, CO, CZ, GR, IE, IT, LU, NZ, PE, SI, ZA)
Sabril® (Aventis Pharma: ID)
Sabril® (Eurim: AT)
Sabril® (Marion Merrell: PL)
Sabril® (Paranova: AT)
Sabril® (Sandoz: MX)
Sabril® (Sanofi-Aventis: AR, BE, CH, CL, DE, FR, GB, HK, HU, NL, PT, SG, TR)

Vildagliptin (Rec.INN)

L: Vildagliptinum
D: Vildagliptin
F: Vildagliptine
S: Vildagliptina

Antidiabetic agent

CAS-Nr.: 0274901-16-5 C_{17}-H_{25}-N_{3}-O_{2}
M_r 303.4

(2S)-{[(3-hydroxyadamantan-1-yl)amino]acetyl}pyrrolidine-2-carbonitrile (WHO)

(S)-{[(3-hydroxyadamantan-1-yl)amino]acetyl}pyrrolidin-2-carbonitril (IUPAC)

2-Pyrrolidinecarbonitrile, 1-(((3-hydroxytricyclo(3.3.1.13,7)dec-1-yl)amino)acetyl)-, (2S)-

(-)-(2S)-1-[[(3-Hydroxytricyclo[3.3.1.1^{3,7}]dec-1-yl)amino]acetyl]pyrrolidine-2-carbonitrile

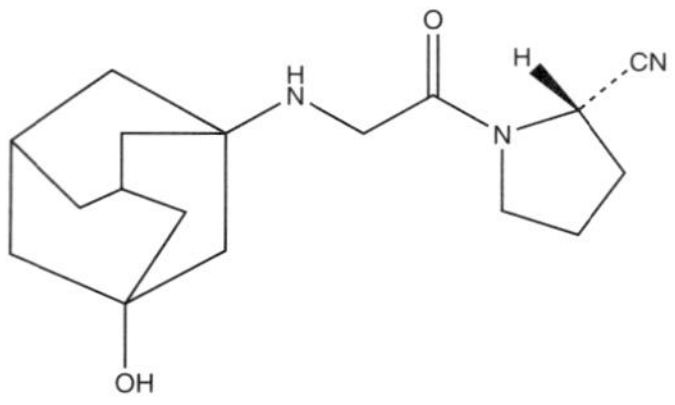

IS: *LAF-237*
IS: *NVP-LAF-237*
IS: *DPP-728*
IS: *DPP-728A*
IS: *NVP-DPP-728*

Galvus® (Novartis: US)

Viloxazine (Rec.INN)

L: **Viloxazinum**
I: **Viloxazina**
D: **Viloxazin**
F: **Viloxazine**
S: **Viloxazina**

Antidepressant

ATC: N06AX09
CAS-Nr.: 0046817-91-8 C_{13}-H_{19}-N-O_3
M_r 237.305

Morpholine, 2-[(2-ethoxyphenoxy)methyl]-

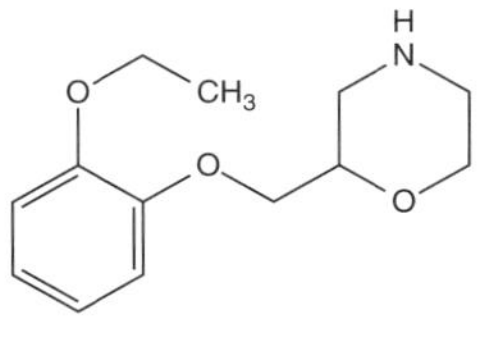

OS: *Viloxazine [BAN, DCF]*
OS: *Viloxazina [DCIT]*
IS: *ICI 58834*

– hydrochloride:

CAS-Nr.: 0035604-67-2
OS: *Viloxazine Hydrochloride BANM, USAN*
IS: *ICI 58834 (Zeneca, GB)*

Vivalan® (AstraZeneca: DE, FR)

Viminol (Rec.INN)

L: **Viminolum**
I: **Viminolo**
D: **Viminol**
F: **Viminol**
S: **Viminol**

Analgesic
Antipyretic

ATC: N02BG05
CAS-Nr.: 0021363-18-8 C_{21}-H_{31}-Cl-N_2-O
M_r 362.949

1H-Pyrrole-2-methanol, α-[[bis(1-methylpropyl)amino]methyl]-1-[(2-chlorophenyl)methyl]-

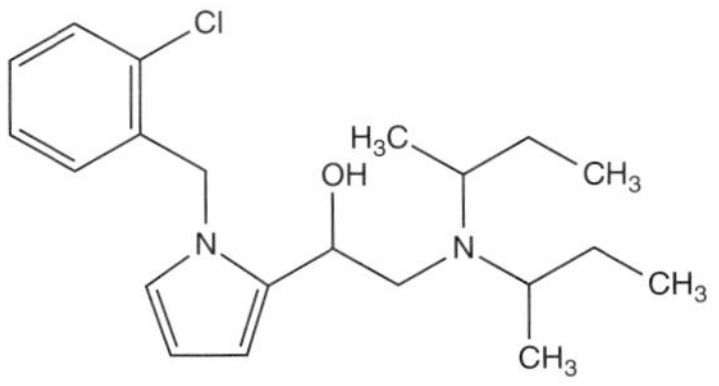

OS: *Viminolo [DCIT]*
IS: *Diviminol*
IS: *Z 424*

– 4-hydroxybenzoate:

CAS-Nr.: 0021466-60-4

Dividol® (Zambon: BR, IT)
Richdor® (Quimioterapica: BR)

Vinblastine (Rec.INN)

L: **Vinblastinum**
I: **Vinblastina**
D: **Vinblastin**
F: **Vinblastine**
S: **Vinblastina**

Antineoplastic, antimitotic

ATC: L01CA01
CAS-Nr.: 0000865-21-4 C_{46}-H_{58}-N_4-O_9
M_r 811.01

Vincaleukoblastine

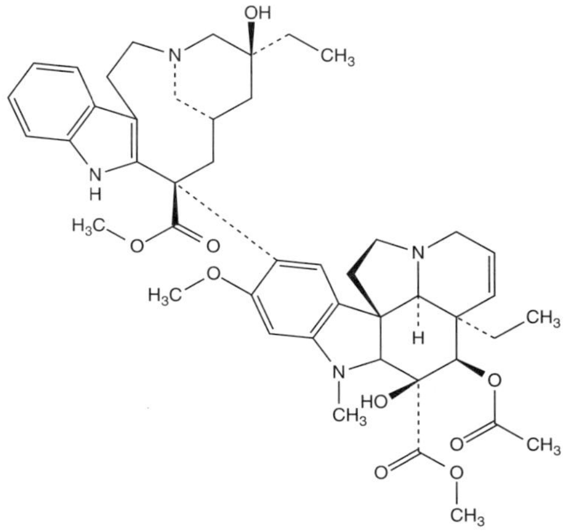

OS: *Vinblastine [BAN, DCF]*
OS: *Vinblastina [DCIT]*
IS: *Vincaleukoblastin*

Vinblastina® [sol.] (Pharmachemie: PE)

– sulfate:

CAS-Nr.: 0000143-67-9
OS: *Vinblastine Sulfate JAN, USAN*
OS: *Vinblastine Sulphate BANM*
IS: *LE-29060*
IS: *NSC 49842*
IS: *VLB*
IS: *Vincaleukoblastine Sulfate*
PH: Vinblastine Sulfate JP XIV, Ph. Int. 4, USP 30
PH: Vinblastini sulfas Ph. Eur. 5, Ph. Int. 4
PH: Vinblastine Sulphate Ph. Eur. 5
PH: Vinblastine (sulfate de) Ph. Eur. 5
PH: Vinblastinsulfat Ph. Eur. 5

Blastivin® (Pharmachemie: NL)
Blastovin® (Teva: AR, IL)
Cytoblastin® (Cipla: IN, VN)
DBL Vinblastine® (Faulding/DBL: TH)
Exal® (Shionogi: JP)
Lemblastine® (Chile: CL)
Lemblastine® (Lemery: PE)
Solblastin® (Mayne: PT)
Velban® (Lilly: BR, US)
Velbe® (Crinos: IT)
Velbe® (Eurogenerics: BE, LU)
Velbe® (Lilly: AT, AU, CA, CZ, DK, ET, GR, IL, KE, NG, PE, RO, RS, TZ, UG)
Velbe® (PharmaCoDane: NO)
Velbe® (Stada: AT, NL, SE)
Velbe® (Teva: CH)

V

Velbe® [vet.] (Clonmel: IE)
Velbé® (EG Labo: FR)
Vinblasin® (Teva: BE)
Vinblastin Hexal® (Hexal: DE)
Vinblastin Richter® (Gedeon Richter: CZ, RU)
Vinblastin Richter® (Medline: TH)
Vinblastin Teva® (Teva: CZ)
Vinblastina Ciclum Farma® (Ciclum: ES)
Vinblastina Faulding® (Mayne: ES)
Vinblastina Filaxis® (Filaxis: AR)
Vinblastina Lemblastine® (World Pharma: PE)
Vinblastina Martian® (LKM: AR)
Vinblastina Mayne® (Mayne: ES)
Vinblastina® (Biotoscana: CL)
Vinblastina® (Lilly: ES)
Vinblastine Injection DBL® (Mayne: AU)
Vinblastine PCH® (Pharmachemie: ID, ZA)
Vinblastine Sulfate® (Abraxis: US)
Vinblastine Sulfate® (Bedford: US)
Vinblastine Sulfate® (Mayne: CA, SG)
Vinblastine Sulfate® (Novopharm: CA)
Vinblastine Sulfate® (Tempo: ID)
Vinblastine Sulphate DBL® (Mayne: HK)
Vinblastine Sulphate DBL® (Tempo: ID)
Vinblastine-Teva® (Teva: LU)
Vinblastinesulfaat-TEVA® (Teva: NL)
Vinblastine® (Mayne: GB, IE, NZ)
Vinblastinsulfat-Gry® (Gry: DE)
Vinblastin® (Gedeon Richter: HU, PL, RS, RU)
Vincristine-Richter® (Gedeon Richter: RU)
Xintoprost® (Richmond: AR)

Vinburnine (Rec.INN)

L: Vinburninum
I: Vinburnina
D: Vinburnin
F: Vinburnine
S: Vinburnina

⚕ Vasodilator, cerebral

ATC: C04AX17
CAS-Nr.: 0004880-88-0 C_{19}-H_{22}-N_2-O
M_r 294.405

Eburnamenine-14(15H)-one, (3α,16α)-

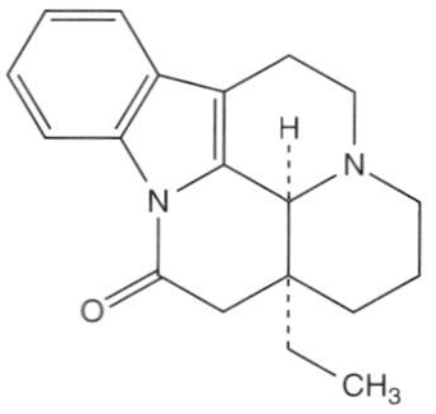

OS: *Vinburnine [DCF]*
OS: *Vinburnina [DCIT]*
IS: *Eburnamonine, l-*
IS: *Vincamone*
IS: *CH 846*

Cervoxan® (Almirall: FR)
Cervoxan® (Decomed: PT)
Cervoxan® (Mabo: ES)
Cervoxan® (Tedec Meiji: ES)

Vincamine (Rec.INN)

L: Vincaminum
I: Vincamina
D: Vincamin
F: Vincamine
S: Vincamina

⚕ Vasodilator, cerebral

ATC: C04AX07
CAS-Nr.: 0001617-90-9 C_{21}-H_{26}-N_2-O_3
M_r 354.459

Eburnamenine-14-carboxylic acid, 14,15-dihydro-14-hydroxy-, methyl ester, (3α,14β,16α)-

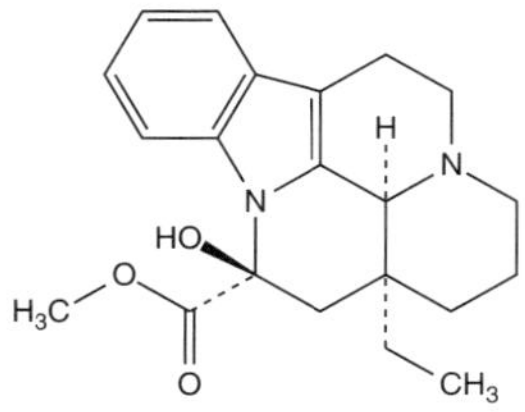

OS: *Vincamine [BAN, DCF]*
OS: *Vincamina [DCIT]*
PH: Vincamine [Ph. Franç. X]
PH: Vincamin [DAC]

Arteriovinca® (Angelini: PT)
Arteriovinca® (Farma Lepori: ES)
Arteriovinca® (Lepori: PT)
Cerebroxine® (Therabel: BE, LU)
Cervinca® (Basi: PT)
Cetal retard® (Parke Davis: DE)
Cetal retard® (Pfizer: AT)
Ophdilvas® (Mann: DE)
Oxybral® (GlaxoSmithKline: RO)
Oxygeron® (Drossapharm: CH)
Oxygeron® (Will: LU)
Tefavinca® (Bohm: ES)
Vinca-treis® (Ecobi: IT)
Vincagil® (Aventis: BR)
Vincamin Strallhofer® (Strallhofer: AT)
Vincamin-ratiopharm® (ratiopharm: DE, LU)
Vincamină® (Biofarm: RO)
Vinkhum® (Frasca: AR)

– hydrochloride:

CAS-Nr.: 0010592-03-7

Vadicate® (Inkeysa: ES)
Vinca-Ri® (Alfa Intes: IT)
Vincacen® (Centrum: ES)
Vincaminol® (Alacan: ES)

Vincristine (Rec.INN)

L: **Vincristinum**
I: **Vincristina**
D: **Vincristin**
F: **Vincristine**
S: **Vincristina**

Antineoplastic, antimitotic

ATC: L01CA02
CAS-Nr.: 0000057-22-7 — C_{46}-H_{56}-N_{4}-O_{10} M_r 824.994

Vincaleukoblastine, 22-oxo-

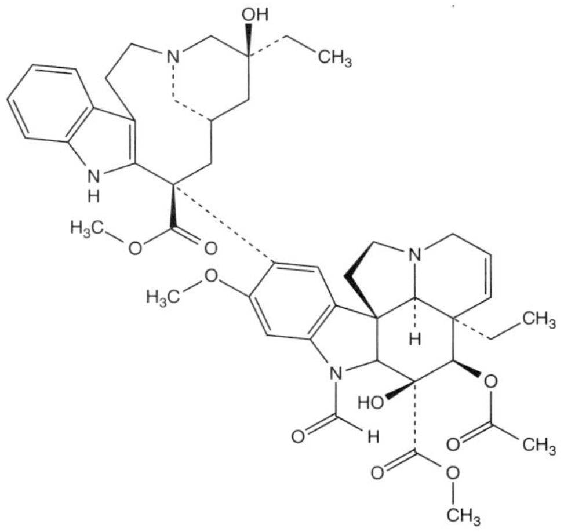

OS: *Vincristine [BAN, DCF]*
OS: *Vincristina [DCIT]*
IS: *Leurocristin*
IS: *22-Oxovincaleukoblastin*

Tecnocris® (Zodiac: BR)
Vincristina® (Baxter: CL)
Vincristina® (Kampar: CL)

– sulfate:

CAS-Nr.: 0002068-78-2
OS: *Vincristine Sulfate JAN, USAN*
OS: *Vincristine Sulphate BANM*
IS: *NSC 67574*
IS: *VCR*
IS: *L 37231*
PH: Vincristine Sulfate JP XIV, Ph. Int. 4, USP 30
PH: Vincristini sulfas Ph. Eur. 5, Ph. Int. 4
PH: Vincristine Sulphate Ph. Eur. 5
PH: Vincristinsulfat Ph. Eur. 5
PH: Vincristine (sulfate de) Ph. Eur. 5

Abic Vincristine® (Teva: ZA)
cellcristin® (cell pharm: DE)
Citomid® [inj.] (Chile: CL)
Citomid® [inj.] (Lemery: CZ, PE, RO)
Cytocristin® (Cipla: VN)
Cytosafe Vincristine® (Pfizer: ID)
DBL Vincristine® (Faulding/DBL: TH)
Farmistin® (Pharmacia: DE)
Krebin® (Kalbe: ID)
Neocristin® (GlaxoSmithKline: IN)
Oncocristin® (Koçak: TR)
Oncovin® (EG Labo: FR)
Oncovin® (Eurogenerics: BE, LU)
Oncovin® (Lek: SI)
Oncovin® (Lilly: AT, AU, BR, CA, CZ, DK, ET, GR, KE, NG, NL, PE, RS, TZ, UG, US, ZA)
Oncovin® (Sandoz: MX)
Oncovin® (Stada: AT, SE)
Oncovin® (Teva: CH)
Oncovin® [vet.] (Clonmel: IE)
Onkocristin® (Onkoworks: DE)
P&U Vincristine® (Pharmacia: ZA)
Sindovin® (Sindan: RO)
Vincasar® (Pharmacia: US)
Vinces® (Ivax: AR, PE)
Vincizina® (Pfizer: BR)
Vincrisin® (Teva: BE)
Vincristin Bristol® (Bristol-Myers Squibb: DE)
Vincristin Liquid Richter® (Gedeon Richter: CZ)
Vincristin Liquid® (cell pharm: DE)
Vincristin medac® (Medac: DE)
Vincristin Pfizer® (Pfizer: AT)
Vincristin Richter® (Gedeon Richter: VN)
Vincristin Richter® (Medline: TH)
Vincristin Teva® (Teva: CZ)
Vincristin-biosyn® (biosyn: DE)
Vincristina Citomid® (World Pharma: PE)
Vincristina Filaxis® (Filaxis: AR)
Vincristina Martian® (LKM: AR)
Vincristina Pharmacia® (Pharmacia: ES, IT)
Vincristina Sulfato® (Pfizer: CL)
Vincristina Sulfato® (Teva: AR)
Vincristina Teva® (Teva-NL: IT)
Vincristina® (Andromaco Gador: CL)
Vincristina® (Baxley: PE)
Vincristina® (Crinos: IT)
Vincristina® (Cristália: BR)
Vincristina® (Pfizer: PE)
Vincristina® (Pharmachemie: PE)
Vincristine Abic® (RX: TH)
Vincristine DBL® (DBL/Faulding: BD)
Vincristine DBL® (Orna: TR)
Vincristine Kalbe® (Kalbe: ID)
Vincristine Mayne® (Mayne: BE, DK, IS, NL, NO, SE)
Vincristine PCH® (Pharmachemie: MY)
Vincristine Pfizer® (Pfizer: CH, SG)
Vincristine Pharmachemie® (Chemipharm: GR)
Vincristine Pharmachemie® (Pacific: TH)
Vincristine Pharmachemie® (Pharmachemie: LK)
Vincristine Sulfate David Bull® (Gerolymatos: GR)
Vincristine Sulfate Injection® (Mayne: AU, NZ, US)
Vincristine Sulfate Injection® (Pharmacia: AU)
Vincristine Sulfate Injection® (Sicor: US)
Vincristine Sulfate® (Abbott: US)
Vincristine Sulfate® (Faulding: US)
Vincristine Sulfate® (Novopharm: CA)
Vincristine Sulphate DBL® (Mayne: SG)
Vincristine Sulphate DBL® (Tempo: ID)
Vincristine Sulphate® (Pfizer: PL, VN)
Vincristine-Mayne® (Mayne: LU)
Vincristine-Teva® (Med: TR)
Vincristine-Teva® (Teva: CZ, LU)
Vincristinesulfaat PCH® (Pharmachemie: NL)
Vincristinesulfaat-TEVA® (Teva: NL)
Vincristinesulfaat® (Pfizer: NL)
Vincristine® (Atafarm: TR)
Vincristine® (Mayne: GB, IE)
Vincristine® (Pfizer: HR, NO, RS)
Vincristine® (Pharmachemie: NL)

Vincristine® (Pharmacia: RS)
Vincristine® (Teva: IL)
Vincristinsulfat Hexal® (Hexal: DE)
Vincristinsulfat-GRY® (Gry: DE)
Vincristin® (Gedeon Richter: HU, PL, RS)
Vincrisul® (Ciclum: ES)

Vindesine (Rec.INN)

L: **Vindesinum**
I: **Vindesina**
D: **Vindesin**
F: **Vindésine**
S: **Vindesina**

Antineoplastic, antimitotic

ATC: L01CA03
CAS-Nr.: 0053643-48-4 C_{43}-H_{55}-N_5-O_7
M_r 753.963

Vincaleukoblastine, 3-(aminocarbonyl)-O4-deacetyl-3-de(methoxycarbonyl)-

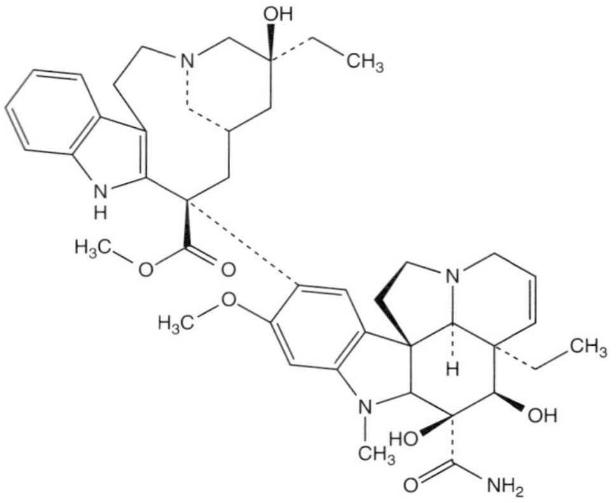

OS: *Vindesine [BAN, DCF, USAN]*
OS: *Vindesina [DCIT]*
IS: *Compound 112531 (Lilly, USA)*

– sulfate:

CAS-Nr.: 0059917-39-4
OS: *Vindesine Sulfate JAN, USAN*
IS: *VDS*
IS: *LY 099094 (Lilly, USA)*
PH: Vindesini sulfas Ph. Eur. 5
PH: Vindésine (sulfate de) Ph. Eur. 5
PH: Vindesinsulfat Ph. Eur. 5
PH: Vindesine Sulphate Ph. Eur. 5

Eldisine® (Aspen: AU)
Eldisine® (cell pharm: DE)
Eldisine® (Crinos: IT)
Eldisine® (EG Labo: FR)
Eldisine® (Eurogenerics: BE, LU)
Eldisine® (Lilly: CA, ET, IE, KE, NG, TZ, UG, ZA)
Eldisine® (Stada: NL, SE)
Eldisine® (Teva: CH)
Eldisin® (Stada: AT)
Enison® (Lilly: ES)
Fildesin® (Shionogi: JP)
Gesidine® (Lilly: GR)
Xi Ai Ke® (Minsheng: CN)

Vinorelbine (Rec.INN)

L: **Vinorelbinum**
I: **Vinorelbina**
D: **Vinorelbin**
F: **Vinorelbine**
S: **Vinorelbina**

Antineoplastic, antimitotic

ATC: L01CA04
CAS-Nr.: 0071486-22-1 C_{45}-H_{54}-N_4-O_8
M_r 778.967

3',4'-Didehydro-4'-deoxy-8'-norvincaleukoblastine

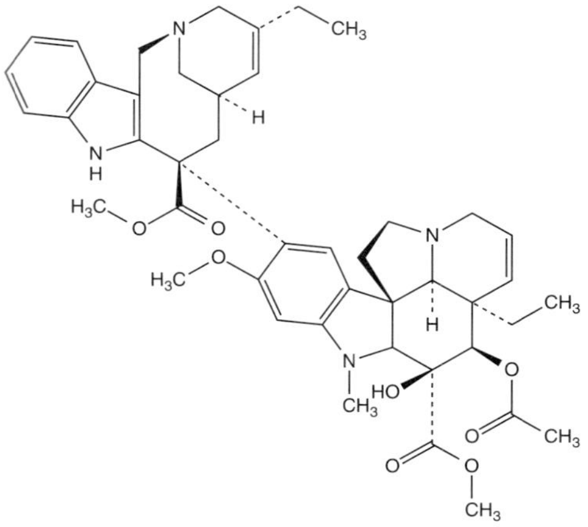

OS: *Vinorelbine [BAN, DCF]*
IS: *5'-Noranhydrovinblastine*
IS: *KW 2307*
PH: Vinorelbine [USP 28]

Maverex® (Verofarm: RU)
Navelbine® [inj.] (Baxter: TH)
Navelbine® [inj.] (PF: LU)
Navelbine® [inj.] (Pierre Fabre: DE, ES, IL, PL, RO, SG)
Navelbine® [inj.] (Transfarma: ID)
Vilbine® [inj.] (Richmond: PE)
Vilne® (Dosa: AR)
Vinelbine® (Dabur: IN, TH)
Vinorelbin Sindan® (Sindan: RO)
Vinorelbina® (Biocrom: PE)
Vinorelbine Biocrom® (Biocrom: AR)

– tartrate:

CAS-Nr.: 0125317-39-7
OS: *Vinorelbine Tartrate BANM, USAN*
IS: *Vinorelbin bitartrate*
IS: *Didehydrodeoxynorvincaleukoblastine*
PH: Vinorelbine tartrate Ph. Eur. 5, USP 30
PH: Vinorelbini tartras Ph. Eur. 5

Bagovir® (Armstrong: MX)
Dabur Vinorelbine® (Dabur: PH)
Eberelbin® (Ebewe: AT)
Filcrin® (Filaxis: AR)
Min Nuo Bin® (Minsheng: CN)
Navelbine® [tabl., inj.] (ASTA Medica: BR)
Navelbine® [tabl., inj.] (Baxter: CL, PH, TH)
Navelbine® [tabl., inj.] (Boehringer Ingelheim: AT)
Navelbine® [tabl., inj.] (GlaxoSmithKline: AG, AN, AW, BB, GD, GY, JM, LC, TT, US, VC)

Navelbine® [tabl., inj.] (Pierre Fabre: AR, AU, BE, CA, CN, CZ, DE, DK, FI, FR, GB, GR, IS, IT, NL, NO, PL, RO, RU, SE, TR, VN)
Navelbine® [tabl., inj.] (Pierre-Fabre: MX)
Navelbine® [tabl., inj.] (Robapharm: CH)
Navelbine® [tabl., inj.] (Tema: ZA)
Navelbin® (Pierre Fabre: HU)
Navildez® (Cryopharma: MX)
Navirel® (Medac: DE, DK, FI, NL, NO)
Navirel® (medac: PL)
Navirel® (Medac: SE)
Neocitec® (Novartis: BR)
Neocitec® (Sandoz: AR)
Norelbin® (Eurofarma: BR)
Sulcoline® (Teva: AR)
Vinarine® (LKM: AR)
Vinorelbin Ebewe® (Alliance: PL)
Vinorelbin Ebewe® (Ebewe: SI)
Vinorelbin Ebewe® (Nycomed: CH)
Vinorelbin Mayne® (Mayne: DE, NO)
Vinorelbin Mimer® (Mayne: SE)
Vinorelbin NC® (Neocorp: DE)
Vinorelbina Varifarma® (Varifarma: AR)
Vinorelbina® (Kampar: CL)
Vinorelbine Ebewe® (InterPharma: NZ)
Vinorelbine Tartrate® (American Pharmaceutical: US)
Vinorelbine Tartrate® (Baxter: US)
Vinorelbine Tartrate® (Bedford: US)
Vinorelbine Tartrate® (Mayne: AU, CA, US)
Vinorelbine Tartrate® (Sicor: US)
Vinorelbine® (Delta Farma: AR)
Vinorelbine® (Mayne: HK)
Vinorelbine® (Wockhardt: GB)
Vinorgen® (Bioprofarma: AR)

Vinpocetine (Rec.INN)

L: Vinpocetinum
D: Vinpocetin
F: Vinpocétine
S: Vinpocetina

Vasodilator, cerebral

ATC: N06BX18
CAS-Nr.: 0042971-09-5 C_{22}-H_{26}-N_2-O_2
M_r 350.47

Eburnamenine-14-carboxylic acid, ethyl ester, (3α,16α)-

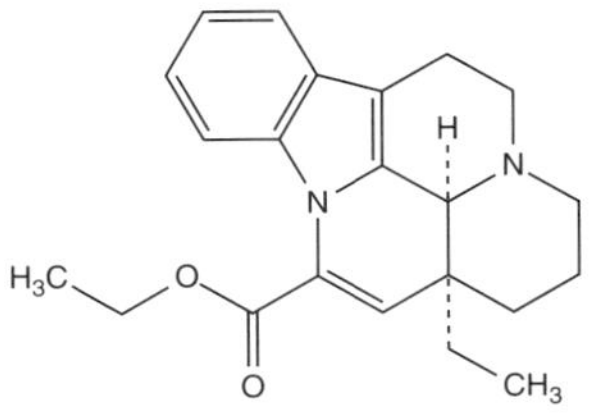

OS: *Vinpocetine [JAN, USAN]*
IS: *Ethyl Apovincaminate*
IS: *RGH-4405*
IS: *TCV-3B*
IS: *AX 27255 (Gedeon Richter)*

Camiton® (Drug International: BD)
Cavinton® (Biosaúde: PT)
Cavinton® (Gedeon Richter: BD, CZ, EG, GE, HU, PL, RO, RS, RU, SG, SY, TH, VN)
Cavinton® (Kwizda: AT)
Cavinton® (Medimpex: BB, JM, TT)
Caviton® (Opsonin: BD)
Cereton® (General Pharma: BD)
Cerivin® (Beximco: BD)
Telectol® (Obolenskoe: RU)
Ultra-Vinca® (Tecnimede: PT)
Vicebrol® (Biofarm: PL)
Vicog® (Marjan: BR)
Vimpocetin® (VIM Spectrum: RO)
Vincet® (Eskayef: BD)
Vinpocetin Covex® (Covex: HU)
Vinpocetin Covex® (Teva: CZ)
Vinpocetin Enzypharm® (Enzypharm: AT)
Vinpocetin-Richter® (Gedeon Richter: CZ)
Vinpocetina Covex® (Covex: ES)
Vinpocetine-Akri® (Akrihin: RU)
Vinpocetine® (Biopharm: RU)
Vinpocetine® (Boehringer Ingelheim: CZ)
Vinpocetine® (Canonpharma: RU)
Vinpocetine® (Covex: RU)
Vinpocetine® (Espefa: PL)
Vinpocetine® (Shreya: RU)
Vinpocetin® (Laropharm: RO)
Vinpoton® (Polfa Grodzisk: PL)
Vinton® (Aristopharma: BD)
Vipocem® (Alter: PT)

Virginiamycin (Rec.INN)

L: Virginiamycinum
D: Virginiamycin
F: Virginiamycine
S: Virginiamicina

Antibiotic

ATC: D06AX10
CAS-Nr.: 0011006-76-1

Antibiotic produced by *Streptomyces virginiae*; a mixture of two principal antibiotic components virginiamycin M_1 and virginiamycin S_1

OS: *Virginiamycin [BAN, USAN]*
OS: *Virginiamycine [DCF]*
IS: *Virgimycine*
IS: *E 711*
IS: *Staphylomycin*

Eskalin® [vet.] (Phibro: AU)
Founderguard® [vet.] (Bomac: NZ)
Founderguard® [vet.] (Virbac: ZA)

V

Voglibose (Rec.INN)

L: Voglibosum
D: Voglibose
F: Voglibose
S: Voglibosa

Antidiabetic agent

CAS-Nr.: 0083480-29-9 C_{10}-H_{21}-N-O_7
M_r 267.288

3,4-Dideoxy-4-[[2-hydroxy-1-(hydroxymethyl)ethyl]amino]-2-C-(hydroxymethyl)-D-epiinositol

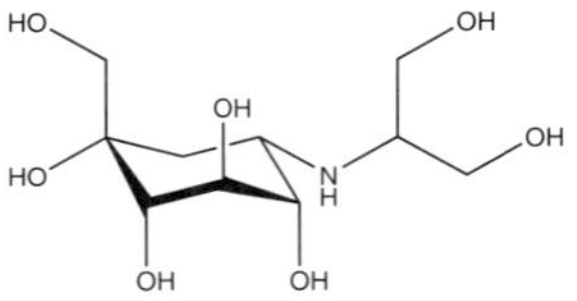

OS: *Voglibose [USAN]*
IS: *AO 128 (Takeda, Japan)*
IS: *Glustat*
IS: *A 71100*

Basen® (Takeda: JP, PH, TH)

Von Willebrand Factor

D: von Willebrand Faktor
F: Facteur Willebrand

- Anticoagulant
- Hemostatic agent

ATC: B02BD06
ATCvet: QB02BD06
IS: *Ristocetin Cofactor Activity (RCA)*
IS: *RCA*
IS: *Factor VIII associated antigen*
IS: *vWf*
PH: Human von Willebrand factor [Ph. Eur. 5]

Facteur Von Willebrandt® (L.F.B.: LU)
Fandhi® (Grifols: CL)
Wilfactin® (Er-Kim: TR)
Wilfactin® (Lab Français du Fractionnement: FR)
Wilfactin® (Sanquin: FI)

Voriconazole (Rec.INN)

L: Voriconazolum
D: Voriconazol
F: Voriconazole
S: Voriconazol

- Antifungal agent

ATC: J02AC03
CAS-Nr.: 0137234-62-9 C_{16}-H_{14}-F_3-N_5-O
M_r 349.31

(alphaR,betaS)-alpha-(2,4-Difluorophenyl)-5-fluoro-beta-methyl-alpha-(1H-1,2,4-triazol-1-ylmethyl)-4-pyrimidineethanol [WHO]

(2R,3S)-2-(2,4-Difluorphenyl)-3-(5-fluorpyrimidin-4-yl)-1-(1H-1,2,4-triazol-1-yl)butan-2-ol [BAN]

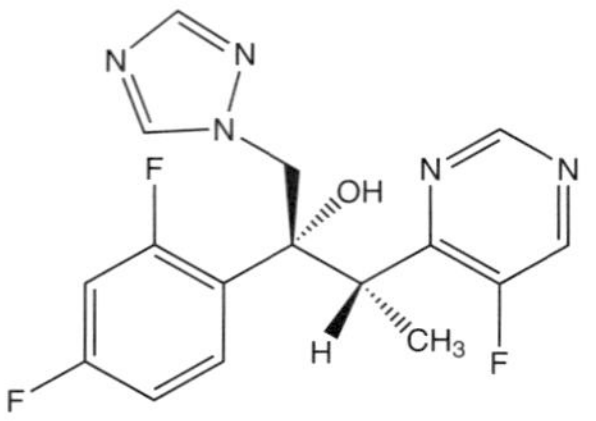

OS: *Voriconazole [BAN]*
IS: *UK 109496*
IS: *DRG 0301*

Vfend® (Pfizer: AR, AT, BE, BR, BZ, CA, CH, CL, CN, CR, CZ, DE, DK, ES, FI, FR, GB, GE, GR, GT, HK, HN, HU, ID, IE, IL, IN, IS, IT, LU, MX, MY, NI, NL, NO, NZ, PA, PE, PL, PT, RO, RS, RU, SE, SG, SI, SV, TH, TR, US, ZA)

Vorinostat (Prop.INN)

L: Vorinostatum
D: Vorinostat
F: Vorinostat
S: Vorinostat

- Antineoplastic agent
- Cytostatic agent, cytostaticum
- Antiinflammatory agent
- Enzyme inhibitor

CAS-Nr.: 0149647-78-9 C_{14}-H_{20}-N_2-O_3
M_r 264.32

N-hydroxy-*N'*-phenyloctanediamide (WHO)

Octandisäure hydroxyamid phenylamid (IUPAC)

Suberoylanilide hydroxamic acid

Octanediamide, N-hydroxy-N'-phenyl-

Korksäure-anilid-Hydroxamsäure

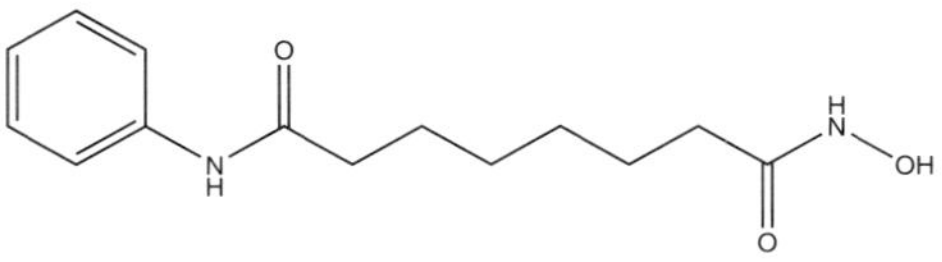

IS: *MK-0683 (Merck, US)*
IS: *SAHA*
IS: *SAHA cpd*
IS: *CCRIS 8456*

Zolinza® (Merck: US)

Warfarin (Rec.INN)

L: Warfarinum
I: Warfarin
D: Warfarin
F: Warfarine
S: Warfarina

⚕ Anticoagulant, vitamin K antagonist

ATC: B01AA03
CAS-Nr.: 0000081-81-2 C_{19}-H_{16}-O_4
M_r 308.337

2H-1-Benzopyran-2-one, 4-hydroxy-3-(3-oxo-1-phenylbutyl)-

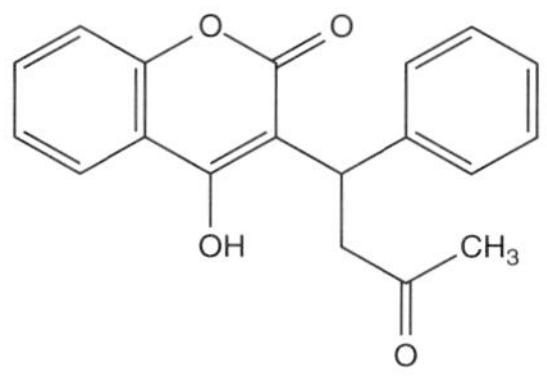

OS: *Warfarin [BAN, DCIT]*
OS: *Warfarine [DCF]*

Choice® (Amex: PE)
Kovar® (Actavis: IS)
Maforan® (Sriprasit: TH)
Warfarex® (Grindex: RU)

– potassium salt:

CAS-Nr.: 0002610-86-8
IS: *Antrombin K*
IS: *Athrombin-K*
IS: *Warfarin K*
PH: Warfarin Potassium JP XIV, USP XXI

Warfarin Eisai® (Eisai: ID)
Warfarin® (Eisai: JP)

– sodium salt:

CAS-Nr.: 0000129-06-6
OS: *Warfarin Sodium BANM*
PH: Warfarin Sodium Ph. Eur. 5, Ph. Int. 4, USP 30
PH: Warfarine sodique Ph. Eur. 5
PH: Warfarinum natricum Ph. Eur. 5, Ph. Int. 4
PH: Warfarin-Natrium Ph. Eur. 5

Aldocumar® (Aldo Union: ES)
Apo-Warfarin® (Apotex: CA)
Befarin® (Berlin: TH)
Circuvit® (Ariston: AR)
Coumadine® (Bristol-Myers Squibb: FR, MY)
Coumadin® (Aventis: EC, PE)
Coumadin® (Boots: PH)
Coumadin® (Bristol-Myers Squibb: AR, CA, CL, CO, DE, IT, SG, US)
Coumadin® (Eczacibasi: TR)
Coumadin® (Healthcare Logistics: NZ)
Coumadin® (Sigma: AU)
Coumadin® (Taro: IL)
Farevan® (Gaco: BD)
Farin® (Galenika: RS)
Gen-Warfarin® (Genpharm: CA)
Jantoven® (USL Pharma: US)
Lennon-Warfarin® (Aspen: ZA)
Marevan® (Fawns & McAllan: AU)
Marevan® (GlaxoSmithKline: BR, NZ, SG)
Marevan® (Goldshield: GB)
Marevan® (Nycomed: DK, NO)
Marevan® (Orion: FI)
Marevan® (Therabel: BE, LU)
Marivarin® (Krka: BA, HR, RS, SI)
Novo-Warfarin® (Novopharm: CA)
Orfarin® (Drogsan: TR)
Orfarin® (Harn Thai: TH)
Orfarin® (Orion: SG)
Panwarfin® (Abbott: GR)
Simarc® (Fahrenheit: ID)
Taro-Warfarin® (Taro: CA)
Tedicumar® (Estedi: ES)
Uniwarfin® (Unichem: IN)
Varfine® (Teofarma: PT)
Waran® (Nycomed: SE)
Warfant® (Antigen: IE)
Warfarin Norton® (Ivax: HK)
Warfarin Orion® (Orion: CZ)
Warfarin Sodium® (Barr: US)
Warfarin Sodium® (Genpharm: US)
Warfarin Sodium® (Sandoz: US)
Warfarin Sodium® (Taro: US)
Warfarina Sodica® (Monsanti: PE)
Warfarina Sodica® (Ophalac: CO)
Warfarina® (Carrion: PE)
Warfarina® (Lusa: PE)
Warfarin® (Alpharma: GB)
Warfarin® (Boehringer Ingelheim: IE)
Warfarin® (Eisai: JP)
Warfarin® (Hillcross: GB)
Warfarin® (Nycomed: GE, RU)
Warfarin® (Teva: GB)
Warfar® (Bioquifar: CO)
Warfil® (Dr. Collado: DO)
Warin® (Incepta: BD)

– clathrate sodium salt:

OS: *Warfarin Sodium Clathrate BANM*
PH: Warfarin Sodium Clathrate Ph. Eur. 5
PH: Warfarinum natricum clathratum Ph. Eur. 5
PH: Warfarine sodique clahrate Ph. Eur. 5
PH: Warfarin-Natrium-Clathrat Ph. Eur. 5

Lawarin® (Pliva: CZ)
Lennon - Warfarin® (Aspen: ZA)
Marfarin® (Merck: HU)
Warfarin® (Zentiva: CZ)

W

Xantinol Nicotinate (Rec.INN)

L: Xantinoli Nicotinas
I: Xantinolo nicotinato
D: Xantinol nicotinat
F: Nicotinate de Xantinol
S: Nicotinato de xantinol

Vasodilator

ATC: C04AD02
CAS-Nr.: 0000437-74-1 C_{19}-H_{26}-N_6-O_6
M_r 434.477

3-Pyridinecarboxylic acid, compd. with 3,7-dihydro-7-[2-hydroxy-3-[(2-hydroxyethyl)methylamino]propyl]-1,3-dimethyl-1H-purine-2,6-dione (1:1)

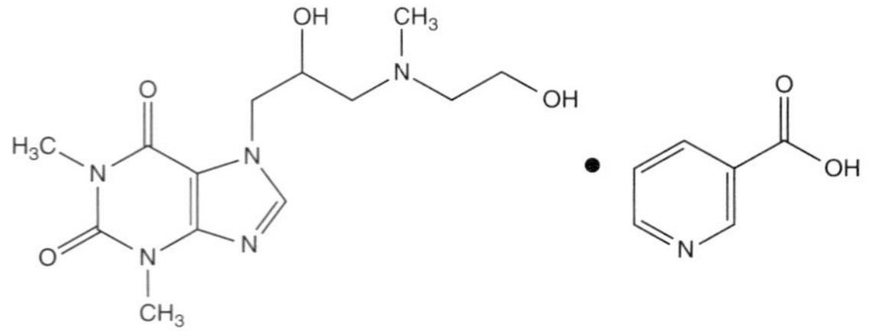

OS: *Xanthinol Niacinate [USAN]*
OS: *Xantinol Nicotinate [BAN]*
OS: *Xantinol (nicotinate de) [DCF]*
OS: *Xantinolo nicotinato [DCIT]*
IS: *SK 331 A*
PH: Xanthinolium nicotinicum [PhBs IV]
PH: Xantinolum nicotinicum [2.AB-DDR]

Complamina® (German Remedies: IN)
Complamin® (Doetsch Grether: CH)
Complamin® (GlaxoSmithKline: LU, NL)
Complamin® (Riemser: DE)
Complamin® (Sanofi-Aventis: IT)
Complamin® (SmithKline Beecham: AT)
Sadamin® (Pliva: PL, RO)
Xanidil® (Zentiva: CZ)
Xantinol-nicotinat-ratiopharm® (ratiopharm: DE)
Xavin® (ExtractumPharma: HU)

Xibornol (Rec.INN)

L: Xibornolum
I: Xibornolo
D: Xibornol
F: Xibornol
S: Xibornol

Antiinfective agent

ATC: J01XX02
CAS-Nr.: 0013741-18-9 C_{18}-H_{26}-O
M_r 258.406

Phenol, 4,5-dimethyl-2-(1,7,7-trimethylbicyclo[2.2.1]hept-2-yl)-, exo-

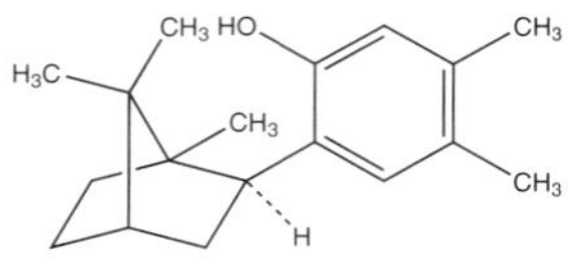

OS: *Xibornol [BAN, DCF]*
OS: *Xibornolo [DCIT]*
IS: *CP 34*

Bornilene® (Euphar: IT)
Nanbacine® (Pharmuka: LU)

Xipamide (Rec.INN)

L: Xipamidum
I: Xipamide
D: Xipamid
F: Xipamide
S: Xipamida

Diuretic

ATC: C03BA10
CAS-Nr.: 0014293-44-8 C_{15}-H_{15}-Cl-N_2-O_4-S
M_r 354.815

Benzamide, 5-(aminosulfonyl)-4-chloro-N-(2,6-dimethylphenyl)-2-hydroxy-

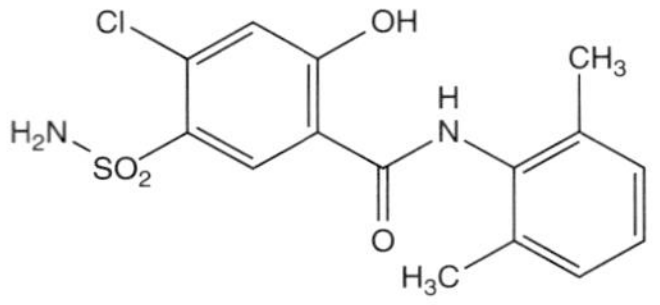

OS: *Xipamide [BAN, DCF, USAN]*
IS: *BEI 1293*
IS: *MJF 10938*

Aquaphoril® (Meda: AT)
Aquaphor® (Lilly: DE)
Aquex® (Gry: DE)
Diurexan® (Meda: GB)
Diurexan® (Viatris: PT)
Diurex® (Lacer: ES)
Hipotensin® (Peruano-Germano: PE)
Xipa TAD® (TAD: DE)
Xipa-ISIS® (Alpharma: DE)
Xipagamma® (Wörwag Pharma: DE)
Xipamid 1A Pharma® (1A Pharma: DE)
Xipamid AAA-Pharma® (AAA Pharma: DE)
Xipamid AbZ® (AbZ: DE)
Xipamid AL® (Aliud: DE)
Xipamid beta® (betapharm: DE)
Xipamid Heumann® (Heumann: DE)
Xipamid Hexal® (Hexal: DE)
Xipamid Sandoz® (Sandoz: DE)
Xipamid Stada® (Stada: DE)
Xipamid-CT® (CT: DE)
Xipamid-ratiopharm® (ratiopharm: DE)
Xipamid® (German Remedies: IN)
Xipamid® (Hexal: DE)

Xylazine (Rec.INN)

L: Xylazinum
D: Xylazin
F: Xylazine
S: Xilazina

Analgesic [vet.]
ATCvet: QN05CM92
CAS-Nr.: 0007361-61-7 C_{12}-H_{16}-N_2-S
M_r 220.34

4H-1,3-Thiazin-2-amine, N-(2,6-dimethylphenyl)-5,6-dihydro-

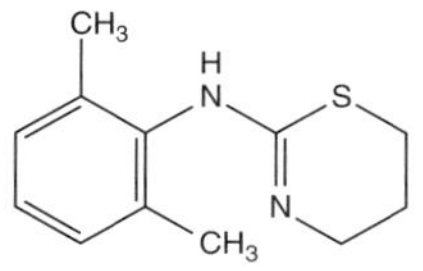

OS: *Xylazine [BAN]*
IS: *Bayer 1470*
PH: Xylazine [USP 30]

Anased® [vet.] (Lloyd: NZ, US)
Anased® [vet.] (Novartis: AU)
Chanazine®[vet.] (Agrovete: PT)
Chanazine®[vet.] (Bayer Animal Health: ZA)
Chanazine®[vet.] (Chanelle: GB, IE, NL)
Chanazine®[vet.] (Chanelle Pharmaceuticals: AT)
Chanazine®[vet.] (Sanofi-Synthelabo: BE)
Megaxilor® [vet.] (Bio98: IT)
Rompun® [vet.] (Bayer: BE, IE)
Rompun® [vet.] (Bayer Animal: NZ, PT)
Strickaxyl® [vet.] (Stricker: CH)
Vetaxilaze® [vet.] (Vetlima: PT)
Virbaxyl® [vet.] (Virbac: CH, GB)
X-Ject® (Vetus: US)
Xilor® [vet.] (Bio98: IT)
Xyla-Ject® (Phoenix: US)
Xylacare® [vet.] (Animalcare: GB)
Xylavet® [vet.] (Intervet: ZA)
Xylazine® [vet.] (Boehringer Ingelheim Vetmedica: US)
Xylazine® [vet.] (Butler: US)
Xylazine® [vet.] (Millpledge: GB)
Xylazine® [vet.] (Phoenix: NZ)
Xylazine® [vet.] (VetTek: US)
Xylazin® [vet.] (Animedic: DE)
Xylazin® [vet.] (Medistar: DE)

– hydrochloride:

CAS-Nr.: 0023076-35-9
OS: *Xylazine Hydrochloride BANM, USAN*
IS: *Bay Va 1470*
PH: Xylazine Hydrochloride USP 30
PH: Xylazine (chlorhydrate de) pour usage vétérinaire Ph. Eur. 5
PH: Xylazini hydrochloridum ad usum veterinarium Ph. Eur. 5
PH: Xylazinhydrochlorid für Tiere Ph. Eur. 5
PH: Xylazine Hydrochloride for Veterinary Use Ph. Eur. 5

A.A. Xyalzine P.I.® [vet.] (A.A.-Vet: NL)
Bomazine® [vet.] (Bomac: NZ)
Bomazine® [vet.] (Pharm Tech: AU)
Narcoxyl® [vet.] (Intervet: AT, FI, NO)
Narcoxyl® [vet.] (Veterinaria: CH)
Narcoxyl® [vet.] (VetPharma: SE)
Paxman® [vet.] (Virbac: FR)
Proxylaz® [vet.] (Veyx: DE)
Romazine® [vet.] (Jurox: AU)
Rompun® [vet.] (Bayer: AT, AU, BE, IT, NL, NO, SE, US)
Rompun® [vet.] (Bayer Animal: DE, NZ)
Rompun® [vet.] (Bayer Animal Health: GB, ZA)
Rompun® [vet.] (Bayer Sante Animale: FR)
Rompun® [vet.] (Orion: FI)
Rompun® [vet.] (Provet: CH)
Sedamun® [vet.] (Eurovet: NL)
Sedaxylan® [vet.] (Ceva: FR)
Sedaxylan® [vet.] (Eurovet: LU, NL, PT)
Sedaxylan® [vet.] (Lilly: IT)
Sedaxylan® [vet.] (WDT: DE)
Sedazine® [vet.] (A.S.T.: NL)
Thiazine®[vet.] (Nature Vet: AU)
Tranquived® (Vedco: US)
Vibraxyl® [vet.] (Virbac: IT)
Virbazine® [vet.] (Virbac: NZ)
Xyla-Sed® (Fort Dodge: AU)
Xylalin® [vet.] (Ceva: NL)
Xylapan® [vet.] (Vetochas: DE)
Xylapan® [vet.] (Vetoquinol: CH, GB)
Xylasan® [vet.] (Alfasan: NL)
Xylasel® [vet.] (Selecta: DE)
Xylasol® [vet.] (Gräub: CH)
Xylasol® [vet.] (Schoeller: AT)
Xylaze®[vet.] (Parnell: AU, NZ)
Xylazil® [vet.] (Ilium Veterinary Products: AU)
Xylazin Streuli® [vet.] (Streuli: CH)
Xylazine® [vet.] (CP: DE)
Xylazine® [vet.] (Dopharma: NL)
Xylazin® [vet.] (Albrecht: DE)
Xylazin® [vet.] (Alma: DE)
Xylazin® [vet.] (Alvetra: DE)
Xylazin® [vet.] (Ceva: DE)
Xylazin® [vet.] (Riemser Animal: DE)
Xylazin® [vet.] (Serumber: DE)

Xylene

D: Xylol

Ear-wax softening agent

CAS-Nr.: 0001330-20-7 C_8-H_{10}
M_r 106.168

Benzene, dimethyl-

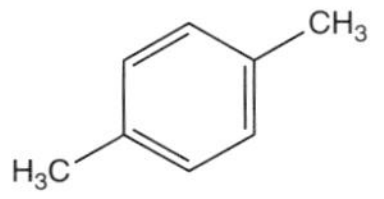

IS: *Xylol*
IS: *Dimethylbenzol*
PH: Xylolum [OeAB]
PH: Xylene [USP 30]

Cerulisina® (Bouty: IT)
Cerulyx® (Chauvin: BE, LU)
Cérulyse® (Chauvin: FR)
Logic Line Oreille® [vet.] (Sanofi-Synthelabo: BE)

X

Xylometazoline (Rec.INN)

L: Xylometazolinum
I: Xilometazolina
D: Xylometazolin
F: Xylométazoline
S: Xilometazolina

Vasoconstrictor ORL, local

ATC: R01AA07,R01AB06,S01GA03
CAS-Nr.: 0000526-36-3 C_{16}-H_{24}-N_2
M_r 244.388

1H-Imidazole, 2-[[4-(1,1-dimethylethyl)-2,6-dimethylphenyl]methyl]-4,5-dihydro-

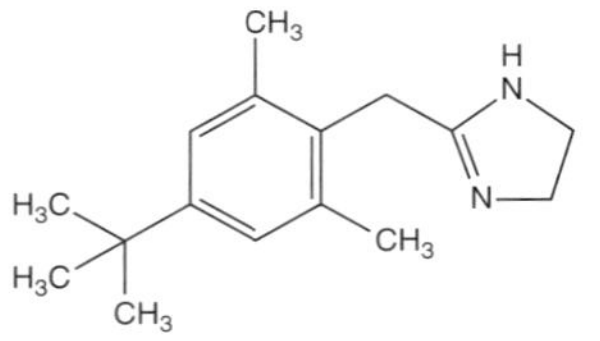

OS: *Xylometazoline [BAN]*
OS: *Xilometazolina [DCIT]*
IS: *Ba 11391*

Balminil® (Rougier: CA)
Bixtonim Xylo® (Biofarm: RO)
Grippostad Rhino® (Nizhpharm: RU)
Rhinoxylin® (Sopharma: BG)
Tyzine Xylo® (Pfizer: RU)

– hydrochloride:

CAS-Nr.: 0001218-35-5
OS: *Xylometazoline Hydrochloride BANM*
IS: *Novorin*
PH: Xylometazoline Hydrochloride Ph. Eur. 5, USP 30
PH: Xylometazolini hydrochloridum Ph. Eur. 5
PH: Xylometazolinhydrochlorid Ph. Eur. 5
PH: Xylométazoline (chlorhydrate de) Ph. Eur. 5

Amidrin® (Fardi: ES)
Antazol® (Square: BD)
Axea Nasenspray® (Axea: DE)
Balkis® (Dolorgiet: AE, BH, DE, EG, LU, OM, QA, SA, SD, YE)
Decongestant Nasal Spray® (Pan-Well: HK)
Dlianos® (Novartis: GE, RU)
espa-rhin® (esparma: DE)
Gelonasal® (Pohl: DE)
Halazolin® (Polfa Warshavskiy: RU)
Idasal® (Chefaro: ES)
Imidin® (Wernigerode: DE)
Kruidvat Neusdruppels® (Pharmethica: NL)
Kruidvat Neusspray® (Pharmethica: NL)
Mucorhinyl® (Sanofi-Synthelabo: NL)
Nasa Rhinathiol® (Sanofi-Aventis: BE)
Nasa Rhinathiol® (Sanofi-Synthelabo: LU)
Nasan® (Hexal: DE, LU)
Nasan® (Sandoz: HU)
Nasasinutab® (Pfizer: BE, LU)
Nasben® (Vifor: CH)
Nasengel AL® (Aliud: DE)
NasenGel ratiopharm® (ratiopharm: DE, LU)
Nasenspray AL® (Aliud: CZ, DE)
Nasenspray E Hexal® (Hexal: DE)
Nasenspray Sandoz® (Sandoz: DE)
Nasenspray-axcount® (Axcount: DE)
Nasenspray-CT® (CT: DE)
Nasenspray-Hemopharm® (Hemopharm: DE)
NasenSpray-ratiopharm® (ratiopharm: DE, LU)
Nasentropfen AL® (Aliud: CZ, DE)
Nasentropfen K Hexal® (Hexal: DE)
NasenTropfen ratiopharm® (ratiopharm: DE, LU)
Nasentropfen Stada® (Stada: DE)
Naso ratiopharm® (Ratiopharm: FI)
Nasobol Xylo® (Sanofi: CH)
Nasoferm® (Nordic Drugs: SE)
Nasolin® (Orion: FI)
Naso® (ratiopharm: NO)
Nastizol® (Bagó: AR)
Nazalet® (Stanley: IL)
Nazaren® (Weifa: NO)
Naze® (Yenisehir: TR)
Neo Rinoleina® (Sanofi-Aventis: IT)
Non-Drowsy Sudafed Decongestant® (Pfizer: GB)
Novin® (Gaco: BD)
Novorin® (Polfa Warszawa: HU)
Nuso-San® (Sandipro: BE)
Olynth® (Pfizer: CH, CZ, DE, RO, RS)
Otriven® (Novartis: DE)
Otrivin Anti-Rhinitis® (Novartis: BE)
Otrivin Menthol® (Novartis: IS, SE)
Otrivin Menthol® (Novartis Consumer Health: AT)
Otrivin Mentol® (Novartis Consumer Health: ES)
Otrivin Schnupfen® (Novartis Consumer Health: CH)
Otrivina® (Novartis: AR, BR, MX, PT)
Otrivine® (Novartis: LU, TR)
Otrivine® (Novartis Consumer Health: GB, IE)
Otrivin® (Novartis: AE, AG, AN, AU, AW, BB, BG, BH, BM, BS, CH, CZ, DK, ES, ET, FI, GD, GE, GH, GY, HK, HT, ID, IL, IN, IQ, IS, IT, JM, JO, KE, KW, KY, LB, LC, LK, LY, MT, MY, NG, NO, OM, QA, RU, SA, SD, SE, TH, TT, TZ, US, VC, YE, ZA, ZW)
Otrivin® (Novartis Consumer Health: AT, EG, HU, IT, NL, NZ, PL, VN)
Otrivin® (Novartis OTC: SG)
Passagen® (Sandoz: DK)
Rami Xylometazolinehydrochloride® (Chefaro: NL)
Rapako® (Truw: DE)
RatioSoft® (Ratiopharm: AT)
Rhinex® (Wernigerode: DE)
Rhinidine® (Pfizer: LU)
Rhino-stas® (Stada: BG, DE)
Rhinonorm® (Ratiopharm: RU)
Rhinostop® (IBSA: CH)
Rhinostop® (Masterlek: RU)
Rhinozol® (Acme: BD)
Rhinxyl® (Terapia: RO)
Rhyno-Far® (Farmoquimica: DO)
Rinizol Burun® (Biokem: TR)
Rinizol Pediatrik® (Biokem: TR)
Rinoblanco® (Alcon: ES)
Rinosedin® (Streuli: CH)
schnupfen endrine® (Asche: DE)
Sinutab Nasal Spray® (Pfizer: ZA)
Siozwo® (Febena: DE)
Snup® (Stada: DE)
stas® (Stada: DE)

Sudafed® (Pfizer Consumer Healthcare: IE)
Suprima-Nos® (Shreya: RU)
Trekpleister Xylometazoline HCl® (Pharmethica: NL)
Tussamag® (CT: DE)
Xolin® (ratiopharm: NO)
Xylo AL® (Aliud: RO)
xylo E von ct® (CT: DE)
Xylo-Comod® (Biem: TR)
Xylo-Comod® (Croma: AT)
Xylo-Comod® (Ursapharm: CZ, DE, NL)
Xylo-Mepha® (Mepha: CH)
Xylo-Pos® (Ursapharm: DE)
Xylogel® (Polfa Warszawa: PL)
Xylometazolin Lindo® (Lindopharm: DE)
Xylometazolina Nexo® (Nexo: AR)
Xylometazoline Eg® (Eurogenerics: BE)
Xylometazoline FNA® (FNA: NL)
Xylometazoline HCI HTP® (Healthypharm: NL)
Xylometazoline HCI® (Dynadro: NL)
Xylometazoline HCI® (Etos: NL)
Xylometazoline HCI® (Leidapharm: NL)
Xylometazoline HCI® (Marel: NL)
Xylometazoline HCI® (SDG: NL)
Xylometazoline HCl Alpharma® (Alpharma: NL)
Xylometazoline HCl A® (Apothecon: NL)
Xylometazoline HCl CF® (Centrafarm: NL)
Xylometazoline HCl Kring® (Kring: NL)
Xylometazoline HCl PCH® (Pharmachemie: NL)
Xylometazoline HCl Ratiopharm® (Ratiopharm: NL)
Xylometazoline HCl Samenwerkende Apothekers® (Samenwerkende Apothekers: NL)
Xylometazoline HCl Sandoz® (Sandoz: NL)
Xylometazolinehydrochloride Katwijk® (Katwijk: NL)
Xylometazolinehydrochloride® (Basic Pharma: NL)
Xylometazolin® (ICN: PL)
Xylometazolin® (Polfa: BG)
Xylometazolin® (Polfa Warszawa: PL)
Xylopharm® (Unipharm: BG)
Xylorin® (GlaxoSmithKline: PL)
Xylovin® (Opso Saline: BD)
Xylovit® (Vitamed: IL)
Xymelin® (Nycomed: GE, RU)
Zolynd® (Pharmanova: RS)
Zymelin® (Nycomed: DK, NO, SE)

Yohimbine

D: Yohimbin
F: Yohimbine

⚕ α_2-Adrenergic blocking agent

CAS-Nr.: 0000146-48-5 — C_{21}-H_{26}-N_2-O_3, M_r 354.459

Methyl 17α-hydroxy-yohimban-16α-carboxylate

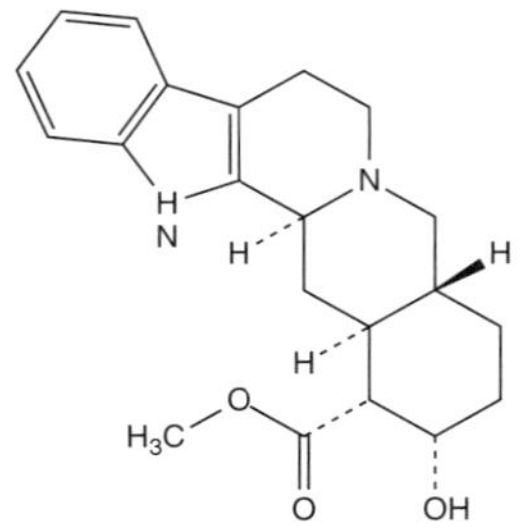

OS: *Yohimbine [DCF]*
IS: *Corynanthine*
IS: *Corynine*
IS: *Yohimboasäuremethylester*
IS: *Quebrachine*
IS: *Yohumbine*
IS: *Ioimbina*

– hydrochloride:

CAS-Nr.: 0000065-19-0
IS: *Chlorhydrate de Québachrine*
PH: Yohimbine (chlorhydrate d') Ph.Franç. IX
PH: Yohimbinium chloratum PHBs IV
PH: Yohimbinhydrochlorid DAC
PH: Yohimbinum hydrochloricum 2.AB-DDR
PH: Yohimbine Hydrochloride Ph. Eur. 5, USP 30

Antagonil® [vet.] (Wildlife: US)
Antagozil® [vet.] (Ilium Veterinary Products: AU)
Pluriviron® (StegroPharm: DE)
Reversal® [vet.] (Phoenix: NZ)
Reverzine® [vet.] (Parnell: AU, NZ)
Warimil® (Ritter: DO, HN, PA)
Yobine® [vet.] (Lloyd: US)
Yocon-Glenwood® (Glenwood: AT, DE)
Yocon® (Chile: CL)
Yocon® (Croma: AT)
Yocon® (Glenwood: AT, CA, DE)
Yocon® (Palisades: US)
Yocoral® (Glenwood: FR)
Yocoral® (Infarmed: LU)
Yohimbin Spiegel® (Solvay: CZ, DE, RU)
Yohimbine Houdé® (Sanofi-Aventis: FR)
Yohimbine-Odan® (Odan: CA)
Yohimex® (Kramer: US)
Yomax® (Apsen: BR)
Zumba® (Crefar: PT)

Zafirlukast (Rec.INN)

L: Zafirlukastum
I: Zafirlukast
D: Zafirlukast
F: Zafirlukast
S: Zafirlukast

⚕ Antiasthmatic agent
⚕ Antiinflammatory agent
⚕ Leukotrien-receptor antagonist

ATC: R03DC01
ATCvet: QR03DC01
CAS-Nr.: 0107753-78-6 C_{31}-H_{33}-N_3-O_6-S
M_r 575.695

Carbamic acid, [3-[[2-methoxy-4-[[[(2-methylphenyl)-sulfonyl]amino]carbonyl]phenyl]methyl]-1-methyl-1H-indol-5-yl]-, cyclopentyl ester

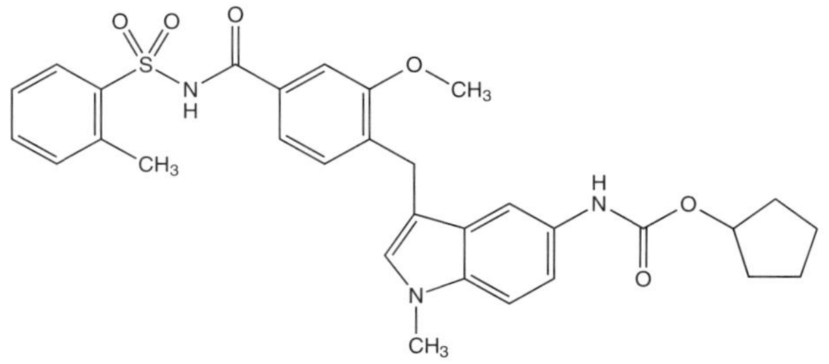

OS: *Zafirlukast [BAN, DCF, USAN]*
IS: *ICI 204219 (Zeneca, Great Britain)*

Accolate® (AstraZeneca: AR, AU, BD, BE, BH, BO, BR, CA, CH, CL, CN, CO, CR, CZ, DO, EC, EG, ES, ET, FI, GB, GE, GH, GT, HK, HN, HU, ID, IE, IL, IQ, IS, JM, JO, JP, KE, KR, LB, LK, LU, LY, MT, MW, MX, MZ, NG, NI, PA, PE, PH, PL, PR, PT, PY, QA, RS, RU, SA, SD, SG, SK, SV, TH, TR, TT, TW, TZ, UG, US, UY, VE, YE, ZA, ZM, ZW)
Accolate® (GlaxoSmithKline: AG, AN, AW, BB, GD, GY, LC, VC)
Accolate® [vet.] (AstraZeneca: GB)
Accoleit® (AstraZeneca: IT)
Aeronix® (Menarini: ES)
Carrox® (Sanovel: TR)
Freesy® (Square: BD)
Olmoran® (Novartis: ES)
Resma® (AstraZeneca: BE, LU)
Zafirst® (Chiesi: IT)
Zafir® (Acme: BD)
Zafnil® (General Pharma: BD)
Zalukast® (Alco: BD)
Zukast® (Beximco: BD)
Zuvair® (Dr Reddys: IN)

Zalcitabine (Rec.INN)

L: Zalcitabinum
I: Zalcitabina
D: Zalcitabin
F: Zalcitabine
S: Zalcitabina

⚕ Antiviral agent, HIV reverse transcriptase inhibitor

ATC: J05AF03
CAS-Nr.: 0007481-89-2 C_9-H_{13}-N_3-O_3
M_r 211.233

2', 3'-Dideoxycytidine

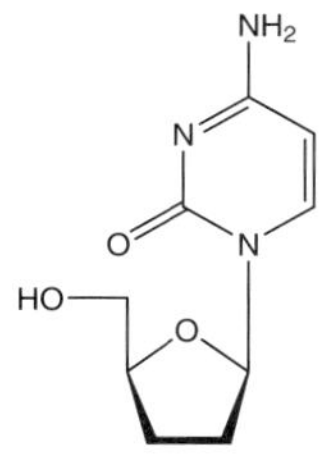

OS: *Zalcitabine [BAN, USAN]*
IS: *ddC*
IS: *NSC 606170*
IS: *Ro 24-2027/000*
PH: Zalcitabine [USP 30]

DDC® (Elvetium: PE)
DDC® (Ivax: AR)
Hivid® (Roche: DE, ES, FR, IL, RO, TR, US, UY, ZA)
Virorich® (Richmond: AR, PE)
Zalcitabina® [compr.] (Richmond: PE)
Zalcitabin® (Cristália: BR)

Zaleplon (Rec.INN)

L: Zaleplonum
I: Zaleplon
D: Zaleplon
F: Zaleplone
S: Zaleplon

⚕ Hypnotic

ATC: N05CF03
CAS-Nr.: 0151319-34-5 C_{17}-H_{15}-N_5-O
M_r 305.33

2Acetamide, N-(3-(3-cyanopyrazolo(1,5-alpha)pyrimidin-7-yl)phenyl)-N-ethyl-

Acetamide, N-(3-(3-cyanopyrazolo(1,5-alpha)pyrimidin-7-yl)phenyl)-N-ethyl-

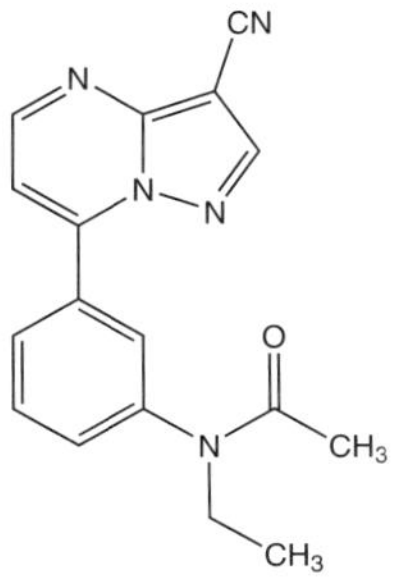

OS: *Zaleplon [BAN, USAN]*
IS: *Cl 284846 (Lederle, USA)*

Z

IS: *L 846 (Cyanamid, USA)*
IS: *LJC 10846 (Cyanamid, USA)*

Andante® (Gedeon Richter: GE, RU)
Eplon® (Beximco: BD)
Hegon® (Beta: AR)
Hipnodem® (Ivax: AR)
Noctiplon® (Medipharm: CL)
Plenidon® (Recalcine: CL)
Sedartryl® (Prater: CL)
Selofen® (Adamed: PL)
Somna® (Square: BD)
Sonata® (Biohorm: ES)
Sonata® (King: US)
Sonata® (Monarch: US)
Sonata® (Wyeth: AT, BE, BR, CH, CR, CZ, DE, DK, FI, GB, GR, GT, HN, HU, IE, IT, LU, NI, NL, PA, SE, SV)
Starnoc® (Servier: CA)
Zaleplon-Wyeth® (Wyeth: LU)
Zalep® (Paill: BZ, HN, SV)
Zan® (Belupo: HR)
Zaso® (Cadila: IN)
Zerene® (Wyeth: IT, NL)

Zaltoprofen (Rec.INN)

L: Zaltoprofenum
D: Zaltoprofen
F: Zaltoprofene
S: Zaltoprofeno

Antiinflammatory agent
Analgesic

CAS-Nr.: 0089482-00-8 C_{17}-H_{14}-O_3-S
M_r 298.359

(±)-10,11-Dihydro-α-methyl-10-oxodibenzo[b,f]thiepin-2-acetic acid

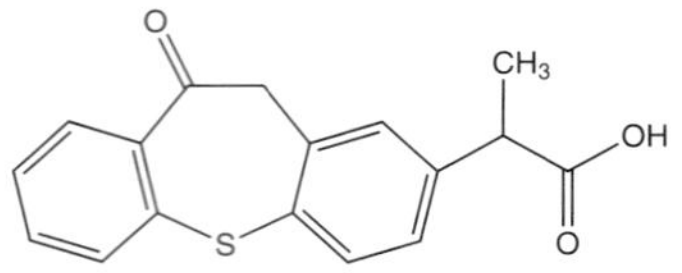

OS: *Zaltoprofen [JAN]*
IS: *CN 100 (Chemiphar, Japan)*
IS: *Zaxoprofen*
IS: *ZC 102*

Peon® (Zeria: JP)
Soleton® (Chemiphar: JP)
Soleton® (Cryopharma: MX)

Zanamivir (Rec.INN)

L: Zanamivirum
I: Zanamivir
D: Zanamivir
F: Zanamivir
S: Zanamivir

Antiviral agent
Enzyme inhibitor, neuraminidase, influenza virus

ATC: J05AH01
ATCvet: QJ05AH01
CAS-Nr.: 0139110-80-8 C_{12}-H_{20}-N_4-O_7
M_r 332.332

D-glycero-D-galacto-Non-2-enonic acid, 5-(acetylamino)-4-[(aminoiminoethyl)amino]-2,6-anhydro-3,4,5-trideoxy-

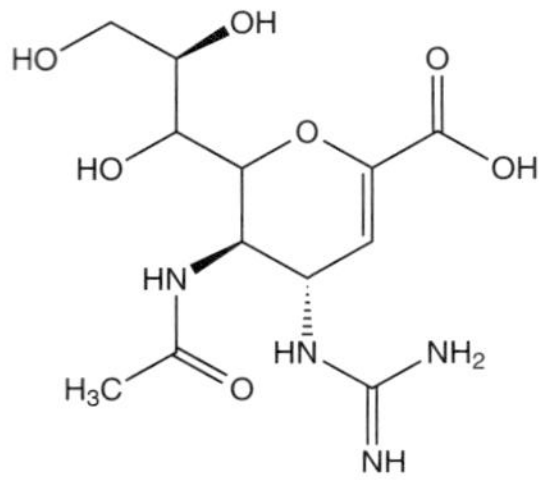

OS: *Zanamivir [BAN, USAN]*
IS: *GG 167 (Glaxo Wellcome)*
IS: *GR 121167 X (Glaxo Wellcome, USA)*

Relenza® (Glaxo Wellcome: HR, PT)
Relenza® (GlaxoSmithKline: AT, AU, BE, BR, CA, CH, CR, CZ, DE, DO, ES, FI, FR, GB, GE, GT, HK, HN, IL, IS, IT, LU, MX, NI, NL, NO, PA, RO, SE, SG, SI, SV, TR, US, ZA)

Zeranol (Rec.INN)

L: Zeranolum
D: Zeranol
F: Zéranol
S: Zeranol

Anabolic [vet.]

CAS-Nr.: 0026538-44-3 C_{18}-H_{26}-O_5
M_r 322.406

1H-2-Benzoxacyclotetradecin-1-one, 3,4,5,6,7,8,9,10,11,12-decahydro-7,14,16-trihydroxy-3-methyl-, [3S-(3R*,7S*)]-

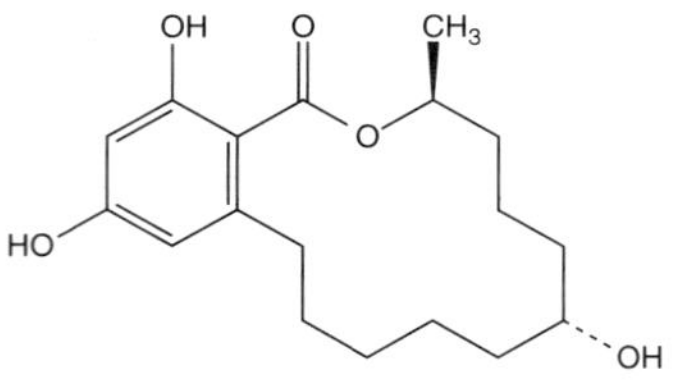

OS: *Zeranol [BAN, DCF, USAN]*
IS: *MK 188*
IS: *P 1496*
IS: *Zearalanol*

Ralgro® [vet.] (Cooper: ZA)
Ralgro® [vet.] (Coopers Animal Health: AU)
Zeraplix® [vet.] (Intervet: ZA)

Ziconotide (USAN)

L: Ziconotidum
D: Ziconotid
F: Ziconotide
S: Ziconotida

Antiinflammatory agent
Calcium antagonist
Neuroprotective

ATC: N02BG08
ATCvet: QN02BG08
CAS-Nr.: 0107452-89-1 C_{102}-H_{172}-N_{36}-O_{32}-S_7
M_r 2639.13

L-Cysteinyl-L-lysylglycyl-L-lysylglycyl-L-alanyl-L-lysyl-L-cysteinyl-L-seryl-L-arginyl-L-leucyl-L-methionyl-L-tyrosyl-L-α-aspartyl-L-cysteinyl-L-cysteinyl-L-threonylglycyl-L-seryl-L-cysteinyl-L-arginyl-L-serylglycyl-L-lysyl-L-cysteinamide cyclic(1->16),(8->20),(15->25)-tris(disulfide) (WHO)

IS: *omega-Conotoxin M VIIA (USAN)*
IS: *SNX-111 (Mallinckrodt)*
IS: *DRG-0250*
IS: *omega-Conotoxin mviia, conus magus*
IS: *omega-Conopeptide MVIIA, (Conus)*
IS: *CI-1009*
IS: *omega-Conotoxin M VIIA (reduced), cyclic (1-16),(8-20),(15-25)-tr*
IS: *Conopeptides*

– acetate:
Prialt® (Eisai: CH, DE, GB, IE)
Prialt® (Elan: AT, NL, US)

Zidovudine (Rec.INN)

L: Zidovudinum
I: Zidovudina
D: Zidovudin
F: Zidovudine
S: Zidovudina

Antiviral agent, HIV reverse transcriptase inhibitor

ATC: J05AF01
CAS-Nr.: 0030516-87-1 C_{10}-H_{13}-N_5-O_4
M_r 267.264

Thymidine, 3'-azido-3'-deoxy-

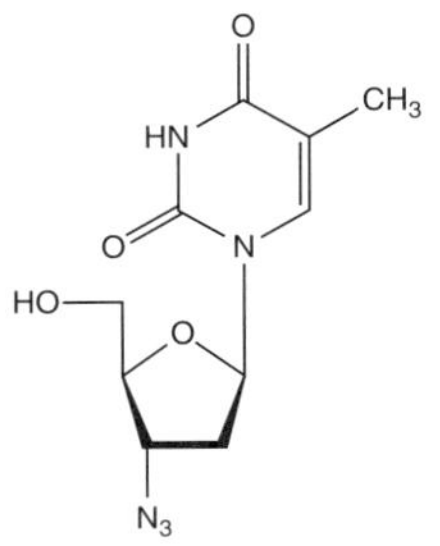

OS: *Zidovudine [BAN, DCF, JAN, USAN]*
OS: *Zidovudina [DCIT]*
IS: *Azidothymidine*
IS: *AZT (Wellcome)*
IS: *BWA 509 U*
PH: Zidovudinum [Ph. Eur. 5]
PH: Zidovudine [Ph. Eur. 5, USP 30]

Adovi® (Tempo: ID)
Apo-Zidovudine® (Apotex: AN, BB, BM, BS, CA, GY, HT, JM, KY, PE, SR, TT)
Aviral AZT® (Biogen: CO)
Aviral® [sirup] (Repmedicas: PE)
Azovir® (ICN: PL)
Ciplazidovir® (Biotoscana: CO)
Crisazet® (LKM: AR)
Enper® (Elea: AR)
Iduvo® (Dosa: AR)
Pranadox® (Schein: PE)
Retrocar® [caps.] (Refasa: PE)
Retrovir® (Eureco: NL)
Retrovir® (Eurim: AT)
Retrovir® (Glaxo Wellcome: PT)
Retrovir® (GlaxoSmithKline: AE, AG, AN, AR, AT, AU, AW, BB, BD, BE, BG, BH, BR, CA, CH, CL, CR, CZ, DE, DK, DO, EC, ES, FI, FR, GB, GD, GE, GR, GT, GY, HK, HN, ID, IL, IN, IR, IS, JM, KW, LC, LU, MX, MY, NI, NL, NL, NO, NZ, OM, PA, PE, PH, PL, QA, RO, RS, RU, SE, SG, SI, SV, TH, TR, TT, US, VC, ZA)
Retrovir® (Paranova: AT)
Retrovir® (Wellcome: IE)
Retrovir® (Wellcome-GB: IT)
Retrovir® [vet.] (GlaxoSmithKline: GB)
T-ZA® (Siam Bheasach: TH)
T.O.Vir® (TO Chemicals: TH)
Timivudin® (Landsteiner: MX)
Zetrotax® (Richmond: AR)
Zidis® (Pond's: TH)
Zidosan® (Slaviamed: RS)
Zidovir® (Baxley: PE)
Zidovir® (Cipla: IN)
Zidovir® (Cristália: BR)
Zidovudin Stada® (Stada: VN)
Zidovudina Combino Pharm® (Combino: ES)
Zidovudina Filaxis® (Filaxis: AR)
Zidovudina® (AC Farma: PE)
Zidovudina® (Biocrom: PE)
Zidovudina® (Biosano: CL)
Zidovudina® (Induquimica: PE)
Zidovudina® (Lakor: CO)
Zidovudina® (Ranbaxy: PE)
Zidovudine® (Aurobindo: US)
Zidovudine® (Ranbaxy: US)
Zidovudine® (Roxane: US)
Zidovudin® (Qualipharm: CR, GT, NI, PA)
Zydowin® (Cadila: ET, GH, KE, MW, NG, SD, TZ, UG, ZM)
Zydowin® (Zydus: IN)

Zileuton (Rec.INN)

L: Zileutonum
D: Zileuton
F: Zileuton
S: Zileuton

Antiasthmatic agent

CAS-Nr.: 0111406-87-2 C_{11}-H_{12}-N_2-O_2-S
M_r 236.297

Z

Urea, N-(1-benzo[b]thien-2-ylethyl)-N-hydroxy-, (±)-

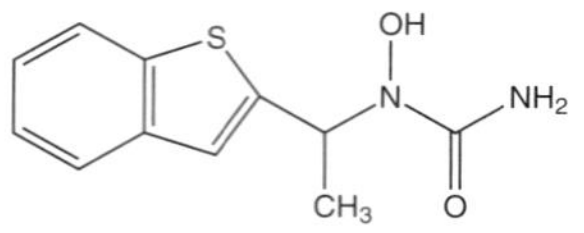

OS: *Zileuton [BAN, USAN]*
IS: *A 64077 (Abbott, USA)*
IS: *Leutrol*
PH: Zileuton [USP 30]

Zyflo® (Abbott: US)

Ziprasidone (Rec.INN)

L: Ziprasidonum
D: Ziprasidon
F: Ziprasidone
S: Ziprasidona

Neuroleptic

ATC: N05AE04
CAS-Nr.: 0146939-27-7 C_{21}-H_{21}-Cl-N_4-O-S
M_r 412.949

2H-Indol-2-one, 5-[2-[4-(1,2-benzisothiazol-3-yl)-1-piperazinyl]ethyl]-6-chloro-1,3-dihydro-

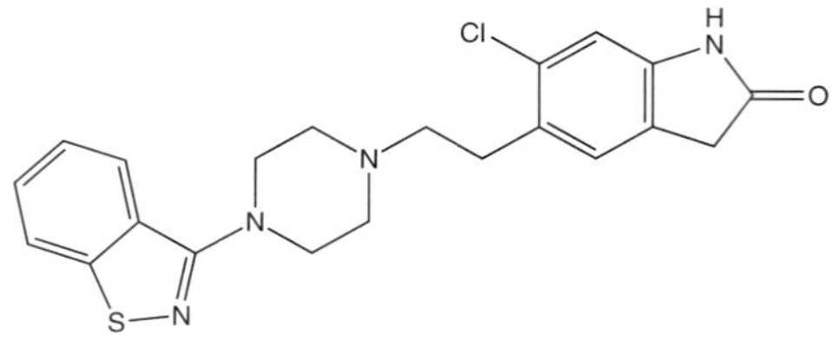

OS: *Ziprasidone [BAN]*
IS: *CP 88059 (Pfizer, USA)*

Geodon® [inj.] (Pfizer: ES)
Geodon® [inj.] (Pfizer Consumer Healthcare: IE)
Zeldox® (Pfizer: AR)
Zipradon® (Drug International: BD)
Zipsydon® (Sun: IN)

– hydrochloride monohydrate:

CAS-Nr.: 0138982-67-9
OS: *Ziprasidone Hydrochloride USAN*
IS: *CP 88059-1 (Pfizer, USA)*

Geodon® [caps.] (Pfizer: BR, BZ, CO, CR, ES, GR, GT, HN, IE, IL, MX, NI, PA, SV, US, ZA)
Zeldox® (Mack: RS)
Zeldox® (Pfizer: AT, BA, CL, CZ, DE, DK, ES, FI, GE, HK, HR, HU, IS, LU, MY, NO, PE, PL, PT, RO, RS, RU, SE, SG, SI, TR, US)

– mesylate:

CAS-Nr.: 0199191-69-0
OS: *Ziprasidone Mesylate USAN*
IS: *CP 88059-27*
IS: *Ziprasidone mesilate*

Geodon® [inj.] (Pfizer: BR, BZ, CO, CR, ES, GR, GT, HN, MX, NI, PA, SV, US)
Zeldox® (Pfizer: AT, CL, CZ, DE, ES, FI, HK, HU, IS, MY, PE, PL, PT, TH)

Zofenopril (Rec.INN)

L: Zofenoprilum
D: Zofenopril
F: Zofenopril
S: Zofenopril

ACE-inhibitor

ATC: C09BA15
CAS-Nr.: 0081872-10-8 C_{22}-H_{23}-N-O_4-S_2
M_r 429.56

(4S)-N-[(S)-3-Mercapto-2-methylpropionyl]-4-(phenylthio)-L-proline benzoate (ester) [WHO]

(4S)-N-[(2S)-3-Benzoylthio-2-methylpropionyl]-4-phenylthio-L-prolin [IUPAC]

L-Proline, 1-(3-(benzoylthio)-2-methyl-1-oxopropyl)-4-(phenylthio)-, (1(R*),2alpha,4alpha)- [NLM]

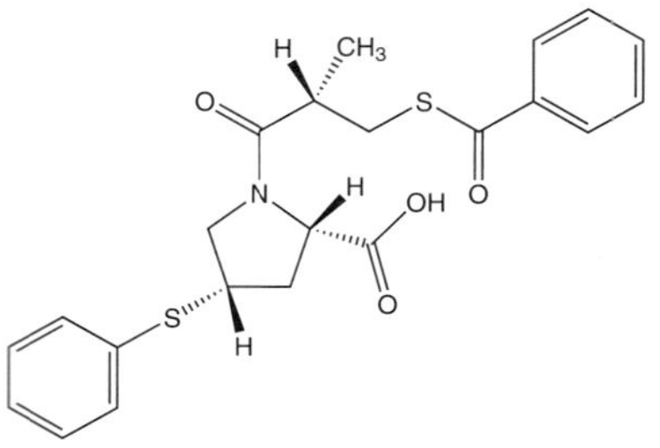

OS: *Zofenopril [BAN]*

Zocardis® (Berlin-Chemie: RU)
Zofecard® (Menarini: RS)
Zofenil® (Menarini: IE, LU)

– calcium salt:

CAS-Nr.: 0081938-43-4
OS: *Zofenopril Calcium BANM, USAN*
IS: *SQ 26991 (Squibb, USA)*
IS: *Zoprace (BMS, USA)*

Bifril® (Menarini: IT)
Tenzopril® (Sanolabor: SI)
Zantipress® (Firma: IT)
Zofenil® (Menarini: CH, ES, FR, GT, HN, NI, PA, PT, SV)
Zofepril® (Menarini: GR, IT, LU)
Zofil® (Menarini: NL)
Zopranol® (Guidotti: ES, IT)
Zopranol® (Menarini: LU, NL)
Zoprotec® (I.E. Ulagay: TR)

Zoledronic Acid (Rec.INN)

L: Acidum zoledronicum
D: Zoledronsaeure
F: Acide zoledronique
S: Acido zoledronico

Calcium regulating agent

ATC: M05BA
CAS-Nr.: 0118072-93-8 C_5-H_{10}-N_2-O_7-P_2
M_r 272.09

(1-Hydroxy-2-imidazol-1-ylethylidene)diphosphonic acid [WHO]

Phosphonic acid, [1-hydroxy-2-(1H-imidazol-1-yl)ethylidene]bis- [NLM]

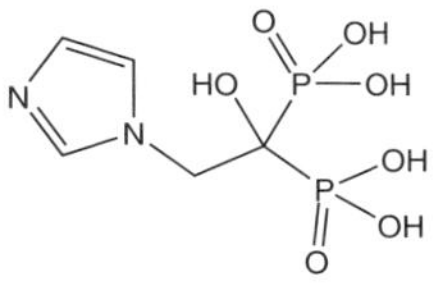

OS: *Zoledronic Acid [BAN]*
IS: *CPG 42446 (Ciba Geigy, US)*
IS: *ZOL 446*

Acido Zoledronico® (Servycal: AR)
Reclast® (Novartis: US)
Zomera® (Novartis: IL)
Zometa® (Novartis: BD, CL, CN, ID, IN, LK, PH, PL, SG, TH, US)
Zuorui® (Sino-Swed: CN)

– monohydrate:
CAS-Nr.: 0165800-06-6
OS: *Zoledronic Acid USAN*
IS: *CGP 42446 (Ciba-Geigy, USA)*

Aclasta® (Novartis: AR, AT, BE, CZ, DE, DK, FI, FR, GB, GE, HU, IE, IS, LU, NL, NO, PT, RO, SE)
Zolenat® (Mustafa Nevzat: TR)
Zometa® (Novartis: AT, AU, BA, BE, BR, CA, CH, CO, CR, CZ, DE, DK, DO, EC, EC, ES, FI, FR, GB, GE, GR, GT, HK, HN, HU, IE, IS, LU, MT, MX, MY, NI, NL, NO, NZ, PA, PL, PT, RO, RS, RU, SE, SI, SV, TH, TR, VE, VN, ZA)
Zometa® (Novartis Consumer Health: HR, IT)
Zometa® (Novartis Pharma: PE)

Zolmitriptan (Rec.INN)

L: Zolmitriptanum
I: Zolmitriptan
D: Zolmitriptan
F: Zolmitriptan
S: Zolmitriptan

Antimigraine agent

Serotonin agonist

ATC: N02CC03
CAS-Nr.: 0139264-17-8 C_{16}-H_{21}-N_3-O_2
M_r 287.374

(S)-4-[[3-[2-(Dimethylamino)ethyl]indol-5-yl]methyl]-2-oxazolidinone

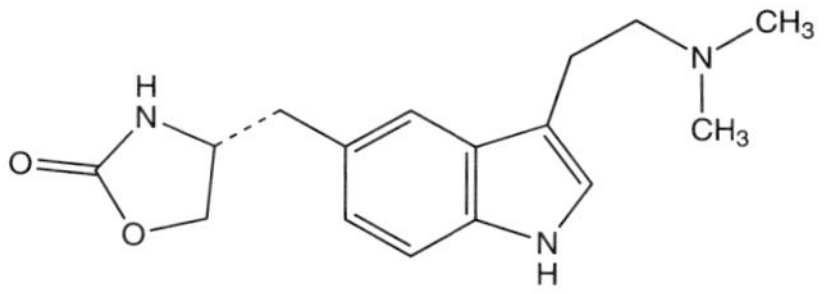

OS: *Zolmitriptan [BAN, USAN]*
IS: *311 C 90 (Zeneca, USA)*
IS: *BW 311 C 90 (Zeneca, USA)*

AscoTop® (AstraZeneca: DE)
Flezol® (Ferrer: ES)
Nomi® (Square: BD)
Zolmit® (Beximco: BD)
Zomig Nasal® (AstraZeneca: CZ, IS, LU, NO)
Zomig Rapimelt® (AstraZeneca: AT, CZ, GB, HK, IL, IS, PT, SI, TR)
Zomig-ZMT® (Medpointe: US)
Zomigon® (AstraZeneca: AR, GR)
Zomigoro® (AstraZeneca: FR)
Zomig® (AstraZeneca: AG, AN, AT, AU, AW, BE, BG, BM, BR, BS, BZ, CA, CH, CR, CZ, DK, DO, ES, ET, FI, FR, GB, GD, GE, GH, GT, GY, HK, HN, HR, HT, HU, IE, IL, IS, IT, JM, KE, LC, LU, MW, MX, MZ, NG, NI, NL, NO, PA, PH, PL, PT, RS, RU, SD, SE, SG, SI, SR, SV, TH, TR, TT, TZ, UG, VC, ZA, ZM, ZW)
Zomig® (Medpointe: US)
Zomitan® (Incepta: BD)

Zolpidem (Rec.INN)

L: Zolpidemum
I: Zolpidem
D: Zolpidem
F: Zolpidem
S: Zolpidem

Hypnotic

ATC: N05CF02
CAS-Nr.: 0082626-48-0 C_{19}-H_{21}-N_3-O
M_r 307.407

Imidazo[1,2-a]pyridine-3-acetamide, N,N,6-trimethyl-2-(4-methylphenyl)-

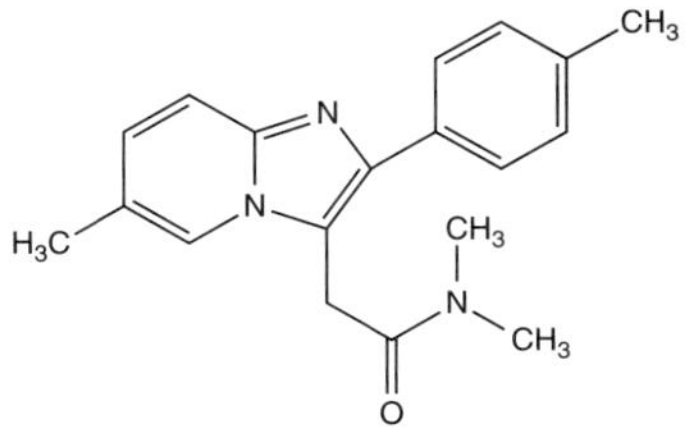

OS: *Zolpidem [BAN, DCF, DCIT]*
IS: *SL 800750*

Albapax® (Rocnarf: EC)
Ambiz® (Unichem: IN)
Dormilan® (Baliarda: AR)
Hipnotab® (Ethical: DO)
Insodem® (Garmisch: CO)
Sanval® (Lek: HR, PL, RO, RS)
Snovitel® (Akrihin: RU)
Zleep-5/10® (Wockhardt: IN)

Z

Zolpidem Sandoz® (Sandoz: BE)
Zolpidem-EG® (Eurogenerics: LU)
Zolpidem® (Labormed Pharma: RO)
Zonadin® (Pliva: BA, HR, SI)
Zonoct® (Pharmacodane: DK)

- **tartrate:**

CAS-Nr.: 0099294-93-6
OS: *Zolpidem Tartrate BANM, USAN*
IS: *SL 800750-23N*
PH: Zolpidemi tartras Ph. Eur. 5
PH: Zolpidem Tartrate Ph. Eur. 5
PH: Zolpidem (tartrat de) Ph. Eur. 5
PH: Zolpidemtartrat Ph. Eur. 5

Adco-Zolpidem® (Adco Drug: ZA)
Adormix® (Sanofi-Aventis: CL)
Ambien CR® (Sanofi-Aventis: US)
Ambien® (Sanofi-Aventis: HU, US)
Bikalm® (Altana: DE)
Cymerion® (Azevedos: PT)
Dalparan® (Farma Lepori: ES)
Damixan® (Medipharm: CL)
Dodorest® (Merck: LU)
Dorlotil® (Labatec: CH)
Dormilam® (Chile: CL)
Dormosol® (Raffo: CL)
Durnit® (Sanofi-Aventis: AR)
Eanox® (Synthon: CZ)
Hypnogen® (Zentiva: CZ, PL, RO)
Ivadal® (Marion Merrell Dow: US)
Ivadal® (Sanofi-Synthelabo: AT)
Ivedal® (Sanofi-Synthelabo: ZA)
Lioram® (Schering: BR)
Merck-Zolpidem® (Merck: BE)
Mondeal® (Stada: AT)
Myslee® (Fujisawa: JP)
Nasen® (Polfarmex: PL)
Nimadorm® (Sandoz: DK)
Niotal® (Sanofi-Aventis: IT)
Nitrest® (Sun: LK, RU)
Nocte® (Armstrong: MX)
Nocte® (Bagó: AR)
Nottem® (Angelini: IT)
Noxidem® (Sandoz: ZA)
Nytamel® (Clonmel: IE)
Pidezol® (Egis: HU)
Polsen® (Polfa Pabianice: PL)
Sanval® (Lek: BA, RU, SI)
Sedovalin® (Streuli: CH)
Somit® (Gador: AR)
Somnil® (Tecnofarma: CL, CO)
Somnipron® (Sanitas: CL)
Somnor® (Orion: FI)
Somno® (Saval: EC, PE)
Somno® (Saval Eurolab: CL)
Stella® (Actavis: FI)
Stilnoct® (Aktuapharma: BE)
Stilnoct® (Sanofi-Aventis: BE, FI, GB, NO, SE)
Stilnoct® (Sanofi-Synthelabo: DK, IE, IS, LU, NL)
Stilnox® (Sanofi-Aventis: BF, BJ, CF, CG, CH, CI, CM, FR, GA, GE, GN, HK, HU, IL, IT, MG, ML, MR, MU, MX, MY, NE, PL, RO, RS, SG, SN, TD, TG, VN, ZR)
Stilnox® (Sanofi-Synthelabo: AU, BR, CO, CR, CZ, DE, DO, EC, ES, GH, GR, GT, HN, KE, MT, NG, NI, PA, PE, PH, PT, SV, TH, TZ, UG, ZA)
Sucedal® (Pharma Investi: CL)
Sucedal® (Roemmers: CO)
Sumenan® (Spedrog-Caillon: AR)
Xentic® (United Pharma: PL)
Zimor® (Legrand: CO)
zodormdura® (Merck: DE)
Zodorm® (Unipharm: IL)
Zoldem® (Gerard: IE)
Zoldem® (Hexal: DE)
Zoldem® (Lannacher: AT)
Zoldorm® (Sandoz: CH)
Zolnod® (Rowex: IE)
Zolnoxs® (Aspen: ZA)
Zolodorm® (Richmond: AR)
Zolpi-Lich® (Winthrop: DE)
Zolpi-Q® (Juta: DE)
Zolpi-Q® (Q-Pharm: DE)
Zolpic® (Polpharma: PL)
Zolpidem 1A Farma® (1A Farma: DK)
Zolpidem 1A Pharma® (1A Pharma: DE)
Zolpidem AbZ® (AbZ: DE)
Zolpidem Acost® (Acost: ES)
Zolpidem Alpharma® (Alpharma: DK, PT, SE)
Zolpidem AL® (Aliud: DE, RO)
Zolpidem Arcana® (Arcana: AT)
Zolpidem Bayvit® (Bayvit: ES)
Zolpidem Belmac® (Belmac: ES)
Zolpidem beta® (betapharm: DE)
Zolpidem Bexal® (Bexal: BE, ES, PT)
Zolpidem Biogaran® (Biogaran: FR)
Zolpidem Chemo® (Liconsa: ES)
Zolpidem Cinfa® (Cinfa: ES)
Zolpidem Cuve® (Perez Gimenez: ES)
Zolpidem Davur® (Davur: ES)
Zolpidem Desgen® (Generfarma: ES)
Zolpidem dura® (Merck dura: DE)
Zolpidem Edigen® (Edigen: ES)
Zolpidem Efarmes® (Efarmes: ES)
Zolpidem EG® (Eurogenerics: BE)
Zolpidem G Gam® (G Gam: FR)
Zolpidem Generis® (Generis: PT)
Zolpidem Helvepharm® (Helvepharm: CH)
Zolpidem Heumann® (Heumann: DE)
Zolpidem Hexal® (Hexal: AT)
Zolpidem Ivax® (Ivax: FR)
Zolpidem Lacer® (Lacer: ES)
Zolpidem Lasa® (Ipsen: ES)
Zolpidem Merck NM® (Merck NM: SE)
Zolpidem Merck® (Merck: ES)
Zolpidem Merck® (Merck Génériques: FR)
Zolpidem MK® (MK: CO)
Zolpidem Normon® (Normon: ES)
Zolpidem Pharmagenus® (Pharmagenus: ES)
Zolpidem Qualix® (Qualix: ES)
Zolpidem Ratiopharm® (Ratiopharm: AT, BE, ES, FI)
Zolpidem Ratiopharm® (ratiopharm: HU)
Zolpidem Ratiopharm® (Ratiopharm: PT, SE)
Zolpidem real® (Dolorgiet: DE)
Zolpidem Rimafar® (Rimafar: ES)
Zolpidem RPG® (RPG: FR)
Zolpidem Sandoz® (Sandoz: CH, DE, ES, FI, FR, SE)
Zolpidem Stada® (Stada: FI, RO)
Zolpidem Stada® (Stadapharm: DE)
Zolpidem Streuli® (Streuli: CH)
Zolpidem TAD® (TAD: DE)

Zolpidem Tartrate® (Biovail: US)
Zolpidem Teva® (Teva: BE, DE, ES)
Zolpidem UNP® (Actavis: DK)
Zolpidem Ur® (Uso Racional: ES)
Zolpidem von ct® (CT: DE)
Zolpidem Winthrop® (Sanofi-Aventis: CH, FI, SE)
Zolpidem Winthrop® (Winthrop: FR)
Zolpidem Zydus® (Zydus: FR)
Zolpidem-BC® (Sandoz: LU)
Zolpidem-Mepha® (Mepha: CH)
Zolpidem-neuraxpharm® (neuraxpharm: DE)
Zolpidem-Puren® (Alpharma: DE)
Zolpidem-ratiopharm® (Ratiopharm: CZ)
Zolpidem-ratiopharm® (ratiopharm: DE)
Zolpidem-Sandoz® (Sandoz: LU)
Zolpidem-Teva® (Teva: CH)
Zolpidemtartaat Alpharma® (Alpharma: NL)
Zolpidemtartraat Actavis® (Actavis: NL)
Zolpidemtartraat Apex® (Apex: NL)
Zolpidemtartraat A® (Apothecon: NL)
Zolpidemtartraat CF® (Centrafarm: NL)
Zolpidemtartraat Losan® (Losan: NL)
Zolpidemtartraat Merck® (Merck Generics: NL)
Zolpidemtartraat PCH® (Pharmachemie: NL)
Zolpidemtartraat PSI® (PSI: NL)
Zolpidemtartraat ratiopharm® (Ratiopharm: NL)
Zolpidemtartraat Sandoz® (Sandoz: NL)
Zolpidemtartraat Stada® (Stada: NL)
Zolpidemtartraat® (Genthon: NL)
Zolpidemtartraat® (Sanofi-Aventis: NL)
Zolpidemtartraat® (Synthon: NL)
Zolpidem® (Alpharma: NO)
Zolpidem® (Sandoz: GB)
Zolpidem® (Teva: GB)
Zolpidol® (Dologiet: NL)
Zolpigen® (Generics: PL)
Zolpihexal® (Hexal: ZA)
Zolpinox® (Krewel: DE)
Zolpinox® (Svus: CZ)
Zolsana® (Krka: CZ, PL, SI)
Zonadin® (Pliva: CZ)
Zoratio® (ratiopharm: PL)

Zonisamide (Rec.INN)

L: Zonisamidum
D: Zonisamid
F: Zonisamide
S: Zonisamida

Antiepileptic

ATC: N03AX15
CAS-Nr.: 0068291-97-4 C_8-H_8-N_2-O_3-S
M_r 212.232

1,2-Benzisoxazole-3-methanesulfonamide

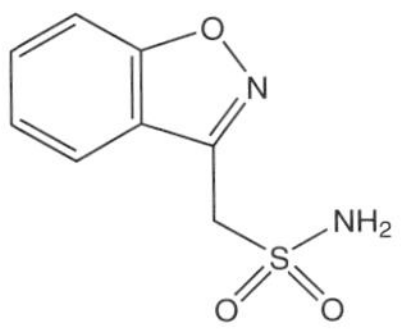

OS: *Zonisamide [BAN, JAN, USAN]*
IS: *AD 810*
IS: *CI 912 (Parke-Davis, USA)*
IS: *Fenisoxine*
IS: *PD 110843*

Excegran® (Dainippon: JP, KR)
Zonegran® (Eisai: CH, DE, DK, ES, FI, FR, GB, IE, NL, NO, SE, US)
Zonisamide® (Alphapharm: US)
Zonisamide® (Apotex: US)
Zonisamide® (Barr: US)
Zonisamide® (Mutual: US)
Zonisamide® (Mylan: US)
Zonisamide® (Roxane: US)
Zonisamide® (Sandoz: US)
Zonisamide® (Teva: US)
Zonit® (Torrent: IN)

Zopiclone (Rec.INN)

L: Zopiclonum
I: Zopiclone
D: Zopiclon
F: Zopiclone
S: Zopiclona

Hypnotic

ATC: N05CF01
CAS-Nr.: 0043200-80-2 C_{17}-H_{17}-Cl-N_6-O_3
M_r 388.833

1-Piperazinecarboxylic acid, 4-methyl-, 6-(5-chloro-2-pyridinyl)-6,7-dihydro-7-oxo-5H-pyrrolo[3,4-b]pyrazin-5-yl ester

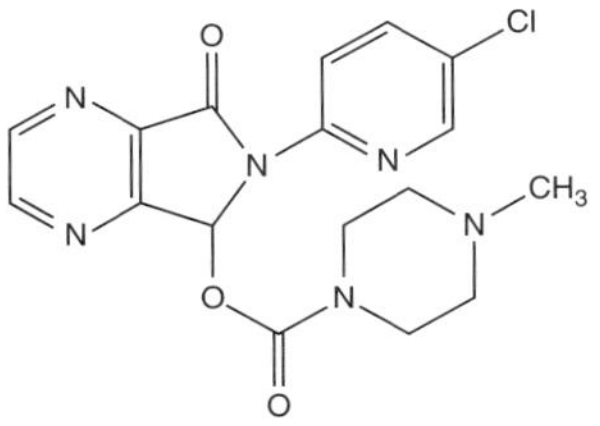

OS: *Zopiclone [BAN, DCF, JAN]*
IS: *RP 27 267*
PH: Zopiclonum [Ph. Eur. 5]
PH: Zopiclone [Ph. Eur. 5]

Alchera® (Aspen: ZA)
Alpaz® (Royal Pharma: CL)
ALS-Zopiclon® (Apotex: RO)
Apo-Zopiclone® (Apotex: CA, NZ, SG)
CO Zopiclone® (Cobalt: CA)
Datolan® (Faes: ES)
Dobroson® (Stada: PL)
Docilen® (Inti: PE)
espa-dorm® (esparma: DE)
Foltran® (Ivax: AR)
Gen-Zopiclone® (Genpharm: CA)
Hypnoclone® (ACI: BD)
Imoclone® (Orion: DK)
Imovane® (Aventis: AU, CO, CZ, DK, IS, IT, NO, NZ, PE, ZA)
Imovane® (Eczacibasi: TR)
Imovane® (Meda: LU, SE)
Imovane® (Sanofi-Aventis: AR, BD, BE, BR, CH, CL, FI, FR, GE, HK, HU, IL, MX, MY, NL, PL, RO, RU, SG)
Imovane® (Tramedico: LU)
Imozop® (Sandoz: DK)

Insomnium® (Gador: AR)
Limovan® (Aventis: ES)
Losopil® (Medipharm: CL)
Merck-Zopiclone® (Merck: BE)
Nenia® (IBI: IT)
Neurolil® (Sigma: BR)
Nocturno LS® (Unipharm: IL)
Nocturno® (Unipharm: IL)
Novo-Zoplicone® (Novopharm: CA)
Optidorm® (Dolorgiet: DE)
Piclodorm® (Binnofarm: RU)
PMS-Zopiclone® (Pharmascience: CA)
RAN-Zopiclone® (Ranbaxy: CA)
ratio-Zopiclone® (Ratiopharm: CA)
Rhovane® (Sanofi-Aventis: CA)
Sandoz Zopiclone® (Sandoz: CA, ZA)
Sedorm® (Psipharma: CO)
Siaten® (Italfarmaco: ES)
Somnal® (Stada: AT)
Somnol® (Grindex: RU)
Somnosan® (Hormosan: DE)
Ximovan® (Aventis: DE)
Z-Dorm® (Hexal: ZA)
Zetix® (Recalcine: CL)
Zileze® (Pinewood: IE)
Zimoclone® (Gerard: IE)
Zimovane® (Meda: IE)
Zimovane® (Sanofi-Aventis: GB)
Zodurat® (Pohl: DE)
Zometic® (Chemopharma: CL)
Zonix® (Mintlab: CL)
Zopi-Puren® (Alpharma: DE)
Zopicalma® (Ciclum: ES)
Zopicalm® (Temmler: DE)
zopiclodura® (Merck: DE)
Zopiclon AbZ® (AbZ: DE)
Zopiclon Actavis® (Actavis: NL)
Zopiclon Alpharma® (Alpharma: NL)
Zopiclon AL® (Aliud: DE)
Zopiclon A® (Apothecon: NL)
Zopiclon beta® (betapharm: DE)
Zopiclon CF® (Centrafarm: NL)
Zopiclon FLX® (Karib: NL)
Zopiclon Generics® (Merck NM: FI)
Zopiclon Katwijk® (Katwijk: NL)
Zopiclon Merck® (Merck Generics: NL)
Zopiclon PCH® (Pharmachemie: NL)
Zopiclon PSI® (PSI: NL)
Zopiclon ratiopharm® (ratiopharm: DE)
Zopiclon ratiopharm® (Ratiopharm: NL)
Zopiclon Sandoz® (Sandoz: DE, NL)
Zopiclon Stada® (Stada: DK)
Zopiclon Stada® (Stadapharm: DE)
Zopiclon TAD® (TAD: DE)
Zopiclon Teva® (Teva: DE)
Zopiclon von ct® (CT: DE)
Zopiclon-neuraxpharm® (neuraxpharm: DE)
Zopiclona® (EMS: BR)
Zopiclona® (IPhSA: CL)
Zopiclona® (Mintlab: CL)
Zopiclona® (Vannier: AR)
Zopiclone Alpharma® (Actavis: FI)
Zopiclone Alpharma® (Alpharma: DK, SE)
Zopiclone Apex® (Apex: NL)
Zopiclone Biogaran® (Biogaran: FR)
Zopiclone EG® (EG: IT)
Zopiclone EG® (EG Labo: FR)
Zopiclone EG® (Eurogenerics: BE, LU)
Zopiclone G Gam® (G Gam: FR)
Zopiclone Ivax® (Ivax: FR)
Zopiclone Merck® (Merck Génériques: FR)
Zopiclone Ratiopharm® (Ratiopharm: BE)
Zopiclone RPG® (RPG: FR)
Zopiclone Sandoz® (Sandoz: FR)
Zopiclone Teva® (Teva: BE)
Zopiclone Winthrop® (Winthrop: FR)
Zopiclone Zydus® (Zydus: FR)
Zopiclone-Merck® (Generics: LU)
Zopiclone® (Alpharma: GB, NO)
Zopiclone® (Generics: GB)
Zopiclone® (Genmedix: IL)
Zopiclone® (Teva: GB)
ZopiclonLich® (Winthrop: DE)
Zopiclon® (Karib: NL)
Zopiclon® (Zentiva: CZ)
Zopicon® (INTAS: IN)
Zopigen® (Merck: HU)
Zopiklon Merck NM® (Merck NM: DK)
Zopiklon NM Pharma® (Gerard: IS)
Zopiklon® (Merck NM: NO, SE)
Zopimed® (Al Pharm: ZA)
Zopimerck® (Generics: RO)
Zopinox® (Orion: FI)
Zopiratio® (ratiopharm: PL)
Zopitan® (Clonmel: IE)
Zopitin® (Vitabalans: FI)
Zopivane® (Cipla: ZA)
Zop® (Hexal: DE)

Zotepine (Rec.INN)

L: Zotepinum
D: Zotepin
F: Zotépine
S: Zotepina

Neuroleptic

CAS-Nr.: 0026615-21-4 C_{18}-H_{18}-Cl-N-O-S
M_r 331.862

Ethanamine, 2-[(8-chlorodibenzo[b,f]thiepin-10-yl)oxy]-N,N-dimethyl-

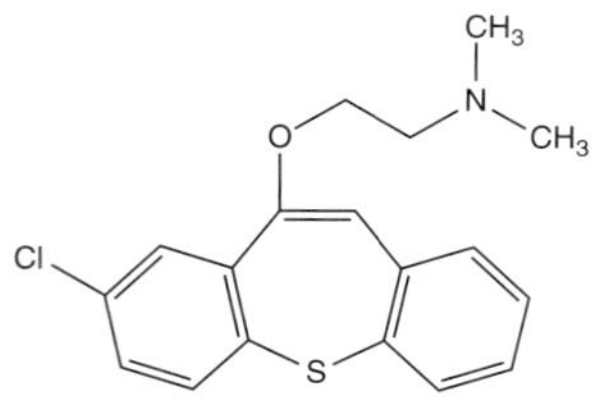

OS: *Zotepine [BAN, JAN]*
IS: *FR 1314*
IS: *Compound 4 (Fujisawa, Japan)*

Lodopin® (Fujisawa: JP)
Nipolept® (Aventis: DE)
Nipolept® (Ebewe: AT)
Nipolept® (Fujisawa: AT)
Zoleptil® (Abbott: CZ)
Zoleptil® (Pharma Avalanche: HU)

Zuclopenthixol (Rec.INN)

L: **Zuclopenthixolum**
I: **Zuclopenthixolo**
D: **Zuclopenthixol**
F: **Zuclopenthixol**
S: **Zuclopentixol**

⚕ Neuroleptic

ATC: N05AF05
CAS-Nr.: 0053772-83-1 C_{22}-H_{25}-Cl-N_2-O-S
M_r 400.972

1-Piperazineethanol, 4-[3-(2-chloro-9H-thioxanthen-9-ylidene)propyl]-, (Z)-

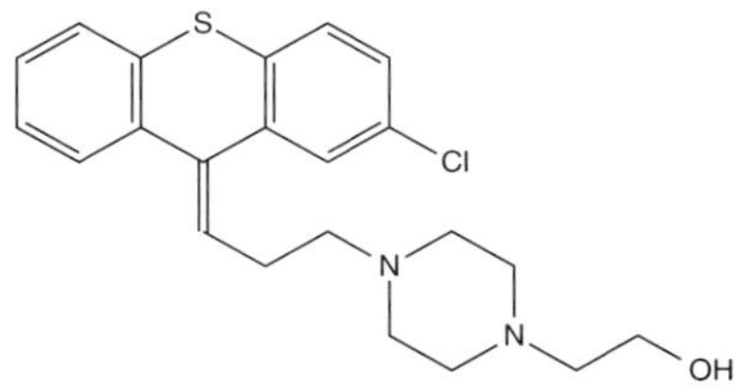

OS: *Zuclopenthixol [BAN, DCF]*
IS: *cis-Clopenthixol*

Clopixol® (Lundbeck: AE, BD, BG, BH, EG, GR, HR, IQ, IR, JO, KW, LB, LU, OM, QA, SA, SD, SG, TH, YE)

– acetate:

CAS-Nr.: 0085721-05-7
OS: *Zuclopenthixol Acetate BANM*
PH: Zuclopenthixol Acetate BP 2002

Ciatyl-Z Acuphase® (Bayer: DE)
Cisordinol Acutard® (Lundbeck: CZ, IS, PT, SE)
Cisordinol Acutard® (Silesia: CL, PE)
Cisordinol-Acutard® (Duphar: ES)
Cisordinol-Acutard® (Lundbeck: AT, CZ, DK, FI, HU, NL, NO)
Cisordinol® (Duphar: ES)
Cisordinol® (Lundbeck: ES, NL, PT)
Clopixol Acuphase® (Lundbeck: AR, AU, CA, CA, GB, HK, IE, IL, IT, LK, MX, RO, RU, SI, TH, TR, ZA)
Clopixol-Acutard® (Lundbeck: CH, LU)
Clopixol® (Lundbeck: AU, ES, FR, IN, LU, MX, NZ, PH, PL, RU, SG)
Colpixol Acuphase® (Lundbeck: ZA)

– decanoate:

CAS-Nr.: 0064053-00-5
OS: *Zuclopenthixol Decanoate BANM*
PH: Zuclopenthixol Deconate Ph. Eur. 5
PH: Zuclopenthixol (décanoate de) Ph. Eur. 5
PH: Zuclopenthixoli decanoas Ph. Eur. 5
PH: Zuclopenthixoldecanoat Ph. Eur. 5

Ciatyl-Z Depot® (Bayer: DE)
Cisordinol Depot® (Duphar: ES)
Cisordinol Depot® (Lundbeck: AT, CZ, DK, FI, HU, IS, NL, NO, PT, SE)
Cisordinol Depot® (Silesia: CL, PE)
Cisordinol® (Lundbeck: ES, NL, PT)
Clopixol Conc.® (Lundbeck: GB)
Clopixol Depot® (Lundbeck: AE, AR, AU, BH, CA, CH, CN, EG, HK, IL, IQ, IR, IT, JO, KW, LB, LK, LU, MX, OM, QA, RU, SA, SD, SI, TH, TR, YE, ZA)
Clopixol Depot® (Medcor: NL)
Clopixol® (Euro: NL)
Clopixol® (Lundbeck: AU, BE, ES, FR, GB, GR, IL, IN, IT, MX, NZ, PH, PL, RO, RS, RU, SG, TH, ZA)

– dihydrochloride:

CAS-Nr.: 0000633-59-0
OS: *Zuclopenthixol Hydrochloride BANM*
PH: Zuclopenthixol Hydrochloride BP 2002

Ciatyl-Z® (Bayer: DE)
Cisordinol® (Duphar: ES)
Cisordinol® (Lundbeck: AT, CZ, DK, ES, FI, HU, IS, NL, NO, PT, SE)
Cisordinol® (Silesia: CL, PE)
Clopixol® (Euro: NL)
Clopixol® (Lundbeck: AR, AU, BG, CA, CH, CN, ES, FR, GB, HK, IE, IL, IN, IT, LK, MX, MY, NZ, PH, PL, RS, RU, SI, TR, ZA)
Clopixol® (Schering-Plough: BR)

Index
Brand Products, Drugs, Synonyms

Register
Handelspräparate, Arzneistoffe, Synonyme

Index
spécialités pharmaceutiques, substances médicamenteuses, synonymes

83380-47-6 → **Ofloxacin**
85344-55-4 → **Ofloxacin**
A 145 → **Promazine**
A180® [vet.] → **Danofloxacin**
2-A® → **Paracetamol**
A 313® → **Retinol**
A 4624 → **Methadone**
AAA® → **Benzocaine**
Aacidexam® → **Dexamethasone**
A-Acido® → **Tretinoin**
Aacifemine® → **Estriol**
A.A. Colistine® [vet.] → **Colistin**
Aafact® → **Octocog Alfa**
Aagent® [vet.] → **Gentamicin**
A.A. Leva P.I.® [vet.] → **Levamisole**
A.A. Oxytocine P.I.® [vet.] → **Oxytocin**
AAS® → **Aspirin**
A.A.S. 500® → **Aspirin**
A.A. Trim P.I.®[vet.] → **Trimethoprim**
A.A. Trim P.I.®[vet.] → **Sulfamethoxazole**
A.A. Xyalzine P. I. [vet.] → **Xylazine**
AB® → **Chlorhexidine**
A-B1® → **Thiamine**
Abac® → **Cefradine**
Abacavir Elea® → **Abacavir**
Abacten® → **Azithromycin**
Abacus® → **Hydroxyzine**
Abaglin® → **Gabapentin**
Abaktal® → **Pefloxacin**
Abalgin® → **Dextropropoxyphene**
Abamectin® [vet.] → **Abamectin**
Abamec® [vet.] → **Abamectin**
Abamune® → **Abacavir**
Abba® [+ Amoxicillin trihydrate] → **Clavulanic Acid**
Abba® [+ Clavulanic Acid potassium salt] → **Amoxicillin**
Abbocillin V® → **Phenoxymethylpenicillin**
Abbocillin VK® → **Phenoxymethylpenicillin**
Abbocurium® → **Atracurium Besilate**
Abbodop® → **Dopamine**
Abbofol® → **Propofol**
Abbokinase® → **Urokinase**
Abbosynagis® → **Palivizumab**
Abbotic® → **Clarithromycin**
Abboticin® → **Erythromycin**
Abboticine® → **Erythromycin**
Abboticin ES® → **Erythromycin**
Abboticin Novum® → **Erythromycin**
Abbott 22370 (Abbott) → **Trimetozine**
Abbott 41070 → **Gonadorelin**
Abbott Dobutamine Hcl® → **Dobutamine**
Abbottselsun® → **Selenium Sulfide**
Abbovir® → **Aciclovir**
Abcid® → **Sulfadimethoxine**
ABC Nonivamid Hydrogel Wärme-Pflaster® → **Nonivamide**
Abcoon® → **Sulfadimethoxine**
ABC Spray® → **Tetryzoline**
Abdiflam® → **Diclofenac**
Abdimox® → **Amoxicillin**
Abdol® → **Diclofenac**
Abduce® → **Aciclovir**
Abedine® → **Levocarnitine**
Abefen® → **Chloramphenicol**
Abelcet® → **Amphotericin B**
Abemide® → **Chlorpropamide**
Abentel® → **Albendazole**
Aberela® → **Tretinoin**
Aberten® → **Theophylline**
Abery® → **Thiamine**
AB-Fentanyl® → **Fentanyl**
AB-Fortimicin® → **Ampicillin**
Abführ-Drages Heumann® → **Sodium Picosulfate**
Abic Carboplatin® → **Carboplatin**
Abic Etoposide® → **Etoposide**
Abic Fluorouracil® → **Fluorouracil**
Abiclav® [+ Amoxicillin, trihydrate] → **Clavulanic Acid**
Abiclav® [+ Clavulanic acid, potassium salt] → **Amoxicillin**
Abic Leucovorin® → **Folinic Acid**
Abic Vincristine® → **Vincristine**
Abilify® → **Aripiprazole**
Abilit® → **Sulpiride**
Abinac® [vet.] → **Acetylcysteine**
Abinol® → **Lorazepam**
Abiocef® → **Cefonicid**
Abiolex® → **Amoxicillin**
Abiotyl® → **Amoxicillin**
Abiplatin® → **Cisplatin**
Abitren® → **Diclofenac**
Abitren Inject® → **Diclofenac**
Abitrexate® → **Methotrexate**
Abitumfonsalbe® [vet.] → **Ichthammol**
Abixa® → **Memantine**
Ablok® → **Atenolol**
Abloom® → **Amlodipine**
Abocain® → **Bupivacaine**
Abodine® → **Povidone-Iodine**
Abopur® → **Allopurinol**
Abovis® → **Aclatonium Napadisilate**
Abrax® → **Docosanol**
Abraxane® → **Paclitaxel**
Abreva® → **Docosanol**
Abricef® → **Cefotaxime**
Abricort® → **Fluocinolone acetonide**
Abricort N® → **Fluocinolone acetonide**
Abrilar® → **Salmeterol**
Abrixone® → **Metadoxine**
Abrol® → **Paracetamol**
Abrolen® → **Ambroxol**
Abrolet® → **Paracetamol**
Absenor® → **Valproic Acid**
Absorlent Matrix® → **Estradiol**
Absten® → **Mazindol**
Abstensyl® → **Disulfiram**
Abtrim® → **Clotrimazole**
Abufène® → **Alanine, β-**
Abutol® → **Acebutolol**
Ac® → **Acetylcysteine**
ACA® → **Trihexyphenidyl**
Acabel® → **Lornoxicam**
Acadione® → **Tiopronin**
Acadrex® [vet.] → **Fenvalerate**
A-Cal® → **Calcium Carbonate**
Acalix® → **Diltiazem**
Acalka® → **Potassium**
Acamed® → **Trihexyphenidyl**
Acamol® → **Paracetamol**
Acamoli® → **Paracetamol**
Acantex® → **Ceftriaxone**
Acarbixin® [+ Amoxicillin trihydrate] → **Clavulanic Acid**
Acarbixin® [+ Clavulanic Acid potassium salt] → **Amoxicillin**
Acarcid® → **Benzyl Benzoate**
Acard® → **Aspirin**
A-Card® → **Isosorbide Mononitrate**
Acardi® → **Pimobendan**
Acaricida® → **Lindane**
Acaril® → **Benzyl Benzoate**
Acarilbial® → **Benzyl Benzoate**
Acaril-S® → **Benzyl Benzoate**
Acarins® [vet.] → **Flumethrin**
Acarsan® → **Benzyl Benzoate**
Acasmul® → **Diltiazem**
Acatak Pour-On® [vet.] → **Fluazuron**
Acatar® → **Oxymetazoline**
ACB® → **Acebutolol**
ACC® → **Acetylcysteine**
ACC 100® → **Aspirin**
ACC-100® → **Acetylcysteine**
ACC-100-Hexal® → **Acetylcysteine**
ACC-200® → **Acetylcysteine**
ACC 200® → **Aspirin**
ACC-600® → **Acetylcysteine**
ACC-Akut 600® → **Acetylcysteine**
ACC eco® → **Acetylcysteine**
Accent® [vet.] → **Ceftiofur**
ACC Hexal® → **Acetylcysteine**
ACC Hot® → **Aspirin**
ACC injekt® → **Acetylcysteine**

ACC-Injekt® → **Acetylcysteine**
ACC-Long® → **Acetylcysteine**
ACC-Long® → **Aspirin**
Accolate® → **Zafirlukast**
Accolate® [vet.] → **Zafirlukast**
Accoleit® → **Zafirlukast**
ACC Saft® → **Acetylcysteine**
AccuNeb® → **Salbutamol**
Accupaque® → **Iohexol**
Accuprin® → **Quinaprilat**
Accupro® → **Quinapril**
Accupron® → **Quinapril**
Accuran® → **Isotretinoin**
Accuretic® → **Quinapril**
Accutane® → **Isotretinoin**
Accutin® → **Isotretinoin**
ACC® [vet.] → **Acetylcysteine**
Ac-De® → **Dactinomycin**
Acdeam® → **Lysozyme**
Acdol® → **Ketorolac**
Ace® → **Paracetamol**
Acea® [gel] → **Metronidazole**
Acebirex® → **Acebutolol**
Acebutolol Alternova® → **Acebutolol**
Acébutolol Biogaran® → **Acebutolol**
Acébutolol EG® → **Acebutolol**
Acébutolol G Gam® → **Acebutolol**
Acebutolol Heumann® → **Acebutolol**
Acebutolol Hydrochloride® → **Acebutolol**
Acébutolol Ivax® → **Acebutolol**
Acébutolol Merck® → **Acebutolol**
Acébutolol RPG® → **Acebutolol**
Acébutolol Sandoz® → **Acebutolol**
Acebutolol Teva® → **Acebutolol**
Acébutolol Winthrop® → **Acebutolol**
Aceclo® → **Aceclofenac**
Aceclofenaco® → **Aceclofenac**
Aceclonac® → **Aceclofenac**
Acecol® → **Temocapril**
Acecromol® → **Cromoglicic Acid**
Acedicone® → **Thebacon**
Acef® → **Cefazolin**
Acefenac® → **Aceclofenac**
Acefilina piperazina → **Acefylline Piperazine**
Acefillina piperazina → **Acefylline Piperazine**
Aceflan® → **Aceclofenac**
Acefylline Piperazine → **Acefylline Piperazine**
Acéfylline pipérazine → **Acefylline Piperazine**
Acefylline Piperazine [BAN, USAN] → **Acefylline Piperazine**
Acéfylline pipérazine [DCF] → **Acefylline Piperazine**
Acefyllin piperazin → **Acefylline Piperazine**
Acefyllinpiperazinum → **Acefylline Piperazine**
Acefyllinum Piperazinum → **Acefylline Piperazine**
Acehasan® → **Acetylcysteine**
ACE-Hemmer® → **Captopril**
ACE-Hemmer RAN® → **Captopril**
ACE-Hemmer-ratiopharm® → **Captopril**
Acekapton® → **Aspirin**
Acelex® → **Cefalexin**
Acemav® [vet.] → **Acepromazine**
Acemetacin® → **Acemetacin**
Acemetacin-CT® → **Acemetacin**
Acemetacin Stada® → **Acemetacin**
Acemetadoc® → **Acemetacin**
Acemetax® → **Acemetacin**
Acemin® → **Lisinopril**
Acemix® → **Acemetacin**
Acemox® → **Acetazolamide**
Acemuc® → **Acetylcysteine**
Acemucol® → **Acetylcysteine**
Acemuk® → **Acetylcysteine**
Acemycin® → **Cefamandole**
Acenac® → **Aceclofenac**
Acenocoumarol 1A® → **Acenocoumarol**
Acenocoumarol CF® → **Acenocoumarol**
Acenocoumarol Gf® → **Acenocoumarol**
Acenocoumarol Merck® → **Acenocoumarol**
Acenocoumarol PCH® → **Acenocoumarol**
Acenocoumarol ratiopharm® → **Acenocoumarol**
Acenocoumarol Sandoz® → **Acenocoumarol**
Acenocumarol® → **Acenocoumarol**
Acenol® → **Paracetamol**
Acenorm® → **Captopril**
Acenor-M® → **Fosinopril**
Acenova® → **Aluminum Acetate**
Acenox® → **Acenocoumarol**
Acenterine® → **Aspirin**
Aceomel® → **Captopril**
Aceon® → **Perindopril**
Aceoto® → **Ciprofloxacin**
Acephen® → **Paracetamol**
Acephlogont® → **Acemetacin**
Acepifylline → **Acefylline Piperazine**
Acepral® → **Aspirin**
Acepramin® → **Aminocaproic Acid**
Acepran® → **Clonazepam**
Acepress® → **Captopril**
Acepril® → **Captopril**
Aceprilex® → **Captopril**
Acepril® [vet.] → **Acepromazine**
Aceproject® → **Acepromazine**
Acepromazine Maleate® → **Acepromazine**
Aceprom® [vet.] → **Acepromazine**
Aceprotabs® [vet.] → **Acepromazine**
Aceprotin® → **Captopril**
Aceptin-R® → **Ranitidine**
Acequin® → **Quinapril**
Acer® → **Cetirizine**
Acerbon® → **Lisinopril**
Acerdil® → **Lisinopril**
Aceril® → **Captopril**
Acerilin® → **Lisinopril**
Acerpes® → **Aciclovir**
Acertil® → **Perindopril**
Acertol® → **Paracetamol**
Acesal® → **Aspirin**
Acesan® → **Aspirin**
Acespargin® → **Aspartic Acid**
Acet® → **Paracetamol**
Aceta® → **Paracetamol**
Acetabs® → **Acetylcysteine**
Acetadiazol® → **Acetazolamide**
Acetadote® → **Acetylcysteine**
Acetagen® → **Paracetamol**
Acetalgin® → **Paracetamol**
Acetamil® → **Paracetamol**
Acetamin® → **Paracetamol**
Acetaminofen® → **Paracetamol**
Acetaminofen Genfar® → **Paracetamol**
Acetaminophen® → **Paracetamol**
Acetamol® → **Paracetamol**
Acetan® → **Lisinopril**
Acetanol® → **Acebutolol**
Aceta-P® → **Paracetamol**
Acetaps® → **Acetylcysteine**
Acetasil® → **Paracetamol**
Acétate de cyprotérone G Gam® → **Cyproterone**
Acetato de aluminio® → **Aluminum Acetate**
Acetazine® [vet.] → **Acepromazine**
Acetazolamid® → **Acetazolamide**
Acetazolamida® → **Acetazolamide**
Acetazolamida L.CH.® → **Acetazolamide**
Acetazolamide Sandoz® → **Acetazolamide**
Acetazolamide Sodium® [inj.] → **Acetazolamide**
Acetazolamide Sodium® [inj.] → **Acetazolamide**
Acetazolamide Tablets® → **Acetazolamide**
Acetec® → **Acitretin**

Acetein® → **Acetylcysteine**
Aceten® → **Captopril**
Acetensa® → **Losartan**
Acetensil® → **Enalapril**
Acetilcisteina® → **Acetylcysteine**
Acetilcisteina Acost® → **Acetylcysteine**
Acetilcisteina Angenerico® → **Acetylcysteine**
Acetilcisteina Bexal® → **Acetylcysteine**
Acetilcisteina Cinfa® → **Acetylcysteine**
Acetilcisteina Cinfamed® → **Acetylcysteine**
Acetilcisteina Davur® → **Acetylcysteine**
Acetilcisteina Eg® → **Acetylcysteine**
Acetilcisteina Farmasierra® → **Acetylcysteine**
Acetilcisteina Hexal® → **Acetylcysteine**
Acetilcisteinã LPH® → **Acetylcysteine**
Acetilcisteina Merck® → **Acetylcysteine**
Acetilcisteina Normon® → **Acetylcysteine**
Acetilcisteina Pensa® → **Acetylcysteine**
Acetilcisteina Ratiopharm® → **Acetylcysteine**
Acetilcisteina Sandoz® → **Acetylcysteine**
Acetilcisteina Tarbis® → **Acetylcysteine**
Acetilcisteina Ur® → **Acetylcysteine**
Acetil colina® → **Acetylcholine Chloride**
Acetilcolina Cusi® → **Acetylcholine Chloride**
Acetilsalicilato de lisina Labesfal® → **Aspirin**
Acetin® → **Acetylcysteine**
Acetisal® → **Aspirin**
Acetocaustin® → **Chloroacetic Acid**
Acetohexamide® → **Acetohexamide**
Acetolit® → **Paracetamol**
Acetónida de fluocinolona → **Fluocinolone acetonide**
Acétonide de fluocinolone → **Fluocinolone acetonide**
Acetopt® → **Sulfacetamide**
Acetor® → **Captopril**
Acetosal® → **Aspirin**
Acetoxyl® → **Benzoyl Peroxide**
Acetylcodone® → **Acetyldihydrocodeine**
Acetylcystein-600 Trom® → **Acetylcysteine**
Acetylcystein AstraZeneca® → **Acetylcysteine**
Acetylcystein-Cimex® → **Acetylcysteine**
Acetylcysteine® → **Acetylcysteine**
Acetylcysteine Bexal® → **Acetylcysteine**
Acétylcystéine Biogaran® → **Acetylcysteine**
Acetylcysteine CF® → **Acetylcysteine**
Acetylcysteine EG® → **Acetylcysteine**
Acetylcysteine-Eurogenerics® → **Acetylcysteine**
Acetylcysteine Gf® → **Acetylcysteine**
Acétylcystéine G Gam® → **Acetylcysteine**
Acetylcysteine Hemofarm® → **Acetylcysteine**
Acetylcysteine Hexal® → **Acetylcysteine**
Acetylcysteine Imphos® → **Acetylcysteine**
Acetylcysteine Katwijk® → **Acetylcysteine**
Acétylcystéine Merck® → **Acetylcysteine**
Acetylcysteine PCH® → **Acetylcysteine**
Acetylcysteine-ratiopharm® → **Acetylcysteine**
Acetylcysteine Samenwerkende Apothekers® → **Acetylcysteine**
Acétylcystéine Sandoz® → **Acetylcysteine**
Acetylcysteine Sodium® → **Acetylcysteine**
Acetylcysteine Solution® → **Acetylcysteine**
Acetylcysteine Teva® → **Acetylcysteine**
Acetylcysteine Topgen® → **Acetylcysteine**
Acetylcysteine Zambon® → **Acetylcysteine**
Acetylcysteine-Zambon® → **Acetylcysteine**
Acetylcystein F. T. Pharma® → **Acetylcysteine**
Acetylcystein Genericon® → **Acetylcysteine**
Acetylcystein Helvepharm® → **Acetylcysteine**
Acetylcystein Heumann® → **Acetylcysteine**
Acetylcystein Merck NM® → **Acetylcysteine**
Acetylcystein Nycomed® → **Acetylcysteine**
Acetylcystein Ratiopharm® → **Acetylcysteine**
Acetylcystein SAD® → **Acetylcysteine**
Acetylcystein Trom® → **Acetylcysteine**
β-Acetyldigoxin RAN® → **Acetyldigoxin**
β-Acetyldigoxin-ratiopharm® → **Acetyldigoxin**
Acetyl Salicylic Acid® → **Aspirin**
Acetylsalicylsaure-RPM® → **Aspirin**
Acetylsalicylsyre SAD® → **Aspirin**
Acetylsalicylzuur® → **Aspirin**
Acetylsalicylzuur A® → **Aspirin**
Acetylsalicylzuur Actavis® → **Aspirin**
Acetylsalicylzuur CF® → **Aspirin**
Acetylsalicylzuur EB® → **Aspirin**
Acetylsalicylzuur HTP® → **Aspirin**
Acetylsalicylzuur Katwijk® → **Aspirin**
Acetylsalicylzuur Merck® → **Aspirin**
Acetylsalicylzuur PCH® → **Aspirin**
Acetylsalicylzuur ratiopharm® → **Aspirin**
Acetylsalicyl zuur Samenwerkende Apothekers® → **Aspirin**
Acetylsalicylzuur Sandoz® → **Aspirin**
Acetylsalicylzuur® [vet.] → **Aspirin**
Acetyphar® → **Acetylcysteine**
Acetysal® → **Aspirin**
Acetysal effervescens® → **Aspirin**
Acetysal pH 8® → **Aspirin**
Acetyst® → **Acetylcysteine**
Ace® [vet.] → **Acepromazine**
Acevir® [emuls.] → **Aciclovir**
Acevor® → **Roxithromycin**
AC-FA® → **Ketoconazole**
Acfol® → **Folic Acid**
Aches-N-Pain® → **Ibuprofen**
Achromycin® → **Tetracycline**
Aci-Bloc® Mepha Pharma AG, CH → **Ranitidine**
Acic® → **Aciclovir**
Acical® → **Calcium Carbonate**
Acic Cream® → **Aciclovir**
Acic-Fieberblasencreme® → **Aciclovir**
Acic® [inj.] → **Aciclovir**
Aciclin® → **Aciclovir**
Aciclo Ahimsa® → **Aciclovir**
Aciclo Basics® → **Aciclovir**
Aciclobene® → **Aciclovir**
Aciclobene Pulver® → **Aciclovir**
Aciclobeta® → **Aciclovir**
Aciclodan® → **Aciclovir**
Aciclomed® → **Aciclovir**
Aciclophar® → **Aciclovir**
Aciclor® → **Aciclovir**

Aciclosan® → **Aciclovir**
Aciclosina® → **Aciclovir**
Aciclostad® → **Aciclovir**
Aciclovir® → **Aciclovir**
Aciclovir 1A Farma® → **Aciclovir**
Aciclovir 1A Pharma® → **Aciclovir**
Aciclovir-200-von-Ct® → **Aciclovir**
Aciclovir-800-von-Ct® → **Aciclovir**
Aciclovir Abbott® → **Aciclovir**
Aciclovir ABC® → **Aciclovir**
Aciclovir AG® → **Aciclovir**
Aciclovir Agen® → **Aciclovir**
Aciclovir Aguettant® → **Aciclovir**
Aciclovir-Akri® → **Aciclovir**
Aciclovir AL® → **Aciclovir**
Aciclovir Allen® → **Aciclovir**
Aciclovir Alonga® → **Aciclovir**
Aciclovir Alpharma® → **Aciclovir**
Aciclovir Alterna® → **Aciclovir**
Aciclovir Angenérico® → **Aciclovir**
Aciclovir-Austropharm® → **Aciclovir**
Aciclovir Bayvit® → **Aciclovir**
Aciclovir-BC® → **Aciclovir**
Aciclovir Bestpharma® [sol.-inj.] → **Aciclovir**
Aciclovir Bexal® → **Aciclovir**
Aciclovir Biogaran® → **Aciclovir**
Aciclovir Centrum® → **Aciclovir**
Aciclovir Chemo Technic® → **Aciclovir**
Aciclovir Ciclum® → **Aciclovir**
Aciclovir Cinfa® → **Aciclovir**
Aciclovir Combino® → **Aciclovir**
Aciclovir Cream® → **Aciclovir**
Aciclovir-CT® → **Aciclovir**
Aciclovir Cuve® → **Aciclovir**
Aciclovir Dakota Pharm® → **Aciclovir**
Aciclovir DBL® → **Aciclovir**
Aciclovir Denk® → **Aciclovir**
Aciclovir DOC® → **Aciclovir**
Aciclovir Dorom® → **Aciclovir**
Aciclovir Ebewe® → **Aciclovir**
Aciclovir Edigen® → **Aciclovir**
Aciclovir EG® → **Aciclovir**
Aciclovir Esteve® → **Aciclovir**
Aciclovir-Eurogenerics® → **Aciclovir**
Aciclovir findusFit® → **Aciclovir**
Aciclovir Fmndtria® → **Aciclovir**
Aciclovir Genericon® → **Aciclovir**
Aciclovir Generis® → **Aciclovir**
Aciclovir Genfar® → **Aciclovir**
Aciclovir Gen-Far® → **Aciclovir**
Aciclovir Genfarma® → **Aciclovir**
Aciclovir-Genthon® → **Aciclovir**
Aciclovir Ges® → **Aciclovir**
Aciclovir G Gam® → **Aciclovir**
Aciclovir-Glaxo Wellcome® → **Aciclovir**
Aciclovir Hemopharm® → **Aciclovir**
Aciclovir Heumann® → **Aciclovir**
Aciclovir Hexal® → **Aciclovir**
Aciclovir HTP® → **Aciclovir**
Aciclovir IDI® → **Aciclovir**
Aciclovir Iqfarma® → **Aciclovir**
Aciclovir Ivax® → **Aciclovir**
Aciclovir Jet® → **Aciclovir**
Aciclovir Katwijk® → **Aciclovir**
Aciclovir Kern® → **Aciclovir**
Aciclovir Klast® → **Aciclovir**
Aciclovir Labesfal® → **Aciclovir**
Aciclovir Lafedar® → **Aciclovir**
Aciclovir L.CH.® → **Aciclovir**
Aciclovir Lch® → **Aciclovir**
Aciclovir Lindo® → **Aciclovir**
Aciclovir Lisan® → **Aciclovir**
Aciclovir Mabo® → **Aciclovir**
Aciclovir Martian® → **Aciclovir**
Aciclovir Mayne® → **Aciclovir**
Aciclovir-Mayne® → **Aciclovir**
Aciclovir Merck® → **Aciclovir**
Aciclovir Merck NM® → **Aciclovir**
Aciclovir MF® → **Aciclovir**
Aciclovir MK® → **Aciclovir**
Aciclovir Mundogen® → **Aciclovir**
Aciclovir Northia® → **Aciclovir**
Aciclovir Pasteur® → **Aciclovir**
Aciclovir Perugen® → **Aciclovir**
Aciclovir Pharmachemie® → **Aciclovir**
Aciclovir Pharmagenus® → **Aciclovir**
Aciclovir Pliva® → **Aciclovir**
Aciclovir Qualix® → **Aciclovir**
Aciclovir Ranbaxy® → **Aciclovir**
Aciclovir Ratiopharm® → **Aciclovir**
Aciclovir Recordati® → **Aciclovir**
Aciclovir RPG® → **Aciclovir**
Aciclovir Sala® → **Aciclovir**
Aciclovir Samenwerkende Apothekers® → **Aciclovir**
Aciclovir Sandoz® → **Aciclovir**
Aciclovir Tablets® → **Aciclovir**
Aciclovir Tedec® → **Aciclovir**
Aciclovir Teva® → **Aciclovir**
Aciclovir T.S.® → **Aciclovir**
Aciclovir Winthrop® → **Aciclovir**
Aciclovir Zydus® → **Aciclovir**
Aciclovivax® → **Aciclovir**
Aciclo von ct® → **Aciclovir**
Acic-Ophtal® → **Aciclovir**
Acicot® → **Dexamethasone**
Acicox® → **Celecoxib**
Acid Acetilsalicilic® → **Aspirin**
Acid Acetilsalicilic Tamponat® → **Aspirin**
Acid A Vit® → **Tretinoin**
Acid carbolique → **Phenol**
Acide aléndronique Biogaran® → **Alendronic Acid**
Acide ascorbique → **Ascorbic Acid**
Acide ascorbique [DCF] → **Ascorbic Acid**
Acide clavulanique → **Clavulanic Acid**
Acide clavulanique [DCF] → **Clavulanic Acid**
Acide cromoglicique → **Cromoglicic Acid**
Acide cromoglicique [DCF] → **Cromoglicic Acid**
Acide édétique → **Edetic Acid**
Acide édétique [DCF] → **Edetic Acid**
Acide étidronique → **Etidronic Acid**
Acide étidronique [DCF] → **Etidronic Acid**
Acide étidronique sodique → **Etidronic Acid**
Acide folique → **Folic Acid**
Acide Folique CCD® → **Folic Acid**
Acide folique [DCF] → **Folic Acid**
Acide fusidique → **Fusidic Acid**
Acide fusidique [DCF] → **Fusidic Acid**
Acide gamolenique → **Gamolenic Acid**
Acidel® → **Aluminum Acetate**
Acide lactique → **Lactic Acid**
Acide lactique [DCF] → **Lactic Acid**
Acide lactique (Ph. Eur. 5) → **Lactic Acid**
Acide méclofénamique → **Meclofenamic Acid**
Acide méclofénamique [DCF] → **Meclofenamic Acid**
Acide oxolinique → **Oxolinic Acid**
Acide oxolinique [DCF] → **Oxolinic Acid**
Acide oxolinique (Ph. Eur. 5) → **Oxolinic Acid**
Acide propionique → **Propionic Acid**
Acide salicylique → **Salicylic Acid**
Acide salicylique [DCF] → **Salicylic Acid**
Acide tiaprofénique EG® → **Tiaprofenic Acid**
Acide tiaprofénique Irex® → **Tiaprofenic Acid**
Acide tiaprofénique Ivax® → **Tiaprofenic Acid**
Acide tiaprofénique Winthrop® → **Tiaprofenic Acid**
Acide trichloracétique → **Trichloroacetic Acid**
Acide trichloroacétique (Ph. Eur. 5) → **Trichloroacetic Acid**

Acidum metaminosalicylicum → **Mesalazine**
Acidum Nicotinicum® → **Nicotinic Acid**
Acidum Nicotinicum Solution Darnitsa® → **Nicotinic Acid**
Acidum Oxolinicum → **Oxolinic Acid**
Acidum oxolinicum (Ph. Eur. 5) → **Oxolinic Acid**
Acidum pantothenicum → **Pantothenic Acid**
Acidum phenylaethylbarbituricum → **Phenobarbital**
Acidum propionicum → **Propionic Acid**
Acidum salicylicum → **Salicylic Acid**
Acidum salicylicum (Ph. Eur. 5, Ph. Int. 4) → **Salicylic Acid**
Acidum thiocticum → **Thioctic Acid**
Acidum trichloraceticum → **Trichloroacetic Acid**
Acidum trichloraceticum (Ph. Eur. 5) → **Trichloroacetic Acid**
Acid yellow 73 → **Fluorescein**
Acid yellow 73 sodium salt → **Fluorescein Sodium**
Aciflox® → **Sparfloxacin**
Aciflux® → **Ranitidine**
Acifol® → **Folic Acid**
Acifolico® → **Folic Acid**
Acifolik® → **Folic Acid**
Aciherp® → **Aciclovir**
Acihexal® → **Aciclovir**
Acihexal Intravenous Infusion® → **Aciclovir**
Aciklovir® → **Aciclovir**
Aciklovir Stada® → **Aciclovir**
Acimax® → **Omeprazole**
Acimed® → **Omeprazole**
Acimethin® → **Methionine, L-**
Acimol® → **Methionine, L-**
Acin® → **Ranitidine**
Acinil® → **Cimetidine**
Acinon® → **Nizatidine**
Acipen-V® → **Phenoxymethylpenicillin**
Aciphen® → **Diethylamine Salicylate**
AcipHex® → **Rabeprazole**
Aciphin® → **Ceftriaxone**
Aciprin CV® → **Aspirin**
Acitop® → **Aciclovir**
Acitrin® → **Cetirizine**
Acitrom® → **Acenocoumarol**
Acival® → **Nimodipine**
Acivir® → **Aciclovir**
Acivirex® → **Aciclovir**
Acix® → **Algeldrate**
Acix® → **Aciclovir**
ACL 70 → **Troclosene**
Aclacinon® → **Aclarubicin**
Aclam® [+ Amoxicillin] → **Clavulanic Acid**
Aclam® [+ Clavulanic Acid] → **Amoxicillin**
Aclarex® → **Celecoxib**
Aclarubicin Ebewe® → **Aclarubicin**
Aclasta® → **Zoledronic Acid**
Aclav® [+ Amoxicillin] → **Clavulanic Acid**
Aclav® [+ Clavulanic acid] → **Amoxicillin**
Aclimafel® → **Veralipride**
Aclin® → **Sulindac**
Aclinda® → **Clindamycin**
Aclixel® → **Paclitaxel**
Acliz® → **Meclozine**
Aclo® → **Aceclofenac**
Acloderm® → **Alclometasone**
Aclofen® → **Aceclofenac**
Aclofin® → **Diclofenac**
Aclor® → **Cefaclor**
Acloral® → **Ranitidine**
Aclosan® → **Tamsulosin**
Aclotan® → **Chondroitin Sulfate**
Aclotin® → **Ticlopidine**
Aclotine® → **Antithrombin III**
Aclovate® → **Alclometasone**
Aclovir® → **Aciclovir**
Aclovirax® → **Aciclovir**
A-Clox® → **Cloxacillin**
Acmecilin® → **Ampicillin**
Acnase® → **Benzoyl Peroxide**
Acnecide® → **Benzoyl Peroxide**
Acneclin® → **Minocycline**
Acne-Derm® → **Azelaic Acid**
Acne Derm® → **Benzoyl Peroxide**
Acnederm® → **Tretinoin**
Acne Hermal® → **Erythromycin**
Acnelyse® → **Tretinoin**
Acnemin® → **Isotretinoin**
Acnepas® → **Benzoyl Peroxide**
Acneryne® → **Erythromycin**
Acnesan® → **Benzoyl Peroxide**
Acnesol® → **Erythromycin**
Acnestop® → **Clindamycin**
Acnetane® → **Isotretinoin**
Acnetick®-10 → **Benzoyl Peroxide**
Acnetrex® → **Isotretinoin**
Acnetrim® → **Erythromycin**
Acnexyl® → **Benzoyl Peroxide**
Acnezaic® → **Azelaic Acid**
Acnil® → **Isotretinoin**
Acnisal® → **Salicylic Acid**
A-cnotren® → **Isotretinoin**
Acnu® → **Nimustine**
Acocantherin → **Ouabain**
Acocontin® → **Ambroxol**
Acodin® → **Dextromethorphan**
A-Cold® → **Bromhexine**
Acolyt® → **Ambroxol**
Acomexol® → **Crotamiton**
Acomplia® → **Rimonabant**
Acon® → **Retinol**
Acorex® → **Ambroxol**
Acortiz® → **Hydrochlorothiazide**
Acotral® → **Ezetimibe**
Acovil® → **Ramipril**
AC-Pulmin® → **Acetylcysteine**
Acpulsif® → **Cisapride**
ACP® [vet.] → **Acepromazine**
Acran® → **Ranitidine**
Acrel® → **Risedronic Acid**
Acri-deca® → **Perflunafene**
Acridilole® → **Carvedilol**
Acridinpulver® [vet.] → **Ethacridine**
Acridinsalbe® [vet.] → **Ethacridine**
Acriflex® → **Chlorhexidine**
Acrinoli lactas → **Ethacridine**
Acrinol (JP XIV) → **Ethacridine**
Acrobronquiol® → **Bromhexine**
Acrocep® → **Cefalexin**
Acrogesico® → **Dextropropoxyphene**
Acromax® → **Cromoglicic Acid**
Acromaxfenicol® → **Chloramphenicol**
Acromicina® → **Tetracycline**
Acromizol® → **Miconazole**
Acromona® → **Metronidazole**
Acromox® → **Amoxicillin**
Acronistina® → **Nystatin**
Acroxen® → **Naproxen**
Acsacea-Creme® → **Metronidazole**
ACT® → **Sodium Fluoride**
ACT-3® → **Ibuprofen**
Actacode® → **Codeine**
Actadol® → **Paracetamol**
Actal® → **Algeldrate**
Actal® → **Alexitol Sodium**
Actalipid® → **Simvastatin**
Actal Plus® → **Dimeticone**
Actan® → **Fluoxetine**
Actapront® → **Isothipendyl**
Actapulgite® → **Attapulgite**
Actastav® → **Stavudine**
Actasulid® → **Nimesulide**
Actebral® → **Cyprodenate**
Actebral® → **Carbamazepine**
Actemra® → **Tocilizumab**
ACTH® → **Corticotropin**
ACTH 40® → **Corticotropin**
ACTH 80® → **Corticotropin**
Acthar® → **Corticotropin**
Acthelea® → **Corticotropin**

ACTH® [vet.] → **Corticotropin**
Acticalcin® → **Calcitonin**
Acticillin® → **Amoxicillin**
Acticin® → **Permethrin**
Acti-Coli ® [vet.] → **Colistin**
Acticort 100® → **Hydrocortisone**
Acticrom® → **Cromoglicic Acid**
Acti Decocci® [vet.] → **Decoquinate**
Actidose® → **Charcoal, Activated**
Actidose-Aqua® → **Charcoal, Activated**
Actidose-Aqua® [vet.] → **Charcoal, Activated**
Actidox® → **Doxycycline**
Acti Doxy® [vet.] → **Doxycycline**
Actifed® → **Carbocisteine**
Actifed New® → **Dextromethorphan**
Actifen® → **Ibuprofen**
Actiferro® → **Ferrous Gluconate**
Actifuge® [vet.] → **Albendazole**
Actigall® → **Ursodeoxycholic Acid**
Actilax® → **Lactulose**
Actilax® → **Sodium Picosulfate**
Actilyse® → **Alteplase**
Actimag® → **Magnesium Pidolate**
Actimax® → **Alendronic Acid**
Actimax® → **Moxifloxacin**
Acti Méthoxine® [vet.] → **Sulfadimethoxine**
Actimmune® → **Interferon Gamma**
Actinamin® → **Carpronium Chloride**
Actinase® → **Flucloxacillin**
Actine® → **Glipizide**
Actinerval® → **Carbamazepine**
Actinoma® → **Diclofenac**
Actin® [+Sulfamethoxazole] → **Trimethoprim**
Actin® [+Trimethoprin] → **Sulfamethoxazole**
Actinum® → **Oxcarbazepine**
Actipram® → **Citalopram**
Actira® → **Moxifloxacin**
Actirelax® → **Suxamethonium Chloride**
Actisite® → **Tetracycline**
Actiskenan® → **Morphine**
Actispirine® [vet.] → **Salicylic Acid**
Actis® [vet.] → **Tocopherol, α-**
Acti Tetra® [vet.] → **Oxytetracycline**
Actithiol® → **Carbocisteine**
Activacin® → **Alteplase**
Activase® → **Alteplase**
Activate Charcoal® → **Charcoal, Activated**
Activir® → **Aciclovir**
Activon® → **Etofenamate**
Actocortina® → **Hydrocortisone**
Actogard® [vet.] → **Azamethiphos**
Actol® → **Paracetamol**
Actolin® → **Salbutamol**
Actonel® → **Risedronic Acid**
Actorin® → **Aspirin**
Actos® → **Pioglitazone**
Actose® → **Pioglitazone**
Actosin® → **Bucladesine**
Actosolv® → **Urokinase**
Actospect® → **Guaifenesin**
Actrim® [+ Sulfamethoxazole] → **Trimethoprim**
Actrim® [+ Trimethoprim] → **Sulfamethoxazole**
Actron® → **Ibuprofen**
Actron® → **Ketoprofen**
Actron® → **Paracetamol**
Actualene® → **Cabergoline**
Acuatim® → **Nadifloxacin**
Acudex® → **Dextranomer**
Acu-Diclofenac® → **Diclofenac**
Acugen® → **Quinapril**
Acuilfem® → **Ibuprofen**
Acuitel® → **Quinapril**
Acular® → **Ketorolac**
Aculare® → **Ketorolac**
Acularen® → **Ketorolac**
Acular Eye Drops® → **Ketorolac**
Acular® [vet.] → **Ketorolac**
Acupan® → **Nefopam**
Acuprel® → **Quinapril**
Acupril i. v.® → **Quinaprilat**
Acura® → **Cetirizine**
Acure® → **Adapalene**
Acuren® → **Hydrochlorothiazide**
Acurenal® → **Quinapril**
Acuretic® → **Quinapril**
Acurmil® → **Atracurium Besilate**
Acustop Cataplasma® → **Flurbiprofen**
Acutol® [vet.] → **Flumetasone**
Acutrim® → **Phenylpropanolamine**
A.C.V.® → **Aciclovir**
AC Vascular® → **Nimodipine**
Acy® → **Aciclovir**
Acyclostad® → **Aciclovir**
Acyclo-V® → **Aciclovir**
Acyclovid® → **Aciclovir**
Acyclovir® → **Aciclovir**
Acyclovir Abbott® → **Aciclovir**
Acyclovir Domesco® → **Aciclovir**
Acyclovir Helvepharm® → **Aciclovir**
Acyclovir Hexpharm® → **Aciclovir**
Acyclovir Indo Farma® → **Aciclovir**
Acyclovir-Mepha® → **Aciclovir**
Acyclovir-Mepha i. v.® → **Aciclovir**
Acyclovir Sodium for Injection® → **Aciclovir**
Acyclovir Sodium Injection® → **Aciclovir**
Acyclovir Stada® → **Aciclovir**
Acyclovir-Teva® → **Aciclovir**
Acyclox® → **Aciclovir**
Acydona® → **Povidone-Iodine**
Acyl® → **Aciclovir**
Acylpyrin® → **Aspirin**
Acylpyrin Effervescens® → **Aspirin**
Acypront® → **Acetylcysteine**
Acyrax® → **Aciclovir**
Acyrax® [inj.] → **Aciclovir**
Acyvir® → **Aciclovir**
Aczone® → **Dapsone**
Ada® → **Phenylephrine**
Adaferin® → **Adapalene**
Adalat® → **Nifedipine**
Adalat CC® → **Nifedipine**
Adalat® CR → **Nifedipine**
Adalate® → **Nifedipine**
Adalat Eins® → **Nifedipine**
Adalat LA® → **Nifedipine**
Adalat Oros® → **Nifedipine**
Adalat Retard® → **Nifedipine**
Adalat SL® → **Nifedipine**
Adalken® → **Penicillamine**
Adamin® → **Cisapride**
Adamin-G® → **Glutamine**
Adams Carbaryl Flea & Tick Shampoo® [vet.] → **Carbaril**
Adana® → **Irbesartan**
Adancor® → **Nicorandil**
Adant Dispo® → **Hyaluronic Acid**
Adant® [inj.] → **Hyaluronic Acid**
Adaphen® → **Methylphenidate**
Adapne® → **Adapalene**
Adartrel® → **Ropinirole**
Adasept® → **Triclosan**
Adavin® → **Nicergoline**
Adax® → **Alprazolam**
Adax® → **Ibuprofen**
Adaxil® → **Glucosamine**
Adazol® → **Albendazole**
Adbiotin → **Amoxicillin**
Adcal® → **Calcium Carbonate**
Adco-Acyclovir® → **Aciclovir**
Adco-Amoclav® [+ Amoxicillin] → **Clavulanic Acid**
Adco-Amoclav® [+ Clavulanic Acid] → **Amoxicillin**
Adco-Amoxycillin® → **Amoxicillin**
Adco-Atenolol® → **Atenolol**
Adco-Betamethasone® → **Betamethasone**
Adco-Bisocor® → **Bisoprolol**
Adco-Captopril® → **Captopril**

Adco-Cefaclor® → **Cefaclor**
Adco-Cetirizine® → **Cetirizine**
Adco-Cimetidine® → **Cimetidine**
Adco-Ciprin® → **Ciprofloxacin**
Adco-Clotrimazole® → **Clotrimazole**
Adco-Co-Trimoxazole® [+ Sulfamethoxazole] → **Trimethoprim**
Adco-Co-Trimoxazole® [+ Trimethoprim] → **Sulfamethoxazole**
Adco-Cyclizine® → **Cyclizine**
Adco-Dermed® → **Ketoconazole**
Adco-Diclofenac® → **Diclofenac**
Adco-Doxazosin® → **Doxazosin**
Adco-Enalapril® → **Enalapril**
Adco-Erythromycin® → **Erythromycin**
Adco-Ethyl Chloride → **Ethyl Chloride**
Adco-Ibuprofen® → **Ibuprofen**
Adco-Indogel® → **Indometacin**
Adco-Indomethacin® → **Indometacin**
Adco-Ketotifen® → **Ketotifen**
Adco-Liquilax® → **Lactulose**
Adco-Loperamide® → **Loperamide**
Adco-Mefenamic Acid® → **Mefenamic Acid**
Adco-Metronidazole® → **Metronidazole**
Adco-Naproxen® → **Naproxen**
Adco-Omeprazole® → **Omeprazole**
Adco-Paracetamol® → **Paracetamol**
Adco-Piroxicam® → **Piroxicam**
Adco-Quinine Dihydrochloride® → **Quinine**
Adcortyl® → **Triamcinolone**
Adcortyl in Orabase® → **Triamcinolone**
Adco-Simvastatin® → **Simvastatin**
Adco-Sufedrin® → **Pseudoephedrine**
Adco-Sulindac® → **Sulindac**
Adco-Wormex® → **Mebendazole**
Adco-Zolpidem® → **Zolpidem**
Addex-Kaliumklorid® → **Potassium**
Addex-Tham® → **Trometamol**
Additiva Calcium® → **Calcium Carbonate**
Additiva Ferrum® → **Ferrous Gluconate**
Additiva Vitamin C® → **Ascorbic Acid**
Additiva Vitamin E® → **Tocopherol, α-**
Additiva Witamina C® → **Ascorbic Acid**
Adebit® → **Buformin**
Adecid® → **Sibutramine**
Adecortyl® [vet.] → **Triamcinolone**
Adecur® → **Terazosin**
Adecut® → **Delapril**
Adedriol® [vet.] → **Tocopherol, α-**
Adefin® → **Nifedipine**
Adefin® → **Azithromycin**
Adefin XL® → **Nifedipine**
Adekin® → **Amantadine**
Adel® → **Clarithromycin**
Adelax® [+ Flupentixol] → **Melitracen**
Adelax® [+ Melitracen] → **Flupentixol**
Adeleks® → **Thiocolchicoside**
Adelir® → **Ubidecarenone**
Adelone® → **Prednisolone**
Adelphan® → **Hydrochlorothiazide**
Adenamin® → **Atenolol**
Adenex® → **Terazosin**
Adenocard® → **Adenosine**
Adenock® → **Allopurinol**
Adenocor® → **Adenosine**
Adenoject® → **Adenosine**
Adenoscan® → **Adenosine**
Adénoscan® → **Adenosine**
Adenosina Biol® → **Adenosine**
Adenosin Ebewe® → **Adenosine**
Adenosine Injection® → **Adenosine**
Adenosin Item® → **Adenosine**
Adényl® → **Adenosine Phosphate**
Adepiron® → **Metamizole**
Adepril® → **Amitriptyline**
Adepssir® → **Fluoxetine**
Adequan® [vet.] → **Chondroitin Sulfate**
Aderan® → **Sibutramine**
Adermicina® → **Retinol**
Adermin → **Pyridoxine**
Aderosol® → **Colecalciferol**
Adesera® → **Adefovir**
Adesipress-TTS® → **Clonidine**
Adesitrin® → **Nitroglycerin**
Adex® → **Ibuprofen**
Adexor® → **Trimetazidine**
Adezan® → **Dipyridamole**
Adezio® → **Cetirizine**
Adglim® → **Glimepiride**
Adiabet® → **Glibenclamide**
Adiamet® → **Metformin**
Adiamil® → **Adapalene**
Adicanil® → **Lisinopril**
Adiclair® → **Nystatin**
Adiecal® → **Calcium Carbonate**
Adifen® → **Tamoxifen**
Adimet® → **Metformin**
Adimod® → **Pidotimod**
Adin® → **Desmopressin**
Adine® → **Norepinephrine**
Adinir® → **Cefdinir**
Adinol® → **Paracetamol**
Adipex® → **Phentermine**
Adipex-P® → **Phentermine**
Adipin® → **Amlodipine**
Adipine® → **Nifedipine**
Adipost® → **Phendimetrazine**
Adiro® → **Aspirin**
Adisar® → **Sibutramine**
Adiuretin® → **Desmopressin**
Adiuvan® → **Glimepiride**
Adizem CD® → **Diltiazem**
Adizem SR® → **Diltiazem**
Adizem XL® → **Diltiazem**
Adjusol®[vet.] → **Sulfadiazine**
Adjusol®[vet.] → **Trimethoprim**
Adjuvin® → **Sertraline**
ADM → **Doxorubicin**
Admiral® → **Tenoxicam**
Admon® → **Nimodipine**
A.D. Mycin® → **Doxorubicin**
Adobazone® → **Carbazochrome**
Adocef® → **Cefadroxil**
Adocor® → **Captopril**
Adofen® → **Fluoxetine**
Adol® → **Paracetamol**
Adolan® → **Methadone**
Adolonta® → **Tramadol**
Adolquir® → **Dexketoprofen**
Adona® → **Carbazochrome**
Adonamin® C → **Carbazochrome**
Adora® → **Cefadroxil**
Adorem® → **Paracetamol**
Adormix® → **Zolpidem**
Adovi® → **Zidovudine**
Adpas® → **Pioglitazone**
Adprin B® → **Aspirin**
Adracon® → **Sumatriptan**
Adreject® → **Epinephrine**
Adrekar® → **Adenosine**
Adrenalin® → **Epinephrine**
Adrenalina → **Epinephrine**
Adrenalina® → **Epinephrine**
Adrenalinã® → **Epinephrine**
Adrenalina Apolo® → **Epinephrine**
Adrenalina Biol® → **Epinephrine**
Adrenalina Braun® → **Epinephrine**
Adrenalina [DCIT] → **Epinephrine**
Adrenalina Fada® → **Epinephrine**
Adrenalina (F. U. XI) → **Epinephrine**
Adrenalina Inyectable® → **Epinephrine**
Adrenalina Larjan® → **Epinephrine**
Adrenalina Level® → **Epinephrine**
Adrenalina Sintetica® → **Epinephrine**
Adrenalin-Braun® → **Epinephrine**
Adrenalin Carino® → **Epinephrine**
Adrenalin Dak® → **Epinephrine**
Adrenaline® → **Epinephrine**

Aethacridin Bichsel® → **Ethacridine**
Aethacridinum lacticum → **Ethacridine**
Aethoxysklerol® → **Polidocanol**
Aethoxysklerol-Kreussler® → **Polidocanol**
Aethyladrianol → **Etilefrine**
Aethylcarbonas Chinin® → **Quinine**
Aethylum Chloratum® → **Ethyl Chloride**
Aetoxisclerol® → **Polidocanol**
Afazol Grin® → **Naphazoline**
Afebril® → **Ibuprofen**
Afebrin® → **Paracetamol**
Afebryl® → **Paracetamol**
Afecton® → **Cefaclor**
Afeksin® → **Fluoxetine**
Afema® → **Fadrozole**
Afeme® → **Dexchlorpheniramine**
A-Fenac® → **Diclofenac**
A-Fenac K® → **Diclofenac**
Afenexil® → **Paroxetine**
Afenil® → **Trandolapril**
Afenilak® → **Diclofenac**
Afenoxin® → **Ciprofloxacin**
Affectine® → **Fluoxetine**
Affex® → **Fluoxetine**
Afiancen® → **Leflunomide**
Afibutazone® [vet.] → **Phenylbutazone**
AFI-D2 forte® → **Ergocalciferol**
Afilan® → **Mazindol**
Afilosina® [vet.] → **Tylosin**
Afisolone® [vet.] → **Hydrocortisone**
Afispir® [vet.] → **Spiramycin**
Afix® → **Cefixime**
Afixime® → **Cefixime**
Aflamax® → **Naproxen**
Aflamid® → **Meloxicam**
Aflamil® → **Aceclofenac**
Aflamin® → **Aceclofenac**
Aflamin® → **Indometacin**
Aflarex® → **Fluorometholone**
Aflat® → **Dimeticone**
Aflegan® → **Ambroxol**
Aflen® → **Triflusal**
Aflex® → **Nabumetone**
Afloben® → **Benzydamine**
Afloderm® → **Alclometasone**
Aflogen® → **Nimesulide**
Aflogol® → **Aminobenzoic Acid**
Aflorix® → **Clotrimazole**
Aflox® → **Ciprofloxacin**
A-Flox® → **Flucloxacillin**
Afloxan® → **Proglumetacin**
Afloyan® → **Mirtazapine**
Afluon® → **Azelastine**
Aflux® → **Acetylcysteine**
Afm® → **Fluorometholone**
Afobam® → **Alprazolam**
Afonilum® → **Theophylline**
Afonilum novo® → **Theophylline Sodium Glycinate**
Afonilum SR® → **Theophylline**
A-Forte® → **Retinol**
afpred-DEXA® → **Dexamethasone**
afpred forte-Theo® → **Theophylline**
Afrazine® → **Oxymetazoline**
Afrin® → **Oxymetazoline**
Afrine Nasal® → **Oxymetazoline**
Afrin Paediatric® → **Oxymetazoline**
Afro® → **Methyltestosterone**
A.F.S. Amoxcilin® [vet.] → **Amoxicillin**
A.F.S. Oxytet® [vet.] → **Oxytetracycline**
A.F.S. Trimsul®[vet.] → **Trimethoprim**
A.F.S. Trimsul®[vet.] → **Sulfadiazine**
A.F.S. Tylan Soluble® [vet.] → **Tylosin**
Aftab® → **Triamcinolone**
AF-TAF® → **Phenylephrine**
Aftasol® → **Amlexanox**
Aftasone® → **Hydrocortisone**
Aftate® → **Tolnaftate**
After Burn® → **Lidocaine**
AF-TIPA® → **Oxymetazoline**
Afugin® → **Terbinafine**
Afun® → **Clotrimazole**
Afungil® → **Fluconazole**
Afunginal® → **Nystatin**
Afusona® → **Diflucortolone**
A.f. Valdecasas® → **Folic Acid**
Agaffin-Abführgel® → **Sodium Picosulfate**
Agaffin-Dragees® → **Sodium Picosulfate**
Agaffin-Tropfen® → **Sodium Picosulfate**
Agapurin® → **Pentoxifylline**
Agapurin retard® → **Pentoxifylline**
Agarol® → **Phenolphthalein**
Agarol® → **Sodium Picosulfate**
Agarol chicles® → **Sodium Picosulfate**
Agaroletten® → **Bisacodyl**
Agasten® → **Clemastine**
Agelmin® → **Cetirizine**
Agenerase® → **Amprenavir**
Ageroplas® → **Ditazole**
Agerpen® → **Amoxicillin**
Agglad ofteno® → **Brimonidine**
Aggrastat® → **Tirofiban**
Aggravan® → **Cilostazol**
Aggribloc® → **Tirofiban**
Agifutol® → **Glutathione**
Agilease® → **Dipyridamole**
Agilex® → **Indometacin**
Agilisin® → **Indometacin**
Agilomed® → **Diclofenac**
Agilona® → **Flufenamic Acid**
Agilxen® → **Naproxen**
Agiolax Pico® → **Sodium Picosulfate**
Agioten® → **Enalapril**
Agiserc® → **Betahistine**
Agispor® → **Bifonazole**
Agisten® → **Clotrimazole**
Agit® → **Dihydroergotamine**
Aglan® → **Meloxicam**
Aglandin retard® → **Tamsulosin**
Aglucide® → **Gliclazide**
Aglumet® → **Metformin**
Aglurab® → **Metformin**
Agnicin® → **Amikacin**
Agobilina® → **Glibenclamide**
Agofollin® [compr./inj.] → **Estradiol**
Agofollin® [inj.] → **Estradiol**
Agolutin® → **Progesterone**
Agopton® → **Lansoprazole**
Agoxin® → **Digoxin**
Agra-Col® [vet.] → **Levamisole**
Agradil® → **Veralipride**
Agram® → **Amoxicillin**
Agramelk® [vet.] → **Lactic Acid**
Agramelk® [vet.] → **Povidone-Iodine**
Agrastat® → **Tirofiban**
Agreal® → **Veralipride**
Agréal® → **Veralipride**
Agrelid® → **Anagrelide**
Agremol® → **Dipyridamole**
Agretik® → **Ticlopidine**
Agrezol® → **Cilostazol**
Agri-Cillin® [vet.] → **Penicillin G Procaine**
Agrimycin® [vet.] → **Oxytetracycline**
A Grin® → **Retinol**
Agrisept® [vet.] → **Troclosene Potassium**
Agrixal® → **Omeprazole**
Agrylin® → **Anagrelide**
Agucort® → **Oseltamivir**
Agufam® → **Famotidine**
Agulan® → **Perindopril**
Agyr® → **Ciprofloxacin**
Agyrax® → **Meclozine**
AH 19 065 → **Ranitidine**
AH 19065 → **Ranitidine**
AH 3® → **Hydroxyzine**
AHF® → **Octocog Alfa**
Ahiston® → **Chlorphenamine**
AHP® → **Oxaceprol**
AHR 3070-C → **Metoclopramide**
AHR 504 (Robins, USA) → **Glycopyrronium Bromide**

AHR 619 (Robins, USA) → **Doxapram**
A-H® [vet.] → **Doxylamine**
A-hydroCort® → **Hydrocortisone**
AI3 01814 → **Phenol**
AI3-25257 → **Troclosene**
Aidar® → **Cimetidine**
Aidol® → **Mefenamic Acid**
Aimafix® → **Nonacog Alfa**
Aimafix D.I.® → **Nonacog Alfa**
Ainex® → **Ibuprofen**
Ainex® → **Nimesulide**
Airclin® → **Triamcinolone**
Aircort® → **Budesonide**
Airet® → **Salbutamol**
Airmax® → **Salbutamol**
Airol® → **Tretinoin**
Airomate® → **Afloqualone**
Airomet-Aom® → **Omeprazole**
Airomir® → **Salbutamol**
Airomir Autohaler® → **Salbutamol**
Aironyl® → **Terbutaline**
Airtal® → **Aceclofenac**
Air-Tal® → **Aceclofenac**
Airtal Difucrem® → **Aceclofenac**
Air-X® → **Dimeticone**
Aisoskin® → **Isotretinoin**
Ajatin® → **Benzododecinium Chloride**
Akabar® → **Nifuroxazide**
Akacin® → **Amikacin**
Akamin® → **Amikacin**
Akamin® → **Minocycline**
Akamon® → **Bromazepam**
Akarin® → **Citalopram**
Akatinol® → **Memantine**
Akatinol Memantine® → **Memantine**
AK-Con® → **Naphazoline**
AK-Dilate® → **Phenylephrine**
AK-Fluor® → **Fluorescein Sodium**
Akicin® → **Amikacin**
Akilen® → **Ofloxacin**
Akim® → **Amikacin**
Akindex® → **Dextromethorphan**
Akineton® → **Biperiden**
Akineton® [inj.] → **Biperiden**
Akineton® [inj.] → **Biperiden**
Akineton LP® → **Biperiden**
Akistin® → **o-Carbamoylphenoxyacetic Acid**
Aklonin® → **Phenamacide**
Aklovir® → **Aciclovir**
Aknecolor® → **Clotrimazole**
Akne Cordes® → **Erythromycin**
Aknederm Ery Gel® → **Erythromycin**
AK-Nefrin® → **Phenylephrine**
Aknefug® → **Erythromycin**
Aknefug BP® → **Benzoyl Peroxide**
Aknefug DOXY® → **Doxycycline**
Aknefug-EL® → **Erythromycin**
Aknefug ISO® → **Isotretinoin**
Aknefug-liquid® → **Salicylic Acid**
Aknefug MINO® → **Minocycline**
Aknefug-oxid® → **Benzoyl Peroxide**
Aknefug-simplex® → **Hexachlorophene**
Aknemin® → **Minocycline**
Aknemycin® → **Erythromycin**
Akne-Mycin® → **Erythromycin**
Aknenormin® → **Isotretinoin**
Akneroxid® → **Benzoyl Peroxide**
Aknesil® → **Isotretinoin**
Aknex® → **Benzoyl Peroxide**
Aknex Cleaning® → **Cetrimonium**
Aknichthol® → **Ichthammol**
Aknilox® → **Erythromycin**
Aknin-N® → **Minocycline**
Aknoral® → **Minocycline**
Aknoren® → **Azelaic Acid**
Aknosan® → **Minocycline**
Akorazol® → **Ketoconazole**
AK-Pentolate® → **Cyclopentolate**
AK-Pred® → **Prednisolone**
Akridipin® → **Amlodipine**
Akripamide® → **Indapamide**
Akrofen® → **Phenylbutazone**
Akrofolline® [inj.] → **Estradiol**
Aksef® → **Cefuroxime**
Aksil® → **Benzoyl Peroxide**
Aksoderm® → **Retinol**
AK-Sulf® → **Sulfacetamide**
Aktibol® → **Cobamamide**
Aktiferrin® → **Ferrous Sulfate**
Aktil® [+ Amoxicillin, sodium salt], [inj.] → **Clavulanic Acid**
Aktil® [+ Amoxicillin, trihydrate] → **Clavulanic Acid**
Aktil® [+ Clavulanic Acid, potassium salt] → **Amoxicillin**
Aktil® [+ Clavulanic Acid, potassium salt], [inj.] → **Amoxicillin**
Aktivt kul Norit® → **Charcoal, Activated**
AK-Tob® → **Tobramycin**
Akton® → **Cloxazolam**
Aktren® → **Ibuprofen**
Al3-00239 → **Docusate Sodium**
A.L. 3-Nitro® [vet.] → **Roxarsone**
Alacetan® → **Naproxen**
Ala-Cort® → **Hydrocortisone**
Alager® → **Azelastine**
Alagra® → **Fexofenadine**
Alagyl® → **Clemastine**
Alamast® → **Pemirolast**
Alamycin® [vet.] → **Oxytetracycline**
Alanase® → **Beclometasone**
Alanetorin® → **Aldioxa**
Alanta® → **Aldioxa**
Alantan® → **Allantoin**
Alapren® → **Enalapril**
Alapril® → **Enalapril**
Alapril® → **Lisinopril**
Alapryl® → **Halazepam**
Alarex® → **Cetirizine**
Alarin® → **Loratadine**
Alarm® [vet.] → **Tetryzoline**
Ala-Scalp® → **Hydrocortisone**
Alatrol® → **Cetirizine**
Alavert® → **Loratadine**
Alaway® [ophthalm.] → **Ketotifen**
Alaxa® → **Bisacodyl**
Alazol® [vet.] → **Dimetridazole**
Alba® → **Albendazole**
Albact® → **Ofloxacin**
Albac® [vet.] → **Bacitracin**
Albalon® → **Naphazoline**
Albalon Relief® → **Phenylephrine**
Albamax® → **Albendazole**
Albapax® → **Zolpidem**
Albarel® → **Rilmenidine**
Albasol® → **Naphazoline**
Albatel® → **Albendazole**
Albatrina® → **Loratadine**
Albazol® [vet.] → **Albendazole**
Alben® → **Albendazole**
Albenda® → **Albendazole**
Albendanova® → **Albendazole**
Albendazol® → **Albendazole**
Albendazole Indo Farma® → **Albendazole**
Albendazol Fmndtria® → **Albendazole**
Albendazol Genfar® → **Albendazole**
Albendazol Gen-Far® → **Albendazole**
Albendazol Iqfarma® → **Albendazole**
Albendazol MK® → **Albendazole**
Albendazol® [vet.] → **Albendazole**
Albendol® → **Albendazole**
Albenil® [vet.] → **Albendazole**
Albensure® [vet.] → **Albendazole**
Alben® [vet.] → **Albendazole**
Albenza® → **Albendazole**
Albenzol® → **Albendazole**
Albeoler® → **Fluticasone**
Albetol® → **Labetalol**
Albex® [vet.] → **Albendazole**
Albezole® → **Albendazole**
Albicar® → **Levocarnitine**
Albicort® → **Triamcinolone**
Albiotic® → **Lincomycin**
Albiotic® [vet.] → **Lincomycin**
Albiotin® → **Clindamycin**

Albipenal® [vet.] → **Ampicillin**
Albipen® [vet.] → **Ampicillin**
Albizol® → **Albendazole**
Albocresil® → **Policresulen**
Albon® [vet.] → **Sulfadimethoxine**
Albothyl® → **Policresulen**
Albotyl® → **Nicergoline**
Alboz® → **Omeprazole**
Albucid® → **Sulfacetamide**
Albucide Liqvo® → **Sulfanilamide**
Albugenol® → **Salbutamol**
Albuterol® → **Salbutamol**
Albuterol Sulfate® → **Salbutamol**
Albuvit® → **Sulfacetamide**
Albyl-E® → **Aspirin**
Albyl® minor → **Aspirin**
Alcacyl® → **Carbasalate Calcium**
Alcacyl Instant-Pulver® → **Aspirin**
Alcaine® → **Proxymetacaine**
Alcamex® → **Calcium Carbonate**
Alcamfor → **Camphor**
Alcaten® → **Phentetramine**
Alcelam® → **Alprazolam**
Alcet® → **Levocetirizine**
Alcevan® → **Amoxicillin**
Alchera® → **Zopiclone**
Alcis® → **Estradiol**
Alcis Semanal® → **Estradiol**
Alciton® [salmon] → **Calcitonin**
Alclomethasone Dipropionate® → **Alclometasone**
Alcobon® → **Flucytosine**
Alcolex® → **Benzoxonium Chloride**
Alcomicin® → **Gentamicin**
Alcon Azopt® → **Brinzolamide**
Alcon cilox® → **Ciprofloxacin**
Alcon Ciloxan® → **Ciprofloxacin**
Alconefrin-12® → **Phenylephrine**
Alconefrin-25® → **Phenylephrine**
Alconefrin-50® → **Phenylephrine**
Alcon Eye Gel® → **Carbomer**
Alcon Travatan® → **Travoprost**
Alcophyllin® → **Theophylline**
Alcover® → **Butanoic acid, 4-hydroxy-**
Alcoxidine® → **Chlorhexidine**
Alcytam® → **Citalopram**
Alda® → **Albendazole**
Aldactone® → **Spironolactone**
Aldactone-A® → **Spironolactone**
Aldactone® [inj.] → **Potassium Canrenoate**
Aldactone® [vet.] → **Spironolactone**
Aldan® → **Amlodipine**
Aldara® → **Imiquimod**
Aldazine® → **Thioridazine**
Aldecin® → **Beclometasone**
Aldecina® → **Beclometasone**
Aldesonit® → **Budesonide**
Aldex® → **Albendazole**
Aldiab® → **Glipizide**
Aldic® → **Furosemide**
Aldin® → **Albendazole**
Aldinir® → **Cefdinir**
Aldizem® → **Diltiazem**
Aldobronquial® → **Salbutamol**
Aldocumar® → **Warfarin**
Aldolan® [inj.] → **Pethidine**
Aldolor® → **Paracetamol**
Aldomet® → **Methyldopa**
Aldometil® → **Methyldopa**
Aldomin® → **Methyldopa**
Aldonar® → **Spironolactone**
Aldoquin® → **Hydroquinone**
Aldoquin anti-acne® → **Tretinoin**
Aldoron® → **Nimesulide**
Aldo-Silvederma® → **Sulfadiazine**
Aldosomnil® → **Lormetazepam**
Aldospirone® → **Spironolactone**
Aldospray Analgesico® → **Mabuprofen**
Aldurazyme® → **Laronidase**
Alegysal® → **Pemirolast**
Alenat® → **Alendronic Acid**
Alenato® → **Alendronic Acid**
Alenax® → **Alendronic Acid**
Alenbit® → **Norfloxacin**
Alencast® → **Nimesulide**
Alendil® → **Alendronic Acid**
Alendon® → **Alendronic Acid**
Alendor® → **Alendronic Acid**
Alendromax® → **Alendronic Acid**
Alendronat® → **Alendronic Acid**
Alendronat Arrow® → **Alendronic Acid**
Alendronate Sodium® → **Alendronic Acid**
Alendronate-Teva® → **Alendronic Acid**
Alendronat Mepha® → **Alendronic Acid**
Alendronat Merck NM® → **Alendronic Acid**
Alendronato® → **Alendronic Acid**
Alendronato Denver Farma® → **Alendronic Acid**
Alendronato Genfar® → **Alendronic Acid**
Alendronato MK® → **Alendronic Acid**
Alendronato Northia® → **Alendronic Acid**
Alendronato Pliva® → **Alendronic Acid**
Alendronato ratiopharm® → **Alendronic Acid**
Alendronato Teva® → **Alendronic Acid**
Alendronat-ratiopharm® → **Alendronic Acid**
Alendronat Teva® → **Alendronic Acid**
Alendron beta® → **Alendronic Acid**
Alendron-Hexal® → **Alendronic Acid**
Alendroninezuur Actavis® → **Alendronic Acid**
Alendroninezuur Ratiopharm® → **Alendronic Acid**
Alendroninezuur Sandoz® → **Alendronic Acid**
Alendronsäure AbZ® → **Alendronic Acid**
Alendronsäure AL® → **Alendronic Acid**
Alendronsäure AWD® → **Alendronic Acid**
Alendronsäure-CT® → **Alendronic Acid**
Alendronsäure Heumann® → **Alendronic Acid**
Alendronsäure Interpharm® → **Alendronic Acid**
Alendronsäure Kwizda® → **Alendronic Acid**
Alendronsäure Merck® → **Alendronic Acid**
Alendronsäure-ratiopharm® → **Alendronic Acid**
Alendronsäure ratiopharm® → **Alendronic Acid**
Alendronsäure STADA® → **Alendronic Acid**
Alendron Sandoz® → **Alendronic Acid**
Alendronstad® → **Alendronic Acid**
Alendro-Q® → **Alendronic Acid**
Alendros® → **Alendronic Acid**
A-Lennon Amoxycillin® → **Amoxicillin**
A-Lennon-Erythromycin® → **Erythromycin**
Alenstran® → **Cetirizine**
Alental® → **Fluoxetine**
Alentin® → **Albendazole**
Alentol® → **Fluoxetine**
Alenzantyl® → **Azelaic Acid**
Alepa-forte® → **Silibinin**
Alepam® → **Oxazepam**
Alepsal® → **Phenobarbital**
Alerbak® → **Spaglumic Acid**
Alerbul nasal® → **Cromoglicic Acid**
Alerbul oftalmico® → **Cromoglicic Acid**
Alercas® → **Fexofenadine**
Alercet® → **Cetirizine**

Alercina® → **Cetirizine**
Alercrom® → **Cromoglicic Acid**
Alerdual® → **Azelastine**
Alerest® → **Cetirizine**
Alerfan® → **Loratadine**
Alerfast® → **Loratadine**
Alerfast® → **Ketotifen**
Alerfedine® → **Fexofenadine**
Alerfin® → **Beclometasone**
Alerfix® → **Levocetirizine**
Alerfrin® → **Cetirizine**
Alerg® → **Cromoglicic Acid**
Alergaliv® → **Loratadine**
Alergan® → **Loratadine**
Alergical Inyectable® → **Chlorphenamine**
Alergidryl® → **Chlorphenamine**
Alergil® → **Diphenhydramine**
Alergin® → **Loratadine**
Alergipan® → **Loratadine**
Alergit® → **Loratadine**
Alergitrat® → **Chlorphenamine**
Alergocrom® → **Cromoglicic Acid**
Alergoliber® → **Rupatadine**
Alergonase® → **Fluticasone**
Alergoxal® → **Cetirizine**
Aleric® → **Loratadine**
Alerid® → **Cetirizine**
Alerion® → **Clonazepam**
Alerjon® → **Oxymetazoline**
Alerlisin® → **Cetirizine**
Alermed® → **Cetirizine**
Alermizol NF® → **Cetirizine**
Alermuc® → **Loratadine**
Alernitis® → **Loratadine**
Alerpasol® → **Cetirizine**
Alerpriv® → **Loratadine**
Alerrid® → **Cetirizine**
Alersan® → **Betamethasone**
Alertadin Lch® → **Loratadine**
Alertax® → **Ketotifen**
Alertec® → **Modafinil**
Alertek® → **Cetirizine**
Alertex® → **Modafinil**
Alerton® → **Ubidecarenone**
Alertop® → **Cetirizine**
Alerviden® → **Cetirizine**
Alervil® → **Pheniramine**
Alerza® → **Cetirizine**
Alerzina® → **Cetirizine**
Alesion® → **Epinastine**
Alesof-10® → **Cetirizine**
Aleudrina® → **Isoprenaline**
Aleva® → **Ebastine**
Aleval® → **Sertraline**
Aleviatin® → **Phenytoin**
Alexan® → **Cytarabine**
Alex Cough® → **Dextromethorphan**
Alexia® → **Fexofenadine**
Alexid® → **Pivmecillinam**
Alexin® → **Cefalexin**
Alexin® → **Lansoprazole**
Aleze® → **Loratadine**
Alfabedyl® → **Alfaprostol**
Alfa Bergamon® → **Didecyldimethylammonium**
Alfa Blue® → **Chlorhexidine**
Alfa C® → **Benzalkonium Chloride**
Alfacaine® → **Lidocaine**
Alfacalcidol® → **Alfacalcidol**
Alfacet® → **Cefaclor**
Alfacid® → **Rifabutin**
Alfacip® → **Alfacalcidol**
Alfa Cloromicol® → **Chloramphenicol**
Alfacort® → **Hydrocortisone**
Alfacorton® → **Hydrocortisone**
Alfacron® [vet.] → **Azamethiphos**
Alfad® → **Alfacalcidol**
Alfa D® → **Alfacalcidol**
Alfadil® → **Doxazosin**
Alfadil® BPH → **Doxazosin**
Alfadiman® → **Allopurinol**
Alfadiol® → **Alfacalcidol**
Alfadoxin® → **Doxazosin**
Alfa-E® → **Tocopherol, α-**
Alfaferone® → **Interferon Alfa**
Alfakalcydol® → **Alfacalcidol**
Alfaken® → **Lisinopril**
Alfakinasi® → **Urokinase**
Alfalyl® → **Dexamethasone**
Alfamedin® → **Doxazosin**
Alfamet® → **Methyldopa**
Alfametildopa® → **Methyldopa**
Alfamox® → **Amoxicillin**
Alfanative-Interferon® → **Interferon Alfa**
Alfaprost® → **Terazosin**
Alfapsin® → **Chymotrypsin**
Alfa Red® → **Chlorhexidine**
Alfarol® → **Alfacalcidol**
Alfasid® → **Sultamicillin**
Alfasid® → **Lidocaine**
Alfasilin® → **Ampicillin**
Alfasin® → **Finasteride**
Alfason® → **Hydrocortisone**
Alfast® → **Alfentanil**
Alfate® → **Sucralfate**
Alfater® → **Interferon Alfa**
Alfatil® → **Cefaclor**
Alfa-Tocoferol Acetate® → **Tocopherol, α-**
Alfatrim® [+ Sulfamethoxazole] → **Trimethoprim**
Alfatrim® [+ Trimethoprim] → **Sulfamethoxazole**
Alfavet® [vet.] → **Alfaprostol**
Alfaxan® [vet.] → **Alfaxalone**
Alfener® → **Diltiazem**
Alfenta® → **Alfentanil**
Alferm® → **Prednisolone**
Alferon® → **Interferon Alfa**
Alferon N® → **Interferon Alfa**
Alfetim® → **Alfuzosin**
Alficetin® → **Colistin**
Alfin® → **Sildenafil**
Alflam® → **Diclofenac**
Alfogel® → **Aluminum Phosphate, Dried**
Alfospas® → **Tiropramide**
Alfoxan® → **Mefenamic Acid**
Alfoxil® → **Amoxicillin**
Alfu® → **Alfuzosin**
Alfuca® → **Albendazole**
Alfunar® → **Alfuzosin**
Alfusin® → **Alfuzosin**
Alfuzosin-1A Pharma® → **Alfuzosin**
Alfuzosin AbZ® → **Alfuzosin**
Alfuzosin Actavis® → **Alfuzosin**
Alfuzosin AL® → **Alfuzosin**
Alfuzosin AWD® → **Alfuzosin**
Alfuzosin beta® → **Alfuzosin**
Alfuzosin Copyfarm® → **Alfuzosin**
Alfuzosin-CT® → **Alfuzosin**
Alfuzosin-dura® → **Alfuzosin**
Alfuzosine® → **Alfuzosin**
Alfuzosine Biogaran® → **Alfuzosin**
Alfuzosin Hexal® → **Alfuzosin**
Alfuzosin Hydrochloride Sandoz® → **Alfuzosin**
Alfuzosin Hydrochlorid ratiopharm® → **Alfuzosin**
Alfuzosin Merck NM® → **Alfuzosin**
Alfuzosin-ratiopharm® → **Alfuzosin**
Alfuzosin ratiopharm® → **Alfuzosin**
Alfuzosin Sandoz® → **Alfuzosin**
Alfuzosin Stada® → **Alfuzosin**
Alfuzosin Winthrop® → **Alfuzosin**
Alganax® → **Alprazolam**
Alganex® → **Tenoxicam**
Algedol® → **Morphine**
Algefit-Gel® → **Diclofenac**
Algesal® → **Diethylamine Salicylate**
Algex® → **Mefenamic Acid**
Algia® → **Gabapentin**
Algiafin® → **Paracetamol**
Algiasdin® → **Ibuprofen**
Algicler® → **Diclofenac**
Algiderm® → **Erythromycin**
Algidrin® → **Ibuprofen**
Algifemin® → **Mefenamic Acid**
Algifene® → **Dextropropoxyphene**

Algifeno® → **Nimesulide**
Algifor® → **Ibuprofen**
Algifor-L® → **Ibuprofen**
Algikey® → **Ketorolac**
Algi Mabo® → **Metamizole**
Algimate® → **Clonixin**
Algimesil® → **Nimesulide**
Algin® → **Tiemonium Methylsulfate**
Alginatol® → **Alginic Acid**
Alginodia® → **Metamizole**
Alginor® → **Cimetropium Bromide**
Algin-Vek® → **Tenoxicam**
Algiprofen® [inj.] → **Ketoprofen**
Algix® → **Etoricoxib**
Algo-Bebe® → **Aspirin**
Algocalmin® → **Metamizole**
Algocetil® → **Sulindac**
Algofen® → **Ibuprofen**
Algoflex® → **Ibuprofen**
Algofren® → **Ibuprofen**
Algogen® → **Paracetamol**
Algolider® → **Naproxen**
Algolider® → **Nimesulide**
Algolysine → **Methadone**
Algomen® → **Mefenamic Acid**
Algon® → **Metamizole**
Algonapril® → **Naproxen**
Algoplaque® → **Carmellose**
Algopyrin® → **Metamizole**
Algoremin® → **Metamizole**
Algosenac® → **Diclofenac**
Algostase® → **Paracetamol**
Algostase mono® → **Paracetamol**
Algosulid® → **Nimesulide**
Algover® → **Nimesulide**
Algoxam® → **Piroxicam**
Algozone® → **Metamizole**
Algut® → **Allopurinol**
A-Lices® → **Malathion**
Alidase® → **Naproxen**
Alidial® → **Gabapentin**
Alidol F® → **Ibuprofen**
Alidor® → **Aspirin**
Alikal® → **Paracetamol**
Alilestrenol® → **Allylestrenol**
Alimix® → **Cisapride**
Alimta® → **Pemetrexed**
Alin® → **Albendazole**
Alin® → **Ezetimibe**
Alin® → **Phenolphthalein**
Alin® → **Ranitidine**
Alin® → **Dexamethasone**
Alinamin® → **Fursultiamine**
Alinamin-F® → **Fursultiamine**
Alinax® → **Naproxen**
Alin Depot® → **Dexamethasone**
Alindor® → **Metamizole**
Alindrin® → **Ibuprofen**
Alinia® → **Nitazoxanide**
Alinol® → **Allopurinol**
Alipas® → **Ezetimibe**
Alipride® → **Cisapride**
Aliserin® → **Diphenhydramine**
Aliseum® → **Diazepam**
Alisyd® → **Prednicarbate**
Ali Veg® → **Cimetidine**
Alivian® → **Ranitidine**
Alivioderm® → **Nitrofural**
Aliviomas® → **Naproxen**
Alivios® → **Flunixin**
Aliviosin® → **Indometacin**
Alivium® → **Ibuprofen**
Alizar® → **Spironolactone**
Alizin® → **Aglepristone**
Alizine® → **Aglepristone**
Alizin® [vet.] → **Aglepristone**
Alkadil® → **Captopril**
Alkagin® → **Metamizole**
Alkala T® → **Sodium Bicarbonate**
Alka-Mints® → **Calcium Carbonate**
Alka Seltzer® → **Aspirin**
Alka-Seltzer® → **Aspirin**
Alka-Seltzer® Gas Relief → **Dimeticone**
Alkasol® → **Sodium Citrate**
Alkeran® → **Melphalan**
Alkéran® → **Melphalan**
Alkerana® → **Melphalan**
Alket® → **Ketoprofen**
Alkrazil® → **Alprazolam**
ALK Soluprick Negativ kontrol® → **Glycerol**
Alkyloxan® → **Cyclophosphamide**
All Clear® → **Naphazoline**
Alleal® → **Ketotifen**
Allecet® → **Cetirizine**
Alledryl® → **Loratadine**
Allegra® → **Fexofenadine**
Allegro® → **Frovatriptan**
Allegro® → **Fluticasone**
Allegron® → **Nortriptyline**
Allehist-1® → **Clemastine**
Allenopar® → **Paroxetine**
Allercet® → **Cetirizine**
Aller-Chlor® → **Chlorphenamine**
Allerderm Test® [vet.] → **Histamine**
Allerdine® → **Loratadine**
Allerdrug® → **Loratadine**
Allerdryl® → **Diphenhydramine**
Allerest® → **Oxymetazoline**
Allerfin® → **Chlorphenamine**
Allerfre® → **Loratadine**
Allerg-Abak® → **Cromoglicic Acid**
Allergan® → **Diphenhydramine**
Allergefon® → **Carbinoxamine**
Allergex® → **Chlorphenamine**
Allergex® → **Chlorphenoxamine**
Allergin® → **Chlorphenamine**
Allergo® → **Chlorphenamine**
Allergocomod® → **Cromoglicic Acid**
Allergo-COMOD® → **Cromoglicic Acid**
Allergocrom® → **Cromoglicic Acid**
Allergofact® → **Loratadine**
Allergo Filmtabletten® → **Frovatriptan**
Allergojovis® → **Cromoglicic Acid**
Allergosan® → **Chloropyramine**
Allergospray® → **Azelastine**
Allergostop® → **Cromoglicic Acid**
Allergotin® → **Cromoglicic Acid**
Allergoval® → **Cromoglicic Acid**
Allergyx® → **Loratadine**
Allerid C® → **Cetirizine**
Allerjin® → **Diphenhydramine**
Allerket® → **Ketotifen**
Allermax® → **Diphenhydramine**
Allermine® → **Cetirizine**
Allermine® → **Chlorphenamine**
Allernix® → **Diphenhydramine**
Allernon® → **Loratadine**
Allersil® → **Loratadine**
Allersol® → **Cromoglicic Acid**
Allersoothe® → **Promethazine**
Allerstat® → **Fexofenadine**
Aller-Tab® → **Loratadine**
Allertine® → **Loratadine**
Allertyn® → **Loratadine**
Allerzil® → **Terfenadine**
All-Farm Benzicare® [vet.] → **Mebendazole**
All Farm Benzicare® [vet.] → **Mebendazole**
Alli® → **Orlistat**
All in one wormer® [vet.] → **Nitroscanate**
All-Min Levamisole® [vet.] → **Levamisole**
Allo AbZ® → **Allopurinol**
Allo-basan® → **Allopurinol**
Allobeta® → **Allopurinol**
Allochrysine® → **Aurotioprol**
Allo-Efeka® → **Allopurinol**
Alloferin® → **Alcuronium Chloride**
Allogon® → **Mefenamic Acid**
Allohex® → **Loratadine**
Allohexal® → **Allopurinol**
Allonol® → **Allopurinol**
Allopin® → **Allopurinol**
Alloptrex® → **Cromoglicic Acid**
Allopur® → **Allopurinol**
Allo-Puren® → **Allopurinol**
Allopurinol® → **Allopurinol**

Allopurinol 1A Farma® → **Allopurinol**
Allopurinol 1A Pharma® → **Allopurinol**
Allopurinol AbZ® → **Allopurinol**
Allopurinol acis® → **Allopurinol**
Allopurinol Adico® → **Allopurinol**
Allopurinol AL® → **Allopurinol**
Allopurinol Alpharma® → **Allopurinol**
Allopurinol Alpharma ApS® → **Allopurinol**
Allopurinol Beacons® → **Allopurinol**
Allopurinol Bexal® → **Allopurinol**
Allopurinol Biogaran® → **Allopurinol**
Allopurinol CF® → **Allopurinol**
Allopurinol Craveri® → **Allopurinol**
Allopurinol Dak® → **Allopurinol**
Allopurinol DHA® → **Allopurinol**
Allopurinol Domesco® → **Allopurinol**
Allopurinol dura® → **Allopurinol**
Allopurinol EG® → **Allopurinol**
Allopurinol-Egis® → **Allopurinol**
Allopurinol-Eurogenerics® → **Allopurinol**
Allopurinol Fabra® → **Allopurinol**
Allopurinol Gador® → **Allopurinol**
Allopurinol Genericon® → **Allopurinol**
Allopurinol Gen Med® → **Allopurinol**
Allopurinol Gf® → **Allopurinol**
Allopurinol-Glaxo Wellcome® → **Allopurinol**
Allopurinol Helvepharm® → **Allopurinol**
Allopurinol Heumann® → **Allopurinol**
Allopurinol Hexal® → **Allopurinol**
Allopurinol Indo Farma® → **Allopurinol**
Allopurinol Ivax® → **Allopurinol**
Allopurinol Lindo® → **Allopurinol**
Allopurinol Merck® → **Allopurinol**
Allopurinol Nordic® → **Allopurinol**
Allopurinol Nyco® → **Allopurinol**
Allopurinol Nycomed® → **Allopurinol**
Allopurinolo Molteni® → **Allopurinol**
Allopurinolo Teva® → **Allopurinol**
Allopurinol Phoenix® → **Allopurinol**
Allopurinol ratiopharm® → **Allopurinol**
Allopurinol-ratiopharm® → **Allopurinol**
Allopurinol RPG® → **Allopurinol**
Allopurinol Sandoz® → **Allopurinol**
Allopurinol Stada® → **Allopurinol**
Allopurinol Wellcome® → **Allopurinol**
Allopurinol Zydus® → **Allopurinol**
Alloril® → **Allopurinol**
Alloris® → **Loratadine**
Allosig® → **Allopurinol**
Allostad® → **Allopurinol**
Allotyrol® → **Allopurinol**
allo von ct® → **Allopurinol**
Alloxygen® → **Terbutaline**
Allozym® → **Allopurinol**
Allphen® → **Promethazine**
all-rac-α-Tocopherol (Ph. Eur. 5) → **Tocopherol, α-**
All-Round Wormkorrels® [vet.] → **Levamisole**
Allsan Vitamin C® → **Ascorbic Acid**
Allsan Vitamin E® → **Tocopherol, α-**
All Seasons Fly and Scab Dip® [vet.] → **Dimpylate**
Allupol® → **Allopurinol**
Allurit® → **Allopurinol**
Allverm® [vet.] → **Albendazole**
Allvoran® → **Diclofenac**
Allyproid® → **Oxapium Iodide**
Almacin® → **Amoxicillin**
Almadrat T® → **Magaldrate**
Almarion® → **Theophylline**
Almarl® → **Arotinolol**
Almarytm® → **Flecainide**
Almax® → **Almagate**
Almax Forte® → **Almagate**
Almeta® → **Alclometasone**
Almetec® → **Olmesartan Medoxomil**
Almex® → **Albendazole**
Almiral® → **Diclofenac**
Almiral Gel® → **Diclofenac**
Almirid® → **Dihydroergocryptine, α-**
Almita® → **Pemetrexed**
Almogran® → **Almotriptan**
Almorgan® → **Almotriptan**
Almorsan® → **Amoxicillin**
Almotrex® → **Almotriptan**
Alna® → **Tamsulosin**
Alna Ocas® → **Tamsulosin**
Alna retard® → **Tamsulosin**
Alnax® → **Alprazolam**
Alnix® → **Cetirizine**
Alnok® → **Cetirizine**
Aloclair® → **Povidone**
Alocril® → **Nedocromil**
Alodan® → **Pethidine**
Alodorm® → **Nitrazepam**
Alogesia® → **Ibuprofen**
Aloid® → **Miconazole**
Alomen® → **Ceftezole**
Alomide® → **Lodoxamide**
Alomide Alcon® → **Lodoxamide**
Alopam® → **Oxazepam**
Alopec® → **Finasteride**
Alopectyl® [vet.] → **Megestrol**
Aloperidin® → **Haloperidol**
Aloperidolo → **Haloperidol**
Aloperidolo® → **Haloperidol**
Aloperidolo [DCIT] → **Haloperidol**
Alopexy® → **Minoxidil**
Alophen® → **Bisacodyl**
Alopres® → **Amlodipine**
Alopresin® → **Captopril**
Aloprim® → **Allopurinol**
Aloprol® → **Salbutamol**
Alopron® → **Allopurinol**
Alopurinol® → **Allopurinol**
Alopurinol Faes® → **Allopurinol**
Alopurinol Iqfarma® → **Allopurinol**
Alopurinol Mundogen® → **Allopurinol**
Alopurinol Normon® → **Allopurinol**
Alopurinol Ratiopharm® → **Allopurinol**
Alora® → **Estradiol**
Alora® → **Fluocinolone acetonide**
Alorin® → **Loratadine**
Alositol® → **Allopurinol**
Alostil® → **Minoxidil**
Alotano → **Halothane**
Alotano [DCIT] → **Halothane**
Alotec® → **Orciprenaline**
Alovell® → **Alendronic Acid**
Alovir® → **Aciclovir**
Aloxan Derma® → **Aluminum Chlorohydrate**
Aloxi® → **Palonosetron**
Aloxidil® → **Minoxidil**
Aloxif® → **Raloxifene**
Alpa® → **Alprazolam**
Alpagelle® → **Miristalkonium Chloride**
Alpain® → **Mefenamic Acid**
Alpax® → **Pancuronium Bromide**
Alpaz® → **Alprazolam**
Alpaz® → **Zopiclone**
Alpenaso® → **Terfenadine**
Alperol® → **Propranolol**
Alpertan® → **Valsartan**
Alpha Amoxyclav® [+Amoxicilline trihydrate] → **Clavulanic Acid**
Alpha Amoxyclav® [+clavulanic acid potassium salt] → **Amoxicillin**
Alpha Ascorbic Acid® → **Ascorbic Acid**
Alpha-Baclofen® → **Baclofen**
Alphabikal® → **Alfacalcidol**

Alpha Bromocriptine® → **Bromocriptine**
Alphacalcidol® → **Alfacalcidol**
Alpha Chymotrypsin Bidiphar® → **Chymotrypsin**
Alphachymotrypsin Choay® → **Chymotrypsin**
Alphacin® → **Ampicillin**
Alphacort® → **Betamethasone**
Alphacutanée® → **Chymotrypsin**
Alpha D3® → **Alfacalcidol**
Alphaderm® → **Hydrocortisone**
Alphadine® → **Povidone-Iodine**
Alphadopa® → **Methyldopa**
Alphaflam® → **Thioctic Acid**
Alphagan® → **Brimonidine**
Alphagan P® → **Brimonidine**
Alphagesic® → **Paracetamol**
Alphahist® → **Cyproheptadine**
1-Alpha Leo® → **Alfacalcidol**
Alpha-Lipogamma® → **Thioctic Acid**
Alpha-Lipogamma® [inj.] → **Thioctic Acid**
Alpha-Lipon AL → **Thioctic Acid**
Alpha-Lipon® [inj.] → **Thioctic Acid**
Alpha-Lipon® [inj.] → **Thioctic Acid**
alpha-Liponsäure Sandoz® → **Thioctic Acid**
Alpha-Liponsäure Sofotec® → **Thioctic Acid**
alpha-Liponsäure von ct® → **Thioctic Acid**
Alpha-Lipon Stada® → **Thioctic Acid**
Alphamid® → **Loperamide**
Alphamox® → **Amoxicillin**
Alphamycin® [vet.] → **Oxytetracycline**
Alphanate® → **Octocog Alfa**
AlphaNine® → **Nonacog Alfa**
Alphapen® → **Ampicillin**
Alpha-plus® → **Alfacalcidol**
Alphapres® → **Doxazosin**
Alphapress® → **Hydralazine**
Alphapress® → **Prazosin**
Alphapril® → **Enalapril**
Alpha tocopherol → **Tocopherol, α-**
Alpha-tocophérol [DCF] → **Tocopherol, α-**
Alphatrex® → **Betamethasone**
alpha-Vibolex® → **Thioctic Acid**
Alphazol® → **Alfacalcidol**
Alphin® → **Albendazole**
Alphosyl® → **Allantoin**
Alpiny® → **Paracetamol**
Alplax® → **Alprazolam**
Alpovex® → **Ampicillin**
Alpoxen® → **Naproxen**
Alpralid® → **Alprazolam**
Alpraphar® → **Alprazolam**
Alprastad® → **Alprazolam**
Alpravecs® → **Alprazolam**
Alprax® → **Alprazolam**
Alpraz® → **Alprazolam**
Alprazig® → **Alprazolam**
Alprazol® → **Alprazolam**
Alprazolam® → **Alprazolam**
Alprazolam A® → **Alprazolam**
Alprazolam ABC® → **Alprazolam**
Alprazolam AbZ® → **Alprazolam**
Alprazolam Actavis® → **Alprazolam**
Alprazolam AL® → **Alprazolam**
Alprazolam Allen® → **Alprazolam**
Alprazolam Alternova® → **Alprazolam**
Alprazolam Arcana® → **Alprazolam**
Alprazolam Bexal® → **Alprazolam**
Alprazolam Biogaran® → **Alprazolam**
Alprazolam CF® → **Alprazolam**
Alprazolam Cinfa® → **Alprazolam**
Alprazolam Copyfarm® → **Alprazolam**
Alprazolam Denver® → **Alprazolam**
Alprazolam Dexa Medica® → **Alprazolam**
Alprazolam Diasa® → **Alprazolam**
Alprazolam Disphar® → **Alprazolam**
Alprazolam DOC® → **Alprazolam**
Alprazolam-DP® → **Alprazolam**
Alprazolam Edigen® → **Alprazolam**
Alprazolam EG® → **Alprazolam**
Alprazolam Esteve® → **Alprazolam**
Alprazolam Fabra® → **Alprazolam**
Alprazolam G Gam® → **Alprazolam**
Alprazolam Hexal® → **Alprazolam**
Alprazolam Intensol® → **Alprazolam**
Alprazolam Iqfarma® → **Alprazolam**
Alprazolam Katwijk® → **Alprazolam**
Alprazolam Kern® → **Alprazolam**
Alprazolam L.CH.® → **Alprazolam**
Alprazolam Lch® → **Alprazolam**
Alprazolam LPH® → **Alprazolam**
Alprazolam Mabo® → **Alprazolam**
Alprazolam Merck® → **Alprazolam**
Alprazolam-Merck® → **Alprazolam**
Alprazolam Merck NM® → **Alprazolam**
Alprazolam MF® → **Alprazolam**
Alprazolam Microsules® → **Alprazolam**
Alprazolam MK® → **Alprazolam**
Alprazolam Normon® → **Alprazolam**
Alprazolam Northia® → **Alprazolam**
Alprazolam PCD® → **Alprazolam**
Alprazolam PCH® → **Alprazolam**
Alprazolam Pfizer® → **Alprazolam**
Alprazolam Pharmagenus® → **Alprazolam**
Alprazolam Pliva® → **Alprazolam**
Alprazolam Qualix® → **Alprazolam**
Alprazolam Ratiopharm® → **Alprazolam**
Alprazolam RPG® → **Alprazolam**
Alprazolam Sandoz® → **Alprazolam**
Alprazolam-Sandoz® → **Alprazolam**
Alprazolam Sigma Tau® → **Alprazolam**
Alprazolam Stada® → **Alprazolam**
Alprazolam Tarbis® → **Alprazolam**
Alprazolam Teva® → **Alprazolam**
Alprazolamum® → **Alprazolam**
Alprazolam Winthrop® → **Alprazolam**
Alprazolam Zydus® → **Alprazolam**
Alprazomed® → **Alprazolam**
Alprazomerck® → **Alprazolam**
Alprenolol® → **Alprenolol**
Alpress® → **Prazosin**
Alprim® → **Trimethoprim**
Alprocontin® → **Alprazolam**
Alprostadil® → **Alprostadil**
Alprostadil Pharmacia® → **Alprostadil**
Alprostan® → **Alprostadil**
Alprostapint® → **Alprostadil**
Alprostar® → **Alprostadil**
Alprostin® → **Alprostadil**
Alprox® → **Alprazolam**
Alpurase® → **Allopurinol**
Alpuric® → **Allopurinol**
Alquen® → **Ranitidine**
Alquin-Gel® → **Tretinoin**
Alrex® → **Loteprednol**
Alrheumun® → **Ketoprofen**
Alrin® → **Oxymetazoline**
Alrin Kids® → **Oxymetazoline**
Alsartan® → **Valsartan**
Alserine® → **Cimetidine**
Alsir® [vet.] → **Enrofloxacin**
Alsol® → **Aluminum Acetate**
ALS-Paroxetin® → **Paroxetine**
Alspiron® → **Spironolactone**
Alsporin® → **Cefalexin**
ALS-Selegilina® → **Selegiline**
ALS-Soltalol® → **Sotalol**
Alstat® → **Etamsylate**
Alstomec® [vet.] → **Ivermectin**
Alsucral® → **Sucralfate**
Alsylax® → **Bisacodyl**
ALS-Zopiclon® → **Zopiclone**
Altabax® → **Retapamulin**
Altace® → **Ramipril**
Altacet® → **Aluminum Acetate**

Altaclor® → **Cefaclor**
Altana Albothyl® → **Policresulen**
Altat® → **Roxatidine**
Altavit®[vet.] → **Sulfamethoxazole**
Altavit®[vet.] → **Trimethoprim**
Alteis® → **Olmesartan Medoxomil**
Alten® → **Tretinoin**
Altenal® → **Clotrimazole**
Altermicron® → **Gliclazide**
Altermon® → **Urofollitropin**
ALternaGEL® → **Algeldrate**
Altersol® → **Acetylcysteine**
Altezerod® → **Tegaserod**
Altezym® → **Azithromycin**
Althrocin® → **Erythromycin**
Altiazem® → **Diltiazem**
Alticort® → **Clobetasol**
Altim® → **Cortivazol**
Altinsec® [vet.] → **Alpha-Cypermethrin**
Altior® → **Ibuprofen**
Altisben® → **Sertraline**
Altiva® → **Fexofenadine**
Altizem® → **Diltiazem**
Altocel® → **Loperamide**
Alton® → **Esomeprazole**
Altone® → **Spironolactone**
Altoprev® → **Lovastatin**
Altoral® → **Levocetirizine**
Altosec® → **Omeprazole**
Altosone® → **Mometasone**
Altral® → **Alprazolam**
Altramet® → **Cimetidine**
Altran® → **Captopril**
Altran Pediatrico® → **Ibuprofen**
Altraz® → **Anastrozole**
Altresyn® [vet.] → **Altrenogest**
Altretamine® → **Altretamine**
Altrol® → **Calcitriol**
Altrox® → **Alprazolam**
Altruline® → **Sertraline**
Altuzan® → **Bevacizumab**
Alubifar® → **Almasilate**
Alu-Cap® → **Algeldrate**
Aluctyl® → **Lactic Acid**
Aludal® → **Granisetron**
Aludex® [vet.] → **Amitraz**
Aludrox® → **Algeldrate**
Alugastrin® → **Carbaldrate**
Alugel® → **Algeldrate**
Alumag® → **Algeldrate**
Aluminii phosphas hydricus → **Aluminum Phosphate**
Aluminii phosphas hydricus (Ph. Eur. 5) → **Aluminum Phosphate**
Aluminio Hidroxido L.CH® → **Algeldrate**
Aluminio Hidroxido S.O.® → **Algeldrate**
Aluminiumacetat-Tartrat-Lösung DAB® → **Aluminum Acetate**
Aluminium-phosphat → **Aluminum Phosphate, Dried**
Aluminium (phosphate d') hydraté → **Aluminum Phosphate**
Aluminium (phosphate d') hydraté (Ph. Eur. 5) → **Aluminum Phosphate**
Aluminium (phosphate d') (Ph. Franç. X) → **Aluminum Phosphate, Dried**
Aluminium Phosphate, Dried (BP 2007) → **Aluminum Phosphate, Dried**
Aluminium Phosphate, Hydrated → **Aluminum Phosphate**
Aluminium Phosphate, Hydrated (Ph. Eur. 5) → **Aluminum Phosphate**
Aluminium Phosphate [USAN] → **Aluminum Phosphate, Dried**
Aluminum Phosphate → **Aluminum Phosphate, Dried**
Aluminum Phosphate, Dried → **Aluminum Phosphate, Dried**
Aluminum Phosphate Gel (USP 30) → **Aluminum Phosphate**
Aluminum Phosphate hydrated: → **Aluminum Phosphate**
Alumpak® → **Aluminum Chloride**
Alunic® → **Salbutamol**
Alupent® → **Orciprenaline**
Aluprex® → **Sertraline**
Alurin® → **Allopurinol**
Alusal® → **Algeldrate**
Alusulin® → **Sucralfate**
Alu-Tab® → **Algeldrate**
Alvastin® → **Atorvastatin**
Alvedon® → **Paracetamol**
Alvedon forte® → **Paracetamol**
Alvegesic® [vet.] → **Butorphanol**
Alven® → **Diosmin**
Alvent® → **Ipratropium Bromide**
Alventa® → **Venlafaxine**
Alveofact® → **Bovactant**
Alveofact® → **Beractant**
Alveoten® → **Neltenexine**
Alverin → **Alverine**
Alverina → **Alverine**
Alverine → **Alverine**
Alvérine → **Alverine**
Alverine [BAN] → **Alverine**
Alverinum → **Alverine**
Alverix® → **Amiloride**
Alvesco® → **Ciclesonide**
Alviz® → **Alprazolam**
Alvofact® → **Bovactant**
Alvolex® → **Salbutamol**
Alxil® → **Cefadroxil**
Alypharm® → **Ketorolac**
Alyrane® → **Enflurane**
Alzac® → **Fluoxetine**
Alzaimax® → **Donepezil**
Alzam® → **Alprazolam**
Alzaten® → **Phentetramine**
Alzed® → **Albendazole**
Alzen® → **Quetiapine**
Alzental® → **Albendazole**
Alzol® → **Albendazole**
Alzolam® → **Alprazolam**
Alzyr® → **Cetirizine**
Alzytec® → **Cetirizine**
AM 715 (Kyorin, Japan) → **Norfloxacin**
Amacin® → **Amoxicillin**
Amadaron® → **Amiodarone**
Amaday® → **Amlodipine**
Amadiab® → **Glimepiride**
Amadol® → **Tramadol**
Amagesan® → **Amoxicillin**
Amal® → **Ondansetron**
Amalar® → **Melatonin**
Amalium® → **Flunarizine**
Aman® → **Amantadine**
Amanda® → **Tramadol**
Amanta AbZ® → **Amantadine**
Amantadina® → **Amantadine**
Amantadin AL® → **Amantadine**
Amantadina Level® → **Amantadine**
Amantadina Llorente® → **Amantadine**
Amantadina Merck® → **Amantadine**
Amantadin beta® → **Amantadine**
Amantadine Hydrochloride® → **Amantadine**
Amantadine Quality Pharm® → **Amantadine**
Amantadin-HCl Sandoz® → **Amantadine**
Amantadin Hexal® → **Amantadine**
Amantadin Holsten® → **Amantadine**
Amantadin-neuraxpharm® → **Amantadine**
Amantadin-ratiopharm® → **Amantadine**
Amantadin-Serag® → **Amantadine**
Amantadin Stada® → **Amantadine**
Amantadinsulfat Fresenius® → **Amantadine**
Amantadinsulfat gespag® → **Amantadine**
Amantadin-Sulfat Sandoz® → **Amantadine**
amantadin von ct® → **Amantadine**
Amantagamma® → **Amantadine**
Amantan® → **Amantadine**

Amen® → **Medroxyprogesterone**
Amenflox® → **Gatifloxacin**
Amenide® → **Quinfamide**
Amenite® → **Retinol**
Amenox® → **Quinfamide**
Ameproxen® → **Naproxen**
Amerge® → **Naratriptan**
Americaine® → **Benzocaine**
Amermycin® → **Doxycycline**
Amerol® → **Loperamide**
Amertil® → **Cetirizine**
A-methaPred® → **Methylpredniso-lone**
Amethocaine® → **Tetracaine**
Amethocaine [BAN] → **Tetracaine**
Ametik Damla® → **Trimethobenza-mide**
Ametil® → **Prochlorperazine**
Ametop® → **Tetracaine**
Ametrex® → **Paracetamol**
Amétycine® → **Mitomycin**
Amevan → **Metronidazole**
Amevive® → **Alefacept**
Amfacort® → **Clobetasol**
Amfalgin® → **Nimesulide**
Amfamox® → **Famotidine**
Amfazol® → **Ketoconazole**
Amfetamin Actavis® → **Amfetamine**
Amfipen Soluble Powder® [vet.] → **Ampicillin**
Amfipen® [vet.] → **Ampicillin**
Amfotericina B® → **Amphotericin B**
Amfotericina B → **Amphotericin B**
Amfotericina B [DCIT] → **Amphote-ricin B**
Amfotericina B (Ph. Eur. 5) → **Amphotericin B**
Amfuncid® → **Clotrimazole**
Amiada® → **Terbinafine**
Amias® → **Candesartan**
Amias „Orifarm“® → **Candesartan**
Amias Paranova® → **Candesartan**
Amias PharmaCoDane® → **Candes-artan**
Amibiol® → **Tinidazole**
Amicacina® → **Amikacin**
Amicar® → **Aminocaproic Acid**
Amicasil® → **Amikacin**
Amicil® → **Amoxicillin**
Amicillin® → **Ampicillin**
Amicilon® → **Amikacin**
Amicin® → **Amikacin**
Amicla® → **Amcinonide**
Amiclaran® → **Amiloride**
Amicor® → **Lisinopril**
Amicosol® [inj.] [+ Amoxicillin, sodium salt] → **Clavulanic Acid**
Amicosol® [inj.] [+ Clavulanic Acid, potassium salt] → **Amoxicillin**
Amicrobin® → **Norfloxacin**
Amidate® → **Etomidate**
Amidiaz® → **Morphine**
Amidip® [vet.] → **Amitraz**
Amidon → **Methadone**
Amidophen® → **Aminophenazone**
Amidrin® → **Xylometazoline**
Amidrox® → **Pamidronic Acid**
Amidurene® [vet.] → **Sulfadimetho-xine**
Amiflox® → **Ciprofloxacin**
Amifuse® [vet.] → **Amikacin**
Amigdazol NF® → **Benzydamine**
Amiglyde-V® [vet.] → **Amikacin**
Amignul® → **Almotriptan**
Amigrenin® → **Sumatriptan**
Amiject® [vet.] → **Amikacin**
Amik® → **Amikacin**
Amikabiot® → **Amikacin**
Amikacide® → **Amikacin**
Amikacin® → **Amikacin**
Amikacina® → **Amikacin**
Amikacina Ahimsa® → **Amikacin**
Amikacina Biocrom® → **Amikacin**
Amikacina Braun® → **Amikacin**
Amikacina Combino Pharm® → **Amikacin**
Amikacina Duncan® → **Amikacin**
Amikacina Fabra® → **Amikacin**
Amikacina Fmndtria® → **Amikacin**
Amikacina Klonal® → **Amikacin**
Amikacina Larjan® → **Amikacin**
Amikacina L.CH.® → **Amikacin**
Amikacina Lch® → **Amikacin**
Amikacina Normon® → **Amikacin**
Amikacina Perugen® → **Amikacin**
Amikacina Richet® → **Amikacin**
Amikacina Richmond® → **Amikacin**
Amikacina Teva® → **Amikacin**
Amikacin Bidiphar® → **Amikacin**
Amikacine Aguettant® → **Amikacin**
Amikacine Dakota Pharm® → **Amikacin**
Amikacine Mayne® → **Amikacin**
Amikacine-Mayne® → **Amikacin**
Amikacine Merck® → **Amikacin**
Amikacin Fresenius® → **Amikacin**
Amikacin Injection DBL® → **Amika-cin**
Amikacin Injection Meiji® → **Amika-cin**
Amikacin Sulfate Injection® → **Amikacin**
Amikacin Sulfate Pediatric Injection® → **Amikacin**
Amikacin Sulfate® [vet.] → **Amikacin**
Amikacin® [vet.] → **Amikacin**
Amikafur® → **Amikacin**
Amikalen® → **Amikacin**
Amikan® → **Amikacin**
Amikasol® → **Amikacin**
Amikavet® [vet.] → **Amikacin**
Amikayect® → **Amikacin**
Amiketem® [inj.] → **Amikacin**
Amikin® → **Amikacin**
Amikin® → **Kanamycin**
Amiklin® → **Amikacin**
Amikozit® [inj.] → **Amikacin**
Amilamont® → **Amiloride**
Amilene® → **Ondansetron**
Amilin® → **Amitriptyline**
Amilin® → **Ampicillin**
Amilitrap® → **Lamivudine**
Amiloride® → **Amiloride**
Amiloride Alpharma Aps® → **Amilo-ride**
Amiloride Hydrochloride® → **Amilo-ride**
Amilorid Merck NM® → **Amiloride**
Amimox® → **Amoxicillin**
Amineurin® → **Amitriptyline**
Aminfluorid® → **Olaflur**
Amin-Glaukosan → **Histamine**
6-Amino-2-methyl-2-heptanol → **Heptaminol**
Aminoacetic Acid® → **Glycine**
Aminocaproic Acid® → **Aminoca-proic Acid**
Aminocardol® → **Aminophylline**
Aminocont® → **Aminophylline**
Aminocor® → **Nikethamide**
Aminofilin® → **Aminophylline**
Aminofilina → **Aminophylline**
Aminofilina® → **Aminophylline**
Aminofilinã® → **Aminophylline**
Aminofilina Ariston® → **Aminophyl-line**
Aminofilina Biocrom® → **Amino-phylline**
Aminofilina Braun® → **Aminophyl-line**
Aminofilina Fabra® → **Aminophyl-line**
Aminofilina Larjan® → **Aminophyl-line**
Aminofilina L.CH.® → **Aminophyl-line**
Aminofilina Northia® → **Amino-phylline**
Aminofilin Retard® → **Aminophyl-line**
Aminofillina® → **Aminophylline**
Aminofillina → **Aminophylline**
Aminofillina (F. U. IX) → **Amino-phylline**

Aminoglutetimid® → **Aminoglutethimide**
Aminoima® → **Aminophylline**
Aminol® → **Atenolol**
Aminomal® → **Aminophylline**
Aminomal Elisir® → **Theophylline**
Aminomux® → **Pamidronic Acid**
Aminophyllin® → **Aminophylline**
Aminophyllin → **Aminophylline**
Aminophylline → **Aminophylline**
Aminophylline® → **Aminophylline**
Aminophylline Atlantic® → **Aminophylline**
Aminophylline [BAN, DCF, JAN, USAN] → **Aminophylline**
Aminophylline (BP 2007, JP XIV, Ph. Int. 4, USP 30) → **Aminophylline**
Aminophylline DBL® → **Aminophylline**
Aminophylline Demo® → **Aminophylline**
Aminophylline DF® → **Aminophylline**
Aminophylline Injection BP® → **Aminophylline**
Aminophyllin Fresenius® → **Aminophylline**
Aminophyllin Indo Farma® → **Aminophylline**
Aminophyllinum → **Aminophylline**
Aminophyllinum® → **Aminophylline**
Aminophyllinum (Ph. Int. 4) → **Aminophylline**
Aminophyllinum Retard® → **Aminophylline**
Aminor® → **Norethisterone**
5-Aminosalicylic acid (WHO) → **Mesalazine**
Aminosam® → **Biotin**
Aminosidin → **Paromomycin**
Aminosidine sulfate → **Paromomycin**
Aminotrophylle-88® → **Piracetam**
Aminoxidin-Sulbactam® [+ Ampicillin, sodium salt] → **Sulbactam**
Aminoxidin-Sulbactam® [+ Sulbactam, sodium salt] → **Ampicillin**
Aminyllin® [vet.] → **Aminophylline**
Amiobal® → **Amiodarone**
Amiocar® → **Amiodarone**
Amiodacore® → **Amiodarone**
Amiodar® → **Amiodarone**
Amiodarex® → **Amiodarone**
Amiodaron® → **Amiodarone**
Amiodaron 1A Pharma® → **Amiodarone**
Amiodarona® → **Amiodarone**
Amiodaronã® → **Amiodarone**
Amiodarona Baldacci® → **Amiodarone**
Amiodarona Clorhidrato® → **Amiodarone**
Amiodarona Duncan® → **Amiodarone**
Amiodarona Fabra® → **Amiodarone**
Amiodarona Fmndtria® [tab.] → **Amiodarone**
Amiodarona Generis® → **Amiodarone**
Amiodaron AL® → **Amiodarone**
Amiodarona Labesfal® → **Amiodarone**
Amiodarona Larjan® → **Amiodarone**
Amiodarona L.CH.® → **Amiodarone**
Amiodaronã LPH® → **Amiodarone**
Amiodarona Merck® → **Amiodarone**
Amiodarona MK® → **Amiodarone**
Amiodarona Northia® → **Amiodarone**
Amiodarona® [tab.] → **Amiodarone**
Amiodaron-Austropharm® → **Amiodarone**
Amiodarona Vannier® → **Amiodarone**
Amiodaron AWD® → **Amiodarone**
Amiodaron AZU® → **Amiodarone**
Amiodaron beta® → **Amiodarone**
Amiodaron Cf® → **Amiodarone**
Amiodaron-CT® → **Amiodarone**
Amiodarone® → **Amiodarone**
Amiodarone-Akri® → **Amiodarone**
Amiodaron Ebewe® → **Amiodarone**
Amiodarone Bexal® → **Amiodarone**
Amiodarone Biogaran® → **Amiodarone**
Amiodarone cloridrato Bioindustria Lim® → **Amiodarone**
Amiodarone EG® → **Amiodarone**
Amiodarone-Eurogenerics® → **Amiodarone**
Amiodarone Farma® → **Amiodarone**
Amiodarone G Gam® → **Amiodarone**
Amiodarone HCl® → **Amiodarone**
Amiodarone Hydrochloride Injection® → **Amiodarone**
Amiodarone Ivax® → **Amiodarone**
Amiodarone-Merck® → **Amiodarone**
Amiodarone Merck® → **Amiodarone**
Amiodarone PH & T® → **Amiodarone**
Amiodarone ratiopharm® → **Amiodarone**
Amiodarone RPG® → **Amiodarone**
Amiodarone Sandoz® → **Amiodarone**
Amiodarone Winthrop® → **Amiodarone**
Amiodaron Hcl® → **Amiodarone**
Amiodaron Hcl A® → **Amiodarone**
Amiodaron Hcl Alpharma® → **Amiodarone**
Amiodaron Hcl Gf® → **Amiodarone**
Amiodaron Hcl Katwijk® → **Amiodarone**
Amiodaron Hcl Merck® → **Amiodarone**
Amiodaron Hcl PCH® → **Amiodarone**
Amiodaron Hcl Sandoz® → **Amiodarone**
Amiodaron Heumann® → **Amiodarone**
Amiodaronhydrochloride® → **Amiodarone**
Amiodaron Lindo® → **Amiodarone**
Amiodaron-Mepha® → **Amiodarone**
Amiodaron-ratiopharm® → **Amiodarone**
Amiodaron Sandoz® → **Amiodarone**
Amiodaron Stada® → **Amiodarone**
Amiodex® → **Amiodarone**
amiodura® → **Amiodarone**
Amiogamma® → **Amiodarone**
Amiohexal® → **Amiodarone**
Amiokordin® → **Amiodarone**
Amiorel® → **Bromhexine**
Amiorit® → **Amiodarone**
Amioxid-neuraxpharm® → **Amitriptylinoxide**
Amipenix® [caps.] → **Ampicillin**
Amiphos® → **Amifostine**
Amipicillin-ratiopharm comp.® [+ Sulbactam sodium salt] → **Ampicillin**
Amirel® → **Mirtazapine**
Amirol® → **Amitriptyline**
Amisol® → **Clobetasol**
Amisprin® → **Aspirin**
Amisulid® → **Amisulpride**
Amisulprid AAA-Pharma® → **Amisulpride**
Amisulprid AL® → **Amisulpride**
Amisulprid-biomo® → **Amisulpride**
Amisulprid dura® → **Amisulpride**
Amisulpride Biogaran® → **Amisulpride**
Amisulpride Chinoin® → **Amisulpride**
Amisulpride G Gam® → **Amisulpride**
Amisulpride Merck® → **Amisulpride**
Amisulpride Sandoz® → **Amisulpride**
Amisulpride Winthrop® → **Amisulpride**
Amisulpride Zydus® → **Amisulpride**
Amisulprid Hexal® → **Amisulpride**
Amisulprid-Hormosan® → **Amisulpride**

AmisulpridLich® → **Amisulpride**
Amisulprid-neuraxpharm® → **Amisulpride**
Amisulprid-ratiopharm® → **Amisulpride**
Amisulprid Sandoz® → **Amisulpride**
Amisulprid STADA® → **Amisulpride**
Amit® → **Amitriptyline**
Amitacon® → **Nitroglycerin**
Amital® → **Amobarbital**
Amitik® [vet.] → **Amitraz**
Amitix® [vet.] → **Amitraz**
Amitiza® → **Lubiprostone**
Amitraz® → **Amitraz**
Amitraz® [vet.] → **Amitraz**
Amitrex® → **Amisulpride**
Amitrid® → **Amiloride**
Amitrip® → **Amitriptyline**
Amitriptilina® → **Amitriptyline**
Amitriptilinã® → **Amitriptyline**
Amitriptilina Clorhidrato® → **Amitriptyline**
Amitriptilina Iqfarma® → **Amitriptyline**
Amitriptilina L.CH.® → **Amitriptyline**
Amitriptilina Merck® → **Amitriptyline**
Amitriptiline® → **Amitriptyline**
Amitriptilin-Grindex® → **Amitriptyline**
Amitriptilin R. Desitin® → **Amitriptyline**
Amitriptinova® → **Amitriptyline**
Amitriptylin® → **Amitriptyline**
Amitriptylin beta® → **Amitriptyline**
Amitriptylin Dak® → **Amitriptyline**
Amitriptylin Desitin® → **Amitriptyline**
Amitriptylin-dura® → **Amitriptyline**
Amitriptyline® → **Amitriptyline**
Amitriptyline Glaxo® → **Amitriptyline**
Amitriptyline HCl Actavis® → **Amitriptyline**
Amitriptyline Hcl Alpharma® → **Amitriptyline**
Amitriptyline HCl CF® → **Amitriptyline**
Amitriptyline Hcl Pch® → **Amitriptyline**
Amitriptyline HCl Sandoz® → **Amitriptyline**
Amitriptylinehydrochloride® → **Amitriptyline**
Amitriptylin Hcl® → **Amitriptyline**
Amitriptylin Hcl CF® → **Amitriptyline**
Amitriptylin Hcl Gf® → **Amitriptyline**
Amitriptylin Hcl Sandoz® → **Amitriptyline**
Amitriptylin-Lans® → **Amitriptyline**
Amitriptylin-neuraxpharm® → **Amitriptyline**
Amitriptylin Nycomed® → **Amitriptyline**
Amitriptylin RPh® → **Amitriptyline**
Amitriptylin-Sandoz® → **Amitriptyline**
Amitriptylin Slovakofarma® → **Amitriptyline**
Amitriptylinum® → **Amitriptyline**
amitriptylin von ct® → **Amitriptyline**
Amitron® → **Amoxicillin**
Amitrox® → **Aciclovir**
Amix® → **Amoxicillin**
Amixen® → **Amoxicillin**
Amixen® [+ Amoxicillin] → **Clavulanic Acid**
Amixen® [+ Clavulanic acid] → **Amoxicillin**
Amixin® → **Tilorone**
Amixx® → **Amantadine**
Amizal® → **Idebenone**
Amizepin® → **Carbamazepine**
AMK® → **Amikacin**
AMK-500® → **Amikacin**
Amlibon® → **Amlodipine**
Amlid® → **Amlodipine**
Amlipin® → **Amlodipine**
Amlist® → **Amlodipine**
Amlo® → **Amlodipine**
Amlobesilat-Sandoz® → **Amlodipine**
Amlobeta® → **Amlodipine**
Amlobeta® besilat → **Amlodipine**
Amlobeta® besilat Heumann → **Amlodipine**
Amlobeta mesilat® → **Amlodipine**
Amloc® → **Amlodipine**
Amlocar® → **Amlodipine**
Amlocard® → **Amlodipine**
Amloclair® → **Amlodipine**
Amlocor® → **Amlodipine**
amlo-corax® → **Amlodipine**
Amlodac® → **Amlodipine**
Amlode® → **Amlodipine**
Amlodeq® → **Amlodipine**
Amlodigamma® → **Amlodipine**
Amlodil® → **Amlodipine**
Amlodilan® → **Amlodipine**
Amlodin® → **Amlodipine**
Amlodine® → **Amlodipine**
Amlodinova® → **Amlodipine**
Amlodip® → **Amlodipine**
Amlodipin → **Amlodipine**
Amlodipin® → **Amlodipine**
Amlodipin 1A Farma® → **Amlodipine**
Amlodipin 1A Pharma® → **Amlodipine**
Amlodipina → **Amlodipine**
Amlodipina® → **Amlodipine**
Amlodipin AAA-Pharma® → **Amlodipine**
Amlodipina Alpharma® → **Amlodipine**
Amlodipina Alter® → **Amlodipine**
Amlodipina Amlocor® → **Amlodipine**
Amlodipina Angenérico® → **Amlodipine**
Amlodipina Baldacci® → **Amlodipine**
Amlodipina Bexal® → **Amlodipine**
Amlodipin AbZ® → **Amlodipine**
Amlodipina Calox® → **Amlodipine**
Amlodipina Cardionox® → **Amlodipine**
Amlodipin accedo® → **Amlodipine**
Amlodipin Actavis® → **Amlodipine**
Amlodipina [DCIT] → **Amlodipine**
Amlodipina Drime® → **Amlodipine**
Amlodipina Farmoz® → **Amlodipine**
Amlodipina Generis® → **Amlodipine**
Amlodipina Gen Med® → **Amlodipine**
Amlodipina Ilab® → **Amlodipine**
Amlodipina Jaba® → **Amlodipine**
Amlodipina J. Neves® → **Amlodipine**
Amlodipin AL® → **Amlodipine**
Amlodipina Labesfal® → **Amlodipine**
Amlodipin Alpharma® → **Amlodipine**
Amlodipin Alternova® → **Amlodipine**
Amlodipina Mepha® → **Amlodipine**
Amlodipina Merck® → **Amlodipine**
Amlodipina Mibral® → **Amlodipine**
Amlodipina Northia® → **Amlodipine**
Amlodipina ratio® → **Amlodipine**
Amlodipina Ratiopharm® → **Amlodipine**
Amlodipin Arcana® → **Amlodipine**
Amlodipina Richet® → **Amlodipine**
Amlodipin Arrow® → **Amlodipine**
Amlodipina Sandoz® → **Amlodipine**
Amlodipina Vannier® → **Amlodipine**
Amlodipin AWD® → **Amlodipine**
Amlodipina Winthrop® → **Amlodipine**
Amlodipin-axcount® → **Amlodipine**
Amlodipin Basics® → **Amlodipine**
Amlodipin besilat 1A Pharma® → **Amlodipine**
Amlodipin besilat Heumann® → **Amlodipine**

Amoclan® [+ Amoxicillin, trihydrate] → **Clavulanic Acid**
Amoclan® [+ Clavulanic Acid] → **Amoxicillin**
Amoclan® [+ Clavulanic Acid, potassium salt] → **Amoxicillin**
Amoclane® [+ Amoxicillin, trihydrate] → **Clavulanic Acid**
Amoclane® [+ Amoxicillin trihydrate] → **Clavulanic Acid**
Amoclane® [+ Clavulanic Acid] → **Amoxicillin**
Amoclane® [+ Clavulanic Acid] → **Amoxicillin**
Amoclan Hexal® [+ Amoxicillin, trihydrate] → **Clavulanic Acid**
Amoclan Hexal® [+ Clavulanic Acid, potassium salt] → **Amoxicillin**
Amoclavam® [+ Amoxicillin trihydrate] → **Clavulanic Acid**
Amoclavam® [+ Clavulanic Acid potassium salt] → **Amoxicillin**
Amoclav® [+ Amoxicillin, trihydrate] → **Clavulanic Acid**
Amoclav® [+ Amoxicillin trihydrate] → **Clavulanic Acid**
Amoclav® [+ Clavulanic Acid, potassium salt] → **Amoxicillin**
Amoclav® [+ Clavulanic Acid potassium salt] → **Amoxicillin**
Amoclave® [+ Amoxicillin, trihydrate] → **Clavulanic Acid**
Amoclave® [+ Clavulanic Acid, potassium salt] → **Amoxicillin**
Amoclen® → **Amoxicillin**
Amocpan® → **Hyoscine Butylbromide**
Amocrin® → **Amoxicillin**
Amodex® → **Amoxicillin**
Amodiaquine® → **Amodiaquine**
Amodipin® → **Amlodipine**
Amodis® → **Metronidazole**
Amodivyr® → **Aciclovir**
Amofarma® → **Quinfamide**
Amofen® → **Diclofenac**
Amofil® → **Octocog Alfa**
Amofilin® → **Aminophylline**
Amoflamisan® → **Amoxicillin**
Amoflux® → **Amoxicillin**
Amohexal® → **Amoxicillin**
Amoklavin® [+ Amoxicillin, trihydrate] → **Clavulanic Acid**
Amoklavin® [+ Amoxicillin trihydrate] → **Clavulanic Acid**
Amoklavin® [+ Clavulanic Acid potassium salt] → **Amoxicillin**
Amoklavin® [+ Clavulanic Acid, potassium salt] → **Amoxicillin**
Amoksicilin® → **Amoxicillin**
Amoksiklav® [+ Amoxicillin, trihydrate] → **Clavulanic Acid**
Amoksiklav® [+ Amoxicillin trihydrate] → **Clavulanic Acid**
Amoksiklav® [+ Clavulanic Acid potassium salt] → **Amoxicillin**
Amoksiklav® [+ Clavulanic Acid, potassium salt] → **Amoxicillin**
Amoksilav® [+ Amoxicillin, Trihydrate] → **Clavulanic Acid**
Amoksilav® [+ Clavulanic acid, Potassium salt] → **Amoxicillin**
Amoksina® → **Amoxicillin**
Amol® → **Paracetamol**
A-Mol® → **Paracetamol**
Amolex® [+ Amoxicillin] → **Clavulanic Acid**
Amolex® [+ Clavulanic Acid, potassium salt] → **Amoxicillin**
Amolex Duo® [+ Amoxicillin] → **Clavulanic Acid**
Amolex Duo® [+ Clavulanic acid] → **Amoxicillin**
Amolin® → **Atenolol**
A-Mol Pediatric® → **Paracetamol**
Amonex® → **Amlodipine**
Amoquin® → **Amoxicillin**
Amorion® → **Amoxicillin**
Amoron® → **Indapamide**
Amos Anti Melkzierktestoot® [vet.] → **Calcifediol**
Amosept® → **Didecyldimethylammonium**
Amosin® → **Amoxicillin**
Amosine® → **Amoxicillin**
Amos Leva Korrel® [vet.] → **Levamisole**
Amosol® → **Amoxicillin**
Amossicillina Triidrato® [vet.] → **Amoxicillin**
Amos Wormkorrels® [vet.] → **Fenbendazole**
Amosyt® → **Dimenhydrinate**
Amotaks® → **Amoxicillin**
Amotein® → **Metronidazole**
Amotid® → **Amoxicillin**
Amotrex® → **Metronidazole**
Amoval® → **Amoxicillin**
Amovet® [vet.] → **Amoxicillin**
AMO Vitrax® → **Hyaluronic Acid**
Amoxa® → **Amoxicillin**
Amoxacin® → **Amoxicillin**
Amoxal® → **Amoxicillin**
Amoxanil® [vet.] → **Amoxicillin**
Amoxapen® → **Amoxicillin**
Amoxapine® → **Amoxapine**
Amoxaren® → **Amoxicillin**
Amoxcillin® → **Amoxicillin**
Amoxclav-Sandoz® [+ Amoxicillin, sodium salt] → **Clavulanic Acid**
Amoxclav-Sandoz® [+ Amoxicillin, trihydrate] → **Clavulanic Acid**
Amoxclav-Sandoz® [+ Clavulanic Acid, potassium salt] → **Amoxicillin**
Amoxen® → **Amoxicillin**
Amox-G® → **Amoxicillin**
Amoxi 1A Pharma® → **Amoxicillin**
Amoxi AbZ® → **Amoxicillin**
Amoxibacter® → **Amoxicillin**
Amoxibel® → **Amoxicillin**
Amoxibeta® → **Amoxicillin**
Amoxibol® [vet.] → **Amoxicillin**
Amoxibos® → **Amoxicillin**
Amoxibron® → **Amoxicillin**
Amoxi-C® → **Amoxicillin**
Amoxicap® → **Amoxicillin**
Amoxicat® [vet.] → **Amoxicillin**
Amoxicher® → **Amoxicillin**
Amoxicilina → **Amoxicillin**
Amoxicilina® → **Amoxicillin**
Amoxicilinã® → **Amoxicillin**
Amoxicilina AFSA® → **Amoxicillin**
Amoxicilina AG® → **Amoxicillin**
Amoxicilina Ariston® → **Amoxicillin**
Amoxicilina Beecham® → **Amoxicillin**
Amoxicilina Belmac® → **Amoxicillin**
Amoxicilina Bestpharma® → **Amoxicillin**
Amoxicilina Bohm® → **Amoxicillin**
Amoxicilina Cinfa® → **Amoxicillin**
Amoxicilina Clav AFSA® [+ Amoxicillin, trihydrate] → **Clavulanic Acid**
Amoxicilina Clav AFSA® [+ Clavulanic Acid, potassium salt] → **Amoxicillin**
Amoxicilina Clav Alter® [+ Amoxicillin, trihydrate] → **Clavulanic Acid**
Amoxicilina Clav Alter® [+ Clavulanic Acid, potassium salt] → **Amoxicillin**
Amoxicilina Clav Belmac® [+ Amoxicilin, trihydrate] → **Clavulanic Acid**
Amoxicilina Clav Belmac® [+ Clavulanic Acid, potassium salt] → **Amoxicillin**
Amoxicilina Clav Bexal® [+ Amoxicillin, trihydrate] → **Clavulanic Acid**
Amoxicilina Clav Bexal® [+ Clavulanic Acid, potassium salt] → **Amoxicillin**

Amoxicilina Clav Cinfa® [+ Amoxicillin, trihydrate] → **Clavulanic Acid**
Amoxicilina Clav Cinfa® [+ Clavulanic Acid, potassium salt] → **Amoxicillin**
Amoxicilina Clav Combino® [+ Amoxicillin, sodium salt] → **Clavulanic Acid**
Amoxicilina Clav Combino® [+ Clavulanic Acid, potassium salt] → **Amoxicillin**
Amoxicilina Clav Davur® [+ Amoxicillin, trihydrate] → **Clavulanic Acid**
Amoxicilina Clav Davur® [+ Clavulanic Acid, potassium salt] → **Amoxicillin**
Amoxicilina Clav Domac® [+ Amoxicillin, sodium salt] → **Clavulanic Acid**
Amoxicilina Clav Domac® [+ Clavulanic Acid, potassium salt] → **Amoxicillin**
Amoxicilina Clav Farmalider® [+ Amoxicillin, trihydrate] → **Clavulanic Acid**
Amoxicilina Clav Farmalider® [+ Clavulanic Acid, potassium salt] → **Amoxicillin**
Amoxicilina Clav Frous® [+ Amoxicillin, sodium salt] → **Clavulanic Acid**
Amoxicilina Clav Frous® [+ Clavulanic Acid, Potassium salt] → **Amoxicillin**
Amoxicilina Clav Generis® [+ Amoxicillin, sodium salt] → **Clavulanic Acid**
Amoxicilina Clav Generis® [+ Clavulanic Acid, potassium salt] → **Amoxicillin**
Amoxicilina Clav IPS® [+ Amoxicillin, sodium salt] → **Clavulanic Acid**
Amoxicilina Clav IPS® [+ Clavulanic Acid, potassium salt] → **Amoxicillin**
Amoxicilina Clav Juventus® [+ Amoxicillin, trihydrate] → **Clavulanic Acid**
Amoxicilina Clav Juventus® [+ Clavulanic Acid, potassium salt] → **Amoxicillin**
Amoxicilina Clav Merck® [+ Amoxicillin, trihydrate] → **Clavulanic Acid**
Amoxicilina Clav Merck® [+ Clavulanic Acid, potassium salt] → **Amoxicillin**
Amoxicilina Clav Mundogen® [+ Amoxicillin, trihydrate] → **Clavulanic Acid**
Amoxicilina Clav Mundogen® [+ Clavulanic Acid, potassium salt] → **Amoxicillin**
Amoxicilina Clav Normon® [+ Amoxicillin, trihydrate] → **Clavulanic Acid**
Amoxicilina Clav Normon® [+ Clavulanic Acid, potassium salt] → **Amoxicillin**
Amoxicilina Clav Ratiopharm® [+ Amoxicillin, trihydrate] → **Clavulanic Acid**
Amoxicilina Clav Ratiopharm® [+ Clavulanic Acid, potassium salt] → **Amoxicillin**
Amoxicilina Clav Rotifarma® [+ Amoxicillin, trihydrate] → **Clavulanic Acid**
Amoxicilina Clav Rotifarma® [+ Clavulanic Acid, potassium salt] → **Amoxicillin**
Amoxicilina Clav Sala® [+ Amoxicillin, sodium salt] → **Clavulanic Acid**
Amoxicilina Clav Sala® [+ Clavulanic Acid, potassium salt] → **Amoxicillin**
Amoxicilina Clav Sandoz® [+ Amoxicillin, sodium salt] → **Clavulanic Acid**
Amoxicilina Clav Sandoz® [+ Amoxicillin, trihydrate] → **Clavulanic Acid**
Amoxicilina Clav Sandoz® [+ Clavulanic Acid, potassium salt] → **Amoxicillin**
Amoxicilina Clav Teva® [+ Amoxicillin, trihydrate] → **Clavulanic Acid**
Amoxicilina Clav Teva® [+ Clavulanic Acid, potassium salt] → **Amoxicillin**
Amoxicilina/Clavulanico Richet® [+ Amoxicillin, trihydrate] → **Clavulanic Acid**
Amoxicilina/Clavulanico Richet® [+ Clavulanic Acid, potassium salt] → **Amoxicillin**
Amoxicilina Clav Ur® [+ Amoxicillin, trihydrate] → **Clavulanic Acid**
Amoxicilina Clav Ur® [+ Clavulanic Acid, potassium salt] → **Amoxicillin**
Amoxicilina Cuve® → **Amoxicillin**
Amoxicilina Davur® → **Amoxicillin**
Amoxicilina Drawer® → **Amoxicillin**
Amoxicilina e ácido clavulânico Alpharma® [+ Amoxicillin trihydrate] → **Clavulanic Acid**
Amoxicilina e ácido clavulânico Alpharma® [+ Clavulanic Acid potassium salt] → **Amoxicillin**
Amoxicilina e ácido clavulânico Bexal® [+ Amoxicillin trihydrate] → **Clavulanic Acid**
Amoxicilina e ácido clavulânico Bexal® [+ Clavulanic Acid potassium salt] → **Amoxicillin**
Amoxicilina e ácido clavulânico Generis® [+ Amoxicillin trihydrate] → **Clavulanic Acid**
Amoxicilina e ácido clavulânico Generis® [+ Clavulanic Acid potassium salt] → **Amoxicillin**
Amoxicilina e ácido clavulânico Germed® [+ Amoxicillin trihydrate] → **Clavulanic Acid**
Amoxicilina e ácido clavulânico Germed® [+ Calvulanic Acid potassium salt] → **Amoxicillin**
Amoxicilina e ácido clavulânico Jaba® [+ Amoxicillin trihydrate] → **Clavulanic Acid**
Amoxicilina e ácido clavulânico Jaba® [+ Clavulanic Acid potassium salt] → **Amoxicillin**
Amoxicilina e ácido clavulânico Labesfal® [+ Amoxicillin trihydrate] → **Clavulanic Acid**
Amoxicilina e ácido clavulânico Labesfal® [+ Clavulanic Acid potassium salt] → **Amoxicillin**
Amoxicilina e ácido clavulânico Mepha® [+ Amoxicillin trihydrate] → **Clavulanic Acid**
Amoxicilina e ácido clavulânico Mepha® [+ Clavulanic Acid potassium salt] → **Amoxicillin**
Amoxicilina e ácido clavulânico Merck® [+ Amoxicillin trihydrate] → **Clavulanic Acid**
Amoxicilina e ácido clavulânico Merck® [+ Clavulanic Acid potassium salt] → **Amoxicillin**
Amoxicilina e ácido clavulânico Ratiopharm® [+ Amoxicillin trihydrate] → **Clavulanic Acid**
Amoxicilina e ácido clavulânico Ratiopharm® [+ Clavulanic Acid potassium salt] → **Amoxicillin**
Amoxicilina e ácido clavulânico Sandoz® [+ Amoxicillin trihydrate] → **Clavulanic Acid**
Amoxicilina e ácido clavulânico Sandoz® [+Clavulanic Acid potassium salt] → **Amoxicillin**
Amoxicilina Edigen® → **Amoxicillin**
Amoxicilina Esteve® → **Amoxicillin**
Amoxicilina Fmndtria® → **Amoxicillin**
Amoxicilina Forte® → **Amoxicillin**
Amoxicilinã Forte® → **Amoxicillin**
Amoxicilina Genfar® → **Amoxicillin**
Amoxicilina Iqfarma® → **Amoxicillin**

Amoxicilina Juventus® → **Amoxicillin**
Amoxicilina Labesfal® → **Amoxicillin**
Amoxicilina Lafedar® → **Amoxicillin**
Amoxicilina L.CH.® → **Amoxicillin**
Amoxicilina LCH® → **Amoxicillin**
Amoxicilina Medipharma® → **Amoxicillin**
Amoxicilina MF® → **Amoxicillin**
Amoxicilina MK® → **Amoxicillin**
Amoxicilina Mundogen® → **Amoxicillin**
Amoxicilina Normon® → **Amoxicillin**
Amoxicilina Pentacoop® → **Amoxicillin**
Amoxicilina Perugen® → **Amoxicillin**
Amoxicilina Ratiopharm® → **Amoxicillin**
Amoxicilina Richet® → **Amoxicillin**
Amoxicilina Rotifarma® → **Amoxicillin**
Amoxicilina Sabater® → **Amoxicillin**
Amoxicilina Sandoz® → **Amoxicillin**
Amoxicilina Sant Gall® → **Amoxicillin**
Amoxicilina Teva® → **Amoxicillin**
Amoxicilina Trifarma® → **Amoxicillin**
Amoxicilina UQP® → **Amoxicillin**
Amoxicilina Ur® → **Amoxicillin**
Amoxicilina Vannier® → **Amoxicillin**
Amoxiciline/Clavulanzuur® [+ Amoxicillin, trihydrate] → **Clavulanic Acid**
Amoxiciline/Clavulanzuur® [+ Clavulanic Acid, potassium salt] → **Amoxicillin**
Amoxicillin → **Amoxicillin**
Amoxicillin® → **Amoxicillin**
Amoxicillina → **Amoxicillin**
Amoxicillina ABC® → **Amoxicillin**
Amoxicillina Allen® → **Amoxicillin**
Amoxicillina Angenerico® → **Amoxicillin**
Amoxicillina Bioprogress® → **Amoxicillin**
Amoxicillin AbZ® → **Amoxicillin**
Amoxicillin acis® → **Amoxicillin**
Amoxicillina Copernico® → **Amoxicillin**
Amoxicillina [DCIT] → **Amoxicillin**
Amoxicillina DOC® → **Amoxicillin**
Amoxicillina e Acido clavulanico ABC® [+ Amoxicillin trihydrate] → **Clavulanic Acid**
Amoxicillina e Acido clavulanico ABC® [+ Clavulanic Acid potassium salt] → **Amoxicillin**
Amoxicillina e Acido clavulanico Alter® [+ Amoxicillin trihydrate] → **Clavulanic Acid**
Amoxicillina e Acido clavulanico Alter® [+ Clavulanic Acid potassium salt] → **Amoxicillin**
Amoxicillina e Acido clavulanico DOC® [+ Amoxicillin trihydrate] → **Clavulanic Acid**
Amoxicillina e Acido clavulanico DOC® [+ Clavulanic Acid potassium salt] → **Amoxicillin**
Amoxicillina e Acido clavulanico EG® [+ Amoxicillin trihydrate] → **Clavulanic Acid**
Amoxicillina e Acido clavulanico EG® [+ Clavulanic Acid potassium salt] → **Amoxicillin**
Amoxicillina e Acido Clavulanico Hexal® [+ Amoxicillin trihydrate] → **Clavulanic Acid**
Amoxicillina e Acido Clavulanico Hexal® [+ Clavulanic Acid potassium salt] → **Amoxicillin**
Amoxicillina e Acido Clavulanico Jet® [+ Amoxicillin trihydrate] → **Clavulanic Acid**
Amoxicillina e Acido Clavulanico Jet® [+ Clavulanic Acid potassium salt] → **Amoxicillin**
Amoxicillina e Acido Clavulanico Merck Generics® [+ Amoxicillin trihydrate] → **Clavulanic Acid**
Amoxicillina e Acido Clavulanico Merck Generics® [+ Clavulanic Acid potassium salt] → **Amoxicillin**
Amoxicillina e Acido Clavulanico Ranbaxy® [+ Amoxicillin trihydrate] → **Clavulanic Acid**
Amoxicillina e Acido Clavulanico Ranbaxy® [+ Clavulanic Acid potassium salt] → **Amoxicillin**
Amoxicillina e Acido Clavulanico Ratiopharm® [+ Amoxicillin trihydrate] → **Clavulanic Acid**
Amoxicillina e Acido Clavulanico Ratiopharm® [+ Clavulanic Acid potassium salt] → **Amoxicillin**
Amoxicillina e Acido Clavulanico Sandoz GmbH® [+ Amoxicillin trihydrate] → **Clavulanic Acid**
Amoxicillina e Acido Clavulanico Sandoz GmbH® [+ Clavulanic Acid potassium salt] → **Amoxicillin**
Amoxicillina e Acido Clavulanico Teva® [+ Amoxicillin sodium salt] → **Clavulanic Acid**
Amoxicillina e Acido Clavulanico Teva® [+ Amoxicillin trihydrate] → **Clavulanic Acid**
Amoxicillina e Acido Clavulanico Teva® [+ Clavulanic Acid potassium salt] → **Amoxicillin**
Amoxicillina EG® → **Amoxicillin**
Amoxicillina Francia® → **Amoxicillin**
Amoxicillina Hexal® → **Amoxicillin**
Amoxicillina Jet® → **Amoxicillin**
Amoxicillina K24® → **Amoxicillin**
Amoxicillin AL® → **Amoxicillin**
Amoxicillina Merck® → **Amoxicillin**
Amoxicillin and Clavulante Potassium® [+ Amoxicillin trihydrate] → **Clavulanic Acid**
Amoxicillin and Clavulante Potassium® [+ Clavulanic Acid potassium salt] → **Amoxicillin**
Amoxicillin and Clavulante Potassium Tablets® [+ Amoxicillin, trihydrate] → **Clavulanic Acid**
Amoxicillin and Clavulante Potassium Tablets® [+ Clavulanic Acid, potassium salt] → **Amoxicillin**
Amoxicillina OFF® → **Amoxicillin**
Amoxicillina Pantafarm® → **Amoxicillin**
Amoxicillina Pliva® → **Amoxicillin**
Amoxicillina ratiopharm® → **Amoxicillin**
Amoxicillina Sandoz® → **Amoxicillin**
Amoxicillina Tad® → **Amoxicillin**
Amoxicillina Teva® → **Amoxicillin**
Amoxicillina Triidrato® [vet.] → **Amoxicillin**
Amoxicillina Union Health® → **Amoxicillin**
Amoxicillin AZU® → **Amoxicillin**
Amoxicillin-B® → **Amoxicillin**
Amoxicillin [BAN, JAN, USAN] → **Amoxicillin**
Amoxicillin Bright Future → **Amoxicillin**
Amoxicillin Domesco® → **Amoxicillin**
Amoxicilline → **Amoxicillin**
Amoxicilline® → **Amoxicillin**
Amoxicilline A® → **Amoxicillin**
Amoxicilline/Acide clavulanique Biogaran® [+ Amoxicillin, trihydrate] → **Clavulanic Acid**
Amoxicilline/Acide clavulanique Biogaran® [+ Clavulanic Acid, potassium salt] → **Amoxicillin**
Amoxicilline/acide clavulanique EG® [+ Amoxicillin, trihydrate] → **Clavulanic Acid**
Amoxicilline/acide clavulanique EG® [+ Clavulanic Acid, potassium salt] → **Amoxicillin**
Amoxicilline-acide clavulanique G Gam® [+ Amoxicillin, trihydrate] → **Clavulanic Acid**

Amoxicilline-acide clavulanique G Gam® [+ Clavulanic Acid, potassium salt] → **Amoxicillin**
Amoxicilline/Acide Clavulanique Merck® [+ Amoxicillin, trihydrate] → **Clavulanic Acid**
Amoxicilline/Acide Clavulanique Merck® [+ Clavulanic Acid, potassium salt] → **Amoxicillin**
Amoxicilline/Acide Clavulanique RPG® [+ Amoxicillin, trihydrate] → **Clavulanic Acid**
Amoxicilline/Acide Clavulanique RPG® [+ Clavulanic Acid, potassium salt] → **Amoxicillin**
Amoxicilline-Acide clavulanique Sandoz® [+ Amoxicillin, trihydrate] → **Clavulanic Acid**
Amoxicilline-Acide clavulanique Sandoz® [+ Clavulanic Acid, potassium salt] → **Amoxicillin**
Amoxicilline/Acide Clavulanique Winthrop® [+ Amoxicillin trihydrate] → **Clavulanic Acid**
Amoxicilline/Acide Clavulanique Winthrop® [+ Clavulanic Acid potassium salt] → **Amoxicillin**
Amoxicilline Alpharma® → **Amoxicillin**
Amoxicilline Bexal® → **Amoxicillin**
Amoxicilline Biogaran® → **Amoxicillin**
Amoxicilline BMS® → **Amoxicillin**
Amoxicilline CF® → **Amoxicillin**
Amoxicilline/Clavulanzuur® [+ Amoxicillin, sodium salt] → **Clavulanic Acid**
Amoxicilline/Clavulanzuur® [+ Clavulanic Acid, potassium salt] → **Amoxicillin**
Amoxicilline [DCF] → **Amoxicillin**
Amoxicilline EG® → **Amoxicillin**
Amoxicilline-Eurogenerics® → **Amoxicillin**
Amoxicilline FLX® → **Amoxicillin**
Amoxicilline GF® → **Amoxicillin**
Amoxicilline Hexal® → **Amoxicillin**
Amoxicilline Ivax® → **Amoxicillin**
Amoxicilline Merck® → **Amoxicillin**
Amoxicilline-NM Generics® → **Amoxicillin**
Amoxicilline Panpharma® → **Amoxicillin**
Amoxicilline ratiopharm® → **Amoxicillin**
Amoxicilline RPG® → **Amoxicillin**
Amoxicilline Sandoz® → **Amoxicillin**
Amoxicilline-Sandoz® → **Amoxicillin**
Amoxicilline Teva® → **Amoxicillin**
Amoxicilline Winthrop → **Amoxicillin**
Amoxicilline Zydus® → **Amoxicillin**
Amoxicillin „Faro“® → **Amoxicillin**
Amoxicillin Generics® → **Amoxicillin**
Amoxicillin HelvePharm® → **Amoxicillin**
Amoxicillin Hexal® → **Amoxicillin**
Amoxicillin Hexpharm® → **Amoxicillin**
Amoxicillin Merck NM® → **Amoxicillin**
Amoxicillin NM Pharma® → **Amoxicillin**
Amoxicillin PB® → **Amoxicillin**
Amoxicillin plus Heumann® [+ Amoxicillin, trihydrate] → **Clavulanic Acid**
Amoxicillin plus Heumann® [+ Clavulanic Acid, potassium salt] → **Amoxicillin**
Amoxicillin ratiopharm® → **Amoxicillin**
Amoxicillin-ratiopharm® → **Amoxicillin**
Amoxicillin-ratiopharm comp® [+ Amoxicillin] → **Clavulanic Acid**
Amoxicillin-ratiopharm comp.® [+ Amoxicillin trihydrate] → **Clavulanic Acid**
Amoxicillin-ratiopharm comp.® [+ Amoxicillin, trihydrate] → **Clavulanic Acid**
Amoxicillin-ratiopharm comp® [+ Clavulanic Acid] → **Amoxicillin**
Amoxicillin-ratiopharm comp.® [+ Clavulanic Acid, potassium salt] → **Amoxicillin**
Amoxicillin-ratiopharm comp.® [+ Clavulanic Acid potassium salt] → **Amoxicillin**
Amoxicillin RX® → **Amoxicillin**
Amoxicillin Sandoz® → **Amoxicillin**
Amoxicillin Scand Pharm® → **Amoxicillin**
Amoxicillin Schoeller Chemie® [vet.] → **Amoxicillin**
Amoxicillin Slovakofarma® → **Amoxicillin**
Amoxicillin-Slovakofarma® → **Amoxicillin**
Amoxicillin Stada® → **Amoxicillin**
Amoxicillin Tablets® → **Amoxicillin**
Amoxicillinum → **Amoxicillin**
Amoxicillin Vatchem® → **Amoxicillin**
Amoxicina Oriental® → **Amoxicillin**
AmoxiClav 1A Pharma® [+ Amoxicillin, trihydrate] → **Clavulanic Acid**
AmoxiClav 1A Pharma® [+ Clavulanic Acid, potassium salt] → **Amoxicillin**
Amoxiclav accedo® [+ Amoxicillin, trihydrate] → **Clavulanic Acid**
Amoxiclav accedo® [+ Clavulanic Acid, potassium salt] → **Amoxicillin**
Amoxiclav® [+ Amoxicillin, trihydrate] → **Clavulanic Acid**
Amoxiclav AWD® [+ Amoxicillin, trihydrate] → **Clavulanic Acid**
Amoxiclav AWD® [+ Clavulanic Acid, potassium salt] → **Amoxicillin**
Amoxiclav Basics® [+ Amoxicillin, trihydrate] → **Clavulanic Acid**
Amoxiclav Basics® [+ Clavulanic Acid, potassium salt] → **Amoxicillin**
Amoxiclav beta® [+ Amoxicillin, trihydrate] → **Clavulanic Acid**
Amoxiclav beta® [+ Clavulanic Acid, potassium salt] → **Amoxicillin**
Amoxiclav Bexal® [+ Amoxicillin] → **Clavulanic Acid**
Amoxiclav Bexal® [+ Clavulanic Acid] → **Amoxicillin**
Amoxiclav® [+ Clavulanic Acid, potassium salt] → **Amoxicillin**
Amoxiclav-Puren® [+ Amoxicillin, trihydrate] → **Clavulanic Acid**
Amoxiclav-Puren® [+ Clavulanic Acid, potassium salt] → **Amoxicillin**
Amoxiclav-Sandoz® [+ Amoxicillin, trihydrate] → **Clavulanic Acid**
Amoxiclav-Sandoz® [+ Amoxicillin trihydrate] → **Clavulanic Acid**
Amoxiclav-Sandoz® [+ Clavulanic Acid potassium salt] → **Amoxicillin**
Amoxiclav-Sandoz® [+ Clavulanic Acid, potassium salt] → **Amoxicillin**
Amoxiclav-Teva® [+ Amoxicillin trihydrate] → **Clavulanic Acid**
Amoxiclav-Teva® [+ Amoxicillin, trihydrate] → **Clavulanic Acid**
Amoxiclav-Teva® [+ Clavulanic Acid potassium salt] → **Amoxicillin**
Amoxiclav-Teva® [+ Clavulanic Acid, potassium salt] → **Amoxicillin**
AmoxiClavulan 1A Pharma® [+ Amoxicillin, trihydrate] → **Clavulanic Acid**
AmoxiClavulan 1A Pharma® [+ Clavulanic Acid, potassium salt] → **Amoxicillin**
Amoxi-Clavulan AL® [+ Amoxicillin, trihydrate] → **Clavulanic Acid**
Amoxi-Clavulan AL® [+ Clavulanic Acid, potassium salt] → **Amoxicillin**

Amoxi-Clavulan Stada® [+ Amoxicillin, trihydrate] → **Clavulanic Acid**
Amoxi-Clavulan Stada® [+ Clavulanic Acid, potassium salt] → **Amoxicillin**
Amoxiclav®[vet.] → **Clavulanic Acid**
Amoxiclav®[vet.] → **Amoxicillin**
Amoxiclav von ct® [+ Amoxicillin, trihydrate] → **Clavulanic Acid**
Amoxiclav von ct® [+ Clavulanic Acid, potassium salt] → **Amoxicillin**
Amoxicler® → **Amoxicillin**
Amoxiclin® → **Amoxicillin**
Amoxicomp Genericon® [+ Amoxicillin, trihydrate] → **Clavulanic Acid**
Amoxicomp Genericon® [+ Clavulanic Acid, potassium salt] → **Amoxicillin**
Amoxicon® → **Amoxicillin**
Amoxi-CT® → **Amoxicillin**
Amoxidal® → **Amoxicillin**
Amoxidin® [susp. caps.] → **Amoxicillin**
Amoxi-Diolan® → **Amoxicillin**
Amoxidoc® → **Amoxicillin**
Amoxi-Drop® [vet.] → **Amoxicillin**
amoxidura® [+ Amoxicillin, trihydrate] → **Clavulanic Acid**
amoxidura® [+ Clavulanic Acid, potassium salt] → **Amoxicillin**
Amoxid® [vet.] → **Amoxicillin**
Amoxifar® → **Amoxicillin**
Amoxifur® → **Amoxicillin**
Amoxiga® → **Amoxicillin**
Amoxi-Gobens® → **Amoxicillin**
Amoxi Gobens® [caps./liqu.oral] → **Amoxicillin**
Amoxi Gobens® [inj.] → **Amoxicillin**
Amoxigran® → **Amoxicillin**
Amoxigrand® → **Amoxicillin**
Amoxigrand® [+ Amoxicillin] → **Clavulanic Acid**
Amoxigrand® [+ Clavulanic acid] → **Amoxicillin**
AmoxiHefa® → **Amoxicillin**
Amoxi-Hefa® → **Amoxicillin**
Amoxihexal® → **Amoxicillin**
Amoxi-Hexal® → **Amoxicillin**
Amoxi HP® → **Amoxicillin**
Amoxi-infant® → **Amoxicillin**
Amoxi-Inject® [vet.] → **Amoxicillin**
Amoxiklav® [+ Amoxicillin trihydrate] → **Clavulanic Acid**
Amoxiklav® [+ Clavulanic Acid] → **Amoxicillin**
Amoxil® → **Amoxicillin**
Amoxilag® → **Amoxicillin**
Amoxilan® → **Amoxicillin**
Amoxil-Bencard® → **Amoxicillin**
Amoxi-Lich® → **Amoxicillin**
Amoxil® [inj.] → **Amoxicillin**
Amoxillat® → **Amoxicillin**
Amoxillin® → **Amoxicillin**
Amoxi L.U.T.® → **Amoxicillin**
Amoxil® [vet.] → **Amoxicillin**
Amoxi-Mast® [vet.] → **Amoxicillin**
Amoxi-Mepha® → **Amoxicillin**
Amoximex® → **Amoxicillin**
Amoxina® → **Amoxicillin**
Amoxin Comp® [+ Amoxicillin, trihydrate] → **Clavulanic Acid**
Amoxin Comp® [+ Clavulanic Acid, potassium salt] → **Amoxicillin**
Amoxindox® [vet.] → **Amoxicillin**
Amoxinga® → **Amoxicillin**
Amoxinsol® [vet.] → **Amoxicillin**
Amoxin® [vet.] → **Amoxicillin**
Amoxip® → **Amoxicillin**
Amoxi Pch® → **Amoxicillin**
Amoxi-Ped® → **Amoxicillin**
Amoxipen Cl® [+ Amocicilline trihydrate] → **Amoxicillin**
Amoxipen Cl® [+ Clavulanix Acid potassium salt:] → **Amoxicillin**
Amoxipenil® → **Amoxicillin**
Amoxipen® [susp.] → **Amoxicillin**
Amoxiphar® → **Amoxicillin**
Amoxiplus® [+ Amoxicillin trihydrate] → **Clavulanic Acid**
Amoxiplus® [+ Clavulanic Acid potassium salt] → **Amoxicillin**
Amoxiplus ratiopharm® [+ Amoxicillin, trihydrate] → **Clavulanic Acid**
Amoxiplus ratiopharm® [+ Clavulanic Acid, potassium salt] → **Amoxicillin**
Amoxipoten® → **Amoxicillin**
Amoxi-saar® [+ Amoxicillin, trihydrate] → **Clavulanic Acid**
Amoxi-saar® [+ Clavulanic Acid, potassium salt] → **Amoxicillin**
Amoxi-Sandoz® → **Amoxicillin**
Amoxisane® [vet.] → **Amoxicillin**
Amoxisel® [vet.] → **Amoxicillin**
Amoxi-Sleecol® [vet.] → **Amoxicillin**
Amoxisol® [vet.] → **Amoxicillin**
Amoxistad® → **Amoxicillin**
Amoxistad plus® [+ Amoxicilline, trihydrate] → **Clavulanic Acid**
Amoxistad plus® [+ Clavulanic Acid, potassium salt] → **Amoxicillin**
Amoxitenk® → **Amoxicillin**
Amoxitenk® [+ Amoxicillin] → **Clavulanic Acid**
Amoxitenk® [+ Clavulanic acid] → **Amoxicillin**
Amoxival® [vet.] → **Amoxicillin**
Amoxivan® → **Amoxicillin**
Amoxi® [vet.] → **Amoxicillin**
Amoxivet® → **Amoxicillin**
Amoxi-Wolff® → **Amoxicillin**
Amoxol® → **Amoxicillin**
Amoxon® → **Amoxicillin**
Amoxoral® [vet.] → **Amoxicillin**
Amoxport® → **Amoxicillin**
Amoxsan® → **Amoxicillin**
Amoxsan® [inj.] → **Amoxicillin**
Amox® [vet.] → **Amoxicillin**
Amoxy® → **Amoxicillin**
Amoxycare® [vet.] → **Amoxicillin**
Amoxycillin → **Amoxicillin**
Amoxycillin-DP® → **Amoxicillin**
Amoxycilline® [vet.] → **Amoxicillin**
Amoxycillin Indo Farma® → **Amoxicillin**
Amoxycillin Sandoz® → **Amoxicillin**
Amoxycillin Trihydrate® [vet.] → **Amoxicillin**
Amoxycillin® [vet.] → **Amoxicillin**
Amoxyclav® [+Amoxicillin trihydrate] → **Clavulanic Acid**
Amoxyclav® [+ Amoxicillin trihydrate] [vet.] → **Clavulanic Acid**
Amoxyclav®[vet.] → **Amoxicillin**
Amoxydar® → **Amoxicillin**
Amoxylin® → **Amoxicillin**
Amoxylin® [vet.] → **Amoxicillin**
Amoxy M H® → **Amoxicillin**
Amoxy P® → **Amoxicillin**
Amoxypen® → **Amoxicillin**
Amoxypen® [vet.] → **Amoxicillin**
Amoxyplus® [+ Amoxicillin, trihydrate] → **Clavulanic Acid**
Amoxyplus® [+ Clavulanic Acid, potassium salt] → **Amoxicillin**
Amoxysol® [vet.] → **Amoxicillin**
Amoxy® [vet.] → **Amoxicillin**
Amoxyvet® [vet.] → **Amoxicillin**
AMP 5® [vet.] → **Adenosine Phosphate**
Ampamet® → **Aniracetam**
Amparax® → **Lorazepam**
Amparax Oral® → **Lorazepam**
Amparax Sublingual® → **Lorazepam**
Amparo® → **Amlodipine**
Ampavit® → **Cyanocobalamin**
Ampecu® → **Ampicillin**
Ampecyclal® → **Heptaminol**
Ampen® → **Ampicillin**
Amp Equine® [vet.] → **Ampicillin**
Ampexin® → **Ampicillin**
Amphadase® → **Hyaluronidase**
Amphicol® [vet.] → **Chloramphenicol**
Amphocil® → **Amphotericin B**

Amphocin® → **Amphotericin B**
Amphodyn® → **Etilefrine**
Amphojel® → **Algeldrate**
Ampho Moronal® → **Amphotericin B**
Amphoprim Bolus® [+ Sulfamethoxypyridazine] [vet.] → **Trimethoprim**
Amphoprim Bolus® [+ Trimethoprim] [vet.] → **Sulfamethoxypyridazine**
Amphoprimol®[vet.] → **Sulfamethoxazole**
Amphoprimol®[vet.] → **Trimethoprim**
Amphoprim® [+Sulfadimidine] [vet.] → **Trimethoprim**
Amphoprim® [+Trimethoprim] [vet.] → **Sulfadimidine**
Amphoprim®[vet.] → **Trimethoprim**
Amphoprim®[vet.] → **Sulfadimidine**
Amphotec® → **Amphotericin B**
Amphotericin B → **Amphotericin B**
Amphotericin B® → **Amphotericin B**
Amphotericin B [BANM, USAN, JAN] → **Amphotericin B**
Amphotericin B Biolab® → **Amphotericin B**
Amphotericin B BMS® → **Amphotericin B**
Amphotericin B (JP XIV, Ph. Eur. 5, Ph. Int. 4, USP 30) → **Amphotericin B**
Amphotéricine B → **Amphotericin B**
Amphotéricine B [DCF] → **Amphotericin B**
Amphotericinum B → **Amphotericin B**
Amphotericinum B (Ph. Eur. 5, Ph. Int. 4) → **Amphotericin B**
Ampi® → **Ampicillin**
Ampibenza® [inj.] → **Ampicillin**
Ampibex® → **Ampicillin**
Ampi-bis® → **Ampicillin**
Ampi-bis® [inj.] → **Ampicillin**
Ampi-bis plus® [+ Ampicillin, sodium salt] → **Sulbactam**
Ampi-bis plus® [+ Sulbactam, sodium salt] → **Ampicillin**
Ampi Bol® [vet.] → **Ampicillin**
Ampibos® → **Ampicillin**
Ampicaps® [vet.] → **Ampicillin**
Ampicare® [vet.] → **Ampicillin**
Ampicat® [vet.] → **Ampicillin**
Ampicher® → **Ampicillin**
Ampicilin® → **Ampicillin**
Ampicilina® → **Ampicillin**
Ampicilinã® → **Ampicillin**
Ampicilina 500® → **Ampicillin**
Ampicilina Biocrom® → **Ampicillin**
Ampicilina® [caps./susp./inj./tab.] → **Ampicillin**
Ampicilina con Sulbactam® [+ Ampicilin sodium salt] → **Sulbactam**
Ampicilina con Sulbactam® [+ Sulbactam sodium salt] → **Ampicillin**
Ampicilina Drawer® → **Ampicillin**
Ampicilina Etyc® → **Ampicillin**
Ampicilina Fecofar® → **Ampicillin**
Ampicilina Fmndtria® [caps. susp.] → **Ampicillin**
Ampicilinã Forte® → **Ampicillin**
Ampicilina Genfar® → **Ampicillin**
Ampicilina Genfar® [caps./susp./inj.] → **Ampicillin**
Ampicilina Inyectable Pentacoop® [inj.] → **Ampicillin**
Ampicilina LCH® → **Ampicillin**
Ampicilina Llorente® → **Ampicillin**
Ampicilina Lusa® → **Ampicillin**
Ampicilina Markos® → **Ampicillin**
Ampicilina MF® → **Ampicillin**
Ampicilina MK® → **Ampicillin**
Ampicilina MK® [inj.] → **Ampicillin**
Ampicilina Pentacoop® → **Ampicillin**
Ampicilina Perugen® → **Ampicillin**
Ampicilina Richet® → **Ampicillin**
Ampicilina Sintesina® → **Ampicillin**
Ampicilina + Sulbactam® [+ Ampicillin] → **Sulbactam**
Ampicilina-Sulbactam® [sol.-inj.] → **Sultamicillin**
Ampicilina + Sulbactam® [+ Sulbactam] → **Ampicillin**
Ampicilina UQP® → **Ampicillin**
Ampicilin Biotika® → **Ampicillin**
Ampicillan® [vet.] → **Ampicillin**
Ampicillin® → **Ampicillin**
Ampicillina® → **Ampicillin**
Ampicillina Biopharma® → **Ampicillin**
Ampicillin and Sulbactam for Injection® [+ Ampicillin sodium salt] → **Sulbactam**
Ampicillin and Sulbactam for Injection® [+ Sulbactam sodium salt] → **Ampicillin**
Ampicillina sodica → **Ampicillin**
Ampicillina Sodica® → **Ampicillin**
Ampicillina® [vet.] → **Ampicillin**
Ampicillin Cooper® → **Ampicillin**
Ampicillin Domesco® → **Ampicillin**
Ampicilline® → **Ampicillin**
Ampicilline Cadril® [vet.] → **Ampicillin**
Ampicilline Franvet® [vet.] → **Ampicillin**
Ampicilline Gf® → **Ampicillin**
Ampicilline Panpharma® → **Ampicillin**
Ampicilline sodique → **Ampicillin**
Ampicilline sodique (Ph. Eur. 5) → **Ampicillin**
Ampicillin-Fresenius Vials® → **Ampicillin**
Ampicillin „Grünenthal“® → **Ampicillin**
Ampicillin Hexal® [+ Ampicillin sodium salt] → **Sulbactam**
Ampicillin Hexal® [+ Sulbactam sodium salt] → **Ampicillin**
Ampicillin Indo Farma® → **Ampicillin**
Ampicillin Indo Farma® [inj.] → **Ampicillin**
Ampicillin natrium → **Ampicillin**
Ampicillin-Natrium (Ph. Eur. 5) → **Ampicillin**
Ampicillin Pliva® → **Ampicillin**
Ampicillin-ratiopharm® → **Ampicillin**
Ampicillin-ratiopharm comp.® [+ Ampicillin sodium salt] → **Sulbactam**
Ampicillin-ratiopharm comp.® [+ Sulbactam potassium salt] → **Ampicillin**
Ampicillin Sodium → **Ampicillin**
Ampicillin Sodium® → **Ampicillin**
Ampicillin Sodium [BANM, JAN, USAN] → **Ampicillin**
Ampicillin Sodium for Injection® → **Ampicillin**
Ampicillin Sodium (JP XIV, Ph. Eur. 5, Ph. Int. 5, USP 30) → **Ampicillin**
Ampicillin sodium salt: → **Ampicillin**
Ampicillin Stada® → **Ampicillin**
Ampicillin + Sulbactam DeltaSelect® [+ Ampicillin sodium salt] → **Sulbactam**
Ampicillin + Sulbactam DeltaSelect® [+ Sulbactam sodium salt] → **Ampicillin**
Ampicillin/Sulbactam Kabi® [+ Ampicillin sodium salt] → **Sulbactam**
Ampicillin/Sulbactam Kabi® [+ Sulbactam sodium salt] → **Ampicillin**
Ampicillin Trihydras® → **Ampicillin**
Ampicillin Trihydrate® [vet.] → **Ampicillin**
Ampicillin Trihydrous® → **Ampicillin**
Ampicillinum natricum → **Ampicillin**
Ampicillinum natricum (Ph. Eur. 5, Ph. Int. 4) → **Ampicillin**
Ampicillin Vana® → **Ampicillin**
Ampicillin Vepidan® → **Ampicillin**
Ampicillin® [vet.] → **Ampicillin**

Ampicilllina e Sulbactam IBI® [+Ampicillinsodium salt:] → **Sulbactam**
Ampicilllina e Sulbactam IBI® [+Sulbactam sodium salt:] → **Ampicillin**
Ampicin® → **Ampicillin**
Ampicin® [vet.] → **Ampicillin**
Ampicler® → **Ampicillin**
Ampicyn® → **Ampicillin**
Ampidar® → **Ampicillin**
Ampidog® [vet.] → **Ampicillin**
Ampidox® [vet.] → **Ampicillin**
Ampi-Dry® [vet.] → **Ampicillin**
Ampifac® [vet.] → **Ampicillin**
Ampifar® → **Ampicillin**
Ampifarma® → **Ampicillin**
Ampifarma® [vet.] → **Ampicillin**
Ampifen® [vet.] → **Ampicillin**
Ampigen SB® → **Sultamicillin**
Ampigen SB® [+ Ampicillin, sodium salt] → **Sulbactam**
Ampigen SB® [+ Sulbactam, sodium salt] → **Ampicillin**
Ampigen Simple® → **Ampicillin**
Ampigrand® → **Ampicillin**
Ampi Ject® [vet.] → **Ampicillin**
Ampiject® [vet.] → **Ampicillin**
Ampik® → **Ampicillin**
Ampi-kel® [vet.] → **Ampicillin**
Ampikyy® → **Hydrocortisone**
Ampil® → **Ampicillin**
Ampillin® → **Ampicillin**
Ampilux® → **Ampicillin**
Ampilux® [vet.] → **Ampicillin**
Ampina® [vet.] → **Ampicillin**
Ampinox® → **Ampicillin**
Ampipen® → **Ampicillin**
Ampiplus® → **Ampicillin**
Ampiplus® [+ Ampicillin sodium salt] → **Sulbactam**
Ampiplus Simplex® → **Ampicillin**
Ampiplus® [+ Sulbactam sodium salt] → **Ampicillin**
Ampi-Quim® → **Ampicillin**
Ampirex® → **Ampicillin**
Ampirovix® → **Tenoxicam**
Ampisel® [vet.] → **Ampicillin**
Ampisid® → **Sultamicillin**
Ampisid® [+ Ampicillin, sodium salt], [inj.] → **Sulbactam**
Ampisid® [+ Ampicillin sodium salt] [inj.] → **Sulbactam**
Ampisid® [+ Sulbactam sodium salt] [inj.] → **Ampicillin**
Ampisid® [+ Sulbactam, sodium salt], [inj.] → **Ampicillin**
Ampisina® → **Ampicillin**
Ampisina® [inj.] → **Ampicillin**
Ampisol® [vet.] → **Ampicillin**
Ampisulcillin® [+Ampicillin sodium salt] → **Sulbactam**
Ampisulcillin® [+ Sulbactam sodium salt] → **Ampicillin**
Ampisus® [vet.] → **Ampicillin**
Ampitab® [vet.] → **Ampicillin**
Ampi-Tab® [vet.] → **Ampicillin**
Ampitac® [vet.] → **Ampicillin**
Ampitenk® → **Ampicillin**
Ampitras® [vet.] → **Ampicillin**
Ampitrex® → **Ampicillin**
Ampi® [vet.] → **Ampicillin**
Ampivet® [vet.] → **Ampicillin**
Ampixen® → **Ampicillin**
Amplacilina® → **Ampicillin**
Amplacilina® [inj.] → **Ampicillin**
Amplamox® → **Amoxicillin**
Ampliactil® → **Chlorpromazine**
Ampliar® → **Atorvastatin**
Amplibiotic® → **Ciprofloxacin**
Amplictil® → **Chlorpromazine**
Amplirex® [vet.] → **Ampicillin**
Ampliron® → **Norfloxacin**
Amplisol® [vet.] → **Ampicillin**
Amplisul® [+ Ampicillin sodium salt] → **Sulbactam**
Amplisul® [+ Sulbactam sodium salt] → **Ampicillin**
Amplital® → **Ampicillin**
Amplital® [inj.] → **Ampicillin**
Amplital® [vet.] → **Ampicillin**
Amplium® → **Tinidazole**
Amplizer® → **Ampicillin**
Amplobiotic® → **Chloramphenicol**
Amplotal® → **Ampicillin**
Amporal® [vet.] → **Ampicillin**
Amprace® → **Enalapril**
Ampra MH® → **Ampicillin**
Amprexyl® → **Ampicillin**
Ampril® → **Ramipril**
Amprilan® → **Ramipril**
Ampro® → **Ampicillin**
Amprolium® → **Amprolium**
Amprolium® [vet.] → **Amprolium**
Amprol® [vet.] → **Amprolium**
Ampromed® → **Ambroxol**
Amprovine® [vet.] → **Amprolium**
Amracin® → **Tetracycline**
Amrix® → **Cyclobenzaprine**
Amsa® → **Amsacrine**
Amsapen® → **Ampicillin**
Amsati® → **Azithromycin**
Amsaxilina® → **Amoxicillin**
Amsidine® → **Amsacrine**
Amsidyl® → **Amsacrine**
Amsler® → **Azelastine**
a.m.t.® → **Amantadine**
Amtas® [tab.] → **Amlodipine**
Amtim® → **Amlodipine**
Amtuss® → **Ambroxol**
Amuclean® → **Benzalkonium Chloride**
Amuclor Med® → **Tosylchloramide Sodium**
Amufast® → **Loperamide**
Amukin® → **Amikacin**
A-Mulsin® → **Retinol**
Amvisc® → **Hyaluronic Acid**
Amxol® → **Ambroxol**
A-Mycin® → **Erythromycin**
A-Mycin® → **Paracetamol**
Amycor® → **Bifonazole**
Amyco® [vet.] → **Econazole**
Amykal® → **Terbinafine**
Amyl Nitrite® → **Amyl Nitrite**
Amyn® → **Amoxicillin**
Amytal® → **Amobarbital**
Amytal Sodium® → **Amobarbital**
Amytril® → **Amitriptyline**
Amyx® → **Glimepiride**
Amyzol® → **Amitriptyline**
Amze® → **Amlodipine**
Amziax® → **Alprazolam**
AN 1® → **Amfetaminil**
AN 148 → **Methadone**
Anabact® → **Metronidazole**
Anabet® → **Nadolol**
Anabol® → **Metandienone**
Anabolex® → **Metandienone**
Anabolin® → **Nandrolone**
Anaboline Depot® → **Nandrolone**
Anabolin® [vet.] → **Nandrolone**
Anabron® → **Ambroxol**
Anacaine® → **Benzocaine**
Anacalcit® → **Cellulose Sodium Phosphate**
Anacar® [vet.] → **Mesulfen**
Anacetin® [vet.] → **Chloramphenicol**
Anacin® → **Paracetamol**
Anaclosil® [inj.] → **Cloxacillin**
Anacrodyne® → **Pyridoxine**
Anadent® → **Benzocaine**
Anadin® → **Ibuprofen**
Anadin Paracetamol® → **Paracetamol**
Anadiol® [vet.] → **Methandriol**
Anadol® → **Tramadol**
Anador® → **Metamizole**
Anaerobex® → **Metronidazole**
Anaeromet® → **Metronidazole**
Anaestherit® → **Benzocaine**
Anaesthesin® → **Benzocaine**
Anaesthesulf® → **Polidocanol**
Anaesthetic Compound 347 → **Enflurane**
Anafen® → **Ibuprofen**

Anafidol® → **Ibuprofen**
Anaflam® → **Ibuprofen**
Anaflat® → **Dimeticone**
Anaflex® → **Naproxen**
Anaflex® → **Polynoxylin**
Anafortan® → **Camylofin**
Anafranil® → **Clomipramine**
Anafranil CR® → **Clomipramine**
Anafranil retard® → **Clomipramine**
Anafranil SR® → **Clomipramine**
Anagastra® → **Pantoprazole**
Anagen® → **Minoxidil**
Anagrelide® → **Anagrelide**
Ana-Guard® → **Epinephrine**
Anahelp® → **Epinephrine**
Anaket-V [vet.] → **Ketamine**
Analab® → **Tramadol**
Analept® → **Enalapril**
Analergin® → **Cetirizine**
Analeric® → **Diflunisal**
Analfin® → **Morphine**
Analgesil® → **Metamizole**
Analgesium® → **Ketorolac**
Analgin® → **Ibuprofen**
Analgin „Biomeda“® → **Metamizole**
Analgin-Darnitsa® → **Metamizole**
Analgine® → **Metamizole**
Analgit® → **Metamizole**
Analgopyrin® → **Metamizole**
Analmorph® → **Morphine**
Analon Galeno® → **Albendazole**
Analor® → **Loratadine**
Analpyrin® → **Paracetamol**
Analspec® → **Mefenamic Acid**
Analux® → **Phenylephrine**
Anamet® → **Metronidazole**
Anamorph® → **Morphine**
Ananase® → **Bromelains**
Ananase Forte® → **Bromelains**
Anandron® → **Nilutamide**
Anangor® → **Tramadol**
Anapaz® → **Hyoscyamine**
Anapen® → **Epinephrine**
Anapenil® → **Phenoxymethylpenicillin**
Anapen Junior® → **Epinephrine**
Anaplex Caps® [vet.] → **Dichlorophen**
Anapolon® → **Oxymetholone**
Anapran® → **Naproxen**
Anaprilin® → **Propranolol**
Anaprime Suspension® [vet.] → **Flumetasone**
Anaprolina® → **Nandrolone**
Anaprotab® → **Naproxen**
Anaprox® → **Naproxen**
Anapsique® → **Amitriptyline**
Anaptivan® → **Cefuroxime**
Anara® → **Sodium Picosulfate**
Anargil® → **Danazol**
Anaroxyl® → **Carbazochrome**
Anartrit® → **Piroxicam**
Anased® [vet.] → **Xylazine**
Anasma Accuhaler® [+ Fluticasone propionate] → **Salmeterol**
Anasma Accuhaler® [+ Salmeterol xinafoate] → **Fluticasone**
Anasma® [+ Fluticasone propionate] → **Salmeterol**
Anasma® [+ Salmeterol xinafoate] → **Fluticasone**
Anasor® → **Paracetamol**
Anaspaz® → **Hyoscyamine**
Anasprin-S® → **Aspirin**
Anastil® → **Guaiacol**
Anastraze® → **Anastrozole**
Anastrozol Microsules® → **Anastrozole**
Anastrozol Rontag® → **Anastrozole**
Anastrozol® [tab.] → **Anastrozole**
Anatac® → **Carbocisteine**
Anatenazine® → **Fluphenazine**
Anatensol® → **Fluphenazine**
Anatrast® → **Barium Sulfate**
Anaus® → **Sildenafil**
Anausin Métoclopramide® → **Metoclopramide**
Anautin® → **Dimenhydrinate**
Anautinum → **Dimenhydrinate**
Anavenol® → **Dihydroergocristine**
Anax® → **Alprazolam**
Anazo® → **Phenazopyridine**
Anbacim® → **Cefuroxime**
Anbesol® → **Benzocaine**
Anbifen® → **Ibuprofen**
Anbikan® → **Kanamycin**
Anbikin® → **Amikacin**
Anbin® → **Antithrombin III**
Anbinex® → **Antithrombin III**
Anbiolid® → **Roxithromycin**
Anbol® → **Aspirin**
Ancaron® → **Amiodarone**
Ancef® → **Cefradine**
Ancefa® → **Cefadroxil**
Anchocalm® → **Buspirone**
Anchordex® [vet.] → **Dextran Iron Complex**
Anchor Zinc Bacitracin® [vet.] → **Bacitracin**
ANCID® → **Hydrotalcite**
Ancipro® → **Ciprofloxacin**
Ancivin® → **Famciclovir**
Ancla® [+ Amoxicillin, trihydrate] → **Clavulanic Acid**
Ancla® [+ Clavulanic Acid, potassium salt] → **Amoxicillin**
Anclog® → **Clopidogrel**
Anclomax® → **Aciclovir**
Ancoban® [vet.] → **Monensin**
Ancobon® → **Flucytosine**
Ancoc® → **Flucloxacillin**
Anconevron® → **Bromazepam**
Ancoron® → **Amiodarone**
Anco Sandoz® → **Ibuprofen**
Ancotil® → **Flucytosine**
Ancotyl® → **Flucytosine**
Andalpha® → **Tramadol**
Andante® → **Zaleplon**
Andantol® → **Isothipendyl**
Andapsin® → **Sucralfate**
Andaxin® → **Meprobamate**
Andazol® → **Albendazole**
Andelux® → **Cyproterone**
Andep® → **Fluoxetine**
Andepin® → **Fluoxetine**
Anderm® → **Bufexamac**
Andol® → **Aspirin**
Andolex® → **Benzydamine**
Andolor® → **Metamizole**
Andox® → **Paracetamol**
Andractim® → **Androstanolone**
Andraxan® → **Flutamide**
Andreafol® → **Folic Acid**
Andrews TUMS Antacid® → **Calcium Carbonate**
Andrin® → **Terazosin**
Andriol® → **Testosterone**
Andriol Testocaps® → **Testosterone**
Androcur® → **Cyproterone**
Androcur 100® → **Cyproterone**
Androcur Depot® → **Cyproterone**
Androderm® → **Testosterone**
Andro-Diane® → **Cyproterone**
AndroGel® → **Testosterone**
Android® → **Methyltestosterone**
Androlic® → **Oxymetholone**
Androlone® → **Testosterone**
Andropatch® → **Testosterone**
Andropel® → **Finasteride**
Androtag® → **Testosterone**
Androtardyl® → **Testosterone**
Androtin® → **Famotidine**
Androtop® → **Testosterone**
Androxinon® → **Bicalutamide**
Androxon® → **Testosterone**
Anebol® → **Anastrozole**
Anectine® → **Suxamethonium Chloride**
Anectine® [vet.] → **Suxamethonium Chloride**
Anemet® → **Dolasetron**
Anemidox® → **Folic Acid**
Anerocid® → **Clindamycin**
Anerozol® → **Metronidazole**
Anesject® → **Ketamine**

Anesketin® [vet.] → **Ketamine**
Anestacon® → **Lidocaine**
Anestalcon® → **Proxymetacaine**
Anestane® → **Halothane**
Anestesia Topi Braun® → **Tetracaine**
Anestesin® [vet.] → **Lidocaine**
Anesthal® → **Thiopental Sodium**
Anestocil® → **Oxybuprocaine**
Anestol® → **Lidocaine**
Anestryl® [vet.] → **Megestrol**
Anethaine Cream® → **Tetracaine**
Aneurin-AS® → **Thiamine**
Anexa® → **Amlodipine**
Anexate® → **Flumazenil**
Anfagladin® → **Cefatrizine**
Anfasil® → **Fluconazole**
Anfenac® → **Diclofenac**
Anfer® → **Nabumetone**
Anfetamina L.CH.® → **Amfetamine**
Anfolic® → **Folic Acid**
Anfotericina B® → **Amphotericin B**
Anfotericina B Bestpharma® → **Amphotericin B**
Anfotericina B Combino Pharm® → **Amphotericin B**
Anfotericina Fada® → **Amphotericin B**
Anfotericina Richet® → **Amphotericin B**
Anfozan® → **Etidronic Acid**
Anfree® [+ Flupentixol HCl] → **Melitracen**
Anfree® [+ Melitracen HCl] → **Flupentixol**
Anfugitarin® → **Miconazole**
Anfuhex® → **Ketoconazole**
Anfuramide® → **Furosemide**
Angass® → **Bismuth Subnitrate**
Angenta® [+ Flupentixol] → **Melitracen**
Angenta® [+ Melitracen] → **Flupentixol**
Angettes® → **Aspirin**
Anghostan-100® → **Ticlopidine**
Angiazem® → **Diltiazem**
Angicon® → **Doxazosin**
Angicor® → **Nicorandil**
Angicor® → **Isosorbide Mononitrate**
Angifix® → **Isosorbide Mononitrate**
Angilock® → **Losartan**
Angimet® → **Trimetazidine**
Anginal® → **Isosorbide Mononitrate**
Anginal® → **Dipyridamole**
Anginamide® → **Sulfacetamide**
Anginin® → **Pyricarbate**
Anginine® → **Nitroglycerin**
Anginol® → **Dequalinium Chloride**
Anginos® → **Dequalinium Chloride**
Anginovag® → **Lidocaine**
Anginox® → **Trimetazidine**
Angiobloc® → **Losartan**
Angiodel® → **Bencyclane**
Angiodrox® → **Diltiazem**
Angiofilina® → **Amlodipine**
Angioflux® → **Sulodexide**
Angiografin® → **Sodium Amidotrizoate**
Angiolingual® → **Nitroglycerin**
Angiolong® → **Isosorbide Dinitrate**
Angiomax® → **Bivalirudin**
Angionorm® → **Dihydroergotamine**
Angiopent® → **Pentoxifylline**
Angiopine® → **Nifedipine**
Angiopril® → **Captopril**
Angioten® → **Losartan**
Angiotrofin® → **Diltiazem**
Angiox® → **Bivalirudin**
Angiozem® → **Diltiazem**
Angipec® → **Amlodipine**
Angipress® → **Atenolol**
Angiprin® → **Aspirin**
Angised® → **Nitroglycerin**
Angispan® → **Nitroglycerin**
Angi-Spray® → **Isosorbide Dinitrate**
Angistad® → **Isosorbide Mononitrate**
Angitak® → **Isosorbide Dinitrate**
Angiten® → **Captopril**
Angitil SR® → **Diltiazem**
Angitil XL® → **Diltiazem**
Angitrit® → **Isosorbide Dinitrate**
Angizaar® [tab.] → **Losartan**
Angizem® → **Diltiazem**
Anglucid® → **Metformin**
Angoron® → **Amiodarone**
Angoten® → **Amiodarone**
Angyr® → **Ciprofloxacin**
Anhiba® → **Paracetamol**
Anhissen® → **Loratadine**
Anhydrol® → **Aluminum Chloride**
Anibikin® → **Amikacin**
Aniclindan® [vet.] → **Clindamycin**
Aniduv® → **Nimodipine**
Anifertil® [vet.] → **Chlormadinone**
Aniflazime® → **Serrapeptase**
Aniflazym® → **Serrapeptase**
Anilar® → **Sertraline**
Animec® [vet.] → **Ivermectin**
Animedistin® [vet.] → **Colistin**
Animex-On® → **Fluoxetine**
Anipracit® [vet.] → **Praziquantel**
Anipryl® → **Selegiline**
Anisimol® → **Fluoxetine**
Anistadin® → **Trichlormethiazide**
Anitrim® [+ Trimethoprim] → **Sulfamethoxazole**
Anival® [+ Amoxicillin trihydrate] → **Clavulanic Acid**
Anival® [+ Clavulanic Acid potassium salt] → **Amoxicillin**
AnivitB12® [vet.] → **Cyanocobalamin**
Anksen® → **Clorazepate, Dipotassium**
Anlate® → **Theophylline Sodium Glycinate**
Anlet® → **Clopidogrel**
Anlev® → **Levofloxacin**
Anlodipin® → **Amlodipine**
Anlos® → **Loratadine**
Anlostin® → **Lovastatin**
Anmerob® → **Metronidazole**
Annadine® → **Povidone-Iodine**
Annoxen-S® → **Naproxen**
Anodyne® → **Diclofenac**
Anodynin → **Phenazone**
Anoesterine® [vet.] → **Medroxyprogesterone**
Anol® → **Atenolol**
Anoprolin® → **Allopurinol**
Anopyrin® → **Aspirin**
Anorsia® → **Pizotifen**
Anosycocain → **Procaine**
Anovulin® [vet.] → **Medroxyprogesterone**
Anovutab® [vet.] → **Medroxyprogesterone**
A-Nox® → **Naproxen**
Anpar® → **Terbinafine**
Anpec® → **Verapamil**
Anpeval® → **Triflusal**
Anplag® → **Sarpogrelate**
Anposel® → **Meloxicam**
Anpre® → **Meloxicam**
Anpress® → **Alprazolam**
Anprociclina® [vet.] → **Tetracycline**
Anprotiazolo® [vet.] → **Sulfathiazole**
Anpro® [vet.] → **Spiramycin**
Anquil® → **Benperidol**
Anreb® → **Losartan**
Anrema® → **Ketoprofen**
Ansaid® → **Flurbiprofen**
Ansatipin® → **Rifabutin**
Ansatipine® → **Rifabutin**
Anselol® → **Atenolol**
Ansentron® → **Ondansetron**
Anseren® → **Ketazolam**
Ansial® → **Buspirone**
Ansielix® → **Fluoxetine**
Ansieten® → **Ketazolam**
Ansietil® → **Ketazolam**
Ansietyl® → **Alprazolam**
Ansilan® → **Famotidine**
Ansilan® → **Fluoxetine**

Ansilan® → **Medazepam**
Ansilive® → **Diazepam**
Ansilor® → **Lorazepam**
Ansimar® → **Doxofylline**
Ansiogen-3® → **Bromazepam**
Ansiolin® → **Diazepam**
Ansiolit® → **Alprazolam**
Ansiosel® → **Bromazepam**
Ansioter® → **Bromazepam**
Ansitec® → **Buspirone**
Ansiten® → **Buspirone**
Ansium® → **Bromazepam**
Anspar® → **Sparfloxacin**
Ansutol® [vet.] → **Coumafos**
Anta® → **Lorazepam**
Antabus® → **Disulfiram**
Antabuse® → **Disulfiram**
Antacal® → **Amlodipine**
Antacid® → **Calcium Carbonate**
Antacidum® → **Carbaldrate**
Antadex-H® → **Chlorphenamine**
Antadys® → **Flurbiprofen**
Antaethyl® → **Disulfiram**
Antafit® → **Carbamazepine**
Antagonil® → **Nicardipine**
Antagonil® [vet.] → **Yohimbine**
Antagozil® [vet.] → **Yohimbine**
Antak® → **Ranitidine**
Antalcol® → **Disulfiram**
Antalfebal® → **Ibuprofen**
Antalfort® → **Ibuprofen**
Antalgic® → **Paracetamol**
Antalgil® → **Ibuprofen**
Antalgin® → **Indometacin**
Antalgina® → **Metamizole**
Antalgin Corsa® → **Metamizole**
Antalgin Hexpharm® → **Metamizole**
Antalgin Indo Farma® → **Metamizole**
Antalgin Soho® → **Metamizole**
Antalgo® → **Nimesulide**
Antalisin® → **Ibuprofen**
Antalyre® → **Aspirin**
Antanazol® → **Ketoconazole**
Antapentan® → **Phendimetrazine**
Antara® → **Fenofibrate**
Antarène® → **Ibuprofen**
Antasthmin® → **Isoprenaline**
Antaxon® → **Naltrexone**
Antaxone® → **Naltrexone**
Antazol® → **Xylometazoline**
Antebor® → **Sulfacetamide**
Antelcat® [vet.] → **Pyrantel**
Antelepsin® → **Clonazepam**
Antemin® → **Dimenhydrinate**
Anten® → **Doxepin**
Antenex® → **Diazepam**
Antepan® → **Protirelin**
Antepsin® → **Sucralfate**
Antepsin® [vet.] → **Sucralfate**
Antezole® [vet.] → **Pyrantel**
Anthel® → **Albendazole**
Anthelcide® [vet.] → **Oxibendazole**
Anthelminticide® [vet.] → **Levamisole**
Anthelpor® [vet.] → **Levamisole**
Anthisan® → **Mepyramine**
Anthraderm® → **Dithranol**
Anthramed® → **Dithranol**
Anthranol® → **Dithranol**
Anthraxiton® → **Diclofenac**
Anti® → **Aciclovir**
Antiadipositum X-112® → **Cathine**
Antiallersin® → **Promethazine**
Antiapin® → **Chloropyramine**
Antibacin® → **Ceftriaxone**
Antibiopen® [caps./liqu.oral] → **Ampicillin**
Antibiopen® [inj.] → **Ampicillin**
Antibi-Otic® → **Chloramphenicol**
Antibiotic A-5283 → **Natamycin**
Antibioxime® → **Cefuroxime**
Anti-Bit® → **Phenothrin**
Anti-Bit Sampuan® → **Phenothrin**
Antibloc® → **Carvedilol**
Antiblut® → **Nifedipine**
Antichol® → **Simvastatin**
Anticholium® → **Physostigmine**
Anticol® → **Disulfiram**
Anticor® [vet.] → **Spiramycin**
Anticoryza® [vet.] → **Spiramycin**
Anticude® → **Edrophonium Chloride**
Anti-D® → **Chlorpropamide**
Antidep® → **Imipramine**
Antidia® → **Loperamide**
Antidiab® → **Glipizide**
Anti-Diarrheal Formula® → **Loperamide**
Antidine® → **Famotidine**
Antidol® → **Ibuprofen**
Antidol® → **Paracetamol**
Antidral® → **Aluminum Chloride**
Antidrasi® → **Diclofenamide**
Anti-Em® → **Dimenhydrinate**
Antiespasmodico Veinfar® → **Homatropine Methylbromide**
Antietanol® → **Disulfiram**
Antif® → **Amoxicillin**
Antiflam® → **Ibuprofen**
Antiflat® → **Dimeticone**
Antiflex® → **Orphenadrine**
Antiflog® → **Piroxicam**
Antiflogil® → **Nimesulide**
Antifolan® [inj.] → **Methotrexate**
Antifungal YSP® → **Miconazole**
Antifungol® → **Clotrimazole**
Antifungol Hexal® → **Clotrimazole**
Antigale® [vet.] → **Carbaril**
Antigal® [vet.] → **Dimpylate**
Antigeron® → **Cinnarizine**
Antigreg® → **Ticlopidine**
Antigrippine Ibuprofen® → **Ibuprofen**
Antihemofiliticky Faktor® → **Octocog Alfa**
Antihemophilic Factor® → **Octocog Alfa**
Antihist® → **Mepyramine**
Anti-Hist® → **Clemastine**
Antihistaminico Llorens® → **Chlorphenamine**
Antihistaminique® [vet.] → **Mepyramine**
Antihistamin NF® → **Chlorphenamine**
Antihydral® → **Methenamine**
Anti-Itch® → **Diphenhydramine**
Anti-Kalium® → **Polystyrene Sulfonate**
Antikataraktikum N® → **Inosine**
Antikun® → **Piracetam**
Antilerg® → **Ketotifen**
Antilergal® → **Loratadine**
Antilipid® → **Gemfibrozil**
Antilirium® → **Physostigmine**
Antilysin Spofa® → **Aprotinin**
Antimic® → **Isoniazid**
Antimicotico® → **Clotrimazole**
Antimigrin® → **Naratriptan**
Antiminth → **Pyrantel**
Antiminth® → **Chlorhexidine**
Antiminth® → **Pyrantel**
Antimo® → **Dimenhydrinate**
Antinal® → **Nifuroxazide**
Antinaus® → **Prochlorperazine**
Antinaus® → **Promethazine**
Antiopiaz® → **Naloxone**
Antioxidans E-Hevert® → **Tocopherol, α-**
Antiparasite Colors® [vet.] → **Dimpylate**
Antiparasit Flash® [vet.] → **Dimpylate**
Antiparkin® [+ Carbidopa] → **Levodopa**
Antiparkin® [+ Levodopa] → **Carbidopa**
Antipellagra-Vitamin → **Nicotinamide**
Antipen® → **Hyoscine Butylbromide**
Antiphlogistine® → **Salicylic Acid**
anti-phosphat® → **Algeldrate**
Anti-Phosphat Gry® → **Algeldrate**
Antiplak® → **Ticlopidine**

Antiplaq® → **Clopidogrel**
Antipresstin® → **Fluoxetine**
Antiprex® → **Enalapril**
Antipsichos® → **Buspirone**
Antipyranal® [vet.] → **Phenylbutazone**
Antipyrine (JP XIV, USP 30) → **Phenazone**
Antipyrine [USAN] → **Phenazone**
Antirobe® [vet.] → **Clindamycin**
Antirrinum® → **Oxymetazoline**
Antis® → **Nimodipine**
Antiscabiosum® → **Benzyl Benzoate**
Antisedan® [vet.] → **Atipamezole**
Antisep® → **Dibrompropamidine**
Antisept D® → **Povidone-Iodine**
Antiseptic Mouth Cleanser® → **Urea**
Antiseptico Fidex® → **Povidone-Iodine**
Antiseptin® → **Triclosan**
Antispa® → **Hyoscine Butylbromide**
Antispasmin® → **Oxyphenonium Bromide**
Antista® → **Chlorphenamine**
Antisterilitäts-Vitamin → **Tocopherol, α-**
Antistruminum Tabulettae-Darnitsa® → **Potassium Iodide**
Antithrom® → **Heparin**
Antithrombin III Baxter® → **Antithrombin III**
Antithrombin III Grifols® → **Antithrombin III**
Antithrombin III Immuno® → **Antithrombin III**
Antitoss® → **Butamirate**
Antitrom® → **Acenocoumarol**
Antitrombina III Grifols® → **Antithrombin III**
Antitrombina III Immuno® → **Antithrombin III**
Antitrombine III Immuno® → **Antithrombin III**
Antitrombin III® → **Antithrombin III**
Antitrombin III Baxter® → **Antithrombin III**
Antitussin® → **Clofedanol**
Antitussivum Bürger® → **Codeine**
Anti-Uron® → **Mesna**
Antivert® → **Meclozine**
Antivery® → **Meclozine**
Antivir® → **Aciclovir**
Antivom® → **Betahistine**
Antivom® → **Ondansetron**
Anti-Vomit® → **Trimethobenzamide**
Anti-Worm® → **Mebendazole**
Antix® → **Aciclovir**
Antizid® → **Nizatidine**
Antizine® → **Hydroxyzine**
Antizol® → **Fomepizole**
Antizol-Vet® [vet.] → **Fomepizole**
Antizweet Vloeistof FNA® → **Aluminum Chlorohydrate**
Antodox® → **Doxycycline**
Antomin → **Diphenhydramine**
Antopal® → **Binifibrate**
Antopar® → **Benzoyl Peroxide**
Antor® → **Loratadine**
Antoral® → **Tibezonium Iodide**
Antoril® → **Gemcitabine**
Antotalgin® → **Phenazone**
Antox® → **Ciprofloxacin**
Antra® → **Omeprazole**
Antrain® → **Metamizole**
Antra® [inj.] → **Omeprazole**
Antra MUPS® → **Omeprazole**
Antrenex® → **Oxyphenonium Bromide**
Antrenyl® → **Oxyphenonium Bromide**
Antrenyl Duplex® → **Oxyphenonium Bromide**
Antrex® → **Folinic Acid**
Antroquoril® → **Betamethasone**
Anturan® → **Sulfinpyrazone**
Anturane® → **Sulfinpyrazone**
Antux® → **Levodropropizine**
Anucort-HC® → **Hydrocortisone**
Anugesic® → **Pramocaine**
Anulax® → **Bisacodyl**
Anu-Med® → **Hydrocortisone**
Anusert® → **Hydrocortisone**
Anusol® → **Bismuth Subgallate**
Anusol-HC® → **Hydrocortisone**
Anvomin® → **Promethazine**
Anx® → **Hydroxyzine**
Anxer® → **Cefalexin**
Anxetin® → **Fluoxetine**
Anxiar® → **Lorazepam**
Anxicalm® → **Diazepam**
Anxielax® → **Clorazepate, Dipotassium**
Anxiocalm® → **Bromazepam**
Anxiolan® → **Buspirone**
Anxiolit® → **Oxazepam**
Anxira® → **Lorazepam**
Anxirid® → **Alprazolam**
Anxit® → **Flupentixol**
Anxopam® → **Bromazepam**
Anxut® → **Buspirone**
Anxyrex® → **Bromazepam**
Any® → **Mequinol**
Anzac® → **Fluoxetine**
Anzatax® → **Paclitaxel**
Anzemet® → **Dolasetron**
Anzet® [+ Flupentixol] → **Melitracen**
Anzet® [+ Melitracen] → **Flupentixol**
Anzidin® → **Isosorbide**
Anzief® → **Allopurinol**
Anzion® → **Alprazolam**
Anzitor® → **Atorvastatin**
Anzol® → **Albendazole**
Anzolden® → **Fluoxetine**
Anzoprol® → **Lansoprazole**
Aofen® → **Griseofulvin**
3-A Ofteno® → **Diclofenac**
Aotal® → **Acamprosate**
Aova® → **Ranitidine**
APA® → **Paracetamol**
Apamid® → **Glipizide**
Apamide® → **Paracetamol**
Apamox® → **Amoxicillin**
APAP® → **Paracetamol**
Apardu-6® → **Albendazole**
Apard® [vet.] → **Dimpylate**
A-Parkin® → **Amantadine**
Aparoxal® → **Phenobarbital**
Aparsonin® → **Bromhexine**
Apatef® → **Cefotetan**
Apaurin® → **Diazepam**
Apcalis® → **Tadalafil**
Apdox® → **Doxycycline**
Apeclo® → **Aceclofenac**
A-Pen® → **Ampicillin**
A-Per® → **Paracetamol**
Aperdan P® → **Naproxen**
Apetamin-P® → **Cyproheptadine**
Apeton® → **Cyproheptadine**
Apexid® → **Pivmecillinam**
Apharmasol® [vet.] → **Levamisole**
A-Phenicol® → **Chloramphenicol**
Aphenylbarbit® → **Phenobarbital**
Aphilan® → **Buclizine**
Aphilan® [crème] → **Hydrocortisone**
Aphrin® → **Cefradine**
Aphrodil® → **Sildenafil**
Aphtasolon® → **Dexamethasone**
Aphthasol® → **Amlexanox**
Apicarpin® → **Pilocarpine**
Apidra® → **Insulin glulisine**
Apiguard® [vet.] → **Thymol**
Apihepar® → **Silibinin**
Apilepsin® → **Valproic Acid**
Apimid® → **Flutamide**
Ap Inyec Cloruro Potasic® → **Potassium**
Apiracohl® → **Todralazine**
Apirel® [vet.] → **Meclofenamic Acid**
Apiretal® → **Paracetamol**
Apir Glucosado Isotonico® → **Dextrose**
Apir Glucosalino® → **Dextrose**
Apiroflex Glucosada® → **Dextrose**
Apirol® → **Norfloxacin**

A

Apistan® [vet.] → **Fluvalinate**
Apitim® → **Amlodipine**
Apitropin® → **Atropine Oxide**
Apitussic® → **Sulfogaiacol**
Apivar® [vet.] → **Amitraz**
A.P.L.® → **Chorionic Gonadotrophin**
Aplacasse® → **Lorazepam**
Aplace® → **Troxipide**
Aplacid® → **Sulpiride**
Aplactin® → **Pravastatin**
Aplaket® → **Ticlopidine**
Aplatic® → **Ticlopidine**
Aplicav® → **Alprostadil**
AP-Loratadine® → **Loratadine**
Apmox® → **Amoxicillin**
Apnex® → **Aminophylline**
Apnol® → **Allopurinol**
Apo-Acebutol® → **Acebutolol**
Apo-Acebutolol® → **Acebutolol**
Apo-Acetaminophen® → **Paracetamol**
Apo-Acetazolamida® → **Acetazolamide**
Apo-Acetazolamide® → **Acetazolamide**
Apo-Acyclovir® → **Aciclovir**
Apo-Alendronate® → **Alendronic Acid**
Apo-Allopurinol® → **Allopurinol**
Apo-Alpraz® → **Alprazolam**
Apo-Alprazolam® → **Alprazolam**
Apo-Amiloride® → **Amiloride**
Apo-Amilzide® → **Amiloride**
Apo-Amiodarone® → **Amiodarone**
Apo-Amitriptyline® → **Amitriptyline**
Apo-Amlo® → **Amlodipine**
Apo-Amoxi® → **Amoxicillin**
Apo-Amoxi Clav® [+ Amoxicillin trihydrate] → **Clavulanic Acid**
Apo-Amoxi Clav® [+ Clavulanic Acid potassium salt] → **Amoxicillin**
Apo-Ampi® → **Ampicillin**
Apo-Ascorbic Acid® → **Ascorbic Acid**
Apo-Atenol® → **Atenolol**
Apo-Azathioprine® → **Azathioprine**
Apo-Baclofen® → **Baclofen**
Apo-Bactotrim® [+ Sulfamethoxazole] → **Trimethoprim**
Apo-Bactotrim® [+ Trimethoprim] → **Sulfamethoxazole**
Apo-Beclomethasone® → **Beclometasone**
Apo-Benztropine® → **Benzatropine**
Apo-Benzydamine® → **Benzydamine**
Apo-Bisacodyl® → **Bisacodyl**
Apo-Bisoprolol® → **Bisoprolol**
Apo-Brimonidide® → **Brimonidine**
Apo-Bromazepam® → **Bromazepam**
Apo-Bromocriptine® → **Bromocriptine**
Apo-Buspirone® → **Buspirone**
Apo-Butorphanol® → **Butorphanol**
Apo-C® → **Ascorbic Acid**
Apocal® → **Calcium Carbonate**
Apo-Cal® → **Calcium Carbonate**
Apo-Calcitonin® → **Calcitonin**
Apo-Capto® → **Captopril**
Apo-Captopril® → **Captopril**
Apo-Carbamazepine® → **Carbamazepine**
Apocard® → **Flecainide**
Apo-Carve® → **Carvedilol**
Apo-Carvedilol® → **Carvedilol**
Apo-Cefaclor® → **Cefaclor**
Apo-Cefadroxil® → **Cefadroxil**
Apo-Cefuroxime® → **Cefuroxime**
Apo-Cephalex® → **Cefalexin**
Apo-Cetirizine® → **Cetirizine**
Apo-Chlordiazepoxide® → **Chlordiazepoxide**
Apo-Chlorhexidine® → **Chlorhexidine**
Apo-Chlorpropamide® → **Chlorpropamide**
Apo-Chlorthalidone® → **Chlortalidone**
Apocillin® → **Phenoxymethylpenicillin**
Apo-Cimetidine® → **Cimetidine**
Apo-Ciproflox® → **Ciprofloxacin**
Apo-Ciprofloxacin® → **Ciprofloxacin**
Apocit® → **Potassium Sodium Hydrogen Citrate**
Apo-Clindamycin® → **Clindamycin**
Apo-Clobazam® → **Clobazam**
Apo-Clodin® → **Ticlopidine**
Apo-Clomipramine® → **Clomipramine**
Apo-Clonazepam® → **Clonazepam**
Apo-Clonidine® → **Clonidine**
Apo-Clorazepate® → **Clorazepate, Dipotassium**
Apo-Clorpropamida® → **Chlorpropamide**
Apo-Cloxi® → **Cloxacillin**
Apo-Clozapine® → **Clozapine**
Apocort® → **Hydrocortisone**
Apo-Cromolyn® → **Cromoglicic Acid**
Apocyclin® → **Tetracycline**
Apo-Cyclobenzaprine® → **Cyclobenzaprine**
Apo-Cyproterone® → **Cyproterone**
Apodepi® → **Paroxetine**
Apo-Desipramine® → **Desipramine**
Apo-Desmopressin® → **Desmopressin**
Apo-Dexamethasone® → **Dexamethasone**
Apo-Diazepam® → **Diazepam**
Apo-Diclo® → **Diclofenac**
Apo-Diclo Rapide® → **Diclofenac**
Apo-Diclo-SR® → **Diclofenac**
Apo-Diflunisal® → **Diflunisal**
Apo-Diltiaz® → **Diltiazem**
Apo-Dimenhydrinate® → **Dimenhydrinate**
Apo-Dimenhydrinato® → **Dimenhydrinate**
Apodin® → **Povidone-Iodine**
Apo-Dipyridamole® → **Dipyridamole**
Apo-Divalproex® → **Valproic Acid**
Apo-Docusate® → **Docusate Sodium**
Apo-Domperidone® → **Domperidone**
Apodorm® → **Nitrazepam**
Apo-Doxan® → **Doxazosin**
Apo-Doxazosin® → **Doxazosin**
Apo-Doxepin® → **Doxepin**
Apodoxin® → **Doxycycline**
Apo-Doxy® → **Doxycycline**
Apo-Doxycycline® → **Doxycycline**
Apo-Enalapril® → **Enalapril**
Apo-Erythro Base® → **Erythromycin**
Apo-Erythro E-C® → **Erythromycin**
Apo-Erythro ES® → **Erythromycin**
Apo-Erythro-S® → **Erythromycin**
Apo-Ethambutol® → **Ethambutol**
Apo-Etodolac® → **Etodolac**
Apo-Famotidine® → **Famotidine**
Apofarm® → **Aciclovir**
Apo-Feno® → **Fenofibrate**
Apo-Fenofibrate® → **Fenofibrate**
Apo-Feno-Micro® → **Fenofibrate**
Apo-Ferrous Gluconate® → **Ferrous Gluconate**
Apo-Ferrous Sulfate® → **Ferrous Sulfate**
Apofin® → **Apomorphine**
Apo-Flavoxate® → **Flavoxate**
Apo-Floctafenine® → **Floctafenine**
Apo-Fluconazole® → **Fluconazole**
Apo-Flunarizine® → **Flunarizine**
Apo-Flunisolide® → **Flunisolide**
Apo-Fluoxetine® → **Fluoxetine**
Apo-Fluphenazine® → **Fluphenazine**
Apo-Fluphenazine Decanoate® → **Fluphenazine**
Apo-Flurazepam® → **Flurazepam**
Apo-Flurbiprofen® → **Flurbiprofen**
Apo-Flutam® → **Flutamide**

Apo-Flutamide® → **Flutamide**
Apo-Fluvoxamine® → **Fluvoxamine**
Apo-Folic® → **Folic Acid**
Apo-Fosinopril® → **Fosinopril**
Apo-Furosemida® → **Furosemide**
Apo-Furosemide® → **Furosemide**
Apo-Gab® → **Gabapentin**
Apo-Gabapentin® → **Gabapentin**
Apo-Gain® → **Minoxidil**
Apo-Gemfibrozil® → **Gemfibrozil**
Apo-Gliclazide® → **Gliclazide**
Apo-Glyburide® → **Glibenclamide**
APO-go® → **Apomorphine**
Apo go Pen® → **Apomorphine**
Apo-Haloperidol® → **Haloperidol**
Apo-Haloperidol Decanoate® → **Haloperidol**
Apo-Hydralazine® → **Hydralazine**
Apo-Hydro® → **Hydrochlorothiazide**
Apo-Hydroxyquine® → **Hydroxychloroquine**
Apo-Hydroxyurea® → **Hydroxycarbamide**
Apo-Hydroxyzine® → **Hydroxyzine**
Apo-Ibuprofen® → **Ibuprofen**
Apo-Ibuprofen FC® → **Ibuprofen**
Apo-Ibuprofeno® → **Ibuprofen**
Apo-Imipramine® → **Imipramine**
Apo-Indap® → **Indapamide**
Apo-Indapamide® → **Indapamide**
Apo-Indomethacin® → **Indometacin**
Apo-Indomethacine® → **Indometacin**
Apo-Ipravent® → **Ipratropium Bromide**
Apo-ISDN® → **Isosorbide Dinitrate**
Apo-K® → **Potassium**
Apo-Keto® → **Ketoprofen**
Apo-Ketoconazole® → **Ketoconazole**
Apo-Ketorolac® → **Ketorolac**
Apo-Ketotifen® → **Ketotifen**
Apokinon® → **Apomorphine**
Apokyn® → **Apomorphine**
Apo-Labetalol® → **Labetalol**
Apo-Lactulose® → **Lactulose**
Apo-Lamotrigine® → **Lamotrigine**
Apolar® → **Desonide**
Apo-Leflunomide® → **Leflunomide**
Apo-Levobunolol® → **Levobunolol**
Apo-Levocarb® [+ Carbidopa] → **Levodopa**
Apo-Levocarb® [+ Levodopa] → **Carbidopa**
Apolide® → **Nimesulide**
Apo-Lithium Carbonate® → **Lithium**
Apollonset® → **Diazepam**
Apo-Loperamide® → **Loperamide**
Apo-Loratadine® → **Loratadine**
Apo-Lorazepam® → **Lorazepam**
Apo-Lova® → **Lovastatin**
Apo-Lovastatin® → **Lovastatin**
Apo-Loxapine® → **Loxapine**
Apomedica Vitamin E® → **Tocopherol, α-**
Apo-Medroxy® → **Medroxyprogesterone**
Apo-Mefenamic® → **Mefenamic Acid**
Apo-Mefloquine® → **Mefloquine**
Apo-Megestrol® → **Megestrol**
Apo-Meloxicam® → **Meloxicam**
Apo-Metformin® → **Metformin**
Apo-Methazolamide® → **Methazolamide**
Apo-Methoprazine® → **Levomepromazine**
Apo-Methotrexate® → **Methotrexate**
Apo-Methyldopa® → **Methyldopa**
Apo-Methylphenidate® → **Methylphenidate**
Apo-Metoclop® → **Metoclopramide**
Apo-Metoclopramida® → **Metoclopramide**
Apo-Metoprolol® → **Metoprolol**
Apo-Metoprolol-L® → **Metoprolol**
Apo-Metronidazole® → **Metronidazole**
Apo-Midazolam® → **Midazolam**
Apomine® → **Apomorphine**
Apo-Minocycline® → **Minocycline**
Apo-Misoprostol® → **Misoprostol**
Apo-Moclob® → **Moclobemide**
Apo-Moclobemide® → **Moclobemide**
Apomorfina L.CH.® → **Apomorphine**
Apomorphine Hydrochloride® [vet.] → **Apomorphine**
Apomorphine® [vet.] → **Apomorphine**
Apomorphin-Teclapharm® → **Apomorphine**
Apo-Nabumetone® → **Nabumetone**
Apo-Nadol® → **Nadolol**
Apo-Nadolol® → **Nadolol**
Aponal® → **Doxepin**
Apo-Napro-Na® → **Naproxen**
Apo-Naproxen® → **Naproxen**
Apo-Naproxeno® → **Naproxen**
Apo-Nifed® → **Nifedipine**
Apo-Nifed PA® → **Nifedipine**
Aponil® → **Lacidipine**
Aponil® → **Nimesulide**
Apo-Nitrazepam® → **Nitrazepam**
Apo-Nitrofurantoin® → **Nitrofurantoin**
Apo-Nitrofurantoina® → **Nitrofurantoin**
Apo-Nizatidine® → **Nizatidine**
Apo-Norflox® → **Norfloxacin**
Apo-Nortriptyline® → **Nortriptyline**
Aponova Heparin® → **Heparin**
Apo-Oflox® → **Ofloxacin**
Apo-Ome® → **Omeprazole**
Apo-Omeprazole® → **Omeprazole**
Apo-Orciprenaline® → **Orciprenaline**
Apo-Oxaprozin® → **Oxaprozin**
Apo-Oxazepam® → **Oxazepam**
Apo-Oxybutynin® → **Oxybutynin**
Apo-Paclitaxel® → **Paclitaxel**
Apo-Parox® → **Paroxetine**
Apo-Paroxetine® → **Paroxetine**
Apo-Pentox® → **Pentoxifylline**
Apo-Pentoxifilina® → **Pentoxifylline**
Apo-Pentoxifylline® → **Pentoxifylline**
Apo-Pen VK® → **Phenoxymethylpenicillin**
Apo-Perphenazine® → **Perphenazine**
Apo-Pimozide® → **Pimozide**
Apo-Pindol® → **Pindolol**
Apo-Piroxicam® → **Piroxicam**
Apo-Prava® → **Pravastatin**
Apo-Pravastatin® → **Pravastatin**
Apo-Prazo® → **Prazosin**
Apo-Prednisona® → **Prednisone**
Apo-Prednisone® → **Prednisone**
Apo-Primidone® → **Primidone**
Apoprin® → **Ranitidine**
Apo-Prochlorazine® → **Prochlorperazine**
Apo-Propranolol® → **Propranolol**
Apo-Pyridoxine® → **Pyridoxine**
Apo-Quinine® → **Quinine**
A-Por® → **Clotrimazole**
Apo-Ranitidina® → **Ranitidine**
Apo-Ranitidine® → **Ranitidine**
Aporasnon® → **Spironolactone**
Apo-Salvent® → **Salbutamol**
Apo-Seleg® → **Selegiline**
Apo-Selegiline® → **Selegiline**
Apo-Selin® → **Selegiline**
Apo-Sertral® → **Sertraline**
Apo-Sertraline® → **Sertraline**
Apo-Simva® → **Simvastatin**
Apo-Simvastatin® → **Simvastatin**
Apo-Sotalol® → **Sotalol**
Apo-Sucralfate® → **Sucralfate**
Apo-Sulfatrim® [+ Sulfamethoxazole] → **Trimethoprim**
Apo-Sulfatrim® [+ Sulfamethoxazole] → **Trimethoprim**
Apo-Sulfatrim® [+ Trimethoprim] → **Sulfamethoxazole**

Apo-Sulfatrim® [+ Trimethoprim] → **Sulfamethoxazole**
Apo-Sulfinpyrazone® → **Sulfinpyrazone**
Apo-Sulin® → **Sulindac**
Apo-Tamox® → **Tamoxifen**
Apotel® → **Paracetamol**
Apo-Temazepam® → **Temazepam**
Apo-Tenoxicam® → **Tenoxicam**
Apo-Terazosin® → **Terazosin**
Apo-Terbinafine® → **Terbinafine**
Apo-Tetra® → **Tetracycline**
Apotheke zur Eiche Mucolytikum® → **Carbocisteine**
Apo-Theo LA® → **Theophylline**
Apo-Thiamine® → **Thiamine**
Apo-Thioridazine® → **Thioridazine**
Apo-Tiaprofenic® → **Tiaprofenic Acid**
Apo-Tic® → **Ticlopidine**
Apo-Ticlopidine® → **Ticlopidine**
Apo-Timol® → **Timolol**
Apo-Timop® → **Timolol**
Apo-Tizanidine® → **Tizanidine**
Apo-Tolbutamide® → **Tolbutamide**
Apo-Trazodone® → **Trazodone**
Apo-Triazo® → **Triazolam**
Apo-Trifluoperazine® → **Trifluoperazine**
Apo-Trihex® → **Trihexyphenidyl**
Apo-Trimebutine® → **Trimebutine**
Apo-Trimethoprim® → **Trimethoprim**
Apo-Trimip® → **Trimipramine**
Apo-Tryptophan® → **Tryptophan**
Apo-Valproic® → **Valproic Acid**
Apoven® → **Ipratropium Bromide**
Apovent® → **Ipratropium Bromide**
Apo-Verap® → **Verapamil**
Apo-Warfarin® → **Warfarin**
Apoxy® → **Amoxicillin**
Apozema Vitamin E® → **Tocopherol, α-**
Apozepam® → **Diazepam**
Apo-Zidovudine® → **Zidovudine**
Apo-Zopiclone® → **Zopiclone**
Appertex® → **Clazuril**
Appertex® [vet.] → **Clazuril**
App Vasopressin® → **Vasopressin**
Apracal® → **Haloperidol**
Apracur® → **Ambroxol**
Apracur® → **Oxymetazoline**
Apracur Granulado® → **Paracetamol**
Apralane® [vet.] → **Apramycin**
Apralan® [vet.] → **Apramycin**
Apraljin® → **Naproxen**
Apramycin Sulfate® → **Apramycin**
Apranax® → **Naproxen**
Aprapharm® [vet.] → **Apramycin**
Apraz® → **Alprazolam**
Aprazol® → **Lansoprazole**
Aprednislon® → **Prednisolone**
Apresa® → **Amlodipine**
Apresin® → **Nortriptyline**
Apresolin® → **Hydralazine**
Apresolina® → **Hydralazine**
Apresoline® → **Hydralazine**
Apresoline® [vet.] → **Hydralazine**
Aprezin® → **Hydralazine**
Aprical® → **Nifedipine**
AprilGen® → **Quinapril**
Aprinox® → **Bendroflumethiazide**
Aprior® → **Nicorandil**
Aprocin® → **Ciprofloxacin**
Aprofen® → **Ibuprofen**
Aprol® → **Naproxen**
Apromed® → **Naproxen**
Aprotex® → **Aprotinin**
Aprotinina® → **Aprotinin**
Aprovel® → **Irbesartan**
Aprowell® → **Naproxen**
Aproxal® → **Amoxicillin**
Aproxen® → **Naproxen**
Aproxil® → **Naproxen**
Aproxol® → **Diclofenac**
Apsen Colchicina® → **Colchicine**
Apsor® → **Tacalcitol**
Apten® → **Ketorolac**
Apteor® → **Fenofibrate**
Aptivus® → **Tipranavir**
Apton® → **Pantoprazole**
Aptor® → **Aspirin**
Apuldon® → **Domperidone**
Apulein® → **Budesonide**
Apurin® → **Allopurinol**
Apurin® [inj.] → **Allopurinol**
Apurol® → **Allopurinol**
Apurone® → **Flumequine**
Apydan® → **Oxcarbazepine**
Apzol® → **Albendazole**
Aquacaine® [vet.] → **Penicillin G Procaine**
Aquacare® → **Urea**
Aqua Care® → **Urea**
Aquacare/HP® → **Urea**
Aquacel® → **Carmellose**
Aquachloral® → **Chloral Hydrate**
Aquacillin® [vet.] → **Penicillin G Procaine**
Aquacil® [vet.] → **Amoxicillin**
Aquacort® → **Budesonide**
Aquacycline® [vet.] → **Oxytetracycline**
Aquadetrim® → **Colecalciferol**
Aquadon® → **Chlortalidone**
Aquadrate® → **Urea**
Aquaflor® [vet.] → **Florfenicol**
Aquafol® [vet.] → **Propofol**
Aquafresh® → **Sodium Fluoride**
Aqualinic® [vet.] → **Oxolinic Acid**
AquaMEPHYTON® → **Phytomenadione**
Aquanil® → **Timolol**
Aquanil HC® → **Hydrocortisone**
Aquaphor® → **Xipamide**
Aquaphoril® → **Xipamide**
Aquareduct® → **Spironolactone**
Aquarid® → **Furosemide**
Aquarius® → **Ketoconazole**
Aquasept® → **Triclosan**
Aquasol A® → **Retinol**
Aquasol E® → **Tocopherol, α-**
AquaTears® → **Carbomer**
Aquatet® [vet.] → **Oxytetracycline**
Aquaverm® [vet.] → **Levamisole**
Aquavit® → **Retinol**
Aquavit E® → **Tocopherol, α-**
Aquazide® → **Trichlormethiazide**
Aquazide® → **Hydrochlorothiazide**
Aquazide-25® → **Hydrochlorothiazide**
Aquazide-H® → **Hydrochlorothiazide**
Aqucilina® → **Penicillin G Procaine**
Aqueous Charcodote® → **Charcoal, Activated**
Aquex® → **Xipamide**
Aquinox® [vet.] → **Oxolinic Acid**
Aquitos® → **Dextromethorphan**
Aquo-Cytobion® → **Hydroxocobalamin**
Aquo-Trinitrosan® → **Nitroglycerin**
Aqupla® → **Nedaplatin**
Aqurea® → **Urea**
Aquril® → **Quinapril**
Arabine® → **Cytarabine**
Arabloc® → **Leflunomide**
Ara-cell® → **Cytarabine**
Arachitol® → **Colecalciferol**
Aracytin® → **Cytarabine**
Aracytine® → **Cytarabine**
Aradix® → **Methylphenidate**
Aradix Retard® → **Methylphenidate**
Arafa® → **Ibuprofen**
Aragest® → **Medroxyprogesterone**
Ara II® → **Losartan**
Aralast® → **Alpha-$_1$ protease inhibitor**
Aralen® → **Chloroquine**
Aralen Hydrochloride® [inj.] → **Chloroquine**
Aralen Phosphate® → **Chloroquine**
Aralox® → **Losartan**
Aramexe® → **Dihydroergotoxine**

Aramil® → **Glimepiride**
Aramin® → **Metaraminol**
Aramine® → **Metaraminol**
Aramix® → **Escitalopram**
Aranesp® → **Darbepoetin Alfa**
Aranest® → **Darbepoetin Alfa**
Arasena-A® → **Vidarabine**
Aratac® → **Amiodarone**
Aratan® → **Losartan**
Araten® → **Losartan**
Arava® → **Leflunomide**
Arb® → **Candesartan**
Arbid® → **Diphenylpyraline**
Arbid-N® → **Diphenylpyraline**
Arbistin® → **Carbocisteine**
Arbit® → **Irbesartan**
Arcablock® → **Atenolol**
Arcalion® → **Sulbutiamine**
Arcamox® → **Amoxicillin**
Arcasin® → **Phenoxymethylpenicillin**
Arceligasol® → **Troxerutin**
Arcental® → **Ketoprofen**
Archifen Eye® → **Chloramphenicol**
Arcid® → **Ranitidine**
Arclate® → **Doxycycline**
Arclonac® → **Diclofenac**
Arcocillin® [caps.] → **Ampicillin**
Arcodryl® → **Diphenhydramine**
Arcoiran® → **Sumatriptan**
Arcolan® → **Ketoconazole**
Arcolane® → **Ketoconazole**
Arcored® → **Cyanocobalamin**
Arcosal® → **Tolbutamide**
Arcoxia® → **Etoricoxib**
Ardap® [vet.] → **Cypermethrin**
Ardeydorm® → **Tryptophan**
Ardeytropin® → **Tryptophan**
Ardin® → **Loratadine**
Ardine® → **Amoxicillin**
Ardineclav® [+ Amoxicillin, trihydrate] → **Clavulanic Acid**
Ardineclav® [+ Clavulanic Acid, potassium salt] → **Amoxicillin**
Ardoral® → **Ranitidine**
Arduan® → **Pipecuronium Bromide**
Arecamin® → **Cefalotin**
Arechin® → **Chloroquine**
Aredia® → **Pamidronic Acid**
Arédia® → **Pamidronic Acid**
Aredia Dry Powder® → **Pamidronic Acid**
Arelix® → **Piretanide**
Arelix® [inj.] → **Piretanide**
Areloger® → **Meloxicam**
Arem® → **Nitrazepam**
Aremin® → **Suleparoid**
Aremis® → **Sertraline**
Arendal® → **Alendronic Acid**
Areplex® → **Clopidogrel**
Arestal® → **Loperamide Oxide**
Arestin® → **Minocycline**
Areuma® → **Nimesulide**
Areuzolin® → **Cefazolin**
Arfarel® → **Clindamycin**
Arfen® → **Ibuprofen**
Arfen® → **Paracetamol**
Arficin® → **Rifampicin**
Arganova® → **Argatroban**
Argatra® → **Argatroban**
Argatroban® → **Argatroban**
Argedin® → **Sulfadiazine**
Argeflox® → **Ciprofloxacin**
Argenon® → **Arginine**
Argentafil® → **Sulfadiazine**
Argesic® → **Salsalate**
Arginina® → **Arginine**
Arginine® → **Arginine**
Arginine Stada® → **Arginine**
Arginine Veyron® → **Arginine**
Argocian® → **Hexoprenaline**
Argosulfan® → **Sulfathiazole**
Arial® → **Salmeterol**
Arianel® → **Simvastatin**
Arianit® → **Nitrendipine**
Ariclaim® → **Duloxetine**
Aricodiltosse® → **Dextromethorphan**
Arictin® → **Cyproheptadine**
Aridol® → **Mannitol**
Arifenicol® → **Chloramphenicol**
Arifon® → **Indapamide**
Arilin® → **Metronidazole**
Arima® → **Moclobemide**
Arimidex® → **Anastrozole**
Arindap® → **Indapamide**
Arintapin® → **Mirtazapine**
Aripax® → **Lorazepam**
Aripra® → **Aripiprazole**
Ariprazole® → **Aripiprazole**
Aristen® → **Clotrimazole**
Aristin-C® → **Ciprofloxacin**
Aristin-C ® → **Ciprofloxacin**
Aristocal® → **Calcium Carbonate**
Aristocor® → **Flecainide**
Aristocort® → **Triamcinolone**
Aristocrom® → **Cromoglicic Acid**
Aristodox® → **Doxycycline**
Aristogyl® → **Metronidazole**
Aristomol® → **Timolol**
Aristomox® → **Amoxicillin**
Aristomycin® → **Roxithromycin**
Aristo-Pak® → **Triamcinolone**
Aristophen® → **Chloramphenicol**
Aristopirin® → **Aspirin**
Aristospan® → **Triamcinolone**
Aritmal® [inj.] → **Lidocaine**
Aritoferon® → **Ferrous Sulfate**
Arixon® → **Ceftriaxone**
Arixtra® → **Fondaparinux Sodium**
Arkamin® → **Clonidine**
Arket® → **Ketoprofen**
Arketin® → **Risperidone**
Arketis® → **Paroxetine**
Arkine® → **Trihexyphenidyl**
Arkin-Z® → **Vesnarinone**
Ark Klens® [vet.] → **Benzalkonium Chloride**
Arkocapsulas Carbon Veg® → **Charcoal, Activated**
Arkofly® [vet.] → **Fenvalerate**
Arkogélules Charbon Végétal® → **Charcoal, Activated**
Arkovital C® → **Ascorbic Acid**
Arlanto® → **Aldioxa**
Arlemide® → **Aripiprazole**
Arlette 28® → **Desogestrel**
Arlidin® → **Buphenine**
Arlin® → **Linezolid**
Arluy® → **Mebeverine**
Armadose® → **Febantel**
Armadose® [vet.] → **Levamisole**
Armament® → **Betaxolol**
Armanaks® → **Naproxen**
Armanor® → **Almitrine**
Arm & Hammer® → **Sodium Bicarbonate**
Arminol® → **Sulpiride**
Armix® → **Perindopril**
Armol® → **Alendronic Acid**
Armonil® → **Estradiol**
Armonil® → **Melatonin**
Arnela® → **Clotrimazole**
Arnela 500® → **Clotrimazole**
Arnetin® → **Ranitidine**
Arocef® → **Cefadroxil**
Arodin® → **Povidone-Iodine**
Arofil® → **Theophylline Sodium Glycinate**
Arofuto® → **Afloqualone**
Arolac® → **Lisuride**
Arolef® → **Leflunomide**
Aroltex® → **Pergolide**
Aromasil® → **Exemestane**
Aromasin® → **Exemestane**
Aromasine® → **Exemestane**
Aromek® → **Letrozole**
Aromenal® → **Anastrozole**
Aropax® → **Paroxetine**
Aros® → **Aceclofenac**
Aroselin® → **Nitrendipine**
Arotin® → **Paroxetine**
Arotril® → **Clonazepam**

Arotrix® → **Permethrin**
Arovan® → **Valsartan**
Arovit® → **Retinol**
Arox® → **Enoxacin**
Aroxat® → **Paroxetine**
Aroxin® → **Amoxicillin**
Arpha® → **Dextromethorphan**
Arpicolin® → **Procyclidine**
Arpolax® → **Citalopram**
Arquel® [vet.] → **Meclofenamic Acid**
Arranon® → **Nelarabine**
Arresten® → **Meticrane**
Arrest® [vet.] → **Deltamethrin**
Arretin® → **Tretinoin**
Arret® [vet.] → **Loperamide**
Arrow Lamotrigine® → **Lamotrigine**
Arrow Lisinopril® → **Lisinopril**
Arrow Nifedipine® → **Nifedipine**
Arrow Norfloxacin® → **Norfloxacin**
Arrow Ranitidine® → **Ranitidine**
Arrow Roxithromycin® → **Roxithromycin**
Arrow Sumatriptan® → **Sumatriptan**
Arsanil® → **Gefarnate**
Arsenic Trioxide® → **Arsenic**
Arsigran® → **Cyproheptadine**
Arsiret® → **Furosemide**
Arsitam® → **Ethambutol**
Arsitrocin® → **Erythromycin**
Arsorb® → **Nitroglycerin**
Arsumax® → **Artesunate**
Art® → **Diacerein**
Artagen® → **Naproxen**
Artal® → **Pentoxifylline**
Artamin® → **Penicillamine**
Artandyl® → **Trihexyphenidyl**
Artane® → **Trihexyphenidyl**
Artaxan® → **Nabumetone**
Artedil® → **Manidipine**
Artein® → **Lovastatin**
Artelac® → **Hypromellose**
Artelac Edo® → **Hypromellose**
Arten® → **Piroxicam**
Artensol® → **Propranolol**
Arteolol® → **Carteolol**
Arteoptic® → **Carteolol**
Arterenol® → **Norepinephrine**
Arterioflexin® → **Clofibrate**
Arteriosan® → **Amlodipine**
Arteriovinca® → **Vincamine**
Artesol® → **Cilostazol**
Artesunate Atlantic® → **Artesunate**
Arteven® → **Suleparoid**
Artevil® → **Clopidogrel**
Artex® → **Tertatolol**
Artexal® → **Tertatolol**
Artezine® → **Doxazosin**
Artflex® → **Hyaluronic Acid**
Arthirinal® → **Tenoxicam**
Arthrease® → **Hyaluronic Acid**
Arthrex® → **Diclofenac**
Arthrexin® → **Indometacin**
Arthricare® → **Glucosamine**
Arthricream® → **Salicylic Acid**
Arthricreme® → **Salicylic Acid**
Arthrifen® → **Ibuprofen**
Arthrimel® → **Glucosamine**
Arthrisel® [vet.] → **Phenylbutazone**
Arthritis Foundation® → **Ibuprofen**
Arthritis Foundation Aspirin Free® → **Paracetamol**
Arthritis Pain Medicine® → **Salicylic Acid**
Arthrocine® → **Sulindac**
Arthrodont® → **Enoxolone**
Arthrofen® → **Ibuprofen**
Arthrofluor® → **Sodium Fluoride**
Arthropan® → **Choline Salicylate**
Arthrosin® → **Naproxen**
Arthryl® → **Glucosamine**
Articlox® → **Hydroxocobalamin**
Articulan® → **Etodolac**
Artifar® → **Carisoprodol**
Artilog® → **Celecoxib**
Artirem® → **Gadoteric Acid**
Artix® → **Celecoxib**
Artocaptin® → **Tolmetin**
Artofen® → **Ibuprofen**
Artonil® → **Ranitidine**
Artose® → **Celecoxib**
Artosin® → **Tolbutamide**
Artrait® → **Methotrexate**
Artren® → **Diclofenac**
Artren 50® → **Diclofenac**
Artrenac® → **Diclofenac**
Artribid® → **Sulindac**
Artrichine® → **Colchicine**
Artricina® → **Azithromycin**
Artriclox® → **Meloxicam**
Artricol® → **Amtolmetin Guacil**
Artricom® → **Tenoxicam**
Artridene® → **Diclofenac**
Artridol® → **Glucosamine**
Artrifen® → **Salicylic Acid**
Artrifenac® → **Diclofenac**
Artrigesic® → **Piroxicam**
Artril® → **Ibuprofen**
Artrilase® → **Piroxicam**
Artrilase® → **Tenoxicam**
Artrilox® → **Meloxicam**
Artrimod® → **Leflunomide**
Artrinid® → **Ketoprofen**
Artrinovo® → **Indometacin**
Artrites® → **Diclofenac**
Artritin® → **Piroxicam**
Artriunic® → **Tenoxicam**
Artrizona® → **Diacerein**
Artrocam® → **Tenoxicam**
Artrocaptin® → **Tolmetin**
Artrodar® → **Diacerein**
Artrodol® → **Diflunisal**
Artrofenac® → **Diclofenac**
ARTROject® → **Hyaluronic Acid**
Artromed® → **Amtolmetin Guacil**
Artromed® → **Oxaceprol**
Artronil® → **Glucosamine**
Artronil® → **Piroxicam**
Artrosil® → **Ketoprofen**
Artrosilen® → **Ketoprofen**
Artrosilene® → **Ketoprofen**
Artrotin® → **Leflunomide**
Artrox® → **Glucosamine**
Artroxicam® → **Piroxicam**
Artroxicam Medichrom® → **Tenoxicam**
Artroxil® → **Celecoxib**
Artrozan® → **Meloxicam**
Arturic® → **Allopurinol**
Artz® → **Hyaluronic Acid**
Artzal® → **Hyaluronic Acid**
Aruclonin® → **Clonidine**
Arudel® → **Simvastatin**
Arufil® → **Carbomer**
Arufil® → **Povidone**
Arutimol® → **Timolol**
Aruzilina® → **Azithromycin**
Arvekap® → **Triptorelin**
Arveles® → **Dexketoprofen**
Arvenum® → **Diosmin**
Arvind® → **Lamotrigine**
Arviron® → **Ribavirin**
Arvo® → **Travoprost**
Arycor® → **Amiodarone**
Arythmol® → **Propafenone**
Arzedyn® → **Cetirizine**
Arzimol® → **Cefprozil**
Arzomicin® → **Azithromycin**
A.S.A.® → **Aspirin**
ASA® → **Aspirin**
5-ASA® → **Mesalazine**
ASA 50® → **Aspirin**
5-ASA → **Mesalazine**
Asabium® → **Clobazam**
Asabrin® → **Aspirin**
Asacard® → **Aspirin**
Asacol® → **Mesalazine**
Asacolitin® → **Mesalazine**
Asacolon® → **Mesalazine**
Asacol® [vet.] → **Mesalazine**
Asaf® → **Sparfloxacin**
Asaflow® → **Aspirin**
Asalazin Medichrom® → **Mesalazine**

Asalex® → **Mesalazine**
Asalit® → **Mesalazine**
Asamax® → **Mesalazine**
Asam Mefenamat Indo Pharma® → **Mefenamic Acid**
Asam Mefenamat Landson® → **Mefenamic Acid**
Asamnex® → **Tranexamic Acid**
Asaphen® → **Aspirin**
Asaprin® → **Aspirin**
ASA-ratio ® → **Aspirin**
ASA-Ratiopharm® → **Aspirin**
Asart® → **Losartan**
Asasantin® → **Dipyridamole**
ASA-Tabs® → **Aspirin**
Asa® [vet.] → **Aspirin**
Asavixin® → **Mesalazine**
Asax® → **Furosemide**
Asazine® → **Mesalazine**
Ascabiol® → **Benzyl Benzoate**
Ascal® → **Carbasalate Calcium**
Ascalan® → **Doxazosin**
Ascal Cardio® → **Carbasalate Calcium**
Ascalix® → **Piperazine**
Ascapilla® [vet.] → **Cambendazole**
Ascapilla® [vet.] → **Fenbendazole**
Ascapipérazine® [vet.] → **Piperazine**
Ascaraject® [vet.] → **Levamisole**
Ascara® [vet.] → **Levamisole**
Ascardia® → **Aspirin**
Ascarel® → **Pyrantel**
Ascarical® → **Pyrantel**
Ascaridil® → **Levamisole**
Ascarilen® [vet.] → **Levamisole**
Ascarzan® → **Piperazine**
Ascaverm® → **Tetramisole**
Ascirvit® [vet.] → **Ascorbic Acid**
Ascobex® → **Ascorbic Acid**
Asco-C® → **Ascorbic Acid**
Ascodimetossina® [vet.] → **Sulfadimethoxine**
Ascofer® → **Ferrous Gluconate**
Ascoformil® [vet.] → **Sulfathiazole**
Ascolinic® [vet.] → **Lincomycin**
Ascomin® → **Piperazine**
Ascomp® → **Aldioxa**
Ascon® → **Beclometasone**
Ascopir® [vet.] → **Aspirin**
A.S. COR® → **Norfenefrine**
Ascorbate de Calcium Richard® → **Ascorbic Acid**
Ascorbate sodique (Ph. Eur. 5) → **Ascorbic Acid**
Ascorbate® [vet.] → **Ascorbic Acid**
Ascorbato di sodio [DCIT] → **Ascorbic Acid**
Ascorbato sódico → **Ascorbic Acid**
Ascorbic Acid → **Ascorbic Acid**
Ascorbic Acid® → **Ascorbic Acid**
Ascorbic acid [BAN, JAN, USAN] → **Ascorbic Acid**
Ascorbic Acid-Fresenius® → **Ascorbic Acid**
Ascorbic Acid Injection DBL® → **Ascorbic Acid**
Ascorbic Acid (JP XIV, Ph. Eur. 5, Ph. Int. 4, USP 30) → **Ascorbic Acid**
Ascorbic Acid sodium salt: → **Ascorbic Acid**
Ascorbic Acid® [vet.] → **Ascorbic Acid**
Ascorbin® → **Ascorbic Acid**
Ascorbinezuur CF® → **Ascorbic Acid**
Ascorbinezuur FNA® → **Ascorbic Acid**
Ascorbinezuur GF® → **Ascorbic Acid**
Ascorbinezuur PCH® → **Ascorbic Acid**
Ascorbinezuur Ratiopharm® → **Ascorbic Acid**
Ascorbinsäure → **Ascorbic Acid**
Ascorbinsäure natrium → **Ascorbic Acid**
Ascorbinsäure (Ph. Eur. 5) → **Ascorbic Acid**
Ascorbin Vitamin C® → **Ascorbic Acid**
Ascorbique (acide) (Ph. Eur. 5) → **Ascorbic Acid**
Ascorell® → **Ascorbic Acid**
Ascorgem® → **Ascorbic Acid**
Ascorvit® → **Ascorbic Acid**
Ascoson® → **Ascorbic Acid**
Ascospectin® [vet.] → **Ascorbic Acid**
Ascotetra® [vet.] → **Oxytetracycline**
AscoTop® → **Zolmitriptan**
Ascotyl® [vet.] → **Tylosin**
Ascovit® → **Ascorbic Acid**
Ascredar® → **Clodronic Acid**
Ascriptin® → **Aspirin**
Asdron® → **Ketotifen**
Asec® → **Omeprazole**
Asen® → **Albendazole**
Asendin® → **Amoxapine**
Asenlix® → **Clobenzorex**
Asenta® → **Donepezil**
Asepsan® → **Povidone-Iodine**
Asepta® → **Povidone-Iodine**
Aseptifluid® [vet.] → **Oxyquinoline**
Aseptil Rojo® → **Sulfamidochrysoidine**
Aseptobron® → **Bromhexine**
Aseptochrome® → **Merbromin**
Aseptosan® → **Chlorhexidine**
Asiamox® → **Amoxicillin**
Asiazole® → **Metronidazole**
Asiazole-TN → **Tinidazole**
Asiben® → **Albendazole**
Asiclo® → **Aciclovir**
Asicot® → **Quetiapine**
Asid® → **Famotidine**
Asidox® → **Doxycycline**
Asig® → **Quinapril**
Asigen® → **Gentamicin**
Asilac Syrup® → **Lactulose**
Asilone® → **Dimeticone**
Asimat® → **Mefenamic Acid**
Asinar® → **Ranitidine**
Asinol® → **Tipepidine**
Asinpirine® → **Aspirin**
Asipan® → **Hyoscine Butylbromide**
Asipine® → **Pilocarpine**
Asipral® → **Azithromycin**
Asist® → **Acetylcysteine**
Asitrax® → **Levamisole**
Asitrol® → **Cetirizine**
Asiviral® → **Aciclovir**
Asixintai® → **Acetylcysteine**
Askamex® → **Levamisole**
Askaripar® → **Piperazine**
Askaritox® [vet.] → **Piperazine**
Askorbin® → **Ascorbic Acid**
Askorbinsyre SAD® → **Ascorbic Acid**
Ask pH8® → **Aspirin**
Aslan® → **Lansoprazole**
ASL Normon® → **Aspirin**
Aslor® → **Desloratadine**
Asmabec Clickhaler® → **Beclometasone**
Asmabet® → **Terbutaline**
Asmacare® → **Salbutamol**
Asmacortone® → **Methylprednisolone**
Asmacron® → **Theophylline**
Asmadil® → **Salbutamol**
Asmafen® → **Ketotifen**
Asmafilin® → **Aminophylline**
Asmafilina® → **Theophylline**
Asmaflu® → **Flunisolide**
Asmag® → **Aspartic Acid**
Asmain® → **Theophylline Sodium Glycinate**
Asmakil® → **Salbutamol**
Asmalergin® → **Ketotifen**
Asmalia® → **Aminophylline**
Asmalin® → **Salbutamol**
Asmaline® → **Terbutaline**
Asmanex® → **Mometasone**
Asmanex Twisthaler® → **Mometasone**
Asmanil-Inga® → **Salbutamol**
Asmanoc® → **Ketotifen**
Asmanyl® → **Theophylline**

Asmasal® → **Salbutamol**
Asmasal Clickhaler® → **Salbutamol**
Asmasolon® → **Theophylline**
Asmatec® → **Formoterol**
Asmatil® → **Fluticasone**
Asmavent® → **Budesonide**
Asmavent Inhalador® → **Salbutamol**
Asmelor Novolizer® → **Formoterol**
Asmen® → **Ketotifen**
Asmeren® → **Clenbuterol**
Asmetic® → **Roxithromycin**
Asmol® → **Salbutamol**
Asmo-Lavi® → **Fluticasone**
Asmolex® → **Salbutamol**
Asmopul® → **Fenoterol**
Asmoquinol® → **Salbutamol**
Asodocel® → **Docetaxel**
Asoflon® → **Tamsulosin**
Asoflut® → **Flutamide**
Asoglutan® → **Glucosamine**
Asol® → **Retinol**
Asolmicina.Dox® → **Doxycycline**
Asomal® → **Paracetamol**
Asomutan® → **Mitomycin**
Asotax® → **Paclitaxel**
Asotecan® → **Topotecan**
Asoteron® → **Cyproterone**
Asovon® → **Bromhexine**
Asovorin® → **Folinic Acid**
Asoxian® → **Piperazine**
Aspagin® → **Tenoxicam**
Aspamic® → **Aspartame**
Aspara® → **Aspartic Acid**
Asparaginase medac® → **Asparaginase**
Aspara-K® → **Aspartic Acid**
Aspar-K® → **Aspartic Acid**
Aspartam F. T. Pharma® → **Aspartame**
Asparten® → **Arginine**
Aspartil® → **Aspartame**
A-Spasm® → **Oxyphenonium Bromide**
Aspec® → **Aspirin**
Aspegic® → **Aspirin**
Aspégic® → **Aspirin**
Aspegic Inject® [inj] → **Aspirin**
Aspen Ampicyn® → **Ampicillin**
Aspen Ciprofloxacin® → **Ciprofloxacin**
Aspen Diazepam® → **Diazepam**
Aspen Fisamox® → **Amoxicillin**
Aspen Flucil® → **Flucloxacillin**
Aspen Furosemide® → **Furosemide**
Aspen Gentamicin® → **Gentamicin**
Aspen Hyoscine Butylbromide® → **Hyoscine Butylbromide**
Aspen Stavudine® → **Stavudine**
Aspent® → **Aspirin**
Aspenter® → **Aspirin**
Aspen Theophyllin® → **Aminophylline**
Aspent-M® → **Aspirin**
Aspen Vancomycin® → **Vancomycin**
Asperan® → **Aspirin**
Aspercreme® → **Salicylic Acid**
Aspergum® → **Aspirin**
Asperivo® → **Aspirin**
Aspicalm Medichrom® → **Aspirin**
Aspicam® → **Meloxicam**
Aspicard® → **Aspirin**
Aspicor® → **Aspirin**
Aspicot® → **Aspirin**
Aspidol® → **Aspirin**
Aspil® → **Cefotiam**
Aspilets® → **Aspirin**
Aspilet-Thrombo® → **Aspirin**
Aspil® [vet.] → **Aspirin**
Aspimason® → **Aspirin**
Aspimax® → **Aspirin**
Aspimec® → **Aspirin**
Aspin-100® → **Aspirin**
Aspinal® → **Aspirin**
Aspinat® → **Aspirin**
Aspirem® → **Aspirin**
Aspiricor® → **Aspirin**
Aspirin® → **Aspirin**
Aspirina® → **Aspirin**
Aspirina Biocrom® → **Aspirin**
Aspirina Buffered® → **Aspirin**
Aspirina Cardiologica® → **Aspirin**
Aspirina Fabra® → **Aspirin**
Aspirina Fecofar® → **Aspirin**
Aspirin Akut® → **Aspirin**
Aspirina Prevent® → **Aspirin**
Aspirina Protect® → **Aspirin**
Aspirina Vent-3® → **Aspirin**
Aspirin Bayer® → **Aspirin**
Aspirin BD® → **Aspirin**
Aspirin Cardio® → **Aspirin**
Aspirin Children's® → **Aspirin**
Aspirin Delayed Release Tablets® → **Aspirin**
Aspirin Direct® → **Aspirin**
Aspirin Domesco® → **Aspirin**
Aspirine® → **Aspirin**
Aspirine Biotic® → **Aspirin**
Aspirine Coophavet® [vet.] → **Aspirin**
Aspirine du Rhône® → **Aspirin**
Aspirine pH8® → **Aspirin**
Aspirine Protect® → **Aspirin**
Aspirinetas® → **Aspirin**
Aspirinetta® → **Aspirin**
Aspirine UPSA® → **Aspirin**
Aspirine® [vet.] → **Aspirin**
Aspirin for Children® → **Aspirin**
Aspirin i. v.® → **Aspirin**
Aspirin Protect® → **Aspirin**
Aspirin SR® → **Aspirin**
Aspirin Suppositories® → **Aspirin**
Aspirin TAH® → **Aspirin**
Aspirin® [vet.] → **Aspirin**
Aspirisucre® → **Aspirin**
Aspisal® → **Aspirin**
Aspisol® → **Aspirin**
Aspitopic® → **Etofenamate**
Aspra® → **Omeprazole**
Asprim® → **Aspirin**
Aspro® → **Aspirin**
Aspro Calssic® → **Aspirin**
Aspro Cardio® → **Aspirin**
Asrina® → **Aspirin**
ASS® → **Aspirin**
ASS 1A Pharma® → **Aspirin**
ASS accedo® → **Aspirin**
ASS AL® → **Aspirin**
Assal® → **Salbutamol**
Assal® [susp.] → **Salbutamol**
ASS Atid® → **Aspirin**
ASS-CT® → **Aspirin**
Assepium® [+ Sulfamethoxazole] → **Trimethoprim**
Assepium® [+ Trimethoprim] → **Sulfamethoxazole**
ASS gamma® → **Aspirin**
ASS Genericon® → **Aspirin**
ASS Hexal® → **Aspirin**
Assieme Turbohaler® [+ Budesonide] → **Formoterol**
Assieme Turbohaler® [+ Formoterol fumarate dihydrate] → **Budesonide**
ASS-Isis® → **Aspirin**
Assithrin® [vet.] → **Permethrin**
Assival® → **Diazepam**
ASS-Kreuz® → **Aspirin**
Assolid® → **Flunisolide**
Assoral® → **Roxithromycin**
ASS ratiopharm® → **Aspirin**
ASS Sandoz® → **Aspirin**
ASS Stada® → **Aspirin**
ASS Tad® → **Aspirin**
ASS von CT® → **Aspirin**
Assy® → **Permethrin**
Asta® → **Paracetamol**
Astafen® → **Ketotifen**
Asta Medica Doxorrubicina® → **Doxorubicin**
Asta Medica Etoposido® → **Etoposide**
Asta Medica Flutamida® → **Flutamide**
Asta Medica Megestrol® → **Megestrol**

Asta Medica Metotrexato® → **Methotrexate**
Asta Medica Mitoxantrona® → **Mitoxantrone**
Asta Medica Tamoxifeno® → **Tamoxifen**
Astax® → **Simvastatin**
As-Tazis® → **Salbutamol**
Astec® → **Salbutamol**
Astelin® → **Azelastine**
Asteril® → **Lisinopril**
Astesen® → **Astemizole**
Asthafen® → **Ketotifen**
Asthalin® → **Salbutamol**
Asthamsian® → **Terbutaline**
Asthavent® → **Salbutamol**
AsthmaHaler® → **Epinephrine**
Asthmalitan® → **Salbutamol**
Asthmanil® → **Salbutamol**
Asthmasian® → **Terbutaline**
Asthmolin® → **Salbutamol**
Asthmoprotect® → **Terbutaline**
Asthmotrat® → **Salbutamol**
Astifen® → **Ketotifen**
Astika® → **Aspirin**
Astin® → **Atorvastatin**
Astmadin® → **Diprophylline**
Astmopent® → **Orciprenaline**
Astomin® → **Dimemorfan**
Astonex 25 W® [vet.] → **Diflubenzuron**
Astonin® → **Fludrocortisone**
Astonin-H® → **Fludrocortisone**
Astonin Merck® → **Fludrocortisone**
Astra 1512 (Astra, USA) → **Prilocaine**
Astramorph® → **Morphine**
Astramorph PF® → **Morphine**
Astrexine® → **Chlorhexidine**
Astrim® [+ Sulfamethoxazole] → **Trimethoprim**
Astrim® [+ Trimethoprim] → **Sulfamethoxazole**
Astrix® → **Aspirin**
Astro® → **Azithromycin**
Astrocast® → **Budesonide**
Astrocort® → **Hydrocortisone**
Astudal® → **Amlodipine**
Asucrose® → **Acarbose**
Asul® → **Salbutamol**
Asulblan® → **Amiodarone**
Asumalife YSP® → **Ketotifen**
Asuntol® [vet.] → **Coumafos**
Asvex® → **Tipepidine**
Asýran® → **Ranitidine**
Asytec® → **Cetirizine**
A.T. 10® → **Dihydrotachysterol**
AT10® → **Dihydrotachysterol**
Atac® → **Naproxen**
Atacand® → **Candesartan**
Ataline® → **Terbutaline**
Atamel® → **Paracetamol**
Atamet® [+ Carbidopa] → **Levodopa**
Atamet® [+ Levodopa] → **Carbidopa**
Atamir® → **Penicillamine**
Atanaal® → **Nifedipine**
Atano® → **Hydroxyzine**
Atapryl® → **Selegiline**
Ataq® → **Gatifloxacin**
Atarax® → **Alprazolam**
Ataraxone® → **Hydroxyzine**
Atarax® [vet.] → **Hydroxyzine**
Atarin® → **Amantadine**
Atarva® → **Atorvastatin**
Atarviton® → **Diazepam**
Atasin® → **Atorvastatin**
Atasol® → **Paracetamol**
Ataspin® → **Aspirin**
Atcard® → **Atenolol**
Ate AbZ® → **Atenolol**
Atebeta® → **Atenolol**
Atebloc® → **Atenolol**
Ateblocor® → **Atenolol**
Atecard® → **Atenolol**
Atecilina® → **Ampicillin**
Atecor® → **Atenolol**
Atehexal® → **Atenolol**
Atelec® → **Cilnidipine**
Ate Lich® → **Atenolol**
Atem® → **Ipratropium Bromide**
Atemperator® → **Bromazepam**
Atemperator® → **Valproic Acid**
atemur® → **Fluticasone**
Aten® → **Atenolol**
Atenac® → **Amoxicillin**
Atenase® → **Niclosamide**
Atenativ® → **Antithrombin III**
Atenblock® → **Atenolol**
Atendol® → **Atenolol**
Atenen® → **Triphosadenine**
Atenentol® → **Anetholtrithion**
Atenet® → **Atenolol**
Atenex® → **Atenolol**
Atenfar® → **Atorvastatin**
Ateni® → **Atenolol**
Atenil® → **Atenolol**
Atenix® → **Atenolol**
Atenobal® → **Atenolol**
Atenobene® → **Atenolol**
Atenoblock® → **Atenolol**
Atenocor® → **Atenolol**
Atenodan® → **Atenolol**
Atenogamma® → **Atenolol**
Atenogen® → **Atenolol**
Ateno-ISIS® → **Atenolol**
Atenol® → **Atenolol**
Atenolan® → **Atenolol**
Atenolol® → **Atenolol**
Atenolol 1A Pharma® → **Atenolol**
Atenolol-50-von-CT® → **Atenolol**
Atenolol A® → **Atenolol**
Atenolol AbZ® → **Atenolol**
Atenolol acis® → **Atenolol**
Atenolol Actavis® → **Atenolol**
Atenolol-Akri® → **Atenolol**
Atenolol AL® → **Atenolol**
Atenolol Alpharma® → **Atenolol**
Atenolol Alter® → **Atenolol**
Atenolol Alternova® → **Atenolol**
Atenolol Atid® → **Atenolol**
Atenolol AWD® → **Atenolol**
Atenolol Beacons® → **Atenolol**
Atenolol Bexal® → **Atenolol**
Aténolol Biogaran® → **Atenolol**
Atenolol Biotenk® → **Atenolol**
Atenolol CF® → **Atenolol**
Atenolol Cinfa® → **Atenolol**
Atenolol Disphar® → **Atenolol**
Atenolol Eb® → **Atenolol**
Atenolol Edigen® → **Atenolol**
Atenolol EG® → **Atenolol**
Aténolol EG® → **Atenolol**
Atenolol-Eurogenerics® → **Atenolol**
Atenolol Fabra® → **Atenolol**
Atenolol FLX® → **Atenolol**
Atenolol Gador® → **Atenolol**
Atenolol Genericon® → **Atenolol**
Atenolol Generis® → **Atenolol**
Atenolol Gen Med® → **Atenolol**
Atenolol GF® → **Atenolol**
Aténolol G Gam® → **Atenolol**
Atenolol HelvePharm® → **Atenolol**
Atenolol Heumann® → **Atenolol**
Aténolol Irex® → **Atenolol**
Aténolol Ivax® → **Atenolol**
Atenolol Katwijk® → **Atenolol**
Atenolol LCG® → **Atenolol**
Atenolol L.CH.® → **Atenolol**
Atenolol Lindo® → **Atenolol**
Atenolol LPH® → **Atenolol**
Atenolol-Mepha® → **Atenolol**
Atenolol Merck® → **Atenolol**
Atenolol Merck NM® → **Atenolol**
Atenolol Microsules® → **Atenolol**
Atenolol MK® → **Atenolol**
Atenolol Mundogen® → **Atenolol**
Atenolol NM Pharma® → **Atenolol**
Atenolol Nordic® → **Atenolol**
Atenolol Normon® → **Atenolol**
Atenolol Nycomed® → **Atenolol**
Atenololo Almus® → **Atenolol**
Atenololo Alter® → **Atenolol**
Atenololo Angenerico® → **Atenolol**

Atenololo DOC® → **Atenolol**
Atenololo EG® → **Atenolol**
Atenololo Hexal® → **Atenolol**
Atenololo Merck® → **Atenolol**
Atenololo Pliva® → **Atenolol**
Atenololo-ratiopharm® → **Atenolol**
Atenololo RK® → **Atenolol**
Atenololo Sandoz® → **Atenolol**
Atenololo Teva® → **Atenolol**
Atenololo Union Health® → **Atenolol**
Atenolol PB® → **Atenolol**
Atenolol PCH® → **Atenolol**
Atenolol Pharmavit® → **Atenolol**
Atenolol Pliva® → **Atenolol**
Atenolol Quesada® → **Atenolol**
Atenolol Ratiopharm® → **Atenolol**
Atenolol-ratiopharm® → **Atenolol**
Aténolol RPG® → **Atenolol**
Atenolol Sandoz® → **Atenolol**
Aténolol Sandoz® → **Atenolol**
Atenolol-Sandoz® → **Atenolol**
Atenolol Stada® → **Atenolol**
Atenolol Teva® → **Atenolol**
Atenolol UQP® → **Atenolol**
Atenolol Vannier® → **Atenolol**
Atenolol von ct® → **Atenolol**
Aténolol Winthrop® → **Atenolol**
Atenolol-Wolff® → **Atenolol**
Atenolol Zydus® → **Atenolol**
Atenomel® → **Atenolol**
Atenopress® → **Atenolol**
Atenor® → **Atenolol**
Atenoric® → **Atenolol**
Atenotop® → **Atenolol**
Atenotyrol → **Atenolol**
Atenovit® → **Atenolol**
Atens® → **Enalapril**
Atensin® → **Propranolol**
Atensina® → **Clonidine**
Atenual® → **Clomipramine**
Atenual® → **Ketazolam**
Atephar® → **Atenolol**
Atepodin® → **Triphosadenine**
Aterax® → **Hydroxyzine**
Aterina® → **Sulodexide**
Aterkey® → **Lovastatin**
Atermin® → **Atenolol**
Ateroclar® → **Heparin**
Ateroclar® → **Atorvastatin**
Ateromixol® → **Policosanol**
Aterostat® → **Simvastatin**
Ateroxide® → **Sulodexide**
Ateroz® → **Atorvastatin**
Atestad® → **Atenolol**
A-Tetra® → **Tetracycline**
Atgard® [vet.] → **Dichlorvos**
Athenol® → **Atenolol**
Athimil® → **Mianserin**
Athlete's Foot® → **Tolnaftate**
Athos® → **Dextromethorphan**
Athru-Derm® → **Diclofenac**
Athymil® → **Mianserin**
Athyrazol® → **Thiamazole**
Atibax C® → **Ciprofloxacin**
Atidem® → **Piroxicam**
Atidon® → **Domperidone**
Atifan® → **Terbinafine**
Atiflam® → **Piroxicam**
Atiglauc® → **Timolol**
AT III® → **Antithrombin III**
Atimos® → **Formoterol**
Atimos Modulite® → **Formoterol**
Atin® → **Atenolol**
Atisuril® → **Allopurinol**
Atiten® → **Dihydrotachysterol**
Ativan® → **Lorazepam**
Atlacne® → **Isotretinoin**
Atlamicin® → **Erythromycin**
Atlansil® → **Amiodarone**
Atmos® → **Testosterone**
Atoactive® → **Fluocinolone acetonide**
Atock® → **Formoterol**
Atocor® → **Atorvastatin**
Atodel® → **Prazosin**
Atoken® → **Atenolol**
Atoksilin® → **Amoxicillin**
Atol® → **Atenolol**
Atomase® → **Beclometasone**
Atomo® → **Ibuprofen**
Atomoderma A® → **Retinol**
Atomo desinflamante geldic® → **Diclofenac**
Atopica® [vet.] → **Ciclosporin**
Atopilac® → **Lactic Acid**
Atopix® → **Cetirizine**
Atoplus® [vet.] → **Ciclosporin**
Ator® → **Atorvastatin**
Atorhasan® → **Atorvastatin**
Atoris® → **Atorvastatin**
Atorlip® → **Atorvastatin**
Atorsyn® → **Atorvastatin**
Atorva® → **Atorvastatin**
Atorvastan® → **Atorvastatin**
Atorvastatina® → **Atorvastatin**
Atorvastatina Genfar® → **Atorvastatin**
Atorvastatina L.B.A.® → **Atorvastatin**
Atorvastatina MK® → **Atorvastatin**
Atorvastatina Northia® → **Atorvastatin**
Atorvastatin Domesco® → **Atorvastatin**
Atorvastatine® → **Atorvastatin**
Atorvastatin Richet® → **Atorvastatin**
Atorva Teva® → **Atorvastatin**
Atorvox® → **Atorvastatin**
Atosiban® → **Atosiban**
Atossa® → **Ondansetron**
Atossisclerol® → **Polidocanol**
Atova® → **Atorvastatin**
Atovarol® → **Atorvastatin**
Atovin® → **Atorvastatin**
Atoxycocain → **Procaine**
ATP® → **Paracetamol**
ATP Daiichi → **Adenosine Phosphate**
ATP Dankos® → **Triphosadenine**
ATP Kyowa® → **Triphosadenine**
Atractil® → **Amfepramone**
Atracur Amex® → **Atracurium Besilate**
Atracurio Besilato® → **Atracurium Besilate**
Atracurio Besilato Mayne® → **Atracurium Besilate**
Atracurio Gray® → **Atracurium Besilate**
Atracurium® → **Atracurium Besilate**
Atracuriumbesilaat® → **Atracurium Besilate**
Atracuriumbesilat DeltaSelect® → **Atracurium Besilate**
Atracurium Besylate® → **Atracurium Besilate**
Atracurium Besylate Abbott® → **Atracurium Besilate**
Atracurium Besylate DBL® → **Atracurium Besilate**
Atracurium Besylate Injection® → **Atracurium Besilate**
Atracurium curamed® → **Atracurium Besilate**
Atracurium-DeltaSelect® → **Atracurium Besilate**
Atracurium Fabra® → **Atracurium Besilate**
Atracurium Gemepe® → **Atracurium Besilate**
Atracurium Gobbi® → **Atracurium Besilate**
Atracurium Hameln® → **Atracurium Besilate**
Atracurium-hameln® → **Atracurium Besilate**
Atracurium Helm® → **Atracurium Besilate**
Atracurium Hexal® → **Atracurium Besilate**
Atracurium Northia® → **Atracurium Besilate**
Atralfenicol® [vet.] → **Chloramphenicol**

Atralidon® → **Paracetamol**
Atralin® → **Sertraline**
Atralxitina® → **Cefoxitin**
Atram® → **Carvedilol**
Atranac® → **Diclofenac**
Atrelax® → **Atracurium Besilate**
Atren® → **Naproxen**
Atretol® → **Carbamazepine**
Atrexel® → **Methotrexate**
Atrican® → **Tenonitrozole**
Atridox® → **Doxycycline**
Atriscal® → **Dexibuprofene**
Atrivex® → **Ambroxol**
Atrizin® → **Cetirizine**
Atroban® [vet.] → **Permethrin**
Atrocare® [vet.] → **Atropine**
Atrodrops® [vet.] → **Atropine**
Atroject® [vet.] → **Atropine**
Atrol® → **Cetirizine**
Atrombin® → **Dipyridamole**
Atromid® → **Clofibrate**
Atronase® → **Ipratropium Bromide**
AtroPen® → **Atropine**
Atropin® → **Atropine**
A-Tropin® → **Atropine**
Atropina® → **Atropine**
Atropina Apolo® → **Atropine**
Atropina Braun® → **Atropine**
Atropina Farmigea® → **Atropine**
Atropina Llorens® → **Atropine**
Atropina Lux® → **Atropine**
Atropina Northia® → **Atropine**
Atropina Solfato® → **Atropine**
Atropina Solucion Oftalmica® → **Atropine**
Atropina Sulfato® → **Atropine**
Atropina Sulfato Ecar® → **Atropine**
Atropina Sulfato Serra® → **Atropine**
Atropin Biotika® → **Atropine**
Atropin Dak® → **Atropine**
Atropin Dispersa® → **Atropine**
Atropine® → **Atropine**
Atropine Aguettant® [vet.] → **Atropine**
Atropine Care® → **Atropine**
Atropine Covan® → **Atropine**
Atropin EDO® → **Atropine**
Atropine Eye Ointment® [vet.] → **Atropine**
Atropine Faure® → **Atropine**
Atropine FNA® → **Atropine**
Atropine Injection® → **Atropine**
Atropine Injection® [vet.] → **Atropine**
Atropine Minims® → **Atropine**
Atropine Novartis® → **Atropine**
Atropine Novartis Ophthalmics® → **Atropine**
Atropine-OSL® → **Atropine**
Atropine Sulfaat® → **Atropine**
Atropinesulfaat® → **Atropine**
Atropinesulfaat CF® → **Atropine**
Atropinesulfaat HPS® → **Atropine**
Atropinesulfaat PCH® → **Atropine**
Atropine Sulfate® → **Atropine**
Atropine Sulfate Cooper® → **Atropine**
Atropine Sulfate Demo® → **Atropine**
Atropine Sulfate Injection BP® → **Atropine**
Atropine Sulfate Lavoisier® → **Atropine**
Atropine Sulfate® [vet.] → **Atropine**
Atropine Sulphate® → **Atropine**
Atropine Sulphate Atlantic® → **Atropine**
Atropine Sulphate-Fresenius® → **Atropine**
Atropine® [vet.] → **Atropine**
Atropin® [inj.] → **Atropine**
Atropin® [inj.] → **Atropine**
Atropini sulfas® → **Atropine**
Atropinium sulfuricum Streuli® → **Atropine**
Atropin Merck NM® → **Atropine**
Atropin Minims® → **Atropine**
Atropinol® → **Atropine**
Atropin-POS® → **Atropine**
Atropin PS® → **Atropine**
Atropin SAD® → **Atropine**
Atropinsulfat® → **Atropine**
Atropin sulfat® → **Atropine**
Atropinsulfat Braun® → **Atropine**
Atropinsulfat Lannacher® → **Atropine**
Atropinum Sulfuricum® → **Atropine**
Atropinum sulfuricum Eifelfango® → **Atropine**
Atropinum Sulfuricum Nycomed® → **Atropine**
Atropinum Sulfuricum® [vet.] → **Atropine**
Atropinum Sulphuricum® → **Atropine**
Atropisa® → **Atropine**
Atropisol® → **Atropine**
Atropocil® → **Atropine**
Atropt® → **Atropine**
Atrosite® [vet.] → **Atropine**
Atrosol® → **Atropine**
Atrospan® → **Atropine**
Atrovent® → **Ipratropium Bromide**
Atrovent Aerocaps® → **Ipratropium Bromide**
Atrovent Autohaler® → **Ipratropium Bromide**
Atrovent Forte® → **Ipratropium Bromide**
Atrovent Inhaletas® → **Ipratropium Bromide**
Atrovent Monodosis® → **Ipratropium Bromide**
Atrovent Nasal® → **Ipratropium Bromide**
Atrovent® Nasal → **Ipratropium Bromide**
Atrovent Nasal Spray 0.03 %® → **Ipratropium Bromide**
Atrovent® Nazal → **Ipratropium Bromide**
Atrovent® [vet.] → **Ipratropium Bromide**
Atrozol® → **Anastrozole**
Atta® → **Attapulgite**
Attane Isoflurane® [vet.] → **Isoflurane**
Attane® [vet.] → **Isoflurane**
Attapulgite® → **Attapulgite**
Attenta® → **Methylphenidate**
Atural® → **Ranitidine**
Aturgyl® → **Oxymetazoline**
Atus® → **Ambroxol**
Atusil® → **Promolate**
Atuss® → **Dimethoxanate**
Atysmal → **Ethosuximide**
Atzirut® → **Bisacodyl**
Audax® → **Choline Salicylate**
Audazol® → **Omeprazole**
Augamox® [+ Amoxicillin trihydrate] → **Clavulanic Acid**
Augamox® [+ Clavulanic Acid potassium salt] → **Amoxicillin**
Augbactam® [+Amoxicillin] → **Clavulanic Acid**
Augbactam® [+Clavulanic Acid] → **Amoxicillin**
Augenschutz-Kapseln® → **Retinol**
Augmaxcil® [+ Amoxicillin] → **Clavulanic Acid**
Augmaxcil® [+ Clavulanic Acid] → **Amoxicillin**
Augmentan® [+ Amoxicillin, trihydrate] → **Clavulanic Acid**
Augmentan® [+ Clavulanic Acid, potassium salt] → **Amoxicillin**
Augmentan i. v.® [+ Amoxicillin, sodium salt] → **Clavulanic Acid**
Augmentan i. v.® [+ Clavulanic Acid, potassium salt] → **Amoxicillin**
Augmentin® [+ Amoxicillin] → **Clavulanic Acid**
Augmentin® [+ Amoxicillin] → **Clavulanic Acid**
Augmentin® [+ Amoxicillin sodium salt] → **Clavulanic Acid**

Augmentin® [+ Amoxicillin, sodium salt] → **Clavulanic Acid**
Augmentin® [+ Amoxicillin, trihydrate] → **Clavulanic Acid**
Augmentin® [+ Amoxicillin trihydrate] → **Clavulanic Acid**
Augmentin-BID® [+ Amoxicillin] → **Clavulanic Acid**
Augmentin-BID® [+ Amoxicillin, trihydrate] → **Clavulanic Acid**
Augmentin-BID® [+ Amoxicillin trihydrate] → **Clavulanic Acid**
Augmentin-BID® [+ Clavulanic acid] → **Amoxicillin**
Augmentin-BID® [+ Clavulanic Acid, potassium salt] → **Amoxicillin**
Augmentin-BID® [+ Clavulanic Acid potassium salt] → **Amoxicillin**
Augmentin® [+ Clavulanic Acid] → **Amoxicillin**
Augmentin® [+ Clavulanic Acid potassium salt] → **Amoxicillin**
Augmentin® [+ Clavulanic Acid, potassium salt] → **Amoxicillin**
Augmentin-Duo® [+ Amoxicillin, trihydrate] → **Clavulanic Acid**
Augmentin-Duo® [+ Clavulanic Acid, potassium salt] → **Amoxicillin**
Augmentine® [+ Amoxicillin, sodium salt] → **Clavulanic Acid**
Augmentine® [+ Amoxicillin, trihydrate] → **Clavulanic Acid**
Augmentine® [+ Clavulanic Acid, potassium salt] → **Amoxicillin**
Augmentine Plus® [+ Amoxicillin, trihydrate] → **Clavulanic Acid**
Augmentine Plus® [+ Clavulanic Acid, potassium salt] → **Amoxicillin**
Augmentin ES-600® [+ Amoxicillin, trihydrate] → **Clavulanic Acid**
Augmentin ES-600® [+ Clavulanic acid, potassium salt] → **Amoxicillin**
Augmentin ES® [+ Amoxicillin trihydrate] → **Clavulanic Acid**
Augmentin ES® [+ Clavulanic acid potassium salt] → **Amoxicillin**
Augmentin inj® [+Amoxicillin sodium salt] → **Clavulanic Acid**
Augmentin inj® [+Clavulanic acid potassium salt] → **Amoxicillin**
Augmentin i. v.® [+ Amoxicillin, sodium salt] → **Clavulanic Acid**
Augmentin i. v.® [+ Amoxicillin sodium salt] → **Clavulanic Acid**
Augmentin i. v.® [+ Clavulanic acid, potassium salt] → **Amoxicillin**
Augmentin i. v.® [+ Clavulanic acid potassium salt] → **Amoxicillin**
Augmentin oral® [+Amoxicillin trihydrate] → **Clavulanic Acid**
Augmentin oral® [+Clavulanic acid potassium salt] → **Amoxicillin**
Augmentin Trio® [+ Amoxicillin, trihydrate] → **Clavulanic Acid**
Augmentin Trio® [+ Clavulanic Acid, potassium salt] → **Amoxicillin**
Augmex® [+ Amoxicillin] → **Clavulanic Acid**
Augmex® [+ Amoxicillin trihydrate] → **Clavulanic Acid**
Augmex® [+ Clavulanic acid] → **Amoxicillin**
Augmex® [+ Clavulanic Acid potassium salt] → **Amoxicillin**
Augort® → **Fluoxetine**
Augpen® [+Amoxicillin, trihydrate] → **Clavulanic Acid**
Augpen® [+Clavulanic Acid] → **Amoxicillin**
Aulcer® → **Omeprazole**
Aulicin® [vet.] → **Benzylpenicillin**
Aulin® → **Nimesulide**
Auradol® → **Frovatriptan**
Auram® → **Oxcarbazepine**
Auramin® → **Minocycline**
Aurantin® → **Phenytoin**
Aurecil® → **Chlortetracycline**
Aurene® → **Oxcarbazepine**
Aureomicina® → **Chlortetracycline**
Aureomicina® [vet.] → **Chlortetracycline**
Aureomycin® → **Chlortetracycline**
Aureomycine® → **Chlortetracycline**
Auréomycine Cooper® → **Chlortetracycline**
Auréomycine Evans® → **Chlortetracycline**
Auréomycine Merial® [vet.] → **Chlortetracycline**
Aureomycin® [vet.] → **Chlortetracycline**
Aureosup® [vet.] → **Chlortetracycline**
Aurex® → **Citalopram**
Aurid® → **Budesonide**
Auriplak® [vet.] → **Permethrin**
Auro® → **Urea**
Aurocalcin® [salmon] → **Calcitonin**
Aurochobet® → **Gold Keratinate**
Aurodipine® → **Nimodipine**
Aurofac® [vet.] → **Chlortetracycline**
Aurofox® → **Ceftriaxone**
Aurogran® [vet.] → **Chlortetracycline**
Aurolate® → **Sodium Aurothiomalate**
Auromelid® → **Nimesulide**
Auromid® → **Moclobemide**
Auromix® [vet.] → **Chlortetracycline**
Auromyose® → **Aurothioglucose**
Auronal® → **Felodipine**
Aurone® → **Phenazone**
Auropan® → **Auranofin**
Aurorex® → **Moclobemide**
Aurorix® → **Moclobemide**
Aurostatin® → **Lovastatin**
Auroxizine® → **Cetirizine**
Ausbüttels Ibuprofen® → **Ibuprofen**
Auscap® → **Fluoxetine**
Ausentron® → **Clomipramine**
Ausfarm® → **Famotidine**
Ausgem® → **Gemfibrozil**
Auspril® → **Enalapril**
Ausran® → **Ranitidine**
Austrapen® [inj.] → **Ampicillin**
Autdol® → **Diclofenac**
Autoplex® → **Octocog Alfa**
Auxib® → **Etoricoxib**
Auxil® → **Flucloxacillin**
Auxina E® → **Tocopherol, α-**
Auxitrans® → **Pentaerythritol**
Auxofer® → **Ferrous Gluconate**
Auxxil® → **Levofloxacin**
Auzei® → **Carbazochrome**
Avadyl® → **Albendazole**
Avagard® → **Chlorhexidine**
Avage® → **Tazarotene**
Avalanche® [vet.] → **Cypermethrin**
Avallone® → **Ibuprofen**
Avalox® → **Moxifloxacin**
Avancort® → **Methylprednisolone**
Avandia® → **Rosiglitazone**
Avanxe® → **Risperidone**
Avanza® → **Mirtazapine**
Avapena® → **Chloropyramine**
Avapro® → **Irbesartan**
Avaron® → **Glimepiride**
Avas® → **Atorvastatin**
Avastatin® → **Atorvastatin**
Avastin® → **Bevacizumab**
Avastin® → **Simvastatin**
Avatec® [vet.] → **Lasalocid**
Avecyde® → **Lactic Acid**
Avedox-Fc® → **Salbutamol**
Avelon® → **Moxifloxacin**
Avelox IV® → **Moxifloxacin**
Avemix®[vet.] → **Trimethoprim**
Aventyl® → **Nortriptyline**
Aveptol® → **Levocarnitine**
Avertex® → **Finasteride**
Avert Radi® → **Meclozine**
Avessa® → **Ondansetron**
Aviant® → **Desloratadine**

Aviapen® [vet.] → **Benzylpenicillin**
Aviax® [vet.] → **Salinomycin**
Aviax® [vet.] → **Semduramicin**
Avibon® → **Retinol**
Avicap® → **Retinol**
Avicas® [vet.] → **Febantel**
Avicis® → **Alfatradiol**
Aviclens® [vet.] → **Chlorhexidine**
Avidal® → **Metronidazole**
Avidart® → **Dutasteride**
Avidazine® → **Cinnarizine**
Avidro® → **Pizotifen**
Avifanz® → **Efavirenz**
Avifix® → **Nelfinavir**
Avigen® → **Retinol**
Avigilen® → **Piracetam**
Avigilen Vit. E® → **Tocopherol, α-**
Avil® → **Pheniramine**
Avilam® → **Lamivudine**
Avimox® [vet.] → **Amoxicillin**
Avinza® → **Morphine**
Aviomarin® → **Dimenhydrinate**
Avir® → **Albendazole**
Aviral® → **Aciclovir**
Aviral AZT® → **Zidovudine**
Aviral® [sirup] → **Zidovudine**
Avirase® → **Aciclovir**
Avirodine® → **Aciclovir**
Avirox® → **Aciclovir**
Avistar® → **Amlodipine**
A-Vita® → **Retinol**
Avita® → **Tretinoin**
A-vitamin Medic® → **Retinol**
Avitana® → **Retinol**
Avitcid® → **Tretinoin**
A-vitel® → **Retinol**
Avitra → **Piperazine**
Avitrol® [vet.] → **Levamisole**
Avitron-V® → **Thiamine**
Avix® → **Aciclovir**
Avixis® → **Alfatradiol**
Avixis® → **Estradiol**
Avjax® [vet.] → **Semduramicin**
Avlezan® [vet.] → **Flunixin**
Avlocardyl® → **Propranolol**
Avlocillin® → **Ampicillin**
Avloclor® → **Chloroquine**
Avlomox® → **Amoxicillin**
Avloquin® → **Chloroquine**
Avlosef → **Cefradine**
Avlotrin® [+ Sulfamethoxazole] → **Trimethoprim**
Avloxin® → **Cefalexin**
Avodart® → **Dutasteride**
Avolac® → **Lactulose**
Avolam® → **Lamivudine**
Avomec® [vet.] → **Abamectin**
Avomine® → **Promethazine**
Avomit® → **Domperidone**
Avonex® → **Interferon Beta**
Avopreg® → **Promethazine**
Avorax® → **Aciclovir**
Avotil® → **Prochlorperazine**
Avoxin® → **Fluvoxamine**
Avrazor® → **Ornidazole**
Avural® → **Indinavir**
Avyclor® → **Aciclovir**
Avyplus® → **Aciclovir**
Avysal® → **Aciclovir**
Awestatin® → **Simvastatin**
Awirol® → **Aciclovir**
Axagon® → **Esomeprazole**
Axant® → **Lactulose**
Axasol® → **Clotrimazole**
Axcil® → **Amoxicillin**
Axea Ibuprofen® → **Ibuprofen**
Axea Lax® → **Bisacodyl**
Axea Nasenspray® → **Xylometazoline**
Axea Paracetamol® → **Paracetamol**
Axelorax® → **Cefatrizine**
Axelvin® → **Lisinopril**
Axentyl® [vet.] → **Tylosin**
Axépim® → **Cefepime**
Axerophthol® → **Retinol**
Axert® → **Almotriptan**
Axet® → **Cefuroxime**
Axetil® → **Cefuroxime**
Axetine® → **Cefuroxime**
Axiago® → **Esomeprazole**
Axicarb® → **Carboplatin**
Axid® → **Nizatidine**
Axidin® → **Famotidine**
Axid® [vet.] → **Nizatidine**
Axifolin® → **Folinic Acid**
Axilium® → **Lormetazepam**
Axillin® [vet.] → **Amoxicillin**
Axilur® [vet.] → **Fenbendazole**
Axim® → **Cefuroxime**
Aximad® → **Cefotaxime**
Axinat® → **Salmeterol**
Axisetron® → **Ondansetron**
Axistal® → **Bromhexine**
Axit 30® → **Mirtazapine**
Axo® → **Atorvastatin**
Axobat® → **Ceftriaxone**
Axodin® → **Fexofenadine**
Axofin® → **Doxofylline**
Axokine® → **Hydroxychloroquine**
Axol® → **Ambroxol**
Axon® → **Ceftriaxone**
Axotide® → **Fluticasone**
Axsain® → **Capsaicin**
Axtar® → **Ceftriaxone**
Axura® → **Memantine**
Axurocef® → **Cefuroxime**
Axycef® → **Cefuroxime**
AY 24236 → **Etodolac**
AY 24031 (Ayerst, USA) → **Gonadorelin**
AY 5312 → **Chlorhexidine**
AY 64043 (Ayerst, USA) → **Propranolol**
Aydolid® → **Fosfosal**
Aygestin® → **Norethisterone**
Ayr-5® → **Urea**
Ayra® → **Candesartan**
Ayr con Urea® → **Urea**
AZ® → **Azithromycin**
Azacortid® → **Deflazacort**
Azacortine® → **Hydrocortisone**
Azactam® → **Aztreonam**
Azadose® → **Azithromycin**
Azafalk® → **Azathioprine**
Azahexal® → **Azathioprine**
Azaimun® → **Azathioprine**
Azaleptinum® → **Clozapine**
Azalid® → **Azithromycin**
Azamedac® → **Azathioprine**
Azamun® → **Azathioprine**
Azanin® → **Azathioprine**
Azanplus® → **Ranitidine**
Azantac® → **Ranitidine**
Azaphen® → **Pipofezine**
Azapin® → **Azathioprine**
Azapress® → **Azathioprine**
Azaprine® → **Azathioprine**
Aza-Q® → **Azathioprine**
Azaran® → **Ceftriaxone**
Azarek® → **Azathioprine**
Azaron® → **Diphenhydramine**
Azaron® → **Tripelennamine**
Azasan® → **Azathioprine**
AzaSite® → **Azithromycin**
azathiodura® → **Azathioprine**
Azathioprin 1A Pharma® → **Azathioprine**
Azathioprina Carrion® → **Azathioprine**
Azathioprin acis® → **Azathioprine**
Azathioprin Actavis® → **Azathioprine**
Azathioprin AL® → **Azathioprine**
Azathioprin beta® → **Azathioprine**
Azathioprin Copyfarm® → **Azathioprine**
Azathioprine® → **Azathioprine**
Azathioprine Alpharma® → **Azathioprine**
Azathioprine Bexal® → **Azathioprine**
Azathioprine Cf® → **Azathioprine**
Azathioprine Gf® → **Azathioprine**

Azathioprine Katwijk® → **Azathioprine**
Azathioprine Merck® → **Azathioprine**
Azathioprine PCH® → **Azathioprine**
Azathioprine Pharmachemie® → **Azathioprine**
Azathioprine Ratiopharm® → **Azathioprine**
Azathioprine Sandoz® → **Azathioprine**
Azathioprine Sodium® [inj.] → **Azathioprine**
Azathioprin Heumann® → **Azathioprine**
Azathioprin Hexal® → **Azathioprine**
Azathioprin-Puren® → **Azathioprine**
Azathioprin Ratiopharm® → **Azathioprine**
Azathioprin Stada® → **Azathioprine**
Azatioprina® → **Azathioprine**
Azatioprina Asofarma® → **Azathioprine**
Azatioprina Carrion® [tab.] → **Azathioprine**
Azatioprina Dosa® → **Azathioprine**
Azatioprina Filaxis® → **Azathioprine**
Azatioprina Hexal® → **Azathioprine**
Azatioprina Rontag® → **Azathioprine**
Azatioprina Tuteur® → **Azathioprine**
Azatioprina Wellcome® → **Azathioprine**
Azatioprin Merck NM® → **Azathioprine**
Azatril® → **Azithromycin**
Azatrilem® → **Azathioprine**
Azatyl® → **Ceftriaxone**
Azaxol® → **Alprazolam**
Azeat® → **Acemetacin**
Azecar® → **Acenocoumarol**
Azectol® → **Atenolol**
Azedose® → **Azelaic Acid**
Azee® → **Azithromycin**
Azelac® → **Azelaic Acid**
Azelaic Acid Novexal® → **Azelaic Acid**
Azelaic Acid Proel® → **Azelaic Acid**
Azelaic Acid S.J.A.® → **Azelaic Acid**
Azelan® → **Azelaic Acid**
Azelast® → **Azelastine**
Azelastina Viatris® → **Azelastine**
Azelaxine® → **Azelaic Acid**
Azelderm® → **Azelaic Acid**
Azelec® → **Azelaic Acid**
Azelex® → **Azelaic Acid**
Azelone® → **Azelastine**
Azeltin® → **Azithromycin**
Azelvin® → **Azelastine**
Azenam® → **Aztreonam**
Azenil® → **Azithromycin**
Azep® → **Azelastine**
Azepam® → **Diazepam**
Azeptil® → **Tranexamic Acid**
Azeptin® → **Azelastine**
Azi® → **Azithromycin**
Aziatop® → **Omeprazole**
Azibact® → **Azithromycin**
Azibiot® → **Azithromycin**
Azicid® → **Azithromycin**
Azicin® → **Azithromycin**
Azicine® → **Azithromycin**
Aziclav® [+ Amoxicillin, trihydrate] → **Clavulanic Acid**
Aziclav® [+ Clavulanic Acid, potassium salt] → **Amoxicillin**
Azicu® → **Azithromycin**
Azihexal® → **Azithromycin**
Azilect® → **Rasagiline**
Azilide® [tab.] → **Azithromycin**
Azimac® → **Azithromycin**
Azimax® → **Azithromycin**
Azimex® → **Azithromycin**
Azimin® → **Azithromycin**
Azimit® → **Azithromycin**
Azimix® → **Azithromycin**
Azimycin® → **Azithromycin**
Azin® → **Azithromycin**
Azinil® → **Azithromycin**
Aziphar® → **Azithromycin**
Azirox® → **Azithromycin**
Azi-Teva® → **Azithromycin**
Azithral® → **Azithromycin**
Azithrex® → **Azithromycin**
Azithrobeta® → **Azithromycin**
Azithrocin® → **Azithromycin**
Azithromax® → **Azithromycin**
Azithro Meda® → **Azithromycin**
Azithromycin® → **Azithromycin**
Azithromycin 1A Farma® → **Azithromycin**
Azithromycin-1A Pharma® → **Azithromycin**
Azithromycin AbZ® → **Azithromycin**
Azithromycin accedo® → **Azithromycin**
Azithromycin AL® → **Azithromycin**
Azithromycin AWD® → **Azithromycin**
Azithromycin Bidiphar® → **Azithromycin**
Azithromycin-CT® → **Azithromycin**
Azithromycin dura® → **Azithromycin**
Azithromycin Hexal® → **Azithromycin**
Azithromycin Kwizda® → **Azithromycin**
Azithromycin Merck NM® → **Azithromycin**
Azithromycin ratiopharm® → **Azithromycin**
Azithromycin-ratiopharm® → **Azithromycin**
Azithromycin Sandoz® → **Azithromycin**
Azithromycin Spirig® → **Azithromycin**
Azithromycin Stada® → **Azithromycin**
Azithromycin Winthrop® → **Azithromycin**
Azithrox® → **Azithromycin**
Azithrus® → **Azithromycin**
Azitomicin Lek® → **Azithromycin**
Azitral® → **Azithromycin**
Azitral® [compr.] → **Azithromycin**
Azitrax® → **Azithromycin**
Azitrix® → **Azithromycin**
Azitro® → **Azithromycin**
Azitrocin® → **Azithromycin**
Azitro Generics® → **Azithromycin**
Azitrohexal® → **Azithromycin**
Azitrolan® → **Azithromycin**
Azitrolit® → **Azithromycin**
Azitrom® → **Azithromycin**
Azitromerck® → **Azithromycin**
Azitromicina® → **Azithromycin**
Azitromicina 3Z® → **Azithromycin**
Azitromicina Alter® → **Azithromycin**
Azitromicina Angenerico® → **Azithromycin**
Azitromicina Arafarma® → **Azithromycin**
Azitromicina Azimed® → **Azithromycin**
Azitromicina Azitrix® → **Azithromycin**
Azitromicina Baldacci® → **Azithromycin**
Azitromicina Bayvit® → **Azithromycin**
Azitromicina Bexal® → **Azithromycin**
Azitromicina Calox® → **Azithromycin**
Azitromicina Ciclum® → **Azithromycin**
Azitromicina Cinfa® → **Azithromycin**
Azitromicina Cuve® → **Azithromycin**
Azitromicina Davur® → **Azithromycin**

Azitromicina Dupomar® → **Azithromycin**
Azitromicina Farmabion® → **Azithromycin**
Azitromicina Farmoz® → **Azithromycin**
Azitromicina Fimol® → **Azithromycin**
Azitromicina Generis® → **Azithromycin**
Azitromicina Genfar® → **Azithromycin**
Azitromicina Genfar® [tab./susp.] → **Azithromycin**
Azitromicina Juventus® → **Azithromycin**
Azitromicina Kern® → **Azithromycin**
Azitromicina Labesfal® → **Azithromycin**
Azitromicina Lavinol® → **Azithromycin**
Azitromicina L.Ch.® → **Azithromycin**
Azitromicina Lch® → **Azithromycin**
Azitromicina LF Fmndtria® → **Azithromycin**
Azitromicina Mabo® → **Azithromycin**
Azitromicina Mepha® → **Azithromycin**
Azitromicina Merck® → **Azithromycin**
Azitromicina MK ® → **Azithromycin**
Azitromicina Neofarmiz® → **Azithromycin**
Azitromicina Nexo® → **Azithromycin**
Azitromicina Northia® → **Azithromycin**
Azitromicina Perugen® [tab.] → **Azithromycin**
Azitromicina Pharmagenus® → **Azithromycin**
Azitromicina Ratiopharm® → **Azithromycin**
Azitromicina Richet® → **Azithromycin**
Azitromicina Rigar® → **Azithromycin**
Azitromicina Rubio® → **Azithromycin**
Azitromicina Sandoz® → **Azithromycin**
Azitromicina® [tab./caps./susp./compr.] → **Azithromycin**
Azitromicina Tarbis® → **Azithromycin**
Azitromicina Ur® → **Azithromycin**
Azitromicina Zitrozina® → **Azithromycin**
Azitromin® → **Azithromycin**
Azitrona® → **Azithromycin**
Azitropharma® [tab.] → **Azithromycin**
Azitrotek® → **Azithromycin**
Azitrox® → **Azithromycin**
Azitroxil® → **Azithromycin**
Azium® [vet.] → **Dexamethasone**
Aziwok® → **Azithromycin**
Aziwok Kidtab® → **Azithromycin**
Azix® → **Azithromycin**
Azlaire® → **Pranlukast**
Azlaire® [caps.] → **Pranlukast**
Azlocillin® → **Azlocillin**
Azmacon® → **Salbutamol**
Azmasol® → **Salbutamol**
Azmet® → **Salbutamol**
Azo® → **Azithromycin**
Azo Cefasabal® → **Phenazopyridine**
Azociproflox® [tab.] → **Ciprofloxacin**
Azo-Dine® → **Phenazopyridine**
Azodisal sodium → **Olsalazine**
Az Oftendo® → **Azelastine**
Az Ofteno® → **Azelastine**
Azo-Gesic® → **Phenazopyridine**
Azol® → **Danazol**
Azole® → **Albendazole**
Azolin® → **Cefazolin**
Azoline® → **Tetryzoline**
Azolmen® → **Bifonazole**
Azol Polvo® → **Sulfanilamide**
Azomac® → **Azithromycin**
Azomax® → **Azithromycin**
Azomex® → **Azithromycin**
Azomid® → **Acetazolamide**
Azomyr® → **Desloratadine**
Azona® → **Trazodone**
Azo-Natural® → **Phenazopyridine**
Azophen → **Phenazone**
Azopi® → **Azathioprine**
Azopt® → **Brinzolamide**
Azoptic® → **Brinzolamide**
Azopt® [vet.] → **Brinzolamide**
Azopyrin → **Sulfasalazine**
Azor® → **Alprazolam**
Azoran® → **Azathioprine**
Azo-Standard® → **Phenazopyridine**
Azotesin® → **Guaiazulene**
Azo Uroflam® [caps.] → **Norfloxacin**
Azovir® → **Zidovudine**
Azovir® → **Aciclovir**
Azo-Wintomylon® → **Phenazopyridine**
Azo-Zitzenstifte® [vet.] → **Dichlorophen**
Azro® → **Azithromycin**
Azromax® → **Azithromycin**
Aztatin® → **Lovastatin**
Aztor® → **Atorvastatin**
Aztreonam® → **Aztreonam**
Aztreotic® → **Aztreonam**
Aztrin® → **Azithromycin**
Azuben® → **Pefloxacin**
Azubronchin® → **Acetylcysteine**
Azufibrat® → **Bezafibrate**
Azukon® → **Gliclazide**
Azul de Metileno® → **Methylthioninium Chloride**
Azulenal® → **Guaiazulene**
Azulen-Beris® → **Guaiazulene**
Azulene SHOWA® → **Guaiazulene**
Azulenol® → **Guaiazulene**
Azulfidine® → **Sulfasalazine**
Azulfidine-EN® → **Sulfasalazine**
Azulfidine EN-tabs® → **Sulfasalazine**
Azulfin® → **Sulfasalazine**
Azulina Llorens® → **Tetryzoline**
Azulix® → **Glimepiride**
Azumetop® → **Metoprolol**
Azunaftil® → **Naftidrofuryl**
Azupamil® → **Verapamil**
Azupentat® → **Pentoxifylline**
Azuperamid® → **Loperamide**
Azuprostat Sandoz® → **Sitosterol, β-**
Azur® → **Fluoxetine**
Azuranit® → **Ranitidine**
Azuril® → **Roxithromycin**
Azutranquil® → **Oxazepam**
Azutrimazol® → **Clotrimazole**
A-Zyme® → **Pancreatin**
Azymol® → **Aripiprazole**
Azyth® → **Azithromycin**

B 12 Ankermann® → **Cyanocobalamin**
B12-ASmedic® → **Cyanocobalamin**
B12-Depot-Hevert® → **Hydroxocobalamin**
B12 Depot-Rotexmedica® → **Hydroxocobalamin**
B12-Rotexmedica® → **Cyanocobalamin**
B12-Steigerwald® → **Cyanocobalamin**
B12® [vet.] → **Cyanocobalamin**
B1-ASmedic® → **Thiamine**
B2-ASmedic® → **Riboflavin**
B-33® → **Chloroxylenol**
B6-ASmedic® → **Pyridoxine**
B-6 Pharmasant® → **Pyridoxine**
B6-Vicotrat® → **Pyridoxine**
B_6 Vigen® → **Pyridoxine**
Ba 47210 → **Diclofenac**
Ba 5968 → **Hydralazine**
Babcon® → **Dimeticone**

B

Babee® → **Benzocaine**
Babic® → **Sodium Bicarbonate**
BabyBIG® [Inj., Infus.] → **Botulism Antitoxin**
Babycold® → **Brompheniramine**
Babydent® → **Benzocaine**
Babyfever® → **Paracetamol**
Babygas® → **Dimeticone**
Baby Gel® → **Benzocaine**
Babylax® → **Glycerol**
Baby Orajel® → **Benzocaine**
Baby Orajel Forte® → **Benzocaine**
Babypiril® → **Ibuprofen**
Babyprin® → **Aspirin**
Baby Shield® → **Chlorhexidine**
Bacacil® → **Bacampicillin**
Bacagen® → **Bacampicillin**
Bacampicillina ABC® → **Bacampicillin**
Bacampicillina Angenerico® → **Bacampicillin**
Bacampicillina EG® → **Bacampicillin**
Bacampicillina K24® → **Bacampicillin**
Bacampicillina KBR® → **Bacampicillin**
Bacampicillina Merck® → **Bacampicillin**
Bacampicillina Pliva® → **Bacampicillin**
Bacampicillina Sandoz® → **Bacampicillin**
Bacampicin® → **Bacampicillin**
Bacard Antiseptic Cleanser® → **Chlorhexidine**
Bacasint® → **Bacampicillin**
Bacattiv® → **Bacampicillin**
Bacbutol® → **Ethambutol**
Baccidal® → **Norfloxacin**
Bacdip® [vet.] → **Flumethrin**
Bacfar® [+ Sulfamethoxazole] → **Trimethoprim**
Bacfar® [+ Trimethoprim] → **Sulfamethoxazole**
Bacid® → **Cefonicid**
Baciferm® [vet.] → **Bacitracin**
Bacifurane® → **Nifuroxazide**
Baciguent® → **Bacitracin**
Baci-IM® → **Bacitracin**
Baciject® → **Bacitracin**
Bacillin® → **Bacampicillin**
Bacimycin® → **Bacitracin**
Bacin® [+ Sulfamethoxazole] → **Trimethoprim**
Bacin® [+ Trimethoprim] → **Sulfamethoxazole**
Baci-Rx® → **Bacitracin**
Bacitracin → **Bacitracin**
Bacitracin® → **Bacitracin**
Bacitracina → **Bacitracin**
Bacitracina [DCIT] → **Bacitracin**
Bacitracin [BAN, JAN, USAN] → **Bacitracin**
Bacitracine → **Bacitracin**
Bacitracine [DCF] → **Bacitracin**
Bacitracine (Ph. Eur. 5) → **Bacitracin**
Bacitracin for Injection® → **Bacitracin**
Bacitracin (Ph. Eur. 5, Ph. Int. 4, USP 30) → **Bacitracin**
Bacitracinum → **Bacitracin**
Bacitracinum (Ph. Eur. 5, Ph. Int. 4) → **Bacitracin**
Bacitracin Zinc® → **Bacitracin**
Bacitracin Zinc & Polymyxin B sulfate® [+ Bacitracin zinc salt] → **Polymyxin B**
Bacitracin Zinc & Polymyxin B Sulfate® [+ Polymyxin B sulfate] → **Bacitracin**
Bacivet® [vet.] → **Bacitracin**
Backache® → **Salicylic Acid**
Back Side® [vet.] → **Permethrin**
Baclo® → **Baclofen**
Baclofen® → **Baclofen**
Baclofen A® → **Baclofen**
Baclofen AL® → **Baclofen**
Baclofen AWD® → **Baclofen**
Baclofen dura® → **Baclofen**
Baclofène Winthrop® → **Baclofen**
Baclofen Gf® → **Baclofen**
Baclofen Intrathecal® → **Baclofen**
Baclofen Merck® → **Baclofen**
Baclofen PCH® → **Baclofen**
Baclofen Pharmadica® → **Baclofen**
Baclofen Polpharma® → **Baclofen**
Baclofen ratiopharm® → **Baclofen**
Baclofen-ratiopharm® → **Baclofen**
Baclofen Sandoz® → **Baclofen**
Baclofen Sintetica® → **Baclofen**
Baclon® → **Baclofen**
Baclopar® → **Baclofen**
Baclosal® → **Baclofen**
Baclosan® → **Baclofen**
Bacmicine® → **Sultamicillin**
Bacnil® → **Levofloxacin**
Bacotan® → **Hyoscine Butylbromide**
Bacproin® → **Ciprofloxacin**
Bacqure® → **Cilastatin**
Bacqure® [+ Cilastatin sodium salt] → **Imipenem**
Bacqure® [+ Imipenem] → **Cilastatin**
Bacris® [+ Sulfamethoxazole] → **Trimethoprim**
Bacris® [+ Trimethoprim] → **Sulfamethoxazole**
Bacrocin® → **Mupirocin**
Bac-Sulfitrin® [+ Sulfamethoxazole] → **Trimethoprim**
Bac-Sulfitrin® [+ Trimethoprim] → **Sulfamethoxazole**
Bacsul® [+ Sulfamethoxazole] → **Trimethoprim**
Bacsul® [+ Trimethoprim] → **Sulfamethoxazole**
Bactacin® → **Nitrofural**
Bactacin® [+ Sulfamethoxazole] → **Trimethoprim**
Bactacin® [+ Trimethoprim] → **Sulfamethoxazole**
Bactamox® → **Amoxicillin**
Bactedene® → **Povidone-Iodine**
Bactelan® [+Sulfamethoxazole] → **Trimethoprim**
Bactelan® [+Trimethoprim] → **Sulfamethoxazole**
Bactemicina® → **Clindamycin**
Bacterfin® → **Clarithromycin**
Bacterinil® → **Ampicillin**
Bacteriol® → **Benzalkonium Chloride**
Bacteriostat® [vet.] → **Thiram**
Bacteriotal® → **Norfloxacin**
Bacternil® → **Sulfadiazine**
Bacterodine® → **Povidone-Iodine**
Bacterol® → **Moxifloxacin**
Bacterol® [+ Sulfamethoxazole] → **Trimethoprim**
Bacterol® [+ Trimethoprim] → **Sulfamethoxazole**
Bactesul® → **Sultamicillin**
Bactesyn® → **Sultamicillin**
Bacticef® → **Cefaclor**
Bacticel® [+ Sulfamethoxazole] → **Trimethoprim**
Bacticel® [+ Trimethoprim] → **Sulfamethoxazole**
Bactidol® → **Hexetidine**
Bactidron® → **Enoxacin**
Bactiflox® → **Ciprofloxacin**
Bactiflox Lactab® → **Ciprofloxacin**
Bactifree® → **Mupirocin**
Bactigen® → **Gentamicin**
Bactigram® → **Cefaclor**
Bactigras® → **Chlorhexidine**
Bactil® → **Ebastine**
Bactilina® → **Ampicillin**
Bactilox® → **Gatifloxacin**
Bactimed® → **Amoxicillin**
Bactin® → **Ciprofloxacin**
Bactio-Rhin® → **Naphazoline**
Bactipront® [+ Sulfamethoxazole] → **Trimethoprim**
Bactipront® [+ Trimethoprim] → **Sulfamethoxazole**
Bactiprox® → **Ciprofloxacin**
Bactirel® → **Clarithromycin**

Bactiver® [+ Sulfamethoxazole] → **Trimethoprim**
Bactiver® [+ Trimethoprim] → **Sulfamethoxazole**
Bactocill® → **Oxacillin**
Bactocin® → **Ofloxacin**
Bactoclav® [+ Amoxicillin trihydrate] → **Clavulanic Acid**
Bactoclav® [+ Clavulanate potassium] → **Amoxicillin**
Bactocyline® → **Tetracycline**
Bactoderm® → **Mupirocin**
Bactofen® → **Benzoxonium Chloride**
Bactoflox® → **Ciprofloxacin**
Bactoprim® [+ Sulfamethoxazole] → **Trimethoprim**
Bactoprim® [+ Trimethoprim] → **Sulfamethoxazole**
Bactoreduct® → **Sulfamethoxazole**
Bactoscrub® → **Chlorhexidine**
Bactosept® → **Chlorhexidine**
Bactotril®[vet.] → **Trimethoprim**
Bactox® → **Amoxicillin**
Bactox® [inj.] → **Amoxicillin**
Bactracid® → **Norfloxacin**
Bactramycin® → **Lincomycin**
Bactricid® [+ Sulfamethoxazole] → **Trimethoprim**
Bactricid® [+ Trimethoprim] → **Sulfamethoxazole**
Bactricin® [+ Sulfamethoxazole] → **Trimethoprim**
Bactricin® [+ Trimethoprim] → **Sulfamethoxazole**
Bactrimel® [+ Sulfamethoxazole] → **Trimethoprim**
Bactrimel® [+ Sulfamethoxazole] → **Trimethoprim**
Bactrimel® [+ Trimethoprim] → **Sulfamethoxazole**
Bactrimel® [+ Trimethoprim] → **Sulfamethoxazole**
Bactrim® [+ Sulfamethoxazole] → **Trimethoprim**
Bactrim® [+ Sulfamethoxazole] → **Trimethoprim**
Bactrim® [+ Trimethoprim] → **Sulfamethoxazole**
Bactrim® [+ Trimethoprim] → **Sulfamethoxazole**
Bactrizol® [+ Sulfamethoxazole] → **Trimethoprim**
Bactrizol® [+ Trimethoprim] → **Sulfamethoxazole**
Bactroban® → **Mupirocin**
Bactroban Nasal® → **Mupirocin**
Bactrocin® → **Netilmicin**
Bactroderm® → **Povidone-Iodine**
Bactropin® [+ Sulfamethoxazole] → **Trimethoprim**
Bactropin® [+ Trimethoprim] → **Sulfamethoxazole**
Bactyl® → **Cethexonium**
Bac® [vet.] → **Colistin**
Bacxal® [+ Sulfamethoxazole] → **Trimethoprim**
Bacxal® [+ Trimethoprim] → **Sulfamethoxazole**
Baczole® [+Sulfamethoxazole] → **Trimethoprim**
Baczole® [+Trimethoprim] → **Sulfamethoxazole**
Bad Heilbrunner Gastrimint® → **Magnesium Trisilicate**
Badyket® → **Bemiparin sodium**
Bafen® → **Baclofen**
Bafhameritin-M® → **Mefenamic Acid**
Baflox® → **Ciprofloxacin**
Bagomet® → **Metformin**
Bagomicina® → **Minocycline**
Bagomol® → **Molgramostim**
Bagopril® → **Enalapril**
Bagopront® → **Cyproterone**
Bagotam® → **Tamoxifen**
Bagotanilo® → **Carboplatin**
Bagothyrox® → **Levothyroxine**
Bagovir® → **Vinorelbine**
Bagovir® [compr.] → **Valaciclovir**
Bagovit A® → **Retinol**
Bagovit-A® → **Retinol**
Bainto® → **Aminobutyric Acid, λ-**
Baiweiha® → **Loratadine**
Bajaten® → **Indapamide**
Bakam® → **Bacampicillin**
Bakamsilin® → **Bacampicillin**
Bakanasan Vitamin E® → **Tocopherol, α-**
Baklofen® → **Baclofen**
Baklofen Merck NM® → **Baclofen**
Baklofen NM Pharma® → **Baclofen**
Baknyl® → **Erythromycin**
Baktimol® [+ Sulfamethoxazole] → **Trimethoprim**
Baktimol® [+ Trimethoprim] → **Sulfamethoxazole**
Baktisef® → **Ceftriaxone**
Bakton® [+ Sulfamethoxazole] → **Trimethoprim**
Bakton® [+ Trimethoprim] → **Sulfamethoxazole**
BAL® → **Dimercaprol**
B.A.L.® → **Dimercaprol**
B-Alcerin® → **Ranitidine**
Balcor® → **Diltiazem**
Balepton® → **Ciprofloxacin**
Baliartrin® → **Glucosamine**
Baligluc® → **Metformin**
BAL in Oil® → **Dimercaprol**
Balisa® → **Urea**
Balkatrin® [+ Sulfamethoxazole] → **Trimethoprim**
Balkatrin® [+ Trimethoprim] → **Sulfamethoxazole**
Balkis® → **Xylometazoline**
Balminil® → **Guaifenesin**
Balminil® → **Xylometazoline**
Balmox® → **Nabumetone**
Balneum® → **Urea**
Balnox® → **Lacidipine**
Balpril® → **Enalapril**
Balsabit® → **Pramocaine**
Balsalazida® → **Balsalazide**
Balsasulf® → **Bromhexine**
Balsoclase® → **Pentoxyverine**
Balsoclase antitussivum® → **Pentoxyverine**
Balsoclase E® → **Pentoxyverine**
Balsoprim® [+ Sulfamethoxazole] → **Trimethoprim**
Balsoprim® [+ Sulfamethoxazole] → **Trimethoprim**
Balsoprim® [+ Trimethoprim] → **Sulfamethoxazole**
Balsoprim® [+ Trimethoprim] → **Sulfamethoxazole**
Baludon® → **Aspirin**
Balurol® → **Pipemidic Acid**
Balzide® → **Balsalazide**
Bamalite® → **Lansoprazole**
Bambudil® → **Bambuterol**
Bambutol® → **Bambuterol**
Bamgetol® → **Carbamazepine**
Bamifix® → **Bamifylline**
Bamipol® → **Lidocaine**
Bamixol® → **Bamifylline**
B-Amoxi® [vet.] → **Amoxicillin**
Bamyl® → **Aspirin**
Banadroxin® → **Cefatrizine**
Banamine® [vet.] → **Flunixin**
Banan® → **Cefpodoxime**
Banaril® → **Diphenhydramine**
Banatin® → **Famotidine**
Band-Ex® [vet.] → **Praziquantel**
Bandol® → **Paracetamol**
Bandrobon® → **Ibandronic Acid**
Banedif® → **Gentamicin**
Ban-Guard Dip for Dogs® [vet.] → **Chlorpyrifos**
Banistyl® → **Dimetotiazine**
Ban-Itch® [vet.] → **Lidocaine**
Banminth® [vet.] → **Morantel**
Banminth® [vet.] → **Pyrantel**
Bano® → **Tetryzoline**
Banocide® → **Diethylcarbamazine**
Banoclus® → **Diclofenac**
Bano intimo clasica ® → **Benzalkonium Chloride**

B

Bantel® → **Pyrantel**
Bantenol® → **Mebendazole**
Bantix® → **Mupirocin**
Bapex® → **Gabapentin**
Baquinor® → **Ciprofloxacin**
Baralgina M® → **Metamizole**
Baralgin M® → **Metamizole**
Baran-mild N® → **Benzocaine**
Baratol® → **Indoramin**
Barazan® → **Norfloxacin**
Barbityral → **Pentobarbital**
Barbivet® [vet.] → **Phenobarbital**
Barbloc® → **Pindolol**
Barcan® → **Aceclofenac**
Bareon® → **Lomefloxacin**
Baricol® → **Barium Sulfate**
Baricon® → **Barium Sulfate**
Baridium® → **Phenazopyridine**
Barigraf® → **Barium Sulfate**
Barigraf A.D.® → **Barium Sulfate**
Barijum sulfat® → **Barium Sulfate**
Barilux® → **Barium Sulfate**
Bario® → **Barium Sulfate**
Bario Biocrom® → **Barium Sulfate**
Bario Denver® → **Barium Sulfate**
Bariofarma® → **Barium Sulfate**
Bariogel® → **Barium Sulfate**
Bario Llorente® → **Barium Sulfate**
Bariotest® → **Barium Sulfate**
Baripril® → **Enalapril**
Barium Sulfuricum® → **Barium Sulfate**
Barizin® → **Nicardipine**
Barnascan® → **Fludeoxyglucose (18F)**
Barobag® → **Barium Sulfate**
Baro-cat® → **Barium Sulfate**
Baros® → **Dimeticone**
Barosperse® → **Barium Sulfate**
Baroxal® → **Ranitidine**
Barra® → **Glycerol**
555 Barrier® → **Dimeticone**
Barriere® → **Dimeticone**
Bar-Test® → **Barium Sulfate**
Bartolium® → **Flunarizine**
Barytgen® → **Barium Sulfate**
Basaljel® → **Carbaldrate**
Basdene® → **Benzylthiouracil**
Basdène® → **Benzylthiouracil**
Basen® → **Voglibose**
30-06 (BASF) → **Povidone-Iodine**
Basicaina® → **Lidocaine**
Basifen® → **Fenbufen**
Basinal® → **Naltrexone**
Basiron® → **Benzoyl Peroxide**
Basiron AC® → **Benzoyl Peroxide**
Basitrol® → **Carbamazepine**
Basocef® → **Cefazolin**
Basocin® → **Clindamycin**
Basodexan® → **Urea**
Basofortina® → **Methylergometrine**
Basoquin® → **Amodiaquine**
Basti-Mag® → **Aspartic Acid**
Bastion® [vet.] → **Dextran Iron Complex**
Batafil® → **Diclofenac**
Baten® → **Fluconazole**
Batinel® → **Mitoxantrone**
Batiodin® → **Povidone-Iodine**
Batixim® → **Cefotaxime**
Batmen® → **Prednicarbate**
Batrafen® → **Ciclopirox**
Batralan® → **Ciclopirox**
Batticon® → **Povidone-Iodine**
Battles Bloat Remedy® [vet.] → **Dimeticone**
Bat Zeta® → **Cetylpyridinium**
B-Aureo® [vet.] → **Chlortetracycline**
Baxan® → **Cefadroxil**
Baxil® → **Chlorhexidine**
Baxima® → **Cefotaxime**
Baxmune® → **Mycophenolic Acid**
Baxo® → **Piroxicam**
Baxyl L.A.® [vet.] → **Oxytetracycline**
Baxyl LA® [vet.] → **Oxytetracycline**
Bayagel® → **Etofenamate**
Bayaspirin® → **Aspirin**
Bayaspirina® → **Aspirin**
Baycidal® [vet.] → **Triflumuron**
Baycillin® → **Propicillin**
Baycip XR® → **Ciprofloxacin**
Baycol® → **Cerivastatin**
Baycox® [vet.] → **Toltrazuril**
Baydol® → **Acemetacin**
Bayer® → **Aspirin**
Bayer 1213 (Bayer) → **Levomepromazine**
Bayer 205® → **Suramin Sodium**
Bayer 5360 → **Metronidazole**
Bayer 5 Month Flea and Tick Collar® [vet.] → **Propoxur**
Bayer Aspirin® → **Aspirin**
Bayer Aspirin Cardio® → **Aspirin**
Bayer Aspirin Extra Strength Caplets® → **Aspirin**
Bayer Children's Chewable® → **Aspirin**
Bayer L-13/59 → **Metrifonate**
Bayer Select® → **Ibuprofen**
Bay h 5757 (Bayer, Germany) → **Febantel**
Baylotensin® → **Nitrendipine**
Baymec® [vet.] → **Ivermectin**
Baymycard® → **Nisoldipine**
Bayofly Pour On® [vet.] → **Cyfluthrin**
Bay-O-Pet Asuntol® [vet.] → **Coumafos**
Bayopet Flygo® [vet.] → **Cypermethrin**
Bayopet Spotton® [vet.] → **Fenthion**
Bayopet Tick and Flea® [vet.] → **Propoxur**
Bay-O-Pet® [vet.] → **Fenthion**
Bayopet Wormol® [vet.] → **Piperazine**
Bayotensin® → **Nitrendipine**
Baypresol® → **Nitrendipine**
Baypress® → **Nitrendipine**
Baypril® → **Enalapril**
Bayro® → **Etofenamate**
Bayrogel® → **Etofenamate**
Bayro Gel® → **Etofenamate**
Bayro I.M.® → **Etofenamate**
Bayro-IM® → **Etofenamate**
Bayticol pour-on® [vet.] → **Flumethrin**
Bayticol® [vet.] → **Flumethrin**
Baytril® [vet.] → **Enrofloxacin**
Bayvantage® [vet.] → **Imidacloprid**
Bayvarol® [vet.] → **Flumethrin**
Bayverm® [vet.] → **Febantel**
Bay Vh 5757 → **Febantel**
Bazetham® → **Tamsulosin**
Bazuctril® → **Roxithromycin**
BBDent® → **Benzocaine**
BB-K8® → **Amikacin**
B-Card® → **Atenolol**
BCK® [vet.] → **Charcoal, Activated**
BCNU® → **Carmustine**
B-COL® [vet.] → **Colistin**
B-Cort bronquial® → **Budesonide**
B-Cort nasal acuso® → **Budesonide**
B-D Glucose® → **Dextrose**
BDH 1298 → **Megestrol**
Bea Ektoparastienhalsband® [vet.] → **Dimpylate**
Beafemic® → **Mefenamic Acid**
Béagyne® → **Fluconazole**
Beahexol® → **Trihexyphenidyl**
Be-Ampicil® → **Ampicillin**
Beaphar Anti-Conceptie® [vet.] → **Lufenuron**
Beapizide® → **Glipizide**
Bearax® → **Aciclovir**
Bear-E-Bag® → **Barium Sulfate**
Bear-E-Yum® → **Barium Sulfate**
Beatacycline® → **Tetracycline**
Beathorphan® → **Dextromethorphan**
Beatifen® → **Ketotifen**
Beatizem® → **Diltiazem**
Beatoconazole® → **Ketoconazole**

Beau Beau Anti-Vlooienshampoo [vet.] → **Permethrin**
Beautamav® [vet.] → **Phenylbutazone**
Bébégel® → **Glycerol**
Beben® → **Betamethasone**
Bebetina® → **Paracetamol**
Bebexin® → **Cetirizine**
Bebulin® → **Nonacog Alfa**
Bececo Easyhaler® → **Beclometasone**
Becede® → **Alprazolam**
Becedril® → **Cefadroxil**
Becetamol® → **Paracetamol**
Bechilar® → **Dextromethorphan**
Bécilan® → **Pyridoxine**
Beclacin® → **Beclometasone**
Beclate® → **Beclometasone**
Beclate Aquanase® → **Beclometasone**
Beclazone® → **Beclometasone**
Beclazone Easy Breathe® → **Beclometasone**
Beclazone® [vet.] → **Beclometasone**
Beclo Asma® → **Beclometasone**
Beclo AZU® → **Beclometasone**
Beclobreathe Sandoz® → **Beclometasone**
Beclocort® → **Beclometasone**
Beclod® → **Beclometasone**
Beclodin® → **Beclometasone**
Becloenema® → **Beclometasone**
Becloforte® → **Beclometasone**
Becloforte® [vet.] → **Beclometasone**
BecloHexal® → **Beclometasone**
Beclojet® → **Beclometasone**
Beclomet® → **Beclometasone**
Beclometason® → **Beclometasone**
Beclometasona® → **Beclometasone**
Beclometason Alpharma® → **Beclometasone**
Beclometasona Merck® → **Beclometasone**
Beclometasona MK® → **Beclometasone**
Beclometason-CT® → **Beclometasone**
Beclometasone® → **Beclometasone**
Beclometasone Cyclocaps® → **Beclometasone**
Beclometasone DOC® → **Beclometasone**
Béclométasone Merck® → **Beclometasone**
Beclometason FNA® → **Beclometasone**
Beclometason Gf® → **Beclometasone**
Beclometason Norton® → **Beclometasone**
Beclometason-ratiopharm® → **Beclometasone**
Beclometason Sandoz® → **Beclometasone**
beclometason von ct® → **Beclometasone**
Beclometatop® → **Beclometasone**
Beclometazona Memphis® → **Beclometasone**
Beclomet Easyhaler® → **Beclometasone**
Beclomet Nasal Aqua® → **Beclometasone**
Beclomin® → **Beclometasone**
Beclonarin® → **Beclometasone**
Beclonasal® → **Beclometasone**
Beclone → **Beclometasone**
Beclopan® → **Hyoscine Butylbromide**
Beclophar® → **Beclometasone**
Beclo-Rhino® → **Beclometasone**
Beclorhinol® → **Beclometasone**
Beclo Rino® → **Beclometasone**
BecloSandoz® → **Beclometasone**
Beclo-Sandoz® → **Beclometasone**
Beclosema® → **Beclometasone**
Beclosol® → **Beclometasone**
Becloson® → **Beclometasone**
Beclosona® → **Beclometasone**
Beclospin® → **Beclometasone**
Beclotaide® → **Beclometasone**
Becloturmant® → **Beclometasone**
Beclovent® → **Beclometasone**
Becodisk® → **Beclometasone**
Becodisks® → **Beclometasone**
Beconase® → **Beclometasone**
Béconase® → **Beclometasone**
Beconase AQ® → **Beclometasone**
Beconase Aqua® → **Beclometasone**
Beconase Aqueous® → **Beclometasone**
Beconasol® → **Beclometasone**
Becospray® → **Beclometasone**
Bécotide® → **Beclometasone**
Becotide Nasal® → **Beclometasone**
Bectam® → **Paroxetine**
Bediatil® → **Ibuprofen**
Bediatil Forte® → **Ibuprofen**
Bedice® → **Flurbiprofen**
Bedix® → **Loratadine**
Bedodeka® → **Cyanocobalamin**
Bedouza® → **Cyanocobalamin**
Bedoxin® → **Pyridoxine**
Bedoxine® → **Pyridoxine**
Bedozane® [vet.] → **Flunixin**
Befarin® → **Warfarin**
Beferon A® → **Interferon Alfa**
Befibrat® → **Bezafibrate**
Befimat® → **Nimodipine**
Béfizal® → **Bezafibrate**
Béflavine® → **Riboflavin**
Begalin-P® [+ Ampicillin, sodium salt] → **Sulbactam**
Begalin-P® [+ Sulbactam, sodium salt] → **Ampicillin**
Begincalm® → **Indometacin**
Beglan® → **Salmeterol**
Behepan® → **Cyanocobalamin**
Behepan® [inj.] → **Hydroxocobalamin**
Behistin® → **Betahistine**
Behkacin® → **Amikacin**
Behyd® → **Benzylhydrochlorothiazide**
Bekamin C Forte® → **Ascorbic Acid**
Bekarbon® → **Charcoal, Activated**
Beklamet® → **Beclometasone**
Beklazon® → **Beclometasone**
Bekunis Bisacodyl® → **Bisacodyl**
Bela-Fer-Dextran® [vet.] → **Dextran Iron Complex**
Belarmin Expectorant® → **Diphenhydramine**
Belcomycine® → **Colistin**
Belcomycine S® [vet.] → **Colistin**
Beldin® → **Diphenhydramine**
Belga Tai® [vet.] → **Tiamulin**
Belga® [vet.] → **Ronidazole**
Beliam® → **Cefalexin**
Belifax® → **Omeprazole**
Belivon® → **Risperidone**
Belix® → **Diphenhydramine**
Bel Labial® → **Aciclovir**
Bellacid® → **Amoxicillin**
Bellafit N® → **Atropine**
Bellamox® [+ Amoxicillin, trihydrate] → **Clavulanic Acid**
Bellamox® [+ Calvulanic Acid, potassium salt] → **Amoxicillin**
Bellapan® → **Atropine**
Bellatram® → **Tramadol**
Bell Homatropine® → **Homatropine Hydrobromide**
Bell Pentolate® → **Cyclopentolate**
Bell Pino-Atrin® → **Atropine**
Belmacina® → **Ciprofloxacin**
Belmalax® → **Lactulose**
Belmalen® → **Glucosamine**
Belmalip® → **Simvastatin**
Belmazol® → **Omeprazole**
Beloc-Duriles® → **Metoprolol**
Beloc-Durules® → **Metoprolol**
Belocef® → **Cefradine**
Beloc ZOK® → **Metoprolol**
Beloc-Zok® → **Metoprolol**
Beloderm® → **Betamethasone**
Belodin® → **Loratadine**
Beloken® → **Metoprolol**

Belomet® → **Cimetidine**
Belomycine® [vet.] → **Colistin**
Belosept® → **Hexetidine**
Belox® → **Flucloxacillin**
Belozok® → **Metoprolol**
Belsar® → **Olmesartan Medoxomil**
BeL Simvastatin® → **Simvastatin**
Belustine® → **Lomustine**
Belvas® → **Lovastatin**
Bemase® → **Beclometasone**
Bemaz® → **Betaxolol**
Bemecor® → **Metildigoxin**
Bemedrex Easyhaler® → **Beclometasone**
Bemetrazole® → **Metronidazole**
Bemetson® → **Betamethasone**
Bemicin® → **Pancuronium Bromide**
Bemin® → **Salbutamol**
Bemolan® → **Magaldrate**
Bemon® → **Betamethasone**
Ben-A® → **Albendazole**
Benace® → **Benazepril**
Benacid® → **Probenecid**
Benacne® → **Benzoyl Peroxide**
Benacort® → **Budesonide**
Benactiv® → **Flurbiprofen**
Benaday® → **Cetirizine**
Benaderma® → **Diphenhydramine**
Benadon® → **Pyridoxine**
Benadryl® → **Diphenhydramine**
Benadryl® → **Loratadine**
Benadryl® → **Acrivastine**
Benadryl Dry® → **Dextromethorphan**
Benadryl N® → **Diphenhydramine**
Benadryl® [vet.] → **Diphenhydramine**
Benalapril® → **Enalapril**
Benalapril 5® → **Enalapril**
Benalcon® → **Benzalkonium Chloride**
Benalet® → **Diphenhydramine**
Benalgis® → **Thiamine**
Benamin® → **Diphenhydramine**
Benamin® [vet.] → **Diphenhydramine**
Benanzyl® → **Clemastine**
Benaprost® → **Terazosin**
Benarin® → **Budesonide**
Benaxona® → **Ceftriaxone**
Benazepril® → **Benazepril**
Benazepril 1A Pharma® → **Benazepril**
Benazepril AL® → **Benazepril**
Benazepril beta® → **Benazepril**
Benazepril HCL Pharmascope® → **Benazepril**
Benazepril Heumann® → **Benazepril**
Benazepril Hexal® → **Benazepril**
Benazepril-Hexal® → **Benazepril**
Benazepril Kwizda® → **Benazepril**
Benazepril Sandoz® → **Benazepril**
Benazepril Winthrop® → **Benazepril**
Bencard® → **Histamine**
Bencelin® → **Benzathine Benzylpenicillin**
Bencid® → **Probenecid**
Bencidamina® → **Benzydamine**
Bencilpenicilina → **Benzylpenicillin**
Bencilpenicilina Benzatina® → **Benzathine Benzylpenicillin**
Bencilpenicilina Fmndtria® → **Benzylpenicillin**
Bencilpenicilina Procainica® → **Penicillin G Procaine**
Bencilpenicilina Procainica® [sol.-inj.] → **Penicillin G Procaine**
Bencilpenicilina Sodica® → **Benzylpenicillin**
Bencilpenicilina Sodica LCH® → **Benzylpenicillin**
Benclamid® → **Glibenclamide**
Benclamin® → **Glibenclamide**
Bencole® [+ Sulfamethoxazole] → **Trimethoprim**
Bencole® [+ Trimethoprim] → **Sulfamethoxazole**
Benda® → **Mebendazole**
Bendafolin® → **Folinic Acid**
Bendalina® → **Bendazac**
Bendazol® → **Mebendazole**
Bendex® → **Mebendazole**
Bendex-400® → **Albendazole**
Bendroflumethiazide® → **Bendroflumethiazide**
Benecid® → **Probenecid**
Benectrin® [+ Sulfamethoxazole] → **Trimethoprim**
Benectrin® [+ Trimethoprim] → **Sulfamethoxazole**
Benecut® → **Naftifine**
Benedorm® → **Melatonin**
Benedorm® → **Bromazepam**
BeneFIX® → **Nonacog Alfa**
Beneflux® → **Ambroxol**
Benemicin® → **Rifampicin**
Benemide® → **Probenecid**
Benepax® → **Paroxetine**
Benerva® → **Thiamine**
Benestan® → **Alfuzosin**
Benet® → **Risedronic Acid**
Benetazon® → **Tribuzone**
Benetor® → **Olmesartan Medoxomil**
Beneuran® → **Thiamine**
Beneurol® → **Thiamine**
Benevran® → **Diclofenac**
Benflogin® → **Metoxibutropate**
Benflux® → **Ambroxol**
Benfogamma® → **Benfotiamine**
Benformin® → **Metformin**
Bengay No Odour® → **Salicylic Acid**
Benglau® → **Dapiprazole**
Benhex® → **Lindane**
Benicar® → **Olmesartan Medoxomil**
Benil® → **Naphazoline**
Beniod® → **Delapril**
Benisan® → **Piroxicam**
Benison® → **Diphenhydramine**
Bennasone® → **Betamethasone**
Benocef® → **Cefradine**
Benocetam® → **Piracetam**
Benocid® → **Indometacin**
Benocten® → **Diphenhydramine**
Benodent® → **Chlorhexidine**
Benodin® → **Povidone-Iodine**
Benofat® → **Sucralfate**
Benofomin® → **Metformin**
Benohist® → **Pheniramine**
Benolaxe® → **Venlafaxine**
Benomet® → **Cimetidine**
Benoquin® → **Balsalazide**
Benoquin® → **Monobenzone**
Benosid® → **Budesonide**
Benosol® → **Benzyl Benzoate**
Benoson® → **Betamethasone**
Benostan® → **Mefenamic Acid**
Benox® → **Oxybuprocaine**
Benoxi® → **Oxybuprocaine**
Benoxicam® → **Piroxicam**
Benoxid® → **Benzoyl Peroxide**
Benoxil® → **Amoxicillin**
Benoxinat® → **Oxybuprocaine**
Benoxinate® → **Oxybuprocaine**
Benoxinato Cloridrato® → **Oxybuprocaine**
Benoxuric® → **Allopurinol**
Benoxygel® → **Benzoyl Peroxide**
Benoxyl® → **Benzoyl Peroxide**
Benozil® → **Flurazepam**
Benpen® → **Benzylpenicillin**
Benperidol-neuraxpharm® → **Benperidol**
Benpine® → **Chlordiazepoxide**
Benprotan® → **Alfuzosin**
Benprox® → **Ciprofloxacin**
Bensedin® → **Diazepam**
Bensulf® → **Thiopental Sodium**
Bensylpenicillin AstraZeneca® → **Benzylpenicillin**
Bensylyte → **Phenoxybenzamine**
Bentelan® → **Betamethasone**
Bentid® → **Ranitidine**
Bentifen® → **Ketotifen**
Bentol® → **Sulfadiazine**
Bentos® → **Befunolol**
Bentum® → **Benorilate**

Bentyl® → **Dicycloverine**
Bentylol® → **Dicycloverine**
Benur® → **Doxazosin**
Benuron® → **Paracetamol**
ben-u-ron® → **Paracetamol**
Benuryl® → **Probenecid**
Benylan® → **Diphenhydramine**
Benylin® → **Guaifenesin**
Benylin® → **Pholcodine**
Benylin® → **Dextromethorphan**
Benylin® → **Glycerol**
Benzac® → **Benzoyl Peroxide**
Benzac AC® → **Benzoyl Peroxide**
Benzac AC Wash® → **Benzoyl Peroxide**
Benzacne® → **Benzoyl Peroxide**
Benzac W® → **Benzoyl Peroxide**
Benzac Wash® → **Benzoyl Peroxide**
Benzaderm® → **Benzoyl Peroxide**
Benzagel® → **Benzoyl Peroxide**
Benzaknen® → **Benzoyl Peroxide**
Benzalconio Cloruro® → **Benzalkonium Chloride**
Benzalin® → **Nitrazepam**
Benzalkonium Chloride® [vet.] → **Benzalkonium Chloride**
Benzanil® → **Benzathine Benzylpenicillin**
Benzapen® → **Benzathine Benzylpenicillin**
Benzapur® → **Benzoyl Peroxide**
Benzatec® → **Benzylpenicillin**
Benzathine Penicillin-Fresenius Vials® → **Benzathine Benzylpenicillin**
Benzatina Bencilpenicilina® → **Benzathine Benzylpenicillin**
Benzatina Bencilpenicilina LCH® → **Benzathine Benzylpenicillin**
Benzatron® → **Benzathine Benzylpenicillin**
Benzbromaron AL® → **Benzbromarone**
Benzbromaron-ratiopharm® → **Benzbromarone**
Benzedrex® → **Propylhexedrine**
Benzelmin® [vet.] → **Oxfendazole**
Benzemul® → **Benzyl Benzoate**
Benzenol → **Phenol**
Benzetacil® → **Benzathine Benzylpenicillin**
Benzetacil L.A.® → **Benzathine Benzylpenicillin**
Benzhormovarine → **Estradiol**
Benzibel® → **Benzyl Benzoate**
Benzibron Amoxicilina® [caps. susp.] → **Amoxicillin**
Benzicare® [vet.] → **Mebendazole**
Benzidan® → **Benzydamine**
Benzihex® → **Benzoyl Peroxide**
Benzil benzoat Jadran® → **Benzyl Benzoate**
Benzilpenicilina Benzatina® → **Benzathine Benzylpenicillin**
Benzilpenicilina Benzatinica® → **Benzathine Benzylpenicillin**
Benzilpenicillin® → **Benzylpenicillin**
Benzilpenicillina Benzatinica® → **Benzathine Benzylpenicillin**
Benzilpenicillina Benzatinica Biopharma® → **Benzathine Benzylpenicillin**
Benzilpenicillina potassica → **Benzylpenicillin**
Benzilpenicillina Potassica Biopharma® → **Benzylpenicillin**
Benzilpenicillina procainica → **Penicillin G Procaine**
Benzilpenicilline potassica [DCIT] → **Benzylpenicillin**
Benzirin® → **Benzydamine**
Benzit® [+ Flupentixol] → **Melitracen**
Benzit® [+ Melitracen] → **Flupentixol**
Benzitrat® → **Benzydamine**
Benzoat de Benzil® → **Benzyl Benzoate**
Benzoato de bencilo® → **Benzyl Benzoate**
Benzoato de bencilo AL® → **Benzyl Benzoate**
Benzoato de bencilo MK® → **Benzyl Benzoate**
Benzoato de benzila® → **Benzyl Benzoate**
Benzocaine® → **Benzocaine**
Benzocol® → **Benzocaine**
Benzododecinium® → **Benzododecinium Chloride**
Benzododécinium Chibret® → **Benzododecinium Chloride**
Benzogal® → **Benzyl Benzoate**
Benzo-Ginestryl® → **Estradiol**
Benzoile Perossido® → **Benzoyl Peroxide**
Benzoilo peroxido → **Benzoyl Peroxide**
Benzoil perossido → **Benzoyl Peroxide**
Benzolac® → **Benzoyl Peroxide**
Benzolam® → **Alprazolam**
Benzoquin® → **Monobenzone**
Benzoside® → **Benzathine Benzylpenicillin**
Benzoyle (peroxyde de) hydraté → **Benzoyl Peroxide**
Benzoyle (peroxyde de) hydraté (Ph. Eur. 5) → **Benzoyl Peroxide**
Benzoylis peroxydum cum aqua → **Benzoyl Peroxide**
Benzoylis peroxydum cum aqua (Ph. Eur. 5, Ph. Int. 4) → **Benzoyl Peroxide**
Benzoylperoxid → **Benzoyl Peroxide**
Benzoyl Peroxide → **Benzoyl Peroxide**
Benzoyl Peroxide, Hydrous (Ph. Eur. 5 , Ph. Int. 4, USP 30) → **Benzoyl Peroxide**
Benzoylperoxide Katwijk® → **Benzoyl Peroxide**
Benzoylperoxide PCH® → **Benzoyl Peroxide**
Benzoylperoxide Samenwerkende Apothekers® → **Benzoyl Peroxide**
Benzoyl peroxide [USAN] → **Benzoyl Peroxide**
Benzoylperoxid, Wasserhaltiges (Ph. Eur. 5) → **Benzoyl Peroxide**
Benzoyt® → **Benzoyl Peroxide**
Benzperox® → **Benzoyl Peroxide**
Benztrop® → **Benzatropine**
Benztropine Mesylate® → **Benzatropine**
Benzum® → **Biperiden**
Benzylbenzoate® → **Benzyl Benzoate**
Benzyl Penicillin® → **Benzylpenicillin**
Benzylpenicillin → **Benzylpenicillin**
Benzylpenicillin [BAN, USAN] → **Benzylpenicillin**
Benzylpenicillin Cooper® → **Benzylpenicillin**
Benzylpénicilline → **Benzylpenicillin**
Benzylpenicilline natrium® [vet.] → **Benzylpenicillin**
Benzylpénicilline potassique → **Benzylpenicillin**
Benzylpénicilline potassique [DCF] → **Benzylpenicillin**
Benzylpénicilline potassique (Ph. Eur. 5) → **Benzylpenicillin**
Benzylpénicilline procaïne → **Penicillin G Procaine**
Benzylpénicilline procaïne [DCF] → **Penicillin G Procaine**
Benzylpénicilline procaïne (Ph. Eur. 5) → **Penicillin G Procaine**
Benzyl Penicillin-Fresenius Vials® → **Benzylpenicillin**
Benzylpenicillin-Kalium → **Benzylpenicillin**
Benzylpenicillin-Kalium (Ph. Eur. 5) → **Benzylpenicillin**
Benzylpenicillin Panpharma® → **Benzylpenicillin**
Benzylpenicillin „Panpharma“® → **Benzylpenicillin**

B

Benzylpenicillin Potassium → **Benzylpenicillin**
Benzylpenicillin Potassium [BANM, JAN] → **Benzylpenicillin**
Benzylpenicillin Potassium (JP XIV, Ph. Eur. 5, Ph. Int. 4) → **Benzylpenicillin**
Benzylpenicillin potassium salt: → **Benzylpenicillin**
Benzylpenicillin-Procain → **Penicillin G Procaine**
Benzylpenicillin procain-1-Wasser → **Penicillin G Procaine**
Benzylpenicillin Procaine (JP XI, Ph. Eur. 5) → **Penicillin G Procaine**
Benzylpenicillin-Procain (Ph. Eur. 5) → **Penicillin G Procaine**
Benzylpenicillinum → **Benzylpenicillin**
Benzylpenicillinum kalicum → **Benzylpenicillin**
Benzylpenicillinum kalicum (Ph. Eur. 5, Ph. Int. 4) → **Benzylpenicillin**
Benzylpenicillinum procainum → **Penicillin G Procaine**
Benzylpenicillinum procainum (Ph. Eur. 5) → **Penicillin G Procaine**
Beocid® → **Sulfacetamide**
Beof® → **Betaxolol**
Beofenac® → **Aceclofenac**
Beonac® → **Diclofenac**
Beovit® → **Thiamine**
Be-Oxytet® → **Oxytetracycline**
Bepanten® → **Dexpanthenol**
Bepanthen® → **Dexpanthenol**
Bepanthen Antiseptic Cream® → **Benzalkonium Chloride**
Bepanthene® → **Dexpanthenol**
Bépanthène® → **Dexpanthenol**
Bepanthol® → **Dexpanthenol**
Bepantol® → **Dexpanthenol**
Beparine® → **Heparin**
Bepricor® → **Bepridil**
Beprogel® → **Betamethasone**
Bepronate® → **Betamethasone**
Beprosone® → **Betamethasone**
Berachin® → **Tulobuterol**
Berberil® → **Hypromellose**
Berberil N® → **Tetryzoline**
Bercetina® → **Flunarizine**
Béres B1-vitamin® → **Thiamine**
Béres B6-vitamin® → **Pyridoxine**
Béres Calcium® → **Calcium Carbonate**
Béres C-vitamin® → **Ascorbic Acid**
Bergagyn® → **Benzalkonium Chloride**
Bergamol® → **Buspirone**
Beriate P® → **Octocog Alfa**
Berifen® → **Diclofenac**
Berin® → **Thiamine**
Berinert® → **C_1Esterase inhibitor**
Berinin HS® → **Nonacog Alfa**
Berinin P® → **Nonacog Alfa**
Berinin-P® → **Nonacog Alfa**
Berithyrox® → **Levothyroxine**
Berivine® → **Riboflavin**
Berlex® → **Alendronic Acid**
Berlinsulin H 20/80® [biosyn./20 % sol./80 % isoph.] → **Insulin Injection, Biphasic Isophane**
Berlinsulin H 30/70® [biosyn./30 % sol./70 % isoph.] → **Insulin Injection, Biphasic Isophane**
Berlinsulin H 40/60® [biosyn./40 % sol./60 % isoph.] → **Insulin Injection, Biphasic Isophane**
Berlinsulin H Basal® [biosyn.] → **Insulin Injection, Isophane**
Berlinsulin H Normal® [biosyn.] → **Insulin Injection, Soluble**
Berlipril® → **Enalapril**
Berlison® → **Hydrocortisone**
Berlithion® → **Thioctic Acid**
Berlition® → **Thioctic Acid**
Berlocid® [+ Sulfamethoxazole] → **Trimethoprim**
Berlocid® [+ Trimethoprim] → **Sulfamethoxazole**
Berlofen® → **Aceclofenac**
Berlosin® → **Metamizole**
Berlthyrox® → **Levothyroxine**
Bermoxel® → **Praziquantel**
Bernadine® → **Povidone-Iodine**
BernaMist® → **Cromoglicic Acid**
Bernoflox® → **Ciprofloxacin**
Berofin® → **Biperiden**
Berol 478 → **Docusate Sodium**
Beromun® → **Tasonermin**
Berotec Liquid® → **Fenoterol**
Berotec N® → **Fenoterol**
Bersen® → **Prednisone**
Bersen MD® → **Prednisone**
Bersol® → **Clobetasol**
Bertocil® → **Betaxolol**
Besic Derm® → **Fluconazole**
Besilato Atracurio Inibsa® → **Atracurium Besilate**
Besilato de amlodipina® → **Amlodipine**
Besilato de Atracurio® → **Atracurium Besilate**
Besitran® → **Sertraline**
Besix® → **Pyridoxine**
Besnoline® → **Tolperisone**
Besobrial® → **Acamprosate**
Besone® → **Betamethasone**
Bespar® → **Buspirone**
Bessasone® → **Betamethasone**
Bestafen® → **Ibuprofen**
Bestaferon® → **Interferon Beta**
Bestalin® → **Hydroxyzine**
Bestatin® → **Simvastatin**
Bestatin® → **Ubenimex**
Bestcall® → **Cefmenoxime**
Bestcef® → **Cefixime**
Beston® → **Bisbentiamine**
Bestpirin® → **Aspirin**
Bestrol® → **Alprazolam**
Bestron® → **Cefmenoxime**
Bestum® → **Ceftazidime**
Beta 21® → **Betamethasone**
Beta-Acetyldigoxin mibe® → **Acetyldigoxin**
Beta-Acetyldigoxin R. A. N. → **Acetyldigoxin**
Beta-Acetyldigoxin-ratiopharm → **Acetyldigoxin**
Betabion® → **Betaxolol**
Betabion® → **Thiamine**
Betabiotic® → **Flucloxacillin**
Betablok® → **Atenolol**
Betabloquin® → **Atenolol**
Beta-bloquin® → **Atenolol**
Be-Tabs Aspirin® → **Aspirin**
Be-Tabs Diclofenac® → **Diclofenac**
Be-Tabs Isonidazid® → **Isoniazid**
Be-Tabs Prednisone® → **Prednisone**
Be-Tabs Pyridoxine HCl® → **Pyridoxine**
Be-Tabs Ranitidine® → **Ranitidine**
Betac® → **Betaxolol**
Betacap® → **Betamethasone**
Betacar® → **Atenolol**
Betacar® [compr.] → **Carvedilol**
Betacard® → **Atenolol**
Beta-Cardone® → **Sotalol**
Beta-Cardone® [vet.] → **Sotalol**
Beta-Carotene Gisand® → **Betacarotene**
Betacaroteno® → **Betacarotene**
Betacef® → **Cefalexin**
Betacin® → **Indometacin**
Betaclar® → **Befunolol**
Betaclav® [+ Amoxicillin, trihydrate] → **Clavulanic Acid**
Betaclav® [+ Clavulanic Acid, potassium salt] → **Amoxicillin**
Betaclopramide® → **Metoclopramide**
Betaclox® → **Dicloxacillin**
Betacort® → **Betamethasone**
Betacorten® → **Betamethasone**
Betacorton® → **Halcinonide**
Beta Cream® → **Betamethasone**
Betacrem® → **Betamethasone**

BetaCreme Lichtenstein® → **Betamethasone**
Betacrono-Doce® → **Betamethasone**
Betaday® → **Bambuterol**
Betadermyl® → **Povidone-Iodine**
Betadine® → **Povidone-Iodine**
Betadine Alcohol® → **Povidone-Iodine**
Betadine Antiseptic® → **Povidone-Iodine**
Betadine Bucal® → **Povidone-Iodine**
Betadine Champu® → **Povidone-Iodine**
Betadine Cold Sore® → **Povidone-Iodine**
Betadine Pre-Operative Body Wash® → **Povidone-Iodine**
Betadine Scrub® → **Povidone-Iodine**
Betadine Vaginal® → **Povidone-Iodine**
Betadine® [vet.] → **Povidone-Iodine**
Betadona® → **Povidone-Iodine**
Betadorm D® → **Diphenhydramine**
betadrenol® → **Bupranolol**
beta-Estradiol → **Estradiol**
Betafact® → **Nonacog Alfa**
Betaferon® → **Interferon Beta**
Betaflox® → **Ofloxacin**
Betafoam® → **Betamethasone**
Betagalen® → **Betamethasone**
Betagan® → **Levobunolol**
Bétagan® → **Levobunolol**
Betagen® → **Betahistine**
Betagen 0.25® → **Levobunolol**
Betagen 0.5® → **Levobunolol**
Betagesic® → **Ibuprofen**
Betaglid® → **Glimepiride**
Betahirex® → **Betahistine**
Beta-Histina Bexal® → **Betahistine**
Beta-Histina Generis® → **Betahistine**
Betahistin AL® → **Betahistine**
Beta-Histina Merck® → **Betahistine**
Betahistin Copyfarm® → **Betahistine**
Betahistine® → **Betahistine**
Betahistine A® → **Betahistine**
Betahistine Alpharma® → **Betahistine**
Bétahistine Biogaran® → **Betahistine**
Betahistine Biphar® → **Betahistine**
Betahistine CF® → **Betahistine**
Betahistine Dihydrochloride-Generics® → **Betahistine**
Betahistine Disphar® → **Betahistine**
Betahistine EG® → **Betahistine**
Bétahistine EG® → **Betahistine**
Betahistine-Eurogenerics® → **Betahistine**
Betahistine FLX® → **Betahistine**
Bétahistine G Gam® → **Betahistine**
Betahistine-IPS® → **Betahistine**
Bétahistine Ivax® → **Betahistine**
Betahistine Katwijk® → **Betahistine**
Betahistine Merck® → **Betahistine**
Bétahistine Merck® → **Betahistine**
Betahistine PCH® → **Betahistine**
Betahistine ratiopharm® → **Betahistine**
Bétahistine RPG® → **Betahistine**
Betahistine Sandoz® → **Betahistine**
Bétahistine Sandoz® → **Betahistine**
Betahistine Teva® → **Betahistine**
Bétahistine Winthrop® → **Betahistine**
Betahistine Zydus® → **Betahistine**
Betahistinidihydrochlorid Arcana® → **Betahistine**
Betahistin ratiopharm® → **Betahistine**
Betahistin Stada® → **Betahistine**
Betahistop® → **Betahistine**
Betaina Manzoni® → **Betaine**
Betaisodona® → **Povidone-Iodine**
Beta Karoten® → **Betacarotene**
Betaklav® [+ Amoxicillin, trihydrate] → **Clavulanic Acid**
Betaklav® [+ Amoxicillin trihydrate] → **Clavulanic Acid**
Betaklav® [+ Clavulanic Acid, potassium salt] → **Amoxicillin**
Betaklav® [+ Clavulanic Acid potassium salt] → **Amoxicillin**
Betakon® → **Povidone-Iodine**
Betaksim® → **Cefotaxime**
Betaksol® → **Betaxolol**
Beta-K® [vet.] → **Potassium**
Betalans® → **Lansoprazole**
Betalitik® → **Ambroxol**
Betaloc® → **Metoprolol**
Betaloc CR® → **Metoprolol**
Betaloc Durules® → **Metoprolol**
Betaloc SA® → **Metoprolol**
Betaloc® [vet.] → **Metoprolol**
Betaloc Zok® → **Metoprolol**
Betalol® → **Propranolol**
Betamac T® → **Sulpiride**
Betamaks® → **Sulpiride**
Betamesol® → **Betamethasone**
Betametasona → **Betamethasone**
Betametasona® → **Betamethasone**
Betametasona Ahimsa® → **Betamethasone**
Betametasona Biocrom® → **Betamethasone**
Betametasona Dipropionato L.CH.® → **Betamethasone**
Betametasona Fosfato Disodico® → **Betamethasone**
Betametasona Genfar® → **Betamethasone**
Betametasona Gen-Far® → **Betamethasone**
Betametasona Iqfarma® → **Betamethasone**
Betametasona Lafedar® → **Betamethasone**
Betametasona Lafedar® [extern.] → **Betamethasone**
Betametasona Lafedar® [inj.] → **Betamethasone**
Betametasona L.CH.® → **Betamethasone**
Betametasona Lch® → **Betamethasone**
Betametasona L.D.A.® → **Betamethasone**
Betametasona MK® → **Betamethasone**
Betametasona Sodio Fosfato® → **Betamethasone**
Betametasone → **Betamethasone**
Betametasone [DCIT] → **Betamethasone**
Betametasone Dipropionato® → **Betamethasone**
Betametasone Dipropionato C & RF® → **Betamethasone**
Betametasone Dipropionato Sandoz® → **Betamethasone**
Betametasone L.F.M.® → **Betamethasone**
Betameth® → **Betamethasone**
Betamethason → **Betamethasone**
Betamethason® → **Betamethasone**
Betamethasone → **Betamethasone**
Bétaméthasone → **Betamethasone**
Betamethasone [BAN, DCF, USAN] → **Betamethasone**
Betamethasone Dipropionate® → **Betamethasone**
Betamethasone (JP XIV, Ph. Eur. 5, Ph. Int. 4, USP 30) → **Betamethasone**
Bétaméthasone (Ph. Eur. 5) → **Betamethasone**
Betamethasone Valerate® → **Betamethasone**
Betamethasone YSP® → **Betamethasone**
Betamethason Gf® → **Betamethasone**
Betamethason Norbrook® [vet.] → **Betamethasone**
Betamethason „Pasteur Merieux Connaught"® → **Betamethasone**
Betamethason PCH® → **Betamethasone**
Betamethason Pharmafrid® → **Betamethasone**
Betamethason (Ph. Eur. 5) → **Betamethasone**

Betamethason Sandoz® → **Betamethasone**
Betamethasonum → **Betamethasone**
Betamethasonum (Ph. Eur. 5, Ph. Int. 4) → **Betamethasone**
Betamican® → **Salmeterol**
Betamicetina® [vet.] → **Cefoperazone**
Betamil® → **Betamethasone**
Betamin® → **Thiamine**
Betamine® → **Thiamine**
Betamolol® → **Timolol**
Betam-Ophtal® → **Betamethasone**
Betamox® → **Amoxicillin**
Betamox® [+ Amoxicillin, trihydrate] → **Clavulanic Acid**
Betamox® [+ Clavulanic Acid, potassium salt] → **Amoxicillin**
Betamycin® → **Erythromycin**
Betanamin® → **Pemoline**
Betanase® → **Glibenclamide**
Betanex® → **Atenolol**
Betanoid® → **Betamethasone**
Betanol® → **Atenolol**
Bétanol® → **Metipranolol**
Betanorm® → **Gliclazide**
Beta Ointment® → **Betamethasone**
Beta Ophtiole® → **Metipranolol**
Betapace® → **Sotalol**
Betapace AF® → **Sotalol**
Betapam® → **Diazepam**
Betapen® → **Phenoxymethylpenicillin**
Betaperamide® → **Loperamide**
Betaphlem® → **Carbocisteine**
Betaplex® → **Carvedilol**
Betapred® → **Betamethasone**
Betapress® → **Propranolol**
Betapressin® → **Penbutolol**
Betaprid® → **Tiapride**
Betaprofen® → **Ibuprofen**
Beta-Prograne® → **Propranolol**
Betaren® → **Diclofenac**
Betarhin® → **Cetirizine**
Betariem® → **Betamethasone**
Betarretin® → **Tretinoin**
BetaSalbe KSK® → **Betamethasone**
BetaSalbe Lichenstein® → **Betamethasone**
Betasan® → **Povidone-Iodine**
Beta Scalp Application® → **Betamethasone**
Betasec® → **Atenolol**
Betasef® → **Cefradine**
Betasel® → **Betaxolol**
Betasept® → **Chlorhexidine**
Betaseptic® → **Povidone-Iodine**
Betaserc® → **Betahistine**
Betaseron® → **Interferon Beta**
Betasleep® → **Diphenhydramine**
Beta-Sol® → **Thiamine**
Betasol® → **Clobetasol**
Betason® → **Betamethasone**
Betasone® → **Betamethasone**
Betasone-G® [compr.] → **Betamethasone**
Betasone-G® [gtt.] → **Betamethasone**
Betaspan® → **Propranolol**
Betasporina® → **Ceftriaxone**
Beta-Stulln® → **Betamethasone**
Betasyn® → **Atenolol**
Beta-Tablinen® → **Propranolol**
Betatop® → **Atenolol**
Betatopic® → **Betamethasone**
Betatrex® → **Betamethasone**
Betatul Aposto® → **Povidone-Iodine**
Betaval® → **Betamethasone**
Beta-Val® → **Betamethasone**
Betavert® → **Betahistine**
Betavix® → **Butamirate**
Beta-Wolff® → **Betamethasone**
Betaxa® → **Betaxolol**
Betaxolol® → **Betaxolol**
Betaxolol Alcon® → **Betaxolol**
Betaxolol FDC® → **Betaxolol**
Betaxolol Hydrochloride® → **Betaxolol**
Betaxolol L.CH.® → **Betaxolol**
Betazol® → **Clobetasol**
Betazon® → **Betamethasone**
Betesil® → **Betamethasone**
Bethacil® [+ Ampicillin, sodium salt] [inj.] → **Sulbactam**
Bethacil® [+ Sulbactam, sodium salt] [inj.] → **Ampicillin**
Bethanechol Chloride® → **Bethanechol Chloride**
Bethasone® → **Betamethasone**
Betim® → **Timolol**
Betimol® → **Timolol**
Betistine® → **Betahistine**
Betnelan® → **Betamethasone**
Betnelan V® → **Betamethasone**
Betnesalic® → **Betamethasone**
Betnesol® → **Betamethasone**
Betnesol® [vet.] → **Betamethasone**
Betneval® → **Betamethasone**
Betnoderm® → **Betamethasone**
Betnovate-RD® → **Betamethasone**
Betnovat® [vet.] → **Betamethasone**
Betoblock® → **Betamethasone**
Betodermin® → **Betamethasone**
Betolvex® [compr.] → **Cyanocobalamin**
Betolvex® [inj.] → **Cyanocobalamin**
Betolvidon® → **Cyanocobalamin**
Betopic® → **Betamethasone**
Betoprolol® → **Metoprolol**
Betoptic S® → **Betaxolol**
Betoptima® → **Betaxolol**
Betoquin® → **Betaxolol**
Betosone® → **Betamethasone**
Betricin® → **Betamethasone**
Betrion® → **Mupirocin**
Betsolan® [vet.] → **Betamethasone**
Betsuril® → **Beclometasone**
Bettamousse® → **Betamethasone**
Beuflox® → **Ciprofloxacin**
Beurises® → **Furosemide**
Bevigen® → **Thiamine**
Bevispas® → **Mebeverine**
Bevitex® → **Cyanocobalamin**
Bévitine® → **Thiamine**
Bevitol® → **Thiamine**
Bevitol lipophil® → **Fursultiamine**
Bevoren® → **Glibenclamide**
Bex® → **Aspirin**
Bexalcor® → **Bezafibrate**
Bexatus® → **Dextromethorphan**
Bexidal® → **Mebhydrolin**
Bexidermil® → **Salicylic Acid**
Bexin® → **Dextromethorphan**
Bexinor® → **Norfloxacin**
Bexitrol® → **Salmeterol**
Bextra® → **Valdecoxib**
Bextra iv/im® → **Parecoxib**
Beza 1A Pharma® → **Bezafibrate**
Beza AbZ® → **Bezafibrate**
Bezabeta® → **Bezafibrate**
Bezacur® → **Bezafibrate**
Bezadoc® → **Bezafibrate**
Bezafibrat® → **Bezafibrate**
Bezafibrat 1A Pharma® → **Bezafibrate**
Bezafibrat AbZ® → **Bezafibrate**
Bezafibrat AL® → **Bezafibrate**
Bezafibrat Arcana® → **Bezafibrate**
Bezafibrate® → **Bezafibrate**
Bezafibrat Genericon® → **Bezafibrate**
Bezafibrat Heumann® → **Bezafibrate**
Bezafibrat Hexal® → **Bezafibrate**
Bezafibrat Lannacher® → **Bezafibrate**
Bezafibrato® → **Bezafibrate**
Bezafibrato Genfar® → **Bezafibrate**
Bezafibrat PB® → **Bezafibrate**
Bezafibrat ratiopharm® → **Bezafibrate**
Bezafibrat-ratiopharm® → **Bezafibrate**
Bezafibrat Sandoz® → **Bezafibrate**
Bezafibrat Stada® → **Bezafibrate**
bezafibrat von ct® → **Bezafibrate**
Bezagamma® → **Bezafibrate**
Bezalip® → **Bezafibrate**

Bezamerck® → **Bezafibrate**
Bezamidin® → **Bezafibrate**
Bezamil® → **Bezafibrate**
Bezastad® → **Bezafibrate**
Bezastad retard® → **Bezafibrate**
Bezatol® → **Bezafibrate**
Bezide® → **Bendroflumethiazide**
Bezpa® → **Drotaverine**
B.G.B Norflox® → **Norfloxacin**
Bgramin® → **Amoxicillin**
Biaferone® [inj.] → **Interferon Alfa**
Bialcol® → **Benzoxonium Chloride**
Bialminal® → **Phenobarbital**
Bialzepam® → **Diazepam**
Biaminthic® [vet.] → **Levamisole**
Biamotil® → **Ciprofloxacin**
Bianos® → **Secnidazole**
Biaprim®[vet.] → **Trimethoprim**
Biarison® → **Proquazone**
Biascor® → **Labetalol**
Biatain-Ibu® → **Ibuprofen**
Biaxin® → **Clarithromycin**
Biaxsig® → **Roxithromycin**
Biazol® → **Bifonazole**
Bibakrim® [+ Sulfamethoxazole] → **Trimethoprim**
Bibakrim® [+ Trimethoprim] → **Sulfamethoxazole**
Biberon Glucosa B Martin® → **Dextrose**
Biberon Glucosado Pharma® → **Dextrose**
Bicain® → **Bupivacaine**
Bicalutamida® → **Bicalutamide**
Bicalutamida Delta Farma® → **Bicalutamide**
Bicalutamida Servycal® → **Bicalutamide**
Bicalutamida Varifarma® → **Bicalutamide**
Bicalutamid ratiopharm® → **Bicalutamide**
Bicam® → **Piroxicam**
BicaNorm® → **Sodium Bicarbonate**
Bicarbonat de Sodiu® → **Sodium Bicarbonate**
Bicarbonate de Sodium Aguettant® → **Sodium Bicarbonate**
Bicarbonate de Sodium-Baxter® → **Sodium Bicarbonate**
Bicarbonate de Sodium Lavoisier → **Sodium Bicarbonate**
Bicarbonate de Sodium® [vet.] → **Sodium Bicarbonate**
Bicarbonato de Sodio® → **Sodium Bicarbonate**
Bicarbonato de Sodio EWE® → **Sodium Bicarbonate**
Bicarbonato de Sódio Labesfal® → **Sodium Bicarbonate**
Bicarbonato de Sodio Püler® → **Sodium Bicarbonate**
Bicarbonato de Sosa T M® → **Sodium Bicarbonate**
Bicarbonato Sod Agadrian® → **Sodium Bicarbonate**
Bicarbonato Sod Bieffe M® → **Sodium Bicarbonate**
Bicarbonato Sod Cinfa® → **Sodium Bicarbonate**
Bicarbonato Sod Dalmau® → **Sodium Bicarbonate**
Bicarbonato Sod Grifols® → **Sodium Bicarbonate**
Bicarbonato Sodico Braun® → **Sodium Bicarbonate**
Bicarbonato Sodico Mein® → **Sodium Bicarbonate**
Bicarbonato Sod Orravan® → **Sodium Bicarbonate**
Bicarbonato Sod Pege® → **Sodium Bicarbonate**
Bicarbonato Sod PG® → **Sodium Bicarbonate**
Bicarbonato Sod Serra® → **Sodium Bicarbonate**
Bicarbonato Sod Viviar® → **Sodium Bicarbonate**
Bicasan® → **Dextromethorphan**
Bicavan® → **Bicalutamide**
Bicefzidim® → **Ceftazidime**
Bicide® → **Lindane**
Bicillin® → **Penicillin G Procaine**
Bicillin L-A® → **Benzathine Benzylpenicillin**
Biciron® → **Tramazoline**
Bicit HP® → **Bismuthate, Tripotassium Dicitrato-**
Biclar® → **Clarithromycin**
Biclar IV® → **Clarithromycin**
Biclavuxil® [+ Amoxicillin] → **Clavulanic Acid**
Biclavuxil® [+ Amoxicillin, trihydrate] → **Clavulanic Acid**
Biclavuxil® [+ Clavulanic Acid] → **Amoxicillin**
Biclavuxil® [+ Clavulanic Acid, potassium salt] → **Amoxicillin**
Biclin® → **Amikacin**
Biclopan® → **Diclofenac**
Bicnu® → **Carmustine**
BiCNU® [vet.] → **Carmustine**
Bicofen® → **Roxithromycin**
Bicolax® → **Bisacodyl**
Biconcilina BZ® → **Benzathine Benzylpenicillin**
Biconcilina C® → **Clemizole Penicillin**
Biconcilina S® → **Benzylpenicillin**
Bicor® → **Bisoprolol**
BiCOZENE® → **Benzocaine**
Bicrolid® → **Clarithromycin**
Bicromil® → **Sertraline**
Bicutrin® → **Bifonazole**
Bidanzen® → **Serrapeptase**
Bidecar® → **Carvedilol**
Bidicef® → **Cefadroxil**
Bidicozan® → **Cobamamide**
Bidien® → **Budesonide**
Bidipril® → **Captopril**
Bidiprox® → **Ciprofloxacin**
Biditin® [+ Amoxicillin] → **Clavulanic Acid**
Biditin® [+ Calvulanic Acid] → **Amoxicillin**
Bidomil Lch® → **Lorazepam**
Bidoxi® [caps.] → **Doxycycline**
Bidrostat® → **Bicalutamide**
Bifazol® → **Bifonazole**
Bifemelan® → **Alendronic Acid**
Bifen® → **Ibuprofen**
Biferce® → **Ascorbic Acid**
Bifex® [vet.] → **Propoxur**
Bifinorma® → **Lactulose**
Bifiteral® → **Lactulose**
Bifix® → **Nifuroxazide**
Bifized® → **Bifonazole**
Biflox® → **Fluoxetine**
Bifokey® → **Bifonazole**
Bifomyk® → **Bifonazole**
Bifon® → **Bifonazole**
Bifonazol® → **Bifonazole**
Bifonazole® → **Bifonazole**
Bifonazole-Teva® → **Bifonazole**
Bifonazol Genfar® → **Bifonazole**
Bifonazol Hexal® → **Bifonazole**
Bifonazol L.CH.® → **Bifonazole**
Bifonazol-SL® → **Bifonazole**
Bifopezon® → **Cefoperazone**
Bifort® → **Sildenafil**
Bifosa® → **Alendronic Acid**
Bifotik® → **Cefoperazone**
Bifradin® → **Cefradine**
Bifril® → **Zofenopril**
Bifunal® → **Bifonazole**
Bifuroxim® → **Cefuroxime**
Big-Ben® → **Mebendazole**
Bigmet® → **Metformin**
Bigonist® → **Buserelin**
Big Red Flea Spray® [vet.] → **Propoxur**
Big S® [vet.] → **Selenium Sulfide**
Biguanex® → **Chlorhexidine**
Biguax® → **Metformin**
Biklin® → **Amikacin**

Bilamide® → **Hydroxymethylnicotinamide**
Bilaten® → **Candesartan**
Bileco® → **Bleomycin**
Bileco® [inj.] → **Bleomycin**
Bilem® → **Tamoxifen**
Biletan® → **Thioctic Acid**
Bilidazum® → **Hyaluronidase**
Biliepar® → **Ursodeoxycholic Acid**
Bilina® → **Levocabastine**
Bilipeptal mono® → **Pancreatin**
Biliranin® → **Loratadine**
Biliscopin® → **Iotroxic Acid**
Billin® → **Levofloxacin**
Billy Peach® [vet.] → **Permethrin**
Billy Peach Wormex® [vet.] → **Pyrantel**
Biloina® → **Loratadine**
Bilol® → **Bisoprolol**
Biloptin® → **Iopodic Acid**
Bilosin® [vet.] → **Tylosin**
Bi-Love-G® → **Riboflavin**
Bilozen® → **Ketotifen**
Bilsyl® → **Silibinin**
Biltricide® → **Praziquantel**
Bilumid® → **Bicalutamide**
Bilutac® [vet.] → **Albendazole**
Bilutamid® → **Bicalutamide**
Bimaclox® [vet.] → **Cloxacillin**
Bimadine® [vet.] → **Sulfadimidine**
Bimalong® [vet.] → **Sulfamethoxypyridazine**
Bimanol® → **Deanol**
Bimectine® [vet.] → **Ivermectin**
Bimectin® [vet.] → **Ivermectin**
Bimenal® → **Albendazole**
Bimepen® → **Phenoxymethylpenicillin**
Bimicot® → **Bifonazole**
Bimotirm®[vet.] → **Sulfadimidine**
Bimotrim®[vet.] → **Sulfadoxine**
Bimotrim®[vet.] → **Trimethoprim**
Bimotrin®[vet.] → **Trimethoprim**
Bimox® → **Amoxicillin**
Bi Moxal® [+ Amoxicillin trihydrate] → **Clavulanic Acid**
Bi Moxal® [+ Clavulanic acid potassium salt] → **Amoxicillin**
Bimoxyl® [vet.] → **Amoxicillin**
Binafin® → **Terbinafine**
Binaldan® → **Loperamide**
Binazin® → **Todralazine**
Bindazac® → **Ranitidine**
Biniwas® → **Binifibrate**
Binixin® [vet.] → **Flunixin**
Binoclar® → **Clarithromycin**
Binoklar® → **Clarithromycin**
Binotal® → **Ampicillin**
Binozyt® → **Azithromycin**
B-Insulin S Berlin-Chemie® [porcine] → **Insulin, Aminoquinuride**
Bintamox® → **Amoxicillin**
Bintasma® → **Terbutaline**
Bioagil® → **Ascorbic Acid**
Bio-Amoksiklav® [+ Amoxicillin] → **Clavulanic Acid**
Bio-Amoksiklav® [+ Clavulanic Acid] → **Amoxicillin**
Bioamoxi® [vet.] → **Amoxicillin**
Bioarginina® → **Arginine**
Bio-C® → **Ascorbic Acid**
Biocadmio® → **Cadmium Sulfide**
Biocalcin® [salmon] → **Calcitonin**
Biocalcin® [salmon] → **Calcitonin**
Biocalcium® → **Calcium Carbonate**
Biocalm® → **Tolperisone**
Biocalyptol® → **Pholcodine**
Biocanina Shampooing Mousse® [vet.] → **Bioallethrin**
Biocanispot® [vet.] → **Imidacloprid**
Biocanisspray® [vet.] → **Chlorhexidine**
Biocani-Tique® [vet.] → **Amitraz**
Biocarbon® → **Charcoal, Activated**
Biocard® → **Carvedilol**
Biocare® → **Tocopherol, α-**
Biocare® [vet.] → **Biotin**
Biocarn® → **Levocarnitine**
Biocef® → **Ceftibuten**
Biocefazon® → **Cefoperazone**
Bio-Ci® → **Ascorbic Acid**
Biociclin® → **Cefuroxime**
Biocid® → **Omeprazole**
Biocidan® → **Cethexonium**
Biocil® → **Povidone-Iodine**
Biocilline® [vet.] → **Amoxicillin**
Bio-Cimetidine® → **Cimetidine**
Biocin® → **Doxycycline**
Biocipro® → **Ciprofloxacin**
Bioclavid® [+ Amoxicillin, trihydrate] → **Clavulanic Acid**
Bioclavid® [+ Amoxicillin trihydrate] → **Clavulanic Acid**
Bioclavid® [+ Clavulanic Acid potassium salt] → **Amoxicillin**
Bioclavid® [+ Clavulanic Acid, potassium salt] → **Amoxicillin**
Bioclox® → **Cloxacillin**
Biocodone® → **Hydrocodone**
Biocoryl® → **Procainamide**
Biocos® → **Metformin**
Biocox® [vet.] → **Salinomycin**
Bio-Cox® [vet.] → **Salinomycin**
Bio Crem A-Bioplix-Biox® → **Retinol**
Biocrinal® → **Minoxidil**
Biocronil® → **Enalapril**
Bio-C-Vitamin® → **Ascorbic Acid**
Biocyl® [vet.] → **Oxytetracycline**
Biocytocine® [vet.] → **Oxytocin**
Biodaclin® → **Clindamycin**
Biodacyna® → **Amikacin**
Biodalgic® → **Tramadol**
Bioderm® → **Gentamicin**
Biodermatin® → **Biotin**
Biodine® [vet.] → **Povidone-Iodine**
Biodol® → **Tramadol**
Biodone® → **Methadone**
Biodoxi® → **Doxycycline**
Bio-Doxi® → **Doxycycline**
Biodramina® → **Dimenhydrinate**
Biodribin® → **Cladribine**
Biodroxil® → **Cefadroxil**
Biodruff® → **Tenoxicam**
Bio-E® → **Tocopherol, α-**
Bio Energol Plus® → **Arginine**
Bioepicyna® → **Epirubicin**
Bio-E-Vitamin® → **Tocopherol, α-**
Biofanal® → **Nystatin**
Biofast® [vet.] → **Amoxicillin**
Biofaxil® → **Cefadroxil**
Biofazolin® → **Cefazolin**
Biofenac® → **Aceclofenac**
Biofenac® → **Diclofenac**
Biofenac Gotas® → **Diclofenac**
Bioferal® → **Ferrous Gluconate**
Bioferon® → **Interferon Alfa**
Bioferro® → **Ferrous Gluconate**
Biofigran® → **Filgrastim**
Biofilen® → **Atenolol**
Biofilgran® → **Filgrastim**
Biofim® → **Mestranol**
Bioflac® → **Meloxicam**
Bioflam® → **Tenoxicam**
Bioflam Dental Softgel® → **Tenoxicam**
Bioflavin® → **Riboflavin**
Bioflen® → **Pefloxacin**
Bioflex® → **Glucosamine**
Bioflogil® → **Chondroitin Sulfate**
Biofloxcin® → **Ciprofloxacin**
Biofloxin® → **Norfloxacin**
Bioflutin® → **Etilefrine**
Biofolic® → **Folinic Acid**
Biofucid® → **Fusidic Acid**
Biofuroksym® → **Cefuroxime**
Biogaracin® → **Gentamicin**
Biogel® → **Ketoconazole**
Biogelat Vitamin E® → **Tocopherol, α-**
Biogen® → **Clomifene**
Biogenta® → **Gentamicin**
Biogenta Oftalmica® → **Gentamicin**
Biogesic® → **Paracetamol**

Bioglan Bisoprololfumaraat® → **Bisoprolol**
Bioglan Famotidine® → **Famotidine**
Bioglan Fluoxetine® → **Fluoxetine**
Bioglic® → **Glimepiride**
Bioglufer® → **Ferrous Gluconate**
Biogrip-T® → **Paracetamol**
Biogrisin® → **Griseofulvin**
Biogyl® → **Metronidazole**
Bio-Health® → **Glucosamine**
BIO-H-TIN® → **Biotin**
Biokacin® → **Amikacin**
Biokadin® → **Povidone-Iodine**
Biokur® → **Biotin**
Biolab Oxacilina® → **Oxacillin**
Biolab Propiltiouracil® → **Propylthiouracil**
Biolac® → **Lactulose**
Biolaif® → **Prasterone**
Biolan® → **Hyaluronic Acid**
Biolane N® → **Pyrithione Zinc**
Biolectra Calcium® → **Calcium Carbonate**
Biolergy® → **Mebhydrolin**
Biolfolic® → **Folic Acid**
Biolincom® → **Lincomycin**
Biolon® → **Hyaluronic Acid**
Biolyse Paclitaxel® → **Paclitaxel**
Biomag® → **Cimetidine**
Biomag® → **Magnesium Pidolate**
Bio-Melatonin® → **Melatonin**
Bioment Bid® [+ Amoxicillin] → **Clavulanic Acid**
Bioment Bid® [+ Clavulanic Acid] → **Amoxicillin**
Biométhasone® [vet.] → **Dexamethasone**
Biometrox® → **Methotrexate**
Biomikin® → **Amikacin**
biomo-lipon® → **Thioctic Acid**
biomo-lipon® [inj.] → **Thioctic Acid**
Biomoxil® → **Amoxicillin**
Biomoxin® → **Doxycycline**
Biomox® [vet.] → **Amoxicillin**
Bio-Mycin® [vet.] → **Oxytetracycline**
Bionicard® → **Nicardipine**
Bioparox® → **Fusafungine**
Biopatch® → **Chlorhexidine**
Biopaxel® → **Paclitaxel**
Biopenam® → **Ampicillin**
Biopensyn® → **Ampicillin**
Biopen VK® → **Phenoxymethylpenicillin**
Bioperazone® → **Cefoperazone**
Biophen® → **Ibuprofen**
Bioplak® → **Aspirin**
Bioplex-Colistin® [vet.] → **Colistin**
Bioprazol® → **Omeprazole**
Bioprednon → **Methylprednisolone**
Bioprexanil® → **Perindopril**
Bioprim® [+ Sulfamethoxazole] → **Trimethoprim**
Bioprim® [+ Trimethoprim] → **Sulfamethoxazole**
Bioprox® → **Isoconazole**
Biopten® → **Sapropterin**
Bioptic® → **Tobramycin**
Biopto-E® → **Tocopherol, α-**
Biopulmin® → **Erdosteine**
Bioquantel® [vet.] → **Praziquantel**
Bioquil® → **Ofloxacin**
Bioquin® → **Hydroquinone**
Bio-Quinone Q10® → **Ubidecarenone**
Bioracef® → **Cefuroxime**
Bioral® → **Carbenoxolone**
Biorepas® [vet.] → **Colistin**
Bioreucam® → **Tenoxicam**
Biorgan® → **Trimebutine**
Biorgasept® → **Chlorhexidine**
Biorisan® → **Amikacin**
Bioron® → **Ferrous Sulfate**
Biorphen® → **Orphenadrine**
Biorrub® → **Doxorubicin**
Biorubina® → **Doxorubicin**
Biosechs® → **Pyridoxal Phosphate**
Bioselenium® → **Selenium Sulfide**
Biosine® → **Azithromycin**
Biosint® → **Cefotaxime**
Biosintetica Fluoruracila® → **Fluorouracil**
Biosol Liquid® [vet.] → **Neomycin**
Biosol® [vet.] → **Neomycin**
Biosolvon® → **Bromhexine**
Biosonide® → **Budesonide**
Biosotal® → **Sotalol**
Biosoviran® → **Pipemidic Acid**
Biosporin® → **Ciclosporin**
Biostate® → **Octocog Alfa**
Biostatik® → **Roxithromycin**
Biosteron® → **Prasterone**
Biostimol® → **Citrulline, L-**
Biostin® [salmon] → **Calcitonin**
Biotaksym® → **Cefotaxime**
Biotamin® → **Benfotiamine**
Biotamoxal® → **Amoxicillin**
Bio Tarbun® → **Norfloxacin**
Biotax® → **Paclitaxel**
Biotaxime® → **Cefotaxime**
Biotecan® → **Irinotecan**
Bioteral® → **Ceftriaxone**
Biothicol® → **Thiamphenicol**
Biotic® → **Ciprofloxacin**
Bioticaps® → **Chloramphenicol**
Bioticic® → **Cefonicid**
Biotin® → **Biotin**
Biotin-ASmedic® → **Biotin**
Biotin beta® → **Biotin**
Biotin-Biomed® → **Biotin**
Biotine® → **Tetracycline**
Biotine Bayer® → **Biotin**
Biotine® [vet.] → **Biotin**
Biotin Hermes® → **Biotin**
Biotin Heumann® → **Biotin**
Biotin Hexal® → **Biotin**
Biotin IMPULS® → **Biotin**
Biotin-ratiopharm® → **Biotin**
Biotin Stada® → **Biotin**
Biotin® [vet.] → **Biotin**
Biotisan® → **Biotin**
Biotornis® [vet.] → **Amoxicillin**
Biotowa® → **Benfotiamine**
Biotrakson® → **Ceftriaxone**
Biotrefon-L® → **Cobamamide**
Biotrex® → **Levamisole**
Biotrexate® → **Methotrexate**
Biotriax® → **Ceftriaxone**
Biotrim® [+ Sulfamethoxazole] → **Trimethoprim**
Biotrim® [+ Trimethoprim] → **Sulfamethoxazole**
Biotrixina® → **Cefatrizine**
Biotropin® → **Somatropine**
Biotum® → **Ceftazidime**
Biovir® → **Adefovir**
Biovit E® → **Tocopherol, α-**
Bioweyxin® [vet.] → **Tocopherol, α-**
Bioxetin® → **Fluoxetine**
Bioxidol® → **Nimesulide**
Bioxifeno® → **Tamoxifen**
Bioxilina® → **Amoxicillin**
Bioxilina plus® [+ Amoxicillin, sodium salt] → **Clavulanic Acid**
Bioxilina plus® [+ Clavulanic acid, potassium salt] → **Amoxicillin**
Bioxon® → **Ceftriaxone**
Bioxyllin® → **Amoxicillin**
Bioyetín® → **Epoetin Alfa**
Biozac® → **Fluoxetine**
Biozirox® → **Aciclovir**
Biozole® → **Fluconazole**
Biozolin® → **Cefazolin**
Biozyl® → **Metronidazole**
Bipasmin® → **Hyoscine Butylbromide**
Bipencil® → **Ampicillin**
Biperiden-neuraxpharm® → **Biperiden**
Biperideno® → **Biperiden**
Biperideno Cevallos® → **Biperiden**
Biperideno Dosa® → **Biperiden**
Biperideno Duncan® → **Biperiden**
Biperideno Northia® → **Biperiden**

Biperideno Rospaw® → **Biperiden**
Biperideno Vannier® → **Biperiden**
Biperiden-ratiopharm® → **Biperiden**
Bipéridys® → **Domperidone**
Biphasic Isophane Insulin Injection [BAN] → **Insulin Injection, Biphasic Isophane**
Biphentin® → **Methylphenidate**
Bipomax® → **Topiramate**
Bipranix® → **Bisoprolol**
Bipro® → **Betamethasone**
Bi-Profenid® → **Ketoprofen**
Bi-Profénid® → **Ketoprofen**
Biprol® → **Bisoprolol**
Bipron® → **Glucosamine**
Biquinate® → **Quinine**
Biquin Durules® → **Quinidine**
Biracin® → **Tobramycin**
Biracin-E® → **Tobramycin**
Biravid® → **Ofloxacin**
Biresort® → **Isosorbide Dinitrate**
Birofenid® → **Ketoprofen**
Bi-Rofenid® → **Ketoprofen**
Birp® [vet.] → **Dimeticone**
1,4-Bis(2-ethylhexyl) sodium sulfosuccinate → **Docusate Sodium**
Bisac-Evac® → **Bisacodyl**
Bisacodil® → **Bisacodyl**
Bisacodyl® → **Bisacodyl**
Bisacodyl-Akri® → **Bisacodyl**
Bisacodyl CF® → **Bisacodyl**
Bisacodyl EG® → **Bisacodyl**
Bisacodyl Gf® → **Bisacodyl**
Bisacodyl-Hemofarm® → **Bisacodyl**
Bisacodyl Journeyline® → **Bisacodyl**
Bisacodyl-K® → **Bisacodyl**
Bisacodyl Katwijk® → **Bisacodyl**
Bisacodyl Kring® → **Bisacodyl**
Bisacodyl-Nizpharm® → **Bisacodyl**
Bisacodyl PCH® → **Bisacodyl**
Bisacodyl Samenwerkende Apothekers® → **Bisacodyl**
Bisacodyl Sandoz® → **Bisacodyl**
Bisacodyl Suppositories® → **Bisacodyl**
Bisacodyl Teva® → **Bisacodyl**
Bisacodyl Uniserts® → **Bisacodyl**
Bisacodyl YSP® → **Bisacodyl**
Bisakol® → **Bisacodyl**
Bisalax® → **Bisacodyl**
Bisaphar® → **Bisacodyl**
Bisbacter® → **Bismuth Subsalicylate**
Bisco-Magaldrat® → **Magaldrate**
Biscosal® → **Fluocinonide**
Bisco-Zitron® → **Bisacodyl**
Biseptol® [+ Sulfamethoxazole] → **Trimethoprim**
Biseptol® [+ Trimethoprim] → **Sulfamethoxazole**
Biseptrin® [+ Sulfamethoxazole] → **Trimethoprim**
Biseptrin® [+ Trimethoprim] → **Sulfamethoxazole**
Bisidim® → **Quinfamide**
Bisil® → **Gemfibrozil**
Bislan YSP® → **Bromhexine**
Bismoral® [+ Sulfamethoxazol] → **Trimethoprim**
Bismoral® [+ Trimethoprim] → **Sulfamethoxazole**
Bismo-Ranit® → **Ranitidine**
Bismucar® → **Bismuthate, Tripotassium Dicitrato-**
Bismukote Paste® [vet.] → **Bismuth Subsalicylate**
Bismultin® → **Econazole**
Bismusal Suspension® [vet.] → **Bismuth Subsalicylate**
Bismusol® [vet.] → **Bismuth Subsalicylate**
Bismutol® → **Bismuthate, Tripotassium Dicitrato-**
Biso AbZ® → **Bisoprolol**
BisoAPS® → **Bisoprolol**
Bisobeta® → **Bisoprolol**
Bisobloc® → **Bisoprolol**
Bisoblock® → **Bisoprolol**
Bisocor® → **Bisoprolol**
Bisogamma® → **Bisoprolol**
Bisogen® → **Bisoprolol**
Biso-Hennig® → **Bisoprolol**
Bisohexal® → **Bisoprolol**
Bisol® → **Bromhexine**
Bisolaryn® → **Ambroxol**
Bisolbruis® → **Acetylcysteine**
Bisolex® → **Bromhexine**
Bisolgripin® → **Aspirin**
Biso Lich® → **Bisoprolol**
Bisolnasal® → **Tramazoline**
Bisolol® → **Bisoprolol**
Bisolspray Nebulicina® → **Oxymetazoline**
Bisoltab® → **Bromhexine**
Bisoltus® → **Codeine**
Bisoltussin® → **Dextromethorphan**
Bisolvomycin® [vet.] → **Oxytetracycline**
Bisolvon Ampicilina® [susp./caps./inj.] → **Ampicillin**
Bisolvon Antitusivo® → **Dextromethorphan**
Bisolvon Dry® → **Dextromethorphan**
Bisolvon® [vet.] → **Bromhexine**
Bisomerck® → **Bisoprolol**
Bisopine® → **Bisoprolol**
Bisoprolol® → **Bisoprolol**
Bisoprolol 1 A Pharma® → **Bisoprolol**
Bisoprolol AbZ® → **Bisoprolol**
Bisoprolol Actavis® → **Bisoprolol**
Bisoprolol AL® → **Bisoprolol**
Bisoprolol Alpharma® → **Bisoprolol**
Bisoprolol Arcana® → **Bisoprolol**
Bisoprolol AWD® → **Bisoprolol**
Bisoprolol Basics® → **Bisoprolol**
Bisoprolol Bexal® → **Bisoprolol**
Bisoprolol Biochemie® → **Bisoprolol**
Bisoprolol Biogaran® → **Bisoprolol**
Bisoprolol CF® → **Bisoprolol**
Bisoprolol-corax® → **Bisoprolol**
Bisoprolol-CT® → **Bisoprolol**
Bisoprolol Dexa® → **Bisoprolol**
Bisoprolol dura® → **Bisoprolol**
Bisoprolol Edigen® → **Bisoprolol**
Bisoprolol EG® → **Bisoprolol**
Bisoprolol Farmasierra® → **Bisoprolol**
Bisoprololfumaraat® → **Bisoprolol**
Bisoprololfumaraat A® → **Bisoprolol**
Bisoprolol-fumaraat Alpharma® → **Bisoprolol**
Bisoprololfumaraat PCH® → **Bisoprolol**
Bisoprolol Fumarate® → **Bisoprolol**
Bisoprololfumarat Katwijk® → **Bisoprolol**
Bisoprolol Gf® → **Bisoprolol**
Bisoprolol G Gam® → **Bisoprolol**
Bisoprolol Hemifumarate-Genthon® → **Bisoprolol**
Bisoprolol Heumann® → **Bisoprolol**
Bisoprolol Hexal® → **Bisoprolol**
Bisoprololi Ennapharma® → **Bisoprolol**
Bisoprolol Merck® → **Bisoprolol**
Bisoprolol Ratiopharm® → **Bisoprolol**
Bisoprolol RPG® → **Bisoprolol**
Bisoprolol Sandoz® → **Bisoprolol**
Bisoprolol-Sandoz® → **Bisoprolol**
Bisoprolol Stada® → **Bisoprolol**
Bisoprolol Sumol® → **Bisoprolol**
Bisoprolol TAD® → **Bisoprolol**
Bisoprolol Teva® → **Bisoprolol**
Bisoprolol-Teva® → **Bisoprolol**
Bisoprolol VEM® → **Bisoprolol**
Bisoprolol Zydus® → **Bisoprolol**
Bisopromerck® → **Bisoprolol**
Bisoprotop® → **Bisoprolol**
Biso-Puren® → **Bisoprolol**
Bisoratio® → **Bisoprolol**
Bisostad® → **Bisoprolol**
Bisphonal® → **Incadronic Acid**
Biston® → **Carbamazepine**

Bisulase® → **Riboflavin**
Bitensil® → **Enalapril**
Biteral® → **Ornidazole**
Bite & Sting Relief® → **Mepyramine**
Bi-Tildiem® → **Diltiazem**
Bitobionil® → **Levocarnitine**
Bitoxil® → **Amoxicillin**
Bitrim® [+ Sulfamethoxazole] → **Trimethoprim**
Bitrim® [+ Trimethoprim] → **Sulfamethoxazole**
Bitulfon-Salbe® [vet.] → **Ichthammol**
Bituminol → **Ichthammol**
Bitumol → **Ichthammol**
Bivatop LA® [vet.] → **Oxytetracycline**
Bivatop® [vet.] → **Oxytetracycline**
Bivitox® → **Cogalactoisomerase**
Bivorilan® → **Ciprofloxacin**
Bixelor-C® → **Cefaclor**
Bixon® → **Ceftriaxone**
Bixtonim Xylo® → **Xylometazoline**
Blackmores Betacarotene® → **Betacarotene**
Blackmores Bio E → **Tocopherol, α-**
Blackmores Folic Acid® → **Folic Acid**
Blacor® → **Betamethasone**
Bladderon® → **Flavoxate**
Bladiron® → **Buflomedil**
Bladuril® → **Flavoxate**
Blamy® → **Betamethasone**
Blanel® → **Potassium Sodium Hydrogen Citrate**
Blastivin® → **Vinblastine**
Blastocarb® → **Carboplatin**
Blastoferon® → **Interferon Beta**
Blastolem® → **Cisplatin**
Blaston® → **Cinitapride**
Blastovin® → **Vinblastine**
Blaucoagulation IX® → **Nonacog Alfa**
Blaucoagulation VIII® → **Octocog Alfa**
Blauferon-A® → **Interferon Alfa**
Blavin® → **Terazosin**
Blaze® [vet.] → **Deltamethrin**
Bleduran® → **Piroxicam**
Blef-10® → **Sulfacetamide**
Blefamide® → **Sulfacetamide**
Bleminol® → **Allopurinol**
Blenamax® → **Bleomycin**
Blenoxane® → **Bleomycin**
Bleo® → **Bleomycin**
BLEO-cell® → **Bleomycin**
Bleocin® → **Bleomycin**
Bleocin® [inj.] → **Bleomycin**
Bleocris® → **Bleomycin**
Bleo-Kyowa® → **Bleomycin**
Bleolem® → **Bleomycin**
Bleoloem® → **Bleomycin**
Bleomax® → **Bleomycin**
Bleomedac® → **Bleomycin**
Bleomicina® → **Bleomycin**
Bleomicina Almirall® → **Bleomycin**
Bleomicina Asofarma® → **Bleomycin**
Bleomicina Crinos® → **Bleomycin**
Bleomicina Dosa® → **Bleomycin**
Bleomicina Nippon Kayaku® → **Bleomycin**
Bleomicin Inyectable® → **Bleomycin**
Bleomin® → **Bleomycin**
Bleomycin® → **Bleomycin**
Bleomycin Baxter® → **Bleomycin**
Bleomycin Cancernova® → **Bleomycin**
Bleomycine® → **Bleomycin**
Bléomycine Bellon® → **Bleomycin**
Bleomycin Hexal® → **Bleomycin**
Bleomycin PCH® → **Bleomycin**
Bleomycin Sulfate® → **Bleomycin**
Bleomycin-Teva® → **Bleomycin**
Bleo S® → **Bleomycin**
Bleph® → **Sulfacetamide**
Blesifen® → **Clomifene**
Blesin® → **Diclofenac**
Bleu de méthylène [DCF] → **Methylthioninium Chloride**
Blexit® → **Bleomycin**
Blezamont® → **Cetirizine**
Blikonol® → **Atenolol**
Blindafe® → **Alendronic Acid**
Blistex Antiviral® → **Aciclovir**
Blitzdip® [vet.] → **Cypermethrin**
Blitz® [vet.] → **Diflubenzuron**
Blizer® → **Ferrous Gluconate**
Bloat Guard® [vet.] → **Poloxalene**
Bloat Master® [vet.] → **Poloxalene**
Bloat Release® [vet.] → **Docusate Sodium**
Bloat Treatment® [vet.] → **Docusate Sodium**
Blocacid® → **Famotidine**
Blocadren Depot® → **Timolol**
Blocalcin® → **Diltiazem**
Blocamicina® → **Bleomycin**
Blocanol® → **Timolol**
Blocanol Depot® → **Timolol**
Blocar® → **Carvedilol**
Blockade® [vet.] → **Povidone-Iodine**
Blockten® → **Ibuprofen**
Blocotenol® → **Atenolol**
Bloflex® → **Cefalexin**
Blokace® → **Ramipril**
Blokium® → **Atenolol**
Blok-L® → **Vecuronium Bromide**
Blonax® → **Clonixin**
Blopress® → **Candesartan**
Blosel® → **Lansoprazole**
Blotex® → **Atenolol**
Blotic → **Propetamphos**
B-Lovatin® → **Lovastatin**
Blow® → **Montelukast**
Blox® → **Candesartan**
Bloxan® → **Metoprolol**
BL-P 804 → **Hetacillin**
Blucef® → **Cefalexin**
Blugat® → **Gabapentin**
Blumol® → **Ranitidine**
Blumox® → **Amoxicillin**
Blustark® → **Ferrous Gluconate**
BMD-100 Antibiotic Feed Premix® [vet.] → **Bacitracin**
BMD® granulated 10 % [vet.] → **Bacitracin**
BMD® [vet.] → **Bacitracin**
Bnil-5G® → **Glibenclamide**
Bob Martin Ontwormer® [vet.] → **Mebendazole**
Bobotic® → **Dimeticone**
Bocatriol® → **Calcitriol**
Bocytin® → **Carbocisteine**
Bodrex forte® → **Paracetamol**
Bodrexin® → **Aspirin**
Bodygard® [collar for cats] → **Pyriproxyfen**
Bogil® → **Aminohydroxybutyric Acid, λ-**
Boi K® → **Potassium**
Boi K Gluconate® → **Potassium**
Bokey EMC® → **Aspirin**
Boldebal-H® [vet.] → **Boldenone**
Boldenone® [vet.] → **Boldenone**
Boldol® → **Tramadol**
Bolfo Bruine Band® [vet.] → **Propoxur**
Bolfo Druppels® [vet.] → **Fenthion**
Bolfo Gold Vlooiendruppels® [vet.] → **Imidacloprid**
Bolfo Terrarium-Strip® [vet.] → **Dichlorvos**
Bolfo® [vet.] → **Permethrin**
Bolfo® [vet.] → **Propoxur**
Bolidol® → **Paracetamol**
Bolinan® → **Povidone**
Bolinet® → **Ibuprofen**
Bollinol® → **Loratadine**
Boloxen® → **Naproxen**
Boltan® [vet.] → **Kaolin**
Bolt B12® [vet.] → **Cyanocobalamin**
Boltin® → **Tibolone**
Bolus alba → **Kaolin**
Boluzin® → **Gemfibrozil**
Bomacaine® [vet.] → **Lidocaine**

Bomacillin® [vet.] → **Penicillin G Procaine**
Bomatak® [vet.] → **Oxfendazole**
Bomathal® [vet.] → **Thiopental Sodium**
Bomazine® [vet.] → **Xylazine**
Bombard® pour-on [vet.] → **Deltamethrin**
Bomectin® [vet.] → **Ivermectin**
Bomexin® → **Bromhexine**
Bomine® → **Brompheniramine**
Bomoting® → **Bromocriptine**
Bonac® → **Erythromycin**
Bonacal® → **Calcium Carbonate**
Bonadoxina® → **Meclozine**
Bonal® → **Hyaluronic Acid**
Bonalet-Cee® → **Ascorbic Acid**
Bonalfa® → **Tacalcitol**
Bonamina® → **Meclozine**
Bonamine® → **Meclozine**
Bonaplatin® → **Carboplatin**
Bonar® → **Bleomycin**
Bonasanit® → **Pyridoxine**
Bonatol-R® → **Flurbiprofen**
Boncordin® → **Benazepril**
Bondigest® → **Metoclopramide**
Bondil® → **Alprostadil**
Bondiol® → **Alfacalcidol**
Bondormin® → **Brotizolam**
Bondronat® → **Ibandronic Acid**
Bonec® → **Calcium Carbonate**
Bo-Ne-Ca® → **Calcium Carbonate**
Bonefos® → **Clodronic Acid**
Bonefos® [vet.] → **Clodronic Acid**
Bonemax® → **Alendronic Acid**
Bonidon® → **Indometacin**
Bonifen® → **Ibuprofen**
Bonil® → **Ketoprofen**
Bonine® → **Meclozine**
Boniva® → **Ibandronic Acid**
Bonjela® → **Choline Salicylate**
Bonmax® → **Raloxifene**
Bonmin® → **Naproxen**
Bon-One® → **Alfacalcidol**
Bonoq® → **Gatifloxacin**
Bonserin® → **Mianserin**
Bontril® → **Phendimetrazine**
Bonviva® → **Ibandronic Acid**
Bonyl® → **Naproxen**
Boots Threadworm Treatment® → **Mebendazole**
Bopam® → **Bromazepam**
Boradrine® → **Phenylephrine**
Boraline® → **Phenylephrine**
Borasol® → **Boric Acid**
Borbalan® → **Amoxicillin**
Borea® → **Megestrol**
Borealis® → **Finasteride**
Borgal®[vet.] → **Sulfadoxine**
Borgal®[vet.] → **Trimethoprim**
Boric Acid® → **Boric Acid**
Boric Acid Ointment® → **Boric Acid**
Borneral® → **Ornidazole**
Bornilene® → **Xibornol**
Borocaina® → **Cetylpyridinium**
Borocarpin® → **Pilocarpine**
Borogal® → **Dexpanthenol**
Boronex® → **Buspirone**
Boro-Scopol® → **Scopolamine**
Borotel® → **Albendazole**
Borymycin® → **Minocycline**
Bosalgin® → **Metamizole**
Bosaurin® → **Diazepam**
Bosconar® → **Bicalutamide**
Bosnyl® → **Sulpiride**
Bosoptin® → **Verapamil**
Bosporon® → **Lornoxicam**
Bospyrin® → **Aspirin**
Boss Pour-on for Cattle® [vet.] → **Permethrin**
Botam® → **Tamsulosin**
Botamiral® → **Buflomedil**
Botamycin-N® → **Clindamycin**
Botastin® → **Cromoglicic Acid**
Botox® → **Botulinum A Toxin**
Boucren® → **Cetrimide**
Bounders Dog Flea Collar® [vet.] → **Dimpylate**
Boutavixal® → **Butamirate**
Bovagard® [vet.] → **Dimpylate**
Bovatec® [vet.] → **Lasalocid**
Bovazine SR Bolus® [vet.] → **Sulfadimidine**
Boverm® [vet.] → **Levamisole**
Bovex® [vet.] → **Oxfendazole**
Bovibol® [vet.] → **Sulfadimidine**
Bovicare® pour-on [vet.] → **Bendiocarb**
Bovicillin® [vet.] → **Penicillin G Procaine**
Bovi Clip® [vet.] → **Permethrin**
Boviclox® [vet.] → **Cloxacillin**
Bovilene® [vet.] → **Fenprostalene**
Bovipen® [vet.] → **Penicillin G Procaine**
Boxogetten® → **Phenylpropanolamine**
Boxol® → **Dalteparin Sodium**
Boxolip® → **Loperamide**
Bozara® → **Simvastatin**
BP 14 → **Progesterone**
Bpen® → **Benzathine Benzylpenicillin**
B-Platin® → **Carboplatin**
Bpnol® → **Atenolol**
B.P.O. Combustin® → **Benzoyl Peroxide**
BPPC (Syntex) → **Ketorolac**
Bpzide® → **Hydrochlorothiazide**
BQL® → **Enalapril**
Bradimox® → **Amoxicillin**
Bradoral® → **Domiphen Bromide**
Bradosol® → **Domiphen Bromide**
Brafeno® → **Ibuprofen**
Brainact® → **Citicoline**
Brainal® → **Nimodipine**
Braintop® → **Piracetam**
Braito® → **Tetryzoline**
Bralifex® → **Tobramycin**
Brameston® → **Bromocriptine**
Bramicil® → **Tobramycin**
Bramitob® → **Tobramycin**
Brandiazin® → **Sulfadiazine**
Branigen® → **Levocarnitine**
Branitil® → **Levocarnitine**
Brasivil® → **Algeldrate**
Brasmatic® → **Terbutaline**
Brassel® → **Citicoline**
Braunoderm® → **Povidone-Iodine**
Braunol® → **Povidone-Iodine**
Braunol-ratiopharm® → **Povidone-Iodine**
Braunosan® → **Povidone-Iodine**
Braunovidon® → **Povidone-Iodine**
Braunovidon® [vet.] → **Povidone-Iodine**
Bravelle® → **Urofollitropin**
Brazepam® → **Bromazepam**
Breacol® → **Guaifenesin**
Breakthru IGR Nylar Stripe-On® → **Pyriproxyfen**
Breatheasy Inhalant® → **Racepinefrine**
Bredinin® → **Mizoribine**
Bredon® → **Oxolamine**
Breezee® → **Tolnaftate**
Breinox® → **Piracetam**
Brek® → **Alendronic Acid**
Brelomax® → **Tulobuterol**
Bremax® → **Tulobuterol**
Bremcillin® → **Ampicillin**
Breminal® → **Tolterodine**
Bremon® → **Clarithromycin**
Bremon Unidia® → **Clarithromycin**
Bren® → **Ibuprofen**
Brentan® → **Miconazole**
Breonesin® → **Guaifenesin**
Bresec® → **Ceftriaxone**
Brethine® → **Terbutaline**
Breton® → **Tulobuterol**
Bretylate® → **Bretylium Tosilate**
Bretylium Tosylate® → **Bretylium Tosilate**

Bretylol® → **Bretylium Tosilate**
Brevibloc® → **Esmolol**
Brevibloc® [vet.] → **Esmolol**
Brevimytal Hikma® → **Methohexital**
Brevimytal Natrium® → **Methohexital**
Brevital® [inj.] → **Methohexital**
Brevoxyl® → **Benzoyl Peroxide**
Brexecam® → **Piroxicam**
Brexic® → **Piroxicam**
Brexicam® → **Piroxicam**
Brexidol® → **Piroxicam**
Brexidol® [vet.] → **Piroxicam**
Brexin® → **Piroxicam**
Brexinil® → **Piroxicam**
Brexivel® → **Piroxicam**
Brexonase® → **Fluticasone**
Brexovent® → **Fluticasone**
Brezal® → **Choline Alfoscerate**
Bricalin® → **Terbutaline**
Bricanyl® → **Terbutaline**
Bricanyl Broncodilatador® → **Terbutaline**
Bricanyl-Duriles® → **Terbutaline**
Bricanyl Duriles® → **Terbutaline**
Bricanyl Respirator® → **Terbutaline**
Bricanyl Respules® → **Terbutaline**
Bricanyl Retard® → **Terbutaline**
Bricanyl SA® → **Terbutaline**
Bricanyl Turbohaler® → **Terbutaline**
Bricanyl Turbuhaler® → **Terbutaline**
Bricanyl® [vet.] → **Terbutaline**
Bricasma® → **Terbutaline**
Bricasol® → **Terbutaline**
Bridatec® → **Mebrofenin**
Bridic® → **Brivudine**
Briem® → **Benazepril**
Brietal Sodium® → **Methohexital**
Briklin® → **Amikacin**
Brimo® → **Brimonidine**
Brimonidine AFT® → **Brimonidine**
Brimonidine Tartrate® → **Brimonidine**
Brimopress® → **Brimonidine**
Brinaf® → **Terbinafine**
Brinaldix® → **Clopamide**
Brintenal® → **Selegiline**
Briofil® → **Bamifylline**
Brionot® → **Piroxicam**
Brisfirina® → **Cefapirin**
Brismucol® → **Ambroxol**
Brisomax® [+ Fluticasone propionate] → **Salmeterol**
Brisomax® [+ Salmeterol xinafoate] → **Fluticasone**
Brisoral® → **Cefprozil**
Brisovent® → **Fluticasone**
Brispen® → **Dicloxacillin**
Bristacol® → **Pravastatin**
Bristaflam® → **Aceclofenac**
Bristamox® [susp. caps.] → **Amoxicillin**
Bristol-Myers Squibb Sodium Iodide (I123)® → **Sodium Iodide**
Bristol-Myers Squibb Sodium Iodide (I131)® → **Sodium Iodide (^{131}I)**
Bristol- Myers Squibb Sodium Iodohippurate® → **Iodohippurate Sodium**
Bristol-Videx® → **Didanosine**
Bristopen® → **Oxacillin**
Britaject® → **Apomorphine**
Britamox® → **Amoxicillin**
Britapen® → **Ampicillin**
Britapen® [inj.] → **Ampicillin**
Britaxol® → **Paclitaxel**
Britlofex® → **Lofexidine**
Brival® → **Brivudine**
Brivex® → **Brivudine**
Brivirac® → **Brivudine**
Brivuzost® → **Brivudine**
Brixia® → **Azelastine**
Brixopan® → **Bromazepam**
Brixoral® → **Ranitidine**
Brizolina® → **Cefazolin**
BRL 14151 → **Clavulanic Acid**
BRL 2333 → **Amoxicillin**
BRL 25000 → **Clavulanic Acid**
BRL 804 → **Hetacillin**
BRN 1209267 → **Heptaminol**
BRN 2004306 → **Pyrethrin I**
Broad® → **Salbutamol**
Broadced® → **Ceftriaxone**
Brocaden® → **Bromocriptine**
Brocon® → **Pseudoephedrine**
Brocriptin® → **Bromocriptine**
Brodacillin® → **Ampicillin**
Brodifac® → **Ketorolac**
Brodil® → **Salbutamol**
Brofed® → **Bromperidol**
Brofex® → **Dextromethorphan**
Broflex® → **Trihexyphenidyl**
Brogal® → **Ambroxol**
Brolax® → **Salbutamol**
Brolene® → **Dibrompropamidine**
Brolin® → **Aminophylline**
Brolyt® → **Bromhexine**
Bromalex® → **Bromazepam**
BromaLich® → **Bromazepam**
Bromam® → **Bromazepam**
Bromapex® [vet.] → **Potassium**
Bromatop® → **Bromazepam**
Bromazanil® → **Bromazepam**
Bromaze® → **Bromazepam**
Bromazep® → **Bromazepam**
Bromazepam® → **Bromazepam**
Bromazepam 1A Pharma® → **Bromazepam**
Bromazepam A® → **Bromazepam**
Bromazepam ABC® → **Bromazepam**
Bromazepam AL® → **Bromazepam**
Bromazepam Allen® → **Bromazepam**
Bromazepam Almus® → **Bromazepam**
Bromazepam Alpharma® → **Bromazepam**
Bromazepam Alter® → **Bromazepam**
Bromazepam beta® → **Bromazepam**
Bromazépam Biogaran® → **Bromazepam**
Bromazepam CF® → **Bromazepam**
Bromazepam DOC® → **Bromazepam**
Bromazepam EG® → **Bromazepam**
Bromazépam EG® → **Bromazepam**
Bromazepam-Eurogenerics® → **Bromazepam**
Bromazepam Fmndtria® → **Bromazepam**
Bromazepam Genericon® → **Bromazepam**
Bromazepam GF® → **Bromazepam**
Bromazépam G Gam® → **Bromazepam**
Bromazepam Heumann® → **Bromazepam**
Bromazepam Hexal® → **Bromazepam**
Bromazépam Ivax® → **Bromazepam**
Bromazepam Lannacher® → **Bromazepam**
Bromazepam L.CH.® → **Bromazepam**
Bromazepam Lch® → **Bromazepam**
Bromazepam LPH® → **Bromazepam**
Bromazepam Merck® → **Bromazepam**
Bromazépam Merck® → **Bromazepam**
Bromazepam MF® → **Bromazepam**
Bromazepam MK® → **Bromazepam**
Bromazepam-neuraxpharm® → **Bromazepam**
Bromazepam PCH® → **Bromazepam**
Bromazepam-ratiopharm® → **Bromazepam**
Bromazépam RPG® → **Bromazepam**
Bromazepam Sandoz® → **Bromazepam**
Bromazépam Sandoz® → **Bromazepam**
Bromazepam Sigma Tau Generics® → **Bromazepam**
Bromazepam Temis® → **Bromazepam**
Bromazepam Teva® → **Bromazepam**

Bromazepam Vannier® → **Bromazepam**
Bromazépam Winthrop® → **Bromazepam**
Bromazepam Zydus® → **Bromazepam**
Bromazephar® → **Bromazepam**
bromazep von ct® → **Bromazepam**
Bromed® → **Bromocriptine**
Bromek® → **Bromhexine**
Bromeksin® → **Bromhexine**
Bromelain-POS® → **Bromelains**
Bromergon® → **Bromocriptine**
Bromex® → **Bromhexine**
Bromexidryl® → **Bromhexine**
Bromexilina® [caps. susp.] → **Amoxicillin**
Bromhex® → **Bromhexine**
Bromhexin® → **Bromhexine**
Bromhexina® → **Bromhexine**
Bromhexina Clorhidrato® → **Bromhexine**
Bromhexina Clorhidrato L.CH.® → **Bromhexine**
Bromhexin ACO® → **Bromhexine**
Bromhexina Ilab® → **Bromhexine**
Bromhexina Jarabe® → **Bromhexine**
Bromhexina Lafedar® → **Bromhexine**
Bromhexina MK® → **Bromhexine**
Bromhexina Sintesina® → **Bromhexine**
Bromhexin BC® → **Bromhexine**
Bromhexin Berlin-Chemie® → **Bromhexine**
Bromhexin Clorhidrat® → **Bromhexine**
Bromhexin-CT® → **Bromhexine**
Bromhexin Dak® → **Bromhexine**
Bromhexin Domesco® → **Bromhexine**
Bromhexine® → **Bromhexine**
Bromhexine EG® → **Bromhexine**
Bromhexin EEL® → **Bromhexine**
Bromhexine-Eurogenerics® → **Bromhexine**
Bromhexine Nycomed® → **Bromhexine**
Bromhexin Eu Rho® → **Bromhexine**
Bromhexin F. T. Pharma® → **Bromhexine**
Bromhexini hydrochloridum PCH® → **Bromhexine**
Bromhexin KM® → **Bromhexine**
Bromhexin Krewel Meuselbach® → **Bromhexine**
Bromhexin-ratiopharm® → **Bromhexine**
Bromhydrate d'homatropine Faure® → **Homatropine Hydrobromide**
Bromid® → **Hyoscine Butylbromide**
Bromidem® → **Bromazepam**
Bromika® → **Bromhexine**
Brommer® → **Ambroxol**
Bromocal® → **Bromhexine**
Bromocalcio® → **Calcium Bromolactobionate**
Bromocodeina® → **Codeine**
Bromocorn® → **Bromocriptine**
Bromocrel® → **Bromocriptine**
Bromocriptin® → **Bromocriptine**
Bromocriptina® → **Bromocriptine**
Bromocriptin AbZ® → **Bromocriptine**
Bromocriptina Generis® → **Bromocriptine**
Bromocriptina Iqfarma® → **Bromocriptine**
Bromocriptin beta® → **Bromocriptine**
Bromocriptine® → **Bromocriptine**
Bromocriptine Mesylate® → **Bromocriptine**
Bromocriptine-Richter® → **Bromocriptine**
Bromocriptin Hexal® → **Bromocriptine**
Bromocriptin-ratiopharm® → **Bromocriptine**
Bromocriptin Sandoz® → **Bromocriptine**
bromocriptin-TEVA® → **Bromocriptine**
bromocriptin von ct® → **Bromocriptine**
Bromodol® → **Bromperidol**
Bromodol Decanoato® → **Bromperidol**
Bromo-Kin® → **Bromocriptine**
Bromokriptin® → **Bromocriptine**
Bromolit® → **Bromhexine**
Bromopan® → **Bromopride**
Bromophar® → **Codeine**
Bromoson® → **Bromhexine**
Bromosulfoftaleina Sodica® → **Sulphobromophthalein**
Bromotiren® → **Tyrosine, 3,5-dibromo-, L-**
Brompheniramine Maleate® → **Brompheniramine**
Brompheniramine Pharmasant® → **Brompheniramine**
Bromso® → **Bromhexine**
Bromtine® → **Bromocriptine**
Bromuc® → **Acetylcysteine**
Bromure de Glycopyrronium → **Glycopyrronium Bromide**
Bromure de Néostigmine → **Neostigmine**
Bromure de Propanthéline → **Propantheline Bromide**
Bromure de Pyridostigmine → **Pyridostigmine Bromide**
Bromure d'Ipratropium → **Ipratropium Bromide**
Bromurex® → **Pancuronium Bromide**
Bromuro de glicopirronio → **Glycopyrronium Bromide**
Bromuro de ipratopio MK® → **Ipratropium Bromide**
Bromuro de ipratropio → **Ipratropium Bromide**
Bromuro de Ipratropio Aldo Union® → **Ipratropium Bromide**
Bromuro de N-butil hioscina Richmond® → **Hyoscine Butylbromide**
Bromuro de neostigmina → **Neostigmine**
Bromuro de piridostigmina → **Pyridostigmine Bromide**
Bromuro de proantelina → **Propantheline Bromide**
Bromxin® → **Bromhexine**
Bromxine® → **Bromhexine**
Bromxine Atlantic® → **Bromhexine**
Bronal® → **Terfenadine**
Bronalide® → **Flunisolide**
Bronax® → **Meloxicam**
Broncalène® → **Chlorphenamine**
Broncard® → **Levodropropizine**
Broncathiol® → **Carbocisteine**
Bronchenolo® → **Dextromethorphan**
Bronchette® → **Carbocisteine**
Bronchicum® → **Codeine**
Bronchi-Mereprine® → **Bromhexine**
Broncho® → **Salbutamol**
Bronchobos® → **Carbocisteine**
Bronchocort® → **Beclometasone**
Bronchodine® → **Codeine**
Broncho-Inhalat® → **Salbutamol**
Bronchokod® → **Carbocisteine**
Broncholine® → **Terbutaline**
Broncholit® → **Carbocisteine**
Bronchonyl [Comp.] → **Terbutaline**
Bronchoparat® → **Theophylline Sodium Glycinate**
Broncho-Pectoralis Carbocisteine® → **Carbocisteine**
Broncho-Pectoralis Codeine® → **Codeine**
Bronchophylin® → **Theophylline**
Bronchopront® → **Ambroxol**
Bronchoretard® → **Theophylline**
Bronchosan® → **Bromhexine**
Bronchosedal® → **Dextromethorphan**

Bronchosedal Codeine® → **Codeine**
Bronchosedal Dextromethorphan HBR® → **Dextromethorphan**
Bronchospasmin® → **Reproterol**
Bronchowern® → **Ambroxol**
Broncimucil® → **Brovanexine**
Bronclear® → **Bromhexine**
Bronco-Amoxidin® → **Ambroxol**
Bronco Asmo® → **Terbutaline**
Broncobiot® → **Bromhexine**
Broncobutol® → **Salbutamol**
Broncocalmine Oriental® → **Bromhexine**
Broncoclar® → **Carbocisteine**
Broncodex® → **Ambroxol**
Broncodual® → **Clobutinol**
Broncofama® → **Dextromethorphan**
Broncofenil® → **Guaifenesin**
Broncoflam® [+ Sulfamethoxazole] → **Trimethoprim**
Broncoflam® [+ Trimethoprim] → **Sulfamethoxazole**
Broncoflux® → **Ambroxol**
Broncokin® → **Bromhexine**
Broncol® → **Ambroxol**
Broncoliber® → **Ambroxol**
Bronco Magimox® → **Bromhexine**
Broncomax® → **Bromhexine**
Broncomnes® → **Ambroxol**
Broncomucil® → **Carbocisteine**
Broncomultigen® [susp./tab.] → **Erythromycin**
Bronconox® → **Beclometasone**
Bronco Penamox® → **Ambroxol**
Broncopulmin® [vet.] → **Clenbuterol**
Broncoral® → **Formoterol**
Broncospir® [vet.] → **Spiramycin**
Broncot® → **Ambroxol**
Broncoten® → **Ketotifen**
Broncoterol® → **Ambroxol**
Bronco-Turbinal® → **Beclometasone**
Broncotusilan® → **Carbocisteine**
Broncotyl® [vet.] → **Tylosin**
Broncovaleas® → **Salbutamol**
Broncovanil® → **Guaifenesin**
Broncoxan® → **Ambroxol**
Broncozol® → **Ambroxol**
Brondecon® → **Choline Theophyllinate**
Brondil® → **Ambroxol**
Brondilat® → **Montelukast**
Brondilax® → **Bromhexine**
Brondilex® → **Theophylline**
Brondix® → **Amoxicillin**
Bronhosolv® → **Bromhexine**
Bronica® → **Seratrodast**
Bronilide® → **Flunisolide**
Bronium® → **Bromazepam**
Bronkese® → **Bromhexine**
Bronkirex® → **Carbocisteine**
Bronkolax® → **Salbutamol**
Bronkolin® → **Theophylline**
Bronkyl® → **Acetylcysteine**
Bronmycin® → **Doxycycline**
Bronoday® → **Theophylline**
Bronpamox® → **Ambroxol**
Bronpax® → **Ambroxol**
Bronq-C® → **Clenbuterol**
Bronquial-Om® → **Carbocisteine**
Bronquisedan® → **Bromhexine**
Bronquisedan Elixir® → **Bromhexine**
Bronquisol® → **Bromhexine**
Bronsema® → **Erythromycin**
Bronsolvan® → **Theophylline**
Bronter® → **Salbutamol**
Brontuss M® → **Bromhexine**
Bronuck® → **Bromfenac**
Broomhexine HCl® → **Bromhexine**
Broomhexine HCl A® → **Bromhexine**
Broomhexine HCl Gf® → **Bromhexine**
Broomhexine HCl Katwijk® → **Bromhexine**
Broomhexine HCl Kring® → **Bromhexine**
Broomhexine HCl PCH® → **Bromhexine**
Broomhexine HCl Samenwerkende Apothekers® → **Bromhexine**
Broomhexine HCl Sandoz® → **Bromhexine**
Broomhexine® [vet.] → **Chlorhexidine**
Bropil® → **Salbutamol**
Bros® → **Phosphatidylserine**
Brosidon® [salmon] → **Calcitonin**
Brospan® → **Hyoscine Butylbromide**
Brospec® → **Ceftriaxone**
Brospina® → **Buprenorphine**
Brotazona® → **Feprazone**
Brotizolam-Teva® → **Brotizolam**
Brovana® → **Arformoterol**
Brox® → **Ambroxol**
Broxal® → **Ambroxol**
Broxil® → **Pheneticillin**
Broxine® → **Bromhexine**
Broxitrol® → **Ambroxol**
Broxodin® → **Chlorhexidine**
Broxol® → **Ambroxol**
Broxolam® → **Ambroxol**
Broxolvon® [vet.] → **Chlorhexidine**
Brozepax® → **Bromazepam**
Brozil YSP® → **Gemfibrozil**
Brubiol® → **Ciprofloxacin**
Brucam® → **Piroxicam**
Brucap® → **Captopril**
Brucarcer® → **Carbamazepine**
Brucen® → **Glibenclamide**
Brudex® → **Dextromethorphan**
Brudifen® → **Diphenhydramine**
Brufen® → **Ibuprofen**
Brufen Retard® → **Ibuprofen**
Brufincol® → **Pravastatin**
Brufix® → **Ambroxol**
Brufiza® → **Bezafibrate**
Brufort® → **Ibuprofen**
Brulamycin® → **Tobramycin**
Brulidine® → **Dibrompropamidine**
Brulin® → **Dexamethasone**
Brumed → **Ibuprofen**
Brumetidina® → **Cimetidine**
Brumixol® → **Ciclopirox**
Brunac® → **Acetylcysteine**
Brunacol® → **Ketorolac**
Brunazine® → **Promethazine**
Brunicrom® → **Cromoglicic Acid**
Brunomol® → **Paracetamol**
Brupacil® → **Hyoscine Butylbromide**
Brupen® → **Ampicillin**
Bruprin® → **Ibuprofen**
Bruproxen® → **Naproxen**
Brurem® → **Sulindac**
Brusal® → **Salbutamol**
Brusil® → **Ibuprofen**
Brutel® [vet.] → **Praziquantel**
Brute Pour-on for Cattle® [vet.] → **Permethrin**
Bruvita® → **Retinol**
Brux® → **Omeprazole**
Bruxel® → **Proglumetacin**
Bruxicam® → **Piroxicam**
Bruzol® → **Albendazole**
Bryterol® → **Ondansetron**
BS Carino® → **Hyoscine Butylbromide**
B-Six® → **Pyridoxine**
B-S-P® → **Betamethasone**
BS Poeder® [vet.] → **Sulfachlorpyridazine**
BS-ratiopharm® → **Hyoscine Butylbromide**
B-Tablock® → **Levobunolol**
BTS 18 322 → **Flurbiprofen**
BTX-HA® → **Betaxolol**
Buateron® → **Folinic Acid**
Bubil® → **Pyrethrin I**
Buburone® → **Ibuprofen**
Bucain® → **Bupivacaine**
Bucaine® → **Bupivacaine**
Bucaine® [vet.] → **Bupivacaine**
Bucaril® → **Terbutaline**
Buccalsone® → **Hydrocortisone**
Buccastem® → **Prochlorperazine**

B

Buccobet® → **Betamethasone**
Bucco-Tantum® → **Benzydamine**
Bucin® → **Indometacin**
Bucktrygama® → **Sulfamethoxazole**
Buclixin® → **Buclizine**
Buclizine Beacons® → **Buclizine**
Bucodrin® → **Benzydamine**
Bucoflam® → **Ibuprofen**
Bucogel® → **Chlorhexidine**
Buconif® → **Nifedipine**
Bucoral® → **Chlorhexidine**
Buco Regis® → **Potassium**
Bucort® → **Hydrocortisone**
Bucoseptil® → **Chlorhexidine**
Budair® → **Budesonide**
Budamax® → **Budesonide**
Budapp® → **Budesonide**
Budasmal® → **Budesonide**
Budecol® → **Budesonide**
Budecort® → **Budesonide**
Budeflam® → **Budesonide**
BudeLich® → **Budesonide**
Budenase AQ® → **Budesonide**
Budenite® → **Budesonide**
Budenofalk® → **Budesonide**
Buderhin® → **Budesonide**
Budes® → **Budesonide**
Budesan® → **Budesonide**
Budes® Easyhaler® → **Budesonide**
Budesoderm® → **Budesonide**
Budesogen® → **Budesonide**
Budeson® → **Budesonide**
Budesonal® → **Budesonide**
Budesonid® → **Budesonide**
Budesonida® → **Budesonide**
Budesonida Aldo Union® → **Budesonide**
Budesonid acis® → **Budesonide**
Budesonid AL® → **Budesonide**
Budesonida Nasal Aldo Union® → **Budesonide**
Budesonida nasal Memphis® → **Budesonide**
Budesonida Nasal Merck® → **Budesonide**
Budesonid Arrow® → **Budesonide**
Budesonid-CT® → **Budesonide**
Budesonide® → **Budesonide**
Budesonide A® → **Budesonide**
Budesonide Alpharma® → **Budesonide**
Budesonide CF® → **Budesonide**
Budesonide Cyclocaps® → **Budesonide**
Budesonide Easyhaler Bexal® → **Budesonide**
Budesonide GF® → **Budesonide**
Budesonide Inhalatiepoeder® → **Budesonide**
Budesonide Katwijk® → **Budesonide**
Budesonide Merck® → **Budesonide**
Budesonide Nevel® → **Budesonide**
Budesonide Norma® → **Budesonide**
Budesonide PCH® → **Budesonide**
Budesonide Pharmachem® → **Budesonide**
Budesonide PH & T® → **Budesonide**
Budesonide Sandoz® → **Budesonide**
Budésonide Sandoz® → **Budesonide**
Budesonide Viatris® → **Budesonide**
Budesonid Heumann® → **Budesonide**
Budesonid Merck® → **Budesonide**
Budesonid Merck NM® → **Budesonide**
Budesonido Angenérico® → **Budesonide**
Budesonido Generis® → **Budesonide**
Budesonido Merck® → **Budesonide**
Budesonido Novolizer® → **Budesonide**
Budesonid-ratiopharm® → **Budesonide**
Budesonid Sandoz® → **Budesonide**
Budesonid Stada® → **Budesonide**
Budiair® → **Budesonide**
Budiar® → **Budesonide**
Budicort® → **Budesonide**
Budison® → **Budesonide**
Budo San® → **Budesonide**
Budosan® → **Budesonide**
Budo-san® → **Budesonide**
Buenas® → **Melatonin**
Bufal® → **Bufexamac**
Bufect® → **Ibuprofen**
Bufederm® → **Bufexamac**
Bufedil® → **Buflomedil**
Bufen-SR® → **Ibuprofen**
Bufexamac-ratiopharm® → **Bufexamac**
Bufexan® → **Bufexamac**
Bufexan® → **Mesalazine**
Buffered Iodine Spray® [vet.] → **Povidone-Iodine**
Buffered Pirin® → **Aspirin**
Bufferin® → **Aspirin**
Buflan® → **Buflomedil**
Buflo 1A Pharma® → **Buflomedil**
Buflo AbZ® → **Buflomedil**
Buflocit® → **Buflomedil**
Buflodil® → **Buflomedil**
Buflohexal® → **Buflomedil**
Buflomed® → **Buflomedil**
Buflomed Genericon® → **Buflomedil**
Buflomedil® → **Buflomedil**
Buflomedil-1A Pharma® → **Buflomedil**
Buflomédil Biogaran® → **Buflomedil**
Buflomedil EG® → **Buflomedil**
Buflomédil EG® → **Buflomedil**
Buflomedil Fada® → **Buflomedil**
Buflomédil G Gam® → **Buflomedil**
Buflomedil HCL Med-One® → **Buflomedil**
Buflomedil Heumann® → **Buflomedil**
Buflomedil Lafedar® → **Buflomedil**
Buflomedil L.CH.® → **Buflomedil**
Buflomedil Lindo® → **Buflomedil**
Buflomédil Merck® → **Buflomedil**
Buflomedil-ratiopharm® → **Buflomedil**
Buflomédil RPG® → **Buflomedil**
Buflomédil Sandoz® → **Buflomedil**
Buflomedil Stada® → **Buflomedil**
buflomedil von ct® → **Buflomedil**
Buflomedil Zydus® → **Buflomedil**
Buflo-POS® → **Buflomedil**
Buflo-Puren® → **Buflomedil**
Buflotop® → **Buflomedil**
Buflox® → **Buflomedil**
Bugesic® → **Ibuprofen**
Bulboid® → **Glycerol**
Bulk® → **Methylcellulose**
Bullrich Salz® → **Sodium Bicarbonate**
Bumaflex N® → **Naproxen**
Bumed® → **Ibuprofen**
Bumetanid® → **Bumetanide**
Bumetanid Copyfarm® → **Bumetanide**
Bumetanide® → **Bumetanide**
Bumetanide A® → **Bumetanide**
Bumetanide Alpharma® → **Bumetanide**
Bumetanide CF® → **Bumetanide**
Bumetanide Gf® → **Bumetanide**
Bumetanide Katwijk® → **Bumetanide**
Bumetanide Merck® → **Bumetanide**
Bumetanide PCH® → **Bumetanide**
Bumetanide Sandoz® → **Bumetanide**
Bumetanide Tablets® → **Bumetanide**
Bumetanide Tabletts® → **Bumetanide**
Bumetin® → **Trimebutine**
Bumetone® → **Nabumetone**
Bumex® → **Bumetanide**
Bunase® → **Budesonide**
Bunil® → **Melperone**
Bunondol® → **Buprenorphine**
Buphenyl® → **Sodium Phenylbutyrate**
Bupi® → **Bupivacaine**
Bupibil® → **Bupivacaine**
Bupicain® → **Bupivacaine**

Bupicaina® → **Bupivacaine**
Bupiforan® → **Bupivacaine**
Bupigobbi® → **Bupivacaine**
Bupinest® → **Bupivacaine**
Bupinex® → **Bupivacaine**
Bupirop® → **Bupivacaine**
Bupisen® → **Bupivacaine**
Bupisolver® → **Bupivacaine**
Bupivacainã® → **Bupivacaine**
Bupivacaina Angelini® → **Bupivacaine**
Bupivacaina Braun® → **Bupivacaine**
Bupivacaina Clorhidrato® → **Bupivacaine**
Bupivacaina Clorhidrato Hiperbarica® → **Bupivacaine**
Bupivacain ACS Dobfar Info® → **Bupivacaine**
Bupivacaina Fisiopharma® → **Bupivacaine**
Bupivacaina Gemepe® → **Bupivacaine**
Bupivacaina Hiperbarica® → **Bupivacaine**
Bupivacaina Pulitzer® → **Bupivacaine**
Bupivacaina Recordati® → **Bupivacaine**
Bupivacaine® → **Bupivacaine**
Bupivacaïne Aguettant® → **Bupivacaine**
Bupivacaine Bioren® → **Bupivacaine**
Bupivacaine DeltaSelect® → **Bupivacaine**
Bupivacaine Hcl Gf® → **Bupivacaine**
Bupivacaine Hcl PCH® → **Bupivacaine**
Bupivacaine Hydrochloride® → **Bupivacaine**
Bupivacaine Injection BP® → **Bupivacaine**
Bupivacain Jenapharm® → **Bupivacaine**
Bupivacain SAD® → **Bupivacaine**
Bupivacain Sintetica® → **Bupivacaine**
Bupivacain Spinal® → **Bupivacaine**
Bupivacainum hydrochloricum® → **Bupivacaine**
Bupixamol® → **Bupivacaine**
Buprenex® → **Buprenorphine**
Buprenorfin 1A Farma ® → **Buprenorphine**
Buprenorphin DeltaSelect® → **Buprenorphine**
Buprénorphine Arrow® → **Buprenorphine**
Buprenorphine Hydrochloride® → **Buprenorphine**
Buprex® → **Ibuprofen**
Buprine® → **Buprenorphine**
Buprophar® → **Ibuprofen**
Bupropion Hydrochloride® → **Bupropion**
Burana® → **Ibuprofen**
Burana-Caps® → **Ibuprofen**
Burazin® → **Oxymetazoline**
Burgerstein Beta-Carotin® → **Betacarotene**
Burgerstein DL-Methionin® → **Methionine, L-**
Burgerstein Vitamin A® → **Retinol**
Burgerstein Vitamin B_6® → **Pyridoxine**
Burgerstein Vitamin C® → **Ascorbic Acid**
Burgerstein Vitamin E® → **Tocopherol, α-**
Burinax® → **Bumetanide**
Burinex® → **Bumetanide**
Burmicin® [+ Amoxicillin, trihydrate] → **Clavulanic Acid**
Burmicin® [+ Clavulanic Acid, potassium salt] → **Amoxicillin**
Burnazin® → **Sulfadiazine**
BurnEze® → **Benzocaine**
Burnil® → **Tetryzoline**
Burnol® → **Cetrimide**
Burnsil® → **Sulfadiazine**
Burntame® → **Benzocaine**
Buronil® → **Melperone**
Burten® → **Ketorolac**
Busansil® → **Buspirone**
Buscalm® → **Buspirone**
Buscapina® → **Hyoscine Butylbromide**
Buscofen® → **Ibuprofen**
Buscol® → **Hyoscine Butylbromide**
Buscolysin® → **Hyoscine Butylbromide**
Buscom® → **Hyoscine Butylbromide**
Buscon® → **Hyoscine Butylbromide**
Buscono® → **Hyoscine Butylbromide**
Buscopan® → **Hyoscine Butylbromide**
Buscopan® [vet.] → **Hyoscine Butylbromide**
Buserelin aniMedica® [vet.] → **Buserelin**
Buserol® [vet.] → **Buserelin**
Busetal® → **Disulfiram**
Busetal® [+ Sulfamethoxazole] → **Trimethoprim**
Busetal® [+ Trimethoprim] → **Sulfamethoxazole**
Busidril® → **Ebastine**
Busilvex® → **Busulfan**
Busipron-Egis® → **Buspirone**
Busiral® → **Buspirone**
Busonal® → **Budesonide**
Busonid® → **Budesonide**
Busp® → **Buspirone**
Buspanil® → **Buspirone**
Buspar® → **Buspirone**
Buspar® [vet.] → **Buspirone**
Buspiron® → **Buspirone**
Buspirona® → **Buspirone**
Buspirona Genfar® → **Buspirone**
Buspiron Alpharma® → **Buspirone**
Buspirone® → **Buspirone**
Buspirone Actavis® → **Buspirone**
Buspiron-Egis® → **Buspirone**
Buspirone HCL® → **Buspirone**
Buspirone Hydrochloride® → **Buspirone**
Buspirone hydrochloride Novexal® → **Buspirone**
Buspirone Merck® → **Buspirone**
Buspiron Hcl CF® → **Buspirone**
Buspiron Hcl Katwijk® → **Buspirone**
Buspiron Hcl Merck® → **Buspirone**
Buspiron Hcl PCH® → **Buspirone**
Buspiron Hcl Sandoz® → **Buspirone**
Buspiron Merck NM® → **Buspirone**
Buspon® → **Buspirone**
Busulfan® → **Busulfan**
Busulfano® → **Busulfan**
Busulfano Allen® → **Busulfan**
Busulfex® → **Busulfan**
Butacin® → **Hyoscine Butylbromide**
Butacodin® → **Butamirate**
Butacort® → **Budesonide**
Butadion® → **Phenylbutazone**
Butadionum → **Phenylbutazone**
Butadion® [vet.] → **Phenylbutazone**
Butahale® → **Salbutamol**
Butaject® [vet.] → **Phenylbutazone**
Butalgin® → **Ibuprofen**
Butalone® [vet.] → **Phenylbutazone**
Butamide® → **Tolbutamide**
Butamine® → **Dobutamine**
Butamir® → **Butamirate**
Butamirol® → **Butamirate**
Butamol® → **Salbutamol**
Butapan® → **Hyoscine Butylbromide**
Butapirazol® → **Phenylbutazone**
Butasan® [vet.] → **Phenylbutazone**
Butason® → **Hyoscine Butylbromide**
Butasona Fabra® → **Betamethasone**
Butasona Fabra R.L.® → **Betamethasone**
Butastat® → **Hyoscine Butylbromide**
Butasyl® [vet.] → **Phenylbutazone**
Butatabs® [vet.] → **Phenylbutazone**
Butavate® → **Clobetasol**
Butazolidin® → **Phenylbutazone**
Butazolidina® → **Phenylbutazone**
Butazolidine® → **Phenylbutazone**

Butazona Calcica® → **Phenylbutazone**
Butekont® → **Budesonide**
Buten® → **Ambroxol**
Buterazine® → **Budralazine**
Buterol® → **Bambuterol**
Bute® [vet.] → **Phenylbutazone**
Butidiona® → **Ibuprofen**
Butifeno® → **Ketotifen**
Butil® → **Hyoscine Butylbromide**
Butimaxil® → **Dicloxacillin**
Butin® [vet.] → **Phenylbutazone**
Butiran® → **Butamirate**
Butisol Sodium® → **Secbutabarbital**
Buto Air® → **Salbutamol**
Buto Asma® → **Salbutamol**
Butocin® [vet.] → **Oxytocin**
Butomidor® [vet.] → **Butorphanol**
Butopan® → **Hyoscine Butylbromide**
Butorphanol® → **Butorphanol**
Butorphanol Tartrate® → **Butorphanol**
Butorphanol Tartrate Injection® → **Butorphanol**
Butorphanol Tartrate® [vet.] → **Butorphanol**
Butorphic® [vet.] → **Butorphanol**
Butosol® → **Beclometasone**
Butovent® → **Salbutamol**
Butox® [vet.] → **Deltamethrin**
Butramin® → **Sibutramine**
Butrans® [TTS] → **Buprenorphine**
Butrans® [TTS] → **Buprenorphine**
Butrew® → **Bupropion**
Butrin® → **Butamirate**
Butropan® → **Butropium Bromide**
Butrum® → **Butorphanol**
Butyl® → **Hyoscine Butylbromide**
Butylmin® → **Hyoscine Butylbromide**
Butylscopolaminiumbromid → **Hyoscine Butylbromide**
Butylscopolaminiumbromid (Ph. Eur. 5) → **Hyoscine Butylbromide**
Butylscopolamin-Rotexmedica® → **Hyoscine Butylbromide**
Buvasodil® → **Buflomedil**
Buvastin® → **Butamirate**
Buventol Easyhaler® → **Salbutamol**
Buxon® → **Bupropion**
Buzz-off® [vet.] → **Permethrin**
BW 56-72 → **Trimethoprim**
BW 759 U → **Ganciclovir**
Byetta® → **Exenatide**
Byfluc® → **Fluconazole**
Bykahepar® [vet.] → **Clanobutin**
Bykahépar® [vet.] → **Clanobutin**
Bykomycin® → **Neomycin**
Bykophyllin® [vet.] → **Theophylline**
Bylans® → **Lansoprazole**
By-Madol® → **Tramadol**
Bymaral® → **Bromopride**
By-Mycin® → **Doxycycline**
Byol® → **Bisoprolol**
Bysec® → **Omeprazole**
Byspa® → **Hyoscine Butylbromide**
Bystat® → **Pravastatin**
Bystrumgel® → **Ketoprofen**
Bytrite® → **Ramipril**
By-Vertin® → **Betahistine**
Byzestra® → **Lisinopril**

C1 Inattivatore Umano® → **C_1Esterase inhibitor**
C1 Inhibitor S-TIM® → **C_1Esterase inhibitor**
C-20® → **Chlorhexidine**
C 4311 → **Methylphenidate**
C500® → **Ascorbic Acid**
C 5968 → **Hydralazine**
C-86 Crema® → **Ketoconazole**
Caa 40 → **Isoxsuprine**
Cab® → **Amlodipine**
Cabal® → **Cetirizine**
Cabaser® → **Cabergoline**
Cabaseril® → **Cabergoline**
Cabergolina® → **Cabergoline**
Cabergolin AL® → **Cabergoline**
Cabergolin-CT® → **Cabergoline**
Cabergolin dura® → **Cabergoline**
Cabergolin Hexal® → **Cabergoline**
Cabergolin-ratiopharm® → **Cabergoline**
Cabergolin Sandoz® → **Cabergoline**
Cabergolin Stada® → **Cabergoline**
CABERGO-TEVA® → **Cabergoline**
Caberlin® → **Cabergoline**
Caberpar® → **Cabergoline**
Cabeser® → **Cabergoline**
Cabis® → **Permethrin**
Cabisol® → **Benzyl Benzoate**
Cabral Ampul® [inj.] → **Fenyramidol**
Cabral Draje® → **Fenyramidol**
Cacit® → **Calcium Carbonate**
Cadelit® → **Lithium**
Cadens® [salmon] → **Calcitonin**
Cadenza® → **Clotrimazole**
Cadex® → **Doxazosin**
Cadicon® → **Gliclazide**
Cadinol® → **Dimeticone**
Cadistin® → **Chlorphenamine**
Caditar® → **Celecoxib**
Cadolac® → **Ketorolac**
Cadraten® → **Cadralazine**
Caedax® → **Ceftibuten**
Caelyx® → **Doxorubicin**
Cafcit® → **Caffeine**
Cafein → **Caffeine**
Cafeina 25 % Fada® → **Caffeine**
Cafeina Larjan® → **Caffeine**
Cafeina Richmond® → **Caffeine**
Caféine → **Caffeine**
Caféine [DCF] → **Caffeine**
Caféine (Ph. Eur. 5) → **Caffeine**
Cafergot® → **Ergotamine**
Caffedrine® → **Caffeine**
Caffeina → **Caffeine**
Caffein (– Anhydrous“;“JP XIV) → **Caffeine**
Caffein Biomed® → **Caffeine**
Caffeine → **Caffeine**
Caffeine and Sodium Benzoate Injection® → **Caffeine**
Caffeine [BAN, JAN, USAN] → **Caffeine**
Caffeine (Ph. Eur. 5, Ph. Int. 4, USP 30) → **Caffeine**
Caffeine Tablets® → **Caffeine**
Ca-Folinat O.R.C.A.-Pharm® → **Folinic Acid**
Caginal® → **Clotrimazole**
Cahlverm® [vet.] → **Levamisole**
Caid® → **Aspirin**
Cal 500® → **Calcium Carbonate**
Calabron® → **Calcium Bromolactobionate**
Calac® → **Lactic Acid**
Calacort® → **Hydrocortisone**
Caladryl® → **Diphenhydramine**
Cal-Aid® → **Calcium Carbonate**
Calapol® → **Paracetamol**
Calaptin® → **Verapamil**
Calbisan® → **Calcium Carbonate**
Calbo® → **Calcium Carbonate**
Calbon® → **Calcium Carbonate**
Calcanate® → **Calcium Carbonate**
Calcar® → **Calcium Carbonate**
Cal-Car® → **Calcium Carbonate**
Calcarb® → **Calcium Carbonate**
Calcarbonate® → **Calcium Carbonate**
Calcascorbin® → **Ascorbic Acid**
Calcefor® → **Calcium Carbonate**
Calcefor Cap® → **Calcium Carbonate**
Calcefor Lch® → **Calcium Carbonate**
Calcheck® → **Nifedipine**
Calchek® → **Amlodipine**
Calci® → **Pantothenic Acid**
Calci-10® [salmon] → **Calcitonin**
Calci-Aid® → **Calcium Carbonate**
Calcianta® → **Nifedipine**
Calcibind® → **Cellulose Sodium Phosphate**

Calcibloc® → **Nifedipine**
Calcibronat® → **Calcium Bromolactobionate**
Calcicar® → **Calcium Carbonate**
Calcicarb® → **Calcium Carbonate**
Calcicard® → **Verapamil**
Calcicard CR® → **Diltiazem**
Calcichew® → **Calcium Carbonate**
Calci-Chew® → **Calcium Carbonate**
Calcicreen® → **Calcitriol**
Calci-D® → **Calcium Carbonate**
Calcidia® → **Calcium Carbonate**
Calcidose® → **Calcium Carbonate**
Calciédétate de sodium [DCF] → **Edetic Acid**
Calcifedilo → **Calcifediol**
Calcifedilo [DCIT] → **Calcifediol**
Calcifediol → **Calcifediol**
Calcifédiol → **Calcifediol**
Calcifediol [BAN, DCF, USAN] → **Calcifediol**
Calcifediolum → **Calcifediol**
Calciferol® → **Ergocalciferol**
Calciferol BD® → **Ergocalciferol**
Calciferolum → **Ergocalciferol**
Calcifil® → **Calcium Carbonate**
Calcifolin® → **Folinic Acid**
Calcigamma® → **Calcium Carbonate**
Calcigard® → **Nifedipine**
Calcigol Plain® [vet.] → **Calcium Carbonate**
Calci-GRY® → **Calcium Carbonate**
Calcihexal® [salmon] → **Calcitonin**
Calcii carbonas → **Calcium Carbonate**
Calcii carbonas (Ph. Eur. 5, Ph. Int. 4) → **Calcium Carbonate**
Calcii Carbonatis® → **Calcium Carbonate**
Calcii Gluconas → **Calcium Gluconate**
Calcii Gluconas® → **Calcium Gluconate**
Calcii-Min® → **Calcium Carbonate**
Calcii Pantothenas → **Pantothenic Acid**
Calcii pantothenas (Ph. Eur. 5) → **Pantothenic Acid**
Calcijex® → **Calcitriol**
Calci-kêl® [vet.] → **Calcium Gluconate**
Calcilin® → **Calcium Levulinate**
Calcimagon® → **Calcium Carbonate**
Calcimar® [salmon] → **Calcitonin**
Calcimed® → **Calcium Carbonate**
Calci-Mix® → **Calcium Carbonate**
Calcimore® → **Calcium Carbonate**
Calcimusc® → **Calcium Gluconate**
Calcin® → **Calcium Carbonate**
Calcinate® → **Pantothenic Acid**
Calcio® → **Calcium Gluconate**
Calcio® → **Calcium Carbonate**
Calcio 600 MK® → **Calcium Carbonate**
Calcio Base Dupomar® → **Calcium Carbonate**
Calcio Base Vannier® → **Calcium Carbonate**
Calcio Base Vent-3® → **Calcium Carbonate**
Calcio carbonato → **Calcium Carbonate**
Calcio Carbonato EG® → **Calcium Carbonate**
Calciodie® → **Calcium Carbonate**
Calcio Folinato Pliva® → **Folinic Acid**
Calcio Folinato Sandoz® → **Folinic Acid**
Calcio Gluconato® → **Calcium Gluconate**
Calcio Levofolinato Fidia® → **Calcium Levofolinate**
Calcio Levofolinato Teva® → **Calcium Levofolinate**
Calcional® → **Calcium Carbonate**
Calcio pantotenato → **Pantothenic Acid**
Calciopiù® → **Calcium Carbonate**
Calcioral® → **Calcium Carbonate**
Calcio Savio® → **Calcium Carbonate**
Calciosint® [salmon] → **Calcitonin**
Calcioton® [salmon] → **Calcitonin**
Calcipan® → **Pantothenic Acid**
Calciparin® → **Heparin**
Calciparina® → **Heparin**
Calciparine® → **Heparin**
Calcipen® → **Phenoxymethylpenicillin**
Calcipharm® → **Calcium Carbonate**
Calciplus® [salmon] → **Calcitonin**
Calcipot® → **Calcium Gluconate**
Calcipotriol® → **Calcipotriol**
Calcipotriol Hexal® → **Calcipotriol**
Calcipotriol Sandoz® → **Calcipotriol**
Calciprat® → **Calcium Carbonate**
Calcirol® → **Colecalciferol**
Calcitab® → **Calcium Carbonate**
Calci-Tab® → **Calcium Carbonate**
Calcite® → **Calcium Carbonate**
Calciton® → **Calcium Carbonate**
Calciton® → **Calcitonin**
Calcitonin → **Calcitonin**
Calcitonina → **Calcitonin**
Calcitonina Almirall® [salmon] → **Calcitonin**
Calcitonina [DCIT] → **Calcitonin**
Calcitonina de Salmão® → **Calcitonin**
Calcitonina de Salmão Farmoz® [salmon] → **Calcitonin**
Calcitonina de Salmão Ostinate® [salmon] → **Calcitonin**
Calcitonina Hubber® → **Calcitonin**
Calcitonina Hubber® [salmon] → **Calcitonin**
Calcitonina Hubber® [salmon] → **Calcitonin**
Calcitonina Medical® → **Calcitonin**
Calcitonina porcina (F. U. IX) → **Calcitonin**
Calcitonina Sandoz® [salmon] → **Calcitonin**
Calcitonin AZU® [salmon] → **Calcitonin**
Calcitonin [BAN, USAN] → **Calcitonin**
Calcitonine → **Calcitonin**
Calcitonine [DCF] → **Calcitonin**
Calcitonine de saumon (Ph. Eur. 5) → **Calcitonin**
Calcitonine Pharmy II® [salmon] → **Calcitonin**
Calcitonine Sandoz® [salmon] → **Calcitonin**
Calcitonin Novartis® → **Calcitonin**
Calcitonin Pharmachem® [salmon] → **Calcitonin**
Calcitonin (Pork) [BANM] → **Calcitonin**
Calcitonin (Pork) (BP 1999) → **Calcitonin**
Calcitonin-ratiopharm® [salmon] → **Calcitonin**
Calcitonin Rotexmedica® [salmon] → **Calcitonin**
Calcitonin® [salmon] → **Calcitonin**
Calcitonin (Salmon) [BANM] → **Calcitonin**
Calcitonin Salmon [JAN] → **Calcitonin**
Calcitonin (Salmon) (Ph. Eur. 5) → **Calcitonin**
Calcitonin Sandoz® [salmon] → **Calcitonin**
Calcitonin Stada® [salmon] → **Calcitonin**
Calcitonin Stada® [salmon] → **Calcitonin**
Calcitoninum → **Calcitonin**
Calcitoninum humanum (Ph. Helv. 9) → **Calcitonin**
Calcitoninum salmonis (Ph. Eur. 5) → **Calcitonin**
Calcitonin vom Lachs (Ph. Eur. 5) → **Calcitonin**
Calcitonin von ct® [salmon] → **Calcitonin**
Calcitoran® → **Calcitonin**
Calcitridin® → **Calcium Carbonate**

C

Calcium pantothenat → **Pantothenic Acid**
Calcium Pantothenate → **Pantothenic Acid**
Calcium Pantothenate [BAN, USAN] → **Pantothenic Acid**
Calcium (pantothénate de) (Ph. Eur. 5) → **Pantothenic Acid**
Calcium Pantothenate (Ph. Eur. 5, JP XIV, USP 30) → **Pantothenic Acid**
Calciumpantothenat (Ph. Eur. 5) → **Pantothenic Acid**
Calcium Pantothenicum® → **Pantothenic Acid**
Calcium Pasteur® → **Calcium Gluconate**
Calcium PCH® → **Calcium Carbonate**
Calcium Pharmavit® → **Calcium Carbonate**
Calcium-Phosphatbinder Bichsel® → **Calcium Carbonate**
Calcium-Picken® [inj.] → **Calcium Levulinate**
Calcium Pliva® → **Calcium Glubionate**
Calcium Resonium® → **Polystyrene Sulfonate**
Calcium-Sandoz® → **Calcium Glubionate**
Calcium Sandoz® → **Calcium Glubionate**
Calcium-Sandoz® [inj.] → **Calcium Gluconate**
Calcium Slovakofarma® → **Calcium Glubionate**
Calcium S.Med® → **Calcium Carbonate**
Calcium Stada® → **Calcium Carbonate**
Calcium Unison® → **Lactic Acid**
Calcium Upsavit® → **Calcium Carbonate**
Calcium Verla® → **Calcium Carbonate**
calcium von ct® → **Calcium Carbonate**
Calciu Sandoz® → **Calcium Glubionate**
Calcivoran® → **Folinic Acid**
Calcivorin® → **Calcium Carbonate**
Calcort® → **Deflazacort**
Calco® [salmon] → **Calcitonin**
Caldecort® → **Hydrocortisone**
Caldecort Anti-Itch® → **Hydrocortisone**
Calderol® → **Calcifediol**
Caldesene® → **Undecylenic Acid**
Caldical® → **Calcium Carbonate**
Caldil® → **Calcium Carbonate**
Caldine® → **Lacidipine**
Caldoral® → **Calcium Carbonate**
Caleobrol® → **Calcitriol**
Calfetos® → **Clobutinol**
Calfolex® → **Folinic Acid**
Calfor® → **Calcium Carbonate**
Calf Scour® [vet.] → **Chlortetracycline**
Calgodip® [vet.] → **Nonoxinol**
Calibral® → **Mefenamic Acid**
Calidiol® → **Estradiol**
Calierdoxina® [vet.] → **Doxycycline**
Caliermisol® [vet.] → **Levamisole**
Calinat® → **Folinic Acid**
Caliprene® → **Pilocarpine**
Calium® → **Amlodipine**
Calixta® → **Mirtazapine**
Caljuven® → **Calcium Carbonate**
Calkid® → **Calcium Carbonate**
Callicida Gras® → **Salicylic Acid**
Callicida Salve® → **Salicylic Acid**
Callofin® → **Salicylic Acid**
Callous® → **Salicylic Acid**
Calm® → **Clobazam**
Calma® → **Calcium Carbonate**
Calma® → **Dimenhydrinate**
Calmaben® → **Diphenhydramine**
Calmador® → **Tramadol**
Calmafen® → **Ibuprofen**
Calmafher® → **Ibuprofen**
Calmagine® [vet.] → **Metamizole**
Calmante de Denticion DP® → **Lidocaine**
Calmaril® → **Thioridazine**
Calmatel® → **Piketoprofen**
Calmatron® → **Lorazepam**
Calmax® → **Alprazolam**
Calmday® → **Nordazepam**
Calmepam® → **Bromazepam**
Calmerphan-L® → **Dextromethorphan**
Calmese® → **Lorazepam**
Calmesin-Mepha® → **Dextromethorphan**
Calmet® → **Calcium Carbonate**
Calmidol® → **Ibuprofen**
Calmine® → **Ibuprofen**
Calmivet® [vet.] → **Acepromazine**
Calmixène® → **Pimethixene**
Calmlet® → **Alprazolam**
Calmociteno® → **Diazepam**
Calmoflex® → **Diclofenac**
Calmoflorine® → **Sulpiride**
Calmogel® → **Isothipendyl**
Calmol® → **Alprazolam**
Calmoxyl® → **Amoxicillin**
Calmpose® → **Diazepam**
Calmuderm® → **Urea**
Calmurid® → **Urea**
Calmuril® → **Urea**
Calnathal TP® → **Pentoxyverine**
Calner® → **Clorazepate, Dipotassium**
Calnisan® [salmon] → **Calcitonin**
Calnit® → **Nimodipine**
Calogen® [salmon] → **Calcitonin**
Calomide-S® → **Cobamamide**
CaloMist® → **Cyanocobalamin**
Calorex® → **Paracetamol**
Calos® → **Calcium Carbonate**
Calparine® → **Heparin**
Calperos® → **Calcium Carbonate**
Calpo® → **Calcium Carbonate**
Calpol® → **Paracetamol**
Calpol 6 plus® → **Paracetamol**
Calpres® → **Amlodipine**
Calprimum® → **Calcium Carbonate**
Calprofen® → **Ibuprofen**
Calsan® → **Calcium Carbonate**
Calsil® → **Calcium Carbonate**
Calslot® → **Manidipine**
Calson® → **Lactic Acid**
Calsum® → **Calcium Carbonate**
Cal-Sup® → **Calcium Carbonate**
Calsynar® [salmon] → **Calcitonin**
Calsyn® [salmon] → **Calcitonin**
Caltab® → **Calcium Carbonate**
Caltate® → **Lactic Acid**
Caltheon® → **Tetryzoline**
Caltine® [salmon] → **Calcitonin**
Caltrate® → **Calcium Carbonate**
Caltren® → **Nitrendipine**
Calulose® → **Lactulose**
Calumid® → **Bicalutamide**
Caluran® → **Bicalutamide**
Calvasc® → **Amlodipine**
Calvepen® → **Phenoxymethylpenicillin**
Calvit® → **Lactic Acid**
Calypsol® → **Ketamine**
CAM® → **Ephedrine**
Camazol® → **Carbimazole**
Cambem® → **Cambendazole**
Camcolit® → **Lithium**
Camelot® → **Meloxicam**
Camelox® → **Meloxicam**
Camezol® → **Metronidazole**
Camin® → **Diethylcarbamazine**
Camirox® → **Cefaclor**
Camiton® → **Vinpocetine**
Camlodin® → **Amlodipine**
Camnovate® → **Betamethasone**
Camoquin® → **Amodiaquine**
Campath® → **Alemtuzumab**
Campel® → **Chromocarb**
Campher → **Camphor**

Campho-Phenique® → **Pramocaine**
Camphor → **Camphor**
Camphora → **Camphor**
Camphor [USAN] → **Camphor**
Camphre → **Camphor**
Campicilin® → **Ampicillin**
Campixen® → **Bacampicillin**
Campral® → **Acamprosate**
Campto® → **Irinotecan**
Camptosar® → **Irinotecan**
Canac® [vet.] → **Permethrin**
Canadine® → **Clotrimazole**
Canadiol® → **Itraconazole**
Canalba® → **Clotrimazole**
Canamicin Coulfat® → **Kanamycin**
Cananthel® [vet.] → **Flubendazole**
Cananthel® [vet.] → **Nitroscanate**
Canasa® → **Mesalazine**
Canazol® → **Clotrimazole**
Canazole® → **Fluconazole**
Canazol Lozenge® → **Clotrimazole**
Cancare® [vet.] → **Pyrantel**
Cancid® → **Fluconazole**
Cancidas® → **Caspofungin**
Candacide® → **Nystatin**
Candaspor® → **Clotrimazole**
Candazole® → **Clotrimazole**
Canderel® → **Aspartame**
Candermil® → **Nystatin**
Candesa® → **Candesartan**
Candesar® → **Candesartan**
Candesartan® → **Candesartan**
Candesartan cilexetil® → **Candesartan**
Candesartan Genfar® → **Candesartan**
Candex® → **Nystatin**
Candibene® → **Clotrimazole**
Candid® → **Clotrimazole**
Candidas® → **Caspofungin**
Candiderm® → **Ketoconazole**
Candidin® → **Fluconazole**
Candid-V3® → **Clotrimazole**
Candimicol® → **Fluconazole**
Candimon® → **Clotrimazole**
Candimyc® → **Ciclopirox**
Candinil® → **Fluconazole**
Candinox® → **Clotrimazole**
Candio-Hermal® → **Nystatin**
Candiphen® → **Clotrimazole**
Candiplas® → **Miconazole**
Candistat® → **Clotrimazole**
Candistat® → **Itraconazole**
Candistatin® → **Nystatin**
Candistin® → **Nystatin**
Canditral® → **Itraconazole**
Candizol® → **Fluconazole**
Candizole® → **Clotrimazole**
Candoral® → **Ketoconazole**
Canesten® → **Bifonazole**
Canesten® → **Cloxacillin**
Canesten® → **Fluconazole**
Canesten® → **Clotrimazole**
Canesten 1® → **Clotrimazole**
Canesten 3® → **Clotrimazole**
Canesten Clotrimazol® → **Clotrimazole**
Canestene® → **Clotrimazole**
Canestene Derm Bifonazole® → **Bifonazole**
Canestene Derm Clotrimazole® → **Clotrimazole**
Canestene Gyn Clotrimazole® → **Clotrimazole**
Canestene Onychoset Bifonazole® → **Bifonazole**
Canesten Extra Bifonazol® → **Bifonazole**
Canesten Fluconazole® → **Fluconazole**
Canesten Once® → **Clotrimazole**
Canesten® [vet.] → **Clotrimazole**
Canestol® → **Clotrimazole**
Canex® → **Fluconazole**
Canex Puppy Suspension® [vet.] → **Pyrantel**
Canferon-A® → **Interferon Alfa**
Canfora → **Camphor**
Canibioprim®[vet.] → **Sulfamethoxazole**
Canibioprim®[vet.] → **Trimethoprim**
Canifelmin® [vet.] → **Praziquantel**
Canifug® → **Clotrimazole**
Canifug Fluco® → **Fluconazole**
Canifug Itra® → **Itraconazole**
Canine Forte® [vet.] → **Stirofos**
Caninsulin®[vet.] → **Insulin Zinc Injectable Suspension**
Caniphedrin® [vet.] → **Ephedrine**
Canipil® [vet.] → **Megestrol**
Caniprevent® [vet.] → **Chlorothymol**
Caniquantel® [vet.] → **Praziquantel**
Canitédarol® [vet.] → **Triamcinolone**
Cankaid® → **Urea**
Canoderm® → **Urea**
Canoderm® [vet.] → **Benzoyl Peroxide**
Canolen® → **Ciclopirox**
Canovel Doublecare Insecticidal Collar® [vet.] → **Dimpylate**
Canovel Tapewormer® [vet.] → **Dichlorophen**
Canovel® [vet.] → **Permethrin**
Canrenol® → **Potassium Canrenoate**
Canri® → **Irinotecan**
Canstat® → **Nystatin**
Cantabilin® → **Hymecromone**
Cantabiline® → **Hymecromone**
Cantil® → **Mepenzolate Bromide**
Cantinia® → **Fluconazole**
Cantor® → **Minaprine**
Cantrim® → **Clotrimazole**
Canusal® → **Heparin**
Canusal® [vet.] → **Heparin**
Caosina® → **Calcium Carbonate**
Capabiotic® → **Cefaclor**
Capace® → **Captopril**
Capasal Shampoo® → **Salicylic Acid**
Capastat® → **Capreomycin**
Capcee® → **Ascorbic Acid**
Capel® → **Ketoconazole**
Capent® → **Loperamide**
Capergyl® → **Dihydroergotoxine**
Capex® → **Fluocinolone acetonide**
Capilarema® → **Aminaphtone**
Capillarema® → **Aminaphtone**
Capisten® → **Ketoprofen**
Capitis® → **Permethrin**
Capizol® [vet.] → **Levamisole**
Caplenal® → **Allopurinol**
Capobal® → **Captopril**
Capocard® → **Captopril**
Caposan® → **Captopril**
Capoten® → **Captopril**
Capotril® → **Captopril**
Capozide® → **Captopril**
Capriaton® → **Spironolactone**
Capril® → **Captopril**
Caprill® → **Captopril**
Caprilon® → **Tranexamic Acid**
Capriltop® → **Captopril**
Caprimida® → **Calcium Carbonate**
Caprin® → **Aspirin**
Caprine® [tab.] → **Captopril**
Caproamin Fides® → **Aminocaproic Acid**
Caprolex® → **Aminocaproic Acid**
Caprolisin® → **Aminocaproic Acid**
Capron → **Hydroxyprogesterone**
Capronol® → **Propranolol**
Capros® → **Morphine**
Capsaicin® → **Capsaicin**
Capsaïcine® → **Capsaicin**
Capsamol® → **Capsaicin**
Capsicin® → **Capsaicin**
Capsicof® → **Benzonatate**
Capsicum Farmaya® → **Capsaicin**
Capsidol® → **Capsaicin**
Capsin® → **Capsaicin**
Capsina® → **Capsaicin**
Capsoid® → **Prednisolone**
Capsotetra® [vet.] → **Oxytetracycline**
Capstar® [vet.] → **Nitenpyram**
Captace® → **Captopril**

C

Carbocisteina DOC® → **Carbocisteine**
Carbocisteina Francia® → **Carbocisteine**
Carbocisteina Ramini® → **Carbocisteine**
Carbocisteina Ratiopharm® → **Carbocisteine**
Carbocistéine Biogaran® → **Carbocisteine**
Carbocistéine EG® → **Carbocisteine**
Carbocistéine G Gam® → **Carbocisteine**
Carbocistéine Ivax® → **Carbocisteine**
Carbocistéine Merck® → **Carbocisteine**
Carbocistéine RPG® → **Carbocisteine**
Carbocistéine Sandoz® → **Carbocisteine**
Carbocistéine Winthrop® → **Carbocisteine**
Carbocit® → **Carbocisteine**
Carbocter® → **Carbocisteine**
Carbogasol® → **Dimeticone**
Carbokebir® → **Carboplatin**
Carbolic acid → **Phenol**
Carbolim® → **Lithium**
Carbolin® → **Carbocisteine**
Carbolit® → **Lithium**
Carbolith® → **Lithium**
Carbolithium® → **Lithium**
Carbolitium® → **Lithium**
Carbomedac® → **Carboplatin**
Carbo Medicinalis® → **Charcoal, Activated**
Carbo Medicinalis „Chepharin"® → **Charcoal, Activated**
Carbo Medicinalis Sanova® → **Charcoal, Activated**
Carbomix® → **Charcoal, Activated**
Carbomix® [vet.] → **Charcoal, Activated**
Carbon® → **Charcoal, Activated**
Ca-r-bon® → **Charcoal, Activated**
Carbonato Calcico® → **Calcium Carbonate**
Carbonato de calcio® → **Calcium Carbonate**
Carbonato de Litio® → **Lithium**
Carbon Belloc® → **Charcoal, Activated**
Carbone Belloc® → **Charcoal, Activated**
Carbon Eczane® → **Charcoal, Activated**
Carbonic acid, calcium salt → **Calcium Carbonate**
Carbon Medical® → **Charcoal, Activated**
Carbon Oriental® → **Charcoal, Activated**
Carbon-vegetal® → **Charcoal, Activated**
Carbophen® [vet.] → **Colistin**
Carbophos® → **Charcoal, Activated**
Carboplamin® → **Carboplatin**
Carboplat® → **Carboplatin**
Carboplatin® → **Carboplatin**
Carboplatina® → **Carboplatin**
Carboplatin Abic® → **Carboplatin**
Carboplatin Amphar® → **Carboplatin**
Carboplatin Cancernova® → **Carboplatin**
Carboplatin DBL® [inj.] → **Carboplatin**
Carboplatin DBL® [inj.] → **Carboplatin**
Carboplatine® → **Carboplatin**
Carboplatine Aguettant® → **Carboplatin**
Carboplatin Ebewe® → **Carboplatin**
Carboplatin-Ebewe® → **Carboplatin**
Carboplatine Dakota Pharm® → **Carboplatin**
Carboplatine Ebewe® → **Carboplatin**
Carboplatine G Gam® → **Carboplatin**
Carboplatine-Mayne® → **Carboplatin**
Carboplatine Mayne® → **Carboplatin**
Carboplatin for Injection® → **Carboplatin**
Carboplatin-GRY® → **Carboplatin**
Carboplatin Hexal® [inj.] → **Carboplatin**
Carboplatin® [inj.] → **Carboplatin**
Carboplatin Injection® → **Carboplatin**
Carboplatin Kalbe® → **Carboplatin**
Carboplatin Mayne® → **Carboplatin**
Carboplatin Meda® → **Carboplatin**
Carboplatin-Medac® → **Carboplatin**
Carboplatino® → **Carboplatin**
Carboplatino Aguettant® → **Carboplatin**
Carboplatino Blastocarb RU® [sol.-inj.] → **Carboplatin**
Carboplatino Delta Farma® → **Carboplatin**
Carboplatino Dosa® → **Carboplatin**
Carboplatino Faulding® → **Carboplatin**
Carboplatino Ferrer Farma® → **Carboplatin**
Carboplatino Filaxis® → **Carboplatin**
Carboplatino Ivax® → **Carboplatin**
Carboplatino Martian® → **Carboplatin**
Carboplatino Mayne® → **Carboplatin**
Carboplatino Microsules® → **Carboplatin**
Carboplatino Pharmacia® → **Carboplatin**
Carboplatino Raffo® → **Carboplatin**
Carboplatino Rontag® → **Carboplatin**
Carboplatino Servycal® → **Carboplatin**
Carboplatino Sidus® → **Carboplatin**
Carboplatino Teva® → **Carboplatin**
Carboplatino Varifarma® → **Carboplatin**
Carboplatin Pfizer® → **Carboplatin**
Carboplatin Pharmacia® → **Carboplatin**
Carboplatin Pliva® → **Carboplatin**
Carboplatin-ratiopharm® → **Carboplatin**
Carboplatin Sindan® → **Carboplatin**
Carboplatin Teva® → **Carboplatin**
Carboplatinum® → **Carboplatin**
Carboplatinum Cytosafe-Pharmacia® → **Carboplatin**
Carboplyin Dental® → **Mepivacaine**
Carboptic® → **Carbachol**
Carboron® → **Lithium**
Carbos® → **Acarbose**
Carbosan® → **Carbenoxolone**
Carbose® → **Acarbose**
Carbosen® → **Mepivacaine**
Carbosin® → **Carboplatin**
Carbosint® → **Calcium Carbonate**
Carbosol® → **Carboplatin**
Carbosorb® → **Charcoal, Activated**
Carbostesin® → **Bupivacaine**
Carbotop® → **Calcium Carbonate**
Carbotox® → **Charcoal, Activated**
Carbovital® [vet.] → **Charcoal, Activated**
Carboxtie® → **Carboplatin**
Carbyl® [vet.] → **Carbaril**
Carbymal® → **Carbamazepine**
Carcinocin® → **Doxorubicin**
Cardace® → **Ramipril**
Cardactona® → **Spironolactone**
Cardalin® → **Nifedipine**
Cardanat® → **Etilefrine**
Cardaten® → **Atenolol**
Cardaxen® → **Atenolol**
Cardegic® → **Aspirin**
Cardeloc® → **Metoprolol**
Cardem® → **Celiprolol**
Cardenalin® → **Doxazosin**
Cardene® → **Nicardipine**
Cardene I.V.® → **Nicardipine**
Cardene SR® → **Nicardipine**

Cardenol® → **Propranolol**
Cardensiel® → **Bisoprolol**
Cardepine® → **Nicardipine**
Cardiace® → **Captopril**
Cardiagen® → **Captopril**
Cardial® → **Dipyridamole**
Cardiamidum® → **Nikethamide**
CardiASK® → **Aspirin**
Cardiazem® → **Nitrendipine**
Cardibloc® → **Nicardipine**
Cardicol® → **Amlodipine**
Cardicon® → **Nifedipine**
Cardicon Osmos® → **Nifedipine**
Cardicor® → **Bisoprolol**
Cardifen® → **Nifedipine**
Cardigard® → **Carvedilol**
Cardiject® → **Dobutamine**
Cardiket retard® → **Isosorbide Dinitrate**
Cardil® → **Diltiazem**
Cardilat® → **Nifedipine**
Cardiloc® → **Bisoprolol**
Cardilock® → **Atenolol**
Cardilol® → **Carvedilol**
Cardilor® → **Amiodarone**
Cardin® → **Simvastatin**
Cardinex® [inj.] → **Enoxaparin**
Cardinol® → **Propranolol**
Cardinor® → **Amlodipine**
Cardinorm® → **Amiodarone**
Cardinorm® → **Verapamil**
Cardioaspirin® → **Aspirin**
Cardioaspirina® → **Aspirin**
Cardioaspirine® → **Aspirin**
Cardiobil® → **Levocarnitine**
Cardiobron® → **Alprostadil**
Cardiocor® → **Bisoprolol**
Cardiodarone® → **Amiodarone**
Cardiofenone® → **Propafenone**
Cardiogen® → **Levocarnitine**
Cardiogesic® → **Amiodarone**
Cardiogoxin® → **Digoxin**
Cardioket® → **Isosorbide Dinitrate**
Cardiol® → **Carvedilol**
Cardiolen® → **Verapamil**
Cardiomin® → **Aminophylline**
Cardionil® → **Isosorbide Mononitrate**
Cardionox® → **Amlodipine**
Cardiopal® → **Dopamine**
Cardiopirin® → **Aspirin**
Cardio-Pres® → **Enalapril**
Cardiopril® → **Ramipril**
Cardioprotect® → **Verapamil**
Cardioquin® → **Quinidine**
Cardioram® → **Losartan**
Cardiorex® → **Amlodipine**
Cardiosel® → **Metoprolol**
Cardiostad® → **Lisinopril**
Cardiostat® → **Metoprolol**
Cardiostatin® → **Lovastatin**
Cardioten® → **Nicardipine**
Cardiotensin® → **Moexipril**
Cardioton® → **Aspirin**
Cardiovas® → **Isosorbide Mononitrate**
Cardiovasc® → **Lercanidipine**
Cardiover® → **Verapamil**
Cardiovert® → **Adenosine**
Cardiovet® [vet.] → **Enalapril**
Cardioxane® → **Dexrazoxane**
Cardioxane® → **Razoxane**
Cardip® → **Nicardipine**
Cardiphar® → **Aspirin**
Cardipin® → **Amlodipine**
Cardipin® → **Nifedipine**
Cardipine® → **Isosorbide Dinitrate**
Cardiprin® → **Aspirin**
Cardiprin 100® → **Aspirin**
Cardipro® → **Atenolol**
Cardirenal® → **Aminophylline**
Cardirene® → **Aspirin**
Cardiron® → **Amiodarone**
Cardiser® → **Diltiazem**
Cardismo® → **Isosorbide Mononitrate**
Cardisorb® → **Isosorbide Mononitrate**
Cardispan® → **Levocarnitine**
Carditen® → **Diltiazem**
Cardium® → **Diltiazem**
Cardival® → **Valsartan**
Cardivas® → **Carvedilol**
Cardizem® → **Diltiazem**
Cardizem CD® → **Diltiazem**
Cardizem Retard® → **Diltiazem**
Cardizem Uno® → **Diltiazem**
Cardol® → **Sotalol**
Cardomec® [vet.] → **Ivermectin**
Cardon® → **Losartan**
Cardonit® → **Isosorbide Dinitrate**
Cardopal® → **Losartan**
Cardopar® [+ Carbidopa] → **Levodopa**
Cardopar® [+ Levodopa] → **Carbidopa**
Cardopax® → **Isosorbide Dinitrate**
Cardophyllin® → **Aminophylline**
Cardopril® → **Captopril**
Cardoprin® → **Aspirin**
Cardopyrin® → **Aspirin**
Cardoral® → **Doxazosin**
Cardosin Retard® → **Doxazosin**
Cardosor® → **Isosorbide Dinitrate**
Cardotek® [vet.] → **Ivermectin**
Cardoxin® → **Dipyridamole**
Cardoxin® [vet.] → **Digoxin**
Cardoxone® → **Metoprolol**
Cardoxone R® → **Metoprolol**
Cardular® → **Doxazosin**
Cardules® → **Nifedipine**
Carduran® → **Doxazosin**
Carduran Neo® → **Doxazosin**
Carduran Retard® → **Doxazosin**
Cardura XL® → **Doxazosin**
Cardyl® → **Atorvastatin**
Cardyn® → **Atorvastatin**
Care® → **Ibuprofen**
Care 4 Month Flea Collar® [vet.] → **Permethrin**
Care Flea Shampoo® [vet.] → **Permethrin**
Careflu® → **Flunisolide**
Care Long Acting Spray® [vet.] → **Permethrin**
Carena® [inj.] → **Aminophylline**
Carencil® → **Captopril**
Carepen® [vet.] → **Penicillin G Procaine**
Care Permethrin Foam Mousse® [vet.] → **Permethrin**
Caress® → **Benzoyl Peroxide**
Caress® → **Urea**
Carexan® → **Itraconazole**
Carexidil® → **Minoxidil**
Carezee® → **Ascorbic Acid**
Cargosil® → **Aciclovir**
Cariamyl® → **Heptaminol**
Caricef® → **Cefazolin**
Carin® → **Loratadine**
Carinose® → **Loratadine**
Carisoma® → **Carisoprodol**
Carisoprodol Sintesina® → **Carisoprodol**
Caristop Diario® → **Sodium Fluoride**
Caristop Semanal® → **Sodium Fluoride**
Caritec® → **Benidipine**
Carlacor® → **Fenoldopam**
Carlevod® [+ Carbidopa] → **Levodopa**
Carlevod® [+ Levodopa] → **Carbidopa**
CarLich® → **Carvedilol**
Carloc® → **Carvedilol**
Carlytene® → **Moxisylyte**
Carlytène® → **Moxisylyte**
Carmapine® → **Carbamazepine**
Carmaz® → **Carbamazepine**
Carmed® → **Urea**
Carmen® → **Lercanidipine**
Carmetic® → **Prochlorperazine**
Carmin® → **Desogestrel**
Carmol® → **Urea**

Carmubris® → **Carmustine**
Carnicor® → **Levocarnitine**
Carnidazole® → **Carnidazole**
Carnidose® → **Levocarnitine**
Carnigen® → **Oxilofrine**
Carnil® → **Levocarnitine**
Carnisin® → **Levocarnitine**
Carnitab® → **Levocarnitine**
Carniten® → **Levocarnitine**
Carnitene® → **Levocarnitine**
Carnitene sigma-tau® → **Levocarnitine**
Carnitin® → **Levocarnitine**
Carnitine® → **Levocarnitine**
Carnitolo® → **Levocarnitine**
Carnitor® → **Levocarnitine**
Carnivit® → **Levocarnitine**
Carnotprim® → **Metoclopramide**
Carofertin® [vet.] → **Betacarotene**
Caroplus® [vet.] → **Betacarotene**
Carotaben® → **Betacarotene**
Carotana® → **Betacarotene**
Carotinora® → **Betacarotene**
Carovigen → **Retinol**
Carovit® → **Betacarotene**
Carpiaton® → **Spironolactone**
Carpin® → **Carbamazepine**
Carpine® → **Carbamazepine**
Carpo-Miotic® → **Pilocarpine**
Carprodyl® [vet.] → **Carprofen**
Carprofen® [vet.] → **Carprofen**
Carpronol® [tab.] → **Propranolol**
Carr & Day & Martin Killitch® [vet.] → **Benzyl Benzoate**
Carreldon® → **Diltiazem**
Carrisyn® → **Acemannan**
Carrox® → **Zafirlukast**
Carsil® → **Silibinin**
Carsipril® → **Lisinopril**
Carsol® → **Carbamazepine**
Cartan® → **Losartan**
Carteabak® → **Carteolol**
Cartéabak® → **Carteolol**
Cartens® → **Carteolol**
Carteol® → **Carteolol**
Cartéol® → **Carteolol**
Carteolol® → **Carteolol**
Carteolol HCL® → **Carteolol**
Carteolol-Viatris® → **Carteolol**
Carters® → **Bisacodyl**
Carter's Little Pills® → **Bisacodyl**
Cartia® → **Aspirin**
Cartia XT® → **Diltiazem**
Cartigen® → **Diacerein**
Cartilox® → **Glucosamine**
Cartisorb® → **Glucosamine**
Cartivix® → **Diacerein**
Cartonic® → **Amrinone**
Cartrex® → **Aceclofenac**
Cartrilet® → **Ticlopidine**
Cartrophen® [vet.] → **Pentosan Polysulfate Sodium**
Carva® → **Aspirin**
Carvacron® → **Trichlormethiazide**
Carvas® → **Nifedipine**
Carvasin® → **Isosorbide Dinitrate**
Carvecard® → **Carvedilol**
Carved® → **Carvedilol**
Carvedexxon® → **Carvedilol**
Carvedigamma® → **Carvedilol**
Carvedil® → **Carvedilol**
Carvedilol® → **Carvedilol**
Carvedilol 1A Pharma® → **Carvedilol**
Carvedilol-1A Pharma® → **Carvedilol**
Carvedilol A® → **Carvedilol**
Carvedilol AbZ® → **Carvedilol**
Carvedilol accedo® → **Carvedilol**
Carvedilol Actavis® → **Carvedilol**
Carvedilol AL® → **Carvedilol**
Carvedilol Alpharma® → **Carvedilol**
Carvedilol Alter® → **Carvedilol**
Carvedilol Alternova® → **Carvedilol**
Carvedilol AWD® → **Carvedilol**
Carvedilol beta® → **Carvedilol**
Carvedilol Bexal® → **Carvedilol**
Carvedilol CF® → **Carvedilol**
carvedilol-corax® → **Carvedilol**
Carvedilol Coronat® → **Carvedilol**
Carvedilol-CT® → **Carvedilol**
Carvedilol Depronal® → **Carvedilol**
Carvedilol dura® → **Carvedilol**
Carvedilol Edigen® → **Carvedilol**
Carvedilol-EG® → **Carvedilol**
Carvedilol EG® → **Carvedilol**
Carvedilol Farmoz® → **Carvedilol**
Carvedilol Gadur® → **Carvedilol**
Carvedilol Gasoc® → **Carvedilol**
Carvedilol Heumann® → **Carvedilol**
Carvedilol-Hexal® → **Carvedilol**
Carvedilol Hexal® → **Carvedilol**
Carvedilol-Isis® → **Carvedilol**
Carvedilol Katwijk® → **Carvedilol**
Carvedilol KRKA® → **Carvedilol**
Carvedilol Kwizda® → **Carvedilol**
Carvedilol LPH® → **Carvedilol**
Carvedilol Merck® → **Carvedilol**
Carvedilol Northia® → **Carvedilol**
Carvedilol Obolenskoe® → **Carvedilol**
Carvedilolo DOC® → **Carvedilol**
Carvedilolo EG® → **Carvedilol**
Carvedilolo Hexal® → **Carvedilol**
Carvedilolo Merck® → **Carvedilol**
Carvedilolo-ratiopharm® → **Carvedilol**
Carvedilol Orion Pharma® → **Carvedilol**
Carvedilolo Sandoz® → **Carvedilol**
Carvedilolo Teva® → **Carvedilol**
Carvedilol PCD® → **Carvedilol**
Carvedilol PCH® → **Carvedilol**
Carvedilol Pharmagenus® → **Carvedilol**
Carvedilol-Ratio® → **Carvedilol**
Carvedilol Ratiopharm® → **Carvedilol**
Carvedilol-ratiopharm® → **Carvedilol**
Carvedilol Richet® → **Carvedilol**
Carvedilol-RPM® → **Carvedilol**
Carvedilol-RTP® → **Carvedilol**
Carvedilol Sandoz® → **Carvedilol**
Carvedilol-Sandoz® → **Carvedilol**
Carvedilol Spirig® → **Carvedilol**
Carvedilol STADA® → **Carvedilol**
Carvedilol-Teva® → **Carvedilol**
Carvedilol Teva® → **Carvedilol**
Carvedilol „UNP"® → **Carvedilol**
Carvedilol Ur® → **Carvedilol**
Carvedilol Vegal® → **Carvedilol**
Carvedilol Wolff® → **Carvedilol**
Carvediol „Stada"® → **Carvedilol**
Carvelol® → **Carvedilol**
Carveq® → **Carvedilol**
Carve-Q® → **Carvedilol**
Carvestad® → **Carvedilol**
Carve TAD® → **Carvedilol**
Carvetone® → **Carvedilol**
Carvetrend® → **Carvedilol**
Carvexal® → **Carvedilol**
Carvida® → **Carvedilol**
Carvidil® → **Carvedilol**
Carvil® → **Carvedilol**
Carvilex® → **Carvedilol**
Carviloc® → **Carvedilol**
Carvipress® → **Carvedilol**
Carvista® → **Carvedilol**
Carvol® → **Carvedilol**
Carylderm® → **Carbaril**
Caryolysine® → **Chlormethine**
Carzem® → **Diltiazem**
Carzepin® → **Carbamazepine**
Carzepine® → **Carbamazepine**
Carzilasa® → **Cocarboxylase**
Casacine® → **Capsaicin**
Casalm® [salmon] → **Calcitonin**
Casbol® → **Paroxetine**
Cascalax® → **Casanthranol**
Cascor XL® → **Diltiazem**
Casipril® → **Captopril**
Casodex® → **Bicalutamide**
Caspiselenio® → **Selenium Sulfide**
Caspofungin MSD® → **Caspofungin**

Cassadan® → **Alprazolam**
Castal® → **Cefaclor**
Castellani® → **Miconazole**
Castilium® → **Clobazam**
Caswell No. 327 → **Troclosene**
Caswell No. 649 → **Phenol**
Caswell No. 715 → **Pyrethrin I**
Caswell No. 706A → **Propetamphos**
Catabex® → **Dropropizine**
Catabina® → **Dropropizine**
Catabon® → **Dopamine**
Cataclot® → **Ozagrel**
Catacol® → **Inosine**
Cataflam® → **Diclofenac**
Cataflam D.A.L.® → **Diclofenac**
Cataflam Dispersable® → **Diclofenac**
Cataflam Dispersible® → **Diclofenac**
Cataflam Emulgel® → **Diclofenac**
Catajap® → **Paracetamol**
Catalgine® → **Aspirin**
Catalin® → **Pirenoxine**
Catalin G® → **Pirenoxine**
Catalin-K® → **Pirenoxine**
Catalip® → **Fenofibrate**
Catanac® → **Diclofenac**
Catapres® → **Clonidine**
Catapresan TTS® → **Clonidine**
Catapres® [Inj.] → **Clonidine**
Catapressan® → **Clonidine**
Catapres-TTS® → **Clonidine**
Catapres® [vet.] → **Clonidine**
Catarrosine® → **Bromhexine**
CAT-Barium® → **Barium Sulfate**
Cat Easy Tape Wormer® [vet.] → **Dichlorophen**
Categor® → **Capecitabine**
Catenulin → **Paromomycin**
Caterol® → **Procaterol**
Catex® → **Ciprofloxacin**
Catexan® → **Indapamide**
Cat Flea Collar® [vet.] → **Carbaril**
Cat Flea Collar® [vet.] → **Dimpylate**
Cat Flea Collar® [vet.] → **Permethrin**
Cathejell® → **Diphenhydramine**
Cathejell mit Lidocain® → **Lidocaine**
Cathejell S® → **Chlorhexidine**
Cathflo® → **Alteplase**
Catlep® → **Indometacin**
Catmack® [vet.] → **Propoxur**
Catminth® [vet.] → **Pyrantel**
Catonin® [salmon] → **Calcitonin**
Catoplin® → **Captopril**
Catoprol® → **Captopril**
Catovel® [vet.] → **Dimpylate**
Catovel® [vet.] → **Permethrin**
Cat-Pak® → **Barium Sulfate**
Catron® [vet.] → **Permethrin**
Catrophen® [vet.] → **Pentosan Polysulfate Sodium**
Causalon® → **Paracetamol**
Causalon® → **Ibuprofen**
Cavapro® → **Irbesartan**
Cavelon® → **Carvedilol**
Caveril® → **Verapamil**
Caverject® → **Alprostadil**
Caverject Dual® → **Alprostadil**
Caverta® → **Sildenafil**
Cavinton® → **Vinpocetine**
Caviton® → **Vinpocetine**
Cavodine® → **Povidone-Iodine**
Cavumox® → **Cefuroxime**
Cavumox® [+ Amoxicillin, trihydrate] → **Clavulanic Acid**
Cavumox® [+ Clavulanic Acid, potassium salt] → **Amoxicillin**
Cazep® → **Carbamazepine**
Cazmar® → **Retinol**
Cazole® → **Carbimazole**
Cazosin® → **Doxazosin**
CB 8000 → **Diclofenamide**
CBG® [vet.] → **Calcium Gluconate**
CC 2466-74 → **Miconazole**
CCB® → **Amlodipine**
CCI 18781 (Glaxo, Great Britain) → **Fluticasone**
C.C.K.40® → **Dihydroergotoxine**
CC-Nefro® → **Calcium Carbonate**
CCNU® → **Lomustine**
CCRIS 4787 → **Troclosene**
CCRIS 504 → **Phenol**
C.C. Ver® [vet.] → **Levamisole**
CDB 60 → **Troclosene**
C-Dip® [vet.] → **Chlorhexidine**
114 C. E. → **Tiemonium Iodide**
CEA-Scan® → **Arcitumomab**
Cebbol® → **Pyritinol**
Cebedex® → **Dexamethasone**
Cébénicol® → **Chloramphenicol**
Cebesin® → **Oxybuprocaine**
Cébésine® → **Oxybuprocaine**
Cebion® → **Ascorbic Acid**
Cebion Infantil/Masticable® → **Ascorbic Acid**
Cebion light® → **Ascorbic Acid**
Cebion Retard® → **Ascorbic Acid**
Cebion Vitamin C® → **Ascorbic Acid**
Cebragil® → **Piracetam**
Cebralat® → **Cilostazol**
Cebran® → **Nicergoline**
Cebrilin® → **Paroxetine**
Cebrocal® → **Donepezil**
Cebrofort® → **Nimodipine**
Cebroton® → **Citicoline**
Cebrotonin® → **Piracetam**
Cebutid® → **Flurbiprofen**
Cec® → **Cefaclor**
Cecenu® → **Lomustine**
Cec Hexal® → **Cefaclor**
Ceclodyne® → **Cefaclor**
Ceclofen® → **Aceclofenac**
Ceclor® → **Cefaclor**
Ceclor AF® → **Cefaclor**
Ceclorbeta® → **Cefaclor**
Ceclor CD® → **Cefaclor**
Ceclor MR® → **Cefaclor**
Ceclor® MR → **Cefaclor**
Ceclozone MR® → **Cefaclor**
Cecon® → **Ascorbic Acid**
Cecrisina® → **Ascorbic Acid**
CEC Sirup® → **Cefaclor**
Cecural® → **Lovastatin**
Cedantron® → **Ondansetron**
Cedar® → **Hydroxyzine**
Cedax® → **Ceftibuten**
Cedelate® → **Flunarizine**
Cedetrex® → **Celecoxib**
Cedetrin-T® → **Muromonab-CD3**
Cedigossina® → **Acetyldigoxin**
Cedilanid® → **Lanatoside C**
Cedilanide® → **Deslanoside**
Cedine® → **Cimetidine**
Cedium® → **Benzalkonium Chloride**
Cedium Benzalkonium® → **Benzalkonium Chloride**
Cedium Chlorhexidine® → **Chlorhexidine**
Cedizim® → **Ceftazidime**
Cedocard® → **Isosorbide Dinitrate**
Cedocard Retard® → **Isosorbide Dinitrate**
Cedoclor® → **Cefaclor**
Cedoxyl® → **Cefadroxil**
Cedril® → **Cefadroxil**
Cedrina® → **Quetiapine**
Cedroxil® → **Cefadroxil**
Cedroxim® → **Cefadroxil**
Cedur® → **Bezafibrate**
Ceegram® → **Ascorbic Acid**
Ceelin® → **Ascorbic Acid**
CeeNU® → **Lomustine**
Ceevit® → **Ascorbic Acid**
Cef-3® → **Cefixime**
Cef-3® → **Ceftriaxone**
Cef-4® → **Ceftazidime**
Cefa® → **Cefadroxil**
Cefabac® → **Cefaclor**
Cefabiotic® → **Cefalexin**
Cefabiozim® → **Cefazolin**
Cefabroncol® → **Cefalexin**
Cefacat® [vet.] → **Cefalexin**
Céfacet® → **Cefalexin**
Cefacher® → **Cefalexin**
Cefacidal® → **Cefazolin**

Céfacidal® → **Cefazolin**
Cefacidal Par® → **Cefazolin**
Cefacile® → **Cefadroxil**
Cefacilina® → **Cefadroxil**
Cefacin-M® → **Cefalexin**
Cefa-Cl® → **Cefaclor**
Cefaclen® → **Cefalexin**
Cefaclor® → **Cefaclor**
Cefaclor 1A Pharma® → **Cefaclor**
Cefaclor ABC® → **Cefaclor**
Cefaclor acis® → **Cefaclor**
Cefaclor AL® → **Cefaclor**
Cefaclor AZU® → **Cefaclor**
Cefaclor-Baker Norton® → **Cefaclor**
Cefaclor Basics® → **Cefaclor**
Cefaclor beta® → **Cefaclor**
Cefaclor Bexal® → **Cefaclor**
Cefaclor Bidiphar® → **Cefaclor**
Cefaclor Biochemie® → **Cefaclor**
Cefaclor CT® → **Cefaclor**
Cefaclor DOC® → **Cefaclor**
Cefaclor Domesco® → **Cefaclor**
Cefaclor Eberth® → **Cefaclor**
Cefaclor EG® → **Cefaclor**
Cefaclor Heumann® → **Cefaclor**
Cefacloril® → **Cefaclor**
Cefaclor K24® → **Cefaclor**
Cefaclor Lindo® → **Cefaclor**
Cefaclor Merck® → **Cefaclor**
Céfaclor Merck® → **Cefaclor**
Cefaclor MK® → **Cefaclor**
Cefaclor Normon® → **Cefaclor**
Cefaclor PB® → **Cefaclor**
Cefaclor PCH® → **Cefaclor**
Cefaclor Pliva® → **Cefaclor**
Cefaclor Ranbaxy® → **Cefaclor**
Céfaclor RPG® → **Cefaclor**
Cefaclor S250 Stada® → **Cefaclor**
Cefaclor Sandoz® → **Cefaclor**
Cefaclor Stada® → **Cefaclor**
Cefaclor-Teva® → **Cefaclor**
Cefaclor-Wolff® → **Cefaclor**
Cefacolin® → **Cefotaxime**
Cefa-Cure® [vet.] → **Cefadroxil**
Cefad® → **Cefradine**
Cefaday® → **Ceftriaxone**
Cefade® → **Cefalotin**
Cefadin® → **Cefalexin**
Cefadin® → **Cefradine**
Cefadog quadri® [vet.] → **Cefalexin**
Cefadog® [vet.] → **Cefalexin**
Cefadol® → **Cefamandole**
Cefador® → **Cefadroxil**
Cefadrex® → **Cefazolin**
Cefadril® → **Cefadroxil**
Cefa-Dri® [vet.] → **Cefapirin**
Cefa-Drops® [vet.] → **Cefadroxil**
Cefadrox® → **Cefadroxil**
Cefadroxil® → **Cefadroxil**
Cefadroxil-1-Wasser → **Cefadroxil**
Cefadroxil AZU® → **Cefadroxil**
Cefadroxil beta® → **Cefadroxil**
Céfadroxil Biogaran® → **Cefadroxil**
Cefadroxil Domesco® → **Cefadroxil**
Céfadroxil EG® → **Cefadroxil**
Cefadroxil Generics® → **Cefadroxil**
Céfadroxil G Gam® → **Cefadroxil**
Cefadroxil Hexal® → **Cefadroxil**
Cefadroxil Hexpharm® → **Cefadroxil**
Cefadroxil Indo Farma® → **Cefadroxil**
Céfadroxil Ivax® → **Cefadroxil**
Cefadroxil-Merck® → **Cefadroxil**
Cefadroxil Merck® → **Cefadroxil**
Céfadroxil Merck® → **Cefadroxil**
Cefadroxil Merck NM® → **Cefadroxil**
Cefadroxil Monohydrate → **Cefadroxil**
Cefadroxil monohydrate: → **Cefadroxil**
Céfadroxil (monohydrate de) → **Cefadroxil**
Cefadroxil monohydrate (Ph. Eur. 5, BP 2007) → **Cefadroxil**
Cefadroxil monoidrato → **Cefadroxil**
Cefadroxilo® → **Cefadroxil**
Cefadroxilo Clariana Pico® → **Cefadroxil**
Cefadroxilo Genfar® → **Cefadroxil**
Cefadroxilo MK® → **Cefadroxil**
Cefadroxilo Sabater® → **Cefadroxil**
Cefadroxil Sandoz® → **Cefadroxil**
Céfadroxil Sandoz® → **Cefadroxil**
Cefadroxil-Sandoz® → **Cefadroxil**
Cefadroxilum monohydricum → **Cefadroxil**
Cefadroxil [USAN] → **Cefadroxil**
Cefadroxil (USP 30) → **Cefadroxil**
Cefadur® → **Cefadroxil**
Cefadyl® → **Cefapirin**
Cefagen® → **Cefuroxime**
Cefager® → **Cefaclor**
Cefaklon® → **Cefaclor**
Cefaklor® → **Cefaclor**
Cefaks® → **Cefuroxime**
Cefaks® [inj.] → **Cefuroxime**
Cefa-Lak® [vet.] → **Cefapirin**
Cefalan® → **Cefaclor**
Cefalan® [tabs., susp.] → **Cefaclor**
Cefalekol® → **Cefotaxime**
Cefaleksin® → **Cefalexin**
Cefaleksyna® → **Cefalexin**
Cefalex® → **Cefalexin**
Cefalex® → **Paracetamol**
Cefalexgobens® → **Cefalexin**
Cefalexin® → **Cefalexin**
Cefalexina® → **Cefalexin**
Cefalexina Agrand® → **Cefalexin**
Cefalexina All Pro® → **Cefalexin**
Cefalexina Argentia® → **Cefalexin**
Cefalexina Biocrom® → **Cefalexin**
Cefalexina Drawer® → **Cefalexin**
Cefalexina Fabra® → **Cefalexin**
Cefalexina Fecofar® → **Cefalexin**
Cefalexina Genfar® → **Cefalexin**
Cefalexina Higea® → **Cefalexin**
Cefalexina Lafedar® → **Cefalexin**
Cefalexin Alkaloid® → **Cefalexin**
Cefalexina Llorente® → **Cefalexin**
Cefalexina MK® → **Cefalexin**
Cefalexina Northia® → **Cefalexin**
Cefalexina Richet® → **Cefalexin**
Cefalexina Sant Gall® → **Cefalexin**
Cefalexina Vannier® → **Cefalexin**
Cefalexin Domesco® → **Cefalexin**
Cefalexine® [vet.] → **Cefalexin**
Cefalexin Generics® → **Cefalexin**
Cefalexin Merck NM® → **Cefalexin**
Cefalexin Micro Labs® → **Cefalexin**
Cefalexin® [vet.] → **Cefalexin**
Cefalexsane® [vet.] → **Cefalexin**
Cefalin® → **Cefalexin**
Cefalogen® → **Ceftriaxone**
Céfaloject® → **Cefapirin**
Cefalomicina® → **Cefazolin**
Cefalon® → **Cefaclor**
Cefalor® → **Cefaclor**
Cefalotin® → **Cefalotin**
Cefalotina® → **Cefalotin**
Cefalotinã® → **Cefalotin**
Cefalotina 1 g.Drawer® → **Cefalotin**
Cefalotina 1G Fmndtria® → **Cefalotin**
Cefalotina Biocrom® → **Cefalotin**
Cefalotina Biopharma® → **Cefalotin**
Cefalotina Fabra® → **Cefalotin**
Cefalotina Fmndtria® [sol.-inj.] → **Cefalotin**
Cefalotina Larjan® → **Cefalotin**
Cefalotina MF® → **Cefalotin**
Cefalotina Normon® → **Cefalotin**
Cefalotina Richet® → **Cefalotin**
Cefalotina Richmond® → **Cefalotin**
Cefalotina Sodica® → **Cefalotin**
Cefalotina Sodica Spaly® → **Cefalotin**
Céfalotine Panpharma® → **Cefalotin**
Cefaltrex® → **Cefaclor**
Cefalver® → **Cefalexin**
Cefam® → **Cefamandole**
Cefamandol® → **Cefamandole**
Céfamandole Panpharma® → **Cefamandole**

Cefamandolo K24® → **Cefamandole**
Cefamar® → **Cefadroxil**
Cefamezin® → **Cefazolin**
Cefamid® → **Cefaclor**
Cefamox® → **Cefadroxil**
Cefamoxil® → **Amoxicillin**
Céfaperos® → **Cefatrizine**
Céfaperos® [gel] → **Cefatrizine**
Cefapor® → **Cefoperazone**
Cefaporin® → **Cefalexin**
Cefapoten® → **Cefalexin**
Cefapoten® [compr.] → **Cefalexin**
Cefaral® [vet.] → **Cefalexin**
Cefarinol® → **Cefalexin**
Cefariston® → **Cefalotin**
Cefa-Safe® [vet.] → **Cefapirin**
Cefaseptin® [vet.] → **Cefalexin**
Cefasilymarin® → **Silibinin**
Cefasin® → **Cefadroxil**
Cefasporina Oriental® → **Cefalexin**
Cefastad® → **Cefaclor**
Cefat® → **Cefadroxil**
Cefa-Tabs® [vet.] → **Cefadroxil**
Cefatenk® → **Cefadroxil**
Cefatin® → **Cefuroxime**
Cefatrex® → **Cefapirin**
Cefatrexyl® → **Cefapirin**
Cefatrizine Adelco® → **Cefatrizine**
Céfatrizine Biogaran® → **Cefatrizine**
Céfatrizine EG® → **Cefatrizine**
Céfatrizine Ivax® → **Cefatrizine**
Céfatrizine Merck® → **Cefatrizine**
Cefatron Asciutta® [vet.] → **Cefapirin**
Cefatron Lattazione® [vet.] → **Cefapirin**
Cefax® → **Cefalexin**
Cefaximin® [vet.] → **Rifaximin**
Cefaxon® → **Ceftriaxone**
Cefaxon® → **Cefalexin**
Cefaxona® [inj.] → **Ceftriaxone**
Cefaxona® [inj.] → **Ceftriaxone**
Cefaxone® → **Ceftriaxone**
Cefazid® → **Ceftazidime**
Cefazid® [vet.] → **Cefalexin**
Cefazil® → **Cefazolin**
Cefazillin® → **Cefazolin**
Cefazima® → **Ceftazidime**
Cefazime® → **Ceftazidime**
Cefazol® → **Cefazolin**
Cefazolin® → **Cefazolin**
Cefazolina® → **Cefazolin**
Cefazolina ACS Dobfar® → **Cefazolin**
Cefazolina Bestpharma® [sol.inj.] → **Cefazolin**
Cefazolina Biocrom® → **Cefazolin**
Cefazolina Bioprogress® → **Cefazolin**
Cefazolina Dorom® → **Cefazolin**
Cefazolina Fabra® → **Cefazolin**
Cefazolina Francia® → **Cefazolin**
Cefazolina Genfar® → **Cefazolin**
Cefazolina K24® → **Cefazolin**
Cefazolina Llorente® → **Cefazolin**
Cefazolina Merck® → **Cefazolin**
Cefazolina Normon® → **Cefazolin**
Cefazolina Northia® → **Cefazolin**
Cefazolina Pliva® → **Cefazolin**
Cefazolina Reig Jofre® → **Cefazolin**
Cefazolina Richet® → **Cefazolin**
Cefazolina Sodica® → **Cefazolin**
Cefazolina Teva® → **Cefazolin**
Cefazolina Union Health® → **Cefazolin**
Cefazolina USP® [sol.-inj.] → **Cefazolin**
Cefazolin Bidiphar® → **Cefazolin**
Cefazolin Biochemie® → **Cefazolin**
Cefazoline® → **Cefazolin**
Cefazoline CF® → **Cefazolin**
Cefazoline Merck® → **Cefazolin**
Cefazolinenatrium Sandoz® → **Cefazolin**
Cefazoline Panpharma® → **Cefazolin**
Céfazoline Panpharma® → **Cefazolin**
Cefazoline-Sandoz® → **Cefazolin**
Cefazoline Sandoz® → **Cefazolin**
Cefazolin for Injection® → **Cefazolin**
Cefazolin-Fresenius Vials® → **Cefazolin**
Cefazolin Hexal® → **Cefazolin**
Cefazolin Hikma® → **Cefazolin**
Cefazolin Indo Farma® → **Cefazolin**
Cefazolin Meiji® → **Cefazolin**
Cefazolin-Natrium® → **Cefazolin**
Cefazolin-saar® → **Cefazolin**
Cefazolin Sandoz® → **Cefazolin**
Cefazolin Sodium® → **Cefazolin**
Cefcor® → **Cefaclor**
Cef-Dime® → **Ceftazidime**
Cefdin® → **Cefradine**
Cef-Diolan® → **Cefaclor**
Cefdipime® → **Cefepime**
Cefdir® → **Cefdinir**
Cefditran® → **Cefditoren**
Cefdox® → **Cefpodoxime**
Cefecon D® → **Paracetamol**
Cefen® → **Ibuprofen**
Cefen Junior® → **Ibuprofen**
Cefepime® → **Cefepime**
Cefepime Richet® → **Cefepime**
Ceferro® → **Ferrous Sulfate**
Cefex® → **Cefalexin**
Cefexin® → **Cefalexin**
Ceffotan® → **Ceftazidime**
Ceficad® → **Cefepime**
Cefida® → **Cefdinir**
Cefim® → **Cefepime**
Cefim® → **Cefixime**
Cefimen-K® → **Cefepime**
Cefin® → **Cefaclor**
Cefine® → **Ceftriaxone**
Cefir® → **Cefpirome**
Cefirax® → **Cefpodoxime**
Cefix® → **Cefixime**
Cefixdura® → **Cefixime**
Cefixim® → **Cefixime**
Cefixim 1A Pharma® → **Cefixime**
Cefixim-100 XL Lab® → **Cefixime**
Cefixima Baldacci® → **Cefixime**
Cefixima Farmoz® → **Cefixime**
Cefixima Generis® → **Cefixime**
Cefixima Genfar® → **Cefixime**
Cefixima Germed® → **Cefixime**
Cefixima Jaba® → **Cefixime**
Cefixima Labesfal® → **Cefixime**
Cefixima Normon® → **Cefixime**
Cefixima Sandoz® → **Cefixime**
Cefixim beta® → **Cefixime**
Cefixim-CT® → **Cefixime**
Cefixim Domesco® → **Cefixime**
Cefixim Hexal® → **Cefixime**
Cefixim HG.Pharm® → **Cefixime**
Cefixim MKP® → **Cefixime**
Cefixim-ratiopharm® → **Cefixime**
Cefixim Sandoz® → **Cefixime**
Cefixon® → **Ceftriaxone**
Cefixoral® → **Cefixime**
Cefizox® → **Ceftizoxime**
Cefkor® → **Cefaclor**
Ceflacid® → **Cefaclor**
Ceflalix® [tab.] → **Cefalexin**
Ceflexin® → **Cefalexin**
Ceflin® → **Cefradine**
Cefmandol® → **Cefamandole**
Cefmetazon® → **Cefmetazole**
Cefobacter® → **Cefonicid**
Cefobis® → **Cefoperazone**
Cefociclin® → **Cefoxitin**
Cefodie® → **Cefonicid**
Cefodime® → **Ceftazidime**
Cefodimex® → **Ceftazidime**
Cefodox® → **Cefpodoxime**
Cefofix® → **Cefuroxime**
Cefogram® → **Cefuroxime**
Cefok® → **Cefonicid**
Cefomax® → **Ceftriaxone**
Cefomic® → **Cefotaxime**
Cefomit® → **Cefotaxime**
Cefomycin® → **Cefoperazone**
Cefonicida Alter® → **Cefonicid**
Cefonicida Bayvit® → **Cefonicid**
Cefonicid ABC® → **Cefonicid**

Cefpodoxim STADA® → **Cefpodoxime**
Cefra® → **Cefradine**
Cefraden® → **Ceftriaxone**
Cefradina® → **Cefradine**
Cefradina Fmndtria® → **Cefradine**
Cefradina Genfar® → **Cefradine**
Cefradinal® → **Cefradine**
Cefradina LCH® → **Cefradine**
Cefradina L.CH.® → **Cefradine**
Cefradina MK® → **Cefradine**
Cefradine® → **Cefradine**
Cefradol® → **Cefotiam**
Cefradur® → **Cefradine**
Cefrag® → **Ceftriaxone**
Cefridem® [inj.] → **Ceftriaxone**
Cefriex® → **Ceftriaxone**
Cefril® → **Cefradine**
Cefrin® → **Cefpirome**
Cefrom® → **Cefpirome**
Cefron® [inj.] → **Cefpirome**
Cefspan® → **Cefixime**
Ceftacef® [inj.] → **Ceftazidime**
Ceftal® → **Cefuroxime**
Ceftamil® → **Ceftazidime**
Ceftaran® → **Cefotaxime**
Ceftax® → **Cefotaxime**
Ceftaxan® → **Cefotaxime**
Ceftax® [sol.-inj.] → **Cefotaxime**
Ceftazidim® → **Ceftazidime**
Ceftazidima® → **Ceftazidime**
Ceftazidima 1G Fmndtria® → **Ceftazidime**
Ceftazidima Allem® → **Ceftazidime**
Ceftazidima Alter® → **Ceftazidime**
Ceftazidima Bestpharma® [sol.-inj.] → **Ceftazidime**
Ceftazidima Biocrom® → **Ceftazidime**
Ceftazidima Biopharma® → **Ceftazidime**
Ceftazidima CT® → **Ceftazidime**
Ceftazidima DOC® → **Ceftazidime**
Ceftazidima EG® → **Ceftazidime**
Ceftazidima Fabra® → **Ceftazidime**
Ceftazidima Fmndtria® [inj.] → **Ceftazidime**
Ceftazidima Genfar® → **Ceftazidime**
Ceftazidima Gen Med® → **Ceftazidime**
Ceftazidima Klonal® → **Ceftazidime**
Ceftazidima Larjan® → **Ceftazidime**
Ceftazidima Merck® → **Ceftazidime**
Ceftazidima MF® → **Ceftazidime**
Ceftazidima Northia® → **Ceftazidime**
Ceftazidima Pliva® → **Ceftazidime**
Ceftazidima Ratiopharm® → **Ceftazidime**
Ceftazidima Richet® → **Ceftazidime**
Ceftazidima Sandoz® → **Ceftazidime**
Ceftazidima Teva® → **Ceftazidime**
Ceftazidime® → **Cefotaxime**
Ceftazidime® → **Ceftazidime**
Ceftazidim Eberth® → **Ceftazidime**
Ceftazidime Dexa Medica® → **Ceftazidime**
Ceftazidime Hexpharm® → **Ceftazidime**
Ceftazidim Hexal® → **Ceftazidime**
Ceftazidim PCH® → **Ceftazidime**
Ceftazidim-Pharmore® → **Ceftazidime**
Ceftazidim-ratiopharm® → **Ceftazidime**
Ceftazidim Sandoz® → **Ceftazidime**
Ceftazidina® → **Ceftazidime**
Ceftazim® → **Ceftazidime**
Ceftazin® → **Cefatrizine**
Ceftid® → **Cefixime**
Ceftidin® → **Ceftazidime**
Ceftin® → **Cefuroxime**
Ceftixin® → **Cefoxitin**
Ceftizone® → **Ceftriaxone**
Ceftoral® → **Cefixime**
Ceftram Amex® → **Ceftazidime**
Ceftrex® → **Ceftriaxone**
Ceftriakson® → **Ceftriaxone**
Ceftriamex® → **Ceftriaxone**
Ceftrian® → **Ceftriaxone**
Ceftrianol® → **Ceftriaxone**
Ceftriaxon® → **Ceftriaxone**
Ceftriaxona® → **Ceftriaxone**
Ceftriaxona Ahimsa® → **Ceftriaxone**
Ceftriaxona Andreu® → **Ceftriaxone**
Ceftriaxona Bestpharma® [sol.-inj.] → **Ceftriaxone**
Ceftriaxona Biochemie® → **Ceftriaxone**
Ceftriaxona Biocrom® → **Ceftriaxone**
Ceftriaxona Biol® → **Ceftriaxone**
Ceftriaxona Combino Pharm® → **Ceftriaxone**
Ceftriaxon ACS Dobfar Generics® → **Ceftriaxone**
Ceftriaxona Drawer® → **Ceftriaxone**
Ceftriaxona Duncan® → **Ceftriaxone**
Ceftriaxona Edigen® → **Ceftriaxone**
Ceftriaxona Fabra® → **Ceftriaxone**
Ceftriaxona Feltrex® → **Ceftriaxone**
Ceftriaxona Fmndtria® → **Ceftriaxone**
Ceftriaxona Generis® → **Ceftriaxone**
Ceftriaxona Genfar® → **Ceftriaxone**
Ceftriaxona Gen Med® → **Ceftriaxone**
Ceftriaxona Ges® → **Ceftriaxone**
Ceftriaxona ICN® → **Ceftriaxone**
Ceftriaxona Labesfal → **Ceftriaxone**
Ceftriaxona LCH® [inj.] → **Ceftriaxone**
Ceftriaxona LDP Torlan® → **Ceftriaxone**
Ceftriaxona Mesporin® → **Ceftriaxone**
Ceftriaxona MF® → **Ceftriaxone**
Ceftriaxona MK® → **Ceftriaxone**
Ceftriaxona Normon® → **Ceftriaxone**
Ceftriaxona Richet® → **Ceftriaxone**
Ceftriaxona Sala® → **Ceftriaxone**
Ceftriaxona USP® [inj.] → **Ceftriaxone**
Ceftriaxon Copyfarm® → **Ceftriaxone**
Ceftriaxon DeltaSelect® → **Ceftriaxone**
Ceftriaxone® → **Ceftriaxone**
Ceftriaxone ABC® → **Ceftriaxone**
Ceftriaxone ACS Dobfar® → **Ceftriaxone**
Ceftriaxone Aguettant® → **Ceftriaxone**
Ceftriaxone Allen® → **Ceftriaxone**
Ceftriaxone Alter® → **Ceftriaxone**
Ceftriaxon Eberth® → **Ceftriaxone**
Ceftriaxone „Biochemie"® → **Ceftriaxone**
Ceftriaxone Biogaran® → **Ceftriaxone**
Ceftriaxone Biopharma® → **Ceftriaxone**
Ceftriaxone Dakota Pharm® → **Ceftriaxone**
Ceftriaxone DOC® → **Ceftriaxone**
Ceftriaxone EG® → **Ceftriaxone**
Ceftriaxone Farma 1® → **Ceftriaxone**
Ceftriaxone for Injection® → **Ceftriaxone**
Ceftriaxone Genepharm® → **Ceftriaxone**
Ceftriaxone G Gam® → **Ceftriaxone**
Ceftriaxone Hexal® → **Ceftriaxone**
Ceftriaxone Hexpharm® → **Ceftriaxone**
Ceftriaxone Indo Farma® → **Ceftriaxone**
Ceftriaxone Irex® → **Ceftriaxone**
Ceftriaxone Ivax® → **Ceftriaxone**
Ceftriaxone Jet® → **Ceftriaxone**
Ceftriaxone Leiras® → **Ceftriaxone**
Ceftriaxone Levofarma® → **Ceftriaxone**
Ceftriaxone Merck® → **Ceftriaxone**
Ceftriaxone Novexal® → **Ceftriaxone**
Ceftriaxone N & P® → **Ceftriaxone**
Ceftriaxone Orion® → **Ceftriaxone**

Ceftriaxone Panpharma® → **Ceftriaxone**
Ceftriaxone Piam® → **Ceftriaxone**
Ceftriaxone Pliva® → **Ceftriaxone**
Ceftriaxone Ratiopharm® → **Ceftriaxone**
Ceftriaxone RPG® → **Ceftriaxone**
Ceftriaxone San Carlo® → **Ceftriaxone**
Ceftriaxone Sandoz® → **Ceftriaxone**
Ceftriaxone-Sandoz® → **Ceftriaxone**
Ceftriaxone Savio® → **Ceftriaxone**
Ceftriaxone Selvi® → **Ceftriaxone**
Ceftriaxone Sodium® → **Ceftriaxone**
Ceftriaxone Sodium for Injection DBL® → **Ceftriaxone**
Ceftriaxone Tad® → **Ceftriaxone**
Ceftriaxone Teva® → **Ceftriaxone**
Ceftriaxone TP® → **Ceftriaxone**
Ceftriaxone Union Health® → **Ceftriaxone**
Ceftriaxone Winthrop® → **Ceftriaxone**
Ceftriaxon Hexal® → **Ceftriaxone**
Ceftriaxon Hikma® → **Ceftriaxone**
Ceftriaxon® [inj.] → **Ceftriaxone**
Ceftriaxon MIP® → **Ceftriaxone**
Ceftriaxon-MIP® → **Ceftriaxone**
Ceftriaxon PCH® → **Ceftriaxone**
Ceftriaxon-ratiopharm® → **Ceftriaxone**
Ceftriaxon-saar® → **Ceftriaxone**
Ceftriaxon Sandoz® → **Ceftriaxone**
Ceftriaxon Stragen® → **Ceftriaxone**
Ceftriaxon Torrex® → **Ceftriaxone**
Ceftriaz® → **Ceftriaxone**
Ceftriazona® → **Ceftriaxone**
Ceftridex® → **Ceftriaxone**
Ceftrifin® → **Ceftriaxone**
Ceftrilem® → **Ceftriaxone**
Ceftrinal® → **Ranitidine**
Ceftrione® → **Ceftriaxone**
Ceftriphin® → **Ceftriaxone**
Ceftron® → **Ceftriaxone**
Ceftrox® → **Ceftriaxone**
Ceftrum® → **Ceftazidime**
Ceftum® → **Ceftazidime**
cefudura® → **Cefuroxime**
Cefuhexal® → **Cefuroxime**
Cefuhexal® [vet.] → **Cefuroxime**
Cefulton® → **Cefaclor**
Cefuracet® → **Cefuroxime**
Cefurax® → **Cefuroxime**
Cefurex® → **Cefixime**
Cefurim® → **Cefuroxime**
Cefurim eco® → **Cefuroxime**
Cefurin® → **Cefuroxime**
Cefuroksim® → **Cefuroxime**
Cefuron® → **Cefuroxime**
Cefuro-Puren® → **Cefuroxime**
Cefurox® → **Cefuroxime**
Cefurox BASICS® → **Cefuroxime**
Cefuroxima® → **Cefuroxime**
Cefuroxima Ahimsa® → **Cefuroxime**
Cefuroxima Bexal® → **Cefuroxime**
Cefuroxima Biochemie® → **Cefuroxime**
Cefuroxima Chiesi® → **Cefuroxime**
Cefuroxima Combino Pharm® → **Cefuroxime**
Cefuroxima Fabra® → **Cefuroxime**
Cefuroxima Genfar® → **Cefuroxime**
Cefuroxima Ges® → **Cefuroxime**
Cefuroxima IPS Farma® → **Cefuroxime**
Cefuroxima K24® → **Cefuroxime**
Cefuroxima Klonal® → **Cefuroxime**
Cefuroxim AL® → **Cefuroxime**
Cefuroxima Larjan® → **Cefuroxime**
Cefuroxima Normon® → **Cefuroxime**
Cefuroxima Richet® → **Cefuroxime**
Cefuroxima Sala® → **Cefuroxime**
Cefuroxim Astro® → **Cefuroxime**
Cefuroxim AWD® → **Cefuroxime**
Cefuroxim axcount® → **Cefuroxime**
Cefuroximaxetil® → **Cefuroxime**
Cefuroxim beta® → **Cefuroxime**
Cefuroxim Bidiphar® → **Cefuroxime**
Cefuroxim Bipharma® → **Cefuroxime**
Cefuroxim -CT® → **Cefuroxime**
Cefuroxim DeltaSelect® → **Cefuroxime**
Cefuroxim Domesco® → **Cefuroxime**
Cefuroxime® → **Cefuroxime**
Cefuroxime Actavis® → **Cefuroxime**
Cefuroxime Axetil® → **Cefuroxime**
Cefuroxime axetil Proel® → **Cefuroxime**
Cefuroxim EB® → **Cefuroxime**
Cefuroxime Bexal® → **Cefuroxime**
Cefuroxime Biochemie® → **Cefuroxime**
Cefuroxime for Injection® → **Cefuroxime**
Cefuroxime-Generics® → **Cefuroxime**
Céfuroxime Merck® → **Cefuroxime**
Cefuroxime Orion Pharma® → **Cefuroxime**
Cefuroxime Panpharma® → **Cefuroxime**
Céfuroxime Panpharma® → **Cefuroxime**
Cefuroxime Perfusion-Glaxo Wellcome® → **Cefuroxime**
Cefuroxime Sandoz® → **Cefuroxime**
Céfuroxime Sandoz® → **Cefuroxime**
Cefuroxime Sodium® → **Cefuroxime**
Cefuroxime-Teva® → **Cefuroxime**
Cefuroxim Fresenius® → **Cefuroxime**
Cefuroxim Heumann® → **Cefuroxime**
Cefuroxim Hexal® → **Cefuroxime**
Cefuroxim Hikma® → **Cefuroxime**
Cefuroxim-Mepha® → **Cefuroxime**
Cefuroxim-MIP® → **Cefuroxime**
Cefuroxim PCH® → **Cefuroxime**
Cefuroxim-ratiopharm® → **Cefuroxime**
Cefuroxim Rotexmedica® → **Cefuroxime**
Cefuroxim-saar® → **Cefuroxime**
Cefuroxim Sandoz® → **Cefuroxime**
Cefuroxim Scand Pharm® → **Cefuroxime**
Cefuroxim Stada® → **Cefuroxime**
Cefuroxim Stragen® → **Cefuroxime**
Cefurox-Wolff® → **Cefuroxime**
Cefu TAD® → **Cefuroxime**
Cefxin® → **Cefalexin**
Cefxitin® → **Cefoxitin**
Cefxon® → **Ceftriaxone**
Cefzil® → **Cefprozil**
Cefzolin® → **Cefazolin**
Cefzon® → **Cefdinir**
Cef-Zone® → **Ceftriaxone**
Ceglution® → **Lithium**
Cegrovit® → **Ascorbic Acid**
CEK® → **Cefaclor**
Celamine® → **Imipramine**
Célance® → **Pergolide**
Celance® [vet.] → **Pergolide**
Celanol DOS → **Docusate Sodium**
Celascon Vitamin C® → **Ascorbic Acid**
Celaskon® → **Ascorbic Acid**
Celaskon effervescens® → **Ascorbic Acid**
Celaxin® → **Cefalexin**
Celaxin® → **Cefotaxime**
Celaxin® → **Clonazepam**
Celbarin® → **Ribavirin**
Celco® → **Cefaclor**
Celcox® → **Celecoxib**
Celebra® → **Celecoxib**
Celebrex® → **Celecoxib**
Celecoxib® → **Celecoxib**
Celecoxib Domesco® → **Celecoxib**
Celecoxib Genfar® → **Celecoxib**
Celecoxib MK® → **Celecoxib**
Celecoxib Teva® → **Celecoxib**
Céléctol® → **Celiprolol**
Celeflan® → **Celecoxib**

Celenid® → **Cinnarizine**
Celenta® → **Celecoxib**
Celerg® → **Cetirizine**
Celerin® [vet.] → **Estradiol**
Celesdepot® → **Betamethasone**
Celestamine N® → **Betamethasone**
Celestan® → **Betamethasone**
Celestan biphase® → **Betamethasone**
Celestan Depot® → **Betamethasone**
Celestan® [inj.] → **Betamethasone**
Celestan-V® → **Betamethasone**
Célestène® → **Betamethasone**
Célestène Chronodose® → **Betamethasone**
Célestène® [inj.] → **Betamethasone**
Celestoderm® → **Betamethasone**
Célestoderm® → **Betamethasone**
Celestoderm-V® → **Betamethasone**
Celeston® → **Betamethasone**
Celeston bifas® → **Betamethasone**
Celeston Chronodose® → **Betamethasone**
Celestone® → **Betamethasone**
Celestone Chronodose® → **Betamethasone**
Celestone Cronodose® → **Betamethasone**
Celestone M® → **Betamethasone**
Celestone Phosphate® → **Betamethasone**
Celestone solucion oftalmica® → **Betamethasone**
Celestone Soluspan® → **Betamethasone**
Celeston® [inj.] → **Betamethasone**
Celeston valerat® → **Betamethasone**
Celeston® valerat [vet.] → **Betamethasone**
Celestovet® [vet.] → **Betamethasone**
Celeuk® → **Celmoleukin**
Celevac® → **Methylcellulose**
Celex® → **Celecoxib**
Celex® → **Cefalexin**
Celexa® → **Citalopram**
Celexin® → **Cefalexin**
Celib® → **Celecoxib**
Celidocin® [vet.] → **Cefazolin**
Ce-Limo® → **Ascorbic Acid**
Celin® → **Ascorbic Acid**
Celinax® → **Cefalexin**
Celip® → **Celiprolol**
Celipres® → **Celiprolol**
Celipress® → **Celiprolol**
Celiprogamma® → **Celiprolol**
Celipro Lich® → **Celiprolol**
Celiprolol® → **Celiprolol**
Celiprolol Alternova® → **Celiprolol**
Céliprolol Biogaran® → **Celiprolol**
Céliprolol EG® → **Celiprolol**
Céliprolol Ivax® → **Celiprolol**
Céliprolol Merck® → **Celiprolol**
Celiprolol PCH® → **Celiprolol**
Celiprolol-ratiopharm® → **Celiprolol**
Céliprolol RPG® → **Celiprolol**
Céliprolol Sandoz® → **Celiprolol**
Celiprolol von ct® → **Celiprolol**
Céliprolol Winthrop® → **Celiprolol**
Celiprolol Wörwag® → **Celiprolol**
Celiprolol Zydus® → **Celiprolol**
Cellcept® → **Mycophenolic Acid**
cellcristin® → **Vincristine**
Cellidrin® → **Allopurinol**
cellmustin® → **Estramustine**
Cellobexon® → **Methylcellulose**
Cellondan® → **Ondansetron**
Cellondan lingual® → **Ondansetron**
Cellozina® → **Cefazolin**
Celltaxel® → **Paclitaxel**
Celltop® → **Etoposide**
Cellufluid® → **Carmellose**
Cellufresh® → **Carmellose**
Cellugel® → **Hypromellose**
Cellumed® → **Carmellose**
Celluvisc® → **Carmellose**
Celluvisc® [vet.] → **Carmellose**
Celocid® → **Cefuroxime**
Celocurin® → **Suxamethonium Chloride**
Celofen® → **Aceclofenac**
Celoftal® → **Hypromellose**
Celol® → **Celiprolol**
Celomix® → **Meloxicam**
Celontin® → **Mesuximide**
Celosti® → **Celecoxib**
Celoxib® → **Celecoxib**
Celox-R® → **Celecoxib**
Celtec® → **Sibutramine**
Celtium® → **Escitalopram**
Celudex® → **Dexamethasone**
Celuflex® → **Ascorbic Acid**
Celulose Grin® → **Hypromellose**
Celupan® → **Naltrexone**
Celvista® → **Raloxifene**
Cemado® → **Cefamandole**
Cemastin® [vet.] → **Cefalotin**
Cementin® → **Cimetidine**
Cemidin® → **Cimetidine**
Cemidon® → **Isoniazid**
Cemin® → **Ascorbic Acid**
Cemirit® → **Aspirin**
Cemol® → **Paracetamol**
Cemurox® → **Cefuroxime**
Cenai® → **Cinnarizine**
Cena-K® → **Potassium**
Cenbufen® → **Ibuprofen**
Cencamet® → **Cimetidine**
Cencanyl® → **Terbutaline**
Cencenag® → **Sulindac**
Cencopan® → **Hyoscine Butylbromide**
Cendalon® → **Letrozole**
Cendexsone® → **Desoximetasone**
Cendo Carpine® → **Pilocarpine**
Cendo Fenicol® → **Chloramphenicol**
Cendo Fluorescein® → **Fluorescein Sodium**
Cendo Mydriatyl® → **Tropicamide**
Cendo Scopola® → **Scopolamine**
Cendo Tropine® → **Atropine**
Cendo Vision® → **Tetryzoline**
Cendrid® → **Idoxuridine**
Cenecon® → **Clotrimazole**
Ceneo® → **Hydrocortisone**
Cenestin® → **Estrogens, conjugated**
Cenlidac® → **Sulindac**
Cenol® → **Ascorbic Acid**
Cenolate® → **Ascorbic Acid**
Cenolon® → **Triamcinolone**
Cenpidine® → **Ticlopidine**
Centagin® → **Metamizole**
Centany® → **Mupirocin**
Centedrin → **Methylphenidate**
Centiax® → **Cefotaxime**
Centocort® → **Triamcinolone**
Centoxin® → **Nebacumab**
Centrac® → **Prazepam**
Centrauréo® [vet.] → **Chlortetracycline**
Centrax® → **Prazepam**
Centron® → **Ormeloxifene**
Centrophène® → **Trimetazidine**
Centyl® → **Bendroflumethiazide**
Ceolat® → **Dimeticone**
Ceoxil® → **Cefadroxil**
Cepa® → **Cefalexin**
Cepacilina® → **Benzathine Benzylpenicillin**
Cepacol® → **Benzocaine**
Cepal® → **Fenbufen**
Cepalux® → **Tamsulosin**
Ceparidin® → **Tramadol**
Cepastat® → **Phenol**
Cépazine® → **Cefuroxime**
Cepdoxim® → **Cefpodoxime**
Ceperatam® → **Cefoperazone**
Cepesedan® [vet.] → **Detomidine**
Cepetor® [vet.] → **Medetomidine**
Cepexin® → **Cefalexin**
Cepezet® → **Chlorpromazine**
Cepha® → **Cefadroxil**
Cephabos® → **Cefalexin**
cephaclor von ct® → **Cefaclor**
Cephadar® → **Cefalexin**

Cephadin® → **Cefradine**
Cephadol® → **Difenidol**
Cephaguard® [vet.] → **Cefquinome**
Cephalen® → **Cefalexin**
Cephalex-CT® → **Cefalexin**
Cephalexin® → **Cefalexin**
Cephalexine® [vet.] → **Cefalexin**
Cephalexin Indo Farma® → **Cefalexin**
Cephalexin Merck® → **Cefalexin**
Cephalexin Remedica® → **Cefalexin**
Cephalexin® [vet.] → **Cefalexin**
Cephalexyl® → **Cefalexin**
Cephalobene® → **Cefalexin**
Cephalothin® → **Cefalotin**
Cephalothin Sodium for Injection® → **Cefalotin**
Cephalox® → **Ceftriaxone**
Cephanmycin YSP® → **Cefalexin**
Cepharoxin® → **Cefalexin**
Cephation® → **Cefalotin**
Cephaxil® → **Cefalexin**
Cephaxin® → **Cefalexin**
Cephaxon® → **Ceftriaxone**
Cephazolin® → **Cefazolin**
Cephazolin Fresenius® → **Cefazolin**
Cephazolin Sodium for Injection DBL® → **Cefazolin**
Cephazolin Sodium® [inj.] → **Cefazolin**
Cephin® → **Cefalexin**
Cephlor® → **Cefaclor**
Cephoral® → **Cefixime**
Cephorum® [vet.] → **Cefalexin**
Cephos® → **Cefadroxil**
Cephra® → **Cefradine**
Cephran® → **Cefradine**
Cephudder® [vet.] → **Cefapirin**
Cephulac® → **Lactulose**
Cepilep® → **Carbamazepine**
Cepim® → **Cefepime**
Cepimax® → **Cefepime**
Cepimex® → **Cefepime**
Cepodem® → **Cefpodoxime**
Ceporex® → **Cefalexin**
Ceporexin® → **Cefalexin**
Céporexine® → **Cefalexin**
Ceporex® [vet.] → **Cefalexin**
Ceporin® → **Cefalexin**
Ceprandal® → **Omeprazole**
Ceprater® → **Cyproterone**
Cepravin Dry Cow® [vet.] → **Cefalonium**
Cepravin® [vet.] → **Cefalonium**
Ceprax® → **Cefalexin**
Ceprazol® → **Albendazole**
Ceprazol Lch® → **Albendazole**
Ceprotin® → **Drotrecogin Alfa (activated)**
Ceproval® → **Cefradine**
Ceptaz® → **Ceftazidime**
Ceptik® → **Cefixime**
Cepton® → **Chlorhexidine**
Ceractiv® → **Pemoline**
Ceradolan® → **Cefotiam**
Ceratio® → **Cetirizine**
Cerax® → **Benzocaine**
Cerazet® → **Desogestrel**
Cerazette® → **Desogestrel**
Cerbon-6® → **Pyritinol**
Cercine® → **Diazepam**
Cerclerol® → **Ezetimibe**
Cereb® → **Valproic Acid**
Cerebral® → **Cinnarizine**
Cerebroad® → **Cinnarizine**
Cerebroforte® → **Piracetam**
Cerebrol® → **Piracetam**
Cerebropan® → **Piracetam**
Cerebroxine® → **Vincamine**
Cerebryl® → **Piracetam**
Cerebyx® → **Fosphenytoin**
Ceredase® → **Alglucerase**
Cerella® → **Estradiol**
Cereloid® → **Dihydroergotoxine**
Cereluc® → **Pioglitazone**
Cere „Merz“® → **Ornithine**
Ceremin® → **Cinnarizine**
Ceremir® → **Glucosamine**
Cereneu® → **Fosphenytoin**
Cerepar® → **Cinnarizine**
Cerepar N® → **Piracetam**
Cerepro® → **Choline Alfoscerate**
Cerestab® → **Exametazime**
Cerestabon® → **Idebenone**
Ceretec® → **Exametazime**
Cereton® → **Vinpocetine**
Cerex® → **Cetirizine**
Cerezyme® → **Imiglucerase**
CERFA 114 → **Tiemonium Iodide**
Cergem® → **Gemeprost**
Cergodun® → **Nicergoline**
Cerini® → **Cetirizine**
Ceris® → **Trospium Chloride**
Cerivin® → **Vinpocetine**
Cermox® → **Ciclosporin**
Cero® → **Ciprofloxacin**
Cerofene® → **Cefuroxime**
Cerotor® → **Citalopram**
Cerovit® → **Ascorbic Acid**
Cerox-A® → **Cefuroxime**
Ceroxim® → **Cefuroxime**
Ceroxime® → **Cefuroxime**
Cerson® → **Nitrazepam**
Certara® → **Ramipril**
Certican® → **Everolimus**
Certirec® → **Cetirizine**
Certomycin® → **Netilmicin**
Certonal® → **Moxaverine**
Cerubidin® → **Daunorubicin**
Cerubidine® → **Daunorubicin**
Cérubidine® → **Daunorubicin**
Ceruleum methylenum (Ph. Jap. 1976) → **Methylthioninium Chloride**
Cerulisina® → **Xylene**
Cérulyse® → **Xylene**
Cerulyx® → **Xylene**
Cerumex® → **Docusate Sodium**
Cerureg® → **Metoclopramide**
Cerutil® → **Meclofenoxate**
Ceruxim® → **Cefuroxime**
Cervagem® → **Gemeprost**
Cervagème® → **Gemeprost**
Cervep® → **Heparin**
Cervicum® → **Fluocinolone acetonide**
Cervidil® → **Dinoprostone**
Cervidil® → **Gemeprost**
Cervin® → **Cefuroxime**
Cervinca® → **Vincamine**
Cerviprime® → **Dinoprostone**
Cervoxan® → **Vinburnine**
Cerzin-Mepha® → **Cetirizine**
C.E.S.® → **Estrogens, conjugated**
Cesamet® → **Nabilone**
Cesil® → **Cetirizine**
Cesol® → **Praziquantel**
Cesoline Y® → **Hydralazine**
Cesplon® → **Captopril**
Cestex® [vet.] → **Epsiprantel**
Cestocur® [vet.] → **Praziquantel**
Cestop® → **Clotrimazole**
Cestox® → **Praziquantel**
Cetabrium® → **Chlordiazepoxide**
Cetabutol® → **Ethambutol**
Cetacillin® → **Ampicillin**
Cetacol® → **Nicotinyl Alcohol**
Cetacort® → **Hydrocortisone**
Cetacycline-P® → **Tetracycline**
Cetadexon® → **Dexamethasone**
Cetadol® → **Paracetamol**
Cetadop® → **Dopamine**
Cetafilm® → **Cetylpyridinium**
Cetafloxo® → **Ciprofloxacin**
Cetafrin® → **Paracetamol**
Cetalerg® → **Cetirizine**
CetAlergin® → **Cetirizine**
Cetalgin® → **Paracetamol**
Cetallerg® → **Cetirizine**
Cetalmic® → **Mefenamic Acid**
Cetal retard® → **Vincamine**
Cetamid® → **Acetazolamide**
Cetamine® → **Ascorbic Acid**
Cetapril® → **Alacepril**
Cetasix® → **Furosemide**

C

Cetathiacol® → **Thiamphenicol**
Cetathrocin® → **Erythromycin**
Cetatrex® → **Sumatriptan**
Cetavlex® → **Cetrimide**
Cetavlon® → **Cetrimide**
Cetavlon Antisepsie® → **Chlorhexidine**
Cetazime® → **Ceftazidime**
Cetazin® → **Sulfacetamide**
Cetazum® → **Ceftazidime**
Cetebe® → **Ascorbic Acid**
Cet eco® → **Cetirizine**
Ceterifug® → **Cetirizine**
Cethixim® → **Cefuroxime**
Ceti-blue® → **Cetirizine**
Ceticad® → **Cetirizine**
Cetidac® → **Cetirizine**
Cetiderm® → **Cetirizine**
Cetidura® → **Cetirizine**
Cetigen® → **Cetirizine**
Cetihexal® → **Cetirizine**
Cetihis® → **Cetirizine**
CetiLich® → **Cetirizine**
Cetilsan® → **Cetylpyridinium**
Cetil von ct® → **Cetirizine**
Cetimerck® → **Cetirizine**
Cetimil® → **Nedocromil**
Cetinax® → **Cetirizine**
Cetiprin® → **Emepromium**
Ceti-Puren® → **Cetirizine**
Cetiram® → **Cetirizine**
Cetirax® → **Cetirizine**
CetirHexal® → **Cetirizine**
Cetirigamma® → **Cetirizine**
Cetiril® → **Carbamazepine**
Cetirinax® → **Cetirizine**
Cetiristad® → **Cetirizine**
Cetirizin® → **Cetirizine**
Cetirizin 1 A Pharma® → **Cetirizine**
Cetirizina® → **Cetirizine**
Cetirizina Acost® → **Cetirizine**
Cetirizina Alpharma® → **Cetirizine**
Cetirizina Alter® → **Cetirizine**
Cetirizina Angenerico® → **Cetirizine**
Cetirizina Baldacci® → **Cetirizine**
Cetirizina Belmac® → **Cetirizine**
Cetirizina Bexal® → **Cetirizine**
Cetirizina Ciclum® → **Cetirizine**
Cetirizina Cinfa® → **Cetirizine**
Cetirizin Actavis® → **Cetirizine**
Cetirizina Davur® → **Cetirizine**
Cetirizina Dermogen® → **Cetirizine**
Cetirizin-ADGC® → **Cetirizine**
Cetirizina Diclorhidrato® → **Cetirizine**
Cetirizina Farmabion® → **Cetirizine**
Cetirizina Farmalider® → **Cetirizine**
Cetirizina Farmoz® → **Cetirizine**
Cetirizina Feltrex® → **Cetirizine**
Cetirizina Generis® → **Cetirizine**
Cetirizina Generix® → **Cetirizine**
Cetirizina Genfar® → **Cetirizine**
Cetirizina Germed® → **Cetirizine**
Cetirizina Histatec® → **Cetirizine**
Cetirizina Iqfarma® → **Cetirizine**
Cetirizina Jaba® → **Cetirizine**
Cetirizin AL® → **Cetirizine**
Cetirizina Labesfal® → **Cetirizine**
Cetirizin Alpharma® → **Cetirizine**
Cetirizin Alternova® → **Cetirizine**
Cetirizina Mepha® → **Cetirizine**
Cetirizina Merck® → **Cetirizine**
Cetirizina Normon® → **Cetirizine**
Cetirizina Ranbaxy® → **Cetirizine**
Cetirizina Ratiopharm® → **Cetirizine**
Cetirizina Rigar® → **Cetirizine**
Cetirizina Rimafar® → **Cetirizine**
Cetirizina Sandoz® → **Cetirizine**
Cetirizina Teva® → **Cetirizine**
Cetirizina Ur® → **Cetirizine**
Cetirizina Winthrop® → **Cetirizine**
Cetirizin AZU® → **Cetirizine**
Cetirizin Basics® → **Cetirizine**
Cetirizin beta® → **Cetirizine**
Cetirizin BMM Pharma® → **Cetirizine**
Cetirizin Copyfarm® → **Cetirizine**
Cetirizin-CT® → **Cetirizine**
Cetirizindihydrochlorid Arcana® → **Cetirizine**
Cetirizin Domesco® → **Cetirizine**
Cetirizine® → **Cetirizine**
Cetirizine A® → **Cetirizine**
Cetirizine Alpharma® → **Cetirizine**
Cetirizine Bexal® → **Cetirizine**
Cetirizine Biochemie® → **Cetirizine**
Cétirizine Biogaran® → **Cetirizine**
Cetirizine CF® → **Cetirizine**
Cetirizine Chefaro® → **Cetirizine**
Cetirizine Copyfarm® → **Cetirizine**
Cetirizine Dermapharm® → **Cetirizine**
Cetirizinedihydrochloride Gf® → **Cetirizine**
Cetirizine EG® → **Cetirizine**
Cetirizine-EG® → **Cetirizine**
Cetirizine Hexal® → **Cetirizine**
Cetirizine hydrochloride Novexal® → **Cetirizine**
Cetirizine Katwijk® → **Cetirizine**
Cetirizine Losan® → **Cetirizine**
Cetirizine Merck® → **Cetirizine**
Cétirizine Merck® → **Cetirizine**
Cetirizine-Merck® → **Cetirizine**
Cetirizin EP® → **Cetirizine**
Cetirizine PCH® → **Cetirizine**
Cetirizine-Ratiopharm® → **Cetirizine**
Cétirizine RPG® → **Cetirizine**
Cetirizine Samenwerkende Apothekers® → **Cetirizine**
Cetirizine Sandoz® → **Cetirizine**
Cétirizine Sandoz® → **Cetirizine**
Cetirizine Teva® → **Cetirizine**
Cetirizine UCB® → **Cetirizine**
Cétirizine Winthrop® → **Cetirizine**
Cetirizin Genericon® → **Cetirizine**
Cetirizin Generics® → **Cetirizine**
Cetirizin Helvepharm® → **Cetirizine**
Cetirizin-Hemopharm® → **Cetirizine**
Cetirizin Heumann® → **Cetirizine**
Cetirizin Hexal® → **Cetirizine**
Cetirizin Irex® → **Cetirizine**
Cetirizin Merck NM® → **Cetirizine**
Cetirizin PCD® → **Cetirizine**
Cetirizin ratiopharm® → **Cetirizine**
Cetirizin-ratiopharm® → **Cetirizine**
Cetirizin Samenwerkende Apothekers® → **Cetirizine**
Cetirizin Sandoz® → **Cetirizine**
Cetirizin-SL® → **Cetirizine**
Cetirizin Stada® → **Cetirizine**
Cetirizin TEVA® → **Cetirizine**
Cetirizin Winthrop® → **Cetirizine**
Cetirlan® → **Cetirizine**
Ceti TAD® → **Cetirizine**
Cetitev® → **Cetirizine**
Cetizin® → **Cetirizine**
Cetizine® → **Cetirizine**
Ceto® → **Aspirin**
Cetoconazol® → **Ketoconazole**
Cetoconazol Alpharma® → **Ketoconazole**
Cetohexal® → **Ketoconazole**
Cetonax® → **Ketoconazole**
Cetonil® → **Ketoconazole**
Cetoprofen® → **Ketoprofen**
Cetoprofeno IM® → **Ketoprofen**
Cetoprofeno IV® → **Ketoprofen**
Cetor® → **C_1Esterase inhibitor**
Cétornan® → **Ornithine**
Cetoros® → **Piracetam**
Cetoteron® → **Cyproterone**
Cetotifeno® → **Ketotifen**
Cetoxil® [tabs] → **Cefuroxime**
Cetozone® → **Ascorbic Acid**
Cetraxal® → **Ciprofloxacin**
Cetraxal Otico® → **Ciprofloxacin**
Cetream® [vet.] → **Cetrimide**
Cetriad® [vet.] → **Cetrimide**
Cetriaf® → **Ceftriaxone**
Cetril® → **Cetirizine**
Cetriler® → **Cetirizine**
Cetrimed® → **Cetirizine**
Cetrimide® → **Cetrimide**

Cetrimide Shampoo® → **Cetrimide**
Cetrin® → **Cetirizine**
Cetrine® → **Cetirizine**
Cetrinox® → **Cefatrizine**
Cetripharm® → **Cetirizine**
Cetrivax® → **Cetirizine**
Cetriwal® → **Cetirizine**
Cetrixal® → **Cetirizine**
Cetrixin® → **Cetirizine**
Cetrizen® → **Cetirizine**
Cetrizet® → **Cetirizine**
Cetrizin® → **Cefatrizine**
Cetrizin® → **Cetirizine**
Cetron® → **Ondansetron**
Cetryn® → **Cetirizine**
Cetyl® → **Cetrimonium**
Cetymin® → **Cetirizine**
Cetyrol® → **Cetirizine**
Cetyryzyna Egis® → **Cetirizine**
Cevalin® → **Ascorbic Acid**
Cevamec® [vet.] → **Ivermectin**
Cevanil® → **Pirenzepine**
Cevazuril® [vet.] → **Toltrazuril**
Cevi-Bid® → **Ascorbic Acid**
Cevicort® → **Betamethasone**
Cevi Drops® → **Ascorbic Acid**
Cevidrops® → **Ascorbic Acid**
Cevigen® → **Azelaic Acid**
Cevikap® → **Ascorbic Acid**
Cevinolon® → **Aciclovir**
Cevion® → **Ascorbic Acid**
Ce-Vi-Sol® → **Ascorbic Acid**
Cevita® → **Ascorbic Acid**
CeVi-tabs® → **Ascorbic Acid**
Cevitil® → **Ascorbic Acid**
Cevlodil® → **Cetrimide**
Cewin® → **Ascorbic Acid**
C-ext gelb 16 → **Fluorescein**
Cexyl® → **Cefadroxil**
Ceza® → **Cetirizine**
Cezil® → **Cetirizine**
Cezin® → **Cetirizine**
Ceziren® → **Cetirizine**
Cezol® → **Cefazolin**
Cezolin® → **Cefazolin**
Cezolin® → **Ketoconazole**
C-Fal® → **Cefalexin**
C-Fenac® → **Diclofenac**
C-Film Lucchini® → **Nonoxinol**
CFIX® → **Cefixime**
C-Flox® → **Ciprofloxacin**
C-Floxacin® → **Ciprofloxacin**
CGA-6J → **Sucralfate**
CGP 2175 → **Metoprolol**
CH 3565 → **Triclosan**
Chaldol® → **Sodium Picosulfate**
Champicin® → **Ampicillin**
Championyl® → **Sulpiride**
Champix® → **Varencline**
Champs C® → **Ascorbic Acid**
Chanacycline® [vet.] → **Oxytetracycline**
Chanamast® [vet.] → **Cloxacillin**
Chanaverm® [vet.] → **Levamisole**
Chanazine®[vet.] → **Xylazine**
Chanazole® [vet.] → **Mebendazole**
Chanectin® [vet.] → **Ivermectin**
Channel® → **Diltiazem**
Chanoprim®[vet.] → **Trimethoprim**
Chanoprim®[vet.] → **Sulfadiazine**
Chanovin® [vet.] → **Griseofulvin**
Chantix® → **Varencline**
Charbon de belloc® → **Charcoal, Activated**
CharcoAid® → **Charcoal, Activated**
Charcoal® → **Charcoal, Activated**
Charcoal Camden® → **Charcoal, Activated**
Charcoal Plus DS® → **Charcoal, Activated**
CharcoCaps® → **Charcoal, Activated**
Charcodote® → **Charcoal, Activated**
Charcotabs® → **Charcoal, Activated**
Charlyn® → **Flunisolide**
Chassot-Cefaseptin® [vet.] → **Cefalexin**
Chassot-Novugen® [vet.] → **Policresulen**
Chear® → **Sertraline**
Checkmate® → **Sodium Fluoride**
CheckMite+® [vet.] → **Coumafos**
CheeTah® → **Barium Sulfate**
Chefir® → **Cefonicid**
Chelatran® → **Edetic Acid**
Chemacin® → **Amikacin**
Chemagyl® → **Metronidazole**
Chemet® → **Succimer**
Chemicetina® → **Chloramphenicol**
Chemicon® → **Ketoconazole**
Chemilaic® → **Azelaic Acid**
Chemionazolo® → **Econazole**
Chemiscrub® → **Chlorhexidine**
Chemisole® [vet.] → **Levamisole**
Chemisolv® → **Butamirate**
Chemists‘ Own Bifonazole® → **Bifonazole**
Chemists‘ Own Clozole Vaginal Cream® → **Clotrimazole**
Chemists‘ Own Cold Sore Cream® → **Aciclovir**
Chemists‘ Own Decongestant Nasal® → **Oxymetazoline**
Chemists‘ Own Diarrhoea Relief® → **Loperamide**
Chemists‘ Own Diclofenac Sodium® → **Diclofenac**
Chemists‘ Own Ibuprofen® → **Ibuprofen**
Chemists‘ Own Paracetamol® → **Paracetamol**
Chemists‘ Own Period Pain Tablets® → **Naproxen**
Chemists‘ Own Sinus Relief® → **Pseudoephedrine**
Chemisulide® → **Nimesulide**
Chemitrim® [+ Sulfamethoxazol] → **Trimethoprim**
Chemitrim® [+ Trimethoprim] → **Sulfamethoxazole**
Chemo-C® → **Ascorbic Acid**
Chemofen® → **Ibuprofen**
Chemosef® → **Cefalexin**
Chemotrex® → **Oxytetracycline**
Chemoxilin® → **Amoxicillin**
Chemvita Vitamin A® → **Retinol**
Chemydur® → **Isosorbide Mononitrate**
Chenamox® → **Amoxicillin**
Chenocol® → **Chenodeoxycholic Acid**
Chenofalk® → **Chenodeoxycholic Acid**
Cheque® → **Mibolerone**
Cheracol® → **Oxymetazoline**
Chetofen® → **Ketotifen**
Chetotifene Merck® → **Ketotifen**
Chevicet-Pulver® [vet.] → **Chlortetracycline**
Chevi-Col® [vet.] → **Dimetridazole**
Chevipar® [vet.] → **Ampicillin**
Chevisept® [vet.] → **Benzalkonium Chloride**
Chevi-Tren® [vet.] → **Stirofos**
Chevron® → **Ceftriaxone**
Chewable Vitamin C® → **Ascorbic Acid**
Chewce® → **Ascorbic Acid**
Chewette C® → **Ascorbic Acid**
Chiaro® → **Ticlopidine**
Chibro-Proscar® → **Finasteride**
Chibro-Timoptol® → **Timolol**
Chibroxin® → **Norfloxacin**
Chibroxine® → **Norfloxacin**
Chibroxol® → **Norfloxacin**
Chichina® → **Carbazochrome**
Chiclida® → **Meclozine**
Chiggerex® → **Benzocaine**
Chiggertox® → **Benzocaine**
Children’s Advil® → **Ibuprofen**
Children’s Bayer Chewable Aspirin® → **Aspirin**
Children’s Bufferin® → **Paracetamol**
Children’s Claritin® → **Loratadine**
Children’s Motrin® → **Ibuprofen**
Children’s Panadol® → **Paracetamol**

Children's Tylenol® → **Paracetamol**
Children's Vicks Chloraseptic Sore Throat Lozenges® → **Benzocaine**
Chimono® → **Lomefloxacin**
Chinacin-T® → **Clindamycin**
China Clay → **Kaolin**
Chinclonac® → **Diclofenac**
Chingazol® → **Clotrimazole**
Chinidin → **Quinidine**
Chinidina → **Quinidine**
Chinidina® → **Quinidine**
Chinidină Sulfat® → **Quinidine**
Chinidin-Duriles® → **Quinidine**
Chinidin Retard® → **Quinidine**
Chinidin-retard-Isis® → **Quinidine**
Chinidin Sulfas® → **Quinidine**
Chinidinum Sulfuricum® → **Quinidine**
Chinina Cloridrato® → **Quinine**
Chinina Solfato® → **Quinine**
Chinini Sulfas® → **Quinine**
Chininum hydrochloricum® → **Quinine**
Chinofungin® → **Tolnaftate**
Chinogel® [vet.] → **Flumequine**
8-Chinolinol → **Oxyquinoline**
Chinopamil R® → **Verapamil**
Chinosol® → **Oxyquinoline**
Chinotal® → **Pentoxifylline**
Chintaral® → **Ketoconazole**
Chinteina® → **Quinidine**
Chiosan® → **Tetryzoline**
ChiRhoStim® → **Secretin**
Chirocaina® → **Levobupivacaine**
Chirocaine® → **Levobupivacaine**
Chiron IL-2® → **Aldesleukin**
Chitosamine → **Glucosamine**
Chlo-Amine® → **Chlorphenamine**
Chlooramfenicol Bournonville® → **Chloramphenicol**
Chlooramfenicol HPS® → **Chloramphenicol**
Chlooramfenicol Minims® → **Chloramphenicol**
Chlooramfenicol POS® → **Chloramphenicol**
Chloordiazepoxide Alpharma® → **Chlordiazepoxide**
Chloordiazepoxide CF® → **Chlordiazepoxide**
Chloordiazepoxide FLX® → **Chlordiazepoxide**
Chloordiazepoxide Gf® → **Chlordiazepoxide**
Chloordiazepoxide PCH® → **Chlordiazepoxide**
Chloordiazepoxide ratiopharm® → **Chlordiazepoxide**
Chloordiazepoxide Sandoz® → **Chlordiazepoxide**
Chloorhexidinedigluconaat® → **Chlorhexidine**
Chloorhexidine FNA® → **Chlorhexidine**
Chloorpromazine FNA® → **Chlorpromazine**
Chloortalidon® → **Chlortalidone**
Chloortalidon A® → **Chlortalidone**
Chloortalidon Alpharma® → **Chlortalidone**
Chloortalidon CF® → **Chlortalidone**
Chloortalidon FLX® → **Chlortalidone**
Chloortalidon Gf® → **Chlortalidone**
Chloortalidon Katwijk® → **Chlortalidone**
Chloortalidon Merck® → **Chlortalidone**
Chloortalidon PCH® → **Chlortalidone**
Chloortalidon Sandoz® → **Chlortalidone**
Chloortetra® [vet.] → **Chlortetracycline**
Chloorthiazide Gf® → **Chlorothiazide**
Chloracil® → **Chloramphenicol**
Chlora-Cycline® [vet.] → **Chlortetracycline**
Chloraethyl Adroka® → **Ethyl Chloride**
Chloraethyl Dr. Henning® → **Ethyl Chloride**
Chloraldurat® → **Chloral Hydrate**
Chloralhydraat FNA® → **Chloral Hydrate**
Chloral Hydrate® → **Chloral Hydrate**
Chloral Hydrate Odan® → **Chloral Hydrate**
Chloral Hydrate Suppositories® → **Chloral Hydrate**
Chloramex® → **Chloramphenicol**
Chloramine Pura® → **Tosylchloramide Sodium**
Chloramine T® [vet.] → **Tosylchloramide Sodium**
Chloraminophène® → **Chlorambucil**
Chloramin T-Lysoform® → **Tosylchloramide Sodium**
Chloramno® → **Chloramphenicol**
Chloramphenicol® → **Chloramphenicol**
Chloramphenicol → **Chloramphenicol**
Chloramphénicol → **Chloramphenicol**
Chloramphenicol Agepha® → **Chloramphenicol**
Chloramphenicol [BAN, DCF, USAN] → **Chloramphenicol**
Chloramphenicol Bidiphar® → **Chloramphenicol**
Chloramphenicol Biokema® [vet.] → **Chloramphenicol**
Chloramphenicol-Bournonville® → **Chloramphenicol**
Chloramphenicol-Erfa® → **Chloramphenicol**
Chloramphenicol Hovid® → **Chloramphenicol**
Chloramphenicol Hudson® → **Chloramphenicol**
Chloramphenicol ICN® → **Chloramphenicol**
Chloramphenicol Indo Farma® → **Chloramphenicol**
Chloramphenicol (JP XIV, Ph. Eur. 5, Ph. Int. 4, USP 30) → **Chloramphenicol**
Chloramphenicol Krka® → **Chloramphenicol**
Chloramphenicol Leciva® → **Chloramphenicol**
Chloramphenicol Ophthalmic® → **Chloramphenicol**
Chloramphénicol (Ph. Eur. 5) → **Chloramphenicol**
Chloramphenicol Sodium Succinate Sterile® → **Chloramphenicol**
Chloramphenicol-Spray® [vet.] → **Chloramphenicol**
Chloramphenicol succinat® → **Chloramphenicol**
Chloramphenicolum → **Chloramphenicol**
Chloramphenicolum (Ph. Eur. 5, Ph. Int. 4) → **Chloramphenicol**
Chloramphenicol Valeant® → **Chloramphenicol**
Chloramphenicol® [vet.] → **Chloramphenicol**
Chloramsaar N® → **Chloramphenicol**
Chloranic® → **Chloramphenicol**
Chloraseptic® → **Benzocaine**
Chloraseptine® → **Tosylchloramide Sodium**
Chlorasol® [vet.] → **Chloramphenicol**
Chlora-tabs® [vet.] → **Chloramphenicol**
Chlorawerfft® [vet.] → **Chloramphenicol**
Chlorazin® → **Chlorpromazine**
Chlorazol® → **Tosylchloramide Sodium**
Chlorbiotic® → **Chloramphenicol**
Chlor-B® [vet.] → **Chloramphenicol**
Chlorchinaldin® → **Chlorquinaldol**

Chlorcol® → **Chloramphenicol**
Chlorderma® [vet.] → **Chlorphenamine**
Chlordiazepoxide® → **Chlordiazepoxide**
Chlordiazepoxide Hydrochloride® → **Chlordiazepoxide**
Chlorehexamed® → **Chlorhexidine**
Chlorestrol® → **Gemfibrozil**
Chlorexivet [vet.] → **Chlorhexidine**
Chlorex® [vet.] → **Chlorhexidine**
Chlorhexamed® → **Chlorhexidine**
Chlorhexidin → **Chlorhexidine**
Chlorhexidindigluconat → **Chlorhexidine**
Chlorhexidindigluconat-Lösung® → **Chlorhexidine**
Chlorhexidindigluconat-Lösung (Ph. Eur. 5) → **Chlorhexidine**
Chlorhexidine → **Chlorhexidine**
Chlorhexidine® → **Chlorhexidine**
Chlorhexidine [BAN, DCF] → **Chlorhexidine**
Chlorhexidine D-Digluconate → **Chlorhexidine**
Chlorhexidine digluconate: → **Chlorhexidine**
Chlorhexidine Digluconate → **Chlorhexidine**
Chlorhexidine (digluconate de) → **Chlorhexidine**
Chlorhexidine (digluconate de), solution de (Ph. Eur. 5) → **Chlorhexidine**
Chlorhexidine Digluconate Solution (Ph. Eur. 5) → **Chlorhexidine**
Chlorhexidine Gilbert® → **Chlorhexidine**
Chlorhexidine Gluconate® → **Chlorhexidine**
Chlorhexidine Gluconate [BANM, USAN] → **Chlorhexidine**
Chlorhexidine Gluconate Solution (JP XIV, USP 30) → **Chlorhexidine**
Chlorhexidine Irrigation® → **Chlorhexidine**
Chlorhexidine Irrigation Solution® → **Chlorhexidine**
Chlorhexidine Ivax® → **Chlorhexidine**
Chlorhexidine Mybacin® → **Chlorhexidine**
Chlorhexidine Obsteric Lotion 1 %® → **Chlorhexidine**
Chlorhexidine Pre Op® → **Chlorhexidine**
Chlorhexidine® [vet.] → **Chlorhexidine**
Chlorhexidini digluconatis → **Chlorhexidine**
Chlorhexidini digluconatis solutio (Ph. Eur. 5) → **Chlorhexidine**
Chlorhexidinpuder® → **Chlorhexidine**
Chlorhexidinum → **Chlorhexidine**
Chlorhex® [vet.] → **Chlorhexidine**
Chlorhydrate de cyclopentolate® → **Cyclopentolate**
Chlorhydrate de Cyclopentolate-Chauvin® → **Cyclopentolate**
Chlorhydrate de Métoclopramide Renaudin® → **Metoclopramide**
Chlorhydrate de Phenylephrine-Chauvin® → **Phenylephrine**
Chlorhydrate de Tetracaine-Chauvin® → **Tetracaine**
Chlorhydrate d'Oxybutynine-Genthon® → **Oxybutynin**
Chlorhydrate d'Oxybuprocaïne® → **Oxybuprocaine**
Chlorhydrate d'Oxybuprocaïne-Chauvin® → **Oxybuprocaine**
Chloricol® [vet.] → **Chloramphenicol**
Chlorleate® → **Chlorphenamine**
Chlormadinone Merck® → **Chlormadinone**
Chlormadinone Sandoz® → **Chlormadinone**
Chlormadinon Jenapharm® → **Chlormadinone**
Chlormax® [vet.] → **Chlortetracycline**
Chlormazine® → **Chlorpromazine**
Chlormeprazine → **Prochlorperazine**
Chlornitromycin® → **Chloramphenicol**
Chlornitromycin Ointment® → **Chloramphenicol**
Chloroamno® → **Chloramphenicol**
Chlorochin® → **Chloroquine**
Chlorochin Berlin-Chemie® → **Chloroquine**
Chlorocyclinum® → **Chlortetracycline**
Chlorofair® → **Chloramphenicol**
Chlorofarm-S® → **Buflomedil**
Chloromycetin® → **Chloramphenicol**
Chloromycetin Ear Drops® → **Chloramphenicol**
Chloromycetin Eye Drops® → **Chloramphenicol**
Chloromycetin Palmitat® [vet.] → **Chloramphenicol**
Chloromycetin Sodium Succinate® → **Chloramphenicol**
Chloromycetin Succinate® [inj.] → **Chloramphenicol**
Chloromycetin® [vet.] → **Chloramphenicol**
Chloromycin® → **Chloramphenicol**
Chloronguent® → **Tosylchloramide Sodium**
Chloropal® → **Chloramphenicol**
Chloropal® [vet.] → **Chloramphenicol**
Chloropernazine → **Prochlorperazine**
Chloropernazinum® → **Prochlorperazine**
Chloroph® → **Chloramphenicol**
Chlorophos → **Metrifonate**
Chloropotassuril® → **Potassium**
Chloroprocaine® → **Chloroprocaine**
Chloroprocaine Hydrochloride Injection® → **Chloroprocaine**
Chloropt Eye Ointment® [vet.] → **Chloramphenicol**
Chloroptic® → **Chloramphenicol**
Chloroquinedifosfaat PCH® → **Chloroquine**
Chloroquine Indo Farma® → **Chloroquine**
Chloroquine Phosphate® → **Chloroquine**
Chloroquine Sulphate® → **Chloroquine**
Chlorosan® → **Chloramphenicol**
Chlorosin® → **Chloramphenicol**
Chloro-Sleecol® [vet.] → **Chloramphenicol**
Chlorosol® [vet.] → **Chloramphenicol**
Chloroson® → **Chloroquine**
Chlorostat® → **Chlorhexidine**
Chlorothiazide® → **Chlorothiazide**
Chlorphen® → **Chloramphenicol**
Chlorphenamine® → **Chlorphenamine**
Chlorphenicol® → **Chloramphenicol**
Chlorpheniramine® → **Chlorphenamine**
Chlorpheno® → **Chlorphenamine**
Chlorphenon® → **Chlorphenamine**
Chlorpromazine® → **Chlorpromazine**
Chlorpromazine Hydrochloride® → **Chlorpromazine**
Chlorpromed® → **Chlorpromazine**
Chlorpropamid® → **Chlorpropamide**
Chlorprothixen® → **Chlorprothixene**
Chlorprothixen Holsten® → **Chlorprothixene**
Chlorprothixen Leciva® → **Chlorprothixene**
Chlorprothixen-neuraxpharm® → **Chlorprothixene**
Chlorpyrimine® → **Chlorphenamine**
Chlorquin® → **Chloroquine**
Chlorsig® → **Chloramphenicol**

C

Chlorsol® [vet.] → **Chlortetracycline**
Chlorsuccillin® → **Suxamethonium Chloride**
Chlortafac® [vet.] → **Chlortetracycline**
Chlortalidone® → **Chlortalidone**
Chlortalidone EG® → **Chlortalidone**
Chlortalidone-Eurogenerics® → **Chlortalidone**
Chlortetracycline Uterine Boluses® [vet.] → **Chlortetracycline**
Chlortetracycline® [vet.] → **Chlortetracycline**
Chlortétracycline Vétoquinol® [vet.] → **Chlortetracycline**
Chlortetracyclin-HCL® [vet.] → **Chlortetracycline**
Chlortetracyclin-Hydrochlorid® [vet.] → **Chlortetracycline**
Chlor-Tetracyclin Stricker® [vet.] → **Chlortetracycline**
Chlortetracyclin® [vet.] → **Chlortetracycline**
Chlortetra Spray® [vet.] → **Chlortetracycline**
Chlortet Soluble® [vet.] → **Chlortetracycline**
Chlortet® [vet.] → **Chlortetracycline**
Chlorthalidone® → **Chlortalidone**
Chlortralim® → **Chlortetracycline**
Chlor-Trimeton® → **Chlorphenamine**
Chlorure de Méthylthioninium → **Methylthioninium Chloride**
Chlorure de suxaméthonium → **Suxamethonium Chloride**
Chlorzox® → **Chlorzoxazone**
Chlorzoxane® → **Chlorzoxazone**
Chlotride® → **Chlorothiazide**
Chocola A® → **Retinol**
Choice® → **Warfarin**
Cholac® → **Lactulose**
Cholamid® → **Hydroxymethylnicotinamide**
Cholan-HMB® → **Dehydrocholic Acid**
Cholchicin „Agepha“® → **Colchicine**
Choledyl® → **Choline Theophyllinate**
Cholemed® → **Simvastatin**
Cholespar® → **Pravastatin**
Cholestabyl® → **Colestipol**
Cholestagel® → **Colesevelam**
Cholestat® → **Simvastatin**
Cholestil® → **Hymecromone**
Cholestra® → **Lovastatin**
Cholestyramine® → **Colestyramine**
Cholexamin® → **Nicomol**
Cholhepan® → **Gemfibrozil**
Choliatron® → **Trepibutone**
Choline dihydrogen citrate® → **Choline**
Cholinex® → **Choline Salicylate**
Cholipam® → **Simvastatin**
Cholit-Ursan® → **Ursodeoxycholic Acid**
Cholofalk® → **Ursodeoxycholic Acid**
Cholografin Meglumine® → **Adipiodone**
Cholospasminase® → **Pancreatin**
Cholspasmin® → **Hymecromone**
Cholspasminase® → **Pancreatin**
Cholspasmin forte® → **Hymecromone**
Chol-Spasmoletten® → **Hymecromone**
Chomelanum® → **Choline**
Chondroitin® → **Chondroitin Sulfate**
Chondroitine® [vet.] → **Chondroitin Sulfate**
Chondroitinschwefelsäure → **Chondroitin Sulfate**
Chondroitinsulfat → **Chondroitin Sulfate**
Chondroitin Sulfate → **Chondroitin Sulfate**
Chondroitin Sulfate (Merck) → **Chondroitin Sulfate**
Chondroitin sulfate (NF 22) → **Chondroitin Sulfate**
Chondroitinsulfuric Acid → **Chondroitin Sulfate**
Chondrosulf® → **Chondroitin Sulfate**
Chondrotoinschwefelsäure → **Chondroitin Sulfate**
Chooz® → **Calcium Carbonate**
Chopintac® → **Ranitidine**
Choragon® → **Chorionic Gonadotrophin**
Chorex® → **Chorionic Gonadotrophin**
Choriomon® → **Chorionic Gonadotrophin**
Chorionic Gonadotropin® → **Chorionic Gonadotrophin**
Chorionic Gonadotropin® [vet.] → **Chorionic Gonadotrophin**
Chortropin® [vet.] → **Chorionic Gonadotrophin**
Chorulon® [vet.] → **Chorionic Gonadotrophin**
Chosalgan-S® [vet.] → **Metamizole**
Chributan® → **Butamirate**
Chricetyl® → **Acetylcysteine**
Christatin® → **Simvastatin**
Chromelin® → **Dihydroxyacetone**
Chronadalate® → **Nifedipine**
Chronocort® → **Dexamethasone**
Chrono-Gest PMSG® [vet.] → **Gonadotrophin, Serum**
Chronogest® [vet.] → **Flugestone**
Chrono-Gest® [vet.] → **Flugestone**
Chrono-Indocid® → **Indometacin**
Chronomintic® [vet.] → **Levamisole**
Chronopil® [vet.] → **Megestrol**
Chronosyn® [vet.] → **Chlormadinone**
Chronulac® → **Lactulose**
Chuben® → **Albendazole**
CHX Dental Gel® → **Chlorhexidine**
CI 14130 → **Olsalazine**
CI 45350 → **Fluorescein**
CI 945 (Parke Davis, USA) → **Gabapentin**
CI 581 (Parke Davis, USA) → **Ketamine**
CI 583 → **Meclofenamic Acid**
CI 77004 → **Kaolin**
Cialis® → **Tadalafil**
Cianocobalamina® → **Cyanocobalamin**
Ciatyl-Z® → **Zuclopenthixol**
Ciatyl-Z Acuphase® → **Zuclopenthixol**
Ciatyl-Z Depot® → **Zuclopenthixol**
Cibacalcine® [human] → **Calcitonin**
Cibacalcin® [human] → **Calcitonin**
Cibace® → **Benazepril**
Cibacen® → **Benazepril**
Cibacène® → **Benazepril**
Cibadrex® → **Benazepril**
Cibalgin® → **Propyphenazone**
Cibalgina Due Fast® → **Ibuprofen**
Cibenol® → **Cibenzoline**
Ciblex® → **Mirtazapine**
Ciblor® [+ Amoxicillin, trihydrate] → **Clavulanic Acid**
Ciblor® [+ Clavulanic Acid, potassium salt] → **Amoxicillin**
Cibramicin® → **Benzylpenicillin**
Cibrogan® → **Cilostazol**
Cicajet® [vet.] → **Chlorhexidine**
Cicladol® → **Piroxicam**
Ciclafast® → **Piroxicam**
Ciclamil® → **Cyclobenzaprine**
Ciclamil® → **Cyproterone**
Ciclavix® → **Aciclovir**
Ciclem® → **Cimetidine**
Cicletex® → **Ciclesonide**
Ciclidoxan® → **Doxycycline**
Ciclobenzaprina® → **Cyclobenzaprine**
Ciclobiotico® → **Tetracycline**
Ciclobrain® → **Piracetam**
Ciclochem® → **Ciclopirox**
Ciclochem Vaginal® → **Ciclopirox**

Cicloderm® → **Ciclopirox**
Ciclofalina® → **Piracetam**
Ciclofast® → **Piroxicam**
Cicloferon® → **Aciclovir**
Ciclofosfamida® → **Cyclophosphamide**
Ciclofosfamida Dosa® → **Cyclophosphamide**
Ciclofosfamida Filaxis® → **Cyclophosphamide**
Ciclofosfamida L.CH.® → **Cyclophosphamide**
Ciclofosfamida Martian® → **Cyclophosphamide**
Ciclofosfamida Microsules® → **Cyclophosphamide**
Ciclogonina® [vet.] → **Gonadotrophin, Serum**
Ciclohexal® → **Ciclosporin**
Ciclolux® → **Cyclopentolate**
Ciclomidrin® → **Tropicamide**
Ciclonal® → **Doxycycline**
Ciclonamina → **Etamsylate**
Ciclopar® → **Albendazole**
Ciclopegic Llorens® → **Cyclopentolate**
Ciclopenal® → **Cyclopentolate**
Ciclopentolato Poen® → **Cyclopentolate**
Ciclopirox Hexal® → **Ciclopirox**
Ciclopirox-ratiopharm® → **Ciclopirox**
Ciclopirox Winthrop® → **Ciclopirox**
Cicloplatin® → **Carboplatin**
Cicloplegicedol® → **Cyclopentolate**
Cicloplegico® → **Cyclopentolate**
Ciclopoli® → **Ciclopirox**
Cicloral® → **Ciclosporin**
Ciclosol® → **Ciclosporin**
Ciclospasmol® → **Cyclandelate**
Ciclosporin® → **Ciclosporin**
Ciclosporin 1A-Pharma® → **Ciclosporin**
Ciclosporina Bexal® → **Ciclosporin**
Ciclosporina Generis® → **Ciclosporin**
Ciclosporina Jaba® → **Ciclosporin**
Ciclosporine® → **Ciclosporin**
Ciclosporin Hexal® → **Ciclosporin**
Ciclosterona® → **Progesterone**
Ciclotetryl® → **Tetracycline**
Cicloven® → **Pyricarbate**
Cicloviral® → **Aciclovir**
Cicloviral i. v.® → **Aciclovir**
Ciclox® → **Clonazepam**
Cicloxx-2® → **Celecoxib**
Ciclozinil® → **Gentamicin**
Cidalin® → **Mebhydrolin**
Cidecin® → **Daptomycin**
Cidegol® → **Chlorhexidine**
Cidilin® → **Citicoline**
Cidine® → **Cimetidine**
Cidirol® [vet.] → **Estradiol**
Ciditan® → **Ciprofloxacin**
Cidomycin® → **Gentamicin**
Cidoten® → **Betamethasone**
Cidoten Inyectable® → **Betamethasone**
Cidoten Rapilento® → **Betamethasone**
Cidoten-V® → **Betamethasone**
CIDR-E® [vet.] → **Progesterone**
Cidrin® → **Metamfetamine**
Cidron® → **Cetirizine**
Cidrops® → **Ciprofloxacin**
CIDR® [vet.] → **Progesterone**
Cieldom® → **Cabergoline**
Cifarcaína® → **Lidocaine**
Cifespasmo® → **Hyoscine Butylbromide**
Cifga® → **Ciprofloxacin**
Cifin® → **Ciprofloxacin**
Ciflan® → **Ciprofloxacin**
Ciflo® → **Ciprofloxacin**
Cifloc® → **Ciprofloxacin**
Ciflogex® → **Benzydamine**
Ciflolan® → **Ciprofloxacin**
Ciflos® → **Ciprofloxacin**
Ciflosin® → **Ciprofloxacin**
Ciflox® → **Ciprofloxacin**
Cifloxager® → **Ciprofloxacin**
Cifloxal® → **Ciprofloxacin**
Cifloxin® → **Ciprofloxacin**
Ciflox® [inj.] → **Ciprofloxacin**
Cifox® → **Ciprofloxacin**
Cifran® → **Ciprofloxacin**
Cifran® [inj.] → **Ciprofloxacin**
Cifran® [tab.] → **Ciprofloxacin**
Cifrotil® → **Ciprofloxacin**
Cigamet® → **Cimetidine**
Ciganclor® → **Ganciclovir**
Cigram® → **Ciprofloxacin**
Ciklopen® → **Cyclopentolate**
Ciklosporin IVAX® → **Ciclosporin**
Cil® → **Fenofibrate**
Cilab® → **Ciprofloxacin**
Cilamin® → **Penicillamine**
Cilamox® → **Amoxicillin**
Cilatron® → **Isosorbide Mononitrate**
Cilaxoral® → **Sodium Picosulfate**
Cilazapril® → **Cilazapril**
Cilazil® → **Cilazapril**
Cilestoderme® → **Betamethasone**
Cilex® → **Cefalexin**
Cilferon-A® → **Interferon Alfa**
Cilicaine Syringe® → **Penicillin G Procaine**
Cilicaine V® → **Phenoxymethylpenicillin**
Cilicaine VK® → **Cefamandole**
Cilicaine VK® → **Phenoxymethylpenicillin**
Cilift® → **Citalopram**
Cilim® [caps.] → **Ampicillin**
Cilinon® → **Ampicillin**
Cilkanol® → **Troxerutin**
Cillimicina® → **Lincomycin**
Cilobact® → **Ciprofloxacin**
Cilodac® → **Cilostazol**
Cilon® → **Citalopram**
Cilopen VK® → **Phenoxymethylpenicillin**
Cilopral-Mepha® → **Citalopram**
CiloQuin® → **Ciprofloxacin**
Cilostal® → **Cilostazol**
Cilostazol® → **Cilostazol**
Cilovas® → **Ciprofloxacin**
Cilox® → **Ofloxacin**
Ciloxacin® → **Ciprofloxacin**
Ciloxan® → **Ciprofloxacin**
Ciloxan® [vet.] → **Ciprofloxacin**
Cilpier® → **Piperacillin**
Cilroton® → **Domperidone**
Ciltiren® → **Cefotaxime**
Cim® → **Cimetidine**
Cimagen® → **Cimetidine**
Cimal® → **Cimetidine**
Cimascal® → **Calcium Carbonate**
Cime AbZ® → **Cimetidine**
Cimebeta® → **Cimetidine**
Cimecodan® → **Cimetidine**
Cimedine® → **Cimetidine**
Cimegast® → **Cimetidine**
Cimehexal® → **Cimetidine**
Cimeldine® → **Cimetidine**
Cimet® → **Cimetidine**
Cimetag® [compr.] → **Cimetidine**
Cimetag® [inj.] → **Cimetidine**
Cimetid® → **Cimetidine**
Cimetidin® → **Cimetidine**
Cimetidin 1A Farma® → **Cimetidine**
Cimetidina® → **Cimetidine**
Cimetidinã® → **Cimetidine**
Cimetidin acis® → **Cimetidine**
Cimetidina EG® → **Cimetidine**
Cimetidin AL® → **Cimetidine**
Cimetidina Teva® → **Cimetidine**
Cimetidine® → **Cimetidine**
Cimetidine A® → **Cimetidine**
Cimetidine Alpharma® → **Cimetidine**
Cimetidine Beacons® → **Cimetidine**
Cimetidine CF® → **Cimetidine**
Cimetidine Disphar® → **Cimetidine**
Cimetidine-DP® → **Cimetidine**
Cimetidine EG® → **Cimetidine**

Ciplin® [+ Trimethoprim] → **Sulfamethoxazole**
Ciplon® → **Ciprofloxacin**
Ciplox® → **Ciprofloxacin**
Ciplox® [inj.] → **Ciprofloxacin**
Ciplox® [inj.] → **Ciprofloxacin**
Ciploxx® → **Ciprofloxacin**
Cipofix® → **Cefuroxime**
Cipon® → **Ciprofloxacin**
Cziprager® → **Citalopram**
Ciprain® → **Ciprofloxacin**
Cipralan® → **Cibenzoline**
Cipralex® → **Escitalopram**
Cipralex D.A.C.® → **Escitalopram**
Cipram® → **Citalopram**
Cipramil® [inj.] → **Citalopram**
Cipramil® [inj./liqu.oral] → **Citalopram**
Cipran® → **Ciprofloxacin**
Cziprapine® → **Citalopram**
Ciprasid® → **Ciprofloxacin**
Ciprecu® → **Ciprofloxacin**
Ciprenit Otico® → **Ciprofloxacin**
Ciprex® → **Ciprofloxacin**
Cipridanol® → **Methylprednisolone**
Cipride® → **Cisapride**
Cipril® → **Lisinopril**
Ciprin® → **Ciprofloxacin**
Ciprinol® → **Ciprofloxacin**
Ciprinol® [inj.] → **Ciprofloxacin**
Cipro® → **Ciprofloxacin**
Cipro 1A Pharma® → **Ciprofloxacin**
Cipro-A® → **Ciprofloxacin**
Ciprobac® → **Ciprofloxacin**
Ciprobac® [inj.] → **Ciprofloxacin**
Cipro Basics® → **Ciprofloxacin**
Ciprobay® → **Ciprofloxacin**
Ciprobay® [inj.] → **Ciprofloxacin**
Ciprobay® [inj.] → **Ciprofloxacin**
Ciprobel® → **Ciprofloxacin**
Ciprobeta® → **Ciprofloxacin**
Ciprobid® → **Ciprofloxacin**
Ciprobid® [inj.] → **Ciprofloxacin**
Ciprobiot® → **Ciprofloxacin**
Ciprobiotic® → **Ciprofloxacin**
Cipro-C® → **Ciprofloxacin**
Ciprocep® → **Ciprofloxacin**
Ciprocin® → **Ciprofloxacin**
Ciprocinal® → **Ciprofloxacin**
Cipro-C® [tab.] → **Ciprofloxacin**
Ciproctal® → **Ciprofloxacin**
Ciprodar® → **Ciprofloxacin**
Ciprodex® → **Ciprofloxacin**
Ciprodex® [sol.] → **Ciprofloxacin**
Ciprodoc® → **Ciprofloxacin**
Ciprodox® → **Ciprofloxacin**
ciprodura® → **Ciprofloxacin**
Ciprofar® → **Ciprofloxacin**
Ciprofarma® → **Cyproterone**
Ciprofat® → **Ciprofloxacin**
Ciprofel® → **Ciprofloxacin**
Ciprofibrate Biogaran® → **Ciprofibrate**
Ciprofibrate Merck® → **Ciprofibrate**
Ciprofibrate RPG® → **Ciprofibrate**
Ciprofibrate Sandoz® → **Ciprofibrate**
Ciprofibrate Winthrop® → **Ciprofibrate**
Ciprofin® → **Ciprofloxacin**
Ciprofloksacin® → **Ciprofloxacin**
Ciproflox® → **Ciprofloxacin**
Ciprofloxacin® → **Ciprofloxacin**
Ciprofloxacin 1A Farma® → **Ciprofloxacin**
Ciprofloxacin 1A Pharma® → **Ciprofloxacin**
Ciprofloxacina® → **Ciprofloxacin**
Ciprofloxacinã® → **Ciprofloxacin**
Ciprofloxacina Alpharma® → **Ciprofloxacin**
Ciprofloxacina Alter® → **Ciprofloxacin**
Ciprofloxacina Bexal® → **Ciprofloxacin**
Ciprofloxacina Biochemie® → **Ciprofloxacin**
Ciprofloxacina Biocrom® → **Ciprofloxacin**
Ciprofloxacin AbZ® → **Ciprofloxacin**
Ciprofloxacina Calox® → **Ciprofloxacin**
Ciprofloxacina Ciclum® → **Ciprofloxacin**
Ciprofloxacin Actavis® → **Ciprofloxacin**
Ciprofloxacina Denver Farma® → **Ciprofloxacin**
Ciprofloxacina Dorf® → **Ciprofloxacin**
Ciprofloxacina Duncan® → **Ciprofloxacin**
Ciprofloxacina Fabra® → **Ciprofloxacin**
Ciprofloxacina Farmoz® → **Ciprofloxacin**
Ciprofloxacina Generis® → **Ciprofloxacin**
Ciprofloxacina Germed® → **Ciprofloxacin**
Ciprofloxacina Giroflox® → **Ciprofloxacin**
Ciprofloxacin AL® → **Ciprofloxacin**
Ciprofloxacina Labesfal® → **Ciprofloxacin**
Ciprofloxacina Lazar® [compr.] → **Ciprofloxacin**
Ciprofloxacinã LPH® → **Ciprofloxacin**
Ciprofloxacin Alpharma® → **Ciprofloxacin**
Ciprofloxacin Alternova® → **Ciprofloxacin**
Ciprofloxacina Megaflox® → **Ciprofloxacin**
Ciprofloxacina Merck® → **Ciprofloxacin**
Ciprofloxacina MF® → **Ciprofloxacin**
Ciprofloxacina MK® → **Ciprofloxacin**
Ciprofloxacina Nixin® → **Ciprofloxacin**
Ciprofloxacina Northia® → **Ciprofloxacin**
Ciprofloxacina Ratiopharm® → **Ciprofloxacin**
Ciprofloxacin Arcana® → **Ciprofloxacin**
Ciprofloxacina Richet® → **Ciprofloxacin**
Ciprofloxacina Rigar® → **Ciprofloxacin**
Ciprofloxacin Arrow® → **Ciprofloxacin**
Ciprofloxacina Sandoz® → **Ciprofloxacin**
Ciprofloxacin AWD® → **Ciprofloxacin**
Ciprofloxacin-axcount® → **Ciprofloxacin**
Ciprofloxacin-axsan® → **Ciprofloxacin**
Ciprofloxacin AZU® → **Ciprofloxacin**
Ciprofloxacin-BC® → **Ciprofloxacin**
Ciprofloxacin BMM Pharma® → **Ciprofloxacin**
Ciprofloxacin Copyfarm® → **Ciprofloxacin**
Ciprofloxacin Dexa Medica® → **Ciprofloxacin**
Ciprofloxacin Domesco® → **Ciprofloxacin**
Ciprofloxacine® → **Ciprofloxacin**
Ciprofloxacine A® → **Ciprofloxacin**
Ciprofloxacine Alpharma® → **Ciprofloxacin**
Ciprofloxacine Bexal® → **Ciprofloxacin**
Ciprofloxacine CF® → **Ciprofloxacin**
Ciprofloxacine EG® → **Ciprofloxacin**
Ciprofloxacine-EG® → **Ciprofloxacin**
Ciprofloxacine Farmabion® → **Ciprofloxacin**
Ciprofloxacine Gf® → **Ciprofloxacin**

Ciprofloxacine Katwijk® → **Ciprofloxacin**
Ciprofloxacine Merck® → **Ciprofloxacin**
Ciprofloxacin Enna® → **Ciprofloxacin**
Ciprofloxacine PCH® → **Ciprofloxacin**
Ciprofloxacine Ratiopharm® → **Ciprofloxacin**
Ciprofloxacine RPG® → **Ciprofloxacin**
Ciprofloxacine Sandoz® → **Ciprofloxacin**
Ciprofloxacine-Sandoz® → **Ciprofloxacin**
Ciprofloxacine Teva® → **Ciprofloxacin**
Ciprofloxacine Winthrop® → **Ciprofloxacin**
Ciprofloxacine Zydus® → **Ciprofloxacin**
Ciprofloxacin Genericon® → **Ciprofloxacin**
Ciprofloxacin HCl® → **Ciprofloxacin**
Ciprofloxacin HelvePharm® → **Ciprofloxacin**
Ciprofloxacin Heumann® → **Ciprofloxacin**
Ciprofloxacin Hexal® → **Ciprofloxacin**
Ciprofloxacin Hexpharm® → **Ciprofloxacin**
Ciprofloxacin Hikma® → **Ciprofloxacin**
Ciprofloxacin Indo Farma® → **Ciprofloxacin**
Ciprofloxacin Interpharm® → **Ciprofloxacin**
Ciprofloxacin KSK® → **Ciprofloxacin**
Ciprofloxacin-Mepha® → **Ciprofloxacin**
Ciprofloxacin Merck NM® → **Ciprofloxacin**
Ciprofloxacino® → **Ciprofloxacin**
Ciprofloxacino Acost® → **Ciprofloxacin**
Ciprofloxacino Alter® → **Ciprofloxacin**
Ciprofloxacino Bayvit® → **Ciprofloxacin**
Ciprofloxacino Bexal® → **Ciprofloxacin**
Ciprofloxacino Cinfa® → **Ciprofloxacin**
Ciprofloxacino Cinfamed® → **Ciprofloxacin**
Ciprofloxacino Combino Pharm® → **Ciprofloxacin**
Ciprofloxacino Cuve® → **Ciprofloxacin**
Ciprofloxacino Davur® → **Ciprofloxacin**
Ciprofloxacino Edigen® → **Ciprofloxacin**
Ciprofloxacino Fmndtria® → **Ciprofloxacin**
Ciprofloxacino Generix® → **Ciprofloxacin**
Ciprofloxacino Genfar® → **Ciprofloxacin**
Ciprofloxacino Grapa® → **Ciprofloxacin**
Ciprofloxacino IFE® → **Ciprofloxacin**
Ciprofloxacino Induquimica® → **Ciprofloxacin**
Ciprofloxacino Iqfarma® → **Ciprofloxacin**
Ciprofloxacino Juventus® → **Ciprofloxacin**
Ciprofloxacino Kern® → **Ciprofloxacin**
Ciprofloxacino Lareq® → **Ciprofloxacin**
Ciprofloxacino Lasa® → **Ciprofloxacin**
Ciprofloxacino L.CH.® → **Ciprofloxacin**
Ciprofloxacino Lepori® → **Ciprofloxacin**
Ciprofloxacino Liconsa® → **Ciprofloxacin**
Ciprofloxacino Mabo® → **Ciprofloxacin**
Ciprofloxacino Merck® → **Ciprofloxacin**
Ciprofloxacino MK® → **Ciprofloxacin**
Ciprofloxacino Normon® → **Ciprofloxacin**
Ciprofloxacino Perugen® → **Ciprofloxacin**
Ciprofloxacin Ophthalmic® → **Ciprofloxacin**
Ciprofloxacino Ranbaxy® → **Ciprofloxacin**
Ciprofloxacino Ratiopharm® → **Ciprofloxacin**
Ciprofloxacino Rivero® [sol.-inj.] → **Ciprofloxacin**
Ciprofloxacino Sandoz® → **Ciprofloxacin**
Ciprofloxacino Sumol® → **Ciprofloxacin**
Ciprofloxacino Taucip® → **Ciprofloxacin**
Ciprofloxacino Ur® → **Ciprofloxacin**
Ciprofloxacino® [vet.] → **Ciprofloxacin**
Ciprofloxacino Vir® → **Ciprofloxacin**
Ciprofloxacin Pharma & Co® → **Ciprofloxacin**
Ciprofloxacin Pliva® → **Ciprofloxacin**
Ciprofloxacin Proel® → **Ciprofloxacin**
Ciprofloxacin Ranbaxy® → **Ciprofloxacin**
Ciprofloxacin-Ratiopharm® → **Ciprofloxacin**
Ciprofloxacin ratiopharm® → **Ciprofloxacin**
Ciprofloxacin real® → **Ciprofloxacin**
Ciprofloxacin Redibag® → **Ciprofloxacin**
Ciprofloxacin Sandoz® → **Ciprofloxacin**
Ciprofloxacin Stada® → **Ciprofloxacin**
Ciprofloxacin Streuli® → **Ciprofloxacin**
Ciprofloxacin TAD® → **Ciprofloxacin**
Ciprofloxacin-Teva® → **Ciprofloxacin**
Ciproflox-CT® → **Ciprofloxacin**
Ciproflox® [inj.] → **Ciprofloxacin**
Ciproflox-Puren® → **Ciprofloxacin**
ciproflox von ct® → **Ciprofloxacin**
Ciproflur® [tab.] → **Ciprofloxacin**
Ciproftal® → **Ciprofloxacin**
Ciprofur-F® → **Ciprofloxacin**
Ciprofur® [tabs] → **Ciprofloxacin**
Ciprogamma® → **Ciprofloxacin**
Ciprogen® → **Ciprofloxacin**
Ciprogis® → **Ciprofloxacin**
Ciproglen® → **Ciprofloxacin**
Ciproheptadină® → **Cyproheptadine**
Ciprohexal® → **Ciprofloxacin**
Cipro-Hexal® → **Ciprofloxacin**
Cipro® [inj.] → **Ciprofloxacin**
Cipro-Kron® → **Ciprofloxacin**
Ciproktan® → **Ciprofloxacin**
Ciprol® → **Ciprofloxacin**
Ciprolak® → **Ciprofloxacin**
Ciprolen® → **Ciprofloxacin**
Ciprolen® → **Somatostatin**
Ciprolet® → **Ciprofloxacin**
Ciprolet® [inj.] → **Ciprofloxacin**
Ciprolex® → **Ciprofloxacin**
Cipro-Lich® → **Ciprofloxacin**
Ciprolin® → **Ciprofloxacin**
Ciprolone® → **Ciprofloxacin**
Cipromax® → **Ciprofloxacin**
Cipromed® → **Ciprofloxacin**
Cipromet® → **Ciprofloxacin**
Ciprom-H® → **Ciprofloxacin**

C

Citapram® → **Citalopram**
Citara® → **Citalopram**
Citarabina® → **Cytarabine**
Citarabina Filaxis® → **Cytarabine**
Citarabina Martian® → **Cytarabine**
Citarabina Mayne® → **Cytarabine**
Citarabina Microsules® → **Cytarabine**
Citarabina Pharmacia® → **Cytarabine**
Citaratio® → **Citalopram**
Citarin-L® [vet.] → **Levamisole**
Citarin pour on® [vet.] → **Levamisole**
Citaxin® → **Citalopram**
Citaz® → **Cilostazol**
Citazon® → **Thioacetazone**
Citdolal® → **Metamizole**
Citemul S® → **Mesulfen**
Citeral® → **Ciprofloxacin**
Citicolina Angenerico® → **Citicoline**
Citicolina Dorom® [inj.] → **Citicoline**
Citicolina Jet® → **Citicoline**
Citicolina Pliva® → **Citicoline**
Citicolina ratiopharm® → **Citicoline**
Citicolina Sandoz® → **Citicoline**
Citicolin® [inj.] → **Citicoline**
Citidine® → **Cimetidine**
Citifar® → **Citicoline**
Citiflux® → **Flunisolide**
Citilat® → **Nifedipine**
Citin® → **Cetirizine**
Citivir® → **Aciclovir**
Citobal® → **Chlorphenamine**
Citocain® [+ Felypressin] → **Prilocaine**
Citocain® [+ Prilocaine, hydrochloride] → **Felypressin**
Citofen® → **Tamoxifen**
Citofolin® → **Folinic Acid**
Citogel® → **Sucralfate**
Citol® → **Citalopram**
Citolap® → **Citalopram**
Citoles® → **Escitalopram**
Citomid® [inj.] → **Vincristine**
Citomid® [inj.] → **Vincristine**
Citopam® → **Citalopram**
Citoplatino® → **Cisplatin**
Citostal® → **Lomustine**
Citovirax® → **Ganciclovir**
Citox® → **Citalopram**
Citra® → **Tramadol**
Citralka® → **Sodium Citrate**
Citrate de Betaine® → **Betaine**
Citrate de bétaïne® → **Betaine**
Citrate de Bétaïne Beaufour® → **Betaine**
Citrate de Bétaïne biotic® → **Betaine**
Citrate de Bétaïne Dexo® → **Betaine**
Citrate de Bétaïne UPSA® → **Betaine**
Citrate de Caféine Cooper® → **Caffeine**
Citrate de Piperazine® [vet.] → **Piperazine**
Citrato de Sódio Labesfal® → **Sodium Citrate**
Citravit® → **Ascorbic Acid**
Citredici UBT Kit® → **Urea**
Citrex® → **Citalopram**
Citrihexal® → **Calcitriol**
Citrocarbonate® → **Sodium Bicarbonate**
Citrocil® → **Dihydrostreptomycin**
Citrocola® → **Ascorbic Acid**
Citro-K® → **Potassium**
Citrol® → **Citalopram**
Citron® → **Ascorbic Acid**
Citropiperazina® → **Piperazine**
Citroplus® → **Metoclopramide**
Citrosil® → **Benzalkonium Chloride**
Citrovenot® → **Ciprofloxacin**
Citrovit® → **Ascorbic Acid**
Citrovit-L.S.® → **Ascorbic Acid**
Citrucel® → **Methylcellulose**
Civell® → **Ciprofloxacin**
Civeran® → **Loratadine**
Civigel® → **Carbomer**
Civox® → **Ciprofloxacin**
Cizin® → **Cetirizine**
Cizole® → **Omeprazole**
C-Komplex® → **Ascorbic Acid**
CL 12625 → **Natamycin**
CL 369 → **Ketamine**
CL 36467 (Lederle, USA) → **Levomepromazine**
CL 39743 → **Levomepromazine**
Cl 77220 (INCl) → **Calcium Carbonate**
CL 78116 → **Robenidine**
Clabact® → **Clarithromycin**
Clabat® [+ Amoxicillin, trihydrate] → **Clavulanic Acid**
Clabat® [+ Calvulanic Acid, potassium salt] → **Amoxicillin**
Clacee® → **Clarithromycin**
Clacef® → **Cefotaxime**
Clacina® → **Clarithromycin**
Clacine® → **Clarithromycin**
Clactirel® → **Clarithromycin**
Cladribine for Injection® → **Cladribine**
Clafen® → **Diclofenac**
Claforan® → **Cefotaxime**
Claforan® [inj.] → **Cefotaxime**
Claire Gel® [vet.] → **Clenbuterol**
Clalodine® → **Loratadine**
Clambiotic® → **Clarithromycin**
Clamentin® [+ Amoxicillin, trihydrate] → **Clavulanic Acid**
Clamentin® [+ Clavulanic Acid, potassium salt] → **Amoxicillin**
Clamicil® [+ Amoxicillin, trihydrate] → **Clavulanic Acid**
Clamicil® [+Clavulanic Acid, potassium salt] → **Amoxicillin**
Clamicin® → **Clarithromycin**
Clamicina® [vet.] → **Oxytetracycline**
Clamide® → **Glibenclamide**
Clamine-T® → **Clindamycin**
Clamist® → **Clemastine**
Clamobit® [+ Amoxicillin, trihydrate] → **Clavulanic Acid**
Clamobit® [+ Clavulanic acid] → **Amoxicillin**
Clamohexal® [+ Amoxicillin] → **Clavulanic Acid**
Clamohexal® [+ Clavulanic Acid, Potassium salt] → **Amoxicillin**
Clamonex® [+ Amoxicillin, trihydrate] → **Clavulanic Acid**
Clamonex® [+ Clavulanic Acid, potassium salt] → **Amoxicillin**
Clamovid® [+ Amoxicillin, trihydrate] → **Clavulanic Acid**
Clamovid® [+ Clavulanic Acid, potassium salt] → **Amoxicillin**
Clamovid® [+ Clavulanic Acid potassium salt] → **Amoxicillin**
Clamoxin® [+ Amoxicillin, trihydrate] → **Clavulanic Acid**
Clamoxin® [+ Clavulanic Acid] → **Amoxicillin**
Clamoxyl® → **Amoxicillin**
Clamoxyl® [+ Amoxicillin, trihydrate] → **Clavulanic Acid**
Clamoxyl® [+ Clavulanic Acid, potassium salt] → **Amoxicillin**
Clamoxyl® [inj.] → **Amoxicillin**
Clamoxyl® [inj.] → **Amoxicillin**
Clamoxyl® [vet.] → **Amoxicillin**
Clamycin® → **Clarithromycin**
Claneksi® [+ Amoxicillin, trihydrate] → **Clavulanic Acid**
Claneksi® [+ Calvulanic Acid, potassium salt] → **Amoxicillin**
Clanic® [+ Amoxicillin, trihydrate] → **Clavulanic Acid**
Clanic® [+ Clavulanic Acid, potassium salt] → **Amoxicillin**
Clanil® → **Clarithromycin**
Clanoz® → **Loratadine**
Clapharin® [+ Amoxicillin trihydrate] → **Clavulanic Acid**
Clapharin® [+ Clavulanic Acid potassium salt] → **Amoxicillin**
Clapharma® → **Clarithromycin**
Clar® → **Clarithromycin**

Clarac® → **Clarithromycin**
Claradol® → **Paracetamol**
Claragine® → **Aspirin**
Claral® → **Diflucortolone**
Claramax® → **Desloratadine**
Claramid® → **Roxithromycin**
Claratyne® → **Loratadine**
Claravis® → **Isotretinoin**
Claraxim® → **Cefotaxime**
Clarbact® → **Clarithromycin**
Clarelux® → **Clobetasol**
Clarema® → **Suleparoid**
Clarex® → **Desloratadine**
Clarex® → **Erythromycin**
Clarexid® → **Clarithromycin**
Clargotil® → **Loratadine**
Clari® → **Clarithromycin**
Claribac® → **Clarithromycin**
Claribid® → **Clarithromycin**
Claribiot® → **Clarithromycin**
Claribiotic® → **Clarithromycin**
Claricide® → **Clarithromycin**
Claricin® → **Clarithromycin**
Clarid® → **Loratadine**
Claridar® → **Clarithromycin**
Clariderm® → **Hydroquinone**
Clarigen® → **Levocetirizine**
Clarihis® → **Loratadine**
Clarilerg® → **Loratadine**
Clarilind® → **Clarithromycin**
Clarimac® → **Clarithromycin**
Clarimax® → **Clarithromycin**
Clarimir® → **Naphazoline**
Clarimycin® → **Clarithromycin**
Clarin® → **Loratadine**
Clarin® → **Clarithromycin**
Clarinase® → **Pseudoephedrine**
Clarinese® → **Loratadine**
Clarinex® → **Desloratadine**
Claripel® → **Hydroquinone**
Claripen® → **Clarithromycin**
Claripex AL® → **Clofibric Acid**
Clarisco® → **Heparin**
Clarisens® → **Loratadine**
Claritab® → **Clarithromycin**
Clarith® → **Clarithromycin**
Clarithro® → **Clarithromycin**
Clarithrobeta® → **Clarithromycin**
Clarithrocin-Mepha® → **Clarithromycin**
Clarithromycin® → **Clarithromycin**
Clarithromycin 1A Pharma® → **Clarithromycin**
Clarithromycin AbZ® → **Clarithromycin**
Clarithromycin accedo® → **Clarithromycin**
Clarithromycin AL® → **Clarithromycin**
Clarithromycin Arcana® → **Clarithromycin**
Clarithromycin AWD® → **Clarithromycin**
Clarithromycin BASICS® → **Clarithromycin**
Clarithromycin-CT® → **Clarithromycin**
Clarithromycin Domesco® → **Clarithromycin**
Clarithromycin dura® → **Clarithromycin**
Clarithromycine Abbott® → **Clarithromycin**
Clarithromycine EG® → **Clarithromycin**
Clarithromycine-EG® → **Clarithromycin**
Clarithromycine Ratiopharm® → **Clarithromycin**
Clarithromycine Sandoz® → **Clarithromycin**
Clarithromycin Grunenthal® → **Clarithromycin**
Clarithromycin Heumann® → **Clarithromycin**
Clarithromycin Hexal® → **Clarithromycin**
Clarithromycin-Hexal® → **Clarithromycin**
Clarithromycin Hexal® [vet.] → **Clarithromycin**
Clarithromycin Interpharm® → **Clarithromycin**
Clarithromycin Kwizda® → **Clarithromycin**
Clarithromycin Merck NM® → **Clarithromycin**
Clarithromycin PCD® → **Clarithromycin**
Clarithromycin Ratiopharm® → **Clarithromycin**
Clarithromycin-ratiopharm® → **Clarithromycin**
Clarithromycin Sandoz® → **Clarithromycin**
Clarithromycin Stada® → **Clarithromycin**
Clarithromycin-TEVA® → **Clarithromycin**
Claritin® → **Loratadine**
Claritin® → **Hydrocortisone**
Claritine® → **Loratadine**
Claritin-Pollen® → **Loratadine**
Claritrol® → **Clarithromycin**
Claritromicina® → **Clarithromycin**
Claritromicinã® → **Clarithromycin**
Claritromicina Alter® → **Clarithromycin**
Claritromicina Angenérico® → **Clarithromycin**
Claritromicina Aphar® → **Clarithromycin**
Claritromicina Baldacci® → **Clarithromycin**
Claritromicina Bexal® → **Clarithromycin**
Claritromicina Combino Pharm® → **Clarithromycin**
Claritromicina Cuve® → **Clarithromycin**
Claritromicina Edigen® → **Clarithromycin**
Claritromicina Fabra® → **Clarithromycin**
Claritromicina Farmoz® → **Clarithromycin**
Claritromicina Fmndtria® [tab.] → **Clarithromycin**
Claritromicina Generis® → **Clarithromycin**
Claritromicina Genfar® → **Clarithromycin**
Claritromicina Genfar® [tab.] → **Clarithromycin**
Claritromicina Germed® → **Clarithromycin**
Claritromicina Grapa® → **Clarithromycin**
Claritromicina Jaba® → **Clarithromycin**
Claritromicina Juventus® → **Clarithromycin**
Claritromicina Kern® → **Clarithromycin**
Claritromicina Labesfal® → **Clarithromycin**
Claritromicina Mepha® → **Clarithromycin**
Claritromicina Merck® → **Clarithromycin**
Claritromicina MK® → **Clarithromycin**
Claritromicina Mundogen® → **Clarithromycin**
Claritromicina Normon® → **Clarithromycin**
Claritromicina Northia® → **Clarithromycin**
Claritromicina Pharmagenus® → **Clarithromycin**
Claritromicina Ratiopharm® → **Clarithromycin**
Claritromicina Richet® → **Clarithromycin**
Claritromicina Richet® [inj.] → **Clarithromycin**
Claritromicina Sandoz® → **Clarithromycin**

Claritromicina® [tab./susp./compr.] → **Clarithromycin**
Claritromicina Tarbis® → **Clarithromycin**
Claritromicina Ur® → **Clarithromycin**
Claritromycine® → **Clarithromycin**
Claritromycine A® → **Clarithromycin**
Claritromycine Alpharma® → **Clarithromycin**
Claritromycine CF® → **Clarithromycin**
Claritromycine GF® → **Clarithromycin**
Claritromycine Grünenthal® → **Clarithromycin**
Claritromycine PCH® → **Clarithromycin**
Claritromycine Prolepha® → **Clarithromycin**
Claritromycine Ranbaxy® → **Clarithromycin**
Claritromycine Sandoz® → **Clarithromycin**
Clarityn® → **Loratadine**
Clarityne® → **Loratadine**
Clarityne Fast® → **Loratadine**
Clarityne Rapitabs® → **Loratadine**
Clarivis® → **Oxymetazoline**
Clariwin® [tab.] → **Clarithromycin**
Clarix® [tab.] → **Clarithromycin**
Claro® → **Folinic Acid**
Claroft® → **Naphazoline**
Claroftal® → **Cromoglicic Acid**
Clarogen® → **Clarithromycin**
Clarograf® → **Iopromide**
Claromac® → **Clarithromycin**
Claromycin® → **Clarithromycin**
Claron® → **Clarithromycin**
Claropram® → **Citalopram**
Clarosip® → **Clarithromycin**
Clarotadine® → **Loratadine**
Clarover® → **Povidone**
Clarovil® → **Clarithromycin**
Clarozone® → **Loratadine**
Clarus® → **Isotretinoin**
Clarvisol® → **Pirenoxine**
Clarvisor® [vet.] → **Pirenoxine**
Clasifel® → **Hydroquinone**
Clasine® [tab.] → **Clarithromycin**
Classic® → **Furosemide**
Clast® → **Clebopride**
Clasteon® → **Clodronic Acid**
Clastoban® → **Clodronic Acid**
Clatax® → **Cefotaxime**
Clathrocyn® → **Clarithromycin**
Clatic® → **Clarithromycin**
Claudicat® → **Pentoxifylline**
Clavamel® [+ Amoxicillin, trihydrate] → **Clavulanic Acid**
Clavamel® [+ Clavulanic Acid, potassium salt] → **Amoxicillin**
Clavamox® [+ Amoxicillin, sodium salt] → **Clavulanic Acid**
Clavamox® [+ Amoxicillin sodium salt] → **Clavulanic Acid**
Clavamox® [+ Amoxicillin, trihydrate] → **Clavulanic Acid**
Clavamox® [+ Clavulanic Acid, potassium salt] → **Amoxicillin**
Clavamox® [+ Clavulanic Acid potassium salt] → **Amoxicillin**
Clavamox® [+ Clavulanic Acid potassium salt] [vet.] → **Amoxicillin**
Clavamox® [+ moxicillin trihydrate] [vet.] → **Clavulanic Acid**
Clavaseptin® [+ Amoxicillin sodium salt] [vet.] → **Clavulanic Acid**
Clavaseptin® [+ Clavulanic Acid] [vet.] → **Amoxicillin**
Clavaseptin®[vet.] → **Clavulanic Acid**
Claventin® [+ Clavulanic Acid, potassium salt] → **Ticarcillin**
Claventin® [+ Ticarcillin, disodium salt] → **Clavulanic Acid**
Clavepen® [+ Amoxicillin, trihydrate] → **Clavulanic Acid**
Clavepen® [+ Clavulanic Acid, potassium salt] → **Amoxicillin**
Claversal® → **Mesalazine**
Clavigrenin® → **Dihydroergotamine**
Clavinex® [+ Amoxicillin] → **Clavulanic Acid**
Clavinex® [+ Amoxicillin] → **Clavulanic Acid**
Clavinex® [+ Clavulanic Acid, potassium salt] → **Amoxicillin**
Clavinex® [+ Clavulanic Acid potassium salt] → **Amoxicillin**
Clavipen® [+ Amoxicillin trihydrate] → **Clavulanic Acid**
Clavipen® [+ Clavulanic Acid potassium salt] → **Amoxicillin**
Clavix® → **Clopidogrel**
Clavobay® [+Amoxicillin trihydrate] [vet.] → **Clavulanic Acid**
Clavobay® [+Clavulanic Acid] [vet.] → **Amoxicillin**
Clavobay®[vet.] → **Clavulanic Acid**
Clavoral®[vet.] → **Clavulanic Acid**
Clavoxilina-Bid® [+ Amoxicillin] → **Clavulanic Acid**
Clavoxilina-Bid® [+ Amoxicillin trihydrate] → **Clavulanic Acid**
Clavoxilina-Bid® [+ Clavulanic acid] → **Amoxicillin**
Clavoxilina-Bid® [+ Clavulanic acid potassium salt] → **Amoxicillin**
Clavoxilin Plus® [+ Amoxicillin] → **Clavulanic Acid**
Clavoxilin Plus® [+ Clavulanic Acid, potassium salt] → **Amoxicillin**
Clavubactin®[vet.] → **Clavulanic Acid**
Clavucid® [+ Amoxicillin, trihydrate] → **Clavulanic Acid**
Clavucid® [+ Clavulanic Acid, potassium salt] → **Amoxicillin**
Clavucilline® [+ Amoxicillin trihydrate] → **Clavulanic Acid**
Clavucilline® [+ Clavulanic acid potassium salt] → **Amoxicillin**
Clavucyd® [+ Amoxicillin, trihydrate] → **Clavulanic Acid**
Clavucyd® [+ Clavulanic Acid, potassium salt] → **Amoxicillin**
Clavulanate de Potassium → **Clavulanic Acid**
Clavulanate de Potassium (Ph. Eur. 5) → **Clavulanic Acid**
Clavulanate Potassium → **Clavulanic Acid**
Clavulanate Potassium [USAN] → **Clavulanic Acid**
Clavulanate Potassium (USP 30) → **Clavulanic Acid**
Clavulanic Acid → **Clavulanic Acid**
Clavulanic Acid [BAN, USAN] → **Clavulanic Acid**
Clavulanic Acid potassium salt: → **Clavulanic Acid**
Clavulansäure → **Clavulanic Acid**
Clavulansäure kalium → **Clavulanic Acid**
Clavulin® [+ Amoxicillin trihydrate] → **Clavulanic Acid**
Clavulin® [+ Amoxicillin, trihydrate] → **Clavulanic Acid**
Clavulin BD® [+ Amoxicillin] → **Clavulanic Acid**
Clavulin BD® [+ Clavulanic Acid potassium salt] → **Amoxicillin**
Clavulin® [+ Clavulanic Acid, potassium salt] → **Amoxicillin**
Clavulin® [+ Clavulanic Acid potassium salt] → **Amoxicillin**
Clavulin IV® [+ Amoxicillin sodium salt] → **Clavulanic Acid**
Clavulin IV® [+ Clavulanic Acid potassium salt] → **Amoxicillin**
Clavulin Junior® [+ Amoxicillin] → **Clavulanic Acid**
Clavulin Junior® [+ Clavulanic Acid] → **Amoxicillin**
Clavulox® [+ Amoxicillin, trihydrate] → **Clavulanic Acid**
Clavulox® [+Amoxicillin trihydrate] [vet.] → **Clavulanic Acid**

Clavulox® [+ Amoxicillin] [vet.] → **Clavulanic Acid**
Clavulox® [+ Clavulanic Acid, potassium salt] → **Amoxicillin**
Clavulox® [+Clavulanic Acid potassium salt] [vet.] → **Amoxicillin**
Clavulox® [+ Clavulanic Acid] [vet.] → **Amoxicillin**
Clavulox®[vet.] → **Amoxicillin**
Clavulox®[vet.] → **Clavulanic Acid**
Clavumox® [+ Amoxicillin, trihydrate] → **Clavulanic Acid**
Clavumox® [+ Clavulanic Acid, potassium salt] → **Amoxicillin**
Clavurion® [+ Amoxicillin trihydrate] → **Clavulanic Acid**
Clavurion® [+ Clavulanic Acid potassium salt] → **Amoxicillin**
Clavuxil® [+ Amoxicillin, trihydrate] → **Clavulanic Acid**
Clavuxil® [+ Clavulanic Acid, potassium salt] → **Amoxicillin**
Claxid® → **Clarithromycin**
Clazic SR® → **Gliclazide**
Clazuril → **Clazuril**
Clazuril [BAN, USAN] → **Clazuril**
Clazuril for veterinary use (Ph. Eur. 5) → **Clazuril**
Clazurilo → **Clazuril**
Clazurilum → **Clazuril**
Cleactor® → **Monteplase**
Cleanagel® [vet.] → **Povidone-Iodine**
Cleanbac® → **Nitrofurantoin**
Cleancef® → **Cefaclor**
Cleaniode® [vet.] → **Povidone**
Cleanxate® → **Flavoxate**
Clearamed® → **Benzoyl Peroxide**
Clearasil® → **Salicylic Acid**
Clearasil® → **Triclosan**
Clearasil Medicated Wipes® → **Salicylic Acid**
Clearasil Ultra® → **Benzoyl Peroxide**
Clear Away® → **Salicylic Acid**
Cleardent® → **Chlorhexidine**
Clearex® → **Salicylic Acid**
Clearex Gel® → **Benzoyl Peroxide**
Clear Eyes® → **Naphazoline**
Clearsing® → **Azithromycin**
Cleboril® → **Clebopride**
Clebudan® → **Budesonide**
Clebudan Aqua® → **Budesonide**
Clebudan Nasal® → **Budesonide**
Clemanil® → **Clemastine**
Clemastin® → **Clemastine**
Clemastine® → **Clemastine**
Clemastine Fumarate® → **Clemastine**
Clemastin „Sandoz“® → **Clemastine**
Clemastinum® → **Clemastine**
Clembumar® → **Clenbuterol**
Clémisolone® [vet.] → **Prednisolone**
Clemispray® [vet.] → **Chlorhexidine**
Clemiver® [vet.] → **Levamisole**
Clemizol Penicilina® → **Clemizole Penicillin**
Clemizol Penicilina Fmndtria® → **Clemizole Penicillin**
Clemizol-Penicillin Grünenthal® → **Clemizole Penicillin**
Clémycine® [vet.] → **Tetracycline**
Clenasma® → **Clenbuterol**
Clenbuterol® → **Clenbuterol**
Clendix® → **Clindamycin**
Clenerol® [vet.] → **Clenbuterol**
Cleniderm® → **Beclometasone**
Clenil® → **Sodium Nitroprusside**
Clenilexx® → **Beclometasone**
Clenil Forte® → **Beclometasone**
Clenil Nasal Aquoso® → **Beclometasone**
Clenovet® [vet.] → **Clenbuterol**
Cleocin® → **Clindamycin**
Cleocin® [extern./inj.] → **Clindamycin**
Cleocin HCl® → **Clindamycin**
Cleocin Pediatric® → **Clindamycin**
Cleocin Phosphate® → **Clindamycin**
Cleocin T® → **Clindamycin**
Cleorobe® [vet.] → **Clindamycin**
Clever® → **Ebastine**
Cleveron® → **Alendronic Acid**
Clevian® → **Piroxicam**
Clexane® → **Enoxaparin**
Clexiclor® → **Fluoxetine**
Cliacil® → **Phenoxymethylpenicillin**
Cliane® → **Estradiol**
Cliavist® → **Ferucarbotran**
Clibite® → **Gliclazide**
Clickhaler Beclometason dipropionaat® → **Beclometasone**
Clickhaler Salbutamol® → **Salbutamol**
Clidacin® → **Clindamycin**
Clidacin-T® → **Clindamycin**
Clidan® → **Clindamycin**
Clidets® → **Clindamycin**
Clidets® [inj.] → **Clindamycin**
Cliftons® [vet.] → **Sulfadimidine**
Clik® [vet.] → **Dicyclanil**
Clik® [vet.] → **Dicycloverine**
Climaclod® → **Clodronic Acid**
Climadan® → **Clindamycin**
Climaderm® → **Estradiol**
Climaderm 100® → **Estradiol**
Climaderm 7 Dias® → **Estradiol**
Climafem® → **Tibolone**
Climagest® → **Estradiol**
Climara® → **Estradiol**
Climarest® → **Estrogens, conjugated**
Climasol® [vet.] → **Climazolam**
Climatidine® → **Cimetidine**
Climatix® → **Tibolone**
Climatrol® → **Estrogens, conjugated**
Climaval® → **Estradiol**
Climen® → **Estradiol**
Climene® → **Estradiol**
Climodien® → **Estradiol**
Climopax® → **Estrogens, conjugated**
Clinac® → **Erythromycin**
Clinacin® → **Clindamycin**
Clinacin® [vet.] → **Clindamycin**
Clinacnyl® → **Clindamycin**
Clinacox® [vet.] → **Diclazuril**
Clinadol® → **Flurbiprofen**
Clinafarm® [vet.] → **Enilconazole**
Clinagel® [vet.] → **Gentamicin**
Clinax® → **Minocycline**
Clinbercin® → **Clindamycin**
Clinda 1A Pharma® → **Clindamycin**
Clindabeta® → **Clindamycin**
Clindabuc® [vet.] → **Clindamycin**
Clindac® → **Clindamycin**
Clinda Carino® → **Clindamycin**
Clindacin® [caps./sol.-inj.] → **Clindamycin**
Clindacin-V® → **Clindamycin**
Clindacne® → **Clindamycin**
Clindacutin® [vet.] → **Clindamycin**
Clindacyl® [vet.] → **Clindamycin**
Clindacyn® [vet.] → **Clindamycin**
Clinda-Derm® → **Clindamycin**
Clindadrops® [vet.] → **Clindamycin**
Clindagel® → **Clindamycin**
Clinda-hameln® → **Clindamycin**
Clindahexal® → **Clindamycin**
Clindahexal injekt® → **Clindamycin**
Clindal® → **Clindamycin**
Clindal AZ® → **Azithromycin**
Clinda Lich® → **Clindamycin**
Clindalind® → **Clindamycin**
Clindamax® → **Clindamycin**
Clindamicin® → **Clindamycin**
Clindamicina® → **Clindamycin**
Clindamicina Ahimsa® → **Clindamycin**
Clindamicina Biocrom® → **Clindamycin**
Clindamicina Biol® → **Clindamycin**
Clindamicina Combino Pharm® → **Clindamycin**
Clindamicina Fabra® → **Clindamycin**
Clindamicina Fosfato® → **Clindamycin**
Clindamicina Fosfato IBP® → **Clindamycin**

Clindamicina Genfar® → **Clindamycin**
Clindamicina IBI® → **Clindamycin**
Clindamicina Klonal® → **Clindamycin**
Clindamicina Lafedar® → **Clindamycin**
Clindamicina Larjan® → **Clindamycin**
Clindamicina MK® → **Clindamycin**
Clindamicina Normon® → **Clindamycin**
Clindamicina Northia® → **Clindamycin**
Clindamicina Richet® → **Clindamycin**
Clindamicina Richmond® → **Clindamycin**
Clindamicina Same® → **Clindamycin**
Clindamycin® → **Clindamycin**
Clindamycin 1A Pharma® → **Clindamycin**
Clindamycin Abbott® → **Clindamycin**
Clindamycin AbZ® → **Clindamycin**
Clindamycin acis® → **Clindamycin**
Clindamycin AL® → **Clindamycin**
Clindamycin Alternova® → **Clindamycin**
Clindamycin Bidiphar® → **Clindamycin**
Clindamycin curasan® → **Clindamycin**
Clindamycin DeltaSelect® → **Clindamycin**
Clindamycin Dexa Medica® → **Clindamycin**
Clindamycin Domesco® → **Clindamycin**
Clindamycin dura® → **Clindamycin**
Clindamycine® → **Clindamycin**
Clindamycine A® → **Clindamycin**
Clindamycine FNA® → **Clindamycin**
Clindamycine Gf® → **Clindamycin**
Clindamycine PCH® → **Clindamycin**
Clindamycine® [vet.] → **Clindamycin**
Clindamycin findusFit® → **Clindamycin**
Clindamycin-Fresenius® → **Clindamycin**
Clindamycin-hameln® → **Clindamycin**
Clindamycin Hameln® → **Clindamycin**
Clindamycin Heumann® → **Clindamycin**
Clindamycin Hikma® → **Clindamycin**
Clindamycin Hydrochloride® [vet.] → **Clindamycin**
Clindamycin Indo Farma® → **Clindamycin**
Clindamycin Kabi® → **Clindamycin**
Clindamycin Klast® → **Clindamycin**
Clindamycin Lindo® → **Clindamycin**
Clindamycin-MIP → **Clindamycin**
Clindamycin MIP® → **Clindamycin**
Clindamycin Phosphate® → **Clindamycin**
Clindamycin Proel® → **Clindamycin**
Clindamycin ratiopharm® → **Clindamycin**
Clindamycin Sandoz® → **Clindamycin**
Clindamycin Spirig® → **Clindamycin**
Clindamycin Stragen® → **Clindamycin**
Clindamycin® [vet.] → **Clindamycin**
clindamycin von ct® → **Clindamycin**
Clindamyl® → **Clindamycin**
Clinda-saar® → **Clindamycin**
Clinda-saar® [inj.] → **Clindamycin**
Clindasol® → **Clindamycin**
Clindasome® → **Clindamycin**
Clindastad® → **Clindamycin**
CLINDA Stragen® → **Clindamycin**
Clinda-T® → **Clindamycin**
Clindavid® → **Clindamycin**
Clinda-Wolff® → **Clindamycin**
Clindesse® → **Clindamycin**
Clindets® → **Clindamycin**
Clindexcin® → **Clindamycin**
Clindo® → **Clindamycin**
Clindobion® [vet.] → **Clindamycin**
Clindopax® → **Clindamycin**
Clindoral® [vet.] → **Clindamycin**
Clindrops® [vet.] → **Clindamycin**
Clinex® → **Clindamycin**
Clinfol® → **Clindamycin**
Cliniclean® [vet.] → **Triclosan**
Cliniderm® → **Triclosan**
Clinika® → **Clindamycin**
Clinimet® → **Cimetidine**
Clinimycin® → **Oxytetracycline**
Clin® [inj.] → **Clindamycin**
Clinit® → **Piroxicam**
clinit-n® → **o-Carbamoylphenoxyacetic Acid**
Clinium® → **Lidoflazine**
Clinjos® → **Clindamycin**
Clinmas® → **Clindamycin**
Clinoderm® → **Clobetasol**
Clinofem® → **Medroxyprogesterone**
Clinofug D® → **Doxycycline**
Clinoril® → **Sulindac**
Clinott® → **Clindamycin**
Clinott-P® [inj.] → **Clindamycin**
Clinovir® → **Aciclovir**
Clin-Sanorania® → **Clindamycin**
Clinsol® [vet.] → **Clindamycin**
Clint® → **Allopurinol**
Clintabs® [vet.] → **Clindamycin**
Clintopic® → **Clindamycin**
Clinwas® → **Clindamycin**
Cliofar® [tabs.] → **Clindamycin**
Cliofar® [ungt.] → **Clindamycin**
Cliogan® → **Estradiol**
Clioquinol Cream® → **Clioquinol**
Cliovyl® → **Nimesulide**
Clipguard® [vet.] → **Triflumuron**
Clipostat® → **Gemfibrozil**
Clipper® → **Beclometasone**
Clipto® → **Enalapril**
Clirbest® → **Aciclovir**
Clison® → **Sulindac**
Clitaxel® → **Paclitaxel**
Clivarin® → **Reviparin Sodium**
Clivarina® → **Reviparin Sodium**
Clivarine® → **Reviparin Sodium**
Clivoten® → **Isradipine**
Clizide® → **Gliclazide**
Clizin® → **Meclozine**
Clob® → **Clobazam**
Clobak® → **Deflazacort**
Clobam® → **Clobazam**
Clobasone® → **Clobetasol**
Clobazam® → **Clobazam**
Clobecort Amex® → **Clobetasol**
Clobederm® → **Clobetasol**
Clobegalen® → **Clobetasol**
Clobemix® → **Moclobemide**
Clobenate® → **Clobetasol**
Clobendian® → **Diltiazem**
Clobesol® → **Clobetasol**
Clobet® → **Clobetasol**
Clobet® → **Clobetasone**
Clobetamil® → **Clobetasol**
Clobetasol® → **Clobetasol**
Clobetasol-17-propionaat® → **Clobetasol**
Clobetasol acis® → **Clobetasol**
Clobetasol Dexa Medica® → **Clobetasol**
Clobetasol L.CH.® → **Clobetasol**
Clobetasol MK® → **Clobetasol**
Clobetasol Propionate® → **Clobetasol**
Clobetasol Propionato® → **Clobetasol**
Clobetasol Propionato MK® → **Clobetasol**
Clobetason-17-butyraat® → **Clobetasone**
Clobetate® → **Clobetasol**
Clobetazol® → **Clobetasol**
Clobevate® → **Clobetasol**
Clobex® → **Cloxacillin**

C

Clobex® → **Clobetasol**
Clobexpro® → **Clobetasol**
Clobezan® → **Clobetasol**
Clobid® → **Clobazam**
Clobium® → **Clobazam**
Clobotil® → **Clobutinol**
Clob-X® → **Clobetasol**
Clocef® → **Cefaclor**
Clodal® → **Clotrimazole**
Clodavan® → **Clobetasol**
Clodeosten® → **Clodronic Acid**
Cloder® → **Chlorhexidine**
Cloderm® → **Clotrimazole**
Clodian® → **Clopidogrel**
Clodrobon® → **Clodronic Acid**
Clodron® → **Clodronic Acid**
Clodron 1A Pharma® → **Clodronic Acid**
Clodronato ABC® → **Clodronic Acid**
Clodronato Teva® → **Clodronic Acid**
Clodron beta® → **Clodronic Acid**
Clodron Hexal® → **Clodronic Acid**
Clody® → **Clodronic Acid**
Cloel® → **Cloperastine**
Clof® → **Aceclofenac**
Clofamox® → **Amoxicillin**
Clofarabine® → **Clofarabine**
Clofaren® → **Diclofenac**
Clofekton® → **Clocapramine**
Clofeme Pessaries® → **Clotrimazole**
Clofen® → **Baclofen**
Clofenac® → **Diclofenac**
Clofenak® → **Diclofenac**
Clofenal® → **Diclofenac**
Clofend® → **Cloperastine**
Clofert® → **Clomifene**
Clofibraat® → **Clofibrate**
Clofibrate® → **Clofibrate**
Clofibrate Magnesico Chobet® → **Clofibric Acid**
Clofon® → **Diclofenac**
Clofozine® → **Clofazimine**
Clofranil® → **Clomipramine**
Clogen Kit® → **Clotrimazole**
Clognil® → **Clopidogrel**
Clo-Kit® → **Chloroquine**
Clolar® → **Clofarabine**
Clomacin® → **Clotrimazole**
Clomacin Vag.® → **Clotrimazole**
Clomatin® → **Clotrimazole**
Clomaz® → **Clotrimazole**
Clomazen® → **Clotrimazole**
Clomazol® → **Clotrimazole**
Clomazol vaginal® → **Clotrimazole**
Cloment® → **Clozapine**
Clomhexal® → **Clomifene**
Clomicalm® [vet.] → **Clomipramine**
Clomid® → **Clomifene**
Clomidep® → **Clomipramine**
Clomifeencitraat CF® → **Clomifene**
Clomifen® → **Clomifene**
Clomifene® → **Clomifene**
Clomifene Hexpharm® → **Clomifene**
Clomifen Galen® → **Clomifene**
Clomifeno Casen® → **Clomifene**
Clomifeno Ethical® → **Clomifene**
Clomifen-ratiopharm® → **Clomifene**
Clomifert® → **Clomifene**
Clomifil® → **Clomifene**
Clomihexal® → **Clomifene**
Clomin® → **Chlorphenamine**
Clomin® → **Cefatrizine**
Clomin® → **Dicycloverine**
Clomiphen Arcana® → **Clomifene**
Clomiphen Citrate Anfarm® → **Clomifene**
Clomiphene YSP® → **Clomifene**
Clomipramin® → **Clomipramine**
Clomipramine® → **Clomipramine**
Clomipramine HCl® → **Clomipramine**
Clomipramine HCl A® → **Clomipramine**
Clomipramine HCl Alpharma® → **Clomipramine**
Clomipramine HCl CF® → **Clomipramine**
Clomipramine HCl Gf® → **Clomipramine**
Clomipramine HCl Merck® → **Clomipramine**
Clomipramine HCl PCH® → **Clomipramine**
Clomipramine HCl ratiopharm® → **Clomipramine**
Clomipramine Hydrochloride® → **Clomipramine**
Clomipramine Merck® → **Clomipramine**
Clomipramine RPG® → **Clomipramine**
Clomipramine Sandoz® → **Clomipramine**
Clomipramin-neuraxpharm® → **Clomipramine**
Clomipramin-ratiopharm® → **Clomipramine**
Clomipramin Sandoz® → **Clomipramine**
clomipramin von ct® → **Clomipramine**
Clomoval® → **Clomifene**
Clonabay® → **Clonazepam**
Clonac® → **Diclofenac**
Clonagin® → **Clonazepam**
Clonalgin® → **Clonixin**
Clonamox® → **Amoxicillin**
Clonamp® → **Ampicillin**
Clonapam® → **Clonazepam**
Clonapilep® → **Clonazepam**
Clonax® → **Clonazepam**
Clonazepam® → **Clonazepam**
Clonazepam Dosa® → **Clonazepam**
Clonazepam Duncan® → **Clonazepam**
Clonazepam Fmndtria® → **Clonazepam**
Clonazepam Monte Verde® → **Clonazepam**
Clonazepam Northia® → **Clonazepam**
Clonazepamum® → **Clonazepam**
Clonazine® → **Chlorpromazine**
Clonazone® → **Tosylchloramide Sodium**
Clonea® → **Clotrimazole**
Cloner® → **Clonazepam**
Clonex® → **Clonazepam**
Clonex® → **Clozapine**
Clonex® → **Tranexamic Acid**
Clonfolic® → **Folic Acid**
Clonidinã® → **Clonidine**
Clonidina Drawer® → **Clonidine**
Clonidina Larjan® → **Clonidine**
Clonidin AWD® → **Clonidine**
Clonidine® → **Clonidine**
Clonidine HCl Alpharma® → **Clonidine**
Clonidine HCl CF® → **Clonidine**
Clonidine HCl PCH® → **Clonidine**
Clonidine HCl Sandoz® → **Clonidine**
Clonidine hydrochloride® → **Clonidine**
Clonidine Indo Farma® → **Clonidine**
Clonidin-ratiopharm® → **Clonidine**
Clonid-Ophtal® → **Clonidine**
Clonidural® → **Clonidine**
Clonistada® → **Clonidine**
Clonitia® → **Clotrimazole**
Clonix® → **Clonixin**
Clonixil® → **Clonixin**
Clonixin® → **Clonixin**
Clonixinato de lisina® → **Clonixin**
Clonixinato de lisina Duncan® → **Clonixin**
Clonixinato de lisina Lazar® → **Clonixin**
Clonnirit® → **Clonidine**
Clonocid® → **Clarithromycin**
Clonotril® → **Clonazepam**
Clonovate® → **Clobetasol**
Clont® → **Clopidogrel**
Clont® → **Metronidazole**
Clopamid® → **Clopamide**
Clopamon® → **Metoclopramide**

Clopan® → **Metoclopramide**
Cloperan® → **Metoclopramide**
Clopes® → **Aciclovir**
Clophelinum® → **Clonidine**
Clopheniramin Domesco® → **Chlorphenamine**
Clopid® → **Clopidogrel**
Clopidogrel® → **Clopidogrel**
Clopidogrel Actavis® → **Clopidogrel**
Clopidrogen Bisulfate® → **Clopidogrel**
Clopilet® → **Clopidogrel**
Clopin® → **Clozapine**
Clopine® → **Clozapine**
Clopistad® → **Clopidogrel**
Clopivas® → **Clopidogrel**
Clopixol® → **Zuclopenthixol**
Clopixol Acuphase® → **Zuclopenthixol**
Clopixol Acuphase® [inj.] → **Zuclopenthixol**
Clopixol-Acuphase® [inj.] → **Zuclopenthixol**
Clopixol-Acutard® → **Zuclopenthixol**
Clopixol Conc.® → **Zuclopenthixol**
Clopixol Depot® → **Zuclopenthixol**
Clopram® → **Metoclopramide**
Clopramida® → **Metoclopramide**
Clopramide® → **Metoclopramide**
Clopress® → **Clomipramine**
Clopromate® → **Metoclopramide**
Cloprostenol® [vet.] → **Cloprostenol**
Clopsine® → **Clozapine**
Cloptison® → **Clobetasone**
Cloracef® → **Cefaclor**
Clorad® → **Cefaclor**
Cloram® → **Chloramphenicol**
Cloramed® → **Clorazepate, Dipotassium**
Cloramfeni® → **Chloramphenicol**
Cloramfenicol → **Chloramphenicol**
Cloramfenicol® → **Chloramphenicol**
Cloramfenicolo → **Chloramphenicol**
Cloramfenicolo [DCIT] → **Chloramphenicol**
Cloramfenicolo Succinato Sodico® → **Chloramphenicol**
Cloramicina® → **Chloramphenicol**
Cloramidina® → **Chloramphenicol**
Cloramin® → **Chlorphenamine**
Clorampast® → **Chloramphenicol**
Cloran® → **Chloramphenicol**
Clorana® → **Hydrochlorothiazide**
Cloranfenicol® → **Chloramphenicol**
Cloranfenicol Bestpharma® [inj.] → **Chloramphenicol**
Cloranfenicol Fabra® → **Chloramphenicol**
Cloranfenicol LCH® → **Chloramphenicol**
Cloranfenicol MF® → **Chloramphenicol**
Cloranfenicol MK® → **Chloramphenicol**
Cloranfenicol Nicolich® → **Chloramphenicol**
Cloranfenicol Richet® → **Chloramphenicol**
Cloranfenicol Succinato® → **Chloramphenicol**
Cloranfen® [inj.] → **Chloramphenicol**
Cloranxen® → **Clorazepate, Dipotassium**
Cloratadd® → **Loratadine**
Clorato Potasico Brum® → **Potassium**
Clorato Potasico Orravan® → **Potassium**
Cloraxene® → **Clorazepate, Dipotassium**
Cloraxin® → **Chloramphenicol**
ClorazeCaps® → **Clorazepate, Dipotassium**
Clorazepaat dikalium Alpharma® → **Clorazepate, Dipotassium**
Clorazepaatdikalium CF® → **Clorazepate, Dipotassium**
Clorazepaatdikalium PCH® → **Clorazepate, Dipotassium**
Clorazepate Dipotassium® → **Clorazepate, Dipotassium**
Clorazepatum® → **Clorazepate, Dipotassium**
Clorazer® → **Cefaclor**
ClorazeTabs® → **Clorazepate, Dipotassium**
Clorbiotic® [vet.] → **Chlortetracycline**
Clorchinaldol® → **Chlorquinaldol**
Clordelazin® → **Chlorpromazine**
Clordelin® → **Lincomycin**
Clordiazepoxido L.CH.® → **Chlordiazepoxide**
Clorel® → **Clopidogrel**
Cloretilo Chemirosa® → **Ethyl Chloride**
Cloreto de potássio® → **Potassium**
Cloreto de potássio retard® → **Potassium**
Clorevan® → **Chlorphenoxamine**
Clorexan® → **Chlorhexidine**
Clorexidina → **Chlorhexidine**
Clorexidina [DCIT] → **Chlorhexidine**
Clorexidina digluconato → **Chlorhexidine**
Clorexidina Gluconato® → **Chlorhexidine**
Clorexidina Pierrel Farmaceutici® → **Chlorhexidine**
Clorfenamina® → **Chlorphenamine**
Clorfenamina Iqfarma® → **Chlorphenamine**
Clorfenamina Maleato® → **Chlorphenamine**
Clorfenamina Maleato L.CH.® → **Chlorphenamine**
Clorfeniramin® → **Chlorphenamine**
Clorfeniramina® → **Chlorphenamine**
Clorhexidina → **Chlorhexidine**
Clorhexidina Lacer® → **Chlorhexidine**
Clorhexidina Sanitas® → **Chlorhexidine**
Clorhexol® → **Chlorhexidine**
Clorhidrat de Dopamină® → **Dopamine**
Clorhidrat de Papaverină® → **Papaverine**
Clorhidrat Dopamina Grif® → **Dopamine**
Clorhidrato de adrenalina Richmond® → **Epinephrine**
Clorhidrato de procaina Biocrom® → **Procaine**
Cloridrato de Ambroxol® → **Ambroxol**
Cloridrato de Amiodarona® → **Amiodarone**
Cloridrato de Azelastina® → **Azelastine**
Cloridrato de Betaxolol® → **Betaxolol**
Cloridrato de Biperideno® → **Biperiden**
Cloridrato de Bromexina® → **Bromhexine**
Cloridrato de Bupivacaina® → **Bupivacaine**
Cloridrato de Cimetidina® → **Cimetidine**
Cloridrato de Ciprofloxacino® → **Ciprofloxacin**
Cloridrato de Clindamicina® → **Clindamycin**
Cloridrato de Clobutinol® → **Clobutinol**
Cloridrato de Diltiazem® → **Diltiazem**
Cloridrato de Dobutamina® → **Dobutamine**
Cloridrato de Dopamina® → **Dopamine**
Cloridrato de Doxiciclina® → **Doxycycline**
Cloridrato de Doxorrubicina® → **Doxorubicin**

C

Cloridrato de Fluoxetina® → **Fluoxetine**
Cloridrato de Lidocaina® → **Lidocaine**
Cloridrato de Lincomicina® → **Lincomycin**
Cloridrato de Metformina® → **Metformin**
Cloridrato de Metoclopramida® → **Metoclopramide**
Cloridrato de Mianserina® → **Mianserin**
Cloridrato de Nafazolina® → **Naphazoline**
Cloridrato de Nalorfina® → **Nalorphine**
Cloridrato de Ondansetrona® → **Ondansetron**
Cloridrato de Papaverina® → **Papaverine**
Cloridrato de Ranitidina® → **Ranitidine**
Cloridrato de Selegilina® → **Selegiline**
Cloridrato de Sertralina® → **Sertraline**
Cloridrato de Sotalol® → **Sotalol**
Cloridrato de Terazosina® → **Terazosin**
Cloridrato de Terbinafina® → **Terbinafine**
Cloridrato de Ticlopidina® → **Ticlopidine**
Cloridrato de Tramadol® → **Tramadol**
Cloridrato de Vancomicina® → **Vancomycin**
Cloridrato de Verapamil® → **Verapamil**
Cloriflox® → **Fluoxetine**
Cloril® → **Clozapine**
Clorin® → **Chloramphenicol**
Clorina® → **Tosylchloramide Sodium**
Clorix® → **Moclobemide**
Clorketam® [vet.] → **Ketamine**
Clormezanona® → **Chlormezanone**
Clormezanona L.CH.® → **Chlormezanone**
Clormicin® → **Clarithromycin**
Clormin® → **Metformin**
Clormin 500® → **Metformin**
Cloro Alergan® → **Chlorphenamine**
Clorochina Bayer® → **Chloroquine**
Clorochina Fosfato® → **Chloroquine**
Clorocil® → **Chloramphenicol**
Clorom® → **Clarithromycin**
Cloromisan® → **Chloramphenicol**
Cloron® → **Clonazepam**
Cloroptic® → **Chloramphenicol**
Cloroquina® → **Chloroquine**
Cloroquina Fosfato® → **Chloroquine**
Cloroquina L.CH.® → **Chloroquine**
Cloroquina Lch® → **Chloroquine**
Cloroquina Llorente® → **Chloroquine**
Cloroquina® [tab./compr.] → **Chloroquine**
Clorosan® → **Chlorhexidine**
Clorotir® → **Cefaclor**
Clorotrimeton® → **Chlorphenamine**
Cloro-Trimeton® → **Chlorphenamine**
Clorpotasium® → **Potassium**
Clorprimeton® → **Chlorphenamine**
Clorpromazina® → **Chlorpromazine**
Clorpromazina Cevallos® → **Chlorpromazine**
Clorpromazina Clorhidrato® → **Chlorpromazine**
Clorpromazina Cloridrato® → **Chlorpromazine**
Clorpromazina Duncan® → **Chlorpromazine**
Clorpromazina L.CH.® → **Chlorpromazine**
Clorpropamida® → **Chlorpropamide**
Clorpropamida L.CH.® → **Chlorpropamide**
Clortalidona® → **Chlortalidone**
Clortalil® → **Chlortalidone**
Clortetraciclina® [vet.] → **Chlortetracycline**
Clortetrasol® [vet.] → **Chlortetracycline**
Clortetra® [vet.] → **Chlortetracycline**
Clorurã de Potasiu® → **Potassium**
Cloruro de Etilo „Walter Ritter“® → **Ethyl Chloride**
Cloruro de metiltioninio → **Methylthioninium Chloride**
Cloruro de Potasio® → **Potassium**
Cloruro de potasio Apolo® → **Potassium**
Cloruro de potasio Biocrom® → **Potassium**
Cloruro de potasio Biol® → **Potassium**
Cloruro de potasio Drawer® → **Potassium**
Cloruro de Potasio Fabra® → **Potassium**
Cloruro de potasio Larjan® → **Potassium**
Cloruro de potasio Northia® → **Potassium**
Cloruro de suxametonio → **Suxamethonium Chloride**
Cloruro Potasico Braun® → **Potassium**
Cloruro Potasico Grifols® → **Potassium**
Cloruro Potasico UCB® → **Potassium**
Clor® [vet.] → **Chlortetracycline**
Clorxil® → **Chlorhexidine**
Clorxima® → **Lysozyme**
Clorzoxazon® → **Chlorzoxazone**
Clorzoxazonã® → **Chlorzoxazone**
Closan® → **Hydroquinone**
Closantel® [vet.] → **Closantel**
Closcript® → **Clotrimazole**
Closeco® [vet.] → **Closantel**
Closicare® [vet.] → **Closantel**
Closin® → **Promethazine**
Closol® → **Clobetasol**
Clostilbegyt® → **Clomifene**
Clotam® → **Tolfenamic Acid**
Clotil® → **Clotrimazole**
Clotinil® → **Clopidogrel**
Clotobil-Forte® → **Clobutinol**
Clotreme® → **Clotrimazole**
Clotricin Vaginal® → **Clotrimazole**
Clotri-Denk® → **Clotrimazole**
Clotrigalen® → **Clotrimazole**
Clotri-Hemopharm® → **Clotrimazole**
Clotrim® → **Clotrimazole**
Clotrimaderm® → **Clotrimazole**
Clotrimanova® → **Clotrimazole**
Clotrimazol® → **Clotrimazole**
Clotrimazol 1A Pharma® → **Clotrimazole**
Clotrimazol AbZ® → **Clotrimazole**
Clotrimazol-Akri® → **Clotrimazole**
Clotrimazol AL® → **Clotrimazole**
Clotrimazol Bayropharm® → **Clotrimazole**
Clotrimazol-CT® → **Clotrimazole**
Clotrimazole® → **Clotrimazole**
Clotrimazole-Teva® → **Clotrimazole**
Clotrimazol Genericon® → **Clotrimazole**
Clotrimazol Genfar® → **Clotrimazole**
Clotrimazol Gf® → **Clotrimazole**
Clotrimazol HBF® → **Clotrimazole**
Clotrimazol HelvePharm® → **Clotrimazole**
Clotrimazol Heumann® → **Clotrimazole**
Clotrimazol Iqfarma® → **Clotrimazole**
Clotrimazol Labesfal® → **Clotrimazole**
Clotrimazol L.CH.® → **Clotrimazole**
Clotrimazol Lch® → **Clotrimazole**
Clotrimazol Lindo® → **Clotrimazole**
Clotrimazol Merck® → **Clotrimazole**

Clotrimazol MK® → **Clotrimazole**
Clotrimazol PCH® → **Clotrimazole**
Clotrimazol Ratiopharm® → **Clotrimazole**
Clotrimazol Sandoz® → **Clotrimazole**
Clotrimazolum® → **Clotrimazole**
Clotrimazol Vagin Bayropharm® → **Clotrimazole**
Clotrimin® → **Clotrimazole**
Clotrimix® → **Clotrimazole**
Clotrix® → **Clotrimazole**
Clotrizole® → **Clotrimazole**
Clout® [vet.] → **Deltamethrin**
Cloval® → **Clobutinol**
Clovate® → **Clobetasol**
Clovika® → **Aciclovir**
Clovimix® → **Aciclovir**
Clovin® → **Aciclovir**
Clovir® → **Aciclovir**
Clovira® → **Aciclovir**
Cloviral® → **Aciclovir**
Cloviran® → **Aciclovir**
Clovirax® → **Aciclovir**
Cloviril® → **Aciclovir**
Clovul® → **Clomifene**
Clox® → **Ticlopidine**
Cloxa® → **Cloxacillin**
Cloxacilina® → **Cloxacillin**
Cloxacilina Combino Phar® → **Cloxacillin**
Cloxacilina IPS® → **Cloxacillin**
Cloxacilina LCH® [sol.-inj.] → **Cloxacillin**
Cloxacilina Normon® → **Cloxacillin**
Cloxacilina Sodica L.CH.® → **Cloxacillin**
Cloxacillin® → **Cloxacillin**
Cloxacillina Sodica® → **Cloxacillin**
Cloxacillin-Fresenius Vials® → **Cloxacillin**
Cloxacillin Norbrook® → **Cloxacillin**
Cloxacillin Sodium® → **Cloxacillin**
Cloxacillin® [vet.] → **Cloxacillin**
Cloxadar® → **Cloxacillin**
Cloxagen® → **Dicloxacillin**
Cloxalene® [vet.] → **Cloxacillin**
Cloxalin® → **Cloxacillin**
Cloxam® → **Cloxacillin**
Cloxam® → **Cloxazolam**
Cloxamam® [vet.] → **Cloxacillin**
Cloxa MH® → **Cloxacillin**
Cloxamycin® [vet.] → **Cloxacillin**
Cloxanbin® → **Cloxacillin**
Cloxapan® → **Cloxacillin**
Cloxapen® → **Cloxacillin**
Cloxasian® → **Cloxacillin**
Cloxavan® [vet.] → **Cloxacillin**
Clox-F® → **Flucloxacillin**
Cloxgen® → **Cloxacillin**
Cloxib® → **Celecoxib**
Cloxicap® → **Cloxacillin**
Cloxifenolum → **Triclosan**
Cloxil® → **Cloxacillin**
Cloxilliin® → **Flucloxacillin**
Cloxillin BD® → **Cloxacillin**
Cloximar Duo® [+ Amoxicillin trihydrate] → **Clavulanic Acid**
Cloximar Duo® [+ Clavulanic acid potassium salt] → **Amoxicillin**
Cloxin® → **Dicloxacillin**
Cloxine® [vet.] → **Cloxacillin**
Cloxisyrup® → **Cloxacillin**
Cloxi-Z® → **Cloxacillin**
Cloxpen® → **Cloxacillin**
Cloxydin® → **Dicloxacillin**
Clozal® → **Cloxazolam**
Clozam® → **Clobazam**
Clozan® → **Clotiazepam**
Clozanil® → **Clonazepam**
Clozapin 1A Pharma® → **Clozapine**
Clozapina Bexal® → **Clozapine**
Clozapin AbZ® → **Clozapine**
Clozapina Chiesi® → **Clozapine**
Clozapina Fabra® → **Clozapine**
Clozapina Generis® → **Clozapine**
Clozapina Hexal® → **Clozapine**
Clozapina Merck® → **Clozapine**
Clozapina MK® → **Clozapine**
Clozapina Rospaw® → **Clozapine**
Clozapin beta® → **Clozapine**
Clozapin-CT® → **Clozapine**
Clozapin Destin® → **Clozapine**
Clozapin dura® → **Clozapine**
Clozapine® → **Clozapine**
Clozapine A® → **Clozapine**
Clozapine Actavis® → **Clozapine**
Clozapine Alpharma® → **Clozapine**
Clozapine Bexal® → **Clozapine**
Clozapine Gf® → **Clozapine**
Clozapine Merck® → **Clozapine**
Clozapine Panpharma → **Clozapine**
Clozapine PCH® → **Clozapine**
Clozapine Sandoz® → **Clozapine**
Clozapin Hexal® → **Clozapine**
Clozapin-neuraxpharm® → **Clozapine**
Clozapin-ratiopharm® → **Clozapine**
Clozapin Sandoz® → **Clozapine**
Clozaril® → **Clozapine**
Clozer® → **Clonazepam**
Clozol® → **Clotrimazole**
Clozole® → **Clotrimazole**
CLTC® [vet.] → **Chlortetracycline**
Cltonactil® → **Chlorpromazine**
CL tre® → **Trichloroacetic Acid**
Cluvax® → **Clindamycin**
Cluyer® → **Pethidine**
Clyss-Go® → **Docusate Sodium**
Clyvorax® → **Aciclovir**
C.M.D.® → **Cimetidine**
C Mon® → **Ascorbic Acid**
C Monovit® → **Ascorbic Acid**
C.M.P.200® → **Carbamazepine**
CN 3005 → **Chloramphenicol**
CN 52372-2 → **Ketamine**
C'Nergil® → **Ascorbic Acid**
CNF Scour-diet® [vet.] → **Neomycin**
CO Alendronate® → **Alendronic Acid**
Co-Amilozide® → **Hydrochlorothiazide**
Coamox® → **Amoxicillin**
Co-Amoxicillin Sandoz® [+ Amoxicillin, sodium salt] → **Clavulanic Acid**
Co-Amoxicillin Sandoz® [+ Amoxicillin, trihydrate] → **Clavulanic Acid**
Co-Amoxicillin Sandoz® [+ Calvulanic Acid, potassium salt] → **Amoxicillin**
Co-Amoxicillin Sandoz® [+ Clavulanic Acid, potassium salt] → **Amoxicillin**
Co-amoxiclav® [+ Amoxicillin, sodium salt] → **Clavulanic Acid**
Co-amoxiclav® [+ Clavulanic Acid, potassium salt] → **Amoxicillin**
Co-Amoxiclav Indo Farma® [+ Amoxicillin] → **Clavulanic Acid**
Co-Amoxiclav Indo Farma® [+ Clavulanic Acid] → **Amoxicillin**
Co-Amoxilan EG® [+ Amoxicillin, trihydrate] → **Clavulanic Acid**
Co-Amoxilan EG® [+ Clavulanic Acid, potassium salt] → **Amoxicillin**
Co-Amoxi-Mepha® [+ Amoxicillin, trihydrate] → **Clavulanic Acid**
Co-Amoxi-Mepha® [+ Clavulanic Acid, potassium salt] → **Amoxicillin**
Co-Amoxi-Mepha® [inj.] [+ Amoxicillin, sodium salt] → **Clavulanic Acid**
Co-Amoxi-Mepha® [inj.] [+ Clavulanic Acid, potassium salt] → **Amoxicillin**
Co Amoxin® → **Amoxicillin**
Co-Amoxi-ratiopharm [+ Amoxicillin, trihydrate] → **Clavulanic Acid**
Co-Amoxi-ratiopharm® [+ Amoxicillin trihydrate] → **Clavulanic Acid**
Co-Amoxi-ratiopharm® [+ Clavulanic Acid, potassium salt] → **Amoxicillin**

Co-Amoxi-ratiopharm® [+ Clavulanic Acid potassium salt] → **Amoxicillin**
Coaparin® → **Heparin**
CoAprovel® → **Irbesartan**
Coarol® → **Acenocoumarol**
Coartem® [+ Artemether] → **Lumefantrine**
Coartem® [+ Lumefantrine] → **Artemether**
Coated Aspirin® → **Aspirin**
Coatel® → **Hypromellose**
CO Atenolol® → **Atenolol**
Coaxil® → **Tianeptine**
Coaxin® → **Cefalotin**
CO Azithromycin® → **Azithromycin**
Cobactan® [vet.] → **Cefquinome**
Cobaforte® → **Cobamamide**
Cobal® → **Mecobalamin**
Cobalatec® → **Cyanocobalamin**
Cobalex® [vet.] → **Cyanocobalamin**
Cobalin-H® → **Hydroxocobalamin**
Cobaltamin-S® → **Cobamamide**
Cobametin® → **Mecobalamin**
Cobamin Opht Soln® → **Cyanocobalamin**
Cobantril® → **Pyrantel**
Coban® [vet.] → **Monensin**
Cobanzyme® → **Cobamamide**
Cobaphos® [vet.] → **Toldimfos**
Cobaxid® → **Cobamamide**
Cobay® → **Ciprofloxacin**
Cobazim® → **Cobamamide**
CO Bicalutamide® → **Bicalutamide**
Cobiona® → **Oxatomide**
CO Buspirone® → **Buspirone**
Cocaine Hydrochloride® → **Cocaine**
Cocarboxylase® → **Cocarboxylase**
Cocarboxylase Hydrochloric for Injection® → **Cocarboxylase**
Cocarboxylasum® → **Cocarboxylase**
Coccidex® [vet.] → **Sulfadimethoxine**
Coccilyse® [vet.] → **Sulfadimethoxine**
Cochic® → **Colchicine**
Cocillana® → **Ethylmorphine**
CO Ciprofloxacin® → **Ciprofloxacin**
CO Citalopram® → **Citalopram**
CO Clomipramine® → **Clomipramine**
CO Clonazepam® → **Clonazepam**
Cocois® → **Salicylic Acid**
Cocol® → **Flucytosine**
Codant® → **Codeine**
Codedrill® → **Codeine**
Codeină® → **Codeine**
Codeina → **Codeine**
Codeină Fosfat® → **Codeine**
Codeină Fosforică® → **Codeine**
Codeine → **Codeine**
Codeine [BAN, USAN] → **Codeine**
Codeine Contin® → **Codeine**
Codeinefosfaat A® → **Codeine**
Codeïnefosfaat Gf® → **Codeine**
Codeinefosfaat PCH® → **Codeine**
Codeine HCl Gf® → **Codeine**
Codeine HCl PCH® → **Codeine**
Codeine Linctus® → **Codeine**
Codeine Phosphate® → **Codeine**
Codeine Phosphate Injection USP® → **Codeine**
Codeine Sulfate® → **Codeine**
Codeini phosphatis® → **Codeine**
Codein Knoll® → **Codeine**
Codeinsaft-CT® → **Codeine**
Codein Slovakofarma® → **Codeine**
Codeintropfen-CT® → **Codeine**
Codeinum → **Codeine**
Codeinum Phosphoricum® → **Codeine**
Codeinum phosphoricum Berlin-Chemie® → **Codeine**
Codeinum phosphoricum Compren® → **Codeine**
Codein, wasserfrei → **Codeine**
Codeisan® → **Codeine**
Codeisan Jarabe® → **Codeine**
Co-Deltra → **Prednisone**
Codenfan® → **Codeine**
Codergine® → **Dihydroergotoxine**
Co-Dergocrin® → **Dihydroergotoxine**
Codergocrina Mesilato® → **Dihydroergotoxine**
Co-dergocrinemesilaat CF® → **Dihydroergotoxine**
Co-Dergocrin „ratiopharm“® → **Dihydroergotoxine**
Coderol® → **Glucosamine**
Codethyline® → **Ethylmorphine**
Codethyline Erfa® → **Ethylmorphine**
Codexine-R® → **Butamirate**
Codical® → **Codeine**
Codicompren® → **Codeine**
Codicontin® → **Dihydrocodeine**
Codidol® → **Dihydrocodeine**
Codilac® [vet.] → **Cloxacillin**
Co-Dilatrend® → **Carvedilol**
Codilergi® → **Diphenhydramine**
Codimin® → **Butamirate**
Codimycine® [vet.] → **Rifamycin**
Codinex® → **Codeine**
codi OPT® → **Codeine**
Codipar® → **Paracetamol**
Codipertussin® → **Codeine**
Codipertussin Hustensaft® → **Codeine**
Codipront mono® → **Codeine**
Codipront Retard® → **Codeine**
Codiverm® [vet.] → **Levamisole**
Codix® → **Oxycodone**
Codol® → **Codeine**
Co-Dopa® [+ Carbidopa] → **Levodopa**
Co-Dopa® [+ Levodopa] → **Carbidopa**
Codulin® → **Codeine**
Coedieci® → **Ubidecarenone**
Co-En Q® → **Ubidecarenone**
Coenzile® [vet.] → **Cobamamide**
CO Etidronate® → **Etidronic Acid**
Coex® → **Ubidecarenone**
Cofac® → **Diclofenac**
Cofacoli® [vet.] → **Colistin**
Cofafer® [vet.] → **Dextran Iron Complex**
Cofalac® [vet.] → **Colistin**
Cofamix Acide Oxolinique® [vet.] → **Oxolinic Acid**
Cofamix Amoxicilline® [vet.] → **Amoxicillin**
Cofamix Ampicilline® [vet.] → **Ampicillin**
Cofamix Colistine® [vet.] → **Colistin**
Cofamix Flubendazole® [vet.] → **Flubendazole**
Cofamix OBZ® [vet.] → **Oxibendazole**
Cofamix Oxytetracycline® [vet.] → **Oxytetracycline**
Cofamix STS®[vet.] → **Trimethoprim**
Cofamix Sulfadiméthoxine® [vet.] → **Sulfadimethoxine**
Cofamix Sulfadimidine CR® [vet.] → **Sulfadimidine**
Cofamix TMP®[vet.] → **Sulfadimethoxine**
Cofamix TMT®[vet.] → **Trimethoprim**
Cofamix TSD®[vet.] → **Trimethoprim**
Cofamox® [vet.] → **Amoxicillin**
Cofavit C® [vet.] → **Ascorbic Acid**
Cofen® → **Guaifenesin**
Coffeavet® [vet.] → **Caffeine**
Coffein → **Caffeine**
Coffein® → **Caffeine**
Coffein Benzoat Sodium® → **Caffeine**
Coffein (Ph. Eur. 5) → **Caffeine**
Coffein Richter® [vet.] → **Caffeine**
Coffeinum → **Caffeine**
Coffeinum N® → **Caffeine**
Coffeinum Natrium Benzoicum® → **Caffeine**

Conazine® → **Perphenazine**
Conazol® → **Ketoconazole**
Conazole® → **Econazole**
Conbutol® → **Ethambutol**
Concatag® → **Neomycin**
Concentrat VO 02® [vet.] → **Spiramycin**
Concentrat VO 31® [vet.] → **Oxytetracycline**
Concentrat VO 33® [vet.] → **Sulfadimidine**
Concentrat VO 49® [vet.] → **Colistin**
Concentrat VO 56® [vet.] → **Parconazole**
Concentrat VO 57® [vet.] → **Apramycin**
Concentrat VO 59® [vet.] → **Neomycin**
Concentrat VO 64® [vet.] → **Albendazole**
Concentrat VO 69® [vet.] → **Oxolinic Acid**
Concentrat VO 75® [vet.] → **Lincomycin**
Concentrat VO 76® [vet.] → **Cyromazine**
Concentrat VO 07® [vet.] → **Tylosin**
Concentrat VO 81® [vet.] → **Flubendazole**
Concentrat VO 80® [vet.] → **Flubendazole**
Conceptyl® [vet.] → **Gonadorelin**
Concerta® → **Methylphenidate**
Concor® → **Bisoprolol**
Concor Cor® → **Bisoprolol**
Concurat L® [vet.] → **Levamisole**
Condiabet® → **Glibenclamide**
Condilom® → **Podophyllotoxin**
Condition® → **Diazepam**
Condiver® → **Podophyllotoxin**
Condral® → **Chondroitin Sulfate**
Condrodin® → **Chondroitin Sulfate**
Condro San® → **Chondroitin Sulfate**
Condrosulf® → **Chondroitin Sulfate**
Condrox® → **Hyaluronic Acid**
Conductasa® → **Pyridoxine**
Conductil® → **Diltiazem**
Condyline® → **Podophyllotoxin**
Condylox® → **Podophyllotoxin**
Conetrin® → **Nifedipine**
Conexine® → **Memantine**
Confetto Falqui C.M.® → **Bisacodyl**
Confobos® → **Famotidine**
Conforgel® → **Carbomer**
Conformal® → **Carbamazepine**
Confortid® → **Indometacin**
Confortid® [inj.] → **Indometacin**
Congescor® → **Bisoprolol**
Congex® → **Naproxen**
Congox® → **Itraconazole**
Coniel® → **Benidipine**
Conjugated Estrogens (Ph. Eur. 5, USP 30) → **Estrogens, conjugated**
Conjuncain EDO® → **Oxybuprocaine**
Conlax® → **Bisacodyl**
Conludag® → **Norethisterone**
Conmel® → **Metamizole**
Conmycin® → **Tetracycline**
Conofite® [vet.] → **Miconazole**
Conolyzym® → **Lysozyme**
Conoptal® [vet.] → **Fusidic Acid**
CO Norfloxacin® → **Norfloxacin**
Conpin® → **Isosorbide Mononitrate**
Conpremin® → **Estrogens, conjugated**
Conpres® → **Lisinopril**
Conprim® [+Sulfamethoxazole] → **Trimethoprim**
Conprim® [+Trimethroprim] → **Sulfamethoxazole**
Conpyran® → **Pyrantel**
Conranin® → **Ranitidine**
Conrax® → **Chlorpromazine**
Conray® → **Iotalamic Acid**
Conray 24, 36, 60 %® → **Iotalamic Acid**
Conray 400® → **Iotalamic Acid**
Consec® → **Ranitidine**
Constan® → **Alprazolam**
Constilac® → **Lactulose**
Constilax® → **Norfloxacin**
Constulose® → **Lactulose**
Consucon® → **Gliclazide**
Consupren® → **Ciclosporin**
Contac® → **Paracetamol**
Contalax® → **Bisacodyl**
Contalgin® → **Morphine**
Contalgin Uno® → **Morphine**
Contem® → **Loperamide**
Contemnol® → **Lithium**
Contiflo MR® → **Tamsulosin**
Contimit® → **Terbutaline**
Contiphyllin® → **Theophylline**
Contracept M® → **Benzalkonium Chloride**
Contracné® → **Isotretinoin**
Contral® → **Omeprazole**
Contral® → **Loratadine**
Contralac® [vet.] → **Metergoline**
Contramal® → **Tramadol**
Contramareo® → **Dimenhydrinate**
Contraneural® → **Ibuprofen**
Contran-H® [vet.] → **Naloxone**
Contrasal® → **Dextromethorphan**
Contra-Schmerz P® → **Paracetamol**
Contratemp® → **Paracetamol**
Contrathion® → **Pralidoxime Mesylate**
Control® → **Lorazepam**
Controlex® → **Sibutramine**
Controlip® → **Fenofibrate**
Control K® → **Potassium**
Controloc® → **Pantoprazole**
Controlpros® → **Tamsulosin**
Control Rx® → **Sodium Fluoride**
Controlvas® → **Enalapril**
Contromet® → **Metoclopramide**
Contrykal® → **Aprotinin**
Contumax® → **Sodium Picosulfate**
Conucol® → **Thiamphenicol**
Convenia® [vet.] → **Cevovecin**
Convertase® → **Enalapril**
Converten® → **Enalapril**
Convertin® → **Enalapril**
Convulex® → **Valproic Acid**
Convulsan® → **Lamotrigine**
Convulsofin® → **Valproic Acid**
Convulsofin-Tropfen® → **Valproic Acid**
Conzila® → **Piroxicam**
Coolips® → **Cetirizine**
Coolspan® → **Sulpiride**
Coopafly® [vet.] → **Deltamethrin**
Coopercare® [vet.] → **Povidone-Iodine**
Cooperclox® [vet.] → **Cloxacillin**
Coopers Easy-Dose® [vet.] → **Deltamethrin**
Coopers Ectoforce Sheep Dip® [vet.] → **Dimpylate**
Coopersect® [vet.] → **Deltamethrin**
Coopers Redline Pour-on® [vet.] → **Flumethrin**
Coopers Supadip® [vet.] → **Clofenvinfos**
Coopers Zero Tick® [vet.] → **Cyhalothrin**
Coopertet® [vet.] → **Oxytetracycline**
Coopertix® [vet.] → **Cyhalothrin**
Cooperzon® [vet.] → **Dimpylate**
Coordinax® → **Cisapride**
Copalspir® [vet.] → **Spiramycin**
Copamide® → **Chlorpropamide**
CO Paroxetine® → **Paroxetine**
Copaxone® → **Glatiramer Acetate**
Copegus® → **Ribavirin**
Copinal® → **Acexamic Acid**
Copiron® → **Ibuprofen**
Coplexina® → **Dihydroergotoxine**
Copovan® → **Vancomycin**
CO Pravastatin® → **Pravastatin**
Coprofen® → **Ibuprofen**
Coquan® → **Clonazepam**
Coracil® → **Ezetimibe**

C

Coracten® → **Nifedipine**
Coracten SR® → **Nifedipine**
Coracten XL® → **Nifedipine**
Corafen® → **Carvedilol**
Coragina® → **Verapamil**
Coral® → **Nifedipine**
Co-Ral® → **Coumafos**
Coralan® → **Ivabrandine**
Coralat® → **Aspirin**
Coralen® [inj.] → **Ranitidine**
Coramedan® → **Digitoxin**
Coramil® → **Diltiazem**
Corangi® → **Nicorandil**
Corangin® → **Isosorbide Mononitrate**
Corangin® → **Nitroglycerin**
CO Ranitidine® → **Ranitidine**
Coras® → **Diltiazem**
Cor-As-100® → **Aspirin**
Corase® → **Urokinase**
Corasol® → **Nisoldipine**
Cor-Aspi® → **Aspirin**
Coraspin® → **Aspirin**
Coraspir® → **Aspirin**
Corathiem® → **Cinnarizine**
Coratol® → **Atenolol**
Coraxan® → **Ivabrandine**
Corazem® → **Diltiazem**
Corazet® → **Diltiazem**
Corazon → **Nikethamide**
Corbeta® → **Propranolol**
Corbeton® → **Oxprenolol**
Corbin® → **Cloxacillin**
Corbinal® → **Terbinafine**
Corbionax® → **Amiodarone**
Corbis® → **Bisoprolol**
Corcanfol® → **Etilefrine**
Cordafen® → **Nifedipine**
Cordaflex® → **Nifedipine**
Cordalat® → **Nifedipine**
Cordamil® → **Verapamil**
Cordan® → **Amiodarone**
Cordantin® → **Dipyridamole**
Cordanum® → **Talinolol**
Cordarex® → **Amlodipine**
Cordarex® → **Amiodarone**
Cordarone® → **Amiodarone**
Cordarone® [inj.] → **Amiodarone**
Cordarone® [inj.] → **Amiodarone**
Cordarone X® → **Amiodarone**
Cordarone X® [vet.] → **Amiodarone**
Cordes Beta Creme® → **Betamethasone**
Cordes Beta Salbe® → **Betamethasone**
Cordes BPO® → **Benzoyl Peroxide**
Cordes VAS® → **Tretinoin**
Cordiamine → **Nikethamide**
Cordiax® → **Celiprolol**
Cordicant® → **Nifedipine**
Cordi Cor® → **Amlodipine**
Cordil® → **Amlodipine**
Cordil® → **Isosorbide Dinitrate**
Cordilat® → **Nifedipine**
Cordilox® → **Verapamil**
Cordilox® [vet.] → **Verapamil**
Cordimedil® → **Buflomedil**
Cordinal® → **Bifemelane**
Cordinate® → **Valsartan**
Cordipatch® → **Nitroglycerin**
Cordipin® → **Nifedipine**
Cordipina® → **Amlodipine**
Cordiplast® → **Nitroglycerin**
Cordralan® → **Diclofenac**
Cordran® → **Fludroxycortide**
Cordran Tape® → **Fludroxycortide**
Corectin® → **Bisoprolol**
Coreg® → **Carvedilol**
Corega® → **Sodium Bicarbonate**
Corel® → **Carvedilol**
Coreminal® → **Flutazolam**
Co-Renitec® → **Enalapril**
Corentel® [compr.] → **Bisoprolol**
Coretec® → **Olprinone**
Corexel® → **Ezetimibe**
Corflo® → **Nicorandil**
Corgard® → **Nadolol**
Corhydron® → **Hydrocortisone**
Coric® → **Lisinopril**
Coricide le diable® → **Salicylic Acid**
Coricidin® → **Oxymetazoline**
Coridil® → **Diltiazem**
Corid® [vet.] → **Amprolium**
Corifam® → **Rifampicin**
Corifeo® → **Lercanidipine**
Corifina® → **Azelastine**
Corilisina® → **Oxymetazoline**
Corindolan® → **Mepindolol**
Corinfar® → **Nifedipine**
Coriodal® → **Propranolol**
Corion® → **Chorionic Gonadotrophin**
Corisol® → **Clotrimazole**
CO Risperidone® → **Risperidone**
Coritensil® → **Carvedilol**
Coritex® → **Betamethasone**
Coritrope® → **Milrinone**
Corixa® → **Clarithromycin**
Corlentor® → **Ivabrandine**
Corlopam® → **Fenoldopam**
Cormac® → **Losartan**
Cormac® [compr.] → **Losartan**
Cormagnesin® → **Aspartic Acid**
Cormax® → **Clobetasol**
Cormelian® → **Dilazep**
Cor Mio® → **Amiodarone**
Corn® → **Salicylic Acid**
Cornalgin® → **Metamizole**
Cornaron® → **Amiodarone**
Cornel® → **Nisoldipine**
Corneregel® → **Dexpanthenol**
Cornilat® → **Isosorbide Dinitrate**
Cornstop® → **Salicylic Acid**
Corocalm® → **Bisoprolol**
Corocyd® → **Famotidine**
Corodil® → **Enalapril**
Corodin® → **Losartan**
Corodin® [compr.] → **Losartan**
Corodrox® → **Diltiazem**
Coroflox® → **Ciprofloxacin**
Corolater® → **Diltiazem**
Coromert® → **Flunarizine**
Coronair® → **Dipyridamole**
Coronamole® → **Dipyridamole**
Coronar® → **Isosorbide**
Coronarin → **Diprophylline**
Coronax® → **Amiodarone**
Coronis® → **Carvedilol**
Coro-Nitro® → **Nitroglycerin**
Coronorm® → **Captopril**
Coronur® → **Isosorbide Mononitrate**
Coropres® → **Carvedilol**
Corosan® → **Dipyridamole**
Corotal® → **Acetyldigoxin**
Corotenol® → **Atenolol**
Corotrend® → **Nifedipine**
Corotrop® → **Milrinone**
Corotrope® → **Milrinone**
Corotrope® → **Prednisolone**
Coroval® → **Amlodipine**
Coroxin® → **Dipyridamole**
Coroxin® → **Roxithromycin**
Corpea® → **Molsidomine**
Corpril® → **Ramipril**
Corprilor® → **Enalapril**
Corpus-luteum-Hormon → **Progesterone**
Corpus Vitreum® → **Hyaluronic Acid**
Corrective Suspension® [vet.] → **Bismuth Subsalicylate**
Correctol® → **Docusate Sodium**
Correctol® → **Bisacodyl**
Corsabutol® → **Ethambutol**
Corsacillin® → **Ampicillin**
Corsacin® → **Ciprofloxacin**
Corsaderm® → **Betamethasone**
Corsafen® → **Thiamphenicol**
Corsagyl® → **Metronidazole**
Corsamet® → **Cimetidine**
Corsamox® → **Amoxicillin**
Corsamycin® → **Oxytetracycline**
Corsasep® → **Povidone-Iodine**

Corsatet® → **Tetracycline**
Corsatrocin® → **Erythromycin**
Corsazinamid® → **Pyrazinamide**
Corsodyl® → **Chlorhexidine**
Corsona® → **Dexamethasone**
CorSotalol® → **Sotalol**
Corstanal® → **Mefenamic Acid**
Cortab® → **Dipyridamole**
CortaGel® → **Hydrocortisone**
Cortaid® → **Hydrocortisone**
Cortal® → **Aspirin**
Cortalone® [vet.] → **Triamcinolone**
Cortamethasone® [vet.] → **Dexamethasone**
Cortaméthasone® [vet.] → **Dexamethasone**
Cortan® → **Prednisolone**
Cortancyl® → **Prednisone**
Cortard® [vet.] → **Methylprednisolone**
Cortare® → **Beclometasone**
Cortasm® → **Budesonide**
Cortavance® [vet.] → **Hydrocortisone**
Cortax® → **Deflazacort**
Cort-Dome® [ungt.] → **Hydrocortisone**
Cortef® → **Hydrocortisone**
Cortenema® → **Hydrocortisone**
cor tensobon® → **Captopril**
Corteroid® → **Betamethasone**
Cortes® → **Hydrocortisone**
Cortexilar® [vet.] → **Flumetasone**
Cor-Theophyllin → **Diprophylline**
Cortiazem® → **Diltiazem**
Cortibet® → **Betamethasone**
Cortic® → **Hydrocortisone**
Corticaine® → **Hydrocortisone**
Cortical® → **Diflucortolone**
Cortic-DS® → **Betamethasone**
CortiCreme Lichtenstein® → **Hydrocortisone**
Cortidelt → **Prednisone**
Cortidene Depot® → **Paramethasone**
Cortider® → **Hydrocortisone**
Cortiderma® → **Betamethasone**
Cortidex® → **Dexamethasone**
Cortidro® → **Hydrocortisone**
Cortiespec® → **Fluocinolone acetonide**
Cortifan → **Hydrocortisone**
Cortifenol H® → **Hydrocortisone**
Cortiflex® → **Triamcinolone**
Cortifoam® → **Hydrocortisone**
Cortilate® → **Halcinonide**
Cortilisa® [vet.] → **Prednisolone**
Cortimax® → **Betamethasone**
Cortimycin® → **Hydrocortisone**
Cortimycine® → **Hydrocortisone**
Cortinasal® → **Budesonide**
Cortineff® → **Fludrocortisone**
Cortiprex® → **Prednisone**
Cortiprex Lch® → **Prednisone**
Cortipyren B® → **Meprednisone**
CortiRel® → **Corticorelin**
Cortiron® → **Desoxycortone**
Cortisdin® → **Fluorometholone**
Cortisol → **Hydrocortisone**
Cortisol L.CH.® → **Hydrocortisone**
Cortisolona® → **Methylprednisolone**
Cortison® → **Cortisone**
Cortisonacetaat Gf® → **Cortisone**
Cortisonacetaat PCH® → **Cortisone**
Cortisonacetaat® [vet.] → **Cortisone**
Cortison Ciba® → **Cortisone**
Cortisone Acetate® → **Cortisone**
Cortisone Acetato® → **Cortisone**
Cortisone Roussel® → **Cortisone**
Cortison Spofa® → **Cortisone**
Cortispec® → **Betamethasone**
Cortisumman® → **Dexamethasone**
Cortival® → **Betamethasone**
Cortixyl® → **Betamethasone**
Cortizone® → **Hydrocortisone**
Cortizone-10® → **Hydrocortisone**
Cortizone-5® → **Hydrocortisone**
Cortizone for Kids® → **Hydrocortisone**
Cortoderm® → **Hydrocortisone**
Cortoderm® → **Fluocinolone acetonide**
Cortoftal® → **Clobetasone**
Cortone® → **Cortisone**
Cortone Acetato® → **Cortisone**
Cortop® → **Carvedilol**
Cortopic® → **Clobetasol**
Cortopin® → **Hydrocortisone**
Cortos® → **Ambroxol**
Cortran® → **Citalopram**
Cortril® → **Hydrocortisone**
Cortrosina® → **Tetracosactide**
Cortrosina Depot® → **Tetracosactide**
Cortrosyn® → **Tetracosactide**
Cortrosyn Depot® → **Tetracosactide**
Cortuss® → **Dextromethorphan**
Corubin® → **Carvedilol**
Corubin® → **Levocarnitine**
Corulon® [vet.] → **Gonadotrophin, Serum**
Coruno® → **Molsidomine**
Corus® → **Losartan**
Corvasal® → **Molsidomine**
Corvasal® [inj.] → **Linsidomine**
Corvaton® → **Molsidomine**
Corvental® [vet.] → **Theophylline**
Corvert® → **Ibutilide**
Corvitol® → **Metoprolol**
Corvo® → **Enalapril**
Coryol® → **Carvedilol**
Corzem® → **Diltiazem**
Corzen® → **Bupropion**
Cosaar® → **Losartan**
Co-Salt® → **Potassium**
Cosat® [+ Sulfamethoxazole] → **Trimethoprim**
Cosat® [+ Trimethoprim] → **Sulfamethoxazole**
Cosec® → **Omeprazole**
CO Simvastatin® → **Simvastatin**
Cosium® → **Clobazam**
Coslan® → **Mefenamic Acid**
Cosmegen® → **Dactinomycin**
Cosmegen Lyovac® → **Dactinomycin**
Cosmegen® [vet.] → **Dactinomycin**
CosmoFer® → **Dextran Iron Complex**
Cosmopril® → **Selegiline**
Cosmotrin® → **Tretinoin**
Cosmoxim® → **Piracetam**
Cosopt® → **Dorzolamide**
CO Sotalol® → **Sotalol**
Cospanon® → **Flopropione**
Cost® → **Ketamine**
Costi® → **Domperidone**
Costin® → **Calcium Carbonate**
Cosudex® → **Bicalutamide**
CO Sumatriptan® → **Sumatriptan**
Cosy® → **Domperidone**
Cosylan® → **Ethylmorphine**
Cotalil® → **Cetirizine**
Cotamox® [+Sulfamethoxazole] → **Trimethoprim**
Cotamox® [+Trimethoprim] → **Sulfamethoxazole**
Co-Tasian® [+Sulfamethoxazole] → **Trimethoprim**
Co-Tasian® [+Trimethoprim] → **Sulfamethoxazole**
Cotazym® → **Pancreatin**
Cotazym® → **Pancrelipase**
Cotazym ECS® → **Pancrelipase**
Cotazym-S® → **Pancrelipase**
Cotazym-S Forte® → **Pancrelipase**
CO Temazepam® → **Temazepam**
CO Terbanifine® → **Terbinafine**
Cotet® → **Oxytetracycline**
Cotibin Analgesico-Antipiretico Adultos® → **Paracetamol**
Cotilam® → **Diclofenac**
Cotina® → **Nicotinic Acid**
Cotinazin® → **Tioconazole**
Cotolone® → **Prednisolone**
Cotrane® → **Dimethoxanate**
Cotren® → **Clotrimazole**

Cotribene® [+ Sulfamethoxazole] → **Trimethoprim**
Cotribene® [+ Trimethoprim] → **Sulfamethoxazole**
Cotrim 1A Pharma® [+ Sulfamethoxazole] → **Trimethoprim**
Cotrim 1A Pharma® [+ Trimethoprim] → **Sulfamethoxazole**
Cotrim AbZ® [+ Sulfamethoxazole] → **Trimethoprim**
Cotrim AbZ® [+ Trimethoprim] → **Sulfamethoxazole**
Cotrim-CT® [+ Sulfamethoxazole] → **Trimethoprim**
Cotrim-CT® [+ Trimethoprim] → **Sulfamethoxazole**
Cotrim-Diolan® [+ Sulfamethoxazole] → **Trimethoprim**
Cotrim-Diolan® [+ Trimethoprim] → **Sulfamethoxazole**
Co-Trimed® [+Sulfamethoxazole] → **Trimethoprim**
Co-Trimed® [+Trimethoprim] → **Sulfamethoxazole**
Cotrim forte Heumann® [+ Trimethoprim] → **Sulfamethoxazole**
Cotrim-forte RAN® [+ Sulfamethoxazol] → **Trimethoprim**
Cotrim-forte RAN® [+ Trimethoprim] → **Sulfamethoxazole**
Cotrim Forte Ratiopharm® [+ Sulfamethoxazole] → **Trimethoprim**
Cotrim Forte Ratiopharm® [+ Sulfamethoxazole] → **Trimethoprim**
Cotrim Forte Ratiopharm® [+ Trimethoprim] → **Sulfamethoxazole**
Cotrim Forte Ratiopharm® [+ Trimethoprim] → **Sulfamethoxazole**
cotrim forte von ct® [+ Trimethoprim] → **Sulfamethoxazole**
CotrimHefa® [+ Sulfamethoxazole] → **Trimethoprim**
CotrimHefa® [+ Trimethoprim] → **Sulfamethoxazole**
Cotrimhexal® [+ Sulfamethoxazole] → **Trimethoprim**
Cotrimhexal® [+ Trimethoprim] → **Sulfamethoxazole**
Cotrim. L.U.T.® [+ Sulfamethoxazole] → **Trimethoprim**
Cotrim. L.U.T.® [+ Trimethoprim] → **Sulfamethoxazole**
Cotrimol® [+ Sulfamethoxazole] → **Trimethoprim**
Cotrimol® [+ Trimethoprim] → **Sulfamethoxazole**
Co-Trimoxazol-Akri® [+ Sulfamethoxazole] → **Trimethoprim**
Co-Trimoxazol-Akri® [+ Trimethoprim] → **Sulfamethoxazole**
Co-Trimoxazol Alpharma® [+ Sulfamethoxazole] → **Trimethoprim**
Co-Trimoxazol Alpharma® [+ Trimethoprim] → **Sulfamethoxazole**
Cotrimoxazol AL® [+ Sulfamethoxazole] → **Trimethoprim**
Cotrimoxazol AL® [+ Trimethoprim] → **Sulfamethoxazole**
Co-Trimoxazol A® [+ Sulfamethoxazole] → **Trimethoprim**
Co-Trimoxazol A® [+ Trimethoprim] → **Sulfamethoxazole**
Co-Trimoxazol CF® [+ Sulfamethoxazole] → **Trimethoprim**
Co-Trimoxazol CF® [+ Trimethoprim] → **Sulfamethoxazole**
Co-Trimoxazole EG® [+ Sulfamethoxazole] → **Trimethoprim**
Co-Trimoxazole EG® [+ Trimethoprim] → **Sulfamethoxazole**
Co-Trimoxazole Eurogenerics® [+ Sulfamethoxazole] → **Trimethoprim**
Co-Trimoxazole Eurogenerics® [+ Trimethoprim] → **Sulfamethoxazole**
Co-Trimoxazole Indo Farma®® [+ Sulfamethoxazole] → **Trimethoprim**
Co-Trimoxazole Indo Farma® [+ Trimethoprim] → **Sulfamethoxazole**
Co-Trimoxazole Interpharm® [+ Sulfamethoxazole] → **Trimethoprim**
Co-Trimoxazole Interpharm® [+ Trimethoprim] → **Sulfamethoxazole**
Cotrimoxazol Forte L.Ch.® [+ Sulfamethoxazol] → **Trimethoprim**
Cotrimoxazol Forte L.Ch.® [+ Trimethoprim] → **Sulfamethoxazole**
Cotrimoxazol Genericon® [+ Sulfamethoxazole] → **Trimethoprim**
Cotrimoxazol Genericon® [+ Trimethoprim] → **Sulfamethoxazole**
Co-Trimoxazol Gf® [+ Sulfamethoxazole] → **Trimethoprim**
Co-Trimoxazol Gf® [+ Trimethoprim] → **Sulfamethoxazole**
Co-trimoxazol-HelvePharm® [+ Sulfamethoxazole] → **Trimethoprim**
Co-trimoxazol-HelvePharm® [+ Trimethoprim] → **Sulfamethoxazole**
Co-Trimoxazol PCH® [+ Sulfamethoxazole] → **Trimethoprim**
Cotrimoxazol Ratiopharm® [+ Sulfamethoxazole] → **Trimethoprim**
Cotrimoxazol Ratiopharm® [+ Trimethoprim] → **Sulfamethoxazole**
Cotrimoxazol Richet® [+ Sulfamethoxazole] → **Trimethoprim**
Cotrimoxazol Richet® [+ Trimethoprim] → **Sulfamethoxazole**
Cotrimoxazol Sandoz® [+ Sulfamethoxazole] → **Trimethoprim**
Cotrimoxazol Sandoz® [+ Trimethoprim] → **Sulfamethoxazole**
Cotrimoxazol® [+ Sulfamethoxazole] → **Trimethoprim**
Co-Trimoxazol® [+ Sulfamethoxazole] → **Trimethoprim**
Cotrimoxazol® [+ Sulfamethoxazole] → **Trimethoprim**
Cotrimoxazol® [+ Trimethoprim] → **Sulfamethoxazole**
Co-Trimoxazol® [+ Trimethoprim] → **Sulfamethoxazole**
Cotrimoxazol® [+ Trimethoprim] → **Sulfamethoxazole**
Cotrimoxazol Vannier® [+ Sulfamethoxazole] → **Trimethoprim**
Cotrimoxazol Vannier® [+ Trimethoprim] → **Sulfamethoxazole**
Co-Trimoxazol®[vet.] → **Sulfamethoxazole**
Co-Trimoxazol®[vet.] → **Trimethoprim**
Co-Trimoxazol Wellcome® [+ Sulfamethoxazole] → **Trimethoprim**
Co-Trimoxazol Wellcome® [+ Trimethoprim] → **Sulfamethoxazole**
Cotrimox® [+ Sulfamethoxazole] → **Trimethoprim**
Cotrimox® [+ Trimethoprim] → **Sulfamethoxazole**
Cotrimox-Wolff® [+ Sulfamethoxazole] → **Trimethoprim**
Cotrimox-Wolff® [+ Trimethoprim] → **Sulfamethoxazole**
Cotrim-ratiopharm® [+ Sulfamethoxazole] → **Trimethoprim**
Cotrim-ratiopharm® [+ Trimethoprim] → **Sulfamethoxazole**
Cotrim-Sandoz® [+ Sulfamethoxazole] → **Trimethoprim**
Cotrim-Sandoz® [+ Trimethoprim] → **Sulfamethoxazole**
Cotrimstada® [+ Sulfamethoxazole] → **Trimethoprim**
Cotrimstada® [+ Trimethoprim] → **Sulfamethoxazole**
Cotrim® [+ Sulfamethoxazole] → **Trimethoprim**
Co-Trim® [+ Sulfamethoxazole] → **Trimethoprim**
Cotrim® [+ Sulfamethoxazole] → **Trimethoprim**
Cotrim® [+ Trimethoprim] → **Sulfamethoxazole**

Co-Trim® [+ Trimethoprim] → **Sulfamethoxazole**
Cotrim® [+ Trimethoprim] → **Sulfamethoxazole**
Cotripharm® [+ Sulfamethoxazole] → **Trimethoprim**
Cotripharm® [+ Trimethoprim] → **Sulfamethoxazole**
Cotrisan® → **Clotrimazole**
Cotrix® [+ Sulfamethoxazole] → **Trimethoprim**
Cotrix® [+ Trimethoprim] → **Sulfamethoxazole**
Cotrizol-G® [+ Sulfamethoxazole] → **Trimethoprim**
Cotrizol-G® [+ Trimethoprim] → **Sulfamethoxazole**
Co-Try® [+ Sulfamethoxazole] → **Trimethoprim**
Co-Try® [+ Trimethoprim] → **Sulfamethoxazole**
Cotson® → **Hydrocortisone**
Cots® [+ Sulfamethoxazole] → **Trimethoprim**
Cots® [+ Trimethoprim] → **Sulfamethoxazole**
Cough Tablets® [vet.] → **Dextromethorphan**
Couldespir® → **Oxymetazoline**
Couldetos® → **Dextromethorphan**
Coulergin® → **Cetirizine**
Coumadin® → **Warfarin**
Coumadine® → **Warfarin**
Coupe-A® → **Triamcinolone**
Courage® → **Fluoxetine**
Covamet® → **Cyclizine**
Covance® → **Losartan**
Covarex® → **Miconazole**
Covastin® → **Simvastatin**
Covatine® → **Captodiame**
Covera-HS® → **Verapamil**
Coverene® → **Perindopril**
Coversum® → **Perindopril**
Coversyl® → **Perindopril**
Coversyl Arginine® → **Perindopril**
Coversyl® [comp.] → **Perindopril**
Coversyl® [comp.] → **Perindopril**
Covinan® [vet.] → **Proligestone**
Coviogal® → **Bisoprolol**
Covocef-N® → **Cefixime**
Covocort® → **Hydrocortisone**
Covorit® → **Folinic Acid**
Covospor® → **Clotrimazole**
Covostet® → **Tetracaine**
Cowpen® [vet.] → **Penicillin G Procaine**
Coxalgan® → **Nabumetone**
Coxalin TS® [vet.] → **Cloxacillin**
Coxamer® → **Meloxicam**
Cox-B® → **Celecoxib**
Coxbit® → **Celecoxib**
Coxeton® → **Nabumetone**
Coxflam® → **Meloxicam**
Cox Gliclazide® → **Gliclazide**
Coxib® → **Celecoxib**
Coxicam® → **Meloxicam**
Coxi Plus® [vet.] → **Sulfadimethoxine**
Coxiprol® [vet.] → **Amprolium**
Coxistac® → **Salinomycin**
Coxistac® [vet.] → **Salinomycin**
Coxistat® [vet.] → **Salinomycin**
Coxoid® [vet.] → **Amprolium**
Coxtenk® → **Celecoxib**
Coxtral® → **Nimesulide**
Coxylan® → **Meloxicam**
Coyden® [vet.] → **Clopidol**
Cozaar® → **Losartan**
Cozaarex® → **Losartan**
Cozaar Lyfjaver® → **Losartan**
Cozam® → **Clobazam**
Cozep® → **Chlordiazepoxide**
Cozole® [+ Sulfamethoxazole] → **Trimethoprim**
Cozole® [+ Trimethoprim] → **Sulfamethoxazole**
CO Zopiclone® → **Zopiclone**
CP 10 423-16 → **Pyrantel**
CP 16171 (Pfizer, USA) → **Piroxicam**
CP 28720 (Pfizer, USA) → **Glipizide**
CP-Carba® → **Carbamazepine**
CP-Colchi® → **Colchicine**
CPC-Thiosal® → **Thiosalicylic Acid**
C.P.D.® → **Cyproterone**
C-Pela® → **Cinnarizine**
CPL Alliance Alprazolam® → **Alprazolam**
CPL Alliance Carbamazepine® → **Carbamazepine**
CPL Alliance Cephalexin® → **Cefalexin**
CPL Alliance Ciprofloxacin® → **Ciprofloxacin**
CPL Alliance Piroxicam® → **Piroxicam**
CPL Alliance Ranitidine® → **Ranitidine**
C-Plan® → **Ascorbic Acid**
CP-PTU® → **Propylthiouracil**
CPS-Gry Pulver® → **Polystyrene Sulfonate**
Cquin® → **Chloroquine**
Crafilm® → **Sucralfate**
Cramp End® → **Ibuprofen**
Cranoc® → **Fluvastatin**
Craveril® → **Fenofibrate**
Cravit® → **Levofloxacin**
Cravit Ophthalmic® → **Levofloxacin**
Cravit Ophth Soln® → **Levofloxacin**
Cravit® [tab. inj.] → **Levofloxacin**
Cravox® → **Levofloxacin**
Creacil® → **Amoxicillin**
Creaquine® → **Amodiaquine**
Crecil® → **Cystine**
Credanil® [+ Carbidopa] → **Levodopa**
Credanil® [+ Levodopa] → **Carbidopa**
Crede Ecto Cymetrin® [vet.] → **Cypermethrin**
Crede Ecto Imatraz® [vet.] → **Amitraz**
Crede Mintic Elbezole® [vet.] → **Albendazole**
Crede Mintic Eximec® [vet.] → **Ivermectin**
Crede Mintic Zipratel® [vet.] → **Praziquantel**
Cregar® → **Captopril**
Creliverol-12® → **Hydroxocobalamin**
Crema America® → **Hydroquinone**
Crema Blanca® → **Hydroquinone**
Cremalax® → **Sodium Picosulfate**
Cremefenergan® → **Promethazine**
Cremicort® → **Hydrocortisone**
Cremicort H1® → **Hydrocortisone**
Cremin® → **Mosapramine**
Creminem® → **Clotrimazole**
Cremirit® → **Betamethasone**
Cremolum® → **Clotrimazole**
Cremophor NP 10 → **Nonoxinol**
Cremor Hydrocortisoni Gf® → **Hydrocortisone**
Cremor hydrocortisoni PCH® → **Hydrocortisone**
Cremor Triamcinolon A® → **Triamcinolone**
Cremor Triamcinoloni Gf® → **Triamcinolone**
Cremor Triamcinoloni PCH® → **Triamcinolone**
Creon® → **Pancreatin**
Creon® → **Pancrelipase**
Créon® → **Pancreatin**
Creon Forte® → **Pancreatin**
Creosedin® → **Bromazepam**
Cresadex® → **Rosuvastatin**
Crestar® [vet.] → **Norgestimate**
Creston® → **Rosuvastatin**
Crestor® → **Rosuvastatin**
Creta preparata → **Calcium Carbonate**
Crevet® → **Ascorbic Acid**
Crevet E® → **Tocopherol, α-**
Crevet L® → **Ascorbic Acid**
Crezyme® → **Pancreatin**

CRH Ferring® → **Corticorelin**
Crialix® → **Donepezil**
Criam® → **Valproic Acid**
Criax® → **Ceftriaxone**
Crima® → **Ceftazidime**
Crimanex® → **Dipyrithione**
Crinalsofex® → **Minoxidil**
Crino Cordes N® → **Ichthammol**
Crinone® → **Progesterone**
Crinoren® → **Enalapril**
Criogel® → **Omeprazole**
Cripar® → **Dihydroergocryptine, α-**
Crisabon® → **Epirubicin**
Crisacide® → **Ciprofloxacin**
Crisafeno® → **Tamoxifen**
Crisapla® → **Oxaliplatin**
Crisarfam® → **Rifampicin**
Crisasma® → **Theophylline**
Crisazet® → **Zidovudine**
Crisdazol® → **Mebendazole**
Crisofimina® → **Mitomycin**
Crisomet® → **Lamotrigine**
Cristaclar® → **Donepezil**
Cristacor® → **Amlodipine**
Cristalcrom® → **Chlorhexidine**
Cristalmina® → **Chlorhexidine**
Cristalomicina® → **Kanamycin**
Cristan® → **Clotrimazole**
Criten® → **Bromocriptine**
Crivion® → **Nitrendipine**
Crixan® → **Clarithromycin**
Crixan-od® → **Clarithromycin**
Crocalcin® [salmon] → **Calcitonin**
Crocin® → **Paracetamol**
Crodex® → **Crotamiton**
Croglina® → **Cromoglicic Acid**
Crohnezine® → **Mesalazine**
Croix Blanche® → **Paracetamol**
Croix blanche mono® → **Paracetamol**
Crolom® → **Cromoglicic Acid**
Croloxat® → **Oxaliplatin**
Crom® → **Ferrous Gluconate**
Cromabak® → **Cromoglicic Acid**
Cromadoses® → **Cromoglicic Acid**
Cromal® → **Cromoglicic Acid**
Cromantal® → **Cromoglicic Acid**
Cromatodol® → **Tramadol**
Cromaton® → **Cyanocobalamin**
Cromatonbic B12® → **Cyanocobalamin**
Cromatonbic Ferro® → **Ferrous Fumarate**
Cromatonbic Folinico® → **Folinic Acid**
Cromatonferro® → **Ferrous Gluconate**
Cromax® → **Cromoglicic Acid**
Cromedal® → **Cromoglicic Acid**
Cromedil® → **Cromoglicic Acid**
Cromer Orto® → **Merbromin**
Cromese Inhalation® → **Cromoglicic Acid**
Cromezin® → **Cefazolin**
Cromo-1A Pharma® → **Cromoglicic Acid**
Cromoalergic® → **Cromoglicic Acid**
Cromo Asma® → **Cromoglicic Acid**
Cromo-Asma® → **Cromoglicic Acid**
Cromo-Comod® → **Cromoglicic Acid**
Cromo-CT® → **Cromoglicic Acid**
Cromodex® → **Cromoglicic Acid**
Cromodyn® → **Cromoglicic Acid**
Cromogen® → **Cromoglicic Acid**
Cromogen Easi-Breath® → **Cromoglicic Acid**
Cromogen Steri Neb® → **Cromoglicic Acid**
Cromoglicaat® → **Cromoglicic Acid**
Cromoglicaat dinatrium Alpharma® → **Cromoglicic Acid**
Cromoglicaat dinatrium Hexal® → **Cromoglicic Acid**
Cromoglicaat Na CF® → **Cromoglicic Acid**
Cromoglicato® → **Cromoglicic Acid**
Cromoglicato de Sodio® → **Cromoglicic Acid**
Cromoglicato Nasal Zyma® → **Cromoglicic Acid**
Cromoglicato Sod Fisons® → **Cromoglicic Acid**
Cromoglicato Sodico® → **Cromoglicic Acid**
Cromoglicic Acid → **Cromoglicic Acid**
Cromoglicic Acid [BAN] → **Cromoglicic Acid**
Cromoglicin Heumann® → **Cromoglicic Acid**
Cromoglicinsäure → **Cromoglicic Acid**
Cromoglin® → **Cromoglicic Acid**
Cromoglycate Sodique EG® → **Cromoglicic Acid**
Cromoglycic Acid → **Cromoglicic Acid**
Cromohexal® → **Cromoglicic Acid**
Cromolerg® → **Cromoglicic Acid**
Cromolergin® → **Cromoglicic Acid**
Cromolin® → **Cromoglicic Acid**
Cromolind® → **Cromoglicic Acid**
Cromolux® → **Cromoglicic Acid**
Cromolyn® → **Cromoglicic Acid**
Cromolyn → **Cromoglicic Acid**
Cromolyn Sodium® → **Cromoglicic Acid**
Cromonez-Pos® → **Cromoglicic Acid**
Cromo-Ophtal® → **Cromoglicic Acid**
Cromopan® → **Cromoglicic Acid**
Crom-Ophtal® → **Cromoglicic Acid**
Cromophta-Pos® → **Cromoglicic Acid**
Cromo-pos® → **Cromoglicic Acid**
Cromopp® → **Cromoglicic Acid**
Cromoptic® → **Cromoglicic Acid**
Cromo-ratiopharm® → **Cromoglicic Acid**
Cromosoft® → **Cromoglicic Acid**
Cromosol® → **Cromoglicic Acid**
Cromosol Ophta® → **Cromoglicic Acid**
Cromo-Stulln® → **Cromoglicic Acid**
Cromovet® [vet.] → **Cromoglicic Acid**
cromo von ct® → **Cromoglicic Acid**
Cromoxal® → **Cromoglicic Acid**
Cromycin® → **Tobramycin**
Cronase® → **Cromoglicic Acid**
Cronasma® → **Theophylline**
Cronemet® → **Gliclazide**
Croneparina® → **Heparin**
Croneparina Syntex® → **Heparin**
Cronitin® → **Loratadine**
Cronizat® → **Nizatidine**
Cronocaps® [synth.] → **Melatonin**
Cronocef® → **Cefprozil**
Cronocorteroid® → **Betamethasone**
Cronodine® → **Diltiazem**
Cronogeron® → **Cinnarizine**
Crono-Gest® [vet.] → **Gonadotrophin, Serum**
Cronol® → **Famotidine**
Cronolevel® → **Betamethasone**
Cronomet® → **Carbidopa**
Cronopen® → **Loratadine**
Cronovera® → **Verapamil**
Cronyxin® [vet.] → **Flunixin**
Cropoz® → **Cromoglicic Acid**
Crorin® → **Cromoglicic Acid**
Crospovidone → **Povidone**
Crotamitex® → **Crotamiton**
Crotamiton® → **Crotamiton**
Crotetra® [vet.] → **Oxytetracycline**
Crotorax® → **Crotamiton**
Crovect® [vet.] → **Cypermethrin**
Crown Louse Powder® [vet.] → **Permethrin**
Croxilex-BID® [+ Amoxicilline trihydrate] → **Clavulanic Acid**
Croxilex-BID® [+ clavulanic Acid potassium salt] → **Amoxicillin**
Crupodex® → **Dextranomer**
Crusader® [vet.] → **Diflubenzuron**

Cruzafen® → **Ondansetron**
Cryofaxol® → **Cyclophosphamide**
Cryosid® → **Etoposide**
Cryosolona® [inj.] → **Methylprednisolone**
Cryostatin® → **Octreotide**
Cryotropin® → **Somatropine**
Cryoxet® → **Paclitaxel**
Cryptal® → **Fluconazole**
Cryptaz® → **Nitazoxanide**
Cryptocur® → **Gonadorelin**
Crystacillin® → **Benzylpenicillin**
Crystapen® → **Phenoxymethylpenicillin**
Crystapen® [vet.] → **Benzylpenicillin**
Crystepin® → **Dihydroergocristine**
Crysticillin® [vet.] → **Penicillin G Procaine**
Crytioro® → **Sodium Aurothiosulfate**
C-Serum Gel® → **Ascorbic Acid**
Cst-Pose® → **Clotrimazole**
C-tabs® → **Ascorbic Acid**
C-Tamin® → **Ascorbic Acid**
C-Tard® → **Ascorbic Acid**
CTC Blauspray® [vet.] → **Chlortetracycline**
CTC-Eco® [vet.] → **Chlortetracycline**
CTC® [vet.] → **Chlortetracycline**
CTFA 02288 → **Phenol**
Cuadel® → **Diazepam**
Cu-Algesic® [vet.] → **Indometacin**
Cuantil® → **Ifosfamide**
Cubarmix®[vet.] → **Trimethoprim**
Cubicin® → **Daptomycin**
Cue-Mate® [vet.] → **Progesterone**
Cuerpo Amarillo Fuerte® → **Progesterone**
Culat® → **Epoetin Beta**
Cumarol® → **Acenocoumarol**
Cuminol® → **Ciprofloxacin**
Cunesin® → **Ciprofloxacin**
Cunicoxil® [vet.] → **Sulfadimethoxine**
C-Up® → **Ascorbic Acid**
Cupanol® → **Paracetamol**
Cupax® → **Cefuroxime**
Cupid® → **Sildenafil**
Cuplaton® → **Dimeticone**
Cuprenil® → **Penicillamine**
Cupressin® → **Delapril**
Cuprimine® → **Penicillamine**
Cupripen® → **Penicillamine**
Cupripren® → **Penicillamine**
Cuprofen® → **Ibuprofen**
Cuprofen Ibuprofen® → **Ibuprofen**
Curacid® → **Esomeprazole**
Curacil® → **Fluorouracil**
Curacit® → **Suxethonium Chloride**
Curacné® → **Isotretinoin**
Curadona® → **Povidone-Iodine**
Curafil® → **Chlorhexidine**
Curaflex® → **Glucosamine**
Curakne® → **Isotretinoin**
Curalest® → **Suxamethonium Chloride**
Curam® [+ Amoxicillin] → **Clavulanic Acid**
Curam® [+ Amoxicillin] → **Clavulanic Acid**
Curam® [+ Amoxicillin, trihydrate] → **Clavulanic Acid**
Curam® [+ Amoxicillin trihydrate] → **Clavulanic Acid**
Curam® [+ Clavulanic Acid] → **Amoxicillin**
Curam® [+ Clavulanic Acid] → **Amoxicillin**
Curam® [+ Clavulanic Acid, potassium salt] → **Amoxicillin**
Curam® [+ Clavulanic Acid potassium salt] → **Amoxicillin**
Curamoxytab® → **Amoxicillin**
Curamycin® [vet.] → **Oxytetracycline**
Curanail® → **Amorolfine**
Curandron® → **Cyproterone**
Curantyl® → **Dipyridamole**
Curastatin® → **Somatostatin**
Curatane® → **Isotretinoin**
Curatin® → **Biotin**
Curatoderm® → **Tacalcitol**
Curavisc® → **Hyaluronic Acid**
Curazole® [vet.] → **Fenbendazole**
Curban® → **Nimodipine**
Curcix® → **Carvedilol**
Curicap® → **Sodium Iodide (^{131}I)**
Curicap® → **Sodium Iodide**
Curin® → **Levocetirizine**
Curinflam® → **Diclofenac**
Curiosin® → **Hyaluronic Acid**
Curisept® → **Pyroxylin**
Curlem® → **Vecuronium Bromide**
Curocef Inyectable® → **Cefuroxime**
Curosurf® → **Poractant Alfa**
Curoxim® → **Cefuroxime**
Curoxima® → **Cefuroxime**
Curoxime® → **Cefuroxime**
Curpol® → **Paracetamol**
Curyken® → **Loratadine**
Cusate® → **Docusate Sodium**
Cusef® → **Cefradine**
Cusi Chloramphenicol® → **Chloramphenicol**
Cusicrom® → **Cromoglicic Acid**
Cusicrom Oftalmico® → **Cromoglicic Acid**
Cusi Erythromycin® → **Erythromycin**
Cusiviral® → **Aciclovir**
Custey® → **Loperamide**
Cutacelan® → **Azelaic Acid**
Cutaclin® [gel] → **Clindamycin**
Cutaclin® [gel] → **Clindamycin**
Cutacnyl® → **Benzoyl Peroxide**
Cutamycon® → **Clotrimazole**
Cutanit® → **Fluclorolone Acetonide**
Cutanum® → **Estradiol**
Cutasept® → **Benzalkonium Chloride**
Cutason® → **Prednisone**
Cutenox® → **Enoxaparin**
Cuteral® → **Budesonide**
Cuterpès® → **Ibacitabine**
Cutic® [vet.] → **Amitraz**
Cutifitol® → **Progesterone**
Cutisan® → **Triclocarban**
Cutisone® → **Fluticasone**
cutistad® → **Clotrimazole**
Cutivat® → **Fluticasone**
Cutivate® → **Fluticasone**
Cutter® [vet.] → **Febantel**
Cuvalit® → **Lisuride**
Cuvefilm® → **Chlorhexidine**
Cuxabrain® → **Piracetam**
Cuxacyclin® [vet.] → **Oxytetracycline**
Cuxafenon® → **Propafenone**
Cuxanorm® → **Atenolol**
Cuxavet TS® [vet.] → **Cloxacillin**
C-Vimin® → **Ascorbic Acid**
CVit® → **Ascorbic Acid**
C-Vit® → **Ascorbic Acid**
C-Vitamin® → **Ascorbic Acid**
C-Vitamin Pharmavit® → **Ascorbic Acid**
C-Vit Gum® → **Ascorbic Acid**
C-Will® → **Ascorbic Acid**
Cyanamin TRC® → **Cyanocobalamin**
Cyanocobalamin® → **Cyanocobalamin**
Cyanocobalamine CF® → **Cyanocobalamin**
Cyanokit® → **Hydroxocobalamin**
Cyater® → **Terfenadine**
Cybufen® → **Fenbufen**
Cycarb® [vet.] → **Nicarbazin**
Cycin® → **Ciprofloxacin**
Cycladol® → **Piroxicam**
Cyclandelat Streuli® → **Cyclandelate**
Cyclidox® → **Doxycycline**
Cyclimycin® → **Minocycline**

Cyclio® [vet.] → **Pyriproxyfen**
Cyclival® [vet.] → **Oxytetracycline**
Cyclivex® → **Aciclovir**
Cyclix® [vet.] → **Cloprostenol**
Cyclizine FNA® → **Cyclizine**
Cyclizine HCl® → **Cyclizine**
Cyclizine HCl CF® → **Cyclizine**
Cyclizine HCl PCH® → **Cyclizine**
Cyclo-2® → **Celecoxib**
Cycloblastin® → **Cyclophosphamide**
Cyclocaps Beclometason® → **Beclometasone**
Cyclocaps Budesonid® → **Budesonide**
Cyclocaps Salbutamol® → **Salbutamol**
Cyclocort® → **Amcinonide**
Cyclocur® → **Estradiol**
Cycloderm® [TTS] → **Estradiol**
CycloGal® → **Cyclophosphamide**
Cyclogest® → **Progesterone**
Cyclogesterin® → **Estrogens, conjugated**
Cyclogyl® → **Cyclopentolate**
Cyclomed® → **Aciclovir**
Cyclomen® → **Danazol**
Cyclominol® → **Dicycloverine**
Cyclomydri® → **Cyclopentolate**
Cyclonamine® → **Etamsylate**
Cyclonorm® [vet.] → **Chlormadinone**
Cyclopam® → **Dicycloverine**
Cyclopentol® → **Cyclopentolate**
Cyclopentolaat Minims® → **Cyclopentolate**
Cyclopentolaat Monofree® → **Cyclopentolate**
Cyclopentolat® → **Cyclopentolate**
Cyclopentolate Hydrochloride® → **Cyclopentolate**
Cyclopentolate Minims® → **Cyclopentolate**
Cyclophosphamid A-Pharma® → **Cyclophosphamide**
Cyclophosphamid-biosyn® → **Cyclophosphamide**
Cyclophosphamide® → **Cyclophosphamide**
Cycloplatin® → **Carboplatin**
Cyclo-Progynova® → **Estradiol**
Cyclorax® → **Aciclovir**
Cycloreg® → **Norethisterone**
Cyclorine® → **Cycloserine**
Cycloserine® → **Cycloserine**
Cycloserine Meji® → **Cycloserine**
Cyclosol® [vet.] → **Oxytetracycline**
Cycloson® → **Beclometasone**
Cyclospasmol® → **Cyclandelate**
Cyclosporine® → **Ciclosporin**
Cyclo Spray® [vet.] → **Chlortetracycline**
Cyclospray® [vet.] → **Chlortetracycline**
Cyclostad® → **Aciclovir**
Cyclostin® → **Cyclophosphamide**
Cyclovax® → **Aciclovir**
Cyclovex® → **Aciclovir**
Cyclovir® → **Aciclovir**
Cycloviran® → **Aciclovir**
Cycloviran Medichrom® → **Aciclovir**
Cyclowam® → **Ciprofloxacin**
Cycloxan® → **Cyclophosphamide**
Cyclutrin® [vet.] → **Tetracycline**
Cycortide® → **Budesonide**
Cycostat® [vet.] → **Robenidine**
Cycrin® → **Medroxyprogesterone**
Cydectine® [vet.] → **Moxidectin**
Cydectin® [vet.] → **Moxidectin**
Cydonin® → **Ciprofloxacin**
Cyflee® [vet.] → **Cythioate**
Cyflox® → **Ciprofloxacin**
Cygro® [vet.] → **Maduramicin**
Cyhalothrin® [vet.] → **Cyhalothrin**
Cyheptine® → **Cyproheptadine**
Cyklo-F® → **Tranexamic Acid**
Cyklokapron® → **Tranexamic Acid**
Cyklokapron® [Inj.] → **Tranexamic Acid**
Cylat® → **Cyproheptadine**
Cylate® → **Cyclopentolate**
Cylence® [vet.] → **Cyfluthrin**
Cylert® → **Pemoline**
Cyllind® → **Clarithromycin**
Cyloblastin® → **Cyclophosphamide**
Cylocide® → **Cytarabine**
Cylowam® → **Ciprofloxacin**
Cymbalta® → **Duloxetine**
Cymerin® → **Ranimustine**
Cymerion® → **Zolpidem**
Cymévan® → **Ganciclovir**
Cymeven® → **Ganciclovir**
Cymevene® → **Ganciclovir**
Cynocuatro® → **Levothyroxine**
Cynomel® → **Liothyronine**
Cynomin® → **Mecobalamin**
Cynomin-H® → **Cyanocobalamin**
Cynomycin® → **Minocycline**
Cynovit® → **Cyanocobalamin**
Cynt® → **Moxonidine**
Cypafly Buffalo Fly Spray® [vet.] → **Cypermethrin**
Cypafly® [vet.] → **Cypermethrin**
Cypercare® [vet.] → **Cypermethrin**
Cyperdip® [vet.] → **Cypermethrin**
Cypermil® [vet.] → **Cypermethrin**
Cypertic® [vet.] → **Cypermethrin**
Cyplegin® → **Cyclopentolate**
Cypon® [vet.] → **Cypermethrin**
Cypor® [vet.] → **Cypermethrin**
Cyprazin® [vet.] → **Cyromazine**
Cyprogin® → **Cyproheptadine**
Cyproheptadine® → **Cyproheptadine**
Cypron® → **Cyproterone**
Cyprone® → **Cyproterone**
Cyprono® → **Cyproheptadine**
Cyproplex® → **Cyproterone**
Cyprosian® → **Cyproheptadine**
Cyprostat® → **Cyproterone**
Cyprostol® → **Misoprostol**
Cyprotec® → **Cyproheptadine**
Cyproteronacetaat Merck® → **Cyproterone**
Cyproteronacetaat PCH® → **Cyproterone**
Cyproteronacetat dura® → **Cyproterone**
Cyproteronacetat-GRY® → **Cyproterone**
Cyproterone Acetate® → **Cyproterone**
Cyproterone acetate-Generics® → **Cyproterone**
Cyprotérone Biogaran® → **Cyproterone**
Cyprotérone Merck® → **Cyproterone**
Cyproteron Merck NM® → **Cyproterone**
Cyproteron NM Pharma® → **Cyproterone**
Cyprotol® → **Cyproheptadine**
Cyral® → **Primidone**
Cyrazin® [vet.] → **Cyromazine**
Cyress® → **Barnidipine**
Cyro-Fly® [vet.] → **Cyromazine**
Cyro-Fly® [vet.] → **Cypermethrin**
Cyrpon® → **Meprobamate**
Cysporin® → **Ciclosporin**
Cystadan® → **Betaine**
Cystadane® → **Betaine**
Cysticat® [vet.] → **Chloramphenicol**
Cysticide® → **Praziquantel**
Cystine AA Supplement® → **Cystine**
Cystistat® → **Hyaluronic Acid**
Cystocain® → **Articaine**
Cysto-Conray® → **Iotalamic Acid**
Cystografin® → **Sodium Amidotrizoate**
Cysto-Myacyne N® → **Neomycin**
Cystonorm® → **Oxybutynin**
Cystopurin® → **Potassium**
Cystoreline® [vet.] → **Gonadorelin**
Cystorelin® [vet.] → **Gonadorelin**
Cysto-saar plus® → **Nitroxoline**
Cystospaz® → **Hyoscyamine**
Cystospaz-M® → **Hyoscyamine**

Cystrin® → **Oxybutynin**
Cyta-Cell® → **Cytarabine**
Cytacon® → **Cyanocobalamin**
Cytadren® → **Aminoglutethimide**
Cytagon® → **Glibenclamide**
Cytamen® → **Cyanocobalamin**
Cytamen Injection® → **Cyanocobalamin**
Cytapen® → **Phenoxymethylpenicillin**
Cytarabin® → **Cytarabine**
Cytarabine® → **Cytarabine**
Cytarabine CF® → **Cytarabine**
Cytarabine DBL® → **Cytarabine**
Cytarabine Faulding® → **Cytarabine**
Cytarabine Injection® → **Cytarabine**
Cytarabine Mayne® → **Cytarabine**
Cytarabine-Mayne® → **Cytarabine**
Cytarabine Pfizer® → **Cytarabine**
Cytarabin Hexal® → **Cytarabine**
Cytarine® → **Cytarabine**
Cytil® → **Misoprostol**
Cytobion® → **Cyanocobalamin**
Cytoblastin® → **Vinblastine**
Cytocristin® → **Vincristine**
Cytodrox® → **Hydroxycarbamide**
Cytogem® → **Gemcitabine**
Cytolog® → **Misoprostol**
Cytomel® → **Liothyronine**
Cytomid® → **Flutamide**
Cytomis® → **Misoprostol**
Cytonal® → **Cytarabine**
Cytophosphan® → **Cyclophosphamide**
Cytoplatin® → **Cisplatin**
Cytorich® → **Bleomycin**
Cytosafe Carboplatin® → **Carboplatin**
Cytosafe Carboplatina® → **Carboplatin**
Cytosafe Cisplatin® → **Cisplatin**
Cytosafe Doxorubicin HCL® → **Doxorubicin**
Cytosafe Etoposide® → **Etoposide**
Cytosafe Fluorouracil® → **Fluorouracil**
Cytosafe Methotrexate® → **Methotrexate**
Cytosafe Metotrexato® → **Methotrexate**
Cytosafe Vincristine® → **Vincristine**
Cytosar® → **Cytarabine**
Cytosar Cytosafe Vial® → **Cytarabine**
Cytosar-U® → **Cytarabine**
Cytospaz® → **Hyoscyamine**
Cytostar® → **Cytarabine**
Cytostat® → **Robenidine**
Cytotec® → **Misoprostol**
Cytotec® [vet.] → **Misoprostol**
Cytovene® → **Ganciclovir**
Cytoxan® → **Cyclophosphamide**
Cytrabine® → **Cytarabine**
Cytra-k® → **Potassium**
Cytramon-P® → **Paracetamol**
Cyzine® → **Cetirizine**
Czynnik VIII® → **Octocog Alfa**

D 138 (Ortho) → **Norgestimate**
D_3-Vicotrat® → **Colecalciferol**
D3-Vitamin® [vet.] → **Colecalciferol**
Dabenzol® → **Oxaliplatin**
Dabex® [tabs] → **Metformin**
Dabonal® → **Enalapril**
Dabroson® → **Gentamicin**
Dabroston® → **Dydrogesterone**
Dabur Citarabine® → **Cytarabine**
Dabur Leucovorin® → **Folinic Acid**
Dabur Vinorelbine® → **Vinorelbine**
Dacam® → **Betamethasone**
Dacam Rapi-Lento® → **Betamethasone**
Dacarb® → **Dacarbazine**
Dacarbacina® → **Dacarbazine**
Dacarbazin® → **Dacarbazine**
Dacarbazina® → **Dacarbazine**
Dacarbazina Almirall® → **Dacarbazine**
Dacarbazina Bestpharm® [sol.-inj.] → **Dacarbazine**
Dacarbazina Filaxis® → **Dacarbazine**
Dacarbazina Mayne® → **Dacarbazine**
Dacarbazina Medac® → **Dacarbazine**
Dacarbazine® → **Dacarbazine**
Dacarbazine DBL® → **Dacarbazine**
Dacarbazine for Injection® → **Dacarbazine**
Dacarbazine Medac® → **Dacarbazine**
Dacarbazine Pliva® → **Dacarbazine**
Dacarbazin Lachema® → **Dacarbazine**
Dacarbazin Pliva® → **Dacarbazine**
Dacarbazin Pliva Lachema® → **Dacarbazine**
Dacarin® → **Dacarbazine**
Dacatic® → **Dacarbazine**
Dacef® → **Cefadroxil**
Dacin® → **Dacarbazine**
Dacin-F® → **Clindamycin**
Daclin® → **Sulindac**
Daclin® → **Clindamycin**
Daclor® → **Alprazolam**
Daclo® [vet.] → **Oxibendazole**
Dacmozen® → **Dactinomycin**
Dacogen® → **Decitabine**
Dacortin® → **Prednisone**
Dacotin® → **Oxaliplatin**
Dacplat® → **Oxaliplatin**
Dacriogel® → **Carbomer**
Dacriosol® → **Dextran**
Dacrolux® → **Hypromellose**
Dacryoboraline® → **Oxedrine**
Dacten® → **Candesartan**
Dactil® → **Piperidolate**
Dactinomicina® → **Dactinomycin**
Dactus® → **Glimepiride**
Dada 250® [vet.] → **Diisopropylamine**
Dadcrome® → **Cromoglicic Acid**
Dadicil® → **Ibuprofen**
Dad Mouthwash® → **Hexetidine**
Dadosel® → **Ibuprofen**
Dadumir® → **Delorazepam**
Daedalon® → **Dimenhydrinate**
Dafalgan® → **Paracetamol**
Dafalgan Odis® → **Paracetamol**
Dafex® → **Lamotrigine**
Daflon® → **Diosmin**
Dafloxen® [caps., tabs.] → **Naproxen**
Dafloxen® [susp.] → **Naproxen**
Dafnegil Neo® → **Ciclopirox**
Dafnegin® → **Ciclopirox**
Daforin® → **Fluoxetine**
Daga® → **Paracetamol**
Dagan® → **Nicardipine**
Dagol Cetus® → **Sodium Picosulfate**
Dagrilan® → **Fluoxetine**
Dagynil® → **Estrogens, conjugated**
Dailat® → **Serrapeptase**
Daim® → **Tilisolol**
Daimeton® → **Paracetamol**
Daimeton® → **Sulfamonomethoxine**
Daimeton® [vet.] → **Sulfamonomethoxine**
Dains® → **Piroxicam**
Daipin® → **Hyoscine Methobromide**
Dairymec® [vet.] → **Ivermectin**
Daiticin® → **Thiamphenicol**
Daiv® → **Diazepam**
Daivonex® → **Calcipotriol**
Dakar® → **Lansoprazole**
Dakrina® → **Retinol**
Daksol® → **Lamotrigine**
Daksol® → **Secnidazole**
Daktacort® → **Miconazole**
DaktaGold® → **Ketoconazole**
Daktanol® → **Miconazole**
Daktar® → **Miconazole**
Daktarin® → **Miconazole**
Daktarin Ginecologico® → **Miconazole**
Daktarin Gold® → **Ketoconazole**
Daktozin® → **Miconazole**
Dalacin® → **Clindamycin**
Dalacin C® → **Clindamycin**

Dalacin C® [caps.] → **Clindamycin**
Dalacin C Fosfato® [inj.] → **Clindamycin**
Dalacin C® [inj.] → **Clindamycin**
Dalacin C® [inj.] → **Clindamycin**
Dalacin C Phosphate® → **Clindamycin**
Dalacin C Phosphat® [inj.] → **Clindamycin**
Dalacin C® [vet.] → **Clindamycin**
Dalacine® → **Clindamycin**
Dalacine T® → **Clindamycin**
Dalacin Ovulos® → **Clindamycin**
Dalacin T® → **Clindamycin**
Dalacin Topico® → **Clindamycin**
Dalacin V® → **Clindamycin**
Dalacin Vaginal® → **Clindamycin**
Dalacin Vaginal Cream® → **Clindamycin**
Dalacin Vaginal Ovule® → **Clindamycin**
Dalacin V Cream 2 %® → **Clindamycin**
Dalacin V Ovulos® → **Clindamycin**
Dalagis T® → **Clindamycin**
Dalam® → **Midazolam**
Dalamon Inyectable® → **Dexamethasone**
Dalben® → **Albendazole**
Dalcap® → **Clindamycin**
Dalcipran® → **Milnacipran**
Daleron® → **Paracetamol**
Dalfarol® → **Tocopherol, α-**
Dalfaz® → **Alfuzosin**
Dalgen® → **Fepradinol**
Dalhis® → **Mebhydrolin**
Dalibe® → **Glucosamine**
Dalisol® → **Folinic Acid**
Dalivit® → **Hydrocortisone**
Dallapasmo® → **Homatropine Methylbromide**
Dalmadorm medium® → **Flurazepam**
Dalman AQ® → **Fluticasone**
Dalmane® → **Flurazepam**
Dalmapam® → **Flurazepam**
Dalmarelin® [vet.] → **Lecirelin**
Dalmasin® → **Metamizole**
Dalmazin® [vet.] → **Cloprostenol**
Dalminette® → **Paracetamol**
Dalparan® → **Zolpidem**
Dalsan® → **Citalopram**
Dalsy® → **Ibuprofen**
Daltrizen® → **Dacarbazine**
Dalun® → **Hydroxyzine**
Dalys® → **Paclitaxel**
Dalzad® → **Valsartan**
Damaben® → **Metoclopramide**
Dama-Lax® → **Docusate Sodium**
Damaton® → **Pentoxifylline**
Damicine® → **Clindamycin**
Damiclin® → **Clindamycin**
Damiclin V® → **Clindamycin**
Damicol® → **Fluconazole**
Damide® → **Indapamide**
Damixan® → **Zolpidem**
Damizen® → **Serrapeptase**
Damoxy® → **Amoxicillin**
Dampo Bij Droge Hoest® → **Dextromethorphan**
Dampo Mucopect® → **Acetylcysteine**
Dampo Solvopect® → **Carbocisteine**
Danac® → **Ondansetron**
Danalone® → **Prednisolone**
Danamet® → **Danazol**
Danantizol® → **Metamizole**
Danasin® → **Danazol**
Danasone® → **Dexamethasone**
Danatrol® → **Danazol**
Danazol® → **Danazol**
Danazol-ratiopharm® → **Danazol**
Dancillin® → **Ampicillin**
Dancor® → **Nicorandil**
Danferane® [+ Sulfamethoxazole] → **Trimethoprim**
Danferane® [+ Trimethoprim] → **Sulfamethoxazole**
Dan-Gard® → **Pyrithione Zinc**
Danidazol® → **Metronidazole**
Danigen® → **Gentamicin**
Danilon® → **Suxibuzone**
Danilon® [vet.] → **Suxibuzone**
Danium® → **Calcium Dobesilate**
Danium® → **Clobazam**
Dank® → **Carbaldrate**
Danka® → **Levodropropizine**
Dankit® → **Erythromycin**
Danlox® → **Omeprazole**
Danochrom® → **Carbazochrome**
Danocin® [vet.] → **Danofloxacin**
Danoclav® [+ Amoxicillin] → **Clavulanic Acid**
Danoclav® [+ Clavulanic Acid] → **Amoxicillin**
Danocrine® → **Danazol**
Danodiol® → **Danazol**
Danoflox® → **Ofloxacin**
Danofran T3A® → **Ondansetron**
Danogen® → **Danazol**
Danokrin® → **Danazol**
Danol® → **Danazol**
Danol® [vet.] → **Danazol**
Danoprox® → **Oxaprozin**
Danoptin® → **Lamotrigine**
Danoval® → **Danazol**
Danovir® → **Aciclovir**
Danoxilin® → **Amoxicillin**
Danruf Shampoo® → **Ketoconazole**
Dansemid® → **Sulfacetamide**
Dansepta® → **Povidone-Iodine**
Dantamacrin® → **Dantrolene**
Dantenk® → **Ondansetron**
Dantoin® → **Phenytoin**
Dantrium® → **Dantrolene**
Dantrium Intravenoso® → **Dantrolene**
Dantrium Intravenous® → **Dantrolene**
Dantrium® [vet.] → **Dantrolene**
Dantrolax® → **Dantron**
Dantrolen® → **Dantrolene**
Dantrolene Sodium® → **Dantrolene**
Dantroleno Sodico con Solvente® → **Dantrolene**
Dantron 8® → **Ondansetron**
Dantum® → **Benzydamine**
Dany® → **Domperidone**
Danzen® → **Serrapeptase**
Danzyme® → **Serrapeptase**
Daomin® → **Metformin**
Daonil® → **Glibenclamide**
Daonil® [vet.] → **Glibenclamide**
Daono® → **Glibenclamide**
Daosin® → **Glibenclamide**
Dapamax® → **Indapamide**
Daparox® → **Paroxetine**
Dapa-Tabs® → **Indapamide**
Dapotum® → **Fluphenazine**
Dapotum D® [inj.] → **Fluphenazine**
Dapril® → **Lisinopril**
Daprinol® → **Pargeverine**
Dapriton® → **Dexchlorpheniramine**
Daps® → **Dapsone**
Dapsoderm-X® → **Dapsone**
Dapson® → **Dapsone**
Dapsone® → **Dapsone**
Dapson-Fatol® → **Dapsone**
Dapson Gf® → **Dapsone**
Dapson PCH® → **Dapsone**
Dapson Scanpharm® → **Dapsone**
Daptril® → **Indapamide**
Dapyrin® → **Paracetamol**
Daquiran® → **Pramipexole**
Daralix® → **Promethazine**
Daramal® → **Chloroquine**
Daranide® → **Diclofenamide**
Daraprim® → **Pyrimethamine**
Darax® → **Hydroxyzine**
Dardex® → **Captopril**
Dardokef® → **Cefamandole**
Dardum® → **Cefoperazone**
Daren® → **Emedastine**
Daren® → **Enalapril**
Daric® → **Finasteride**
Dariclox® [vet.] → **Cloxacillin**

Daricon® → **Oxyphencyclimine**
Darilin® → **Valganciclovir**
Daritmin® → **Amiodarone**
Darkene® → **Flunitrazepam**
Darleton® → **Sulpiride**
Darmol® → **Sodium Picosulfate**
Darob® → **Sotalol**
Darob mite® → **Sotalol**
Daroderm® → **Ichthammol**
Darolan® → **Bromhexine**
Darolan Hoestprikkeldempend® → **Dextromethorphan**
Daromefan® → **Dextromethorphan**
Daronal® → **Amiodarone**
Daronda® → **Leuprorelin**
Daro Paracetamol® → **Paracetamol**
Darosal® → **Aspirin**
Darrowcor® → **Digoxin**
Darstin® → **Progesterone**
Dartelin® → **Pentoxifylline**
Dartobcin® → **Tobramycin**
Dartocin® → **Lincomycin**
Daruma® → **Idebenone**
Darvon® → **Dextropropoxyphene**
Darvon N® → **Dextropropoxyphene**
Daryant-Tulle® → **Framycetin**
Darzitil® → **Amoxicillin**
Darzitil® [+ Amoxicillin trihydrate] → **Sulbactam**
Darzitil plus® [+ Amoxicillin, trihydrate] → **Clavulanic Acid**
Darzitil plus® [+ Clavulanic Acid, potassium salt] → **Amoxicillin**
Darzitil® [+ Sulbactam pivoxil] → **Amoxicillin**
Dasav® → **Diltiazem**
Dasen® → **Serrapeptase**
Daskyl® → **Terbinafine**
Dastosin® → **Dimemorfan**
Dasuglor® → **Cefalotin**
Datan® → **Mefenamic Acid**
Datevan® → **Paroxetine**
Datolan® → **Zopiclone**
Daunoblastin® → **Daunorubicin**
Daunomicina® → **Daunorubicin**
Daunomycin® → **Daunorubicin**
Daunorrubicina® → **Daunorubicin**
Daunorubicin® → **Daunorubicin**
Daunorubicin HCL® → **Daunorubicin**
Daunorubicin hydrochloride® → **Daunorubicin**
Daunorubicin Pfizer® → **Daunorubicin**
DaunoXome® → **Daunorubicin**
Daurocina® → **Daunorubicin**
Dauxona® → **Nitroglycerin**
Davedax® → **Reboxetine**
Davercin® → **Erythromycin**
Daverium® → **Dihydroergocryptine, α-**
Davesol® → **Lindane**
Davilose® → **Methylcellulose**
Davitamon A® → **Retinol**
Davitamon E® → **Tocopherol, α-**
Davixolol® → **Betaxolol**
Davixon® → **Ceftriaxone**
Davurzolina® → **Cefazolin**
Dawnex® → **Fluoxetine**
Daxet® [+ Amoxicillin, trihydrate] → **Clavulanic Acid**
Daxet® [+ Clavulanic Acid, potassium salt] → **Amoxicillin**
Daxim® → **Levosimendan**
Daxon® → **Nitazoxanide**
Daxotel® → **Docetaxel**
Daycef® → **Cefonicid**
Daygrip® → **Paracetamol**
Dayhist® → **Mebhydrolin**
Dayhist-1® → **Clemastine**
Daypro® → **Oxaprozin**
Dayrun® → **Oxaprozin**
Days® [tabs] → **Ibuprofen**
Daytrana® [TTS] → **Methylphenidate**
Daytrix® → **Ceftriaxone**
Dayvital® → **Ascorbic Acid**
Daz-Dust® [vet.] → **Dimpylate**
Dazel® → **Cefadroxil**
Dazen® → **Serrapeptase**
Dazine® → **Sulfadiazine**
Dazine-P® → **Thioridazine**
Dazit® → **Desloratadine**
Dazolic® → **Ornidazole**
Dazolin® → **Donepezil**
Dazolin® → **Naphazoline**
Dazomet® → **Mebendazole**
Dazotron® → **Metronidazole**
Dazzel® [vet.] → **Dimpylate**
D.B.I.® → **Metformin**
DBL Aciclovir® → **Aciclovir**
DBL Aspirin® → **Aspirin**
DBL Carboplatin® → **Carboplatin**
DBL Cisplaitn® → **Cisplatin**
DBL Disodium Pamidronate® → **Pamidronic Acid**
DBL Dobutamine® → **Dobutamine**
DBL Dopamine® → **Dopamine**
DBL Doxorubicin® → **Doxorubicin**
DBL Erythromycin® → **Erythromycin**
DBL Etoposide® → **Etoposide**
DBL Gabapentin® → **Gabapentin**
DBL Glyceryl Trinitrate® → **Nitroglycerin**
DBL Heparin® → **Heparin**
DBL Ipratropium® → **Ipratropium Bromide**
DBL Leucovorin® → **Folinic Acid**
DBL Methotrexate® → **Methotrexate**
DBL Naloxone® → **Naloxone**
DBL Papaverine® → **Papaverine**
DBL Sodium Nitroprusside® → **Sodium Nitroprusside**
DBL Vancomycin® → **Vancomycin**
DBL Vinblastine® → **Vinblastine**
DBL Vincristine® → **Vincristine**
D-Butamol® → **Salbutamol**
DCCK® → **Dihydroergotoxine**
D-Cee® → **Ascorbic Acid**
Dclot® → **Clopidogrel**
D-Cort® → **Dexamethasone**
D-Cough® → **Dextromethorphan**
D-Cure® → **Colecalciferol**
D & C Yellow No. 7 → **Fluorescein**
D & C Yellow No. 8 → **Fluorescein Sodium**
DDAVP® → **Desmopressin**
DDAVP Desmopressin® → **Desmopressin**
DDAVP® [vet.] → **Desmopressin**
DDC® → **Zalcitabine**
DDI Filaxis® → **Didanosine**
DDI Martian® → **Didanosine**
DDVP® → **Desmopressin**
Deacura® → **Biotin**
Deadmag® → **Propetamphos**
Dead Mag® [vet.] → **Cypermethrin**
Dealgic® → **Diclofenac**
Dealyd® → **Phloroglucinol**
Deanosarl® → **Difenidol**
Deanosart® → **Betahistine**
Deanxit® [+ Flupentixol, dihydrochloride] → **Melitracen**
Deanxit® [+ Flupentixol dihydrochloride] → **Melitracen**
Deanxit® [+ Melitracen, hydrochloride] → **Flupentixol**
Deanxit® [+ Melitracen hydrochloride] → **Flupentixol**
Dearexin® → **Nifuroxazide**
Deaten® → **Atomoxetine**
Deb® → **Tetridamine**
Debax® → **Captopril**
Debby® → **Nifuroxazide**
Debecylina® → **Benzathine Benzylpenicillin**
Debei® → **Phenformin**
Debekacyl® → **Dibekacin**
Debeone® → **Metformin**
Debolin® → **Colecalciferol**
Debridat® → **Trimebutine**
Débridat® → **Trimebutine**
Debridat AP® → **Trimebutine**

Debril® → **Naproxen**
Debrinol® → **Paracetamol**
Debrisan® → **Dextranomer**
Debrox® → **Urea**
Debtan® → **Glibenclamide**
DeBug® → **Chlorhexidine**
DEC® → **Dextromethorphan**
Deca® → **Fluphenazine**
Decabolon® → **Nandrolone**
Decacef® → **Cefalexin**
Decacycline® → **Tetracycline**
Decadron® → **Dexamethasone**
Decadronal® → **Dexamethasone**
Decadron Fosfato® → **Dexamethasone**
Decadron® [inj.] → **Dexamethasone**
Decadron Phosphate® → **Dexamethasone**
Decadron-Phosphate® → **Dexamethasone**
Decadura® → **Nandrolone**
Deca-Durabol® → **Nandrolone**
Deca Durabolin® → **Nandrolone**
Deca-Durabolin® → **Nandrolone**
Decafar® → **Ubidecarenone**
Decafen® → **Diclofenac**
Decafos® → **Dexamethasone**
Decaject® [inj.-im,–iv] → **Dexamethasone**
Decaject-L.A.® [inj.-susp.] → **Dexamethasone**
Decal® → **Calcitriol**
Decaldol® → **Haloperidol**
Décalogiflox® → **Lomefloxacin**
Decalox® → **Cloxacillin**
Decamedin® → **Dequalinium Chloride**
Decamil-B12® → **Hydroxocobalamin**
Decamil Betametasona® → **Betamethasone**
Decamox® → **Amoxicillin**
Decapaptyl® → **Triptorelin**
Decapeptyl® → **Triptorelin**
Décapeptyl® → **Triptorelin**
Decapeptyl CR® → **Triptorelin**
Decapeptyl Depot® → **Triptorelin**
Décapeptyl LP® → **Triptorelin**
Decapeptyl Retard® → **Triptorelin**
Decapetyl Trimestral® → **Triptorelin**
Decaquinon® → **Ubidecarenone**
Decaquinone® → **Ubidecarenone**
Decaris® → **Levamisole**
Decason® → **Dexamethasone**
Decasona® → **Beclometasone**
Decasone® → **Dexamethasone**
Decatix® [vet.] → **Deltamethrin**
Decatylen® → **Dequalinium Chloride**
Deca® [vet.] → **Nandrolone**
Deca-Vinone® → **Nandrolone**
Decazole® [vet.] → **Levamisole**
Deccox® [vet.] → **Decoquinate**
Decdan® → **Dexamethasone**
Decentan® → **Perphenazine**
Decentan Depot® [inj.] → **Perphenazine**
Decho® → **Dequalinium Chloride**
Decholin® → **Dehydrocholic Acid**
Decilina® → **Ampicillin**
Decilone® → **Dexamethasone**
Decipar® → **Enoxaparin**
Decitriol® → **Aspirin**
Decliten® → **Enalapril**
Decliten® → **Prazosin**
Decloban® → **Clobetasol**
Declofon® → **Diclofenac**
Declomycin® → **Demeclocycline**
Decoderm® → **Fluprednidene**
Decofed® → **Pseudoephedrine**
Decolgen® → **Phenylpropanolamine**
Decolgen ACE® → **Paracetamol**
Decomit® → **Beclometasone**
Decomoton® [vet.] → **Carbetocin**
Decomyc® → **Miconazole**
Decomyk® → **Miconazole**
Decongestant® → **Pseudoephedrine**
Decongestant Nasal Spray® → **Xylometazoline**
Decontractyl® → **Mephenesin**
Décontractyl® → **Mephenesin**
Decontril® → **Thiocolchicoside**
Decordex® → **Dexamethasone**
Decorenone® → **Ubidecarenone**
Decorex® → **Dexamethasone**
Decortilen® → **Prednylidene**
Decortin® → **Prednisone**
Decortin H® → **Prednisolone**
Decostriol® → **Calcitriol**
Decotal® → **Diflucortolone**
Decotox® [vet.] → **Sulfamerazine**
Decox® → **Valdecoxib**
Decox® [vet.] → **Decoquinate**
Decozol® → **Miconazole**
Decrelip® → **Gemfibrozil**
Decreten® → **Pindolol**
Dectancyl® → **Dexamethasone**
Dectomax-S® [vet.] → **Doramectin**
Dectomax® [vet.] → **Doramectin**
Decutan® → **Isotretinoin**
D.E.C.® [vet.] → **Diethylcarbamazine**
DEC® [vet.] → **Diethylcarbamazine**
Dediacol® → **Paromomycin**
Dedile® → **Flutamide**
Dediol® → **Alfacalcidol**
Dedolor® → **Diclofenac**
Dedostryl® → **Budesonide**
Dedralen® → **Doxazosin**
Dedrei® → **Colecalciferol**
Dedrogyl® → **Calcifediol**
Dédrogyl® → **Calcifediol**
Deep Cleansing® → **Salicylic Acid**
DEET → **Diethyltoluamide**
Deetipat® → **Colecalciferol**
Defam® → **Nimesulide**
Défanyl® → **Amoxapine**
Defas® → **Deflazacort**
Defekton® → **Carpipramine**
Defemerin → **Diltiazem**
Defencare® [vet.] → **Permethrin**
Defencat® [vet.] → **Permethrin**
Defender® [vet.] → **Dimpylate**
Defend Exspot Insecticide for Dogs® [vet.] → **Permethrin**
Defend Flea & Tick Cream Rinse® [vet.] → **Permethrin**
Defendog® [vet.] → **Permethrin**
Deferoxamine-Teva® → **Deferoxamine**
Deferoxaminmesilat Mayne® → **Deferoxamine**
Defibrase® → **Batroxobin**
Défiltran® → **Acetazolamide**
Definity® → **Perflutren**
Defirin® → **Desmopressin**
Defixal® → **Alendronic Acid**
Deflacort® → **Deflazacort**
Deflagesic® → **Diclofenac**
Deflam® → **Oxaprozin**
Deflamat® → **Diclofenac**
Deflamat NF Infantil® → **Diclofenac**
Deflamon® → **Metronidazole**
Deflan® → **Deflazacort**
Deflanil® → **Deflazacort**
Deflazacort® → **Deflazacort**
Deflazacort Alter® → **Deflazacort**
Deflazacort Cantabria® → **Deflazacort**
Deflazacort MK® → **Deflazacort**
Deflazacort Sandoz® → **Deflazacort**
Deflegmin® → **Ambroxol**
Deflenol® → **Guaifenesin**
Deflogen® → **Nimesulide**
Deflox® → **Diclofenac**
Defluina® → **Buflomedil**
Defluina forte® → **Raubasine**
Deflux® → **Domperidone**
Defobin® → **Chlordiazepoxide**
Deforan® [inj.] → **Cefotaxime**
Defungo® → **Clotrimazole**
DeGALIN® → **Folinic Acid**
Degan® → **Metoclopramide**

Degas® → **Dimeticone**
Degastrol® → **Lansoprazole**
Degirol® → **Dequalinium Chloride**
Degorflan® → **Nimesulide**
Degra® → **Sildenafil**
Degrafral® [vet.] → **Colecalciferol**
Degraler® → **Levocetirizine**
Degram® → **Nalidixic Acid**
Degranol® → **Carbamazepine**
Degraspasmin® [vet.] → **Isoxsuprine**
Degrium® → **Flunarizine**
Degut® → **Domperidone**
Dehace retard® → **Dihydrocodeine**
Dehydral® → **Methenamine**
Dehydratin® → **Hydrochlorothiazide**
Dehydratin Neo® → **Hydrochlorothiazide**
Dehydrobenzperidol® → **Droperidol**
Dehydrocortison® → **Prednisone**
Deiten® → **Nitrendipine**
Dekabicina® → **Dibekacin**
Dekazol® → **Miconazole**
Dekinet® → **Biperiden**
Deklarit® → **Clarithromycin**
Dekort® → **Dexamethasone**
Dekort® [inj.] → **Dexamethasone**
Dekristol® → **Colecalciferol**
Deksalon® → **Dexamethasone**
Deksamet® → **Dexamethasone**
Dekstran 40000® → **Dextran**
Dekstran 70000® → **Dextran**
Dela® → **Gliclazide**
Delagil® → **Chloroquine**
Delak® → **Oxybutynin**
Delaket® → **Delapril**
Delakete® → **Delapril**
Delatestryl® → **Testosterone**
Del-Beta® → **Betamethasone**
Delco Spray® [vet.] → **Chlorhexidine**
Delcycline LA® [vet.] → **Oxytetracycline**
Deldrax® → **Nitroxinil**
Delecit® → **Choline Alfoscerate**
Delentin® → **Pyrantel**
Delepsine® → **Valproate Semisodium**
Deleptin® → **Carbamazepine**
Delestrogen® → **Estradiol**
Deleta® [+ Flupentixol] → **Melitracen**
Deleta® [+ Melitracen] → **Flupentixol**
Delete® [vet.] → **Deltamethrin**
Delfen® → **Nonoxinol**
Delfos® → **Nimesulide**
Delganex® → **Sibutramine**
Delgesic® → **Aspirin**
Délidose® → **Estradiol**
Delifon® → **Oxybutynin**
Delimon® → **Diclofenac**
Delin® → **Dequalinium Chloride**
Delinar® → **Mesna**
Delipid® → **Gemfibrozil**
Delipoderm® → **Promestriene**
Delipramil® → **Metoclopramide**
Delirex® → **Caroverine**
Delitan-Floh Ex® [vet.] → **Lindane**
Delitex® → **Lindane**
Delitroxin® → **Roxithromycin**
Delix® → **Ramipril**
Dellamethasone® → **Dexamethasone**
Dellamethasone® [inj.] → **Dexamethasone**
Delnil® → **Formoterol**
Delok® → **Duloxetine**
Delonal® → **Alclometasone**
Delorazepam ABC® → **Delorazepam**
Delorazepam Allen® → **Delorazepam**
Delorazepam Almus® → **Delorazepam**
Delorazepam Alter® → **Delorazepam**
Delorazepam EG® → **Delorazepam**
Delorazepam Hexal® → **Delorazepam**
Delorazepam Merck® → **Delorazepam**
Delorazepam Pliva ® → **Delorazepam**
Delorazepam Ratiopharm® → **Delorazepam**
Delorazepam Sandoz® → **Delorazepam**
Delorazepam TAD® → **Delorazepam**
Delorazepam Teva® → **Delorazepam**
Delos® → **Roxithromycin**
Delot® → **Desloratadine**
Delphi® → **Triamcinolone**
Delphicort® → **Triamcinolone**
Delphicort® [inj.] → **Triamcinolone**
Del-Phos® → **Phosmet**
Delpral® → **Tiapride**
Delsoralen® → **Methoxsalen**
Delsym® → **Dextromethorphan**
Deltab® [vet.] → **Deltamethrin**
Deltacal® [vet.] → **Calcium Carbonate**
Deltacef® → **Cefuroxime**
Deltacid® → **Deltamethrin**
Delta Cortef® [vet.] → **Prednisolone**
Deltacortene® → **Prednisone**
Deltacortisone → **Prednisone**
Deltacortril® → **Prednisolone**
Deltaderm Micotopic Lotion® [vet.] → **Miconazole**
Deltafluorene® → **Dexamethasone**
Delta-Hädensa® → **Prednisolone**
Deltahydrocortisone → **Prednisolone**
Deltalaf® → **Betamethasone**
Deltamannit® → **Mannitol**
Deltamethrin® [vet.] → **Cypermethrin**
Deltameth® [vet.] → **Methionine, L-**
Deltamox® [vet.] → **Amoxicillin**
Deltaran® → **Dexibuprofene**
Deltarhinol mono® → **Naphazoline**
Deltasone® → **Prednisone**
Deltasoralen® → **Methoxsalen**
Deltastab® [inj.] → **Prednisolone**
Deltatrione → **Prednisone**
Deltax® → **Inosine Pranobex**
Deltazen Gé® → **Diltiazem**
Deltazone® [vet.] → **Phenylbutazone**
Deltison® → **Prednisone**
Delursan® → **Ursodeoxycholic Acid**
Delvocycline® [vet.] → **Oxytetracycline**
Delvoprim®[vet.] → **Trimethoprim**
Delvoprim®[vet.] → **Sulfadoxine**
Delvosteron® [vet.] → **Proligestone**
Demac® → **Diclofenac**
Demacort® → **Hydrocortisone**
Demadex® → **Torasemide**
Demalgonil® → **Aminophenazone**
Demanitol Trifarma® → **Mannitol**
Dematrac® [inj.] → **Atracurium Besilate**
Demax® → **Memantine**
Demazin Day/Night Relief® → **Pseudoephedrine**
Demazin Sinus® → **Pseudoephedrine**
Demeclocycline® → **Demeclocycline**
Demephan® → **Dextromethorphan**
Demeprazol® → **Omeprazole**
Demergin® → **Methylergometrine**
Demerol® → **Pethidine**
Déméthyl® [vet.] → **Methylprednisolone**
Demetil® → **Tetryzoline**
Demetrin® → **Prazepam**
Demex® → **Propyphenazone**
Demi-Canderel® → **Aspartame**
Demicol® [vet.] → **Miconazole**
Deminase® → **Tilactase**
Demix® → **Doxycycline**
Demizine® pour-on [vet.] → **Cypermethrin**
Demizolam® [inj.] → **Midazolam**
Demodek® → **Nitrofural**
Demoksil® → **Amoxicillin**
Demolaxin® → **Bisacodyl**
DemoLibral® → **Acetylcysteine**
Demolox® → **Amoxapine**
Demotest® → **Budesonide**
DemoTussol® → **Butamirate**
Demovarin® → **Heparin**

Demovit C® → **Ascorbic Acid**
Demoxil® → **Amoxicillin**
Demoxil Plus® [+ Amoxycillin, trihydrate] → **Clavulanic Acid**
Demoxil Plus® [+ Clavulanic Acid, potassium salt] → **Amoxicillin**
Demser® → **Metirosine**
Demsil® → **Terbinafine**
Denacen® → **Deflazacort**
Denaclof® → **Diclofenac**
Denagard® [vet.] → **Tiamulin**
Denapril® → **Enalapril**
Denavir® → **Penciclovir**
Denazox® → **Diltiazem**
Dencorub® → **Diclofenac**
Dendrid® → **Idoxuridine**
Denerel® → **Ketotifen**
Denerval® → **Paroxetine**
Denex® → **Metoprolol**
Denfos® → **Alendronic Acid**
Deniban® → **Amisulpride**
Denim® → **Dimenhydrinate**
Denitine® → **Ranitidine**
Denol® → **Bismuthate, Tripotassium Dicitrato-**
De-Nol® → **Bismuthate, Tripotassium Dicitrato-**
De-Noltab® → **Bismuthate, Tripotassium Dicitrato-**
Denpru® → **Protamine Sulfate**
Denquel Sensitive Teeth® → **Potassium**
Densical® → **Calcium Carbonate**
Dentacilina® → **Ampicillin**
Dentagel® → **Chlorhexidine**
Dentagesic® → **Clonixin**
Dentaliv Gel Topico® → **Lidocaine**
Dental Oxide® → **Urea**
Dentan® → **Sodium Fluoride**
Dentinen® → **Lidocaine**
Dentinox® → **Lidocaine**
Dentinox® → **Dimeticone**
Dentinox Infant Colic Drops® → **Dimeticone**
Dentirol Fluor® → **Sodium Fluoride**
Dentisept® [vet.] → **Chlorhexidine**
Dentispray® → **Benzocaine**
Dentocar® → **Sodium Fluoride**
Dentogene (Genicot-Houssian, Belgium) → **Phenol**
Dentohexin® → **Chlorhexidine**
Dentomycin® → **Clindamycin**
Dentosmin® → **Chlorhexidine**
Dentromin® → **Enalapril**
Denulcer® → **Ranitidine**
Denzapine® → **Clozapine**
Denzo® → **Serrapeptase**
Denzolam® → **Biperiden**
Deo® → **Dequalinium Chloride**
Deoflox® → **Ciprofloxacin**
Deolin® → **Drotaverine**
Deopid® → **Gemfibrozil**
Deorix® → **Permethrin**
Deosan Teatcare® [vet.] → **Chlorhexidine**
Deosan Teat-Ex® [vet.] → **Chlorhexidine**
Deosan Uddercream® [vet.] → **Chlorhexidine**
Deosan® [vet.] → **Dimpylate**
Deosan® [vet.] → **Cypermethrin**
Deosan® [vet.] → **Povidone-Iodine**
Deosect® [vet.] → **Cypermethrin**
Depacon® → **Valproic Acid**
Depade® → **Naltrexone**
Depakene® → **Valproic Acid**
Depakin® → **Valproic Acid**
Depakine® → **Valproic Acid**
Dépakine® → **Valproic Acid**
Depakine Chrono® → **Valproic Acid**
Depakine Crono® → **Valproic Acid**
Depakine Paranova® → **Valproic Acid**
Depakine Zuur® → **Valproic Acid**
Depakote® → **Valproate Semisodium**
Dépakote® → **Valproic Acid**
Depalept® → **Valproic Acid**
Depamag® → **Valproic Acid**
Depamide® → **Valpromide**
Dépamide® → **Valpromide**
Depanas® → **Paracetamol**
Deparkin® → **Diethazine**
Deparon® → **Metamizole**
Depas® → **Etizolam**
Depersolon® → **Mazipredone**
Depesert® → **Sertraline**
Dephan® → **Dextromethorphan**
Depherelin® [vet.] → **Gonadorelin**
Depicor® → **Nifedipine**
Depidex® [vet.] → **Ivermectin**
D Epifrin® → **Dipivefrine**
Depil® → **Fluoxetine**
Depin® → **Nifedipine**
Depin-E® → **Nifedipine**
Depixol® → **Flupentixol**
Depixol Conc.® → **Flupentixol**
Depixol® [inj.] → **Flupentixol**
Depixol Low Volume® → **Flupentixol**
Depizide® → **Glipizide**
Depnil® → **Moclobemide**
Depnon® → **Mianserin**
Depo-Alphacort® [vet.] → **Medroxyprogesterone**
Depocilline® [vet.] → **Penicillin G Procaine**
Depocillin® [vet.] → **Penicillin G Procaine**
Depo-Clinovir® → **Medroxyprogesterone**
Depocon® → **Norethisterone**
Depocort® [vet.] → **Triamcinolone**
Depocural® → **Clemizole Penicillin**
DepoCyt® → **Cytarabine**
DepoCyte® → **Cytarabine**
Depodexafon® [vet.] → **Dexamethasone**
Depo-Dilar® → **Paramethasone**
DepoDur® → **Morphine**
Depo-Eligard® → **Leuprorelin**
Depo-Estradiol® → **Estradiol**
De Poezepil® [vet.] → **Megestrol**
Depogen® → **Estradiol**
Depo-Gestin® → **Medroxyprogesterone**
Depolan® → **Morphine**
Depoluteine® [vet.] → **Hydroxyprogesterone**
Depo-Medrate® → **Methylprednisolone**
Depo-Medrate® [vet.] → **Methylprednisolone**
Dépo-Médrol® → **Methylprednisolone**
Depo-Medrol® [vet.] → **Methylprednisolone**
Depo-Medrone® → **Methylprednisolone**
Depo-Medrone® [vet.] → **Methylprednisolone**
Depo-Moderin® → **Methylprednisolone**
Depo Moderin® → **Methylprednisolone**
Depo-Nisolone® → **Methylprednisolone**
Deponit® → **Nitroglycerin**
Deponit 10® → **Nitroglycerin**
Deponit 15® → **Nitroglycerin**
Deponit 5® → **Nitroglycerin**
Depo-Prodasone® → **Medroxyprogesterone**
Dépo-Prodasone® → **Medroxyprogesterone**
Depo-Progesno® → **Medroxyprogesterone**
Depo-Progesta® → **Medroxyprogesterone**
Depo-Progevera® → **Medroxyprogesterone**
Depo-Promone® [vet.] → **Medroxyprogesterone**
Depo-Provera® → **Medroxyprogesterone**
Dépo-Provera® → **Medroxyprogesterone**

Depo Provera® → **Medroxyprogesterone**
Depo-Provera® [vet.] → **Medroxyprogesterone**
Depo-Ralovera® → **Medroxyprogesterone**
Deposel® [vet.] → **Selenium Sulfide**
Deposilin® → **Benzathine Benzylpenicillin**
Depostat® → **Gestonorone Caproate**
Deposteron® → **Testosterone**
Depo-SubQ Provera® → **Medroxyprogesterone**
Depo-Testosterone® → **Testosterone**
Depot-Heparin „Immuno“® → **Heparin**
Depotocin® [vet.] → **Carbetocin**
Depotrone® → **Testosterone**
Depotrust® → **Medroxyprogesterone**
Depotyl® [vet.] → **Tylosin**
Deprakine® → **Valproic Acid**
Depral® → **Sulpiride**
Deprancol® → **Dextropropoxyphene**
Deprax® → **Sertraline**
Deprazolin® → **Prazosin**
Deprecalm® → **Sertraline**
Deprectal® → **Oxcarbazepine**
Deprectal-S® → **Oxcarbazepine**
Depredil® [vet.] → **Methylprednisolone**
Depredone® [vet.] → **Methylprednisolone**
Deprefolt® → **Sertraline**
Depreger® → **Sertraline**
Depreks® → **Fluoxetine**
Deprelin® → **Clomipramine**
Deprelio® → **Amitriptyline**
Déprényl® → **Selegiline**
Depresil® [+ Flupentixol] → **Melitracen**
Depresil® [+ Melitracen] → **Flupentixol**
Depress® → **Fluoxetine**
Deprevex® → **Telmisartan**
Deprex® → **Olanzapine**
Deprexan® → **Desipramine**
Deprexen® → **Fluoxetine**
Deprexetin® → **Fluoxetine**
Deprexin® → **Fluoxetine**
Deprex Leciva® → **Fluoxetine**
Deprexone® → **Fluoxetine**
Depridol® → **Methadone**
Deprifel® → **Fluoxetine**
Deprilan® → **Selegiline**
Deprilept® → **Maprotiline**
Deprim® [+ Sulfamethoxazole] → **Trimethoprim**
Deprim® [+ Trimethoprim] → **Sulfamethoxazole**
Deprocid® → **Metronidazole**
Deprofen® → **Ibuprofen**
Depronal® → **Dextropropoxyphene**
Deproxin® → **Fluoxetine**
Deprozan® → **Fluoxetine**
Deprozel® → **Paroxetine**
Deprozol® → **Secnidazole**
Depset® → **Fluoxetine**
Depsonil® → **Imipramine**
Depsori → **Lactic Acid**
Deptral® → **Sertraline**
Deptran® → **Bromazepam**
Deptropine FNA® → **Deptropine**
Depurol® → **Venlafaxine**
Depyrin® → **Paracetamol**
Dequadin® → **Dequalinium Chloride**
Dequalinetten® → **Dequalinium Chloride**
Dequalinium Chloride Synco® → **Dequalinium Chloride**
Dequalinium DHA® → **Dequalinium Chloride**
Dequaspray® → **Lidocaine**
Dequazol® → **Metronidazole**
Dequazol R® → **Nystatin**
Dequazol T® → **Clotrimazole**
Dequosangola® → **Dequalinium Chloride**
Deralbine® → **Miconazole**
Deralin® → **Propranolol**
Deramaxx® [vet.] → **Deracoxib**
Derasect® [vet.] → **Dimpylate**
Deratin® → **Chlorhexidine**
Derbac-M® → **Malathion**
Derbicil® → **Terbinafine**
Dercason® → **Desoximetasone**
Dercome® → **Benzoyl Peroxide**
Dercutane® → **Isotretinoin**
Dereme® → **Beclometasone**
Derfin® → **Terbinafine**
Derflex® → **Orphenadrine**
Dergesol® → **Gentamicin**
Derihaler® → **Salbutamol**
Deril® → **Alfacalcidol**
Derimeton® → **Chlorphenamine**
Derinox® [tab.] → **Amoxicillin**
Deripen® → **Ampicillin**
Deripil® → **Erythromycin**
Derm A® → **Tretinoin**
Derma Bact® → **Gentamicin**
Dermabel® → **Clindamycin**
Dermabiotik® → **Gentamicin**
Dermacalm® → **Dexpanthenol**
Dermacare® → **Clobetasol**
Dermacef® [vet.] → **Cefalexin**
Derma-Chat® [vet.] → **Megestrol**
Dermac Jabon® → **Acediasulfone Sodium**
Dermaclob® → **Clobetasol**
Dermacom® → **Butenafine**
Dermacort® → **Hydrocortisone**
Derma Cort® → **Fluocinolone acetonide**
Dermacort Hydrocortisone® → **Hydrocortisone**
Dermacure® → **Miconazole**
Dermadex® → **Clobetasol**
Dermadex® → **Dexamethasone**
Dermadine® → **Povidone-Iodine**
DermaDrate® → **Urea**
Dermafast® → **Miconazole**
Dermaflor® → **Diflorasone**
Derma Fung® → **Clotrimazole**
Dermagen® → **Gentamicin**
DermAid® → **Hydrocortisone**
Derm-Aid® → **Hydrocortisone**
Derma Keri® → **Urea**
Dermalac® → **Lactic Acid**
Dermalar® → **Fluocinolone acetonide**
Dermalife (Vitamin A)® → **Retinol**
Dermallerg-ratiopharm® → **Hydrocortisone**
Dermalog® → **Halcinonide**
Dermamycin® → **Diphenhydramine**
Derma-Mykotral® → **Miconazole**
Dermanide® → **Desonide**
Dermanox® → **Enoxolone**
Dermaplast® → **Chlorhexidine**
Dermaral® → **Ketoconazole**
Dermaren® → **Dichlorisone**
Dermarest® → **Hydrocortisone**
Dermaseb® → **Sulfacetamide**
Dermasil® → **Terbinafine**
Dermasil® → **Clobetasol**
Dermasim® → **Clotrimazole**
Derma-Smoothe® → **Fluocinolone acetonide**
Dermasol® → **Clobetasol**
Dermasolon® → **Fluocinolone acetonide**
Dermasone® → **Betamethasone**
Dermaspraid® Chlorhexidine → **Chlorhexidine**
Dermaspraid® Hydrocortisone → **Hydrocortisone**
Derma-S® [vet.] → **Triamcinolone**
Dermaten® → **Clotrimazole**
Dermatex® → **Hydrocortisone**
Dermatin® → **Ketoconazole**
Dermatin® → **Clotrimazole**
Dermatix® → **Dimeticone**
Dermatol® → **Bismuth Subgallate**
Dermatop® → **Prednicarbate**
Dermatovate® → **Clobetasol**
Dermatrans® → **Estradiol**

Dermatrans® → **Nitroglycerin**
Dermatrans 7 D® → **Estradiol**
Dermaval® → **Diflucortolone**
Dermax® → **Triclosan**
Dermax® → **Benzalkonium Chloride**
Dermazin® → **Sulfadiazine**
Dermazol® → **Econazole**
Dermazole® → **Econazole**
Dermazole® → **Miconazole**
Dermcare Pyohex® [vet.] → **Chlorhexidine**
Dermedal® → **Tosylchloramide Sodium**
Dermenet® → **Mometasone**
Dermesone® → **Betamethasone**
Dermestril® → **Estradiol**
Dermestril Septem® → **Estradiol**
Dermestril-Septem® → **Estradiol**
Dermex® → **Clobetasol**
Dermexane® → **Clobetasol**
Dermichthol® → **Ichthammol**
Dermicol® → **Clotrimazole**
DermiCort® → **Hydrocortisone**
Dermi-cyl Schrundensalbe® → **Salicylic Acid**
Dermikolin® → **Nitrofural**
Dermiplus® → **Salicylic Acid**
Dermiplus-V® → **Clotrimazole**
Dermipred® [vet.] → **Prednisolone**
Dermirit® → **Hydrocortisone**
Dermisa® → **Hydroquinone**
Dermisan® → **Hexachlorophene**
Dermizol® → **Betamethasone**
Dermklobal® → **Clobetasol**
Dermo 6® → **Pyridoxine**
Dermobarrina® → **Benzalkonium Chloride**
Dermobene® → **Clotrimazole**
Dermobet® → **Betamethasone**
Dermobeta® → **Fluocinolone acetonide**
Dermocil® [vet.] → **Hexetidine**
Dermocitran® → **Econazole**
Dermocortal® → **Hydrocortisone**
Dermodan® → **Tretinoin**
Dermodrin® → **Diphenhydramine**
Dermofix® → **Sertaconazole**
Dermofresc® → **Aluminum Acetate**
Dermofurin® → **Nitrofural**
Dermogine® [vet.] → **Griseofulvin**
Dermojuventus® → **Tretinoin**
Dermol® → **Clobetasol**
Dermolin® → **Fluocinolone acetonide**
Dermomax® → **Lidocaine**
Dermomycin® → **Fusidic Acid**
Dermon® → **Miconazole**
Dermopanten® → **Dexpanthenol**
Dermoper® → **Permethrin**
Dermopirox® → **Ciclopirox**
Dermoplast® → **Benzocaine**
Dermoplast® → **Urea**
Dermoplata® → **Sulfadiazine**
DermoPosterisan® → **Hydrocortisone**
Dermopur® → **Benzocaine**
Dermoquinol® → **Clioquinol**
Dermorelle® → **Tocopherol, α-**
Dermo-Rest® → **Tioconazole**
Dermosa Aureomicina® → **Chlortetracycline**
Dermosa Hidrocortisona® → **Hydrocortisone**
Dermoseptic® → **Sertaconazole**
Dermosol® → **Betamethasone**
Dermosolon® → **Prednisolone**
Dermosol YSP® → **Clobetasol**
Dermosona® → **Mometasone**
Dermosporin® → **Clotrimazole**
Dermosupril® → **Desonide**
Dermotin „A“® → **Retinol**
Dermo-Trosyd® → **Tioconazole**
Dermoval® → **Clobetasol**
Dermoval® → **Betamethasone**
Dermovate® → **Clobetasol**
Dermovat Scalp® → **Clobetasol**
Dermovel® → **Mometasone**
Dermovit A® → **Retinol**
Dermovit E® → **Tocopherol, α-**
Dermox® → **Methoxsalen**
Dermoxin® → **Clobetasol**
Dermoxinale® → **Clobetasol**
Dermoxyl® → **Benzoyl Peroxide**
Dermozol® → **Miconazole**
Dermtex® → **Hydrocortisone**
Dermyc® → **Fluconazole**
Deroctyl® → **Glibenclamide**
Deroxat® → **Paroxetine**
Deroxen® [vet.] → **Chlorhexidine**
Derozin Gap® → **Cinnarizine**
Dersa® → **Sulfadiazine**
Derso TCC® → **Triclocarban**
Dertil® → **Permethrin**
Derugin® → **Tretinoin**
Dervin® → **Diflucortolone**
Derzel® → **Fusidic Acid**
Derzid® → **Betamethasone**
Des® → **Desloratadine**
Desaflu® → **Flunisolide**
Desal® → **Furosemide**
Desalex® → **Desloratadine**
Desametasone Fosfato® → **Dexamethasone**
Desamin Same® → **Naphazoline**
Desashock® [vet.] → **Dexamethasone**
Desatrol® → **Desloratadine**
Desbac® → **Cefpodoxime**
Desconex® → **Loxapine**
Desconex® [caps.] → **Loxapine**
Descutan® → **Chlorhexidine**
Desdek® → **Fusidic Acid**
Desec® → **Omeprazole**
Desefin® → **Ceftriaxone**
Deselex® → **Desloratadine**
Desenfriolito® → **Aspirin**
Desentol® → **Diphenhydramine**
Deseril® → **Methysergide**
Deserila® → **Methysergide**
Désernil-Sandoz® → **Methysergide**
Desferal® → **Deferoxamine**
Desféral® → **Deferoxamine**
Desferal Mesylate® → **Deferoxamine**
Desferal® [vet.] → **Deferoxamine**
Desferin® → **Deferoxamine**
Desferrioxamine DBL® → **Deferoxamine**
Desferrioxamine Mesylate® → **Deferoxamine**
Desfersal® → **Deferoxamine**
Desflam® → **Bumadizone**
Desfrin® → **Oxymetazoline**
Desicort® → **Desoximetasone**
Desiken® → **Ribavirin**
Desinac® [gtt.] → **Diclofenac**
Desinac® [tabs./susp. oral] → **Diclofenac**
Desirel® → **Trazodone**
Desitic® → **Ticlopidine**
Desitin® → **Loperamide**
Desketo® → **Dexketoprofen**
Deslor® → **Desloratadine**
Desloran® → **Desloratadine**
Deslorelin → **Deslorelin**
Deslorelina → **Deslorelin**
Deslorelin [BAN, USAN] → **Deslorelin**
Desloreline → **Deslorelin**
Deslorelinum → **Deslorelin**
Deslorin® → **Desloratadine**
Desmogalen® → **Desmopressin**
DesmoMelt® → **Desmopressin**
Desmopresina Mede® → **Desmopressin**
Desmopresin DDAVP® → **Desmopressin**
Desmopress Ferring® → **Desmopressin**
Desmopressin® → **Desmopressin**
Desmopressin Acetate® → **Desmopressin**
Desmopressin Alpharma® → **Desmopressin**
Desmopressine-acetaat® → **Desmopressin**

Desmopressine-acetaat Alpharma® → **Desmopressin**
Desmopressine-acetaat CF® → **Desmopressin**
Desmopressine-acetaat PCH® → **Desmopressin**
Desmopressine-acetaat PHT® → **Desmopressin**
Desmopressine-acetaat Sandoz® → **Desmopressin**
Desmopressine Ferring® → **Desmopressin**
Desmopressin Nordic® → **Desmopressin**
Desmopressin TAD® → **Desmopressin**
Desmospray® → **Desmopressin**
Desmotabs® → **Desmopressin**
Desocol® → **Ursodeoxycholic Acid**
Desocort® → **Desonide**
Désocort® → **Dexamethasone**
Desodin® → **Desloratadine**
Desolex® → **Desonide**
Desomedin® → **Hexamidine**
Desomedine® → **Hexamidine**
Désomédine® → **Hexamidine**
Deson® → **Metformin**
Desonate® → **Desonide**
Desonax® → **Budesonide**
Desone® → **Desonide**
Desonida® → **Desonide**
Desonide® → **Desonide**
Desopan® → **Trilostane**
Desoplus® → **Desonide**
Desowen® → **Desonide**
Desoxil® → **Ursodeoxycholic Acid**
Desoximetasone® → **Desoximetasone**
Desoxyn® → **Metamfetamine**
Desoxyphenobarbital USA (AHFS) → **Primidone**
Despeval® → **Desloratadine**
Despex® → **Desloratadine**
Desquaman® → **Pyrithione Zinc**
de-squaman® → **Pyrithione Zinc**
Desquam-X® → **Benzoyl Peroxide**
DESS → **Docusate Sodium**
Destacin® → **Desloratadine**
Destap 250® → **Beclometasone**
Destap 50® → **Beclometasone**
Destap SF® → **Beclometasone**
Destilbenol® → **Diethylstilbestrol**
Destolit® → **Permethrin**
Destolit® → **Ursodeoxycholic Acid**
Destolit® [vet.] → **Ursodeoxycholic Acid**
Destoxican® → **Naltrexone**
Destrano [DCIT] → **Dextran**
Destrobac® → **Povidone-Iodine**
Destrometorfano Bromidrato® → **Dextromethorphan**
Destruct® [vet.] → **Propetamphos**
Desugar® → **Metformin**
Desuric® → **Benzbromarone**
Desurol® → **Oxolinic Acid**
Desyrel® → **Trazodone**
Detane® → **Benzocaine**
Detantol® → **Bunazosin**
Detebencil® → **Permethrin**
Detemes® → **Dihydroergotamine**
Deten® → **Amlodipine**
Detenler® → **Levomepromazine**
Detens® → **Clobazam**
Detensiel® → **Bisoprolol**
DETF → **Metrifonate**
Deticene® → **Dacarbazine**
Déticène® → **Dacarbazine**
Detilem® → **Dacarbazine**
DET MS® → **Dihydroergotamine**
Detms® → **Dihydroergotamine**
Detomo® [vet.] → **Detomidine**
Detoxicol® → **Lactulose**
Detreomycyna® → **Chloramphenicol**
Detrichol® → **Gemfibrozil**
Detrol® → **Tolterodine**
Detrovel® → **Simvastatin**
Detrunorm® → **Propiverine**
Detrusan® → **Oxybutynin**
Detrusitol® → **Tolterodine**
Détrusitol® → **Tolterodine**
Detrusitol SR® → **Tolterodine**
Detrusitol XL® → **Tolterodine**
Detsel SR® → **Tolterodine**
Dettol® → **Chloroxylenol**
Detulin® → **Tocopherol, α-**
Detusif® → **Dextromethorphan**
Deucodol® → **Ibuprofen**
Deucoval® → **Naproxen**
Deursil® → **Ursodeoxycholic Acid**
De-ursil® → **Ursodeoxycholic Acid**
Devaljin® → **Metamizole**
Devalud® → **Tizanidine**
Devapen® → **Benzylpenicillin**
Devaron® → **Colecalciferol**
Devasid® → **Sultamicillin**
Devedryl® → **Loratadine**
Device® [vet.] → **Diflubenzuron**
Devidon® → **Trazodone**
Devikap® → **Colecalciferol**
Devisol® → **Calcifediol**
Devit-3® → **Colecalciferol**
Devitol® → **Ergocalciferol**
Devloprim®[vet.] → **Sulfadiazine**
Devloprim®[vet.] → **Trimethoprim**
Devodil® → **Sulpiride**
Devomycin® [vet.] → **Streptomycin**
Devoxim® → **Cefixime**
Dewax® → **Docusate Sodium**
De Witts Ready-to-use-Enema® → **Sodium Phosphate Dibasic**
DeWorm® → **Mebendazole**
DEX® → **Dextromethorphan**
Dexa 0,2 % Kela® [vet.] → **Dexamethasone**
Dexa-Allvoran® → **Dexamethasone**
Dexa ANB® → **Dexamethasone**
Dexabeta® → **Dexamethasone**
Dexabron AB® [inj.] → **Ampicillin**
Dexabutol® → **Ethambutol**
Dexacap® → **Captopril**
Dexacef® → **Cefadroxil**
Dexachel® [vet.] → **Dexamethasone**
Dexa-Citroneurin® → **Dexamethasone**
dexa-clinit® → **Dexamethasone**
Dexacollyre® → **Dexamethasone**
Dexacom® → **Dexamethasone**
Dexacort® → **Dexamethasone**
Dexacort® → **Neomycin**
Dexacortal® → **Dexamethasone**
Dexacort Depot® → **Betamethasone**
Dexacort Dermic® → **Gentamicin**
Dexacortin® → **Dexamethasone**
Dexacortin® [inj.] → **Dexamethasone**
Dexacortin® [vet.] → **Dexamethasone**
Dexa-CT® → **Dexamethasone**
Dexadreson® [vet.] → **Dexamethasone**
DexaEDO® → **Dexamethasone**
Dexa-Effekton® → **Dexamethasone**
Dexafar® → **Dexamethasone**
Dexaflam® → **Dexamethasone**
Dexaflox® → **Pefloxacin**
Dexafort® [vet.] → **Dexamethasone**
Dexafree® → **Dexamethasone**
Dexafrin® → **Dexamethasone**
Dexagel® → **Dexamethasone**
Dexagil® → **Dexamethasone**
Dexagliko® → **Dexamethasone**
Dexagrane® → **Dexamethasone**
Dexahexal® → **Dexamethasone**
Dexa IM® → **Dexamethasone**
Dexair® → **Dexamethasone**
Dexaject® [vet.] → **Dexamethasone**
Dexa Jenapharm® → **Dexamethasone**
Dexak® → **Dexketoprofen**
Dexa Kela® [vet.] → **Dexamethasone**
Dexa-kel® [vet.] → **Dexamethasone**
Dexalaf® → **Dexamethasone**
Dexalgen® → **Hydroxocobalamin**
Dexalgin® → **Dexketoprofen**
Dexalin® [vet.] → **Dexamethasone**

Dexalocal® → **Budesonide**
Dexalocal® → **Dexamethasone**
Dexalone® [vet.] → **Dexamethasone**
Dexa Loscon® → **Dexamethasone**
Dexaltin® → **Dexamethasone**
Dexa-M® → **Dexamethasone**
Dexa-Mamallet® → **Dexamethasone**
Dexambutol® → **Ethambutol**
Dexamed® [compr.] → **Dexamethasone**
Dexamed® [compr.] → **Dexamethasone**
Dexamed® [inj.] → **Dexamethasone**
Dexamedium® [vet.] → **Dexamethasone**
Dexamedix® → **Dexamethasone**
Dexameral® → **Dexamethasone**
Dexamet® → **Dexamethasone**
Dexametason® → **Dexamethasone**
Dexametasona® → **Dexamethasone**
Dexametasona ATM® → **Dexamethasone**
Dexametasona Belmac® → **Dexamethasone**
Dexametasona Biocrom® → **Dexamethasone**
Dexametasona Denver® → **Dexamethasone**
Dexametasona Dorf® → **Dexamethasone**
Dexametasona Drawer® → **Dexamethasone**
Dexametasona Fabra® → **Dexamethasone**
Dexametasona Fecofar® → **Dexamethasone**
Dexametasona Fmndtria® → **Dexamethasone**
Dexametasona Fosfato® → **Dexamethasone**
Dexametasona Lacefa® → **Dexamethasone**
Dexametasona Larjan® → **Dexamethasone**
Dexametasona MF® → **Dexamethasone**
Dexametasona Perugen® → **Dexamethasone**
Dexametasona Richmond® → **Dexamethasone**
Dexamethason® → **Dexamethasone**
Dexamethason-Augensalbe® → **Dexamethasone**
Dexamethason CF® → **Dexamethasone**
Dexamethasondinatriumfosfaat CF® → **Dexamethasone**
Dexamethasone® → **Dexamethasone**
Dexamethasone 0,5 % Kela® [vet.] → **Dexamethasone**
Dexamethasone Beacons® → **Dexamethasone**
Dexamethasone DBL® → **Dexamethasone**
Dexamethasone-DBL → **Dexamethasone**
Dexamethasone Elixir® → **Dexamethasone**
Dexamethasone Gap® → **Dexamethasone**
Dexamethasone Indo Farma® → **Dexamethasone**
Dexamethasone Intensol® → **Dexamethasone**
Dexamethasone-Organon® → **Dexamethasone**
Dexamethasone Pharmasant® → **Dexamethasone**
Dexamethasone Sodium Phosphate® → **Dexamethasone**
Dexamethasone Sodium Phosphate® [vet.] → **Dexamethasone**
Dexamethasone® [vet.] → **Dexamethasone**
Dexamethasone WZF Polfa® → **Dexamethasone**
Dexamethason FNA® → **Dexamethasone**
Dexamethason GALEN® → **Dexamethasone**
Dexamethason Gf® → **Dexamethasone**
Dexamethason Helvepharm® → **Dexamethasone**
Dexamethason HPS® → **Dexamethasone**
Dexamethason Jenapharm® → **Dexamethasone**
Dexamethason Krka® → **Dexamethasone**
Dexamethason LAW® → **Dexamethasone**
Dexamethason Monofree® → **Dexamethasone**
Dexamethason-mp® → **Dexamethasone**
Dexamethason Nycomed® → **Dexamethasone**
Dexamethason PCH® → **Dexamethasone**
Dexamethason-ratiopharm® → **Dexamethasone**
Dexamethason-Rotexmedica® → **Dexamethasone**
Dexamethason Sandoz® → **Dexamethasone**
Dexamethason® [vet.] → **Dexamethasone**
Dexameth-A-Vet® [vet.] → **Dexamethasone**
Dexamethazon® → **Dexamethasone**
Dexamethazon Leciva® → **Dexamethasone**
Dexameth® [vet.] → **Dexamethasone**
Dexametonal® → **Dexamethasone**
Dexamet® [vet.] → **Dexamethasone**
Dexamin® → **Dexamethasone**
Dexaminor® → **Dexamethasone**
Dexamol® → **Paracetamol**
Dexamol Kid® → **Paracetamol**
Dexamonozon® → **Dexamethasone**
Dexamphetamine Tablets® → **Dexamfetamine**
Dexamytrex® → **Gentamicin**
Dexan® → **Dexamethasone**
Dexan® → **Pseudoephedrine**
Dexanil® → **Dexamethasone**
Dexano® → **Dexamethasone**
Dexanol® → **Dexpanthenol**
Dexa-P® → **Dexamethasone**
Dexapent® [vet.] → **Dexamethasone**
Dexaphos® [vet.] → **Dexamethasone**
Dexapolcort® → **Dexamethasone**
Dexapos® → **Dexamethasone**
Dexa-Pos® → **Dexamethasone**
Dexaqia® → **Dextrose**
Dexa-ratiopharm® → **Dexamethasone**
Dexarazoxane Martian® → **Dexrazoxane**
Dexa-Rhinospray® → **Dexamethasone**
Dexasel® [vet.] → **Dexamethasone**
Dexa-Shiwa® → **Dexamethasone**
Dexasia® → **Dexamethasone**
Dexa-Sine® → **Dexamethasone**
Dexa Siozwo® → **Dexamethasone**
Dexason® → **Dexamethasone**
Dexasone® → **Dexamethasone**
Dexasone® [inj.-im,–iv] → **Dexamethasone**
Dexason® [vet.] → **Dexamethasone**
Dexatab® → **Dexamethasone**
Dexa TAD® [vet.] → **Dexamethasone**
Dexatad® [vet.] → **Dexamethasone**
Dexa-Tad® [vet.] → **Dexamethasone**
Dexatat aniMedica® [vet.] → **Dexamethasone**
Dexaton® → **Dexamethasone**
Dexatotal® → **Dexamethasone**
Dexatussin® → **Dextromethorphan**
Dexaval® → **Dexamethasone**
Dexa Vana® [vet.] → **Dexamethasone**
Dexaven® → **Dexamethasone**
Dexavene® [vet.] → **Dexamethasone**
Dexa® [vet.] → **Dexamethasone**
Dexavet® → **Dexamethasone**
Dexavet® [vet.] → **Dexamethasone**

Dexavin® [vet.] → **Dextran Iron Complex**
dexa von ct® → **Dexamethasone**
Dexazone® [vet.] → **Dexamethasone**
Dexchlorpheniramine Maleate® → **Dexchlorpheniramine**
Dexclor® → **Dexchlorpheniramine**
Dexcophan® → **Dextromethorphan**
Dexcor® → **Dexamethasone**
Dexdomitor® [vet.] → **Dexmedetomidine**
Dexedrine® → **Dexamfetamine**
Dexef® → **Cefradine**
Dexelle® → **Dexibuprofene**
Dexemel® → **Icodextrin**
Dexferrum® → **Dextran Iron Complex**
Dexicam® → **Piroxicam**
Dexide® → **Colextran**
Deximune® → **Ciclosporin**
Dexinga® → **Dexamethasone**
Dexion → **Dexamethasone**
Dexir® → **Dextromethorphan**
DexIron® → **Dextran Iron Complex**
Dexiron® [vet.] → **Dextran Iron Complex**
Dexit® [+ Flupentixol] → **Melitracen**
Dexit® [+ Melitracen] → **Flupentixol**
Dexium® → **Calcium Dobesilate**
Dexium-SP® [vet.] → **Dexamethasone**
Dexium® [vet.] → **Dexamethasone**
Dexiven® → **Calcitriol**
Dexmazol® → **Fluconazole**
Dexmethsone® → **Dexamethasone**
Dexnon® → **Levothyroxine**
Dexo® → **Ursodeoxycholic Acid**
Dexocort® → **Desoximetasone**
Dexofan® → **Dextromethorphan**
Dexofen® → **Dextropropoxyphene**
Dexoket® → **Dexketoprofen**
Dexol® → **Dexamethasone**
Dexolan® → **Dexamethasone**
Dexolut® → **Bromhexine**
Dexol® [vet.] → **Dexamethasone**
Dexomen® → **Dexketoprofen**
Dexomet® → **Dextromethorphan**
Dexomon® → **Diclofenac**
Dexon® → **Dexamethasone**
Dexona® → **Dexamethasone**
Dexone L.A.® → **Dexamethasone**
Dexone® [vet.] → **Dexamethasone**
Dexophan® → **Dextromethorphan**
DexOptifen® → **Dexibuprofene**
Dexoral® [vet.] → **Dexamethasone**
Dexoride® → **Dextrose**
Dexpak® → **Dexamethasone**
Dexpanthenol® → **Dexpanthenol**
Dexpanthenol-Hemopharm® → **Dexpanthenol**
Dexpanthenol Heumann® → **Dexpanthenol**
Dexpanthenol ratiopharm® → **Dexpanthenol**
Dexprofen® → **Dexibuprofene**
Dexprol® [vet.] → **Dextran Iron Complex**
Dexrazoxane® → **Dexrazoxane**
Dexsol® → **Dextromethorphan**
Dextasona® → **Dexamethasone**
Dexthasol® → **Dexamethasone**
Dexton® → **Dexamethasone**
Dextramet® → **Dextromethorphan**
Dextramine® → **Dexchlorpheniramine**
Dextran → **Dextran**
Dextran® → **Dextran**
Dextran 40® → **Dextran**
Dextran 40 Intravenous Infusion BP® → **Dextran**
Dextran 70® → **Dextran**
Dextran 70 Intravenous Infusion BP® → **Dextran**
Dextran [BAN, DCF, USAN] → **Dextran**
Dextran-Hydrolysat → **Dextran**
Dextran Iron Complex → **Dextran Iron Complex**
Dextranum → **Dextran**
Dextran® [vet.] → **Dextran**
Dextroamphetamine Sulfate® → **Dexamfetamine**
Dextrocamphora → **Camphor**
Dextrocidine® → **Dextromethorphan**
Dextrodip® → **Propoxyphène**
Dextro-Med® → **Dextromethorphan**
Dextromephar® → **Dextromethorphan**
Dextromethorfan PCH® → **Dextromethorphan**
Dextromethorfan Samenwerkende Apothekers® → **Dextromethorphan**
Dextromethorphan® → **Dextromethorphan**
Dextromethorphan Central® → **Dextromethorphan**
Dextromethorphan Indo Farma® → **Dextromethorphan**
Dextromethorphan Macrophar® → **Dextromethorphan**
Dextromethorphan Teva® → **Dextromethorphan**
Dextrometorfano Fabra® → **Dextromethorphan**
Dextropirine® [vet.] → **Aspirin**
Dextropropoxifeno Bouzen® → **Dextropropoxyphene**
Dextroral® → **Dextromethorphan**
Dextrosa AL® → **Dextrose**
Dextrosa Fresenius® → **Dextrose**
Dextrose → **Dextrose**
Dextrose® → **Dextrose**
Dextrose Euro-Med® → **Dextrose**
Dextrose Fresenius® → **Dextrose**
Dextrose [USAN] → **Dextrose**
Dextrose (USP 30) → **Dextrose**
Dextrose® [vet.] → **Dextrose**
Dextrose Vioser® → **Dextrose**
DextroStat® → **Dexamfetamine**
Dextrotos® → **Dextromethorphan**
Dexyclav® [+ Amoxicillin, trihydrate] → **Clavulanic Acid**
Dexyclav® [+ Clavulanic Acid, potassium salt] → **Amoxicillin**
Dexycol® → **Thiamphenicol**
Dexymox® → **Amoxicillin**
Dezacor® → **Deflazacort**
Dezartal® → **Deflazacort**
Dezepan® → **Diazepam**
Dezor® → **Ketoconazole**
DF 118® → **Dihydrocodeine**
DF 118 Forte® → **Dihydrocodeine**
DF 307 → **Dimethyl Sulfoxide**
D-Fenac® → **Diclofenac**
D-Floxin® → **Ciprofloxacin**
D.F.N.® → **Diclofenac**
DG-6® → **Lapirium Chloride**
D-Glucosamin → **Glucosamine**
D-Glucosamin sulfat → **Glucosamine**
Dhabesol® → **Clobetasol**
DHA-Clarithromycin® → **Clarithromycin**
Dhacopan® → **Hyoscine Butylbromide**
Dhacort® → **Hydrocortisone**
Dhactulose® → **Lactulose**
Dhalgesic Rub® → **Methyl Salicylate**
Dhamol® → **Paracetamol**
Dhamotil® [+Atropine sulfate] → **Diphenoxylate**
Dhamotil® [+Diphenoxylate HCl] → **Atropine**
Dhaperazine® → **Prochlorperazine**
DHA-Simvastatin® → **Simvastatin**
Dhasolone® → **Prednisolone**
Dhatifen® → **Ketotifen**
Dhatrin® [+ Sulfamethoxazole] → **Trimethoprim**
Dhatrin® [+ Trimethoprim] → **Sulfamethoxazole**
DHC® → **Dihydrocodeine**
DHC Continus® → **Dihydrocodeine**
DHC Mundipharma® → **Dihydrocodeine**

D.H.E. 45® → **Dihydroergotamine**
DHEA® → **Prasterone**
DHE ratiopharm® → **Dihydroergotamine**
D-Histaplus® → **Desloratadine**
DHPG → **Ganciclovir**
DHS Sal Shampoo® → **Salicylic Acid**
DHS® [vet.] → **Dihydrostreptomycin**
DHS Zinc® → **Pyrithione Zinc**
DHT® → **Dihydrotachysterol**
Diab® → **Gliclazide**
Diabac® → **Cefotaxime**
Diabact® → **Urea**
Diabact UBT® → **Urea**
Diabeedol® → **Chlorpropamide**
Diabefagos → **Metformin**
Diabefar® → **Glibenclamide**
Diabemide® → **Chlorpropamide**
Diaben® → **Tolbutamide**
Diaben® → **Glibenclamide**
Diabenil® → **Glibenclamide**
Diabenol® → **Glibenclamide**
Diabenor® → **Glisolamide**
Diabeside® → **Gliclazide**
Diabesin® → **Metformin**
Diabestat® → **Pioglitazone**
Diabesulf® → **Glibenclamide**
Diabeta® → **Glibenclamide**
Diabetase® → **Metformin**
Diabetex® → **Metformin**
Diabetformin® → **Metformin**
Diabetic Choice® → **Guaifenesin**
Diabetic Tussin® → **Guaifenesin**
Diabetmin® → **Metformin**
Diabetnil® → **Glibenclamide**
Diabetol® → **Tolbutamide**
Diabeton® → **Gliclazide**
Diabetose® → **Tolbutamide**
Diabe-Tuss® → **Dextromethorphan**
Diabetussic® → **Sulfogaiacol**
Diabetyl® → **Metformin**
Diabex® → **Metformin**
Diabexil® → **Glibenclamide**
Diabezidum® → **Gliclazide**
Diabinax® → **Gliclazide**
Diabinese® → **Chlorprothixene**
Diabinese® → **Chlorpropamide**
Diabitex® → **Chlorpropamide**
Diaborale® → **Glycyclamide**
Diabos® → **Glibenclamide**
Diabrezide® → **Gliclazide**
Diacarb® → **Acetazolamide**
Diacardin® → **Diltiazem**
Diacare® → **Glibenclamide**
Diaclide® → **Gliclazide**
Dia-Colon® → **Lactulose**
Diacomit® → **Stiripentol**
Diacon® → **Gliclazide**
Diacor® → **Mebendazole**
Diacordin® → **Diltiazem**
Diacordin Retard® → **Diltiazem**
Diacor LP® → **Diltiazem**
Di-Actane® → **Naftidrofuryl**
Diactin® → **Gliclazide**
Diacure® → **Loperamide**
Diadium® → **Loperamide**
Di-Adreson-F Aquosum® [inj.] → **Prednisolone**
Di-Adreson-F® [compr.] → **Prednisolone**
Dia-Eptal® → **Glibenclamide**
Diaethylnicotinamidum → **Nikethamide**
Diafac® → **Metformin**
Diafase® → **Metformin**
Diafat® → **Metformin**
Diaflam® → **Diclofenac**
Diaformin® → **Metformin**
Diafree® → **Metformin**
Diafren® → **Nifuroxazide**
Diafuryl® → **Nifuroxazide**
Diafusor® → **Nitroglycerin**
Diagen® [vet.] → **Gentamicin**
Diaglim® → **Glimepiride**
Diaglit® → **Pioglitazone**
Diaglitab® → **Metformin**
Diaglucide® → **Gliclazide**
Diaglyk® → **Gliclazide**
Diakarmon® → **Gentamicin**
Dial® → **Diltiazem**
Dialens® → **Chlorhexidine**
Dialens® → **Dextran**
Dialicor® → **Etafenone**
Dialon® → **Glimepiride**
Dialon-T® → **Buflomedil**
Dialose → **Docusate Sodium**
Dialudon® → **Diazepam**
Diamalin® → **Tretinoin**
Diamantgelb → **Fluorescein**
Diamaze® → **Gliclazide**
Diameprid® → **Glimepiride**
Diamet® → **Metformin**
Diamexon® → **Gliclazide**
Diamicron® → **Gliclazide**
Diamicron MR® → **Gliclazide**
Diamicron Uno® → **Gliclazide**
Diamide® → **Loperamide**
Diamide® → **Chlorpropamide**
Diamide Inga® → **Tolbutamide**
Diamin® → **Dihydroergocryptine, α-**
Diamine® → **Benzathine Benzylpenicillin**
Diamine Penicillin® → **Benzathine Benzylpenicillin**
Diaminocillina® → **Benzathine Benzylpenicillin**
Diamitex® → **Gliclazide**
Diamorphine® [inj.] → **Diamorphine**
Diamox® → **Acetazolamide**
Diamox Depot® → **Acetazolamide**
Diamox® [inj.] → **Acetazolamide**
Diamox® [inj.] → **Acetazolamide**
Diamox® [vet.] → **Acetazolamide**
Diamsalina® → **Dicloxacillin**
Dianben® → **Metformin**
Dianeal® → **Dextrose**
Dianeal Glucose® → **Dextrose**
Dianicotyl® → **Isoniazid**
Dianid® → **Gliclazide**
Diano® → **Diazepam**
Dianorm® → **Glibenclamide**
Dianorm® → **Gliclazide**
Dianormax® → **Gliclazide**
Dianormax MR® → **Gliclazide**
Dianorm Rephco® → **Repaglinide**
Diantal® → **Ibuprofen**
Diantal Suspension Pediatrica® → **Ibuprofen**
Dianta® [vet.] → **Tylosin**
Diapam® → **Diazepam**
Diaparene® → **Methylbenzethonium Chloride**
Diapec® [vet.] → **Ivermectin**
Diapen® → **Loperamide**
Diaphage® → **Metformin**
Diaphin® → **Diamorphine**
Diaphyllin® → **Aminophylline**
Diaphyllin Venosum® → **Aminophylline**
Diapine® → **Diazepam**
Diapiride® → **Glimepiride**
Diaprel® → **Gliclazide**
Diapresan® → **Trazodone**
Diaprid® → **Gliclazide**
Diapride® → **Glimepiride**
Diapro® → **Gliclazide**
Diarace® [vet.] → **Loperamide**
Diarcap® [vet.] → **Neomycin**
Diarem® → **Loperamide**
Diarent® → **Loperamide**
Diarepa® → **Repaglinide**
Diareze® → **Loperamide**
Diarfin® → **Loperamide**
Diaril® → **Glimepiride**
Diarlop® [caps] → **Loperamide**
Diarlop® [susp.] → **Nalidixic Acid**
Diarodil® → **Loperamide**
Diarönt mono® → **Colistin**
Diarreeremmer® → **Loperamide**
Diarreeremmer Loperamide HCI® → **Loperamide**
Diarresec® → **Loperamide**

Diarrest® → **Loperamide**
Diarret® → **Nifuroxazide**
Diarstop® → **Loperamide**
Diart® → **Azosemide**
Diaryl® → **Glimepiride**
Diarzero® → **Loperamide**
Diasec® → **Loperamide**
Diasectral® → **Acebutolol**
Diasef® → **Glipizide**
Diaseptyl® → **Chlorhexidine**
Diasorb® → **Loperamide**
Diastabol® → **Miglitol**
Diastat® → **Diazepam**
Diastone® → **Diclofenac**
Diatabs® → **Loperamide**
Diatex® → **Diazepam**
Diathynil® → **Biotin**
Diatica® → **Gliclazide**
Diatin® → **Elcatonin**
Diatol® → **Tolbutamide**
Diatracin® → **Vancomycin**
Diatrim® → **Diacerein**
Diatrim®[vet.] → **Trimethoprim**
Diatrim®[vet.] → **Sulfamethoxazole**
Diatrol® [vet.] → **Dimpylate**
Diavista® → **Pioglitazone**
Diaxone® → **Ceftriaxone**
Diaz® → **Diazepam**
Diazadip® [vet.] → **Dimpylate**
Diazem® → **Diazepam**
Diazemuls® → **Diazepam**
Diazemuls® [vet.] → **Diazepam**
Diazep AbZ® → **Diazepam**
Diazepam → **Diazepam**
Diazépam → **Diazepam**
Diazepam® → **Diazepam**
Diazepam A® → **Diazepam**
Diazepam ABC® → **Diazepam**
Diazepam AbZ® → **Diazepam**
Diazepam Actavis → **Diazepam**
Diazepam Actavis® → **Diazepam**
Diazepam Alkaloid® → **Diazepam**
Diazepam Alpharma® → **Diazepam**
Diazepam Alter® → **Diazepam**
Diazepam [BAN, DCF, DCIT, USAN] → **Diazepam**
Diazepam Biotika® → **Diazepam**
Diazepam Bouzen® → **Diazepam**
Diazepam CF® → **Diazepam**
Diazepam Dak® → **Diazepam**
Diazepam DBL® → **Diazepam**
Diazepam Desitin® → **Diazepam**
Diazepam-DP® → **Diazepam**
Diazepam Drawer® → **Diazepam**
Diazepam Ecar® → **Diazepam**
Diazepam EG® → **Diazepam**
Diazepam-Eurogenerics® → **Diazepam**
Diazepam Fabra® → **Diazepam**
Diazepam-Feltrex® → **Diazepam**
Diazepam FLX® → **Diazepam**
Diazepam Fmndtria® → **Diazepam**
Diazepam Gf® → **Diazepam**
Diazepam Indo Farma® → **Diazepam**
Diazepam Injection® → **Diazepam**
Diazepam Intensol® → **Diazepam**
Diazepam Italfarmco® → **Diazepam**
Diazepam Jadran® → **Diazepam**
Diazepam (JP XIV, Ph. Eur. 5, Ph. Int. 4, USP 30) → **Diazepam**
Diazepam Katwijk® → **Diazepam**
Diazepam Labesfal® → **Diazepam**
Diazepam Larjan® → **Diazepam**
Diazepam L.CH.® → **Diazepam**
Diazepam Lch® → **Diazepam**
Diazepam-Lipuro® → **Diazepam**
Diazepam Merck® → **Diazepam**
Diazepam MF® → **Diazepam**
Diazepam Normon® → **Diazepam**
Diazepam NQ® → **Diazepam**
Diazepam PCH® → **Diazepam**
Diazépam (Ph. Eur. 5) → **Diazepam**
Diazepam Pliva® → **Diazepam**
Diazepam Prodes® → **Diazepam**
Diazepam-ratiopharm® → **Diazepam**
Diazepam Ratiopharm® → **Diazepam**
Diazepam Rectubes® → **Diazepam**
Diazépam Renaudin® → **Diazepam**
Diazepam-Rotexmedica® → **Diazepam**
Diazepam Sandoz® → **Diazepam**
Diazepam Slovakofarma® → **Diazepam**
Diazepam Solution® → **Diazepam**
Diazepam Stada® → **Diazepam**
Diazepam TAD® → **Diazepam**
Diazepam Teva® → **Diazepam**
Diazepamum → **Diazepam**
Diazepamum (Ph. Eur. 5, Ph. Int. 4) → **Diazepam**
Diazepam Vannier® → **Diazepam**
Diazepam® [vet.] → **Diazepam**
Diazepam Winthrop® → **Diazepam**
Diazepan® → **Diazepam**
Diazepan Biocrom® → **Diazepam**
Diazepan Leo® → **Diazepam**
Diazepan Medipharma® → **Diazepam**
Diazephar® → **Diazepam**
diazep von ct® → **Diazepam**
Diazetard® → **Dexamethasone**
Diazidan® → **Gliclazide**
Diazinon® [vet.] → **Dimpylate**
Diaziprim®[vet.] → **Sulfadiazine**
Diaziprim®[vet.] → **Trimethoprim**
Diazomid® → **Acetazolamide**
Diazon® → **Ketoconazole**
Diazossido → **Diazoxide**
Diazossido [DCIT] → **Diazoxide**
Diazoxid → **Diazoxide**
Diazoxide → **Diazoxide**
Diazoxide® → **Diazoxide**
Diazoxide [BAN, DCF, USAN] → **Diazoxide**
Diazoxide (Ph. Eur. 5, Ph. Int. 4, USP 30) → **Diazoxide**
Diazoxido → **Diazoxide**
Diazoxid (Ph. Eur. 5) → **Diazoxide**
Diazoxidum → **Diazoxide**
Diazoxidum (Ph. Eur. 5, Ph. Int. 4) → **Diazoxide**
Diazyl® [vet.] → **Methoxychlor**
Dibase® → **Colecalciferol**
Dibazol® → **Bendazol**
Dibecon® → **Chlorpropamide**
Dibekacin® → **Dibekacin**
Dibekacin Meiji® → **Dibekacin**
Dibelet® → **Glibenclamide**
Diben® → **Glibenclamide**
Dibenol® → **Glibenclamide**
Dibenyline® → **Phenoxybenzamine**
Dibenyline® [vet.] → **Phenoxybenzamine**
Dibenzoylperoxid (IUPAC, ASK-S) → **Benzoyl Peroxide**
Dibenzyline® → **Phenoxybenzamine**
Dibenzyran® → **Phenoxybenzamine**
Dibetos® → **Buformin**
Dibicor® → **Taurine**
Dibional® [+ Amoxicillin] → **Clavulanic Acid**
Dibional® [+ Clavulanic Acid] → **Amoxicillin**
Diblocin® → **Doxazosin**
Dibondrin® → **Diphenhydramine**
DIBRO-BE mono® → **Potassium**
Dibrolax® → **Sodium Picosulfate**
Dicaltrol® → **Calcitriol**
Dicap® → **Loperamide**
Dicarbosil® → **Calcium Carbonate**
Dicasin® → **Buflomedil**
Dicef® → **Cefradine**
Dicelax® → **Lactulose**
Dicephin® → **Ceftriaxone**
Dicetel® → **Pinaverium Bromide**
Dichlor-dihydroxy-diphenylmethane → **Dichlorophen**
Dichlorophen → **Dichlorophen**
Dichlorophen [BAN, USAN] → **Dichlorophen**
Dichlorophen (BP 2002) → **Dichlorophen**
Dichlorophène → **Dichlorophen**
Dichlorophène [DCF] → **Dichlorophen**

Dichlorophène (Ph. Franç. X) → **Dichlorophen**
Dichlorophenum → **Dichlorophen**
Dichlorophenum (OeAB) → **Dichlorophen**
Dichlorophen® [vet.] → **Dichlorophen**
Dichlorphenamide [BAN, USAN] → **Diclofenamide**
Dichlorphenamide (BP 1993, USP 30) → **Diclofenamide**
Dichronic® → **Diclofenac**
Diciclovenina → **Dicycloverine**
Diciclovenina [DCIT] → **Dicycloverine**
Dicillin® → **Dicloxacillin**
Dicinone® → **Etamsylate**
Diclac® → **Diclofenac**
Diclac® Dolo → **Diclofenac**
Dicladox® → **Doxorubicin**
Diclanex® → **Diclofenac**
Diclanil® → **Glibenclamide**
Diclax® → **Diclofenac**
Diclen® → **Lysine**
Diclex® → **Dicloxacillin**
Diclo® → **Diclofenac**
Diclo 1A Pharma® → **Diclofenac**
Diclo AbZ® → **Diclofenac**
Diclobene® → **Diclofenac**
Dicloberl® → **Diclofenac**
Diclocil® → **Dicloxacillin**
Diclo-CT® → **Diclofenac**
Diclocular® → **Diclofenac**
Diclodan® → **Diclofenac**
Diclo-Denk® → **Diclofenac**
Dicloderm forte® → **Dichlorisone**
Diclo dispers® → **Diclofenac**
Diclo-Divido® → **Diclofenac**
Diclodoc® → **Diclofenac**
DicloDuo® → **Diclofenac**
Diclo Duo® → **Diclofenac**
Diclof® → **Diclofenac**
Diclo-F® → **Diclofenac**
Diclofan® → **Diclofenac**
Diclofan® [tabs./gtt.] → **Diclofenac**
Diclofar® → **Diclofenac**
Diclofel® → **Diclofenac**
Diclofelit® [gtt.] → **Diclofenac**
Diclofelit® [inj.] → **Diclofenac**
Diclofelit® [tabs.] → **Diclofenac**
Diclofemed® → **Diclofenac**
Diclofen® → **Diclofenac**
Diclofenac® → **Diclofenac**
Diclofenac → **Diclofenac**
Diclofénac → **Diclofenac**
Diclofenac 1A Pharma® → **Diclofenac**
Diclofenac AbZ® → **Diclofenac**
Diclofenac Actavis® → **Diclofenac**
Diclofenac Adico® → **Diclofenac**
Diclofenac-Akri® → **Diclofenac**
Diclofenac AL® → **Diclofenac**
Diclofenac All Pro® → **Diclofenac**
Diclofenac Alter® → **Diclofenac**
Diclofenac Angenerico® → **Diclofenac**
Diclofenac Atid® → **Diclofenac**
Diclofenac Avista® → **Diclofenac**
Diclofenac-B® → **Diclofenac**
Diclofenac [BAN, DCF, DCIT] → **Diclofenac**
Diclofenac Basics® → **Diclofenac**
Diclofenac-BC® → **Diclofenac**
Diclofenac Bexal® → **Diclofenac**
Diclofenac Cevallos® → **Diclofenac**
Diclofenac „Ciba“® → **Diclofenac**
Diclofenac Cimex® → **Diclofenac**
Diclofenac-CT® → **Diclofenac**
Diclofenac Denver Farma® → **Diclofenac**
Diclofenac DOC® → **Diclofenac**
Diclofenac Dorom® → **Diclofenac**
Diclofenac Duo® → **Diclofenac**
Diclofenac Duo 4 % Spray Gel® → **Diclofenac**
Diclofenac Duo Pharmavit® → **Diclofenac**
Diclofenac dura® → **Diclofenac**
Diclofenac EG® → **Diclofenac**
Diclofénac EG® → **Diclofenac**
Diclofenac Epifarma® → **Diclofenac**
Diclofenac-Eurogenerics® → **Diclofenac**
Diclofenac Genericon® → **Diclofenac**
Diclofenac Generis® → **Diclofenac**
Diclofénac G Gam® → **Diclofenac**
Diclofenac HBF® → **Diclofenac**
Diclofenac Helvepharm® → **Diclofenac**
Diclofenac Heumann® → **Diclofenac**
Diclofenac Hexa® → **Diclofenac**
Diclofenac Hexal® → **Diclofenac**
Diclofénac Ivax® → **Diclofenac**
Diclofenac-K® → **Diclofenac**
Diclofenackalium® → **Diclofenac**
Diclofenac Kalium Stada® → **Diclofenac**
Diclofenac K APR® → **Diclofenac**
Diclofenac Katwijk® → **Diclofenac**
Diclofenac-K-Ratiopharm® → **Diclofenac**
Diclofenac Labesfal® → **Diclofenac**
Diclofenac Lafedar® → **Diclofenac**
Diclofenac Larjan® → **Diclofenac**
Diclofenac Lindo® → **Diclofenac**
Diclofenac Merck® → **Diclofenac**
Diclofénac Merck® → **Diclofenac**
Diclofenac MK® → **Diclofenac**
Diclofenac Na® → **Diclofenac**
Diclofenac Na A® → **Diclofenac**
Diclofenac Na CF® → **Diclofenac**
Diclofenac Na Gf® → **Diclofenac**
Diclofenac Na PCH® → **Diclofenac**
Diclofenac Natrium® → **Diclofenac**
Diclofenac-Natrium → **Diclofenac**
Diclofenacnatrium® → **Diclofenac**
Diclofenacnatrium Alpharma® → **Diclofenac**
Diclofenacnatrium Disphar® → **Diclofenac**
Diclofenacnatrium FLX® → **Diclofenac**
Diclofenac-Natrium Lindo® → **Diclofenac**
Diclofenacnatrium Merck® → **Diclofenac**
Diclofenac-Natrium (Ph. Eur. 5) → **Diclofenac**
Diclofenacnatrium Sandoz® → **Diclofenac**
Diclofenacnatrium Stulln® → **Diclofenac**
Diclofenac Northia® → **Diclofenac**
Diclofenaco → **Diclofenac**
Diclofenaco® → **Diclofenac**
Diclofenaco Aldo Union® → **Diclofenac**
Diclofenaco Alter® → **Diclofenac**
Diclofenaco Bayvit® → **Diclofenac**
Diclofenaco Cinfa® → **Diclofenac**
Diclofenaco Clariana Pic® → **Diclofenac**
Diclofenaco de Potassio® → **Diclofenac**
Diclofenaco Dietilamina® → **Diclofenac**
Diclofenaco Dietilamonio® → **Diclofenac**
Diclofenaco Distriquimica® → **Diclofenac**
Diclofenaco Edigen® → **Diclofenac**
Diclofenaco Gel® → **Diclofenac**
Diclofenaco Genfar® → **Diclofenac**
Diclofenaco Gen-Far® → **Diclofenac**
Diclofenaco Iqfarma® → **Diclofenac**
Diclofenaco Lch® → **Diclofenac**
Diclofenaco L.CH.® → **Diclofenac**
Diclofenaco Llorens® → **Diclofenac**
Diclofenaco MF® → **Diclofenac**
Diclofenaco MK® [gtt.] → **Diclofenac**
Diclofenaco MK potásico® → **Diclofenac**
Diclofenaco MK® [tabs./inj.] → **Diclofenac**

Diclofenaco Mundogen® → **Diclofenac**
Diclofenaco Normon® → **Diclofenac**
Diclofenaco Oftal Lepori® → **Diclofenac**
Diclofenaco Pentacoop® → **Diclofenac**
Diclofenaco Pliva® → **Diclofenac**
Diclofenaco Potassico® → **Diclofenac**
Diclofenaco Ratiopharm® → **Diclofenac**
Diclofenaco Resinato® → **Diclofenac**
Diclofenaco Rubio® → **Diclofenac**
Diclofenaco Sandoz® → **Diclofenac**
Diclofenaco Sodico® → **Diclofenac**
Diclofenaco Sódico® → **Diclofenac**
Diclofenaco Sodico MK® → **Diclofenac**
Diclofenac PB® → **Diclofenac**
Diclofenac Pharmavit® → **Diclofenac**
Diclofenac Pliva® → **Diclofenac**
Diclofenac Potassium® → **Diclofenac**
Diclofenac-PP® → **Diclofenac**
Diclofenac Rapid Actavis® → **Diclofenac**
Diclofenac Rapid Copyfarm® → **Diclofenac**
Diclofenac Rapid ratiopharm® → **Diclofenac**
Diclofenac ratiopharm® → **Diclofenac**
Diclofenac-ratiopharm® → **Diclofenac**
Diclofenac-Retard® → **Diclofenac**
Diclofenac Retard-Sandoz® → **Diclofenac**
Diclofenac Richet® → **Diclofenac**
Diclofenac Richet® [gel] → **Diclofenac**
Diclofenac-Rotexmedica® → **Diclofenac**
Diclofénac RPG® → **Diclofenac**
Diclofenac-Sandoz® → **Diclofenac**
Diclofenac Sandoz® → **Diclofenac**
Diclofénac Sandoz® → **Diclofenac**
Diclofenac SF-Rotexmedica® → **Diclofenac**
Diclofenac S. Med® → **Diclofenac**
Diclofenac Sodic® → **Diclofenac**
Diclofenac sodico → **Diclofenac**
Diclofenac Sodico® → **Diclofenac**
Diclofenac Sodico Higea® → **Diclofenac**
Diclofenac Sodico Sandoz® → **Diclofenac**
Diclofénac sodique → **Diclofenac**
Diclofénac sodique (Ph. Eur. 5) → **Diclofenac**
Diclofenac Sodium → **Diclofenac**
Diclofenac Sodium® → **Diclofenac**
Diclofenac Sodium [BANM, JAN, USAN] → **Diclofenac**
Diclofenac Sodium Indo Farma® → **Diclofenac**
Diclofenac Sodium (Ph. Eur. 5, JP XIV, USP 30) → **Diclofenac**
Diclofenac sodium salt: → **Diclofenac**
Diclofenac Stada® → **Diclofenac**
Diclofenac Teva® → **Diclofenac**
Diclofenac T ratiopharm® → **Diclofenac**
Diclofenacum → **Diclofenac**
Diclofenacum natricum → **Diclofenac**
Diclofenacum natricum (Ph. Eur. 5) → **Diclofenac**
Diclofenac Vramed® → **Diclofenac**
Diclofenamid → **Diclofenamide**
Diclofenamid® → **Diclofenamide**
Diclofenamida → **Diclofenamide**
Diclofenamide → **Diclofenamide**
Diclofénamide → **Diclofenamide**
Diclofenamide [BAN, DCIT, JAN] → **Diclofenamide**
Diclofénamide [DCF] → **Diclofenamide**
Diclofenamide (JP XIV) → **Diclofenamide**
Diclofenamidum → **Diclofenamide**
Diclofenax® → **Diclofenac**
Diclofenbeta® → **Diclofenac**
Diclofen® [vet.] → **Diclofenamide**
Dicloflam® → **Diclofenac**
Dicloflex® → **Diclofenac**
Dicloftal® → **Diclofenac**
Dicloftil® → **Diclofenac**
Diclogel® → **Diclofenac**
Diclo-Gel Sandoz® → **Diclofenac**
Diclogen® → **Diclofenac**
Diclogesic® → **Diclofenac**
Diclogrand® → **Diclofenac**
Diclohexal® → **Diclofenac**
Diclohexal Gel® → **Diclofenac**
Diclo-K® → **Diclofenac**
Diclokalium® → **Diclofenac**
Diclo KD® → **Diclofenac**
Diclo KSK® → **Diclofenac**
Diclolak® → **Dicloxacillin**
Diclolan® → **Diclofenac**
Diclomam® [vet.] → **Cloxacillin**
Diclomar® → **Diclofenac**
Diclomax® → **Dicloxacillin**
Diclomax Retard® → **Diclofenac**
Diclomax SR® → **Diclofenac**
Diclomec Ampul® [inj.] → **Diclofenac**
Diclomec Jel® → **Diclofenac**
Diclomel® → **Diclofenac**
Diclomelan® → **Diclofenac**
Diclomel SR® → **Diclofenac**
Diclometin® → **Diclofenac**
Diclomex® → **Diclofenac**
Diclomex Rapid® → **Diclofenac**
Diclomol® → **Diclofenac**
Diclomol® [gel] → **Diclofenac**
Diclon® → **Diclofenac**
Diclonac® → **Diclofenac**
Diclonac S® → **Diclofenac**
Diclonat P® → **Diclofenac**
Diclonatrium® → **Diclofenac**
Diclonex® → **Diclofenac**
Diclo P® → **Diclofenac**
Diclophar® → **Diclofenac**
Diclophlogont® → **Diclofenac**
Dicloplast® → **Diclofenac**
Diclo-Puren® → **Diclofenac**
Diclora® → **Diclofenac**
Dicloral® → **Diclofenac**
Dicloran® → **Diclofenac**
Dicloran Gel® → **Diclofenac**
Diclorarpe® → **Diclofenac**
Dicloratio® → **Diclofenac**
Diclorengel® → **Diclofenac**
Dicloreum® → **Diclofenac**
Diclorofeno → **Dichlorophen**
Diclo-saar® → **Diclofenac**
Diclosal Gel® → **Diclofenac**
Diclo SchmerzGel® → **Diclofenac**
Diclo SF Carino® → **Diclofenac**
Diclosian® → **Diclofenac**
Diclosifar® → **Diclofenac**
Diclosin® → **Diclofenac**
Dicloson® → **Dicloxacillin**
Diclostad® → **Diclofenac**
Diclosyl® → **Diclofenac**
Diclotab® → **Diclofenac**
Diclotal® → **Diclofenac**
Diclotard® → **Diclofenac**
Diclotaren® → **Diclofenac**
Diclotaren Gel® → **Diclofenac**
Diclotaren-R® → **Diclofenac**
Diclotears® → **Diclofenac**
Diclotop® → **Diclofenac**
Diclotride® → **Hydrochlorothiazide**
Diclo uno 1A Pharma® → **Diclofenac**
Diclovit® → **Diclofenac**
diclo von ct® → **Diclofenac**
Diclowal® → **Diclofenac**
Diclo-Wolff® → **Diclofenac**
Diclox® → **Diclofenac**
Diclox® → **Dicloxacillin**
Dicloxacilina® → **Dicloxacillin**
Dicloxacilina® [caps./susp.] → **Dicloxacillin**
Dicloxacilina Genfar® → **Dicloxacillin**

D

Dicloxacilina Genfar® [caps./susp.] → **Dicloxacillin**
Dicloxacilina Higea® → **Dicloxacillin**
Dicloxacilina Iqfarma® → **Dicloxacillin**
Dicloxacilina MF® → **Dicloxacillin**
Dicloxacilina MK® → **Dicloxacillin**
Dicloxacilina Perugen® → **Dicloxacillin**
Dicloxacillin Indo Farma® → **Dicloxacillin**
Dicloxacillin Sodium® → **Dicloxacillin**
Dicloxal® → **Diclofenac**
Dicloxal® → **Dicloxacillin**
Dicloxal Ox® [sol.-inj.] → **Oxacillin**
Dicloxal-P® → **Diclofenac**
Dicloxia® → **Dicloxacillin**
Dicloxin® → **Dicloxacillin**
Dicloxina® → **Dicloxacillin**
Dicloxina Iqfarma® → **Dicloxacillin**
Dicloxin® [vet.] → **Dicloxacillin**
Dicloxman® → **Dicloxacillin**
Dicloxno® → **Dicloxacillin**
Dicloxsig® → **Dicloxacillin**
Diclozip® → **Diclofenac**
Dicobalt Edetate® → **Edetic Acid**
Dicodid® → **Hydrocodone**
Dicodid® [inj.] → **Hydrocodone**
Dicodin® → **Dihydrocodeine**
Dicofan® → **Sodium Phosphate (^{32}P)**
Dicogel® → **Diclofenac**
Dicomin® → **Dicycloverine**
Dicon® → **Glibenclamide**
Diconate® → **Econazole**
Diconpin® → **Isosorbide Dinitrate**
Diconten® [+ Flupentixol] → **Melitracen**
Diconten® [+ Melitracen] → **Flupentixol**
Dicorantil® → **Disopyramide**
Dicortal® → **Diflucortolone**
Dicorynan® → **Disopyramide**
Dicoxib® → **Celecoxib**
Dicural-Difloxacin® [vet.] → **Difloxacin**
Dicural® [vet.] → **Difloxacin**
Dicyclomine [BAN] → **Dicycloverine**
Dicyclomine Hydrochloride® → **Dicycloverine**
Dicycloverin → **Dicycloverine**
Dicycloverine → **Dicycloverine**
Dicyclovérine → **Dicycloverine**
Dicycloverine [BAN] → **Dicycloverine**
Dicyclovérine [DCF] → **Dicycloverine**
Dicycloverinum → **Dicycloverine**
Dicymine® → **Dicycloverine**
Dicynene® → **Etamsylate**
Dicynone® → **Etamsylate**
Didanisin® → **Didanosine**
Didanisine® → **Didanosine**
Didanosina® → **Didanosine**
Didanosina Richmond® → **Didanosine**
Didanosine Stada® → **Didanosine**
Didanox® [tab.] → **Didanosine**
Didasten® → **Didanosine**
Dideral® → **Propranolol**
Didor® → **Dihydrocodeine**
Didrex® → **Benzfetamine**
Didrogyl® → **Calcifediol**
Didronat® → **Etidronic Acid**
Didronel® → **Etidronic Acid**
Didronel Europharma DK® → **Etidronic Acid**
Didronel Orifarm® → **Etidronic Acid**
Didronel Paranova® → **Etidronic Acid**
Didronel® [vet.] → **Etidronic Acid**
Didryl® → **Diphenhydramine**
Dienpax® → **Diazepam**
Dientrin® [+Sulfamethoxazole] → **Trimethoprim**
Dientrin® [+Trimethoprim] → **Sulfamethoxazole**
Diergo® → **Dihydroergotamine**
Diergospray® → **Dihydroergotamine**
Diertina® → **Dihydroergocristine**
Diertine® → **Dihydroergocristine**
Di-Ertride® → **Hydrochlorothiazide**
Diesan® → **Fluoxetine**
Diespor® → **Cefonicid**
Diestet® → **Mazindol**
Dietacil® → **Aspartame**
Dietaswett® → **Aspartame**
Dietene® → **Cathine**
Diethizine® → **Diethylcarbamazine**
2-Diethylaminoethyl 4-aminobenzoat (WHO) → **Procaine**
Diethylcarbamazin → **Diethylcarbamazine**
Diethylcarbamazin dihydrogencitrat → **Diethylcarbamazine**
Diethylcarbamazin Dihydrogen Citrate (Ph. Int. 4) → **Diethylcarbamazine**
Diethylcarbamazindihydrogencitrat (Ph. Eur. 5) → **Diethylcarbamazine**
Diethylcarbamazine → **Diethylcarbamazine**
Diéthylcarbamazine → **Diethylcarbamazine**
Diethylcarbamazine [BAN, DCF] → **Diethylcarbamazine**
Diethylcarbamazine Citrate → **Diethylcarbamazine**
Diethylcarbamazine citrate: → **Diethylcarbamazine**
Diethylcarbamazine Citrate [BANM, JAN, USAN] → **Diethylcarbamazine**
Diéthylcarbamazine (citrate de) → **Diethylcarbamazine**
Diéthylcarbamazine (citrate de) (Ph. Eur. 5) → **Diethylcarbamazine**
Diethylcarbamazine Citrate (Ph. Eur. 5, JP XIV, USP 30) → **Diethylcarbamazine**
Diethylcarbamazine Citrate® [vet.] → **Diethylcarbamazine**
Diethylcarbamazini citras → **Diethylcarbamazine**
Diethylcarbamazini citras (Ph. Eur. 5, Ph. Int. II) → **Diethylcarbamazine**
Diethylcarbamazini dihydrogenocitras (Ph. Int. 4) → **Diethylcarbamazine**
Diethylcarbamazinum → **Diethylcarbamazine**
Diethylendiamin → **Piperazine**
Diethylstilbestrol → **Diethylstilbestrol**
Diéthylstilbestrol → **Diethylstilbestrol**
Diethylstilbestrol [BAN, USAN] → **Diethylstilbestrol**
Diéthylstilbestrol [DCF] → **Diethylstilbestrol**
Diéthylstilbestrol (Ph. Eur. 5) → **Diethylstilbestrol**
Diethylstilbestrol (Ph. Eur. 5, USP 30) → **Diethylstilbestrol**
Diethylstilbestrolum → **Diethylstilbestrol**
Diethylstilbestrolum (Ph. Eur. 5, Ph. Int. II, Ph. Jap. 1971) → **Diethylstilbestrol**
Diethyltoluamid → **Diethyltoluamide**
Diethyltoluamide → **Diethyltoluamide**
Diethyltoluamide [BAN, USAN] → **Diethyltoluamide**
Diethyltoluamide (BP 1980, Ph. Int. 4, USP 30) → **Diethyltoluamide**
Diethyltoluamidum → **Diethyltoluamide**
Diethyltoluamidum (Ph. Int. 4) → **Diethyltoluamide**
Dietilcarbamazina → **Diethylcarbamazine**
Dietilcarbamazina (F. U. IX) → **Diethylcarbamazine**
Dietilestilbestrol → **Diethylstilbestrol**

D

Digoxin (JP XIV, Ph. Eur. 5, Ph. Int. 4, USP 30) → **Digoxin**
Digoxin Leciva® → **Digoxin**
Digoxin Paediatric® → **Digoxin**
Digoxin SAD® → **Digoxin**
Digoxin-Sandoz® → **Digoxin**
Digoxin Spofa® → **Digoxin**
Digoxin Streuli® → **Digoxin**
Digoxinum → **Digoxin**
Digoxinum (Ph. Eur. 5, Ph. Int. 4) → **Digoxin**
Digoxin-Zori® → **Digoxin**
digox von ct® → **Acetyldigoxin**
Digreen® → **Gliclazide**
Digton® → **Sulpiride**
Diguan® → **Metformin**
Dihalar® → **Ketotifen**
Dihidrocodeina® → **Dihydrocodeine**
Dihidroestreptomicina → **Dihydrostreptomycin**
Di-Hydan® → **Phenytoin**
Dihydergot® → **Dihydroergotamine**
Dihydergot Nosni Sprey® → **Dihydroergotamine**
Dihydral® → **Dihydrotachysterol**
Dihydralazinum® → **Dihydralazine**
Dihydrocodeine® → **Dihydrocodeine**
Dihydrocodeine® → **Morphine**
Dihydrocodeinon Streuli® → **Hydrocodone**
Dihydroergotamine® → **Dihydroergotamine**
Dihydroergotamine Mesylate® → **Dihydroergotamine**
Dihydroergotamine Novartis® → **Dihydroergotamine**
Dihydroergotaminum Methansulfonicum® → **Dihydroergotamine**
Dihydroergotaminum Tartaricum® → **Dihydroergotamine**
Dihydroergotoxinum Aethansulfonicum® → **Dihydroergotoxine**
Dihydrofollicular hormone → **Estradiol**
Dihydrofolliculin → **Estradiol**
Dihydrostreptomycin → **Dihydrostreptomycin**
Dihydrostreptomycin [BAN] → **Dihydrostreptomycin**
Dihydrostreptomycine → **Dihydrostreptomycin**
Dihydrostreptomycine Avitec® [vet.] → **Dihydrostreptomycin**
Dihydrostreptomycine [DCF] → **Dihydrostreptomycin**
Dihydrostreptomycine (sulfate de) → **Dihydrostreptomycin**
Dihydrostreptomycine (sulfate de) (Ph. Eur. 4) → **Dihydrostreptomycin**
Dihydrostreptomycini sulfas → **Dihydrostreptomycin**
Dihydrostreptomycini sulfas ad usum veterinarium (Ph. Eur. 5) → **Dihydrostreptomycin**
Dihydrostreptomycini sulfas (Ph. Jap. 1971) → **Dihydrostreptomycin**
Dihydrostreptomycin sesquisulfat → **Dihydrostreptomycin**
Dihydrostreptomycin Sulfate → **Dihydrostreptomycin**
Dihydrostreptomycin sulfate: → **Dihydrostreptomycin**
Dihydrostreptomycin Sulfate [USAN] → **Dihydrostreptomycin**
Dihydrostreptomycin Sulfate (USP 30) → **Dihydrostreptomycin**
Dihydrostreptomycinsulfat (Ph. Eur. 4) → **Dihydrostreptomycin**
Dihydrostreptomycin Sulphate [BANM] → **Dihydrostreptomycin**
Dihydrostreptomycin Sulphate For Veterinary Use (Ph. Eur. 5) → **Dihydrostreptomycin**
Dihydrostreptomycinum → **Dihydrostreptomycin**
Dihydrostreptomycin® [vet.] → **Dihydrostreptomycin**
Dihydrostreptomycin Werfft® [vet.] → **Dihydrostreptomycin**
Dihydrotheelin → **Estradiol**
Dihydro® [vet.] → **Oxytetracycline**
Dihydroxyestrin → **Estradiol**
Dihydroxymorphinone → **Oxymorphone**
Dihydroxypropyltheophyllinum → **Diprophylline**
Dihytamin® → **Dihydroergotamine**
Diidergot® → **Dihydroergotamine**
Diidrostreptomicina → **Dihydrostreptomycin**
Diidrostreptomicina [DCIT] → **Dihydrostreptomycin**
Diidrostreptomicina solfato → **Dihydrostreptomycin**
Diisopropylamin → **Diisopropylamine**
Diisopropylamine → **Diisopropylamine**
Diisopropylamine (USP 30) → **Diisopropylamine**
2,6-Diisopropylphenol (IUPAC, WHO) → **Propofol**
Di-Jet® [vet.] → **Dimpylate**
Dikacine® → **Dibekacin**
Dikantal® → **Potassium Canrenoate**
Diklofen® → **Diclofenac**
Diklofenak® → **Diclofenac**
Diklofenak BMM Pharma® → **Diclofenac**
Diklofenak Copyfarm® → **Diclofenac**
Diklofenak Merck NM® → **Diclofenac**
Diklofenak Sandoz® → **Diclofenac**
Diklofenak T Actavis® → **Diclofenac**
Diklofenak T Copyfarm® → **Diclofenac**
Diklonat P® → **Diclofenac**
Dikloron® → **Diclofenac**
Dikloziaja® → **Diclofenac**
Dikonazol® → **Fluconazole**
Dikoven® → **Ketoconazole**
Dilabar® → **Captopril**
Dilaclan® → **Diltiazem**
Dilacor® → **Digoxin**
Dilacoran® → **Verapamil**
Dilacoron® → **Verapamil**
Dilacor XR® → **Diltiazem**
Diladel® → **Diltiazem**
Dilaflux® → **Nifedipine**
Dilamax® → **Salmeterol**
Dilanacin® → **Digoxin**
Dilanorm® → **Celiprolol**
Dilantin® → **Phenytoin**
Dilantin-125® → **Phenytoin**
Dilapress® → **Carvedilol**
Dilaprost® → **Finasteride**
Dilar® → **Paramethasone**
Dilartan® → **Bamethan**
Dilasidom® → **Molsidomine**
Dilast® → **Torasemide**
Dilatam® → **Diltiazem**
Dilatamol® → **Salbutamol**
Dilatan® → **Trimetazidine**
Dilatol® → **Isradipine**
Dilator® → **Isoxsuprine**
Dilatrane® → **Theophylline**
Dilatrate-SR® → **Isosorbide Dinitrate**
Dilatrend® → **Carvedilol**
Dilaudid® → **Hydromorphone**
Dilaudid-HP® → **Hydromorphone**
Dilax® → **Lactulose**
Dilazem® → **Diltiazem**
Dilbloc® → **Carvedilol**
Dilcardia® → **Diltiazem**
Dilcardia SR® → **Diltiazem**
Dilceren® → **Nimodipine**
Dilcontin® → **Diltiazem**
Dilcor® → **Nifedipine**
Dilcoran® → **Pentaerithrityl Tetranitrate**
Dilem® → **Diltiazem**
Dilena® → **Estradiol**
Dilfar® → **Diltiazem**
Dilgard® → **Carvedilol**
Dilgard® [tab.] → **Diltiazem**
Dilgina® → **Diltiazem**

Diliter® → **Diltiazem**
Dilizem® → **Diltiazem**
Dilmacor® → **Diltiazem**
Dilmen® → **Diltiazem**
Dilmin® → **Diltiazem**
Diloc® → **Diltiazem**
Dilocar® → **Carvedilol**
Dilol® → **Carvedilol**
Dilopin® → **Amlodipine**
Dilor® → **Diprophylline**
Dilosyn® → **Methdilazine**
Dilox® → **Celecoxib**
Diloxan® → **Dimeticone**
Diloxanide® → **Diloxanide**
Diloxide® → **Diloxanide**
Diloxin® → **Dicloxacillin**
Diloxol® → **Clopidogrel**
Dilpral® → **Diltiazem**
Dilrene® → **Diltiazem**
Dilrène® → **Diltiazem**
Dilsal® → **Diltiazem**
Dil-Sanorania® → **Diltiazem**
Dilso® → **Diltiazem**
Dilta AbZ® → **Diltiazem**
Diltabeta® → **Diltiazem**
Diltahexal® → **Diltiazem**
Dilta-Hexal® → **Diltiazem**
Diltam® → **Diltiazem**
Diltan® → **Diltiazem**
Diltapham® → **Diltiazem**
Diltaretard® → **Diltiazem**
Dilt-CD® → **Diltiazem**
Diltec® → **Diltiazem**
Diltelan® → **Diltiazem**
Diltenk® → **Diltiazem**
Diltiacor® → **Diltiazem**
Diltiagamma® → **Diltiazem**
Diltiastad® → **Diltiazem**
Diltiasyn® → **Diltiazem**
Diltiax® → **Diltiazem**
Diltia XT® → **Diltiazem**
Diltiaz® → **Diltiazem**
Diltiazem → **Diltiazem**
Diltiazem® → **Diltiazem**
Diltiazem 1A Pharma® → **Diltiazem**
Diltiazem AbZ® → **Diltiazem**
Diltiazem AL® → **Diltiazem**
Diltiazem Alter® → **Diltiazem**
Diltiazem [BAN, DCF, DCIT] → **Diltiazem**
Diltiazem Basics® → **Diltiazem**
Diltiazem Bayvit® → **Diltiazem**
Diltiazem Biogaran® → **Diltiazem**
Diltiazem Clorhidrato Genfar® → **Diltiazem**
Diltiazem DOC® → **Diltiazem**
Diltiazem Dorom® → **Diltiazem**
Diltiazem Edigen® → **Diltiazem**
Diltiazem EG® → **Diltiazem**
Diltiazem Esteve® → **Diltiazem**
Diltiazem Eu Rho® → **Diltiazem**
Diltiazem Farmoz® → **Diltiazem**
Diltiazem Genericon® → **Diltiazem**
Diltiazem Genfar® → **Diltiazem**
Diltiazem Gen-Far® → **Diltiazem**
Diltiazem G Gam® → **Diltiazem**
Diltiazem-GRY® → **Diltiazem**
Diltiazem HCl® → **Diltiazem**
Diltiazem HCl A® → **Diltiazem**
Diltiazem HCl Alpharma® → **Diltiazem**
Diltiazem HCl CF® → **Diltiazem**
Diltiazem HCl FLX® → **Diltiazem**
Diltiazem HCl Gf® → **Diltiazem**
Diltiazem HCl Katwijk® → **Diltiazem**
Diltiazem HCl Merck® → **Diltiazem**
Diltiazem HCl PCH® → **Diltiazem**
Diltiazem HCl Sandoz® → **Diltiazem**
Diltiazem Hennig® → **Diltiazem**
Diltiazem Hexal® → **Diltiazem**
Diltiazemhydrochloride® → **Diltiazem**
Diltiazem Hydrochloride® → **Diltiazem**
Diltiazem-Isis® → **Diltiazem**
Diltiazem Ivax® → **Diltiazem**
Diltiazem Lannacher® → **Diltiazem**
Diltiazem LPH® → **Diltiazem**
Diltiazem-Mepha® → **Diltiazem**
Diltiazem Merck® → **Diltiazem**
Diltiazem Mundogen® → **Diltiazem**
Diltiazem Northia® → **Diltiazem**
Diltiazem Pliva® → **Diltiazem**
Diltiazem Qualix® → **Diltiazem**
Diltiazem R® → **Diltiazem**
Diltiazem Ratiopharm® → **Diltiazem**
Diltiazem-ratiopharm® → **Diltiazem**
Diltiazem 90 Retard® → **Diltiazem**
Diltiazem RK® → **Diltiazem**
Diltiazem RPG® → **Diltiazem**
Diltiazem Sandoz® → **Diltiazem**
Diltiazem Stada® → **Diltiazem**
Diltiazem Teva® → **Diltiazem**
Diltiazemum → **Diltiazem**
Diltiazem Verla® → **Diltiazem**
Diltiazem-Xl® → **Diltiazem**
Dilticard® → **Diltiazem**
Diltiem® → **Diltiazem**
Diltin® → **Sodium Picosulfate**
Diltiphar® → **Diltiazem**
Dilti SR® → **Diltiazem**
Diltiuc® → **Diltiazem**
dilti von ct® → **Diltiazem**
Diltiwas® → **Diltiazem**
Diltix® → **Ibuprofen**
Diltizem® → **Diltiazem**
Diltizem/Diltizem SR® → **Diltiazem**
Diltor® → **Diltiazem**
Dilt-XR® → **Diltiazem**
Dilucid® → **Lovastatin**
Dilucort® → **Hydrocortisone**
Dilum® → **Isoxsuprine**
Diluran® → **Acetazolamide**
Dilutol® → **Torasemide**
Diluvac® [vet.] → **Tocopherol, α-**
Dilydrin® → **Buphenine**
Dilzacard® → **Diltiazem**
Dilzanton® → **Diltiazem**
Dilzem CD® → **Diltiazem**
Dilzem Parenteral® → **Diltiazem**
Dilzem SR® → **Diltiazem**
Dilzem XL® → **Diltiazem**
Dilzene® → **Diltiazem**
Dilzen-G® → **Diltiazem**
Dilzicardin® → **Diltiazem**
Dimagil® → **Metamizole**
Dimagrir® → **Mazindol**
Dimalan® → **Bicalutamide**
Dim-Antos® → **Propyphenazone**
Dimar® → **Leflunomide**
Dimard® → **Hydroxychloroquine**
Dimase® → **Ceftazidime**
Dimaval® → **Dimercaprol**
Dimazon® [vet.] → **Furosemide**
Dimecaina® → **Lidocaine**
Dimedrolum → **Diphenhydramine**
Dimefor® → **Metformin**
Dimegan® → **Loratadine**
Dimekor® → **Metildigoxin**
Dimelin® → **Acetohexamide**
Dimenate® → **Dimenhydrinate**
Dimenformon® prolongatum → **Estradiol**
Dimen Heumann® → **Dimenhydrinate**
Dimenhidrinato → **Dimenhydrinate**
Dimenhydrinat® → **Dimenhydrinate**
Dimenhydrinat → **Dimenhydrinate**
Dimenhydrinate → **Dimenhydrinate**
Dimenhydrinate® → **Dimenhydrinate**
Dimenhydrinate [BAN, DCF, JAN, USAN] → **Dimenhydrinate**
Dimenhydrinate Oral Solution (USP 30) → **Dimenhydrinate**
Dimenhydrinate (Ph. Eur. 5, JP XIV, USP 30) → **Dimenhydrinate**
Dimenhydrinate Vida® → **Dimenhydrinate**
Dimenhydrinato® → **Dimenhydrinate**
Dimenhydrinat (Ph. Eur. 5) → **Dimenhydrinate**

Dinorax® → **Metformin**
Dinospray® → **Isosorbide Dinitrate**
Dintoina® → **Phenytoin**
Dinxi® [+ Flupentixol] → **Melitracen**
Dinxi® [+ Melitracen] → **Flupentixol**
Dio® → **Diosmin**
Diocalm® → **Loperamide**
Diocalm® [vet.] → **Loperamide**
Diocam® → **Clonazepam**
Diocimex® → **Doxycycline**
Diocto® → **Docusate Sodium**
Dioctyl® → **Docusate Sodium**
Dioctylnatriumsulfosuccinat → **Docusate Sodium**
Dioctyl Sodium Sulfosuccinate [JAN] → **Docusate Sodium**
Dioctyl sodium sulphosuccinat [P.Cx.79] → **Docusate Sodium**
Dioctynate® [vet.] → **Docusate Sodium**
Dioderm® → **Hydrocortisone**
Diodoquin® → **Diiodohydroxyquinoline**
Diohes® → **Diosmin**
Diola® → **Carvedilol**
Diolan® → **Ethylmorphine**
Diomicete® → **Clotrimazole**
Diondel® → **Flecainide**
Dionina® → **Ethylmorphine**
Diopine® → **Dipivefrine**
Diopred® → **Prednisolone**
Diosmil® → **Diosmin**
Diosmin® → **Diosmin**
Diosmine Biogaran® → **Diosmin**
Diosmine EG® → **Diosmin**
Diosmine G Gam® → **Diosmin**
Diosmine Ivax® → **Diosmin**
Diosmine Merck® → **Diosmin**
Diosmine RPG® → **Diosmin**
Diosmine Sandoz® → **Diosmin**
Diosmine Zydus® → **Diosmin**
Diosminil® → **Diosmin**
Diosven® → **Diosmin**
Diout® → **Metformin**
Diovan® → **Valsartan**
Diovane® → **Valsartan**
Diovenor® → **Diosmin**
Diovol® → **Algeldrate**
Dioxadol® → **Metamizole**
Dioxaflex® → **Diclofenac**
Dioxaflex® [comp./inj.] → **Diclofenac**
Dioxaflex Contact® → **Diclofenac**
Dioxaflex Gel® → **Diclofenac**
Dioxis® → **Aciclovir**
Dioxodin® → **Povidone-Iodine**
Dioxyfluoran sodium → **Fluorescein Sodium**
Dip® → **Sucralfate**
Dipal® [vet.] → **Povidone-Iodine**
Dipax® → **Bromazepam**
Dipaz® → **Diazepam**
Dipazide® → **Glipizide**
Dipen® → **Diltiazem**
Dipentum® → **Olsalazine**
Dipentum® [vet.] → **Olsalazine**
Dipeptiven® → **Glutamine**
Diperflox® → **Norfloxacin**
Dipergon® → **Lisuride**
Diperil® → **Piperacillin**
Diperpen® → **Pipemidic Acid**
Dipezona® → **Diazepam**
Diphamine® → **Diphenhydramine**
Diphantoine® → **Phenytoin**
Diphantoine Z® → **Phenytoin**
Diphedan® → **Phenytoin**
Diphen® → **Diphenhydramine**
Diphenhist® → **Diphenhydramine**
Diphenhydramin → **Diphenhydramine**
Diphenhydramin Domesco® → **Diphenhydramine**
Diphenhydramine → **Diphenhydramine**
Diphénhydramine → **Diphenhydramine**
Diphenhydramine [BAN, DCF] → **Diphenhydramine**
Diphénhydramine (chlorhydrate de) → **Diphenhydramine**
Diphénhydramine (chlorhydrate de) (Ph. Eur. 5) → **Diphenhydramine**
Diphenhydramine Hydrochloride® → **Diphenhydramine**
Diphenhydramine Hydrochloride → **Diphenhydramine**
Diphenhydramine hydrochloride: → **Diphenhydramine**
Diphenhydramine Hydrochloride [BANM, USAN] → **Diphenhydramine**
Diphenhydramine Hydrochloride (Ph. Eur. 5, JP XIV, USP 30) → **Diphenhydramine**
Diphenhydramine (JP XIV) → **Diphenhydramine**
Diphenhydramin hydrochlorid → **Diphenhydramine**
Diphenhydraminhydrochlorid (Ph. Eur. 5) → **Diphenhydramine**
Diphenhydramini hydrochloridum → **Diphenhydramine**
Diphenhydramini hydrochloridum (Ph. Eur. 5, Ph. Int. II) → **Diphenhydramine**
Diphenhydramini teoclas (Ph. Int. II) → **Dimenhydrinate**
Diphenhydraminum → **Diphenhydramine**
Diphenoxylate and Atropine Sulfate® [+ Atropine, sulfate] → **Diphenoxylate**
Diphenoxylate and Atropine Sulfate® [+ Diphenoxylate, hydrochloride] → **Atropine**
Di-Phenthan-70 → **Dichlorophen**
Diphenylhydantoini Natrium → **Phenytoin**
Diphenylhydantoinum → **Phenytoin**
Diphenylhydramine → **Diphenhydramine**
Diphenylin® → **Diphenhydramine**
Diphereline® → **Triptorelin**
Diphereline P.R.® → **Triptorelin**
Diphergan® → **Promethazine**
Diphos® → **Etidronic Acid**
Dipidolor® → **Piritramide**
Dipigrand® → **Metamizole**
Dipimet® → **Metformin**
Dipiperon® → **Pipamperone**
Dipipéron® → **Pipamperone**
Dipiridamol® → **Dipyridamole**
Dipiridamol L.CH.® → **Dipyridamole**
Dipirona → **Metamizole**
Dipirona® → **Metamizole**
Dipirona Biocrom® → **Metamizole**
Dipirona Drawer® → **Metamizole**
Dipirona Ecar® → **Metamizole**
Dipirona Evergin® → **Metamizole**
Dipirona Klonal® → **Metamizole**
Dipirona Larjan® → **Metamizole**
Dipirona Magnesica® → **Metamizole**
Dipirona Richmond® → **Metamizole**
Dipirona Sodica® → **Metamizole**
Dipirone® → **Metamizole**
Dipivefrin HCL 0.1 %, Alcon® → **Dipivefrine**
Dipivefrin Hydrochloride® → **Dipivefrine**
Dipklaar® [vet.] → **Chlorhexidine**
Diplexil® → **Valproic Acid**
Dipni® → **Nystatin**
Dipoquin® → **Dipivefrine**
Diposef® → **Clorazepate, Dipotassium**
Dipot® → **Clorazepate, Dipotassium**
Diprian® → **Gliclazide**
Diprivan® → **Propofol**
Diprocel® → **Betamethasone**
Diproderm® → **Betamethasone**
Diprodol® → **Ibuprofen**
Diproex® → **Valproic Acid**
Diprofast® → **Betamethasone**
Diprofilina → **Diprophylline**
Diprofillina → **Diprophylline**

D

Diprofillina [DCIT] → **Diprophylline**
Diprofol® → **Propofol**
Diproforte® → **Betamethasone**
Diprofos® → **Betamethasone**
Diprogenta® → **Gentamicin**
Diprolen® → **Betamethasone**
Diprolene® → **Betamethasone**
Diprolène® → **Betamethasone**
Diprolene Glycol® → **Betamethasone**
Dipromal® → **Valproic Acid**
Dipronova® → **Betamethasone**
Diprophos® → **Betamethasone**
Diprophyllin → **Diprophylline**
Diprophylline → **Diprophylline**
Diprophylline [BAN, DCF, JAN] → **Diprophylline**
Diprophylline (Ph. Eur. 5, Ph. Jap. 1971) → **Diprophylline**
Diprophyllin (Ph. Eur. 5) → **Diprophylline**
Diprophyllinum → **Diprophylline**
Diprophyllinum® → **Diprophylline**
Diprophyllinum (Ph. Eur. 5) → **Diprophylline**
Dipropyline [DCF] → **Alverine**
Diprosan® → **Betamethasone**
Diprosis® → **Betamethasone**
Diprosone® → **Betamethasone**
Diprosone Depot® → **Betamethasone**
Diprospan® → **Betamethasone**
Diprospan Inyectable® → **Betamethasone**
Diprostène® → **Betamethasone**
Diprotop® → **Betamethasone**
Diprovate® → **Betamethasone**
Diprox® → **Lansoprazole**
Diproxen® → **Naproxen**
Diproxine®[vet.] → **Trimethoprim**
Diprozin® → **Valpromide**
Dipulmin® → **Salbutamol**
Dipyphar® → **Dipyridamole**
Dipyralgine® [vet.] → **Metamizole**
Dipyridamol® → **Dipyridamole**
Dipyridamol Alpharma® → **Dipyridamole**
Dipyridamol CF® → **Dipyridamole**
Dipyridamole® → **Dipyridamole**
Dipyridamole-Eurogenerics® → **Dipyridamole**
Dipyridamole Injection® → **Dipyridamole**
Dipyridamole PCH® → **Dipyridamole**
Dipyridamole Teva® → **Dipyridamole**
Dipyridamol Gf® → **Dipyridamole**
Dipyridamol Sandoz® → **Dipyridamole**
Dipyrin® → **Dipyridamole**
Dipyrone → **Metamizole**
Dipyrone [BAN, USAN] → **Metamizole**
Dipyrone (USAN) → **Metamizole**
Dipyrone® [vet.] → **Metamizole**
Diquinol® → **Diiodohydroxyquinoline**
Diractin® → **Ketoprofen**
Dirastan® → **Tolbutamide**
Direa® [vet.] → **Povidone**
Direktan® → **Nicotinic Acid**
Di Retard® → **Diclofenac**
Direxiode® → **Diiodohydroxyquinoline**
Dirine® → **Furosemide**
Dirocap® → **Loperamide**
Dirocide® [vet.] → **Diethylcarbamazine**
Dirolin® → **Loperamide**
Diroquine® → **Chloroquine**
Diroton® → **Lisinopril**
Dirox® → **Paracetamol**
Dirozine® [vet.] → **Diethylcarbamazine**
Dirozyl® → **Metronidazole**
Dirret® → **Diclofenac**
Dirtop® → **Sildenafil**
Dirusid® → **Furosemide**
Disalcid® → **Salsalate**
Disalunil® → **Hydrochlorothiazide**
Disal® [vet.] → **Furosemide**
Discorid® → **Nimesulide**
Discotrine® → **Nitroglycerin**
Discretal® → **Tibolone**
Disdolen® → **Fosfosal**
Disebrin® → **Heparin**
Disel® → **Naphazoline**
Diseon® → **Alfacalcidol**
Diseptyl® [+ Sulfamethoxazole] → **Trimethoprim**
Diseptyl® [+ Trimethoprim] → **Sulfamethoxazole**
Diserec® → **Sildenafil**
Diserinal® → **Alfacalcidol**
Disfabac® → **Ciprofloxacin**
Disflatyl® → **Dimeticone**
Disflux® → **Cisapride**
Disgren® → **Aspirin**
Disgren® → **Triflusal**
Disigien® → **Benzalkonium Chloride**
Disilden® → **Sildenafil**
Disintyl® → **Benzalkonium Chloride**
Disipal® → **Orphenadrine**
Disipan® → **Diclofenac**
Dislep® → **Levosulpiride**
Dislipor® → **Atorvastatin**
Dismam® → **Lactulose**
Dismaren® → **Cinnarizine**
Dismenol® → **Ibuprofen**
Dismenol Formel L® → **Ibuprofen**
Dismolan® → **Ondansetron**
Disneumon® → **Phenylephrine**
Disnis NF® [vet.] → **Clofenvinfos**
Disocor® → **Levocarnitine**
Disodio Clodronato Alter® → **Clodronic Acid**
Disodio Clodronato EG® → **Clodronic Acid**
Disodium azobis → **Olsalazine**
Disodium Etidronate [BANM] → **Etidronic Acid**
Disodium Pamidronate® → **Pamidronic Acid**
Disol® → **Bromhexine**
Disomet® → **Disopyramide**
Disopan® → **Clonazepam**
Disopranil® → **Betamethasone**
Disoprivan® → **Propofol**
Disoprofol → **Propofol**
Disopyramide® → **Disopyramide**
Disopyramide Jadran® → **Disopyramide**
Disopyramide PCH® → **Disopyramide**
Disopyramide Phosphate® → **Disopyramide**
Disotat® → **Diisopropylamine**
Disotat® [inj.] → **Diisopropylamine**
Disothiazide® → **Hydrochlorothiazide**
Dispaclonidin® → **Clonidine**
Dispacromil® → **Cromoglicic Acid**
Dispagent® → **Gentamicin**
Dispamox® → **Amoxicillin**
Dispasan® → **Hyaluronic Acid**
Dispatim® → **Timolol**
Dispeptal® → **Pancreatin**
Disperbarium® → **Barium Sulfate**
Dispercarpine® → **Pilocarpine**
Disperin® → **Aspirin**
Dispermin → **Piperazine**
Disposable Enema Syringe® [vet.] → **Docusate Sodium**
Dispril® → **Aspirin**
Disprin® → **Aspirin**
Disprin CV® → **Aspirin**
Disprol® → **Paracetamol**
Disron® → **Hydroxyzine**
Dissen® → **Loratadine**
Dissenten® → **Loperamide**
Dissolursil® → **Ursodeoxycholic Acid**
Distaclor® → **Cefaclor**
Distalene® → **Anastrozole**

Distamin® → **Penicillamine**
Distamine® → **Penicillamine**
Distamine® [vet.] → **Penicillamine**
Distaph® → **Dicloxacillin**
Distaxid® → **Nizatidine**
Distensan® → **Clotiazepam**
Distensar® → **Diazepam**
Distensil L® → **Suxamethonium Chloride**
Distental® → **Pinaverium Bromide**
Disteril® → **Benzalkonium Chloride**
Distex® → **Flurbiprofen**
Disthelm® [vet.] → **Albendazole**
Distilbène® → **Diethylstilbestrol**
Distinon® → **Pyridostigmine Bromide**
Distocide® → **Praziquantel**
Distraneurin® → **Clomethiazole**
Distraneurine® → **Clomethiazole**
Disudrin® → **Phenylpropanolamine**
Disudrin® → **Pseudoephedrine**
Disufen® → **Sufentanil**
Disulfiram® → **Disulfiram**
Disulfiramo L.CH.® → **Disulfiram**
Disulfiram Tablets® → **Disulfiram**
Disulfox® [vet.] → **Sulfadimethoxine**
Disver® → **Budesonide**
Diswart® → **Glutaral**
Disys® → **Valsartan**
Ditamin® → **Dihydroergotamine**
Ditec® → **Torasemide**
Ditenate® → **Theophylline**
Ditensil® → **Enalapril**
Ditensor® → **Enalapril**
Dithiaden® → **Bisulepin**
Dithiazide® → **Hydrochlorothiazide**
Dithrasal Oint® → **Dithranol**
Dithrocream® → **Dithranol**
Ditizem® → **Diltiazem**
Ditoin® → **Phenytoin**
Ditomed® → **Phenytoin**
Ditral® → **Metamizole**
Ditranex® → **Tranexamic Acid**
Ditranol FNA® → **Dithranol**
Ditrazinum → **Diethylcarbamazine**
Ditrei® → **Diisopropylamine**
Ditrenil® → **Nifedipine**
Ditrim® [+ Sulfamethoxazole] → **Trimethoprim**
Ditrim® [+ Sulfasalazine] → **Trimethoprim**
Ditrim® [+ Trimethoprim] → **Sulfadiazine**
Ditrim® [+ Trimethoprim] → **Sulfamethoxazole**
Ditripentat-Heyl® → **Calcium Trisodium Pentetate**
Ditterolina® → **Dicloxacillin**
Ditum® → **Dicloxacillin**
Ditustat® → **Dropropizine**
Diucardin® → **Hydroflumethiazide**
Diulo® → **Metolazone**
Diu-Melusin® → **Hydrochlorothiazide**
Diunorm® → **Hydrochlorothiazide**
Diur® → **Hydrochlorothiazide**
Diural® → **Furosemide**
Diural® → **Hydrochlorothiazide**
Diuramid® → **Acetazolamide**
Diurapid® → **Furosemide**
Diurecide® → **Mannitol**
Diurek® → **Potassium Canrenoate**
Diuremid® → **Torasemide**
Diuren® [vet.] → **Furosemide**
Diuresin SR® → **Indapamide**
Diuresix® → **Torasemide**
Diuret-P® → **Hydrochlorothiazide**
Diurex® → **Indapamide**
Diurex® → **Hydrochlorothiazide**
Diurex® → **Xipamide**
Diurexan® → **Xipamide**
Diuride® [vet.] → **Furosemide**
Diuril® → **Chlorothiazide**
Diuril® [inj.] → **Chlorothiazide**
Diuril® [vet.] → **Chlorothiazide**
Diurin® → **Furosemide**
Diurizone® [vet.] → **Hydrochlorothiazide**
Diurizone® [vet.] → **Hydrocortisone**
Diurophylline → **Diprophylline**
Diusemide® → **Furosemide**
Diusix® → **Furosemide**
Diutropan® → **Oxybutynin**
Diuver® → **Torasemide**
Divamectin® [vet.] → **Ivermectin**
Divanon® → **Clindamycin**
Divaril® → **Mirtazapine**
Divarius® → **Paroxetine**
Divascan® → **Iprazochrome**
Divascol® → **Tolazoline**
Divastin® → **Atorvastatin**
Divator® → **Atorvastatin**
Divegal® → **Dihydroergotamine**
Divelol® → **Carvedilol**
Diverin® → **Ibuprofen**
Divermil® → **Mebendazole**
Divical® → **Folinic Acid**
Dividol® → **Hyoscine Butylbromide**
Divifolin® → **Calcium Levofolinate**
Divigel® → **Estradiol**
Divina® → **Estradiol**
Diviplus® → **Estradiol**
Diviseq® → **Estradiol**
Divitren® → **Estradiol**
Diviva® → **Estradiol**
Divoltar® → **Diclofenac**
Divon® → **Diclofenac**
Divonal® → **Dimenhydrinate**
Dixalin® → **Dicloxacillin**
Dixamid® → **Indapamide**
Dixan® → **Dicloxacillin**
Dixarit® → **Clonidine**
Dixeran® → **Melitracen**
Dixicon® → **Nalidixic Acid**
Dixin® → **Alprazolam**
Dixocillin® → **Dicloxacillin**
Dixonal® → **Piroxicam**
Dix-TR® → **Diclofenac**
Diyaben® → **Glibenclamide**
Diyenil® → **Diphenhydramine**
Diyet-Tat® → **Aspartame**
Dizan® → **Diazepam**
Dizatec® → **Ceftazidime**
Dizepam® → **Diazepam**
Dizilium® → **Flunarizine**
Dizolam Atlantic® → **Alprazolam**
DK-Line® → **Perflunafene**
DL 8280 (Daiichi Seiyaku, Japan) → **Ofloxacin**
D-Lac® → **Lactulose**
D-Lactate® → **Lactic Acid**
DL-alpha-Liponsäure → **Thioctic Acid**
Dlianos® → **Xylometazoline**
DL-Methionine → **Methionine, L-**
DL-Méthionine → **Methionine, L-**
DL-Methionine [JAN] → **Methionine, L-**
DL-Méthionine (Ph. Eur. 5) → **Methionine, L-**
DL-Methionine (Ph. Eur. 5, Ph. Int. 4) → **Methionine, L-**
d-l-Methionine® [vet.] → **Methionine, L-**
DL-Methioninum → **Methionine, L-**
DL-Methioninum (Ph. Eur. 5, Ph. Int. 4) → **Methionine, L-**
DL-Metionina → **Methionine, L-**
d-l-m Tablets® [vet.] → **Methionine, L-**
DL-α-Tocoferolo → **Tocopherol, α-**
DL-α-Tocopherol → **Tocopherol, α-**
DL-α-Tocopherol (Ph. Eur. 5) → **Tocopherol, α-**
DL-Thyroxin → **Levothyroxine**
D-Manitol® → **Mannitol**
D-Mannitol [JAN] → **Mannitol**
D-Mannitol (JP XIV) → **Mannitol**
4-DMAP® → **Dimethylaminophenol**
D.M.Dol® → **Tramadol**
DMH® → **Dimenhydrinate**
DMPS-Heyl® → **Dimercaprol**
DMSO → **Dimethyl Sulfoxide**
Dnaren® → **Diclofenac**

DNCG iso® → **Cromoglicic Acid**
DNCG Mundipharma® → **Cromoglicic Acid**
DNCG Pädia® → **Cromoglicic Acid**
DNCG PPS® → **Cromoglicic Acid**
DNCG Stada® → **Cromoglicic Acid**
D-Norpseudoephedrine SR Osmopharm® → **Cathine**
Doan's® → **Salicylic Acid**
Dobendan® → **Cetylpyridinium**
Dobendan Direkt Fluribiprofen® → **Flurbiprofen**
Dobenzic® → **Cobamamide**
Dobetin® → **Cyanocobalamin**
Dobica® → **Calcium Dobesilate**
Dobipro® → **Beclometasone**
Doblexan® → **Piroxicam**
Dobren® → **Sulpiride**
Dobriciclin® → **Amoxicillin**
Dobroson® → **Zopiclone**
Dobucard® → **Dobutamine**
Dobucor® → **Dobutamine**
Dobupal® → **Venlafaxine**
Dobupal Orifarm® → **Venlafaxine**
Dobutabag® → **Dobutamine**
Dobutam Amex® → **Dobutamine**
Dobutamin → **Dobutamine**
Dobutamin® → **Dobutamine**
Dobutamina → **Dobutamine**
Dobutamina® → **Dobutamine**
Dobutamina Abbott® → **Dobutamine**
Dobutamin Abbott® → **Dobutamine**
Dobutamina Bioindustria Lim® → **Dobutamine**
Dobutamina Clorhidrato® → **Dobutamine**
Dobutamina [DCIT] → **Dobutamine**
Dobutamina Gray® → **Dobutamine**
Dobutamina Hospira® → **Dobutamine**
Dobutamina Inibsa® → **Dobutamine**
Dobutamina Mayne® → **Dobutamine**
Dobutamina Richet® → **Dobutamine**
Dobutamin Carino® → **Dobutamine**
Dobutamine → **Dobutamine**
Dobutamine® → **Dobutamine**
Dobutamine Abbott® → **Dobutamine**
Dobutamine Aguettant® → **Dobutamine**
Dobutamine Albic® → **Dobutamine**
Dobutamine Antigen® → **Dobutamine**
Dobutamine [BAN, DCF, USAN] → **Dobutamine**
Dobutamine-Baxter® → **Dobutamine**
Dobutamine-BC® → **Dobutamine**
Dobutamin Ebewe® → **Dobutamine**
Dobutamine CF® → **Dobutamine**
Dobutamine Dakota Pharm® → **Dobutamine**
Dobutamine-DBL® → **Dobutamine**
Dobutamine-Fresenius® → **Dobutamine**
Dobutamine-Genthon® → **Dobutamine**
Dobutamine Gf® → **Dobutamine**
Dobutamine Hcl Abbott® → **Dobutamine**
Dobutamine Hydrochloride® → **Dobutamine**
Dobutamine Hydrochloride Injection DBL® → **Dobutamine**
Dobutamine-Mayne® → **Dobutamine**
Dobutamine Panpharma® → **Dobutamine**
Dobutamine PCH® → **Dobutamine**
Dobutamine Sandoz® → **Dobutamine**
Dobutamine Solvay® → **Dobutamine**
Dobutamine Synthon® → **Dobutamine**
Dobutamin Fresenius® → **Dobutamine**
Dobutamin Giulini® → **Dobutamine**
Dobutamin HCl Abbott® → **Dobutamine**
Dobutamin Hexal® → **Dobutamine**
Dobutamin-Hexal® → **Dobutamine**
Dobutamin Lachema® → **Dobutamine**
Dobutamin Liquid Fresenius® → **Dobutamine**
Dobutamin Nycomed® → **Dobutamine**
Dobutamin-ratiopharm® → **Dobutamine**
Dobutamin Solvay® → **Dobutamine**
Dobutaminum → **Dobutamine**
Dobutina® → **Dobutamine**
Dobutrex® → **Dobutamine**
Dobutrexmerck® → **Dobutamine**
Dobutrex® [vet.] → **Dobutamine**
Docacetyl® → **Acetylcysteine**
Docaciclo® → **Aciclovir**
Docaine® → **Lidocaine**
Docallopu® → **Allopurinol**
Docalprazo® → **Alprazolam**
Doc Amlodipine® → **Amlodipine**
Docamoclav® [+ Amoxicillin] → **Clavulanic Acid**
Docamoclav® [+ Amoxicillin] → **Clavulanic Acid**
Docamoclav® [+ Clavulanic Acid] → **Amoxicillin**
Docamoclav® [+ Clavulanic Acid] → **Amoxicillin**
Docamoxici® → **Amoxicillin**
Docard® → **Dopamine**
Docateno® → **Atenolol**
Docatone® → **Doxapram**
Docbetahi® → **Betahistine**
Docbisopro® → **Bisoprolol**
Docbromaze® → **Bromazepam**
Docbudeso® → **Budesonide**
Docbuflome® → **Buflomedil**
Doccaptopri® → **Captopril**
Doc Carvedilol® → **Carvedilol**
Doc-Carvedilol® → **Carvedilol**
Doccefaclo® → **Cefaclor**
Doc Cefuroxim® → **Cefuroxime**
Doc Cefuroxime® → **Cefuroxime**
Doccelipro® → **Celiprolol**
Doccetiri® → **Cetirizine**
Doccimeti® → **Cimetidine**
Docciproflo® → **Ciprofloxacin**
Docdiclofe® → **Diclofenac**
Docdipyri® → **Dipyridamole**
Docdomperi® → **Domperidone**
Docdoxycy® → **Doxycycline**
Docenala® → **Enalapril**
Docetaxel® → **Docetaxel**
Docetaxel Biocrom® → **Docetaxel**
Docetaxel Delta Farma® → **Docetaxel**
Docetaxel Microsules® → **Docetaxel**
Docetaxel Rontag® → **Docetaxel**
Docetaxel Sandoz® → **Docetaxel**
Docetaxel Servycal® → **Docetaxel**
Docetaxel Varifarma® → **Docetaxel**
Docetere® → **Docetaxel**
Docfenofi® → **Fenofibrate**
Doc Fluconazol® → **Fluconazole**
Docfluoxetine® → **Fluoxetine**
Docfurose® → **Furosemide**
Docilen® → **Zopiclone**
Docin® → **Indometacin**
Docindapa® → **Indapamide**
Dociton® → **Propranolol**
Docivin® → **Domperidone**
Docline Atlantic® → **Doxycycline**
Doclinisopril® → **Lisinopril**
Doclis® → **Diltiazem**
Doc Lisinopril® → **Lisinopril**
Docloraze® → **Lorazepam**
Doclormeta® → **Lorazepam**
Docmebenda® → **Mebendazole**
Docmetformi® → **Metformin**
Docmetoclo® → **Metoclopramide**
Doc Minocycline® → **Minocycline**
Doc Mirtazapine® → **Mirtazapine**
Docmorfine® → **Morphine**
Docofloxacine® → **Ofloxacin**
Docomepra® → **Omeprazole**
Docpara® → **Paracetamol**

D

Dolofar® → **Ketoprofen**
Dolofar T.U.® → **Ketoprofen**
Dolofast® → **Ketoprofen**
Dolofebril® → **Paracetamol**
Dolofen® → **Naproxen**
Dolofen® → **Paracetamol**
Dolofenac® → **Diclofenac**
Dolofen-F® → **Ibuprofen**
Dolofin® → **Ibuprofen**
Doloflam® → **Ibuprofen**
Dolofort® → **Ibuprofen**
Dolofur® → **Metamizole**
Doloheptan → **Methadone**
Dolokadin® → **Flupirtine**
Dolokain® → **Lidocaine**
Dolo-Ketazon® → **Ketoprofen**
Doloketazon T.U.® → **Ketoprofen**
Dolol® → **Tramadol**
Dolol-Instant® → **Paracetamol**
Dolomagon® → **Dexibuprofene**
Dolomax® → **Ibuprofen**
Dolomax® → **Ketoprofen**
Dolomol® → **Paracetamol**
Dolomolargesico® → **Paracetamol**
Doloneitor® → **Diclofenac**
Dolo Nervobion® → **Diclofenac**
Dolonet® → **Ibuprofen**
Dolonex® → **Piroxicam**
Dolonime® → **Nimesulide**
Dolonovag® → **Hydromorphone**
Dolophine® → **Methadone**
DoloPosterine® → **Cinchocaine**
Doloptal® → **Paracetamol**
Dolo-Puren® → **Ibuprofen**
Doloral® → **Ibuprofen**
Doloran® → **Tramadol**
Dolorex® → **Diethylamine Salicylate**
Dolorex® → **Ketorolac**
Dolorex® [vet.] → **Butorphanol**
Dolorfin® → **Clonixin**
Dolorin Tablet® → **Ibuprofen**
Dolormin® → **Naproxen**
Dolormin® → **Ibuprofen**
Dolormin® [gel] → **Ketoprofen**
Dolorsan® → **Naproxen**
Dolorsyn® → **Ibuprofen**
Dolorub® → **Ibuprofen**
Dolo-Rubriment® → **Glycol Salicylate**
Dolos® → **Mefenamic Acid**
Dolosal® → **Pethidine**
Dolo Sanol® → **Ibuprofen**
Dolospam Lch® → **Atropine**
Dolostop® → **Paracetamol**
Dolostop® → **Nimesulide**
Dolotec® → **Paracetamol**
Dolo Tomanil® → **Diclofenac**
Dolotor® → **Ketorolac**
Dolotram® → **Tramadol**
Dolotramin® → **Tramadol**
Dolotren® → **Diclofenac**
Dolotren Topico® → **Diclofenac**
Doloverina® → **Mebeverine**
Dolovet® [vet.] → **Ketoprofen**
Dolovin® → **Indometacin**
DoloVisano M® → **Mephenesin**
Dolo Voltaren® → **Diclofenac**
Doloxene® → **Ibuprofen**
Doloxtren® → **Nimesulide**
Dolpasse® → **Diclofenac**
Dolphin® → **Diflunisal**
Dolpic Forte® → **Trimebutine**
Dolprofen® → **Ibuprofen**
Dolprone® → **Paracetamol**
Dolpyc® → **Capsaicin**
Dolquine® → **Hydroxychloroquine**
Dolrad® → **Metamizole**
Dolsic® → **Tramadol**
Dolsin® → **Pethidine**
Doltard® → **Morphine**
Doltard® → **Tramadol**
Dolten® → **Ibuprofen**
Dolthene® [vet.] → **Oxfendazole**
Doluvital® → **Paracetamol**
Dolvan® → **Diclofenac**
Dolven® → **Ibuprofen**
Dolviran® → **Paracetamol**
Dolzam® → **Tramadol**
Dolzam Uno® → **Tramadol**
Domadol® → **Tramadol**
Domar® → **Pinazepam**
Domeboro® → **Aluminum Acetate**
Domedol® → **Allopurinol**
Domedon® → **Domperidone**
Domenat® → **Tocopherol, α-**
Domer® → **Omeprazole**
Domerdon® → **Domperidone**
Domerid® → **Domperidone**
Domes® → **Nimesulide**
Dometa® → **Domperidone**
Dometic® → **Domperidone**
Dometin® → **Indometacin**
Domidon® → **Domperidone**
Domidone® → **Domperidone**
Domilin® → **Domperidone**
Domilux® → **Domperidone**
Domin® → **Domperidone**
Dominadol® → **Meloxicam**
Dominal® → **Aspirin**
Dominat® → **Domperidone**
Dominium® → **Fluoxetine**
Domitor® [vet.] → **Medetomidine**
Domitral® → **Nitroglycerin**
Domosedan® [vet.] → **Detomidine**
Domoso Roll-on® [vet.] → **Dimethyl Sulfoxide**
Domoso® [vet.] → **Dimethyl Sulfoxide**
Dompel® → **Domperidone**
Dompenyl® → **Domperidone**
Domperdone® → **Domperidone**
Domperide® → **Domperidone**
Domperidon → **Domperidone**
Domperidon® → **Domperidone**
Domperidon-1A Pharma® → **Domperidone**
Domperidona → **Domperidone**
Domperidona® → **Domperidone**
Domperidona Baldacci® → **Domperidone**
Domperidon AbZ® → **Domperidone**
Domperidon Actavis® → **Domperidone**
Domperidona Gamir® → **Domperidone**
Domperidona Generis® → **Domperidone**
Domperidon AL® → **Domperidone**
Domperidona L.CH.® → **Domperidone**
Domperidon Alpharma® → **Domperidone**
Domperidon Alternova® → **Domperidone**
Domperidona Merck® → **Domperidone**
Domperidona Ranbaxy® → **Domperidone**
Domperidon Basic Pharma® → **Domperidone**
Domperidon Bellwood® → **Domperidone**
Domperidon beta® → **Domperidone**
Domperidon CF® → **Domperidone**
Domperidon Copernico® → **Domperidone**
Domperidon CT® → **Domperidone**
Domperidon Disphar® → **Domperidone**
Domperidone® → **Domperidone**
Domperidone → **Domperidone**
Dompéridone → **Domperidone**
Domperidone ABC® → **Domperidone**
Domperidone Alter® → **Domperidone**
Domperidon EB® → **Domperidone**
Domperidone [BAN, DCF, DCIT, JAN, USAN] → **Domperidone**
Dompéridone Biogaran® → **Domperidone**
Domperidone Copernico® → **Domperidone**

Domperidone DOC® → **Domperidone**
Domperidone EG® → **Domperidone**
Dompéridone EG® → **Domperidone**
Dompéridone G Gam® → **Domperidone**
Dompéridone Irex® → **Domperidone**
Dompéridone Ivax® → **Domperidone**
Domperidone Jet® → **Domperidone**
Domperidone Maleate → **Domperidone**
Domperidone maleate: → **Domperidone**
Domperidone Maleate [BANM] → **Domperidone**
Dompéridone (maléate de) → **Domperidone**
Dompéridone (maléate de) (Ph. Eur. 5) → **Domperidone**
Domperidone Maleate (Ph. Eur. 5) → **Domperidone**
Domperidone maleato → **Domperidone**
Domperidone Merck® → **Domperidone**
Dompéridone Merck® → **Domperidone**
Domperidon-EP® → **Domperidone**
Domperidone (Ph. Eur. 5) → **Domperidone**
Dompéridone (Ph. Eur. 5) → **Domperidone**
Domperidone Ratiopharm® → **Domperidone**
Dompéridone RPG® → **Domperidone**
Domperidone Sandoz® → **Domperidone**
Dompéridone Sandoz® → **Domperidone**
Domperidone Teva® → **Domperidone**
Domperidone® [vet.] → **Domperidone**
Dompéridone Winthrop® → **Domperidone**
Domperidone Zydus® → **Domperidone**
Domperidon Faribérica® → **Domperidone**
Domperidon FLX® → **Domperidone**
Domperidon Gf® → **Domperidone**
Domperidon Hexal® → **Domperidone**
Domperidoni maleas → **Domperidone**
Domperidoni maleas (Ph. Eur. 5) → **Domperidone**
Domperidon JC® → **Domperidone**
Domperidon Katwijk® → **Domperidone**
Domperidon maleat → **Domperidone**
Domperidonmaleat (Ph. Eur. 5) → **Domperidone**
Domperidon Merck® → **Domperidone**
Domperidon PCH® → **Domperidone**
Domperidon (Ph. Eur. 5) → **Domperidone**
Domperidon Ranbaxy® → **Domperidone**
Domperidon Ratiopharm® → **Domperidone**
Domperidon-ratiopharm® → **Domperidone**
Domperidon Samenwerkende Apothekers® → **Domperidone**
Domperidon Sandoz® → **Domperidone**
Domperidon Sofar® → **Domperidone**
Domperidon Stada® → **Domperidone**
Domperidon-TEVA® → **Domperidone**
Domperidonum → **Domperidone**
Domperidonum (Ph. Eur. 5) → **Domperidone**
Domperidon von ct® → **Domperidone**
Domperitop® → **Domperidone**
Domper-M® → **Domperidone**
Domperol® → **Domperidone**
Domperon® → **Domperidone**
Dompérone® → **Domperidone**
Domper YSP® → **Domperidone**
Dompesin® → **Domperidone**
Dompi® → **Domperidone**
Domsedan® → **Retinol**
Domsil® → **Domperidone**
Domstal® → **Domperidone**
Domutussina® → **Dropropizine**
Don-A® → **Domperidone**
Donacom® → **Glucosamine**
Donadin® → **Povidone-Iodine**
Donafan® → **Loperamide**
Donalgin® → **Niflumic Acid**
Donamet® → **Ademetionine**
Donaren® → **Trazodone**
Donarot® → **Glucosamine**
Donataxel® → **Docetaxel**
Donaz® → **Donepezil**
Donegal® → **Domperidone**
Donepex® → **Donepezil**
Doneurin® → **Doxepin**
Donix® → **Lorazepam**
Donnazyme® → **Pancreatin**
Donngel® → **Attapulgite**
Donodol® → **Clonixin**
Donormyl® → **Doxylamine**
Donozyt® → **Azithromycin**
Dontisanin® → **Bromelains**
Dontisolon D® → **Prednisolone**
Donum® → **Domperidone**
Dopac® → **Dobutamine**
Dopacard® → **Dopexamine**
Dopacris® → **Dopamine**
Dopadon® → **Domperidone**
dopadura® [+ Carbidopa, monohydrate] → **Levodopa**
dopadura® [+ Levodopa] → **Carbidopa**
Dopaflex® → **Levodopa**
Dopagan® → **Paracetamol**
Dopagrand® → **Methyldopa**
Dopagyt® → **Methyldopa**
Dopalgan® → **Paracetamol**
Dopalogan® → **Paracetamol**
Dopamed® → **Methyldopa**
Dopamet® → **Methyldopa**
Dopamex® → **Dopamine**
Dopamin® → **Dopamine**
Dopamina® → **Dopamine**
Dopamina Ahimsa® → **Dopamine**
Dopamina Biol® → **Dopamine**
Dopamina Biologici® → **Dopamine**
Dopamina Clorhidrato® → **Dopamine**
Dopamin Admeda® → **Dopamine**
Dopamina Duncan® → **Dopamine**
Dopamina Fabra® → **Dopamine**
Dopamina Fides® → **Dopamine**
Dopamina Northia® → **Dopamine**
Dopamina PH & T® → **Dopamine**
Dopamina Richmond® → **Dopamine**
Dopamin Carino® → **Dopamine**
Dopamine® → **Dopamine**
Dopamine Aguettant® → **Dopamine**
Dopamine Anfarm® → **Dopamine**
Dopamin Ebewe® → **Dopamine**
Dopamine Concentrate® → **Dopamine**
Dopamine Fresenius® → **Dopamine**
Dopamine HCL® → **Dopamine**
Dopamine Hcl Abbott® → **Dopamine**
Dopamine HCL DBL® → **Dopamine**
Dopamine HCl-Fresenius® → **Dopamine**
Dopamine HCl in Dextrose® → **Dopamine**
Dopamine Hydrochloride® → **Dopamine**
Dopamine Hydrochloride in Dextrose® → **Dopamine**
Dopamine Lucien® → **Dopamine**
Dopamine Pierre Fabre® → **Dopamine**
Dopamine Renaudin® → **Dopamine**
Dopaminex® → **Dopamine**
Dopamin Fresenius® → **Dopamine**

D

Dopamin Giulini® → **Dopamine**
Dopamin „Nattermann"® → **Dopamine**
Dopamin-ratiopharm® → **Dopamine**
Dopamin Solvay® → **Dopamine**
Dopaminum Hydrochloricum® → **Dopamine**
Dopamol® → **Paracetamol**
Doparid® → **Tiapride**
Doparl® → **Levodopa**
Dopasian® → **Methyldopa**
Dopaston® → **Levodopa**
Dopatab® → **Methyldopa**
Dopatral® → **Methyldopa**
Dopatropin® → **Dopamine**
Dopegyt® → **Methyldopa**
Doperba® → **Dopamine**
Dopergin® → **Lisuride**
Dopergine® → **Lisuride**
Dophar® → **Doxycycline**
Dopicar® [+ Carbidopa] → **Levodopa**
Dopicar® [+ Levodopa] → **Carbidopa**
Dopili® → **Pioglitazone**
Dopin® → **Amlodipine**
Dopinga® → **Dopamine**
Dopmin® → **Dopamine**
Dopon® → **Domperidone**
Doppelherz Vitamin E® → **Tocopherol, α-**
Dopram® → **Doxapram**
Dopram-Fresenius® → **Doxapram**
Dopram® [vet.] → **Doxapram**
Dopress® → **Dosulepin**
Doprox® → **Naproxen**
Dops® → **Droxidopa**
Dopsan® → **Dapsone**
Dora® → **Desloratadine**
Doral® → **Quazepam**
Doralan® → **Loratadine**
Doralese® → **Indoramin**
Doralese Tiltab® → **Indoramin**
Doralin® → **Otilonium Bromide**
Doraplax® → **Ibuprofen**
Dorbantil® → **Doxazosin**
Dorbene® [vet.] → **Medetomidine**
Dorel® → **Clopidogrel**
Doren® → **Serrapeptase**
Doresa® → **Tegaserod**
Doretrim® → **Ibuprofen**
Dorf® → **Cefaclor**
Dorfomol® → **Propofol**
Doribel® → **Salicylic Acid**
Dorico® → **Paracetamol**
Doricoflu® → **Flunisolide**
Doridon® → **Domperidone**
Doridone® → **Domperidone**
Doriflan® → **Diclofenac**
Doril® → **Salicylic Acid**
Doriman® → **Cefalexin**
Dorival® → **Ibuprofen**
Dorixina® → **Clonixin**
Dorlamida® → **Dorzolamide**
Dorlotil® → **Zolpidem**
Dorlotyn® → **Amobarbital**
Dorm® → **Lorazepam**
Dormalon® → **Nitrazepam**
Dormex® → **Brotizolam**
Dormicum® → **Midazolam**
Dormid® → **Midazolam**
Dormidina® → **Doxylamine**
Dormilam® → **Zolpidem**
Dormilan® → **Zolpidem**
Dorminal® [vet.] → **Pentobarbital**
Dormire® → **Midazolam**
Dormirex® → **Hydroxyzine**
Dormix® → **Midazolam**
Dormodor® → **Flurazepam**
Dormonid® → **Midazolam**
Dormonoct® → **Loprazolam**
Dormo-Puren® → **Nitrazepam**
Dormosedan® [vet.] → **Detomidine**
Dormosol® → **Zolpidem**
Dorner® → **Beraprost**
Dorobay® → **Acarbose**
Dorocardyl® → **Propranolol**
Dorociplo® → **Ciprofloxacin**
Dorocoff® → **Paracetamol**
Dorocol® → **Paracetamol**
Dorolid® → **Roxithromycin**
Doromax® → **Azithromycin**
Doropycin® → **Spiramycin**
Dorosi® → **Rosiglitazone**
Dorotec® → **Cetirizine**
Dorotyl® → **Mephenesin**
Dorox® → **Dicloxacillin**
Doroxan® → **Diclofenac**
Doroxim® → **Cefuroxime**
Dorpiel® → **Tretinoin**
Dorpinon® → **Metamizole**
Dorsiflex® → **Mephenoxalone**
Doryx® → **Doxycycline**
Dorzolamid → **Dorzolamide**
Dorzolamida → **Dorzolamide**
Dorzolamida clorhidrato → **Dorzolamide**
Dorzolamide → **Dorzolamide**
Dorzolamide [BAN] → **Dorzolamide**
Dorzolamide (chlorhydrate de) → **Dorzolamide**
Dorzolamide cloridrato → **Dorzolamide**
Dorzolamide Hydrochloride → **Dorzolamide**
Dorzolamide hydrochloride: → **Dorzolamide**
Dorzolamide Hydrochloride [BANM, USAN] → **Dorzolamide**
Dorzolamide hydrochloride (USP 30) → **Dorzolamide**
Dorzolamid hydrochlorid → **Dorzolamide**
Dorzolamidum → **Dorzolamide**
Dorzox® → **Dorzolamide**
DOS® → **Docusate Sodium**
Dosamont® → **Gemfibrozil**
Dosan → **Doxazosin**
Dosanac® → **Diclofenac**
Dosanac Gel® → **Diclofenac**
Dosara® → **Valsartan**
Dosate® → **Omeprazole**
Dosavastatin® → **Simvastatin**
Dosberotec® → **Fenoterol**
Dos Ele® → **Pyrithione Zinc**
Dosidol® → **Nefopam**
Dosier® → **Bupropion**
Dosier® → **Ticlopidine**
Dosil® → **Doxycycline**
Dosin® → **Domperidone**
Dosiseptine® → **Chlorhexidine**
Dosodos® → **Butamirate**
Dospan-Pento® → **Pentoxifylline**
Dospasmin® → **Alverine**
Doss® → **Alfacalcidol**
Dosteril® → **Lisinopril**
Dostinex® → **Cabergoline**
Dostirav® → **Pyridostigmine Bromide**
Dostol® → **Erdosteine**
Dosulepin® → **Dosulepin**
Dosulfin® [+ Sulfamethoxazole] → **Trimethoprim**
Dosulfin® [+ Trimethoprim] → **Sulfamethoxazole**
Dosulvon® → **Bromhexine**
Dosyklin® → **Doxycycline**
Dot® → **Drotaverine**
Dotalsec® → **Loperamide**
Dotarem® → **Gadoteric Acid**
Dothep® → **Dosulepin**
Dotium® → **Domperidone**
Dotorin® → **Captopril**
Dotrome® → **Omeprazole**
Dotropina® → **Dobutamine**
Dotur® → **Doxycycline**
D.O.T.® [vet.] → **Dinitolmide**
Douglan® → **Pimecrolimus**
Douglas Cefaclor CD® → **Cefaclor**
Douglas Gabapentin® → **Gabapentin**
Douvistome® [vet.] → **Oxyclozanide**
Douxo® [vet.] → **Aspirin**
Doval® → **Diazepam**

Dovate® → **Clobetasol**
Doven® → **Diosmin**
Dovenix® [vet.] → **Nitroxinil**
Dover® → **Drotaverine**
Dovicin® → **Doxycycline**
Dovida® → **Cefditoren**
Dovonex® → **Calcipotriol**
Downtrat® → **Sibutramine**
DOX → **Doxorubicin**
Doxacar® → **Doxazosin**
Doxacard® → **Doxazosin**
Doxacil® → **Doxycycline**
Doxacor® → **Doxazosin**
Doxagal® → **Doxazosin**
Doxagamma® → **Doxazosin**
Doxakne® → **Doxycycline**
Doxal® → **Thiamine**
Doxal® → **Doxepin**
Doxaloc® → **Doxazosin**
Doxamax® → **Doxazosin**
Doxamicina® [vet.] → **Colistin**
Doxanorm® → **Doxazosin**
Doxapram® → **Doxapram**
Doxapram → **Doxapram**
Doxapram [BAN, DCF] → **Doxapram**
Doxapram (chlorhydrate de) → **Doxapram**
Doxapram (chlorhydrate de) (Ph. Eur. 5) → **Doxapram**
Doxapram clorhidrato → **Doxapram**
Doxapram cloridrato → **Doxapram**
Doxapramhydrochlorid → **Doxapram**
Doxapram Hydrochloride → **Doxapram**
Doxapram hydrochloride: → **Doxapram**
Doxapram Hydrochloride [BANM, USAN] → **Doxapram**
Doxapram Hydrochloride Injection® → **Doxapram**
Doxapram Hydrochloride (Ph. Eur. 5, JP XIV, USP 30) → **Doxapram**
Doxapramhydrochlorid (Ph. Eur. 5) → **Doxapram**
Doxaprami hydrochloridum → **Doxapram**
Doxaprami hydrochloridum (Ph. Eur. 5) → **Doxapram**
Doxapramum → **Doxapram**
Doxapram® [vet.] → **Doxapram**
Doxapress® → **Doxazosin**
Doxapril® → **Lisinopril**
Doxa-Puren® → **Doxazosin**
Doxaquin® [vet.] → **Flumequine**
Doxar® → **Doxazosin**
Doxaratio® → **Doxazosin**
Doxasin® → **Doxazosin**
Doxatan® → **Doxazosin**
Doxatensa® → **Doxazosin**
Doxatrim®[vet.] → **Sulfadiazine**
Doxatrim®[vet.] → **Trimethoprim**
DoxaUro® → **Doxazosin**
Doxa XL® → **Doxazosin**
Doxazin® → **Doxazosin**
Doxazoflo® → **Doxazosin**
Doxazomerck® → **Doxazosin**
Doxazosin® → **Doxazosin**
Doxazosin 1A Pharma® → **Doxazosin**
Doxazosina Alter® → **Doxazosin**
Doxazosina Alter Generic® → **Doxazosin**
Doxazosina Bexal® → **Doxazosin**
Doxazosina Biol® → **Doxazosin**
Doxazosin AbZ® → **Doxazosin**
Doxazosina Cinfa® → **Doxazosin**
Doxazosina Combino Pharm® → **Doxazosin**
Doxazosina Edigen® → **Doxazosin**
Doxazosina Farmabion® → **Doxazosin**
Doxazosin AL® → **Doxazosin**
Doxazosina Merck® → **Doxazosin**
Doxazosina Neo Ratiopharm® → **Doxazosin**
Doxazosina Normon® → **Doxazosin**
Doxazosina Pharmagenus® → **Doxazosin**
Doxazosin Apogepha® → **Doxazosin**
Doxazosina Ratiopharm® → **Doxazosin**
Doxazosin Arcana® → **Doxazosin**
Doxazosina Ur® → **Doxazosin**
Doxazosin AWD® → **Doxazosin**
Doxazosin beta® → **Doxazosin**
Doxazosin Copyfarm® → **Doxazosin**
Doxazosin Cor-1A Pharma® → **Doxazosin**
Doxazosin-CT® → **Doxazosin**
Doxazosin dura® → **Doxazosin**
Doxazosine® → **Doxazosin**
Doxazosine CF® → **Doxazosin**
Doxazosine Disphar® → **Doxazosin**
Doxazosine-EG® → **Doxazosin**
Doxazosine PCH® → **Doxazosin**
Doxazosine Sandoz® → **Doxazosin**
Doxazosin findusFit® → **Doxazosin**
Doxazosin Genericon® → **Doxazosin**
Doxazosin Heumann® → **Doxazosin**
Doxazosin Hexal® → **Doxazosin**
Doxazosin Klast® → **Doxazosin**
Doxazosin Ratiopharm® → **Doxazosin**
Doxazosin Sandoz® → **Doxazosin**
Doxazosin Stada® → **Doxazosin**
Doxazosin TAD® → **Doxazosin**
Doxazosin Uro Hexal® → **Doxazosin**
Doxazosin-Wolff® → **Doxazosin**
Doxef® → **Cefadroxil**
Doxepia® → **Doxepin**
Doxepin → **Doxepin**
Doxepin® → **Doxepin**
Doxepin 1A Pharma® → **Doxepin**
Doxepina → **Doxepin**
Doxepina [DCIT] → **Doxepin**
Doxepin AL® → **Doxepin**
Doxepin [BAN] → **Doxepin**
Doxepin beta® → **Doxepin**
doxepin-biomo® → **Doxepin**
Doxepin dura® → **Doxepin**
Doxépine → **Doxepin**
Doxépine [DCF] → **Doxepin**
Doxepin Hexal® → **Doxepin**
Doxepin Holsten® → **Doxepin**
Doxepin Lindo® → **Doxepin**
Doxepin-neuraxpharm® → **Doxepin**
Doxepin-ratiopharm® → **Doxepin**
Doxepin-RPh® → **Doxepin**
Doxepin Sandoz® → **Doxepin**
Doxepin Stada® → **Doxepin**
Doxepinum → **Doxepin**
Doxergan® → **Oxomemazine**
Doxe TAD® → **Doxepin**
Doxetal® → **Docetaxel**
Doxi-1® → **Doxycycline**
Doxibiotic® → **Doxycycline**
Doxi-C® → **Doxycycline**
Doxican® → **Tenoxicam**
Doxicap® → **Doxycycline**
Doxicard® → **Doxazosin**
Doxiciclina → **Doxycycline**
Doxiciclina® → **Doxycycline**
Doxiciclinã® → **Doxycycline**
Doxiciclina [DCIT] → **Doxycycline**
Doxiciclina hiclato → **Doxycycline**
Doxiciclina Hiclato® → **Doxycycline**
Doxiciclina iclato → **Doxycycline**
Doxiciclina LCH® → **Doxycycline**
Doxiciclina Normon® → **Doxycycline**
Doxiciclina Valomed® → **Doxycycline**
Doxicin® → **Doxycycline**
Doxiclat® → **Doxycycline**
Doxiclin® → **Doxycycline**
Doxicline® → **Doxycycline**
Doxiclor® → **Doxycycline**
Doxicon® → **Doxycycline**
Doxicrisol® → **Doxycycline**
Doxigen® → **Doxycycline**
Doxi-Hem® → **Calcium Dobesilate**
Doxil® → **Doxorubicin**
Doxilamina → **Doxylamine**

D

Doxycycline EB® → **Doxycycline**
Doxycycline EG® → **Doxycycline**
Doxycycline-Eurogenerics® → **Doxycycline**
Doxycycline FLX® → **Doxycycline**
Doxycycline Gf® → **Doxycycline**
Doxycycline G Gam® → **Doxycycline**
Doxycycline hyclate: → **Doxycycline**
Doxycycline Hyclate® → **Doxycycline**
Doxycycline Hyclate → **Doxycycline**
Doxycycline (hyclate de) → **Doxycycline**
Doxycycline (hyclate de) (Ph. Eur. 5) → **Doxycycline**
Doxycycline Hyclate (Ph. Eur. 5, Ph. Int. 4, USP 30) → **Doxycycline**
Doxycycline Hydrochloride (JP XIV) → **Doxycycline**
Doxycycline Indo Farma® → **Doxycycline**
Doxycycline Lagap® → **Doxycycline**
Doxycycline Merck® → **Doxycycline**
Doxycycline monohydrate: → **Doxycycline**
Doxycycline Monohydrate® → **Doxycycline**
Doxycycline monohydrochloride hemiethanolate hemihydrate → **Doxycycline**
Doxycycline PCH® → **Doxycycline**
Doxycycline (Ph. Eur. 4, USP 30) → **Doxycycline**
Doxycycline-ratiopharm® → **Doxycycline**
Doxycycline Sandoz® → **Doxycycline**
Doxycycline Teva® → **Doxycycline**
Doxycyclin Ethypharm® → **Doxycycline**
Doxycycline® [vet.] → **Doxycycline**
Doxycyclin Genericon® → **Doxycycline**
Doxycyclin Heumann® → **Doxycycline**
Doxycyclinhyclat → **Doxycycline**
Doxycyclinhyclat (Ph. Eur. 5) → **Doxycycline**
Doxycyclini hyclas → **Doxycycline**
Doxycyclini hyclas (Ph. Eur. 5, Ph. Int. 4) → **Doxycycline**
Doxycyclin Jenapharm® → **Doxycycline**
Doxycyclin Lindo® → **Doxycycline**
Doxycyclin monohydrate (Ph. Eur. 5, BP 2003) → **Doxycycline**
Doxycyclin PB® → **Doxycycline**
Doxycyclin Pharmavit® → **Doxycycline**
Doxycyclin (Ph. Eur. 4) → **Doxycycline**
Doxycyclin-ratiopharm® → **Doxycycline**
Doxycyclin Sandoz® → **Doxycycline**
Doxycyclin Sun® → **Doxycycline**
Doxycyclinum® → **Doxycycline**
Doxycyclinum → **Doxycycline**
Doxycyclinum (Ph. Eur. 4) → **Doxycycline**
Doxycyl® → **Doxycycline**
Doxycylin AbZ® → **Doxycycline**
Doxycyline Hyclate [BANM, USAN] → **Doxycycline**
Doxydar® → **Doxycycline**
Doxyderm® → **Doxycycline**
Doxyderma® → **Doxycycline**
Doxy-Diolan® → **Doxycycline**
Doxydoc® → **Doxycycline**
Doxydyn® → **Doxycycline**
Doxyfar® [vet.] → **Doxycycline**
Doxyferm® → **Doxycycline**
Doxyfim® → **Doxycycline**
Doxyhexal® → **Doxycycline**
Doxy-HP® → **Doxycycline**
Doxylag® → **Doxycycline**
Doxylamin → **Doxylamine**
Doxylamine → **Doxylamine**
Doxylamine [BAN, DCF] → **Doxylamine**
Doxylamine Hydrogen Succinate (Ph. Eur. 5) → **Doxylamine**
Doxylamine Succinate → **Doxylamine**
Doxylamine succinate: → **Doxylamine**
Doxylamine Succinate® → **Doxylamine**
Doxylamine Succinate [BANM, USAN] → **Doxylamine**
Doxylamine Succinate (USP 30) → **Doxylamine**
Doxylamini hydrogenosuccinas → **Doxylamine**
Doxylamini hydrogenosuccinas (Ph. Eur. 5) → **Doxylamine**
Doxylamin succinat → **Doxylamine**
Doxylaminum → **Doxylamine**
Doxylan® → **Doxycycline**
Doxylar® → **Doxycycline**
Doxylis® → **Doxycycline**
Doxymerck® → **Doxycycline**
Doxymix® [vet.] → **Doxycycline**
Doxy M-ratiopharm® → **Doxycycline**
Doxy-M-ratiopharm® → **Doxycycline**
Doxymycin® → **Doxycycline**
Doxymycin® [vet.] → **Doxycycline**
Doxy-N-Tablinen® → **Doxycycline**
Doxy-P® → **Doxycycline**
Doxypal® → **Doxycycline**
Doxypalu® → **Doxycycline**
Doxy PCH® → **Doxycycline**
Doxypharm® → **Doxycycline**
Doxyratio® → **Doxycycline**
Doxyseptin® [vet.] → **Doxycycline**
Doxysina® → **Doxycycline**
Doxy S+K® → **Doxycycline**
Doxysol® → **Doxycycline**
Doxyson® → **Doxycycline**
Doxystad® → **Doxycycline**
Doxytab® [caps.] → **Doxycycline**
Doxy Tablets® → **Doxycycline**
Doxyval® [vet.] → **Doxycycline**
Doxy® [vet.] → **Doxycycline**
Doxyveto® [vet.] → **Doxycycline**
Doxyvet® [vet.] → **Doxycycline**
Doxyvit® [vet.] → **Doxycycline**
doxy von ct® → **Doxycycline**
Doxy-Wolff® → **Doxycycline**
Doyle® → **Aspoxicillin**
Doyle® → **Azithromycin**
Dozasin® → **Doxazosin**
Dozeneurin® → **Thiamine**
Dozic® → **Haloperidol**
Dozic® → **Risperidone**
Dozic® → **Olanzapine**
Dozic® [vet.] → **Haloperidol**
Dozile® → **Doxylamine**
Dozozin-2® → **Doxazosin**
DP Amoxicilline/Clavulaanzuur® [+ Amoxicillin, trihydrate] → **Clavulanic Acid**
DP Amoxicilline/Clavulaanzuur® [+ Clavulanic Acid, potassium salt] → **Amoxicillin**
D-Panthenol® → **Dexpanthenol**
DP Barrier® → **Dimeticone**
D-Penamine® → **Penicillamine**
DPH USA (AHFS) → **Phenytoin**
DP Lotion HC® → **Hydrocortisone**
DR 66 → **Nitroglycerin**
Dracanyl® → **Terbutaline**
Dracanyl Turbuhaler Abacus® → **Terbutaline**
Dracanyl Turbuhaler Orifarm® → **Terbutaline**
Dracanyl Turbuhaler Singad® → **Terbutaline**
Drafen® → **Diphenhydramine**
Dralen® → **Etidronic Acid**
Dralitem® → **Temozolomide**
Dramamine® → **Dimenhydrinate**
Dramanyl® → **Dimenhydrinate**
Dramanyl II Gotas® → **Metoclopramide**

Dramasan® → **Dimenhydrinate**
Dramavit® → **Dimenhydrinate**
Dramavol® → **Dimenhydrinate**
Dramigel® → **Amikacin**
Dr. Amin® → **Dimenhydrinate**
Dramin® → **Dimenhydrinate**
Dramina® → **Dimenhydrinate**
Dramine® → **Meclozine**
Dramion® → **Gliclazide**
Dramnate® → **Dimenhydrinate**
Dranat® → **Tenoxicam**
Drastic® [vet.] → **Flumethrin**
Dravyr® → **Aciclovir**
Draxxin® [vet.] → **Tulathromycin**
Dreisacarb® → **Calcium Carbonate**
Dreisafer® → **Ferrous Sulfate**
DreisaFol® → **Folic Acid**
Drenaflen® → **Acetylcysteine**
Drenison® → **Fludroxycortide**
Drenol® → **Hydrochlorothiazide**
Drenovac® → **Penicillin G Procaine**
Drenoxol® → **Ambroxol**
Drenural® → **Bumetanide**
Dresplan® → **Oxybutynin**
Driclor® → **Aluminum Chloride**
Dridase® → **Oxybutynin**
Dridol® → **Droperidol**
Drifen® → **Paclitaxel**
Driges® → **Ranitidine**
Drilix® → **Pseudoephedrine**
Drill expectorant® → **Carbocisteine**
Drill Mucolítico® → **Carbocisteine**
Drill szirup® → **Dextromethorphan**
Drill Tosse Seca® → **Dextromethorphan**
Drill toux sèche® → **Dextromethorphan**
Drilyna® → **Theophylline**
Drilyna forte® → **Theophylline Sodium Glycinate**
Drimnorth® → **Midazolam**
Drinasal S® → **Pseudoephedrine**
Drinkmix® [vet.] → **Colistin**
Driptane® → **Oxybutynin**
Drisdol® → **Ergocalciferol**
Drisentin® → **Dipyridamole**
Drisofal® → **Gemfibrozil**
Dristan 12 Hour Spray® → **Oxymetazoline**
Drivermide® → **Mebendazole**
Drix® → **Bisacodyl**
Drixine® → **Oxymetazoline**
Drixoral® → **Pseudoephedrine**
Drocef® → **Cefadroxil**
Drogapur Vitamin E® → **Tocopherol, α-**
Drogenil® → **Flutamide**
Drogryl® → **Diphenhydramine**
Droleptan® → **Droperidol**
Dromadol® → **Tramadol**
Dronal® → **Alendronic Acid**
Dronalden® → **Amlodipine**
Dronat® → **Alendronic Acid**
Dronate-Os® → **Etidronic Acid**
Droncit® [vet.] → **Praziquantel**
Dronet® → **Alendronic Acid**
Dropavix® → **Levodropropizine**
Dropaxin® → **Paroxetine**
Dropen® [vet.] → **Penicillin G Procaine**
Droperdal® → **Droperidol**
Droperidol® → **Droperidol**
Droperidol → **Droperidol**
Dropéridol → **Droperidol**
Droperidol [BAN, DCF, JAN, USAN] → **Droperidol**
Droperidolo → **Droperidol**
Droperidolo [DCIT] → **Droperidol**
Dropéridol (Ph. Eur. 5) → **Droperidol**
Droperidol (Ph. Eur. 5, JP XIV, USP 30) → **Droperidol**
Droperidol Sintetica® → **Droperidol**
Droperidolum → **Droperidol**
Droperidolum (Ph. Eur. 5) → **Droperidol**
Droperol® → **Droperidol**
Dropflam® → **Diclofenac**
Dropgel® → **Carbomer**
Dropia® → **Pioglitazone**
Dropicine® → **Risperidone**
Dropid® → **Gemfibrozil**
Dropil® → **Pilocarpine**
Dropilton® → **Pilocarpine**
Dropropizina® → **Dropropizine**
Dropstar® → **Hyaluronic Acid**
Droptimol® → **Timolol**
Drossadin® → **Hexetidine**
Drossafol® → **Folic Acid**
Drosten® → **Butamirate**
Drosunal® → **Naftidrofuryl**
Drotaverine Chinoin® → **Drotaverine**
Drotin® → **Drotaverine**
Drovid® → **Ofloxacin**
Drovin® → **Drotaverine**
Droxaryl® → **Bufexamac**
Droxia® → **Hydroxycarbamide**
Droxil® → **Cefadroxil**
Droxol® [+ Sulfamethoxazol] → **Trimethoprim**
Droxol® [+ Trimethoprim] → **Sulfamethoxazole**
Dr.Scheffler Vitamin C® → **Ascorbic Acid**
Druisel® → **Ibuprofen**
Drycloxa-kel® [vet.] → **Cloxacillin**
Dry-Clox® [vet.] → **Cloxacillin**
Dry Eye® → **Carbomer**
Drylin® [+ Sulfamethoxazol] → **Trimethoprim**
Drylin® [+ Trimethoprim] → **Sulfamethoxazole**
Drysol® → **Aluminum Chloride**
Dryzon® [vet.] → **Dimpylate**
DSA → **Olsalazine**
DSS → **Docusate Sodium**
D-Tamin retard L.U.T.® → **Dihydroergotamine**
D-Tarine® → **Drotaverine**
D-Thia® → **Thiamine**
D.T.I® → **Dacarbazine**
D.T.I.C.® → **Dacarbazine**
DTIC® → **Dacarbazine**
DTIC-Dome® [vet.] → **Dacarbazine**
DTM® → **Diltiazem**
D-Trp LHRH-PEA (Roberts, USA) → **Deslorelin**
DU 23000 (Duphar, Netherlands) → **Fluvoxamine**
Duador® → **Albendazole**
Duagen® → **Dutasteride**
Dualgan® → **Etodolac**
Dualid® → **Amfepramone**
Dualid® → **Ranitidine**
Dualten® → **Carvedilol**
Duazat® [+ Amoxicillin] → **Clavulanic Acid**
Duazat® [+ Clavulanic Acid] → **Amoxicillin**
Duazolam® → **Alprazolam**
Dublon® → **Esmolol**
Dubrozil® → **Gemfibrozil**
Ducene® → **Diazepam**
Ductonar® → **Risedronic Acid**
Ductovirax® → **Aciclovir**
Dudencer® → **Omeprazole**
Duellin® [+ Carbidopa] → **Levodopa**
Duellin® [+ Levodopa] → **Carbidopa**
Dufaston® → **Dydrogesterone**
Dufine® → **Clomifene**
Duflemina® → **Calcium Dobesilate**
Dufulvin® [vet.] → **Griseofulvin**
Dugen® → **Medroxyprogesterone**
Duinum® → **Clomifene**
Dulax® → **Lactulose**
Dulceril® → **Sodium Cyclamate**
Dulcilarmes® → **Povidone**
Dulcodruppels® → **Sodium Picosulfate**
DulcoEase® → **Docusate Sodium**
Dulcolactol® → **Lactulose**
Dulcolax® → **Bisacodyl**
Dulco-Lax® → **Bisacodyl**
Dulcolax® → **Sodium Picosulfate**

Dulcolax Bisacodyl® → **Bisacodyl**
Dulcolax Lyfjaver® → **Bisacodyl**
Dulcolax NP® → **Sodium Picosulfate**
Dulco Laxo® → **Bisacodyl**
Dulco-lax perles® → **Sodium Picosulfate**
Dulcopearls® → **Sodium Picosulfate**
Dulcopic® → **Sodium Picosulfate**
Dulcoryl® → **Aspartame**
Dull-C® → **Ascorbic Acid**
Dulphar® [vet.] → **Streptomycin**
Dulzets® → **Aspartame**
Dumaflox® → **Ciprofloxacin**
Dumin® → **Paracetamol**
Dumirox® → **Fluvoxamine**
Dumocycline® → **Tetracycline**
Dumolid® → **Nitrazepam**
Dumotrim® [+ Sulfamethoxazole] → **Trimethoprim**
Dumotrim® [+ Trimethoprim] → **Sulfamethoxazole**
Dumoxin® → **Doxycycline**
Dumoxin® [compr.] → **Doxycycline**
Dumozol® → **Metronidazole**
Dumyrox® → **Fluvoxamine**
Duna® → **Pinazepam**
Dunason® → **Chondroitin Sulfate**
Duncan® → **Chlorpromazine**
Dunox® → **Amoxicillin**
Duobak® → **Sultamicillin**
Duobak® [+ Ampicillin] → **Sulbactam**
Duobak® [+ Sulbactam] → **Ampicillin**
Duobaktam® → **Sultamicillin**
Duobaktam® [+ Ampicillin sodium salt] → **Sulbactam**
Duobaktam® [+ Sulbactam sodium salt] → **Ampicillin**
Duobetic® → **Cromoglicic Acid**
Duoblist I® → **Rifamycin**
Duobloc® → **Carvedilol**
Duo-C® → **Ascorbic Acid**
Duocid® → **Sultamicillin**
Duocid® [+ Ampicillin], [inj.] → **Sulbactam**
Duocide® [vet.] → **Bioallethrin**
Duocid® [+ Sulbactam], [inj.] → **Ampicillin**
Duoctrin® [+ Sulfamethoxazole] → **Trimethoprim**
Duoctrin® [+Trimethoprim] → **Sulfamethoxazole**
Duocycline LA® [vet.] → **Oxytetracycline**
Duo-Decadron® → **Dexamethasone**
Duodip® [vet.] → **Diflubenzuron**
Duodopa® [+ Carbidopa monohydrate] → **Levodopa**
Duodopa® [+ Carbidopa, monohydrate] → **Levodopa**
Duodopa® [+ Levodopa] → **Carbidopa**
Duodopa® [+ Levodopa] → **Carbidopa**
duofem® → **Levonorgestrel**
Duofilm® → **Salicylic Acid**
Duoflu® → **Fluocinolone acetonide**
Duoforte® → **Salicylic Acid**
Duoforte 27® → **Salicylic Acid**
Duogas® → **Omeprazole**
Duolip® → **Etofylline Clofibrate**
Duomet® → **Cimetidine**
Duomox® → **Amoxicillin**
Duonasa® [+ Amoxicillin, trihydrate] → **Clavulanic Acid**
Duonasa® [+ Clavulanic Acid, potassium salt] → **Amoxicillin**
Duopack® → **Salbutamol**
DuoPlant® → **Salicylic Acid**
Duoprim® [+Sulfadoxine] [vet.] → **Trimethoprim**
Duoprim® [+Trimethoprim] [vet.] → **Sulfadoxine**
Duoprim®[vet.] → **Sulfadoxine**
Duoprim®[vet.] → **Trimethoprim**
Duorol® → **Paracetamol**
Duotin® [vet.] → **Abamectin**
Duotric® → **Cimetidine**
Duovel® → **Famotidine**
Duovisc® → **Hyaluronic Acid**
Duphaciclina® [vet.] → **Oxytetracycline**
Duphacillin® [vet.] → **Ampicillin**
Duphacort® [vet.] → **Dexamethasone**
Duphacycline® [vet.] → **Oxytetracycline**
Duphacyclin® [vet.] → **Oxytetracycline**
Duphacyclin XL® [vet.] → **Oxytetracycline**
Duphadin S20® [vet.] → **Sulfamonomethoxine**
Duphafral® [vet.] → **Colecalciferol**
Duphalac® → **Lactulose**
Duphalac® [vet.] → **Lactulose**
Duphalevasole® [vet.] → **Levamisole**
Duphamox® [vet.] → **Amoxicillin**
Duphapen® [vet.] → **Penicillin G Procaine**
Duphaspasmin® [vet.] → **Isoxsuprine**
Duphaston® → **Dydrogesterone**
Duphatrim®[vet.] → **Trimethoprim**
Duphatrim®[vet.] → **Sulfadiazine**
Duphatroxim®[vet.] → **Sulfadiazine**
Duphatroxim®[vet.] → **Trimethoprim**
Duplat® → **Pentoxifylline**
Duplicam® → **Meloxicam**
Duplocilline® [vet.] → **Penicillin G Procaine**
Duplocin® → **Ampicillin**
Dupofol® → **Salicylic Acid**
Duprost® → **Dutasteride**
dura AL® → **Allopurinol**
Durabeta® → **Atenolol**
Durabiotic® → **Benzathine Benzylpenicillin**
Durabolin® → **Nandrolone**
durabronchal® → **Acetylcysteine**
Duracain® → **Bupivacaine**
Duracard® → **Doxazosin**
Duracef® → **Cefadroxil**
Duracef® → **Cefixime**
Duracef Mucolitico® → **Ambroxol**
Duraciclina® [vet.] → **Oxytetracycline**
Duracide® [vet.] → **Cypermethrin**
Duraclon® → **Clonidine**
Duracoll® → **Gentamicin**
duracoron® → **Molsidomine**
duracroman® → **Cromoglicic Acid**
Duracykline® [vet.] → **Oxytetracycline**
duradermal® → **Bufexamac**
Duradoce® → **Hydroxocobalamin**
durafenat® → **Fenofibrate**
durafungol® → **Clotrimazole**
durafurid® → **Furosemide**
Duragesic® → **Fentanyl**
duraglucon® → **Glibenclamide**
duraH2® → **Cimetidine**
Durakinase® → **Streptokinase**
Durakyl® → **Resmethrin**
Duralax® → **Bisacodyl**
Duralin® → **Nandrolone**
duralipon® → **Thioctic Acid**
Duralith® → **Lithium**
duralopid® → **Loperamide**
duralozam® → **Lorazepam**
duraMCP® → **Metoclopramide**
duramipress® → **Prazosin**
Duramist® → **Oxymetazoline**
duramonitat® → **Isosorbide Mononitrate**
Duramorph® → **Morphine**
duramucal® → **Ambroxol**
Duramycin® [vet.] → **Oxytetracycline**
Duran® → **Ibuprofen**
Duran® → **Ranitidine**
duranifin® → **Nifedipine**
Duranil® → **Hexetidine**
duranitrat® → **Isosorbide Dinitrate**
durapenicillin® → **Phenoxymethylpenicillin**

D

Easylax® → **Phenolphthalein**
Easymox® → **Amoxicillin**
Easyperf® → **Dextrose**
Easy round wormer® [vet.] → **Piperazine**
Easy Tape Wormer for Cats® [vet.] → **Dichlorophen**
Easy Tape Wormer for Dogs® [vet.] → **Dichlorophen**
Easy to use Wormer® [vet.] → **Fenbendazole**
Easy Wormer Granules® [vet.] → **Fenbendazole**
Eatan® → **Nitrazepam**
Eazi-breed CIDR® [vet.] → **Progesterone**
Eazydayz® → **Naproxen**
Ebastel® → **Ebastine**
Ebastina® → **Ebastine**
Ebazam® → **Clobazam**
Ebedronat® → **Pamidronic Acid**
Ebefen® → **Tamoxifen**
Eben® → **Albendazole**
Ebenol® → **Hydrocortisone**
Ebeposid® → **Etoposide**
Eberelbin® → **Vinorelbine**
Ebernet® → **Eberconazole**
Ebersept® → **Ketoconazole**
Ebertop® → **Econazole**
Ebetaxel® → **Paclitaxel**
Ebetrexat® → **Methotrexate**
Ebexantron® → **Mitoxantrone**
Ebixa® → **Memantine**
Ebrantil® → **Urapidil**
Ebrantil® [inj.] → **Urapidil**
Ebrantil® [inj.] → **Urapidil**
Eburnate® → **Fluoxetine**
Ebutol® → **Ethambutol**
Ecabil® → **Heparin**
Ecafast® → **Heparin**
Ecalin® → **Econazole**
Ecanol® → **Econazole**
Ecanorm® → **Enalapril**
E-Cap® → **Tocopherol, α-**
Ecapril® → **Lisinopril**
Ecaprilat® → **Enalapril**
Ecaprinil® → **Enalapril**
Ecard® → **Irbesartan**
Ecasil® → **Aspirin**
Ecasolv® → **Heparin**
Ecaten® → **Captopril**
Ecator® → **Ramipril**
Ecax® → **Meloxicam**
Eccoxolac® → **Etodolac**
Ecee2® → **Levonorgestrel**
Echnatol® → **Cyclizine**
Echovist® → **Galactose**
Echovist-200® → **Galactose**
Ecin® → **Erythromycin**
Eclaran® → **Benzoyl Peroxide**
Eclaran® → **Loratadine**
Eclo® → **Clobetasol**
Eclorion® → **Sulpiride**
Ecnagel P.B.® → **Benzoyl Peroxide**
EC-Naprosyn® → **Naproxen**
Ecobec® → **Beclometasone**
Ecobiosan® → **Tocopherol, α-**
Ecocain® → **Lidocaine**
Ecodax® → **Econazole**
Ecodergin® → **Econazole**
Ecoderm® → **Econazole**
Ecodipin® → **Nifedipine**
Ecodolor® → **Tramadol**
Ecofenac® → **Diclofenac**
Ecofleece® [vet.] → **Cypermethrin**
Ecofluke® [vet.] → **Triclabendazole**
Ecofol® → **Folinic Acid**
Ecolint® [vet.] → **Niclosamide**
Ecomectin® [vet.] → **Ivermectin**
Ecomi® → **Econazole**
Ecomintic® [vet.] → **Fenbendazole**
Ecomucyl® → **Acetylcysteine**
Ecomucyl® [inj.] → **Acetylcysteine**
Ecomycin® [vet.] → **Oxytetracycline**
Econ® → **Econazole**
Econate® → **Econazole**
Econazol → **Econazole**
Econazole → **Econazole**
Econazole [BAN, DCF, USAN] → **Econazole**
Econazole EG® → **Econazole**
Econazole G Gam® → **Econazole**
Econazole Ivax® → **Econazole**
Econazole Merck® → **Econazole**
Econazole Nitrate → **Econazole**
Econazole nitrate: → **Econazole**
Econazole Nitrate [BANM, JAN, USAN] → **Econazole**
Econazole (nitrate d') → **Econazole**
Econazole (nitrate d') (Ph. Eur. 5) → **Econazole**
Econazole Nitrate (Ph. Eur. 5, USP 30) → **Econazole**
Econazole (Ph. Eur. 5, BP 2003) → **Econazole**
Econazole RPG® → **Econazole**
Econazole Sandoz® → **Econazole**
Econazoli nitras → **Econazole**
Econazoli nitras (Ph. Eur. 5) → **Econazole**
Econazol nitrat → **Econazole**
Econazolnitrat (Ph. Eur. 5) → **Econazole**
Econazolo → **Econazole**
Econazolo [DCIT] → **Econazole**
Econazolo GNR® → **Econazole**
Econazolo Merck Generics® → **Econazole**
Econazolo nitrato → **Econazole**
Econazolo Pliva® → **Econazole**
Econazolum → **Econazole**
Econazolum (Ph. Eur. 5) → **Econazole**
Econopen® [vet.] → **Penicillin G Procaine**
Econopred® → **Prednisolone**
Econor® [vet.] → **Valnemulin**
Econotet® [vet.] → **Oxytetracycline**
Ecopace® → **Captopril**
Ecopirin® → **Aspirin**
Ecoprin® → **Aspirin**
Ecoprofen® → **Ibuprofen**
E-Cor® → **Enalapril**
Ecorex® → **Econazole**
Ecos® → **Dropropizine**
Ecosal® → **Salbutamol**
Ecosette® → **Piperacillin**
Ecosporina® → **Cefradine**
Ecosprin® → **Aspirin**
Ecostatin® → **Econazole**
Ecostatin-1® → **Econazole**
Ecosteril® → **Econazole**
Ecosulf® [vet.] → **Sulfadimethoxine**
Ecotam® → **Econazole**
Ecotel® [vet.] → **Dichlorophen**
Ecotel® [vet.] → **Praziquantel**
Ecotrin® → **Aspirin**
Ecoval® → **Betamethasone**
Ecovent® → **Salbutamol**
Ecovent® [inhal.-liqu.] → **Salbutamol**
Ecovit® → **Tocopherol, α-**
Ecovitamine B12® → **Cyanocobalamin**
Ecox® [vet.] → **Monensin**
Ecozol® → **Econazole**
ECP → **Estradiol**
E.C.P.® [vet.] → **Estradiol**
Ecradin® → **Ketotifen**
Ecreme → **Econazole**
Ectaprim® [+ Sulfamethoxazole] → **Trimethoprim**
Ectaprim® [+ Trimethoprim] → **Sulfamethoxazole**
Ectasil® → **Cinnarizine**
Ectiban® → **Escitalopram**
Ectiban® [vet.] → **Permethrin**
Ectiva® → **Sibutramine**
Ectocur® [vet.] → **Cythioate**
Ectodex® [vet.] → **Amitraz**
Ectogard® [vet.] → **Diflubenzuron**
Ectokyl® → **Resmethrin**
Ectomin® [vet.] → **Cypermethrin**

E

Ectomort Plus Lanolin® → **Propetamphos**
Ectopal® → **Danazol**
Ectopor® [vet.] → **Cypermethrin**
Ectoskin® [vet.] → **Bioallethrin**
Ecto-soothe® [vet.] → **Permethrin**
Ectospasmol® → **Mesalazine**
Ectotrine® [vet.] → **Cypermethrin**
Ectren® → **Quinapril**
Ecuamon® → **Domperidone**
Ecumox → **Amoxicillin**
Ecural® → **Mometasone**
Ecuzol® → **Secnidazole**
Eczederm® [vet.] → **Megestrol**
Ed-80 → **Phenylpropanolamine**
Edalen® → **Risperidone**
Edamox® → **Amoxicillin**
Edathamil calcium-disodium → **Edetic Acid**
Edecrin® → **Etacrynic Acid**
Edemann® → **Furosemide**
Edemax® → **Nimesulide**
Edemid® → **Furosemide**
Edemox® → **Acetazolamide**
Edenil® → **Ibuprofen**
Ederen® → **Acetazolamide**
Edetamin® → **Edetic Acid**
Edetate Calcium Disodium → **Edetic Acid**
Edetate Calcium Disodium [USAN] → **Edetic Acid**
Edetate Calcium Disodium (USP 30) → **Edetic Acid**
Edetate Disodium® → **Edetic Acid**
Edetic Acid → **Edetic Acid**
Edetic Acid [BAN, USAN] → **Edetic Acid**
Edetic Acid calcium disodium salt: → **Edetic Acid**
Edetic Acid (Ph. Eur. 5, USP 30) → **Edetic Acid**
Edetinsäure → **Edetic Acid**
Edetinsäure (Ph. Eur. 5) → **Edetic Acid**
Edétique (acide) (Ph. Eur. 5) → **Edetic Acid**
Edeven® → **Escin**
E-Devit® → **Tocopherol, α-**
Edex® → **Alprostadil**
Edhanol® → **Phenobarbital**
Edical® → **Calcium Carbonate**
Edicef® → **Cefalexin**
Edicin® → **Vancomycin**
Edictum® → **Clonazepam**
Edifenac® → **Diclofenac**
Edion® → **Gabapentin**
Ediston® → **Nifuroxazide**
Editin-R® → **Ranitidine**
Editrim® [+ Sulfamethoxazole] → **Trimethoprim**
Editrim® [+ Trimethoprim] → **Sulfamethoxazole**
Ednyt® → **Enalapril**
Edolfene® → **Flurbiprofen**
Edolglau® → **Clonidine**
E-Doxy® → **Doxycycline**
Edrigyl® → **Nimesulide**
Edronax® → **Reboxetine**
Edrophonium® → **Edrophonium Chloride**
Edrophonium Chloride Injection® → **Edrophonium Chloride**
E-Drops® → **Tocopherol, α-**
Edrumycetin® → **Chloramphenicol**
EDTA → **Edetic Acid**
EDTA® → **Edetic Acid**
EDTA Calcium → **Edetic Acid**
EDTA Llorens® → **Edetic Acid**
Eduprim® [+ Sulfamethoxazole] → **Trimethoprim**
Eduprim® [+ Trimetoprim] → **Sulfamethoxazole**
Edurid® → **Edoxudine**
Eduvir® → **Aciclovir**
Edy® → **Atorvastatin**
Eenalfadrie® → **Alfacalcidol**
E.E.S.® → **Erythromycin**
EES® → **Erythromycin**
Eetless® → **Cathine**
E 900 (EU-number) → **Dimeticone**
Eeze® → **Diclofenac**
Efaflex® → **Orphenadrine**
Efasit® → **Magaldrate**
Efavir® → **Efavirenz**
Efavirenz Stada® → **Efavirenz**
Efcortelan® → **Hydrocortisone**
Efcortelan Soluble® → **Hydrocortisone**
Efcortesol® → **Hydrocortisone**
Efcortesol® [vet.] → **Hydrocortisone**
EFDEGE® → **Fludeoxyglucose (18F)**
Efecti® → **Ciprofloxacin**
Efecti Max® [tab.] → **Metronidazole**
Efectin® → **Venlafaxine**
Efectine® → **Loratadine**
Efectin ER® → **Venlafaxine**
Efecutin® → **Loratadine**
Efedrin® → **Ephedrine**
Efedrina® → **Ephedrine**
Efedrinã® → **Ephedrine**
Efedrina → **Ephedrine**
Efedrina clorhidrato → **Ephedrine**
Efedrina cloridrato → **Ephedrine**
Efedrina Cloridrato® → **Ephedrine**
Efedrina [DCIT] → **Ephedrine**
Efedrina Level® → **Ephedrine**
Efedrina Sulfato® → **Ephedrine**
Efedrine HCl PCH® → **Ephedrine**
Efedrin Merck NM® [inj.] → **Ephedrine**
Efedrin SAD® → **Ephedrine**
Efedrosan® → **Ephedrine**
Eferalgan® → **Paracetamol**
Eferox® → **Levothyroxine**
Efevelone® → **Venlafaxine**
Efexin® → **Ofloxacin**
Efexor Depot® → **Venlafaxine**
Efexor-Exel® → **Venlafaxine**
Efexor XR® → **Venlafaxine**
Efexor XR D.A.C.® → **Venlafaxine**
Effacne® → **Benzoyl Peroxide**
Effectsal® → **Norfloxacin**
Effederm® → **Tretinoin**
Effegyn® → **Ferrous Gluconate**
Effekton® → **Diclofenac**
Efferalgan® → **Paracetamol**
Efferalganodis® → **Paracetamol**
Effexor® → **Venlafaxine**
Effexor Paranova® → **Venlafaxine**
Effexor XR® → **Venlafaxine**
Efficol® → **Ibuprofen**
Efficort® → **Hydrocortisone**
Efficort Crema Hidrofilica® → **Acemetacin**
Effie® → **Terfenadine**
Effigel® → **Diclofenac**
Efflumidex® → **Fluorometholone**
Efforeen® → **Isosorbide Mononitrate**
Effortil® → **Etilefrine**
Effortil PL® → **Etilefrine**
Effortil® [vet.] → **Etilefrine**
Effox® → **Isosorbide Mononitrate**
Eff-Pha Vitamin C® → **Ascorbic Acid**
Eficef® → **Cefixime**
Eficline® [vet.] → **Clindamycin**
Efidac 24® → **Chlorphenamine**
Efidac 24® → **Pseudoephedrine**
Efisol® → **Dequalinium Chloride**
Efitard® → **Penicillin G Procaine**
Efixano® → **Irinotecan**
Eflagen® → **Diclofenac**
Eflevar® → **Calcium Dobesilate**
Eflone® → **Fluorometholone**
Efloran® → **Metronidazole**
E-Flu® → **Flucloxacillin**
Eflucin® → **Flucloxacillin**
Efo® → **Formoterol**
Eformax® → **Formoterol**
Eforol® → **Tocopherol, α-**
Efortil® → **Etilefrine**
Efotax® → **Cefotaxime**
Efox® → **Cefuroxime**
Efpa Efervesan® → **Paracetamol**
Efpenix® → **Amoxicillin**

Efrad® → **Cefradine**
Efridol® → **Nimesulide**
Efrin® → **Phenylephrine**
Efrinol® → **Ephedrine**
Efrisel® → **Phenylephrine**
Efriviral® → **Aciclovir**
Efryl Rhume® → **Pseudoephedrine**
Eftapan® → **Eprazinone**
Eftax® → **Cefotaxime**
Eftifarene® → **Trimetazidine**
Eftil® → **Valproic Acid**
Eftilora® → **Loratadine**
Eftirlium® → **Domperidone**
Eftispasmin® → **Alverine**
Eftoron® → **Mepenzolate Bromide**
Eftry® → **Ceftriaxone**
Efudex® → **Fluorouracil**
Efudix® → **Fluorouracil**
Efudix® [vet.] → **Fluorouracil**
Efurix® → **Fluorouracil**
Efxine® → **Etilefrine**
Efynal® → **Tocopherol, α-**
Egacene® → **Hyoscyamine**
Egaten® → **Triclabendazole**
Egazil Duretter® → **Hyoscyamine**
Egen® → **Gentamicin**
Egéry® → **Erythromycin**
Egestan Folico® → **Folic Acid**
Egibren® → **Selegiline**
Egicalm® → **Aspirin**
Egiferon® → **Interferon Alfa**
Egifilin® → **Theophylline**
Egilok® → **Metoprolol**
Egira® → **Sildenafil**
Eglek® → **Sulpiride**
Eglidon® → **Terazosin**
Eglonil® → **Sulpiride**
Eglonyl® → **Sulpiride**
Eglymad® → **Glimepiride**
Egocort Cream 1 %® → **Hydrocortisone**
Egoderm® → **Ichthammol**
Egoderm Cream® → **Ichthammol**
Egogyn® → **Tocopherol, α-**
Egozite® → **Dimeticone**
Egozite® → **Salicylic Acid**
Egozite Protective Baby Lotion® → **Dimeticone**
1040 EH → **Rifampicin**
EHDP → **Etidronic Acid**
Eifel® → **Betaxolol**
EINECS 203-632-7 → **Phenol**
EINECS 204-455-8 → **Pyrethrin I**
EINECS 209-406-4 → **Docusate Sodium**
EINECS 205-616-5 → **Tiemonium Iodide**
EINECS 206-758-0 → **Heptaminol**
EinsAlpha® → **Alfacalcidol**
Eiquinon® → **Ubidecarenone**
Eisendextran® [vet.] → **Dextran Iron Complex**
Eisendragees-ratiopharm® → **Ferrous Sulfate**
Eisen(III)-hydroxid-Dextran-Komplex → **Dextran Iron Complex**
Eisen-Sandoz® → **Ferrous Gluconate**
Eisensulfat Lomapharm® → **Ferrous Sulfate**
Eisen® [vet.] → **Dextran Iron Complex**
Ejertol® → **Sildenafil**
EK-3® → **Enalapril**
Ekaril® → **Enalapril**
Ekilid® → **Sulpiride**
Eklipid® → **Gemfibrozil**
Eklips® → **Losartan**
Eklivan® → **Somatostatin**
Ekon® → **Cetirizine**
Ekonal® → **Nizofenone**
Ekosetol® → **Paracetamol**
Eksofed® → **Pseudoephedrine**
Ektebin® → **Protionamide**
Ektomin® [vet.] → **Cypermethrin**
Ekuba® → **Chlorhexidine**
Ekvacillin® → **Cloxacillin**
Ekybute® [vet.] → **Phenylbutazone**
Ekzemsalbe F-Agepha® → **Hydrocortisone**
Elactonina Ur® → **Elcatonin**
Elacur® → **Nicotinic Acid**
Elacutan® → **Urea**
Eladin® → **Loratadine**
Elamax® → **Estradiol**
Elan® → **Isosorbide Mononitrate**
Elancoban® [vet.] → **Monensin**
Elantan® → **Isosorbide Mononitrate**
Elaprase® → **Idursulfase**
Elastab® → **Pentoxifylline**
Elater® → **Terbinafine**
Elatrol® → **Amitriptyline**
Elavil® → **Amitriptyline**
Elawox® → **Urea**
Elazor® → **Fluconazole**
Elbaprid® → **Tiapride**
Elbat® → **Flutamide**
Elbrol® → **Propranolol**
Elbrus® → **Rasagiline**
Elcal® → **Calcium Carbonate**
Elcal Forte® → **Calcium Carbonate**
Elcar® → **Levocarnitine**
Elcatonina Cepa® → **Elcatonin**
Elcatonina Ur® → **Elcatonin**
Elcimen® → **Elcatonin**
Elcion® → **Diazepam**
Elcitonin® → **Elcatonin**
Elcitonine® → **Elcatonin**
Elcoman® → **Loperamide**
Elcrit® → **Clozapine**
Eldepryl® → **Selegiline**
Elderin® → **Etodolac**
Eldicet® → **Pinaverium Bromide**
Eldisin® → **Vindesine**
Eldisine® → **Vindesine**
Eldopaque® → **Hydroquinone**
Eldopaque Forte® → **Hydroquinone**
Eldoquin® → **Hydroquinone**
Eldoquin Forte® → **Hydroquinone**
Elebloc® → **Carteolol**
Elebra® → **Sildenafil**
Electro-K® → **Potassium**
Electrolade® → **Sodium Bicarbonate**
Elen® → **Indeloxazine**
Elenium® → **Chlordiazepoxide**
Eleparon® → **Silibinin**
Elepril® → **Selegiline**
Elepsin® → **Imipraminoxide**
Elequine® → **Levofloxacin**
Elestat® → **Epinastine**
Elestrin® → **Estradiol**
Eleuphrat® → **Betamethasone**
Eleval® → **Sertraline**
Elex Verla® → **Tocopherol, α-**
Elfaxone® → **Ceftriaxone**
Elfivir® → **Nelfinavir**
Elgadil® → **Urapidil**
Elgam® → **Omeprazole**
Elica® → **Mometasone**
Elicodil® → **Ranitidine**
Elics® → **Amlexanox**
Elidel® → **Pimecrolimus**
Elieten® → **Metoclopramide**
Elife® → **Tocopherol, α-**
Eligard® → **Leuprorelin**
Elimate® → **Permethrin**
Elimex® → **Permethrin**
Elimite® → **Permethrin**
Elina® → **Mizolastine**
Elinap® → **Nimesulide**
Eliosid® → **Flunisolide**
Elipa® → **Ketorolac**
Eliprim® [+ Sulfamethoxazole] → **Trimethoprim**
Eliprim® [+ Trimethoprim] → **Sulfamethoxazole**
Elisor® → **Pravastatin**
Elissan® → **Loperamide**
Elitar® → **Nabumetone**
Elitek® → **Rasburicase**
Eliten® → **Fosinopril**
Elitiran® → **Diclofenac**
Elitiran-GP® → **Diclofenac**
Elitos® → **Oxeladin**

Elityran® → **Leuprorelin**
Elixifilin® → **Theophylline**
Elixine® → **Theophylline**
Elixofilina® → **Theophylline**
Elixophyllin® → **Theophylline**
Elizac® → **Fluoxetine**
Elizyme® → **Lysozyme**
Elkapin® → **Etozolin**
Elkostop® → **Omeprazole**
Elkotheran® → **Omeprazole**
Elkrip® → **Bromocriptine**
Ellatun® → **Tramazoline**
Ell-Cranell® → **Alfatradiol**
Elleci® → **Levocarnitine**
Ellence® → **Epirubicin**
Ellsurex® → **Selenium Sulfide**
Elmego® → **Indometacin**
Elmendos® → **Lamotrigine**
Elmetacin® → **Indometacin**
Elmetin® → **Mebendazole**
Elmidog® [vet.] → **Piperazine**
Elmifarma® [vet.] → **Levamisole**
Elmin® → **Albendazole**
Elmipur® [vet.] → **Fenbendazole**
Elmiron® → **Pentosan Polysulfate Sodium**
Elmizin® [vet.] → **Fenbendazole**
Elmogan® → **Gemfibrozil**
Elo® → **Loratadine**
Elobact® → **Cefuroxime**
Elocin® → **Erythromycin**
Elocom® → **Mometasone**
Elocom EuroPharma DK® → **Mometasone**
Elocom Orifarm® → **Mometasone**
Elocon® → **Mometasone**
Elofuran® → **Pipemidic Acid**
Elohaes® → **Hetastarch**
eloHAES® [vet.] → **Hetastarch**
Elohäst® → **Hetastarch**
Elo Hes® → **Hetastarch**
Eloisin® → **Eledoisin**
Elomet® → **Mometasone**
Elontril® → **Bupropion**
Elopram® → **Citalopram**
Eloquine® → **Mefloquine**
Elorgan® → **Pentoxifylline**
Elorheo® → **Dextran**
Eloson® → **Mometasone**
Elosone® → **Mometasone**
Elovent® → **Mometasone**
Elox® → **Mometasone**
Eloxatin® → **Oxaliplatin**
Eloxatine® → **Oxaliplatin**
Elox® [vet.] → **Oxytetracycline**
Elozell® → **Aspartic Acid**
Elpi® → **Clofibrate**
Elpicef® → **Ceftriaxone**
Elpi Lip® → **Bezafibrate**
Elpradil® → **Enalapril**
Elroquil N® → **Hydroxyzine**
Elrox® → **Roxithromycin**
Elsep® → **Mitoxantrone**
Elspar® → **Asparaginase**
Elstatin® → **Lovastatin**
Eltair® → **Budesonide**
Elthyrone® → **Levothyroxine**
Eltocin® → **Erythromycin**
Eltor® → **Pseudoephedrine**
Eltroxin® → **Levothyroxine**
Eludril® → **Chlorhexidine**
Elugan® → **Dimeticone**
Elugel® → **Chlorhexidine**
Elum® → **Cloxazolam**
Elutit® Calcium → **Polystyrene Sulfonate**
Elutit® Natrium → **Polystyrene Sulfonate**
Elvecis® → **Cisplatin**
Elvenavir® → **Indinavir**
Elvesil® → **Diltiazem**
Elvirax® → **Aciclovir**
Elvorine® → **Calcium Levofolinate**
Elyzol® → **Metronidazole**
Elzer® → **Donepezil**
Elzym® → **Dimeticone**
Ema® → **Esomeprazole**
Emadine® → **Emedastine**
Emaftol® → **Policresulen**
Emage® → **Omeprazole**
Emagel® → **Polygeline**
Emanthal® → **Albendazole**
Emasex A® → **Bamethan**
Emaxem® → **Interferon Beta**
Embacillin® [vet.] → **Ampicillin**
Embaclox® [vet.] → **Cloxacillin**
Embacycline LA® [vet.] → **Oxytetracycline**
Embacycline® [vet.] → **Oxytetracycline**
EMBay 8440 → **Praziquantel**
Embeline® → **Clobetasol**
EMB-Fatol® → **Ethambutol**
EMB-Hefa® → **Ethambutol**
Embol® → **Piracetam**
Embonato de pirantel → **Pyrantel**
Embryostat → **Oxytetracycline**
Embryo-S® [vet.] → **Follitropin Alfa**
E.M.C.® → **Dobutamine**
Emcil® → **Pivmecillinam**
Emcolol® → **Bisoprolol**
Emconcor® → **Bisoprolol**
Emcor® → **Bisoprolol**
Emcor DECO® → **Bisoprolol**
Emcredil® → **Ethacridine**
Emcyt® → **Estramustine**
EMD 29810 → **Praziquantel**
Emdalen® → **Lofepramine**
Emedal® → **Metronidazole**
Emedrin N® → **Dextromethorphan**
Emedur® → **Trimethobenzamide**
Emedyl® → **Dimenhydrinate**
Emend® → **Aprepitant**
Emenil® → **Meclozine**
Emep® → **Esomeprazole**
Emeproton® → **Omeprazole**
Emeral® → **Alprazolam**
Emergen® → **Sertraline**
Emericid® [vet.] → **Sulfadimethoxine**
Emesan® → **Diphenhydramine**
Emeset® → **Ondansetron**
Emeside® → **Ethosuximide**
Emeside® [vet.] → **Ethosuximide**
Emestar® → **Eprosartan**
Emetal® → **Metoclopramide**
Emetostop® → **Meclozine**
Emetron® → **Ondansetron**
Emez® → **Omeprazole**
Emflam® → **Ibuprofen**
Emflex® → **Acemetacin**
Emfor® → **Metformin**
Emforal® → **Propranolol**
Emgecard® → **Aspartic Acid**
Emicholin F® → **Citicoline**
Emidom® → **Domperidone**
Emidoxin® → **Cefonicid**
Emidoxyn® → **Prochlorperazine**
Emilace® → **Nemonapride**
Eminase® → **Anistreplase**
Emipastin® → **Pravastatin**
Emistat® → **Ondansetron**
Emital® → **Ondansetron**
Emitolon® → **Ubidecarenone**
Emixef® → **Cefixime**
Emizof® → **Ondansetron**
Emlon® → **Amlodipine**
Emoclot D.I.® → **Octocog Alfa**
Emo-Cort® → **Hydrocortisone**
Emodol® → **Ketorolac**
Emoklar® → **Heparin**
Emoncor® → **Bisoprolol**
Emopremarin® → **Estrogens, conjugated**
Emorex N® [vet.] → **Neomycin**
Emorzim® → **Carboplatin**
Emotival® → **Lorazepam**
Emovat® → **Clobetasone**
Emovate® → **Clobetasone**
Emovis® → **Folinic Acid**
E.Mox® → **Amoxicillin**
E-Mox® → **Amoxicillin**
Emoxiron® → **Ferrous Gluconate**
Empaped® → **Paracetamol**

Enalapril Ratiopharm® → **Enalapril**
Enalapril Richet® → **Enalapril**
Enalapril Rimafarm® → **Enalapril**
Enalapril RK® → **Enalapril**
Enalapril Rowe® → **Enalapril**
Enalapril RPG® → **Enalapril**
Enalapril-RPM® → **Enalapril**
Enalapril Rubio® → **Enalapril**
Enalapril-saar® → **Enalapril**
Enalapril-Sandoz® → **Enalapril**
Enalapril Sandoz® → **Enalapril**
Enalapril-Stada® → **Enalapril**
Enalapril Stada® → **Enalapril**
Enalapril Tamarang® → **Enalapril**
Enalapril Tarbis® → **Enalapril**
Enalapril Tecnigen® → **Enalapril**
Enalapril Teva® → **Enalapril**
Enalapril-Teva® → **Enalapril**
Enalaprilum → **Enalapril**
Enalapril Uxa® → **Enalapril**
Enalapril Verla® → **Enalapril**
Enalapril Vir® → **Enalapril**
Enalapril Winthrop® → **Enalapril**
Enalapril Wolff® → **Enalapril**
EnalaprilX® → **Enalapril**
Enalapril Zydus® → **Enalapril**
Enalatab® [vet.] → **Enalapril**
Enalaten® → **Enalapril**
Enalbal® → **Enalapril**
Enaldun® → **Enalapril**
Enalek® → **Enalapril**
Enalfor® [vet.] → **Enalapril**
EnaLich® → **Enalapril**
Enalind® → **Enalapril**
Enalten® → **Enalapril**
Enam® → **Enalapril**
Enangel® → **Dexketoprofen**
Enanton® → **Leuprorelin**
Enanton Depot® → **Leuprorelin**
Enantone® → **Leuprorelin**
Enantone-Gyn® → **Leuprorelin**
Enantone L.P.® → **Leuprorelin**
Enantyum® → **Dexketoprofen**
Enap® → **Enalapril**
Enap® [inj.] → **Enalaprilat**
Enapirex® → **Enalapril**
Enaplus® → **Enalapril**
Enap R® → **Enalapril**
Enapren® → **Enalapril**
Enaprex® → **Enalapril**
Enapril® → **Enalapril**
Enaprilmaleaat Stada® → **Enalapril**
Enaprotec® → **Enalapril**
Ena-Puren® → **Enalapril**
Enarenal® → **Enalapril**
Enaril® → **Enalapril**
Enarmon® → **Testosterone**
Enat® → **Tocopherol, α-**
Enatec® → **Enalapril**
Enatral® → **Enalapril**
Enazil® → **Enalapril**
Enbrel® → **Etanercept**
Enca® → **Minocycline**
Encatrol® → **Calcitriol**
Encebion® → **Piracetam**
Encefabol® → **Pyritinol**
Encepan® → **Pyritinol**
Encephabol® → **Pyritinol**
Encicort-H® → **Benzydamine**
Encidin® → **Pyritinol**
Encilor® → **Loratadine**
Encloxil® → **Cloxacillin**
Encopirin® → **Aspirin**
Encopyrin® → **Aspirin**
Encorate® → **Valproic Acid**
Encorate Chrono® → **Valproic Acid**
Encortolon® → **Prednisolone**
Encorton® → **Prednisone**
Endace® → **Megestrol**
Endacine® → **Levosulpiride**
Endak® → **Carteolol**
Endantadine® → **Amantadine**
En-De-Kay® → **Sodium Fluoride**
Endekay Fluotabs® → **Sodium Fluoride**
Endep® → **Amitriptyline**
Endial® → **Glimepiride**
Endialop® → **Loperamide**
Endiaron® → **Chloroxine**
Endium® → **Diosmin**
Endobil® → **Iodoxamic Acid**
Endocaina® → **Procaine**
Endoclar® → **Donepezil**
Endocodone® → **Oxycodone**
Endocorion® → **Chorionic Gonadotrophin**
Endofluke® [vet.] → **Triclabendazole**
Endofolin® → **Folic Acid**
Endogel® → **Hyaluronic Acid**
Endol® → **Indometacin**
Endometril® → **Lynestrenol**
Endometrin® → **Progesterone**
Endomina® → **Estradiol**
Endomycin® [vet.] → **Neomycin**
Endone® → **Oxycodone**
Endoprost® → **Iloprost**
Endopryl® → **Selegiline**
Endorem® → **Ferumoxides**
Endorid® [vet.] → **Piperazine**
Endosetin® → **Indometacin**
Endospec® [vet.] → **Albendazole**
Endotropina® → **Atropine**
Endoxan® → **Cyclophosphamide**
Endoxana® → **Cyclophosphamide**
Endoxan-Asta® → **Cyclophosphamide**
Endoxan-Asta Lyophilisate® → **Cyclophosphamide**
Endoxana® [vet.] → **Cyclophosphamide**
Endoxan Baxter® → **Cyclophosphamide**
Endoxan-Baxter® → **Cyclophosphamide**
Endrate® → **Edetic Acid**
Endrolin® → **Leuprorelin**
Endronax® → **Alendronic Acid**
Enduracide Dip for Dogs® [vet.] → **Chlorpyrifos**
Enduron® → **Methyclothiazide**
Enebrol® → **Pyritinol**
Enecat® → **Barium Sulfate**
Enelbin® → **Naftidrofuryl**
Enelfa® → **Paracetamol**
Ene Mark® → **Barium Sulfate**
Enema® [vet.] → **Docusate Sodium**
Energitum® → **Arginine**
Energy with Natural Vitamin E® → **Tocopherol, α-**
Enerion® → **Sulbutiamine**
Eneset® → **Barium Sulfate**
Enetege® → **Nitroglycerin**
Enetil® → **Enalapril**
Enetra® → **Nimesulide**
Enfexia® → **Cefuroxime**
Enflar® → **Meloxicam**
Enflucide® → **Naphazoline**
Enfluraan Medeva Europe® → **Enflurane**
Enfluran → **Enflurane**
Enfluran® → **Enflurane**
Enflurane → **Enflurane**
Enflurane® → **Enflurane**
Enflurane [BAN, DCF, JAN, USAN] → **Enflurane**
Enflurane (JP XIV, USP 30) → **Enflurane**
Enflurane® [vet.] → **Enflurane**
Enfluran-Medeva Europe® → **Enflurane**
Enflurano → **Enflurane**
Enflurano® → **Enflurane**
Enflurano [DCIT] → **Enflurane**
Enfluranum → **Enflurane**
Enfluthane® → **Enflurane**
Enforan® → **Enflurane**
Enfurol® → **Nifuroxazide**
Engemicina® [vet.] → **Oxytetracycline**
Engemycine® [vet.] → **Oxytetracycline**
Engemycin® [vet.] → **Oxytetracycline**

Engestol-HYD® → **Dihydroergotoxine**
Enhance® [vet.] → **Hyaluronic Acid**
Enhancin® [+ Amoxicillin] → **Clavulanic Acid**
Enhancin® [+ Amoxicillin, trihydrate] → **Clavulanic Acid**
Enhancin® [+ Clavulanic Acid, potassium salt] → **Amoxicillin**
Enhos® → **Sodium Bicarbonate**
Eni® → **Ciprofloxacin**
Enico® → **Tocopherol, α-**
Enidazol® → **Tinidazole**
Enidin® → **Brimonidine**
Eni® [inj.] → **Ciprofloxacin**
Enison® → **Vindesine**
Enjomin® → **Dimenhydrinate**
Enjuvia® → **Estrogens, conjugated**
Enkacetyn® → **Chloramphenicol**
Enkacort® → **Hydrocortisone**
Enkaid® → **Encainide**
Enlace® → **Captopril**
Enliven® → **Imatinib**
Enlon® → **Edrophonium Chloride**
Enlyso® → **Lysozyme**
Ennamax® → **Cyproheptadine**
Ennos® → **Paroxetine**
Enocef® → **Ceftriaxone**
Enoksetin® → **Enoxacin**
Enol® → **Atenolol**
Enorden® → **Amisulpride**
Enorin® → **Enoxacin**
Enova® → **Tocopherol, α-**
Enoxen® → **Enoxacin**
Enoxor® → **Enoxacin**
Enoxur® → **Enoxacin**
Enper® → **Zidovudine**
Enromic® → **Losartan**
Ensial® → **Levocarnitine**
Entact® → **Escitalopram**
Entact Orifarm® → **Escitalopram**
Entamizole® → **Ornidazole**
Enteran® → **Neomycin**
Enteraproct® → **Mesalazine**
Enterasin® → **Mesalazine**
Enteristin® [vet.] → **Colistin**
Entermid® → **Loperamide**
Enterobene® → **Loperamide**
Entero-Caps® → **Nifuroxazide**
Enterocol® [vet.] → **Colistin**
Enterodar® → **Nifuroxazide**
Enterofuryl® → **Nifuroxazide**
Enterogel® [vet.] → **Colistin**
Enterogit® → **Attapulgite**
Enterogram® [vet.] → **Colistin**
Enterol® [susp.] → **Furazolidone**
Enteromicina® → **Neomycin**
Enteron NF® → **Furazolidone**
Enterophar® [vet.] → **Furazolidone**
Enteropride® → **Cisapride**
Entero Quinol® → **Clioquinol**
Enterosilicona® → **Dimeticone**
Enterovid® → **Nifuroxazide**
Entero VU® → **Barium Sulfate**
Enteroxid® [vet.] → **Colistin**
Enteroxol® → **Furazolidone**
Entersal® → **Salicylic Acid**
Entianthe® → **Gemfibrozil**
Entir® → **Aciclovir**
Entizol® → **Metronidazole**
Entizol → **Metronidazole**
Entocir® → **Budesonide**
Entocord® → **Budesonide**
Entocord D.A.C.® → **Budesonide**
Entocord Enema® → **Budesonide**
Entocord Orifarm® → **Budesonide**
Entocort® → **Budesonide**
Entocort CIR® → **Budesonide**
Entocort CR® → **Budesonide**
Entocort EC® → **Budesonide**
Entocort Enema® → **Budesonide**
Entocort Klysma® → **Budesonide**
Entocort Klyzma® → **Budesonide**
Entocunimycine® [vet.] → **Neomycin**
Entofoam® → **Hydrocortisone**
Entomin® → **Levocarnitine**
Entox-P® → **Attapulgite**
Entozyme® → **Pancreatin**
Entrarin® → **Aspirin**
Entrobar® → **Barium Sulfate**
Entrydil® → **Diltiazem**
Entumin® → **Clotiapine**
Enturen® → **Sulfinpyrazone**
Enuclene® → **Tyloxapol**
Enulose® → **Lactulose**
Enurace® [vet.] → **Ephedrine**
Envas® → **Enalapril**
Envit Q 10® → **Ubidecarenone**
Enzaprost F® → **Dinoprost**
Enzaprost F® [vet.] → **Dinoprost**
Enzaprost T® [vet.] → **Dinoprost**
Enzaprost® [vet.] → **Dinoprost**
Enzec® [vet.] → **Abamectin**
Enzee® [vet.] → **Abamectin**
Enzicoba® → **Cobamamide**
Enzimar® → **Metoclopramide**
Enzyflat® → **Pancreatin**
Enzym-Lefax® → **Pancreatin**
Eolia® [vet.] → **Permethrin**
Eolus® → **Formoterol**
Eostar® → **Citalopram**
Eox® → **Naproxen**
Epacalcica® → **Heparin**
Epadel® → **Icosapent**
Epadoren® → **Ranitidine**
Epalat® → **Lactulose**
Epalfen® → **Lactulose**
Epalon® → **Maprotiline**
Epam® → **Nitrazepam**
Epamin® [caps.] → **Phenytoin**
Epamin® [susp./inj.] → **Phenytoin**
Epanutin® [caps] → **Phenytoin**
Epanutin® [susp.] → **Phenytoin**
Epanutin® [vet.] → **Phenytoin**
EPA Pesticide Chemical Code 113601 → **Propetamphos**
EPA Pesticide Chemical code 069001 → **Pyrethrin I**
EPA Pesticide Chemical Code 064001 → **Phenol**
EPA Pesticide Chemical Code 081401 → **Troclosene**
Epaq® → **Salbutamol**
Epaq® [gel vag.] → **Metronidazole**
Eparical® → **Heparin**
Eparina → **Heparin**
Eparina BMS® → **Heparin**
Eparina Calcica DOC® → **Heparin**
Eparina Calcica EG® → **Heparin**
Eparina Calcica Hexal® → **Heparin**
Eparina Calcica Merck® → **Heparin**
Eparina Calcica Pliva® → **Heparin**
Eparina Calcica-ratiopharm® → **Heparin**
Eparina [DCIT] → **Heparin**
Eparina IPA® → **Heparin**
Eparina Roberts® → **Heparin**
Eparina sodica → **Heparin**
Eparina Vister® → **Heparin**
Eparinlider® → **Heparin**
Eparinovis® → **Heparin**
Eparven® → **Heparin**
Epatoxil® → **Cogalactoisomerase**
Epdantoin® → **Phenytoin**
Epelin® → **Phenytoin**
Epexol® → **Ambroxol**
Ephamox® → **Amoxicillin**
Ephedrin® → **Ephedrine**
Ephedrin Biotika® → **Ephedrine**
Ephedrine → **Ephedrine**
Ephedrine® → **Ephedrine**
Ephédrine anhydre → **Ephedrine**
Ephédrine, anhydr (– hémihydratée“;“Ph. Eur. 4) → **Ephedrine**
Ephedrine, Anhydrou (Hemihydrate“;“Ph. Eur. 4) → **Ephedrine**
Ephedrine [BAN, USAN] → **Ephedrine**
Ephedrine Beacons® → **Ephedrine**
Ephédrine (chlorhydrate d‘) → **Ephedrine**
Ephédrine (chlorhydrate d‘) (Ph. Eur. 5) → **Ephedrine**
Ephédrine [DCF] → **Ephedrine**

E

Ephedrine HCL® → **Ephedrine**
Ephedrine Hydrochloride → **Ephedrine**
Ephedrine hydrochloride: → **Ephedrine**
Ephedrine Hydrochloride® → **Ephedrine**
Ephedrine Hydrochloride [BANM, JAN] → **Ephedrine**
Ephedrine Hydrochloride (JP XIV, Ph. Eur. 5, Ph. Int. 4, USP 30) → **Ephedrine**
Ephedrine (Ph. Int. 4, USP 30) → **Ephedrine**
Ephédrine Renaudin® → **Ephedrine**
Ephedrine Sulfate® → **Ephedrine**
Ephedrin Hcl® → **Ephedrine**
Ephedrinhydrochlorid → **Ephedrine**
Ephedrinhydrochlorid (Ph. Eur. 5) → **Ephedrine**
Ephedrini hydrochloridum → **Ephedrine**
Ephedrini hydrochloridum (Ph. Eur. 5, Ph. Int. 4) → **Ephedrine**
Ephedrin Streuli® → **Ephedrine**
Ephedrinum, anhydricu (– hemihydricum";"Ph. Eur. 4) → **Ephedrine**
Ephedrinum anhydricum → **Ephedrine**
Ephedrinum hydrochloridum® → **Ephedrine**
Ephedrinum (Ph. Int. 4) → **Ephedrine**
Ephedrin, wasserfrei → **Ephedrine**
Ephedrin, Wasserfreie (-Hemihydrat";"Ph. Eur. 4) → **Ephedrine**
Ephedronguent® → **Ephedrine**
Ephelia® → **Estradiol**
Epherit® → **Ephedrine**
Ephicilin® → **Ampicillin**
Ephicord® → **Enalapril**
Ephitensin® → **Atenolol**
Ephtanon® → **Flopropione**
Ephynal® → **Tocopherol, α-**
Ephynal Roche® → **Tocopherol, α-**
Epial® → **Carbamazepine**
Epibrom® → **Potassium**
Epibrom® [vet.] → **Potassium**
Epi-C® → **Barium Sulfate**
Epicef® → **Cefonicid**
EPI-cell® → **Epirubicin**
Epic Ezy® [vet.] → **Triflumuron**
Epicina® → **Idarubicin**
Epiclon® → **Clonazepam**
Epicocillin® → **Amoxicillin**
Epicophylline® → **Acefylline Piperazine**
Epicordin® → **Isosorbide Mononitrate**
Epicordin® → **Captopril**
Epicort® → **Clotrimazole**
Epicrom® → **Cromoglicic Acid**
Epicur® → **Lansoprazole**
Epidona® → **Primidone**
Epidosin® → **Valethamate Bromide**
Epidoxo® → **Epirubicin**
Epidoxorubicina® → **Epirubicin**
Epidural Injection® [vet.] → **Procaine**
Epiestrol® → **Estradiol**
Epiestrol 7D® → **Estradiol**
EpiE-ZPen® → **Epinephrine**
Epifenac® → **Diclofenac**
Epifil® → **Epirubicin**
Epigent® → **Gentamicin**
Epikebir® → **Epirubicin**
Epikur® → **Meprobamate**
Epilactal® → **Lamotrigine**
Epilan-D-Gerot® → **Phenytoin**
Epilan Gerot® → **Mephenytoin**
Epilat® → **Nifedipine**
Epilease® [vet.] → **Potassium**
Epilem® [inj.] → **Epirubicin**
Epilep® → **Carbamazepine**
Epilepax® → **Lamotrigine**
Epilex® → **Valproate Semisodium**
Epilim® → **Valproic Acid**
Epilim Chrono® → **Valproic Acid**
Epilim® [vet.] → **Valproate Semisodium**
Epimaz® → **Carbamazepine**
Epimil® → **Lamotrigine**
Epinat® → **Phenytoin**
Epi-NC® → **Epirubicin**
Epinefrina → **Epinephrine**
Epinefrina® → **Epinephrine**
Epinephrin → **Epinephrine**
Epinephrin (DAC) → **Epinephrine**
Epinephrine → **Epinephrine**
Epinéphrine → **Epinephrine**
Epinephrine® → **Epinephrine**
Epinephrine Acid Tartrate [BANM] → **Epinephrine**
Epinephrine [BAN, USAN] → **Epinephrine**
Epinephrine Bitartrate → **Epinephrine**
Epinephrine Bitartrate [USAN] → **Epinephrine**
Epinephrine Bitartrate (USP 30) → **Epinephrine**
Epinephrine (BP 2002, JP XIV, Ph. Int. 4, USP 30) → **Epinephrine**
Epinephrine Hydrochloride® → **Epinephrine**
Epinephrine Hydrogen Tartrate (Ph. Int. 4) → **Epinephrine**
Epinephrine Injection® → **Epinephrine**
Epinephrine Mist® → **Epinephrine**
Epinephrine tartrate: → **Epinephrine**
Epinephrine® [vet.] → **Epinephrine**
Epinephrin hydrogentartrat → **Epinephrine**
Epinephrinhydrogentartrat (Ph. Eur. 5) → **Epinephrine**
Epinephrini hydrogenotartras (Ph. Int. 4) → **Epinephrine**
Epinephrinum → **Epinephrine**
Epinephrinum (Ph. Int. 4) → **Epinephrine**
Epinitril® → **Nitroglycerin**
Epinor® → **Norfloxacin**
Epipen® → **Epinephrine**
Epi-Pevaryl® → **Econazole**
Epi-Pevaryl P.v.® → **Econazole**
Epiphenicol® → **Chloramphenicol**
Epiphen® [vet.] → **Phenobarbital**
Epiral® → **Lamotrigine**
Epiramat® → **Topiramate**
Epirazole® → **Omeprazole**
Epirrubicina Dosa® → **Epirubicin**
Epirubicin® → **Epirubicin**
Epirubicina Delta Farma® → **Epirubicin**
Epirubicina Microsules® → **Epirubicin**
Epirubicin Chista® → **Epirubicin**
Epirubicin Ebewe® → **Epirubicin**
Epirubicine HCl CF® → **Epirubicin**
Epirubicinehydrochloride® → **Epirubicin**
Epirubicine MIDAS Pharma® → **Epirubicin**
Epirubicin Hexal® → **Epirubicin**
Epirubicin Hydrochloride Injection® → **Epirubicin**
Epirubicinhydrochlorid Mayne® → **Epirubicin**
Epirubicin Lemery® → **Epirubicin**
Epirubicin Meda® → **Epirubicin**
Epirubicin Pfizer® → **Epirubicin**
Episindan® → **Epirubicin**
Epitard® [vet.] → **Phenytoin**
Epiteliol® → **Retinol**
Epiten® → **Idoxuridine**
Epithéa® → **Cyanocobalamin**
Epitol® → **Carbamazepine**
Epitomax® → **Topiramate**
Epitomax Orifarm® → **Topiramate**
Epitomax Paranova® → **Topiramate**
Epitopic® → **Difluprednate**
Epitrigine® → **Lamotrigine**
Epitril® → **Clonazepam**
Epitrim® [+ Sulfamethoxazole] → **Trimethoprim**
Epitrim® [+ Trimethoprim] → **Sulfamethoxazole**
Epival® → **Valproate Semisodium**

Epivir® → **Lamivudine**
Epivir 3TC® → **Lamivudine**
Epivir-HBV® → **Lamivudine**
Epizol® → **Tioconazole**
Epizol® → **Lamotrigine**
Epizolone Depot® → **Methylprednisolone**
Eplon® → **Zaleplon**
Eplonat® → **Tocopherol, α-**
Epoetal® → **Epoetin Alfa**
Epogam® → **Gamolenic Acid**
Epogen® → **Epoetin Alfa**
Epogin® → **Epoetin Beta**
Epokelan® → **Minoxidil**
Epokine® → **Epoetin Alfa**
Epomax® → **Epoetin Alfa**
Epo-Medrol® → **Prednisolone**
Epopen® → **Epoetin Alfa**
Eposal® → **Carbamazepine**
Eposerin® → **Ceftizoxime**
Eposin® → **Etoposide**
Epotrex-NP® → **Epoetin Alfa**
Epoxide® → **Chlordiazepoxide**
Epoxim® → **Cefpodoxime**
Epoyet® → **Epoetin Alfa**
Eprel® → **Eperisone**
Eprex® → **Epoetin Alfa**
Eprex® [vet.] → **Epoetin Alfa**
Epril® → **Enalapril**
Eprinex® [vet.] → **Eprinomectin**
Eprinoc® → **Eperisone**
Eprodine® → **Povidone-Iodine**
Eprotan-Mepha® → **Eprosartan**
Epsicaprom® → **Aminocaproic Acid**
Epsidox® → **Etoposide**
Epsilat® → **Buspirone**
Epsilon® → **Ibuprofen**
Epsipam® → **Tetrazepam**
Epsitron® → **Captopril**
Epsoclar® → **Heparin**
Epsodilave® → **Heparin**
Epsolin® → **Phenytoin**
Epsonal® → **Eperisone**
Eptadone® → **Methadone**
Eptaminolo → **Heptaminol**
Eptaminolo [DCIT] → **Heptaminol**
Eptoin® → **Phenytoin**
Eqiceft® [inj.] → **Ceftriaxone**
Eqizolin® [inj.] → **Cefazolin**
Equal® → **Aspartame**
Equalactin® → **Polycarbophil**
Equanil® → **Meprobamate**
Equasym® → **Methylphenidate**
Equell® [vet.] → **Abamectin**
Equest® [vet.] → **Moxidectin**
Equetro® → **Carbamazepine**
Equiban® [vet.] → **Morantel**
Equibos® [vet.] → **Flunixin**
Equibutazone® [vet.] → **Phenylbutazone**
Equiday E® → **Tocopherol, α-**
Equifly® [vet.] → **Deltamethrin**
Equifulvin® [vet.] → **Griseofulvin**
Equigard® [vet.] → **Dichlorvos**
Equigel® [vet.] → **Dichlorvos**
EquiGen® [vet.] → **Somatropine**
Equileve® [vet.] → **Flunixin**
Equilibrane® → **Fluoxetine**
Equilibrium® → **Chlordiazepoxide**
Equilid® → **Sulpiride**
Equimate® [vet.] → **Fluprostenol**
Equimectin® [vet.] → **Ivermectin**
Equimectrin® [vet.] → **Ivermectin**
Equimec® [vet.] → **Ivermectin**
Equimel® [vet.] → **Ivermectin**
Equiminthe® [vet.] → **Oxibendazole**
Equiminth® [vet.] → **Abamectin**
Equimucil® [vet.] → **Acetylcysteine**
Equimucin® [vet.] → **Acetylcysteine**
Equine Spray® [vet.] → **Permethrin**
Equinorm® [vet.] → **Clomipramine**
Equinox® [vet.] → **Oxfendazole**
Equin® [vet.] → **Estrogens, conjugated**
Equioxx® [vet.] → **Firocoxib**
Equipalazone® [vet.] → **Phenylbutazone**
Equipax® [vet.] → **Gabapentin**
Equi-Phar Bismukote Paste® [vet.] → **Bismuth Subsalicylate**
Equi-Phar Equigesic® [vet.] → **Flunixin**
Equi-Phar Furosemide® [vet.] → **Furosemide**
Equi-Phar Phenylbutazone® [vet.] → **Phenylbutazone**
Equi-Phar® [vet.] → **Permethrin**
Equiphen® [vet.] → **Phenylbutazone**
Equipoise® [vet.] → **Boldenone**
Equipulmin® [vet.] → **Clenbuterol**
Equisedin® → **Bromazepam**
Equisept® [vet.] → **Troclosene Potassium**
Equi-Sleep® [vet.] → **Doxylamine**
Equi-Spirin® [vet.] → **Aspirin**
Equitac® [vet.] → **Oxibendazole**
Equitape® [vet.] → **Dichlorophen**
Equi Tourni-K® [vet.] → **Menadione**
Equitrim®[vet.] → **Sulfadiazine**
Equitrim®[vet.] → **Trimethoprim**
Equivermex® [vet.] → **Fenbendazole**
Equivermon® [vet.] → **Pyrantel**
Equivital® [vet.] → **Retinol**
Equivit B® [vet.] → **Thiamine**
Equivit C® [vet.] → **Ascorbic Acid**
Equivit E® [vet.] → **Tocopherol, α-**
Equiworld® [vet.] → **Cypermethrin**
Equiworm® [vet.] → **Fenbendazole**
Equizone® [vet.] → **Phenylbutazone**
Equoral® → **Ciclosporin**
Equra® → **Urea**
Equron® [vet.] → **Hyaluronic Acid**
Eqvalan® [vet.] → **Ivermectin**
Era® → **Erythromycin**
Eracillin® → **Ampicillin**
Eracillin-K® → **Phenoxymethylpenicillin**
Eradacil® → **Rosoxacin**
Eradex® → **Loratadine**
Eradix® → **Famotidine**
Eradox® [vet.] → **Oxfendazole**
Era I.V.® → **Erythromycin**
Eraldin® → **Sevoflurane**
Eraldor® → **Paracetamol**
Eralga® → **Hyoscine Butylbromide**
Eraloc® → **Rabeprazole**
Eramox® → **Amoxicillin**
Eramux® → **Eprazinone**
Eranz® → **Donepezil**
Eraphage® → **Metformin**
Eraquall® [vet.] → **Ivermectin**
Eraquell® [vet.] → **Ivermectin**
Eras® → **Aspirin**
Erase® [vet.] → **Ivermectin**
Erasis® → **Erythromycin Acistrate**
Erathrom® → **Erythromycin**
Eraverm® → **Mebendazole**
Eraxil® → **Crotamiton**
Eraxis® → **Anidulafungin**
Erazon® → **Piroxicam**
Erbakar® → **Carboplatin**
Erbalox® → **Levofloxacin**
Erbanfol® → **Folinic Acid**
Erbitux® → **Cetuximab**
Erbolin® → **Omeprazole**
Ercefuryl® → **Nifuroxazide**
Ercéfuryl® → **Nifuroxazide**
Erceryl® → **Nifuroxazide**
Ercestop® → **Loperamide**
Erco-Fer® → **Ferrous Fumarate**
Ercoquin® → **Hydroxychloroquine**
Ercoril® → **Propantheline Bromide**
Erdomed® → **Erdosteine**
Erdon® → **Diclofenac**
Erdon Gel® → **Diclofenac**
Erdopect® → **Erdosteine**
Erdostin® → **Erdosteine**
Erdotin® → **Erdosteine**
Erectol® → **Sildenafil**
Erefil® → **Sildenafil**
Eremfat® → **Rifampicin**
Eremfat i.v.® → **Rifampicin**

Erevit® → **Tocopherol, α-**
Erfulyn® → **Nifuroxazide**
Ergam® → **Ergotamine**
Ergamisol® → **Levamisole**
Erganton® → **Dihydroergotamine**
Ergenyl® → **Valproic Acid**
Ergenyl Chronosphere® → **Valproic Acid**
Ergobel® → **Nicergoline**
Ergocalciferol® → **Ergocalciferol**
Ergocalciferol → **Ergocalciferol**
Ergocalciférol → **Ergocalciferol**
Ergocalciferol [BAN, USAN] → **Ergocalciferol**
Ergocalciférol [DCF] → **Ergocalciferol**
Ergocalciferol (JP XIV, Ph. Eur. 5, Ph. Int. 4, USP 30) → **Ergocalciferol**
Ergocalciferol L.CH.® → **Ergocalciferol**
Ergocalciferolo → **Ergocalciferol**
Ergocalciferolo [DCIT] → **Ergocalciferol**
Ergocalciférol (Ph. Eur. 5) → **Ergocalciferol**
Ergocalciferolum → **Ergocalciferol**
Ergocalciferolum (Ph. Eur. 5, Ph. Int. 4) → **Ergocalciferol**
Ergocalm® → **Lormetazepam**
Ergoceps® → **Dihydroergotoxine**
Ergoclavin® → **Diltiazem**
Ergodavur® → **Dihydroergocristine**
Ergodesit® → **Dihydroergotoxine**
Ergodina® → **Dihydroergotoxine**
Ergohydrin® → **Dihydroergotoxine**
Ergokapton® → **Ergotamine**
Ergo Kranit® → **Ergotamine**
Ergolaktyna® → **Bromocriptine**
Ergolan® → **Diltiazem**
Ergoloid Mesylate® → **Dihydroergotoxine**
Ergomar® → **Ergotamine**
Ergomed® → **Dihydroergotoxine**
Ergometrin® → **Ergometrine**
Ergometrina maleato® → **Ergometrine**
Ergometrine® → **Ergometrine**
Ergometrine Injection DBL® → **Ergometrine**
Ergometrinemaleaat CF® → **Ergometrine**
Ergometrine Maleate Fresenius® → **Ergometrine**
Ergometrini maleas® → **Ergometrine**
Ergometrin Lek® → **Ergometrine**
Ergonovina Drawer® → **Ergometrine**
Ergonovina Larjan® → **Ergometrine**
Ergonovina Northia® → **Ergometrine**
Ergont® → **Dihydroergotamine**
ergo sanol® → **Ergotamine**
Ergosia® → **Ergotamine**
Ergosterol → **Ergocalciferol**
Ergotam-CT® → **Dihydroergotamine**
Ergotamina tartrato® → **Ergotamine**
Ergotaminum Tartaricum® → **Ergotamine**
Ergotan® → **Ergotamine**
Ergotonin® → **Dihydroergotamine**
Ergotop® → **Nicergoline**
Ergotox-CT® → **Dihydroergotoxine**
Ergotrate® → **Ergometrine**
Ergotyl® → **Methylergometrine**
Ergovasan® → **Dihydroergotamine**
Ergoxina® → **Dihydroergotoxine**
ERI® → **Erythromycin**
Ericin® → **Erythromycin**
Eridon® → **Domperidone**
Eridosis® → **Erythromycin**
Eriecu® → **Erythromycin**
Erifor® → **Tetracycline**
Erifostine® → **Amifostine**
Eriglobin® → **Ferrous Gluconate**
Erigrand® → **Erythromycin**
Erigrand Pediatrica® → **Erythromycin**
Eril® → **Enalapril**
Eril® → **Fasudil**
Erilin® → **Sildenafil**
Eril S® → **Fasudil**
Erimicin® → **Erythromycin**
Erimin® → **Nimetazepam**
Erimit® → **Erythromycin**
Erimycin® → **Erythromycin**
Erios® → **Erythromycin**
Erisine® → **Erythromycin**
Erisol® → **Erythromycin**
Erispan® → **Fludiazepam**
Erit® → **Erythromycin**
Eritax® → **Erythromycin**
Erithromycin® → **Erythromycin**
Eritrelan® → **Epoetin Alfa**
Eritrex® → **Erythromycin**
Eritril® → **Enalapril**
Eritro® → **Erythromycin**
Eritrocap® → **Erythromycin**
Eritroderm® → **Erythromycin**
Eritrofarm® → **Erythromycin**
Eritrogen® → **Epoetin Alfa**
Eritrogobens® → **Erythromycin**
Eritromagis® → **Erythromycin**
Eritromec® → **Erythromycin**
Eritromed® → **Erythromycin**
Eritromed Gotas® → **Erythromycin**
Eritromicin® → **Erythromycin**
Eritromicina → **Erythromycin**
Eritromicina® → **Erythromycin**
Eritromicinã® → **Erythromycin**
Eritromicina Atlas® → **Erythromycin**
Eritromicina [DCIT] → **Erythromycin**
Eritromicina Estearato® → **Erythromycin**
Eritromicina Estedi® → **Erythromycin**
Eritromicina etilsuccinato → **Erythromycin**
Eritromicina Etilsuccinato® → **Erythromycin**
Eritromicina Etilsuccinato L.CH.® → **Erythromycin**
Eritromicina Fabra® → **Erythromycin**
Eritromicina Fmndtria® → **Erythromycin**
Eritromicina Galderma® → **Erythromycin**
Eritromicina Genfar® → **Erythromycin**
Eritromicina Gen-Far® → **Erythromycin**
Eritromicina IDI® → **Erythromycin**
Eritromicina Iqfarma® → **Erythromycin**
Eritromicina Klonal® → **Erythromycin**
Eritromicina Lafedar® → **Erythromycin**
Eritromicina Larjan® → **Erythromycin**
Eritromicina lattobionato® → **Erythromycin**
Eritromicina Lch® → **Erythromycin**
Eritromicina MK® → **Erythromycin**
Eritromicina MK® [susp.] → **Erythromycin**
Eritromicina MK® [tabs.] → **Erythromycin**
Eritromicina® [tab./susp./caps./compr.] → **Erythromycin**
Eritromicina® [vet.] → **Erythromycin**
Eritropharma® → **Erythromycin**
Eritropiù® → **Ferrous Gluconate**
Eritropoetina® → **Epoetin Alfa**
Eritrosif® → **Erythromycin**
Eritrosima® → **Azithromycin**
Eritroveinte® → **Erythromycin**
Eritrovet® [vet.] → **Erythromycin**
Erixyl® → **Erythromycin**
Erlan® → **Epoetin Alfa**
Erlecit® → **Nimesulide**
Erliten® → **Ketotifen**
Erlvirax® → **Aciclovir**
Ermac® → **Erythromycin**

Ermetrine® → **Ergometrine**
Ermite® → **Permethrin**
Ermofan® → **Ofloxacin**
Ermox® → **Mebendazole**
Ermyced® → **Erythromycin**
Ermycin → **Erythromycin**
Ermycin® → **Erythromycin**
Ermysin® → **Erythromycin**
Ernex® → **Benzydamine**
Ernodasa® → **Streptokinase-Streptodornase**
E.R.O.® → **Urea**
Erocap® → **Fluoxetine**
Erocin® → **Erythromycin**
Erodium® → **Bromperidol**
Erofen® → **Ibuprofen**
Erolin® → **Loratadine**
Eromac® → **Erythromycin**
Eromel® → **Erythromycin**
Eromycin® → **Erythromycin**
Erona® → **Erythromycin**
Eros® → **Erythromycin**
Erosa® → **Erythromycin**
Erosfil® → **Sildenafil**
E'Rossan dâu gôi tri gàu-nâm tóc® → **Ketoconazole**
E'Rossan tri mun® → **Erythromycin**
Erotab® → **Erythromycin**
Eroxade® → **Roxithromycin**
Eroxim® → **Sildenafil**
Eroxim-fast® → **Sildenafil**
Erpaclovir® → **Aciclovir**
Erpalfa® → **Cytarabine**
Erphamol® → **Paracetamol**
Erphamoxy® → **Amoxicillin**
Erphathrocin® → **Erythromycin**
Erphatrim® [+ Sulfamethoxazole] → **Trimethoprim**
Erphatrim® [+ Trimethoprim] → **Sulfamethoxazole**
Erpizon® → **Aciclovir**
Erradic® → **Omeprazole**
Erreflog® → **Nimesulide**
Errekam® → **Piroxicam**
Errolon® → **Furosemide**
Ertaczo® → **Sertaconazole**
Ervemin® → **Methotrexate**
Erwinase® → **Asparaginase**
Erwinase® [vet.] → **Asparaginase**
Erxetilan® → **Enalapril**
Ery® → **Erythromycin**
Ery 1A Pharma® → **Erythromycin**
Eryacne® → **Erythromycin**
Eryacnen® → **Erythromycin**
Eryaknen® → **Erythromycin**
Erybeta® → **Erythromycin**
Erybeta TS® → **Erythromycin**
Erybros® → **Roxithromycin**
Eryc® → **Erythromycin**
Erycin® → **Erythromycin**
ERYCINUM® → **Erythromycin**
Erycoat® → **Erythromycin**
Erycream® → **Erythromycin**
Erycreat® → **Erythromycin**
Erycytol Depot® → **Hydroxocobalamin**
Eryderm® → **Erythromycin**
Erydermec® → **Erythromycin**
Ery-Diolan® → **Erythromycin**
Eryfer® → **Ferrous Sulfate**
Eryfluid® → **Erythromycin**
Erygel® → **Erythromycin**
Eryhexal® → **Erythromycin**
Ery-Hexal® → **Erythromycin**
Eryhexal® [caps.] → **Erythromycin**
Erylan® → **Erythromycin**
Erymax® → **Erythromycin**
Ery-Max® → **Erythromycin**
Erymed® → **Erythromycin**
Erymex® → **Erythromycin**
Erymicin® [vet.] → **Erythromycin**
Erymin® → **Erythromycin**
Erymycin AF® → **Erythromycin**
EryPed® → **Erythromycin**
Erypent® → **Pentoxifylline**
Erypo® → **Epoetin Alfa**
Erysafe® → **Erythromycin**
Erysanbe® → **Erythromycin**
Erysec® → **Erythromycin Stinoprate**
Erysil® → **Erythromycin**
Erysol® → **Erythromycin**
Erysolvan® → **Erythromycin Stinoprate**
Eryson® → **Erythromycin**
Erystad® → **Erythromycin**
Erystamine-K® → **Cromoglicic Acid**
Erysuc® → **Erythromycin**
Erytab® → **Erythromycin**
Ery-Tab® → **Erythromycin**
Eryth® → **Erythromycin**
Erythin® → **Erythromycin**
Eryth-Mycin® → **Erythromycin**
Erythran® → **Erythromycin**
Erythrin® → **Erythromycin**
Erythrocin® → **Erythromycin**
Erythrocine® → **Erythromycin**
Erythrocine-ES® → **Erythromycin**
Erythrocine® [inj.] → **Erythromycin**
Erythrocine® [vet.] → **Erythromycin**
Érythrocine® [vet.] → **Erythromycin**
Erythrocine-W® [vet.] → **Erythromycin**
Erythrocin® [inj.] → **Erythromycin**
Erythrocin® [inj.] → **Erythromycin**
Erythrocin Intramammary® [vet.] → **Erythromycin**
Erythrocin i. v.® → **Erythromycin**
Erythrocin Lactobionate® → **Erythromycin**
Erythrocin oral® → **Erythromycin**
Erythrocin Stearate® → **Erythromycin**
Erythrocin® [vet.] → **Erythromycin**
Erythrocin W® [vet.] → **Erythromycin**
Erythrodar® → **Erythromycin**
Erythro Forte® → **Erythromycin**
Erythroforte® → **Erythromycin**
Erythrogel® → **Erythromycin**
Erythro-Hefa® [compr.] → **Erythromycin**
Erythromast® [vet.] → **Erythromycin**
Erythromicin® → **Erythromycin**
Erythromid® → **Erythromycin**
Erythromil® → **Erythromycin**
Erythromycin → **Erythromycin**
Erythromycin® → **Erythromycin**
Erythromycin acis® → **Erythromycin**
Erythromycin Äthylsuccinat® [vet.] → **Erythromycin**
Erythromycin AL® → **Erythromycin**
Erythromycin [BAN, JAN, USAN] → **Erythromycin**
Erythromycin Base Filmtab® → **Erythromycin**
Erythromycin Delayed-Release Capsules → **Erythromycin**
Erythromycin DeltaSelect® → **Erythromycin**
Erythromycin Domesco® → **Erythromycin**
Erythromycine → **Erythromycin**
Erythromycine® → **Erythromycin**
Erythromycine-Bailleul® → **Erythromycin**
Erythromycine Bailleul® → **Erythromycin**
Erythromycine Ceva Santé Animale® [vet.] → **Erythromycin**
Erythromycine Dakota® → **Erythromycin**
Erythromycine [DCF] → **Erythromycin**
Erythromycine (éthylsuccinate d') → **Erythromycin**
Erythromycine (éthylsuccinate d') (Ph. Eur. 5) → **Erythromycin**
Erythromycine lactobionate Mayne® → **Erythromycin**
Erythromycine (Ph. Eur. 5) → **Erythromycin**
Erythromycin Estolate® → **Erythromycin**

E

Erythromycinethylsuccinat → **Erythromycin**
Erythromycin Ethyl Succinate® → **Erythromycin**
Erythromycin Ethylsuccinate → **Erythromycin**
Erythromycin ethylsuccinate: → **Erythromycin**
Erythromycin Ethylsuccinate® → **Erythromycin**
Erythromycin Ethyl Succinate [BANM] → **Erythromycin**
Erythromycin Ethylsuccinate (JP XIV, Ph. Eur. 5, Ph. Int. 4, USP 30) → **Erythromycin**
Erythromycin Ethylsuccinate [USAN] → **Erythromycin**
Erythromycin Ethyl Succinate® [vet.] → **Erythromycin**
Erythromycinethylsuccinat (Ph. Eur. 5) → **Erythromycin**
Erythromycine® [vet.] → **Erythromycin**
Erythromycin Genericon® → **Erythromycin**
Erythromycin Heumann® → **Erythromycin**
Erythromycini ethylsuccinas → **Erythromycin**
Erythromycini ethylsuccinas (Ph. Eur. 5, Ph. Int. 4) → **Erythromycin**
Erythromycin Indo Farma® → **Erythromycin**
Erythromycin (JP XIV, Ph. Eur. 5, Ph. Int. 4, USP 30) → **Erythromycin**
Erythromycin Lactobionate® → **Erythromycin**
Erythromycin Lactobionate Abbott® → **Erythromycin**
Erythromycin Lannacher® → **Erythromycin**
Erythromycin Ophthalmic Ointment® → **Erythromycin**
Erythromycin-ratiopharm® → **Erythromycin**
Erythromycin-ratiopharm DB® → **Erythromycin**
Erythromycin Stada® → **Erythromycin**
Erythromycin Stragen® → **Erythromycin**
Erythromycin-Thiocyanat® [vet.] → **Erythromycin**
Erythromycinum → **Erythromycin**
Erythromycinum® → **Erythromycin**
Erythromycinum Intravenosum® → **Erythromycin**
Erythromycinum (Ph. Eur. 5, Ph. Int. 4) → **Erythromycin**
Erythromycinum pro Suspensione® → **Erythromycin**
Erythromycin® [vet.] → **Erythromycin**
Erythromycin-Wolff® → **Erythromycin**
Erythroped® → **Erythromycin**
Erythroped A® → **Erythromycin**
Erythropen® → **Erythromycin**
Erythro-Rx® → **Erythromycin**
Erythrosan® → **Erythromycin**
Erythrosel® [vet.] → **Erythromycin**
Erythrosol® [vet.] → **Erythromycin**
Erythro Suspensión® → **Erythromycin**
Erythro Teva® [compr.] → **Erythromycin**
Erythro Teva® [susp.] → **Erythromycin**
Erythrotrop® → **Erythromycin**
Erythro® [vet.] → **Erythromycin**
Erythrovet® [vet.] → **Erythromycin**
erythro von ct® → **Erythromycin**
Erythrox® → **Erythromycin**
Erytop® → **Erythromycin**
Erytral® → **Pentoxifylline**
Erytrociclin® → **Erythromycin**
Erytromicina® [vet.] → **Erythromycin**
Erytromycine® → **Erythromycin**
Erytromycine FNA® → **Erythromycin**
Erytro Suspension® → **Erythromycin**
Erytro® [tab./susp.] → **Erythromycin**
Erytrotil® [vet.] → **Erythromycin**
Es-3 → **Alprazolam**
Esafosfina® → **Fructose**
Esaldox® → **Levothyroxine**
Esarondil® → **Metacycline**
Esat® → **Risedronic Acid**
Esavir® → **Aciclovir**
Esb3® [vet.] → **Sulfaclozine**
Esberiven® → **Coumarin**
Esbesul® [+Sulfamethoxazole] → **Trimethoprim**
Esbesul® [+Trimethoprim] → **Sulfamethoxazole**
Esbetre® → **Sulfaclozine**
Escamox® → **Amoxicillin**
Escapelle® → **Levonorgestrel**
Escapin® → **Hyoscine Butylbromide**
Esceven® → **Escin**
Escina® → **Escin**
Escitalopram® → **Escitalopram**
Esclama® → **Nimorazole**
Esclebin® → **Norfloxacin**
Esclim® → **Estradiol**
Esclima® → **Estradiol**
Escodaron® → **Amiodarone**
Esconarkon® [vet.] → **Pentobarbital**
Escophos® [vet.] → **Toldimfos**
Escopolamina Braun® → **Scopolamine**
Escopolamina N-Butyl Bromuro® → **Scopolamine**
Escoprim® [+ Sulfamethoxazol] → **Trimethoprim**
Escoprim® [+ Trimethoprim] → **Sulfamethoxazole**
Escor® → **Nilvadipine**
Escort P® [vet.] → **Permethrin**
Escort® [vet.] → **Dimpylate**
Escre® → **Chloral Hydrate**
Escudo® → **Sucralfate**
Escumycin® → **Erythromycin**
E.S.E. → **Erythromycin**
Eselan® → **Omeprazole**
Eselin® → **Etamsylate**
Eserina Salicilato® → **Physostigmine**
Eserine → **Physostigmine**
Eserine [DCF] → **Physostigmine**
Esérine (salicylate d') → **Physostigmine**
Esérine (salicylate d') (Ph. Eur. 5) → **Physostigmine**
Eserini salicyla (Physostigmini salicylas";"Ph. Eur. 5) → **Physostigmine**
Esertia® → **Escitalopram**
Esetidina → **Hexetidine**
Esetidina [DCIT] → **Hexetidine**
Esidrex® → **Hydrochlorothiazide**
Esidrix® → **Hydrochlorothiazide**
Esilgan® → **Estazolam**
Esinol® → **Erythromycin**
Eskaflam® → **Nimesulide**
Eskalin® [vet.] → **Virginiamycin**
Eskalit® → **Lithium**
Eskalith® → **Lithium**
Eskalith CR® → **Lithium**
Eskapar® → **Nifuroxazide**
Eskazine® → **Trifluoperazine**
Eskazole® → **Albendazole**
Eslopram® → **Citalopram**
Eslorex® → **Escitalopram**
Esloric® → **Allopurinol**
Esmeron® → **Rocuronium Bromide**
Esmeron® [vet.] → **Rocuronium Bromide**
Esmo® → **Isosorbide Mononitrate**
Esmolol® → **Esmolol**
Esmolol Orpha® → **Esmolol**
Eso® → **Esomeprazole**
Esogut® → **Domperidone**
Eso-jod® → **Povidone-Iodine**
Esolut® → **Progesterone**
Esomed® → **Hydroquinone**
Esomep® → **Esomeprazole**

Esomeprazol® → **Esomeprazole**
Esonide® → **Budesonide**
Esonix® → **Esomeprazole**
Esopra® → **Esomeprazole**
Esopral® → **Esomeprazole**
Esoprax® → **Esomeprazole**
Esoprazol® → **Esomeprazole**
Esoral® → **Esomeprazole**
Esordin® → **Isosorbide Dinitrate**
Esotac® → **Esomeprazole**
Esoterica® → **Hydroquinone**
Esotid® → **Esomeprazole**
Esoz® → **Esomeprazole**
Espacil® → **Hyoscine Butylbromide**
Espadol® → **Benzalkonium Chloride**
Espadol® → **Chloroxylenol**
espa-dorm® → **Zopiclone**
Espadox® → **Doxepin**
espa-formin® → **Metformin**
espa-lepsin® → **Carbamazepine**
Espalexan® → **Oxapium Iodide**
espa-lipon® → **Thioctic Acid**
espa-lipon® [inj.] → **Thioctic Acid**
espa-moxin® → **Amoxicillin**
Espar® → **Aspartame**
espa-rhin® → **Xylometazoline**
Espasevit® → **Ondansetron**
Espasmobil® → **Hyoscine Butylbromide**
Espasmodonal® → **Dimeticone**
Espasmotab® → **Hyoscine Butylbromide**
Espasmotropin® → **Homatropine Methylbromide**
espa-trigin® → **Lamotrigine**
espa-valept® → **Valproic Acid**
Espaven® → **Ranitidine**
Espaven® [susp./gtt.] → **Dimeticone**
Especlor® → **Cefaclor**
Espectrin® [+ Sulfamethoxazole] → **Trimethoprim**
Espectrin® [+ Trimethoprim] → **Sulfamethoxazole**
Espectroprima® [+ Sulfamethoxazol] → **Trimethoprim**
Espectroprima® [+ Trimethoprim] → **Trimethoprim**
Esperal® → **Disulfiram**
Esperan® → **Oxapium Iodide**
Espercil® → **Tranexamic Acid**
Esperson® → **Desoximetasone**
Espertal® → **Valproic Acid**
Espesil® → **Acebutolol**
Espidifen® → **Ibuprofen**
Espimax® → **Spironolactone**
Espin® → **Dosulepin**
Espiride® → **Sulpiride**
Espirone® → **Spironolactone**
Espironolactona® → **Spironolactone**
Espironolactona Alter® → **Spironolactone**
Espironolactona Denver® → **Spironolactone**
Espironolactona Generis® → **Spironolactone**
Espironolactona L.CH.® → **Spironolactone**
Espironolactona Northia® → **Spironolactone**
Espitacin® → **Ciprofloxacin**
Espledol® → **Acemetacin**
Espo® → **Epoetin Alfa**
Espontal® → **Tamsulosin**
Espram® → **Esomeprazole**
Esprasone® → **Estradiol**
Esprenit® → **Ibuprofen**
Esprenit Suppos® → **Ibuprofen**
Esprital® → **Mirtazapine**
Espritin® → **Lactic Acid**
Esprocy® → **Cyproheptadine**
Espumisan® → **Dimeticone**
Espumisan L® → **Dimeticone**
Esputicon® → **Dimeticone**
Esquel® → **Gliclazide**
Esquinon® → **Carboquone**
Esracain® → **Lidocaine**
Esradin® → **Isradipine**
Esrufen® → **Ibuprofen**
Essaven® → **Heparin**
Essaven Gel® → **Escin**
Esseldon® → **Famotidine**
Essitol® → **Aluminum Acetate**
Essventia® → **Estradiol**
Estabel® → **Citalopram**
Estaprol® → **Ciprofibrate**
Estavudina® [caps./tab.] → **Stavudine**
Estavudox® [tab.] → **Stavudine**
Estazol® → **Albendazole**
Estazolam® → **Estazolam**
Estazor® → **Ursodeoxycholic Acid**
Estecina® [compr./inj.] → **Ciprofloxacin**
Estecina® [inf.] → **Ciprofloxacin**
Esteclin® → **Erdosteine**
Estermax® → **Estrogens, conjugated**
Ester-Vit® → **Ascorbic Acid**
Esteveciclina® [vet.] → **Doxycycline**
Estilsona® → **Prednisolone**
Estima® → **Progesterone**
Estimul® → **Fluoxetine**
Estinyl® → **Ethinylestradiol**
Estival® → **Carbocisteine**
Estivan® → **Ebastine**
Estomil® → **Lansoprazole**
Estomina® → **Bromazepam**
Estomycinum → **Paromomycin**
Estovyn-T® → **Tinidazole**
Estrabeta® → **Estradiol**
Estrace® [Tbl., ungt.] → **Estradiol**
Estracombi® → **Estradiol**
Estracyt® → **Estramustine**
Estracyt® [inj.] → **Estramustine**
Estradelle® → **Estradiol**
Estraderm® → **Estradiol**
Estraderm Dot® → **Estradiol**
Estraderm Matrix® → **Estradiol**
Estraderm MX® → **Estradiol**
Estraderm TTS® → **Estradiol**
Estradiol → **Estradiol**
Estradiol® → **Estradiol**
Estradiol 17β-cipionat → **Estradiol**
Estradiol 17β-cypionate: → **Estradiol**
Estradiol 1A-Pharma® → **Estradiol**
Estradiol 3-benzoate: → **Estradiol**
Estradiol A® → **Estradiol**
Estradiol [BAN, DCF, USAN] → **Estradiol**
Estradiolbenzoat → **Estradiol**
Estradiol Benzoate → **Estradiol**
Estradiol Benzoate [BANM, JAN, USAN] → **Estradiol**
Estradiol (benzoate d') → **Estradiol**
Estradiol (benzoate d') (Ph. Eur. 5) → **Estradiol**
Estradiol Benzoate (Ph. Eur. 5, JP XIV, USP XX) → **Estradiol**
Estradiol Benzoato® → **Estradiol**
Estradiol (benzoato de) → **Estradiol**
Estradiolbenzoat (Ph. Eur. 5) → **Estradiol**
Estradiol Bexal® → **Estradiol**
Estradiol cyclopentanepropionate → **Estradiol**
Estradiol Cypionate → **Estradiol**
Estradiol Cypionate [USAN] → **Estradiol**
Estradiol Cypionate (USP 30) → **Estradiol**
Estradiol DAK® → **Estradiol**
Estradiol Depot® → **Estradiol**
Estradiol Gf® → **Estradiol**
Estradiol G Gam® → **Estradiol**
Estradioli benzoas → **Estradiol**
Estradioli benzoas (Ph. Eur. 5, Ph. Int. II) → **Estradiol**
Estradiol Implants® → **Estradiol**
Estradiol Jenapharm® → **Estradiol**
Estradiol Katwijk® → **Estradiol**
Estradiol Lindo® → **Estradiol**
Estradiolo → **Estradiol**
Estradiolo Amsa® → **Estradiol**
Estradiolo Angelini® → **Estradiol**
Estradiolo benzoato → **Estradiol**
Estradiolo [DCIT] → **Estradiol**

Estradiol PCH® → **Estradiol**
Estradiol (Ph. Franç. X, USP 30, BP 2003) → **Estradiol**
Estradiol Sandoz® → **Estradiol**
Estradiol Servier® → **Estradiol**
Estradiolum → **Estradiol**
Estradiol Valerianato L.CH.® → **Estradiol**
Estradot® → **Estradiol**
Estradurin® → **Polyestradiol Phosphate**
Estrahexal® → **Estradiol**
Estral® [vet.] → **Estradiol**
Estramon® → **Estradiol**
Estramustina Filaxis® → **Estramustine**
Estramustin Hexal® → **Estramustine**
Estramustinphosphat Hexal® → **Estramustine**
Estranova® → **Medroxyprogesterone**
Estranova E® → **Estradiol**
Estrapatch® → **Estradiol**
Estrarona® → **Estrogens, conjugated**
Estrasorb® → **Estradiol**
Estratab® → **Estradiol**
Estrena® → **Estradiol**
Estreptomicina® → **Streptomycin**
Estreptomicina Atral® → **Streptomycin**
Estreptomicina Clariana® → **Streptomycin**
Estreptomicina Klonal® → **Streptomycin**
Estreptomicina L.CH.® → **Streptomycin**
Estreptomicina Normon® → **Streptomycin**
Estreptomicina Reig Jofre® → **Streptomycin**
Estreptomicina Richet® → **Streptomycin**
Estreptomicina Sulfato® → **Streptomycin**
Estreptoquinasa® → **Streptokinase**
Estreptoquinasa B.Braun® → **Streptokinase**
Estreptosil NF® → **Povidone-Iodine**
Estreva® → **Estradiol**
Estréva® → **Estradiol**
Estrimax® → **Estradiol**
Estring® → **Estradiol**
Estriol® → **Estriol**
Estriol → **Estriol**
Estriol [BAN, DCF, JAN, USAN] → **Estriol**
Estriol Jenapharm® → **Estriol**
Estriolo → **Estriol**
Estriol Ovulum® → **Estriol**
Estriol (Ph. Eur. 5, JP XIV, USP 30) → **Estriol**
Estriolsalbe® → **Estriol**
Estriolum → **Estriol**
Estriolum (Ph. Eur. 5) → **Estriol**
Estroclim® → **Estradiol**
Estrodose® → **Estradiol**
Estrofem® → **Estradiol**
Estrofen® → **Estradiol**
Estroffik® → **Estradiol**
Estrogel® → **Estradiol**
Estrogena conjugata → **Estrogens, conjugated**
Estrogene, konjugiert → **Estrogens, conjugated**
Estrogènes conjugués → **Estrogens, conjugated**
Estrogènes conjugués (Ph. Eur. 5) → **Estrogens, conjugated**
Estrogeni coniuncti → **Estrogens, conjugated**
Estrogeni coniuncti (Ph. Eur. 5) → **Estrogens, conjugated**
Estrogenos Conjugados® → **Estrogens, conjugated**
Estrogenos conjugados → **Estrogens, conjugated**
Estrogenos Conjugados Memphis® → **Estrogens, conjugated**
Estrogens, conjugated → **Estrogens, conjugated**
Estrogens, Conjugated [JAN, USAN] → **Estrogens, conjugated**
Estrokad® → **Estriol**
Estromal® → **Estrogens, conjugated**
Estromil® [vet.] → **Cloprostenol**
Estromon® → **Estrogens, conjugated**
Estronorm® → **Estradiol**
Estro-Pause® → **Estradiol**
Estropill® [vet.] → **Megestrol**
Estropipate® → **Estropipate**
Estroplan® [vet.] → **Cloprostenol**
Estroplast® → **Estradiol**
Estroquin® → **Folinic Acid**
Estrotek® [vet.] → **Cloprostenol**
Estrumate® [vet.] → **Cloprostenol**
Estulic® → **Guanfacine**
Esucos® → **Dixyrazine**
Esvat® → **Simvastatin**
Esvit® → **Ascorbic Acid**
Esvit C Efervescente® → **Ascorbic Acid**
Esvit-C Lch® → **Ascorbic Acid**
E-Tab® → **Tocopherol, α-**
E-Tab-S® → **Tocopherol, α-**
Etabus® → **Disulfiram**
Etaconil® → **Flutamide**
Etacortilen® → **Dexamethasone**
Etacridina → **Ethacridine**
Etalpha® → **Alfacalcidol**
Etambutol® → **Ethambutol**
Etambutol Alkaloid® → **Ethambutol**
Etambutol Clorhidrato® → **Ethambutol**
Etambutol Llorente® → **Ethambutol**
Etambutol Richet® → **Ethambutol**
Etambutol Richmond® → **Ethambutol**
Etamsilat® → **Etamsylate**
Etamsilato → **Etamsylate**
Etamsilato [DCIT] → **Etamsylate**
Etamsylat → **Etamsylate**
Etamsylate → **Etamsylate**
Etamsylate [BAN, DCF, JAN] → **Etamsylate**
Etamsylate (Ph. Eur. 5) → **Etamsylate**
Etamsylat (Ph. Eur. 5) → **Etamsylate**
Etamsylatum → **Etamsylate**
Etamsylatum (Ph. Eur. 5) → **Etamsylate**
Etan® → **Losartan**
Etaphylline® → **Acefylline Piperazine**
Etapiam® → **Ethambutol**
Etasisen® → **Aciclovir**
Etason® → **Dexamethasone**
Etason® [inj.] → **Dexamethasone**
Etaxene® → **Somatostatin**
Etazim® → **Cetuximab**
ETEC® → **Tocopherol, α-**
Etec 1000® → **Tocopherol, α-**
Eternex® → **Melatonin**
Etfariol® → **Ticlopidine**
Etform® → **Metformin**
Ethacilin® [vet.] → **Penicillin G Procaine**
Ethacridin → **Ethacridine**
Ethacridine → **Ethacridine**
Ethacridine [BAN, DCF] → **Ethacridine**
Ethacridine Lactate → **Ethacridine**
Ethacridine lactate: → **Ethacridine**
Ethacridine Lactate [BANM, USAN] → **Ethacridine**
Ethacridine Lactate Monohydrate (Ph. Eur. 5) → **Ethacridine**
Ethacridini lactas monohydricus → **Ethacridine**
Ethacridini lactas monohydricus (Ph. Eur. 5) → **Ethacridine**
Ethacridinlactat-1-Wasser → **Ethacridine**
Ethacridinum → **Ethacridine**
Etham® → **Ethambutol**
Ethamben® → **Ethambutol**
Ethambin® → **Ethambutol**
Ethambutol® → **Ethambutol**
Ethambutol Hydrochloride® → **Ethambutol**

Etodolac [BAN, DCIT, USAN] → **Etodolac**
Étodolac [DCF] → **Etodolac**
Etodolaco → **Etodolac**
Etodolac (Ph. Eur. 5, USP 30) → **Etodolac**
Etodolac Teva® → **Etodolac**
Etodolacum → **Etodolac**
Etodolacum (Ph. Eur. 5) → **Etodolac**
Etodolic acid → **Etodolac**
Etodolsäure → **Etodolac**
Etofenamato® → **Etofenamate**
Etoflam® → **Etofenamate**
Etogel® → **Etofenamate**
EtoGesic® [vet.] → **Etodolac**
Eto-GRY® → **Etoposide**
Etoina® → **Phenytoin**
Etol® → **Etodolac**
Etolac® → **Etodolac**
Etomedac® → **Etoposide**
Etomidate® → **Etomidate**
Etomidate Injection® → **Etomidate**
Etomidate-Lipuro® → **Etomidate**
Etomidat-Lipuro® → **Etomidate**
Etomidato® → **Etomidate**
Etomine® → **Clotiapine**
Eton® → **Ethionamide**
Etonase® → **Lysozyme**
Etonco® → **Etoposide**
E-Toni® → **Tocopherol, α-**
Etono® → **Tripelennamine**
Etonox® → **Etodolac**
Etopan® → **Etodolac**
Etopofos® → **Etoposide**
Etopophos® → **Etoposide**
Etoposide® → **Etoposide**
Etoposide Abbott® → **Etoposide**
Etoposide Abic® → **Etoposide**
Etoposide APP® → **Etoposide**
Etoposid Ebewe® → **Etoposide**
Etoposide Crinos® → **Etoposide**
Etoposide Dakota® → **Etoposide**
Etoposide DBL® → **Etoposide**
Etoposide Ebewe® → **Etoposide**
Etoposide Eczacibasi® → **Etoposide**
Etoposide EuroCept® → **Etoposide**
Etoposide Fidia® → **Etoposide**
Etoposide Injection® → **Etoposide**
Etoposide Jero® → **Etoposide**
Etoposide Kohne® → **Etoposide**
Etoposide Mayne® → **Etoposide**
Etoposide-Mayne® → **Etoposide**
Etoposide Pfizer® → **Etoposide**
Etoposide Pharmachemie® → **Etoposide**
Etoposide Pharmacia® → **Etoposide**
Etoposide Pharmacia and Upjohn® → **Etoposide**
Etoposide Pierre Fabre® → **Etoposide**
Etoposide Sanofi-Synthelabo® → **Etoposide**
Etoposide Teva® → **Etoposide**
Etoposide Upjohn® → **Etoposide**
Etoposid Hexal® → **Etoposide**
Etoposid Mayne® → **Etoposide**
Etoposid Meda® → **Etoposide**
Etoposido® → **Etoposide**
Etoposido Biocrom® → **Etoposide**
Etoposido Delta Farma® → **Etoposide**
Etoposido Ferrer Farma® → **Etoposide**
Etoposido Filaxis® → **Etoposide**
Etoposido Microsules® → **Etoposide**
Etoposido Rontag® → **Etoposide**
Etoposido Servycal® → **Etoposide**
Etoposido Teva® → **Etoposide**
Etoposido Varifarma® → **Etoposide**
Etoposid Pfizer® → **Etoposide**
Etopos® [inj.] → **Etoposide**
Etopoxan® → **Etoposide**
Etorac® → **Ketorolac**
Etoral Cream® → **Ketoconazole**
Etorix® → **Etoricoxib**
Etosid® → **Etoposide**
Etos Paracetamol® → **Paracetamol**
Etosuccimide → **Ethosuximide**
Etosuccimide [DCIT] → **Ethosuximide**
Etosuximida → **Ethosuximide**
Etosuximida® → **Ethosuximide**
Etosuximida Faes® → **Ethosuximide**
Etovit® → **Tocopherol, α-**
Etox® → **Tocopherol, α-**
Etoxib® → **Etoricoxib**
Etoxisclerol® → **Polidocanol**
Etra-Bol® [vet.] → **Tetracycline**
Etrane® → **Enflurane**
Etrat® → **Glycol Salicylate**
Etrax® → **Levamisole**
Etrocin® → **Erythromycin**
Etrola® → **Erythromycin**
Etrolate® → **Erythromycin**
Etromycin® → **Erythromycin**
Etron® → **Metronidazole**
Etronil® → **Metronidazole**
Etrosteron® → **Estradiol**
Etumina® → **Clotiapine**
Etumine® → **Clotiapine**
Etyomid® → **Ethionamide**
Etyzem® → **Diltiazem**
Eubiolac Verla® → **Lactic Acid**
Eucalcic® → **Calcium Carbonate**
Eucalen® → **Alendronic Acid**
Eucaliptine® → **Guaiacol**
Eucar® → **Levocarnitine**
Eucardic® → **Carvedilol**
Eucarnil® → **Levocarnitine**
Eucerin® → **Urea**
Euchessina CM® → **Sodium Picosulfate**
Eucid® → **Omeprazole**
Euciprin® → **Ciprofloxacin**
Euciton® → **Domperidone**
Euclamin® → **Glibenclamide**
Euclidan® → **Nicametate**
Euclivir® → **Aciclovir**
Euclorina® → **Tosylchloramide Sodium**
Eucol® → **Arginine**
Eucoprost® → **Finasteride**
Eucor® → **Simvastatin**
Eucor® [compr.] → **Carvedilol**
Eucycline® → **Ketotifen**
Eudemine® → **Diazoxide**
Eudemine® [vet.] → **Diazoxide**
Euderm® → **Urea**
Eudextran® → **Dextran**
Eudiges® → **Lansoprazole**
Eudigox® → **Digoxin**
Eudipar® → **Heparin**
Eudolene® → **Nimesulide**
Eudorlin® → **Ibuprofen**
Eudyna® → **Tretinoin**
Eufans® → **Amtolmetin Guacil**
Eufenil® → **Ibuprofen**
Eufilina® → **Aminophylline**
Eufilina® → **Theophylline**
Eufilina Venosa® → **Theophylline**
Eufindol® → **Tramadol**
Euflat-E® → **Pancreatin**
Euflex® → **Flutamide**
Euflexxa® → **Hyaluronic Acid**
Euform® → **Metformin**
Eugalac® → **Lactulose**
Eugerial® → **Nimodipine**
Euglamin® → **Glibenclamide**
Euglim® → **Glimepiride**
Euglitol® → **Miglitol**
Euglizip® → **Glipizide**
Euglucan® → **Glibenclamide**
Euglucon® → **Glibenclamide**
Euglucon® [vet.] → **Glibenclamide**
Euglusid® → **Glibenclamide**
Euhypnos® → **Temazepam**
Euipnos® → **Temazepam**
Eukadar® → **Calcipotriol**
Eukaptil® → **Captopril**
Euketos® → **Ketoprofen**
Eukrim® → **Urea**
Eulexin® → **Flutamide**
Eulexine® → **Flutamide**
Eulitop® → **Bezafibrate**
Eumacid® [vet.] → **Cloxacillin**

Eu-med® → **Dexibuprofene**
Eumicel® → **Ketoconazole**
Eumitan® → **Frovatriptan**
Eumosone® → **Clobetasone**
Eumotil® → **Trimebutine**
Eumovate® → **Clobetasone**
Eunerpan® → **Melperone**
Eunoctin® → **Nitrazepam**
Eupantol® → **Pantoprazole**
Eupeclanic® [+ Amoxicillin, trihydrate] → **Clavulanic Acid**
Eupeclanic® [+ Clavulanic Acid, potassium salt] → **Amoxicillin**
Eupen® → **Amoxicillin**
Eupen® → **Tamsulosin**
Euphyllin® → **Theophylline**
Euphyllin® → **Aminophylline**
Euphyllina® → **Theophylline**
Euphylline L.A.® → **Theophylline**
Euphyllin Retard® → **Theophylline**
Euphyllin retard N® → **Theophylline**
Euphylong® → **Theophylline**
Euplix® → **Paroxetine**
Eupressin® → **Enalapril**
Eupressyl® → **Urapidil**
Eupressyl® [inj.] → **Urapidil**
Eupril® → **Lisinopril**
Euprotin® → **Lenograstim**
Euradal® → **Bisoprolol**
Eurax® → **Crotamiton**
Euraxil® → **Crotamiton**
Eureka Gold® [vet.] → **Dimpylate**
Eurelix® → **Piretanide**
Eurespal® → **Fenspiride**
Euretico® → **Chlortalidone**
Euro® → **Erythromycin**
Eurobetsol® → **Clobetasol**
Euroclin® → **Clindamycin**
Euroclin® [caps./sol.-inj.] → **Clindamycin**
Euroclin V® → **Clindamycin**
Euroclovir® → **Aciclovir**
Eurocolor Sin Sol® → **Dihydroxyacetone**
Eurodin® → **Estazolam**
Eurofer® → **Ferrous Sulfate**
Euroflu® → **Flunisolide**
Eurofolic® → **Folinic Acid**
Eurogesic® → **Naproxen**
Eurolase® → **Papain**
Euromicina® → **Clarithromycin**
Euronac® → **Acetylcysteine**
Europirin® → **Aspirin**
Europirin T® → **Aspirin**
Europril® → **Captopril**
Europuran® → **Polidocanol**
Eurotretin® → **Retinol**
Eurovir® → **Aciclovir**
Eurovita E® → **Tocopherol, α-**
Euroxi® → **Piroxicam**
Eurozepam® → **Medazepam**
Eurythmic® → **Amiodarone**
Eusaprim® [+ Sulfamethoxazol] → **Trimethoprim**
Eusaprim® [+ Trimethoprim] → **Sulfamethoxazole**
Eusedon® → **Promethazine**
Eusef® → **Cefradine**
Euskin® → **Erythromycin**
Eusovit® → **Tocopherol, α-**
Euspirax® → **Choline Theophyllinate**
Eustidil® → **Fluticasone**
Eutasil® [vet.] → **Pentobarbital**
Eutebrol® → **Memantine**
Eutens® → **Felodipine**
Euthanasia® [vet.] → **Pentobarbital**
Eutha-Naze® [vet.] → **Pentobarbital**
Euthanimal® [vet.] → **Phenobarbital**
Euthapent® [vet.] → **Pentobarbital**
Euthasol® [vet.] → **Pentobarbital**
Euthatal® [vet.] → **Pentobarbital**
Euthesate® [vet.] → **Pentobarbital**
Euthyrox® → **Levothyroxine**
Eutimil® → **Paroxetine**
Eutirox® → **Levothyroxine**
Eutocol® → **Estradiol**
Eutopic® → **Gentamicin**
Euvaxon® → **Etoposide**
Euvex® → **Lindane**
Euvirox® → **Aciclovir**
Euxat® → **Nifedipine**
Evacuol® → **Sodium Picosulfate**
Evadol® → **Diclofenac**
Evadol® → **Mebeverine**
Evaflox® → **Ofloxacin**
Evagelin® → **Bromazepam**
Evalgan® → **Dimeticone**
Evalin® → **Diazepam**
Evalon® → **Estriol**
Evalose® → **Lactulose**
EvaMist® → **Estradiol**
Evamyl® → **Lormetazepam**
Evapause® → **Progesterone**
Evarin® → **Mebeverine**
Evartan® → **Tertatolol**
Evascon® → **Diltiazem**
Evastel® → **Ebastine**
Evazol® → **Dequalinium Chloride**
Evercid® → **Flucloxacillin**
Everiden® → **Valproic Acid**
Eviantrina® → **Famotidine**
Evicap® → **Tocopherol, α-**
E-Vicotrat® → **Tocopherol, α-**
Eviden® → **Raloxifene**
Evidon® → **Tocopherol, α-**
E-Vidon® → **Tocopherol, α-**
Evigen® → **Tocopherol, α-**
Evilin® → **Cyproterone**
Evimal® → **Donepezil**
Evimec® → **Tocopherol, α-**
E-Vimin® → **Tocopherol, α-**
Evina® → **Ergometrine**
Evinopon® → **Diclofenac**
Eviol® → **Tocopherol, α-**
Evion® → **Tocopherol, α-**
Evipon® → **Tocopherol, α-**
Evipress® → **Lercanidipine**
Evista® → **Raloxifene**
Evista Lyfjaver® → **Raloxifene**
Evit® → **Tocopherol, α-**
E Vitamin E® → **Tocopherol, α-**
E-Vitamin-ratiopharm® → **Tocopherol, α-**
Evitex A® → **Retinol**
Evitex-Vitamin E® → **Tocopherol, α-**
Evitocor® → **Atenolol**
Evitol® → **Tocopherol, α-**
Evitrex® → **Tocopherol, α-**
E-Vitum® → **Tocopherol, α-**
Evo® → **Levofloxacin**
Evoclin® → **Clindamycin**
Evoltra® → **Clofarabine**
Evolux® → **Risperidone**
Evon® → **Tocopherol, α-**
Evopad® → **Estradiol**
Evoquin® → **Hydroxychloroquine**
Evorel® → **Estradiol**
Evorel Sequi® → **Estradiol**
Evothyl® → **Fenofibrate**
Evoxac® → **Cevimeline**
Exabet® → **Betamethasone**
Exacin® → **Isepamicin**
Exactum® → **Ampicillin**
Exacyl® → **Tranexamic Acid**
Exaflam® → **Diclofenac**
Exal® → **Vinblastine**
Ex-A-Lint® [vet.] → **Niclosamide**
Examsa® → **Dexamethasone**
Exarex® → **Charcoal, Activated**
Exazen® → **Azelaic Acid**
Exazol® [+ Sulfamethoxazole] → **Trimethoprim**
Exazol® [+ Trimethoprim] → **Sulfamethoxazole**
Excef® → **Cefixime**
Excegran® → **Zonisamide**
Excenel RTU® [vet.] → **Ceftiofur**
Excenel® [vet.] → **Ceftiofur**
Excipial® → **Urea**
Excipial U Hydrolotio® → **Urea**
Excipial U Lipolotio® → **Urea**
Excis® [vet.] → **Cypermethrin**
Exel® → **Meloxicam**

Exelderm® → **Sulconazole**
Exelon Lyfjaver® → **Rivastigmine**
Exelpet Flea and Tick Kill Concentrate® [vet.] → **Permethrin**
Exelpet Fleaban® [vet.] → **Dimpylate**
Exelpet Flea Liquidator® → **Fenthion**
Exelpet Heartworm Prevention® [vet.] → **Diethylcarbamazine**
Exelpet Itch Wash® [vet.] → **Selenium Sulfide**
Exelpet Palatable Puppy Worming Suspension® [vet.] → **Pyrantel**
Exelpet® [vet.] → **Chlorpyrifos**
Exempla® → **Ceftriaxone**
Exen® → **Meloxicam**
Exephin® → **Ceftriaxone**
Exergin® → **Dihydroergotoxine**
Exertial® → **Ciprofloxacin**
Exetick® [vet.] → **Permethrin**
Exetin-A® → **Epoetin Alfa**
Exflam® → **Diclofenac**
Exflem® → **Carbocisteine**
Exhelm® → **Morantel**
Exhelm® [vet.] → **Morantel**
Exhirud® → **Heparin**
Exiba® → **Memantine**
Exiben® → **Cefixime**
Exibral® → **Valproic Acid**
Exido® → **Lidocaine**
Exifine® → **Terbinafine**
ExiFLAM® [vet.] → **Dimethyl Sulfoxide**
Exil no Worm® [vet.] → **Nitroscanate**
Exil Taboral® [vet.] → **Cythioate**
Exil Tick off® [vet.] → **Bendiocarb**
Exil® [vet.] → **Permethrin**
Eximius® → **Clotrimazole**
Exinef® → **Etoricoxib**
Exipan® → **Piroxicam**
Exitop® → **Etoposide**
Exit® [vet.] → **Permethrin**
Exit® [vet.] → **Triflumuron**
Exjade® → **Deferasirox**
Ex-Lax® → **Docusate Sodium**
Exlutena® → **Lynestrenol**
Exluton® → **Lynestrenol**
Exlutona® → **Lynestrenol**
Exocin® → **Ofloxacin**
Exocine® → **Ofloxacin**
Exocin® [vet.] → **Ofloxacin**
Exocorpol® → **Poloxamer**
Exodril® → **Naftifine**
Exogran® → **Ceftriaxone**
Exolev® → **Levofloxacin**
Exolit® → **Bromhexine**
Exomuc® → **Acetylcysteine**
Exostrept® → **Fluoxetine**
Exosurf® → **Colfosceril Palmitate**
Exosurf Neonatal® → **Colfosceril Palmitate**
Exotoux® → **Carbocisteine**
Exovate® → **Clobetasol**
Exovon® → **Bromhexine**
Expahes® → **Hetastarch**
Expal® → **Spironolactone**
Expan® → **Doxepin**
Expandex → **Dextran**
Expandox® → **Paracetamol**
Expanfen® → **Ibuprofen**
Expectosan® → **Bromhexine**
Expelin® → **Carbocisteine**
Expelinct® → **Guaifenesin**
Expicin® → **Ampicillin**
Expigment® → **Hydroquinone**
Expilin® → **Chlorphenamine**
Expirobacter® → **Urea**
Expit® → **Ambroxol**
Expit® → **Sildenafil**
Explaner® → **Nimodipine**
Expogin® → **Methylergometrine**
Expros® → **Tamsulosin**
Exputex® → **Carbocisteine**
exrheudon OPT® → **Phenylbutazone**
Exsel® → **Selenium Sulfide**
Exspot® [vet.] → **Permethrin**
Extal® → **Acetylcysteine**
Extencilline® → **Benzathine Benzylpenicillin**
Extender® [vet.] → **Albendazole**
Extendryl-DM® → **Dextromethorphan**
Exterol® → **Urea**
Extimon® → **Ceftazidime**
Extina® → **Ketoconazole**
Extinosad® [vet.] → **Spinosad**
Extovyl® → **Betahistine**
Extra® → **Tetryzoline**
Extraboline® → **Nandrolone**
Extrace® → **Ascorbic Acid**
Extracef® → **Cefradine**
Extra® Eye Drops → **Tetryzoline**
Extrafer® → **Ferrous Gluconate**
Extranase® → **Bromelains**
Extraneal® → **Icodextrin**
Extranil® → **Procyclidine**
Extrapan® → **Ibuprofen**
Extraplus® → **Ketoprofen**
Extrastatin® → **Simvastatin**
Extropect® → **Ambroxol**
Extur® → **Indapamide**
Exubera® [biosynth.] → **Insulin Inhaled, Human**
Exudrol® → **Dexamethasone**
Exuracid® → **Tisopurine**
Exvihr® → **Stavudine**
Exviral® → **Aciclovir**
Exxiv® → **Etoricoxib**
Eyebrex® → **Tobramycin**
Eyeclof® → **Diclofenac**
Eyecon® → **Hyaluronic Acid**
Eye-Cort → **Hydrocortisone**
Eye Drops® → **Tetryzoline**
Eyeflur® → **Flurbiprofen**
Eye-Mo® → **Tetryzoline**
Eyestil® → **Hyaluronic Acid**
Eyeston® → **Oxymetazoline**
Eyetobrin® → **Tobramycin**
Eye-Visol® → **Tetryzoline**
Eye-Viton Beta Carotene® → **Betacarotene**
Eye-Zine® → **Tetryzoline**
Eypro® → **Ciprofloxacin**
E-Z-AC® → **Barium Sulfate**
E-Z-Cat® → **Barium Sulfate**
EZ-Char® → **Charcoal, Activated**
Ezede® → **Loratadine**
Ezeta® → **Ezetimibe**
Ezetib® → **Ezetimibe**
Ezetim® → **Ezetimibe**
Ezetimib® → **Ezetimibe**
Ezetimibe® → **Ezetimibe**
Ezetimibe-MSD® → **Ezetimibe**
Ezetrol® → **Ezetimibe**
Ezex® → **Clobetasone**
E-Z-HD® → **Barium Sulfate**
Ezide® → **Gliclazide**
Ezide® → **Hydrochlorothiazide**
Ezipol® → **Omeprazole**
Ezith® → **Azithromycin**
Ezon-T® → **Tolnaftate**
Ezopta® → **Ranitidine**
Ezor® → **Sodium Picosulfate**
E-Z-Paque® → **Barium Sulfate**
E-Z-Paque H.D.® → **Barium Sulfate**
Ezumycin® → **Clarithromycin**
Ezy® → **Celecoxib**
Ezy-Dose Monthly Heratworm Treatment for Dogs® [vet.] → **Ivermectin**

F 2559 → **Gallamine Triethiodide**
3-F® → **Levofloxacin**
F 30 → **Nitrofurantoin**
F 6 → **Nitrofural**
F 60 → **Furazolidone**
Fabamox® → **Amoxicillin**
Fabcid® → **Famotidine**
Faberdin® → **Famotidine**
Faboacid R® → **Ranitidine**
Fabofurox® → **Furosemide**
Fabogesic® → **Ibuprofen**
Fabolergic® → **Diphenhydramine**
Fabopcilina® → **Ampicillin**
Fabotenol® → **Atenolol**

Fabotensil® → **Enalapril**
Fabotop® → **Cefalexin**
Fabotranil® → **Diazepam**
Faboxetina® → **Fluoxetine**
Fabozepam® → **Bromazepam**
Fabracin® → **Cinnarizine**
Fabralgina® → **Naproxen**
Fabramicina® → **Azithromycin**
Fabrazol® → **Omeprazole**
Fabrazyme® → **Agalsidase Beta**
Fabudol® → **Piroxicam**
Facelit® → **Cefalexin**
Facenol® → **Tretinoin**
Facicam® → **Piroxicam**
Facid® → **Famotidine**
Facilpart® [vet.] → **Oxytocin**
Facimin® → **Oxymetazoline**
Faclor® → **Cefaclor**
Facort® → **Triamcinolone**
Factane® → **Octocog Alfa**
Facteur IX® → **Nonacog Alfa**
Facteur VII® → **Eptacog Alfa (activated)**
Facteur VII-LFB® → **Eptacog Alfa (activated)**
Facteur Von Willebrandt® → **Von Willebrand Factor**
Faction® → **Ketoconazole**
Factiv® → **Gemifloxacin**
Factive® → **Gemifloxacin**
Factodin® → **Clotrimazole**
Factopan® → **Ibuprofen**
Factor A-G® → **Dimeticone**
Factor IX Biotest® → **Nonacog Alfa**
Factor IX Grifols® → **Nonacog Alfa**
Factor IX P Behring® → **Nonacog Alfa**
Factor Laxante Ilab® → **Sodium Picosulfate**
Factor VII Baxter® → **Eptacog Alfa (activated)**
Factrel® [vet.] → **Gonadorelin**
Facyl® → **Tinidazole**
Fada Aciclovir® → **Aciclovir**
Fada Ambroxol® → **Ambroxol**
Fada Amiodarona® → **Amiodarone**
Fada Amlodipina® → **Amlodipine**
Fada Amoxicilina® → **Amoxicillin**
Fada Ampicilina® → **Ampicillin**
Fada Atenolol® → **Atenolol**
Fada Bromazepam® → **Bromazepam**
Fadacaina® → **Procaine**
Fada Cefalexina® → **Cefalexin**
Fada Cefepime® → **Cefepime**
Fada Cefuroxima® → **Cefuroxime**
Fada Ciprofloxacina® → **Ciprofloxacin**
Fada Claritromicina® → **Clarithromycin**
Fada Clorhexidina® → **Chlorhexidine**
Fada Dexametasona® → **Dexamethasone**
Fada Diclofenac® → **Diclofenac**
Fada Difenhidramina® → **Diphenhydramine**
Fada Diltiazem® → **Diltiazem**
Fada Dipirona® → **Metamizole**
Fada Enalapril® → **Enalapril**
Fada Fenobarbital® → **Phenobarbital**
Fadafilina® → **Aminophylline**
Fada Fluconazol® → **Fluconazole**
Fadaflumaz® → **Flumazenil**
Fada Furosemida® → **Furosemide**
Fada Ibuprofeno® → **Ibuprofen**
Fada Iodopovidona® → **Povidone-Iodine**
Fada Isoxsuprina® → **Isoxsuprine**
Fada Ketorolac® → **Ketorolac**
Fadalefrina® → **Phenylephrine**
Fada Levotiroxina® → **Levothyroxine**
Fadalivio® → **Naproxen**
Fada Loperamida® → **Loperamide**
Fada Loratadina® → **Loratadine**
Fada Lorazepam® → **Lorazepam**
Fada Losartan® → **Losartan**
Fada Meropenem® → **Meropenem**
Fada Metoclorpramida® → **Metoclopramide**
Fada Metronidazol® → **Metronidazole**
Fada Midazolam® → **Midazolam**
Fadamine® → **Metaraminol**
Fada Nifedipina® → **Nifedipine**
Fada Norfloxacina® → **Norfloxacin**
Fada Omeprazol® → **Omeprazole**
Fada Papaverina® → **Papaverine**
Fada Paracetamol® → **Paracetamol**
Fada Penicilina® → **Phenoxymethylpenicillin**
Fada Piperacilina® → **Piperacillin**
Fada Piroxicam® → **Piroxicam**
Fada Prometazina® → **Promethazine**
Fada Ranitidina® → **Ranitidine**
Fada Simvastatina® → **Simvastatin**
Fadastigmina® → **Neostigmine**
Fadina® → **Loratadine**
Fadine® → **Famotidine**
Fadrox® → **Cefadroxil**
Fadul® → **Famotidine**
Fagastril® → **Famotidine**
Fagol® → **Albendazole**
Fagolipo® → **Mazindol**
Fagus® → **Ranitidine**
Fagusan® → **Guaifenesin**
Faifloc® → **Flucloxacillin**
Faklor® → **Cefaclor**
Faktor IX SDN® → **Nonacog Alfa**
Faktor IX „SSI“® → **Nonacog Alfa**
Faktor VII® → **Eptacog Alfa (activated)**
Faktor VII Baxter® → **Eptacog Alfa (activated)**
Faktor VIII® → **Octocog Alfa**
Faktor VIII SDH INTERSERO® → **Octocog Alfa**
Faktor VII S-TIM® → **Eptacog Alfa (activated)**
Falazine® → **Sulfasalazine**
Falcef® → **Cefaclor**
Falcifor® → **Folic Acid**
Falcigo® → **Artesunate**
Falcol® → **Aceclofenac**
Falergi® → **Cetirizine**
Falexim® → **Cefalexin**
Falic® → **Sildenafil**
Falicard® → **Verapamil**
Falimint® → **Acetylaminonitropropoxybenzene**
Falithrom® → **Phenprocoumon**
Falmonox® → **Teclozan**
Falquigut gocce® → **Sodium Picosulfate**
Falvin® → **Fenticonazole**
Famciclovir® → **Famciclovir**
Famciclovir Visfarm® → **Famciclovir**
Famec® → **Famotidine**
Fameprim® [+ Sulfamethoxazole] → **Trimethoprim**
Fameprim® [+ Trimethoprim] → **Sulfamethoxazole**
Famex® → **Famotidine**
Famidyna® → **Famotidine**
Family Meltus Chesty Coughs® → **Guaifenesin**
Family Vlooienband® [vet.] → **Dimpylate**
Family Vlooien Tekenband® [vet.] → **Dimpylate**
Famo® → **Famotidine**
Famo 1A Pharma® → **Famotidine**
Famo AbZ® → **Famotidine**
Famobeta® → **Famotidine**
Famoc® → **Famotidine**
Famocid® → **Famotidine**
Famodar® → **Famotidine**
Famodil® → **Famotidine**
Famodin® → **Famotidine**
Famodine® → **Famotidine**
Famodyl® → **Famotidine**
Famogal® → **Famotidine**
Famogast® → **Famotidine**
Famohexal® → **Famotidine**

F

Famokey® → **Famotidine**
Famonerton® → **Famotidine**
Famonit® → **Famotidine**
Famonite® → **Famotidine**
Famonox® → **Famotidine**
Famopsin® → **Famotidine**
Famos® → **Famotidine**
Famosan® → **Famotidine**
Famose® → **Famotidine**
Famoser® → **Famotidine**
Famosia® → **Famotidine**
Famosin® → **Famotidine**
Famotab® → **Famotidine**
Famotack® → **Famotidine**
Famotak® → **Famotidine**
Famotal® → **Famotidine**
Famotec® → **Famotidine**
Famotep® → **Famotidine**
Famotid® → **Famotidine**
Famotidin → **Famotidine**
Famotidin® → **Famotidine**
Famotidin 1A® → **Famotidine**
Famotidina → **Famotidine**
Famotidina® → **Famotidine**
Famotidinã® → **Famotidine**
Famotidina Bexal® → **Famotidine**
Famotidin AbZ® → **Ondansetron**
Famotidina Ciclum® → **Famotidine**
Famotidina Cinfa® → **Famotidine**
Famotidina [DCIT] → **Famotidine**
Famotidina Edigen® → **Famotidine**
Famotidina Eg® → **Famotidine**
Famotidina Genfar® → **Famotidine**
Famotidina Gen-Far® → **Famotidine**
Famotidina Harkley® → **Famotidine**
Famotidina L.CH.® → **Famotidine**
Famotidina Lisan® → **Famotidine**
Famotidin Alkaloid® → **Famotidine**
Famotidina Mabo® → **Famotidine**
Famotidina Merck® → **Famotidine**
Famotidina MK® → **Famotidine**
Famotidina Normon® → **Famotidine**
Famotidina Qualix® → **Famotidine**
Famotidina Ranbaxy® → **Famotidine**
Famotidina Ratiopharm® → **Famotidine**
Famotidina Stada® → **Famotidine**
Famotidin Copyfarm® → **Famotidine**
Famotidin Domesco® → **Famotidine**
Famotidine → **Famotidine**
Famotidine® → **Famotidine**
Famotidine A® → **Famotidine**
Famotidine-Akri® → **Famotidine**
Famotidine Alpharma® → **Famotidine**
Famotidine [BAN, DCF, USAN] → **Famotidine**
Famotidine CF® → **Famotidine**
Famotidine for Injection® → **Famotidine**
Famotidin-EG® → **Famotidine**
Famotidine Gf® → **Famotidine**
Famotidine G Gam® → **Famotidine**
Famotidine Hovid® → **Famotidine**
Famotidine Indo Farma® → **Famotidine**
Famotidine Katwijk® → **Famotidine**
Famotidine Merck® → **Famotidine**
Famotidine PCH® → **Famotidine**
Famotidine (Ph. Eur. 5, JP XIV, USP 30) → **Famotidine**
Famotidine Sandoz® → **Famotidine**
Famotidine-Teva® → **Famotidine**
Famotidine Velka® → **Famotidine**
Famotidin findusFit® → **Famotidine**
Famotidin Genericon® → **Famotidine**
Famotidin Hexal® → **Famotidine**
Famotidin Interpharm® → **Famotidine**
Famotidin Klast® → **Famotidine**
Famotidin (Ph. Eur. 5) → **Famotidine**
Famotidin ratiopharm® → **Famotidine**
Famotidin-ratiopharm® → **Famotidine**
Famotidin Sandoz® → **Famotidine**
Famotidin Stada® → **Famotidine**
Famotidinum → **Famotidine**
Famotidinum (Ph. Eur. 5) → **Famotidine**
famotidin von ct® → **Famotidine**
Famotil® → **Famotidine**
Famotin® → **Famotidine**
Famotsan® → **Famotidine**
Famowal® → **Famotidine**
Famox® → **Famotidine**
Famri® → **Rifampicin**
Famtac® → **Famotidine**
Famto® → **Cefalotin**
Famtrex® → **Famciclovir**
Famulcer® → **Famotidine**
Famultran® → **Famotidine**
Famvir® [extern] → **Penciclovir**
Famvir® [Tbl.] → **Famciclovir**
Famvir® [Tbl.] → **Famciclovir**
Famvir Zoster® → **Famciclovir**
Fanaxal® → **Alfentanil**
Fandhi® → **Von Willebrand Factor**
Fangan® → **Ketoconazole**
Fanhdi® → **Octocog Alfa**
Fanil® → **Cromoglicic Acid**
Fanosin® → **Famotidine**
Fanox® → **Famotidine**
Fansamac® → **Bufexamac**
Fansia® → **Phenylpropanolamine**
Fansidar® [+ Pyrimethamine] → **Sulfadoxine**
Fansidar® [+ Sulfadoxine] → **Pyrimethamine**
Fansulide® → **Nimesulide**
Fantersol® → **Miconazole**
Farbovil® → **Ketoprofen**
Farbutamol® → **Salbutamol**
Farcef® → **Ceftriaxone**
Farcorelaxin® → **Hyoscine Butylbromide**
Farcyclin® → **Amikacin**
Farecef® → **Cefoperazone**
Farecillin® → **Piperacillin**
Fareclox® → **Flucloxacillin**
Faremid® → **Pipemidic Acid**
Farengil® → **Benzydamine**
Fareston® → **Toremifene**
Faretrizin® → **Cefatrizine**
Farevan® → **Warfarin**
Fargan® → **Promethazine**
Farganesse® → **Promethazine**
Fargoxin® → **Digoxin**
Farial® → **Indanazoline**
Farin® → **Warfarin**
Faringina® → **Dequalinium Chloride**
Farin Gola® → **Cetylpyridinium**
Faringosept® → **Ambazone**
Faringosept „L"® → **Ambazone**
Faringotricina® → **Tyrothricin**
Farlac® → **Lactulose**
Farlidone® → **Budesonide**
Farlin® → **Metamizole**
Farlutal® → **Medroxyprogesterone**
Farlutal Depot® → **Medroxyprogesterone**
Farlutale® → **Medroxyprogesterone**
Farlutal Inyectable® → **Medroxyprogesterone**
Farma 12® → **Benzalkonium Chloride**
Farmabes® → **Diltiazem**
Farmacaina Pomada® → **Lidocaine**
Farmaciclin® → **Vancomycin**
Farmacne® → **Isotretinoin**
Farmacrom® → **Cromoglicic Acid**
Farmadol® → **Paracetamol**
Farmadral® → **Propranolol**
Farmalat® → **Nifedipine**
Farmalex® → **Cefalexin**
Farmalip® → **Atorvastatin**
Farmapram® → **Alprazolam**
Farmaproina® → **Penicillin G Procaine**
Farmasal® → **Aspirin**
Farmasept® → **Didecyldimethylammonium**
Farmavon® → **Bromhexine**

Farmaxetina® → **Fluoxetine**
Farmer's Disinfectant® [vet.] → **Chlorhexidine**
Farmiblastina® → **Doxorubicin**
Farmicetina® → **Chloramphenicol**
Farmidil® → **Buflomedil**
Farmino® → **Glycerol**
Farmistin® → **Vincristine**
Farmitrexat® → **Methotrexate**
Farmolisina® [vet.] → **Metamizole**
Farmorubicin® → **Epirubicin**
Farmorubicina® → **Epirubicin**
Farmorubicine® → **Epirubicin**
Farmorubicine Cytovial® → **Epirubicin**
Farmotal® → **Thiopental Sodium**
Farmoten® → **Captopril**
Farmoxil® → **Amoxicillin**
Farmoxyl® [syrup] → **Amoxicillin**
Farna Fdg® → **Fludeoxyglucose (18F)**
Farnam® [vet.] → **Oxfendazole**
Farnam® [vet.] → **Abamectin**
Farnat® → **Metronidazole**
Farnitin® → **Levocarnitine**
Farnormin® → **Atenolol**
Farsix® → **Furosemide**
Farsorbid® → **Isosorbide Dinitrate**
Fartolin® → **Salbutamol**
Farxican® → **Piroxicam**
Fasarax® → **Hydroxyzine**
Fasax® → **Piroxicam**
Fascar® → **Clarithromycin**
Fascicur® [vet.] → **Triclabendazole**
Fascinex® [vet.] → **Triclabendazole**
Fasdal® → **Tinidazole**
Fasicare® [vet.] → **Triclabendazole**
Fasiclor® → **Cefaclor**
Fasidine® → **Famotidine**
Fasigin® → **Tinidazole**
Fasigyn® → **Tinidazole**
Fasigyne® → **Tinidazole**
Fasinex® [vet.] → **Triclabendazole**
Faslodex® → **Fulvestrant**
Fasolan® → **Flunarizine**
Faspic® → **Ibuprofen**
Fast® → **Calcium Carbonate**
Fast® → **Paracetamol**
Fastfen® → **Sufentanil**
Fastic® → **Nateglinide**
Fastjekt® → **Epinephrine**
Fastjel® → **Ketoprofen**
Fastum® → **Ketoprofen**
Fasturtec® → **Rasburicase**
Faszin® [vet.] → **Dimpylate**
Fatec® → **Cetirizine**
Fatidin® → **Famotidine**
Fatral® → **Sertraline**
Fatrocortin® [vet.] → **Dexamethasone**
Fatroximin® [vet.] → **Rifaximin**
Fatrox® [vet.] → **Rifaximin**
Faulcurium® → **Atracurium Besilate**
Fauldetic® → **Dacarbazine**
Fauldexato® → **Methotrexate**
Faulding-Carboplatina® → **Carboplatin**
Faulding-Cisplatina® → **Cisplatin**
Faulding-Dacarbazina® → **Dacarbazine**
Faulding-Doxorrubicina® → **Doxorubicin**
Faulding-Leucovorin® → **Calcium Levofolinate**
Faulding-Metotrexato® → **Methotrexate**
Faulding Pentamicina® → **Fungichromin**
Faulding-Vancomicina® → **Vancomycin**
Faulplatin® → **Cisplatin**
Faultenocan® → **Irinotecan**
Faulviral® → **Aciclovir**
Faustan® → **Diazepam**
Faverin® → **Fluvoxamine**
Faverin® [vet.] → **Fluvoxamine**
Favicin® → **Epirubicin**
Favint® → **Tiotropium Bromide**
Favistan® → **Thiamazole**
Favorat® → **Mesalazine**
Favorex® → **Sotalol**
Favoxil® → **Fluvoxamine**
Faximin® → **Glucosamine**
Faxin® → **Azithromycin**
Faxine® → **Venlafaxine**
Fayerex® → **Carbocisteine**
FazaClo® → **Clozapine**
Fazol® → **Isoconazole**
Fazolin® → **Cefazolin**
Fazoplex® → **Cefazolin**
FC 1026 (BASF) → **Povidone-Iodine**
Fcx® → **Flucloxacillin**
Fdgcadpet® → **Fludeoxyglucose (18F)**
FDG-IBA® → **Fludeoxyglucose (18F)**
FDG Scan® → **Fludeoxyglucose (18F)**
FDP Fisiopharma® → **Fructose**
Fea® → **Paracetamol**
Feacef® → **Cefuroxime**
Fealin® → **Atenolol**
Febantel → **Febantel**
Fébantel → **Febantel**
Febantel [BAN, USAN] → **Febantel**
Febantel for veterinary use (Ph. Eur. 5) → **Febantel**
Febantelum → **Febantel**
Febcid® → **Famotidine**
Febichol® → **Fenipentol**
Febira® → **Fenofibrate**
Febralgin® → **Paracetamol**
Febratic® → **Ibuprofen**
Febrectal® → **Paracetamol**
Fébrectol® → **Paracetamol**
Febricet® → **Paracetamol**
Febricol® → **Ibuprofen**
Febridol® → **Paracetamol**
Febridol Clear® → **Paracetamol**
Febrifen® → **Ibuprofen**
Febrilone® → **Metamizole**
Febrofen® → **Ketoprofen**
Febrofid® → **Ketoprofen**
Febryn® → **Ibuprofen**
Fecinole® → **Letrozole**
Fedex® → **Dextriferron**
Fedin® → **Felodipine**
Fedip® → **Nifedipine**
Fedipin® → **Nifedipine**
Fedolen® → **Folinic Acid**
Fedox® → **Hydroxyzine**
Fedrin® → **Ephedrine**
Feedmix TS®[vet.] → **Sulfamethoxazole**
Feedmix TS®[vet.] → **Trimethoprim**
Feedmix® [vet.] → **Oxytetracycline**
Feelnor® → **Trimetazidine**
Feen-A-Mint® → **Bisacodyl**
Feen-A-Mint® → **Sodium Picosulfate**
Fefexim® → **Cefixime**
Fefun® → **Nystatin**
Fegenor® → **Fenofibrate**
Feiba® → **Octocog Alfa**
Feiba Immuno Tim 4® → **Octocog Alfa**
Feiba S-TIM 4® → **Octocog Alfa**
Fel-6® → **Mebendazole**
Félalgyl® [vet.] → **Niflumic Acid**
Felantin® → **Phenytoin**
Felbamyl® → **Felbamate**
Felbatol® → **Felbamate**
Felcam® → **Piroxicam**
Feldegel® → **Piroxicam**
Felden® → **Piroxicam**
Feldene® → **Piroxicam**
Feldène® → **Piroxicam**
Feldene-D® → **Piroxicam**
Feldene Fast® → **Piroxicam**
Feldene Flash® → **Piroxicam**
Feldene Gel® → **Piroxicam**
Feldene SinGad® → **Piroxicam**
Feldene® [vet.] → **Piroxicam**
Felden-Gel® → **Piroxicam**
Felden-Quick-Solve® → **Piroxicam**
Feldex® → **Piroxicam**

Feldil® → **Felodipine**
Feldox® → **Piroxicam**
Felexin® → **Cefalexin**
Félibiotic® [vet.] → **Tetracycline**
Felicium® → **Fluoxetine**
Féliderm® [vet.] → **Megestrol**
Féligastryl® [vet.] → **Eseridine**
Feligastryl® [vet.] → **Physostigmine**
Feligel® [vet.] → **Fenbendazole**
Felim® → **Felodipine**
Felimazole® [vet.] → **Thiamazole**
Felinamox® [vet.] → **Amoxicillin**
Feline® [vet.] → **Stirofos**
Felipil® [vet.] → **Megestrol**
Felipram® → **Citalopram**
Félipurgatyl® [vet.] → **Eseridine**
Feliselin® → **Selegiline**
Felison® → **Flurazepam**
Féliténia® [vet.] → **Niclosamide**
Félitussyl® [vet.] → **Butopiprine**
Felixene® → **Ciprofloxacin**
Feliximir® → **Citalopram**
Felixsan® → **Fluvoxamine**
Felnitrex® → **Nitrendipine**
Felo® → **Felodipine**
Felobeta® → **Felodipine**
Felobits® → **Atenolol**
Felocor® → **Felodipine**
Felocord® → **Felodipine**
Feloday® → **Felodipine**
Felodil® → **Felodipine**
Felodin® → **Felodipine**
Felodipin® → **Felodipine**
Felodipin 1A Pharma® → **Felodipine**
Felodipina Alpharma® → **Felodipine**
Felodipina Bexal® → **Felodipine**
Felodipin AbZ® → **Felodipine**
Felodipin AL® → **Felodipine**
Felodipin Alpharma® → **Felodipine**
Felodipin Arcana® → **Felodipine**
Felodipin-CT® → **Felodipine**
Felodipin dura® → **Felodipine**
Felodipine AstraZeneca® → **Felodipine**
Felodipine Bexal® → **Felodipine**
Felodipine EG® → **Felodipine**
Felodipine-EG® → **Felodipine**
Felodipine Gf® → **Felodipine**
Felodipine Hexal® → **Felodipine**
Felodipin EP® → **Felodipine**
Felodipine PCH® → **Felodipine**
Felodipine Ratiopharm® → **Felodipine**
Felodipine Sandoz® → **Felodipine**
Felodipine-Sandoz® → **Felodipine**
Felodipin Helvepharm® → **Felodipine**
Felodipin Heumann® → **Felodipine**
Felodipin Hexal® → **Felodipine**
Felodipin-mepha® → **Felodipine**
Felodipin Merck NM® → **Felodipine**
Felodipino Sandoz® → **Felodipine**
Felodipin-ratiopharm® → **Felodipine**
Felodipin ratiopharm® → **Felodipine**
Felodipin Retard 1A Farma® → **Felodipine**
Felodipin Sandoz® → **Felodipine**
Felodipin Stada® → **Felodipine**
Felodipin TAD® → **Felodipine**
Felodistad® → **Felodipine**
Felodur® → **Felodipine**
Felogamma® → **Felodipine**
Felogard® → **Felodipine**
Felogel® → **Diclofenac**
Felohexal® → **Felodipine**
Felop® → **Felodipine**
Felo-Puren® → **Felodipine**
Feloran® → **Diclofenac**
Feloran Actavis® → **Diclofenac**
Feloran Gel® → **Diclofenac**
Felotard® → **Felodipine**
Feloten® → **Felodipine**
Felotens® → **Felodipine**
Felrox® → **Piroxicam**
Felsol® → **Fluconazole**
Felt Cat Flea Collar® [vet.] → **Permethrin**
Feltram® → **Haloperidol**
Fem7® → **Estradiol**
Femalon® → **Estradiol**
Femanest® → **Estradiol**
FEMA No. 3223 → **Phenol**
Femapirin® → **Ibuprofen**
Femar® → **Letrozole**
Femara® → **Letrozole**
Fémara® → **Letrozole**
Femarate® → **Ferrous Fumarate**
Femas® → **Ferrous Sulfate**
Fematab® → **Estradiol**
Fematrix® → **Estradiol**
Femavit® → **Estrogens, conjugated**
Femcare® → **Clotrimazole**
Femen® → **Ibuprofen**
Femen® → **Mefenamic Acid**
Femestral → **Estradiol**
Femeton® → **Ferrous Sulfate**
Femex® → **Ambroxol**
Femide® → **Alendronic Acid**
Femiderm TTS® → **Estradiol**
Femidot® → **Estradiol**
Femigel® → **Estradiol**
Femihexal® → **Medroxyprogesterone**
Feminalin® → **Ibuprofen**
Feminoflex® → **Etidronic Acid**
Feminova® → **Estradiol**
Femipres® → **Moexipril**
Femiprim® → **Ascorbic Acid**
Femixol® → **Fluconazole**
Femizol-M® → **Miconazole**
Femizol Vaginal Cream® → **Clotrimazole**
Femme free® → **Naproxen**
Fem-Mono Retard® → **Isosorbide Mononitrate**
Femoston® → **Estradiol**
Femox® → **Fluoxetine**
Femoxtal® → **Tamoxifen**
Fempress® → **Moexipril**
Femring® → **Estradiol**
Femsept® → **Estradiol**
FemSeven® → **Estradiol**
Femtab® → **Estradiol**
Femtrace® → **Estradiol**
Femtran® → **Estradiol**
Femulen® → **Etynodiol**
Fenac® → **Diclofenac**
Fenacop® → **Diclofenac**
Fenactil® → **Chlorpromazine**
Fenactol® → **Diclofenac**
Fenadex® → **Fexofenadine**
Fenadin® → **Terfenadine**
Fenadol® → **Diclofenac**
Fenafex® → **Fexofenadine**
Fenagel® → **Diclofenac**
Fenagen® → **Diclofenac**
Fenalgic® → **Diclofenac**
Fenalgina® → **Metamizole**
Fenamic® → **Mefenamic Acid**
Fenamic® → **Tolfenamic Acid**
Fenamide® → **Diclofenamide**
Fenamin® → **Mefenamic Acid**
Fenamol® → **Mefenamic Acid**
Fenamon® → **Nifedipine**
Fenantoin Recip® → **Phenytoin**
Fenaren® → **Diclofenac**
Fenasten® → **Finasteride**
Fenat® → **Ketotifen**
Fenaton® → **Mefenamic Acid**
Fenatrop® → **Trimebutine**
Fenazil® → **Promethazine**
Fenazin® → **Promethazine**
Fenazine® → **Promethazine**
Fenazol® → **Flufenamic Acid**
Fenazona → **Phenazone**
Fenazone → **Phenazone**
Fenazone [DCIT] → **Phenazone**
Fenazopiridina® → **Phenazopyridine**
Fenazox® → **Amfenac**
Fenbendatat® [vet.] → **Fenbendazole**
Fenbendazol → **Fenbendazole**
Fenbendazole → **Fenbendazole**
Fenbendazole [BAN, USAN] → **Fenbendazole**
Fenbendazole for Veterinary Use (Ph. Eur. 5) → **Fenbendazole**

Fenbendazole (Ph. Eur. 4) → **Fenbendazole**
Fenbendazole (USP 30) → **Fenbendazole**
Fenbendazol für Tiere (Ph. Eur. 5) → **Fenbendazole**
Fenbendazolum → **Fenbendazole**
Fenbendazolum ad usum veterinarium (Ph. Eur. 5) → **Fenbendazole**
Fenbendazol® [vet.] → **Fenbendazole**
Fenbenol® [vet.] → **Fenbendazole**
Fenben® [vet.] → **Fenbendazole**
Fenbid® → **Ibuprofen**
Fenbufen® → **Fenbufen**
Fenburil® → **Diclofenac**
Fencare® [vet.] → **Fenbendazole**
Fender® → **Diclofenac**
Fendibina® → **Ranitidine**
Fendiprazol® → **Omeprazole**
Fendiprazol® [inj.] → **Omeprazole**
Fendol® → **Mefenamic Acid**
Fenemal® → **Phenobarbital**
Fenemal Dak® → **Phenobarbital**
Fenemal Recip® → **Phenobarbital**
Fenemal SAD® → **Phenobarbital**
Fenemal® [vet.] → **Phenobarbital**
Fenergan® → **Promethazine**
Fenesin® → **Guaifenesin**
Fengam® → **Tiaprofenic Acid**
Fengdaxin® → **Ceftazidime**
Fengel® → **Diclofenac**
Fengkesong® → **Amphotericin B**
Fengsaixing® → **Cefalotin**
Fengtailing® [+ Piperacillin sodium salt] → **Tazobactam**
Fengtailing® [+ Tazobactam sodium salt] → **Piperacillin**
Feniclor® → **Chloramphenicol**
Fenicol® → **Chloramphenicol**
Fenicort® → **Prednisolone**
Fenidantoin® [tabs] → **Phenytoin**
Fenidina® → **Nifedipine**
Fenigramon® → **Phenytoin**
Fenilbutazona → **Phenylbutazone**
Fenilbutazona® → **Phenylbutazone**
Fenilbutazonă® → **Phenylbutazone**
Fenilbutazona Genfar® → **Phenylbutazone**
Fenilbutazona L.CH.® → **Phenylbutazone**
Fenilbutazonă MK® → **Phenylbutazone**
Fenilbutazone → **Phenylbutazone**
Fenilbutazone [DCIT] → **Phenylbutazone**
Fenilbutazone® [vet.] → **Phenylbutazone**
Fenilefrin® → **Phenylephrine**
Fenilefrina → **Phenylephrine**
Fenilefrina® → **Phenylephrine**
Fenilefrina clorhidrato → **Phenylephrine**
Fenilefrina Clorhidrato® → **Phenylephrine**
Fenilefrina cloridrato → **Phenylephrine**
Fenilefrina Cloridrato® → **Phenylephrine**
Fenilefrina [DCIT] → **Phenylephrine**
Fenilefrina Gray® → **Phenylephrine**
Fenilpropanolamina → **Phenylpropanolamine**
Fenilpropanolamina clorhidrato → **Phenylpropanolamine**
Fenilpropanolamina cloridrato → **Phenylpropanolamine**
Fenint® → **Thioctic Acid**
Fenint® [inj.] → **Thioctic Acid**
Fenisole® → **Diclofenac**
Fenisona® → **Mometasone**
Fenistil® → **Dimetindene**
Fenistil Hydrocort® → **Hydrocortisone**
Fenistil Pencivir® → **Penciclovir**
Fenistil-Roll-on® → **Dimetindene**
Fenital® → **Phenytoin**
Fenitenk® → **Phenytoin**
Fenitoin® → **Phenytoin**
Fenitoina → **Phenytoin**
Fenitoina® → **Phenytoin**
Fenitoina Biocrom® → **Phenytoin**
Fenitoina Combino Pharm® → **Phenytoin**
Fenitoina [DCIT] → **Phenytoin**
Fenitoina Denver Farma® → **Phenytoin**
Fenitoina Generis® → **Phenytoin**
Fenitoina Genfarma® → **Phenytoin**
Fenitoina Ges® → **Phenytoin**
Fenitoina Iqfarma® → **Phenytoin**
Fenitoina Kern® → **Phenytoin**
Fenitoina Lch® → **Phenytoin**
Fenitoina PH & T® → **Phenytoin**
Fenitoina Richmond® → **Phenytoin**
Fenitoina Rubio® → **Phenytoin**
Fenitoina Sandoz® → **Phenytoin**
Fenitoina sódica → **Phenytoin**
Fenitoina Sodica® → **Phenytoin**
Fenitoina sodicani → **Phenytoin**
Fenitoina Sodica Prompt L.CH.® → **Phenytoin**
Fenitoina Sodica Promt® → **Phenytoin**
Fenitron® [tabs] → **Phenytoin**
Fenivir® → **Penciclovir**
Fenizolan® → **Fenticonazole**
Fenko® → **Oxolamine**
Fenobarbital® → **Phenobarbital**
Fenobarbital → **Phenobarbital**
Fenobarbital Cevallos® → **Phenobarbital**
Fenobarbital [DCIT] → **Phenobarbital**
Fenobarbitale sodico → **Phenobarbital**
Fenobarbitale Sodico® → **Phenobarbital**
Fenobarbital FNA® → **Phenobarbital**
Fenobarbital Gf® → **Phenobarbital**
Fenobarbital Klonal® → **Phenobarbital**
Fenobarbital Larjan® [inj.] → **Phenobarbital**
Fenobarbital L.CH.® → **Phenobarbital**
Fenobarbital PCH® → **Phenobarbital**
Fenobarbital Richmond® → **Phenobarbital**
Fenobarbital Richmond® [inj.] → **Phenobarbital**
Fenobarbital sódico → **Phenobarbital**
Fenobarbital Sodico® → **Phenobarbital**
Fenobarbiton® → **Phenobarbital**
Fenobest® → **Tamoxifen**
Fenobeta® → **Fenofibrate**
Fenobrat® → **Fenofibrate**
Fenobrate® → **Fenofibrate**
Fenocap® → **Fenofibrate**
Fenocin® → **Phenoxymethylpenicillin**
Fenoclof® → **Diclofenac**
Fenocol® → **Fenofibrate**
Fenocris® → **Phenobarbital**
Fenofanton® → **Fenofibrate**
Fenofibrat AbZ® → **Fenofibrate**
Fenofibrat AL® → **Fenofibrate**
Fenofibrat AZU® → **Fenofibrate**
Fenofibrat-CT® → **Fenofibrate**
Fenofibrate® → **Fenofibrate**
Fenofibrate Bexal® → **Fenofibrate**
Fénofibrate Biogaran® → **Fenofibrate**
Fenofibrate BMS® → **Fenofibrate**
Fenofibrate Domesco® → **Fenofibrate**
Fenofibrate EG® → **Fenofibrate**
Fénofibrate EG® → **Fenofibrate**
Fénofibrate Fournier® → **Fenofibrate**
Fénofibrate Fournier Micronisé® → **Fenofibrate**
Fénofibrate G Gam® → **Fenofibrate**
Fénofibrate Ivax® → **Fenofibrate**
Fénofibrate Merck® → **Fenofibrate**
Fénofibrate RPG® → **Fenofibrate**
Fénofibrate Sandoz® → **Fenofibrate**
Fenofibrate Teva® → **Fenofibrate**

F

Fénofibrate Winthrop® → **Fenofibrate**
Fenofibrate Zydus® → **Fenofibrate**
Fenofibrat Genericon® → **Fenofibrate**
Fenofibrat Heumann® → **Fenofibrate**
Fenofibrat Hexal® → **Fenofibrate**
Fenofibrat LPH® → **Fenofibrate**
Fenofibrat Nycomed® → **Fenofibrate**
Fenofibrato Winthrop® → **Fenofibrate**
Fenofibrat-ratiopharm® → **Fenofibrate**
Fenofibrat Sandoz® → **Fenofibrate**
Fenofibrat Stada® → **Fenofibrate**
fenofibrat von ct® → **Fenofibrate**
Fenofitop® → **Fenofibrate**
Fenofix® → **Fenofibrate**
Fenogal® → **Fenofibrate**
Fenogal Lidose® → **Fenofibrate**
Fenogel® → **Etofenamate**
Fenolax® → **Bisacodyl**
Fenolftaleina → **Phenolphthalein**
Fenolftaleina® → **Phenolphthalein**
Fenolftaleina [DCIT] → **Phenolphthalein**
Fenolid® → **Fenofibrate**
Fenolip® → **Fenofibrate**
Fenolo → **Phenol**
Fenolsulfonftaleina® → **Phenolsulphonphthalein**
Feno-Micro® → **Fenofibrate**
Fenopine® → **Ibuprofen**
Fenoprofen Calcium® → **Fenoprofen**
Fenopron® → **Fenoprofen**
Fenoratio® → **Fenofibrate**
Fenorin® → **Carbocisteine**
Fenorit® → **Propafenone**
Fenosept® → **Phenylmercuric Borate**
Fenossietanolo → **Phenoxyethanol**
Fenossimetilpenicillina → **Phenoxymethylpenicillin**
Fenossimetilpenicillina [DCIT] → **Phenoxymethylpenicillin**
Fenossimetilpenicillina potassica → **Phenoxymethylpenicillin**
Fenoterol® → **Fenoterol**
Fenoterol Bromhidrato® → **Fenoterol**
Fenotral® → **Diphenhydramine**
Fenotrine® → **Phenothrin**
Fenox® → **Fenofibrate**
Fenoxene® → **Phenoxybenzamine**
Fenoxibenzamina → **Phenoxybenzamine**
Fenoximetilpenicilina → **Phenoxymethylpenicillin**
Fenoximetilpenicilina® → **Phenoxymethylpenicillin**
Fenoximetilpenicilina Fabra® → **Phenoxymethylpenicillin**
Fenoximetilpenicilina Lafedar® → **Phenoxymethylpenicillin**
Fenoximetilpenicilina Medipharma® → **Phenoxymethylpenicillin**
Fenoximetilpenicilina Potásica → **Phenoxymethylpenicillin**
Fenoximetil Penicilina Potasica L.CH.® → **Phenoxymethylpenicillin**
Fenoximetilpenicilina Potasica LCH® → **Phenoxymethylpenicillin**
Fenoxymethylpenicilline CF® → **Phenoxymethylpenicillin**
Fenoxymethylpenicillinekalium Gf® → **Phenoxymethylpenicillin**
Fenoxymethylpenicilline PCH® → **Phenoxymethylpenicillin**
Fenoxypen® → **Phenoxymethylpenicillin**
Fenozan® → **Fenoterol**
Fenpaed® → **Ibuprofen**
Fenpic® → **Ibuprofen**
Fenprocoumon® → **Phenprocoumon**
Fenprocoumon A® → **Phenprocoumon**
Fenprocoumon ratiopharm® → **Phenprocoumon**
Fenprocoumon Sandoz® → **Phenprocoumon**
Fenquel® → **Fentanyl**
Fenris® → **Ibuprofen**
Fensaide® → **Diclofenac**
Fensartan® → **Losartan**
Fensedyl® → **Oxatomide**
Fensel® → **Felodipine**
Fensipros® → **Clomifene**
Fensum® → **Paracetamol**
Fentadolon® [TTS] → **Fentanyl**
Fentahexal® → **Fentanyl**
Fental® → **Fentanyl**
Fental® → **Tegafur**
Fentalim® → **Alfentanil**
Fentamed® → **Fentanyl**
Fentanest® → **Fentanyl**
Fentanil® → **Fentanyl**
Fentanila Citrato® → **Fentanyl**
Fentanil Braun® → **Fentanyl**
Fentanil [DCIT] → **Fentanyl**
Fentanile → **Fentanyl**
Fentanil Hexal® → **Fentanyl**
Fentanilo® → **Fentanyl**
Fentanilo → **Fentanyl**
Fentanilo B. Braun® → **Fentanyl**
Fentanilo Citrato® → **Fentanyl**
Fentanilo Denver Farma® → **Fentanyl**
Fentanilo Fabra® → **Fentanyl**
Fentanilo Gemepe® → **Fentanyl**
Fentanilo Gray® → **Fentanyl**
Fentanilo Janssen® → **Fentanyl**
Fentanilo Lazar® → **Fentanyl**
Fentanilo Northia® → **Fentanyl**
Fentanil Sandoz® → **Fentanyl**
Fentanyl → **Fentanyl**
Fentanyl® → **Fentanyl**
Fentanyl 1A Pharma® [TTS] → **Fentanyl**
Fentanyl AbZ® → **Fentanyl**
Fentanyl Actavis® [TTS] → **Fentanyl**
Fentanyl Alpharma® → **Fentanyl**
Fentanyl Antigen® → **Fentanyl**
Fentanyl AWD® [TTS] → **Fentanyl**
Fentanyl [BAN, DCF] → **Fentanyl**
Fentanyl B.Braun® → **Fentanyl**
Fentanyl Bexal® → **Fentanyl**
Fentanyl Bipharma® → **Fentanyl**
Fentanyl-Braun® → **Fentanyl**
Fentanyl Citrate® → **Fentanyl**
Fentanyl Citrate-DBL® → **Fentanyl**
Fentanyl CT® → **Fentanyl**
Fentanyl Curamed® [inj.] → **Fentanyl**
Fentanyl Dakota Pharm® → **Fentanyl**
Fentanyl DBL® → **Fentanyl**
Fentanyl DeltaSelect® → **Fentanyl**
Fentanyl esparma® → **Fentanyl**
Fentanyl Fresenius® → **Fentanyl**
Fentanyl-Hameln® → **Fentanyl**
Fentanyl Hameln® → **Fentanyl**
Fentanyl-Hexal® [inj.] → **Fentanyl**
Fentanyl Hexal® [TTS] → **Fentanyl**
Fentanyl Hexal® [TTS] → **Fentanyl**
Fentanyl Injection DBL® → **Fentanyl**
Fentanyl Inresa® → **Fentanyl**
Fentanyl Janssen® → **Fentanyl**
Fentanyl-Janssen® → **Fentanyl**
Fentanyl J-C® → **Fentanyl**
Fentanyl Krewel® → **Fentanyl**
Fentanyl Meda® → **Fentanyl**
Fentanyl-Mepha® [TTS] → **Fentanyl**
Fentanyl Nycomed® → **Fentanyl**
Fentanyl Oralet® → **Fentanyl**
Fentanyl Panpharma® → **Fentanyl**
Fentanyl (Ph. Eur. 5) → **Fentanyl**
Fentanyl® [powder] [vet.] → **Fentanyl**
Fentanyl Ratiopharm® → **Fentanyl**
Fentanyl-ratiopharm® [inj.] → **Fentanyl**
Fentanyl-ratiopharm® [TTS] → **Fentanyl**
Fentanyl Renaudin® → **Fentanyl**
Fentanyl Rotexmedica® → **Fentanyl**
Fentanyl Sandoz® [TTS] → **Fentanyl**
Fentanyl Stada® [TTS] → **Fentanyl**

Fentanyl TAD® → **Fentanyl**
Fentanyl Torrex® → **Fentanyl**
Fentanylum → **Fentanyl**
Fentanylum (Ph. Eur. 5) → **Fentanyl**
Fentanyl Winthrop® [TTS] → **Fentanyl**
Fentatienil® → **Sufentanil**
Fentax® → **Fentanyl**
Fentazin® → **Perphenazine**
Fentikol® → **Fenticonazole**
Fentina® → **Memantine**
Fentizol® → **Fenticonazole**
Fentocin® [vet.] → **Oxytocin**
Fentonal® → **Budesonide**
Fentora® → **Fentanyl**
Fentoron® → **Fentanyl**
Fentrinol® → **Amidefrine Mesilate**
Fentul® → **Ifosfamide**
Fenuril® → **Urea**
Fenylbutazone® [vet.] → **Phenylbutazone**
Fenylbutazon FNA® → **Phenylbutazone**
Fenylbutazon Oba® → **Phenylbutazone**
Fenylbutazon® [vet.] → **Phenylbutazone**
Fenylefrine Minims® → **Phenylephrine**
Fenylefrine Monofree® → **Phenylephrine**
Fenytoin Dak® → **Phenytoin**
Fenzol® [vet.] → **Fenbendazole**
Feosol® → **Dextran Iron Complex**
Feosol® → **Ferrous Sulfate**
Feospan® → **Ferrous Sulfate**
Feostat® → **Ferrous Fumarate**
Feparil® → **Escin**
Fepiram® → **Piracetam**
Feprax® → **Alprazolam**
Feprorex® → **Fenproporex**
Feratab® → **Ferrous Sulfate**
Ferbin® → **Valproic Acid**
Ferbisol® → **Ferrous Sulfate**
Fercayl® → **Dextran Iron Complex**
Ferdek® → **Ferrous Fumarate**
Fer-Gen-Sol® → **Ferrous Sulfate**
Ferglobin® → **Ferrous Sulfate**
Fergon® → **Ferrous Gluconate**
Feridex® → **Ferrous Gluconate**
Feridex® → **Ferumoxides**
Ferig® → **Ferrous Gluconate**
Fer-in-Sol® → **Ferrous Sulfate**
Feritrex® → **Flubendazole**
Feriv® → **Dextran Iron Complex**
Ferival® [vet.] → **Dextran Iron Complex**
Ferkel Spectam® [vet.] → **Spectinomycin**
Ferlea® → **Ferrous Sulfate**
Ferlen-R® → **Ferrous Sulfate**
Ferlixit® → **Ferrous Gluconate**
Fermasian® → **Ferrous Fumarate**
Fermate® → **Ferrous Fumarate**
Fermathron® → **Hyaluronic Acid**
Fermavisc® → **Hyaluronic Acid**
Fermectin® [vet.] → **Ivermectin**
Fermid® → **Clomifene**
Fermig® → **Sumatriptan**
Fermil® → **Clomifene**
Fermycin® [vet.] → **Chlortetracycline**
Ferocin® → **Ferrous Sulfate**
Ferodan® → **Ferrous Sulfate**
Fero-Gradumet® → **Ferrous Sulfate**
Feron® → **Interferon Beta**
Feronal® → **Formoterol**
Feron® [vet.] → **Dextran Iron Complex**
Ferosol® → **Ferrous Sulfate**
Ferplex® → **Ferrous Succinate**
Ferraton® → **Ferrous Fumarate**
Ferrex® → **Polyferose**
Ferricol® → **Ferrous Sulfate**
Ferri-Dextran® [vet.] → **Dextran Iron Complex**
Ferridex® [vet.] → **Dextran Iron Complex**
Ferrigot® → **Ferrous Sulfate**
Ferrimed® → **Iron sucrose**
Ferrin® → **Ferrous Fumarate**
Ferriphor® [vet.] → **Dextran Iron Complex**
Ferriprox® → **Deferiprone**
Ferritin Oti® → **Ferrous Gluconate**
Ferro® → **Ferrous Fumarate**
Ferro® → **Ferrous Gluconate**
Ferro 2000® [vet.] → **Dextran Iron Complex**
Ferrobet® → **Ferrous Fumarate**
Ferrocebrina® → **Ferrous Sulfate**
Ferro Complex® → **Ferrous Gluconate**
Ferrocur® → **Ferrous Succinate**
Ferrodextran® [vet.] → **Dextran Iron Complex**
Ferro Duretter® → **Ferrous Sulfate**
Ferrofumaraat® → **Ferrous Fumarate**
Ferro Fumaraat A® → **Ferrous Fumarate**
Ferrofumaraat Alpharma® → **Ferrous Fumarate**
Ferrofumaraat Cf® → **Ferrous Fumarate**
Ferrofumaraat Gf® → **Ferrous Fumarate**
Ferrofumaraat Katwijk® → **Ferrous Fumarate**
Ferrofumaraat Merck® → **Ferrous Fumarate**
Ferrofumaraat PCH® → **Ferrous Fumarate**
Ferrofumaraat ratiopharm® → **Ferrous Fumarate**
Ferrofumaraat Sandoz® → **Ferrous Fumarate**
Ferrogamma® → **Ferrous Sulfate**
Ferroglobe® → **Ferrous Sulfate**
Ferroglobin® → **Ferrous Sulfate**
Ferrogluconaat FNA® → **Ferrous Gluconate**
Ferro Gluconato EG® → **Ferrous Gluconate**
Ferrogluconato Euroderm® → **Ferrous Gluconate**
Ferrograd® → **Ferrous Sulfate**
Ferro-Grad® → **Ferrous Sulfate**
Ferrogradumet® → **Ferrous Sulfate**
Ferro-Gradumet® → **Ferrous Sulfate**
Ferrogyn® → **Ferrous Gluconate**
FERROinfant® → **Iron sucrose**
Ferrojex® [vet.] → **Dextran Iron Complex**
Ferrolent® [gtt.] → **Ferrous Sulfate**
Ferrolin® → **Ferrous Sulfate**
Ferromas® → **Ferrous Sulfate**
Ferromax® → **Ferrous Sulfate**
Ferrometion® → **Ferrous Sulfate**
Ferromyn S® → **Ferrous Sulfate**
Ferronat® → **Ferrous Fumarate**
Ferronat® → **Ferrous Gluconate**
Ferro-Nes® → **Ferrous Gluconate**
Ferro sanol® → **Ferrous Sulfate**
Ferrosanol® → **Ferrous Sulfate**
Ferro-Sanol® → **Ferrous Sulfate**
Ferrosan® [vet.] → **Dextran Iron Complex**
Ferrosel® [vet.] → **Dextran Iron Complex**
Ferrosig® → **Polyferose**
Ferrosprint® → **Ferrous Gluconate**
Ferrostrane® → **Sodium Feredetate**
Ferrotabs® → **Ferrous Sulfate**
Ferrous Fumarate® → **Ferrous Fumarate**
Ferrous Gluconate® → **Ferrous Gluconate**
Ferrous Sulfate® → **Ferrous Sulfate**
Ferrum® → **Iron sucrose**
Ferrum-H® → **Polyferose**
Ferrum Hausmann® → **Dextran Iron Complex**
Ferrum Hausmann® [inj.] → **Dextran Iron Complex**

F

Ferrum Hausmann® [oral] → **Ferrous Fumarate**
Ferrum Hausmann® [oral] → **Ferrous Fumarate**
Ferrum Hausmann® [vet.] → **Dextran Iron Complex**
Ferrum H Injection® → **Polyferose**
Ferrum Lek® → **Iron sucrose**
Ferrum-Quarz-Kapseln® → **Ferrous Sulfate**
Ferrum Sandoz® → **Ferrous Gluconate**
Ferrum Verla® → **Ferrous Gluconate**
Ferrum® [vet.] → **Dextran Iron Complex**
Fersaday® → **Ferrous Fumarate**
Fersamal® → **Ferrous Fumarate**
Fer-Sol® → **Ferrocholinate**
Fertagyl® [vet.] → **Gonadorelin**
Fertifol® → **Folic Acid**
Fertil® → **Clomifene**
Fertilan® → **Clomifene**
Fertilin® → **Clomifene**
Fertilitätsvitamin → **Tocopherol, α-**
Fertilphen® → **Clomifene**
Fertin® → **Clomifene**
Fertinorm® → **Urofollitropin**
Fertodur® → **Cyclofenil**
Fertomid® → **Clomifene**
Ferval® → **Ferrous Fumarate**
Fervetrin® [vet.] → **Dextran Iron Complex**
Fervex® → **Diclofenac**
Fervit® → **Ferrous Succinate**
Ferzobat® → **Cefoperazone**
Fesema® → **Salbutamol**
Festal® → **Pancreatin**
Fesyrup® → **Ferrous Sulfate**
Fetik® → **Ketoprofen**
Fe-Tinic® → **Polyferose**
Fetinor® → **Gemfibrozil**
Fetrival® → **Ferrous Succinate**
Feuille de saule® → **Salicylic Acid**
Fevac® → **Paracetamol**
Fevamol® → **Paracetamol**
Fevarin® → **Fluvoxamine**
Feverall® → **Paracetamol**
Feverein® → **Nimesulide**
Feverfen® → **Ibuprofen**
Fevrin® → **Paracetamol**
Fex® → **Flucloxacillin**
Fexadron® → **Dexamethasone**
Fexadyne® → **Fexofenadine**
Fexim® → **Cefixime**
F-Exina® → **Fluoxetine**
Fexoalergic® → **Fexofenadine**
Fexodane® → **Fexofenadine**
Fexofen® → **Fexofenadine**
Fexofenadine® → **Fexofenadine**
Fexostad® → **Fexofenadine**
Fexotabs® → **Fexofenadine**
FI 106 → **Doxorubicin**
FI 6714 → **Nicergoline**
Fiambutol® → **Ethambutol**
Fibalip® → **Bezafibrate**
Fibercom® → **Polycarbophil**
Fibercon® → **Polycarbophil**
Fibernorm® → **Polycarbophil**
Fiblaferon® → **Interferon Beta**
Fiboran® → **Aprindine**
Fibraflex® → **Ibuprofen**
Fibralip® → **Gemfibrozil**
Fibrase® → **Pentosan Polysulfate Sodium**
Fibrexin® → **Paracetamol**
Fibrezym® → **Pentosan Polysulfate Sodium**
Fibril® → **Gemfibrozil**
Fibrilan® → **Aciclovir**
Fibrimol® → **Paracetamol**
Fibrocard® → **Verapamil**
Fibrocit® → **Gemfibrozil**
Fibrogammin® → **Factor XIII**
Fibrogammin-P® → **Factor VIII**
Fibrogammin-P® → **Factor XIII**
Fibrolan® → **Fibrinolysin (human)**
Fibrolip® → **Gemfibrozil**
Fibrospes® → **Gemfibrozil**
Fibrotina® → **Fluoxetine**
Fibro Vein® → **Sodium Tetradecyl Sulfate**
Fibrox® → **Cyclobenzaprine**
Fibroxyn® → **Naproxen**
Fibsol® → **Lisinopril**
Fica-F® → **Cefatrizine**
Ficam Gold Cattle Dust® [vet.] → **Bendiocarb**
Ficard® → **Nifedipine**
Ficef® → **Cefadroxil**
Ficillin® → **Ampicillin**
Ficlon® → **Diclofenac**
Fi Clor 71 → **Troclosene**
Ficlox® → **Cloxacillin**
Ficonax® → **Metformin**
Ficortril® [extern.] → **Hydrocortisone**
Ficortril® [ophthalm.] → **Hydrocortisone**
Fidato® → **Ceftriaxone**
Fidecaina® → **Lidocaine**
Fidium® → **Betahistine**
Fidopa® → **Methyldopa**
Fido's Dec-Tab, Dec-Lik® [vet.] → **Diethylcarbamazine**
Fido's Free-Itch® [vet.] → **Carbaril**
Fido's Hydrobath Flush & Kennel Disinfectant Cleaner® [vet.] → **Benzalkonium Chloride**
Fido's Permethrin Rinse Concentrate® [vet.] → **Permethrin**
Fiedosin® → **Ibuprofen**
Figalol® → **Fluconazole**
Figozant® → **Nimodipine**
Filabac® → **Abacavir**
Filair® → **Beclometasone**
Filair Forte® → **Beclometasone**
Filanc® → **Paracetamol**
Filar Heartworm Tablets® [vet.] → **Diethylcarbamazine**
Filaribits® [vet.] → **Diethylcarbamazine**
Filartros® → **Leflunomide**
Filarzan® → **Diethylcarbamazine**
Filatil® → **Filgrastim**
Filban® [vet.] → **Diethylcarbamazine**
Filcrin® → **Vinorelbine**
Fildesin® → **Vindesine**
File® → **Sildenafil**
Filgen® → **Filgrastim**
Filginase® → **Efavirenz**
Filgrastima® → **Filgrastim**
Filicine® → **Folic Acid**
Filide® → **Nevirapine**
Filin® → **Aminophylline**
Filinsel® → **Aminophylline**
Filmaseptic → **Neomycin**
Filmet® → **Metronidazole**
Filocot® → **Hydrocortisone**
Filosfil® → **Nelfinavir**
Filosulfa® [vet.] → **Sulfamethizole**
Filotempo® → **Aminophylline**
Filten® → **Carvedilol**
Filtrax® → **Pipemidic Acid**
Fimakinase® → **Streptokinase**
Fimoflox® → **Ciprofloxacin**
Fimoxyclav® [+ Amoxycillin, trihydrate] → **Clavulanic Acid**
Fimoxyclav® [+ Clavulanic Acid, potassium salt] → **Amoxicillin**
Fimoxyl® → **Amoxicillin**
Finaband® → **Bicalutamide**
Finaber® → **Ondansetron**
Finabiotic® [vet.] → **Oxytetracycline**
Finacea® → **Azelaic Acid**
Finacilen® → **Nimodipine**
Finadyne® [vet.] → **Flunixin**
Finalam® → **Quinfamide**
Finalflex® → **Ibuprofen**
Finalgel® → **Piroxicam**
Finalgel Sport® → **Piroxicam**
Finalin-G® → **Benactyzine**
Finalop® → **Finasteride**
Finamed® → **Finasteride**

Finap® → **Citalopram**
Finarid® → **Finasteride**
Finascar® → **Finasteride**
Finasept® → **Clarithromycin**
Finaspros® → **Finasteride**
Finast® → **Finasteride**
Finastarid Interpharm® → **Finasteride**
Finaster® → **Finasteride**
Finasterid® → **Finasteride**
Finasterid 1A Pharma® → **Finasteride**
Finasterida Bexal® → **Finasteride**
Finasterid AbZ® → **Finasteride**
Finasterid Actavis® → **Finasteride**
Finasterida Farmoz® → **Finasteride**
Finasterida Frosst® → **Finasteride**
Finasterida Impruve® → **Finasteride**
Finasterida Jaba® → **Finasteride**
Finasterid AL® → **Finasteride**
Finasterid Alternova® → **Finasteride**
Finasterid beta® → **Finasteride**
Finasterid biomo® → **Finasteride**
Finasterid Copyfarm® → **Finasteride**
Finasterid-CT® → **Finasteride**
Finasteride® → **Finasteride**
Finasterid esparma® → **Finasteride**
Finasterid Heumann® → **Finasteride**
Finasterid Hexal® → **Finasteride**
Finasterid-Hexal® → **Finasteride**
Finasterid Ivax® → **Finasteride**
Finasterid Orion® → **Finasteride**
Finasterid-ratiopharm® → **Finasteride**
Finasterid Sandoz® → **Finasteride**
Finasterid STADA® → **Finasteride**
Finasterid Teva® → **Finasteride**
Finasterid Uropharm® → **Finasteride**
Finasterid Winthrop® → **Finasteride**
Finasterin® → **Finasteride**
Finastid® → **Finasteride**
Finastil® → **Finasteride**
Finaten® → **Bromazepam**
Finatux® → **Carbocisteine**
Fincar® → **Finasteride**
Findaler® → **Cetirizine**
Findeclin® → **Alendronic Acid**
Findol® → **Glucosamine**
Findol® [vet.] → **Ketoprofen**
Findor® → **Metamizole**
Finelium® → **Flunarizine**
Finevin® → **Azelaic Acid**
Finex® → **Finasteride**
Finex® → **Terbinafine**
Fingras® → **Orlistat**
Finigas® → **Dimeticone**
Finired® → **Finasteride**
Finistan® → **Loratadine**
Finito Insektizidhalsband® [vet.] → **Dimpylate**
Finix® → **Rabeprazole**
Finlac® → **Ketorolac**
Finlepsin® → **Carbamazepine**
Finlipol® → **Atorvastatin**
Finol® → **Finasteride**
Finoptin® → **Verapamil**
Finormet® → **Metformin**
Finpro® → **Finasteride**
Finpros® → **Finasteride**
Finprostat® → **Finasteride**
Finquel® → **Tricaine**
Fintal® → **Cromoglicic Acid**
Fintaxim® → **Metformin**
Fintel® → **Albendazole**
Fintop® → **Butenafine**
Finul® → **Sulpiride**
Finural® → **Finasteride**
Finuret® → **Pipemidic Acid**
Fiobilin® → **Dehydrocholic Acid**
Fionicol® → **Chloramphenicol**
Fioritina® → **Norepinephrine**
Fiosen-A® → **Retinol**
Fipexiam® → **Sultamicillin**
Fiprox® → **Ciprofloxacin**
Firac® → **Clonixin**
Firazin® → **Pyrazinamide**
Firide® → **Finasteride**
Firifam® → **Rifampicin**
Firin® → **Norfloxacin**
Firmac® → **Erythromycin**
Firmel® → **Sildenafil**
First Guard® [vet.] → **Colistin**
Fisalamine (VO) → **Mesalazine**
Fisamox for Injection® → **Amoxicillin**
Fisat® [+ Sulfamethoxazole] → **Trimethoprim**
Fisat® [+ Trimethoprim] → **Sulfamethoxazole**
Fisifax® → **Nicergoline**
Fisiobil® → **Dimecrotic Acid**
Fisiodar® → **Diacerein**
Fisiofer® → **Ferrous Succinate**
Fisiogastrol® → **Cisapride**
Fisiolax® → **Sodium Picosulfate**
Fisiomicin® → **Metacycline**
Fisiopred® → **Prednisolone**
Fisiotens® → **Moxonidine**
Fisopred® → **Prednisolone**
Fisopril® → **Lisinopril**
Fisostigmina → **Physostigmine**
Fisostigmina salicilato → **Physostigmine**
Fisovin® → **Griseofulvin**
Fistrin® → **Finasteride**
Fitamol® → **Paracetamol**
Fit-C® → **Ascorbic Acid**
Fitergol® [vet.] → **Nicergoline**
Fitocyd® → **Itraconazole**
Fitomenadiona → **Phytomenadione**
Fitomenadiona® → **Phytomenadione**
Fitomenadionã® → **Phytomenadione**
Fitomenadiona Larjan® → **Phytomenadione**
Fitomenadione → **Phytomenadione**
Fitomenadione [DCIT] → **Phytomenadione**
Fitonal® → **Ketoconazole**
Fitoquinona L.CH.® → **Phytomenadione**
Fivasa® → **Mesalazine**
Fivefluro® → **Fluorouracil**
Fivoflu® → **Fluorouracil**
Fix-A® → **Cefixime**
Fixef® → **Cefixime**
Fixical® → **Calcium Carbonate**
Fixim® → **Cefixime**
Fixime® → **Cefixime**
Fixiphar® → **Cefixime**
Fixopan® → **Alendronic Acid**
Fixoten® → **Pentoxifylline**
Fixx® → **Cefixime**
Fizepam® → **Diazepam**
Flacol® → **Dimeticone**
Flacort® → **Deflazacort**
Fladalgin® → **Nimesulide**
Fladex® → **Metronidazole**
Flagass® → **Dimeticone**
Flagenase® [susp.] → **Metronidazole**
Flagenase® [tabs] → **Metronidazole**
Flagentyl® → **Secnidazole**
Flagyl® → **Metronidazole**
Flagyl® [inj.] → **Metronidazole**
Flagyl S® → **Metronidazole**
Flagyl Vaginal® → **Metronidazole**
Flagyl® [vet.] → **Metronidazole**
Flagystatine® → **Nystatin**
Flamadol® → **Ibuprofen**
Flamadol® → **Piroxicam**
Flamador® → **Ketoprofen**
Flamar® → **Diclofenac**
Flamarion® → **Acemetacin**
Flamatak® → **Diclofenac**
Flamatec® → **Meloxicam**
Flamazine® → **Sulfadiazine**
Flamazine® [vet.] → **Sulfadiazine**
Flamecid® → **Indometacin**
Flamenac® → **Diclofenac**
Flametia® → **Metronidazole**
Flamex® → **Ibuprofen**
Flamexin® → **Piroxicam**
Flamic® → **Mefenamic Acid**
Flamic® → **Piroxicam**
Flamicina® → **Ampicillin**

Flamicina® [inj.] → **Ampicillin**
Flamicina® [tabs] → **Ampicillin**
Flamicyn-VK® → **Phenoxymethylpenicillin**
Flamide® → **Nimesulide**
Flamir® → **Adapalene**
Flamirex® → **Deflazacort**
Flammazine® → **Sulfadiazine**
Flamon® → **Verapamil**
Flamostat® → **Piroxicam**
Flamrase® → **Diclofenac**
Flamus® → **Lamotrigine**
Flam-X® → **Diclofenac**
Flamydol® → **Diclofenac**
Flamygel® → **Diclofenac**
Flanakin® → **Diclofenac**
Flancox® → **Etodolac**
Flanid® → **Tiaprofenic Acid**
Flanil® → **Methyl Salicylate**
Flanizol® → **Metronidazole**
Flantadin® → **Deflazacort**
Flanzen® → **Serrapeptase**
Flapex® → **Dimeticone**
Flarex® → **Fluorometholone**
Flash Insektizidhalsband® [vet.] → **Dimpylate**
Flaso® → **Fluticasone**
Flatex® → **Dimeticone**
Flatin® → **Tinidazole**
Flatoril® → **Clebopride**
Flatunic® → **Dimeticone**
Flavamed® → **Ambroxol**
Flavan® → **Leucocianidol**
Flaveco® [vet.] → **Bambermycin**
Flavedon® → **Trimetazidine**
Flavedon MR® → **Trimetazidine**
Flaveric® → **Benproperine**
Flavettes® → **Ascorbic Acid**
Flavix® → **Venlafaxine**
Flavobion® → **Silibinin**
Flavomycin® [vet.] → **Bambermycin**
Flavon® → **Diosmin**
Flavona® → **Fluconazole**
Flavoquine® → **Amodiaquine**
Flavorcee® → **Ascorbic Acid**
Flavorin® → **Flavoxate**
Flavo-Spa® → **Flavoxate**
Flavostat® → **Retinol**
Flavoured Tapeworm Tablets® [vet.] → **Dichlorophen**
Flaxedil® → **Gallamine Triethiodide**
Flaxedil® [vet.] → **Gallamine Triethiodide**
Flaxin® → **Finasteride**
Flaxvan® → **Naproxen**
Flazol® → **Metronidazole**
Flea and Tick Kill Concentrate® [vet.] → **Permethrin**
Fleaban® [vet.] → **Permethrin**
4Flea Cat Collar® [vet.] → **Methoprene**
Flea Collar® [vet.] → **Dimpylate**
Flea-Fence® [vet.] → **Lufenuron**
Flea Guard® [vet.] → **Dimpylate**
4Fleas Tablets® [vet.] → **Nitenpyram**
Flea & Tick Dip for Dogs® [vet.] → **Chlorpyrifos**
Flea & Tick Powder® [vet.] → **Carbaril**
Flea & Tick Spot on® [vet.] → **Permethrin**
Fleatrol® [vet.] → **Dimpylate**
Fleatrol® [vet.] → **Permethrin**
Flebobag® → **Dextrose**
Flebobag Glucosa Grifols® → **Dextrose**
Flebocortid® [inj.] → **Hydrocortisone**
Flebocortid Richter® → **Hydrocortisone**
Flebodolor® → **Ruscogenin**
Fleboflex Glucosa Grifols® → **Dextrose**
Flebon® → **Diosmin**
Flebonadrol® → **Hydrocortisone**
Flebopex® → **Diosmin**
Fleboplast® → **Dextrose**
Fleboplast Glucosa Grif® → **Dextrose**
Flebosmil® → **Diosmin**
Flébosmil® → **Diosmin**
Flebostasin® → **Escin**
Flebotropin® → **Diosmin**
Flecadura® → **Flecainide**
Flécaïne® → **Flecainide**
Flecainid-1A® → **Flecainide**
Flecainidacetat AL® → **Flecainide**
Flecainidacetat STADA® → **Flecainide**
Flecainid Alpharma® → **Flecainide**
Flecainide® → **Flecainide**
Flecaïnide-acetaat A® → **Flecainide**
Flecainide-acetaat Alpharma® → **Flecainide**
Flecaïnideacetaat CF® → **Flecainide**
Flecaïnideacetaat Disphar® → **Flecainide**
Flecaïnide-acetaat Gf® → **Flecainide**
Flecainideacetaat Katwijk® → **Flecainide**
Flecaïnideacetaat Merck® → **Flecainide**
Flecainide-acetaat Sandoz® → **Flecainide**
Flecainide Acetate® → **Flecainide**
Flecaïnide PCH® → **Flecainide**
Flécaïnide RPG® → **Flecainide**
Flecainid-Hexal® → **Flecainide**
Flecainid-Isis® → **Flecainide**
Flecainid-Sandoz® → **Flecainide**
Flecatab® → **Flecainide**
Flecor-N® → **Nifedipine**
Flecoxin® → **Bromhexine**
Flectadol® → **Paracetamol**
Flector® → **Diclofenac**
Flector EP® [Gel, Granulat] → **Diclofenac**
Flector EP® [Gel Granulat] → **Diclofenac**
Flector EP Tissugel® [Pflaster] → **Diclofenac**
Flector EP Tissugel® [Pflaster] → **Diclofenac**
Flector® [Tbl., Supp., Amp.] → **Diclofenac**
Flector Tissugel® → **Diclofenac**
Flectron® [vet.] → **Cypermethrin**
Fleececare® [vet.] → **Diflubenzuron**
Fleecemaster® [vet.] → **Diflubenzuron**
Fleet® → **Docusate Sodium**
Fleet® → **Glycerol**
Fleet® → **Sodium Phosphate Dibasic**
Fleet Babylax® → **Glycerol**
Fleet Bisacodyl® → **Bisacodyl**
Fleet Enema® → **Sodium Phosphate Dibasic**
Fleet Fosfo-Soda® → **Sodium Phosphate Dibasic**
Fleet Glycerin Suppositories® → **Glycerol**
Fleet Laxative® → **Bisacodyl**
Fleet Laxative Preparations® → **Bisacodyl**
Fleet Pain Relief® → **Pramocaine**
Fleet Phospho® → **Sodium Phosphate Dibasic**
Fleet Phospho-Soda® → **Sodium Phosphate Dibasic**
Fleet Ready-to-Use Enema® → **Sodium Phosphate Dibasic**
Flegamina® → **Bromhexine**
Flegnil® → **Carbocisteine**
Flemex® → **Carbocisteine**
Flemex-AC® → **Acetylcysteine**
Flemgo® → **Carbocisteine**
Fleming® [+Amoxicillin] → **Clavulanic Acid**
Fleminosan® → **Clindamycin**
Flemlite® → **Carbocisteine**
Flemoclav Solutab® [+Amoxicillin trihydrate] → **Clavulanic Acid**
Flemoclav Solutab® [+Clavulanic acid] → **Amoxicillin**
Flemoxin® → **Amoxicillin**
Flémoxine® → **Amoxicillin**
Flemoxon® [tabs] → **Amoxicillin**

Flemun® → **Sitosterol, β-**
Flemycin® → **Cefotaxime**
Flerox® → **Flunarizine**
Flerudin® → **Flunarizine**
Fletcher's Enemette® → **Docusate Sodium**
Fletchers Phosphate® → **Sodium Phosphate Dibasic**
Flexal Vitamin E® → **Tocopherol, α-**
Flexamina® → **Diclofenac**
Flexar® → **Piroxicam**
Flexase® → **Piroxicam**
Flexelite® → **Amikacin**
Flexen® → **Ketoprofen**
Flexeril® → **Cyclobenzaprine**
Flex-Flac Glucose® → **Dextrose**
Flexfree® → **Felbinac**
Flexi® → **Aceclofenac**
Flexiban® → **Cyclobenzaprine**
Flexicam® → **Piroxicam**
Flexid® → **Fusidic Acid**
Flexidin® → **Indometacin**
Flexidol® → **Meloxicam**
Flexidon® → **Nizatidine**
Flexifer® → **Ferrous Gluconate**
Flexiplen® → **Diclofenac**
Flexital® → **Pentoxifylline**
Flexium® → **Etofenamate**
Flexium® → **Meloxicam**
Flexiver® → **Meloxicam**
Flexivet® [vet.] → **Glucosamine**
Flexo Jel® → **Etofenamate**
Flexol® → **Meloxicam**
Flexor® → **Cyclobenzaprine**
Flexresan® → **Isotretinoin**
Flexsa® → **Glucosamine**
Flezol® → **Zolmitriptan**
Flicum® → **Flubendazole**
Flimutal® → **Flutamide**
Flindix® → **Isosorbide Dinitrate**
Flix® → **Flucloxacillin**
Flixoderm® → **Fluticasone**
Flixonase® → **Fluticasone**
Flixonase Aqua® → **Fluticasone**
Flixotaide® → **Fluticasone**
Flixotide® → **Fluticasone**
Flixotide Accuhaler® → **Fluticasone**
Flixotide Diskhaler® → **Fluticasone**
Flixotide Diskus® → **Fluticasone**
Flixotide Evohaler® → **Fluticasone**
Flixotide Gervasi Farmacia® → **Fluticasone**
Flixotide Inhalador® → **Fluticasone**
Flixotide Inhaler® → **Fluticasone**
Flixotide Junior® → **Fluticasone**
Flixotide LF® → **Fluticasone**
Flixotide Nebules® → **Fluticasone**
Flixotide Rotadisks® → **Fluticasone**
Flixotide® [vet.] → **Fluticasone**
Flixovate® → **Fluticasone**
Flobacin® → **Ofloxacin**
Flobact® → **Ciprofloxacin**
Floccin® → **Fluoxetine**
Flociprin® [compr.] → **Ciprofloxacin**
Flociprin® [inj.] → **Ciprofloxacin**
Flockmaster® [vet.] → **Rotenone**
Flo-Coat® → **Barium Sulfate**
Flocur® → **Tolfenamic Acid**
Flodemex® → **Ofloxacin**
Flodeneu® → **Piroxicam**
Flodil® → **Felodipine**
Flodin® → **Meloxicam**
Flodol® → **Piroxicam**
Flogam® → **Diclofenac**
Flogan® → **Diclofenac**
Flogen® [caps] → **Naproxen**
Flogend® [vet.] → **Flunixin**
Flogene® → **Diclofenac**
Flogilid® → **Nimesulide**
Floginax® → **Naproxen**
Flogi-Ped® → **Benzydamine**
Flogocort® → **Mometasone**
Flogodisten® → **Chlorzoxazone**
Flogofenac® → **Diclofenac**
Flogofin® → **Ketoprofen**
Flogofin T.U.® → **Ketoprofen**
Flogojet® → **Etofenamate**
Flogol® → **Etofenamate**
Flogolisin® → **Diclofenac**
Flogoprofen® → **Etofenamate**
Flogoral® → **Benzydamine**
Flogo-Rosa® → **Benzydamine**
Flogosine® → **Piroxicam**
Flogostil® [vet.] → **Piroxicam**
Flogostop® → **Nimesulide**
Flogostop® → **Sulfasalazine**
Flogoter® → **Indometacin**
Flogotone® → **Naproxen**
Flogovital® → **Niflumic Acid**
Flogovital N.F.® → **Nimesulide**
Flogoxen® → **Piroxicam**
Flogozan® → **Diclofenac**
Flogozyme® → **Betamethasone**
Flohale® → **Fluticasone**
Floksin Film Tablet® → **Flucloxacillin**
Floksin Süspansiyon® → **Flucloxacillin**
Flolan® → **Epoprostenol**
Flolid® → **Nimesulide**
Flomax® → **Morniflumate**
Flomax® → **Tamsulosin**
Flomaxtra® → **Tamsulosin**
Flomaxtra XL® → **Tamsulosin**
Flomed® → **Buflomedil**
Flomin® → **Solifenacin**
Flomist® → **Fluticasone**
Flomox® → **Cefcapene**
Flonacin® → **Ofloxacin**
Flonase® → **Fluticasone**
Flonaspray® → **Fluticasone**
Flonidan® → **Loratadine**
Flonital® → **Fluoxetine**
Flonorm® → **Rifaximin**
Flontin® → **Ciprofloxacin**
Flopak Plain® [vet.] → **Calcium Gluconate**
Flopen® → **Flucloxacillin**
Flora® → **Flucloxacillin**
Floracid® → **Levofloxacin**
Floracid® [+ Sulfadiazine] [vet.] → **Trimethoprim**
Floracid® [+ Trimethoprim] [vet.] → **Sulfadiazine**
Florak® → **Fluoxetine**
Floramil® → **Ketoprofen**
Floran® → **Isoflurane**
Floraqpharma® [vet.] → **Florfenicol**
Floraquin® → **Diiodohydroxyquinoline**
Florate® → **Fluorometholone**
Floraxina® → **Ciprofloxacin**
Florazole® → **Metronidazole**
Florexal® → **Fluoxetine**
Florid® → **Miconazole**
Floril® → **Naphazoline**
Florinef® → **Fludrocortisone**
Florinef Acetaat® → **Fludrocortisone**
Florinefe® → **Fludrocortisone**
Florinef® [vet.] → **Fludrocortisone**
Florisan N® → **Bisacodyl**
Flormidal® → **Midazolam**
Florocol® [vet.] → **Florfenicol**
Florone® → **Diflorasone**
Floroxin® → **Ciprofloxacin**
Flosep® → **Ofloxacin**
Flospar® → **Sparfloxacin**
Flossac® → **Norfloxacin**
Flosteron® → **Betamethasone**
Flotac® → **Diclofenac**
Flotavid® → **Ofloxacin**
Flotina® → **Fluoxetine**
Flotral® → **Alfuzosin**
Flotrin® → **Terazosin**
Flovacil® → **Moxifloxacin**
Flovent® → **Fluticasone**
Flovid® → **Ofloxacin**
Flovin® → **Ciprofloxacin**
Flox® → **Norfloxacin**
Floxabid® → **Ciprofloxacin**
Floxabiotic® → **Flucloxacillin**
Floxacin® → **Norfloxacin**
Floxager® → **Ciprofloxacin**
Floxal® → **Ofloxacin**

Floxalin® → **Naproxen**
Floxamicin® → **Norfloxacin**
Floxan® → **Ofloxacin**
Floxantina® → **Ciprofloxacin**
Floxapen® → **Flucloxacillin**
Floxapen® [vet.] → **Flucloxacillin**
Floxaquil® → **Lomefloxacin**
Floxason® → **Flucloxacillin**
Floxatral® → **Norfloxacin**
Floxatrat® → **Norfloxacin**
Floxbio® → **Ciprofloxacin**
Floxedol® → **Ofloxacin**
Floxel® → **Levofloxacin**
Floxen® → **Norfloxacin**
Floxet® → **Fluoxetine**
Flox-ex® → **Fluvoxamine**
Floxid® → **Roxithromycin**
Floxika® → **Ofloxacin**
Floxil® → **Ofloxacin**
Floxin® → **Norfloxacin**
Floxin® → **Ofloxacin**
Floxinaf® → **Ofloxacin**
Floxinol® → **Norfloxacin**
Floxipar® → **Sparfloxacin**
Floxitab® → **Ciprofloxacin**
Floxitul® → **Ciprofloxacin**
Floxlevo® → **Levofloxacin**
Floxobid® → **Ciprofloxacin**
Floxsig® → **Flucloxacillin**
Floxstat® → **Ofloxacin**
Floxur® → **Ofloxacin**
Floxuridine® → **Floxuridine**
Floxy® → **Ofloxacin**
Floxyfral® → **Fluvoxamine**
Flozepan® → **Clonazepam**
Fluacet® → **Fluocinolone acetonide**
Fluacort® → **Fluorometholone**
Fluanxol® → **Flupentixol**
Fluanxol Depot® → **Flupentixol**
Fluanxol Low Dose® → **Flupentixol**
Fluanxol LP® → **Flupentixol**
Fluanxol Retard® → **Flupentixol**
Fluaton® → **Fluorometholone**
Flubason® → **Desoximetasone**
Flubendavet® [vet.] → **Flubendazole**
Flubendazol® → **Flubendazole**
Flubendazole® [vet.] → **Flubendazole**
Flubendazol Genfar® → **Flubendazole**
Flubendazol Gen-Far® → **Flubendazole**
Flubendazol® [vet.] → **Flubendazole**
Flubenil® → **Metoxibutropate**
Flubenisolone USA (AHFS) → **Betamethasone**
Flubenol® [vet.] → **Flubendazole**
Flubenvet® [vet.] → **Flubendazole**
Flubest® → **Indapamide**
Flubex® → **Flucloxacillin**
Flubiclox® → **Flucloxacillin**
Flubiotic® → **Amoxicillin**
Flubiotic® → **Flucloxacillin**
Flubir® → **Buflomedil**
Flubron® [vet.] → **Bromhexine**
Fluc® → **Fluconazole**
Flucacid® → **Flucloxacillin**
Flucam® → **Ampiroxicam**
Flucan® → **Fluconazole**
Flucand® → **Fluconazole**
Flucanol® → **Fluconazole**
Flucap® → **Flucloxacillin**
Flucazol® → **Fluconazole**
Flucazole® → **Fluconazole**
Flucef® → **Flucloxacillin**
Flucess® → **Fluconazole**
Fluc Hexal® → **Fluconazole**
Fluc-Hexal® → **Fluconazole**
Flucidal® → **Niflumic Acid**
Fluciderm® → **Fluocinolone acetonide**
Flucil® → **Acetylcysteine**
Flucil-EF® → **Acetylcysteine**
Flucillin® → **Flucloxacillin**
Flucinal® → **Flucloxacillin**
Flucinar® → **Fluocinolone acetonide**
Flucinom® → **Flutamide**
Flucis® → **Fludeoxyglucose (18F)**
Fluclomix® → **Flucloxacillin**
Fluclon® → **Flucloxacillin**
Fluclox® → **Flucloxacillin**
Flucloxacilina® → **Flucloxacillin**
Flucloxacilina Sodica L.CH.® → **Flucloxacillin**
Flucloxacillina K24® → **Flucloxacillin**
Flucloxacillin Alpharma® → **Flucloxacillin**
Flucloxacillina PH.I.® → **Flucloxacillin**
Flucloxacillin curasan® → **Flucloxacillin**
Flucloxacillin DeltaSelect® → **Flucloxacillin**
Flucloxacilline® → **Flucloxacillin**
Flucloxacilline A® → **Flucloxacillin**
Flucloxacilline ACS Dobfar® → **Flucloxacillin**
Flucloxacilline CF® → **Flucloxacillin**
Flucloxacilline Gf® → **Flucloxacillin**
Flucloxacilline-Mayne® → **Flucloxacillin**
Flucloxacilline Merck® → **Flucloxacillin**
Flucloxacilline PCH® → **Flucloxacillin**
Flucloxacilline Sandoz® → **Flucloxacillin**
Flucloxacillin Inno Pharm® → **Flucloxacillin**
Flucloxacillin Sodium® → **Flucloxacillin**
Fluclox Carino® → **Flucloxacillin**
Flucloxil® → **Flucloxacillin**
Fluclox Stragen® → **Flucloxacillin**
Flucobeta® → **Fluconazole**
Flucoder® → **Fluconazole**
Flucoderm® → **Fluconazole**
Flucodrug® → **Fluconazole**
Flucofast® → **Fluconazole**
Flucohexal® → **Fluconazole**
Flucol® → **Fluconazole**
FlucoLich® → **Fluconazole**
Flucomed® [caps.] → **Fluconazole**
Flucomicon® → **Fluconazole**
Flucon® → **Fluconazole**
Flucon® → **Fluorometholone**
Fluconacx® → **Fluconazole**
Fluconal® → **Fluconazole**
Fluconax® → **Fluconazole**
Fluconazol → **Fluconazole**
Fluconazol® → **Fluconazole**
Fluconazol 1A Farma® → **Fluconazole**
Fluconazol 1A Pharma® → **Fluconazole**
Fluconazol A® → **Fluconazole**
Fluconazol AbZ® → **Fluconazole**
Fluconazol Actavis® → **Fluconazole**
Fluconazol AL® → **Fluconazole**
Fluconazol Alpharma® → **Fluconazole**
Fluconazol Alternova® → **Fluconazole**
Fluconazol Ardez® → **Fluconazole**
Fluconazol Azoflune® → **Fluconazole**
Fluconazol BASICS® → **Fluconazole**
Fluconazol Bayvit® → **Fluconazole**
Fluconazol Bexal® → **Fluconazole**
Fluconazol Calox® → **Fluconazole**
Fluconazol Cantabria® → **Fluconazole**
Fluconazol® [caps.] [vet.] → **Fluconazole**
Fluconazol CF® → **Fluconazole**
Fluconazol Chemo® → **Fluconazole**
Fluconazol Chemo Farma® → **Fluconazole**
Fluconazol Chemo Technic® → **Fluconazole**
Fluconazol Combino Pharm® → **Fluconazole**
Fluconazol Copyfarm® → **Fluconazole**
Fluconazol Cuve® → **Fluconazole**

Fluconazol Deltaselect® → **Fluconazole**
Fluconazol Denver® → **Fluconazole**
Fluconazol Derm 1A Pharma® → **Fluconazole**
Fluconazole → **Fluconazole**
Fluconazole® → **Fluconazole**
Fluconazole [BAN, DCF, JAN, USAN] → **Fluconazole**
Fluconazole Bexal® → **Fluconazole**
Fluconazol EG® → **Fluconazole**
Fluconazole Injection® → **Fluconazole**
Fluconazol Elfar® → **Fluconazole**
Fluconazol Ennapharma® → **Fluconazole**
Fluconazole Novexal® → **Fluconazole**
Fluconazole Novopharm® → **Fluconazole**
Fluconazole (Ph. Eur. 5) → **Fluconazole**
Fluconazole Pliva® → **Fluconazole**
Fluconazole Ratiopharm® → **Fluconazole**
Fluconazole Teva® → **Fluconazole**
Fluconazole (USP 30) → **Fluconazole**
Fluconazol Fabra® → **Fluconazole**
Fluconazol Farmoz® → **Fluconazole**
Fluconazol Fmndtria® → **Fluconazole**
Fluconazol Gemepe® → **Fluconazole**
Fluconazol Genericon® → **Fluconazole**
Fluconazol Generis® → **Fluconazole**
Fluconazol Genfar® → **Fluconazole**
Fluconazol Gen-Far® → **Fluconazole**
Fluconazol Gf® → **Fluconazole**
Fluconazol-GRY® → **Fluconazole**
Fluconazol HelvePharm® → **Fluconazole**
Fluconazol Hexal® → **Fluconazole**
Fluconazol-Hexal® → **Fluconazole**
Fluconazol-Isis® → **Fluconazole**
Fluconazol ITF® → **Fluconazole**
Fluconazol Krka® → **Fluconazole**
Fluconazol Kwizda® → **Fluconazole**
Fluconazol Labesfal® → **Fluconazole**
Fluconazol Lafedar® → **Fluconazole**
Fluconazol Liconsa® → **Fluconazole**
Fluconazol Mabo® → **Fluconazole**
Fluconazol Mayrhofer® → **Fluconazole**
Fluconazol Medimpex® → **Fluconazole**
Fluconazol-Mepha® → **Fluconazole**
Fluconazol Merck® → **Fluconazole**
Fluconazol MF® → **Fluconazole**
Fluconazol MK® → **Fluconazole**
Fluconazol NeoPharma® → **Fluconazole**
Fluconazol Northia® → **Fluconazole**
Fluconazol Nycomed® → **Fluconazole**
Fluconazol Orion® → **Fluconazole**
Fluconazol PCH® → **Fluconazole**
Fluconazol Premium® [tab.] → **Fluconazole**
Fluconazol Ratiopharm® → **Fluconazole**
Fluconazol-ratiopharm® → **Fluconazole**
Fluconazol Reforce® → **Fluconazole**
Fluconazol Richet® → **Fluconazole**
Fluconazol Rivero® → **Fluconazole**
Fluconazol Roux-Ocefa® → **Fluconazole**
Fluconazol Salutas® → **Fluconazole**
Fluconazol Sandoz® → **Fluconazole**
Fluconazol Slovakofarma® → **Fluconazole**
Fluconazol Stada® → **Fluconazole**
Fluconazol Supremase® → **Fluconazole**
Fluconazol-Teva® → **Fluconazole**
Fluconazol Tuteur® → **Fluconazole**
Fluconazolum → **Fluconazole**
Fluconazol Ur® → **Fluconazole**
Fluconazol Vannier® → **Fluconazole**
Fluconazol von ct® → **Fluconazole**
Fluconovag® → **Fluconazole**
Flucopen® → **Flucloxacillin**
Flucoral® → **Fluconazole**
Flucoric® → **Fluconazole**
Flucort® → **Fluocinolone acetonide**
Flu-Cortanest® → **Diflucortolone**
Flucort® [vet.] → **Flumetasone**
Flucosandoz® → **Fluconazole**
Flucosept® → **Fluconazole**
Flucostan® → **Fluconazole**
Flucostat® → **Fluconazole**
Flucovim® → **Fluconazole**
Flucoxan® → **Fluconazole**
Flucozol® → **Fluconazole**
Flucozole® → **Fluconazole**
Flucozol Rowe® → **Fluconazole**
Fluctin® → **Fluconazole**
Fluctine® → **Fluoxetine**
Flucytsine® → **Flucytosine**
Fludac® → **Fluoxetine**
Fludan® → **Flunarizine**
Fludan Codeina® → **Codeine**
Fludapamid® → **Indapamide**
Fludara® → **Fludarabine**
Fludarabina Microsules® → **Fludarabine**
Fludarabina Tuteur® → **Fludarabine**
Fludarabine Phosphate® → **Fludarabine**
Fludarabinphosphat Gry® → **Fludarabine**
Fludarene® → **Chromocarb**
Fludecate® → **Fluphenazine**
Fluden® → **Sodium Fluoride**
Fludent® → **Sodium Fluoride**
Fludex® → **Fluconazole**
Fludex® → **Indapamide**
Fludex SR® → **Indapamide**
Fludil® → **Flunarizine**
Fludilat® → **Bencyclane**
Fludin® → **Indapamide**
Fluditec® → **Carbocisteine**
Fluditec toux sèche® → **Dextromethorphan**
Fludizol® → **Fluconazole**
Fludocel® → **Fluconazole**
Fludrocortison® → **Fludrocortisone**
Fludrocortison → **Fludrocortisone**
Fludrocortisona → **Fludrocortisone**
Fludrocortisonacetaat CF® → **Fludrocortisone**
Fludrocortisonacetaat PCH® → **Fludrocortisone**
Fludrocortisonacetaat® [vet.] → **Fludrocortisone**
Fludrocortison acetat → **Fludrocortisone**
Fludrocortisonacetat (Ph. Eur. 5) → **Fludrocortisone**
Fludrocortisone → **Fludrocortisone**
Fludrocortisone 21-acetate: → **Fludrocortisone**
Fludrocortisone Acetate → **Fludrocortisone**
Fludrocortisone Acetate® → **Fludrocortisone**
Fludrocortisone Acetate [BANM, JAN, USAN] → **Fludrocortisone**
Fludrocortisone (acétate de) → **Fludrocortisone**
Fludrocortisone (acétate de) (Ph. Eur. 5) → **Fludrocortisone**
Fludrocortisone Acetate (Ph. Eur. 5, Ph. Int. 4, USP 30) → **Fludrocortisone**
Fludrocortisone acetato → **Fludrocortisone**
Fludrocortisone [BAN, DCF, DCIT] → **Fludrocortisone**
Fludrocortisoni acetas → **Fludrocortisone**
Fludrocortisoni acetas (Ph. Eur. 5, Ph. Int. 4) → **Fludrocortisone**
Fludrocortisonum → **Fludrocortisone**
Fluesco® → **Fluoxetine**
Flufenal® → **Flunarizine**

F

Flufenan® → **Fluphenazine**
Flufenan Depot® → **Fluphenazine**
Flufenazina Decanoato® → **Fluphenazine**
Flufenazindecanoaat Merck® → **Fluphenazine**
Flufenazindecanoaat PCH® → **Fluphenazine**
Fluforte® → **Fluorometholone**
Flugal® → **Fluconazole**
Flugalin® → **Flurbiprofen**
Flugeral® → **Flunarizine**
Flugizol® → **Lansoprazole**
Flugram® → **Ciprofloxacin**
Flui-Amoxicillin® → **Amoxicillin**
Fluibron® → **Bromhexine**
Fluicor® → **Aspirin**
Fluidabak® → **Povidone**
Fluidasa® → **Ambroxol**
Fluidasa® → **Erdosteine**
Fluidema® → **Indapamide**
Fluidex® → **Flunarizine**
Fluidin® → **Ambroxol**
Fluidin Mucolitico® → **Carbocisteine**
Fluidixine® [vet.] → **Amoxicillin**
Flui-DNCG® → **Cromoglicic Acid**
Fluidol® → **Carbocisteine**
Fluidrenol® → **Ambroxol**
Fluilast® → **Ticlopidine**
Fluimucil® → **Acetylcysteine**
Fluimucil Antibiotic® → **Thiamphenicol**
Fluimucil Antibiotico® → **Thiamphenicol**
Fluimukan® → **Acetylcysteine**
Fluinol® → **Fluticasone**
Fluir® → **Formoterol**
Fluixol® → **Ambroxol**
Flukare® [vet.] → **Triclabendazole**
Flukiver® [vet.] → **Closantel**
Flukol® [vet.] → **Closantel**
Flukonazol® → **Fluconazole**
Flukonazol Merck NM® → **Fluconazole**
Flukonazol NM Pharma® → **Fluconazole**
Fluktan® → **Famotidine**
Flulem® → **Flutamide**
Flulium® → **Clorazepate, Dipotassium**
Flulium Utopian® → **Flunarizine**
Flulone® → **Fluocinolone acetonide**
Flumach® → **Spironolactone**
Flumadine® → **Rimantadine**
Flumage® → **Flumazenil**
Fluma Hameln® → **Flumazenil**
Flumanovag® → **Flumazenil**
Flumarc® → **Terazosin**
Flumarin® → **Fluconazole**
Flumarin® → **Morniflumate**
Flumark® → **Enoxacin**
Flumates® → **Beclometasone**
Flumav® [vet.] → **Flunixin**
Flumazen® → **Flumazenil**
Flumazenil® → **Flumazenil**
Flumazenil Braun® → **Flumazenil**
Flumazenil Dakota Pharm® → **Flumazenil**
Flumazenil DeltaSelect® → **Flumazenil**
Flumazenil Fresenius Kabi® → **Flumazenil**
Flumazenil-hameln® → **Flumazenil**
Flumazenil Hexal® → **Flumazenil**
Flumazenil Injection® → **Flumazenil**
Flumazenil Kabi® → **Flumazenil**
Flumazenil Northia® → **Flumazenil**
Flumazenil Nycomed® → **Flumazenil**
Flumazenilo Combino Pharm® → **Flumazenil**
Flumechina® [vet.] → **Flumequine**
Flumed® → **Bromhexine**
Flumed® → **Fluoxetine**
Flumeglumine® [vet.] → **Flunixin**
Flumeg® [vet.] → **Flunixin**
Flumequina® [vet.] → **Flumequine**
Flumequine® [vet.] → **Flumequine**
Flumesol [vet.] → **Flumequine**
Flumetason → **Flumetasone**
Flumetasona → **Flumetasone**
Flumetasone → **Flumetasone**
Flumétasone → **Flumetasone**
Flumetasone [BAN, DCF] → **Flumetasone**
Flumétasone [DCF] → **Flumetasone**
Flumetasonum → **Flumetasone**
Flumeth® → **Fluorometholone**
Flumethasone → **Flumetasone**
Flumethasone [USAN, BAN] → **Flumetasone**
Flumetholon® → **Fluorometholone**
Flumetol® → **Fluorometholone**
Flumetol NF Ofteno® → **Fluorometholone**
Flumetol® [susp.] → **Fluorometholone**
Flumex® → **Fluorometholone**
Flumexil® [vet.] → **Flumequine**
Flumid® → **Flutamide**
Flumil® → **Acetylcysteine**
Flumil® → **Fluconazole**
Flumil Antidoto® → **Acetylcysteine**
Fluminex® → **Flunisolide**
Fluminoc® → **Flunitrazepam**
Flumiquil® [vet.] → **Flumequine**
Flumirex® → **Fluoxetine**
Flumisol® [vet.] → **Flumequine**
Flumival® [vet.] → **Flumequine**
Flumix® [vet.] → **Flumequine**
Flumonac® → **Acetylcysteine**
Flumoxal® → **Flubendazole**
Flumycon® → **Fluconazole**
Flumycozal® → **Fluconazole**
Flunac® → **Fluconazole**
Flunagen® → **Flunarizine**
Flunamine® [vet.] → **Flunixin**
Flunarimed® → **Flunarizine**
Flunarin® → **Flunarizine**
Flunarin® [tabs.] → **Flunarizine**
Flunarium® → **Flunarizine**
Flunarizin® → **Flunarizine**
Flunarizina® → **Flunarizine**
Flunarizin acis® → **Flunarizine**
Flunarizina Farmoz® → **Flunarizine**
Flunarizina Genfar® → **Flunarizine**
Flunarizina Gen-Far® → **Flunarizine**
Flunarizina L.CH.® → **Flunarizine**
Flunarizina MK® → **Flunarizine**
Flunarizin-CT® → **Flunarizine**
Flunarizine® → **Flunarizine**
Flunarizine Alpharma® → **Flunarizine**
Flunarizine CF® → **Flunarizine**
Flunarizine Gf® → **Flunarizine**
Flunarizine PCH® → **Flunarizine**
Flunarizin-ratiopharm® → **Flunarizine**
Flunarizinum® → **Flunarizine**
Flunatop® → **Flunarizine**
Flunavert® → **Flunarizine**
Flunaxol® → **Flupentixol**
Flunaza® → **Flunarizine**
Flunazine® → **Flunarizine**
Flunazine® [vet.] → **Flunixin**
Flunazol® → **Fluconazole**
Flunazul® → **Fluconazole**
Flunco® → **Fluconazole**
Fluneurin® → **Fluoxetine**
Fluni 1A Pharma® → **Flunitrazepam**
Flunibeta® → **Flunitrazepam**
Flunidol® [vet.] → **Flunixin**
Flunifen® [vet.] → **Flunixin**
Fluniget® → **Diflunisal**
Flunik® → **Flunarizine**
Flunimerck® → **Flunitrazepam**
Fluninoc® → **Flunitrazepam**
Flunipam® → **Flunitrazepam**
Flunirin® → **Fluoxetine**
Flunisan® → **Fluoxetine**
Flunisolide® → **Flunisolide**
Flunisolide ABC® → **Flunisolide**
Flunisolide Allen® → **Flunisolide**
Flunisolide Angenerico® → **Flunisolide**

F

Fluorescein SE Thilo® → **Fluorescein Sodium**
Fluorescein sodique → **Fluorescein Sodium**
Fluorescein Sodium → **Fluorescein Sodium**
Fluorescein Sodium® → **Fluorescein Sodium**
Fluorescein Sodium [BANM, USAN] → **Fluorescein Sodium**
Fluorescein Sodium (JP XIV, Ph. Eur. 5, Ph. Int. 4, USP 30) → **Fluorescein Sodium**
Fluorescein Sodium sodium: → **Fluorescein Sodium**
Fluoresceinum → **Fluorescein**
Fluoresceinum natricum → **Fluorescein Sodium**
Fluoresceinum natricum (Ph. Eur. 5, Ph. Int. 4) → **Fluorescein Sodium**
Fluorescein (USP 30) → **Fluorescein**
Fluorescinnatrium Chauvin® → **Sodium Fluoride**
Fluorescite® → **Fluorescein Sodium**
Fluoreszein® → **Fluorescein Sodium**
Fluoreszein-Natrium → **Fluorescein Sodium**
Fluorets® → **Fluorescein Sodium**
Fluorette® → **Sodium Fluoride**
Fluoretten® → **Sodium Fluoride**
Fluorex® → **Sodium Fluoride**
Fluorhydrocortisone → **Fludrocortisone**
Fluoricare® → **Sodium Fluoride**
Fluorid Gel DENTSPLY DeTrey® → **Sodium Fluoride**
Fluorie® → **Sodium Fluoride**
Fluorigard® → **Sodium Fluoride**
Fluorilette® → **Sodium Fluoride**
Fluorinse® → **Sodium Fluoride**
Fluor-I-Strip A.T.® → **Fluorescein Sodium**
Fluoritab® → **Sodium Fluoride**
Fluor Kin® → **Sodium Fluoride**
Fluor Lacer® → **Sodium Fluoride**
Fluorlausn Actavis® → **Sodium Fluoride**
FluoroCare® → **Sodium Fluoride**
Fluorodesoxyglucose [18F] IBA® → **Fludeoxyglucose (18F)**
Fluorofoam® → **Sodium Fluoride**
Fluorogal® → **Sodium Fluoride**
Fluorogel® → **Sodium Fluoride**
Fluor Oligosol® → **Sodium Fluoride**
Fluorometholon → **Fluorometholone**
Fluorometholone → **Fluorometholone**
Fluorométholone → **Fluorometholone**
Fluorometholone [BAN, DCF, JAN, USAN] → **Fluorometholone**
Fluorometholone (BP 2002, JP XIV, USP 30) → **Fluorometholone**
Fluorometholone Opthalmic® → **Fluorometholone**
Fluorometholonum → **Fluorometholone**
Fluorometolona → **Fluorometholone**
Fluorometolone → **Fluorometholone**
Fluorometolone [DCIT] → **Fluorometholone**
Fluoro-Ophtal® → **Fluorometholone**
Fluor-Op® → **Fluorometholone**
Fluoroplex® → **Fluorouracil**
Fluoropos® → **Fluorometholone**
Fluoros® → **Sodium Fluoride**
Fluorosindan® → **Fluorouracil**
Fluorostom® → **Sodium Fluoride**
Fluorouacil Mayne® → **Fluorouracil**
Fluorouacil-TEVA® → **Fluorouracil**
Fluorouracil → **Fluorouracil**
Fluorouracil® → **Fluorouracil**
Fluoro-Uracil® → **Fluorouracil**
Fluorouracil Abic® → **Fluorouracil**
Fluorouracil [BAN, DCF, JAN, USAN] → **Fluorouracil**
5-Fluorouracil biosyn® → **Fluorouracil**
Fluorouracil Cehasol® → **Fluorouracil**
Fluorouracil DBL® → **Fluorouracil**
5-Fluorouracil-DBL® → **Fluorouracil**
Fluorouracile → **Fluorouracil**
Fluorouracil Ebewe® → **Fluorouracil**
5-Fluorouracil Ebewe® → **Fluorouracil**
5-Fluorouracil „Ebewe“® → **Fluorouracil**
Fluorouracile Dakota® → **Fluorouracil**
Fluorouracile [DCIT] → **Fluorouracil**
Fluoro-Uracile ICN® → **Fluorouracil**
Fluorouracile Mayne® → **Fluorouracil**
Fluorouracile (Ph. Eur. 5) → **Fluorouracil**
Fluorouracile Teva® → **Fluorouracil**
Fluorouracil GRY® → **Fluorouracil**
Fluorouracil ICN® → **Fluorouracil**
Fluoro-Uracil ICN® → **Fluorouracil**
Fluorouracil Injection® → **Fluorouracil**
Fluorouracil Injection BP® → **Fluorouracil**
Fluorouracil (JP XIV, Ph. Eur. 5, Ph. Int. 4, USP 30) → **Fluorouracil**
Fluorouracil Mayne® → **Fluorouracil**
Fluorouracil medac® → **Fluorouracil**
Fluorouracilo → **Fluorouracil**
Fluorouracilo® → **Fluorouracil**
5-Fluorouracilo® → **Fluorouracil**
Fluorouracilo Ferrer Farma® → **Fluorouracil**
Fluorouracilo Filaxis® → **Fluorouracil**
Fluorouracilo Martian® → **Fluorouracil**
Fluorouracilo Rontag® → **Fluorouracil**
Fluorouracil Pliva® → **Fluorouracil**
Fluorouracil Teva® → **Fluorouracil**
Fluorouracilum → **Fluorouracil**
Fluorouracilum (Ph. Eur. 5, Ph. Int. 4) → **Fluorouracil**
Fluorouracil Valeant® → **Fluorouracil**
Fluoro-Uracil Valeant® → **Fluorouracil**
Fluorscan® → **Fludeoxyglucose (18F)**
Fluor SMB® → **Sodium Fluoride**
Fluortöflur® → **Sodium Fluoride**
Fluor Unicophar® → **Sodium Fluoride**
Fluor-Uracil® → **Fluorouracil**
5-Fluoruracil → **Fluorouracil**
Fluoruracilo® → **Fluorouracil**
Fluoruracilo® [inj.] → **Fluorouracil**
Fluoruro® → **Sodium Fluoride**
Fluoruro de Sodio® → **Sodium Fluoride**
Fluor Verde® → **Sodium Fluoride**
Fluosmin® [vet.] → **Flumetasone**
Fluossen® → **Sodium Fluoride**
Fluothane® → **Halothane**
Fluothane® [vet.] → **Halothane**
Fluotic® → **Sodium Fluoride**
Fluotracer® → **Fludeoxyglucose (18F)**
Fluovitef® → **Fluocinolone acetonide**
Fluox® → **Fluoxetine**
Fluox AbZ® → **Fluoxetine**
Fluoxac® → **Fluoxetine**
Fluox Basics® → **Fluoxetine**
FluoxeLich® → **Fluoxetine**
Fluoxemed® → **Fluoxetine**
Fluoxemerck® → **Fluoxetine**
Fluoxe-Q® → **Fluoxetine**
Fluoxeren® → **Fluoxetine**
Fluoxetin → **Fluoxetine**
Fluoxetin® → **Fluoxetine**
Fluoxetin 1A Farma® → **Fluoxetine**
Fluoxetin 1A Pharma® → **Fluoxetine**
Fluoxetina → **Fluoxetine**
Fluoxetina® → **Fluoxetine**
Fluoxetinã® → **Fluoxetine**

Fluoxetina Agen® → **Fluoxetine**
Fluoxetina Alacan® → **Fluoxetine**
Fluoxetina Alpharma® → **Fluoxetine**
Fluoxetina Alter® → **Fluoxetine**
Fluoxetina Angenerico® → **Fluoxetine**
Fluoxetina Asol® → **Fluoxetine**
Fluoxetina Bayvit® → **Fluoxetine**
Fluoxetina Belmac® → **Fluoxetine**
Fluoxetina Bexal® → **Fluoxetine**
Fluoxetina BIG® → **Fluoxetine**
Fluoxetina Biochemie® → **Fluoxetine**
Fluoxetina Calox® → **Fluoxetine**
Fluoxetina Cantabria® → **Fluoxetine**
Fluoxetina Ceninter® → **Fluoxetine**
Fluoxetina Ciclum® → **Fluoxetine**
Fluoxetina Cinfa® → **Fluoxetine**
Fluoxetina Combino Pharm® → **Fluoxetine**
Fluoxetin Actavis® → **Fluoxetine**
Fluoxetina Cuve® → **Fluoxetine**
Fluoxetina Davur® → **Fluoxetine**
Fluoxetina Decrox® → **Fluoxetine**
Fluoxetina Diasa® → **Fluoxetine**
Fluoxetin Adico® → **Fluoxetine**
Fluoxetina DOC® → **Fluoxetine**
Fluoxetina Dorom® → **Fluoxetine**
Fluoxetina Edigen® → **Fluoxetine**
Fluoxetina Efarmes® → **Fluoxetine**
Fluoxetina EG® → **Fluoxetine**
Fluoxetina Esteve® → **Fluoxetine**
Fluoxetina Fabra® → **Fluoxetine**
Fluoxetina Farmalider® → **Fluoxetine**
Fluoxetina Farmoz® → **Fluoxetine**
Fluoxetina Ferrer Farma® → **Fluoxetine**
Fluoxetina Fidia® → **Fluoxetine**
Fluoxetina Fmndtria® → **Fluoxetine**
Fluoxetina Generis® → **Fluoxetine**
Fluoxetina Genfar® → **Fluoxetine**
Fluoxetina Gen-Far® → **Fluoxetine**
Fluoxetina Germed® → **Fluoxetine**
Fluoxetina Grapa® → **Fluoxetine**
Fluoxetina Hexal® → **Fluoxetine**
Fluoxetina ICN® → **Fluoxetine**
Fluoxetina ITF® → **Fluoxetine**
Fluoxetina Jaba® → **Fluoxetine**
Fluoxetina Kern® → **Fluoxetine**
Fluoxetina Korhispana® → **Fluoxetine**
Fluoxetin AL® → **Fluoxetine**
Fluoxetina Labesfal® → **Fluoxetine**
Fluoxetina Lareq® → **Fluoxetine**
Fluoxetina Lasa® → **Fluoxetine**
Fluoxetina L.Ch.® → **Fluoxetine**
Fluoxetin Alpharma® → **Fluoxetine**
Fluoxetin Alternova® → **Fluoxetine**
Fluoxetina Mabo® → **Fluoxetine**
Fluoxetina Mepha® → **Fluoxetine**
Fluoxetina Merck® → **Fluoxetine**
Fluoxetina MK® → **Fluoxetine**
Fluoxetina Normon® → **Fluoxetine**
Fluoxetina Northia® → **Fluoxetine**
Fluoxetina Pensa® → **Fluoxetine**
Fluoxetina Pharmagenus® → **Fluoxetine**
Fluoxetina Pliva® → **Fluoxetine**
Fluoxetina Ranbaxy® → **Fluoxetine**
Fluoxetina-ratiopharm® → **Fluoxetine**
Fluoxetina Ratiopharm® → **Fluoxetine**
Fluoxetin Arcana® → **Fluoxetine**
Fluoxetina Rimafar® → **Fluoxetine**
Fluoxetina Rubio® → **Fluoxetine**
Fluoxetina Salipax® → **Fluoxetine**
Fluoxetina Sandoz® → **Fluoxetine**
Fluoxetina Stada® → **Fluoxetine**
Fluoxetina Sumol® → **Fluoxetine**
Fluoxetina Tamarang® → **Fluoxetine**
Fluoxetina Teva® → **Fluoxetine**
Fluoxetina Vir® → **Fluoxetine**
Fluoxetina Winthrop® → **Fluoxetine**
Fluoxetin Azu® → **Fluoxetine**
Fluoxetin beta® → **Fluoxetine**
fluoxetin-biomo® → **Fluoxetine**
Fluoxetin BMM Pharma® → **Fluoxetine**
Fluoxetin Chinoin® → **Fluoxetine**
Fluoxetin Copyfarm® → **Fluoxetine**
Fluoxetin dura® → **Fluoxetine**
Fluoxetine → **Fluoxetine**
Fluoxétine → **Fluoxetine**
Fluoxetine A® → **Fluoxetine**
Fluoxetine Alpharma® → **Fluoxetine**
Fluoxetine [BAN, USAN] → **Fluoxetine**
Fluoxetine Biochemie® → **Fluoxetine**
Fluoxétine Biogaran® → **Fluoxetine**
Fluoxétine Bouchara-Recordati® → **Fluoxetine**
Fluoxetine CF® → **Fluoxetine**
Fluoxétine [DCF] → **Fluoxetine**
Fluoxetine-DP® → **Fluoxetine**
Fluoxetine EB® → **Fluoxetine**
Fluoxetine EG® → **Fluoxetine**
Fluoxétine EG® → **Fluoxetine**
Fluoxetine Gf® → **Fluoxetine**
Fluoxétine G Gam® → **Fluoxetine**
Fluoxetine HCL® → **Fluoxetine**
Fluoxetine Hydrochloride® → **Fluoxetine**
Fluoxétine Irex® → **Fluoxetine**
Fluoxétine Ivax® → **Fluoxetine**
Fluoxetine Katwijk® → **Fluoxetine**
Fluoxetine Lannacher® → **Fluoxetine**
Fluoxetine Merck® → **Fluoxetine**
Fluoxétine Merck® → **Fluoxetine**
Fluoxetine PCH® → **Fluoxetine**
Fluoxetine Ranbaxy® → **Fluoxetine**
Fluoxetine ratiopharm® → **Fluoxetine**
Fluoxétine RPG® → **Fluoxetine**
Fluoxetine-Sandoz® → **Fluoxetine**
Fluoxetine Sandoz® → **Fluoxetine**
Fluoxétine Sandoz® → **Fluoxetine**
Fluoxetine Teva® → **Fluoxetine**
Fluoxetine Winthrop® → **Fluoxetine**
Fluoxétine Winthrop® → **Fluoxetine**
Fluoxetine Zydus® → **Fluoxetine**
Fluoxetin Genericon® → **Fluoxetine**
Fluoxetin Helvepharm® → **Fluoxetine**
Fluoxetin Heumann® → **Fluoxetine**
Fluoxetin Hexal® → **Fluoxetine**
Fluoxetin KSK® → **Fluoxetine**
Fluoxetin Lindo® → **Fluoxetine**
Fluoxetin LPH® → **Fluoxetine**
Fluoxetin-Mepha® → **Fluoxetine**
Fluoxetin Merck NM® → **Fluoxetine**
Fluoxetin-neuraxpharm® → **Fluoxetine**
Fluoxetin ratiopharm® → **Fluoxetine**
Fluoxetin-ratiopharm® → **Fluoxetine**
Fluoxetin-RPh® → **Fluoxetine**
Fluoxetin Sandoz® → **Fluoxetine**
Fluoxetin Selena® → **Fluoxetine**
Fluoxetin Stada® → **Fluoxetine**
Fluoxetin TAD® → **Fluoxetine**
Fluoxetin-TEVA® → **Fluoxetine**
Fluoxetin Teva® → **Fluoxetine**
Fluoxetinum → **Fluoxetine**
fluoxetin von ct® → **Fluoxetine**
Fluoxetop® → **Fluoxetine**
Fluoxgamma® → **Fluoxetine**
Fluoxibene® → **Fluoxetine**
Fluoxifar® → **Fluoxetine**
Fluoxil® → **Fluoxetine**
Fluoxin® → **Fluoxetine**
Fluoxine® → **Fluoxetine**
Fluoxone® → **Fluoxetine**
Fluox-Puren® → **Fluoxetine**
Fluoxstad® → **Fluoxetine**
Fluoxymesterone® → **Fluoxymesterone**
Fluoxytil® → **Sodium Fluoride**
Fluozoid® → **Ethosuximide**
Flupamid® → **Indapamide**
Flupamid-SR® → **Indapamide**
Flupazine® [tabs] → **Trifluoperazine**
Flupen® → **Flucloxacillin**
Flupendura® → **Flupentixol**
Flupentixol-neuraxpharm® → **Flupentixol**

Flutamid Stada® → **Flutamide**
Flutamidum → **Flutamide**
Flutamidum (Ph. Eur. 5) → **Flutamide**
flutamid von ct® → **Flutamide**
Flutamid Wörwag® → **Flutamide**
Flutamin® → **Flutamide**
Flutan® → **Flutamide**
Flutandrona® → **Flutamide**
Flutans® → **Indapamide**
Flutaplex® → **Flutamide**
Flutasin® → **Flutamide**
Flutastad® → **Flutamide**
Flutec® → **Fluconazole**
Flutelmium® [vet.] → **Flubendazole**
Flutenal® → **Flupamesone**
Flutepan® → **Flutamide**
Flutex® → **Triamcinolone**
Flutexin® → **Flutamide**
Flutiamik® → **Finasteride**
Fluticaps® → **Fluticasone**
Fluticason® → **Fluticasone**
Fluticason → **Fluticasone**
Fluticasona® → **Fluticasone**
Fluticasona → **Fluticasone**
Fluticasone → **Fluticasone**
Fluticasone [BAN, DCF] → **Fluticasone**
Fluticasone Propionate → **Fluticasone**
Fluticasone propionate: → **Fluticasone**
Fluticasone Propionate [BANM, USAN] → **Fluticasone**
Fluticasone Propionate (BP 2003, Ph. Eur. 5, USP 30) → **Fluticasone**
Fluticasoni propionas → **Fluticasone**
Fluticasonpropionaat PCH® → **Fluticasone**
Fluticason propionat → **Fluticasone**
Fluticasonpropionat Allen® → **Fluticasone**
Fluticasonpropionat IVAX® → **Fluticasone**
Fluticasonum → **Fluticasone**
Flutica-Teva® → **Fluticasone**
Fluticon® → **Fluticasone**
Fluticort® → **Fluticasone**
Flutide® → **Fluticasone**
Flutide Nasal® → **Fluticasone**
Flutiderm® → **Fluticasone**
Fluti-K® → **Fluticasone**
Flutin® → **Fluoxetine**
Flutinase® → **Fluticasone**
Flutinax® → **Fluoxetine**
Flutine® → **Fluoxetine**
Flutinol® → **Fluorometholone**
Flutivate® → **Fluticasone**
Flutivent® [+ Fluticasone proprionate] → **Salmeterol**
Flutivent® [+ Salmeterol xinafoate] → **Fluticasone**
Flutoria® → **Trichlormethiazide**
Flutox® → **Cloperastine**
Flutrax® → **Flutamide**
Fluval® → **Fluoxetine**
Fluvas® → **Fluvastatin**
Fluvastatine® → **Fluvastatin**
Fluvean® → **Fluocinolone acetonide**
Fluver® → **Flunarizine**
Fluvermal® → **Flubendazole**
Fluvert® → **Flunarizine**
Fluvic® → **Carbocisteine**
Fluvin® → **Fluconazole**
Fluvium® → **Sodium Fluoride**
Fluvohexal® → **Fluvoxamine**
Fluvoxadura® → **Fluvoxamine**
Fluvoxamin → **Fluvoxamine**
Fluvoxamina → **Fluvoxamine**
Fluvoxamin AL® → **Fluvoxamine**
Fluvoxamina maleato → **Fluvoxamine**
Fluvoxamina Sandoz® → **Fluvoxamine**
Fluvoxamina Teva® → **Fluvoxamine**
Fluvoxamin beta® → **Fluvoxamine**
Fluvoxamine → **Fluvoxamine**
Fluvoxamine® → **Fluvoxamine**
Fluvoxamine [BAN, DCF] → **Fluvoxamine**
Fluvoxamine EG® → **Fluvoxamine**
Fluvoxamine-EG® → **Fluvoxamine**
Fluvoxaminemaleaat® → **Fluvoxamine**
Fluvoxamine-maleaat A® → **Fluvoxamine**
Fluvoxaminemaleaat Alpharma® → **Fluvoxamine**
Fluvoxaminemaleaat CF® → **Fluvoxamine**
Fluvoxamine maleaat EB® → **Fluvoxamine**
Fluvoxaminemaleaat Gf® → **Fluvoxamine**
Fluvoxaminemaleaat Katwijk® → **Fluvoxamine**
Fluvoxaminemaleaat Merck® → **Fluvoxamine**
Fluvoxaminemaleaat PCH® → **Fluvoxamine**
Fluvoxaminemaleaat ratiopharm® → **Fluvoxamine**
Fluvoxaminemaleaat Sandoz® → **Fluvoxamine**
Fluvoxaminemaleaat Solvay Pharma® → **Fluvoxamine**
Fluvoxaminemaleaat Stada® → **Fluvoxamine**
Fluvoxamine Maleate → **Fluvoxamine**
Fluvoxamine maleate: → **Fluvoxamine**
Fluvoxamine Maleate® → **Fluvoxamine**
Fluvoxamine Maleate [BANM, USAN] → **Fluvoxamine**
Fluvoxamine Maleate (BP 2002, USP 30) → **Fluvoxamine**
Fluvoxamine (maléate de) → **Fluvoxamine**
Fluvoxamine Merck® → **Fluvoxamine**
Fluvoxamine-Sandoz® → **Fluvoxamine**
Fluvoxamine Sandoz® → **Fluvoxamine**
Fluvoxamine Teva® → **Fluvoxamine**
Fluvoxamin hydrogenmaleat → **Fluvoxamine**
Fluvoxamin-neuraxpharm® → **Fluvoxamine**
Fluvoxamin-ratiopharm® → **Fluvoxamine**
Fluvoxamin Stada® → **Fluvoxamine**
Fluvoxaminum → **Fluvoxamine**
Fluvoxin® → **Fluvoxamine**
Flux® → **Sodium Fluoride**
Fluxacil® → **Flucloxacillin**
Fluxacina L.CH.® → **Flucloxacillin**
Fluxadir® → **Fluoxetine**
Fluxal® → **Fluoxetine**
Fluxarten® → **Flunarizine**
Fluxene® → **Fluoxetine**
Fluxentac® → **Fluoxetine**
Fluxes® → **Fluconazole**
Fluxet® → **Fluoxetine**
Fluxetil® → **Fluoxetine**
Fluxetin® → **Fluoxetine**
Fluxetin Atlantic® → **Fluoxetine**
Fluxicap® → **Flucloxacillin**
Fluxid® → **Famotidine**
Fluxidin® → **Ticlopidine**
Fluxifarm® → **Flumazenil**
Fluxilan® → **Fluoxetine**
Fluximine® [vet.] → **Flunixin**
Fluxinam® → **Fluorometholone**
Fluxit® [+ Flupentixol] → **Melitracen**
Fluxit® [+ Melitracen] → **Flupentixol**
Fluxol® → **Ambroxol**
FluxoMed® → **Fluoxetine**
Fluxon® → **Flucloxacillin**
Fluxone® → **Fluticasone**
Fluxonil® → **Fluoxetine**
Fluxpiren® → **Diclofenac**
Fluxum® → **Parnaparin Sodium**
Fluxus® → **Flunarizine**
Fluyesyva® [vet.] → **Flumequine**

Fluzac® → **Fluoxetine**
Fluzac-20® → **Fluoxetine**
Fluzak® → **Fluoxetine**
Fluzepam® → **Flurazepam**
Fluzerit® → **Flucloxacillin**
Fluzina® → **Flunarizine**
Fluzine-P® → **Fluphenazine**
Fluzol® → **Fluconazole**
Fluzole® → **Fluconazole**
Fluzon® → **Fluocinolone acetonide**
Flypor® [vet.] → **Permethrin**
Fly Repellent Plus for Horses® [vet.] → **Permethrin**
F. Mectin® [vet.] → **Ivermectin**
FML® → **Fluorometholone**
F.M.L. Liquifil® → **Fluorometholone**
FML Liquifilm® → **Fluorometholone**
FML® [vet.] → **Fluorometholone**
FNI 2b® → **Interferon Alfa**
Foban® → **Fusidic Acid**
Focalin® → **Dexmethylphenidate**
Focus® → **Ibuprofen**
Fodiclo® → **Cefotiam**
Fodiss® → **Fluoxetine**
Foille® → **Benzocaine**
Foille® → **Hydrocortisone**
Foipan® → **Camostat**
Fokalepsin® → **Carbamazepine**
Fokeston® → **Fluoxetine**
Fokusin® → **Tamsulosin**
Folac® → **Folic Acid**
Folacid® → **Folic Acid**
Folacin® → **Folic Acid**
Folan® → **Folic Acid**
Folanemin® → **Calcium Levofolinate**
Folaport® → **Folic Acid**
Folarell® → **Folic Acid**
Folaren® → **Folinic Acid**
Fol-ASmedic® → **Folic Acid**
Folavit® → **Folic Acid**
Folaxin® → **Calcium Levofolinate**
Folbiol® → **Folic Acid**
Folcasin® → **Folinic Acid**
Folcodal® → **Cinnarizine**
Folcres® → **Finasteride**
Folcur® → **Folic Acid**
Foldan® → **Tiabendazole**
Folerin® → **Loratadine**
Folet® → **Folic Acid**
Folex® → **Ferrous Fumarate**
Folgamma® → **Folic Acid**
Foliagen® → **Folic Acid**
Foliamin® → **Folic Acid**
Folic Acid → **Folic Acid**
Folic Acid® → **Folic Acid**
Folic Acid [BAN, JAN, USAN] → **Folic Acid**
Folic Acid Central Poly® → **Folic Acid**
Folic Acid Injection® → **Folic Acid**
Folic Acid (JP XIV, Ph. Eur. 5, Ph. Int. 4, USP 30) → **Folic Acid**
Folic Acid® [vet.] → **Folic Acid**
Folicare® → **Folic Acid**
FOLI-cell® → **Folinic Acid**
Folicil® → **Folic Acid**
Folic® [vet.] → **Folic Acid**
Folidan® → **Folinic Acid**
Folidar® → **Folinic Acid**
Folidex® → **Folic Acid**
Folifem® → **Folic Acid**
FolifeminaF® → **Folic Acid**
Folifer® → **Ferrous Gluconate**
Foligan® → **Allopurinol**
Folik® → **Folic Acid**
Folimax® → **Folic Acid**
Folimen® → **Folic Acid**
Foliment® → **Folinic Acid**
Folimin® → **Folic Acid**
Folina® → **Folic Acid**
Folina-Cell® → **Folic Acid**
Folinate de calcium Aguettant® → **Folinic Acid**
Folinate de calcium Dakota Pharm® → **Folinic Acid**
Folinato® → **Folinic Acid**
Folinato Calcico® → **Folinic Acid**
Folinato Calcico Ferrer Farma® → **Folinic Acid**
Folinato de Calcico Dalisol® [tab.] → **Folinic Acid**
Folinato de Calcio® → **Folinic Acid**
Folinemic® → **Folic Acid**
Folinezuur® → **Folinic Acid**
Folinfabra® → **Folinic Acid**
Folinoral® → **Folinic Acid**
Folinovo® → **Folinic Acid**
Folinsyra Actavis® → **Folic Acid**
Folinsyre SAD® → **Folic Acid**
Foliphar® → **Folic Acid**
Folique (acide) (Ph. Eur. 5) → **Folic Acid**
Foliront® → **Furosemide**
Folisachs® → **Folinic Acid**
Folisanin® → **Folic Acid**
Folison® → **Folic Acid**
Folisyx® → **Folic Acid**
Folitab® → **Folic Acid**
Folitropina alfa → **Follitropin Alfa**
Foliumzuur Alpharma® → **Folic Acid**
Foliumzuur Gf® → **Folic Acid**
Foliumzuur Katwijk® → **Folic Acid**
Foliumzuur Kring® → **Folic Acid**
Foliumzuur PCH® → **Folic Acid**
Foliumzuur ratiopharm® → **Folic Acid**
Foliumzuur Samenwerkende Apothekers® → **Folic Acid**
Foliumzuur Sandoz® → **Folic Acid**
Folivirin® → **Estradiol**
Folivit® → **Folic Acid**
Folivital® → **Folic Acid**
Folizol® → **Fluoxetine**
Folkodin® → **Pholcodine**
Follegon® → **Urofollitropin**
Fol Lichtenstein® → **Folic Acid**
Follicormon → **Estradiol**
Folliculin® → **Estrone**
Follidimyl → **Estradiol**
Follidrinbensoat → **Estradiol**
Folligon® [vet.] → **Gonadotrophin, Serum**
Follistim® → **Follitropin Beta**
Follistim® → **Follitropin Alfa**
Follitrin® → **Urofollitropin**
Follitropin Alfa → **Follitropin Alfa**
Follitropin Alfa [BAN, USAN] → **Follitropin Alfa**
Follitropine alfa → **Follitropin Alfa**
Follitropinum alfa → **Follitropin Alfa**
Folltropin® [vet.] → **Follitropin Alfa**
Follutein® [vet.] → **Chorionic Gonadotrophin**
Folmigor® → **Folinic Acid**
Folnak® → **Folic Acid**
Folovit® → **Folic Acid**
Folsäure → **Folic Acid**
Folsäure-biosyn® → **Folic Acid**
Folsäure Dr. Hotz® → **Folic Acid**
Folsäure-Hevert® → **Folic Acid**
Folsäure-Injektopas® → **Folic Acid**
Folsäure (Ph. Eur. 5) → **Folic Acid**
Folsäure-ratiopharm® → **Folic Acid**
Folsäure Stada® → **Folic Acid**
Folsan® → **Folic Acid**
Folsav® → **Folic Acid**
Foltran® → **Zopiclone**
Foltrim® [+ Sulfamethoxazole] → **Trimethoprim**
Foltrim® [+ Trimethoprim] → **Sulfamethoxazole**
Folverlan® → **Folic Acid**
Folvite® → **Folic Acid**
Fomene® → **Tetridamine**
Fomepizol → **Fomepizole**
Fomepizole → **Fomepizole**
Fomépizole AP-HP® → **Fomepizole**
Fomepizole [BAN, USAN] → **Fomepizole**
Fomepizolum → **Fomepizole**
Fona® → **Adapalene**
Fonderyl® → **Metoclopramide**

Fondril® → **Bisoprolol**
Fondur® → **Fluoxetine**
Fongamil® → **Omoconazole**
Fongarex® → **Omoconazole**
Fongéryl® → **Econazole**
Fonicid® → **Cefonicid**
Fontax® → **Cefotaxime**
Fontex® → **Fluoxetine**
Fontol® → **Ibuprofen**
Fonvicol® → **Cefazolin**
Fonx® → **Oxiconazole**
Fonzylane® → **Buflomedil**
Footrot Aerosol® [vet.] → **Dichlorophen**
Foot Rot Aerosol® [vet.] → **Cetrimide**
Foradil® → **Formoterol**
Foradile® → **Formoterol**
Foradil-P® → **Formoterol**
Foragin® → **Metamizole**
Forair® → **Formoterol**
Forane® → **Isoflurane**
Foraseq® → **Formoterol**
Forasma® → **Terbutaline**
Forat® → **Ketoconazole**
Foratec® → **Formoterol**
Forazole® [vet.] → **Fenbendazole**
Forbetes® → **Metformin**
Forcaltionin® [vet.] → **Calcitonin**
Forcaltonin® [salmon] → **Calcitonin**
Forcan® → **Fluconazole**
Forcanox® → **Itraconazole**
Forcas® → **Ceftazidime**
Forcid® [+ Amoxicillin, trihydrate] → **Clavulanic Acid**
Forcid® [+ Clavulanic Acid, potassium salt] → **Amoxicillin**
Forcid Solutab® [+ Amoxicillin trihydrate] → **Clavulanic Acid**
Forcid Solutab® [+ Clavulanic Acid potassium salt] → **Amoxicillin**
Forcilen® → **Azelaic Acid**
Forclina® → **Fludarabine**
Forderm® → **Clobetasol**
Fordesia® → **Donepezil**
Fordex® → **Omeprazole**
Fordia® → **Metformin**
Fordilen® → **Formoterol**
Fordiuran® → **Bumetanide**
Forelax® → **Eperisone**
Forene® → **Isoflurane**
Forenium® → **Isoflurane**
Forexin® → **Ciprofloxacin**
Forexine® → **Cefalexin**
Forgas® → **Dimeticone**
Forgenac® → **Diclofenac**
Forgesic® → **Tramadol**
Forimycin® → **Roxithromycin**
Forinfec® → **Povidone-Iodine**
Foristal® → **Dimetindene**
Forknow YSP® → **Flunarizine**
Forlax® → **Sodium Picosulfate**
Forli® → **Indinavir**
Formatris® → **Formoterol**
Formell® → **Metformin**
Formel sirup® → **Dextromethorphan**
Formet® → **Metformin**
Formigran® → **Naratriptan**
Formil® [vet.] → **Sulfathiazole**
Formina® → **Sibutramine**
Forminhasan® → **Metformin**
Formistin® → **Cetirizine**
Formitrol® → **Dextromethorphan**
Formoair® → **Formoterol**
Formocaps® → **Formoterol**
Formocarbine® → **Charcoal, Activated**
Formo-Cibazol® [vet.] → **Formosulfathiazole**
Formoftil® → **Formocortal**
FormoLich® → **Formoterol**
Formoterol® → **Formoterol**
Formoterol A® → **Fomepizole**
Formoterol Aldo Union® → **Formoterol**
Formoterol Bluair® → **Formoterol**
Formoterol Broncotec® → **Formoterol**
Formoterol CT® → **Formoterol**
Formoterol Farmoz® → **Formoterol**
Formoterol Generis® → **Formoterol**
Formoterol Hexal® → **Formoterol**
Formoterol IPS® → **Formoterol**
Formoterol Merck® → **Formoterol**
Formoterol-ratiopharm® → **Formoterol**
Formoterol-Sandoz® → **Formoterol**
Formoterol Stada® → **Formoterol**
Formotop® → **Formoterol**
Formovent® → **Formoterol**
Formula-E® → **Tocopherol, α-**
Formulaexpec® → **Guaifenesin**
Formulatus® → **Dextromethorphan**
Formule W® → **Salicylic Acid**
Formyco® → **Ketoconazole**
Fornidd® → **Metformin**
Forotan® → **Formoterol**
Forray® [vet.] → **Imidocarb**
Forres® → **Eperisone**
Forsef® → **Ceftriaxone**
Forsteo® → **Teriparatide**
Fortadim® → **Ceftazidime**
Fortagyl® → **Metronidazole**
Fortal® → **Pentazocine**
Fortamet® → **Metformin**
Fortamid® → **Betahistine**
Fortanest® → **Midazolam**
Fortasec® → **Loperamide**
Fortathrin® → **Indometacin**
Fortax® → **Cefotaxime**
Fortaz® → **Ceftazidime**
Fortcinolona® → **Triamcinolone**
Fortecortin® [compr.] → **Dexamethasone**
Fortecortine® [vet.] → **Dexamethasone**
Fortecortin® [inj.] → **Dexamethasone**
Fortecortin Mono® → **Dexamethasone**
Fortecortin Oral® → **Dexamethasone**
Fortedol® → **Diclofenac**
Fortekor® [vet.] → **Benazepril**
Forten® → **Captopril**
Fortenac® → **Diclofenac**
Forteo® → **Teriparatide**
Forterra® → **Ciprofloxacin**
Fortfen® → **Diclofenac**
Forthane® → **Isoflurane**
Forthyron® [vet.] → **Levothyroxine**
Fortica® → **Calcium Carbonate**
Fortical® [nasal] → **Calcitonin**
Forticilina® [vet.] → **Oxytetracycline**
Forticine® [vet.] → **Gentamicin**
Fortified Procaine Penicillin® → **Penicillin G Procaine**
Fortilut® → **Norethisterone**
Fortimicin® → **Astromicin**
Fortine® → **Flurbiprofen**
Fortinol® → **Carteolol**
Fortipine LA 40® → **Nifedipine**
Fortofan® → **Formoterol**
Fortonol® → **Acenocoumarol**
Fortovase® → **Saquinavir**
Fortpflanzungsvitamin → **Tocopherol, α-**
Fortradol® → **Tramadol**
Fortral® → **Pentazocine**
Fortum® → **Ceftazidime**
Fortumset® → **Ceftazidime**
Fortum® [vet.] → **Ceftazidime**
Fortwin® → **Pentazocine**
Forum C® → **Ascorbic Acid**
Forvey® → **Frovatriptan**
Forzest® → **Tadalafil**
Forzid® → **Ceftazidime**
Fosalan® → **Alendronic Acid**
Fosalen® → **Alendronic Acid**
Fosamax® → **Alendronic Acid**
Fosamax Lyfjaver® → **Alendronic Acid**
Fosavance® → **Alendronic Acid**
Fosbac® [vet.] → **Fosfomycin**

Foscan® → **Temoporfin**
Foscarnet Dosa® → **Foscarnet Sodium**
Foscarnet Gemepe® → **Foscarnet Sodium**
Foscarnet Sodium Injection® → **Foscarnet Sodium**
Foscavir® → **Foscarnet Sodium**
Fosfacid® → **Alendronic Acid**
Fosfalugel® → **Aluminum Phosphate**
Fosfat de Codeina® → **Codeine**
Fosfat de Codeină® → **Codeine**
Fosfato® → **Dexamethasone**
Fosfato de Clindamicina® → **Clindamycin**
Fosfato Dissodico de Dexametasona® → **Dexamethasone**
Fosfato sodico de Prednisolona® → **Prednisolone**
Fosfitone® → **Suxamethonium Chloride**
Fosfocil® → **Fosfomycin**
Fosfocil® [caps./susp.] → **Fosfomycin**
Fosfocil® [inj.] → **Fosfomycin**
Fosfocin® → **Fosfomycin**
Fosfocina® → **Fosfomycin**
Fosfocina® [caps./liqu.oral] → **Fosfomycin**
Fosfocina® [inj.] → **Fosfomycin**
Fosfocine® → **Fosfomycin**
Fosfocin® [inj.] → **Fosfomycin**
Fosfocrisolo® → **Sodium Aurothiosulfate**
Fosfomicina → **Fosfomycin**
Fosfomicina [DCIT] → **Fosfomycin**
Fosfomik® → **Terazosin**
Fosfomycin → **Fosfomycin**
Fosfomycin [BAN, USAN] → **Fosfomycin**
Fosfomycine → **Fosfomycin**
Fosfomycine [DCF] → **Fosfomycin**
Fosfomycin Sandoz® → **Fosfomycin**
Fosfomycinum → **Fosfomycin**
Fosicard® → **Fosinopril**
Fosinil® → **Fosinopril**
Fosinopril® → **Fosinopril**
Fosinopril Actavis® → **Fosinopril**
Fosinopril Basics® → **Fosinopril**
Fosinopril Interpharm® → **Fosinopril**
Fosinopril Kwizda® → **Fosinopril**
Fosinopril Na® → **Fosinopril**
Fosinopril Na A® → **Fosinopril**
Fosinoprilnatrium CF® → **Fosinopril**
Fosinoprilnatrium Gf® → **Fosinopril**
Fosinoprilnatrium Merck® → **Fosinopril**
Fosinoprilnatrium PCH® → **Fosinopril**
Fosinoprilnatrium Pharmascope® → **Fosinopril**
Fosinoprilnatrium Sandoz® → **Fosinopril**
Fosinopril-Teva® → **Fosinopril**
Fosinorm® → **Fosinopril**
Fosino-Teva® → **Fosinopril**
Fosipres® → **Fosinopril**
Fosiran® → **Fosinopril**
Fositen® → **Fosinopril**
Fositens® → **Fosinopril**
Fosmicin® → **Fosfomycin**
Fosmicin-S® → **Fosfomycin**
Fosmin® → **Alendronic Acid**
Fosrenol® → **Lanthanum Carbonate**
Fosteofos® → **Alendronic Acid**
Fostepor® → **Alendronic Acid**
Fostex® → **Salicylic Acid**
Fostimon® → **Urofollitropin**
Fostim® [vet.] → **Gonadotrophin, Serum**
Foston® [vet.] → **Toldimfos**
Fosval® → **Alendronic Acid**
Fosypril® → **Fosinopril**
Fot-Amsa® → **Cefotaxime**
Fotaram® → **Cefotiam**
Fotax® → **Cefotaxime**
Fotemustine® → **Fotemustine**
Fotex® → **Tobramycin**
Fotexina® → **Cefotaxime**
Fotexina® [inj.] → **Cefotaxime**
Fotil® → **Timolol**
Foucacillin® → **Cefuroxime**
Fouch® → **Clindamycin**
Founderguard® [vet.] → **Virginiamycin**
Fovas® → **Fosinopril**
Foxetin® → **Fluoxetine**
Foxetin Merck NM® → **Fluoxetine**
Foxgoria® → **Norfloxacin**
Foxil® → **Cefadroxil**
Foxim® → **Cefotaxime**
Foxin® → **Norfloxacin**
Foxinon® → **Norfloxacin**
Foxolin® → **Folinic Acid**
Foxtin-20® → **Fluoxetine**
Foy® → **Gabexate**
Fozinopril® → **Fosinopril**
Fozitec® → **Fosinopril**
Foznol® → **Lanthanum Carbonate**
FP 70 (Kakenyaku Kako, Japan) → **Flurbiprofen**
Fracel® → **Quinfamide**
Fractal® → **Fluvastatin**
Frademicina® → **Lincomycin**
Fradilen® → **Chromocarb**
Fradiomycin Sulfate (JP XIV) → **Neomycin**
Fragmin® → **Dalteparin Sodium**
Fragmine® → **Dalteparin Sodium**
Frahepan® → **Certoparin Sodium**
Frakas® → **Doxycycline**
Framecef® → **Cefonicid**
Framicetina → **Framycetin**
Framicetina [DCIT] → **Framycetin**
Framicetina solfato → **Framycetin**
Framoccid® [vet.] → **Framycetin**
Framomycin® [vet.] → **Framycetin**
Framox® [vet.] → **Amoxicillin**
Framycetin → **Framycetin**
Framycetin [BAN, USAN] → **Framycetin**
Framycétine → **Framycetin**
Framycétine [DCF] → **Framycetin**
Framycétine (sulfate de → **Framycetin**
Framycétine (sulfate de) (Ph. Eur. 5) → **Framycetin**
Framycetini sulfa → **Framycetin**
Framycetini sulfas (Ph. Eur. 5) → **Framycetin**
Framycetin sulfat → **Framycetin**
Framycetin sulfate: → **Framycetin**
Framycetinsulfat (Ph. Eur. 5) → **Framycetin**
Framycetin Sulphate → **Framycetin**
Framycetin Sulphate [BANM] → **Framycetin**
Framycetin Sulphate (Ph. Eur. 5) → **Framycetin**
Framycetinum → **Framycetin**
Franol® → **Theophylline**
Fraurs® → **Ursodeoxycholic Acid**
Fraxidol® → **Tramadol**
Fraxiforte® → **Nadroparin Calcium**
Fraxinine → **Mannitol**
Fraxiparin® → **Nadroparin Calcium**
Fraxiparina® → **Nadroparin Calcium**
Fraxiparine® → **Nadroparin Calcium**
Fraxodi® → **Nadroparin Calcium**
Fraxone® → **Ceftriaxone**
Frazon® → **Ondansetron**
Frecardyl® [vet.] → **Diprophylline**
Fredyr® → **Cefuroxime**
Fredyren® → **Cefaclor**
Free® → **Clopidogrel**
Freederm Zink® → **Pyrithione Zinc**
Freedox® → **Tirilazad**
Freeflex Glucosa® → **Dextrose**
Freegas® → **Dimeticone**
Freegen® → **Carmellose**
Freenal® → **Oxymetazoline**
Freesept® → **Cetylpyridinium**
Free-Skin Cythioate® [vet.] → **Cythioate**
Freesy® → **Zafirlukast**

Freezone® → **Salicylic Acid**
Frego® → **Flunarizine**
Freka-cid® → **Povidone-Iodine**
Fremet® → **Cimetidine**
Frenacil® → **Acetylcysteine**
Frenactil® → **Benperidol**
Frenal® → **Cromoglicic Acid**
Frenaler® → **Desloratadine**
Frenaler® → **Loratadine**
Frenasma® → **Ketotifen**
Frenatermin® → **Ibuprofen**
Frenatus® → **Dextromethorphan**
Frenial® → **Olanzapine**
Frenil → **Promazine**
frenopect® → **Ambroxol**
Frenotos® → **Oxeladin**
Frenurin® → **Oxybutynin**
Frenxit® [+ Flupentixol HCl] → **Melitracen**
Frenxit® [+ Melitracen HCl] → **Flupentixol**
Freshen Bisacodyl Laxative® → **Bisacodyl**
Freshmel® → **Chlorhexidine**
Fresofol® → **Propofol**
Frevac® → **Ibuprofen**
Frexit® [+ Flupentixol HCl] → **Melitracen**
Frexit® [+ Melitracen HCl] → **Flupentixol**
FRH 1000 → **Gonadotrophin, Serum**
Fribat® → **Ceftazidime**
Fridalit® → **Hydrocortisone**
Fridep® → **Sertraline**
Frieso-Gent® [vet.] → **Gentamicin**
Frigol® → **Xantinol Nicotinate**
Frilix® → **Naftidrofuryl**
Frimaind® → **Citalopram**
Frimania® → **Lithium**
Frineg® → **Ceftriaxone**
Fringanor® → **Lamotrigine**
Fripi® → **Permethrin**
Frisium® → **Clobazam**
Fristamin® → **Loratadine**
Frivent® → **Theophylline**
Frixitas® → **Alprazolam**
Froben® → **Flurbiprofen**
Froidir® → **Clozapine**
Fromen® → **Frovatriptan**
Fromentyl® → **Amikacin**
Fromilid® → **Clarithromycin**
Fromirex® → **Frovatriptan**
Frommex® [vet.] → **Flubendazole**
Frommicillin® [vet.] → **Ampicillin**
Frone® → **Interferon Beta**
Frontal® → **Alprazolam**
Frontin® → **Alprazolam**
Frontline® [vet.] → **Fipronil**
Froop® → **Furosemide**
Frosinor® → **Paroxetine**
Frotan® → **Frovatriptan**
Frova® → **Frovatriptan**
Frovex® → **Frovatriptan**
Froxime® → **Cefuroxime**
Frubiase® → **Calcium Carbonate**
Frubilurgyl® → **Chlorhexidine**
Frubizin® → **Cetylpyridinium**
Frubizin® akut → **Ambroxol**
FructiCal® → **Calcium Carbonate**
Fructin® → **Fructose**
Fructines® → **Phenolphthalein**
Fructines® → **Sodium Picosulfate**
Fructose → **Fructose**
Fructose Enzypharm® → **Fructose**
Fructose [JAN, USAN] → **Fructose**
Fructose Labesfal® → **Fructose**
Fructose (Ph. Eur. 5, JP XIV, USP 30) → **Fructose**
Fructosum → **Fructose**
Fructosum (Ph. Eur. 5) → **Fructose**
Frudix® [vet.] → **Furosemide**
Frumeron® → **Indapamide**
Frusecare® [vet.] → **Furosemide**
Frusedale® [vet.] → **Furosemide**
Frusehexal® → **Furosemide**
Frusemide [BAN] → **Furosemide**
Frusemide-BC® → **Furosemide**
Frusemide DHA® → **Furosemide**
Frusemide Injection® → **Furosemide**
Frusemide Malchem® → **Furosemide**
Frusemide® [vet.] → **Furosemide**
Frusenex® → **Furosemide**
Frusid® → **Furosemide**
Fruside® → **Furosemide**
Frusin® → **Furosemide**
Frusol® → **Furosemide**
Frutenor® → **Levocarnitine**
Frutical® → **Calcium Carbonate**
Fruttosio → **Fructose**
Fruttosio® [vet.] → **Fructose**
FS® → **Fluocinolone acetonide**
F.S.H.-P® [vet.] → **Follitropin Alfa**
FT 207 → **Fluorouracil**
FTA → **Flutamide**
F-Tab® → **Ferrous Fumarate**
Ftagirol® → **Fenoterol**
Ftalilsolfatiazolo → **Phthalylsulfathiazole**
Ftalilsolfatiazolo [DCIT] → **Phthalylsulfathiazole**
Ftalilsulfatiazol → **Phthalylsulfathiazole**
Ftazidime® → **Ceftazidime**
FTDA® → **Flutamide**
Ftorafur® → **Tegafur**
Ftorocort® → **Triamcinolone**
5-FU® → **Fluorouracil**
Fubenzon® → **Mebendazole**
Fucerox® → **Cefuroxime**
Fucide® → **Fusidic Acid**
Fuciderm® → **Fusidic Acid**
Fucidin® → **Fusidic Acid**
Fucidin Cream® → **Triamcinolone**
Fucidin® [crème] → **Fusidic Acid**
Fucidin® [crème] → **Fusidic Acid**
Fucidine® → **Fusidic Acid**
Fucidine Orifarm® → **Fusidic Acid**
Fucidine Paranova® → **Fusidic Acid**
Fucidine® [vet.] → **Fusidic Acid**
Fucidin H® → **Fusidic Acid**
Fucidin Intertulle® → **Fusidic Acid**
Fucidin Leo® → **Fusidic Acid**
Fucidin Ointment® → **Fusidic Acid**
Fucidin® [tabs./ungt.] → **Fusidic Acid**
Fucidin® [tabs./ungt.] → **Fusidic Acid**
Fucidin® [vet.] → **Fusidic Acid**
Fucil® → **Flucloxacillin**
Fucithalmic® → **Fusidic Acid**
Fucithalmic® [vet.] → **Fusidic Acid**
Fucon YSP® → **Hyoscine Butylbromide**
Fudermex® → **Lansoprazole**
Fudikin® → **Fusidic Acid**
Fudirine® → **Furosemide**
Fudixing® → **Gatifloxacin**
Fudone® → **Famotidine**
FUDR® → **Floxuridine**
Fugacar® → **Mebendazole**
Fugentin® [+ Amoxicillin, trihydrate] → **Clavulanic Acid**
Fugentin® [+ Clavulanic Acid, potassium salt] → **Amoxicillin**
Fugerel® → **Flutamide**
Fugos® → **Flubendazole**
5-FU Hexal® → **Fluorouracil**
Fujisen® → **Fluconazole**
5-FU Kyowa® → **Fluorouracil**
5-FU (Kyowa Hakko, Japan) → **Fluorouracil**
Fuladic® → **Fusidic Acid**
Fulcin® → **Griseofulvin**
Fulcinex® → **Griseofulvin**
Fulcin® [vet.] → **Griseofulvin**
Fulcol® → **Sulconazole**
Fulcort® → **Fluorometholone**
Fulcro® → **Fenofibrate**
5-FU Lederle® → **Fluorouracil**
Fulgium® → **Benzydamine**
Ful-Glo® → **Fluorescein Sodium**
Fulgram® → **Norfloxacin**
Fulkain® → **Griseofulvin**
Full Marks® → **Phenothrin**

Fulone® → **Fluocinolone acetonide**
Fulpen A® → **Bromhexine**
Fulsac® → **Fluoxetine**
Fulsed® → **Midazolam**
Fulsed Injection® → **Midazolam**
Fulsix® → **Furosemide**
Fuluminol® → **Clemastine**
Fuluvamide® → **Furosemide**
Fuluxing® → **Fleroxacin**
Fuluyin® → **Pidotimod**
Fulvicin® → **Griseofulvin**
Fulvicin U/F® → **Griseofulvin**
Fulvicin U/F® [vet.] → **Griseofulvin**
Fulviderm® [vet.] → **Griseofulvin**
Fulvin-G® → **Griseofulvin**
Fumafer® → **Ferrous Fumarate**
Fumarato de Bisoprolol® → **Bisoprolol**
Fumarato de Cetotifeno® → **Ketotifen**
Fumast® → **Ketotifen**
5-FU medac® → **Fluorouracil**
Funa® → **Fluconazole**
Funazole® → **Ketoconazole**
Funcan® → **Fluconazole**
Funcenal® → **Flutrimazole**
Funcid® → **Butenafine**
Funcort® → **Miconazole**
Fundan® → **Ketoconazole**
Funet® → **Ketoconazole**
Funex® → **Fluconazole**
Funga® → **Miconazole**
Fungacide® [vet.] → **Griseofulvin**
Fungafine® → **Terbinafine**
Fungafite® [vet.] → **Miconazole**
Fungal® → **Griseofulvin**
Fungal Terminator® [vet.] → **Phenoxyethanol**
Fungan® → **Fluconazole**
Fungares® → **Miconazole**
Fungarest® → **Ketoconazole**
Fungarest Crema® → **Ketoconazole**
Fungarest Shampoo® → **Ketoconazole**
Fungarest Vaginal® → **Ketoconazole**
Fungasil® → **Terbinafine**
Fungasol® → **Ketoconazole**
Fungata® → **Fluconazole**
Fungatin® → **Nystatin**
Fungazol® → **Ketoconazole**
Fungekil® [vet.] → **Griseofulvin**
Fungicide® → **Ketoconazole**
Fungicidin Leciva® → **Nystatin**
Fungicon® → **Clotrimazole**
Fungicon® → **Fluconazole**
Fungidal® → **Miconazole**
Fungiderm® → **Clotrimazole**
Fungiderm® → **Bifonazole**
Fungiderm-K® → **Ketoconazole**
Fungidermo® → **Clotrimazole**
Fungil® → **Undecylenic Acid**
Fungilin® → **Amphotericin B**
Fungilin Lozenges® → **Amphotericin B**
Fungi-M® → **Miconazole**
Fungimed® → **Fluconazole**
Fungin® → **Clotrimazole**
Fungi-Nail® → **Undecylenic Acid**
Funginix® → **Terbinafine**
Funginox® → **Ketoconazole**
Fungirox® → **Ciclopirox**
Fungisdin® → **Miconazole**
Fungisept® → **Didecyldimethylammonium**
Fungisil® → **Miconazole**
Fungispor® → **Clotrimazole**
Fungistat® → **Terconazole**
Fungistin® → **Nystatin**
Fungistop® → **Griseofulvin**
Fungitif® → **Terbinafine**
Fungitop® → **Miconazole**
Fungitrazol® → **Itraconazole**
Fungitrol® → **Fluconazole**
Fungium® → **Ketoconazole**
Fungizid-ratiopharm® → **Clotrimazole**
Fungizid ratiopharm® → **Terbinafine**
Fungizol® → **Clotrimazole**
Fungizon® → **Amphotericin B**
Fungizone® → **Amphotericin B**
Fungizone® [vet.] → **Amphotericin B**
Fungo® → **Miconazole**
Fungocina® → **Fluconazole**
Fungo Farmasierra® → **Ketoconazole**
Fungoid® → **Clotrimazole**
Fungolisin S® → **Clotrimazole**
Fungolon® → **Fluconazole**
Fungomax® [sol.-inj.] → **Fluconazole**
Fungopirox® → **Ciclopirox**
Fungoral® → **Ketoconazole**
Fungores® → **Ketoconazole**
Fungorin® → **Terbinafine**
Fungos® → **Miconazole**
Fungosin® → **Miconazole**
Fungosin® [compr.] → **Ketoconazole**
Fungostat® → **Fluconazole**
Fungostatin® → **Nystatin**
Fungosten® → **Clotrimazole**
Fungoterbine® → **Terbinafine**
Fungotopic® → **Bifonazole**
Fungototal® → **Fluconazole**
Fungotox® → **Clotrimazole**
Fungo Vaginal Cream® → **Miconazole**
Fungowas® → **Ciclopirox**
Fungowas Vaginal® → **Ciclopirox**
Fungo Zeus® → **Ketoconazole**
Funguard® → **Micafungin**
Fungucit® → **Miconazole**
Fungueal® → **Terbinafine**
Fungur® → **Miconazole**
Fungustatin® → **Fluconazole**
Fungusteril® → **Fluconazole**
Funida® → **Tinidazole**
Funit® → **Itraconazole**
Funizol® → **Fluconazole**
Funzal® → **Clotrimazole**
Funzal® [caps.] → **Fluconazole**
Funzal Twin® → **Fluconazole**
Funzol® → **Fluconazole**
Funzole® → **Fluconazole**
Fuqixing® → **Azithromycin**
Furabid® → **Nitrofurantoin**
Furaced® → **Furosemide**
Furacilinum → **Nitrofural**
Furacin® → **Nitrofural**
Furacine® → **Nitrofural**
Furadantin® → **Nitrofurantoin**
Furadantina® → **Nitrofurantoin**
Furadantine® → **Nitrofurantoin**
Furadantine MC® → **Nitrofurantoin**
Furadantin® [vet.] → **Nitrofurantoin**
Furaderm® → **Nitrofural**
Furadoïne® → **Nitrofurantoin**
Furagin® → **Furazidin**
Furagrand® → **Furosemide**
Furaldone → **Nitrofural**
Furall® [vet.] → **Furazolidone**
Furamag® → **Furazidin**
Furamide® → **Diloxanide**
Furamycin® [vet.] → **Furazolidone**
Furanthril® → **Furosemide**
Furantoina® → **Nitrofurantoin**
Furantoin Leciva® → **Nitrofurantoin**
Furantral → **Furosemide**
Furantril® → **Furosemide**
Furapill® → **Furazolidone**
Furasep® → **Nitrofural**
Furasian® → **Furazolidone**
Furaxil® → **Cefuroxime**
Furazolidina® → **Furazolidone**
Furazolidon → **Furazolidone**
Furazolidon® → **Furazolidone**
Furazolidona → **Furazolidone**
Furazolidona® → **Furazolidone**
Furazolidona® [susp./tab.] → **Furazolidone**
Furazolidone → **Furazolidone**
Furazolidone [BAN, DCF, DCIT, USAN] → **Furazolidone**
Furazolidone (BP 2002, F. U. IX, Ph. Franç. X, USP 30) → **Furazolidone**
Furazolidon-T® [vet.] → **Furazolidone**

Furovet® [vet.] → **Furosemide**
Furoxim® → **Cefuroxime**
Furoxime® → **Cefuroxime**
Furoxona® → **Furazolidone**
Furoxone® → **Furazolidone**
Furox® [vet.] → **Furazolidone**
Furozal Faible® → **Furosemide**
Furozénol® [vet.] → **Furosemide**
Furozin® Sol. → **Carpronium Chloride**
Fursemid® → **Furosemide**
Fursemida Biocrom® → **Furosemide**
Fursemida Fabra® → **Furosemide**
Fursemida Larjan® → **Furosemide**
Fursemida Northia® → **Furosemide**
Fursemida Richmond® → **Furosemide**
Fursemida Sintesina® → **Furosemide**
Fursemid® [inj.] → **Furosemide**
Fursol® → **Furosemide**
Furtenk® → **Furosemide**
Furtulon® → **Doxifluridine**
Fusaloyos® → **Fusafungine**
Fuseride® → **Furosemide**
Fusicutan® → **Fusidic Acid**
Fusid® → **Furosemide**
Fusid® → **Fusidic Acid**
Fusidate® → **Fusidic Acid**
Fusidate Sodium → **Fusidic Acid**
Fusidate Sodium [USAN] → **Fusidic Acid**
Fusiderm® → **Fusidic Acid**
Fusidex® → **Fusidic Acid**
Fusidic Acid → **Fusidic Acid**
Fusidic Acid [BAN, USAN] → **Fusidic Acid**
Fusidic Acid sodium salt: → **Fusidic Acid**
Fusid® [inj.] → **Furosemide**
Fusidin-Natrium® → **Fusidic Acid**
Fusidinsäure → **Fusidic Acid**
Fusidinsäure, Natriumsalz → **Fusidic Acid**
Fusimed® → **Fusidic Acid**
Fusitop® → **Fusidic Acid**
Fusiwal® → **Fusidic Acid**
Fussy Puss Cat Flea Collar® [vet.] → **Permethrin**
Fustaren® → **Diclofenac**
Fusycom® → **Fusidic Acid**
5-Fu Tablets Kyowa 100® → **Fluorouracil**
Futhan® → **Nafamostat**
Futraful® → **Tegafur**
Futuran® → **Eprosartan**
Futuril® → **Citalopram**
Fuviron® → **Aciclovir**
Fuxol® → **Furazolidone**
Fuzeon® → **Enfuvirtide**
Fuzol Pauly® → **Fluconazole**
FXT® → **Fluoxetine**
Fybogel meberverine® → **Mebeverine**
Fyrantel® [vet.] → **Pyrantel**
Fyterdin® → **Terbinafine**
Fytogin® → **Metamizole**
Fytomenadionconcentraat FNA® → **Phytomenadione**
Fytomenadion FNA® → **Phytomenadione**
Fytosid® → **Etoposide**

G 22-355 → **Imipramine**
G-4 → **Dichlorophen**
G4® [vet.] → **Gentamicin**
Gaap® → **Latanoprost**
Gaap Ofteno® → **Latanoprost**
GAB® → **Lindane**
Gabacet® → **Piracetam**
Gabagamma® → **Gabapentin**
Gabahasan® → **Gabapentin**
Gabahexal® → **Gabapentin**
Gabalept® → **Gabapentin**
GabaLich® → **Gabapentin**
Gabalon® → **Baclofen**
Gabamerck® → **Gabapentin**
Gabantin® → **Gabapentin**
Gabapen® → **Gabapentin**
Gabapentiini Ennapharma® → **Gabapentin**
Gabapentin → **Gabapentin**
Gabapentin® → **Gabapentin**
Gabapentin 1A Farma® → **Gabapentin**
Gabapentin 1A Pharma® → **Gabapentin**
Gabapentina → **Gabapentin**
Gabapentina® → **Gabapentin**
Gabapentina Alter® → **Gabapentin**
Gabapentina Amicomb® → **Gabapentin**
Gabapentina Bexal® → **Gabapentin**
Gabapentin AbZ® → **Gabapentin**
Gabapentina Combaxona® → **Gabapentin**
Gabapentina Combidox® → **Gabapentin**
Gabapentina Combino Pharm® → **Gabapentin**
Gabapentina Combix® → **Gabapentin**
Gabapentina Combuxim® → **Gabapentin**
Gabapentin Actavis® → **Gabapentin**
Gabapentina Farmoz® → **Gabapentin**
Gabapentina Fluoxcomb® → **Gabapentin**
Gabapentina Gabamox® → **Gabapentin**
Gabapentina Generis® → **Gabapentin**
Gabapentina Kern® → **Gabapentin**
Gabapentin AL® → **Gabapentin**
Gabapentin Alter® → **Gabapentin**
Gabapentin Alternova® → **Gabapentin**
Gabapentina Merck® → **Gabapentin**
Gabapentina Pharmagenus® → **Gabapentin**
Gabapentina Pharmakern® → **Gabapentin**
Gabapentina ratiopharm® → **Gabapentin**
Gabapentin Arcana® → **Gabapentin**
Gabapentina Rubio® → **Gabapentin**
Gabapentina Sandoz® → **Gabapentin**
Gabapentina Teva® → **Gabapentin**
Gabapentina Ur® → **Gabapentin**
Gabapentina Vegal® → **Gabapentin**
Gabapentin AWD® → **Gabapentin**
Gabapentin [BAN, USAN] → **Gabapentin**
Gabapentin Basics® → **Gabapentin**
Gabapentin beta® → **Gabapentin**
Gabapentin-biomo® → **Gabapentin**
Gabapentin Copyfarm® → **Gabapentin**
Gabapentin-CT® → **Gabapentin**
Gabapentin Desitin® → **Gabapentin**
Gabapentin DOC® → **Gabapentin**
Gabapentin dura® → **Gabapentin**
Gabapentin DuraScan® → **Gabapentin**
Gabapentine → **Gabapentin**
Gabapentine® → **Gabapentin**
Gabapentine Alpharma® → **Gabapentin**
Gabapentine Bexal® → **Gabapentin**
Gabapentine Biogaran® → **Gabapentin**
Gabapentine CF® → **Gabapentin**
Gabapentine [DCF] → **Gabapentin**
Gabapentine-EG® → **Gabapentin**
Gabapentin EG® → **Gabapentin**
Gabapentine Katwijk® → **Gabapentin**
Gabapentine Merck® → **Gabapentin**
Gabapentine PCH® → **Gabapentin**
Gabapentine Ranbaxy® → **Gabapentin**
Gabapentine ratiopharm® → **Gabapentin**
Gabapentine RPG® → **Gabapentin**
Gabapentine Sandoz® → **Gabapentin**
Gabapentin esparma® → **Gabapentin**
Gabapentine Zydus® → **Gabapentin**
Gabapentin Fidia® → **Gabapentin**

G

Ganciclovir® → **Ganciclovir**
Ganciclovir [BAN, DCF, JAN, USAN] → **Ganciclovir**
Ganciclovirum → **Ganciclovir**
Ganciclovir (USP 30) → **Ganciclovir**
Gancivir® → **Ganciclovir**
Gandin® → **Mefenamic Acid**
Ganidin® → **Guaifenesin**
Ganirelix Acetate® → **Ganirelix**
Ganite® → **Gallium Nitrate**
Gansol® → **Sulfafurazole**
Gantil® → **Tolfenamic Acid**
Gantin® → **Gabapentin**
Gantrim® [+ Sulfamethoxazol] → **Trimethoprim**
Gantrim® [+ Trimethoprim] → **Sulfamethoxazole**
Gantrisin® [ophthalm.] → **Sulfafurazole**
Gantrisin Pediatric® [susp.] → **Sulfafurazole**
Ganvirel® → **Lamivudine**
Gaoptol® → **Timolol**
Gapentek® → **Gabapentin**
Gapridol® → **Gabapentin**
Gaproxen® → **Ranitidine**
Garabiotic® → **Gentamicin**
Garalone® → **Gentamicin**
Garamicina® → **Gentamicin**
Garamicina® [inj./ungt./sol.] → **Gentamicin**
Garamicina Oftalmica® → **Gentamicin**
Garamicina Pads® → **Gentamicin**
Garamsa® → **Gentamicin**
Garamycin® → **Gentamicin**
Garamycin Paedriatic® → **Gentamicin**
Garamycin Schwamm® → **Gentamicin**
Garamycin® [vet.] → **Gentamicin**
Garanil® → **Captopril**
Garapepsin® → **Trimebutine**
Garasol® [vet.] → **Gentamicin**
Garasone® → **Gentamicin**
Garaxil® → **Gentamicin**
Garcol® → **Dimenhydrinate**
Gardal® [vet.] → **Albendazole**
Gardan® → **Mefenamic Acid**
Gardecto → **Propetamphos**
Gardenal® → **Phenobarbital**
Gardénal® → **Phenobarbital**
Gardenale® → **Phenobarbital**
Gardénal® [inj.] → **Phenobarbital**
Gardenal Sodium® → **Phenobarbital**
Gardex® → **Cetirizine**
Gardoton® → **Ondansetron**
Gardoton® → **Glibenclamide**
Gardstar® [vet.] → **Permethrin**
Garexin® → **Gentamicin**
Gargarex® → **Chlorhexidine**
Gargarisma® → **Aluminum Chloride**
Gargilon® → **Dequalinium Chloride**
Garhocaina® → **Benzocaine**
Garia® → **Cefpodoxime**
Garianes® → **Lidocaine**
Garmastan® → **Guaiazulene**
Gartricin® → **Benzocaine**
GasAid® → **Dimeticone**
Gasbusters® → **Dimeticone**
Gascoal® → **Dimeticone**
Gascon® → **Dimeticone**
Gasdol® → **Domperidone**
Gasec® → **Omeprazole**
Gasec Gastrocaps® → **Omeprazole**
Gaseo 3® → **Metoclopramide**
Gaseoliq® → **Dimeticone**
Gaseophar® → **Dimeticone**
Gaseoplus® → **Dimeticone**
Gasfamin® → **Famotidine**
Gaslon N® → **Irsogladine**
Gasmilen® → **Ganciclovir**
Gasmilen® [sol.-inj.] → **Ganciclovir**
Gas-MM® → **Dimeticone**
Gasmodin® → **Famotidine**
Gasmol® → **Bromazepam**
Gasmotin® → **Mosapride**
Gasovet® → **Dimeticone**
Gaspiren® → **Omeprazole**
Gasprid® → **Cisapride**
Gaspron® → **Omeprazole**
Gassi® → **Dimeticone**
Gassof® → **Dimeticone**
Gastalfet® → **Sucralfate**
Gastec® → **Omeprazole**
Gastenin® → **Famotidine**
Gaster® → **Famotidine**
Gaster® → **Omeprazole**
Gasterin® → **Aluminum Phosphate, Dried**
Gasterogen® → **Famotidine**
Gasterol® → **Famotidine**
Gastidine® → **Cimetidine**
Gastifam® → **Famotidine**
Gastonic® → **Sucralfate**
Gastop Lch® → **Omeprazole**
Gastopsin® → **Amogastrin**
Gastracid® → **Omeprazole**
Gastral® → **Sucralfate**
Gastralgin® → **Roxatidine**
Gastran® → **Ranitidine**
Gastranin Zdrovit® → **Ranitidine**
Gastrex® → **Lansoprazole**
Gastrial® → **Ranitidine**
Gastricalm® → **Magaldrate**
Gastride® → **Lansoprazole**
Gastridin® → **Famotidine**
Gastridina® → **Ranitidine**
Gastriflam® → **Ranitidine**
Gastrimut® → **Omeprazole**
Gastrion® → **Famotidine**
Gastripan® → **Magaldrate**
Gastrium® → **Famotidine**
Gastrium® → **Omeprazole**
Gastriveran® → **Alizapride**
Gastrix® → **Pancreatin**
Gastrizin® → **Pirenzepine**
Gastro® → **Famotidine**
Gastrobário® → **Barium Sulfate**
Gastrobid® → **Metoclopramide**
Gastro-Bismol® → **Bismuth Subsalicylate**
Gastrobul® → **Betaine**
Gastro-Cote® [vet.] → **Bismuth Subsalicylate**
Gastrocrom® → **Cromoglicic Acid**
Gastrocure® → **Domperidone**
Gastrodenol® → **Bismuthate, Tripotassium Dicitrato-**
Gastrodin® → **Cimetidine**
Gastrodog® [vet.] → **Alverine**
Gastrodomina® → **Famotidine**
Gastro-Entéricanis Biocanina® [vet.] → **Sulfaguanidine**
Gastrofait® → **Sucralfate**
Gastrofam® → **Famotidine**
Gastroflux® → **Famotidine**
Gastrofrenal® → **Cromoglicic Acid**
Gastrogard® [vet.] → **Omeprazole**
Gastrogel® → **Sucralfate**
Gastro gel® [vet.] → **Dimeticone**
Gastrografin® → **Sodium Amidotrizoate**
Gastrografine® → **Sodium Amidotrizoate**
Gastrokin® → **Cisapride**
Gastrolav® → **Ranitidine**
Gastrolets® → **Ranitidine**
Gastroliber® → **Lansoprazole**
Gastrolon® → **Metoclopramide**
Gastrolux® → **Sodium Amidotrizoate**
Gastrolux-CT® → **Sodium Amidotrizoate**
Gastrom® → **Ecabet**
Gastromax® → **Pantoprazole**
Gastromax-EP® → **Omeprazole**
Gastromet® → **Cisapride**
Gastromiro® → **Iopamidol**
Gastromol® → **Magaldrate**
Gastron® → **Loperamide**
Gastronax® → **Cisapride**
Gastronerton® → **Metoclopramide**

Gastronorm® → **Domperidone**
Gastro-Pack® → **Bismuthate, Tripotassium Dicitrato-**
Gastropaque® → **Barium Sulfate**
Gastropen® → **Famotidine**
Gastropep® → **Famotidine**
Gastropiren® → **Pirenzepine**
Gastroprazol® → **Omeprazole**
Gastropride® → **Cisapride**
Gastroprotect® → **Cimetidine**
Gastropyrin® → **Sulfasalazine**
Gastroshield® [vet.] → **Omeprazole**
Gastrosidin® → **Famotidine**
Gastrosil® → **Metoclopramide**
Gastro-Soothe® → **Hyoscine Butylbromide**
Gastro-Soothe® [vet.] → **Ranitidine**
Gastrosorb® → **Attapulgite**
Gastrostad® → **Magaldrate**
Gastro-Stop® → **Loperamide**
Gastrotem® → **Omeprazole**
Gastro-Timelets® → **Metoclopramide**
Gastrotranquil® → **Metoclopramide**
Gastrotrombina® → **Thrombin**
Gastrozac® → **Ranitidine**
Gastrozepin® → **Pirenzepine**
Gastrozol® → **Omeprazole**
Gastrozol® [vet.] → **Omeprazole**
Gastrul® → **Misoprostol**
Gastyl® → **Dimeticone**
Gasvan® → **Dimeticone**
Gas-X® → **Dimeticone**
Gataxin® → **Gatifloxacin**
Gati® → **Gatifloxacin**
Gaticin® → **Gatifloxacin**
Gatif® → **Gatifloxacin**
Gatiflo® → **Gatifloxacin**
Gatiflox® → **Gatifloxacin**
Gatigen® → **Gatifloxacin**
Gatilex® → **Gatifloxacin**
Gatilon® → **Gatifloxacin**
Gatinar® → **Lactulose**
Gatinox® → **Gatifloxacin**
Gatiquin® → **Gatifloxacin**
Gatlin® → **Gatifloxacin**
Gatox® → **Gatifloxacin**
Gatox® → **Lindane**
Gaudil® → **Rosiglitazone**
Gaveril® → **Buflomedil**
Gavilast® → **Ranitidine**
Gavistal® → **Metoclopramide**
Gavox® → **Mebendazole**
Gayabeksin® → **Sulfogaiacol**
Gazim® → **Dimeticone**
G-Calcium Lactate® → **Lactic Acid**
G-Cephalexin® → **Cefalexin**
G-Chloramphenicol® → **Chloramphenicol**
G-Chloroquine® → **Chloroquine**
G-Cloxacillin® → **Cloxacillin**
G-Co-Trimoxazole® [+ Sulfamethoxazole] → **Trimethoprim**
G-Co-Trimoxazole® [+ Trimethoprim] → **Sulfamethoxazole**
G-Dexamethasone® → **Dexamethasone**
G-Diazepam® → **Diazepam**
G-Diclofenac® → **Diclofenac**
G-Dil® → **Isosorbide Mononitrate**
Gea® → **Sibutramine**
Geangin® → **Verapamil**
Geavir® → **Aciclovir**
Geavir® [inj.] → **Aciclovir**
Gebauer's Ethyl Chloride® → **Ethyl Chloride**
Gecolate® [vet.] → **Guaifenesin**
Gedizil® → **Gemfibrozil**
Gedun® → **Gemfibrozil**
Geepenil® → **Benzylpenicillin**
Gefanil® → **Gefarnate**
Gefina® → **Finasteride**
Geflox® → **Ciprofloxacin**
Geftinat® → **Gefitinib**
Gefulvin® → **Griseofulvin**
Gehwol Schälpaste® → **Salicylic Acid**
Gelacet® → **Retinol**
Gelafundin® → **Polygeline**
Gel Antiinflamatorio Sertex® → **Diclofenac**
Gelargin® → **Fluocinolone acetonide**
Gelbag® → **Hyaluronic Acid**
Gelbiotic® → **Fusidic Acid**
Gelcain Gel Oral® → **Lidocaine**
Gelcen® → **Capsaicin**
Geldène® → **Piroxicam**
Gelestra® → **Estradiol**
Gelicain® → **Lidocaine**
Gelicon® → **Gemfibrozil**
Gelidina® → **Fluocinolone acetonide**
Gelilact® → **Carmellose**
Gel-Kam® → **Stannous Fluoride**
Gel-Larmes® → **Carbomer**
Gelliprim®[vet.] → **Sulfadiazine**
Gelliprim®[vet.] → **Trimethoprim**
Gelocatil® → **Paracetamol**
Geloderm® → **Metronidazole**
Gelofeno® → **Ibuprofen**
Gelofusine® → **Hetastarch**
Gelofusine® → **Polygeline**
Gelolagar® → **Atracurium Besilate**
Gelonasal® → **Xylometazoline**
Gelparin® → **Heparin**
Gelplex® → **Polygeline**
Gelprox® → **Piroxicam**
Gelsica® → **Aluminum Chlorohydrate**
Gelstaph® [vet.] → **Cloxacillin**
GelTears® → **Carbomer**
GelTears® [vet.] → **Carbomer**
Gel-Tin® → **Stannous Fluoride**
Gélucystine® → **Cystine**
Geluprane® → **Paracetamol**
Gelusil® → **Simaldrate**
Gely Lanzas® → **Glycerol**
Gemcitabina Sindan® → **Gemcitabine**
Gemcite® → **Gemcitabine**
Gemeprost® → **Gemeprost**
Gemfi 1A Pharma® → **Gemfibrozil**
Gemfibril® → **Gemfibrozil**
Gemfibrozil® → **Gemfibrozil**
Gemfibrozil A® → **Gemfibrozil**
Gemfibrozil Alternova® → **Gemfibrozil**
Gemfibrozil CF® → **Gemfibrozil**
Gemfibrozil DOC® → **Gemfibrozil**
Gemfibrozil EG® → **Gemfibrozil**
Gemfibrozil Gf® → **Gemfibrozil**
Gemfibrozil Katwijk® → **Gemfibrozil**
Gemfibrozil Merck® → **Gemfibrozil**
Gemfibrozilo® → **Gemfibrozil**
Gemfibrozilo Bayvit® → **Gemfibrozil**
Gemfibrozilo Bexal® → **Gemfibrozil**
Gemfibrozilo Genfar® → **Gemfibrozil**
Gemfibrozilo Gen-Far® → **Gemfibrozil**
Gemfibrozilo L.Ch.® → **Gemfibrozil**
Gemfibrozilo Merck® → **Gemfibrozil**
Gemfibrozilo MK® → **Gemfibrozil**
Gemfibrozilo Ur® → **Gemfibrozil**
Gemfibrozil PCH® → **Gemfibrozil**
Gemfibrozil ratiopharm® → **Gemfibrozil**
Gemfibrozil-ratiopharm® → **Gemfibrozil**
Gemfibrozil R.O.® → **Gemfibrozil**
Gemfibrozil Sandoz® → **Gemfibrozil**
Gemfibrozil S.J.A.® → **Gemfibrozil**
Gemfibrozil Teva® → **Gemfibrozil**
Gemfil® → **Gemfibrozil**
Gemfolid® → **Gemfibrozil**
Gemhexal® → **Gemfibrozil**
Gemicin® → **Gentamicin**
Gemicort® → **Gentamicin**
Gemistatin® → **Simvastatin**
Gemitin® → **Chloramphenicol**
Gemitin Oftalmico® → **Chloramphenicol**
Gemlipid® → **Gemfibrozil**
Gemlipid Medichrom® → **Gemfibrozil**
Gemtro® → **Gemcitabine**
Gemzar® → **Gemcitabine**

Gemzil® → **Captopril**
Genabiline® [vet.] → **Menbutone**
Genabilin® [vet.] → **Menbutone**
Genabil® [vet.] → **Menbutone**
Génac® → **Acetylcysteine**
Genac-50® → **Diclofenac**
Gen-Acebutolol® → **Acebutolol**
Genac® [gel] → **Diclofenac**
Genacort® → **Hydrocortisone**
Genacote® → **Aspirin**
Gen-Acyclovir® → **Aciclovir**
Genacyn® → **Gentamicin**
Genahist® → **Diphenhydramine**
Genalen® → **Alendronic Acid**
Gen-Alendronate® → **Alendronic Acid**
Gen-Alprazolam® → **Alprazolam**
Gen-Amantadine® → **Amantadine**
Gen-Amiodarone® → **Amiodarone**
Genamox® → **Amoxicillin**
Gen-Amoxicillin® → **Amoxicillin**
Gen-Anagrelide® → **Anagrelide**
Genapap® → **Paracetamol**
Genaphed® → **Pseudoephedrine**
Genaprost® → **Finasteride**
Genasal® → **Oxymetazoline**
Genasense® → **Oblimersen**
Genaspor® → **Tolnaftate**
Genasprin® → **Aspirin**
Genasyme® → **Dimeticone**
Gen-Atenolol® → **Atenolol**
Genatuss® → **Guaifenesin**
Gen-Azathioprine® → **Azathioprine**
Gen-Baclofen® → **Baclofen**
Gen-Beclo AQ® → **Beclometasone**
Genbexil® → **Gentamicin**
Gen-Bromazepam® → **Bromazepam**
Gen-Budesonide AQ® → **Budesonide**
Gen-Buspirone® → **Buspirone**
Gen-Captopril® → **Captopril**
Gen-Carbamazepine CR® → **Carbamazepine**
Gen-Cimetidine® → **Cimetidine**
Gencin® → **Gentamicin**
Gen-Ciprofloxacin® → **Ciprofloxacin**
Gen-Citalopram® → **Citalopram**
Gen-Clindamycin® → **Clindamycin**
Gen-Clobetasol® → **Clobetasol**
Gen-Clomipramine® → **Clomipramine**
Gen-Clonazepam® → **Clonazepam**
Gen-Clozapine® → **Clozapine**
Gencolax® → **Bisacodyl**
Gen-Cyclobenzaprine® → **Cyclobenzaprine**
Gen-Cyproterone® → **Cyproterone**
Gendazel® → **Albendazole**
Gen-Diltiazem® → **Diltiazem**
Gen-Domperidone® → **Domperidone**
Gen-Doxazosin® → **Doxazosin**
Gendril® → **Gentamicin**
Genebile® [vet.] → **Menbutone**
Genebs® → **Paracetamol**
Genecalcin® [salmon] → **Calcitonin**
Genecar® → **Carbocisteine**
Genefadrone® → **Mitoxantrone**
Genephamide® → **Acetazolamide**
Genephoxal® → **Cefuroxime**
Geneprami-D® → **Metoclopramide**
Genercin® → **Chloramphenicol**
Genergin® → **Metamizole**
Generlac® → **Lactulose**
Generlog® → **Triamcinolone**
Génésérine 3® → **Eseridine**
Genesis® → **Ivermectin**
Genesis® [vet.] → **Abamectin**
Genesis® [vet.] → **Ivermectin**
Genestran® [vet.] → **Cloprostenol**
Gen-Etidronate® → **Etidronic Acid**
Genexol® → **Paclitaxel**
Gen-Famotidine® → **Famotidine**
Gen-Fenofibrate® → **Fenofibrate**
Genfibrozila® → **Gemfibrozil**
Gen-Fluconazole® → **Fluconazole**
Gen-Fluoxetine® → **Fluoxetine**
Gen-Fosinopril® → **Fosinopril**
Gen-Gabapentin® → **Gabapentin**
Gen-Gard® [vet.] → **Gentamicin**
Gen-Gemfibrozil® → **Gemfibrozil**
Gengigel® → **Hyaluronic Acid**
Gen-Gliclazide® → **Gliclazide**
Gen-Glybe® → **Glibenclamide**
Gengraf® → **Ciclosporin**
Genheal® → **Somatropine**
Gen-Hydroxychloroquine® → **Hydroxychloroquine**
Gen-Hydroxyurea® → **Urea**
Geniceral® → **Idebenone**
Geniclor® → **Cefaclor**
Genicol® → **Thiamphenicol**
Genin® → **Quinine**
Gen-Indapamide® → **Indapamide**
Geniol® → **Aspirin**
Geniol-P® → **Paracetamol**
Gen-Ipratropium® → **Ipratropium Bromide**
Gen-K® → **Potassium**
Genkova® → **Gentamicin**
Genlac® → **Lactulose**
Gen-Lamotrigine® → **Lamotrigine**
Genlip® → **Gemfibrozil**
Gen-Lovastatin® → **Lovastatin**
Gen-Medroxy® → **Medroxyprogesterone**
Gen-Meloxicam® → **Meloxicam**
Gen-Metformin® → **Metformin**
Gen-Metoprolol® → **Metoprolol**
Gen-Minocycline® → **Minocycline**
Gen-Mirtazapine® → **Mirtazapine**
Genmisin® → **Gentamicin**
Gen-Nabumetone® → **Nabumetone**
Gen-Naproxen EC® → **Naproxen**
Gen-Nitro® → **Nitroglycerin**
Gen-Nizatidine® → **Nizatidine**
Gen-Nortriptyline® → **Nortriptyline**
Genocin® → **Chloroquine**
Genoclom® → **Clomifene**
Genocolan® → **Lactulose**
Genofta® → **Gentamicin**
Genoptic® → **Gentamicin**
Genoral® → **Estropipate**
Genotonorm® [biosyn.] → **Somatropine**
Genotropin® [biosyn.] → **Somatropine**
Genotropin® [biosyn.] → **Somatropine**
Genotropin® [vet.] → **Somatropine**
Genovox® → **Nimodipine**
Genox® → **Tamoxifen**
Genoxal® → **Cyclophosphamide**
Genoxal Trofosfamida® → **Trofosfamide**
Gen-Oxybutynin® → **Oxybutynin**
Genozil® → **Gemfibrozil**
Genozym® → **Clomifene**
Gen-Paroxetine® → **Paroxetine**
Gen-Pindolol® → **Pindolol**
Gen-Piroxicam® → **Piroxicam**
Gen-Pravastatin® → **Pravastatin**
Genpril® → **Ibuprofen**
Genprol® → **Citalopram**
Gen-Propafenone® → **Propafenone**
Gen-Ranitidine® → **Ranitidine**
Genrex® → **Gentamicin**
GenRX Aciclovir® → **Aciclovir**
GenRX Allopurinol® → **Allopurinol**
GenRX Alprazolam® → **Alprazolam**
GenRX Amiodarone® → **Amiodarone**
GenRX Amoxycillin® → **Amoxicillin**
GenRX Amoxycillin and Clavulanic Acid® [+ Amoxicillin, trihydrate] → **Clavulanic Acid**
GenRX Amoxycillin and Clavulanic Acid® [+ Clavulanic Acid, potassium salt] → **Amoxicillin**
GenRX Atenolol® → **Atenolol**
GenRX Azathioprine® → **Azathioprine**
GenRX Baclofen® → **Baclofen**
GenRX Calcitriol® → **Calcitriol**
GenRX Captopril® → **Captopril**

GenRX Cefaclor® → **Cefaclor**
GenRX Cephalexin® → **Cefalexin**
GenRX Cimetidine® → **Cimetidine**
GenRX Ciprofloxacin® → **Ciprofloxacin**
GenRX Citalopram® → **Citalopram**
GenRX Clarithromycin® → **Clarithromycin**
GenRX Clomiphene® → **Clomifene**
GenRX Clomipramine® → **Clomipramine**
GenRX Cyproterone® → **Cyproterone**
GenRX Diazepam® → **Diazepam**
GenRX Diclofenac® → **Diclofenac**
GenRX Diltiazem® → **Diltiazem**
GenRX Doxycycline® → **Doxycycline**
GenRX Enalapril® → **Enalapril**
GenRX Famotidine® → **Famotidine**
GenRX Fluoxetine® → **Fluoxetine**
GenRX Frusemide® → **Furosemide**
GenRX Gabapentin® → **Gabapentin**
GenRX Gemfibrozil® → **Gemfibrozil**
GenRX Gliclazide® → **Gliclazide**
GenRX Indapamide® → **Indapamide**
GenRX Ipratropium® → **Ipratropium Bromide**
GenRX Isosorbide Mononitrate® → **Isosorbide Mononitrate**
GenRX Isotretinoin® → **Isotretinoin**
GenRX Lactulose® → **Lactulose**
GenRX Lisinopril® → **Lisinopril**
GenRX Metformin® → **Metformin**
GenRX Methylphenidate® → **Methylphenidate**
GenRX Metoprolol® → **Metoprolol**
GenRX Moclobemide® → **Moclobemide**
GenRX Nifedipine® → **Nifedipine**
GenRX Norfloxacin® → **Norfloxacin**
GenRX Paroxetine® → **Paroxetine**
GenRX Piroxicam® → **Piroxicam**
GenRX Prazosin® → **Prazosin**
GenRX Ranitidine® → **Ranitidine**
GenRX Sotalol® → **Sotalol**
GenRX Tamoxifen® → **Tamoxifen**
GenRX Tramadol® → **Tramadol**
Gen-Salbutamol® → **Salbutamol**
Gen-Selegiline® → **Selegiline**
Gen-Sertraline® → **Sertraline**
Gensil® → **Metoclopramide**
Gen-Simvastatin® → **Simvastatin**
Gen-Sotalol® → **Sotalol**
Genspir® → **Paracetamol**
Gensulin M10® [biosyn./10 % sol./90 % isoph.] → **Insulin Injection, Biphasic Isophane**
Gensulin M20® [biosyn./20 % sol./80 % isoph.] → **Insulin Injection, Biphasic Isophane**
Gensulin M30® [biosyn./30 % sol./70 % isoph.] → **Insulin Injection, Biphasic Isophane**
Gensulin M40® [biosyn./40 % sol./60 % isoph.] → **Insulin Injection, Biphasic Isophane**
Gensulin M50® [biosyn./50 % sol./50 % isoph.] → **Insulin Injection, Biphasic Isophane**
Gensulin N® [biosyn.] → **Insulin Injection, Isophane**
Gensulin R® [biosyn.] → **Insulin Injection, Soluble**
Gen-Sumatriptan® → **Sumatriptan**
Gensumycin® → **Gentamicin**
Genta® → **Gentamicin**
Genta 590® → **Gentamicin**
Gentabiotic® → **Gentamicin**
Gentabiotic® [vet.] → **Gentamicin**
Gentabiox® → **Gentamicin**
Gentac® → **Gentamicin**
Gentacat® [vet.] → **Gentamicin**
Gentacidin® → **Gentamicin**
Gentacin® → **Gentamicin**
Gentacin® [inj.] → **Gentamicin**
Gentacin® [vet.] → **Gentamicin**
Gentacoll® → **Gentamicin**
Gentacream® → **Gentamicin**
Genta-CT® → **Gentamicin**
Gentacyl® → **Gentamicin**
Gentadar® → **Gentamicin**
Gentaderm® → **Gentamicin**
Gentadog® [vet.] → **Gentamicin**
Genta E/E Drops® → **Gentamicin**
Gentafair® → **Gentamicin**
Genta-Fuse® [vet.] → **Gentamicin**
Gentagil® [vet.] → **Gentamicin**
Gentaglyde® [vet.] → **Gentamicin**
Genta-Gobens® → **Gentamicin**
Genta Gobens® → **Gentamicin**
Gentagram® → **Gentamicin**
Gentagut® → **Gentamicin**
Gentaject® [vet.] → **Gentamicin**
Genta-Ject® [vet.] → **Gentamicin**
Gentak® → **Gentamicin**
Genta-Kel® [vet.] → **Gentamicin**
Gental® → **Gentamicin**
Gentalin® [vet.] → **Gentamicin**
Gentalline® → **Gentamicin**
Gental Markos® → **Gentamicin**
Gentalyn® → **Gentamicin**
Gentalyn Inyectable® → **Gentamicin**
Gentalyn Oftalmico® → **Gentamicin**
Gentamax® → **Gentamicin**
Gentamax® [vet.] → **Gentamicin**
Gentamed® → **Gentamicin**
Gentamen® → **Gentamicin**
Gentamerck® → **Gentamicin**
Gentamex® [vet.] → **Gentamicin**
Genta M H® → **Gentamicin**
Gentamicin → **Gentamicin**
Gentamicin® → **Gentamicin**
Gentamicina → **Gentamicin**
Gentamicina® → **Gentamicin**
Gentamicina ABC® → **Gentamicin**
Gentamicina Allen® → **Gentamicin**
Gentamicina Alter® → **Gentamicin**
Gentamicina Biocrom® → **Gentamicin**
Gentamicina Biol® → **Gentamicin**
Gentamicina Braun® → **Gentamicin**
Gentamicina Cepa® → **Gentamicin**
Gentamicina ClNa Baxter® → **Gentamicin**
Gentamicina [DCIT] → **Gentamicin**
Gentamicina DOC® → **Gentamicin**
Gentamicina Drawer® → **Gentamicin**
Gentamicina EG® → **Gentamicin**
Gentamicina Fabra® → **Gentamicin**
Gentamicina FMNDTRIA® → **Gentamicin**
Gentamicina Genfar® → **Gentamicin**
Gentamicina Gen-Far® → **Gentamicin**
Gentamicina Grifols® → **Gentamicin**
Gentamicina Harkley® → **Gentamicin**
Gentamicina Hexal® → **Gentamicin**
Gentamicina IDI® → **Gentamicin**
Gentamicina Iqfarma® → **Gentamicin**
Gentamicina Klonal® → **Gentamicin**
Gentamicina Labesfal® → **Gentamicin**
Gentamicina Larjan® → **Gentamicin**
Gentamicina L.CH.® → **Gentamicin**
Gentamicina Lch® → **Gentamicin**
Gentamicina Merch® → **Gentamicin**
Gentamicina MF® → **Gentamicin**
Gentamicina MK® → **Gentamicin**
Gentamicina Normon® → **Gentamicin**
Gentamicina Oftalmica® → **Gentamicin**
Gentamicina Pentacoop® → **Gentamicin**
Gentamicina Pliva® → **Gentamicin**
Gentamicina Ratiopharm® → **Gentamicin**
Gentamicina Richet® → **Gentamicin**
Gentamicina Solfato® → **Gentamicin**
Gentamicina solfato → **Gentamicin**
Gentamicina Solfato Fisiopharma® → **Gentamicin**

Gentamicina Solucion Oftalmica® → **Gentamicin**
Gentamicina Soluflex® → **Gentamicin**
Gentamicina Sulfato® → **Gentamicin**
Gentamicina sulfato → **Gentamicin**
Gentamicina Teva® → **Gentamicin**
Gentamicin [BAN] → **Gentamicin**
Gentamicin Biochemie® → **Gentamicin**
Gentamicin Cooper® → **Gentamicin**
Gentamicine® → **Gentamicin**
Gentamicine → **Gentamicin**
Gentamicine CF® → **Gentamicin**
Gentamicine Dakota Pharm® → **Gentamicin**
Gentamicine [DCF] → **Gentamicin**
Gentamicine Gf® → **Gentamicin**
Gentamicine Minims® → **Gentamicin**
Gentamicine Panpharma® → **Gentamicin**
Gentamicine (sulfate de) → **Gentamicin**
Gentamicine (sulfate de) (Ph. Eur. 5) → **Gentamicin**
Gentamicine® [vet.] → **Gentamicin**
Gentamicin Eye Oint® → **Gentamicin**
Gentamicin F. T. Pharma® → **Gentamicin**
Gentamicin Hexal® → **Gentamicin**
Gentamicin-Hexal® → **Gentamicin**
Gentamicin Hoe® → **Gentamicin**
Gentamicin-Ika® → **Gentamicin**
Gentamicin Indo Farma® → **Gentamicin**
Gentamicin Injection BP® → **Gentamicin**
Gentamicin Injection Meiji® → **Gentamicin**
Gentamicin Injection Milano® → **Gentamicin**
Gentamicini sulfas → **Gentamicin**
Gentamicini sulfas (Ph. Eur. 5, Ph. Int. 4) → **Gentamicin**
Gentamicin Jadran® → **Gentamicin**
Gentamicin Krka® → **Gentamicin**
Gentamicin Lek® → **Gentamicin**
Gentamicin-mp® → **Gentamicin**
Gentamicin-POS® → **Gentamicin**
Gentamicin-Rotexmedica® → **Gentamicin**
Gentamicin Sandoz® → **Gentamicin**
Gentamicinsulfat → **Gentamicin**
Gentamicin sulfate: → **Gentamicin**
Gentamicin Sulfate → **Gentamicin**
Gentamicin Sulfate® → **Gentamicin**
Gentamicin Sulfate ADD-Vantage® → **Gentamicin**
Gentamicin Sulfate Injection® → **Gentamicin**
Gentamicin Sulfate (JP XIV, Ph. Int. 4, USP 30) → **Gentamicin**
Gentamicin Sulfate Ophthalmic Solution® → **Gentamicin**
Gentamicin Sulfate Pediatric Injection® → **Gentamicin**
Gentamicin Sulfate [USAN] → **Gentamicin**
Gentamicin Sulfate® [vet.] → **Gentamicin**
Gentamicinsulfat (Ph. Eur. 5) → **Gentamicin**
Gentamicin Sulphate [BANM] → **Gentamicin**
Gentamicin Sulphate (Ph. Eur. 5) → **Gentamicin**
Gentamicin Tablets® → **Gentamicin**
Gentamicinum → **Gentamicin**
Gentamicin® [vet.] → **Gentamicin**
Gentamicin Wagner® → **Gentamicin**
Gentamicin WZF Polfa® → **Gentamicin**
Gentamil® → **Gentamicin**
Gentamisin® → **Gentamicin**
Gen-Tamoxifen® → **Tamoxifen**
Gentam® [vet.] → **Gentamicin**
Gentamycin Actavis Cream® → **Gentamicin**
Gentamycin Actavis Ointment® → **Gentamicin**
Gentamycin Augensalbe® → **Gentamicin**
Gentamycin Augentropfen® → **Gentamicin**
Gentamycine® [vet.] → **Gentamicin**
Gentamycin-Fresenius® → **Gentamicin**
Gentamycin H Actavis Cream® → **Gentamicin**
Gentamycin H Actavis Ointment® → **Gentamicin**
Gentamycin mp® → **Gentamicin**
Gentamycin-mp® → **Gentamicin**
Gentamycin Sulphat® → **Gentamicin**
Gentamycin Sulphate® → **Gentamicin**
Gentamycin Tia® → **Gentamicin**
Gentamycin® [vet.] → **Gentamicin**
Gentamycin Virbac® [vet.] → **Gentamicin**
Gentamytrex® → **Gentamicin**
GentaNit® → **Gentamicin**
Genta-Oph® → **Gentamicin**
Gentapex® [vet.] → **Gentamicin**
Gentapharma® → **Gentamicin**
Gentaplen® → **Gentamicin**
Gentaren® → **Gentamicin**
Gentaseptin® [vet.] → **Gentamicin**
Genta Shiwa® → **Gentamicin**
Gentasil® → **Gentamicin**
Genta-Sleecol® [vet.] → **Gentamicin**
Gentasol® → **Gentamicin**
Gentasol® [vet.] → **Gentamicin**
Gentasona NF® [vet.] → **Gentamicin**
Gentasporin® → **Gentamicin**
Genta-Sulfat® [vet.] → **Gentamicin**
Gentatrim® → **Gentamicin**
Genta-Umeda® → **Gentamicin**
Gentavan® [vet.] → **Gentamicin**
Gentaved® [vet.] → **Gentamicin**
Gentavet® [vet.] → **Gentamicin**
Gentax® → **Gentamicin**
Gentaxil® → **Gentamicin**
Gentazol® → **Gentamicin**
Genteal® → **Hypromellose**
Gen-Temazepam® → **Temazepam**
Gen-Terbinafine® → **Terbinafine**
Genthaver® → **Gentamicin**
Gentiaanviolet FNA® → **Methylrosanilinium Chloride**
Genticid® → **Gentamicin**
Genticin® → **Gentamicin**
Genticina® → **Gentamicin**
Gen-Ticlopidine® → **Ticlopidine**
Genticol® → **Gentamicin**
Genticyn® → **Gentamicin**
Gentiderm® → **Gentamicin**
Gentile® → **Gentamicin**
Gen-Timolol® → **Timolol**
Gentin® → **Gentamicin**
Gentiran® → **Cetirizine**
Gentlax® → **Bisacodyl**
Gento® → **Gentamicin**
Gentocil® → **Gentamicin**
Gentocin® [vet.] → **Gentamicin**
Gentodiar® [vet.] → **Gentamicin**
Gentokulin® → **Gentamicin**
Gentomil® → **Gentamicin**
Gentonorm® → **Somatropine**
Gent-Ophtal® → **Gentamicin**
Gen-Topiramate® → **Topiramate**
Gentopt Eye Ointment® [vet.] → **Gentamicin**
Gentoral® [vet.] → **Gentamicin**
Gentos® → **Clofedanol**
Gentosep® → **Gentamicin**
Gentovet® [vet.] → **Gentamicin**
Gentran 40® → **Dextran**
Gentran 70® → **Dextran**
Gentrax® → **Gentamicin**
Gen-Trazodone® → **Trazodone**
Gentreks® → **Gentamicin**
Gen-Triazolam® → **Triazolam**
Gentrim® [+ Sulfamethoxazole] → **Trimethoprim**

Ginolotrimin® → **Clotrimazole**
Gino Monipax® → **Isoconazole**
Ginorectol® → **Ciprofloxacin**
Ginosutin® → **Tinidazole**
Gino Tralen® → **Tioconazole**
Gino-Tralen® → **Tioconazole**
Gino-Travogen® → **Isoconazole**
Ginotrax® → **Isoconazole**
Gino-Trosyd® → **Tioconazole**
Ginoxil® → **Urea**
Giona Easyhaler® → **Budesonide**
Gipzide® → **Glipizide**
Girabloc® → **Ciprofloxacin**
Giraflox® → **Ciprofloxacin**
Giran® → **Candesartan**
Giraprox® → **Ciprofloxacin**
Girasid® → **Ofloxacin**
Gisin® → **Gentamicin**
Gisistin® → **Secnidazole**
Gi-Tak® → **Ranitidine**
Gitaramin® → **Mefenamic Acid**
Gitas® → **Hyoscine Butylbromide**
Gitox® → **Losartan**
Gittalun® → **Doxylamine**
Gityl® → **Bromazepam**
Givair® → **Flunisolide**
G-Ketamine® → **Ketamine**
Gla-120® → **Gamolenic Acid**
Glabin® → **Glibenclamide**
Glad® → **Gliclazide**
Gladem® → **Sertraline**
Gladio® → **Aceclofenac**
Gladius® → **Ceftriaxone**
Glafornil® → **Metformin**
Glafornil XR® → **Metformin**
Glakay® → **Menatetrenone**
Glamarol® → **Glimepiride**
Glamidolo® → **Dapiprazole**
Glamox® → **Imatinib**
Glandin-E2® → **Dinoprostone**
Glandin N® [vet.] → **Dinoprost**
Glanique® → **Levonorgestrel**
Glaticin® → **Gatifloxacin**
Glatim® → **Timolol**
Glaucocarpine® → **Pilocarpine**
Glaucol® → **Diclofenamide**
Glaucomed® → **Acetazolamide**
Glauconex® → **Befunolol**
Glauconide® → **Diclofenamide**
Glaucopress® → **Timolol**
Glaucoprost® → **Travoprost**
Glaucosan® → **Timolol**
Glaucostat® → **Latanoprost**
Glauco-Stulln® → **Pindolol**
Glaucotensil T® → **Timolol**
Glaucothil® → **Dipivefrine**
Glaudrops® → **Dipivefrine**
Glaumol® → **Timolol**
Glaunorm® → **Aceclidine**
Glaupax® → **Acetazolamide**
Glausolets® → **Timolol**
Glauteolol® → **Carteolol**
Glautimol® → **Timolol**
Glaveral® → **Omeprazole**
Glazide® → **Gliclazide**
Gle® → **Gliclazide**
Gleevec® → **Imatinib**
Glefos® → **Misoprostol**
Glemaz® → **Glimepiride**
Glemep® → **Glimepiride**
Glemicid® → **Glibenclamide**
Glemid® → **Glimepiride**
Glempid® → **Glimepiride**
Glencamide® → **Glibenclamide**
G-Lenk® → **Glucosamine**
Gleptosil® → **Gleptoferron**
Gleptosil® [vet.] → **Gleptoferron**
G-Levamisole® → **Levamisole**
Glevo® → **Levofloxacin**
Glevomicina® → **Gentamicin**
Gliadel® → **Carmustine**
Gliadel Wafer® → **Carmustine**
Glianimon® → **Benperidol**
Gliatilin® → **Choline Alfoscerate**
Glibar® → **Glibenclamide**
Glibedal® → **Glibenclamide**
Glibemida® → **Glibenclamide**
Glibemide® → **Glibenclamide**
Gliben® → **Glibenclamide**
Gliben-AZU® → **Glibenclamide**
Glibenbeta® → **Glibenclamide**
Glibencamid Stada® → **Glibenclamide**
Glibencil® → **Glibenclamide**
Glibenclamid → **Glibenclamide**
Glibenclamid® → **Glibenclamide**
Glibenclamida® → **Glibenclamide**
Glibenclamida → **Glibenclamide**
Glibenclamida Ahimsa® → **Glibenclamide**
Glibenclamid AbZ® → **Glibenclamide**
Glibenclamida Fabra® → **Glibenclamide**
Glibenclamida Gen Med® → **Glibenclamide**
Glibenclamida Iqfarma® → **Glibenclamide**
Glibenclamid AL® → **Glibenclamide**
Glibenclamida L.CH.® → **Glibenclamide**
Glibenclamida Merck® → **Glibenclamide**
Glibenclamida Rigo® → **Glibenclamide**
Glibenclamida Vannier® → **Glibenclamide**
Glibenclamid Basics® → **Glibenclamide**
Glibenclamid dura® → **Glibenclamide**
Glibenclamide → **Glibenclamide**
Glibenclamide® → **Glibenclamide**
Glibenclamide A® → **Glibenclamide**
Glibenclamide Alpharma® → **Glibenclamide**
Glibenclamide [BAN, DCF, DCIT, JAN] → **Glibenclamide**
Glibenclamide Biogaran® → **Glibenclamide**
Glibenclamide CF® → **Glibenclamide**
Glibenclamide Domesco® → **Glibenclamide**
Glibenclamide FLX® → **Glibenclamide**
Glibenclamide Gf® → **Glibenclamide**
Glibenclamide Indo Farma® → **Glibenclamide**
Glibenclamide (JP XIV, Ph. Eur. 5, Ph. Int. 4) → **Glibenclamide**
Glibenclamide Lagap® → **Glibenclamide**
Glibenclamide Merck® → **Glibenclamide**
Glibenclamide PCH® → **Glibenclamide**
Glibenclamide Sandoz® → **Glibenclamide**
Glibenclamid Genericon® → **Glibenclamide**
Glibenclamid Heumann® → **Glibenclamide**
Glibenclamid (Ph. Eur. 5) → **Glibenclamide**
Glibenclamid R.A.N.® → **Glibenclamide**
Glibenclamid Sandoz® → **Glibenclamide**
Glibenclamid Stada® → **Glibenclamide**
Glibenclamid TAD® → **Glibenclamide**
Glibenclamidum → **Glibenclamide**
Glibenclamidum (Ph. Eur. 5, Ph. Int. 4) → **Glibenclamide**
Gliben-CT® → **Glibenclamide**
Glibendoc® → **Glibenclamide**
Glibenese® → **Glipizide**
Glibénèse® → **Glipizide**
Glibenese® [vet.] → **Glipizide**
Glibenhexal® → **Glibenclamide**
Glibenklamid® → **Glibenclamide**
Glibenklamid Recip® → **Glibenclamide**
Gliben Lich® → **Glibenclamide**

Glibenorm® → **Glibenclamide**
Glibens® → **Glibenclamide**
Glibesifar® → **Glibenclamide**
Glibesyn® → **Glibenclamide**
Glibet® → **Gliclazide**
Glibetic® → **Glimepiride**
Glibetic® → **Glibenclamide**
Glibex® → **Glibenclamide**
Glibezid® → **Glimepiride**
Glibic® → **Glibenclamide**
Glibil® → **Glibenclamide**
Gliboral® → **Glibenclamide**
Glib-ratiopharm® → **Glibenclamide**
Glicab® → **Gliclazide**
Glicalzide A® → **Gliclazide**
Glicasil® → **Gliclazide**
Glicem® → **Glibenclamide**
Glicenex® → **Metformin**
Glicerina® → **Glycerol**
Glicerina Bidestil Cuve® → **Glycerol**
Glicerina Cinfa® → **Glycerol**
Glicerina Cuve® → **Glycerol**
Glicerina Quimpe® → **Glycerol**
Glicerinum® → **Glycerol**
Glicerolo® → **Glycerol**
Glicerolo Dynacren® → **Glycerol**
Glicerolo Montefarmaco® → **Glycerol**
Glicerolo supposte Carlo Erba® → **Glycerol**
Glicerol Vilardell® → **Glycerol**
Glicerotens® → **Glycerol**
Glicima® → **Ketorolac**
Glicina® → **Glycerol**
Glicina® → **Glycine**
Glicina Braun® → **Glycine**
Glicirex® → **Gliclazide**
Gliciron® → **Glibenclamide**
Gliclazida® → **Gliclazide**
Gliclazida Generis® → **Gliclazide**
Gliclazida Winthrop® → **Gliclazide**
Gliclazide® → **Gliclazide**
Gliclazide Almus® → **Gliclazide**
Gliclazide Alpharma® → **Gliclazide**
Gliclazide Alpharma ApS® → **Gliclazide**
Gliclazide Alter® → **Gliclazide**
Gliclazide Biogaran® → **Gliclazide**
Gliclazide CF® → **Gliclazide**
Gliclazide DOC® → **Gliclazide**
Gliclazide Domesco® → **Gliclazide**
Gliclazide EG® → **Gliclazide**
Gliclazide Gf® → **Gliclazide**
Gliclazide G Gam® → **Gliclazide**
Gliclazide Ivax® → **Gliclazide**
Gliclazide Katwijk® → **Gliclazide**
Gliclazide Merck® → **Gliclazide**
Gliclazide Molteni® → **Gliclazide**
Gliclazide PCH® → **Gliclazide**
Gliclazide Ratiopharm® → **Gliclazide**
Gliclazide RPG® → **Gliclazide**
Gliclazide Sandoz® → **Gliclazide**
Gliclazide Servier® → **Gliclazide**
Gliclazide Teva® → **Gliclazide**
Gliclazide Winthrop® → **Gliclazide**
Gliclazide Zydus® → **Gliclazide**
Gliclazid MR® → **Gliclazide**
Gliclid® → **Gliclazide**
Glicobase® → **Acarbose**
Glicon® → **Glibenclamide**
Glicron® → **Gliclazide**
Glicyna® → **Glycine**
Glidabet® → **Gliclazide**
Glidanil® → **Glibenclamide**
Glide® → **Glipizide**
Gliden® → **Glibenclamide**
Glidiabet® → **Glibenclamide**
Glidiamid® → **Glimepiride**
Glidiet® → **Gliclazide**
Glifage® → **Metformin**
Glifapen® [+ Amoxicillin] → **Diclofenac**
Glifapen® [+ Diclofenac sodium salt] → **Amoxicillin**
Glifel® → **Glipizide**
Glifix® → **Pioglitazone**
Glifor® → **Metformin**
Gliformin® → **Metformin**
Glifortex® → **Metformin**
G-Lignocaine® → **Lidocaine**
Glikamel® → **Gliclazide**
Gliklazid Servier® → **Gliclazide**
Glikosan® → **Gliclazide**
Glimax® → **Glimepiride**
Glimedoc® → **Glimepiride**
Glimegamma® → **Glimepiride**
Glimehexal® → **Glimepiride**
Glimel® → **Glibenclamide**
Glimepibal® → **Glimepiride**
Glimepil® → **Glimepiride**
Glimepirid® → **Glimepiride**
Glimepirid 1A Farma® → **Glimepiride**
Glimepirid 1A Pharma® → **Glimepiride**
Glimepirida® → **Glimepiride**
Glimepirida Acost® → **Glimepiride**
Glimepirida Alter® → **Glimepiride**
Glimepirida Baldacci® → **Glimepiride**
Glimepirid AbZ® → **Glimepiride**
Glimepirid Actavis® → **Glimepiride**
Glimepirida Diapiride® → **Glimepiride**
Glimepirida Generis® → **Glimepiride**
Glimepirida Gen Med® → **Glimepiride**
Glimepirida Glimial® → **Glimepiride**
Glimepirida Jaba® → **Glimepiride**
Glimepirid AL® → **Glimepiride**
Glimepirid Alpharma® → **Glimepiride**
Glimepirid Alternova® → **Glimepiride**
Glimepirida MK® → **Glimepiride**
Glimepirida Northia® → **Glimepiride**
Glimepirid AWD® → **Glimepiride**
Glimepirid beta® → **Glimepiride**
Glimepirid biomo® → **Glimepiride**
Glimepirid Copyfarm® → **Glimepiride**
Glimepirid-CT® → **Glimepiride**
Glimepirid-dura® → **Glimepiride**
Glimepirid dura® → **Glimepiride**
Glimepiride® → **Glimepiride**
Glimepiride Angenerico® → **Glimepiride**
Glimépiride BGR® → **Glimepiride**
Glimepiride Domesco® → **Glimepiride**
Glimepiride Hexal® → **Glimepiride**
Glimepiride Katwijk® → **Glimepiride**
Glimepiride Merck® → **Glimepiride**
Glimepiride Molteni® → **Glimepiride**
Glimepiride Ratiopharm® → **Glimepiride**
Glimepiride Sandoz® → **Glimepiride**
Glimépiride Winthrop® → **Glimepiride**
Glimepirid Heumann® → **Glimepiride**
Glimepirid Hexal® → **Glimepiride**
Glimepirid Isis® → **Glimepiride**
Glimepirid-Isis® → **Glimepiride**
Glimepirid Ivax® → **Glimepiride**
Glimepirid Krka® → **Glimepiride**
Glimepirid Lek® → **Glimepiride**
Glimepirid LPH® → **Glimepiride**
Glimepirid Merck® → **Glimepiride**
Glimepirid Merck NM® → **Glimepiride**
Glimepirid Orion® → **Glimepiride**
Glimepirid Pliva® → **Glimepiride**
Glimepirid-ratiopharm® → **Glimepiride**
Glimepirid ratiopharm® → **Glimepiride**
Glimepirid Sandoz® → **Glimepiride**
Glimepirid Stada® → **Glimepiride**
Glimepirid TAD® → **Glimepiride**
Glimepirid Winthrop® → **Glimepiride**
Glimeprid® → **Glimepiride**
glimepririd-biomo® → **Glimepiride**
Glimerid® → **Glimepiride**
Glimerol® → **Glipizide**

Glimesan® → **Glimepiride**
Glimestad® → **Glimepiride**
Glimet® → **Repaglinide**
Glimewin® → **Glimepiride**
Glimexal® → **Glimepiride**
Glimicron® → **Gliclazide**
Glimide® → **Glibenclamide**
Glimidstada® → **Glibenclamide**
Gliminfor® → **Metformin**
Glimirid® → **Glimepiride**
Glims® → **Glimepiride**
Glinate® → **Nateglinide**
Glinor® → **Cromoglicic Acid**
Glinormax® → **Gliclazide**
Glioral® → **Gliclazide**
Gliosartan® → **Telmisartan**
Glioten® → **Enalapril**
Glipazid® → **Glipizide**
Glipicontin® → **Glipizide**
Glipid® → **Glimepiride**
Glipiride® → **Glimepiride**
Glipizid → **Glipizide**
Glipizida → **Glipizide**
Glipizid Domesco® → **Glipizide**
Glipizide → **Glipizide**
Glipizide® → **Glipizide**
Glipizide [BAN, DCF, DCIT, USAN] → **Glipizide**
Glipizide DHA® → **Glipizide**
Glipizide Merck® → **Glipizide**
Glipizide-Merck® → **Glipizide**
Glipizide (Ph. Eur. 5, USP 30) → **Glipizide**
Glipizide Shin Poong® → **Glipizide**
Glipizide XL® → **Glipizide**
Glipizid LPH® → **Glipizide**
Glipizid (Ph. Eur. 5) → **Glipizide**
Glipizidum → **Glipizide**
Glipizidum (Ph. Eur. 5) → **Glipizide**
Glipressina® → **Terlipressin**
Gliprex® → **Glimepiride**
Gliptid® → **Glibenclamide**
Gliptide® → **Sulglicotide**
Gliquidone® → **Gliquidone**
Gliquidon LPH® → **Gliquidone**
Glirid® → **Glimepiride**
Glisend® → **Salbutamol**
Gliserin-Kansuk-B® → **Glycerol**
Gliserin-Kansuk-K® → **Glycerol**
Glison® → **Glibenclamide**
Glisulin® → **Metformin**
Glitab® → **Gliclazide**
Glitazon® → **Pioglitazone**
Glitisol® → **Glibenclamide**
Glitisol® → **Thiamphenicol**
Glitisol® [inj.] → **Thiamphenicol**
Glitral® → **Glibenclamide**
Glivec® → **Imatinib**
Glix® → **Glimepiride**
Gliximina® → **Rosiglitazone**
Glizasan 80® → **Gliclazide**
Glizid® → **Gliclazide**
Glizide® → **Gliclazide**
Glizide® → **Glipizide**
Glizolan® → **Diacerein**
Glizone® → **Pioglitazone**
Globamax® → **Amoxicillin**
Globapen® → **Amoxicillin**
Globaxol® [+ Sulfamethoxazole] → **Trimethoprim**
Globaxol® [+ Trimethoprim] → **Sulfamethoxazole**
Globenicol® → **Chloramphenicol**
Globitan® → **Timolol**
Globoid® → **Aspirin**
Globuce® → **Ciprofloxacin**
Globuren® → **Epoetin Alfa**
Glocyp® → **Cyproheptadine**
Glopir® → **Nifedipine**
Glorium® → **Medazepam**
Glorixone® → **Ceftriaxone**
Gloros® → **Ferrous Gluconate**
Gloryfen® → **Cefotaxime**
Glossyfin® → **Ciprofloxacin**
Glottyl® → **Codeine**
Glovan® → **Nonoxinol**
Gloveticol® [vet.] → **Chloramphenicol**
Gluben® → **Glibenclamide**
Gluborid® → **Glibornuride**
Glucadol® → **Glucosamine**
Gluca Gen® → **Glucagon**
Glucagen® → **Glucagon**
Glucagen Hipokit Nov® → **Glucagon**
Glucagen Hypokit® → **Glucagon**
Glucagen Kit® → **Glucagon**
Glucagen® [vet.] → **Glucagon**
Glucagon → **Glucagon**
Glucagon® → **Glucagon**
Glucagon [BAN, DCF, JAN, USAN] → **Glucagon**
Glucagon Diagonostic® → **Glucagon**
Glucagone → **Glucagon**
Glucagone [DCIT] → **Glucagon**
Glucagon Emergency® → **Glucagon**
Glucagone (Ph. Eur. 5.1) → **Glucagon**
Glucagon Novo Nordisk® → **Glucagon**
Glucagon (Ph. Eur. 5.1, USP 30, BP 2003) → **Glucagon**
Glucagonum → **Glucagon**
Glucagonum (Ph. Eur. 5.1) → **Glucagon**
Glucal® → **Glibenclamide**
Glucametan® → **Glucametacin**
Glucamida® → **Glibenclamide**
Glucaminol® → **Metformin**
Glucantim® → **Meglumine**
Glucantime® → **Meglumine**
Glucantime® [vet.] → **Meglumine**
Glucar® → **Acarbose**
Glucaron® → **Aceglatone**
Glucart® → **Glucosamine**
Glucemin® → **Pioglitazone**
Gluceride® → **Glimepiride**
Glucidoral® → **Carbutamide**
GLUCO® → **Dextrose**
Gluco® → **Metformin**
Gluco-A® → **Acarbose**
Glucobay® → **Acarbose**
Glucobene® → **Glibenclamide**
Glucobloc® → **Gliclazide**
glucobon biomo® → **Metformin**
Glucocron® → **Gliclazide**
Glucodex® → **Gliclazide**
Glucodiab® → **Glipizide**
Glucofage® → **Metformin**
Glucoferro® → **Ferrous Gluconate**
Glucoferro-K® → **Ferrous Gluconate**
Glucofine® → **Metformin**
Glucoformin® → **Metformin**
Glucogood® → **Metformin**
Glucohexal® → **Metformin**
Glucoles® → **Metformin**
Glucolin® → **Dextrose**
Glucolip® → **Glipizide**
Glucolon® → **Glibenclamide**
Glucomed® → **Gliclazide**
Glucomerck® → **Metformin**
Glucomet® → **Glimepiride**
Glucomid® → **Glibenclamide**
Glucomin® → **Metformin**
Glucomol® → **Timolol**
Glucon® → **Glibenclamide**
Gluconase® → **Acarbose**
Gluconat de Calciu® → **Calcium Gluconate**
Gluconate de Calcium Lavoisier® → **Calcium Gluconate**
Gluconate de Chlorhexidine Gifrer® → **Chlorhexidine**
Gluconate de Potassium H³ Santé® → **Potassium**
Gluconato de Calcio® → **Calcium Gluconate**
Gluconato de Calcio Apolo® → **Calcium Gluconate**
Gluconato de Calcio Ariston® → **Calcium Gluconate**
Gluconato de Calcio Biol® → **Calcium Gluconate**
Gluconato de Calcio Drawer® → **Calcium Gluconate**

Gluicon® → **Glibenclamide**
Glu-K® → **Potassium**
Glukagon → **Glucagon**
Glukamin® → **Amikacin**
Glukenil® → **Repaglinide**
Glukofen® → **Metformin**
Glukosamin Copyfarm® → **Glucosamine**
Glukosamin mezina® → **Glucosamine**
Glukos Braun® → **Dextrose**
Glukose → **Dextrose**
Glukose® → **Dextrose**
Glukose isotonisk SAD® → **Dextrose**
Glukose SAD® → **Dextrose**
Glukos Fresenius Kabi® → **Dextrose**
Glukovital® → **Glibenclamide**
Glukóz® → **Dextrose**
Glukoza® → **Dextrose**
Glukoza Braun® → **Dextrose**
Glukozamin® → **Glucosamine**
Glulo® → **Glibenclamide**
Glumal® → **Aceglutamide**
Glumeco® → **Gliclazide**
Glumeff® → **Metformin**
Glumefor® → **Metformin**
Glumetza® → **Metformin**
Glumida® → **Acarbose**
Glumikin® → **Amikacin**
Glumikron® → **Gliclazide**
Glumin® → **Glutamine**
Glunor® → **Metformin**
Gluphage XR® → **Metformin**
Glu-Phos® → **Dextrose**
Glupropan® → **Glimepiride**
Glurenor® → **Gliquidone**
Glurenorm® → **Gliquidone**
Glusamine → **Glucosamine**
Glustar® → **Atorvastatin**
Glustin® → **Pioglitazone**
Glustress® → **Metformin**
Glutabloc® → **Metformin**
Glutaferro Gotas® → **Ferrous Sulfate**
Glutamina® → **Glutamine**
Glutamin-Verla® → **Glutamic Acid**
Glutaral → **Glutaral**
Glutaral Concentrate (USP 30) → **Glutaral**
Glutaraldehyde, Strong Solution (BP 2002) → **Glutaral**
Glutaral [JAN, USAN] → **Glutaral**
Glutaralum → **Glutaral**
Glutarol® → **Glutaral**
Glutasey® → **Simvastatin**
Glutatione Pliva® → **Glutathione**
Glutethimide® → **Glutethimide**
Gluthion® → **Glutathione**
Gluti-Agil® → **Glutamic Acid**
Glutilage® → **Glucosamine**
Glutim® → **Glimepiride**
Glutose® → **Dextrose**
Glutoxim® → **Glutathione**
Glutril® → **Glibornuride**
Gluvas® → **Glimepiride**
Gluxine® → **Glucosamine**
Gluzit® → **Gliclazide**
Gluzo® → **Glibenclamide**
Gluzolyte® → **Metformin**
Glyade® → **Gliclazide**
Glyamid® → **Glibenclamide**
Glybenzcyclamide → **Glibenclamide**
Glyboral® → **Glibenclamide**
Glyburide® → **Glibenclamide**
Glyburide [USAN] → **Glibenclamide**
Glyburide (USP 30) → **Glibenclamide**
Glycafor® → **Gliclazide**
Glycemager® → **Glimepiride**
Glycemin® → **Chlorpropamide**
Glycerin® → **Glycerol**
Glycerine® → **Glycerol**
Glycerine Pfizer® → **Glycerol**
Glycerine Suppo's Wolfs® → **Glycerol**
Glycerin Suppositorien Fonte® → **Glycerol**
Glycerin Suppositories® → **Glycerol**
Glycerinzäpfchen Sanova® → **Glycerol**
Glycerol® → **Glycerol**
Glycerol Oba® → **Glycerol**
Glycerol PSM® → **Glycerol**
Glyceroltrinitrat → **Nitroglycerin**
Glyceryl Guaiacolate → **Guaifenesin**
Glycerylis trinitratis compressi (Ph. Int. III) → **Nitroglycerin**
Glycerylnitrat® → **Nitroglycerin**
Glycerylnitrat SAD® → **Nitroglycerin**
Glyceryl Trinitrate® → **Nitroglycerin**
Glyceryl Trinitrate, Concentrated Solution (BP 2002) → **Nitroglycerin**
Glycifer® → **Ferrous Sulfate**
Glycilax® → **Glycerol**
Glycin® → **Glycine**
Glycine® → **Glycine**
Glycine B. Braun® → **Glycine**
Glycine-Tur® → **Glycine**
Glyciphage® → **Metformin**
Glycobase® → **Fluocinonide**
Glycodex® [vet.] → **Guaifenesin**
Glycolate® → **Guaifenesin**
Glycomet® → **Metformin**
Glycomin® → **Glibenclamide**
Glycon® → **Gliclazide**
Glycopyrrolate® → **Glycopyrronium Bromide**
Glycopyrrolate → **Glycopyrronium Bromide**
Glycopyrrolate [USAN] → **Glycopyrronium Bromide**
Glycopyrrolate (USP 30) → **Glycopyrronium Bromide**
Glycopyrrolate® [vet.] → **Glycopyrronium Bromide**
Glycopyrronii Bromidum → **Glycopyrronium Bromide**
Glycopyrronium bromid → **Glycopyrronium Bromide**
Glycopyrronium Bromide → **Glycopyrronium Bromide**
Glycopyrronium Bromide [BAN] → **Glycopyrronium Bromide**
Glycopyrronium [DCF] → **Glycopyrronium Bromide**
Glycoran® → **Metformin**
Glycosate Vet® [vet.] → **Glycopyrronium Bromide**
Glycron® → **Glibenclamide**
Glycron® → **Gliclazide**
Glycylpressin® → **Terlipressin**
Glydiab® → **Gliclazide**
Glydiazinamide → **Glipizide**
Glyformin® → **Metformin**
Glygard® → **Gliclazide**
Glygen® → **Glipizide**
Glymin XR® → **Metformin**
Glymod® → **Glibenclamide**
Glymol® → **Timolol**
Glynase® → **Glibenclamide**
Glynase® → **Glipizide**
Glynose® → **Acarbose**
Glyoxaline-éthylamine → **Histamine**
Gly-Oxide® → **Urea**
Glyphyllin® → **Theophylline Sodium Glycinate**
Glyphylline → **Diprophylline**
Glypressine® → **Terlipressin**
Glyryl® → **Guaifenesin**
Glysan® → **Magaldrate**
Glytop® → **Triamcinolone**
Glytrin® → **Nitroglycerin**
Glytrin Spray® → **Nitroglycerin**
Glytuss® → **Guaifenesin**
Glyvenol® → **Tribenoside**
Glyzerinzäpfchen Rösch® → **Glycerol**
Glyzid® → **Glipizide**
Glyzip® → **Glipizide**
G-Mebendazole® → **Mebendazole**
G-Metronidazole® → **Metronidazole**
G-Miconazole® → **Miconazole**
G-Myticin® → **Gentamicin**
GNO® → **Morphine**

Gnostocardin® → **Enalapril**
Gnostol® → **Metronidazole**
Gnostoval® → **Lisinopril**
GnRH → **Gonadorelin**
Goanna Arthritis Cream® → **Salicylic Acid**
Goat and Sheep Wormer® [vet.] → **Morantel**
Gobbicaina® → **Lidocaine**
Gobbidona® → **Methadone**
Gobbifol® → **Propofol**
Gobbinal® → **Nalbuphine**
Gobbizolam® → **Midazolam**
Gobemicina® → **Ampicillin**
Gobemicina® [inj.] → **Ampicillin**
Gobens Trim® [+ Sulfamethoxazole] → **Trimethoprim**
Gobens Trim® [+Trimethoprim] → **Sulfamethoxazole**
Gocce® → **Sodium Picosulfate**
Goclid® → **Ticlopidine**
Godabion B6® → **Pyridoxine**
Godamed® → **Aspirin**
Godek® → **Ketorolac**
GOE 3450 → **Gabapentin**
Goflex® → **Nabumetone**
Goforan® → **Cefotaxime**
Golacetin® → **Cetylpyridinium**
Goladin® → **Dequalinium Chloride**
Golafair® → **Cetylpyridinium**
Golasan® → **Chlorhexidine**
Golasept® → **Povidone-Iodine**
Golaseptine® → **Chlorhexidine**
Goldar® → **Auranofin**
Goldastatin® → **Simvastatin**
Gold Cross Antihistamine Elixir® → **Promethazine**
Gold Cross Ibuprofen® → **Ibuprofen**
Gold Cross Paracetamol® → **Paracetamol**
Gold Cross Salicylic Acid® → **Salicylic Acid**
Golden Eye Drops® → **Propamidine**
Golden Eye Ointment® → **Dibrompropamidine**
Golden-Udder® [vet.] → **Aspirin**
Goldham Oxybutyninehydrochloride® → **Oxybutynin**
Gomec® → **Omeprazole**
Gon® → **Glibenclamide**
Gonablok® → **Danazol**
Gonabreed® [vet.] → **Gonadorelin**
Gonacor® → **Chorionic Gonadotrophin**
Gonadoliberin → **Gonadorelin**
Gonadorelin → **Gonadorelin**
Gonadorelina → **Gonadorelin**
Gonadorelina acetato → **Gonadorelin**
Gonadorelinacetat → **Gonadorelin**
Gonadorelin Acetate → **Gonadorelin**
Gonadorelin acetate: → **Gonadorelin**
Gonadorelin Acetate [BANM, USAN] → **Gonadorelin**
Gonadorélin (acétate de) → **Gonadorelin**
Gonadorélin (acétate de) (Ph. Eur. 5) → **Gonadorelin**
Gonadorelin Acetate (Ph. Eur. 5, USP 30) → **Gonadorelin**
Gonadorelinacetat (Ph. Eur. 5) → **Gonadorelin**
Gonadorelina clorhidrato → **Gonadorelin**
Gonadorelina cloridrato → **Gonadorelin**
Gonadorelina [DCIT] → **Gonadorelin**
Gonadorelin [BAN] → **Gonadorelin**
Gonadorelin (DAB 1999) → **Gonadorelin**
Gonadorelin Diacetate [JAN] → **Gonadorelin**
Gonadoréline → **Gonadorelin**
Gonadoréline (chlorhydrate de) → **Gonadorelin**
Gonadoréline [DCF] → **Gonadorelin**
Gonadoréline (Ph. Franç. X) → **Gonadorelin**
Gonadorelin hydrochlorid → **Gonadorelin**
Gonadorelin Hydrochloride → **Gonadorelin**
Gonadorelin hydrochloride: → **Gonadorelin**
Gonadorelin Hydrochloride [BANM, USAN] → **Gonadorelin**
Gonadorelin Hydrochloride (BP 2002, USP 30) → **Gonadorelin**
Gonadorelini acetas → **Gonadorelin**
Gonadorelini acetas (Ph. Eur. 5) → **Gonadorelin**
Gonadorelinum → **Gonadorelin**
Gonadotraphon FSH® → **Gonadotrophin, Serum**
Gonadotraphon LH® → **Chorionic Gonadotrophin**
Gonadotrofina serica → **Gonadotrophin, Serum**
Gonadotrophine chorionique „Endo“® → **Chorionic Gonadotrophin**
Gonadotrophin, Equine Serum, for Veterinary Use (Ph. Eur. 5) → **Gonadotrophin, Serum**
Gonadotrophine sérique → **Gonadotrophin, Serum**
Gonadotrophine sérique équine pour usage vétérinaire (Ph. Eur. 5) → **Gonadotrophin, Serum**
Gonadotrophin, Serum → **Gonadotrophin, Serum**
Gonadotrophin Serum (JP XIV) → **Gonadotrophin, Serum**
Gonadotrophin, Serum [USAN] → **Gonadotrophin, Serum**
Gonadotrophinum Sericum → **Gonadotrophin, Serum**
Gonadotropine sérique [DCF] → **Gonadotrophin, Serum**
Gonadotropinum sericum equinum ad usum veterinarium (Ph. Eur. 5) → **Gonadotrophin, Serum**
Gonadovet® [vet.] → **Cloprostenol**
Gonal-F® → **Follitropin Alfa**
Gonapeptyl® → **Triptorelin**
Gonaphene® → **Clomifene**
Gonasi HP® → **Chorionic Gonadotrophin**
Gonazon® [vet.] → **Nafarelin**
Gondonar® → **Anastrozole**
Gonestrin® [vet.] → **Gonadotrophin, Serum**
Gonif® → **Cefuroxime**
Gonocilin® → **Ampicillin**
Gonoform® → **Amoxicillin**
Gonorcin® → **Norfloxacin**
Gonotrop F® → **Urofollitropin**
GO-ON® → **Hyaluronic Acid**
Go-Pain P® → **Paracetamol**
Gopten® → **Trandolapril**
Gorban®[vet.] → **Sulfadoxine**
Gorban®[vet.] → **Trimethoprim**
Gordius® → **Gabapentin**
Gordochrom® → **Undecylenic Acid**
Gordofilm® → **Salicylic Acid**
Gordon's Urea® → **Urea**
Gordox® → **Aprotinin**
Gored® → **Gliclazide**
Goritel® → **Amlodipine**
Gotabiotic® → **Tobramycin**
Gotabiotic Plus® → **Netilmicin**
Gotalax® → **Sodium Picosulfate**
Gotapurin® → **Allopurinol**
Gotas Binelli® → **Fedrilate**
Gotas de Pentrexyl® → **Ampicillin**
Gotely® → **Tamsulosin**
Gotinal® → **Naphazoline**
Gotropil® → **Piracetam**
Goutichine® → **Colchicine**
Goutnil® → **Colchicine**
Gout Tab® → **Colchicine**
Goval® → **Risperidone**
Govazol® → **Fluconazole**
Govotil® → **Haloperidol**
Goxallin® → **Amoxicillin**
Goxil® → **Azithromycin**
Gozid® → **Gemfibrozil**

GP 41353 → **Triclosan**
GP 45840 → **Diclofenac**
G-Paracetamol® → **Paracetamol**
G-Pethidine® → **Pethidine**
G-Press® → **Nitrendipine**
G-Propranolol® → **Propranolol**
GP-Zide® → **Glibenclamide**
G-Quinine® → **Quinine**
GR 109714 X (Glaxo, Great Britain) → **Lamivudine**
GR 62 → **Isoxsuprine**
Gradient® → **Flunarizine**
Grafic® → **Escin**
Gramagen® → **Gemcitabine**
Gramal® → **Molgramostim**
Gramalil® → **Tiapride**
Gramaxin® [+ Amoxicillin trihydrate] → **Clavulanic Acid**
Gramaxin® [+ Clavulanic Acid potassium salt] → **Amoxicillin**
Gramcilina® → **Ampicillin**
Gramidil® → **Amoxicillin**
Grammicin® → **Gentamicin**
Grammidin® → **Gramicidin**
Grammixin® → **Gentamicin**
Gramoneg® → **Nalidixic Acid**
Gramotax® → **Cefotaxime**
Gramplus® → **Clofoctol**
Gran® → **Filgrastim**
Grandaxin® → **Tofisopam**
Grandpherol® → **Tocopherol, α-**
Granegan® → **Chlorhexidine**
Graneodin® → **Chlorhexidine**
Granicip® → **Granisetron**
Granions de Bismuth® → **Bismuth Subnitrate**
Granions de Lithium® → **Lithium**
Granisetron® → **Granisetron**
Granisetron beta® → **Granisetron**
Granisetron Hexal® → **Granisetron**
Granisetron Lek® → **Granisetron**
Granisetron Merck® → **Granisetron**
Granisetron-ratiopharm® → **Granisetron**
Granisetron STADA® → **Granisetron**
Granisetron-Teva® → **Granisetron**
Granitron® → **Granisetron**
Granocyte® → **Lenograstim**
Granofen® [vet.] → **Fenbendazole**
Granon® → **Acetylcysteine**
Granulen® → **Filgrastim**
Granulokine® → **Filgrastim**
Graten® [inj.] → **Morphine**
Gratusminal® → **Phenobarbital**
Gravamin® → **Dimenhydrinate**
Gravi-Fol® → **Folic Acid**
Gravol® → **Dimenhydrinate**
Gravynon® → **Allylestrenol**
Grayxona® → **Naloxone**
Greater-Gloxa® → **Cloxacillin**
Greatofen® → **Ibuprofen**
Grecotens® → **Piroxicam**
Grefen® → **Ibuprofen**
Greini® → **Amikacin**
Grenade® [vet.] → **Cyhalothrin**
Grenade® [vet.] → **Cyfluthrin**
Grenfung® → **Ketoconazole**
Grenis® → **Norfloxacin**
Grenis-Cipro® → **Ciprofloxacin**
Grenis Oflo® → **Ofloxacin**
Grenis-Oflo® → **Ofloxacin**
Greosin® → **Griseofulvin**
G-Revm® → **Nimesulide**
Grexin® → **Digoxin**
Gricin® → **Griseofulvin**
G-Rifampicin® → **Rifampicin**
Grifoalpram® → **Alprazolam**
Grifobutol® → **Acebutolol**
Grifociprox® → **Ciprofloxacin**
Grifoclobam® → **Clobazam**
Grifoclobam Lch® → **Clobazam**
Grifocriptina® → **Bromocriptine**
Grifocriptina Lch® → **Bromocriptine**
Grifodilzem® → **Diltiazem**
Grifodilzem Lch® → **Diltiazem**
Grifogemzilo® → **Gemfibrozil**
Grifoketam® → **Ketazolam**
Grifonimod® → **Nimodipine**
Grifonimod LCH® [compr.] → **Nimodipine**
Grifonitren® → **Nitrendipine**
Grifoparkin Lch® [+ Carbidopa] → **Levodopa**
Grifoparkin Lch® [+ Levodopa] → **Carbidopa**
Grifopril® → **Enalapril**
Grifopril Lch® → **Enalapril**
Grifotaxima Lch® → **Cefotaxime**
Grifotenol® → **Atenolol**
Grifotriaxona® → **Ceftriaxone**
Grifotriaxona Lch® → **Ceftriaxone**
Grifulin® → **Griseofulvin**
Grifulvin® → **Griseofulvin**
Grifulvin V® → **Griseofulvin**
Grimeral® → **Loratadine**
Grinevel® → **Ganciclovir**
Grinsil Clavulanico® [+ Amoxicillin, trihydrate] → **Clavulanic Acid**
Grinsil Clavulanico® [+ Clavulanic Acid, potassium salt] → **Amoxicillin**
Grip Caps C® → **Ascorbic Acid**
Gripin Bebe® → **Paracetamol**
Gripostad® → **Paracetamol**
Grippesin® → **Aspirin**
Grippex® → **Paracetamol**
Grippostad® → **Paracetamol**
Grippostad Rhino® → **Xylometazoline**
Grisactin® → **Griseofulvin**
Griséfuline® → **Griseofulvin**
Griseo-CT® → **Griseofulvin**
Griseofort® → **Griseofulvin**
Griseofulvin® → **Griseofulvin**
Griseofulvin → **Griseofulvin**
Griseofulvina → **Griseofulvin**
Griseofulvina® → **Griseofulvin**
Griseofulvina [DCIT] → **Griseofulvin**
Griseofulvina L.CH.® → **Griseofulvin**
Griseofulvin [BAN, JAN, USAN] → **Griseofulvin**
Griséofulvine → **Griseofulvin**
Griséofulvine [DCF] → **Griseofulvin**
Griséofulvine (Ph. Eur. 5) → **Griseofulvin**
Griseofulvin Hovid® → **Griseofulvin**
Griseofulvin Indo Farma® → **Griseofulvin**
Griseofulvin (JP XIV, Ph. Eur. 5, Ph. Int. 4, USP 30) → **Griseofulvin**
Griseofulvin Leo® → **Griseofulvin**
Griseofulvin Ultra® → **Griseofulvin**
Griseofulvinum → **Griseofulvin**
Griseofulvinum (Ph. Eur. 5, Ph. Int. 4) → **Griseofulvin**
Griseofulvin® [vet.] → **Griseofulvin**
Griseofulvin Vida® → **Griseofulvin**
Griseomed® → **Griseofulvin**
Griseo® [vet.] → **Griseofulvin**
Griseovet® [vet.] → **Griseofulvin**
Grisetin® → **Flutamide**
Grisflavin® → **Griseofulvin**
Grisil® [+ Amoxicilline trihydrate] → **Clavulanic Acid**
Grisil® [+ Clavulanic Acid potassium salt] → **Amoxicillin**
Griso® → **Griseofulvin**
Gris O.D.® → **Griseofulvin**
Grisol-V® [vet.] → **Griseofulvin**
Grisoral® [vet.] → **Griseofulvin**
Grisovin® → **Griseofulvin**
Grisovina FP® → **Griseofulvin**
Grisovin-FP® → **Griseofulvin**
Grisovin® [vet.] → **Griseofulvin**
Gris-PEG® → **Griseofulvin**
Grivin® → **Griseofulvin**
Grizol® → **Omeprazole**
Grofenac® → **Diclofenac**
Grofibrat® → **Fenofibrate**
Gromazol® → **Clotrimazole**
Groprim® [+ Sulfamethoxazole] → **Trimethoprim**

Groprim® [+ Trimethoprim] → **Sulfamethoxazole**
Groprinosin® → **Inosine Pranobex**
Groseptol® [+Sulfamethoxazole] → **Trimethoprim**
Groseptol® [+Trimethoprim] → **Sulfamethoxazole**
Groven® → **Aripiprazole**
Grovin® → **Griseofulvin**
Growart® → **Levocarnitine**
Growell® → **Minoxidil**
Growgen-GM® → **Molgramostim**
Grtpa® → **Alteplase**
Grüncef® → **Cefadroxil**
Grumivit® → **Ascorbic Acid**
Grunamox® → **Amoxicillin**
Grysio® [vet.] → **Griseofulvin**
GS 3065 → **Doxycycline**
G-Salbutamol® → **Salbutamol**
g-Strophanthin → **Ouabain**
G-Strophanthin (JP XIII) → **Ouabain**
g-Strophanthosidum → **Ouabain**
G-Tase® → **Pioglitazone**
G-Theophylline® → **Theophylline Sodium Glycinate**
GTN® → **Nitroglycerin**
Guaiacol glycerol ether → **Guaifenesin**
Guaiamar → **Guaifenesin**
Guaifen® → **Guaifenesin**
Guaifenesin → **Guaifenesin**
Guaifenesin® → **Guaifenesin**
Guaifenesina → **Guaifenesin**
Guaifenesina Edigen® → **Guaifenesin**
Guaifenesin [BAN, JAN, USAN] → **Guaifenesin**
Guaifénésine → **Guaifenesin**
Guaïfénésine [DCF] → **Guaifenesin**
Guaifénésine (Ph. Eur. 5) → **Guaifenesin**
Guaifenesin (Ph. Eur. 5, JP XIV, USP 30) → **Guaifenesin**
Guaifenesinum → **Guaifenesin**
Guaifenesinum (Ph. Eur. 5) → **Guaifenesin**
Guaifenesin® [vet.] → **Guaifenesin**
Guaifenex® → **Guaifenesin**
Guailaxin® [vet.] → **Guaifenesin**
Guaiphenesin → **Guaifenesin**
Guajacolum glycerolatum → **Guaifenesin**
Guajacuran® → **Guaifenesin**
Guajazyl® → **Guaifenesin**
Guanabenz Acetate® → **Guanabenz**
Guarana® → **Caffeine**
Guaranin → **Caffeine**
Guardian® [vet.] → **Moxidectin**
Guarposid® → **Cisapride**
Guastil® → **Sulpiride**
Guéthural® → **Guaietolin**
Guiatuss® → **Guaifenesin**
Gujatal® [vet.] → **Guaifenesin**
Gulading® → **Glutathione**
Gulliostin® → **Dipyridamole**
Gullivers Flea and Tick Collar® [vet.] → **Dimpylate**
Gumbaral® → **Ademetionine**
Gumbix® → **Aminomethylbenzoic Acid**
Gunaceta® → **Paracetamol**
Gunametrim® [+ Sulfamethoxazole] → **Trimethoprim**
Gunametrim® [+ Trimethoprim] → **Sulfamethoxazole**
Gunapect® → **Ambroxol**
Gurgellösung-ratiopharm® → **Dequalinium Chloride**
Gurgol Pastilhas® → **Cetylpyridinium**
Guronamin® → **Glucuronamide**
Guronsan® → **Glucurolactone**
Guronsan® [inj.] → **Glucurolactone**
Gutalax® → **Sodium Picosulfate**
Gutron® → **Midodrine**
Guttalax® → **Sodium Picosulfate**
Guttanotte® → **Flunitrazepam**
Guttaplast® → **Salicylic Acid**
G-Vitamin B6® → **Pyridoxine**
G-Wizz® [vet.] → **Carbaril**
Gydrelle® → **Estriol**
Gymiso® → **Misoprostol**
Gynafem® → **Butoconazole**
Gynamon® → **Estradiol**
Gynatam® → **Tamoxifen**
Gynazol® → **Butoconazole**
Gynazole-1® → **Butoconazole**
Gyneamsa® → **Calcitriol**
Gynebo® → **Clotrimazole**
Gynécalm® [vet.] → **Medroxyprogesterone**
Gynecort® → **Hydrocortisone**
Gynefix® → **Ascorbic Acid**
Gyne-Lotremin® → **Clotrimazole**
GyneLotrimin® → **Clotrimazole**
Gyne-Lotrimin® → **Clotrimazole**
Gynerium® → **Secnidazole**
Gynestrel® → **Naproxen**
Gynezol 7® → **Miconazole**
Gynezole-1® → **Butoconazole**
Gyn Hydralin® → **Glycine**
Gyno-Candizol® → **Miconazole**
Gyno Canesten® → **Clotrimazole**
Gyno-Canesten® → **Clotrimazole**
Gyno-Canestene® → **Clotrimazole**
Gyno-Coryl® → **Econazole**
Gyno-Daktar® → **Miconazole**
Gyno Daktarin® → **Miconazole**
Gyno-Daktarin® → **Miconazole**
Gynodel® → **Bromocriptine**
Gynodiol® → **Estradiol**
Gyno-Femidazol® → **Miconazole**
Gynoflor® → **Estriol**
Gynofort® → **Butoconazole**
Gynofug® → **Ibuprofen**
Gyno Fungistat® → **Terconazole**
Gyno-Fungix® → **Terconazole**
Gyno Fungix® → **Terconazole**
Gyno Icaden® → **Isoconazole**
Gynokadin® → **Estradiol**
Gynokadin Gel® → **Estradiol**
Gynol II® → **Nonoxinol**
Gyno-Lomexin® → **Fenticonazole**
Gynol Plus® → **Nonoxinol**
Gyno-Lucrin® → **Leuprorelin**
Gyno-Mikozal® → **Miconazole**
Gynomix® → **Metronidazole**
Gyno-Mycel® → **Isoconazole**
Gynomyk® → **Butoconazole**
Gyno-Mykotral® → **Miconazole**
Gyno-Neuralgin® → **Ibuprofen**
Gyno Pevaryl® → **Econazole**
Gyno-Pevaryl® → **Econazole**
Gynoplix® → **Metronidazole**
Gynormal® → **Tinidazole**
Gynoryl® → **Econazole**
Gynosant® → **Fluconazole**
Gynospor® → **Miconazole**
Gynostatum® → **Clotrimazole**
Gyno-Terazol® → **Terconazole**
Gyno-Travogen® → **Isoconazole**
Gyno-Trimaze® → **Clotrimazole**
Gyno-Trosyd® → **Tioconazole**
Gynoxin® → **Fenticonazole**
Gyno-Zalain® → **Sertaconazole**
Gynozol® → **Miconazole**
GynPolar® → **Estradiol**
Gyrablock® → **Norfloxacin**
Gyracip® → **Ciprofloxacin**
Gyroflox® → **Ofloxacin**

H 168/68 (Astra, Sweden) → **Omeprazole**
H2 Blocker-ratiopharm® → **Cimetidine**
H 93/26 → **Metoprolol**
Habekacin® → **Arbekacin**
Habitrol® → **Nicotine**
Hachemina® → **Aminobenzoic Acid**
Hadarax® → **Hydroxyzine**
Hadiel® → **Bezafibrate**
Hadlinol® → **Fluconazole**
HÄS → **Hetastarch**
Hämatopan® → **Ferrous Sulfate**
Haelan® → **Fludroxycortide**
Haemaccel® → **Polygeline**

H

Haemate P® [inj.] → **Octocog Alfa**
Haemate P® [inj.] → **Octocog Alfa**
Haemato-carb® → **Carboplatin**
Haemato-tron® → **Mitoxantrone**
Haemoctin SDH® → **Octocog Alfa**
Haemodex® → **Dextran**
Haemodyn® → **Pentoxifylline**
Haemopressin® → **Terlipressin**
Haemoprotect® → **Ferrous Sulfate**
Haenal-Polidocanol® → **Polidocanol**
Hämo-Vibolex® → **Cyanocobalamin**
Haes Esteril® → **Hetastarch**
HAES-steril® → **Hetastarch**
HAES-steril® → **Pentastarch**
Hafenthyl® → **Fenofibrate**
Hafif® → **Carbaril**
Hagevir® → **Aciclovir**
Haginat® → **Cefuroxime**
Haiprex® → **Methenamine**
Hair A-Gain® → **Minoxidil**
Hairgaine® → **Minoxidil**
Hairgrow® → **Minoxidil**
Hair Grow® → **Minoxidil**
Hair Regrowth® → **Minoxidil**
Hair-Treat® → **Minoxidil**
Hakelon® → **Fluocinonide**
Halazolin® → **Xylometazoline**
Halbmond-Tabletten® → **Diphenhydramine**
Halciderm® → **Halcinonide**
Halcion® → **Triazolam**
Haldid® → **Fentanyl**
Haldol® → **Haloperidol**
Haldol Decanoas® → **Haloperidol**
Haldol Decanoat® → **Haloperidol**
Haldol Decanoate® → **Haloperidol**
Haldol Decanoato® → **Haloperidol**
Haldol depo® → **Haloperidol**
Haldol depo® [inj.] → **Haloperidol**
Haldol Depot® → **Haloperidol**
Haldol Faible® → **Haloperidol**
Haldol® [sol. oral/inj.] → **Haloperidol**
Haldol® [tabs./gtt./sol.] → **Haloperidol**
Haldol® [vet.] → **Haloperidol**
Halea® → **Sertraline**
Halfan® → **Halofantrine**
Half-Inderal® → **Propranolol**
Halfprin® → **Aspirin**
Half Securon SR® → **Verapamil**
Half Sinemet CR® [+Carbidopa monohydrate] → **Levodopa**
Half Sinemet CR® [+Levodopa] → **Carbidopa**
Haliborange® → **Ascorbic Acid**
Halidor® → **Bencyclane**
Halixol® → **Ambroxol**
Halkan® [vet.] → **Droperidol**
Halo® → **Haloperidol**
Halocur® [vet.] → **Halofuginone**
Halo Decanoato® → **Haloperidol**
Halodin® → **Loratadine**
Halog® → **Halcinonide**
Halomed® → **Haloperidol**
Halomycetin® → **Chloramphenicol**
Halonix® → **Hyaluronic Acid**
Halop® → **Haloperidol**
Halo-P® → **Haloperidol**
Haloper® → **Haloperidol**
Haloperidol → **Haloperidol**
Halopéridol → **Haloperidol**
Haloperidol® → **Haloperidol**
Haloperidol Akri® → **Haloperidol**
Haloperidol [BAN, DCF, JAN, USAN] → **Haloperidol**
Haloperidol Cevallos® → **Haloperidol**
Haloperidol CF® → **Haloperidol**
Haloperidol DBL® → **Haloperidol**
Haloperidol Decan Esteve® → **Haloperidol**
Haloperidol Decanoat® → **Haloperidol**
Haloperidoldecanoat → **Haloperidol**
Haloperidol Decanoate → **Haloperidol**
Haloperidol decanoate: → **Haloperidol**
Haloperidol Decanoate® → **Haloperidol**
Haloperidol Decanoate [BANM, USAN] → **Haloperidol**
Halopéridol (décanoate d‘) → **Haloperidol**
Halopéridol (décanoate d‘) (Ph. Eur. 5) → **Haloperidol**
Haloperidol Decanoate (Ph. Eur. 5) → **Haloperidol**
Haloperidol Decanoato Denver® → **Haloperidol**
Haloperidol Decanoato Gemepe® → **Haloperidol**
Haloperidoldecanoat (Ph. Eur. 5) → **Haloperidol**
Haloperidol Decanoat-Richter® → **Haloperidol**
Haloperidol Denver® → **Haloperidol**
Haloperidol Esteve® → **Haloperidol**
Haloperidol Gemepe® → **Haloperidol**
Haloperidol Gf® → **Haloperidol**
Haloperidol GRY® → **Haloperidol**
Haloperidol Hexal® → **Haloperidol**
Haloperidol Holsten® → **Haloperidol**
Haloperidoli decanoas → **Haloperidol**
Haloperidoli decanoas (Ph. Eur. 5) → **Haloperidol**
Haloperidol Indo Farma® → **Haloperidol**
Haloperidol Intensol® → **Haloperidol**
Haloperidol Iqfarma® → **Haloperidol**
Haloperidol (JP XIV, Ph. Eur. 5, Ph. Int. 4, USP 30) → **Haloperidol**
Haloperidol Larjan® → **Haloperidol**
Haloperidol Medipharma® → **Haloperidol**
Haloperidol Neuraxpharm® → **Haloperidol**
Haloperidol-neuraxpharm Decanoat® → **Haloperidol**
Haloperidol PCH® → **Haloperidol**
Halopéridol (Ph. Eur. 5) → **Haloperidol**
Haloperidol Prodes® → **Haloperidol**
Haloperidol ratiopharm® → **Haloperidol**
Haloperidol Richter® → **Haloperidol**
Haloperidol RPh® → **Haloperidol**
Haloperidol Sandoz® → **Haloperidol**
Haloperidol Stada® → **Haloperidol**
Haloperidolum → **Haloperidol**
Haloperidolum (Ph. Eur. 5, Ph. Int. 4) → **Haloperidol**
Haloperidol Vannier® → **Haloperidol**
Haloperil® → **Haloperidol**
haloper von ct® → **Haloperidol**
Halopidol® → **Haloperidol**
Halopidol Decanoato® → **Haloperidol**
Halopol® → **Haloperidol**
Halosin® → **Halothane**
Halosten® → **Haloperidol**
Halotane® → **Halothane**
Halotano → **Halothane**
Halotano® → **Halothane**
Halotestin® → **Fluoxymesterone**
Halothaan® → **Halothane**
Halothaan® [vet.] → **Halothane**
Halothan → **Halothane**
Halothan® → **Halothane**
Halothane → **Halothane**
Halothane® → **Halothane**
Halothane [BAN, DCF, JAN, USAN] → **Halothane**
Halothane B.P.® [vet.] → **Halothane**
Halothane (JP XIV, Ph. Eur. 5, Ph. Int. 4, USP 30) → **Halothane**
Halothane M & B® → **Halothane**
Halothane M & B® [vet.] → **Halothane**
Halothane Rhodia® → **Halothane**
Halothane® [vet.] → **Halothane**
Halothan „Hoechst“® → **Halothane**
Halothano® → **Halothane**

Halothan (Ph. Eur. 5) → **Halothane**
Halothanum → **Halothane**
Halothanum (Ph. Eur. 5, Ph. Int. 4) → **Halothane**
Haloxen® → **Haloperidol**
Haloxon → **Haloxon**
Haloxon [BAN, USAN] → **Haloxon**
Haloxon (BPvet 2002) → **Haloxon**
Haloxone → **Haloxon**
Haloxonum → **Haloxon**
Halox® [vet.] → **Haloxon**
Halozen® → **Haloperidol**
Halperil® → **Haloperidol**
Halset® → **Cetylpyridinium**
Halstabletten-ratiopharm® → **Cetylpyridinium**
Haltran® → **Ibuprofen**
H-Ambiotico® → **Ampicillin**
Hamilton Dry Skin Treatment Cream® → **Urea**
Hamiltosin® → **Cetirizine**
Hamoxillin® → **Amoxicillin**
Hanalgeze® → **Diclofenac**
Hansamed® → **Chlorhexidine**
Hansamedic® → **Capsaicin**
Hansapflast ABC Wärme Pflaster® → **Capsaicin**
Hansaplast® → **Nonivamide**
Hansaplast® → **Salicylic Acid**
Hansaplast med ABC® → **Capsaicin**
Hansaplast med Spray® → **Chlorhexidine**
Hansaterm® → **Capsaicin**
Hansepran® → **Clofazimine**
Hantina® → **Nitrofural**
Hapacol® → **Paracetamol**
Hapadex® [vet.] → **Netobimin**
Hapase® → **Tisokinase**
Hapavet® → **Netobimin**
Hapilux® → **Fluoxetine**
Hapisor® → **Isosorbide Dinitrate**
Happy Jack Tapeworm Tablets® [vet.] → **Dichlorophen**
Haricon® → **Haloperidol**
Haridol® → **Haloperidol**
Haridol Decanoate® → **Haloperidol**
Harifin® → **Finasteride**
Harkanker® [vet.] → **Dimetridazole**
Harmetone® → **Domperidone**
Harmogen® → **Estropipate**
Harmonise® → **Loperamide**
Harmosin® → **Melperone**
Harnal® → **Tamsulosin**
Harnstoff → **Urea**
Harnstoff (Ph. Eur. 5) → **Urea**
Hart® → **Diltiazem**
Harticilin® → **Tetracycline**
Hartil® → **Ramipril**
Hartsorb® → **Isosorbide Dinitrate**
Hartz® [vet.] → **Methoprene**
Harzol® → **Sitosterol, β-**
Hasalbu® → **Salbutamol**
Hasan-C 1000® → **Ascorbic Acid**
Hasancetam 800® → **Piracetam**
Hasandia® → **Rosiglitazone**
Hasanglib 5® → **Glibenclamide**
Hasanlor® → **Amlodipine**
Hascoderm® → **Azelaic Acid**
Hascofungin® → **Ciclopirox**
Hascosept® → **Benzydamine**
Hascovir® → **Aciclovir**
Hasitec® → **Enalapril**
Hassapirin-Puro® → **Aspirin**
Hastilan® → **Benzyl Benzoate**
Hatolen® [vet.] → **Acepromazine**
Haurymellin → **Metformin**
Hawkmide® → **Furosemide**
Hawkperan® → **Metoclopramide**
Haxifal® → **Cefaclor**
Hay-Crom® → **Cromoglicic Acid**
HB 419 → **Glibenclamide**
HC45 Hydrocortisone® → **Hydrocortisone**
HCC → **Lindane**
HC-cream® → **Hydrocortisone**
HCG Lepori® → **Chorionic Gonadotrophin**
HCH [DCF] → **Lindane**
H.C.H. officinal → **Lindane**
H.C.T. → **Hydrochlorothiazide**
HCT 1A Pharma® → **Hydrochlorothiazide**
HCTad® → **Hydrochlorothiazide**
HCT-beta® → **Hydrochlorothiazide**
HCT-CT® → **Hydrochlorothiazide**
HCT gamma® → **Hydrochlorothiazide**
HCT Hexal® → **Hydrochlorothiazide**
HCT-Isis® → **Hydrochlorothiazide**
HCT-ratiopharm® → **Hydrochlorothiazide**
HCT Sandoz® → **Hydrochlorothiazide**
HCT von ct® → **Hydrochlorothiazide**
HD 200® → **Barium Sulfate**
Headgen YSP® → **Dihydroergotoxine**
Head & Shoulders® → **Selenium Sulfide**
Heads Shampoo® → **Econazole**
Head-to-tail Flea Powder® [vet.] → **Permethrin**
Headway® → **Minoxidil**
Healer® → **Omeprazole**
Healip® → **Docosanol**
Healon® → **Hyaluronic Acid**
Healon5® → **Hyaluronic Acid**
Healon GV® → **Hyaluronic Acid**
Healtheries Vitamin B6® → **Pyridoxine**
Healtheries Vitamin C® → **Ascorbic Acid**
Heartcin® → **Ubidecarenone**
Heartgard® [vet.] → **Ivermectin**
Heart Gold Chewable® [vet.] → **Ivermectin**
Heartworm Palatable Tablets® [vet.] → **Diethylcarbamazine**
Heartworm Syrup® [vet.] → **Diethylcarbamazine**
Hebacpyl® → **Cisapride**
Hebdo'pil® [vet.] → **Medroxyprogesterone**
Heberkinasa® → **Streptokinase**
Heberon Alfa R® → **Interferon Alfa**
Hecobac® → **Clarithromycin**
Hectorol® → **Doxercalciferol**
Hedex® → **Paracetamol**
Hedrin® → **Dimeticone**
hefa clor® → **Cefaclor**
hefasolon® → **Prednisolone**
hefasolon® [compr.] → **Prednisolone**
Heferol® → **Ferrous Fumarate**
Hefromed® [+ Sulfadimidine sodium salt] [vet.] → **Trimethoprim**
Hefromed® [+ Trimethoprim] [vet.] → **Sulfadimidine**
Hefrotrim® [+ Sulfadimidine sodium salt] [vet.] → **Trimethoprim**
Hefrotrim® [+ Trimethoprim] [vet.] → **Sulfadimidine**
Hegon® → **Zaleplon**
Hégor Antipoux® → **Phenothrin**
Hegor Mediker® → **Phenothrin**
Hegrimarin® → **Silibinin**
Heidi® → **Ibuprofen**
Heinix® → **Cetirizine**
Heksavit® → **Pyridoxine**
Heksolin® → **Chlorhexidine**
Heksoral® → **Hexetidine**
Hekzoton® → **Hexetidine**
Helben® → **Albendazole**
Helcon® → **Dihydroergotoxine**
Helenil® → **Ketoprofen**
Helex® → **Alprazolam**
Helfergin® → **Meclofenoxate**
Helibix® → **Bismuthate, Tripotassium Dicitrato-**
Helicid® → **Omeprazole**
Heliclar® → **Clarithromycin**
HeliClear® → **Lansoprazole**
HeliClear® → **Clarithromycin**
Helicobacter Test HP-Plus® → **Urea**
Helicobacter Test Infai® → **Urea**

Helicobacter Test Utandningstester® → **Urea**
Helicokit® → **Urea**
Helicol® → **Lansoprazole**
Helicopac® → **Lansoprazole**
Helico State® → **Urea**
Heliklar® → **Lansoprazole**
Helimox® → **Clarithromycin**
Heliopar® → **Chloroquine**
Heliphenicol® → **Butetamate**
Heliton® → **Nitazoxanide**
Helixate® → **Octocog Alfa**
Helixate NexGen® → **Octocog Alfa**
Helman® → **Piperazine**
Helmex® → **Pyrantel**
Helmibien® → **Praziquantel**
Helmicid® → **Piperazine**
Helmicide® → **Piperazine**
Helmiflu® → **Flubendazole**
Helmin® → **Levamisole**
Helminex® → **Flubendazole**
Helmintox® → **Pyrantel**
Helmipar® → **Piperazine**
Helmisole® → **Levamisole**
Helopanflat® → **Pancreatin**
Helopanzym® → **Pancreatin**
Helozym® → **Clarithromycin**
Helpin® → **Sildenafil**
Helpocerin® → **Cycloserine**
Helporigin® → **Loratadine**
Helposol® → **Aciclovir**
Helpovion® → **Bifonazole**
Helpp® → **Permethrin**
Helvegabin® → **Gabapentin**
Helvevir® → **Aciclovir**
Hemabate® → **Carboprost**
Hemafer® → **Iron sucrose**
Hémagène Tailleur® → **Ibuprofen**
Hemapo® → **Epoetin Alfa**
Hematol® → **Ferrous Sulfate**
Hemax® → **Epoetin Alfa**
Hemeran® → **Heparin**
Hemergin® → **Methylergometrine**
Hemerven® → **Diosmin**
Hemesys® → **Metoclopramide**
Hemibe® → **Metoclopramide**
Hemi-Daonil® → **Glibenclamide**
Hémi-Daonil® → **Glibenclamide**
Hemiflu® → **Flubendazole**
Hemigoxine Nativelle® → **Digoxin**
Heminevrin® → **Clomethiazole**
Hémipralon® → **Propranolol**
Hemo 141® → **Etamsylate**
Hemobion® → **Ferrous Sulfate**
Hémoced® [vet.] → **Etamsylate**
Hemocid® → **Aminocaproic Acid**
Hémoclar® → **Pentosan Polysulfate Sodium**
Hemocromo Francia® → **Ferrous Gluconate**
Hemocuron® → **Tribenoside**
Hemocyte® → **Ferrous Fumarate**
Hemodial B® → **Potassium**
Hemodorm® → **Diphenhydramine**
Hemodren® → **Hydrocortisone**
Hemodrops® → **Hypromellose**
Hemofer® → **Ferrous Sulfate**
Hemofer Prolongatum® → **Ferrous Sulfate**
Hemoferrol® → **Ferrous Fumarate**
Hemofil M® → **Octocog Alfa**
Hemohes® → **Hetastarch**
Hemohes® → **Pentastarch**
Hemokulin® → **Naphazoline**
Hemokvin® → **Quinapril**
Hemolax® → **Bisacodyl**
Hemoleven® → **Nonacog Alfa**
Hemomin® → **Homatropine Hydrobromide**
Hemomycin® → **Azithromycin**
Hemon® → **Aciclovir**
Hemonet® → **Tetracaine**
Hemoray® → **Iopamidol**
Hemorif® → **Diosmin**
Hemorrane® → **Hydrocortisone**
Hemorrhoidal Anesthetic Cream® → **Pramocaine**
Hemorrhoidal-HC® → **Hydrocortisone**
Hemosin® → **Aminocaproic Acid**
Hemotran® → **Tranexamic Acid**
Hemovas® → **Pentoxifylline**
Hemovasal® → **Suleparoid**
Hemovert® → **Dimenhydrinate**
Hemozol® → **Heparin**
Hemril-HC® → **Hydrocortisone**
Hemsyl® → **Etamsylate**
Henafurine® → **Bisacodyl**
Henexal® → **Furosemide**
Hepa® → **Paracetamol**
Hepacom® → **Timonacic**
Hepadial® → **Dimecrotic Acid**
Hépadial® → **Dimecrotic Acid**
Hepadin® → **Lamivudine**
Hepaflex® → **Heparin**
HepaGel® → **Heparin**
Hepa-Gel® → **Heparin**
Hepalac® → **Lactulose**
Hepalean® → **Heparin**
Hepalidin® → **Silibinin**
Hepaplus® → **Heparin**
Heparegen® → **Timonacic**
Heparibene-Ca® → **Heparin**
Heparibene-Na® → **Heparin**
Heparin → **Heparin**
Heparin® → **Heparin**
Heparina → **Heparin**
Heparina® → **Heparin**
Heparina Calcica Mayne® → **Heparin**
Heparina Calcica Northia® → **Heparin**
Heparin AL® → **Heparin**
Heparina L.CH.® → **Heparin**
Heparina Leo® → **Heparin**
Heparina Leo Pharma® → **Heparin**
Heparina Northia® → **Heparin**
Heparina sodica → **Heparin**
Heparina Sodica® → **Heparin**
Heparina Sodica Chiesi® → **Heparin**
Heparina Sodica Farmacusi® → **Heparin**
Heparina Sodica Mayne® → **Heparin**
Heparina Sodica Pan Quim® → **Heparin**
Heparina Sodica Rovi® → **Heparin**
Heparina Sodica Vedim® → **Heparin**
Heparina Vedim® → **Heparin**
Heparin [BAN] → **Heparin**
Heparin B Braun® → **Heparin**
Heparin Bichsel® → **Heparin**
Heparin Biochemie® → **Heparin**
Heparin-Calcium Braun® → **Heparin**
Heparin-Calcium-ratiopharm® → **Heparin**
Heparin DBL® → **Heparin**
Héparine → **Heparin**
Heparine Baxter® → **Heparin**
Héparine Choay® → **Heparin**
Héparine [DCF] → **Heparin**
Heparine Leo® → **Heparin**
Heparine Na CF® → **Heparin**
Heparine Ratiopharm® → **Heparin**
Héparine sodique → **Heparin**
Heparine sodique [DCF] → **Heparin**
Heparine Sodique Panfarma® → **Heparin**
Héparine Sodique Panpharma® → **Heparin**
Héparine sodique (Ph. Eur. 5) → **Heparin**
Heparine Sodium® → **Heparin**
Heparin Eu Rho Pharma® → **Heparin**
Heparin Fresenius® → **Heparin**
Heparin Gel® → **Heparin**
Heparin Hasco® → **Heparin**
Heparin Heumann® → **Heparin**
Heparin Immuno® → **Heparin**
Heparin Injection BP® → **Heparin**
Heparinised Saline® → **Heparin**
Heparinised Saline Injection® → **Heparin**
Heparin Krka® → **Heparin**
Heparin Leciva® → **Heparin**
Heparin Leo® → **Heparin**

H

Hestar® → **Pentalamide**
Hesteril® → **Hetastarch**
Hetacilina → **Hetacillin**
Hetacillin → **Hetacillin**
Hetacillin [BAN, USAN] → **Hetacillin**
Hétacilline → **Hetacillin**
Hétacilline [DCF] → **Hetacillin**
Hétacilline (Ph. Franç. X) → **Hetacillin**
Hetacillin kalium → **Hetacillin**
Hetacillin Potassium → **Hetacillin**
Hetacillin Potassium [JAN, USAN] → **Hetacillin**
Hetacillin Potassium (JP XII, USP 23) → **Hetacillin**
Hetacillin potassium salt: → **Hetacillin**
Hetacillinum → **Hetacillin**
Hetacillin (USP XXII) → **Hetacillin**
Hetacin® [vet.] → **Hetacillin**
Hetaclox® → **Cefaclor**
Hetailin® → **Aprotinin**
Hetastarch® → **Hetastarch**
Hetastarch → **Hetastarch**
Hetastarch [BAN, USAN] → **Hetastarch**
Heteroid® → **Diosmin**
H-Etom® → **Omeprazole**
Hetrazan® → **Diethylcarbamazine**
Hevert-Dorm® → **Diphenhydramine**
Hevert-Mag® → **Magaldrate**
Hevertozym® → **Pancreatin**
Heviran® → **Aciclovir**
Hevizos® → **Epervudine**
Hevronaz® → **Mupirocin**
Hevtin® → **Ornithine**
Hewedolor® → **Methyl Salicylate**
Hewedolor Einreibung N® → **Methyl Salicylate**
Hewedolor-Procain® → **Procaine**
Heweneural® → **Lidocaine**
Hexa-Blok® → **Atenolol**
Hexabotin® → **Erythromycin**
Hexabrix® → **Ioxaglic Acid**
Hexachlorophane → **Hexachlorophene**
Hexachlorophane Cleansing Lotion® → **Hexachlorophene**
Hexachlorophen → **Hexachlorophene**
Hexachlorophene → **Hexachlorophene**
Hexachlorophène → **Hexachlorophene**
Hexachlorophene [BAN, USAN] → **Hexachlorophene**
Hexachlorophene (BP 2002, USP 30) → **Hexachlorophene**
Hexachlorophène [DCF] → **Hexachlorophene**
Hexachlorophenum → **Hexachlorophene**
Hexachlorophenum (OeAB, PhBs IV, Ph. Helv. VI, Ph. Jap. 1971) → **Hexachlorophene**
Hexacitrol® → **Methenamine**
Hexaclorofeno → **Hexachlorophene**
Hexacon® → **Chlorhexidine**
Hexacorton® → **Prednisolone**
Hexadent® → **Chlorhexidine**
Hexaderm® → **Hexamidine**
Hexadilat® → **Nifedipine**
Hexadol® → **Hexetidine**
Hexadreson® [vet.] → **Dexamethasone**
Hexadrol® [inj.] → **Dexamethasone**
Hexadyl Mouthwash® → **Chlorhexidine**
Hexagastron® → **Sucralfate**
Hexaglucon® → **Glibenclamide**
Hexahydropropyrazin → **Piperazine**
Hexakapron® → **Tranexamic Acid**
Hexalacton® → **Spironolactone**
Hexal Clofeme® → **Clotrimazole**
Hexal Compufen® → **Ibuprofen**
Hexal Diclac® → **Diclofenac**
Hexalen® → **Altretamine**
Hexaler® → **Desloratadine**
Hexalgesic® → **Mefenamic Acid**
Hexalid® → **Diazepam**
Hexal Konazol® → **Ketoconazole**
Hexal-Lisinopril® → **Lisinopril**
Hexal Metaraminol® → **Metaraminol**
Hexal PI Antiseptic Ointment® → **Povidone-Iodine**
Hexal Ranitic® → **Ranitidine**
Hexaltina® → **Lovastatin**
Hexamet® → **Cimetidine**
Hexamidin® → **Primidone**
Hexamidine Gilbert® → **Hexamidine**
Hexamin® → **Methenamine**
Hexamycin® → **Gentamicin**
Hexanitrat® → **Isosorbide Dinitrate**
Hexanurat® → **Allopurinol**
Hexapindol® → **Pindolol**
Hexapress® → **Prazosin**
Hexarone® → **Amiodarone**
Hexascrub® → **Chlorhexidine**
Hexaseptine® → **Hexamidine**
Hexasol® [vet.] → **Oxytetracycline**
Hexasoptin® → **Verapamil**
Hexaspray® → **Biclotymol**
Hexatrione® → **Triamcinolone**
Hexatron® → **Tranexamic Acid**
Hexawash Skin Claenser® [vet.] → **Chlorhexidine**
Hexazide® → **Hydrochlorothiazide**
Hexene® → **Chlorhexidine**
Hexer® → **Ranitidine**
Hexetidin → **Hexetidine**
Hexetidina → **Hexetidine**
Hexetidine → **Hexetidine**
Hexétidine → **Hexetidine**
Hexetidine [BAN, DCF, USAN] → **Hexetidine**
Hexetidine (Ph. Eur. 5) → **Hexetidine**
Hexétidine (Ph. Eur. 5) → **Hexetidine**
Hexetidin (Ph. Eur. 5) → **Hexetidine**
Hexetidin-ratiopharm® → **Hexetidine**
Hexetidinum → **Hexetidine**
Hexetidinum (Ph. Eur. 5) → **Hexetidine**
Hexicon® → **Chlorhexidine**
Hexide® → **Chlorhexidine**
Hexident® → **Chlorhexidine**
Hexidin® → **Chlorhexidine**
Hexil® → **Chlorhexidine**
Hexilium® → **Flunarizine**
Hexilon® → **Methylprednisolone**
Hexil® [vet.] → **Hexedine**
Hexiscrub® → **Chlorhexidine**
Hexit® → **Lindane**
Hexitane® → **Chlorhexidine**
Hexobion® → **Pyridoxine**
Hexocil® [vet.] → **Hexetidine**
Hexodane® → **Chlorhexidine**
Hexolyt® → **Bromhexine**
Hexomedin® → **Hexamidine**
Hexomédine® → **Hexamidine**
Hexon® → **Bromhexine**
Hexopal® → **Inositol Nicotinate**
Hexoral® → **Hexetidine**
Hexoraletten® → **Chlorhexidine**
Hexoscrub® → **Chlorhexidine**
Hextend® → **Hetastarch**
Hextril® → **Hexetidine**
Hexvix® → **Hexaminolevulinate Hydrochloride**
Hexymer® → **Trihexyphenidyl**
Hexy-Solupred → **Prednisolone**
H.G. Ampicilin® → **Ampicillin**
H.G. Bromhexina® → **Bromhexine**
H.G. Calcio® → **Ergocalciferol**
H.G. Cefalexin® → **Cefalexin**
H.G. Ciprocap® → **Ciprofloxacin**
H.G. Dicloxacil® → **Dicloxacillin**
HG Faktor → **Glucagon**
H.G. Griseofulvin® → **Griseofulvin**
H.G. Iprofen® → **Ibuprofen**
H.G. Metronidazol® → **Metronidazole**
HHT® → **Somatropine**
Hi-Alarzin® → **Tolnaftate**

Hialid® → **Hyaluronic Acid**
Hibadren® → **Doxazosin**
Hibelotin® → **Ibuprofen**
Hibernal® → **Chlorpromazine**
Hibibos® → **Chlorhexidine**
Hibiclens® → **Chlorhexidine**
Hibideks® → **Chlorhexidine**
Hibideks DAP® → **Chlorhexidine**
Hibident® → **Chlorhexidine**
Hibidil® → **Chlorhexidine**
Hibiguard® → **Chlorhexidine**
Hibimax® → **Chlorhexidine**
Hibiscrub® → **Chlorhexidine**
Hibiscrud® [vet.] → **Chlorhexidine**
Hibisol® → **Chlorhexidine**
Hibisprint® → **Chlorhexidine**
Hibistat® → **Chlorhexidine**
Hibital® → **Chlorhexidine**
Hibitane® → **Chlorhexidine**
Hibitane Acetate® → **Chlorhexidine**
Hibitane Obstetric® → **Chlorhexidine**
Hibitane® [vet.] → **Chlorhexidine**
Hibitan® [vet.] → **Chlorhexidine**
Hiblok® → **Atenolol**
Hibor® → **Bemiparin sodium**
Hi-C® → **Ascorbic Acid**
Hicee® → **Ascorbic Acid**
HI-CEF® → **Cefalexin**
HI-Clox® → **Cloxacillin**
Hiconcil® → **Amoxicillin**
Hidalone® → **Hydrocortisone**
Hidantal® → **Phenytoin**
Hidantin® → **Phenytoin**
Hidantina® → **Phenytoin**
Hidantoina® → **Phenytoin**
Hiderax® → **Hydroxyzine**
Hider-Kron® → **Dihydroergotoxine**
Hidil® → **Gemfibrozil**
Hidine® → **Chlorhexidine**
Hidonac® → **Acetylcysteine**
Hidral® → **Hydralazine**
Hidralazina → **Hydralazine**
Hidralazina® → **Hydralazine**
Hidralazina clorhidrato → **Hydralazine**
Hidralazina Clorhidrato® → **Hydralazine**
Hidralazina L.CH.® → **Hydralazine**
Hidrasec® → **Racecadotril**
Hidroaltesona® → **Hydrocortisone**
Hidrocil® → **Hypromellose**
Hidrocisdin® → **Hydrocortisone**
Hidroclorotiazida → **Hydrochlorothiazide**
Hidroclorotiazida® → **Hydrochlorothiazide**
Hidroclorotiazida Genfar® → **Hydrochlorothiazide**
Hidroclorotiazida Gen-Far® → **Hydrochlorothiazide**
Hidroclorotiazida Iqfarma® → **Hydrochlorothiazide**
Hidroclorotiazida L.CH.® → **Hydrochlorothiazide**
Hidroclorotiazida Lch® → **Hydrochlorothiazide**
Hidroclorotiazida MK® → **Hydrochlorothiazide**
Hidroclorozil® → **Hydrochlorothiazide**
Hidrocortif® → **Hydrocortisone**
Hidrocortisona → **Hydrocortisone**
Hidrocortisona® → **Hydrocortisone**
Hidrocortisona Biocrom® → **Hydrocortisone**
Hidrocortisona Drawer® → **Hydrocortisone**
Hidrocortisona Klonal® → **Hydrocortisone**
Hidrocortisona Northia® → **Hydrocortisone**
Hidrocortisona Pensa® → **Hydrocortisone**
Hidrocortisona Richet® → **Hydrocortisone**
Hidrocortisona Richet® [inj.] → **Hydrocortisone**
Hidrocortisona Richmond® [inj.] → **Hydrocortisone**
Hidrocortizon® → **Hydrocortisone**
Hidrocortizon Hemisuccinat® → **Hydrocortisone**
Hidroferol® → **Calcifediol**
Hidrogel® → **Polycarbophil**
Hidrokortizon® → **Hydrocortisone**
Hidrokortizon Human® → **Hydrocortisone**
Hidropharm® → **Chlortalidone**
Hidroplus® → **Urea**
Hidroquilaude® → **Hydroquinone**
Hidroquin® → **Hydroquinone**
Hidroquinona® → **Hydroquinone**
Hidroquinona Isdin® → **Hydroquinone**
Hidroronol® → **Hydrochlorothiazide**
Hidrosaluretil® → **Hydrochlorothiazide**
Hidrotex® → **Hydrocortisone**
Hidrotisona® → **Hydrocortisone**
Hidroxcarbamida® → **Hydroxycarbamide**
Hidroxicarbamida → **Hydroxycarbamide**
Hidroxicina® → **Hydroxyzine**
Hidroxicina Genfar® → **Hydroxyzine**
Hidroxido de Aluminio® → **Algeldrate**
Hidroxido de Aluminio Gel® → **Algeldrate**
Hidroxietilamin CLNA Baxter® → **Hetastarch**
Hidroxiprogesterona → **Hydroxyprogesterone**
Hidroxiprogesterona (caproato de) → **Hydroxyprogesterone**
Hidroxiurea Asofarma® → **Hydroxycarbamide**
Hidroxiurea Delta Farma® → **Hydroxycarbamide**
Hidroxiurea Dosa® → **Hydroxycarbamide**
Hidroxiurea Filaxis® → **Hydroxycarbamide**
Hidroxiurea Lafedar® → **Hydroxycarbamide**
Hidroxiurea Martian® → **Hydroxycarbamide**
Hidroxiurea Microsules® → **Hydroxycarbamide**
Hidroxiurea Rontag® → **Hydroxycarbamide**
Hidroxizin® → **Hydroxyzine**
Hidroxizina → **Hydroxyzine**
Hidroxocobalamina → **Hydroxocobalamin**
Hierro® → **Dextran Iron Complex**
Hierro Fabra® → **Ferrous Sulfate**
Hierro Lafedar® → **Ferrous Fumarate**
Hierro Lafedar® → **Ferrous Sulfate**
Hifacid® → **Isoconazole**
Hifazol® → **Isoconazole**
Hifenac® → **Diclofenac**
HI-Flox® → **Ciprofloxacin**
HI-Floxin® → **Ciprofloxacin**
Higan® → **Hyoscine Butylbromide**
Higanatur® → **Silibinin**
Higlucem® → **Pioglitazone**
Higroton® → **Chlortalidone**
Higrotona® → **Chlortalidone**
Hihustan® → **Dextromethorphan**
Hijuven® → **Tocopherol, α-**
Hilite 60 → **Troclosene**
Himecol® → **Hymecromone**
Himekromon® → **Hymecromone**
Hi-Met® → **Metformin**
Himitan® → **Pyridoxal Phosphate**
Hi-Mox® → **Amoxicillin**
Hioscina® → **Hyoscine Butylbromide**
Hioscina Butil Bromuro® → **Hyoscine Butylbromide**

Hioscina Fada® → **Hyoscine Butylbromide**
Hioscinova-S® → **Hyoscine Butylbromide**
Hipecor® → **Sotalol**
Hipeksal® → **Methenamine**
Hipen® → **Amoxicillin**
Hiperbiotico® → **Ampicillin**
Hiperbiotico® [vet.] → **Ampicillin**
Hipercol® → **Citicoline**
Hiperlex® → **Fosinopril**
Hiperlipen® → **Ciprofibrate**
Hipermex® → **Meclozine**
Hipersar® → **Olmesartan Medoxomil**
Hiperson® → **Enalapril**
Hipertene® → **Imidapril**
Hipertensal® → **Amlodipine**
Hipertex® → **Captopril**
Hipertil® → **Captopril**
Hipertin® → **Enalapril**
Hipervac → **Enalapril**
Hipnodem® → **Zaleplon**
Hipnosedon® → **Flunitrazepam**
Hipnotab® → **Zolpidem**
Hipoartel® → **Enalapril**
Hipocatril® → **Captopril**
Hipocol® → **Nicotinic Acid**
Hipoden® → **Lidocaine**
Hipofagin® → **Amfepramone**
Hipo Femme® → **Miconazole**
Hipofisina® → **Oxytocin**
Hipoge® → **Hydrocortisone**
Hipoge-U® → **Hydrocortisone**
Hipoglucem® → **Metformin**
Hipoglucin® → **Metformin**
Hipoglucin Lch® → **Metformin**
Hipokinon® → **Trihexyphenidyl**
Hipokort® → **Hydrocortisone**
Hipolip® → **Fenofibrate**
Hipolipin® → **Atorvastatin**
Hipolixan® → **Gemfibrozil**
Hipolixan® → **Atorvastatin**
Hipopres® → **Lisinopril**
Hipo Sport® → **Diclofenac**
Hiposterol® → **Lovastatin**
Hipoten® → **Carvedilol**
Hipotensil® → **Captopril**
Hipotensin® → **Xipamide**
Hipotosse® → **Ambroxol**
Hipovastin® → **Lovastatin**
Hipover® → **Repaglinide**
Hippiron® → **Dextran Iron Complex**
Hippiron® [vet.] → **Dextran Iron Complex**
Hippomec® [vet.] → **Ivermectin**
Hippopalazon® [vet.] → **Phenylbutazone**
Hippoparex® [vet.] → **Pyrantel**
Hippotrim®[vet.] → **Trimethoprim**
Hippotrim®[vet.] → **Sulfamethoxazole**
Hippotwin® [vet.] → **Pyrantel**
Hippuran (I 123)® → **Iodohippurate Sodium**
Hippurin® → **Methenamine**
Hipracin® [vet.] → **Oxytocin**
Hipres® → **Amlodipine**
Hiprex® → **Methenamine**
Hip-Rex® → **Methenamine**
Hipril® → **Lisinopril**
Hipromelosa → **Hypromellose**
Hiramicin® → **Doxycycline**
Hiremon® → **Buspirone**
Hirtonin® → **Protirelin**
Hirudoid® → **Chondroitin Sulfate**
Hirudoid Forte® → **Chondroitin Sulfate**
Hisaler® → **Cetirizine**
Hisfedin® → **Terfenadine**
Hislorex® → **Loratadine**
Hisnul® → **Chlorphenamine**
Hison® → **Hydrocortisone**
Hispen® → **Mefenamic Acid**
Hisplex® → **Loratadine**
Hissuflux® → **Furosemide**
Histabil® → **Promethazine**
Histac® → **Ranitidine**
Histacin® → **Chlorphenamine**
Histaclar® → **Loratadine**
Histadin® → **Loratadine**
Histadoxylamine → **Doxylamine**
Histadyl® → **Chlorphenamine**
Histafen® → **Chlorphenamine**
Histafilin® → **Theophylline**
Histafren® → **Loratadine**
Histagan® → **Dexchlorpheniramine**
Histak® → **Ranitidine**
Histal® → **Chlorphenamine**
Histal® [comp./sir.] → **Cetirizine**
Histalen® → **Cetirizine**
Histaler® → **Diphenhydramine**
Histalergan® → **Terfenadine**
Histalex® → **Chlorphenamine**
Histalor® → **Loratadine**
Histaloran® → **Loratadine**
Histam® → **Diphenhydramine**
Histamil® [vet.] → **Chlorphenamine**
Histamin® → **Dexchlorpheniramine**
Histamin → **Histamine**
Histamin bis(phosphat) → **Histamine**
Histamine → **Histamine**
Histamine acid phosphate (Lilly) → **Histamine**
Histamine [DCF] → **Histamine**
Histamine diphosphate (Abbott) → **Histamine**
Histamine Phosphate → **Histamine**
Histamine phosphate: → **Histamine**
Histamine phosphate (Burroughs Wellcome) → **Histamine**
Histamine (phosphate d') → **Histamine**
Histamine Phosphate [USAN] → **Histamine**
Histamine Phosphate (USP 30, Ph. Eur. 5) → **Histamine**
Histaminum® → **Histamine**
Histan® → **Hydroxyzine**
Histanol® → **Chlorphenamine**
Histantin® [vet.] → **Tripelennamine**
Histapan® → **Mebhydrolin**
Histaplus® → **Loratadine**
Histaritin® → **Loratadine**
Histarizina® → **Cetirizine**
Histasin® → **Cetirizine**
Histason® → **Chlorphenamine**
Histat® → **Chlorphenamine**
Histatab® → **Chlorphenamine**
Histatapp® → **Chlorphenamine**
Histatec® → **Cetirizine**
Histaton® → **Chlorphenamine**
Histaverin® → **Codeine**
Histax® → **Cetirizine**
Histaxin® → **Diphenhydramine**
Histazin® → **Promethazine**
Histazine® → **Cetirizine**
Histec® → **Cetirizine**
Histek® → **Cetirizine**
Histergan® → **Diphenhydramine**
Histerzin® → **Promethazine**
Histica® → **Cetirizine**
Histimed® → **Cetirizine**
Histimerck® → **Betahistine**
Histin® → **Carbinoxamine**
Histoacryl® → **Enbucrilate**
Histodil® → **Cimetidine**
Histop® → **Simvastatin**
Histopen® → **Ampicillin**
Histrine® → **Cetirizine**
Hit® → **Diclofenac**
Hi-Tac® → **Ranitidine**
Hitagen® → **Chlorphenamine**
Hitetra® → **Tetracycline**
Hi-Tet® [vet.] → **Oxytetracycline**
Hitflam® → **Diclofenac**
Hithia® → **Thiamine**
Hitocobamin M® → **Mecobalamin**
Hitrin® → **Terazosin**
Hitrizin Film Tablet® → **Cetirizine**
Hitrizin Oral Damla® → **Cetirizine**
Hitrizin Surup® → **Cetirizine**

Hitrol® → **Calcitriol**
Hi-Trol® → **Cetirizine**
Hivid® → **Zalcitabine**
Hi-Z® → **Oryzanol**
Hizest® → **Pergolide**
Hizin® → **Hydroxyzine**
Hjerdyl® → **Aspirin**
Hjertemagnyl® → **Aspirin**
H-Ketotifen® → **Ketotifen**
HL 8583 → **Gallamine Triethiodide**
Hloramfenikol® → **Chloramphenicol**
Hloramkol® → **Chloramphenicol**
HMG Ferring® → **Menotropins**
HMG Lepori® → **Menotropins**
H-Mide® → **Furosemide**
HMS® → **Medrysone**
HMS Liquifilm® → **Medrysone**
H-Next® → **Ciprofloxacin**
H-Norfloxacin® → **Norfloxacin**
Hobaticam® → **Tenoxicam**
Hobatolex® → **Tenoxicam**
Hobatstress® → **Buspirone**
Hoe 280 (Hoechst Marion Roussel, Germany) → **Ofloxacin**
Hoe 471 (Hoechst Marion Roussel, Germany) → **Gonadorelin**
Hoe 498 (Hoechst-Roussel, Germany) → **Ramipril**
Hoe 058 (Hoechst Marion Roussel, Germany) → **Furosemide**
Hoe 881 → **Fenbendazole**
Hoechst 10820 (Hoechst) → **Methadone**
Hoestbruistabletten acetylcysteïne® → **Acetylcysteine**
Hoestdrank Broomhexine HCl® → **Bromhexine**
Hoestdrank Noscapine HCl® → **Noscapine**
Hoestil® → **Acetylcysteine**
Hofcomant® → **Amantadine**
Hoggar® → **Doxylamine**
Hokoex® [vet.] → **Cyromazine**
Hokunalin® → **Tulobuterol**
Holadren® → **Alendronic Acid**
Hold® → **Dextromethorphan**
Holetar® → **Lovastatin**
Hollesta® → **Simvastatin**
Holopon® → **Hyoscine Methobromide**
Holoxan® → **Ifosfamide**
Holoxane® → **Ifosfamide**
Homatro® → **Homatropine Hydrobromide**
Homatropina Fabra® → **Homatropine Methylbromide**
Homatropina Lafedar® → **Homatropine Methylbromide**
Homatropine® → **Homatropine Hydrobromide**
Homatropinehydrobromide HPS® → **Homatropine Hydrobromide**
Homatropin-POS® → **Homatropine Hydrobromide**
Homer® [+ Amoxicillin trihydrate] → **Clavulanic Acid**
Homer® [+ Clavulanic Acid potassium salt] → **Amoxicillin**
Homocalmefyba® → **Piroxicam**
Homoclomin® → **Homochlorcyclizine**
Honeygola® → **Cetylpyridinium**
Honeytuss® → **Dextromethorphan**
Hongoseril® → **Itraconazole**
Honguil® → **Tioconazole**
Honguil Plus® → **Fluconazole**
Honsa® → **Hydroxyzine**
Honvan® → **Diethylstilbestrol**
Hoof Factor® [vet.] → **Biotin**
Hoof® [vet.] → **Biotin**
Hooikoortstabletten Loratadine® → **Loratadine**
Hopaq® → **Fusidic Acid**
Hopate® → **Hopantenic Acid**
Hopranolol® → **Propranolol**
Horacort® → **Budesonide**
Horamine® → **Chlorphenamine**
Horestyl® → **Loratadine**
Horizon® → **Diazepam**
Hormodiol® → **Estradiol**
Hormodose® → **Estradiol**
Hormoral® → **Progesterone**
Hormotone® → **Sildenafil**
Horsecare Permeth® [vet.] → **Permethrin**
Horsecare® [vet.] → **Pyrantel**
Horseminth® [vet.] → **Pyrantel**
Hosboral® → **Amoxicillin**
Hospasol® → **Sodium Bicarbonate**
Hoss Gloss® [vet.] → **Dichlorophen**
Hostacortina® [vet.] → **Prednisolone**
Hostacyclin® → **Tetracycline**
Hostacyclina® → **Tetracycline**
Hostacycline® → **Tetracycline**
Hostacycline LA® [vet.] → **Oxytetracycline**
Hostacyclin LA® [vet.] → **Oxytetracycline**
Hostaket® [vet.] → **Ketamine**
Hostamox® LA [vet.] → **Amoxicillin**
Hotemin® → **Piroxicam**
12 Hour Nasal Spray® → **Oxymetazoline**
Hovalin® → **Fluvastatin**
Hovizol® → **Omeprazole**
H.P. Acthar® → **Corticotropin**
H-Pambiotico® → **Amoxicillin**
HPB® → **Doxazosin**
HPB Panalab® → **Finasteride**
17 HPC → **Hydroxyprogesterone**
H-Peran® → **Metoclopramide**
H-Phamonex® → **Pyrantel**
HPMC-Ophtal® → **Hypromellose**
6(1H)-Purinthion → **Mercaptopurine**
HR-Enalapril Maleate® → **Enalapril**
H.R.F.® → **Gonadorelin**
HRF® → **Gonadorelin**
HRT® → **Pyrantel**
HSDB 113 → **Phenol**
HSDB 3065 → **Docusate Sodium**
HSDB 5897 → **Troclosene**
HSDB 6302 → **Pyrethrin I**
HSDB 6985 → **Propetamphos**
H-Tab® → **Haloperidol**
HT Defix® → **Nonacog Alfa**
HTZ® → **Hydrochlorothiazide**
Huberplex® → **Chlordiazepoxide**
Huile de Silicone → **Dimeticone**
Hulcer® → **Lansoprazole**
Humacain® → **Oxybuprocaine**
Humacarpin® → **Pilocarpine**
Huma-Col-Asa® → **Mesalazine**
Huma-Doxylin® → **Doxycycline**
Humafactor-9® → **Nonacog Alfa**
Humafactor-8® → **Octocog Alfa**
Huma-Fluoxetin® → **Fluoxetine**
Huma-Folacid® → **Folic Acid**
Huma-Ibuprofen® → **Ibuprofen**
Humalac B® → **Hypromellose**
Humalog® → **Insulin Lispro**
Humalog Mix® → **Insulin Lispro**
Huma-Loperamide® → **Loperamide**
Humamet® → **Metformin**
Human PTH® → **Teriparatide**
Human Secretin® → **Secretin**
Humapent® → **Cyclopentolate**
Huma-Pirocam® → **Piroxicam**
Huma-Profen® → **Ibuprofen**
Huma-Pronol® → **Propranolol**
Huma-Spiroton® → **Spironolactone**
Humate-P® → **Octocog Alfa**
Huma-Timolol® → **Timolol**
Humatin® → **Paromomycin**
Humatin-Pulvis® → **Paromomycin**
Humatrope® → **Somatropine**
Humatrope® [vet.] → **Somatropine**
Humavent® → **Guaifenesin**
Huma-Zolamide® → **Acetazolamide**
Humedia® → **Glibenclamide**
Humegon® → **Menotropins**
Humex® → **Biclotymol**
Humex Allergie Cétirizine® → **Cetirizine**
Humex Antitussivum® → **Dextromethorphan**

Humex Expectorant® → **Carbocisteine**
Humex Rhume des Foins Béclométasone® → **Beclometasone**
Humex Toux Sèche Pholcodine® → **Pholcodine**
Humibid® → **Guaifenesin**
Huminsulin 30/70® [30 % sol./70 % isoph.] → **Insulin Injection, Biphasic Isophane**
Huminsulin Basal® → **Insulin Injection, Isophane**
Huminsulin Lilly® → **Insulin Human**
Huminsulin N® → **Insulin Injection, Isophane**
Huminsulin Normal® → **Insulin Injection, Soluble**
Huminsulin Profil III® [30 % sol./70 % isoph.] → **Insulin Injection, Biphasic Isophane**
Huminsulin R® → **Insulin Injection, Soluble**
Humira® → **Adalimumab**
Humopin N® → **Salicylic Acid**
Humorap® → **Citalopram**
Humorsol® → **Demecarium Bromide**
Humulin® → **Insulin Injection, Biphasic Isophane**
Humulin 30/70® [30 %sol./70 % isoph.] → **Insulin Injection, Biphasic Isophane**
Humulin 30/70® [30 %sol./70 % isoph.] → **Insulin Injection, Biphasic Isophane**
Humulin 70/30® [30 % sol./70 % isoph.] → **Insulin Injection, Biphasic Isophane**
Humulin 70/30® [30 % sol./70 % isoph.] → **Insulin Injection, Biphasic Isophane**
Humulina 10/90® [10 %sol./90 % isoph.] → **Insulin Injection, Biphasic Isophane**
Humulina 20/80® [20 %sol./80 % isoph.] → **Insulin Injection, Biphasic Isophane**
Humulina 30/70® [30 %sol./70 % isoph.] → **Insulin Injection, Biphasic Isophane**
Humulina 40/60® [40 %sol./60 % isoph.] → **Insulin Injection, Biphasic Isophane**
Humulina 50/50® [50 %sol./50 % isoph.] → **Insulin Injection, Biphasic Isophane**
Humulina Lenta® → **Insulin Zinc Injectable Suspension**
Humulina NPH® → **Insulin Injection, Isophane**
Humulina Regular® → **Insulin Injection, Soluble**
Humulina Ultralenta® → **Insulin Zinc Injectable Suspension**
Humulina Ultralenta® → **Insulin Zinc Injectable Suspension (Crystalline)**
Humuline 30/70® [30 % sol./70 % isoph.] → **Insulin Injection, Biphasic Isophane**
Humuline 40/60® [40 % sol./60 % isoph.] → **Insulin Injection, Biphasic Isophane**
Humuline 50/50® [50 % sol./50 % isoph.] → **Insulin Injection, Biphasic Isophane**
Humuline Long® → **Insulin Zinc Injectable Suspension (Crystalline)**
Humuline NPH® → **Insulin Injection, Isophane**
Humuline Regular® → **Insulin Injection, Soluble**
Humuline Ultralong® → **Insulin Zinc Injectable Suspension (Crystalline)**
Humulin I® → **Insulin Injection, Isophane**
Humulin I® [vet.] → **Insulin Injection, Isophane**
Humulin L® → **Insulin Zinc Injectable Suspension (Crystalline)**
Humulin Lenta® → **Insulin Zinc Injectable Suspension**
Humulin Lente® → **Insulin Zinc Injectable Suspension**
Humulin M1® [10 % sol./90 % isoph.] → **Insulin Injection, Biphasic Isophane**
Humulin M2® [20 % sol./80 % isoph.] → **Insulin Injection, Biphasic Isophane**
Humulin M3® [30 % sol./70 % isoph.] → **Insulin Injection, Biphasic Isophane**
Humulin M3® [30 % sol./70 % isoph.] → **Insulin Injection, Biphasic Isophane**
Humulin M® [30 % sol./70 % isoph.] → **Insulin Injection, Biphasic Isophane**
Humulin M4® [40 % sol./60 % isoph.] → **Insulin Injection, Biphasic Isophane**
Humulin N® → **Insulin Injection, Isophane**
Humulin NPH® → **Insulin Injection, Isophane**
Humulin R® → **Insulin Injection, Soluble**
Humulin Regular® → **Insulin Injection, Soluble**
Humulin S® → **Insulin Injection, Isophane**
Humulin UL® → **Insulin Zinc Injectable Suspension (Crystalline)**
Humulin® [vet.] → **Insulin Injection, Biphasic Isophane**
Humulin Zn® [vet.] → **Insulin Zinc Injectable Suspension (Crystalline)**
Hunperdal® → **Risperidone**
Huperloid® → **Dihydroergotoxine**
Hurricaine® → **Benzocaine**
Hurukus® → **Retinol**
Hustab P® → **Bromhexine**
Hustenstiller-ratiopharm® → **Dextromethorphan**
Hustenstiller-ratiopharm Clobutinol® → **Clobutinol**
Hustenstiller Stada® → **Clobutinol**
Hustentabs-ratiopharm® → **Bromhexine**
Hutrope® → **Somatropine**
Hy-50® [vet.] → **Hyaluronic Acid**
Hya-ject® → **Hyaluronic Acid**
Hyalase® → **Hyaluronidase**
Hyalastine → **Hyaluronic Acid**
Hyalcrom® → **Ketotifen**
Hyalectine → **Hyaluronic Acid**
Hyalein® → **Hyaluronic Acid**
Hyalistil® → **Hyaluronic Acid**
Hyalofill® → **Hyaluronic Acid**
Hyalovet® [vet.] → **Hyaluronic Acid**
Hyalozima® → **Hyaluronidase**
Hyal-System® → **Hyaluronic Acid**
Hyalubrix® → **Hyaluronic Acid**
Hyaludermin® → **Hyaluronic Acid**
Hyalur® → **Hyaluronic Acid**
Hyaluronate Sodium [JAN, USAN] → **Hyaluronic Acid**
Hyaluronic Acid → **Hyaluronic Acid**
Hyaluronic Acid [BAN, JAN] → **Hyaluronic Acid**
Hyaluronic Acid sodium salt: → **Hyaluronic Acid**
Hyaluronsäure → **Hyaluronic Acid**
Hyaluronsäure, Natrium-Salz → **Hyaluronic Acid**
Hyanit N® → **Urea**
HYA-Ophtal® → **Hyaluronic Acid**
Hyase® → **Hyaluronidase**
Hyasol® → **Hyaluronic Acid**
Hyason® → **Hyaluronidase**
Hyate C® → **Factor VIII**
Hybloc® → **Labetalol**
Hybridil® → **Carvedilol**
Hybutyl® → **Hyoscine Butylbromide**
Hycamtin® → **Topotecan**
Hyceral® → **Dihydroergotoxine**

Hychlozide® → **Hydrochlorothiazide**
Hycid-20® → **Omeprazole**
Hycodan® → **Hydrocodone**
Hycor ® → **Hydrocortisone**
Hycor Eye Drops® → **Hydrocortisone**
Hycort® → **Hydrocortisone**
HycoSan5® → **Hyaluronic Acid**
Hydab® → **Hydroxycarbamide**
Hydac® → **Felodipine**
Hydal® → **Hydromorphone**
Hydal retard® → **Hydromorphone**
Hydantin® → **Phenytoin**
Hydantol® → **Phenytoin**
Hyderax® → **Hydroxyzine**
Hydergin® → **Dihydroergotoxine**
Hydergina® → **Dihydroergotoxine**
Hydergine® → **Dihydroergocristine**
Hydergine® → **Dihydroergotoxine**
Hydergin-Fas® → **Dihydroergotoxine**
Hydergin SRO® → **Dihydroergotoxine**
Hyderm® → **Urea**
Hydopa® → **Methyldopa**
Hydracort® → **Hydrocortisone**
Hydralazin → **Hydralazine**
Hydralazine® → **Hydralazine**
Hydralazine → **Hydralazine**
Hydralazine [BAN, DCF] → **Hydralazine**
Hydralazine (chlorhydrate d') → **Hydralazine**
Hydralazine (chlorhydrate d') (Ph. Eur. 5) → **Hydralazine**
Hydralazine HCl CF® → **Hydralazine**
Hydralazine Hydrochloride → **Hydralazine**
Hydralazine hydrochloride: → **Hydralazine**
Hydralazine Hydrochloride® → **Hydralazine**
Hydralazine Hydrochloride [BANM, USAN] → **Hydralazine**
Hydralazine Hydrochloride (JP XIV, Ph. Eur. 5, Ph. Int. 4, USP 30) → **Hydralazine**
Hydralazinhydrochlorid → **Hydralazine**
Hydralazinhydrochlorid (Ph. Eur. 5) → **Hydralazine**
Hydralazini hydrochloridum → **Hydralazine**
Hydralazini hydrochloridum (Ph. Eur. 5, Ph. Int. 4) → **Hydralazine**
Hydralazinum → **Hydralazine**
Hydramine® → **Diphenhydramine**
Hydramox® → **Amoxicillin**
Hydrapres® → **Hydralazine**
Hydrapress® → **Hydralazine**
Hydrapron® → **Todralazine**
Hydrate® → **Dimenhydrinate**
Hydrea® → **Hydroxycarbamide**
Hydréa® → **Hydroxycarbamide**
Hydrea® [vet.] → **Hydroxycarbamide**
Hydrex® → **Hydrochlorothiazide**
Hydrisalic® → **Salicylic Acid**
Hydro-Adreson aquosum® → **Hydrocortisone**
Hydro-Adresson → **Hydrocortisone**
Hydrocare® → **Papain**
Hydro-Cebral-ratiopharm® → **Dihydroergotoxine**
Hydrochloorthiazide® → **Hydrochlorothiazide**
Hydrochloorthiazide A® → **Hydrochlorothiazide**
Hydrochloorthiazide Alpharma® → **Hydrochlorothiazide**
Hydrochloorthiazide CF® → **Hydrochlorothiazide**
Hydrochloorthiazide Gf® → **Hydrochlorothiazide**
Hydrochloorthiazide Katwijk® → **Hydrochlorothiazide**
Hydrochloorthiazide Merck® → **Hydrochlorothiazide**
Hydrochloorthiazide PCH® → **Hydrochlorothiazide**
Hydrochloorthiazide Sandoz® → **Hydrochlorothiazide**
Hydrochlorothiazid → **Hydrochlorothiazide**
Hydrochlorothiazide → **Hydrochlorothiazide**
Hydrochlorothiazide® → **Hydrochlorothiazide**
Hydrochlorothiazide [BAN, DCF, JAN, USAN] → **Hydrochlorothiazide**
Hydrochlorothiazide (JP XIV, Ph. Eur. 5, Ph. Int. 4, USP 30) → **Hydrochlorothiazide**
Hydrochlorothiazide Solution® → **Hydrochlorothiazide**
Hydrochlorothiazide Uni-Pharma® → **Hydrochlorothiazide**
Hydrochlorothiazid Leciva® → **Hydrochlorothiazide**
Hydrochlorothiazid (Ph. Eur. 5) → **Hydrochlorothiazide**
Hydrochlorothiazidum → **Hydrochlorothiazide**
Hydrochlorothiazidum® → **Hydrochlorothiazide**
Hydrochlorothiazidum (Ph. Eur. 5, Ph. Int. 4) → **Hydrochlorothiazide**
Hydroclonazone® → **Tosylchloramide Sodium**
Hydrocobamine® → **Hydroxocobalamin**
Hydrocodeinon® → **Hydrocodone**
Hydrocodin® → **Dihydrocodeine**
Hydrocort® → **Hydrocortisone**
Hydrocortal → **Hydrocortisone**
Hydrocortancyl® → **Prednisolone**
Hydrocortancyl® [inj.] → **Prednisolone**
Hydrocortidelt → **Prednisolone**
Hydrocortison → **Hydrocortisone**
Hydrocortison® → **Hydrocortisone**
Hydrocortison 17-butyrat → **Hydrocortisone**
Hydrocortison acis® → **Hydrocortisone**
Hydrocortison CF® → **Hydrocortisone**
Hydrocortisone® → **Hydrocortisone**
Hydrocortisone → **Hydrocortisone**
Hydrocortisone 17α-butyrate: → **Hydrocortisone**
Hydrocortisone Acetate® → **Hydrocortisone**
Hydrocortisone [BAN, DCF, JAN, USAN] → **Hydrocortisone**
Hydrocortisone BP® → **Hydrocortisone**
Hydrocortisone (BP 2003, JP XIV, Ph. Eur. 5, Ph. Int. 4, USP 30) → **Hydrocortisone**
Hydrocortisone Butyrate → **Hydrocortisone**
Hydrocortisone Butyrate [BANM, JAN, USAN] → **Hydrocortisone**
Hydrocortisone Butyrate (JP XIV, USP 30) → **Hydrocortisone**
Hydrocortisone Enema® → **Hydrocortisone**
Hydrocortisone-Erfa® → **Hydrocortisone**
Hydrocortisone Ifet® → **Hydrocortisone**
Hydrocortisone Ikapharmindo® → **Hydrocortisone**
Hydrocortisone Indo Farma® → **Hydrocortisone**
Hydrocortisone Kalbe® → **Hydrocortisone**
Hydrocortisone Kerapharm® → **Hydrocortisone**
Hydrocortisone Lotion® → **Hydrocortisone**
Hydrocortisone Medo® → **Hydrocortisone**
Hydrocortisone Micronised® → **Hydrocortisone**
Hydrocortisone Na Succin.® → **Hydrocortisone**

Hydroxyethylamidon → **Hetastarch**
Hydroxyéthylamidon [DCF] → **Hetastarch**
Hydroxyethylstärke, höhermolekular → **Hetastarch**
Hydroxyethylstarch [JAN] → **Hetastarch**
Hydroxymyxine → **Paromomycin**
Hydroxyprogesteron → **Hydroxyprogesterone**
Hydroxyprogesteron caproat → **Hydroxyprogesterone**
Hydroxyprogesterone → **Hydroxyprogesterone**
Hydroxyprogestérone → **Hydroxyprogesterone**
Hydroxyprogesterone 17α-caproate: → **Hydroxyprogesterone**
Hydroxyprogesterone [BAN] → **Hydroxyprogesterone**
Hydroxyprogesterone Caproate → **Hydroxyprogesterone**
Hydroxyprogesterone Caproate [BANM, Rec.INN, JAN, USAN] → **Hydroxyprogesterone**
Hydroxyprogesterone Caproate (BP 2002, USP 30) → **Hydroxyprogesterone**
Hydroxyprogesterone (caproate d') → **Hydroxyprogesterone**
Hydroxyprogesterone Caproate Injection® → **Hydroxyprogesterone**
Hydroxyprogestérone [DCF] → **Hydroxyprogesterone**
Hydroxyprogesterone Hexanoate → **Hydroxyprogesterone**
Hydroxyprogesteroni caproas → **Hydroxyprogesterone**
Hydroxyprogesteronum → **Hydroxyprogesterone**
Hydroxypropylmethylcellulose 220 (– 2906; – 2910";"JP XIV) → **Hypromellose**
Hydroxypropylmethylcellulose [JAN] → **Hypromellose**
Hydroxy P® [vet.] → **Hydroxyprogesterone**
8-Hydroxyquinoline → **Oxyquinoline**
Hydroxytetracyclinum → **Oxytetracycline**
Hydroxytetracyclinum dihydratum (OeAB IX) → **Oxytetracycline**
Hydroxytetracyclinum hydrochloricum → **Oxytetracycline**
Hydroxyurea® → **Hydroxycarbamide**
Hydroxyurea [BAN, USAN] → **Hydroxycarbamide**
Hydroxyurea medac® → **Hydroxocobalamin**
Hydroxyurea medac® → **Hydroxycarbamide**
Hydroxyurea (USP 30) → **Hydroxycarbamide**
Hydroxyzin → **Hydroxyzine**
Hydroxyzindihydrochlorid → **Hydroxyzine**
Hydroxyzindihydrochlorid (Ph. Eur. 5) → **Hydroxyzine**
Hydroxyzine → **Hydroxyzine**
Hydroxyzine [BAN, DCF] → **Hydroxyzine**
Hydroxyzine (chlorhydrate d') → **Hydroxyzine**
Hydroxyzine (chlorhydrate d') (Ph. Eur. 5) → **Hydroxyzine**
Hydroxyzine dihydrochloride: → **Hydroxyzine**
Hydroxyzine Europharm® → **Hydroxyzine**
Hydroxyzine HCL® → **Hydroxyzine**
Hydroxyzine Hydrochloride → **Hydroxyzine**
Hydroxyzine Hydrochloride [BANM, USAN] → **Hydroxyzine**
Hydroxyzine Hydrochloride (JP XIV, Ph. Eur. 5, USP 30) → **Hydroxyzine**
Hydroxyzine Renaudin® → **Hydroxyzine**
Hydroxyzini hydrochloridum → **Hydroxyzine**
Hydroxyzini hydrochloridum (Ph. Eur. 5) → **Hydroxyzine**
Hydroxyzinum® → **Hydroxyzine**
Hydroxyzinum → **Hydroxyzine**
Hydrozide® → **Hydrochlorothiazide**
Hydrozide® [vet.] → **Hydrochlorothiazide**
Hyflex® → **Meloxicam**
Hyflox® → **Ofloxacin**
Hy-GAG® → **Hyaluronic Acid**
Hygienex Piretro® → **Cypermethrin**
Hygromix® [vet.] → **Hygromycin B**
Hygromycin® [vet.] → **Hygromycin B**
Hygroton® → **Chlortalidone**
Hylaform® → **Hyaluronic Acid**
Hylan G-F 20 → **Hyaluronic Acid**
Hylan Stulln® → **Hyaluronic Acid**
Hylartil® [vet.] → **Hyaluronic Acid**
Hylartin® [vet.] → **Hyaluronic Acid**
Hylase® → **Hyaluronidase**
Hylase Dessau® → **Hyaluronidase**
Hylatril® [vet.] → **Hyaluronic Acid**
Hylenex® → **Hyaluronic Acid**
Hyles® → **Spironolactone**
Hylo-Comod® → **Hyaluronic Acid**
Hylorel® → **Guanadrel**
Hylo-Vision® → **Hyaluronic Acid**
Hylutin® → **Hydroxyprogesterone**
Hymed® → **Dihydroergotoxine**
Hymeron-K1® → **Phytomenadione**
Hynidase® → **Hyaluronidase**
Hyo® → **Hyoscine Butylbromide**
Hyomide® → **Hyoscine Butylbromide**
Hyonate® [vet.] → **Hyaluronic Acid**
Hyosan → **Dichlorophen**
Hyoscine® → **Scopolamine**
Hyoscine Butylbromide → **Hyoscine Butylbromide**
Hyoscine Butylbromide [BANM] → **Hyoscine Butylbromide**
Hyoscine Butylbromide (Ph. Eur. 5) → **Hyoscine Butylbromide**
Hyoscine Hydrobromide DBL® → **Scopolamine**
Hyoscine-N-Butyl Bromide OGB Dexa® → **Hyoscine Butylbromide**
Hyoscini butylbromidum → **Hyoscine Butylbromide**
Hyoscini butylbromidum (Ph. Eur. 5) → **Hyoscine Butylbromide**
Hyoscyamine Sulfate® → **Hyoscyamine**
Hyosin® → **Hyoscine Butylbromide**
Hyosmed® → **Hyoscine Butylbromide**
Hyosol® → **Hyoscyamine**
Hyospan® → **Hyoscine Butylbromide**
Hyospasmol® → **Hyoscine Butylbromide**
Hyospaz® → **Hyoscyamine**
Hyostan® → **Hyoscine Butylbromide**
Hyosyne® → **Hyoscyamine**
Hyozin® → **Hyoscine Butylbromide**
Hypace® → **Ramipril**
Hypadil® → **Nipradilol**
Hypam® → **Triazolam**
Hypan® → **Nifedipine**
Hypaque® → **Sodium Amidotrizoate**
Hypaque 25 %, 50 %® → **Sodium Amidotrizoate**
Hypaque 76 %® → **Sodium Amidotrizoate**
Hypaque-Cysto® → **Sodium Amidotrizoate**
Hypaque M-60 %® → **Sodium Amidotrizoate**
Hypaque M75 %, M76 %® → **Sodium Amidotrizoate**
Hypaque Meglumina® → **Sodium Amidotrizoate**
Hypaque Sodium® → **Sodium Amidotrizoate**

Hypen® → **Etodolac**
Hypen SR® → **Indapamide**
Hypercard® [vet.] → **Diltiazem**
Hyperchol® → **Fenofibrate**
Hypercrit® → **Epoetin Alfa**
Hyperdix® → **Rilmenidine**
HyperHaes® → **Pentastarch**
HyperHAES® → **Hetastarch**
Hyperhes® → **Hetastarch**
Hyperil® → **Ramipril**
Hyperium® → **Rilmenidine**
Hyperlex® → **Rilmenidine**
Hyperlipen® → **Ciprofibrate**
Hypermycin® → **Spiramycin**
Hypernol® → **Atenolol**
Hyperol® → **Urea**
Hyperphen® → **Hydralazine**
Hypersol® → **Budesonide**
Hyperstat® → **Diazoxide**
Hyperstat I.V.® → **Diazoxide**
Hyphylline → **Diprophylline**
Hypnocalm® → **Flunitrazepam**
Hypnoclone® → **Zopiclone**
Hypnodil® [vet.] → **Metomidate**
Hypnodorm® → **Flunitrazepam**
Hypnomidate® → **Etomidate**
Hypnorex® → **Lithium**
Hypnotex® → **Nitrazepam**
Hypnovel® → **Midazolam**
Hypnovel® [inj.] → **Midazolam**
Hypnovet® [vet.] → **Midazolam**
Hypobhac® → **Netilmicin**
Hypoca® → **Barnidipine**
Hypochylin® → **Glutamic Acid**
Hypodine® → **Clonidine**
Hypodol® → **Lornoxicam**
Hypofil® → **Gemfibrozil**
Hypokal® [vet.] → **Potassium**
Hypolar® → **Nifedipine**
Hypolip® → **Fenofibrate**
Hypomide® → **Chlorpropamide**
Hypophysin® [vet.] → **Carbetocin**
Hypostamine® → **Tritoqualine**
Hypotears® → **Povidone**
Hypotears Gel® → **Retinol**
Hypotears Plus® → **Povidone**
Hypoten® → **Atenolol**
Hypoten L® → **Sodium Nitroprusside**
Hypotens® → **Prazosin**
Hypotensor® → **Captopril**
Hypothiazid® → **Hydrochlorothiazide**
Hy-Po-Tone® → **Methyldopa**
Hypotylin® → **Metipamide**
Hypovase® → **Prazosin**
Hypovase® [vet.] → **Prazosin**
Hypren® → **Ramipril**
Hypro® → **Hypromellose**
Hypromellose® → **Hypromellose**
Hypromellose → **Hypromellose**
Hypromellose [BAN, DCF, USAN] → **Hypromellose**
Hypromellose Bournonville® → **Hypromellose**
Hypromellose FNA® → **Hypromellose**
Hypromellose HPS® → **Hypromellose**
Hypromellose Monofree® → **Hypromellose**
Hypromellose (Ph. Eur. 5, Ph. Int. 4, USP 30) → **Hypromellose**
Hypromellosum → **Hypromellose**
Hypromellosum (Ph. Eur. 5, Ph. Int. 4) → **Hypromellose**
Hypromeloza® → **Hypromellose**
Hyprosia® → **Etilefrine**
Hyprosin® → **Prazosin**
Hyrin® → **Metoclopramide**
Hysan® → **Hyaluronic Acid**
Hysan-Baby Nasentropfen® → **Hyaluronic Acid**
Hysan Nasenspray® → **Hyaluronic Acid**
Hyscopan® → **Hyoscine Butylbromide**
Hysin® → **Hyoscine Butylbromide**
Hyso® → **Hyoscine Butylbromide**
Hysomed® → **Hyoscine Butylbromide**
Hysomide® → **Hyoscine Butylbromide**
Hysone® → **Hydrocortisone**
Hysopan® → **Hyoscine Butylbromide**
Hy-Spa® → **Hyoscine Butylbromide**
Hyspan® [vet.] → **Neomycin**
Hysron® → **Medroxyprogesterone**
Hysticlar® → **Loratadine**
Hystolan® → **Isoxsuprine**
Hytakerol® → **Dihydrotachysterol**
Hythalton® → **Chlortalidone**
Hytic® → **Hyoscine Butylbromide**
Hytinic® → **Polyferose**
Hytis® → **Hydroxyzine**
Hytisone® → **Hydrocortisone**
Hytone® → **Hydrocortisone**
Hytracin® → **Terazosin**
Hytrin® → **Terazosin**
Hytrin BPH® → **Terazosin**
Hytrine® → **Terazosin**
Hytrinex® → **Terazosin**
Hytuss® → **Guaifenesin**
Hytuss-2X® → **Guaifenesin**
Hyvisc® [vet.] → **Hyaluronic Acid**
Hyzaar® → **Losartan**
Hyzan® → **Ranitidine**

Ialex® → **Cefalexin**
Ial-F® → **Hyaluronic Acid**
Ial Fidia® → **Hyaluronic Acid**
Ialugen® → **Hyaluronic Acid**
Ialurex® → **Hyaluronic Acid**
Ialutim® → **Timolol**
Iapton® → **Ticlopidine**
Iator® → **Lansoprazole**
Ibacnol® → **Ofloxacin**
Ibaden® → **Phenoxymethylpenicillin**
Ibaflin® [vet.] → **Ibafloxacin**
Ibalgin® → **Ibuprofen**
Ibalgin Baby® → **Ibuprofen**
Ibalgin Forte® → **Ibuprofen**
Ibandronic acid Roche® → **Ibandronic Acid**
Ibaril® → **Desoximetasone**
Ibaril® → **Dexamfetamine**
Ibarin® → **Fluconazole**
Ibarin Lch® → **Fluconazole**
Ibax® → **Omeprazole**
Ibercal® → **Calcium Pidolate**
Ibergal® → **Dihydroergotoxine**
Iberol® → **Ferrous Sulfate**
Ibexone® → **Dihydroergotoxine**
Ibiamox® [inj.] → **Amoxicillin**
Ibifen® → **Ketoprofen**
Ibilex® → **Cefalexin**
Ibimicyn® → **Ampicillin**
Ibiprovir® → **Terazosin**
Ibis® → **Ketotifen**
Ibixetin® → **Fluoxetine**
Iboflam® → **Ibuprofen**
Ibopamine HCl Zambon® → **Ibopamine**
Ibosure® → **Ibuprofen**
Ibremox® → **Amoxicillin**
Ibrofen® → **Ibuprofen**
Ibsan® → **Irbesartan**
IBU® → **Ibuprofen**
Ibu 1A Pharma® → **Ibuprofen**
IBU-600 SR® → **Ibuprofen**
Ibu AbZ® → **Ibuprofen**
Ibu-acis® → **Ibuprofen**
Ibuaid® → **Ibuprofen**
ibu-Attritin® → **Ibuprofen**
Ibubenitol® → **Ibuprofen**
Ibu Benuron® → **Ibuprofen**
Ibubeta® → **Ibuprofen**
Ibubex® → **Ibuprofen**
Ibucare® → **Ibuprofen**
Ibucler® → **Ibuprofen**
Ibudol® → **Ibuprofen**
Ibudolor® → **Ibuprofen**
Ibu eco® → **Ibuprofen**
Ibu Eu Rho® → **Ibuprofen**

Ibu-Evanol® → **Ibuprofen**
Ibufabra® → **Ibuprofen**
Ibufac® → **Ibuprofen**
Ibufem® → **Ibuprofen**
Ibufen® → **Ibuprofen**
Ibufen® [gel] → **Ibuprofen**
Ibufen-L® → **Ibuprofen**
Ibufix® → **Ibuprofen**
Ibuflam® → **Ibuprofen**
Ibuflamar® → **Ibuprofen**
Ibuflam Lichtenstein® → **Ibuprofen**
Ibufran® → **Ibuprofen**
Ibugan® → **Ibuprofen**
Ibugel® → **Ibuprofen**
Ibugesic® → **Ibuprofen**
Ibu-Hemofarm® → **Ibuprofen**
Ibu-Hemopharm® → **Ibuprofen**
Ibuhexal® → **Ibuprofen**
Ibu KD® → **Ibuprofen**
ibu KSK® → **Ibuprofen**
Ibulan® → **Ibuprofen**
Ibuleve® → **Ibuprofen**
Ibu L.U.T® → **Ibuprofen**
Ibum® → **Ibuprofen**
Ibumac® → **Ibuprofen**
Ibumar® → **Ibuprofen**
Ibumax® → **Ibuprofen**
Ibumed® → **Ibuprofen**
Ibumer® → **Ibuprofen**
Ibumerck® → **Ibuprofen**
Ibumetin® → **Ibuprofen**
Ibumousse® → **Ibuprofen**
Ibumultin® → **Ibuprofen**
Ibunovalgina® → **Ibuprofen**
Ibupal® → **Ibuprofen**
Ibupar forte® → **Ibuprofen**
Ibuphar® → **Ibuprofen**
Ibuphlogont® → **Ibuprofen**
Ibupirac® → **Ibuprofen**
Ibupiretas® → **Ibuprofen**
Ibuprin® → **Ibuprofen**
Ibuprofen → **Ibuprofen**
Ibuprofen® → **Ibuprofen**
Ibuprofen 200 CT® → **Ibuprofen**
Ibuprofen A® → **Ibuprofen**
Ibuprofen AbZ® → **Ibuprofen**
Ibuprofen Actavis® → **Ibuprofen**
Ibuprofen Adico® → **Ibuprofen**
Ibuprofen AL® → **Ibuprofen**
Ibuprofen Alpharma® → **Ibuprofen**
Ibuprofen Atid® → **Ibuprofen**
Ibuprofen axcount® → **Ibuprofen**
Ibuprofen [BAN, JAN, USAN] → **Ibuprofen**
Ibuprofen Belupo® → **Ibuprofen**
Ibuprofen Boehringer Ingelheim® → **Ibuprofen**
Ibuprofen CF® → **Ibuprofen**
Ibuprofen Chefaro® → **Ibuprofen**
Ibuprofen Cimex® → **Ibuprofen**
Ibuprofen Collett® → **Ibuprofen**
Ibuprofen-CT® → **Ibuprofen**
Ibuprofen Dagra® → **Ibuprofen**
Ibuprofen Denk® → **Ibuprofen**
Ibuprofen dura® → **Ibuprofen**
Ibuprofene → **Ibuprofen**
Ibuprofène → **Ibuprofen**
Ibuprofène Biogaran® → **Ibuprofen**
Ibuprofène [DCF] → **Ibuprofen**
Ibuprofene [DCIT] → **Ibuprofen**
Ibuprofene EG® → **Ibuprofen**
Ibuprofene-EG® → **Ibuprofen**
Ibuprofene-Ethypharm® → **Ibuprofen**
Ibuprofene-Eurogenerics® → **Ibuprofen**
Ibuprofène G Gam® → **Ibuprofen**
Ibuprofène Ivax® → **Ibuprofen**
Ibuprofène Merck® → **Ibuprofen**
Ibuprofène (Ph. Eur. 5) → **Ibuprofen**
Ibuprofene Pliva® → **Ibuprofen**
Ibuprofène RPG® → **Ibuprofen**
Ibuprofène Sandoz® → **Ibuprofen**
Ibuprofene Unifarm® → **Ibuprofen**
Ibuprofène Zydus® → **Ibuprofen**
Ibuprofen FLX® → **Ibuprofen**
Ibuprofen gel® → **Ibuprofen**
Ibuprofen Genericon® → **Ibuprofen**
Ibuprofen Gf® → **Ibuprofen**
Ibuprofen Helvepharm® → **Ibuprofen**
Ibuprofen-Hemofarm® → **Ibuprofen**
Ibuprofen Heumann® → **Ibuprofen**
Ibuprofen Hexal® → **Ibuprofen**
Ibuprofen HTP® → **Ibuprofen**
Ibuprofen Indo Farma® → **Ibuprofen**
Ibuprofenix® → **Ibuprofen**
Ibuprofen Journeyline® → **Ibuprofen**
Ibuprofen (JP XIV, Ph. Eur. 5, Ph. Int. 4, USP 30) → **Ibuprofen**
Ibuprofen Katwijk® → **Ibuprofen**
Ibuprofen Klinge® → **Ibuprofen**
Ibuprofen Kring® → **Ibuprofen**
Ibuprofen Lek® → **Ibuprofen**
Ibuprofen Lindo® → **Ibuprofen**
Ibuprofen Lysine® → **Ibuprofen**
Ibuprofen-Medo® → **Ibuprofen**
Ibuprofen medphano® → **Ibuprofen**
Ibuprofen Merck® → **Ibuprofen**
Ibuprofen Merck NM® → **Ibuprofen**
Ibuprofen Milinda® → **Ibuprofen**
Ibuprofen MK® → **Ibuprofen**
Ibuprofen-mp® → **Ibuprofen**
Ibuprofeno → **Ibuprofen**
Ibuprofeno® → **Ibuprofen**
Ibuprofeno AG® → **Ibuprofen**
Ibuprofeno Agen® → **Ibuprofen**
Ibuprofeno Aldo Union® → **Ibuprofen**
Ibuprofeno All Pro® → **Ibuprofen**
Ibuprofeno Alter® → **Ibuprofen**
Ibuprofeno Aphar® → **Ibuprofen**
Ibuprofeno Bayvit® → **Ibuprofen**
Ibuprofeno Bexal® → **Ibuprofen**
Ibuprofeno Biocrom® → **Ibuprofen**
Ibuprofeno Bouzen® → **Ibuprofen**
Ibuprofeno Calier® → **Ibuprofen**
Ibuprofeno Davur® → **Ibuprofen**
Ibuprofeno Dermogen® → **Ibuprofen**
Ibuprofeno Drawer® → **Ibuprofen**
Ibuprofeno Ecar® → **Ibuprofen**
Ibuprofeno Elisium® → **Ibuprofen**
Ibuprofeno Esteve® → **Ibuprofen**
Ibuprofeno Farmalider® → **Ibuprofen**
Ibuprofeno Farmasierra® → **Ibuprofen**
Ibuprofeno Fecofar® → **Ibuprofen**
Ibuprofeno Gayoso® → **Ibuprofen**
Ibuprofeno Gemepe® → **Ibuprofen**
Ibuprofeno Generis® → **Ibuprofen**
Ibuprofeno Genfar® → **Ibuprofen**
Ibuprofeno Gen-Far® → **Ibuprofen**
Ibuprofeno Ilab® → **Ibuprofen**
Ibuprofeno Induquimica® → **Ibuprofen**
Ibuprofeno Iqfarma® → **Ibuprofen**
Ibuprofeno Juventus® → **Ibuprofen**
Ibuprofeno Kern® → **Ibuprofen**
Ibuprofeno Kern Pharma® → **Ibuprofen**
Ibuprofeno Klonal® → **Ibuprofen**
Ibuprofeno Lafedar® → **Ibuprofen**
Ibuprofeno Larjan® → **Ibuprofen**
Ibuprofeno L.CH.® → **Ibuprofen**
Ibuprofeno Lch® → **Ibuprofen**
Ibuprofeno Llorens® → **Ibuprofen**
Ibuprofeno Merck® → **Ibuprofen**
Ibuprofeno MF® → **Ibuprofen**
Ibuprofeno MK® → **Ibuprofen**
Ibuprofeno Normon® → **Ibuprofen**
Ibuprofeno Nupel® → **Ibuprofen**
Ibuprofeno Perugen® → **Ibuprofen**
Ibuprofeno Pharmagenus® → **Ibuprofen**
Ibuprofeno Purissimus® → **Ibuprofen**
Ibuprofeno Ratiopharm® → **Ibuprofen**
Ibuprofeno Richet® → **Ibuprofen**
Ibuprofeno Sandoz® → **Ibuprofen**
Ibuprofeno Sant Gall Friburg® → **Ibuprofen**
Ibuprofeno Tarbis® → **Ibuprofen**
Ibuprofeno Ur® → **Ibuprofen**
Ibuprofeno Vicrofer® → **Ibuprofen**

Ibuprofen PB® → **Ibuprofen**
Ibuprofen PCH® → **Ibuprofen**
Ibuprofen Polfa® → **Ibuprofen**
Ibuprofen-ratiopharm® → **Ibuprofen**
Ibuprofen Samenwerkende Apothekers® → **Ibuprofen**
Ibuprofen Sandoz® → **Ibuprofen**
Ibuprofen Stada® → **Ibuprofen**
Ibuprofen Teva® → **Ibuprofen**
Ibuprofenum → **Ibuprofen**
Ibuprofenum (Ph. Eur. 5, Ph. Int. 4) → **Ibuprofen**
ibuprofen von ct® → **Ibuprofen**
Ibuprofen YSP® → **Ibuprofen**
ibuprof von ct® → **Ibuprofen**
Ibuprohm® → **Ibuprofen**
Ibuprom® → **Ibuprofen**
Ibuprox® → **Ibuprofen**
Ibu-ratiopharm® → **Ibuprofen**
Iburen® → **Ibuprofen**
Iburex® → **Ibuprofen**
Ib-u-ron® → **Ibuprofen**
Ibusal® → **Ibuprofen**
Ibuscent® → **Ibuprofen**
Ibusi® → **Ibuprofen**
Ibusifar® → **Ibuprofen**
Ibu-Slow® → **Ibuprofen**
Ibusol Pediatrico® → **Ibuprofen**
Ibuspray® → **Ibuprofen**
Ibustrin® → **Indobufen**
Ibutab® → **Ibuprofen**
Ibu-Tab® → **Ibuprofen**
ibuTAD® → **Ibuprofen**
Ibutenk® → **Ibuprofen**
Ibutin® → **Trimebutine**
Ibutop® → **Ibuprofen**
Ibu Vertebralon® → **Ibuprofen**
Ibu-Vivimed® → **Ibuprofen**
Ibux® → **Ibuprofen**
Ibuxim® → **Ibuprofen**
Ibuxin® → **Ibuprofen**
Ibuzidine® → **Ibuprofen**
Icaden® → **Isoconazole**
Icar® → **Dextran Iron Complex**
Icavex® → **Moxisylyte**
Icaz® → **Isradipine**
ICFvet® [vet.] → **Cefalexin**
IC-Green → **Indocyanine Green**
Ichtammol (Ph. Eur. 5) → **Ichthammol**
Ichteocestodin® [vet.] → **Praziquantel**
Ichthammol → **Ichthammol**
Ichthammol® → **Ichthammol**
Ichthammol [BAN, USAN] → **Ichthammol**
Ichthammol (Ph. Eur. 5, JP XIV, USP 30) → **Ichthammol**
Ichthammolum (Ph. Eur. 5) → **Ichthammol**
Ichthamol® → **Ichthammol**
Ichtho-Bad® → **Ichthammol**
Ichthoderm® → **Ichthammol**
Ichtholan® → **Ichthammol**
Ichtholan T® → **Ichthammol**
Ichthosin® → **Ichthammol**
Ichthraletten® → **Ichthammol**
Ichthyol® → **Ichthammol**
Ichthyolee® → **Ichthammol**
Ichthyolum® → **Ichthammol**
Ichtopur® → **Ichthammol**
Ichtoxyl® → **Ichthammol**
Ichtyolammonium → **Ichthammol**
Ichtyolammonium [DCF] → **Ichthammol**
ICI 35868 → **Propofol**
ICI 45520 → **Propranolol**
ICI 9073 → **Polihexanide**
Icid® → **Sulfacetamide**
5,6-cis-25-hydroxycholecalciferol → **Calcifediol**
Iclopid® → **Ticlopidine**
Icodial® → **Icodextrin**
Icol® → **Chloramphenicol**
Icolid® → **Dextromethorphan**
Icona® → **Itraconazole**
Icoplax® → **Vancomycin**
Icoran® → **Lisinopril**
Icrom® → **Cromoglicic Acid**
Ictammolo → **Ichthammol**
Ictammolo® → **Ichthammol**
Ida® → **Bromhexine**
Idalprem® → **Lorazepam**
Idamycin® → **Idarubicin**
Idaptan® → **Trimetazidine**
Idarac® → **Floctafenine**
Idarrubicina Dosa® → **Idarubicin**
Idarubicina Delta® → **Idarubicin**
Idarubicina Varifarma® → **Idarubicin**
Idarubicin HCl® → **Idarubicin**
Idarubicin Hydrochloride® → **Idarubicin**
Idasal® → **Xylometazoline**
Idazole® → **Tinidazole**
IDC® → **Indometacin**
Idealid® → **Nimesulide**
Idecortex® → **Idebenone**
Idena® → **Ibandronic Acid**
Ideos® → **Calcium Carbonate**
Idesole® → **Idebenone**
Idicin® → **Indometacin**
Ido-C® → **Ascorbic Acid**
Ido-E® → **Tocopherol, α-**
Idom® → **Dosulepin**
Idon® → **Domperidone**
Idon® → **Dimenhydrinate**
Ido Safe® → **Povidone-Iodine**
Idotrim® → **Trimethoprim**
Idotyl® → **Aspirin**
Idovit® → **Povidone-Iodine**
IDR® → **Fentiazac**
Idracal® → **Calcium Carbonate**
Idracemi® → **Hydrocortisone**
Idralazina → **Hydralazine**
Idralazina [DCIT] → **Hydralazine**
Idralazine cloridrato → **Hydralazine**
Idril® → **Naphazoline**
Idrocet® → **Hydroxycarbamide**
Idrochinidina® → **Hydroquinidine**
Idroclorotiazide → **Hydrochlorothiazide**
Idroclorotiazide [DCIT] → **Hydrochlorothiazide**
Idroclorotiazide (Ph. Eur. 5) → **Hydrochlorothiazide**
Idrocortisone → **Hydrocortisone**
Idrocortisone [DCIT] → **Hydrocortisone**
Idrolone® → **Fenquizone**
Idrosone → **Prednisone**
Idrossiprogesterone → **Hydroxyprogesterone**
Idrossiprogesterone caproato → **Hydroxyprogesterone**
Idrossiprogesterone [DCIT] → **Hydroxyprogesterone**
Idrostamin® → **Pefloxacin**
Idroxicarbamide → **Hydroxycarbamide**
Idroxicarbamide [DCIT] → **Hydroxycarbamide**
Idroxizina → **Hydroxyzine**
Idroxizina cloridrato → **Hydroxyzine**
Idroxizina [DCIT] → **Hydroxyzine**
Idroxocobalamina → **Hydroxocobalamin**
Idroxocobalamina [DCIT] → **Hydroxocobalamin**
Idroxocobalamina (F.U. XI) → **Hydroxocobalamin**
IDU® → **Idoxuridine**
Iducher® → **Idoxuridine**
Idulamine® → **Azatadine**
Idulea® → **Idoxuridine**
IDU ophthalmic® → **Idoxuridine**
Idustatin® → **Idoxuridine**
Iduvo® → **Zidovudine**
Idyl® → **Ibuprofen**
Iecatec® → **Enalapril**
Iesef® → **Ceftriaxone**
Iesetum® → **Ceftazidime**
Iespor® → **Cefazolin**
Ifa Acxion® → **Phentermine**
Ifadex® → **Ifosfamide**
Ifa Diety® → **Fenproporex**

Ifa Fonal® → **Diazepam**
Ifa Lose® → **Mazindol**
Ifa Norex® → **Amfepramone**
Ifapidin® → **Ticlopidine**
Ifa Reduccing® → **Phentermine**
Ifemed® → **Piroxicam**
Ifenec® → **Econazole**
Ifex® → **Ifosfamide**
Ificef® → **Ceftriaxone**
Ificipro® → **Ciprofloxacin**
Ifiral® → **Cromoglicic Acid**
Ifistatin® → **Simvastatin**
IFO-cell® → **Ifosfamide**
Ifocris® → **Ifosfamide**
Ifolem® → **Ifosfamide**
Ifomida® → **Ifosfamide**
Ifomide® → **Ifosfamide**
Ifor® → **Metformin**
Ifosfamida® → **Ifosfamide**
Ifosfamida Biocrom® → **Ifosfamide**
Ifosfamida Delta Farma® → **Ifosfamide**
Ifosfamida Filaxis® → **Ifosfamide**
Ifosfamida Microsules® → **Ifosfamide**
Ifosfamid A-Pharma® → **Ifosfamide**
Ifosfamida Rontag® → **Ifosfamide**
Ifosfamida Servycal® → **Ifosfamide**
Ifosfamida Varifarma® → **Ifosfamide**
Ifosfamide® → **Ifosfamide**
Ifosmixan® → **Ifosfamide**
Ifoxan® → **Ifosfamide**
Ifrasarl® → **Cyproheptadine**
Igen® → **Gentamicin**
I-Gesic® → **Diclofenac**
Igir® → **Loratadine**
Iglodine® → **Diclofenac**
Igrexa® → **Nimesulide**
Igroton® → **Chlortalidone**
IHD® → **Isosorbide Mononitrate**
Ihtamol® → **Ichthammol**
Ihtiyol® → **Ichthammol**
Ikacee® → **Ascorbic Acid**
Ikacillin® → **Ampicillin**
Ikaclomin® → **Clomifene**
Ikaclox® → **Cloxacillin**
Ikacor® → **Verapamil**
Ikacycline® → **Tetracycline**
Ikaderm® → **Clobetasol**
Ikagen® → **Gentamicin**
Ikamicetin® → **Chloramphenicol**
Ikamoxyl® → **Amoxicillin**
Ikapress® → **Verapamil**
Ikaprim® [+ Sulfamethoxazole] → **Trimethoprim**
Ikaprim® [+ Trimethoprim] → **Sulfamethoxazole**
Ikaran® → **Dihydroergotamine**
Ikathrocin® → **Erythromycin**
Ikatin® → **Gentamicin**
Ikelan® → **Buflomedil**
Ikestatina® → **Somatostatin**
Ikobel® → **Tobramycin**
Ikolan® → **Clotrimazole**
Ikorel® → **Nicorandil**
Iktorivil® → **Clonazepam**
Ilacox® → **Meloxicam**
Ila-Med® → **Pipenzolate Bromide**
Ilaten® → **Atenolol**
Ilcocillin® [vet.] → **Penicillin G Procaine**
Ilduc® → **Amlodipine**
Ileveran® → **Enalapril**
Ilgem® → **Ketoconazole**
Iliaclor® → **Aciclovir**
Iliaxone® → **Ceftriaxone**
Ilimit® → **Aripiprazole**
Ilio-Funkton® → **Dimeticone**
Iliren® [vet.] → **Tiaprost**
Ilium Atropine Eye Ointment® [vet.] → **Atropine**
Ilium Ketoprofen® [vet.] → **Ketoprofen**
Ilman® → **Flunitrazepam**
Ilocin® → **Erythromycin**
Ilocit® → **Iloprost**
Ilomedin® → **Iloprost**
Ilomedine® → **Iloprost**
Ilomédine® → **Iloprost**
Ilonex® [tab.] → **Erythromycin**
Ilopan® → **Dexpanthenol**
Ilopar® → **Lovastatin**
Ilosone® → **Erythromycin**
Ilosone® [susp./tab.] → **Erythromycin**
Ilostal® → **Cilostazol**
Iloticina® → **Erythromycin**
Ilotycin-A® → **Tretinoin**
Ilozin® → **Azithromycin**
Ilsatec® → **Lansoprazole**
Ilube® [+ Acetylcysteine] → **Hypromellose**
Ilube® [+ Hypromellose] → **Acetylcysteine**
Ilube® [vet.] → **Acetylcysteine**
Ilusemin® → **Nimesulide**
ilvico grippal® → **Ibuprofen**
Ilvinax® → **Oxymetazoline**
Ilvitus® → **Dextromethorphan**
I.M.® → **Indometacin**
IMA Acido Acetilsalicilico® → **Aspirin**
Imacillin® → **Amoxicillin**
IMA Dipirona® → **Metamizole**
Imadol® → **Tramadol**
Imadrax® → **Amoxicillin**
Imafer® [vet.] → **Dextran Iron Complex**
Imager ac® → **Barium Sulfate**
Imagopaque® → **Iopentol**
Imalgene® [vet.] → **Ketamine**
Imanol® → **Diclofenac**
Imanol Gel® → **Diclofenac**
Imap® → **Fluspirilene**
Imaveral® [vet.] → **Enilconazole**
Imavermil® → **Albendazole**
Imaverol® [vet.] → **Enilconazole**
I-Max® → **Metformin**
Imaxilin® → **Amoxicillin**
Imax® [vet.] → **Ivermectin**
Imazol® → **Clotrimazole**
Imazol Krempasta® → **Clotrimazole**
Imbun® → **Ibuprofen**
Imda® → **Bicalutamide**
Imdex CR® → **Isosorbide Mononitrate**
Imdur® → **Isosorbide Mononitrate**
Imeron® → **Iomeprol**
imeson® → **Nitrazepam**
Imet® → **Indometacin**
Imex® → **Tetracycline**
Imferon® → **Dextran Iron Complex**
Imflac® → **Diclofenac**
Imidapril Bial® → **Imidapril**
Imidazolyl-éthylamine → **Histamine**
Imidazyl® → **Naphazoline**
Imidex® → **Lansoprazole**
Imidil® → **Clotrimazole**
Imidin® → **Ambroxol**
Imidin® → **Xylometazoline**
Imidox® [vet.] → **Imidocarb**
Imigra® → **Flunarizine**
Imigran® → **Sumatriptan**
Imigrane® → **Sumatriptan**
Imigranradis® → **Sumatriptan**
Imigran Sprintab® → **Sumatriptan**
Imiject® → **Sumatriptan**
Imimore® → **Imiquimod**
Imin YSP® → **Inosine Pranobex**
Imipecil® → **Imipenem**
Imipra® → **Imipramine**
Imipramin → **Imipramine**
Imipramina → **Imipramine**
Imipramina® → **Imipramine**
Imipramina Clorhidrato® → **Imipramine**
Imipramina clorhidrato → **Imipramine**
Imipramina cloridrato → **Imipramine**
Imipramina [DCIT] → **Imipramine**
Imipramina L.CH.® → **Imipramine**
Imipramin Dak® → **Imipramine**
Imipramine® → **Imipramine**
Imipramine → **Imipramine**

Imipramine [BAN, DCF] → **Imipramine**
Imipramine (chlorhydrate d') → **Imipramine**
Imipramine (chlorhydrate d') (Ph. Eur. 5) → **Imipramine**
Imipramine HCl CF® → **Imipramine**
Imipramine HCl Gf® → **Imipramine**
Imipramine HCl PCH® → **Imipramine**
Imipramine HCl ratiopharm® → **Imipramine**
Imipramine Hydrochloride → **Imipramine**
Imipramine hydrochloride: → **Imipramine**
Imipramine Hydrochloride® → **Imipramine**
Imipramine Hydrochloride [BANM, JAN, USAN] → **Imipramine**
Imipramine Hydrochloride (JP XIV, Ph. Eur. 5, Ph. Int. 4, USP 30) → **Imipramine**
Imipramin hydrochlorid → **Imipramine**
Imipraminhydrochlorid (Ph. Eur. 5) → **Imipramine**
Imipramini hydrochloridum → **Imipramine**
Imipramini hydrochloridum (Ph. Eur. 5, Ph. Int. 4) → **Imipramine**
Imipramin-neuraxpharm® → **Imipramine**
Imipraminum → **Imipramine**
Imipram® [vet.] → **Imipramine**
Imiprex® → **Imipramine**
Imitag® → **Sumatriptan**
Imitrex® → **Sumatriptan**
Imizinum → **Imipramine**
Imizol® [vet.] → **Imidocarb**
Immiticide® [vet.] → **Melarsomine**
Immodium® → **Loperamide**
Immukin® → **Interferon Gamma**
Immukine® → **Interferon Gamma**
Immunate® → **Octocog Alfa**
Immunate Stim Plus® → **Octocog Alfa**
Immunine® → **Nonacog Alfa**
Immunine Stim Plus® → **Nonacog Alfa**
Immunonine® → **Nonacog Alfa**
Immunoprin® → **Azathioprine**
Immunosporin® → **Ciclosporin**
Immunovir® → **Aciclovir**
Imo® → **Undecylenic Acid**
Imocard® → **Isosorbide Mononitrate**
Imoclone® → **Zopiclone**
Imocur® → **Loperamide**
Imodium® → **Loperamide**
Imodium A-D® → **Loperamide**
Imodium Flas® → **Loperamide**
Imodiumlingual® → **Loperamide**
Imodium® [vet.] → **Loperamide**
Imodonl® → **Loperamide**
Imogas® → **Dimeticone**
Imomed® → **Loperamide**
Imonogas® → **Dimeticone**
Imoper® → **Lactulose**
Imore® → **Loperamide**
Imosa® → **Loperamide**
Imosec® → **Loperamide**
Imossel® → **Loperamide**
Imossellingual® → **Loperamide**
Imotil → **Loperamide**
Imot Ofteno® → **Timolol**
Imotoran® → **Enalapril**
Imovane® → **Zopiclone**
Imovexil® → **Trimetazidine**
Imox® → **Amoxicillin**
Imozop® → **Zopiclone**
Impalamycin® → **Doxycycline**
Impamid® → **Indapamide**
Impavido® → **Miltefosine**
Imped® → **Amlodipine**
Impedil® → **Etamsylate**
Impedil® [caps.] → **Celecoxib**
Impedox® → **Doxycycline**
Impelium® → **Loperamide**
Impetet® → **Oxytetracycline**
Impidol® → **Nonoxinol**
Implanon® → **Etonogestrel**
Implicane® → **Sertraline**
Importal® → **Lactitol**
Imposergon® → **Famotidine**
Impresial® → **Pipemidic Acid**
Impromen® → **Bromperidol**
Impromen decanoas® → **Bromperidol**
Improntal® → **Piroxicam**
Improvox® [+ Amoxicillin] → **Clavulanic Acid**
Improvox® [+ Clavulanic Acid] → **Amoxicillin**
Impugan® → **Furosemide**
Imtrate® → **Isosorbide Mononitrate**
Imuger® → **Azathioprine**
Imukin® → **Interferon Gamma**
Imunace® → **Teceleukin**
Imunen® → **Azathioprine**
Imunex® → **Loratadine**
Imunomax-gamma® → **Interferon Gamma**
Imunovir® → **Inosine Pranobex**
Imunoxa® → **Lamivudine**
Imuprel® → **Isoprenaline**
Imuprin® → **Azathioprine**
Imuran® → **Azathioprine**
Imuran® [inj.] → **Azathioprine**
Imuran® [inj.] → **Azathioprine**
Imuran® [vet.] → **Azathioprine**
Imurek® → **Azathioprine**
Imurek® [inj.] → **Azathioprine**
Imurel® → **Azathioprine**
Imusporin® → **Ciclosporin**
Imusporin Ciclosporina® → **Ciclosporin**
Inac® → **Diclofenac**
Inac Gel® → **Diclofenac**
Inacid® → **Indometacin**
Inacid DAP® → **Indometacin**
Inadine® → **Povidone-Iodine**
Inalacor® → **Fluticasone**
Inalacor Accuhaler® → **Fluticasone**
Inaladuo Accuhaler® [+ Fluticasone propionate] → **Salmeterol**
Inaladuo Accuhaler® [+ Salmeterol xinafoate] → **Fluticasone**
Inaladuo® [+ Fluticasone propionate] → **Salmeterol**
Inaladuo® [+ Salmeterol xinafoate] → **Fluticasone**
Inalcort® → **Flunisolide**
Inalgon® → **Metamizole**
Inamid® → **Loperamide**
Inamox® → **Amoxicillin**
Inamrinone Injection® → **Amrinone**
Inamycin® → **Spiramycin**
Inapas® → **Isoniazid**
Inapril® → **Captopril**
Inapsine® → **Droperidol**
Inarzin® → **Cinnarizine**
Inaspir® → **Salmeterol**
Inastan Indo Farma® → **Mefenamic Acid**
Inatrim® [+ Sulfamethoxazole] → **Trimethoprim**
Inatrim® [+ Trimethoprim] → **Sulfamethoxazole**
Inavir® → **Aciclovir**
Inazid® → **Isoniazid**
Inazol® → **Lansoprazole**
Inbestan® → **Clemastine**
Inbumed® → **Salbutamol**
Inburacec® → **Itraconazole**
Inca Oxy B® [vet.] → **Oxytetracycline**
Incardel® → **Acarbose**
Incephin® → **Ceftriaxone**
Incetax® → **Cefotaxime**
Inciclav® [+ Amoxicillin] → **Clavulanic Acid**
Inciclav® [+ Calvulanic Acid] → **Amoxicillin**
Incidal-OD® → **Cetirizine**
Incidal-OD Cetirizine® → **Cetirizine**
Incifam® → **Famotidine**
Inciflox® → **Ciprofloxacin**
Incitin® → **Mebhydrolin**

Indométacine (Ph. Eur. 5) → **Indometacin**
Indometacine Sandoz® → **Indometacin**
Indometacin Gel/Oint® → **Indometacin**
Indometacin Genericon® → **Indometacin**
Indometacin Helvepharm® → **Indometacin**
Indometacin (JP XIV, Ph. Eur. 5, Ph. Int. 4) → **Indometacin**
Indometacin MK® → **Indometacin**
Indometacin Sandoz® → **Indometacin**
Indometacin Sopharma® → **Indometacin**
Indometacin Tabl.® → **Indometacin**
Indometacinum® → **Indometacin**
Indometacinum → **Indometacin**
Indometacinum (Ph. Eur. 5, Ph. Int. 4) → **Indometacin**
Indomethacin → **Indometacin**
Indomethacin® → **Indometacin**
Indomethacin Suppositories® → **Indometacin**
Indomethacin Synco® → **Indometacin**
Indomethacin [USAN] → **Indometacin**
Indomethacin (USP 30) → **Indometacin**
Indomethacin Vida® → **Indometacin**
Indometin® → **Indometacin**
Indomet-ratiopharm® → **Indometacin**
Indomin® → **Indometacin**
Indonilo® → **Indometacin**
Indono® → **Indometacin**
Indop® → **Dopamine**
Indo-paed® → **Indometacin**
Indo-Phlogont® → **Indometacin**
Indophtal® → **Indometacin**
Indoran® → **Ranitidine**
Indorem® → **Indometacin**
Indosan® → **Indometacin**
Indosin Gel® → **Indometacin**
Indotard® → **Indometacin**
Indotex® → **Indometacin**
Indo Top-ratiopharm® → **Indometacin**
Indovis® → **Indometacin**
Indoxen® → **Indometacin**
Indoxyl® → **Indometacin**
Indozul® → **Fluoxetine**
Indrol® → **Methylprednisolone**
Inductal® → **Eszopiclone**
InductOs® → **Dibotermin Alfa**
Indufol® → **Propofol**
Indumir® → **Diphenhydramine**
Induprim® [+ Sulfamethoxazole] → **Trimethoprim**
Induprim® [+ Trimethoprim] → **Sulfamethoxazole**
Indurgan® → **Omeprazole**
Indurin® → **Indapamide**
Indusil® → **Cobamamide**
Induzepam® → **Clonazepam**
Indylon® → **Indometacin**
Inedol® → **Azithromycin**
Inegan® → **Simvastatin**
Ineltano® → **Halothane**
Inerson® → **Desoximetasone**
Inexium® → **Esomeprazole**
Inexium Orifarm® → **Esomeprazole**
Inexium Paranova® → **Esomeprazole**
Inexium Pharmacodane® → **Esomeprazole**
INF® → **Interferon Alfa**
INF 4668 → **Meclofenamic Acid**
Infaclor® → **Cefaclor**
Infacol® → **Dimeticone**
Infadin® → **Ergocalciferol**
Infant Decongestant® → **Pseudoephedrine**
Infants' Tylenol® → **Paracetamol**
Infa-Tardyferon® → **Ferrous Sulfate**
InfectoBicillin® → **Phenoxymethylpenicillin**
InfectoBicillin H-Tabletten® → **Azidocillin**
Infectocef® → **Cefaclor**
Infectocillin® → **Phenoxymethylpenicillin**
Infectocipro® → **Ciprofloxacin**
Infectoclont® → **Metronidazole**
InfectoCorti Krupp® → **Prednisolone**
Infectoflam® → **Fluorometholone**
InfectoFlu® → **Amantadine**
Infectofos® → **Fosfomycin**
Infectokrupp® → **Epinephrine**
Infectomox® → **Amoxicillin**
Infectomycin® → **Erythromycin**
Infectomycin Saft® → **Erythromycin**
Infectoopticef® → **Cefixime**
Infectopedicul® → **Permethrin**
Infectopedicul Lindan Gel® → **Lindane**
Infectopyoderm® → **Mupirocin**
Infectoroxit® → **Roxithromycin**
InfectoScab® → **Permethrin**
Infectosoor® → **Miconazole**
InfectoStaph® → **Dicloxacillin**
InfectoStaph® [inj.] → **Oxacillin**
InfectoSupramox® [+ Amoxicillin trihydrate] → **Clavulanic Acid**
InfectoSupramox® [+ Clavulanic Acid, potassium salt] → **Amoxicillin**
Infectotrimet® → **Trimethoprim**
Infectrim® [+ Sulfamethoxazole] → **Trimethoprim**
Infectrim® [+ Trimethoprim] → **Sulfamethoxazole**
Infectrin® [+ Sulfamethoxazole] → **Trimethoprim**
Infectrin® [+ Trimethoprim] → **Sulfamethoxazole**
Infed® → **Ferrous Gluconate**
InFed® → **Dextran Iron Complex**
Infekor® → **Cefuroxime**
Infeld® → **Piroxicam**
Infelon® → **Mesterolone**
Inferax® → **Interferon Alfacon-1**
Infergen® → **Interferon Alfacon-1**
Infesen® → **Albendazole**
Infex® → **Clarithromycin**
Infibu® → **Ibuprofen**
Inficard® → **Nifedipine**
Infix® → **Cefixime**
Infla-Ban® → **Diclofenac**
Inflaced® → **Piroxicam**
Inflacin® → **Indometacin**
Inflacor Retard® → **Betamethasone**
Inflacort® → **Budesonide**
Inflaflur® → **Flurbiprofen**
Inflam® → **Ibuprofen**
Inflam® → **Indometacin**
Inflamac® → **Diclofenac**
Inflamac® rapid → **Diclofenac**
Inflamase® → **Prednisolone**
Inflamate® → **Indometacin**
Inflamax® → **Diclofenac**
Inflamene® → **Piroxicam**
Inflammide® → **Budesonide**
Inflanac® → **Diclofenac**
Inflanan® → **Piroxicam**
Inflanaze® → **Budesonide**
Inflanefran® → **Prednisolone**
Inflanox® → **Piroxicam**
Inflaren® → **Diclofenac**
Inflaren K® → **Diclofenac**
Inflaren K Gel® → **Diclofenac**
Inflased® → **Diclofenac**
Inflasic® → **Diclofenac**
Inflax® → **Piroxicam**
Inflazona® → **Betamethasone**
Inflazona Retard® → **Betamethasone**
Inflazone® → **Phenylbutazone**
Infloc® → **Fusidic Acid**
Infloran Berna® → **Racecadotril**
Influbene N® → **Paracetamol**
Inf-Oph® → **Prednisolone**
Infor® → **Naproxen**

Insulin Iletin II Lente® [porcine] → **Insulin Zinc Injectable Suspension**
Insulin Iletin II NPH® [porcine] → **Insulin Injection, Isophane**
Insulin Iletin II Pork NPH® [porcine] → **Insulin Injection, Protamine Zinc**
Insulin Iletin II Pork Regular® [porcine] → **Insulin Injection, Soluble**
Insulin Iletin II Regular® [porcine] → **Insulin Injection, Soluble**
Insulin Injection, Biphasic Isophane → **Insulin Injection, Biphasic Isophane**
Insulin Injection, Biphasic Isophane human → **Insulin Injection, Biphasic Isophane**
Insulin Injection, Biphasic Isophane human insulin: → **Insulin Injection, Biphasic Isophane**
Insulin Injection, Biphasic Isophane (Ph. Eur. 5) → **Insulin Injection, Biphasic Isophane**
Insulin Injection, Isophane → **Insulin Injection, Isophane**
Insulin Injection, Isophane human insulin → **Insulin Injection, Isophane**
Insulin Injection, Isophane human insulin: → **Insulin Injection, Isophane**
Insulin Injection, Isophane (Ph. Eur. 5) → **Insulin Injection, Isophane**
Insulin Insulatard® → **Insulin Injection, Isophane**
Insulin Insulatard HM® → **Insulin Injection, Isophane**
Insulin Insulatard MC® [porcine] → **Insulin Injection, Isophane**
Insulin Isophane® [bovine] → **Insulin Injection, Isophane**
Insulin-Isophan (human) → **Insulin Injection, Isophane**
Insulin-Isophan human, biphasisch → **Insulin Injection, Biphasic Isophane**
Insulin Isuhuman Basal® → **Insulin Injection, Isophane**
Insulin Isuhuman Comb 25® [semisyn./25 % sol./75 % isoph.] → **Insulin Injection, Biphasic Isophane**
Insulin Isuhuman Rapid® [semisyn.] → **Insulin Injection, Soluble**
Insulin Lantus® → **Insulin Glargine**
Insulin Lentard® [porcine/30 % amorph./70 % cryst.] → **Insulin Zinc Injectable Suspension**
Insulin Lente® [porcine] → **Insulin Zinc Injectable Suspension**
Insulin Levemir® → **Insulin Determir**
Insulin Liprolog® → **Insulin Lispro**
Insulin Mixtard® → **Insulin Injection, Biphasic Isophane**
Insulin Mixtard 10 HM® [10 % sol./90 % isoph.] → **Insulin Injection, Biphasic Isophane**
Insulin Mixtard 10 HM® [10 % sol./90 % isoph.] → **Insulin Injection, Biphasic Isophane**
Insulin Mixtard 10 Novolet® → **Insulin Injection, Biphasic Isophane**
Insulin Mixtard 20/80® → **Insulin Injection, Biphasic Isophane**
Insulin Mixtard 20 HM® [20 % sol./80 % isoph.] → **Insulin Injection, Biphasic Isophane**
Insulin Mixtard 20 HM® [20 % sol./80 % isoph.] → **Insulin Injection, Biphasic Isophane**
Insulin Mixtard 20 Novolet® → **Insulin Injection, Biphasic Isophane**
Insulin Mixtard 30® → **Insulin Injection, Biphasic Isophane**
Insulin Mixtard 30/70® → **Insulin Injection, Biphasic Isophane**
Insulin Mixtard 30/70 Human (ge)® [30 % sol./70 % isoph.] → **Insulin Injection, Biphasic Isophane**
Insulin Mixtard 30 Flexpen® → **Insulin Injection, Biphasic Isophane**
Insulin Mixtard 30 HM® [30 % sol./70 % isoph.] → **Insulin Injection, Biphasic Isophane**
Insulin Mixtard 30 HM® [30 % sol./70 % isoph.] → **Insulin Injection, Biphasic Isophane**
Insulin Mixtard 30 MC® [porcine, 30 % sol./70 % isoph.] → **Insulin Injection, Biphasic Isophane**
Insulin Mixtard 30 Novolet® → **Insulin Injection, Biphasic Isophane**
Insulin Mixtard 30 Penfil® → **Insulin Injection, Biphasic Isophane**
Insulin Mixtard 40 HM® [40 % sol./60 % isoph.] → **Insulin Injection, Biphasic Isophane**
Insulin Mixtard 40 HM® [40 % sol./60 % isoph.] → **Insulin Injection, Biphasic Isophane**
Insulin Mixtard 40 Novolet® → **Insulin Injection, Biphasic Isophane**
Insulin Mixtard 50/50® → **Insulin Injection, Biphasic Isophane**
Insulin Mixtard 50 HM® [50 % sol./50 % isoph.] → **Insulin Injection, Biphasic Isophane**
Insulin Mixtard 50 HM® [50 % sol./50 % isoph.] → **Insulin Injection, Biphasic Isophane**
Insulin Mixtard 50 Novolet® → **Insulin Injection, Biphasic Isophane**
Insulin Mixtard HM® → **Insulin Injection, Biphasic Isophane**
Insulin Mixtard HM 10 %/90 %® [10 % sol./90 % isoph.] → **Insulin Injection, Biphasic Isophane**
Insulin Mixtard HM 20 %/80 %® [20 % sol./80 % isoph.] → **Insulin Injection, Biphasic Isophane**
Insulin Mixtard HM 30 %/70 %® [30 % sol./70 % isoph.] → **Insulin Injection, Biphasic Isophane**
Insulin Mixtard HM 40 %/60 %® [40 % sol./60 % isoph.] → **Insulin Injection, Biphasic Isophane**
Insulin Mixtard HM 50 %/50 %® [50 % sol./50 % isoph.] → **Insulin Injection, Biphasic Isophane**
Insulin-Mono D® [bovine/porcine] → **Insulin Zinc Injectable Suspension (Amorphous)**
Insulin-Mono N® [porcine] → **Insulin Injection, Soluble**
Insulin Monotard® → **Insulin Zinc Injectable Suspension (Amorphous)**
Insulin Monotard HM® → **Insulin Zinc Injectable Suspension**
Insulin Monotard MC® [porcine] → **Insulin Zinc Injectable Suspension**
Insulin Novolin® → **Insulin Injection, Isophane**
Insulin Novolin 30/70® [30 % sol./70 % isoph.] → **Insulin Injection, Biphasic Isophane**
Insulin Novolin 30R® [30 % sol./70 % isoph.] → **Insulin Injection, Biphasic Isophane**
Insulin Novolin 30R® [30 % sol./70 % isoph.] → **Insulin Injection, Biphasic Isophane**
Insulin Novolin 50R® [50 % sol./50 % isoph.] → **Insulin Injection, Biphasic Isophane**
Insulin Novolin 70/30® [70 % sol./30 % isoph.] → **Insulin Injection, Biphasic Isophane**
Insulin Novolin ge NPH® → **Insulin Injection, Isophane**
Insulin Novolin ge Toronto® → **Insulin Injection, Soluble**
Insulin Novolin L® → **Insulin Zinc Injectable Suspension**
Insulin Novolin N® → **Insulin Injection, Isophane**
Insulin Novolin R® → **Insulin Injection, Soluble**
Insulin Novolin U® → **Insulin Zinc Injectable Suspension**
Insulin Novolog® → **Insulin Aspart**

Insulin Novolog Mix 70/30® [30 % sol./70 % isoph.] → **Insulin Aspart**
Insulin Novomix® → **Insulin Aspart**
Insulin Novo Mix 30® → **Insulin Aspart**
Insulin NovoMix® [30 % sol./70 % isoph.] → **Insulin Aspart**
Insulin NovoMix® [30 % sol./70 % isoph.] → **Insulin Aspart**
Insulin Novo Nordisk® → **Insulin Injection, Isophane**
Insulin Novorapid® → **Insulin Aspart**
Insulin Novo Rapid® → **Insulin Aspart**
Insulin Novorapid Flexipen® → **Insulin Aspart**
Insulin Novorapid FlexPen® → **Insulin Aspart**
Insulin Novorapid Penfill® → **Insulin Aspart**
Insulin Novo Semilente® [porcine] → **Insulin Injection, Isophane**
Insulin NPH® [porcine] → **Insulin Injection, Isophane**
Insulin Optisulin® → **Insulin Glargine**
Insulin Penmix 10® [10 % sol./90 % isoph.] → **Insulin Injection, Biphasic Isophane**
Insulin Penmix 20® [20 % sol./80 % isoph.] → **Insulin Injection, Biphasic Isophane**
Insulin Penmix 30® [30 % sol./70 % isoph.] → **Insulin Injection, Biphasic Isophane**
Insulin Penmix 40® [40 % sol./60 % isoph.] → **Insulin Injection, Biphasic Isophane**
Insulin Penmix 50® [50 % sol./50 % isoph.] → **Insulin Injection, Biphasic Isophane**
Insulin Polhumin® → **Insulin Injection, Isophane**
Insulin Pork Actrapid® [porcine] → **Insulin Injection, Soluble**
Insulin Pork Insulatard® [porcine] → **Insulin Injection, Isophane**
Insulin Pork Insulatard® [vet.] → **Insulin Injection, Isophane**
Insulin Pork Mixtard® [porcine, 30 % sol./70 % isoph.] → **Insulin Injection, Biphasic Isophane**
Insulin Pork Mixtard® [vet.] → **Insulin Injection, Biphasic Isophane**
Insulin Protaphan® → **Insulin Injection, Isophane**
Insulin Protaphane® → **Insulin Injection, Isophane**
Insulin Protaphane HM® → **Insulin Injection, Isophane**
Insulin Protaphane HM Penfill® → **Insulin Injection, Isophane**
Insulin Protaphane® [porcine] → **Insulin Injection, Isophane**
Insulin Rapidica® [porcine] → **Insulin Injection, Soluble**
Insulin Rapimix 30/70® [30 % sol./70 % isoph.] → **Insulin Injection, Biphasic Isophane**
Insulin Regular Purified Pork® → **Insulin Zinc Injectable Suspension (Crystalline)**
Insulin S Berlin-Chemie® [porcine] → **Insulin Injection, Soluble**
Insulin Semilente MC® [porcine] → **Insulin Zinc Injectable Suspension (Amorphous)**
Insulin soluble® [bovine] → **Insulin Injection, Soluble**
Insulin soluble® [porcine] → **Insulin Injection, Soluble**
Insulin Ultratard® → **Insulin Zinc Injectable Suspension (Crystalline)**
Insulin Ultratard HM® → **Insulin Zinc Injectable Suspension (Crystalline)**
Insulinum Lente® → **Insulin Zinc Injectable Suspension**
Insulinum Semilente® → **Insulin Zinc Injectable Suspension (Amorphous)**
Insulin Umuline NPH® → **Insulin Injection, Isophane**
Insulin Umuline Profil 30® [30 % sol./70 % isoph.] → **Insulin Injection, Biphasic Isophane**
Insulin Umuline Rapide® → **Insulin Injection, Soluble**
Insulin Velosulin® → **Insulin Injection, Soluble**
Insulin Velosulin BR Human® [semisyn.] → **Insulin Injection, Soluble**
Insulin Velosulin HM® → **Insulin Injection, Soluble**
Insulin Zinc suspension® [bovine] → **Insulin Zinc Injectable Suspension**
Insulin Zinc suspension® [porcine] → **Insulin Zinc Injectable Suspension**
Insuman® → **Insulin Injection, Biphasic Isophane**
Insuman Basal® → **Insulin Injection, Isophane**
Insuman Bazal® → **Insulin Injection, Isophane**
Insuman Comb 15® [semisyn./15 % sol./85 % isoph.] → **Insulin Injection, Biphasic Isophane**
Insuman Comb 15® [semisyn./15 % sol./85 % isoph.] → **Insulin Injection, Biphasic Isophane**
Insuman Comb 25® [semisyn./25 % sol./75 % isoph.] → **Insulin Injection, Biphasic Isophane**
Insuman Comb 25® [semisyn./25 % sol./75 % isoph.] → **Insulin Injection, Biphasic Isophane**
Insuman Comb 50® [semisyn./50 % sol./50 % isoph.] → **Insulin Injection, Biphasic Isophane**
Insuman Comb 50® [semisyn./50 % sol./50 % isoph.] → **Insulin Injection, Biphasic Isophane**
Insuman Infusat® → **Insulin Injection, Soluble**
Insuman N® → **Insulin Injection, Protamine Zinc**
Insuman Rapid® [semisyn.] → **Insulin Injection, Soluble**
Insuman Rapid® [semisyn.] → **Insulin Injection, Soluble**
Insuman R® [semisyn.] → **Insulin Injection, Soluble**
Insumin® → **Flurazepam**
Insup® → **Enalapril**
Insuven® → **Diosmin**
Insuvet® [vet.] → **Insulin Zinc Injectable Suspension**
Ins® [vet.] → **Cypermethrin**
Intafenac® → **Diclofenac**
Intafenac-K® → **Diclofenac**
Intal® → **Cromoglicic Acid**
Intal Nasal® → **Cromoglicic Acid**
Intalsolone → **Prednisolone**
Intalsone → **Prednisone**
Intal Spincaps® → **Cromoglicic Acid**
Intapan® → **Nalbuphine**
Intasone® → **Hydrocortisone**
Intaxel® → **Paclitaxel**
Intazide® → **Balsalazide**
Inteban® → **Indometacin**
Integrex® → **Reboxetine**
Integrilin® → **Eptifibatide**
Integrobe® → **Metamizole**
Intelecta® → **Levocarnitine**
Intensain® → **Carbocromen**
Inter 2B® → **Interferon Alfa**
Interbi® → **Terbinafine**
Interbion® → **Cefuroxime**
Interceptor® [vet.] → **Milbemycin Oxime**
Intercrison® [vet.] → **Chlortetracycline**
Intercron® → **Cromoglicic Acid**
Intercyton® → **Flavodic Acid**
Interdip® [vet.] → **Cypermethrin**
Interdoxin® → **Doxycycline**
Interfam® → **Famotidine**

Interferon Alfa-2® → **Interferon Alfa**
Interferon Alfa-2a® → **Interferon Alfa**
Interferon Alfa-2b® → **Interferon Alfa**
Interferon Alfa 2B Biomartian® → **Interferon Alfa**
Interferon Alfa 2B Cassara® → **Interferon Alfa**
Interferon Alfa-2b Humano Recombinante® → **Interferon Alfa**
Interferon Alfa-2 Recombinante Humano® → **Interferon Alfa**
Interferon Alfanative® → **Interferon Alfa**
Interflox® → **Ciprofloxacin**
Intergonan® [vet.] → **Gonadotrophin, Serum**
Interhistin® → **Mebhydrolin**
Interleukina II® → **Aldesleukin**
Intermax-alpha® → **Interferon Alfa**
Intermic® → **Tranexamic Acid**
Intermoxil® → **Amoxicillin**
Intermycin® [vet.] → **Chlortetracycline**
Internase® → **Bromelains**
Internolol® → **Atenolol**
Interpec® → **Ambroxol**
Interpril® → **Lisinopril**
Intertocine-S® [vet.] → **Oxytocin**
Intertocine® [vet.] → **Oxytocin**
Intertocin-S® [vet.] → **Oxytocin**
Intervein® → **Trimetazidine**
Intervet Feedlot Drench® [vet.] → **Albendazole**
Interzol® → **Ketoconazole**
Interzol® [vet.] → **Oxfendazole**
Intestinol® → **Pancreatin**
Intesul® → **Mosapride**
Inthacine® → **Indometacin**
Inthesa-5® → **Dexamethasone**
Intibroxol® → **Ambroxol**
Inticol® → **Thiamphenicol**
Intidrol® → **Methylprednisolone**
Intifen® → **Ketotifen**
Intima® → **Cetrimonium**
Intocel® → **Cladribine**
Intracef® → **Cefradine**
Intracillin® [vet.] → **Penicillin G Procaine**
Intradermo-Corticosteroid® → **Fluocinolone acetonide**
Intradex → **Dextran**
Intradine® [vet.] → **Sulfadimidine**
Intradol® → **Tramadol**
Intra-Epicaine® [vet.] → **Mepivacaine**
Intralgis® → **Ibuprofen**
Intralon® → **Triamcinolone**
Intramed Trichazole Infus® → **Metronidazole**
Intramin® [vet.] → **Ampicillin**
Intrasept® → **Thiomersal**
Intrasite Applipak® → **Carmellose**
Intrasite Gel® → **Carmellose**
Intrastigmina® → **Neostigmine**
Intrataxime® → **Cefotaxime**
Intrauterine Bolus® [vet.] → **Urea**
Intraval Sodium® [vet.] → **Thiopental Sodium**
Intravenska raztopina glukoze® → **Dextrose**
Intravit 12® [vet.] → **Cyanocobalamin**
Intrazolina® → **Cefazolin**
Intrazoline® → **Cefazolin**
Intrenon® → **Naloxone**
Intrinsa® → **Testosterone**
Intrix® → **Ceftriaxone**
Intron A® → **Interferon Alfa**
Introna® → **Interferon Alfa**
Intron A Multi-Dose® → **Interferon Alfa**
Intron A Peg® → **Peginterferon Alfa 2-b**
Intron-A Pen® → **Interferon Alfa**
Intron A Redipen® → **Interferon Alfa**
Intron Pen® → **Interferon Alfa**
Intropaste® → **Barium Sulfate**
Intropin® → **Dopamine**
Intubeaze® [vet.] → **Lidocaine**
Invanoz® → **Ertapenem**
Invanz® → **Ertapenem**
Invega® → **Paliperidone**
Inveoxel® → **Naproxen**
Inverter® → **Molsidomine**
Inviclot® → **Heparin**
Invigan® → **Famotidine**
Invigan® → **Ornidazole**
Invigen® → **Gentamicin**
Invirase® → **Saquinavir**
Invoigin® → **Metamizole**
Invol® → **Carbamazepine**
Invomit® → **Ondansetron**
Invoril® → **Enalapril**
Inyesprin® → **Aspirin**
Inyesprin Forte® → **Aspirin**
Inza® → **Ibuprofen**
Inza® → **Naproxen**
Inzeton® → **Opipramol**
Iobenguane (131I)® → **Iobenguane (^{131}I)**
Iobolin® → **Liothyronine**
Iobrim® → **Brimonidine**
Iodastrumin Darnitsa® → **Potassium Iodide**
Iodep® → **Povidone-Iodine**
Iodeto de Potassio® → **Potassium Iodide**
Iodex® → **Povidone-Iodine**
Iodex Buccal® → **Povidone-Iodine**
Iodiflor® → **Povidone-Iodine**
Iodina® → **Povidone-Iodine**
Iodinã® → **Povidone-Iodine**
Iodine-131® → **Iobenguane (^{131}I)**
Iodine Teat Spray® [vet.] → **Povidone-Iodine**
Iodine Tincture® → **Povidone-Iodine**
Iodin® [vet.] → **Povidone-Iodine**
Iodipine® → **Apraclonidine**
Iodis-T® → **Povidone-Iodine**
Iodject® [vet.] → **Sodium Iodide**
Iodo® → **Povidone-Iodine**
Iodoflex® → **Cadexomer**
Iodomarin® → **Potassium Iodide**
Iodomax® → **Povidone-Iodine**
Iodo-Polividona® → **Povidone-Iodine**
Iodopovidona → **Povidone-Iodine**
Iodopovidonum → **Povidone-Iodine**
Iodosept® → **Povidone-Iodine**
Iodosorb® → **Cadexomer**
Iodoten® → **Povidone-Iodine**
Iodovet-Spray® [vet.] → **Povidone-Iodine**
Iodo-Vit® → **Povidone-Iodine**
Iodoxyd® → **Povidone-Iodine**
Iodure de Potassium® → **Potassium Iodide**
Iodure de Potassium-Recip® → **Potassium Iodide**
Iodure de Potassium-Recip® → **Povidone-Iodine**
Iodure de Sodium® → **Sodium Iodide (^{131}I)**
Iodure de Tiémonium → **Tiemonium Iodide**
Iodure Vétoquinol® [vet.] → **Sodium Iodide**
Iodure Véto-Veine® [vet.] → **Sodium Iodide**
Ioduro de tiemonio → **Tiemonium Iodide**
Iohexol® → **Iohexol**
Iohexol SAD® → **Iohexol**
Iomeron® → **Iomeprol**
Ioméron® → **Iomeprol**
Ionamin® → **Phentermine**
Ionax® → **Benzalkonium Chloride**
Ionet® → **Loperamide**
Ionik® → **Indapamide**
Ionil® → **Salicylic Acid**
Ionil Plus® → **Salicylic Acid**
Ionsys® [TTS] → **Fentanyl**
Iopamidol® → **Iopamidol**

Iopamidol-Hexal® → **Iopamidol**
Iopamidolo Bioindustria Lim® → **Iopamidol**
Iopamidol-ratiopharm® → **Iopamidol**
Iopamiro® → **Iopamidol**
Iopamiron® → **Iopamidol**
Iopanchol® → **Cromoglicic Acid**
Iopasen® → **Iopamidol**
Iopathek® → **Iopamidol**
Iopimax® → **Apraclonidine**
Iopox® → **Povidone-Iodine**
Iosalide® → **Josamycin**
Iosan® [vet.] → **Povidone-Iodine**
Iosat® → **Potassium Iodide**
Io-Shield® [vet.] → **Povidone-Iodine**
Iosol® → **Povidone-Iodine**
Iotrovist® → **Iotrolan**
Ipacef® → **Cefuroxime**
Ipacid® → **Cefonicid**
Ipacillin® → **Ampicillin**
Ipamide® → **Ifosfamide**
Ipamix® → **Indapamide**
Ipaton® → **Ticlopidine**
Ipatrizina® → **Cefatrizine**
Ipaviran® → **Aciclovir**
Ipcacillin® [caps.] → **Ampicillin**
Ipcamox® → **Amoxicillin**
Ipercortis® → **Triamcinolone**
Iperdix® → **Rilmenidine**
Iperplasin® → **Mepartricin**
Iperten® → **Manidipine**
Ipertrofan® → **Mepartricin**
Ipibiofen® → **Thiamphenicol**
Ipical® → **Calcium Carbonate**
Ipin® → **Amlodipine**
Ipirasa® → **Omeprazole**
Iplex® → **Mecasermin**
Ipnovel® → **Midazolam**
Ipocol® → **Colestyramine**
Ipocol® → **Mesalazine**
Ipocol® [vet.] → **Mesalazine**
Ipofamina® [vet.] → **Oxytocin**
Ipogras® → **Sibutramine**
Ipolab® → **Labetalol**
Ipolipid® → **Gemfibrozil**
Ipomex® → **Sibutramine**
Iporel® → **Clonidine**
Iprabon® → **Ipratropium Bromide**
Ipracip® → **Ipratropium Bromide**
Ipradol® → **Hexoprenaline**
Ipramid® → **Simvastatin**
Ipran® → **Escitalopram**
Ipratrin® → **Ipratropium Bromide**
Ipratropii Bromidum → **Ipratropium Bromide**
Ipratropio bromuro → **Ipratropium Bromide**
Ipratropio Bromuro® → **Ipratropium Bromide**
Ipratropio bromuro [DCIT] → **Ipratropium Bromide**
Ipratropium Aguettant® → **Ipratropium Bromide**
Ipratropium bromid → **Ipratropium Bromide**
Ipratropiumbromid Arrow® → **Ipratropium Bromide**
Ipratropium Bromide → **Ipratropium Bromide**
Ipratropium Bromide® → **Ipratropium Bromide**
Ipratropiumbromide® → **Ipratropium Bromide**
Ipratropium Bromide [USAN, BAN, JAN] → **Ipratropium Bromide**
Ipratropium (bromure d') [DCF] → **Ipratropium Bromide**
Ipratropium Steri Neb® → **Ipratropium Bromide**
Ipravent® → **Ipratropium Bromide**
Ipraxa® → **Ipratropium Bromide**
Ipren® → **Ibuprofen**
Ipres® → **Indapamide**
Iprex® → **Ipratropium Bromide**
Iprical® → **Ipriflavone**
Ipriosten® → **Ipriflavone**
Iprivask® → **Desirudin**
Iproben® → **Ibuprofen**
iProfen® → **Ibuprofen**
I-Profen® → **Ibuprofen**
Ipromellosa → **Hypromellose**
Iprosten® → **Ipriflavone**
Ipsatol® → **Biperiden**
Ipsilon® → **Aminocaproic Acid**
Ipsoflog® → **Piroxicam**
Ipson® → **Ibuprofen**
Ipsovir® → **Aciclovir**
Ipstyl® → **Lanreotide**
Ipstyl Lyfjaver® → **Lanreotide**
Ipsumor® → **Fluoxetine**
Ipvent® → **Ipratropium Bromide**
Iqfadina® → **Ranitidine**
Iquix® → **Levofloxacin**
IRA® → **Clarithromycin**
Iramine® [vet.] → **Chlorphenamine**
Iraxen® → **Naproxen**
Irazem® → **Aripiprazole**
Irbes® → **Irbesartan**
Ircon® → **Ferrous Fumarate**
Iremal® → **Chlordiazepoxide**
Iremofar® → **Hydroxyzine**
Irenax® → **Irinotecan**
Irenor® → **Reboxetine**
Iressa® → **Gefitinib**
Iretensa® → **Irbesartan**
Iretron® → **Erythromycin**
Irfen® → **Ibuprofen**
Irgagen® [+ Sulfamethoxazol] → **Trimethoprim**
Irgagen® [+ Trimethoprim] → **Sulfamethoxazole**
Irgamid® → **Sulfadicramide**
Irgapan® → **Phenylbutazone**
Iriban® → **Mebeverine**
Iricalcin® [salmon] → **Calcitonin**
Iricil® → **Lisinopril**
Iridina due® → **Naphazoline**
Iridina Light® → **Benzalkonium Chloride**
Iridus® → **Naftidrofuryl**
Iridux® → **Naftidrofuryl**
Iridux F200® → **Naftidrofuryl**
Irifrin® → **Phenylephrine**
Irigon® → **Glycine**
Irilens® → **Hyaluronic Acid**
Iriniozol® → **Beclometasone**
Irinogen® → **Irinotecan**
Irinotecan Delta® → **Irinotecan**
Irinotecan Mayne® → **Irinotecan**
Irinotecan Rontag® → **Irinotecan**
Irinotecan Servycal® [sol.-inj.] → **Irinotecan**
Irinotel® → **Irinotecan**
Iriof® → **Indometacin**
Iristan-V® → **Cinoxacin**
Iriten® → **Irinotecan**
Iriyakin® → **Periciazine**
Irizz® → **Alprazolam**
Irnocam® → **Irinotecan**
Iromin® → **Carbasalate Calcium**
Iron Dextran® → **Dextran Iron Complex**
Iron Dextran Injection (BP 1999, USP 26) → **Dextran Iron Complex**
Ironfer® → **Ferrous Sulfate**
Ironject® [vet.] → **Dextran Iron Complex**
Irotrex® → **Ferrous Sulfate**
Irovel® → **Irbesartan**
Iroviton Calcium® → **Calcium Carbonate**
Iroviton-Irocovit C® → **Ascorbic Acid**
Iroviton Vitamin C® → **Ascorbic Acid**
Irradial® → **Sertraline**
Irrigor® → **Nimodipine**
Irrigor® → **Flunarizine**
Irrisol Chloorhexidine® → **Chlorhexidine**
Irritren® → **Lonazolac**
Irtan® → **Nedocromil**
Irufen® → **Ibuprofen**
Irumed® → **Lisinopril**
Irunine® → **Itraconazole**

Irvell® → **Irbesartan**
IS 5 mono-ratiopharm® → **Isosorbide Mononitrate**
Isalgen® → **Hyoscine Butylbromide**
Isangina® → **Isosorbide Mononitrate**
Isaphen® → **Oxyphenisatine**
Isaplic® → **Pimecrolimus**
Isaprandil® → **Metoclopramide**
Isart® → **Irbesartan**
Isaspin® → **Aspirin**
Isavir® → **Aciclovir**
Iscotin Neo® → **Methaniazide**
Iscover® → **Clopidogrel**
Isdiben® → **Isotretinoin**
Isdibudol® → **Ibuprofen**
Isdinium® → **Hydrocortisone**
ISDN AL® → **Isosorbide Dinitrate**
ISDN-beta® → **Isosorbide Dinitrate**
ISDN Hexal® → **Isosorbide Dinitrate**
ISDN Intermuti® → **Isosorbide Dinitrate**
ISDN-ISIS® → **Isosorbide Dinitrate**
ISDN-ratiopharm® → **Isosorbide Dinitrate**
ISDN Sandoz® → **Isosorbide Dinitrate**
ISDN Stada® → **Isosorbide Dinitrate**
ISDN von ct® → **Isosorbide Dinitrate**
Isdol® → **Ibuprofen**
Iselpin® → **Sucralfate**
Isepacin® → **Isepamicin**
Isepacine® → **Isepamicin**
Iset® → **Clarithromycin**
Isib 60 XL® → **Isosorbide Mononitrate**
isicom® [+ Carbidopa, monohydrate] → **Levodopa**
isicom® [+ Levodopa] → **Carbidopa**
Isilung® → **Eprazinone**
Isimoxin® → **Amoxicillin**
Iskemil® → **Dihydroergocristine**
Iskevert® → **Dihydroergocristine**
Iski® → **Diltiazem**
Islopir® → **Glimepiride**
Islotin® → **Metformin**
ISM 20® → **Isosorbide Mononitrate**
Ismacrol® → **Spiramycin**
Ismanton® → **Isosorbide Mononitrate**
Ismexin® → **Isosorbide Mononitrate**
ISMN 1A Pharma® → **Isosorbide Mononitrate**
ISMN AbZ® → **Isosorbide Mononitrate**
ISMN AL® → **Isosorbide Mononitrate**
ISMN Atid® → **Isosorbide Mononitrate**
ISMN-CT® → **Isosorbide Mononitrate**
ISMN Genericon® → **Isosorbide Mononitrate**
ISMN Hexal® → **Isosorbide Mononitrate**
ISMN Jadran® → **Isosorbide Mononitrate**
ISMN Lannacher® → **Isosorbide Mononitrate**
ISMN PB® → **Isosorbide Mononitrate**
ISMN Pharmavit® → **Isosorbide Mononitrate**
ISMN ratiopharm® → **Isosorbide Mononitrate**
ISMN Sandoz® → **Isosorbide Mononitrate**
ISMN Stada® → **Isosorbide Mononitrate**
ISMN von ct® → **Isosorbide Mononitrate**
Ismo® → **Isosorbide Mononitrate**
Ismotic® → **Isosorbide**
Ismox® → **Isosorbide Mononitrate**
Iso® → **Isoniazid**
Isoacne® → **Isotretinoin**
Isoba® [vet.] → **Isoflurane**
Iso-Betadine® → **Povidone-Iodine**
Isobinate® → **Isosorbide Dinitrate**
Isobloc® → **Carvedilol**
Isocaine® → **Mepivacaine**
Isocal® → **Calcium Carbonate**
Isocarboxazid® → **Isocarboxazid**
Isocard® → **Isosorbide Dinitrate**
Isocardide® → **Isosorbide Dinitrate**
Isocef® → **Ceftibuten**
Isochinol® [extern.-ung.] → **Quinisocaine**
Isochol® → **Hymecromone**
Isocillin® → **Phenoxymethylpenicillin**
Isoclar® → **Heparin**
Isoclox® → **Flucloxacillin**
Isoconazol® → **Isoconazole**
Isoconazol Genfar® → **Isoconazole**
Isoconazol Gen-Far® → **Isoconazole**
Isocord® → **Isosorbide Dinitrate**
IsoCrom® → **Cromoglicic Acid**
Isoderm® → **Bufexamac**
Isoderm® → **Isotretinoin**
Isodermal® → **Isotretinoin**
Isodex® → **Dextran**
Isodex® → **Dextrose**
Iso-Dexter® → **Isoniazid**
Isodilan® → **Isoxsuprine**
Isodine® → **Povidone-Iodine**
Isodinit® → **Isosorbide Dinitrate**
Isodinit R® → **Isosorbide Dinitrate**
Isodiur® → **Torasemide**
Isodol® → **Nimesulide**
Isodur® → **Isosorbide Mononitrate**
Iso Estedi® → **Isotretinoin**
Isoetharine Hydrochloride® → **Isoetarine**
Isoface® → **Isotretinoin**
Isofane® [vet.] → **Isoflurane**
Isofenal® → **Ketoprofen**
Isoflo® [vet.] → **Isoflurane**
Isofloxin® → **Pefloxacin**
Isofludem® → **Isoflurane**
Isofluraan® → **Isoflurane**
Isofluraan Medeva® → **Isoflurane**
Isofluran → **Isoflurane**
Isofluran® → **Isoflurane**
Isofluran Baxter® → **Isoflurane**
Isofluran Baxter® [vet.] → **Isoflurane**
Isofluran curamed® → **Isoflurane**
Isofluran DeltaSelect® → **Isoflurane**
Isoflurane → **Isoflurane**
Isoflurane® → **Isoflurane**
Isoflurane [BAN, DCF, JAN, USAN] → **Isoflurane**
Isoflurane Dexa Medica® → **Isoflurane**
Isoflurane-Medeva Europe® → **Isoflurane**
Isoflurane (Ph. Eur. 5, USP 30) → **Isoflurane**
Isoflurane Rhodia® → **Isoflurane**
Isoflurane® [vet.] → **Isoflurane**
Isoflurano → **Isoflurane**
Isoflurano® → **Isoflurane**
Isoflurano Baxter® → **Isoflurane**
Isoflurano [DCIT] → **Isoflurane**
Isoflurano Inibsa® → **Isoflurane**
Isofluran Rhodia® → **Isoflurane**
Isofluran Rhône Poulenc® → **Isoflurane**
Isofluranum → **Isoflurane**
Isofluranum (Ph. Eur. 5) → **Isoflurane**
Isofluran® [vet.] → **Isoflurane**
Isofra® → **Framycetin**
Isoftal® → **Naphazoline**
Isogaine® → **Mepivacaine**
Isogen® → **Isoconazole**
Isogeril® → **Isotretinoin**
Isoglaucon® → **Clonidine**
Isogyn® → **Isoconazole**
Isohart® → **Isosorbide Dinitrate**
Isohes® → **Hetastarch**
Isohexal® → **Isotretinoin**
Isoket® → **Isosorbide Dinitrate**
Isoket Retard® → **Isosorbide Dinitrate**

Isoket Roztok® → **Isosorbide Dinitrate**
Isoket Solución® → **Isosorbide Dinitrate**
Isoket Spray® → **Isosorbide Dinitrate**
Isokin® → **Isoniazid**
Iso Lacer® → **Isosorbide Dinitrate**
Isolin® → **Isoprenaline**
Isolong® → **Isosorbide Dinitrate**
Iso Mack® → **Isosorbide Dinitrate**
Isomack® → **Isosorbide Dinitrate**
Iso Mack Retard® → **Isosorbide Dinitrate**
Iso Mack Spray® → **Isosorbide Dinitrate**
Isomel® → **Isosorbide Mononitrate**
Isomenyl® → **Isoprenaline**
Isomet® → **Methyldopa**
Isomon® → **Isosorbide Mononitrate**
Isomonat® → **Isosorbide Mononitrate**
Isomonit® → **Isosorbide Mononitrate**
Isomytal® → **Amobarbital**
Isonefrine® → **Phenylephrine**
Isonergine® [vet.] → **Visnadine**
Isonex® → **Isoniazid**
Isoniac® → **Isoniazid**
Isoniazid® → **Isoniazid**
Isoniazida® → **Isoniazid**
Isoniazidã® → **Isoniazid**
Isoniazida Fabra® → **Isoniazid**
Isoniazida Iqfarma® → **Isoniazid**
Isoniazida Lafedar® → **Isoniazid**
Isoniazida L.CH.® → **Isoniazid**
Isoniazid Atlantic® → **Isoniazid**
Isoniazide Gf® → **Isoniazid**
Isoniazide PCH® → **Isoniazid**
Isoniazid Indo Farma® → **Isoniazid**
Isoniazid Injection® → **Isoniazid**
Isoniazid Oba® → **Isoniazid**
Isoniazid Tablets® → **Isoniazid**
Isoniazidum® → **Isoniazid**
Isonicid® → **Isoniazid**
Isonil® → **Oxyphenonium Bromide**
Isonipecaïne → **Pethidine**
Isonipecaine Hydrochloride AHFS (USA) → **Pethidine**
Isonitril® → **Isosorbide Mononitrate**
Isontyn® → **Terazosin**
Isopamil® → **Verapamil**
Isopelet® → **Isosorbide Dinitrate**
Isopen-20® → **Isosorbide Mononitrate**
Isophane Insulin [BAN, USAN] → **Insulin Injection, Isophane**
Isophane Insulin Human Suspension (USP 30) → **Insulin Injection, Isophane**
Isophane Insulin Suspension (USP 26) → **Insulin Injection, Isophane**
Isophan Insulin Injection (JP XIV) → **Insulin Injection, Isophane**
Isophan-Insulin-Suspension zur Injektion → **Insulin Injection, Isophane**
Isophan-Insulin-Suspension zur Injektion, Biphasische → **Insulin Injection, Biphasic Isophane**
Isophan-Insulin-Suspension zur Injektion, Biphasische (Ph. Eur. 5) → **Insulin Injection, Biphasic Isophane**
Isophan-Insulin-Suspension zur Injektion (Ph. Eur. 5) → **Insulin Injection, Isophane**
Isophyllen® → **Diprophylline**
Isoprenalina Cloridrato® → **Isoprenaline**
Isoprenalinesulfaat® → **Isoprenaline**
Isoprenalinhydrochlorid-Braun® → **Isoprenaline**
Isoprenalin SAD® → **Isoprenaline**
Isoprinosine® → **Inosine Pranobex**
Isoproterenol® → **Isoprenaline**
Isoproterenol Clorhidrato® → **Isoprenaline**
Isoproterenol Hydrochloride® → **Isoprenaline**
Isoproxal® → **Alprazolam**
Isoptin® → **Verapamil**
Isoptina® → **Verapamil**
Isoptina SR® → **Verapamil**
Isoptine® → **Verapamil**
Isoptin retard® → **Verapamil**
Isoptin RR retard® → **Verapamil**
Isoptin SR® → **Verapamil**
Isopto Alkaline® → **Hypromellose**
Isopto Atropin® → **Atropine**
Isopto-Atropin® → **Atropine**
Isopto Atropina® → **Atropine**
Isopto Atropine® → **Atropine**
Isopto Atropine® [vet.] → **Atropine**
Isopto B12® → **Cyanocobalamin**
Isopto-Biotic® [vet.] → **Polymyxin B**
Isopto Carbachol® → **Carbachol**
Isopto-Carbachol® → **Carbachol**
Isopto Carbachol® [vet.] → **Carbachol**
Isopto Carpina® → **Pilocarpine**
Isopto Carpine® → **Pilocarpine**
Isopto-Carpine® → **Pilocarpine**
Isopto Cetamide® → **Sulfacetamide**
Isopto-Dex® → **Dexamethasone**
Isopto Fenicol® → **Chloramphenicol**
Isopto Flucon® → **Fluorometholone**
Isopto Frin® → **Phenylephrine**
Isopto Homatropine® → **Homatropine Hydrobromide**
Isopto Hyoscine® → **Scopolamine**
Isopto-Karbakolin® → **Carbachol**
Isopto Maxidex® → **Dexamethasone**
Isopto-Maxidex® → **Dexamethasone**
Isopto Maxidex® [vet.] → **Dexamethasone**
Isopto Pilocarpina® → **Pilocarpine**
Isopto-Pilocarpine® → **Pilocarpine**
Isopto-Pilokarpin® → **Pilocarpine**
Isopto Pilokarpin® [vet.] → **Pilocarpine**
Isopto Plain® → **Hypromellose**
Isopto-Plain® → **Hypromellose**
Isopto Plain® [vet.] → **Hypromellose**
Isopto Tears® → **Hypromellose**
Iso-Puren® → **Isosorbide Dinitrate**
Isorat® → **Isosorbide Mononitrate**
Isorbid® → **Isosorbide Dinitrate**
Isorbide® → **Isosorbide Dinitrate**
Isordil® → **Isosorbide Dinitrate**
Isorem® → **Isosorbide Dinitrate**
Isoric® → **Allopurinol**
Isoride® → **Dextrose**
Isorythm® → **Disopyramide**
Isorythm LP® → **Disopyramide**
Isosal® → **Salicylamide**
Isosol® → **Povidone-Iodine**
Isosor® → **Isosorbide Mononitrate**
Isosorbid® → **Isosorbide Dinitrate**
Isosorbid® → **Isosorbide Mononitrate**
Isosorbida Dinitrato® → **Isosorbide Dinitrate**
Isosorbid Dinitrat® → **Isosorbide Dinitrate**
Isosorbiddinitrat Lindo® → **Isosorbide Dinitrate**
Isosorbide® → **Isosorbide Mononitrate**
Isosorbide-5-mononitraat FLX® → **Isosorbide Mononitrate**
Isosorbide 5-Mononitrato Gen Med® → **Isosorbide Mononitrate**
Isosorbide-5-Mononitrato Teva® → **Isosorbide Mononitrate**
Isosorbidedinitraat® → **Isosorbide Dinitrate**
Isosorbidedinitraat A® → **Isosorbide Dinitrate**
Isosorbidedinitraat Alpharma® → **Isosorbide Dinitrate**
Isosorbidedinitraat CF® → **Isosorbide Dinitrate**
Isosorbide dinitraat CF® → **Isosorbide Dinitrate**
Isosorbidedinitraat FLX® → **Isosorbide Dinitrate**

Isosorbidedinitraat FNA® → **Isosorbide Dinitrate**
Isosorbidedinitraat Gf® → **Isosorbide Dinitrate**
Isosorbide dinitraat Katwijk® → **Isosorbide Dinitrate**
Isosorbidedinitraat Merck® → **Isosorbide Dinitrate**
Isosorbidedinitraat PCH® → **Isosorbide Dinitrate**
Isosorbidedinitraat Sandoz® → **Isosorbide Dinitrate**
Isosorbide Dinitrate® → **Isosorbide Dinitrate**
Isosorbide Dinitrate Dexa® → **Isosorbide Dinitrate**
Isosorbide Dinitrate Indo Farma® → **Isosorbide Dinitrate**
Isosorbide Dinitrate Landson® → **Isosorbide Dinitrate**
Isosorbide Dinitrato® → **Isosorbide Dinitrate**
Isosorbidemononitraat® → **Isosorbide Mononitrate**
Isosorbidemononitraat A® → **Isosorbide Mononitrate**
Isosorbide Mononitraat Alpharma® → **Isosorbide Mononitrate**
Isosorbidemononitraat Alpharma® → **Isosorbide Mononitrate**
Isosorbidemononitraat CF® → **Isosorbide Mononitrate**
Isosorbide mononitraat CF® → **Isosorbide Mononitrate**
Isosorbidemononitraat Gf® → **Isosorbide Mononitrate**
Isosorbidemononitraat Katwijk® → **Isosorbide Mononitrate**
Isosorbide Mononitraat Merck® → **Isosorbide Mononitrate**
Isosorbidemononitraat PCH® → **Isosorbide Mononitrate**
Isosorbidemononitraat Sandoz® → **Isosorbide Mononitrate**
Isosorbide Mononitrate® → **Isosorbide Mononitrate**
Isosorbide Mononitrate Schwarz® → **Isosorbide Mononitrate**
Isosorbide Mononitrato DOC® → **Isosorbide Mononitrate**
Isosorbide Mononitrato Dorom® → **Isosorbide Mononitrate**
Isosorbide Mononitrato EG® → **Isosorbide Mononitrate**
Isosorbide Mononitrato ratiopharm® → **Isosorbide Mononitrate**
Isosorbide Mononitrato RK® → **Isosorbide Mononitrate**
Isosorbide Mononitrato Sandoz® → **Isosorbide Mononitrate**
Isosorbide Mononitrato Union Health® → **Isosorbide Mononitrate**
Isosorbide Vannier® → **Isosorbide Dinitrate**
Isosorbidmononitrat 1A Pharma® → **Isosorbide Mononitrate**
Isosorbidmononitrat Alternova® → **Isosorbide Mononitrate**
Isosorbidmononitrat Hexal® → **Isosorbide Mononitrate**
Isosorbidmononitrat Ivax® → **Isosorbide Mononitrate**
Isosorbidmononitrat Lindo® → **Isosorbide Mononitrate**
Isosorbidmononitrat Merck NM® → **Isosorbide Mononitrate**
Isosorb retard® → **Isosorbide Dinitrate**
Isospan® → **Isosorbide Mononitrate**
Isospen® [vet.] → **Chlortetracycline**
Isostenase® → **Isosorbide Dinitrate**
Isotab® → **Isoniazid**
Isotamine® → **Isoniazid**
Isotane® → **Isotretinoin**
Isotard® → **Isosorbide Mononitrate**
Isotard® → **Isosorbide Dinitrate**
Isotenk® → **Isoxsuprine**
Isothane® → **Isoflurane**
Iso-Thesia® [vet.] → **Isoflurane**
Isotic Adretor® → **Timolol**
Isotic Cetride® → **Sulfacetamide**
Isotic Clearin® → **Tetryzoline**
Isotic Cycloma® → **Atropine**
Isotic Ixodine® → **Idoxuridine**
Isotic Renator® → **Ciprofloxacin**
Isotic Salmicol® → **Chloramphenicol**
Isotic Timact® → **Gentamicin**
Isotic Tobryne® → **Tobramycin**
Isotol® → **Mannitol**
Isotonic Gentamicin Sulphate® → **Gentamicin**
Isotop® [vet.] → **Atropine**
Isotor SR® → **Nitroglycerin**
Isotrate® → **Isosorbide Dinitrate**
Isotrate® → **Isosorbide Mononitrate**
Isotret-Hexal® → **Isotretinoin**
Isotretin Hexal® → **Isotretinoin**
Isotretinoin → **Isotretinoin**
Isotretinoin® → **Isotretinoin**
Isotretinoina → **Isotretinoin**
Isotretinoina Alpharma® → **Isotretinoin**
Isotretinoina [DCIT] → **Isotretinoin**
Isotretinoina Difa Cooper® → **Isotretinoin**
Isotretinoina EG® → **Isotretinoin**
Isotretinoina Estedi® → **Isotretinoin**
Isotretinoina Generis® → **Isotretinoin**
Isotretinoina Germed® → **Isotretinoin**
Isotretinoin Alpharma® → **Isotretinoin**
Isotretinoin Alternova® → **Isotretinoin**
Isotretinoina Ratiopharm® → **Isotretinoin**
Isotretinoina Stiefel® → **Isotretinoin**
Isotretinoin [BAN, USAN] → **Isotretinoin**
Isotretinoin Copyfarm® → **Isotretinoin**
Isotretinoine® → **Isotretinoin**
Isotrétinoïne → **Isotretinoin**
Isotretinoine A® → **Isotretinoin**
Isotrétinoïne [DCF] → **Isotretinoin**
Isotretinoine EG® → **Isotretinoin**
Isotretinoine-EG® → **Isotretinoin**
Isotretinoine Gf® → **Isotretinoin**
Isotretinoine Medis® → **Isotretinoin**
Isotrétinoïne (Ph. Eur. 5) → **Isotretinoin**
Isotretinoine PSI® → **Isotretinoin**
Isotretinoine Ratiopharm® → **Isotretinoin**
Isotretinoin Hexal® → **Isotretinoin**
Isotretinoin Iasis® → **Isotretinoin**
Isotretinoin-Isis® → **Isotretinoin**
Isotretinoin Med-One® → **Isotretinoin**
Isotretinoin-Mepha® → **Isotretinoin**
Isotretinoin (Ph. Eur. 5, USP 30) → **Isotretinoin**
Isotretinoin ratiopharm® → **Isotretinoin**
Isotretinoin Sandoz® → **Isotretinoin**
Isotretinoin Stada® → **Isotretinoin**
Isotretinoinum → **Isotretinoin**
Isotretinoinum (Ph. Eur. 5) → **Isotretinoin**
Isotrex® → **Isotretinoin**
Isotroin® → **Isotretinoin**
I.S.O.® [vet.] → **Isoflurane**
Isovir® → **Inosine Pranobex**
Isovist® → **Iotrolan**
Isovorin® → **Calcium Levofolinate**
Isovue® → **Iopamidol**
Isox® → **Itraconazole**
Isox® → **Meloxicam**
Isoxsuprin → **Isoxsuprine**
Isoxsuprina → **Isoxsuprine**
Isoxsuprina clorhidrato → **Isoxsuprine**
Isoxsuprina cloridrato → **Isoxsuprine**
Isoxsuprina [DCIT] → **Isoxsuprine**

J

Jonac® → **Diclofenac**
Jonac Gel® → **Diclofenac**
Jonctum® → **Oxaceprol**
Jopamiro® → **Iopamidol**
Jopamol® → **Paracetamol**
Josacine® → **Josamycin**
Josalid® → **Josamycin**
Josamicina → **Josamycin**
Josamicina [DCIT] → **Josamycin**
Josamina® [liqu.oral] → **Josamycin**
Josamycin® → **Josamycin**
Josamycin → **Josamycin**
Josamycin [BAN, JAN, USAN] → **Josamycin**
Josamycin (BP 2002, JP XIV, Ph. Eur. 5) → **Josamycin**
Josamycine → **Josamycin**
Josamycine [DCF] → **Josamycin**
Josamycinum → **Josamycin**
Josaxin® [compr.] → **Josamycin**
Josir® → **Tamsulosin**
Josty Antiparasit® [vet.] → **Dimpylate**
Joyzol® → **Olanzapine**
Jucapt® → **Captopril**
Jucolon® → **Mesalazine**
Jucurba Capsicum Schmerzemulsion® → **Capsaicin**
Juformin® → **Metformin**
Jufurix® → **Furosemide**
Julab® → **Selegiline**
Julax® → **Bisacodyl**
Julphadol® → **Paracetamol**
Julphamox® → **Amoxicillin**
Julphapen® → **Ampicillin**
Julphar profinal® → **Ibuprofen**
Jumex® → **Selegiline**
Jumexal® → **Selegiline**
Jumexil® → **Selegiline**
Junifen® → **Ibuprofen**
Junik® → **Beclometasone**
Junior Parapaed® → **Paracetamol**
Junizac® → **Ranitidine**
Juprenil® → **Selegiline**
Juraclox® [vet.] → **Cloxacillin**
Juramate® [vet.] → **Cloprostenol**
Jurnista® → **Hydromorphone**
Justar® → **Cicletanine**
Justor® → **Cilazapril**
Justum® → **Clorazepate, Dipotassium**
Jutabis® → **Bisoprolol**
Jutabloc® → **Metoprolol**
Jutaclin® → **Clindamycin**
Jutadilat® → **Nifedipine**
Jutadol® → **Tramadol**
Jutafenac® → **Diclofenac**
Jutagilin® → **Selegiline**
Jutaglucon® → **Glibenclamide**
Jutalar® → **Doxazosin**
Jutalex® → **Sotalol**
Jutamox® → **Amoxicillin**
Jutanorm® → **Propafenone**
Jutapress® → **Nitrendipine**
Jutaxan® → **Enalapril**
Juthiac® → **Thioctic Acid**
Juvacor → **Nikethamide**
Juvamycetin → **Chloramphenicol**
Juvason → **Prednisone**
Juvederm® → **Hyaluronic Acid**
Juvela® → **Tocopherol, α-**
Juvela N® → **Tocopherol, α-**
Juvela Nicotinate® → **Tocopherol, α-**
Juvelon® → **Tocopherol, α-**
Juvental® → **Atenolol**
Juvigor® → **Sildenafil**
Juviral® → **Aciclovir**
Juvit® → **Ascorbic Acid**
Juvit D3® → **Colecalciferol**

K-10® → **Potassium**
K+ 10® → **Potassium**
K 373 → **Prazepam**
K 4024 (Carlo Erba, Italy) → **Glipizide**
K-50® → **Menadione**
K+ 8® → **Potassium**
Kaban® → **Clocortolone**
Kabanimat® → **Clocortolone**
Kabergolin Ivax® → **Cabergoline**
Kabikinase® → **Streptokinase**
Kacin® → **Amikacin**
Kacina® → **Amikacin**
KadeFungin® → **Clotrimazole**
Kadian® → **Morphine**
Kadiflam® → **Diclofenac**
Kadol® → **Phenylbutazone**
Kadolax® → **Bisacodyl**
Kadox Retard® [vet.] → **Stirofos**
Ka-En® → **Dextrose**
Kaergona® → **Menadione**
Käärmepakkaus® → **Dexamethasone**
Kafa® → **Paracetamol**
Kafalgin® → **Metamizole**
Kafenac® → **Aceclofenac**
Kaflam® → **Diclofenac**
Kaflan® → **Diclofenac**
Kafra® → **Ofloxacin**
Kaftrim® [+ Sulfamethoxazole] → **Trimethoprim**
Kaftrim® [+ Trimethoprim] → **Sulfamethoxazole**
Kaidor® → **Citalopram**
Kailasa® → **Clarithromycin**
Kaimil® → **Flunisolide**
Kainair® → **Proxymetacaine**
Kainever® → **Estazolam**
Kaion Retard® → **Potassium**
Kaitron T® → **Ubidecarenone**
Kaizem CD® → **Diltiazem**
Kajos® → **Potassium**
Kalamin® → **Oxolamine**
Kalbeten® → **Bismuth Subsalicylate**
Kalbron® → **Theophylline**
Kalcef® [caps] → **Cefuroxime**
Kalcef® [inj.] → **Cefuroxime**
Kalcidon® → **Calcium Carbonate**
Kalciferol SAD® → **Ergocalciferol**
Kalcijev karbonat® → **Calcium Carbonate**
Kalcij-folinat® → **Folinic Acid**
Kalcijum karbonat® → **Calcium Carbonate**
Kalcipos® → **Calcium Carbonate**
Kalcitena® → **Calcium Carbonate**
Kalcitonin® → **Calcitonin**
Kalcytriol® → **Calcitriol**
Kaldyum® → **Potassium**
Kalecin® → **Clarithromycin**
Kaleorid® → **Potassium**
Kaletra® [+ Lopinavir] → **Ritonavir**
Kaletra® [+ Lopinavir] → **Ritonavir**
Kaletra® [+ Ritonavir] → **Lopinavir**
Kaletra® [+ Ritonavir] → **Lopinavir**
Kalferon® → **Interferon Alfa**
Kalfoxim® → **Cefotaxime**
Kalgut® → **Denopamine**
Kalicor® → **Piracetam**
Kalidren® → **Diclofenac**
Kaligel® [vet.] → **Potassium**
Kaliglutol® → **Potassium**
Kaligon® → **Gluconate de potassium**
Kalii Chloridi® → **Potassium**
Kalii clavulanas → **Clavulanic Acid**
Kalii clavulanas (Ph. Eur. 5) → **Clavulanic Acid**
Kalijev Jodid® → **Potassium Iodide**
Kalij-klorid® → **Potassium**
Kalij klorid® → **Potassium**
Kalij klorid Jadran® → **Potassium**
Kalijum hlorid® → **Potassium**
Kalimate® → **Polystyrene Sulfonate**
Kalimat prolongatum® → **Potassium**
Kalinor® → **Potassium**
Kalinorm® → **Potassium**
Kalinor-retard P® → **Potassium**
Kaliolite® → **Potassium**
Kalipoz prolongatum® → **Potassium**
Kalipren® → **Enalapril**
Kalipyrin Lite® → **Aspirin**
Kalirechin S® → **Kallidinogenase**
Kalisol® → **Potassium**
Kalitabs® → **Potassium**
Kalitake® → **Polystyrene Sulfonate**

Kalitrans® → **Potassium**
Kalitrans-Retard® → **Potassium**
Kalium → **Potassium**
Kalium® → **Potassium**
Kalium-Can.-ratiopharm® → **Potassium Canrenoate**
Kalium Chloratum® → **Potassium**
Kalium Chloratum Biomedica® → **Potassium**
Kalium Chloratum Infusia® → **Potassium**
Kalium Chloratum Leciva® → **Potassium**
Kalium chloratum Sintetica® → **Potassium**
Kalium chloratum Streuli® → **Potassium**
Kalium Chlorid® → **Potassium**
Kaliumchlorid Bernburg® → **Potassium**
Kalium Chlorid-Braun® → **Potassium**
Kaliumchlorid Braun® → **Potassium**
Kaliumchloride® → **Potassium**
Kaliumchloride PCH® → **Potassium**
Kalium Chlorid Fresenius® → **Potassium**
Kaliumchlorid Fresenius® → **Potassium**
Kaliumchlorid-Köhler® → **Potassium**
Kaliumchoride CF® → **Potassium**
Kaliumclavulanat (Ph. Eur. 5) → **Clavulanic Acid**
Kalium Diklofenak Dexa Medica® → **Diclofenac**
Kalium Durettes® → **Potassium**
Kalium Duriles® → **Potassium**
Kalium-Duriles® → **Potassium**
Kalium Durules® → **Potassium**
Kalium Gluconicum® → **Potassium**
Kalium Guajacolosulfonicum® → **Sulfogaiacol**
Kalium Hausmann® → **Potassium**
Kaliumiodid® → **Potassium Iodide**
Kaliumiodid Armeeapotheke® → **Potassium Iodide**
Kaliumiodid BC® → **Potassium Iodide**
Kaliumjodaat® → **Potassium Iodide**
Kalium jodatum® → **Potassium Iodide**
Kaliumjodide FNA® → **Potassium Iodide**
Kaliumjodid Lannacher® → **Potassium Iodide**
Kaliumjodid Recip® → **Potassium Iodide**
Kaliumklorid Braun® → **Potassium**
Kalium-R® → **Potassium**
Kalium Retard Nycomed® → **Potassium**
Kalium Verla® → **Potassium**
Kalixocin® → **Clarithromycin**
Kallijust® → **Kallidinogenase**
Kalma® → **Alprazolam**
Kalma® → **Tryptophan**
K-Alma® → **Tramadol**
Kalmalin® → **Lorazepam**
Kalmeco® → **Mecobalamin**
Kalmethasone® → **Dexamethasone**
Kalmivet® [vet.] → **Acepromazine**
Kalmocaps® → **Chlordiazepoxide**
Kalmopyrin® → **Aspirin**
Kalmoxillin® → **Amoxicillin**
Kalnex® → **Tranexamic Acid**
Kalnormin® → **Potassium**
Kalpicilin® → **Ampicillin**
Kalpress® → **Valsartan**
Kalsiyum Folinat Ebewe® → **Folinic Acid**
Kalstat® [vet.] → **Potassium**
Kaltensif® → **Doxazosin**
Kaltiazem® → **Diltiazem**
Kalticol® → **Thiamphenicol**
Kaltrofen® → **Ketoprofen**
Kaluril® → **Amiloride**
Kalven® → **Cetirizine**
Kalxetin® → **Fluoxetine**
Kalymin® → **Pyridostigmine Bromide**
Kalzonorm® → **Calcium Carbonate**
Kamacaine® → **Bupivacaine**
Kamadol® → **Tramadol**
Kamaflam® → **Diclofenac**
Kaman® → **Paromomycin**
Kambine® → **Fluconazole**
Kamfer → **Camphor**
Kamfolin® → **Methyl Salicylate**
Kamiren® → **Doxazosin**
Kamistad® → **Lidocaine**
Kamocillin® → **Ampicillin**
Kamoxin® → **Amoxicillin**
Kampfer → **Camphor**
Kanabiotic® → **Kanamycin**
Kanacill® [vet.] → **Kanamycin**
Kanacyn® → **Kanamycin**
Kana-kel® [vet.] → **Ampicillin**
Kanakion® → **Phytomenadione**
Kanamac® → **Kanamycin**
Kanamicina → **Kanamycin**
Kanamicina [DCIT] → **Kanamycin**
Kanamicină Sulfat® → **Kanamycin**
Kanamycin® → **Kanamycin**
Kanamycin → **Kanamycin**
Kanamycin A → **Kanamycin**
Kanamycin Acid Sulphate [BANM] → **Kanamycin**
Kanamycin [BAN] → **Kanamycin**
Kanamycin Capsules Meiji® → **Kanamycin**
Kanamycine → **Kanamycin**
Kanamycine [DCF] → **Kanamycin**
Kanamycine (monosulfate de) (–(sulfate acide de)";"Ph. Eur. 5) → **Kanamycin**
Kanamycine® [vet.] → **Kanamycin**
Kanamycini monosulfa (– sulfas acidus";"Ph. Eur. 5) → **Kanamycin**
Kanamycin Meiji® → **Kanamycin**
Kanamycinmonosulfa (Kanamycinsulfat, Saures";"Ph. Eur. 5) → **Kanamycin**
Kanamycin monosulphate (Ph. Eur. 5) → **Kanamycin**
Kanamycin Novo® → **Kanamycin**
Kanamycin Ogris® [vet.] → **Kanamycin**
Kanamycin-POS® → **Kanamycin**
Kanamycin Sanbe® → **Kanamycin**
Kanamycin Sulfate Injection® → **Kanamycin**
Kanamycin Sulfate Injection Meiji® → **Kanamycin**
Kanamycin Sulfate (JP XIV, USP 30) → **Kanamycin**
Kanamycin sulfate or acid sulfate: → **Kanamycin**
Kanamycin Sulfate or Acid Sulfate → **Kanamycin**
Kanamycin Sulfate [USAN] → **Kanamycin**
Kanamycin sulfat oder saures sulfat → **Kanamycin**
Kanamycin Sulphat (– Acid Sulphate";"Ph. Eur. 5) → **Kanamycin**
Kanamycin Sulphate [BANM] → **Kanamycin**
Kanamycin Sulphate Meiji® → **Kanamycin**
Kanamycinum → **Kanamycin**
Kanamycin® [vet.] → **Kanamycin**
Kanamycin Virbac® [vet.] → **Kanamycin**
Kanamysel® [vet.] → **Kanamycin**
Kanamytrex® → **Kanamycin**
Kanapen® [vet.] → **Kanamycin**
Kanaprim® → **Primaquine**
Kanaquine® → **Quinine**
Kanarco® → **Kanamycin**
Kanaspray® [vet.] → **Kanamycin**
Kana-Stulln® → **Kanamycin**
Kanavit® → **Phytomenadione**
Kanaxin® [vet.] → **Kanamycin**
Kanazima® → **Erythromycin**
Kanazol® → **Itraconazole**
Kancin® → **Kanamycin**
Kancin Gap® → **Amikacin**

Kandarone® → **Amiodarone**
Kandicin® → **Cefadroxil**
Kandistat® → **Nystatin**
Kandistatin® → **Nystatin**
Kandizol® → **Fluconazole**
Kanesol® → **Clotrimazole**
Kaneuron® → **Phenobarbital**
Kanex® [+ Amoxicilline trihydrate] → **Clavulanic Acid**
Kanex® [+ Clavulanic Acid, potassium salt] → **Amoxicillin**
Kanezin® → **Clotrimazole**
Kangen® → **Kanamycin**
Kanin® → **Hyoscine Butylbromide**
Kanis® → **Clotrimazole**
Kank-a® → **Benzocaine**
Kan-Mycin® → **Kanamycin**
Kanolone® → **Triamcinolone**
Kan-Ophtal® → **Kanamycin**
Kanoxin® → **Kanamycin**
Kanrenol® → **Potassium Canrenoate**
Kansen® → **Clotrimazole**
Kantec® → **Malotilate**
Kantrenol® → **Acetylcysteine**
Kantrex® → **Kanamycin**
Kantrim® [vet.] → **Gentamicin**
Kanzacin® → **Cefroxadine**
Kaochlor® → **Potassium**
Kaoke® → **Calcitonin**
Kaolin → **Kaolin**
Kaolin [DCF, USAN, JAN] → **Kaolin**
Kaolin, Heavy (Ph. Eur. 5) → **Kaolin**
Kaolin lourd (Ph. Eur. 5) → **Kaolin**
Kaolin (Ph. Int. 4, USP 30) → **Kaolin**
Kaolinum → **Kaolin**
Kaolinum (Ph. Int. 4) → **Kaolin**
Kaolinum ponderosum (Ph. Eur. 5) → **Kaolin**
Kaolin® [vet.] → **Kaolin**
Kaomycine®[vet.] → **Neomycin**
Kaon-Cl® → **Potassium**
Kaon-Cl-10® → **Potassium**
Kaopectate® → **Attapulgite**
Kaopectate® → **Kaolin**
Kaosyl® → **Cromoglicic Acid**
Kaotate® → **Attapulgite**
Kapanol® → **Morphine**
Kapanol CSR® → **Morphine**
Kaparlon-S® → **Enalapril**
Kapnax® → **Naproxen**
Kappacef® → **Ceftriaxone**
Kapril® → **Captopril**
Kaprofen® → **Ketoprofen**
Kaprogest® → **Hydroxyprogesterone**
Kapron® → **Ciprofloxacin**
Kaptin® → **Gabapentin**
Kaptopril® → **Captopril**
Kaptopril Alkaloid® → **Captopril**
Kaptopril-K® → **Captopril**
Kaptopril Krka® → **Captopril**
Kaptoril® → **Captopril**
Karazepin® → **Carbamazepine**
Karbadip® [vet.] → **Carbaril**
Karbalex® → **Carbamazepine**
Karbamazepin® → **Carbamazepine**
Karbamazepin Dak® → **Carbamazepine**
Karbamazepin NM Pharma® → **Carbamazepine**
Karbapin® → **Carbamazepine**
Karbasal® → **Urea**
Karbasif® → **Carbamazepine**
Karberol® → **Carbamazepine**
Karboprost® → **Carboprost**
Kardégic® → **Aspirin**
Karden® → **Nicardipine**
Kardiket® → **Isosorbide Dinitrate**
Kardil® → **Diltiazem**
Kardisentin® → **Dipyridamole**
Kardopal® [+ Carbidopa, monohydrate] → **Levodopa**
Kardopal® [+ Levodopa] → **Carbidopa**
Kardozin® → **Doxazosin**
Karevdilol Scand Pharm® → **Carvedilol**
Karex-Wolff® → **Erythromycin Stinoprate**
Karidium® → **Clobazam**
Karidium® → **Sodium Fluoride**
Karigel® → **Sodium Fluoride**
Karil® → **Calcitonin**
Karile® → **Nortriptyline**
Karil® [salmon] → **Calcitonin**
Karin® → **Clarithromycin**
Karison® → **Clobetasol**
Karlit® → **Lithium**
Karlor® → **Cefaclor**
Karmikin® → **Amikacin**
Karmosan® → **Urea**
Karoksen® → **Naproxen**
Karon® → **Alprostadil**
Karsivan® [vet.] → **Propentofylline**
Kartal® → **Nimesulide**
Karum® → **Clopidogrel**
Karvea® → **Irbesartan**
Karvedil® → **Carvedilol**
Karvedilol® → **Carvedilol**
Karvedilol Actavis® → **Carvedilol**
Karvedilol Arrows® → **Carvedilol**
Karvedilol Scand Pharm® → **Carvedilol**
Karvera® → **Irbesartan**
Karvil® → **Carvedilol**
Karvileks® → **Carvedilol**
Kary Uni® → **Pirenoxine**
Katadolon® → **Flupirtine**
Katadolon® [inj.] → **Flupirtine**
Katafenac® → **Diclofenac**
Katalip® → **Fenofibrate**
Kataprin® → **Paracetamol**
Katasma® → **Diprophylline**
Katena® → **Gabapentin**
Katifen® → **Ketotifen**
Katlex® → **Furosemide**
Kato® → **Potassium**
Katopil® → **Captopril**
Katopril® → **Captopril**
Katrum® → **Capsaicin**
Katsin® → **Ketoconazole**
Kattwilact® → **Lactulose**
Kavaderm® → **Bifonazole**
Kavaform® → **Kawain**
Kavelor® → **Simvastatin**
Kavepenin® → **Phenoxymethylpenicillin**
Kavmos® [vet.] → **Acepromazine**
Kay-Cee-L® → **Potassium**
Kay Ciel® → **Potassium**
Kayexalate® → **Polystyrene Sulfonate**
Kayexalate Ca® → **Polystyrene Sulfonate**
Kayexalate Calcium® → **Polystyrene Sulfonate**
Kayexalate Na® → **Polystyrene Sulfonate**
Kaytwo® → **Menatetrenone**
Kaywan® → **Phytomenadione**
Kazepin® → **Carbamazepine**
Kazinal® → **Ketoconazole**
KBr Tablets® [vet.] → **Potassium**
K+ Care® → **Potassium**
K-Cil® → **Cloxacillin**
KCl ACS Dobfar Info → **Potassium**
KCL-Retard® → **Potassium**
KCl-retard Hausmann® → **Potassium**
KCl-retard Zyma® → **Potassium**
Kdrine® → **Procyclidine**
K-Dur® → **Potassium**
Keal® → **Sucralfate**
Kéal® → **Sucralfate**
Kebir® → **Oxaliplatin**
Kebirtecan® → **Irinotecan**
Kebirzol® → **Letrozole**
Keciflox® → **Ciprofloxacin**
Kedacillin® → **Sulbenicillin**
Kedrop® → **Ketotifen**
Keduo® → **Ketoconazole**
Keefloxin® → **Ciprofloxacin**
Keet Life® [vet.] → **Chlortetracycline**
Kefacin® → **Cefalexin**
Kefaclor® → **Cefaclor**

Kefadim® → **Ceftazidime**
Kefadin® [vet.] → **Ceftazidime**
Kefalex® → **Cefalexin**
Kefalex® [vet.] → **Cefalexin**
Kefalotin® → **Cefalotin**
Kefavet® [vet.] → **Cefalexin**
Kefazim® [inj.] → **Ceftazidime**
Kefazin® → **Cefazolin**
Kefcin® → **Cefaclor**
Kefdil® [caps.] → **Cefadroxil**
Kefdrin® → **Cefradine**
Kefen® → **Ketoprofen**
Kefentech® → **Ketoprofen**
Kefexin® → **Cefalexin**
Keflaxina® → **Cefalexin**
Keflex® → **Cefalexin**
Keflin® → **Cefalexin**
Keflor® → **Cefaclor**
Kefloridina® → **Cefalexin**
Kefol® → **Cefazolin**
Kefolit® → **Cefalotin**
Kefotax® → **Cefotaxime**
Kefsid® → **Cefaclor**
Kefstar® → **Cefuroxime**
Keftab® → **Cefalexin**
Keftid® → **Cefaclor**
Keftriaxone® → **Ceftriaxone**
Kefungin® → **Ketoconazole**
Kefurim® → **Cefuroxime**
Kefurox® → **Cefuroxime**
Kefvet® [vet.] → **Cefalexin**
Kefzim® → **Ceftazidime**
Kefzol® → **Cefazolin**
Keimax® → **Ceftibuten**
Keimicina® → **Kanamycin**
Keityl® → **Sulpiride**
Kela® → **Triamcinolone**
Kelac® → **Ketorolac**
Keladormet® → **Lormetazepam**
Keladox® → **Doxycycline**
Kelalexan® → **Bromazepam**
Kelamigra® → **Flunarizine**
Kelatenor® → **Atenolol**
Kelatine® → **Penicillamine**
Kelatoryn® → **Captopril**
Kelaxanal® → **Alprazolam**
Kelbium® → **Cefpodoxime**
Kelefusin® → **Potassium**
Kelfer® → **Deferiprone**
Kelfex® → **Cefadroxil**
Keliuret® → **Indapamide**
Kelnac® → **Plaunotol**
Kélocyanor® → **Edetic Acid**
Kelomedil® → **Buflomedil**
Kelsef® → **Cefradine**
Kelsopen® [+ Amoxicillin, trihydrate] → **Clavulanic Acid**
Kelsopen® [+ Clavulanic Acid, potassium salt] → **Amoxicillin**
Kemadren® → **Procyclidine**
Kemadrin® → **Procyclidine**
Kemanat® → **Ketorolac**
Kemeol® → **Ephedrine**
Kemicetin® → **Chloramphenicol**
Kemicetine® → **Chloramphenicol**
Kemicetine Ophtalmic® → **Chloramphenicol**
Kemicetine Succinate® → **Chloramphenicol**
Kemicetine® [vet.] → **Chloramphenicol**
Kemint® [vet.] → **Ketamine**
Kemipen® → **Chloramphenicol**
Kemocarb® → **Carboplatin**
Kemocil® → **Ampicillin**
Kemoclin® → **Tetracycline**
Kemocol® → **Chloramphenicol**
Kemodin® → **Povidone-Iodine**
Kemofam® → **Famotidine**
Kemolas® → **Paracetamol**
Kemolat® → **Nifedipine**
Kemolexin® → **Cefalexin**
Kemopen® → **Penicillin G Procaine**
Kemoplat® → **Cisplatin**
Kemoprim® [+ Sulfamethoxazole] → **Trimethoprim**
Kemoprim® [+ Trimethoprim] → **Sulfamethoxazole**
Kemoranin® → **Ranitidine**
Kemoren® → **Diclofenac**
Kemorinol® → **Allopurinol**
Kemosilin® → **Amoxicillin**
Kemostan® → **Mefenamic Acid**
Kemotason® → **Dexamethasone**
Kemothrocin® → **Erythromycin**
Kempi® → **Spectinomycin**
Kemzid® → **Triamcinolone**
Kenacef® → **Cefuroxime**
Kenacort® → **Triamcinolone**
Kenacort A® → **Triamcinolone**
Kenacort A IA® → **Triamcinolone**
Kenacort- A IM® → **Triamcinolone**
Kenacort A Solubile® → **Triamcinolone**
Kenacort Retard® → **Triamcinolone**
Kenacort-T® [inj., ungt.] → **Triamcinolone**
Kenaderm-L® → **Triamcinolone**
Kenadion® → **Phytomenadione**
Kenaler® → **Ketotifen**
Kenalgesic® → **Ketorolac**
Kenalog® → **Triamcinolone**
Kenalog Orabase® → **Triamcinolone**
Kenalyn® → **Ketoconazole**
Kenazol® → **Ketoconazole**
Kenazole® → **Ketoconazole**
Kendix® → **Aciclovir**
Kendolit® → **Ketorolac**
Kendural® → **Ferrous Sulfate**
Kenedril® → **Azelaic Acid**
Kenefen® → **Ketotifen**
Kenergon® → **Lidocaine**
Kenesil® → **Nimodipine**
Kenhancer® → **Ketoprofen**
Kenicef® → **Cefodizime**
Kenicet® → **Cetirizine**
Kennel Dip® [vet.] → **Lindane**
Kennel-Maid → **Piperazine**
Kennel Wormer® [vet.] → **Piperazine**
Keno® → **Triamcinolone**
Kenodol® → **Ketorolac**
Kenoket® → **Clonazepam**
Kenolan® → **Captopril**
Kenoral® → **Ketoconazole**
Kenox® → **Paracetamol**
Kenrovir® → **Aciclovir**
Kenstatin® → **Pravastatin**
Kentacef® → **Cefatrizine**
Kentadin® → **Pentoxifylline**
Kentan® → **Loxoprofen**
Kentera® → **Oxybutynin**
Kentimol ED® → **Timolol**
Kenton S® → **Tocopherol, α-**
Kenyamine® → **Dexchlorpheniramine**
Kenzen® → **Candesartan**
Kenzoflex® → **Ciprofloxacin**
Keolax® → **Clobazam**
Keor® → **Cefixime**
Kepinol® [+ Sulfamethoxazol] → **Trimethoprim**
Kepinol® [+ Trimethoprim] → **Sulfamethoxazole**
Kepivance® → **Palifermin**
Keplat® → **Ketoprofen**
Kepoxin® → **Cefotaxime**
Keppra® → **Levetiracetam**
Kepra® → **Levetiracetam**
Keprodol® → **Ketoprofen**
Keradol® → **Ketorolac**
Keral® → **Dexketoprofen**
Kerarer® → **Ketorolac**
Keratisdin® → **Lactic Acid**
Kerato Biciron® → **Pantothenic Acid**
Keratopic® → **Urea**
Kerato-sal® → **Salicylic Acid**
Keratyl® → **Nandrolone**
Keritmon® → **Amiodarone**
Keritrina® → **Nitroglycerin**
Keri Vit E® → **Tocopherol, α-**
Kerlofin® → **Omeprazole**
Kerlon® → **Betaxolol**
Kerlone® → **Betaxolol**

K

Kerlong® → **Betaxolol**
Kerniox® → **Amlodipine**
Kernit® → **Levocarnitine**
Kertet® → **Cefamandole**
Keselan® → **Haloperidol**
Kesint® → **Cefuroxime**
Kesint® [inj.] → **Cefuroxime**
Kesium® [+ amoxicilline trihydrate] [vet.] → **Clavulanic Acid**
Kesium® [+ clavulanic acid potassium salt] [vet.] → **Amoxicillin**
Kesol® → **Budesonide**
Kespirona® → **Spironolactone**
Kess® → **Lamivudine**
Kessar® → **Tamoxifen**
Kess Lamivudina® [compr.] → **Lamivudine**
Kestin® → **Ebastine**
Kestine® → **Ebastine**
Kestinlyo® → **Ebastine**
Kestomatine® → **Dimeticone**
Kestomatine Baby® → **Dimeticone**
Kestrone® → **Estrone**
Ketacon® → **Ketoconazole**
Keta-Hameln® → **Ketamine**
Ketaject® [vet.] → **Ketamine**
Keta-Ject® [vet.] → **Ketamine**
Ketalar® [vet.] → **Ketamine**
Ketalgon® → **Ketoprofen**
Ketalin® [vet.] → **Ketamine**
Ketamav® [vet.] → **Ketamine**
Ketamidor® [vet.] → **Ketamine**
Ketamil® [vet.] → **Ketamine**
Ketamin → **Ketamine**
Ketamina → **Ketamine**
Ketamina® → **Ketamine**
Ketamina clorhidrato → **Ketamine**
Ketamina cloridrato → **Ketamine**
Ketamina [DCIT] → **Ketamine**
Ketamina Fabra® → **Ketamine**
Ketamina Klonal® → **Ketamine**
Ketamina Larjan® → **Ketamine**
Ketamina Richmond® → **Ketamine**
Ketamin Deltaselect® → **Ketamine**
Ketamine → **Ketamine**
Kétamine → **Ketamine**
Ketamine [BAN, DCF] → **Ketamine**
Kétamine (chlorhydrate de) → **Ketamine**
Kétamine (chlorhydrate de) (Ph. Eur. 5) → **Ketamine**
Ketamine Fresenius® → **Ketamine**
Ketamine HCl® → **Ketamine**
Ketamine hydrochloride: → **Ketamine**
Ketamine Hydrochloride → **Ketamine**
Ketamine Hydrochloride® → **Ketamine**
Ketamine Hydrochloride [BANM, USAN] → **Ketamine**
Ketamine Hydrochloride (JP XIV, Ph. Eur. 5, Ph. Int. 4, USP 30) → **Ketamine**
Ketamine Panpharma® → **Ketamine**
Kétamine Panpharma® → **Ketamine**
Ketamine® [vet.] → **Ketamine**
Kétamine Virbac® [vet.] → **Ketamine**
Ketamin Gräub® [vet.] → **Ketamine**
Ketaminhydrochlorid → **Ketamine**
Ketaminhydrochlorid (Ph. Eur. 5) → **Ketamine**
Ketaminhydrochlorid® [vet.] → **Ketamine**
Ketamini hydrochloridum → **Ketamine**
Ketamini hydrochloridum (Ph. Eur. 5, Ph. Int. 4) → **Ketamine**
Ketamin Inresa® → **Ketamine**
Ketaminol® [vet.] → **Ketamine**
Ketamin Ratiopharm® → **Ketamine**
Ketaminum → **Ketamine**
Ketamin® [vet.] → **Ketamine**
Ketanarkon® [vet.] → **Ketamine**
Ketanest® → **Ketamine**
Ketanov® → **Ketorolac**
Ketanrift® → **Allopurinol**
Ketanserin® → **Ketanserin**
Ketapex® [vet.] → **Ketamine**
Ketartrium® → **Ketoprofen**
Ketas® → **Ibudilast**
Ketasel® [vet.] → **Ketamine**
Ketaset® [vet.] → **Ketamine**
Ketasma® → **Ketotifen**
Ketasol® [vet.] → **Ketamine**
Keta-Sthetic® [vet.] → **Ketamine**
Keta-S® [vet.] → **Ketamine**
Ketaved® [vet.] → **Ketamine**
Ketavet® [vet.] → **Ketamine**
Ketazol® → **Ketoconazole**
Ketazon® → **Kebuzone**
Ketazon® → **Ketoconazole**
Ketek® → **Telithromycin**
Keten® → **Ketotifen**
Ketensin® → **Ketanserin**
Ketesse® → **Dexketoprofen**
Ketidin® → **Raloxifene**
Ketifen® → **Ketotifen**
Ketilept® → **Quetiapine**
Ketlac® → **Ketorolac**
Ketmin® → **Ketamine**
Keto® → **Ketoprofen**
Keto-50® → **Ketoprofen**
Keto-A® → **Ketoprofen**
Ketobifan® → **Ketoconazole**
Ketobos® → **Ketoprofen**
Ketobun-A® → **Allopurinol**
Ketocef® → **Cefuroxime**
Ketocev® → **Ketotifen**
Ketocid® → **Ketoprofen**
Ketocine® → **Ketoconazole**
Keto-Comp® → **Ketoconazole**
Ketocon® → **Ketoconazole**
Ketoconazol® → **Ketoconazole**
Ketoconazol → **Ketoconazole**
Ketoconazol A® → **Ketoconazole**
Ketoconazol AG® → **Ketoconazole**
Ketoconazol Alpharma® → **Ketoconazole**
Ketoconazol Alternova® → **Ketoconazole**
Ketoconazol Bexal® → **Ketoconazole**
Ketoconazol Biotisane® → **Ketoconazole**
Ketoconazol Cantabria® → **Ketoconazole**
Ketoconazol CF® → **Ketoconazole**
Ketoconazol Cinfa® → **Ketoconazole**
Ketoconazol Cuve® → **Ketoconazole**
Ketoconazole → **Ketoconazole**
Kétoconazole → **Ketoconazole**
Ketoconazole® → **Ketoconazole**
Ketoconazole Actavis® → **Ketoconazole**
Ketoconazole [BAN, DCF, JAN, USAN] → **Ketoconazole**
Ketoconazol Ecar® → **Ketoconazole**
Ketoconazole Dexa Medica® → **Ketoconazole**
Ketoconazole Genepharm® → **Ketoconazole**
Ketoconazole Hexpharm® → **Ketoconazole**
Ketoconazole Hovid® → **Ketoconazole**
Ketoconazole Novexal® → **Ketoconazole**
Kétoconazole (Ph. Eur. 5) → **Ketoconazole**
Ketoconazole (Ph. Eur. 5, Ph. Int. 4, USP 30) → **Ketoconazole**
Ketoconazol Fabra® → **Ketoconazole**
Ketoconazol Fmndtria® → **Ketoconazole**
Ketoconazol Genfar® → **Ketoconazole**
Ketoconazol Gen-Far® → **Ketoconazole**
Ketoconazol Gf® → **Ketoconazole**
Ketoconazol Iqfarma® → **Ketoconazole**
Ketoconazol J-C® → **Ketoconazole**
Ketoconazol Katwijk® → **Ketoconazole**

Ketoconazol Labiana® → **Ketoconazole**
Ketoconazol L.CH.® → **Ketoconazole**
Ketoconazol LPH® → **Ketoconazole**
Ketoconazol Mede® → **Ketoconazole**
Ketoconazol MF® → **Ketoconazole**
Ketoconazol MK® → **Aspirin**
Ketoconazol MK® → **Ketoconazole**
Ketoconazolo → **Ketoconazole**
Ketoconazolo [DCIT] → **Ketoconazole**
Ketoconazol PCH® → **Ketoconazole**
Ketoconazol (Ph. Eur. 5) → **Ketoconazole**
Ketoconazol Ratiopharm® → **Ketoconazole**
Ketoconazol Sandoz® → **Ketoconazole**
Ketoconazolum → **Ketoconazole**
Ketoconazolum (Ph. Eur. 5, Ph. Int. 4) → **Ketoconazole**
Ketoconazol Ur® → **Ketoconazole**
Ketocrema® → **Ketoconazole**
Keto-Cure® → **Ketoconazole**
Ketodar® → **Ketoconazole**
Ketoderm® → **Ketoconazole**
Kétoderm® → **Ketoconazole**
Ketodex® → **Dexketoprofen**
Ketodil® → **Ketotifen**
Ketodrol® → **Ketorolac**
Ketodur® → **Ketoprofen**
Ketof® → **Ketotifen**
Ketofarm® → **Ketoprofen**
Ketofen® → **Ketoprofen**
Ketofen® [vet.] → **Ketoprofen**
Ketoflam® [vet.] → **Ketoprofen**
Ketoflex® → **Ketoprofen**
Ketoftil® → **Ketotifen**
Ketofun® → **Ketoconazole**
Ketofungol® [vet.] → **Ketoconazole**
Ketogan® → **Ketobemidone**
Ketogan Novum® → **Ketobemidone**
Ketogin® → **Ketoconazole**
Ketohexal® → **Ketotifen**
Ketoisdin® → **Ketoconazole**
Ketoisdin Vaginal® → **Ketoconazole**
Keto-Jel® → **Ketoprofen**
Ketokonazol® → **Ketoconazole**
Ketokonazol Alternova® → **Ketoconazole**
Ketokonazol Copyfarm® → **Ketoconazole**
Ketokonazole TP® → **Ketoconazole**
Ketolam® → **Ketoconazole**
Ketolan® → **Ketoconazole**
Ketolar® → **Ketamine**
Ketolef® → **Ketoconazole**
Ketomag® → **Ketoprofen**
Ketomar® → **Ketotifen**
Ketomed® → **Ketoconazole**
Keto-med® → **Ketoconazole**
Ketomex® → **Ketoprofen**
Ketomicol® → **Ketoconazole**
Ketomolargesico® → **Ketorolac**
Ketonal® → **Ketoprofen**
Ketonan® → **Ketoconazole**
Ketonazol® → **Ketoconazole**
Ketonazole® → **Ketoconazole**
Ketonic® → **Ketorolac**
Ketonil® → **Ketotifen**
Ketopharm® → **Ketorolac**
Ketopine® → **Ketoconazole**
Ketoplus® → **Ketoprofen**
Ketoprofen → **Ketoprofen**
Ketoprofen® → **Ketoprofen**
Ketoprofen Alpharma® → **Ketoprofen**
Ketoprofen [BAN, JAN, USAN] → **Ketoprofen**
Ketoprofen CF® → **Ketoprofen**
Ketoprofen-CT® → **Ketoprofen**
Ketoprofene → **Ketoprofen**
Kétoprofène → **Ketoprofen**
Kétoprofène Biogaran® → **Ketoprofen**
Kétoprofène [DCF] → **Ketoprofen**
Ketoprofene [DCIT] → **Ketoprofen**
Ketoprofene DOC® → **Ketoprofen**
Ketoprofene EG® → **Ketoprofen**
Kétoprofène EG® → **Ketoprofen**
Ketoprofene-Ethypharm-LP® → **Ketoprofen**
Kétoprofène G Gam® → **Ketoprofen**
Kétoprofène Ivax® → **Ketoprofen**
Kétoprofène Merck® → **Ketoprofen**
Ketoprofène (Ph. Eur. 5) → **Ketoprofen**
Kétoprofène RPG® → **Ketoprofen**
Ketoprofene Sandoz® → **Ketoprofen**
Kétoprofène Sandoz® → **Ketoprofen**
Ketoprofene Teva® → **Ketoprofen**
Ketoprofene Union Health® → **Ketoprofen**
Kétoprofène Winthrop® → **Ketoprofen**
Ketoprofen Gf® → **Ketoprofen**
Ketoprofen Merck NM® → **Ketoprofen**
Ketoprofen MK® → **Ketoprofen**
Ketoprofeno → **Ketoprofen**
Ketoprofeno® → **Ketoprofen**
Ketoprofeno Fmndtria® → **Ketoprofen**
Ketoprofeno Genfar® → **Ketoprofen**
Ketoprofeno Gen-Far® → **Ketoprofen**
Ketoprofeno L.CH.® → **Ketoprofen**
Ketoprofeno Ratiopharm® → **Ketoprofen**
Ketoprofeno TU® → **Ketoprofen**
Ketoprofen PCH® → **Ketoprofen**
Ketoprofen (Ph. Eur. 5, JP XIV, USP 30) → **Ketoprofen**
Ketoprofen ratiopharm® → **Ketoprofen**
Ketoprofen-ratiopharm® → **Ketoprofen**
Ketoprofen Retard Scand Pharm® → **Ketoprofen**
Ketoprofen Sandoz® → **Ketoprofen**
Ketoprofen SR® → **Ketoprofen**
Ketoprofenum → **Ketoprofen**
Ketoprofenum (Ph. Eur. 5) → **Ketoprofen**
Ketoprofen® [vet.] → **Ketoprofen**
Ketoprofen Vramed® → **Ketoprofen**
Ketoprom® → **Ketoprofen**
Ketopronil® → **Ketoprofen**
Ketoral® → **Ketoconazole**
Ketorax® → **Ketobemidone**
Ketores® → **Ketoprofen**
Ketorin® → **Ketoprofen**
Ketorol® → **Ketorolac**
Ketorolac → **Ketorolac**
Ketorolac® → **Ketorolac**
Ketorolac Ahimsa® → **Ketorolac**
Ketorolac [BAN, USAN] → **Ketorolac**
Kétorolac [DCF] → **Ketorolac**
Ketorolac Fabra® → **Ketorolac**
Ketorolac Larjan® → **Ketorolac**
Ketorolac Northia® → **Ketorolac**
Ketorolaco → **Ketorolac**
Ketorolaco® → **Ketorolac**
Ketorolaco Fmndtria®® → **Ketorolac**
Ketorolaco Genfar® → **Ketorolac**
Ketorolaco Gen-Far® → **Ketorolac**
Ketorolaco Iqfarma® → **Ketorolac**
Ketorolaco MF® → **Ketorolac**
Ketorolaco Perugen® → **Ketorolac**
Ketorolaco Trometamol® → **Ketorolac**
Ketorolac trometamine → **Ketorolac**
Ketorolac trometamol → **Ketorolac**
Ketorolac Trometamol [BANM] → **Ketorolac**
Ketorolac trometamol (Ph. Eur. 5) → **Ketorolac**
Ketorolac Tromethamine → **Ketorolac**
Ketorolac Tromethamine® → **Ketorolac**
Ketorolac tromethamine: → **Ketorolac**

K

Ketorolac Tromethamine [USAN] → **Ketorolac**
Ketorolac Tromethamine (USP 30) → **Ketorolac**
Ketorolacum → **Ketorolac**
Ketoselect® → **Ketoprofen**
Keto-Shampoo® → **Ketoconazole**
Ketosil® → **Ketoconazole**
Ketoskin® → **Ketoconazole**
Ketosolan® → **Ketoprofen**
Ketoson® → **Ketoconazole**
Ketospor® → **Ketoconazole**
Ketospray® → **Ketoprofen**
Ketostin® → **Ketoconazole**
Ketostix → **Sodium Nitroprusside**
Ketosyn® → **Ketoconazole**
Ketotif® → **Ketotifen**
Ketotifen® → **Ketotifen**
Ketotifen AL® → **Ketotifen**
Ketotifen Alpharma® → **Ketotifen**
Ketotifen beta® → **Ketotifen**
Ketotifen CF® → **Ketotifen**
Ketotifene EG® → **Ketotifen**
Ketotifen Gf® → **Ketotifen**
Ketotifen Heumann® → **Ketotifen**
Ketotifen LPH® → **Ketotifen**
Ketotifeno® → **Ketotifen**
Ketotifeno Ecar® → **Ketotifen**
Ketotifeno Genfar® → **Ketotifen**
Ketotifeno MK® → **Ketotifen**
Ketotifen PCH® → **Ketotifen**
Ketotifen-ratiopharm® → **Ketotifen**
Ketotifen Sandoz® → **Ketotifen**
Ketotifen Sanova® → **Ketotifen**
Ketotifen Stada® → **Ketotifen**
Ketotifen Teva® → **Diphenhydramine**
Ketotifen Trom® → **Ketotifen**
Ketotiphar® → **Ketotifen**
Ketotisan® → **Ketotifen**
Ketotisin® → **Ketotifen**
Ketovail® → **Ketoprofen**
Ketovet® [vet.] → **Ketorolac**
Ketowest® → **Ketoconazole**
Ketozal® → **Ketoconazole**
Ketozol® → **Ketoconazole**
Ketozole® → **Ketoconazole**
Ketozol-Mepha® → **Ketoconazole**
Ketrax® → **Levamisole**
Ketrel® → **Tretinoin**
Kétrel® → **Tretinoin**
Ketrizin® → **Cefatrizine**
Ketrodol® → **Ketorolac**
Ketron® → **Ketoprofen**
Ketrozol® → **Ketoconazole**
Ketum® → **Ketoprofen**
Kétum® → **Ketoprofen**
Kevatril® → **Granisetron**
Keycarbazin® [vet.] → **Nicarbazin**
Keygesic-10® → **Salicylic Acid**
Key Injection® [vet.] → **Ketoprofen**
Keylyte® → **Potassium**
Key-Pred® → **Prednisolone**
Key-Pred SP® → **Prednisolone**
Keyquindox® [vet.] → **Olaquindox**
Kez® → **Ketoconazole**
Kezol® → **Ketoconazole**
Kezon® → **Ketoconazole**
Kezoral® → **Ketoconazole**
K-Flebo® → **Aspartic Acid**
KFM Blowfly Dressing® [vet.] → **Dimpylate**
K.H.3-Geriatricum Schwarzhaupt® → **Procaine**
Kiatrium® → **Diazepam**
K-Ide® → **Potassium**
Kidkare® → **Pseudoephedrine**
Kidonax® → **Nitazoxanide**
Kidrolase® → **Asparaginase**
Kietud® [vet.] → **Piperacetazine**
Kifadene® → **Piroxicam**
Kifarox® → **Ciprofloxacin**
Kilan® [vet.] → **Mebendazole**
Kilbac® → **Cefuroxime**
Kilbac® [susp.] → **Cefuroxime**
Kilios® → **Aspirin**
Killavon® → **Benzalkonium Chloride**
Killitam® [vet.] → **Acepromazine**
Killitch® [vet.] → **Benzyl Benzoate**
Kilmack® [vet.] → **Permethrin**
Kilnits® → **Permethrin**
Kilpro® → **Metronidazole**
Kilsol® → **Cetirizine**
Kiltix® [vet.] → **Flumethrin**
Kimoxil® → **Amoxicillin**
Kinabide® → **Selegiline**
Kinasten® → **Clotrimazole**
Kin Crema® → **Ibuprofen**
Kindelmin® → **Mebendazole**
Kinder Cloroquina® → **Chloroquine**
Kinderparacetamol® → **Paracetamol**
Kinderparacetamol CF® → **Paracetamol**
Kinder Primaquina® → **Primaquine**
Kinder Quinina® → **Quinine**
Kinderval® → **Permethrin**
Kindomet® → **Methyldopa**
Kine® → **Ketorolac**
Kinedak® → **Epalrestat**
Kineret® → **Anakinra**
Kinestase® → **Cisapride**
Kinestrel® → **Amantadine**
Kineto® → **Serrapeptase**
Kinetra® → **Carvedilol**
Kinevac® → **Sincalide**
Kinex® → **Biperiden**
Kinfil® → **Enalapril**
Kinidin® → **Quinidine**
Kinidin Durules® → **Quinidine**
Kinidine® → **Quinidine**
Kinidine Durettes® → **Quinidine**
Kinidinesulfaat PCH® → **Quinidine**
Kinidin® [vet.] → **Quinidine**
Kiniduron® → **Quinidine**
Kinin Actavis® → **Quinine**
Kinin Dak® → **Quinine**
Kinin Recip® → **Quinine**
Kinin SAD® → **Quinine**
Kinotomin® → **Clemastine**
Kinson® [+ Carbidopa, monohydrate] → **Levodopa**
Kinson® [+ Levodopa] → **Carbidopa**
Kinzal® → **Telmisartan**
Kinzalmono® → **Telmisartan**
Kionex® → **Polystyrene Sulfonate**
kirim® → **Bromocriptine**
kirim gyn® → **Bromocriptine**
Kirin® → **Spectinomycin**
Kissimin® → **Dextrose**
Kitacne® → **Erythromycin**
Kitadol® → **Paracetamol**
Kitasamycin® [vet.] → **Kitasamycin**
Kitedo-Li® → **Nimesulide**
Kitnos® → **Etofamide**
Kiton® → **Isosorbide Mononitrate**
Kit-Syrup® → **Paracetamol**
Kitzyme® [vet.] → **Dichlorophen**
kivat® → **Fluspirilene**
Klabax® → **Clarithromycin**
Klabax® [tab.] → **Clarithromycin**
Klabet® → **Clarithromycin**
Klabion® → **Clarithromycin**
Klacid® → **Clarithromycin**
Klacid® [inj.] → **Clarithromycin**
Klacid® [inj.] → **Clarithromycin**
Klacid-Lactobionat® → **Clarithromycin**
Klacid One® → **Clarithromycin**
Klacid Unidia® → **Clarithromycin**
Klacid UNO® → **Clarithromycin**
Klacina® → **Clarithromycin**
Klaciped® → **Clarithromycin**
Klafenac® → **Diclofenac**
Klafenac-D® → **Diclofenac**
Klafenac R® → **Diclofenac**
Klafotaxim® → **Cefotaxime**
Klallergine® → **Loratadine**
Klamacin® → **Clotrimazole**
Klamaxin® → **Clarithromycin**
Klamentin® [+Amoxicillin] → **Clavulanic Acid**
Klamentin® [+Clavulanic acid] → **Amoxicillin**

Klamicina® → **Clarithromycin**
Klamoks® [+ Amoxicillin, trihydrate] → **Clavulanic Acid**
Klamoks® [+ Clavulanic Acid, potassium salt] → **Amoxicillin**
Klamoxyl® → **Clindamycin**
Klarfast® → **Loratadine**
Klaribac® → **Clarithromycin**
Klaricid® → **Clarithromycin**
Klaricid I.V.® → **Clarithromycin**
Klaricid UD® → **Clarithromycin**
Klaricid XL® → **Clarithromycin**
Klarid® → **Clarithromycin**
Klariderm® → **Fluocinonide**
Klaridex® → **Clarithromycin**
Klaridol® → **Loratadine**
Klariger® → **Clarithromycin**
Klarimax® → **Clarithromycin**
Klarit® → **Clarithromycin**
Klaritromycin Stada® → **Clarithromycin**
Klarivitina® → **Cyproheptadine**
Klarmin® → **Clarithromycin**
Klarmyn® → **Clarithromycin**
Klarolid® → **Clarithromycin**
Klaromin® → **Clarithromycin**
Klaron® → **Sulfacetamide**
Klarpharma® → **Clarithromycin**
Klatocillin® [vet.] → **Amoxicillin**
Klatoclox® [vet.] → **Cloxacillin**
Klato Col® [vet.] → **Colistin**
Klato Lan® [vet.] → **Tylosin**
Klato Prim® [+ Sulfadiazine] [vet.] → **Trimethoprim**
Klato Prim® [+ Trimethoprim] [vet.] → **Sulfadiazine**
Klavax BID® → **Amoxicillin**
Klavax BID® [+ Amoxicillin trihydrate] → **Clavulanic Acid**
Klavocin® [+ Amoxicillin] → **Clavulanic Acid**
Klavocin® [+ Clavulanic Acid, potassium salt] → **Amoxicillin**
Klavox® [+ Amoxicillin trihydrate] → **Clavulanic Acid**
Klavox® [+ Clavulanic Acid potassium salt] → **Amoxicillin**
Klavunat® [+ Amoxicillin, trihydrate] → **Clavulanic Acid**
Klavunat® [+ Clavulanic Acid, potassium salt] → **Amoxicillin**
Klavupen® [+ Amoxicillin] → **Clavulanic Acid**
Klavupen® [+ Clavulanic Acid, potassium salt] → **Amoxicillin**
Klax® → **Clarithromycin**
Klaxon® → **Diclofenac**
Klear® → **Bromhexine**
Kleen-Dok® [vet.] → **Dimpylate**
Kleenklip® [vet.] → **Cypermethrin**
Kleenocid® → **Chlorhexidine**
Klenac® → **Ketorolac**
Klerimed® → **Clarithromycin**
Kleromicin® → **Clarithromycin**
Klevasin® → **Cefatrizine**
Klevistamin® → **Ketotifen**
Klexane® → **Enoxaparin**
Kliacef® → **Cefaclor**
Klimapur® → **Estradiol**
Klimareduct® → **Estradiol**
Klimicin® [inj.] → **Clindamycin**
Klimonorm® → **Estradiol**
Klin-Amsa® → **Clindamycin**
Klindacin® → **Clindamycin**
Klindagol® → **Clindamycin**
Klindamicin® → **Clindamycin**
Klindamycin® [caps.] → **Clindamycin**
Klindamycin® [inj.] → **Clindamycin**
Klindan® [cabs.] → **Clindamycin**
Klindan® [inj.] → **Clindamycin**
Klindaver® → **Clindamycin**
Klinna® → **Clindamycin**
Klinoksin® [caps.] → **Clindamycin**
Klinoksin® [inj.] → **Clindamycin**
Klinomycin® → **Minocycline**
Klinotab® → **Minocycline**
Klinoxid® → **Benzoyl Peroxide**
Klinset® → **Loratadine**
Klion® → **Metronidazole**
Klismacort® → **Prednisolone**
Klispel® → **Omeprazole**
Klitopsin® [caps.] → **Clindamycin**
Klitopsin® [inj.] → **Clindamycin**
Kloderma® → **Clobetasol**
Klodic® → **Diclofenac**
Klodin® → **Ticlopidine**
Klofen-L® → **Diclofenac**
Klomazole® → **Clotrimazole**
Klomen® → **Clomifene**
Klomeprax® → **Omeprazole**
Klometol® → **Metoclopramide**
Klomicina® → **Roxithromycin**
Klomifen® → **Clomifene**
Klomipramin Merck NM® → **Clomipramine**
Klomipramin NM Pharma® → **Clomipramine**
Klonacid® → **Clarithromycin**
Klonadryl® → **Diphenhydramine**
Klonafenac® → **Diclofenac**
Klonalcrom® → **Cromoglicic Acid**
Klonalfenicol® → **Chloramphenicol**
Klonalmox® [+ Amoxicillin trihydrate] → **Clavulanic Acid**
Klonalmox® [+ Clavulanic Acid potassium salt] → **Amoxicillin**
Klonalol® → **Timolol**
Klonametacina® → **Indometacin**
Klonamicin® → **Tobramycin**
Klonaprost® → **Latanoprost**
Klonastin® → **Simvastatin**
Klonat® → **Clobetasol**
Klonazol® → **Fluconazole**
Klonocarpina® → **Pilocarpine**
Klonopin® → **Clonazepam**
Klopoxid Dak® → **Chlordiazepoxide**
K-Lor® → **Potassium**
Kloracef® → **Cefaclor**
Kloral SAD® → **Chloral Hydrate**
Kloramfenikol® → **Chloramphenicol**
Kloramfenikol CCS® → **Chloramphenicol**
Kloramfenikol Dak® → **Chloramphenicol**
Kloramfenikol Minims® → **Chloramphenicol**
Kloramfenikol SAD® → **Chloramphenicol**
Kloramfenikol-succinat® → **Chloramphenicol**
Kloramfenikol® [vet.] → **Chloramphenicol**
Kloramin® → **Chlorphenamine**
Klorasüksinat® → **Chloramphenicol**
Klor-Con® → **Potassium**
Klor-De® → **Troclosene Potassium**
Klordiazepoxid Actavis® → **Chlordiazepoxide**
Klorfen® → **Potassium**
Klorhex® → **Chlorhexidine**
Klorhexidin® → **Chlorhexidine**
Klorhexidin Fresenius Kabi® → **Chlorhexidine**
Klorhexidin Galderma® → **Chlorhexidine**
Klorhexidin SAD® → **Chlorhexidine**
Klorhexidinsprit Fresenius Kabi® → **Chlorhexidine**
Klorhexol® → **Chlorhexidine**
Klorokinfosfat® → **Chloroquine**
Klorokinfosfat Recip® → **Chloroquine**
Klorosept® → **Chloroxylenol**
Klorpo® → **Chlordiazepoxide**
Klorproman® → **Chlorpromazine**
Klorsept® → **Troclosene Potassium**
Klorzoxazon Dak® → **Chlorzoxazone**
Klosartan® → **Losartan**
Klostenal® → **Beclometasone**
Klotaren® → **Diclofenac**
Klotrimazol® → **Clotrimazole**
Klotrimazol Merck NM® → **Clotrimazole**
Klotrix® → **Potassium**

K

Klovireks-L® → **Aciclovir**
Kloxerate-DC® [vet.] → **Cloxacillin**
Kloxerate® [vet.] → **Cloxacillin**
Kloxérate® [vet.] → **Cloxacillin**
Klozapol® → **Clozapine**
K-Lyte® → **Potassium**
Klyx® → **Docusate Sodium**
Klyx® → **Sorbitol**
Klyx® [vet.] → **Docusate Sodium**
K-Mag® → **Aspartic Acid**
K-Mav® [vet.] → **Phytomenadione**
K-M-H® → **Kanamycin**
Knavon® → **Ketoprofen**
Knock-out® [vet.] → **Guaifenesin**
Kno-Paine® → **Metamizole**
K-Norm® → **Potassium**
Koagulon® [vet.] → **Phytomenadione**
Koate® → **Octocog Alfa**
Koate-DVI® → **Octocog Alfa**
Koate HP® → **Octocog Alfa**
Kodein® → **Codeine**
Kodein Dak® → **Codeine**
Kodein fosfat® → **Codeine**
Kodeinijev Fosfat® → **Codeine**
Kodeinijev Fosfat Alkaloid® → **Codeine**
Kodein Recip® → **Codeine**
Kodein SAD® → **Codeine**
Kodein® [vet.] → **Codeine**
Kö 1173 → **Mexiletine**
Kofen® → **Ketotifen**
Kofex® → **Caffeine**
Koffein Recip® → **Caffeine**
Koffex® → **Dextromethorphan**
Koffinatin® → **Caffeine**
Kofron® → **Clarithromycin**
Kofron Unidia® → **Clarithromycin**
Kogenate Bayer® → **Octocog Alfa**
Kogenate® [biosyn.] → **Octocog Alfa**
Kohle-Compretten® → **Charcoal, Activated**
Kohle-Hevert® → **Charcoal, Activated**
Kohlensäurediamid → **Urea**
Kohle-Pulvis® → **Charcoal, Activated**
Kohle-Tabletten Boxo-Pharm® → **Charcoal, Activated**
Kokain SAD® → **Cocaine**
Kokzidiol SD® [vet.] → **Sulfadimethoxine**
Kokzidol® [vet.] → **Sulfadimethoxine**
Kolchivan® → **Colchicine**
Kolemed® → **Charcoal, Activated**
Kolestor® → **Atorvastatin**
Kolestran® → **Colestyramine**
Kolicon® → **Homatropine Methylbromide**
Kolkatriol® → **Calcitriol**
Kollateral® → **Moxaverine**
Kollidon → **Povidone**
Kolsin® → **Colchicine**
Kolsuspension® → **Charcoal, Activated**
Komasin® → **Buspirone**
Kombitrim®[vet.] → **Sulfamethoxazole**
Kombitrim®[vet.] → **Trimethoprim**
Kompensan® → **Carbaldrate**
Kompensan Dimeticon® → **Dimeticone**
Konaderm® → **Ketoconazole**
Konakion® → **Phytomenadione**
Konakion® [vet.] → **Phytomenadione**
Konaturil® → **Ketoconazole**
Konazal® → **Ketoconazole**
Konazol® → **Ketoconazole**
Koncentrovani® → **Sodium Bicarbonate**
Kondrogénine® [vet.] → **Chondroitin Sulfate**
Konigen® → **Gentamicin**
Konithrocin® → **Erythromycin**
Konjugierte Estrogene (Ph. Eur. 5) → **Estrogens, conjugated**
Konlax® → **Pridinol**
Konovid® → **Ofloxacin**
Konstigmin® [vet.] → **Neostigmine**
Kontagripp Sandoz® → **Ibuprofen**
Kontal® → **Niclosamide**
Kontexin® → **Phenylpropanolamine**
Kontil® → **Pyrantel**
Konveril® → **Enalapril**
Konvermex® → **Pyrantel**
Kop® → **Ketoprofen**
17 KOP → **Hydroxyprogesterone**
Kopen® → **Phenoxymethylpenicillin**
Kopodex® → **Levetiracetam**
Koptilan® → **Levocarnitine**
Koptin® → **Azithromycin**
Kordobis® → **Bisoprolol**
Korec® → **Quinapril**
Kormakin® → **Amikacin**
Kornam® → **Terazosin**
Koro® → **Chloramphenicol**
Korsolex® → **Glutaral**
Kortal® → **Ketoprofen**
Kortico® [vet.] → **Dexamethasone**
Kortikoid-ratiopharm® → **Triamcinolone**
Korzem® → **Diltiazem**
Kosteo® → **Calcitriol**
Kovan® → **Vancomycin**
Kovar® → **Warfarin**
Kovilen® → **Nedocromil**
Kovinal® → **Nedocromil**
Kozoksin® → **Ofloxacin**
K.P.® → **Phytomenadione**
K-Pectyl® [vet.] → **Menadione**
K-Profen® → **Ketoprofen**
Kral-Ameb® → **Secnidazole**
Kralvir-Us → **Aciclovir**
Krama® → **Alprazolam**
Kranos® → **Clotrimazole**
Kratalgin® → **Ibuprofen**
Kratium® → **Diazepam**
Kratofin simplex® → **Paracetamol**
Krautin® → **Selegiline**
Krebin® → **Vincristine**
Kredex® → **Carvedilol**
Krefin® → **Ketoconazole**
Krenosin® → **Adenosine**
Kreon® → **Pancreatin**
Kreval® → **Butamirate**
Kriadex® → **Clonazepam**
Krimizole® → **Albendazole**
Kripton® → **Bromocriptine**
Kriptonal® → **Bromocriptine**
Krisovin® → **Griseofulvin**
Kristalize Penicillin G Pfizer® → **Benzylpenicillin**
Kristalose® → **Lactulose**
Kristapen® → **Benzylpenicillin**
Kristasil® → **Benzylpenicillin**
Krisxon® → **Trimebutine**
Kritel® → **Sodium Picosulfate**
Kritel® [inj.] → **Sodium Picosulfate**
Krobicin® → **Clarithromycin**
Kromicin® → **Azithromycin**
Kromoglicin® → **Cromoglicic Acid**
Kromolin® → **Cromoglicic Acid**
Krosalburol® → **Salbutamol**
Krucef® → **Cefonicid**
Kruidvat Anti-worm® → **Mebendazole**
Kruidvat Broomhexine HCl ® → **Bromhexine**
Kruidvat Diarreeremmer® → **Loperamide**
Kruidvat Domperidon® → **Domperidone**
Kruidvat Hoestelixer® → **Bromhexine**
Kruidvat Ibuprofen® → **Ibuprofen**
Kruidvat Kinderparacetamol® → **Paracetamol**
Kruidvat Koortslipcrème® → **Aciclovir**
Kruidvat Loratadine® → **Loratadine**
Kruidvat Miconazolnitraat® → **Miconazole**

Lameptil® → **Lamotrigine**
Lameson® → **Methylprednisolone**
Lametec® → **Lamotrigine**
Lametta® → **Letrozole**
Lamia® → **Lamotrigine**
Lamibergen® → **Lamivudine**
Lamican® → **Terbinafine**
Lamicin® → **Lomefloxacin**
Lamicosil® → **Terbinafine**
Lamicstart® → **Lamotrigine**
Lamictal® → **Lamotrigine**
Lamictal D.A.C.® → **Lamotrigine**
Lamictin® → **Lamotrigine**
Lamidac® → **Lamivudine**
Lamidaz® → **Terbinafine**
Lamidin® → **Lamivudine**
Lamilea® → **Lamivudine**
Lamilept® → **Lamotrigine**
Laminox® → **Terbinafine**
Lamirax® → **Lamotrigine**
Lamisil® → **Terbinafine**
Lamisilatt® → **Terbinafine**
Lamisil DermGel® → **Terbinafine**
Lamisildermgel® → **Terbinafine**
Lamisil® [tbl.] → **Terbinafine**
Lamisil Topico® → **Terbinafine**
Lamisil® [vet.] → **Terbinafine**
Lamitor® → **Lamotrigine**
Lamitrin® → **Lamotrigine**
Lamivir® → **Lamivudine**
Lamivox® [tab.] → **Lamivudine**
Lamivudin → **Lamivudine**
Lamivudina → **Lamivudine**
Lamivudina® → **Lamivudine**
Lamivudina Delta® → **Lamivudine**
Lamivudina Microsules® → **Lamivudine**
Lamivudine → **Lamivudine**
Lamivudine [BAN, DCF, USAN] → **Lamivudine**
Lamivudine (USP 30, Ph. Eur. 5) → **Lamivudine**
Lamivudin Stada® → **Lamivudine**
Lamivudinum → **Lamivudine**
Lamochem® → **Lamotrigine**
Lamodex® → **Lamotrigine**
Lamogine® → **Lamotrigine**
Lamoham® → **Lamotrigine**
Lamolep® → **Lamotrigine**
Lamomax® → **Lamotrigine**
Lamomont® → **Lamotrigine**
Lamo-Q® → **Lamotrigine**
Lamoro® → **Lamotrigine**
La Morph® → **Morphine**
Lamostar® → **Lamotrigine**
Lamot® → **Lamotrigine**
Lamo Tad® → **Lamotrigine**
Lamotifi® → **Lamotrigine**
Lamotiran® → **Lamotrigine**
Lamotriax® → **Lamotrigine**
Lamotrigin® → **Lamotrigine**
Lamotrigin 1A Farma® → **Lamotrigine**
Lamotrigin 1A Pharma® → **Lamotrigine**
Lamotrigina® → **Lamotrigine**
Lamotrigin AAA® → **Lamotrigine**
Lamotrigina Bayvit® → **Lamotrigine**
Lamotrigin AbZ® → **Lamotrigine**
Lamotrigin acis® → **Lamotrigine**
Lamotrigin Actavis® → **Lamotrigine**
Lamotrigina EG® → **Lamotrigine**
Lamotrigina Generis® → **Lamotrigine**
Lamotrigin Al® → **Lamotrigine**
Lamotrigin Allen® → **Lamotrigine**
Lamotrigin Alpharma® → **Lamotrigine**
Lamotrigin Alternova® → **Lamotrigine**
Lamotrigina Merck® → **Lamotrigine**
Lamotrigina Mr Pharma® → **Lamotrigine**
Lamotrigin Atid® → **Lamotrigine**
Lamotrigin AWD® → **Lamotrigine**
Lamotrigin beta® → **Lamotrigine**
Lamotrigin-biomo® → **Lamotrigine**
Lamotrigin BMM Pharma® → **Lamotrigine**
Lamotrigin Copyfarm® → **Lamotrigine**
Lamotrigin-CT® → **Lamotrigine**
Lamotrigin Desitin® → **Lamotrigine**
Lamotrigin dura® → **Lamotrigine**
Lamotrigine® → **Lamotrigine**
Lamotrigine Alpharma® → **Lamotrigine**
Lamotrigine GSK® → **Lamotrigine**
Lamotrigine Hexal® → **Lamotrigine**
Lamotrigine mibe® → **Lamotrigine**
Lamotrigine Pharmafile® → **Lamotrigine**
Lamotrigine Sandoz® → **Lamotrigine**
Lamotrigine TAD® → **Lamotrigine**
Lamotrigine Teva® → **Lamotrigine**
Lamotrigine Wörwag® → **Lamotrigine**
Lamotrigin Helvepharm® → **Lamotrigine**
Lamotrigin Heumann® → **Lamotrigine**
Lamotrigin Hexal® → **Lamotrigine**
Lamotrigin Holsten® → **Lamotrigine**
Lamotrigin-Hormosan® → **Lamotrigine**
Lamotrigin Interpharm® → **Lamotrigine**
Lamotrigin Kwizda® → **Lamotrigine**
Lamotrigin Merck NM® → **Lamotrigine**
Lamotrigin-neuraxpharm® → **Lamotrigine**
Lamotrigin ratiopharm® → **Lamotrigine**
Lamotrigin-Ratiopharm® → **Lamotrigine**
Lamotrigin real® → **Lamotrigine**
Lamotrigin Sandoz® → **Lamotrigine**
Lamotrigin Stada® → **Lamotrigine**
Lamotrigin Tiefenbacher® → **Lamotrigine**
Lamotrigin von ct® → **Lamotrigine**
Lamotrigin Winthrop® → **Lamotrigine**
Lamotrig-ISIS® → **Lamotrigine**
Lamotri Hexal® → **Lamotrigine**
Lamotrihexal® → **Lamotrigine**
Lamotrin-Mepha® → **Lamotrigine**
Lamotrix® → **Lamotrigine**
Lamox® → **Ambroxol**
Lamp® → **Lansoprazole**
Lampoflex® → **Piroxicam**
Lampomandol® → **Cefamandole**
Lampopram® → **Citalopram**
Lampren® → **Clofazimine**
Lamprene® → **Clofazimine**
Lamprène® → **Clofazimine**
Lamra® → **Diazepam**
Lamuran® → **Raubasine**
Lan® → **Lansoprazole**
Lanacane® → **Benzocaine**
Lanacetine® → **Chloramphenicol**
Lanacine® [inj.] → **Clindamycin**
Lanacol® → **Thiamphenicol**
Lanacone® → **Benzocaine**
Lanacordin® → **Digoxin**
Lanacort® → **Hydrocortisone**
Lanadexon® → **Dexamethasone**
Lanadicor → **Digoxin**
Lanafine® → **Terbinafine**
Lanamol® → **Paracetamol**
Lanamont® → **Buspirone**
Lanareuma® → **Piroxicam**
Lanarif® → **Rifampicin**
Lanate® → **Lactic Acid**
Lanaterom® → **Gemfibrozil**
Lanatilin® → **Acetyldigoxin**
Lanatosido C® → **Lanatoside C**
Lancef® → **Cefotaxime**
Lanciprox® → **Ciprofloxacin**
Landel® → **Efonidipine**
Lando® → **Clindamycin**
Landolaxin® → **Lisinopril**
Landsen® → **Clonazepam**
Landstav® → **Stavudine**

Lanex® → **Omeprazole**
Lanexat® → **Flumazenil**
Lanfast® → **Lansoprazole**
Lanfix® → **Cefixime**
Langa Cattle Drench® [vet.] → **Albendazole**
Langa-Dip® [vet.] → **Cypermethrin**
Langa Mycin® [vet.] → **Oxytetracycline**
Langa® [vet.] → **Abamectin**
Langa® [vet.] → **Ivermectin**
Langerin® → **Metformin**
Langoran® → **Isosorbide Dinitrate**
Langzeitsulfonamid® [vet.] → **Sulfamethoxypyridazine**
Lanibos® → **Digoxin**
Lanicor® → **Digoxin**
Lanirapid® → **Metildigoxin**
Lanitop® → **Metildigoxin**
Lannapril® → **Ramipril**
Lanoc® → **Metoprolol**
Lanodil® → **Diltiazem**
Lanodip® [vet.] → **Povidone-Iodine**
Lanolept® → **Clozapine**
Lanomycin® → **Amikacin**
Lanopra® → **Lansoprazole**
Lanoxicaps® → **Digoxin**
Lanoxin® → **Digoxin**
Lanoxin® [vet.] → **Digoxin**
Lanpraz® → **Lansoprazole**
Lanpro® → **Lansoprazole**
Lanprol® → **Lansoprazole**
Lanproton® → **Lansoprazole**
Lansazol® → **Lansoprazole**
Lansec® → **Lansoprazole**
Lanseka® → **Loperamide**
Lanser® → **Lansoprazole**
Lansiclav® [+ Amoxicillin, trihydrate] → **Clavulanic Acid**
Lansiclav® [+ Clavulanic Acid, potassium salt] → **Amoxicillin**
Lansina® → **Lansoprazole**
Lanso® → **Lansoprazole**
Lansobene® → **Lansoprazole**
Lans Od® → **Lansoprazole**
Lansodin® → **Lansoprazole**
Lansogen® → **Lansoprazole**
Lansohexal® → **Lansoprazole**
Lansokrazol® → **Lansoprazole**
Lansol® → **Lansoprazole**
Lansone® → **Lansoprazole**
Lansopep® → **Lansoprazole**
Lansoprazol® → **Lansoprazole**
Lansoprazol AbZ® → **Lansoprazole**
Lansoprazol Actavis® → **Lansoprazole**
Lansoprazol AL® → **Lansoprazole**
Lansoprazol Alpharma® → **Lansoprazole**
Lansoprazol Alter® → **Lansoprazole**
Lansoprazol Alternova® → **Lansoprazole**
Lansoprazol Angenérico® → **Lansoprazole**
Lansoprazol Baldacci® → **Lansoprazole**
Lansoprazol Basics® → **Lansoprazole**
Lansoprazol Bayvit® → **Lansoprazole**
Lansoprazol Belmac® → **Lansoprazole**
Lansoprazol Bexal® → **Lansoprazole**
Lansoprazol Biotech® → **Lansoprazole**
Lansoprazol Calox® → **Lansoprazole**
Lansoprazol Cantabria® → **Lansoprazole**
Lansoprazol Cinfa® → **Lansoprazole**
Lansoprazol CT® → **Lansoprazole**
Lansoprazol Cuve® → **Lansoprazole**
Lansoprazol Davur® → **Lansoprazole**
Lansoprazol Desgen® → **Lansoprazole**
Lansoprazol Duomate® → **Lansoprazole**
Lansoprazol dura® → **Lansoprazole**
Lansoprazol Edigen® → **Lansoprazole**
Lansoprazole Domesco® → **Lansoprazole**
Lansoprazole Helvepharm® → **Lansoprazole**
Lansoprazole Hexpharm® → **Lansoprazole**
Lansoprazole Labesfal → **Lansoprazole**
Lansoprazole-Ratio® → **Lansoprazole**
Lansoprazol Farmoz® → **Lansoprazole**
Lansoprazol Generis® → **Lansoprazole**
Lansoprazol Genfar® → **Lansoprazole**
Lansoprazol Gen-Far® → **Lansoprazole**
Lansoprazol Heumann® → **Lansoprazole**
Lansoprazol Hexal® → **Lansoprazole**
Lansoprazol ICN® → **Lansoprazole**
Lansoprazol Ivax® → **Lansoprazole**
Lansoprazol Kern® → **Lansoprazole**
Lansoprazol Korhispana® → **Lansoprazole**
Lansoprazol Krka® → **Lansoprazole**
Lansoprazol Labesfal® → **Lansoprazole**
Lansoprazol Liconsa® → **Lansoprazole**
Lansoprazol Mabo® → **Lansoprazole**
Lansoprazol MD® → **Lansoprazole**
Lansoprazol Mepha® → **Lansoprazole**
Lansoprazol Merck® → **Lansoprazole**
Lansoprazol Merck NM® → **Lansoprazole**
Lansoprazol Normon® → **Lansoprazole**
Lansoprazolo EG® → **Lansoprazole**
Lansoprazolo Merck® → **Lansoprazole**
Lansoprazolo ratiopharm® → **Lansoprazole**
Lansoprazolo Teva® → **Lansoprazole**
Lansoprazol Pharmagenus® → **Lansoprazole**
Lansoprazol Pyre® → **Lansoprazole**
Lansoprazol Ranbaxy® → **Lansoprazole**
Lansoprazol Ratiopharm® → **Lansoprazole**
Lansoprazol-Ratiopharm® → **Lansoprazole**
Lansoprazol Rimafar® → **Lansoprazole**
Lansoprazol Salvat® → **Lansoprazole**
Lansoprazol Sandoz® → **Lansoprazole**
Lansoprazol Stada® → **Lansoprazole**
Lansoprazol Tarbis® → **Lansoprazole**
Lansoprazol Teva® → **Lansoprazole**
Lansopril® → **Lansoprazole**
Lansoprol® → **Lansoprazole**
Lansoptol® → **Lansoprazole**
Lanso-Q® → **Lansoprazole**
Lansor® → **Lansoprazole**
Lanso TAD® → **Lansoprazole**
Lansotrent® → **Lansoprazole**
Lansox® → **Lansoprazole**
Lansoyl Lactulose® → **Lactulose**
Lanspro-30® → **Lansoprazole**
Lantadin® → **Deflazacort**
Lantanon® → **Mianserin**
Lantarel® → **Methotrexate**
Lantid® → **Lansoprazole**
Lanton® → **Lansoprazole**
Lanturol® → **Tocopherol, α-**
Lantus® → **Insulin Glargine**
Lanvell® → **Lansoprazole**
Lanvis® → **Tioguanine**
Lanvis® [vet.] → **Tioguanine**
Lanx® → **Spironolactone**
Lanximed® → **Lansoprazole**
Lanz® → **Lansoprazole**
Lanzap® → **Lansoprazole**

Lanzedin® → **Lansoprazole**
Lanziop® → **Lansoprazole**
Lanzo® → **Lansoprazole**
Lanzogastro® → **Lansoprazole**
Lanzol® → **Lansoprazole**
Lanzo Melt® → **Lansoprazole**
Lanzopral® → **Lansoprazole**
Lanzor® → **Lansoprazole**
Lanzostad® → **Lansoprazole**
Lanzul® → **Lansoprazole**
Lanzyme® → **Lysozyme**
Laocaine® [vet.] → **Lidocaine**
Lapavil® [vet.] → **Sulfadimethoxine**
Lapen® → **Benzathine Benzylpenicillin**
Lapenax® → **Clozapine**
Lapibal® → **Mecobalamin**
Lapibroz® → **Gemfibrozil**
Lapicef® → **Cefadroxil**
Lapiflox® → **Ciprofloxacin**
Lapikot® [+ Sulfamethoxazole] → **Trimethoprim**
Lapikot® [+ Trimethoprim] → **Sulfamethoxazole**
Lapimal® → **Mecobalamin**
Lapimox® → **Amoxicillin**
Lapimuc® → **Ambroxol**
Lapistan® → **Mefenamic Acid**
Lapixime® → **Cefotaxime**
Lapol® → **Lansoprazole**
Lapraz® → **Lansoprazole**
Laprazol® → **Lansoprazole**
Lapril® → **Enalapril**
Laproton® → **Lansoprazole**
Lapsus® → **Fluoxetine**
Laracit® → **Cytarabine**
Laragon® → **Silibinin**
Larb® → **Losartan**
Larcadip® → **Lercanidipine**
Larcan® → **Lercanidipine**
Laremid® → **Loperamide**
Largactil® → **Chlorpromazine**
Largactil® [vet.] → **Chlorpromazine**
Large Animal Revivon® [vet.] → **Diprenorphine**
L-Arginin Hydrochlorid Braun® → **Arginine**
L-Arginin Hydrochlorid Fresenius® → **Arginine**
Largopen® → **Amoxicillin**
Largopen® [inj.] → **Amoxicillin**
Lariago® → **Chloroquine**
Lariam® → **Mefloquine**
Laricid® → **Clarithromycin**
Larig® → **Lamotrigine**
Larither® → **Artemether**
Laritol® → **Loratadine**
Larjancaina® → **Lidocaine**
Larjanfilina® → **Aminophylline**
Larmadex® → **Goserelin**
Larmax® → **Loratadine**
Larnox® → **Aminophylline**
Laroscorbine® → **Ascorbic Acid**
Larotin® → **Loratadine**
Laroxyl® → **Amitriptyline**
Larpose® → **Lorazepam**
Larry® → **Ketoconazole**
Lars® → **Cefalexin**
Lartron® → **Ondansetron**
Larvadex® [vet.] → **Cyromazine**
Larylin Husten-Löser® → **Ambroxol**
Larylin Husten-Stiller® → **Dropropizine**
Laryngarsol® → **Dequalinium Chloride**
Laryngomedin N® → **Hexamidine**
Lasain® → **Metamizole**
Lasal® → **Salbutamol**
Lasalocid® [vet.] → **Lasalocid**
Laser® → **Naproxen**
Laser Animal Health Isoflurane® [vet.] → **Isoflurane**
Lasermin® → **Benzalkonium Chloride**
Laservis® → **Hyaluronic Acid**
Lasgan® → **Lansoprazole**
Lasilactona® → **Furosemide**
Lasiletten® → **Furosemide**
Lasilix® → **Furosemide**
Lasiven® → **Furosemide**
Lasix® → **Furosemide**
Lasix® [inj.] → **Furosemide**
Lasix Retard® → **Furosemide**
Lasix® [vet.] → **Furosemide**
Lasmalin® → **Terbutaline**
Lasolvan® → **Ambroxol**
Lasonil® → **Heparin**
Lasonil C.M.® → **Ketoprofen**
Lasoprol® → **Lansoprazole**
Laspal® → **Aspirin**
Laspar® → **Asparaginase**
L-Asparaginasa Filaxis® → **Asparaginase**
L-Asparaginase Medac® → **Asparaginase**
Lastet® → **Etoposide**
Lasticom® → **Azelastine**
Lastin® → **Azelastine**
Lastrim® [+Sulfamethoxazole] → **Trimethoprim**
Lastrim® [+Trimethoprim] → **Sulfamethoxazole**
Lastuss-LA® → **Dextromethorphan**
Latanoprost Dorf® → **Latanoprost**
Latanoprost Gen® → **Latanoprost**
La Tez® → **Tazarotene**
Laticort® → **Hydrocortisone**
Latocillin® [vet.] → **Cloxacillin**
Latof® → **Latanoprost**
Latonid® → **Meloxicam**
Latonina® [salmon] → **Calcitonin**
Latoren® → **Loratadine**
Latrigin® → **Lamotrigine**
Latrim® [+Sulfamethoxazole] → **Trimethoprim**
Latrim® [+Trimethoprim] → **Sulfamethoxazole**
Latropil® → **Piracetam**
Latroxin® [vet.] → **Deltamethrin**
Latsol® → **Latanoprost**
Lattulac® → **Lactulose**
Lattulosio → **Lactulose**
Lattulosio ABC® → **Lactulose**
Lattulosio Angenerico® → **Lactulose**
Lattulosio [DCIT] → **Lactulose**
Lattulosio Dorom® → **Lactulose**
Lattulosio EG® → **Lactulose**
Lattulosio IBI® → **Lactulose**
Lattulosio Pliva® → **Lactulose**
Lattulosio-ratiopharm® → **Lactulose**
Lattulosio Sandoz® → **Lactulose**
Lattulosio Teva® → **Lactulose**
Latycin® → **Tetracycline**
Latys® → **Piracetam**
Laubeel® → **Lorazepam**
Laudamonium® → **Benzalkonium Chloride**
Laura® → **Loratadine**
Laurabolin® [vet.] → **Nandrolone**
Lauracalm® → **Lorazepam**
Laurak® → **Atracurium Besilate**
Laurimic® → **Fenticonazole**
Laurimic Vaginal® → **Fenticonazole**
Lauritran® → **Erythromycin**
Lauromicina® → **Erythromycin**
Lauvir® → **Chlorhexidine**
Lavagin® → **Lactic Acid**
Lavasept® → **Polihexanide**
Laver® → **Triamcinolone**
Laveran® → **Proguanil**
Lavichthol® → **Ichthammol**
Lavida® → **Glimepiride**
Lavisa® → **Fluconazole**
Lavomax® → **Tilorone**
Lawarin® → **Warfarin**
Lax® → **Lactulose**
Laxacod® → **Bisacodyl**
Laxadilac® → **Lactulose**
Laxadin® → **Bisacodyl**
Laxadyl® → **Bisacodyl**
Laxagetten® → **Bisacodyl**
Laxamag® → **Bisacodyl**
Laxamex® → **Bisacodyl**
Laxamin® → **Sodium Picosulfate**

Laxamin® → **Bisacodyl**
Laxan® → **Methocarbamol**
Laxane → **Phenolphthalein**
Laxanin® → **Bisacodyl**
Laxans-ratiopharm® → **Bisacodyl**
Laxans-ratiopharm Pico® → **Sodium Picosulfate**
Laxantil® → **Sodium Picosulfate**
Laxasan® → **Sodium Picosulfate**
Laxative Tablets® [vet.] → **Phenolphthalein**
Laxatol® → **Bisacodyl**
Laxbene® → **Bisacodyl**
Laxcodyl® → **Bisacodyl**
Laxeerdragees® → **Bisacodyl**
Laxeerdrank lactulose® → **Lactulose**
Laxeersiroop Samenwerkende Apothekers® → **Lactulose**
Laxeertabletten Bisacodyl® → **Bisacodyl**
Laxette® → **Lactulose**
Laxettes® → **Phenolphthalein**
Laxicon® → **Docusate Sodium**
Laxiline → **Phenolphthalein**
Laximed® → **Lactulose**
Laxitab® → **Bisacodyl**
Laxitol® → **Lactitol**
Laxoberal® → **Sodium Picosulfate**
Laxoberon® → **Sodium Picosulfate**
Laxodad® → **Lactulose**
Laxodal® → **Sodium Picosulfate**
Laxol® → **Docusate Sodium**
Laxol® → **Lactulose**
Laxolac® → **Lactulose**
Laxonil® → **Bromazepam**
Laxopol® → **Docusate Sodium**
Laxose® → **Lactulose**
Laxotin® → **Sodium Picosulfate**
Laxygal® → **Sodium Picosulfate**
Laxyl® → **Bromazepam**
Laxysat Bürger® → **Bisacodyl**
Laz® → **Lansoprazole**
Lazar® → **Betamethasone**
LB 502 → **Furosemide**
L-Carn® → **Levocarnitine**
L-Carnitina Sosepharm® → **Levocarnitine**
L-Carnitine → **Levocarnitine**
L-Carnitine® [vet.] → **Levocarnitine**
L-Carnitin Fresenius® → **Levocarnitine**
L-Carnitin Leopold® → **Levocarnitine**
L-Cimexyl® → **Acetylcysteine**
L-Cysteine Domesco® → **Cysteine**
LD-Cain® → **Lidocaine**
Lean & Fit® → **Pyridoxine**
Leanol® → **Hexoprenaline**
Leanor® → **Cathine**
Leanxit® [+ Flupentixol] → **Melitracen**
Leanxit® [+ Melitracen] → **Flupentixol**
Lebac® → **Cefradine**
Lebensart® → **Fluoxetine**
Lebic® → **Baclofen**
Lebilon® → **Buspirone**
Lebocar® [+ Carbidopa] → **Levodopa**
Lebocar® [+ Levodopa] → **Carbidopa**
Lebopride® → **Sulpiride**
Lecard® → **Lercanidipine**
Lecarge® [+ Carbidopa] → **Levodopa**
Lecarge® [+ Levodopa] → **Carbidopa**
Lecetrin® → **Levocetirizine**
Leche de Magnesia® → **Magnesium Gluconate**
Leche de Magnesia de Phillips® → **Magnesium Gluconate**
Lecibral® → **Nicardipine**
Lecimar® → **Fluoxetine**
Lecrolyn® → **Cromoglicic Acid**
Lectil® → **Betahistine**
Lectopam® → **Bromazepam**
Lectrum® → **Leuprorelin**
Ledclair® → **Edetic Acid**
Ledercort® → **Triamcinolone**
Lederderm® → **Minocycline**
Lederfen® → **Fenbufen**
Lederfolat® → **Folinic Acid**
Lederfoline® → **Folinic Acid**
Lederle Leucovorin Calcium® → **Folinic Acid**
Lederlind® → **Nystatin**
Lederlon® → **Triamcinolone**
Ledermycin® → **Demeclocycline**
Lédermycine® → **Demeclocycline**
Lederpax® → **Erythromycin**
Lederplatin® → **Cisplatin**
Lederspan® → **Triamcinolone**
Ledertam® → **Tamoxifen**
Ledertepa® → **Thiotepa**
Ledertrexate® → **Methotrexate**
Ledertrexato® → **Methotrexate**
Ledervorin Calcium® → **Folinic Acid**
Ledion® → **Buspirone**
Ledopsan® [+ Carbidopa, monohydrate] → **Levodopa**
Ledopsan® [+ Levodopa] → **Carbidopa**
Ledoren® → **Nimesulide**
Ledox® → **Naproxen**
Ledoxan® → **Cyclophosphamide**
Ledoxina® → **Cyclophosphamide**
Lee® → **Levofloxacin**
Leeflox® → **Levofloxacin**
Lefaxin® → **Dimeticone**
Lefcar® → **Levocarnitine**
Lefex® → **Levofloxacin**
Leflox® → **Levofloxacin**
Lefloxin® → **Levofloxacin**
Lefluar® → **Leflunomide**
Leflumax ® → **Levofloxacin**
Leflunomida® → **Leflunomide**
Leflunomide® → **Leflunomide**
Lefoam® → **Dimeticone**
Lefos® → **Levofloxacin**
Lefoxin® → **Levofloxacin**
Leftose® → **Lysozyme**
Legacy® [vet.] → **Gentamicin**
Legalon® → **Silibinin**
Légalon® → **Silibinin**
Legalon SIL® [inj.] → **Silibinin**
Legederm® → **Alclometasone**
Legendal® → **Lactulose**
Legend® [vet.] → **Hyaluronic Acid**
Legil® → **Tenoxicam**
Legofer® → **Ferrous Succinate**
Lehydan® → **Phenytoin**
Leicester® → **Isosorbide Mononitrate**
Leioderm® → **Oxyquinoline**
Leiracid® → **Ranitidine**
Leka® → **Glucosamine**
Lekadol® → **Paracetamol**
Lekoklar® → **Clarithromycin**
Lekonil® → **Oxymetazoline**
Lekoptin® → **Verapamil**
Lekotam® → **Bromazepam**
Lem® → **Meloxicam**
Lemblastine® → **Vinblastine**
Lembrol® → **Diazepam**
Lemeron® → **Interferon Alfa**
Lemesil® → **Nimesulide**
Lemgrip® → **Paracetamol**
Leminter® → **Pantoprazole**
Lemnis Fatty Cream HC® → **Hydrocortisone**
Lemocin CX® → **Chlorhexidine**
Lemod® → **Methylprednisolone**
Lemod Depo® → **Methylprednisolone**
Lemod Solu® → **Methylprednisolone**
Lemorcan® → **Norfloxacin**
Lemovit® → **Ascorbic Acid**
Lemoxol® → **Ceftazidime**
Lempsin Dry Cough® → **Glycerol**
Lemsip® → **Paracetamol**
Lemsip® → **Guaifenesin**
Lenactin® → **Guaifenesin**
Lenamet® → **Cimetidine**
Lenar® → **Omeprazole**
Lenasone® → **Betamethasone**

Lenazine® → **Promethazine**
Lendacin® → **Ceftriaxone**
Lenditro® → **Oxybutynin**
Lendorm® → **Brotizolam**
Lendormin® → **Brotizolam**
Lendronal® → **Alendronic Acid**
Lendue® [vet.] → **Mebendazole**
Lengout® → **Colchicine**
Lenident Zeta® → **Procaine**
Lenidolor® → **Meclofenamic Acid**
Lenil® → **Chlorhexidine**
Lenirit® → **Hydrocortisone**
Lenisan® [vet.] → **Chlorhexidine**
Lenisolone® → **Prednisolone**
Lenistar® → **Butamirate**
Lenitin® → **Bromazepam**
Lenitral® → **Nitroglycerin**
Lennon – Codeine Phosphate® → **Codeine**
Lennon – Colchicine® → **Colchicine**
Lennon-Dapsone® → **Dapsone**
Lennon-Quinidine Sulphate® → **Quinidine**
Lennon – Quinine sulphate® → **Quinine**
Lennon-Quinine Sulphate® → **Quinine**
Lennon-Strong Calciferol® → **Ergocalciferol**
Lennon-Sulphacetamide® → **Sulfacetamide**
Lennon-Thiamine Hydrochloride® → **Thiamine**
Lennon Vitamin B12® → **Cyanocobalamin**
Lennon – Warfarin® → **Warfarin**
Lennon-Warfarin® → **Warfarin**
Lenobio® → **Lenograstim**
Lenocef® → **Cefalexin**
Lenocin® → **Tetracycline**
Lenovate® → **Betamethasone**
Lenoxin® → **Digoxin**
Lentaron® → **Formestane**
Lentaron Depot® → **Formestane**
Lenticillin® [vet.] → **Penicillin G Procaine**
Lentocaine® → **Mepivacaine**
Lentocilin-S® → **Benzathine Benzylpenicillin**
Lentogest® → **Hydroxyprogesterone**
Lento-Kalium® → **Potassium**
Lentolith® → **Lithium**
Lentonitrat® → **Pentaerithrityl Tetranitrate**
Lentopenil® → **Benzathine Benzylpenicillin**
Lentoquine® → **Hydroquinidine**
Lentostamin® → **Chlorphenamine**
Lentrin® → **Pentoxifylline**
Len® [vet.] → **Mebendazole**
Len V.K.® → **Phenoxymethylpenicillin**
Leo® → **Albendazole**
Leo® → **Levofloxacin**
Leocillin® [vet.] → **Penethamate Hydriodide**
Leodrin® → **Alendronic Acid**
Leoflox® → **Levofloxacin**
Leogumil® → **Butamirate**
Leomoxyl® → **Amoxicillin**
Leomycillin® → **Amoxicillin**
Leonitren® → **Nitrendipine**
Leotocin® [vet.] → **Oxytocin**
Leovinezal® → **Enalapril**
Leo Yellow Super Dip® [vet.] → **Glutaral**
Lepan® → **Lidocaine**
Lepicortinolo® → **Prednisolone**
Lepicortinolo® [inj.] → **Prednisolone**
Leponex® → **Clozapine**
Lepram® [tab.] → **Enalapril**
Leprofen® → **Anastrozole**
Leprotek® → **Silibinin**
Leptal® → **Oxcarbazepine**
Leptanal® → **Fentanyl**
Leptic® → **Clonazepam**
Lepticur® → **Tropatepine**
Lepticur Park® → **Tropatepine**
Leptilan® → **Valproic Acid**
Leptilanil® → **Valproic Acid**
Leptopsique® → **Perphenazine**
Lepur® → **Simvastatin**
Lequin® → **Levofloxacin**
Lera® → **Leflunomide**
Lerbek® [vet.] → **Clopidol**
Lercadip® → **Lercanidipine**
Lercan® → **Lercanidipine**
Lercanil® → **Lercanidipine**
Lercapress® → **Lercanidipine**
Lercaton® → **Lercanidipine**
Lerdip® → **Lercanidipine**
Lerex® → **Levocetirizine**
Lerez® → **Lercanidipine**
Lergia® → **Loratadine**
Lergibrumizol® → **Astemizole**
Lergicyl® → **Loratadine**
Lergigan® → **Promethazine**
Lergium® → **Cetirizine**
Lergoban® → **Diphenylpyraline**
Lergocil® → **Azatadine**
Leridip® → **Lercanidipine**
Leril® → **Clopidogrel**
Lerivon® → **Mianserin**
Lermex® → **Aciclovir**
Lerskin® → **Desoximetasone**
Lertamine® → **Loratadine**
Lertus® → **Fluconazole**
Lertus Gel Topico® → **Diclofenac**
Lertus Solucion Inyectable® → **Diclofenac**
Leruze® → **Lisinopril**
Lerzam® → **Lercanidipine**
Lesbest® → **Bezafibrate**
Lescol XL® → **Fluvastatin**
Lesefer® → **Sertraline**
Lesflam® → **Diclofenac**
Lesidas® → **Loratadine**
Lessmusec® → **Carbocisteine**
Lestacan® → **Desloratadine**
Lesterol® → **Probucol**
Lestid® → **Colestipol**
Lesux® → **Bismuthate, Tripotassium Dicitrato-**
Letab® → **Levofloxacin**
Letairis® → **Ambrisentan**
Letequatro® → **Levothyroxine**
Lethabarb® [vet.] → **Pentobarbital**
Lethanal® [vet.] → **Pentobarbital**
Lethobarb® [vet.] → **Pentobarbital**
Lethyl® → **Phenobarbital**
Letizen® → **Cetirizine**
Letonal® → **Spironolactone**
Letop® → **Topiramate**
Letrox® → **Levothyroxine**
Letrozol Microsules® → **Letrozole**
Letter® → **Levothyroxine**
Letus® [+Sulfamethoxazole] → **Trimethoprim**
Letus® [+Trimethoprim] → **Sulfamethoxazole**
Letynol® → **Cefotaxime**
Leuco-4® → **Adenine**
Leucobasal® → **Mequinol**
Leucocalcin® → **Folinic Acid**
Leucocitim® → **Molgramostim**
Leucodar® → **Fluconazole**
Leucodin® → **Mequinol**
Leucodinine B® → **Mequinol**
Leucomax® → **Molgramostim**
Leucomycin A_3 → **Josamycin**
Leucovorin® → **Folinic Acid**
Leucovorina® → **Folinic Acid**
Leucovorin Abic® → **Folinic Acid**
Leucovorina Calcica® → **Folinic Acid**
Leucovorina Calcica Filaxis® → **Folinic Acid**
Leucovorina Calcica Raffo® → **Folinic Acid**
Leucovorina Calcica Varifarma® → **Folinic Acid**
Leucovorina Cal.® [sol.-inj.] → **Folinic Acid**
Leucovorina Delta Farma® → **Folinic Acid**
Leucovorina Richet® → **Folinic Acid**

L

Leucovorina Servycal® → **Folinic Acid**
Leucovorin Ca® → **Folinic Acid**
Leucovorin Ca Lachema® → **Folinic Acid**
Leucovorin Calcium® → **Folic Acid**
Leucovorin Calcium® → **Folinic Acid**
Leucovorin Calcium DBL® → **Folinic Acid**
Leucovorin Calcium Faulding® → **Folinic Acid**
Leucovorin Calcium for Injection® → **Folinic Acid**
Leucovorin Calcium Lederle® → **Folinic Acid**
Leucovorin Calcium-Mayne® → **Folinic Acid**
Leucovorin Calcium Pfizer® → **Folinic Acid**
Leucovorin Dabur® → **Folinic Acid**
Leucovorine Abic® → **Folinic Acid**
Leucovorine Calcium Faulding® → **Folinic Acid**
Leucovorine Calcium Mayne® → **Folinic Acid**
Leucovorine Teva® → **Folinic Acid**
Leucovorin-Faulding® → **Folinic Acid**
Leucovorin Kalbe® → **Folinic Acid**
Leucovorin Lachema® → **Folinic Acid**
Leucovorin Lederle® → **Folinic Acid**
Leucovorin-Teva® → **Folinic Acid**
Leucovorin Teva® → **Folinic Acid**
Leukase® → **Framycetin**
Leukase N® → **Framycetin**
Leukast® → **Montelukast**
Leukeran® → **Chlorambucil**
Leukeran® [vet.] → **Chlorambucil**
Leukichtan® → **Ichthammol**
Leukichtan Salbe® → **Ichthammol**
Leukine® → **Sargramostim**
leukominerase® → **Lithium**
Leukoprol® → **Mirimostim**
Leukovorin Calcium® → **Folinic Acid**
Leunase® → **Asparaginase**
Leuplin® → **Leuprorelin**
Leuprolide Acetate® → **Leuprorelin**
Leuprone Hexal® → **Leuprorelin**
Leuproreline-acetaat® → **Leuprorelin**
Leupro Sandoz® → **Leuprorelin**
Leustat® → **Cladribine**
Leustatin® → **Cladribine**
Leustatine® → **Cladribine**
Leutrol® → **Meloxicam**
Leuven® → **Betamethasone**
Levac® → **Lindane**
Levacide® [vet.] → **Levamisole**
Levacol® [vet.] → **Levamisole**
Levacur® [vet.] → **Levamisole**
Levadin® [vet.] → **Levamisole**
Levadol® → **Paracetamol**
Levam® → **Levamisole**
Levamin® → **Levocarnitine**
Levamisol → **Levamisole**
Levamisole → **Levamisole**
Lévamisole → **Levamisole**
Levamisole [BAN, DCF] → **Levamisole**
Lévamisole (chlorhydrate de) → **Levamisole**
Lévamisole (chlorhydrate de) (Ph. Eur. 5) → **Levamisole**
Levamisole for veterinary use (Ph. Eur. 5) → **Levamisole**
Levamisole Hydrochloride → **Levamisole**
Levamisole hydrochloride: → **Levamisole**
Levamisole Hydrochloride [BANM, USAN] → **Levamisole**
Levamisole Hydrochloride (Ph. Eur. 5, Ph. Int. 4, USP 30) → **Levamisole**
Levamisole Phosphate® [vet.] → **Levamisole**
Lévamisole pour usage vétérinaire (Ph. Eur. 5) → **Levamisole**
Levamisole® [vet.] → **Levamisole**
Lévamisole® [vet.] → **Levamisole**
Levamisol für Tiere (Ph. Eur. 5) → **Levamisole**
Levamisolhydrochlorid → **Levamisole**
Levamisolhydrochlorid (Ph. Eur. 5) → **Levamisole**
Levamisoli hydrochloridum → **Levamisole**
Levamisoli hydrochloridum (Ph. Eur. 5, Ph. Int. 4) → **Levamisole**
Levamisolo → **Levamisole**
Levamisolo cloridrato → **Levamisole**
Levamisolo [DCIT] → **Levamisole**
Levamisolo® [vet.] → **Levamisole**
Levamisol Spot On® [vet.] → **Levamisole**
Levamisolum → **Levamisole**
Levamisolum ad usum veterinarium (Ph. Eur. 5) → **Levamisole**
Levamisol® [vet.] → **Levamisole**
Lévanol® [vet.] → **Levamisole**
Levant® → **Lansoprazole**
Levanxol® → **Temazepam**
Levapharm® [vet.] → **Levamisole**
Levaquin® → **Levofloxacin**
Levasole® [vet.] → **Levamisole**
Levasure® [vet.] → **Levamisole**
Levatrax® → **Levamisole**
Leva® [vet.] → **Levamisole**
Levaxin® → **Levothyroxine**
Levbid® → **Hyoscyamine**
Levelina® → **Bifonazole**
Levemir® → **Insulin Determir**
Levicare® [vet.] → **Levamisole**
Levicon® [vet.] → **Levamisole**
Levin® → **Levofloxacin**
Leviogel® → **Diclofenac**
Levipor® [vet.] → **Levamisole**
Lévisole® [vet.] → **Levamisole**
Levisol® [vet.] → **Levamisole**
Levitra® → **Vardenafil**
Levo® → **Levofloxacin**
Levobac® → **Levofloxacin**
Levobeta® [+ Carbidopa, monohydrate] → **Levodopa**
Levobeta® [+ Levodopa] → **Carbidopa**
Levobren® → **Levosulpiride**
Levobunolol Hydrochloride® → **Levobunolol**
Levocabastin → **Levocabastine**
Levocabastina → **Levocabastine**
Levocabastina clorhidrato → **Levocabastine**
Levocabastina cloridrato → **Levocabastine**
Levocabastine → **Levocabastine**
Lévocabastine → **Levocabastine**
Levocabastine [BAN] → **Levocabastine**
Lévocabastine (chlorhydrate de) → **Levocabastine**
Lévocabastine (chlorhydrate de) (Ph. Eur. 5) → **Levocabastine**
Lévocabastine [DCF] → **Levocabastine**
Levocabastine Hydrochloride → **Levocabastine**
Levocabastine hydrochloride: → **Levocabastine**
Levocabastine Hydrochloride [BANM, USAN] → **Levocabastine**
Levocabastine Hydrochloride (Ph. Eur. 5) → **Levocabastine**
Levocabastin hydrochlorid → **Levocabastine**
Levocabastinhydrochlorid (Ph. Eur. 5) → **Levocabastine**
Levocabastini hydrochloridum → **Levocabastine**
Levocabastini hydrochloridum (Ph. Eur. 5) → **Levocabastine**
Levocabastinum → **Levocabastine**
Levo-C AL® [+ Carbidopa, monohydrate] → **Levodopa**
Levo-C AL® [+ Levodopa] → **Carbidopa**

Levomepromazine PCH® → **Levomepromazine**
Levomepromazine Ratiopharm® → **Levomepromazine**
Levomepromazinhydrochlorid → **Levomepromazine**
Levomepromazinhydrochlorid (Ph. Eur. 5) → **Levomepromazine**
Levomepromazini hydrochloridum → **Levomepromazine**
Levomepromazini hydrochloridum (Ph. Eur. 5) → **Levomepromazine**
Levomepromazin-neuraxpharm® → **Levomepromazine**
Levomepromazinum → **Levomepromazine**
Levomet® [+ Carbidopa] → **Levodopa**
Levomet® [+ Levodopa] → **Carbidopa**
Levomine® → **Levocetirizine**
Levomix® [vet.] → **Levamisole**
Levomycetin® → **Chloramphenicol**
Levonelle® → **Levonorgestrel**
Levonis® → **Flunisolide**
Levonix® → **Levofloxacin**
Levonor® → **Norepinephrine**
Levonorgestrel L.CH.® → **Levonorgestrel**
Levonova® → **Levonorgestrel**
Levopa® → **Levodopa**
Levopar® [+ Benserazide] → **Levodopa**
Levopar® [+ Levodopa] → **Benserazide**
Levophta® → **Levocabastine**
Lévophta® → **Levocabastine**
Levo-Powder® [vet.] → **Levothyroxine**
Levopraid® → **Levosulpiride**
Levopront® → **Levodropropizine**
Levoquin® → **Levofloxacin**
Levoquinox® → **Levofloxacin**
Levora® → **Levofloxacin**
Levoral® [vet.] → **Levamisole**
Levorphanol Tartrate® → **Levorphanol**
Levosol® [vet.] → **Levamisole**
Levostab® → **Levocabastine**
Levo-T® → **Levothyroxine**
Levotabs® [vet.] → **Levothyroxine**
Levotac® → **Levofloxacin**
Levothroid® → **Levothyroxine**
Levothym® → **Oxitriptan**
Lévothyrox® → **Levothyroxine**
Levothyroxin APP® → **Levothyroxine**
Levothyroxine → **Levothyroxine**
Levothyroxine® → **Levothyroxine**
Levothyroxine [BAN] → **Levothyroxine**
Levothyroxine Christiaens® → **Levothyroxine**
Lévothyroxine sodique → **Levothyroxine**
Lévothyroxine sodique [DCF] → **Levothyroxine**
Lévothyroxine sodique (Ph. Eur. 5) → **Levothyroxine**
Levothyroxine Sodium → **Levothyroxine**
Levothyroxine Sodium® → **Levothyroxine**
Levothyroxine Sodium [BANM, USAN] → **Levothyroxine**
Levothyroxine Sodium (JP XIV, Ph. Eur. 5, Ph. Int. 4, USP 30) → **Levothyroxine**
Levothyroxine sodium salt: → **Levothyroxine**
Levothyroxin natrium → **Levothyroxine**
Levothyroxin-Natrium (Ph. Eur. 5) → **Levothyroxine**
Levothyroxinum → **Levothyroxine**
Levothyroxinum (2.AB-DDR) → **Levothyroxine**
Levothyroxinum natricum → **Levothyroxine**
Levothyroxinum natricum (Ph. Eur. 5, Ph. Int. 4) → **Levothyroxine**
Levothyroxin® [vet.] → **Levothyroxine**
Levotiron® → **Levothyroxine**
Levotiroxina® → **Levothyroxine**
Levotiroxina Fabra® → **Levothyroxine**
Levotiroxina Northia® → **Levothyroxine**
Levotiroxina sodica → **Levothyroxine**
Levotiroxina Sodica® → **Levothyroxine**
Levotiroxina sodica [DCIT] → **Levothyroxine**
Levotiroxina Sodica L.CH.® → **Levothyroxine**
Lévotonine® → **Oxitriptan**
Levotus® → **Levodropropizine**
Levotuss® → **Levodropropizine**
Levovanox® → **Vancomycin**
Levovent® → **Formoterol**
Levovermax® [vet.] → **Levamisole**
Levovist® → **Galactose**
Levox® → **Levofloxacin**
Levoxacin® → **Levofloxacin**
Levoxacin® [inj.] → **Levofloxacin**
Levoxetina® → **Levofloxacin**
Levoxin® → **Levofloxacin**
Levoxyl® → **Levothyroxine**
Levozin® → **Levomepromazine**
Levron® → **Levetiracetam**
Levroxa® → **Levetiracetam**
Levsin® → **Hyoscyamine**
Levsinex® → **Hyoscyamine**
Levucal® → **Calcium Carbonate**
Levulan® → **5-Aminolevulinic Acid**
Lévulose → **Fructose**
Levuloza® → **Fructose**
Levviax® → **Telithromycin**
Lexa® → **Levofloxacin**
Lexapro® → **Escitalopram**
Lexatin® → **Bromazepam**
Lexaurin® → **Bromazepam**
Lexemin® → **Fenofibrate**
Lexfin® → **Celecoxib**
Lexfor® → **Norfloxacin**
Lexiflox® → **Norfloxacin**
Lexilin® → **Nicergoline**
Lexilium® → **Bromazepam**
Lexin® → **Cefalexin**
Lexin® → **Carbamazepine**
Lexincef® → **Cefalexin**
Lexinor® → **Norfloxacin**
Lexipen® → **Pivmecillinam**
Lexis® → **Clindamycin**
Lexiva® → **Fosamprenavir**
Lexobene® → **Diclofenac**
Lexomil® → **Bromazepam**
Lexopam® → **Bromazepam**
Lexosedin® → **Butamirate**
Lexostad® → **Bromazepam**
Lexotan® → **Bromazepam**
Lexotanil® → **Bromazepam**
Lexpec® → **Folic Acid**
Lextor® → **Escitalopram**
Lextrasa® → **Mesalazine**
Lexxema® → **Methylprednisolone**
Lghyal® → **Hyaluronic Acid**
L-Glutamina® → **Glutamine**
LH-RF → **Gonadorelin**
LH-RH → **Gonadorelin**
LH-RH® → **Gonadorelin**
LHRH Ferring® → **Gonadorelin**
LH Stricker® [vet.] → **Chorionic Gonadotrophin**
Li 450 Ziethen® → **Lithium**
Liaderyl® → **Tenoxicam**
Lialda® → **Mesalazine**
Liamycin® → **Cefatrizine**
Libavit B_6® → **Pyridoxine**
Libavit K® → **Menadione**
Liben® → **Glibenclamide**
Liberal® → **Flunarizine**
Liberan® → **Bethanechol Chloride**
Liberate® → **Octocog Alfa**

Liberaxim® → **Hydromorphone**
Liberen® → **Dextropropoxyphene**
Liberprost® → **Bicalutamide**
Libertrim® → **Trimebutine**
Libexin® → **Prenoxdiazine**
Libiam® → **Tibolone**
Libiocid® → **Lincomycin**
Librabendazol® → **Albendazole**
Libracilina® → **Ampicillin**
Libracin® → **Ciprofloxacin**
Libractam® → **Sultamicillin**
Libradin® → **Barnidipine**
Libradina® → **Ranitidine**
Librafenac® → **Diclofenac**
Libraflam® → **Diclofenac**
Libraformin® → **Metformin**
Libraglucil® → **Glibenclamide**
Libramox® → **Amoxicillin**
Libramucil® → **Acetylcysteine**
Libranidazol® → **Secnidazole**
Librapamil® → **Verapamil**
Libravir® → **Aciclovir**
Librazol® → **Metronidazole**
Librazolam® → **Alprazolam**
Librentin® → **Salbutamol**
Librium® → **Chlordiazepoxide**
Librocef® → **Cefadroxil**
Librodan® → **Clindamycin**
Librofem® → **Ibuprofen**
Libronil® → **Glibenclamide**
Libronil-R® → **Bromazepam**
Licab® → **Lithium**
Licain® → **Lidocaine**
Licarb® → **Lithium**
Licarbium® → **Lithium**
Licazide® → **Gliclazide**
Lice® → **Lindane**
Licebral Amex® [+ Carbidopa] → **Levodopa**
Licebral Amex® [+ Levodopa] → **Carbidopa**
Lice Care® → **Malathion**
Licef® → **Cefadroxil**
Licerin® → **Permethrin**
Licoften® → **Ketotifen**
Liconar® → **Miconazole**
Licortin® → **Loratadine**
Licostrata® → **Hydroquinone**
Lictyn® → **Loratadine**
Licuagen® → **Cilostazol**
Lidacef® → **Ceftriaxone**
Lidaflan® → **Nimesulide**
Lidakol® → **Docosanol**
Lidaltrin® → **Quinapril**
Lidanil® → **Mesoridazine**
Lidaprim® [+ Sulfamethoxazole] → **Trimethoprim**
Lidaprim® [+Sulfametrole] → **Trimethoprim**
Lidaprim® [+ Trimethoprim] → **Sulfametrole**
Lidaprim® [+ Trimethoprim] → **Sulfamethoxazole**
Lidatrim® [+Sulfametrol] → **Trimethoprim**
Lidatrim® [+ Trimethoprim] → **Sulfametrole**
Lide® → **Nimesulide**
Liderclox® → **Flucloxacillin**
Liderma® → **Isotretinoin**
Liderman® → **Oxiconazole**
Lidesthesin® → **Lidocaine**
Lidestol® → **Lidocaine**
Lidex® → **Fluocinonide**
Lidil® → **Oxymetazoline**
Lidil® → **Fluticasone**
Lido® → **Lidocaine**
Lidobag® → **Lidocaine**
Lidocain → **Lidocaine**
Lidocain® → **Lidocaine**
Lidocaina → **Lidocaine**
Lidocaina® → **Lidocaine**
Lidocaina AL® → **Lidocaine**
Lidocaina AL-ISP® → **Lidocaine**
Lidocaina Angelini® → **Lidocaine**
Lidocaina Apolo® → **Lidocaine**
Lidocaina Biocrom® → **Lidocaine**
Lidocaina Braun® → **Lidocaine**
Lidocaina Clorhidrato® → **Lidocaine**
Lidocaina clorhidrato → **Lidocaine**
Lidocaina Clorhidrato L.CH.® → **Lidocaine**
Lidocaina cloridrato® → **Lidocaine**
Lidocaina cloridrato → **Lidocaine**
Lidocaina Cloridrato Alfa Intes® → **Lidocaine**
Lidocaina cloridrato Molteni® → **Lidocaine**
Lidocaina Cloridrato Ogna® → **Lidocaine**
Lidocain ACS Dobfar Info → **Lidocaine**
Lidocaina [DCIT] → **Lidocaine**
Lidocaina Denver® → **Lidocaine**
Lidocaina-Ethicalpharma® → **Lidocaine**
Lidocaina Hiperbarica® → **Lidocaine**
Lidocaina Hiperbarica Braun® → **Lidocaine**
Lidocaina Infosint® → **Lidocaine**
Lidocaina IV Braun® → **Lidocaine**
Lidocaina Lafedar® → **Lidocaine**
Lidocaina-Lusa® → **Lidocaine**
Lidocaina-Monsanti® → **Lidocaine**
Lidocaina Pesada-Lusa® → **Lidocaine**
Lidocaina Richmond® → **Lidocaine**
Lidocaina Trebol® [inj.] → **Lidocaine**
Lidocaina® [vet.] → **Lidocaine**
Lidocain Braun® → **Lidocaine**
Lidocain CO_2 Sintetica® → **Lidocaine**
Lidocaine → **Lidocaine**
Lidocaïne → **Lidocaine**
Lidocaine® → **Lidocaine**
Lidocaïne Aguettant® → **Lidocaine**
Lidocaine [BAN, JAN] → **Lidocaine**
Lidocaine (BP 2003, JP XIV, Ph. Eur. 5, Ph. Int. 4, USP 30) → **Lidocaine**
Lidocaïne (chlorhydrate de) → **Lidocaine**
Lidocaïne (chlorhydrate de) (Ph. Eur. 5) → **Lidocaine**
Lidocaïne [DCF] → **Lidocaine**
Lidocaine FNA® → **Lidocaine**
Lidocaine HCL CF® → **Lidocaine**
Lidocaine HCl Gf® → **Lidocaine**
Lidocaine Hydrochloride® → **Lidocaine**
Lidocaine Hydrochloride → **Lidocaine**
Lidocainehydrochloride® → **Lidocaine**
Lidocaine hydrochloride anhydrous → **Lidocaine**
Lidocaine hydrochloride (anhydrous): → **Lidocaine**
Lidocaine Hydrochloride [BANM] → **Lidocaine**
Lidocaine Hydrochloride [BANM, JAN, USAN] → **Lidocaine**
Lidocaine Hydrochloride Injection (JP XIII) → **Lidocaine**
Lidocaine hydrochloride monohydrate: → **Lidocaine**
Lidocaine Hydrochloride (Ph. Eur. 5, Ph. Int. 4) → **Lidocaine**
Lidocaine Hydrochloride (USP 30) → **Lidocaine**
Lidocaïne (Ph. Eur. 5) → **Lidocaine**
Lidocaine® [vet.] → **Lidocaine**
Lidocain HCl Bichsel® → **Lidocaine**
Lidocain-HCl Braun → **Lidocaine**
Lidocain Human® → **Lidocaine**
Lidocain Hydrochloric® → **Lidocaine**
Lidocain hydrochlorid → **Lidocaine**
Lidocain hydrochlorid-1-Wasser → **Lidocaine**
Lidocainhydrochlorid-Braun® → **Lidocaine**
Lidocainhydrochlorid (Ph. Eur. 5) → **Lidocaine**
Lidocaini hydrochloridum → **Lidocaine**
Lidocaini hydrochloridum anhydricum → **Lidocaine**
Lidocaini hydrochloridum (Ph. Eur. 5, Ph. Int. 4) → **Lidocaine**

Lidocaini hydrochloridum (Ph. Int. III) → **Lidocaine**
lidocain-loges® → **Lidocaine**
Lidocain Oint® → **Lidocaine**
Lidocain (Ph. Eur. 5) → **Lidocaine**
Lidocain-Röwo® → **Lidocaine**
Lidocain-Rotexmedica® → **Lidocaine**
Lidocain Steigerwald® → **Lidocaine**
Lidocain Streuli® → **Lidocaine**
Lidocain-Terbol® → **Lidocaine**
Lidocainum → **Lidocaine**
Lidocainum (Ph. Eur. 5, Ph. Int. 4) → **Lidocaine**
Lidocain® [vet.] → **Lidocaine**
Lidocain-WELK® → **Lidocaine**
Lidocard® → **Lidocaine**
Lidocard B.Braun® → **Lidocaine**
Lidochlor® → **Lidocaine**
Lidocom® → **Lidocaine**
Lidocorit® → **Lidocaine**
Lidocort® → **Hydrocortisone**
Lidodan® → **Lidocaine**
Lidodan Ointment® → **Lidocaine**
Lidodent® → **Lidocaine**
Lidofast® → **Lidocaine**
Lidogel® → **Lidocaine**
Lidoject® → **Lidocaine**
Lidoject® [vet.] → **Lidocaine**
Lidojet® → **Lidocaine**
Lidokainijev Klorid® → **Lidocaine**
Lidokain® [inj.] → **Lidocaine**
Lidokain® [inj.] → **Lidocaine**
Lidokain SAD® → **Lidocaine**
Lidonest® → **Lidocaine**
Lidopen® → **Lidocaine**
LidoPosterine® → **Lidocaine**
Lidoprim S®[vet.] → **Trimethoprim**
Lidoprim S®[vet.] → **Sulfamethoxazole**
Lidosen® → **Lidocaine**
Lidospray® → **Lidocaine**
Lidoxin® → **Cloxacillin**
Lidrian® → **Lidocaine**
Lifecare® → **Dobutamine**
Lifermycin® → **Amikacin**
Liferost® → **Cefatrizine**
Liferzit® → **Lovastatin**
Lifezar® → **Losartan**
Lifibrat® → **Fenofibrate**
Lifibron® → **Gemfibrozil**
Lifin® → **Finasteride**
Liflox® → **Ofloxacin**
Lifo-Scrub® → **Chlorhexidine**
Lifril® → **Tegafur**
Lifter® → **Sildenafil**
Lifurom® → **Cefuroxime**
Lifurox® → **Cefuroxime**
Lifuzar® → **Cefuroxime**
Lignavet® [vet.] → **Lidocaine**
Lignocain® → **Lidocaine**
Lignocaina® → **Lidocaine**
Lignocaine® → **Lidocaine**
Lignocaine [BAN] → **Lidocaine**
Lignocaine Gel 2 %® → **Lidocaine**
Lignocaine HCl-Fresenius® → **Lidocaine**
Lignocaine Hydrochloride → **Lidocaine**
Lignocaine Hydrochloride® → **Lidocaine**
Lignocaine Hydrochloride Injection BP® → **Lidocaine**
Lignocaine Injection® → **Lidocaine**
Lignocaine Jelly® → **Lidocaine**
Lignocaine Pfizer® → **Lidocaine**
Lignocaine® [vet.] → **Lidocaine**
Lignocainium chloratum → **Lidocaine**
Lignocainum® → **Lidocaine**
Lignocainum Hydrochloricum® → **Lidocaine**
Lignomav® [vet.] → **Lidocaine**
Ligofragmin® → **Dalteparin Sodium**
Likacin® → **Amikacin**
Likenil® → **Lisinopril**
Likuden® → **Griseofulvin**
Likuden® M [vet.] → **Griseofulvin**
Li Liquid® → **Lithium**
Lilly 103472 (Lilly) → **Fluoxetine**
Lilly 81929 (Lilly) → **Dobutamine**
Lilly-Cefaclor® → **Cefaclor**
Lilly-Fluoxetine® → **Fluoxetine**
Limarin® → **Silibinin**
Limaryl® → **Glimepiride**
Limas® → **Lithium**
Limbatril® → **Amitriptyline**
Limbial® → **Oxazepam**
Limcee® → **Ascorbic Acid**
Limclair® → **Edetic Acid**
Limed® → **Lithium**
Limeral® → **Glimepiride**
Limerix® → **Haloperidol**
Limethason® → **Dexamethasone**
Limex® [vet.] → **Levamisole**
Limexx® → **Tyrothricin**
Limican® → **Alizapride**
Limifen® → **Alfentanil**
Limitral® → **Nitroglycerin**
Limovan® → **Zopiclone**
Limox® → **Lovastatin**
Limoxin® [vet.] → **Oxytetracycline**
Limpet® → **Glimepiride**
Limpidex® → **Lansoprazole**
Limptar® → **Quinine**
Limustin® → **Tacrolimus**
Linaris® [+ Sulfamethoxazol] → **Trimethoprim**
Linaris® [+ Trimethoprim] → **Sulfamethoxazole**
Linatecan® → **Irinotecan**
Linatil® → **Enalapril**
Linazine® → **Cinnarizine**
Lincaína Braun® → **Lidocaine**
Lincil® → **Nicardipine**
Lincmix® [vet.] → **Lincomycin**
Linco® → **Lincomycin**
Lincoban® [vet.] → **Lincomycin**
Lincobion® [vet.] → **Lincomycin**
Lincobiotic® → **Lincomycin**
Lincocin® → **Lincomycin**
Lincocina® → **Lincomycin**
Lincocine® → **Lincomycin**
Lincocine® [vet.] → **Lincomycin**
Lincocin® [vet.] → **Lincomycin**
Lincocor® [vet.] → **Lincomycin**
Lincodar® → **Lincomycin**
Lincofarm® [vet.] → **Lincomycin**
Lincogin® → **Lincomycin**
Lincohem® → **Lincomycin**
Lincoject® [vet.] → **Lincomycin**
Lincolan® → **Lincomycin**
Lincoln Lice Control Plus® [vet.] → **Permethrin**
Lincoln Sweet Itch Control® [vet.] → **Permethrin**
Lincomax® → **Lincomycin**
Lincomec® → **Lincomycin**
Lincomicina → **Lincomycin**
Lincomicina® → **Lincomycin**
Lincomicina clorhidrato → **Lincomycin**
Lincomicina cloridrato → **Lincomycin**
Lincomicina [DCIT] → **Lincomycin**
Lincomicina Fmndtria® → **Lincomycin**
Lincomicina Genfar® → **Lincomycin**
Lincomicina® [inij./caps./sol.-inj.] → **Lincomycin**
Lincomicina L.CH.® → **Lincomycin**
Lincomicina Lch® → **Lincomycin**
Lincomicina Luper® → **Lincomycin**
Lincomicina MF® → **Lincomycin**
Lincomicina MK® → **Lincomycin**
Lincomicina Normon® → **Lincomycin**
Lincomicina® [vet.] → **Lincomycin**
Lincomix® [vet.] → **Lincomycin**
Lincomy® → **Lincomycin**
Lincomycin → **Lincomycin**
Lincomycin® → **Lincomycin**
Lincomycin [BAN, USAN] → **Lincomycin**
Lincomycin B.J.® → **Lincomycin**

Lipaxan® → **Fluvastatin**
Lipazil® → **Gemfibrozil**
Lipazym® → **Pancreatin**
Lipcor® → **Fenofibrate**
Lipcut® → **Simvastatin**
Lipdaune® → **Lovastatin**
Lipebin® → **Lactulose**
Lipemol® → **Pravastatin**
Liperol® → **Lovastatin**
Lipex® → **Atorvastatin**
Lipex® → **Policosanol**
Lipex® → **Simvastatin**
Lipibec® → **Atorvastatin**
Lipicard® → **Fenofibrate**
Lipicare® → **Atorvastatin**
Lipicon® → **Atorvastatin**
Lipicut® → **Atorvastatin**
Lipidil® → **Fenofibrate**
Lipidil-Ter® → **Fenofibrate**
Lipidless® → **Lovastatin**
Lipidof® → **Fenofibrate**
Lipidys® → **Gemfibrozil**
Lipifen® → **Atorvastatin**
Lipigem® → **Gemfibrozil**
Lipilfen® → **Fenofibrate**
Lipilim® → **Clofibrate**
Lipinor® → **Atorvastatin**
Lipiodol® → **Ethiodized Oil (^{131}I)**
Lipira® → **Gemfibrozil**
Lipired® → **Fenofibrate**
LipIrex® → **Fenofibrate**
Lipison® → **Gemfibrozil**
Lipistad® → **Atorvastatin**
Lipitaksin® → **Atorvastatin**
Lipitin® → **Atorvastatin**
Lipitor® → **Atorvastatin**
Lipitor Lyfjaver® → **Atorvastatin**
Lipitor „Orifarm"® → **Atorvastatin**
Lipitrop® → **Gemfibrozil**
Lipivim® → **Fenofibrate**
Liplat® → **Pravastatin**
Liple® → **Alprostadil**
Lipoaminsäure → **Thioctic Acid**
Lipobay® → **Cerivastatin**
Lipobi® → **Atorvastatin**
Lipocambi® → **Atorvastatin**
Lipociden® → **Simvastatin**
Lipoclin® → **Clinofibrate**
Lipocol-Merz® → **Colestyramine**
Lipocor® → **Bezafibrate**
Lipo-dox® → **Doxorubicin**
Lipo E Vitamin E 800 „Vit"® → **Tocopherol, α-**
Lipofen® → **Fenofibrate**
Lipofene® → **Fenofibrate**
Lipofib® → **Fenofibrate**
Lipofin® → **Atorvastatin**
Lipofor® → **Gemfibrozil**
Lipofren® → **Lovastatin**
Lipogen® → **Gemfibrozil**
Lipohep® → **Heparin**
Lipohexal® → **Fenofibrate**
Lipoicin® → **Thioctic Acid**
Lipolac® → **Carbomer**
Lipolo® → **Gemfibrozil**
Lipo-Merz® → **Etofibrate**
Liponorm® → **Simvastatin**
Liponsäure-ratiopharm® → **Thioctic Acid**
Liponsäure-ratiopharm® [inj.] → **Thioctic Acid**
Lipophoral® → **Benfluorex**
Lipopres® → **Lovastatin**
Liporest® → **Atorvastatin**
Liporex® → **Simvastatin**
Liposcler® → **Lovastatin**
Liposic® → **Carbomer**
Lipo Sol® → **Triclosan**
Lipo-Sol® → **Triclosan**
Liposol LP® → **Metformin**
Lipostat® → **Pravastatin**
Lipostop® → **Atorvastatin**
Lipotalon® → **Dexamethasone**
Lipotril® → **Gemfibrozil**
Lipotropic® → **Atorvastatin**
Lipovas® → **Lovastatin**
Lipovas® → **Simvastatin**
Lipovastatin® → **Atorvastatin**
Lipoven® → **Heparin**
Lipovisc® → **Carbomer**
Lipox® → **Atorvastatin**
Lipox® → **Bezafibrate**
Lipox Gemfi® → **Gemfibrozil**
Lipozid® → **Gemfibrozil**
Lipozil® → **Gemfibrozil**
Liprace® → **Lisinopril**
Lipram® → **Pancrelipase**
Lipratif® → **Pravastatin**
Lipreren® → **Lisinopril**
Liprox® → **Lovastatin**
Lipsin® → **Fenofibrate**
Liptonorm® → **Atorvastatin**
Lipur® → **Gemfibrozil**
Lipus® → **Lovastatin**
Liquachel® [vet.] → **Oxytetracycline**
Liquamycin® [vet.] → **Oxytetracycline**
Liqufruta® → **Guaifenesin**
Liqui-Cal® → **Calcium Carbonate**
Liqui-Char® → **Charcoal, Activated**
Liqui-Char-Vet® [vet.] → **Charcoal, Activated**
Liqui-Coat HD® → **Barium Sulfate**
Liquidepur® → **Sodium Picosulfate**
Liquid E® [vet.] → **Tocopherol, α-**
Liquidix® → **Ambroxol**
Liquid Polibar® → **Barium Sulfate**
Liquid Soap Pre-Op Wash® → **Triclosan**
Liquifilm Lagrimas® → **Povidone**
Liquifilm Tears® → **Povidone**
Liquigel® → **Carbomer**
Liquiprin® → **Paracetamol**
Liquivisc® → **Carbomer**
Lirex® → **Tibolone**
Lirgosin® → **Cefotaxime**
Liroken® → **Diclofenac**
Lirpan® → **Donepezil**
Lis® → **Lactulose**
Lisa® → **Cefonicid**
Lisac® → **Simvastatin**
Lisacef® → **Cefradine**
Lisaglucon® → **Glibenclamide**
Lisaler® → **Loratadine**
Lisalgil® → **Metamizole**
Lisanirc® → **Nicardipine**
Lisapres® → **Guanabenz**
Lisba® → **Nitrendipine**
Lisdene® → **Lisinopril**
Lisedema® → **Piroxicam**
Lisefor® → **Levocarnitine**
Liserdol® → **Metergoline**
Lishenbao® → **Urofollitropin**
Lisi AbZ® → **Lisinopril**
Lisibeta® → **Lisinopril**
Lisidigal® → **Lisinopril**
Lisidoc® → **Lisinopril**
Lisiflen® → **Diclofenac**
Lisigamma® → **Lisinopril**
Lisi-Hennig® → **Lisinopril**
Lisihexal® → **Lisinopril**
Lisiken® → **Clindamycin**
Lisilet® → **Lisinopril**
Lisi Lich® → **Lisinopril**
Lisina → **Lysine**
Lisina cloridrato® → **Lysine**
Lisina [DCIT] → **Lysine**
Lisinal® → **Lisinopril**
Lisino® → **Loratadine**
Lisinogen® → **Lisinopril**
Lisinopril® → **Lisinopril**
Lisinopril 1A Pharma® → **Lisinopril**
Lisinopril A® → **Lisinopril**
Lisinopril AAA-Pharma® → **Lisinopril**
Lisinopril AbZ® → **Lisinopril**
Lisinopril Actavis® → **Lisinopril**
Lisinopril AL® → **Lisinopril**
Lisinopril Alpharma® → **Lisinopril**
Lisinopril-Apex® → **Lisinopril**
Lisinopril Apotex Pharma® → **Lisinopril**
Lisinopril Arcana® → **Lisinopril**

L

Lizan® → **Diazepam**
Lizepat® → **Nimesulide**
Lizhufeng® → **Famciclovir**
Lizhuwei® → **Valaciclovir**
Lizik® → **Furosemide**
Lizinocor® → **Lisinopril**
Lizinopril® → **Lisinopril**
Lizinopril Lek® → **Lisinopril**
Lizolid® → **Linezolid**
Lizopril® → **Lisinopril**
Lizovag® → **Ketoconazole**
LJ 998 → **Dicycloverine**
L-Keflex® → **Cefalexin**
Llanol® → **Allopurinol**
L-Lysinhydrochlorid Fresenius® → **Lysine**
L-Methionine (JP XIV) → **Methionine, L-**
L-m-Synephrine → **Phenylephrine**
L-Narpenol® [vet.] → **Levamisole**
Lo-Aspirin® → **Aspirin**
Loavel® → **Ramipril**
Lobate® → **Clobetasol**
Lobelin → **Lobeline**
Lobelina → **Lobeline**
Lobelina clorhidrato → **Lobeline**
Lobelina cloridrato → **Lobeline**
Lobelina [DCIT] → **Lobeline**
Lobelin [BAN] → **Lobeline**
Lobeline → **Lobeline**
Lobéline → **Lobeline**
Lobéline (chlorhydrate de) → **Lobeline**
Lobéline [DCF] → **Lobeline**
Lobeline Hydrochloride → **Lobeline**
Lobeline hydrochloride: → **Lobeline**
Lobeline Hydrochloride [BANM, JAN] → **Lobeline**
Lobeline Hydrochloride (Ph. Eur. 5) → **Lobeline**
Lobeline [USAN] → **Lobeline**
Lobelin hydrochlorid → **Lobeline**
Lobelinhydrochlorid (Ph. Eur. 5) → **Lobeline**
Lobelini hydrochloridum → **Lobeline**
Lobelini hydrochloridum (Ph. Eur. 5) → **Lobeline**
Lobelin „Ingelheim“® [vet.] → **Lobeline**
Lobelinium chloratum → **Lobeline**
Lobelinum → **Lobeline**
Lobelinum hydrochloricum (Ph. Int. II, Ph. Jap. 1971) → **Lobeline**
Lobelo® → **Piracetam**
Lobem® → **Moclobemide**
Lobeta® → **Loratadine**
Lobevat® → **Clobetasol**
Lobiavers® [vet.] → **Levamisole**
Lobivon® → **Nebivolol**
Lobu® → **Loxoprofen**
Locabiosol® → **Fusafungine**
Locabiotal® → **Fusafungine**
Locacid® → **Tretinoin**
Locacorten® → **Flumetasone**
Locacortene® → **Flumetasone**
Localin® → **Oxybuprocaine**
Local® [vet.] → **Lidocaine**
Localyn® → **Fluocinolone acetonide**
Locap® → **Captopril**
Locapred® → **Desonide**
Locard® → **Amlodipine**
Locarpin-F® → **Pilocarpine**
Locason Scalp® → **Betamethasone**
Locatop® → **Desonide**
Locemix® → **Minoxidil**
Loceryl® → **Amorolfine**
Locéryl® → **Amorolfine**
Loceryl® [emuls. lös.] → **Amorolfine**
Lochol® → **Lovastatin**
Lochol® → **Fluvastatin**
Lochol® → **Simvastatin**
Locholes® → **Gemfibrozil**
Locholest® → **Colestyramine**
Lociherp® → **Urea**
Locilan 28 Day® → **Norethisterone**
Locin® → **Levofloxacin**
Locion Desmanchadora America® → **Hydroquinone**
Locion EPC® → **Minoxidil**
Locion Hidroquinona America® → **Hydroquinone**
Locoid® → **Hydrocortisone**
Locoïd® → **Hydrocortisone**
Locoid Crelo® → **Hydrocortisone**
Locoid Lipid® → **Hydrocortisone**
Locoid Lipocream® → **Hydrocortisone**
Locoidon® → **Hydrocortisone**
Locoid® [vet.] → **Hydrocortisone**
Locol® → **Atorvastatin**
Locopain® → **Diclofenac**
Locose® → **Glibenclamide**
Loctenk® → **Losartan**
Locula® → **Sulfacetamide**
Lodalès® → **Simvastatin**
Lodep® → **Fluoxetine**
Lodia® → **Loperamide**
Lodil® → **Gemfibrozil**
Lodimax® → **Amlodipine**
Lodin® → **Loratadine**
Lodine® → **Etodolac**
Lodipar® → **Amlodipine**
Lodipin® → **Amlodipine**
Lodipres® → **Carvedilol**
Loditac® [vet.] → **Oxibendazole**
Lodix® → **Furosemide**
Lodixal® → **Verapamil**
Lodoc® → **Benzocaine**
Lodomer® → **Haloperidol**
Lodopin® → **Zotepine**
Lodosyn® → **Carbidopa**
Lodrane® → **Theophylline**
Lodronat® → **Clodronic Acid**
Lodulce® → **Glibenclamide**
Löscalcon® → **Calcium Carbonate**
Lösferron® → **Ferrous Gluconate**
Loexom® → **Ambroxol**
Lofacol® → **Lovastatin**
Lofat® → **Fenofibrate**
Lofenac® → **Diclofenac**
Lofepramine® → **Lofepramine**
Lofibra® → **Fenofibrate**
Lofostin® → **Levocarnitine**
Loftan® → **Salbutamol**
Lofton® → **Buflomedil**
Loftyl® → **Buflomedil**
Logafox® → **Cefoperazone**
Logastin® → **Dimeticone**
Logastric® → **Omeprazole**
Logat® → **Ranitidine**
Logical® → **Povidone**
Logican® → **Fluconazole**
Logic Ear Cleaner® [vet.] → **Chlorhexidine**
Logicin® → **Oxymetazoline**
Logic Line Oreille® [vet.] → **Xylene**
Logiflox® → **Lomefloxacin**
Logistic® → **Gabapentin**
Logoderm® → **Alclometasone**
Lohyp® → **Losartan**
Loisan® → **Loratadine**
Loitin® → **Fluconazole**
Lokalen® → **Lidocaine**
Lokefar® → **Ketorolac**
Lokilan® → **Flunisolide**
Lokit® → **Omeprazole**
Loklor® → **Omeprazole**
Lokoles® → **Gemfibrozil**
Lokren® → **Betaxolol**
Lolergi® → **Loratadine**
Lo-Lipid® → **Lovastatin**
Lolomit® → **Timolol**
Lomac® → **Omeprazole**
Lomacholan® → **Silibinin**
Lomacin® → **Lomefloxacin**
Lomaday® → **Lomefloxacin**
Lomadryl® → **Ranitidine**
Lomarin® → **Dimenhydrinate**
Lomarin® → **Lamotrigine**
Lomax® → **Albendazole**
LOM-Benzoato de benzila® → **Benzyl Benzoate**
Lombriareu® → **Pyrantel**
Lom-Dipirona® → **Metamizole**

Lomebact® → **Lomefloxacin**
Lomedium® → **Loperamide**
Lomef® → **Lomefloxacin**
Lomeflon® → **Lomefloxacin**
Lomeflox® → **Lomefloxacin**
Lomepral® → **Omeprazole**
Lomesone® → **Alclometasone**
Lomet® → **Glimepiride**
Lomex® → **Omeprazole**
Lomexin® → **Fenticonazole**
Lomexin Vaginal® → **Fenticonazole**
Lomex-T® → **Omeprazole**
Lomflox® → **Lomefloxacin**
Lomide® → **Loperamide**
Lomide Eye Drops® → **Lodoxamide**
Lomidine® [vet.] → **Pentamidine**
Lomilan® → **Loratadine**
Lomiphar® → **Loperamide**
Lomir® → **Isradipine**
Lomir SRO® → **Isradipine**
Lomodium® → **Loperamide**
Lomont® → **Lofepramine**
Lomosec® → **Loperamide**
Lomotil® → **Loperamide**
Lomotil® [+ Atropine sulfate] → **Diphenoxylate**
Lomotil® [+ Atropine sulfate] → **Diphenoxylate**
Lomotil® [+ Diphenoxylate hydrochloride] → **Atropine**
Lomper® → **Mebendazole**
Lomprax® → **Dimeticone**
Lom-Sulfato Ferroso® → **Ferrous Sulfate**
Lomudal® → **Cromoglicic Acid**
Lomudal Nasal® → **Cromoglicic Acid**
Lomupren® → **Cromoglicic Acid**
Lomusol® → **Cromoglicic Acid**
Lomustin → **Lomustine**
Lomustina → **Lomustine**
Lomustina [DCIT] → **Lomustine**
Lomustina (Ph. Eur. 5) → **Lomustine**
Lomustin (CCNU Torrex)® → **Lomustine**
Lomustine → **Lomustine**
Lomustine® → **Lomustine**
Lomustine [BAN, DCF, USAN] → **Lomustine**
Lomustine Medac® → **Lomustine**
Lomustine (Ph. Eur. 5) → **Lomustine**
Lomustine® [vet.] → **Lomustine**
Lomustin (Ph. Eur. 5) → **Lomustine**
Lomustinum → **Lomustine**
Lomustinum (Ph. Eur. 5) → **Lomustine**
Lomy® → **Loperamide**
Lonac® → **Diclofenac**
Lonactene® → **Carbetocin**
Lonaflam® → **Meloxicam**
Lonazep® → **Clonazepam**
Lonene® → **Etodolac**
Lonet® → **Atenolol**
Longaceph® → **Ceftriaxone**
Longachin® → **Quinidine**
Longacilin® → **Benzathine Benzylpenicillin**
Longactil® → **Chlorpromazine**
LongActon® [vet.] → **Carbetocin**
Longamox® [vet.] → **Amoxicillin**
Longaplex® → **Estrogens, conjugated**
Longastatina® → **Octreotide**
Longatin® → **Noscapine**
Longazem® → **Diltiazem**
Longcef® → **Cefadroxil**
Longes® → **Lisinopril**
Longheparin → **Heparin**
Longicine® [vet.] → **Oxytetracycline**
Longifene® → **Buclizine**
Longtussin® → **Guaifenesin**
Lonikan® → **Fludrocortisone**
Lonine® → **Etodolac**
Loninoten® → **Minoxidil**
Loniten® → **Minoxidil**
Lonium® → **Otilonium Bromide**
Lonmiel® → **Benexate**
Lonnoten® → **Minoxidil**
Lonol® → **Atenolol**
Lonol® → **Allopurinol**
Lonolox® → **Minoxidil**
Lonoten® → **Minoxidil**
Lonox® [+ Atropine, sulfate] → **Diphenoxylate**
Lonox® [+ Diphenoxylate, hydrochloride] → **Atropine**
Lonseren® → **Pipotiazine**
Lontadex® → **Loratadine**
Lontax® → **Citalopram**
Lontermin® → **Procaterol**
Lonza® → **Lorazepam**
Loortan® → **Losartan**
Lop® → **Loperamide**
Lopadol® → **Ketorolac**
Lopa-Hemopharm® → **Loperamide**
Lopalind® → **Loperamide**
Lopamide® → **Loperamide**
Lopamine® → **Loperamide**
Lopan® → **Hyoscine Butylbromide**
Lopatol® [vet.] → **Nitroscanate**
Lo-P-Caps® → **Calcium Carbonate**
Lop-Dia® → **Loperamide**
Lopecia® → **Finasteride**
Lopediar® → **Loperamide**
Lopedium® → **Loperamide**
Lopela® → **Loperamide**
Lopemid® → **Loperamide**
Loper® → **Loperamide**
Lopera Basics® → **Loperamide**
Loperacin® → **Loperamide**
Loperal® [vet.] → **Loperamide**
Loperamid → **Loperamide**
Loperamid® → **Loperamide**
Loperamid 1 A Pharma® → **Loperamide**
Loperamida → **Loperamide**
Loperamida® → **Loperamide**
Loperamida Belmac® → **Loperamide**
Loperamida Clorhidrato® → **Loperamide**
Loperamida clorhidrato → **Loperamide**
Loperamida Ecar® → **Loperamide**
Loperamida Fabra® → **Loperamide**
Loperamid-Akri® → **Loperamide**
Loperamid AL® → **Loperamide**
Loperamida L.CH.® → **Loperamide**
Loperamida Merck® → **Loperamide**
Loperamida MK® → **Loperamide**
Loperamida Ratiopharm® → **Loperamide**
Loperamida Richet® → **Loperamide**
Loperamida Rimafar® → **Loperamide**
Loperamida Vannier® → **Loperamide**
Loperamid-CT® → **Loperamide**
Loperamid Domesco® → **Loperamide**
Loperamide → **Loperamide**
Lopéramide → **Loperamide**
Loperamide Angenerico® → **Loperamide**
Loperamide Atlantic® → **Loperamide**
Loperamide [BAN, DCF, DCIT] → **Loperamide**
Lopéramide Biogaran® → **Loperamide**
Lopéramide (chlorhydrate de) → **Loperamide**
Lopéramide (chlorhydrate de) (Ph. Eur. 5) → **Loperamide**
Loperamide cloridrato → **Loperamide**
Loperamide DOC® → **Loperamide**
Loperamide EG® → **Loperamide**
Lopéramide EG® → **Loperamide**
Loperamide-Eurogenerics® → **Loperamide**
Loperamide-Generics® → **Loperamide**
Lopéramide G Gam® → **Loperamide**
Loperamide HCl® → **Loperamide**
Loperamide HCl A® → **Loperamide**
Loperamide HCl Alpharma® → **Loperamide**
Loperamide HCl CF® → **Loperamide**

L

Loratadina Biochemie® → **Loratadine**
Loratadina Cinfa® → **Loratadine**
Loratadin acis® → **Loratadine**
Loratadina Combino Pharm® → **Loratadine**
Loratadina Cuve® → **Loratadine**
Loratadina Davur® → **Loratadine**
Loratadina Edigen® → **Loratadine**
Loratadina Fabra® → **Loratadine**
Loratadina Fecofar® → **Loratadine**
Loratadina Fmndtria® → **Loratadine**
Loratadina Generis® → **Loratadine**
Loratadina Genfar® → **Loratadine**
Loratadina Gen-Far® → **Loratadine**
Loratadina Germed® → **Loratadine**
Loratadina Ilab® → **Loratadine**
Loratadina Jaba® → **Loratadine**
Loratadina Kern® → **Loratadine**
Loratadina Korhispana® → **Loratadine**
Loratadin AL® → **Loratadine**
Loratadina Labesfal® → **Loratadine**
Loratadina Lasa® → **Loratadine**
Loratadin Alpharma® → **Loratadine**
Loratadin Alternova® → **Loratadine**
Loratadina Mepha® → **Loratadine**
Loratadina Merck® → **Loratadine**
Loratadina MK® → **Loratadine**
Loratadina Normon® → **Loratadine**
Loratadina Northia® → **Loratadine**
Loratadina Pharmagenus® → **Loratadine**
Loratadina Ranbaxy® → **Loratadine**
Loratadina Ratiomed® → **Loratadine**
Loratadina Ratiopharm® → **Loratadine**
Loratadin Arcana® → **Loratadine**
Loratadina Rimafar® → **Loratadine**
Loratadina Sandoz® → **Loratadine**
Loratadina Stada® → **Loratadine**
Loratadina Tamarang® → **Loratadine**
Loratadina Teva® → **Loratadine**
Loratadina Ur® → **Loratadine**
Loratadina Vannier® → **Loratadine**
Loratadin AZU® → **Loratadine**
Loratadin BMM Pharma® → **Loratadine**
Loratadin Copyfarm® → **Loratadine**
Loratadin Domesco® → **Loratadine**
Loratadine® → **Loratadine**
Loratadine A® → **Loratadine**
Loratadine Alpharma® → **Loratadine**
Loratadine Bexal® → **Loratadine**
Loratadine Biochemie® → **Loratadine**
Loratadine CF® → **Loratadine**
Loratadine Dermapharm® → **Loratadine**
Loratadine Disphar® → **Loratadine**
Loratadine Gf® → **Loratadine**
Loratadine Hexal® → **Loratadine**
Loratadine Indo Farma® → **Loratadine**
Loratadine Katwijk® → **Loratadine**
Loratadine Merck® → **Loratadine**
Loratadine Novexal® → **Loratadine**
Loratadine PCH® → **Loratadine**
Loratadine Sandoz® → **Loratadine**
Loratadine SP® → **Loratadine**
Loratadine-Teva® → **Loratadine**
Loratadine Teva® → **Loratadine**
Loratadin Gal® → **Loratadine**
Loratadin Generics® → **Loratadine**
Loratadin Heumann® → **Loratadine**
Loratadin Hexal® → **Loratadine**
Loratadin KSK® → **Loratadine**
Loratadin Merck NM® → **Loratadine**
Loratadin NM® → **Loratadine**
Loratadin „ratiopharm"® → **Loratadine**
Loratadin-ratiopharm® → **Loratadine**
Loratadin ratiopharm® → **Loratadine**
Loratadin Sandoz® → **Loratadine**
Loratadin Stada® → **Loratadine**
Loratadin-Teva® → **Loratadine**
loratadin von ct® → **Loratadine**
Loratadura® → **Loratadine**
Loratadyn® → **Loratadine**
Loratadyna® → **Loratadine**
Loratagamma® → **Loratadine**
Loratan® → **Loratadine**
Loratimed® → **Loratadine**
Loratin® → **Loratadine**
Loratine® → **Loratadine**
Loratin-Mepha® → **Loratadine**
Loratrim® → **Loratadine**
Loratyn® → **Loratadine**
Loravis® → **Loratadine**
Lorax® → **Lorazepam**
Lorazemed® → **Lorazepam**
Lorazene® → **Lorazepam**
Lorazep® → **Lorazepam**
Lorazepam® → **Lorazepam**
Lorazepam A® → **Lorazepam**
Lorazepam ABC® → **Lorazepam**
Lorazepam Actavis® → **Lorazepam**
Lorazepam Allen® → **Lorazepam**
Lorazepam Almus® → **Lorazepam**
Lorazepam Alpharma® → **Lorazepam**
Lorazepam CF® → **Lorazepam**
Lorazepam DOC® → **Lorazepam**
Lorazepam Dorom® → **Lorazepam**
Lorazepam dura® → **Lorazepam**
Lorazepam EG® → **Lorazepam**
Lorazepam-Eurogenerics® → **Lorazepam**
Lorazepam Fabra® → **Lorazepam**
Lorazepam FLX® → **Lorazepam**
Lorazepam Genericon® → **Lorazepam**
Lorazepam Gf® → **Lorazepam**
Lorazepam Hexal® → **Lorazepam**
Lorazepam Injection® → **Lorazepam**
Lorazepam Intensol® → **Lorazepam**
Lorazepam Katwijk® → **Lorazepam**
Lorazepam Labesfal® → **Lorazepam**
Lorazepam Lannacher® → **Lorazepam**
Lorazepam L.CH.® → **Lorazepam**
Lorazepam Macrophar® → **Lorazepam**
Lorazepam Medical® → **Lorazepam**
Lorazepam Merck® → **Lorazepam**
Lorazépam Merck® → **Lorazepam**
Lorazepam MK® → **Lorazepam**
Lorazepam-neuraxpharm® → **Lorazepam**
Lorazepam Normon® → **Lorazepam**
Lorazepam PCH® → **Lorazepam**
Lorazepam Pliva® → **Lorazepam**
Lorazepam-ratiopharm® → **Lorazepam**
Lorazepam Sandoz® → **Lorazepam**
Lorazepam Sigma Tau® → **Lorazepam**
Lorazepam Teva® → **Lorazepam**
Lorazepam Vannier® → **Lorazepam**
Lorazepan Chobet® → **Lorazepam**
Lorazetop® → **Lorazepam**
Lorbef® → **Loracarbef**
Lorbi® → **Bromhexine**
Lorbicefax® → **Cefalexin**
Lorbifenac® → **Diclofenac**
Lorbifloxacina® → **Ciprofloxacin**
Lorbitidina® → **Ranitidine**
Lorcamin® → **Norfloxacin**
Lordin® → **Loratadine**
Lordin® → **Omeprazole**
Lorelin® → **Leuprorelin**
Loremex® → **Loratadine**
Loremid® → **Loperamide**
Loremix® → **Loratadine**
Lorenin® → **Lorazepam**
Lorentin® → **Methylphenidate**
Loretam® → **Lormetazepam**
Loretsin® → **Pravastatin**
Lorex® → **Loratadine**
Lorezan® → **Lorazepam**
Lorfast® → **Loratadine**
Loricid® → **Allopurinol**

Lorid® → **Loratadine**
Loride® → **Loperamide**
Loridem® → **Lorazepam**
Loridin® → **Loratadine**
Loridin Rapitabs® → **Loratadine**
Lorien® → **Fluoxetine**
Lorihis® → **Loratadine**
Loril® → **Lisinopril**
Lorimox® → **Loratadine**
Lorin® → **Loratadine**
Lorinden® → **Flumetasone**
Lorista® → **Losartan**
Loristal® → **Loratadine**
Lorita® → **Loratadine**
Loritin® → **Loratadine**
Loritine® → **Loratadine**
Lorityne® → **Loratadine**
Lorium® → **Lorazepam**
Lorivan® → **Lorazepam**
Lorix® → **Permethrin**
Lormed® → **Meloxicam**
Lormetamed® → **Lormetazepam**
Lormetazepam® → **Lormetazepam**
Lormetazepam A® → **Lormetazepam**
Lormetazepam ABC® → **Lormetazepam**
Lormetazepam acis® → **Lormetazepam**
Lormetazepam Actavis® → **Lormetazepam**
Lormetazepam AL® → **Lormetazepam**
Lormetazepam Allen® → **Lormetazepam**
Lormetazepam Alpharma® → **Lormetazepam**
Lormetazepam CF® → **Lormetazepam**
Lormetazepam DOC® → **Lormetazepam**
Lormetazepam EG® → **Lormetazepam**
Lormetazepam-Eurogenerics® → **Lormetazepam**
Lormetazepam FLX® → **Lormetazepam**
Lormetazepam Gf® → **Lormetazepam**
Lormetazepam Hexal® → **Lormetazepam**
Lormetazepam Katwijk® → **Lormetazepam**
Lormetazepam Merck® → **Lormetazepam**
Lormetazepam Normon® → **Lormetazepam**
Lormetazepam Pliva® → **Lormetazepam**
Lormetazepam-ratiopharm® → **Lormetazepam**
Lormetazepam Sandoz® → **Lormetazepam**
Lormetazepam Sigma Tau® → **Lormetazepam**
Lormetazepam TEVA® → **Lormetazepam**
Lormetazepam-TEVA® → **Lormetazepam**
Lormetazepam Winthrop® → **Lormetazepam**
Lormetazephar® → **Lormetazepam**
Lormide® → **Loperamide**
Lormine® → **Dexamethasone**
Lormyx® → **Rifaximin**
Loron® → **Clodronic Acid**
Lorpa® → **Loperamide**
Lorsedal® → **Lorazepam**
Lorsedin® → **Loratadine**
Lorsilan® → **Lorazepam**
Lortaan® → **Losartan**
Lortadine® → **Loratadine**
Lorten® → **Atenolol**
Lorvas® → **Indapamide**
Lorzaar® → **Losartan**
Losa® → **Losartan**
Losacar® → **Losartan**
Losacor® → **Losartan**
Losamel® → **Omeprazole**
Losan® → **Losartan**
Losap® → **Losartan**
Losapres® → **Losartan**
Losaprex® → **Losartan**
Losaprol® → **Omeprazole**
Losar® → **Omeprazole**
Losardil® → **Losartan**
Losart® → **Losartan**
Losartan® → **Losartan**
Losartan Domesco® → **Losartan**
Losartan Genfar® → **Losartan**
Losartan Gen Med® → **Losartan**
Losartan MK® → **Losartan**
Losartan Nexo® → **Losartan**
Losartan Northia® → **Losartan**
Losartan Potasico® → **Losartan**
Losartan Richet® → **Losartan**
Losartan® [tab.] → **Losartan**
Losartec® → **Losartan**
Losartic® → **Losartan**
Losatan® → **Losartan**
Losec® → **Omeprazole**
Loseca® → **Omeprazole**
Losec Mups® → **Omeprazole**
Losec® Mups® → **Omeprazole**
Losectil® → **Omeprazole**
Losec® [vet.] → **Omeprazole**
Losefan® → **Alfacalcidol**
Losefar® → **Cefaclor**
Losepine® → **Omeprazole**
Loseprazol® → **Omeprazole**
Losferron® → **Ferrous Gluconate**
Losiral® → **Letrozole**
Losium® → **Losartan**
Losopil® → **Zopiclone**
Lostad® → **Losartan**
Lostam® → **Tamsulosin**
Lostapres® → **Ramipril**
Lostapride® → **Mosapride**
Lostaprolol® → **Bisoprolol**
Lostatin® → **Lovastatin**
Lostin® → **Lovastatin**
Lostop® → **Loratadine**
Lostradyl® → **Nitrendipine**
Losucon® → **Glimepiride**
Lotagen® [vet.] → **Policresulen**
Lotanax® → **Terfenadine**
Lotasbat® → **Clobetasol**
Lotemax® → **Loteprednol**
Lotemp® → **Paracetamol**
Lo-Ten® → **Atenolol**
Lotensin® → **Captopril**
Lotesoft® → **Loteprednol**
Lotim® → **Losartan**
Lotioblanc® → **Tretinoin**
Lotoquis simple® → **Phenytoin**
Lotravel® → **Calcitriol**
Lotremin® → **Clotrimazole**
Lotrial® → **Enalapril**
Lotrim® → **Clotrimazole**
Lotrimin® → **Clotrimazole**
Lotrimin AF® → **Clotrimazole**
Lotrimin Ultra® → **Butenafine**
Lotrix® → **Permethrin**
Lotronex® → **Alosetron**
Lotyn® → **Lovastatin**
Louse Powder® [vet.] → **Permethrin**
Louten® → **Latanoprost**
Lovabeta® → **Lovastatin**
Lovachol® → **Lovastatin**
Lovacodan® → **Lovastatin**
Lovacol® → **Lovastatin**
Lovacor® → **Simvastatin**
Lovadrug® → **Lovastatin**
Lovadura® → **Lovastatin**
Lovagamma® → **Lovastatin**
Lovahexal® → **Lovastatin**
Loval® → **Domperidone**
Lovalip® → **Lovastatin**
Lovameg® → **Lovastatin**
Lovan® → **Fluoxetine**
Lovapen® → **Lovastatin**
Lovarem® → **Lovastatin**
Lovas® → **Amlodipine**
Lovasin® → **Lovastatin**
Lovastan® → **Lovastatin**
Lovastatin® → **Lovastatin**

Lovastatin 1 A Pharma® → **Lovastatin**
Lovastatina® → **Lovastatin**
Lovastatina Aphar® → **Lovastatin**
Lovastatina Bexal® → **Lovastatin**
Lovastatin AbZ® → **Lovastatin**
Lovastatina Centrum® → **Lovastatin**
Lovastatina Cinfa® → **Lovastatin**
Lovastatina Combino Pharm® → **Lovastatin**
Lovastatin Actavis® → **Lovastatin**
Lovastatina Cuve® → **Lovastatin**
Lovastatina Edigen® → **Lovastatin**
Lovastatina Genfar® → **Lovastatin**
Lovastatina Gen-Far® → **Lovastatin**
Lovastatina Germed® → **Lovastatin**
Lovastatina Grapa® → **Lovastatin**
Lovastatina Jaba® → **Lovastatin**
Lovastatina Juventus® → **Lovastatin**
Lovastatina Kern® → **Lovastatin**
Lovastatin AL® → **Lovastatin**
Lovastatina Labesfal® → **Lovastatin**
Lovastatina Lareq® → **Lovastatin**
Lovastatina L.Ch.® → **Lovastatin**
Lovastatin Alternova® → **Lovastatin**
Lovastatina Mabo® → **Lovastatin**
Lovastatina Mepha® → **Lovastatin**
Lovastatina Merck® → **Lovastatin**
Lovastatina MK® → **Lovastatin**
Lovastatina Normon® → **Lovastatin**
Lovastatina Ratio® → **Lovastatin**
Lovastatina Ratiopharm® → **Lovastatin**
Lovastatina Sandoz® → **Lovastatin**
Lovastatina Tamarang® → **Lovastatin**
Lovastatina Universal® → **Lovastatin**
Lovastatina Vir® → **Lovastatin**
Lovastatina Winthrop® → **Lovastatin**
Lovastatin Domesco® → **Lovastatin**
Lovastatin Heumann® → **Lovastatin**
Lovastatin Hexal® → **Lovastatin**
Lovastatin-ISIS® → **Lovastatin**
Lovastatin Novexal® → **Lovastatin**
Lovastatin-ratiopharm® → **Lovastatin**
Lovastatin ratiopharm® → **Lovastatin**
Lovastatin-saar® → **Lovastatin**
Lovastatin Sandoz® → **Lovastatin**
Lovastatin Stada® → **Lovastatin**
Lovastatin-Teva® → **Lovastatin**
Lovastatinum® → **Lovastatin**
Lovastatin Universal Farma® → **Lovastatin**
Lovastatin von ct® → **Lovastatin**
Lovasten® → **Lovastatin**
Lovasterol® → **Lovastatin**
Lovastin® → **Lovastatin**
Lova TAD® → **Lovastatin**
Lovatex® → **Lovastatin**
Lovatin® → **Lovastatin**
Lovatop® → **Lovastatin**
Lovatrol® → **Lovastatin**
Lovax® → **Lovastatin**
Lovecef® → **Cefradine**
Lovequin® → **Levofloxacin**
Lovicin® → **Levofloxacin**
Lovinacor® → **Lovastatin**
Lovir® → **Aciclovir**
Lovire® → **Aciclovir**
Loviscol® → **Carbocisteine**
Lovium® → **Diazepam**
Lowasa® → **Aspirin**
Lowastatyna® → **Lovastatin**
Low Centyl K® → **Bendroflumethiazide**
Lowcholid® → **Simvastatin**
Lowden® → **Atorvastatin**
Lowdown® → **Gemfibrozil**
Lowex® → **Sibutramine**
Lowfin® → **Sertraline**
Lowgan® → **Amosulalol**
Lowlip® → **Gemfibrozil**
Low-Lip® → **Gemfibrozil**
Lowlipen® → **Atorvastatin**
Lowlipid® → **Lovastatin**
Lowpston® → **Furosemide**
Lowsium® → **Magaldrate**
Lowtiyel® → **Testosterone**
Lox® → **Ciprofloxacin**
Loxacil® → **Ciprofloxacin**
Loxacin® → **Cloxacillin**
Loxamine® → **Paroxetine**
Loxan® → **Ciprofloxacin**
Loxapac® → **Loxapine**
Loxapin® → **Buspirone**
Loxapine Succinate® → **Loxapine**
Loxasid® → **Ciprofloxacin**
Loxavit® → **Cloxacillin**
Loxazol® → **Permethrin**
Loxeen® → **Pridinol**
Loxen® → **Nicardipine**
Loxetine-20® → **Fluoxetine**
Loxibest® → **Meloxicam**
Loxibin® → **Losartan**
Loxicam® → **Meloxicam**
Loxiflam® → **Meloxicam**
Loxiflan® → **Meloxicam**
Loxim® → **Cefixime**
Loxin® → **Levofloxacin**
Loxina® → **Lomefloxacin**
Loxinter® → **Ofloxacin**
Loxitan® → **Meloxicam**
Loxitane® → **Loxapine**
Loxitenk® → **Meloxicam**
Loxon® → **Minoxidil**
Loxone® → **Norfloxacin**
Loxonin® → **Loxoprofen**
Loxyl® → **Amoxicillin**
Loxyn® → **Amoxicillin**
Lozam® → **Clobazam**
Lozana® → **Danazol**
Lozap® → **Omeprazole**
Lozapin® → **Clozapine**
Lozapine® → **Clozapine**
Lozaprin® → **Omeprazole**
Lozar® → **Losartan**
Lozartil® → **Itraconazole**
Lozicum® → **Lorazepam**
Lozide® → **Gliclazide**
Lozione Vittoria® → **Benzalkonium Chloride**
Lozitan® → **Losartan**
Lozol® → **Indapamide**
L-Polamidon® → **Levomethadone**
LPV® [caps.] → **Phenoxymethylpenicillin**
LPV® [compr.] → **Phenoxymethylpenicillin**
LPV® [liqu.oral] → **Phenoxymethylpenicillin**
L-Ripercol® [vet.] → **Levamisole**
L-Spartakon® [vet.] → **Levamisole**
L-T® → **Levothyroxine**
L-Thyrox® → **Levothyroxine**
L-Thyroxin® → **Levothyroxine**
L-Thyroxin-Akri® → **Levothyroxine**
L-Thyroxin Berlin-Chemie® → **Levothyroxine**
L-Thyroxin beta® → **Levothyroxine**
L-Thyroxin-CT® → **Levothyroxine**
L-Thyroxine → **Levothyroxine**
L-Thyroxine® → **Levothyroxine**
L-Thyroxine Christiaens® → **Levothyroxine**
L-Thyroxine Roche® → **Levothyroxine**
L-Thyroxine® [vet.] → **Levothyroxine**
L-Thyroxin Henning® → **Levothyroxine**
L-Thyroxin-ratiopharm® → **Levothyroxine**
LTK250® → **Potassium**
L-Tramisol® [vet.] → **Levamisole**
L-Tryptophan-ratiopharm® → **Tryptophan**
Luan® → **Lidocaine**
Luar-G® → **Hyoscine Butylbromide**
Luase® → **Diclofenac**
Luban® → **Albendazole**
Lubexyl® → **Benzoyl Peroxide**
Lubical® → **Calcium Carbonate**
Lubor® → **Piroxicam**

Luboreta® → **Piroxicam**
Lubricante Urol Organon® → **Tetracaine**
Lubrictin® → **Chondroitin Sulfate**
Lubrilax® → **Sodium Picosulfate**
Lucan-R® → **Fluconazole**
Lucebanol® → **Idebenone**
Lucef® → **Cefalexin**
Lucen® → **Esomeprazole**
Lucenfal® → **Nicardipine**
Lucentis® → **Ranibizumab**
Lucetam® → **Piracetam**
Luci® → **Fluocinolone acetonide**
Lucidex® → **Memantine**
Lucidol® → **Tramadol**
Lucidril® → **Meclofenoxate**
Lucon® → **Fluconazole**
Luco-Oph® → **Sulfamethizole**
Lucosil® → **Sulfamethizole**
Lucrin® → **Leuprorelin**
Lucrin Depot® → **Leuprorelin**
Lucrin Tri-Depot® → **Leuprorelin**
Ludex® → **Famotidine**
Ludilat® → **Bencyclane**
Ludiomil® [inj.] → **Maprotiline**
Ludiomil® [inj.] → **Maprotiline**
Luditec® → **Glipizide**
Lündolor® → **Ibuprofen**
Lün-Lax® → **Bisacodyl**
Luf® → **Flucloxacillin**
Luftal® → **Dimeticone**
Lufyllin® → **Diprophylline**
Lugesteron® → **Progesterone**
Luiflex® → **Indometacin**
Lukasm® → **Montelukast**
Lukast® → **Montelukast**
Lumaren® → **Ranitidine**
Lumen® → **Fluconazole**
Lumeran® → **Ranitidine**
Lumex® → **Lomefloxacin**
Lumiclar® → **Inosine**
Lumidol® → **Tramadol**
Lumidrops® → **Phenobarbital**
Lumifurex® → **Nifuroxazide**
Lumigan® → **Bimatoprost**
Lumigan® [vet.] → **Bimatoprost**
Lumin® → **Mianserin**
Luminal® → **Phenobarbital**
Luminale® → **Phenobarbital**
Luminale® [inj.] → **Phenobarbital**
Luminaletas® → **Phenobarbital**
Luminalette® → **Phenobarbital**
Luminaletten® → **Phenobarbital**
Luminalettes® → **Phenobarbital**
Luminal® [inj.] → **Phenobarbital**
Luminalum® → **Phenobarbital**
Luminity® → **Perflutren**
Lumirelax® → **Methocarbamol**
Lumirem® → **Ferumoxides**
Lumirem® → **Ferumoxsil**
Lumix® → **Sildenafil**
Lunacin® → **Tegafur**
Lundiran® → **Naproxen**
Lunelle® [+Estradiol Cypionate] → **Medroxyprogesterone**
Lunesta® → **Eszopiclone**
Lunetoron® → **Bumetanide**
Lunibron® → **Flunisolide**
Lunis® → **Flunisolide**
Luoji® → **Netilmicin**
Luokai® → **Omeprazole**
Luoqing® → **Clindamycin**
Luoye® → **Carbazochrome**
Luparen® → **Diclofenac**
Lupectrin® [+Sulfamethoxazole] → **Trimethoprim**
Lupectrin® [+Trimethoprim] → **Sulfamethoxazole**
Lupocet® → **Paracetamol**
Luprac® → **Torasemide**
Lupram® → **Citalopram**
Lupride® → **Leuprorelin**
Luprolex® → **Leuprorelin**
Lupron® → **Leuprorelin**
Lupron Vial Multidosis® → **Leuprorelin**
Lur® → **Ketoconazole**
Luramon® → **Fluoxetine**
Lurantal® → **Isotretinoin**
Luretic® → **Torasemide**
Luride® → **Sodium Fluoride**
Lurocaine® [vet.] → **Lidocaine**
Lurselle® → **Probucol**
Lusanoc® → **Ketoconazole**
Lusemin® → **Nimesulide**
Lusert® → **Sertraline**
Lusopress® → **Nitrendipine**
Lustral® → **Sertraline**
Lustral® [vet.] → **Sertraline**
Lutalyse® [vet.] → **Dinoprost**
Lutamidal® → **Bicalutamide**
Luteal-Rl® → **Progesterone**
Luteina® → **Progesterone**
Lutenil® → **Nomegestrol**
Lutenyl® → **Nomegestrol**
Lutényl® → **Nomegestrol**
Luteogonin® [vet.] → **Gonadotrophin, Serum**
Luteosan® [vet.] → **Progesterone**
Lutéran® → **Chlormadinone**
Lutisone® → **Fluticasone**
Lutogeston® [vet.] → **Hydroxyprogesterone**
Lutogynestryl® → **Progesterone**
Lutogynon → **Progesterone**
Lutrax® → **Azapentacene**
Lutrelef® → **Gonadorelin**
Lutrepulse® → **Gonadorelin**
Luveris® → **Lutropin Alfa**
Luvier® → **Ranitidine**
Luvion® → **Canrenone**
Luvion® → **Potassium Canrenoate**
Luvox® → **Fluvoxamine**
Luxat® → **Montelukast**
Luxazone® → **Dexamethasone**
Luxeta® → **Sertraline**
Luxiq® → **Betamethasone**
Luxomicina® → **Micronomicin**
Luzone® → **Sulodexide**
L-Valin Fresenius® → **L-Valine**
L-xylo-Ascorbinsäure → **Ascorbic Acid**
LY 127809 (Lilly, USA) → **Pergolide**
LY 139037 (Lilly, USA) → **Nizatidine**
Ly 141 B → **Pergolide**
Lycazid® → **Gliclazide**
Lyceft® → **Ceftriaxone**
Lyceplix® → **Cefalexin**
Lycinate® → **Nitroglycerin**
Lycitrope® → **Suxamethonium Chloride**
Lyclear® → **Permethrin**
Lyclear Cream Rinse® → **Permethrin**
Lyclear Dermal Cream® → **Permethrin**
Lydenal® → **Budesonide**
Lyderm® → **Fluocinonide**
Lyderm Cream® → **Permethrin**
Lydofen® → **Diclofenac**
Lydroxil® → **Cefadroxil**
Lyflex® → **Baclofen**
Lyflox® → **Lomefloxacin**
Lyforan® → **Cefotaxime**
Lygal® → **Prednisolone**
Lygal® → **Salicylic Acid**
Lykocin® → **Capreomycin**
Lyman® → **Heparin**
Lymetel® → **Fluvastatin**
Lymphazurin® → **Isosulfan Blue**
Lynoral® → **Ethinylestradiol**
Lynx® → **Lincomycin**
Lyo-Cortin® → **Hydrocortisone**
Lyo-drol® → **Methylprednisolone**
Lyogen® → **Fluphenazine**
Lyogen Depot® → **Fluphenazine**
Lyorodin® → **Fluphenazine**
Lyorodin Depot® → **Fluphenazine**
Lyotret® → **Isotretinoin**
Lyovac-Cosmegen® → **Dactinomycin**
Lypex® [vet.] → **Pancreatin**
Lyphocin® → **Vancomycin**
Lypor® [vet.] → **Temefos**

M

Magnésium Microsol® → **Magnesium Pidolate**
Magnésium Oligosol® → **Magnesium Gluconate**
Magnesium Ratiopharm® → **Aspartic Acid**
Magnesium Sandoz® → **Aspartic Acid**
Magnesium Verla® → **Aspartic Acid**
Magnesium Vital® → **Aspartic Acid**
magnesium von ct® → **Aspartic Acid**
Magnesol® → **Magnesium Gluconate**
Magnespasmyl® → **Lactic Acid**
Magnéspasmyl® → **Lactic Acid**
Magnevist® → **Gadopentetic Acid**
Magnevistan® → **Gadopentetic Acid**
Magnidol® → **Paracetamol**
Magnimox® → **Amoxicillin**
Magniton-R® → **Indapamide**
Magnograf® → **Gadopentetic Acid**
Magnol® → **Metamizole**
Magnopyrol® → **Metamizole**
Magnum® [vet.] → **Diflubenzuron**
Magnurol® → **Terazosin**
Magnus® → **Sildenafil**
Magnyl® → **Aspirin**
Magnyl DAK® → **Aspirin**
Magnyl SAD® → **Aspirin**
Magralibi® → **Magaldrate**
Magrilan® → **Fluoxetine**
Maguran® → **Doxazosin**
Magurol® → **Doxazosin**
Magvital® → **Aspartic Acid**
Magytax® → **Paclitaxel**
Mailen® → **Desloratadine**
Maintane Injection® → **Hydroxyprogesterone**
Maintane Tab.® → **Allylestrenol**
Maintasone® → **Hydrocortisone**
Maintate® → **Bisoprolol**
Maiorad® → **Tiropramide**
Maizar® [+ Fluticasone propionate] → **Salmeterol**
Maizar® [+ Salmeterol xinafoate] → **Fluticasone**
Majamil® → **Diclofenac**
Majeptil® → **Thioproperazine**
Majezik® → **Flurbiprofen**
Majolat® → **Nifedipine**
Makatussin® → **Codeine**
Makcin® → **Clarithromycin**
Makrocef® → **Cefotaxime**
Makrodex® → **Roxithromycin**
Makrosilin® → **Ampicillin**
Maksipor® → **Cefalexin**
Maksiporin® → **Cefazolin**
Malaban® [vet.] → **Malathion**
Maladin® → **Mepacrine**
Malafene® → **Ibuprofen**
Malarex® → **Chloroquine**
Malarivon® → **Chloroquine**
Malarone® [+ Atovaquone] → **Proguanil**
Malarone® [+ Atovaquone] → **Proguanil**
Malarone® [+ Proguanil hydrochloride] → **Atovaquone**
Malarone® [+ Proguanil hydrochloride] → **Atovaquone**
Malaseb® [vet.] → **Miconazole**
Malathion → **Malathion**
Malathion® → **Malathion**
Malathion [BAN, USAN] → **Malathion**
Malathion (Ph. Eur. 5, USP 30) → **Malathion**
Malathionum → **Malathion**
Malathionum (Ph. Eur. 5) → **Malathion**
Malation® → **Malathion**
Malatroy® [vet.] → **Malathion**
Maldauto® [vet.] → **Dimenhydrinate**
Maldison → **Malathion**
Maldison® [vet.] → **Malathion**
Maleat de Ergometrină® → **Ergometrine**
Maleato de Dexclorfeniramina® → **Dexchlorpheniramine**
Maleato de Enalapril® → **Enalapril**
Maleato de Enalapril Merck® → **Enalapril**
Maleato de Timolol® → **Timolol**
Maledrol® → **Levocarnitine**
Malflam® → **Meloxicam**
Malgacid® → **Hydrotalcite**
Maliaquine® → **Chloroquine**
Maliasin® → **Barbexaclone**
Malidens® → **Paracetamol**
Malipuran® → **Bufexamac**
Malirid® → **Primaquine**
Malival® → **Indometacin**
Mallamint® → **Calcium Carbonate**
Mallebrin® → **Aluminum Chloride**
Mallermin-F® → **Clemastine**
Malocef® → **Ceftazidime**
Malocide® → **Pyrimethamine**
Malocin® → **Erythromycin**
Malortil® → **Omeprazole**
Maltan® → **Dextrose**
Maltofer® → **Iron sucrose**
Malton E® → **Tocopherol, α-**
Maltyl® → **Dequalinium Chloride**
Malugastrin® → **Magaldrate**
Mamasan® → **Tocopherol, α-**
Mammacillin® [vet.] → **Penicillin G Procaine**
Mammyzine® [vet.] → **Penethamate Hydriodide**
Mamofen® → **Tamoxifen**
Mamograf® → **Charcoal, Activated**
Mamomit® → **Aminoglutethimide**
Mamyzin® [vet.] → **Penethamate Hydriodide**
Manaderm® → **Psoralen**
Mandelamine® → **Methenamine**
Mandofen® → **Tamoxifen**
Mandokef® → **Cefamandole**
Mandol® → **Cefamandole**
Mandolgin® → **Tramadol**
Manerix® → **Moclobemide**
Mange Treatment® [vet.] → **Benzyl Benzoate**
Manic® → **Mefenamic Acid**
Manidon® → **Verapamil**
Maninil® → **Glibenclamide**
Maniprex® → **Lithium**
Manit® → **Mannitol**
Manitol® → **Mannitol**
Manitol Baxter® → **Mannitol**
Manitol ISP® → **Mannitol**
Manitol Mein® → **Mannitol**
Maniton® → **Mannitol**
Manivasc® → **Manidipine**
Manmox® → **Amoxicillin**
Manna Sugar → **Mannitol**
Mannisol A® → **Mannitol**
Mannistol® → **Mannitol**
Mannit → **Mannitol**
Mannite Saprochi® → **Mannitol**
Mannit Fresenius® → **Mannitol**
Mannit Mayrhofer® → **Mannitol**
Mannitol → **Mannitol**
Mannitol® → **Mannitol**
Mannitol Aguettant® → **Mannitol**
Mannitol Aguettant® [vet.] → **Mannitol**
Mannitol ANB® → **Mannitol**
Mannitol Baxter® → **Mannitol**
Mannitol-Baxter® → **Mannitol**
Mannitol Baxter Viaflo® → **Mannitol**
Mannitol B.Braun® → **Mannitol**
Mannitol Bichsel® → **Mannitol**
Mannitol Braun® → **Mannitol**
Mannitol Chi Sheng® → **Mannitol**
Mannitol [DCF, USAN] → **Mannitol**
Mannitol FIMA® → **Mannitol**
Mannitol Fresenius Kabi® → **Mannitol**
Mannitol-Infusionslösung® → **Mannitol**
Mannitol Köhler® → **Mannitol**
Mannitol Lavoisier® → **Mannitol**
Mannitol-Lösung® → **Mannitol**
Mannitolo® → **Mannitol**

M

Masterelax® → **Cyclobenzaprine**
Mastical® → **Calcium Carbonate**
Masticillin® [vet.] → **Penicillin G Procaine**
Masticlox® [vet.] → **Cloxacillin**
Masticuran® [vet.] → **Trimethoprim**
Mastidina Pomada® [vet.] → **Phenol**
Mastimyxin® [vet.] → **Colistin**
Mastimyxin® [vet.] → **Polymyxin B**
Masti-Safe® [vet.] → **Cefapirin**
Mastitis-Suspension-N® [vet.] → **Benzylpenicillin**
Mastivet® [vet.] → **Cloxacillin**
Mastocit® → **Loratadine**
Mastoprofen® → **Progesterone**
Mastovet® → **Cefotaxime**
Masulin® → **Tamsulosin**
Maswin® → **Piroxicam**
Matcine® → **Chlorpromazine**
Matenol® → **Trimetazidine**
Materfol® → **Folic Acid**
Materfolic® → **Folic Acid**
Materlac® → **Ritodrine**
Matidan® → **Nitrofurantoin**
Matofin® → **Metformin**
Matrifen® → **Fentanyl**
Matrix® → **Ibuprofen**
Matrix® [vet.] → **Altrenogest**
Matrovir® → **Aciclovir**
Matsunaflam® → **Diclofenac**
Matulane® → **Procarbazine**
Mave® → **Mebeverine**
Maveral® → **Fluvoxamine**
Maverex® → **Vinorelbine**
Mavicam® → **Meloxicam**
Mavid® → **Clarithromycin**
Mavidol® → **Ketorolac**
Mavik® → **Trandolapril**
Mavitalon® → **Diltiazem**
Max® → **Ambroxol**
Maxair Autohaler® → **Pirbuterol**
Maxaljin® → **Flurbiprofen**
Maxalt® → **Rizatriptan**
Maxalt Rapitab® → **Rizatriptan**
Maxamox® → **Amoxicillin**
Maxan® → **Cefadroxil**
Max antiparasite® [vet.] → **Dimpylate**
Max antiparasite® [vet.] → **Permethrin**
Maxaquin® → **Lomefloxacin**
Maxbon® → **Calcium Carbonate**
Maxcef® → **Cefepime**
Maxcef® → **Cefotaxime**
Maxcil® → **Amoxicillin**
Maxdosa® → **Sildenafil**
Maxdotyl® → **Sulpiride**
Maxef® → **Cefepime**
Maxen® → **Enalapril**
Maxepa® → **Omega-3-acid Ethyl Esters**
Maxeron® → **Metoclopramide**
Maxflo-U® → **Tamsulosin**
Maxibol® → **Cobamamide**
Maxibone® → **Alendronic Acid**
Maxibral® → **Etidronic Acid**
Maxibroncol® → **Ampicillin**
Maxicalc® → **Calcium Carbonate**
Maxicam® → **Piroxicam**
Maxicardil® → **Dipyridamole**
Maxicef® → **Cefepime**
Maxicef® [compr.] → **Cefixime**
Maxicilina INY® → **Ampicillin**
Maxiclar® → **Clarithromycin**
Maxicrom® → **Cromoglicic Acid**
Maxid® → **Cefonicid**
Maxidauno® → **Daunorubicin**
Maxidazol® → **Secnidazole**
Maxiderm® → **Desonide**
Maxidex® → **Dexamethasone**
Maxidex® [vet.] → **Dexamethasone**
Maxidipin® → **Amlodipine**
Maxidol® → **Ketorolac**
Maxidronato® → **Risedronic Acid**
Maxifen® → **Ibuprofen**
Maxiflam® → **Ibuprofen**
Maxiflor® → **Diflorasone**
Maxiflox® → **Ciprofloxacin**
Maxifloxina® → **Ofloxacin**
Maxi-Kalz® → **Calcium Carbonate**
Maxil® → **Cefuroxime**
Maxil® → **Metoclopramide**
Maxilase® → **Amylase, Alpha-**
Maxilerg® → **Diclofenac**
Maxiliv® → **Metamizole**
Maximec® [vet.] → **Ivermectin**
Maximox® → **Moxifloxacin**
Maxim® [vet.] → **Oxytetracycline**
Maxiostenil® → **Hyaluronic Acid**
Maxipime® → **Cefepime**
Maxipril® → **Captopril**
Maxisteril® → **Benzalkonium Chloride**
Maxit® → **Diclofenac**
Maxitrol® → **Dexamethasone**
Maxius® → **Tibezonium Iodide**
Maxivanil® → **Vancomycin**
Maxivate® → **Betamethasone**
Maxoject LA® [vet.] → **Oxytetracycline**
Maxoject® [vet.] → **Oxytetracycline**
Maxolon® → **Metoclopramide**
Maxolon SR® → **Metoclopramide**
Maxolon® [vet.] → **Metoclopramide**
Maxomat® [biosyn.] → **Somatropine**
Maxotin® → **Cefoxitin**
Max Pax® → **Lorazepam**
Maxpro® → **Esomeprazole**
Maxrin® → **Tamsulosin**
Maxtol® → **Piroxicam**
Maxtrex® → **Methotrexate**
Maxudin® → **Pravastatin**
Maxus® [vet.] → **Avilamycin**
May Amikacin® → **Amikacin**
May Ampicillin® → **Ampicillin**
Maycardin® → **Aspartic Acid**
May Cefazolin® → **Cefazolin**
May Cefuroxime® → **Cefuroxime**
May Chloramphenicol® → **Chloramphenicol**
May Cimetidine® → **Cimetidine**
May Clindamycin® [caps.] → **Clindamycin**
May Clindamycin® [inj.] → **Clindamycin**
Maycor Nitrospray® → **Nitroglycerin**
Maycor Retard® → **Isosorbide Dinitrate**
Maygace® → **Megestrol**
May Gentamicin® → **Gentamicin**
Maynar® → **Aciclovir**
Mayul® → **Terazosin**
Mazetol® → **Carbamazepine**
Mazitrom® → **Azithromycin**
M-beta® → **Morphine**
Mbroxol® → **Ambroxol**
MB-Tab® → **Meprobamate**
M-Cam® → **Meloxicam**
3M Cavilon® → **Dimeticone**
M-Cefazolin® → **Cefazolin**
McN-JR 4749 → **Droperidol**
MCP → **Metoclopramide**
MCP 1A Pharma® → **Metoclopramide**
MCP AL® → **Metoclopramide**
MCP-beta® → **Metoclopramide**
MCP Heumann® → **Metoclopramide**
MCP Hexal® → **Metoclopramide**
MCP-Isis® → **Metoclopramide**
MCP-ratiopharm® → **Metoclopramide**
MCP Sandoz® → **Metoclopramide**
MCP Stada® → **Metoclopramide**
MCP von ct® → **Metoclopramide**
MCR-Uno® → **Morphine**
MD-76® → **Sodium Amidotrizoate**
MD-Gastroview® → **Sodium Amidotrizoate**
M-dolor® → **Morphine**
MDZLN® → **Midazolam**
Mealin® → **Mianserin**
Meaverin® → **Mepivacaine**
Meba® → **Mebendazole**
Mebadiol® → **Metronidazole**

Mebafar® → **Quinfamide**
Mebaral® → **Methylphenobarbital**
Mebaxol® → **Ornidazole**
Mebedal® → **Mebendazole**
Mebel® → **Albendazole**
Mebemerck® → **Mebeverine**
Meben® → **Mebendazole**
Mebendan® → **Mebendazole**
Mebenda-P → **Mebendazole**
Mebendazol → **Mebendazole**
Mebendazol® → **Mebendazole**
Mebendazol Agrand® → **Mebendazole**
Mebendazol Alpharma® → **Mebendazole**
Mebendazol CF® → **Mebendazole**
Mebendazol Denver® → **Mebendazole**
Mebendazol Duncan® → **Mebendazole**
Mebendazole → **Mebendazole**
Mébendazole → **Mebendazole**
Mebendazole® → **Mebendazole**
Mebendazole [BAN, DCF, JAN, USAN] → **Mebendazole**
Mebendazol Ecar® → **Mebendazole**
Mébendazole (Ph. Eur. 5) → **Mebendazole**
Mebendazole (Ph. Eur. 5, Ph. Int. 4, USP 30) → **Mebendazole**
Mebendazol Fabra® → **Mebendazole**
Mebendazol Genfar® → **Mebendazole**
Mebendazol Gen-Far® → **Mebendazole**
Mebendazol Gf® → **Mebendazole**
Mebendazol Iqfarma® → **Mebendazole**
Mebendazol Katwijk® → **Mebendazole**
Mebendazol Kring® → **Mebendazole**
Mebendazol Lafedar® → **Mebendazole**
Mebendazol L.CH.® → **Mebendazole**
Mebendazol MF® → **Mebendazole**
Mebendazolo → **Mebendazole**
Mebendazolo [DCIT] → **Mebendazole**
Mebendazol PCH® → **Mebendazole**
Mebendazol (Ph. Eur. 5) → **Mebendazole**
Mebendazol Samenwerkende Apothekers® → **Mebendazole**
Mebendazol Sandoz® → **Mebendazole**
Mebendazolum → **Mebendazole**
Mebendazolum (Ph. Eur. 5, Ph. Int. 4) → **Mebendazole**
Mebendazol Vannier® → **Mebendazole**
Mebendazol® [vet.] → **Mebendazole**
Mebendol® → **Mebendazole**
Mebendoral® [vet.] → **Mebendazole**
Mebenix® → **Albendazole**
Mebensole® → **Mebendazole**
Mebentab KH® [vet.] → **Mebendazole**
Mebenvet® [vet.] → **Mebendazole**
Mebetin® → **Mebeverine**
Mébévérine Biogaran® → **Mebeverine**
Mebeverine EG® → **Mebeverine**
Mébévérine EG® → **Mebeverine**
Mebeverine embonaat® → **Mebeverine**
Mebeverine-Eurogenerics® → **Mebeverine**
Mebeverine HCl® → **Mebeverine**
Mebeverine Hydrochloride® → **Mebeverine**
Mébévérine Merck® → **Mebeverine**
Mébévérine Zydus® → **Mebeverine**
Mebeverixx Lyssia® → **Mebeverine**
Mebex® → **Mebendazole**
Mebhydroline PCH® → **Mebhydrolin**
Mebidal® → **Mebhydrolin**
Mebinol® → **Paracetamol**
Mebo® → **Sitosterol, β-**
Mebolin® → **Mebhydrolin**
Mebron® → **Epirizole**
Mebryn® [+ Sulfamethoxazole] → **Trimethoprim**
Mebryn® [+ Trimethoprim] → **Sulfamethoxazole**
Mebubarbital → **Pentobarbital**
Mebumal SAD® → **Pentobarbital**
Mebumalum → **Pentobarbital**
Mebunat® [vet.] → **Pentobarbital**
Mebutan® → **Nabumetone**
Mebutar® → **Mebendazole**
Mecain® → **Mepivacaine**
Mecam® → **Meloxicam**
Mecanyl® → **Glucosamine**
Mecir® → **Tamsulosin**
Meclid® → **Metoclopramide**
Meclin® → **Meclozine**
Meclizine HCl Amid® → **Meclozine**
Mecloderm® → **Meclocycline**
Meclofenamate Sodium® → **Meclofenamic Acid**
Meclofenamic Acid → **Meclofenamic Acid**
Meclofenamic Acid [BAN, USAN] → **Meclofenamic Acid**
Meclofenamic Acid (BPvet 2002) → **Meclofenamic Acid**
Meclofenaminsäure → **Meclofenamic Acid**
Meclomen® → **Meclofenamic Acid**
Meclomid® → **Metoclopramide**
Meclopin® [inj.] → **Oxyprothepin**
Meclosorb® → **Meclocycline**
Mecobal® → **Mecobalamin**
Mecobalamin-Daito® → **Mecobalamin**
Mecocetin® → **Chloramphenicol**
Mecodiar® → **Loperamide**
Mecodin → **Methadone**
Mecofam® → **Famotidine**
Mecol® → **Mecobalamin**
Mecolagin® → **Mecobalamin**
Mecolin® → **Mecobalamin**
Mecopen® → **Mecobalamin**
Mecoquin® → **Ciprofloxacin**
Mecortolon® → **Prednisolone**
Mecox® → **Meloxicam**
Mecoxon® → **Dexamethasone**
Mecozol® → **Metronidazole**
Mectan® → **Mefenamic Acid**
Mectin® → **Metformin**
Mectizan® → **Ivermectin**
Mec Worma® [vet.] → **Abamectin**
Medac Disodium Pamidronate® → **Pamidronic Acid**
Medacinase® → **Urokinase**
Medacter® → **Miconazole**
Medactin® → **Estramustine**
Medaflox® → **Ciprofloxacin**
Medalgin® → **Metamizole**
Medamet® → **Metronidazole**
Medapril® → **Lisinopril**
Medaren® → **Diclofenac**
Medarex® → **Cyclobenzaprine**
Medaspor® → **Clotrimazole**
Medaxime® → **Cefuroxime**
Medaxone® → **Ceftriaxone**
Medaxonum® → **Ceftriaxone**
Medazepam® → **Medazepam**
Medazepam LFM® → **Medazepam**
Medazepam Q® → **Medazepam**
Medazine® → **Cyclizine**
Medazol® → **Metronidazole**
Medazole® → **Mebendazole**
Medazyl® → **Metronidazole**
Med-Broncodil® → **Terbutaline**
Med-C® → **Ascorbic Acid**
Med-Circuron® → **Cinnarizine**
Medebar® → **Barium Sulfate**
Medebiotin® → **Biotin**
Mededoxi® → **Doxycycline**
Medefizz® → **Potassium**
Medefoam® → **Dimeticone**
Medemycin® → **Midecamycin**
Mede-Prep® → **Mannitol**
Mederantil® [vet.] → **Brotizolam**
Mederreumol® → **Indometacin**
Medescan® → **Barium Sulfate**

M

mede-SCAN® → **Barium Sulfate**
Medeton® → **Medroxyprogesterone**
Medezol® → **Ketoconazole**
Med-Gastramet® → **Cimetidine**
Med-Glionil® → **Glibenclamide**
Medi® → **Alfacalcidol**
Mediabet® → **Metformin**
Mediamik® → **Amikacin**
Mediamix V Disthelm® [vet.] → **Albendazole**
Mediamix V Fenben® [vet.] → **Fenbendazole**
Mediamycetin → **Chloramphenicol**
Medianox® → **Chloral Hydrate**
Mediasolone → **Prednisolone**
Mediasone → **Prednisone**
Médiatensyl® → **Urapidil**
Mediator® → **Benfluorex**
Mediaven® → **Naftazone**
Mediaxal® → **Benfluorex**
Medibiox® → **Levofloxacin**
Medibudget Abführdragées® → **Bisacodyl**
Medibudget Schmerztabletten ASS® → **Aspirin**
Medibudget Schmerztabletten Paracetamol® → **Paracetamol**
Medicap® → **Mefenamic Acid**
Medicef® → **Cefalexin**
Medicef® → **Cefradine**
Medichol® [vet.] → **Chloramphenicol**
Medichrom® → **Merbromin**
Medicilina® [gran./sir./compr.] → **Phenoxymethylpenicillin**
Medicilina Oral® [tab.] → **Phenoxymethylpenicillin**
Medicillin® → **Ampicillin**
Medicillin® → **Phenoxymethylpenicillin**
Medicilline® [vet.] → **Oxytetracycline**
Medicinsko oglje® → **Charcoal, Activated**
Medicomtrin® → **Pyrantel**
Medicyclin® [vet.] → **Oxytetracycline**
Medicyclomine® → **Dicycloverine**
Medident® → **Chlorhexidine**
Medifen® → **Diclofenac**
Medifer® → **Ferrous Sulfate**
Medifive® → **Mefenamic Acid**
Mediflam® → **Ibuprofen**
Medifolin® → **Folinic Acid**
Medifor® → **Metformin**
Medifungol® → **Clotrimazole**
Medigas® → **Dimeticone**
Medigesic® → **Clonixin**
Medigox® → **Metildigoxin**
Medihaler® → **Salbutamol**
Medikinet® → **Methylphenidate**
Mediklin® → **Salicylic Acid**
Medikol® → **Charcoal, Activated**
Medikoncef® → **Cefaclor**
Medilax® → **Lactulose**
Medilet® → **Lactulose**
Medilletten® [vet.] → **Tetracycline**
Medilium® → **Flunarizine**
Medilor Amex® → **Naproxen**
Medimacrol® → **Azithromycin**
Medimox® → **Amoxicillin**
Medinol® → **Paracetamol**
Mediolax® → **Bisacodyl**
Medipam® → **Diazepam**
Medipax® → **Clorazepate, Dipotassium**
Medipekt® → **Bromhexine**
Mediphylline Chrono® → **Theophylline**
Medipiel® → **Gentamicin**
Mediplast® → **Salicylic Acid**
Medipo® → **Simvastatin**
Medipyrin® → **Paracetamol**
Mediquin® → **Hydroquinone**
Medirif® → **Rifampicin**
Medirov® → **Spiramycin**
Medirutin® → **Troxerutin**
Mediscrub® → **Chlorhexidine**
Medisepta® → **Chlorhexidine**
Medisten® → **Clotrimazole**
Meditam® → **Piracetam**
Meditil® → **Tenoxicam**
Meditoina® → **Mebeverine**
Meditretin® → **Isotretinoin**
Meditrim® [+Sulfamethoxazole] → **Trimethoprim**
Meditrim® [+ Trimethoprim] → **Sulfamethoxazole**
Meditrol® → **Calcitriol**
Mediuresix® → **Furosemide**
Médiveine® → **Diosmin**
Medivet-Poly® [vet.] → **Colistin**
Medixel® → **Paclitaxel**
Medixil® → **Sibutramine**
Medixin® → **Lactulose**
Medixon® → **Methylprednisolone**
Medizidin® → **Trimetazidine**
Medizol® → **Metronidazole**
Medkofen® → **Ketotifen**
Medley Furosemida® → **Furosemide**
Medley Nistatina® → **Nystatin**
Mednap® → **Naproxen**
Mednil® → **Mefenamic Acid**
Medobeta® → **Betamethasone**
medobiotin® → **Biotin**
Medobis® → **Metformin**
Medocarnitin® → **Levocarnitine**
Medocef® → **Cefoperazone**
Medocephine® → **Ceftriaxone**
Medoclav® [+ Amoxicilline] → **Clavulanic Acid**
Medoclav® [+ Calvulanic Acid] → **Amoxicillin**
Medoclazide® → **Gliclazide**
Medoclor® → **Cefaclor**
Medocor® → **Isosorbide Mononitrate**
Medocriptine® → **Bromocriptine**
Medocycline® → **Tetracycline**
Medocyl® → **Amoxicillin**
Medodermone® → **Clobetasol**
Medofadin® → **Famotidine**
Medofalexin® → **Cefalexin**
Medofloxine® → **Ofloxacin**
Medoflucon® → **Fluconazole**
Medolexin® → **Cefalexin**
Medolin® → **Salbutamol**
Medomycin® → **Doxycycline**
Medonor® → **Levonorgestrel**
Medoome 20/Ome20® → **Omeprazole**
Medopa® → **Methyldopa**
Medophenicol® → **Chloramphenicol**
Medopred® → **Prednisolone**
Medopren® → **Methyldopa**
Medoric® → **Allopurinol**
Medostatin® → **Lovastatin**
Medotam® → **Piracetam**
Medotase® → **Serrapeptase**
Medotaxime® → **Cefotaxime**
Medotifen® → **Ketotifen**
Medovascin® → **Lovastatin**
Medovent® → **Ambroxol**
Medovir® → **Aciclovir**
Medoxa® → **Oxaliplatin**
Medoxem® → **Cefuroxime**
Medoxin® → **Doxycycline**
Medozem® → **Diltiazem**
Medozine® → **Cinnarizine**
Med-Phylline® → **Theophylline**
Medralone® → **Methylprednisolone**
Medrate® → **Methylprednisolone**
Medrate® [inj.] → **Methylprednisolone**
Medrate® [vet.] → **Methylprednisolone**
Medrexim® → **Fluocinonide**
Medrin® → **Embramine**
Medrocil® → **Hydrocortisone**
Medrol® → **Methylprednisolone**
Médrol® → **Methylprednisolone**
Medrolin® → **Mebhydrolin**
Medrol® [vet.] → **Methylprednisolone**
Medrone® → **Methylprednisolone**

Medrone® [vet.] → **Methylprednisolone**
Medroplex® → **Medroxyprogesterone**
Medrossiprogesterone → **Medroxyprogesterone**
Medrossiprogesterone acetato → **Medroxyprogesterone**
Medrossiprogesterone [DCIT] → **Medroxyprogesterone**
Medrosterona® → **Medroxyprogesterone**
Medroxiprogesterona → **Medroxyprogesterone**
Medroxiprogesterona® → **Medroxyprogesterone**
Medroxiprogesterona Acetato L.CH.® → **Medroxyprogesterone**
Medroxiprogesteron Acetat® → **Medroxyprogesterone**
Medroxiprogesterona Filaxis® → **Medroxyprogesterone**
Medroxiprogesterona® [tab.] → **Medroxyprogesterone**
Medroxoral® [vet.] → **Medroxyprogesterone**
Medroxyhexal® → **Medroxyprogesterone**
Medroxyprogesteron → **Medroxyprogesterone**
Medroxyprogesteronacetaat® → **Medroxyprogesterone**
Medroxyprogesteronacetaat PCH® → **Medroxyprogesterone**
Medroxyprogesteron acetat → **Medroxyprogesterone**
Medroxyprogesteronacetat (Ph. Eur. 5) → **Medroxyprogesterone**
Medroxyprogesterone → **Medroxyprogesterone**
Médroxyprogestérone → **Medroxyprogesterone**
Medroxyprogesterone 17α-acetate: → **Medroxyprogesterone**
Medroxyprogesterone Acetate® → **Medroxyprogesterone**
Medroxyprogesterone Acetate → **Medroxyprogesterone**
Medroxyprogesterone Acetate [BANM, JAN, USAN] → **Medroxyprogesterone**
Médroxyprogestérone (acétate de) → **Medroxyprogesterone**
Médroxyprogestérone (acétate de) (Ph. Eur. 5) → **Medroxyprogesterone**
Medroxyprogesterone Acetate (Ph. Eur. 5, Ph. Int. 4, USP 30) → **Medroxyprogesterone**
Medroxyprogesterone [BAN, DCF] → **Medroxyprogesterone**
Medroxyprogesteroni acetas → **Medroxyprogesterone**
Medroxyprogesteroni acetas (Ph. Eur. 5, Ph. Int. 4) → **Medroxyprogesterone**
Medroxyprogesteronum → **Medroxyprogesterone**
Medroxyprogesteron® [vet.] → **Medroxyprogesterone**
Medsara® → **Cytarabine**
Medsatrexate® → **Methotrexate**
Medsavorina® → **Folinic Acid**
Med-Spastic® → **Oxyphencyclimine**
Med-Tricocide® → **Metronidazole**
Med-Xyzarax® → **Hydroxyzine**
Me-F® → **Metformin**
Mefa® → **Mefenamic Acid**
Mefac® → **Mefenamic Acid**
Mefacit® → **Mefenamic Acid**
Mefamesona® → **Dexamethasone**
Mefast® → **Mefenamic Acid**
Mefen® → **Mefenamic Acid**
Mefenacid® → **Mefenamic Acid**
Mefenacid Domesco® → **Mefenamic Acid**
Mefenamic Acid® → **Mefenamic Acid**
Mefenaminacid Cimex® → **Mefenamic Acid**
Mefenaminsäure Sandoz® → **Mefenamic Acid**
Mefenan® → **Mefenamic Acid**
Mefenax® → **Mefenamic Acid**
Mefenix® → **Mefenamic Acid**
Mefic® → **Mefenamic Acid**
Mefinal® → **Mefenamic Acid**
Mefinter® → **Mefenamic Acid**
Mefiron® → **Metronidazole**
Mefix® → **Mefenamic Acid**
Mefliam® → **Mefloquine**
Mefloquina® [tab.] → **Mefloquine**
Mefloquine Hydrochloride® → **Mefloquine**
Meflosin® → **Ciprofloxacin**
Meflosyl® [vet.] → **Flunixin**
Meflotas® → **Mefloquine**
Mefnac® → **Mefenamic Acid**
Meforal® → **Metformin**
Meformed® → **Metformin**
Mefoxa® → **Ofloxacin**
Mefoxil® → **Cefoxitin**
Mefoxin® → **Cefoxitin**
Mefoxitin® → **Cefoxitin**
Mefpa® → **Methyldopa**
Mefren® → **Chlorhexidine**
Meftal® → **Mefenamic Acid**
Mefurosan® → **Mometasone**
Megabal® → **Mecobalamin**
Megabroncoflam® [+ Sulfamethoxazole] → **Trimethoprim**
Megabroncoflam® [+ Trimethoprim] → **Sulfamethoxazole**
Megabron® [vet.] → **Theophylline**
Mega-C® → **Ascorbic Acid**
Megace® → **Megestrol**
Mega-Cef® → **Cefradine**
Megacilina® → **Clemizole Penicillin**
Megacilina Oral® → **Phenoxymethylpenicillin**
Megacillin® [compr.] → **Phenoxymethylpenicillin**
Megacorp® → **Megestrol**
Megacort® → **Dexamethasone**
Megadose® → **Dopamine**
Megadox® → **Doxycycline**
Megafen® → **Diclofenac**
Megafer® → **Ferrous Gluconate**
Megaflox® → **Sparfloxacin**
Megafol® → **Folic Acid**
Megalac® → **Almasilate**
Megalac® → **Hydrotalcite**
Megalax® → **Bisacodyl**
Megalia® → **Megestrol**
Megalocin® → **Fleroxacin**
Mégamag® → **Aspartic Acid**
Megamilbedoce® → **Hydroxocobalamin**
Megamox® [+Amoxicilline] → **Clavulanic Acid**
Megamox® [caps.] → **Amoxicillin**
Megamox® [+ Clavulanic Acid potassium salt] → **Amoxicillin**
Megamox® [inj.] → **Amoxicillin**
Megamylase® → **Amylase, Alpha-**
Mégamylase® → **Amylase, Alpha-**
Meganox® → **Lamotrigine**
Megaplatin® → **Carboplatin**
Megaplex® → **Megestrol**
Megapress® → **Enalapril**
Mega-Prim® [+Sulfamethoxazole] → **Trimethoprim**
Mega-Prim® [+Trimethoprim] → **Sulfamethoxazole**
Megaset® [+ Sulfamethoxazole] → **Trimethoprim**
Megaset® [+ Trimethoprim] → **Sulfamethoxazole**
Megasid® → **Clarithromycin**
Mégasolone® [vet.] → **Prednisolone**
Megastene® → **Sulbutiamine**
Megatrim® [+ Sulfamethoxazole] → **Trimethoprim**
Megatrim® [+ Trimethoprim] → **Sulfamethoxazole**
Megatrol® → **Levocetirizine**
Megavital® → **Nimodipine**
Megavix® → **Tetrazepam**
Mégavix® → **Tetrazepam**
Megaxilor® [vet.] → **Xylazine**

Meloxicam Cipla Chanelle Generics® → **Meloxicam**
Meloxicam Copyfarm® → **Meloxicam**
Meloxicam-CT® → **Meloxicam**
Méloxicam [DCF] → **Meloxicam**
Meloxicam Dexa Medica® → **Meloxicam**
Meloxicam Domesco® → **Meloxicam**
Meloxicam Galex® → **Meloxicam**
Meloxicam Generis® → **Meloxicam**
Meloxicam Hexal® → **Meloxicam**
Meloxicam Interpharm® → **Meloxicam**
Meloxicam LPH® → **Meloxicam**
Meloxicam Melopor® → **Meloxicam**
Meloxicam Merck® → **Meloxicam**
Meloxicam Merck NM® → **Meloxicam**
Meloxicam MK® → **Meloxicam**
Meloxicam Orion® → **Meloxicam**
Meloxicam Ratiopharm® → **Meloxicam**
Meloxicam-ratiopharm® → **Meloxicam**
Meloxicam Sandoz® → **Meloxicam**
Meloxicam Stada® → **Meloxicam**
Meloxicam Teva® → **Meloxicam**
Meloxicamum → **Meloxicam**
Meloxicam Winthrop® → **Meloxicam**
Meloxid® → **Meloxicam**
Meloxikam Ivax® → **Meloxicam**
Meloxikam MA® → **Meloxicam**
Meloxil® → **Meloxicam**
Meloxin® → **Meloxicam**
Meloxistad® → **Meloxicam**
Meloxiwin® → **Meloxicam**
Melpaque® → **Hydroquinone**
Melpax® → **Melperone**
Melperomerck® → **Melperone**
Melperon 1A Pharma® → **Melperone**
Melperon AbZ® → **Melperone**
Melperon AL® → **Melperone**
Melperon beta® → **Melperone**
Melperon-neuraxpharm® → **Melperone**
Melperon-ratiopharm® → **Melperone**
Melperon-RPh® → **Melperone**
Melperon Sandoz® → **Melperone**
Melperon Stada® → **Melperone**
melperon von ct® → **Melperone**
Melphin® → **Pyrantel**
Mel-Puren® → **Melperone**
Melquin® → **Hydroquinone**
Melrosum® → **Codeine**
Meltika® → **Gliclazide**
Meltix® [+ Flupentixol] → **Melitracen**
Meltix® [+ Melitracen] → **Flupentixol**
Meltonar® → **Megestrol**
Meltus® → **Pseudoephedrine**
Melubrin® → **Chloroquine**
Melyd® → **Glimepiride**
Melysin® → **Pivmecillinam**
Memac® → **Donepezil**
Memax® → **Memantine**
Memento® → **Pipemidic Acid**
Memento NF® → **Norfloxacin**
Memonol® → **Pyritinol**
Memoril® → **Piracetam**
Memorit® → **Donepezil**
Memotal® → **Piracetam**
Memotil® → **Dihydroergocristine**
Memotropil® → **Piracetam**
Memox® → **Memantine**
Mempil® → **Piracetam**
Memzotil® → **Tenoxicam**
Menabol® → **Stanozolol**
Menaderm simple® → **Beclometasone**
Menaderm simplex® → **Beclometasone**
Menadex® → **Dexketoprofen**
Menadiol Diphosphate® → **Menadiol**
Menadion → **Menadione**
Menadione → **Menadione**
Ménadione → **Menadione**
Menadione [BAN, DCF] → **Menadione**
Ménadione (Ph. Eur. 5) → **Menadione**
Menadione (Ph. Eur. 5, USP 30) → **Menadione**
Menadion Medic® → **Phytomenadione**
Menadion (Ph. Eur. 5) → **Menadione**
Menadionum → **Menadione**
Menadionum (Ph. Eur. 5, Ph. Int. II) → **Menadione**
Menadol® → **Ibuprofen**
Menaelle® → **Progesterone**
M-Enalapril® → **Enalapril**
Menalmina® → **Chlorhexidine**
Menamig® → **Frovatriptan**
Menamin® → **Thiamine**
Menaphthene → **Menadione**
Menaphtone → **Menadione**
Menaril® → **Betahistine**
Menartan® → **Olmesartan Medoxomil**
Menat® → **Cefuroxime**
Menaven® → **Heparin**
Menaxol® → **Acetylcysteine**
Mencord® → **Olmesartan Medoxomil**
Mendiaxon® → **Hymecromone**
Mendilex® → **Biperiden**
Mendon® → **Clorazepate, Dipotassium**
Menefloks® → **Ofloxacin**
Menest® → **Estradiol**
Menest® → **Estrogens, conjugated**
Menformon®-K [vet.] → **Estradiol**
Meniace® → **Betahistine**
Meni-D® → **Meclozine**
Menietol® → **Betahistine**
Meniex® → **Betahistine**
Menilet® → **Metronidazole**
Menisole® → **Metronidazole**
Menitazine® → **Betahistine**
Menobarb® → **Phenobarbital**
Menocal® → **Aspartame**
Menodin® → **Estradiol**
Menogon® → **Menotropins**
Menograine® → **Clonidine**
Meno-Implant® → **Estradiol**
Menopatol® → **Tolperisone**
Menopax® → **Cyclofenil**
Menopur® → **Menotropins**
Menopur-Ferring® → **Menotropins**
Menorest® → **Estradiol**
Menorest® → **Tibolone**
Menorest TTS® → **Estradiol**
Menorox® [vet.] → **Norfloxacin**
Menosedan MPA® → **Medroxyprogesterone**
Menosor® → **Mebeverine**
Menostar® [TTS] → **Estradiol**
Menova® → **Aciclovir**
Mensipox® → **Ciprofloxacin**
Mensoton® → **Ibuprofen**
Mentalium® → **Diazepam**
Mentax® → **Butenafine**
Menthol FNA® → **Levomenthol**
Menthosept® → **Cetylpyridinium**
Mentis® → **Pirisudanol**
Mentopin® → **Acetylcysteine**
Menzol® → **Mebendazole**
Mepadis® → **Mebhydrolin**
Mepagyl® → **Metronidazole**
Mepastat® → **Medroxyprogesterone**
Mepatar → **Oxytetracycline**
Mepebrox® → **Ambroxol**
Mepem® → **Meropenem**
Meperidina Chobet® → **Pethidine**
Meperidina Denver® → **Pethidine**
Meperidina Richmond® → **Pethidine**
Meperidine® → **Pethidine**
Meperidine → **Pethidine**
Meperidine HCl® → **Pethidine**
Meperidine Hydrochloride AHFS (USA) → **Pethidine**
Meperidine Hydrochloride [USAN] → **Pethidine**

Mersikol® → **Gemfibrozil**
Mersitropil® → **Piracetam**
Mersivas® → **Simvastatin**
Mersol® → **Merbromin**
Merthiolate® → **Thiomersal**
Merthiolate Incoloro® → **Thiomersal**
Merthiolate Plus® → **Thiomersal**
Merthiolate Rojo® → **Thiomersal**
Mertigo® → **Betahistine**
Mervan® → **Aceclofenac**
Merxil® → **Diclofenac**
Merzin® → **Cetirizine**
Mesacol® → **Mesalazine**
Mesacol® → **Aminosalicylic Acid**
Mesactol® → **Lansoprazole**
Mesaflor® → **Mesalazine**
Mesalamine® → **Mesalazine**
Mesalamine [USAN] → **Mesalazine**
Mesalamine (USP 30) → **Mesalazine**
Mesalazin → **Mesalazine**
Mesalazina → **Mesalazine**
Mesalazina [DCIT] → **Mesalazine**
Mesalazina Dorom® → **Mesalazine**
Mesalazina Pliva® → **Mesalazine**
Mesalazina-ratiopharm® → **Mesalazine**
Mesalazina Sandoz® → **Mesalazine**
Mesalazina Tad® → **Mesalazine**
Mesalazina Teva® → **Mesalazine**
Mesalazina Union Health® → **Mesalazine**
Mesalazine → **Mesalazine**
Mésalazine → **Mesalazine**
Mesalazine Alpharma® → **Mesalazine**
Mesalazine [BAN] → **Mesalazine**
Mésalazine [DCF] → **Mesalazine**
Mesalazine Disphar® → **Mesalazine**
Mesalazine Gf® → **Mesalazine**
Mesalazine PCH® → **Mesalazine**
Mesalazine Pharmathen® → **Mesalazine**
Mesalazine (Ph. Eur. 5, BP 2003) → **Mesalazine**
Mesalazine Sandoz® → **Mesalazine**
Mesalazine Teva® → **Mesalazine**
Mesalazine Zikidis® → **Mesalazine**
Mesalazinum → **Mesalazine**
Mesalazinum® → **Mesalazine**
Mesalazyna® → **Mesalazine**
Mesalin® [vet.] → **Estradiol**
Mesasal® → **Mesalazine**
Mesatonum → **Phenylephrine**
Mesazin® → **Mesalazine**
Mescorit® → **Metformin**
Mescryo® → **Mesna**
Mesentol → **Ethosuximide**
Mesilato de Doxazosina® → **Doxazosin**
Mesin® → **Albendazole**
Meslon® → **Morphine**
M-Eslon® → **Morphine**
Mesmerin® → **Lorazepam**
Mesmor® → **Itraconazole**
Mesna® → **Mesna**
Mesna Biocrom® → **Mesna**
MESNA-cell® → **Mesna**
Mesna Delta® → **Mesna**
Mesna Filaxis® → **Mesna**
Mesna Microsules® → **Mesna**
Mesna Richmond® → **Mesna**
Mesna Rontag® → **Mesna**
Mesnex® → **Mesna**
Mesnil® → **Mesna**
Mesocain® → **Trimecaine**
Mesolex® → **Metronidazole**
Mesonex® → **Atenolol**
Mesonta® → **Betamethasone**
Mesotina® → **Papaverine**
Mesotina® [sol.-inj.] → **Papaverine**
Mesoxicam → **Meloxicam**
Mespafin® → **Doxycycline**
Mesporin® → **Ceftriaxone**
Mesren® → **Mesalazine**
Messelfenil® → **Metamizole**
Messelxen® → **Naproxen**
Mestacine® → **Minocycline**
Mestamox® → **Amoxicillin**
Mesterolon → **Mesterolone**
Mesterolona → **Mesterolone**
Mesterolone → **Mesterolone**
Mestérolone → **Mesterolone**
Mesterolone [BAN, DCF, DCIT, USAN] → **Mesterolone**
Mesterolone (Ph. Eur. 5) → **Mesterolone**
Mestérolone (Ph. Eur. 5) → **Mesterolone**
Mesterolon (Ph. Eur. 5) → **Mesterolone**
Mesterolonum → **Mesterolone**
Mesterolonum (Ph. Eur. 5) → **Mesterolone**
Mestian® → **Mesna**
Mestil-Ka® → **Menadione**
Mestinon® → **Pyridostigmine Bromide**
Mestinon® [vet.] → **Pyridostigmine Bromide**
Mestrel® → **Megestrol**
Mestrolin® → **Clomifene**
Mesulid® → **Nimesulide**
Mesulid Fast® → **Nimesulide**
Mesupon® → **Nimesulide**
Mesura® → **Sibutramine**
Mesyrel® → **Trazodone**
Met® → **Metformin**
Meta® → **Promethazine**
Metabasal® → **Mebendazole**
Metabol® → **Nandrolone**
Metabolin® → **Thiamine**
Metabolite-A® → **Retinol**
Metacam® [vet.] → **Meloxicam**
Metacard® → **Trimetazidine**
Metacen® → **Indometacin**
Metaciklin® → **Metacycline**
Metacolina Lofarma® → **Methacholine Chloride**
Metacortandracin → **Prednisone**
Metacortandralone → **Prednisolone**
Metadate® → **Methylphenidate**
Metadec® → **Nandrolone**
Metadol® → **Methadone**
Metadon® → **Methadone**
Metadona → **Methadone**
Metadona clorhidrato → **Methadone**
Metadona Clorhidrato® → **Methadone**
Metadon Dak® → **Methadone**
Metadone → **Methadone**
Metadone cloridrato → **Methadone**
Metadone Cloridrato Afom® → **Methadone**
Metadone Cloridrato Molteni® → **Methadone**
Metadone [DCIT] → **Methadone**
Metadon-EP® → **Methadone**
Metadonijev Klorid® → **Methadone**
Metadon Krka® → **Methadone**
Metadon Martindale® → **Methadone**
Metadon Recip® → **Methadone**
Metadon SAD® → **Methadone**
Metadoxil® → **Metadoxine**
Metafar® → **Cefmetazole**
Metaflex® → **Diclofenac**
Metagard® → **Trimetazidine**
Metagliz® → **Metoclopramide**
Metagyl® → **Metronidazole**
Metalcaptase® → **Penicillamine**
Metalgin® → **Metamizole**
Metaloc® → **Metoprolol**
Metalon® → **Metoclopramide**
Metalyse® → **Tenecteplase**
Metamed® [vet.] → **Sulfamethizole**
Metamide® → **Metoclopramide**
Metamidol® → **Diazepam**
Metamisol EEL® → **Metamizole**
Metamizol → **Metamizole**
Metamizol® → **Metamizole**
Metamizol-1A Pharma® → **Metamizole**
Metamizol Cuve® → **Metamizole**
Metamizole → **Metamizole**
Métamizole → **Metamizole**

Methylthioninium Chloride [BAN] → **Methylthioninium Chloride**
Methylthioninium Chloride (BP 2003, Ph. Eur. 5) → **Methylthioninium Chloride**
Methylthioniniumchlorid (Ph. Eur. 5) → **Methylthioninium Chloride**
Methylthioninum Chloride® [vet.] → **Methylthioninium Chloride**
Methypregnone → **Medroxyprogesterone**
Metibasol® → **Thiamazole**
Meticel® → **Ranitidine**
Meticel Ofteno® → **Hypromellose**
Meticil® → **Methotrexate**
Meticorten® → **Prednisone**
Meticorten® [vet.] → **Prednisone**
Meti-Derm → **Prednisolone**
Metidrol® → **Methylprednisolone**
Metifer® → **Mecobalamin**
Metifex® → **Ethacridine**
Metifor® → **Metformin**
Metigesterona → **Medroxyprogesterone**
Metiguanide® → **Metformin**
Metilat® → **Methylergometrine**
Metilcellulosa® → **Hypromellose**
Metilcord® → **Methyldopa**
Metildopa® → **Methyldopa**
Metildopa Fabra® → **Methyldopa**
Metildopa L.CH.® → **Methyldopa**
Metildopa LCH® → **Methyldopa**
Metiler® → **Methylergometrine**
Metil Ergometrina Maleat® → **Methylergometrine**
Metilergometrina Maleato® → **Methylergometrine**
Metiler® [inj.] → **Methylergometrine**
Metile salicilato → **Methyl Salicylate**
Metile Salicilato® → **Methyl Salicylate**
Metilfenidato → **Methylphenidate**
Metilfenidato clorhidrato → **Methylphenidate**
Metilfenidato cloridrato → **Methylphenidate**
Metilfenidato [DCIT] → **Methylphenidate**
Metilon® → **Metamizole**
Metilprednisolona → **Methylprednisolone**
Metilprednisolona® → **Methylprednisolone**
Metilprednisolona Arsaluda® → **Methylprednisolone**
Metilprednisolona Richet® → **Methylprednisolone**
Metilprednisolone → **Methylprednisolone**
Metilprednisolone acetato → **Methylprednisolone**
Metilprednisolone [DCIT] → **Methylprednisolone**
Metilprednizolon Human® → **Methylprednisolone**
Metilpren® → **Methylprednisolone**
Metilprenisolone idrogeno succinato → **Methylprednisolone**
Metilpres® → **Prednisone**
Metilrosanilinio Cloruro® → **Methylrosanilinium Chloride**
Metiltestosterona → **Methyltestosterone**
Metiltestosterone → **Methyltestosterone**
Metiltestosterone [DCIT] → **Methyltestosterone**
Metiltioninio clorure → **Methylthioninium Chloride**
Metiltioninio clorure [DCIT] → **Methylthioninium Chloride**
Metiltioninio Cloruro® → **Methylthioninium Chloride**
Metimazolo (F. U. IX) → **Thiamazole**
Metindo® → **Indometacin**
Metindol® → **Indometacin**
Metione → **Methionine, L-**
Metionina → **Methionine, L-**
Metionina [DCIT] → **Methionine, L-**
Metiorisan® → **Dimeticone**
Metirel® → **Hydroxychloroquine**
Metison® → **Cisapride**
Metisone → **Prednisone**
Metizol® → **Thiamazole**
Metlazel® → **Metoclopramide**
Metmin® → **Metformin**
Meto AbZ® → **Metoprolol**
Meto APS® → **Metoprolol**
Metobeta® → **Metoprolol**
Meto Biochemie® → **Metoprolol**
Metoblock® → **Metoprolol**
Metoc® → **Metoclopramide**
Metocal® → **Calcium Carbonate**
Metocar® → **Metoprolol**
Metocarbamol → **Methocarbamol**
Metocarbamol® → **Methocarbamol**
Metocarbamolo → **Methocarbamol**
Metocarbamolo [DCIT] → **Methocarbamol**
Metocard® → **Metoprolol**
Metoclopramid → **Metoclopramide**
Metoclopramid® → **Metoclopramide**
Metoclopramida → **Metoclopramide**
Metoclopramida® → **Metoclopramide**
Metoclopramida clorhidrato → **Metoclopramide**
Metoclopramida Clorhidrato® → **Metoclopramide**
Metoclopramida Genfar® → **Metoclopramide**
Metoclopramida Gen-Far® → **Metoclopramide**
Metoclopramida Iqfarma® → **Metoclopramide**
Metoclopramid-Akri® → **Metoclopramide**
Metoclopramida Labesfal® → **Metoclopramide**
Metoclopramida Lch® → **Metoclopramide**
Metoclopramida L.CH.® → **Metoclopramide**
Metoclopramida Medinfar® → **Metoclopramide**
Metoclopramida Merck® → **Metoclopramide**
Metoclopramida Richmond® → **Metoclopramide**
Metoclopramida Vannier® → **Metoclopramide**
Metoclopramide® → **Metoclopramide**
Metoclopramide → **Metoclopramide**
Métoclopramide → **Metoclopramide**
Metoclopramide Alpharma ApS® → **Metoclopramide**
Metoclopramide [BAN, DCF, JAN] → **Metoclopramide**
Métoclopramide (chlorhydrate de) → **Metoclopramide**
Métoclopramide (chlorhydrate de) (Ph. Eur. 5) → **Metoclopramide**
Metoclopramide cloridrato → **Metoclopramide**
Metoclopramide cloridrato® → **Metoclopramide**
Metoclopramide [DCIT] → **Metoclopramide**
Metoclopramide DHA® → **Metoclopramide**
Metoclopramide EG® → **Metoclopramide**
Metoclopramide-Eurogenerics® → **Metoclopramide**
Metoclopramide HCl Alpharma® → **Metoclopramide**
Metoclopramide HCl CF® → **Metoclopramide**
Metoclopramide HCl Gf® → **Metoclopramide**
Metoclopramide HCl PCH® → **Metoclopramide**
Metoclopramide Hydrochloride → **Metoclopramide**
Metoclopramide Hydrochloride® → **Metoclopramide**

M

Metoprololtartraat Katwijk® → **Metoprolol**
Metoprololtartraat Merck® → **Metoprolol**
Metoprololtartraat PCH® → **Metoprolol**
Metoprololtartraat Sandoz® → **Metoprolol**
Metoprolol tartrat → **Metoprolol**
Metoprolol Tartrate → **Metoprolol**
Metoprolol tartrate: → **Metoprolol**
Metoprolol Tartrate® → **Metoprolol**
Metoprolol Tartrate [BANM, JAN, USAN] → **Metoprolol**
Métoprolol (tartrate de) → **Metoprolol**
Métoprolol (tartrate de) (Ph. Eur. 5) → **Metoprolol**
Metoprolol Tartrate (Ph. Eur. 5, USP 30) → **Metoprolol**
Metoprololtartrat Hexal® → **Metoprolol**
Metoprolol Tartrato® → **Metoprolol**
Metoprololtartrat (Ph. Eur. 5) → **Metoprolol**
Metoprolol Teva® → **Metoprolol**
Metoprololum → **Metoprolol**
Metoprolol Verla® → **Metoprolol**
metoprolol von ct® → **Metoprolol**
Metoprolol-Wolff® → **Metoprolol**
Metoprolol Z 1 a Pharma® → **Metoprolol**
Metoprolol Z Hexal® → **Metoprolol**
Metoprolol ZOT STADA® → **Metoprolol**
Meto-Puren® → **Metoprolol**
Metoral® → **Triamcinolone**
Metorfan® → **Dextromethorphan**
Metoril® → **Metoclopramide**
Metosan® → **Meloxicam**
Meto-Succinat Sandoz® → **Metoprolol**
Metosyn® → **Fluocinonide**
Meto-Tablinen® → **Metoprolol**
Metothyrin® → **Thiamazole**
Metotreksat® → **Methotrexate**
Metotressato Teva® → **Methotrexate**
Metotrex® → **Methotrexate**
Metotrexate® → **Methotrexate**
Metotrexato® → **Methotrexate**
Metotrexato Almirall® → **Methotrexate**
Metotrexato Asofarma® → **Methotrexate**
Metotrexato Dosa® → **Methotrexate**
Metotrexato Filaxis® → **Methotrexate**
Metotrexato Lederle® → **Methotrexate**
Metotrexato Martian® → **Methotrexate**
Metotrexato Mayne® → **Methotrexate**
Metotrexato Microsules® → **Methotrexate**
Metotrexato Pharmacia® → **Methotrexate**
Metotrexato Trixilem RU® [sol.-inj.] → **Methotrexate**
Metotrexato Trixilem® [tab.] → **Methotrexate**
Metoxiflurano → **Methoxyflurane**
Metoxiprim® [+ Sulfamethoxazole] → **Trimethoprim**
Metoxiprim® [+ Trimethoprim] → **Sulfamethoxazole**
Metoxyl® [vet.] → **Sulfadimethoxine**
Metoz® → **Metolazone**
Meto Zerok® → **Metoprolol**
Metpamid® → **Metoclopramide**
Metpata® → **Methyldopa**
Metrajil® → **Metronidazole**
Metral® → **Metronidazole**
Metrazol® → **Metronidazole**
Metrazole® → **Metronidazole**
Metrazol® [vet.] → **Metronidazole**
Metrergina® → **Ergometrine**
Metri® → **Nicotinic Acid**
Metricure® [vet.] → **Cefapirin**
Metricyclin Kela® [vet.] → **Chlortetracycline**
Metrifonat → **Metrifonate**
Metrifonate → **Metrifonate**
Métrifonate → **Metrifonate**
Metrifonate [BAN, USAN] → **Metrifonate**
Métrifonate (Ph. Eur. 5) → **Metrifonate**
Metrifonate (Ph. Eur. 5, Ph. Int. 4, USP 30) → **Metrifonate**
Metrifonato → **Metrifonate**
Metrifonat (Ph. Eur. 5) → **Metrifonate**
Metrifonatum → **Metrifonate**
Metrifonatum (Ph. Eur. 5, Ph. Int. 4) → **Metrifonate**
Metrigent® [vet.] → **Gentamicin**
Metrijet® [vet.] → **Oxytetracycline**
Metrima® → **Clotrimazole**
Metrim® [+ Sulfamethoxazole] → **Trimethoprim**
Metrim® [+ Trimethoprim] → **Sulfamethoxazole**
Metrina® → **Ergometrine**
Metrine® → **Methylergometrine**
Metrin® [vet.] → **Metronidazole**
Metrion® → **Metronidazole**
Metriphonate → **Metrifonate**
Metrivin® → **Metformin**
Metrix® → **Glimepiride**
Metro® → **Metronidazole**
Metrobac® [tab.] → **Metronidazole**
Metrocaps® [caps./supp.] → **Metronidazole**
Metrocaps® [sol.] → **Metronidazole**
Metrocev® → **Metronidazole**
Metrocide® → **Metronidazole**
Metrocream® → **Metronidazole**
Metrocreme® → **Metronidazole**
Metrodal® → **Metronidazole**
Metroderme® → **Metronidazole**
Metrodin® → **Urofollitropin**
Metrodine HP® → **Urofollitropin**
Metrodin HP® → **Urofollitropin**
Metrofusin® → **Metronidazole**
MetroGel® → **Metronidazole**
MetroGel-Vaginal® → **Metronidazole**
Metrogyl® → **Metronidazole**
Metrogyl Denta® → **Metronidazole**
Metrol® → **Metronidazole**
Metrolag® → **Metronidazole**
Metrolex® → **Metronidazole**
MetroLotion® → **Metronidazole**
Metrolyl® → **Metronidazole**
Metrolyl® [vet.] → **Metronidazole**
Metronex® [vet.] → **Metronidazole**
Metronid® → **Metronidazole**
Metronidazol → **Metronidazole**
Metronidazol® → **Metronidazole**
Metronidazol AL® → **Metronidazole**
Metronidazol Alpharma® → **Metronidazole**
Metronidazol Arcana® → **Metronidazole**
Metronidazol Artesan® → **Metronidazole**
Metronidazol Baxter® → **Metronidazole**
Metronidazol Baxter Viaflo® → **Metronidazole**
Metronidazol benzoat → **Metronidazole**
Metronidazolbenzoat (Ph. Eur. 5) → **Metronidazole**
Metronidazol Bidiphar® → **Metronidazole**
Metronidazol Bieffe Medital® → **Metronidazole**
Metronidazol Biocrom® → **Metronidazole**
Metronidazol Biol® → **Metronidazole**
Metronidazol Braun® → **Metronidazole**
Metronidazol Clear-Flex® → **Metronidazole**
Metronidazol-CT® → **Metronidazole**

Metronidazol DAK® → **Metronidazole**
Metronidazol DeltaSelect® → **Metronidazole**
Metronidazol Denver® → **Metronidazole**
Metronidazol Domesco® → **Metronidazole**
Metronidazol Drawer® → **Metronidazole**
Metronidazole® → **Metronidazole**
Metronidazole → **Metronidazole**
Métronidazole → **Metronidazole**
Metronidazole [BAN, DCF, USAN] → **Metronidazole**
Metronidazole B Braun® → **Metronidazole**
Metronidazole benzoate: → **Metronidazole**
Metronidazole Benzoate → **Metronidazole**
Metronidazole Benzoate [BAN, USAN] → **Metronidazole**
Métronidazole (benzoate de) → **Metronidazole**
Métronidazole (benzoate de) (Ph. Eur. 5) → **Metronidazole**
Metronidazole benzoate (Ph. Eur. 5, Ph. Int. 4, USP 30) → **Metronidazole**
Metronidazole Bieffe® → **Metronidazole**
Metronidazole Bioren® → **Metronidazole**
Metronidazole (BP 2003, JP XIV, Ph. Eur. 5, Ph. Int. 4, USP 30) → **Metronidazole**
Metronidazole Braun® → **Metronidazole**
Metronidazol Ecar® → **Metronidazole**
Metronidazole Fima® → **Metronidazole**
Metronidazole Fresenius® → **Metronidazole**
Metronidazole-Fresenius® → **Metronidazole**
Metronidazole Indo Farma® → **Metronidazole**
Metronidazole Interpharm® → **Metronidazole**
Metronidazole Intravenous Infusion® → **Metronidazole**
Métronidazole Lavoisier® → **Metronidazole**
Metronidazole Meiji® → **Metronidazole**
Metronidazole Merck® → **Metronidazole**
Metronidazole Nycomed® → **Metronidazole**
Metronidazole Pharmasant® → **Metronidazole**
Métronidazole (Ph. Eur. 5) → **Metronidazole**
Metronidazole Polpharma® → **Metronidazole**
Metronidazol Fabra® → **Metronidazole**
Metronidazol Fresenius® → **Metronidazole**
Metronidazol Genericon® → **Metronidazole**
Metronidazol Genfar® → **Metronidazole**
Metronidazol Gen-Far® → **Metronidazole**
Metronidazol Gf® → **Metronidazole**
Metronidazol Grifols® → **Metronidazole**
Metronidazol Heumann® → **Metronidazole**
Metronidazol Hexal® → **Metronidazole**
Metronidazol HMW® → **Metronidazole**
Metronidazol Human® → **Metronidazole**
Metronidazoli benzoas → **Metronidazole**
Metronidazoli benzoas (Ph. Eur. 5, Ph. Int. 4) → **Metronidazole**
Metronidazol Iqfarma® → **Metronidazole**
Metronidazol Jenapharm® → **Metronidazole**
Metronidazol Lafedar® → **Metronidazole**
Metronidazol Lagap® → **Metronidazole**
Metronidazol Lch® → **Metronidazole**
Metronidazol L.CH.® → **Metronidazole**
Metronidazol Lindopharm® → **Metronidazole**
Metronidazol Lisan® → **Metronidazole**
Metronidazol MF® → **Metronidazole**
Metronidazol MK® → **Metronidazole**
Metronidazol Normon® → **Metronidazole**
Metronidazolo → **Metronidazole**
Metronidazolo® → **Metronidazole**
Metronidazolo benzoato → **Metronidazole**
Metronidazolo Bieffe® → **Metronidazole**
Metronidazolo Bioindustria Lim® → **Metronidazole**
Metronidazolo [DCIT] → **Metronidazole**
Metronidazolo PH & T® → **Metronidazole**
Metronidazolo Same® → **Metronidazole**
Metronidazol PCH® → **Metronidazole**
Metronidazol Perugen® → **Metronidazole**
Metronidazol (Ph. Eur. 5) → **Metronidazole**
Metronidazol-Polpharma® → **Metronidazole**
Metronidazol-ratiopharm® → **Metronidazole**
Metronidazol Richet® → **Metronidazole**
Metronidazol-Rotexmedica® → **Metronidazole**
Metronidazol Roux-Ocefa® → **Metronidazole**
Metronidazol SAD® → **Metronidazole**
Metronidazol Sandoz® → **Metronidazole**
Metronidazol Sant Gall® → **Metronidazole**
Metronidazol-Serag® → **Metronidazole**
Metronidazol Soluflex® → **Metronidazole**
Metronidazol Stada® → **Metronidazole**
Metronidazolum → **Metronidazole**
Metronidazolum (Ph. Eur. 5, Ph. Int. 4) → **Metronidazole**
Metronidazol Vannier® → **Metronidazole**
Metronidazol Vinas® → **Metronidazole**
Metronidazol Waldheim® → **Metronidazole**
Metronide® → **Metronidazole**
Metronidil® → **Metronidazole**
Metronid-Puren® → **Metronidazole**
Metronimerck® → **Metronidazole**
Metronour® → **Metronidazole**
Metront® → **Metronidazole**
Metropast® → **Metronidazole**
Metropill® → **Metronidazole**
Metrosa® → **Metronidazole**
Metrosept® → **Metronidazole**
Metroseptol® → **Metronidazole**
Metrosil® → **Metronidazole**
Metroson® → **Metronidazole**
Metrostat® → **Metronidazole**
Metrotop® → **Metronidazole**
Metrovid® → **Metronidazole**
Metrozin® → **Metronidazole**
Metrozol® → **Metronidazole**
Metrozole® → **Metronidazole**

Metryl® → **Metronidazole**
Metsal® → **Methyl Salicylate**
Metsal AR® → **Salicylic Acid**
Metsal Liniment® → **Methyl Salicylate**
Metsec® → **Omeprazole**
Metsil® → **Dimeticone**
Met-Sil® → **Metoclopramide**
Metsina® → **Metronidazole**
MetSurrir® → **Metformin**
Metvixia® → **Methyl-5-aminolevulinate**
Metxaprim® [+Sulfamethoxazole] → **Trimethoprim**
Metxaprim® [+Trimethoprim] → **Sulfamethoxazole**
Metycortin® → **Methylprednisolone**
Metylrosanilin SAD® → **Methylrosanilinium Chloride**
Metypred® → **Methylprednisolone**
Metypred® [inj.] → **Methylprednisolone**
Metypresol® → **Methylprednisolone**
Metysolon® → **Methylprednisolone**
Mevachol® → **Pravastatin**
Mevacor® → **Lovastatin**
Mevalotin® → **Pravastatin**
Mevalotin Protect® → **Pravastatin**
Mevamyst® → **Levocarnitine**
Mevasterol® → **Lovastatin**
Mevastin® → **Lovastatin**
Mevecan® → **Cefuroxime**
Mevedal® → **Nabumetone**
Meverine® → **Mebeverine**
Mevinacor® → **Lovastatin**
Mevinol® → **Lovastatin**
Mevir® → **Brivudine**
Mevlor® → **Lovastatin**
Mevrabal® → **Mecobalamin**
Mex® → **Pseudoephedrine**
Mexalen® → **Paracetamol**
Mexan® → **Gliclazide**
Mexan® → **Meloxicam**
Mexan® → **Mesna**
Mexaquin® → **Chloroquine**
Mexican® → **Meloxicam**
Mexicord® → **Mexiletine**
Mexiderm® → **Betamethasone**
Mexilal® → **Meloxicam**
Mexilen® → **Mexiletine**
Mexiletin® → **Mexiletine**
Mexiletin → **Mexiletine**
Mexiletina → **Mexiletine**
Mexiletina clorhidrato → **Mexiletine**
Mexiletina cloridrato → **Mexiletine**
Mexiletina [DCIT] → **Mexiletine**
Mexiletine → **Mexiletine**
Mexilétine → **Mexiletine**
Mexiletine® → **Mexiletine**
Mexiletine [BAN, DCF] → **Mexiletine**
Mexilétine (chlorhydrate de) → **Mexiletine**
Mexilétine (chlorhydrate de) (Ph. Eur. 5) → **Mexiletine**
Mexiletine Hydrochloride → **Mexiletine**
Mexiletine hydrochloride: → **Mexiletine**
Mexiletine Hydrochloride [BANM, JAN, USAN] → **Mexiletine**
Mexiletine Hydrochloride (Ph. Eur. 5, JP XIV, USP 30) → **Mexiletine**
Mexiletin hydrochlorid → **Mexiletine**
Mexiletinhydrochlorid (Ph. Eur. 5) → **Mexiletine**
Mexiletini hydrochloridum → **Mexiletine**
Mexiletini hydrochloridum (Ph. Eur. 5) → **Mexiletine**
Mexiletinum → **Mexiletine**
Mexitec® → **Mexiletine**
Mexitilen® → **Mexiletine**
Mexitil® [vet.] → **Mexiletine**
Mexlo® → **Lomefloxacin**
Mexoderm® → **Miconazole**
Mexpharm® → **Meloxicam**
Mextil® → **Cefuroxime**
Mextran® → **Meloxicam**
Mexyl® → **Hexamidine**
Mezalit® → **Glibenclamide**
Mezarid® → **Atenolol**
Mezatrin® → **Azithromycin**
Mezine® → **Venlafaxine**
Mezlin® → **Mezlocillin**
Mezolitan® → **Miconazole**
Mezym® → **Pancreatin**
Mf® → **Metformin**
MF 10 → **Doxepin**
M-Flox® → **Norfloxacin**
M-Furo® → **Mometasone**
MG 217® → **Salicylic Acid**
Mg 5-Granoral® → **Aspartic Acid**
Mg5-Granulat® → **Aspartic Acid**
Mg 5-Longoral® → **Aspartic Acid**
Mg 5-Oraleff® → **Aspartic Acid**
Mg-nor® → **Aspartic Acid**
MH 532 → **Acefylline Piperazine**
MHPC → **Hypromellose**
M Hydrocortisone® → **Hydrocortisone**
Miabene® → **Mianserin**
Miacalcic® [salmon] → **Calcitonin**
Miacalcic® [salmon] → **Calcitonin**
Miacalcic®[vet.] → **Calcitonin**
Miacalcin® [salmon] → **Calcitonin**
Miacin® → **Amikacin**
Miadenil® [salmon] → **Calcitonin**
Mialgin® → **Orphenadrine**
Mialin® → **Alprazolam**
Miambutol® → **Ethambutol**
Mianeurin® → **Mianserin**
Miansan® → **Mianserin**
Miansemerck® → **Mianserin**
Mianserin® → **Mianserin**
Mianserin Arcana® → **Mianserin**
Mianserin Copyfarm® → **Mianserin**
Miansérine Biogaran® → **Mianserin**
Miansérine EG® → **Mianserin**
Miansérine G Gam® → **Mianserin**
Mianserine HCl Katwijk® → **Mianserin**
Mianserine HCl PCH® → **Mianserin**
Miansérine Irex® → **Mianserin**
Miansérine Ivax® → **Mianserin**
Miansérine Merck® → **Mianserin**
Miansérine RPG® → **Mianserin**
Miansérine Sandoz® → **Mianserin**
Miansérine Winthrop® → **Mianserin**
Mianserin HCl ratiopharm® → **Mianserin**
Mianserin Holsten® → **Mianserin**
Mianserin-Mepha® → **Mianserin**
Mianserin Merck® → **Mianserin**
Mianserin Merck NM® → **Mianserin**
Mianserin-neuraxpharm® → **Mianserin**
Mianserin NM Pharma® → **Mianserin**
Mianserin ratiopharm® → **Mianserin**
Mianserin Remedica® → **Mianserin**
mianserin von ct® → **Mianserin**
Miantrex® → **Methotrexate**
Miaxan® → **Mianserin**
Mibesan-S® → **Nystatin**
MIBG® → **Iobenguane (^{131}I)**
Mibloc FT® → **Meloxicam**
Mica® → **Heparin**
Mical® → **Carbocisteine**
Micalpha® → **Amikacin**
Micanol® → **Dithranol**
Micar® → **Piroxicam**
Micardis® → **Telmisartan**
Micatin® → **Miconazole**
Micazin® → **Miconazole**
Miccil® → **Bumetanide**
Mic-Cream® → **Miconazole**
Micelfen® → **Isoconazole**
Micetal® → **Flutrimazole**
Micinagen® → **Gentamicin**
Miclast® → **Ciclopirox**
Miclo® → **Clobetasone**
Micoban® → **Mupirocin**
Micobeta® → **Miconazole**
Micocide® → **Amorolfine**

Micocide® → **Econazole**
Micoclin® → **Clotrimazole**
Micodal® → **Miconazole**
Micoespec® → **Econazole**
Micofim® → **Miconazole**
Micofix C® → **Clotrimazole**
Micoflu® → **Fluconazole**
Micofull® → **Fluconazole**
Micofulvin® → **Fenticonazole**
Micofulvin Vaginal® → **Fenticonazole**
Micogel® → **Miconazole**
Micogyl® → **Metronidazole**
Micogyn® → **Miconazole**
Micoisdin® → **Tolnaftate**
Micolis® → **Fluconazole**
Micomazol® → **Clotrimazole**
Micomicen® → **Bifonazole**
Micomisan® → **Clotrimazole**
Miconacina® → **Natamycin**
Miconaft® → **Tolnaftate**
Miconal® → **Miconazole**
Miconazol → **Miconazole**
Miconazole → **Miconazole**
Miconazole® → **Miconazole**
Miconazole [BAN, DCF, JAN, USAN] → **Miconazole**
Miconazole (JP XIV, Ph. Eur. 5, USP 30) → **Miconazole**
Miconazole (Multichem)® → **Miconazole**
Miconazole Nitrate → **Miconazole**
Miconazole nitrate: → **Miconazole**
Miconazole Nitrate 7® → **Miconazole**
Miconazole Nitrate [BANM, JAN, USAN] → **Miconazole**
Miconazole Nitrate Cream® → **Miconazole**
Miconazole (nitrate de) → **Miconazole**
Miconazole (nitrate de) (Ph. Eur. 5) → **Miconazole**
Miconazole Nitrate (JP XIV, Ph. Eur. 5, Ph. Int. 4, USP 30) → **Miconazole**
Miconazol FNA® → **Miconazole**
Miconazoli nitras → **Miconazole**
Miconazoli nitras (Ph. Eur. 5, Ph. Int. 4) → **Miconazole**
Miconazol Lindo® → **Miconazole**
Miconazolnitraat® → **Miconazole**
Miconazolnitraat A® → **Miconazole**
Miconazolnitraat Alpharma® → **Miconazole**
Miconazolnitraat CF® → **Miconazole**
Miconazolnitraat Gf® → **Miconazole**
Miconazolnitraat Hexal® → **Miconazole**
Miconazolnitraat J-C® → **Miconazole**
Miconazolnitraat Katwijk® → **Miconazole**
Miconazolnitraat Kring® → **Miconazole**
Miconazolnitraat Merck® → **Miconazole**
Miconazolnitraat PCH® → **Miconazole**
Miconazolnitraat Samenwerkende Apothekers® → **Miconazole**
Miconazolnitraat Sandoz® → **Miconazole**
Miconazol nitrat → **Miconazole**
Miconazolnitrat (Ph. Eur. 5) → **Miconazole**
Miconazolo → **Miconazole**
Miconazolo [DCIT] → **Miconazole**
Miconazolo nitrato → **Miconazole**
Miconazol (Ph. Eur. 5) → **Miconazole**
Miconazol Samenwerkende Apothekers® → **Miconazole**
Miconazolum → **Miconazole**
Miconazolum (Ph. Eur. 5) → **Miconazole**
Miconex® → **Miconazole**
Miconil® → **Miconazole**
Miconol® → **Miconazole**
Micopirox® → **Ciclopirox**
Micoral® → **Ketoconazole**
Micoral® → **Itraconazole**
Micoren® [+ Cropropamide] → **Crotetamide**
Micoren® [+ Crotetamide] → **Cropropamide**
Micort-HC Lipocream® → **Hydrocortisone**
Micosan® → **Clotrimazole**
Micosep® → **Clotrimazole**
Micoset® → **Terbinafine**
Micosin® → **Ketoconazole**
Micoskin® → **Miconazole**
Micosol® → **Bifonazole**
Micosona® → **Naftifine**
Micosone® → **Hydrocortisone**
Micospectone® [vet.] → **Lincomycin**
Micostat 7® → **Miconazole**
Micostatin® → **Nystatin**
Micosten® → **Clotrimazole**
Micostop® → **Terbinafine**
Micostop® [compr.] → **Terbinafine**
Micostyl® → **Econazole**
Micotar® → **Miconazole**
Micotar® [creme] → **Miconazole**
Micotarin® → **Miconazole**
Micotef® → **Miconazole**
Micotenk® → **Itraconazole**
Micoterat® [compr./emuls.] → **Terbinafine**
Micotex® → **Econazole**
Micotgez® → **Miconazole**
Micoticum® → **Ketoconazole**
Micotil® [vet.] → **Tilmicosin**
Micotop® → **Miconazole**
Micotral® → **Miconazole**
Micotrim® → **Clotrimazole**
Micotrizol® → **Clotrimazole**
Micoxolamina® → **Ciclopirox**
Micozole® → **Miconazole**
Micraleve® → **Mitoxantrone**
Micranil® → **Sumatriptan**
Micrazen® → **Pizotifen**
Micrem® → **Miconazole**
Micreme® → **Miconazole**
Micro-Adrenaline® → **Epinephrine**
Microamox® [vet.] → **Amoxicillin**
Micro Atropine Injection® → **Atropine**
Microbamat® → **Meprobamate**
Microbar® → **Barium Sulfate**
Micro Bupivacaine® → **Bupivacaine**
Microcidal® → **Griseofulvin**
Microcillin® [vet.] → **Penicillin G Procaine**
Micro Co-Trimoxazole® [+ Sulphamethoxazole] → **Trimethoprim**
Micro Co-Trimoxazole® [+ Trimethoprim] → **Sulfamethoxazole**
Micro Dexamethasone Phosphate® → **Dexamethasone**
Micro Diclofenac® → **Diclofenac**
Microdoïne® → **Nitrofurantoin**
Microdox® → **Doxycycline**
Microfen® [vet.] → **Penicillin G Procaine**
Microfined Aspro Tablets® → **Aspirin**
Microflox® → **Ciprofloxacin**
Microflox-IV® → **Ciprofloxacin**
Microfollin® → **Ethinylestradiol**
Microfulvin® → **Griseofulvin**
Micro Furosemide® → **Furosemide**
Micro-K® → **Potassium**
Micro-Kalium® → **Potassium**
Microlone® [vet.] → **Prednisolone**
Microlut® → **Levonorgestrel**
Microluton® → **Levonorgestrel**
Micro Morphine® → **Morphine**
Micromycin® → **Minocycline**
Micronase® → **Glibenclamide**
Micronefrin® → **Racepinefrine**
Micro Neostigmine Methyl Sulfate® → **Neostigmine**
Micronoan® → **Diazepam**
Micronor® → **Norethisterone**
Micronovum® → **Norethisterone**
Micro-Novum® → **Norethisterone**
Micropaque® → **Barium Sulfate**
Micropaque CT® → **Barium Sulfate**

Micropaque H.D.® → **Barium Sulfate**
Micro Pethidine® → **Pethidine**
Microphta® → **Micronomicin**
Microphyllin® → **Theophylline**
Micropirin® → **Aspirin**
Microret® → **Retinol**
Microrgan® [caps] → **Ciprofloxacin**
Microser® → **Betahistine**
Microshield® → **Chlorhexidine**
Microshield 2® → **Chlorhexidine**
Microshield 4® → **Chlorhexidine**
Microshield 5® → **Chlorhexidine**
Microshield PVP® → **Povidone-Iodine**
Microshield T® → **Triclosan**
Microshield Tincture® → **Chlorhexidine**
Microsolone® [vet.] → **Prednisolone**
Microsona® → **Hydrocortisone**
Microsulf® → **Ciprofloxacin**
Microsulfa®[vet.] → **Trimethoprim**
Microsulfa®[vet.] → **Sulfadiazine**
Microterol® → **Salbutamol**
Microtrast® → **Barium Sulfate**
Microtrim®[vet.] → **Sulfadiazine**
Microtrim®[vet.] → **Trimethoprim**
Microvaccin® → **Fluconazole**
Microval® → **Levonorgestrel**
Microvibrate® → **Doxycycline**
Microvit A DLC® [vet.] → **Retinol**
Microvit A Prosol® [vet.] → **Retinol**
Microvit A Supra® [vet.] → **Retinol**
Microvit B12® [vet.] → **Cyanocobalamin**
Microvit B2® [vet.] → **Riboflavin**
Microvit B3® [vet.] → **Nicotinamide**
Microvit B5® [vet.] → **Pantothenic Acid**
Microvit B6® [vet.] → **Pyridoxine**
Microvit D3® [vet.] → **Colecalciferol**
Microvit E® [vet.] → **Tocopherol, α-**
Microvit Extra Biotin® [vet.] → **Biotin**
Microvit Extra-C® [vet.] → **Ascorbic Acid**
Microxin® → **Norfloxacin**
Microxin-T® → **Clindamycin**
Microxin-V® → **Clindamycin**
Microzepam® → **Lorazepam**
Microzide® → **Hydrochlorothiazide**
Mictonetten® → **Propiverine**
Mictonorm® → **Propiverine**
Micutrin® → **Pyrrolnitrin**
Midacum® → **Midazolam**
Midamor® → **Amiloride**
Midanium® → **Midazolam**
Midarine® → **Suxamethonium Chloride**
Midatenk® → **Metoclopramide**
Midax® → **Olanzapine**
Midazol® → **Midazolam**
Midazolam® → **Midazolam**
Midazolam → **Midazolam**
Midazolam Aguettant® → **Midazolam**
Midazolam Alpharma® → **Midazolam**
Midazolam [BAN, DCF, JAN] → **Midazolam**
Midazolam Combino Pharm® → **Midazolam**
Midazolam Curamed® → **Midazolam**
Midazolam curasan® → **Midazolam**
Midazolam Dakota Pharm® → **Midazolam**
Midazolam [DCIT] → **Midazolam**
Midazolam DeltaSelect® → **Midazolam**
Midazolam-Fresenius® → **Midazolam**
Midazolam Fresenius® → **Midazolam**
Midazolam Gemepe® → **Midazolam**
Midazolam Genfarma® → **Midazolam**
Midazolam Ges® → **Midazolam**
Midazolam Gray® → **Midazolam**
Midazolam HCL® → **Midazolam**
Midazolam Hexal® → **Midazolam**
Midazolam Hikma® → **Midazolam**
Midazolam Human® → **Midazolam**
Midazolam Hydrochloride® → **Midazolam**
Midazolam Hydrochloride Injection® → **Midazolam**
Midazolam IBI® → **Midazolam**
Midazolam Inibsa® → **Midazolam**
Midazolam Injection® → **Midazolam**
Midazolam Ips® → **Midazolam**
Midazolam Lafedar® → **Midazolam**
Midazolam Mayne® → **Midazolam**
Midazolam Normon® → **Midazolam**
Midazolam Nycomed® → **Midazolam**
Midazolam (Ph. Eur. 5) → **Midazolam**
Midazolam PHG® → **Midazolam**
Midazolam Ratiopharm® → **Midazolam**
Midazolam Renaudin® → **Midazolam**
Midazolam Richet® → **Midazolam**
Midazolam-Rotexmedica® → **Midazolam**
Midazolam Sala® → **Midazolam**
Midazolam Sandoz® → **Midazolam**
Midazolam Synthon® → **Midazolam**
Midazolam Torrex® → **Midazolam**
Midazolamum → **Midazolam**
Midazolamum (Ph. Eur. 5) → **Midazolam**
Midazolan Biocrom® → **Midazolam**
Midecamycin Meiji® → **Midecamycin**
Midecin® → **Midecamycin**
Miderm® → **Miconazole**
Midicel® [vet.] → **Sulfamethoxypyridazine**
Midodrina Union Health® → **Midodrine**
Midodrine Hydrochloride® → **Midodrine**
Midol® → **Ibuprofen**
Midol® → **Aspirin**
Midolam® → **Midazolam**
Midon® → **Midodrine**
Midotens® → **Lacidipine**
Midozor® → **Midazolam**
Midro Pico® → **Sodium Picosulfate**
Midy Vitamine C® → **Ascorbic Acid**
Mielogen® → **Molgramostim**
Mifegest® → **Mifepristone**
Mifegyne® → **Mifepristone**
Mifégyne® → **Mifepristone**
Mifenac® → **Diclofenac**
Mifeprex® → **Mifepristone**
Mifestad® → **Mifepristone**
Miflason® → **Beclometasone**
Miflasona® → **Beclometasone**
Miflasone® → **Beclometasone**
Miflo® → **Budesonide**
Miflonid® → **Budesonide**
Miflonide® → **Budesonide**
Miflonil® → **Budesonide**
Miformin® → **Metformin**
Migard® → **Frovatriptan**
Migea® → **Tolfenamic Acid**
Miglitol Bayer® → **Miglitol**
Miglucan® → **Glibenclamide**
Migracin® → **Amikacin**
Migräne-Kranit® → **Phenazone**
Migränin® → **Ibuprofen**
Migränin Phenazon® → **Phenazone**
Migrafel® → **Sumatriptan**
Migrafen® → **Pizotifen**
Migragesin® → **Sumatriptan**
Migraless® → **Nimesulide**
Migranal® → **Dihydroergotamine**
Migraneitor® → **Sumatriptan**
Migranil® → **Pizotifen**
Migranil Inga® → **Ergotamine**
Migraspirina® → **Aspirin**
Migrastat® → **Sumatriptan**
Migrex® → **Frovatriptan**
Migristene® → **Dimetotiazine**
Migriz® → **Rizatriptan**
Mihexine® → **Bromhexine**
Mikacin® → **Amikacin**

Mikan® → **Amikacin**
Mikasin® → **Amikacin**
Mikavir® → **Amikacin**
Mikelan® → **Carteolol**
Mi-Ke-Son's® → **Ketoconazole**
Mikoderm® → **Tolnaftate**
Mikogal® → **Omoconazole**
Mikonafin® → **Terbinafine**
Mikonazol® → **Miconazole**
Mikonazol CCS® → **Miconazole**
Miko-Penotran® → **Miconazole**
Mikostatin® → **Nystatin**
Mikro-30 Wyeth® → **Levonorgestrel**
Milam® → **Midazolam**
Milamet® → **Cimetidine**
Milamox® → **Amoxicillin**
Milanidazole® → **Metronidazole**
Milanolone® → **Triamcinolone**
Milavir® → **Aciclovir**
Milax® → **Glycerol**
Milbemax® [vet.] → **Milbemycin Oxime**
Milbe Mite® → **Milbemycin Oxime**
MilbeMite® [vet.] → **Milbemycin Oxime**
Milbidine® [vet.] → **Povidone-Iodine**
Milbitraz® [vet.] → **Amitraz**
Milchsäure → **Lactic Acid**
Milchsäure (Ph. Eur. 5) → **Lactic Acid**
Milcopen® → **Phenoxymethylpenicillin**
Mildin® → **Loratadine**
Mildison® → **Hydrocortisone**
Mildison Lipid® → **Hydrocortisone**
Mildison Lipocream® → **Hydrocortisone**
Mildox® [vet.] → **Doxycycline**
Milenol® → **Carvedilol**
Miles® → **Diphenhydramine**
milgamma® → **Benfotiamine**
Milibis® → **Glycobiarsol**
Milical® → **Sibutramine**
Milicoli® [vet.] → **Colistin**
Milicor® → **Milrinone**
Milid® → **Proglumide**
Milinda Tolid® → **Lorazepam**
Miliopen® [vet.] → **Penicillin G Procaine**
Milithin® → **Lithium**
Milkwell Trough-Add® [vet.] → **Poloxalene**
Millact® → **Tilactase**
Millibar® → **Indapamide**
Millicortenol® → **Dexamethasone**
Millidiol® → **Tramadol**
Milligynon® → **Norethisterone**
Millisrol® → **Nitroglycerin**
Millophyline-V® [vet.] → **Etamiphylline**
Milnirone® → **Milrinone**
Miloderme® → **Alclometasone**
Milopect® [vet.] → **Megestrol**
Milrinone Lactate® → **Milrinone**
Milrinone Lactate in Dextrose 5 %® → **Milrinone**
Milrinone Lactate Injection® → **Milrinone**
Miltaun® → **Meprobamate**
Miltet® [vet.] → **Oxytetracycline**
Miltex® → **Miltefosine**
Miltown® → **Meprobamate**
Milurit® → **Allopurinol**
Milyzer® → **Nateplase**
Milzone® → **Valproic Acid**
Mimedran® → **Sultosilic Acid**
Mimetix® → **Memantine**
Mimpara® → **Cinacalcet**
Minac® → **Minocycline**
Minachlor® → **Tosylchloramide Sodium**
Minadil® → **Manidipine**
Minafen® → **Paracetamol**
Minakne® → **Minocycline**
Minalerg® → **Budesonide**
Minalfène® → **Alminoprofen**
Minalgin® → **Metamizole**
Minalgin® [vet.] → **Metamizole**
Min-a-pon® → **Nimesulide**
Minartine® → **Levocarnitine**
Minatuss® → **Butamirate**
Minax® → **Metoprolol**
Minaxen® → **Minocycline**
Minazol® → **Miconazole**
Mindiab® → **Glipizide**
Minedrox® → **Hydroxocobalamin**
Minegyl® → **Metronidazole**
Minesulin® → **Nimesulide**
Minhavez® → **Naphazoline**
Min-Huil® → **Pyrithione Zinc**
28 mini® → **Levonorgestrel**
Minias® → **Lormetazepam**
Miniasal® → **Aspirin**
Minibit® → **Glipizide**
Miniblock® → **Esmolol**
Minicam® → **Charcoal, Activated**
Minicon® → **Norgestrel**
Miniderm® → **Glycerol**
Minidiab® → **Glipizide**
Minidol® → **Tramadol**
Minifom® → **Dimeticone**
Minifor® → **Metformin**
Minihep® → **Heparin**
Min-I-Jet Adrenaline® → **Epinephrine**
Min-I-Jet Aminophylline® → **Aminophylline**
Min-I-Jet Atropine Sulphate® → **Atropine**
Min-I-Jet Naloxone® → **Naloxone**
Min-I-Jet Sodium Bicarbonate® → **Sodium Bicarbonate**
Minijet® [vet.] → **Lidocaine**
Minilip® → **Gemfibrozil**
Minims Amethocaine® → **Tetracaine**
Minims Amethocaine Hydrochloride® → **Tetracaine**
Minims Amethocain Hydrochlorid® → **Tetracaine**
Minims Ametocaina® [vet.] → **Tetracaine**
Minims Artificial Tears® → **Hydroxyethyl Cellulose**
Minims Atropine® → **Atropine**
Minims Atropinesulfaat® → **Atropine**
Minims Atropine Sulphate® → **Atropine**
Minims Atropine® [vet.] → **Atropine**
Minims Atropinsulfat® → **Atropine**
Minims Benoxinate® → **Oxybuprocaine**
Minims Chloramphenicol® → **Chloramphenicol**
Minims Cyclopentolaathydrochloride® → **Cyclopentolate**
Minims Cyclopentolate® → **Cyclopentolate**
Minims Cyclopentolate Hydrochloride® → **Cyclopentolate**
Minims Cyclopentolate® [vet.] → **Cyclopentolate**
Minims Cyclopentolat Hydrochlorid® → **Cyclopentolate**
Minims Dexamethasone® → **Dexamethasone**
Minims Dexamethasone® [vet.] → **Dexamethasone**
Minims Fenylefrinehydrochloride® → **Phenylephrine**
Minims Fluorescein® → **Fluorescein Sodium**
Minims Fluorescein Sodium® → **Fluorescein Sodium**
Minims Fluoreszein Natrium® → **Fluorescein Sodium**
Minims Gentamicin® → **Gentamicin**
Minims Gentamicin Sulphate® → **Gentamicin**
Minims Gentamycine® → **Gentamicin**
Minims Homatropinhydrobromid® → **Homatropine Hydrobromide**
Minims Metipranolol® → **Metipranolol**
Minims Neomycin® → **Neomycin**

Minims Oxybuprocaine Hydrochloride® → **Oxybuprocaine**
Minims Oxybuprocainehydrochloride® → **Oxybuprocaine**
Minims Phenylephrine® → **Phenylephrine**
Minims Phenylephrine Hydrochloride® → **Phenylephrine**
Minims Phenylephrine Hydrochloride® [vet.] → **Phenylephrine**
Minims Phenylephrin Hydrochlorid® → **Phenylephrine**
Minims Pilocarpine® → **Pilocarpine**
Minims Pilocarpinenitraat® → **Pilocarpine**
Minims Pilocarpine Nitrate® → **Pilocarpine**
Minims Pilocarpine® [vet.] → **Pilocarpine**
Minims Pilocarpinnitrat® → **Pilocarpine**
Minims Prednisolondinatriumfosfaat® → **Prednisolone**
Minims Prednisolone® → **Prednisolone**
Minims Prednisolone Sodium Phosphate® → **Prednisolone**
Minims Prednisolone® [vet.] → **Prednisolone**
Minims Proxymetacaine® → **Proxymetacaine**
Minims Proxymetacaine® [vet.] → **Proxymetacaine**
Minims Stains® → **Fluorescein Sodium**
Minims Tetracaine® → **Tetracaine**
Minims Tetracaine Hydrochloride® → **Tetracaine**
Minims Tetracainehydrochloride® → **Tetracaine**
Minims Tropicamide® → **Tropicamide**
Minims Tropicamide® [vet.] → **Tropicamide**
Miniostenil® → **Hyaluronic Acid**
Mini Ovulo Lanzas® → **Benzalkonium Chloride**
Mini-Pe® → **Norethisterone**
Mini-Pill® → **Norethisterone**
Minipil® [vet.] → **Megestrol**
Minipres® → **Prazosin**
Minipres Retard® → **Prazosin**
Minipress® → **Prazosin**
Minipres SR® → **Prazosin**
Minirin® → **Desmopressin**
Minirinmelt® → **Desmopressin**
Mini-Sintrom® → **Acenocoumarol**
Miniten® → **Nitrendipine**
Miniten® → **Captopril**
Minitran® → **Nitroglycerin**
MinitranS® → **Nitroglycerin**
M99® [inj.] [vet.] → **Etorphine**
Min Nuo Bin® → **Vinorelbine**
Mino-50® → **Minocycline**
Minoa® → **Levocarnitine**
Minocain® [vet.] → **Procaine**
Minocalve® → **Minoxidil**
Minocin Akne® → **Minocycline**
Minocin MR® → **Minocycline**
Minoclin® → **Minocycline**
Minoclir® → **Minocycline**
Minocyclin beta® → **Minocycline**
minocyclin-ct® → **Minocycline**
Minocycline® → **Minocycline**
Minocycline Alpharma® → **Minocycline**
Minocycline Biogaran® → **Minocycline**
Minocycline EG® → **Minocycline**
Minocycline Gf® → **Minocycline**
Minocycline Hydrochloride® → **Minocycline**
Minocycline Irex® → **Minocycline**
Minocycline Merck® → **Minocycline**
Minocycline PCH® → **Minocycline**
Minocycline Sandoz® → **Minocycline**
Minocycline-Sandoz® → **Minocycline**
Minocycline Winthrop® → **Minocycline**
Minocyclin Heumann® → **Minocycline**
Minocyclin Hexal® → **Minocycline**
Minocyclin-ratiopharm® → **Minocycline**
Minocyclin Stada® → **Minocycline**
Minodiab® → **Glipizide**
Minodiab® [vet.] → **Glipizide**
Minofen® → **Paracetamol**
Minogran® → **Minocycline**
Minolis® → **Minocycline**
Minomax® → **Minocycline**
Minoplus® → **Minocycline**
Minor® → **Lovastatin**
Minoscrub® → **Chlorhexidine**
Minosep® → **Chlorhexidine**
Minoset® → **Paracetamol**
Minostad® → **Minocycline**
Minot® → **Minocycline**
Minotab® → **Minocycline**
Minotabs® → **Minocycline**
Minoton® → **Magaldrate**
Minotrex® → **Minocycline**
Minovag® → **Secnidazole**
Minovital® → **Minoxidil**
Mino-Wolff® → **Minocycline**
Minox® → **Minocycline**
Minox® → **Minoxidil**
Minox 50® → **Minocycline**
Minoxi® → **Minoxidil**
Minoxidil® → **Minoxidil**
Minoxidil Bailleul® → **Minoxidil**
Minoxidil Cooper® → **Minoxidil**
Minoxidil Isac® → **Minoxidil**
Minoxidil MK® → **Minoxidil**
Minoxidil Sandoz® → **Minoxidil**
Minoxidil USP® → **Minoxidil**
Minoxidil Zydus® → **Minoxidil**
Minoxile® → **Minoxidil**
Minoximen® → **Minoxidil**
Minoxitrim® → **Minoxidil**
Minprog® → **Alprostadil**
Minprostin® → **Dinoprostone**
Minprostin E_2® → **Dinoprostone**
Minrin® → **Desmopressin**
Minrin Melt® → **Desmopressin**
Minroset® → **Alfacalcidol**
Minsetil® → **Mexiletine**
Mintagras® → **Sibutramine**
Mintamox® → **Ambroxol**
Mintavit-C® → **Ascorbic Acid**
Mintezol® → **Tiabendazole**
Mintezol® [vet.] → **Tiabendazole**
Mintop® → **Minoxidil**
Minurin Paranova® → **Desmopressin**
Minuslip® → **Fenofibrate**
Minusorb® → **Alendronic Acid**
Miocacin® → **Midecamycin**
Miocamen® → **Midecamycin**
Miocamycin® → **Midecamycin**
Miocardin® → **Levocarnitine**
Miocardin® → **Ramipril**
Miochol® → **Acetylcholine Chloride**
Miochole® → **Acetylcholine Chloride**
Miochol-E® → **Acetylcholine Chloride**
Miochol E® → **Acetylcholine Chloride**
Miocor® → **Levocarnitine**
Miocrin® → **Sodium Aurothiomalate**
Miodar® → **Celecoxib**
Miodaron® → **Amiodarone**
Miodom® → **Tolperisone**
Miodrina® → **Ritodrine**
Miodrone® → **Amiodarone**
Miofilin® → **Aminophylline**
Mioflex® → **Suxamethonium Chloride**
Mioflex Braun® → **Suxamethonium Chloride**
Miokacin® → **Midecamycin**
Miokarpin® → **Pilocarpine**
Miol® → **Omeprazole**
Miolastan® → **Tetrazepam**
Miolene® → **Ritodrine**

Miolox® → **Meloxicam**
Miopropan® → **Trimebutine**
Miorel® → **Baclofen**
Miorel® → **Thiocolchicoside**
Mio Relax® → **Carisoprodol**
Mio-Relax® → **Tizanidine**
Mioritmin® → **Amiodarone**
Miosan® → **Cyclobenzaprine**
Miostat® → **Carbachol**
Miostin® → **Neostigmine**
Miotenk® → **Amiodarone**
Miotens® → **Thiocolchicoside**
Mioticol® → **Carbachol**
Miotin® → **Midecamycin**
Miotonachol® → **Bethanechol Chloride**
Miotonal® → **Levocarnitine**
Miovisin® → **Acetylcholine Chloride**
Miozac® → **Dobutamine**
Miozepam® → **Tetrazepam**
Miozone® → **Aminophylline**
Mipareton → **Oxytocin**
Miphar® → **Furosemide**
Mi-Pilo® → **Pilocarpine**
Miquimod® → **Imiquimod**
M.I.R.® → **Morphine**
Miracef® → **Cefatrizine**
Miracid® → **Omeprazole**
Miraclar® → **Naphazoline**
Miraclid® → **Ulinastatin**
Miraclin® → **Doxycycline**
Miracol® → **Miconazole**
Miracrom® → **Cromoglicic Acid**
Miradol® → **Sulpiride**
Miradon® → **Anisindione**
Mirafen® → **Flurbiprofen**
Mira Flygo® [vet.] → **Cypermethrin**
Mira Fly Repellent® [vet.] → **Diethyltoluamide**
Mirafrin® → **Naphazoline**
Miraftil® → **Amlexanox**
Mirafur® → **Carmofur**
Miragel® → **Hypromellose**
Miragenta® → **Gentamicin**
Miralgin® → **Paracetamol**
Miramycin® → **Gentamicin**
Miranax® → **Naproxen**
Mirap® → **Mirtazapine**
Mirapex® → **Pramipexole**
Mirapexin® → **Pramipexole**
Mirapront N® → **Cathine**
Mirasan® → **Naphazoline**
Mira Worm Pasta® [vet.] → **Febantel**
Mirax® → **Domperidone**
Miraxil® → **Proxymetacaine**
Mirax-M® → **Domperidone**
Mirazul® → **Phenylephrine**
Mircol® → **Mequitazine**
Mirena® → **Levonorgestrel**
Mirfat® → **Clonidine**
Mirfudorm® → **Oxazepam**
Miridacin® → **Proglumetacin**
Miril® → **Ramipril**
Mirion® → **Estradiol**
Mirlox® → **Meloxicam**
Miro® → **Mirtazapine**
Mirocef® → **Ceftazidime**
Miron® → **Mirtazapine**
Miroptic® → **Chloramphenicol**
Mirquin® → **Chloroquine**
Mirrix® [vet.] → **Pyrantel**
Mirtabene® → **Mirtazapine**
Mirtadepi® → **Mirtazapine**
MirtaLich® → **Mirtazapine**
Mirtapax® → **Mirtazapine**
Mirtaril® → **Mirtazapine**
Mirtaron® → **Mirtazapine**
Mirtastad® → **Mirtazapine**
Mirta TAD® → **Mirtazapine**
Mirtatsapiini Ennapharma® → **Mirtazapine**
Mirtatsapiini Teva® → **Mirtazapine**
Mirtawin® → **Mirtazapine**
Mirtax® → **Cyclobenzaprine**
Mirtaz® → **Mirtazapine**
Mirtazapin® → **Mirtazapine**
Mirtazapin 1A Pharma® → **Mirtazapine**
Mirtazapin AAA-Pharma® → **Mirtazapine**
Mirtazapina Alter® → **Mirtazapine**
Mirtazapina Bayvit® → **Mirtazapine**
Mirtazapina Bexal® → **Mirtazapine**
Mirtazapin AbZ® → **Mirtazapine**
Mirtazapin-AbZ® → **Mirtazapine**
Mirtazapina Cinfa® → **Mirtazapine**
Mirtazapina Combino Pharm® → **Mirtazapine**
Mirtazapina Davur® → **Mirtazapine**
Mirtazapina EG® → **Mirtazapine**
Mirtazapina Farmabion® → **Mirtazapine**
Mirtazapina Hexal® → **Mirtazapine**
Mirtazapina Jaba® → **Mirtazapine**
Mirtazapin AL® → **Mirtazapine**
Mirtazapina Labesfal® → **Mirtazapine**
Mirtazapin Alpharma® → **Mirtazapine**
Mirtazapin Alternova® → **Mirtazapine**
Mirtazapina Masterfarm® → **Mirtazapine**
Mirtazapina Mepha® → **Mirtazapine**
Mirtazapina Merck® → **Mirtazapine**
Mirtazapina Normon® → **Mirtazapine**
Mirtazapina Psidep® → **Mirtazapine**
Mirtazapina Ratiopharm® → **Mirtazapine**
Mirtazapina Rimafar® → **Mirtazapine**
Mirtazapin Arrow® → **Mirtazapine**
Mirtazapina Sandoz® → **Mirtazapine**
Mirtazapina Stada® → **Mirtazapine**
Mirtazapina Teva® → **Mirtazapine**
Mirtazapina Ur® → **Mirtazapine**
Mirtazapin AWD® → **Mirtazapine**
Mirtazapina Winthrop® → **Mirtazapine**
Mirtazapin BASICS® → **Mirtazapine**
Mirtazapin beta® → **Mirtazapine**
Mirtazapin-biomo® → **Mirtazapine**
Mirtazapin-ct® → **Mirtazapine**
Mirtazapin dura® → **Mirtazapine**
Mirtazapine® → **Mirtazapine**
Mirtazapine A® → **Mirtazapine**
Mirtazapine Actavis® → **Mirtazapine**
Mirtazapine Alpharma® → **Mirtazapine**
Mirtazapine CF® → **Mirtazapine**
Mirtazapine EG® → **Mirtazapine**
Mirtazapine-EG® → **Mirtazapine**
Mirtazapine Gf® → **Mirtazapine**
Mirtazapine Katwijk® → **Mirtazapine**
Mirtazapine Merck® → **Mirtazapine**
Mirtazapine PCH® → **Mirtazapine**
Mirtazapine Ratiopharm® → **Maprotiline**
Mirtazapine Ratiopharm® → **Mirtazapine**
Mirtazapine Sandoz® → **Mirtazapine**
Mirtazapine Teva® → **Mirtazapine**
Mirtazapin Heumann® → **Mirtazapine**
Mirtazapin Hexal® → **Mirtazapine**
Mirtazapin-Hormosan® → **Mirtazapine**
Mirtazapin Imi Pharma® → **Mirtazapine**
Mirtazapin-Isis® → **Mirtazapine**
Mirtazapin Krka® → **Mirtazapine**
Mirtazapin Kwizda® → **Mirtazapine**
Mirtazapin Merck NM® → **Mirtazapine**
Mirtazapin-neuraxpharm® → **Mirtazapine**
Mirtazapin Orion® → **Mirtazapine**
Mirtazapin ratiopharm® → **Mirtazapine**
Mirtazapin-ratiopharm® → **Mirtazapine**
Mirtazapin real® → **Mirtazapine**
Mirtazapin Sandoz® → **Mirtazapine**
Mirtazapin Stada® → **Mirtazapine**
Mirtazapin TEVA® → **Mirtazapine**
Mirtazelon® → **Mirtazapine**

Mirtazen® → **Mirtazapine**
Mirtazepin Teva® → **Mirtazapine**
Mirtazon® → **Mirtazapine**
Mirtazza® → **Mirtazapine**
Mirtel® → **Mirtazapine**
Mirtzapin-Teva® → **Mirtazapine**
Mirus® → **Naphazoline**
Mirzalux® → **Mirtazapine**
Mirzaten® → **Mirtazapine**
Misailase® → **Lysozyme**
Misar® → **Alprazolam**
Misodex® → **Misoprostol**
Misodomin® → **Lovastatin**
Misone® → **Miconazole**
Misoprostol® → **Misoprostol**
Misostol® → **Mitoxantrone**
Misotrol® → **Misoprostol**
Misovan® → **Ambroxol**
Mistabron® → **Mesna**
Mistabronco® → **Mesna**
Mistalin® → **Mizolastine**
Mistamine® → **Mizolastine**
Misultina® → **Azithromycin**
Mitaban® [vet.] → **Amitraz**
Mita-C® → **Ascorbic Acid**
Mitazyme® → **Lysozyme**
Mitem® → **Mitomycin**
Miten® → **Valsartan**
Mite-X® → **Permethrin**
Mitexan® → **Mesna**
Mithin® → **Permethrin**
Mithra-Alprazolam® → **Alprazolam**
Miticocan® → **Benzyl Benzoate**
Mitil® → **Prochlorperazine**
Mitilase® → **Fluoxetine**
Mitituss® → **Cloperastine**
Mitocin® → **Mitomycin**
Mitocortyl® → **Hydrocortisone**
Mitocyna® → **Mitomycin**
Mito-extra® → **Mitomycin**
Mitog® → **Oxaliplatin**
Mitokebir® → **Mitomycin**
Mitokor® → **Amlodipine**
Mitolem® → **Mitomycin**
Mito-medac® → **Mitomycin**
Mitomicina® → **Mitomycin**
Mitomicina C Dosa® → **Mitomycin**
Mitomicina C Filaxis® → **Mitomycin**
Mitomicina C Sandoz® → **Mitomycin**
Mitomicina Delta Farma® → **Mitomycin**
Mitomicina Martian® → **Mitomycin**
Mitomicina Microsules® → **Mitomycin**
Mitomicina Mitolem® → **Mitomycin**
Mitomicina Rontag® → **Mitomycin**
Mitomycin® → **Mitomycin**
Mitomycin C® → **Mitomycin**
Mitomycin-C® → **Mitomycin**
Mitomycin C Kyowa® → **Mitomycin**
Mitomycin-C Kyowa® → **Mitomycin**
Mitomycine-C® → **Mitomycin**
Mitomycin Hexal® → **Mitomycin**
Mitomycin-Kyowa® → **Mitomycin**
Mitomycin medac® → **Mitomycin**
Mitonovag® → **Mitomycin**
Mitosan® → **Telmisartan**
Mitostat® → **Mitomycin**
Mitotane® [vet.] → **Mitotane**
Mitotax® → **Paclitaxel**
Mitotie® → **Mitomycin**
Mitoxan® → **Mitoxantrone**
Mitoxana® → **Ifosfamide**
Mitoxantron® → **Mitoxantrone**
Mitoxantrona® → **Mitoxantrone**
Mitoxantrona Ferrer Farma® → **Mitoxantrone**
Mitoxantrona Filaxis® → **Mitoxantrone**
Mitoxantrona Neotalem® [sol.-inj.] → **Mitoxantrone**
Mitoxantrona Raffo® → **Mitoxantrone**
Mitoxantrona Varifarma® → **Mitoxantrone**
Mitoxantrone® → **Mitoxantrone**
Mitoxantrone Baxter® → **Mitoxantrone**
Mitoxantron Ebewe® → **Mitoxantrone**
Mitoxantrone Crinos® → **Mitoxantrone**
Mitoxantrone Ebewe® → **Mitoxantrone**
Mitoxantrone Meda® → **Mitoxantrone**
Mitoxantrone Pliva® → **Mitoxantrone**
Mitoxantrone Segix® → **Mitoxantrone**
Mitoxantron-Gry® → **Mitoxantrone**
Mitoxantron Hexal® → **Mitoxantrone**
Mitoxantron Meda® → **Mitoxantrone**
Mitoxantron Pliva® → **Mitoxantrone**
Mitoxgen® → **Mitoxantrone**
Mitozantrone Injection® → **Mitoxantrone**
Mitrazin® → **Mirtazapine**
Mitrip® → **Ramipril**
Mitroken® [tabs] → **Ciprofloxacin**
Mitrotan® → **Ergometrine**
Mitroxantron GRY® → **Mitoxantrone**
Mittoval® → **Alfuzosin**
Mivacron® → **Mivacurium Chloride**
Mivacron® [vet.] → **Mivacurium Chloride**
Mivalen® → **Simvastatin**
Mixcilin® → **Amoxicillin**
Mixgen Lch® → **Gentamicin**
Mixit® [+ Flupentixol] → **Melitracen**
Mixit® [+ Melitracen] → **Flupentixol**
Mixobar® → **Barium Sulfate**
Mixobar Colon® → **Barium Sulfate**
Mixtard 30 HM® [30 % sol./70 % isophan] → **Insulin Injection, Biphasic Isophane**
Mixtus® → **Clobutinol**
Miyadren® → **Diclofenac**
Mizapin® → **Mirtazapine**
Mizar® → **Flurithromycine**
Mizodin® → **Primidone**
Mizolen® → **Mizolastine**
Mizollen® → **Mizolastine**
Mizoron® → **Ketoconazole**
MK 264 → **Fluvoxamine**
MK 208 (Merck Sharp & Dohme, Great Britain) → **Famotidine**
MK 933 → **Ivermectin**
MK 0366 → **Norfloxacin**
MK 421 (Merck, USA) → **Enalapril**
MK 955 (Merck Sharp & Dohme) → **Fosfomycin**
MK 507 → **Dorzolamide**
MK 615 → **Indometacin**
M-Kaliumchlorid Deltaselect® → **Potassium**
M-Kaliumchlorid Fresenius® → **Potassium**
M-Kaliumchlorid-Lösung → **Potassium**
M-L-Argininhydrochlorid pfrimmer® → **Arginine**
MLM-Dex® → **Dextromethorphan**
M-long® → **Morphine**
MM 14151 → **Clavulanic Acid**
MNE → **Nicergoline**
Mnesis® → **Idebenone**
MNPA → **Naproxen**
Moban® → **Molindone**
Mobec® → **Meloxicam**
Mobemid® → **Moclobemide**
Mobemide® → **Moclobemide**
Moben® → **Mebendazole**
Mobex® → **Meloxicam**
Mobic® → **Meloxicam**
Mobicin® → **Indometacin**
Mobicox® → **Meloxicam**
Mobidin® → **Aspirin**
Mobidin® → **Salicylic Acid**
Mobifen® → **Diclofenac**
Mobiflex® → **Meloxicam**
Mobiflex® → **Tenoxicam**

Mobiforton® → **Tetrazepam**
Mobilat® → **Indometacin**
Mobilat akut HES Gel® → **Glycol Salicylate**
Mobilat akut Indo® → **Indometacin**
Mobilat akut Piroxicam® → **Piroxicam**
Mobilat Glucosamin® → **Glucosamine**
Mobilat Intens® → **Flufenamic Acid**
Mobilat Naproxen® → **Naproxen**
Mobilis® → **Piroxicam**
Mobiot® [tab.] → **Phenoxymethylpenicillin**
Mobisyl® → **Salicylic Acid**
Mocetasin® → **Acemetacin**
Moclamine® → **Moclobemide**
Moclix® → **Moclobemide**
Moclo A® → **Moclobemide**
Moclobemid® → **Moclobemide**
Moclobemid 1 A Pharma® → **Moclobemide**
Moclobemida® → **Moclobemide**
Moclobemid Actavis® → **Moclobemide**
Moclobemid AL® → **Moclobemide**
Moclobemid Alternova® → **Moclobemide**
Moclobemida Teva® → **Moclobemide**
Moclobemide® → **Moclobemide**
Moclobemide Alpharma® → **Moclobemide**
Moclobemide Bexal® → **Moclobemide**
Moclobemide CF® → **Moclobemide**
Moclobemide Gf® → **Moclobemide**
Moclobemide Merck® → **Moclobemide**
Moclobemide PCH® → **Moclobemide**
Moclobemide Sandoz® → **Moclobemide**
Moclobemid Hexal® → **Moclobemide**
Moclobemid-neuraxpharm® → **Moclobemide**
Moclobemid Puren® → **Moclobemide**
Moclobemid ratiopharm® → **Moclobemide**
Moclobemid real® → **Moclobemide**
Moclobemid Sandoz® → **Moclobemide**
Moclobemid Stada® → **Moclobemide**
Moclobemid TEVA® → **Moclobemide**
Moclobemid Torrex® → **Moclobemide**
Moclobeta® → **Moclobemide**
moclodura® → **Moclobemide**
Moclonorm® → **Moclobemide**
Moclopharm® → **Moclobemide**
Moclostad® → **Moclobemide**
Mocloxil® → **Moclobemide**
Mocrim® → **Moclobemide**
Mocydone® → **Domperidone**
Modal® → **Sulpiride**
Modal Forte® → **Sulpiride**
Modalim® → **Ciprofibrate**
Modalina® → **Trifluoperazine**
Modamide® → **Amiloride**
Modapro® → **Modafinil**
Modasomil® → **Modafinil**
Modaton® → **Bisacodyl**
Modavigil® → **Modafinil**
Modecate® → **Fluphenazine**
Modécate® → **Fluphenazine**
Modefen® → **Nortriptyline**
Moderine® → **Mazindol**
Moderin® [vet.] → **Methylprednisolone**
Moderlax® → **Bisacodyl**
Modial® → **Modafinil**
Modicef® → **Cefonicid**
Modiem® → **Cefonicid**
Modifenac® → **Diclofenac**
Modifical® → **Ondansetron**
Modificial® → **Ondansetron**
Modil® → **Minoxidil**
Modina® → **Nimodipine**
Modiodal® → **Modafinil**
Modip® → **Felodipine**
Modipin® → **Nimodipine**
Modipran® → **Fluoxetine**
Modisal XL® → **Isosorbide Mononitrate**
Moditen® → **Fluphenazine**
Moditen Depo® → **Fluphenazine**
Moditen Depot® → **Fluphenazine**
Modium® → **Lorazepam**
Modiur® → **Trifluoperazine**
Modival® → **Clorazepate, Dipotassium**
Modivid® → **Cefodizime**
Modomed® → **Domperidone**
Modom-S® → **Domperidone**
Modopar® [+ Benserazide, hydrochloride] → **Levodopa**
Modopar® [+ Levodopa] → **Benserazide**
Modrasone® → **Alclometasone**
Modrenal® → **Trilostane**
Modrex® → **Hydrochlorothiazide**
Modula® → **Polycarbophil**
Modulactone® → **Spironolactone**
Modulon® → **Trimebutine**
Moduret® → **Amiloride**
Modus® → **Nimodipine**
Modusik-A® → **Ciclosporin**
Modusik-A Ofteno® → **Ciclosporin**
Modustatina® → **Somatostatin**
Modustatine® → **Somatostatin**
Moduxin® → **Trimetazidine**
Moex® → **Moexipril**
Moexipril® → **Moexipril**
Mofacort® → **Mometasone**
Mofen® → **Ibuprofen**
Mofesal N® → **Mofebutazone**
Mogadan® → **Nitrazepam**
Mogadon® → **Nitrazepam**
Mogasinte® → **Domperidone**
Mogetic® → **Morphine**
Mogine® → **Lamotrigine**
Moheptan → **Methadone**
Mohexal® → **Moclobemide**
Mohrus® → **Ketoprofen**
Moisderm® → **Urea**
Mokast® → **Montelukast**
Mokbios® → **Amoxicillin**
Moklar® → **Moclobemide**
Moklobemid® → **Moclobemide**
Moklobemid Merck NM® → **Moclobemide**
Moksilin® → **Amoxicillin**
Molargesico® → **Ibuprofen**
Molar Sodium Bicarbonat® → **Sodium Bicarbonate**
Molax® → **Domperidone**
Molax-M® → **Domperidone**
Molcer® → **Docusate Sodium**
Moldamin® → **Benzathine Benzylpenicillin**
Molelant® → **Cefotaxime**
Molevac® → **Pyrvinium Pamoate**
Molfenac® → **Diclofenac**
Molicor® → **Molsidomine**
Molipaxin® → **Trazodone**
Mol-Iron® → **Ferrous Sulfate**
Molit® → **Hyoscine Butylbromide**
Molitoux® → **Eprazinone**
Mollifene® → **Urea**
Molsibeta® → **Molsidomine**
Molsidain® → **Molsidomine**
Molsidaine® → **Molsidomine**
Molsidolat® → **Molsidomine**
Molsidomin 1A Pharma® → **Molsidomine**
Molsidomina® → **Molsidomine**
Molsidomin AL® → **Molsidomine**
Molsidomine Biogaran® → **Molsidomine**
Molsidomine EG® → **Molsidomine**
Molsidomine G Gam® → **Molsidomine**
Molsidomine Ivax® → **Molsidomine**
Molsidomine Merck® → **Molsidomine**

Molsidomine RPG® → **Molsidomine**
Molsidomine Sandoz® → **Molsidomine**
Molsidomine Winthrop® → **Molsidomine**
Molsidomine Zydus® → **Molsidomine**
Molsidomin Genericon® → **Molsidomine**
Molsidomin Heumann® → **Molsidomine**
Molsidomin ratiopharm® → **Molsidomine**
Molsidomin Sandoz® → **Molsidomine**
Molsidomin Stada® → **Molsidomine**
molsidomin von ct® → **Molsidomine**
Molsigamma® → **Molsidomine**
Molsihexal® → **Molsidomine**
Molsiket® → **Molsidomine**
Molsi-Puren® → **Molsidomine**
Moltoben® → **Fluoxetine**
Molus® → **Montelukast**
Momate® → **Mometasone**
Momecon® → **Mometasone**
Momelab® → **Mometasone**
Momen® → **Naproxen**
Momendol® → **Naproxen**
Momen Gel® → **Benzydamine**
Moment® → **Capsaicin**
Moment® → **Ibuprofen**
Momentact® → **Ibuprofen**
Momento® → **Desloratadine**
Momento forte® → **Ibuprofen**
Momentol® → **Paracetamol**
Momentol Oral® [+ Sulfamethoxazole] → **Trimethoprim**
Momentol Oral® [+ Trimethoprim] → **Sulfamethoxazole**
Momentum® → **Paracetamol**
Momeplus® → **Mometasone**
Mometasone Dexa Medica® → **Mometasone**
Mometasone Furoate® → **Mometasone**
Mometasyn® → **Mometasone**
Momicine® → **Midecamycin**
Monaclox-F® → **Flucloxacillin**
Monadox® → **Doxycycline**
Monamox® → **Amoxicillin**
Monamycin® → **Gentamicin**
Monarc-M® → **Octocog Alfa**
Monarit® → **Naproxen**
Monas® → **Montelukast**
Monate® → **Isosorbide Mononitrate**
Monatrex® → **Tetracycline**
Monazol® → **Sertaconazole**
Monazole 7® → **Miconazole**
Mondeal® → **Zolpidem**
Mondex® [+ Amoxicillin trihydrate] → **Clavulanic Acid**
Mondex® [+ Clavulanic Acid potassium salt] → **Amoxicillin**
Mondus® → **Flunarizine**
Mone® → **Meloxicam**
Moneco® [vet.] → **Monensin**
Monecto® → **Isosorbide Mononitrate**
Monensin® [vet.] → **Monensin**
Mongol® → **Morphine**
Monicor® → **Isosorbide Mononitrate**
Monilac® → **Lactulose**
Monilen® → **Urea**
Monipax® → **Fluconazole**
Monis® → **Isosorbide**
Monis® → **Isosorbide Mononitrate**
Moni-Sanorania® → **Isosorbide Mononitrate**
Monisid® → **Isosorbide Mononitrate**
Monistat® → **Tioconazole**
Monistat-Derm® → **Miconazole**
Monit® → **Isosorbide Mononitrate**
Moniten® → **Isosorbide Mononitrate**
Monit-L® → **Isosorbide Mononitrate**
Monit-Puren® → **Isosorbide Mononitrate**
Monizol® → **Isosorbide Mononitrate**
Monizole® → **Metronidazole**
Mono 5 Wolff® → **Isosorbide Mononitrate**
Mono acis® → **Isosorbide Mononitrate**
Monobac® → **Roxithromycin**
Monoben® → **Albendazole**
Monobenzone® → **Monobenzone**
Monobeta® → **Isosorbide Mononitrate**
Monobide® → **Isosorbide Mononitrate**
Monobios® → **Cefonicid**
Monobiotic® → **Cefonicid**
Monobracin® → **Tobramycin**
Monocard® → **Isosorbide Mononitrate**
Monocast® → **Montelukast**
Monocedocard® → **Isosorbide Mononitrate**
Mono-Cedocard® → **Isosorbide Mononitrate**
Monocef® → **Cefonicid**
Monocef i. v.® → **Ceftriaxone**
Monocid® → **Clarithromycin**
Monocillin® [vet.] → **Penicillin G Procaine**
Monocinque® → **Isosorbide Mononitrate**
Monoclair® → **Isosorbide Mononitrate**
Monoclate P® → **Octocog Alfa**
Monocloridrato de Metoclopramida® → **Metoclopramide**
Monoclox® → **Cloxacillin**
Monocontin® → **Isosorbide Mononitrate**
Monocor® → **Bisoprolol**
Monocorat® → **Isosorbide Mononitrate**
mono-corax® → **Isosorbide Mononitrate**
Monocord® → **Isosorbide Mononitrate**
Monocordil® → **Isosorbide Mononitrate**
Monocrixo® → **Tramadol**
Mono Demetrin® → **Prazepam**
Monodex® → **Dexamethasone**
Monodilate® → **Isosorbide Mononitrate**
Monodipin® → **Amlodipine**
Monodoks® → **Doxycycline**
Monodox® → **Albendazole**
Monodoxin® → **Doxycycline**
Monodur® → **Isosorbide Mononitrate**
Mono-Embolex® → **Certoparin Sodium**
Monofed® → **Pseudoephedrine**
Monoferro® → **Ferrous Gluconate**
MonoFIX-VF® → **Nonacog Alfa**
Monoflam® → **Diclofenac**
Monoflocet® → **Ofloxacin**
Monoflor® → **Sodium Monofluorophosphate**
Monofree Chlooramfenicol® → **Chloramphenicol**
Monofree Cyclopentolaat HCl® → **Cyclopentolate**
Monofree Dexamethason® → **Dexamethasone**
Monofree Fenylefrine HCl® → **Phenylephrine**
Monofree Hypromellose® → **Hypromellose**
Monofree Oxybuprocaine® → **Oxybuprocaine**
Monofree Oxybuprocaine HCl® → **Oxybuprocaine**
Monofree Pilocarpinenitraat® → **Pilocarpine**
Monofree Tropicamide® → **Tropicamide**
Mono-Gesic® → **Salsalate**
Monoginal® → **Isosorbide Mononitrate**
Mono-Jod® → **Potassium Iodide**
Monoket® → **Isosorbide Mononitrate**

Monoket OD® → **Isosorbide Mononitrate**
Monolin® → **Isosorbide Mononitrate**
Monolitum® → **Lansoprazole**
Monolong® → **Isosorbide Mononitrate**
Mono Mack® → **Isosorbide Mononitrate**
Mono Mack Depot® → **Isosorbide Mononitrate**
Monomax® → **Isosorbide Mononitrate**
Mono Migränin® → **Phenazone**
Monomycin® → **Erythromycin**
Monomycina® → **Erythromycin**
Mononaxy® → **Clarithromycin**
Mononine® → **Nonacog Alfa**
Mononit® → **Isosorbide Mononitrate**
Mononitrato de Isosorbide Genfar® → **Isosorbide Mononitrate**
Mononitrato de Isossorbido Merck® → **Isosorbide Mononitrate**
Mononitrat Verla® → **Isosorbide Mononitrate**
Mononitril® → **Isosorbide Mononitrate**
Mononitr Isosorb Normon® → **Isosorbide Mononitrate**
Mononitr Isosorb Ratiopharm® → **Isosorbide Mononitrate**
Mononitr Isosorb Sandoz® → **Isosorbide Mononitrate**
Mononitron® → **Isosorbide Mononitrate**
Mononit SR® → **Isosorbide Mononitrate**
Monopack® → **Isosorbide Mononitrate**
Monoparin® → **Heparin**
Monopina® → **Amlodipine**
Mono Praecimed® → **Paracetamol**
Monopril® → **Fosinopril**
Monoprim® → **Trimethoprim**
Monopront® → **Isosorbide Mononitrate**
Monopur® → **Isosorbide Mononitrate**
Monorythm® → **Isosorbide Mononitrate**
Monos® → **Rufloxacin**
Monosan® → **Isosorbide Mononitrate**
Monosept® → **Cethexonium**
Monosorbitrate® → **Isosorbide Mononitrate**
Monosorb XL 60® → **Isosorbide Mononitrate**
Monosordil® → **Isosorbide Mononitrate**
Monostenase® → **Isosorbide Mononitrate**
Monotab® → **Isosorbide Mononitrate**
Monoter® → **Isosorbide Mononitrate**
Mono-Tildiem® → **Diltiazem**
Monotobrin® → **Tobramycin**
Monotrate® → **Isosorbide Mononitrate**
Mono-Tridin® → **Sodium Monofluorophosphate**
Monotrim® → **Trimethoprim**
Monotrin® → **Isosorbide Mononitrate**
Monovas® → **Amlodipine**
Monovel® → **Mometasone**
Mono Vitamin B12® → **Cyanocobalamin**
Monovitan C® → **Ascorbic Acid**
Monoxar® → **Ceftriaxone**
Monozeclar® → **Clarithromycin**
Monozol® → **Albendazole**
Montair® → **Montelukast**
Monteban® [vet.] → **Narasin**
Montegen® → **Montelukast**
Montelukast® → **Montelukast**
Montelukast Genfar® → **Montelukast**
Montene® → **Montelukast**
Montevizin® → **Tetryzoline**
5 Month Flea Collar® [vet.] → **Dimpylate**
Montmorillonite® [vet.] → **Smectite**
Monural® → **Fosfomycin**
Monuril® → **Fosfomycin**
Monurol® → **Fosfomycin**
Monzaldon® [vet.] → **Vetrabutine**
Monzal® [vet.] → **Vetrabutine**
8-MOP® → **Methoxsalen**
Mopac® → **Mometasone**
Mopen® → **Amoxicillin**
Moperidona® → **Domperidone**
Mopral® → **Omeprazole**
Mopsalem® → **Methoxsalen**
Mopsoralen® → **Methoxsalen**
Moradorm® → **Diphenhydramine**
Morantel tartrato® [vet.] → **Morantel**
Morapid® → **Morphine**
Moraxine® → **Cefalotin**
Morcontin Continus® → **Morphine**
Morecon® → **Omeprazole**
Moretal® → **Morphine**
Morfex® → **Flurazepam**
Morfin® → **Morphine**
Morfina® → **Morphine**
Morfinâ® → **Morphine**
Morfina Apolo® → **Morphine**
Morfina Braun® → **Morphine**
Morfina Clorhidrato® → **Morphine**
Morfina Clorhidrato L.CH.® → **Morphine**
Morfina cloridrato® → **Morphine**
Morfina cloridrato Molteni® → **Morphine**
Morfina Cloridrato Monico® → **Morphine**
Morfina Denver® → **Morphine**
Morfina Dosa® → **Morphine**
Morfina Fada® → **Morphine**
Morfina Long® → **Morphine**
Morfina Martian® → **Morphine**
Morfina Monico® → **Morphine**
Morfina Serra® → **Morphine**
Morfin Dak® → **Morphine**
Morfine FNA® → **Morphine**
Morfine HCl A® → **Morphine**
Morfine HCl CF® → **Morphine**
Morfine HCl Gf® → **Morphine**
Morfine HCl PCH® → **Morphine**
Morfin Epidural® → **Morphine**
Morfin Epidural Meda® → **Morphine**
Morfinesulfaat Alpharma® → **Morphine**
Morfinesulfaat PCH® → **Morphine**
Morfin hidroklorid Alkaloid® → **Morphine**
Morfin Meda® → **Morphine**
Morfin SAD® → **Morphine**
Morfin Special® → **Morphine**
Morfozid® → **Morinamide**
Morgenxil® → **Amoxicillin**
Morniflu® → **Morniflumate**
Moronal® → **Nystatin**
Morph® → **Morphine**
Morphanton® → **Morphine**
Morphasol® [vet.] → **Butorphanol**
Morpheas® → **Propofol**
Morphex CR® → **Morphine**
Morphgesic® → **Morphine**
Morphin® → **Morphine**
Morphin AL® → **Morphine**
Morphin Biotika® → **Morphine**
Morphine® → **Morphine**
Morphine 3-methylether → **Codeine**
Morphine Aguettant® → **Morphine**
Morphine AP-HP® → **Morphine**
Morphine Chlorhydrate Cooper® → **Morphine**
Morphine Chlorhydrate-EG® → **Morphine**
Morphine Chlorhydrate Lavoisier® → **Morphine**
Morphine Cooper® → **Morphine**
Morphine HCL® → **Morphine**
Morphine Renaudin® → **Morphine**
Morphine Sulfate® → **Morphine**
Morphine Sulfate DBL® → **Morphine**

Morphine Sulfate Injection® → **Morphine**
Morphine Sulfate Injection BP® → **Morphine**
Morphine Sulfate Lavoisier® → **Morphine**
Morphine Sulfate LP-Ethypharm® → **Morphine**
Morphine Sulphate® → **Morphine**
Morphine Sulphate-Fresenius® → **Morphine**
Morphine tartrate® → **Morphine**
Morphine Tartrate Injection DBL® → **Morphine**
Morphine Teva® → **Morphine**
Morphine Universal® → **Morphine**
Morphin HCl® → **Morphine**
Morphin HCl Krewel® → **Morphine**
Morphin-HCl Krewel® → **Morphine**
Morphin-HCl Sintetica® → **Morphine**
Morphin Heumann® → **Morphine**
Morphin Hexal® → **Morphine**
Morphini hydrochloridum® → **Morphine**
Morphini sulfas® → **Morphine**
Morphin Merck® → **Morphine**
Morphin-Puren® → **Morphine**
Morphin-ratiopharm® → **Morphine**
Morphinsulfat-GRY® → **Morphine**
Morphinsulfat Pentahydrat Allen® → **Morphine**
Morphinsulfatpentahydrat GSK® → **Morphine**
Morphinum Hydrochloricum® → **Morphine**
Morphiphar® → **Morphine**
Morph Sandoz® → **Morphine**
Morrhuate Sodium® → **Sodium Morrhuate**
Morzet® → **Nicomorphine**
M.O.S.® → **Morphine**
Mosalan® → **Cefuroxime**
Mosar® → **Mosapride**
Mosardal® → **Levofloxacin**
Mosart® → **Mosapride**
Moscontin® → **Morphine**
Moselar® → **Pizotifen**
M.O.S. Sulfate® → **Morphine**
Mostrafin® → **Finasteride**
Mostrelan® → **Famotidine**
Mosuolit® → **Nimesulide**
Motaderm® → **Mometasone**
Motaxim® → **Cefotaxime**
Motens® → **Lacidipine**
Motens Paranova® → **Lacidipine**
Motiax® → **Famotidine**
Moticlod® → **Clodronic Acid**
Moticon® → **Domperidone**
Motidin® → **Famotidine**
Motidine® → **Famotidine**
Motidon® → **Domperidone**
Motifene® → **Diclofenac**
Motigut® → **Domperidone**
Motilak® → **Domperidone**
Motilant® → **Domperidone**
Motilex® → **Domperidone**
Motilin® → **Domperidone**
Motilium® → **Domperidone**
Motilium-M® → **Domperidone**
Motilium® [tabs.] → **Domperidone**
Motilium® [tabs.] → **Domperidone**
Motilium® [vet.] → **Domperidone**
Motilon® → **Metoclopramide**
Motilyo® → **Domperidone**
Motipep® → **Famotidine**
Motiper® → **Domperidone**
Motiron® → **Methylphenidate**
Motival® → **Nimesulide**
Motivan® → **Dimenhydrinate**
Motonium® → **Domperidone**
Motosol® → **Ambroxol**
Motozina® → **Dimenhydrinate**
Motricit® [vet.] → **Ibuprofen**
Motrim® → **Trimethoprim**
Motrin® → **Ibuprofen**
Motrin IB® → **Ibuprofen**
Movacox® → **Meloxicam**
Movalis® → **Meloxicam**
Movasin® → **Meloxicam**
Movatec® → **Meloxicam**
Movelium® → **Domperidone**
Movelium-M® → **Domperidone**
Movens® → **Meclofenamic Acid**
Movent® → **Ambroxol**
Mover® → **Actarit**
Moverdin® → **Selegiline**
Movere® → **Glucosamine**
Movergan® → **Selegiline**
Movesan® → **Mometasone**
Movex® → **Aceclofenac**
Movicox® → **Meloxicam**
Movi-Cox® → **Meloxicam**
Movidone® → **Povidone-Iodine**
Moviflex® → **Indometacin**
Movileps® → **Valproic Acid**
Movipride® → **Bromopride**
Movistal® → **Metoclopramide**
Movithiol® → **Betamethasone**
Movix® → **Meloxicam**
Movon® → **Aceclofenac**
Movon® → **Piroxicam**
Movox® → **Meloxicam**
Mowin® → **Meloxicam**
Mowivit Vitamin E® → **Tocopherol, α-**
Mox® → **Amoxicillin**
Moxacef® → **Cefadroxil**
Moxacil® → **Amoxicillin**
Moxacin® → **Amoxicillin**
Moxacin® [caps./liqu.oral] → **Amoxicillin**
Moxacin® [inj.] → **Amoxicillin**
Moxaclav® [+ Amoxycillin, trihydrate] → **Clavulanic Acid**
Moxaclav® [+ Clavulanic Acid, potassium salt] → **Amoxicillin**
Moxadent® → **Amoxicillin**
Moxalas® [+ Sulfamethoxazole] → **Trimethoprim**
Moxalas® [+ Trimethoprim] → **Sulfamethoxazole**
Moxaline® → **Amoxicillin**
Moxamar® → **Moxonidine**
Moxan® → **Amoxicillin**
Moxapen® → **Amoxicillin**
Moxarin® → **Amoxicillin**
Moxatid® → **Amoxicillin**
Moxaviv® → **Moxonidine**
Moxbio-L® [susp.] → **Amoxicillin**
Moxcil TP® → **Amoxicillin**
Moxcin® → **Amoxicillin**
Moxic® → **Meloxicam**
Moxicam® → **Meloxicam**
Moxicam® → **Piroxicam**
Moxiclav® [+ Amoxicillin trihydrate] → **Clavulanic Acid**
Moxiclav® [+ Amoxicillin, trihydrate] → **Clavulanic Acid**
Moxiclav® [+ Clavulanic Acid, potassium salt] → **Amoxicillin**
Moxiclav® [+ Clavulanic Acid potassium salt] → **Amoxicillin**
Moxicle® [+ Amoxicillin, sodium salt:] → **Clavulanic Acid**
Moxicle® [+ Clavulanic Acid, potassium salt] → **Amoxicillin**
Moxif® → **Moxifloxacin**
Moxiflox® → **Moxifloxacin**
Moxilanic® → **Amoxicillin**
Moxilcap® → **Amoxicillin**
Moxilen® → **Amoxicillin**
Moxilin® → **Amoxicillin**
Moximed® → **Amoxicillin**
Moxin® → **Moxifloxacin**
Moxina® → **Rifampicin**
Moxina Dos® [+ Isoniazid] → **Rifampicin**
Moxina Dos® [+ Rifampicin] → **Isoniazid**
Moxipan® → **Amoxicillin**
Moxipen® → **Amoxicillin**
Moxiplus® → **Amoxicillin**
Moxiren® → **Amoxicillin**
Moxitab® → **Amoxicillin**

Moxitec® → **Moxifloxacin**
Moxitop® → **Amoxicillin**
Moxitral® → **Amoxicillin**
Moxlin® [+ Amoxicillin trihydrate] → **Clavulanic Acid**
Moxlin® [caps] → **Amoxicillin**
Moxlin® [+ Clavulanic Acid potassium salt] → **Amoxicillin**
Moxobeta® → **Moxonidine**
Moxocard® → **Moxonidine**
moxodura® → **Moxonidine**
Moxogamma® → **Moxonidine**
Moxoham® → **Moxonidine**
Moxon® → **Moxonidine**
Moxonat® → **Moxonidine**
Moxonidin-1A Pharma® → **Moxonidine**
Moxonidin AAA-Pharma® → **Moxonidine**
Moxonidin AbZ® → **Moxonidine**
Moxonidin AL® → **Moxonidine**
Moxonidin Alpharma® → **Moxonidine**
Moxonidin-corax® → **Moxonidine**
Moxonidin-CT® → **Moxonidine**
Moxonidine® → **Moxonidine**
Moxonidine Bexal® → **Moxonidine**
Moxonidine CF® → **Moxonidine**
Moxonidine-EG® → **Moxonidine**
Moxonidine PCH® → **Moxonidine**
Moxonidine Teva® → **Moxonidine**
Moxonidin Heumann® → **Moxonidine**
Moxonidin Hexal® → **Moxonidine**
Moxonidin-ISIS® → **Moxonidine**
Moxonidin Merck® → **Moxonidine**
Moxonidin ratiopharm® → **Moxonidine**
Moxonidin-ratiopharm® → **Moxonidine**
Moxonidin Sandoz® → **Moxonidine**
Moxonidin Stada® → **Moxonidine**
Moxonur® → **Moxonidine**
Moxostad® → **Moxonidine**
Moxovasc® → **Moxonidine**
Moxtid® → **Amoxicillin**
M-Oxy® → **Oxycodone**
Moxyclav® [+ Amoxicillin] → **Clavulanic Acid**
Moxyclav® [+ Clavulanic Acid] → **Amoxicillin**
Moxylan® [vet.] → **Amoxicillin**
Moxylin® → **Amoxicillin**
Moxypen® → **Amoxicillin**
Moz-Bite® → **Crotamiton**
4-MP → **Fomepizole**
6-MP → **Mercaptopurine**
MPA-50® [vet.] → **Medroxyprogesterone**
MPA-beta® → **Medroxyprogesterone**
MPA GYN® → **Medroxyprogesterone**
MPA Hexal® → **Medroxyprogesterone**
M-Prednihexal® → **Methylprednisolone**
M-retard Helvepharm® → **Morphine**
MS 222® [vet.] → **Tricaine**
MS Contin® → **Morphine**
MS Direct® → **Morphine**
MSI Mundipharma® → **Morphine**
MSIR® → **Morphine**
MS/L® → **Morphine**
MS Long® → **Morphine**
MS Mondiem® → **Morphine**
MS Mono® → **Morphine**
MS Nemasol® [vet.] → **Levamisole**
MSP® → **Morphine**
MSR Mundipharma® → **Morphine**
MS/S® → **Morphine**
MST® → **Morphine**
M-Stada® → **Morphine**
M-Stada Injektionslösung® → **Morphine**
MST Continus® → **Morphine**
MST Continus® [susp.] → **Morphine**
MST Mundipharma® → **Morphine**
MST Retard-Granulat® → **Morphine**
MST Unicontinus® → **Morphine**
MST UNO® → **Morphine**
MS Wormguard® [vet.] → **Flubendazole**
MTF → **Metrifonate**
M-Trim® [+Sulfamethoxazole] → **Trimethoprim**
M-Trim® [+Trimethoprin] → **Sulfamethoxazole**
MTW-Alphaliponsäure® → **Thioctic Acid**
MTW-Amiodaron® → **Amiodarone**
MTW-Bisoprolol® → **Bisoprolol**
MTW-Captopril® → **Captopril**
MTW-Diltiazem® → **Diltiazem**
MTW-Doxazosin® → **Doxazosin**
MTW-Fenofibrat® → **Fenofibrate**
MTW-Molsidomin® → **Molsidomine**
MTW-Nifedipin retard® → **Nifedipine**
MTW-Omeprazol® → **Omeprazole**
MTW-Ranitidin® → **Ranitidine**
MTW-Roxithromycin® → **Roxithromycin**
MTW-Sotalol® → **Sotalol**
MTW-Tetrazepam® → **Tetrazepam**
MTW-Tramadol® → **Tramadol**
MTX-dura® → **Methotrexate**
MTX Hexal® → **Methotrexate**
Mubonet® → **Calcium Carbonate**
Mucabrox® → **Ambroxol**
Mucaryl® → **Bromhexine**
Mucera® → **Ambroxol**
Muchan® → **Ephedrine**
Mucibron® → **Ambroxol**
Muciclar® → **Carbocisteine**
Mucifar® → **Ambroxol**
Mucil® → **Acetylcysteine**
Mucine® → **Bromhexine**
Mucinex® → **Guaifenesin**
Mucinol® → **Anetholtrithion**
Mucinum® → **Bisacodyl**
Muciplasma® → **Methylcellulose**
Mucisol® → **Acetylcysteine**
Muclox® → **Famotidine**
Muco4® → **Neltenexine**
Mucoaliv® → **Acetylcysteine**
Mucoangin® → **Ambroxol**
Mucoaricodil® → **Ambroxol**
Muco-Aspecton® → **Ambroxol**
Mucobene® → **Acetylcysteine**
Mucobron® → **Bromhexine**
Mucobroxol® → **Ambroxol**
Mucocetil® → **Acetylcysteine**
Mucocil® → **Carbocisteine**
Mucocil® → **Acetylcysteine**
Mucocis® → **Carbocisteine**
Mucodic® → **Ambroxol**
Mucodine® [vet.] → **Bromhexine**
Mucodos® → **Ambroxol**
Mucodox® → **Ciclidrol**
Mucodrenol® → **Ambroxol**
Mucodyne® → **Carbocisteine**
Muco-Fen® → **Guaifenesin**
Mucofial® → **Acetylcysteine**
Mucoflem® → **Carbocisteine**
Mucofluid® → **Mesna**
Mucofluid® → **Acetylcysteine**
Mucoflux® → **Carbocisteine**
Mucoflux® → **Sobrerol**
Mucofor® → **Erdosteine**
Mucofrin® → **Acetylcysteine**
Mucogel® → **Algeldrate**
Mucogen® → **Carbocisteine**
Mucohexin® → **Bromhexine**
Mucohexine® [vet.] → **Bromhexine**
Mucokron® → **Bromhexine**
Mucola® → **Bromhexine**
Mucolair® → **Acetylcysteine**
Mucolam® → **Ambroxol**
Mucolan® → **Ambroxol**
Mucolase® → **Carbocisteine**
Mucolator® → **Acetylcysteine**
Mucoless® → **Carbocisteine**
Mucolex® → **Carbocisteine**
Mucolibex® → **Acetylcysteine**

Mucolica® → **Ambroxol**
Mucolid® → **Acetylcysteine**
Mucolin® → **Carbocisteine**
Mucolisil® → **Carbocisteine**
Mucolisin® → **Ambroxol**
Mucolisin® → **Bromhexine**
Mucolit® → **Carbocisteine**
Mucolite® → **Ambroxol**
Mucolitic® → **Carbocisteine**
Mucolitico® → **Acetylcysteine**
Mucolysin® → **Acetylcysteine**
Mucolyt® → **Bromhexine**
Mucomed® → **Carbocisteine**
Muco-Mepha® → **Acetylcysteine**
Mucomex® → **Carbocisteine**
Mucomix® → **Acetylcysteine**
Mucomyst® → **Acetylcysteine**
Muconasal® → **Tramazoline**
Muconex® → **Acetylcysteine**
Mucopec® → **Ambroxol**
Mucopect® → **Ambroxol**
Mucophlogat® → **Ambroxol**
Mucoporetta® → **Acetylcysteine**
Mucoprim®[vet.] → **Trimethoprim**
Mucoprim®[vet.] → **Sulfadimidine**
Mucopront® → **Carbocisteine**
Muco Rhinathiol® → **Carbocisteine**
Mucorhinathiol Mucoral® → **Carbocisteine**
Mucorhinyl® → **Xylometazoline**
Mucos® → **Ambroxol**
Mucosal® → **Ambroxol**
Mucosan® → **Carbocisteine**
Mucoseptal® → **Carbocisteine**
Mucoseptonex® → **Carbaethopendecine Bromide**
Mucosil® → **Acetylcysteine**
Mucosin® → **Carbocisteine**
Mucosina® → **Carbocisteine**
Mucosin S Medem® → **Ambroxol**
Mucosol® → **Ambroxol**
Mucosol® → **Carbocisteine**
Mucosolvan® → **Ambroxol**
Mucosolvan® → **Bromhexine**
Mucosolvon® → **Ambroxol**
Mucospect® → **Carbocisteine**
Mucospire® → **Acetylcysteine**
Mucosta® → **Rebamipide**
Mucostar® → **Carbocisteine**
Mucostop® → **Acetylcysteine**
Mucosurf® → **Ambroxol**
Muco-Tablinen® → **Ambroxol**
Mucotec® → **Erdosteine**
Mucothera® → **Erdosteine**
Mucotherm® → **Nicotinic Acid**
Mucothiol® → **Dacisteine**
Mucotic® → **Acetylcysteine**
Mucotreis® → **Carbocisteine**
Mucovibrol® → **Ambroxol**
Mucovim® → **Acetylcysteine**
Mucovin® → **Bromhexine**
Mucovital® → **Carbocisteine**
Muco-X® → **Acetylcysteine**
Mucoxan® → **Acetylcysteine**
Mucoxid® [vet.] → **Sulfadimethoxine**
Mucoxin® → **Ambroxol**
Mucoxin® → **Bromhexine**
Mucoxine F® → **Ambroxol**
Mucoxine F® → **Bromhexine**
Mucoxol® → **Omeprazole**
Mucoza® → **Acetylcysteine**
Mucozan® → **Ambroxol**
Mucozome® → **Lysozyme**
Mucozym® → **Bromelains**
Mucret® → **Acetylcysteine**
Mucucistein® → **Carbocisteine**
Muflex® → **Carbocisteine**
Muforan® → **Fotemustine**
Mugisept® → **Povidone-Iodine**
Muhibeta V® → **Betamethasone**
Mukinol® → **Ambroxol**
Mukobron® → **Carbocisteine**
Mukolen® → **Eprazinone**
Mukolina® → **Carbocisteine**
Mukoliz® → **Carbocisteine**
Mukoral® → **Ambroxol**
Mukoseptonex® → **Carbaethopendecine Bromide**
Mukotik® → **Carbocisteine**
Mulase® → **Lysozyme**
Mulcatel® → **Sucralfate**
Mulesing Powder® [vet.] → **Dimpylate**
Mules ,N Mark II Blowfly Dressing® → **Propetamphos**
Mulit-Action® → **Salicylic Acid**
Multi-Action® → **Salicylic Acid**
Multicrom® → **Cromoglicic Acid**
Multiderm® → **Betamethasone**
Multielmin® → **Mebendazole**
Multiferon® → **Interferon Alfa**
Multiformil® → **Nimesulide**
Multifung® → **Bifonazole**
Multigesic® → **Diethylamine Salicylate**
Multigram® → **Tetracycline**
Multihance® → **Gadobenic Acid**
Multilind® → **Nystatin**
Multiparin® → **Heparin**
Multiperla-C® → **Ascorbic Acid**
Multisef® → **Cefuroxime**
Multispec® [vet.] → **Mebendazole**
Multi-tabs Vitamin C® → **Ascorbic Acid**
Multosin® → **Estramustine**
Multum® → **Chlordiazepoxide**
Mumox® → **Amoxicillin**
Mundicyclin® → **Doxycycline**
Mundidol® → **Morphine**
Mundidon → **Povidone-Iodine**
Mundil® → **Captopril**
Mundiphyllin® → **Aminophylline**
Mundisal® → **Choline Salicylate**
Munil® → **Bromhexine**
Munitren® → **Hydrocortisone**
Munleit® → **Doxylamine**
Munobal® → **Felodipine**
Muntel® → **Levocetirizine**
Mupax® → **Mupirocin**
Muphoran® → **Fotemustine**
Mupiderm® → **Mupirocin**
Mupirocin® → **Mupirocin**
Mupirocina® → **Mupirocin**
Mupirocin-Teva® → **Mupirocin**
Mupiron® → **Mupirocin**
Mupirona® → **Mupirocin**
Mupirox® → **Mupirocin**
Mupiskin® → **Mupirocin**
Muporin® → **Mupirocin**
Muprel® → **Bromhexine**
Muramyl® → **Hexetidine**
Murazyme® → **Lysozyme**
Murelax® → **Oxazepam**
Murhinal® → **Carbocisteine**
Muricalm® → **Pimethixene**
Murine® → **Naphazoline**
Murine® → **Urea**
Murine Clear Eyes® → **Naphazoline**
Murine Plus® → **Tetryzoline**
Murine Sore Eyes® → **Tetryzoline**
Murode® → **Diflorasone**
Muroderm® → **Mupirocin**
Musalten® → **Ambroxol**
Musapam® → **Tetrazepam**
Musaril® → **Tetrazepam**
Muscalm® → **Tolperisone**
Musclex® → **Tolperisone**
Muscoflex® → **Thiocolchicoside**
Muscoril® → **Thiocolchicoside**
Muse® → **Alprostadil**
Musilaks® → **Phenolphthalein**
Musin® → **Sucralfate**
Muskelat® → **Tetrazepam**
Musocalm® → **Tolperisone**
Musocan® → **Ambroxol**
Musol® → **Bromhexine**
Mustargen® → **Chlormethine**
Mus TC® → **Clarithromycin**
Mustoforan® → **Fotemustine**
Mustophoran® → **Fotemustine**
Mustophoran® → **Nitroglycerin**
Mustopic® → **Tacrolimus**
Musxan® → **Methocarbamol**

Mutamycin® → **Mitomycin**
Mutan® → **Fluoxetine**
Mutecium-M® → **Domperidone**
Mutum® → **Fluconazole**
Muvett® → **Trimebutine**
Muvinor® → **Polycarbophil**
Muxatil® → **Acetylcysteine**
Muxol® → **Bisacodyl**
Muxol® → **Ambroxol**
Muzoral® → **Ketoconazole**
MV-Genta® [vet.] → **Gentamicin**
MXL® → **Morphine**
MY 301 → **Guaifenesin**
Myacyne® → **Neomycin**
Myambutol® → **Ethambutol**
Myasone® [vet.] → **Lincomycin**
Mycamine® → **Micafungin**
Mycanden® → **Clotrimazole**
Mycelex® → **Clotrimazole**
Mycelex-3® → **Butoconazole**
Mycelex-7® → **Clotrimazole**
Mycella® → **Ketoconazole**
Mycelvan® → **Terbinafine**
Mycen LA® [vet.] → **Oxytetracycline**
Mycen® [vet.] → **Oxytetracycline**
Mycetin® → **Chloramphenicol**
Mycetra® → **Cetirizine**
Mychel-Vet® [vet.] → **Chloramphenicol**
Myciguent® → **Neomycin**
Mycinettes® → **Benzocaine**
Myclav® [+ Amoxicillin, trihydrate] → **Clavulanic Acid**
Myclav® [+ Clavulanic Acid] → **Amoxicillin**
Mycobacter® → **Econazole**
Mycoban® → **Clotrimazole**
Mycobutin® → **Rifabutin**
Mycobutol® → **Ethambutol**
Mycochlorin® → **Chloramphenicol**
Mycocid® → **Clotrimazole**
Mycocin® → **Nystatin**
Mycocur® → **Terbinafine**
Myco-Decidin® → **Undecylenic Acid**
Mycodécyl® → **Undecylenic Acid**
Mycodécyl® Crème → **Undecylenic Acid**
Mycodécyl® Poudre → **Undecylenic Acid**
Mycodécyl® Solution → **Undecylenic Acid**
Mycoder® → **Fluconazole**
Mycoderm® → **Ketoconazole**
Mycodex Pet Shampoo with Carbaryl® [vet.] → **Carbaril**
Mycodex® [vet.] → **Bioallethrin**
Mycofebrin® → **Ketoconazole**
Mycofen® → **Ciclopirox**
Mycofin® → **Terbinafine**
Mycoflucan® → **Fluconazole**
Myco-Flusemidon® → **Bifonazole**
Mycofug® → **Clotrimazole**
Mycoheal® → **Miconazole**
Myco-Hermal® → **Clotrimazole**
Mycohexal 1® → **Clotrimazole**
Mycolicine® [vet.] → **Chloramphenicol**
Mycomax® → **Fluconazole**
Myconafine® → **Terbinafine**
Myconormin® → **Terbinafine**
Mycophyt® [vet.] → **Natamycin**
Mycoral® → **Ketoconazole**
Mycorest® → **Fluconazole**
Mycoril® → **Clotrimazole**
Mycorine® → **Miconazole**
Mycosamthong® [+Sulfamethoxazole] → **Trimethoprim**
Mycosamthong® [+Trimethoprim] → **Sulfamethoxazole**
Mycoseb® → **Ketoconazole**
Myco Shampoo® → **Ketoconazole**
Mycosoral® → **Ketoconazole**
Mycospor® → **Bifonazole**
Mycosporan® → **Bifonazole**
Mycostatin® → **Nystatin**
Mycostatine® → **Nystatin**
Mycostatin Topical® → **Nystatin**
Mycostatin Vaginal® → **Nystatin**
Mycoster® → **Ciclopirox**
Mycostop® → **Griseofulvin**
Mycosyst® → **Fluconazole**
Mycota® → **Undecylenic Acid**
Mycotel® → **Albendazole**
Mycotix® → **Fluconazole**
Mycotox® [vet.] → **Mesulfen**
Mycotricide® → **Praziquantel**
Mycozid® → **Ketoconazole**
Mycozole® → **Clotrimazole**
Mycurium® → **Atracurium Besilate**
Mydeton® → **Tolperisone**
Mydfrin® → **Phenylephrine**
Mydocalm® → **Tolperisone**
Mydono® → **Tolperisone**
Mydosone® → **Tolperisone**
Mydox® → **Doxycycline**
Mydral® → **Tropicamide**
Mydramide® → **Tropicamide**
Mydriacyl® → **Tropicamide**
Mydriacyl® [vet.] → **Tropicamide**
Mydriaticum® → **Tropicamide**
Mydriaticum Dispersa® → **Tropicamide**
Mydrilate® → **Cyclopentolate**
Mydrilate® [vet.] → **Cyclopentolate**
Mydrin-M® → **Tropicamide**
Mydripine® → **Atropine**
Mydrum® → **Tropicamide**
Myelostim® → **Lenograstim**
Myfedrine® → **Pseudoephedrine**
Myfenax® → **Diclofenac**
Myfloxin® → **Norfloxacin**
Myfortic® → **Mycophenolic Acid**
Myfungar® → **Oxiconazole**
Mygesal® → **Methyl Salicylate**
Myk® → **Sulconazole**
Myk 1® → **Sulconazole**
Myko Cordes® → **Clotrimazole**
Mykoderm Heilsalbe® → **Nystatin**
Mykodermin® → **Undecylenic Acid**
Mykoderm Miconazolcreme® → **Miconazole**
Mykoderm Mund-Gel® → **Miconazole**
Mykofungin® → **Clotrimazole**
Mykohaug® → **Clotrimazole**
Mykohexal® → **Fluconazole**
Mykontral® → **Tioconazole**
MykoPosterine N® → **Nystatin**
Mykosert® → **Sertaconazole**
Mykotin® → **Miconazole**
Mykrox® → **Metolazone**
Mykundex® → **Nystatin**
Mylac® → **Lactulose**
Mylanta® → **Calcium Carbonate**
Mylanta Gas Relief® → **Dimeticone**
Mylanta Ranitidine® → **Ranitidine**
Mylepsinum® → **Primidone**
Myleran® → **Busulfan**
Myléran® → **Busulfan**
Myleran® [vet.] → **Busulfan**
Myleugin® → **Econazole**
Mylipen® [vet.] → **Penicillin G Procaine**
Mylocort® → **Hydrocortisone**
Mylom® → **Dimeticone**
Mylotarg® → **Gemtuzumab**
Mymox® → **Amoxicillin**
Mymoxcil® → **Amoxicillin**
Myneocin® → **Neomycin**
Mynocine® → **Minocycline**
Myoace® → **Enalapril**
Myobloc® → **Botulinum B Toxin**
Myocal® → **Calcium Carbonate**
Myocardon mono® → **Isosorbide Mononitrate**
Myocet® → **Doxorubicin**
Myocholine® → **Bethanechol Chloride**
Myocholine-Glenwood® → **Bethanechol Chloride**
Myochrysine® → **Sodium Aurothiomalate**
Myocin® → **Methocarbamol**
Myocord® → **Atenolol**

Myocrisin® → **Sodium Aurothiomalate**
Myodipine® → **Nimodipine**
Myodon® → **Domperidone**
Myodura® → **Amlodipine**
Myofer® [vet.] → **Dextran Iron Complex**
Myoflex® → **Chlorzoxazone**
Myoflexin® → **Chlorzoxazone**
Myogard® → **Nifedipine**
Myogit® → **Diclofenac**
Myolastan® → **Tetrazepam**
Myolax® → **Tolperisone**
Myolaxin® [vet.] → **Guaifenesin**
Myomergin® → **Methylergometrine**
Myomethol® → **Methocarbamol**
MyoMIBG-I 123® → **Iobenguane (^{131}I)**
Myonac® → **Diclofenac**
Myonal® → **Eperisone**
Myonep® → **Eperisone**
Myonil® → **Diltiazem**
Myonit® → **Nitroglycerin**
Myopam® → **Tetrazepam**
Myoplège® → **Thiocolchicoside**
Myoplegine® → **Suxamethonium Chloride**
Myoprin® → **Aspirin**
Myoqinon® → **Ubidecarenone**
Myorelax® [vet.] → **Guaifenesin**
Myori® → **Eperisone**
Myoril® → **Thiocolchicoside**
Myoscain® → **Guaifenesin**
Myos-Nor® → **Tizanidine**
Myoson® → **Pridinol**
Myospasmal® → **Tetrazepam**
Myostin® → **Amlodipine**
Myotan® → **Losartan**
Myotenlis® → **Suxamethonium Chloride**
Myotonachol® → **Bethanechol Chloride**
Myoton E2® [vet.] → **Dinoprost**
Myotonine® → **Bethanechol Chloride**
Myotonine® [vet.] → **Bethanechol Chloride**
Myoton® [vet.] → **Phenylbutazone**
Myoview® → **Tetrofosmin**
Myovin® → **Nitroglycerin**
Myoxam® → **Midecamycin**
Myoxan® → **Tolperisone**
Myozyme® → **Alglucosidase alfa**
Mypara® → **Paracetamol**
Myproflam® → **Ketoprofen**
Myra® → **Tocopherol, α-**
Myrac® → **Minocycline**
Myrox® → **Ambroxol**
Myroxine® → **Fluvoxamine**
Mysalfon® → **Terguride**
Myser® → **Difluprednate**
Myslee® → **Zolpidem**
Mysocort® → **Miconazole**
Mysolane® [vet.] → **Primidone**
Mysoline® → **Primidone**
Mysoline® [vet.] → **Primidone**
Mysol® [vet.] → **Levamisole**
Mysoven® → **Acetylcysteine**
Myspa® → **Hyoscine Butylbromide**
Mystacin® → **Chlorphenamine**
Mystin-R® → **Ranitidine**
Mytelase® → **Ambenonium Chloride**
Mytrocin® → **Nitrofurantoin**
Mytussin® → **Guaifenesin**
Myxina® → **Nimesulide**
Myxofat® → **Acetylcysteine**
Mz1® → **Mazindol**
MZM® → **Methazolamide**

Naabak® → **Spaglumic Acid**
Naaxia® → **Spaglumic Acid**
Naaxiafree® → **Spaglumic Acid**
Nabicortin® → **Lovastatin**
Nabilone® → **Nabilone**
Nabone® → **Nabumetone**
Nabonet® → **Nabumetone**
Naborel® → **Nimodipine**
Nabratin® → **Clopidogrel**
Nabuco® → **Nabumetone**
Nabucox® → **Nabumetone**
Nabuflam® → **Nabumetone**
Nabugesic® → **Nabumetone**
Nabumeton A® → **Nabumetone**
Nabumeton A® → **Potassium**
Nabumeton Alpharma® → **Nabumetone**
Nabumeton CF® → **Nabumetone**
Nabumetone® → **Nabumetone**
Nabumetone Novexal® → **Nabumetone**
Nabumeton Gf® → **Nabumetone**
Nabumeton Merck® → **Nabumetone**
Nabumeton PCH® → **Nabumetone**
Nabumeton Sandoz® → **Nabumetone**
Naburen® → **Nabumetone**
Nabuser® → **Nabumetone**
Nabutil® → **Loperamide**
Nabuton® → **Nabumetone**
Nabuton-Medichrom® → **Nabumetone**
Nac® → **Acetylcysteine**
Nac® → **Piroxicam**
NAC 1A Pharma® → **Acetylcysteine**
NAC AbZ® → **Acetylcysteine**
NAC accedo® → **Acetylcysteine**
NAC AL® → **Acetylcysteine**
NAC AWD® → **Acetylcysteine**
NAC-axcount® → **Acetylcysteine**
NAC-CT® → **Acetylcysteine**
N-Acetilcisteina EG® → **Acetylcysteine**
N-Acetilcisteina Pliva® → **Acetylcysteine**
NAC-findusFit® → **Acetylcysteine**
Nacgel® → **Diclofenac**
NAC-Hemofarm® → **Acetylcysteine**
NAC-Hemopharm® → **Acetylcysteine**
Naclof® → **Diclofenac**
Nac Long® → **Acetylcysteine**
Nacoflar® → **Meloxicam**
Nacom® [+ Carbidopa, monohydrate] → **Levodopa**
Nacom® [+ Levodopa] → **Carbidopa**
Nacor® → **Enalapril**
Nacozil® → **Isoconazole**
N-Ac-Ratiopharm® → **Acetylcysteine**
NAC-ratiopharm® → **Acetylcysteine**
Nacromin® → **Cromoglicic Acid**
NAC Sandoz® → **Acetylcysteine**
Nac SR® → **Diclofenac**
NAC-Stada® → **Acetylcysteine**
NAC von ct® → **Acetylcysteine**
Nadamen® → **Tenoxicam**
Nadem® → **Escin**
Nadetos® → **Oxeladin**
Nadifen® → **Diclofenac**
Nadigest® [vet.] → **Medroxyprogesterone**
Naditone® → **Nabumetone**
Nadixa® → **Nadifloxacin**
Nad Medical® → **Nadide**
Nadolol® → **Nadolol**
Nadona® → **Hydroquinone**
Nadorex® → **Nabumetone**
Nadrifor® → **Buspirone**
Naf® → **Nystatin**
NAF® → **Sodium Fluoride**
Nafacil® → **Cefalexin**
Nafa-Gal® → **Naphazoline**
Nafartol® → **Calcitriol**
Nafasol® → **Naproxen**
Nafasol EC® → **Naproxen**
Nafatosin® → **Benzonatate**
Nafazair® → **Naphazoline**
Nafazin® → **Oxymetazoline**
Nafazol® → **Naphazoline**
Nafazolin® → **Naphazoline**
Nafcillin Sodium® → **Nafcillin**
Nafiset® → **Desmopressin**
Nafitev® → **Terbinafine**
Naflapen® → **Naproxen**

Naflex® → **Nabumetone**
Naflox® → **Norfloxacin**
Nafloxin® → **Ciprofloxacin**
Nafluvent® → **Fentanyl**
Nafordyl® → **Lisinopril**
Nafrolen® → **Naftidrofuryl**
Naftate® → **Tolnaftate**
Naftazolina® → **Naphazoline**
Nafti-CT® → **Naftidrofuryl**
Naftidrofuryl® → **Naftidrofuryl**
Naftidrofuryl Biogaran® → **Naftidrofuryl**
Naftidrofuryl Merck® → **Naftidrofuryl**
Naftilong® → **Naftidrofuryl**
Naftilux® → **Naftidrofuryl**
Naftin® → **Naftifine**
Nafti-Puren® → **Naftidrofuryl**
Nafti-ratiopharm® → **Naftidrofuryl**
Nafti-Sandoz® → **Naftidrofuryl**
Naftodril® → **Naftidrofuryl**
Nageboorte® [vet.] → **Oxytetracycline**
Nagel Batrafen® → **Ciclopirox**
Naglazyme® → **Galsulfase**
Nagun® → **Doxorubicin**
Nailderm® → **Terbinafine**
Nairet® → **Terbutaline**
Naixan® → **Naproxen**
Naklofen® → **Diclofenac**
Nakom® [+ Carbidopa] → **Levodopa**
Nakom® [+ Carbidopa] → **Levodopa**
Nakom® [+ Levodopa] → **Carbidopa**
Nakom® [+ Levodopa] → **Carbidopa**
Naksetol® → **Naproxen**
Nalabest® → **Enalapril**
Nal-acid® → **Nalidixic Acid**
Nalador® → **Sulprostone**
Nalapril® → **Enalapril**
Nalaxoni hydrochloridum → **Naloxone**
Nalaxoni hydrochloridum (Ph. Int. 4) → **Naloxone**
Nalbufina Chobet® → **Nalbuphine**
Nalbufina Denver® → **Nalbuphine**
Nalbufina Gemepe® → **Nalbuphine**
Nalbufina Gray® → **Nalbuphine**
Nalbun® → **Nalbuphine**
Nalbuphine Aguettant® → **Nalbuphine**
Nalbuphine Hydrochloride® → **Nalbuphine**
Nalbuphine Renaudin® → **Nalbuphine**
Nalbuphin Orpha® → **Nalbuphine**
Nalcrom® → **Cromoglicic Acid**
Nalcron® → **Cromoglicic Acid**
Nalcryn® [inj.] → **Nalbuphine**
Naldecon® → **Guaifenesin**
Naldix® → **Nalidixic Acid**
Nalecol® → **Ezetimibe**
Naledyn® → **Naproxen**
Nalergine® → **Loratadine**
Nalerona® → **Naltrexone**
Naletal® → **Cilostazol**
Nalgesic® → **Piroxicam**
Nalgesik® → **Paracetamol**
Nalgesin® → **Naproxen**
Nalgiflex® → **Diclofenac**
Nalid® → **Nalidixic Acid**
Nalidin® → **Nalidixic Acid**
Nalidix® → **Nalidixic Acid**
Nalidixic Acid® → **Nalidixic Acid**
Nalidixic Acid Malpharm® → **Nalidixic Acid**
Nalidixic Acid-Malpharm® → **Nalidixic Acid**
Naligram® → **Nalidixic Acid**
Naline® → **Dihydroergotoxine**
Nalion® → **Alprazolam**
Nalion® → **Norfloxacin**
Nalisen® → **Ondansetron**
Nalix® → **Nalidixic Acid**
Nalixid® → **Nalidixic Acid**
Nalone® → **Naloxone**
Nalopril® → **Enalapril**
Nalorphine® → **Nalorphine**
Nalorphine Serb® → **Nalorphine**
Nalox® → **Metronidazole**
Naloxon® → **Naloxone**
Naloxona Clorhidrato® → **Naloxone**
Naloxona clorhidrato → **Naloxone**
Naloxona Denver® → **Naloxone**
Naloxona Gemepe® → **Naloxone**
Naloxon Curamed® → **Naloxone**
Naloxon Delta Select® → **Naloxone**
Naloxone® → **Naloxone**
Naloxone Abello® → **Naloxone**
Naloxone (chlorhydrate de) → **Naloxone**
Naloxone cloridrato → **Naloxone**
Naloxone cloridrato® → **Naloxone**
Naloxone HCl® → **Naloxone**
Naloxone HCl-Fresenius® → **Naloxone**
Naloxone Hydrochlorid® → **Naloxone**
Naloxone Hydrochloride → **Naloxone**
Naloxone Hydrochloride® → **Naloxone**
Naloxone hydrochloride: → **Naloxone**
Naloxone Hydrochloride [BANM, JAN, USAN] → **Naloxone**
Naloxone Hydrochloride DBL® → **Naloxone**
Naloxone hydrochloride dihydrate (Ph. Eur. 5) → **Naloxone**
Naloxone Hydrochloride Injection® → **Naloxone**
Naloxone Hydrochloride (JP XIV, Ph. Int. 4, USP 30) → **Naloxone**
Naloxon hydrochlorid → **Naloxone**
Naloxon Inresa® → **Naloxone**
Naloxon OrPha® → **Naloxone**
Naloxon-ratiopharm® → **Naloxone**
Naloxonum Hydrochloricum® → **Naloxone**
Naltrax® → **Naltrexone**
Naltrexin® → **Naltrexone**
Naltrexone Hydrochloride® → **Naltrexone**
Naltrexone Serb® → **Naltrexone**
Naltrexon HCl aop® → **Naltrexone**
Naltrexon Hexal® → **Naltrexone**
Naltrexon Vitaflo® → **Naltrexone**
Naltrox® → **Nalbuphine**
Nalvir® → **Nelfinavir**
Namedia® → **Glipizide**
Namenda® → **Memantine**
Nametone® → **Nabumetone**
Namic® → **Mefenamic Acid**
Namicin® → **Lomefloxacin**
Namifen® → **Mefenamic Acid**
Namir® → **Bromhexine**
Nanbacine® → **Xibornol**
Nandoral® [vet.] → **Ethylestrenol**
Nandrolin® [vet.] → **Nandrolone**
Nandrolon → **Nandrolone**
Nandrolona → **Nandrolone**
Nandrolona Decanoato® → **Nandrolone**
Nandrolona Decanoato L.CH.® → **Nandrolone**
Nandrolone → **Nandrolone**
Nandrolone [BAN, DCF, DCIT] → **Nandrolone**
Nandrolone Decanoate Norma® → **Nandrolone**
Nandrolonum → **Nandrolone**
Nandrosande® → **Nandrolone**
Nandrosol® [vet.] → **Nandrolone**
Nani Pre Dental® → **Benzocaine**
Naniprus® → **Sodium Nitroprusside**
Nanotiv® → **Nonacog Alfa**
Naofid® → **Nimesulide**
Naox® → **Oxytocin**
Napa® → **Paracetamol**
Napafen® → **Paracetamol**
Napageln® → **Felbinac**
Napamol® → **Paracetamol**
Napflam® → **Naproxen**
Naphasal® → **Naphazoline**
Naphazolin® → **Naphazoline**

Naphazoline Hydrochloride® → **Naphazoline**
Naphcon® → **Naphazoline**
Naphcon forte® → **Naphazoline**
Naphensyl® → **Phenylephrine**
Naphtears® → **Naphazoline**
Napmel® → **Naproxen**
Naponal® → **Naproxen**
Naposin® → **Metandienone**
Napoxpharma® → **Naproxen**
Napradol® → **Naproxen**
Napratec® [+ Misoprostol] → **Naproxen**
Napratec® [+ Naproxen] → **Misoprostol**
Naprelan® → **Naproxen**
Napren® → **Naproxen**
Napren-S® → **Naproxen**
Naprex® → **Paracetamol**
Naprilene® → **Enalapril**
Naprilex® → **Enalapril**
Naprius® → **Naproxen**
Naprix® → **Ramipril**
Napro® → **Naproxen**
Napro-A® → **Naproxen**
Naprobene® → **Naproxen**
Naprocet® → **Naproxen**
Naprocid® → **Naproxen**
Naprocutan® → **Naproxen**
Naprodev® → **Naproxen**
Naprodex® → **Naproxen**
Naprofidex® → **Naproxen**
Naproflam® → **Naproxen**
Naprogen® → **Naproxen**
Naprogesic® → **Naproxen**
Napro Itedal® → **Naproxen**
Naproksen® → **Naproxen**
Napromed® → **Naproxen**
Naprometin® → **Naproxen**
Napromex® → **Naproxen**
Naprontag® → **Naproxen**
Naprorex® → **Naproxen**
Naprosian® → **Naproxen**
Naproson® → **Naproxen**
Naprosyn® → **Naproxen**
Naprosyn CR® → **Naproxen**
Naprosyne® → **Naproxen**
Naprosyn EC® → **Naproxen**
Naprosyn SR® → **Naproxen**
Naprotab® → **Naproxen**
Naproval® → **Naproxen**
Naprox® → **Naproxen**
Naproxen → **Naproxen**
Naproxen® → **Naproxen**
Naproxen A® → **Naproxen**
Naproxen-Akri® → **Naproxen**
Naproxen AL® → **Naproxen**
Naproxen Albic® → **Naproxen**
Naproxen AstraZeneca® → **Naproxen**
Naproxen [BAN, DCIT, JAN, USAN] → **Naproxen**
Naproxen Beacons® → **Naproxen**
Naproxen beta® → **Naproxen**
Naproxen CF® → **Naproxen**
Naproxen Copyfarm® → **Naproxen**
Naproxen-CT® → **Naproxen**
Naproxen Delayed Release® → **Naproxen**
Naproxen Disphar® → **Naproxen**
Naproxene → **Naproxen**
Naproxène → **Naproxen**
Naproxen-E® → **Naproxen**
Naproxen EB® → **Naproxen**
Naproxène [DCF] → **Naproxen**
Naproxene EG® → **Naproxen**
Naproxene-Eurogenerics® → **Naproxen**
Naproxène (Ph. Eur. 5) → **Naproxen**
Naproxene Pliva® → **Naproxen**
Naproxene sodico DOC® → **Naproxen**
Naproxene sodico Dorom® → **Naproxen**
Naproxen FLX® → **Naproxen**
Naproxen Genericon® → **Naproxen**
Naproxen Gf® → **Naproxen**
Naproxen gyn → **Naproxen**
Naproxen Hexal® → **Naproxen**
Naproxen HPS® → **Naproxen**
Naproxen Katwijk® → **Naproxen**
Naproxen-Mepha® → **Naproxen**
Naproxen Merck® → **Naproxen**
Naproxen Merck NM® → **Naproxen**
Naproxen Na PCH® → **Naproxen**
Naproxennatrium® → **Naproxen**
Naproxennatrium Alpharma® → **Naproxen**
Naproxen Natrium-B® → **Naproxen**
Naproxennatrium Disphar® → **Naproxen**
Naproxennatrium Gf® → **Naproxen**
Naproxennatrium HTP® → **Naproxen**
Naproxennatrium Ratiopharm® → **Naproxen**
Naproxennatrium Sandoz® → **Naproxen**
Naproxen NM Pharma® → **Naproxen**
Naproxeno → **Naproxen**
Naproxeno® → **Naproxen**
Naproxeno Belmac® → **Naproxen**
Naproxeno Cinfa® → **Naproxen**
Naproxeno Cinfamed® → **Naproxen**
Naproxeno Farmo Andina® → **Naproxen**
Naproxeno Genfar® → **Naproxen**
Naproxeno Gen-Far® → **Naproxen**
Naproxeno Lch® → **Naproxen**
Naproxeno MK® → **Naproxen**
Naproxeno Ratiopharm® → **Naproxen**
Naproxeno Sodico® → **Naproxen**
Naproxeno Sodico L.CH.® → **Naproxen**
Naproxeno Sodico MK® → **Naproxen**
Naproxen PCH® → **Naproxen**
Naproxen (Ph. Eur. 5, JP XIV, USP 30, BP 2003) → **Naproxen**
Naproxen Polfa® → **Naproxen**
Naproxen ratiopharm® → **Naproxen**
Naproxen-ratiopharm® → **Naproxen**
Naproxen Schwörer® → **Naproxen**
Naproxen Stada® → **Naproxen**
Naproxen Teva® → **Naproxen**
Naproxenum → **Naproxen**
Naproxenum (Ph. Eur. 5) → **Naproxen**
Naproxi® → **Naproxen**
Naproxiwieb® → **Naproxen**
Naprux® → **Naproxen**
Naprux Gesic® → **Naproxen**
Naps® → **Naproxen**
Napsod® → **Naproxen**
Napsyn® → **Naproxen**
Napxen® → **Naproxen**
Naqua® → **Trichlormethiazide**
Naquilene® [vet.] → **Flumequine**
Naragran® → **Naratriptan**
Naramig® → **Naratriptan**
Naramig Orifarm® → **Naratriptan**
Naramig Paranova® → **Naratriptan**
Naravin® [vet.] → **Narasin**
Narbel® → **Tetryzoline**
Narbon® → **Hydroxychloroquine**
Narcan® → **Naloxone**
Narcan Neonatal® → **Naloxone**
Narcanti® → **Naloxone**
Narcanti Neonatal® → **Naloxone**
Narcanti-Vet® [vet.] → **Naloxone**
Narcan® [vet.] → **Naloxone**
Narcaricin® → **Benzbromarone**
Narcofol® [vet.] → **Propofol**
Narcoral® → **Naltrexone**
Narcoren® [vet.] → **Pentobarbital**
Narcotan® → **Halothane**
Narcoxyl® [vet.] → **Xylazine**
Narcozep® → **Flunitrazepam**
Nardil® → **Phenelzine**
Nardyl® → **Diphenhydramine**
Narebox® → **Reboxetine**
Narfen® → **Ibuprofen**
Narfoz® → **Ondansetron**

Narigen® → **Ranitidine**
Narigix® → **Nalidixic Acid**
Naritec® → **Enalapril**
Narix® → **Benzalkonium Chloride**
Narizine® → **Flunarizine**
Narkamon® → **Ketamine**
Narketan® [vet.] → **Benzethonium Chloride**
Narkodorm-N® [vet.] → **Pentobarbital**
Narkodorm® [vet.] → **Pentobarbital**
Narobic® → **Metronidazole**
Narocin® → **Naproxen**
Narop® → **Ropivacaine**
Naropeine® → **Ropivacaine**
Naropin® → **Ropivacaine**
Naropina® → **Ropivacaine**
Naropin® [inj.] → **Ropivacaine**
Naroxit® → **Cefuroxime**
Narvit® → **Thiamine**
Narxona® → **Naloxone**
Narzen® → **Naproxen**
Nasa® → **Paracetamol**
Nasacor® → **Triamcinolone**
Nasacor AQ® → **Triamcinolone**
Nasacort® → **Triamcinolone**
Nasaflam® → **Ketoprofen**
Nasalcrom® → **Cromoglicic Acid**
Nasalcur® [vet.] → **Rafoxanide**
Nasal Decongestant® → **Oxymetazoline**
Nasalex® → **Naphazoline**
Na-Salicylaat® [vet.] → **Salicylic Acid**
Nasalide® → **Flunisolide**
Nasamine® → **Dexchlorpheniramine**
Nasamol® → **Paracetamol**
Nasan® → **Xylometazoline**
Nasarel® → **Flunisolide**
Nasa Rhinathiol® → **Xylometazoline**
Nasasinutab® → **Xylometazoline**
Nasben® → **Xylometazoline**
Nascobal® → **Cyanocobalamin**
Nasea® → **Ramosetron**
Nasen® → **Zolpidem**
Nasengel AL® → **Xylometazoline**
NasenGel ratiopharm® → **Xylometazoline**
Nasenspray AL® → **Xylometazoline**
Nasenspray-axcount® → **Xylometazoline**
Nasenspray CT® → **Xylometazoline**
Nasenspray E Hexal® → **Xylometazoline**
Nasenspray-Hemopharm® → **Xylometazoline**
NasenSpray ratiopharm® → **Xylometazoline**
NasenSpray ratiopharm Panthenol® → **Dexpanthenol**
Nasenspray Sandoz® → **Xylometazoline**
Nasenspray Spirig für Kinder® → **Phenylephrine**
Nasentropfen AL® → **Xylometazoline**
Nasentropfen K Hexal® → **Xylometazoline**
NasenTropfen ratiopharm® → **Xylometazoline**
Nasentropfen Stada® → **Xylometazoline**
Nasex® → **Oxymetazoline**
Nasicur® → **Dexpanthenol**
Nasida® → **Diclofenac**
Nasin® → **Oxymetazoline**
Nasivin® → **Oxymetazoline**
Nasivion® → **Oxymetazoline**
Naso® → **Xylometazoline**
Nasobec Aqueous® → **Beclometasone**
Nasobol Xxylo® → **Xylometazoline**
Nasochrom® → **Cromoglicic Acid**
Nasocort® → **Budesonide**
Nasofan® → **Fluticasone**
Nasoferm® → **Xylometazoline**
Nasolin® → **Xylometazoline**
Nasolina® → **Oxymetazoline**
Nasomet® → **Mometasone**
Nasonex® → **Mometasone**
Naso-ratiopharm® → **Xylometazoline**
Nasorhinathiol® → **Oxymetazoline**
Naspor® → **Cefotaxime**
Naspro® → **Aspirin**
Nasterid® → **Finasteride**
Nasterid-A® → **Finasteride**
Nasteril® → **Finasteride**
Nasterol® → **Finasteride**
Nastil® → **Ketoconazole**
Nastizol® → **Xylometazoline**
Nastizol Expectorante® → **Bromhexine**
Nastizol Hidrospray® → **Budesonide**
Nastoren® → **Somatostatin**
Natacin® → **Natamycin**
Natacyn® → **Natamycin**
Natalsidum® → **Alginic Acid**
Natamicina → **Natamycin**
Natamicina [DCIT] → **Natamycin**
Natamycin → **Natamycin**
Natamycin [BAN, USAN] → **Natamycin**
Natamycine → **Natamycin**
Natamycine [DCF] → **Natamycin**
Natamycinum → **Natamycin**
Natamycin (USP 30) → **Natamycin**
Natamycyna® → **Natamycin**
Natecal® → **Calcium Carbonate**
Natecal D® → **Calcium Carbonate**
Nathergen® → **Methylergometrine**
Natifa® → **Estradiol**
Nati-K® → **Potassium**
Natil® → **Cyclandelate**
Natisedina® → **Quinidine**
Natisedine® → **Quinidine**
Natispray® → **Nitroglycerin**
Natoph® → **Natamycin**
Natopherol® → **Tocopherol, α-**
Natovit® → **Tocopherol, α-**
Natravox® [+ Amoxicillin, trihydrate] → **Clavulanic Acid**
Natravox® [+ Clavulanic acid, potassium salt] → **Amoxicillin**
Natrax® → **Naproxen**
Natrecor® → **Nesiritide**
Natrii ascorbas → **Ascorbic Acid**
Natrii ascorbas (Ph. Eur. 5) → **Ascorbic Acid**
Natrii calcii edetas → **Edetic Acid**
Natrii calcii edetas (Ph. Eur. 5, Ph. Int. 4) → **Edetic Acid**
Natrii dioctylsulfosuccinas → **Docusate Sodium**
Natrii docusas → **Docusate Sodium**
Natrii fusidas → **Fusidic Acid**
Natrii fusidas (Ph. Eur. 5) → **Fusidic Acid**
Natrii hyaluronas → **Hyaluronic Acid**
Natrii hyaluronas (Ph. Eur. 5) → **Hyaluronic Acid**
Natrii Sulfadimidinum® [vet.] → **Sulfadimidine**
Natrii valproas® → **Valproic Acid**
Natrijev diklofenak® → **Diclofenac**
Natrijev hidrogenkarbonat® → **Sodium Bicarbonate**
Natrij-hidrogenkarbonat® → **Sodium Bicarbonate**
Natrijum Kromoglikat® → **Cromoglicic Acid**
Natrijum pikosulfat® → **Sodium Picosulfate**
Natrilix® → **Indapamide**
Natrilix SR® → **Indapamide**
Natrium aethyl-methylbutylbarbituricum → **Pentobarbital**
Natrium ascorbat → **Ascorbic Acid**
Natriumascorbat (Ph. Eur. 5) → **Ascorbic Acid**
Natrium ascorbinicum → **Ascorbic Acid**
Natriumbicarbonaat® → **Sodium Bicarbonate**
Natrium bicarbonat ACS Dobfar Info® → **Sodium Bicarbonate**

Natrium-Bicarbonat B.Braun® → **Sodium Bicarbonate**
Natriumbicarbonate Braun® → **Sodium Bicarbonate**
Natriumbicarbonat Fresenius® → **Sodium Bicarbonate**
Natriumbicarbonat SAD® → **Sodium Bicarbonate**
Natrium bicarbonicum® → **Sodium Bicarbonate**
Natrium Bicarbonicum „Bichsel“® → **Sodium Bicarbonate**
Natriumbikarbonat® → **Sodium Bicarbonate**
Natriumbikarbonat Fresenius Kabi® → **Sodium Bicarbonate**
Natriumbikarbonat isotonisk SAD® → **Sodium Bicarbonate**
Natriumcalciumedetat → **Edetic Acid**
Natriumcalciumedetat (Ph. Eur. 5) → **Edetic Acid**
Natriumcromoglicaat® → **Cromoglicic Acid**
Natriumcromoglicaat A® → **Cromoglicic Acid**
Natriumcromoglicaat FLX® → **Cromoglicic Acid**
Natriumcromoglicaat Gf® → **Cromoglicic Acid**
Natriumcromoglicaat HPS® → **Cromoglicic Acid**
Natriumcromoglicaatl Katwijk® → **Cromoglicic Acid**
Natriumcromoglicaat PCH® → **Cromoglicic Acid**
Natriumcromoglicaat Samenwerkende Apothekers® → **Cromoglicic Acid**
Natriumcromoglicaat Sandoz® → **Cromoglicic Acid**
Natriumdichlorisocyanat → **Troclosene Potassium**
Natriumdioctylsulfosuccinat → **Docusate Sodium**
Natriumdoctylsulfosuccinat → **Docusate Sodium**
Natrium Fluoratum Slovakofarma® → **Sodium Fluoride**
Natriumfluorid Baer® → **Sodium Fluoride**
Natriumfluoride® → **Sodium Fluoride**
Natriumfluoride Dagra® → **Sodium Fluoride**
Natriumfluoride FNA® → **Sodium Fluoride**
Natriumfluoride Gf® → **Sodium Fluoride**
Natriumfluoride PCH® → **Sodium Fluoride**
Natriumfolinaat Ebewe® → **Folinic Acid**
Natriumfusidat (Ph. Eur. 5) → **Fusidic Acid**
Natrium hyaluronat → **Hyaluronic Acid**
Natriumhyaluronat (Ph. Eur. 5) → **Hyaluronic Acid**
Natriumhydrogencarbonat® → **Sodium Bicarbonate**
Natriumhydrogencarbonat Fresenius® → **Sodium Bicarbonate**
Natriumhydrogencarbonat-Lösung Köhler® → **Sodium Bicarbonate**
Natriumhydrogenkarbonat® → **Sodium Bicarbonate**
Natriumiodide® → **Sodium Iodide**
Natriumiodid SAD® → **Sodium Iodide**
Natrium-penicilline G® → **Benzylpenicillin**
Natriumpentobarbital® [vet.] → **Pentobarbital**
Natriumpropionat ufamed® [vet.] → **Propionic Acid**
Natriumpropionat® [vet.] → **Propionic Acid**
Natriumsalicylaat® [vet.] → **Salicylic Acid**
Natrium Salicylicum Biotika® → **Salicylic Acid**
Natriumvalproaat® → **Valproic Acid**
Natriumvalproaat Actavis® → **Valproic Acid**
Natriumvalproaat CF® → **Valproic Acid**
Natriumvalproaat chrono® → **Valproic Acid**
Natriumvalproaat Chrono Winthrop® → **Valproic Acid**
Natriumvalproaat Enteric® → **Valproic Acid**
Natriumvalproaat Gf® → **Valproic Acid**
Natriumvalproaat PCH® → **Valproic Acid**
Natriumvalproaat Sandoz® → **Valproic Acid**
Natropas® → **Cinnarizine**
Natsin® → **Melatonin**
Nattermann Streptofree® → **Dequalinium Chloride**
Natubiotin® → **Biotin**
Natuderm® → **Biotin**
Natulanar® → **Procarbazine**
Natura Fenac® → **Diclofenac**
Natura Insecticidal Collar® [vet.] → **Permethrin**
Natura Lagrimas® → **Hypromellose**
Natural-E® → **Tocopherol, α-**
Natural Vitamin E® → **Tocopherol, α-**
Natural Vitamin E Medicrafts® → **Tocopherol, α-**
Natural Wealth Vitamin E-200i.j.® → **Tocopherol, α-**
Natur-E® → **Tocopherol, α-**
Naturetin® → **Bendroflumethiazide**
Naturkaps Koenzym Q10® → **Ubidecarenone**
Naturogest® → **Progesterone**
Naturol® → **Tocopherol, α-**
Naurif® → **Granisetron**
Nausedron® → **Ondansetron**
Nausicalm® → **Dimenhydrinate**
Nausil® → **Metoclopramide**
Nautamine® → **Diphenhydramine**
Nautigo® → **Domperidone**
Nautisol® → **Prochlorperazine**
Nauzelin® → **Domperidone**
Nauzine® → **Cyclizine**
Navacef® → **Cefaclor**
Navaclox® → **Cloxacillin**
Navalexin® → **Cefalexin**
Navamin® → **Dimenhydrinate**
Navamox® → **Ampicillin**
Navane® → **Tiotixene**
Navatrim® [+ Sulfamethoxazole] → **Trimethoprim**
Navatrim® [+ Trimethoprim] → **Sulfamethoxazole**
Navelbin® → **Vinorelbine**
Navelbine® [Inj.] → **Vinorelbine**
Navelbine® [Inj.] → **Vinorelbine**
Navelbine® [Tabl.] → **Vinorelbine**
Navelbine® [Tabl. Inj.] → **Vinorelbine**
Navicalm® → **Hydroxyzine**
Navicalm® → **Meclozine**
Navidoxine® → **Meclozine**
Navidrex® → **Cyclopenthiazide**
Navildez® → **Vinorelbine**
Navilox® [vet.] → **Isoxsuprine**
Navirel® → **Vinorelbine**
Navixen® → **Eprosartan**
Naxcel® [vet.] → **Ceftiofur**
Naxelan® → **Modafinil**
Naxel® [vet.] → **Ceftiofur**
Naxen® → **Naproxen**
Naxidin® → **Nizatidine**
Naxidine® → **Nizatidine**
Naxin® → **Naproxen**
Naxo® → **Naproxen**
Naxo® → **Fluconazole**
Naxocina® → **Azithromycin**
Naxoclinda® → **Clindamycin**
Naxogin® → **Nimorazole**
Naxolan® → **Naloxone**

N

Naxone® → **Naloxone**
Naxopren® → **Naproxen**
Naxpa® → **Ambroxol**
Naxy® → **Clarithromycin**
Naxyn® → **Naproxen**
Nazalet® → **Xylometazoline**
Nazamit® → **Phenazopyridine**
Nazaren® → **Xylometazoline**
Naze Burun® → **Xylometazoline**
Nazidil® → **Sodium Bicarbonate**
Nazoderm® → **Miconazole**
Nazol® → **Naphazoline**
Nazol® → **Phenylephrine**
Nazol® → **Oxymetazoline**
Nazolin® → **Oxymetazoline**
Nazotral® → **Cromoglicic Acid**
NB-3® → **Nicotinamide**
N-Butilbromuro de Escopolamina® → **Hyoscine Butylbromide**
N-Butil Bromuro de Hioscina® → **Hyoscine Butylbromide**
N-Butil Bromuro Hioscina® → **Hyoscine Butylbromide**
N-Card® → **Isosorbide Mononitrate**
NCI C50124 → **Phenol**
Nealorin® → **Carboplatin**
Neatenol® → **Atenolol**
Neazina® [vet.] → **Sulfadimidine**
Nebactil® → **Nalidixic Acid**
Nebcine® → **Tobramycin**
Nebcin® [vet.] → **Tobramycin**
Nebicina® → **Tobramycin**
Nebido® → **Testosterone**
Nebilet® → **Nebivolol**
Nebiloc® → **Nebivolol**
Nebilox® → **Nebivolol**
Nebiotin® → **Biotin**
Nebium® → **Clobazam**
Nebivolol® → **Nebivolol**
Neblic® → **Azithromycin**
Neblik® → **Formoterol**
Nebor® → **Cyproheptadine**
Nebufurd Retard® → **Bezafibrate**
Nebulasma® → **Cromoglicic Acid**
Nebulcort® → **Flunisolide**
Nebulcrom® → **Cromoglicic Acid**
Nebulex® → **Fluticasone**
Nebulicina® → **Fenoxazoline**
Nebulicina® → **Oxymetazoline**
NebuPent® → **Pentamidine**
Nebutrax® → **Salbutamol**
Necamin® → **Mebendazole**
Neciblok® → **Sucralfate**
Necid® → **Cefonicid**
Necloral® → **Cefaclor**
Necrospray® [vet.] → **Oxytetracycline**
Necta C® → **Ascorbic Acid**
Nécyrane® → **Ritiometan**
Nedax® → **Lindane**
Nedeltran® → **Alimemazine**
Nediclon® → **Diclofenac**
Nedios® → **Acipimox**
Nedis® → **Miconazole**
Neera® → **Nimesulide**
Nefazan® → **Clopidogrel**
Nefazodone Hydrochloride® → **Nefazodone**
Nefazol® → **Cefazolin**
Nefelid® → **Nifedipine**
Nefersil® → **Clonixin**
Nefirel® → **Nefazodone**
Nefoben® → **Theophylline**
Nefogesic® → **Nefopam**
Nefopam® → **Nefopam**
Nefor® → **Ibuprofen**
Nefrecil® → **Phenazopyridine**
Nefrix® → **Hydrochlorothiazide**
Nefrixine® → **Norfloxacin**
Nefrocarnit® → **Levocarnitine**
Nefroquinolin® [tab.] → **Ciprofloxacin**
Nefrotal® → **Losartan**
Nefrotone® → **Spironolactone**
Nefryl® → **Oxybutynin**
Negaban® → **Temocillin**
Negadix® → **Nalidixic Acid**
Negaflox® → **Norfloxacin**
Negaron® → **Cinnarizine**
Negastro® → **Loperamide**
Negasunt® → **Propoxur**
Negatol® → **Policresulen**
Négérol® [vet.] → **Thiamphenicol**
NegGram® → **Nalidixic Acid**
Negopen® → **Ampicillin**
Negortire® → **Epoetin Alfa**
Negram® → **Nalidixic Acid**
Negram® [vet.] → **Nalidixic Acid**
Neguvon® [vet.] → **Metrifonate**
Neguvon® [vet.] → **Triclofos**
Nehydrin® → **Dihydroergocristine**
Nekacin® → **Amikacin**
Nel® → **Linezolid**
Nelabocin® → **Cefuroxime**
Nelapine® → **Nifedipine**
Nelbon® → **Nitrazepam**
Nelconil® → **Nitrendipine**
Neldim® → **Aciclovir**
Nelex® → **Policresulen**
Nelfilea® → **Nelfinavir**
Nelidix® → **Nalidixic Acid**
Nelin® → **Netilmicin**
Neloren® → **Lincomycin**
Neloren® [cps] → **Lincomycin**
Neloren® [inj.] → **Lincomycin**
Neltolon® → **Bifonazole**
Nelvir® → **Nelfinavir**
Nemacide® [vet.] → **Diethylcarbamazine**
Nemactil® → **Periciazine**
Nemadet® [vet.] → **Albendazole**
Nemafax® [vet.] → **Thiophanate**
Nemalin® → **Gentamicin**
Némaprol® [vet.] → **Amprolium**
Nemasin® [vet.] → **Piperazine**
Nemasole® → **Mebendazole**
Nemasol® [vet.] → **Levamisole**
Nematovet-10® [vet.] → **Levamisole**
Nematox® → **Albendazole**
Nemavet® [vet.] → **Fenbendazole**
Nemazole® → **Mebendazole**
Nembutal® → **Pentobarbital**
Nembutal Sodium® → **Pentobarbital**
Nembutal® [vet.] → **Pentobarbital**
Nemesil® → **Ketotifen**
Nemestran® → **Gestrinone**
Nemexin® → **Naltrexone**
Nemex® [vet.] → **Pyrantel**
Nemocebral® → **Idebenone**
Nemocid® → **Pyrantel**
Nemotan® → **Nimodipine**
Nemox® → **Mebendazole**
Nemozole® → **Albendazole**
Nene Dent® → **Lidocaine**
Nene-Lax® → **Glycerol**
Nenia® → **Zopiclone**
Neo-Adlibamin® → **Tenoxicam**
Neoalertop® → **Levocetirizine**
Neo-Alledryl® → **Desloratadine**
Neo-Allospasmin® → **Hyoscyamine**
Neo-Ampiplus® → **Amoxicillin**
Neo-Angin® → **Hexetidine**
Neo Antergan® [vet.] → **Chlorphenamine**
Neo-Antiperstam® → **Tenoxicam**
Neo Artrol® → **Flurbiprofen**
Neo Axedil® → **Piroxicam**
Neo-Bacin® → **Neomycin**
Neobes® → **Amfepramone**
Neobiotic® → **Neomycin**
Neobiotic® [vet.] → **Neomycin**
Neobloc® → **Metoprolol**
Neobon® → **Alendronic Acid**
Neo Borocillina® → **Dextromethorphan**
Neo-Botacreme® → **Ciclopirox**
Neobradoral® → **Domiphen Bromide**
Neo-Bronchol® → **Ambroxol**
Neobrufen® → **Ibuprofen**
Neocaina® → **Bupivacaine**
Neocalmans® → **Morphine**
Neocapil® → **Minoxidil**
Neocarbo® → **Carboplatin**

Neocard® → **Diltiazem**
Neo Cardiol® → **Levocarnitine**
Neocardon® → **Atenolol**
Neocef® → **Cefixime**
Neo Cepacol® → **Cetylpyridinium**
Neoceptin-R® → **Ranitidine**
Neochinosol® → **Ethacridine**
Neocidol® [vet.] → **Dimpylate**
Neocilor® → **Desloratadine**
Neocin® → **Neomycin**
Neocina® → **Neomycin**
Neocitec® → **Vinorelbine**
Neocitran Antitussive® → **Butamirate**
Neocitran Expectorant® → **Carbocisteine**
NeoCitran Hustenlöser® → **Acetylcysteine**
NeoCitran Hustenstiller® → **Butamirate**
Neoclaritine® → **Desloratadine**
Neoclarityn® → **Desloratadine**
Neo-Clarosip® → **Clarithromycin**
Neoclym® → **Cyclofenil**
Neocorten® → **Prednisolone**
Neocristin® → **Vincristine**
Neocutan® → **Dexpanthenol**
Neo-Cytamen® → **Hydroxocobalamin**
Neo-Dagracycline® → **Doxycycline**
Neo Decabutin® → **Indometacin**
Neo Decapeptyl® → **Triptorelin**
Neo-Desogen® → **Benzalkonium Chloride**
Neodipar® → **Metformin**
Neo-Disterin® → **Fenofibrate**
Neo Dohyfral D3® [inj.] → **Colecalciferol**
Neo-Dolaren® → **Diclofenac**
Neodrop® → **Dimeticone**
Neodry® [vet.] → **Neomycin**
Neoduplamox® [+ Amoxicillin, trihydrate] → **Clavulanic Acid**
Neoduplamox® [+ Clavulanic Acid, potassium salt] → **Amoxicillin**
Neodurasina® → **Pseudoephedrine**
Neo Durasina® → **Pseudoephedrine**
Neo Eblimon® → **Naproxen**
Neo-Endusix® → **Tenoxicam**
Neo Enterodiastop® → **Attapulgite**
Neo-Enteroseptol® → **Loperamide**
Neofarmiz® → **Azithromycin**
Neofen® → **Ibuprofen**
Neofenac® → **Diclofenac**
Neofenox Naphazoline® → **Naphazoline**
Neoflam® → **Naproxen**
Neoflax® → **Thiocolchicoside**
Neoflogin® → **Benzydamine**
Neoflox® → **Ciprofloxacin**
Neofloxin® → **Ciprofloxacin**
Neofluor® → **Fluorouracil**
Neofolin® → **Folinic Acid**
Neofollin® → **Estradiol**
Neofomiral® → **Fluconazole**
Neoform® → **Metformin**
Neo Formitrol® → **Cetylpyridinium**
Neo-Fradin® → **Neomycin**
Neo Franvet® [vet.] → **Neomycin**
Neo Fulvigal® → **Ticlopidine**
Neofulvin® → **Griseofulvin**
Neo-Furadantin® → **Nitrofurantoin**
neogama® → **Sulpiride**
Neogel® → **Piroxicam**
Neo Gentasum® [vet.] → **Gentamicin**
Neogest® → **Norgestrel**
Neo Gilurythmal® → **Prajmalium Bitartrate**
Neo-Gilurytmal® → **Prajmalium Bitartrate**
Neogluconin (Waldheim, Austria) → **Glibenclamide**
Neogram® → **Amoxicillin**
Neo H2® → **Roxatidine**
Neo-Hesna® → **Carbazochrome**
Neo Hysticlar® → **Desloratadine**
Neo Iloticina® → **Erythromycin**
Neoimmun® → **Ciclosporin**
Neointestopan® → **Attapulgite**
Neo Iodine® → **Povidone-Iodine**
Neo-Ipertas® → **Captopril**
Neoject® [vet.] → **Neomycin**
Neojodin® → **Povidone-Iodine**
Neo Kanapront® [vet.] → **Kanamycin**
Neo Koniform® → **Attapulgite**
Neolapril® → **Enalapril**
Neolarmax® → **Desloratadine**
Neolet® → **Tyrothricin**
Neo-Lotan® → **Losartan**
Neolutin Forte® → **Hydroxyprogesterone**
Neomallermin-Tr® → **Chlorphenamine**
Neomansonil® [vet.] → **Praziquantel**
Neomas® → **Neomycin**
Neo-Melubrina® → **Metamizole**
Neo Melubrina® → **Metamizole**
Neo Mercazole® → **Carbimazole**
Neomercazole® → **Carbimazole**
Neo-Mercazole® → **Carbimazole**
Néo-Mercazole® → **Carbimazole**
Neo-Mercazole® [vet.] → **Carbimazole**
Neomercurocromo bianco® → **Chlorhexidine**
Neomeritine® → **Ibuprofen**
Neomicina → **Neomycin**
Neomicina® → **Neomycin**
Neomicina [DCIT] → **Neomycin**
Neomicina L.CH.® → **Neomycin**
Neomicina Salvat® → **Neomycin**
Neomicina solfato → **Neomycin**
Neomicol® → **Miconazole**
Neomix® [vet.] → **Neomycin**
Neomycin → **Neomycin**
Neomycin® → **Neomycin**
Neomycin B → **Framycetin**
Neomycin [BAN] → **Neomycin**
Néomycine → **Neomycin**
Néomycine Avitec® [vet.] → **Neomycin**
Néomycine Coophavet® [vet.] → **Neomycin**
Néomycine [DCF] → **Neomycin**
Néomycine Diamant® → **Neomycin**
Neomycinesulfaat CF® → **Neomycin**
Neomycinesulfaat® [vet.] → **Neomycin**
Néomycine (sulfate de) → **Neomycin**
Néomycine (sulfate de) (Ph. Eur. 5) → **Neomycin**
Néomycine® [vet.] → **Neomycin**
Neomycini sulfas → **Neomycin**
Neomycini sulfas (Ph. Eur. 5, Ph. Int. 4) → **Neomycin**
Neomycin sulfat → **Neomycin**
Neomycinsulfat Chevita® [vet.] → **Neomycin**
Neomycin sulfate: → **Neomycin**
Neomycin Sulfate® → **Neomycin**
Neomycin Sulfate → **Neomycin**
Neomycin Sulfate (Ph. Int. 4, USP 30) → **Neomycin**
Neomycin Sulfate [USAN] → **Neomycin**
Neomycinsulfat (Ph. Eur. 5) → **Neomycin**
Neomycinsulfat® [vet.] → **Neomycin**
Neomycin Sulphate [BANM] → **Neomycin**
Neomycin Sulphate (Ph. Eur. 5) → **Neomycin**
Neomycin Sulphate® [vet.] → **Neomycin**
Neomycinum → **Neomycin**
Neomycin® [vet.] → **Neomycin**
Neo-Mycodermol® → **Ciclopirox**
Néomydiar® [vet.] → **Neomycin**
Neo-Mydrial® → **Phenylephrine**
Neo-NaClex® → **Bendroflumethiazide**
Neonicina sulfato → **Neomycin**
Neo Nifalium® → **Flunitrazepam**
Neo-Omnipen® → **Ticlopidine**
neo OPT® → **Bromazepam**
Neo-Oxedrine → **Phenylephrine**

Neotensin® → **Enalapril**
Neo Terbocilin® [susp./inj./caps.] → **Ampicillin**
Neotetranase® → **Amoxicillin**
Neotibi® → **Pyrazinamide**
Neotica® → **Piroxicam**
Neotigason® → **Acitretin**
Neo-Tigason® → **Acitretin**
Neotigason® [vet.] → **Acitretin**
Neotin® → **Ranitidine**
Neo Tomizol® → **Carbimazole**
Neoton® → **Creatinolfosfate**
Neotoss® → **Dropropizine**
Neotrax® → **Levamisole**
Neotretin® → **Tretinoin**
Neotrex® → **Isotretinoin**
Neotrexat® → **Methotrexate**
Neotrexate® → **Methotrexate**
Neo Triaminic® → **Pseudoephedrine**
Neotrimicina® [vet.] → **Penicillin G Procaine**
Neotrim® [+ Sulfamethoxazole] → **Trimethoprim**
Neotrim® [+ Trimethoprim] → **Sulfamethoxazole**
Neotrin® [+ Sulfamethoxazole] → **Trimethoprim**
Neotrin® [+ Trimethoprim] → **Sulfamethoxazole**
NeoTussan® → **Dextromethorphan**
Neo Tylan® [vet.] → **Tylosin**
Neo Vet-Cillin® [vet.] → **Amoxicillin**
Neovet® [vet.] → **Neomycin**
NeoVisc® → **Hyaluronic Acid**
Neoxantron® → **Mitoxantrone**
Neoxazol® → **Sulfafurazole**
Neoxene® → **Chlorhexidine**
Neoxidil® → **Minoxidil**
Neoxinal® → **Chlorhexidine**
Neozentius® → **Escitalopram**
Neozine® → **Levomepromazine**
Neozith® → **Azithromycin**
Nepenic® → **Flucloxacillin**
Neper® → **Mesna**
Nephro-Calci® → **Calcium Carbonate**
Nephro-Fer® → **Ferrous Fumarate**
Nephroscint® → **Succimer**
Nephrotoin® → **Nitrofurantoin**
Nephrotrans® → **Sodium Bicarbonate**
Nepituss® → **Nepinalone**
Neplit Easyhaler® → **Budesonide**
Neporex® [vet.] → **Cyromazine**
Nepresol® → **Dihydralazine**
Nepresol® → **Hydralazine**
Nepressol® → **Dihydralazine**
Neptalip® → **Bezafibrate**
Neptazane® → **Methazolamide**
Neptor® → **Esomeprazole**
Nerapin® → **Nevirapine**
Nereflun® → **Flunisolide**
Nerelid → **Nimesulide**
Nergadan® → **Lovastatin**
Nergen® [vet.] → **Triamcinolone**
Neriderm® → **Diflucortolone**
Neriforte® → **Diflucortolone**
Nerilon® → **Diflucortolone**
Neriodin® → **Diclofenac**
Neripros® → **Risperidone**
Nerisona® → **Diflucortolone**
Nerisone® → **Diflucortolone**
Nérisone® → **Diflucortolone**
Nervex® → **Mecobalamin**
Nervifene® → **Chloral Hydrate**
Nervinex® → **Brivudine**
Nervistop L® → **Lorazepam**
Nervium® → **Bromazepam**
Nervium® → **Diazepam**
Nervix® → **Venlafaxine**
Nervocaine® → **Lidocaine**
Nervocur® [+ Carbidopa] → **Levodopa**
Nervocuril® → **Flunitrazepam**
Nervocur® [+ Levodopa] → **Carbidopa**
Nervogesic® → **Naproxen**
Nervol® → **Brivudine**
Nervolta® → **Calcium Bromolactobionate (anhydrous)**
nervo OPT® → **Diphenhydramine**
Nervosal® → **Fluoxetine**
Nervostal® → **Buspirone**
Nervus® → **Alprazolam**
Nesacain® → **Chloroprocaine**
Nesacaine® → **Chloroprocaine**
Nesdonal® [vet.] → **Thiopental Sodium**
Nesivine® → **Oxymetazoline**
Nespo® → **Darbepoetin Alfa**
Nestic® → **Clotrimazole**
Nestrolan® → **Trazodone**
Netaf® → **Ketorolac**
Netaf® → **Domperidone**
Netan® → **Ebastine**
Netil® → **Netilmicin**
Netillin® → **Netilmicin**
Netilyn® → **Netilmicin**
Netira® → **Netilmicin**
Netocur® [+ Sulfamethoxazole] → **Trimethoprim**
Netocur® [+ Trimethoprim] → **Sulfamethoxazole**
Netra® → **Lomefloxacin**
Netrocin® → **Netilmicin**
Netromicina® → **Netilmicin**
Nétromicine® → **Netilmicin**
Netromycin® → **Netilmicin**
Netromycine® → **Netilmicin**
Nettacin® → **Netilmicin**
Nettacin Collirio® → **Netilmicin**
Nettavisc® → **Netilmicin**
Netunal® → **Sucralfate**
Neturone® → **Methenamine**
Neucalm® → **Hydroxyzine**
Neucef® → **Cefodizime**
Neuchlonic® → **Nitrazepam**
Neucor® → **Nicardipine**
Neuer® → **Cetraxate**
Neufan® → **Allopurinol**
Neufil® → **Diprophylline**
Neugabin® → **Gabapentin**
Neugeron® → **Carbamazepine**
Neulactil® → **Periciazine**
Neulamin® → **Mecobalamin**
Neulasta® → **Pegfilgrastim**
Neulastim® → **Pegfilgrastim**
Neuleptil® → **Periciazine**
Neulin® → **Citicoline**
Neulin® → **Theophylline**
Neumega® → **Oprelevkin**
Neumocort® → **Budesonide**
Neumotex® → **Budesonide**
Neupax® → **Alprazolam**
Neupogen® → **Filgrastim**
Neupopeg® → **Pegfilgrastim**
Neupram® → **Haloperidol**
Neupramir® → **Pramiracetam**
Neupro® [TTS] → **Rotigotine**
Neupro® [TTS] → **Rotigotine**
Neuquinon® → **Ubidecarenone**
Neurabol® → **Nandrolone**
Neurabol Caps.® → **Stanozolol**
Neuractin® → **Valproic Acid**
Neural® → **Bromazepam**
Neuralgin Kopfschmerzen® → **Ibuprofen**
Neuralprona 250® → **Naproxen**
Neuramin® → **Thiamine**
Neurax® → **Hydroxyzine**
Neurex® → **Citicoline**
Neurex® → **Levocarnitine**
Neuril® → **Gabapentin**
Neurilan® → **Bromazepam**
Neuriplege® → **Chlorproethazine**
Neuriplège® → **Chlorproethazine**
Neurium® → **Lamotrigine**
Neurium® → **Thioctic Acid**
Neurium® [inj.] → **Thioctic Acid**
Neuro® → **Fluoxetine**
Neuroactil® → **Levocarnitine**
Neurobasal® → **Piracetam**
Neurobasal NF® → **Levocarnitine**

N

Neurobene® → **Cyanocobalamin**
Neurobloc® → **Botulinum B Toxin**
Neurocal® [tab.] → **Nimodipine**
Neurocet® → **Piracetam**
Neurocil® → **Levomepromazine**
Neurocil® [inj.] → **Levomepromazine**
Neurocine® → **Bifemelane**
Neurodol® → **Lidocaine**
Neurofen® → **Ibuprofen**
Neurofenac® → **Diclofenac**
Neurofisin® [vet.] → **Oxytocin**
Neuroflax® → **Thiocolchicoside**
Neurogeron® → **Nimodipine**
Neuroglutamin® → **Glutamic Acid**
Neurogriseovit® → **Hydroxocobalamin**
Neurol® → **Alprazolam**
Neurolal® → **Phenobarbital**
Neurolax® → **Hydroxyzine**
Neurolea® → **Bifemelane**
Neurolep® → **Piracetam**
Neurolepsin® → **Lithium**
Neuroleptil® [vet.] → **Acepromazine**
Neurolil® → **Zopiclone**
Neurolithium® → **Lithium**
Neuromet® → **Mecobalamin**
Neuromethyn® → **Mecobalamin**
Neurontin® → **Gabapentin**
Neuropen® → **Gabapentin**
Neuroplus® → **Memantine**
Neurostil® → **Gabapentin**
Neurostim® → **Piracetam**
Neurostop® → **Benfotiamine**
Neurotam® → **Piracetam**
Neurotin® → **Gabapentin**
Neurotioct® → **Thioctic Acid**
Neurotol® → **Carbamazepine**
Neuroton® → **Citicoline**
Neurotop® → **Carbamazepine**
Neurotop retard® → **Carbamazepine**
Neurotranq® [vet.] → **Acepromazine**
Neurotrox® → **Paroxetine**
Neurovit® → **Thiamine**
Neuroxyn® [vet.] → **Primidone**
Neurozepam® → **Bromazepam**
Neuryl® → **Clonazepam**
Neusinol® → **Naphazoline**
Neut® → **Sodium Bicarbonate**
Neutalizer® [vet.] → **Sodium Bicarbonate**
Neutase® → **Lysozyme**
Neuthione® → **Glutathione**
Neutop® → **Topiramate**
Neutracare® → **Sodium Fluoride**
Neutracol® → **Thioctic Acid**
Neutradex® [vet.] → **Sodium Citrate**
NeutraFluor® → **Sodium Fluoride**
Neutra-Foam® → **Sodium Fluoride**
Neutral Pilocarpine® → **Pilocarpine**
Neutral protamine Hagedorn insulin → **Insulin Injection, Isophane**
Neutrobar® → **Glycerol**
Neutrofil® → **Filgrastim**
Neutrogena® → **Salicylic Acid**
Neutrogena Acne® → **Benzoyl Peroxide**
Neutrogena Acne Mask® → **Benzoyl Peroxide**
Neutrogena Clear Pore® → **Salicylic Acid**
Neutrogena Melanex® → **Hydroquinone**
Neutrogin® → **Lenograstim**
Neutromax® → **Filgrastim**
Neutromed® [compr.] → **Cimetidine**
Neutron® → **Lansoprazole**
Neutronorm® → **Cimetidine**
Neuvita® → **Octotiamine**
Neuzym® → **Lysozyme**
Nevakson® → **Ceftriaxone**
Nevanac® → **Nepafenac**
Neverdol® → **Paracetamol**
Nevigramon® → **Nalidixic Acid**
Nevimune® → **Nevirapine**
Neviran® → **Aciclovir**
Nevirapina® → **Nevirapine**
Nevirapine Stada® → **Nevirapine**
Nevirapox® [tab.] → **Nevirapine**
Nevirz® → **Aciclovir**
Nevofam® → **Famotidine**
Nevparin® → **Heparin**
Nevralgin® → **Metamizole**
Nevrorestol® → **Buspirone**
Nevrosta® → **Lorazepam**
Newace® → **Fosinopril**
New Asper® → **Aspirin**
Newclar® → **Oxymetazoline**
New Diatabs® → **Attapulgite**
Newflox® → **Ofloxacin**
New-Nok® → **Permethrin**
Newspar® → **Sparfloxacin**
New Tedral® → **Theophylline**
Newtolide® → **Hydrochlorothiazide**
New Z Diazinon® [vet.] → **Dimpylate**
New Z Permethrin® [vet.] → **Permethrin**
Nexa® → **Tranexamic Acid**
Nexadron® → **Dexamethasone**
Nexavar® → **Sorafenib**
Nexcital® → **Escitalopram**
Nexe® → **Esomeprazole**
Nexen® → **Nimesulide**
Nexiam® → **Esomeprazole**
Nexium® → **Esomeprazole**
Nexium Injection® → **Esomeprazole**
Nexium IV® → **Esomeprazole**
Nexium-Mups® → **Esomeprazole**
Nexofil® → **Sildenafil**
Nexol® → **Nimodipine**
Nexotensil® → **Amlodipine**
Nexpro® → **Esomeprazole**
Nexum® → **Esomeprazole**
Nexvep® → **Etoposide**
Nexx® → **Esomeprazole**
Nexxair® → **Beclometasone**
Nezeril® → **Oxymetazoline**
NF 153 → **Nitrofurantoin**
NF 180 → **Furazolidone**
NF 7 → **Nitrofural**
NFBA → **Flutamide**
N-Flox® → **Norfloxacin**
N-Hexin® → **Bromhexine**
Nia® → **Megestrol**
Niacef® → **Nicotinamide**
Niacex Isdin® → **Nicotinamide**
Niacex-S Isdin® → **Nicotinamide**
Niacin® → **Nicotinic Acid**
Niacinamida® → **Nicotinamide**
Niacinamide [USAN] → **Nicotinamide**
Niacinamide (USP 30) → **Nicotinamide**
Niacor® → **Nicotinic Acid**
Nialen® → **Ibuproxam**
Nialip® → **Nicotinic Acid**
Niamid® → **Nialamide**
Niar® → **Selegiline**
Niaspan® → **Nicotinic Acid**
NiaStase® → **Eptacog Alfa (activated)**
Nibid® → **Nimesulide**
Nibocin® → **Cefatrizine**
NicabateCQ® → **Nicotine**
Nicaethamidum → **Nikethamide**
Nicam® → **Nicotinamide**
Nicamid → **Nicotinamide**
Nicangin® → **Nicotinic Acid**
Nicant® → **Nicardipine**
Nicapress® → **Nicardipine**
Nicarbazin® [vet.] → **Nicarbazin**
Nicardal® → **Nicardipine**
Nicardia® → **Nifedipine**
Nicardipina Dorom® → **Nicardipine**
Nicardipina Merck® → **Nicardipine**
Nicardipine® → **Nicardipine**
Nicardipine Hydrochloride® → **Nicardipine**
Nicardipino Ratiopharm® → **Nicardipine**
Nicardipino Seid® → **Nicardipine**
Nicarpin® → **Nicardipine**
Nicaven® → **Nicardipine**

Nifecodan® → **Nifedipine**
Nifecor® → **Nifedipine**
Nife-CT® → **Nifedipine**
Nifed® → **Nifedipine**
Nifedalat® → **Nifedipine**
Nifedel® → **Nifedipine**
Nifedical® → **Nifedipine**
Nifedicor® → **Nifedipine**
Nifedi-Denk® → **Nifedipine**
Nifedigel® → **Nifedipine**
Nifedin® → **Nifedipine**
Nifedine® → **Nifedipine**
Nifedipat® → **Nifedipine**
Nifedipin® → **Nifedipine**
Nifedipin 1 A Pharma® → **Nifedipine**
Nifedipina® → **Nifedipine**
Nifedipina Alter® → **Nifedipine**
Nifedipin AbZ® → **Nifedipine**
Nifedipin acis® → **Nifedipine**
Nifedipina D & G® → **Nifedipine**
Nifedipina DOC® → **Nifedipine**
Nifedipina Dorom® → **Nifedipine**
Nifedipina EG® → **Nifedipine**
Nifedipina Hexal® → **Nifedipine**
Nifedipin AL® → **Nifedipine**
Nifedipin Alkaloid® → **Nifedipine**
Nifedipin Alternova® → **Nifedipine**
Nifedipina Merck® → **Nifedipine**
Nifedipina-ratiopharm® → **Nifedipine**
Nifedipina Retard Feltrex® → **Nifedipine**
Nifedipina Sandoz® → **Nifedipine**
Nifedipin Atid® → **Nifedipine**
Nifedipin Basics® → **Nifedipine**
Nifedipine® → **Nifedipine**
Nifedipine A® → **Nifedipine**
Nifedipine Albic® → **Nifedipine**
Nifedipine Alpharma® → **Nifedipine**
Nifedipine Alpharma Aps® → **Nifedipine**
Nifedipine CF® → **Nifedipine**
Nifedipine FLX® → **Nifedipine**
Nifedipine Gf® → **Nifedipine**
Nifédipine G Gam® → **Nifedipine**
Nifedipine Hexpharm® → **Nifedipine**
Nifedipine Indo Farma® → **Nifedipine**
Nifedipine Katwijk® → **Nifedipine**
Nifedipine LA® → **Nifedipine**
Nifedipine Merck® → **Nifedipine**
Nifédipine Merck® → **Nifedipine**
Nifedipine Novexal® → **Nifedipine**
Nifedipine PCH® → **Nifedipine**
Nifedipine Pharmamatch® → **Nifedipine**
Nifedipine Ratiopharm® → **Nifedipine**
Nifédipine RPG® → **Nifedipine**
Nifedipine Sandoz® → **Nifedipine**
Nifedipine-Stada® → **Nifedipine**
Nifedipine-Teva® → **Nifedipine**
Nifedipin Genericon® → **Nifedipine**
Nifedipin Hasan Retard® → **Nifedipine**
Nifedipin Helvepharm® → **Nifedipine**
Nifedipin-Mepha® → **Nifedipine**
Nifedipino® → **Nifedipine**
Nifedipino Bayvit® → **Nifedipine**
Nifedipino Genfar® → **Nifedipine**
Nifedipino Gen-Far® → **Nifedipine**
Nifedipino L.CH.® → **Nifedipine**
Nifedipino MF® → **Nifedipine**
Nifedipino MK® → **Nifedipine**
Nifedipino Ratiopharm® → **Nifedipine**
Nifedipin PB® → **Nifedipine**
Nifedipin Pharmavit® → **Nifedipine**
Nifedipin Pliva® → **Nifedipine**
Nifedipin-ratiopharm® → **Nifedipine**
Nifedipin Sandoz® → **Nifedipine**
Nifedipin Stada® → **Nifedipine**
Nifedipin Verla® → **Nifedipine**
Nifedipress® → **Nifedipine**
Nifehexal® → **Nifedipine**
Nifelat® → **Nifedipine**
Nifelat Q® → **Nifedipine**
Nifensar® → **Nifedipine**
Niferex® → **Polyferose**
Nifesal® → **Nifedipine**
Nifeslow® → **Nifedipine**
Nifestad® → **Nifedipine**
nife von ct® → **Nifedipine**
Nifezzard® → **Nifedipine**
Nifical® → **Nifedipine**
Nifin® → **Nifedipine**
Nifiran® → **Nifedipine**
Niflactol® → **Morniflumate**
Niflactol® → **Niflumic Acid**
Niflam® → **Niflumic Acid**
Niflamin® → **Meloxicam**
Niflamol® → **Niflumic Acid**
Niflamol® → **Morniflumate**
Niflam® [rect.] → **Morniflumate**
Niflan® → **Pranoprofen**
Niflucan® → **Flunarizine**
Niflugel® → **Niflumic Acid**
Niflumate® → **Morniflumate**
Nifluril® → **Morniflumate**
Nifluril® → **Niflumic Acid**
Nifopress® → **Nifedipine**
Niformina® → **Metformin**
Nifostin® → **Azithromycin**
Nifudiar® → **Nifuroxazide**
Nifural® → **Nifuroxazide**
Nifuran® → **Nitrofurantoin**
Nifurantin® → **Nitrofurantoin**
Nifuretten® → **Nitrofurantoin**
Nifuroksazyd® → **Nifuroxazide**
Nifuroxazide Biogaran® → **Nifuroxazide**
Nifuroxazide EG® → **Nifuroxazide**
Nifuroxazide-Eurogenerics® → **Nifuroxazide**
Nifuroxazide G Gam® → **Nifuroxazide**
Nifuroxazide Ivax® → **Nifuroxazide**
Nifuroxazide Merck® → **Nifuroxazide**
Nifuroxazide RPG® → **Nifuroxazide**
Nifuroxazide Sandoz® → **Nifuroxazide**
Nifuroxazide Winthrop® → **Nifuroxazide**
Nifuroxazide Zydus® → **Nifuroxazide**
Nifurtox® → **Fluconazole**
Nifuryl® → **Nifurtoinol**
Nifuryl® → **Nifuroxazide**
Nighttime Sleep Aid® → **Diphenhydramine**
Nighttime Sleep Aid® → **Doxylamine**
Nightus® → **Bromazepam**
Niglinar® → **Nitroglycerin**
Niglumine® [vet.] → **Flunixin**
Nikableocina® → **Bleomycin**
Nikarin® → **Miconazole**
Niketamida® → **Nikethamide**
Nikethamide → **Nikethamide**
Nikethamide® → **Nikethamide**
Nikethamide [BAN, USAN] → **Nikethamide**
Nikethamide Bidiphar® → **Nikethamide**
Nikethamide (Ph. Eur. 5, NF XIII) → **Nikethamide**
Nikethamide® [vet.] → **Nikethamide**
Niklod® → **Clodronic Acid**
Nikoform® → **Hydroxymethylnicotinamide**
Nikofrenon® → **Nicotine**
Nikolam® → **Thiamphenicol**
Nikoril® → **Nicorandil**
Nikotugg® → **Nicotine**
Nikron® → **Pravastatin**
Nilac® → **Tretinoin**
Nilacef® → **Cefuroxime**
Nilacol® → **Thiamphenicol**
Niladacin® → **Clindamycin**
Nilaflox® → **Ciprofloxacin**
Nilandron® → **Nilutamide**
Nilapur® → **Allopurinol**
Nilaren® → **Diclofenac**
Nilatika® → **Metoclopramide**

Nilavid® → **Ofloxacin**
Nilefrin® → **Phenylephrine**
Nilevar® → **Norethandrolone**
Nilide® → **Nimesulide**
Nilium® → **Flunitrazepam**
Nilogrin® → **Nicergoline**
Nilperidol® → **Fentanyl**
Nilson® → **Ceftriaxone**
Nilstat® → **Nystatin**
Niltime® [vet.] → **Bendiocarb**
Niltro® → **Loratadine**
Nilvadis® → **Nilvadipine**
Nilverm® [vet.] → **Levamisole**
Nimadorm® → **Zolpidem**
Nimalgex® → **Nimesulide**
NIMA-Lithium® → **Lithium**
Nimatek® [vet.] → **Ketamine**
Nimbex® → **Cisatracurium Besilate**
Nimbex® [vet.] → **Cisatracurium Besilate**
Nimbium® → **Cisatracurium Besilate**
Nimecox® → **Nimesulide**
Nimed® → **Nimesulide**
Nimedex® → **Nimesulide**
Nimeflan® → **Nimesulide**
Nimegen® → **Isotretinoin**
Nimelid® → **Nimesulide**
Nimelide® → **Nimesulide**
Nimenol® → **Nimesulide**
Nimepast® → **Nimesulide**
Nimepis® → **Nimesulide**
Nimes® → **Nimesulide**
Nimesil® → **Nimesulide**
Nimesilam® → **Nimesulide**
Nimesubal® → **Nimesulide**
Nimesul® → **Nimesulide**
Nimesulene® → **Nimesulide**
Nimesulid® → **Nimesulide**
Nimesulida® → **Nimesulide**
Nimesulida Baldacci® → **Nimesulide**
Nimesulida Farmoz® → **Nimesulide**
Nimesulida Generis® → **Nimesulide**
Nimesulida Inibsa® → **Nimesulide**
Nimesulida Jabasulide® → **Nimesulide**
Nimesulida Labesfal® → **Nimesulide**
Nimesulida Mepha® → **Nimesulide**
Nimesulida Merck® → **Nimesulide**
Nimesulida Neuride® → **Nimesulide**
Nimesulid Domesco® → **Nimesulide**
Nimesulide Alter® → **Nimesulide**
Nimesulide Angenerico® → **Nimesulide**
Nimesulide BIG® → **Nimesulide**
Nimesulide Biomedica Chemica® → **Nimesulide**
Nimesulide DOC® → **Nimesulide**
Nimesulide Dorom® → **Nimesulide**
Nimesulide EG® → **Nimesulide**
Nimesulide Hexal® → **Nimesulide**
Nimesulide Jet® → **Nimesulide**
Nimesulide Merck® → **Nimesulide**
Nimesulide Novexal® → **Nimesulide**
Nimesulide Pliva® → **Nimesulide**
Nimesulide-ratiopharm® → **Nimesulide**
Nimesulide Sandoz® → **Nimesulide**
Nimesulide Teva® → **Nimesulide**
Nimesulide UCB® → **Nimesulide**
Nimesulide Union Health® → **Nimesulide**
Nimesulid HG. Pharm® → **Nimesulide**
Nimesulid LPH® → **Nimesulide**
Nimesyl® → **Nimesulide**
Nimex® → **Nimesulide**
Nimfast® → **Nimesulide**
Nim-H® → **Nimesulide**
Nimica® → **Nimesulide**
Nimicor® → **Simvastatin**
Nimind® → **Nimesulide**
Nimobal® → **Nimodipine**
Nimodil® → **Nimodipine**
Nimodilat® → **Nimodipine**
Nimodip® → **Nimodipine**
Nimodipin® → **Nimodipine**
Nimodipina® → **Nimodipine**
Nimodipina Mepha® → **Nimodipine**
Nimodipina Sandoz® → **Nimodipine**
Nimodipin Hexal® → **Nimodipine**
Nimodipin-ISIS® → **Nimodipine**
Nimodipino® → **Nimodipine**
Nimodipino Bayvit® → **Nimodipine**
Nimodipino L.Ch.® → **Nimodipine**
Nimodipino Merck® → **Nimodipine**
Nimodipino MF® → **Nimodipine**
Nimolid® → **Nimesulide**
Nimolide® → **Nimesulide**
Nimopin® → **Nimodipine**
Nimotop® → **Nimodipine**
Nimovac-V® → **Nimodipine**
Nims® → **Nimesulide**
Nimulid® → **Nimesulide**
Nimus® → **Bezafibrate**
Nimutab® → **Nimesulide**
Ninazol® → **Ketoconazole**
Nindaxa® → **Indapamide**
Ninlium® → **Domperidone**
Ninur® → **Nitrofurantoin**
Niofen® → **Fluconazole**
Niofen® → **Ibuprofen**
Niofen® → **Tioconazole**
Niotal® → **Zolpidem**
Nipa® → **Paracetamol**
Nipam® → **Nitrazepam**
Nipas® → **Aspirin**
Nipaxon® → **Noscapine**
Nipazol® → **Metronidazole**
Nipent® → **Pentostatin**
Nipidin® → **Nifedipine**
Nipidol® → **Amlodipine**
Nipin® → **Nifedipine**
Nipodur® → **Ranitidine**
Nipogalin® → **Cefuroxime**
Nipolazin® → **Mequitazine**
Nipolen® → **Chlorphenamine**
Nipolept® → **Zotepine**
Niposoluted® → **Verapamil**
Nipp® → **Nimesulide**
Nipresol® → **Metoprolol**
Nipress® → **Nifedipine**
Nipride® → **Sodium Nitroprusside**
Niprina® → **Nitrendipine**
Niprusodio® → **Sodium Nitroprusside**
Nipruss® → **Sodium Nitroprusside**
Niquetamida → **Nikethamide**
Niquitin® → **Nicotine**
Niquitin Clear® → **Nicotine**
NiQuitin CQ® → **Nicotine**
Niraben® → **Nifuroxazide**
Nirapel® → **Nitrendipine**
Nirason® → **Pentaerithrityl Tetranitrate**
Niratil® [vet.] → **Levamisole**
Niravam® → **Alprazolam**
Nirmadil® → **Felodipine**
Nirmin® → **Nitroglycerin**
Nirvan® → **Alprazolam**
Nirypan® → **Methylprednisolone**
Nisaid® → **Indometacin**
Nisalgen® → **Nimesulide**
Nisamox® [+Amoxicillin trihydrate] [vet.] → **Clavulanic Acid**
Nisamox® [+Clavulanic Acid potassium salt] [vet.] → **Amoxicillin**
Nisamox®[vet.] → **Amoxicillin**
Nisamox®[vet.] → **Clavulanic Acid**
Nisapulvol® → **Benzyl Hydroxybenzoate**
Nisaseptol® → **Benzyl Hydroxybenzoate**
Nisasol® → **Benzyl Hydroxybenzoate**
Nise® → **Nimesulide**
Nisidol® → **Nefopam**
Nisis® → **Valsartan**
Nislev® → **Levofloxacin**
Nisocortec® → **Prednisone**
Nisolid® → **Flunisolide**
Nisolpin® → **Metamizole**
Nisom® → **Nimodipine**
Nisoran® → **Flunisolide**

Nispore® → **Fluconazole**
Nistagrand® → **Nystatin**
Nistaken® [tabs] → **Propafenone**
Nistaquim® → **Nystatin**
Nistat® → **Nystatin**
Nistatin® → **Nystatin**
Nistatina → **Nystatin**
Nistatina® → **Nystatin**
Nistatinã® → **Nystatin**
Nistatina Denver® → **Nystatin**
Nistatina Lafedar® → **Nystatin**
Nistatina L.CH.® → **Nystatin**
Nistatina Lch® → **Nystatin**
Nistatina Sintesina® → **Nystatin**
Nistatin Pliva® → **Nystatin**
Nistax® → **Nystatin**
Nistoral® → **Nystatin**
Nisulid® → **Nimesulide**
Nisural® → **Nimesulide**
Nitan® → **Pemoline**
Nitastin® → **Simvastatin**
Nitavan® → **Nitrazepam**
Nitavet® [vet.] → **Nitroxinil**
Nitazoxanida® → **Nitazoxanide**
Niten® → **Losartan**
Nitens® → **Naproxen**
Nitensum® → **Nitrendipine**
Nitepax® → **Noscapine**
Niterey® → **Tretinoin**
Niticolin® → **Citicoline**
Nitised® → **Ranitidine**
Nitoman® → **Tetrabenazine**
Nitorol R® → **Isosorbide Dinitrate**
Nitossil® → **Cloperastine**
Nitracor® → **Nitroglycerin**
Nitradisc® → **Nitroglycerin**
Nitrados® → **Nitrazepam**
Nitraket® → **Nitroglycerin**
Nitramin® → **Isosorbide Mononitrate**
Nitrangin® → **Nitroglycerin**
Nitrangin Isis® → **Nitroglycerin**
Nitrapan® → **Nitrazepam**
Nitraphar® → **Nitrazepam**
Nitrate de Pilocarpine-Chauvin® → **Pilocarpine**
Nitrato de Isoconazol® → **Isoconazole**
Nitrato de Miconazol® → **Miconazole**
Nitravet® → **Nitrazepam**
Nitrazadon® → **Nitrazepam**
Nitrazepam® → **Nitrazepam**
Nitrazepam A® → **Nitrazepam**
Nitrazepam Actavis® → **Nitrazepam**
Nitrazepam AL® → **Nitrazepam**
Nitrazepam Alpharma® → **Nitrazepam**
Nitrazepam CF® → **Nitrazepam**
Nitrazepam Dak® → **Nitrazepam**
Nitrazepam FLX® → **Nitrazepam**
Nitrazepam Gf® → **Nitrazepam**
Nitrazepam Katwijk® → **Nitrazepam**
Nitrazepam LPH® → **Nitrazepam**
Nitrazepam Merck® → **Nitrazepam**
Nitrazepam-neuraxpharm® → **Nitrazepam**
Nitrazepam PCH® → **Nitrazepam**
Nitrazepam ratiopharm® → **Nitrazepam**
Nitrazepam Recip® → **Nitrazepam**
Nitrazepam Sandoz® → **Nitrazepam**
Nitrazepam Slovakofarma® → **Nitrazepam**
Nitrazepam Teva® → **Nitrazepam**
Nitrazepol® → **Nitrazepam**
Nitrazon® → **Nitrofural**
Nitre AbZ® → **Nitrendipine**
Nitredon® → **Nitrazepam**
Nitregamma® → **Nitrendipine**
Nitrek® → **Nitroglycerin**
Nitrencord® → **Nitrendipine**
Nitrendepat® → **Nitrendipine**
Nitrendi Biochemie® → **Nitrendipine**
Nitrendidoc® → **Nitrendipine**
Nitrendil® → **Nitrendipine**
Nitrendimerck® → **Nitrendipine**
Nitrendipin® → **Nitrendipine**
Nitrendipin 1 A Pharma® → **Nitrendipine**
Nitrendipin AbZ® → **Nitrendipine**
Nitrendipin AL® → **Nitrendipine**
Nitrendipin Apogepha® → **Nitrendipine**
Nitrendipin Basics® → **Nitrendipine**
Nitrendipin beta® → **Nitrendipine**
nitrendipin-corax® → **Nitrendipine**
Nitrendipine Merck® → **Nitrendipine**
Nitrendipin Heumann® → **Nitrendipine**
Nitrendipin Jenapharm® → **Nitrendipine**
Nitrendipino® → **Nitrendipine**
Nitrendipino Bayvit® → **Nitrendipine**
Nitrendipino Genfar® → **Nitrendipine**
Nitrendipino Ratiopharm® → **Nitrendipine**
Nitrendipin-ratiopharm® → **Nitrendipine**
Nitrendipin Sandoz → **Nitrendipine**
Nitrendipin Stada® → **Nitrendipine**
nitrendipin von ct® → **Nitrendipine**
Nitrend KSK® → **Nitrendipine**
Nitrendypina® → **Nitrendipine**
Nitren Lich® → **Nitrendipine**
Nitrenpax® → **Nitrazepam**
Nitrensal® → **Nitrendipine**
Nitrepin® → **Nitrendipine**
Nitrepress® → **Nitrendipine**
Nitre-Puren® → **Nitrendipine**
Nitrest® → **Zolpidem**
Nit-Ret® → **Nitroglycerin**
Nitriate® → **Sodium Nitroprusside**
Nitridazol® → **Itraconazole**
Nitriderm TTS® → **Nitroglycerin**
Nitrilex® → **Nitroglycerin**
Nitrin SR® → **Nitroglycerin**
Nitro® → **Nitroglycerin**
Nitro® → **Sildenafil**
Nitro-Bid® → **Nitroglycerin**
Nitrocap® → **Nitroglycerin**
Nitrocard® → **Nitroglycerin**
Nitrocine® → **Nitroglycerin**
Nitrocontin® → **Nitroglycerin**
Nitrocor® → **Nitroglycerin**
Nitroderm Matrix® → **Nitroglycerin**
Nitroderm TTS® → **Nitroglycerin**
Nitrodom® → **Nitroglycerin**
Nitro Dur® → **Nitroglycerin**
Nitro-Dur® → **Nitroglycerin**
Nitrodyl® → **Nitroglycerin**
Nitrofix® → **Isosorbide Dinitrate**
Nitrofix® → **Isosorbide Mononitrate**
Nitrofural → **Nitrofural**
Nitrofural [DCF, DCIT] → **Nitrofural**
Nitrofural (Ph. Eur. 5) → **Nitrofural**
Nitrofuralum → **Nitrofural**
Nitrofuralum (Ph. Eur. 5) → **Nitrofural**
Nitrofurantoin → **Nitrofurantoin**
Nitrofurantoin® → **Nitrofurantoin**
Nitrofurantoina® → **Nitrofurantoin**
Nitrofurantoina → **Nitrofurantoin**
Nitrofurantoina Genfar® → **Nitrofurantoin**
Nitrofurantoin Agepha® → **Nitrofurantoin**
Nitrofurantoina L.CH.® → **Nitrofurantoin**
Nitrofurantoina Lch® → **Nitrofurantoin**
Nitrofurantoina Macro® → **Nitrofurantoin**
Nitrofurantoina® [vet.] → **Nitrofurantoin**
Nitrofurantoin [BAN, JAN] → **Nitrofurantoin**
Nitrofurantoin Dak® → **Nitrofurantoin**
Nitrofurantoïne → **Nitrofurantoin**
Nitrofurantoine® → **Nitrofurantoin**

Nitrofurantoine CF® → **Nitrofurantoin**
Nitrofurantoïne [DCF] → **Nitrofurantoin**
Nitrofurantoine Gf® → **Nitrofurantoin**
Nitrofurantoine Merck® → **Nitrofurantoin**
Nitrofurantoine PCH® → **Nitrofurantoin**
Nitrofurantoïne (Ph. Eur. 5) → **Nitrofurantoin**
Nitrofurantoine Sandoz® → **Nitrofurantoin**
Nitrofurantoin (Ph. Eur. 5, Ph. Int. 4, USP 30) → **Nitrofurantoin**
Nitrofurantoin-ratiopharm® → **Nitrofurantoin**
Nitrofurantoin SAD® → **Nitrofurantoin**
Nitrofurantoin Synco® → **Nitrofurantoin**
Nitrofurantoinum → **Nitrofurantoin**
Nitrofurantoinum® → **Nitrofurantoin**
Nitrofurantoinum (Ph. Eur. 5, Ph. Int. 4) → **Nitrofurantoin**
Nitrofurazon® → **Nitrofural**
Nitrofurazona Denver® → **Nitrofural**
Nitrofurazona Lafedar® → **Nitrofural**
Nitrofurazona Sertex® → **Nitrofural**
Nitrofurazone® → **Nitrofural**
Nitrofurazone [BAN, USAN] → **Nitrofural**
Nitrofurazone (USP 30) → **Nitrofural**
Nitrofurazone® [vet.] → **Nitrofural**
Nitrofurazone® [vet.] → **Nitrofurantoin**
Nitrogard® → **Nitroglycerin**
Nitrogesic® → **Nitroglycerin**
Nitroglicerin® → **Nitroglycerin**
Nitroglicerina → **Nitroglycerin**
Nitroglicerina® → **Nitroglycerin**
Nitroglicerină® → **Nitroglycerin**
Nitroglicerina Bioindustria Lim® → **Nitroglycerin**
Nitroglicerina (F. U. XI) → **Nitroglycerin**
Nitroglicerina L.CH.® → **Nitroglycerin**
Nitroglicerina PH & T® → **Nitroglycerin**
Nitroglicerina Richmond® → **Nitroglycerin**
Nitroglicerol® → **Nitroglycerin**
Nitroglycerin → **Nitroglycerin**
Nitroglycerin® → **Nitroglycerin**
Nitroglycerin AstraZeneca® → **Nitroglycerin**
Nitroglycerin Bioren® → **Nitroglycerin**
Nitroglycerin Dak® → **Nitroglycerin**
Nitroglycerin, Diluted (USP 30) → **Nitroglycerin**
Nitroglycerine® → **Nitroglycerin**
Nitroglycerine Amps® → **Nitroglycerin**
Nitroglycerin in 5 % Dextrose Injection® → **Nitroglycerin**
Nitroglycerin Injection® → **Nitroglycerin**
Nitroglycerin [JAN, USAN] → **Nitroglycerin**
Nitroglycerin „Lannacher“® → **Nitroglycerin**
Nitroglycerin Recip® → **Nitroglycerin**
Nitroglycerin Slovakofarma® → **Nitroglycerin**
Nitroglycerin Streuli® → **Nitroglycerin**
Nitroglycerin Tablets (JP XIV, USP 28) → **Nitroglycerin**
Nitroglycerin Transdermal System® → **Nitroglycerin**
Nitroglycerinum® → **Nitroglycerin**
Nitroglycerol → **Nitroglycerin**
Nitroglyerin Slocaps® → **Nitroglycerin**
Nitroglyn® → **Nitroglycerin**
3-Nitro Growth Promotant® [vet.] → **Roxarsone**
Nitroject® → **Nitroglycerin**
Nitrol® → **Nitroglycerin**
Nitrolingual® → **Nitroglycerin**
Nitrolingual protect® → **Isosorbide Mononitrate**
Nitrolong® → **Pentaerithrityl Tetranitrate**
Nitro Mack® → **Nitroglycerin**
Nitro-Mack® → **Nitroglycerin**
Nitro Mack Retard® → **Nitroglycerin**
Nitromed → **Nitroglycerin**
Nitromed® → **Nitrofural**
Nitromex® → **Nitroglycerin**
Nitromin® → **Nitroglycerin**
Nitromint® → **Nitroglycerin**
NitroMist® → **Nitroglycerin**
Nitronal® → **Nitroglycerin**
Nitronal-A® [inf.] → **Nitroglycerin**
Nitronalspray® → **Nitroglycerin**
Nitrong® → **Nitroglycerin**
Nitropack® → **Nitroglycerin**
Nitropector® → **Pentaerithrityl Tetranitrate**
Nitropelet® → **Glycerol**
Nitropen® → **Nitroglycerin**
Nitropenton® → **Pentaerithrityl Tetranitrate**
Nitro-Pflaster-ratiopharm® → **Nitroglycerin**
Nitroplast® → **Nitroglycerin**
Nitro-Pohl® → **Nitroglycerin**
Nitro Pohl® → **Nitroglycerin**
Nitropress® → **Sodium Nitroprusside**
Nitroprus® → **Sodium Nitroprusside**
Nitroprusiato de Sodio® → **Sodium Nitroprusside**
Nitroprusiato de Sodio Ecar® → **Sodium Nitroprusside**
Nitroprusiato de Sodio Richmond® → **Sodium Nitroprusside**
Nitroprussiat Fides® → **Sodium Nitroprusside**
Nitroquick® → **Nitroglycerin**
Nitroretard Faran® → **Nitroglycerin**
Nitrosan® [vet.] → **Nitroscanate**
Nitrosid® → **Isosorbide Dinitrate**
Nitro Solvay® → **Nitroglycerin**
Nitrosorbide® → **Isosorbide Dinitrate**
Nitrosorbon® → **Isosorbide Dinitrate**
Nitrostad Retard® → **Nitroglycerin**
Nitrostat® → **Nitroglycerin**
Nitrosun® → **Nitrazepam**
Nitrosylon® → **Nitroglycerin**
Nitrotab® → **Nitroglycerin**
Nitrotain® [vet.] → **Ethylestrenol**
Nitro-Time® → **Nitroglycerin**
Nitrovas SR® → **Nitroglycerin**
Nitroven® → **Nitroglycerin**
3-Nitro® [vet.] → **Roxarsone**
5-Nitrox® → **Nitroxoline**
Nitroxolin® → **Nitroxoline**
Nitrumon® → **Carmustine**
Nitux® → **Morclofone**
Niux® → **Pefloxacin**
Nivadil® → **Nilvadipine**
Nivador® → **Cefuroxime**
Nivagin® → **Metamizole**
Nivalin® → **Metformin**
Nivalin® → **Galantamine**
Nivaquine® → **Chloroquine**
Nivaquine-P® → **Chloroquine**
Nivas® → **Nisoldipine**
Nivas® → **Nimodipine**
Nivecol® → **Atorvastatin**
Nivelan® → **Risperidone**
Nivelipol® → **Simvastatin**
Nivemycin® → **Neomycin**
Niverin® [tab.] → **Nevirapine**
Nivitron® → **Nitrendipine**

Nix® → **Permethrin**
Nixazid® → **Nifuroxazide**
Nix Creme Rinse® → **Permethrin**
Nix Dermal® → **Permethrin**
Nixelaf-C® → **Cefalexin**
Nixol® → **Pramipexole**
Nixoran® → **Nitazoxanide**
Nixyn Hermes® → **Isonixin**
Nizacol® [compress] → **Miconazole**
Nizalap® → **Nizatidine**
Nizale® → **Ketoconazole**
Nizatidin → **Nizatidine**
Nizatidin® → **Nizatidine**
Nizatidina → **Nizatidine**
Nizatidin Actavis® → **Nizatidine**
Nizatidina [DCIT] → **Nizatidine**
Nizatidine → **Nizatidine**
Nizatidine® → **Nizatidine**
Nizatidine [BAN, DCF, JAN, USAN] → **Nizatidine**
Nizatidine Novexal® → **Nizatidine**
Nizatidine PCH® → **Nizatidine**
Nizatidine (Ph. Eur. 5, USP 30) → **Nizatidine**
Nizatidin (Ph. Eur. 5) → **Nizatidine**
Nizatidinum → **Nizatidine**
Nizatidinum (Ph. Eur. 5) → **Nizatidine**
Nizax® → **Nizatidine**
Nizaxid® → **Nizatidine**
Nizcrème® → **Ketoconazole**
Nizoldin® → **Nisoldipine**
Nizole® → **Metronidazole**
Nizon® → **Prednisone**
Nizoral® → **Ketoconazole**
Nizoral® [vet.] → **Ketoconazole**
Nizotin® → **Nizatidine**
Nizovules® → **Ketoconazole**
Nizshampoo® → **Ketoconazole**
N-Methyl-D-glucamin → **Meglumine**
Noacid® → **Algeldrate**
Noacid® → **Carbaldrate**
Noak® → **Aceclofenac**
Noaler® → **Cromoglicic Acid**
Noalgos® → **Nimesulide**
Noameba-DS® → **Secnidazole**
Noan® → **Diazepam**
Noanxit® → **Clobazam**
Nobac® → **Pefloxacin**
Nobactam® → **Amoxicillin**
Nobateks® → **Tenoxicam**
Nobecid® → **Sultamicillin**
Nobecid® [+ Ampicillin sodium salt] → **Sulbactam**
Nobecid® [+ Sulbactam sodium salt] → **Ampicillin**
Nobecid® [tabs.] → **Sultamicillin**
Nobecutan® → **Thiram**
Noben® → **Idebenone**
Nobese® → **Cathine**
Nobesit® → **Metformin**
Nobiten® → **Nebivolol**
Nobligan® → **Tramadol**
Nobrium® → **Medazepam**
Nobzol® → **Fluconazole**
Nocazin® → **Isoconazole**
Noceptin® → **Morphine**
Nocertone® → **Oxetorone**
Nocid® → **Omeprazole**
Nockwoo Acyclovir® → **Aciclovir**
Nockwoo Cefaclor® → **Cefaclor**
Nockwoo Oxacin® → **Ofloxacin**
Nocpaz® → **Doxylamine**
Noctacalm® → **Lormetazepam**
Noctal® → **Estazolam**
Noctamid® → **Lormetazepam**
Noctamide® → **Lormetazepam**
Noctamide Orifarm® → **Lormetazepam**
Noctazepam® → **Oxazepam**
Nocte® → **Zolpidem**
Noctilan® → **Brotizolam**
Noctin® → **Nitrazepam**
Noctiplon® → **Zaleplon**
Noctofer® → **Lormetazepam**
Nocton® → **Lormetazepam**
Noctor® → **Diphenhydramine**
Noctran® → **Clorazepate, Dipotassium**
Noctura® → **Midazolam**
Nocturin® → **Desmopressin**
Nocturno® → **Zopiclone**
Nocturno LS® → **Zopiclone**
Nocutil® → **Desmopressin**
Nocytocine® [vet.] → **Oxytocin**
Node DS Shampoo Crema® → **Salicylic Acid**
Nodep® → **Fluoxetine**
Nodescrón® → **Vecuronium Bromide**
Nodex® → **Dextromethorphan**
Nodia® → **Leflunomide**
Nodict® → **Naltrexone**
Nodik® → **Nitazoxanide**
Nodipir® → **Paracetamol**
Nodis® → **Amiodarone**
Nodolfen® → **Ibuprofen**
Nodon® → **Nebivolol**
No Doz® → **Caffeine**
Noell® → **Ketoconazole**
Nörofren® → **Pimozide**
Nörotrop® → **Piracetam**
Nötras® → **Aspirin**
Nofena® → **Ibuprofen**
Nofenac® → **Aceclofenac**
Nofiate® → **Fenofibrate**
Noflam® → **Ibuprofen**
Noflam® → **Naproxen**
Noflam-N® → **Naproxen**
Noflo® → **Norfloxacin**
Nofocin® → **Norfloxacin**
Nofoklam® → **Metoclopramide**
Noforit® → **Piracetam**
Nofung® → **Ketoconazole**
Nofung® → **Fluconazole**
Nogesic® → **Metamizole**
Nogesta® → **Desogestrel**
Noginox® → **Isoconazole**
Nograine® → **Sumatriptan**
Noiafren® → **Clobazam**
Noitron® → **Isotretinoin**
5-Nok® → **Nitroxoline**
Nokalt® [vet.] → **Amitraz**
Nokam® → **Tenoxicam**
Nokid® → **Cefonicid**
Noklot® → **Clopidogrel**
Nokoba® → **Naloxone**
Nokof® → **Carbocisteine**
Nolahist® → **Phenindamine**
Nolaid® → **Lidocaine**
Nolargin® → **Chlorhexidine**
Nolectin® → **Captopril**
Noleptan® [caps] → **Fominoben**
Noler® → **Cetirizine**
Nolgen® → **Tamoxifen**
Nolicin® → **Norfloxacin**
Nolipax® → **Fenofibrate**
Nolmoten® → **Amlodipine**
Nolol® → **Atenolol**
Noloten® → **Amlodipine**
Nolotil® → **Metamizole**
Nolvadex-D® → **Tamoxifen**
Nolvasan® [vet.] → **Chlorhexidine**
Nomactril® → **Octreotide**
Nomafen® → **Tamoxifen**
Nomexor® → **Nebivolol**
Nomi® → **Zolmitriptan**
Nomigrain® → **Flunarizine**
Nomopil® → **Repaglinide**
Nomosic® → **Meclozine**
Nomotil® → **Loperamide**
Nonafact® → **Nonacog Alfa**
Nonalges® → **Tramadol**
Non-Drowsy Sudafed® → **Pseudoephedrine**
Non Drowsy Sudafed Congestion Relief® → **Phenylephrine**
Non-Drowsy Sudafed Decongestant® → **Xylometazoline**
Non Drowsy Sudafed Decongestant® → **Pseudoephedrine**
Nonestron® [vet.] → **Megestrol**
Nonflamin® → **Tinoridine**

Non-Flat® → **Dimeticone**
Nonoxinol 9 → **Nonoxinol**
Nonoxinol → **Nonoxinol**
Nonoxinol [BAN, DCF] → **Nonoxinol**
Nonoxinol Nonoxinol 9: → **Nonoxinol**
Nonoxinolo → **Nonoxinol**
Nonoxinolo [DCIT] → **Nonoxinol**
Nonoxinol 9 (Ph. Eur. 5, Ph. Int. 4) → **Nonoxinol**
Nonoxinolum → **Nonoxinol**
Nonoxinolum 9 → **Nonoxinol**
Nonoxinolum 9 (Ph. Eur. 5, Ph. Int. 4) → **Nonoxinol**
Nonoxynol [USAN] → **Nonoxinol**
Nonoxynol 9 [USAN] → **Nonoxinol**
Nonoxynol 9 (USP 30) → **Nonoxinol**
Nonpiron® → **Ibuprofen**
Nontoss® → **Butamirate**
Noocephal® → **Piracetam**
Noocetam® → **Piracetam**
Nooclerin® → **Deanol**
Noodipina® → **Nimodipine**
Noodis® → **Piracetam**
Noostan® → **Piracetam**
Nootrofic® → **Piracetam**
Nootrop® → **Piracetam**
Nootropil® → **Piracetam**
Nootrop-Piracetam® → **Piracetam**
Nootropyl® → **Piracetam**
Nopain® → **Diclofenac**
Nopain® → **Nalbuphine**
Nopain® → **Naproxen**
Nopain® → **Metamizole**
Nopaine® [vet.] → **Lidocaine**
Nopan® → **Buprenorphine**
Nopar® → **Homatropine Methylbromide**
Nopatic® → **Gabapentin**
Noperil → **Neomycin**
Noperten® → **Lisinopril**
Nopia® → **Romurtide**
Nopik® → **Nateglinide**
Nopil® [+ Sulfamethoxazol] → **Trimethoprim**
Nopil® [+ Trimethoprim] → **Sulfamethoxazole**
Noprenia® → **Risperidone**
Nopres® → **Fluoxetine**
Nopron® → **Niaprazine**
Noprop® → **Pantoprazole**
Noprose® → **Norfloxacin**
Nopucid® → **Permethrin**
Nor-19-testosterone → **Nandrolone**
Nora® → **Ketoconazole**
Noracin® → **Norfloxacin**
Noractive® [vet.] → **Glucosamine**
Noradrenalina Biol® → **Norepinephrine**
Noradrenalina Braun® → **Norepinephrine**
Noradrenalina Concentrato® → **Norepinephrine**
Noradrenalina Richet® → **Norepinephrine**
Noradrenaline® → **Norepinephrine**
Noradrenaline Sintetica® → **Norepinephrine**
Noradrénaline tartrate Aguettant® → **Norepinephrine**
Noradrénaline tartrate Renaudin® → **Norepinephrine**
Noradrenalin Leciva® → **Norepinephrine**
Noradrenalin SAD® → **Norepinephrine**
Noramidopyrine [DCF] → **Metamizole**
Noramidopyrinium-methansulfonsäure → **Metamizole**
Noramidopyrinmethansulfonat-Natrium-1-Wasser → **Metamizole**
Noranat® → **Indapamide**
Norandrostenolone → **Nandrolone**
Norapred® → **Prednisone**
Noratak® → **Nesiritide**
Noratak® [inj.] → **Nesiritide**
Noravert® → **Bromhexine**
Noravid® → **Defibrotide**
Norax® → **Norfloxacin**
Norbactin® → **Norfloxacin**
Norbal® → **Buspirone**
Norbet® [vet.] → **Betamethasone**
Norbit® → **Disopyramide**
Norcalcin® [salmon] → **Calcitonin**
Norcin® → **Norfloxacin**
Norcin Utopian® → **Norfloxacin**
Nor-Ciprox® → **Ciprofloxacin**
Nor-Clamida® → **Glibenclamide**
NorClear® [vet.] → **Ketoconazole**
Nor-Clovir® → **Aciclovir**
NorCoat® [vet.] → **Gamolenic Acid**
Norcolut® → **Norethisterone**
Norcuron® → **Vecuronium Bromide**
Norcuron® [vet.] → **Vecuronium Bromide**
Norcutin® → **Norethisterone**
Nor-Dacef® → **Cefadroxil**
Nordaz® → **Nordazepam**
Norditropin® → **Somatropine**
Norditropine® → **Somatropine**
Norditropine Simplexx® → **Somatropine**
Norditropin NordiFlex® → **Somatropine**
Norditropin NordiLet® → **Somatropine**
Norditropin Simplexx® → **Somatropine**
Nordox® → **Phenazopyridine**
Nordurine® → **Desmopressin**
Norebox® → **Reboxetine**
Norelbin® → **Vinorelbine**
Norelut® → **Norethisterone**
Norephedrine → **Phenylpropanolamine**
Norepinefrina® → **Norepinephrine**
Norepinefrina Northia® → **Norepinephrine**
Norepinefrine CF® → **Norepinephrine**
Norepinephrine Bitartrate® → **Norepinephrine**
Noreskin® → **Azelaic Acid**
Norestin® → **Norethisterone**
Norethindrone Acetate® → **Norethisterone**
Norethisteron CF® → **Norethisterone**
Norethisterone® → **Norethisterone**
Norethisterone Beacons® → **Norethisterone**
Norethisteron Jenapharm® → **Norethisterone**
Norethisteron Slovakofarma® → **Norethisterone**
Norexan® → **Mitoxantrone**
Norfacin® → **Norfloxacin**
Nor-Famotina® → **Famotidine**
Norfcin® → **Norfloxacin**
Norfen® → **Norfloxacin**
Norfenac® → **Diclofenac**
Norfenazin® → **Nortriptyline**
Norfenefrin-ratiopharm® → **Norfenefrine**
Norfenefrin Ziethen® → **Norfenefrine**
Norflam T® → **Ibuprofen**
Norflex® → **Orphenadrine**
Norfloaxacin Heumann® → **Norfloxacin**
Norflocin® → **Norfloxacin**
Norflocin-Mepha® → **Norfloxacin**
Norflogen® → **Norfloxacin**
Norflohexal® → **Norfloxacin**
Norflok® → **Norfloxacin**
Norflol® → **Norfloxacin**
Norflosal® → **Norfloxacin**
Norflostad® → **Norfloxacin**
Norflox® → **Norfloxacin**
Norflox-1A Pharma® → **Norfloxacin**
Norfloxacin → **Norfloxacin**
Norfloxacin® → **Norfloxacin**
Norfloxacina® → **Norfloxacin**

N

Norfloxacinã® → **Norfloxacin**
Norfloxacina → **Norfloxacin**
Norfloxacina ABC® → **Norfloxacin**
Norfloxacin AbZ® → **Norfloxacin**
Norfloxacin-acis® → **Norfloxacin**
Norfloxacina Craveri® → **Norfloxacin**
Norfloxacina [DCIT] → **Norfloxacin**
Norfloxacin Adico® → **Norfloxacin**
Norfloxacina EG® → **Norfloxacin**
Norfloxacina Fabra® → **Norfloxacin**
Norfloxacina Jet® → **Norfloxacin**
Norfloxacina Klonal® → **Norfloxacin**
Norfloxacin AL® → **Norfloxacin**
Norfloxacinã LPH® → **Norfloxacin**
Norfloxacina MK® → **Norfloxacin**
Norfloxacina Northia® → **Norfloxacin**
Norfloxacina Ratiopharm® → **Norfloxacin**
Norfloxacina Richet® → **Norfloxacin**
Norfloxacina Sandoz® → **Norfloxacin**
Norfloxacina Tad® → **Norfloxacin**
Norfloxacin [BAN, JAN, USAN] → **Norfloxacin**
Norfloxacine → **Norfloxacin**
Norfloxacine A® → **Norfloxacin**
Norfloxacine Alpharma® → **Norfloxacin**
Norfloxacine Biogaran® → **Norfloxacin**
Norfloxacine CF® → **Norfloxacin**
Norfloxacine [DCF] → **Norfloxacin**
Norfloxacine-EG® → **Norfloxacin**
Norfloxacine EG® → **Norfloxacin**
Norfloxacine Gf® → **Norfloxacin**
Norfloxacine Ivax® → **Norfloxacin**
Norfloxacine Merck® → **Norfloxacin**
Norfloxacine PCH® → **Norfloxacin**
Norfloxacine (Ph. Eur. 5) → **Norfloxacin**
Norfloxacine Ratiopharm® → **Norfloxacin**
Norfloxacine-Sandoz® → **Norfloxacin**
Norfloxacine Sandoz® → **Norfloxacin**
Norfloxacine Teva® → **Norfloxacin**
Norfloxacine Winthrop® → **Norfloxacin**
Norfloxacin Helvepharm® → **Norfloxacin**
Norfloxacin Heumann® → **Norfloxacin**
Norfloxacin (JP XIV, Ph. Eur. 5, USP 30) → **Norfloxacin**
Norfloxacin-K® → **Norfloxacin**
Norfloxacin Krka® → **Norfloxacin**
Norfloxacino® → **Norfloxacin**
Norfloxacino → **Norfloxacin**
Norfloxacino Bayvit® → **Norfloxacin**
Norfloxacino Bexal® → **Norfloxacin**
Norfloxacino Fmndtria® → **Norfloxacin**
Norfloxacino Generix® → **Norfloxacin**
Norfloxacino Genfar® → **Norfloxacin**
Norfloxacino Induquimica® → **Norfloxacin**
Norfloxacino Iqfarma® → **Norfloxacin**
Norfloxacino MF® → **Norfloxacin**
Norfloxacino MK® → **Norfloxacin**
Norfloxacino Normon® → **Norfloxacin**
Norfloxacino Qualix® → **Norfloxacin**
Norfloxacino Sandoz® → **Norfloxacin**
Norfloxacin ratiopharm® → **Norfloxacin**
Norfloxacin-Ratiopharm® → **Norfloxacin**
Norfloxacin Sandoz® → **Norfloxacin**
Norfloxacin Stada® → **Norfloxacin**
Norfloxacin-Teva® → **Norfloxacin**
Norfloxacinum → **Norfloxacin**
Norfloxacinum (Ph. Eur. 5) → **Norfloxacin**
Norfloxatin-Ratiopharm® → **Norfloxacin**
Norflox-AZU® → **Norfloxacin**
Norfloxbeta® → **Norfloxacin**
Norfloxin® → **Norfloxacin**
Nor-Floxin® → **Lomefloxacin**
Norflox-Sandoz® → **Norfloxacin**
norflox von ct® → **Norfloxacin**
Nor-Fluozol® → **Fluconazole**
Norfluxx® → **Norfloxacin**
Norforms® → **Nonoxinol**
Norgalax® → **Docusate Sodium**
Nor-Gerom® → **Cinnarizine**
Norgestimat → **Norgestimate**
Norgestimate → **Norgestimate**
Norgestimate [BAN, DCF, USAN] → **Norgestimate**
Norgestimate (USP 30) → **Norgestimate**
Norgestimato → **Norgestimate**
Norgestimatum → **Norgestimate**
Norgeston® → **Levonorgestrel**
Norgestrel Max® → **Levonorgestrel**
Norglicem 5® → **Glibenclamide**
Norheparin → **Heparin**
Noriday® → **Norethisterone**
Noriday 28® → **Norethisterone**
Noriday Orifarm® → **Norethisterone**
Norilet® → **Norfloxacin**
Norimode® → **Loperamide**
Noripam® → **Oxazepam**
Ñorispez® → **Risperidone**
Noristal® → **Metoclopramide**
Noristerat® → **Norethisterone**
Norit® → **Charcoal, Activated**
Noritate® → **Metronidazole**
Norit Carbomix® → **Charcoal, Activated**
Noritren® → **Nortriptyline**
Norium® → **Flunarizine**
Norkotral Tema® → **Temazepam**
Norlevo® → **Levonorgestrel**
Norline® → **Nortriptyline**
Norlip® → **Bezafibrate**
Nor-Lodipina® → **Amlodipine**
Norlopin® → **Amlodipine**
Norlutate® → **Norethisterone**
Normabel® → **Diazepam**
Normabraïn® → **Piracetam**
Normacid® → **Ranitidine**
Normadil® → **Nifedipine**
Normafenac® → **Cefuroxime**
Normaflu® → **Paracetamol**
Norma-H® → **Ranitidine**
Normakut® → **Loperamide**
Normalac® → **Lynestrenol**
Normalac® → **Lactulose**
Normalax® → **Lactulose**
Normalene® → **Bisacodyl**
Normalip® → **Fenofibrate**
Normalip® → **Atorvastatin**
Normaln® → **Amitriptyline**
Normalol® → **Atenolol**
Normanal® → **Diosmin**
Normase® → **Lactulose**
Normastigmin® [inj.] → **Neostigmine**
Normastigmin mit Pilocarpin® [+ Neostigmine, bromide] → **Pilocarpine**
Normastigmin mit Pilocarpin® [+ Pilocarpine, hydrochloride] → **Neostigmine**
Normastin® → **Metoclopramide**
Normaten® → **Atenolol**
Normatens® → **Moxonidine**
Normatol® → **Gabapentin**
Normax® → **Norfloxacin**
Normetil® → **Piroxicam**
Nor-Metrogel® → **Metronidazole**
Normicina® → **Midecamycin**
Normicor® → **Simvastatin**
Normison® → **Temazepam**
Normitab® → **Atenolol**

Normitab® → **Temazepam**
Normital® → **Spironolactone**
Normiten® → **Atenolol**
Normix® → **Rifaximin**
Nor Mobix® → **Meloxicam**
Normobren® → **Levocarnitine**
Normobron® → **Salbutamol**
Normoc® → **Bromazepam**
Normocard® → **Atenolol**
Normodiab® → **Gliclazide**
Normodipine® → **Amlodipine**
Normodyne® → **Labetalol**
Normofat® → **Simvastatin**
Normofenicol Iny® [inj.] → **Chloramphenicol**
Normoflex® → **Bromhexine**
Normoglucon® → **Glibenclamide**
Normolaxil® → **Lactitol**
Normolip® → **Gemfibrozil**
Normolip® → **Fenofibrate**
Normolose® → **Captopril**
Normonal® → **Tripamide**
Normoparin® → **Heparin**
Normopres® → **Amlodipine**
Normopresan® → **Clonidine**
Normopress® → **Methyldopa**
Normorytmin® → **Propafenone**
Normosilen® → **Nimesulide**
Normospor® → **Clotrimazole**
Normotemp® → **Paracetamol**
Normothen® → **Doxazosin**
Normotherin® → **Simvastatin**
Normothymin-E® → **Lithium**
Normotil® → **Loperamide**
Normoxin® → **Moxonidine**
Normpress® → **Propranolol**
Nor-Mucoll® → **Ambroxol**
Normudal® → **Loperamide**
Norobrittin® [vet.] → **Ampicillin**
Norocarp® [vet.] → **Carprofen**
Norocillin® [vet.] → **Penicillin G Procaine**
Norocin® → **Norfloxacin**
Noroclav® [+Amoxicillin trihydrate] [vet.] → **Clavulanic Acid**
Noroclav® [+Clavulanic Acid potassium salt] [vet.] → **Amoxicillin**
Noroclav®[vet.] → **Clavulanic Acid**
Noroclav®[vet.] → **Amoxicillin**
Noroclox® [vet.] → **Cloxacillin**
Norodine® [+Sulfadiazine] [vet.] → **Trimethoprim**
Norodine® [+Trimethoprim] [vet.] → **Sulfadiazine**
Norodine®[vet.] → **Sulfadiazine**
Norodine®[vet.] → **Sulfamethoxazole**
Norodine®[vet.] → **Trimethoprim**
Norodol® → **Haloperidol**
Norofulvin® [vet.] → **Griseofulvin**
Noromectin® [vet.] → **Ivermectin**
Noromycin® [vet.] → **Oxytetracycline**
Noroprost® [vet.] → **Dinoprost**
Nor-Ospor® → **Alendronic Acid**
Norotyl® [vet.] → **Tylosin**
Noroxin® → **Norfloxacin**
Noroxine® → **Norfloxacin**
Norpace® → **Disopyramide**
Norphin® → **Buprenorphine**
Norpid® → **Gemfibrozil**
Norpilen® → **Venlafaxine**
Norplant® → **Levonorgestrel**
Norpramin® → **Omeprazole**
Nor-Presin® → **Fluoxetine**
Norpress® → **Atenolol**
Nor-Prilat® → **Enalapril**
Norpril® [tab.] → **Enalapril**
Norprolac® → **Quinagolide**
Nor-Q.D.® → **Norethisterone**
Norsa® → **Norfloxacin**
Nor Sartan® → **Losartan**
Norsec® → **Omeprazole**
Nor-Secnal® → **Secnidazole**
Norserin® → **Mianserin**
Norset® → **Mirtazapine**
Norsic® → **Quetiapine**
Norsol® → **Norfloxacin**
Norspan® → **Buprenorphine**
Norspor® → **Itraconazole**
Norstan-Phenytoin Sodium® → **Phenytoin**
Norsulin® → **Gliclazide**
Nortan® → **Atenolol**
Nortec® → **Fluoxetine**
Nortelol® → **Atenolol**
Nortem® → **Temazepam**
Nor-Tenz® → **Brimonidine**
Norterol® → **Nortriptyline**
Nortestosterone → **Nandrolone**
Nortestrionate → **Nandrolone**
Northicalm® → **Diphenhydramine**
Northiron® → **Cefatrizine**
Nortid® → **Diclofenac**
Nortifen® → **Ketotifen**
Nortimil® → **Desipramine**
Nortin® → **Nortriptyline**
Nortolan® → **Nimodipine**
Norton® → **Nimodipine**
Norton-Baclofen® → **Baclofen**
Norton-Glibenclamide® → **Glibenclamide**
Nortrel® → **Levonorgestrel**
Nortrilen® → **Nortriptyline**
Nor-Tripar® → **Nitazoxanide**
Nortriptyline® → **Nortriptyline**
Nortriptyline Hydrochloride® → **Nortriptyline**
Nortron® → **Dirithromycin**
Nortussine® → **Dextromethorphan**
Nortussine mono® → **Dextromethorphan**
Nortwin® → **Amlodipine**
Nortylin® → **Nortriptyline**
Nortyline® → **Nortriptyline**
Norum® → **Aciclovir**
Norvadin® → **Amlodipine**
Norvas® → **Amlodipine**
Norvasc® → **Amlodipine**
Norvask® → **Amlodipine**
Nor-Vastina® → **Simvastatin**
Norvectan® → **Ibuprofen**
Nor Vibrax® → **Sildenafil**
Norvidine® [vet.] → **Povidone-Iodine**
Norvir® → **Ritonavir**
Norwich® → **Aspirin**
Norxacin® → **Norfloxacin**
Norxia-200® → **Norfloxacin**
Norzac® → **Fluoxetine**
Norzen® → **Norfloxacin**
Nor-Zimax® → **Azithromycin**
Norzonol® → **Clonixin**
Nos® → **Famotidine**
Noscab® → **Permethrin**
Noscaflex® → **Noscapine**
Nosca-Mereprine® → **Noscapine**
Noscapina® → **Noscapine**
Noscapine HCl® → **Noscapine**
Noscapine HCl Gf® → **Noscapine**
Noscapine HCl Katwijk® → **Noscapine**
Noscapine HCl Kring® → **Noscapine**
Noscapine HCl PCH® → **Noscapine**
Noscapine HCl Sandoz® → **Noscapine**
Noscapine Opsonin® → **Noscapine**
Noscapin Samenwerkende Apothekers® → **Noscapine**
Nosedin® → **Loratadine**
Nosemin® → **Cetirizine**
Noseral® → **Loratadine**
Nosik-Lax® → **Bisacodyl**
Nositrol® → **Hydrocortisone**
Noskapin® → **Noscapine**
Noskapin ACO® → **Noscapine**
Noskapin Dak® → **Noscapine**
Nosox® → **Oxymetazoline**
NO-SPA® → **Drotaverine**
Nospan YSP® → **Dextromethorphan**
No-Spasm® → **Hyoscine Butylbromide**
Nospasmin® → **Pipethanate**
Nossacin® → **Cinoxacin**
Nostaden® → **Cyclobenzaprine**

Nosterol® → **Simvastatin**
Nostil® → **Ofloxacin**
Nostril® → **Phenylephrine**
Nostrilla® → **Oxymetazoline**
Notac® → **Famotidine**
Noten® → **Atenolol**
Notens® → **Bromazepam**
Notensyl® → **Dicycloverine**
Notezine® → **Diethylcarbamazine**
Notiderm® → **Gentamicin**
Notidin® → **Famotidine**
Notis® → **Omeprazole**
Notix NF® [vet.] → **Clofenvinfos**
Notolac® → **Ketorolac**
No-Ton® → **Nabumetone**
Notorium® → **Bromazepam**
No-Tos® → **Bromhexine**
Notrab® → **Ranitidine**
Notrilen® → **Nortriptyline**
Notritis® → **Tenoxicam**
Notta® → **Montelukast**
Nottem® → **Zolpidem**
Notusin® → **Codeine**
Notuxal® → **Dextromethorphan**
No-Uric® → **Allopurinol**
Nourilax® → **Bisacodyl**
Noury® → **Malathion**
Nourytam® → **Tamoxifen**
Nova® → **Pargeverine**
Novaban® → **Tropisetron**
Novabritine® → **Amoxicillin**
Novabritine® [inj.] → **Amoxicillin**
Novabupi® → **Levobupivacaine**
Novacarel® → **Mesna**
Novacef® → **Cefixime**
Novacen® [vet.] → **Metamizole**
Novacetam® → **Piracetam**
Novacetol® → **Clotrimazole**
Novacilina® → **Levofloxacin**
Novacler® → **Metamizole**
Novacloxab® → **Loratadine**
Novacrium® → **Mivacurium Chloride**
Novacrom® → **Cromoglicic Acid**
Novade® → **Repaglinide**
Novadex® → **Tamoxifen**
Novadiar® → **Loperamide**
Novador® → **Cefuroxime**
Novadral® → **Norfenefrine**
Novain® → **Oxybuprocaine**
Novakom-S® → **Metamizole**
Noval® → **Timolol**
Novales® → **Pravastatin**
Novalexin® → **Cefalexin**
Novalgetol® → **Metamizole**
Novalgina® → **Metamizole**
Novalgine® → **Metamizole**
Novalgine® [vet.] → **Metamizole**
Novalid® → **Ofloxacin**
Novalif® → **Sildenafil**
Novamet® → **Cimetidine**
Novamin® → **Amikacin**
Novaminsulfon Lichtenstein® → **Metamizole**
Novaminsulfon-ratiopharm® → **Metamizole**
Novaminsulfon-Sandoz® → **Metamizole**
Novaminsulfon® [vet.] → **Metamizole**
Novamir® → **Butamirate**
Novamox® → **Amoxicillin**
Novamox® [+ Amoxicillin, trihydrate] → **Clavulanic Acid**
Novamox® [+ Clavulanic Acid, potassium salt] → **Amoxicillin**
Novamoxin® → **Amoxicillin**
Novanaest® → **Procaine**
Novanox® → **Nitrazepam**
Novantron® → **Mitoxantrone**
Novantrone® → **Mitoxantrone**
Novantrone® [vet.] → **Mitoxantrone**
Novapen® → **Ampicillin**
Novapirina® → **Diclofenac**
Novaprin® → **Danazol**
Novarel® → **Chorionic Gonadotrophin**
Novarin® → **Diclofenac**
Novarok® → **Imidapril**
Novasen® → **Aspirin**
Novasol® → **Naphazoline**
Novasone® → **Mometasone**
Novastan® → **Argatroban**
Novastin® → **Simvastatin**
Novatac® → **Famotidine**
Novate® → **Clobetasol**
Novatec® → **Lisinopril**
Novaten® [tab.] → **Atenolol**
Novativ® → **Sertraline**
Novatrex® → **Methotrexate**
Novatropina® → **Homatropine Methylbromide**
Novaxen® → **Naproxen**
Novazepam® → **Bromazepam**
Novazidine® → **Trimetazidine**
Novazole® → **Metronidazole**
Novecin® → **Ofloxacin**
Novegam® → **Clenbuterol**
Novek® → **Omeprazole**
Novel® → **Melatonin**
Novem® [vet.] → **Meloxicam**
Novencil® → **Ampicillin**
Noveril® → **Dibenzepin**
Novesin® → **Oxybuprocaine**
Novesina® → **Oxybuprocaine**
Novesine® → **Oxybuprocaine**
Novex® → **Fluticasone**
Novhepar® → **Lorazepam**
Novidrine® [+ Sulfamehoxazole] → **Trimethoprim**
Novidrine® [+ Trimethoprim] → **Sulfamethoxazole**
Noviform® → **Bibrocathol**
Noviken® → **Nifedipine**
Novimax® → **Doxycycline**
Novimec® [vet.] → **Ivermectin**
Novin® → **Xylometazoline**
Novina® → **Pravastatin**
Novirax® → **Aciclovir**
Novirell B1® → **Thiamine**
Novirell B12® → **Cyanocobalamin**
Novirell B6® → **Pyridoxine**
Novirell B Mono® → **Cyanocobalamin**
Novirex® → **Aciclovir**
Novispir® [vet.] → **Spiramycin**
Novitropan® → **Oxybutynin**
Novo-Acebutolol® → **Acebutolol**
Novo-Alendronate® → **Alendronic Acid**
Novo Alerpriv® → **Desloratadine**
Novo-Alprazol® → **Alprazolam**
Novo-Amiodarone® → **Amiodarone**
Novo-Ampicillin® → **Ampicillin**
Novo-ASA® → **Mesalazine**
Novo Asat® → **Paracetamol**
Novo-Atenol® → **Atenolol**
Novo-Azathioprine® → **Azathioprine**
Novo-Azithromycin® → **Azithromycin**
Novo-Benzydamine® → **Benzydamine**
Novo-Betahistine® → **Betahistine**
Novo-Bicalutamide® → **Bicalutamide**
Novo-Bisoprolol® → **Bisoprolol**
Novo-Bromazepam® → **Bromazepam**
Novo-Bupropion® → **Bupropion**
Novo-Buspirone® → **Buspirone**
Novocain® → **Procaine**
Novocainamidum (USSRP) → **Procainamide**
Novocainum (USSRP) → **Procaine**
Novocalmin® → **Metamizole**
Novo-Captoril® → **Captopril**
Novo-Carbamaz® → **Carbamazepine**
Novo-Cefaclor® → **Cefaclor**
Novo-Cefadroxil® → **Cefadroxil**
Novocephal® → **Piracetam**
Novo-Chloroquine® → **Chloroquine**
Novo-Chlorpromazine® → **Chlorpromazine**
Novo-Cilazapril® → **Cilazapril**

Novocilin® → **Amoxicillin**
Novocillin® → **Penicillin G Procaine**
Novocillin® [vet.] → **Benzylpenicillin**
Novo-Cimetine® → **Cimetidine**
Novo-Ciprofloxacin® → **Ciprofloxacin**
Novo-Citalopram® → **Citalopram**
Novo-Clavamoxin® [+ Amoxicillin trihydrate] → **Clavulanic Acid**
Novo-Clavamoxin® [+ Clavulanic Acid potassium salt] → **Amoxicillin**
Novo-Clindamycin® → **Clindamycin**
Novo-Clobazam® → **Clobazam**
Novo-Clobetasol® → **Clobetasol**
Novo-Clonazepam® → **Clonazepam**
Novo-Clonidine® → **Clonidine**
Novo-Clopate® → **Clorazepate, Dipotassium**
Novo-Cloxin® → **Cloxacillin**
Novocortil® → **Hydrocortisone**
Novocox® [vet.] → **Carprofen**
Novocral® → **Ceftazidime**
Novo-Cycloprine® → **Cyclobenzaprine**
Novo-Cyproterone® → **Cyproterone**
Novo Dermoquinona® → **Mequinol**
Novo-Difenac® → **Diclofenac**
Novo-Difenac-K® → **Diclofenac**
Novo-Diflunisal® → **Diflunisal**
Novodigal® → **Acetyldigoxin**
Novodil® → **Dipyridamole**
Novo-Diltazem® → **Diltiazem**
Novo-Dimenate® → **Dimenhydrinate**
Novo-Dipam® → **Diazepam**
Novo-Dipiradol® → **Dipyridamole**
Novo-Divalproex® → **Valproic Acid**
Novo-Docusate Calcium® → **Docusate Calcium**
Novo-Docusate Sodium® → **Docusate Sodium**
Novo-Domperidone® → **Domperidone**
Novo-Doxazosin® → **Doxazosin**
Novo-Doxepin® → **Doxepin**
Novo-Doxylin® → **Doxycycline**
Novo-Famotidine® → **Famotidine**
Novofem® → **Estradiol**
Novofen® → **Tamoxifen**
Novo-Fenofibrate® → **Fenofibrate**
Novo-Ferrogluc® → **Ferrous Gluconate**
Novo-Fluconazole® → **Fluconazole**
Novo-Fluoxetine® → **Fluoxetine**
Novo-Flurprofen® → **Flurbiprofen**
Novo-Flutamide® → **Flutamide**
Novo-Fluvoxamine® → **Fluvoxamine**
Novo Fosfostilben® → **Diethylstilbestrol**
Novo-Fosinopril® → **Fosinopril**
Novo-Furantoin® → **Nitrofurantoin**
Novo-Gabapentin® → **Gabapentin**
Novo-Gemfibrozil® → **Gemfibrozil**
Novogeniol® → **Ibuprofen**
Novogent® → **Ibuprofen**
Novo-Gesic® → **Paracetamol**
Novo-Gliclazide® → **Gliclazide**
Novo-Glimepiride® → **Glimepiride**
Novo-Glyburide® → **Glibenclamide**
Novo-Herklin 2000® → **Permethrin**
Novo-Hydrazide® → **Hydrochlorothiazide**
Novo-Hydroxyzin® → **Hydroxyzine**
Novo-Hylazin® → **Hydralazine**
Novo-Indapamide® → **Indapamide**
Novo-Ipramide® → **Ipratropium Bromide**
Novo-Ketoconazole® → **Ketoconazole**
Novo-Ketorolac® → **Ketorolac**
Novo-Ketotifen® → **Ketotifen**
Novo-Lamotrigine® → **Lamotrigine**
Novolax® → **Bisacodyl**
Novo-Leflunomide® → **Leflunomide**
Novo-Levobunolol® → **Levobunolol**
Novo-Levocarbidopa® [+ Carbidopa] → **Levodopa**
Novo-Levocarbidopa® [+ Levodopa] → **Carbidopa**
Novo-Levofloxacin® → **Levofloxacin**
Novo-Lexin® → **Cefalexin**
Novolid® → **Nimesulide**
Novolin 70/30® → **Insulin Injection, Biphasic Isophane**
Novolin L® → **Insulin Zinc Injectable Suspension**
Novolin N® [biosyn.] → **Insulin Injection, Isophane**
Novolin N HM® → **Insulin Injection, Isophane**
Novolin R® [biosyn.] → **Insulin Injection, Soluble**
Novolin R HM® → **Insulin Injection, Soluble**
Novolizer Budesonide® → **Budesonide**
Novolizer Salbutamol® → **Salbutamol**
Novo-Loperamide® → **Loperamide**
Novo-Lorazem® → **Lorazepam**
Novo-Lovastatin® → **Lovastatin**
Novo-Maprotiline® → **Maprotiline**
Novo-Medrone® → **Medroxyprogesterone**
Novo Melanidina® → **Psoralen**
Novo-Meloxicam® → **Meloxicam**
NovoMet® → **Metformin**
Novo-Metformin® → **Metformin**
Novo-Methacin® → **Indometacin**
Novo-Metoprol® → **Metoprolol**
Novo-Mexiletine® → **Mexiletine**
Novomin® → **Dimenhydrinate**
Novo-Minocycline® → **Minocycline**
Novo-Mirtazapine® → **Mirtazapine**
Novo-Misoprostol® → **Misoprostol**
Novomit® → **Metoclopramide**
No-Vomit® → **Metoclopramide**
Novomix® → **Insulin Aspart**
Novo-Moclobemide® → **Moclobemide**
Novo-Nabumetone® → **Nabumetone**
Novo-Nadolol® → **Nadolol**
Novo-Naprox® → **Naproxen**
Novo-Naprox Sodium® → **Naproxen**
Novo-Nifedin® → **Nifedipine**
Novo-Nizatidine® → **Nizatidine**
Novo-Norfloxacin® → **Norfloxacin**
Novo Norm® → **Repaglinide**
Novonorm® → **Repaglinide**
Novo-Nortriptyline® → **Nortriptyline**
Novo-Ofloxacin® → **Ofloxacin**
Novo-Ondansetron® → **Ondansetron**
Novo-Oxybutynin® → **Oxybutynin**
Novo-Paramicon® → **Econazole**
Novo-Paroxetine® → **Paroxetine**
Novopen® → **Benzylpenicillin**
Novo-Pen-VK® → **Phenoxymethylpenicillin**
Novo-Peridol® → **Haloperidol**
Novo-Pheniram® → **Chlorphenamine**
Novo-Pindol® → **Pindolol**
Novo-Pirocam® → **Piroxicam**
Novo-Plan® → **Metamizole**
Novoplatinum® → **Carboplatin**
Novo-Pramine® → **Imipramine**
Novo-Pranol® → **Propranolol**
Novo-Pravastatin® → **Pravastatin**
Novo-Prazin® → **Prazosin**
Novo-Prednisone® → **Prednisone**
Novo-Profen® → **Ibuprofen**
Novo-Profen® → **Ketoprofen**
Novo-Propamide® → **Chlorpropamide**
Novoprotect® → **Amitriptyline**
Novoptine® → **Cetylpyridinium**
Novopulm Novolizer® → **Budesonide**
Novopulmon® → **Budesonide**
Novopulmon Novolizer® → **Budesonide**

Novo-Purol® → **Allopurinol**
Novopyrine® → **Metamizole**
Novoquin® → **Ciprofloxacin**
Novo-Quinine® → **Quinine**
Novo-Ranidine® → **Ranitidine**
Novorapid® → **Insulin Aspart**
Novorin® → **Xylometazoline**
Novo-Risperidone® → **Risperidone**
Novo-Rythro® → **Erythromycin**
Novoscabin® → **Benzyl Benzoate**
Novosef® → **Ceftriaxone**
Novo-Selegiline® → **Selegiline**
Novo-Semide® → **Furosemide**
Novo-Sertraline® → **Sertraline**
NovoSeven® → **Eptacog Alfa (activated)**
Novo Seven® → **Eptacog Alfa (activated)**
Novo-Simvastatin® → **Simvastatin**
Novo-Sotalol® → **Sotalol**
Novo-Spiroton® → **Spironolactone**
Novosterol® [vet.] → **Prednisolone**
Novostrep® → **Streptomycin**
Novo-Sucralate® → **Sucralfate**
Novo-Sumatriptan® → **Sumatriptan**
Novo-Sundac® → **Sulindac**
Novo-Tamoxifen® → **Tamoxifen**
Novo-Temazepam® → **Temazepam**
Novo-Tenoxicam® → **Tenoxicam**
Novoter® → **Fluocinonide**
Novo-Terazosin® → **Terazosin**
Novo-Terbinafine® → **Terbinafine**
Novo-Tetra® → **Tetracycline**
Novo-Theophyl® → **Theophylline**
Novothyral® → **Levothyroxine**
Novothyral® [+ Levothyroxine] → **Liothyronine**
Novothyral® [+ Liothyronine] → **Levothyroxine**
Novothyrox® → **Levothyroxine**
Novo-Tiaprofenic® → **Tiaprofenic Acid**
Novo-Ticlopidine® → **Ticlopidine**
Novo-Timol® → **Timolol**
Novo-Topiramate® → **Topiramate**
Novotossil® → **Cloperastine**
Novo-Trazodone® → **Trazodone**
Novo-Trimel® [+ Sulfamethoxazole] → **Trimethoprim**
Novo-Trimel® [+ Trimethoprim] → **Sulfamethoxazole**
Novotrim® [+ Sulfamethoxazole] → **Trimethoprim**
Novotrim® [+ Trimethoprim] → **Sulfamethoxazole**
Novo-Triptyn® → **Amitriptyline**
Novo-Valproic® → **Valproic Acid**
Novo-Veramil® → **Verapamil**
Novo-Warfarin® → **Warfarin**
Novoxacil® → **Ciprofloxacin**
Novoxil® → **Amoxicillin**
Novozitron® → **Azithromycin**
Novo-Zoplicone® → **Zopiclone**
Novphyllin® → **Aminophylline**
Novugen® [vet.] → **Policresulen**
Novuroxim® → **Cefuroxime**
Noxafil® → **Posaconazole**
Noxalide® → **Nimesulide**
Noxaprim®[vet.] → **Sulfamethoxazole**
Noxaprim®[vet.] → **Trimethoprim**
Noxibel® → **Mirtazapine**
Noxidem® → **Zolpidem**
Noxidil® → **Minoxidil**
Noxiflex® → **Diclofenac**
Noxine® → **Norfloxacin**
Noxinor® → **Norfloxacin**
Noxom® → **Nitazoxanide**
Noxon® → **Lornoxicam**
Noxraxin® → **Miconazole**
Noxtor® → **Ketotifen**
Noxworm® → **Mebendazole**
Noxyflex® → **Noxytiolin**
Noxyflex S® → **Noxytiolin**
Noxzema® → **Salicylic Acid**
Nozema® → **Hydrocortisone**
Nozevet® [vet.] → **Dimenhydrinate**
Nozid® → **Selegiline**
Nozinan® → **Levomepromazine**
Nozinan® [vet.] → **Levomepromazine**
NP-27® → **Tolnaftate**
N-Paracetamol® → **Paracetamol**
NPH insulin → **Insulin Injection, Isophane**
N-Piracetam® → **Piracetam**
N-Propranolol® → **Propranolol**
NSC 123127 → **Doxorubicin**
NSC 177023 → **Levamisole**
NSC 32065 → **Hydroxycarbamide**
NSC 36808 → **Phenol**
NSC 64198 → **Diazoxide**
NSC 9701 → **Methyltestosterone**
NSC 73205 → **Metamizole**
NSC-758 → **Glucosamine**
NSC 77518 → **Diazepam**
N-Statin Oral® → **Nystatin**
NTZ® → **Nitazoxanide**
Nu-Acebutolol® → **Acebutolol**
Nu-Acyclovir® → **Aciclovir**
Nu-Amoxi® → **Amoxicillin**
Nuardin® → **Cimetidine**
Nubain® → **Nalbuphine**
Nubaina® → **Nalbuphine**
Nubain® [vet.] → **Nalbuphine**
Nubend® → **Albendazole**
Nubral® → **Urea**
Nu-Cephalex® → **Cefalexin**
Nucidol® [vet.] → **Dimpylate**
Nu-Cimet® → **Cimetidine**
Nuclav® [+Amoxicillin trihydrate] → **Clavulanic Acid**
Nuclav® [+Clavulanic Acid potassium salt] → **Amoxicillin**
Nuclosina® → **Omeprazole**
Nucobrox® → **Ambroxol**
Nu-Cotrimox® [+ Sulfamethoxazole] → **Trimethoprim**
Nu-Cotrimox® [+ Trimethoprim] → **Sulfamethoxazole**
Nucoxia® → **Etoricoxib**
Nuctalon® → **Estazolam**
Nudep® → **Sertraline**
Nu-Diclo® → **Diclofenac**
Nu-Diltiaz® → **Diltiazem**
Nudipyl® → **Piracetam**
Nu-Divalproex® → **Valproic Acid**
Nu-Doxycycline® → **Doxycycline**
Nuelin® [liquef.] → **Theophylline Sodium Glycinate**
Nuelin SA® → **Theophylline**
Nuelin SR® → **Theophylline**
Nuelin® [tabs.] → **Theophylline**
Nuelin® [tabs.] → **Theophylline**
Nüfro® → **Nifuroxazide**
Nuevapina® → **Aspirin**
Nuface® → **Tretinoin**
Nufacetam® → **Piracetam**
Nufaclapide® → **Ticlopidine**
Nufaclav® [+ Amoxillin trihydrate] → **Clavulanic Acid**
Nufaclav® [+ Clavulanic Acid] → **Amoxicillin**
Nufaclind® → **Clindamycin**
Nufacobal® → **Mecobalamin**
Nufadex® → **Dexamethasone**
Nufadol® → **Paracetamol**
Nufafloqo® → **Ofloxacin**
Nufalemzil® → **Gemfibrozil**
Nufalev® → **Levofloxacin**
Nufamicron® → **Gliclazide**
Nu-Famotidine® → **Famotidine**
Nufamox® → **Amoxicillin**
Nufamox® [inj.] → **Amoxicillin**
Nufanibrox® → **Ambroxol**
Nufapolar® → **Desonide**
Nufapotram® → **Tramadol**
Nufaprazol® → **Lansoprazole**
Nufapreg® → **Promethazine**
Nufaprim® [+ Sulfamethoxazole] → **Trimethoprim**
Nufaprim® [+ Trimethoprim] → **Sulfamethoxazole**
Nufarindo® → **Itraconazole**

Nufarol® → **Sulpiride**
Nufathiam® → **Thiamphenicol**
Nufatrac® → **Itraconazole**
Nufex® → **Cefalexin**
Nuflexxa® → **Hyaluronic Acid**
Nuflor® [vet.] → **Florfenicol**
Nufloxib® → **Norfloxacin**
Nu-Fluoxetine® → **Fluoxetine**
Nu-Flurbiprofen® → **Flurbiprofen**
Nufolic® → **Folic Acid**
Nu-Glyburide® → **Glibenclamide**
Nuhair® → **Minoxidil**
Nuheart® [vet.] → **Ivermectin**
Nuicalm® → **Diphenhydramine**
Nu-Indapamide® → **Indapamide**
Nu-Indo® → **Indometacin**
Nu-Iron® → **Polyferose**
Nularef® → **Loratadine**
Nulastres® → **Bromazepam**
Nulcefam® → **Famotidine**
Nulcer® → **Cimetidine**
Nulcerin® → **Famotidine**
NuLev® → **Hyoscyamine**
Nulev® [vet.] → **Levamisole**
Nullatuss Clobutinol® → **Clobutinol**
Nulobes® → **Tiratricol**
Nu-Lovastatin® → **Lovastatin**
Numark® → **Budesonide**
Numbon® → **Nitrazepam**
Numectin® → **Ivermectin**
Numen® → **Ciprofloxacin**
Numencial® → **Galantamine**
Nu-Metformin® → **Metformin**
Nu-Metoclopramide® → **Metoclopramide**
Nu-Metop® → **Metoprolol**
Nu-Moclobemide® → **Moclobemide**
Numorphan® → **Oxymorphone**
Numosol Adultos® → **Oxolamine**
Numosol Infantil® → **Oxolamine**
Nu-Naprox® → **Naproxen**
Nu-Oxybutyn® → **Oxybutynin**
Nuozhituo® → **Fenofibrate**
Nupentin® → **Gabapentin**
Nupercainal® → **Cinchocaine**
Nupercainal Hydrocortisone® → **Hydrocortisone**
Nupercainal Ointment® → **Cinchocaine**
Nu-Pindol® → **Pindolol**
Nuprafen® → **Naproxen**
Nu-Pravastatin® → **Pravastatin**
Nur 1 Tropfen – Chlorhexidin® → **Chlorhexidine**
Nuradin® → **Cimetidine**
Nu-Ranit® → **Ranitidine**
Nurasel® → **Fluconazole**
Nureflex® → **Ibuprofen**
Nuriban® → **Furosemide**
Nuril® → **Pipemidic Acid**
Nurisolon → **Prednisolone**
Nur-Isterate® → **Norethisterone**
Nurital® → **Gemfibrozil**
Nurocain® → **Lidocaine**
Nurofast® → **Ibuprofen**
Nurofebryl® → **Ibuprofen**
Nurofen® → **Ibuprofen**
Nurofen for children® → **Ibuprofen**
Nurofen Forte® → **Ibuprofen**
Nurofen Gel® → **Ibuprofen**
Nurofen Junior® → **Ibuprofen**
Nurofen Migraine Pain® → **Ibuprofen**
Nurofen pentru copii® → **Ibuprofen**
Nurofen Tension Headache® → **Ibuprofen**
Nurofen Topico® → **Ibuprofen**
Nurolasts® → **Naproxen**
Nuromax® → **Doxacurium Chloride**
Nurosolv® → **Ibuprofen**
Nu-Rox® → **Enoxaparin**
Nu-Seals® → **Aspirin**
Nu-Sertraline® → **Sertraline**
Nuso-San® → **Xylometazoline**
Nu-Sotalol® → **Sotalol**
Nustasium® → **Diphenhydramine**
Nu-Sucralfate® → **Sucralfate**
Nu-Tetra® → **Tetracycline**
Nu-Ticlopidine® → **Ticlopidine**
Nu-Tic® [vet.] → **Amitraz**
Nutracort® → **Hydrocortisone**
Nutralcon® → **Urea**
Nutramid® → **Metoclopramide**
Nutraplus® → **Urea**
Nutra-plus® → **Urea**
Nutra-tat® → **Aspartame**
Nu-Trazodone® → **Trazodone**
Nutrdex® → **Dextrose**
Nutrexon® → **Naltrexone**
Nutrived Flatulex Chewable Tablets® [vet.] → **Dimeticone**
Nutrived T-4 Chewables® [vet.] → **Levothyroxine**
Nutrivisc® → **Povidone**
Nutrivit-E® → **Tocopherol, α-**
Nutrizym® → **Pancreatin**
Nutropin® → **Somatropine**
Nutropinaq® → **Somatropine**
Nutropin Aq® → **Somatropine**
Nuvacthen Depot® → **Tetracosactide**
Nuvapen® [inj.] → **Ampicillin**
Nuvelle® → **Estradiol**
Nu-Verap® → **Verapamil**
Nuvigil® → **Armodafinil**
Nuvir® → **Testosterone**
Nuvoclav® [+ Amoxicillin trihydrate] → **Clavulanic Acid**
Nuvoclav® [+ Clavulanic Acid, potassium salt] → **Amoxicillin**
Nuwhite® [vet.] → **Albendazole**
Nuzak® → **Fluoxetine**
Nyaderm® → **Nystatin**
Nyal Plus+ Allergy Relief® → **Promethazine**
Nycex® [vet.] → **Tosylchloramide Sodium**
Nycodol® → **Tramadol**
Nycoplus C-vitamin® → **Ascorbic Acid**
Nycoplus E-vitamin® → **Tocopherol, α-**
Nycoplus Ferro-Retard® → **Ferrous Sulfate**
Nycoplus Folsyre® → **Folic Acid**
Nycoplus Neo-Fer® → **Ferrous Fumarate**
Nycopren® → **Naproxen**
Nycovir® → **Aciclovir**
Nydrazid® → **Isoniazid**
Nyefax® → **Nifedipine**
Nyefax Retard® → **Nifedipine**
Nyflu® → **Diphenhydramine**
Nylex® [salmon] → **Calcitonin**
Nylipark® → **Sulpiride**
Nymiko® → **Nystatin**
Nyogel® → **Timolol**
Nyolol® → **Timolol**
Nyscan® → **Nystatin**
Nysconitrine® → **Nitroglycerin**
Nyst® → **Nystatin**
Nystacid® → **Nystatin**
Nystaderm® → **Nystatin**
Nystaform® → **Nystatin**
Nystain Vaginal Tablets® → **Nystatin**
Nystan® → **Nystatin**
Nystan® [vet.] → **Nystatin**
Nystat® → **Nystatin**
Nystatin® → **Nystatin**
Nystatin → **Nystatin**
Nystatin Actavis Cream® → **Nystatin**
Nystatin Actavis Ointment® → **Nystatin**
Nystatin [BAN, JAN, USAN] → **Nystatin**
Nystatine → **Nystatin**
Nystatine® → **Nystatin**
Nystatine [DCF] → **Nystatin**
Nystatine Labaz® → **Nystatin**
Nystatine-Labaz® → **Nystatin**
Nystatine (Ph. Eur. 5) → **Nystatin**
Nystatine Plan® → **Nystatin**
Nystatin F. T. Pharma® → **Nystatin**
Nystatin Holsten® → **Nystatin**
Nystatin Jenapharm® → **Nystatin**

N

Nystatin (JP XIV, Ph. Eur. 5, Ph. Int. 4, USP 30) → **Nystatin**
Nystatin Lederle® → **Nystatin**
Nystatin Ointment® → **Nystatin**
Nystatin Powder® → **Nystatin**
Nystatin Stada® → **Nystatin**
Nystatinum → **Nystatin**
Nystatinum (Ph. Eur. 5, Ph. Int. 4) → **Nystatin**
Nystatin Vaginal Inserts (USP 27) → **Nystatin**
Nystatin YSP® → **Nystatin**
Nystat-Rx® → **Nystatin**
Nystatyna® → **Nystatin**
Nystop® → **Nystatin**
Nytamel® → **Zolpidem**
Nytol® → **Diphenhydramine**
Nytol® [vet.] → **Diphenhydramine**
Nyzoc® → **Simvastatin**

O-20® → **Omeprazole**
O-(2-Hydroxy-ethyl)-amylopectin-hydrolysat → **Hetastarch**
O-4 Cycline® → **Oxytetracycline**
Oasil® → **Chlordiazepoxide**
Oaxen® → **Butamirate**
Obagi Nu-Derm Blender® → **Hydroquinone**
Obagi Nu-Derm Tolereen® → **Hydrocortisone**
Obecirol® → **Budesonide**
Obeclox® → **Clobenzorex**
Obedozol® → **Albendazole**
Obenil® → **Sibutramine**
Oberak® → **Celecoxib**
Oberdol® → **Ibuprofen**
Oberland Apotheke Hustenlöser® → **Carbocisteine**
Obermycin® [vet.] → **Oxytetracycline**
Obesan® → **Phendimetrazine**
Obestat® → **Sibutramine**
Obetine® → **Almagate**
Obex-LA® → **Phendimetrazine**
Obezine® → **Phendimetrazine**
Obid® → **Metformin**
Obiturine → **Fluorescein Sodium**
Oblant® → **Cinnarizine**
Oblets Gynécologiques® [vet.] → **Tetracycline**
Oblicarmine® [vet.] → **Tetracycline**
Obmet® → **Metformin**
Obracin® → **Tobramycin**
Obry® → **Tobramycin**
Obsidan® → **Ferrous Sulfate**
Obsidan® → **Propranolol**
Obteran® → **Metoclopramide**
Obusonid® → **Budesonide**
Obytin® → **Ciclopirox**
Ocam® → **Meloxicam**
Ocarnix® → **Levocarnitine**
Occidal® → **Ofloxacin**
Occlusal® → **Salicylic Acid**
Occrycetin® [vet.] → **Oxytetracycline**
Ocefax® → **Ciprofloxacin**
Océferol® [vet.] → **Tocopherol, α-**
Océgale® [vet.] → **Carbaril**
Océmycine® [vet.] → **Neomycin**
Océnet® [vet.] → **Carbaril**
Océpou® [vet.] → **Carbaril**
Oceral® → **Oxiconazole**
Océverm® [vet.] → **Piperazine**
Ocid® → **Omeprazole**
Ocin® → **Oxytocin**
Ocitocina Biol® → **Oxytocin**
Ocitocina Richmond® → **Oxytocin**
Oclazid® → **Gliclazide**
O.C.M.® → **Chlordiazepoxide**
Ocsaar® → **Losartan**
Octabid® → **Ciprofloxacin**
Octacilline® [vet.] → **Amoxicillin**
Octanate® → **Octocog Alfa**
Octanine® → **Nonacog Alfa**
Octanine-F® [inj.] → **Nonacog Alfa**
Octanyl® → **Bromazepam**
Octati® → **Antithrombin III**
Octegra® → **Moxifloxacin**
Octenisept® → **Octenidine**
Octilia® → **Tetryzoline**
Octim® → **Desmopressin**
Octin® → **Ofloxacin**
Octiveran® → **Tenoxicam**
Octodiol® → **Estradiol**
Octofene® → **Clofoctol**
Octonativ-M® → **Octocog Alfa**
Octonox® → **Lormetazepam**
Octorax® → **Enalapril**
Octosan® → **Terbinafine**
Octostim® → **Desmopressin**
Octostim® [inj.] → **Desmopressin**
Octreotid LAR „Novartis"® → **Octreotide**
Octrim® [+ Sulfamethoxazole] → **Trimethoprim**
Octrim® [+ Trimethoprim] → **Sulfamethoxazole**
Ocu-Caine® → **Proxymetacaine**
Ocu-Carpine® → **Pilocarpine**
Ocu-Chlor® → **Chloramphenicol**
Ocuclear® → **Oxymetazoline**
Ocucoat® → **Hypromellose**
Ocudiafan® → **Tetryzoline**
Ocufen® → **Flurbiprofen**
Ocufen® [vet.] → **Flurbiprofen**
Ocuflox® → **Ofloxacin**
Ocuflur® → **Flurbiprofen**
Ocuflur Liquifilm® → **Flurbiprofen**
Ocugel® → **Carbomer**
Oculac® → **Povidone**
Oculastin® → **Azelastine**
Oculotec® → **Retinol**
Oculotec Fluid® → **Povidone**
Oculotect® → **Povidone**
Oculotect® → **Povidone-Iodine**
Ocumed® → **Timolol**
Ocumicin® → **Tobramycin**
Ocu-Mycin® → **Gentamicin**
Ocu-Pentolate® → **Cyclopentolate**
Ocu-Phrin® → **Phenylephrine**
Ocupres® → **Timolol**
Ocuprost® → **Latanoprost**
Ocusert® → **Pilocarpine**
Ocuton® → **Oxedrine**
Ocu-Tropic® → **Tropicamide**
Ocu-Tropine® → **Atropine**
Ocytex® [vet.] → **Oxytocin**
Ocytocine® [vet.] → **Oxytocin**
Ocytormone → **Oxytocin**
Ocytovem® [vet.] → **Oxytocin**
Ocytovet® [vet.] → **Oxytocin**
Odaban® → **Aluminum Chloride**
Odacef® → **Cefixime**
Odamesol® → **Omeprazole**
Odanet® → **Ranitidine**
Odanex® → **Ondansetron**
Odanon® → **Carbazochrome**
Odasol® → **Omeprazole**
Odaz® → **Azithromycin**
Odazyth® → **Azithromycin**
Odenil® → **Amorolfine**
Odeston® → **Hymecromone**
α-D-Glucopyranose → **Dextrose**
Odiston® → **Sodium Amidotrizoate**
Odontalg® → **Lidocaine**
Odontocilina® → **Amoxicillin**
Odontogesic® → **Naproxen**
Odontovac® → **Penicillin G Procaine**
Odoxil® → **Cefadroxil**
Odranal® → **Oxybutynin**
Odrel® → **Clopidogrel**
Odrik® → **Trandolapril**
Odupril® → **Captopril**
Odven® → **Venlafaxine**
Odycin® → **Moxifloxacin**
Oecotrim® [+ Sulfamethoxazol] → **Trimethoprim**
Oecotrim® [+ Trimethoprim] → **Sulfamethoxazole**
Oedemex® → **Furosemide**
Ödemase® → **Furosemide**
Ödemin® → **Acetazolamide**
OeKolp® → **Estriol**
Oesclim® → **Estradiol**
Oestraclin® → **Estradiol**

O

Oftan Scopolamin® → **Scopolamine**
Oftan Starine® → **Tetryzoline**
Oftan Timolol® → **Timolol**
Oftan Tropicamid® → **Tropicamide**
Oftaquix® → **Levofloxacin**
Oftasona P® → **Betamethasone**
Oftasona-P® → **Betamethasone**
Oftasteril® → **Povidone-Iodine**
Oftavir® → **Aciclovir**
Oft Cusi Atropina® → **Atropine**
Oft Cusi Aureomicina® → **Chlortetracycline**
Oft Cusi Cloramfenicol® → **Chloramphenicol**
Oft Cusi Dexametasona® → **Dexamethasone**
Oft Cusi Eritromicina® → **Erythromycin**
Oft Cusi Gentamicina® → **Gentamicin**
Oft Cusi Hidrocortisona® → **Hydrocortisone**
Oftensin® → **Timolol**
Oftic® → **Diclofenac**
Oftimolo® → **Timolol**
Oftinal® → **Oxymetazoline**
Oftizoline® → **Tetryzoline**
Ogal® → **Omeprazole**
Ogast® → **Lansoprazole**
Ogasto® → **Lansoprazole**
Ogastoro® → **Lansoprazole**
Ogastro® → **Lansoprazole**
Ogen® → **Estropipate**
Oglos [inj.] → **Morphine**
Ogrigenta® [vet.] → **Gentamicin**
OHB12® → **Hydroxocobalamin**
OH B12® → **Hydroxocobalamin**
Ohexine® → **Bromhexine**
Ohlexin® → **Cefalexin**
α-Hypophamine → **Oxytocin**
Oif® → **Interferon Alfa**
Oikamid® → **Piracetam**
Oil Free Acne Wash® → **Salicylic Acid**
Oily Phenol Injection® → **Phenol**
Ojo San® → **Naphazoline**
Okacin® → **Lomefloxacin**
Okacyn® → **Lomefloxacin**
Okal Infantil® → **Aspirin**
Oki® → **Ketoprofen**
Oksabron® → **Oxolamine**
Oksamen® → **Tenoxicam**
Oksamen-L® → **Tenoxicam**
Oksazepam® → **Oxazepam**
Oksiaskaril® → **Piperazine**
Oksikam® → **Piroxicam**
Oksinazal® → **Oxymetazoline**
Oksitrolid® → **Roxithromycin**
Okuzell® → **Hypromellose**
Olan® → **Lansoprazole**
Olane® → **Paroxetine**
Olan-Gin® → **Metamizole**
Olaquindox® [vet.] → **Olaquindox**
Olbemox® → **Acipimox**
Olbetam® → **Acipimox**
Olcadil® → **Cloxazolam**
Olcenon® → **Tretinoin Tocoferil**
Olcin® → **Levofloxacin**
Oldamin® → **Monoethanolamine Oleate**
Oldan® → **Acemetacin**
Oldinot® → **Donepezil**
Oleanz® → **Olanzapine**
Oleogen F® → **Erythromycin**
Oleo-Lax® → **Propofol**
Oleomycetin® → **Chloramphenicol**
Oleovac® → **Bromhexine**
Oleovit® → **Retinol**
Oleovit D3® → **Colecalciferol**
Olexa® → **Olanzapine**
Olexin® → **Omeprazole**
Olfen® → **Diclofenac**
Olfex® → **Budesonide**
Olfosonide® → **Budesonide**
Olicard® → **Isosorbide Mononitrate**
Olicardin® → **Isosorbide Mononitrate**
Olicef® → **Ceftriaxone**
Oligogranul Lithium® → **Lithium**
Oligosol K® → **Potassium**
Oligosol Li® → **Lithium**
Oligosol Mg® → **Magnesium Gluconate**
Oligostim Aluminium® → **Lactic Acid**
Oligostim Fluor® → **Sodium Fluoride**
Oligostim Lithium® → **Lithium**
Oligostim Magnésium® → **Magnesium Gluconate**
Oligostim Potassium® → **Potassium**
Olimer® → **Clonazepam**
Olina® → **Hydrochlorothiazide**
Olinapril® → **Enalapril**
Oliphenicol® → **Chloramphenicol**
α-Lipoic Acid → **Thioctic Acid**
Olit® → **Omeprazole**
Oliver® → **Oryzanol**
Olivin® → **Enalapril**
Olmec® → **Olmesartan Medoxomil**
Olmes® → **Olmesartan Medoxomil**
Olmetec® → **Olmesartan Medoxomil**
Olmifon® → **Adrafinil**
Olmoran® → **Zafirlukast**
Olopatadine Hydrochloride® → **Olopatadine**
Olpress® → **Olmesartan Medoxomil**
Olsalazin → **Olsalazine**
Olsalazina → **Olsalazine**
Olsalazine → **Olsalazine**
Olsalazine [BAN, DCF] → **Olsalazine**
Olsalazine disodium salt: → **Olsalazine**
Olsalazine sodique → **Olsalazine**
Olsalazine sodique (Ph. Eur. 5) → **Olsalazine**
Olsalazine Sodium → **Olsalazine**
Olsalazine Sodium [BANM, USAN] → **Olsalazine**
Olsalazine Sodium (Ph. Eur. 5) → **Olsalazine**
Olsalazin natrium → **Olsalazine**
Olsalazin-Natrium (Ph. Eur. 5) → **Olsalazine**
Olsalazinum → **Olsalazine**
Olsalazinum natricum → **Olsalazine**
Olsalazinum natricum (Ph. Eur. 5) → **Olsalazine**
Olsar® → **Olmesartan Medoxomil**
Oltar® → **Glimepiride**
Oltyl® → **Ibuprofen**
Olux® → **Clobetasol**
Olynth® → **Xylometazoline**
Olyspal® → **Budesonide**
Olyster® → **Terazosin**
Olzapin® → **Olanzapine**
Omacor® → **Omega-3-acid Ethyl Esters**
Omaflaxina® → **Ciprofloxacin**
Omapren® → **Omeprazole**
Omaprin® → **Omeprazole**
Omar® → **Omeprazole**
Omaspir® → **Cefaclor**
Omastin® → **Fluconazole**
Omatropina® → **Homatropine Hydrobromide**
Omca® → **Fluphenazine**
Omcilon® → **Triamcinolone**
OM-Dicynone® → **Etamsylate**
Ome® → **Omeprazole**
Omebeta® → **Omeprazole**
Omec® → **Omeprazole**
Omecap® → **Omeprazole**
Omecidol® → **Omeprazole**
Omed® → **Omeprazole**
Omedar® → **Omeprazole**
Omedec® → **Omeprazole**
Omedin® → **Omeprazole**
Omedoc® → **Omeprazole**
Omega® → **Carbinoxamine**
Omega 100 L® → **Loratadine**
Omega Bronquial® → **Guaifenesin**
Omega III® → **Tocopherol, α-**

Omeprazol Merck NM® → **Omeprazole**
Omeprazol MK® → **Omeprazole**
Omeprazol MUPS® → **Omeprazole**
Omeprazol Nexo® → **Omeprazole**
Omeprazol Normon® → **Omeprazole**
Omeprazolo → **Omeprazole**
Omeprazol Ometon® → **Omeprazole**
Omeprazol Orsade® → **Omeprazole**
Omeprazol PCH® → **Omeprazole**
Omeprazol Pensa® → **Omeprazole**
Omeprazol Pharmagenus® → **Omeprazole**
Omeprazol (Ph. Eur. 5) → **Omeprazole**
Omeprazol Prazolene® → **Omeprazole**
Omeprazol Proclor® → **Omeprazole**
Omeprazol Ranbaxy® → **Omeprazole**
Omeprazol Ratiopharm® → **Omeprazole**
Omeprazol-ratiopharm® → **Omeprazole**
Omeprazol Recept® → **Omeprazole**
Omeprazol Richet® → **Omeprazole**
Omeprazol-Richter® → **Omeprazole**
Omeprazol Rimafar® → **Omeprazole**
Omeprazol Romikim Farma® → **Omeprazole**
Omeprazol Rubio® → **Omeprazole**
Omeprazol Sandoz® → **Omeprazole**
Omeprazol-Sandoz® → **Omeprazole**
Omeprazol Sodico® → **Omeprazole**
Omeprazol Stada® → **Omeprazole**
Omeprazol-Stada® → **Omeprazole**
Omeprazol Sumol® → **Omeprazole**
Omeprazol Tarbis® → **Omeprazole**
Omeprazol Tedec® → **Omeprazole**
Omeprazol Teva® → **Omeprazole**
Omeprazol-Teva® → **Omeprazole**
Omeprazol-Topgen® → **Omeprazole**
Omeprazolum → **Omeprazole**
Omeprazolum (Ph. Eur. 5) → **Omeprazole**
Omeprazol Universal Farm® → **Omeprazole**
Omeprazol Ur® → **Omeprazole**
Omeprazol Uxa® → **Omeprazole**
Omeprazol Vir® → **Omeprazole**
Omeprazol von ct® → **Omeprazole**
Omeprazol Winthrop® → **Omeprazole**
Omeprazol-Zys® → **Omeprazole**
Omeprazon® → **Omeprazole**
Omeprazostad® → **Omeprazole**
Omepren-20® → **Omeprazole**
Omepril® → **Omeprazole**
Omeprol® → **Omeprazole**
Omeprol Medichrom® → **Omeprazole**
Omeprotec® → **Omeprazole**
Ome-Puren® → **Omeprazole**
Ome-Q® → **Omeprazole**
Omera® → **Omeprazole**
Omeran® → **Omeprazole**
Omesan® → **Omeprazole**
Omesar® → **Olmesartan Medoxomil**
Omesec® → **Omeprazole**
Omesil® → **Omeprazole**
Omestad® → **Omeprazole**
Ometac® → **Omeprazole**
Ome TAD® → **Omeprazole**
Ometid® → **Omeprazole**
Ometrix Amex® → **Omeprazole**
Omex® → **Omeprazole**
Omexel® → **Tamsulosin**
Omez® → **Omeprazole**
Omezol® → **Omeprazole**
Omezole® → **Omeprazole**
Omezol-Mepha® → **Omeprazole**
Omezol-Stada® → **Omeprazole**
Omezzol® → **Omeprazole**
Omic® → **Tamsulosin**
Omicap® → **Omeprazole**
Omidon® → **Domperidone**
Omifin® → **Clomifene**
Omilipis® → **Carboplatin**
Omiloc® → **Omeprazole**
Omipix® → **Omeprazole**
Omisec® → **Omeprazole**
Omitac® → **Omeprazole**
Omitin® → **Omeprazole**
Omitox® → **Omeprazole**
Omix® → **Tamsulosin**
Omizac® → **Omeprazole**
Omnalio® → **Chlordiazepoxide**
Omnaris® → **Ciclesonide**
Omnatax® → **Cefotaxime**
Omnexel® → **Tamsulosin**
Omniapharm® → **Bromhexine**
Omnic® → **Tamsulosin**
Omnicef® → **Cefdinir**
Omnic Lyfjaver® → **Tamsulosin**
Omnic Ocas® → **Tamsulosin**
Omnic Tocas® → **Tamsulosin**
Omniderm® → **Fluocinolone acetonide**
Omnidol® → **Tramadol**
Omniflox® → **Sparfloxacin**
Omnigeriat® → **Cyproterone**
Omnigraf® → **Iohexol**
Omnii-Gel® → **Stannous Fluoride**
Omnii-Med → **Stannous Fluoride**
Omnipaque® → **Iohexol**
Omnipen® → **Ampicillin**
Omnipen® [vet.] → **Ampicillin**
Omniquin® → **Lomefloxacin**
Omniscan® → **Gadodiamide**
Omnistad® → **Tamsulosin**
Omnitrast® → **Iohexol**
Omnitrope® → **Somatropine**
Omnitus® → **Butamirate**
Omolin® → **Omeprazole**
Omozin® → **Methylphenidate**
Ompranyt® → **Omeprazole**
OMS® → **Morphine**
OMS 1502 → **Propetamphos**
Omsat® [+ Sulfamethoxazole] → **Trimethoprim**
Omsat® [+ Trimethoprim] → **Sulfamethoxazole**
Omsec® → **Omeprazole**
OMZ® → **Omeprazole**
Onaka® → **Pidotimod**
Onaserone® → **Ondansetron**
Oncaspar® → **Pegaspargase**
Onceair® → **Montelukast**
Oncobleocin® → **Bleomycin**
Oncocarb® → **Carboplatin**
Onco-Carbide® → **Hydroxycarbamide**
Oncocarbil® → **Dacarbazine**
Oncocarbin® → **Carboplatin**
Oncocristin® → **Vincristine**
Oncodaunotec® → **Daunorubicin**
Oncodocel® → **Docetaxel**
Oncoemet® → **Ondansetron**
Oncofolic® → **Folic Acid**
Oncomide® → **Cyclophosphamide**
Oncoplatin® → **Cisplatin**
Oncoplaxel® → **Paclitaxel**
Oncosal® → **Flutamide**
Oncotam® → **Tamoxifen**
Oncotamox® → **Tamoxifen**
Oncotecan® → **Topotecan**
Onco Tiotepa® → **Thiotepa**
Oncotron® → **Mitoxantrone**
Oncouracil® → **Fluorouracil**
Oncovin® → **Vincristine**
Oncovin® [vet.] → **Vincristine**
Onda® → **Ondansetron**
Ondansetron® → **Ondansetron**
Ondansetron 1A Farma® → **Ondansetron**
Ondansetron 1A Pharma® → **Ondansetron**
Ondansetron Alternova® → **Ondansetron**
Ondansetron Ardez® → **Ondansetron**
Ondansetron Basics® → **Ondansetron**

O

Optovit E® → **Tocopherol, α-**
Optovite B12® → **Cyanocobalamin**
Optrex Allergy Eyes® → **Cromoglicic Acid**
Optrine® → **Naphazoline**
Optruma® → **Raloxifene**
Opturem® → **Ibuprofen**
Optycin® → **Tetracycline**
Opyrin® → **Flufenamic Acid**
OQ-Coat® → **Hypromellose**
OQ-Seina® → **Oxybuprocaine**
OQ-Septic® → **Povidone-Iodine**
Ora® → **Lorazepam**
Orabase® → **Benzocaine**
Orabase HCA® → **Hydrocortisone**
Orabet® → **Tolbutamide**
Orabiot® → **Bromhexine**
Orabol® [vet.] → **Methandriol**
Oracal® → **Calcium Carbonate**
Oracap® → **Omeprazole**
Oracea® → **Doxycycline**
Oracef® → **Cefalexin**
Oracéfal® → **Cefadroxil**
Oraceftin® → **Cefuroxime**
Oracilin® → **Phenoxymethylpenicillin**
Oracilina® [tab./susp.] → **Phenoxymethylpenicillin**
Oracilline® [compr.] → **Phenoxymethylpenicillin**
Oracilline® [liqu.oral] → **Phenoxymethylpenicillin**
Oracort® → **Triamcinolone**
Oracyn-K® → **Phenoxymethylpenicillin**
Oraday® → **Atenolol**
Oradexon® → **Dexamethasone**
Oradexon® [inj.] → **Dexamethasone**
Oradexon Organon® → **Dexamethasone**
Oradin® → **Loratadine**
OraDisc A® → **Amlexanox**
Oradol® → **Ketorolac**
Oradroxil® → **Cefadroxil**
Orafen-SR® → **Diclofenac**
Orafungil® [vet.] → **Griseofulvin**
Ora-Gallin purum® → **Azintamide**
Oragrafin Sodium® → **Iopodic Acid**
Orahesive® → **Carmellose**
Orajel® → **Benzocaine**
Orakit® → **Potassium**
Oralax® → **Lactulose**
Oralbiotico® → **Tyrothricin**
Oralcam® → **Amlodipine**
Oralcef® → **Cefaclor**
Oral Cleansing Solution® → **Urea**
Oraldene® → **Hexetidine**
Oraldine® → **Hexetidine**
Oralgene® → **Chlorhexidine**
Oralipin® → **Bezafibrate**
Oraljecl Circulon® [vet.] → **Isoxsuprine**
Oraljecl Sedazine ACP® [vet.] → **Acepromazine**
Oralject® [vet.] → **Phenylbutazone**
Oralmox® → **Amoxicillin**
Oralmuv® → **Lamivudine**
Oralog® → **Triamcinolone**
Oralon® → **Chlorhexidine**
Oralsept® → **Cetylpyridinium**
Oralsone® → **Hydrocortisone**
Oral-T® → **Triamcinolone**
Oralten Troche® → **Clotrimazole**
Oramec® [vet.] → **Ivermectin**
Oramedy® → **Triamcinolone**
Oramet® → **Metformin**
Oramikron® → **Gliclazide**
Oraminax® → **Amoxicillin**
Oramorph® → **Morphine**
Oramox® → **Amoxicillin**
Orandrone® [vet.] → **Methyltestosterone**
Oranex® → **Azithromycin**
Oranor® → **Norfloxacin**
Orap® → **Pimozide**
Orap forte® → **Pimozide**
Orapred® → **Prednisolone**
Orapred ODT® → **Prednisolone**
Ora-Sed® → **Choline Salicylate**
Orasept® → **Cetylpyridinium**
Oraseptic® → **Chlorhexidine**
Oraseptic® → **Hexetidine**
Orasic® → **Tramadol**
Orasorbil® → **Isosorbide Mononitrate**
Orasthin® → **Oxytocin**
Orastina® → **Oxytocin**
Oratane® → **Isotretinoin**
Oratrol® → **Diclofenamide**
Oravir® → **Famciclovir**
Oraxim® → **Cefuroxime**
Orazid® → **Gliclazide**
Orazol® → **Omeprazole**
Orazole® → **Omeprazole**
Orbax® [vet.] → **Orbifloxacin**
Orbenil® → **Cloxacillin**
Orbenin® → **Cloxacillin**
Orbenin Dry Cow® [vet.] → **Cloxacillin**
Orbénine® → **Cloxacillin**
Orbenin® [vet.] → **Cloxacillin**
Orbenor® [vet.] → **Cloxacillin**
Orbeseal® [vet.] → **Bismuth Subnitrate**
Orbi® → **Phenylephrine**
Orbifen® → **Ibuprofen**
ORCA-Carboplatin® → **Carboplatin**
Orcal® → **Amlodipine**
Orced → **Troclosene**
Orcef® → **Cefixime**
Orcilone® → **Triamcinolone**
Orcl® → **Actarit**
Ordine® → **Morphine**
Orelox® → **Cefpodoxime**
Oren® → **Ibuprofen**
Orencia® → **Abatacept**
Orencyclin F-500® → **Tetracycline**
Oreton® → **Methyltestosterone**
Orexidine® [vet.] → **Chlorhexidine**
ORF 18489 (Ortho, USA) → **Ofloxacin**
Orfadin® → **Nitisinone**
Orfarin® → **Warfarin**
Orfen® → **Ibuprofen**
Orfenac® → **Diclofenac**
Orfenadrina® → **Orphenadrine**
Orfenadrina Citrato MF® → **Orphenadrine**
Orfenadrine HCl CF® → **Orphenadrine**
Orfenaflex® → **Orphenadrine**
Orfenal® → **Orphenadrine**
Orferon® → **Ferrous Sulfate**
Orfidal Wyeth® → **Lorazepam**
Orfiril® → **Valproic Acid**
Orfiril long® → **Valproic Acid**
Orfiril retard® → **Valproic Acid**
Orfix® → **Cefixime**
Org 6216 (Organon, Great Britain) → **Rimexolone**
Orgabolin® → **Ethylestrenol**
Orgadrone® → **Dexamethasone**
Orgalutran® → **Ganirelix**
Orgametril® → **Lynestrenol**
Orgamétril® → **Lynestrenol**
Organidin® → **Guaifenesin**
Organosol®[vet.] → **Sulfamethoxazole**
Organosol®[vet.] → **Trimethoprim**
Orgaran® → **Danaparoid Sodium**
Orgestriol® → **Estriol**
Orginal E® → **Tocopherol, α-**
Oribact® [+ Sulfamethoxazole] → **Trimethoprim**
Oribact® [+ Trimethoprim] → **Sulfamethoxazole**
Oributol® → **Ethambutol**
Oricef® → **Ceftriaxone**
Oricitral® → **Sodium Citrate**
Oricyclin® → **Tetracycline**
Oriens® → **Mizolastine**
Orifungal® → **Ketoconazole**
Origlucon® → **Glibenclamide**
Orimed® → **Gentamicin**

Orimeten® → **Aminoglutethimide**
Orimetene® → **Aminoglutethimide**
Orimycin® [vet.] → **Oxytetracycline**
Orin® → **Loratadine**
Orinase® → **Tolbutamide**
Orinil® → **Loratadine**
Oriodox® → **Doxycycline**
Oriphex® → **Cefalexin**
Oriprim® [+ Sulfamethoxazole] → **Trimethoprim**
Oriprim® [+ Trimethoprim] → **Sulfamethoxazole**
Oriprim®[vet.] → **Trimethoprim**
Oriprim®[vet.] → **Sulfadiazine**
Oriprost® [vet.] → **Dinoprost**
Orisel-Uno® [vet.] → **Lindane**
Oritaxim® → **Cefotaxime**
Orixyl® → **Amoxicillin**
Orizolin® → **Cefazolin**
Orkey® → **Calcitriol**
Orlaam® → **Levacetylmethadol**
Orlenta® → **Chlorhexidine**
Orlept® → **Valproic Acid**
Orlev® → **Levofloxacin**
Orlip® → **Orlistat**
Orlobin® → **Amikacin**
Orloc® → **Bisoprolol**
Ormidol® → **Atenolol**
Ormin® → **Metformin**
Ormir® → **Midazolam**
Ormox® → **Isosorbide Mononitrate**
Ornate® → **Mianserin**
Ornicetil® → **Ornithine**
Ornicétil® → **Ornithine**
Ornicure® [vet.] → **Doxycycline**
Ornid® → **Ornidazole**
Ornidazol Biocrom® → **Ornidazole**
Ornidazole SERB® → **Ornidazole**
Ornidazol Gemepe® → **Ornidazole**
Ornidazol Richet® → **Ornidazole**
Ornidazol-Vero® → **Ornidazole**
Ornidone® → **Ornidazole**
Ornil® → **Ornidazole**
Ornimed Oxytetracycline® [vet.] → **Oxytetracycline**
Ornisid® → **Ornidazole**
Ornisteril® [vet.] → **Progesterone**
Ornitop® → **Ornidazole**
Orobiotic® → **Azithromycin**
Orocal® → **Calcium Carbonate**
Orofar® → **Benzoxonium Chloride**
Orofen® → **Ketoprofen**
Oroferon® → **Ferrous Sulfate**
Orogel® → **Benzocaine**
Oroheks® → **Chlorhexidine**
Orojet® [vet.] → **Neomycin**
Oroken® → **Cefixime**
Oro-Médrol® [vet.] → **Methylprednisolone**
Oromic® → **Itraconazole**
Oromone® → **Estradiol**
Oronazol® → **Ketoconazole**
Oropram® → **Citalopram**
Orosept® → **Chlorhexidine**
Orotrex® → **Isotretinoin**
Oroxadin® → **Ciprofibrate**
Oroxine® → **Levothyroxine**
Orozamudol® → **Tramadol**
Or-pen® → **Benzylpenicillin**
Orphen® → **Chlorphenamine**
Orphenadrine Citrate® → **Orphenadrine**
Orphenadrine Citrate Synco® → **Orphenadrine**
Orphenadrine Hydrochloride® → **Orphenadrine**
Orphenate® → **Orphenadrine**
Orphipal® → **Orphenadrine**
Orphol® → **Dihydroergotoxine**
Orpic® → **Ciprofloxacin**
Orpidix® → **Ketotifen**
Orrepaste® → **Triamcinolone**
Orsinon® → **Tolbutamide**
Orstanorm® → **Dihydroergotamine**
Ortalox® → **Omeprazole**
Ortanol® → **Omeprazole**
Orthocal® → **Calcium Carbonate**
Orthoclone® → **Muromonab-CD3**
Orthoclone OKT3® → **Muromonab-CD3**
Ortho-Creme® → **Nonoxinol**
Ortho Dienoestrol® → **Dienestrol**
Ortho-Est® → **Estropipate**
Orthoforms® → **Nonoxinol**
Ortho-Gynest® → **Estriol**
Ortho-Gynest D® → **Estriol**
Orthon® → **Fluoxetine**
Orthovisc® → **Hyaluronic Acid**
Ortodermina® → **Lidocaine**
Orto Dermo P® → **Povidone-Iodine**
Ortoflan® → **Diclofenac**
Ortopsique® → **Diazepam**
Ortoton® → **Methocarbamol**
Ortoxine® → **Chlorhexidine**
Ortrip® → **Nortriptyline**
Orudis® → **Ketoprofen**
Orudis SR® → **Ketoprofen**
Orugesic® → **Ketoprofen**
Orungal® → **Itraconazole**
Orunit® → **Itraconazole**
Oruvail® → **Ketoprofen**
Orvagil® → **Metronidazole**
Orvaten® → **Midodrine**
Orystor® → **Fenbendazole**
Oryzatym® → **Tilactase**
OS 202 → **Sucralfate**
Osadrox® → **Cefadroxil**
Osalen® → **Alendronic Acid**
Osangin® → **Dequalinium Chloride**
Osartan® → **Losartan**
Osartil® → **Losartan**
Oscal® → **Calcitriol**
Oscal® → **Calcium Carbonate**
Os-Cal® → **Calcium Carbonate**
Oscorel® → **Ketoprofen**
Osdren® → **Alendronic Acid**
Osdronat® → **Alendronic Acid**
Oseltamivir® → **Oseltamivir**
Oseotal® → **Alendronic Acid**
Oseotenk® → **Alendronic Acid**
Oseototal® [salmon] → **Calcitonin**
Oseum® [salmon] → **Calcitonin**
Osficar® → **Alendronic Acid**
Osflex® → **Hyaluronic Acid**
Osfo® → **Etidronic Acid**
Osfolate® → **Folinic Acid**
Osfolato® → **Folinic Acid**
O-Sid® → **Omeprazole**
Osigraft® → **Eptotermin alfa**
Osipine® → **Barnidipine**
Osiren® → **Omeprazole**
Osiren® → **Spironolactone**
Oskana® → **Levocarnitine**
Oslene® → **Alendronic Acid**
Osmitrol® → **Mannitol**
Osmo-Adalat® → **Nifedipine**
Osmoclear® → **Naphazoline**
Osmoflox® → **Ciprofloxacin**
Osmoflox® [tab./inj.] → **Ciprofloxacin**
Osmofundin® → **Mannitol**
Osmofundina® → **Mannitol**
Osmofundina Concentrada Braun® → **Mannitol**
Osmohes® → **Hetastarch**
Osmolak® → **Lactulose**
Osmolax® → **Lactulose**
Osmonds Gold Fleece Sheep Dip® [vet.] → **Dimpylate**
Osmon®[vet.] → **Sulfadiazine**
Osmon®[vet.] → **Trimethoprim**
Osmoprep® → **Sodium Phosphate Dibasic**
Osmoran® → **Betamethasone**
Osmorin® → **Mannitol**
Osmorol® → **Mannitol**
Osmosol® → **Mannitol**
Osmosteril® → **Mannitol**
Osmovist® → **Iotrolan**
Osmycin® → **Spiramycin**
Osnervan® → **Procyclidine**
Osonide® → **Ciclesonide**
Ospamox® → **Amoxicillin**

Ospamox® [tab. susp.] → **Amoxicillin**
Ospa-V® → **Phenoxymethylpenicillin**
Ospen® → **Phenoxymethylpenicillin**
Ospexin® → **Cefalexin**
Ospexina® → **Cefalexin**
Ospocard® → **Nifedipine**
Ospolot® → **Sultiame**
Ospor® [salmon] → **Calcitonin**
Ospur Ca® → **Calcium Carbonate**
Ospur D_3® → **Colecalciferol**
Osseocalcina® → **Calcitonin**
Osseor® → **Ranelic acid**
Ossibiotic® [vet.] → **Oxytetracycline**
Ossibutinina Merck® → **Oxybutynin**
Ossicalf® [vet.] → **Oxytetracycline**
Ossin® → **Sodium Fluoride**
Ossiplex® → **Sodium Fluoride**
Ossitetraciclina biidrato (F. U. IX) → **Oxytetracycline**
Ossitetraciclina® [vet.] → **Oxytetracycline**
Ossitetra® [vet.] → **Oxytetracycline**
Ossitocina BIL® → **Oxytocin**
Osso® → **Alendronic Acid**
Ossofluor® → **Sodium Fluoride**
Ossopan® → **Hydroxyapatite**
Ostac® → **Clodronic Acid**
Ostacid® → **Calcium Carbonate**
Ostalert® → **Alendronic Acid**
Ostan® → **Losartan**
Ostaren® → **Diclofenac**
Ostarin® → **Ibuprofen**
Ostatac® → **Ergocalciferol**
Ostedron® → **Etidronic Acid**
Ostel® → **Alendronic Acid**
Ostelin® → **Ergocalciferol**
Ostemax® → **Alendronic Acid**
Osten® → **Ipriflavone**
Ostenan® → **Alendronic Acid**
Ostenil® → **Alendronic Acid**
Ostenil® → **Hyaluronic Acid**
Osteo® → **Calcium Carbonate**
Osteobion® [salmon] → **Calcitonin**
Osteobon® → **Alendronic Acid**
Osteocal® → **Calcium Carbonate**
Osteocalcin® [salmon] → **Calcitonin**
Osteocalmine® → **Piroxicam**
Osteo D® → **Calcitriol**
Osteod® → **Calcitriol**
Osteo-D® → **Calcitriol**
Osteodidronel® → **Etidronic Acid**
Osteodon® [salmon] → **Calcitonin**
Osteodon® [salmon] → **Calcitonin**
Osteodrug® → **Etidronic Acid**
Osteoeze® → **Glucosamine**
Osteofar® → **Alendronic Acid**
Osteofem® → **Calcitriol**
Osteofene® → **Alendronic Acid**
Osteofix® → **Ipriflavone**
Osteoflavona® → **Ipriflavone**
Osteofluor® → **Sodium Fluoride**
Osteofos® → **Alendronic Acid**
Osteogenon® → **Hydroxyapatite**
Osteomax® → **Alendronic Acid**
Osteomel® → **Alendronic Acid**
Osteomin® → **Calcium Carbonate**
Osteomix® → **Alendronic Acid**
Osteonate® → **Risedronic Acid**
Osteonate® → **Alendronic Acid**
Osteonorm® → **Clodronic Acid**
Osteopharm® → **Calcium Gluconate**
Osteoplus® → **Calcium Carbonate**
Osteoplus® → **Ipriflavone**
Osteopor® → **Hydroxyapatite**
Osteoral® → **Alendronic Acid**
Osteosan® → **Alendronic Acid**
Osteos® [salmon] → **Calcitonin**
Osteostab® → **Clodronic Acid**
Osteostabil® [salmon] → **Calcitonin**
Osteoton® → **Etidronic Acid**
Osteotrat® → **Alendronic Acid**
Osteotriol® → **Calcitriol**
Osteovan® → **Alendronic Acid**
Osteovile® → **Alfacalcidol**
Osteovis® [salmon] → **Calcitonin**
Osteovit® → **Calcium Gluconate**
Ostetan® → **Calcitonin**
Osteum® → **Etidronic Acid**
Ostex® → **Alendronic Acid**
Osticalcin® → **Alendronic Acid**
Ostidil-D3® → **Alfacalcidol**
Ostifix® [salmon] → **Calcitonin**
Ostocal® → **Calcium Carbonate**
Ostofen® → **Ketoprofen**
Ostoflex® → **Glucosamine**
Ostoforte® → **Ergocalciferol**
Ostogene® → **Etidronic Acid**
Ostolek® → **Alendronic Acid**
Ostopor® → **Etidronic Acid**
Ostostabil® [salmon] → **Calcitonin**
Ostram® → **Calcium Carbonate**
Ostramont® → **Buflomedil**
Ostrid® → **Ofloxacin**
Ostridose® [vet.] → **Fenbendazole**
Ostri-Dox® [vet.] → **Doxycycline**
Osyrol® [compr.] → **Spironolactone**
Otalgan® → **Lidocaine**
Otarex® → **Hydroxyzine**
Otari® → **Calcitriol**
Otaxem® → **Methotrexate**
OTC® [vet.] → **Oxytetracycline**
O.T.C. [vet.] → **Oxytetracycline**
Otede® → **Diphenhydramine**
Otedram® → **Bromazepam**
Otello® [vet.] → **Dimpylate**
Otex® → **Urea**
Otiborin® → **Boric Acid**
Oticaina® → **Benzocaine**
Oticlor® → **Cefaclor**
Otidol® → **Lidocaine**
Otimectin® [vet.] → **Ivermectin**
Otinum® → **Choline Salicylate**
Otocain® → **Benzocaine**
Otociprin Otico® → **Ciprofloxacin**
α-Tocopherol (Ph. Eur. 5) → **Tocopherol, α-**
α-Tocopherolum → **Tocopherol, α-**
α-Tocopherolum (Ph. Eur. 5) → **Tocopherol, α-**
Otodolor® → **Glycerol**
Otofa® → **Rifamycin**
Otoflox® → **Ofloxacin**
Otofluor® → **Sodium Fluoride**
Otomec® [vet.] → **Ivermectin**
Otonix® → **Pantoprazole**
Otophen® → **Phenazone**
Oto-Plus® → **Chloramphenicol**
Otoralgyl® → **Lidocaine**
Otoryl® → **Captopril**
Otosal® → **Doxycycline**
Otosat® → **Ciprofloxacin**
Otosec® → **Ciprofloxacin**
Otosil® → **Promethazine**
Otosol® → **Docusate Sodium**
Otrasel® → **Selegiline**
Otreon® → **Cefpodoxime**
Otrex® → **Diosmin**
O-trexat® → **Methotrexate**
Otriflu® → **Diclofenac**
Otrinol® → **Pseudoephedrine**
Otriven® → **Dexpanthenol**
Otriven Baby® → **Phenylephrine**
Otriven Dexpanthenol® → **Dexpanthenol**
Otrivin® → **Xylometazoline**
Otrivina® → **Xylometazoline**
Otrivin Anti-Rhinitis® → **Xylometazoline**
Otrivin Azelastine® → **Azelastine**
Otrivine® → **Xylometazoline**
Otrivine Anti-Allergie® → **Azelastine**
Otrivin Heuschnupfen® → **Azelastine**
Otrivin hooikoorts® → **Cromoglicic Acid**
Otrivin Loratadine® → **Loratadine**
Otrivin Menthol® → **Xylometazoline**
Otrivin Mentol® → **Xylometazoline**
Otrivin Schnupfen® → **Xylometazoline**
Otrozol® → **Metronidazole**
Otsu-D5® → **Dextrose**

Ottogenta® → **Gentamicin**
Ottopan® → **Paracetamol**
Ottoprim® [+ Sulfamethoxazole] → **Trimethoprim**
Ottoprim® [+ Trimethoprim] → **Sulfamethoxazole**
OT® [vet.] → **Oxytetracycline**
Ouabain → **Ouabain**
Ouabain-8-Wasser → **Ouabain**
Ouabaine → **Ouabain**
Ouabaïne [DCF] → **Ouabain**
Ouabaïne (Ph. Eur. 5) → **Ouabain**
Ouabain (Ph. Eur. 5, USP XX) → **Ouabain**
Ouabainum → **Ouabain**
Ouabainum® → **Ouabain**
Ouabainum (Ph. Eur. 5, Ph. Int. II) → **Ouabain**
Ouabain [USAN] → **Ouabain**
Oubaina → **Ouabain**
Oubaina [DCIT] → **Ouabain**
Outflank® [vet.] → **Cypermethrin**
Outgro® → **Benzocaine**
Ovaban® [vet.] → **Megestrol**
OvaCyst® [vet.] → **Gonadorelin**
Ovagen® [vet.] → **Follitropin Alfa**
Ova-Gest® [vet.] → **Flugestone**
Ovakron Intravaginal Sponge® [vet.] → **Flugestone**
Ovamit® → **Clomifene**
Ova-mit® → **Clomifene**
Ovarid® [vet.] → **Megestrol**
Ovastat® → **Treosulfan**
Ovasteryl® [vet.] → **Megestrol**
Ovel® → **Levofloxacin**
Ovelquin® → **Levofloxacin**
Overal® → **Roxithromycin**
Ovestal® → **Estradiol**
Ovesterin® → **Estriol**
Ovestin® → **Estradiol**
Ovestin® → **Estriol**
Ovestinon® → **Estriol**
Ovestin Ovula® → **Estriol**
Ovestrion® → **Estriol**
Ovex® → **Mebendazole**
Ovide® → **Malathion**
Ovidip® [vet.] → **Dimpylate**
Ovidol® → **Ethinylestradiol**
Ovidrel® → **Choriongonadotropin**
Ovidrelle® → **Choriongonadotropin**
Ovinol® → **Norfloxacin**
Ovinum® → **Clomifene**
Ovipreg® → **Clomifene**
Ovisen® → **Fluoxetine**
Oviskin® → **Betamethasone**
Ovispec® [vet.] → **Albendazole**
Ovit-A® → **Retinol**
Ovit-C® → **Ascorbic Acid**
Ovit-E® → **Tocopherol, α-**
Ovitelmin® [vet.] → **Mebendazole**
Ovitrelle® → **Choriongonadotropin**
Ovitrol® [vet.] → **Methoprene**
Ovofar® → **Clomifene**
Ovogest® [vet.] → **Chorionic Gonadotrophin**
Ovol® → **Dimeticone**
Ovrette® → **Norgestrel**
Ovuclon® → **Clomifene**
Ovucon® [vet.] → **Medroxyprogesterone**
Ovulet® → **Clomifene**
Ovulol® → **Levonorgestrel**
Ovuplant® [vet.] → **Deslorelin**
Ovurila® → **Ketoprofen**
Oxa® → **Diclofenac**
Oxa 1A Pharma® → **Oxazepam**
Oxabenz® → **Oxazepam**
Oxacil® → **Oxacillin**
Oxacilina® → **Oxacillin**
Oxacilină® → **Oxacillin**
Oxacilină Forte® → **Oxacillin**
Oxacilina Sodica® → **Oxacillin**
Oxacilin Leciva® → **Oxacillin**
Oxacillin® → **Oxacillin**
Oxacilline Panpharma® → **Oxacillin**
Oxacillin Sodium® → **Oxacillin**
Oxacillin sodium monohydrate (Ph. Eur. 5) → **Oxacillin**
Oxacillin sodium salt: → **Oxacillin**
Oxacillin Sodium [USAN] → **Oxacillin**
Oxacillin Sodium (USP 30) → **Oxacillin**
Oxacillinum natricum (PhBs IV, Ph. Int. II) → **Oxacillin**
Oxacillin® [vet.] → **Oxacillin**
Oxacin® → **Oxytetracycline**
Oxactin® → **Fluoxetine**
Oxadol® → **Nefopam**
Oxaflam® → **Tenoxicam**
Oxahexal® → **Oxazepam**
Oxalin® → **Oxacillin**
Oxali NC® → **Oxaliplatin**
Oxalip® → **Oxaliplatin**
Oxaliplatin Mayne® → **Oxaliplatin**
Oxaliplatin Medac® → **Oxaliplatin**
Oxaliplatino® → **Oxaliplatin**
Oxaliplatino Biocrom® → **Oxaliplatin**
Oxaliplatino Delta® → **Oxaliplatin**
Oxaliplatino Rontag® → **Oxaliplatin**
Oxaliplatino Servycal® → **Oxaliplatin**
Oxaliplatino Varifarma® → **Oxaliplatin**
Oxaliplatin Pliva® → **Oxaliplatin**
Oxaliplatin Winthrop® → **Oxaliplatin**
Oxaltie® → **Oxaliplatin**
Oxalyt® → **Potassium Sodium Hydrogen Citrate**
Oxam® → **Oxazepam**
Oxamet® → **Oxymetazoline**
Oxamin® → **Oxazepam**
Oxandrin® → **Oxandrolone**
Oxanest® → **Oxycodone**
Oxapax® → **Oxazepam**
Oxaperan® → **Oxapium Iodide**
Oxaphar® → **Oxazepam**
Oxapro® → **Escitalopram**
Oxaprozin® → **Oxaprozin**
Oxascand® → **Oxazepam**
Oxat® → **Paroxetine**
Oxater® [vet.] → **Oxytetracycline**
Oxathos® → **Oxolamine**
Oxatokey® → **Oxatomide**
oxa von ct® → **Oxazepam**
Oxazepam® → **Oxazepam**
Oxazepam 1A Pharma® → **Oxazepam**
Oxazepam A® → **Oxazepam**
Oxazepam Actavis® → **Oxazepam**
Oxazepam AL® → **Oxazepam**
Oxazepam Alpharma® → **Oxazepam**
Oxazepam CF® → **Oxazepam**
Oxazepam EB® → **Oxazepam**
Oxazepam EG® → **Oxazepam**
Oxazepam FLX® → **Oxazepam**
Oxazepam Gf® → **Oxazepam**
Oxazepam Hexal® → **Oxazepam**
Oxazepam Katwijk® → **Oxazepam**
Oxazepam Leciva® → **Oxazepam**
Oxazepam Merck® → **Oxazepam**
Oxazepam-neuraxpharm® → **Oxazepam**
Oxazepam PCH® → **Oxazepam**
Oxazepam-ratiopharm® → **Oxazepam**
Oxazepam SAD® → **Oxazepam**
Oxazepam Sandoz® → **Oxazepam**
Oxazepam Stada® → **Oxazepam**
Oxazepam Teva® → **Oxazepam**
Oxazole® [vet.] → **Oxfendazole**
Oxca® → **Oxcarbazepine**
Oxcarbatol® → **Oxcarbazepine**
Oxcarbazepin dura® → **Oxcarbazepine**
Oxcord® → **Nifedipine**
Oxebral® → **Piracetam**
Oxecone-M® → **Magaldrate**
Oxecylin® → **Oxytetracycline**
Oxeladin® → **Oxeladin**
Oxemet® → **Metformin**
Oxeno® → **Loxoprofen**

Oxéol® → **Bambuterol**
Oxeol Orifarm® → **Bambuterol**
Oxeol Paranova® → **Bambuterol**
Oxepar® → **Paroxetine**
Oxetin® → **Fluoxetine**
Oxetine® → **Fluoxetine**
Oxetine® → **Paroxetine**
Oxetol® → **Oxcarbazepine**
Oxez® → **Formoterol**
Oxeze® → **Formoterol**
Oxfendazol → **Oxfendazole**
Oxfendazole → **Oxfendazole**
Oxfendazole [BAN, USAN] → **Oxfendazole**
Oxfendazole for Veterinary Use (Ph. Eur. 5) → **Oxfendazole**
Oxfendazole pour usage vétérinaire (Ph. Eur. 5) → **Oxfendazole**
Oxfendazole (USP 30) → **Oxfendazole**
Oxfendazolum → **Oxfendazole**
Oxfendazolum ad usum vetrinarium (Ph. Eur. 5) → **Oxfendazole**
Oxfenil® [vet.] → **Oxfendazole**
Oxfen® [vet.] → **Oxfendazole**
Oxibran® → **Piracetam**
Oxibron® → **Clenbuterol**
Oxibuprokain® → **Oxybuprocaine**
Oxibut® → **Ibuprofen**
Oxibutinina® → **Oxybutynin**
Oxibutinina EG® → **Oxybutynin**
Oxibutinina Ferring® → **Oxybutynin**
Oxicalmans® → **Oxycodone**
Oxiclina® → **Oxytetracycline**
Oxicodal® → **Oxcarbazepine**
Oxiderma® → **Benzoyl Peroxide**
Oxifarm® [vet.] → **Oxytetracycline**
Oxifenbutazona® → **Oxyphenbutazone**
Oxifungol® → **Fluconazole**
Oxigen® → **Nimodipine**
Oxi-kel® [vet.] → **Oxytetracycline**
Oxiklorin® → **Hydroxychloroquine**
Oxilan® → **Ioxilan**
Oxilar® → **Raloxifene**
Oxilin® → **Oxymetazoline**
Oximar® → **Amoxicillin**
Oximetazolina Edigen® → **Oxymetazoline**
Oximinth® [vet.] → **Oxibendazole**
Oximisyn® → **Oxymetazoline**
Oximorfona → **Oxymorphone**
Oximorfona clorhidrato → **Oxymorphone**
Oximorfone → **Oxymorphone**
Oximorfone cloridrato → **Oxymorphone**
Oximorfone [DCIT] → **Oxymorphone**
Oxinest® → **Oxybuprocaine**
Oxinovag® → **Oxycodone**
Oxipelle® → **Oxiconazole**
Oxipra® [vet.] → **Oxytetracycline**
Oxiritard® [vet.] → **Oxytetracycline**
Oxis® → **Formoterol**
Oxistat® → **Oxiconazole**
Oxis Turbohaler® → **Formoterol**
Oxis Turbuhaler® → **Formoterol**
Oxiter® [vet.] → **Oxytetracycline**
Oxitetraciclina → **Oxytetracycline**
Oxitetraciclina clorhidrato → **Oxytetracycline**
Oxitetraciclina cloridrato → **Oxytetracycline**
Oxitetraciclina [DCIT] → **Oxytetracycline**
Oxitetraciclina® [vet.] → **Oxytetracycline**
Oxitina® → **Oxybutynin**
Oxitocina → **Oxytocin**
Oxitocina® → **Oxytocin**
Oxitocinã® → **Oxytocin**
Oxitocina [DCIT] → **Oxytocin**
Oxitocina Drawer® → **Oxytocin**
Oxitocina Larjan® → **Oxytocin**
Oxitocina L.CH.® → **Oxytocin**
Oxitocina Lch® → **Oxytocin**
Oxitocina® [vet.] → **Oxytocin**
Oxitopisa® → **Oxytocin**
Oxitover® → **Mebendazole**
Oxivent® → **Oxitropium Bromide**
Oxi® [vet.] → **Oxytetracycline**
Oxken® → **Ofloxacin**
Oxodil® → **Formoterol**
Oxoject® [vet.] → **Oxytocin**
Oxolamina® → **Oxolamine**
3-Oxo-L-gulofuranolactone (enolic form, WHO) → **Ascorbic Acid**
Oxolini® → **Oxolinic Acid**
Oxolinic Acid → **Oxolinic Acid**
Oxolinic Acid [BAN, USAN] → **Oxolinic Acid**
Oxolinic Acid (Ph. Eur. 5) → **Oxolinic Acid**
Oxolinsäure → **Oxolinic Acid**
Oxolinsäure (Ph. Eur. 5) → **Oxolinic Acid**
Oxolvan® → **Ambroxol**
Oxomid® [vet.] → **Oxolinic Acid**
Oxonazol® → **Ketoconazole**
Oxopurin® → **Pentoxifylline**
Ox-Pam® → **Oxazepam**
Oxprenolol® → **Oxprenolol**
Oxprenolol HCl CF® → **Oxprenolol**
Oxprenolol HCl Sandoz® → **Oxprenolol**
Oxrate® → **Oxcarbazepine**
Oxsac® → **Fluoxetine**
Oxsoralen® → **Methoxsalen**
OXTC® [vet.] → **Oxytetracycline**
Oxtercid® → **Cefuroxime**
Oxtin® → **Oxatomide**
Oxtra® [vet.] → **Oxytetracycline**
Oxxa® → **Acetylcysteine**
Oxy® → **Benzoyl Peroxide**
Oxyal® → **Hyaluronic Acid**
Oxyb AbZ® → **Oxybutynin**
Oxy Balance® → **Salicylic Acid**
Oxybenzene → **Phenol**
Oxybiotic® [vet.] → **Oxytetracycline**
Oxybral® → **Vincamine**
Oxybugamma® → **Oxybutynin**
Oxybuprocaine Minims® → **Oxybuprocaine**
Oxybuprocaine Monofree® → **Oxybuprocaine**
Oxybuprocaine SDU Faure® → **Oxybuprocaine**
Oxybutin Holsten® → **Oxybutynin**
Oxybutinine Biogaran® → **Oxybutynin**
Oxybutynin AbZ® → **Oxybutynin**
Oxybutynin AL® → **Oxybutynin**
Oxybutynin Chloride Tablets® → **Oxybutynin**
Oxybutynine Bexal® → **Oxybutynin**
Oxybutynine EG® → **Oxybutynin**
Oxybutynine-EG® → **Oxybutynin**
Oxybutynine HCI Sandoz® → **Oxybutynin**
Oxybutynine HCl® → **Oxybutynin**
Oxybutynine HCl A® → **Oxybutynin**
Oxybutynine HCl Alpharma® → **Oxybutynin**
Oxybutynine HCl CF® → **Oxybutynin**
Oxybutynine HCl Gf® → **Oxybutynin**
Oxybutynine HCl Katwijk® → **Oxybutynin**
Oxybutynine HCl Merck® → **Oxybutynin**
Oxybutynine HCl PCH® → **Oxybutynin**
Oxybutynine HCl Sandoz® → **Oxybutynin**
Oxybutyninehydrochloride® → **Oxybutynin**
Oxybutynine Merck® → **Oxybutynin**
Oxybutynin-Generics® → **Oxybutynin**
Oxybutynin GM® → **Oxybutynin**
Oxybutynin Grachtenhaus® → **Oxybutynin**

Oxytetracyclini hydrochloridum (Ph. Eur. 5, Ph. Int. 4) → **Oxytetracycline**
Oxytetracyclini SR® → **Oxytetracycline**
Oxytetracyclinsalbe® → **Oxytetracycline**
Oxytetracyclinum → **Oxytetracycline**
Oxytetracyclinum dihydratum (2.AB-DDR) → **Oxytetracycline**
Oxytetracyclinum dihydricum (Ph. Helv. VI, Ph. Eur. 5) → **Oxytetracycline**
Oxytetracyclin® [vet.] → **Oxytetracycline**
Oxytetral® → **Oxytetracycline**
Oxytetramix® → **Oxytetracycline**
Oxytetramix® [vet.] → **Oxytetracycline**
Oxytetraseptin® [vet.] → **Oxytetracycline**
Oxytetrasol® [vet.] → **Oxytetracycline**
Oxytetra® [vet.] → **Oxytetracycline**
Oxytetrin® [vet.] → **Oxytetracycline**
Oxytétrin® [vet.] → **Oxytetracycline**
Oxy-Tet Soluble® [vet.] → **Oxytetracycline**
Oxytet® [vet.] → **Oxytetracycline**
Oxy-Tet® [vet.] → **Oxytetracycline**
Oxytocin® → **Oxytocin**
Oxytocin → **Oxytocin**
Oxytocinã S® → **Oxytocin**
Oxytocin [BAN, JAN, USAN] → **Oxytocin**
Oxytocin Bengen® [vet.] → **Oxytocin**
Oxytocin Carino® → **Oxytocin**
Oxytocine → **Oxytocin**
Oxytocine [DCF] → **Oxytocin**
Oxytocine (Ph. Eur. 5) → **Oxytocin**
Oxytocine S® [vet.] → **Oxytocin**
Oxytocine synthétique KELA® [vet.] → **Oxytocin**
Oxytocine synthétique® [vet.] → **Oxytocin**
Oxytocin Ferring-Leciva® → **Oxytocin**
Oxytocin Gap® → **Oxytocin**
Oxytocin Graeub® [vet.] → **Oxytocin**
Oxytocin Hexal® → **Oxytocin**
Oxytocini injectio (Ph. Int. II) → **Oxytocin**
Oxytocin (JP XIV, Ph. Eur. 5, USP 30) → **Oxytocin**
Oxytocin Rotexmedica® → **Oxytocin**
Oxytocin S® → **Oxytocin**
Oxytocin Stricker® [vet.] → **Oxytocin**
Oxytocin Synth-Richter® → **Oxytocin**
Oxytocinum → **Oxytocin**
Oxytocinum (Ph. Eur. 5) → **Oxytocin**
Oxytocin Vana® [vet.] → **Oxytocin**
Oxytocin® [vet.] → **Oxytocin**
Oxytocin Vétoquinol® [vet.] → **Oxytocin**
Oxytolin® [vet.] → **Oxytocin**
Oxytosel® [vet.] → **Oxytocin**
Oxytrol® [TTS] → **Oxybutynin**
Oxyurin® → **Oxybutynin**
Oxy® [vet.] → **Oxytetracycline**
Oxyvet® → **Oxytetracycline**
Oxy-Vet® [vet.] → **Oxytetracycline**
Oxyzone® → **Desoximetasone**
OYO® → **Pangamic Acid**
Oystercal® → **Calcium Carbonate**
Oz Crema® → **Miconazole**
Ozeltan® → **Nizatidine**
Ozen® → **Cetirizine**
Ozex® → **Tosufloxacin**
Ozid® → **Omeprazole**
Ozidia® → **Glipizide**
Ozole® → **Omeprazole**
Ozonol® → **Ibuprofen**
Ozym® → **Pancreatin**

P-20® → **Pantoprazole**
Pabal® → **Carbetocin**
Pabalat® → **Nifedipine**
Pabasun® → **Aminobenzoic Acid**
Pabi-Acenocoumarol® → **Acenocoumarol**
Pabi-Dexamethason® → **Dexamethasone**
Pabi-Naproxen® → **Naproxen**
Pabiprofen® → **Ibuprofen**
Pab-Nf® [vet.] → **Propetamphos**
Pacemol® → **Paracetamol**
Pacerone® → **Amiodarone**
Paceum® → **Diazepam**
Pacifen® → **Baclofen**
Pacific Buspirone® → **Buspirone**
Pacimol® → **Paracetamol**
Pacinax® → **Diazepam**
Pacisyn® → **Nitrazepam**
Pacitane® → **Trihexyphenidyl**
Pacitran® → **Diazepam**
Paclikebir® → **Paclitaxel**
Paclitax® → **Paclitaxel**
Paclitaxel® → **Paclitaxel**
Paclitaxel Dakota® → **Paclitaxel**
Paclitaxel Delta® → **Paclitaxel**
Paclitaxel Ebewe® → **Paclitaxel**
Paclitaxel-GRY® → **Paclitaxel**
Paclitaxel Hexal® → **Paclitaxel**
Paclitaxel/Intaxel® → **Paclitaxel**
Paclitaxel Ipfi® → **Paclitaxel**
Paclitaxel Lachema® → **Paclitaxel**
Paclitaxel-Lans® → **Paclitaxel**
Paclitaxel Mayne® → **Paclitaxel**
Paclitaxel Meda® → **Paclitaxel**
Paclitaxel-Mepha® → **Paclitaxel**
Paclitaxel Microsules® → **Paclitaxel**
Paclitaxel O.R.C.A.pharm® → **Paclitaxel**
Paclitaxel PCH® → **Paclitaxel**
Paclitaxel-ratiopharm® → **Paclitaxel**
Paclitaxel Rontag® → **Paclitaxel**
Paclitaxel Servycal® → **Paclitaxel**
Paclitaxel Teva® → **Paclitaxel**
Paclitaxel-Teva® → **Paclitaxel**
Paclitaxel Varifarma® → **Paclitaxel**
Paclitaxin® → **Paclitaxel**
Pacliteva® → **Paclitaxel**
Pactens® → **Bisoprolol**
Pacyl® → **Alprazolam**
Padax® → **Piperazine**
Padéryl® → **Codeine**
Padet® → **Metronidazole**
Padovantan® → **Nitazoxanide**
Padrax® → **Piperazine**
Padrin® → **Prifinium Bromide**
Paduden® → **Ibuprofen**
Padutin® → **Kallidinogenase**
Paedialgon® → **Paracetamol**
Pädiacrom® → **Cromoglicic Acid**
Pädiamol® → **Salbutamol**
Pädiamuc® → **Ambroxol**
Pädiatifen® → **Ketotifen**
Paferxin® → **Cefalexin**
Paidocin® → **Rokitamycin**
Paidofebril® → **Ibuprofen**
Paidolax® → **Glycerol**
Paidomal® → **Theophylline**
Painamol® → **Paracetamol**
Painbreak® → **Morphine**
Painex® → **Aceclofenac**
Painex® → **Etofenamate**
Painex Gele® → **Diclofenac**
Painflex® → **Naproxen**
Painnox® → **Mefenamic Acid**
Painrelipt-D® → **Piroxicam**
Painsik® → **Ketoprofen**
Paklitaxel Actavis® → **Paclitaxel**
Paklitaxel Meda® → **Paclitaxel**
Paklitaxfil® → **Paclitaxel**
Pakurat® → **Ibuprofen**
PalaBIS® [vet.] → **Bismuth Subsalicylate**
Palafer® → **Ferrous Fumarate**
Palapectate® [vet.] → **Bismuth Subsalicylate**
Palaprin® [vet.] → **Aspirin**
Palatable® [vet.] → **Piperazine**

P

Palatrin® → **Lansoprazole**
Palcid® → **Cisapride**
Paldar® → **Mupirocin**
Paldesic® → **Paracetamol**
Palentin® [+ Amoxicillin] → **Clavulanic Acid**
Palentin® [+ Clavulanic Acid, potassium salt] → **Amoxicillin**
Palexil® → **Adapalene**
Palface® → **Dextromoramide**
Palfium® → **Dextromoramide**
Palfivet® [vet.] → **Dextromoramide**
Palgic® → **Carbinoxamine**
Palimodon® → **Buflomedil**
Palin® → **Pipemidic Acid**
Palistop® → **Flutamide**
Palitenox® → **Tenoxicam**
Palitrex® → **Cefalexin**
Palladon® → **Hydromorphone**
Palladone® → **Hydromorphone**
Pallagicin® → **Doxorubicin**
Pallidone® → **Methadone**
Palmicol® → **Chloramphenicol**
Palmidrol Prodes® → **Palmidrol**
Palohex® → **Inositol Nicotinate**
Palon® → **Propranolol**
Palosein® [vet.] → **Orgotein**
Paloxi Inject® → **Palonosetron**
Palphard® → **Homochlorcyclizine**
Palpitin-PP® → **Disopyramide**
Paludrine® → **Proguanil**
Paluquina® → **Quinine**
Paluther® → **Artemether**
Paluxetil® → **Paroxetine**
Paluxon® → **Paroxetine**
Pam® → **Pralidoxime Iodide**
Pamacid® → **Famotidine**
Pamax® → **Paroxetine**
Pamba® → **Aminomethylbenzoic Acid**
Pamdosa® → **Pamidronic Acid**
Pamecil® [inj.] → **Ampicillin**
Pamedox® → **Ampicillin**
Pamelor® → **Nortriptyline**
Pamergan® → **Promethazine**
Pamergan P100® → **Pethidine**
Pamid® → **Indapamide**
Pamidran® → **Pamidronic Acid**
Pamidro-cell® → **Pamidronic Acid**
Pamidrom® → **Pamidronic Acid**
Pamidronaat Mayne® → **Pamidronic Acid**
Pamidronatdinatrium Mayne® → **Pamidronic Acid**
Pamidronate Disodium® → **Pamidronic Acid**
Pamidronate Disodium Injection® → **Pamidronic Acid**
Pamidronate-Mayne® → **Pamidronic Acid**
Pamidronate Mayne® → **Pamidronic Acid**
Pamidronate Teva® → **Pamidronic Acid**
Pamidronat GRY® → **Pamidronic Acid**
Pamidronato Disodico IBP® → **Pamidronic Acid**
Pamidronato Disodico Mayne® → **Pamidronic Acid**
Pamidronat O.R.C.A.pharm® → **Pamidronic Acid**
Pamidronato Servycal® → **Pamidronic Acid**
Pamidron Hexal® → **Pamidronic Acid**
Pamidron Sandoz® → **Pamidronic Acid**
Pamifos® → **Pamidronic Acid**
Pamine® → **Hyoscine Methobromide**
Pamipro® → **Pamidronic Acid**
Pamiray® → **Iopamidol**
Pamired® → **Pamidronic Acid**
Pamisol® → **Pamidronic Acid**
Pamitor® → **Pamidronic Acid**
Pamlin® [vet.] → **Diazepam**
Pamoato de Pirantel® → **Pyrantel**
Pamoato de Pirantel Genfar® → **Pyrantel**
Pamocil® → **Amoxicillin**
Pamol® → **Paracetamol**
Pamorelin® → **Triptorelin**
Pamoseo® → **Alendronic Acid**
Pamox® → **Pyrantel**
Pamoxan® → **Pyrvinium Pamoate**
Pamoxet® → **Paroxetine**
Pamoxil® → **Amoxicillin**
Pampe® → **Lansoprazole**
Pamycon® → **Neomycin**
Panabiotin® → **Biotin**
Panacef® → **Cefaclor**
Panacid® → **Piromidic Acid**
Panacta® → **Ampicillin**
Panacur® [vet.] → **Fenbendazole**
Panadia® [vet.] → **Tetracycline**
Panado® → **Paracetamol**
Panadol® → **Paracetamol**
Panadol 7+ years® → **Paracetamol**
Panadol Actifast® → **Paracetamol**
Panadol Adultos® → **Paracetamol**
Panadol Baby® → **Paracetamol**
Panadol Baby & Infant® → **Paracetamol**
Panadol Extend® → **Paracetamol**
Panadol Infantil® → **Paracetamol**
Panadol Junior® → **Paracetamol**
Panadol Rapide® → **Paracetamol**
Panadol Zapp® → **Paracetamol**
Panafcort® → **Prednisone**
Panafcortelone® → **Prednisolone**
Panafen® → **Ibuprofen**
Panaflam® → **Paracetamol**
Panafox® → **Cefoxitin**
Panagesic Adultos® → **Paracetamol**
Panagesic Infantil® → **Paracetamol**
Panalba® → **Famotidine**
Panaldine® → **Ticlopidine**
Panalene® → **Adapalene**
Panalgen → **Methadone**
Panalgin® → **Metamizole**
Panalgorin® → **Metamizole**
Panalon® → **Pancuronium Bromide**
Panamax® → **Paracetamol**
Panamic® → **Mefenamic Acid**
Panamor® → **Diclofenac**
Panamox® → **Mebendazole**
Panam Retard® → **Paracetamol**
Panamycin® → **Erythromycin**
Panangin® → **Aspartic Acid**
Panapres® → **Atenolol**
Panaprost® → **Terazosin**
Panasorbe® → **Paracetamol**
Panastat® → **Itraconazole**
Panataxel® → **Paclitaxel**
Panatel-125® → **Pyrantel**
Panatrix® → **Ceftriaxone**
Panatus® → **Butamirate**
Panaxid® → **Nizatidine**
Panaxim® → **Cefuroxime**
Panaze® → **Pancreatin**
Panazin® [vet.] → **Sulfadimidine**
Pan Benzathine Benylpenicillin® → **Benzathine Benzylpenicillin**
Panbesy® → **Phentermine**
Pancef® → **Cefixime**
Pan-Ceftriaxone® → **Ceftriaxone**
Pancillin® → **Phenoxymethylpenicillin**
Panclasa® → **Phloroglucinol**
Panclor® → **Cefaclor**
Panconium® → **Pancuronium Bromide**
Pancoran® → **Nitroglycerin**
Pancrease® → **Pancrelipase**
Pancrease® → **Pancreatin**
Pancreas polvere (Ph. Eur. 5) → **Pancreatin**
Pancreas powder (Ph. Eur. 5) → **Pancreatin**
Pancreatic Plus® [vet.] → **Pancreatin**
Pancreatin → **Pancreatin**
Pancreatin 4X USP® → **Pancreatin**
Pancreatin 8X USP® → **Pancreatin**
Pancreatina → **Pancreatin**
Pancreatina II MK® → **Pancreatin**

Pancreatin [BAN, USAN] → **Pancreatin**
Pancreatine® [vet.] → **Pancreatin**
Pancreatin (JP XIII, USP 30) → **Pancreatin**
Pancreatinum → **Pancreatin**
Pancreatis pulvis (Ph. Eur. 5) → **Pancreatin**
Pancrebarb® → **Pancrelipase**
Pancrecarb® → **Pancrelipase**
Pancrelipase® → **Pancrelipase**
Pancreolan® → **Pancreatin**
Pancreolauryl-Test® → **Fluorescein Sodium**
Pancrex® → **Pancrelipase**
Pancrex® → **Pancreatin**
Pancrex V® → **Pancreatin**
Pancrex-Vet® [vet.] → **Pancreatin**
Pancrezyme® [vet.] → **Pancreatin**
Pancrin® → **Pancreatin**
Pancron® → **Pancrelipase**
Pancuron® → **Pancuronium Bromide**
Pancuronio Bromuro® → **Pancuronium Bromide**
Pancuronio Fabra® → **Pancuronium Bromide**
Pancuronio Gray® → **Pancuronium Bromide**
Pancuronio Richmond® → **Pancuronium Bromide**
Pancuronium® → **Pancuronium Bromide**
Pancuronium Bromide® → **Pancuronium Bromide**
Pancuronium Bromide-Fresenius® → **Pancuronium Bromide**
Pancuronium Bromide Profarma® → **Pancuronium Bromide**
Pancuronium Deltaselect® → **Pancuronium Bromide**
Pancuronium Inresa® → **Pancuronium Bromide**
Pancuronium Lisapharma® → **Pancuronium Bromide**
Pancuronium Organon® → **Pancuronium Bromide**
Pancuronium Ratiopharm® → **Pancuronium Bromide**
Pancurox® → **Pancuronium Bromide**
Pandel® → **Hydrocortisone**
Pandermil® → **Hydrocortisone**
Panectyl® → **Alimemazine**
Panflox® → **Sparfloxacin**
Panfugan® → **Mebendazole**
Pan-Fungex® → **Clotrimazole**
Panfungol® → **Ketoconazole**
Panfungol Vaginal® → **Ketoconazole**
Panfurex® → **Nifuroxazide**
Pangel® → **Benzoyl Peroxide**
Pan-Gentamicine® → **Gentamicin**
Pangest® → **Bromopride**
Pangestyme® → **Pancrelipase**
Pangetan® → **Loperamide**
Pango® → **Ibuprofen**
Pangon® → **Pentazocine**
Pangram® [vet.] → **Gentamicin**
Pangrol® → **Pancreatin**
Panimycin® → **Dibekacin**
Panitol® → **Carbamazepine**
Panitol® → **Propanidid**
Pan-Kanamycine® → **Kanamycin**
Panklav® [+ Amoxicillin, trihydrate] → **Clavulanic Acid**
Panklav® [+ Clavulanic Acid, potassium salt] → **Amoxicillin**
Panklav® [+ Clavulanic Acid potassium salt] → **Amoxicillin**
Pankrease® → **Pancreatin**
Pankreas-Pulver (Ph. Eur. 5) → **Pancreatin**
Pankreatan® → **Pancreatin**
Pankreatin® → **Pancreatin**
Pankreatin → **Pancreatin**
Pankreatin Laves® → **Pancreatin**
Pankreatin Mikro-ratiopharm® → **Pancreatin**
Pankreatin Rosco® → **Pancreatin**
Pankreatin Stada® → **Pancreatin**
Pankreoflat® → **Pancreatin**
Pankreon® → **Pancreatin**
Pankreozym® → **Pancreatin**
Panlax® → **Bisacodyl**
Panlipol® → **Pravastatin**
Panmicol® → **Clotrimazole**
Panmycin Aquadrops® [vet.] → **Tetracycline**
Pannocort® → **Hydrocortisone**
Pannogel® → **Benzoyl Peroxide**
Panodil® → **Paracetamol**
Panokase® → **Pancrelipase**
Panolon® → **Fluocinolone acetonide**
Panomec® [vet.] → **Ivermectin**
Pan-Ophtal® → **Dexpanthenol**
Panoral® → **Cefaclor**
Panos® → **Tetrazepam**
Panotile Cipro® → **Ciprofloxacin**
Panoxi® → **Oxymetazoline**
Panoxyl® → **Benzoyl Peroxide**
Pan-Peni G® → **Benzylpenicillin**
Panpeptal® → **Pancreatin**
Panprin® → **Pantoprazole**
Panpur® → **Pancreatin**
Panpurol® → **Pipethanate**
Panretin® → **Alitretinoin**
Pan Rhinol® → **Dexpanthenol**
Panscol® → **Salicylic Acid**
Pansec® → **Pantoprazole**
Pansporin® → **Cefotiam**
Pansporin T® → **Cefotiam**
Panstop® → **Metamizole**
Pansulfox® → **Benzoyl Peroxide**
Pantac® → **Pantoprazole**
Pantaflux® → **Flucloxacillin**
Pantames® → **Nimesulide**
Pantaxin® → **Cefotaxime**
Pantecta® → **Pantoprazole**
Pantelmin® → **Mebendazole**
Pantemon® → **Hydrochlorothiazide**
Pantenol® → **Dexpanthenol**
Pan-Terramicina® [vet.] → **Oxytetracycline**
Panteston® → **Testosterone**
Pantestone® → **Anastrozole**
Pantetina® → **Pantethine**
Pantexol® → **Dexpanthenol**
Panthec® → **Pantoprazole**
Panthenol® → **Dexpanthenol**
Panthenol Jenapharm® → **Dexpanthenol**
Panthenol LAW® → **Dexpanthenol**
Panthenol Lichtenstein® → **Dexpanthenol**
Panthenol-ratiopharm® → **Dexpanthenol**
Panthenol-Sandoz® → **Dexpanthenol**
Panthenol Spray® → **Dexpanthenol**
panthenol von ct® → **Dexpanthenol**
Panthoderm® → **Dexpanthenol**
Panthogenat® → **Dexpanthenol**
Panthol® → **Pantothenic Acid**
Pantid® → **Pantoprazole**
Pantinol® → **Aprotinin**
Panto® → **Pantoprazole**
Pantobex® → **Pantoprazole**
Pantobron® [vet.] → **Erythromycin**
Panto-Byk® → **Pantoprazole**
Pantoc® → **Pantoprazole**
Pantocain® → **Tetracaine**
Pantocal® → **Pantoprazole**
Pantocalcin® → **Hopantenic Acid**
Pantocarm® → **Pantoprazole**
Pantocas® → **Pantoprazole**
Pantocid® → **Pantoprazole**
Pantocycline® → **Tetracycline**
Pantodac® → **Pantoprazole**
Pantodar® → **Pantoprazole**
Pantodrin® → **Erythromycin**
Pantogam® → **Hopantenic Acid**
Pantogel® → **Dexpanthenol**
Pantogen® → **Pantoprazole**
Pantogram® [vet.] → **Erythromycin**
Pantok® → **Simvastatin**
Pantolax Deltaselect® → **Suxamethonium Chloride**
Panto Liquid® → **Dexpanthenol**

P

Pantoloc® → **Pantoprazole**
Pantoloc® [Tab. Inj.] → **Pantoprazole**
Pantomed® → **Dexpanthenol**
Pantomicina® → **Erythromycin**
Pantomicina® [tab./gran.] → **Erythromycin**
Pantomin® → **Pantethine**
Pantomucol® [tab./gran.] → **Erythromycin**
Pantonix® → **Pantoprazole**
Pantop® → **Pantoprazole**
Pantopan® → **Pantoprazole**
Pantopaz® → **Pantoprazole**
Pantopra® → **Pantoprazole**
Pantoprazol® → **Pantoprazole**
Pantoprazol Byk® → **Pantoprazole**
Pantoprazol Cinfa® → **Pantoprazole**
Pantoprazole Domesco® → **Pantoprazole**
Pantoprazol Esteve Farmaceutica® → **Pantoprazole**
Pantoprazol Kern Pharma® → **Pantoprazole**
Pantoprazol Madaus® → **Pantoprazole**
Pantoprazol Merck® → **Pantoprazole**
Pantoprazol Pensa® → **Pantoprazole**
Pantoprazol Ratiopharm® → **Pantoprazole**
Pantoprazol Recordati® → **Pantoprazole**
Pantor® → **Pantoprazole**
Pantorc® → **Pantoprazole**
Pantosin® → **Pantethine**
Pantoson® → **Pantothenic Acid**
Pantostin® → **Alfatradiol**
Pantotenato calcico → **Pantothenic Acid**
Pantothénate de calcium → **Pantothenic Acid**
Pantothénate de calcium [DCF] → **Pantothenic Acid**
Pantothenic Acid → **Pantothenic Acid**
Pantothenic Acid [BAN] → **Pantothenic Acid**
Pantothenic Acid calcium salt: → **Pantothenic Acid**
Panthothen Pharmaselect® → **Pantothenic Acid**
Pantothensäure → **Pantothenic Acid**
Pantoxon® → **Ceftriaxone**
Pantozol® → **Pantoprazole**
Pantpas® → **Pantoprazole**
Pantrixon® → **Ceftriaxone**
Pantus® → **Pantoprazole**
Panvermin® [vet.] → **Levamisole**
Panwarfin® → **Warfarin**
Panz® → **Pantoprazole**
Panzer® → **Omeprazole**
Panzid® → **Ceftazidime**
Panzol® → **Pantoprazole**
Panzym® [vet.] → **Pancreatin**
Panzynorm® → **Pancreatin**
Panzytrat® → **Pancreatin**
Panzytrat® → **Pancrelipase**
Paoscle® → **Phenol**
Papain Marching® → **Papain**
Papaveretum® → **Papaveretum**
Papaverin® → **Papaverine**
Papaverinã® → **Papaverine**
Papaverina Clorhidrato® → **Papaverine**
Papaverina Cloridrato® → **Papaverine**
Papaverina Hé Teofarma® → **Papaverine**
Papaverine® → **Papaverine**
Papavérine Aguettant® → **Papaverine**
Papaverine HCl® → **Papaverine**
Papaverine HCl PCH® → **Papaverine**
Papaverine HCl ratiopharm® → **Papaverine**
Papaverine Hydrochloride® → **Papaverine**
Papaverine Hydrochloride-DBL® → **Papaverine**
Papaverine Indo Farma® → **Papaverine**
Papavérine Serb® → **Papaverine**
Papaverinesulfaat CF® → **Papaverine**
Papaverin Hydrochloric® → **Papaverine**
Papaverini HCL® → **Papaverine**
Papaverin Oba® → **Papaverine**
Papaverin Recip® → **Papaverine**
Papaverin SAD® → **Papaverine**
Papaverin Spofa® → **Papaverine**
Papaverinum Hydrochloricum® → **Papaverine**
Papaverol NF® → **Hyoscine Butylbromide**
Papaverol-S® → **Hyoscine Butylbromide**
Papenzima® → **Papain**
Papine® → **Pancreatin**
Para® → **Paracetamol**
Parabaxin® → **Methocarbamol**
Parabowl® → **Prazosin**
Parabutol® → **Ethambutol**
Para-C® → **Paracetamol**
Paracap® → **Paracetamol**
Paracare® → **Paracetamol**
Paracefan® → **Clonidine**
Paracen® → **Paracetamol**
Paraceon® → **Paracetamol**
Paracet® → **Paracetamol**
Paracetamol® → **Paracetamol**
Paracetamol 1A-Pharma® → **Paracetamol**
Paracetamol 500 mg Lennon® → **Paracetamol**
Paracetamol A® → **Paracetamol**
Paracetamol AbZ® → **Paracetamol**
Paracetamol Agrand® → **Paracetamol**
Paracetamol AL® → **Paracetamol**
Paracetamol Alpharma® → **Paracetamol**
Paracetamol Alpharma ApS® → **Paracetamol**
Paracetamol AZU® → **Paracetamol**
Paracetamol BC® → **Paracetamol**
Paracetamol beta® → **Paracetamol**
Paracétamol Biogaran® → **Paracetamol**
Paracetamol Bipharma® → **Paracetamol**
Paracetamol Brifarma® → **Paracetamol**
Paracetamol CF® → **Paracetamol**
Paracetamol-CT® → **Paracetamol**
Paracetamol Cuve® → **Paracetamol**
Paracetamol Denk® → **Paracetamol**
Paracetamol Dexa Medica® → **Paracetamol**
Paracetamol Edigen® → **Paracetamol**
Paracetamol EG® → **Paracetamol**
Paracétamol EG® → **Paracetamol**
Paracetamol Elixir „S.A.D.“® → **Paracetamol**
Paracetamol Esteve® → **Paracetamol**
Paracetamol Extra Fort® → **Paracetamol**
Paracetamol Fecofar® → **Paracetamol**
Paracetamol FLX® → **Paracetamol**
Paracetamol Fortbenton® → **Paracetamol**
Paracetamol Gelos® → **Paracetamol**
Paracetamol Genericon® → **Paracetamol**
Paracetamol Generis® → **Paracetamol**
Paracetamol Gen-Far® → **Paracetamol**
Paracétamol G Gam® → **Paracetamol**
Paracetamol Hänseler® → **Paracetamol**
Paracetamol-Hemofarm® → **Paracetamol**
Paracetamol Hemopharm® → **Paracetamol**
Paracetamol Heumann® → **Paracetamol**
Paracetamol Hexal® → **Paracetamol**
Paracetamol Hexpharm® → **Paracetamol**
Paracetamol HTP® → **Paracetamol**
Paracetamol Infantil® → **Paracetamol**

Paracetamol Iqfarma® → **Paracetamol**
Paracétamol Ivax® → **Paracetamol**
Paracetamol Jadran → **Paracetamol**
Paracetamol Katwijk® → **Paracetamol**
Paracetamol Kern® → **Paracetamol**
Paracetamol Kring® → **Paracetamol**
Paracetamol Labesfal® → **Paracetamol**
Paracetamol Lafedar® → **Paracetamol**
Paracetamol Lazar® → **Paracetamol**
Paracetamol L.CH.® → **Paracetamol**
Paracetamol Lch® → **Paracetamol**
Paracetamol Lekarna® → **Paracetamol**
Paracetamol Lennon® → **Paracetamol**
Paracetamol Lichtenstein® → **Paracetamol**
Paracetamol LPH® → **Paracetamol**
Paracetamol Lünpharma® → **Paracetamol**
Paracetamol Merck® → **Paracetamol**
Paracétamol Merck® → **Paracetamol**
Paracetamol Mundogen® → **Paracetamol**
Paracetamol Nycomed® → **Paracetamol**
Paracetamolo® → **Paracetamol**
Paracetamolo ABC® → **Paracetamol**
Paracetamolo Allen® → **Paracetamol**
Paracetamolo D & G® → **Paracetamol**
Paracetamolo Merck® → **Paracetamol**
Paracetamolo-ratiopharm® → **Paracetamol**
Paracetamolo Teva® → **Paracetamol**
Paracetamolo Unifarm® → **Paracetamol**
Paracetamol PCH® → **Paracetamol**
Paracetamol Pediyatrik® → **Paracetamol**
Paracetamol Pharmagenus® → **Paracetamol**
Paracetamol Pharmavit® → **Paracetamol**
Paracetamol PT Copii® → **Paracetamol**
Paracetamol Raffo® → **Paracetamol**
Paracetamol Ratiopharm® → **Paracetamol**
Paracetamol-ratiopharm® → **Paracetamol**
Paracetamol Rösch® → **Paracetamol**
Paracetamol Roter® → **Paracetamol**
Paracétamol RPG® → **Paracetamol**
Paracetamol-saar® → **Paracetamol**
Paracetamol SAD® → **Paracetamol**
Paracetamol Samenwerkende Apothekers® → **Paracetamol**
Paracetamol Sandoz® → **Paracetamol**
Paracétamol Sandoz® → **Paracetamol**
Paracetamol Sant Gall® → **Paracetamol**
Paracetamol Sierra Pamies® → **Paracetamol**
Paracétamol SmithKline Beecham® → **Paracetamol**
Paracetamol Stada® → **Paracetamol**
Paracetamol Tablets® → **Paracetamol**
Paracetamol Teva® → **Paracetamol**
Paracetamol Therapeuticon® → **Paracetamol**
Paracetamol UPSA® → **Paracetamol**
Paracetamol Vannier® → **Paracetamol**
paracetamol von ct® → **Paracetamol**
Paracetamol Walker® → **Paracetamol**
Paracetamol Winthrop® → **Paracetamol**
Paracétamol Winthrop® → **Paracetamol**
Paracetamol Zikidis® → **Paracetamol**
Paracétamol Zydus® → **Paracetamol**
Paracetam® [vet.] → **Paracetamol**
Paracet Junior® → **Paracetamol**
Paracetol® → **Paracetamol**
Paracide II Shampoo® [vet.] → **Chlorpyrifos**
Paracide Plus® [vet.] → **Dimpylate**
Paracide® [vet.] → **Alpha-Cypermethrin**
Paracilina® [vet.] → **Amoxicillin**
Paracillina® [vet.] → **Amoxicillin**
Paracilline® [vet.] → **Amoxicillin**
Paracillin® [vet.] → **Amoxicillin**
Paracin Kid Tabs.® → **Paracetamol**
Paraclim® → **Tibolone**
Paracne® → **Benzoyl Peroxide**
Paracodin® → **Dihydrocodeine**
Paracodina® → **Dihydrocodeine**
Paracodine® → **Dihydrocodeine**
Paracodin® [gtt.] → **Dihydrocodeine**
Paracortol → **Prednisolone**
Paraderm® → **Bufexamac**
Paradis® → **Clindamycin**
Paradrops® → **Paracetamol**
Parafend® [vet.] → **Oxfendazole**
Paraflaxan® → **Naproxen**
Paraflex® → **Chlorzoxazone**
Parafludeten® → **Paracetamol**
Paraflunixin® [vet.] → **Flunixin**
Parafon Forte® → **Paracetamol**
Parafon Forte DSC® → **Chlorzoxazone**
Para-G® → **Paracetamol**
ParaGal® → **Carboplatin**
Para-GDEK® → **Paracetamol**
Parageniol® → **Paracetamol**
Paragin® → **Paracetamol**
Parahexal® → **Paracetamol**
Parakapton® → **Paracetamol**
Paraldehyde® → **Paraldehyde**
Paraldehyde DBL® → **Paraldehyde**
Paralen® → **Paracetamol**
Paralgan® → **Paracetamol**
Paralgen® → **Paracetamol**
Paralgin® → **Paracetamol**
Paralief® → **Paracetamol**
Paralink® → **Paracetamol**
Paralyoc® → **Paracetamol**
Paramax® → **Paracetamol**
Paramax® [vet.] → **Ivermectin**
Paramectin® [vet.] → **Abamectin**
Paramectin® [vet.] → **Ivermectin**
Paramesone® → **Paramethasone**
Paramidin® → **Bucolome**
Paramidol® → **Paracetamol**
Paraminan® → **Aminobenzoic Acid**
Paraminol® → **Aminobenzoic Acid**
Paramite® → **Phosmet**
Paramix® → **Nitazoxanide**
Paramol® → **Paracetamol**
Paramolan® → **Paracetamol**
Paramol T.P.® → **Paracetamol**
Paramox® → **Paromomycin**
Paranausine® → **Dimenhydrinate**
Paranephrin → **Epinephrine**
Paranox® → **Paracetamol**
Paranox-S® → **Paracetamol**
Parapaed® → **Paracetamol**
Paraphar® → **Paracetamol**
Para Pio® → **Piperonyl Butoxide**
Paraplatin® → **Carboplatin**
Paraplatine® → **Carboplatin**
Paraplatin® [vet.] → **Carboplatin**
Parapres® → **Candesartan**
Parapyrol® → **Paracetamol**
Paraqueimol® → **Sulfacetamide**
Parareg® → **Cinacalcet**
Parasedol® → **Paracetamol**
Parasidose® → **Phenothrin**
Parasin® → **Albendazole**
Parasitex® → **Mebendazole**
Parasitex EFS® [vet.] → **Dimpylate**
Parasitex® [vet.] → **Bendiocarb**
Parassicid® [vet.] → **Dimpylate**
Parasup® → **Dimethyl Sulfoxide**
Parasupp® → **Paracetamol**
Para-Suppo® → **Paracetamol**
Parat® → **Paracetamol**
Paratabs® → **Paracetamol**
Para-Tabs® → **Paracetamol**
Paratak® [vet.] → **Praziquantel**

Paratect Flex® [vet.] → **Morantel**
Paratect® [vet.] → **Morantel**
Paratek® [vet.] → **Praziquantel**
Parathar® → **Teriparatide**
Paratikan → **Propetamphos**
Para-Time® → **Papaverine**
Paratol® → **Paracetamol**
Paratonina® → **Paroxetine**
Paratoxin® [vet.] → **Oxytocin**
Paratral® → **Paracetamol**
Paratropina® → **Homatropine Methylbromide**
Paraxflan® → **Naproxen**
Paraxin® → **Chloramphenicol**
Para-z-mol® → **Paracetamol**
Parcaine® → **Proxymetacaine**
Parcef® → **Ceftriaxone**
Parcetin® → **Norfloxacin**
Parcetol® → **Paracetamol**
Parclen® → **Paracetamol**
Parcomyc® [vet.] → **Parconazole**
Parcopa® [+ Carbidopa] → **Levodopa**
Parcopa® [+ Levodopa] → **Carbidopa**
Pardelprin® → **Indometacin**
Pardoz® [+ Benserazide, hydrochloride] → **Levodopa**
Pardoz® [+ Levodopa] → **Benserazide**
Parecid® → **Cefonicid**
Parenzyme Ampicillina® → **Ampicillin**
Parenzyme Tetraciclina® → **Tetracycline**
Paretin® → **Paroxetine**
Parexat® → **Paroxetine**
Parexel® → **Paclitaxel**
Parfenac® → **Bufexamac**
Parflox® → **Sparfloxacin**
Pargenta® [vet.] → **Gentamicin**
Pargine® → **Arginine**
Pargitan® → **Trihexyphenidyl**
Paricel® → **Rabeprazole**
Paridon® → **Domperidone**
Pariet® → **Rabeprazole**
Parilac® → **Bromocriptine**
Parinix® → **Heparin**
Parisilon → **Prednisolone**
Paritrel® → **Amantadine**
Parixam® → **Piroxicam**
Parizac® → **Omeprazole**
Parkadina® → **Amantadine**
Parkefelin Palmitat® [vet.] → **Chloramphenicol**
Parkefer® [vet.] → **Dextran Iron Complex**
Parkemed® → **Mefenamic Acid**
Parkemoxin® [vet.] → **Amoxicillin**
Parken® [+ Carbidopa] → **Levodopa**
Parken® [+ Levodopa] → **Carbidopa**
Parkesteron® [vet.] → **Triamcinolone**
Parkidopa® [+ Carbidopa] → **Levodopa**
Parkidopa® [+ Levodopa] → **Carbidopa**
Parkinane LP® → **Trihexyphenidyl**
Parkinel® [+ Carbidopa] → **Levodopa**
Parkinel® [+ Levodopa] → **Carbidopa**
Parkinsan® → **Budipine**
Parkisan® → **Trihexyphenidyl**
Parkopan® → **Trihexyphenidyl**
Parkotil® → **Pergolide**
Parlatos® → **Dextromethorphan**
Parlazin® → **Cetirizine**
Parlodel® → **Bromocriptine**
Parlodel® [vet.] → **Bromocriptine**
Parlox® → **Sparfloxacin**
Parmol® → **Paracetamol**
Parnate® → **Tranylcypromine**
Parnoxil® → **Gemfibrozil**
Parocetan® → **Paroxetine**
Parocline® → **Minocycline**
Parodongyl® [vet.] → **Chlorhexidine**
Parodyne → **Phenazone**
Paroex® → **Chlorhexidine**
Parogen® → **Paroxetine**
Paroksetiini Glaxosmithkline® → **Paroxetine**
Parol® → **Paracetamol**
Parolex® → **Paroxetine**
ParoLich® → **Paroxetine**
Paroma® → **Paracetamol**
Paromerck® → **Paroxetine**
Paromomicina → **Paromomycin**
Paromomicina [DCIT] → **Paromomycin**
Paromomycin → **Paromomycin**
Paromomycin [BAN] → **Paromomycin**
Paromomycine → **Paromomycin**
Paromomycine [DCF] → **Paromomycin**
Paromomycini sulfas (Ph. Int. 4) → **Paromomycin**
Paromomycin Sulfate → **Paromomycin**
Paromomycin Sulfate® → **Paromomycin**
Paromomycin sulfate: → **Paromomycin**
Paromomycin Sulfate [JAN, USAN] → **Paromomycin**
Paromomycin Sulfate (Ph. Int. 4, USP 30) → **Paromomycin**
Paromomycin Sulphate (BPC 1973) → **Paromomycin**
Paromomycinum → **Paromomycin**
Paromomycin® [vet.] → **Paromomycin**
Paromomycin x-sulfat → **Paromomycin**
Paronal® → **Asparaginase**
Paronex® → **Paroxetine**
Paroser® → **Paroxetine**
Parotin® → **Paroxetine**
Parotur® → **Paroxetine**
Paroven® → **Oxerutins**
Parox® → **Paroxetine**
Paroxalon® → **Paroxetine**
Paroxat® → **Paroxetine**
Paroxedura® → **Paroxetine**
Paroxet® → **Paroxetine**
Paroxetin® → **Paroxetine**
Paroxetin 1A Farma® → **Paroxetine**
Paroxetin 1A Pharma® → **Paroxetine**
Paroxetina Acost® → **Paroxetine**
Paroxetina Allen® → **Paroxetine**
Paroxetina Alpharma® → **Paroxetine**
Paroxetina Alter® → **Paroxetine**
Paroxetina Angenérico® → **Paroxetine**
Paroxetina Aphar® → **Paroxetine**
Paroxetina Arafarma® → **Paroxetine**
Paroxetina Bayvit® → **Paroxetine**
Paroxetina Bexal® → **Paroxetine**
Paroxetin AbZ® → **Paroxetine**
Paroxetina Cinfa® → **Paroxetine**
Paroxetin Actavis® → **Paroxetine**
Paroxetina Cuve® → **Paroxetine**
Paroxetina Davur® → **Paroxetine**
Paroxetina Decrox® → **Paroxetine**
Paroxetina Doc® → **Paroxetine**
Paroxetina Edigen® → **Paroxetine**
Paroxetina EG® → **Paroxetine**
Paroxetina Farmoz® → **Paroxetine**
Paroxetina Generis® → **Paroxetine**
Paroxetina Hexal® → **Paroxetine**
Paroxetina Jaba® → **Paroxetine**
Paroxetina Kern® → **Paroxetine**
Paroxetin AL® → **Paroxetine**
Paroxetina Labesfal® → **Paroxetine**
Paroxetin Alpharma® → **Paroxetine**
Paroxetina Mepha® → **Paroxetine**
Paroxetina Merck® → **Paroxetine**
Paroxetina Mundogen® → **Paroxetine**
Paroxetina Pharmagenus® → **Paroxetine**
Paroxetina Ranbaxy® → **Paroxetine**
Paroxetina Ratiomed® → **Paroxetine**
Paroxetina Ratiopharm® → **Paroxetine**
Paroxetin Arcana® → **Paroxetine**
Paroxetina Rimafarm® → **Paroxetine**
Paroxetina Sandoz® → **Paroxetine**

Paroxetina Stada® → **Paroxetine**
Paroxetina Synthon® → **Paroxetine**
Paroxetina Tamarang® → **Paroxetine**
Paroxetina Tarbis® → **Paroxetine**
Paroxetina Tecnimede® → **Paroxetine**
Paroxetina Tevagen® → **Paroxetine**
Paroxetina Ur® → **Paroxetine**
Paroxetin AWD® → **Paroxetine**
Paroxetin BASICS® → **Paroxetine**
Paroxetin beta® → **Paroxetine**
Paroxetin biomo® → **Paroxetine**
Paroxetin Copyfarm® → **Paroxetine**
Paroxetin CT® → **Paroxetine**
Paroxetine® → **Paroxetine**
Paroxetine A® → **Paroxetine**
Paroxetine Actavis® → **Paroxetine**
Paroxetine Alpharma® → **Paroxetine**
Paroxetine Bexal® → **Paroxetine**
Paroxétine Biogaran® → **Paroxetine**
Paroxetine CF® → **Paroxetine**
Paroxetine-EG® → **Paroxetine**
Paroxetine EG® → **Paroxetine**
Paroxétine G Gam® → **Paroxetine**
Paroxetine GSK® → **Paroxetine**
Paroxetine Hydrochloride® → **Paroxetine**
Paroxetine Katwijk® → **Paroxetine**
Paroxetine Kiron® → **Paroxetine**
Paroxetine Merck® → **Paroxetine**
Paroxétine Merck® → **Paroxetine**
Paroxetine OF® → **Paroxetine**
Paroxetine PCH® → **Paroxetine**
Paroxetine Ranbaxy® → **Paroxetine**
Paroxetine Ratiopharm® → **Paroxetine**
Paroxetine-Ratiopharm® → **Paroxetine**
Paroxetine Sandoz® → **Paroxetine**
Paroxétine Sandoz® → **Paroxetine**
Paroxetine-Sandoz® → **Paroxetine**
Paroxetine-Teva® → **Paroxetine**
Paroxetine Topgen® → **Paroxetine**
Paroxétine Winthrop® → **Paroxetine**
Paroxetin Generics® → **Paroxetine**
Paroxetin HelvePharm® → **Paroxetine**
Paroxetin Heumann® → **Paroxetine**
Paroxetin Hexal® → **Paroxetine**
Paroxetin Holsten® → **Paroxetine**
Paroxetin-Hormosan® → **Paroxetine**
Paroxetin interpharm® → **Paroxetine**
Paroxetin Isis® → **Paroxetine**
Paroxetin Lindo® → **Paroxetine**
Paroxetin-Mepha® → **Paroxetine**
Paroxetin Merck NM® → **Paroxetine**
Paroxetin-neuraxpharm® → **Paroxetine**
Paroxetin Nycomed® → **Paroxetine**
Paroxetin PCD® → **Paroxetine**
Paroxetin ratiopharm® → **Paroxetine**
Paroxetin real® → **Paroxetine**
Paroxetin Sandoz® → **Paroxetine**
Paroxetin Stada® → **Paroxetine**
Paroxetin TAD® → **Paroxetine**
Paroxetin Teva® → **Paroxetine**
Paroxetop® → **Paroxetine**
Paroxiflex® → **Paroxetine**
Parox Meltab® → **Paracetamol**
Parpicillin® → **Ampicillin**
Parsal® → **Ibuprofen**
Parsel® → **Paracetamol**
Parsimonil® → **Flunitrazepam**
Parsitan® → **Profenamine**
Partamol® → **Paracetamol**
Partane® → **Trihexyphenidyl**
Partoxin® [vet.] → **Oxytocin**
Partusisten® → **Fenoterol**
Parvemaxol® → **Clotrimazole**
Parvid® → **Paracetamol**
Parvodex® → **Dextropropoxyphene**
Parvolex® → **Acetylcysteine**
Parvolex® [vet.] → **Acetylcysteine**
PAS® → **Aminosalicylic Acid**
Pasaden® → **Etizolam**
Pasalen® → **Ketoconazole**
Pas Atlantic® → **Aminosalicylic Acid**
Pascalium® → **Bromazepam**
Pasconeural-Injektopas® → **Procainamide**
Pascorbin® → **Ascorbic Acid**
Pase® → **Clonazepam**
Pasedol® → **Dimenhydrinate**
Pasedon® → **Miconazole**
Paser® → **Aminosalicylic Acid**
Pasetocin® → **Amoxicillin**
Pas-Fatol N® → **Aminosalicylic Acid**
Pask-Akri® → **Aminosalicylic Acid**
Pasminox® → **Otilonium Bromide**
Pasmodina® → **Hyoscine Butylbromide**
Pasmovit® → **Phloroglucinol**
Pasmus® → **Flopropione**
Pasodron® → **Alendronic Acid**
Pasquam® → **Dexpanthenol**
Pasrin® → **Buspirone**
Passagen® → **Xylometazoline**
Passagix® → **Domperidone**
Pas Sodium® → **Aminosalicylic Acid**
Pastaron® → **Urea**
Pasteur Pharma Vitamin E® → **Tocopherol, α-**
Pastilhas Cepacol® → **Cetylpyridinium**
Patanol® → **Olopatadine**
Patentex® → **Nonoxinol**
Patentex Oval® → **Nonoxinol**
Pathocef® [vet.] → **Cefoperazone**
Pathozone® [vet.] → **Cefoperazone**
Patir® → **Terbinafine**
Patox® → **Ciprofloxacin**
Patrex® → **Sildenafil**
Patriot Insecticide Ear Tag® [vet.] → **Dimpylate**
Patropan® → **Naproxen**
Patryl® → **Metronidazole**
Pausanol® → **Estriol**
Pausedal® → **Levosulpiride**
Pausigin® → **Estradiol**
Pauxa® → **Tibolone**
Pavacol-D® → **Pholcodine**
Pavedal® → **Metolazone**
Pavertrin® → **Idebenone**
Pavulon® → **Pancuronium Bromide**
Pax® → **Diazepam**
Paxadorm® → **Nitrazepam**
Paxal® → **Alprazolam**
Paxam® → **Clonazepam**
Paxan® → **Paroxetine**
Paxapride® → **Cinitapride**
Paxcutol® [vet.] → **Benzoyl Peroxide**
Paxel® → **Paclitaxel**
Paxeladine® → **Oxeladin**
Paxéladine® → **Oxeladin**
Paxene® → **Paclitaxel**
Paxeratio® → **Paroxetine**
Paxetil® → **Paroxetine**
Paxetin® → **Paroxetine**
Paxidorm® → **Diphenhydramine**
Paxil® → **Paroxetine**
Paxil CR® → **Paroxetine**
Paxilfar® → **Tramadol**
Paximol® → **Paracetamol**
Paxirasol® → **Bromhexine**
Paxium® → **Chlordiazepoxide**
Paxlitaxel Pliva® → **Paclitaxel**
Paxman® [vet.] → **Xylazine**
Paxon® → **Losartan**
Paxon® → **Buspirone**
Paxosit® → **Hydrocortisone**
Paxt® → **Paroxetine**
Paxtibi® → **Nortriptyline**
Paxtin® → **Paroxetine**
Paxtine® → **Paroxetine**
Paxum® → **Diazepam**
Paxus® → **Paclitaxel**
Paxxet® → **Paroxetine**
Pazidol® → **Secnidazole**
Pazolam® → **Alprazolam**
P-Benza® → **Benzathine Benzylpenicillin**
PB Gel® → **Benzoyl Peroxide**
P-Butazone® [vet.] → **Phenylbutazone**
PBZ® [vet.] → **Phenylbutazone**

PC-20® → **Piroxicam**
PCE® → **Erythromycin**
PCM-Hemofarm® → **Paracetamol**
PCM-Hemopharm® → **Paracetamol**
PC Powder® [vet.] → **Piperazine**
PCR Harnstoffsalbe® → **Urea**
Pecasolin® → **Lincomycin**
Peceve® → **Phenoxymethylpenicillin**
Pectite® → **Mecysteine**
Pectobronc® → **Dextromethorphan**
Pectodrill® → **Carbocisteine**
Pectofree® → **Dextromethorphan**
Pectomucil® → **Acetylcysteine**
Pectosan® → **Pentoxyverine**
Pectosan Expectorant® → **Carbocisteine**
Pectosorin® → **Sulfogaiacol**
Pectox® → **Carbocisteine**
Pectox lisina® → **Carbocisteine**
Pedab® → **Gliclazide**
Pedcee® → **Ascorbic Acid**
Pedea® → **Ibuprofen**
Pedeamin® → **Diphenhydramine**
Pediachlor® → **Chloramphenicol**
Pediaflor® → **Sodium Fluoride**
Pediagesic® → **Azithromycin**
Pedial® → **Mecobalamin**
Pediamox® → **Amoxicillin**
PediApap® → **Paracetamol**
Pediaphyllin PL® → **Theophylline**
Pediapred® → **Prednisolone**
Pediaprofen® → **Ibuprofen**
Pedia Relief® → **Pseudoephedrine**
Pediasolvan® → **Ambroxol**
Pediatrix® → **Paracetamol**
Pediazole® → **Erythromycin**
Pedicef® → **Cefpodoxime**
Pedicon® → **Dimeticone**
Pedi-Dri® → **Nystatin**
Pedifan® → **Piroxicam**
Pedifen® → **Ibuprofen**
Pedikurol® → **Clotrimazole**
Pediletan® → **Permethrin**
Pedilid® → **Roxithromycin**
Pediphen® → **Diphenhydramine**
Pedipur® → **Methenamine**
Pediron® → **Ferrous Sulfate**
Pedrox® → **Roxithromycin**
Pefamic® → **Mefenamic Acid**
Pefbid® → **Pefloxacin**
Peflacine® → **Pefloxacin**
Péflacine® → **Pefloxacin**
Peflacine Injection® → **Pefloxacin**
Pefloksacyna® → **Pefloxacin**
Peflon® → **Pefloxacin**
Peflox® → **Pefloxacin**
Pefloxacin Domesco® → **Pefloxacin**
Peganone® → **Ethotoin**
Pegasys® → **Peginterferon Alfa 2-a**
Pegintron® → **Peginterferon Alfa 2-b**
PEG-Intron® → **Peginterferon Alfa 2-b**
Pegtron® → **Peginterferon Alfa 2-b**
Pehachlor® → **Chlorphenamine**
Pehacort® → **Prednisone**
Pehamoxil® → **Amoxicillin**
Pehastan® → **Mefenamic Acid**
Pehatifen® → **Ketotifen**
Pehatrim® [+ Sulfamethoxazole] → **Trimethoprim**
Pehatrim® [+ Trimethoprim] → **Sulfamethoxazole**
Peinfort® → **Paracetamol**
Peitel® → **Prednicarbate**
Pekiron® → **Amorolfine**
Pektolin® → **Diphenhydramine**
Pektrol® → **Isosorbide Mononitrate**
Pelanin® → **Estradiol**
Pelastin® [+ Cilastatin] → **Imipenem**
Pelastin® [+ Imipenem] → **Cilastatin**
Peldol® → **Haloperidol**
Peledox® → **Doxycycline**
Pelentan® → **Ethyl Biscoumacetate**
Pelentanettae® → **Ethyl Biscoumacetate**
Pelina® → **Dexpanthenol**
Pelisani® → **Fluocinonide**
Pellexeme® → **Ketotifen**
Pelmec® → **Amlodipine**
Pelox® → **Pefloxacin**
Pelox-400® → **Pefloxacin**
Peltazon® → **Pentazocine**
Peluces® → **Haloperidol**
PemADD® → **Pemoline**
Pemal → **Ethosuximide**
Pemar® → **Piroxicam**
Pemidal® → **Glimepiride**
Pemirox® → **Pemirolast**
Pemol® → **Paracetamol**
Pemoline® → **Pemoline**
Pen-A® → **Ampicillin**
Pen AbZ® → **Phenoxymethylpenicillin**
Penacare® [vet.] → **Penicillin G Procaine**
Penactam inj.® [+ Ampicillin] → **Sulbactam**
Penactam inj.® [+ Sulbactam] → **Ampicillin**
Penadur® → **Benzathine Benzylpenicillin**
Penadur L.A.® → **Benzathine Benzylpenicillin**
Penagrand® → **Phenoxymethylpenicillin**
Penalcol® → **Mebendazole**
Penalone® [vet.] → **Penicillin G Procaine**
Penalox® → **Azithromycin**
Penamox® [caps. susp.] → **Amoxicillin**
Pen-Aqueous® [vet.] → **Penicillin G Procaine**
Penbak® → **Bacampicillin**
Penbene® → **Phenoxymethylpenicillin**
Penbeta® → **Phenoxymethylpenicillin**
Penbiotic® → **Ampicillin**
Penbisin Injektabl® → **Ampicillin**
Penbritin® → **Ampicillin**
Penbritin® [inj.] → **Ampicillin**
Penbritin® [inj.] → **Ampicillin**
Penbritin Injectable Suspension® [vet.] → **Ampicillin**
Penbritin Veterinary Injectable® [vet.] → **Ampicillin**
Pen-C® → **Phenoxymethylpenicillin**
Pencal® → **Pentoxyverine**
Penciclovir-Novartis® → **Penciclovir**
Pencid® → **Phenoxymethylpenicillin**
Pencin-V® → **Phenoxymethylpenicillin**
Penclen® → **Penamecillin**
Pencom® → **Benzathine Benzylpenicillin**
Pencor® → **Doxazosin**
Pencotrex® → **Ampicillin**
Pencroftonium® → **Mifepristone**
Pendepon® → **Benzathine Benzylpenicillin**
Pendiben® → **Benzathine Benzylpenicillin**
Pendiben LA® → **Benzathine Benzylpenicillin**
Pendine® → **Gabapentin**
Pendium® → **Buspirone**
Pendoril® → **Perindopril**
Pendysin® → **Benzathine Benzylpenicillin**
Penecort® → **Hydrocortisone**
Penedil® → **Felodipine**
Penegra® → **Sildenafil**
Pener® → **Phenoxymethylpenicillin**
Penester® → **Finasteride**
Penetavet® [vet.] → **Penethamate Hydriodide**
Penetracyna® → **Gentamicin**
Penfantil® → **Phenoxymethylpenicillin**
Pen-G® → **Benzylpenicillin**
Pengesic® → **Tramadol**
Pengesod® → **Benzylpenicillin**
Penglobe® → **Bacampicillin**

P

Penicillin V-ratiopharm® → **Phenoxymethylpenicillin**
Penicillin V Stada® → **Phenoxymethylpenicillin**
Penicillin V [USAN] → **Phenoxymethylpenicillin**
Penicillin V (USP 30) → **Phenoxymethylpenicillin**
Penicillin-V-Wolff® → **Phenoxymethylpenicillin**
Penicillin V Wolff® → **Phenoxymethylpenicillin**
Penicomb® → **Econazole**
Penidural® → **Benzathine Benzylpenicillin**
Penidure® → **Benzathine Benzylpenicillin**
Penifarma® → **Amoxicillin**
Penilan® [+ Amoxicillin, trihydrate] → **Clavulanic Acid**
Penilan® [+ Clavulanic Acid, potassium salt] → **Amoxicillin**
Penilente® → **Benzathine Benzylpenicillin**
Penilevel® → **Phenoxymethylpenicillin**
Penilevel® → **Benzylpenicillin**
Peni-Oral® → **Phenoxymethylpenicillin**
Penipastil® → **Cetylpyridinium**
Penipen® → **Ampicillin**
Penivet® [vet.] → **Cloxacillin**
Penject® [vet.] → **Penicillin G Procaine**
Penlac® → **Ciclopirox**
Penles® → **Lidocaine**
Pen-Lich® → **Phenoxymethylpenicillin**
Penlol® → **Pentoxifylline**
Pen Mega-1A Pharma® → **Phenoxymethylpenicillin**
Penmox® → **Amoxicillin**
Pennchlor® [vet.] → **Chlortetracycline**
Pennsaid® → **Diclofenac**
Penomor® → **Mefenamic Acid**
Penopen® → **Phenoxymethylpenicillin**
Pen Oral® → **Phenoxymethylpenicillin**
Pen-Os® → **Phenoxymethylpenicillin**
Penovet® [vet.] → **Penicillin G Procaine**
Penpurin® → **Buflomedil**
Penrazol® → **Omeprazole**
Penrazole® → **Omeprazole**
Penselin® → **Dipyridamole**
Pensilina® → **Benzylpenicillin**
Pensordil® → **Isosorbide Dinitrate**
Penstabil® → **Ampicillin**
Penstad V® → **Phenoxymethylpenicillin**
Penstapho® → **Oxacillin**
Penstaphon® → **Cloxacillin**
Pen-Syn® → **Benzylpenicillin**
Pentabid® → **Isosorbide Mononitrate**
Pentabil® → **Fenipentol**
Pentacard® → **Isosorbide Mononitrate**
Pentacarinat® → **Pentamidine**
Pentacarinat® [vet.] → **Pentamidine**
Pentacin® → **Fungichromin**
Pentacol® → **Mesalazine**
Pentacrin® → **Diacerein**
Pentaderm® → **Bergapten**
Pentaerythritol® → **Pentaerithrityl Tetranitrate**
Pentaferr® → **Ferrous Gluconate**
Pentagastrin® → **Pentagastrin**
Pentagin® → **Pentazocine**
Pentalac® → **Lactulose**
Pentalong® → **Pentaerithrityl Tetranitrate**
Pental Sodyum® → **Thiopental Sodium**
Pentam® → **Pentamidine**
Pentamidina® → **Pentamidine**
Pentamidina Combinopharm® → **Pentamidine**
Pentamidina Filaxis® → **Pentamidine**
Pentamidina Richet® → **Pentamidine**
Pentamidine Isethionate® → **Pentamidine**
Pentamina® → **Pentamidine**
Pentamol® → **Salbutamol**
Pentamon® → **Pentoxifylline**
Pentamox® → **Amoxicillin**
Pentamycetin® → **Chloramphenicol**
Pentarthron® [vet.] → **Pentosan Polysulfate Sodium**
Pentasa® → **Mesalazine**
Pentasol® → **Clobetasol**
Pentaspan® → **Pentastarch**
Pentastarch® → **Pentastarch**
Pentatop® → **Cromoglicic Acid**
Pentavir® → **Famciclovir**
Pentavir® → **Penciclovir**
Pentawin® → **Pentazocine**
Pentazine® → **Promethazine**
Pentazocina Fides® → **Pentazocine**
Pentazocine® → **Pentazocine**
Pentazocine-Fresenius® → **Pentazocine**
Pentazocine-Profarma® → **Pentazocine**
Pentazocinum® → **Pentazocine**
Pentcillin® → **Piperacillin**
Penthotal Sodium® → **Thiopental Sodium**
Pentids® → **Benzylpenicillin**
Pentilin® → **Pentoxifylline**
Pentin-LA® → **Benzylpenicillin**
Pento AbZ® → **Pentoxifylline**
Pentobarbital → **Pentobarbital**
Pentobarbital [BAN, DCF, DCIT, USAN] → **Pentobarbital**
Pentobarbital-Natrium → **Pentobarbital**
Pentobarbital-Natrium (Ph. Eur. 5) → **Pentobarbital**
Pentobarbital (Ph. Eur. 5, USP 30) → **Pentobarbital**
Pentobarbital sodico → **Pentobarbital**
Pentobarbital sódico → **Pentobarbital**
Pentobarbital sodique → **Pentobarbital**
Pentobarbital sodique (Ph. Eur. 5) → **Pentobarbital**
Pentobarbital Sodium → **Pentobarbital**
Pentobarbital Sodium [BANM, JAN, USAN] → **Pentobarbital**
Pentobarbital Sodium Injection® → **Pentobarbital**
Pentobarbital Sodium (Ph. Eur. 5, USP 30) → **Pentobarbital**
Pentobarbital sodium salt: → **Pentobarbital**
Pentobarbitalum → **Pentobarbital**
Pentobarbitalum natricum → **Pentobarbital**
Pentobarbitalum natricum (Ph. Eur. 5) → **Pentobarbital**
Pentobarbitalum (Ph. Eur. 5) → **Pentobarbital**
Pentobarbital® [vet.] → **Pentobarbital**
Pentobarbitone → **Pentobarbital**
Pentobarbitone Sodium → **Pentobarbital**
Pentobarbitone, soluble → **Pentobarbital**
Pentobarb® [vet.] → **Pentobarbital**
Pentoflux® → **Pentoxifylline**
Pentofuryl® → **Nifuroxazide**
Pentohexal® → **Pentoxifylline**
Pentoil® → **Emorfazone**
Pentoject® [vet.] → **Pentobarbital**
Pentoksifilin® → **Pentoxifylline**
Pentolab® → **Pentoxifylline**
Pentomer® → **Pentoxifylline**
Pentona® → **Mazaticol**
Pento-Puren® → **Pentoxifylline**
Pentorel® → **Buprenorphine**

Pentosanpolysulfat SP 54® → **Pentosan Polysulfate Sodium**
Pentosan® [vet.] → **Pentosan Polysulfate Sodium**
Pentosol® [vet.] → **Pentobarbital**
Pentostam® → **Sodium Stibogluconate**
Pentostam® [vet.] → **Sodium Stibogluconate**
Pentostatin® → **Pentostatin**
Pentothal® → **Thiopental Sodium**
Pentothal Abbott® → **Thiopental Sodium**
Pentothal Natrium® → **Thiopental Sodium**
Pentothal Sodico® → **Thiopental Sodium**
Pentothal Sodium® → **Thiopental Sodium**
Pentothal® [vet.] → **Thiopental Sodium**
Pentovena® → **Diosmin**
Pentox® → **Pentoxifylline**
Pentox-CT® → **Pentoxifylline**
Pentoxi® → **Pentoxifylline**
Pentoxifilin® → **Pentoxifylline**
Pentoxifilina® → **Pentoxifylline**
Pentoxifilina Alter® → **Pentoxifylline**
Pentoxifilina Belmac® → **Pentoxifylline**
Pentoxifilina Bexal® → **Pentoxifylline**
Pentoxifilina Davur® → **Pentoxifylline**
Pentoxifilina Farmabion® → **Pentoxifylline**
Pentoxifilina Generis® → **Pentoxifylline**
Pentoxifilina Genfar® → **Pentoxifylline**
Pentoxifilina L.CH.® → **Pentoxifylline**
Pentoxifilina Merck® → **Pentoxifylline**
Pentoxifyllin® → **Pentoxifylline**
Pentoxifyllin acis® → **Pentoxifylline**
Pentoxifyllin AL® → **Pentoxifylline**
Pentoxifyllin-B® → **Pentoxifylline**
Pentoxifyllin Basics® → **Pentoxifylline**
Pentoxifylline® → **Pentoxifylline**
Pentoxifylline-Akri® → **Pentoxifylline**
Pentoxifylline Biogaran® → **Pentoxifylline**
Pentoxifylline EG® → **Pentoxifylline**
Pentoxifylline Merck® → **Pentoxifylline**
Pentoxifylline PCH® → **Pentoxifylline**
Pentoxifylline RPG® → **Pentoxifylline**
Pentoxifylline Sandoz® → **Pentoxifylline**
Pentoxifylline-Teva® → **Pentoxifylline**
Pentoxifyllin Lindo® → **Pentoxifylline**
Pentoxifyllin Pharmavit® → **Pentoxifylline**
Pentoxifyllin-ratiopharm® → **Pentoxifylline**
Pentoxifyllin Sandoz® → **Pentoxifylline**
Pentoxifyllin Stada® → **Pentoxifylline**
Pentoxifyllinum Biotika® → **Pentoxifylline**
Pentoxi Genericon® → **Pentoxifylline**
Pentoxil® → **Pentoxifylline**
PentoxiMed® → **Pentoxifylline**
Pentoxi-Mepha® → **Pentoxifylline**
Pentoxin® → **Pentoxifylline**
Pentoxol® → **Paclitaxel**
Pentoxy Heumann® → **Pentoxifylline**
Pentoxyl-EP® → **Pentoxifylline**
Pentoxyverin UCB® → **Pentoxyverine**
Pentra® → **Nimesulide**
Pentrexyl® → **Ampicillin**
Pentrexyl® [caps./liqu.oral] → **Ampicillin**
Pen-V® → **Phenoxymethylpenicillin**
Pen V Atlantic® → **Phenoxymethylpenicillin**
Pen-Vee K® → **Phenoxymethylpenicillin**
Penveno® → **Phenoxymethylpenicillin**
Pen-Ve-Oral® → **Phenoxymethylpenicillin**
Pen® [vet.] → **Penicillin G Procaine**
Pen V General Drugs House® → **Phenoxymethylpenicillin**
Pen-V Genericon® → **Phenoxymethylpenicillin**
Penvicilin® → **Amoxicillin**
Penvik® → **Phenoxymethylpenicillin**
Pen-Vi-K® → **Phenoxymethylpenicillin**
Penvir® → **Famciclovir**
Pen-V-K L.U.T.® → **Phenoxymethylpenicillin**
Pen-V Lannacher® → **Phenoxymethylpenicillin**
Penzital® → **Pancreatin**
Peo® → **Ceftriaxone**
Peocal® → **Calcium Carbonate**
Peoflox® → **Ciprofloxacin**
Peon® → **Zaltoprofen**
Peotid® → **Ranitidine**
Pepcid® → **Famotidine**
Pepcidac® → **Famotidine**
Pepcid AC® → **Famotidine**
Pepcidin® → **Famotidine**
Pepcidina® → **Famotidine**
Pepcidine® → **Famotidine**
Pepcid® [vet.] → **Famotidine**
Pepcine® → **Famotidine**
Pepdenal® → **Famotidine**
Pepdine® → **Famotidine**
Pepdul® → **Famotidine**
Pepfamin® → **Famotidine**
Pepleo® → **Peplomycin**
Peposterol® → **Sitosterol, β-**
Pep-Rani® → **Ranitidine**
Peprazol® → **Omeprazole**
Pepsaletten® → **Glutamic Acid**
Pepsamar® → **Algeldrate**
Pepsitol® → **Bismuthate, Tripotassium Dicitrato-**
Pepsytoin-100® → **Phenytoin**
Peptab® → **Ranitidine**
Peptan® → **Famotidine**
Peptavlon® → **Pentagastrin**
Peptazol® → **Pantoprazole**
Peptica® → **Cimetidine**
Pepticum® → **Omeprazole**
Pepticure® → **Ranitidine**
Peptid® → **Famotidine**
Peptidin® → **Omeprazole**
Peptifam® → **Famotidine**
Peptigal® → **Famotidine**
Peptil-H® → **Ranitidine**
Pepto-Bismol® → **Bismuth Subsalicylate**
Peptoci® → **Famotidine**
Pepto Diarrhea Control® → **Loperamide**
Peptomet® → **Domperidone**
Peptonorm® → **Sucralfate**
Peptoran® → **Ranitidine**
Peptosol® → **Ranitidine**
Pepto-Zil® → **Bismuth Subsalicylate**
Peptril® → **Famotidine**
Peptulan® → **Bismuthate, Tripotassium Dicitrato-**
Pepzan® → **Famotidine**
Peracef® [vet.] → **Cefoperazone**
Peracil® → **Piperacillin**
Peracin® → **Piperacillin**
Peracon® → **Isoaminile**
Peragit® → **Trihexyphenidyl**
Peralgin® → **Phenylbutazone**
Peraprin® → **Metoclopramide**
Perasian® → **Loperamide**
Perasint® → **Piperacillin**
Perative® → **Ketoconazole**
Peratsin® → **Perphenazine**

Perazin® → **Perazine**
Perazin-neuraxpharm® → **Perazine**
Perazodin® → **Dipyridamole**
Perazolin® → **Sobuzoxane**
Perazone® → **Dexamethasone**
Perazyna® → **Perazine**
Perbilen® → **Piretanide**
Perbrons® → **Oxolamine**
Percamin® → **Cinchocaine**
Percas® → **Etoposide**
Percital® → **Citalopram**
Percocyn® → **Lincomycin**
Percof® → **Levodropropizine**
Percoffedrinol N® → **Caffeine**
Percolone® → **Oxycodone**
Percorten® [vet.] → **Desoxycortone**
Percrison® [vet.] → **Chlortetracycline**
Percutafeine® → **Caffeine**
Percutaféine® → **Caffeine**
Percutol® → **Nitroglycerin**
Percutol® [vet.] → **Nitroglycerin**
Perderm® → **Alclometasone**
Perdipina® → **Nicardipine**
Perdipine® → **Nicardipine**
Perdix® → **Moexipril**
Perdolan® → **Paracetamol**
Perdox® → **Risperidone**
Perduretas Codeina® → **Codeine**
Perebron® → **Oxolamine**
Perenal® → **Lisinopril**
Perenan® → **Dihydroergotoxine**
Perental® → **Pentoxifylline**
Perfalgan® → **Paracetamol**
Perfan® → **Enoximone**
Perfane® → **Enoximone**
Perfenazine CF® → **Perphenazine**
Perfenazine PCH® → **Perphenazine**
Perfenazin Leciva® → **Perphenazine**
Performer® → **Cefaclor**
Performex® [vet.] → **Oxfendazole**
Perforomist® → **Formoterol**
Perfudal® → **Felodipine**
Perfusalgan® → **Paracetamol**
Pergamid® → **Aniracetam**
Perganit® → **Nitroglycerin**
Pergolid → **Pergolide**
Pergolida → **Pergolide**
Pergolid AbZ® → **Pergolide**
Pergolid AL® → **Pergolide**
Pergolida Ratiopharm® → **Pergolide**
Pergolida Teva® → **Pergolide**
Pergolid beta® → **Pergolide**
Pergolid Copyfarm® → **Pergolide**
Pergolide → **Pergolide**
Pergolide® → **Pergolide**
Pergolide A® → **Pergolide**
Pergolide [BAN, DCF] → **Pergolide**
Pergolide CF® → **Pergolide**
Pergolide Disphar® → **Pergolide**
Pergolide Ivax® → **Pergolide**
Pergolide Merck® → **Pergolide**
Pergolide Mesilate → **Pergolide**
Pergolide mesilate: → **Pergolide**
Pergolide Mesilate [BANM] → **Pergolide**
Pergolide (mésilate de) → **Pergolide**
Pergolide (mésilate de) (Ph. Eur. 5) → **Pergolide**
Pergolide Mesilate (Ph. Eur. 5) → **Pergolide**
Pergolide Mesylate® → **Pergolide**
Pergolide Mesylate [USAN] → **Pergolide**
Pergolide Mesylate (USP 30) → **Pergolide**
Pergolide PCH® → **Pergolide**
Pergolide Sandoz® → **Pergolide**
Pergolide Teva® → **Pergolide**
Pergolid Hexal® → **Pergolide**
Pergolidi mesilas → **Pergolide**
Pergolidi mesilas (Ph. Eur. 5) → **Pergolide**
Pergolidmesilat → **Pergolide**
Pergolidmesilat (Ph. Eur. 5) → **Pergolide**
Pergolid-neuraxpharm® → **Pergolide**
Pergolid ratiopharm® → **Pergolide**
Pergolid Sandoz® → **Pergolide**
Pergolid Stada® → **Pergolide**
Pergolidum → **Pergolide**
Pergonal® → **Menotropins**
Pergotime® → **Clomifene**
Periactin® → **Cyproheptadine**
Periactine® → **Cyproheptadine**
Periactin® [vet.] → **Cyproheptadine**
Periatin® → **Cyproheptadine**
Pericaina® → **Mepivacaine**
Pérical® → **Calcium Carbonate**
Pericam® → **Piroxicam**
Pericate® → **Haloperidol**
Pericel® → **Flavodic Acid**
Pericephal® → **Cinnarizine**
Perichol® → **Simvastatin**
Perida® → **Haloperidol**
Peridex® → **Chlorhexidine**
Peridol® → **Haloperidol**
Peridom® → **Domperidone**
Peridon® → **Domperidone**
Peridona® → **Domperidone**
Peridor® → **Haloperidol**
Peridys® → **Domperidone**
Péridys® → **Domperidone**
Perifas® → **Cinnarizine**
Perigona® → **Glucosamine**
Perilax® → **Bisacodyl**
Perilox® → **Metronidazole**
Perinal® → **Hydrocortisone**
Perinase® → **Fluticasone**
Perindan® → **Perindopril**
Perindopril A® → **Perindopril**
Perindopril Copyfarm® → **Perindopril**
Perindopril tert-butylamine® → **Perindopril**
Perindopril tert-Butylamine KR® → **Perindopril**
Perindopril tert-butylamine ratiopharm® → **Perindopril**
Perinorm® → **Metoclopramide**
Perio-Aid® → **Chlorhexidine**
PerioChip® → **Chlorhexidine**
Periocline® → **Minocycline**
Perio-Clor® → **Chlorhexidine**
Periodent® → **Chlorhexidine**
Periodil® → **Chlorhexidine**
PerioGard® → **Chlorhexidine**
Periokin® → **Chlorhexidine**
Perion® → **Domperidone**
Periostat® → **Doxycycline**
Perioxidin® → **Chlorhexidine**
Periplum® → **Fluconazole**
Periplum® → **Nimodipine**
Peristab® → **Metoclopramide**
Peritol® → **Cyproheptadine**
Peritrast® → **Sodium Amidotrizoate**
Peritrate® → **Pentaerithrityl Tetranitrate**
Peritrol® → **Minocycline**
Perivan® → **Mosapride**
Perivar® → **Heparin**
Perivax R® → **Pentoxifylline**
Perizin® [vet.] → **Coumafos**
Perkapil® → **Dipyrithione**
Perkinil® → **Procyclidine**
Perlatos® → **Levodropropizine**
Perlic® → **Frovatriptan**
Perlicat® [vet.] → **Stirofos**
Perlice® → **Permethrin**
Perlinganit® → **Nitroglycerin**
Perlinganit Roztok® → **Nitroglycerin**
Perlium Doxyval® [vet.] → **Doxycycline**
Perlium Pulmoval® [vet.] → **Chlortetracycline**
Perlium® [vet.] → **Amoxicillin**
Perlol® → **Propranolol**
Perls® → **Permethrin**
Perlutex® → **Medroxyprogesterone**
Perlutex® [vet.] → **Medroxyprogesterone**
Permadoze® → **Cyanocobalamin**
Permadoze oral® → **Cyanocobalamin**

Permanganate de Potassium Lafran® → **Potassium**
Permapen® → **Benzathine Benzylpenicillin**
Permatrace 3 Year Selenium Pellets for Sheep® [vet.] → **Selenium Sulfide**
Permatrace Selenium Pellets for Cattle® [vet.] → **Selenium Sulfide**
Permax® → **Pergolide**
Permax D.A.C.® → **Pergolide**
Permazole® → **Mebendazole**
Permectrin® [vet.] → **Permethrin**
Permenin® → **Permethrin**
Permethrin → **Permethrin**
Permethrin® → **Permethrin**
Permethrin [BAN, USAN] → **Permethrin**
Perméthrine → **Permethrin**
Perméthrine [DCF] → **Permethrin**
Permethrinum → **Permethrin**
Permethrin® [vet.] → **Permethrin**
Permethylpolysiloxane → **Dimeticone**
Permetrina → **Permethrin**
Permetrina OTC® → **Permethrin**
Permiltin® → **Dipyridamole**
Permin® → **Permethrin**
Permisol® → **Permethrin**
Permitil® → **Fluphenazine**
Permitil® → **Sildenafil**
Permit® [vet.] → **Permethrin**
Permod® → **Domperidone**
Permotil® → **Domperidone**
Permoxin ® [vet.] → **Permethrin**
Permoxin® [vet.] → **Permethrin**
Permvastat® → **Cefalexin**
Permycin® [vet.] → **Clindamycin**
Permyo® → **Eperisone**
Pernamed® → **Perphenazine**
Pernazene® → **Tymazoline**
Pernazene® → **Oxymetazoline**
Pernazine® → **Perphenazine**
Pernazinum® → **Perazine**
Pernionin® → **Nicotinic Acid**
Perofen® → **Ibuprofen**
Peroma® → **Nilvadipine**
Perosa® → **Permethrin**
Peroxacne® → **Benzoyl Peroxide**
Peroxiben® → **Benzoyl Peroxide**
Peroxyderm® [vet.] → **Benzoyl Peroxide**
Perpen® → **Flucloxacillin**
Perphenan® → **Perphenazine**
Perphenazine® → **Perphenazine**
Perphenazin-neuraxpharm® → **Perphenazine**
Persadox® → **Benzoyl Peroxide**
Persantin® → **Dipyridamole**
Persantine® → **Dipyridamole**
Persantin SR® → **Dipyridamole**
Persidal® → **Risperidone**
Persivate® → **Betamethasone**
Perskindol® → **Levomenthol**
Perskindol Ibuprofen akut® → **Ibuprofen**
Persol Gel® → **Benzoyl Peroxide**
Pertacilon® → **Captopril**
Perten® → **Amlodipine**
Pertensal® → **Nifedipine**
Pertil® → **Isosorbide Mononitrate**
Pertinar® → **Glucosamine**
Pertofran® → **Desipramine**
Pertranquil® → **Meprobamate**
Pertrofran® → **Desipramine**
Pertussin® → **Dextromethorphan**
Perviam® → **Ibuprofen**
Pervinox® → **Povidone-Iodine**
Pervone® → **Dihydroergotamine**
Perzine-P® → **Perphenazine**
Pesatril® → **Lisinopril**
Pe-Tam® → **Paracetamol**
Petatul Aposito® → **Povidone-Iodine**
Pet Care 11-Month Flea Collar for Dogs® [vet.] → **Chlorpyrifos**
Pet Care 5 Month Flea Collar® [vet.] → **Dimpylate**
Pet Care Dip for Dogs® [vet.] → **Chlorpyrifos**
Pet Care Plastic Flea Band® [vet.] → **Dimpylate**
Petcare Preventef 5 Month Flea Collar® [vet.] → **Dimpylate**
Pet Care Single Dose Wormer® [vet.] → **Nitroscanate**
Pet-Dec® [vet.] → **Diethylcarbamazine**
Pet Derm® [vet.] → **Dexamethasone**
Peteha® → **Protionamide**
Petercillin® → **Ampicillin**
Petese® [vet.] → **Docusate Sodium**
Petgard® [vet.] → **Dimpylate**
Pethidin → **Pethidine**
Pethidine → **Pethidine**
Pethidine® → **Pethidine**
Pethidine [BAN, DCF] → **Pethidine**
Pethidine BP® → **Pethidine**
Péthidine (chlorhydrate de) → **Pethidine**
Péthidine (chlorhydrate de) (Ph. Eur. 5) → **Pethidine**
Pethidine DBL® → **Pethidine**
Pethidine HCl-Fresenius® → **Pethidine**
Pethidine Hydrochloride → **Pethidine**
Pethidine Hydrochloride® → **Pethidine**
Pethidine hydrochloride: → **Pethidine**
Pethidine Hydrochloride AHFS (USA) → **Pethidine**
Pethidine Hydrochloride [BANM, JAN] → **Pethidine**
Pethidine Hydrochloride (Ph. Eur. 5, Ph. Int. 4, JP XIV) → **Pethidine**
Pethidine Injection BP® → **Pethidine**
Pethidine Renaudin® → **Pethidine**
Péthidine Renaudin® → **Pethidine**
Pethidine® [vet.] → **Pethidine**
Pethidin HCl Amino® → **Pethidine**
Pethidin HCl Bichsel® → **Pethidine**
Pethidin HCl Sintetica® → **Pethidine**
Pethidinhydrochlorid → **Pethidine**
Pethidinhydrochlorid (Ph. Eur. 5) → **Pethidine**
Pethidini HCl PCH® → **Pethidine**
Pethidini hydrochloridum → **Pethidine**
Pethidini hydrochloridum (Ph. Eur. 5, Ph. Int. 4) → **Pethidine**
Pethidin Streuli® → **Pethidine**
Pethidinum → **Pethidine**
Petidin® → **Pethidine**
Petidina → **Pethidine**
Petidina Clorhidrato® → **Pethidine**
Petidina Cloridrato® → **Pethidine**
Petidina cloridrato → **Pethidine**
Petidina [DCIT] → **Pethidine**
PetidinaPethidine → **Pethidine**
Petidin Dak® → **Pethidine**
Petidin Ipex® → **Pethidine**
Petidin SAD® → **Pethidine**
Petilin® → **Valproic Acid**
Petimid® → **Ethosuximide**
Petinimid® → **Ethosuximide**
Petinutin® → **Mesuximide**
Petizen® → **Serrapeptase**
Petnidan® → **Ethosuximide**
Petogen® → **Medroxyprogesterone**
Petogen-Fresenius® → **Medroxyprogesterone**
Petoral® [vet.] → **Medroxyprogesterone**
Petracin® → **Oxytetracycline**
Petrazole® → **Itraconazole**
Pet Ungezieferhalsband® [vet.] → **Dimpylate**
Petylyl® → **Desipramine**
Pevalon® → **Phenobarbital**
Pevaryl® → **Econazole**
Pevaryl® [crème] → **Econazole**
Pevaryl® [crème] → **Econazole**
Pevaryl-Hautschampoo® → **Econazole**
Pevaryl Lipogel® → **Econazole**
Pevaryl Topicals® → **Econazole**

P

Pevaryl Vaginal® → **Econazole**
Pevazol® → **Econazole**
Pevidine® [vet.] → **Povidone-Iodine**
Pevil® → **Pheniramine**
Pevisone® → **Econazole**
Pexal® → **Pentoxifylline**
Pexeva® → **Paroxetine**
Pexig® → **Perhexiline**
Pexol® → **Pentoxifylline**
Pexola® → **Pramipexole**
Pexsig® → **Perhexiline**
Pezeta-Ciba® → **Pyrazinamide**
Pezide® → **Glipizide**
Pfeil Zahnschmerz-Tabletten® → **Ibuprofen**
P-Fen® → **Ibuprofen**
Pferdeserum-Gonadotrophin für Tiere (Ph. Eur. 5) → **Gonadotrophin, Serum**
Pfi- Pen G® [vet.] → **Penicillin G Procaine**
Pfizerpen® → **Benzylpenicillin**
Pfizer-Strep® [vet.] → **Dihydrostreptomycin**
$PGF_2\alpha$ → **Dinoprost**
$PGF_2\alpha$ THAM → **Dinoprost**
PGF Veyx® [vet.] → **Cloprostenol**
Phacobiotic® → **Cefatrizine**
Phacocef® → **Cefotaxime**
Phacotrex® → **Cefaclor**
Phacovit® → **Levocarnitine**
Phagocin® → **Azithromycin**
Phalol® → **Simvastatin**
Phaltrexia® → **Naltrexone**
Phamopril® → **Captopril**
Phamoprofen® → **Ibuprofen**
Phanalgin® → **Metamizole**
Phanasin® → **Guaifenesin**
Phanate® → **Lithium**
Phanerol® → **Propranolol**
Phanezopyridine® → **Phenazopyridine**
Phapin® → **Ampicillin**
Phaproxin® → **Ciprofloxacin**
Pharamgin® → **Metamizole**
Pharaxis® → **Mebendazole**
Pharbenlan® [vet.] → **Fenbendazole**
Pharcal® → **Calcium Carbonate**
Pharcetil® → **Acetylcysteine**
Phardol® → **Glycol Salicylate**
Phardol® → **Ketoprofen**
Pharepa® → **Heparin**
Pharflox® → **Ofloxacin**
Pharken® → **Pergolide**
Pharmacare-Acyclovir® → **Aciclovir**
Pharmacare-Cefazolin® → **Cefazolin**
Pharmacare-Cefotaxime® → **Cefotaxime**
Pharmacare-Cefoxitin® → **Cefuroxime**
Pharmacare-Ceftriaxone® → **Ceftriaxone**
Pharmacare-Cefuroxime® → **Cefuroxime**
Pharmacetin Otic® → **Chloramphenicol**
Pharmachlor® [vet.] → **Chlortetracycline**
Pharmacillin® [vet.] → **Penicillin G Procaine**
Pharma-Dentix® → **Chlorhexidine**
Pharmadol® → **Paracetamol**
Pharmadol® → **Tramadol**
Pharmadose® → **Merbromin**
Pharma Ferrum® → **Ferrous Fumarate**
Pharmaflex® → **Metronidazole**
Pharmafulvin® [vet.] → **Griseofulvin**
Pharmaglobin® → **Ferrous Sulfate**
Pharmakod expectorant® → **Carbocisteine**
Pharmakod toux sèche® → **Pholcodine**
Pharmamin SC® [vet.] → **Mebendazole**
Pharmaniaga Aciclovir® → **Aciclovir**
Pharmaniaga Atenolol® → **Atenolol**
Pharmaniaga Bacampicillin® → **Bacampicillin**
Pharmaniaga Cetirizine® → **Cetirizine**
Pharmaniaga Cimetidine® → **Cimetidine**
Pharmaniaga Clarithromycin® → **Clarithromycin**
Pharmaniaga Fluconazole® → **Fluconazole**
Pharmaniaga Frusemide® → **Furosemide**
Pharmaniaga Gilbenclamide® → **Glibenclamide**
Pharmaniaga Ketoconazole® → **Ketoconazole**
Pharmaniaga Loperamide® → **Loperamide**
Pharmaniaga Metformin® → **Metformin**
Pharmaniaga Methyldopa® → **Methyldopa**
Pharmaniaga Metoprolol® → **Metoprolol**
Pharmaniaga Miconazole® → **Miconazole**
Pharmaniaga Nifedipine® → **Nifedipine**
Pharmaniaga Omeprazole® → **Omeprazole**
Pharmaniaga Propranolol® → **Propranolol**
Pharmaniaga Ranitidine® → **Ranitidine**
Pharmaniaga Simvastatin® → **Simvastatin**
Pharmaniaga Terbutaline® → **Terbutaline**
Pharmaniaga Theophylline® → **Theophylline**
Pharmapress® → **Enalapril**
Pharmasin® → **Tylosin**
Pharmasin® [vet.] → **Tylosin**
Pharmaspirin® → **Aspirin**
Pharmatex® → **Benzalkonium Chloride**
Pharmflam® → **Diclofenac**
Pharmorubicin® [vet.] → **Epirubicin**
Pharmotidine® → **Famotidine**
Pharnak® → **Alprazolam**
Pharnax® → **Alprazolam**
Pharnazine® → **Fluphenazine**
Pharodime® → **Ceftazidime**
Pharothrocin® → **Erythromycin**
Pharphylline® → **Theophylline**
Pharzil® → **Gemfibrozil**
Phazyme® → **Dimeticone**
Phemiton® → **Methylphenobarbital**
Phenadone → **Methadone**
Phenadonum → **Methadone**
Phenadoz® → **Promethazine**
Phenadryl® → **Diphenhydramine**
Phenaemal® → **Phenobarbital**
Phenaemaletten® → **Phenobarbital**
Phenamin® → **Dexchlorpheniramine**
Phenantoin → **Phenytoin**
Phenaphen® with Codeine → **Paracetamol**
Phenate® → **Clomifene**
Phenazacillin → **Hetacillin**
Phenazin® → **Fluphenazine**
Phenazine 50® → **Promethazine**
Phenazo® → **Phenazopyridine**
Phenazolinum® → **Antazoline**
Phenazon → **Phenazone**
Phenazone → **Phenazone**
Phénazone → **Phenazone**
Phenazone [BAN, DCF] → **Phenazone**
Phenazone (Ph. Eur. 5) → **Phenazone**
Phénazone (Ph. Eur. 5) → **Phenazone**
Phenazon (Ph. Eur. 5) → **Phenazone**
Phenazonum → **Phenazone**
Phenazonum (Ph. Eur. 5, Ph. Int. II) → **Phenazone**
Phen-Buta-Vet® [vet.] → **Phenylbutazone**
Phendimetrazine Tartate® → **Phendimetrazine**
Phendiridine® → **Phenazopyridine**
Phenemalum → **Phenobarbital**

Phenerex® → **Promethazine**
Phénergan® → **Promethazine**
Phénergan® [compr.] → **Promethazine**
Phenhydan® → **Phenytoin**
Phenic acid → **Phenol**
Phenicol® → **Chloramphenicol**
Phenilep® → **Phenytoin**
Phenindione® → **Phenindione**
Phenix® [vet.] → **Oxytetracycline**
Phenix® [vet.] → **Chlortetracycline**
Phenobarb® → **Phenobarbital**
Phenobarbital → **Phenobarbital**
Phénobarbital → **Phenobarbital**
Phenobarbital® → **Phenobarbital**
Phenobarbital Atlantic® → **Phenobarbital**
Phenobarbital [BAN, JAN, USAN] → **Phenobarbital**
Phénobarbital [DCF] → **Phenobarbital**
Phenobarbital Dibropharm® → **Phenobarbital**
Phenobarbital Hänseler® → **Phenobarbital**
Phenobarbital (JP XIV, Ph. Eur. 5, Ph. Int. 4, USP 30) → **Phenobarbital**
Phenobarbital-Natrium → **Phenobarbital**
Phenobarbital-Natrium (Ph. Eur. 5) → **Phenobarbital**
Phénobarbital (Ph. Eur. 5) → **Phenobarbital**
Phénobarbital sodique → **Phenobarbital**
Phénobarbital sodique (Ph. Eur. 5) → **Phenobarbital**
Phenobarbital Sodium® → **Phenobarbital**
Phenobarbital Sodium → **Phenobarbital**
Phenobarbital Sodium [BANM, JAN, USAN] → **Phenobarbital**
Phenobarbital Sodium (Ph. Eur. 5, Ph. Int. 4, USP 30) → **Phenobarbital**
Phenobarbital sodium salt: → **Phenobarbital**
Phenobarbitalum → **Phenobarbital**
Phenobarbitalum natricum → **Phenobarbital**
Phenobarbitalum natricum (JPX, Ph. Eur. 5, Ph. Int. 4) → **Phenobarbital**
Phenobarbitalum (Ph. Eur. 5, Ph. Int. 4) → **Phenobarbital**
Phenobarbiton® → **Phenobarbital**
Phenobarbitone → **Phenobarbital**
Phenobarbitone® → **Phenobarbital**
Phenobarbitone® [inj.] → **Phenobarbital**
Phenobarbitone Sodium → **Phenobarbital**
Phenobarbitone Sodium® → **Phenobarbital**
Phenobarbiton natrijum® → **Phenobarbital**
Phenobarbiton natrium® → **Phenobarbital**
Phenobiotic® → **Thiamphenicol**
Phenocillin® → **Phenoxymethylpenicillin**
Phenogel® [vet.] → **Phenylbutazone**
Phenol → **Phenol**
Phénol → **Phenol**
Phenol [JAN, USAN] → **Phenol**
Phenol® [liquified] → **Phenol**
Phénol (Ph. Eur. 5) → **Phenol**
Phenol (Ph. Eur. 5, USP 30) → **Phenol**
Phénolphtaléine → **Phenolphthalein**
Phénolphtaléine [DCF] → **Phenolphthalein**
Phénolphtaléine (Ph. Eur. 5) → **Phenolphthalein**
Phenolphtaleinum® → **Phenolphthalein**
Phenolphthalein → **Phenolphthalein**
Phenolphthalein [BAN, USAN] → **Phenolphthalein**
Phenolphthalein (Ph. Eur. 5, USP 30) → **Phenolphthalein**
Phenolphthaleinum → **Phenolphthalein**
Phenolphthaleinum (Ph. Eur. 5) → **Phenolphthalein**
Phenolum → **Phenol**
Phenolum (Ph. Eur. 5) → **Phenol**
Phenol, verflüssigtes (Ph. H. 10) → **Phenol**
Phenomav® [vet.] → **Phenobarbital**
Phenomycilline → **Phenoxymethylpenicillin**
Phenoson® → **Phenobarbital**
Phenotal® → **Phenobarbital**
Phenoxethol → **Phenoxyethanol**
Phenoxetol → **Phenoxyethanol**
Phenoxpenici Lindo® → **Phenoxymethylpenicillin**
Phenoxybenzamin → **Phenoxybenzamine**
Phenoxybenzamine → **Phenoxybenzamine**
Phénoxybenzamine → **Phenoxybenzamine**
Phenoxybenzamine [BAN] → **Phenoxybenzamine**
Phenoxybenzamine Hydrochloride → **Phenoxybenzamine**
Phenoxybenzamine hydrochloride: → **Phenoxybenzamine**
Phenoxybenzamine Hydrochloride [BANM, USAN] → **Phenoxybenzamine**
Phenoxybenzamine Hydrochloride (BP 2002, USP 30) → **Phenoxybenzamine**
Phenoxybenzamin hydrochlorid → **Phenoxybenzamine**
Phenoxybenzaminum → **Phenoxybenzamine**
Phenoxyethanol → **Phenoxyethanol**
Phénoxyéthanol → **Phenoxyethanol**
2-Phenoxyethanol → **Phenoxyethanol**
Phénoxyéthanol (Ph. Eur. 5) → **Phenoxyethanol**
Phenoxyethanol (Ph. Eur. 5, USP 30) → **Phenoxyethanol**
Phenoxyethanolum → **Phenoxyethanol**
Phenoxyethanolum (Ph. Eur. 5) → **Phenoxyethanol**
Phenoxyl® [vet.] → **Phenoxybenzamine**
Phenoxyl-VK® → **Phenoxymethylpenicillin**
Phenoxymethylpenicillin → **Phenoxymethylpenicillin**
Phenoxymethylpenicillin® → **Phenoxymethylpenicillin**
Phenoxymethylpenicillin [BAN] → **Phenoxymethylpenicillin**
Phénoxyméthylpénicilline → **Phenoxymethylpenicillin**
Phenoxymethylpenicilline [DCF] → **Phenoxymethylpenicillin**
Phénoxyméthylpénicilline (Ph. Eur. 5) → **Phenoxymethylpenicillin**
Phénoxyméthylpénicilline potassique → **Phenoxymethylpenicillin**
Phénoxyméthylpénicilline potassique (Ph. Eur. 5) → **Phenoxymethylpenicillin**
Phenoxymethylpenicillin-Kalium → **Phenoxymethylpenicillin**
Phenoxymethylpenicillin-Kalium (Ph. Eur. 5) → **Phenoxymethylpenicillin**
Phenoxymethylpenicillin (Ph. Eur. 5, Ph. Int. 4) → **Phenoxymethylpenicillin**
Phenoxymethylpenicillin Potassium → **Phenoxymethylpenicillin**
Phenoxymethylpenicillin Potassium [BANM, JAN] → **Phenoxymethylpenicillin**
Phenoxymethylpenicillin Potassium (Ph. Eur. 5, Ph. Int. 4, JP XIV) → **Phenoxymethylpenicillin**
Phenoxymethylpenicillin potassium salt: → **Phenoxymethylpenicillin**

P

Piecidex® → **Econazole**
Piecidex® → **Terbinafine**
Pielic® → **Crotamiton**
Pielograf® → **Sodium Amidotrizoate**
Pierami® → **Amikacin**
Pifen® → **Pizotifen**
Pigfer® [vet.] → **Dextran Iron Complex**
PIG Helm® [vet.] → **Oxibendazole**
Pigitil® → **Pidotimod**
Pigmentasa® → **Hydroquinone**
Pigmet® → **Hydroquinone**
Pigrel® → **Clopidogrel**
Pig Swig® [vet.] → **Piperazine**
Pilactone® → **Spironolactone**
Pilagan® → **Pilocarpine**
Pilder® → **Gemfibrozil**
Pilfud® → **Minoxidil**
Pill'kan® [vet.] → **Megestrol**
Pilo® → **Pilocarpine**
Pilocar® → **Pilocarpine**
Pilocarcil® → **Pilocarpine**
Pilocarin® → **Pilocarpine**
Pilocarpin → **Pilocarpine**
Pilocarpina → **Pilocarpine**
Pilocarpina® → **Pilocarpine**
Pilocarpina cloridrato → **Pilocarpine**
Pilocarpina cloridrato® → **Pilocarpine**
Pilocarpina Farmigea® → **Pilocarpine**
Pilocarpin Agepha® → **Pilocarpine**
Pilocarpina Lux® → **Pilocarpine**
Pilocarpin ankerpharm® → **Pilocarpine**
Pilocarpine → **Pilocarpine**
Pilocarpine® → **Pilocarpine**
Pilocarpine [BAN, DCF, JAN] → **Pilocarpine**
Pilocarpine (chlorhydrate de) → **Pilocarpine**
Pilocarpine (chlorhydrate de) (Ph. Eur. 5) → **Pilocarpine**
Pilocarpine-Falcon® → **Pilocarpine**
Pilocarpine Faure® → **Pilocarpine**
Pilocarpine HCl PCH® → **Pilocarpine**
Pilocarpine Hydrochloride → **Pilocarpine**
Pilocarpine hydrochloride: → **Pilocarpine**
Pilocarpine Hydrochloride® → **Pilocarpine**
Pilocarpine Hydrochloride [BANM, JAN, USAN] → **Pilocarpine**
Pilocarpinehydrochloride HPS® → **Pilocarpine**
Pilocarpine Hydrochloride (JP XIV, Ph. Eur. 5, Ph. Int. 4, USP 30) → **Pilocarpine**
Pilocarpine Hydrochloride Ophthalmic Solution® → **Pilocarpine**
Pilocarpine Minims® → **Pilocarpine**
Pilocarpine (USP 30) → **Pilocarpine**
Pilocarpin hydrochlorid → **Pilocarpine**
Pilocarpinhydrochlorid (Ph. Eur. 5) → **Pilocarpine**
Pilocarpini hydrochloridum → **Pilocarpine**
Pilocarpini hydrochloridum (Ph. Eur. 5, Ph. Int. 4) → **Pilocarpine**
Pilocarpin Puroptal® → **Pilocarpine**
Pilocarpinum → **Pilocarpine**
Pilocarpinum® → **Pilocarpine**
Pilocarpinum (2.AB-DDR) → **Pilocarpine**
Pilocarpol® → **Pilocarpine**
Pilocat® [vet.] → **Eseridine**
Pilocollyre® → **Pilocarpine**
Pilo-Drop® → **Pilocarpine**
Pilodrops® [vet.] → **Pilocarpine**
Pilogel® → **Pilocarpine**
Pilogel® [vet.] → **Pilocarpine**
Pilokarpin® → **Pilocarpine**
Pilokarpin CCS® → **Pilocarpine**
Pilokarpin Minims® → **Pilocarpine**
Pilokarpin „Ophtha“® → **Pilocarpine**
Pilomann® → **Pilocarpine**
Pilomin® → **Pilocarpine**
Pilopil® → **Tenoxicam**
Pilopine HS® → **Pilocarpine**
Pilopos® → **Pilocarpine**
Pilopt® → **Pilocarpine**
Piloral® → **Clemastine**
Pilorfast® → **Omeprazole**
Pilosed® → **Pilocarpine**
Pilostat® → **Pilocarpine**
Pilo-Stulln® → **Pilocarpine**
Pilotonina® → **Pilocarpine**
Piloxidil® → **Minoxidil**
Pilucalm® [vet.] → **Megestrol**
Piludog® [vet.] → **Megestrol**
Pilules de Vichy® → **Sodium Picosulfate**
Pilules Vichy N.F.® → **Dantron**
Pilzcin® → **Croconazole**
Pima® → **Potassium Iodide**
Pima-Biciron® → **Natamycin**
Pimafucin® → **Naratriptan**
Pimafucin® → **Natamycin**
Pimaricin [JAN] → **Natamycin**
Pimenol® → **Pirmenol**
Pimidel® → **Pipemidic Acid**
Pimozida® → **Pimozide**
Pimplex® → **Benzoyl Peroxide**
Pinaclav® [+Amoxicillin trihydrate] → **Clavulanic Acid**
Pinaclav® [+ Clavulanic Acid potassium salt] → **Amoxicillin**
Pinaclor® → **Cefaclor**
Pinadone® → **Methadone**
Pinalgesic® → **Mefenamic Acid**
Pinamet® → **Cimetidine**
Pinamox® → **Amoxicillin**
Pincard® → **Nifedipine**
Pinden® → **Pindolol**
Pindocor® → **Pindolol**
Pindol® → **Pindolol**
Pindolol® → **Pindolol**
Pindolol CF® → **Pindolol**
Pindolol Helvepharm® → **Pindolol**
Pindolol Merck NM® → **Pindolol**
Pindolol PCH® → **Pindolol**
Pindolol ratiopharm® → **Pindolol**
Pindolol Sandoz® → **Pindolol**
Pineroro® → **Difenidol**
Pinex® → **Paracetamol**
Pinloc® → **Pindolol**
Pinor® → **Imipramine**
Pinorubin® → **Pirarubicin**
Pintal® → **Butamirate**
Pin-X® → **Pyrantel**
Piodar® → **Pioglitazone**
Pioglar® → **Pioglitazone**
Pioglin® → **Pioglitazone**
Pioglit® → **Pioglitazone**
Pioglitazone Stada® → **Pioglitazone**
Pioktanina® → **Methylrosanilinium Chloride**
Piol® → **Pioglitazone**
Piolit® → **Pioglitazone**
Pioral® → **Chlorothymol**
Piostop® → **Permethrin**
PIP Acid® → **Omeprazole**
Pipamperon® → **Pipamperone**
Pipamperon-1A Pharma® → **Pipamperone**
Pipamperon Hexal® → **Pipamperone**
Pipamperon Sandoz® → **Pipamperone**
Piparaver → **Piperazine**
Pip A Tabs® [vet.] → **Piperazine**
Pipa-Tabs® [vet.] → **Piperazine**
Pip-Cit Roundworm Syrup® [vet.] → **Piperazine**
Pipedac® → **Pipemidic Acid**
Pipedic® → **Pipemidic Acid**
Pipefort® → **Pipemidic Acid**
Pipegal® → **Pipemidic Acid**
Pipem® → **Pipemidic Acid**
Pipemid® → **Pipemidic Acid**
Piperac® → **Piperacillin**
Piperacilina Richet® → **Piperacillin**
Piperacilina-Tazobactam Northia® [+ Piperacillin] → **Tazobactam**

Piperacilina-Tazobactam Northia® [+ Tazobactam] → **Piperacillin**
Piperacilina-Tazobactam Richet® [+ Piperacillin sodium salt] → **Tazobactam**
Piperacilina-Tazobactam Richet® [+ Tazobactam sodium salt] → **Piperacillin**
Piperacillin® → **Piperacillin**
Piperacillina DOC® → **Piperacillin**
Piperacillina Dorom® → **Piperacillin**
Piperacillina EG® → **Piperacillin**
Piperacillina Jet® → **Piperacillin**
Piperacillina K24® → **Piperacillin**
Piperacillina Pliva® → **Piperacillin**
Piperacillina Sandoz® → **Piperacillin**
Piperacillina Teva® → **Piperacillin**
Piperacillin DeltaSelect® → **Piperacillin**
Piperacillin Eberth® → **Piperacillin**
Piperacilline Bipharma® → **Piperacillin**
Pipéracilline Dakota Pharm® → **Piperacillin**
Pipéracilline G Gam® → **Piperacillin**
Piperacilline Merck® → **Piperacillin**
Pipéracilline Panpharma® → **Piperacillin**
Piperacillin Fresenius® → **Piperacillin**
Piperacillin Hexal® → **Piperacillin**
Piperacillin Hikma® → **Piperacillin**
Piperacillin-ratiopharm® → **Piperacillin**
Piperacinum → **Piperazine**
Piperacyl® → **Piperazine**
Piperazin® → **Piperazine**
Piperazin → **Piperazine**
Piperazina → **Piperazine**
Piperazina adipato → **Piperazine**
Piperazina citrato → **Piperazine**
Piperazinadipat → **Piperazine**
Piperazinadipat (Ph. Eur. 5) → **Piperazine**
Piperazina esaidrata → **Piperazine**
Piperazina Merey® → **Piperazine**
Piperazin citrat → **Piperazine**
Piperazincitrat (Ph. Eur. 5) → **Piperazine**
Piperazine → **Piperazine**
Piperazine-17® [vet.] → **Piperazine**
Piperazine-34® [vet.] → **Piperazine**
Piperazine Adipate → **Piperazine**
Piperazine adipate: → **Piperazine**
Pipérazine (adipate de) → **Piperazine**
Pipérazine (adipate de) (Ph. Eur. 5) → **Piperazine**
Piperazine Adipate (JP XIV, Ph. Eur. 5, Ph. Int. 4) → **Piperazine**
Piperazine Citrate → **Piperazine**
Piperazine citrate: → **Piperazine**
Piperazine Citrate® → **Piperazine**
Pipérazine (citrate de) → **Piperazine**
Pipérazine (citrate de) (Ph. Eur. 5) → **Piperazine**
Piperazine Citrate (Ph. Eur. 5, Ph. Int. 4, USP 30) → **Piperazine**
Piperazine Citrate® [vet.] → **Piperazine**
Pipérazine Coophavet® [vet.] → **Piperazine**
Pipérazine [DCF] → **Piperazine**
Piperazine hexahydrate: → **Piperazine**
Piperazine Hydrate → **Piperazine**
Pipérazine (hydrate de) → **Piperazine**
Pipérazine (hydrate de) (Ph. Eur. 5) → **Piperazine**
Piperazine Hydrate (Ph. Eur. 5) → **Piperazine**
Piperazine [USAN] → **Piperazine**
Piperazine (USP 30) → **Piperazine**
Pipérazine Véprol® [vet.] → **Piperazine**
Piperazine® [vet.] → **Piperazine**
Piperazin-Hexahydrat → **Piperazine**
Piperazin-Hexahydrat (Ph. Eur. 5) → **Piperazine**
Piperazini adipas → **Piperazine**
Piperazini adipas (Ph. Eur. 5, Ph. Int. 4) → **Piperazine**
Piperazini citras → **Piperazine**
Piperazini citras (Ph. Eur. 5, Ph. Int. 4) → **Piperazine**
Piperazini hydras → **Piperazine**
Piperazinium adipinicum → **Piperazine**
Piperazinium citricum → **Piperazine**
Piperazin Jacoby® [vet.] → **Piperazine**
Piperazinum hydricum → **Piperazine**
Piperazinum hydricum (Ph. Eur. 5) → **Piperazine**
Piperazinum (PhBs IV) → **Piperazine**
Piperfarma® → **Piperazine**
Piperital® → **Piperacillin**
Pipermel® → **Piperazine**
Piperonil® → **Pipamperone**
Piper® [+ Piperacillin sodium salt] → **Tazobactam**
Pipersal® → **Piperacillin**
Piper® [+ Tazobactam sodium salt] → **Piperacillin**
Pipertex® → **Piperacillin**
Pipertox® → **Piperazine**
Pipetecan® → **Irinotecan**
Pipetexina® [+ Piperacillin sodium salt] → **Tazobactam**
Pipetexina® [+ Tazobactam sodium salt] → **Piperacillin**
Piplex® → **Isotretinoin**
Piportil® → **Pipotiazine**
Piportil Depot® [inj.] → **Pipotiazine**
Piportil L4® [inj.] → **Pipotiazine**
Piportil Longum® → **Pipotiazine**
Pipotiazina Dosa® → **Pipotiazine**
Pippen® → **Ibuprofen**
Pip-Pop® [vet.] → **Piperazine**
Pipracil® → **Piperacillin**
Pipracin® → **Piperacillin**
Pipraks® → **Piperacillin**
Pipram® → **Pipemidic Acid**
Piprine® → **Piperazine**
Piprol® → **Ciprofloxacin**
Piprox® → **Pefloxacin**
Piptalin® → **Pipenzolate Bromide**
Pipurin® → **Pipemidic Acid**
Pipurol® → **Pipemidic Acid**
Pira® → **Glibenclamide**
Pirabene® → **Piracetam**
Piracebral® → **Piracetam**
Piracem® → **Piracetam**
Piracetam® → **Piracetam**
Piracetam AbZ® → **Piracetam**
Piracetam AL® → **Piracetam**
Piracetam Bexal® → **Piracetam**
Piracétam Biogaran® → **Piracetam**
Piracetam CF® → **Piracetam**
Piracetam Dexa Medica® → **Piracetam**
Piracetam EG® → **Piracetam**
Piracétam EG® → **Piracetam**
Piracetam-Egis® → **Piracetam**
Piracetam-Elbe-Med® → **Piracetam**
Piracetam-Eurogenerics® → **Piracetam**
Piracétam G Gam® → **Piracetam**
Piracetam Heumann® → **Piracetam**
Piracetam Hexpharm® → **Piracetam**
Piracetam Interpharm® → **Piracetam**
Piracétam Ivax® → **Piracetam**
Piracetam LPH® → **Piracetam**
Piracétam Merck® → **Piracetam**
Piracetam MK® → **Piracetam**
Piracetam-neuraxpharm® → **Piracetam**
Piracetam-ratiopharm® → **Piracetam**
Piracetam Ratiopharm® → **Piracetam**
Piracetam-Richter® → **Piracetam**
Piracétam RPG® → **Piracetam**
Piracetam-RPh® → **Piracetam**
Piracetam Sandoz® → **Piracetam**
Piracétam Sandoz® → **Piracetam**
Piracetam Stada® → **Piracetam**
Piracetam Teva® → **Piracetam**
Piracetam-UCB® → **Piracetam**
Piracetam Verla® → **Piracetam**
piracetam von ct® → **Piracetam**

P

Piroxicam (Ph. Eur. 5, USP 30) → **Piroxicam**
Piroxicam-ratiopharm® → **Piroxicam**
Piroxicam Ratiopharm® → **Piroxicam**
Piroxicam Rigo® → **Piroxicam**
Piroxicam RPG® → **Piroxicam**
Piroxicam Sandoz® → **Piroxicam**
Piroxicam Stada® → **Piroxicam**
Piroxicam Tamarang® → **Piroxicam**
Piroxicam Teva® → **Piroxicam**
Piroxicamum → **Piroxicam**
Piroxicamum (Ph. Eur. 5) → **Piroxicam**
Piroxicam Ur® → **Piroxicam**
Piroxicam Vannier® → **Piroxicam**
Piroxicam Verla® → **Piroxicam**
Piroxicam Winthrop® → **Piroxicam**
Piroxicam Zydus® → **Piroxicam**
Piroxifen® → **Piroxicam**
Piroxiflam® → **Piroxicam**
Piroxim® → **Piroxicam**
Piroxin® → **Piroxicam**
Piroxiphar® → **Piroxicam**
Piroxistad® → **Piroxicam**
Piroxitop® → **Piroxicam**
Piroxsal® → **Piroxicam**
Piroxsil® → **Piroxicam**
pirox von ct® → **Piroxicam**
Piroxymed® → **Piroxicam**
Pirsue® [vet.] → **Pirlimycin**
Pisacaina® → **Lidocaine**
Pisacilina® → **Benzathine Benzylpenicillin**
Pisconor® → **Citalopram**
Pistofil® → **Norfloxacin**
Pitocina® [vet.] → **Oxytocin**
Pitocin® [inj.] → **Oxytocin**
Pitofen® → **Pizotifen**
Pitogin® → **Oxytocin**
Piton-S® → **Oxytocin**
Pitosol® [vet.] → **Oxytocin**
Pitoxil® → **Moxifloxacin**
Pitressin® → **Vasopressin**
Pitressin® → **Argipressin**
Pitressin® [vet.] → **Vasopressin**
Pitrex® → **Tolnaftate**
Pitrion® → **Miconazole**
Pitry® [vet.] → **Oxytocin**
Pituifral® [vet.] → **Oxytocin**
Pituilobine O → **Oxytocin**
Pituisan® [vet.] → **Oxytocin**
Piv® → **Pivmecillinam**
Pivalat de Flumetazon® → **Flumetasone**
Pivalone® → **Tixocortol**
Pivanazolo® → **Miconazole**
Pixicam® → **Piroxicam**
Pixidin® → **Chlorhexidine**
Piyeloseptyl® → **Nitrofurantoin**
Pizide® → **Pimozide**
Pizo-A® → **Pizotifen**
Pizofen® → **Pizotifen**
Pizomed® → **Pizotifen**
Pizotifen® → **Pizotifen**
Pizotin® → **Pizotifen**
PJ 185 → **Loperamide**
PK-Levo® [+ Benserazide, hydrochloride] → **Levodopa**
PK-Levo® [+ Levodopa] → **Benserazide**
PK-Merz-Schoeller® → **Amantadine**
Placatus® → **Nepinalone**
Placent-E® → **Tocopherol, α-**
Placentol® [vet.] → **Oxytocin**
Placidox-2® → **Diazepam**
Placil® → **Clomipramine**
Placinoral® → **Lorazepam**
Placis® → **Cisplatin**
Plac-Out® → **Chlorhexidine**
Plactidil® → **Picotamide**
Pladex® → **Clopidogrel**
Plagrin® → **Clopidogrel**
Plak-Out® → **Chlorhexidine**
Plak Out® → **Chlorhexidine**
Plamet® → **Bromopride**
Plamox® → **Amoxicillin**
Plan® → **Atorvastatin**
Planate® [vet.] → **Cloprostenol**
Plan B® → **Levonorgestrel**
Plander® → **Dextran**
Plander R® → **Dextran**
Planipart® [vet.] → **Clenbuterol**
Planum® → **Temazepam**
Planunac® → **Olmesartan Medoxomil**
Plaquenil® → **Hydroxychloroquine**
Plaquetal® → **Ticlopidine**
Plaquetil® → **Ticlopidine**
Plaquinol® → **Hydroxychloroquine**
Plasil® → **Metoclopramide**
Plasimine® → **Mupirocin**
Plasmasteril® → **Hetastarch**
Plasmoquine® → **Chloroquine**
Plasmotrim® → **Artesunate**
Plast Apyr Glucosado® → **Dextrose**
Plastranit® → **Nitroglycerin**
Plastufer® → **Ferrous Sulfate**
Plastulen® → **Ferrous Sulfate**
Plasvata® → **Tisokinase**
Platamine® → **Carboplatin**
Platamine® → **Cisplatin**
Platiblastin® → **Cisplatin**
Platidiam® → **Cisplatin**
PlatiGal® → **Cisplatin**
Platinex® → **Cisplatin**
Platino II Filaxis® → **Cisplatin**
Platinol® → **Cisplatin**
Platinol-AQ® → **Cisplatin**
Platinostyl® → **Oxaliplatin**
Platinoxan® → **Cisplatin**
Platinwas® → **Carboplatin**
Platiran® → **Cisplatin**
Platistin® → **Cisplatin**
Platistine® → **Cisplatin**
Plativers® [vet.] → **Praziquantel**
Plato® → **Dipyridamole**
Platof® → **Pentoxifylline**
Platosin® → **Cisplatin**
Plaudit® → **Flunisolide**
Plaudit® [80 mg/2 mL] → **Troxerutin**
Plaunac® → **Olmesartan Medoxomil**
Plausitin® → **Morclofone**
Plavix® → **Clopidogrel**
Plavolex → **Dextran**
Plazeron® → **Fluoxetine**
Plegicil® [vet.] → **Acepromazine**
Plegomazin® → **Chlorpromazine**
Plenacor® → **Atenolol**
Plenactol® → **Orphenadrine**
Plenax® → **Cefixime**
Plenaxis® → **Abarelix**
Plendil® → **Felodipine**
Plendur® → **Felodipine**
Plenidon® → **Zaleplon**
Plenigraf® → **Sodium Amidotrizoate**
Plenish-K® → **Potassium**
Plenolyt® → **Ciprofloxacin**
Plenovid® → **Tibolone**
Plenovit Vitamna E® → **Tocopherol, α-**
Plenty® → **Sibutramine**
Plenum® → **Guaifenesin**
Plenur® → **Lithium**
Pleomix-Alpha® → **Thioctic Acid**
Pleomix-Alpha N® [inj.] → **Thioctic Acid**
Pleon® → **Sulfasalazine**
Pleostat® → **Etidronic Acid**
Plesmet® → **Ferrous Sulfate**
Pletaal® → **Cilostazol**
Pletal® → **Cilostazol**
Pletil® → **Tinidazole**
Plexol® → **Loperamide**
Plexus® → **Cisapride**
Plexxo® → **Lamotrigine**
Pleyar® → **Clopidogrel**
Pleyazen® → **Secnidazole**
Plicet® → **Paracetamol**
Plidan® → **Diazepam**
Plidán® → **Pargeverine**
Plimage® → **Mesalazine**
Plimycol® → **Clotrimazole**
Plisil® → **Paroxetine**
Plivit B1® → **Thiamine**

Plivit B6® → **Pyridoxine**
Plivit C® → **Ascorbic Acid**
Plivit D3® → **Colecalciferol**
Plixym® → **Cefuroxime**
Plodin® → **Isosorbide Mononitrate**
Plofed® → **Propofol**
Plomurol 1 % Emulsion® → **Lindane**
Plomurol 1 % Shampoo® → **Lindane**
Plorinoc® → **Loperamide**
Plostim® → **Timolol**
Plovacal® → **Paracetamol**
Plumarol® → **Miglitol**
Plumger® → **Pancuronium Bromide**
Plurexid® → **Chlorhexidine**
Pluridoxina® → **Doxycycline**
Plurimen® → **Selegiline**
Plurisemina® → **Gentamicin**
Plurisul® [+ Sulfamethoxazole] → **Trimethoprim**
Plurisul® [+ Trimethoprim] → **Sulfamethoxazole**
Pluriverm® → **Mebendazole**
Plurivers® [vet.] → **Piperazine**
Pluriviron® → **Yohimbine**
Pluropon® → **Silibinin**
Plusabcir® → **Abacavir**
Pluscal® → **Calcium Carbonate**
Pluscloran® → **Chloramphenicol**
Pluscor® → **Bisoprolol**
Pluset® [vet.] → **Gonadotrophin, Serum**
Plusgin® → **Fluconazole**
Plusindol® → **Ketorolac**
Plus Kalium retard® → **Potassium**
Plusplatin® → **Oxaliplatin**
Plusprazol® → **Omeprazole**
Plustaxano® → **Docetaxel**
Plusvent Accuhaler® [+ Fluticasone propionate] → **Salmeterol**
Plusvent Accuhaler® [+ Salmeterol xinafoate] → **Fluticasone**
Plusvent® [+ Fluticasone propionate] → **Salmeterol**
Plusvent® [+ Salmeterol xinafoate] → **Fluticasone**
9 PM® → **Latanoprost**
PM 255 → **Diphenhydramine**
PMB 200 (Wyeth-Ayerst) → **Estrogens, conjugated**
PMB 400 (Wyeth-Ayerst) → **Estrogens, conjugated**
P-Mega-Tablinen® → **Phenoxymethylpenicillin**
P/M Naloxone® [vet.] → **Naloxone**
P/M Oxymorphone® [vet.] → **Oxymorphone**
PMQ-Inga® → **Primaquine**
PMS-Alendronate® → **Alendronic Acid**
PMS-Amiodarone® → **Amiodarone**
PMS-Amoxicillin® → **Amoxicillin**
PMS-Anagrelide® → **Anagrelide**
PMS-Atenolol® → **Atenolol**
PMS-Azythromycin® → **Azithromycin**
PMS-Baclofen® → **Baclofen**
PMS-Benzydamine® → **Benzydamine**
PMS-Bethanechol® → **Bethanechol Chloride**
PMS-Bicalutamide® → **Bicalutamide**
PMS-Brimonidine Tartrate® → **Brimonidine**
PMS-Bromocriptine® → **Bromocriptine**
PMS-Buspirone® → **Buspirone**
PMS-Butorphanol® → **Butorphanol**
PMS-Captopril® → **Captopril**
PMS-Carbamazepine® → **Carbamazepine**
PMS-Carvedilol® → **Carvedilol**
PMS-Cholestyramine® → **Colestyramine**
PMS-Cilazapril® → **Cilazapril**
PMS-Ciprofloxacin® → **Ciprofloxacin**
PMS-Citalopram® → **Citalopram**
PMS-Clonazepam® → **Clonazepam**
PMS-Cyclobenzaprine® → **Cyclobenzaprine**
PMS-Desipramine® → **Desipramine**
PMS-Desonide® → **Desonide**
PMS-Dexamethasone® → **Dexamethasone**
PMS-Dexamethasone® [inj.] → **Dexamethasone**
PMS-Diclofenac® → **Diclofenac**
PMS-Domperidone® → **Domperidone**
PMS-Erythromycin® → **Erythromycin**
PMS-Fenofibrate Micro® → **Fenofibrate**
PMS-Fluoxetine® → **Fluoxetine**
PMS-Fluvoxamine® → **Fluvoxamine**
PMSG → **Gonadotrophin, Serum**
PMS-Gabapentin® → **Gabapentin**
PMS-Gemfibrozil® → **Gemfibrozil**
PMS-Glyburide® → **Glibenclamide**
PMSG® [vet.] → **Gonadotrophin, Serum**
PMS-Hydrochlorothiazide® → **Hydrochlorothiazide**
PMS-Hydromorphone® → **Hydromorphone**
PMS-Indapamide® → **Indapamide**
PMS-Isoniazid® → **Isoniazid**
PMS-Lactulose® → **Lactulose**
PMS-Lamotrigine® → **Lamotrigine**
PMS-Levobunolol® → **Levobunolol**
PMS-Lindane® → **Lindane**
PMS-Lithium Carbonate® → **Lithium**
PMS-Lithium Citrate® → **Lithium**
PMS-Lorazepam® → **Lorazepam**
PMS-Lovastatin® → **Lovastatin**
PMS-Loxapine® → **Loxapine**
PMS-Meloxicam® → **Meloxicam**
PMS-Metformin® → **Metformin**
PMS-Methylphenidate® → **Methylphenidate**
PMS-Metoprolol® → **Metoprolol**
PMS-Mirtazapine® → **Mirtazapine**
PMS-Moclobemide® → **Moclobemide**
PMS-Morphine Sulfate® → **Morphine**
PMS-Nizatidine® → **Nizatidine**
PMS-Nystatin® → **Nystatin**
PMS-Oxybutynin® → **Oxybutynin**
PMS-Paroxetine® → **Paroxetine**
PMS-Phenobarbital® → **Phenobarbital**
PMS-Pravastatin® → **Pravastatin**
PMS-Ranitidine® → **Ranitidine**
PMS-Risperidone® → **Risperidone**
PMS-Sertaline® → **Sertraline**
PMS-Simvastatin® → **Simvastatin**
PMS-Sodium Cromoglycate® → **Cromoglicic Acid**
PMS-Sodium Polystyrene Sulfonate® → **Polystyrene Sulfonate**
PMS-Sotalol® → **Sotalol**
PMS-Sulfasalazine® → **Sulfasalazine**
PMS-Sumatriptan® → **Sumatriptan**
PMS-Temazepam® → **Temazepam**
PMS-Terazosin® → **Terazosin**
PMS-Terbinafine® → **Terbinafine**
PMS-Timolol® → **Timolol**
PMS-Trazodone® → **Trazodone**
PMS-Tryptophan® → **Tryptophan**
PMS-Valproic Acid® → **Valproic Acid**
PMS-Zopiclone® → **Zopiclone**
Pneumogéine® → **Theophylline**
Pneumolat® → **Salbutamol**
Pneumotil® [vet.] → **Tilmicosin**
Po 12® → **Enoxolone**
Pocin® → **Erythromycin**
Pocophage® → **Metformin**
Podakrin® → **Miconazole**
Podase® → **Serrapeptase**
Podertonic® → **Ferrocholinate**
Podine® → **Povidone-Iodine**
Podocon-25® → **Podophyllotoxin**
Podofilm® → **Podophyllotoxin**
Podomexef® → **Cefpodoxime**
Podoxin® → **Podophyllotoxin**

Poen Efrina® → **Phenylephrine**
Poenfenicol® → **Chloramphenicol**
Poenflox® → **Ofloxacin**
Poenglaucol® → **Carteolol**
Poenkerat® → **Ketorolac**
Poentimol® → **Timolol**
Pofol® → **Propofol**
Pogetol® → **Chlorpromazine**
Poikicholan® → **Silibinin**
Point® → **Naproxen**
Point-Guard® [vet.] → **Amitraz**
Poizena® → **Pioglitazone**
Polamec® → **Dexchlorpheniramine**
Polamidon → **Methadone**
Polamivet → **Methadone**
Polan® → **Levocetirizine**
Polaramin® → **Dexchlorpheniramine**
Polaramine® → **Chlorphenamine**
Polaramine® → **Dexchlorpheniramine**
Polarist® → **Dexchlorpheniramine**
Polarmine® → **Dexchlorpheniramine**
Polaronil® → **Dexchlorpheniramine**
Polcortolon® → **Triamcinolone**
Polcortolon® [compr.] → **Triamcinolone**
Polcortolone® → **Triamcinolone**
Polcotec® → **Metoclopramide**
Polcrom® → **Cromoglicic Acid**
Poledin® → **Cromoglicic Acid**
Polfenon® → **Propafenone**
Polfilin® → **Pentoxifylline**
Polibar® → **Barium Sulfate**
Polibar ACB® → **Barium Sulfate**
Polibiotic® → **Metronidazole**
Polibroxol® → **Ambroxol**
Policano® → **Isotretinoin**
Poli-Cifloxin® → **Ciprofloxacin**
Policor® → **Cilostazol**
Poli-Cycline® → **Doxycycline**
Polidocanol Alet® → **Polidocanol**
Poli-Fibrozil → **Gemfibrozil**
Polifluidil® → **Carbocisteine**
Poli-Flunarin® → **Flunarizine**
Poli-Formin® → **Metformin**
Poligot® → **Dihydroergotamine**
Polihexanida → **Polihexanide**
Polihexanide → **Polihexanide**
Polihexanide [BAN, USAN] → **Polihexanide**
Polihexanidum → **Polihexanide**
Polik® → **Haloprogin**
Polimixina B → **Polymyxin B**
Polimixina B [DCIT] → **Polymyxin B**
Polimixina B solfato → **Polymyxin B**
Polimod® → **Pidotimod**
Polimucil® → **Carbocisteine**
Polinazolo® → **Econazole**
Poliodine® → **Povidone-Iodine**
Poliodine dermique® → **Povidone-Iodine**
Polipirox® → **Piroxicam**
Polireumin® → **Hyaluronic Acid**
Poliroxin® → **Roxithromycin**
Polirreumin® → **Hydroxychloroquine**
Politifen® → **Ketotifen**
Politosse® → **Cloperastine**
Politrim® [+ Sulfamethoxazole] → **Trimethoprim**
Politrim® [+ Trimethoprim] → **Sulfamethoxazole**
Polividona → **Povidone**
Polividona Yodada® → **Povidone-Iodine**
Polividona Yodada Cuve® → **Povidone-Iodine**
Polividona Yodada Neusc® → **Povidone-Iodine**
Polivinilpirrolidone → **Povidone**
Polizep® → **Clorazepate, Dipotassium**
Pollakisu® → **Oxybutynin**
Pollentyme® → **Loratadine**
Pollyferm® → **Cromoglicic Acid**
Polmesilat® → **Pridinol**
Polmofen® → **Paracetamol**
Polmonin® → **Tolfenamic Acid**
Polocaine® → **Mepivacaine**
Polocard® → **Aspirin**
Polodina-R® → **Povidone-Iodine**
Polomigran® → **Pizotifen**
Polopiryna® → **Aspirin**
Poloxalen → **Poloxalene**
Poloxalene → **Poloxalene**
Poloxalène → **Poloxalene**
Poloxalene [BAN, USAN] → **Poloxalene**
Poloxalene (USP 30) → **Poloxalene**
Poloxaleno → **Poloxalene**
Poloxalenum → **Poloxalene**
Polprazol® → **Omeprazole**
Polpressin® → **Prazosin**
Polsen® → **Zolpidem**
Polseptol® → **Povidone-Iodine**
Polstigminum® → **Neostigmine**
Poltaxel® → **Paclitaxel**
Poltram® → **Tramadol**
Polvir® → **Denotivir**
Polyanion® → **Pentosan Polysulfate Sodium**
Polyasma® → **Theophylline**
Polybenza AQ® → **Benzoyl Peroxide**
Polycal® → **Maltodextrin**
Polycef® → **Cefradine**
Polycin® → **Nitrofural**
Polycitra-K® → **Potassium**
Polydene® → **Piroxicam**
Polydex® → **Dextromethorphan**
Polydin® → **Fezatione**
Polydin® → **Povidone-Iodine**
Polydine® → **Povidone-Iodine**
Polydona® → **Povidone-Iodine**
Polyfax® → **Polymyxin B**
Polyflam® → **Diclofenac**
Polyflex® [vet.] → **Ampicillin**
Polyhadol® → **Haloperidol**
Polyhadon® → **Haloperidol**
Polyhexanide [BAN] → **Polihexanide**
Polymix® → **Hydrocortisone**
Polymox® → **Amoxicillin**
Polymyxin → **Polymyxin B**
Polymyxin B → **Polymyxin B**
Polymyxin B [BAN] → **Polymyxin B**
Polymyxin B Pfizer® → **Polymyxin B**
Polymyxin-B-sulfat → **Polymyxin B**
Polymyxin B Sulfate → **Polymyxin B**
Polymyxin B sulfate: → **Polymyxin B**
Polymyxin B Sulfate® → **Polymyxin B**
Polymyxin B Sulfate (JP XIV, USP 30) → **Polymyxin B**
Polymyxin B Sulfate [USAN] → **Polymyxin B**
Polymyxin-B-Sulfat (Ph. Eur. 5) → **Polymyxin B**
Polymyxin B Sulphate [BANM] → **Polymyxin B**
Polymyxin B Sulphate (Ph. Eur. 5) → **Polymyxin B**
Polymyxine B → **Polymyxin B**
Polymyxine B [DCF] → **Polymyxin B**
Polymyxine B (sulfate de) → **Polymyxin B**
Polymyxine B (sulfate de) (Ph. Eur. 5) → **Polymyxin B**
Polymyxini B sulfas → **Polymyxin B**
Polymyxini B sulfas (Ph. Eur. 5, Ph. Int. II) → **Polymyxin B**
Polymyxinum B → **Polymyxin B**
Polynovate® → **Betamethasone**
Poly-N-Vinyllactam → **Povidone**
Polyod® → **Povidone-Iodine**
Polyotic® [vet.] → **Tetracycline**
Polypen® → **Ampicillin**
Polypen® [vet.] → **Amoxicillin**
Polypred® → **Prednisolone**
Polypress® → **Prazosin**
Polyquin Forte® → **Hydroquinone**
Polysept® → **Povidone-Iodine**
Polysilan® → **Dimeticone**
Polysilane → **Dimeticone**
Polysilane UPSA® → **Dimeticone**
Polysilan UPSA® → **Dimeticone**
Polysporin® → **Polymyxin B**

Polystrongle® [vet.] → **Levamisole**
Polytab® → **Cyproheptadine**
Polytanol® → **Amitriptyline**
Polyvermyl® [vet.] → **Levamisole**
Polyvidon → **Povidone**
Polyvidone → **Povidone**
Polyvidone [DCF] → **Povidone**
Polyvidon iod → **Povidone-Iodine**
Polyvidon-Iod-Komplex → **Povidone-Iodine**
Polyvidon-Iod (Ph. Eur. 5) → **Povidone-Iodine**
Polyvidon (Ph. Eur. 5) → **Povidone**
Polyvidonum → **Povidone**
Polyvidonum (Ph. Int. 4) → **Povidone**
Polyvinylpyrrolidon → **Povidone**
Polyvinylpyrrolidone iodine → **Povidone-Iodine**
Polyvinylpyrrolidone K 2 (– K 30; – K 90“;“JP XIV) → **Povidone**
Polyxen® → **Naproxen**
Polyxicam® → **Piroxicam**
Polyxit® → **Gemfibrozil**
Polyzalip® → **Bezafibrate**
Polyzym® → **Pancreatin**
Pomada de Neomicina® → **Neomycin**
Pomada Salicilada® → **Methyl Salicylate**
Pomada Salicilato de Metilo® → **Methyl Salicylate**
Pomadom® → **Clorazepate, Dipotassium**
Pompaton® → **Famotidine**
Ponac® → **Mefenamic Acid**
Ponalar® → **Mefenamic Acid**
Ponalgic® → **Mefenamic Acid**
Ponaris® → **Fluconazole**
Poncofen® → **Mefenamic Acid**
Poncoflox® → **Ciprofloxacin**
Poncohist® → **Cyproheptadine**
Poncoquin® → **Ofloxacin**
Poncosolvon® → **Bromhexine**
Pondactone® → **Spironolactone**
Pondarmett® → **Cimetidine**
Pondera® → **Paroxetine**
Pondex® → **Mefenamic Acid**
Pondimin® → **Fenfluramine**
Pondnacef® → **Cefalexin**
Pondnadysmen® → **Mefenamic Acid**
Pondnoxcill® → **Amoxicillin**
Pondocillin® → **Pivampicillin**
Pondperdone® → **Domperidone**
Pondtroxin® → **Levothyroxine**
Ponmel® → **Mefenamic Acid**
Ponnac® → **Mefenamic Acid**
Ponnesia® → **Mefenamic Acid**
Ponsamic® → **Mefenamic Acid**
Ponsolit® → **Tenoxicam**
Ponstan® → **Mefenamic Acid**
Ponstan Forte® → **Mefenamic Acid**
Ponstel® → **Mefenamic Acid**
Ponstelax® → **Mefenamic Acid**
Ponstil® → **Ibuprofen**
Ponstil Mujer® → **Ibuprofen**
Ponstin® → **Ibuprofen**
Ponstinetas® → **Ibuprofen**
Ponstyl® → **Mefenamic Acid**
Ponstyl Fort® → **Mefenamic Acid**
Pontacid® → **Mefenamic Acid**
Pontalon YSP® → **Mefenamic Acid**
Pontalsic® → **Paracetamol**
Pontil® → **Mefenamic Acid**
Pontin® → **Mefenamic Acid**
Pontiride® → **Sulpiride**
Pontizoc® → **Simvastatin**
Popantel Heartworm Tablets for Dogs® → **Ivermectin**
Popantel Tapeworm Tablets for Dogs and Cats® [vet.] → **Praziquantel**
Por-8® → **Ornipressin**
POR-8 Ferring® → **Ornipressin**
Porazine® → **Perphenazine**
Porcilene® [vet.] → **Fenprostalene**
Porect® → **Phosmet**
Poremax-C® → **Ascorbic Acid**
Poron® → **Phosmet**
Porosimax® → **Alendronic Acid**
Poro YSP® → **Paracetamol**
Porquis® → **Tinidazole**
Portal® → **Fluoxetine**
Portalac® → **Lactulose**
Portalak® → **Lactulose**
Portiv® → **Pramipexole**
Poruxin® → **Finasteride**
Posanin® → **Dipyridamole**
Pose-Bac® → **Benzalkonium Chloride**
Posedene® → **Piroxicam**
Posene® → **Clorazepate, Dipotassium**
Posicycline® → **Oxytetracycline**
Posidol® → **Mebhydrolin**
Posifenicol® → **Azidamfenicol**
Posifenicol C® → **Chloramphenicol**
Posiformin® → **Bibrocathol**
Posiject® → **Dobutamine**
Posiject® [vet.] → **Dobutamine**
Posilent® → **Cytidine**
Posistac® [vet.] → **Salinomycin**
Posistat® [vet.] → **Salinomycin**
Positivum® → **Fluoxetine**
Posivyl® → **Paroxetine**
Posnac® → **Diclofenac**
Posorutin® → **Troxerutin**
Pospargin® → **Methylergometrine**
Postadoxine® → **Buclizine**
Postadoxin N® → **Meclozine**
Postafene® → **Meclozine**
Postarax® → **Hydroxyzine**
Post-Day® → **Levonorgestrel**
Posterine® → **Hydrocortisone**
Posterisan akut® → **Lidocaine**
Posterisan corte® → **Hydrocortisone**
Postinor® → **Levonorgestrel**
Postinor-2® → **Levonorgestrel**
Postinor-Uno® → **Levonorgestrel**
Postlobin O → **Oxytocin**
Postoval® → **Estradiol**
Postuitrin® → **Oxytocin**
Posyd® → **Etoposide**
Potaba® → **Aminobenzoic Acid**
Potasio® → **Potassium**
Potasio → **Potassium**
Potasio Cloruro® → **Potassium**
Potasio Gluconate® → **Potassium**
Potasio Gluconato L.CH.® → **Potassium**
Potasion® → **Potassium**
Potassio → **Potassium**
Potassio Canrenoato RK® → **Potassium Canrenoate**
Potassio Canrenoato Sandoz® → **Potassium Canrenoate**
Potassio Canrenoato Union Health® → **Potassium Canrenoate**
Potassio cloruro® → **Potassium**
Potassium → **Potassium**
Potassium Bicarbonate® → **Potassium**
Potassium Chloride® → **Potassium**
Potassium Chloride-Fresenius® → **Potassium**
Potassium chlorure Aguettant® → **Potassium**
Potassium chlorure Lavoisier® → **Potassium**
Potassium Clavulanate [BANM] → **Clavulanic Acid**
Potassium Clavulanate (Ph. Eur. 5, BP 2003) → **Clavulanic Acid**
Potassium Iodate® → **Potassium Iodide**
Potassium Iodide® → **Potassium Iodide**
Potassium Iodide Saturated® → **Potassium Iodide**
Potassium Oligosol® → **Potassium**
Potassium Richard® → **Potassium**
Potasyum Klorür® → **Potassium**
Pota-Vi-Kin® → **Phenoxymethylpenicillin**
Potazen® → **Diclofenac**
Potekam® → **Topotecan**
Potenciator® → **Arginine**

Potencil® [vet.] → **Phenoxymethylpenicillin**
Potensone® → **Fluphenazine**
Potional® → **Nitrendipine**
Potrim® [+ Sulfadiminine sodium salt] [vet.] → **Trimethoprim**
Po-Trim® [+Sulfamethoxazole] → **Trimethoprim**
Po-Trim® [+Trimethopirm] → **Sulfamethoxazole**
Potrim® [+ Trimethoprim] [vet.] → **Sulfadimidine**
Pottie's Nervine Powder® [vet.] → **Thiamine**
Poucimycinum → **Paromomycin**
Poudre insecticide Moureau® [vet.] → **Carbaril**
Poudre insecticide Vetoquinol® [vet.] → **Carbaril**
Pouromec® [vet.] → **Ivermectin**
Poutic® [vet.] → **Carbaril**
Povadine® → **Povidone-Iodine**
Povadyne® → **Povidone-Iodine**
Povanil® → **Clonazepam**
Povanyl® → **Pyrvinium Pamoate**
Povibac® → **Povidone-Iodine**
Povicler® → **Povidone-Iodine**
Povi Complex® → **Povidone-Iodine**
Poviderm® → **Povidone-Iodine**
Povidine® → **Povidone-Iodine**
Povidon → **Povidone**
Povidona Iodada Sintesina® → **Povidone-Iodine**
Povidone → **Povidone**
Povidone Aqueous® → **Povidone-Iodine**
Povidone [BAN, JAN, USAN] → **Povidone**
Povidone-Iiodine BL Hua® → **Povidone-Iodine**
Povidone iodée → **Povidone-Iodine**
Povidone iodée Merck® → **Povidone-Iodine**
Povidone iodée (Ph. Eur. 5) → **Povidone-Iodine**
Povidone Iode® [vet.] → **Povidone-Iodine**
Povidone, Iodinated (Ph. Eur. 5) → **Povidone-Iodine**
Povidone Iodine® → **Povidone-Iodine**
Povidone-Iodine → **Povidone-Iodine**
Povidone-Iodine [BAN, JAN, USAN] → **Povidone-Iodine**
Povidone Iodine F.T. Pharma® → **Povidone-Iodine**
Povidone-Iodine (JP XIV, USP 30) → **Povidone-Iodine**
Povidone Iodine® [vet.] → **Povidone-Iodine**
Povidone-iodio → **Povidone-Iodine**
Povidone (Ph. Eur. 5, Ph. Int. 4, USP 30) → **Povidone**
Povidon Iodin Domesco® → **Povidone-Iodine**
Povidon jod® → **Povidone-Iodine**
Povidonum iodinatum → **Povidone-Iodine**
Povidonum iodinatum (Ph. Eur. 5) → **Povidone-Iodine**
Povidonum (Ph. Eur. 5) → **Povidone**
Povidyn® → **Povidone-Iodine**
Povin® → **Povidone-Iodine**
Poviod® → **Povidone-Iodine**
Poviral® → **Aciclovir**
Povisep® → **Povidone-Iodine**
Povisept® → **Povidone-Iodine**
Poviseptin® → **Povidone-Iodine**
Povisept Mouth Wash® → **Povidone-Iodine**
Poviyodo® → **Povidone-Iodine**
Powercef® → **Ceftriaxone**
Powercort® → **Clobetasol**
Powerfen® → **Ibuprofen**
Powergel® → **Ketoprofen**
Poxid® → **Tocopherol, α-**
Pozapam® → **Prazepam**
Pozato® → **Levonorgestrel**
Pozhexol® → **Trihexyphenidyl**
P.P. 30 % Susp.® [vet.] → **Penicillin G Procaine**
PPG® → **Policosanol**
Ppi® → **Omeprazole**
P Proquine® → **Chloroquine**
Ppzyme® → **Pancreatin**
P-Quin® → **Primaquine**
Prabex® → **Rabeprazole**
Pracetam® [vet.] → **Paracetamol**
Pracne® → **Minocycline**
Practin® → **Cyproheptadine**
Practo Clyss® → **Sodium Phosphate Dibasic**
Practomil® → **Glycerol**
Practon® → **Spironolactone**
Pract-tic® [vet.] → **Pyriprole**
Pradif® → **Tamsulosin**
Prä-Brexidol® → **Piroxicam**
Praeciglucon® → **Glibenclamide**
Praedex® → **Dextran**
Praedialgon® → **Paracetamol**
Prafamoc® [+ Amoxicillin] → **Clavulanic Acid**
Prafamoc® [+ Clavulanic Acid] → **Amoxicillin**
Pragmaten® → **Fluoxetine**
Prakten® → **Cyproheptadine**
Pralax® → **Lactulose**
Pralexin® → **Cefalexin**
Pralidoxime Chloride® → **Pralidoxime Chloride**
Pralidoxime Iodide® → **Pralidoxime Iodide**
Pralidoxime Iodide Injection® → **Pralidoxime Iodide**
Pralifan® → **Mitoxantrone**
Pralip® → **Pravastatin**
Pralipan® → **Pravastatin**
Pralol® → **Propranolol**
Pram® → **Omeprazole**
Pramalon® → **Metoclopramide**
Pramcil® → **Citalopram**
PrameGel® → **Pramocaine**
Prametil® → **Leuprorelin**
Pramexyl® → **Citalopram**
Pramide® → **Pyrazinamide**
Pramidin® → **Metoclopramide**
Pramiel® → **Metoclopramide**
Pramin® → **Metoclopramide**
Praminal® → **Metoclopramide**
Pramipex® → **Pramipexole**
Pramistar® → **Pramiracetam**
Pramol® → **Tramadol**
Pramolan® → **Opipramol**
Pramotil® → **Metoclopramide**
Pramox® → **Pramocaine**
Pramur® → **Ursodeoxycholic Acid**
Pranadox® → **Zidovudine**
Prandase® → **Acarbose**
Prandil® → **Repaglinide**
Prandin® → **Repaglinide**
Prandin E2® → **Dinoprostone**
Pranex® → **Acemetacin**
Pranidol® → **Propranolol**
Pranofen® → **Pranoprofen**
Pranoflog® → **Pranoprofen**
Pranolol® → **Propranolol**
Pranopulin® → **Pranoprofen**
Pranosina® → **Inosine Pranobex**
Pranosine® → **Inosine Pranobex**
Pranox® → **Pranoprofen**
Prantal® → **Diphemanil Metilsulfate**
Praquantel® → **Praziquantel**
Prasepine® → **Prazepam**
Prasikon® → **Praziquantel**
Prasocid-40® → **Pantoprazole**
Prasterol® → **Pravastatin**
Prastin® → **Pravastatin**
Praten® → **Captopril**
Praticef® → **Cefonicid**
Praticilin® → **Ampicillin**
Pratiflip® → **Pravastatin**
Pratiprazol® → **Omeprazole**
Pratol® → **Felodipine**
Pratropil® → **Piracetam**
Pratsiol® → **Prazosin**
Praux® → **Metoclopramide**

Prava® → **Lomustine**
Prava Basics® → **Pravastatin**
Pravabeta® → **Pravastatin**
Pravacol® → **Pravastatin**
Pravagamma® → **Pravastatin**
PravaLich® → **Pravastatin**
Pravalip® → **Pravastatin**
Pravalipem® → **Pravastatin**
Pravalotin® → **Pravastatin**
Pravamel® → **Pravastatin**
Pravandrea® → **Pravastatin**
Prava-Q® → **Pravastatin**
Pravaselect® → **Pravastatin**
Pravasin® → **Pravastatin**
Pravasine® → **Pravastatin**
Pravasta eco® → **Pravastatin**
Pravastar® → **Pravastatin**
Pravastatin® → **Pravastatin**
Pravastatin 1A Farma® → **Pravastatin**
Pravastatin 1A Pharma® → **Pravastatin**
Pravastatina Acost® → **Pravastatin**
Pravastatina Alter® → **Pravastatin**
Pravastatina Angenerico® → **Pravastatin**
Pravastatina Angenérico® → **Pravastatin**
Pravastatina Bayvit® → **Pravastatin**
Pravastatina Bexal® → **Pravastatin**
Pravastatina Cinfa® → **Pravastatin**
Pravastatin AET® → **Pravastatin**
Pravastatina Farmoz® → **Pravastatin**
Pravastatina Generis® → **Pravastatin**
Pravastatina Kern Pharma® → **Pravastatin**
Pravastatin AL® → **Pravastatin**
Pravastatin Alternova® → **Pravastatin**
Pravastatina Merck® → **Pravastatin**
Pravastatina Merck Genéricos® → **Pravastatin**
Pravastatina Pritanol® → **Pravastatin**
Pravastatina Ranbaxy® → **Pravastatin**
Pravastatina Ratiopharm® → **Pravastatin**
Pravastatina Sandoz® → **Pravastatin**
Pravastatina Ur® → **Pravastatin**
Pravastatin AWD® → **Pravastatin**
Pravastatin Billev® → **Pravastatin**
Pravastatin Copyfarm® → **Pravastatin**
Pravastatin-Corax® → **Pravastatin**
Pravastatin ct® → **Pravastatin**
Pravastatin dura® → **Pravastatin**
Pravastatine A® → **Pravastatin**
Pravastatine Bexal® → **Pravastatin**
Pravastatine Biogaran® → **Pravastatin**
Pravastatine Bouchara-Recordati® → **Pravastatin**
Pravastatine EG® → **Pravastatin**
Pravastatine Na® → **Pravastatin**
Pravastatine NA CF® → **Pravastatin**
Pravastatine Na KR® → **Pravastatin**
Pravastatine Na Merck® → **Pravastatin**
Pravastatine Na Stada® → **Pravastatin**
Pravastatinenatrium® → **Pravastatin**
Pravastatinenatrium Actavis® → **Pravastatin**
Pravastatinenatrium Alpharma® → **Pravastatin**
Pravastatinenatrium Katwijk® → **Pravastatin**
Pravastatinenatrium PCH® → **Pravastatin**
Pravastatinenatrium ratiopharm® → **Pravastatin**
Pravastatinenatrium Sandoz® → **Pravastatin**
Pravastatinenatrium Stichting® → **Pravastatin**
Pravastatine Ranbaxy® → **Pravastatin**
Pravastatine-Ratiopharm® → **Pravastatin**
Pravastatine-Sandoz® → **Pravastatin**
Pravastatine Sandoz® → **Pravastatin**
Pravastatin Genericon® → **Pravastatin**
Pravastatin Helvepharm® → **Pravastatin**
Pravastatin Heumann® → **Pravastatin**
Pravastatin Hexal® → **Pravastatin**
Pravastatin Interpharm® → **Pravastatin**
Pravastatin Isis® → **Pravastatin**
Pravastatin Kwizda® → **Pravastatin**
Pravastatin Nycomed® → **Pravastatin**
Pravastatin Omnia® → **Pravastatin**
Pravastatin Pliva® → **Pravastatin**
Pravastatin Ranbaxy® → **Pravastatin**
Pravastatin ratiopharm® → **Pravastatin**
Pravastatin saar® → **Pravastatin**
Pravastatin Sandoz® → **Pravastatin**
Pravastatin Sodium® → **Pravastatin**
Pravastatin Stada® → **Pravastatin**
Pravastatin Streuli® → **Pravastatin**
Pravastatin TAD® → **Pravastatin**
Pravastatin-Teva® → **Pravastatin**
Pravastatin Teva® → **Pravastatin**
Pravastatin Winthrop® → **Pravastatin**
Pravastax® → **Pravastatin**
Pravat® → **Pravastatin**
Prava-Teva® → **Pravastatin**
Pravatin® → **Pravastatin**
Pravator® → **Pravastatin**
Pravidel® → **Bromocriptine**
Pravil Duncan® → **Omeprazole**
Pravitin® → **Pravastatin**
Pravyl® → **Pravastatin**
Prax® → **Pramocaine**
Praxavet Ampi-15® [vet.] → **Ampicillin**
Praxavet Pen-30® [vet.] → **Penicillin G Procaine**
Praxavet TMPS®[vet.] → **Trimethoprim**
Praxavet TMPS®[vet.] → **Sulfadiazine**
Praxel® → **Paclitaxel**
Praxilène® → **Naftidrofuryl**
Praxiten® → **Oxazepam**
Prayanol® → **Amantadine**
Prazac® → **Prazosin**
Prazam® → **Alprazolam**
Prazene® → **Prazepam**
Prazepam → **Prazepam**
Prazépam → **Prazepam**
Prazepam [BAN, DCF, DCIT, JAN, USAN] → **Prazepam**
Prazépam (Ph. Eur. 5) → **Prazepam**
Prazepam (Ph. Eur. 5, JP XIV, USP 23) → **Prazepam**
Prazepamum → **Prazepam**
Prazepamum (Ph. Eur. 5) → **Prazepam**
Prazicuantel → **Praziquantel**
Prazidec® → **Omeprazole**
Prazil®[vet.] → **Sulfadimethoxine**
Prazil®[vet.] → **Trimethoprim**
Prazin® → **Alprazolam**
Prazina® → **Pyrazinamide**
Prazine® → **Promazine**
Prazinex® [vet.] → **Praziquantel**
Prazinil® → **Carpipramine**
Praziquantel → **Praziquantel**
Praziquantel [BAN, DCF, JAN, USAN] → **Praziquantel**
Praziquantel (Ph. Eur. 5, Ph. Int. 4, USP 30) → **Praziquantel**
Praziquantelum → **Praziquantel**
Praziquantelum (Ph. Eur. 5, Ph. Int. 4) → **Praziquantel**
Praziquantel® [vet.] → **Praziquantel**
Praziquasel® [vet.] → **Praziquantel**
Prazite® → **Praziquantel**
Prazitral® → **Praziquantel**
Prazogas® → **Omeprazole**
Prazol® → **Lansoprazole**
Prazol® → **Omeprazole**

Prazolan® → **Pantoprazole**
Prazolax® → **Lansoprazole**
Prazole® → **Omeprazole**
Prazolen® → **Omeprazole**
Prazolene® → **Omeprazole**
Prazolex® → **Alprazolam**
Prazolin® → **Omeprazole**
Prazolit® → **Omeprazole**
Prazolo® → **Omeprazole**
Prazosin® → **Prazosin**
Prazosin → **Prazosin**
Prazosina → **Prazosin**
Prazosin Atid® → **Prazosin**
Prazosin [BAN, DCIT] → **Prazosin**
Prazosine → **Prazosin**
Prazosine [DCF] → **Prazosin**
Prazosine Merck® → **Prazosin**
Prazosine PCH® → **Prazosin**
Prazosine Sandoz® → **Prazosin**
Prazosin hydrochloride® → **Prazosin**
Prazosinum → **Prazosin**
Prazotec® → **Lansoprazole**
Preabor® → **Allylestrenol**
Precalcy® [vet.] → **Calcifediol**
Precedex® → **Dexmedetomidine**
Precef® → **Ceforanide**
Precef® → **Cefprozil**
Precinol® → **Atenolol**
Precipitated Calcium Carbonate [JAN] → **Calcium Carbonate**
Precipitated chalk → **Calcium Carbonate**
Preclar® → **Clarithromycin**
Pre-Clar® → **Clarithromycin**
Preclot® → **Clopidogrel**
Precodil® → **Prednisolone**
Preconceive® → **Folic Acid**
Precortalon® aquosum → **Prednisolone**
Precose® → **Acarbose**
Predalon® → **Chorionic Gonadotrophin**
Pred-Clysma® → **Prednisolone**
Preddy Granules® [vet.] → **Prednisolone**
Pred F® → **Prednisolone**
Predfoam® → **Prednisolone**
Pred fort® → **Prednisolone**
Pred Forte® → **Prednisolone**
Pred-Forte® → **Prednisolone**
Pred Forte® [vet.] → **Prednisolone**
Predial® → **Metformin**
Predian® → **Gliclazide**
Predicorten® → **Prednisone**
Predinga® → **Prednisolone**
Predisole® → **Prednisolone**
Predlitem® → **Methylprednisolone**
Predlone® → **Prednisolone**
Predmetil® → **Methylprednisolone**
Pred Mild® → **Prednisolone**
Pred-Mild® → **Prednisolone**
PredMix Oral Liquid® → **Prednisolone**
Prednabene® → **Prednisolone**
Prednefrin® → **Prednisolone**
Prednersone® → **Prednisolone**
Prednesol® → **Prednisolone**
Pred-NF® → **Prednisolone**
Predni → **Prednisolone**
Predni-blue® → **Prednisolone**
Prednicarbat acis® → **Prednicarbate**
Prednicare® [vet.] → **Prednisolone**
Prednicort® → **Methylprednisolone**
Prednidale® [vet.] → **Prednisolone**
Prednigalen® → **Prednisolone**
Prednihexal® → **Prednisolone**
Predni H Injekt® → **Prednisolone**
Predni H Tablinen® → **Prednisolone**
Predniliderm → **Prednisolone**
Predni M Tablinen® → **Methylprednisolone**
Predniocil® → **Prednisolone**
Predni-Ophtal® → **Prednisolone**
Prednip® → **Prednisolone**
Prednipirine® → **Prednisone**
Predni-POS® → **Prednisolone**
Prednis → **Prednisolone**
Prednisil® → **Prednisolone**
Prednisolon → **Prednisolone**
Prednisolon® → **Prednisolone**
Prednisolon 21-hydrogensuccinat → **Prednisolone**
Prednisolon A® → **Prednisolone**
Prednisolona → **Prednisolone**
Prednisolona® → **Prednisolone**
Prednisolonacetat → **Prednisolone**
Prednisolonacetat (Ph. Eur. 5) → **Prednisolone**
Prednisolon-Acetat® [vet.] → **Prednisolone**
Prednisolon acis® → **Prednisolone**
Prednisolon Agepha® → **Prednisolone**
Prednisolon AL® → **Prednisolone**
Prednisolona Lisan® → **Prednisolone**
Prednisolon Alpharma® → **Prednisolone**
Prednisolona MK® → **Prednisolone**
Prednisolon-Augensalbe Jenapharm® → **Prednisolone**
Prednisolon CF® → **Prednisolone**
Prednisolon DAK® → **Prednisolone**
Prednisolon dihydrogenphosphat dinatrium → **Prednisolone**
Prednisolondihydrogenphosphat-Dinatrium (Ph. Eur. 5) → **Prednisolone**
Prednisolone → **Prednisolone**
Prednisolone® → **Prednisolone**
Prednisolone 21-acetate: → **Prednisolone**
Prednisolone 21-(disodium phosphate): → **Prednisolone**
Prednisolone 21-(hydrogen succinate): → **Prednisolone**
Prednisolone Acetate → **Prednisolone**
Prednisolone Acetate® → **Prednisolone**
Prednisolone Acetate [BANM, JAN, USAN] → **Prednisolone**
Prednisolone (acétate de) → **Prednisolone**
Prednisolone (acétate de) (Ph. Eur. 5) → **Prednisolone**
Prednisolone Acetate (JP XIV, Ph. Eur. 5, Ph. Int. 4, USP 30) → **Prednisolone**
Prednisolone acetato → **Prednisolone**
Prednisolone Ambee® → **Prednisolone**
Prednisolone Atlantic® → **Prednisolone**
Prednisolone [BAN, DCF, DCIT, JAN, USAN] → **Prednisolone**
Prednisolone Beacons® → **Prednisolone**
Prednisolone Biogaran® → **Prednisolone**
Prednisolone-Dispersa® → **Prednisolone**
Prednisolone EG® → **Prednisolone**
Prednisolone Glaxo® → **Prednisolone**
Prednisolone Hemisuccinate → **Prednisolone**
Prednisolone Hemisuccinate (USP 30) → **Prednisolone**
Prednisolone Ivax® → **Prednisolone**
Prednisolone (JP XIV, Ph. Eur. 5, Ph. Int. 4, USP 30) → **Prednisolone**
Prednisolone Merck® → **Prednisolone**
Prednisolone Pharmasant® → **Prednisolone**
Prednisolone (phosphate sodique de) → **Prednisolone**
Prednisolone (phosphate sodique de) (Ph. Eur. 5) → **Prednisolone**
Prednisolone Ratiopharm® → **Prednisolone**
Prednisolone RPG® → **Prednisolone**
Prednisolone Sandoz® → **Prednisolone**
Prednisolone sodio fosfato → **Prednisolone**
Prednisolone Sodium Phosphate → **Prednisolone**
Prednisolone Sodium Phosphate® → **Prednisolone**

P

Prednisolone Sodium Phosphate [BANM, USAN] → **Prednisolone**
Prednisolone Sodium Phosphate (Ph. Eur. 5, Ph. Int. 4, USP 30) → **Prednisolone**
Prednisolone Succinate (JP XIII) → **Prednisolone**
Prednisolone Syrup® → **Prednisolone**
Prednisolone® [vet.] → **Prednisolone**
Prednisolone Winthrop® → **Prednisolone**
Prednisolone YSP® → **Prednisolone**
Prednisolon F® → **Dexamethasone**
Prednisolon FNA® → **Prednisolone**
Prednisolon GALEN® → **Prednisolone**
Prednisolon Galepharm® → **Prednisolone**
Prednisoloni acetas → **Prednisolone**
Prednisoloni acetas (Ph. Eur. 5, Ph. Int. 4) → **Prednisolone**
Prednisoloni natrii phosphas → **Prednisolone**
Prednisoloni natrii phosphas (Ph. Eur. 5, Ph. Int. 4) → **Prednisolone**
Prednisolon Indo Farma® → **Prednisolone**
Prednisolon Jenapharm® → **Prednisolone**
Prednisolon Katwijk® → **Prednisolone**
Prednisolon LAW® → **Prednisolone**
Prednisolon Merck® → **Prednisolone**
Prednisolonnatriumsuccinaat CF® → **Prednisolone**
Prednisolon Nycomed® → **Prednisolone**
Prednisolon Nycomed® [vet.] → **Prednisolone**
Prednisolon PCH® → **Prednisolone**
Prednisolon Pfizer® → **Prednisolone**
Prednisolon (Ph. Eur. 5) → **Prednisolone**
Prednisolon-P Streuli® → **Prednisolone**
Prednisolon ratiopharm® → **Prednisolone**
Prednisolon-ratiopharm® → **Prednisolone**
Prednisolon Recip® → **Prednisolone**
Prednisolon Rotexmedica® → **Prednisolone**
Prednisolon Sandoz® → **Prednisolone**
Prednisolon Streuli® → **Prednisolone**
Prednisolon-Succinat Streuli® → **Prednisolone**
Prednisolonum → **Prednisolone**
Prednisolonum hydrogensuccinicum (2.AB-DDR) → **Prednisolone**
Prednisolonum (Ph. Eur. 5, Ph. Int. 4) → **Prednisolone**
Prednisolon® [vet.] → **Prednisolone**
Prednisolon Vétoquinol® [vet.] → **Prednisolone**
Prednisolo® [vet.] → **Prednisolone**
Prednisolut® → **Prednisolone**
Prednison → **Prednisone**
Prednison® → **Prednisone**
Prednisona → **Prednisone**
Prednisona® → **Prednisone**
Prednison A® → **Prednisone**
Prednisona Alonga® → **Prednisone**
Prednison acsis® → **Prednisone**
Prednisona Iqfarma® → **Prednisone**
Prednisonal® → **Meprednisone**
Prednisona L.CH.® → **Prednisone**
Prednisona Lch® → **Prednisone**
Prednison Alpharma® → **Prednisone**
Prednisona MF® → **Prednisone**
Prednison CF® → **Prednisone**
Prednison DAK® → **Prednisone**
Prednison Domesco® → **Prednisone**
Prednisone → **Prednisone**
Prednisone® → **Prednisone**
Prednisone [BAN, DCF, DCIT, USAN] → **Prednisone**
Prednisone Biogaran® → **Prednisone**
Prednisone GXI® → **Prednisone**
Prednisone Hexpharm® → **Prednisone**
Prednisone Intensol® → **Prednisone**
Prednisone Organon® → **Prednisone**
Prednisone (Ph. Eur. 5, USP 30) → **Prednisone**
Prednisone Sandoz® → **Prednisone**
Prednisone Winthrop® → **Prednisone**
Prednison Galen® → **Prednisone**
Prednison Galepharm® → **Prednisone**
Prednison Hexal® → **Prednisone**
Prednison Leciva® → **Prednisone**
Prednison Merck® → **Prednisone**
Prednison PCH® → **Prednisone**
Prednison (Ph. Eur. 5) → **Prednisone**
Prednison Ratiopharm® → **Prednisone**
Prednison-ratiopharm® → **Prednisone**
Prednison Sandoz® → **Prednisone**
Prednison Streuli® → **Prednisone**
Prednisonum → **Prednisone**
Prednisonum (Ph. Eur. 5, Ph. Int. II) → **Prednisone**
Prednison® [vet.] → **Prednisone**
Prednistab® [vet.] → **Prednisolone**
Predni Tablinen® → **Prednisone**
Prednitab® [vet.] → **Prednisolone**
Prednitex® [vet.] → **Prednisolone**
Prednitop® → **Prednicarbate**
Prednizon® → **Prednisone**
Prednol® → **Desonide**
Prednol® → **Methylprednisolone**
Prednoral® [vet.] → **Prednisolone**
Prednox® → **Methylprednisolone**
Predopa® → **Dopamine**
Predozone® → **Trimetazidine**
Predsim® → **Prednisolone**
Predsolan® [vet.] → **Prednisone**
Predsolets® → **Prednisolone**
Predsolone® → **Prednisone**
Predsol® [vet.] → **Prednisolone**
Predson® → **Prednisone**
Predsone® → **Prednisone**
Preductal® → **Trimetazidine**
Pred Un® → **Prednisolone**
Predxal® → **Telmisartan**
Pred-X® [vet.] → **Prednisolone**
Prefer® → **Paracetamol**
Prefest® → **Estradiol**
Prefin® → **Buprenorphine**
Preflam® → **Prednisolone**
Prefol® → **Folic Acid**
Prefolic® → **Folinic Acid**
Preform® → **Metformin**
Prefrin® → **Phenylephrine**
Pregab® → **Pregabalin**
Preglandin® → **Gemeprost**
Pregmagon® [vet.] → **Gonadotrophin, Serum**
Pregn-4-ene-3,20-dione (WHO) → **Progesterone**
Pregnecol® [vet.] → **Gonadotrophin, Serum**
Pregnesin® → **Chorionic Gonadotrophin**
Pregnolin® → **Allylestrenol**
Pregnorm® → **Menotropins**
Pregnyl® → **Chorionic Gonadotrophin**
Pregobin® → **Pregabalin**
Prelar Depot® → **Leuprorelin**
Prelestrin® → **Estrogens, conjugated**
Prelidita® → **Citicoline**
Prelis® → **Metoprolol**
Prelisin® → **Gemfibrozil**
Preloban® [vet.] → **Cloprostenol**
Preloc® → **Atenolol**
Prelone® → **Prednisolone**
Prelu-2® → **Phendimetrazine**
Prelutex® [vet.] → **Medroxyprogesterone**
Premandol® → **Prednisone**
Premarin® → **Estrogens, conjugated**
Prémarin® → **Estriol**
Premastan® → **Progesterone**
Premaston® → **Allylestrenol**

Prémélange Z30®[vet.] → **Trimethoprim**
Prémélange Z30®[vet.] → **Sulfadiazine**
Prémélange Z56® [vet.] → **Oxibendazole**
Premelle Cycle 5® → **Estrogens, conjugated**
Premia® → **Medroxyprogesterone**
Premid® → **Balsalazide**
Premier Dicobalt Edetate® → **Edetic Acid**
Premil® → **Repaglinide**
Premovir® → **Brivudine**
Prenacid® → **Desonide**
Prenadona® → **Alprazolam**
Prenessa® → **Perindopril**
Prenolol® → **Atenolol**
Prenolone → **Prednisolone**
Prenormine® → **Atenolol**
Prent® → **Acebutolol**
Prepacol® → **Bisacodyl**
Pre Par® → **Ritodrine**
Pre-Par® → **Ritodrine**
Preparation H® → **Hydrocortisone**
Prepcat® → **Barium Sulfate**
Prepidil® → **Dinoprostone**
Prepulsid® → **Cisapride**
Prepulsid 5® → **Cisapride**
Prequillan® [vet.] → **Acepromazine**
Prequinex®[vet.] → **Trimethoprim**
Prequinix®[vet.] → **Sulfadimethoxine**
Presar® → **Citalopram**
Presartan® → **Losartan**
Prescaina® → **Oxybuprocaine**
Prescal® → **Isradipine**
Prescol® → **Trimebutine**
Presdeten® → **Amlodipine**
Presec® → **Omeprazole**
Preservex® → **Aceclofenac**
Presid® → **Felodipine**
Presilam® → **Amlodipine**
Presinex® → **Desmopressin**
Presinol® → **Methyldopa**
Presi Regul® → **Enalapril**
Presiten® → **Lisinopril**
Preslow® → **Felodipine**
Presmin® → **Betaxolol**
Presmode® → **Cadralazine**
Preso® → **Esomeprazole**
Presocor® → **Verapamil**
Presokin® → **Lisinopril**
Presolol® → **Metoprolol**
Presomen® → **Estrogens, conjugated**
Presonil® → **Metoprolol**
Presovasc® → **Amlodipine**
Press-12® → **Lisinopril**
Pressat® → **Amlodipine**
Pressin® → **Prazosin**
Pressing® → **Loratadine**
Pressitan® → **Enalapril**
Pressodipin® → **Nitrendipine**
Pressolat® → **Nifedipine**
Pressural® → **Indapamide**
Pressuril® → **Lisinopril**
Pressyn® → **Vasopressin**
Prestarium® → **Perindopril**
Prestodol® → **Clonixin**
Prestrenol® → **Allylestrenol**
Presyc® → **Capsaicin**
Pretanix® → **Indapamide**
Pretilon® → **Methylprednisolone**
Pretin® → **Loratadine**
Prevacid® → **Lansoprazole**
Prevalin® → **Cromoglicic Acid**
Prevalina® → **Mianserin**
Prevalite® → **Colestyramine**
Prevas® → **Omeprazole**
Prevax® → **Folinic Acid**
Prevecilina® → **Phenoxymethylpenicillin**
Prevencid® → **Omeprazole**
Prevencor® → **Atorvastatin**
Prevender® [vet.] → **Dimpylate**
Preventef® [vet.] → **Dimpylate**
Preventic LA® [vet.] → **Permethrin**
Preventic Permethrin® [vet.] → **Permethrin**
Preventic® [vet.] → **Amitraz**
Préventic® [vet.] → **Amitraz**
Prevepen® → **Clemizole Penicillin**
Prevex® → **Felodipine**
Prevex B® → **Betamethasone**
Prevex HC® → **Hydrocortisone**
Previcox® [vet.] → **Firocoxib**
PreviDent® → **Sodium Fluoride**
Previscan® → **Pentoxifylline**
Previscan® → **Fluindione**
Préviscan® → **Fluindione**
Previum® → **Aciclovir**
Prevolac® → **Azelaic Acid**
Prexan® → **Naproxen**
Prexanil® → **Perindopril**
Prexidine® → **Chlorhexidine**
Prexige® → **Lumiracoxib**
Prexim® → **Cefixime**
Prexum® → **Perindopril**
Prezista® → **Darunavir**
Prezium® → **Clobazam**
Prezolon® → **Prednisolone**
Priadel® → **Lithium**
Prialt® → **Ziconotide**
Priamide® → **Isopropamide Iodide**
Priaxen® → **Naproxen**
Pricam® → **Piroxicam**
Priciasol® → **Naphazoline**
Pridam® → **Norepinephrine**
Pridana® → **Pirisudanol**
Pridecil® → **Bromopride**
Pridesia® → **Cisapride**
Pri-De-Sid® → **Cisapride**
Pridimet®[vet.] → **Sulfadimethoxine**
Pridimet®[vet.] → **Trimethoprim**
Prid® [vet.] → **Progesterone**
Prifen® → **Ibuprofen**
Prifidiar® [vet.] → **Prifinium Bromide**
Prifinial® [vet.] → **Prifinium Bromide**
Priftin® → **Rifapentine**
Prigost® → **Bromocriptine**
Prikap® [+ Carbidopa] → **Levodopa**
Prikap® [+ Levodopa] → **Carbidopa**
Pril® → **Ramipril**
Prilace® → **Enalapril**
Prilagin® → **Miconazole**
Prilan® → **Enalapril**
Prilazid® → **Cilazapril**
Prilenal® [vet.] → **Enalapril**
Prilenap® → **Enalapril**
Prilinda® → **Ramipril**
Prilium® [vet.] → **Imidapril**
Prilocain → **Prilocaine**
Prilocaina → **Prilocaine**
Prilocaina clorhidrato → **Prilocaine**
Prilocaina cloridrato → **Prilocaine**
Prilocaina [DCIT] → **Prilocaine**
Prilocaine → **Prilocaine**
Prilocaïne → **Prilocaine**
Prilocaine [BAN, USAN] → **Prilocaine**
Prilocaïne (chlorhydrate de) → **Prilocaine**
Prilocaïne (chlorhydrate de) (Ph. Eur. 5) → **Prilocaine**
Prilocaïne [DCF] → **Prilocaine**
Prilocaine Hydrochloride → **Prilocaine**
Prilocaine hydrochloride: → **Prilocaine**
Prilocaine Hydrochloride [BANM, USAN] → **Prilocaine**
Prilocaine Hydrochloride (Ph. Eur. 5, USP 30) → **Prilocaine**
Prilocaïne (Ph. Eur. 5) → **Prilocaine**
Prilocaine (Ph. Eur. 5, USP 30) → **Prilocaine**
Prilocaine Sintetica® → **Prilocaine**
Prilocaine® [vet.] → **Prilocaine**
Prilocain hydrochlorid → **Prilocaine**
Prilocainhydrochlorid (Ph. Eur. 5) → **Prilocaine**
Prilocaini hydrochloridum → **Prilocaine**
Prilocaini hydrochloridum (Ph. Eur. 5) → **Prilocaine**

P

Prilocain (Ph. Eur. 5) → **Prilocaine**
Prilocainum → **Prilocaine**
Prilocainum (Ph. Eur. 5) → **Prilocaine**
Prilosan® → **Lansoprazole**
Prilosec® → **Omeprazole**
Prilosin® → **Lisinopril**
Prilpressin® → **Captopril**
Priltenk® → **Enalapril**
Prima-cal® → **Calcium Carbonate**
Primace® → **Ramipril**
Primacillin® → **Ampicillin**
Primacin® → **Primaquine**
Primacine® → **Erythromycin**
Primaclone USA (AHFS) → **Primidone**
Primacor® → **Milrinone**
Primacor® [inj.] → **Milrinone**
Primacor® [inj.] → **Milrinone**
Primacton® → **Spironolactone**
Primadex® [+ Sulfamethoxazole] → **Trimethoprim**
Primadex® [+ Trimethoprim] → **Sulfamethoxazole**
Primadox® [vet.] → **Doxycycline**
Prima-E® → **Tocopherol, α-**
Primafen® → **Cefotaxime**
Primalan® → **Mequitazine**
Primamet® → **Cimetidine**
Primapen® → **Ampicillin**
Primaquin® → **Estradiol**
Primaquina® → **Primaquine**
Primaquina® [tab.] → **Primaquine**
Primaquine® → **Primaquine**
Primasol®[vet.] → **Sulfadiazine**
Primasol®[vet.] → **Trimethoprim**
Primasone® → **Mequitazine**
Primaspan® → **Aspirin**
Primatam® → **Piracetam**
Primatene® → **Epinephrine**
Primavera-N® → **Metoclopramide**
Primax® → **Ciclopirox**
Primaxin® [+ Cilastatin, sodium salt] → **Imipenem**
Primaxin® [+ Imipenem] → **Cilastatin**
Primaxin® [+ Imipenem] → **Cilastatin**
Primazole® [+ Sulfamethoxazole] → **Trimethoprim**
Primazole® [+ Trimethoprim] → **Sulfamethoxazole**
Primazol® [+ Sulfamethoxazole] → **Trimethoprim**
Primazol® [+ Sulfamethoxazole] → **Trimethoprim**
Primazol® [+ Trimethoprim] → **Sulfamethoxazole**
Primazol® [+ Trimethoprim] → **Sulfamethoxazole**
Primbactam® → **Aztreonam**
Primcillin® → **Phenoxymethylpenicillin**
Primesin® → **Fluvastatin**
Primidon → **Primidone**
Primidon® → **Primidone**
Primidona® → **Primidone**
Primidona → **Primidone**
Primidona L.CH.® → **Primidone**
Primidone → **Primidone**
Primidone® → **Primidone**
Primidone [BAN, DCF, DCIT, JAN, USAN] → **Primidone**
Primidone (Ph. Eur. 5, USP 30, JP XIV) → **Primidone**
Primidon Era® → **Primidone**
Primidone® [vet.] → **Primidone**
Primidon Holsten® → **Primidone**
Primidon (Ph. Eur. 5) → **Primidone**
Primidonum → **Primidone**
Primidonum (Ph. Eur. 5, Ph. Int. II) → **Primidone**
Primidon® [vet.] → **Primidone**
Primiprost® → **Dinoprostone**
Primitabs® [vet.] → **Primidone**
Primobolan Depot® [inj.] → **Metenolone**
Primobolan S® → **Metenolone**
Primodium® → **Loperamide**
Primodium® → **Loperamide Oxide**
Primofenac® → **Diclofenac**
Primogonyl® → **Chorionic Gonadotrophin**
Primogyn® → **Estradiol**
Primogyna® → **Estradiol**
Primogyn Depot® → **Estradiol**
Primolut® → **Norethisterone**
Primolut-Depot® → **Hydroxyprogesterone**
Primolut N® → **Norethisterone**
Primolut-Nor® → **Norethisterone**
Primoniat Depot® → **Testosterone**
Primonil® → **Imipramine**
Primosiston® → **Norethisterone**
Primostat® → **Gestonorone Caproate**
Primoteston Depot® → **Testosterone**
Primotren® [+Sulfamethoxazole] → **Trimethoprim**
Primotren® [+Trimethoprim] → **Sulfamethoxazole**
Primover® → **Cromoglicic Acid**
Primovist® → **Gadoxetic Acid**
Primoxil® → **Amoxicillin**
Primperan® → **Metoclopramide**
Primpéran® → **Metoclopramide**
Primpéran® [rect.] → **Metoclopramide**
Primperid® [vet.] → **Metoclopramide**
Primpérid® [vet.] → **Metoclopramide**
Primsol® → **Trimethoprim**
Primum® → **Flunitrazepam**
Prinac® → **Folic Acid**
Princillin® [vet.] → **Ampicillin**
Princimox® → **Amoxicillin**
Principen® [caps.] → **Ampicillin**
Principrox® → **Ciprofloxacin**
Prinil® → **Lisinopril**
Prinivil® → **Lisinopril**
Prinorm® → **Atenolol**
Prinox® → **Alprazolam**
Prinparl® → **Metoclopramide**
Priocin® → **Erythromycin**
Prioderm® → **Malathion**
Priper® → **Pipemidic Acid**
Pripsen® → **Piperazine**
Pripsen Mebendazole® → **Mebendazole**
Priscoline® → **Tolazoline**
Prisdal® → **Citalopram**
Prisma® → **Citalopram**
Prisma® → **Mianserin**
Pristine® → **Ketoconazole**
Pristinex® → **Ketoconazole**
Pristiq® → **Desvenlafaxine**
Prisulfan®[vet.] → **Sulfadiazine**
Prisulfan®[vet.] → **Trimethoprim**
Pritadol® → **Pravastatin**
Pritanol® → **Pravastatin**
Pritor® → **Telmisartan**
Privasan® [vet.] → **Chlorhexidine**
Privin® → **Naphazoline**
Privina® → **Naphazoline**
Privituss® → **Cloperastine**
Prixar® → **Levofloxacin**
Prixin® → **Sultamicillin**
Prixin® [+ Ampicillin Sodium salt] → **Sulbactam**
Prixin® [+ Sulbactam Sodium salt] → **Ampicillin**
Prizma® → **Fluoxetine**
Pro-Actidil® → **Triprolidine**
Pro Actidil® → **Triprolidine**
Proactin® → **Loratadine**
Proactive® [vet.] → **Povidone-Iodine**
ProAir® → **Salbutamol**
Proair® → **Fluticasone**
Proalid® → **Tacrolimus**
ProAmatine® → **Midodrine**
Pro Ampi® → **Pivampicillin**
Proampi® → **Pivampicillin**
Proapetit® → **Buclizine**
Proasma-T® → **Terbutaline**
Pro Banthine® → **Propantheline Bromide**
Pro-Banthine® → **Propantheline Bromide**

Proban® [vet.] → **Cythioate**
Probat® → **Guaifenesin**
Probec® → **Ambroxol**
Probecid® → **Probenecid**
Proben® → **Probenecid**
Probenecid® → **Probenecid**
Probenecid Medic® → **Probenecid**
Probenecid Synco® → **Probenecid**
Probenecid Weimer® → **Probenecid**
Probenid® → **Probenecid**
Pro-Bextra® → **Parecoxib**
Probinex® → **Ibuprofen**
Probiotin® → **Clindamycin**
Probiox® → **Ciprofloxacin**
Probitor® → **Omeprazole**
Problok® → **Metoprolol**
Probufen® → **Ibuprofen**
Pro-Bute® [vet.] → **Phenylbutazone**
Procacillina® [vet.] → **Penicillin G Procaine**
Procacillin® [vet.] → **Penicillin G Procaine**
Procadax® → **Ceftibuten**
Procadil® → **Procaterol**
Procadog® [vet.] → **Medroxyprogesterone**
Procain → **Procaine**
Procaina → **Procaine**
Procaina Apolo® → **Procaine**
Procaina clorhidrato → **Procaine**
Procaina cloridrato → **Procaine**
Procaina [DCIT] → **Procaine**
Procaina Klonal® → **Procaine**
Procaina Lafedar® → **Procaine**
Procaina Larjan® → **Procaine**
Procainamid → **Procainamide**
Procainamida → **Procainamide**
Procainamida clorhidrato → **Procainamide**
Procainamide → **Procainamide**
Procaïnamide → **Procainamide**
Procainamide [BAN, DCF, DCIT] → **Procainamide**
Procaïnamide (chlorhydrate de) → **Procainamide**
Procaïnamide (chlorhydrate de) (Ph. Eur. 5) → **Procainamide**
Procainamide cloridrato → **Procainamide**
Procainamide Cloridrato® → **Procainamide**
Procainamide Hydrochloride → **Procainamide**
Procainamide hydrochloride: → **Procainamide**
Procainamide Hydrochloride® → **Procainamide**
Procainamide Hydrochloride [BANM, JAN, USAN] → **Procainamide**
Procainamide Hydrochloride (JP XIV, Ph. Eur. 5, Ph. Int. 4, USP 30) → **Procainamide**
Procainamid hydrochlorid → **Procainamide**
Procainamidhydrochlorid (Ph. Eur. 5) → **Procainamide**
Procainamidi hydrochloridum → **Procainamide**
Procainamidi hydrochloridum (Ph. Eur. 5, Ph. Int. 4) → **Procainamide**
Procainamidum → **Procainamide**
Procaina Serra® → **Procaine**
Procain DeltaSelect® → **Procaine**
Procaine → **Procaine**
Procaïne → **Procaine**
Procaine® → **Procaine**
Procaine [BAN, DCF] → **Procaine**
Procaine Benzylpenicillin [BAN] → **Penicillin G Procaine**
Procaine Benzylpenicillin (BP 2002 (vet.), Ph. Eur. 5, Ph. Int. 4) → **Penicillin G Procaine**
Procaïne (chlorhydrate de) → **Procaine**
Procaïne (chlorhydrate de) (Ph. Eur. 5) → **Procaine**
Procaïne chlorhydrate Lavoisier® → **Procaine**
Procaine Hydrochloride → **Procaine**
Procaine hydrochloride: → **Procaine**
Procaine Hydrochloride [BANM, JAN, USAN] → **Procaine**
Procaine Hydrochloride Demo® → **Procaine**
Procaine Hydrochloride Injection® → **Procaine**
Procaine Hydrochloride (JP XIV, Ph. Eur. 5, Ph. Int. 4, USP 30) → **Procaine**
Procaine Penicillin [BAN] → **Penicillin G Procaine**
Procaine Penicillin. G® → **Penicillin G Procaine**
Procaine-Stella® → **Procaine**
Procain hydrochlorid → **Procaine**
Procainhydrochlorid (Ph. Eur. 5) → **Procaine**
Procaini benzylpenicillinum (Ph. Int. 4) → **Penicillin G Procaine**
Procaini HCL® → **Procaine**
Procaini hydrochloridum → **Procaine**
Procaini hydrochloridum (Ph. Eur. 5, Ph. Int. 4) → **Procaine**
Procain Jenapharm® → **Procaine**
Procain Leciva® → **Procaine**
procain-loges® → **Procaine**
Procain-Penicillin „Albrecht“® [vet.] → **Penicillin G Procaine**
Procain-Penicillin-G® [vet.] → **Penicillin G Procaine**
Procain-Penicillin Streuli® [vet.] → **Penicillin G Procaine**
Procain Röwo® → **Procaine**
Procain Steigerwald® → **Procaine**
Procainum → **Procaine**
Procal® → **Sodium Fluoride**
Procala® → **Calcium Carbonate**
Procalut® → **Bicalutamide**
Procal® [vet.] → **Penicillin G Procaine**
Procamide® → **Procainamide**
Procanbid® → **Procainamide**
Procan SR® → **Procainamide**
Procap® → **Omeprazole**
Procaptan® → **Perindopril**
Procarbazine® → **Procarbazine**
Procardia® → **Nifedipine**
Procardin® → **Aspirin**
Procardin® → **Dipyridamole**
Procardol Adelco® → **Isosorbide Mononitrate**
Procare® [vet.] → **Propofol**
Procasel® [vet.] → **Procaine**
Procef® → **Cefradine**
Procelac® → **Omeprazole**
Proceptin® → **Omeprazole**
Procere® → **Dihydroergotoxine**
Procet® → **Cetirizine**
Procetam® → **Piracetam**
Procetoken® → **Fenofibrate**
Prochic® → **Colchicine**
Prochlor® → **Prochlorperazine**
Prochlorpémazine [DCF] → **Prochlorperazine**
Prochlorperazin → **Prochlorperazine**
Prochlorperazine → **Prochlorperazine**
Prochlorpérazine → **Prochlorperazine**
Prochlorperazine® → **Prochlorperazine**
Prochlorperazine [BAN, DCF, JAN, USAN] → **Prochlorperazine**
Prochlorperazine Suppositories® → **Prochlorperazine**
Prochlorperazine (USP 26) → **Prochlorperazine**
Prochlorperazinum → **Prochlorperazine**
Prochlorperazinum (PhBs IV) → **Prochlorperazine**
Prociclide® → **Defibrotide**
Pro-Cid® → **Probenecid**
Procil® → **Diclofenac**
Procillin® → **Penicillin G Procaine**

P

Procinet® → **Tegaserod**
Procion® → **Prednisone**
Proclimine® → **Oxyphencyclimine**
Proclir® → **Loratadine**
Proclor® → **Omeprazole**
Proclorperazina → **Prochlorperazine**
Proclorperazina [DCIT] → **Prochlorperazine**
Proclozam® → **Clobazam**
Proclozine® → **Prochlorperazine**
Prococyd® → **Chlormadinone**
Procofen® → **Suprofen**
Procoralan® → **Ivabrandine**
Procortin® → **Hydrocortisone**
Procoxacin® [vet.] → **Salinomycin**
Procpen® [vet.] → **Penicillin G Procaine**
Procrazine® → **Levomepromazine**
Procren® → **Leuprorelin**
Procren Depot® → **Leuprorelin**
Procrin® → **Leuprorelin**
Procrit® → **Epoetin Alfa**
Proc-Sel® [vet.] → **Penicillin G Procaine**
Proctets → **Hydrocortisone**
Proctocort® → **Hydrocortisone**
ProctoCream HC® → **Hydrocortisone**
Proctosedyl® → **Hydrocortisone**
Proctosteroid® → **Triamcinolone**
Proculin® → **Naphazoline**
Procur® → **Cyproterone**
Procur 100® → **Cyproterone**
Pro-Cure® → **Finasteride**
Procuta® → **Isotretinoin**
Procutol® → **Triclosan**
Procyclidine® → **Procyclidine**
Procylin® → **Beraprost**
Procythol® → **Selegiline**
Procytox® → **Cyclophosphamide**
Pro-Dafalgan® → **Propacetamol**
Prodafem® → **Medroxyprogesterone**
Prodamox® → **Proglumetacin**
Prodasone® → **Medroxyprogesterone**
Prodel® → **Chlorphenamine**
Prodelion® → **Quinagolide**
Prodenas® → **Paracetamol**
Prodep® → **Fluoxetine**
Prodepres® → **Sertraline**
Proderm® → **Triclosan**
Proderma® → **Doxycycline**
Prodermal® → **Tioconazole**
Prodexin® → **Naproxen**
Prodexon® → **Dexamethasone**
Prodiabet® → **Glibenclamide**
Prodiamel® → **Glibenclamide**
Prodicard® → **Isosorbide Dinitrate**
Prodicillin® [vet.] → **Ampicillin**
Prodil® → **Doxazosin**
Prodilantin® → **Fosphenytoin**
Pro-Dip® [vet.] → **Cypermethrin**
Prodium® → **Loperamide**
Prodium® → **Phenazopyridine**
Prodolor® → **Naproxen**
Prodom® → **Loperamide**
Prodopa® → **Methyldopa**
Prodorol® → **Propranolol**
Prodose Red® [vet.] → **Levamisole**
Prodose® [vet.] → **Albendazole**
Prodose Yellow® [vet.] → **Closantel**
Prodrox® → **Hydroxyprogesterone**
Pro-Dynam® [vet.] → **Phenylbutazone**
Pro-efferalgan® → **Propacetamol**
Proendotel® → **Cloricromen**
Pro-Epanutin® → **Fosphenytoin**
Proetzonide® → **Budesonide**
Profact® → **Buserelin**
Profadine® → **Loratadine**
Profamid® → **Flutamide**
Pro-Famosal® → **Famotidine**
Profar® → **Allylestrenol**
Profasi® → **Chorionic Gonadotrophin**
Profasi HP® → **Chorionic Gonadotrophin**
Profecom® → **Ketoprofen**
Profemina® → **Estrogens, conjugated**
Profemina Mic® → **Estrogens, conjugated**
Profen® → **Ibuprofen**
Profen® → **Ketoprofen**
Profena® → **Ibuprofen**
Profenan® → **Propafenone**
Profenid® → **Ketoprofen**
Profénid® → **Ketoprofen**
Profenid-Bi® → **Ketoprofen**
Profeno® → **Ibuprofen**
Profenorm® → **Propafenone**
Profercol® → **Cisapride**
Profertil® → **Clomifene**
Profex® → **Propafenone**
Proficar® → **Aspirin**
Profika® → **Ketoprofen**
Profil® → **Amantadine**
Profilac Dip N® [vet.] → **Nonoxinol**
Profilar® → **Ketotifen**
Profilas® → **Ketotifen**
Profilasmin-Ped® → **Ketotifen**
Profilax® → **Montelukast**
Profilnine® → **Nonacog Alfa**
Profinal® → **Ibuprofen**
Profinject® → **Ketoprofen**
Profiten® → **Ketotifen**
Profix® → **Cefixime**
Proflam® → **Aceclofenac**
Proflavanol C® → **Ascorbic Acid**
Proflax® → **Timolol**
Proflaxin® → **Ciprofloxacin**
Proflox® → **Pefloxacin**
Proflox® → **Ciprofloxacin**
Proflox® → **Moxifloxacin**
Profloxin® → **Ciprofloxacin**
Proflusak® → **Fluoxetine**
Profoliol → **Estradiol**
Proftril® [vet.] → **Albendazole**
Profungal® → **Ketoconazole**
Profut® → **Cyproheptadine**
Progandol® → **Doxazosin**
Progandol Neo® → **Doxazosin**
Proge® → **Hydroxyprogesterone**
Progeffik® → **Progesterone**
Progemzal® → **Gemfibrozil**
Progenar-Gel® → **Progesterone**
Progendo® → **Progesterone**
Progens® → **Estrogens, conjugated**
Progeron® → **Medroxyprogesterone**
Progesic® → **Paracetamol**
Progest® → **Progesterone**
Progestagen® → **Medroxyprogesterone**
Progestan® → **Progesterone**
Progesteron → **Progesterone**
Progesterona® → **Progesterone**
Progesterona → **Progesterone**
Progesterona L.CH.® → **Progesterone**
Progesteron Dak® → **Progesterone**
Progesteron Depo® → **Hydroxyprogesterone**
Progesteron-Depot Jenapharm® → **Hydroxyprogesterone**
Progesterone → **Progesterone**
Progestérone → **Progesterone**
Progesterone® → **Progesterone**
Progesterone [BAN, DCF, DCIT, JAN, USAN] → **Progesterone**
Progestérone Biogaran® → **Progesterone**
Progesterone Biologici® → **Progesterone**
Progesterone Injection® → **Progesterone**
Progesterone (JP XIV, Ph. Eur. 5, Ph. Int. 4, USP 30) → **Progesterone**
Progestérone Merck® → **Progesterone**
Progestérone (Ph. Eur. 5) → **Progesterone**
Progesterone Powder® → **Progesterone**
Progesterone-Retard Pharlon® → **Hydroxyprogesterone**

Progestérone-Retard Pharlon® → **Hydroxyprogesterone**
Progéstérone Sandoz® → **Progesterone**
Progesterone® [vet.] → **Progesterone**
Progesteron Gräub® [vet.] → **Progesterone**
Progesteron (Ph. Eur. 5) → **Progesterone**
Progesteron Streuli® → **Progesterone**
Progesteron Streuli® [vet.] → **Progesterone**
Progesteron Stricker® [vet.] → **Progesterone**
Progesteronum → **Progesterone**
Progesteronum® → **Progesterone**
Progesteronum (Ph. Eur. 5, Ph. Int. 4) → **Progesterone**
Progesteron® [vet.] → **Progesterone**
Progestin® → **Progesterone**
Progestin Depot® → **Hydroxyprogesterone**
Progestine® → **Progesterone**
Progestin® [vet.] → **Progesterone**
Progestogel® → **Progesterone**
Progestosol® → **Progesterone**
Progevera® → **Medroxyprogesterone**
Proglicem® → **Diazoxide**
Proglycem® → **Diazoxide**
Progor® → **Diltiazem**
Progout® → **Allopurinol**
Prograf® → **Tacrolimus**
Prograft® → **Tacrolimus**
Program Plus® [vet.] → **Milbemycin Oxime**
Program® [vet.] → **Lufenuron**
Progray® → **Propanidid**
Progresse® → **Gabapentin**
Progro T-S® [vet.] → **Trenbolone**
Progut® → **Esomeprazole**
Progyluton® → **Estradiol**
Progynon® → **Estradiol**
Progynon C® → **Ethinylestradiol**
Progynon Depot® → **Estradiol**
Progynova® → **Estradiol**
Progynova Parches® → **Estradiol**
Prohair® → **Finasteride**
ProHance® → **Gadoteridol**
ProHance Bracco® → **Gadoteridol**
Pro-Hdl® → **Lovastatin**
Proheart® [vet.] → **Moxidectin**
Prohessen® → **Cyproheptadine**
Prohexal® → **Fluoxetine**
Prohibit® → **Omeprazole**
Prohibit® [vet.] → **Levamisole**
Prohist® → **Promethazine**
Prohistin® → **Loratadine**
Proinfark® → **Dopamine**
Pro-Inject® [vet.] → **Closantel**
Prokain® → **Procaine**
Prokain Penicilin G® → **Benzylpenicillin**
Prokalen® [vet.] → **Oxytetracycline**
Prokanazol® → **Itraconazole**
Proking® → **Clobutinol**
Prokinyl® → **Metoclopramide**
Prokrein® → **Kallidinogenase**
Proksi® → **Ciprofloxacin**
Prolacam® → **Lisuride**
Proladin® → **Diclofenac**
Proladone® → **Oxycodone**
Prolair® → **Beclometasone**
Prolaject B12® [vet.] → **Cyanocobalamin**
Prolanz® → **Lansoprazole**
Prolastin® → **Alpha-$_1$ protease inhibitor**
Prolastina® → **Alpha-$_1$ protease inhibitor**
Prolax® → **Glycerol**
Prolekofen® → **Propafenone**
Pro Lertus® → **Diclofenac**
Prolet® [vet.] → **Carprofen**
Proleukin® → **Aldesleukin**
Prolevox® → **Levofloxacin**
Prolic® → **Clindamycin**
Prolief® → **Paracetamol**
Prolifen® → **Clomifene**
Prolift® → **Reboxetine**
Prolipase® → **Pancrelipase**
Prolisina® → **Dinoprostone**
Prolisina VR® → **Alprostadil**
Prolixin® → **Fluphenazine**
Prolixin Decanoate® → **Fluphenazine**
Prolok® → **Omeprazole**
Prolol® → **Propranolol**
Prolong® → **Lidocaine**
Prolopa® [+ Benserazide hydrochloride] → **Levodopa**
Prolopa® [+ Benserazide, hydrochloride] → **Levodopa**
Prolopa® [+ Levodopa] → **Benserazide**
Prolopa® [+ Levodopa] → **Benserazide**
Proloprim® → **Trimethoprim**
Prolosan® [vet.] → **Gonadotrophin, Serum**
Prolung® → **Rifampicin**
Prolusteron → **Progesterone**
Proluton® → **Progesterone**
Proluton Depot® → **Hydroxyprogesterone**
Promace® → **Acepromazine**
Promacot® → **Promethazine**
Promactil® → **Chlorpromazine**
Promadryl® → **Promethazine**
Promalgen-N® → **Metamizole**
Promargan® → **Promethazine**
Promat® → **Prochlorperazine**
Promazin® → **Promazine**
Promazin → **Promazine**
Promazina → **Promazine**
Promazina clorhidrato → **Promazine**
Promazina cloridrato → **Promazine**
Promazina [DCIT] → **Promazine**
Promazine → **Promazine**
Promazine® → **Promazine**
Promazine [BAN, DCF] → **Promazine**
Promazine (chlorhydrate de) → **Promazine**
Promazine (chlorhydrate de) (Ph. Eur. 5) → **Promazine**
Promazine Hydrochloride → **Promazine**
Promazine hydrochloride: → **Promazine**
Promazine Hydrochloride [BANM, USAN] → **Promazine**
Promazine Hydrochloride (Ph. Eur. 5, USP 30) → **Promazine**
Promazine® [vet.] → **Promazine**
Promazin hydrochlorid → **Promazine**
Promazinhydrochlorid (Ph. Eur. 5) → **Promazine**
Promazini hydrochloridum → **Promazine**
Promazini hydrochloridum (Ph. Eur. 5) → **Promazine**
Promazinum → **Promazine**
Promebutin® → **Trimebutine**
Promectin® [vet.] → **Abamectin**
Promedes® → **Furosemide**
Promet® → **Cimetidine**
Prometax® → **Rivastigmine**
Prometazina® → **Promethazine**
Prometazina Cevallos® → **Promethazine**
Prometazina Larjan® → **Promethazine**
Prometazina OFF® → **Promethazine**
Prometazina Vannier® → **Promethazine**
Prometazin ERA® → **Promethazine**
Promethazin 5 Berlin-Chemie® → **Promethazine**
Promethazin Domesco® → **Promethazine**
Promethazine® → **Promethazine**
Promethazine CF® → **Promethazine**
Promethazine DHA® → **Promethazine**
Promethazine HCl® → **Promethazine**

P

Promethazine HCl-Fresenius® → **Promethazine**
Promethazine Hydrochloride® → **Promethazine**
Promethazine Hydrochloride Injection® → **Promethazine**
Promethazine Hydrochloride Suppositories® → **Promethazine**
Promethazine Hydrochloride Tablets® → **Promethazine**
Promethazine PCH® → **Promethazine**
Promethazine ratiopharm® → **Promethazine**
Promethazin-neuraxpharm® → **Promethazine**
Promethegan® → **Promethazine**
Prometrium® → **Progesterone**
Promex® [vet.] → **Acepromazine**
Promezin® → **Promethazine**
Promiced® → **Metoprolol**
Promid® → **Proglumide**
Promid® → **Protionamide**
Promit® → **Dextran**
Promiten® → **Dextran**
Promixin® → **Thiamphenicol**
Promocard® → **Isosorbide Mononitrate**
Promocid® → **Famotidine**
Promodin® → **Promethazine**
Promofen® → **Ibuprofen**
Promone-E® [vet.] → **Medroxyprogesterone**
Promon® [vet.] → **Medroxyprogesterone**
Promote® [vet.] → **Tylosin**
Promotion® → **Meloxicam**
Promox® → **Amoxicillin**
Promoxil® → **Amoxicillin**
Promuba® → **Metronidazole**
Promukus® → **Ambroxol**
Promycin® [vet.] → **Colistin**
Promycin® [vet.] → **Oxytetracycline**
Promyrtil® → **Mirtazapine**
Pronac® → **Diclofenac**
Pronalges® → **Ketoprofen**
Pronaxen® → **Naproxen**
Pronaxil® → **Naproxen**
Pronervon® → **Memantine**
Pronervon T® → **Temazepam**
Pronest® → **Propofol**
Pronestyl® → **Procainamide**
Pronestyl® [vet.] → **Procainamide**
Pronetic® → **Cisapride**
Proneural® → **Citicoline**
Proneurin® → **Promethazine**
Pronex® → **Esomeprazole**
Pronicy® → **Cyproheptadine**
Pronil® → **Secnidazole**
Pronilen® [vet.] → **Luprostiol**
Pronison® → **Prednisone**
Pronivel® → **Erythropoietin**
Pronoctan® → **Lormetazepam**
Pronon® → **Propafenone**
Pronor® → **Finasteride**
Pronoran® → **Piribedil**
Prontalgin® → **Tramadol**
Prontax® [vet.] → **Doramectin**
Prontinal® → **Beclometasone**
Prontobario® → **Barium Sulfate**
Prontoferro® → **Ferrous Gluconate**
Prontofort® → **Tramadol**
Prontogest® → **Progesterone**
Prontoket® → **Ketoprofen**
Prontolax® → **Bisacodyl**
Prontomucil® → **Guacetisal**
Pronto Platamine® → **Cisplatin**
Proofi-Care® [vet.] → **Permethrin**
Propabloc® → **Propranolol**
Propaderm® → **Beclometasone**
Propafen® → **Propafenone**
Propafenon® → **Propafenone**
Propafenonă® → **Propafenone**
Propafenon AL® → **Propafenone**
Propafenon Alkaloid® → **Propafenone**
Propafenon Carino® → **Propafenone**
Propafenone DOC® → **Propafenone**
Propafenone EG® → **Propafenone**
Propafenone Hydrochloride® → **Propafenone**
Propafenone-ratiopharm® → **Propafenone**
Propafenone RK® → **Propafenone**
Propafenone Sandoz® → **Propafenone**
Propafenone Union Health® → **Propafenone**
Propafenon Genericon® → **Propafenone**
Propafenon HCl PCH® → **Propafenone**
Propafenon Hexal® → **Propafenone**
Propafenon-Hexal® → **Propafenone**
Propafenon Pharmavit® → **Propafenone**
Propafenon-ratiopharm® → **Propafenone**
Propafenon Sandoz® → **Propafenone**
Propafenon Stada® → **Propafenone**
propafenon von ct® → **Propafenone**
Propal® → **Propranolol**
Propalin® [vet.] → **Phenylpropanolamine**
Propam® → **Diazepam**
Propamerck® → **Propafenone**
Propamide® → **Chlorpropamide**
Propan B® [vet.] → **Propantheline Bromide**
Propanil® → **Propranolol**
Propanolol® → **Propranolol**
Propanolol Clorhidrato® → **Propranolol**
Propanolol Lafedar® → **Propranolol**
Propanolol LCH® [compr.] → **Propranolol**
Propanolol Vannier® → **Propranolol**
Propanorm® → **Propafenone**
Propanta® → **Pantoprazole**
Propantelina bromuro → **Propantheline Bromide**
Propantelina bromuro [DCIT] → **Propantheline Bromide**
Propanthelin bromid → **Propantheline Bromide**
Propanthelinbromid (Ph. Eur. 5) → **Propantheline Bromide**
Propantheline® → **Propantheline Bromide**
Propantheline Bromide → **Propantheline Bromide**
Propantheline Bromide® → **Propantheline Bromide**
Propantheline Bromide [BAN, JAN, USAN] → **Propantheline Bromide**
Propantheline Bromide (Ph. Eur. 5, JP XIV, USP 30) → **Propantheline Bromide**
Propanthéline (bromure de) (Ph. Eur. 5) → **Propantheline Bromide**
Propanthelini Bromidum → **Propantheline Bromide**
Propanthelini bromidum (Ph. Eur. 5, Ph. Int. II) → **Propantheline Bromide**
Propanthelinium [DCF] → **Propantheline Bromide**
Propanthene® → **Propantheline Bromide**
Propa pH® → **Salicylic Acid**
Propaphenin® → **Chlorpromazine**
Proparacaina L.CH.® → **Proxymetacaine**
Proparacaina Lch® → **Proxymetacaine**
Proparacaine → **Proxymetacaine**
Proparacaine Hydrochloride® → **Proxymetacaine**
Proparacaine Hydrochloride [USAN] → **Proxymetacaine**
Proparacaine Hydrochloride (USP 30) → **Proxymetacaine**
Proparakain-POS® → **Proxymetacaine**
Propavan® → **Propiomazine**
Propavent® → **Beclometasone**
Propecia® → **Finasteride**

P

Propylthiouracil Greater Pharma® → **Propylthiouracil**
Propylthiouracil Lederle® → **Propylthiouracil**
Propylthiouracil PCH® → **Propylthiouracil**
Propylthiouracil ratiopharm® → **Propylthiouracil**
Propylthiouracil Synco® → **Propylthiouracil**
Propyl-Thyracil® → **Propylthiouracil**
Propyltiouracil Medic® → **Propylthiouracil**
Propymal® → **Valproic Acid**
Propyphylline → **Diprophylline**
Propyretic® → **Paracetamol**
Proquin® → **Ciprofloxacin**
Proquin XR® → **Ciprofloxacin**
Proquis® → **Tinidazole**
Prorektal® → **Lactulose**
Prorenal® → **Limaprost**
Prorex® → **Promethazine**
Prorhinel® → **Benzododecinium Chloride**
Proris® → **Ibuprofen**
Pro-Roxikam® → **Piroxicam**
Prosan® → **Losartan**
Proscar® → **Finasteride**
Proscillaridin® → **Proscillaridin**
Proseda® → **Fluconazole**
Prosek® → **Omeprazole**
Proserine® → **Cycloserine**
Proserinum → **Neostigmine**
Prosertin® → **Sertraline**
Prosfin® → **Finasteride**
Prosh® → **Finasteride**
Prosicca® → **Hypromellose**
Prosigne® → **Botulinum A Toxin**
Prosimed® → **Fluoxetine**
Prosma® → **Ketotifen**
Prosmalin® → **Terbutaline**
Prosmin® → **Finasteride**
Prosogan® → **Lansoprazole**
Prosolvin® [vet.] → **Luprostiol**
ProSom® → **Estazolam**
Prospec® → **Ambroxol**
Prospec® [vet.] → **Spectinomycin**
Prospera® → **Risperidone**
Prosphere® → **Progesterone**
Prospiril® → **Mometasone**
Pro Spot® [vet.] → **Fenthion**
Prostacin® → **Tamsulosin**
Prostacom® → **Finasteride**
Prostacur® → **Flutamide**
Prostacur® → **Sitosterol, β-**
Prostacure® → **Tamsulosin**
Prostadex® → **Flutamide**
Prostadil® → **Tamsulosin**
Prostadilat® → **Doxazosin**
Prostadirex® → **Flutamide**
Prostafilina® → **Oxacillin**
Prostafilina A® → **Cloxacillin**
Prostaglandina E2® → **Dinoprostone**
Prostal® → **Chlormadinone**
Prostalitan® → **Tamsulosin**
Prostall® → **Tamsulosin**
ProstaMate® [vet.] → **Dinoprost**
Prostamid® → **Flutamide**
Prostamide® → **Flutamide**
Prostamnic® → **Tamsulosin**
Prostan® → **Mefenamic Acid**
Prostandin® → **Alprostadil**
Prostandril® → **Flutamide**
Prostanil® → **Finasteride**
Prostanorm® → **Finasteride**
Prostanovag® → **Finasteride**
Prostap® → **Leuprorelin**
Prostapar® [vet.] → **Luprostiol**
Prostaphlin® → **Oxacillin**
Prostaphlin-A® → **Cloxacillin**
Prostarmon E® → **Dinoprostone**
Prostarmon F® → **Dinoprost**
Prostasal® → **Sitosterol, β-**
Prostasax® → **Finasteride**
Prostatic® → **Doxazosin**
Prostatil® → **Flutamide**
Prostavasin® → **Alprostadil**
Prostavet® [vet.] → **Etiproston**
Prostazid® → **Tamsulosin**
Prostazosina® → **Doxazosin**
Prostene® → **Finasteride**
Prosterid® → **Finasteride**
Prosterit® → **Finasteride**
Prosterol® → **Sitosterol, β-**
Prostetin® → **Oxendolone**
Prostica® → **Flutamide**
Prostide® → **Finasteride**
Prostide Depot® → **Leuprorelin**
Prostigmin® → **Neostigmine**
Prostigmina® → **Neostigmine**
Prostigmine® → **Neostigmine**
Prostin® → **Dinoprostone**
Prostin 15M® → **Carboprost**
Prostin/15M® → **Carboprost**
Prostine® → **Alprostadil**
Prostin E2® → **Dinoprostone**
Prostine E2® → **Dinoprostone**
Prostine VR® → **Alprostadil**
Prostin F2 Alpha® → **Dinoprost**
Prostin F2 Alpha® → **Dinoprostone**
Prostin F2 Alpha® [vet.] → **Dinoprost**
Prostinfenem® → **Carboprost**
Prostin Pediatrico® → **Alprostadil**
Prostin VR® → **Alprostadil**
Prostin VR® → **Dinoprostone**
Prostivas® → **Alprostadil**
Prostodin® → **Carboprost**
Prostogenat® → **Flutamide**
Prostol® → **Terazosin**
Prostol® [vet.] → **Cloprostenol**
Prosulf® → **Protamine Sulfate**
Prosulf® [vet.] → **Protamine Sulfate**
Prosulpin® → **Sulpiride**
Prota® → **Protamine Sulfate**
Protabol® [vet.] → **Methandriol**
Protace® → **Ramipril**
Protacid® → **Omeprazole**
Protactyl® → **Promazine**
Protagens® → **Povidone**
Protagent® → **Povidone**
Protalgine® → **Lamotrigine**
Protamin® → **Protamine Hydrochloride**
Protamina® → **Protamine Hydrochloride**
Protamina Leo® → **Protamine Sulfate**
Protamina Rovi® → **Protamine Sulfate**
Protamina solfato → **Protamine Sulfate**
Protamina solfato [DCIT] → **Protamine Sulfate**
Protamina Sulfato® → **Protamine Sulfate**
Protamina Sulfato Leo® → **Protamine Sulfate**
Protamine® → **Protamine Hydrochloride**
Protamine 100® → **Protamine Hydrochloride**
Protamine Choay® → **Protamine Sulfate**
Protamine Sulfaat Leo® → **Protamine Sulfate**
Protamine Sulfate® → **Protamine Sulfate**
Protamine Sulfate → **Protamine Sulfate**
Protamine (sulfate de) [DCF] → **Protamine Sulfate**
Protamine (sulfate de) (Ph. Eur. 5) → **Protamine Sulfate**
Protamine Sulfate [JAN, USAN] → **Protamine Sulfate**
Protamine Sulfate (JP XIV, Ph. Int. 4, USP 30) → **Protamine Sulfate**
Protamine Sulfate Kamada® → **Protamine Sulfate**
Protamine Sulfate-Leo® → **Protamine Sulfate**
Protamine Sulphate® → **Protamine Sulfate**

Protamine Sulphate [BAN] → **Protamine Sulfate**
Protamine Sulphate Leo® → **Protamine Sulfate**
Protamine Sulphate (Ph. Eur. 5, BP 2002) → **Protamine Sulfate**
Protamin ICN® → **Protamine Hydrochloride**
Protamini sulfas → **Protamine Sulfate**
Protamini sulfas (Ph. Eur. 5, Ph. Int. 4) → **Protamine Sulfate**
Protamin sulfat → **Protamine Sulfate**
Protaminsulfat® → **Protamine Sulfate**
Protamin sulfat® → **Protamine Sulfate**
Protaminsulfat Leo® → **Protamine Sulfate**
Protaminsulfat Novo® → **Protamine Sulfate**
Protaminsulfat (Ph. Eur. 5) → **Protamine Sulfate**
Protaminum Sulfuricum® → **Protamine Sulfate**
Protamin Valeant® → **Protamine Hydrochloride**
Protamox® [+ Amoxicillin] → **Clavulanic Acid**
Protamox® [+ Calvulanic Acid] → **Amoxicillin**
Protaxil® → **Proglumetacin**
Protaxon® → **Proglumetacin**
Protear® → **Povidone**
Protease® → **Nevirapine**
Protec® → **Metronidazole**
Protecta® → **Simvastatin**
Protectina® → **Doxycycline**
Protectol® → **Undecylenic Acid**
Protector® → **Loperamide**
Protelos® → **Ranelic acid**
Protenil® → **Ciprofloxacin**
Proteovir® → **Saquinavir**
Proteozym® → **Bromelains**
Protet® [vet.] → **Oxytetracycline**
Pro-Tet® [vet.] → **Tetracycline**
Protevis® → **Timolol**
Prothanon® → **Dioxopromethazine**
Prothazin® → **Promethazine**
Prothiaden® → **Dosulepin**
Prothiazine® → **Promethazine**
Prothicid® → **Protionamide**
Prothil® → **Medrogestone**
Prothin® → **Amfepramone**
Prothionamide® → **Protionamide**
Prothiucil® → **Propylthiouracil**
Prothuril® → **Propylthiouracil**
Prothyra® → **Medroxyprogesterone**
Protiaden® → **Dosulepin**
Protiadene® → **Dosulepin**
ProTICall Derma-Dip® → **Phosmet**
ProTICall® [vet.] → **Permethrin**
Protiferron® → **Ferrous Sulfate**
Protionamide-Akri® → **Protionamide**
Protirelin® → **Protirelin**
Protium® → **Pantoprazole**
Protix® → **Domperidone**
Protocide® → **Tinidazole**
Protofen® → **Ketoprofen**
Protogyn® → **Tinidazole**
Protolan® → **Lansoprazole**
Proton® → **Omeprazole**
Protoner® → **Lansoprazole**
Protonex® → **Pantoprazole**
Protonix® → **Pantoprazole**
Proton-P® → **Pantoprazole**
Protop® → **Omeprazole**
Protopam Chloride® → **Pralidoxime Chloride**
Protopic® → **Tacrolimus**
Protopy® → **Tacrolimus**
Protos® → **Ranelic acid**
Protosec® → **Omeprazole**
Protosin® → **Quinfamide**
Protosol® → **Aprotinin**
Protostat® → **Metronidazole**
Protozol® → **Metronidazole**
Protradon® → **Tramadol**
Protropin® → **Somatrem**
Pro Ulco® → **Lansoprazole**
Proursan® → **Ursodeoxycholic Acid**
Provair® → **Montelukast**
Provames® → **Estradiol**
Provas® → **Valsartan**
Provasan® → **Nicametate**
Provascul® → **Bamethan**
Provay® → **Ciprofloxacin**
ProVen® → **Ibuprofen**
Provenal® → **Sulodexide**
Provenol® → **Ibuprofen**
Proventil® → **Salbutamol**
Provera® → **Medroxyprogesterone**
Provera® [vet.] → **Medroxyprogesterone**
Provertin-UM TIM3® → **Eptacog Alfa (activated)**
Provexel® → **Salbutamol**
Provia® → **Povidone-Iodine**
Provicar® → **Levocarnitine**
Provid® [vet.] → **Pyrantel**
Provigil® → **Modafinil**
Provinec® [vet.] → **Cypermethrin**
Proviodine® → **Povidone-Iodine**
Provir® → **Aciclovir**
Proviron® → **Mesterolone**
Pro-Viron® → **Mesterolone**
Provironum® → **Mesterolone**
Pro-Viron® [vet.] → **Mesterolone**
Provirsan® → **Aciclovir**
Provisacor® → **Rosuvastatin**
Provisual® → **Gentamicin**
Provocholine® → **Methacholine Chloride**
Provokit® → **Methacholine Chloride**
Provoltar® → **Diclofenac**
Provon® → **Ibuprofen**
Provula® → **Clomifene**
Proworm® → **Pyrantel**
Proxacin® → **Ciprofloxacin**
Proxagol® → **Naproxen**
Proxalyoc® → **Piroxicam**
Proxatan® → **Terazosin**
Proxen® → **Naproxen**
Proxen SR® → **Naproxen**
Proxican® → **Piroxicam**
Proxidol® → **Naproxen**
Proxifen® → **Dextropropoxyphene**
Proxigel® → **Piroxicam**
Proxil® → **Proglumetacin**
Proximax® → **Citalopram**
Proximetacaina → **Proxymetacaine**
Proxinor® → **Norfloxacin**
Proxitor® → **Ciprofloxacin**
Proxuric® → **Allopurinol**
Proxylaz® [vet.] → **Xylazine**
Proxymetacain → **Proxymetacaine**
Proxymetacaina clorhidrato → **Proxymetacaine**
Proxymetacaine® → **Proxymetacaine**
Proxymetacaine → **Proxymetacaine**
Proxymétacaïne → **Proxymetacaine**
Proxymetacaine [BAN, DCF] → **Proxymetacaine**
Proxymétacaïne (chlorhydrate de) → **Proxymetacaine**
Proxymetacaine Hydrochloride → **Proxymetacaine**
Proxymetacaine hydrochloride: → **Proxymetacaine**
Proxymetacaine Hydrochloride [BANM] → **Proxymetacaine**
Proxymetacaine Hydrochloride (BP 2002) → **Proxymetacaine**
Proxymetacain hydrochlorid → **Proxymetacaine**
Proxymetacainhydrochlorid (DAC) → **Proxymetacaine**
Proxymetacainum → **Proxymetacaine**
Prozac® [vet.] → **Fluoxetine**
Prozamel® → **Fluoxetine**
Prozap Beef & Dairy Cattle Spray® [vet.] → **Dichlorvos**
Prozap Dust'R® → **Stirofos**
Prozap® [vet.] → **Malathion**

Prozap® [vet.] → **Permethrin**
Prozap Zipcide® → **Coumafos**
Prozatan® → **Fluoxetine**
Prozef® → **Cefprozil**
Prozière® → **Prochlorperazine**
Prozin® → **Chlorpromazine**
Prozin® → **Promethazine**
Prozine® → **Chlorpromazine**
Prozit® → **Fluoxetine**
Prozol® → **Metronidazole**
Prozylex® → **Mesalazine**
Pruban® [vet.] → **Resocortol**
Prudoxin® → **Doxepin**
Pruri-ex® → **Fungichromin**
Pruritrat® → **Lindane**
Prurizin® → **Hydroxyzine**
Prusyn® → **Crotamiton**
Pryleugan® → **Imipramine**
Prysma® → **Omeprazole**
Prysoline® → **Primidone**
P & S® → **Salicylic Acid**
PS 2383 → **Trimetozine**
Pselac® → **Lactitol**
Pseudoefedrina OTC Iberica® → **Pseudoephedrine**
Pseudoephedrine® → **Pseudoephedrine**
Pseudoephedrine Asian Pharm® → **Pseudoephedrine**
Pseudoephedrine Medicine Supply® → **Pseudoephedrine**
Pseudoephedrine Milano® → **Pseudoephedrine**
Pseudofrin® → **Pseudoephedrine**
Pseudogravin® [vet.] → **Bromocriptine**
Psibeter® → **Buspirone**
Psicoasten® → **Paroxetine**
Psico Blocan® → **Chlordiazepoxide**
Psicocen® → **Sulpiride**
Psicolit® → **Lithium**
Psicosedin® → **Chlordiazepoxide**
Psicosedol® → **Alprazolam**
Psico-Soma® → **Glutamic Acid**
Psilo® → **Diphenhydramine**
Psilo Balsam® → **Diphenhydramine**
Psiquial® → **Fluoxetine**
Psiquium® → **Amitriptyline**
Psittavet® [vet.] → **Doxycycline**
Psoderm® → **Clobetasol**
Psorcon® → **Diflorasone**
Psorcon E® → **Diflorasone**
Psorcutan® → **Calcipotriol**
Psorex® → **Clobetasol**
Psorianol® → **Dithranol**
Psoriderm® → **Dithranol**
Psorimed® → **Salicylic Acid**
Psorion® → **Betamethasone**
Psovate® → **Clobetasol**
Psudonil® → **Amikacin**
Psychopax® → **Diazepam**
Psycoton® → **Piracetam**
Psyquil® → **Triflupromazine**
Psyrazine® → **Trifluoperazine**
Psyverm® [vet.] → **Levamisole**
PT 122 M → **Doxycycline**
Pteroylglutamic acid → **Folic Acid**
Pteroyl-glutaminsäure → **Folic Acid**
Ptinolin® → **Ranitidine**
PTU® → **Propylthiouracil**
Pubergen® → **Chorionic Gonadotrophin**
P & U Carboplatin® → **Carboplatin**
P & U Cisplatin® → **Cisplatin**
P & U Cisplatina® → **Cisplatin**
P & U Cytarabine® → **Cytarabine**
Puernol® → **Paracetamol**
P & U Etoposide® → **Etoposide**
Pulairmax® → **Budesonide**
Pulbronc Simple® → **Clobutinol**
Pulcet® → **Pantoprazole**
Pulibex® → **Aciclovir**
Pulkrin® [+ Sulfamethoxazole] → **Trimethoprim**
Pulkrin® [+ Trimethoprim] → **Sulfamethoxazole**
Pulmax® → **Budesonide**
Pulmaxan® → **Budesonide**
Pulmeno® → **Theophylline**
Pulmiben® → **Carbocisteine**
Pulmicort® → **Budesonide**
Pulmicort Nasal Turbuhaler® → **Budesonide**
Pulmicort Paranova® → **Budesonide**
Pulmicort Respules® → **Budesonide**
Pulmicort SinGad® → **Budesonide**
Pulmicort Suspension Nebulizacion® → **Budesonide**
Pulmicort Topinasal® → **Budesonide**
Pulmicort Turbohaler® → **Budesonide**
Pulmicort Turbuhaler® → **Budesonide**
Pulmicort Turbuhaler D.A.C:® → **Budesonide**
Pulmicort Turbuhaler Europharma DK® → **Budesonide**
Pulmicort Turbuhaler PharmaCo-Dane® → **Budesonide**
Pulmictan® → **Budesonide**
PulmiDur® → **Theophylline**
Pulmilide® → **Flunisolide**
Pulmison® → **Prednisone**
Pulmist® → **Flunisolide**
Pulmobron® → **Terbutaline**
Pulmoclase® → **Carbocisteine**
Pulmocodeina® → **Codeine**
Pulmodex® → **Pyrazinamide**
Pulmodexane® → **Dextromethorphan**
Pulmodox® [vet.] → **Doxycycline**
Pulmofor® → **Dextromethorphan**
Pulmolan® → **Ambroxol**
Pulmol-G® → **Phenylephrine**
Pulmolin® → **Salbutamol**
Pulmo-lisoflam® → **Budesonide**
Pulmophyllin® → **Theophylline**
Pulmor® → **Ambroxol**
Pulmosan® → **Bromhexine**
Pulmosan Aller® → **Loratadine**
Pulmosin® → **Cromoglicic Acid**
Pulmotil® [vet.] → **Tilmicosin**
Pulmo-Timelets® → **Theophylline**
Pulmotin® → **Ambroxol**
Pulmoval® [vet.] → **Chlortetracycline**
Pulmovent® → **Acetylcysteine**
Pulmovent® → **Budesonide**
Pulmoxcel® → **Terbutaline**
Pulmoxil Amoxicilina® → **Amoxicillin**
Pulmoxyl® → **Amoxicillin**
Pulmozyme® → **Dornase alfa**
Pulsan® → **Indenolol**
Pulsar® → **Colextran**
Pulsar® → **Cisapride**
Pulsarat® → **Simvastatin**
Pulsitil® → **Cisapride**
Pulsol® [tabs] → **Enalapril**
Pulsor® → **Pangamic Acid**
Pulvex Spot® [vet.] → **Permethrin**
Pulvex® [vet.] → **Amitraz**
Pulvex® [vet.] → **Chlorpyrifos**
Pulvex® [vet.] → **Cypermethrin**
Pulvex® [vet.] → **Dimpylate**
Pulvex® [vet.] → **Permethrin**
Pulvex® [vet.] → **Dichlorophen**
Pulvinal® Beclometasone → **Beclometasone**
Pulvinal® Salbutamol → **Salbutamol**
P & U Methotrexate® → **Methotrexate**
Pumilsan® → **Dequalinium Chloride**
Pumpitor® → **Omeprazole**
Puncto E® → **Tocopherol, α-**
Pupilla® → **Naphazoline**
Pupilla Light® → **Benzalkonium Chloride**
Puppy and Kitten Worm Syrup® [vet.] → **Piperazine**
Puppy easy-worm syrup® [vet.] → **Piperazine**
Puppy Paste® [vet.] → **Piperazine**
Puran T4® → **Levothyroxine**
Purata® → **Oxazepam**

P

(+)-Pyrethronyl (+)-trans-chrysanthemate → **Pyrethrin I**
Pyrex® → **Paracetamol**
Pyrexin® → **Paracetamol**
Pyrexon® → **Paracetamol**
Pyricef® → **Cefadroxil**
Pyricontin® → **Pyridoxine**
Pyridin-3-carboxamid → **Nicotinamide**
Pyridium® → **Phenazopyridine**
Pyridostigmin bromid → **Pyridostigmine Bromide**
Pyridostigminbromid (Ph. Eur. 5) → **Pyridostigmine Bromide**
Pyridostigmine Bromide → **Pyridostigmine Bromide**
Pyridostigmine Bromide® → **Pyridostigmine Bromide**
Pyridostigmine Bromide [BAN, JAN, USAN] → **Pyridostigmine Bromide**
Pyridostigmine Bromide (JP XIV, Ph. Eur. 5, Ph. Int. 4, USP 30) → **Pyridostigmine Bromide**
Pyridostigmine Bromide-Sunve Pharm® → **Pyridostigmine Bromide**
Pyridostigmine (bromure de) (Ph. Eur. 5) → **Pyridostigmine Bromide**
Pyridostigmine [DCF] → **Pyridostigmine Bromide**
Pyridostigmini Bromidum → **Pyridostigmine Bromide**
Pyridostigmini bromidum (Ph. Eur. 5, Ph. Int. 4) → **Pyridostigmine Bromide**
Pyridoxin® → **Pyridoxine**
Pyridoxin → **Pyridoxine**
Pyridoxine → **Pyridoxine**
Pyridoxine® → **Pyridoxine**
Pyridoxine [BAN, DCF] → **Pyridoxine**
Pyridoxine (chlorhydrate de) → **Pyridoxine**
Pyridoxine (chlorhydrate de) (Ph. Eur. 5) → **Pyridoxine**
Pyridoxine HCl CF® → **Pyridoxine**
Pyridoxine HCl PCH® → **Pyridoxine**
Pyridoxine HCl ratiopharm® → **Pyridoxine**
Pyridoxine Hydrochloride → **Pyridoxine**
Pyridoxine Hydrochloride® → **Pyridoxine**
Pyridoxine hydrochloride: → **Pyridoxine**
Pyridoxine Hydrochloride [BANM, JAN, USAN] → **Pyridoxine**
Pyridoxine Hydrochloride (JP XIV, Ph. Eur. 5, Ph. Int. 4, USP 30) → **Pyridoxine**
Pyridoxine-Labaz® → **Pyridoxine**
Pyridoxin hydrochlorid → **Pyridoxine**
Pyridoxin Hydrochlorid® → **Pyridoxine**
Pyridoxinhydrochlorid (Ph. Eur. 5) → **Pyridoxine**
Pyridoxini HCL® → **Pyridoxine**
Pyridoxini hydrochloridum → **Pyridoxine**
Pyridoxini hydrochloridum (Ph. Eur. 5, Ph. Int. 4) → **Pyridoxine**
Pyridoxinium chloratum → **Pyridoxine**
Pyridoxin Leciva® → **Pyridoxine**
Pyridoxin Recip® → **Pyridoxine**
Pyridoxin SAD® → **Pyridoxine**
Pyridoxinum → **Pyridoxine**
Pyrifoam® → **Permethrin**
Pyrigesic® → **Paracetamol**
Pyrikappl® → **Sulpiride**
Pyrilamin → **Mepyramine**
Pyrilamine Maleate [USAN] → **Mepyramine**
Pyrilamine Maleate (USP 30) → **Mepyramine**
Pyrilax® → **Bisacodyl**
Pyrintin® → **Dipyridamole**
Pyriped® → **Ibuprofen**
Pyrisept® → **Cetylpyridinium**
Pyrison® → **Pyrimethamine**
Pyritil® → **Pyritinol**
Pyrocaps® → **Piroxicam**
Pyroflam® [vet.] → **Flunixin**
Pyrol® → **Pyridoxine**
Pyronal® → **Metamizole**
Pyroxy® → **Piroxicam**
Pyrsal® → **Dexketoprofen**
Pyrvin® → **Pyrvinium Pamoate**
Pyrvinium® → **Pyrvinium Pamoate**
Pysolan® → **Lansoprazole**
Pytazen SR® → **Dipyridamole**
Python® [vet.] → **Permethrin**
Pyzin® → **Pyrazinamide**
Pyzina® → **Pyrazinamide**
PZA® → **Pyrazinamide**
PZA-Ciba® → **Pyrazinamide**
PZA-Hefa® → **Pyrazinamide**
P-Zide® → **Pyrazinamide**

Q 10® → **Ubidecarenone**
Q200® → **Quinine**
Q300® → **Quinine**
Qari® → **Rufloxacin**
Qaulizindol® → **Mazindol**
Q-Bac® → **Chlorhexidine**
Q-cef® → **Cefadroxil**
Qidrox® → **Cefadroxil**
Qiftrim® [+ Sulfamethoxazol] → **Trimethoprim**
Qilaflox® → **Ciprofloxacin**
Qinolon® → **Ofloxacin**
Qipro® → **Ofloxacin**
Q-Med Fentanyl® → **Fentanyl**
Q-Prost® → **Finasteride**
Q-Sef® → **Cefradine**
Q-Sport® → **Ubidecarenone**
Q-Ten® → **Ubidecarenone**
Quadion® → **Ketoconazole**
Quadramet® → **Samarium (^{153}Sm) lexidronam**
Quadrasa® → **Aminosalicylic Acid**
Quadrax® → **Ibuprofen**
Quadrisol® [vet.] → **Vedaprofen**
Quadropril® → **Spirapril**
Quadrosol® [vet.] → **Levamisole**
Quagu-Test® → **Aprotinin**
Qualamox® [vet.] → **Amoxicillin**
Qualiceclor® → **Cefaclor**
Qualiclovir® → **Aciclovir**
Qualidom® → **Domperidone**
Qualidrozine® → **Hydroxyzine**
Qualimec® [vet.] → **Ivermectin**
Quali-Mentin® [+Amoxicillin] → **Clavulanic Acid**
Quali-Mentin® [+ Clavulanic Acid] → **Amoxicillin**
Qualimintic® [vet.] → **Ivermectin**
Qualiphor® → **Cefaclor**
Qualiprinol® → **Inosine Pranobex**
Qualistatina® → **Nystatin**
Qualitripitine® → **Amitriptyline**
Quamatel® → **Famotidine**
Quamiprox® → **Ciprofloxacin**
Quanil® → **Meprobamate**
Quanox® → **Ivermectin**
Quantalan® → **Colestyramine**
Quantor® [inj.] → **Ranitidine**
Quantrum® [compr.] → **Levofloxacin**
Quark® → **Ramipril**
QuarterMate® [vet.] → **Povidone-Iodine**
Quavir® → **Aciclovir**
Quedox® → **Clarithromycin**
Quelicin® → **Suxamethonium Chloride**
Quellada Head Lice Treatment® → **Permethrin**
Quellada M® → **Malathion**
Quellada Scabies Treatment® → **Permethrin**
Quemicetina® → **Chloramphenicol**
Quemicetina® [inj.] → **Chloramphenicol**

Quemicetina Succinato® [inj.] → **Chloramphenicol**
Quemicetina® [syrup] → **Chloramphenicol**
Quemiciclina-S® → **Tetracycline**
Quenobilan® → **Chenodeoxycholic Acid**
Quensyl® → **Hydroxychloroquine**
Quentan® [vet.] → **Bromhexine**
Quercetol® → **Etamsylate**
Quer-Out® → **Diclofenac**
Querto® → **Carvedilol**
Quest® → **Moxidectin**
Questran® → **Colestyramine**
Questran APM® → **Colestyramine**
Questran Light® → **Colestyramine**
Questran Lite® → **Colestyramine**
Questran® [vet.] → **Colestyramine**
Quetiapine Zeneca® → **Quetiapine**
Quetiazic® → **Quetiapine**
Quetidin® → **Quetiapine**
Quetorol® → **Ketorolac**
Quiacort® → **Betamethasone**
Quibron® → **Theophylline**
Quic-k® → **Potassium**
Quick-Kill® [vet.] → **Permethrin**
Quick-Pep® → **Caffeine**
Quidex® → **Ciprofloxacin**
Quidex® [inj.] → **Ciprofloxacin**
Quiedorm® → **Quazepam**
Quiet® → **Quetiapine**
Quiétiline® → **Bromazepam**
Quifamin® → **Quinfamide**
Quiflural® → **Ofloxacin**
Quik® → **Cloperastine**
Quilarex® → **Venlafaxine**
Qui-Lea® → **Quinestrol**
Quilonium-R® → **Lithium**
Quilonorm retard® → **Lithium**
Quilonum® → **Lithium**
Quilonum retard® → **Lithium**
Quilonum SR® → **Lithium**
Quimbo® → **Levodropropizine**
Quimio-Ped® [+ Sulfamethoxazole] → **Trimethoprim**
Quimio-Ped® [+ Trimethoprim] → **Sulfamethoxazole**
Quimocyclar® → **Tetracycline**
Quimolox® → **Sultamicillin**
Quimoral® → **Ibuprofen**
Quimpe Antibiotico® → **Tetracycline**
Quinabic® Soluble Powder [vet.] → **Norfloxacin**
Quinaglute® → **Quinidine**
Quinaglute Dura-Tabs® → **Quinidine**
QuinaLich® → **Quinapril**
Quinapril® → **Quinapril**
Quinapril A® → **Quinapril**
Quinapril AbZ® → **Quinapril**
Quinapril Actavis® → **Quinapril**
Quinapril AL® → **Quinapril**
Quinapril Alpharma® → **Quinapril**
Quinapril Alternova® → **Quinapril**
Quinapril beta® → **Quinapril**
Quinapril CF® → **Quinapril**
Quinapril Cinfa® → **Quinapril**
Quinapril Cinfamed® → **Quinapril**
Quinapril Disphar® → **Quinapril**
Quinapril EG® → **Quinapril**
Quinapril HCl® → **Quinapril**
Quinapril Heumann® → **Quinapril**
Quinapril Hexal® → **Quinapril**
Quinapril Hydrochloride® → **Quinapril**
Quinapril Katwijk® → **Quinapril**
Quinapril Merck® → **Quinapril**
Quinapril MK® → **Quinapril**
Quinapril PCH® → **Quinapril**
Quinapril Ranbaxy® → **Quinapril**
Quinapril ratiopharm® → **Quinapril**
Quinapril-Ratiopharm® → **Quinapril**
Quinapril Sandoz® → **Quinapril**
Quinapril STADA® → **Quinapril**
Quinapril Teva® → **Quinapril**
Quinapril von ct® → **Quinapril**
Quinapro® → **Quinapril**
Quinate® → **Quinine**
Quinaten® → **Quinapril**
Quinax® → **Azapentacene**
Quinazide® → **Quinaprilat**
Quinazil® → **Quinaprilat**
Quinbisul® → **Quinine**
Quincef® → **Cefuroxime**
Quinicardine® → **Quinidine**
Quinidex® → **Quinidine**
Quinidina Dominguez® → **Quinidine**
Quinidina Sulfato L.CH.® → **Quinidine**
Quinidine → **Quinidine**
Quinidine® → **Quinidine**
Quinidine [BAN, DCF, USAN] → **Quinidine**
Quinidine Duriles® → **Quinidine**
Quinidine Gluconate® → **Quinidine**
Quinidine Sulfate® → **Quinidine**
Quinidine Sulphate® → **Quinidine**
Quiniduran® → **Quinidine**
Quinimax® → **Quinine**
Quinina® → **Quinine**
Quinine® → **Quinine**
Quinine Bisulphate® → **Quinine**
Quinine Dihydrochloride® → **Quinine**
Quinine-H® → **Quinine**
Quinine Lafran® → **Quinine**
Quinine-Odan® → **Quinine**
Quinine-P → **Quinine**
Quinine-P® → **Quinine**
Quinine Sulfate® → **Quinine**
Quinine Sulphate® → **Quinine**
Quininga® → **Quinine**
Quinobact® → **Ciprofloxacin**
Quinobact® [inj.] → **Ciprofloxacin**
Quinobiot® → **Levofloxacin**
Quinobiotic® → **Ciprofloxacin**
Quinobiotic® [tab.] → **Ciprofloxacin**
Quinocridine® [vet.] → **Sulfadimethoxine**
Quinodis® → **Fleroxacin**
Quinoflex® → **Ciprofloxacin**
Quinoflox® → **Sparfloxacin**
Quinoflox® → **Ofloxacin**
Quinoform® → **Norfloxacin**
Quinolex® → **Chloroquine**
Quinomax® → **Ofloxacin**
Quinomed® → **Ofloxacin**
Quinopron® → **Ciprofloxacin**
Quinoret Forte® → **Hydroquinone**
Quinovid® → **Ofloxacin**
Quinox® → **Ciprofloxacin**
Quinoxal® [vet.] → **Sulfaquinoxaline**
Quins® → **Quinine**
Quinsul® → **Quinine**
Quintex® → **Butamirate**
Quintor® → **Ciprofloxacin**
Quiprex® → **Quinapril**
Quipro® → **Ciprofloxacin**
Quiralam® → **Dexketoprofen**
Quirgel® → **Dexketoprofen**
Quiril® → **Quinapril**
Quit® → **Nicotine**
Quitacallos® → **Salicylic Acid**
Quitadrill® → **Mequitazine**
Quitaxon® → **Doxepin**
Quitoso® → **Permethrin**
QuitX® → **Nicotine**
Quixidar® → **Fondaparinux Sodium**
Quixin® → **Levofloxacin**
Qulionorm® → **Lithium**
Quniapril-Teva® → **Quinapril**
Quomem® → **Bupropion**
Quota® → **Mesalazine**
Qura® → **Phenylephrine**
Qvar® → **Beclometasone**
Qvar Autohaler® → **Beclometasone**
Q.V. Bar® → **Dimeticone**
Q.V. Wash® → **Glycerol**
QV Wash® → **Glycerol**
QYS® → **Hydroxyzine**

R 12564 → **Levamisole**
R 13672 → **Haloperidol**
R 14827 → **Econazole**
R 14889 → **Miconazole**

R 14889 (Janssen, DE) → **Miconazole**
R 1625 (Janssen, Germany) → **Haloperidol**
R 17635 → **Mebendazole**
R 18134 → **Miconazole**
R 18553 → **Loperamide**
R 33812 (Janssen, Belgium) → **Domperidone**
R 400 → **Paromomycin**
R 41400 (Janssen, Belgium) → **Ketoconazole**
R 4749 → **Droperidol**
R 51211 (Janssen, Belgium) → **Itraconazole**
R 5240 → **Fentanyl**
R 50547 (Janssen, Great Britain) → **Levocabastine**
R 62690 → **Clazuril**
Rabec® → **Rabeprazole**
Rabeloc® → **Rabeprazole**
Rablas® → **Enalapril**
Rabon Dust® → **Stirofos**
Rabon Livestock Dust® → **Stirofos**
Rabon WP Insecticide® → **Stirofos**
Rabugen® → **Domperidone**
Rabugen-M® → **Domperidone**
Racemethionin → **Methionine, L-**
Racemethionine [USAN] → **Methionine, L-**
Racemethionine (USP XXI) → **Methionine, L-**
Racetam® → **Piracetam**
Racexon® → **Ceftriaxone**
Raclonid® → **Metoclopramide**
Radacefe® → **Cefprozil**
Radan® → **Ranitidine**
Radanil® → **Benznidazole**
Radedorm® → **Nitrazepam**
Radenarcon® → **Etomidate**
Radepur® → **Chlordiazepoxide**
Rad® [+ Flupentixol] → **Melitracen**
Radialar 280® → **Sodium Amidotrizoate**
Radiamin® → **Furosemide**
Radicacine® → **Celecoxib**
Radigen® → **Risperidone**
Radikal® → **Malathion**
Radin® → **Ranitidine**
Radina® → **Tobramycin**
Radinat® → **Ranitidine**
Radine® → **Ranitidine**
Radioiodurâ® → **Sodium Iodide (^{131}I)**
Radiomiron® → **Iopamidol**
Radiopaque® → **Iohexol**
Radiosélectan urinaire® → **Sodium Amidotrizoate**
Rad® [+ Melitracen HCl] → **Flupentixol**
Radol® → **Tramadol**
Raductil® → **Sibutramine**
Radyobarit® → **Barium Sulfate**
Rafacalcin® [salmon] → **Calcitonin**
Rafapen® → **Phenoxymethylpenicillin**
Rafapen V-K® → **Phenoxymethylpenicillin**
Rafassal® → **Mesalazine**
Rafen® → **Ibuprofen**
Raffo-Ca® → **Calcium Carbonate**
Raffolutil® → **Bicalutamide**
Raffonin® → **Fluticasone**
Rafocilina® → **Ofloxacin**
Ragex® → **Ceftriaxone**
Rahistin® → **Loratadine**
Raikocef® → **Cefonicid**
Rakelin® [vet.] → **Reserpine**
Ralenova® → **Mitoxantrone**
Ralgro® [vet.] → **Zeranol**
Ralicid® → **Indometacin**
Ralinet® → **Loratadine**
Ralizon® → **Cetirizine**
Ralodantin® → **Nitrofurantoin**
Ralofekt® → **Pentoxifylline**
Ralopar® → **Cefotaxime**
Ralovera® → **Medroxyprogesterone**
Ralox® → **Raloxifene**
Raltiva® → **Fexofenadine**
Ramace® → **Ramipril**
Ramadine® → **Ranitidine**
Ramaxir® → **Flucloxacillin**
Rambosal® [vet.] → **Deltamethrin**
Rametin® [vet.] → **Naftalofos**
Ramfin® → **Rifampicin**
Ramic® → **Ramipril**
Ramicar® → **Ramipril**
Ramicard® → **Ramipril**
Ramiclair® → **Ramipril**
Ramicor® → **Ramipril**
Rami Dextromethorfan Hoestdrank® → **Dextromethorphan**
Ramigamma® → **Ramipril**
Ramil® → **Ramipril**
RamiLich® → **Ramipril**
Ramilo® → **Ramipril**
Ramipharm® → **Ramipril**
Ramipres® → **Ramipril**
Ramipress® → **Ramipril**
Ramipril → **Ramipril**
Ramipril® → **Ramipril**
Ramipril 1A Farma® → **Ramipril**
Ramipril 1A Pharma® → **Ramipril**
Ramipril A® → **Ramipril**
Ramipril AbZ® → **Ramipril**
Ramipril-AC® → **Ramipril**
Ramipril accedo® → **Ramipril**
Ramipril Actavis® → **Ramipril**
Ramipril AL® → **Ramipril**
Ramipril Alpharma® → **Carbocisteine**
Ramipril Alpharma® → **Ramipril**
Ramipril Alter® → **Ramipril**
Ramipril Arrow® → **Ramipril**
Ramipril [BAN, DCF, USAN] → **Ramipril**
Ramipril Basics® → **Ramipril**
Ramipril beta® → **Ramipril**
Ramipril Bexal® → **Ramipril**
Ramipril Bouchara-Recordati® → **Ramipril**
Ramipril CF® → **Ramipril**
Ramipril Copyfarm® → **Ramipril**
Ramipril-corax® → **Ramipril**
Ramipril Corax® → **Ramipril**
Ramipril-CT® → **Ramipril**
Ramipril dura® → **Ramipril**
Ramipril EG® → **Ramipril**
Ramipril Genericon® → **Ramipril**
Ramipril Generis® → **Ramipril**
Ramipril Germed® → **Ramipril**
Ramipril Heumann® → **Ramipril**
Ramipril Hexal® → **Ramipril**
Ramipril Interpharm® → **Ramipril**
Ramipril ISIS® → **Ramipril**
Ramipril-Isis® → **Ramipril**
Ramipril J. Neves® → **Ramipril**
Ramipril KR® → **Ramipril**
Ramipril KSK® → **Ramipril**
Ramipril Labesfal® → **Ramipril**
Ramipril Medgenerics® → **Ramipril**
Ramipril Mepha® → **Ramipril**
Ramipril Merck® → **Ramipril**
Ramipril Nycomed® → **Ramipril**
Ramipril Olinka® → **Ramipril**
Ramipril PCD® → **Ramipril**
Ramipril PCH® → **Ramipril**
Ramipril (Ph. Eur. 5, USP 230) → **Ramipril**
Ramipril Prevent® → **Ramipril**
Ramipril Ranbaxy® → **Ramipril**
Ramipril-ratiopharm® → **Ramipril**
Ramipril Ratiopharm® → **Ramipril**
Ramipril Romace® → **Ramipril**
Ramipril Sandoz® → **Ramipril**
Ramipril Stada® → **Ramipril**
Ramipril TAD® → **Ramipril**
Ramipril Teva® → **Ramipril**
Ramiprilum → **Ramipril**
Ramiprilum (Ph. Eur. 5) → **Ramipril**
Ramipril Winthrop® → **Ramipril**
Ramipro® → **Ramipril**
Rami-Q® → **Ramipril**
Ramiran® → **Ramipril**
Ramiril® → **Ramipril**
Rami Sandoz® → **Ramipril**

Rami Slijmoplossende Hoeststroop® → **Carbocisteine**
Ramitace® → **Ramipril**
Rami TAD® → **Ramipril**
Ramitens® → **Ramipril**
Ramitren® → **Ramipril**
Ramivan® → **Roxithromycin**
Ramiwin® → **Ramipril**
Rami Xylometazolinehydrochloride® → **Xylometazoline**
Ramoclav® [+ Amoxicillin, trihydrate] → **Clavulanic Acid**
Ramoclav® [+ Clavulanic Acid, potassium salt] → **Amoxicillin**
Ramol® → **Paracetamol**
Ramoril® → **Ramipril**
Ra Morph® → **Morphine**
Rampicin® → **Rifampicin**
Ramprazole® → **Rabeprazole**
Ramtace® → **Ramipril**
Ranacox® → **Etoricoxib**
Ranal® → **Ranitidine**
Ranamp® → **Ampicillin**
RAN-Atenolol® → **Atenolol**
Ranbaxy-Amoxy® → **Amoxicillin**
Ranbaxy Cefaclor® → **Cefaclor**
RAN-Carvedilol® → **Carvedilol**
Ranceph® → **Cefalexin**
Rancet® → **Ranitidine**
Rancil® → **Amoxicillin**
RAN-Ciprofloxacin® → **Ciprofloxacin**
RAN-Citalopram® → **Citalopram**
Ranclav® [+ Amoxicillin, trihydrate] → **Clavulanic Acid**
Ranclav® [+ Clavulanic Acid, potassium salt] → **Amoxicillin**
Rancus® → **Ranitidine**
Randa® → **Cisplatin**
Randil® → **Ranitidine**
Randoclin® → **Doxycycline**
RAN-Domperidone® → **Domperidone**
Randum® → **Metoclopramide**
Ranexa® → **Ranolazine**
Ranfen® → **Ibuprofen**
RAN-Fentanyl® → **Fentanyl**
Ranflocs® → **Fluoxetine**
Ranflox® → **Ciprofloxacin**
Rangin® → **Isosorbide Mononitrate**
Ran H2® → **Ranitidine**
Rani® → **Ranitidine**
Rani 2® → **Ranitidine**
Rani AbZ® → **Ranitidine**
Raniben® → **Ranitidine**
Raniberl® → **Ranitidine**
Ranibeta® → **Ranitidine**
Ranibloc® → **Ranitidine**
Ranibos® → **Ranitidine**
Ranic® → **Ranitidine**
Ranicel® → **Ranitidine**
Ranicid® → **Ranitidine**
Raniclon® → **Ranitidine**
Ranicodan® → **Ranitidine**
Ranicon® → **Oxyphencyclimine**
Ranicur® → **Ranitidine**
Ranicux® → **Ranitidine**
Ranid® → **Ranitidine**
Ranide® [vet.] → **Rafoxanide**
Ranidex® → **Ranitidine**
Ranidil® → **Ranitidine**
Ranidin® → **Ranitidine**
Ranidine® → **Ranitidine**
Ranidura® → **Ranitidine**
Ranifur® → **Ranitidine**
Ranifur® [inj.] → **Ranitidine**
Ranigast® → **Ranitidine**
Ranigel® [vet.] → **Rafoxanide**
Ranihexal® → **Ranitidine**
Ranilay® → **Ranitidine**
Ranimax® → **Ranitidine**
Ranimerck® → **Ranitidine**
Ranimex® → **Ranitidine**
Ranin® → **Ranitidine**
Rani-nerton® → **Ranitidine**
Raninorm Genericon® → **Ranitidine**
Raniogas® → **Ranitidine**
Raniphar® → **Ranitidine**
Raniplex® → **Ranitidine**
Rani-Puren® → **Ranitidine**
Rani-Q® → **Ranitidine**
Ranisan® → **Ranitidine**
Rani-Sanorania® → **Ranitidine**
Ranisen® → **Ranitidine**
Ranison® → **Ranitidine**
Ranital® → **Ranitidine**
Ranitax® → **Ranitidine**
Ranitex® → **Ranitidine**
Ranitid® → **Ranitidine**
Ranitidimyl® → **Ranitidine**
Ranitidin → **Ranitidine**
Ranitidin® → **Ranitidine**
Ranitidin 1A Pharma® → **Ranitidine**
Ranitidina → **Ranitidine**
Ranitidina® → **Ranitidine**
Ranitidinã® → **Ranitidine**
Ranitidina ABC® → **Ranitidine**
Ranitidina AG® → **Ranitidine**
Ranitidina Agen® → **Ranitidine**
Ranitidina Allen® → **Ranitidine**
Ranitidina Alpharma® → **Ranitidine**
Ranitidina Alter® → **Ranitidine**
Ranitidina Angenerico® → **Ranitidine**
Ranitidina Bexal® → **Ranitidine**
Ranitidina Biol® → **Ranitidine**
Ranitidina Boniscontro® → **Ranitidine**
Ranitidin AbZ® → **Ranitidine**
Ranitidin accedo® → **Ranitidine**
Ranitidina Chemo® → **Ranitidine**
Ranitidina Cinfa® → **Ranitidine**
Ranitidin acis® → **Ranitidine**
Ranitidina clorhidrato → **Ranitidine**
Ranitidina cloridrato → **Ranitidine**
Ranitidina Combino Pharm® → **Ranitidine**
Ranitidina Cuve® → **Ranitidine**
Ranitidina [DCIT] → **Ranitidine**
Ranitidina Denver Farma® → **Ranitidine**
Ranitidina D & G® → **Ranitidine**
Ranitidina DOC® → **Ranitidine**
Ranitidina Drawer® → **Ranitidine**
Ranitidina Durban® → **Ranitidine**
Ranitidina Ecar® → **Ranitidine**
Ranitidina EG® → **Ranitidine**
Ranitidina Farmoz® → **Ranitidine**
Ranitidina Farmygel® → **Ranitidine**
Ranitidina-Feltrex® → **Ranitidine**
Ranitidina Fmndtria® → **Ranitidine**
Ranitidina Generis® → **Ranitidine**
Ranitidina Genfar® → **Ranitidine**
Ranitidina Gen-Far® → **Ranitidine**
Ranitidina Grapa® → **Ranitidine**
Ranitidina Hexal® → **Ranitidine**
Ranitidina IBIRN® → **Ranitidine**
Ranitidina Ilab® → **Ranitidine**
Ranitidina Jet® → **Ranitidine**
Ranitidina Kern® → **Ranitidine**
Ranitidin AL® → **Ranitidine**
Ranitidina Lafedar® → **Ranitidine**
Ranitidina Lareq® → **Ranitidine**
Ranitidina Larjan® → **Ranitidine**
Ranitidina Lazar® → **Ranitidine**
Ranitidina Lch® → **Ranitidine**
Ranitidina L.CH.® → **Ranitidine**
Ranitidina Lisan® → **Ranitidine**
Ranitidin Alpharma® → **Ranitidine**
Ranitidina Mabo® → **Ranitidine**
Ranitidina Magis® → **Ranitidine**
Ranitidina Merck® → **Ranitidine**
Ranitidina MF® → **Ranitidine**
Ranitidina Millet® → **Ranitidine**
Ranitidina MK® → **Ranitidine**
Ranitidina Mundogen® → **Ranitidine**
Ranitidina Normon® → **Ranitidine**
Ranitidina Pantafarm® → **Ranitidine**
Ranitidina Perugen® → **Ranitidine**
Ranitidina Pliva® → **Ranitidine**
Ranitidina Predilu Grifols® → **Ranitidine**

Recard® → Atenolol
Recatol® → Phenylpropanolamine
Rec-DZ® → Diazepam
Receant® → Cefuroxime
Recef® → Cefazolin
Receptal® [vet.] → Buserelin
Réceptal® [vet.] → Buserelin
Receptozine® → Promethazine
Recessan® → Polidocanol
Rechol® → Simvastatin
Recit® → Atomoxetine
Recital® → Citalopram
Reclast® → Zoledronic Acid
Reclide® → Gliclazide
Reclofen® → Diclofenac
Reclor® → Chloramphenicol
Reco® → Chloramphenicol
Recodryl® → Diphenhydramine
Recofluid® → Carbocisteine
Recofol® → Propofol
Recognan® → Citicoline
Recol® → Simvastatin
Recolfar® → Colchicine
Recombinate® [biosyn.] → Octocog Alfa
Recombinate® [biosyn.] → Octocog Alfa
Recombinate Lyfjaver® → Octocog Alfa
Recomox® → Amoxicillin
Reconil® → Hydroxychloroquine
Recormon® → Epoetin Alfa
Recormon® → Epoetin Beta
Recoveron® → Acexamic Acid
Recoxa® → Meloxicam
Recozil® → Gemfibrozil
Recrea® → Minoxidil
Rectodelt® → Prednisone
Rectogesic® → Nitroglycerin
Recto Menaderm NF® → Beclometasone
Rectopred® → Prednisolone
Recupex® → Budesonide
Recur® → Finasteride
Recycline® → Tetracycline
Redac® → Tenoxicam
Redactiv® → Rifaximin
Redaflam® → Nimesulide
Redap® → Adapalene
Rederzin® → Dihydroergotoxine
Redipred® → Prednisolone
Rediun-E® → Spironolactone
Redizork® → Dihydroergotoxine
Red Off® → Naphazoline
Red Off Lch® → Naphazoline
Redopril® → Enalapril
Redotrin® → Roxithromycin
Redoxon® → Ascorbic Acid
Redrocin® → Erythromycin
Redspar® → Sparfloxacin
Reducel® → Gemfibrozil
Reduclim® → Tibolone
Reducol® → Lovastatin
Reducterol® → Bezafibrate
Reductil® → Sibutramine
Reduluc® → Metformin
Redupress® → Losartan
Reduprost® → Tamsulosin
Redurate® → Allopurinol
Reduscar® → Finasteride
Redusec® → Omeprazole
Redustat® → Orlistat
Redusterol® → Simvastatin
Reduten® → Sibutramine
Redux® → Sibutramine
Reduxal® → Sibutramine
Reese's Pinworm Medicine® → Pyrantel
Reetac-R® → Ranitidine
Refacto® → Moroctocog Alfa
Refador® → Mitoxantrone
Refambin® → Rifampicin
Refanin® → Rifampicin
Refen® → Diclofenac
Reflexan® → Cyclobenzaprine
Reflin® → Cefazolin
Reflon® → Glucosamine
Reflucil® → Mosapride
Refludan® → Lepirudin
Refludin® → Lepirudin
Reflufin® → Alginic Acid
Reflux® → Ranitidine
Refluxon® → Lansoprazole
Refobacin® → Gentamicin
Refolinon® → Folinic Acid
Reforgan® → Arginine
Reformal® → Olanzapine
Refortan® → Pentastarch
Refotax® → Cefotaxime
Refresh® → Povidone
Refresh Celluvisc® → Carmellose
Refresh Contacts® → Carmellose
Refresh Gel® → Carbomer
Refresh Liquigel® → Carmellose
Refresh Plus® → Carmellose
Refresh Tears® → Carmellose
Reftax® → Cefotaxime
Refusal® → Disulfiram
Refzil® → Cefprozil
Regad® → Pantoprazole
Regadrin B® → Bezafibrate
Regaine® → Minoxidil
Regan® → Repaglinide
Regard® → Glycerol
Regasec® → Omeprazole
Regastin® → Famotidine
Regener® → Mometasone
Regenesis® → Alendronic Acid
Regenon® → Amfepramone
Regental® → Nimodipine
Regepar® → Selegiline
Regiocaina® → Lidocaine
Regitin® → Phentolamine
Regitina® → Phentolamine
Regitine® → Phentolamine
Reglan® → Metoclopramide
Regletin® → Alprenolol
Reglin® → Repaglinide
Reglovar® → Estradiol
Reglus® → Metformin
Regonol® → Pyridostigmine Bromide
Regranex® → Becaplermin
Regro® → Minoxidil
Regroe® → Minoxidil
Regrou® → Minoxidil
Regrowth® → Minoxidil
Regtin® [+ Sulfamethoxazole] → Trimethoprim
Regtin® [+ Trimethoprim] → Sulfamethoxazole
Regucal® → Calcium Pidolate
Regulacid® → Omeprazole
Regulact® → Lactulose
Regulane® → Loperamide
Regulaten® → Eprosartan
Regulax Picosulfat® → Sodium Picosulfate
Regulim® → Phenolphthalein
Regulin® [vet.] → Melatonin
Reguloop® → Metoclopramide
Regulose® → Lactulose
Regulton® → Amezinium Metilsulfate
Regumate® [vet.] → Altrenogest
Regu-Mate® [vet.] → Altrenogest
Regumen® → Norethisterone
Regurin® → Trospium Chloride
Rehaf® → Levocetirizine
Reichamox® → Amoxicillin
Reisegold® → Dimenhydrinate
Reisetabletten® → Dimenhydrinate
Reisetabletten Lünpharma® → Dimenhydrinate
Reisetabletten-ratiopharm® → Dimenhydrinate
Reisetabletten Stada® → Dimenhydrinate
Reisfit® [vet.] → Cyclizine
Rejuva-A® → Tretinoin
Rekafarm® → Potassium
Rekamide® → Loperamide
Rekawan® → Potassium

Rekod® → **Codeine**
Rekont® → **Trospium Chloride**
Rekostin® → **Alendronic Acid**
Relacs® → **Lactulose**
Relacum® → **Midazolam**
Reladan® → **Hyoscine Butylbromide**
Relafen® → **Nabumetone**
Relafin® → **Fluvoxamine**
Relaflex® → **Orphenadrine**
Relanium® → **Diazepam**
Relapan® → **Hyoscine Butylbromide**
Relapaz® → **Citalopram**
Relardon® [vet.] → **Sulfadimethoxine**
Relasom® → **Carisoprodol**
Relatene® → **Ketoprofen**
Relatrac® [inj.] → **Atracurium Besilate**
Relaxam® → **Tetrazepam**
Relaxil® → **Bromazepam**
Relaxil-G® → **Guaifenesin**
Relaxnova® → **Idrocilamide**
Relaxol® → **Citalopram**
Relax® [vet.] → **Propantheline Bromide**
Relaxyl® → **Diclofenac**
Relaxyl Gel® → **Diclofenac**
Relazine® [vet.] → **Trimetozine**
Relefact® → **Gonadorelin**
Relefact TRH® → **Protirelin**
Relentus® → **Tizanidine**
Relenza® → **Zanamivir**
Relergy® → **Desloratadine**
Relert® → **Eletriptan**
Relestat® → **Epinastine**
Releve® → **Naproxen**
Relexid® → **Pivmecillinam**
Relexil® → **Cyclobenzaprine**
Relief® → **Phenylephrine**
Reliev® → **Sodium Amidotrizoate**
Relif® → **Nabumetone**
Relifen® → **Nabumetone**
Relifex® → **Nabumetone**
Religer® → **Nabumetone**
Relisan® → **Nabumetone**
Reliser® → **Leuprorelin**
Relitone® → **Nabumetone**
Relium® → **Diazepam**
Reliv® → **Paracetamol**
Relmex® → **Nimesulide**
Relmus® → **Thiocolchicoside**
Relokap® → **Naproxen**
Relor® → **Loratadine**
Relova® → **Diclofenac**
Reloxyl® → **Benzoyl Peroxide**
Relpax® → **Eletriptan**
Relsed® → **Diazepam**
Relux® [+ Flupentixol] → **Melitracen**
Relux® [+ Melitracen] → **Flupentixol**
Relvène® → **Oxerutins**
Relyomycin® → **Doxycycline**
Relyovix® → **Cefatrizine**
Remac® → **Clarithromycin**
Remaclox® → **Cloxacillin**
Remadrin® → **Ephedrine**
Remafen® → **Diclofenac**
Remagyl® → **Metronidazole**
Remalgin® → **Paracetamol**
Remamox® → **Amoxicillin**
Remapro® → **Ketoprofen**
Remark® → **Betahistine**
Remasef® → **Cefalexin**
Remazin® → **Diethylcarbamazine**
Rem Chobet® → **Midazolam**
Remdue® → **Flurazepam**
Remecilox® → **Ofloxacin**
Remeclor® → **Cefaclor**
Remecon® → **Ketoconazole**
Remedacen® → **Dihydrocodeine**
Remederm HC® → **Hydrocortisone**
Remedium® → **Diazepam**
Remedol® → **Paracetamol**
Remeflin® → **Dimefline**
Remegel® → **Calcium Carbonate**
Remena® → **Ciprofloxacin**
Remergil® → **Mirtazapine**
Remergon® → **Mirtazapine**
Remeron® → **Mirtazapine**
Remestan® → **Temazepam**
Remestyp® → **Terlipressin**
Remet® → **Metronidazole**
Remethan® → **Diclofenac**
Remicade® → **Infliximab**
Remicaine® → **Lidocaine**
Remicard® → **Lidocaine**
Remicut® → **Emedastine**
Remicyn® → **Doxycycline**
Remid® → **Allopurinol**
Remifentanil Allen® → **Remifentanil**
Remik® → **Ramipril**
Remikin® → **Amikacin**
Reminyl® → **Galantamine**
Reminyl Lyfjaver® → **Galantamine**
Remirta® → **Mirtazapine**
Remisil® → **Piroxicam**
Remitex® → **Cetirizine**
Remizeral® → **Rivastigmine**
Remodulin® → **Treprostinil**
Remofen® → **Ibuprofen**
Remol® → **Paracetamol**
Remontal® → **Nimodipine**
Remood® → **Paroxetine**
Remood® [+ Flupentixol] → **Melitracen**
Remood® [+ Melitracen] → **Flupentixol**
Remopain® → **Ketorolac**
Remora® → **Roxithromycin**
Remotil® → **Domperidone**
Remov® → **Nimesulide**
Remox® → **Acetazolamide**
Remoxicam® → **Piroxicam**
Remoxil® → **Amoxicillin**
Remoxil® [inj.] → **Amoxicillin**
Remoxin® → **Amoxicillin**
Remoxy® → **Amoxicillin**
Remus® → **Tacrolimus**
Remycin® → **Doxycycline**
Remydrial® → **Dapiprazole**
Renabetic® → **Glibenclamide**
Renabrazin® → **Gemfibrozil**
Renacardon® → **Enalapril**
Renacidin® → **Finasteride**
Renadinac® → **Diclofenac**
Renagel® → **Sevelamer**
Renamoca® → **Thiamphenicol**
Renamycin® → **Oxytetracycline**
Renapar® → **Aspartic Acid**
Renapepsa® → **Famotidine**
Renapril® → **Enalapril**
Renapur® → **Potassium Sodium Hydrogen Citrate**
Renaquil® → **Lorazepam**
Renasistin® → **Cefadroxil**
Renatac® → **Ranitidine**
Renator® → **Ciprofloxacin**
Renatriol® → **Calcitriol**
Renbo-E® → **Tocopherol, α-**
Rendapid® → **Simvastatin**
Rendells® → **Nonoxinol**
Renedil® → **Felodipine**
Renegade® [vet.] → **Cypermethrin**
Renerv® → **Thiamine**
Renese® → **Polythiazide**
Reneuron® → **Fluoxetine**
Renfort® → **Ranitidine**
Renicin® → **Roxithromycin**
Renicon® → **Ranitidine**
Renidac® → **Sulindac**
Renidon® → **Ibuprofen**
Renipress® → **Enalapril**
Renipril® → **Enalapril**
Renipril® → **Ramipril**
Renistad® → **Enalapril**
Renitec® → **Enalaprilat**
Renitec I.V.® → **Enalaprilat**
Reniten® → **Enalapril**
Renivace® → **Enalapril**
Reno-30® → **Sodium Amidotrizoate**
Reno-60® → **Sodium Amidotrizoate**
Reno-Cal® → **Sodium Amidotrizoate**
Renocil® → **Cromoglicic Acid**
Reno-DIP® → **Sodium Amidotrizoate**

R

Renografin® → **Sodium Amidotrizoate**
Renolip® → **Gemfibrozil**
Renoprotec® → **Moexipril**
Renormax® → **Spirapril**
Renotens® → **Lisinopril**
Renova® → **Tretinoin**
Renoxacin® → **Norfloxacin**
Renpress® → **Spirapril**
Rensed® → **Levomepromazine**
Rentibloc® → **Sotalol**
Rentop® → **Risedronic Acid**
Rentrex® → **Cetirizine**
Rentylin® → **Pentoxifylline**
Renu® → **Povidone**
Renul® → **Ranitidine**
Renvol® → **Diclofenac**
Renxit® [+ Flupentixol] → **Melitracen**
Renxit® [+ Melitracen] → **Flupentixol**
Reocef® → **Cefradine**
Reodyn® → **Carbocisteine**
Reoflus® → **Heparin**
Reolase® → **Telmesteine**
Reolin® → **Acetylcysteine**
Reomax® → **Etacrynic Acid**
Reomen® → **Clomifene**
Reomucil® → **Carbocisteine**
Reomycin® → **Doxycycline**
ReoPro® → **Abciximab**
Réopro® → **Abciximab**
Reotal® → **Pentoxifylline**
Reotan® → **Folinic Acid**
Reozon® → **Oxyphenbutazone**
Repace® → **Losartan**
Repaglid® → **Repaglinide**
Repa-Ophtal® → **Dexpanthenol**
Reparcillin® → **Piperacillin**
Reparil® → **Escin**
Reparil® [gel] → **Ketoprofen**
Reparil Gel® → **Escin**
Reparil® [inj.] → **Escin**
Repel-A-Cide Dip® [vet.] → **Permethrin**
Repeltin® → **Alimemazine**
Repidose avec Systamex® [vet.] → **Oxfendazole**
Repidose Farmintic® [vet.] → **Oxfendazole**
Repidose® [vet.] → **Oxfendazole**
Repivate® → **Betamethasone**
Replagal® → **Agalsidase Alfa**
Replenate® → **Octocog Alfa**
Replenine® → **Nonacog Alfa**
Replens® → **Polycarbophil**
Replet® → **Clopidogrel**
Repligen® → **Metronidazole**
Repogen® → **Estrogens, conjugated**
Reposepan® → **Diazepam**
Repose® [vet.] → **Propofol**
Repotin® → **Epoetin Beta**
Repres® → **Indapamide**
Repriman N® → **Metamizole**
Reprocine® [vet.] → **Carbetocin**
Reprocin® [vet.] → **Methionine, L-**
Repronex® → **Menotropins**
Reprostom® → **Finasteride**
Repta-C® [vet.] → **Ascorbic Acid**
Requin® → **Quinine**
Requip® → **Ropinirole**
Requip D.A.C.® → **Ropinirole**
Resakal® → **Paracetamol**
Resapin® → **Reserpine**
Resata® → **Budesonide**
Resco® → **Risperidone**
Rescriptor® → **Delavirdine**
RescueFlow® → **Dextran**
Rescula® → **Unoprostone**
Rescuvolin® → **Folinic Acid**
Resdil® → **Salbutamol**
Resectisol® → **Mannitol**
Reserpin® → **Reserpine**
Reserpin → **Reserpine**
Reserpina → **Reserpine**
Reserpina® → **Reserpine**
Reserpina [DCIT] → **Reserpine**
Reserpine → **Reserpine**
Réserpine → **Reserpine**
Reserpine® → **Reserpine**
Reserpine [BAN, DCF, JAN, USAN] → **Reserpine**
Reserpine (JP XIV, Ph. Eur. 5, Ph. Int. 4, USP 30) → **Reserpine**
Réserpine (Ph. Eur. 5) → **Reserpine**
Reserpin (Ph. Eur. 5) → **Reserpine**
Reserpinum → **Reserpine**
Reserpinum (Ph. Eur. 5, Ph. Int. 4) → **Reserpine**
Reservix® → **Aceclofenac**
Reset® → **Paracetamol**
Resflok® → **Sparfloxacin**
Resibant® → **Rimonabant**
Resibron® → **Piracetam**
Resichlor® [vet.] → **Chlorhexidine**
Resilar® → **Dextromethorphan**
Resilo® → **Losartan**
Resilo® [tab.] → **Losartan**
Resimatil® → **Primidone**
Resincalcio® → **Polystyrene Sulfonate**
Resincolestiramina® → **Colestyramine**
Resinsodio® → **Polystyrene Sulfonate**
Reskuin® → **Levofloxacin**
Reslin® → **Trazodone**
Resma® → **Zafirlukast**
Resmit® → **Medazepam**
Resochin® → **Chloroquine**
Resochina® → **Chloroquine**
Resoferon® → **Ferrous Sulfate**
Resograf® → **Ferucarbotran**
Resolve® → **Miconazole**
Resolve Solution® → **Miconazole**
Resolve Thrush® → **Miconazole**
Resolve Tinea® → **Miconazole**
ResoNit® → **Heparin**
Resonium® → **Polystyrene Sulfonate**
Resonium A® → **Polystyrene Sulfonate**
Resonium Calcium® → **Polystyrene Sulfonate**
Resopan® → **Hyoscine Butylbromide**
Resorcinol Phthalein Sodium → **Fluorescein Sodium**
Resostyl® → **Selegiline**
Resotyl® → **Modafinil**
Resovist® → **Ferucarbotran**
Resoxym® → **Oxymetazoline**
Respacal® → **Tulobuterol**
Respa-GF® → **Guaifenesin**
Respazit® → **Azithromycin**
Respexil® → **Norfloxacin**
Respibron® → **Oxolamine**
Respicilin® → **Amoxicillin**
Respicort® → **Budesonide**
Respicur® → **Theophylline**
Respidon® → **Risperidone**
Respidox 10 % Kela® [vet.] → **Doxycycline**
Respidox 5 % Kela® [vet.] → **Doxycycline**
Respilène® → **Pholcodine**
Respilong® → **Formoterol**
Respir® → **Oxymetazoline**
Respiret® → **Salbutamol**
Respiroma® → **Salbutamol**
Resplen® → **Eprazinone**
Respocort® → **Beclometasone**
Respolin® → **Salbutamol**
Respontin® → **Ipratropium Bromide**
Resprim® [+ Sulfamethoxazole] → **Trimethoprim**
Resprim® [+ Trimethoprim] → **Sulfamethoxazole**
Resprin® → **Aspirin**
Resprixin® [vet.] → **Flunixin**
Ressital® → **Cetirizine**
Restameth-SR® → **Indometacin**
Restamine® → **Loratadine**
Restandol® → **Testosterone**
Restandol Orifarm® → **Testosterone**
Restas® → **Flutoprazepam**

Restasis® → **Ciclosporin**
Restatin® → **Nystatin**
Restaurene® → **Acexamic Acid**
Restavit® → **Doxylamine**
Resteclin® → **Tetracycline**
Restelea® → **Risperidone**
Restex® [+ Benserazide, hydrochloride] → **Levodopa**
Restex® [+ Levodopa] → **Benserazide**
Restful® → **Sulpiride**
Restol® → **Bromazepam**
Restol® → **Domperidone**
Restophyllin® → **Aminophylline**
Restopon® → **Ranitidine**
Restor® → **Aspirin**
Restoril® → **Temazepam**
Restwel® → **Doxylamine**
Restylane® → **Hyaluronic Acid**
Resulax® → **Sorbitol**
Resulin® → **Nimesulide**
Resurmide® → **Somatostatin**
Resyl® → **Guaifenesin**
Retabolil® → **Nandrolone**
Retacnyl® → **Tretinoin**
Retafer® → **Ferrous Sulfate**
Retafyllin® → **Theophylline**
Retaphyl® → **Theophylline**
Retaphy SRl® → **Theophylline**
Retapres® → **Indapamide**
Retarbolin® [vet.] → **Nandrolone**
Retardillin® → **Penicillin G Procaine**
Retardon-N® [vet.] → **Sulfadimethoxine**
Retarpen® → **Benzathine Benzylpenicillin**
Retavase® → **Reteplase**
Retavit® → **Tretinoin**
Retebem® → **Oxybutynin**
Retef® → **Hydrocortisone**
Retemic® → **Oxybutynin**
Retemicon® → **Oxybutynin**
Retens® → **Doxycycline**
Retep® → **Furosemide**
Reteven® → **Oxybutynin**
Retiblan® → **Retinol**
Reticrem® → **Tretinoin**
Reticulogen® → **Cyanocobalamin**
Reticus® → **Desonide**
Retigel® → **Tretinoin**
Retimax® → **Pentoxifylline**
Retin® → **Tretinoin**
Retin-A® → **Tretinoin**
Retin-A® [vet.] → **Tretinoin**
Retinide® → **Isotretinoin**
RetiNit® → **Retinol**
Retino® → **Tretinoin**
Retinol® → **Retinol**
Retinol L.CH.® → **Retinol**
Retinova® → **Tretinoin**
Retirides® → **Tretinoin**
Retisert® → **Fluocinolone acetonide**
Retnol® → **Retinol**
Retrangor® → **Benziodarone**
ReTrieve Cream® → **Tretinoin**
Retrocar® [caps.] → **Zidovudine**
Retroinhi® → **Nelfinavir**
Retrokor® → **Ceftriaxone**
Retrovir® → **Zidovudine**
Retrovir AZT® → **Zidovudine**
Retrovir® [vet.] → **Zidovudine**
Rettavate® → **Clobetasone**
Return® → **Citalopram**
Reucid® → **Allopurinol**
Reufen® → **Ibuprofen**
Reufin® → **Glucosamine**
Reuflogin® [vet.] → **Diclofenac**
Reukap® → **Ephedrine**
Reumacap® → **Indometacin**
Reumacid® → **Indometacin**
Reumador® → **Piroxicam**
Reumafen® → **Ibuprofen**
Reumagil® → **Piroxicam**
Reumatrex® [tab.] → **Methotrexate**
Reumon® → **Etofenamate**
Reumoxican Medinfar® → **Piroxicam**
Reuprofen® → **Ibuprofen**
Reuprofen® → **Ketoprofen**
Reuquinol® → **Hydroxychloroquine**
Reusin® → **Indometacin**
Reutenox® → **Tenoxicam**
Reutren® → **Diclofenac**
Reutrexato® → **Methotrexate**
Reutysal® → **Salicylic Acid**
Reuxen® → **Naproxen**
Revaniltabs® → **Cetirizine**
Revapol® → **Mebendazole**
Revasc® → **Desirudin**
Revatio® → **Sildenafil**
Revectina® → **Ivermectin**
Revelplac® → **Erythrosine Sodium**
Reverin® [vet.] → **Oxytetracycline**
Reversair® → **Montelukast**
Reversal® [vet.] → **Yohimbine**
Reversol® → **Edrophonium Chloride**
Reverzine® [vet.] → **Yohimbine**
Revex® → **Nalmefene**
Revexan® → **Minoxidil**
Revez® → **Naltrexone**
Revia® → **Naltrexone**
Revia Gervasi Farmacia® → **Naltrexone**
Revibra® → **Celecoxib**
Revion® → **Ciprofloxacin**
Revistar® → **Flucloxacillin**
Revivan® → **Dopamine**
Revlimid® → **Lenalidomide**
Revocon® → **Tetrabenazine**
Revoflox® [vet.] → **Enrofloxacin**
Revolution® [vet.] → **Selamectin**
Rewodina® → **Diclofenac**
Rex® → **Tetryzoline**
Rexacin® → **Norfloxacin**
Rexadine® [vet.] → **Chlorhexidine**
Rexalgan® → **Tenoxicam**
Rexan® → **Aciclovir**
Rexapin® → **Olanzapine**
Rexer® → **Mirtazapine**
Rexetin® → **Paroxetine**
Rexgenta® → **Gentamicin**
Rexicam® → **Piroxicam**
Rexidol® → **Paracetamol**
Rexil® → **Piroxicam**
Rexilen® → **Doxycycline**
Reximide® → **Loperamide**
Rexinth® → **Hydroxycarbamide**
Rexin® [vet.] → **Phenytoin**
Rexner® → **Ciprofloxacin**
Rexolate® → **Thiosalicylic Acid**
Rexophtal® → **Phenylephrine**
Rextat® → **Lovastatin**
Reyataz® → **Atazanavir**
Rezin® → **Mazindol**
Rezulin® → **Troglitazone**
R-Gene® → **Arginine**
Rheaban® → **Attapulgite**
Rhelafen® → **Ibuprofen**
Rhéoflux® → **Troxerutin**
Rheomacrodex® → **Dextran**
Rheopolydex® → **Dextran**
Rheotromb® → **Urokinase**
Rhetoflam® → **Ketoprofen**
Rheubalmin Indo® → **Indometacin**
Rheudene® → **Piroxicam**
Rheugesic® → **Piroxicam**
Rheuma® → **Aceclofenac**
Rheumabene® → **Dimethyl Sulfoxide**
Rheumabet® → **Diclofenac**
Rheumacin® → **Indometacin**
Rheumaden® → **Piroxicam**
Rheuma-Gel-ratiopharm® → **Etofenamate**
Rheumamed® → **Capsaicin**
Rheumanox® → **Ibuprofen**
Rheumasal® → **Diethylamine Salicylate**
Rheumatac® → **Diclofenac**
Rheumatine® [vet.] → **Aspirin**
Rheumavek® → **Diclofenac**
Rheumitin® → **Piroxicam**
Rheumon® → **Etofenamate**
Rheumon Gel® → **Etofenamate**
Rheutrop® → **Acemetacin**

Rhewlin® → **Diclofenac**
rhFSH → **Follitropin Alfa**
Rhinaaxia® → **Spaglumic Acid**
Rhinaf® → **Naphazoline**
Rhinal® → **Naphazoline**
Rhinall® → **Phenylephrine**
Rhinathiol® → **Carbocisteine**
Rhinathiol® → **Pholcodine**
Rhinathiol carbocisteine® → **Carbocisteine**
Rhinathiol Mucolyticum® → **Carbocisteine**
Rhinathiol toux sèche® → **Pholcodine**
Rhinathiol Tusso® → **Prenoxdiazine**
Rhinazin® → **Naphazoline**
Rhine® → **Ranitidine**
Rhinédrine® → **Benzododecinium Chloride**
Rhineton® → **Chlorphenamine**
Rhinex® → **Carbocisteine**
Rhinidine® → **Xylometazoline**
Rhinigenta® [vet.] → **Gentamicin**
Rhinil® → **Cetirizine**
Rhiniramine® → **Dexchlorpheniramine**
Rhinisan® → **Triamcinolone**
Rhinivict® → **Beclometasone**
Rhinoaspirine® → **Pseudoephedrine**
Rhinobros® → **Budesonide**
Rhinobudesonide-Merck® → **Budesonide**
Rhinocort® → **Budesonide**
Rhinocort Aqua® → **Budesonide**
Rhinocort D.A.C.® → **Budesonide**
Rhinocort Hayfever® → **Budesonide**
Rhinocort Turbuhaler® → **Budesonide**
Rhino-Dazol® → **Naphazoline**
Rhinodina® → **Cetirizine**
Rhinofrenol® → **Oxymetazoline**
Rhinogen® → **Hyaluronic Acid**
Rhino Humex® → **Oxymetazoline**
Rhinolast® → **Azelastine**
Rhinon® → **Naphazoline**
Rhinon – Nasentropfen® → **Naphazoline**
Rhinonorm® → **Xylometazoline**
Rhinopront® → **Norepinephrine**
Rhinopront Top® → **Tetryzoline**
Rhinoside® → **Budesonide**
Rhinosingulair® → **Montelukast**
Rhinosol® → **Budesonide**
Rhinospray® → **Tramazoline**
Rhino-stas® → **Xylometazoline**
Rhinostop® → **Xylometazoline**
Rhinotrophyl® → **Tenoic Acid**
Rhinovent® → **Ipratropium Bromide**
Rhinoxylin® → **Xylometazoline**
Rhinozol® → **Xylometazoline**
Rhinxyl® → **Xylometazoline**
Rhizin® → **Cetirizine**
Rhonal® → **Aspirin**
Rho-Nitro® → **Nitroglycerin**
Rhotral® → **Acebutolol**
Rhotrimine® → **Trimipramine**
Rhovail® → **Ketoprofen**
Rhovane® → **Zopiclone**
Rhulicream® → **Benzocaine**
Rhumanol Creamagel® → **Diclofenac**
Rhyno-Far® → **Xylometazoline**
Rhythm® → **Erythromycin**
Rhythmiodarone® → **Amiodarone**
Rhythmy® → **Rilmazafone**
Riabal® → **Prifinium Bromide**
Riamet® [+ Artemether] → **Lumefantrine**
Riamet® [+ Lumefantrine] → **Artemether**
Riatul® → **Risperidone**
Riball® → **Allopurinol**
Ribamox® → **Mebendazole**
Ribapeg® → **Ribavirin**
Ribasphere® → **Ribavirin**
Ribastamin® → **Risedronic Acid**
Ribatra® → **Clobetasol**
Ribatrim® [+ Sulfamethoxazole] → **Trimethoprim**
Ribatrim® [+ Trimethoprim] → **Sulfamethoxazole**
Ribavin® → **Ribavirin**
Ribavirin® → **Ribavirin**
Ribazole® → **Metronidazole**
Ribex Nasale® → **Phenylephrine**
Ribex Tosse® → **Dropropizine**
Ribocarbo® → **Carboplatin**
Ribocine® → **Chloramphenicol**
Ribodoxo® → **Doxorubicin**
Ribodroat® → **Pamidronic Acid**
Riboepi® → **Epirubicin**
Ribofentanyl® [TTS] → **Fentanyl**
Riboflavin → **Riboflavin**
Riboflavin® → **Riboflavin**
Riboflavina → **Riboflavin**
Riboflavina® → **Riboflavin**
Riboflavina [DCIT] → **Riboflavin**
Riboflavina (Ph. Eur. 5) → **Riboflavin**
Riboflavin [BAN, USAN] → **Riboflavin**
Riboflavine → **Riboflavin**
Riboflavine® → **Riboflavin**
Riboflavine [DCF] → **Riboflavin**
Riboflavine PCH® → **Riboflavin**
Riboflavine Ratiopharm® → **Riboflavin**
Riboflavin Fosfat® → **Riboflavin**
Riboflavin (JP XIV, Ph. Eur. 5, Ph. Int. 4, USP 30) → **Riboflavin**
Riboflavin Leciva® → **Riboflavin**
Riboflavinum → **Riboflavin**
Riboflavinum (Ph. Eur. 5, Ph. Int. 4) → **Riboflavin**
Ribofluor® → **Fluorouracil**
Ribofolin® → **Folinic Acid**
Ribofolin Natrium® → **Folinic Acid**
Ribolin® → **Ranitidine**
Ribomicin® → **Gentamicin**
Ribomustin® → **Bendamustine**
Ribon® → **Riboflavin**
Riboposid® → **Etoposide**
Riboquin® → **Chloroquine**
Ribosina® → **Riboflavin**
Riboson® → **Riboflavin**
Ribotab® → **Riboflavin**
Ribotax® → **Paclitaxel**
Ribotrex® → **Azithromycin**
Riboxatin® → **Oxaliplatin**
Riboxin® → **Inosine**
Ribrain® → **Betahistine**
Ribujet® → **Budesonide**
Ribunal® → **Ibuprofen**
Ribuspir® → **Budesonide**
Ricamycin® → **Rokitamycin**
Ricap® → **Citalopram**
R.I.C.-Calcio® → **Polystyrene Sulfonate**
Richdor® → **Viminol**
Richergan® → **Aminophylline**
Richtasol C® [vet.] → **Ascorbic Acid**
Richtavit E® [vet.] → **Tocopherol, α-**
Ricilina® → **Azithromycin**
Ricin® → **Rifampicin**
Riclasip® [+ Amoxicillin trihydrate] → **Clavulanic Acid**
Riclasip® [+ Clavulanic Acid potassium salt] → **Amoxicillin**
Ricobid-D® → **Phenylephrine**
Ricridene® → **Nifurzide**
Ridafluke® [vet.] → **Rafoxanide**
Ridal® → **Risperidone**
Rid-A-Lint® [vet.] → **Praziquantel**
Ridamin® → **Loratadine**
Ridan® [vet.] → **Dextran Iron Complex**
Ridaq® → **Hydrochlorothiazide**
Ridaura® → **Auranofin**
Ridauran® → **Auranofin**
Ridaura® [vet.] → **Auranofin**
Ridazin® → **Thioridazine**
Ridazine® → **Thioridazine**
Ridect® [vet.] → **Permethrin**
Ridinox® → **Idoxuridine**
Ridon® → **Domperidone**
Ridron® → **Risedronic Acid**

Ridutox® → **Glutathione**
Riduvir® → **Aciclovir**
Ridwind® → **Dimeticone**
Rid-Worm® → **Mebendazole**
RIF → **Rifampicin**
RIF® → **Rifamycin**
RIF® → **Rifampicin**
Rifa® → **Rifampicin**
Rifabiotic® → **Rifampicin**
Rifabutin Pfizer® → **Rifabutin**
Rifacilin® → **Rifampicin**
Rifacin® → **Rifampicin**
Rifacol® → **Rifaximin**
Rifadecina® → **Rifampicin**
Rifadin® → **Rifampicin**
Rifadine® → **Rifampicin**
Rifadine® [inj.] → **Rifampicin**
Rifadin® [vet.] → **Rifampicin**
Rifagen® → **Fluconazole**
Rifagen® → **Rifampicin**
Rifa® [inj.] → **Rifampicin**
Rifaldazin → **Rifampicin**
Rifaldin® → **Rifampicin**
Rifaldin® [inj.] → **Rifampicin**
Rifam® → **Rifampicin**
Rifamax® → **Rifampicin**
Rifamazid® [+ Isoniazid] → **Rifampicin**
Rifamazid® [+ Rifampicin] → **Isoniazid**
Rifamcin® → **Rifampicin**
Rifamec® → **Rifampicin**
Rifamed® → **Rifampicin**
Rifametrin® [vet.] → **Rifamycin**
Rifamicina → **Rifamycin**
Rifamicina Biocrom® → **Rifamycin**
Rifamicina Colirio® → **Rifamycin**
Rifamicina [DCIT] → **Rifamycin**
Rifamicina (F.U. VIII) → **Rifamycin**
Rifamicina-G® → **Rifamycin**
Rifamicina Lafedar® → **Rifamycin**
Rifamicina sodica → **Rifamycin**
Rifamicina sódica → **Rifamycin**
Rifamicina SV Denver® → **Rifamycin**
Rifamicina SV Richet® → **Rifamycin**
Rifamor® → **Rifampicin**
Rifam-P® → **Rifampicin**
Rifampicin® → **Rifampicin**
Rifampicin → **Rifampicin**
Rifampicina → **Rifampicin**
Rifampicina® → **Rifampicin**
Rifampicinã® → **Rifampicin**
Rifampicina® [caps./susp.] → **Rifampicin**
Rifampicina [DCIT] → **Rifampicin**
Rifampicina Fabra® → **Rifampicin**
Rifampicina Iqfarma® → **Rifampicin**
Rifampicina L.CH.® → **Rifampicin**
Rifampicina MK® → **Rifampicin**
Rifampicina Richet® → **Rifampicin**
Rifampicin [BAN, JAN] → **Rifampicin**
Rifampicin Capsules® → **Rifampicin**
Rifampicin Domesco® → **Rifampicin**
Rifampicine → **Rifampicin**
Rifampicine [DCF] → **Rifampicin**
Rifampicine (Ph. Eur. 5) → **Rifampicin**
Rifampicine Sandoz® → **Rifampicin**
Rifampicin Hefa® → **Rifampicin**
Rifampicin Hefa® [inj.] → **Rifampicin**
Rifampicin Hexpharm® → **Rifampicin**
Rifampicin Indo Farma® → **Rifampicin**
Rifampicin (JP XIV, Ph. Int. 4) → **Rifampicin**
Rifampicin Labatec® → **Rifampicin**
Rifampicin Lederle® → **Rifampicin**
Rifampicinum → **Rifampicin**
Rifampicinum (Ph. Eur. 5, Ph. Int. 4) → **Rifampicin**
Rifampicyna® → **Rifampicin**
Rifampin® → **Rifampicin**
Rifampin for Injection® → **Rifampicin**
Rifampin [USAN] → **Rifampicin**
Rifampin (USP 30) → **Rifampicin**
Rifamtibi® → **Rifampicin**
Rifamycin → **Rifamycin**
Rifamycin® → **Rifampicin**
Rifamycin AMP → **Rifampicin**
Rifamycin [BAN, USAN] → **Rifamycin**
Rifamycine → **Rifamycin**
Rifamycine® → **Rifamycin**
Rifamycine Chibret® → **Rifamycin**
Rifamycine [DCF] → **Rifamycin**
Rifamycine sodique → **Rifamycin**
Rifamycine sodique (Ph. Eur. 5) → **Rifamycin**
Rifamycin natrium → **Rifamycin**
Rifamycin-Natrium (Ph. Eur. 5) → **Rifamycin**
Rifamycin Sodium → **Rifamycin**
Rifamycin Sodium [BANM] → **Rifamycin**
Rifamycin Sodium (Ph. Eur. 5) → **Rifamycin**
Rifamycin sodium salt: → **Rifamycin**
Rifamycin SV, produced by any other means (WHO) → **Rifamycin**
Rifamycin SV, produced by Streptomyces mediterranei (WHO) → **Rifamycin**
Rifamycinum → **Rifamycin**
Rifamycinum natricum → **Rifamycin**
Rifamycinum natricum (Ph. Eur. 5) → **Rifamycin**
Rifan® → **Rifampicin**
Rifapen® → **Rifampicin**
Rifapin® → **Rifampicin**
Rifaren® → **Rifampicin**
Rifasynt® → **Rifampicin**
Rifater® [+ Isoniazid + Pyrazinamide] → **Rifampicin**
Rifater® [+Isoniazid +Rifampicin] → **Pyrazinamide**
Rifater® [+Pyrazinamide +Rifampicin] → **Isoniazid**
Rifcap® → **Rifampicin**
Rifex® → **Rifampicin**
Rifijet® [vet.] → **Rifamycin**
Rifinah® [+ Isoniazid] → **Rifampicin**
Rifinah® [+ Rifampicin] → **Isoniazid**
Rifladin® → **Rifampicin**
Riflux® → **Ranitidine**
Rifocin® → **Rifampicin**
Rifocin® → **Rifamycin**
Rifocina® → **Rifamycin**
Rifocin® [inj.] → **Rifamycin**
Rifocyna® → **Rifamycin**
Rifoldin® → **Rifampicin**
Riftan® → **Rifampicin**
Rifun® → **Pantoprazole**
Rigaminol® → **Gentamicin**
Rigentex® → **Tocopherol, α-**
Riges® → **Domperidone**
Rigesoft® → **Levonorgestrel**
Rigoran® → **Ciprofloxacin**
Rigotax® → **Cetirizine**
Rihest® → **Loratadine**
Rikavarin® → **Tranexamic Acid**
Riketron® [+ Sulfadimidine sodium salt] [vet.] → **Trimethoprim**
Riketron® [+ Trimethoprim] [vet.] → **Sulfadimidine**
Riklinak® → **Amikacin**
Rikodeine® → **Dihydrocodeine**
Rilace® → **Lisinopril**
Rilamig® → **Frovatriptan**
Rilamir® → **Triazolam**
Rilan Nasal® → **Cromoglicic Acid**
Rilaquin® → **Metoclopramide**
Rilast Turbuhaler® [+ Budesonide] → **Formoterol**
Rilast Turbuhaler® [+ Formoterol fumarate dihydrate] → **Budesonide**
Rilaten® → **Rociverine**
Rilatine® → **Methylphenidate**
Rilcapton® → **Captopril**
Rileptid® → **Risperidone**
Rilex® → **Tetrazepam**
Rilexine® [vet.] → **Cefalexin**

Rilies® → **Ketoprofen**
Rilménidine Biogaran® → **Rilmenidine**
Rilménidine Merck® → **Rilmenidine**
Rilutek® → **Riluzole**
Riluzole® → **Riluzole**
Rimactan® → **Rifampicin**
Rimactane® → **Rifampicin**
Rimactane® [vet.] → **Rifampicin**
Rimactan® [inj.] → **Rifampicin**
Rimactazid 300® → **Rifampicin**
Rimactazid® [+ Isoniazid] → **Rifampicin**
Rimactazid® [+ Rifampicin] → **Isoniazid**
Rimadyl® [vet.] → **Carprofen**
Rimantadine Hydrochloride® → **Rimantadine**
Riman® [vet.] → **Mebendazole**
Rimapen® → **Rifampicin**
Rimarex® → **Moclobemide**
Rimastine® → **Sulpiride**
Rimatil® → **Bucillamine**
Rimecin® → **Rifampicin**
Rimecor® → **Trimetazidine**
Rimed NEO® [vet.] → **Neomycin**
Rimed OTC® [vet.] → **Oxytetracycline**
Rimexel® → **Rimexolone**
Rimexolon → **Rimexolone**
Rimexolona → **Rimexolone**
Rimexolone → **Rimexolone**
Rimexolone [BAN, DCF, USAN] → **Rimexolone**
Rimexolone (USP 30) → **Rimexolone**
Rimexolonum → **Rimexolone**
Rimidys® [vet.] → **Romifidine**
Rimifon® → **Isoniazid**
Rimivat® → **Oseltamivir**
Rimoc® → **Moclobemide**
Rimox® [vet.] → **Amoxicillin**
Rimoxyl® [vet.] → **Amoxicillin**
Rimsalin® → **Lincomycin**
Rimso-50® → **Dimethyl Sulfoxide**
Rimycin® → **Rifampicin**
Rinadine® → **Cimetidine**
Rinaid® → **Desloratadine**
Rinalix® → **Indapamide**
Rinatec® → **Ipratropium Bromide**
Rinazina® → **Naphazoline**
Rinderon-DP® → **Betamethasone**
Rindocin® → **Indometacin**
Rinelon® → **Mometasone**
Rinerge® → **Oxymetazoline**
Rinexin® → **Phenylpropanolamine**
Ringworm Ointment® → **Tolnaftate**
Rinialer® → **Rupatadine**
Rinilyn® → **Cromoglicic Acid**
Rinisona® → **Fluticasone**
Rinityn® → **Loratadine**
Rinizol Burun® → **Xylometazoline**
Rinizol Pediatrik® → **Xylometazoline**
Rinlaxer® → **Chlorphenesin Carbamate**
Rino-Azetin® → **Azelaic Acid**
Rino-B® → **Budesonide**
Rinoblanco® → **Xylometazoline**
Rino Calyptol® → **Oxymetazoline**
Rino Clenil® → **Beclometasone**
Rinoclenil® → **Beclometasone**
Rino-Clenil® → **Beclometasone**
Rinocusi® → **Retinol**
Rinofilax® → **Desloratadine**
Rinofluimucil® → **Acetylcysteine**
Rinoflux® → **Benzalkonium Chloride**
Rinofrenal® → **Cromoglicic Acid**
Rinofug® → **Naphazoline**
Rinogest® → **Pseudoephedrine**
Rinogut® → **Naphazoline**
Rinogutt® → **Tramazoline**
Rinolan® → **Loratadine**
Rino-Lastin® → **Azelastine**
Rinolet Aqua® → **Budesonide**
Rinolic® → **Allopurinol**
Rinomar® → **Pseudoephedrine**
Rinomax® → **Pseudoephedrine**
Rino naftazolina® → **Naphazoline**
Rino-Ped® → **Benzalkonium Chloride**
Rinophar® → **Oxymetazoline**
Rinosedin® → **Xylometazoline**
Rinosol® → **Beclometasone**
Rinosone® → **Fluticasone**
Rinosoro® → **Benzalkonium Chloride**
Rinoster® → **Budesonide**
Rinotricina® → **Tyrothricin**
Rinovagos® → **Ipratropium Bromide**
Rinovitex® → **Retinol**
Rinoxin® → **Oxymetazoline**
Rintal® → **Naphazoline**
Rintal® [vet.] → **Febantel**
Rinxofay® → **Ceftriaxone**
Riodine® → **Povidone-Iodine**
Riomet® → **Metformin**
Riopan® → **Magaldrate**
Riopone® → **Magaldrate**
Riotane® → **Chlorhexidine**
Rioworm® → **Mebendazole**
Ripcord® [vet.] → **Cypermethrin**
Ripedon® → **Risperidone**
Ripercol-L® [vet.] → **Levamisole**
Ripercol® [vet.] → **Levamisole**
Ripol® → **Sildenafil**
Ripril® → **Ramipril**
Riptam® → **Mitomycin**
Riptam® → **Oxaliplatin**
Risatarun® → **Deanol**
Riscom® → **Etofenamate**
Riscord® → **Risperidone**
Risdonal® → **Risperidone**
Risedon® → **Risedronic Acid**
Risek® → **Omeprazole**
Riselle® → **Estradiol**
Risina® → **Cetirizine**
Risnia® → **Risperidone**
Risocalm® → **Tolperisone**
Risofos® → **Risedronic Acid**
Risolid® → **Chlordiazepoxide**
Rison® → **Risperidone**
Risordan® → **Isosorbide Dinitrate**
Rispa® → **Risperidone**
Rispen® → **Risperidone**
Risper® → **Risperidone**
Risperatio® → **Risperidone**
Risperdal® → **Risperidone**
Risperdal Consta® [inj.] → **Risperidone**
Risperdal Consta® [inj.] → **Risperidone**
Risperdal D.A.C.® → **Risperidone**
Risperdal Flasta® → **Risperidone**
Risperdal Quicklet® → **Risperidone**
Risperdal® [sol.] → **Risperidone**
Risperdal® [tabs.] → **Risperidone**
Risperidex® → **Risperidone**
Risperidon® → **Risperidone**
Risperidona Bayvit® → **Risperidone**
Risperidona Cantabria® → **Risperidone**
Risperidon Actavis® → **Risperidone**
Risperidona Dosa® → **Risperidone**
Risperidona Fmndtria® → **Risperidone**
Risperidona Genpharma® → **Risperidone**
Risperidona Mabo® → **Risperidone**
Risperidona Sandoz® → **Risperidone**
Risperidona Tarbis® → **Risperidone**
Risperidone Cevallos® → **Risperidone**
Risperidon-ratiopharm® → **Risperidone**
Risperidon Sandoz® → **Risperidone**
Risperin® → **Risperidone**
Risperiwin® → **Risperidone**
Risperon® → **Risperidone**
Risperwin® → **Risperidone**
Rispex® → **Risperidone**
Rispolept® → **Risperidone**
Rispolept Consta® → **Risperidone**
Rispolept® [tab./inj.] → **Risperidone**

Rispolux® → **Risperidone**
Rispond® → **Risperidone**
Rispons® → **Risperidone**
Risporan® → **Risperidone**
Rissar® → **Risperidone**
Risset® → **Risperidone**
Ristacin® → **Chlorphenamine**
Risto® → **Triamcinolone**
Ristolzit® → **Nimesulide**
Ristotadin® → **Loratadine**
Risumic® → **Amezinium Metilsulfate**
Ritalin® → **Methylphenidate**
Ritalina® → **Methylphenidate**
Ritaline® → **Methylphenidate**
Ritalin LA® → **Methylphenidate**
Ritalin-SR® → **Methylphenidate**
Ritalin® [vet.] → **Methylphenidate**
Ritamine® → **Nimesulide**
Ritechol® → **Simvastatin**
Rithmik® → **Amiodarone**
Ritin® → **Loratadine**
Rition® → **Glutathione**
Ritmenal® → **Gabapentin**
Ritmocardyl® → **Amiodarone**
Ritmocor® → **Propafenone**
Ritmocor® → **Quinidine**
Ritmodan® → **Disopyramide**
Ritmodan Retard® → **Disopyramide**
Ritmoforine® → **Disopyramide**
Ritmusin® → **Aprindine**
Ritodrine HCl CF® → **Ritodrine**
Ritomune® → **Ritonavir**
Ritonavir Abbott® → **Ritonavir**
Ritopar® → **Ritodrine**
Ritosin® → **Roxithromycin**
Ritovet® [vet.] → **Oxytocin**
Ritro® → **Flurithromycine**
Ritrocel® → **Methylphenidate**
Ritromi® → **Clarithromycin**
Ritromine® → **Norfloxacin**
Ritter's Tick and Flea Powder® [vet.] → **Carbaril**
Rituxan® → **Rituximab**
Ritvir® → **Nevirapine**
Rityne® → **Loratadine**
Riuclonaz® → **Clonazepam**
RiUP® → **Minoxidil**
Rivacefin® → **Ceftriaxone**
Rivacor® → **Bisoprolol**
Riva-Dicyclomine® → **Dicycloverine**
Rivafilm® → **Ethacridine**
Riva-Loperamide® → **Loperamide**
Rivanase AQ® → **Beclometasone**
Rivanol® → **Ethacridine**
Rivanolum® → **Ethacridine**
Rivarin® → **Ribavirin**
Rivatril® → **Clonazepam**
Rivecrum® → **Vecuronium Bromide**
Rivel® → **Ethacridine**
Riveparin® → **Heparin**
Rivervan® → **Vancomycin**
Rivilina® → **Aprotinin**
Rivocor® → **Bisoprolol**
Rivodaron® → **Amiodarone**
Rivotril® → **Clonazepam**
Rixapen® → **Clometocillin**
Rixil® → **Valsartan**
Rixtal® → **Itraconazole**
Riz® → **Cetirizine**
Rizaben® → **Tranilast**
Rizact® → **Rizatriptan**
Rizaliv® → **Rizatriptan**
Rizalt® → **Rizatriptan**
Rizamig® → **Rizatriptan**
Rizan® → **Pimecrolimus**
Rizat® → **Rizatriptan**
Rizatan® → **Rizatriptan**
Rizatol® → **Ethambutol**
Rizatriptan® → **Rizatriptan**
Rize® → **Clotiazepam**
Rizen® → **Clotiazepam**
Rizin® → **Cetirizine**
Rizodal® → **Risperidone**
Rizotiose® → **Lysozyme**
R-Loc® → **Ranitidine**
RMS® → **Morphine**
Ro 2-9757 → **Fluorouracil**
Ro 4-3780 → **Isotretinoin**
Ro 5-2807 (Roche, USA) → **Diazepam**
Ro 6-2153-12 F → **Trimethoprim**
Roaccutan® → **Isotretinoin**
Roaccutane® → **Isotretinoin**
Roacnetan® → **Isotretinoin**
Roacutan® → **Isotretinoin**
Roacutane® [vet.] → **Isotretinoin**
Roacutan Roche® → **Isotretinoin**
Ro-A-Vit® → **Retinol**
Robamox® → **Amoxicillin**
Robamox-V® [vet.] → **Amoxicillin**
Robanul® → **Doxorubicin**
Robaxin® → **Methocarbamol**
Robaxin® [vet.] → **Methocarbamol**
Robaz® → **Metronidazole**
Robenidin → **Robenidine**
Robenidina → **Robenidine**
Robenidina clorhidrato → **Robenidine**
Robenidine → **Robenidine**
Robénidine → **Robenidine**
Robenidine [BAN] → **Robenidine**
Robenidine (chlorhydrate de) → **Robenidine**
Robenidine Hydrochloride → **Robenidine**
Robenidine hydrochloride: → **Robenidine**
Robenidine Hydrochloride [USAN] → **Robenidine**
Robenidin hydrochlorid → **Robenidine**
Robenidinum → **Robenidine**
Robenzidene → **Robenidine**
Robic® → **Ornidazole**
Robidex® → **Dextromethorphan**
Robidone® → **Hydrocodone**
Robinax® → **Methocarbamol**
Robinex® → **Ciprofloxacin**
Robinul® → **Glycopyrronium Bromide**
Robinul® [vet.] → **Glycopyrronium Bromide**
Robitussin® → **Guaifenesin**
Robitussin Antitussicum® → **Dextromethorphan**
Robitussin Cough Syrup® → **Dextromethorphan**
Robitussin DM Antitusivo® → **Dextromethorphan**
Robitussin EX® → **Guaifenesin**
Robitussin Expectorans® → **Guaifenesin**
Robitussin Expectorante® → **Guaifenesin**
Robitussin Junior® → **Dextromethorphan**
Robitussin Pediatric® → **Dextromethorphan**
Robitussin® [vet.] → **Dextromethorphan**
Robust® [vet.] → **Cypermethrin**
Rocal® → **Calcium Carbonate**
Rocaltrol® → **Calcitriol**
Roccal® [vet.] → **Benzalkonium Chloride**
Roccaxin® → **Piroxicam**
Rocef® → **Cefradine**
Rocefalin® → **Ceftriaxone**
Rocefin® → **Ceftriaxone**
Rocephalin® → **Ceftriaxone**
Rocephin® → **Ceftriaxone**
Rocéphine® → **Ceftriaxone**
Rocer® → **Omeprazole**
Roceron® → **Interferon Alfa**
Rocgel® → **Algeldrate**
Rociclyn® → **Tolfenamic Acid**
Rociject® → **Ceftriaxone**
Rocilin® → **Phenoxymethylpenicillin**
Rocin® → **Clarithromycin**
Rocipro® → **Ciprofloxacin**
Rocky® → **Roxithromycin**
Rocmaline® → **Arginine**
Roco® → **Ibuprofen**
Rocornal® → **Trapidil**

Roctylan® → **Butamirate**
Rodalgin® → **Ibuprofen**
Rodanol® → **Nabumetone**
Rodanol S® → **Nabumetone**
Rodase® → **Serrapeptase**
Rodavan® → **Dimenhydrinate**
Rodenal® → **Trihexyphenidyl**
Rodermil® → **Metronidazole**
Rodinac® → **Diclofenac**
Rodix® → **Tenoxicam**
Rö 101 → **Primidone**
Röwo-12® → **Cyanocobalamin**
Röwo-629 Lidocain® → **Lidocaine**
Röwo Procain® → **Procaine**
Rofacin® → **Spiramycin**
Rofact® → **Rifampicin**
Rofatuss® → **Clobutinol**
Rofedex® → **Dextromethorphan**
Rofen® → **Ibuprofen**
Rofenid® → **Ketoprofen**
Rofepain® → **Ketoprofen**
Roferon-A® → **Interferon Alfa**
Roféron-A® → **Interferon Alfa**
Roferon HSA® [inj.] → **Interferon Alfa**
Rofex® → **Cefalexin**
Rofine® → **Ceftriaxone**
Rofiz Gel® → **Rofecoxib**
Roflazin® → **Ciprofloxacin**
Rofucal® → **Hydrochlorothiazide**
Rofy® → **Tramadol**
Rogaine® → **Minoxidil**
Rogasti® → **Famotidine**
Rogastril® → **Cinitapride**
Rogitine® → **Phentolamine**
Roglit® → **Rosiglitazone**
Rogluten® → **Aminoglutethimide**
Rohipnol® → **Flunitrazepam**
Rohto Zi Contact Eye Drops® → **Hyprolose**
Rohto Zi Fresh Eye Drops® → **Povidone**
Rohypnol® → **Flunitrazepam**
Roical® → **Calcitriol**
Roidil® → **Aciclovir**
Roiplon® → **Etofenamate**
Rojamin® → **Cyanocobalamin**
Rojazol® → **Miconazole**
Rokamol® → **Paracetamol**
Rokital® → **Rokitamycin**
Roksimin® → **Roxithromycin**
Roksitromicin® → **Roxithromycin**
Roksolit® → **Roxithromycin**
Rolab-Allopurinol® → **Allopurinol**
Rolab-Amitriptyline Hcl® → **Amitriptyline**
Rolab-Amoclav® [+ Amoxicillin] → **Clavulanic Acid**
Rolab-Amoclav® [+ Clavulanic Acid] → **Amoxicillin**
Rolab-Amoxycillin® → **Amoxicillin**
Rolab-Ampicillin® → **Ampicillin**
Rolab-Anthex® → **Mebendazole**
Rolab-Atenolol® → **Atenolol**
Rolab-Beclomethasone® → **Beclometasone**
Rolab-Carbamazepine® → **Carbamazepine**
Rolab-Cefaclor® → **Cefaclor**
Rolab-Cephalexin® → **Cefalexin**
Rolab-Chloramphenicol® → **Chloramphenicol**
Rolab-Choroquine Phosphate® → **Chloroquine**
Rolab-Cimetidine® → **Cimetidine**
Rolab-Cinnarizine® → **Cinnarizine**
Rolab-Cloxacillin® → **Cloxacillin**
Rolab-Co-Trimoxazole® [+ Sulfamethoxazole] → **Trimethoprim**
Rolab-Co-Trimoxazole® [+ Trimethoprim] → **Sulfamethoxazole**
Rolab Diazepam® → **Diazepam**
Rolab-Diclofenac Sodium® → **Diclofenac**
Rolab-Flucloxacillin® → **Flucloxacillin**
Rolab-Flunitrazepam® → **Flunitrazepam**
Rolab-Gentamicin® → **Gentamicin**
Rolab-Glibenclamide® → **Glibenclamide**
Rolab-Haloperidol® → **Haloperidol**
Rolab-Hydralazine HCl® → **Hydralazine**
Rolab-Ibuprofen® → **Ibuprofen**
Rolab-Indomethacin® → **Indometacin**
Rolab-Isosorbide Dinitrate® → **Isosorbide Dinitrate**
Rolab-Loperamide HCl® → **Loperamide**
Rolab-Mefenamic Acid® → **Mefenamic Acid**
Rolab-Methyldopa® → **Methyldopa**
Rolab-Metoclopramide® → **Metoclopramide**
Rolab-Metronidazole® → **Metronidazole**
Rolab-Minocycline® → **Minocycline**
Rolab-Naproxen® → **Naproxen**
Rolab-Nifedipine® → **Nifedipine**
Rolab-Nitrazepam® → **Nitrazepam**
Rolab Oxazepam® → **Oxazepam**
Rolab-Oxybutynin HCl® → **Oxybutynin**
Rolab-Piroxicam® → **Piroxicam**
Rolab-Propranolol HCl® → **Propranolol**
Rolab-Pyrazinamide® → **Pyrazinamide**
Rolab-Verapamil HCl® → **Verapamil**
Rolac® → **Ketorolac**
Rolacin® → **Clarithromycin**
Rolak® → **Hydrocortisone**
Rolaket® → **Nimesulide**
Rolan® → **Mefenamic Acid**
Rolap® → **Tamoxifen**
Rolesen® → **Ketorolac**
Roletra® → **Loratadine**
Rolexit® → **Roxithromycin**
Rolicyn® → **Roxithromycin**
Rolicytin® → **Clarithromycin**
Rolid® → **Roxithromycin**
Rolsical® → **Calcitriol**
Romacox® → **Meloxicam**
Romaken® → **Terazosin**
Romatidine® → **Ranitidine**
Romatim® → **Diclofenac**
Romax® → **Alendronic Acid**
Romazicon® → **Flumazenil**
Romazine® [vet.] → **Xylazine**
Rombellin® → **Biotin**
Rombox® → **Cefalexin**
Rome® → **Omeprazole**
Romedat Vitamin D3® [vet.] → **Colecalciferol**
Romefen® [vet.] → **Ketoprofen**
Romensin® [vet.] → **Monensin**
Romep® → **Omeprazole**
Romergan® → **Promethazine**
Romesec® → **Omeprazole**
Romet® → **Repirinast**
Romicef® → **Cefpirome**
Romicin® → **Roxithromycin**
Romicin® [vet.] → **Oxytetracycline**
Romidon® → **Dextropropoxyphene**
Romidys® [vet.] → **Romifidine**
Romilar® → **Dextromethorphan**
Romilar Antitussivum® → **Dextromethorphan**
Romilar Mucolyticum® → **Carbocisteine**
Romisan® → **Omeprazole**
Romisodin® → **Isosorbide Dinitrate**
Romitox® → **Bromhexine**
Romiver® → **Terbinafine**
Rommix® → **Erythromycin**
Romparkin® → **Trihexyphenidyl**
Rompirin® → **Aspirin**
Rompun® [vet.] → **Xylazine**
Romulin® → **Bromhexine**
Romycin® → **Erythromycin**
Romyk® → **Roxithromycin**
Ronac-TR® → **Diclofenac**
Ronal® → **Flunitrazepam**
Ronalgin® → **Metamizole**

Ronalin® → **Bromocriptine**
Roname® → **Glimepiride**
Ronaxan® [vet.] → **Doxycycline**
Roncoleukin® → **Aldesleukin**
Rondomycin® → **Metacycline**
Rondover® → **Butamirate**
Ronemox® → **Amoxicillin**
Ronex® → **Tranexamic Acid**
Ronexine® → **Levomepromazine**
Ronfase® → **Estradiol**
Ronfolic® → **Folic Acid**
Ronic® → **Dexamethasone**
Ronida® → **Ronidazole**
Ronistina® → **Betahistine**
Ronivet® → **Ronidazole**
Ronizol® [vet.] → **Ronidazole**
Ronkal® → **Risperidone**
Ronok® → **Ornoprostil**
Rontagel® → **Estradiol**
Rontilona® → **Fluticasone**
Ronvan® → **Diethylstilbestrol**
Ropark® → **Ropinirole**
Ropel Liquid Testosterone® [vet.] → **Testosterone**
Ropel Testosterone Pellets® [vet.] → **Testosterone**
Ropitor® → **Ropinirole**
Ropril® → **Captopril**
Ropsil® → **Clonazepam**
Rosaced® → **Metronidazole**
Rosagenus® → **Famotidine**
Rosalgin® → **Benzydamine**
Rosalox® → **Metronidazole**
Rosased® → **Metronidazole**
Rosasol® → **Metronidazole**
Rosazol® → **Metronidazole**
Roscillin® → **Ampicillin**
Roscillin® [caps.] → **Ampicillin**
Roscocycline-100® [vet.] → **Oxytetracycline**
Rosemig® → **Sumatriptan**
Rosenda® → **Rosiglitazone**
Rosiced® → **Metronidazole**
Rosicon® → **Rosiglitazone**
Rosiden® → **Piroxicam**
Rosiglit® → **Rosiglitazone**
Rosiglitazona Richet® → **Rosiglitazone**
Rosil® → **Clindamycin**
Rosilan® → **Deflazacort**
Rosipin® → **Risperidone**
Rosit® → **Rosiglitazone**
Rosital® → **Nimodipine**
Rosix® → **Rosiglitazone**
Rosken Skin Repair® → **Dimeticone**
Rosocycline® [vet.] → **Oxytetracycline**
Rossepar® → **Ferrous Gluconate**
Rossitrol® → **Roxithromycin**
Rostil® → **Mebeverine**
Rosulfant® → **Sulfasalazine**
Rosumed® → **Rosuvastatin**
Rosuva® → **Rosuvastatin**
Rosuvas® → **Rosuvastatin**
Rosuvast® → **Rosuvastatin**
Rosuvastatina Richet® → **Rosuvastatin**
Rosuvastatin AstraZeneca® → **Rosuvastatin**
Rosuvastatine® → **Rosuvastatin**
Rosvel® → **Rosiglitazone**
Rosyn® → **Terazosin**
Rotadin® → **Loratadine**
Rotane® → **Roxatidine**
Rota-TS® [+ Sulfadimidine] [vet.] → **Trimethoprim**
Rota-TS® [+ Trimethoprim] [vet.] → **Sulfadimidine**
Rotec® → **Rabeprazole**
Roter Noscapect® → **Noscapine**
Roter Paracetamol® → **Paracetamol**
Rothonal® → **Ranitidine**
Rothricin® → **Roxithromycin**
Rothrin® [salmon] → **Calcitonin**
Rotilen® → **Metacycline**
Rotomite® [vet.] → **Rotenone**
Rotopar® → **Albendazole**
Rotram® → **Roxithromycin**
Rotramin® → **Roxithromycin**
Roug-Mycin® → **Erythromycin**
Roundworm® [vet.] → **Piperazine**
Rovacor® → **Lovastatin**
Rovadin® → **Spiramycin**
Rovalcyte® → **Valganciclovir**
Rovamicina® → **Spiramycin**
Rovamycin® → **Spiramycin**
Rovamycine® → **Spiramycin**
Rovamycine® [inj.] → **Spiramycin**
Rovartal® → **Rosuvastatin**
Rovas® → **Spiramycin**
Rovast® → **Rosuvastatin**
Rovericlin® → **Amikacin**
Rovigon® → **Retinol**
Rovisol A® [vet.] → **Retinol**
Rovisol C® [vet.] → **Ascorbic Acid**
Rovisol E® [vet.] → **Tocopherol, α-**
Rowadermat® → **Carbenoxolone**
Rowapraxin® → **Pipoxolan**
Rowasa® → **Mesalazine**
Rowatanal® → **Bismuth Subgallate**
Rowecef® → **Ceftriaxone**
Rowenopril® → **Lisinopril**
Roweprazol® → **Omeprazole**
Rowesteride® → **Finasteride**
Rowestin® → **Simvastatin**
Rowex Domerid® → **Domperidone**
Rowexetina® → **Fluoxetine**
Roxacine® → **Roxithromycin**
Roxacin® [vet.] → **Enrofloxacin**
Roxam® → **Piroxicam**
Roxamed® → **Roxithromycin**
Roxan® → **Roxatidine**
Roxanol® → **Morphine**
Roxarson → **Roxarsone**
Roxarsona → **Roxarsone**
Roxarsone → **Roxarsone**
Roxarsone [BAN, USAN] → **Roxarsone**
Roxarsone (USP 30) → **Roxarsone**
Roxarsonum → **Roxarsone**
Roxazin® → **Piroxicam**
Roxbi® → **Cefuroxime**
Roxcef® → **Ceftriaxone**
Roxcin → **Roxithromycin**
Roxen® → **Naproxen**
Roxene® → **Piroxicam**
Roxenil® → **Piroxicam**
Roxeptin® → **Roxithromycin**
Roxflan® → **Amlodipine**
Roxi 1A Pharma® → **Roxithromycin**
Roxi Basics® → **Roxithromycin**
Roxibeta® → **Roxithromycin**
Roxibion® → **Roxithromycin**
Roxicaina® → **Lidocaine**
Roxicam® → **Piroxicam**
Roxicilline-Medichrom® → **Roxithromycin**
Roxicin® → **Roxithromycin**
Roxicodone® → **Oxycodone**
Roxid® → **Roxithromycin**
Roxiden® → **Piroxicam**
Roxidene® → **Piroxicam**
roxidura® → **Roxithromycin**
Roxi-Fatol® → **Roxithromycin**
Roxifen® → **Piroxicam**
Roxigamma® → **Roxithromycin**
Roxigrün® → **Roxithromycin**
RoxiHefa® → **Roxithromycin**
Roxihexal® → **Roxithromycin**
Roxikam® → **Piroxicam**
Roxilan® → **Roxithromycin**
Roxilin® [vet.] → **Amoxicillin**
Roxim® → **Cefixime**
Roximin® → **Roxithromycin**
Roximin-Galenica® → **Roxithromycin**
Roximisan® → **Roxithromycin**
Roximstad® → **Roxithromycin**
Roxin® → **Ciprofloxacin**
Roxin® → **Norfloxacin**
Roxine® → **Dequalinium Chloride**
Roxi-Puren® → **Roxithromycin**
Roxi-Q® → **Roxithromycin**
Roxiratio® → **Roxithromycin**

R

Roxi-saar® → **Roxithromycin**
Roxit® → **Roxatidine**
Roxi TAD® → **Roxithromycin**
Roxitan® → **Piroxicam**
Roxithro® → **Roxithromycin**
Roxithro-Lich® → **Roxithromycin**
Roxithromycin® → **Roxithromycin**
Roxithromycin AbZ® → **Roxithromycin**
Roxithromycin accedo® → **Roxithromycin**
Roxithromycin Actavis® → **Roxithromycin**
Roxithromycin AL® → **Roxithromycin**
Roxithromycin Atid® → **Roxithromycin**
Roxithromycin AWD® → **Roxithromycin**
ROXITHROMYCIN axcount® → **Roxithromycin**
Roxithromycin-axcount® → **Roxithromycin**
Roxithromycin-axsan® → **Roxithromycin**
Roxithromycin Bidiphar® → **Roxithromycin**
Roxithromycin Biochemie® → **Roxithromycin**
Roxithromycin Central® → **Roxithromycin**
Roxithromycin Copyfarm® → **Roxithromycin**
Roxithromycin Eberth® → **Roxithromycin**
Roxithromycine Biogaran® → **Roxithromycin**
Roxithromycine EG® → **Roxithromycin**
Roxithromycine-EG® → **Roxithromycin**
Roxithromycine G Gam® → **Roxithromycin**
Roxithromycine Ivax® → **Roxithromycin**
Roxithromycine Merck® → **Roxithromycin**
Roxithromycine RPG® → **Roxithromycin**
Roxithromycine Sandoz® → **Roxithromycin**
Roxithromycine Winthrop® → **Roxithromycin**
Roxithromycine Zydus® → **Roxithromycin**
Roxithromycin Genericon® → **Roxithromycin**
Roxithromycin Heumann® → **Roxithromycin**
Roxithromycin-Hexal® → **Roxithromycin**
Roxithromycin Lek® → **Roxithromycin**
Roxithromycin ratiopharm® → **Roxithromycin**
Roxithromycin Sandoz® → **Roxithromycin**
Roxithromycin Stada® → **Roxithromycin**
Roxithromycin Tyrol Pharma® → **Roxithromycin**
Roxithrostad® → **Roxithromycin**
Roxithroxyl® → **Roxithromycin**
Roxitin® → **Roxithromycin**
Roxitop® → **Roxithromycin**
Roxitromicina Bexal®® → **Roxithromycin**
Roxitromicina Centrum® → **Roxithromycin**
Roxitromicina Farmoz® → **Roxithromycin**
Roxitromicina Richet® → **Roxithromycin**
Roxitromicina Sandoz® → **Roxithromycin**
Roxitromycine® → **Roxithromycin**
Roxitromycine CF® → **Roxithromycin**
Roxitron® → **Roxithromycin**
Roxium® → **Piroxicam**
roxi von ct® → **Roxithromycin**
Roxiwieb® → **Roxithromycin**
Roxi-Wolff® → **Roxithromycin**
Roxl® → **Roxithromycin**
Roxlecon® → **Roxithromycin**
Roxo® → **Roxithromycin**
Roxomycin® → **Roxithromycin**
Roxorin® → **Doxorubicin**
Roxthomed® → **Roxithromycin**
Roxthrin® → **Roxithromycin**
Roxto® → **Roxithromycin**
Roxtrim® [+Sulfamethoxazole] → **Trimethoprim**
Roxtrim® [+ Trimethoprim] → **Sulfamethoxazole**
Roxtrocin® → **Roxithromycin**
Roxy® → **Roxithromycin**
Roxycam® → **Piroxicam**
Roxydin® → **Roxithromycin**
Roxylor® → **Roxithromycin**
Roxyprog® [sol.-inj.] → **Medroxyprogesterone**
Roxyrol® → **Roxithromycin**
Roxyspes® → **Roxithromycin**
Roza® → **Metronidazole**
Rozacrème® → **Metronidazole**
Rozagel® → **Metronidazole**
Rozam® → **Diazepam**
Rozamet® → **Metronidazole**
Rozax® → **Fluoxetine**
Rozen® → **Diltiazem**
Rozerem® → **Ramelteon**
Rozex® → **Metronidazole**
Rozicel® → **Cefprozil**
Rozidal® → **Risperidone**
Rozith® → **Azithromycin**
RP 143 → **Povidone**
RP 19583 → **Ketoprofen**
RP 10768 → **Niclosamide**
RP 17774 → **Amphotericin B**
RP 20605 → **Levamisole**
RP 3276 → **Promazine**
RP 3697 → **Gallamine Triethiodide**
RP 3799 → **Diethylcarbamazine**
RP 6140 → **Prochlorperazine**
RP 7044 → **Levomepromazine**
RP 8823 → **Metronidazole**
R-Pen® [vet.] → **Benzylpenicillin**
R-Rax® → **Hydroxyzine**
RRR-α-Tocopherol (Ph. Eur. 5) → **Tocopherol, α-**
RS 2177 → **Flumetasone**
RS 3540 → **Naproxen**
RS 8858 (Syntex, USA) → **Oxfendazole**
RT® → **Ranitidine**
RU 19847 → **Gonadorelin**
RU 4733 → **Ketoprofen**
Rubacina® → **Famotidine**
Rubesal® → **Salicylic Acid**
Rubex® → **Ascorbic Acid**
Rubidexol® → **Methadone**
Rubidox® → **Doxorubicin**
RubieFol® → **Folic Acid**
RubieMen® → **Dimenhydrinate**
RubieMol® → **Paracetamol**
Rubifen® → **Ketoprofen**
Rubilem® [inj.] → **Daunorubicin**
Rubina® → **Epirubicin**
Rubiten® → **Diltiazem**
Rubiulcer® → **Ranitidine**
Rubocord® → **Clobetasol**
Rubophen® → **Paracetamol**
Rubranova® → **Hydroxocobalamin**
Rubriment® → **Nicotinic Acid**
Rubromicin® → **Erythromycin**
Rubromicin® [vet.] → **Erythromycin**
Rucin® → **Roxithromycin**
Rudakol® → **Mebeverine**
Rudduck's Antiseptiv Intra-uterine Pessary® [vet.] → **Chlorhexidine**
Rudocyclin® → **Doxycycline**
Rudotel® → **Medazepam**
Rudoxil® → **Carvedilol**
Rufen® → **Ibuprofen**
Ruflam® → **Rufloxacin**
Rufol® → **Sulfamethizole**
Ruibei® → **Ranitidine**

S

Salazopyrin® [vet.] → **Sulfasalazine**
Salazosulfapyridine → **Sulfasalazine**
Salazosulfapyridine [JAN] → **Sulfasalazine**
Salazosulfapyridine (JP XIV) → **Sulfasalazine**
Salazosulfapyridine® [vet.] → **Sulfasalazine**
Salazosulfapyridinum® → **Sulfasalazine**
Salbetol® → **Salbutamol**
Salbit® → **Salbutamol**
Salbodil® → **Salbutamol**
Salbron® → **Salbutamol**
Salbu® → **Salbutamol**
Salbubreathe Sandoz® → **Salbutamol**
Salbubronch® → **Salbutamol**
Salbufar® → **Salbutamol**
Salbulair® → **Salbutamol**
Salbulin® → **Salbutamol**
Salbulin® [compr./liqu.oral] → **Salbutamol**
Salbulin® [compr./liqu.oral] → **Salbutamol**
Salbulind® → **Salbutamol**
Salbumol® → **Salbutamol**
Salbumol Chrono® → **Salbutamol**
Salbunova® → **Salbutamol**
Salbu Novolizer® → **Salbutamol**
Salburin® → **Salbutamol**
SalbuSandoz® → **Salbutamol**
Salbu-Sandoz® → **Salbutamol**
Salbusian® → **Salbutamol**
Salbut® → **Salbutamol**
Salbutac® → **Salbutamol**
Salbutal® → **Salbutamol**
Salbutalan® → **Salbutamol**
Salbutam® → **Salbutamol**
Salbutamol® → **Salbutamol**
Salbutamol A® → **Salbutamol**
Salbutamol Aerosol® → **Salbutamol**
Salbutamol Aldo Union® → **Salbutamol**
Salbutamol Aldo-Union® → **Salbutamol**
Salbutamol Alpharma® → **Salbutamol**
Salbutamol Arrow® → **Salbutamol**
Salbutamol AstraZeneca® → **Salbutamol**
Salbutamol Atid® → **Salbutamol**
Salbutamol Bidiphar® → **Salbutamol**
Salbutamol CF® → **Salbutamol**
Salbutamol-CT® → **Salbutamol**
Salbutamol Cyclocaps® → **Salbutamol**
Salbutamol Denver® → **Salbutamol**
Salbutamol Domesco® → **Salbutamol**
Salbutamol Ecar® → **Salbutamol**
Salbutamol Fabra® → **Salbutamol**
Salbutamol Genfar® → **Salbutamol**
Salbutamol Gen-Far® → **Salbutamol**
Salbutamol-Glaxo Wellcome® → **Salbutamol**
Salbutamol Indo Farma® → **Salbutamol**
Salbutamol Inhalation® → **Salbutamol**
Salbutamol Iqfarma® → **Salbutamol**
Salbutamol Lafedar® → **Salbutamol**
Salbutamol L.CH.® → **Salbutamol**
Salbutamol Lch® → **Salbutamol**
Salbutamol Memphis® → **Salbutamol**
Salbutamol Merck® → **Salbutamol**
Salbutamol MK® → **Salbutamol**
Salbutamol NM Pharma® → **Salbutamol**
Salbutamol Norton® → **Salbutamol**
Salbutamol Novolizer® → **Salbutamol**
Salbutamol PCH® → **Salbutamol**
Salbutamol Pfizer® → **Salbutamol**
Salbutamol Ratiopharm® → **Salbutamol**
Salbutamol Richet® → **Salbutamol**
Salbutamol Rigar® → **Salbutamol**
Salbutamol Sandoz® → **Salbutamol**
Salbutamol T® → **Salbutamol**
Salbutamol Taifun® → **Salbutamol**
Salbutamol WFZ Polfa® → **Salbutamol**
Salbutamol YSP® → **Salbutamol**
Salbutam SR® → **Salbutamol**
Salbutol® → **Salbutamol**
Salbutral® → **Salbutamol**
Salbuven® → **Salbutamol**
Salcal® → **Fenproporex**
Salcatonin [BAN] → **Calcitonin**
Salcat® [salmon] → **Calcitonin**
Salco® [salmon] → **Calcitonin**
Salda® → **Salbutamol**
Salden® → **Salbutamol**
Saldeva® → **Ibuprofen**
Saldiam® → **Diethylamine Salicylate**
Sal Dietetica® → **Potassium**
Saldoren® → **Pentazocine**
Saleco® [vet.] → **Salinomycin**
Sal-Eco® [vet.] → **Salinomycin**
Salecox® [vet.] → **Salinomycin**
Salflex® → **Salsalate**
Salf-Pas® → **Aminosalicylic Acid**
Salgim® → **Salbutamol**
Salhumin® → **Glycol Salicylate**
Salic® → **Aspirin**
Salicilina® → **Aspirin**
Salicil® [vet.] → **Aspirin**
Salicrem® → **Ketoprofen**
Salicylate de méthyle [DCF] → **Methyl Salicylate**
Salicylate de méthyle (Ph. Eur. 5) → **Methyl Salicylate**
Salicylazosulfapyridine → **Sulfasalazine**
Salicyl Galderma® → **Salicylic Acid**
Salicylic Acid → **Salicylic Acid**
Salicylic Acid® → **Salicylic Acid**
Salicylic Acid Cleansing Bar® → **Salicylic Acid**
Salicylic Acid (JP XIV, Ph. Eur. 5, Ph. Int. 4, USP 30) → **Salicylic Acid**
Salicylic Acid [USAN] → **Salicylic Acid**
Salicyline® [vet.] → **Acetylcysteine**
Salicylique (acide) (Ph. Eur. 5) → **Salicylic Acid**
Salicylsäure → **Salicylic Acid**
Salicylsäure (Ph. Eur. 5) → **Salicylic Acid**
Salicylsaüremethylester → **Methyl Salicylate**
Salicylzuur Collodium FNA® → **Salicylic Acid**
Salicylzuur Hydrogel FNA® → **Salicylic Acid**
Salicylzuuroplossing FNA® → **Salicylic Acid**
Salicylzuur Zalf FNA® → **Salicylic Acid**
Saliderm® → **Salicylic Acid**
Salikaren® → **Salicylic Acid**
Salimidin® → **Itraconazole**
Salinocox® [vet.] → **Salinomycin**
Salinomax® [vet.] → **Salinomycin**
Salinomycin® [vet.] → **Salinomycin**
Salipads® → **Aspirin**
Salipax® → **Fluoxetine**
Salipran® → **Benorilate**
Salivia® → **Ibuprofen**
Salix® [vet.] → **Furosemide**
Salmaplon® → **Salbutamol**
Salmate® → **Salmeterol**
Salmerol® → **Salmeterol**
Salmetedur® → **Salmeterol**
Salmeter® → **Salmeterol**
Salmeterol® → **Salmeterol**
Salmeterol „Allen"® → **Salmeterol**
Salmocalcin® → **Calcitonin**
Salmofar® [salmon] → **Calcitonin**
Salmol® → **Salbutamol**
Salmol Atlantic® → **Salbutamol**
Salmolin® → **Salbutamol**
Salmol Syrup® → **Salbutamol**
Salmosan® [vet.] → **Azamethiphos**
Salmoten® [salmon] → **Calcitonin**
Salmundin® → **Salbutamol**
Salocef® → **Cefotaxime**

Salocin® [vet.] → **Salinomycin**
Salofalk® → **Mesalazine**
Salongo® → **Oxiconazole**
Salongo Vaginal® → **Oxiconazole**
Salopyrine® → **Sulfasalazine**
Salora® → **Loratadine**
Salospir® → **Aspirin**
Salozinal® → **Mesalazine**
Salpad® → **Salicylic Acid**
Sal-Plant® → **Salicylic Acid**
Salsil® → **Salicylic Acid**
Salsitab® → **Salsalate**
Salsol® → **Salbutamol**
Salspray® → **Salmeterol**
Salsprin® [vet.] → **Salicylic Acid**
Salsyvase® → **Salicylic Acid**
Saltamol® → **Salbutamol**
Salticin® → **Gentamicin**
Saltos® → **Salbutamol**
Sal-Tropine® → **Atropine**
Saluprim® [+ Sulfamethoxazol] → **Trimethoprim**
Saluprim® [+ Trimethoprim] → **Sulfamethoxazole**
Salures® → **Bendroflumethiazide**
Saluretin® → **Chlortalidone**
Salurex® → **Furosemide**
Salvacam® → **Piroxicam**
Salvacolina® → **Loperamide**
Salvacorin → **Nikethamide**
Salvalerg® → **Cetirizine**
Salvitos® → **Methylcellulose**
Salvituss® → **Levodropropizine**
Salycilina® → **Aspirin**
Salzone® → **Paracetamol**
Samarin® → **Silibinin**
Samertan® → **Telmisartan**
S Amet Parenteral® → **Ademetionine**
Samezil® → **Mesalazine**
Samilstin® → **Octreotide**
Samin® → **Glucosamine**
Samin® → **Metformin**
Samixon® → **Ceftriaxone**
Samonter® → **Mazindol**
Samox® → **Amoxicillin**
Samyr® → **Ademetionine**
SAN 3221 → **Propetamphos**
Sanabolicum® [vet.] → **Nandrolone**
Sanaderm® → **Sulfadiazine**
Sanadermil® → **Hydrocortisone**
Sanador® → **Paracetamol**
Sanafitil® → **Undecylenic Acid**
Sanaket® [vet.] → **Ketamine**
Sanalepsi N® → **Doxylamine**
Sanaler® → **Cetirizine**
Sanamidol® → **Omeprazole**
Sana Pie-Polvo® → **Clotrimazole**
Sanaprav® → **Pravastatin**
Sanasepton® → **Erythromycin**
Sanasthmax® → **Beclometasone**
Sanasthmyl® → **Beclometasone**
Sanatison® → **Hydrocortisone**
Sanaven MPS® → **Chondroitin Sulfate**
Sanavir® → **Aciclovir**
Sanavitan S® → **Tocopherol, α-**
Sanaxin® → **Cefalexin**
Sanazet® → **Pyrazinamide**
Sanblex® → **Sulpiride**
Sancap® → **Captopril**
Sancipro® → **Ciprofloxacin**
Sancoba® → **Cyanocobalamin**
Sanctura® → **Trospium Chloride**
Sanda® → **Ciclosporin**
Sandepril® → **Maprotiline**
Sandimmun® → **Ciclosporin**
Sandimmune® → **Ciclosporin**
Sandimmun Neoral® → **Ciclosporin**
Sandival Desleible® → **Benzydamine**
Sandocal® → **Calcium Carbonate**
Sandomigran® → **Pizotifen**
Sandomigrin® → **Pizotifen**
Sandonorm® → **Bopindolol**
Sandoparin® → **Certoparin Sodium**
Sandostatin® → **Octreotide**
Sandostatina® → **Octreotide**
Sandostatina LAR® → **Octreotide**
Sandostatine® → **Octreotide**
Sandostatin® [vet.] → **Octreotide**
Sandoz Acebutolol® → **Acebutolol**
Sandoz Allopurinol® → **Allopurinol**
Sandoz Amiodarone® → **Amiodarone**
Sandoz Anagrelide® → **Anagrelide**
Sandoz Atenolol® → **Atenolol**
Sandoz Azithromycin® → **Azithromycin**
Sandoz Bezafibrate® → **Bezafibrate**
Sandoz Bicalutamide® → **Bicalutamide**
Sandoz Bisoprolol® → **Bisoprolol**
Sandoz Bupropion® → **Bupropion**
Sandoz Calcitonin® → **Calcitonin**
Sandoz Calcium® → **Calcium Glubionate**
Sandoz Carbamazepine® → **Carbamazepine**
Sandoz-Cefuroxime® → **Cefuroxime**
Sandoz Cetirizine 2HCl® → **Cetirizine**
Sandoz Ciprofloxacin® → **Ciprofloxacin**
Sandoz Citalopram® → **Citalopram**
Sandoz Clonazepam® → **Clonazepam**
Sandoz Co-Amoxyclav® [+ Amoxicillin] → **Clavulanic Acid**
Sandoz Co-Amoxyclav® [+ Clavulanic Acid] → **Amoxicillin**
Sandoz Co-Trimoxazole® [+Sulfamethoxazole] → **Trimethoprim**
Sandoz Co-Trimoxazole® [+Trimethoprim] → **Sulfamethoxazole**
Sandoz Cyclosporine® → **Ciclosporin**
Sandoz Diclofenac® → **Diclofenac**
Sandoz Diclofenac Sodium® → **Diclofenac**
Sandoz Diltiazem® → **Diltiazem**
Sandoz Dothiepin HCl® → **Dosulepin**
Sandoz Estradiol® → **Estradiol**
Sandoz Ethambutol HCl® → **Ethambutol**
Sandoz Famciclovir® → **Famciclovir**
Sandoz Felodipine® → **Felodipine**
Sandoz Fer® → **Ferrous Gluconate**
Sandoz Flunitrazepam → **Flunitrazepam**
Sandoz Fluoxetine® → **Fluoxetine**
Sandoz-Fluoxetine® → **Fluoxetine**
Sandoz Fluvoxamine® → **Fluvoxamine**
Sandoz Gliclazide® → **Gliclazide**
Sandoz Glimepiride® → **Glimepiride**
Sandoz Glyburide® → **Glibenclamide**
Sandoz Ibuprofen® → **Ibuprofen**
Sandoz-K® → **Potassium**
Sandoz Leflunomide® → **Leflunomide**
Sandoz Loperamide® → **Loperamide**
Sandoz Loratadine® → **Loratadine**
Sandoz Lovastatin® → **Lovastatin**
Sandoz Mebeverine HCl® → **Mebeverine**
Sandoz Metformin® → **Metformin**
Sandoz Metoprolol® → **Metoprolol**
Sandoz Minocycline® → **Minocycline**
Sandoz Mirtazapine® → **Mirtazapine**
Sandoz Nabumetone® → **Nabumetone**
Sandoz Nitrazepam® → **Nitrazepam**
Sandoz Ondansetron® → **Ondansetron**
Sandoz Orphenadrine® → **Orphenadrine**
Sandoz Paroxetine® → **Paroxetine**
Sandoz Pen-V-K® → **Phenoxymethylpenicillin**
Sandoz Pindolol® → **Pindolol**
Sandoz Pravastatin® → **Pravastatin**
Sandoz Prednisolone® → **Prednisolone**
Sandoz Ranitidine® → **Ranitidine**
Sandoz Risperidone® → **Risperidone**
Sandoz Salbutamol® → **Salbutamol**
Sandoz Schmerzgel® → **Diclofenac**

S

Sandoz Sertraline® → **Sertraline**
Sandoz Simvastatin® → **Simvastatin**
Sandoz Sotalol® → **Sotalol**
Sandoz Spironolactone® → **Spironolactone**
Sandoz Sulpiride® → **Sulpiride**
Sandoz Sumatriptan® → **Sumatriptan**
Sandoz Terbinafine® → **Terbinafine**
Sandoz Theophylline Anhydrous® → **Theophylline**
Sandoz Ticlopidine® → **Ticlopidine**
Sandoz Timolol® → **Timolol**
Sandoz Tobramycin® → **Tobramycin**
Sandoz Topiramate® → **Topiramate**
Sandoz Trifluridine® → **Trifluridine**
Sandoz Valproic® → **Valproic Acid**
Sandoz Zopiclone® → **Zopiclone**
Sandrena® → **Estradiol**
Sanein® → **Aceclofenac**
Sanelor® → **Lovastatin**
Sanelor® → **Loratadine**
Sanerva® → **Alprazolam**
Sanexon® → **Methylprednisolone**
Sangcya® → **Ciclosporin**
Sangen® → **Benzalkonium Chloride**
Sangenor® → **Arginine**
Sanhelios Vitamin E® → **Tocopherol, α-**
Sanicopyrine® → **Paracetamol**
Sanidecal® → **Calcium Carbonate**
Sanidol® → **Paracetamol**
Sanifer® → **Ferrous Gluconate**
Saniflor® → **Benzydamine**
Sanifolin® → **Folinic Acid**
Sanigermin® → **Triclosan**
Sanimastin® [vet.] → **Camphor**
Saniphor® [vet.] → **Povidone-Iodine**
Sanipirina® → **Paracetamol**
Sanipresin® → **Losartan**
Saniprostol® → **Finasteride**
Sani-Supp® → **Glycerol**
Sanitos® → **Salicylic Acid**
Sanitropina G® → **Dimeticone**
Sanlin® → **Tetracycline**
Sanmetidin® → **Cimetidine**
Sanmigran® → **Pizotifen**
Sanmol® → **Paracetamol**
Sanodin® → **Carbenoxolone**
Sanoma® → **Carisoprodol**
Sanomigran® → **Pizotifen**
Sanor® → **Clorazepate, Dipotassium**
Sanorex® → **Mazindol**
Sanorin® → **Naphazoline**
Sanoven MPS® → **Chondroitin Sulfate**
Sanovit® → **Cobamamide**
Sanoxit® → **Benzoyl Peroxide**
Sanoyodo® → **Povidone-Iodine**
Sanpa® → **Aspartame**
Sanpicillin® → **Ampicillin**
Sanpicillin® [inj.] → **Ampicillin**
Sanpilo® → **Pilocarpine**
Sanprima® [+ Sulfamthoxazole] → **Trimethoprim**
Sanprima® [+ Trimethoprim] → **Sulfamethoxazole**
Sansac® → **Erythromycin**
Sans-Acne® → **Erythromycin**
Sansacné® → **Erythromycin**
Sansert® → **Methysergide**
Sanset® → **Ciprofloxacin**
Santa-E® → **Tocopherol, α-**
Santalina® → **Sulfadimidine**
Santamin® → **Dihydroergotoxine**
Santamix Apramycine® [vet.] → **Apramycin**
Santamix Chlortetracycline® [vet.] → **Chlortetracycline**
Santamix Colistine® [vet.] → **Colistin**
Santamix Decoquinate® [vet.] → **Decoquinate**
Santamix Oxytétracycline® [vet.] → **Oxytetracycline**
Santamix Parconazole® [vet.] → **Parconazole**
Santamix Spira® [vet.] → **Spiramycin**
Santamix Sulfadiazine Triméthoprime® [+Trimethoprim] [vet.] → **Sulfadiazine**
Santamix Sulfadiazine Triméthoprome® [+Sulfadiazine sodium salt] [vet.] → **Trimethoprim**
Santamix Sulfadiméthoxine® [vet.] → **Sulfadimethoxine**
Santamix Tia® [vet.] → **Tiamulin**
Santamix Tilmicosine® [vet.] → **Tilmicosin**
Santamix Tylo® [vet.] → **Tylosin**
Santasal N® → **Aspirin**
Santaspi® [vet.] → **Salicylic Acid**
Sant-E-Gal® → **Tocopherol, α-**
Santeson® [compr.] → **Dexamethasone**
Santeson® [inj.] → **Dexamethasone**
Santibi® → **Ethambutol**
Santuril® → **Probenecid**
Sanval® → **Zolpidem**
Sanzur® → **Fluoxetine**
Sapbufen® → **Ibuprofen**
Sapclo® → **Aceclofenac**
Sapen® → **Hyoscine Butylbromide**
Saphire® → **Atorvastatin**
Sapilent® → **Trimipramine**
Sapoderm® → **Triclosan**
Sapox® → **Amoxicillin**
Sapphire [vet.] → **Polihexanide**
Saprame® → **Bezafibrate**
Sapramol® → **Paracetamol**
Sapridate® → **Trimebutine**
Saprosan® → **Chlorquinaldol**
Saprox® → **Naproxen**
Saquat® → **Benzalkonium Chloride**
Sara® → **Paracetamol**
Sarafem® → **Fluoxetine**
Sarafin® [vet.] → **Sarafloxacin**
Sarbromin® → **Brovincamine**
Sarcoderma® → **Lindane**
Sarcop® → **Permethrin**
Sarcoton® → **Disulfiram**
Sardex® [vet.] → **Chlorpyrifos**
Sargenor® → **Arginine**
Sargisthene® → **Arginine**
Saridine® → **Sulfasalazine**
Saridon® → **Paracetamol**
Sarixell® → **Ibuprofen**
Sarlo® → **Losartan**
Sarmasol® [vet.] → **Sarmazenil**
Sarmed® → **Pramocaine**
Sarnacur® → **Benzyl Benzoate**
Sarna HC® → **Hydrocortisone**
Sarnol® → **Hydrocortisone**
Saromet® → **Diazepam**
Saronil® → **Tropisetron**
Saroten® → **Amitriptyline**
Sarotena® → **Amitriptyline**
Sarotex® → **Amitriptyline**
Sartiron® → **Flopropione**
Sartuzin® → **Fluoxetine**
Sarval® → **Valsartan**
Sarvas® → **Losartan**
Saspryl® → **Aspirin**
Sastid® → **Salicylic Acid**
Sastid Anti-Fungal® → **Clotrimazole**
Sasulen® → **Piroxicam**
Satanolon® → **Difenidol**
Satigene® → **Irinotecan**
Satolax-10® → **Bisacodyl**
Saton® → **Sibutramine**
Satoren® → **Losartan**
Satrol® → **Cetirizine**
Satural® → **Calcium Glubionate**
Saturnil® → **Alprazolam**
Saurat® → **Fluoxetine**
Sauteralgyl → **Pethidine**
Savecal® → **Calcium Carbonate**
Savedin® → **Povidone-Iodine**
Savene® → **Dexrazoxane**
Saventrine® → **Isoprenaline**
Savilen® → **Ciprofibrate**
Savlon® [vet.] → **Chlorhexidine**
Sawatal LA® → **Propranolol**
Sazo EN® → **Sulfasalazine**
SBO → **Docusate Sodium**
SBOB® → **Loperamide**

S

Sécalip® → **Fenofibrate**
Secatoxin® → **Dihydroergotoxine**
Seclo® → **Omeprazole**
Secnezol® → **Secnidazole**
Secnichem® → **Secnidazole**
Secnid® → **Secnidazole**
Secnidal® → **Secnidazole**
Secnidazol® → **Secnidazole**
Secnidazol Feltrex® → **Secnidazole**
Secnidazol Genfar® → **Secnidazole**
Secnidazol Gen-Far® → **Secnidazole**
Secnidazol MK® → **Secnidazole**
Secnihexal® → **Secnidazole**
Secnil® → **Secnidazole**
Secnimed® → **Secnidazole**
Secni-Plus® → **Secnidazole**
Secnizol® → **Secnidazole**
Secnol® → **Secnidazole**
Secobarbital Sodium® → **Secobarbital**
Seconal® → **Secobarbital**
Seconal Sodium® → **Secobarbital**
Secotex® → **Tamsulosin**
Secreflo® → **Secretin**
Secrelux® → **Secretin**
Secresol® → **Acetylcysteine**
Secretil® → **Ambroxol**
Secrin® → **Glimepiride**
Secrolisin® → **Ambroxol**
Secsilen® → **Secnidazole**
Secto Flea Powder® [vet.] → **Permethrin**
Sectral® → **Acebutolol**
Secural® → **Nonoxinol**
Securo® → **Ivermectin**
Securon® → **Verapamil**
Securon SR® → **Verapamil**
Securon® [vet.] → **Verapamil**
Sedaben® → **Lormetazepam**
Sedabenz® → **Diazepam**
Sedacid® → **Omeprazole**
Sedacoron® → **Amiodarone**
Sedacorone® → **Amiodarone**
Seda-Gel® → **Lidocaine**
Sedagul® → **Lidocaine**
Seda-Kel® [vet.] → **Chlorprothixene**
Sedakter® → **Terbutaline**
Sedalin® [vet.] → **Acepromazine**
Sedalito® → **Paracetamol**
Sedam® → **Bromazepam**
Sedamun® [vet.] → **Xylazine**
Sedanium-R® → **Famotidine**
Sedapain® → **Eptazocine**
Sedapen® → **Diazepam**
Sedaperidol® → **Haloperidol**
Sedaplus® → **Doxylamine**
Sedarest® → **Estazolam**
Sedartryl® → **Zaleplon**
Sedatine → **Phenazone**
Sedatival F.P.® → **Ketazolam**
Sedativum-Hevert® → **Diphenhydramine**
Sedaxylan® [vet.] → **Xylazine**
Sedazin® → **Lorazepam**
Sedazine-ACP® [vet.] → **Acepromazine**
Sedazine® [vet.] → **Xylazine**
Sedepron® → **Clonixin**
Sedergine® → **Aspirin**
Sedermyl® → **Isothipendyl**
Sedeten® → **Losartan**
Sediat® → **Diphenhydramine**
Sedicel® → **Selegiline**
Sedicepan® → **Lorazepam**
Sediel® → **Tandospirone**
Sedil® → **Diazepam**
Sedil® → **Secnidazole**
Sedium® → **Diazepam**
Sedivet® [vet.] → **Romifidine**
Sedno® → **Desloratadine**
Sedo-Febril Pediatrico® → **Paracetamol**
Sedometril® [vet.] → **Medroxyprogesterone**
Sedopan® → **Cefuroxime**
Sedopretten® → **Diphenhydramine**
Sedoran® → **Sertraline**
Sédorectal® [vet.] → **Benzocaine**
Sedorm® → **Zopiclone**
Sedotensil® → **Lisinopril**
Sedotime® → **Ketazolam**
Sedotropina Flat® → **Dimeticone**
Sedotussin® → **Pentoxyverine**
Sedotussin muco® → **Carbocisteine**
Sedovalin® → **Zolpidem**
Sedovanon® → **Clonazepam**
Sedoxil® → **Mexazolam**
Sedrena® → **Trihexyphenidyl**
Sedrofen® → **Cefadroxil**
Sedron® → **Alendronic Acid**
Sedulin® → **Diazepam**
Sedural® → **Phenazopyridine**
Sedusen® → **Sulpiride**
Seduxen® → **Diazepam**
Seeglu® → **Sulpiride**
SEF® → **Cefalexin**
Sefadol® → **Cefadroxil**
Sefagen® → **Cefotaxime**
Sefaktil® → **Cefuroxime**
Sefal® → **Alfacalcidol**
Sefal® → **Cinnarizine**
Sefalor® → **Cefaclor**
Sefamax® → **Cefazolin**
Sefanid® → **Cefadroxil**
Sefasin® → **Cefalexin**
Sefazol® → **Cefazolin**
Sefdene® → **Piroxicam**
Sefdin® → **Cefdinir**
Seferin® → **Aspirin**
Sefin® → **Cefradine**
Sefloc® → **Metoprolol**
Sefmal® → **Tramadol**
Sefmex® → **Selegiline**
Sefmic® → **Mefenamic Acid**
Sefnac® → **Diclofenac**
Sefotak® → **Cefotaxime**
Sefox® → **Cefpodoxime**
Sefrad® → **Cefradine**
Sefril® → **Cefradine**
Sefro® → **Cefradine**
Seftem® → **Ceftibuten**
Seftil® → **Tenoxicam**
Sefur® → **Cefuroxime**
Sefuroks® → **Cefuroxime**
Sefurox® → **Cefuroxime**
Segan® → **Selegiline**
Seglor® → **Dihydroergotamine**
Séglor® → **Dihydroergotamine**
Séglor Lyoc® → **Dihydroergotamine**
Segol® → **Dihydroergotoxine**
Segurex® → **Sildenafil**
Seguril® → **Furosemide**
Segurite® → **Levonorgestrel**
Seide® → **Roxithromycin**
Seis-B® → **Pyridoxine**
Seki® [liqu.oral] → **Cloperastine**
Sekin® → **Cloperastine**
Sekisan® → **Cloperastine**
Sekodin® → **Oxolamine**
Sekolaks® → **Bisacodyl**
Sekrestop® → **Lansoprazole**
Sekretovit® → **Ambroxol**
Sekrol® → **Ambroxol**
Seladerm® → **Mupirocin**
Seladin YSP® → **Naproxen**
Selan® → **Cefuroxime**
Selax® → **Docusate Sodium**
Selaxa® → **Amikacin**
Selazul® → **Selenium Sulfide**
Selbex® → **Teprenone**
Seldepar® → **Selegiline**
Seldiar® → **Loperamide**
Selecal® → **Tilisolol**
Selecim® → **Selegiline**
Selecom® → **Selegiline**
Selecox® → **Celecoxib**
Selectan® → **Norethisterone**
Selectin® → **Pravastatin**
Selectol® → **Celiprolol**
Selectomycin® → **Spiramycin**
Selectra® → **Sertraline**
Selecturon® → **Celiprolol**
Selectus® → **Fluoxetine**

Seledat® → **Selegiline**
Selederm® [vet.] → **Selenium Sulfide**
Seledie® → **Nadroparin Calcium**
Seleen® [vet.] → **Selenium Sulfide**
Selegam® → **Selegiline**
Selegil® → **Selegiline**
Selegilin® → **Selegiline**
Selegilina Davur® → **Selegiline**
Selegilina Generis® → **Selegiline**
Selegilin AL® → **Selegiline**
Selegilin Alpharma® → **Selegiline**
Selegilina Profas® → **Selegiline**
Selegilin Azu® → **Selegiline**
Selegiline® → **Selegiline**
Sélégiline Biogaran® → **Selegiline**
Selegiline-Chinoin® → **Selegiline**
Selegiline HCl® → **Selegiline**
Selegiline HCl A® → **Selegiline**
Selegiline HCl CF® → **Selegiline**
Selegiline HCl FLX® → **Selegiline**
Selegiline HCl PCH® → **Selegiline**
Selegiline HCl ratiopharm® → **Selegiline**
Selegiline HCl Sandoz® → **Selegiline**
Selegiline Hydrochloride® → **Selegiline**
Selegilinehydrochloride Disphar® → **Selegiline**
Selegiline Hydrochloride Pharmathen® → **Selegiline**
Selegiline Merck® → **Selegiline**
Sélégiline Merck® → **Selegiline**
Selegiline Teva® → **Selegiline**
Selegilin Genericon® → **Selegiline**
Selegilin Generics® → **Selegiline**
Selegilin HCl-Austropharm® → **Selegiline**
Selegilin Helvepharm® → **Selegiline**
Selegilin Heumann® → **Selegiline**
Selegilin Hexal® → **Selegiline**
Selegilinhydrochlorid Hexal® → **Selegiline**
Selegilinhydrochlorid Nycomed® → **Selegiline**
Selegilin-Mepha® → **Selegiline**
Selegilin Merck NM® → **Selegiline**
Selegilin-neuraxpharm® → **Selegiline**
Selegilin NM® → **Selegiline**
Selegilin NM Pharma® → **Selegiline**
Selegilin-ratiopharm® → **Selegiline**
Selegilin Sandoz® → **Selegiline**
Selegilin Sofotec® → **Selegiline**
Selegilin Stada® → **Selegiline**
Selegilin-TEVA® → **Selegiline**
selegilin von ct® → **Selegiline**
Selegos® → **Selegiline**
Selektine® → **Pravastatin**
Selemerck® → **Selegiline**
Selemycin® → **Amikacin**
Selenase® → **Selenium Sulfide**
Selendisulfid → **Selenium Sulfide**
Selendisulfid (Ph. Eur. 5) → **Selenium Sulfide**
Selenica-R® → **Valproic Acid**
Selenii disulfidum → **Selenium Sulfide**
Selenii disulfidum (Ph. Eur. 5, Ph. Int. 4) → **Selenium Sulfide**
Selenio disolfuro → **Selenium Sulfide**
Selenium Disulfide (Ph. Int. 4) → **Selenium Sulfide**
Sélénium (disulfure de) (Ph. Eur. 5) → **Selenium Sulfide**
Selenium Disulphide (Ph. Eur. 5) → **Selenium Sulfide**
Selenium Drench® [vet.] → **Selenium Sulfide**
Selenium Sulfide → **Selenium Sulfide**
Selenium Sulfide (USP 30) → **Selenium Sulfide**
Selenix® → **Selenium Sulfide**
Selenol® → **Selenium Sulfide**
Seleparina® → **Nadroparin Calcium**
Selepark® → **Selegiline**
Seler® → **Sildenafil**
Selerin® → **Selegiline**
Seles Beta® → **Atenolol**
Selevitan® [vet.] → **Tocopherol, α-**
Selex® → **Cefalexin**
Selexid® [inj.] → **Mecillinam**
Selezen® → **Imidazole Salicylate**
Selftison® → **Dexamethasone**
Selgene® → **Selegiline**
Selgian® [vet.] → **Selegiline**
Selgimed® → **Selegiline**
Selgin® → **Selegiline**
Selgina® → **Selegiline**
Selgon® → **Pipazetate**
Selgres® → **Selegiline**
Selimax® → **Azithromycin**
Selina® [vet.] → **Dimpylate**
Seline® → **Selegiline**
Selipran® → **Pravastatin**
Selobloc® → **Atenolol**
Selofen® → **Zaleplon**
Selokeen® → **Metoprolol**
Selokeen ZOC® → **Metoprolol**
Seloken® → **Metoprolol**
Seloken® Zoc → **Metoprolol**
SelokenZOC® → **Metoprolol**
Selomet® → **Metoprolol**
Selopral® → **Metoprolol**
Selovin-5® [vet.] → **Selenium Sulfide**
Selozok® → **Metoprolol**
Selpak® → **Selegiline**
Selpor® [vet.] → **Selenium Sulfide**
Selsun® → **Selenium Sulfide**
Selsun Azul® → **Selenium Sulfide**
Selsun Blue® → **Selenium Sulfide**
Selsun Gold® → **Selenium Sulfide**
Selsun Ouro® → **Selenium Sulfide**
Selsun Rx® → **Selenium Sulfide**
Selsun Selenium Sulfide® → **Selenium Sulfide**
Seltouch® → **Felbinac**
Selukos® → **Selenium Sulfide**
Selvet® [vet.] → **Selenium Sulfide**
Selvicin® → **Erythromycin**
Selviclor® → **Cefaclor**
Selvigon® → **Pipazetate**
Selvjgon® → **Pipazetate**
Semap® → **Penfluridol**
Sémap® → **Penfluridol**
Semecon® → **Dimeticone**
Semeth® → **Dimeticone**
Semicillin® → **Ampicillin**
Semi Daonil® → **Glibenclamide**
Semi-Daonil® → **Glibenclamide**
Semi-Euglucon® → **Glibenclamide**
Semi-Euglucon N® → **Glibenclamide**
Seminac® → **Tramadol**
Semipenil® → **Piperacillin**
Sempera® → **Itraconazole**
Semprex® → **Acrivastine**
Semuele® → **Ranitidine**
Senadex® → **Cefradine**
Senalina® → **Tibolone**
Sendicol® → **Thiamphenicol**
Sendoxan® → **Cyclophosphamide**
Senexon® → **Venlafaxine**
Senifar® → **Lomefloxacin**
Senirex® → **Cetirizine**
Senokot® → **Lactulose**
Senorm® → **Haloperidol**
Senro® → **Norfloxacin**
Sensamol® → **Paracetamol**
Sensaton® → **Clonazepam**
Sensaval® → **Nortriptyline**
Sensibit® → **Loratadine**
Sensiblex® [vet.] → **Denaverine**
Sensigard® → **Ranitidine**
Sensipar® → **Cinacalcet**
Sensipharma® → **Lidocaine**
Sensipin® → **Clozapine**
Sensit® → **Fendiline**
Sensitex® → **Betamethasone**
Sensit® [+ Flupentixol HCl] → **Melitracen**
Sensit® [+ Melitracen HCl] → **Flupentixol**
Sensitram® → **Tramadol**
Sensival® → **Nortriptyline**
Sensivit® → **Retinol**
Sensodyne® → **Sodium Fluoride**

Sensodyne® → **Strontium Chloride Sr 89**
Sensorcaine® → **Bupivacaine**
Sentidol® → **Venlafaxine**
Sentionyl® → **Glibenclamide**
Sentix® → **Flupentixol**
Sentyl® → **Secnidazole**
Sepan® → **Cinnarizine**
Sepantel® [vet.] → **Pyrantel**
Separin® → **Tolnaftate**
Sepazon® → **Cloxazolam**
Sepcen® → **Ciprofloxacin**
Sepexin® → **Cefalexin**
Sepfadine® → **Povidone-Iodine**
Sepmax® [+ Sulfamethoxazole] → **Trimethoprim**
Sepmax® [+ Trimethoprim] → **Sulfamethoxazole**
Seponver® [vet.] → **Closantel**
Sepram® → **Citalopram**
Sepso J® → **Povidone-Iodine**
Septa® → **Cefradine**
Septacef® → **Cefradine**
Septacin® → **Ambroxol**
Septadin® → **Chlorhexidine**
Septadine® → **Povidone-Iodine**
Septal® → **Chlorhexidine**
Septalone® → **Chlorhexidine**
Septeal® → **Chlorhexidine**
Septéal® → **Chlorhexidine**
Septibiotic® → **Levofloxacin**
Septicide® → **Ciprofloxacin**
Septicol® → **Chloramphenicol**
Septicol-Kapseln® [vet.] → **Chloramphenicol**
Septidiaryl® → **Nifuroxazide**
Septidine® → **Povidone-Iodine**
Septigen® [vet.] → **Gentamicin**
Septil® → **Povidone-Iodine**
Septiolan® [+ Sulfamethoxazole] → **Trimethoprim**
Septiolan® [+ Trimethoprim] → **Sulfamethoxazole**
Septisan® → **Chlorhexidine**
Septisooth® → **Povidone-Iodine**
Septivon® → **Triclocarban**
Septocaine® → **Articaine**
Septocipro® → **Ciprofloxacin**
Septocipro Otico® → **Ciprofloxacin**
Septofervex® → **Chlorhexidine**
Septofort® → **Chlorhexidine**
Septonex® → **Carbaethopendecine Bromide**
Septopal® → **Gentamicin**
Septosol® → **Phenol**
Septosyl® → **Sulfadimidine**
Septran® [+ Sulfamethoxazole] → **Trimethoprim**
Septran® [+ Trimethoprim] → **Sulfamethoxazole**
Septra® [+ Sulfamethoxazole] → **Trimethoprim**
Septra® [+ Trimethoprim] → **Sulfamethoxazole**
Septrin® [+ Sulfamethoxazole] → **Trimethoprim**
Septrin® [+ Sulfamethoxazole] → **Trimethoprim**
Septrin® [+ Trimethoprim] → **Sulfamethoxazole**
Septrin® [+ Trimethoprim] → **Sulfamethoxazole**
Sepurin® → **Methylthioninium Chloride**
Sepvadol® [vet.] → **Niflumic Acid**
Sequacor® → **Bisoprolol**
Sequax® → **Clozapine**
Sequinan® → **Risperidone**
Sera baktopur® [vet.] → **Nifurpirinol**
Sera bakto Tabs® [vet.] → **Nifurpirinol**
Seracin® → **Ofloxacin**
Seractil® → **Dexibuprofene**
Seractiv® → **Dexibuprofene**
Seraim® → **Serrapeptase**
Seralin® → **Sertraline**
Seralin-Mepha® → **Sertraline**
Seralis® → **Risedronic Acid**
Seramed® → **Serrapeptase**
Sera med Professional Protazol® [vet.] → **Malachite Green**
Seraphos® → **Propetamphos**
Seraphos® [vet.] → **Propetamphos**
Serasept® → **Polihexanide**
Seratil® → **Prochlorperazine**
Serax® → **Oxazepam**
Serc® → **Betahistine**
Sercerin® → **Sertraline**
Serdep® → **Sertraline**
Serdol® → **Metoprolol**
Serdolect® → **Sertindole**
Sérécor® → **Hydroquinidine**
Serelam® → **Alprazolam**
Serelan® → **Mianserin**
Serelose® → **Lactulose**
Serenace® → **Haloperidol**
Serenace® [vet.] → **Haloperidol**
Serenal® → **Oxazepam**
Serenal® → **Oxazolam**
Serenase® → **Haloperidol**
Serenase® → **Lorazepam**
Serenata® → **Sertraline**
Serene® → **Clorazepate, Dipotassium**
Serenelfi® → **Haloperidol**
Serenil® → **Alprazolam**
Serentil® → **Mesoridazine**
Serenzin® → **Diazepam**
Serepax® → **Oxazepam**
Serepress® → **Ketanserin**
Sereprid® → **Tiapride**
Sereprile® → **Tiapride**
Seresta® → **Oxazepam**
Séresta® → **Oxazepam**
Serestill® → **Paroxetine**
Seretaide® [+ Fluticasone propionate] → **Salmeterol**
Seretaide® [+ Salmeterol xinafoate] → **Fluticasone**
Seretide Accuhaler® [+ Fluticasone propionate] → **Salmeterol**
Seretide Accuhaler® [+ Fluticasone propionate] → **Salmeterol**
Seretide Accuhaler® [+ Salmeterol] → **Fluticasone**
Seretide Accuhaler® [+ Salmeterol] → **Fluticasone**
Seretide Diskus® [+ Fluticason propionate] → **Salmeterol**
Seretide Diskus® [+ Fluticason propionate] → **Salmeterol**
Seretide Diskus Lyfjaver® [+ Fluticason propionate] → **Salmeterol**
Seretide Diskus Lyfjaver® [+ Salmeterol xinafoate] → **Fluticasone**
Seretide Diskus® [+ Salmeterol xinafoate] → **Fluticasone**
Seretide Diskus® [+ Salmeterol xinafoate] → **Fluticasone**
Seretide Evohaler® [+ Fluticason propionate] → **Salmeterol**
Seretide Evohaler® [+ Salmeterol xinafoate] → **Fluticasone**
Seretide® [+ Fluticasone] → **Salmeterol**
Seretide® [+ Fluticason propionate] → **Salmeterol**
Seretide® [+ Fluticason propionate] → **Salmeterol**
Seretide® [+ Salmeterol xinafoate] → **Fluticasone**
Seretide® [+ Salmeterol xinafoate] → **Fluticasone**
Seretran® → **Paroxetine**
Sereupin® → **Paroxetine**
Serevent® → **Salmeterol**
Serevent Accuhaler® → **Salmeterol**
Serevent Diskus® → **Salmeterol**
Serevent Inhalador® → **Salmeterol**
Serevent Inhaler® → **Salmeterol**
Serevent Rotadisk® → **Salmeterol**
Serevent® [vet.] → **Salmeterol**
Serformin® → **Metformin**
Sergel® → **Esomeprazole**
Sergolin® → **Nicergoline**
Serianon® → **Heparin**
Serimel® → **Sertraline**

S

Sertral Spirig® → **Sertraline**
Sertranex® → **Sertraline**
Sertraniche® → **Sertraline**
Sertranquil® → **Sertraline**
Sertra TAD® → **Sertraline**
Sertrex® → **Sertraline**
Sertrin® → **Sertraline**
Sertwin® → **Sertraline**
Sertzol® → **Sertraline**
Serum 15 CKL® → **Ascorbic Acid**
Serumgonadotrophin → **Gonadotrophin, Serum**
Serum Gonadotrophin [BAN] → **Gonadotrophin, Serum**
Servambutol® → **Ethambutol**
Servambutol® [compr.] → **Ethambutol**
Servamox® → **Amoxicillin**
Servamox Clv® [+ Amoxicillin, Trihydrate] → **Clavulanic Acid**
Servamox Clv® [+ Clavulanic acid, Potassium salt] → **Amoxicillin**
Servazolin® → **Cefazolin**
Servicef® → **Cefalexin**
Serviclazide® → **Gliclazide**
Serviclor® → **Cefaclor**
Serviclox® → **Cloxacillin**
Servidiclox® → **Dicloxacillin**
Servidoxyne® → **Doxycycline**
Serviflox® → **Ciprofloxacin**
Servigenta® → **Gentamicin**
Servigesic® → **Paracetamol**
Servimeta® → **Indometacin**
Servimox® → **Amoxicillin**
Servin® → **Mianserin**
Servinaprox® → **Naproxen**
Servinin® → **Terfenadine**
Servipen-V® → **Phenoxymethylpenicillin**
Servipep® → **Famotidine**
Serviprofen® → **Ibuprofen**
Serviproxan® → **Naproxen**
Servitamol® → **Salbutamol**
Servitet® → **Tetracycline**
Servitrim® [+ Sulfamethoxazole] → **Trimethoprim**
Servitrim® [+ Trimethoprim] → **Sulfamethoxazole**
Servitrocin® → **Erythromycin**
Servizid® → **Isoniazid**
Servizol® → **Metronidazole**
Serzone® → **Nefazodone**
Sesamoil® → **Bismuth Subsalicylate**
Sesaren® → **Venlafaxine**
Sesden® → **Timepidium Bromide**
Seskafen® → **Ibuprofen**
Seskaljin® → **Metamizole**
Seskamol® → **Paracetamol**
Seskasid® → **Carbaldrate**
Seskasilin Kapsül® → **Ampicillin**
Seskasilin Oral Süsp.® → **Ampicillin**
Sestrine® → **Repaglinide**
Setacol® → **Hyoscine Butylbromide**
Setaloft® → **Sertraline**
Setam® → **Midazolam**
Setamol® → **Paracetamol**
Setanol® → **Norfloxacin**
Setaratio® → **Sertraline**
Setatrep® → **Deflazacort**
Setegis® → **Terazosin**
Setin® → **Cetirizine**
Setin® → **Metoclopramide**
Setiral® → **Cetirizine**
Setlers Windfree kauwtabletten® → **Dimeticone**
Seton® → **Ondansetron**
Setra® → **Sertraline**
Setrax® → **Sertraline**
Setrilan® → **Spirapril**
Setriox® → **Ceftriaxone**
Setron® → **Azithromycin**
Setronil® → **Citalopram**
Setron® [inj.] → **Granisetron**
Setronon® → **Ondansetron**
Setron® [tabs.] → **Granisetron**
Sevenal® → **Phenobarbital**
Sevenaletta® → **Phenobarbital**
Several® → **Simvastatin**
Severin® → **Nimesulide**
Severon® → **Omeprazole**
Sevirax® → **Aciclovir**
Sevium® → **Haloperidol**
Sevoflo® [vet.] → **Sevoflurane**
Sevoflurane® → **Sevoflurane**
Sevoran® → **Sevoflurane**
Sevorane® → **Sevoflurane**
Sevredol® → **Morphine**
Sevre-Long® → **Morphine**
Sex-Men® → **Sildenafil**
Sezol® → **Secnidazole**
SF 5000 Plus® → **Sodium Fluoride**
SFD-Hufkrebspaste® [vet.] → **Sulfathiazole**
SF Gel® → **Sodium Fluoride**
SF Mix® [vet.] → **Chlortetracycline**
Sguardi® → **Benzalkonium Chloride**
SH 60723 → **Mesterolone**
SH 723 (Schering, Germany) → **Mesterolone**
Shacillin® → **Ampicillin**
Shamoxil® → **Amoxicillin**
Shampoo Bawiss® → **Pyrithione Zinc**
Shampooing Antiparasitaire ICC chien® [vet.] → **Permethrin**
Shampooing Antiparasitaire TMT® [vet.] → **Tetramethrin**
Shampooing Chlorhexidine® [vet.] → **Chlorhexidine**
Sharizol® → **Metronidazole**
Sharox® → **Cefuroxime**
Shatrim® [+ Sulfamethoxazole] → **Trimethoprim**
Shatrim® [+ Trimethoprim] → **Sulfamethoxazole**
Shelrofen® → **Ibuprofen**
Shemol® → **Timolol**
Shilshul® → **Loperamide**
Shincef® → **Cefuroxime**
Shincort® → **Triamcinolone**
Shinoxol YSP® → **Ambroxol**
Shintamet YSP® → **Cimetidine**
Shiomarin® → **Latamoxef**
Shiosol® → **Sodium Aurothiomalate**
Shishitai® → **Somatostatin**
Shiwalax® → **Tolperisone**
SH 900/V → **Dimethyl Sulfoxide**
Siadocin® → **Doxycycline**
Siafil® → **Sildenafil**
Sialexin® → **Cefalexin**
Siamdopa® → **Methyldopa**
Siamformet® → **Metformin**
Siamidine® → **Cimetidine**
Siamik® → **Amikacin**
Sia-Mox® → **Amoxicillin**
Siampicil® → **Ampicillin**
Siampraxol® → **Alprazolam**
Siarizine® → **Cinnarizine**
Siaten® → **Zopiclone**
Sibelium® → **Flunarizine**
Sibélium® → **Flunarizine**
Siberid® → **Flunarizine**
Sibet® → **Dexibuprofene**
Sibital® → **Phenobarbital**
Siblix® → **Aripiprazole**
Sibudan® → **Irinotecan**
Sibu-Estirol® → **Sibutramine**
Sibulin® → **Sibutramine**
Sibumin® → **Sibutramine**
Sibuthin® → **Sibutramine**
Sibutral® → **Sibutramine**
Sibutramina® → **Sibutramine**
Sibutramina MK® → **Sibutramine**
Sibutrax® → **Sibutramine**
Sibutrim® → **Sibutramine**
Sibutrin® → **Sibutramine**
Sicaden® [vet.] → **Dimeticone**
Sicadol® → **Mefenamic Acid**
Sicatem® → **Cisplatin**
Sicazine® → **Sulfadiazine**
Siccafluid® → **Carbomer**
Siccafluid Gel Oftalmico® → **Carbomer**
Siccagent® → **Povidone**
Siccanin® → **Siccanin**

Siccapos® → **Carbomer**
Siccaprotect® → **Dexpanthenol**
Sicca-Stulln® → **Hypromellose**
Siccoral® → **Acetylcysteine**
Sicef® → **Cefradine**
Siclidon® → **Doxycycline**
Siclot® → **Ticlopidine**
Sicobal® → **Mecobalamin**
Sicombyl® → **Salicylic Acid**
Sic-Ophtal® → **Hypromellose**
Sicor® → **Simvastatin**
Sicotral® → **Paroxetine**
Sicotrat® → **Phosphatidylserine**
Sicovit® → **Ergocalciferol**
Sicovit A® → **Retinol**
Sicovit B_1® → **Thiamine**
Sicovit B_12® → **Cyanocobalamin**
Sicovit B_2® → **Riboflavin**
Sicovit B_6® → **Pyridoxine**
Sicovit C® → **Ascorbic Acid**
Sicovit D3® → **Colecalciferol**
Sicovit E® → **Tocopherol, α-**
Sicriptin® → **Bromocriptine**
Sidenar® → **Lorazepam**
Siderblut® → **Ferrous Sulfate**
Sidervim® → **Ferrous Gluconate**
Sidevar® → **Lovastatin**
Sidiadryl® → **Diphenhydramine**
Sidobac® → **Ceftazidime**
Sidopin® → **Amlodipine**
Siduro® → **Ketoprofen**
Sieral® → **Omeprazole**
Siesta® → **Bromazepam**
Sievert® → **Amoxicillin**
Sifaclor® → **Cefaclor**
Sifen® → **Diclofenac**
Sifenol® → **Paracetamol**
Sificetina® → **Chloramphenicol**
Sificrom® → **Cromoglicic Acid**
Siflam® → **Ibuprofen**
Siflex® → **Carbocisteine**
Sifloks® → **Ciprofloxacin**
Sifrol® → **Bromocriptine**
Sifrol® → **Pramipexole**
Sigacap® → **Captopril**
Sigadilol® → **Carvedilol**
Sigalip® → **Simvastatin**
Sigamlo® → **Amlodipine**
Sigaprava® → **Pravastatin**
Sigaprim® [+ Sulfamethoxazole] → **Trimethoprim**
Sigaprim® [+ Trimethoprim] → **Sulfamethoxazole**
Sigmacort® → **Hydrocortisone**
Sigmart® → **Nicorandil**
Signopam® → **Temazepam**
Siklocap® → **Cycloserine**
Sikloplejin® → **Cyclopentolate**
Silact® → **Tilactase**
Silagra® → **Sildenafil**
Silamox® → **Amoxicillin**
Sil-a-mox® → **Amoxicillin**
Silapen® → **Phenoxymethylpenicillin**
Silarine® → **Silibinin**
Silbecor® → **Sulfadiazine**
Silbellium® → **Flunarizine**
Silbephylline® → **Diprophylline**
Silcor® → **Calcitriol**
Silcream® → **Sulfadiazine**
Sildefil® → **Sildenafil**
Sildegra® → **Sildenafil**
Sildenafil® → **Sildenafil**
Sildenafil Genfar® → **Sildenafil**
Sildenafil Ilab® → **Sildenafil**
Sildenafil MK® → **Sildenafil**
Sildenafil Sandoz® → **Sildenafil**
Silder® → **Sulfadiazine**
Silegon® → **Silibinin**
Silence® → **Lorazepam**
Silentan Nefopam® → **Nefopam**
Silibene® → **Silibinin**
Silibinin Madaus® → **Silibinin**
Silibinum® → **Silibinin**
Silibion® → **Silibinin**
Silic 15® → **Dimeticone**
Silicare® → **Dimeticone**
Silicin® → **Cinnarizine**
Silicol® → **Dimeticone**
Silicone Oil → **Dimeticone**
Silicone Suspension Kela® [vet.] → **Dimeticone**
Siliconöl → **Dimeticone**
Silicosel® [vet.] → **Dimeticone**
Silicsan® → **Itraconazole**
Silicur® → **Silibinin**
Silidral® → **Alendronic Acid**
Siligas® → **Dimeticone**
Siligas Tabletas® → **Dimeticone**
Siligaz® → **Dimeticone**
Siligaz® → **Domperidone**
Silimarin® → **Silibinin**
Silimarina® → **Silibinin**
Silimarinã® → **Silibinin**
Silimarina Genfar® → **Silibinin**
Silimarit® → **Silibinin**
Silimax® → **Silibinin**
Silina® → **Ampicillin**
Silin Sofotec® → **Selegiline**
Siliver® → **Silibinin**
Silkis® → **Calcitriol**
Silmar® → **Silibinin**
Silmycetin® → **Chloramphenicol**
Silol® → **Dimeticone**
Silomat® → **Dextromethorphan**
Silomat® → **Clobutinol**
Silon® → **Dimeticone**
Silopect® → **Ambroxol**
Silora® → **Loratadine**
Silostar® → **Nebivolol**
Silovir® → **Aciclovir**
Silox® → **Flucloxacillin**
Silpa® → **Paracetamol**
Silubin® → **Buformin**
Silubin Retard® → **Buformin**
Silum® → **Flunarizine**
Silvadazin® → **Sulfadiazine**
Silvadene® → **Sulfadiazine**
Silvadiazin® → **Sulfadiazine**
Silvadin® → **Sulfadiazine**
Silvadina® → **Sulfadiazine**
Silvamed® → **Sulfadiazine**
Silvaysan® → **Silibinin**
Silvazine® → **Sulfadiazine**
Silvederma® → **Sulfadiazine**
Silverdin® → **Sulfadiazine**
Silverit® → **Enalapril**
Silverol® → **Sulfadiazine**
Silvertone® → **Sulfadiazine**
Silverzine® → **Sulfadiazine**
Silybon® → **Silibinin**
Silygal® → **Silibinin**
Silyhexal® → **Silibinin**
Silymarin® → **Silibinin**
Silymarin AL® → **Silibinin**
Silymarin-Hexal® → **Silibinin**
Silymarin Instant® → **Silibinin**
Silymarin Stada® → **Silibinin**
silymarin von ct® → **Silibinin**
Silymarin Ziethen® → **Silibinin**
Sily-Sabona® → **Silibinin**
Sim 12® → **Cobamamide**
Simacor® → **Simvastatin**
Simacort® → **Triamcinolone**
Simacron® → **Roxithromycin**
Simagel® → **Almasilate**
Simagel® [susp.] → **Magaldrate**
Simaglen® → **Cimetidine**
Simaphil® → **Magaldrate**
Simar® → **Clonixin**
Simarc® → **Warfarin**
Simaron® → **Fluocinonide**
Simator® → **Simvastatin**
Simatral® → **Tramadol**
Simbado® → **Simvastatin**
Simbicort® [+Budesonide] → **Formoterol**
Simbicort® [+Formoterol fumarate dihydrate] → **Budesonide**
Simbra® → **Norfloxacin**
Simcard® → **Simvastatin**
Simchol® → **Simvastatin**
Simcone® → **Dimeticone**
Simcor® → **Simvastatin**

S

Simcora® → **Simvastatin**
Simdax® → **Levosimendan**
Simecol® → **Dimeticone**
Simecon® → **Dimeticone**
Simecrin® → **Dimeticone**
Simestat® → **Rosuvastatin**
Simet® → **Dimeticone**
Simetac® → **Ranitidine**
Simethicon → **Dimeticone**
Simethicone® → **Dimeticone**
Simethicon-ratiopharm® → **Dimeticone**
Simetic® → **Dimeticone**
Simeticona Cetus® → **Dimeticone**
Simeticona Richmond® → **Dimeticone**
Simetyl® → **Dimeticone**
Simex® → **Cimetidine**
Simgal® → **Simvastatin**
Simhasan® → **Simvastatin**
Simicon® → **Dimeticone**
Simirex® → **Simvastatin**
Simlip® → **Simvastatin**
Simlo® → **Simvastatin**
Simovil® → **Simvastatin**
Simox® → **Amoxicillin**
Simoyiam® → **Flunarizine**
Simpanorm® [vet.] → **Carazolol**
Simperten® → **Losartan**
Simplaqor® → **Simvastatin**
Simplevir® → **Aciclovir**
Simplex® → **Aciclovir**
Simplicef® [vet.] → **Cefpodoxime**
Simply Allergy® → **Diphenhydramine**
Simply Cough® → **Dextromethorphan**
Simply Sleep® → **Diphenhydramine**
Simply Stuffy® → **Pseudoephedrine**
Simratio® → **Simvastatin**
Simredin® → **Simvastatin**
Simtan® → **Simvastatin**
Simtin® → **Simvastatin**
Simulect® → **Basiliximab**
Simultan® → **Valsartan**
Simusol® → **Ambroxol**
Simva® → **Simvastatin**
SimvaAPS® → **Simvastatin**
Simva Basics® → **Simvastatin**
Simvabeta® → **Simvastatin**
Simvacard® → **Simvastatin**
Simvachol® → **Simvastatin**
Simvacol® → **Simvastatin**
Simvacor® → **Simvastatin**
Simvadoc® → **Simvastatin**
Simvadura® → **Simvastatin**
Simvafour® → **Simvastatin**
Simvagamma® → **Simvastatin**
Simva-Henning® → **Simvastatin**
SimvaHexal® → **Simvastatin**
Simvakol® → **Simvastatin**
Simvalimit® → **Simvastatin**
Simvalip® → **Simvastatin**
Simvar® → **Simvastatin**
Simvasin Spirig® → **Simvastatin**
Simvass® → **Simvastatin**
Simvast® → **Simvastatin**
Simvastad® → **Simvastatin**
Simvastan® → **Simvastatin**
Simvastatiini Ennapharma® → **Simvastatin**
Simvastatin® → **Simvastatin**
Simvastatin 1A Farma® → **Simvastatin**
Simvastatin 1A Pharma® → **Simvastatin**
Simvastatina® → **Simvastatin**
Simvastatin AAA-Pharma® → **Simvastatin**
Simvastatina Acost® → **Simvastatin**
Simvastatina Alter® → **Simvastatin**
Simvastatina Bayvit® → **Simvastatin**
Simvastatina Bexal® → **Simvastatin**
Simvastatin AbZ® → **Simvastatin**
Simvastatin accedo® → **Simvastatin**
Simvastatina Cinfa® → **Simvastatin**
Simvastatina Combino Pharm® → **Simvastatin**
Simvastatin Actavis® → **Simvastatin**
Simvastatina Cuve® → **Simvastatin**
Simvastatina Davur® → **Simvastatin**
Simvastatina Decrox® → **Simvastatin**
Simvastatina Desgen® → **Simvastatin**
Simvastatina Edigen® → **Simvastatin**
Simvastatina Genfar® → **Simvastatin**
Simvastatina Grapa® → **Simvastatin**
Simvastatina Juventus® → **Simvastatin**
Simvastatina Kern® → **Simvastatin**
Simvastatin AL® → **Simvastatin**
Simvastatina Liconsa® → **Simvastatin**
Simvastatin Alpharma® → **Simvastatin**
Simvastatin Alternova® → **Simvastatin**
Simvastatina Mabo® → **Simvastatin**
Simvastatina Merck® → **Simvastatin**
Simvastatina Midy® → **Simvastatin**
Simvastatina MK® → **Simvastatin**
Simvastatina Normon® → **Simvastatin**
Simvastatina Pliva® → **Simvastatin**
Simvastatina Ratiopharm® → **Simvastatin**
Simvastatina Rimafar® → **Simvastatin**
Simvastatin Arrow® → **Simvastatin**
Simvastatina Sandoz® → **Simvastatin**
Simvastatina Sumol® → **Simvastatin**
Simvastatina Synthon® → **Simvastatin**
Simvastatina Tarbis® → **Simvastatin**
Simvastatina Tecnigen® → **Simvastatin**
Simvastatina Ur® → **Simvastatin**
Simvastatina Uxa® → **Simvastatin**
Simvastatina Vegal® → **Simvastatin**
Simvastatina Vir® → **Simvastatin**
Simvastatin AWD® → **Simvastatin**
Simvastatin-axcount® → **Simvastatin**
Simvastatin-axsan® → **Simvastatin**
Simvastatin AZU® → **Simvastatin**
Simvastatin biomo® → **Simvastatin**
Simvastatin Copyfarm® → **Simvastatin**
Simvastatin-corax® → **Simvastatin**
Simvastatin Dexa Medica® → **Simvastatin**
Simvastatin Domesco® → **Simvastatin**
Simvastatine® → **Simvastatin**
Simvastatine A® → **Simvastatin**
Simvastatine AAA-Pharma® → **Simvastatin**
Simvastatine Actavis® → **Simvastatin**
Simvastatine Alpharma® → **Simvastatin**
Simvastatine-apex® → **Simvastatin**
Simvastatine Aurobindo® → **Simvastatin**
Simvastatine Bexal® → **Simvastatin**
Simvastatine Biogaran® → **Simvastatin**
Simvastatine BioOrganics® → **Simvastatin**
Simvastatine Bouchara-Recordati® → **Simvastatin**
Simvastatine CF® → **Simvastatin**
Simvastatine Consilient® → **Simvastatin**
Simvastatine EG® → **Simvastatin**
Simvastatine FP® → **Simvastatin**
Simvastatine Generosan® → **Simvastatin**
Simvastatine Katwijk® → **Simvastatin**
Simvastatine Merck® → **Simvastatin**
Simvastatine MSD® → **Simvastatin**
Simvastatine NeoPharma® → **Simvastatin**
Simvastatine PCH® → **Simvastatin**
Simvastatine PSI® → **Simvastatin**
Simvastatine Ranbaxy® → **Simvastatin**
Simvastatine ratiopharm® → **Simvastatin**

Simvastatine Sandoz® → **Simvastatin**
Simvastatine-Sandoz® → **Simvastatin**
Simvastatine TAD® → **Simvastatin**
Simvastatine Teva® → **Simvastatin**
Simvastatine Winthrop® → **Simvastatin**
Simvastatine Wörwag® → **Simvastatin**
Simvastatine Zydus® → **Simvastatin**
Simvastatin FP® → **Simvastatin**
Simvastatin Genericon® → **Simvastatin**
Simvastatin Gen Med® → **Simvastatin**
Simvastatin Helvepharm® → **Simvastatin**
Simvastatin Heumann® → **Simvastatin**
Simvastatin Hexal® → **Simvastatin**
Simvastatin Hexpharm® → **Simvastatin**
Simvastatin Interpharm® → **Simvastatin**
Simvastatin-Isis® → **Simvastatin**
Simvastatin Ivax® → **Simvastatin**
Simvastatin Krka® → **Simvastatin**
Simvastatin Lek® → **Simvastatin**
Simvastatin LPH® → **Simvastatin**
Simvastatin Merck® → **Simvastatin**
Simvastatin Merck NM® → **Simvastatin**
Simvastatin Northia® → **Simvastatin**
Simvastatin Novexal® → **Simvastatin**
Simvastatin Nycomed® → **Simvastatin**
Simvastatin Q-Pharm® → **Simvastatin**
Simvastatin Ranbaxy® → **Simvastatin**
Simvastatin ratiopharm® → **Simvastatin**
Simvastatin-ratiopharm® → **Simvastatin**
Simvastatin real® → **Simvastatin**
Simvastatin-RPM® → **Simvastatin**
Simvastatin-saar® → **Simvastatin**
Simvastatin Sandoz® → **Simvastatin**
Simvastatin Stada® → **Simvastatin**
Simvastatin-Teva® → **Simvastatin**
Simvastatin Teva® → **Simvastatin**
Simvastatin von ct® → **Simvastatin**
Simvastatin Wolff® → **Simvastatin**
SimvastatinX® → **Simvastatin**
Simvasterol® → **Simvastatin**
Simvastin® → **Simvastatin**
Simvastin-Mepha® → **Simvastatin**
Simvastol® → **Simvastatin**
Simva TAD® → **Simvastatin**
Simvatin® → **Simvastatin**
Simvax® → **Simvastatin**
Simvaxon® → **Simvastatin**
Simvep® → **Simvastatin**
Simvor® → **Simvastatin**
Simvostol® → **Simvastatin**
Simvotin® → **Simvastatin**
Simzor® → **Simvastatin**
Sinac® → **Adapalene**
Sinaceph® → **Cefradine**
Sinacilin® → **Amoxicillin**
Sinaclox® → **Cloxacillin**
Sinacort® → **Betamethasone**
Sinaflan® → **Fluocinolone acetonide**
Sinaflox® → **Flucloxacillin**
Sinakort-A® → **Triamcinolone**
Sinalax® → **Lactitol**
Sinaler® → **Loratadine**
Sinalfa® → **Terazosin**
Sinalgia® → **Fepradinol**
Sinamida Econazol® → **Econazole**
Sinamida Miconazol® → **Miconazole**
Sinamida Plus® → **Bifonazole**
Sinamin® → **Chlorphenamine**
Sinamox® → **Amoxicillin**
Sinapause® [tabs] → **Estriol**
Sinapdin® → **Cyproheptadine**
Sinapol® → **Paracetamol**
Sinapsan® → **Piracetam**
Sinarest® → **Oxymetazoline**
Sinartrol® → **Piroxicam**
Sinaspril Paracetamol® → **Paracetamol**
Sinatrim® [+ Sulfamethoxazole] → **Trimethoprim**
Sinatrim® [+ Trimethoprim] → **Sulfamethoxazole**
Sinaxar® → **Methocarbamol**
Sinazid® → **Gliclazide**
Sincrosa® → **Acarbose**
Sincrover® → **Betahistine**
Sindac® → **Sulindac**
Sindaxel® → **Paclitaxel**
Sindil® → **Secnidazole**
Sindol® → **Ibuprofen**
Sindolan® → **Naproxen**
Sindopa® [+ Carbidopa] → **Levodopa**
Sindopa® [+ Levodopa] → **Carbidopa**
Sindovin® → **Vincristine**
Sindrob® [+ Carbidopa] → **Levodopa**
Sindrob® [+ Levodopa] → **Carbidopa**
Sindronat® → **Clodronic Acid**
Sindroxocin® → **Doxorubicin**
Sinecod Tosse Fluidificante® → **Carbocisteine**
Sinedem® → **Furosemide**
Sinedol® → **Paracetamol**
Sinedol Ibuprofen® → **Ibuprofen**
Sinekin® → **Biperiden**
Sinelip® → **Gemfibrozil**
Sinemet® [+ Carbidopa] → **Levodopa**
Sinemet® [+ Carbidopa] → **Levodopa**
Sinemet® [+ Carbidopa monohydrate] → **Levodopa**
Sinemet® [+ Carbidopa, monohydrate] → **Levodopa**
Sinemet CR® [+ Carbidopa] → **Levodopa**
Sinemet CR® [+ Carbidopa] → **Levodopa**
Sinemet CR® [+ Levodopa] → **Carbidopa**
Sinemet CR® [+ Levodopa] → **Carbidopa**
Sinemet® [+ Levodopa] → **Carbidopa**
Sinemet® [+ Levodopa] → **Carbidopa**
Sinequan® → **Doxepin**
Sinequan® [vet.] → **Doxepin**
Sinerdol® → **Rifampicin**
Sinergina® → **Phenytoin**
Sinergolin® → **Nicergoline**
Sinersul® [+Sulfamethoxazole] → **Trimethoprim**
Sinersul® [+Sulfamethoxazole] → **Trimethoprim**
Sinersul® [+Trimethoprim] → **Sulfamethoxazole**
Sinersul® [+Trimethoprim] → **Sulfamethoxazole**
Sinesmin® → **Ascorbic Acid**
Sinestrol® → **Hexestrol**
Sinestron® → **Lorazepam**
Sinetus® → **Butamirate**
Sinfung® → **Clotrimazole**
Singastril® → **Pantoprazole**
Singlauc® → **Carteolol**
Singlin® → **Repaglinide**
Singloben® → **Glipizide**
Singulair® → **Montelukast**
Sinhistan® → **Loratadine**
Sinkron® → **Citicoline**
Sinkum® → **Acenocoumarol**
Sinlestal® → **Probucol**
Sinlip® → **Rosuvastatin**
Sinmol® → **Paracetamol**
Sinobid® → **Norfloxacin**
Sinoderm® → **Fluocinolone acetonide**
Sinogan® → **Levomepromazine**
Sinogan® [inj.] → **Levomepromazine**
Sinogan® [tabs] → **Levomepromazine**
Sinomin® → **Sulfamethoxazole**
Sinophenin® → **Promazine**
Sinopil® → **Lacidipine**
Sinopren® → **Lisinopril**
Sinopril® → **Lisinopril**

Sinopryl® → **Lisinopril**
Sinoral® → **Tenoxicam**
Sinoric® → **Allopurinol**
Sinorum® → **Tolperisone**
Sinova® → **Simvastatin**
Sinovial® → **Hyaluronic Acid**
Sinoxis® → **Buflomedil**
Sinozol® → **Itraconazole**
Sinpebac® → **Mupirocin**
Sinplatin® → **Cisplatin**
Sinpor® → **Simvastatin**
Sinpro N® → **Paracetamol**
Sinquan® → **Doxepin**
Sinral® → **Flunarizine**
Sinsia® → **Serrapeptase**
Sintalgin® → **Nimesulide**
Sintalgon® → **Methadone**
Sintegran® → **Metoclopramide**
Sintel® → **Albendazole**
Sintelin® → **Ampicillin**
Sintemicina® → **Mitomycin**
Sintenal® → **Simvastatin**
Sintenyl® → **Fentanyl**
Sintepul® → **Gentamicin**
Sinterol® → **Ezetimibe**
Sinthrome® → **Acenocoumarol**
Sintisone® → **Prednisolone**
Sintocalmin® → **Metamizole**
Sintocef® → **Cefonicid**
Sintoclar® → **Citicoline**
Sintodian® → **Droperidol**
Sintodim® [vet.] → **Dimetridazole**
Sintofarma Captopril® → **Captopril**
Sintofarma Carbamazepina® → **Carbamazepine**
Sintofenac® → **Diclofenac**
Sintolatt® → **Lactulose**
Sintomodulina® → **Thymopentin**
Sintomutylin® [vet.] → **Tiamulin**
Sintonal® → **Brotizolam**
Sintopen® → **Amoxicillin**
Sintoplus® → **Piperacillin**
Sintopozid® → **Etoposide**
Sintopram® → **Citalopram**
Sintotrat® → **Hydrocortisone**
Sintradon® → **Tramadol**
Sintrom® → **Acenocoumarol**
Sinufed® → **Pseudoephedrine**
Sinufin® [+ Amoxicillin trihydrate] → **Clavulanic Acid**
Sinufin® [+ Clavulanic Acid] → **Amoxicillin**
Sinulen® → **Oxymetazoline**
Sinu-Med Tablets® → **Pseudoephedrine**
Sinumine® → **Carbinoxamine**
Sinustrat® → **Benzalkonium Chloride**
Sinutab Mono® → **Pseudoephedrine**
Sinutab Nasal Spray® → **Xylometazoline**
Sinvacor® → **Simvastatin**
Sinvascor® → **Simvastatin**
Sinvastacor® → **Simvastatin**
Sinvastatina Alpharma® → **Simvastatin**
Sinvastatina Alter® → **Simvastatin**
Sinvastatina Angenérico® → **Simvastatin**
Sinvastatina Baldacci® → **Simvastatin**
Sinvastatina Bexal® → **Simvastatin**
Sinvastatina Biolipe® → **Simvastatin**
Sinvastatina Farmoz® → **Simvastatin**
Sinvastatina Frosst® → **Simvastatin**
Sinvastatina Generis® → **Simvastatin**
Sinvastatina Germed® → **Simvastatin**
Sinvastatina ITF® → **Simvastatin**
Sinvastatina Jaba® → **Simvastatin**
Sinvastatina Labesfal® → **Simvastatin**
Sinvastatina Mepha® → **Simvastatin**
Sinvastatina Merck® → **Simvastatin**
Sinvastatina Ratiopharm® → **Simvastatin**
Sinvastatina Sandoz® → **Simvastatin**
Sinvastatina Sinvastil® → **Simvastatin**
Sinvastatina Tecnimede® → **Simvastatin**
Sinvastatina Vascorim® → **Simvastatin**
Sinvastatina Winthrop® → **Simvastatin**
Sinvastatina Zera® → **Simvastatin**
Sinvatrox® → **Simvastatin**
Sinvermin® [vet.] → **Albendazole**
Sioconazol® → **Ketoconazole**
Siofor® → **Metformin**
Siozwo® → **Naphazoline**
Siozwo® → **Xylometazoline**
Siozwo SANA® → **Dexpanthenol**
Sip® → **Tinidazole**
Sipam® → **Diazepam**
Sipar® → **Pantoprazole**
Sipcar® → **Bromazepam**
Siphene® → **Clomifene**
Sipirac® → **Diclofenac**
Sipirac Gel® → **Diclofenac**
Sipraktin® → **Cyproheptadine**
Sipralexa® → **Escitalopram**
Siprobel® → **Ciprofloxacin**
Siprogut® → **Ciprofloxacin**
Siprosan® → **Ciprofloxacin**
Siprotilin® → **Maprotiline**
Siprox® → **Ciprofloxacin**
Siqualone® → **Fluphenazine**
Siqualone decanoat® → **Fluphenazine**
Siquil® → **Triflupromazine**
Siracol® → **Guaiacol**
Siraliden® → **Nitrofurantoin**
Siramid® → **Pyrazinamide**
Siran® → **Acetylcysteine**
Sirdalud® → **Tizanidine**
Siridone® → **Cinnarizine**
Sirigen® → **Benzalkonium Chloride**
Sirofer® → **Ferrous Gluconate**
Sirop Teyssedre® → **Alimemazine**
Siros® → **Itraconazole**
Sirotamicin H.C.® → **Hydrocortisone**
Siroxyl® → **Carbocisteine**
Sirtal® → **Carbamazepine**
Sirtap® → **Ceftriaxone**
Siruc® → **Glibenclamide**
Sirupus Kalii guajacolosulfonici® → **Sulfogaiacol**
Sirupus Lactulosi Kring® → **Lactulose**
Sirupus Promethazini PCH® → **Promethazine**
Siruton® → **Sibutramine**
Sisaal® → **Dextromethorphan**
Sisare® → **Estradiol**
Siseptin® → **Sisomicin**
Sisfluzol® → **Fluconazole**
Sisoptin® → **Sisomicin**
Sistalgina® → **Pramiverine**
Sistar® → **Felodipine**
Sistopress® → **Amlodipine**
Sistral® → **Chlorphenoxamine**
Siterin® → **Cetirizine**
Siterone® → **Cyproterone**
Siticox® → **Rifampicin**
Sitinir® → **Loratadine**
Sition® → **Meloxicam**
Sitosterin Prostata-Kapseln® → **Sitosterol, β-**
Sitraks® → **Levamisole**
Sitran® → **Sumatriptan**
Sitrim® [+ Sulfamethoxazole] → **Trimethoprim**
Sitrim® [+ Trimethoprim] → **Sulfamethoxazole**
Sitriol® → **Calcitriol**
Sitro® → **Roxithromycin**
Sitrox® → **Azithromycin**
Sitzmarks® → **Barium Sulfate**
Sivacor® → **Simvastatin**
Sivastin® → **Simvastatin**
Sivatin® → **Simvastatin**
Sivermec® [vet.] → **Ivermectin**
Sivex® → **Sulfacetamide**
Sivinar® → **Simvastatin**
Sixacina® → **Cetirizine**
Sixdin® → **Estrogens, conjugated**
Sixol® → **Colchicine**

Six Plus Parapaed® → **Paracetamol**
Siyafen® → **Ibuprofen**
Sizopin® → **Clozapine**
Sizoril® → **Clozapine**
Skabicid® → **Lindane**
Skaelud® → **Pyrithione Zinc**
Skanitrol® [vet.] → **Nitroscanate**
Skanozen® → **Sulpiride**
Skanozerin® → **Lysozyme**
Skatta Tick Flea Louse Powder® [vet.] → **Carbaril**
SK-Cef® → **Cefradine**
Skelan IB® → **Ibuprofen**
Skelaxin® → **Metaxalone**
Skenan® → **Morphine**
S-Ketamin Pfizer® → **Ketamine**
SKF 18 667 → **Poloxalene**
SKF 4657 → **Prochlorperazine**
SKF 5116 → **Levomepromazine**
SKF 688 A → **Phenoxybenzamine**
Skiacol® → **Cyclopentolate**
Skid® → **Minocycline**
Skilax® → **Sodium Picosulfate**
Skilin® → **Permethrin**
Skilox® → **Flucloxacillin**
Skinabin® → **Terbinafine**
Skinalar® → **Fluocinolone acetonide**
Skincalm® → **Hydrocortisone**
Skin Cap® → **Pyrithione Zinc**
Skin-Cap® → **Pyrithione Zinc**
Skinderm A® → **Retinol**
Skindure® → **Miconazole**
Skinfect® → **Gentamicin**
Skinocyclin® → **Minocycline**
Skinoderm® → **Azelaic Acid**
Skinoren® → **Azelaic Acid**
Skinovate® → **Clobetasol**
Skinovit® → **Tretinoin**
Skizon® → **Betamethasone**
Sklerofibrat® → **Bezafibrate**
SK-Mox® → **Amoxicillin**
Skopolamin Ophtha® → **Scopolamine**
Skopolamin SAD® → **Scopolamine**
Skopryl® → **Lisinopril**
Slair® → **Ambroxol**
Slap® → **Aspartame**
Sleep Aid® → **Doxylamine**
Sleepaway® [vet.] → **Pentobarbital**
Sleepinal® → **Diphenhydramine**
Slim® → **Sibutramine**
Slim ,n Trim® → **Cathine**
Slo-Bid® → **Theophylline**
Slo-Indo® → **Indometacin**
Slo-Niacin® → **Nicotinic Acid**
Slo-Phyllin® → **Theophylline**
Slovalgin® → **Morphine**
Slow-Apresoline® → **Hydralazine**
Slow Deralin® → **Propranolol**
Slow-Fe® → **Ferrous Sulfate**
Slow-K® → **Potassium**
Slow-Lopresor® → **Metoprolol**
Slow Trasicor® → **Oxprenolol**
Slow-Trasicor® → **Oxprenolol**
Slozem® → **Diltiazem**
Smadol® → **Ibuprofen**
Small Animal Revivon® [vet.] → **Diprenorphine**
SM Amox® → **Amoxicillin**
S M Amox® → **Amoxicillin**
Smaril® → **Ranitidine**
Smecivet® [vet.] → **Smectite**
Smecta® → **Smectite**
Smilitene® → **Doxycycline**
Smokeless® → **Lobeline**
Smooderm® → **Tretinoin**
Snaplets-FR® → **Paracetamol**
SNIF® → **Benzalkonium Chloride**
Snoffocin® → **Norfloxacin**
Snovitel® → **Zolpidem**
Snow-E Muscle, Energy & Fertility® [vet.] → **Tocopherol, α-**
Snow-E Muscle® [vet.] → **Tocopherol, α-**
Snup® → **Xylometazoline**
Snuzaid® → **Diphenhydramine**
Sobelin® → **Flunarizine**
Sobelin® [caps.] → **Clindamycin**
Sobelin Granulat® → **Clindamycin**
Sobelin Solubile® [inj.] → **Clindamycin**
Sobelin Vaginalcreme® → **Clindamycin**
Sobrepin® → **Sobrerol**
Sobrepina® → **Nimodipine**
Sobril® → **Oxazepam**
Sobrius® → **Heparin**
Socalm® → **Quetiapine**
Socatrine® [vet.] → **Deltamethrin**
Socatyl® [vet.] → **Formosulfathiazole**
Socatyl® [vet.] → **Sulfathiazole**
Socef® → **Ceftriaxone**
Socian® → **Amisulpride**
Socid® → **Omeprazole**
Soclaf® → **Cefotaxime**
Socliden® → **Oxybutynin**
Soclonat® → **Clodronic Acid**
Socloxin® → **Cloxacillin**
Socosep® → **Ketoconazole**
Socumb-6-GR® [vet.] → **Pentobarbital**
Soda Mint® → **Sodium Bicarbonate**
Sodanton® → **Phenytoin**
Soden® → **Naproxen**
Soderm® → **Betamethasone**
Sodexx® → **Cimetidine**
Sodexx Famotidin® → **Famotidine**
Sodibic® → **Sodium Bicarbonate**
Sodicoly® [vet.] → **Colistin**
Sodide® [vet.] → **Sodium Iodide**
Sodio ascorbato → **Ascorbic Acid**
Sodio Bicarbonato® → **Sodium Bicarbonate**
Sodio calcio edetato → **Edetic Acid**
Sodio Calcio Edetato® → **Edetic Acid**
Sodio Citrato® → **Sodium Citrate**
Sodio Edetato® → **Edetic Acid**
Sodio Fluoruro® → **Sodium Fluoride**
Sodiofolin® → **Folinic Acid**
Sodio fusidato → **Fusidic Acid**
Sodio Nitroprussiato® → **Sodium Nitroprusside**
Sodiopen® → **Benzylpenicillin**
Sodio Stibogluconato® → **Sodium Stibogluconate**
Sodiparin® → **Heparin**
Sodipen® [inj.] → **Benzylpenicillin**
Sodipental® [inj.] → **Thiopental Sodium**
Sodipryl® → **Naftidrofuryl**
Sodium Amytal® → **Amobarbital**
Sodium ascorbate → **Ascorbic Acid**
Sodium (ascorbate de) → **Ascorbic Acid**
Sodium Ascorbate (Ph. Eur. 5, USP 30) → **Ascorbic Acid**
Sodium Aurothiomalate® → **Sodium Aurothiomalate**
Sodium Bicarbonate® → **Sodium Bicarbonate**
Sodium Bicarbonate Additive Solution® → **Sodium Bicarbonate**
Sodium Bicarbonate Atlantic® → **Sodium Bicarbonate**
Sodium Bicarbonate Biomed® → **Sodium Bicarbonate**
Sodium Bicarbonate Pfrimmer® → **Sodium Bicarbonate**
Sodium Calcium Edetate [BAN] → **Edetic Acid**
Sodium (calcium édétate de) → **Edetic Acid**
Sodium (calcium édétate de) (Ph. Eur. 5) → **Edetic Acid**
Sodium Calcium Edetate (Ph. Eur. 5) → **Edetic Acid**
Sodium Cromoglicate® → **Cromoglicic Acid**
Sodium derivative of 3-oxo-L-gulofuranolactone (WHO) → **Ascorbic Acid**
Sodium dichloroisocyanurate → **Troclosene Potassium**
Sodium dichloro-s-triazinetrione → **Troclosene Potassium**

Sodium Dioctyl Sulfosuccinate → **Docusate Sodium**
Sodium Edecrin® → **Etacrynic Acid**
Sodium Fusidate [BANM] → **Fusidic Acid**
Sodium (fusidate de) → **Fusidic Acid**
Sodium (fusidate de) (Ph. Eur. 5) → **Fusidic Acid**
Sodium Fusidate (Ph. Eur. 5) → **Fusidic Acid**
Sodium Hyaluronate → **Hyaluronic Acid**
Sodium Hyaluronate [BANM] → **Hyaluronic Acid**
Sodium (hyaluronate de) (Ph. Eur. 5) → **Hyaluronic Acid**
Sodium Hyaluronate (Ph. Eur. 5) → **Hyaluronic Acid**
Sodium Iodide® → **Sodium Iodide (^{131}I)**
Sodium Iodide® → **Sodium Iodide**
Sodium Iodide® [vet.] → **Sodium Iodide**
Sodium L-triiodothyronine → **Liothyronine**
Sodium nitrite® [Inj.] → **Sodium Nitrite**
Sodium Nitrite® [Inj.] → **Sodium Nitrite**
Sodium Nitroprusside® → **Sodium Nitroprusside**
Sodium Nitroprusside BP® → **Sodium Nitroprusside**
Sodium Nitroprusside DBL® [inj.] → **Sodium Nitroprusside**
Sodium P-50 → **Ampicillin**
Sodium Pentobarbital® [vet.] → **Pentobarbital**
Sodium Polystyrene Sulfonate® → **Polystyrene Sulfonate**
Sodium Sulamyd® → **Sulfacetamide**
Sodium Sulfamethazine Antibacterial Soluble Powder® [vet.] → **Sulfadimidine**
Sodium Thiosalicylate® → **Thiosalicylic Acid**
Sodium Valproate® → **Valproic Acid**
Sodolac® → **Etodolac**
Sodorant® → **Aluminum Chlorohydrate**
Sodormwell® → **Diphenhydramine**
Sofarcid® → **Cefonicid**
Sofargen® → **Sulfadiazine**
Sofasin® → **Norfloxacin**
Sofden® → **Piroxicam**
Soficlor® → **Cefaclor**
Sofidrox® → **Cefadroxil**
Sofilex® → **Cefalexin**
Sofix® → **Cefixime**
Soflax® → **Docusate Sodium**
Soframycin® → **Framycetin**
Soframycine® → **Framycetin**
Soframycin® [vet.] → **Framycetin**
Sofra-Tüll® → **Framycetin**
Sofra-Tulle® → **Framycetin**
Softapen® → **Flucloxacillin**
Soft Corn® → **Salicylic Acid**
Softner Syrup® → **Lactulose**
Soft u derm® → **Urea**
Sogecoli® [vet.] → **Colistin**
Sogécycline® [vet.] → **Tetracycline**
Sogilen® → **Cabergoline**
Sohopect® → **Ambroxol**
Sohotin® → **Loratadine**
Sojar® → **Folic Acid**
Sokillpain® → **Ibuprofen**
Solan-M® → **Retinol**
Solans® → **Lansoprazole**
Solantal® → **Tiaramide**
Solaquin® → **Hydroquinone**
Solaquin® [vet.] → **Sulfaquinoxaline**
Solaraze® → **Diclofenac**
Solarcaine® → **Benzocaine**
Solarcaine® → **Lidocaine**
Solaris® → **Eculizumab**
Solas® → **Mebendazole**
Solasic® → **Mefenamic Acid**
Solathim® → **Thiamphenicol**
Solatran® → **Ketazolam**
Solavert® → **Sotalol**
Solaxin® → **Chlorzoxazone**
Solaxtabs® → **Bisacodyl**
Solblastin® → **Vinblastine**
Solclor® [vet.] → **Tetracycline**
Soldactone® → **Potassium Canrenoate**
Soldesam® → **Dexamethasone**
Soldesanil® → **Dexamethasone**
Soledum® → **Eucalyptol**
Soleton® → **Zaltoprofen**
Solexa® → **Celecoxib**
Solfa® → **Amlexanox**
Solfac® [vet.] → **Cyfluthrin**
Solfadimetossina (F. U. IX) → **Sulfadimethoxine**
Solfidin® → **Clonazepam**
Solfoton® → **Phenobarbital**
Solganal® → **Aurothioglucose**
Solgol® → **Nadolol**
Solia® → **Salbutamol**
Solian® → **Amisulpride**
Solicam® → **Piroxicam**
Solidon® → **Chlorpromazine**
Solifenacina Yamanouchi® → **Solifenacin**
Soligental® [vet.] → **Gentamicin**
Solin® → **Lidocaine**
Solinitrina® → **Nitroglycerin**
Solmag® → **Aspartic Acid**
Sol-Melcort® → **Methylprednisolone**
Solmox® [vet.] → **Amoxicillin**
Solmucol® → **Acetylcysteine**
Solmux® → **Carbocisteine**
Solmux Capsule® → **Carbocisteine**
Solmux Suspension® → **Carbocisteine**
Solmycin® [vet.] → **Oxytetracycline**
Solnomin® → **Difenidol**
Solocalm® → **Piroxicam**
Solodyn® → **Minocycline**
Solomet® → **Methylprednisolone**
Solomet® [inj.] → **Methylprednisolone**
Solon® → **Sofalcone**
Solone® → **Prednisolone**
Solone → **Prednisolone**
Sol-O-Pake® → **Barium Sulfate**
Solosa® → **Glimepiride**
Solosin® → **Theophylline**
Solotrim® → **Trimethoprim**
Solox® → **Lansoprazole**
Soloxine® [vet.] → **Levothyroxine**
Solpaflex® → **Ibuprofen**
Solpenox® → **Amoxicillin**
Solpren® → **Prednisolone**
Solprin® → **Aspirin**
Solrin® → **Aspirin**
Sol Spiramix® [vet.] → **Spiramycin**
Soltamox® → **Tamoxifen**
Soltrik® → **Mebendazole**
Soltrimox® → **Ceftriaxone**
Soltrim® [+ Sulfamethoxazole] → **Trimethoprim**
Soltrim® [+ Sulfamethoxazole] → **Trimethoprim**
Soltrim® [+ Trimethoprim] → **Sulfamethoxazole**
Soltrim® [+ Trimethoprim] → **Sulfamethoxazole**
Sol-U Amoxycillin® [vet.] → **Amoxicillin**
Solubacter® → **Triclocarban**
Solubenol® [vet.] → **Flubendazole**
Solubilax® → **Cefotaxime**
Soluble Prednisolone® → **Prednisolone**
Solubron® → **Bromhexine**
Solucao de Teofilina Bermácia® → **Theophylline**
Solucao Injetável de Cloridrato de Lidocaina® → **Lidocaine**
Solucao Otológica de Cloranfenicol® → **Chloramphenicol**
Solucaps® → **Mazindol**
Solucel® → **Benzoyl Peroxide**
Solu-Celestan® → **Betamethasone**

Solucion Bicarbonato de Sodio® → **Sodium Bicarbonate**
Solucion de Cloruro de Potasio Richmond® → **Potassium**
Solucion de Dextrosa Richmond® → **Dextrose**
Solucion de Metronidazol Al® → **Metronidazole**
Soluciones de Glucosa® → **Dextrose**
Soluciones Parenterales® → **Sodium Bicarbonate**
Soluciones Parenterales® → **Dextrose**
Soluciones Parenterales Fidex® → **Dextrose**
Solucion Glucosada Hipertonica Fada® → **Dextrose**
Solucion Glucosada Hipertonica Larjan® → **Dextrose**
Solucis® → **Carbocisteine**
Solucol® [vet.] → **Colistin**
Solu-Cortef® → **Hydrocortisone**
Solu-Dacortin® → **Prednisolone**
Soludactone® → **Potassium Canrenoate**
Soludamin® → **Levocarnitine**
Solu-Decortin® → **Prednisolone**
Solu-Decortin H® → **Prednisolone**
Soludeks 1® → **Dextran**
Soludeks 40® → **Dextran**
Soludeks 70® → **Dextran**
Solu-Delta-Cortef® [vet.] → **Prednisolone**
Soluderme® → **Betamethasone**
Soludex® → **Dextran**
Soludol® → **Diclofenac**
Soludox® [vet.] → **Doxycycline**
Soludrill Expectorant® → **Carbocisteine**
Soludrill Rhinites® → **Pseudoephedrine**
Soludrill sans sucre® → **Chlorhexidine**
Soludrill Toux seches® → **Dextromethorphan**
Solufen® → **Ibuprofen**
Solufilina® → **Etamiphylline**
Solufos® [caps./liqu.oral] → **Fosfomycin**
Solufos® [inj.] → **Fosfomycin**
Solugel® → **Benzoyl Peroxide**
Solulexin® → **Cefalexin**
Solulip® → **Gemfibrozil**
Solumag® → **Magnesium Pidolate**
Solu Medrol® → **Methylprednisolone**
Solu-Medrol Act-O-Vial® → **Methylprednisolone**
Solu Médrol® [vet.] → **Methylprednisolone**
Solu-Medrol® [vet.] → **Methylprednisolone**
Solu-Médrol® [vet.] → **Methylprednisolone**
Solu-Medrone® → **Methylprednisolone**
Solu-Medrone® [vet.] → **Methylprednisolone**
Solu-Moderin® → **Methylprednisolone**
Solu Moderin® → **Methylprednisolone**
Solunac® → **Diclofenac**
Solunim® → **Fluocinonide**
Solupen® → **Dexamethasone**
Solu-Pen [vet.] → **Benzylpenicillin**
Solupred® → **Prednisolone**
Soluprick® → **Histamine**
Solupsa® → **Aspirin**
Solurex® → **Dexamethasone**
Solurex L.A.® → **Dexamethasone**
Soluric® → **Allopurinol**
Solusal® → **Aspirin**
Solusedante® → **Loratadine**
Solusprin® → **Aspirin**
Solustrep® → **Streptomycin**
Soluté Glucosé Isotonique® [vet.] → **Dextrose**
Solu-Tet 324® [vet.] → **Tetracycline**
Solutet Soluble Powder® [vet.] → **Tetracycline**
Solutio Acidi Aminocapronici 5 %® → **Aminocaproic Acid**
Solutio Cordes® → **Ichthammol**
Solutio cordes Dexa N® → **Dexamethasone**
Solutio Methylrosanilini Chlorati® → **Methylrosanilinium Chloride**
Solution of Eufilin® → **Aminophylline**
Solution of Novocain® → **Procaine**
Solution of Riboxin® → **Inosine**
Solu-Tracin® [vet.] → **Bacitracin**
Solutrast® → **Iopamidol**
Solutrat® → **Ursodeoxycholic Acid**
Solutricine Biclotymol® → **Biclotymol**
Solutricine Tétracaïne® → **Tetracaine**
Soluverm® [vet.] → **Piperazine**
Solu-Volon A® → **Triamcinolone**
Soluwax® → **Docusate Sodium**
Soluzione Glucosata® [vet.] → **Dextrose**
Soluzyme® → **Trypsin**
Solv-AC T® → **Acetylcysteine**
Solvax® → **Bromhexine**
Solvente Indoloro Apolo® → **Lidocaine**
Solvente Indoloro Fada® → **Lidocaine**
Solvente Indoloro Monserrat® → **Lidocaine**
Solvente Indoloro Northia® → **Lidocaine**
Solvente Indoloro Richmond® → **Lidocaine**
Solvertyl® → **Ranitidine**
Solvetan® → **Ceftazidime**
Solvex® → **Bromhexine**
Solvex® → **Reboxetine**
Solvin® → **Betacarotene**
Solvinex® → **Bromhexine**
Solving® → **Nimesulide**
Solvium® → **Ibuprofen**
Solvolan® → **Ambroxol**
Solvolin® → **Bromhexine**
Solvomed® → **Acetylcysteine**
Solvopect® → **Carbocisteine**
Som® → **Omeprazole**
Soma® → **Carisoprodol**
Somabion® → **Somatostatin**
Somac® → **Citalopram**
Somac® → **Pantoprazole**
Somacill® [vet.] → **Amoxicillin**
Somadril® → **Carisoprodol**
Somaflex® → **Etidronic Acid**
Somagerol® → **Lorazepam**
Somalgen® → **Talniflumate**
Somalgyl® → **Metamizole**
Somalium® → **Bromazepam**
Somastin® → **Somatostatin**
Somatin® → **Somatostatin**
Somatosan® → **Somatostatin**
Somatostatina Combino PH® → **Somatostatin**
Somatostatina Combino Pharm® → **Somatostatin**
Somatostatina IBP® → **Somatostatin**
Somatostatina ICN® → **Somatostatin**
Somatostatina PH & T® → **Somatostatin**
Somatostatina UCB® → **Somatostatin**
Somatostatina Vedim® → **Somatostatin**
Somatostatin Curamed® → **Somatostatin**
Somatostatin DeltaSelect® → **Somatostatin**
Somatostatine UCB® → **Somatostatin**
Somatostatin Hexal® → **Somatostatin**
Somatostatin Inresa® → **Somatostatin**
Somatostatin-UCB® → **Somatostatin**
Somatran® → **Sumatriptan**
Somatrim® → **Citicoline**
Somatrop® → **Somatropine**
Somatulina® → **Lanreotide**
Somatulina Autogel® → **Lanreotide**

S

Sotalolo Hexal® → **Sotalol**
Sotalolo Merck® → **Sotalol**
Sotalolo Teva® → **Sotalol**
Sotalol ratiopharm® → **Sotalol**
Sotalol RPG® → **Sotalol**
Sotalol Sandoz® → **Sotalol**
Sotalol-SL® → **Sotalol**
Sotalol Teva® → **Sotalol**
Sotalol Verla® → **Sotalol**
sotalol von ct® → **Sotalol**
Sotalol Winthrop® → **Sotalol**
Sotamed® → **Sotalol**
Sotanorm® → **Sotalol**
Sotapor® → **Sotalol**
Sota-Puren® → **Sotalol**
Sotarit® → **Sotalol**
Sotaryt® → **Sotalol**
Sota-saar® → **Sotalol**
Sotastad® → **Sotalol**
Sotatic® → **Metoclopramide**
Sotilen® → **Piroxicam**
Sotoger® → **Sotalol**
Sotomycin® → **Clindamycin**
Sotovastin® → **Simvastatin**
Sotradecol® → **Sodium Tetradecyl Sulfate**
Sotret® → **Isotretinoin**
Sotriptabs® → **Dimenhydrinate**
Sotropil® → **Piracetam**
Soufrane® → **Tenoic Acid**
Soufrol® → **Mesulfen**
Soval® → **Valproic Acid**
Sovel® → **Norethisterone**
Soventol® → **Bamipine**
Soventol Gel® → **Bamipine**
Soventol Gelee® → **Bamipine**
Soventol HC® → **Hydrocortisone**
Soventol Hydrocort® → **Hydrocortisone**
Sovipan® → **Aceclofenac**
SP54® → **Pentosan Polysulfate Sodium**
Spablock® → **Drotaverine**
Spacin® → **Sparfloxacin**
Spacovin® → **Drotaverine**
Spalmotil® → **Salbutamol**
Spalox® → **Sparfloxacin**
Spalt® → **Ibuprofen**
Spalt Liqua® → **Ibuprofen**
Spalt Schmerz-Gel® → **Felbinac**
Spametrin-M® → **Methylergometrine**
Spamilan® → **Buspirone**
Spamus® → **Tolperisone**
Span® → **Drotaverine**
Spancef® → **Cefixime**
Spanidin® → **Gusperimus**
Spanil® → **Hyoscine Butylbromide**
Span-K® → **Potassium**
Spanor® → **Doxycycline**
Spantol® → **Phenprobamate**
Spar® → **Sparfloxacin**
Spara® → **Sparfloxacin**
Sparbact® → **Sparfloxacin**
Sparcin® → **Sparfloxacin**
Spardac® → **Sparfloxacin**
Sparflox® → **Sparfloxacin**
Sparfloxacin Domesco® → **Sparfloxacin**
Spargam® → **Sparfloxacin**
Sparicon® → **Hyoscine Butylbromide**
Sparine® → **Promazine**
Spark® → **Sparfloxacin**
Sparkling White Eye Drops® → **Oxymetazoline**
Sparlin® → **Sparfloxacin**
Sparlox® → **Sparfloxacin**
Sparonex® → **Sparfloxacin**
Sparos® → **Sparfloxacin**
Spartakon® [vet.] → **Levamisole**
Spartan® → **Mefenamic Acid**
Spartix® → **Carnidazole**
Spartocine® → **Aspartic Acid**
Spartrix® → **Carnidazole**
Spartrix® [vet.] → **Carnidazole**
Sparx® → **Sparfloxacin**
Spascopan® → **Hyoscine Butylbromide**
Spasdic® → **Flavoxate**
Spasen® → **Otilonium Bromide**
Spasfon® → **Phloroglucinol**
Spasfon-Lyoc® → **Phloroglucinol**
Spasgone-H® → **Hyoscine Butylbromide**
Spashi® → **Hyoscine Butylbromide**
Spasmalgan® → **Denaverine**
Spasman® → **Hyoscine Butylbromide**
Spasmaverine® → **Alverine**
Spasmeco® → **Hyoscine Butylbromide**
Spasmed® → **Trospium Chloride**
Spasmedal → **Pethidine**
Spasmentral® [vet.] → **Benzetimide**
Spasmerin® → **Mebeverine**
Spasmex® → **Trospium Chloride**
Spasmex® → **Phloroglucinol**
Spasmin® → **Hyoscine Butylbromide**
Spasmine® → **Alverine**
Spasmin® [vet.] → **Metamizole**
Spasmium® [caps.] → **Caroverine**
Spasmium® [inj.] → **Caroverine**
Spasmobronchal® [vet.] → **Clenbuterol**
Spasmocalm® → **Phloroglucinol**
Spasmoctyl® → **Otilonium Bromide**
Spasmodil® → **Pipethanate**
Spasmodolin → **Pethidine**
Spasmodol® [vet.] → **Tiemonium Iodide**
Spasmogen® → **Otilonium Bromide**
Spasmol® → **Drotaverine**
Spasmolina® → **Alverine**
Spasmolit® → **Hyoscine Butylbromide**
Spasmoliv® → **Hyoscine Butylbromide**
Spasmolyt® → **Trospium Chloride**
Spasmo-lyt® → **Trospium Chloride**
Spasmomen® → **Otilonium Bromide**
Spasmonal® → **Alverine**
Spasmonal® → **Mebeverine**
Spasmonil® → **Hyoscine Butylbromide**
Spasmopan® → **Hyoscine Butylbromide**
Spasmophen® → **Oxyphenonium Bromide**
Spasmoplex® → **Trospium Chloride**
Spasmoplex Orifarm® → **Trospium Chloride**
Spasmoplex Paranova® → **Trospium Chloride**
Spasmopriv® → **Fenoverine**
Spasmo-Proxyvon Injection® → **Dicycloverine**
Spasmorelax® → **Tetrazepam**
Spasmo-Rhoival TC® → **Trospium Chloride**
Spasmoson® → **Hyoscine Butylbromide**
Spasmoton® [vet.] → **Isoxsuprine**
Spasmo-Urgenin® → **Trospium Chloride**
Spasmo-Urgenin Neo® → **Trospium Chloride**
Spasmo-Urgenin TC® → **Trospium Chloride**
Spasmowern® → **Hyoscine Butylbromide**
Spassirex® → **Phloroglucinol**
Spasuret® → **Flavoxate**
Spasuri® → **Flavoxate**
Spasut® → **Methylergometrine**
Spasyt® → **Oxybutynin**
Spatam® → **Acetylcysteine**
Spatanil® → **Cetirizine**
Spax® → **Risperidone**
Spaxim® → **Cefixime**
Spaziron® → **Cromoglicic Acid**
Spazmol® → **Hyoscine Butylbromide**
Spazmotek® → **Hyoscine Butylbromide**
Spazol® → **Itraconazole**

S

Spazoverin® → **Drotaverine**
Speciafoldine® → **Folic Acid**
Specicef-N® → **Cefatrizine**
Specilid® → **Nimesulide**
Specinor® → **Ranitidine**
Spec-T® → **Benzocaine**
Spectam® [vet.] → **Spectinomycin**
Spectam W® [vet.] → **Spectinomycin**
Spectazole® → **Econazole**
Spectinomicina® [vet.] → **Spectinomycin**
Spectinomix® [vet.] → **Spectinomycin**
Spectinomycin Hydrochloride® [vet.] → **Spectinomycin**
Spectin® [vet.] → **Spectinomycin**
Spectra® → **Doxepin**
Spectrablock® [vet.] → **Spectinomycin**
Spectracef® → **Cefditoren**
Spectracil® → **Ampicillin**
Spectramast® [vet.] → **Ceftiofur**
Spectramox® → **Amoxicillin**
Spectrasone® → **Erythromycin**
Spectrazol® [vet.] → **Cefuroxime**
Spectrem® [+ Sulfamethoxazole] → **Trimethoprim**
Spectrem® [+ Trimethoprim] → **Sulfamethoxazole**
Spectre® [vet.] → **Oxfendazole**
Spectrim® [+ Sulfamethoxazole] → **Trimethoprim**
Spectrim® [+ Trimethoprim] → **Sulfamethoxazole**
Spectrobid® → **Bacampicillin**
Spectrocef® → **Cefotaxime**
Spectrocycline® → **Tetracycline**
Spectroxyl® → **Amoxicillin**
Spectrum® → **Ceftazidime**
Spedifen® → **Ibuprofen**
Spektramox® [+ Amoxicillin, trihydrate] → **Clavulanic Acid**
Spektramox® [+ Clavulanic Acid, potassium salt] → **Amoxicillin**
Spel® → **Betamethasone**
Speridan® → **Risperidone**
Spermatex® → **Benzalkonium Chloride**
Spersacarpin® → **Pilocarpine**
Spersacarpine® → **Pilocarpine**
Spersadex® → **Dexamethasone**
Spersanicol® → **Chloramphenicol**
Spersatear® → **Hypromellose**
Spesicor® → **Metoprolol**
Spesicor Dos® → **Metoprolol**
Spherex® → **Amilomer**
Spidifen® → **Ibuprofen**
Spidox® → **Nitrendipine**
Spidufen® → **Ibuprofen**
Spifen® → **Ibuprofen**
Spike Insecticidal Ear Tags® [vet.] → **Dimpylate**
Spirabiotic® → **Spiramycin**
Spiracin® → **Spiramycin**
Spiractin® → **Spironolactone**
Spiradan® → **Spiramycin**
Spiralgin® → **Mefenamic Acid**
Spiramastin® [vet.] → **Spiramycin**
Spiramicina Merck® → **Spiramycin**
Spiramicina® [vet.] → **Spiramycin**
Spiramin® [vet.] → **Spiramycin**
Spiramix® [vet.] → **Spiramycin**
Spiram® [vet.] → **Spiramycin**
Spiramycin Bidiphar® → **Spiramycin**
Spiramycin Dexa Medica® → **Spiramycin**
Spiramycin Indo Farma® → **Spiramycin**
Spiramycin® [vet.] → **Spiramycin**
Spiranter® → **Spiramycin**
Spirasin® → **Spiramycin**
Spirasol® [vet.] → **Spiramycin**
Spiravet® [vet.] → **Spiramycin**
Spiraxin® → **Rifaximin**
Spiresis® → **Spironolactone**
Spiricort® → **Prednisolone**
Spiriva® → **Tiotropium Bromide**
Spiriva D.A.C.® → **Tiotropium Bromide**
Spiriva HandiHaler® → **Tiotropium Bromide**
Spirix® → **Spironolactone**
Spirobene® → **Spironolactone**
Spirobeta® → **Spironolactone**
Spirocort® → **Budesonide**
Spiroctan® → **Spironolactone**
Spirogamma® → **Spironolactone**
Spirohexal® → **Spironolactone**
Spirolacton® → **Spironolactone**
Spirolair® → **Pirbuterol**
Spirolang® → **Spironolactone**
Spirolon® → **Spironolactone**
Spirolone® → **Spironolactone**
Spiromix® → **Spiramycin**
Spiron® → **Risperidone**
Spiron® → **Spironolactone**
Spironex® → **Spironolactone**
Spirono Genericon® → **Spironolactone**
Spirono-Isis® → **Spironolactone**
Spironol® → **Spironolactone**
Spironolacton® → **Spironolactone**
Spironolacton A® → **Spironolactone**
Spironolactonă® → **Spironolactone**
Spironolacton AAA® → **Spironolactone**
Spironolacton Agepha® → **Spironolactone**
Spironolacton AL® → **Spironolactone**
Spironolacton Alpharma® → **Spironolactone**
Spironolacton AWD® → **Spironolactone**
Spironolacton CF® → **Spironolactone**
Spironolacton dura® → **Spironolactone**
Spironolactone® → **Spironolactone**
Spironolactone Biogaran® → **Spironolactone**
Spironolactone EG® → **Spironolactone**
Spironolactone-Eurogenerics® → **Spironolactone**
Spironolactone G Gam® → **Spironolactone**
Spironolactone Ivax® → **Spironolactone**
Spironolactone Merck® → **Spironolactone**
Spironolactone RPG® → **Spironolactone**
Spironolactone Sandoz® → **Spironolactone**
Spironolactone-Sandoz® → **Spironolactone**
Spironolactone Winthrop® → **Spironolactone**
Spironolacton FLX® → **Spironolactone**
Spironolacton Heumann® → **Spironolactone**
Spironolacton Hexal® → **Spironolactone**
Spironolacton Katwijk® → **Spironolactone**
Spironolacton Merck® → **Spironolactone**
Spironolacton PCH® → **Spironolactone**
Spironolacton-ratiopharm® → **Spironolactone**
Spironolacton Sandoz® → **Spironolactone**
Spironolacton Stada® → **Spironolactone**
Spironolacton TAD® → **Spironolactone**
Spironolakton® → **Spironolactone**
Spironolakton Nycomed® → **Spironolactone**
Spironolakton Pfizer® → **Spironolactone**
Spironone® → **Spironolactone**
Spiropent® → **Clenbuterol**
Spirosine® → **Cefotaxime**

Spirotamicin® → **Hydrocortisone**
Spirotone® → **Spironolactone**
Spirotop® → **Spironolactone**
Spirovet® [vet.] → **Spiramycin**
spiro von ct® → **Spironolactone**
Spirox® → **Piroxicam**
Spirytusowy Roztwór Fioletu Gencjanowego® → **Methylrosanilinium Chloride**
Spitomin® → **Buspirone**
Spizef® → **Cefotiam**
Splendil® → **Felodipine**
SPMC Amoxycillin® → **Amoxicillin**
SPMC Ascorbic Acid® → **Ascorbic Acid**
SPMC Aspirin® → **Aspirin**
SPMC Benzhexol® → **Trihexyphenidyl**
SPMC Bisacodyl® → **Bisacodyl**
SPMC Chloramphenicol® → **Chloramphenicol**
SPMC Chloroquine Phosphate® → **Chloroquine**
SPMC Cloxacillin® → **Cloxacillin**
SPMC Co-Trimoxazole® [+ Sulfamethoxazole] → **Trimethoprim**
SPMC Co-Trimoxazole® [+ Trimethoprim] → **Sulfamethoxazole**
SPMC Diethylcarbamazine® → **Diethylcarbamazine**
SPMC Erythromycin Stearate® → **Erythromycin**
SPMC Folic Acid® → **Folic Acid**
SPMC Frusemide® → **Furosemide**
SPMC Indomethacin® → **Indometacin**
SPMC Mebendazole® → **Mebendazole**
SPMC Paracetamol® → **Paracetamol**
SPMC Phenoxymethylpenicillin® → **Phenoxymethylpenicillin**
SPMC Prednisolone® → **Prednisolone**
SPMC Primaquine Phosphate® → **Primaquine**
SPMC Promethazine HCl® → **Promethazine**
SPMC Propranolol® → **Propranolol**
SPMC Rifampicin® → **Rifampicin**
SPMC Salbutamol® → **Salbutamol**
SPMC Trifluoperazine HCl® → **Trifluoperazine**
SPMC Verapamil HCl® → **Verapamil**
Spofagnost Glucosum® → **Dextrose**
Spofalyt-Kalium® → **Potassium**
Sponderil® → **Oxyphenbutazone**
Spondylon® → **Ketoprofen**
Spondyvit® → **Tocopherol, α-**
Sponsin® → **Dihydroergotoxine**
Spophyllin® [compr.] → **Theophylline**
Spophyllin® [liqu.oral] → **Theophylline**
Sporacid® → **Itraconazole**
Sporahexal® → **Cefalexin**
Sporal® → **Itraconazole**
Sporamin® → **Hyoscine Butylbromide**
Sporanox® → **Itraconazole**
Sporanox® [vet.] → **Itraconazole**
Spored® → **Miconazole**
Sporend® → **Miconazole**
Sporetik® → **Cefixime**
Sporex® → **Itraconazole**
Sporfen® → **Ibuprofen**
Sporicef® → **Cefalexin**
Sporidex® → **Cefalexin**
Sporiline® → **Tolnaftate**
Sporin® → **Cefradine**
Sporinex® → **Tinidazole**
Sporlab® → **Itraconazole**
Spornar® → **Itraconazole**
Sporostatin® → **Griseofulvin**
Sporoxyl® → **Ketoconazole**
Sportino® → **Heparin**
Sportium® → **Heparin**
Sportscreme® → **Salicylic Acid**
Sportusal® → **Heparin**
Sporum® → **Ketoconazole**
Spotclen® → **Hydroquinone**
Spotof® → **Tranexamic Acid**
Spot on CY® [vet.] → **Cyhalothrin**
Spot on Insecticide® [vet.] → **Deltamethrin**
Spotton® → **Fenthion**
Spotton® [vet.] → **Fenthion**
Spralyn® → **Cromoglicic Acid**
Spray Polyvalente® [vet.] → **Nitrofurantoin**
Spray-Tish® → **Tramazoline**
Sprediol® → **Estradiol**
Spren® → **Aspirin**
Sprycel® → **Dasatinib**
SPS® → **Polystyrene Sulfonate**
SP Troches® → **Dequalinium Chloride**
Spulyt® → **Bromhexine**
Spurt® [vet.] → **Cypermethrin**
Sputen® → **Bromhexine**
Sputolosin® [vet.] → **Dembrexine**
Sputolysin® [vet.] → **Dembrexine**
Sputopur® → **Acetylcysteine**
Sputop® [vet.] → **Deltamethrin**
Spyrocon® → **Itraconazole**
SQ 13050 → **Econazole**
SQ 16603 → **Fusidic Acid**
SQ 1089 → **Hydroxycarbamide**
SQ 9453 → **Dimethyl Sulfoxide**
SQ-Cycline® → **Oxytetracycline**
SQ-Mycetin® → **Chloramphenicol**
Squamasol® → **Salicylic Acid**
Squibb-Azactam® → **Aztreonam**
Squibb Vitamin E® → **Tocopherol, α-**
Srendam® → **Suprofen**
SRG 95213 → **Diazoxide**
Srilane® → **Idrocilamide**
SRM-Rhotard® → **Morphine**
SSD® → **Sulfadiazine**
SSD AF® → **Sulfadiazine**
SSKI® → **Potassium Iodide**
SSP® → **Dextrose**
SSZ Aplicaps® → **Sulfadiazine**
Stabicilline® → **Phenoxymethylpenicillin**
Stabilanol® → **Fluconazole**
Stabisol® → **Hetastarch**
Stabixin® → **Cefoperazone**
Stable and Kennel Disinfectent® [vet.] → **Benzalkonium Chloride**
Stablon® → **Tianeptine**
Stabox® [vet.] → **Amoxicillin**
Stac® → **Aspartame**
Stacer® → **Ranitidine**
Stacin® → **Erythromycin**
Stacor® → **Atorvastatin**
Stadaglicin® → **Cromoglicic Acid**
Stada Gurgellösung® → **Dequalinium Chloride**
Stada K® → **Ketoconazole**
Stadalax® → **Bisacodyl**
Stadamet® → **Metformin**
Stada Uno® → **Verapamil**
Stadelant® → **Enalapril**
Staderm® → **Ibuprofen**
Stadmed Beta® → **Atenolol**
Stadmed Entrozyme® → **Clioquinol**
Stadmed Ethacid® → **Etamsylate**
Stadmed Mesulid® → **Nimesulide**
Stadol® → **Butorphanol**
Stadol NS® → **Butorphanol**
Stafen® → **Ketotifen**
Staficilin-N® → **Oxacillin**
Stafilon® → **Metacycline**
Stafine® → **Fusidic Acid**
Staflocil® → **Cloxacillin**
Staforin® → **Cefadroxil**
Stafoxin® → **Flucloxacillin**
Stagid® → **Metformin**
Staklos® → **Dicloxacillin**
Stalene® → **Fluconazole**
Stalevo® [+Carbidopa] → **Levodopa**
Stalevo® [+Levodopa] → **Carbidopa**
Stalith® → **Lithium**
Stamaclit® → **Sulpiride**
Stamar® → **Stavudine**

Stamicin® → **Nystatin**
Stamifen® → **Ketotifen**
Stamin® → **Piracetam**
Stamlo® → **Amlodipine**
Stamonevrol® → **Sulpiride**
Stampede Easy Dose® [vet.] → **Deltamethrin**
Stanabolic® [vet.] → **Stanozolol**
Stanalin® → **Mefenamic Acid**
Stanazol® [vet.] → **Stanozolol**
Standacillin® [inj.] → **Ampicillin**
Standard Heparin → **Heparin**
Stanicid® → **Fusidic Acid**
Stanilo® → **Spectinomycin**
Stanimax® → **Stannous Fluoride**
Stan-K® → **Etamsylate**
Stanol® → **Stanozolol**
Stanosus® [vet.] → **Stanozolol**
Stanza® → **Mefenamic Acid**
Stapenor® [vet.] → **Oxacillin**
Staphen® → **Flucloxacillin**
Staphlex® → **Flucloxacillin**
Staphnil® → **Cloxacillin**
Staphyclox® → **Cloxacillin**
Staphylex® → **Flucloxacillin**
Starazolin® → **Tetryzoline**
Starcef® → **Cefixime**
Starcitin® → **Citalopram**
Starclaf® → **Cefotaxime**
Starezin® → **Simvastatin**
Starform® → **Nateglinide**
Stargate® [vet.] → **Stanozolol**
Staril® → **Fosinopril**
Starin® → **Cefpodoxime**
Star Iodocare® [vet.] → **Povidone-Iodine**
Starlix® → **Nateglinide**
Starmast® [vet.] → **Cefoperazone**
Starnoc® → **Zaleplon**
Starogyn® → **Broxyquinoline**
Star-Pen® → **Phenoxymethylpenicillin**
Star Ready-Dip® [vet.] → **Povidone-Iodine**
Starsis® → **Nateglinide**
Start® → **Aspartame**
Startonyl® → **Citicoline**
Star-Uddercream® [vet.] → **Chlorhexidine**
Starval® → **Valsartan**
Starxon® → **Ceftriaxone**
stas® → **Xylometazoline**
stas-Hustenlöser® → **Ambroxol**
stas Hustenstiller N® → **Clobutinol**
Stasiva® → **Simvastatin**
Statex® → **Simvastatin**
Staticin® → **Erythromycin**
Staticum® → **Glisentide**
Statifil® → **Pravastatin**
Statikard® → **Pravastatin**
Statin® → **Simvastatin**
Statinal® → **Simvastatin**
Statum® → **Clotrimazole**
Status SQ® [vet.] → **Oxytetracycline**
Staurodorm® → **Flurazepam**
Staveran® → **Verapamil**
Stavir® → **Stavudine**
Stavubergen® → **Stavudine**
Stavudina Dosa® → **Stavudine**
Stavudine Stada® → **Stavudine**
StayClear® → **Salicylic Acid**
Stazepine® → **Carbamazepine**
StC 1400 → **Fludrocortisone**
Stedon® → **Diazepam**
Steinaclox-Medichrom® → **Norfloxacin**
Stelax® → **Baclofen**
Stelazine Spansules® → **Trifluoperazine**
Stelium® → **Trifluoperazine**
Stella® → **Zolpidem**
Stellatropine® → **Atropine**
Stellorphinad® → **Morphine**
Stellorphine® → **Morphine**
Stelminal® → **Amitriptyline**
Stelone® → **Triamcinolone**
Stelpon® → **Mefenamic Acid**
Stemetil® → **Prochlorperazine**
Stemetil® [vet.] → **Prochlorperazine**
Stemgen® → **Ancestim**
Stemzine® → **Prochlorperazine**
Stenirol® → **Methylprednisolone**
Stenox® → **Fluoxymesterone**
Steocalcin® [salmon] → **Calcitonin**
Steocar® → **Calcium Carbonate**
Stephadilat-S® → **Fluoxetine**
Sterades® → **Desonide**
Steramin® → **Benzalkonium Chloride**
Sterapred® → **Prednisone**
Sterax® → **Desonide**
Steremal® → **Prochlorperazine**
Sterets® → **Chlorhexidine**
Sterets H® → **Chlorhexidine**
Sterets Unisept® → **Chlorhexidine**
Stericef® → **Ceftriaxone**
Stericide® [vet.] → **Dichlorophen**
Steriderm-S® → **Clobetasol**
Steridine® → **Povidone-Iodine**
Steridrolo® → **Tosylchloramide Sodium**
Sterihyde® → **Glutaral**
Sterile Dobutamine Concentrate® → **Dobutamine**
Sterile Dopamin Concentrate® → **Dopamine**
Sterilene® → **Cetrimonium**
Stérilène® → **Cetrimide**
Sterile Potassium Chloride Contentrate® → **Potassium**
Sterilon® → **Chlorhexidine**
Steri-Neb Ipratropium® → **Ipratropium Bromide**
Steri-Neb Salamol® → **Salbutamol**
Steripet® → **Fludeoxyglucose (18F)**
Steri/Sol® → **Hexetidine**
Sterisol® [vet.] → **Prednisolone**
Sterisone® → **Clobetasone**
Sterke benzoylperoxide® → **Benzoyl Peroxide**
Sterke Ibuprofen® → **Ibuprofen**
Sterocort® → **Triamcinolone**
Sterogyl® → **Colecalciferol**
Stérogyl® → **Ergocalciferol**
Sterol® → **Chlorhexidine**
Sterolone® → **Fluocinolone acetonide**
Sterolone → **Prednisolone**
Steron® → **Dexamethasone**
Steron® → **Norethisterone**
Steronase AQ® → **Triamcinolone**
Steronide® → **Desonide**
Sterox® → **Povidone-Iodine**
Stesolid® → **Diazepam**
Stesolid Novum® → **Diazepam**
Stesolid Rectal Tubes® → **Diazepam**
Stevencillin® → **Amoxicillin**
Stibatin® → **Sodium Stibogluconate**
Stibenyl® → **Ramipril**
Stiboson® → **Sodium Stibogluconate**
Stiefcortil® → **Hydrocortisone**
Stiefotrex® → **Isotretinoin**
Stiemycin® → **Erythromycin**
Stiemycine® → **Erythromycin**
Stieprox® → **Ciclopirox**
Stieva-A® → **Tretinoin**
Stievamycin® → **Tretinoin**
Stigmicarpin® → **Nimodipine**
Stigmosan® → **Neostigmine**
Stilamin® → **Somatostatin**
Stilaze® → **Lormetazepam**
Stilboestrol [BAN] → **Diethylstilbestrol**
Stilboestrolum → **Diethylstilbestrol**
Stilboestrol® [vet.] → **Diethylstilbestrol**
Stilbol → **Diethylstilbestrol**
Stilex® → **Butamirate**
Stiliden® → **Paroxetine**
Stilizan® → **Trifluoperazine**
Still® → **Diclofenac**
Stilla® → **Tetryzoline**
Stillacor® → **Acetyldigoxin**

Stilla Decongestionante® → **Tetryzoline**
Stilla Delicato® → **Benzalkonium Chloride**
Stilnoct® → **Zolpidem**
Stilnox® → **Zolpidem**
Stilphostrol® → **Diethylstilbestrol**
Stimate® → **Desmopressin**
Stimokal® → **Nicorandil**
Stimol® → **Citrulline, L-**
Stimovul® → **Epimestrol**
Stimu-ACTH® → **Corticorelin**
Stimubral® → **Piracetam**
Stimufor® → **Citrulline, L-**
Stimu-GH® → **Somatorelin**
Stimu-LH® → **Gonadorelin**
Stimulin® → **Glimepiride**
Stimulit® → **Cisapride**
Stimuloton® → **Sertraline**
Stimu-TSH® → **Protirelin**
Stimycine® → **Erythromycin**
Stingose® → **Aluminium Sulfate**
Stioxyl® → **Benzoyl Peroxide**
Stiprox Shampoo® → **Ciclopirox**
Stivate® → **Clobetasol**
Stixenil® → **Bisacodyl**
St. Joseph® → **Phenylephrine**
St. Joseph Aspirin Adult® → **Aspirin**
St. Joseph Cough® → **Dextromethorphan**
Stoccel P® → **Aluminum Phosphate**
Stocrin® → **Efavirenz**
Stocrin Lyfjaver® → **Efavirenz**
Stofilan® → **Dihydroergotoxine**
Stolax® → **Bisacodyl**
Stomacer® → **Omeprazole**
Stomakon® → **Cimetidine**
Stomatidin® → **Hexetidine**
Stomatidine® → **Hexetidine**
Stomec® → **Omeprazole**
Stomédine® → **Cimetidine**
Stomet® → **Cimetidine**
Stomex® → **Omeprazole**
Stomorgyl® [vet.] → **Metronidazole**
Stomoxin E.C.® [vet.] → **Permethrin**
Stomoxin® [vet.] → **Permethrin**
Stonex® → **Ursodeoxycholic Acid**
Stop® → **Stannous Fluoride**
Stopaler® → **Cetirizine**
Stop-Allerg® → **Cromoglicic Acid**
Stopangin® → **Hexetidine**
Stoparen® → **Cefotaxime**
Stopen® → **Piroxicam**
Stoperan® → **Loperamide**
Stop Espinilla Normaderm® → **Benzoyl Peroxide**
Stop Grip® → **Paracetamol**
Stopit® → **Loperamide**
Stopitch® → **Hydrocortisone**
Stoplip® → **Lovastatin**
Stop M® [vet.] → **Penethamate Hydriodide**
Stoppot® → **Methenamine**
Stoptos® → **Dextromethorphan**
Storilat® → **Carbamazepine**
Storvas® → **Atorvastatin**
Stradumel® → **Allopurinol**
Strategik Broad Spectrum Drench® [vet.] → **Albendazole**
Strattera® → **Atomoxetine**
Strazyl® → **Metronidazole**
Streaker® [vet.] → **Chlorpyrifos**
Strebenzol® → **Secnidazole**
Strectocina® → **Furazolidone**
Strefen® → **Flurbiprofen**
Strekacin® [vet.] → **Streptomycin**
Strep-Deva® → **Streptomycin**
Strepfen® → **Flurbiprofen**
Strepsils Chesty Cough® → **Guaifenesin**
Strepsils Dry Cough® → **Dextromethorphan**
Strepsils Extra® → **Hexylresorcinol**
Strepsils Intensive® → **Flurbiprofen**
Streptamin® [vet.] → **Sulfanilamide**
Streptase® → **Streptokinase**
Strepto® → **Streptomycin**
Streptocid® → **Sulfanilamide**
Strepto-Fatol® → **Streptomycin**
StreptoHefa® → **Streptomycin**
Streptokinaza® → **Streptokinase**
Streptomicina Solfato® → **Streptomycin**
Streptomicin Sulfat® → **Streptomycin**
Streptomisin® → **Streptomycin**
Streptomycin® → **Streptomycin**
Streptomycine Cooper® → **Streptomycin**
Streptomycine Panpharma® → **Streptomycin**
Streptomycin Grünenthal® → **Streptomycin**
Streptomycin Opsonin® → **Streptomycin**
Streptomycin Renata® → **Streptomycin**
Streptomycin Rotexmedica® → **Streptomycin**
Streptomycin sulfat® → **Streptomycin**
Streptomycin Sulfate® → **Streptomycin**
Streptomycin Sulphate® → **Streptomycin**
Streptomycin Sulphate Meiji® → **Streptomycin**
Streptomycinum® → **Streptomycin**
Streptomycin® [vet.] → **Streptomycin**
Streptonase® → **Streptokinase**
Streptowerfft® [vet.] → **Streptomycin**
Streptuss® → **Dextromethorphan**
Streptuss AX® → **Ambroxol**
Streptuss Broomhexinehydrochloride® → **Bromhexine**
Streptuss Noscapinehydrochloride® → **Noscapine**
Stresam® → **Etifoxine**
Stresnil® [vet.] → **Azaperone**
Stressigal® → **Buspirone**
Stressless® → **Fluoxetine**
Strevital® → **Streptomycin**
Striadyne® → **Triphosadenine**
Strialisin® → **Thiocolchicoside**
Striant® → **Testosterone**
Striaton® [+ Carbidopa, monohydrate] → **Levodopa**
Striaton® [+ Levodopa] → **Carbidopa**
Strickaxyl® [vet.] → **Xylazine**
Stri-Dex® → **Salicylic Acid**
Stri-dex Clear® → **Salicylic Acid**
Stri-dex Pads® → **Salicylic Acid**
Strike Powder® [vet.] → **Dimpylate**
Strike® [vet.] → **Diflubenzuron**
Stril® → **Lisinopril**
Strinacin®[vet.] → **Sulfadiazine**
Strinacin®[vet.] → **Trimethoprim**
Strocain® → **Oxetacaine**
Strodival® → **Ouabain**
Stromectol® → **Ivermectin**
Stronazon® → **Tamsulosin**
Strongcal® → **Calcium Carbonate**
Stronghold® [vet.] → **Selamectin**
Strongid C® [vet.] → **Pyrantel**
Strongid-P® [vet.] → **Pyrantel**
Strongid® [vet.] → **Pyrantel**
Stronglozole® [vet.] → **Tiabendazole**
Strophalen → **Ouabain**
Strophanektan G® [vet.] → **Ouabain**
Strophantin® → **Strophanthin-K**
Strophena → **Ouabain**
Structum® → **Chondroitin Sulfate**
Strumazol® → **Thiamazole**
Stryphnasal® → **Adrenalone**
Stuart Propofol® → **Propofol**
Stud® → **Lidocaine**
Stugerina® → **Cinnarizine**
Stugeron® → **Cinnarizine**
Stugeron Forte® → **Cinnarizine**
Stugeron-Janssen® → **Cinnarizine**
Stunarone® → **Cinnarizine**
Stuno® → **Cinnarizine**
Stutgeron® → **Cinnarizine**
S.T.V.® → **Stavudine**

S

Sulazine® → **Sulfasalazine**
Sulbacin® [+ Ampicillin] → **Sulbactam**
Sulbacin® [+ Ampicillin] → **Sultamicillin**
Sulbacin® [+Sulbactam] → **Amoxicillin**
Sulbacin® [vial], [+ Ampicillin sodium salt] → **Sulbactam**
Sulbacin® [vial] [+ Ampicillin sodium salt] → **Sulbactam**
Sulbacin® [vial], [+ Sulbactam sodium salt] → **Ampicillin**
Sulbacin® [vial] [+ Sulbactam sodium salt] → **Ampicillin**
Sulbactam® → **Sulbactam**
Sulbacta® [+Sulfamethoxazole] → **Trimethoprim**
Sulbacta® [+Trimethoprim] → **Sulfamethoxazole**
Sulbaksit® [+ Ampicillin sodium salt] → **Sulbactam**
Sulbaksit® [+ Sulbactam sodium salt] → **Ampicillin**
Sulbamox IBL® → **Sultamicillin**
Sulbamox IBL® [+ Amoxicillin trihydrate] → **Sulbactam**
Sulbamox IBL® [+ Sulbactam pivoxil] → **Amoxicillin**
Sulbron® [+ Sulfamethoxazole] → **Trimethoprim**
Sulbron® [+ Trimethoprim] → **Sulfamethoxazole**
Sulcain® → **EPAB**
Sulcef® [+Cefoperazone sodium salt] → **Sulbactam**
Sulcef® [+Sulbactam sodium salt] → **Cefoperazone**
Sulcid® → **Sultamicillin**
Sulcid® [+ Ampicillin] → **Sulbactam**
Sulcid® [+ Sulbactam] → **Ampicillin**
Sulcoline® → **Vinorelbine**
Sulcolon® → **Sulfasalazine**
Sulconar® [+ Carbidopa] → **Levodopa**
Sulconar® [+ Levodopa] → **Carbidopa**
Sulcran® → **Sucralfate**
Sulcrate® → **Sucralfate**
Suldimet® [vet.] → **Sulfadimethoxine**
Suldim® [vet.] → **Sulfadimidine**
Suleo-M® → **Malathion**
Sulexon® → **Diclofenac**
Sulf® → **Sulfacetamide**
Sulf-10® → **Sulfacetamide**
Sulfa 10® → **Sulfacetamide**
Sulfa-24 NF® [+ Sulfamethoxazol] → **Trimethoprim**
Sulfa-24 NF® [+ Trimethoprim] → **Sulfamethoxazole**
Sulfacetamida® → **Sulfacetamide**
Sulfacetamide Sodium® → **Sulfacetamide**
Sulfacetamid Ofteno® → **Sulfacetamide**
Sulfacetamidum® → **Sulfacetamide**
Sulfachinossalina® [vet.] → **Sulfaquinoxaline**
Sulfacid® → **Sulfacetamide**
Sulfacollyre® → **Sulfacetamide**
Sulfadiacina de Plata Memphis® → **Sulfadiazine**
Sulfadiazina® → **Sulfadiazine**
Sulfadiazina de Plata Genfar® → **Sulfadiazine**
Sulfadiazina L.CH.® → **Sulfadiazine**
Sulfadiazina Reig Jofre® → **Sulfadiazine**
Sulfadiazina Vannier® → **Sulfadiazine**
Sulfadiazine® → **Sulfadiazine**
Sulfadiazine d'argent EG® → **Sulfadiazine**
Sulfadiazine Tablets® → **Sulfadiazine**
Sulfadiazin-Heyl® → **Sulfadiazine**
Sulfadiazin Streuli® → **Sulfadiazine**
Sulfadiazin+TMP®[vet.] → **Trimethoprim**
Sulfadimérazine CSI® [vet.] → **Sulfadimidine**
Sulfadimérazine Noé® [vet.] → **Sulfadimidine**
Sulfadimethoxin → **Sulfadimethoxine**
Sulfadimethoxine → **Sulfadimethoxine**
Sulfadiméthoxine → **Sulfadimethoxine**
Sulfadimethoxine [BAN, JAN] → **Sulfadimethoxine**
Sulfadiméthoxine [DCF] → **Sulfadimethoxine**
Sulfadiméthoxine Franvet® [vet.] → **Sulfadimethoxine**
Sulfadimethoxine (USP 30, Ph. Franç. X) → **Sulfadimethoxine**
Sulfadimethoxine® [vet.] → **Sulfadimethoxine**
Sulfadimethoxin-Na® [vet.] → **Sulfadimethoxine**
Sulfadimethoxinum → **Sulfadimethoxine**
Sulfadimetossina® → **Sulfadimethoxine**
Sulfadimetossina® [vet.] → **Sulfadimethoxine**
Sulfadimetoxina → **Sulfadimethoxine**
Sulfadimetoxina [DCIT] → **Sulfadimethoxine**
Sulfadimidine® [vet.] → **Sulfadimidine**
Sulfadimidin NA® [vet.] → **Sulfadimidine**
Sulfadimidin® [vet.] → **Sulfadimidine**
Sulfadi® [vet.] → **Sulfadimidine**
Sulfaenterin® → **Sulfasalazine**
Sulfafurazol® → **Sulfafurazole**
Sulfafurazol FNA® → **Sulfafurazole**
Sulfagrand® [+ Sulfamethoxazol] → **Trimethoprim**
Sulfagrand® [+ Trimethoprim] → **Sulfamethoxazole**
Sulfaguanidin® → **Sulfaguanidine**
Sulfalon® [vet.] → **Sulfadimethoxine**
Sulfa-Max III Calf Bolus® [vet.] → **Sulfadimidine**
Sulfamethazin Streuli® [vet.] → **Sulfadimidine**
Sulfamethizol FNA® → **Sulfamethizole**
Sulfamethizol ratiopharm® → **Sulfamethizole**
Sulfamethoxazole and Trimethoprim® [+ Sulfamethoxazole] → **Trimethoprim**
Sulfamethoxazole and Trimethoprim® [+ Sulfamethoxazole] → **Trimethoprim**
Sulfamethoxazole and Trimethoprim® [+ Trimethoprim] → **Sulfamethoxazole**
Sulfamethoxazole and Trimethoprim® [+ Trimethoprim] → **Sulfamethoxazole**
Sulfamethoxazole Tablets® → **Sulfamethoxazole**
Sulfamethoxazol med trimethoprim SAD® [+ Trimethoprim] → **Sulfamethoxazole**
Sulfaméthox® [vet.] → **Sulfamethoxypyridazine**
Sulfamethoxy® [vet.] → **Sulfamethoxypyridazine**
Sulfametizol „Ophtha“® → **Sulfamethizole**
Sulfametizol SAD® → **Sulfamethizole**
Sulfametoxasol y Trimetoprima MF® [+ Sulfamethoxazole] → **Trimethoprim**
Sulfametoxasol y Trimetoprima MF® [+ Trimethoprim] → **Sulfamethoxazole**
Sulfametoxazol+Trimetoprima Bestpharm® [+ Sulfamethoxazole] → **Trimethoprim**
Sulfametoxazol+Trimetoprima Bestpharm® [+Trimethoprim] → **Trimethoprim**
Sulfametoxazol/Trimetoprima® [+ Sulfamethoxazole] → **Trimethoprim**

S

Sulfametoxazol+Trimetoprima® [+ Sulfamethoxazole] → **Trimethoprim**
Sulfametoxazol+Trimetoprima® [+ Sulfamethoxazole] → **Trimethoprim**
Sulfametoxazol/Trimetoprima® [+ Trimethoprim] → **Sulfamethoxazole**
Sulfametoxazol+Trimetoprima® [+ Trimethoprim] → **Sulfamethoxazole**
Sulfametoxazol+Trimetoprima® [+ Trimethoprim] → **Sulfamethoxazole**
Sulfametoxazol Tri® [+ Sulfamethoxazole] → **Trimethoprim**
Sulfametoxazol Tri® [+ Trimethoprim] → **Sulfamethoxazole**
Sulfamet+Trimetop® [+ Sulfamethoxazole] → **Trimethoprim**
Sulfamet+Trimetop® [+ Trimethoprim] → **Sulfamethoxazole**
Sulfamylon® → **Mafenide**
Sulfanil NF® → **Lidocaine**
Sulfaphthalylthiazole → **Phthalylsulfathiazole**
Sulfaplata® → **Sulfadiazine**
Sulfaprim® [+ Sulfamethoxazole] → **Trimethoprim**
Sulfaprim® [+ Trimethoprim] → **Sulfamethoxazole**
Sulfaprim®[vet.] → **Sulfadimethoxine**
Sulfaprim®[vet.] → **Trimethoprim**
Sulfapyrine LA® [vet.] → **Sulfamethoxypyridazine**
Sulfaquinoxaline® [vet.] → **Sulfaquinoxaline**
Sulfaquinoxalin® [vet.] → **Sulfaquinoxaline**
Sulfa Quin® [vet.] → **Sulfaquinoxaline**
Sulfarlem® → **Anetholtrithion**
Sulfasalazin® → **Sulfasalazine**
Sulfasalazin → **Sulfasalazine**
Sulfasalazina → **Sulfasalazine**
Sulfasalazina® → **Sulfasalazine**
Sulfasalazina [DCIT] → **Sulfasalazine**
Sulfasalazine® → **Sulfasalazine**
Sulfasalazine → **Sulfasalazine**
Sulfasalazine [BAN, DCF, USAN] → **Sulfasalazine**
Sulfasalazine CF® → **Sulfasalazine**
Sulfasalazine-En® → **Sulfasalazine**
Sulfasalazine FNA® → **Sulfasalazine**
Sulfasalazine Katwijk® → **Sulfasalazine**
Sulfasalazine Merck® → **Sulfasalazine**
Sulfasalazine PCH® → **Sulfasalazine**
Sulfasalazine (Ph. Eur. 5, Ph. Int. 4, USP 30) → **Sulfasalazine**
Sulfasalazine ratiopharm® → **Sulfasalazine**
Sulfasalazine Sandoz® → **Sulfasalazine**
Sulfasalazin Hexal® → **Sulfasalazine**
Sulfasalazin-Heyl® → **Sulfasalazine**
Sulfasalazin K® → **Sulfasalazine**
Sulfasalazin Krka® → **Sulfasalazine**
Sulfasalazin medac® → **Sulfasalazine**
Sulfasalazin (Ph. Eur. 5) → **Sulfasalazine**
Sulfasalazinum → **Sulfasalazine**
Sulfasalazinum (Ph. Eur. 5, Ph. Int. 4) → **Sulfasalazine**
Sulfas Chinidin® → **Quinidine**
Sulfasil® → **Sulfadiazine**
Sulfasol® → **Sulfafurazole**
Sulfasure SR® [vet.] → **Sulfadimidine**
Sulfat de Atropină® → **Atropine**
Sulfat de Bariu (Pro Röntgen)® → **Barium Sulfate**
Sulfate d'Atropine-Chauvin® → **Atropine**
Sulfate de protamine → **Protamine Sulfate**
Sulfathiazol® → **Sulfathiazole**
Sulfathiazolum phtalylatum → **Phthalylsulfathiazole**
Sulfatiazol® → **Sulfathiazole**
Sulfato de Amicacina® → **Amikacin**
Sulfato de Atropina® → **Atropine**
Sulfato de Atropina Biol® → **Atropine**
Sulfato de Atropina Larjan® → **Atropine**
Sulfato de Gentamicina® → **Gentamicin**
Sulfato de protamina → **Protamine Sulfate**
Sulfato Ferroso® → **Ferrous Sulfate**
Sulfato Ferroso All Pro® → **Ferrous Sulfate**
Sulfato Ferroso Ilab® → **Ferrous Sulfate**
Sulfato Ferroso L.Ch.® → **Ferrous Sulfate**
Sulfato Ferroso Sant Gall Friburg® → **Ferrous Sulfate**
Sulfato Protamina Leo® → **Protamine Sulfate**
Sulfatral® → **Sulfadiazine**
Sulfa+Trimetoprima® [+ Sulfamethoxazole] → **Trimethoprim**
Sulfa+Trimetoprima® [+ Trimethoprim] → **Sulfamethoxazole**
Sulfa+Trim® [+ Sulfamethoxazol] → **Trimethoprim**
Sulfatrim® [+ Sulfamethoxazole] → **Trimethoprim**
Sulfatrim® [+ Trimethoprim] → **Sulfamethoxazole**
Sulfatrim® [+ Trimethoprim] → **Sulfamethoxypyridazine**
Sulfa+Trim® [+ Trimethoprim] → **Sulfamethoxazole**
Sulfatrim®[vet.] → **Trimethoprim**
Sulfatrim®[vet.] → **Sulfadiazine**
Sulfazine® [vet.] → **Sulfadimidine**
Sulfex® → **Sulfacetamide**
Sulfinam® [+ Sulfamethoxazole] → **Trimethoprim**
Sulfinam® [+ Trimethoprim] → **Sulfamethoxazole**
Sulfinav® → **Efavirenz**
Sulfinyldimethan → **Dimethyl Sulfoxide**
Sulfiram® → **Sulfiram**
Sulfoid® [+Sulfamethoxazole] → **Trimethoprim**
Sulfoid® [+Trimethoprim] → **Sulfamethoxazole**
Sulfometh® [+Sulfamethoxazole] → **Trimethoprim**
Sulfometh® [+Trimethoprim] → **Sulfamethoxazole**
Sulfona® → **Dapsone**
Sulfone® [vet.] → **Dapsone**
Sulfotrim® [+ Sulfamethoxazol] → **Trimethoprim**
Sulfotrim® [+ Trimethoprim] → **Sulfamethoxazole**
Sulfovet® [vet.] → **Sulfamoxole**
Sulfoxine 33® [vet.] → **Sulfadimidine**
Sulidamor® → **Nimesulide**
Sulide® → **Nimesulide**
Sulidek® → **Nimesulide**
Suliden® → **Nimesulide**
Sulidene® [vet.] → **Nimesulide**
Sulidin® → **Nimesulide**
Sulidol-GB® → **Nimesulide**
Sulimed® → **Nimesulide**
Sulindac® → **Sulindac**
Sulindaco Lisan® → **Sulindac**
Sulindac PCH® → **Sulindac**
Sulindac ratiopharm® → **Sulindac**
Sulindal® → **Sulindac**
Sulingqiong® → **Granisetron**
Sulix® → **Tamsulosin**
Sulmethotrim®[vet.] → **Sulfamethoxazole**
Sulmethotrim®[vet.] → **Trimethoprim**
Sulmetrim®[vet.] → **Sulfamethoxazole**
Sulmetrim®[vet.] → **Trimethoprim**
Sulmet® [vet.] → **Sulfadimidine**

Sulmycin® → **Gentamicin**
Sulobil® → **Chenodeoxycholic Acid**
Sulocten® → **Enalapril**
Sulodil® → **Buflomedil**
Sulop® → **Sulfacetamide**
Sulorane® → **Desflurane**
Sulotrim® [+ Sulfamethoxazole] → **Trimethoprim**
Sulotrim® [+ Trimethoprim] → **Sulfamethoxazole**
Sulp® → **Sulpiride**
Sulpelin® → **Sulbenicillin**
Sulperason® [+Cefoperazone] → **Sulbactam**
Sulperason® [+Sulbactam] → **Cefoperazone**
Sulperazon® [+ Cefoperazone, sodium salt] → **Sulbactam**
Sulperazon® [+ Cefoperazone sodium salt] → **Sulbactam**
Sulperazon® [+ Sulbactam, sodium salt] → **Cefoperazone**
Sulperazon® [+ Sulbactam sodium salt] → **Cefoperazone**
Sulphacetamide® → **Sulfacetamide**
Sulphacetamide-Polpharma® → **Sulfacetamide**
Sulphadimethoxine → **Sulfadimethoxine**
Sulphadimethoxine (BP 1988) → **Sulfadimethoxine**
Sulphadimethoxinum (Ph. Jap. 1971) → **Sulfadimethoxine**
Sulphadimidine® [vet.] → **Sulfadimidine**
Sulphamethizole® → **Sulfamethizole**
Sulphamezathine® [vet.] → **Sulfadimidine**
Sulphanilamide® [vet.] → **Sulfanilamide**
Sulpha No. 2 Powder® [vet.] → **Sulfadimidine**
Sulphargin® → **Sulfadiazine**
Sulphasalazine® → **Sulfasalazine**
Sulphatrim® [+ Sulfamethoxazole] → **Trimethoprim**
Sulphatrim® [+ Trimethoprim] → **Sulfamethoxazole**
Sulphatrim®[vet.] → **Trimethoprim**
Sulphatrim®[vet.] → **Sulfadiazine**
Sulpha-T® [+ Sulfadimidine] [vet.] → **Trimethoprim**
Sulpha-T® [+ Trimethoprim] [vet.] → **Sulfadimidine**
Sulphax® [+ Sulfamethoxazole] → **Trimethoprim**
Sulphax® [+ Trimethoprim] → **Sulfamethoxazole**
Sulphazol → **Phthalylsulfathiazole**
Sulphix® [+ Sulfadoxine] [vet.] → **Trimethoprim**
Sulphix® [+ Trimethoprim] [vet.] → **Sulfadoxine**
Sulphytrim® [+ Sulfamethoxazole] → **Trimethoprim**
Sulphytrim® [+ Trimethoprim] → **Sulfamethoxazole**
Sulpigut® → **Sulpiride**
Sulpilan® → **Sulpiride**
Sulpiphar® → **Sulpiride**
Sulpiren® → **Sulpiride**
Sulpirid® → **Sulpiride**
Sulpirid 1A Pharma® → **Sulpiride**
Sulpirida® → **Sulpiride**
Sulpirid AL® → **Sulpiride**
Sulpirid beta® → **Sulpiride**
Sulpiride® → **Sulpiride**
Sulpiride EG® → **Sulpiride**
Sulpiride-Eurogenerics® → **Sulpiride**
Sulpiride G Gam® → **Sulpiride**
Sulpiride Ivax® → **Sulpiride**
Sulpiride Merck® → **Sulpiride**
Sulpiride Sandoz® → **Sulpiride**
Sulpiride Teva® → **Sulpiride**
Sulpirid Hexal® → **Sulpiride**
Sulpirid Hormosan® → **Sulpiride**
Sulpirid Jadran® → **Sulpiride**
Sulpirid-neuraxpharm® → **Sulpiride**
Sulpirid-ratiopharm® → **Sulpiride**
Sulpirid real® → **Sulpiride**
Sulpirid-RPh® → **Sulpiride**
Sulpirid Sandoz® → **Sulpiride**
Sulpirid Stada® → **Sulpiride**
sulpirid von ct® → **Sulpiride**
Sulpirol® → **Sulpiride**
Sulpiryd® → **Sulpiride**
Sulpitil® → **Sulpiride**
Sulpivert® → **Sulpiride**
Sulpor® → **Sulpiride**
Sulprim® [+ Sulfamethoxazole] → **Trimethoprim**
Sulprim® [+ Trimethoprim] → **Sulfamethoxazole**
Sulprim®[vet.] → **Trimethoprim**
Sulprim®[vet.] → **Sulfadimidine**
Sulprotin® → **Suprofen**
Sulpyrine (JP XIV) → **Metamizole**
Sulquipen® → **Cefalexin**
Sulrid® → **Sulpiride**
Sultalbac® → **Sultamicillin**
Sultamat® → **Sultamicillin**
Sultamicilina® → **Sultamicillin**
Sultamicilina La Sante® → **Sultamicillin**
Sultamicilina MK® → **Sultamicillin**
Sultamicilina Richet® [+ Ampicillin sodium salt] → **Sulbactam**
Sultamicilina Richet® [oral susp.] → **Sultamicillin**
Sultamicilina Richet® [+ Sulbactam sodium salt] → **Ampicillin**
Sultanol® → **Salbutamol**
Sultanol-Dosieraerosol® → **Salbutamol**
Sultasid® → **Sultamicillin**
Sultasid® [+ Ampicillin sodium salt] → **Sulbactam**
Sultasid® [+ Sulbactam sodium salt] → **Ampicillin**
Sulterline® → **Terbutaline**
Sulthrim® [+ Sulfamethoxazole] → **Trimethoprim**
Sulthrim® [+ Trimethoprim] → **Sulfamethoxazole**
Sultibac® → **Sultamicillin**
Sultibac® [+ Ampicillin sodium salt] → **Sulbactam**
Sultibac® [+ Sulbactam sodium salt] → **Ampicillin**
Sultolin® → **Salbutamol**
Sulton® → **Folinic Acid**
Sultopride Panpharma® → **Sultopride**
Sultrian®[vet.] → **Sulfamethoxazole**
Sultrian®[vet.] → **Trimethoprim**
Sultri-C® [+ Sulfamethoxazole] → **Trimethoprim**
Sultri-C® [+ Trimethoprim] → **Sulfamethoxazole**
Sultrima® [+ Sulfamethoxazole] → **Trimethoprim**
Sultrima® [+ Trimethoprim] → **Sulfamethoxazole**
Sultrim® [+ Sulfamethoxazole] → **Trimethoprim**
Sultrim® [+ Sulfamethoxazole] → **Trimethoprim**
Sultrim® [+ Trimethoprim] → **Sulfamethoxazole**
Sultrim® [+ Trimethoprim] → **Sulfamethoxazole**
Sultrival®[vet.] → **Sulfadiazine**
Sultrival®[vet.] → **Trimethoprim**
Sultrona® → **Estrogens, conjugated**
Sultropin® [vet.] → **Atropine**
Sulwerfft-Puder® [vet.] → **Sulfanilamide**
Sulxin® → **Sulfadimethoxine**
Sumaclina® → **Simvastatin**
Sumagesic® → **Paracetamol**
Sumalieve® → **Sumatriptan**
Sumamed® → **Azithromycin**
Sumamigren® → **Sumatriptan**
Sumapen® → **Ampicillin**
Sumarix® → **Sumatriptan**
Sumatridex® → **Sumatriptan**
Sumatriptan® → **Sumatriptan**

S

Sumatriptan 1A Farma® → **Sumatriptan**
Sumatriptan-1A Pharma® → **Sumatriptan**
Sumatriptan A® → **Sumatriptan**
Sumatriptan AbZ® → **Sumatriptan**
Sumatriptan Actavis® → **Sumatriptan**
Sumatriptan AL® → **Sumatriptan**
Sumatriptan Allen® → **Sumatriptan**
Sumatriptan AWD® → **Sumatriptan**
Sumatriptan Baggerman® → **Sumatriptan**
Sumatriptan Basics® → **Sumatriptan**
Sumatriptan beta® → **Sumatriptan**
Sumatriptan-biomo® → **Sumatriptan**
Sumatriptan CF® → **Sumatriptan**
Sumatriptan Copyfarm® → **Sumatriptan**
Sumatriptan-CT® → **Sumatriptan**
Sumatriptan dura® → **Sumatriptan**
Sumatriptan Focus® → **Sumatriptan**
Sumatriptan FTAB® → **Sumatriptan**
Sumatriptan Genfar® → **Sumatriptan**
Sumatriptan GSK® → **Sumatriptan**
Sumatriptan Hexal® → **Sumatriptan**
Sumatriptan-Hexal® → **Sumatriptan**
Sumatriptan-Hormosan® → **Sumatriptan**
Sumatriptan Katwijk® → **Sumatriptan**
Sumatriptan-Kranit® → **Sumatriptan**
Sumatriptan Merck® → **Sumatriptan**
Sumatriptan Merck NM® → **Sumatriptan**
Sumatriptan Niche® → **Sumatriptan**
Sumatriptan PCH® → **Sumatriptan**
Sumatriptan PSI® → **Sumatriptan**
Sumatriptan ratiopharm® → **Sumatriptan**
Sumatriptan-ratiopharm® → **Sumatriptan**
Sumatriptan real® → **Sumatriptan**
Sumatriptan Sandoz® → **Sumatriptan**
Sumatriptan Stada® → **Sumatriptan**
Sumatriptan TAD® → **Sumatriptan**
Sumatriptan Teva® → **Sumatriptan**
Sumatriptan Winthrop® → **Sumatriptan**
Sumax® → **Sumatriptan**
Sumedium® → **Phenazopyridine**
Sumenan® → **Zolpidem**
Sumetoprin® [+ Sulfamethoxazole] → **Trimethoprim**
Sumetoprin® [+ Trimethoprim] → **Sulfamethoxazole**
Sumetrin® → **Sumatriptan**
Sumetrolim® [+ Sulfamethoxazole] → **Trimethoprim**
Sumetrolim® [+ Trimethoprim] → **Sulfamethoxazole**
Sumex® [vet.] → **Ivermectin**
Sumial® → **Propranolol**
Sumidin® → **Serrapeptase**
Sumiferon® → **Interferon Alfa**
Sumifly Buffalo Fly Insecticide® [vet.] → **Fenvalerate**
Sumifon® → **Isoniazid**
Sumigra® → **Sumatriptan**
Sumigran® → **Sumatriptan**
Suminat® → **Sumatriptan**
Sumlin® → **Carbazochrome**
Summer C-Dip® [vet.] → **Chlorhexidine**
Summer Masodip® [vet.] → **Chlorhexidine**
Summer's Eve® → **Povidone-Iodine**
Sumo® → **Nimesulide**
Sumo® → **Phenothrin**
Sumox® → **Amoxicillin**
Sumycin® → **Tetracycline**
Sumycin Syrup® [liqu.oral-sir.] → **Tetracycline**
Sundir® → **Nimesulide**
Sunicaine® → **Lidocaine**
Suniderma® → **Hydrocortisone**
Sunix® [vet.] → **Sulfadimethoxine**
Sunpraz® → **Pantoprazole**
Sunrabin® → **Enocitabine**
Sunrythm® → **Pilsicainide**
Suntrim® [+Sulfamethoxazole] → **Trimethoprim**
Suntrim® [+Trimethoprim] → **Sulfamethoxazole**
Sunvecon® → **Fluconazole**
Sunzepan® → **Diazepam**
Supacal® → **Trepibutone**
Supacef® → **Cefuroxime**
Supalint® [vet.] → **Niclosamide**
Supanate® → **Flopropione**
Supartz® → **Hyaluronic Acid**
Superamin® → **Levocarnitine**
Superan® → **Alizapride**
Superanabolon® → **Nandrolone**
Superbolin® [vet.] → **Methandriol**
Super Cal® [vet.] → **Calcium Carbonate**
Super Concentrate Teat Dip or Spray® [vet.] → **Povidone-Iodine**
Super Cromer Orto® → **Merbromin**
Super-Fluke® [vet.] → **Closantel**
Superheks® → **Chlorhexidine**
Supermoxil® → **Amoxicillin**
Supero® → **Cefuroxime**
Superol® → **Oxyquinoline**
Super-ov® [vet.] → **Follitropin Alfa**
Superpep® → **Dimenhydrinate**
Superpyrin® → **Aloxiprin**
Superspray® [vet.] → **Chlorhexidine**
Superteat® [vet.] → **Povidone-Iodine**
Supertest® [vet.] → **Testosterone**
Super Tetra® → **Tetracycline**
Supervit® → **Ascorbic Acid**
Supesanile® → **Sulpiride**
Supeudol® → **Oxycodone**
Suphedrin® → **Pseudoephedrine**
Su-phedrin® → **Pseudoephedrine**
Suphedrine® → **Pseudoephedrine**
Supirocin® → **Mupirocin**
Suplac® → **Bromocriptine**
Suplasyn® → **Hyaluronic Acid**
Suplentin® [+ Amoxicillin, trihydrate] → **Clavulanic Acid**
Suplentin® [+ Amoxicllin, sodium salt] → **Clavulanic Acid**
Suplentin® [+ Clavulanic Acid] → **Amoxicillin**
Suplentin® [+ Clavulanic Acid, potassium salt] → **Amoxicillin**
Supofen® → **Paracetamol**
Supogliz® → **Glycerol**
Supona® [vet.] → **Clofenvinfos**
Supositorio de Glicerina® → **Glycerol**
Supositorios de Glicerina® → **Glycerol**
Supositorios de Glicerina Fecofar® → **Glycerol**
Supositorios de Glicerina Franklin® → **Glycerol**
Supositorios Glicerina® → **Glycerol**
Supositorios Glicerina Brota® → **Glycerol**
Supositorios Glicerina Cinfa® → **Glycerol**
Supositorios Glicerina Cuve® → **Glycerol**
Supositorios Glicerina Glycilax® → **Glycerol**
Supositorios Glicerina Mandri® → **Glycerol**
Supositorios Glicerina Orravan® → **Glycerol**
Supositorios Glicerina Rovi® → **Glycerol**
Supositorios Glicerina Torrent® → **Glycerol**
Supositorios Glicerina Vilardell® → **Glycerol**
Supositorios Glicerina Viviar® → **Glycerol**
Supositorios Senosiain® → **Glycerol**
Supotron® → **Enalapril**
Supozitoare cu Glicerină → **Glycerol**
Suppap® → **Paracetamol**
Supplin® → **Metronidazole**
Suppositoires a la glycerine® → **Glycerol**

Suppositoria Glycerini Leciva® → **Glycerol**
Supposte Glicerina Carlo Erba® → **Glycerol**
Supposte Glicerina S.Pellegrino® → **Glycerol**
Supprelin® → **Histrelin**
Suppressor® [vet.] → **Flunixin**
Suppress® [vet.] → **Megestrol**
Supprestral® [vet.] → **Medroxyprogesterone**
Supra® → **Lidamidine**
Supracalm® → **Paracetamol**
Supracam® → **Pantoprazole**
Supracef® → **Cefradine**
Supracef® [tab.] → **Cefuroxime**
Suprachlor® → **Chloramphenicol**
Supracombin® [+ Sulfamethoxazol] → **Trimethoprim**
Supracombin® [+ Trimethoprim] → **Sulfamethoxazole**
Supracordin® → **Nifedipine**
Supracyclin® → **Doxycycline**
Supradol® → **Ketorolac**
Suprafen® → **Ibuprofen**
Suprafenid® → **Ketoprofen**
Suprafol® → **Folic Acid**
Suprahyal® → **Hyaluronic Acid**
Supralan® → **Fluocinolone acetonide**
Supraler® → **Levocetirizine**
Supralex® → **Cefalexin**
Supralip® → **Fenofibrate**
Supramox® [vet.] → **Amoxicillin**
Supramycin® → **Tetracycline**
Supramycina® → **Doxycycline**
Supran® → **Cefixime**
Suprane® → **Desflurane**
Supranitrin® → **Nitroglycerin**
Supraphen® → **Chloramphenicol**
Suprarenin® → **Epinephrine**
Suprasma® → **Salbutamol**
Suprastin® → **Chloropyramine**
Suprasulfa® [vet.] → **Sulfadimidine**
Suprasulf® [+ Sulfamethoxazole] → **Trimethoprim**
Suprasulf® [+ Trimethoprim] → **Sulfamethoxazole**
Supratonin® → **Amezinium Metilsulfate**
Supra-Vir® → **Aciclovir**
Supraviran® → **Aciclovir**
Supraviran i. v.® → **Aciclovir**
Supravit C® → **Ascorbic Acid**
Suprax® → **Cefixime**
Supraxim® → **Cefixime**
Suprecur® → **Buserelin**
Suprefact® → **Buserelin**
Suprefact Depot® → **Buserelin**
Suprefact E® → **Buserelin**
Suprein® → **Nimesulide**
Suprelip® → **Fenofibrate**
Suprelorin® [vet.] → **Deslorelin**
Supreme® [+ Sulfamethoxazole] → **Trimethoprim**
Supreme® [+ Sulfamethoxazole] → **Trimethoprim**
Supreme® [+ Trimethoprim] → **Sulfamethoxazole**
Supreme® [+ Trimethoprim] → **Sulfamethoxazole**
Supremin® → **Butamirate**
Supremunn® → **Ciclosporin**
Supresol® → **Methylprednisolone**
Supressin® → **Doxazosin**
Suprima-Kof® → **Ambroxol**
Suprimal® → **Mesalazine**
Suprima-Nos® → **Xylometazoline**
Suprimass® [+ Sulfamethoxazole] → **Trimethoprim**
Suprimass® [+ Trimethoprim] → **Sulfamethoxazole**
Suprim® [+ Sulfamethoxazole] → **Trimethoprim**
Suprim® [+ Trimethoprim] → **Sulfamethoxazole**
Suprium® → **Sulpiride**
Suprofen® → **Ibuprofen**
Sural® → **Ethambutol**
Suramox® [vet.] → **Amoxicillin**
Surazem® → **Diltiazem**
Surbronc® → **Ambroxol**
Sure LD® [vet.] → **Levamisole**
Sureprin® → **Aspirin**
Sure Shot Liquid Wormer® [vet.] → **Pyrantel**
Sure® [vet.] → **Levamisole**
Surfactal® → **Ambroxol**
Surfacten® → **Beractant**
Surfactil® → **Ambroxol**
Surfak® → **Docusate Calcium**
Surfaktivo® → **Cetrimonium**
Surfaz® → **Clotrimazole**
Surfolase® → **Ambroxol**
Surfont® → **Mebendazole**
Surgam® → **Tiaprofenic Acid**
Surgamyl® → **Tiaprofenic Acid**
Surgestone® → **Promegestone**
Suril® → **Sucralfate**
Surital® [vet.] → **Thiamylal Sodium**
Surlid® → **Roxithromycin**
Surmax® [vet.] → **Avilamycin**
Surmenalit® → **Sulbutiamine**
Surmontil® → **Trimipramine**
Surmontil® [inj.] → **Trimipramine**
Surnox® → **Ofloxacin**
Surnox® [inj.] → **Ofloxacin**
Surofene → **Hexachlorophene**
Surpas® [+ Amoxicillin, trihydrate] → **Clavulanic Acid**
Surpas® [+ Clavulanic acid, potassium] → **Amoxicillin**
Surquina® → **Quinine**
Sursum® → **Tocopherol, α-**
Survanta® → **Beractant**
Survector® → **Amineptine**
Suscard® → **Nitroglycerin**
Suscard Buccal® → **Nitroglycerin**
Sus-Phrine® → **Epinephrine**
Sustac® → **Nitroglycerin**
Sustain III® [vet.] → **Sulfadimidine**
Sustain® [vet.] → **Closantel**
Sustanon 100® [isocaproate, phenpropionate and propionate] → **Testosterone**
Sustanon 250® [decanoate, isocaproate, phenpropionate and propionate] → **Testosterone**
Sustanon® [decanoate isocaproate phenpropionate and propionate] → **Testosterone**
Sustanon® [decanoate, isocaproate, phenpropionate and propionate] → **Testosterone**
Sustanon® [isocaproate phenpropionate and propionate] → **Testosterone**
Sustemial® → **Ferrous Gluconate**
Susten® → **Progesterone**
Sustenan Oral® → **Testosterone**
Sustiva® → **Efavirenz**
Sustogen® → **Testosterone**
Sustonit® → **Nitroglycerin**
Sustrate® → **Propatylnitrate**
Sutac® → **Cetirizine**
Sutent® → **Sunitinib**
Sutif® → **Terazosin**
Sutrico® → **Finasteride**
Sutril® → **Torasemide**
Suvalan® → **Sumatriptan**
Suvic® → **Ascorbic Acid**
Suxamethonii chloridum → **Suxamethonium Chloride**
Suxamethonii chloridum (Ph. Eur. 5, Ph. Int. 4) → **Suxamethonium Chloride**
Suxamethonium chlorid → **Suxamethonium Chloride**
Suxamethonium Chloride → **Suxamethonium Chloride**
Suxamethonium Chloride® → **Suxamethonium Chloride**
Suxamethonium Chloride [BAN, JAN] → **Suxamethonium Chloride**
Suxamethoniumchloride CF® → **Suxamethonium Chloride**

Suxamethonium Chloride-Fresenius® → **Suxamethonium Chloride**
Suxamethonium Chloride (Ph. Eur. 5, Ph. Int. 4, JP XIV) → **Suxamethonium Chloride**
Suxamethoniumchlorid (Ph. Eur. 5) → **Suxamethonium Chloride**
Suxaméthonium (chlorure de) (Ph. Eur. 5) → **Suxamethonium Chloride**
Suxaméthonium [DCF] → **Suxamethonium Chloride**
Suxamethon SAD® → **Suxamethonium Chloride**
Suxamethonum → **Suxamethonium Chloride**
Suxametonio Cloruro® → **Suxamethonium Chloride**
Suxilep® → **Ethosuximide**
Suxin → **Ethosuximide**
Suxinutin® → **Ethosuximide**
Suzaron® → **Cinnarizine**
Suzyme® → **Pancreatin**
SV 102 → **Docusate Sodium**
Svedocain® → **Bupivacaine**
Svedocain Sin Vasoconstr® → **Bupivacaine**
Sveltanet® → **Ranitidine**
Sviroxit® → **Etidronic Acid**
Svitalark® → **Buspirone**
Sweeta C® → **Ascorbic Acid**
SweetCee® → **Ascorbic Acid**
Sweet Itch Plus® [vet.] → **Benzyl Benzoate**
Swift® [vet.] → **Permethrin**
Switch® [vet.] → **Permethrin**
Sybolin® [vet.] → **Boldenone**
Sydnopharm® → **Molsidomine**
Sykes BIG L Worm Drench fro Sheep & Cattle® [vet.] → **Levamisole**
Syklofosfamid® → **Cyclophosphamide**
Syklofosfamid® [inj.] → **Cyclophosphamide**
Sykofen® → **Ketotifen**
Sylimarol® → **Silibinin**
Syliverin® → **Silibinin**
Sylvet® [vet.] → **Pentosan Polysulfate Sodium**
Symadal® → **Dimeticone**
Symax® → **Hyoscyamine**
Symbicort® [+ Budesonide] → **Formoterol**
Symbicort® [+ Formoterol fumarate dihydrate] → **Budesonide**
Symbicort Turbuhaler® [+ Budesonide] → **Formoterol**
Symbicort Turbuhaler® [+ Budesonide] → **Formoterol**
Symbicort Turbuhaler® [+ Formoterol fumarate dihydrate] → **Budesonide**
Symbicort Turbuhaler® [+ Formoterol fumarate dihydrate] → **Budesonide**
Symetrel® → **Amantadine**
Symglic® → **Glimepiride**
Symlin® → **Pramlintide**
Symmetrel® → **Amantadine**
Symmetrel® [vet.] → **Amantadine**
Symoron® → **Methadone**
Sympal® → **Dexketoprofen**
Sympalept® → **Oxedrine**
Sympathomim® → **Oxedrine**
Symphocal® → **Oxolamine**
Symphoral® → **Loratadine**
Symptofed® → **Pseudoephedrine**
Synacid® [vet.] → **Hyaluronic Acid**
Synacthen® → **Tetracosactide**
Synacthen Depot® → **Tetracosactide**
Synacthène® → **Tetracosactide**
Synacthène Retard® → **Tetracosactide**
Synacthen® [vet.] → **Tetracosactide**
Syn-A-Gen® → **Nonoxinol**
Synagis® → **Palivizumab**
Synalar® → **Fluocinolone acetonide**
Synalar Gamma® → **Fluocinolone acetonide**
Synalar® [vet.] → **Fluocinolone acetonide**
Synalgo® → **Naproxen**
Synalotic® → **Ciprofloxacin**
Synanthic® [vet.] → **Oxfendazole**
Synapause® → **Estriol**
Synapause E® → **Estriol**
Synapause-E® → **Estriol**
Synarela® → **Nafarelin**
Synarome® → **Atenolol**
Synastone® → **Methadone**
Synax® → **Naproxen**
Synchlolim® → **Chloramphenicol**
Synchloramine® → **Dexchlorpheniramine**
Synchrogest® [vet.] → **Chlormadinone**
Synchroject® [vet.] → **Gonadotrophin, Serum**
Synchron Sponge® [vet.] → **Medroxyprogesterone**
Synchrosyn® [vet.] → **Chlormadinone**
Syncl® → **Cefalexin**
Syncomet® → **Cimetidine**
Syncortyl® → **Desoxycortone**
Syncro-Part® [vet.] → **Flugestone**
Syncro-Part® [vet.] → **Gonadotrophin, Serum**
Syncumar® → **Acenocoumarol**
Syndol® → **Ketorolac**
Syndol® → **Naproxen**
Syndol® → **Tramadol**
Syndopa® [+Carbidopa] → **Levodopa**
Syndopa® [+Levodopa] → **Carbidopa**
Syndren → **Methyltestosterone**
Syneclav® [+ Amoxicillin] → **Clavulanic Acid**
Syneclav® [+ Calvulanic Acid] → **Amoxicillin**
Synédil® → **Sulpiride**
Synemol® → **Fluocinolone acetonide**
Syneophylline® → **Diprophylline**
Synergin® [+ Amoxicillin] → **Clavulanic Acid**
Synergin® [+ Clavulanic Acid] → **Amoxicillin**
Syner-Kinase® → **Urokinase**
Synerkyl® [vet.] → **Permethrin**
Synespas® → **Trimebutine**
Syneudon® → **Amitriptyline**
Synflex® → **Naproxen**
Synodium® → **Loperamide**
Synopen® → **Chloropyramine**
Synpitan® → **Oxytocin**
Synpitan® [vet.] → **Oxytocin**
Synpitan-vet® [vet.] → **Oxytocin**
Synrelina® → **Nafarelin**
Synstigmin → **Neostigmine**
Synstigminbromid → **Neostigmine**
Synstigminum methylsulfuricum → **Neostigmine**
Synsul® → **Sulfacetamide**
Syntaris® → **Flunisolide**
Syntarpen® → **Cloxacillin**
Syntemucol® → **Acetylcysteine**
Syntestan® → **Cloprednol**
Synthetin® → **Ampicillin**
Synthocilin® → **Ampicillin**
Synthomanet® → **Ranitidine**
Synthomycine® → **Chloramphenicol**
Synthomycin® [ophthalm./otogtt.] → **Chloramphenicol**
Synthomycin® [ophthalm./otogtt.] → **Chloramphenicol**
Synthroid® → **Levothyroxine**
Syntocin® → **Oxytocin**
Syntocinon® → **Oxytocin**
Syntocin® [vet.] → **Oxytocin**
Syntoclor® → **Cefaclor**
Syntoclox® → **Cloxacillin**
Syntofulvin® → **Griseofulvin**
Syntolexin® → **Cefalexin**
Syntolutin → **Progesterone**
Syntonol® → **Propranolol**
Syntophyllin® → **Aminophylline**

Syntostigmin® → **Neostigmine**
Syntostigmin® [inj.] → **Neostigmine**
Syntovent® → **Terbutaline**
Synulox® [+ Amoxicillin trihydrate] [vet.] → **Clavulanic Acid**
Synulox® [+ Clavulanic Acid potassium salt] [vet.] → **Amoxicillin**
Synulox®[vet.] → **Amoxicillin**
Synulox®[vet.] → **Clavulanic Acid**
Synum® → **Ascorbic Acid**
Synutrim® [+Sulfadiazine] [vet.] → **Trimethoprim**
Synutrim® [+Trimethoprim] [vet.] → **Sulfadiazine**
Synutrim®[vet.] → **Sulfadiazine**
Synutrim®[vet.] → **Trimethoprim**
Synvisc® → **Hyaluronic Acid**
Synvomin® → **Promethazine**
Syprol® → **Propranolol**
Syrea® → **Hydroxycarbamide**
Syscan® → **Fluconazole**
Syscor® → **Nisoldipine**
Systamex® [vet.] → **Oxfendazole**
Systen® → **Estradiol**
Systral® → **Chlorphenoxamine**
Systral Hydrocort® → **Hydrocortisone**
Sytron® → **Sodium Feredetate**
Syxyl Vitamin B12® → **Cyanocobalamin**

T-1® → **Triamcinolone**
T_3 → **Liothyronine**
T3® → **Liothyronine**
T4® → **Levothyroxine**
T4-Bago® → **Levothyroxine**
Tabalon® → **Ibuprofen**
Tabas® → **Terbutaline**
Tabcin® → **Ambroxol**
Tabcin® → **Ibuprofen**
Tabex® → **Cytisine**
Tabex® → **Dextromethorphan**
Tabloid® → **Tioguanine**
Tabrin® → **Ofloxacin**
T.A.C.® → **Sodium Fluoride**
Tac® → **Triamcinolone**
Tacardia® → **Losartan**
Tace® → **Levonorgestrel**
Tacef® → **Cefmenoxime**
T.A.C. Esofago® → **Barium Sulfate**
Tacex® [inj.] → **Ceftriaxone**
Tachipirina® → **Paracetamol**
Tachmalcor® → **Detajmium Bitartrate**
Tacholiquin® → **Tyloxapol**
Tachystin® → **Dihydrotachysterol**
Tacicul® → **Losartan**
Tacigen® → **Gentamicin**
Tacinol® → **Triamcinolone**
Tacirel® → **Trimetazidine**
Taclar® → **Clarithromycin**
Taclor® [+Amoxicillin trihydrate] [vet.] → **Clavulanic Acid**
Taclor® [+Clavulanic Acid potassium salt] [vet.] → **Amoxicillin**
Tacna® → **Terbinafine**
Tacrinal® → **Tacrine**
Tacroderm® → **Tacrolimus**
Tacrol® → **Tacrolimus**
Tacrolim® → **Tacrolimus**
Tacron® → **Naproxen**
Tacroz® → **Tacrolimus**
Tadasil® → **Cisapride**
Tadegan® → **Torasemide**
Tadex® → **Tamoxifen**
Tadin® → **Tamsulosin**
Tadolak® → **Etodolac**
Tador® → **Dexketoprofen**
Tafen® → **Budesonide**
Tafenil® → **Flutamide**
Tafen Nasal® → **Budesonide**
Tafen Novolizer® → **Budesonide**
Tafil® → **Alprazolam**
Tafirol® → **Paracetamol**
Tafloc® → **Ofloxacin**
Tafocex® → **Cefotaxime**
Tafril® → **Cefradine**
Tag® → **Gatifloxacin**
Tagamet® → **Cimetidine**
Tagamet HCl® → **Cimetidine**
Tagamet® [vet.] → **Cimetidine**
Tagera Forte® → **Secnidazole**
Tagonis® → **Paroxetine**
Tagremin® [+ Sulfamethoxazole] → **Trimethoprim**
Tagremin® [+ Trimethoprim] → **Sulfamethoxazole**
Tagren® → **Ticlopidine**
Taguinol® → **Loperamide**
Taharmayim® → **Troclosene Potassium**
Taharsept® → **Troclosene**
Tahartaf® → **Troclosene Potassium**
Tahor® → **Atorvastatin**
Taigalor® → **Lornoxicam**
Taiklonal® → **Teicoplanin**
Tairal® → **Famotidine**
Takabetan® → **Pentoxyverine**
Takadol® → **Tramadol**
Takanarumin® → **Allopurinol**
Takasunon® [compr.] → **Erythromycin**
Takasunon® [liqu.oral] → **Erythromycin**
Takepron® → **Lansoprazole**
Takesulin® → **Cefsulodin**
Taketiam® → **Cefotiam**
Takimetrin-M® → **Methylergometrine**
Taks® → **Diclofenac**
Taktic® [vet.] → **Amitraz**
Talam® → **Citalopram**
Talasa® → **Butamirate**
Talavir® → **Valaciclovir**
Talcef® → **Cefotaxime**
Talcid® → **Hydrotalcite**
Talcilina® → **Azithromycin**
Talem® → **Tacrine**
Talerc® → **Epinastine**
Talerdin® → **Cetirizine**
Taleum® → **Cromoglicic Acid**
Talflex® → **Ketoprofen**
Talgan® → **Budesonide**
Talgesil® → **Fentanyl**
Talgo® → **Paracetamol**
Talicix® → **Clarithromycin**
Talidat® → **Hydrotalcite**
Talifer® → **Deferoxamine**
Taliz® → **Tamsulosin**
Talizer® → **Thalidomide**
Talliton® → **Carvedilol**
Talnur® → **Fentanyl**
Talofen® → **Promazine**
Talofilina® → **Theophylline**
Talohexal® → **Citalopram**
Talol® → **Allopurinol**
Talomil® → **Citalopram**
Talorat® → **Loratadine**
Talotren® → **Theophylline**
Taloxa® → **Felbamate**
Talozin® → **Sotalol**
Talpramin® → **Imipramine**
Talusin® → **Proscillaridin**
Talval® → **Idrocilamide**
Talwin® → **Pentazocine**
Tam® → **Ciprofloxacin**
Tamadol® → **Tramadol**
Tamagon® → **Terfenadine**
Tamax® → **Tamoxifen**
Tambac® → **Cefpodoxime**
Tamcocin® → **Lincomycin**
Tamec® → **Tamoxifen**
Tamen® → **Paracetamol**
Tameran® → **Famotidine**
Tametil® → **Domperidone**
Tamexin® → **Tamoxifen**
Tamicin® → **Cefpiramide**
Tamictor® → **Tamsulosin**
Tamifen® → **Tamoxifen**
Tamifen® → **Paracetamol**
Tamiflu® → **Oseltamivir**
Tamik® → **Dihydroergotamine**
Tamin® → **Famotidine**

Tamiram® → **Levofloxacin**
Tamlic® → **Tamsulosin**
Tamlosin® → **Tamsulosin**
Tamnic® → **Tamsulosin**
Tamoa® → **Pyrantel**
Tamodine® [vet.] → **Povidone-Iodine**
Tamokadin® → **Tamoxifen**
Tamol® → **Paracetamol**
Tamolan® → **Tramadol**
Tamona® → **Tamoxifen**
Tamoneprin® → **Tamoxifen**
Tamooex® → **Tamoxifen**
Tamopham® → **Tamoxifen**
Tamoplex® → **Tamoxifen**
Tamosin® → **Tamsulosin**
Tamox® → **Tamoxifen**
Tamox 1A Pharma® → **Tamoxifen**
Tamox AbZ® → **Tamoxifen**
Tamoxen® → **Tamoxifen**
Tamoxene® → **Tamoxifen**
Tamox-GRY® → **Tamoxifen**
Tamoxi® → **Tamoxifen**
Tamoxifen® → **Tamoxifen**
Tamoxifen A® → **Tamoxifen**
Tamoxifen Abic-Teva® → **Tamoxifen**
Tamoxifen AbZ® → **Tamoxifen**
Tamoxifen AL® → **Tamoxifen**
Tamoxifen Alpharma® → **Tamoxifen**
Tamoxifen Arcana® → **Tamoxifen**
Tamoxifen beta® → **Tamoxifen**
Tamoxifen Bexal® → **Tamoxifen**
Tamoxifen BP® → **Tamoxifen**
Tamoxifen Cell® → **Tamoxifen**
Tamoxifen cell pharm® → **Tamoxifen**
Tamoxifen CF® → **Tamoxifen**
Tamoxifen Citrate® → **Tamoxifen**
Tamoxifen.d.a.v.i.d® → **Tamoxifen**
Tamoxifen „Ebewe“® → **Tamoxifen**
Tamoxifen Ebewe® → **Tamoxifen**
Tamoxifen-Ebewe® → **Tamoxifen**
Tamoxifene BIG® → **Tamoxifen**
Tamoxifène Biogaran® → **Tamoxifen**
Tamoxifene EG® → **Tamoxifen**
Tamoxifène EG® → **Tamoxifen**
Tamoxifène G Gam® → **Tamoxifen**
Tamoxifène Merck® → **Tamoxifen**
Tamoxifene PH & T® → **Tamoxifen**
Tamoxifene Ratiopharm® → **Tamoxifen**
Tamoxifène RPG® → **Tamoxifen**
Tamoxifène Sandoz® → **Tamoxifen**
Tamoxifene Segix® → **Tamoxifen**
Tamoxifene Tad® → **Tamoxifen**
Tamoxifène Zydus® → **Tamoxifen**
Tamoxifen Farmos® → **Tamoxifen**
Tamoxifen Heumann® → **Tamoxifen**
Tamoxifen Hexal® → **Tamoxifen**
Tamoxifen-Hexal® → **Tamoxifen**
Tamoxifen Katwijk® → **Tamoxifen**
Tamoxifen Lachema® → **Tamoxifen**
Tamoxifen medac® → **Tamoxifen**
Tamoxifen Medis® → **Tamoxifen**
Tamoxifen Merck® → **Tamoxifen**
Tamoxifen Merck NM® → **Tamoxifen**
Tamoxifen NC® → **Tamoxifen**
Tamoxifen NM Pharma® → **Tamoxifen**
Tamoxifen Nordic® → **Tamoxifen**
Tamoxifen Novexal® → **Tamoxifen**
Tamoxifen Nycomed® → **Tamoxifen**
Tamoxifeno® → **Tamoxifen**
Tamoxifeno Bilem® [compr.] → **Tamoxifen**
Tamoxifeno Biotenk® → **Tamoxifen**
Tamoxifeno Cinfa® → **Tamoxifen**
Tamoxifeno Dosa® → **Tamoxifen**
Tamoxifeno Edigen® → **Tamoxifen**
Tamoxifeno Elfar® → **Tamoxifen**
Tamoxifeno Farmoz® → **Tamoxifen**
Tamoxifeno Ferrer Farma® → **Tamoxifen**
Tamoxifeno Filaxis® → **Tamoxifen**
Tamoxifeno Funk® → **Tamoxifen**
Tamoxifeno Generis® → **Tamoxifen**
Tamoxifeno Labesfal® → **Tamoxifen**
Tamoxifeno Lepori® → **Tamoxifen**
Tamoxifeno Microsules® → **Tamoxifen**
Tamoxifeno R® → **Tamoxifen**
Tamoxifeno Ratiopharm® → **Tamoxifen**
Tamoxifeno Rontag® → **Tamoxifen**
Tamoxifeno Sandoz® → **Tamoxifen**
Tamoxifeno Ur® → **Tamoxifen**
Tamoxifeno Verifarma® → **Tamoxifen**
Tamoxifen PCH® → **Tamoxifen**
Tamoxifen ratiopharm® → **Tamoxifen**
Tamoxifen-ratiopharm® → **Tamoxifen**
Tamoxifen Sandoz® → **Tamoxifen**
Tamoxifen Teva® → **Tamoxifen**
tamoxifen von ct® → **Tamoxifen**
Tamoximerck® → **Tamoxifen**
Tamoxin® → **Tamoxifen**
Tamoxis® → **Tamoxifen**
Tamoxistad® → **Tamoxifen**
Tamoxsta® → **Tamoxifen**
Tamox-TEVA® → **Tamoxifen**
Tamox® [vet.] → **Amoxicillin**
Tamper® → **Cimetidine**
Tampyrine® → **Aspirin**
Tamsin® → **Tamsulosin**
Tamsol® → **Tamsulosin**
Tamsu® → **Tamsulosin**
Tamsu-astellas® → **Tamsulosin**
Tamsublock® → **Tamsulosin**
Tamsudil® → **Tamsulosin**
Tamsugen® → **Tamsulosin**
Tamsulek® → **Tamsulosin**
Tamsulogen® → **Tamsulosin**
Tamsulo-Isis® → **Tamsulosin**
Tamsulon® → **Tamsulosin**
Tamsulosiinhydrokloridi Copyfarm® → **Tamsulosin**
Tamsulosiinhydrokloridi Sandoz® → **Tamsulosin**
Tamsulosina Angenerico® → **Tamsulosin**
Tamsulosin AbZ® → **Tamsulosin**
Tamsulosina Eg® → **Tamsulosin**
Tamsulosin AL® → **Tamsulosin**
Tamsulosina Ratiopharm® → **Tamsulosin**
Tamsulosina Sandoz® → **Tamsulosin**
Tamsulosina Winthrop® → **Tamsulosin**
Tamsulosin Basics® → **Tamsulosin**
Tamsulosin beta® → **Tamsulosin**
Tamsulosin biomo® → **Tamsulosin**
Tamsulosin-CT® → **Tamsulosin**
Tamsulosin Doc® → **Tamsulosin**
Tamsulosin dura® → **Tamsulosin**
Tamsulosin esparma® → **Tamsulosin**
Tamsulosin Hexal® → **Tamsulosin**
Tamsulosin Hydrochlorid Actavis® → **Tamsulosin**
Tamsulosinhydrochlorid AWD® → **Tamsulosin**
Tamsulosinhydrochlorid Heumann® → **Tamsulosin**
Tamsulosini Hydrochloridum Yamanouchi® → **Tamsulosin**
Tamsulosin Kwizda® → **Tamsulosin**
Tamsulosin Merck® → **Tamsulosin**
Tamsulosin Pliva® → **Tamsulosin**
Tamsulosin-ratiopharm® → **Tamsulosin**
Tamsulosin Sandoz® → **Tamsulosin**
Tamsulosin Stada® → **Tamsulosin**
Tamsulosin Teva® → **Tamsulosin**
Tamsulosin-Uropharm® → **Tamsulosin**
Tamsulosin Winthrop® → **Tamsulosin**
Tamsulozin® → **Tamsulosin**
Tamsumedin® → **Tamsulosin**
Tamsu Merck® → **Tamsulosin**
Tamsumin® → **Tamsulosin**
Tamsuna® → **Tamsulosin**
Tamsunar® → **Tamsulosin**
Tamsunova® → **Tamsulosin**
Tamsuolsin AL® → **Tamsulosin**
Tamsu-Q® → **Tamsulosin**

Tanac® → **Dyclonine**
Tanapress® → **Imidapril**
Tanatril® → **Imidapril**
Tanavat® → **Simvastatin**
Tandamol® → **Paracetamol**
Tandax® → **Naproxen**
Tanderon® → **Tolperisone**
Tandiur® → **Hydrochlorothiazide**
Tandix® → **Indapamide**
Tandrexin® → **Ampicillin**
Tanezox® → **Azithromycin**
Tanflex® → **Benzydamine**
Tanganil® → **Acetylleucine**
Tanidina® → **Ranitidine**
Tanser® → **Atenolol**
Tansiloprost® → **Tamsulosin**
Tanston® → **Mefenamic Acid**
Tansulosina Mepha® → **Tamsulosin**
Tantum® → **Benzydamine**
Tantum Activ Gola® → **Flurbiprofen**
Tantum Lemon® → **Benzydamine**
Tantum Lozenges® → **Benzydamine**
Tantum Rosa® → **Benzydamine**
Tantum Topico® → **Benzydamine**
Tantum Uva® → **Benzydamine**
Tantum Verde® → **Benzydamine**
Tanvimil A® → **Retinol**
Tanvimil B6® → **Pyridoxine**
Tanvimil C® → **Ascorbic Acid**
Tanvimil D® → **Ergocalciferol**
Tanvimil E® → **Tocopherol, α-**
Tanvimil Folico® → **Folic Acid**
Tanvimil K® → **Menadiol**
Tanyl® → **Fentanyl**
Tanyz® → **Tamsulosin**
Tanzynase® → **Lysozyme**
TAO® → **Troleandomycin**
Ta Ososth® → **Triamcinolone**
Tapazol® → **Thiamazole**
Tapazole® → **Thiamazole**
TAPC® → **Talampicillin**
Tapewormer for Dogs and Cats® [vet.] → **Praziquantel**
Tapeworm Tablets® [vet.] → **Dichlorophen**
Tapofen® → **Alprazolam**
Tapros® → **Leuprorelin**
Tapsin® → **Paracetamol**
Tapsin Infantil® → **Paracetamol**
Tapurae® → **Attapulgite**
Tara® → **Miconazole**
Taracef® → **Cefaclor**
Taracycline® → **Tetracycline**
Taradyl® → **Ketorolac**
Taraten® → **Clotrimazole**
Taravid® → **Ofloxacin**
Taraxin® → **Hydroxyzine**
Tarcefandol® → **Cefamandole**
Tarcefoksym® → **Cefotaxime**
Tarceva® → **Erlotinib**
Tardak® [vet.] → **Delmadinone**
Tarden® → **Atorvastatin**
Tardocillin® → **Benzathine Benzylpenicillin**
Tardyferon® → **Ferrous Sulfate**
Tareg® → **Valsartan**
Taremis® → **Metronidazole**
Tarfazolin® → **Cefazolin**
Target® → **Omeprazole**
Target plus® → **Omeprazole**
Targifor® → **Arginine**
Targocid® → **Teicoplanin**
Targosid® → **Teicoplanin**
Targretin® → **Bexarotene**
Targus® → **Flurbiprofen**
Taricin® → **Ofloxacin**
Tari-Dog® [vet.] → **Aminophylline**
Tariflox® → **Ofloxacin**
Tarigermel® [vet.] → **Cloxacillin**
Tarivid® → **Ofloxacin**
Tarivid® [inj.] → **Ofloxacin**
Tarivid® [inj.] → **Ofloxacin**
Tarivid Ophtalmic® → **Ofloxacin**
Tarivid Otic Solution® → **Ofloxacin**
Tarivid Richter® → **Ofloxacin**
Tarjen® → **Diclofenac**
Tarjena® → **Diclofenac**
Tarka® → **Verapamil**
Tarmin® → **Loperamide**
Taro-Amcinonide® → **Amcinonide**
Taro-Carbamazepine® → **Carbamazepine**
Taro-Ciprofloxacin® → **Ciprofloxacin**
Taro-Clindamycin® → **Clindamycin**
Taro-Clobetasol® → **Clobetasol**
Taroctyl® → **Chlorpromazine**
Tarodent® → **Chlorhexidine**
Tarodex® → **Dextromethorphan**
Taroflox® → **Ofloxacin**
Taro-Fluconazole® → **Fluconazole**
Taromentin® [+ Amoxicillin] → **Clavulanic Acid**
Taromentin® [+ Amoxicillin sodium salt] [inj.] → **Clavulanic Acid**
Taromentin® [+ Clavulanic Acid] → **Amoxicillin**
Taromentin® [+ Clavulanic Acid potassium salt] [inj.] → **Amoxicillin**
Taro-Mometasone® → **Mometasone**
Taro-Mupirocin® → **Mupirocin**
Tarontal® → **Pentoxifylline**
Tarophed® → **Pseudoephedrine**
Taro-Phenytoin® → **Phenytoin**
Taro-Simvastatin® → **Simvastatin**
Taro-Sone® → **Betamethasone**
Taro-Terconazole® → **Terconazole**
Taro-Warfarin® → **Warfarin**
Tarsime® → **Cefuroxime**
Tartriakson® → **Ceftriaxone**
Tarvexol® → **Paclitaxel**
Tarzol® → **Omeprazole**
Tasec® → **Omeprazole**
Tasedan® → **Estazolam**
Tasep® → **Cefazolin**
Task® [vet.] → **Dichlorvos**
Tasmacyclin Akne® → **Doxycycline**
Tasmaderm® → **Motretinide**
Tasmar® → **Tolcapone**
Tathion® → **Glutathione**
Tatig® → **Sertraline**
Tatinol® → **Tianeptine**
Tationil® → **Glutathione**
Taucor® → **Lovastatin**
Tau Kit® → **Urea**
Tauliz® → **Piretanide**
Tauredon® → **Sodium Aurothiomalate**
Taurex® → **Taurine**
Tauro® → **Tauroursodeoxycholic Acid**
Taurolin® → **Taurolidine**
Taurotec® [vet.] → **Lasalocid**
Tautax® → **Docetaxel**
Tautoss® → **Levodropropizine**
Tau-Tux® → **Levodropropizine**
Tauxib® → **Etoricoxib**
Tauxolo® → **Ambroxol**
Tavacor® → **Lovastatin**
Tavanic® → **Levofloxacin**
Tavan-SP® → **Pentosan Polysulfate Sodium**
Tavegil® → **Clemastine**
Tavegil® [vet.] → **Clemastine**
Tavegyl® → **Clemastine**
Taven® → **Atorvastatin**
Taver® → **Carbamazepine**
Taverin® → **Drotaverine**
Tavidan® → **Suleparoid**
Tavinex® → **Ambroxol**
Tavist® → **Clemastine**
Tavolax® → **Bisacodyl**
Tavor® → **Lorazepam**
Tavor® → **Fluconazole**
Taxagon AD® → **Trazodone**
Taxanid® → **Nitazoxanide**
Taxcef® → **Cefotaxime**
Taxegram® → **Cefotaxime**
Taxetil® → **Cefpodoxime**
Taxigen® → **Caffeine**
Taxilan® → **Perazine**
Taxim® → **Cefotaxime**
Taximax® → **Cefotaxime**

Teldrin® → **Chlorphenamine**
Telebrix® → **Ioxitalamic Acid**
Télébrix® → **Ioxitalamic Acid**
Telebrix Gastro® → **Ioxitalamic Acid**
Telebrix Hystero® → **Ioxitalamic Acid**
Telebrix Meglumina® → **Ioxitalamic Acid**
Telebrix Meglumine® → **Ioxitalamic Acid**
Télébrix Méglumine® → **Ioxitalamic Acid**
Telebrix N® → **Ioxitalamic Acid**
Telebrix Sodium® → **Ioxitalamic Acid**
Télébrix Sodium® → **Ioxitalamic Acid**
Telectol® → **Vinpocetine**
Teledol® → **Ketorolac**
Telepaque® → **Iopanoic Acid**
Tele-Stulln® → **Naphazoline**
Telfast® → **Fexofenadine**
Telfin® → **Terbinafine**
Telgin-G® → **Clemastine**
Telkan® [vet.] → **Mebendazole**
Telma® → **Telmisartan**
Telmin® [vet.] → **Mebendazole**
Telmitin® → **Niclosamide**
Telmox® → **Amoxicillin**
Telnase® → **Triamcinolone**
Telo® → **Cefditoren**
Telos® → **Lornoxicam**
Telpres® → **Telmisartan**
Telsan® → **Telmisartan**
Telset® → **Tioconazole**
Telugren® → **Clotrimazole**
Teluron® → **Terguride**
Telviran® → **Aciclovir**
Telvodin® → **Atenolol**
Telzenac® [vet.] → **Eltenac**
Telzer® → **Fosamprenavir**
Telzir® → **Fosamprenavir**
Temaco® → **Theophylline**
Temaze® → **Temazepam**
Temazepam® → **Temazepam**
Temazepam A® → **Temazepam**
Temazepam Actavis® → **Temazepam**
Temazepam Alpharma® → **Temazepam**
Temazepam Capsules® → **Temazepam**
Temazepam CF® → **Temazepam**
Temazepam FLX® → **Temazepam**
Temazepam Katwijk® → **Temazepam**
Temazepam Merck® → **Temazepam**
Temazepam PCH® → **Temazepam**
Temazepam ratiopharm® → **Temazepam**
Temazepam Sandoz® → **Temazepam**
temazep von ct® → **Temazepam**
Temerit® → **Nebivolol**
Temesta® → **Lorazepam**
Témesta® → **Lorazepam**
Temetex® → **Diflucortolone**
Temgésic® → **Buprenorphine**
Temic® → **Cimetidine**
Temisartan® → **Losartan**
Temisol® → **Levamisole**
Temlo® → **Timolol**
Temodal® → **Temozolomide**
Temodar® → **Temozolomide**
Temovate® → **Clobetasol**
Tempain® → **Paracetamol**
Temperal® → **Paracetamol**
Temperax® → **Citalopram**
Tempil® → **Ibuprofen**
Tempil® → **Paracetamol**
Tempol® → **Paracetamol**
tempolax® → **Bisacodyl**
Tempo-Lax® → **Bisacodyl**
Temporol® → **Carbamazepine**
Tempor® [vet.] → **Temefos**
Tempra® → **Paracetamol**
Temserin® → **Timolol**
Temtabs® → **Temazepam**
Ten-400® → **Albendazole**
Tenace® → **Enalapril**
Tenalgin® → **Tenoxicam**
Ténaline LA® [vet.] → **Oxytetracycline**
Tenaline® [vet.] → **Oxytetracycline**
Ténaline® [vet.] → **Oxytetracycline**
Tenapam® → **Bromazepam**
Tenaprost® → **Nimesulide**
Tenaron® → **Meloxicam**
Tenart® → **Tenoxicam**
Tenasan LA® [vet.] → **Oxytetracycline**
Tenasil® → **Terbinafine**
Tenax® → **Tenoxicam**
Tenaxit® [+ Flupentixol HCl] → **Melitracen**
Tenaxit® [+ Melitracen HCl] → **Flupentixol**
Tenaxum® → **Rilmenidine**
Tenazide® → **Enalapril**
Tenblok® → **Atenolol**
Ten-Bloka® → **Atenolol**
Tencas® → **Enalapril**
Tencef® → **Cefminox**
Tencilan® → **Clorazepate, Dipotassium**
Tendolon® [salmon] → **Calcitonin**
Tendox® → **Benzoyl Peroxide**
Tendura® → **Doxazosin**
Tenerel® → **Ketotifen**
Tenex® → **Guanfacine**
Tenibex® → **Tinidazole**
Tenicef® → **Ceftazidime**
Tenil® → **Bromazepam**
Tenil® [vet.] → **Praziquantel**
Tenivalan® [vet.] → **Praziquantel**
Teniverme® → **Flubendazole**
Ten-K® → **Potassium**
Tenkdol® → **Ketorolac**
Tenoblock® → **Atenolol**
Tenocam® → **Tenoxicam**
Tenocard® → **Nimodipine**
Tenocard® → **Atenolol**
Tenocor® → **Atenolol**
Tenofax® → **Captopril**
Tenoftal® → **Carteolol**
Tenoksan® → **Tenoxicam**
Tenoktil® → **Tenoxicam**
Tenol® → **Atenolol**
Tenoloc® → **Atenolol**
Tenolol® → **Atenolol**
Tenomax® → **Atenolol**
Tenomet® → **Cimetidine**
Tenoprin® → **Atenolol**
Tenopt® → **Timolol**
Tenoren® → **Atenolol**
Tenoret® → **Atenolol**
Tenoretic® → **Atenolol**
Tenormin® → **Atenolol**
Ténormine® → **Atenolol**
Tenormin® [vet.] → **Atenolol**
Tenostat® → **Atenolol**
Tenotec® → **Tenoxicam**
Tenotryl® [vet.] → **Enrofloxacin**
Tenovate® → **Clobetasol**
Tenox® → **Temazepam**
Tenox® → **Tenoxicam**
Tenoxam® → **Tenoxicam**
Tenoxen® → **Tenoxicam**
Tenoxicam® → **Tenoxicam**
Tenoxicam Alternova® → **Tenoxicam**
Tenoxicam Bidiphar® → **Tenoxicam**
Tenoxicam Generis® → **Tenoxicam**
Tenoxicam Genfar® → **Tenoxicam**
Tenoxicam Gen-Far® → **Tenoxicam**
Tenoxicam LPH® → **Tenoxicam**
Tenoxicam Merck® → **Tenoxicam**
Tenoxicam MK® → **Tenoxicam**
Tenoxicam Sos® → **Tenoxicam**
Tenoxican® → **Tenoxicam**
Tenoxil® → **Tenoxicam**
Tenoxitic® → **Tenoxicam**
Tenoxol® → **Neltenexine**
Tenpril® → **Captopril**
Tens® → **Lacidipine**
Tensamin® → **Dopamine**
Tensamon® → **Cyclobenzaprine**
Tensan® → **Nilvadipine**

Tensanil® → **Benazepril**
Tensapril® → **Enalapril**
Tensartan® → **Losartan**
Tensazol® → **Enalapril**
Tensicap® → **Captopril**
Tensidol® → **Haloperidol**
Tensig® → **Atenolol**
Tensigal® → **Amlodipine**
Tensikey® → **Lisinopril**
Tensil® → **Captopril**
Tensilon® → **Edrophonium Chloride**
Tensimin® → **Atenolol**
Tensinor® → **Atenolol**
Tensinorm® → **Atenolol**
Tensinyl® → **Chlordiazepoxide**
Tensiol® → **Olmesartan Medoxomil**
Tensiomax® → **Cyclobenzaprine**
Tensiomin® → **Captopril**
Tensiomin-Cor® → **Captopril**
Tensipine MR® → **Nifedipine**
Tensispes® → **Buspirone**
Tensium® → **Alprazolam**
Tensium® → **Diazepam**
Tensivan® → **Alprazolam**
Tensivask® → **Amlodipine**
Tensnil® → **Clobazam**
Tensobon® → **Captopril**
Tensocardil® → **Fosinopril**
Tensocard® [tab.] → **Amlodipine**
Tensodin® → **Amlodipine**
Tensodopa® → **Methyldopa**
Tensodox® → **Cyclobenzaprine**
Tensofar® → **Nitrendipine**
Tensogard® → **Fosinopril**
Tensogradal® → **Nitrendipine**
Tensolvet® [vet.] → **Heparin**
Tensomax® → **Nifedipine**
Tensonit® → **Olmesartan Medoxomil**
Tensopin® → **Nifedipine**
Tensoprel® → **Captopril**
Tensopril® → **Lisinopril**
Tensopril® → **Captopril**
Tensoril® → **Captopril**
Tensostad® → **Captopril**
Tenso Stop® → **Fosinopril**
Tenstaten® → **Cicletanine**
Tensuril® → **Diazoxide**
Tensyn® → **Lisinopril**
Tentepanil® → **Tenoxicam**
Tenualax® → **Lactulose**
Tenuate® → **Amfepramone**
Tenuate Dospan® → **Amfepramone**
Tenvatil® → **Trihexyphenidyl**
Tenxil® → **Tenoxicam**
Tenzopril® → **Zofenopril**
Teobag® → **Theophylline**
Teobid® → **Theophylline**
Teoden® → **Salbutamol**
Teofene → **Diprophylline**
Teofilina® → **Theophylline**
Teofilinã® → **Theophylline**
Teofilina Bermacia® → **Theophylline**
Teofilina Biocrom® → **Theophylline**
Teofilina Ecar® → **Theophylline**
Teofilina Fabra® → **Theophylline**
Teofilina Fmndtria® → **Theophylline**
Teofilina Genfar® → **Theophylline**
Teofilina Gen-Far® → **Theophylline**
Teofilina Lafedar® → **Theophylline**
Teofilina Lafedar® → **Theophylline Sodium Glycinate**
Teofilina Prediluida® → **Theophylline**
Teofilinar® → **Theophylline**
Teofilina Ratiopharm® → **Theophylline**
Teofillina → **Theophylline**
Teofillina [DCIT] → **Theophylline**
Teofillina-Etilendiammina® → **Aminophylline**
Teofylamin „Medic"® → **Theophylline**
Teofylamin SAD® → **Theophylline**
Teofyllamin Ipex® → **Theophylline**
Teogrand® → **Ranitidine**
Teokap® → **Theophylline**
Teolin® → **Theophylline**
Teolixir® → **Theophylline**
Teolong® → **Theophylline**
Teoptic® → **Carteolol**
Teoremin® → **Glucametacin**
Teosona® → **Theophylline**
Teotard® → **Theophylline**
Teovent® → **Choline Theophyllinate**
Teovent® → **Theophylline**
Tepanil® → **Nitrendipine**
Tepase® → **Nateplase**
Tepavil® → **Sulpiride**
Tepaxin® → **Cefalexin**
Tepazepan® → **Sulpiride**
Teperin® → **Amitriptyline**
Tepilta® → **Oxetacaine**
Tepox Cal® → **Calcium Pidolate**
Teprix® → **Ibuprofen**
Tepro® [vet.] → **Testosterone**
Tequin® → **Gatifloxacin**
Tequinol® → **Ciprofloxacin**
Terabiol® → **Sultamicillin**
Terablock® → **Terazosin**
Tera-Cap® → **Tetracycline**
Teracilin® → **Tetracycline**
Teracin® → **Oxytetracycline**
Teradi® → **Attapulgite**
Terafin® → **Terbinafine**
Terafluss® → **Terazosin**
Teralgex® → **Paracetamol**
Téralithe® → **Lithium**
Teramic® → **Itraconazole**
Teramine® → **Phentermine**
Teranar® → **Terazosin**
Terap® → **Midazolam**
Teraprost® → **Terazosin**
Teraprost® [tab.] → **Terazosin**
Teraquin® → **Levofloxacin**
Terasep® → **Cefotaxime**
Teraside® → **Thiocolchicoside**
Terasin® → **Terazosin**
Terasma® → **Terbutaline**
Terasol® [vet.] → **Oxytetracycline**
Terasul-F® [+ Sulfamethoxazole] → **Trimethoprim**
Terasul-F® [+ Trimethoprim] → **Sulfamethoxazole**
Tera TAD® → **Terazosin**
Teraumon® → **Terazosin**
Terazid® → **Terazosin**
Terazoflo® → **Terazosin**
Terazol® → **Terconazole**
Terazon® → **Terazosin**
Terazosabb® → **Terazosin**
Terazosin® → **Terazosin**
Terazosin 1A Pharma® → **Terazosin**
Terazosina® → **Terazosin**
Terazosina ABC® → **Terazosin**
Terazosina Alter® → **Terazosin**
Terazosin AbZ® → **Terazosin**
Terazosina DOC® → **Terazosin**
Terazosina EG® → **Terazosin**
Terazosina Hexal® → **Terazosin**
Terazosina Kern® → **Terazosin**
Terazosin AL® → **Terazosin**
Terazosin Alternova® → **Terazosin**
Terazosina Mabo® → **Terazosin**
Terazosina Merck® → **Terazosin**
Terazosina Northia® → **Terazosin**
Terazosina Pliva® → **Terazosin**
Terazosina Qualix® → **Terazosin**
Terazosina Ratiopharm® → **Terazosin**
Terazosin Arcana® → **Terazosin**
Terazosina Rubio® → **Terazosin**
Terazosina Sandoz® → **Terazosin**
Terazosina Tad® → **Terazosin**
Terazosina Teva® → **Terazosin**
Terazosin AWD® → **Terazosin**
Terazosin AZU® → **Terazosin**
Terazosin BASICS® → **Terazosin**
Terazosin beta® → **Terazosin**
Terazosin Copyfarm® → **Terazosin**
Terazosine® → **Terazosin**
Terazosine Apex® → **Terazosin**
Térazosine Biogaran® → **Terazosin**
Terazosine EG® → **Terazosin**
Térazosine Merck® → **Terazosin**
Terazosine PCH® → **Terazosin**

Terazosin Hexal® → **Terazosin**
Terazosin Hydrochloride® → **Terazosin**
Terazosin PCD® → **Terazosin**
Terazosin PCH® → **Terazosin**
Terazosin PSI® → **Terazosin**
Terazosin-ratiopharm® → **Terazosin**
Terazosin Sandoz® → **Terazosin**
Terazosin Stada® → **Terazosin**
Terazosin von ct® → **Terazosin**
Terazosin Winthrop® → **Terazosin**
Terbac® [inj.] → **Ceftriaxone**
Terbafin® → **Terbinafine**
Terbasmin® → **Terbutaline**
Terbasmin „Europharma DK"® → **Terbutaline**
Terbasmin Inhalacion® → **Terbutaline**
Terbasmin Orifarm® → **Terbutaline**
Terbasmin Paranova® → **Terbutaline**
Terbasmin Singad® → **Terbutaline**
Terbasmin Turbuhaler® → **Terbutaline**
Terbasmin Turbuhaler 2care4® → **Terbutaline**
Terbenol® → **Diosmin**
Terbex® → **Terbinafine**
Terbiderm® → **Terbinafine**
Terbifil® → **Terbinafine**
Terbifin® → **Terbinafine**
Terbigalen® → **Terbinafine**
Terbigen® → **Terbinafine**
Terbigram® → **Terbinafine**
Terbihexal® → **Terbinafine**
Terbin® → **Terbinafine**
Terbinafiini Enna® → **Terbinafine**
Terbinafin® → **Terbinafine**
Terbinafin 1A Farma® → **Terbinafine**
Terbinafin 1A Pharma® → **Terbinafine**
Terbinafina® → **Terbinafine**
Terbinafina Baldacci® → **Terbinafine**
Terbinafin AbZ® → **Terbinafine**
Terbinafin Actavis® → **Terbinafine**
Terbinafina Eg® → **Terbinafine**
Terbinafina Farmoz® → **Terbinafine**
Terbinafina Hexal® → **Terbinafine**
Terbinafina Jaba® → **Terbinafine**
Terbinafin AL® → **Terbinafine**
Terbinafin Alpharma® → **Terbinafine**
Terbinafin Alternova® → **Terbinafine**
Terbinafina Merck® → **Terbinafine**
Terbinafina Richet® → **Terbinafine**
Terbinafin Arrow® → **Terbinafine**
Terbinafina Sandoz® → **Terbinafine**
Terbinafina Teva® → **Terbinafine**
Terbinafin beta® → **Terbinafine**
Terbinafin Copyfarm® → **Terbinafine**
Terbinafin-CT® → **Terbinafine**
Terbinafin dura® → **Terbinafine**
Terbinafine® → **Terbinafine**
Terbinafine A® → **Terbinafine**
Terbinafine AET® → **Terbinafine**
Terbinafine Alpharma® → **Terbinafine**
Terbinafine CF® → **Terbinafine**
Terbinafine-Medimpex® → **Terbinafine**
Terbinafine Merck® → **Terbinafine**
Terbinafine Olinka® → **Terbinafine**
Terbinafine PCH® → **Terbinafine**
Terbinafine Perivita® → **Terbinafine**
Terbinafine ratiopharm® → **Terbinafine**
Terbinafine Sandoz® → **Terbinafine**
Terbinafine TAD® → **Terbinafine**
Terbinafine Teva® → **Terbinafine**
Terbinafine-Teva® → **Terbinafine**
Terbinafin HelvePharm® → **Terbinafine**
Terbinafin Hexal® → **Terbinafine**
Terbinafinhydrochlorid AL® → **Terbinafine**
Terbinafinhydrochlorid Stada® → **Terbinafine**
Terbinafin-ISIS® → **Terbinafine**
Terbinafin IVAX® → **Terbinafine**
Terbinafin KSK → **Terbinafine**
Terbinafin Kwizda® → **Terbinafine**
Terbinafin-Mepha® → **Terbinafine**
Terbinafin Merck® → **Terbinafine**
Terbinafin Nordic Drugs® → **Terbinafine**
Terbinafin ratiopharm® → **Terbinafine**
Terbinafin Sandoz® → **Terbinafine**
Terbinafin Stada® → **Terbinafine**
Terbinafin Teva® → **Terbinafine**
Terbinafin Winthrop® → **Terbinafine**
Terbina-Q® → **Terbinafine**
Terbinax® → **Terbinafine**
Terbinox® → **Terbinafine**
Terbisil® → **Terbinafine**
Terbisil® [tab./emuls.] → **Terbinafine**
Terbix® → **Terbinafine**
Terbocilina® → **Benzylpenicillin**
Terbocloxil® → **Dicloxacillin**
Terbocyl® → **Benzathine Benzylpenicillin**
Terbodina II® [inj.] → **Cefradine**
Terbofen® → **Ibuprofen**
Terbonile® → **Terbinafine**
Terbosulfa® [+ Sulfamethoxazole] → **Trimethoprim**
Terbosulfa® [+ Trimethoprim] → **Sulfamethoxazole**
Terbron® → **Terbutaline**
Terbul® → **Terbutaline**
Terbulin® → **Terbutaline**
Terbuno® → **Terbutaline**
Terburop® → **Terbutaline**
Terbutalina® → **Terbutaline**
Terbutalin AL® → **Terbutaline**
Terbutaline® → **Terbutaline**
Terbutaline Sulfate® [inj.] → **Terbutaline**
Terbutaline Sulfate® [tabs.] → **Terbutaline**
Terbutalin-ratiopharm® → **Terbutaline**
Terbutalin Sandoz® → **Terbutaline**
Terbutalin Stada® → **Terbutaline**
terbutalin von ct® → **Terbutaline**
Terbutrop Guayacolato® → **Guaifenesin**
Tercef® → **Ceftriaxone**
Tercian® → **Cyamemazine**
Terconazole® → **Terconazole**
Terenar® → **Terazosin**
Terfacef® → **Ceftriaxone**
Terfamex® → **Phentermine**
Terfedura® → **Terfenadine**
Terfemundin® → **Terfenadine**
Terfenadin® → **Terfenadine**
Terfenadin AL® → **Terfenadine**
Terfenadine® → **Terfenadine**
Terfenadine A® → **Terfenadine**
Terfenadine Albic® → **Terfenadine**
Terfenadine CF® → **Terfenadine**
Terfenadine FLX® → **Terfenadine**
Terfenadine PCH® → **Terfenadine**
Terfenadine ratiopharm® → **Terfenadine**
Terfenadine Sandoz® → **Terfenadine**
Terfenadin Ratiopharm® → **Terfenadine**
Terfenadin Stada® → **Terfenadine**
Terfex® → **Terbinafine**
Terfin® → **Terfenadine**
Terfungin® → **Terbinafine**
Tergive® [vet.] → **Carprofen**
Teridin® → **Terfenadine**
Teril® → **Carbamazepine**
Terivalidin® → **Terizidone**
Terix® → **Amphotericin B**
Terizidon® → **Terizidone**
Terizin® → **Cetirizine**
Terkur® → **Aluminum Chlorohydrate**
Terlane® → **Terfenadine**
Terloc® → **Amlodipine**
Terlomexin® → **Fenticonazole**
Termacet® → **Paracetamol**
Termagon® → **Paracetamol**
Termalgin® → **Paracetamol**

T

Termalgine® → **Paracetamol**
Termax® → **Paracetamol**
Termicon® → **Terbinafine**
Termider® → **Terbinafine**
Terminex® → **Eucalyptol**
Termisil® → **Terbinafine**
Termizol® → **Ketoconazole**
Termofin® → **Paracetamol**
Termofren® → **Paracetamol**
Termol® → **Paracetamol**
Termo-Ped® → **Paracetamol**
Termovet® [vet.] → **Aspirin**
Ternadin® → **Terfenadine**
Ternaf® → **Terbinafine**
Ternal® → **Carbamazepine**
Ternel® → **Diltiazem**
Ternex® → **Benzydamine**
Terolinal® → **Lisinopril**
Terolut® → **Dydrogesterone**
Teromol® → **Theophylline**
Teronac® → **Mazindol**
Terost® → **Alendronic Acid**
Terostrant® → **Gemfibrozil**
Terotrom® → **Clopidogrel**
Terovit® → **Folic Acid**
Teroxina® → **Cefadroxil**
Terperan® → **Metoclopramide**
Terposen® → **Ranitidine**
Terra-Cortil® → **Oxytetracycline**
Terrafungine → **Oxytetracycline**
Terrafungine LA® [vet.] → **Oxytetracycline**
Terramicina® → **Oxytetracycline**
Terramicina Oftalmica® → **Oxytetracycline**
Terramicina® [vet.] → **Oxytetracycline**
Terramycin® → **Oxytetracycline**
Terramycine (T.L.A.)® [vet.] → **Oxytetracycline**
Terramycine® [vet.] → **Oxytetracycline**
Terramycin LA® [vet.] → **Oxytetracycline**
Terramycin N® → **Gentamicin**
Terramycin Ophth® → **Oxytetracycline**
Terramycin Prolongatum® [vet.] → **Oxytetracycline**
Terramycin® [vet.] → **Oxytetracycline**
Terra-Vet® [vet.] → **Oxytetracycline**
Terricil® → **Oxytetracycline**
Tersaderm® → **Tretinoin**
Tersaseptic® → **Triclosan**
Tersen® → **Lansoprazole**
Tersif® → **Lisinopril**
Tersigan® → **Oxitropium Bromide**
Tertensif® → **Indapamide**
Tertroxin® → **Liothyronine**
Tertroxin® [vet.] → **Liothyronine**
Tervalon® → **Amlodipine**
Tervent® → **Terbutaline**
Terveson® → **Lovastatin**
Terzine® → **Oxatomide**
Terzolin® → **Ketoconazole**
Tesacof® → **Bromhexine**
Tesafilm® → **Dextromethorphan**
Tesalon® → **Benzonatate**
Tesical Mebendazol® → **Mebendazole**
Tesin® → **Terazosin**
Teslac® → **Testolactone**
Teslascan® → **Mangafodipir**
Tesmel® → **Chlorpropamide**
Tesod® → **Tegaserod**
Tesoprel® → **Bromperidol**
Tesoren® → **Enalapril**
Tespamin® → **Thiotepa**
Tess® → **Triamcinolone**
Tessalon® → **Benzonatate**
Test Allergenen HAL® → **Histamine**
Testanon 25® → **Testosterone**
Testanon 50® → **Testosterone**
Testan® [vet.] → **Testosterone**
Testex Elmu® → **Testosterone**
Testim® → **Testosterone**
Testinon® → **Testosterone**
Testocaps® → **Testosterone**
Testoderm® → **Testosterone**
Testo-Enant® → **Testosterone**
Testogel® → **Testosterone**
Testogol® → **Testosterone**
Testo LA® [vet.] → **Testosterone**
Testopel® → **Testosterone**
Testoprop® [vet.] → **Testosterone**
Testosterona Enantato L.CH.® → **Testosterone**
Testosteron depo® → **Testosterone**
Testosteron Depot Eifelfango® → **Testosterone**
Testosteron Depot Galen® → **Testosterone**
Testosteron Depot Jenapharm® → **Testosterone**
Testosteron Depot Rotexmedica® → **Testosterone**
Testosterone Enantate® → **Testosterone**
Testosterone heptylate SERP® → **Testosterone**
Testosterone Implant® → **Testosterone**
Testosterone Implants® → **Testosterone**
Testosterone Propionate March® → **Testosterone**
Testosterone Suspension® [vet.] → **Testosterone**
Testosteron Ferring® → **Testosterone**
Testosteron propionat Eifelfango® → **Testosterone**
Testosteronum prolongatum® → **Testosterone**
Testosteronundecanoaat Schering® → **Testosterone**
Testosus® [vet.] → **Testosterone**
Testoviron® → **Testosterone**
Testoviron Depot® → **Testosterone**
Testoviron Depot® [enantate and propionate] → **Testosterone**
Testovis® [inj.] → **Testosterone**
Testred® → **Methyltestosterone**
Tet-324® [vet.] → **Tetracycline**
Tetalin® → **Atenolol**
Tétamophile® [vet.] → **Colecalciferol**
Tetcaine® → **Tetracaine**
Tetcin® [vet.] → **Oxytetracycline**
Tetefit® → **Tocopherol, α-**
Tethexal® → **Tetrazepam**
Tetmosol® → **Sulfiram**
Tetra® → **Tetracycline**
Tetrabenazine® → **Tetrabenazine**
Tetrabiotico® → **Tetracycline**
Tetrabiotic® [vet.] → **Tetracycline**
Tetra-Bol® [vet.] → **Tetracycline**
Tetracain → **Tetracaine**
Tetracaina → **Tetracaine**
Tetracaina [DCIT] → **Tetracaine**
Tetracaine → **Tetracaine**
Tétracaïne → **Tetracaine**
Tetracaine [BAN] → **Tetracaine**
Tétracaïne [DCF] → **Tetracaine**
Tétracaïne Faure® → **Tetracaine**
Tetracaine Hydrochloride® → **Tetracaine**
Tetracaine Hydrochloride Cooper® → **Tetracaine**
Tetracaine Minims® → **Tetracaine**
Tetracaine SDU Faure® → **Tetracaine**
Tetracaine (USP 30) → **Tetracaine**
Tétracaine® [vet.] → **Tetracaine**
Tetracainum → **Tetracaine**
Tetra Central® → **Tetracycline**
Tetrachel-Vet® [vet.] → **Tetracycline**
Tetraciclina® → **Tetracycline**
Tetraciclină® → **Tetracycline**
Tetraciclina Ariston® → **Tetracycline**
Tetraciclina® [caps.] → **Tetracycline**
Tetraciclină Chlorhidrat® → **Tetracycline**
Tetraciclina Clorhidrato® → **Tetracycline**
Tetraciclina Genfar® → **Tetracycline**
Tetraciclina Gen-Far® → **Tetracycline**

Tetraciclina Italfarmaco® → **Tetracycline**
Tetraciclina L.CH.® → **Tetracycline**
Tetraciclina MF® → **Tetracycline**
Tetraciclina Omega® → **Tetracycline**
Tetracin® → **Tetracycline**
Tetraclox® [vet.] → **Cloxacillin**
Tetracyclin® → **Tetracycline**
Tetracyclin A.L.® → **Tetracycline**
Tetracyclin Domesco® → **Tetracycline**
Tetracycline® → **Tetracycline**
Tetracycline Actavis Ointment® → **Tetracycline**
Tetracycline Chemist® → **Tetracycline**
Tétracycline Coophavet® [vet.] → **Tetracycline**
Tetracycline-H® → **Tetracycline**
Tetracycline HCL CF® → **Tetracycline**
Tetracycline HCl PCH® → **Tetracycline**
Tetracycline HCl ratiopharm® → **Tetracycline**
Tetracycline Hydrochloride® → **Tetracycline**
Tetracycline Hydrochloride® [vet.] → **Tetracycline**
Tetracycline Indo Farma® → **Tetracycline**
Tetracycline Opsonin® → **Tetracycline**
Tetracycline® [vet.] → **Tetracycline**
Tetracyclin HCI® [vet.] → **Tetracycline**
Tetracyclin-Heyl® → **Tetracycline**
Tetracyclin-ratiopharm® → **Tetracycline**
Tetracyclin-Stricker® [vet.] → **Tetracycline**
Tetracyclin Uterus Stab® [vet.] → **Tetracycline**
Tetracyclin® [vet.] → **Tetracycline**
Tetracyclin Wolff® → **Tetracycline**
Tetracyklin Dak® → **Tetracycline**
Tetracyklin Recip® → **Tetracycline**
Tetracylinhydrochlorid® [vet.] → **Tetracycline**
Tetracyn® → **Tetracycline**
Tetradar® → **Tetracycline**
Tetradent® → **Oxytetracycline**
Tetradex® → **Tetracycline**
Tetradin® → **Disulfiram**
Tetradox® → **Paracetamol**
Tetra-D® [vet.] → **Tetracycline**
Tetrafen® → **Tetracycline**
Tetragen® → **Tetracycline**
Tetraguard® [vet.] → **Oxytetracycline**
Tetrahelmin® → **Mebendazole**
Tetra Hubber® [compr.] → **Tetracycline**
Tetrahydrozoline Hydrochloride® → **Tetryzoline**
Tetraicin® → **Tetracycline**
Tetra-Ide® → **Tetryzoline**
Tetrakain® → **Tetracaine**
Tetrakain Chauvin® → **Tetracaine**
Tetrakain Minims® → **Tetracaine**
Tetralan® → **Tetracycline**
Tetralan® [caps.] → **Tetracycline**
Tetralet® → **Tetracycline**
Tetralisal® → **Lymecycline**
Tetralution® → **Tetracycline**
Tetralysal® → **Lymecycline**
Tétralysal® → **Lymecycline**
Tetramax® → **Tetracycline**
Tetramdura® → **Tetrazepam**
Tetramel® → **Oxytetracycline**
Tetramethylthioninium chloratum → **Methylthioninium Chloride**
Tetramin® [vet.] → **Oxytetracycline**
Tetramisole® [vet.] → **Tetramisole**
Tetramycin® → **Tetracycline**
Tetran® → **Oxytetracycline**
Tetrana® → **Tetracycline**
Tetranase® → **Tetracycline**
Tetrano® → **Tetracycline**
Tetran® [vet.] → **Tetracycline**
Tetraphar® → **Oxytetracycline**
Tetraplex® [vet.] → **Oxytetracycline**
Tetraratio® → **Tetrazepam**
Tetrarco® → **Tetracycline**
Tetrarelax® → **Tetrazepam**
Tetra-saar® → **Tetrazepam**
Tetra Sanbe® → **Tetracycline**
Tetraseptin® [vet.] → **Tetracycline**
Tetrasina® → **Tetracycline**
Tetrasol® → **Sulfiram**
Tetrasol Soluble® [vet.] → **Tetracycline**
Tetrasol® [vet.] → **Oxytetracycline**
Tetrasona® → **Oxytetracycline**
Tétratic® [vet.] → **Stirofos**
Tetratime® [vet.] → **Oxytetracycline**
Tétraval® [vet.] → **Tetracycline**
Tetravet Blue® [vet.] → **Oxytetracycline**
Tetravet® [vet.] → **Oxytetracycline**
Tetrax® → **Tetracycline**
Tetrazep 1A Pharma® → **Tetrazepam**
Tetrazep AbZ® → **Tetrazepam**
Tetrazepam 1A-Pharma® → **Tetrazepam**
Tetrazepam AL® → **Tetrazepam**
Tetrazepam beta® → **Tetrazepam**
Tétrazépam Biogaran® → **Tetrazepam**
Tétrazépam EG® → **Tetrazepam**
Tétrazépam G Gam® → **Tetrazepam**
Tetrazepam Hexal® → **Tetrazepam**
Tétrazépam Ivax® → **Tetrazepam**
Tétrazépam Merck® → **Tetrazepam**
Tetrazepam-MIP® → **Tetrazepam**
Tetrazepam Neuraxpharm® → **Tetrazepam**
Tetrazepam Ratiopharm® → **Tetrazepam**
Tétrazépam RPG® → **Tetrazepam**
Tetrazepam Sandoz® → **Tetrazepam**
Tétrazépam Sandoz® → **Tetrazepam**
Tetrazepam Stada® → **Tetrazepam**
Tétrazépam Winthrop® → **Tetrazepam**
Tetrazepam Zydus® → **Tetrazepam**
tetrazep von ct® → **Tetrazepam**
Tetrecu® → **Tetracycline**
Tetrex® → **Tetracycline**
Tetrilin® → **Tetryzoline**
Tetrin® → **Tetracycline**
Tetrine acid → **Edetic Acid**
Tetroblet® [vet.] → **Tetracycline**
Tetroid® → **Levothyroxine**
Tetroxy® [vet.] → **Oxytetracycline**
Tetryvil® → **Tetryzoline**
Tetsol® [vet.] → **Tetracycline**
Tevacycline® → **Tetracycline**
Tevanate® → **Alendronic Acid**
Teva Nate® → **Alendronic Acid**
Teva-Paclitaxel® → **Paclitaxel**
Tevapirin® → **Aspirin**
Tevcocin® [vet.] → **Chloramphenicol**
Teveten® → **Eprosartan**
Tevetens® → **Eprosartan**
Tevetenz® → **Eprosartan**
Texacort® → **Hydrocortisone**
Texis® → **Azithromycin**
Texit® → **Cefixime**
Texocam® → **Tenoxicam**
Texodil® → **Cefotiam**
Texorate® → **Methotrexate**
Texot® → **Docetaxel**
Teylor® → **Simvastatin**
Tezosyn® → **Terazosin**
TFC® [vet.] → **Tetracycline**
TFT Ophtiole® → **Trifluridine**
TFT Thilo® → **Trifluridine**
Tget® → **Gatifloxacin**
Tgocef® → **Cefixime**
TG-Tor® → **Atorvastatin**
Thacapzol® → **Thiamazole**
Thaden® → **Dosulepin**
Thaïs® → **Estradiol**
Thaïs Sept® → **Estradiol**

T

Thalidomide® → **Thalidomide**
Thalidomide Pharmion® → **Thalidomide**
Thalitone® → **Chlortalidone**
Thalix® → **Thalidomide**
Thalomid® → **Thalidomide**
Tham® → **Trometamol**
Thamesol® → **Trometamol**
Theanorf® → **Norfloxacin**
Thein → **Caffeine**
Thelin® → **Sitaxentan**
Thelisan N [vet.] → **Povidone-Iodine**
Thelmizole® [vet.] → **Levamisole**
Thelmox® → **Mebendazole**
Themibutol® → **Ethambutol**
Themigrel® → **Clopidogrel**
Thenglate® → **Theophylline Sodium Glycinate**
Thenil® → **Tenoxicam**
Theo-2® → **Theophylline**
Theo-24® → **Theophylline**
Theobron® → **Theophylline**
Theo-Bros® → **Theophylline**
Theochron® → **Theophylline**
Theo-CT® → **Theophylline**
Theo-Dur® → **Theophylline**
Theofol® → **Theophylline**
Theofylline FNA® → **Aminophylline**
Theolair® → **Theophylline**
Theolin® → **Theophylline**
Theolong® → **Theophylline**
Theomol® → **Theophylline**
Theonate® → **Theophylline Sodium Glycinate**
Theo Pa® → **Theophylline**
Theophen® → **Theophylline**
Theophtard® → **Theophylline**
Theophyllin → **Theophylline**
Theophyllin AL® → **Theophylline**
Theophyllin-atiopharm® → **Theophylline**
Theophyllin AZU® → **Theophylline**
Theophylline → **Theophylline**
Theophylline® → **Theophylline**
Theophylline [BAN, JAN] → **Theophylline**
Theophylline Bruneau® → **Theophylline**
Theophyllin EDA-ratiopharm® → **Aminophylline**
Theophylline [DCF] → **Theophylline**
Théophylline-éthylènediamine (Ph. Franç. X) → **Aminophylline**
Theophylline (Ph. Eur. 5, JP XIV) → **Theophylline**
Theophyllin-Ethylendiamin-Hydrat → **Aminophylline**
Theophyllin Heumann® → **Theophylline**
Theophyllin Hexal® → **Theophylline**
Theophyllin Merck® → **Theophylline**
Theophyllin (Ph. Eur. 5) → **Theophylline**
Theophyllin Sandoz® → **Theophylline**
Theophyllin Stada® → **Theophylline**
Theophyllinum → **Theophylline**
Theophyllinum® → **Theophylline**
Theophyllinum Aethylendiaminum, -hydricum (OeAB) → **Aminophylline**
Theophyllinum et ethylenediaminum (Ph. Eur. 4) → **Aminophylline**
Theophyllinum-ethylenediaminum (Ph. Eur. 5) → **Aminophylline**
Theophyllinum (Ph. Eur. 5, Ph. Int. II) → **Theophylline**
Theoplus® → **Theophylline**
Theospan® → **Theophylline**
Theospirex® → **Theophylline Sodium Glycinate**
Theospirex® [caps./compr.] → **Theophylline**
Theo-SR® → **Theophylline**
Theostat® → **Theophylline**
Théostat® → **Theophylline**
Theotard® → **Theophylline**
Theotrim® → **Theophylline**
Theovent® → **Theophylline**
theo von ct® [caps.] → **Theophylline**
Theo-X® → **Theophylline**
Thephidron® → **Bromhexine**
Théprubicine® → **Pirarubicin**
Ther® → **Tegaserod**
Therabloat® [vet.] → **Poloxalene**
Therabloc® → **Atenolol**
Therablost® [vet.] → **Poloxalene**
Theracap 131® → **Sodium Iodide (^{131}I)**
Theraclox® → **Cloxacillin**
Theradol® → **Tramadol**
Therafilm® → **Diphenhydramine**
Theraflu KV® → **Guaifenesin**
Thera-Flur® → **Sodium Fluoride**
Theralen® → **Alimemazine**
Theralene® → **Alimemazine**
Théralène® → **Alimemazine**
Theralexin® → **Cefalexin**
Theralite® → **Lithium**
Theranex® → **Tranexamic Acid**
Therarubicin® → **Pirarubicin**
Theratears® → **Carmellose**
Therateem L® → **Lysozyme**
Therevac S.B.® → **Docusate Sodium**
Therios® [vet.] → **Cefalexin**
Thermazene® → **Sulfadiazine**
Thermo Bürger® → **Capsaicin**
Thermo-Rub® → **Methyl Salicylate**
Theroxidil® → **Minoxidil**
Thersa B12® [vet.] → **Cyanocobalamin**
Thespofer® [vet.] → **Dextran Iron Complex**
Thevier® → **Levothyroxine**
Thia-1® → **Thiamine**
Thiaben® → **Tiabendazole**
Thiabene® → **Thiamine**
Thiabet® → **Metformin**
Thiabin® → **Thiamine**
Thiamazol → **Thiamazole**
Thiamazol 1A Farma® → **Thiamazole**
Thiamazole → **Thiamazole**
Thiamazole [BAN, DCF, JAN] → **Thiamazole**
Thiamazole (JP XIV, Ph. Eur. 5) → **Thiamazole**
Thiamazol Henning® → **Thiamazole**
Thiamazol Hexal® → **Thiamazole**
Thiamazol Lindopharm® → **Thiamazole**
Thiamazol Sandoz® → **Thiamazole**
Thiamazolum → **Thiamazole**
Thiamazolum (Ph. Eur. 5, 2.AB-DDR) → **Thiamazole**
Thiambiotic® → **Thiamphenicol**
Thiamcin® → **Thiamphenicol**
Thiamet® → **Thiamphenicol**
Thiamika® → **Thiamphenicol**
Thiamil® [vet.] → **Tiamulin**
Thiamin® → **Thiamine**
Thiamin Chlorid® → **Thiamine**
Thiamine® → **Thiamine**
Thiamine HCl Injection® → **Thiamine**
Thiamine HCl PCH® → **Thiamine**
Thiamine HCl ratiopharm® → **Thiamine**
Thiamine Hydrochloride® → **Thiamine**
Thiamine Opsonin® → **Thiamine**
Thiamini hydrochloridum® → **Thiamine**
Thiamin Leciva® → **Thiamine**
Thiamphenicol® → **Thiamphenicol**
Thiamphenicol Indo Farma® → **Thiamphenicol**
Thiamycin® → **Thiamphenicol**
Thianicol® → **Thiamphenicol**
Thiasel® [vet.] → **Thiamine**
Thiason® → **Thiamine**
Thiatab® → **Thiamine**
Thiaton® → **Tiquizium Bromide**
Thiazine®[vet.] → **Xylazine**
Thibenzole® [vet.] → **Tiabendazole**
Thicataren® → **Diclofenac**
Thicazol® → **Ketoconazole**
Thidim® → **Ceftazidime**

Thilocanfol® → **Azidamfenicol**
Thilocanfol C® → **Chloramphenicol**
Thilocof® → **Azidamfenicol**
Thilodexine® → **Dexamethasone**
Thilodrin® → **Dipivefrine**
Thilol® → **Trifluridine**
Thilomaxine® → **Tobramycin**
Thilo-Micine® → **Tobramycin**
Thilomide® → **Lodoxamide**
Thilopemal → **Ethosuximide**
Thilo-Tears® → **Carbomer**
Thilotim® → **Timolol**
Thimecil® → **Methylthiouracil**
Thimelon® → **Methylprednisolone**
Thiobactin® → **Thiamphenicol**
Thiobarb® [vet.] → **Thiopental Sodium**
Thiobitum® → **Ichthammol**
Thiocodin® → **Buflomedil**
Thiocolchicoside Biogaran® → **Thiocolchicoside**
Thiocolchicoside EG® → **Thiocolchicoside**
Thiocolchicoside G Gam® → **Thiocolchicoside**
Thiocolchicoside Ivax® → **Thiocolchicoside**
Thiocolchicoside Merck® → **Thiocolchicoside**
Thiocolchicoside Sandoz® → **Thiocolchicoside**
Thiocolchicoside Winthrop® → **Thiocolchicoside**
Thioctacid® → **Thioctic Acid**
Thioctacid® [inj.] → **Thioctic Acid**
Thioctacid T® [inj.] → **Thioctic Acid**
Thioctic Acid → **Thioctic Acid**
Thioctic Acid [BAN, JAN] → **Thioctic Acid**
Thioctic Acid (Ph. Eur. 5) → **Thioctic Acid**
6,8-Thioctsäure → **Thioctic Acid**
Thiocyl® → **Thiosalicylic Acid**
Thiodantol® → **Isothipendyl**
Thiodazine® → **Thioridazine**
Thioderon® → **Mepitiostane**
Thiogamma® → **Thioctic Acid**
Thiogamma Injekt® → **Thioctic Acid**
Thiogamma oral® → **Thioctic Acid**
Thioguanine Tabloid® → **Tioguanine**
Thioguanine Wellcome® → **Tioguanine**
Thioguanin Glaxo Wellcome® → **Tioguanine**
Thioguanin-GSK® → **Tioguanine**
Thiola® → **Tiopronin**
Thiolex® → **Thiamine**
Thiomed® → **Thioridazine**
Thionembutal® → **Thiopental Sodium**
Thiopental® → **Thiopental Sodium**
Thiopental Biochemie® → **Thiopental Sodium**
Thiopental Gap® → **Thiopental Sodium**
Thiopental ICN® → **Thiopental Sodium**
Thiopental Inresa® → **Thiopental Sodium**
Thiopental Nycomed® → **Thiopental Sodium**
Thiopental Rotexmedica® → **Thiopental Sodium**
Thiopental Sandoz® → **Thiopental Sodium**
Thiopental Sodico® → **Thiopental Sodium**
Thiopental Sodium® → **Thiopental Sodium**
Thiopental Valeant® → **Thiopental Sodium**
Thiophenicol® → **Thiamphenicol**
Thioplex® → **Thiotepa**
Thioprine® → **Azathioprine**
Thioridazin® → **Thioridazine**
Thioridazine® → **Thioridazine**
Thioridazine HCL® → **Thioridazine**
Thioridazine Hydrochloride® → **Thioridazine**
Thioridazin Leciva® → **Thioridazine**
Thioridazin Neuraxpharm® → **Thioridazine**
Thioril® → **Thioridazine**
Thiosia® → **Thioridazine**
Thiosina® → **Thiamine**
Thiosol® → **Tiopronin**
Thiospa® → **Thiocolchicoside**
Thiotepa® → **Thiotepa**
Thio-Tepa® → **Thiotepa**
Thiotepa for Injection® → **Thiotepa**
Thiotépa Genopharm® → **Thiotepa**
Thiotepa Lederle® → **Thiotepa**
Thiotepa® [vet.] → **Thiotepa**
Thio-Thepa Torrex® → **Thiotepa**
Thiothixene Hydrochloride® → **Tiotixene**
Thiovéol® [vet.] → **Tenoic Acid**
Thiovet® [vet.] → **Thiopental Sodium**
Thiprasolan® → **Alprazolam**
Thiramil® → **Fluoxetine**
Thislacol® → **Thiamphenicol**
Thomapyrin® → **Aspirin**
Thomasin® → **Etilefrine**
Thombran® → **Trazodone**
Thompson's Folic Acid® → **Folic Acid**
Thompson's Vitamin A® → **Retinol**
Thompson's Vitamin B6® → **Pyridoxine**
Thompson's Vitamin C® → **Ascorbic Acid**
Thorazine® → **Chlorpromazine**
Thorazine® [rect.-supp.] → **Chlorpromazine**
Thrionipen® → **Nimodipine**
Thriostaxil® → **Roxithromycin**
Thriusedon® → **Lisinopril**
Throatsil Cbs® → **Carbocisteine**
Throatsil Dex® → **Dextromethorphan**
Throcin® → **Erythromycin**
Thrombace® → **Aspirin**
Thrombareduct® → **Heparin**
Thrombareduct Sandoz® → **Heparin**
Thrombhibin® → **Antithrombin III**
Thrombinar® → **Thrombin**
Thrombin-JMI® → **Thrombin**
Thrombo AS® → **Aspirin**
Thrombo Aspilets® → **Aspirin**
Thrombo ASS® → **Aspirin**
Thrombocid® → **Pentosan Polysulfate Sodium**
Thrombocutan® → **Heparin**
Thrombodine® → **Ticlopidine**
Thrombogen® → **Thrombin**
Thrombolyse® → **Nasaruplase**
Thrombophob® → **Heparin**
Thromboreductin® → **Anagrelide**
Thrombostad® → **Aspirin**
Thrombostat® [bovine] → **Thrombin**
Thrombotrol® → **Antithrombin III**
Thrombotrol-VF® → **Antithrombin III**
Thybon Henning® → **Liothyronine**
Thymovar® [vet.] → **Thymol**
Thyprotect® → **Potassium Iodide**
Thyradin-S® → **Levothyroxine**
Thyrax® → **Levothyroxine**
Thyrax Duotab® → **Levothyroxine**
Thyrex® → **Levothyroxine**
Thyro-4® → **Levothyroxine**
Thyro-Block® → **Potassium Iodide**
Thyrocalcitonin → **Calcitonin**
Thyro-Form® [vet.] → **Levothyroxine**
Thyrogen® → **Thyrotropin Alfa**
Thyrogen® [vet.] → **Thyrotropin Alfa**
Thyrohormone® → **Levothyroxine**
Thyroid-S® → **Levothyroxine**
Thyrolar® [+ Levothyroxine sodium] → **Liothyronine**
Thyrolar® [+ Liothyronine] → **Levothyroxine**
Thyroliberin TRH Merck® → **Protirelin**

Thyro-L® [vet.] → **Levothyroxine**
Thyromazol® → **Thiamazole**
Thyronine® → **Liothyronine**
Thyrosafe® → **Potassium Iodide**
Thyro-Safe® → **Potassium Iodide**
Thyrosan® → **Propylthiouracil**
ThyroShield® → **Potassium Iodide**
Thyrosit® → **Levothyroxine**
Thyrostat® → **Carbimazole**
Thyrosyn® [vet.] → **Levothyroxine**
Thyro-Tabs® [vet.] → **Levothyroxine**
Thyrotardin® → **Liothyronine**
Thyrotardin inject.® → **Liothyronine**
Thyroxin® → **Levothyroxine**
Thyroxine Alpharma® → **Levothyroxine**
Thyroxine [BAN] → **Levothyroxine**
Thyroxine-Lam Thong® → **Levothyroxine**
Thyroxine Sodium [JAN, BANM] → **Levothyroxine**
Thyroxine® [vet.] → **Levothyroxine**
Thyroxin-Natrium → **Levothyroxine**
Thyroxinum laevogirum → **Levothyroxine**
Thyroxinum natricum → **Levothyroxine**
Thyroxinum (OeAB IX, Ph. Helv. VI) → **Levothyroxine**
Thyrozine® [vet.] → **Levothyroxine**
Thyrozol® → **Thiamazole**
Tiabendazol® → **Tiabendazole**
Tiabendazole® → **Tiabendazole**
Tiabendazol® [vet.] → **Tiabendazole**
Tiabet® → **Glibenclamide**
Tiacil® [vet.] → **Gentamicin**
Tiacin® → **Thiamphenicol**
Tiaclor® [vet.] → **Tiamulin**
Tiacob® → **Tiapride**
Tiadil® → **Diltiazem**
Tiadipona® → **Bentazepam**
Tiadyl® → **Candesartan**
Tiafarma® → **Tiabendazole**
Tiaglib® → **Gliclazide**
Tiajac® → **Tiapride**
Tial® → **Tramadol**
Tialin® [vet.] → **Tiamulin**
Tiamazol → **Thiamazole**
Tiamazolo → **Thiamazole**
Tiamazolo [DCIT] → **Thiamazole**
Tiamfenicolo® [vet.] → **Thiamphenicol**
Tiamidon® → **Thiamine**
Tiamina Austral® → **Thiamine**
Tiamina Clorhidrato® → **Thiamine**
Tiamina Clorhidrato L.CH.® → **Thiamine**
Tiamina Ecar® → **Thiamine**
Tiamina Genfar® → **Thiamine**
Tiamina Gen-Far® → **Thiamine**
Tiamina Iqfarma® → **Thiamine**
Tiamin SAD® → **Thiamine**
Tiamix® [vet.] → **Tiamulin**
Tiamol® → **Fluocinonide**
Tiamon® → **Dihydrocodeine**
Tiamulina® [vet.] → **Tiamulin**
Tiamulin® [vet.] → **Tiamulin**
Tiamupharm® [vet.] → **Tiamulin**
Tiamusol® [vet.] → **Tiamulin**
Tiamutin® [vet.] → **Tiamulin**
Tiamuval® [vet.] → **Tiamulin**
Tiamvet® [vet.] → **Tiamulin**
Tianak® → **Ranitidine**
Tianke® → **Ciclosporin**
Tiapra® → **Tiapride**
Tiaprid 1A Pharma® → **Tiapride**
Tiaprid AbZ® → **Tiapride**
Tiaprid AL® → **Tiapride**
Tiapridal® → **Tiapride**
Tiaprid AWD® → **Tiapride**
Tiaprid-biomo® → **Tiapride**
Tiaprid-CT® → **Tiapride**
Tiapride® → **Tiapride**
Tiapride AWD® → **Tiapride**
Tiapride Hexal® → **Tiapride**
Tiapride Jacobsen Pharma® → **Tiapride**
Tiapride Merck® → **Tiapride**
Tiapride Panpharma® → **Tiapride**
Tiapride Ratiopharm® → **Tiapride**
Tiapride Sandoz® → **Tiapride**
Tiapride Stada® → **Tiapride**
Tiapridex® → **Tiapride**
Tiaprid Hexal® → **Tiapride**
Tiaprid-Isis® → **Tiapride**
Tiaprid Neuraxpharm® → **Tiapride**
Tiaprid-ratiopharm® → **Tiapride**
Tiaprid Sandoz® → **Tiapride**
Tiaprid Stada® → **Tiapride**
Tiaprid Winthrop® → **Tiapride**
Tiaprizal® → **Tiapride**
Tiaprofenic Acid® → **Tiaprofenic Acid**
Tiarix® → **Paroxetine**
Tiaryt® → **Amiodarone**
Tiasol® [vet.] → **Tiamulin**
Tiastat® → **Thiamazole**
Tiatral SR® → **Aspirin**
Tiazac® → **Pioglitazone**
Tiazam® → **Gemfibrozil**
Tiazem® → **Diltiazem**
Tiazet® → **Tiapride**
Tiba® → **Gemfibrozil**
Tiberal® → **Ornidazole**
Tibéral® → **Ornidazole**
Tibifor® → **Cefaclor**
Tibigon® → **Ethambutol**
Tibinide® → **Isoniazid**
Tibitol® → **Ethambutol**
Tiboclim® → **Tibolone**
Tibofem® → **Tibolone**
Tibolene® → **Alendronic Acid**
Tibolon® → **Tibolone**
Tibolona® → **Tibolone**
Tibomax® → **Tibolone**
Tibone® → **Tibolone**
Tibonella® → **Tibolone**
Tibs® → **Tegaserod**
Tibutol® → **Ethambutol**
Ticar® → **Ticarcillin**
Ticard® → **Ticlopidine**
Ticarpen® → **Ticarcillin**
Ticas® → **Fluticasone**
Ticathion® → **Thiocolchicoside**
Ticavent® → **Fluticasone**
Ticdine® → **Ticlopidine**
Ticillin® [vet.] → **Ticarcillin**
Ticinan® → **Morphine**
Ticinil® → **Dipyridamole**
Tick Dressing S® [vet.] → **Clofenvinfos**
Tick-Fence® [vet.] → **Permethrin**
Tick Grease® [vet.] → **Cypermethrin**
Ticlapsor® → **Tacalcitol**
Ticlo® → **Ticlopidine**
Ticlobal® → **Ticlopidine**
Ticlocard® → **Ticlopidine**
Ticlodin® → **Ticlopidine**
Ticlodix® → **Ticlopidine**
Ticlodone® → **Ticlopidine**
Ticlon® → **Ticlopidine**
Ticlop® → **Ticlopidine**
Ticlopid® → **Ticlopidine**
Ticlopididna Ciclum® → **Ticlopidine**
Ticlopidina® → **Ticlopidine**
Ticlopidina Alter® → **Ticlopidine**
Ticlopidina Angenerico® → **Ticlopidine**
Ticlopidina Bexal® → **Ticlopidine**
Ticlopidina BIG® → **Ticlopidine**
Ticlopidina Ciclum® → **Ticlopidine**
Ticlopidina Cinfa® → **Ticlopidine**
Ticlopidina DOC® → **Ticlopidine**
Ticlopidina Dorom® → **Ticlopidine**
Ticlopidina EG® → **Ticlopidine**
Ticlopidina Farmoz® → **Ticlopidine**
Ticlopidina Generis® → **Ticlopidine**
Ticlopidina Genfar® → **Ticlopidine**
Ticlopidina Hexal® → **Ticlopidine**
Ticlopidina Jet® → **Ticlopidine**
Ticlopidin AL® → **Ticlopidine**
Ticlopidina Labesfal® → **Ticlopidine**
Ticlopidina Merck® → **Ticlopidine**
Ticlopidina Movin® → **Ticlopidine**

Ticlopidina Normon® → **Ticlopidine**
Ticlopidina Pliva® → **Ticlopidine**
Ticlopidina Quesada® → **Ticlopidine**
Ticlopidina Ranbaxy® → **Ticlopidine**
Ticlopidina Ratiopharm® → **Ticlopidine**
Ticlopidina-ratiopharm® → **Ticlopidine**
Ticlopidina RK® → **Ticlopidine**
Ticlopidina Rubio® → **Ticlopidine**
Ticlopidina Sandoz® → **Ticlopidine**
Ticlopidina Stada® → **Ticlopidine**
Ticlopidina Tad® → **Ticlopidine**
Ticlopidina Teva® → **Ticlopidine**
Ticlopidina Ticlopat® → **Ticlopidine**
Ticlopidina Trombopat® → **Ticlopidine**
Ticlopidina Union Health® → **Ticlopidine**
Ticlopidina Ur® → **Ticlopidine**
Ticlopidin beta® → **Ticlopidine**
Ticlopidine Chinoin® → **Ticlopidine**
Ticlopidine EG® → **Ticlopidine**
Ticlopidine Hexal® → **Ticlopidine**
Ticlopidine Merck® → **Ticlopidine**
Ticlopidine Poli® → **Ticlopidine**
Ticlopidine Teva® → **Ticlopidine**
Ticlopidin Hexal® → **Ticlopidine**
Ticlopidin Neuraxpharm® → **Ticlopidine**
Ticlopidin Puren® → **Ticlopidine**
Ticlopidin Ratiopharm® → **Ticlopidine**
Ticlopidin Sandoz® → **Ticlopidine**
Ticlopidin Stada® → **Ticlopidine**
ticlopidin von ct® → **Ticlopidine**
Ticlopine® → **Ticlopidine**
Ticlosyn® → **Ticlopidine**
Ticloter® → **Ticlopidine**
Ticlovas® → **Ticlopidine**
Ticoflex® → **Naproxen**
Tic-Tac® → **Permethrin**
Ticuring® → **Ticlopidine**
Tidact YSP® → **Clindamycin**
Tidomet® [+ Carbidopa] → **Levodopa**
Tidomet® [+ Levodopa] → **Carbidopa**
Tiebinafin® → **Terbinafine**
Tiemonii Iodidum → **Tiemonium Iodide**
Tiemonio ioduro → **Tiemonium Iodide**
Tiemonio ioduro [DCIT] → **Tiemonium Iodide**
Tiemonium [DCF] → **Tiemonium Iodide**
Tiemonium iodid → **Tiemonium Iodide**
Tiemonium Iodide → **Tiemonium Iodide**
Tiemonium Iodide [BAN, USAN, JAN] → **Tiemonium Iodide**
Tienam® [+ Cilastatin] → **Imipenem**
Tienam® [+ Cilastatin, sodium salt] → **Imipenem**
Tienam® [+ Cilastatin sodium salt] → **Imipenem**
Tienam® [+ Imipenem] → **Cilastatin**
Tienam® [+ Imipenem] → **Cilastatin**
Tienam® [+ Imipenem, monohydrate] → **Cilastatin**
Tienam® [+ Imipenem monohydrate] → **Cilastatin**
Tienor® → **Clotiazepam**
Tierlite® → **Fluconazole**
Tifaxcin® → **Cefixime**
Tifen® → **Ketotifen**
Tiffy® → **Paracetamol**
Tifinidat® → **Methylphenidate**
Tifobiotic® → **Chloramphenicol**
Tifol® → **Folic Acid**
Tigal® → **Terbinafine**
Tigan® → **Trimethobenzamide**
Tiginor® → **Atorvastatin**
Tiguvon® [vet.] → **Fenthion**
Tikacillin® → **Phenoxymethylpenicillin**
Tikleen® → **Ticlopidine**
Tiklid® → **Ticlopidine**
Tiklyd® → **Ticlopidine**
Tikol® → **Ticlopidine**
Tikosyn® → **Dofetilide**
Til® → **Cefuroxime**
Tilactase Farmoz® → **Tilactase**
Tilad® → **Nedocromil**
Tilade® → **Nedocromil**
Tilade Mint® → **Nedocromil**
Tilarin® → **Nedocromil**
Tilavist® → **Nedocromil**
Tilazem® → **Diltiazem**
Tilcitin® → **Tenoxicam**
Tilcotil® → **Tenoxicam**
Tilderol® → **Paracetamol**
Tildiem® → **Diltiazem**
Tildren® [vet.] → **Tiludronic Acid**
Tilekin® → **Paracetamol**
Tilene® → **Fenofibrate**
Tilex® → **Glucosamine**
Tilexim® → **Cefuroxime**
Tilferan® → **Etidronic Acid**
Tilflam® → **Tenoxicam**
Tilhasan® → **Diltiazem**
Tilidin Gödecke® → **Tilidine**
Tilidon® → **Domperidone**
Tilios® → **Alendronic Acid**
Tiljet® [vet.] → **Tylosin**
Tilker® → **Diltiazem**
Tilko® → **Tenoxicam**
Tilodene® → **Ticlopidine**
Tilomix® [vet.] → **Tylosin**
Tilopin® → **Ticlopidine**
Tiloptic® → **Timolol**
Tiloryth® → **Erythromycin**
Tilosina® [vet.] → **Tylosin**
Tiloxican® → **Tenoxicam**
Tilstigmin® → **Neostigmine**
Tilstigmin® [inj.] → **Neostigmine**
Tiltis® → **Benzoyl Peroxide**
Tiludronsäure Sanofi® → **Tiludronic Acid**
Tilur® → **Acemetacin**
Timabak® → **Timolol**
Timacar® → **Timolol**
Timacor® → **Timolol**
Timact® → **Gentamicin**
Timadren® → **Timolol**
Timalar® → **Budesonide**
Timalen® → **Timolol**
Timarol® → **Tramadol**
Timazol® → **Thiamazole**
Timébutine EG® → **Trimebutine**
Timecef® → **Cefodizime**
Timed® → **Timolol**
Timem® → **Tiemonium Methylsulfate**
Timenten® [+ Clavulanic Acid, potassium salt] → **Ticarcillin**
Timenten® [+ Ticarcillin, disodium salt] → **Clavulanic Acid**
Timentin® [+ Clavulanic Acid, potassium salt] → **Ticarcillin**
Timentin® [+ Clavulanic Acid potassium salt] → **Ticarcillin**
Timentin® [+ Ticarcillin, disodium salt] → **Clavulanic Acid**
Timentin® [+ Ticarcillin disodium salt] → **Clavulanic Acid**
Timerol® → **Tinidazole**
Timet® → **Cimetidine**
Timezol® → **Omeprazole**
Timidal® → **Paracetamol**
Timisol® → **Timolol**
Timivudin® → **Zidovudine**
Timocomod® → **Timolol**
Timo-Comod® → **Timolol**
Timodrop® → **Timolol**
Timoftal® → **Timolol**
Timoftol® → **Timolol**
Timo-Gal® → **Timolol**
Timogel® → **Timolol**
Timoglau® → **Timolol**
Timohexal® → **Timolol**
Timol® → **Timolol**
Timolabak® → **Timolol**

Timolat® → **Timolol**
Timol CD30® → **Nifedipine**
Timolen® → **Timolol**
Timolol® → **Timolol**
Timolol A® → **Timolol**
Timolol Alcon® → **Timolol**
Timolol Alpharma® → **Timolol**
Timolol CCS® → **Timolol**
Timolol CF® → **Timolol**
Timolol-Chauvin® → **Timolol**
Timolol Ciba Vision® → **Timolol**
Timolol CV® → **Timolol**
Timolol Denver® → **Timolol**
Timolol Dorf® → **Timolol**
Timolol-Falcon® → **Timolol**
Timolol GFS® → **Timolol**
Timolol G Gam® → **Timolol**
Timolol HPS® → **Timolol**
Timolol Katwijk® → **Timolol**
Timolol Lansier® → **Timolol**
Timolol Lch® → **Timolol**
Timolol L.CH.® → **Timolol**
Timolol Maleate® → **Timolol**
Timolol Maleato® → **Timolol**
Timolol Maleato Chauvin® → **Timolol**
Timolol Novartis® → **Timolol**
Timololo Novartis® → **Timolol**
Timolol PCH® → **Timolol**
Timolol-POS® → **Timolol**
Timolol PSI® → **Timolol**
Timolol Ratiopharm® → **Timolol**
Timolol-ratiopharm® → **Timolol**
Timolol Sandoz® → **Timolol**
Timolol Santen® → **Timolol**
Timolol Unimed Pharma® → **Timolol**
Timolol Wasser® → **Timolol**
Timolux® → **Timolol**
Timomann® → **Timolol**
Timomin® → **Timolol**
Timonal® → **Tiemonium Methylsulfate**
Timonil® → **Carbamazepine**
Timo-Optal® → **Timolol**
Timop® → **Timolol**
Timophtal® → **Timolol**
Tim-Ophtal® → **Timolol**
Timo-Pos® → **Timolol**
Timopres® → **Timolol**
Timoptic® → **Timolol**
Timoptic XE® → **Timolol**
Timoptolgel® → **Timolol**
Timoptol® [vet.] → **Timolol**
Timoptol XE® → **Timolol**
Timosan® → **Timolol**
Timosil® → **Timolol**
Timosol® → **Timolol**
Timo-Stulln® → **Timolol**
Timox® → **Oxcarbazepine**
Timozzard® → **Timolol**
Tinacef® → **Ceftazidime**
Tinactin® → **Tolnaftate**
Tinaderm® → **Tolnaftate**
Tinaderm-Tinactin® → **Tolnaftate**
Tinadin® → **Ranitidine**
Tinasol® → **Tolnaftate**
Tinasolve® → **Miconazole**
Tinatox® → **Tolnaftate**
Tinatrim® → **Clotrimazole**
Tinavate® → **Tolnaftate**
Tinazol® → **Clotrimazole**
Tinazol® → **Tioconazole**
Tinazole® → **Tinidazole**
Tinda® → **Attapulgite**
Tindal® → **Permethrin**
Tindamax® → **Tinidazole**
Tineafax® → **Tolnaftate**
Tineafin® → **Terbinafine**
Ting® → **Tolnaftate**
Tini® → **Tinidazole**
Tiniazol® → **Ketoconazole**
Tiniba® → **Tinidazole**
Tinidafyl® → **Tinidazole**
Tinidameb® → **Tinidazole**
Tinidan® → **Tinidazole**
Tinidazol® → **Tinidazole**
Tinidazol Domesco® → **Tinidazole**
Tinidazole® → **Tinidazole**
Tinidazole-Akri® → **Tinidazole**
Tinidazol Ecar® → **Tinidazole**
Tinidazol Genfar® → **Tinidazole**
Tinidazol Gen-Far® → **Tinidazole**
Tinidazol L.CH.® → **Tinidazole**
Tinidazol Lch® → **Tinidazole**
Tinidazol MK® → **Tinidazole**
Tinidazolum® → **Tinidazole**
Tinidil® → **Isosorbide Dinitrate**
Tinidral® → **Tinidazole**
Tinigen® → **Tinidazole**
Tinigrun® → **Tinidazole**
Tinizol® → **Tinidazole**
T-Inmun® → **Tacrolimus**
Tinnic® → **Loratadine**
Tinnitin® → **Caroverine**
Tinox® → **Tinidazole**
Tinox® → **Tibolone**
Tinset® [gel] → **Oxatomide**
Tinset® [tabs./susp.] → **Oxatomide**
Tintus® → **Guaifenesin**
Tiobarbital Braun® → **Thiopental Sodium**
Tiocan® → **Tioconazole**
Tiocell® → **Tioconazole**
Tiocolchicoside DOC® → **Thiocolchicoside**
Tiocolchicoside EG® → **Thiocolchicoside**
Tiocolchicoside Sandoz® → **Thiocolchicoside**
Tiocolchicoside Union Health® → **Thiocolchicoside**
Tiocolchicoside Winthrop® → **Thiocolchicoside**
Tioconazole® → **Tioconazole**
Tioconazol Genfar® → **Tioconazole**
Tioconazol Gen-Far® → **Tioconazole**
Tioconazol MK® → **Tioconazole**
Tiocondraminum → **Glucosamine**
Tioctan® → **Thioctic Acid**
Tioctan® [vet.] → **Thioctic Acid**
Tiodin® → **Ticlopidine**
Tiof® → **Timolol**
Tiofen® → **Thiamphenicol**
Tiofen® [inj.] → **Thiamphenicol**
Tioguaialina® → **Sulfogaiacol**
Tioguanina GSK® → **Tioguanine**
Tiomebumalnatrium SAD® → **Thiopental Sodium**
Tiomicol® → **Tioconazole**
Tionamid® → **Protionamide**
Tioner® → **Tramadol**
Tiopental® → **Thiopental Sodium**
Tiopental Biochemie® → **Thiopental Sodium**
Tiopental Braun® → **Thiopental Sodium**
Tiopental Sodico® → **Thiopental Sodium**
Tiorelax® → **Thiocolchicoside**
Tiorfan® → **Racecadotril**
Tioridazina® → **Thioridazine**
Tioridazina Clorhidrato® → **Thioridazine**
Tioridazina L.CH.® → **Thioridazine**
Tioridazina Lch® → **Thioproperazine**
Tiorilene® → **Thiocolchicoside**
Tiosalis® → **Ondansetron**
Tioside® → **Thiocolchicoside**
Tiotil® → **Propylthiouracil**
Tiova® → **Tiotropium Bromide**
Tiovalone® → **Tixocortol**
Tipac® → **Ranitidine**
Tiparol® → **Tramadol**
Tipen® → **Phenoxymethylpenicillin**
Tipidin® → **Ticlopidine**
Tipidine® → **Ticlopidine**
Tipkin® → **Amikacin**
Tipodex® → **Famotidine**
Tiprogyn® → **Tinidazole**
Tiptipot Afalpi® → **Pseudoephedrine**
Tiptipot Aldolor® → **Paracetamol**
Tiptipot Mucolit® → **Carbocisteine**
Tiptipot Simicol® → **Dimeticone**

Tipuric® → **Allopurinol**
Tiques et Puces® [vet.] → **Bioallethrin**
Tirabicin® → **Roxithromycin**
Tiracaspa® → **Ketoconazole**
Tiracetam® → **Piracetam**
Tiracrin® → **Levothyroxine**
Tiradine® → **Loratadine**
Tiral® → **Tramadol**
Tiramin® → **Cetirizine**
Tirentall® → **Pentoxifylline**
Tirgon® → **Bisacodyl**
Tiriz® → **Cetirizine**
Tirizin® → **Cetirizine**
Tirlor® → **Loratadine**
Tirmaclo® → **Diclofenac**
Tirocal® → **Calcitriol**
Tirocular® → **Acetylcysteine**
Tirodril® → **Thiamazole**
Tiroidine® [tabs] → **Levothyroxine**
Tiromel® → **Liothyronine**
Tiroran® → **Ranitidine**
Tirosint® → **Levothyroxine**
Tirostat® → **Propylthiouracil**
Tirotax® → **Cefotaxime**
Tirovarina® → **Tibolone**
Tirovel® → **Piroxicam**
Tiroxin® → **Levothyroxine**
Tiroxmen® → **Levothyroxine**
Tisacef® → **Cefadroxil**
Tisacid® → **Hydrotalcite**
Tisadyne® → **Magaldrate**
Tisamid® → **Pyrazinamide**
Tisercin® → **Levomepromazine**
Tisercin® [compr.] → **Levomepromazine**
Tismafam® → **Famotidine**
Tismalin® → **Terbutaline**
Tismamisin® → **Lincomycin**
Tismazol® → **Metronidazole**
Tisogen® → **Topotecan**
Tispol IBU-DD® → **Ibuprofen**
Tisten® → **Clopidogrel**
Titanoral® → **Diosmin**
Titanox® → **Promethazine**
Titralac® → **Calcium Carbonate**
Ti-Tre® → **Liothyronine**
Titus® → **Lorazepam**
Tivanik® → **Levofloxacin**
Tivirlon® → **Lisinopril**
Tivision® → **Lidocaine**
Tivoral® → **Levothyroxine**
Tiwimox® → **Amoxicillin**
Tixafly® [vet.] → **Deltamethrin**
Tixair® → **Acetylcysteine**
Tixobar® → **Barium Sulfate**
Tixylix® → **Guaifenesin**
Tizadin® → **Tizanidine**
Tizan® → **Tizanidine**
Tizanidine HCL® → **Tizanidine**
Tizem® → **Diltiazem**
Tizol® → **Tinidazole**
Tizoval® [vet.] → **Ivermectin**
Tizoxim® → **Cefotaxime**
TK 1320 → **Glipizide**
T-long® → **Tramadol**
TMP® → **Trimethoprim**
TMP/SMZ®[vet.] → **Sulfamethoxazole**
TMP/SMZ®[vet.] → **Trimethoprim**
TMPS® [+ Sulfamethoxazole] [vet.] → **Trimethoprim**
TMPS® [+ Trimethoprim] [vet.] → **Sulfamethoxazole**
TMP Sulfa Noé® [+Sulfadiazine] [vet.] → **Trimethoprim**
TMP Sulfa Noé® [+Trimethoprim] [vet.] → **Sulfadiazine**
T.M.P.S.®[vet.] → **Sulfamethoxazole**
T.M.P.S.®[vet.] → **Trimethoprim**
TMPS®[vet.] → **Trimethoprim**
TMPS®[vet.] → **Sulfadoxine**
TMS® [+ Sulfamethoxazol] → **Trimethoprim**
TMS® [+ Trimethoprim] → **Sulfamethoxazole**
TNKase® → **Tenecteplase**
Tobacin® → **Tobramycin**
Toban® → **Loperamide**
Tobcin® → **Tobramycin**
Tobe® → **Tibolone**
Tobi® → **Tobramycin**
Tobil® → **Azithromycin**
Tobirax® → **Tobramycin**
Tobitil® → **Tenoxicam**
Tobrabact® → **Tobramycin**
Tobrabiotic® → **Tobramycin**
TOBRA-cell® → **Tobramycin**
Tobracin® → **Tobramycin**
Tobradex® → **Tobramycin**
Tobradistin® → **Tobramycin**
Tobradosa® → **Tobramycin**
Tobragan® → **Tobramycin**
Tobra Gobens® → **Tobramycin**
Tobragrammed® → **Tobramycin**
Tobral® → **Tobramycin**
Tobralex® → **Tobramycin**
Tobramaxin® → **Tobramycin**
Tobramed® → **Tobramycin**
Tobramicina® → **Tobramycin**
Tobramicina Braun® → **Tobramycin**
Tobramicina Cassara® → **Tobramycin**
Tobramicina Cusi® → **Tobramycin**
Tobramicina Dorf® → **Tobramycin**
Tobramicina IBI® → **Tobramycin**
Tobramicina Lch® → **Tobramycin**
Tobramicina Normon® → **Tobramycin**
Tobramicina Tor® → **Tobramycin**
Tobramicina Wasser® → **Tobramycin**
Tobramin® → **Tobramycin**
Tobramina® → **Tobramycin**
Tobramisona® → **Tobramycin**
Tobramixin® → **Tobramycin**
Tobramycin® → **Tobramycin**
Tobramycin Alcon® → **Tobramycin**
Tobramycine CF® → **Tobramycin**
Tobramycine-Falcon® → **Tobramycin**
Tobramycine Mayne® → **Tobramycin**
Tobramycine-Mayne® → **Tobramycin**
Tobramycin-Fresenius® → **Tobramycin**
Tobramycin Injection® → **Tobramycin**
Tobramycin mp® → **Tobramycin**
Tobramycin Sulfate® → **Tobramycin**
Tobramycin Sulphate® → **Tobramycin**
Tobraneg® → **Tobramycin**
Tobrased® → **Tobramycin**
Tobrasix® → **Tobramycin**
Tobrasol® → **Tobramycin**
Tobrastill® → **Tobramycin**
Tobravisc® → **Tobramycin**
Tobrazol® → **Tobramycin**
Tobrex® → **Tobramycin**
Tobrin® → **Tobramycin**
Tobryne® → **Tobramycin**
Tobsin® → **Tobramycin**
Tobutol® → **Ethambutol**
Tobyl® → **Azithromycin**
Tocalm® → **Ambroxol**
Tocasol® → **Imiquimod**
Tocef® → **Cefixime**
Tocline® → **Tibolone**
Toco® → **Tocopherol, α-**
Tocoferole Acetat® → **Tocopherol, α-**
Tocolion® → **Tocopherol, α-**
Tocopa® → **Tocopherol, α-**
Tocopharm® → **Tocopherol, α-**
Tocopherine® → **Tocopherol, α-**
Tocopherol [JAN] → **Tocopherol, α-**
Tocopherol (JP XIV) → **Tocopherol, α-**
Tocopherol, α- → **Tocopherol, α-**
Tocopherolum, int-rac-α (Ph. Eur. 5) → **Tocopherol, α-**
Tocorell N® → **Tocopherol, α-**
Tocorell Vit. E® → **Tocopherol, α-**
Tocosules® → **Tocopherol, α-**
Tocovenös® → **Tocopherol, α-**
Tocovit® → **Tocopherol, α-**

T

Tocovital® → **Tocopherol, α-**
Tocovite® [vet.] → **Tocopherol, α-**
Todol® → **Ketorolac**
Todolac® → **Etodolac**
Tofen® → **Ibuprofen**
Toflex® → **Cefalexin**
Tofranil® → **Imipramine**
Tofranil mite® → **Imipramine**
Tofranil Pamoato® → **Imipramine**
Tofranil-PM® → **Imipramine**
Togal® → **Paracetamol**
Togal® → **Aspirin**
Togal ASS® → **Aspirin**
Togal Ibuprofen® → **Ibuprofen**
Togal Mono® → **Aspirin**
Togal N® → **Ibuprofen**
Togamycin® → **Spectinomycin**
Togasan Magnesium® → **Aspartic Acid**
Togasan Vitamin E® → **Tocopherol, α-**
Togine® → **Dihydroergotoxine**
Togrel® → **Levomepromazine**
Tohpiride® → **Sulpiride**
Toilax® → **Bisacodyl**
Tokiolexin DS® → **Cefalexin**
Tokosel® [vet.] → **Tocopherol, α-**
Tokovit® → **Tocopherol, α-**
Tokovitan® → **Tocopherol, α-**
Tokuderm® → **Betamethasone**
Tolazamide® → **Tolazamide**
Tolazine® [vet.] → **Tolazoline**
Tolbin® → **Metronidazole**
Tolbutamid® → **Tolbutamide**
Tolbutamide® → **Tolbutamide**
Tolbutamide A® → **Tolbutamide**
Tolbutamide Alpharma® → **Tolbutamide**
Tolbutamide CF® → **Tolbutamide**
Tolbutamide FLX® → **Tolbutamide**
Tolbutamide Katwijk® → **Tolbutamide**
Tolbutamide Merck® → **Tolbutamide**
Tolbutamide PCH® → **Tolbutamide**
Tolbutamide ratiopharm® → **Tolbutamide**
Tolbutamide Sandoz® → **Tolbutamide**
Tolbutamid R.A.N.® → **Tolbutamide**
Tolbutamina® → **Tolbutamide**
Tolcalm® → **Tolperisone**
Tolchicine® → **Colchicine**
Toldex® → **Aspirin**
Toldimfos → **Toldimfos**
Toldimfos [BAN] → **Toldimfos**
Toldimfosum → **Toldimfos**
Tolectin® → **Tolmetin**
Toledomin® → **Milnacipran**
Tolep® → **Oxcarbazepine**
Tolerane® → **Disulfiram**
Tolerane® → **Flurbiprofen**
Tolestan® → **Cloxazolam**
Tolexine® → **Doxycycline**
Tolfamic® → **Tolfenamic Acid**
Tolfedine® [vet.] → **Tolfenamic Acid**
Tolfédine® [vet.] → **Tolfenamic Acid**
Tolfedin® [vet.] → **Tolfenamic Acid**
Tolfine® [vet.] → **Tolfenamic Acid**
Tolflex® → **Tolperisone**
Tolid® → **Lorazepam**
Toliken® → **Clindamycin**
Toliman® → **Cinnarizine**
Tolimed® → **Mianserin**
Tolin® → **Salbutamol**
Tolinase® → **Tolazamide**
Tolindol® → **Proglumetacin**
Tolma® → **Tramadol**
Tolmetin Sodium® → **Tolmetin**
Tolmicen® → **Tolciclate**
Tolmicil® → **Tolciclate**
Tolmicol® → **Tolciclate**
Tolmide® → **Tolbutamide**
Tolmin® → **Mianserin**
Tolnaderm® → **Tolnaftate**
Tolnaftato L.CH.® → **Tolnaftate**
Tolodina® → **Amoxicillin**
Tolopelon® → **Timiperone**
Toloran® → **Ketorolac**
Tolorin® → **Tolterodine**
Toloxin® → **Digoxin**
Tolperis® → **Tolperisone**
Tolperison® → **Tolperisone**
Tolrest® → **Sertraline**
Tolson® → **Tolperisone**
Toltem® → **Tolterodine**
Tolter® → **Tolterodine**
Toltex® → **Tolterodine**
Toluidinblau® → **Tolonium Chloride**
Toluylphosphenic acid → **Toldimfos**
Tolvin® → **Mianserin**
Tolvon® → **Mianserin**
Tolycar® → **Cefotaxime**
Tomag® → **Ranitidine**
Tomanil® → **Diclofenac**
Tomcin® → **Erythromycin**
Tomephen® → **Dextromethorphan**
Tomide® → **Torasemide**
Tomiporan® → **Cefbuperazone**
Tomiron® → **Cefteram**
Tomit® → **Metoclopramide**
Tomocat® → **Barium Sulfate**
Tomudex® → **Raltitrexed**
Tomycin® → **Tobramycin**
Tomycine® → **Tobramycin**
Tonal® → **Ibuprofen**
Tonalgen® → **Cyclobenzaprine**
Tonamil® → **Thonzylamine**
Tonaril® → **Trihexyphenidyl**
Tonarsyl® [vet.] → **Inosine**
Tonavir® → **Stavudine**
Tondex® [inj.] → **Gentamicin**
Tone® → **Thiamine**
Tonibral® → **Deanol**
Tonid® → **Tinidazole**
T.O Nil® → **Glibenclamide**
Tono® → **Tolnaftate**
Tonobexol® → **Betaxolol**
Tonocalcin® [salmon] → **Calcitonin**
Tonocaltin® [salmon] → **Calcitonin**
Tonocard® → **Tocainide**
Tonocardin® → **Doxazosin**
Tonocis → **Cisapride**
Tonofolin® → **Folinic Acid**
Tonoftal® → **Tolnaftate**
Tonogen® → **Epinephrine**
Tonolysin® → **Lisinopril**
Tonopan Neue Formel® → **Diclofenac**
Tonopaque® → **Barium Sulfate**
Tonophosphan® [vet.] → **Toldimfos**
Tonotensil® → **Lisinopril**
Tonovit® → **Levocarnitine**
Tonox® → **Tenoxicam**
Tonsillol® → **Dequalinium Chloride**
Tonum® → **Ketorolac**
Ton, weisser → **Kaolin**
Top® → **Ketoprofen**
Topace® → **Captopril**
Topadol® → **Ketorolac**
Topalgic® → **Suprofen**
Topamac® → **Topiramate**
Topamac Orifarm® → **Topiramate**
Topamax® → **Topiramate**
Topazolam® → **Alprazolam**
Topazone® [vet.] → **Furazolidone**
Top Calcium® → **Calcium Carbonate**
Top-Cat® → **Barium Sulfate**
Topcillin® → **Amoxicillin**
Topclip® [vet.] → **Dimpylate**
Topcort® → **Desoximetasone**
Top Dent Fluor® → **Sodium Fluoride**
Topdoxy® → **Doxycycline**
Toperin® → **Tolperisone**
Toperit® → **Erythromycin**
Topex® → **Benzocaine**
Topfans® → **Diclofenac**
Topfena® → **Ketoprofen**
Top Flog® → **Benzydamine**
Topgesic® → **Mefenamic Acid**
Topicain® → **Oxetacaine**
Topicasone® → **Betamethasone**
Topicil® → **Clindamycin**

Topicort® → **Desoximetasone**
Topicorte® → **Desoximetasone**
Topictal® → **Topiramate**
Topicycline® → **Tetracycline**
Topiderm® → **Betamethasone**
Topidexa® → **Dexamethasone**
Topifort® → **Clobetasol**
Topik® → **Betamethasone**
Topilone® → **Triamcinolone**
Topimax® → **Topiramate**
Topimax Lyfjaver® → **Topiramate**
Topimax® [ungt.] → **Prednicarbate**
Topimazol® → **Clotrimazole**
Topi-Nitro® → **Nitroglycerin**
Topionic® → **Povidone-Iodine**
Topionic Scrub® → **Povidone-Iodine**
Topiramaat® → **Topiramate**
Topiramat Ratiopharm® → **Topiramate**
Topisel® → **Selenium Sulfide**
Topisolon® → **Desoximetasone**
Topison® → **Mometasone**
Topispray® → **Benzocaine**
Topistin® → **Ciprofloxacin**
Topivate® → **Betamethasone**
Topizol® → **Clotrimazole**
Toplexil® → **Oxomemazine**
Top Line® → **Ivermectin**
Topline® [vet.] → **Amitraz**
Top-Line® [vet.] → **Amitraz**
Top-Mag® → **Magnesium Pidolate**
Top-Nitro® → **Nitroglycerin**
Topogel® → **Ketoprofen**
Topokebir® → **Topotecan**
Toposar® → **Etoposide**
Toposide® → **Etoposide**
Toposin® → **Etoposide**
Topotecan® → **Topotecan**
Topotecan Microsules® → **Topotecan**
Topotecin® → **Irinotecan**
Topotel® → **Topotecan**
Topownan® → **Tolperisone**
Topra® → **Cefepime**
Topram → **Metoclopramide**
Topramine® → **Imipramine**
Topramoxin® [Susp.] → **Amoxicillin**
Topramoxin® [tabs.] → **Amoxicillin**
Toprec® → **Ketoprofen**
Toprek® → **Ketoprofen**
Toprel® → **Topiramate**
Topril® → **Captopril**
Toprol XL® → **Metoprolol**
Topron® → **Nifuroxazide**
Topro Wormkorrels® [vet.] → **Fenbendazole**
Topster® → **Beclometasone**
Topsym® → **Fluocinonide**
Topsym F® → **Fluocinonide**
Topsymin® → **Fluocinonide**
Topsyn® → **Fluocinonide**
Toracard® → **Torasemide**
Toracin® → **Tobramycin**
Toradiur® [inj.] → **Torasemide**
Toradol® → **Ketorolac**
Tora-dol® → **Ketorolac**
Toragamma® → **Torasemide**
Toral® → **Torasemide**
Toramid® → **Torasemide**
Torasemid 1A Pharma® → **Torasemide**
Torasemida Bayvit® → **Torasemide**
Torasemid AbZ® → **Torasemide**
Torasemid accedo® → **Torasemide**
Torasemida Cinfa® → **Torasemide**
Torasemida Combino Pharm® → **Torasemide**
Torasemid Actavis® → **Torasemide**
Torasemida Edigen® → **Torasemide**
Torasemid AL® → **Torasemide**
Torasemida Ratiopharm® → **Torasemide**
Torasemida Tarbis® → **Torasemide**
Torasemid beta® → **Torasemide**
Torasemid-corax® → **Torasemide**
Torasemid dura® → **Torasemide**
Torasemide Bexal® → **Torasemide**
Torasemide-Eurogenerics® → **Torasemide**
Torasemide Hexal® → **Torasemide**
Torasemide Merck® → **Torasemide**
Torasemide Pliva® → **Torasemide**
Torasemide Teva® → **Torasemide**
Torasemid Helvepharm® → **Torasemide**
Torasemid Heumann® → **Torasemide**
Torasemid Hexal® → **Torasemide**
Torasemid-ratiopharm® → **Torasemide**
Torasemid Roche® → **Torasemide**
Torasemid Sandoz® → **Torasemide**
Torasemid Stada® → **Torasemide**
Torasemid TAD® → **Torasemide**
Torasemid-Teva® → **Torasemide**
Torasemid von ct® → **Torasemide**
Torasem-Mepha® → **Torasemide**
Toraseptol® → **Azithromycin**
Torasic® → **Ketorolac**
Torasid® → **Torasemide**
Torasis® → **Torasemide**
Torax® → **Ketorolac**
Torbugesic® [vet.] → **Butorphanol**
Torbutrol® [vet.] → **Butorphanol**
Torecan® → **Thiethylperazine**
Torem® → **Torasemide**
Torem® [inj.] → **Torasemide**
Torendo® → **Risperidone**
Torental® → **Pentoxifylline**
Torgyl® [vet.] → **Metronidazole**
Torgyn® → **Clindamycin**
Torid® → **Atorvastatin**
Torin® → **Sertraline**
Torio® → **Simvastatin**
Toriol® → **Ranitidine**
Torisel® → **Temsirolimus**
Torivas® → **Atorvastatin**
Torkol® → **Ketorolac**
Torlasporin® → **Cefalexin**
Torlós® → **Losartan**
Tornalate® → **Bitolterol**
Torocef® → **Ceftriaxone**
Torolac® → **Ketorolac**
Torpain® → **Ketorolac**
Torped® → **Cefradine**
Torpex® [vet.] → **Salbutamol**
Torrem® → **Torasemide**
Torsemide® → **Torasemide**
Torvacard® → **Atorvastatin**
Torval CR® → **Valproic Acid**
Torvast® → **Atorvastatin**
Torvast Orifarm® → **Atorvastatin**
Torymycin® → **Doxycycline**
Tos® → **Pioglitazone**
Toscacalm® → **Tenoxicam**
Toscalmin® → **Bromhexine**
Toscamycin-R® → **Roxithromycin**
Toseina® → **Codeine**
Tosicalcin® [salmon] → **Calcitonin**
Tosidrin® → **Dihydrocodeine**
Tosifar® → **Fominoben**
Tossec® → **Butamirate**
Tossefluid® → **Carbocisteine**
Tosseque® → **Bromhexine**
Tossoral® → **Dextromethorphan**
Tostop® → **Bromhexine**
Tostran® → **Testosterone**
Tostrex® → **Testosterone**
Tosuxacin® → **Tosufloxacin**
Totalip® → **Atorvastatin**
Totalon® [vet.] → **Levamisole**
Totam® → **Cefotaxime**
Totapen® [inj.] → **Ampicillin**
Totasedan® → **Bromazepam**
Totectin® → **Ivermectin**
Totifen® → **Ketotifen**
Totinal® → **Ketotifen**
Totocortin® → **Dexamethasone**
Tottizim® → **Ceftazidime**
Toularynx® → **Codeine**
Touro EX® → **Guaifenesin**
Touxium Antitussivum® → **Dextromethorphan**
Touxium Mucolyticum® → **Acetylcysteine**
Toux-San® → **Dextromethorphan**

Tovene® → **Diosmin**
Toverine® → **Drotaverine**
T.O.Vir® → **Zidovudine**
Toxicarb® → **Charcoal, Activated**
Toxogonin® → **Obidoxime Chloride**
Toyolyzom® → **Lysozyme**
Tozolden® → **Atenolol**
T-Phyl® → **Theophylline**
TP® [vet.] → **Tylosin**
Trabar® → **Tramadol**
Trabecan-Teva® → **Alendronic Acid**
Trabilin® → **Tramadol**
Tracef® → **Ceftriaxone**
Trachisan® → **Lidocaine**
Trachisan® → **Chlorhexidine**
Trachon® → **Itraconazole**
Tracine® → **Tramadol**
Tracleer® → **Bosentan**
Tracofung® → **Fluconazole**
Traconal® → **Itraconazole**
Tracrium® → **Atracurium Besilate**
Tracrium® [vet.] → **Atracurium Besilate**
Tractal® → **Risperidone**
Tractocile® → **Atosiban**
Tractonorm Lax® [vet.] → **Lactulose**
Tracur® → **Atracurium Besilate**
Tracurix® → **Atracurium Besilate**
Tracuron® → **Atracurium Besilate**
Tradaxin® → **Cetirizine**
Tradea® → **Methylphenidate**
Tradelia® → **Estradiol**
Tradelia seven® → **Estradiol**
Tradil® → **Dexibuprofene**
Tradogesic® → **Tramadol**
Tradol® → **Tramadol**
Tradolan® → **Tramadol**
Tradolgesic® → **Tramadol**
Tradol Puren® → **Tramadol**
Tradon® → **Pemoline**
Tradonal® → **Tramadol**
Tradosik® → **Tramadol**
Tradox® → **Lamotrigine**
Tradyl® → **Tramadol**
Traflash® → **Tramadol**
Trafloxal® → **Ofloxacin**
Tragesik® → **Tramadol**
Tralen® → **Tioconazole**
Tralgi® → **Mebhydrolin**
Tralgiol® → **Tramadol**
Tralgit® → **Tramadol**
Trali® → **Sodium Picosulfate**
Tralic® → **Tramadol**
Tralin® → **Sertraline**
Tralina® → **Sertraline**
Tralinser® → **Sertraline**
Tralodie® → **Tramadol**
Trama 24® → **Tramadol**
Trama AbZ® → **Tramadol**
Tramabene® → **Tramadol**
Tramabeta® → **Tramadol**
Tramacalm® → **Tramadol**
Tramacap® → **Tramadol**
Tramacur® → **Tramadol**
Tramadex® → **Tramadol**
Tramadin® → **Tramadol**
Tramadoc® → **Tramadol**
Tramadol® → **Tramadol**
Tramadol 1A Farma® → **Tramadol**
Tramadol 1A Pharma® → **Tramadol**
Tramadol AbZ® → **Tramadol**
Tramadol acis® → **Tramadol**
Tramadol Actavis® → **Tramadol**
Tramadol-Akri® → **Tramadol**
Tramadol AL® → **Tramadol**
Tramadol Alpharma® → **Tramadol**
Tramadol Alpharma ApS® → **Tramadol**
Tramadol Asta Medica® → **Tramadol**
Tramadol Basics® → **Tramadol**
Tramadol Bayvit® → **Tramadol**
Tramadol Bexal® → **Tramadol**
Tramadol Biogaran® → **Tramadol**
Tramadol Ciclum® → **Tramadol**
Tramadol Cinfa® → **Tramadol**
Tramadol Clorhidrato® → **Tramadol**
Tramadol-CT® → **Tramadol**
Tramadol Diasa® → **Tramadol**
Tramadol Dolgit® → **Tramadol**
Tramadol-Dolgit® → **Tramadol**
Tramadol Edigen® → **Tramadol**
Tramadol Eel® → **Tramadol**
Tramadol EG® → **Tramadol**
Tramadol-EG® → **Tramadol**
Tramadol Farmasierra® → **Tramadol**
Tramadol Generis® → **Tramadol**
Tramadol Genfar® → **Tramadol**
Tramadol Gen-Far® → **Tramadol**
Tramadol G Gam® → **Tramadol**
Tramadol Hameln® → **Tramadol**
Tramadol HCL® → **Tramadol**
Tramadol HCl A® → **Tramadol**
Tramadol HCl CF® → **Tramadol**
Tramadol HCl Disphar® → **Tramadol**
Tramadol HCL Duiven® → **Tramadol**
Tramadol HCL Gerot® → **Tramadol**
Tramadol HCl Katwijk® → **Tramadol**
Tramadol HCl Merck® → **Tramadol**
Tramadol HCl PCH® → **Tramadol**
Tramadol HCl ratiopharm® → **Tramadol**
Tramadol HCl Sandoz® → **Tramadol**
Tramadol Helvepharm® → **Tramadol**
Tramadol Heumann® → **Tramadol**
Tramadol Hexal® → **Tramadol**
Tramadol HF® → **Tramadol**
Tramadolhydrochlorid Arcana® → **Tramadol**
Tramadol Hydrochloride® → **Tramadol**
Tramadolhydrochloride® → **Tramadol**
Tramadolhydrochlorid Gerot® → **Tramadol**
Tramadolhydrochlorid Hexal® → **Tramadol**
Tramadol Indo Farma® → **Tramadol**
Tramadol Irex® → **Tramadol**
Tramadol Ivax® → **Tramadol**
Tramadol K® → **Tramadol**
Tramadol-K® → **Tramadol**
Tramadol Kern® → **Tramadol**
Tramadol Labesfal® → **Tramadol**
Tramadol Lannacher® → **Tramadol**
Tramadol Lichtenstein® → **Tramadol**
Tramadol Lindo® → **Tramadol**
Tramadol LPH® → **Tramadol**
Tramadol Mabo® → **Tramadol**
Tramadol Meda® → **Tramadol**
Tramadol Mepha® → **Tramadol**
Tramadol Merck® → **Tramadol**
Tramadol Montvel® → **Tramadol**
Tramadol Normon® → **Tramadol**
Tramadol Nycomed® → **Tramadol**
Tramadolo Angenerico® → **Tramadol**
Tramadolo Dorom® → **Tramadol**
Tramadolo EG® → **Tramadol**
Tramadolo Hexal® → **Tramadol**
Tramadolor® → **Tramadol**
Tramadolor retard® → **Tramadol**
Tramadolor uno® → **Tramadol**
Tramadolo Sandoz® → **Tramadol**
Tramadolo Viatris® → **Tramadol**
Tramadol PB® → **Tramadol**
Tramadol Raslafar® → **Tramadol**
Tramadol-ratiopharm® → **Tramadol**
Tramadol Ratiopharm® → **Tramadol**
Tramadol Retard Hexal® → **Tramadol**
Tramadol Sandoz® → **Tramadol**
Tramadol-Sandoz® → **Tramadol**
Tramadol Scand Pharm® → **Tramadol**
Tramadol SL® → **Tramadol**
Tramadol Stada® → **Tramadol**
Tramadol Svus Kapky® → **Tramadol**
Tramadol Teva® → **Tramadol**
Tramadol uno® → **Tramadol**
Tramadol Vegal® → **Tramadol**
Tramadol Viatris® → **Tramadol**
Tramadol Winthrop® → **Tramadol**
Tramadol Zydus® → **Tramadol**
Tramadon® → **Tramadol**
Tramadura® → **Tramadol**

Tramag® → **Tramadol**
Tramagetic® → **Tramadol**
Tramagit® → **Tramadol**
Tramahexal® → **Tramadol**
Trama KD® → **Tramadol**
Tramake® → **Tramadol**
Trama-Klosidol® → **Tramadol**
Tramal® → **Tramadol**
Tramalgic® → **Tramadol**
Tramalin® → **Tramadol**
Tramal Long® → **Tramadol**
Tramal Retard® → **Tramadol**
Tramamed® → **Tramadol**
Tramapine® → **Tramadol**
Tramastad® → **Tramadol**
Tramax® → **Tramadol**
Tramazac® → **Tramadol**
Tramazole® [vet.] → **Albendazole**
Trambo® → **Tramadol**
Tramcontin® → **Tramadol**
Tramelene® → **Tramadol**
Tramex® → **Tramadol**
Tramic® → **Tranexamic Acid**
Tramisol® [vet.] → **Levamisole**
Tramium® → **Tramadol**
Tramoda® → **Tramadol**
Tramol® → **Tramadol**
Tramol-L® → **Tramadol**
Tramsilone® → **Triamcinolone**
Tramsone® → **Triamcinolone**
Tramundal® → **Tramadol**
Tramundal retard® → **Tramadol**
Tramundin® → **Tramadol**
Tranador® → **Fenoprofen**
Tranal® → **Tramadol**
Tranarest® → **Tranexamic Acid**
Tranazol® → **Itraconazole**
Trancap® → **Clorazepate, Dipotassium**
Tranclor® → **Clorazepate, Dipotassium**
Trancolong® → **Flupirtine**
Trancolon P® → **Mepenzolate Bromide**
Trancon® → **Clorazepate, Dipotassium**
Trancopal Dolo® → **Flupirtine**
Trandrozine® → **Hydroxyzine**
Trane® → **Chlorpropamide**
Tranex® → **Clorazepate, Dipotassium**
Tranex® → **Tranexamic Acid**
Tranexam® → **Tranexamic Acid**
Tranexamic Acid® → **Tranexamic Acid**
Tranexaminezuur® → **Tranexamic Acid**
Tranexamsyre Pfizer® → **Tranexamic Acid**
Tranexan® → **Tranexamic Acid**
Tranexid® → **Tranexamic Acid**
Trangina® → **Isosorbide Mononitrate**
Trangorex® → **Amiodarone**
Trankilium® → **Lorazepam**
Trankimazin® → **Alprazolam**
Trankitec® → **Valproic Acid**
Tranky® → **Sildenafil**
Tranon® → **Tranexamic Acid**
Tranoxy® → **Oxytocin**
Tran-Q® → **Buspirone**
Tranqipam® → **Lorazepam**
Tranquase® → **Diazepam**
Tranquazine® → **Promazine**
Tranquil® → **Clobazam**
Tranquinal® → **Alprazolam**
Tranquirit® → **Diazepam**
Tranquived® → **Xylazine**
Tranquo® → **Oxazepam**
Transacalm® → **Trimebutine**
Transact® → **Flurbiprofen**
Transact Lat® → **Flurbiprofen**
Transamin® → **Tranexamic Acid**
Transamine® → **Tranexamic Acid**
Transannon® → **Estrogens, conjugated**
Transbronchin® → **Carbocisteine**
Transbroncho® → **Ambroxol**
Transcalcium® [salmon] → **Calcitonin**
Transcop® → **Scopolamine**
Transderm-Nitro® → **Nitroglycerin**
Transderm Scop® → **Scopolamine**
Transderm-V® → **Scopolamine**
Transene® → **Clorazepate, Dipotassium**
Transgram® [vet.] → **Gentamicin**
Transiderm® → **Nitroglycerin**
Transiderm-Nitro® → **Nitroglycerin**
Transiderm Nitro® → **Nitroglycerin**
Transimune® → **Azathioprine**
Transipen® → **Indapamide**
Transmetil® → **Ademetionine**
Transmuco® → **Ambroxol**
Transomil® → **Bromazepam**
Trans-Plantar® → **Salicylic Acid**
Transporina® → **Ciclosporin**
Transpulmin® → **Pipazetate**
Transtec® → **Buprenorphine**
Transvercid® → **Salicylic Acid**
Trans-Ver-Sal® → **Salicylic Acid**
Transvital® → **Estradiol**
Trant® → **Trazodone**
Trantalol® → **Atenolol**
Tranxal® → **Clorazepate, Dipotassium**
Tranxene® → **Clorazepate, Dipotassium**
Tranxène® → **Clorazepate, Dipotassium**
Tranxene® [vet.] → **Clorazepate, Dipotassium**
Tranxilene® → **Clorazepate, Dipotassium**
Tranxilium® → **Clorazepate, Dipotassium**
Tranxilium N® → **Nordazepam**
Tranylcypromine® → **Tranylcypromine**
Tranzicalm® → **Nimesulide**
Trapanal® → **Thiopental Sodium**
Trapax® → **Lorazepam**
Trasamlon® → **Tranexamic Acid**
Trasedal® → **Tramadol**
Trasicor® → **Oxprenolol**
Trasik® → **Tramadol**
Traskolan® → **Aprotinin**
Trastal® → **Piribedil**
Trastocir® → **Cilostazol**
Trasylol® → **Aprotinin**
Tratoderm Sabonete IMA® → **Triclosan**
Tratul® [caps.] → **Diclofenac**
Tratul® [compr.] → **Diclofenac**
Tratul® [inj./rect.] → **Diclofenac**
Traubenzuckerlösung Fresenius® → **Dextrose**
Traubenzuckerlösung Leopold® → **Dextrose**
Trauma-Dolgit® → **Ibuprofen**
Traumalix® → **Etofenamate**
Traumanase® → **Bromelains**
Traumasenex® → **Glycol Salicylate**
Traumasept® → **Povidone-Iodine**
Traumasik® → **Tramadol**
Traumatociclina® → **Meclocycline**
Traumazol® → **Ethyl Chloride**
Traumicid® → **Clonixin**
Traumon® → **Etofenamate**
Traumus® → **Diclofenac**
Trausan® → **Citicoline**
Travacalm HO® → **Scopolamine**
Travahex® → **Chlorhexidine**
Travamin® → **Dimenhydrinate**
Travatan® → **Travoprost**
Travatan® [vet.] → **Travoprost**
Travel-Gum® → **Dimenhydrinate**
Travello® → **Loperamide**
Travelmin® → **Betahistine**
Travel Well® → **Dimenhydrinate**
Travex® → **Tramadol**
Traviata® → **Paroxetine**
Travilan® → **Ceftriaxone**
Travisco® → **Trapidil**

Travital Folic Acid® → **Folic Acid**
Travogen® → **Isoconazole**
Trawell® → **Dimenhydrinate**
Traxam® → **Felbinac**
Traxat® → **Cetraxate**
Traxon® → **Ceftriaxone**
Traxyl® → **Tranexamic Acid**
Trazec® → **Nateglinide**
Trazem® → **Nitrazepam**
Trazep® → **Diazepam**
Trazer® → **Itraconazole**
Trazil® → **Tobramycin**
Trazodil® → **Trazodone**
Trazodona® → **Trazodone**
Trazodone® → **Trazodone**
Trazodone Hydrochloride® → **Trazodone**
Trazodone MK® → **Trazodone**
Trazodone-Sandoz® → **Trazodone**
Trazodon Hexal® → **Trazodone**
Trazodon Neuraxpharm® → **Trazodone**
Trazograf® → **Sodium Amidotrizoate**
Trazograph® → **Sodium Amidotrizoate**
Trazolan® → **Trazodone**
Trazone® → **Trazodone**
Trazoteva® → **Docetaxel**
Trazyl® → **Ibopamine**
TRD-Contin® → **Tramadol**
Trebon-N® → **Acetylcysteine**
Trecator-SC® → **Ethionamide**
Trecid® → **Guaifenesin**
Trecifan® → **Isotretinoin**
Tredemine® → **Niclosamide**
Trédémine® → **Niclosamide**
Tredol® → **Atenolol**
Trefacef® → **Ceftriaxone**
Tregecef® → **Cefixime**
Tregecin® → **Ceftriaxone**
Trego® → **Mupirocin**
Tregor® → **Amantadine**
Tre I Spira® [vet.] → **Spiramycin**
Trekpleister Anti-worm® → **Mebendazole**
Trekpleister Diarreeremmer® → **Loperamide**
Trekpleister Ibuprofen® → **Ibuprofen**
Trekpleister Kinderparacetamol® → **Paracetamol**
Trekpleister Laxeerdragees® → **Bisacodyl**
Trekpleister Maagzuurremmer Ranitidine® → **Ranitidine**
Trekpleister Naproxennatrium® → **Naproxen**
Trekpleister Paracetamol® → **Paracetamol**
Trekpleister Xylometazoline HCl® → **Xylometazoline**
Trekzalf® → **Ichthammol**
Trelibec® [+Sulfamethoxazole] → **Trimethoprim**
Trelibec® [+Trimethoprim] → **Sulfamethoxazole**
Trelstar® → **Triptorelin**
Tremac® → **Azithromycin**
Tremacide® [vet.] → **Triclabendazole**
Tremafarm® → **Fluoxetine**
Tremaril® → **Metixene**
Tremarit® → **Metixene**
Tremexal® → **Flutamide**
Tremgesic® → **Buprenorphine**
Trena® → **Tretinoin**
Trenantone® → **Leuprorelin**
Trenat® → **Pentoxifylline**
Trendar® → **Ibuprofen**
Trendinol® → **Nitrendipine**
Trenelone® → **Dexchlorpheniramine**
Trenfyl® → **Pentoxifylline**
Trenhep® → **Heparin**
Trenlin® → **Pentoxifylline**
Trensin® → **Captopril**
Trentadil® → **Bamifylline**
Trental® → **Pentoxifylline**
Trentilin® → **Pentoxifylline**
Trentin® → **Tretinoin**
Trentox® → **Pentoxifylline**
Trenxy® → **Pentoxifylline**
Treo® → **Aspirin**
Treomycin® → **Thiamphenicol**
Treosulfan® → **Treosulfan**
Treosulfan „Medac“® → **Treosulfan**
Treosulfan medac® → **Treosulfan**
Trepal® → **Pentoxifylline**
Treparin® → **Sulodexide**
Trepetan® → **Pancreatin**
Trepidan® → **Prazepam**
Trepiline® → **Amitriptyline**
Tresilen® → **Desonide**
Tresleen® → **Sertraline**
Tretin® → **Isotretinoin**
Tretin® → **Tretinoin**
Tretinac® → **Isotretinoin**
Tretinex® → **Isotretinoin**
Tretinoderm AC® → **Tretinoin**
Tretinoin® → **Tretinoin**
Tretinoina® → **Tretinoin**
Tretinoina Same® → **Tretinoin**
Tretinoine Kefrane® → **Tretinoin**
Treupel® → **Paracetamol**
Treupel Dolo Ibuprofen® → **Ibuprofen**
Treupel Dolo Paracetamol® → **Paracetamol**
Treuphadol® → **Paracetamol**
Trevilor® → **Venlafaxine**
Trevox® → **Levofloxacin**
Trex® → **Azithromycin**
Trexall® → **Methotrexate**
Trexan® → **Methotrexate**
Trexen® → **Clindamycin**
Trexina® → **Cefalexin**
Trexofin® → **Ceftriaxone**
Trexol® → **Tramadol**
Trexonil® [vet.] → **Naltrexone**
TRH® → **Protirelin**
TRH Ferring® → **Protirelin**
TRH Prem® → **Protirelin**
TRH-UCB® → **Protirelin**
Triac® → **Tiratricol**
Triacana® → **Tiratricol**
Triacef® → **Ceftriaxone**
Triacet® → **Triamcinolone**
Triacort® → **Triamcinolone**
Triaderm® → **Triamcinolone**
Tri-Aero-Om® → **Diazepam**
Triagil® → **Tinidazole**
Triaken® [inj.] → **Ceftriaxone**
Trial® → **Estradiol**
Trialmin® → **Gemfibrozil**
Trialona® → **Fluticasone**
Trialona Accuhaler® → **Fluticasone**
Trial SAT® → **Estradiol**
Triam® → **Triamcinolone**
Triama® → **Triamcinolone**
Triam-A® → **Triamcinolone**
Triamcinolon® → **Triamcinolone**
Triamcinolona® → **Triamcinolone**
Triamcinolon Acetonid® → **Triamcinolone**
Triamcinolonacetonide® → **Triamcinolone**
Triamcinolonacetonide A® → **Triamcinolone**
Triamcinolonacetonide CF® → **Triamcinolone**
Triamcinolonacetonidecrème FNA Merck® → **Triamcinolone**
Triamcinolonacetonide Sandoz® → **Triamcinolone**
Triamcinolona Iqfarma® → **Triamcinolone**
Triamcinolon CF® → **Triamcinolone**
Triamcinolone® → **Triamcinolone**
Triamcinolone Acetonide® → **Triamcinolone**
Triamcinolone Acetonide® [vet.] → **Triamcinolone**
Triamcinolone Dental® → **Triamcinolone**
Triamcinolone Winthrop® → **Triamcinolone**
Triamcinolon FNA® → **Triamcinolone**

Triamcinolon Galena® → **Triamcinolone**
Triamcinolon HBF® → **Triamcinolone**
Triamcinolon Leciva® → **Lamotrigine**
Triamcinolon PCH® → **Triamcinolone**
Triamcinolon ratiopharm® → **Triamcinolone**
Triamciterap® → **Triamcinolone**
Triamcort® → **Triamcinolone**
Triamcort® [Tab.] → **Triamcinolone**
Triam-Denk 40® → **Triamcinolone**
Triam forte® → **Triamcinolone**
Triam-Forte® → **Triamcinolone**
Triamgalen® → **Triamcinolone**
Triamhexal® → **Triamcinolone**
Triaminic® → **Pseudoephedrine**
Triaminic® → **Dextromethorphan**
Triam Injekt® → **Triamcinolone**
Triamolone® [vet.] → **Triamcinolone**
Triam-Oral® → **Triamcinolone**
Triamox® → **Amoxicillin**
Triampoen® → **Triamcinolone**
Triamtabs® [vet.] → **Triamcinolone**
Triamtereen® → **Triamterene**
Triamtereen A® → **Triamterene**
Triamtereen Alpharma® → **Triamterene**
Triamtereen CF® → **Triamterene**
Triamtereen FLX® → **Triamterene**
Triamtereen Katwijk® → **Triamterene**
Triamtereen Merck® → **Triamterene**
Triamtereen-OF® → **Triamterene**
Triamtereen PCH® → **Triamterene**
Triamtereen Ratiopharm® → **Triamterene**
Triamtereen Sandoz® → **Triamterene**
Triamteren Pharmavit® → **Triamterene**
Triamvirgi® → **Triamcinolone**
Triam Wolff® → **Triamcinolone**
Trian® → **Levocarnitine**
Triancil® → **Triamcinolone**
Trianorex® → **Buclizine**
Triapten® → **Foscarnet Sodium**
Triasox® → **Tiabendazole**
Triaspar® → **Cabergoline**
Triasporin® → **Itraconazole**
Triastonal® → **Sitosterol, β-**
Triatec® → **Ramipril**
Triateckit® → **Ramipril**
Triatix [vet.] → **Amitraz**
Triatop® → **Ketoconazole**
Triax® → **Ceftriaxone**
Triaxon® → **Ceftriaxone**
Triaxone® → **Ceftriaxone**
Tri Azit® → **Azithromycin**
Triazolam „1A Farma"® → **Triazolam**
Triazolam ABC® → **Triazolam**
Triazolam Almus® → **Triazolam**
Triazolam EG® → **Triazolam**
Triazolam Merck® → **Triazolam**
Triazolam Merck NM® → **Triazolam**
Triazolam NM Pharma® → **Triazolam**
Triazolam Pliva® → **Triazolam**
Triazolam Ratiopharm® → **Triazolam**
Triazolam Sandoz® → **Triazolam**
Triazolam Teva® → **Triazolam**
Tribactral®[vet.] → **Sulfadiazine**
Tribactral®[vet.] → **Trimethoprim**
Triben® → **Albendazole**
Tribex® [vet.] → **Triclabendazole**
Triblix® → **Cefalexin**
Tribonat® → **Trometamol**
Tribrissen® [+Sulfadiazine] [vet.] → **Trimethoprim**
Tribrissen® [+Trimethoprim] [vet.] → **Sulfadiazine**
Tribrissen®[vet.] → **Trimethoprim**
Tribrissen®[vet.] → **Sulfadiazine**
Tribudat® → **Trimebutine**
Tributin® → **Trimebutine**
Tribux® → **Trimebutine**
Tricaine-S® → **Tricaine**
Trical® → **Glimepiride**
Tricalma® → **Alprazolam**
Tricalma Retard® → **Alprazolam**
Trican® → **Fluconazole**
Tricana® → **Tiratricol**
Tricandil® → **Mepartricin**
Tricef® → **Cefixime**
Tricefin® → **Ceftriaxone**
Tricel® → **Loratadine**
Tricephin® → **Ceftriaxone**
Tricerol® → **Etofibrate**
Trichazole® → **Metronidazole**
Trichex® → **Metronidazole**
Trichloressigsäure → **Trichloroacetic Acid**
Trichloressigsäure (Ph. Eur. 5) → **Trichloroacetic Acid**
Trichlorfon → **Metrifonate**
Trichlormethiazide® → **Trichlormethiazide**
Trichloroacetic Acid → **Trichloroacetic Acid**
Trichloroacetic Acid (Ph. Eur. 5, USP 30) → **Trichloroacetic Acid**
Trichlorol® → **Tosylchloramide Sodium**
Trichocure® [vet.] → **Ronidazole**
Trichodazol® → **Metronidazole**
Trichol® → **Fenofibrate**
Tricholyse® [vet.] → **Dimetridazole**
Trichomonacid® → **Metronidazole**
Trichonas® → **Tinidazole**
Tricho plus® [vet.] → **Ronidazole**
Trichopol® → **Metronidazole**
Trichorex® [vet.] → **Ronidazole**
Trichozole® → **Metronidazole**
Tricilon® → **Medroxyprogesterone**
Tricker® → **Ranitidine**
Triclanil® [vet.] → **Triclabendazole**
Triclofos Elixir® → **Triclofos**
Triclonam® → **Triclofos**
Triclosan → **Triclosan**
Triclosan [BAN, DCF, USAN] → **Triclosan**
Triclosano → **Triclosan**
Triclosanum → **Triclosan**
Triclosanum (2.AB-DDR) → **Triclosan**
Triclosan (USP 30) → **Triclosan**
Triclose® → **Azanidazole**
Tricocet® → **Medroxyprogesterone**
Tricodazol® → **Metronidazole**
Tricodein® → **Codeine**
Tricodein Solco® → **Codeine**
Tricofarma® → **Finasteride**
Tricofin® → **Metronidazole**
Tricogyn® → **Tinidazole**
Tricolam® → **Tinidazole**
Tricolocion® → **Minoxidil**
Tricomed® → **Metronidazole**
Triconex® → **Metronidazole**
Triconidazol® → **Tinidazole**
Tricon Powder® [vet.] → **Chlortetracycline**
Tricoplus® → **Minoxidil**
Tricor® → **Adenosine**
Tricor® → **Fenofibrate**
Tricortone® → **Triamcinolone**
Tricosal® → **Choline Salicylate**
Tricot® [+ Sulfamethoxazole] → **Trimethoprim**
Tricot® [+ Trimethoprim] → **Sulfamethoxazole**
Tricovivax® → **Minoxidil**
Tricowas B® → **Metronidazole**
Tricoxane® → **Minoxidil**
Tricoxidil® → **Minoxidil**
Tricoxin® → **Metronidazole**
Tricozone® → **Tinidazole**
Tricozyl® → **Metronidazole**
Tridelta® → **Colecalciferol**
Tridemin® → **Ubidecarenone**
Tridenovag® → **Gentamicin**
Tridesilon® → **Desonide**
Tridésonit® → **Desonide**
Tridez® → **Triamcinolone**
Tridil® → **Nitroglycerin**

T

Tridione Dulcet → **Trimethadione**
Tridol® → **Buprenorphine**
Tridomose® → **Gestrinone**
Tri-Dose® [vet.] → **Closantel**
Tridosil® → **Azithromycin**
Tridox®[vet.] → **Sulfadoxine**
Tridox® [vet.] → **Oxytetracycline**
Tridox®[vet.] → **Trimethoprim**
Tridyl® → **Trihexyphenidyl**
Triéthiodure de Gallamine → **Gallamine Triethiodide**
Trietioduro de galamina → **Gallamine Triethiodide**
Triexidyl® → **Trihexyphenidyl**
Triexiphenidyl® → **Trihexyphenidyl**
Trifacilina® → **Ampicillin**
Trifamox® → **Amoxicillin**
Trifamox® [comp./susp.] → **Amoxicillin**
TrifamoxIBL® [+ Amoxicillin trihydrate] → **Sulbactam**
TrifamoxIBL® [+Sulbactam pivoxil] → **Amoxicillin**
Trifamox® [inj.] → **Amoxicillin**
Trifargina® → **Dihydroergotoxine**
Trifas® → **Torasemide**
Trifene® → **Ibuprofen**
Trifen® [+ Sulfamethoxazole] → **Trimethoprim**
Trifen® [+ Trimethoprim] → **Sulfamethoxazole**
Triflucan® → **Fluconazole**
Triflumann® → **Trifluridine**
Triflumed® → **Trifluoperazine**
Trifluoperazine® → **Trifluoperazine**
Trifluoperazine Hydrochloride® → **Trifluoperazine**
Trifluridine® → **Trifluridine**
Triflusal Alter® → **Triflusal**
Triflusal Bayvit® → **Triflusal**
Triflusal Biohorm® → **Triflusal**
Triflusal Lareq® → **Triflusal**
Triflusal Pharmagenus® → **Triflusal**
Triflusal Ratiopharm® → **Triflusal**
Triflusal Sandoz® → **Triflusal**
Triflusal Stada® → **Triflusal**
Triflusal Teva® → **Triflusal**
Triflusal Ur® → **Triflusal**
Triflusal Uriach® → **Triflusal**
Triflux® → **Triflusal**
Trifosfaneurina® → **Thiamine**
Trigan® → **Dicycloverine**
Trigastronol® → **Bismuth Subsalicylate**
Trigent® → **Fenofibrate**
Triginet® → **Lamotrigine**
Triglide® → **Fenofibrate**
Triglizil® → **Gemfibrozil**
Triglobe® [+ Sulfadiazine] → **Trimethoprim**
Triglobe® [+ Trimethoprim] → **Sulfadiazine**
Triglyd® → **Gemfibrozil**
Trigogine® → **Dihydroergotoxine**
Trigon Depot® → **Triamcinolone**
Trigyn® → **Tinidazole**
Triherpine® → **Trifluridine**
Trihexifenidilo Cevallos® → **Trihexyphenidyl**
Trihexifenidilo Clorhidrato® → **Trihexyphenidyl**
Trihexyphenidyl® → **Trihexyphenidyl**
Trihexyphenidyl Hydrochloride Elixir® → **Trihexyphenidyl**
Trihexyphenidyl Hydrochloride® [tabs.] → **Trihexyphenidyl**
Trihexyphenidyl Hydrochloride® [tabs.] → **Trihexyphenidyl**
Trihexyphenidyl Indo Farma® → **Trihexyphenidyl**
Triiodothyronine → **Liothyronine**
Triiodothyronine® → **Liothyronine**
Tri-Iodo-Tironina® → **Liothyronine**
Trijec® → **Ceftriaxone**
Trijodthyronin® → **Liothyronine**
Trijodthyronin BC® → **Liothyronine**
Trikal® → **Calcitriol**
Tri-Kort® → **Triamcinolone**
Trikozol® → **Metronidazole**
Trilafon® → **Perphenazine**
Trilafon dekanoat® → **Perphenazine**
Trilafon enantat® → **Perphenazine**
Trilam® → **Triazolam**
Trileptal® → **Oxcarbazepine**
Trileptin® → **Oxcarbazepine**
Trilifan Retard® → **Perphenazine**
Trilip® → **Ezetimibe**
Trilisate® → **Choline Salicylate**
Trilombrin® → **Pyrantel**
Trilosil® → **Triamcinolone**
Triludan® → **Terfenadine**
Trim® → **Triamcinolone**
Trim® → **Trimebutine**
Trimacare®[vet.] → **Sulfadiazine**
Trimacare®[vet.] → **Trimethoprim**
Trimadan® → **Clotrimazole**
Trimag® → **Tiratricol**
Trimaxazole® [+ Sulfamethoxazole] → **Trimethoprim**
Trimaxazole® [+ Trimethoprim] → **Sulfamethoxazole**
Trimaze® → **Clotrimazole**
Trimazine®[vet.] → **Sulfadiazine**
Trimazine®[vet.] → **Trimethoprim**
Trimazole® → **Clotrimazole**
Trimebutina® → **Trimebutine**
Trimebutina Genfar® → **Trimebutine**
Trimebutina Gen-Far® → **Trimebutine**
Trimebutina MK® → **Trimebutine**
Trimébutine Biogaran® → **Trimebutine**
Trimébutine G Gam® → **Trimebutine**
Trimébutine Ivax® → **Trimebutine**
Trimébutine Merck® → **Trimebutine**
Trimébutine Sandoz® → **Trimebutine**
Trimébutine Winthrop® → **Trimebutine**
Trimébutine Zydus® → **Trimebutine**
Trimebutino Maleato® → **Trimebutine**
Trimecor® → **Trimetazidine**
Trimediazine®[vet.] → **Sulfadiazine**
Trimediazine®[vet.] → **Trimethoprim**
Trimedin® → **Trimetazidine**
Trimedoxine®[vet.] → **Trimethoprim**
Trimedoxine®[vet.] → **Sulfadiazine**
Trimédoxyne®[vet.] → **Trimethoprim**
Trimeperad® → **Trimetazidine**
Trimepranol® → **Metipranolol**
Trimesan® → **Trimethoprim**
Trimesulfin® [+ Sulfamethoxazole] → **Trimethoprim**
Trimesulfin® [+ Trimethoprim] → **Sulfamethoxazole**
Trimesulf® [+ Sulfamethoxazole] → **Trimethoprim**
Trimesulf® [+ Trimethoprim] → **Sulfamethoxazole**
Trimesul®[vet.] → **Sulfadiazine**
Trimesul®[vet.] → **Trimethoprim**
Trimet® → **Trimebutine**
Trimetabol® → **Cyproheptadine**
Trimetaratio® → **Trimetazidine**
Trimetazide® → **Trimetazidine**
Trimetazidin® → **Trimetazidine**
Trimetazidinã® → **Trimetazidine**
Trimetazidina Baldacci® → **Trimetazidine**
Trimetazidina Bexal® → **Trimetazidine**
Trimetazidina Davur® → **Trimetazidine**
Trimetazidina Generis® → **Trimetazidine**
Trimetazidina Jaba® → **Trimetazidine**
Trimetazidina Labesfal® → **Trimetazidine**
Trimetazidina Mepha® → **Trimetazidine**
Trimetazidina Merck® → **Trimetazidine**
Trimetazidina Ratiopharm® → **Trimetazidine**

Trimetazidina Rimafar® → **Trimetazidine**
Trimetazidina Winthrop® → **Trimetazidine**
Trimétazidine Biogaran® → **Trimetazidine**
Trimetazidine Dihydrochloride Novexal® → **Trimetazidine**
Trimétazidine EG® → **Trimetazidine**
Trimétazidine G Gam® → **Trimetazidine**
Trimétazidine Ivax® → **Trimetazidine**
Trimétazidine Merck® → **Trimetazidine**
Trimétazidine RPG® → **Trimetazidine**
Trimétazidine Sandoz® → **Trimetazidine**
Trimetazidine Servier® → **Trimetazidine**
Trimétazidine Winthrop® → **Trimetazidine**
Trimetazidin HG. Pharm® → **Trimetazidine**
Trimethazol®[vet.] → **Sulfamethoxazole**
Trimethazol®[vet.] → **Trimethoprim**
Trimethobenzamide Hydrochloride® → **Trimethobenzamide**
Trimetho-Diazin®[vet.] → **Sulfadiazine**
Trimetho-Diazin®[vet.] → **Trimethoprim**
Trimethoprim → **Trimethoprim**
Trimethoprim® → **Trimethoprim**
Trimethoprim 1A Farma® → **Trimethoprim**
Trimethoprim A® → **Trimethoprim**
Trimethoprim Alpharma® → **Trimethoprim**
Trimethoprim [BAN, JAN, USAN] → **Trimethoprim**
Trimethoprim (BP 2003, Ph. Eur. 5, Ph. Int. 4, USP 30) → **Trimethoprim**
Trimethoprim CF® → **Trimethoprim**
Triméthoprime → **Trimethoprim**
Triméthoprime [DCF] → **Trimethoprim**
Triméthoprime (Ph. Eur. 5) → **Trimethoprim**
Trimethoprim Gerot® → **Trimethoprim**
Trimethoprim-Injektor® [vet.] → **Trimethoprim**
Trimethoprim PCH® → **Trimethoprim**
Trimethoprim ratiopharm® → **Trimethoprim**
Trimethoprim Sandoz® → **Trimethoprim**
Trimethoprim-Sulfadiazine®[vet.] → **Trimethoprim**
Trimethoprim-Sulfadiazine®[vet.] → **Sulfadiazine**
Trimethoprim-Sulfadiazin®[vet.] → **Sulfadiazine**
Trimethoprim-Sulfadiazin®[vet.] → **Trimethoprim**
Trimethoprim-Sulfadimethossina®[vet.] → **Trimethoprim**
Trimethoprim-Sulfadimetossina®[vet.] → **Sulfadimethoxine**
Trimethoprimum → **Trimethoprim**
Trimethoprimum (Ph. Eur. 5, Ph. Int. 4) → **Trimethoprim**
Trimethoprim® [vet.] → **Trimethoprim**
Trimethoprim Wellcome® → **Trimethoprim**
Trimethosel® [+ Sulfadimidine sodium salt] [vet.] → **Trimethoprim**
Trimethosel® [+ Trimethoprim] [vet.] → **Sulfadimidine**
Trimethosol®[vet.] → **Trimethoprim**
Trimethosulfa®[vet.] → **Sulfadiazine**
Trimethosulfa®[vet.] → **Trimethoprim**
Triméthosulfa®[vet.] → **Trimethoprim**
Trimethosulf®[vet.] → **Trimethoprim**
Trimetho-Tabs®[vet.] → **Sulfadiazine**
Trimetho-Tabs®[vet.] → **Trimethoprim**
Trimethotab®[vet.] → **Trimethoprim**
Trimethotab®[vet.] → **Sulfadiazine**
Trimethox® [+Sulfamethoxazole] → **Trimethoprim**
Trimethox® [+Trimethoprim] → **Sulfamethoxazole**
Trimethox®[vet.] → **Trimethoprim**
1,3,7-Trimethylxanthin → **Caffeine**
Trimetin® → **Trimethoprim**
Trimetin Duplo® [+ Sulfadiazine] → **Trimethoprim**
Trimetin Duplo® [+ Trimethoprim] → **Sulfadiazine**
Trimetoger® [+ Sulfamethoxazole] → **Trimethoprim**
Trimetoger® [+ Trimethoprim] → **Sulfamethoxazole**
Trimeton® → **Chlorphenamine**
Trimeton® [+ Sulfamethoxazole] → **Trimethoprim**
Trimeton® [+ Trimethoprim] → **Sulfamethoxazole**
Trimetoprim → **Trimethoprim**
Trimetoprim® → **Trimethoprim**
Trimetoprima → **Trimethoprim**
Trimetoprim AstraZeneca® → **Trimethoprim**
Trimetoprima/Sulfametoxazol-F® [+ Sulfamethoxazole] → **Trimethoprim**
Trimetoprima/Sulfametoxazol-F® [+ Trimethoprim] → **Sulfamethoxazole**
Trimetoprima Sulfametoxazol MK® [+ Sulfamethoxazole] → **Trimethoprim**
Trimetoprima Sulfametoxazol MK® [+ Trimethoprim] → **Sulfamethoxazole**
Trimetoprim [DCIT] → **Trimethoprim**
Trimetoprim (Ph. Eur. 5) → **Trimethoprim**
Trimetoprim Sulfa Ecar® [+ Sulfamethoxazole] → **Trimethoprim**
Trimetoprim Sulfa Ecar® [+ Trimethoprim] → **Sulfamethoxazole**
Trimetoprim Sulfa Genfar® [+ Sulfamethoxazole] → **Trimethoprim**
Trimetoprim Sulfa Gen-Far® [+ Sulfamethoxazole] → **Sulfamethoxazole**
Trimetoprim Sulfa Gen-Far® [+ Trimethoprim] → **Sulfamethoxazole**
Trimetoprim Sulfa Genfar® [+ Trimetoprim] → **Sulfamethoxazole**
Trimetoprim Sulfametoxazol MK® [+ Sulfamethoxazole] → **Trimethoprim**
Trimetoprim Sulfametoxazol MK® [+ Trimethoprim] → **Sulfamethoxazole**
Trimetoprim Sulfametoxazol® [+ Sulfamethoxazole] → **Trimethoprim**
Trimetoprim Sulfametoxazol® [+ Trimetoprim] → **Sulfamethoxazole**
Trimetoprim-Sulfa® [+ Sulfamethoxazole] → **Trimethoprim**
Trimetoprim-Sulfa® [+ Trimethoprim] → **Sulfamethoxazole**
Trimeto Tad Paste®[vet.] → **Trimethoprim**
Trimeto Tad Paste®[vet.] → **Sulfadiazine**
Trimeto Tad®[vet.] → **Trimethoprim**
Trimetotat® [+ Sulfadiazine sodium salt] [vet.] → **Trimethoprim**
Trimetotat® [+ Trimethoprim] [vet.] → **Sulfadiazine**
Trimetox® [+ Sulfadoxine] [vet.] → **Trimethoprim**
Trimetox® [+ Trimethoprim] [vet.] → **Sulfadoxine**
Trimetox®[vet.] → **Sulfamerazine**

Trimetox®[vet.] → **Trimethoprim**
Trimetozin → **Trimetozine**
Trimetozina → **Trimetozine**
Trimetozine → **Trimetozine**
Trimétozine → **Trimetozine**
Trimetozine [DCF, USAN] → **Trimetozine**
Trimetozinum → **Trimetozine**
Trimetrox® → **Tamoxifen**
Trimet-S® [+ Sulfamethoxazole] → **Trimethoprim**
Trimet-S® [+ Trimethoprim] → **Sulfamethoxazole**
Trimevert® → **Trimetazidine**
Trimex® → **Trimethoprim**
Trimexazole® [+Sulfamethoxazole] → **Trimethoprim**
Trimexazole® [+Trimethopirm] → **Sulfamethoxazole**
Trimexazol® [+ Sulfamethoxazole] → **Trimethoprim**
Trimexazol® [+ Trimethoprim] → **Sulfamethoxazole**
Trimexine® → **Ambroxol**
Trimexole-F® [+ Sulfamethoxazole] → **Trimethoprim**
Trimexole-F® [+ Trimethoprim] → **Sulfamethoxazole**
Trimezol® [+ Sulfamethoxazole] → **Trimethoprim**
Trimezol® [+ Trimethoprim] → **Sulfamethoxazole**
Trimidar® → **Trimethoprim**
Trimidar-M® [+ Sulfamethoxazole] → **Trimethoprim**
Trimidar-M® [+ Trimethoprim] → **Sulfamethoxazole**
Trimidex® → **Loratadine**
Trimidine® [+Sulfadimidine] [vet.] → **Trimethoprim**
Trimidine® [+Trimethoprim] [vet.] → **Sulfadimidine**
Trimidine®[vet.] → **Trimethoprim**
Trimidine®[vet.] → **Sulfadimidine**
trimidura® → **Trimipramine**
Trimilac®[vet.] → **Trimethoprim**
Trimilac®[vet.] → **Sulfadiazine**
Trimin® → **Trimipramine**
Trimineurin® → **Trimipramine**
Triminex® [+ Sulfamethoxazole] → **Trimethoprim**
Triminex® [+ Trimethoprim] → **Sulfamethoxazole**
Trimipramin 1A Pharma® → **Trimipramine**
Trimipramin AL® → **Trimipramine**
Trimipramin AWD® → **Trimipramine**
Trimipramin Beta® → **Trimipramine**
Trimipramin-biomo® → **Trimipramine**
Trimipramin ISIS® → **Trimipramine**
Trimipramin Neuraxpharm® → **Trimipramine**
Trimipramin Sandoz® → **Trimipramine**
Trimipramin Stada® → **Trimipramine**
Trimipramin TAD® → **Trimipramine**
Trimlac®[vet.] → **Sulfadiazine**
Trimlac®[vet.] → **Trimethoprim**
Trimoks® [+ Sulfamethoxazole] → **Trimethoprim**
Trimoks® [+ Trimethoprim] → **Sulfamethoxazole**
Trimol® → **Piroheptine**
Trimonase® → **Tinidazole**
Trimonil® → **Carbamazepine**
Trimonil Retard® → **Carbamazepine**
Trimonit® → **Nitroglycerin**
Trimopan® → **Trimethoprim**
Trimosazol® [+ Sulfamethoxazole] → **Trimethoprim**
Trimosazol® [+ Trimethoprim] → **Sulfamethoxazole**
Trimosin® → **Amoxicillin**
Trimosulf® [+ Sulfadoxine] [vet.] → **Trimethoprim**
Trimosulf® [+ Trimethoprim] [vet.] → **Sulfadoxine**
Trimosul® [+ Sulfamethoxazole] → **Trimethoprim**
Trimosul® [+ Trimethoprim] → **Sulfamethoxazole**
Trimox® → **Amoxicillin**
Trimoxis® [+ Sulfamethoxazole] → **Trimethoprim**
Trimoxis® [+ Trimethoprim] → **Sulfamethoxazole**
Trimoxol® [+ Sulfamethoxazole] → **Trimethoprim**
Trimoxol® [+ Trimethoprim] → **Sulfamethoxazole**
Trimoxsul® [+ Sulfamethoxazole] → **Trimethoprim**
Trimoxsul® [+ Trimethoprim] → **Sulfamethoxazole**
Trimpus® → **Dextromethorphan**
Trimsol®[vet.] → **Trimethoprim**
Trim Sulfa® [+ Sulfamethoxazole] → **Trimethoprim**
Trim Sulfa® [+ Trimethoprim] → **Sulfamethoxazole**
Trimsulint®[vet.] → **Sulfamethoxazole**
Trimsulint®[vet.] → **Trimethoprim**
Trimsulp® [+ Sulfadimidine] [vet.] → **Trimethoprim**
Trimsulp® [+ Trimethoprim] [vet.] → **Sulfadimidine**
Trim/Sul®[vet.] → **Trimethoprim**
Trim/Sul®[vet.] → **Sulfadiazine**
Trin® → **Cetirizine**
Trinacol®[vet.] → **Trimethoprim**
Trinacol®[vet.] → **Sulfadiazine**
Trinalin® → **Levocarnitine**
Trinalion® → **Nimodipine**
Tri-Nasal® → **Triamcinolone**
Trinicalm® → **Trifluoperazine**
Trinigyn® → **Tinidazole**
Trinipatch® → **Nitroglycerin**
Triniplas® → **Nitroglycerin**
Trinispray® → **Nitroglycerin**
Trinitrina® → **Nitroglycerin**
Trinitrine → **Nitroglycerin**
Trinitrine [DCF] → **Nitroglycerin**
Trinitrine Merck® → **Nitroglycerin**
Trinitrine Simple Laleuf® → **Nitroglycerin**
trinitrine, Soluté de (Ph. Franç. IX) → **Nitroglycerin**
Trinitrin Simplex Laleuf® → **Nitroglycerin**
Trinitroglicerina Fabra® → **Nitroglycerin**
Trinitron® → **Nitroglycerin**
Trinitrosan® → **Nitroglycerin**
Trinolon® → **Triamcinolone**
Trinolone® → **Triamcinolone**
Trinon® → **Tretinoin**
Trinordiol® → **Delapril**
Trinotecan® → **Irinotecan**
Triocef® → **Cefixime**
Triocetin® → **Troleandomycin**
Triocil® [vet.] → **Hexetidine**
Triocim® → **Cefixime**
Triodanin® → **Amoxicillin**
Triofan Allergie® → **Cetirizine**
Triomin® → **Minocycline**
Triostat® → **Liothyronine**
Triosules® → **Fluorouracil**
Triox® → **Naproxen**
Trioxal® → **Itraconazole**
Trioxazin® → **Trimetozine**
Trioxsalen® → **Trioxysalen**
Trioxyl® [vet.] → **Amoxicillin**
Triozine® → **Trifluoperazine**
Trip® → **Amitriptyline**
Tripel® → **Tripelennamine**
Triphedinon® → **Trihexyphenidyl**
Triple C® [vet.] → **Chlortetracycline**
Triple-Two-La [vet.] → **Oxytetracycline**
Triplex® → **Trifluoperazine**
Tri-Plex Worm Capsules® [vet.] → **Dichlorophen**
Tripress® → **Trimipramine**
Triprim® → **Trimethoprim**

Triprim® [+Sulfadimidine] [vet.] → **Trimethoprim**
Triprim® [+Trimethoprim] [vet.] → **Sulfadimidine**
Triprim®[vet.] → **Sulfamethoxazole**
Triprim®[vet.] → **Trimethoprim**
Triprim®[vet.] → **Sulfadimidine**
Tri-Profen® → **Ibuprofen**
Tripsor® → **Trioxysalen**
Tripta® → **Amitriptyline**
Triptafen® → **Amitriptyline**
Triptagic® → **Sumatriptan**
Triptilin® → **Amitriptyline**
Triptizol® → **Amitriptyline**
Tript-OH® → **Oxitriptan**
TripTone® → **Dimenhydrinate**
Triptyl® → **Amitriptyline**
Triptyline® → **Amitriptyline**
Triquin®[vet.] → **Sulfaquinoxaline**
Triquin®[vet.] → **Trimethoprim**
Trisagon® → **Indobufen**
Trisekvens® → **Estradiol**
Trisenox® → **Arsenic**
Trisequens® → **Estradiol**
Tris Fresenius® [inj.] → **Trometamol**
Trisolvat® [+ Sulfamethoxazole] → **Trimethoprim**
Trisolvat® [+ Trimethoprim] → **Sulfamethoxazole**
Trisoprim®[vet.] → **Sulfadiazine**
Trisoprim®[vet.] → **Trimethoprim**
Trisoralen® → **Trioxysalen**
Trisporal® → **Itraconazole**
Trispray® → **Triamcinolone**
Tristoject® → **Triamcinolone**
Trisulfin® [+ Sulfadiazine] [vet.] → **Trimethoprim**
Trisulfin® [+ Trimethoprim] [vet.] → **Sulfadiazine**
Trisulfose® [+ Sulfamethoxazole] → **Trimethoprim**
Trisulfose® [+ Trimethoprim] → **Sulfamethoxazole**
Trisulf Werfft®[vet.] → **Trimethoprim**
Trisulf Werfft®[vet.] → **Sulfamethoxazole**
Trisulin®[vet.] → **Sulfamethoxazole**
Trisulin®[vet.] → **Trimethoprim**
Trisulmix®[vet.] → **Trimethoprim**
Trisul® [+Sulfamethoxanzole] → **Trimethoprim**
Trisul® [+Trimethoprim] → **Sulfamethoxazole**
Trisulvet®[vet.] → **Sulfadiazine**
Trisulvet®[vet.] → **Trimethoprim**
Trisuprime®[vet.] → **Sulfadiazine**
Trisuprime®[vet.] → **Trimethoprim**
Tritab® → **Azithromycin**
Tritace® → **Ramipril**
Tritec® → **Ranitidine**
Tritenk® [+ Sulfamethoxazole] → **Trimethoprim**
Tritenk® [+ Trimethoprim] → **Sulfamethoxazole**
Triteren® → **Triamterene**
Triticum® → **Trazodone**
Tritima® → **Trimebutine**
Tritopan® → **Bromazepam**
Tritosul® [+ Sulfamethoxazole] → **Trimethoprim**
Tritosul ® [+ Trimethoprim] → **Sulfamethoxazole**
Trittico® → **Trazodone**
Trittico AC® → **Trazodone**
Trittico retard® → **Trazodone**
Trivane® → **Isotretinoin**
Trivanex®1 → **Griseofulvin**
Trivastal ® → **Piribedil**
Trivastal® → **Piribedil**
Trivastal Retard® → **Piribedil**
Trivastan® → **Piribedil**
Trivedon® → **Trimetazidine**
Trivermicide Worm Capsules® [vet.] → **Dichlorophen**
Trivetrin®[vet.] → **Sulfadoxine**
Trivetrin®[vet.] → **Trimethoprim**
Trivorin® → **Ribavirin**
Trixate® → **Methotrexate**
Trixicam® → **Piroxicam**
Trixie® [vet.] → **Dimpylate**
Trixifen® → **Thioridazine**
Trixilan® → **Cefatrizine**
Trixilem® → **Methotrexate**
Trixne® → **Erythromycin**
Trixone® → **Ceftriaxone**
Trixonex® → **Ceftriaxone**
Trixzol® [+ Sulfamethoxazole] → **Trimethoprim**
Trixzol® [+ Trimethoprim] → **Sulfamethoxazole**
Triyotex® → **Liothyronine**
Triz® → **Cetirizine**
Trizedon® → **Trimetazidine**
Trizidine® → **Trimetazidine**
Trizin® → **Cetirizine**
Trizina® → **Cefatrizine**
Trizine®[vet.] → **Sulfadiazine**
Trizine®[vet.] → **Trimethoprim**
Trizol® → **Fluconazole**
Trizole® [+ Sulfamethoxazole] → **Trimethoprim**
Trizole® [+ Trimethoprim] → **Sulfamethoxazole**
Trizolin® → **Norfloxacin**
Trocer® → **Nitroglycerin**
Trociletas® → **Cetylpyridinium**
Troclosen → **Troclosene**
Troclosene → **Troclosene**
Troclosène → **Troclosene**
Troclosene Anion → **Troclosene**
Troclosène [DCF] → **Troclosene**
Troclosene Potassium sodium salt: → **Troclosene Potassium**
Troclosène sodique → **Troclosene Potassium**
Troclosene Sodium → **Troclosene Potassium**
Troclosen natrium → **Troclosene Potassium**
Trocloseno → **Troclosene**
Trocloseno sódico → **Troclosene Potassium**
Troclosenum → **Troclosene**
Trodax® [vet.] → **Nitroxinil**
Trodax [vet.] → **Nitroxinil**
Trodeb® → **Glibenclamide**
Trodon® → **Tramadol**
Trodorol® → **Ketorolac**
Trofen® → **Ibuprofen**
Trofentyl® → **Fentanyl**
Troferit® → **Dropropizine**
Trofinan® → **Dexamethasone**
Trofocard® → **Aspartic Acid**
Trofodermin® → **Clostebol**
Trofogin® → **Estriol**
Trofurit® → **Furosemide**
Trogiar® → **Metronidazole**
Trogyl® → **Metronidazole**
Troken® → **Clopidogrel**
Trol® → **Tramadol**
Trolip® → **Fenofibrate**
Trolovol® → **Penicillamine**
Tromadil® → **Bromhexine**
Tromagesic® → **Diclofenac**
Tromalyt® → **Aspirin**
Trombaspin® → **Aspirin**
Trombenal® → **Ticlopidine**
Trombina® → **Thrombin**
Trombless® → **Heparin**
Trombolisin® → **Heparin**
Tromboliz® → **Dipyridamole**
Trombonot® → **Cilostazol**
Tromboreductin® → **Anagrelide**
Trombostop® → **Acenocoumarol**
Trombovar® → **Sodium Tetradecyl Sulfate**
Trombyl® → **Aspirin**
Tromderm® → **Sertaconazole**
Trometamol N® → **Trometamol**
Tromic® → **Azithromycin**
Tromix® → **Azithromycin**
Tromlipon® → **Thioctic Acid**
Tromlipon® [inj.] → **Thioctic Acid**
Trommcardin® → **Aspartic Acid**

Tromphyllin® → **Theophylline**
Tronazam® → **Piperacillin**
Tronotene® → **Pramocaine**
Tronothane® → **Pramocaine**
Tronoxal® → **Ifosfamide**
Tronsalan® → **Trazodone**
Tropamid® → **Tropicamide**
Troparin® [inj.] → **Certoparin Sodium**
Tropaz® → **Pantoprazole**
Tropex® → **Phenazone**
Tropharma® → **Erythromycin**
Trophicrème® → **Estriol**
Tropicacyl® → **Tropicamide**
Tropicam® → **Tropicamide**
Tropicamid® → **Tropicamide**
Tropicamidã® → **Tropicamide**
Tropicamida Lansier® → **Tropicamide**
Tropicamide® → **Tropicamide**
Tropicamide Faure® → **Tropicamide**
Tropicamide Minims® → **Tropicamide**
Tropicamide Monofree® → **Tropicamide**
Tropicamide SDU Faure® → **Tropicamide**
Tropicamidum® → **Tropicamide**
Tropicamin® → **Tropicamide**
Tropicil® → **Tropicamide**
Tropico® → **Tropicamide**
Tropicol® → **Tropicamide**
Tropicur® → **Mefloquine**
Tropidene® → **Piroxicam**
Tropidrol® → **Methylprednisolone**
Tropikamid Chauvin® → **Tropicamide**
Tropikamid Minims® → **Tropicamide**
Tropilex® → **Piracetam**
Tropimil® → **Tropicamide**
Tropisetron® → **Tropisetron**
Tropisetron Novartis® → **Tropisetron**
Tropistan® → **Mefenamic Acid**
Tropium® → **Ipratropium Bromide**
Tropivag® → **Estriol**
Tropixal® → **Tropicamide**
Tropocer® → **Nimodipine**
Trorix® → **Ondansetron**
Troscan® [vet.] → **Nitroscanate**
Trosderm® → **Tioconazole**
Trosec® → **Trospium Chloride**
Trosedan® → **Ondansetron**
Trosic® → **Tramadol**
Trosid® → **Tioconazole**
Trosid Ginecologico® → **Tioconazole**
Trosifen® → **Ibuprofen**
Trospi® → **Trospium Chloride**
Trospijum® → **Trospium Chloride**
Trosyd® → **Tioconazole**
Trosyl® → **Tioconazole**
Trovan® → **Trovafloxacin**
Trovan® [inj.] → **Alatrofloxacin**
Troviakol® → **Thiamphenicol**
Troxemed® → **Troxerutin**
Troxeratio® → **Troxerutin**
Troxerutin® → **Troxerutin**
Troxérutine Biogaran® → **Troxerutin**
Troxérutine EG® → **Troxerutin**
Troxérutine Mazal® → **Troxerutin**
Troxérutine Merck® → **Troxerutin**
Troxérutine RPG® → **Troxerutin**
Troxérutine Sandoz® → **Troxerutin**
Troxerutin Leciva® → **Troxerutin**
Troxerutin MK® → **Troxerutin**
Troxerutin Ratiopharm® → **Troxerutin**
Troxerutin Vramed® → **Troxerutin**
Troxevasin® → **Troxerutin**
Troxeven® → **Troxerutin**
Troxxil® → **Tinidazole**
Trozet® → **Letrozole**
Trozocina® → **Azithromycin**
Trozolet® → **Anastrozole**
Trozolite® → **Anastrozole**
Tru® → **Pyrvinium Pamoate**
Trubin L-50® [vet.] → **Kitasamycin**
Trucef® → **Cefpodoxime**
Tructum® → **Terazosin**
Tructum® → **Ofloxacin**
Trudexa® → **Adalimumab**
Trumen® → **Tramadol**
Trumsal® → **Diltiazem**
Trunal DX® → **Tramadol**
Truoxin® → **Ciprofloxacin**
Trusil® → **Tropicamide**
Truso® → **Cefixime**
Trusopt® → **Dorzolamide**
Trusopt® [vet.] → **Dorzolamide**
Truxa® → **Levofloxacin**
Truxal® → **Chlorprothixene**
Truxaletten® → **Chlorprothixene**
Truxalettes® → **Chlorprothixene**
Truxal® [inj.] → **Chlorprothixene**
Tryasol® → **Codeine**
Trycam® → **Triazolam**
Trymo® → **Bismuthate, Tripotassium Dicitrato-**
Tryplase® [vet.] → **Pancreatin**
Trypsone → **Alpha-$_1$ protease inhibitor**
Tryptal® → **Amitriptyline**
Tryptan® → **Tryptophan**
Tryptanol® → **Amitriptyline**
Tryptin® → **Amitriptyline**
Tryptomer® → **Amitriptyline**
T/Sal® → **Salicylic Acid**
TSO-Tabletten®[vet.] → **Sulfadiazine**
TSO-Tabletten®[vet.] → **Trimethoprim**
T.S.S.®[vet.] → **Trimethoprim**
T.S.S.®[vet.] → **Sulfamethoxazole**
T-Stat® → **Erythromycin**
TS®[vet.] → **Trimethoprim**
TS®[vet.] → **Sulfamethoxazole**
Tubarine® → **Tubocurarine Chloride**
Tuberbut® → **Tobramycin**
Tubilysin® → **Isoniazid**
Tubocin® → **Rifampicin**
Tubocurarine Chloride® → **Tubocurarine Chloride**
Tuborin® → **Rifampicin**
Tubrucid® [+ Sulfadoxine] [vet.] → **Trimethoprim**
Tubrucid® [+ Trimethoprim] [vet.] → **Sulfadoxine**
Tucoprim®[vet.] → **Sulfadiazine**
Tucoprim®[vet.] → **Trimethoprim**
Tudiab® → **Metformin**
Tuffox® → **Aceclofenac**
Tugesal® → **Tramadol**
Tuinal® → **Amobarbital**
Tulip® → **Atorvastatin**
Tulos® → **Lactulose**
Tulotract® → **Lactulose**
Tulox® → **Oxolamine**
Tulyn → **Guaifenesin**
Tumdi® → **Paracetamol**
Tumid® → **Paracetamol**
Tumil-K® [vet.] → **Potassium**
Tums® → **Calcium Carbonate**
Tums E-X® → **Calcium Carbonate**
Tums Ultra® → **Calcium Carbonate**
Tundra® → **Naproxen**
Tuneluz® → **Fluoxetine**
Tunik® → **Ademetionine**
Tunitol-BX® → **Ambroxol**
Tuosomin® → **Tamoxifen**
Tupast® → **Ranitidine**
Turbaund® → **Tolfenamic Acid**
Turbinal® → **Beclometasone**
Turbocalcin® → **Elcatonin**
Turbogesic® → **Diclofenac**
Turbogesic Lch® → **Diclofenac**
Turbosole® [vet.] → **Ronidazole**
Turganil® → **Tiaprofenic Acid**
Turimonit® → **Isosorbide Mononitrate**
Turimycin® → **Clindamycin**
Turinal® → **Allylestrenol**
Turisan® → **Cetrimonium**
Turixin® → **Mupirocin**
Turm® → **Flunisolide**
Turoptin® → **Metipranolol**
Turos® → **Rokitamycin**
Turpan® → **Paracetamol**

Turresis® → **Ethambutol**
Tusben® → **Dimemorfan**
Tuscalman® → **Noscapine**
Tuscalman Berna® → **Noscapine**
Tusco® → **Dextromethorphan**
Tusidil® → **Glaucine**
Tusifan® → **Dextromethorphan**
Tusilexil® → **Carbocisteine**
Tusilin® → **Ambroxol**
Tusminal® → **Dextromethorphan**
Tusorama® → **Dextromethorphan**
Tusosedal® → **Butamirate**
Tussa® → **Guaifenesin**
Tussafug® → **Benproperine**
Tussal Antitussicom® → **Dextromethorphan**
Tussal Expectorans® → **Ambroxol**
Tussalpront® → **Dextromethorphan**
Tussamag® → **Ibuprofen**
Tussamed® → **Clobutinol**
Tussanil-N® → **Noscapine**
Tussantiol® → **Carbocisteine**
Tusscodin® → **Nicocodine**
Tussed® → **Clobutinol**
Tuss Hustenlöser® → **Ambroxol**
Tuss Hustenstiller® → **Dextromethorphan**
Tussibron® → **Oxolamine**
Tussicom® → **Acetylcysteine**
Tussidane® → **Dextromethorphan**
Tussidex® → **Dextromethorphan**
Tussidril® → **Dextromethorphan**
Tussidrill® → **Dextromethorphan**
Tussiflex® → **Dropropizine**
Tussilène® → **Carbocisteine**
Tussils 5® → **Dextromethorphan**
Tussimag Codein-Tropfen® → **Codeine**
Tussipect® → **Dextromethorphan**
Tussol® → **Guaifenesin**
Tussolvina® → **Nepinalone**
Tussoret® → **Codeine**
Tusso Rhinathiol® → **Dextromethorphan**
Tussycalm® → **Dextromethorphan**
Tutiverm® → **Tiabendazole**
Tutmosin® [vet.] → **Trimethoprim**
tuttozem® → **Dexamethasone**
Tuulix® → **Loratadine**
Tuxi® → **Pholcodine**
Tuzodin® → **Dextromethorphan**
Tvindal® → **Cefuroxime**
T.V.Mox® → **Amoxicillin**
TVX 2322 → **Indometacin**
Twice® → **Morphine**
Twicef® → **Cefadroxil**
Twilite® → **Diphenhydramine**
Twinject® → **Epinephrine**
Twin Spot® [vet.] → **Pyriproxyfen**
Two-Septol® [+ Sulfamethoxazole] → **Trimethoprim**
Two-Septol® [+ Trimethoprim] → **Sulfamethoxazole**
Tyagel® [vet.] → **Tiamulin**
Tyamulex® [vet.] → **Tiamulin**
Tyason® → **Ceftriaxone**
Tybikin® → **Amikacin**
Tycep® → **Cefalexin**
Tycil® → **Amoxicillin**
Tyclo® [vet.] → **Tiamulin**
Tycon® → **Tioconazole**
Tycon® [cream] → **Cefadroxil**
Tycoytycoy® → **Povidone-Iodine**
Tydamine® → **Trimipramine**
Tydenol® → **Paracetamol**
Tydin® → **Cefradine**
Tydol® → **Paracetamol**
Tydox® → **Doxycycline**
Tyflox® → **Ciprofloxacin**
Tygacil® → **Tigecycline**
Tykerb® → **Lapatinib**
Tyklid® → **Ticlopidine**
Tylacare® [vet.] → **Tylosin**
Tylan® [vet.] → **Tylosin**
Tylatrat® [vet.] → **Tylosin**
Tyleco® [vet.] → **Tylosin**
Tylenol® → **Paracetamol**
Tylenol Forte® → **Paracetamol**
Tylenterol® [vet.] → **Tylosin**
Tylephen® → **Paracetamol**
Tylex® → **Paracetamol**
Tylobel® [vet.] → **Tylosin**
Tyloguard® [vet.] → **Tylosin**
Tylol® → **Paracetamol**
Tylometrin® [vet.] → **Tylosin**
Tylomix® [vet.] → **Tylosin**
Tylonic® → **Allopurinol**
Tylonsina® [vet.] → **Tylosin**
Tyloral® [vet.] → **Tylosin**
Tylosel-200® → **Tylosin**
Tylosin® → **Tylosin**
Tylosin 200® → **Tylosin**
Tylosina® [vet.] → **Tylosin**
Tylosine® [vet.] → **Tylosin**
Tylosin Phosphate® → **Tylosin**
Tylosin Tartrate® → **Tylosin**
Tylosin Tartrate® [vet.] → **Tylosin**
Tylosintartrat® [vet.] → **Tylosin**
Tylosin® [vet.] → **Tiamulin**
Tylosin® [vet.] → **Tylosin**
Tylo® [vet.] → **Tylosin**
Tyloveto-S [vet.] → **Tylosin**
Tylovet® [vet.] → **Tylosin**
Tylox® [vet.] → **Tylosin**
Tyluvet® [vet.] → **Tylosin**
Tymol® → **Paracetamol**
Tymox® → **Amoxicillin**
Tynostan® → **Mefenamic Acid**
Tyrasol® → **Codeine**
Tyrazol® → **Carbimazole**
Tyrosur® → **Tyrothricin**
Tysabri® → **Natalizumab**
Tyverb® → **Lapatinib**
Tyzeka® → **Telbivudine**
Tyzine® → **Tetryzoline**
Tyzine Xylo® → **Xylometazoline**
T-ZA® → **Zidovudine**
Tzarevet® → **Calcium Carbonate**

U 10149 → **Lincomycin**
U 14583 E → **Dinoprost**
U 14583 (Upjohn, USA) → **Dinoprost**
U 10974 → **Flumetasone**
U 18573 (Upjohn, Germany) → **Ibuprofen**
U 26452 → **Glibenclamide**
U 27182 → **Flurbiprofen**
U 32070 E → **Calcifediol**
U4® [+ Flupentixol HCl] → **Melitracen**
U4® [+ Melitracen HCl] → **Flupentixol**
Ubenzima® → **Ubidecarenone**
Ubicor® → **Ubidecarenone**
Ubidenone® → **Ubidecarenone**
Ubidex® → **Ubidecarenone**
Ubilon® → **Tibolone**
Ubimaior® → **Ubidecarenone**
Ubi-Q® → **Ubidecarenone**
Ubivis® → **Ubidecarenone**
Ubizol® → **Fluticasone**
Ubretid® → **Distigmine Bromide**
Ubrocef® [vet.] → **Cefacetrile**
Ubtest® → **Urea**
Ucafer® [vet.] → **Dextran Iron Complex**
Ucamix V Chlortetracycline® [vet.] → **Chlortetracycline**
Ucamix V Décoquinate® [vet.] → **Decoquinate**
Ucardol® → **Carvedilol**
UCB 4492 (UCB, Germany) → **Hydroxyzine**
UCB 79171 (UCB) → **Ibuprofen**
UCB Somatostatin® → **Somatostatin**
Ucecal® [salmon] → **Calcitonin**
Ucee D® → **Dexpanthenol**
Ucemine PP® → **Nicotinamide**
Ucerax® → **Hydroxyzine**
Ucerax® [vet.] → **Hydroxyzine**
Ucholine® → **Bethanechol Chloride**
Ucol® → **Tolterodine**
Ucorex® → **Allopurinol**

U

UDCA® → **Ursodeoxycholic Acid**
UDC AL® → **Ursodeoxycholic Acid**
UDC Hexal® → **Ursodeoxycholic Acid**
Udekinon® → **Ubidecarenone**
Udesogel® → **Budesonide**
Udesospray® → **Budesonide**
Udicil® → **Cytarabine**
Udiliv® → **Ursodeoxycholic Acid**
Udima® → **Minocycline**
Udrik® → **Trandolapril**
Ürederm® → **Urea**
Ürispas® → **Flavoxate**
Üro Ciproxin® → **Ciprofloxacin**
Üropan® → **Oxybutynin**
ufamed Colistin® [vet.] → **Colistin**
Ufexil® → **Ciprofloxacin**
UFH → **Heparin**
Uflox® [tab.] → **Ciprofloxacin**
Ufocard® → **Nitrendipine**
Ufocollyre® → **Cromoglicic Acid**
Ufonitren® → **Omeprazole**
Ufoxilin® → **Cefaclor**
UFT® → **Tegafur**
Uftoral® → **Tegafur**
Ugotrex® → **Ceftriaxone**
Ugurol® → **Tranexamic Acid**
UH-AC62 → **Meloxicam**
UH-AC 62 XX → **Meloxicam**
UK 49858 (Pfizer, USA) → **Fluconazole**
Ulcar® → **Ranitidine**
Ulcar® → **Sucralfate**
Ulcatif® → **Famotidine**
Ulcedin® → **Cimetidine**
Ulcedine® → **Cimetidine**
Ulcefate® → **Sucralfate**
Ulcefor® → **Omeprazole**
Ulceged® → **Ranitidine**
Ulcelac® → **Famotidine**
Ulcelac® → **Omeprazole**
Ulcemet® → **Cimetidine**
Ulcemex® → **Pantoprazole**
Ulcepraz® → **Pantoprazole**
Ulceracid® → **Cimetidine**
Ulceral® → **Omeprazole**
Ulceran® → **Lansoprazole**
Ulceran® → **Famotidine**
Ulceran-40® → **Famotidine**
Ulceranin® → **Ranitidine**
Ulcerfen® → **Cimetidine**
Ulcergo® → **Ranitidine**
Ulcerguard® [vet.] → **Ranitidine**
Ulcerid® → **Famotidine**
Ulcerit® → **Ranitidine**
Ulcerlmin® → **Sucralfate**
Ulcermin® → **Sucralfate**
Ulcer Relief® [vet.] → **Ranitidine**
Ulcertec® → **Lansoprazole**
Ulcertec® → **Sucralfate**
Ulcer-X® → **Omeprazole**
Ulcesep® → **Omeprazole**
Ulcesium® → **Fentonium Bromide**
Ulcetal® → **Hydrotalcite**
Ulcetrax® → **Famotidine**
Ulcevit® → **Ranitidine**
Ulcex® → **Ranitidine**
Ulcibid® → **Cimetidine**
Ulcid® → **Omeprazole**
Ulcidex® → **Omeprazole**
Ulcidin® → **Ranitidine**
Ulcimet® → **Cimetidine**
Ulcofam® → **Famotidine**
Ulcogant® → **Sucralfate**
Ulcogut® → **Ranitidine**
Ulcomedina® → **Cimetidine**
Ulcomet® → **Cimetidine**
Ulcometin® → **Cimetidine**
Ulcometion® → **Omeprazole**
Ulcon® → **Sucralfate**
Ulcoprol® → **Omeprazole**
Ulcoran® → **Ranitidine**
Ulcoreks® → **Pantoprazole**
Ulcoren® → **Ranitidine**
Ulcosan® → **Omeprazole**
Ulcosin® → **Ranitidine**
Ulcostad® → **Cimetidine**
Ulcostad® [inj.] → **Cimetidine**
Ulcotenal® → **Pantoprazole**
Ulcotenk® → **Ranitidine**
Ulcourona® → **Idebenone**
Ulc-Out® → **Omeprazole**
Ulcozol® → **Omeprazole**
Ulcrafate® → **Sucralfate**
Ulcrast® → **Sucralfate**
Ulcratex® → **Esomeprazole**
Ulcrux® → **Omeprazole**
Ulcumaag® → **Sucralfate**
Ulcumet® → **Cimetidine**
Ulcuprazol® → **Omeprazole**
Ulcusan® → **Famotidine**
Ulcyte® → **Sucralfate**
Uldapril® → **Lansoprazole**
Ulfadin® → **Famotidine**
Ulfagel® → **Famotidine**
Ulfam® → **Famotidine**
Ulfamet® → **Famotidine**
Ulfamid® → **Famotidine**
Ulfaprim® [+ Sulfamethoxazole] → **Trimethoprim**
Ulfaprim® [+ Trimethoprim] → **Sulfamethoxazole**
Ulflex® → **Cefalexin**
Ulgarine® → **Famotidine**
Ulgasin® → **Ranitidine**
Ulgastran® → **Sucralfate**
Ulgel → **Aluminum Phosphate, Dried**
Ulgut® → **Benexate**
Ulis® → **Cimetidine**
Ulmo® → **Famotidine**
Ulnor® → **Omeprazole**
Ulone® → **Clofedanol**
Ulpax® → **Lansoprazole**
Ulprazol® → **Omeprazole**
Ulprazole® → **Omeprazole**
Ulran® → **Ranitidine**
Ulsafate® → **Sucralfate**
Ulsal® → **Ranitidine**
Ulsanic® → **Sucralfate**
Ulsec® → **Sucralfate**
Ulsen® → **Omeprazole**
Ulsicral® → **Sucralfate**
Ulsidex® → **Sucralfate**
Ulsikur® → **Cimetidine**
Ultac® → **Ranitidine**
Ultacit® → **Hydrotalcite**
Ultak® → **Ranitidine**
Ultane® → **Sevoflurane**
Ulticadex® → **Enalapril**
Ulticer® → **Ranitidine**
Ultiva® → **Remifentanil**
Ultiva® [vet.] → **Remifentanil**
Ultop® → **Omeprazole**
Ultra Adsorb® → **Charcoal, Activated**
Ultra Augenschutz-Augentropfen® → **Actinoquinol**
Ultrabac® → **Azithromycin**
Ultrabeta® → **Salmeterol**
Ultrabiotic® → **Mupirocin**
Ultracain® → **Articaine**
Ultracaine® → **Bupivacaine**
Ultracalcium® → **Calcium Carbonate**
Ultracarbon® → **Charcoal, Activated**
Ultracare Iodoshield® [vet.] → **Povidone-Iodine**
Ultracare Teatshield® [vet.] → **Chlorhexidine**
Ultracillin® → **Ampicillin**
Ultra-Clear-A-Med® → **Benzoyl Peroxide**
Ultracortenol® → **Prednisolone**
Ultraderm® → **Fluocinolone acetonide**
Ultradin® → **Ranitidine**
Ultrafastin® → **Ketoprofen**
Ultrafen® → **Diclofenac**
Ultrafen® → **Ibuprofen**
Ultrafen® → **Paracetamol**
Ultraflox® → **Ciprofloxacin**
Ultraflu® → **Acetylcysteine**
Ultragam® → **Nalidixic Acid**

Ultragent® → **Gentamicin**
Ultragin® → **Paracetamol**
Ultraject® [vet.] → **Penicillin G Procaine**
Ultra-K® → **Potassium**
Ultralan® → **Fluocortolone**
Ultralan-M® → **Fluocortolone**
Ultralanum® → **Fluocortolone**
Ultralinc® → **Lincomycin**
Ultram® → **Tramadol**
Ultra-Mag® → **Magnesium Gluconate**
Ultramex® → **Tramadol**
Ultra Mg® → **Magnesium Gluconate**
Ultra-Mg® → **Magnesium Gluconate**
Ultramicina® → **Ciprofloxacin**
Ultra Mide® → **Urea**
Ultramidol® → **Bromazepam**
Ultramox® → **Amoxicillin**
Ultran® → **Ranitidine**
Ultraneutral® → **Gabapentin**
Ultrapen® → **Ampicillin**
Ultrapenil® → **Ampicillin**
Ultrapen LA® [vet.] → **Penicillin G Procaine**
Ultrapime® → **Cefepime**
Ultraquin® → **Levofloxacin**
Ultra-R® → **Barium Sulfate**
Ultrase® → **Pancrelipase**
Ultrasef® → **Cefradine**
Ultrasol® [vet.] → **Sulfametoxydiazine**
Ultrasporin® → **Cefalexin**
Ultrasulfon® [vet.] → **Sulfadimethoxine**
Ultravate® → **Ulobetasol**
Ultra-Vinca® → **Vinpocetine**
Ultravist® → **Iopromide**
Ultraxime® → **Cefixime**
Ultraxin® → **Cloxacillin**
Ultreon® → **Azithromycin**
Ulxit® → **Nizatidine**
Ulzol® → **Omeprazole**
Umafen® → **Ibuprofen**
Umamett® → **Cimetidine**
Uman-Cry® → **Octocog Alfa**
Umaren® → **Ranitidine**
Umasam® → **Undecylenic Acid**
Umatrope® [biosyn.] → **Somatropine**
Umbral® → **Paracetamol**
Umbrium® → **Diazepam**
Umoder® → **Atenolol**
Umolit® → **Buspirone**
Umprel® → **Bromocriptine**
Unacefin® → **Ceftriaxone**
Unacid® [+ Ampicillin, sodium salt][inj.] → **Sulbactam**
Unacid PD® → **Sultamicillin**
Unacid® [+ Sulbactam, sodium salt] [inj.] → **Ampicillin**
Unagen® → **Metamizole**
Unakalm® → **Ketazolam**
Un-Alfa® → **Alfacalcidol**
Unalium® → **Flunarizine**
Unamine® → **Cetirizine**
Unamol® → **Cisapride**
Unaril® → **Enalapril**
Unasal® → **Terbinafine**
Unasem® → **Fluconazole**
Unaserus® → **Nalidixic Acid**
Unasyn® → **Sultamicillin**
Unasyna® → **Sultamicillin**
Unasyna® [+ Ampicillin, sodium salt] → **Sulbactam**
Unasyn® [+ Ampicillin] → **Sulbactam**
Unasyn® [+ Ampicillin sodium salt] → **Sulbactam**
Unasyn® [+ Ampicillin, sodium salt][inj.] → **Sulbactam**
Unasyna® [+ Sulbactam, sodium salt] → **Ampicillin**
Unasyn i. m./i. v.® [+ Ampicillin] → **Sulbactam**
Unasyn i. m./i. v.® [+ Ampicillin, sodium salt] → **Sulbactam**
Unasyn i. m./i. v.® [+ Sulbactam] → **Ampicillin**
Unasyn i. m./i. v.® [+ Sulbactam, sodium salt] → **Ampicillin**
Unasyn Oral® → **Sultamicillin**
Unasyn-S [+ Ampicillin, sodium salt] → **Sulbactam**
Unasyn-S [+ Sulbactam, sodium salt] → **Ampicillin**
Unasyn® [+ Sulbactam] → **Ampicillin**
Unasyn® [+ Sulbactam, sodium salt] → **Ampicillin**
Unasyn® [+ Sulbactam sodium salt] → **Ampicillin**
Unasyn Tablet® → **Sultamicillin**
Unat® → **Torasemide**
Unat® [inj.] → **Torasemide**
Unava® → **Gliclazide**
Uncough® → **Cloperastine**
Undelenic® → **Undecylenic Acid**
Underacid® → **Ranitidine**
Underan® → **Mupirocin**
Undestor® → **Testosterone**
Undex® → **Clotrimazole**
Undofen® → **Terbinafine**
Unexym® → **Pancreatin**
Unfraktionniertes Heparin (poricin, bovin) → **Heparin**
Ungel® → **Triclocarban**
Ungiotin® [vet.] → **Biotin**
Unguento Morry® → **Salicylic Acid**
Ungüento Picrato de Butisin® → **Butamben**
Unguentum® → **Boric Acid**
Unguentum Acidi Borici® → **Boric Acid**
Unguentum contra haemorrhoides PCH® → **Lidocaine**
Unguentum Ephedrini® → **Ephedrine**
Unguentum hydrocortisoni PCH® → **Hydrocortisone**
Unguentum Ichthamoli® → **Ichthammol**
Unguentum Ichthyoli® → **Ichthammol**
Unguentum Neomycini® → **Neomycin**
Unguentum Triamcinoloni PCH® → **Triamcinolone**
Unguentum Triamcinoloni ratiopharm® → **Triamcinolone**
Unguentum Undecylenicum® → **Undecylenic Acid**
Ungutil® [vet.] → **Tylosin**
Ungvita® → **Retinol**
Uni Ace® → **Paracetamol**
Uniao Amoxicilina® → **Amoxicillin**
Uniao Ampicilina® → **Ampicillin**
Uniao Betametasona® → **Betamethasone**
Uniao Bromazepam® → **Bromazepam**
Uniao Dexametasona® → **Dexamethasone**
Uniao Diazepam® → **Diazepam**
Uniao Glibenclamida® → **Glibenclamide**
Uniao Ibuprofeno® → **Ibuprofen**
Uniao Norfloxacino® → **Norfloxacin**
Uniao Prednisona® → **Prednisone**
Uniao Propranolol® → **Propranolol**
Uniao Salbuamol® → **Salbutamol**
Unibac® → **Dirithromycin**
Unibenestan® → **Alfuzosin**
Unibios Simple® → **Metamizole**
Unibron® → **Salbutamol**
Unicaine® → **Oxybuprocaine**
Unicam® → **Piroxicam**
Unicap® → **Paracetamol**
Unicet® → **Cetirizine**
Unichol-Dragees® [comp.] → **Hymecromone**
Uniciclina® [vet.] → **Oxytetracycline**
Unicide® → **Niclosamide**
Unicil® → **Benzathine Benzylpenicillin**
Unicil 1 Mega® → **Benzylpenicillin**
Unicilina® → **Benzylpenicillin**

Unicil L.A.® → **Benzathine Benzylpenicillin**
Unicillin® [vet.] → **Penicillin G Procaine**
Uniclar® → **Mometasone**
Uniclophen® → **Diclofenac**
Uniclor® → **Chloramphenicol**
Uniclovyr® → **Aciclovir**
Uniclox® → **Dicloxacillin**
Unicontin® → **Theophylline**
Unicordium® → **Bepridil**
Unicort → **Hydrocortisone**
Unicort® → **Hydrocortisone**
Uniderm® → **Hydrocortisone**
Uni Diamicron® → **Gliclazide**
Unidie Fournier® → **Cefonicid**
Uni-Dose® [vet.] → **Metrifonate**
Unidox® → **Doxycycline**
Unidox Solutab® → **Doxycycline**
Unidur® → **Theophylline**
Uni-Dur® → **Theophylline**
Unif® → **Triamcinolone**
Unifast® → **Phentermine**
Unifen® → **Diclofenac**
Uni Fenicol® → **Chloramphenicol**
Unifer® → **Ferrous Gluconate**
Uniflam® → **Naproxen**
Uniflox® → **Ofloxacin**
Uniflox® [sol.] → **Ciprofloxacin**
Unifluid® → **Povidone**
Unifungicid® → **Chlormidazole**
Unifungin® → **Econazole**
Unifyl® → **Theophylline**
Unifyl Continus® → **Theophylline**
Unigastrozol® → **Pantoprazole**
Unigo® → **Metronidazole**
Unigrip® → **Paracetamol**
Uniket® → **Isosorbide Mononitrate**
Uni-Kinase® → **Urokinase**
Uniklar® → **Clarithromycin**
Unikpef® → **Pefloxacin**
Unil-5® → **Glibenclamide**
Unilair® → **Theophylline**
Unilexin® → **Cefalexin**
Uniloc® → **Atenolol**
Unilong® → **Theophylline**
Unilux® → **Iopamidol**
Uni Masdil® → **Diltiazem**
Unimazole® → **Thiamazole**
Uni Medrox® → **Medroxyprogesterone**
Unimetox® [vet.] → **Sulfadimethoxine**
Unimol® → **Paracetamol**
Uninapro® → **Naproxen**
Uniof® → **Indometacin**
Union Uno® → **Alfuzosin**
Uniphyl® → **Theophylline**
Uniphyllin® → **Theophylline**
Uniphyllin Continus® → **Theophylline**
Uniplex® → **Aciclovir**
Uniplus® → **Oxolamine**
Unipres® → **Nitrendipine**
Unipril® → **Ramipril**
Uniprim®[vet.] → **Sulfadiazine**
Uniprim®[vet.] → **Trimethoprim**
Unipron® → **Ibuprofen**
Uniquin® → **Lomefloxacin**
Uniren® → **Diclofenac**
Unisal® → **Diflunisal**
Unisef® → **Cefepime**
Unisept® → **Chlorhexidine**
Unisom Sleepgels® → **Diphenhydramine**
Unison® → **Chloramphenicol**
Unistin® → **Cisplatin**
Unitac® → **Ranitidine**
Unithroid® → **Levothyroxine**
Unitimolol® → **Timolol**
Uni Timolol® → **Timolol**
Unitin® → **Ranitidine**
Unitinase® → **Streptokinase**
Unitob® → **Tobramycin**
Unitrac® → **Itraconazole**
Uni-Tranxene® → **Clorazepate, Dipotassium**
Unitron® → **Peginterferon Alfa 2-a**
Unival® → **Sucralfate**
Univate® → **Clobetasol**
Univer® → **Verapamil**
Universal Throat Lollies® → **Cetylpyridinium**
Uni Vir® → **Aciclovir**
Univit® → **Ascorbic Acid**
Univit-A® → **Retinol**
Univit-C® → **Ascorbic Acid**
Univit-E® → **Tocopherol, α-**
Uniwarfin® → **Warfarin**
UniXan® → **Theophylline**
Unixime® → **Cefixime**
Unizen® → **Serrapeptase**
Unizink® → **Aspartic Acid**
Unizol® → **Albendazole**
Unizol® → **Fluconazole**
Unizuric-300® → **Allopurinol**
Uno® → **Diclofenac**
Uno Enantone® → **Leuprorelin**
Unofem® → **Levonorgestrel**
Unoprost® → **Doxazosin**
Unoprost® → **Terazosin**
Unorox® → **Roxithromycin**
Uno-Vit® → **Tocopherol, α-**
Unprozy® → **Fluoxetine**
Untano® → **Miconazole**
Uonin® → **Roxithromycin**
U-Oscine® → **Hyoscine Butylbromide**
Upar® → **Paroxetine**
Upderm® → **Clindamycin**
Upfen® → **Ibuprofen**
Uphalexin® → **Cefalexin**
Upixon® → **Piperazine**
Uplores® → **Roxithromycin**
Upodine® → **Povidone-Iodine**
Upral® → **Omeprazole**
Upren® → **Ibuprofen**
Uprima® → **Apomorphine**
Uprox® → **Tamsulosin**
U-Proxyn® → **Naproxen**
Upsa-C® → **Ascorbic Acid**
Upsalgin-N® → **Aspirin**
Upsarin® → **Aspirin**
Upsavit-C® → **Ascorbic Acid**
Upsavit Vitamin C® → **Ascorbic Acid**
UR 606 (Uriach, Espana) → **Glibenclamide**
Uracet® → **Paracetamol**
Uraciflor® → **Fluorouracil**
Uracil® → **Propylthiouracil**
Uractonum® → **Spironolactone**
Uracyst-S® → **Chondroitin Sulfate**
Uralyt-U® → **Potassium Sodium Hydrogen Citrate**
Uramilon® → **Roxithromycin**
Uramol® → **Urea**
Uramox® → **Acetazolamide**
Urandil® → **Chlortalidone**
Uranine → **Fluorescein Sodium**
Urapidil Carino® → **Urapidil**
Urapidil-Pharmore® → **Urapidil**
Urapidil-ratiopharm® → **Urapidil**
Uraplex® → **Trospium Chloride**
Urasin® → **Furosemide**
Uraton® → **Trospium Chloride**
Urazol® → **Oxybutynin**
Urbadan® → **Clobazam**
Urbal® → **Sucralfate**
Urbanil® → **Clobazam**
Urbanol® → **Clobazam**
Urbanyl® → **Clobazam**
Urbason® → **Methylprednisolone**
Urbason Solubile® [inj.] → **Methylprednisolone**
Urdafalk® → **Ursodeoxycholic Acid**
Urdahex® → **Ursodeoxycholic Acid**
Urdes® → **Ursodeoxycholic Acid**
Urdox® → **Ursodeoxycholic Acid**
Urdox® [vet.] → **Ursodeoxycholic Acid**
Urea → **Urea**
Urea® → **Urea**
Ureacin® → **Urea**
Ureaderm® → **Urea**

Uron® → Methenamine
Uronamin® → Methenamine
Uronase® → Urokinase
Uro Nebacetin N® → Neomycin
Uronefrex® → Acetohydroxamic Acid
Uronid® → Flavoxate
Uronorm® → Cinoxacin
Uronovag® → Norfloxacin
Uropan® → Oxybutynin
Uro-Pet® [vet.] → Methionine, L-
Uropimid® → Pipemidic Acid
Uropimide® → Pipemidic Acid
Uropipedil® → Pipemidic Acid
Uropipemid® → Pipemidic Acid
Uropirid® → Phenazopyridine
Uroplex® → Norfloxacin
Uro-Plus® → Norfloxacin
Uropol Forte N® → Phenazopyridine
Uropol „IMA“® [Sulfamethoxazole] → Trimethoprim
Uropol „IMA“® [Trimethoprim] → Sulfamethoxazole
Uropol-S® → Chondroitin Sulfate
Uropran® → Oxybutynin
Uroprot® → Mesna
Uropurat® → Methenamine
Uropyrine® → Phenazopyridine
Uroquad® → Allopurinol
Uroquidan® → Urokinase
Uroquin® → Norfloxacin
Uroquinasa® → Urokinase
Urosan® → Pipemidic Acid
Uroseptal® → Norfloxacin
Urosetic® → Pipemidic Acid
Urosin® → Allopurinol
Urospasmon® [+ Nitrofurantoin] → Sulfadiazine
Urospasmon® [+ Sulfadiazine] → Nitrofurantoin
Urospes-N® → Norfloxacin
Urostad® → Tamsulosin
Uro Tablinen® → Nitrofurantoin
Uro-tainer chloorhexidinediacetaat® → Chlorhexidine
Uro-Tainer Chlorhexidine® → Chlorhexidine
Uro-Tainer Mandelsäure® → Mandelic Acid
Urotan® → Nalidixic Acid
Uro-Tarivid® → Ofloxacin
Urotem® → Norfloxacin
Uroton® → Oxybutynin
Urotone® → Bethanechol Chloride
Urototal® → Finasteride
Urotractan® → Methenamine
Urotractin® → Pipemidic Acid
Urotricef® → Cefixime
Urotrim® → Trimethoprim
Urotrol® → Tolterodine
Urovideo® → Sodium Amidotrizoate
Urovist® → Sodium Amidotrizoate
Uroxacin® → Cinoxacin
Uroxacin® → Norfloxacin
Uroxal® → Oxybutynin
Uroxate® → Flavoxate
Uroxatral® → Alfuzosin
Uroxin® → Ciprofloxacin
Uroxina® → Pipemidic Acid
Ursacol® → Ursodeoxycholic Acid
Ursa-Fenol® → Chloramphenicol
Ursidesox® → Ursodeoxycholic Acid
Ursilon® → Ursodeoxycholic Acid
Urso® → Ursodeoxycholic Acid
Ursobil® → Ursodeoxycholic Acid
Ursobilane® → Ursodeoxycholic Acid
Ursocain® [vet.] → Lidocaine
Ursocam® → Ursodeoxycholic Acid
Ursochol® → Ursodeoxycholic Acid
Ursocyclin® [vet.] → Oxytetracycline
Ursodamor® → Ursodeoxycholic Acid
Ursodeoxycholic Acid® → Ursodeoxycholic Acid
Ursodeoxycholic Acid-Sunve Pharm® → Ursodeoxycholic Acid
Ursodeoxycholzuur® → Ursodeoxycholic Acid
Ursodil® → Ursodeoxycholic Acid
Ursodiol® → Ursodeoxycholic Acid
Ursofalk® → Ursodeoxycholic Acid
Ursoferran® [vet.] → Dextran Iron Complex
Ursoflor® → Ursodeoxycholic Acid
Ursogal® → Ursodeoxycholic Acid
Ursogal® [vet.] → Ursodeoxycholic Acid
Urso Heumann® → Ursodeoxycholic Acid
Ursolac® → Ursodeoxycholic Acid
Ursolin® → Ursodeoxycholic Acid
Ursolisin® → Ursodeoxycholic Acid
Ursolit® → Ursodeoxycholic Acid
Ursolite® → Ursodeoxycholic Acid
Ursolvan® → Ursodeoxycholic Acid
Urso-Mamycin® [vet.] → Penicillin G Procaine
Ursomax® → Ursodeoxycholic Acid
Ursomutin® [vet.] → Tiamulin
Ursopol® → Ursodeoxycholic Acid
Ursosan® → Ursodeoxycholic Acid
Ursotamin® [vet.] → Ketamine
Ursovit® [vet.] → Colecalciferol
Urupan® → Dexpanthenol
Urusonin® → Spironolactone
Urutal® → Betahistine
Urzac® → Ursodeoxycholic Acid
Uscosin® → Hyoscine Butylbromide
Uskan® → Oxazepam
U-Spa® → Flavoxate
Ustimon® → Hexobendine
Utabon® → Oxymetazoline
Utefos® → Tegafur
Utel® → Loratadine
Utemerin® → Ritodrine
Uteplex® → Uridine 5'-Triphosphate
Utergin® → Methylergometrine
Uterine® → Isoxsuprine
Uterine Bolus® [vet.] → Urea
Uterjin® → Methylergometrine
Uterone® → Tibolone
Uterox® [vet.] → Oxytetracycline
Uticina® → Norfloxacin
Uticox® → Meloxicam
Utilom® → Lomefloxacin
Utin-400® → Norfloxacin
Utinor® → Norfloxacin
UTI Relief® → Phenazopyridine
Utirex® → Nalidixic Acid
Utisept® → Trimethoprim
Uto Ceftriaxone® → Ceftriaxone
Utoin® → Phenytoin
Utolid® → Roxithromycin
Utolincomycin® → Lincomycin
Utovlan® → Norethisterone
Utozyme® [vet.] → Oxytetracycline
Utrex® → Pipemidic Acid
Utrogest® → Progesterone
Utrogestan® → Progesterone
Utrogestran® → Progesterone
Utroletten N® [vet.] → Tetracycline
Uvadex® → Methoxsalen
Uvamin® → Nitrofurantoin
Uvasal® → Calcium Carbonate
Uvédose® → Colecalciferol
Uvega® → Lidocaine
Uvestérol D® → Ergocalciferol
Uvitriam® [vet.] → Triamcinolone
Uvox® → Fluvoxamine
Uxalun® → Oxaliplatin
Uxen Retard® → Amitriptyline
Uzix® → Amikacin

V04CG03 [ATC WHO] → Histamine
V 7 → Trimetozine
Vaben® → Oxazepam
Vabeta® → Betamethasone
Vabicin® → Spectinomycin
Vabon® → Danazol
Vacer® → Nimodipine

Vacillin® → **Ampicillin**
Vacinolone-V® → **Triamcinolone**
Vaclox ® → **Cloxacillin**
Vacolax® → **Bisacodyl**
Vacon® → **Phenylephrine**
Vacontil® → **Loperamide**
Vacopan® → **Hyoscine Butylbromide**
Vacrax® → **Aciclovir**
Vadel® → **Ezetimibe**
Vadilex® → **Ifenprodil**
Vadiral® → **Valaciclovir**
Vaditon® → **Fluvastatin**
Vagaka® → **Mebendazole**
Vagantin® → **Methanthelinium Bromide**
Vagantyl® → **Mosapride**
Vagel® [vet.] → **Povidone-Iodine**
Vagi-C® → **Ascorbic Acid**
Vagicillin® → **Neomycin**
Vagiclot® → **Clotrimazole**
Vagifem® → **Estradiol**
Vagifem D.A.C.® → **Estradiol**
Vagi-Hex® → **Hexetidine**
Vagil® → **Metronidazole**
Vagilen® → **Metronidazole**
Vagimen® → **Clotrimazole**
Vagi Metro® → **Metronidazole**
Vagimid® → **Metronidazole**
Vagisan® → **Lactic Acid**
Vagisil® → **Lidocaine**
Vagistat® → **Tioconazole**
Vagisten® → **Estriol**
Vagizol® → **Metronidazole**
Vagoclyss® → **Lactic Acid**
Vagomine® → **Dimenhydrinate**
Vagopax® → **Pargeverine**
Vagostal® → **Famotidine**
Vagothyl® → **Policresulen**
Vagotrosin® → **Cefatrizine**
Vagran® → **Loratadine**
Vagyl® → **Metronidazole**
Vaira® → **Olanzapine**
Vaksan® → **Ambroxol**
Valabarb® [vet.] → **Pentobarbital**
Valaciclovir® → **Valaciclovir**
Valaplex® → **Valsartan**
Valavir® → **Valaciclovir**
Valaxona® → **Diazepam**
Valbazen® [vet.] → **Albendazole**
Valben® [vet.] → **Albendazole**
Valbet® → **Betamethasone**
Valbil® → **Febuprol**
Valcap® → **Valsartan**
Valcivir® → **Valaciclovir**
Valclair® → **Diazepam**
Valcote® → **Valproate Semisodium**
Valcote Sprinkle® → **Valproic Acid**
Valcox® → **Valdecoxib**
Valcyclor® → **Valaciclovir**
Valcyte® → **Valganciclovir**
Valdefer® → **Ferrous Sulfate**
Valdex® → **Valdecoxib**
Valdimex® → **Diazepam**
Valdol® → **Valdecoxib**
Valdorm® → **Flurazepam**
Valdoxan® → **Agomelatine**
Valdure® → **Valdecoxib**
Valeans® → **Alprazolam**
Valecid® → **Cefonicid**
Valeclor® → **Cefaclor**
Valederm® → **Betamethasone**
Valemia® → **Simvastatin**
Valepil® → **Valproic Acid**
Valergen® → **Estradiol**
Valeric® → **Allopurinol**
Valerpan® → **Betamethasone**
Valex® → **Valproic Acid**
Valexime® → **Ceftriaxone**
Valherpes® → **Valaciclovir**
Valiflex® → **Valdecoxib**
Valifol® → **Isoniazid**
Valiquid® → **Diazepam**
Valirem® → **Sulpiride**
Valisanbe® → **Diazepam**
Valisone® → **Betamethasone**
Valium® → **Diazepam**
Valium Roche® → **Diazepam**
Valix® → **Diazepam**
Valixa® → **Valganciclovir**
Vallergan® → **Alimemazine**
Vallergan® [vet.] → **Alimemazine**
Valmetrol-3® → **Colecalciferol**
Valocordin-Diazepam® → **Diazepam**
Valodin® → **Cefradine**
Valoid® → **Cyclizine**
Valoid® [inj.] → **Cyclizine**
Valoid® [vet.] → **Cyclizine**
Valontan® → **Dimenhydrinate**
Valopride® → **Bromopride**
Valora® → **Valdecoxib**
Valoran® → **Cefotaxime**
Valorel® → **Etofenamate**
Valoron® → **Tilidine**
Valpakine® → **Valproic Acid**
Valpam® → **Diazepam**
Valparin® → **Valproate Semisodium**
Valparin Akalets® → **Valproate Semisodium**
Valpax® → **Clonazepam**
Valpex® → **Donepezil**
Valpirin® [vet.] → **Aspirin**
Valporal® → **Valproic Acid**
Valporal® [liqu.oral] → **Valproic Acid**
Valprax® → **Valproic Acid**
Valpress® → **Valsartan**
Valpression® → **Valsartan**
Valpro® → **Valproic Acid**
Valpro AL® → **Valproic Acid**
Valproat® → **Valproate Semisodium**
Valproat AbZ® → **Valproic Acid**
Valproat AWD® → **Valproic Acid**
Valproat chrono-CT® → **Valproic Acid**
Valproat Chrono Winthrop® → **Valproic Acid**
Valproat-CT® → **Valproic Acid**
Valproat Desitin® → **Valproic Acid**
Valproate de sodium Irex® → **Valproic Acid**
Valproate de sodium RPG® → **Valproic Acid**
Valproate de sodium Sandoz® → **Valproic Acid**
Valproat Hexal® → **Valproic Acid**
Valproat-neuraxpharm® → **Valproic Acid**
Valproat-RPh® → **Valproic Acid**
Valproat RPh® → **Valproic Acid**
Valproat Sandoz® → **Valproic Acid**
Valproat STADA® → **Valproic Acid**
Valpro beta® → **Valproic Acid**
valprodura® → **Valproic Acid**
Valprogama® → **Valproic Acid**
Valproïnezuur FNA® → **Valproic Acid**
Valproinsäure-CT® → **Valproic Acid**
Valproinsäure-ratiopharm® → **Valproic Acid**
Valprolept® → **Valproic Acid**
ValproNa-Teva® → **Valproic Acid**
Valpronova® → **Valproic Acid**
Valprosid® → **Valproic Acid**
Valpro TAD® → **Valproic Acid**
Vals® → **Valsartan**
Valsacor® → **Valsartan**
Valsan® → **Valsartan**
Valsartan MK® → **Valsartan**
Valsartan Northia® → **Valsartan**
Valsera® → **Flunitrazepam**
Valstar® → **Valrubicin**
Valsup® → **Valproic Acid**
Valtan® → **Valsartan**
Valto® → **Diclofenac**
Valtrex® → **Valaciclovir**
Valtrex D.A.C.® → **Valaciclovir**
Valuheart Heartworm Tablets® [vet.] → **Ivermectin**
Valumec® [vet.] → **Abamectin**
Valus® → **Valdecoxib**
Valutens® → **Indapamide**
Valzepam® → **Diazepam**
Valztrex® → **Valaciclovir**

Vamazole® → **Clotrimazole**
Vamistol® → **Vancomycin**
Vamysin® → **Vancomycin**
Vanacolin® [vet.] → **Colistin**
Vanacyclin® [vet.] → **Oxytetracycline**
Vanadom® → **Carisoprodol**
Vanadyl® [+ Sulfamethoxazole] → **Trimethoprim**
Vanadyl® [+ Trimethoprim] → **Sulfamethoxazole**
Vanafen Ophtalmic® → **Chloramphenicol**
Vanafen Otologic® → **Chloramphenicol**
Vanafen-S® → **Chloramphenicol**
Vanafer® [vet.] → **Dextran Iron Complex**
Vanaproc® [vet.] → **Procaine**
Vanastress® [vet.] → **Acepromazine**
Vanasulf®[vet.] → **Sulfamethoxazole**
Vanasulf®[vet.] → **Trimethoprim**
Vanatyl® [vet.] → **Tylosin**
Vanaurus® → **Vancomycin**
Vancenase® → **Beclometasone**
Vanceril® → **Beclometasone**
Vanco® → **Vancomycin**
Vancoabbott® → **Vancomycin**
Vancobiotic® [sol.-inj.] → **Vancomycin**
VANCO-cell® → **Vancomycin**
Vancocid® → **Vancomycin**
Vancocin® → **Vancomycin**
Vancocina® → **Vancomycin**
Vancocina A.P.® → **Vancomycin**
Vancocina® [sol.-inj.] → **Vancomycin**
Vancocin HCl® → **Vancomycin**
Vancocin® [vet.] → **Vancomycin**
Vancomax® → **Vancomycin**
Vancomicina® → **Vancomycin**
Vancomicina Abbott® → **Vancomycin**
Vancomicina Ahimsa® → **Vancomycin**
Vancomicina Bestpharma® [sol.-inj.] → **Vancomycin**
Vancomicina Biocrom® → **Vancomycin**
Vancomicina Biosintetica® → **Vancomycin**
Vancomicina Chiesi® → **Vancomycin**
Vancomicina Combino Pharm® → **Vancomycin**
Vancomicina Filaxis® → **Vancomycin**
Vancomicina HCl® → **Vancomycin**
Vancomicina Hospira® → **Vancomycin**
Vancomicina IBP® → **Vancomycin**
Vancomicina® [inj.] → **Vancomycin**
Vancomicina Normon® → **Vancomycin**
Vancomicina Northia® → **Vancomycin**
Vancomicina® [pulv.] → **Vancomycin**
Vancomicina Richet® → **Vancomycin**
Vancomicyn® → **Vancomycin**
Vancomycin Abbott® → **Vancomycin**
Vancomycin Alpharma® → **Vancomycin**
Vancomycin Bidiphar® → **Vancomycin**
Vancomycin CP® → **Vancomycin**
Vancomycin DBL® → **Vancomycin**
Vancomycin DeltaSelect® → **Vancomycin**
Vancomycine® → **Vancomycin**
Vancomycine Alpharma® → **Vancomycin**
Vancomycine Bristol® → **Vancomycin**
Vancomycine Lederle® → **Vancomycin**
Vancomycine Mayne® → **Vancomycin**
Vancomycine PCH® → **Vancomycin**
Vancomycine PSI® → **Vancomycin**
Vancomycine Sandoz® → **Vancomycin**
Vancomycin Faulding® → **Vancomycin**
Vancomycin Hameln® → **Vancomycin**
Vancomycin HCL Abbott® → **Vancomycin**
Vancomycin HCL Fujisawa® → **Vancomycin**
Vancomycin Hexal® → **Vancomycin**
Vancomycin Hospira® → **Vancomycin**
Vancomycin Hydrochloride® → **Vancomycin**
Vancomycin Hydrochloride Abbott® → **Vancomycin**
Vancomycin Lederle → **Vancomycin**
Vancomycin Lilly® → **Vancomycin**
Vancomycin Mayne® → **Vancomycin**
Vancomycin Merck® → **Vancomycin**
Vancomycin MIP® → **Vancomycin**
Vancomycin-ratiopharm® → **Vancomycin**
Vancomycin Sandoz® → **Vancomycin**
Vancomycin Vianex® → **Vancomycin**
Vancomycin Wyeth Lederle® → **Vancomycin**
Vancorin® → **Vancomycin**
Vanco-saar® → **Vancomycin**
Vanco-Sandoz® → **Vancomycin**
Vancotenk® → **Vancomycin**
Vanco-Teva® → **Vancomycin**
Vancotex® → **Vancomycin**
Vandazole® → **Metronidazole**
Vandisul® → **Disulfiram**
Vandral® → **Venlafaxine**
Vandral Orifarm® → **Venlafaxine**
Vandral Retard SinGad® → **Venlafaxine**
Vanesten® → **Clotrimazole**
Vanid® → **Flunarizine**
Vaniqa® → **Eflornithine**
Vanish® → **Desogestrel**
Vankocin® → **Vancomycin**
Vankomisin® → **Vancomycin**
Vanmycetin® → **Chloramphenicol**
Vanodine Udder Salve® [vet.] → **Cetrimide**
Vanogel® → **Buflomedil**
Vanos® → **Fluocinonide**
Vanquin® → **Pyrvinium Pamoate**
Vanquish® [vet.] → **Cypermethrin**
Vantal® → **Benzydamine**
Vantas® → **Histrelin**
Vantin® → **Naproxen**
Vantocil IB → **Polihexanide**
Vantoxyl® → **Pentoxifylline**
Vaopin N® → **Camphor**
Vapona Insecticide® [vet.] → **Dichlorvos**
Vaponefrin® → **Epinephrine**
Vaposirup® → **Guaifenesin**
Vapresan® → **Enalapril**
Vapril® → **Captopril**
Vaprisol® → **Conivaptan**
Varacillin® → **Lenampicillin**
Varaxil® → **Captopril**
Vardolin® → **Buflomedil**
Varedet® → **Vancomycin**
Varexan® → **Valsartan**
Varfine® → **Warfarin**
Variargil® → **Alimemazine**
Vari-Betamethasone® → **Betamethasone**
Varidasa® → **Streptokinase-Streptodornase**
Varidase® → **Streptokinase-Streptodornase**
Varidoid® → **Chondroitin Sulfate**
Varidoxo® → **Doxorubicin**
Varigestrol® → **Megestrol**
Varihes® → **Hetastarch**
Vari-Hydrocortisone® → **Hydrocortisone**
Varimer® → **Mercaptopurine**
Varimesna® → **Mesna**
Varipan® → **Paracetamol**
Vari-Salbutamol® → **Salbutamol**
Varizil® → **Metronidazole**
Varlane® → **Fluocortin**

Varmec® → **Fluconazole**
Varson® → **Nicergoline**
Vartalan® → **Valsartan**
Vartalon® → **Glucosamine**
Vas® → **Suleparoid**
V-As® → **Aspirin**
Vasacon® → **Naphazoline**
Vasalen® → **Diclofenac**
Vasalgin® → **Proxibarbal**
Vasaprostan® → **Alprostadil**
Vascace® → **Cilazapril**
Vascal® → **Isradipine**
Vascalpha® → **Felodipine**
Vascard® → **Nifedipine**
Vascardin® → **Isosorbide Dinitrate**
Vasco® → **Ascorbic Acid**
Vascoman® → **Manidipine**
Vascon® → **Norepinephrine**
Vascor® → **Simvastatin**
Vascoten® → **Atenolol**
Vasculat® → **Bamethan**
Vasculene® → **Flunarizine**
Vasculin® → **Dihydroergotoxine**
Vascunormyl® → **Cyclandelate**
Vascuprax® → **Naftidrofuryl**
Vasdalat® → **Nifedipine**
Vasdilat® → **Isosorbide Mononitrate**
Vaselastic® → **Crotamiton**
Vaselpin® → **Roxithromycin**
Vasexten® → **Barnidipine**
Vasian® → **Dihydroergotoxine**
Vasican® → **Bromhexine**
Vasilip® → **Simvastatin**
Vasilium® → **Flunarizine**
Vasobral® → **Dihydroergocristine**
Vasocal® → **Amlodipine**
Vasocard® → **Atenolol**
Vasocardin® → **Metoprolol**
Vasocardol® → **Diltiazem**
Vasocedine® → **Naphazoline**
Vasocedine Naphazoline® → **Naphazoline**
Vasocedine Pseudoephedrine® → **Pseudoephedrine**
VasoClear® → **Naphazoline**
Vasocon® → **Naphazoline**
Vasocon Regular® → **Naphazoline**
Vasoconstrictor Pensa® → **Naphazoline**
Vasocor® → **Indenolol**
Vasocor® → **Quinapril**
Vasodilan® → **Isoxsuprine**
Vasodin® → **Nicardipine**
Vasodip® → **Lercanidipine**
Vasoflex® → **Nimodipine**
Vasogard® → **Cilostazol**
Vasokor® → **Dipyridamole**
Vasolamin® [vet.] → **Tranexamic Acid**
Vasolapril® → **Enalapril**
Vasolat® → **Bamethan**
Vasolip® → **Atorvastatin**
Vasomax® → **Phentolamine**
Vasomed® → **Simvastatin**
Vasomet® → **Terazosin**
Vasomil® → **Verapamil**
Vasomotal® → **Betahistine**
Vason® → **Betamethasone**
Vasonit® → **Isosorbide Mononitrate**
Vasonit® → **Pentoxifylline**
Vasonorm® → **Amlodipine**
Vasopin® → **Amlodipine**
Vasopos® → **Tetryzoline**
Vasopresina U.S.P.® → **Vasopressin**
Vasopressin® → **Vasopressin**
Vasopril® → **Enalapril**
Vasoprost® → **Alprostadil**
Vasorel® → **Trimetazidine**
Vasorema® → **Suleparoid**
Vaso Rimal® → **Trimetazidine**
Vasorinil® → **Tetryzoline**
Vasosan® → **Colestyramine**
Vasoserc® → **Betahistine**
Vasostad® → **Captopril**
Vasosuprina® → **Isoxsuprine**
Vasotec® → **Enalaprilat**
Vasotek® → **Enalaprilat**
Vasotenal® → **Simvastatin**
Vasotin® → **Dipyridamole**
Vasotop® → **Nimodipine**
Vasotop® [vet.] → **Ramipril**
Vasovist® [inj.] → **Gadofosveset**
Vasovist® [inj.] → **Gadofosveset**
Vasoxen® → **Nebivolol**
Vasoxine® → **Methoxamine**
Vaspit® → **Fluocortin**
Vasranta® → **Trimetazidine**
Vass® → **Atorvastatin**
Vastan® → **Simvastatin**
Vastarel® → **Trimetazidine**
Vastat® → **Mirtazapine**
Vastatifix® → **Pravastatin**
Vastatin® → **Atorvastatin**
Vastatin® → **Simvastatin**
Vastazin® → **Trimetazidine**
Vasten® → **Pravastatin**
Vasten® → **Amlodipine**
Vastensium® → **Nitrendipine**
Vasten® [tab.] → **Amlodipine**
Vaster® → **Simvastatin**
Vastin® → **Fluvastatin**
Vastina® → **Atorvastatin**
Vastinol® → **Trimetazidine**
Vastocor® → **Simvastatin**
Vastor® → **Trimetazidine**
Vastribil® → **Troxerutin**
Vastripine® → **Nimodipine**
Vastus® → **Albendazole**
Vastus® → **Finasteride**
Vatran® → **Diazepam**
Vave® → **Domperidone**
Vaxib® → **Valdecoxib**
Vaxosin® → **Doxazosin**
Vazim® → **Simvastatin**
Vazkor® → **Amlodipine**
Vazosin® → **Doxazosin**
Vazotal® → **Amlodipine**
V-Bloc® → **Carvedilol**
VC-250® → **Ascorbic Acid**
VCA Halothane® [vet.] → **Halothane**
V-Cillin® → **Pivmecillinam**
V-Cox® → **Valdecoxib**
V Day Lozenges® → **Dequalinium Chloride**
V-Day Zepam® → **Diazepam**
VE 150® → **Tocopherol, α-**
Vecef® → **Cefradine**
Veclam® → **Clarithromycin**
Vecoxan® [vet.] → **Diclazuril**
Vecredil® → **Ethacridine**
Vectacin® → **Netilmicin**
Vectarion® → **Almitrine**
Vectavir® → **Penciclovir**
Vectibix® → **Panitumumab**
Vectin® [vet.] → **Ivermectin**
Vectocilina® → **Azithromycin**
Vectocyt® [vet.] → **Cythioate**
Vector® [vet.] → **Cypermethrin**
Vectrin® → **Minocycline**
Vectrine® → **Erdosteine**
Vecubrom® → **Vecuronium Bromide**
Vecural® → **Vecuronium Bromide**
Vecuron® → **Vecuronium Bromide**
Vecuronio Bromuro® → **Vecuronium Bromide**
Vecuronio Gray® → **Vecuronium Bromide**
Vecuronium Bromide® → **Vecuronium Bromide**
Vecuronium Inresa® → **Vecuronium Bromide**
Veemycin® → **Doxycycline**
Veenac® → **Diclofenac**
Veesina® → **Ascorbic Acid**
Veetids® → **Phenoxymethylpenicillin**
Vega® → **Ozagrel**
Vegabon® → **Alendronic Acid**
Végétosérum® → **Ethylmorphine**
Vegevit B12® → **Cyanocobalamin**
Veinamitol® → **Troxerutin**
Veineva® → **Diosmin**
Vekfanol® → **Cromoglicic Acid**

Vekfazolin® → **Cefuroxime**
VEL 4283 → **Propetamphos**
Velacin® → **Doxycycline**
Velafax® → **Venlafaxine**
Velamox® → **Amoxicillin**
Velamox® [caps. susp.] → **Amoxicillin**
Velamox CL® [+ Amoxicillin, trihydrate] → **Clavulanic Acid**
Velamox CL® [+ Clavulanic Acid, potassium salt] → **Amoxicillin**
Velaral® → **Loperamide**
Velasor® → **Tenoxicam**
Velaspir® → **Salbutamol**
Velban® → **Vinblastine**
Velbe® → **Vinblastine**
Velbé® → **Vinblastine**
Velbe® [vet.] → **Vinblastine**
Velcade® → **Bortezomib**
Veldom® → **Clindamycin**
Velexina® → **Cefalexin**
Velkacalcin® [salmon] → **Calcitonin**
Velkacet® → **Butamirate**
Velkaderm® → **Clindamycin**
Velkalov® → **Lovastatin**
Vellutan® → **Tacalcitol**
Velmonit® → **Ciprofloxacin**
Velocef® → **Cefradine**
Velodan® → **Loratadine**
Velogen® → **Cefradine**
Velopural® → **Hydrocortisone**
Velorin® → **Atenolol**
Velosef® → **Cefradine**
Veloucid® [vet.] → **Povidone-Iodine**
Velpro® → **Benzonatate**
Veltex® → **Diclofenac**
Veltion® → **Mupirocin**
Veltrim® [vet.] → **Clotrimazole**
Velvet Flea Collar® [vet.] → **Permethrin**
Vemantina® → **Valproic Acid**
Vemol® → **Paracetamol**
Venacol® → **Thiamphenicol**
Venactone® → **Potassium Canrenoate**
Venacur® → **Diosmin**
Venalitan® → **Heparin**
Venalot mono® → **Coumarin**
Venartel® → **Diosmin**
Venasma® → **Salbutamol**
Vendal® → **Morphine**
Vendal retard® → **Morphine**
Venderol® → **Salbutamol**
Ven-Detrex® → **Diosmin**
Vendrex® → **Diclofenac**
Venetlin® → **Salbutamol**
Venex® → **Diosmin**
Vengeance® [vet.] → **Temefos**
Vénirène® → **Diosmin**
Venitan® → **Escin**
Venitrin® → **Nitroglycerin**
Venium® → **Clobazam**
Veniz® → **Venlafaxine**
Venla® → **Venlafaxine**
Venlaf® → **Venlafaxine**
Venlafaxina Arafarma® → **Venlafaxine**
Venlafaxina Bexal® → **Venlafaxine**
Venlafaxina Cevallos® → **Venlafaxine**
Venlafaxina Combino Pharm® → **Venlafaxine**
Venlafaxina Dosa® → **Venlafaxine**
Venlafaxina Masterfarm® → **Venlafaxine**
Venlafaxina Normon® → **Venlafaxine**
Venlafaxina Ratiopharm® → **Venlafaxine**
Venlafaxine-Apex® → **Venlafaxine**
Venlafaxine Hydrochloride® → **Venlafaxine**
Venlafaxin LPH® → **Venlafaxine**
Venlax® → **Venlafaxine**
Venlor® → **Venlafaxine**
Venocap® [vet.] → **Calcium Dobesilate**
Venofer® → **Iron sucrose**
Venofortan → **Thiamine**
Venofundin® → **Hetastarch**
Venofusin Bicarb Sodico® → **Sodium Bicarbonate**
Venofusin Glucosa® → **Dextrose**
Venogyl® → **Metronidazole**
Venol® → **Salbutamol**
Venolan® → **Troxerutin**
Venolen® → **Troxerutin**
Venolep® → **Diosmin**
Venopril® → **Captopril**
Venoruton® → **Rutoside**
Venoruton® → **Troxerutin**
Venoruton® → **Oxerutins**
Venoruton Emulgel® → **Heparin**
Venoruton Heparin® → **Heparin**
Veno SL® → **Troxerutin**
Venosmil® → **Diosmin**
Venosmine® → **Diosmin**
Venostasin® → **Escin**
Venoton® → **Troxerutin**
Venotrex® → **Troxerutin**
Venotrulan Trox® → **Troxerutin**
Veno V® → **Diosmin**
Ventab® → **Salbutamol**
Ventadur® → **Salbutamol**
Ventamol® → **Salbutamol**
Ventar® → **Salbutamol**
Ventarone® → **Diclofenac**
Ventavis® → **Iloprost**
Venter® → **Sucralfate**
Venterol® → **Salbutamol**
Venteze® → **Salbutamol**
Ventide® → **Beclometasone**
Ventilan® → **Salbutamol**
Ventilastin® → **Salbutamol**
Ventilastin Novolizer® → **Salbutamol**
Ventimax® → **Salbutamol**
Ventipulmin TMP/S®[vet.] → **Sulfadiazine**
Ventipulmin TMP/S®[vet.] → **Trimethoprim**
Ventipulmin® [vet.] → **Clenbuterol**
Ventisal® → **Salbutamol**
Ventmax® → **Salbutamol**
Ventnaze® → **Beclometasone**
Ventodisk® → **Salbutamol**
Ventodisks® → **Salbutamol**
Ventoflu® → **Flunisolide**
Ventofor® → **Formoterol**
Ventol® → **Salbutamol**
Ventolair® → **Beclometasone**
Ventolase® → **Clenbuterol**
Ventolin® → **Salbutamol**
Ventolin Accuhaler® → **Salbutamol**
Ventolin Disks® → **Salbutamol**
Ventolin Diskus® → **Salbutamol**
Ventoline Evohaler® → **Salbutamol**
Ventolin Elixir® → **Salbutamol**
Ventolin Evohaler® → **Salbutamol**
Ventolin Inhaler® → **Salbutamol**
Ventolin Nebules® → **Salbutamol**
Ventolin Respirador® → **Salbutamol**
Ventolin Respirator® → **Salbutamol**
Ventolin Rotacaps® → **Salbutamol**
Ventolin® [tabs./sol./sir.] → **Salbutamol**
Ventolin® [tabs./sol./sir.] → **Salbutamol**
Ventolin® [vet.] → **Salbutamol**
Ventoplus® → **Levosalbutamol**
Ventor® → **Nimesulide**
Vent-O-Sal® → **Salbutamol**
Ventrosteril® → **Chlorhexidine**
Venus® → **Valdecoxib**
Venusmin® → **Diosmin**
Venus® [vet.] → **Cyromazine**
Venutabs® → **Troxerutin**
Vepan® → **Cefadroxil**
Veparfer® [vet.] → **Dextran Iron Complex**
VepeGal® → **Etoposide**
VePesid® → **Etoposide**
Vépéside® → **Etoposide**
Vepha-Gent® [vet.] → **Gentamicin**
Vepicombin® → **Phenoxymethylpenicillin**
Vepiol® [vet.] → **Piperazine**
Vera AbZ® → **Verapamil**

Vernarin® → **Cinnarizine**
Vernelan® → **Aspartic Acid**
Vernies® → **Nitroglycerin**
Verocod® → **Butamirate**
Vero-Epoetin® → **Epoetin Beta**
Vero-Fludarabin® → **Fludarabine**
Verogalid ER® → **Verapamil**
Verolax® → **Glycerol**
Vero-Mitomycin® → **Mitomycin**
Veron® → **Mebeverine**
Verophen → **Promazine**
Vero-Pipecuronium® → **Pipecuronium Bromide**
Veroptin® → **Verapamil**
Veroptinstada® → **Verapamil**
Vero-Ribavirin® → **Ribavirin**
Verospilactone® → **Spironolactone**
Verospiron® → **Spironolactone**
Verotina® → **Fluoxetine**
Vero-Vancomycin® → **Vancomycin**
Veroven® → **Diosmin**
Veroxil® → **Indapamide**
Verpamil® → **Verapamil**
Verpanyl® [vet.] → **Mebendazole**
Verpir® → **Aciclovir**
Verrucid® → **Salicylic Acid**
Verrupatch® → **Salicylic Acid**
Verruplan® → **Salicylic Acid**
Verrutopic AS® → **Salicylic Acid**
Verrutrix® → **Salicylic Acid**
Versal® → **Loratadine**
Versamid® → **Fenofibrate**
Versanoid® → **Tretinoin**
Versant® → **Felodipine**
Versatic® → **Cefadroxil**
Versatis® → **Lidocaine**
Versatrine® [vet.] → **Deltamethrin**
Versed® → **Midazolam**
Versel® → **Selenium Sulfide**
Versenato Calcico Disodico® → **Edetic Acid**
Versene acid → **Edetic Acid**
Versid® → **Mebendazole**
Versigen® → **Gentamicin**
Versilon® → **Betahistine**
Versus® → **Bendazac**
Vertab® → **Verapamil**
Vertex® → **Ceftriaxone**
Vertigo-Meresa® → **Sulpiride**
Vertigon® → **Cinnarizine**
vertigo-neogama® → **Sulpiride**
Vertigo-Vomex® → **Dimenhydrinate**
Vertilium® → **Flunarizine**
Vertin® → **Betahistine**
Vertirosan® → **Dimenhydrinate**
Vertisal® → **Metronidazole**
Vertiserc® → **Betahistine**
Vertisin® → **Cinnarizine**
Vertivom® → **Metoclopramide**
Vertix® → **Flunarizine**
Vertizine® → **Cinnarizine**
Verum® → **Betahistine**
Verutex® → **Fusidic Acid**
Verzum® → **Cinnarizine**
Vesadin® [vet.] → **Sulfadimidine**
Vesagex® → **Cetrimide**
Vesalion® → **Diclofenac**
Vesanoid® → **Tretinoin**
Vesanoïd® → **Tretinoin**
Vesartan® → **Candesartan**
Vesdil® → **Ramipril**
Veset® → **Tiemonium Methylsulfate**
Vesicare® → **Solifenacin**
Vesicum® → **Ibuprofen**
Vesiker® → **Solifenacin**
Vesikur® → **Solifenacin**
Vesitirim® → **Solifenacin**
Vesix® → **Furosemide**
Vesocal® → **Amlodipine**
Vesodil® → **Carvedilol**
Vesotan® → **Candesartan**
Vesparax® → **Quetiapine**
Vessel® → **Sulodexide**
Vessel® → **Cinnarizine**
Vessel Due F® → **Sulodexide**
Vestibo® → **Betahistine**
Vetacaine® [vet.] → **Mepivacaine**
Vetacort® [vet.] → **Dexamethasone**
Vetacortyl® [vet.] → **Methylprednisolone**
Vétacortyl® [vet.] → **Methylprednisolone**
Vetadine® [vet.] → **Povidone-Iodine**
Vetadinon® [vet.] → **Delmadinone**
Vetadoxi® [vet.] → **Doxycycline**
Vetaflumina® [vet.] → **Flumequine**
Vetagent® [vet.] → **Gentamicin**
Vetaket® [vet.] → **Ketamine**
Vetalar® [vet.] → **Ketamine**
Vet-Alfida® [vet.] → **Amoxicillin**
Vetalgina® [vet.] → **Metamizole**
Vetalgine® [vet.] → **Aspirin**
Vétalgine® [vet.] → **Aspirin**
Vetalgin® [vet.] → **Metamizole**
Vetalog® [vet.] → **Triamcinolone**
Vetamine® [vet.] → **Ketamine**
Vetamisol® [vet.] → **Levamisole**
Vetamol® → **Norfloxacin**
Vetamoxil® [vet.] → **Amoxicillin**
Vetamox® [vet.] → **Acetazolamide**
Vetamplius® [vet.] → **Ampicillin**
Vetamulin® [vet.] → **Tiamulin**
Vetanarcol® [vet.] → **Pentobarbital**
Vetasept® [vet.] → **Povidone-Iodine**
Vetaxilaze® [vet.] → **Xylazine**
Vetazole® [vet.] → **Oxfendazole**
Vetbancid® [vet.] → **Praziquantel**
Vetcare® [vet.] → **Praziquantel**
Vet-Cillin® [vet.] → **Amoxicillin**
Vetcyklin® [vet.] → **Oxytetracycline**
Vet-Danilon® [vet.] → **Suxibuzone**
Vetdectin® [vet.] → **Moxidectin**
Vetderm® [vet.] → **Chlorhexidine**
Vetdose2® [vet.] → **Albendazole**
Vetdose3® [vet.] → **Levamisole**
Vetdose4® [vet.] → **Closantel**
Vétécardiol® [vet.] → **Heptaminol**
Vetecor® [vet.] → **Gonadotrophin, Serum**
Vétédine® [vet.] → **Povidone-Iodine**
Veteglan® [vet.] → **Cloprostenol**
Vetemucil® [vet.] → **Acetylcysteine**
Veteol® [vet.] → **Albendazole**
Vetergesic® [vet.] → **Buprenorphine**
Veterinary Alpine Chlorhexidine Disinfectant® [vet.] → **Chlorhexidine**
Veterinary Antiseptic Spray® [vet.] → **Benzalkonium Chloride**
Veterinary Pentothal® [vet.] → **Thiopental Sodium**
Veterinary Surfactant® [vet.] → **Docusate Sodium**
Veterinary Wound Powder® [vet.] → **Cetrimide**
Veteusan® [vet.] → **Crotamiton**
Vetflurane® [vet.] → **Isoflurane**
Vetibenzamin® [vet.] → **Tripelennamine**
Véticide® [vet.] → **Lindane**
Vétiférol® [vet.] → **Dextran Iron Complex**
Vetil® [vet.] → **Tylosin**
Vetimast® [vet.] → **Cefacetrile**
Vetio® → **Mitomycin**
Vetiprost® → **Finasteride**
Vetiprost® [vet.] → **Etiproston**
Vetisept® [vet.] → **Povidone-Iodine**
Vetisol® → **Metronidazole**
Vetkelfizina® [vet.] → **Sulfamethoxypyridazine**
Vet-Kem Breakaway Flea Collar® [vet.] → **Propoxur**
Vet-Kem® [vet.] → **Chlorpyrifos**
Vet-Kem® [vet.] → **Methoprene**
Vet-Ketofen® [vet.] → **Ketoprofen**
Vetmedin® [vet.] → **Pimobendan**
Vetofer® [vet.] → **Dextran Iron Complex**
Vetogent® [vet.] → **Gentamicin**
Vetophos® [vet.] → **Toldimfos**
Vetoryl® [vet.] → **Trilostane**
Vetoscon® [vet.] → **Cloxacillin**
Vetothane® [vet.] → **Halothane**
Vetramisol® [vet.] → **Tetramisole**

Vetramox® [vet.] → **Amoxicillin**
Vetranquil® [vet.] → **Acepromazine**
Vétranquil® [vet.] → **Acepromazine**
Vetrazin® [vet.] → **Cyromazine**
Vetremox® [vet.] → **Amoxicillin**
Vetren® → **Heparin**
Vetriclox® [vet.] → **Cloxacillin**
Vetridox® [vet.] → **Doxycycline**
Vetrigen® [vet.] → **Gentamicin**
Vetrimast® [vet.] → **Cefacetrile**
Vetrimosulf® [+ Sulfadimidine sodium salt] [vet.] → **Trimethoprim**
Vetrimosulf® [+ Trimethoprim] [vet.] → **Sulfadimidine**
Vetrimoxin® [vet.] → **Amoxicillin**
Vetrin® [vet.] → **Aspirin**
Vetriproc® [vet.] → **Penicillin G Procaine**
Vetro-Gen® [vet.] → **Gentamicin**
Vetryl®[vet.] → **Sulfamethoxypyridazine**
Vetryl®[vet.] → **Trimethoprim**
Vet-Sept Lösung® [vet.] → **Povidone-Iodine**
Vet-Sept Salbe® [vet.] → **Povidone-Iodine**
Vet-Sept Spray® [vet.] → **Povidone-Iodine**
Vetsolone® [vet.] → **Prednisolone**
Vetzyme JDS Insecticidal Shampoo® [vet.] → **Permethrin**
Vetzyme Veterinary Ear Drops® [vet.] → **Dichlorophen**
Vetzyme Veterinary Skin Cream® [vet.] → **Cetrimide**
Vetzyme Veterinary Tapewormer® [vet.] → **Dichlorophen**
Vexib® → **Valdecoxib**
Vexol® → **Rimexolone**
Vexolon® → **Rimexolone**
Vexol® [vet.] → **Rimexolone**
Vextra® → **Valdecoxib**
Vexurat® → **Famotidine**
Veyxid® [vet.] → **Penicillin G Procaine**
Vfend® → **Voriconazole**
Viaclav® [+ Amoxicillin] → **Clavulanic Acid**
Viaclav® [+ Clavulanic Acid] → **Amoxicillin**
Viadil® → **Pargeverine**
Viadoxin® → **Doxycycline**
Viadrops® [vet.] → **Retinol**
Viafen® → **Bufexamac**
Viaflex® → **Dobutamine**
Viagra® → **Sildenafil**
Viapres® → **Lacidipine**
Viarex® → **Beclometasone**
Viartril® → **Diclofenac**
Viartril® → **Glucosamine**
Viartril-Rotta® → **Glucosamine**
Viartril-S® → **Glucosamine**
Viatopin® → **Topotecan**
Viatromb® → **Heparin**
Viaxal® → **Simvastatin**
Viazem® → **Diltiazem**
Viazem XL® → **Diltiazem**
Vib® → **Valdecoxib**
Vibazine® → **Doxycycline**
Vibeden® → **Hydroxocobalamin**
Vibolex® → **Tocopherol, α-**
Vibovit C® → **Ascorbic Acid**
Vibra® → **Doxycycline**
Vibracina® → **Doxycycline**
Vibradox® → **Doxycycline**
Vibral® → **Dropropizine**
Vibramicina® → **Doxycycline**
Vibramox® → **Amoxicillin**
Vibramycin® → **Doxycycline**
Vibramycin Calcium Syrup® → **Doxycycline**
Vibramycin-D® → **Doxycycline**
Vibramycine® → **Doxycycline**
Vibramycine N® → **Doxycycline**
Vibramycin Hyclate® → **Doxycycline**
Vibramycin Hyclate® [caps., inj.] → **Doxycycline**
Vibramycin Monohydrate® [susp.] → **Doxycycline**
Vibramycin Tabs® → **Doxycycline**
Vibra-S® → **Doxycycline**
Vibratab® → **Doxycycline**
Vibra-Tabs® → **Doxycycline**
Vibravenös® → **Doxycycline**
Vibravenosa® → **Doxycycline**
Vibra vet® [vet.] → **Doxycycline**
Vibravet® [vet.] → **Doxycycline**
Vibraxyl® [vet.] → **Xylazine**
Vibrocil® → **Phenylephrine**
Vibuzol® → **Ribavirin**
Vi-C® → **Ascorbic Acid**
Vical Calcio® → **Calcium Carbonate**
Vicalvit® → **Calcium Carbonate**
Vicapan N® → **Cyanocobalamin**
Vicard® → **Terazosin**
Vicasol® → **Phytomenadione**
Viccilin® → **Ampicillin**
Viccillin® → **Ampicillin**
Viccillin® [inj.] → **Ampicillin**
Vi-Cê® → **Ascorbic Acid**
Vicebrol® → **Vinpocetine**
Vicefar® → **Ascorbic Acid**
Vicenrik® → **Ascorbic Acid**
Viceton® [vet.] → **Chloramphenicol**
Vici Monico® → **Ascorbic Acid**
Vicitra® → **Ascorbic Acid**
Vick® → **Paracetamol**
Vicks® → **Benzocaine**
Vicks® → **Ascorbic Acid**
Vicks® → **Guaifenesin**
Vicks Chloraseptic® → **Benzocaine**
Vicks Cough Syrup® → **Guaifenesin**
Vicks Formel 44 Calmin® → **Dextromethorphan**
Vicks®Formel 44 Expectin → **Guaifenesin**
Vicks Hoestsiroop® → **Dextromethorphan**
Vicks Paracetamol® → **Paracetamol**
Vicks Sinex® → **Phenylephrine**
Vicks Sinex® → **Oxymetazoline**
Vicks Spray Nasal® → **Oxymetazoline**
Vicks Tosse Fluidificante® → **Guaifenesin**
Vicks Tosse Pastiglie® → **Dextromethorphan**
Vicks Tosse Sedativo® → **Dextromethorphan**
Vicks Vaposiroop® → **Dextromethorphan**
Vicks Vaposyrup® → **Guaifenesin**
Vicks Vaposyrup antitussif® → **Dextromethorphan**
Vicks Vapo Tab® → **Dextromethorphan**
Vick Vitapyrena® → **Paracetamol**
Viclor Richet® → **Paracetamol**
Vicnite® → **Diphenhydramine**
Vicog® → **Vinpocetine**
Vicrom® → **Cromoglicic Acid**
Victan® → **Ethyl Loflazepate**
Victrix® → **Omeprazole**
Vida Clobetasol® → **Clobetasol**
Vidaclovir® → **Aciclovir**
Vida famodine® → **Famotidine**
Vidamox® [vet.] → **Amoxicillin**
Vidan® → **Mefenamic Acid**
Vidaperamid® → **Loperamide**
Vidapril® → **Captopril**
Vidastat® → **Simvastatin**
Vida-Up® → **Simvastatin**
Vidaxil® → **Digoxin**
Vidaza® → **Azacitidine**
Vid-Comod® → **Povidone**
Vi-De3® → **Colecalciferol**
Viden® → **Didanosine**
Videne® → **Povidone-Iodine**
Video-light® → **Benzalkonium Chloride**
Video-mill® → **Naphazoline**
Videorelax® → **Chlorhexidine**
Videx® [caps] → **Didanosine**
Videx® [caps./tab.] → **Didanosine**
Vidintal® → **Ciprofloxacin**
Vidirakt S mit PVP® → **Povidone**

V

Vidisep® → **Povidone-Iodine**
Vidisept® → **Povidone**
Vidisic® → **Cetrimide**
Vidisic® → **Carbomer**
Vidisic Edo® → **Carbomer**
Vidisic PVP Ophtiole® → **Povidone**
Vidocillin® [vet.] → **Ampicillin**
Vidolen → **Ergocalciferol**
Vidora® → **Indoramin**
Vidox® → **Doxycycline**
Vienoks® → **Tenoxicam**
Viepax® → **Venlafaxine**
Viewgam® → **Gadopentetic Acid**
Vifazolin® → **Cefazolin**
Vifenac® → **Diclofenac**
Viferon® → **Interferon Alfa**
Viflox® → **Ciprofloxacin**
Vifticol® → **Glycerol**
Vigamox® → **Moxifloxacin**
Vigamoxi® → **Moxifloxacin**
Vigantol® → **Colecalciferol**
Vigantoletten® → **Colecalciferol**
Vi-Gel® → **Indometacin**
Vigencial® → **Methylrosanilinium Chloride**
Vigicer® → **Modafinil**
Vigil® → **Modafinil**
Vigiten® → **Lorazepam**
Vigor® → **Sildenafil**
Vigosine® [vet.] → **Levocarnitine**
Vigradina® → **Sildenafil**
Vigrande® → **Sildenafil**
Vijomicin® → **Gentamicin**
Vijomikin® → **Amikacin**
Vikadar® → **Phenoxymethylpenicillin**
Vikasolum → **Menadione**
Vikela® → **Levonorgestrel**
Viking® → **Lovastatin**
Vikrol® → **Clarithromycin**
Viladil® → **Ticlopidine**
Vilamax® → **Loratadine**
Vilan® → **Nicomorphine**
Vilapon® → **Metoclopramide**
Vilbine® → **Vinorelbine**
Vilerm® → **Aciclovir**
Vilne® → **Vinorelbine**
Vilona® → **Ribavirin**
Vilpin® → **Amlodipine**
Viltar® → **Loperamide**
Viltern® → **Betamethasone**
Vimapril® → **Enalapril**
Vimax® → **Sildenafil**
Vimoli® → **Paracetamol**
Vimotadine® → **Dihydroergotoxine**
Vimpocetin® → **Vinpocetine**
Vimultisa® → **Diclofenac**
Vinafluor® → **Sodium Fluoride**
Vina-H3® → **Procaine**
Vinarine® → **Vinorelbine**
Vinblasin® → **Vinblastine**
Vinblastin® → **Vinblastine**
Vinblastina® → **Vinblastine**
Vinblastina Ciclum Farma® → **Vinblastine**
Vinblastina Faulding® → **Vinblastine**
Vinblastina Filaxis® → **Vinblastine**
Vinblastina Lemblastine® → **Vinblastine**
Vinblastina Martian® → **Vinblastine**
Vinblastina Mayne® → **Vinblastine**
Vinblastina® [sol.] → **Vinblastine**
Vinblastine® → **Vinblastine**
Vinblastine Injection DBL® → **Vinblastine**
Vinblastine PCH® → **Vinblastine**
Vinblastinesulfaat-TEVA® → **Vinblastine**
Vinblastine Sulfate® → **Vinblastine**
Vinblastine Sulphate DBL® → **Vinblastine**
Vinblastine-Teva® → **Vinblastine**
Vinblastin Hexal® → **Vinblastine**
Vinblastin Richter® → **Vinblastine**
Vinblastinsulfat-Gry® → **Vinblastine**
Vinblastin Teva® → **Vinblastine**
Vincagil® → **Vincamine**
Vincaminã® → **Vincamine**
Vincamin-ratiopharm® → **Vincamine**
Vincamin Strallhofer® → **Vincamine**
Vinca-Ri® → **Vincamine**
Vincasar® → **Vincristine**
Vinca-treis® → **Vincamine**
Vincent's Powders® → **Aspirin**
Vinces® → **Vincristine**
Vincet® → **Vinpocetine**
Vincidal® → **Loratadine**
Vincizina® → **Vincristine**
Vinco® → **Bisacodyl**
Vincrisin® → **Vincristine**
Vincristin® → **Vincristine**
Vincristina® → **Vincristine**
Vincristina Citomid® → **Vincristine**
Vincristina Filaxis® → **Vincristine**
Vincristina Martian® → **Vincristine**
Vincristina Pharmacia® → **Vincristine**
Vincristina Sulfato® → **Vincristine**
Vincristina Teva® → **Vincristine**
Vincristin-biosyn® → **Vincristine**
Vincristin Bristol® → **Vincristine**
Vincristine Abic® → **Vincristine**
Vincristine DBL® → **Vincristine**
Vincristine Kalbe® → **Vincristine**
Vincristine-Mayne® → **Vincristine**
Vincristine Mayne® → **Vincristine**
Vincristine PCH® → **Vincristine**
Vincristine Pfizer® → **Vincristine**
Vincristine Pharmachemie® → **Vincristine**
Vincristine-Richter® → **Vinblastine**
Vincristinesulfaat® → **Vincristine**
Vincristinesulfaat PCH® → **Vincristine**
Vincristinesulfaat-TEVA® → **Vincristine**
Vincristine Sulfate® → **Vincristine**
Vincristine Sulfate David Bull® → **Vincristine**
Vincristine Sulfate Injection® → **Vincristine**
Vincristine Sulphate® → **Vincristine**
Vincristine Sulphate DBL® → **Vincristine**
Vincristine-Teva® → **Vincristine**
Vincristin Liquid® → **Vincristine**
Vincristin Liquid Richter® → **Vincristine**
Vincristin medac® → **Vincristine**
Vincristin Pfizer® → **Vincristine**
Vincristin Richter® → **Vincristine**
Vincristinsulfat-GRY® → **Vincristine**
Vincristinsulfat Hexal® → **Vincristine**
Vincristin Teva® → **Vincristine**
Vincrisul® → **Vincristine**
Vindacin® → **Sulindac**
Vinecort® → **Budesonide**
Vinelbine® → **Vinorelbine**
Vingional® → **Ranitidine**
Vinitus® → **Carteolol**
Vinkhum® → **Vincamine**
Vinone® → **Nandrolone**
Vinorelbina® → **Vinorelbine**
Vinorelbina Varifarma® → **Vinorelbine**
Vinorelbine® → **Vinorelbine**
Vinorelbin Ebewe® → **Vinorelbine**
Vinorelbine Biocrom® → **Vinorelbine**
Vinorelbine Ebewe® → **Vinorelbine**
Vinorelbine Tartrate® → **Vinorelbine**
Vinorelbin Mayne® → **Vinorelbine**
Vinorelbin Mimer® → **Vinorelbine**
Vinorelbin NC® → **Vinorelbine**
Vinorelbin Sindan® → **Vinorelbine**
Vinorgen® → **Vinorelbine**
Vinpocetin® → **Vinpocetine**
Vinpocetina Covex® → **Vinpocetine**
Vinpocetin Covex® → **Vinpocetine**
Vinpocetine® → **Vinpocetine**
Vinpocetine-Akri® → **Vinpocetine**
Vinpocetin Enzypharm® → **Vinpocetine**
Vinpocetin-Richter® → **Vinpocetine**
Vinpo-E® → **Tocopherol, α-**
Vinpoton® → **Vinpocetine**

Vinsen® → **Naproxen**
Vinton® → **Vinpocetine**
Vinzam® → **Azithromycin**
Viodin® → **Povidone-Iodine**
Vioform® → **Clioquinol**
Vioformo® → **Clioquinol**
Viokase® → **Pancrelipase**
Viokase® → **Pancreatin**
Viokase-V® [vet.] → **Pancreatin**
Violeta de Genciana® → **Methylrosanilinium Chloride**
Violeta Genciana® → **Methylrosanilinium Chloride**
Violin® → **Salbutamol**
Vioridon® → **Baclofen**
Viosol Amex Plus® → **Ketoconazole**
Viosterol → **Ergocalciferol**
Viotisone® → **Ofloxacin**
Viplan® → **Pargeverine**
Viplena® → **Orlistat**
Vipocem® → **Vinpocetine**
Vipral® → **Sulpiride**
Viproxil® → **Pargeverine**
Vira-A® [ungent.] → **Vidarabine**
Viraban® → **Aciclovir**
Viracept® → **Nelfinavir**
Viradin® → **Lamivudine**
Viraferon® → **Interferon Alfa**
Viraferonpeg® → **Peginterferon Alfa 2-b**
Virainhi® → **Nevirapine**
Viralief® → **Aciclovir**
Viramid® → **Ribavirin**
Viramixal® → **Valaciclovir**
Viramune® → **Nevirapine**
Viranet® → **Valaciclovir**
Viratac® → **Aciclovir**
Viratop® → **Aciclovir**
Virax-Puren® → **Aciclovir**
Viraxy® → **Aciclovir**
Virazide® → **Ribavirin**
Virazole® → **Ribavirin**
Virbac IGR® [vet.] → **Triflumuron**
Virbacox® [vet.] → **Salinomycin**
Virbac Pour-On® [vet.] → **Triflumuron**
Virbac Working Dog 7 Month Waterproof Flea Collor® [vet.] → **Dimpylate**
Virbac Zn Bacitracin® [vet.] → **Bacitracin**
Virbagen® [vet.] → **Interferon Omega**
Virbamax® [vet.] → **Ivermectin**
Virbamax® [vet.] → **Abamectin**
Virbamec® [vet.] → **Ivermectin**
Virbamec® [vet.] → **Abamectin**
Virbaxyl® [vet.] → **Xylazine**
Virbazine® [vet.] → **Cyromazine**
Vircella® → **Aciclovir**
Vircidal® → **Aciclovir**
Vircovir® → **Aciclovir**
Virdam® → **Aciclovir**
Virdos® → **Levocetirizine**
Viread® → **Tenofovir**
Viregyt-K® → **Amantadine**
Vireprin® → **Vidarabine**
Virest® → **Aciclovir**
Virestat® → **Aciclovir**
Vireth® → **Aciclovir**
Virex® → **Aciclovir**
Virexen® → **Idoxuridine**
Virfen® → **Enalapril**
Virgan® → **Ganciclovir**
Virgan® [vet.] → **Ganciclovir**
Virginiana gocce verdi® → **Naphazoline**
Virgocilline® [vet.] → **Colistin**
Virherpes® → **Aciclovir**
Viridal® → **Alprostadil**
Virigen® → **Testosterone**
Virilit® → **Cyproterone**
Virilon® → **Methyltestosterone**
Virine® → **Aciclovir**
Viripotens® → **Sildenafil**
Virless YSP® → **Aciclovir**
Virlix® → **Cetirizine**
Virmen® → **Aciclovir**
Virmen Oftalmico® → **Aciclovir**
Virmen Topico® → **Aciclovir**
Virobin® → **Oseltamivir**
Virobis® → **Aciclovir**
Virobron® → **Nimesulide**
Virocid® → **Brivudine**
Viroclear® → **Aciclovir**
Virogon® → **Aciclovir**
Virolan® → **Aciclovir**
Virolex® → **Aciclovir**
ViroMed® → **Aciclovir**
Viromidin® → **Trifluridine**
Viron® → **Ferrous Sulfate**
Viron® → **Ribavirin**
Vironida® → **Aciclovir**
Vironida LCH® [sol.] → **Aciclovir**
Virophta® → **Trifluridine**
Viropox® → **Aciclovir**
Viroptic® → **Trifluridine**
Virorich® → **Zalcitabine**
Virormone® → **Testosterone**
Virorrever® → **Efavirenz**
Virosil® → **Aciclovir**
Virosol® → **Amantadine**
Virostatic® → **Aciclovir**
Virovir® → **Aciclovir**
Virpes® → **Aciclovir**
Virpex® → **Idoxuridine**
Virtaz® → **Aciclovir**
Virtron® → **Interferon Alfa**
Virucalm® → **Aciclovir**
Virucid® → **Aciclovir**
Viruderm® → **Aciclovir**
Virules® → **Aciclovir**
Virulex® → **Triclosan**
Viru-Merz® → **Tromantadine**
Viru-Merz Serol® → **Tromantadine**
Virunguent® → **Idoxuridine**
Virupos® → **Aciclovir**
Virusan® → **Aciclovir**
Viru-Serol® → **Tromantadine**
Virusteril® → **Aciclovir**
Virustop® → **Inosine Pranobex**
Virux® → **Aciclovir**
Viruxan® → **Inosine Pranobex**
Virval® → **Valaciclovir**
Virzen® → **Efavirenz**
Virzin® → **Aciclovir**
Visacor® → **Rosuvastatin**
Visadron® → **Phenylephrine**
Viscard® → **Nifedipine**
Visceralgine® → **Tiemonium Iodide**
Viscéralgine® [Tbl.] → **Tiemonium Methylsulfate**
Visceralgine® [Tbl Sirup] → **Tiemonium Methylsulfate**
Visclair® → **Mecysteine**
Viscofresh® → **Carmellose**
Viscol® → **Bromhexine**
Viscolex® → **Carbocisteine**
Viscomucil® → **Ambroxol**
Viscontour Liquid® → **Hyaluronic Acid**
Visc-Ophtal® → **Carbomer**
Viscoseal® → **Hyaluronic Acid**
Viscotears® → **Carbomer**
Viscotears® [vet.] → **Carbomer**
Viscoteina® → **Carbocisteine**
Viscotirs® → **Carbomer**
Viscotraan® → **Hypromellose**
Viscozyme® → **Dornase alfa**
Visicol® → **Sodium Phosphate Dibasic**
Visine L.R.® → **Oxymetazoline**
Visine Original Eye Drops® → **Tetryzoline**
Visine Yxin ED® → **Tetryzoline**
Visiol® → **Hyaluronic Acid**
Visional® → **Tetryzoline**
Visipaque® → **Iodixanol**
Visiren® → **Ofloxacin**
Visisderm® → **Amcinonide**
Viskeen® → **Pindolol**
Visken® → **Pindolol**
Viskén® → **Pindolol**

V

Viskoferm® → **Acetylcysteine**
Viskose ojendraber „Ophta“® → **Hypromellose**
Viskyal® [vet.] → **Hyaluronic Acid**
Vislube® → **Hyaluronic Acid**
Vismed® → **Hyaluronic Acid**
Visolin® → **Tetryzoline**
Visonest® → **Proxymetacaine**
Vispring® → **Tetryzoline**
Vistabel® → **Botulinum A Toxin**
Vistabex® → **Botulinum A Toxin**
Vistafrin® → **Phenylephrine**
Vistagan® → **Timolol**
Vistagan® → **Levobunolol**
Vista-Methasone® [vet.] → **Betamethasone**
Vistamycin® → **Ribostamycin**
Vistaril® → **Hydroxyzine**
VisThesia® → **Hyaluronic Acid**
Vistide® → **Cidofovir**
Vistoxyn® → **Oxymetazoline**
Visubeta → **Betamethasone**
Visubril® → **Tetryzoline**
Visucloben® → **Clobetasone**
Visudyne® → **Verteporfin**
Visumetazone® → **Dexamethasone**
Visumidriatic® → **Tropicamide**
Visustrin® → **Tetryzoline**
Vit.A Agepha® → **Retinol**
Vita-B1® → **Thiamine**
Vita-B2® → **Riboflavin**
Vita-B6® → **Pyridoxine**
Vitabact® → **Picloxydine**
Vitabe® → **Pyridoxine**
Vitabiol-C® → **Ascorbic Acid**
Vitac® → **Ascorbic Acid**
Vita-C® → **Ascorbic Acid**
Vita C® → **Ascorbic Acid**
Vitacalcin® → **Calcium Carbonate**
Vita Care Q10® → **Ubidecarenone**
Vita-Cedol® → **Ascorbic Acid**
Vitacid® → **Tretinoin**
Vitacil® → **Ascorbic Acid**
Vitacimin® → **Ascorbic Acid**
Vitacimin-Cee® → **Ascorbic Acid**
Vitacimin Sweetlets® → **Ascorbic Acid**
Vita Co-Enzyme Q10® → **Ubidecarenone**
Vitacon® → **Phytomenadione**
Vitactiv® → **Tocopherol, α-**
Vita C® [vet.] → **Ascorbic Acid**
Vita-C Vétoquinol® [vet.] → **Ascorbic Acid**
Vitadar® [+ Pyrimethamine] → **Sulfadoxine**
Vitadar® [+ Sulfadoxine] → **Pyrimethamine**
Vitadral® → **Retinol**
Vitadurin → **Hydroxocobalamin**
Vitadye® → **Dihydroxyacetone**
Vita E® → **Tocopherol, α-**
Vita-E® → **Tocopherol, α-**
Vitaferol® → **Tocopherol, α-**
Vitaferro® → **Ferrous Sulfate**
Vita Fizz C® → **Ascorbic Acid**
Vitaflavine → **Riboflavin**
Vitafluid® → **Retinol**
Vitaflur® → **Sodium Fluoride**
Vitagel® → **Retinol**
Vitagutt Vitamin E® → **Tocopherol, α-**
Vitaject D3® [vet.] → **Calcifediol**
Vitajek Ascorbic Acid® [vet.] → **Ascorbic Acid**
Vitajek Folic Acid® [vet.] → **Folic Acid**
Vitajek Vitamin B12® [vet.] → **Cyanocobalamin**
Vitakraft Antiparasit-Halsband® [vet.] → **Dimpylate**
Vitakraft Color Reflex® [vet.] → **Dimpylate**
Vital® → **Glucosamine**
Vital C® → **Ascorbic Acid**
Vital Colistin® [vet.] → **Colistin**
Vitalene® [vet.] → **Ascorbic Acid**
Vitalong C TRC® → **Ascorbic Acid**
Vitalpen® → **Flucloxacillin**
Vitam-Doce® → **Cyanocobalamin**
Vitamfenicolo® → **Chloramphenicol**
Vitamin A® → **Retinol**
Vitamina A® → **Betacarotene**
Vitamin A Acid® → **Tretinoin**
Vitamin A Atlantic® → **Retinol**
Vitamina B1® → **Thiamine**
Vitamina B12® → **Cyanocobalamin**
Vitamina B12 Ecar® → **Cyanocobalamin**
Vitamina B1 Angelini® → **Thiamine**
Vitamina B1 Biol® → **Thiamine**
Vitamina B1 Salf® → **Thiamine**
Vitamina B2® → **Riboflavin**
Vitamina B_6® → **Pyridoxine**
Vitamin A Bioextra® → **Retinol**
Vitamin A „Blache“® → **Retinol**
Vitamina C® → **Ascorbic Acid**
Vitaminac® → **Ascorbic Acid**
Vitamina C Alter® → **Ascorbic Acid**
Vitamina C Angelini® → **Ascorbic Acid**
Vitamina C Bayer® → **Ascorbic Acid**
Vitamina C Bil® → **Ascorbic Acid**
Vitamina C Bracco® → **Ascorbic Acid**
Vitamina C Drawer® → **Ascorbic Acid**
Vitamina C Ecar® → **Ascorbic Acid**
Vitamina C Genfar® → **Ascorbic Acid**
Vitamina C MG® → **Ascorbic Acid**
Vitamina C MK® → **Ascorbic Acid**
Vitamina C Natumed® → **Ascorbic Acid**
Vitamina C Richmond® → **Ascorbic Acid**
Vitamina C Roche® → **Ascorbic Acid**
Vitamina C Salf® → **Ascorbic Acid**
Vitamina C Vita Orale® → **Ascorbic Acid**
Vitamina D2 Salf® → **Ergocalciferol**
Vitamina D3 Berenguer® → **Colecalciferol**
Vitamin A Dispersa® → **Retinol**
Vitamina D Richmond® → **Ergocalciferol**
Vitamina E® → **Tocopherol, α-**
Vitamina E 500 Arko® → **Tocopherol, α-**
Vitamina E Arion Mason® → **Tocopherol, α-**
Vitamina E Knop® → **Tocopherol, α-**
Vitamina E L.Ch.® → **Tocopherol, α-**
Vitamina E MD® → **Tocopherol, α-**
Vitamina E Natural® → **Tocopherol, α-**
Vitamina E Procaps® → **Tocopherol, α-**
Vitamin A Jenapharm® → **Retinol**
Vitamina K1 Biol® → **Phytomenadione**
Vitamina K Ecar® → **Menadiol**
Vitamin A Kimia® → **Retinol**
Vitamina K Salf® → **Menadiol**
Vitamin A Palmitate® → **Retinol**
Vitamina PP Angelini® → **Nicotinamide**
Vitamin-A-Saar® → **Retinol**
Vitamin A Sanhelios® → **Retinol**
Vitamin A Slovakofarma® → **Retinol**
Vitamin A Streuli® → **Retinol**
Vitamin A Streuli® [Ampullen] → **Retinol**
Vitamin B_1® → **Thiamine**
Vitamin $B_1$0 → **Folic Acid**
Vitamin B1® → **Thiamine**
Vitamin $B_1$1 → **Folic Acid**
Vitamin B_{12}® → **Cyanocobalamin**
Vitamin B12® → **Cyanocobalamin**
Vitamin B12® → **Hydroxocobalamin**
Vitamin B_{12}a → **Hydroxocobalamin**
Vitamin B_{12} Amino® → **Cyanocobalamin**
Vitamin B12 Amino® → **Cyanocobalamin**
Vitamin B12 Atlantic® → **Cyanocobalamin**

Vitamin B12 Depot® → **Hydroxocobalamin**
Vitamin B_{12}-Depot-Injektopas® → **Hydroxocobalamin**
Vitamin B12 Hevert® → **Cyanocobalamin**
Vitamin B 12 Injektionslösung® → **Cyanocobalamin**
Vitamin B12-Injektopas® → **Cyanocobalamin**
Vitamin B_{12} Jenapharm® → **Cyanocobalamin**
Vitamin B12 Kimia® → **Cyanocobalamin**
Vitamin B12 Krka® → **Cyanocobalamin**
Vitamin B12 Lannacher® → **Cyanocobalamin**
Vitamin B12 Leciva® → **Cyanocobalamin**
Vitamin B_{12} Lichtenstein® → **Cyanocobalamin**
Vitamin B12-loges® → **Cyanocobalamin**
Vitamin $B_{12}\alpha$ → **Hydroxocobalamin**
Vitamin B_{12}-ratiopharm® → **Cyanocobalamin**
Vitamin B12 Recip® → **Cyanocobalamin**
Vitamin B12 Sanum® → **Cyanocobalamin**
Vitamin B12 Soho/Ethica® → **Cyanocobalamin**
Vitamin B12® [vet.] → **Cyanocobalamin**
Vitamin B12 WZF Polfa® → **Cyanocobalamin**
Vitamin B1 B L Hua® → **Thiamine**
Vitamin B1 Domesco® → **Thiamine**
Vitamin B1 F.T. Pharma® → **Thiamine**
Vitamin B_1-Hevert® → **Thiamine**
Vitamin B_1-Injektopas® → **Thiamine**
Vitamin B_1 Jenapharm® → **Thiamine**
Vitamin B_1-ratiopharm® → **Thiamine**
Vitamin B1 Soho/Ethica® → **Thiamine**
Vitamin B_1 Streuli® → **Thiamine**
Vitamin B1® [vet.] → **Thiamine**
Vitamin B1 Winthrop® → **Thiamine**
Vitamin B_2 → **Riboflavin**
Vitamin B2® → **Riboflavin**
Vitamin B_2 Jenapharm® → **Riboflavin**
Vitamin B_2 Streuli® → **Riboflavin**
Vitamin B_2 Streuli® [inj.] → **Riboflavin**
Vitamin B_3 → **Nicotinamide**
Vitamin B_3 → **Pantothenic Acid**
Vitamin B_6 → **Pyridoxine**
Vitamin B6® → **Pyridoxine**
Vitamin B_6® → **Pyridoxine**
Vitamin B6 Domesco® → **Pyridoxine**
Vitamin B6 F.T. Pharma® → **Pyridoxine**
Vitamin B_6-Hevert® → **Pyridoxine**
Vitamin-B_6-hydrochlorid → **Pyridoxine**
Vitamin B_6-Injektopas® → **Pyridoxine**
Vitamin B_6 Jenapharm® → **Pyridoxine**
Vitamin B6 Kimia® → **Pyridoxine**
Vitamin B_6 Ratiopharm® → **Pyridoxine**
Vitamin B_6 Streuli® → **Pyridoxine**
Vitamin B_c → **Folic Acid**
Vitamin B_T → **Levocarnitine**
Vitamin C → **Ascorbic Acid**
Vitamin C® → **Ascorbic Acid**
Vitamin C 100® → **Ascorbic Acid**
Vitamin C-1000 Gisand® → **Ascorbic Acid**
Vitamin C Atlantic® → **Ascorbic Acid**
Vitamin C Domesco® → **Ascorbic Acid**
Vitamin C Genericon® → **Ascorbic Acid**
Vitamin C-Injektopas® → **Ascorbic Acid**
Vitamin C Kimia® → **Ascorbic Acid**
Vitamin C-loges® → **Ascorbic Acid**
Vitamin C-mp® → **Ascorbic Acid**
Vitamin-C-Nosik® → **Ascorbic Acid**
Vitamin C Pharmasant® → **Ascorbic Acid**
Vitamin C-ratiopharm® → **Ascorbic Acid**
Vitamin C Rotexmedica® → **Ascorbic Acid**
Vitamin C Soho/Ethica® → **Ascorbic Acid**
Vitamin C Streuli® → **Ascorbic Acid**
Vitamin C® [vet.] → **Ascorbic Acid**
Vitamin C Vitalan® → **Ascorbic Acid**
Vitamin D_2 → **Ergocalciferol**
Vitamin D_3 Bioextra® → **Colecalciferol**
Vitamin D3 Bon® → **Colecalciferol**
Vitamin D3-Doms Adrian® → **Colecalciferol**
Vitamin D_3 Fresenius® → **Colecalciferol**
Vitamin D3 Hevert® → **Colecalciferol**
Vitamin D_3 Streuli® → **Colecalciferol**
Vitamin D_3® [vet.] → **Colecalciferol**
Vitamin D3® [vet.] → **Colecalciferol**
Vitamin D Slovakofarma® → **Colecalciferol**
Vitamin D Slovakofarma® → **Ergocalciferol**
Vitamin E® → **Tocopherol, α-**
Vitamin-E400 MG XL Lab® → **Tocopherol, α-**
Vitamine A Dulcis® → **Retinol**
Vitamine A Faure® → **Retinol**
Vitamine A FNA® → **Retinol**
Vitamin E AL® → **Tocopherol, α-**
Vitamine A Nepalm® → **Retinol**
Vitamin E Asian Pharm® → **Tocopherol, α-**
Vitamine B12 Aguettant® → **Cyanocobalamin**
Vitamine B12 Allergan® → **Cyanocobalamin**
Vitamine B12 Bayer® → **Cyanocobalamin**
Vitamine B12 Delagrange® → **Cyanocobalamin**
Vitamine B12 Gerda® → **Cyanocobalamin**
Vitamine B12 Lavoisier® → **Cyanocobalamin**
Vitamine B12 Théa® → **Cyanocobalamin**
Vitamine B12® [vet.] → **Cyanocobalamin**
Vitamine B6 Aguettant® → **Pyridoxine**
Vitamine B6 Richard® → **Pyridoxine**
Vitamin E Bioextra® → **Tocopherol, α-**
Vitamine C Cobaye® [vet.] → **Ascorbic Acid**
Vitamine C Oberlin® → **Ascorbic Acid**
Vitamine C Qualiphar® → **Ascorbic Acid**
Vitamine-C-Qualiphar® → **Ascorbic Acid**
Vitamine C Teva® → **Ascorbic Acid**
Vitamine C UPSA® → **Ascorbic Acid**
Vitamine C® [vet.] → **Ascorbic Acid**
Vitamine D3 BON® → **Colecalciferol**
Vitamine D FNA® → **Colecalciferol**
Vitamin E Domesco® → **Tocopherol, α-**
Vitamin-E Dragees® → **Tocopherol, α-**
Vitamine E Merck® → **Tocopherol, α-**
Vitamine E Nepalm® → **Tocopherol, α-**
Vitamine E PCH® → **Tocopherol, α-**
Vitamine E Sandoz® → **Tocopherol, α-**
Vitamine E® [vet.] → **Tocopherol, α-**
Vitamin-E EVI-MIRALE® → **Tocopherol, α-**
Vitamine K1 Roche® → **Phytomenadione**

V

Vitamine K3 Vétoquinol® [vet.] → **Menadione**
Vitamine K® [vet.] → **Phytomenadione**
Vitamin E-Mepha® → **Tocopherol, α-**
Vitamin E Natur® → **Tocopherol, α-**
Vitamin E Pfizer® → **Tocopherol, α-**
Vitamine PP → **Nicotinamide**
Vitamin E ratiopharm® → **Tocopherol, α-**
Vitamin E Sanum® → **Tocopherol, α-**
Vitamin E Slovakofarma® → **Tocopherol, α-**
Vitamin E Stada® → **Tocopherol, α-**
Vitamin E Suspension® → **Tocopherol, α-**
Vitamin E Svus® → **Tocopherol, α-**
Vitamin E (USP 30) → **Tocopherol, α-**
Vitamin E® [vet.] → **Tocopherol, α-**
Vitamin E Walmark® → **Tocofersolan**
Vitamin E Zentiva® → **Tocofersolan**
Vitamin K® → **Menadione**
Vitamin K_1 → **Phytomenadione**
Vitamin K1 Atlantic® → **Phytomenadione**
Vitamin K1® [vet.] → **Phytomenadione**
Vitamin K_3 → **Menadione**
Vitamin K Atlantic® → **Menadione**
Vitamin K Kimia® → **Menadione**
Vitaminum A® → **Retinol**
Vitaminum B1® → **Thiamine**
Vitaminum B12® → **Cyanocobalamin**
Vitaminum B2® → **Riboflavin**
Vitaminum B6® → **Pyridoxine**
Vitaminum C® → **Ascorbic Acid**
Vitaminum PP® → **Nicotinamide**
Vitamon K® → **Phytomenadione**
Vitamuruine® → **Retinol**
Vitamycetin® → **Chloramphenicol**
Vit A N® → **Retinol**
Vitanol® → **Tretinoin**
Vitanol-A® → **Tretinoin**
Vitanon® [inj.] → **Thiamine**
VitA-POS® → **Retinol**
Vitaquin® → **Hydroquinone**
Vitarubin® → **Cyanocobalamin**
Vitarubin Depot® → **Hydroxocobalamin**
Vitascorbol® → **Ascorbic Acid**
Vitaseptol® → **Thiomersal**
Vitasol C® [vet.] → **Ascorbic Acid**
Vitasol D_3® [vet.] → **Colecalciferol**
Vitasol E® [vet.] → **Tocopherol, α-**
Vitatrans® → **Thioctic Acid**
Vitawund® → **Chlorhexidine**
Vitaxicam® → **Piroxicam**
Vitazell® → **Tocopherol, α-**
Vit.B1 Agepha® → **Thiamine**
Vit.B6 Agepha® → **Pyridoxine**
Vitbee® [vet.] → **Cyanocobalamin**
Vit.C Agepha® → **Ascorbic Acid**
Vit E hydrosol® [vet.] → **Tocopherol, α-**
Viternum® → **Cyproheptadine**
Vitesol E® → **Tocopherol, α-**
Vit. E Stada® → **Tocopherol, α-**
Vitinelin® → **Cetirizine**
Vitobel® → **Enalapril**
Vitobun® → **Thiamine**
Vitole E® → **Tocopherol, α-**
Vitopril® → **Lisinopril**
Vitpso® → **Methoxsalen**
Vitrase® → **Hyaluronidase**
Vitrasert® → **Ganciclovir**
Vitravene® → **Fomivirsen**
Vitrax® → **Hyaluronic Acid**
Vitreolent® → **Potassium Iodide**
Vitrocin® → **Doxycycline**
Vitrosups® → **Glycerol**
Vitulpas® → **Hydrocortisone**
Vitussin® → **Guaifenesin**
Vi-Uril® → **Tamsulosin**
Vivace® → **Ramipril**
Vivacor® → **Carvedilol**
Vivactil® → **Protriptyline**
Vivafeks® → **Fexofenadine**
Vival® → **Diazepam**
Vivalan® → **Viloxazine**
Vivanza® → **Vardenafil**
Vivarin® → **Caffeine**
Vivax® → **Aciclovir**
Vivelle® → **Estradiol**
Vivelle Dot® → **Estradiol**
Vivelledot® → **Estradiol**
Vivelle-Dot® → **Estradiol**
Vividrin akut Azelastin® → **Azelastine**
Vivinox® → **Diphenhydramine**
Vivir® → **Aciclovir**
Vivitar® → **Spironolactone**
Vivitonin® [vet.] → **Propentofylline**
Vivitrol® → **Naltrexone**
Viviv® → **Hyoscine Butylbromide**
Vivorax® → **Aciclovir**
Vivradoxil® → **Doxycycline**
Vivural® → **Calcium Carbonate**
Vixcef® → **Cefixime**
Vixiderm® → **Benzoyl Peroxide**
Vixidone® → **Loratadine**
Vixorfit® → **Glycerol**
Vizerul® → **Ranitidine**
Vizine® → **Tetryzoline**
Vizole® → **Levamisole**
VM 26 Bristol® → **Teniposide**
Voalla® → **Dexamethasone**
Vobamyk® → **Miconazole**
Vocet® → **Levocetirizine**
Vodelax® → **Citalopram**
Voflaxin® → **Levofloxacin**
Vogalene® → **Metopimazine**
Vogalène® → **Metopimazine**
Vogalib® → **Metopimazine**
Vogast® → **Lansoprazole**
Voir® → **Tenoxicam**
Volcan® → **Diclofenac**
Volcidol-S® → **Tramadol**
Volclofen® → **Diclofenac**
Volequin® → **Levofloxacin**
Volfenac® → **Diclofenac**
Volfenac Gel® → **Diclofenac**
Volfenac Retard® → **Diclofenac**
Volinol® → **Ciprofloxacin**
Volley® → **Butenafine**
Volmac® → **Salbutamol**
Volmatik® → **Diclofenac**
Volmax® → **Salbutamol**
Volnac® → **Diclofenac**
Volog® → **Halcinonide**
Volon® → **Triamcinolone**
Volon A® → **Triamcinolone**
Volonimat® → **Triamcinolone**
Volonten® → **Nimesulide**
Volon® [vet.] → **Triamcinolone**
Volpan® → **Paracetamol**
Volpro® → **Diclofenac**
Volsaid® → **Diclofenac**
Volta® → **Diclofenac**
Voltadex® → **Diclofenac**
Voltadol® → **Diclofenac**
Voltadvance® → **Diclofenac**
Voltaflex® → **Diclofenac**
Voltalin® → **Diclofenac**
Voltanac® → **Diclofenac**
Voltapatch® → **Diclofenac**
Voltapatch Tissugel® → **Diclofenac**
Voltaren® → **Diclofenac**
Voltaren Acti® → **Diclofenac**
Voltarenactigo® → **Diclofenac**
Voltaren Actigo Extra® → **Diclofenac**
Voltaren Colirio® → **Diclofenac**
Voltaren Dispers® [cpr.] → **Diclofenac**
Voltaren Dispersible® → **Diclofenac**
Voltaren Dispersible® [Tab.] → **Diclofenac**
Voltaren Dolo® → **Diclofenac**
Voltarendolo® → **Diclofenac**
Voltarène® → **Diclofenac**
Voltarène Emulgel® → **Diclofenac**
Voltaren Emulgel® → **Diclofenac**
Voltaren K® → **Diclofenac**
Voltaren Migräne® → **Diclofenac**
Voltaren Oftalmico® → **Diclofenac**

Voltaren Ophta® → **Diclofenac**
Voltaren Ophtha® → **Diclofenac**
Voltaren Ophtha SDU® → **Diclofenac**
Voltaren Rapid® → **Diclofenac**
Voltaren Rapid D.A.C.® → **Diclofenac**
Voltaren Rapide® → **Diclofenac**
Voltaren Resinat® → **Diclofenac**
Voltaren Retard® → **Diclofenac**
Voltaren Schmerzgel® → **Diclofenac**
Voltaren SR® → **Diclofenac**
Voltaren T® → **Diclofenac**
Voltarol® → **Diclofenac**
Voltarol Emulgel® → **Diclofenac**
Voltarol Gel Patch® → **Diclofenac**
Voltarol Ophtha® → **Diclofenac**
Voltarol Rapid® → **Diclofenac**
Voltatabs® → **Diclofenac**
Voltenac® → **Diclofenac**
Voltfast® → **Diclofenac**
Voltum® → **Diclofenac**
Voluven® → **Hetastarch**
Volverac Eye® → **Diclofenac**
Vomacur® → **Dimenhydrinate**
Vomaine® → **Metoclopramide**
Vomceran® → **Ondansetron**
Vomec® → **Meclozine**
Vomet® → **Trimethobenzamide**
Vometa® → **Domperidone**
Vomex A® → **Dimenhydrinate**
Vomidex® → **Metoclopramide**
Vomidon® → **Domperidone**
Vomidone® → **Domperidone**
Vomidrine® → **Dimenhydrinate**
Vomiles® → **Metoclopramide**
Vomina® → **Dimenhydrinate**
Vominar® → **Dimenhydrinate**
Vomiof® → **Ondansetron**
Vomipram® → **Metoclopramide**
Vomisin® → **Dimenhydrinate**
Vomitas® → **Domperidone**
Vomitin® → **Trimethobenzamide**
Vomitol® → **Metoclopramide**
Vomitoran® → **Roxithromycin**
Vomitrol® → **Metoclopramide**
Voncon® → **Vancomycin**
Vontrol® → **Difenidol**
Vonum® → **Indometacin**
Vopar® [+Benserazide] → **Levodopa**
V-Optic® → **Timolol**
Voraclor® → **Aciclovir**
Vorange® → **Ascorbic Acid**
Voren® → **Diclofenac**
Voren® [vet.] → **Dexamethasone**
Vorenvet® [vet.] → **Dexamethasone**
Vorina® → **Folinic Acid**
VoriNa® → **Folic Acid**
Voroste® → **Alendronic Acid**
Vorst® → **Sildenafil**
Vorst-M® → **Sildenafil**
Vosedon® → **Domperidone**
Vosfarel® → **Trimetazidine**
Vospire ER® → **Salbutamol**
Vostar® → **Diclofenac**
Vostar-R® → **Diclofenac**
Vostar Retard® → **Diclofenac**
Vostar-S® → **Diclofenac**
Votalin® → **Diclofenac**
Votalin Emulgel® → **Diclofenac**
Votamed® → **Diclofenac**
Votrex® → **Diclofenac**
Votum® → **Olmesartan Medoxomil**
Voveran® → **Diclofenac**
Voveran Emulgel® → **Diclofenac**
Voxamin® → **Fluvoxamine**
Voxamine® → **Difenidol**
Voxate® → **Flavoxate**
VP-16® → **Etoposide**
V-Pen® → **Phenoxymethylpenicillin**
V-Penicillin Mega Biotika® → **Phenoxymethylpenicillin**
VP-Gen® → **Etoposide**
Vratizolin® → **Denotivir**
V-Tabur® → **Chlorhexidine**
V-Talgin® → **Metamizole**
VT Doses Atropine® [vet.] → **Atropine**
VT Doses Fluorescéine® [vet.] → **Fluorescein Sodium**
VT Doses Tétracaine® [vet.] → **Tetracaine**
V-Tears® → **Hydroxyethyl Cellulose**
Vualin® [vet.] → **Lincomycin**
Vuclodir® → **Lamivudine**
Vudin® → **Lamivudine**
VUFB 201282 → **Ibuprofen**
VUFB 9649 → **Ibuprofen**
Vulamox® [+ Amoxicillin] → **Clavulanic Acid**
Vulamox® [+ Clavulanic Acid] → **Amoxicillin**
Vulbegal® → **Flunitrazepam**
Vulcasid® → **Omeprazole**
Vulketan® [vet.] → **Ketanserin**
Vulmizolin® → **Cefazolin**
Vulsivan® → **Carbamazepine**
Vuminix® → **Fluvoxamine**
Vumon® → **Teniposide**
Vunsu® → **Padimate O**
Vurdon® → **Diclofenac**
Vyrohexal® → **Aciclovir**
Vytorin® → **Simvastatin**
Vyvanse® → **Lisdexamfetamine**
V-Zoline® → **Tetryzoline**
V–Zoline® → **Tetryzoline**
W 1929 → **Colistin**
W 4020 → **Prazepam**
W 4565 → **Oxolinic Acid**
Wake-up® → **Caffeine**
Walacort® → **Betamethasone**
Walamycin® → **Colistin**
Walaphage® → **Metformin**
Walavin® → **Griseofulvin**
Waldheim® → **Guaifenesin**
Waldheim Rheumacreme® → **Salicylamide**
Walesolone® → **Prednisolone**
Walix® → **Oxaprozin**
Wanmycin® → **Doxycycline**
Wansar® → **Difenidol**
Waran® → **Warfarin**
Warca® → **Mebendazole**
Warfant® → **Warfarin**
Warfar® → **Warfarin**
Warfarex® → **Warfarin**
Warfarin® → **Warfarin**
Warfarina® → **Warfarin**
Warfarina Sodica® → **Warfarin**
Warfarin Eisai® → **Warfarin**
Warfarin Norton® → **Warfarin**
Warfarin Orion® → **Warfarin**
Warfarin Sodium® → **Warfarin**
Warfil® → **Warfarin**
WariActiv® → **Ethyl Chloride**
Wari-Diclowal® → **Diclofenac**
Warimazol® → **Clotrimazole**
Warimil® → **Yohimbine**
Warin® → **Warfarin**
Wariviron® → **Aciclovir**
Warix® → **Podophyllotoxin**
Wartec® → **Podophyllotoxin**
Warticon® → **Podophyllotoxin**
Wart-Off® → **Salicylic Acid**
Warzenmittel Marquart® → **Chloroacetic Acid**
Warzin® → **Lactic Acid**
Wasserfreie Glucose (Ph. Eur. 5) → **Dextrose**
Wasserhaltiges Aluminiumphosphat → **Aluminum Phosphate**
Wasserhaltiges Aluminiumphosphat (Ph. Eur. 5) → **Aluminum Phosphate**
Wasserstoffperoxid® [vet.] → **Urea**
Wasser Tob® → **Tobramycin**
Waucosin® → **Timolol**
Waxsol® → **Docusate Sodium**
4-Way® → **Oxymetazoline**
W control® → **Sibutramine**
Wedeclox® [vet.] → **Cloxacillin**
Wedemox® [vet.] → **Amoxicillin**
Weifa-Kalsium® → **Calcium Carbonate**

Weifapenin® [vet.] → **Phenoxymethylpenicillin**
Weigeluo® → **Rosiglitazone**
Weijiangzhi® → **Gemfibrozil**
Weijiexin® → **Cefpodoxime**
Weiliufen® → **Sulfasalazine**
Weimerquin® → **Chloroquine**
Weishaxin® → **Levofloxacin**
Weisser Ton (Ph. Eur. 5) → **Kaolin**
Welchol® → **Colesevelam**
Wellbutrin® → **Bupropion**
Wellbutrin Paranova® → **Bupropion**
Wellcare® [vet.] → **Permethrin**
Wellcoprim® → **Trimethoprim**
Wellcovorin® → **Folinic Acid**
Wellferon® → **Interferon Alfa**
Wellness Mariendistel® → **Silibinin**
Wellness Vitamin E® → **Tocopherol, α-**
Wellvone® → **Atovaquone**
Welticilina® → **Ampicillin**
Welt-Sulfazol® → **Sulfathiazole**
Wenflox® → **Norfloxacin**
Wepox® → **Epoetin Alfa**
Werfachor® [vet.] → **Chorionic Gonadotrophin**
Werfaser® [vet.] → **Gonadotrophin, Serum**
Westcort® → **Hydrocortisone**
Westenicol® → **Chloramphenicol**
Westepiron® → **Metamizole**
Westhidroxo® → **Hydroxocobalamin**
Westrim® → **Phenylpropanolamine**
Wet-Comod® → **Povidone**
Wetol® → **Pilocarpine**
White E® [vet.] → **Tocopherol, α-**
White-E® [vet.] → **Tocopherol, α-**
Wiacid® → **Ranitidine**
Wiaflox® → **Ciprofloxacin**
Wiamox® → **Amoxicillin**
Wiatrim® [+ Sulfamethoxazole] → **Trimethoprim**
Wick Formel 44 Husten-Löser® → **Guaifenesin**
Wick Formel 44 Husten-Pastillen S® → **Dextromethorphan**
Wick Formel 44 Hustenstiller® → **Dextromethorphan**
Wick Sinex® → **Oxymetazoline**
Wida D® → **Dextrose**
Widecillin® → **Amoxicillin**
Widrox® → **Cefadroxil**
Wilate® → **Octocog Alfa**
Wildnil® → **Carfentanil**
Wilfactin® → **Von Willebrand Factor**
Willcain® [vet.] → **Procaine**
Will long® → **Nitroglycerin**
Wilprafen® → **Josamycin**
Winadol® → **Paracetamol**
Winasorb® → **Paracetamol**
Wincef® → **Cefoselis**
Wincocef® → **Cefadroxil**
Windol® → **Bufexamac**
Windoxa® → **Doxazosin**
Winkol® → **Chlorphenamine**
Winlomylon® → **Nalidixic Acid**
Winnipeg® → **Bacampicillin**
Winol® → **Irinotecan**
Winpain® → **Paracetamol**
Winpar® → **Cinnarizine**
Winperid® → **Risperidone**
Winpred® → **Prednisone**
Winstrol® → **Stanozolol**
Winstrol® [vet.] → **Stanozolol**
Winter Dip® [vet.] → **Dimpylate**
Wintomylon® → **Nalidixic Acid**
Wintorin® → **Nalidixic Acid**
Wintradol® → **Tramadol**
Wipe-out® [vet.] → **Deltamethrin**
Witamina C® → **Ascorbic Acid**
Witamina E forte® → **Tocopherol, α-**
Witty® → **Permethrin**
Wizol® → **Ketoconazole**
Wobenzym® → **Bromelains**
Wodny Roztwor Fioletu Gencjanowego® → **Methylrosanilinium Chloride**
Wokadine® → **Povidone-Iodine**
Womiban® → **Albendazole**
Wondzalf® [vet.] → **Levamisole**
Woods' Peppermint Syrup® → **Guaifenesin**
Worma Drench® [vet.] → **Oxfendazole**
Wormamec® [vet.] → **Abamectin**
Wormaway Levam® [vet.] → **Levamisole**
Worm-Away® [vet.] → **Piperazine**
Wormazole® [vet.] → **Fenbendazole**
Worm Ban® [vet.] → **Pyrantel**
Worm Capsules® [vet.] → **Dichlorophen**
Wormgo® → **Mebendazole**
Wormgranulaat® [vet.] → **Fenbendazole**
Wormicide → **Praziquantel**
Wormicide® [vet.] → **Praziquantel**
Wormin® → **Mebendazole**
Worming Capsules® [vet.] → **Dichlorophen**
Worming Cream® [vet.] → **Piperazine**
Worming Granules® [vet.] → **Fenbendazole**
Worming Syrup® [vet.] → **Piperazine**
Worm-IT® [vet.] → **Abamectin**
Wormkorrels® [vet.] → **Levamisole**
Wormkuur® → **Mebendazole**
Wormpasta® [vet.] → **Pyrantel**
Wormstop® → **Mebendazole**
Wormtabletten® [vet.] → **Pyrantel**
Wormtablet® [vet.] → **Nitroscanate**
Wormtec® [vet.] → **Morantel**
Wosulin® → **Insulin Injection, Soluble**
Wosulin Biphasic 30/70® [30 % sol./ 70 % isoph.] → **Insulin Injection, Biphasic Isophane**
Wosulin Biphasic 50/50® [50 % sol./ 50 % isoph.] → **Insulin Injection, Biphasic Isophane**
Wosulin-N® → **Insulin Injection, Protamine Zinc**
Wosulin-R® → **Insulin Zinc Injectable Suspension**
Woundcare Powder® [vet.] → **Cetrimide**
Woundine® [vet.] → **Povidone-Iodine**
Wundesin® → **Povidone-Iodine**
Wund- und Heilsalbe LAW® → **Dexpanthenol**
Wurmirazin → **Piperazine**
Wy 1094 → **Promazine**
Wy 3467 → **Diazepam**
Wycillin® → **Penicillin G Procaine**
Wycillina® → **Benzathine Benzylpenicillin**
Wycort® → **Hydrocortisone**
Wydase® → **Hyaluronidase**
Wydora® → **Indoramin**
Wyeth Normison® → **Temazepam**
Wyeth Pirimidona® → **Primidone**
Wylaxine® → **Bisoxatin**
Wymesone® → **Dexamethasone**
Wypax® → **Lorazepam**
Wysolone® → **Prednisolone**
Wytensin® → **Guanabenz**

X-2® → **Cocarboxylase**
4x4® → **Sildenafil**
Xabine® → **Capecitabine**
Xacin® → **Norfloxacin**
Xadem® → **Albendazole**
Xagrid® → **Anagrelide**
Xalacom® → **Latanoprost**
Xalaprost® → **Latanoprost**
Xalatan® → **Latanoprost**
Xalatan® [vet.] → **Latanoprost**
Xalazin® → **Mesalazine**
Xalazina® → **Mesalazine**
Xalcom® → **Timolol**
Xaliplat® → **Oxaliplatin**
Xalotina® → **Amoxicillin**
Xalyn-Or® → **Amoxicillin**
Xamamina® → **Dimenhydrinate**
Xamamine® → **Dimenhydrinate**

Xame® → **Cefotaxime**
Xanacine® → **Alprazolam**
Xanaes® → **Azelastine**
Xanagis® → **Alprazolam**
Xanal® → **Alprazolam**
Xanax® → **Alprazolam**
Xanax® [vet.] → **Alprazolam**
Xanax XR® → **Alprazolam**
Xanef® → **Enalapril**
Xanidil® → **Xantinol Nicotinate**
Xanidine® → **Ranitidine**
Xanol® → **Allopurinol**
Xanomel® → **Ranitidine**
Xanor® → **Alprazolam**
Xanthium® → **Theophylline**
Xantid® → **Ranitidine**
Xantinol-nicotinat-ratiopharm® → **Xantinol Nicotinate**
Xantral® → **Alfuzosin**
Xantromid® → **Methotrexate**
Xantrosin® → **Mitoxantrone**
Xanturenasi® → **Pyridoxine**
Xanturic® → **Allopurinol**
Xao® → **Tobramycin**
Xapro® → **Estriol**
Xartan® → **Losartan**
Xasmun® → **Norfloxacin**
Xasmun® → **Nitrendipine**
Xatger® → **Alfuzosin**
Xatral Uno® → **Alfuzosin**
Xatral XL® → **Alfuzosin**
Xavin® → **Budesonide**
Xavin® → **Xantinol Nicotinate**
Xazal® → **Levocetirizine**
X-Cam® → **Meloxicam**
Xcel® → **Paracetamol**
Xderm® → **Clobetasol**
Xebramol® → **Paracetamol**
Xedenol® → **Diclofenac**
Xeflemax® → **Flumazenil**
Xefo® → **Lornoxicam**
Xefocam® → **Lornoxicam**
Xegal® → **Gatifloxacin**
Xelcard® → **Amlodipine**
Xeldac® → **Clindamycin**
Xeldrin® → **Omeprazole**
Xeloda® → **Capecitabine**
Xelpid® → **Atorvastatin**
Xeltic® → **Glibenclamide**
Xenalon® → **Spironolactone**
Xenar® → **Naproxen**
Xenazine® → **Tetrabenazine**
Xendin® → **Cefotaxime**
Xenetix® → **Iobitridol**
Xenex® [vet.] → **Permethrin**
Xenical® → **Orlistat**
Xenid® → **Diclofenac**
Xenid gel® → **Diclofenac**
Xenim® → **Cefepime**
Xeniplus® → **Orlistat**
Xenobid® → **Naproxen**
Xenobid Gel® → **Naproxen**
Xenovate® → **Clobetasol**
Xenoxin® → **Levofloxacin**
Xentic® → **Zolpidem**
Xeomin® → **Botulinum A Toxin**
Xepabet® → **Gliclazide**
Xepacillin® → **Ampicillin**
Xepalat® → **Nifedipine**
Xepalium® → **Flunarizine**
Xepamet® → **Cimetidine**
Xepamol® → **Paracetamol**
Xepanicol® → **Chloramphenicol**
Xepaprim® [+ Sulfamethoxazole] → **Trimethoprim**
Xepaprim [+ Trimethoprim] → **Sulfamethoxazole**
Xepare® → **Loperamide**
Xepathritis® → **Diclofenac**
Xepin® → **Doxepin**
Xerac® → **Aluminum Chloride**
Xeracil® → **Ampicillin**
Xeradin® → **Ranitidine**
Xeramel® → **Erythromycin**
Xeraspor® → **Clotrimazole**
Xerazole® [+ Sulfamethoxazole] → **Trimethoprim**
Xerazole® [+ Trimethoprim] → **Sulfamethoxazole**
Xeredien® → **Fluoxetine**
Xerenex® → **Paroxetine**
Xerfelan® → **Interferon Beta**
Xerifen® → **Aceclofenac**
Xeristar® → **Duloxetine**
Xerobase® → **Urea**
Xerodent® → **Sodium Fluoride**
Xerotil® → **Midodrine**
Xet® → **Paroxetine**
Xetanor® → **Paroxetine**
Xetin® → **Paroxetine**
Xetina® → **Fluoxetine**
Xetril® → **Clonazepam**
Xfin® → **Terbinafine**
X-Flam® → **Diclofenac**
3-X Flea, Tick & Mange Collar for Cats® [vet.] → **Chlorpyrifos**
3-X Flea, Tick & Mange Collar for Dogs® [vet.] → **Chlorpyrifos**
Xi Ai Ke® → **Vindesine**
Xian Feng Mei Nuo® → **Cefminox**
Xibrom® → **Bromfenac**
Xicalom® → **Piroxicam**
Xicam® → **Piroxicam**
Xicil® → **Glucosamine**
Xiclav® [+ Amoxicillin] → **Clavulanic Acid**
Xiclav® [+ Amoxicillin, trihydrate] → **Clavulanic Acid**
Xiclav® [+ Clavulanic Acid] → **Amoxicillin**
Xiclav® [+ Clavulanic Acid, potassium salt] → **Amoxicillin**
Xiclovir® → **Aciclovir**
Xidan® → **Hyaluronic Acid**
Xidanef® → **Ketotifen**
Xido® → **Gliclazide**
Xidolac® → **Ketorolac**
Xidor® → **Doxazosin**
Xiemed® → **Alprazolam**
Xiety® → **Buspirone**
Xifaxan® → **Rifaximin**
Xigris® → **Drotrecogin Alfa (activated)**
Xilanic® → **Paroxetine**
Xilapen® → **Omeprazole**
Xilatril® → **Terbinafine**
Xilin® → **Clarithromycin**
Xilinã® → **Lidocaine**
Xilonest® → **Lidocaine**
Xilonibsa® → **Lidocaine**
Xilonibsa Aerosol® → **Lidocaine**
Xilopar® → **Ribavirin**
Xilor® [vet.] → **Xylazine**
Xilox® → **Nimesulide**
Xiltrop® → **Amoxicillin**
Ximeprox® → **Cefpodoxime**
Ximex Avicol® → **Chloramphenicol**
Ximex Cylowam® → **Ciprofloxacin**
Ximex Konigen® → **Gentamicin**
Ximex Opticar® → **Pilocarpine**
Ximex Opticom® → **Timolol**
Ximex Optitrop® → **Atropine**
Ximin® → **Olanzapine**
Ximovan® → **Zopiclone**
Ximve® → **Simvastatin**
Xinamod® [+ Amoxicillin trihydrate] → **Clavulanic Acid**
Xinamod® [+ Clavulanic Acid potassium salt] → **Amoxicillin**
Xinder® → **Clobetasol**
Xinplex® → **Orlistat**
Xinsidona® → **Pamidronic Acid**
Xintoprost® → **Vinblastine**
Xionil® → **Bromazepam**
Xipagamma® → **Xipamide**
Xipa-ISIS® → **Xipamide**
Xipamid® → **Xipamide**
Xipamid 1A Pharma® → **Xipamide**
Xipamid AAA-Pharma® → **Xipamide**
Xipamid AbZ® → **Xipamide**
Xipamid AL® → **Xipamide**
Xipamid beta® → **Xipamide**

X

Zefiran® → **Benzalkonium Chloride**
Zefol® → **Benzalkonium Chloride**
Zefort® → **Benzalkonium Chloride**
Zefral® → **Cefixime**
Zefsolin® → **Benzalkonium Chloride**
Zeftam M H® → **Ceftazidime**
Zeftrix® → **Ceftriaxone**
Zefxon® → **Omeprazole**
Zegen® → **Cefuroxime**
Zegerid® → **Omeprazole**
Zegren® → **Diclofenac**
Zehu-Ze® → **Permethrin**
Zeid® → **Simvastatin**
Zekout® [vet.] → **Permethrin**
Zela® → **Albendazole**
Zelapar® → **Selegiline**
Zeldilon® → **Minoxidil**
Zeldox® → **Ziprasidone**
Zelian® → **Buflomedil**
Zelicrema® → **Azelaic Acid**
Zeliderm® → **Azelaic Acid**
Zeliris® → **Azelaic Acid**
Zelitrex® → **Valaciclovir**
Zelium® → **Flunarizine**
Zelix® → **Fluconazole**
Zelmac® → **Tegaserod**
Zelnorm® → **Tegaserod**
Zeloram® → **Lorazepam**
Zeloxim® → **Meloxicam**
Zelta® → **Olanzapine**
Zem® → **Diltiazem**
Zemaira® → **Alpha-$_1$ protease inhibitor**
Zemalex® → **Piketoprofen**
Zemalog® → **Halcinonide**
Zemax® → **Lisinopril**
Zemhexal® → **Alprazolam**
Zemox® → **Simvastatin**
Zemplar® → **Paricalcitol**
Zemtard® → **Diltiazem**
Zemuron® → **Rocuronium Bromide**
Zemyc® → **Fluconazole**
Zemycin® → **Azithromycin**
Zenafluk® → **Fluconazole**
Zenapax® → **Daclizumab**
Zenavan® → **Etofenamate**
Zendhin® → **Ranitidine**
Zendol® → **Danazol**
Zenecarp® [vet.] → **Carprofen**
Zenesten® → **Clotrimazole**
Zengac® → **Vancomycin**
Zenil® → **Ranitidine**
Zeniquin® [vet.] → **Marbofloxacin**
Zenith® [vet.] → **Diflubenzuron**
Zenolen® → **Atenolol**
Zenpro® → **Omeprazole**
Zenriz® → **Cetirizine**
Zensil® → **Cetirizine**
Zentavion® → **Azithromycin**
Zentel® → **Albendazole**
Zentius® → **Citalopram**
Zentralin® → **Flunarizine**
Zentropil® → **Phenytoin**
Zenusin® → **Nifedipine**
Zenzera® → **Albendazole**
Zeos® → **Loratadine**
Zepac® → **Heparin**
Zepac® → **Ketorolac**
Zepam® → **Bromazepam**
Zepax® → **Fluoxetine**
Zepelin® → **Feprazone**
Zepelindue® → **Ketoprofen**
Zephiran® → **Benzalkonium Chloride**
Zepholin® → **Theophylline**
Zeplan® → **Simvastatin**
Zeplex® → **Cefalexin**
Zepral® → **Omeprazole**
Zeprid® → **Sulpiride**
Zepril® → **Abacavir**
Zeptol® → **Carbamazepine**
Zeramil® → **Aciclovir**
Zeran® → **Cetirizine**
Zeraplix® [vet.] → **Zeranol**
Zerella® → **Estradiol**
Zerene® → **Zaleplon**
Zerin® → **Paracetamol**
Zerit® → **Stavudine**
Zeritavir® → **Stavudine**
Zerlon® → **Finasteride**
Zermed® → **Cetirizine**
Zerocid® → **Omeprazole**
Zerofen® [vet.] → **Fenbendazole**
Zeroflog® → **Diclofenac**
Zeroform® → **Loperamide**
Zerolit® → **Polystyrene Sulfonate**
Zeropenem® → **Meropenem**
Zerospasm® → **Piroxicam**
Zerpex® → **Brivudine**
Zerpyco® → **Pinaverium Bromide**
Zertalin® → **Azithromycin**
Zertine® → **Cetirizine**
Zesger® → **Lisinopril**
Zespira® → **Montelukast**
Zestan® → **Lisinopril**
Zestaval® → **Albendazole**
Zestril® → **Lisinopril**
Zestril® [tab.] → **Lisinopril**
Zestril® [tabs.] → **Lisinopril**
Zestril® [tabs.] → **Lisinopril**
Zetagal® → **Cefuroxime**
Zetagard® [vet.] → **Cypermethrin**
Zetalax® → **Glycerol**
Zetalerg® → **Cetirizine**
Zetamax® → **Azithromycin**
Zetamicin® → **Netilmicin**
Zetapron® → **Butamirate**
Zetaxim® → **Cefotaxime**
Zetia® → **Ezetimibe**
Zetina® → **Simvastatin**
Zetion® → **Pyrithione Zinc**
Zetir® → **Cetirizine**
Zetitec® → **Ketotifen**
Zetix® → **Zopiclone**
Zeto® → **Azithromycin**
Zetofen® → **Ketotifen**
Zetomax® → **Lisinopril**
Zetop® → **Cetirizine**
Zetraflum® → **Flunitrazepam**
Zetral® → **Sertraline**
Zetran-5® → **Clorazepate, Dipotassium**
Zetri® → **Cetirizine**
Zetrinal® → **Cetirizine**
Zetron® → **Ondansetron**
Zetrotax® → **Zidovudine**
Zevalin® → **Ibritumomab Tiuxetan**
Zevamab® → **Ibritumomab Tiuxetan**
Zevin® → **Aciclovir**
Zexate® → **Methotrexate**
Z-Fluor® → **Sodium Fluoride**
Z-Histamine® → **Chlorphenamine**
Ziagen® → **Abacavir**
Zibac® → **Azithromycin**
Zibac® → **Ceftazidime**
Zibelant® → **Tenoxicam**
Zibet® → **Gliclazide**
Zibor® → **Bemiparin sodium**
Zibramax® → **Azithromycin**
Zibren® → **Levocarnitine**
Zicinol® [caps.] → **Fluconazole**
Ziclob® → **Cyclobenzaprine**
Zideron® → **Dextropropoxyphene**
Zidex® → **Ketotifen**
Zidim® → **Ceftazidime**
Zidin® → **Trimetazidine**
Zidis® → **Zidovudine**
Zidonil® → **Fluconazole**
Zidosan® → **Zidovudine**
Zidoval® → **Metronidazole**
Zidovimm® → **Aciclovir**
Zidovir® → **Zidovudine**
Zidovudin® → **Zidovudine**
Zidovudina® → **Zidovudine**
Zidovudina Combino Pharm® → **Zidovudine**
Zidovudina Filaxis® → **Zidovudine**
Zidovudine® → **Zidovudine**
Zidovudin Stada® → **Zidovudine**
Zienam® [+ Cilastatin, sodium salt] → **Imipenem**

Zienam® [+ Imipenem, monohydrate] → **Cilastatin**
Zient® → **Ezetimibe**
Zi-Factor® → **Azithromycin**
Zifin® → **Azithromycin**
Zifluvis® → **Acetylcysteine**
Zikaral® → **Tenoxicam**
Zil® → **Ornidazole**
Zilactin-B® → **Benzocaine**
Zildasac® → **Bendazac**
Zildem® → **Diltiazem**
Zilden® → **Diltiazem**
Zilden Genepharm® → **Diltiazem**
Zileze® → **Zopiclone**
Zilfic® → **Sildenafil**
Zilip® → **Penciclovir**
Zilisten® → **Cefuroxime**
Zilium® → **Domperidone**
Zillt® → **Clopidogrel**
Zilop® → **Gemfibrozil**
Zilopur® → **Allopurinol**
Zilrin® → **Fluconazole**
Zilversulfadiazine Alpharma® → **Sulfadiazine**
Zilversulfadiazine CF® → **Sulfadiazine**
Zilversulfadiazine PCH® → **Sulfadiazine**
Zilversulfadiazine ratiopharm® → **Sulfadiazine**
Zilversulfadiazine Sandoz® → **Sulfadiazine**
Zilversulfadiazine Solvay® → **Sulfadiazine**
Zimadoce® → **Cobamamide**
Zimaks® → **Cefixime**
Zimanel® → **Cefotaxime**
Zimaquin® → **Clomifene**
Zimax® → **Azithromycin**
Zimbacol® → **Bezafibrate**
Zimericina® → **Azithromycin**
Zimmex® → **Simvastatin**
Zimoclone® → **Zopiclone**
Zimor® → **Omeprazole**
Zimovane® → **Zopiclone**
Zimox® → **Amoxicillin**
Zimox® [+ Carbidopa] → **Levodopa**
Zimox® [+ Levodopa] → **Carbidopa**
Zimoxyl® → **Amoxicillin**
Zimycan® → **Miconazole**
Zinacef® [tab.] → **Cefuroxime**
Zinacef® [vet.] → **Cefuroxime**
Zinadol® → **Cefuroxime**
Zinadril® → **Benazepril**
Zinal® → **Cetirizine**
Zinamide® → **Pyrazinamide**
Zinasen® → **Flunarizine**
Zinat® → **Cefuroxime**
Zincation® → **Pyrithione Zinc**
Zincin® → **Cinnarizine**
Zindaclin® → **Clindamycin**
Zindacline® → **Clindamycin**
Zinecard® → **Dexrazoxane**
Zineli® → **Cromoglicic Acid**
Zinetac® → **Ranitidine**
Zinetrin® → **Cetirizine**
Zinkorot® → **Orotic Acid**
Zinkorotat® → **Orotic Acid**
zinkotase® → **Aspartic Acid**
Zinmax Domesco® → **Cefuroxime**
Zinnat® → **Cefuroxime**
Zinnat® [inj.] → **Cefuroxime**
Zinnat® [inj.] → **Cefuroxime**
Zinnat® [tab./susp./..] → **Cefuroxime**
Zinocep® → **Cefuroxime**
Zinolium Aciclovir® → **Aciclovir**
Zinovat® → **Fluoxetine**
Zinoxime® → **Cefuroxime**
Zintergia® → **Amantadine**
Zinulin® [porcine/30 % amorph./70 % cryst.] → **Insulin Zinc Injectable Suspension**
Zipantola® → **Pantoprazole**
Zipanver® [vet.] → **Closantel**
Zipertos® → **Clobutinol**
Zipos® → **Cefuroxime**
Zipradon® → **Ziprasidone**
Ziprol® → **Pantoprazole**
Zipsydon® → **Ziprasidone**
Ziptek® → **Cetirizine**
Zipyran® [vet.] → **Praziquantel**
Ziravir® → **Famciclovir**
Zirconia® → **Aciclovir**
Ziremex® → **Nimodipine**
Zirocin® → **Azithromycin**
Zirpine® → **Cetirizine**
Zirtec® → **Cetirizine**
Zirtek® → **Cetirizine**
Zirtene® → **Cetirizine**
Zismirt® → **Mirtazapine**
Zispin® → **Mirtazapine**
Zistic® → **Azithromycin**
Zitac® [vet.] → **Cimetidine**
Zitazonium® → **Tamoxifen**
Ziten® → **Diclofenac**
Zitep® → **Sulfadiazine**
Zithrin® → **Azithromycin**
Zithrocin® → **Azithromycin**
Zithromac® → **Azithromycin**
Zithromax® → **Azithromycin**
Zithromax® [vet.] → **Clarithromycin**
Zithrox® → **Azithromycin**
Zitrex® → **Azithromycin**
Zitrim® → **Azithromycin**
Zitrobifan® → **Azithromycin**
Zitrocin® → **Azithromycin**
Zitrofar® [caps.] → **Azithromycin**
Zitroken® → **Azithromycin**
Zitrolab® [tab.] → **Azithromycin**
Zitrolid® → **Azithromycin**
Zitrol XR® → **Glipizide**
Zitromax® → **Azithromycin**
Zitromax D.A.C.® → **Azithromycin**
Zitroneo® → **Azithromycin**
Zitrotek® → **Azithromycin**
Zitum® → **Ceftazidime**
Zitumex® → **Piroxicam**
Ziverone® → **Aciclovir**
Zix® → **Meloxicam**
Zleep-5/10® → **Zolpidem**
ZN 6-Na → **Fusidic Acid**
ZNP® → **Pyrithione Zinc**
Znupril® → **Cetirizine**
Zo-20® → **Simvastatin**
Zobacide® → **Metronidazole**
Zoben® → **Albendazole**
Zobox® → **Cilazapril**
Zobrixol® → **Ambroxol**
Zobru® → **Fluconazole**
Zocardis® → **Zofenopril**
Zocil® → **Cilostazol**
Zocolip® → **Simvastatin**
Zocor® → **Simvastatin**
Zocord® → **Simvastatin**
Zocort® → **Hydrocortisone**
Zocovin® → **Aciclovir**
Zodalin® → **Dihydroergotoxine**
Zodiac® [vet.] → **Chlorpyrifos**
Zodiac® [vet.] → **Methoprene**
Zodin® → **Ranitidine**
Zodol® → **Ketorolac**
Zodol® → **Tramadol**
Zodorm® → **Zolpidem**
zodormdura® → **Zolpidem**
Zodurat® → **Zopiclone**
Zofecard® → **Zofenopril**
Zofen® → **Pizotifen**
Zofenil® → **Zofenopril**
Zofepril® → **Zofenopril**
Zofer® → **Ondansetron**
Zofil® → **Zofenopril**
Zoflut® → **Fluticasone**
Zoflux® → **Doxazosin**
Zofran® → **Ondansetron**
Zofran Flexi-amp® → **Ondansetron**
Zofran Melt® → **Ondansetron**
Zofran® [tab./inj.] → **Ondansetron**
Zofran Zydis® → **Ondansetron**
Zofredal® → **Risperidone**
Zofron® → **Ondansetron**
Zoladex® → **Goserelin**
Zoladex D.A.C.® → **Goserelin**
Zoladex Depot® → **Goserelin**

Zoladex LA® → **Goserelin**
Zolafren® → **Olanzapine**
Zolagel® → **Miconazole**
Zolam® → **Alprazolam**
Zolamid® → **Midazolam**
Zolanix® → **Fluconazole**
Zolan® [vet.] → **Nimesulide**
Zolarem® → **Alprazolam**
Zolax® → **Fluconazole**
Zolax® → **Alprazolam**
Zolben® → **Albendazole**
Zolben® → **Paracetamol**
Zoldem® → **Zolpidem**
Zoldicam® → **Fluconazole**
Zoldorm® → **Zolpidem**
Zole® → **Miconazole**
Zolen® → **Fluconazole**
Zolenat® → **Zoledronic Acid**
Zoleptil® → **Zotepine**
Zoleta® → **Imatinib**
Zoletil® [vet.] → **Tiletamine**
Zolfin® → **Aceclofenac**
Zolicef® → **Cefazolin**
Zolico® → **Folic Acid**
Zolidam® → **Midazolam**
Zoliden® → **Ranitidine**
Zolim® → **Mizolastine**
Zolimed® → **Cefazolin**
Zolina® → **Ciprofloxacin**
Zoline® → **Mebhydrolin**
Zolinza® → **Vorinostat**
Zoliparin® → **Aciclovir**
Zolistam® → **Mizolastine**
Zolistan® → **Mizolastine**
Zolium® → **Alprazolam**
Zolival® → **Cefazolin**
Zollocid® → **Omeprazole**
Zolmid® → **Midazolam**
Zolmit® → **Zolmitriptan**
Zolnod® → **Zolpidem**
Zolnoxs® → **Zolpidem**
Zolodorm® → **Zolpidem**
Zolof® → **Sertraline**
Zoloft® → **Sertraline**
Zoloft D.A.C.® → **Sertraline**
Zoloral® → **Ketoconazole**
Zolpic® → **Zolpidem**
Zolpidem® → **Zolpidem**
Zolpidem 1A Farma® → **Zolpidem**
Zolpidem 1A Pharma® → **Zolpidem**
Zolpidem AbZ® → **Zolpidem**
Zolpidem Acost® → **Zolpidem**
Zolpidem AL® → **Zolpidem**
Zolpidem Alpharma® → **Zolpidem**
Zolpidem Arcana® → **Zolpidem**
Zolpidem Bayvit® → **Zolpidem**
Zolpidem-BC® → **Zolpidem**
Zolpidem Belmac® → **Zolpidem**
Zolpidem beta® → **Zolpidem**
Zolpidem Bexal® → **Zolpidem**
Zolpidem Biogaran® → **Zolpidem**
Zolpidem Chemo® → **Zolpidem**
Zolpidem Cinfa® → **Zolpidem**
Zolpidem Cuve® → **Zolpidem**
Zolpidem Davur® → **Zolpidem**
Zolpidem Desgen® → **Zolpidem**
Zolpidem dura® → **Zolpidem**
Zolpidem Edigen® → **Zolpidem**
Zolpidem Efarmes® → **Zolpidem**
Zolpidem EG® → **Zolpidem**
Zolpidem-EG® → **Zolpidem**
Zolpidem Generis® → **Zolpidem**
Zolpidem G Gam® → **Zolpidem**
Zolpidem Helvepharm® → **Zolpidem**
Zolpidem Heumann® → **Zolpidem**
Zolpidem Hexal® → **Zolpidem**
Zolpidem Ivax® → **Zolpidem**
Zolpidem Lacer® → **Zolpidem**
Zolpidem Lasa® → **Zolpidem**
Zolpidem-Mepha® → **Zolpidem**
Zolpidem Merck® → **Zolpidem**
Zolpidem Merck NM® → **Zolpidem**
Zolpidem MK® → **Zolpidem**
Zolpidem Neuraxpharm® → **Zolpidem**
Zolpidem Normon® → **Zolpidem**
Zolpidem Pharmagenus® → **Zolpidem**
Zolpidem Puren® → **Zolpidem**
Zolpidem Qualix® → **Zolpidem**
Zolpidem Ratiopharm® → **Zolpidem**
Zolpidem-ratiopharm® → **Zolpidem**
Zolpidem real® → **Zolpidem**
Zolpidem Rimafar® → **Zolpidem**
Zolpidem RPG® → **Zolpidem**
Zolpidem Sandoz® → **Zolpidem**
Zolpidem-Sandoz® → **Zolpidem**
Zolpidem Stada® → **Zolpidem**
Zolpidem Streuli® → **Zolpidem**
Zolpidem TAD® → **Zolpidem**
Zolpidemtartaat Alpharma® → **Zolpidem**
Zolpidemtartraat® → **Zolpidem**
Zolpidemtartraat A® → **Zolpidem**
Zolpidemtartraat Actavis® → **Zolpidem**
Zolpidemtartraat Apex® → **Zolpidem**
Zolpidemtartraat CF® → **Zolpidem**
Zolpidemtartraat Losan® → **Zolpidem**
Zolpidemtartraat Merck® → **Zolpidem**
Zolpidemtartraat PCH® → **Zolpidem**
Zolpidemtartraat PSI® → **Zolpidem**
Zolpidemtartraat ratiopharm® → **Zolpidem**
Zolpidemtartraat Sandoz® → **Zolpidem**
Zolpidemtartraat Stada® → **Zolpidem**
Zolpidem Tartrate® → **Zolpidem**
Zolpidem-Teva® → **Zolpidem**
Zolpidem Teva® → **Zolpidem**
Zolpidem UNP® → **Zolpidem**
Zolpidem Ur® → **Zolpidem**
Zolpidem von ct® → **Zolpidem**
Zolpidem Winthrop® → **Zolpidem**
Zolpidem Zydus® → **Zolpidem**
Zolpidol® → **Zolpidem**
Zolpigen® → **Zolpidem**
Zolpihexal® → **Zolpidem**
Zolpi-Lich® → **Zolpidem**
Zolpinox® → **Zolpidem**
Zolpi Q® → **Zolpidem**
Zolpi-Q® → **Zolpidem**
Zolpra® → **Pantoprazole**
Zolsana® → **Zolpidem**
Zolstan® → **Fluconazole**
Zolstatin® → **Fluconazole**
Zolt® → **Lansoprazole**
Zoltec® → **Fluconazole**
Zoltem® → **Ondansetron**
Zoltenk® → **Omeprazole**
Zolterol® → **Diclofenac**
Zoltrim® [+ Sulfamethoxazole] → **Trimethoprim**
Zoltrim® [+ Trimethoprim] → **Sulfamethoxazole**
Zoltum® → **Omeprazole**
Zoltum® → **Pantoprazole**
Zolvera® → **Verapamil**
Zolynd® → **Xylometazoline**
Zomacton® [biosyn.] → **Somatropine**
Zoman® → **Loratadine**
Zomax® → **Azithromycin**
Zomepral® → **Omeprazole**
Zomera® → **Zoledronic Acid**
Zometa® → **Zoledronic Acid**
Zometic® → **Zopiclone**
Zomig® → **Zolmitriptan**
Zomig Nasal® → **Zolmitriptan**
Zomigon® → **Zolmitriptan**
Zomigoro® → **Zolmitriptan**
Zomig Rapimelt® → **Zolmitriptan**
Zomig-ZMT® → **Zolmitriptan**
Zomiren® → **Alprazolam**
Zomitan® → **Zolmitriptan**
Zomorph® → **Morphine**
Zon® → **Ketoprofen**
Zonadin® → **Zolpidem**
Zonaker® → **Hyaluronic Acid**
Zonalon® → **Doxepin**

Zonatian® → **Isotretinoin**
Zonavir® → **Brivudine**
Zondar® → **Diacerein**
Zondra® → **Alendronic Acid**
Zonef® → **Cefuroxime**
Zonegran® → **Zonisamide**
Zonisamide® → **Zonisamide**
Zonit® → **Zonisamide**
Zonix® → **Zopiclone**
Zonoct® → **Zolpidem**
Zonometh® [vet.] → **Dexamethasone**
Zoobiotic® [vet.] → **Amoxicillin**
Zoolobelin® [vet.] → **Lobeline**
Zoom® → **Salbutamol**
Zoomec® [vet.] → **Abamectin**
Zoosoltrin®[vet.] → **Sulfadiazine**
Zoosoltrin®[vet.] → **Trimethoprim**
Zootetracil® [vet.] → **Tetracycline**
Zoovermil® [vet.] → **Piperazine**
Zop® → **Zopiclone**
Zopam® → **Diazepam**
Zopax® → **Alprazolam**
Zophren® → **Ondansetron**
Zopicalm® → **Zopiclone**
Zopicalma® → **Zopiclone**
zopiclodura® → **Zopiclone**
Zopiclon® → **Zopiclone**
Zopiclon A® → **Zopiclone**
Zopiclona® → **Zopiclone**
Zopiclon AbZ® → **Zopiclone**
Zopiclon Actavis® → **Zopiclone**
Zopiclon AL® → **Zopiclone**
Zopiclon Alpharma® → **Zopiclone**
Zopiclon beta® → **Zopiclone**
Zopiclon CF® → **Zopiclone**
Zopiclone® → **Zopiclone**
Zopiclone Alpharma® → **Zopiclone**
Zopiclone Apex® → **Zopiclone**
Zopiclone Biogaran® → **Zopiclone**
Zopiclone EG® → **Zopiclone**
Zopiclone G Gam® → **Zopiclone**
Zopiclone Ivax® → **Zopiclone**
Zopiclone Merck® → **Zopiclone**
Zopiclone-Merck® → **Zopiclone**
Zopiclone Ratiopharm® → **Zopiclone**
Zopiclone RPG® → **Zopiclone**
Zopiclone Sandoz® → **Zopiclone**
Zopiclone Teva® → **Zopiclone**
Zopiclone Winthrop® → **Zopiclone**
Zopiclone Zydus® → **Zopiclone**
Zopiclon FLX® → **Zopiclone**
Zopiclon Generics® → **Zopiclone**
Zopiclon Katwijk® → **Zopiclone**
ZopiclonLich® → **Zopiclone**
Zopiclon Merck® → **Zopiclone**
Zopiclon Neuraxpharm® → **Zopiclone**
Zopiclon PCH® → **Zopiclone**
Zopiclon PSI® → **Zopiclone**
Zopiclon ratiopharm® → **Zopiclone**
Zopiclon Sandoz® → **Zopiclone**
Zopiclon Stada® → **Zopiclone**
Zopiclon TAD® → **Zopiclone**
Zopiclon Teva® → **Zopiclone**
zopiclon von ct® → **Zopiclone**
Zopicon® → **Zopiclone**
Zopigen® → **Zopiclone**
Zopiklon® → **Zopiclone**
Zopiklon Merck NM® → **Zopiclone**
Zopiklon NM Pharma® → **Zopiclone**
Zopimed® → **Zopiclone**
Zopimerck® → **Zopiclone**
Zopinox® → **Zopiclone**
Zopi Puren® → **Zopiclone**
Zopiratio® → **Zopiclone**
Zopirol® → **Timolol**
Zopitan® → **Zopiclone**
Zopitin® → **Zopiclone**
Zopivane® → **Zopiclone**
Zopral® → **Lansoprazole**
Zopranol® → **Zofenopril**
Zoprol® → **Lansoprazole**
Zoprotec® → **Zofenopril**
Zorac® → **Tazarotene**
Zorak® → **Tazarotene**
Zoral® → **Omeprazole**
Zoral® → **Aciclovir**
Zoralin® → **Ketoconazole**
Zoran® → **Ranitidine**
Zoratio® → **Zolpidem**
Zorax® → **Aciclovir**
Zoraxin® → **Aciclovir**
Zorbtive® → **Somatropine**
Zorced® → **Simvastatin**
Zoref® → **Cefuroxime**
Zorel® → **Aciclovir**
Zorem® → **Amlodipine**
Zorep® → **Ranitidine**
Zorial → **Clomipramine**
Zorkaptil® → **Captopril**
Zorkasept® → **Benzalkonium Chloride**
Zorkenil® → **Azelaic Acid**
Zoroxin® → **Norfloxacin**
ZORprin® → **Aspirin**
Zorstat® → **Simvastatin**
Zosta® → **Simvastatin**
Zostac® → **Ranitidine**
Zostevir® → **Brivudine**
Zostex® → **Brivudine**
Zostin® → **Simvastatin**
Zostine® → **Simvastatin**
Zostrix® → **Capsaicin**
Zostrum® → **Idoxuridine**
Zostydol® → **Brivudine**
Zosyn® [+ Piperacillin sodium] → **Tazobactam**
Zosyn® [+ Tazobactam sodium] → **Piperacillin**
Zoter® → **Aciclovir**
Zotinar® → **Desonide**
Zoton® → **Lansoprazole**
Zotral® → **Sertraline**
Zotran® → **Alprazolam**
Zotrix® → **Ondansetron**
Zotrole® → **Lansoprazole**
Zov800® → **Aciclovir**
Zovanta-40® → **Pantoprazole**
Zovast® → **Simvastatin**
Zovatin® → **Simvastatin**
Zovir® → **Aciclovir**
Zovirax® [inj.] → **Aciclovir**
Zovirax Oftalmico® → **Aciclovir**
Zovirax Ofthalmic Ointment® → **Aciclovir**
Zovirax® [tabs./susp./ungt.] → **Aciclovir**
Zovirax® [tabs./susp./ungt.] → **Aciclovir**
Zovirax® [vet.] → **Aciclovir**
Zoxan® → **Ciprofloxacin**
Zoxan® → **Doxazosin**
Zoxanid® → **Nitazoxanide**
Zoxil® → **Amoxicillin**
Zoximed® → **Omeprazole**
Zoylex® → **Aciclovir**
Z-P-Dermil® → **Pyrithione Zinc**
Z-Queen® → **Praziquantel**
Z-Trim® [+ Sulfamethoxazole] → **Trimethoprim**
Z-Trim® [+ Trimethoprim] → **Sulfamethoxazole**
Zubrin® [vet.] → **Tepoxalin**
Zuflax® → **Isoflurane**
Zuftil® → **Sufentanil**
zuk® → **Glycol Salicylate**
Zukast® → **Zafirlukast**
Zulboral® → **Cromoglicic Acid**
Zuledine® → **Chlorpromazine**
Zuleptan® → **Mirtazapine**
Zulex® → **Acamprosate**
Zultrop® [+ Sulfamethoxazole] → **Trimethoprim**
Zultrop® [+ Trimethoprim] → **Sulfamethoxazole**
Zumablok® → **Atenolol**
Zumadiac® → **Gliclazide**
Zumafen® [+ Amoxicillin] → **Clavulanic Acid**
Zumafen® [+ Clavulanic Acid] → **Amoxicillin**
Zumafib® → **Fenofibrate**
Zumaflox® → **Ciprofloxacin**

Index
Drugs / ATC codes

Register
Arzneistoffe / ATC-Codes

Index
Substances médicamenteuses / Codes ATC

Abacavir = J05AF06
Abarelix = L02BX01
Abatacept = L04AA24
Abciximab = B01AC13
Acamprosate = N07BB03
Acarbose = A10BF01
Acebutolol = C07AB04
Aceclofenac = M01AB16, M02AA25
Acefylline Piperazine = R03DA09
Acemetacin = M01AB11
Acenocoumarol = B01AA07
Acepromazine = N05AA04
Acetazolamide = S01EC01
Acetohexamide = A10BB31
Acetohydroxamic Acid = G04BX03
Acetylcysteine = R05CB01, S01XA08, V03AB23
Acetyldigoxin = C01AA02
Acetylleucine = N07CA04
Aciclovir = D06BB03, J05AB01, S01AD03
Acipimox = C10AD06
Acitretin = D05BB02
Acrivastine = R06AX18
Adalimumab = L04AA17
Adapalene = D10AD03
Ademetionine = A16AA02
Adenosine = C01EB10
Adrafinil = N06BX17
Agalsidase Alfa = A16AB03
Agalsidase Beta = A16AB04
Agomelatine = N06AX22
Ajmaline = C01BA05
Albendazole = P02CA03
Aldesleukin = L03AC01
Alefacept = L04AA15
Alemtuzumab = L01XC04
Alendronic Acid = M05BA04
Alfacalcidol = A11CC03
Alfentanil = N01AH02
Alfuzosin = G04CA01
Algeldrate = A02AB02
Alglucerase = A16AB01
Alglucosidase alfa = A16AB07
Alimemazine = R06AD01
Aliskiren = C09XA02
Allopurinol = M04AA01
Allylestrenol = G03DC01
Almagate = A02AD03
Almasilate = A02AD05
Alminoprofen = M01AE16
Almotriptan = N02CC05
Aloxiprin = B01AC15, N02BA02
Alpha-$_1$ protease inhibitor = B02AB02
Alprazolam = N05BA12
Alprostadil = C01EA01, G04BE01
Alteplase = B01AD02, S01XA13
Altretamine = L01XX03
Aluminum Chloride = D10AX01
Amantadine = N04BB01
Ambazone = R02AA01
Ambrisentan = C02KX02
Ambroxol = R05CB06
Amcinonide = D07AC11
Amfepramone = A08AA03
Amfetamine = N06BA01
Amifostine = V03AF05
Amikacin = D06AX12, J01GB06, S01AA21
Amiloride = C03DB01
Amineptine = N06AA19
Aminobenzoic Acid = D02BA01
Aminocaproic Acid = B02AA01
Aminomethylbenzoic Acid = B02AA03
Aminophenazone = N02BB03
Aminophylline = R03DA05
Aminosalicylic Acid = J04AA01
Amiodarone = C01BD01
Amisulpride = N05AL05
Amitriptyline = N06AA09
Amlexanox = A01AD07, R03DX01
Amlodipine = C08CA01
Amobarbital = N05CA02
Amodiaquine = P01BA06
Amorolfine = D01AE16
Amoxapine = N06AA17
Amoxicillin = J01CA04
Ampicillin = J01CA01, S01AA19
Amprenavir = J05AE05
Amrinone = C01CE01
Amsacrine = L01XX01
Anagrelide = L01XX35
Anakinra = L04AA14
Anastrozole = L02BG03
Ancestim = L03AA12
Androstanolone = A14AA01
Anetholtrithion = A16AX02
Anidulafungin = J02AX06
Aniracetam = N06BX11
Anistreplase = B01AD03
Antithrombin III = B01AB02
Apomorphine = N04BC07
Aprepitant = A04AD12
Aprotinin = B02AB01
Argatroban = B01AE03
Argipressin = H01BA06
Aripiprazole = N05AX12
Artemether = P01BE02
Artesunate = P01BE03
Ascorbic Acid = G01AD03, S01XA15
Asparaginase = L01XX02
Astemizole = R06AX11
Atazanavir = J05AE08
Atenolol = C07AB03
Atorvastatin = C10AA05
Atosiban = G02CX01
Atovaquone = P01AX06
Atropine = A03BA01, S01FA01
Attapulgite = A07BC04
Auranofin = M01CB03
Aurothioglucose = M01CB04
Aurotioprol = M01CB05
Azanidazole = G01AF13, P01AB04
Azathioprine = L04AX01
Azelaic Acid = D10AX03
Azidamfenicol = S01AA25
Azithromycin = J01FA10
Aztreonam = J01DF01

Bacampicillin = J01CA06
Bacitracin = D06AX05, R02AB04
Baclofen = M03BX01
Balsalazide = A07EC04
Bambuterol = R03CC12
Bamethan = C04AA31
Barbexaclone = N03AA04
Barnidipine = C08CA12
Batroxobin = B02BX03
Becaplermin = D03AX

Cathine	= A08AA07
Cefacetrile	= J01DB10
Cefaclor	= J01DC04
Cefadroxil	= J01DB05
Cefalexin	= J01DB01
Cefalotin	= J01DB03
Cefamandole	= J01DC03
Cefapirin	= J01DB08
Cefatrizine	= J01DB07
Cefazolin	= J01DB04
Cefdinir	= J01DD15
Cefditoren	= J01DD16
Cefepime	= J01DE01
Cefixime	= J01DD08
Cefonicid	= JO1DC06
Cefoperazone	= J01DD12
Ceforanide	= J01DC11
Cefotaxime	= J01DD01
Cefotiam	= J01DC07
Cefoxitin	= J01DC01
Cefpirome	= J01DE02
Cefpodoxime	= J01DD13
Cefprozil	= J01DC10
Cefradine	= J01DB09
Cefroxadine	= J01DB11
Ceftazidime	= J01DD02
Ceftibuten	= J01DD14
Ceftriaxone	= J01DD04
Cefuroxime	= J01DC02
Celecoxib	= L01XX33, M01AH01
Celiprolol	= C07AB08
Cetirizine	= R06AE07
Cetrimide	= D08AJ04, D11AC01
Cetuximab	= L01XC06
Charcoal, Activated	= A07BA
Chenodeoxycholic Acid	= A05AA01
Chloral Hydrate	= N05CC01
Chlorambucil	= L01AA02
Chloramphenicol	= D06AX02, D10AF03, G01AA05, J01BA01, S01AA01, S02AA01
Chlordiazepoxide	= N05BA02
Chlorhexidine	= A01AB03, B05CA02, D08AC02, D09AA12, R02AA05, S01AX09, S02AA09, S03AA04
Chloropyramine	= D04AA09, R06AC03
Chloroquine	= P01BA01
Chlorothiazide	= C03AA04
Chloroxylenol	= D08AE05
Chlorpromazine	= N05AA01
Chlorpropamide	= A10BB02
Chlorprothixene	= N05AF03
Chlorquinaldol	= D08AH02, G01AC03, P01AA04, R02AA11
Chlortalidone	= C03BA04
Chlortetracycline	= A01AB21, D06AA02, J01AA03, S01AA02
Chlorzoxazone	= M03BB03
Choline Alfoscerate	= N07AX02
Choline Salicylate	= N02BA03
Choline Theophyllinate	= R03DA02
Chondroitin Sulfate	= B03AB07
Chymotrypsin	= B06AA04, S01KX01
Cibenzoline	= C01BG07
Ciclesonide	= R03BA08
Ciclopirox	= D01AE14, G01AX12
Ciclosporin	= L04AA01
Cidofovir	= J05AB12
Cilazapril	= C09AA08
Cilnidipine	= C08CA14
Cimetidine	= A02BA01
Cimetropium Bromide	= A03BB05
Cinacalcet	= H05BX01
Cinchocaine	= C05AD04, D04AB02, N01BB06, S01HA06
Cinchophen	= M04AC02
Cinnarizine	= N07CA02
Cinolazepam	= N05CD13
Cinoxacin	= J01MB06
Ciprofibrate	= C10AB08
Ciprofloxacin	= J01MA02, S01AX13, S02AA15
Cisapride	= A03FA02
Cisplatin	= L01XA01
Citalopram	= N06AB04
Citicoline	= N06BX06
Cladribine	= L01BB04
Clarithromycin	= J01FA09
Clemastine	= D04AA14, R06AA04
Clenbuterol	= R03AC14, R03CC13
Clindamycin	= D10AF01, G01AA10, J01FF01
Clioquinol	= D08AH30, D09AA10, G01AC02, P01AA02, S02AA05
Clobazam	= N05BA09
Clobetasol	= D07AD01
Clobutinol	= R05DB03
Clodronic Acid	= M05BA02
Clofarabine	= L01BB06
Clofazimine	= J04BA01
Clofedanol	= R05DB10
Clofibrate	= C10AB01
Clofoctol	= J01XX03
Clomethiazole	= N05CM02
Clomifene	= G03GB02
Clomipramine	= N06AA04
Clonazepam	= N03AE01
Clonidine	= C02AC01, N02CX02, S01EA04
Clopamide	= C03BA03
Cloperastine	= R05DB21
Clopidogrel	= B01AC04
Cloprednol	= H02AB14
Clotiapine	= N05AX09
Clotiazepam	= N05BA21
Clotrimazole	= A01AB18, D01AC01, G01AF02
Cloxacillin	= J01CF02
Cloxazolam	= N05BA22
Clozapine	= N05AH02
Cobamamide	= B03BA04
Codeine	= R05DA04
Colchicine	= M04AC01
Colecalciferol	= A11CC05
Colestyramine	= C10AC01

Colfosceril Palmitate	= R07AA01
Colistin	= A07AA10, J01XB01
Corticotropin	= H01AA01
Cortivazol	= H02AB17
Cromoglicic Acid	= A07EB01, D11AX17, R01AC01, R03BC01, S01GX01
Cyamemazine	= N05AA06
Cyanocobalamin	= B03BA01
Cyclandelate	= C04AX01
Cyclizine	= R06AE03
Cyclobenzaprine	= M03BX08
Cyclofenil	= G03GB01
Cyclopenthiazide	= C03AA07
Cyclopentolate	= S01FA04
Cyclophosphamide	= L01AA01
Cycloserine	= J04AB01
Cyfluthrin	= P03BA01
Cypermethrin	= P03BA02
Cyproheptadine	= R06AX02
Cyproterone	= G03HA01
Cytarabine	= L01BC01
Dacarbazine	= L01AX04
Daclizumab	= L04AA08
Dactinomycin	= L01DA01
Danazol	= G03XA01
Dantron	= A06AB03
Dapsone	= J04BA02
Daptomycin	= JO1XX09
Darbepoetin Alfa	= B03XA02
Darunavir	= J05AE10
Dasatinib	= L01XE06
Daunorubicin	= L01DB02
Deferasirox	= V03AC03
Deferiprone	= V03AC02
Deferoxamine	= V03AC01
Defibrotide	= B01AX01
Deflazacort	= H02AB13
Delapril	= C09AA12
Denileukin diftitox	= L01XX29
Denotivir	= D06BB
Desflurane	= N01AB07
Desirudin	= B01AE01
Deslanoside	= C01AA07
Desloratadine	= R06AX27
Desmopressin	= H01BA02
Desogestrel	= G03AC09
Desonide	= D07AB08, S01BA11
Desoximetasone	= D07AC03, D07XC02
Dexamethasone	= A01AC02, C05AA09, D07AB19, D07XB05, D10AA03, H02AB02, R01AD03, S01BA01, S01CB01, S02BA06, S03BA01
Dexamfetamine	= N06BA02
Dexchlorphenir-amine	= R06AB02
Dexketoprofen	= M01AE17
Dexmedetomidine	= N05CM18
Dexpanthenol	= A11HA30, D03AX03, S01XA12
Dexrazoxane	= V03AF02
Dextran	= B05AA05
Dextranomer	= D03AX02
Dextriferron	= B03AB05, B03AC01, B03AD04
Dextromethorphan	= R05DA09
Diacerein	= M01AX21
Diazepam	= N05BA01
Diazoxide	= C02DA01, V03AH01
Dibotermin Alfa	= M05BC01
Dichlorophen	= P02DX02
Diclofenac	= D11AX18, M01AB05, M02AA15, S01BC03
Diclofenamide	= S01EC02
Dicloxacillin	= J01CF01
Dicycloverine	= A03AA07
Didanosine	= J05AF02
Dienestrol	= G03CB01, G03CC02
Diethylcarbamazine	= P02CB02
Diethylstilbestrol	= G03CB02, G03CC05, L02AA01
Diethyltoluamide	= P03BX01
Diflunisal	= N02BA11
Difluprednate	= D07AC19
Digitoxin	= C01AA04
Digoxin	= C01AA05
Dihydrocodeine	= N02AA08
Dihydrotachysterol	= A11CC02
Diiodohydroxyqui-noline	= G01AC01
Diltiazem	= C08DB01
Dimercaprol	= V03AB09
Dimethyl Sulfoxide	= G04BX13, M02AX03
Dimetotiazine	= N02CX05
Dinoprost	= G02AD01
Dinoprostone	= G02AD02
Diosmin	= C05CA03
Diphenhydramine	= D04AA32, R06AA02
Diprophylline	= R03DA01
Dipyridamole	= B01AC07
Dirithromycin	= J01FA13
Disopyramide	= C01BA03
Disulfiram	= N07BB01, P03AA04
Ditazole	= B01AC01
Dithranol	= D05AC01
Dixyrazine	= N05AB01
Dobutamine	= C01CA07
Docetaxel	= L01CD02
Docosanol	= D06BB11
Docusate Sodium	= A06AA02
Dofetilide	= C01BD04
Domperidone	= A03FA03
Donepezil	= N06DA02
Dorzolamide	= S01EC03
Doxacurium Chloride	= M03AC07
Doxapram	= R07AB01
Doxazosin	= C02CA04
Doxepin	= N06AA12
Doxofylline	= R03DA11
Doxorubicin	= L01DB01
Doxycycline	= A01AB22, J01AA02
Droperidol	= N01AX01, N05AD08
Dropropizine	= R05DB19
Drotaverine	= A03AD02
Drotrecogin Alfa (activated)	= B01AD10
Duloxetine	= N06AX21
Dutasteride	= G04CB02
Dydrogesterone	= G03DB01
Ebastine	= R06AX22
Econazole	= D01AC03, G01AF05
Edoxudine	= D06BB09
Efalizumab	= L04AA21

Efavirenz	= J05AG03
Elcatonin	= H05BA04
Emedastine	= S01GX06
Emtricitabine	= J05AF09
Enalapril	= C09AA02
Enflurane	= N01AB04
Enfuvirtide	= J05AX07
Enoxacin	= J01MA04
Enoxaparin	= B01AB05
Enoximone	= C01CE03
Enoxolone	= DO3AX10
Entacapone	= N04BX02
Epervudine	= D06BB
Ephedrine	= R01AA03, R01AB05, R03CA02, S01FB02
Epimestrol	= G03GB03
Epinastine	= R06AX24, S01GX10
Epinephrine	= A01AD01, B02BC09, C01CA24, R01AA14, R03AA01, S01EA01
Epirubicin	= L01DB03
Eplerenone	= C03DA04
Epoetin Delta	= B03XA01
Eprosartan	= C09CA02
Eptifibatide	= B01AC16
Eptotermin alfa	= M05BC02
Erdosteine	= R05CB15
Ergocalciferol	= A11CC01
Ergotamine	= N02CA02
Ertapenem	= J01DH03
Erythromycin	= D10AF02, J01FA01, S01AA17
Escitalopram	= N06AB
Esomeprazole	= A02BC05
Estazolam	= N05CD04
Estradiol	= G03CA03
Estriol	= G03CA04, G03CC06
Estrone	= G03CA07, G03CC04
Etacrynic Acid	= C03CC01
Etamsylate	= B02BX01
Etanercept	= L04AA11
Ethambutol	= J04AK02
Ethinylestradiol	= G03CA01, L02AA03
Ethionamide	= J04AD03

Ethosuximide	= N03AD01
Ethotoin	= N03AB01
Ethyl Biscoumacetate	= B01AA08
Ethyl Chloride	= N01BX01
Ethyl Loflazepate	= N05BA18
Ethylestrenol	= A14AB02
Etidronic Acid	= M05BA01
Etilefrine	= C01CA01
Etizolam	= N05BA19
Etodolac	= M01AB08
Etofenamate	= M02AA06
Etofibrate	= C10AB09
Etomidate	= N01AX07
Etonogestrel	= G03AC08
Etoposide	= L01CB01
Etoricoxib	= M01AH05
Etozolin	= C03CX01
Everolimus	= L04AA18
Exemestane	= L02BG06
Exenatide	= A10BX04
Ezetimibe	= C10AX09
Famciclovir	= J05AB09, S01AD07
Famotidine	= A02BA03
Fedrilate	= R05DB14
Felbamate	= N03AX10
Felbinac	= M02AA08
Felodipine	= C08CA02
Fenbendazole	= P02CA06
Fenbufen	= M01AE05
Fenofibrate	= C10AB05
Fenoldopam	= C01CA19
Fenoverine	= A03AX05
Fenspiride	= R03BX01, R03DX03
Fentanyl	= N02AB03
Fentiazac	= M01AB10, M02AA14
Fenticonazole	= D01AC12, G01AF12
Feprazone	= M01AX18, M02AA16
Ferrous Fumarate	= B03AA02, B03AD02
Ferrous Gluconate	= B03AA03
Ferrous Succinate	= B03AA06
Ferrous Sulfate	= B03AA07, B03AD03
Ferucarbotran	= V08CB
Ferumoxsil	= V08CB01
Fexofenadine	= R06AX26
Filgrastim	= L03AA02

Finasteride	= G04CB01
Flavoxate	= G04BD02
Fleroxacin	= J01MA08
Floctafenine	= N02BG04
Flubendazole	= P02CA05
Flucloxacillin	= J01CF05
Fluconazole	= D01AC15, J02AC01
Flucytosine	= D01AE21, J02AX01
Fludarabine	= L01BB05
Fludeoxyglucose (18F)	= V09IX04
Fludiazepam	= N05BA17
Fludrocortisone	= H02AA02
Fludroxycortide	= D07AC07
Flufenamic Acid	= M01AG03
Flumazenil	= V03AB25
Flumequine	= J01MB07
Flumetasone	= D07AB03, D07XB01
Flunarizine	= N07CA03
Flunisolide	= R01AD04, R03BA03
Flunitrazepam	= N05CD03
Fluocinolone acetonide	= C05AA10, D07AC04, S01BA15
Fluocinonide	= C05AA11, D07AC08
Fluocortolone	= C05AA08, D07AC05, H02AB03
Fluorometholone	= C05AA06, D07AB06, D07XB04, D10AA01, S01BA07, S01CB05
Fluorouracil	= L01BC02
Fluoxetine	= N06AB03
Fluoxymesterone	= G03BA01
Flupentixol	= N05AF01
Fluphenazine	= N05AB02
Flurazepam	= N05CD01
Flurbiprofen	= M01AE09, M02AA19, S01BC04
Fluspirilene	= N05AG01
Flutamide	= L02BB01
Fluticasone	= D07AC17, R01AD08, R03BA05
Flutrimazole	= GO1AF18

Fluvastatin	= C10AA04
Fluvoxamine	= N06AB08
Folic Acid	= B03BB01
Folinic Acid	= V03AF
Follitropin Alfa	= G03GA05
Follitropin Beta	= G03GA06
Fomepizole	= V03AB34
Fondaparinux Sodium	= B01AX05
Formestane	= L02BG02
Formocortal	= S01BA12
Formoterol	= R03AC13
Fosamprenavir	= JO5AE07
Foscarnet Sodium	= J05AD01
Fosfomycin	= J01XX01
Fosinopril	= C09AA09
Fotemustine	= L01AD05
Frovatriptan	= N02CC07
Fructose	= V06DC02
Fulvestrant	= L02BA03
Furazolidone	= G01AX06
Furosemide	= C03CA01
Fusafungine	= R02AB03
Fusidic Acid	= D06AX01, D09AA02, J01XC01, S01AA13
Gabapentin	= N03AX12
Gadobenic Acid	= V08CA
Gadobutrol	= V08CA09
Gadodiamide	= V08CA03
Gadoteric Acid	= V08CA02
Gadoteridol	= V08CA04
Gadoversetamide	= V08CA06
Galactose	= V04CE01
Galantamine	= N06DA04
Galsulfase	= A16AB08
Gamolenic Acid	= D11AX02
Ganciclovir	= J05AB06, S01AD09
Ganirelix	= H01CC01
Gatifloxacin	= J01MA16, S01AX21
Gefarnate	= A02BX07
Gefitinib	= L01XE02
Gemcitabine	= L01BC05
Gemeprost	= G02AD03
Gemfibrozil	= C10AB04
Gemifloxacin	= J01MA15
Gentamicin	= D06AX07, J01GB03, S01AA11, S03AA06
Gestrinone	= G03XA02
Glatiramer Acetate	= L03AX13
Glibenclamide	= A10BB01
Glibornuride	= A10BB04
Gliclazide	= A10BB09
Glimepiride	= A10BB12
Glipizide	= A10BB07
Gliquidone	= A10BB08
Glucagon	= H04AA01
Glucosamine	= M01AX05
Glutathione	= V03AB32
Glutethimide	= N05CE01
Glycerol	= A06AG04, A06AX01
Glycine	= B05CX03
Glycobiarsol	= P01AR03
Gonadorelin	= H01CA01, V04CM01
Goserelin	= L02AE03
Gramicidin	= R02AB30
Granisetron	= A04AA02
Griseofulvin	= D01AA08, D01BA01
Guacetisal	= N02BA14
Guaifenesin	= R05CA03
Guanfacine	= C02AC02
Halazepam	= N05BA13
Halcinonide	= D07AD02
Haloperidol	= N05AD01
Haloprogin	= D01AE11
Halothane	= N01AB01
Heparin	= B01AB01, C05BA03, S01XA14
Heptaminol	= C01DX08
Hetastarch	= B05AA
Hexachlorophene	= D08AE01
Hexedine	= A01AB12
Hexetidine	= A01AB12
Hexoprenaline	= R03AC06, R03CC05
Hexylresorcinol	= R02AA12
Hyaluronic Acid	= D03AX05, M09AX01, S01KA01
Hyaluronidase	= B06AA03
Hydralazine	= C02DB02
Hydrochlorothiazide	= C03AA03
Hydrocortisone	= A01AC03, A07EA02, C05AA01, D07AA02, D07XA01, H02AB09, S01BA02, S01CB03, S02BA01
Hydroflumethiazide	= C03AA02
Hydroquinine	= M09AA01
Hydroquinone	= D11AX11
Hydrotalcite	= A02AD04
Hydroxocobalamin	= B03BA03, V03AB33
Hydroxycarbamide	= L01XX05
Hydroxychloroquine	= P01BA02
Hydroxyzine	= N05BB01
Hymecromone	= A05AX02
Hyoscyamine	= A03BA03
Hypromellose	= S01KA02
Ibacitabine	= D06BB08
Ibandronic Acid	= M05BA06
Ibopamine	= C01CA16, S01FB03
Ibritumomab Tiuxetan	= V10XX02
Ibudilast	= R03DC04
Ibuprofen	= CO1EB16, G02CC01, M01AE01, M02AA13
Ibuproxam	= M01AE13
Idarubicin	= L01DB06
Idebenone	= N06BX13
Idoxuridine	= D06BB01, J05AB02, S01AD01
Idursulfase	= A16AB09
Ifosfamide	= L01AA06
Iloprost	= B01AC11
Imatinib	= L01XE01
Imidapril	= C09AA16
Imidazole Salicylate	= N02BA16
Imiglucerase	= A16AB02
Imipramine	= N06AA02
Imiquimod	= D06BB10
Indapamide	= C03BA11
Indinavir	= J05AE02
Indobufen	= B01AC10
Indometacin	= C01EB03, M01AB01, M02AA23, S01BC01

Indoramin	= C02CA02
Inosine	= D06BB05, G01AX02, S01XA10
Inosine Pranobex	= J05AX05
Inositol	= A11HA07
Inositol Nicotinate	= C04AC03
Insulin Aspart	= A10AB05, A10AD05
Insulin Determir	= A10AE05
Insulin Glargine	= A10AE04
Insulin glulisine	= A10AB06
Insulin Inhaled, Human	= A10AF01
Insulin Lispro	= A10AB04
Interferon Alfa	= L03AB01
Interferon Alfacon-1	= L03AB
Iobitridol	= V08AB11
Iodixanol	= V08AB09
Iohexol	= V08AB02
Iomeprol	= V08AB10
Iopamidol	= V08AB04
Iopanoic Acid	= V08AC06
Iopentol	= V08AB08
Iopromide	= V08AB05
Iotrolan	= V08AB06
Ioversol	= V08AB07
Ioxilan	= V08AB12
Ipratropium Bromide	= R01AX03, R03BB01
Iprazochrome	= N02CX03
Ipriflavone	= M05BX01
Irbesartan	= C09CA04
Irinotecan	= L01XX19
Iron sucrose	= B03AB02, B03AC02
Isepamicin	= J01GB11
Isoaminile	= R05DB04
Isocarboxazid	= N06AF01
Isoconazole	= D01AC05, G01AF07
Isoflurane	= N01AB06
Isoniazid	= J04AC01
Isosorbide Dinitrate	= C01DA08, C05AX07
Isosorbide Mononitrate	= C01DA14
Isothipendyl	= D04AA22, R06AD09
Isotretinoin	= D10AD04, D10BA01
Isoxsuprine	= C04AA01
Isradipine	= C08CA03
Itraconazole	= J02AC02
Ivabrandine	= C01EB17
Ivermectin	= P02CF01
Josamycin	= J01FA07
Kallidinogenase	= C04AF01
Kanamycin	= A07AA08, J01GB04, S01AA24
Kebuzone	= M01AA06
Ketamine	= N01AX03
Ketanserin	= C02KD01
Ketazolam	= N05BA10
Ketoconazole	= D01AC08, G01AF11, J02AB02
Ketoprofen	= M01AE03, M02AA10
Ketorolac	= M01AB15, S01BC05
Ketotifen	= R06AX17
Lacidipine	= C08CA09
Lactic Acid	= G01AD01
Lactitol	= A06AD12
Lactulose	= A06AD11
Lamivudine	= J05AF05
Lamotrigine	= N03AX09
Lanatoside C	= C01AA06
Lanreotide	= H01CB03
Lansoprazole	= A02BC03
Lanthanum Carbonate	= V03AE03
Laronidase	= A16AB05
Latanoprost	= S01EE01
Leflunomide	= L04AA13
Lenalidomide	= L04AX04
Lenograstim	= L03AA10
Lepirudin	= B01AE02
Lercanidipine	= C08CA13
Letrozole	= L02BG04
Leuprorelin	= L02AE02
Levamisole	= P02CE01
Levetiracetam	= N03AX14
Levobupivacaine	= N01BB10
Levocabastine	= R01AC02, S01GX02
Levocarnitine	= A16AA01
Levocetirizine	= R06AE08
Levodopa	= N04BA01
Levofloxacin	= J01MA12, S01AX19
Levomepromazine	= N05AA02
Levonorgestrel	= G03AC03
Levosimendan	= C01CX08
Levosulpiride	= N05AL07
Lidocaine	= C01BB01, C05AD01, D04AB01, N01BB02, R02AD02, S01HA07, S02DA01
Lidoflazine	= C08EX01
Lincomycin	= J01FF02
Lindane	= P03AB02
Linezolid	= J01XX08
Lisinopril	= C09AA03
Lodoxamide	= S01GX05
Lomefloxacin	= J01MA07, S01AX17
Lomustine	= L01AD02
Loperamide	= A07DA03
Lopinavir	= J05AE
Loprazolam	= N05CD11
Loracarbef	= J01DC08
Loratadine	= R06AX13
Lorazepam	= N05BA06
Lormetazepam	= N05CD06
Lornoxicam	= M01AC05
Losartan	= C09CA01
Lovastatin	= C10AA02
Loxapine	= N05AH01
Lumefantrine	= P01BX
Lumiracoxib	= M01AH06
Lutropin Alfa	= G03GA07
Lymecycline	= J01AA04
Lynestrenol	= G03AC02, G03DC03
Lysine	= B05XB03
Magaldrate	= A02AD02
Magnesium Gluconate	= A12CC03
Magnesium Pidolate	= A12CC08
Malathion	= P03AX03
Maltodextrin	= V06DA
Mandelic Acid	= B05CA06, B05CA06
Manidipine	= C08CA11
Mannitol	= B05BC01, B05CX04
Maprotiline	= N06AA21
Mazindol	= A08AA05
Mebendazole	= P02CA01
Mebeverine	= A03AA04
Mebhydrolin	= R06AX15

Mecillinam	= J01CA11
Meclofenamic Acid	= M01AG04, M02AA18
Meclozine	= R06AE05
Mecobalamin	= B03BA05
Medazepam	= N05BA03
Medrogestone	= G03DB03
Medroxyprogesterone	= G03AC06, G03DA02, L02AB02
Medrysone	= S01BA08
Mefenamic Acid	= M01AG01
Mefloquine	= P01BC02
Megestrol	= G03AC05, G03DB02, L02AB01
Melatonin	= N05CH01
Melitracen	= N06AA14
Meloxicam	= M01AC06
Melphalan	= L01AA03
Memantine	= N06DX01
Menadione	= B02BA02
Mepartricin	= A01AB16, D01AA06, G01AA09, G04CX03
Mephenesin	= M03BX06
Mephenoxalone	= N05BX01
Mephenytoin	= N03AB04
Mepivacaine	= N01BB03
Meprednisone	= H02AB15
Meprobamate	= N05BC01
Mequinol	= D11AX06
Mequitazine	= R06AD07
Mercaptopurine	= L01BB02
Meropenem	= J01DH02
Mesalazine	= A07EC02
Mesna	= R05CB05, V03AF01
Mesterolone	= G03BB01
Mesulfen	= D10AB05, P03AA03
Mesuximide	= N03AD03
Metacycline	= J01AA05
Metadoxine	= N07BB
Metamizole	= N02BB02
Metandienone	= A14AA03, D11AE01
Metergoline	= G02CB05
Metformin	= A10BA02
Methazolamide	= S01EC05
Methenamine	= J01XX05
Methocarbamol	= M03BA03
Methotrexate	= L01BA01, L04AX03
Methoxsalen	= D05AD02, D05BA02
Methoxyflurane	= N01AB03
Methyclothiazide	= C03AA08
Methylcellulose	= A06AC06
Methylergometrine	= G02AB01
Methylphenidate	= N06BA04
Methylphenobarbital	= N03AA01
Methylprednisolone	= D07AA01, D10AA02, H02AB04
Methyltestosterone	= G03BA02, G03EK01
Methylthioninium Chloride	= V03AB17, V04CG05
Methylthiouracil	= H03BA01
Methysergide	= N02CA04
Meticrane	= C03BA09
Metildigoxin	= C01AA08
Metipranolol	= S01ED04
Metirosine	= C02KB01
Metoclopramide	= A03FA01
Metolazone	= C03BA08
Metopimazine	= A04AD05
Metoprolol	= C07AB02
Metrifonate	= P02BB01
Metronidazole	= A01AB17, D06BX01, G01AF01, J01XD01, P01AB01
Metyrapone	= V04CD01
Mianserin	= N06AX03
Miconazole	= A01AB09, A07AC01, D01AC02, G01AF04, J02AB01, S02AA13
Midazolam	= N05CD08
Midecamycin	= J01FA03
Mifepristone	= G03XB01
Miglitol	= A10BF02
Miglustat	= A16AX06
Milrinone	= C01CE02
Miltefosine	= L01XX09
Minocycline	= A01AB23, J01AA08
Minoxidil	= C02DC01, D11AX01
Mirtazapine	= N06AX11
Misoprostol	= A02BB01
Mitomycin	= L01DC03
Mitoxantrone	= L01DB07
Mivacurium Chloride	= M03AC10
Mizolastine	= R06AX25
Moclobemide	= N06AG02
Modafinil	= N06BA07
Molgramostim	= L03AA03
Molsidomine	= C01DX12
Monobenzone	= D11AX13
Monoethanolamine Oleate	= C05BB01
Montelukast	= R03DC03
Morclofone	= R05DB25
Morniflumate	= M01AX22
Moroctocog Alfa	= B02BD
Morphine	= N02AA01
Motretinide	= D10AD05
Moxifloxacin	= J01MA14, S01AX22
Moxisylyte	= C04AX10
Moxonidine	= C02AC05
Mupirocin	= D06AX09, R01AX06
Muromonab-CD3	= L04AA02
Nabilone	= A04AD11
Nabumetone	= M01AX01
Nadolol	= C07AA12
Naftidrofuryl	= C04AX21
Nalidixic Acid	= J01MB02
Nalorphine	= V03AB02
Naloxone	= V03AB15
Naltrexone	= N07BB04
Nandrolone	= A14AB01, S01XA11
Naphazoline	= R01AA08, R01AB02, S01GA01
Naproxen	= G02CC02, M01AE02, M02AA12
Naratriptan	= N02CC02
Natalizumab	= L04AA23
Natamycin	= A01AB10, A07AA03, D01AA02, G01AA02, S01AA10
Nateglinide	= A10BX03
Nebivolol	= C07AB12
Nedaplatin	= L01XA
Nedocromil	= R01AC07, R03BC03, S01GX04

Nelarabine	= L01BB07
Nelfinavir	= J05AE04
Neomycin	= A01AB08, A07AA01, B05CA09, D06AX04, J01GB05, R02AB01, S01AA03, S02AA07, S03AA01
Nesiritide	= C01DX19
Netilmicin	= J01GB07, S01AA23
Nevirapine	= J05AG01
Nialamide	= N06AF02
Niaprazine	= N05CM16
Nicardipine	= C08CA04
Nicergoline	= C04AE02
Niclosamide	= P02DA01
Nicorandil	= C01DX16
Nicotinamide	= A11HA01
Nicotine	= N07BA01
Nicotinic Acid	= C04AC01, C10AD02
Nifedipine	= C08CA05
Niflumic Acid	= M01AX02, M02AA17
Nifuratel	= G01AX05
Nifuroxazide	= A07AX03
Nifurtoinol	= J01XE02
Nifurzide	= A07AX04
Nikethamide	= R07AB02
Nilutamide	= L02BB02
Nilvadipine	= C08CA10
Nimesulide	= M01AX17
Nimodipine	= C08CA06
Nimorazole	= P01AB06
Nisoldipine	= C08CA07
Nitazoxanide	= P02CX
Nitisinone	= A16AX04
Nitrazepam	= N05CD02
Nitrendipine	= C08CA08
Nitrofural	= B05CA03, D08AF01, D09AA03, P01CC02, S01AX04, S02AA02
Nitrofurantoin	= J01XE01
Nitroxoline	= J01XX07
Nizatidine	= A02BA04
Nonacog Alfa	= B02BD09
Nordazepam	= N05BA16
Norepinephrine	= C01CA03
Norethandrolone	= A14AA09
Norethisterone	= G03AC01, G03DC02
Norfloxacin	= J01MA06, S01AX12
Nortriptyline	= N06AA10
Noscapine	= R05DA07
Noxytiolin	= B05CA07
Nystatin	= A07AA02, D01AA01, G01AA01
Octreotide	= H01CB02
Ofloxacin	= J01MA01, S01AX11
Olaflur	= A01AA03
Olanzapine	= N05AH03
Olmesartan Medoxomil	= C09CA08
Olopatadine	= R01AC08
Omalizumab	= R03DX05
Omeprazole	= A02BC01
Ondansetron	= A04AA01
Opipramol	= N06AA05
Oprelevkin	= L03AC02
Orgotein	= M01AX14
Orlistat	= A08AB01
Ornidazole	= G01AF06, J01XD03, P01AB03
Ornipressin	= H01BA05
Oseltamivir	= J05AH02
Otilonium Bromide	= A03AB06
Oxaceprol	= D11AX09
Oxacillin	= J01CF04
Oxaliplatin	= L01XA03
Oxamniquine	= P02BA02
Oxandrolone	= A14AA08
Oxaprozin	= M01AE12
Oxatomide	= R06AE06
Oxazepam	= N05BA04
Oxcarbazepine	= N03AF02
Oxetacaine	= C05AD06
Oxitriptan	= N06AX01
Oxitropium Bromide	= R03BB02
Oxolinic Acid	= J01MB05
Oxomemazine	= R06AD08
Oxprenolol	= C07AA02
Oxybuprocaine	= D04AB03, S01HA02
Oxybutynin	= G04BD04
Oxymetazoline	= R01AA05, R01AB07, S01GA04
Oxymetholone	= A14AA05
Oxyphenbutazone	= M01AA03, M02AA04, S01BC02
Oxyquinoline	= A01AB07, D08AH03, G01AC30, R02AA14
Oxytetracycline	= D06AA03, G01AA07, J01AA06, S01AA04
Oxytocin	= H01BB02
Paclitaxel	= L01CD01
Palifermin	= V03AF08
Paliperidone	= N05AX13
Palivizumab	= J06BB
Palonosetron	= A04AA05
Pamidronic Acid	= M05BA03
Panitumumab	= L01XC08
Pantethine	= A11HA32
Pantoprazole	= A02BC02
Pantothenic Acid	= A11HA, D03AX04
Papaveretum	= N02AA10
Papaverine	= A03AD01, G04BE02
Paracetamol	= N02BE01
Paraldehyde	= N05CC05
Parecoxib	= M01AH04
Paricalcitol	= A11CC07
Paromomycin	= A07AA06
Paroxetine	= N06AB05
Pefloxacin	= J01MA03
Pegfilgrastim	= L03AA13
Peginterferon Alfa 2-a	= L03AB11
Peginterferon Alfa 2-b	= L03AB10
Pegvisomant	= H01AX01
Pemetrexed	= L01BA04
Pemoline	= N06BA05
Penamecillin	= J01CE06
Penciclovir	= D06BB06, J05AB13
Penfluridol	= N05AG03
Penicillamine	= M01CC01
Penicillin G Procaine	= J01CE09
Pentaerithrityl Tetranitrate	= C01DA05
Pentagastrin	= V04CG04
Pentazocine	= N02AD01
Pentobarbital	= N05CA01

Pentosan Polysulfate Sodium = C05BA04
Pentostatin = L01XX08
Pentoxifylline = C04AD03
Pentoxyverine = R05DB05
Perflunafene = S01KX
Perflutren = V08D, V09G
Pergolide = N04BC02
Periciazine = N05AC01
Perindopril = C09AA04
Permethrin = P03AC04
Perphenazine = N05AB03
Phenazone = N02BB01
Phenazopyridine = G04BX06
Pheneturide = N03AX13
Phenindione = B01AA02
Phenobarbital = N03AA02
Phenol = C05BB05, D08AE03, N01BX03
Phenolphthalein = A06AB04
Phenothrin = P03AC03
Phenoxymethyl-penicillin = J01CE02
Phenprobamate = M03BA01
Phenprocoumon = B01AA04
Phentermine = A08AA01
Phentetramine = C01C
Phenylbutazone = M01AA01, M02AA01
Phenylephrine = C01CA06, R01AA04, R01AB01, R01BA03, S01FB01, S01GA05
Phenylmercuric Borate = D08AK02
Phenylpropanol-amine = R01BA01
Phenytoin = N03AB02
Phloroglucinol = A03AX12
Pholcodine = R05DA08
Phthalylsulfathiazole = A07AB02
Phytomenadione = B02BA01
Picotamide = B01AC03
Pidotimod = L03AX05
Pilocarpine = N07AX01, S01EB01
Pimecrolimus = D11AX15
Pimethixene = R06AX23
Pimozide = N05AG02
Pinazepam = N05BA14
Pindolol = C07AA03
Pioglitazone = A10BG03
Pipecuronium Bromide = M03AC06
Pipemidic Acid = J01MB04
Piperacillin = J01CA12
Piperazine = P02CB01
Pipobroman = L01AX02
Pipotiazine = N05AC04
Piracetam = N06BX03
Pirarubicin = L01DB08
Piretanide = C03CA03
Piribedil = N04BC08
Piritramide = N02AC03
Piromidic Acid = J01MB03
Piroxicam = M01AC01, M02AA07, S01BC06
Pivampicillin = J01CA02
Pivmecillinam = J01CA08
Pizotifen = N02CX01
Podophyllotoxin = D06BB04
Policosanol = C10AX08
Policresulen = D08AE02, G01AX03
Polidocanol = C05BB02
Polihexanide = D08AC05
Polygeline = B05AA10
Polymyxin B = A07AA05, J01XB02, S01AA18, S02AA11, S03AA03
Polynoxylin = A01AB05, D01AE05
Polythiazide = C03AA05
Porfimer Sodium = L01XD01
Posaconazole = J02AC04
Potassium Canre-noate = C03DA02
Potassium Iodide = R05CA02, S01XA04, V03AB21
Povidone-Iodine = D08AG02, D09AA09, D11AC06, G01AX11, R02AA15
Pralidoxime Chloride = V03AB04
Pramipexole = N04BC05
Pranlukast = R03DC02
Pranoprofen = S01BC09
Pravastatin = C10AA03
Prazepam = N05BA11
Praziquantel = P02BA01
Prazosin = C02CA01
Prednicarbate = D07AC18
Prednisolone = A07EA01, C05AA04, D07AA03, D07XA02, H02AB06, R01AD02, S01BA04, S01CB02, S02BA03, S03BA02
Prednisone = A07EA03, H02AB07
Prednylidene = H02AB11
Pregabalin = N03AX16
Prenoxdiazine = R05DB18
Prifinium Bromide = A03AB18
Primaquine = P01BA03
Primidone = N03AA03
Pristinamycin = J01FG01
Probenecid = M04AB01
Probucol = C10AX02
Procaine = C05AD05, N01BA02, S01HA05
Procaterol = R03AC16, R03CC08
Prochlorperazine = N05AB04
Progesterone = G03DA04
Proglumetacin = M01AB14
Proglumide = A02BX06
Promazine = N05AA03
Promegestone = G03DB07
Promestriene = G03CA09
Promethazine = D04AA10, R06AD02
Propafenone = C01BC03
Propanidid = N01AX04
Propatylnitrate = C01DA07
Propofol = N01AX10
Propranolol = C07AA05
Propylthiouracil = H03BA02
Propyphenazone = N02BB04
Proquazone = M01AX13
Proscillaridin = C01AB01
Protionamide = J04AD01
Protirelin = V04CJ02
Proxibarbal = N05CA22
Pseudoephedrine = R01BA02
Pyrantel = P02CC01
Pyrazinamide = J04AK01
Pyrethrin I = P03BA
Pyridoxal Phosphate = A11HA06

Pyrimethamine = P01BD01
Pyrithione Zinc = D11AX12
Pyritinol = N06BX02
Pyrrolnitrin = D01AA07

Quazepam = N05CD10
Quetiapine = N05AH04
Quinagolide = G02CB04
Quinapril = C09AA06
Quinidine = C01BA01
Quinine = P01BC01

Racecadotril = A07XA04
Raltitrexed = L01BA03
Ramipril = C09AA05
Ranibizumab = S01LA04
Ranimustine = L01AD07
Ranitidine = A02BA02
Rasagiline = N04BD02
Rasburicase = V03AF07
Reboxetine = N06AX18
Remifentanil = N01AH06
Repaglinide = A10BX02
Reserpine = C02AA02
Reteplase = B01AD07
Retinol = D10AD02, R01AX02, S01XA02
Ribavirin = L03AB60
Rifabutin = J04AB04
Rifampicin = J04AB02
Rifamycin = J04AB03, S02AA12
Rifapentine = J04AB05
Rifaximin = A07AA11, D06AX11
Rilmenidine = C02AC06
Riluzole = N07XX02
Rimexolone = H02AB12, S01BA13
Risedronic Acid = M05BA07
Risperidone = N05AX08
Ritonavir = J05AE03
Rituximab = L01XC02
Rivastigmine = N06DA03
Rociverine = A03AA06
Rocuronium Bromide = M03AC09
Rofecoxib = M01AH02
Rokitamycin = J01FA12
Ropinirole = N04BC04
Ropivacaine = N01BB09
Rosiglitazone = A10BG02
Rosoxacin = J01MB01
Rosuvastatin = C10AA07
Rotigotine = N04BC09
Roxatidine = A02BA06
Roxithromycin = J01FA06
Rufinamide = N03AF03
Rufloxacin = J01MA10
Rutoside = C05CA01

Sacrosidase = A16AB06
Salbutamol = R03AC02, R03CC02
Salicylamide = N02BA05
Salicylic Acid = D01AE12, S01BC08
Salmeterol = R03AC12
Saquinavir = J05AE01
Sargramostim = L03AA09
Scopolamine = A04AD01, N05CM05, S01FA02
Secnidazole = P01AB07
Secretin = V04CK01
Selegiline = N04BD01
Selenium Sulfide = D01AE13
Sermorelin = H01AC04, V04CD03
Sertaconazole = D01AC14
Sertindole = N05AE03
Sertraline = N06AB06
Sevelamer = V03AE02
Sevoflurane = N01AB08
Sibutramine = A08AA10
Sildenafil = G04BE03
Simvastatin = C10AA01
Sincalide = V04CC03
Sirolimus = L04AA10
Sobrerol = R05CB07
Sodium Aurothiomalate = M01CB01
Sodium Bicarbonate = B05XA02
Sodium Citrate = B05CB02
Sodium Feredetate = B03AB03
Sodium Fluoride = A01AA01, A12CD01
Sodium Monofluorophosphate = A01AA02, A12CD02
Sodium Nitrite = V03AB08
Sodium Phenylbutyrate = A16AX03
Sodium Phosphate Dibasic = A06AG01
Sodium Picosulfate = A06AB08
Sodium Stibogluconate = P01CB02
Sodium Tetradecyl Sulfate = C05BB04
Somatostatin = H01CB01
Somatrem = H01AC02
Sorbitol = A06AG07, B05CX02, V04CC01
Sotalol = C07AA07
Sparfloxacin = J01MA09
Spectinomycin = J01XX04
Spiramycin = J01FA02
Spironolactone = C03DA01
Stanozolol = A14AA02
Stavudine = J05AF04
Stiripentol = N03AX17
Streptokinase = B01AD01
Streptomycin = A07AA04, J01GA01
Streptozocin = L01AD04
Succinimide = G04BX10
Sucralfate = A02BX02
Sufentanil = N01AH03
Sulbactam = J01CG01
Sulbutiamine = A11DA02
Sulfacetamide = S01AB04
Sulfadiazine = J01EC02
Sulfadicramide = S01AB03
Sulfadimethoxine = J01ED01
Sulfadimidine = J01EB03
Sulfafurazole = J01EB05, S01AB02
Sulfaguanidine = A07AB03
Sulfamerazine = D06BA06, J01ED07
Sulfamethizole = B05CA04, D06BA04, J01EB02, S01AB01
Sulfamethoxazole = J01EC01, J01EE07
Sulfamethoxypyridazine = J01ED05
Sulfametoxydiazine = J01ED04
Sulfamoxole = J01EC03
Sulfanilamide = D06BA05, J01EB06
Sulfasalazine = A07EC01
Sulfathiazole = D06BA02, J01EB07
Sulfinpyrazone = M04AB02
Sulglicotide = A02BX08
Sulindac = M01AB02

Sulodexide	= B01AB11
Sulpiride	= N05AL01
Sulprostone	= G02AD05
Sultamicillin	= J01CR04
Sultiame	= N03AX03
Sumatriptan	= N02CC01
Suprofen	= M01AE07
Suramin Sodium	= P01CX02
Suxibuzone	= M02AA22
Tacalcitol	= D05AX04
Tacrine	= N06DA01
Tacrolimus	= D11AX14, L04AA05
Tadalafil	= G04BE08
Talinolol	= C07AB13
Tamoxifen	= L02BA01
Tamsulosin	= G04CA02
Tasonermin	= L03AA
Taurolidine	= B05CA05
Tazarotene	= D05AX05
Tazobactam	= J01CG02
Teclozan	= P01AC04
Tegafur	= L01BC03
Tegaserod	= A03AE02
Teicoplanin	= J01XA02
Telbivudine	= J05AF11
Telithromycin	= J01FA15
Temazepam	= N05CD07
Temoporfin	= L01XD05
Tenecteplase	= B01AD11
Teniposide	= L01CB02
Tenonitrozole	= P01AX08
Tenoxicam	= M01AC02
Terazosin	= G04CA03
Terbinafine	= D01AE15, D01BA02
Terbutaline	= R03AC03, R03CC03
Terconazole	= G01AG02
Terfenadine	= R06AX12
Teriparatide	= H05AA02
Terizidone	= J04AK03
Terlipressin	= H01BA04
Tertatolol	= C07AA16
Testosterone	= G03BA03
Tetrabenazine	= N05AK01
Tetracaine	= C05AD02, D04AB06, N01BA03, S01HA03
Tetracosactide	= H01AA02
Tetracycline	= A01AB13, D06AA04, J01AA07, S01AA09, S02AA08, S03AA02
Tetramethrin	= P03BA04
Tetrazepam	= M03BX07
Tetryzoline	= R01AA06, R01AB03, S01GA02
Thalidomide	= L04AX02
Theophylline	= R03DA04, R03DA54, R03DA74, R03DB04
Thiamazole	= H03BB02
Thiamphenicol	= J01BA02
Thiethylperazine	= R06AD03
Thiocolchicoside	= M03BX05
Thioctic Acid	= A16AX01
Thiomersal	= D08AK06
Thioridazine	= N05AC02
Thiotepa	= L01AC01
Thiram	= P03AA05
Thonzylamine	= D04AA01, R01AC06, R06AC06
Thrombin	= B02BC06, B02BD30
Thymopentin	= L03AX09
Thyrotropin Alfa	= V04CJ01
Tiabendazole	= D01AC06, P02CA02
Tiagabine	= N03AG06
Tianeptine	= N06AX14
Tiapride	= N05AL03
Tiaprofenic Acid	= M01AE11
Tibezonium Iodide	= A01AB15
Tibolone	= G03DC05
Ticarcillin	= J01CA13
Ticlopidine	= B01AC05
Tiemonium Iodide	= A03AB17, A03DA07
Tigecycline	= J01AA12
Timepidium Bromide	= A03AB19
Timolol	= C07AA06, S01ED01
Tinidazole	= J01XD02, P01AB02
Tioconazole	= D01AC07, G01AF08
Tioguanine	= L01BB03
Tiopronin	= R05CB12
Tiotixene	= N05AF04
Tiotropium Bromide	= R03BB04
Tipranavir	= J05AE09
Tiratricol	= D11AX08, H03AA04
Tisopurine	= M04AA02
Tizanidine	= M03BX02
Tobramycin	= J01GB01, S01AA12
Tocilizumab	= L04AA
Tocopherol, α-	= A11HA03
Tofisopam	= N05BA23
Tolazamide	= A10BB05
Tolazoline	= C04AB02, M02AX02
Tolbutamide	= A10BB03, V04CA01
Tolcapone	= N04BX01
Tolciclate	= D01AE19
Tolfenamic Acid	= M01AG02
Tolmetin	= M01AB03, M02AA21
Tolnaftate	= D01AE18
Tolperisone	= M03BX04
Tolterodine	= G04BD07
Topiramate	= N03AX11
Topotecan	= L01XX17
Torasemide	= C03CA04
Toremifene	= L02BA02
Tosylchloramide Sodium	= D08AX04
Tramadol	= N02AX02
Tramazoline	= R01AA09
Trandolapril	= C09AA10
Tranexamic Acid	= B02AA02
Tranylcypromine	= N06AF04
Trapidil	= C01DX11
Trastuzumab	= L01XC03
Travoprost	= S01EE04
Trazodone	= N06AX05
Treosulfan	= L01AB02
Trepibutone	= A03AX09
Tretinoin	= D10AD01, L01XX14
Triamcinolone	= A01AC01, D07AB09, D07XB02, H02AB08, R01AD11, S01BA05
Triamterene	= C03DB02
Triazolam	= N05CD05
Tribenoside	= C05AX05
Trichlormethiazide	= C03AA06
Triclabendazole	= P02BX04

Triclofos = N05CM07
Triclosan = D08AE04, D09AA06
Trifluoperazine = N05AB06
Trifluridine = S01AD02
Trihexyphenidyl = N04AA01
Trilostane = H02CA01
Trimebutine = A03AA05
Trimetazidine = C01EB15
Trimethadione = N03AC02
Trimethoprim = J01EA01, J01EE07
Trimipramine = N06AA06
Trioxysalen = D05AD01, D05BA01
Triptorelin = L02AE04
Tritoqualine = R06AX21
Trofosfamide = L01AA07
Troglitazone = A10BG01
Troleandomycin = J01FA08
Trometamol = B05BB03, B05XX02
Tropicamide = S01FA06
Troxerutin = C05CA04
Troxipide = A02BX11
Trypsin = B06AA07, D03BA01
Tryptophan = N06AX02
Tyloxapol = R05CA01
Tyrosine, 3,5-dibromo-, L- = H03BX02
Tyrothricin = D06AX08, R02AB02, S01AA05

Ubidecarenone = C01EB09
Undecylenic Acid = D01AE54
Urapidil = C02CA06
Urofollitropin = G03GA04
Urokinase = B01AD04
Ursodeoxycholic Acid = A05AA02

Valaciclovir = J05AB11
Valdecoxib = M01AH03
Valganciclovir = J05AB11
Valproic Acid = N03AG01
Valpromide = N03AG02
Valrubicin = L01DB09
Valsartan = C09CA03
Vancomycin = A07AA09, J01XA01
Vardenafil = G04BE09
Vasopressin = H01BA01
Venlafaxine = N06AX16
Verapamil = C08DA01
Verteporfin = S01LA01
Vidarabine = J05AB03, S01AD06
Vigabatrin = N03AG04
Vinblastine = L01CA01
Vinburnine = C04AX17
Vincamine = C04AX07
Vincristine = L01CA02
Vinorelbine = L01CA04
Vinpocetine = N06BX18
Virginiamycin = D06AX10
Visnadine = C04AX24
Von Willebrand Factor = B02BD06
Voriconazole = J02AC03

Warfarin = B01AA03

Xantinol Nicotinate = C04AD02
Xibornol = J01XX02
Xipamide = C03BA10
Xylometazoline = R01AA07, R01AB06, S01GA03

Zafirlukast = R03DC01
Zalcitabine = J05AF03
Zaleplon = N05CF03
Zanamivir = J05AH01
Zidovudine = J05AF01
Ziprasidone = N05AE04
Zofenopril = C09BA15
Zoledronic Acid = M05BA
Zolmitriptan = N02CC03
Zolpidem = N05CF02
Zonisamide = N03AX15
Zopiclone = N05CF01
Zuclopenthixol = N05AF05

Index
Veterinary Drugs/ ATCvet codes

Register
Arzneistoffe für Tiere/ ATCvet-Codes

Index
Substances vétérinaires/ Codes ATCvet

Abacavir = QJ05AF06
Abamectin = QP54AA02
Abarelix = QL02BX01
Abatacept = QL04AA24
Aceclofenac = QM02AA25
Acepromazine = QN05AA04
Acetylcysteine = QR05BC01
Adalimumab = QL04AA17
Aglepristone = QG03XB09
Agomelatine = QN06AX22
Albendazole = QP52AC11
Aldesleukin = QL03AC01
Alefacept = QL04AA15
Alemtuzumab = QL01XC04
Alendronic Acid = QM05BA04
Alglucosidase alfa = QA16AB07
Aliskiren = QC09XA02
Alpha-$_1$ protease inhibitor = QB02AB02
Aluminum Chloride = QD10AX01
Ambrisentan = QC02KX02
Amitraz = QP53AD01
QP53AD51
Amoxicillin = QJ01CA04
Ampicillin = QJ01CA01
Anagrelide = QL01XX35
Anidulafungin = QJ02AX06
Aprepitant = QA04AD12
Argatroban = QB01AE03
Aripiprazole = QN05AX12
Atazanavir = QJ05AE08
Atipamezole = QV03AB90
Atropine = QS01FA01
Azamethiphos = QP53AF17

Bacitracin = QA07AA93
Benazepril = QC09AA07
Benfotiamine = QA11DA03
Benzocaine = QC05AD03
QD04AB04
QN01AX92
QN01BA05
QR02AD01
Benzylpenicillin = QJ01CE01
Betamethasone = QD07AC01
Bevacizumab = QL01XC07
Bimatoprost = QS01EE03
Bivalirudin = QB01AE06
Bortezomib = QL01XX32
Brivudine = QJ05AB15
Bromhexine = QR05CB02
Bronopol = QD01AE91
Buprenorphine = QN02AE01
Buserelin = QH01CA90

Cabergoline = QG02CB03
Carglumic acid = QA16AA05
Carprofen = QM01AE91
Cefadroxil = QJ01DB05
Cefalexin = QJ01DB01
Cefditoren = QJ01DD16
Ceforanide = QJ01DC11
Ceftiofur = QJ01DA90
Celecoxib = QL01XX03
Cetuximab = QL01XC06
Chenodeoxycholic Acid = QA05AA01
Ciclesonide = QR03BA08
Cinacalcet = QH05BX01
Ciprofloxacin = QJ01MA02
QS01AX13
QS02AA15
QS03AA07
Clenbuterol = QR03CC13
Clindamycin = QJ01FF01
Clofarabine = QL01BB06
Clomipramine = QN06AA04
Cloprostenol = QG02AD90
Cromoglicic Acid = QD11AX17
Cypermethrin = QP53AC08
Cythioate = QP53AF10
QP53BB01

Danofloxacin = QJ01MA92
Daptomycin = QJ01XX09
Darunavir = QJ05AE10
Dasatinib = QL01XE06
Deferasirox = QV03AC03
Deltamethrin = QP53AC11
Deslorelin = QH01CA93
Dexamethasone = QA01AC02
QD07AB19
QH02AB02
QS01BA01
QS01CB01
Dexketoprofen = QM01AE17
Dexmedetomidine = QN05CM18
QN05CM95
Dextriferron = QB03AD04
Diclazuril = QP51AJ03
Diclofenac = QD11AX18
QM01AB05
QM02AA15
QS01BC03
Dicyclanil = QP53AX24
Dimeticone = QA03AX
Dinoprost = QG02AD01
Diprophylline = QR03DA01
Dobutamine = QC01CA07
Docosanol = QD06BB11
Docusate Sodium = QA06AA02
Doramectin = QP54AA03
Dorzolamide = QS01EC03
Doxapram = QR07AB01
Doxycycline = QJ01AA02
Droperidol = QN01AX01
QN05AD08
Duloxetine = QN06AX21

Econazole = QD01AC03
QG01AF05
Efalizumab = QL04AA21
Emtricitabine = QJ05AF09
Enalapril = QC09AA02
Enflurane = QN01AB04
Enfuvirtide = QJ05AX07
Enoxolone = QD03AX10
Enrofloxacin = QJ01MA90
Epinastine = QS01GX10
Epinephrine = QA01AD01
QB02BC09
QC01CA24
QR01AA14
QR03AA01
QS01EA01
Epirubicin = QL01DB03
Eplerenone = QC03DA04
Epoetin Delta = QB03XA01
Eprinomectin = QP54AA04
Eprosartan = QC09DA02
Epsiprantel = QP52AA04
Eptotermin alfa = QM05BC02
Ertapenem = QJ01DH03
Erythromycin = QD10AF02
QJ01FA01
QJ51FA01
QS01AA17
Estradiol = QG03CA03
Estriol = QG03CA04
QG03CC06
Etamsylate = QB02BX01
Ethosuximide = QN03AD01
Ethylestrenol = QA14AB02
Etidronic Acid = QM05BA01
Etodolac = QM01AB08
Etoricoxib = QM01AH05
Everolimus = QL04AA18
Exenatide = QA10BX04

Febantel	= QP52AC05
Fenbendazole	= QP52AC13
Fentanyl	= QN01AH01 QN02AB03
Fenvalerate	= QP53AC14 QP53AX02
Fipronil	= QP53AX15
Firocoxib	= QM01AH90
Florfenicol	= QJ01BA90 QJ51BA90
Flubendazole	= QP52AC12
Fluconazole	= QD01AC15 QJ02AC01
Flumequine	= QJ01MB07
Flumetasone	= QD07AB03 QD07XB01 QH02AB90
Flumethrin	= QP53AC05
Flunixin	= QM01AG90
Fluocinolone acetonide	= QS01BA15
Fluorometholone	= QC05AA06 QD07AB06 QD07XB04 QD10AA01 QS01BA07 QS01CB05
Flutamide	= QL02BB01
Flutrimazole	= QG01AF18
Follitropin Alfa	= QG03GA05
Fomepizole	= QV03AB34
Formosulfathiazole	= QA07AB90 QD06BA90
Fosamprenavir	= QJ05AE07
Foscarnet Sodium	= QJ05AD01
Fructose	= QV06DC02
Fulvestrant	= QL02BA03
Furazolidone	= QG01AX06
Furosemide	= QC03CA01
Fusidic Acid	= QD06AX01
Fusidic Acid	= QD09AA02
Fusidic Acid	= QJ01XC01
Fusidic Acid	= QS01AA13
Galsulfase	= QA16AB08
Gamolenic Acid	= QD11AX02
Ganciclovir	= QJ05AB06 QS01AD09
Gatifloxacin	= QJ01MA16 QS01AX21
Gefitinib	= QL01XX31
Gentamicin	= QA07AA91
Gleptoferron	= QB03AC91
Glibenclamide	= QA10BB01
Glipizide	= QA10BB07
Glucagon	= QH04AA01
Glucosamine	= QM01AX05
Gonadorelin	= QH01CA01 QV04CM01
Griseofulvin	= QD01AA08 QD01BA01
Guaifenesin	= QM03BX90
Halofuginone	= QP51AX08
Haloperidol	= QN05AD01
Halothane	= QN01AB01
Heparin	= QB01AB01 QC05BA03 QS01XA14
Heptaminol	= QC01DX08
Hexedine	= QA01AB12
Hyaluronic Acid	= QM09AX01
Hydrochlorothiazide	= QC03AA03
Hydrocortisone	= QA01AC03 QD07AA02 QD07XA01 QH02AB09 QS01BA02 QS01CB03 QS02BA01
Hydroxyzine	= QN05BB01
Hypromellose	= QS01KA02
Ibafloxacin	= QJ01MA96
Ibritumomab Tiuxetan	= QB10XX02
Ibuprofen	= QC01EB16
Idursulfase	= QA16AB09
Imidacloprid	= QP53AX17
Imidapril	= QC09AA16
Imidocarb	= QP51AE01
Imipramine	= QN06AA02
Inosine	= QD06BB05 QG01AX02 QS01XA10
Insulin Aspart	= QA10AD05
Insulin Determir	= QA10AE05
Insulin glulisine	= QA10AB06
Insulin Inhaled, Human	= QA10A
Interferon Omega	= QL03AB
Ioxilan	= QV08AB12
Iron sucrose	= QB03AB02
Iron sucrose	= QB03AC02
Isoflurane	= QN01AB06
Ivabrandine	= QC01EB17
Ivermectin	= QP54AA01 QS02QA03
Ketamine	= QN01AX03
Ketoprofen	= QM01AE03
Lactic Acid	= QP53AG02
Lamivudine	= QJ05AF05
Lanreotide	= QH01CB03
Laronidase	= QA16AB05
Lecirelin	= QH01C92
Lenalidomide	= QL04AX04
Levobupivacaine	= QN01BB10
Levofloxacin	= QS01AX19
Levosulpiride	= QN05AL07
Lidocaine	= QC01BB01 QD04AB01 QN01BB02 QS01HA07 QS02DA01
Lumiracoxib	= QM01AH06
Luprostiol	= QG02AD91
Marbofloxacin	= QJ01MA93
Mebendazole	= QP52AC09
Mecobalamin	= QB03BA05
Medetomidine	= QN05CM91
Medroxyprogesterone	= QG03DA02
Megestrol	= QG03AC05 QG03DB02 QL02AB01
Meloxicam	= QM01AC06
Metamizole	= QN02BB02
Methazolamide	= QS01EC05
Methotrexate	= QL04AX03
Miconazole	= QA01AB09 QA07AC01 QD01AC02 QG01AF04 QJ02AB01 QS02AA13
Midazolam	= QN05CD08
Midecamycin	= QJ01FA03
Minocycline	= QA01AB23
Minoxidil	= QC02DC01 QD11AX01
Moxidectin	= QP54AB02
Moxifloxacin	= QS01AX22
Moxonidine	= QCO2LC05
Nabilone	= QA04AD11
Nandrolone	= QA14AB01 QS01XA11
Naproxen	= QG02CC02 QM01AE02 QM02AA12
Natalizumab	= QL04AA23

Nelarabine	= QL01BB07
Nesiritide	= QC01DX19
Nifurpirinol	= QJ01XE
Nimesulide	= QM01AX17
Nitenpyram	= QP53BX02
Nitisinone	= QA16AX04
Nitroscanate	= QP52AX01
Nitroxoline	= QJ01XX07
Olaquindox	= QJ01MQ01
Olmesartan Medoxomil	= QC09CA08
Olopatadine	= QS01GX09
Oprelevkin	= QL03AC02
Orbifloxacin	= QJ01MA95
Oseltamivir	= QJ05AH02
Oxfendazole	= QP52AC02
Oxymetholone	= QA14AA05
Oxytetracycline	= QJ01AA06
Oxytocin	= QH01BB02
Palifermin	= QV03AF08
Paliperidone	= QN05AX13
Palonosetron	= QA04AA05
Panitumumab	= QL01XC08
Paracetamol	= QN02BE01 QN02BE51 QN02BE71
Paricalcitol	= QA11CC07
Pegvisomant	= QH01AX01
Pemetrexed	= QL01BA04
Penciclovir	= QD06BB06 QJ05AB13
Penicillin G Procaine	= QJ01CE09
Phenobarbital	= QN03AA02
Phenylbutazone	= QM01AA01
Phloroglucinol	= QA03AX12
Pilocarpine	= QS01EB01
Pimecrolimus	= QD11AX15
Piperazine	= QP52AH01
Pirlimycin	= QJ51FF90
Piroxicam	= QM01AC01 QM02AA07 QS01BC06
Polymyxin B	= QS01AA18
Porfimer Sodium	= QL01XD01
Posaconazole	= QJ02AC04
Pralidoxime Chloride	= QV03AB04
Praziquantel	= QP52AA01
Pregabalin	= QN03AX16
Progesterone	= QG03AC QG03D QL02AB
Proligestone	= QG03DA90
Propetamphos	= QP53AF09
Propofol	= QN01AX10
Pyrantel	= QP52AF02
Pyrethrin I	= QP53AC
Pyriprole	= QP53AX26
Racecadotril	= QA07XA04
Ranibizumab	= QS01LA04
Rasagiline	= QN04BD02
Remifentanil	= QN01AH06
Rifapentine	= QJ04AB05
Romifidine	= QN05CM93
Rotigotine	= QN04BC09
Rufinamide	= QN03AF03
Sacrosidase	= QA16AB06
Selamectin	= QP54AA05
Sertaconazole	= QD01AC14
Sevelamer	= QV03AE02
Sodium Nitrite	= QV03AB08
Sodium Phosphate Dibasic	= QA06AG01
Somatostatin	= QH01CB01
Spiramycin	= QJ01FA02
Stanozolol	= QA14AA02
Stiripentol	= QN03AX17
Stirofos	= QP53AF14
Sulfamerazine	= QD06BA06 QJ01EE07 QJ01EW18
Sulfanilamide	= QD06BA05 QJ01EQ06
Sulfathiazole	= QD06BA02
Suxibuzone	= QM01AA90 QM02AA22
Telbivudine	= QJ05AF11
Telithromycin	= QJ01FA15
Telmisartan	= QC09DA07
Temoporfin	= QL01XD05
Tepoxalin	= QM01AE92
Tetrabenazine	= QN05AK01
Tetramethrin	= QP53AC13
Thalidomide	= QL04AX02
Theophylline	= QR03DA04 QR03DA54 QR03DA74 QR03DB04
Thiophanate	= QP52AC04
Tiamulin	= QJ01XX92
Tiemonium Iodide	= QA03AB17
Tigecycline	= QJ01AA12
Tipranavir	= QJ05AE09
Tocopherol, α-	= QA11HA03
Tolcapone	= QN04BX01
Toltrazuril	= QP51AJ01
Trastuzumab	= QL01XC03
Travoprost	= QS01EE04
Triclofos	= QN05CM07
Tulathromycin	= QJ01FA94
Tylosin	= QJ01FA90
Tyrosine, 3,5-dibromo-, L-	= QH03BX02
Vedaprofen	= QM01AE90
Von Willebrand Factor	= QB02BD06
Xylazine	= QN05CM92
Zafirlukast	= QR03DC01
Zanamivir	= QJ05AH01

Index
ATC codes / Drugs

Register
ATC-Codes / Arzneistoffe

Index
Codes ATC / Substances médicamenteuses

A01AA01 = Sodium Fluoride
A01AA02 = Sodium Monofluorophosphate
A01AA03 = Olaflur
A01AB03 = Chlorhexidine
A01AB05 = Polynoxylin
A01AB07 = Oxyquinoline
A01AB08 = Neomycin
A01AB09 = Miconazole
A01AB10 = Natamycin
A01AB12 = Hexedine
A01AB12 = Hexetidine
A01AB13 = Tetracycline
A01AB14 = Benzoxonium Chloride
A01AB15 = Tibezonium Iodide
A01AB16 = Mepartricin
A01AB17 = Metronidazole
A01AB18 = Clotrimazole
A01AB21 = Chlortetracycline
A01AB22 = Doxycycline
A01AB23 = Minocycline
A01AC01 = Triamcinolone
A01AC02 = Dexamethasone
A01AC03 = Hydrocortisone
A01AD01 = Epinephrine
A01AD02 = Benzydamine
A01AD07 = Amlexanox
A02AB02 = Algeldrate
A02AC01 = Calcium Carbonate
A02AD02 = Magaldrate
A02AD03 = Almagate
A02AD04 = Hydrotalcite
A02AD05 = Almasilate
A02BA01 = Cimetidine
A02BA02 = Ranitidine
A02BA03 = Famotidine
A02BA04 = Nizatidine
A02BA06 = Roxatidine
A02BB01 = Misoprostol
A02BC01 = Omeprazole
A02BC02 = Pantoprazole
A02BC03 = Lansoprazole
A02BC05 = Esomeprazole
A02BX02 = Sucralfate
A02BX05 = Bismuthate, Tripotassium Dicitrato-
A02BX06 = Proglumide
A02BX07 = Gefarnate
A02BX08 = Sulglicotide
A02BX11 = Troxipide
A02BX12 = Bismuth Subnitrate
A03AA04 = Mebeverine
A03AA05 = Trimebutine
A03AA06 = Rociverine
A03AA07 = Dicycloverine
A03AB06 = Otilonium Bromide
A03AB17 = Tiemonium Iodide
A03AB18 = Prifinium Bromide
A03AB19 = Timepidium Bromide
A03AD01 = Papaverine
A03AD02 = Drotaverine
A03AE02 = Tegaserod
A03AX05 = Fenoverine
A03AX09 = Trepibutone
A03AX11 = Caroverine
A03AX12 = Phloroglucinol
A03BA01 = Atropine
A03BA03 = Hyoscyamine
A03BB05 = Cimetropium Bromide
A03DA07 = Tiemonium Iodide
A03FA01 = Metoclopramide
A03FA02 = Cisapride
A03FA03 = Domperidone
A03FA04 = Bromopride
A04AA01 = Ondansetron
A04AA02 = Granisetron
A04AA05 = Palonosetron
A04AD01 = Scopolamine
A04AD05 = Metopimazine
A04AD11 = Nabilone
A04AD12 = Aprepitant
A05AA01 = Chenodeoxycholic Acid
A05AA02 = Ursodeoxycholic Acid
A05AX02 = Hymecromone
A06AA02 = Docusate Sodium
A06AB02 = Bisacodyl
A06AB03 = Dantron
A06AB04 = Phenolphthalein
A06AB08 = Sodium Picosulfate
A06AC06 = Methylcellulose
A06AD11 = Lactulose
A06AD12 = Lactitol
A06AG01 = Sodium Phosphate Dibasic
A06AG02 = Bisacodyl
A06AG04 = Glycerol
A06AG07 = Sorbitol
A06AX01 = Glycerol
A07AA01 = Neomycin
A07AA02 = Nystatin
A07AA03 = Natamycin
A07AA04 = Streptomycin
A07AA05 = Polymyxin B
A07AA06 = Paromomycin
A07AA08 = Kanamycin
A07AA09 = Vancomycin
A07AA10 = Colistin
A07AA11 = Rifaximin
A07AB02 = Phthalylsulfathiazole
A07AB03 = Sulfaguanidine
A07AC01 = Miconazole
A07AX01 = Broxyquinoline
A07AX03 = Nifuroxazide
A07AX04 = Nifurzide
A07BA = Charcoal, Activated
A07BC04 = Attapulgite
A07DA03 = Loperamide
A07EA01 = Prednisolone
A07EA02 = Hydrocortisone
A07EA03 = Prednisone
A07EA04 = Betamethasone
A07EA06 = Budesonide
A07EA07 = Beclometasone
A07EB01 = Cromoglicic Acid
A07EC01 = Sulfasalazine
A07EC02 = Mesalazine
A07EC04 = Balsalazide
A07XA04 = Racecadotril
A08AA01 = Phentermine
A08AA03 = Amfepramone
A08AA05 = Mazindol
A08AA07 = Cathine
A08AA10 = Sibutramine
A08AB01 = Orlistat
A10AB04 = Insulin Lispro
A10AB05 = Insulin Aspart
A10AB06 = Insulin glulisine
A10AD05 = Insulin Aspart
A10AE04 = Insulin Glargine
A10AE05 = Insulin Determir
A10AF01 = Insulin Inhaled, Human
A10BA02 = Metformin
A10BA03 = Buformin
A10BB01 = Glibenclamide
A10BB02 = Chlorpropamide
A10BB03 = Tolbutamide
A10BB04 = Glibornuride
A10BB05 = Tolazamide

A10BB06 = Carbutamide
A10BB07 = Glipizide
A10BB08 = Gliquidone
A10BB09 = Gliclazide
A10BB12 = Glimepiride
A10BB31 = Acetohexamide
A10BF01 = Acarbose
A10BF02 = Miglitol
A10BG01 = Troglitazone
A10BG02 = Rosiglitazone
A10BG03 = Pioglitazone
A10BX02 = Repaglinide
A10BX03 = Nateglinide
A10BX04 = Exenatide
A11CA02 = Betacarotene
A11CC01 = Ergocalciferol
A11CC02 = Dihydrotachysterol
A11CC03 = Alfacalcidol
A11CC04 = Calcitriol
A11CC05 = Colecalciferol
A11CC06 = Calcifediol
A11CC07 = Paricalcitol
A11DA02 = Sulbutiamine
A11DA03 = Benfotiamine
A11HA = Pantothenic Acid
A11HA01 = Nicotinamide
A11HA03 = Tocopherol, α-
A11HA05 = Biotin
A11HA06 = Pyridoxal Phosphate
A11HA07 = Inositol
A11HA30 = Dexpanthenol
A11HA32 = Pantethine
A12AA02 = Calcium Glubionate
A12AA03 = Calcium Gluconate
A12AA04 = Calcium Carbonate
A12AA10 = Calcium Glucoheptonate
A12CC03 = Magnesium Gluconate
A12CC08 = Magnesium Pidolate
A12CD01 = Sodium Fluoride
A12CD02 = Sodium Monofluorophosphate
A14AA01 = Androstanolone
A14AA02 = Stanozolol
A14AA03 = Metandienone
A14AA05 = Oxymetholone
A14AA08 = Oxandrolone
A14AA09 = Norethandrolone
A14AB01 = Nandrolone
A14AB02 = Ethylestrenol
A16AA01 = Levocarnitine
A16AA02 = Ademetionine
A16AA05 = Carglumic acid
A16AA06 = Betaine
A16AB01 = Alglucerase
A16AB02 = Imiglucerase
A16AB03 = Agalsidase Alfa
A16AB04 = Agalsidase Beta
A16AB05 = Laronidase
A16AB06 = Sacrosidase
A16AB07 = Alglucosidase alfa
A16AB08 = Galsulfase
A16AB09 = Idursulfase
A16AX01 = Thioctic Acid
A16AX02 = Anetholtrithion
A16AX03 = Sodium Phenylbutyrate
A16AX04 = Nitisinone
A16AX06 = Miglustat

B01AA02 = Phenindione
B01AA03 = Warfarin
B01AA04 = Phenprocoumon
B01AA07 = Acenocoumarol
B01AA08 = Ethyl Biscoumacetate
B01AB01 = Heparin
B01AB02 = Antithrombin III
B01AB05 = Enoxaparin
B01AB11 = Sulodexide
B01AB12 = Bemiparin sodium
B01AC01 = Ditazole
B01AC03 = Picotamide
B01AC04 = Clopidogrel
B01AC05 = Ticlopidine
B01AC07 = Dipyridamole
B01AC08 = Carbasalate Calcium
B01AC10 = Indobufen
B01AC11 = Iloprost
B01AC13 = Abciximab
B01AC15 = Aloxiprin
B01AC16 = Eptifibatide
B01AD01 = Streptokinase
B01AD02 = Alteplase
B01AD03 = Anistreplase
B01AD04 = Urokinase
B01AD07 = Reteplase
B01AD10 = Drotrecogin Alfa (activated)
B01AD11 = Tenecteplase
B01AE01 = Desirudin
B01AE02 = Lepirudin
B01AE03 = Argatroban
B01AE06 = Bivalirudin
B01AX01 = Defibrotide
B01AX05 = Fondaparinux Sodium
B02AA01 = Aminocaproic Acid
B02AA02 = Tranexamic Acid
B02AA03 = Aminomethylbenzoic Acid
B02AB01 = Aprotinin
B02AB02 = Alpha-$_1$ protease inhibitor
B02BA01 = Phytomenadione
B02BA02 = Menadione
B02BC06 = Thrombin
B02BC09 = Epinephrine
B02BD = Moroctocog Alfa
B02BD06 = Von Willebrand Factor
B02BD09 = Nonacog Alfa
B02BD30 = Thrombin
B02BX01 = Etamsylate
B02BX02 = Carbazochrome
B02BX03 = Batroxobin
B03AA02 = Ferrous Fumarate
B03AA03 = Ferrous Gluconate
B03AA06 = Ferrous Succinate
B03AA07 = Ferrous Sulfate
B03AB02 = Iron sucrose
B03AB03 = Sodium Feredetate
B03AB05 = Dextriferron
B03AB07 = Chondroitin Sulfate
B03AC01 = Dextriferron
B03AC02 = Iron sucrose
B03AD02 = Ferrous Fumarate
B03AD03 = Ferrous Sulfate
B03AD04 = Dextriferron
B03BA01 = Cyanocobalamin
B03BA03 = Hydroxocobalamin
B03BA04 = Cobamamide
B03BA05 = Mecobalamin
B03BB01 = Folic Acid
B03XA01 = Epoetin Delta
B03XA02 = Darbepoetin Alfa
B05AA = Hetastarch
B05AA05 = Dextran
B05AA10 = Polygeline
B05BB03 = Trometamol
B05BC01 = Mannitol

B05CA02 = Chlorhexidine
B05CA03 = Nitrofural
B05CA04 = Sulfamethizole
B05CA05 = Taurolidine
B05CA06 = Mandelic Acid
B05CA06 = Mandelic Acid
B05CA07 = Noxytiolin
B05CA09 = Neomycin
B05CB02 = Sodium Citrate
B05CX02 = Sorbitol
B05CX03 = Glycine
B05CX04 = Mannitol
B05XA02 = Sodium Bicarbonate
B05XB03 = Lysine
B05XX02 = Trometamol
B06AA03 = Hyaluronidase
B06AA04 = Chymotrypsin
B06AA07 = Trypsin
B06AA11 = Bromelains

C01AA02 = Acetyldigoxin
C01AA04 = Digitoxin
C01AA05 = Digoxin
C01AA06 = Lanatoside C
C01AA07 = Deslanoside
C01AA08 = Metildigoxin
C01AB01 = Proscillaridin
C01BA01 = Quinidine
C01BA03 = Disopyramide
C01BA05 = Ajmaline
C01BB01 = Lidocaine
C01BC03 = Propafenone
C01BD01 = Amiodarone
C01BD02 = Bretylium Tosilate
C01BD04 = Dofetilide
C01BG07 = Cibenzoline
C01C = Phentetramine
C01CA01 = Etilefrine
C01CA03 = Norepinephrine
C01CA06 = Phenylephrine
C01CA07 = Dobutamine
C01CA16 = Ibopamine
C01CA19 = Fenoldopam
C01CA24 = Epinephrine
C01CE01 = Amrinone
C01CE02 = Milrinone
C01CE03 = Enoximone
C01CX08 = Levosimendan
C01DA05 = Pentaerithrityl Tetranitrate
C01DA07 = Propatylnitrate
C01DA08 = Isosorbide Dinitrate
C01DA14 = Isosorbide Mononitrate
C01DX04 = Benziodarone
C01DX08 = Heptaminol
C01DX11 = Trapidil
C01DX12 = Molsidomine
C01DX16 = Nicorandil
C01DX19 = Nesiritide
C01EA01 = Alprostadil
C01EB03 = Indometacin
C01EB09 = Ubidecarenone
C01EB10 = Adenosine
C01EB15 = Trimetazidine
C01EB17 = Ivabrandine
C02AA02 = Reserpine
C02AC01 = Clonidine
C02AC02 = Guanfacine
C02AC05 = Moxonidine
C02AC06 = Rilmenidine
C02CA01 = Prazosin
C02CA02 = Indoramin
C02CA04 = Doxazosin
C02CA06 = Urapidil
C02DA01 = Diazoxide
C02DB02 = Hydralazine
C02DB04 = Cadralazine
C02DC01 = Minoxidil
C02KB01 = Metirosine
C02KD01 = Ketanserin
C02KX02 = Ambrisentan
C03AA01 = Bendroflumethiazide
C03AA02 = Hydroflumethiazide
C03AA03 = Hydrochlorothiazide
C03AA04 = Chlorothiazide
C03AA05 = Polythiazide
C03AA06 = Trichlormethiazide
C03AA07 = Cyclopenthiazide
C03AA08 = Methyclothiazide
C03BA03 = Clopamide
C03BA04 = Chlortalidone
C03BA08 = Metolazone
C03BA09 = Meticrane
C03BA10 = Xipamide
C03BA11 = Indapamide
C03CA01 = Furosemide
C03CA02 = Bumetanide
C03CA03 = Piretanide
C03CA04 = Torasemide
C03CC01 = Etacrynic Acid
C03CX01 = Etozolin
C03DA01 = Spironolactone
C03DA02 = Potassium Canrenoate
C03DA03 = Canrenone
C03DA04 = Eplerenone
C03DB01 = Amiloride
C03DB02 = Triamterene
C04AA01 = Isoxsuprine
C04AA31 = Bamethan
C04AB02 = Tolazoline
C04AC01 = Nicotinic Acid
C04AC03 = Inositol Nicotinate
C04AD02 = Xantinol Nicotinate
C04AD03 = Pentoxifylline
C04AE02 = Nicergoline
C04AF01 = Kallidinogenase
C04AX01 = Cyclandelate
C04AX07 = Vincamine
C04AX10 = Moxisylyte
C04AX17 = Vinburnine
C04AX20 = Buflomedil
C04AX21 = Naftidrofuryl
C04AX24 = Visnadine
C05AA01 = Hydrocortisone
C05AA04 = Prednisolone
C05AA05 = Betamethasone
C05AA06 = Fluorometholone
C05AA08 = Fluocortolone
C05AA09 = Dexamethasone
C05AA10 = Fluocinolone acetonide
C05AA11 = Fluocinonide
C05AD01 = Lidocaine
C05AD02 = Tetracaine
C05AD03 = Benzocaine
C05AD04 = Cinchocaine
C05AD05 = Procaine
C05AD06 = Oxetacaine
C05AX05 = Tribenoside
C05AX07 = Isosorbide Dinitrate
C05BA03 = Heparin
C05BA04 = Pentosan Polysulfate Sodium
C05BB01 = Monoethanolamine Oleate
C05BB02 = Polidocanol
C05BB04 = Sodium Tetradecyl Sulfate

C05BB05 = Phenol
C05BX01 = Calcium Dobesilate
C05CA01 = Rutoside
C05CA03 = Diosmin
C05CA04 = Troxerutin
C07AA02 = Oxprenolol
C07AA03 = Pindolol
C07AA05 = Propranolol
C07AA06 = Timolol
C07AA07 = Sotalol
C07AA12 = Nadolol
C07AA15 = Carteolol
C07AA16 = Tertatolol
C07AA17 = Bopindolol
C07AB02 = Metoprolol
C07AB03 = Atenolol
C07AB04 = Acebutolol
C07AB05 = Betaxolol
C07AB07 = Bisoprolol
C07AB08 = Celiprolol
C07AB12 = Nebivolol
C07AB13 = Talinolol
C07AG02 = Carvedilol
C08CA01 = Amlodipine
C08CA02 = Felodipine
C08CA03 = Isradipine
C08CA04 = Nicardipine
C08CA05 = Nifedipine
C08CA06 = Nimodipine
C08CA07 = Nisoldipine
C08CA08 = Nitrendipine
C08CA09 = Lacidipine
C08CA10 = Nilvadipine
C08CA11 = Manidipine
C08CA12 = Barnidipine
C08CA13 = Lercanidipine
C08CA14 = Cilnidipine
C08DA01 = Verapamil
C08DB01 = Diltiazem
C08EX01 = Lidoflazine
C09AA01 = Captopril
C09AA02 = Enalapril
C09AA03 = Lisinopril
C09AA04 = Perindopril
C09AA05 = Ramipril
C09AA06 = Quinapril
C09AA07 = Benazepril
C09AA08 = Cilazapril
C09AA09 = Fosinopril
C09AA10 = Trandolapril
C09AA12 = Delapril
C09AA16 = Imidapril
C09BA15 = Zofenopril
C09CA01 = Losartan
C09CA02 = Eprosartan
C09CA03 = Valsartan
C09CA04 = Irbesartan
C09CA06 = Candesartan
C09CA08 = Olmesartan Medoxomil
C09XA02 = Aliskiren
C10AA01 = Simvastatin
C10AA02 = Lovastatin
C10AA03 = Pravastatin
C10AA04 = Fluvastatin
C10AA05 = Atorvastatin
C10AA07 = Rosuvastatin
C10AB01 = Clofibrate
C10AB02 = Bezafibrate
C10AB04 = Gemfibrozil
C10AB05 = Fenofibrate
C10AB08 = Ciprofibrate
C10AB09 = Etofibrate
C10AC01 = Colestyramine
C10AD02 = Nicotinic Acid
C10AD06 = Acipimox
C10AX02 = Probucol
C10AX04 = Benfluorex
C10AX08 = Policosanol
C10AX09 = Ezetimibe
CO1EB16 = Ibuprofen

D01AA01 = Nystatin
D01AA02 = Natamycin
D01AA06 = Mepartricin
D01AA07 = Pyrrolnitrin
D01AA08 = Griseofulvin
D01AC01 = Clotrimazole
D01AC02 = Miconazole
D01AC03 = Econazole
D01AC05 = Isoconazole
D01AC06 = Tiabendazole
D01AC07 = Tioconazole
D01AC08 = Ketoconazole
D01AC10 = Bifonazole
D01AC12 = Fenticonazole
D01AC14 = Sertaconazole
D01AC15 = Fluconazole
D01AE = Butenafine
D01AE05 = Polynoxylin
D01AE11 = Haloprogin
D01AE12 = Salicylic Acid
D01AE13 = Selenium Sulfide
D01AE14 = Ciclopirox
D01AE15 = Terbinafine
D01AE16 = Amorolfine
D01AE18 = Tolnaftate
D01AE19 = Tolciclate
D01AE21 = Flucytosine
D01AE54 = Undecylenic Acid
D01BA01 = Griseofulvin
D01BA02 = Terbinafine
D02BA01 = Aminobenzoic Acid
D02BB01 = Betacarotene
D03AX = Becaplermin
D03AX02 = Dextranomer
D03AX03 = Dexpanthenol
D03AX04 = Pantothenic Acid
D03AX05 = Hyaluronic Acid
D03BA01 = Trypsin
D04AA01 = Thonzylamine
D04AA09 = Chloropyramine
D04AA10 = Promethazine
D04AA14 = Clemastine
D04AA22 = Isothipendyl
D04AA32 = Diphenhydramine
D04AB01 = Lidocaine
D04AB02 = Cinchocaine
D04AB03 = Oxybuprocaine
D04AB04 = Benzocaine
D04AB06 = Tetracaine
D05AC01 = Dithranol
D05AD01 = Trioxysalen
D05AD02 = Methoxsalen
D05AX02 = Calcipotriol
D05AX03 = Calcitriol
D05AX04 = Tacalcitol
D05AX05 = Tazarotene
D05BA01 = Trioxysalen
D05BA02 = Methoxsalen
D05BA03 = Bergapten
D05BB02 = Acitretin
D06AA02 = Chlortetracycline
D06AA03 = Oxytetracycline
D06AA04 = Tetracycline
D06AX01 = Fusidic Acid
D06AX02 = Chloramphenicol
D06AX04 = Neomycin
D06AX05 = Bacitracin
D06AX07 = Gentamicin
D06AX08 = Tyrothricin
D06AX09 = Mupirocin

D06AX10 = Virginiamycin
D06AX11 = Rifaximin
D06AX12 = Amikacin
D06BA02 = Sulfathiazole
D06BA04 = Sulfamethizole
D06BA05 = Sulfanilamide
D06BA06 = Sulfamerazine
D06BB = Denotivir
D06BB = Epervudine
D06BB01 = Idoxuridine
D06BB03 = Aciclovir
D06BB04 = Podophyllotoxin
D06BB05 = Inosine
D06BB06 = Penciclovir
D06BB08 = Ibacitabine
D06BB09 = Edoxudine
D06BB10 = Imiquimod
D06BB11 = Docosanol
D06BX01 = Metronidazole
D07AA01 = Methylpredniso-lone
D07AA02 = Hydrocortisone
D07AA03 = Prednisolone
D07AB03 = Flumetasone
D07AB06 = Fluorometholone
D07AB08 = Desonide
D07AB09 = Triamcinolone
D07AB19 = Dexamethasone
D07AC01 = Betamethasone
D07AC03 = Desoximetasone
D07AC04 = Fluocinolone aceto-nide
D07AC05 = Fluocortolone
D07AC07 = Fludroxycortide
D07AC08 = Fluocinonide
D07AC09 = Budesonide
D07AC11 = Amcinonide
D07AC15 = Beclometasone
D07AC17 = Fluticasone
D07AC18 = Prednicarbate
D07AC19 = Difluprednate
D07AD01 = Clobetasol
D07AD02 = Halcinonide
D07XA01 = Hydrocortisone
D07XA02 = Prednisolone
D07XB01 = Flumetasone
D07XB02 = Triamcinolone
D07XB04 = Fluorometholone
D07XB05 = Dexamethasone
D07XC01 = Betamethasone
D07XC02 = Desoximetasone
D08AC02 = Chlorhexidine
D08AC05 = Polihexanide
D08AE01 = Hexachlorophene
D08AE02 = Policresulen
D08AE03 = Phenol
D08AE04 = Triclosan
D08AE05 = Chloroxylenol
D08AF01 = Nitrofural
D08AG02 = Povidone-Iodine
D08AH02 = Chlorquinaldol
D08AH03 = Oxyquinoline
D08AH30 = Clioquinol
D08AJ04 = Cetrimide
D08AJ05 = Benzoxonium Chloride
D08AK02 = Phenylmercuric Borate
D08AK06 = Thiomersal
D08AX04 = Tosylchloramide Sodium
D09AA02 = Fusidic Acid
D09AA03 = Nitrofural
D09AA06 = Triclosan
D09AA09 = Povidone-Iodine
D09AA10 = Clioquinol
D09AA12 = Chlorhexidine
D10AA01 = Fluorometholone
D10AA02 = Methylpredniso-lone
D10AA03 = Dexamethasone
D10AB05 = Mesulfen
D10AD01 = Tretinoin
D10AD02 = Retinol
D10AD03 = Adapalene
D10AD04 = Isotretinoin
D10AD05 = Motretinide
D10AE01 = Benzoyl Peroxide
D10AF01 = Clindamycin
D10AF02 = Erythromycin
D10AF03 = Chloramphenicol
D10AX01 = Aluminum Chlo-ride
D10AX03 = Azelaic Acid
D10BA01 = Isotretinoin
D11AC01 = Cetrimide
D11AC06 = Povidone-Iodine
D11AE01 = Metandienone
D11AX01 = Minoxidil
D11AX02 = Gamolenic Acid
D11AX03 = Calcium Gluconate
D11AX06 = Mequinol
D11AX08 = Tiratricol
D11AX09 = Oxaceprol
D11AX11 = Hydroquinone
D11AX12 = Pyrithione Zinc
D11AX13 = Monobenzone
D11AX14 = Tacrolimus
D11AX15 = Pimecrolimus
D11AX17 = Cromoglicic Acid
D11AX18 = Diclofenac
DO3AX10 = Enoxolone

G01AA01 = Nystatin
G01AA02 = Natamycin
G01AA05 = Chloramphenicol
G01AA07 = Oxytetracycline
G01AA09 = Mepartricin
G01AA10 = Clindamycin
G01AC01 = Diiodohydroxyqui-noline
G01AC02 = Clioquinol
G01AC03 = Chlorquinaldol
G01AC06 = Broxyquinoline
G01AC30 = Oxyquinoline
G01AD01 = Lactic Acid
G01AD03 = Ascorbic Acid
G01AF01 = Metronidazole
G01AF02 = Clotrimazole
G01AF04 = Miconazole
G01AF05 = Econazole
G01AF06 = Ornidazole
G01AF07 = Isoconazole
G01AF08 = Tioconazole
G01AF11 = Ketoconazole
G01AF12 = Fenticonazole
G01AF13 = Azanidazole
G01AF15 = Butoconazole
G01AG02 = Terconazole
G01AX02 = Inosine
G01AX03 = Policresulen
G01AX05 = Nifuratel
G01AX06 = Furazolidone
G01AX11 = Povidone-Iodine
G01AX12 = Ciclopirox
G02AB01 = Methylergometrine
G02AD01 = Dinoprost
G02AD02 = Dinoprostone
G02AD03 = Gemeprost
G02AD04 = Carboprost
G02AD05 = Sulprostone
G02CB01 = Bromocriptine
G02CB03 = Cabergoline
G02CB04 = Quinagolide

G02CB05 = Metergoline
G02CC01 = Ibuprofen
G02CC02 = Naproxen
G02CC03 = Benzydamine
G02CX01 = Atosiban
G03AC01 = Norethisterone
G03AC02 = Lynestrenol
G03AC03 = Levonorgestrel
G03AC05 = Megestrol
G03AC06 = Medroxyprogesterone
G03AC08 = Etonogestrel
G03AC09 = Desogestrel
G03BA01 = Fluoxymesterone
G03BA02 = Methyltestosterone
G03BA03 = Testosterone
G03BB01 = Mesterolone
G03CA01 = Ethinylestradiol
G03CA03 = Estradiol
G03CA04 = Estriol
G03CA07 = Estrone
G03CA09 = Promestriene
G03CB01 = Dienestrol
G03CB02 = Diethylstilbestrol
G03CC02 = Dienestrol
G03CC04 = Estrone
G03CC05 = Diethylstilbestrol
G03CC06 = Estriol
G03DA02 = Medroxyprogesterone
G03DA04 = Progesterone
G03DB01 = Dydrogesterone
G03DB02 = Megestrol
G03DB03 = Medrogestone
G03DB07 = Promegestone
G03DC01 = Allylestrenol
G03DC02 = Norethisterone
G03DC03 = Lynestrenol
G03DC05 = Tibolone
G03EK01 = Methyltestosterone
G03GA04 = Urofollitropin
G03GA05 = Follitropin Alfa
G03GA06 = Follitropin Beta
G03GA07 = Lutropin Alfa
G03GB01 = Cyclofenil
G03GB02 = Clomifene
G03GB03 = Epimestrol
G03HA01 = Cyproterone
G03XA01 = Danazol
G03XA02 = Gestrinone
G03XB01 = Mifepristone
G04BD02 = Flavoxate
G04BD04 = Oxybutynin
G04BD07 = Tolterodine
G04BE01 = Alprostadil
G04BE02 = Papaverine
G04BE03 = Sildenafil
G04BE08 = Tadalafil
G04BE09 = Vardenafil
G04BX03 = Acetohydroxamic Acid
G04BX06 = Phenazopyridine
G04BX10 = Succinimide
G04BX13 = Dimethyl Sulfoxide
G04CA01 = Alfuzosin
G04CA02 = Tamsulosin
G04CA03 = Terazosin
G04CB01 = Finasteride
G04CB02 = Dutasteride
G04CX03 = Mepartricin
GO1AF18 = Flutrimazole

H01AA01 = Corticotropin
H01AA02 = Tetracosactide
H01AC02 = Somatrem
H01AC04 = Sermorelin
H01AX01 = Pegvisomant
H01BA01 = Vasopressin
H01BA02 = Desmopressin
H01BA04 = Terlipressin
H01BA05 = Ornipressin
H01BA06 = Argipressin
H01BB02 = Oxytocin
H01BB03 = Carbetocin
H01CA01 = Gonadorelin
H01CB01 = Somatostatin
H01CB02 = Octreotide
H01CB03 = Lanreotide
H01CC01 = Ganirelix
H02AA02 = Fludrocortisone
H02AB01 = Betamethasone
H02AB02 = Dexamethasone
H02AB03 = Fluocortolone
H02AB04 = Methylprednisolone
H02AB06 = Prednisolone
H02AB07 = Prednisone
H02AB08 = Triamcinolone
H02AB09 = Hydrocortisone
H02AB11 = Prednylidene
H02AB12 = Rimexolone
H02AB13 = Deflazacort
H02AB14 = Cloprednol
H02AB15 = Meprednisone
H02AB17 = Cortivazol
H02CA01 = Trilostane
H03AA04 = Tiratricol
H03BA01 = Methylthiouracil
H03BA02 = Propylthiouracil
H03BA03 = Benzylthiouracil
H03BB01 = Carbimazole
H03BB02 = Thiamazole
H03BX02 = Tyrosine, 3,5-dibromo-, L-
H04AA01 = Glucagon
H05AA02 = Teriparatide
H05BA = Calcitonin
H05BA01 = Calcitonin
H05BA02 = Calcitonin
H05BA03 = Calcitonin
H05BA04 = Elcatonin
H05BX01 = Cinacalcet

J01AA02 = Doxycycline
J01AA03 = Chlortetracycline
J01AA04 = Lymecycline
J01AA05 = Metacycline
J01AA06 = Oxytetracycline
J01AA07 = Tetracycline
J01AA08 = Minocycline
J01AA12 = Tigecycline
J01BA01 = Chloramphenicol
J01BA02 = Thiamphenicol
J01CA01 = Ampicillin
J01CA02 = Pivampicillin
J01CA04 = Amoxicillin
J01CA06 = Bacampicillin
J01CA08 = Pivmecillinam
J01CA11 = Mecillinam
J01CA12 = Piperacillin
J01CA13 = Ticarcillin
J01CE01 = Benzylpenicillin
J01CE02 = Phenoxymethylpenicillin
J01CE06 = Penamecillin
J01CE08 = Benzathine Benzylpenicillin
J01CE09 = Penicillin G Procaine
J01CF01 = Dicloxacillin
J01CF02 = Cloxacillin
J01CF04 = Oxacillin
J01CF05 = Flucloxacillin
J01CG01 = Sulbactam
J01CG02 = Tazobactam

J01CR04	=	Sultamicillin
J01DB01	=	Cefalexin
J01DB03	=	Cefalotin
J01DB04	=	Cefazolin
J01DB05	=	Cefadroxil
J01DB07	=	Cefatrizine
J01DB08	=	Cefapirin
J01DB09	=	Cefradine
J01DB10	=	Cefacetrile
J01DB11	=	Cefroxadine
J01DC01	=	Cefoxitin
J01DC02	=	Cefuroxime
J01DC03	=	Cefamandole
J01DC04	=	Cefaclor
J01DC07	=	Cefotiam
J01DC08	=	Loracarbef
J01DC10	=	Cefprozil
J01DC11	=	Ceforanide
J01DD01	=	Cefotaxime
J01DD02	=	Ceftazidime
J01DD04	=	Ceftriaxone
J01DD08	=	Cefixime
J01DD12	=	Cefoperazone
J01DD13	=	Cefpodoxime
J01DD14	=	Ceftibuten
J01DD15	=	Cefdinir
J01DD16	=	Cefditoren
J01DE01	=	Cefepime
J01DE02	=	Cefpirome
J01DF01	=	Aztreonam
J01DH02	=	Meropenem
J01DH03	=	Ertapenem
J01EA01	=	Trimethoprim
J01EB02	=	Sulfamethizole
J01EB03	=	Sulfadimidine
J01EB05	=	Sulfafurazole
J01EB06	=	Sulfanilamide
J01EB07	=	Sulfathiazole
J01EC01	=	Sulfamethoxazole
J01EC02	=	Sulfadiazine
J01EC03	=	Sulfamoxole
J01ED01	=	Sulfadimethoxine
J01ED04	=	Sulfametoxydiazine
J01ED05	=	Sulfamethoxypyridazine
J01ED07	=	Sulfamerazine
J01EE07	=	Sulfamethoxazole
J01EE07	=	Trimethoprim
J01FA01	=	Erythromycin
J01FA02	=	Spiramycin
J01FA03	=	Midecamycin
J01FA06	=	Roxithromycin
J01FA07	=	Josamycin
J01FA08	=	Troleandomycin
J01FA09	=	Clarithromycin
J01FA10	=	Azithromycin
J01FA12	=	Rokitamycin
J01FA13	=	Dirithromycin
J01FA15	=	Telithromycin
J01FF01	=	Clindamycin
J01FF02	=	Lincomycin
J01FG01	=	Pristinamycin
J01GA01	=	Streptomycin
J01GB01	=	Tobramycin
J01GB03	=	Gentamicin
J01GB04	=	Kanamycin
J01GB05	=	Neomycin
J01GB06	=	Amikacin
J01GB07	=	Netilmicin
J01GB11	=	Isepamicin
J01MA01	=	Ofloxacin
J01MA02	=	Ciprofloxacin
J01MA03	=	Pefloxacin
J01MA04	=	Enoxacin
J01MA06	=	Norfloxacin
J01MA07	=	Lomefloxacin
J01MA08	=	Fleroxacin
J01MA09	=	Sparfloxacin
J01MA10	=	Rufloxacin
J01MA12	=	Levofloxacin
J01MA14	=	Moxifloxacin
J01MA15	=	Gemifloxacin
J01MA16	=	Gatifloxacin
J01MB01	=	Rosoxacin
J01MB02	=	Nalidixic Acid
J01MB03	=	Piromidic Acid
J01MB04	=	Pipemidic Acid
J01MB05	=	Oxolinic Acid
J01MB06	=	Cinoxacin
J01MB07	=	Flumequine
J01XA01	=	Vancomycin
J01XA02	=	Teicoplanin
J01XB01	=	Colistin
J01XB02	=	Polymyxin B
J01XC01	=	Fusidic Acid
J01XD01	=	Metronidazole
J01XD02	=	Tinidazole
J01XD03	=	Ornidazole
J01XE01	=	Nitrofurantoin
J01XE02	=	Nifurtoinol
J01XX01	=	Fosfomycin
J01XX02	=	Xibornol
J01XX03	=	Clofoctol
J01XX04	=	Spectinomycin
J01XX05	=	Methenamine
J01XX07	=	Nitroxoline
J01XX08	=	Linezolid
J02AB01	=	Miconazole
J02AB02	=	Ketoconazole
J02AC01	=	Fluconazole
J02AC02	=	Itraconazole
J02AC03	=	Voriconazole
J02AC04	=	Posaconazole
J02AX01	=	Flucytosine
J02AX04	=	Caspofungin
J02AX06	=	Anidulafungin
J04AA01	=	Aminosalicylic Acid
J04AB01	=	Cycloserine
J04AB02	=	Rifampicin
J04AB03	=	Rifamycin
J04AB04	=	Rifabutin
J04AB05	=	Rifapentine
J04AC01	=	Isoniazid
J04AD01	=	Protionamide
J04AD03	=	Ethionamide
J04AK01	=	Pyrazinamide
J04AK02	=	Ethambutol
J04AK03	=	Terizidone
J04BA01	=	Clofazimine
J04BA02	=	Dapsone
J05AB01	=	Aciclovir
J05AB02	=	Idoxuridine
J05AB03	=	Vidarabine
J05AB06	=	Ganciclovir
J05AB09	=	Famciclovir
J05AB11	=	Valaciclovir
J05AB11	=	Valganciclovir
J05AB12	=	Cidofovir
J05AB13	=	Penciclovir
J05AB15	=	Brivudine
J05AD01	=	Foscarnet Sodium
J05AE	=	Lopinavir
J05AE01	=	Saquinavir
J05AE02	=	Indinavir
J05AE03	=	Ritonavir
J05AE04	=	Nelfinavir
J05AE05	=	Amprenavir
J05AE08	=	Atazanavir
J05AE09	=	Tipranavir
J05AE10	=	Darunavir
J05AF01	=	Zidovudine
J05AF02	=	Didanosine

J05AF03 = Zalcitabine
J05AF04 = Stavudine
J05AF05 = Lamivudine
J05AF06 = Abacavir
J05AF09 = Emtricitabine
J05AF11 = Telbivudine
J05AG01 = Nevirapine
J05AG03 = Efavirenz
J05AH01 = Zanamivir
J05AH02 = Oseltamivir
J05AX05 = Inosine Pranobex
J05AX07 = Enfuvirtide
J06BB = Palivizumab
JO1DC06 = Cefonicid
JO1XX09 = Daptomycin
JO5AE07 = Fosamprenavir

L01AA01 = Cyclophosphamide
L01AA02 = Chlorambucil
L01AA03 = Melphalan
L01AA06 = Ifosfamide
L01AA07 = Trofosfamide
L01AB01 = Busulfan
L01AB02 = Treosulfan
L01AC01 = Thiotepa
L01AC03 = Carboquone
L01AD01 = Carmustine
L01AD02 = Lomustine
L01AD04 = Streptozocin
L01AD05 = Fotemustine
L01AD07 = Ranimustine
L01AX02 = Pipobroman
L01AX04 = Dacarbazine
L01BA01 = Methotrexate
L01BA03 = Raltitrexed
L01BA04 = Pemetrexed
L01BB02 = Mercaptopurine
L01BB03 = Tioguanine
L01BB04 = Cladribine
L01BB05 = Fludarabine
L01BB06 = Clofarabine
L01BB07 = Nelarabine
L01BC01 = Cytarabine
L01BC02 = Fluorouracil
L01BC03 = Tegafur
L01BC04 = Carmofur
L01BC05 = Gemcitabine
L01BC06 = Capecitabine
L01CA01 = Vinblastine
L01CA02 = Vincristine
L01CA04 = Vinorelbine
L01CB01 = Etoposide
L01CB02 = Teniposide
L01CD01 = Paclitaxel
L01CD02 = Docetaxel
L01DA01 = Dactinomycin
L01DB01 = Doxorubicin
L01DB02 = Daunorubicin
L01DB03 = Epirubicin
L01DB06 = Idarubicin
L01DB07 = Mitoxantrone
L01DB08 = Pirarubicin
L01DB09 = Valrubicin
L01DC01 = Bleomycin
L01DC03 = Mitomycin
L01XA = Nedaplatin
L01XA01 = Cisplatin
L01XA02 = Carboplatin
L01XA03 = Oxaliplatin
L01XC02 = Rituximab
L01XC03 = Trastuzumab
L01XC04 = Alemtuzumab
L01XC06 = Cetuximab
L01XC07 = Bevacizumab
L01XC08 = Panitumumab
L01XD01 = Porfimer Sodium
L01XD05 = Temoporfin
L01XE01 = Imatinib
L01XE02 = Gefitinib
L01XE06 = Dasatinib
L01XX01 = Amsacrine
L01XX02 = Asparaginase
L01XX03 = Altretamine
L01XX05 = Hydroxycarbamide
L01XX08 = Pentostatin
L01XX09 = Miltefosine
L01XX14 = Tretinoin
L01XX17 = Topotecan
L01XX19 = Irinotecan
L01XX29 = Denileukin diftitox
L01XX32 = Bortezomib
L01XX33 = Celecoxib
L01XX35 = Anagrelide
L02AA01 = Diethylstilbestrol
L02AA03 = Ethinylestradiol
L02AB01 = Megestrol
L02AB02 = Medroxyprogeste-rone
L02AE01 = Buserelin
L02AE02 = Leuprorelin
L02AE03 = Goserelin
L02AE04 = Triptorelin
L02BA01 = Tamoxifen
L02BA02 = Toremifene
L02BA03 = Fulvestrant
L02BB01 = Flutamide
L02BB02 = Nilutamide
L02BB03 = Bicalutamide
L02BG02 = Formestane
L02BG03 = Anastrozole
L02BG04 = Letrozole
L02BG06 = Exemestane
L02BX01 = Abarelix
L03AA = Tasonermin
L03AA02 = Filgrastim
L03AA03 = Molgramostim
L03AA09 = Sargramostim
L03AA10 = Lenograstim
L03AA12 = Ancestim
L03AA13 = Pegfilgrastim
L03AB = Interferon Alfa-con-1
L03AB01 = Interferon Alfa
L03AB10 = Peginterferon Alfa 2-b
L03AB11 = Peginterferon Alfa 2-a
L03AB60 = Ribavirin
L03AC01 = Aldesleukin
L03AC02 = Oprelevkin
L03AX05 = Pidotimod
L03AX09 = Thymopentin
L03AX13 = Glatiramer Acetate
L04AA = Tocilizumab
L04AA01 = Ciclosporin
L04AA02 = Muromonab-CD3
L04AA05 = Tacrolimus
L04AA08 = Daclizumab
L04AA10 = Sirolimus
L04AA11 = Etanercept
L04AA13 = Leflunomide
L04AA14 = Anakinra
L04AA15 = Alefacept
L04AA17 = Adalimumab
L04AA18 = Everolimus
L04AA21 = Efalizumab
L04AA23 = Natalizumab
L04AA24 = Abatacept
L04AX01 = Azathioprine
L04AX02 = Thalidomide
L04AX03 = Methotrexate
L04AX04 = Lenalidomide

M01AA01 = Phenylbutazone
M01AA03 = Oxyphenbutazone
M01AA06 = Kebuzone
M01AB01 = Indometacin
M01AB02 = Sulindac
M01AB03 = Tolmetin
M01AB05 = Diclofenac
M01AB08 = Etodolac
M01AB10 = Fentiazac
M01AB11 = Acemetacin
M01AB14 = Proglumetacin
M01AB15 = Ketorolac
M01AB16 = Aceclofenac
M01AC01 = Piroxicam
M01AC02 = Tenoxicam
M01AC05 = Lornoxicam
M01AC06 = Meloxicam
M01AE01 = Ibuprofen
M01AE02 = Naproxen
M01AE03 = Ketoprofen
M01AE05 = Fenbufen
M01AE07 = Suprofen
M01AE09 = Flurbiprofen
M01AE11 = Tiaprofenic Acid
M01AE12 = Oxaprozin
M01AE13 = Ibuproxam
M01AE16 = Alminoprofen
M01AE17 = Dexketoprofen
M01AG01 = Mefenamic Acid
M01AG02 = Tolfenamic Acid
M01AG03 = Flufenamic Acid
M01AG04 = Meclofenamic Acid
M01AH01 = Celecoxib
M01AH02 = Rofecoxib
M01AH03 = Valdecoxib
M01AH04 = Parecoxib
M01AH05 = Etoricoxib
M01AH06 = Lumiracoxib
M01AX01 = Nabumetone
M01AX02 = Niflumic Acid
M01AX05 = Glucosamine
M01AX07 = Benzydamine
M01AX13 = Proquazone
M01AX14 = Orgotein
M01AX17 = Nimesulide
M01AX18 = Feprazone
M01AX21 = Diacerein
M01AX22 = Morniflumate
M01CB01 = Sodium Aurothiomalate
M01CB03 = Auranofin
M01CB04 = Aurothioglucose
M01CB05 = Aurotioprol
M01CC01 = Penicillamine
M01CC02 = Bucillamine
M02AA01 = Phenylbutazone
M02AA04 = Oxyphenbutazone
M02AA05 = Benzydamine
M02AA06 = Etofenamate
M02AA07 = Piroxicam
M02AA08 = Felbinac
M02AA09 = Bufexamac
M02AA10 = Ketoprofen
M02AA11 = Bendazac
M02AA12 = Naproxen
M02AA13 = Ibuprofen
M02AA14 = Fentiazac
M02AA15 = Diclofenac
M02AA16 = Feprazone
M02AA17 = Niflumic Acid
M02AA18 = Meclofenamic Acid
M02AA19 = Flurbiprofen
M02AA21 = Tolmetin
M02AA22 = Suxibuzone
M02AA23 = Indometacin
M02AA25 = Aceclofenac
M02AX02 = Tolazoline
M02AX03 = Dimethyl Sulfoxide
M03AC06 = Pipecuronium Bromide
M03AC07 = Doxacurium Chloride
M03AC09 = Rocuronium Bromide
M03AC10 = Mivacurium Chloride
M03AX01 = Botulinum A Toxin
M03AX01 = Botulinum B Toxin
M03BA01 = Phenprobamate
M03BA02 = Carisoprodol
M03BA03 = Methocarbamol
M03BB03 = Chlorzoxazone
M03BX01 = Baclofen
M03BX02 = Tizanidine
M03BX04 = Tolperisone
M03BX05 = Thiocolchicoside
M03BX06 = Mephenesin
M03BX07 = Tetrazepam
M03BX08 = Cyclobenzaprine
M04AA01 = Allopurinol
M04AA02 = Tisopurine
M04AB01 = Probenecid
M04AB02 = Sulfinpyrazone
M04AB03 = Benzbromarone
M04AC01 = Colchicine
M04AC02 = Cinchophen
M05BA = Zoledronic Acid
M05BA01 = Etidronic Acid
M05BA02 = Clodronic Acid
M05BA03 = Pamidronic Acid
M05BA04 = Alendronic Acid
M05BA06 = Ibandronic Acid
M05BA07 = Risedronic Acid
M05BC01 = Dibotermin Alfa
M05BC02 = Eptotermin alfa
M05BX01 = Ipriflavone
M09AA01 = Hydroquinine
M09AX01 = Hyaluronic Acid

N01AB01 = Halothane
N01AB03 = Methoxyflurane
N01AB04 = Enflurane
N01AB06 = Isoflurane
N01AB07 = Desflurane
N01AB08 = Sevoflurane
N01AH02 = Alfentanil
N01AH03 = Sufentanil
N01AH06 = Remifentanil
N01AX01 = Droperidol
N01AX03 = Ketamine
N01AX04 = Propanidid
N01AX07 = Etomidate
N01AX10 = Propofol
N01BA02 = Procaine
N01BA03 = Tetracaine
N01BA05 = Benzocaine
N01BB01 = Bupivacaine
N01BB02 = Lidocaine
N01BB03 = Mepivacaine
N01BB06 = Cinchocaine
N01BB09 = Ropivacaine
N01BB10 = Levobupivacaine
N01BX01 = Ethyl Chloride
N01BX03 = Phenol
N01BX04 = Capsaicin
N02AA01 = Morphine
N02AA08 = Dihydrocodeine
N02AA10 = Papaveretum
N02AB03 = Fentanyl
N02AC03 = Piritramide
N02AD01 = Pentazocine
N02AE01 = Buprenorphine
N02AF01 = Butorphanol
N02AX02 = Tramadol

N02BA02 = Aloxiprin
N02BA03 = Choline Salicylate
N02BA05 = Salicylamide
N02BA10 = Benorilate
N02BA11 = Diflunisal
N02BA14 = Guacetisal
N02BA15 = Carbasalate Calcium
N02BA16 = Imidazole Salicylate
N02BB01 = Phenazone
N02BB02 = Metamizole
N02BB03 = Aminophenazone
N02BB04 = Propyphenazone
N02BE01 = Paracetamol
N02BG04 = Floctafenine
N02CA02 = Ergotamine
N02CA04 = Methysergide
N02CC01 = Sumatriptan
N02CC02 = Naratriptan
N02CC03 = Zolmitriptan
N02CC05 = Almotriptan
N02CC07 = Frovatriptan
N02CX01 = Pizotifen
N02CX02 = Clonidine
N02CX03 = Iprazochrome
N02CX05 = Dimetotiazine
N03AA01 = Methylphenobarbital
N03AA02 = Phenobarbital
N03AA03 = Primidone
N03AA04 = Barbexaclone
N03AB01 = Ethotoin
N03AB02 = Phenytoin
N03AB04 = Mephenytoin
N03AC02 = Trimethadione
N03AD01 = Ethosuximide
N03AD03 = Mesuximide
N03AE01 = Clonazepam
N03AF01 = Carbamazepine
N03AF02 = Oxcarbazepine
N03AF03 = Rufinamide
N03AG01 = Valproic Acid
N03AG02 = Valpromide
N03AG04 = Vigabatrin
N03AG06 = Tiagabine
N03AX03 = Sultiame
N03AX09 = Lamotrigine
N03AX10 = Felbamate
N03AX11 = Topiramate
N03AX12 = Gabapentin
N03AX13 = Pheneturide
N03AX14 = Levetiracetam
N03AX15 = Zonisamide
N03AX16 = Pregabalin
N03AX17 = Stiripentol
N04AA01 = Trihexyphenidyl
N04AA02 = Biperiden
N04BA01 = Levodopa
N04BB01 = Amantadine
N04BC01 = Bromocriptine
N04BC02 = Pergolide
N04BC04 = Ropinirole
N04BC05 = Pramipexole
N04BC06 = Cabergoline
N04BC07 = Apomorphine
N04BC08 = Piribedil
N04BC09 = Rotigotine
N04BD01 = Selegiline
N04BD02 = Rasagiline
N04BX01 = Tolcapone
N04BX02 = Entacapone
N05AA01 = Chlorpromazine
N05AA02 = Levomepromazine
N05AA03 = Promazine
N05AA04 = Acepromazine
N05AA06 = Cyamemazine
N05AB01 = Dixyrazine
N05AB02 = Fluphenazine
N05AB03 = Perphenazine
N05AB04 = Prochlorperazine
N05AB06 = Trifluoperazine
N05AC01 = Periciazine
N05AC02 = Thioridazine
N05AC04 = Pipotiazine
N05AD01 = Haloperidol
N05AD06 = Bromperidol
N05AD07 = Benperidol
N05AD08 = Droperidol
N05AE03 = Sertindole
N05AE04 = Ziprasidone
N05AF01 = Flupentixol
N05AF03 = Chlorprothixene
N05AF04 = Tiotixene
N05AF05 = Zuclopenthixol
N05AG01 = Fluspirilene
N05AG02 = Pimozide
N05AG03 = Penfluridol
N05AH01 = Loxapine
N05AH02 = Clozapine
N05AH03 = Olanzapine
N05AH04 = Quetiapine
N05AK01 = Tetrabenazine
N05AL01 = Sulpiride
N05AL03 = Tiapride
N05AL05 = Amisulpride
N05AL07 = Levosulpiride
N05AX08 = Risperidone
N05AX09 = Clotiapine
N05AX12 = Aripiprazole
N05AX13 = Paliperidone
N05BA01 = Diazepam
N05BA02 = Chlordiazepoxide
N05BA03 = Medazepam
N05BA04 = Oxazepam
N05BA06 = Lorazepam
N05BA08 = Bromazepam
N05BA09 = Clobazam
N05BA10 = Ketazolam
N05BA11 = Prazepam
N05BA12 = Alprazolam
N05BA13 = Halazepam
N05BA14 = Pinazepam
N05BA16 = Nordazepam
N05BA17 = Fludiazepam
N05BA18 = Ethyl Loflazepate
N05BA19 = Etizolam
N05BA21 = Clotiazepam
N05BA22 = Cloxazolam
N05BA23 = Tofisopam
N05BB01 = Hydroxyzine
N05BC01 = Meprobamate
N05BE01 = Buspirone
N05BX01 = Mephenoxalone
N05CA01 = Pentobarbital
N05CA02 = Amobarbital
N05CA22 = Proxibarbal
N05CC01 = Chloral Hydrate
N05CC05 = Paraldehyde
N05CD01 = Flurazepam
N05CD02 = Nitrazepam
N05CD03 = Flunitrazepam
N05CD04 = Estazolam
N05CD05 = Triazolam
N05CD06 = Lormetazepam
N05CD07 = Temazepam
N05CD08 = Midazolam
N05CD09 = Brotizolam
N05CD10 = Quazepam
N05CD11 = Loprazolam
N05CD13 = Cinolazepam
N05CE01 = Glutethimide
N05CF01 = Zopiclone
N05CF02 = Zolpidem

N05CF03 = Zaleplon
N05CH01 = Melatonin
N05CM02 = Clomethiazole
N05CM05 = Scopolamine
N05CM07 = Triclofos
N05CM16 = Niaprazine
N05CM18 = Dexmedetomidine
N06AA02 = Imipramine
N06AA04 = Clomipramine
N06AA05 = Opipramol
N06AA06 = Trimipramine
N06AA09 = Amitriptyline
N06AA10 = Nortriptyline
N06AA12 = Doxepin
N06AA14 = Melitracen
N06AA17 = Amoxapine
N06AA19 = Amineptine
N06AA21 = Maprotiline
N06AB = Escitalopram
N06AB03 = Fluoxetine
N06AB04 = Citalopram
N06AB05 = Paroxetine
N06AB06 = Sertraline
N06AB08 = Fluvoxamine
N06AF01 = Isocarboxazid
N06AF02 = Nialamide
N06AF04 = Tranylcypromine
N06AG02 = Moclobemide
N06AX01 = Oxitriptan
N06AX02 = Tryptophan
N06AX03 = Mianserin
N06AX05 = Trazodone
N06AX11 = Mirtazapine
N06AX14 = Tianeptine
N06AX16 = Venlafaxine
N06AX18 = Reboxetine
N06AX21 = Duloxetine
N06AX22 = Agomelatine
N06BA01 = Amfetamine
N06BA02 = Dexamfetamine
N06BA04 = Methylphenidate
N06BA05 = Pemoline
N06BA07 = Modafinil
N06BC01 = Caffeine
N06BX02 = Pyritinol
N06BX03 = Piracetam
N06BX06 = Citicoline
N06BX11 = Aniracetam
N06BX13 = Idebenone
N06BX17 = Adrafinil
N06BX18 = Vinpocetine
N06DA01 = Tacrine
N06DA02 = Donepezil
N06DA03 = Rivastigmine
N06DA04 = Galantamine
N06DX01 = Memantine
N07AB01 = Carbachol
N07AX01 = Pilocarpine
N07AX02 = Choline Alfoscerate
N07BA01 = Nicotine
N07BA02 = Bupropion
N07BB = Metadoxine
N07BB01 = Disulfiram
N07BB02 = Calcium Carbimide
N07BB03 = Acamprosate
N07BB04 = Naltrexone
N07BC51 = Buprenorphine
N07CA01 = Betahistine
N07CA02 = Cinnarizine
N07CA03 = Flunarizine
N07CA04 = Acetylleucine
N07XX02 = Riluzole

P01AA01 = Broxyquinoline
P01AA02 = Clioquinol
P01AA04 = Chlorquinaldol
P01AB01 = Metronidazole
P01AB02 = Tinidazole
P01AB03 = Ornidazole
P01AB04 = Azanidazole
P01AB06 = Nimorazole
P01AB07 = Secnidazole
P01AC04 = Teclozan
P01AR03 = Glycobiarsol
P01AX06 = Atovaquone
P01AX08 = Tenonitrozole
P01BA01 = Chloroquine
P01BA02 = Hydroxychloroquine
P01BA03 = Primaquine
P01BA06 = Amodiaquine
P01BC01 = Quinine
P01BC02 = Mefloquine
P01BD01 = Pyrimethamine
P01BE02 = Artemether
P01BE03 = Artesunate
P01BX = Lumefantrine
P01CA02 = Benznidazole
P01CB02 = Sodium Stibogluconate
P01CC02 = Nitrofural
P01CX02 = Suramin Sodium
P02BA01 = Praziquantel
P02BA02 = Oxamniquine
P02BB01 = Metrifonate
P02BX04 = Triclabendazole
P02CA01 = Mebendazole
P02CA02 = Tiabendazole
P02CA03 = Albendazole
P02CA05 = Flubendazole
P02CA06 = Fenbendazole
P02CB01 = Piperazine
P02CB02 = Diethylcarbamazine
P02CC01 = Pyrantel
P02CE01 = Levamisole
P02CF01 = Ivermectin
P02CX = Nitazoxanide
P02DA01 = Niclosamide
P02DX02 = Dichlorophen
P03AA03 = Mesulfen
P03AA04 = Disulfiram
P03AA05 = Thiram
P03AB02 = Lindane
P03AC02 = Bioallethrin
P03AC03 = Phenothrin
P03AC04 = Permethrin
P03AX01 = Benzyl Benzoate
P03AX03 = Malathion
P03BA = Pyrethrin I
P03BA01 = Cyfluthrin
P03BA02 = Cypermethrin
P03BA04 = Tetramethrin
P03BX01 = Diethyltoluamide

R01AA03 = Ephedrine
R01AA04 = Phenylephrine
R01AA05 = Oxymetazoline
R01AA06 = Tetryzoline
R01AA07 = Xylometazoline
R01AA08 = Naphazoline
R01AA09 = Tramazoline
R01AA14 = Epinephrine
R01AB01 = Phenylephrine
R01AB02 = Naphazoline
R01AB03 = Tetryzoline
R01AB05 = Ephedrine
R01AB06 = Xylometazoline
R01AB07 = Oxymetazoline
R01AC01 = Cromoglicic Acid
R01AC02 = Levocabastine
R01AC06 = Thonzylamine
R01AC07 = Nedocromil
R01AC08 = Olopatadine

R01AD01 = Beclometasone
R01AD02 = Prednisolone
R01AD03 = Dexamethasone
R01AD04 = Flunisolide
R01AD05 = Budesonide
R01AD06 = Betamethasone
R01AD08 = Fluticasone
R01AD11 = Triamcinolone
R01AX02 = Retinol
R01AX03 = Ipratropium Bromide
R01AX06 = Mupirocin
R01BA01 = Phenylpropanolamine
R01BA02 = Pseudoephedrine
R01BA03 = Phenylephrine
R02AA01 = Ambazone
R02AA05 = Chlorhexidine
R02AA11 = Chlorquinaldol
R02AA12 = Hexylresorcinol
R02AA14 = Oxyquinoline
R02AA15 = Povidone-Iodine
R02AB01 = Neomycin
R02AB02 = Tyrothricin
R02AB03 = Fusafungine
R02AB04 = Bacitracin
R02AB30 = Gramicidin
R02AD01 = Benzocaine
R02AD02 = Lidocaine
R03AA01 = Epinephrine
R03AC02 = Salbutamol
R03AC03 = Terbutaline
R03AC06 = Hexoprenaline
R03AC12 = Salmeterol
R03AC13 = Formoterol
R03AC14 = Clenbuterol
R03AC16 = Procaterol
R03BA01 = Beclometasone
R03BA02 = Budesonide
R03BA03 = Flunisolide
R03BA04 = Betamethasone
R03BA05 = Fluticasone
R03BA08 = Ciclesonide
R03BB01 = Ipratropium Bromide
R03BB02 = Oxitropium Bromide
R03BB04 = Tiotropium Bromide
R03BC01 = Cromoglicic Acid
R03BC03 = Nedocromil
R03BX01 = Fenspiride
R03CA02 = Ephedrine
R03CC02 = Salbutamol
R03CC03 = Terbutaline
R03CC05 = Hexoprenaline
R03CC08 = Procaterol
R03CC12 = Bambuterol
R03CC13 = Clenbuterol
R03DA01 = Diprophylline
R03DA02 = Choline Theophyllinate
R03DA04 = Theophylline
R03DA05 = Aminophylline
R03DA09 = Acefylline Piperazine
R03DA11 = Doxofylline
R03DA54 = Theophylline
R03DA74 = Theophylline
R03DB04 = Theophylline
R03DC01 = Zafirlukast
R03DC02 = Pranlukast
R03DC03 = Montelukast
R03DC04 = Ibudilast
R03DX01 = Amlexanox
R03DX03 = Fenspiride
R03DX05 = Omalizumab
R05CA01 = Tyloxapol
R05CA02 = Potassium Iodide
R05CA03 = Guaifenesin
R05CB01 = Acetylcysteine
R05CB02 = Bromhexine
R05CB03 = Carbocisteine
R05CB05 = Mesna
R05CB06 = Ambroxol
R05CB07 = Sobrerol
R05CB12 = Tiopronin
R05CB15 = Erdosteine
R05DA04 = Codeine
R05DA07 = Noscapine
R05DA08 = Pholcodine
R05DA09 = Dextromethorphan
R05DB01 = Benzonatate
R05DB02 = Benproperine
R05DB03 = Clobutinol
R05DB04 = Isoaminile
R05DB05 = Pentoxyverine
R05DB10 = Clofedanol
R05DB12 = Bibenzonium Bromide
R05DB13 = Butamirate
R05DB14 = Fedrilate
R05DB18 = Prenoxdiazine
R05DB19 = Dropropizine
R05DB21 = Cloperastine
R05DB25 = Morclofone
R06AA02 = Diphenhydramine
R06AA04 = Clemastine
R06AB02 = Dexchlorpheniramine
R06AC03 = Chloropyramine
R06AC06 = Thonzylamine
R06AD01 = Alimemazine
R06AD02 = Promethazine
R06AD03 = Thiethylperazine
R06AD07 = Mequitazine
R06AD08 = Oxomemazine
R06AD09 = Isothipendyl
R06AE01 = Buclizine
R06AE03 = Cyclizine
R06AE05 = Meclozine
R06AE06 = Oxatomide
R06AE07 = Cetirizine
R06AE08 = Levocetirizine
R06AX02 = Cyproheptadine
R06AX11 = Astemizole
R06AX12 = Terfenadine
R06AX13 = Loratadine
R06AX15 = Mebhydrolin
R06AX17 = Ketotifen
R06AX18 = Acrivastine
R06AX21 = Tritoqualine
R06AX22 = Ebastine
R06AX23 = Pimethixene
R06AX24 = Epinastine
R06AX25 = Mizolastine
R06AX26 = Fexofenadine
R06AX27 = Desloratadine
R07AA01 = Colfosceril Palmitate
R07AB01 = Doxapram
R07AB02 = Nikethamide

S01AA01 = Chloramphenicol
S01AA02 = Chlortetracycline
S01AA03 = Neomycin
S01AA04 = Oxytetracycline
S01AA05 = Tyrothricin
S01AA09 = Tetracycline
S01AA10 = Natamycin
S01AA11 = Gentamicin
S01AA12 = Tobramycin
S01AA13 = Fusidic Acid
S01AA14 = Benzylpenicillin
S01AA17 = Erythromycin
S01AA18 = Polymyxin B

S01AA19 = Ampicillin
S01AA21 = Amikacin
S01AA23 = Netilmicin
S01AA24 = Kanamycin
S01AA25 = Azidamfenicol
S01AB01 = Sulfamethizole
S01AB02 = Sulfafurazole
S01AB03 = Sulfadicramide
S01AB04 = Sulfacetamide
S01AD01 = Idoxuridine
S01AD02 = Trifluridine
S01AD03 = Aciclovir
S01AD06 = Vidarabine
S01AD07 = Famciclovir
S01AD09 = Ganciclovir
S01AX04 = Nitrofural
S01AX05 = Bibrocathol
S01AX09 = Chlorhexidine
S01AX11 = Ofloxacin
S01AX12 = Norfloxacin
S01AX13 = Ciprofloxacin
S01AX17 = Lomefloxacin
S01AX19 = Levofloxacin
S01AX21 = Gatifloxacin
S01AX22 = Moxifloxacin
S01BA01 = Dexamethasone
S01BA02 = Hydrocortisone
S01BA04 = Prednisolone
S01BA05 = Triamcinolone
S01BA06 = Betamethasone
S01BA07 = Fluorometholone
S01BA08 = Medrysone
S01BA11 = Desonide
S01BA12 = Formocortal
S01BA13 = Rimexolone
S01BA15 = Fluocinolone acetonide
S01BC01 = Indometacin
S01BC02 = Oxyphenbutazone
S01BC03 = Diclofenac
S01BC04 = Flurbiprofen
S01BC05 = Ketorolac
S01BC06 = Piroxicam
S01BC07 = Bendazac
S01BC08 = Salicylic Acid
S01BC09 = Pranoprofen
S01CB01 = Dexamethasone
S01CB02 = Prednisolone
S01CB03 = Hydrocortisone
S01CB04 = Betamethasone
S01CB05 = Fluorometholone
S01EA01 = Epinephrine
S01EA04 = Clonidine
S01EB01 = Pilocarpine
S01EB02 = Carbachol
S01EC01 = Acetazolamide
S01EC02 = Diclofenamide
S01EC03 = Dorzolamide
S01EC04 = Brinzolamide
S01EC05 = Methazolamide
S01ED01 = Timolol
S01ED02 = Betaxolol
S01ED04 = Metipranolol
S01ED05 = Carteolol
S01EE01 = Latanoprost
S01EE03 = Bimatoprost
S01EE04 = Travoprost
S01FA01 = Atropine
S01FA02 = Scopolamine
S01FA04 = Cyclopentolate
S01FA06 = Tropicamide
S01FB01 = Phenylephrine
S01FB02 = Ephedrine
S01FB03 = Ibopamine
S01GA01 = Naphazoline
S01GA02 = Tetryzoline
S01GA03 = Xylometazoline
S01GA04 = Oxymetazoline
S01GA05 = Phenylephrine
S01GX01 = Cromoglicic Acid
S01GX02 = Levocabastine
S01GX04 = Nedocromil
S01GX05 = Lodoxamide
S01GX06 = Emedastine
S01GX10 = Epinastine
S01HA02 = Oxybuprocaine
S01HA03 = Tetracaine
S01HA05 = Procaine
S01HA06 = Cinchocaine
S01HA07 = Lidocaine
S01KA01 = Hyaluronic Acid
S01KA02 = Hypromellose
S01KX = Perflunafene
S01KX01 = Chymotrypsin
S01LA01 = Verteporfin
S01LA04 = Ranibizumab
S01XA02 = Retinol
S01XA04 = Potassium Iodide
S01XA08 = Acetylcysteine
S01XA10 = Inosine
S01XA11 = Nandrolone
S01XA12 = Dexpanthenol
S01XA13 = Alteplase
S01XA14 = Heparin
S01XA15 = Ascorbic Acid
S02AA01 = Chloramphenicol
S02AA02 = Nitrofural
S02AA03 = Boric Acid
S02AA05 = Clioquinol
S02AA07 = Neomycin
S02AA08 = Tetracycline
S02AA09 = Chlorhexidine
S02AA11 = Polymyxin B
S02AA12 = Rifamycin
S02AA13 = Miconazole
S02AA15 = Ciprofloxacin
S02BA01 = Hydrocortisone
S02BA03 = Prednisolone
S02BA06 = Dexamethasone
S02BA07 = Betamethasone
S02DA01 = Lidocaine
S03AA01 = Neomycin
S03AA02 = Tetracycline
S03AA03 = Polymyxin B
S03AA04 = Chlorhexidine
S03AA06 = Gentamicin
S03BA01 = Dexamethasone
S03BA02 = Prednisolone
S03BA03 = Betamethasone

V03AB02 = Nalorphine
V03AB04 = Pralidoxime Chloride
V03AB08 = Sodium Nitrite
V03AB09 = Dimercaprol
V03AB15 = Naloxone
V03AB17 = Methylthioninium Chloride
V03AB21 = Potassium Iodide
V03AB23 = Acetylcysteine
V03AB25 = Flumazenil
V03AB32 = Glutathione
V03AB33 = Hydroxocobalamin
V03AB34 = Fomepizole
V03AC01 = Deferoxamine
V03AC02 = Deferiprone
V03AC03 = Deferasirox
V03AE02 = Sevelamer
V03AE03 = Lanthanum Carbonate
V03AF = Folinic Acid
V03AF01 = Mesna
V03AF02 = Dexrazoxane

V03AF04 = Calcium Levofolinate
V03AF05 = Amifostine
V03AF07 = Rasburicase
V03AF08 = Palifermin
V03AH01 = Diazoxide
V04CA01 = Tolbutamide
V04CC01 = Sorbitol
V04CC03 = Sincalide
V04CD01 = Metyrapone
V04CD03 = Sermorelin
V04CE01 = Galactose
V04CG04 = Pentagastrin
V04CG05 = Methylthioninium Chloride
V04CJ01 = Thyrotropin Alfa
V04CJ02 = Protirelin
V04CK01 = Secretin
V04CM01 = Gonadorelin
V06DA = Maltodextrin
V06DC02 = Fructose
V08AB02 = Iohexol
V08AB04 = Iopamidol
V08AB05 = Iopromide
V08AB06 = Iotrolan
V08AB07 = Ioversol
V08AB08 = Iopentol
V08AB09 = Iodixanol
V08AB10 = Iomeprol
V08AB11 = Iobitridol
V08AB12 = Ioxilan
V08AC06 = Iopanoic Acid
V08CA = Gadobenic Acid
V08CA02 = Gadoteric Acid
V08CA03 = Gadodiamide
V08CA04 = Gadoteridol
V08CA06 = Gadoversetamide
V08CA09 = Gadobutrol
V08CB = Ferucarbotran
V08CB01 = Ferumoxsil
V08D = Perflutren
V09G = Perflutren
V09IX04 = Fludeoxyglucose (18F)
V10XX02 = Ibritumomab Tiuxetan

Index
ATCvet codes/
Veterinary Drugs

Register
ATCvet-Codes/
Arzneistoffe für Tiere

Index
Codes ATCvet/
Substances vétérinaires

QA01AB09 = Miconazole
QA01AB12 = Hexedine
QA01AB23 = Minocycline
QA01AC02 = Dexamethasone
QA01AC03 = Hydrocortisone
QA01AD01 = Epinephrine
QA03AB17 = Tiemonium Iodide
QA03AX = Dimeticone
QA03AX12 = Phloroglucinol
QA04AA05 = Palonosetron
QA04AD11 = Nabilone
QA04AD12 = Aprepitant
QA05AA01 = Chenodeoxycholic Acid
QA06AA02 = Docusate Sodium
QA06AG01 = Sodium Phosphate Dibasic
QA07AA91 = Gentamicin
QA07AA93 = Bacitracin
QA07AB90 = Formosulfathiazole
QA07AC01 = Miconazole
QA07XA04 = Racecadotril
QA10A = Insulin Inhaled, Human
QA10AB06 = Insulin glulisine
QA10AD05 = Insulin Aspart
QA10AE05 = Insulin Determir
QA10BB01 = Glibenclamide
QA10BB07 = Glipizide
QA10BX04 = Exenatide
QA11CC07 = Paricalcitol
QA11DA03 = Benfotiamine
QA11HA03 = Tocopherol, α-
QA14AA02 = Stanozolol
QA14AA05 = Oxymetholone
QA14AB01 = Nandrolone
QA14AB02 = Ethylestrenol
QA16AA05 = Carglumic acid
QA16AB05 = Laronidase
QA16AB06 = Sacrosidase
QA16AB07 = Alglucosidase alfa
QA16AB08 = Galsulfase
QA16AB09 = Idursulfase
QA16AX04 = Nitisinone
QB01AB01 = Heparin
QB01AE03 = Argatroban
QB01AE06 = Bivalirudin
QB02AB02 = Alpha-$_1$ protease inhibitor
QB02BC09 = Epinephrine
QB02BD06 = Von Willebrand Factor
QB02BX01 = Etamsylate
QB03AB02 = Iron sucrose
QB03AC02 = Iron sucrose
QB03AC91 = Gleptoferron
QB03AD04 = Dextriferron
QB03BA05 = Mecobalamin
QB03XA01 = Epoetin Delta
QB10XX02 = Ibritumomab Tiuxetan
QC01BB01 = Lidocaine
QC01CA07 = Dobutamine
QC01CA24 = Epinephrine
QC01DX08 = Heptaminol
QC01DX19 = Nesiritide
QC01EB16 = Ibuprofen
QC01EB17 = Ivabrandine
QC02DC01 = Minoxidil
QC02KX02 = Ambrisentan
QC03AA03 = Hydrochlorothiazide
QC03CA01 = Furosemide
QC03DA04 = Eplerenone
QC05AA06 = Fluorometholone
QC05AD03 = Benzocaine
QC05BA03 = Heparin
QC09AA02 = Enalapril
QC09AA07 = Benazepril
QC09AA16 = Imidapril
QC09CA08 = Olmesartan Medoxomil
QC09DA02 = Eprosartan
QC09DA07 = Telmisartan
QC09XA02 = Aliskiren
QCO2LC05 = Moxonidine
QD01AA08 = Griseofulvin
QD01AC02 = Miconazole
QD01AC03 = Econazole
QD01AC14 = Sertaconazole
QD01AC15 = Fluconazole
QD01AE91 = Bronopol
QD01BA01 = Griseofulvin
QD03AX10 = Enoxolone
QD04AB01 = Lidocaine
QD04AB04 = Benzocaine
QD06AX01 = Fusidic Acid
QD06BA02 = Sulfathiazole
QD06BA05 = Sulfanilamide
QD06BA06 = Sulfamerazine
QD06BA90 = Formosulfathiazole
QD06BB05 = Inosine
QD06BB06 = Penciclovir
QD06BB11 = Docosanol
QD07AA02 = Hydrocortisone
QD07AB03 = Flumetasone
QD07AB06 = Fluorometholone
QD07AB19 = Dexamethasone
QD07AC01 = Betamethasone
QD07XA01 = Hydrocortisone
QD07XB01 = Flumetasone
QD07XB04 = Fluorometholone
QD09AA02 = Fusidic Acid
QD10AA01 = Fluorometholone
QD10AF02 = Erythromycin
QD10AX01 = Aluminum Chloride
QD11AX01 = Minoxidil
QD11AX02 = Gamolenic Acid
QD11AX15 = Pimecrolimus
QD11AX17 = Cromoglicic Acid
QD11AX18 = Diclofenac
QG01AF04 = Miconazole
QG01AF05 = Econazole
QG01AF18 = Flutrimazole
QG01AX02 = Inosine
QG01AX06 = Furazolidone
QG02AD01 = Dinoprost
QG02AD90 = Cloprostenol
QG02AD91 = Luprostiol
QG02CB03 = Cabergoline
QG02CC02 = Naproxen
QG03AC = Progesterone
QG03AC05 = Megestrol
QG03CA03 = Estradiol
QG03CA04 = Estriol
QG03CC06 = Estriol
QG03D = Progesterone
QG03DA02 = Medroxyprogesterone
QG03DA90 = Proligestone
QG03DB02 = Megestrol
QG03GA05 = Follitropin Alfa
QG03XB09 = Aglepristone
QH01AX01 = Pegvisomant
QH01BB02 = Oxytocin
QH01C92 = Lecirelin
QH01CA01 = Gonadorelin
QH01CA90 = Buserelin
QH01CA93 = Deslorelin
QH01CB01 = Somatostatin
QH01CB03 = Lanreotide
QH02AB02 = Dexamethasone
QH02AB09 = Hydrocortisone
QH02AB90 = Flumetasone

QH03BX02 = Tyrosine, 3,5-dibromo-, L-
QH04AA01 = Glucagon
QH05BX01 = Cinacalcet
QJ01AA02 = Doxycycline
QJ01AA06 = Oxytetracycline
QJ01AA12 = Tigecycline
QJ01BA90 = Florfenicol
QJ01CA01 = Ampicillin
QJ01CA04 = Amoxicillin
QJ01CE01 = Benzylpenicillin
QJ01CE09 = Penicillin G Procaine
QJ01DA90 = Ceftiofur
QJ01DB01 = Cefalexin
QJ01DB05 = Cefadroxil
QJ01DC11 = Ceforanide
QJ01DD16 = Cefditoren
QJ01DH03 = Ertapenem
QJ01EE07 = Sulfamerazine
QJ01EQ06 = Sulfanilamide
QJ01EW18 = Sulfamerazine
QJ01FA01 = Erythromycin
QJ01FA02 = Spiramycin
QJ01FA03 = Midecamycin
QJ01FA15 = Telithromycin
QJ01FA90 = Tylosin
QJ01FA94 = Tulathromycin
QJ01FF01 = Clindamycin
QJ01MA02 = Ciprofloxacin
QJ01MA16 = Gatifloxacin
QJ01MA90 = Enrofloxacin
QJ01MA92 = Danofloxacin
QJ01MA93 = Marbofloxacin
QJ01MA95 = Orbifloxacin
QJ01MA96 = Ibafloxacin
QJ01MB07 = Flumequine
QJ01MQ01 = Olaquindox
QJ01XC01 = Fusidic Acid
QJ01XE = Nifurpirinol
QJ01XX07 = Nitroxoline
QJ01XX09 = Daptomycin
QJ01XX92 = Tiamulin
QJ02AB01 = Miconazole
QJ02AC01 = Fluconazole
QJ02AC04 = Posaconazole
QJ02AX06 = Anidulafungin
QJ04AB05 = Rifapentine
QJ05AB06 = Ganciclovir
QJ05AB13 = Penciclovir
QJ05AB15 = Brivudine
QJ05AD01 = Foscarnet Sodium
QJ05AE07 = Fosamprenavir
QJ05AE08 = Atazanavir
QJ05AE09 = Tipranavir
QJ05AE10 = Darunavir
QJ05AF05 = Lamivudine
QJ05AF06 = Abacavir
QJ05AF09 = Emtricitabine
QJ05AF11 = Telbivudine
QJ05AH01 = Zanamivir
QJ05AH02 = Oseltamivir
QJ05AX07 = Enfuvirtide
QJ51BA90 = Florfenicol
QJ51FA01 = Erythromycin
QJ51FF90 = Pirlimycin
QL01BA04 = Pemetrexed
QL01BB06 = Clofarabine
QL01BB07 = Nelarabine
QL01DB03 = Epirubicin
QL01XC03 = Trastuzumab
QL01XC04 = Alemtuzumab
QL01XC06 = Cetuximab
QL01XC07 = Bevacizumab
QL01XC08 = Panitumumab
QL01XD01 = Porfimer Sodium
QL01XD05 = Temoporfin
QL01XE06 = Dasatinib
QL01XX03 = Celecoxib
QL01XX31 = Gefitinib
QL01XX32 = Bortezomib
QL01XX35 = Anagrelide
QL02AB = Progesterone
QL02AB01 = Megestrol
QL02BA03 = Fulvestrant
QL02BB01 = Flutamide
QL02BX01 = Abarelix
QL03AB = Interferon Omega
QL03AC01 = Aldesleukin
QL03AC02 = Oprelevkin
QL04AA15 = Alefacept
QL04AA17 = Adalimumab
QL04AA18 = Everolimus
QL04AA21 = Efalizumab
QL04AA23 = Natalizumab
QL04AA24 = Abatacept
QL04AX02 = Thalidomide
QL04AX03 = Methotrexate
QL04AX04 = Lenalidomide
QM01AA01 = Phenylbutazone
QM01AA90 = Suxibuzone
QM01AB05 = Diclofenac
QM01AB08 = Etodolac
QM01AC01 = Piroxicam
QM01AC06 = Meloxicam
QM01AE02 = Naproxen
QM01AE03 = Ketoprofen
QM01AE17 = Dexketoprofen
QM01AE90 = Vedaprofen
QM01AE91 = Carprofen
QM01AE92 = Tepoxalin
QM01AG90 = Flunixin
QM01AH05 = Etoricoxib
QM01AH06 = Lumiracoxib
QM01AH90 = Firocoxib
QM01AX05 = Glucosamine
QM01AX17 = Nimesulide
QM02AA07 = Piroxicam
QM02AA12 = Naproxen
QM02AA15 = Diclofenac
QM02AA22 = Suxibuzone
QM02AA25 = Aceclofenac
QM03BX90 = Guaifenesin
QM05BA01 = Etidronic Acid
QM05BA04 = Alendronic Acid
QM05BC02 = Eptotermin alfa
QM09AX01 = Hyaluronic Acid
QN01AB01 = Halothane
QN01AB04 = Enflurane
QN01AB06 = Isoflurane
QN01AH01 = Fentanyl
QN01AH06 = Remifentanil
QN01AX01 = Droperidol
QN01AX03 = Ketamine
QN01AX10 = Propofol
QN01AX92 = Benzocaine
QN01BA05 = Benzocaine
QN01BB02 = Lidocaine
QN01BB10 = Levobupivacaine
QN02AB03 = Fentanyl
QN02AE01 = Buprenorphine
QN02BB02 = Metamizole
QN02BE01 = Paracetamol
QN02BE51 = Paracetamol
QN02BE71 = Paracetamol
QN03AA02 = Phenobarbital
QN03AD01 = Ethosuximide
QN03AF03 = Rufinamide
QN03AX16 = Pregabalin
QN03AX17 = Stiripentol
QN04BC09 = Rotigotine
QN04BD02 = Rasagiline
QN04BX01 = Tolcapone

QN05AA04 = Acepromazine
QN05AD01 = Haloperidol
QN05AD08 = Droperidol
QN05AK01 = Tetrabenazine
QN05AL07 = Levosulpiride
QN05AX12 = Aripiprazole
QN05AX13 = Paliperidone
QN05BB01 = Hydroxyzine
QN05CD08 = Midazolam
QN05CM07 = Triclofos
QN05CM18 = Dexmedetomidine
QN05CM91 = Medetomidine
QN05CM92 = Xylazine
QN05CM93 = Romifidine
QN05CM95 = Dexmedetomidine
QN06AA02 = Imipramine
QN06AA04 = Clomipramine
QN06AX21 = Duloxetine
QN06AX22 = Agomelatine
QP51AE01 = Imidocarb
QP51AJ01 = Toltrazuril
QP51AJ03 = Diclazuril
QP51AX08 = Halofuginone
QP52AA01 = Praziquantel
QP52AA04 = Epsiprantel
QP52AC02 = Oxfendazole
QP52AC04 = Thiophanate
QP52AC05 = Febantel
QP52AC09 = Mebendazole
QP52AC11 = Albendazole
QP52AC12 = Flubendazole
QP52AC13 = Fenbendazole
QP52AF02 = Pyrantel
QP52AH01 = Piperazine
QP52AX01 = Nitroscanate
QP53AC = Pyrethrin I
QP53AC05 = Flumethrin
QP53AC08 = Cypermethrin
QP53AC11 = Deltamethrin
QP53AC13 = Tetramethrin
QP53AC14 = Fenvalerate
QP53AD01 = Amitraz
QP53AD51 = Amitraz
QP53AF09 = Propetamphos
QP53AF10 = Cythioate
QP53AF14 = Stirofos
QP53AF17 = Azamethiphos
QP53AG02 = Lactic Acid
QP53AX02 = Fenvalerate
QP53AX15 = Fipronil
QP53AX17 = Imidacloprid
QP53AX24 = Dicyclanil
QP53AX26 = Pyriprole
QP53BB01 = Cythioate
QP53BX02 = Nitenpyram
QP54AA01 = Ivermectin
QP54AA02 = Abamectin
QP54AA03 = Doramectin
QP54AA04 = Eprinomectin
QP54AA05 = Selamectin
QP54AB02 = Moxidectin
QR01AA14 = Epinephrine
QR02AD01 = Benzocaine
QR03AA01 = Epinephrine
QR03BA08 = Ciclesonide
QR03CC13 = Clenbuterol
QR03DA01 = Diprophylline
QR03DA04 = Theophylline
QR03DA54 = Theophylline
QR03DA74 = Theophylline
QR03DB04 = Theophylline
QR03DC01 = Zafirlukast
QR05BC01 = Acetylcysteine
QR05CB02 = Bromhexine
QR07AB01 = Doxapram
QS01AA13 = Fusidic Acid
QS01AA17 = Erythromycin
QS01AA18 = Polymyxin B
QS01AD09 = Ganciclovir
QS01AX13 = Ciprofloxacin
QS01AX19 = Levofloxacin
QS01AX21 = Gatifloxacin
QS01AX22 = Moxifloxacin
QS01BA01 = Dexamethasone
QS01BA02 = Hydrocortisone
QS01BA07 = Fluorometholone
QS01BA15 = Fluocinolone acetonide
QS01BC03 = Diclofenac
QS01BC06 = Piroxicam
QS01CB01 = Dexamethasone
QS01CB03 = Hydrocortisone
QS01CB05 = Fluorometholone
QS01EA01 = Epinephrine
QS01EB01 = Pilocarpine
QS01EC03 = Dorzolamide
QS01EC05 = Methazolamide
QS01EE03 = Bimatoprost
QS01EE04 = Travoprost
QS01FA01 = Atropine
QS01GX09 = Olopatadine
QS01GX10 = Epinastine
QS01HA07 = Lidocaine
QS01KA02 = Hypromellose
QS01LA04 = Ranibizumab
QS01XA10 = Inosine
QS01XA11 = Nandrolone
QS01XA14 = Heparin
QS02AA13 = Miconazole
QS02AA15 = Ciprofloxacin
QS02BA01 = Hydrocortisone
QS02DA01 = Lidocaine
QS02QA03 = Ivermectin
QS03AA07 = Ciprofloxacin
QV03AB04 = Pralidoxime Chloride
QV03AB08 = Sodium Nitrite
QV03AB34 = Fomepizole
QV03AB90 = Atipamezole
QV03AC03 = Deferasirox
QV03AE02 = Sevelamer
QV03AF08 = Palifermin
QV04CM01 = Gonadorelin
QV06DC02 = Fructose
QV08AB12 = Ioxilan